Springer-Lehrbuch

Springer
Berlin
Heidelberg
New York
Barcelona
Budapest
Hongkong
London
Mailand
Paris
Santa Clara
Singapur
Tokio

Gerthsen Physik

Helmut Vogel

19. Auflage
mit 1212 meist zweifarbigen
Abbildungen, 10 Farbtafeln,
89 Tabellen, 105 durchgerechneten
Beispielen und 1065 Aufgaben
mit vollständigen Lösungswegen

Springer

Professor Dr. Helmut Vogel †
Lehrstuhl für Physik
an der Technischen Universität München
D-85350 Freising-Weihenstephan

Graphisches Konzept:
Schreiber VIS
Joachim Schreiber
D-64343 Seeheim

19. Auflage
Springer-Verlag
Berlin
Heidelberg
New York

Herstellung:
Petra Treiber, Heidelberg
Claus-Dieter Bachem, Heidelberg

Texterfassung mit dem
Springer plain TEX-Makropaket
CPMono01:
Adam Leinz, Karlsruhe

Datenkonvertierung und Umbruch:
Mitterweger, Plankstadt
über das Satzsystem 3B2

Filmbelichtung:
Mitterweger, Plankstadt
auf Agfa Accuset 1000

Zeichnungen:
Schreiber VIS, Seeheim
in Zusammenarbeit
mit Eva Werkmann, Wiesbaden

Druck und Bindearbeiten:
Appl, Wemding

SPIN 10727264
56/3111
Gedruckt auf säurefreiem Papier

Sonderauflage
für Weltbild Verlag GmbH,
Augsburg

Vorwort zur 18. und 19. Auflage

Ein halbes Jahrhundert ist dieses Buch nun alt. „Was man liebt, darf man auch kritisieren, sogar zu verbessern suchen“, schrieb ich vor 25 Jahren, als ich die Bearbeitung übernahm. Seitdem ist nicht viel vom Text, wohl aber von der Intention von Christian Gerthsen erhalten geblieben: Dem Studienanfänger eine möglichst klare und umfassende Einführung zu vermitteln, die ihm auch im späteren Studium noch nützt, obwohl er im Spezialgebiet seiner Diplom- oder Doktorarbeit viel genauer Bescheid wissen muß.

Damals, kurz nach dem Krieg, ahnte man noch nichts von Quarks oder Quasars, man hörte Wunderdinge von Maschinen, die ganze Zimmer füllten und denen heute jeder Taschenrechner haushoch überlegen ist. Die zahllosen technischen Anwendungen, die unser Leben in nie gekanntem Tempo verändern, können in einem solchen Buch nur angedeutet werden, ebenso wie die Zweige der Physik, Bio-, Astro-, Geophysik, in denen Hochinteressantes passiert ist. Hiermit beschäftigen sich hauptsächlich viele Aufgaben. Als neue Gebiete konnten Festkörperphysik und nichtlineare Dynamik aufgenommen werden. Alles andere, besonders Relativitäts-, Quanten-, statistische Physik ist so systematisch dargestellt, wie es mit dem knappen, einführenden Charakter zu vereinbaren ist. Neben unseren Drang, die Welt zu verstehen, rückt immer mehr unser Bemühen, sie zu erhalten. Auch dem trägt dieses Buch nur stellenweise Rechnung. Klar ist aber, daß man die Welt verstehen muß, um sie zu erhalten.

Wird es immer schwieriger, Physik zu studieren, da immer mehr Neues dazukommt? Wohl kaum, denn auch didaktisch haben wir viel dazugelernt. Da fällt mir immer Isaac Newton ein, der 19 Jahre zögerte, sein Gravitationsgesetz, ein Kernstück seiner Principia, zu veröffentlichen, weil er zunächst nicht nachweisen konnte, daß eine Kugel genauso anzieht, als sei ihre Masse im Zentrum konzentriert. Schließlich hatte er die Mathematik dazu ja auch gerade erst erfinden müssen. Jeder bessere Student kann diesen Nachweis heute in ebenso vielen Sekunden führen, mit anderen Mitteln, nämlich der Feldvorstellung, die sich zudem noch auf ein Dutzend anderer Gebiete übertragen läßt. Solche hilfreichen Analogien zu finden und zu nutzen, soll dieses Buch auch anregen.

Der Klarheit und Anschaulichkeit haben Verlag und Autor diesmal besonders viel Mühe gewidmet. Herr *J. Schreiber* hat die von mir computergenerierten Abbildungen ebenso wie die bisherigen mit viel Geschick graphisch gestaltet. Durchgehende Neugestaltung und vollständiger Neusatz brachten viele technische Probleme. Daß schließlich alles in menschlich-erfreulicher Art geklappt hat, danke ich Herrn Dr. *H. J. Kölsch*, Frau *P. Treiber*, Herrn *C.-D. Bachem*, der nun schon vier Auflagen betreut, den vielen ungenannten Mitarbeitern im Verlag und in der Druckerei und wieder meiner lieben Frau *Carla*, ohne deren unermüdliche Hilfe ich besonders diese Arbeit bestimmt nicht geschafft hätte.

Freising, im Juli 1995 *Helmut Vogel*

Vorwort zur ersten Auflage

Dieses Buch ist aus Niederschriften hervorgegangen, die ich im Studienjahr 1946/47 den Hörern meiner Vorlesungen über Experimentalphysik an der Universität Berlin ausgehändigt habe. Sie sollten den drückenden Mangel an Lehrbüchern der Physik überwinden helfen.

Diesem Ursprung verdankt das Buch seinen in mancher Hinsicht vom Üblichen abweichenden Charakter. Es erhebt nicht den Anspruch, ein Lehrbuch zu sein, dessen Studium eine Vorlesung zu ersetzen vermag. Es soll nicht statt, sondern neben einer Vorlesung verwendet werden.

...

Die in dem vorliegenden Buch enthaltene Theorie ist um Anschaulichkeit bemüht und daher weniger systematisch. So habe ich z.B. die elektrischen Erscheinungen nicht einheitlich dargestellt. Die klassische Kontinuumstheorie wechselt mit der elektronentheoretischen Deutung je nach dem didaktischen Erfolg, den ich mir von der Darstellung verspreche.

Auch der Umfang, in dem ich die verschiedenen Gebiete behandelt habe, richtet sich nach den Bedürfnissen des Unterrichts. Gegenwärtig wird auf allen deutschen Hochschulen von den Studierenden der Physik die Mechanik schon vor den Kursvorlesungen der theoretischen Physik gehört, sie durfte daher besonders knapp dargestellt werden.

Die Gebiete, die in der einführenden, sich über zwei Semester erstreckenden Vorlesung wegen der knappen Zeit wohl immer etwas zu kurz kommen, sind die Optik und die Atomphysik. Sie nehmen daher in diesem Buch einen verhältnismäßig großen Platz in Anspruch.

Bei dem Bemühen, den häufig sehr gedrängten Text durch möglichst anschauliche und inhaltsreiche Abbildungen zu ergänzen, erfreute ich mich der Hilfe meines Mitarbeiters, Herrn Dr. *Max Pollermann*, dem ich den zeichnerischen Entwurf mancher Abbildung verdanke.

Für das Lesen der Korrektur und manche Verbesserungsvorschläge habe ich vor allem Herrn Professor Dr. *Josef Meixner*, Aachen, zu danken. Auch Herrn Dr. *Werner Stein* und Fräulein Diplomphysiker *Käthe Müller* danke ich für gute Ratschläge.

Berlin-Charlottenburg, im August 1948
Christian Gerthsen

Inhaltsverzeichnis

3. Mechanik deformierbarer Körper 3

4. Schwingungen und Wellen 4

5. Wärme

5

6. Elektrizität

6

8. Freie Elektronen und Ionen 8

9. Geometrische Optik 9

13. Kerne und Elementarteilchen 13

17. Statistische Physik

17

18. Nichtlineare Dynamik

18

Lösungen zu den Aufgaben

Farbtafeln

Quellennachweis

Sach- und Namenverzeichnis

Nutzen Sie dieses Buch individuell...

Helmut Vogel hat die 18. Auflage des Gerthsen völlig neubearbeitet und ist dabei den Wünschen der Leser nach größerer Übersichtlichkeit nachgekommen. Autor und Verlag wünschen Ihnen viel Freude am neuen Gerthsen. Bitte lassen Sie uns Ihre Anregungen und Kritik mit der beigefügten Antwortkarte wissen.

Nutzen

- als Lehrbuch neben Vorlesungen
- als Übungsbuch
- zur Prüfungsvorbereitung
- zur Vertiefung einzelner Fragestellungen
- als handliches, umfassendes Nachschlagewerk

Gliederung

Der Gerthsen führt in 18 Kapiteln in alle wesentlichen Aspekte der klassischen und modernen Physik ein:

Inhaltsverzeichnis

Jedes Kapitel gibt eine Inhaltsübersicht und wird mit einer kurzen Einleitung eröffnet; zum Kapitelanfang gehört auch ein Bild mit Zitat eines berühmten Forschers, meist des Begründers dieses Gebietes.

Inhalt

Einleitung

Im täglichen Leben hat man es mit Systemen aus ungeheuer vielen Teilchen zu tun, die alle aufeinander Kräfte ausüben. Dazu kommen noch von außen wirkende Kräfte. Daß man so etwas überhaupt behandeln kann, ist vielen vereinfachenden

„Welcher der Wasserausflüsse hat die größte Kraft, ein Rad zu drehen? Mir scheint, ihre Kraft muß gleich sein: Der Strom 1, obwohl er aus großer Höhe fällt, hat nichts hinter sich, was ihn treibt, wogegen 2 die ganze Höhe des Wassers über sich hat, das ihn fortdrängt." (vgl. Abb. 3.57)

Leonardo da Vinci, Codex Madrid I, 134

Otto v. Guericke (1602–1686), Jurist, Stadtrat und ab 1648 Bürgermeister von Magdeburg, demonstrierte 1654 auf dem Regensburger Reichstag die enorme Größe des

Am Schluß eines jeden Kapitels reflektiert ein kurzer Ausblick den Gegenstand des Kapitels und weist auf weiterführende Entwicklungen hin. Zum Ausblick gehört auch ein Bild eines historischen oder modernen Experiments.

▲ Ausblick

Wir haben makroskopische Körper, also Systeme aus ungeheuer vielen Teilchen einigermaßen behandeln können, indem wir sie als deformierbare Kontinua betrachteten, deren Eigenschaften durch eine Reihe von Materialkonstanten beschrieben werden: Dichte, Oberflächenspannung, Viskosität, Elastizitätsmodul usw. Warum diese Konstanten genau diese Werte habe, möchte man gern aus dem molekularen Aufbau verstehen. Für die Oberflächenspannung haben

Hervorhebungen

Der Gerthsen arbeitet mit weiteren Hervorhebungen, um das Lesen, Erinnern und Wiederfinden, aber auch das einfache Nachschlagen zu erleichtern:

- **Wichtige Definitionen**

Greift an einem Flächenstück A senkrecht zu ihm die flächenhaft verteilte Kraft F an, dann heißt das Verhältnis der Kraft zur Fläche **Druck**

$$p = \frac{F}{A} . \qquad (3.2)$$

- **Grundlegende Formeln**

$$\boxed{\frac{d^2 z}{dx^2} + \frac{d^2 z}{dy^2} = 0} \qquad (3.14)$$

- **Weitere wichtige Formeln**

$$\boxed{\Delta p = \frac{2\sigma}{r}} \qquad (3.13a)$$

- **Wichtige Begriffe, die sich auch im Sachverzeichnis wiederfinden und das Nachschlagen erleichtern helfen**

stisch. Erst wenn die Beanspruchung gewisse Grenzen überschreitet, beginnt **plastisches Fließen**, das schließlich zum Bruch führt. **Flüssigkeiten** haben ein bestimmtes Volumen, aber keine bestimmte Form. Dementsprechend erfordert nur die Volumenänderung Kräfte. Es herrscht in weiten Grenzen **Volumenelastizität**: Bei Entlastung nach einer Kompression stellt sich wieder das Anfangsvolumen ein. Eine reine

- **Sprachliche Betonungen, um Sachverhalte deutlicher auszudrücken**

*Form*änderung, z.B. eine Scherung, erfordert nur dann Kräfte, wenn sie schnell ausgeführt werden

- **Namen wichtiger Forscher**

stieg würde der Druck immer um 127 mbar abnehmen, während die Dichte konstant bliebe. Bei konstanter Temperatur muß aber nach *Boyle-Mariotte* die Dichte proportional zum Druck mit der Höhe abnehmen. Wir können also (3.6) nur auf eine dünne Schicht der Dicke

Tabelle 3.2. Viskosität einiger Stoffe

	η N s m^{-2}	Temperatur °C
Wasser	0,00182	0
	0,001025	20
	0,000288	100
Ethylalkohol	0,00121	20
Ethylether	0,000248	20
Glyzerin	1,528	20
Luft (1 bar)	0,0000174	0
Wasserstoff (1 bar)	0,0000086	0

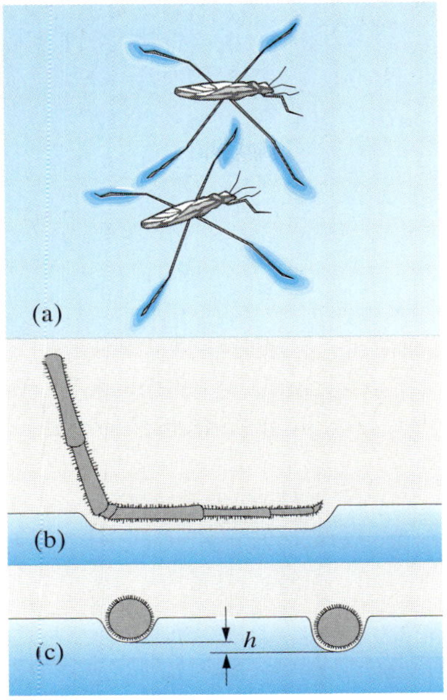

Abb. 3.20a–c. Der Wasserläufer (hier dargestellt die Art *Gerris lacustris*) wird von der Oberflächenspannung getragen

Abbildungen

Neben zahlreichen Halbtonabbildungen befinden sich am Schluß des Buches Farbtafeln zu ausgesuchten Themen. Alle anderen Abbildungen im Text wurden zweifarbig gestaltet, um das Wichtige hervorzuheben.

Tabellen

Auch Tabellen wurden übersichtlicher gestaltet.

✗ Beispiel

Vom Rande eines Glases mit sehr starkem Wein, besonders Portwein, perlen ständig Tropfen nieder. Wie kommt es dazu?

Ist der Glasrand einmal benetzt, dann verdampft aus der dünnen Flüssigkeitshaut vorzugsweise der Alkohol. Dadurch steigt die Oberflächenspannung der

Durchgerechnete Beispiele und Aufgaben

Beispiele im Text dienen zur Anregung und Kontrolle des eigenen Verständnisses.

✓ Aufgaben

● 3.1.1. Seemannsgarn?
Ist es wahr, daß untergegangene Schiffe in einer gewissen Tiefe schweben bleiben, weil das Wasser in der Tiefe viel dichter ist?

●● 3.1.3. Schwingende Säule
In einem U-Rohr steht eine Flüssigkeitssäule. Ihre Gesamtlänge sei L, die Dichte der Flüssigkeit ϱ, der lichte

●●● 3.2.10. Catenoid
Man ziehe eine Seifenhaut zwischen zwei parallelen Kreisringen. Sie nimmt „Sanduhrform" (seitlich eingebeulter Zylinder) an. Warum? Was muß man machen, um einen „ordentlichen" geraden Zylinder zu erhalten?

Am Schluß eines jeden Kapitels finden sich zahlreiche Aufgaben. Diese wurden in verschiedene Schwierigkeitsgrade eingeteilt (●, ●● und ●●●), um die Auswahl zu erleichtern und den Leser auf die zu erwartende Denk- und Rechenarbeit vorzubereiten.

= Lösungen

3.1.1. Seemannsgarn?
Die Kompressibilität des Wassers ist $5 \cdot 10^{-6}$ cm^2/N = $5 \cdot 10^{-5}$ bar^{-1}. In 10 km Tiefe herrschen 1000 bar. Das Wasser ist

3.1.2. Aufstieg
Beim Aufstieg au
dazu nötige Ener

Lösungen

Zu jeder Aufgabe wird eine ausführliche Lösung bereitgestellt; (S. 1009–1214).

Mechanik der Massenpunkte

Inhalt

„... im November (1665) hatte ich die Differentialrechnung, im Januar darauf die Farbtheorie, im Mai hatte ich Zugang zu der umgekehrten Differentialrechnung, und im selben Jahr begann ich zu denken, daß die Schwerkraft sich auch auf den Mond erstrecke, und ... aus Keplers Gesetz ... leitete ich ab, daß die Kräfte auf die Planeten in umgekehrtem Verhältnis zum Quadrat ihres Abstandes stehen ... denn damals war ich in der Blüte des Alters, in dem ich Erfindungen machte ...“

Isaac Newton, 1716

Einleitung

Der einfachste Teil der Mechanik behandelt Fälle, in denen man von der Ausdehnung der Körper absehen und sie als mit Masse behaftete Punkte, **Massenpunkte** betrachten kann.

Dieser Begriff des Massenpunktes ist nicht so unproblematisch wie er klingt. Es ist verwunderlich, daß er sich überhaupt auf die Wirklichkeit anwenden läßt. Selbst ein Atom ist z. B. eigentlich kein Massenpunkt: Es kann u. a. rotieren und Rotationsenergie aufnehmen, was ein Massen*punkt* nicht kann (oder wenn er es täte, würde es niemand merken). Wieso die Punktmechanik trotzdem für Atome so gut stimmt, hat erst die Quantenmechanik aufgeklärt (Abschn. 12.4.2). Eine weitere dem Begriff des Massenpunktes innewohnende Schwierigkeit, nämlich daß er eine unendliche Energie haben müßte, macht der Physik der Elementarteilchen noch heute zu schaffen (Abschn. 13.4.6).

Aus der Punktmechanik kann man logisch einwandfrei die Mechanik des starren Körpers (Kap. 2) und die der deformierbaren Körper (Kap. 3) entwickeln, indem man diese als Systeme unendlich vieler Massenpunkte mit festen bzw. veränderlichen relativen Lagebeziehungen auffaßt.

1.1 Messen und Maßeinheiten

Die Physik ist eine messende Wissenschaft. Parallel zum „Wie“ und oft noch vor dem „Warum“ fragt sie nach dem „Wieviel“.

1.1.1 Messen

Eine Größe messen heißt, sie direkt oder indirekt mit einer Maßeinheit vergleichen. Der direkteste Vergleich besteht z. B. im wiederholten Anlegen eines Maßstabes. Meist ist der Vergleich indirekt, er benutzt dann eine Frage der Art: Wie heiß muß der Körper sein, damit er eine gewisse

Wirkung hervorbringt, z. B. so und so stark Licht abstrahlt (**Pyrometrie**). Indirektes Messen setzt ein Naturgesetz voraus, das die zu messende Größe (die Temperatur) und ihre direkt beobachtete Wirkung (die Lichtstrahlung) verknüpft. Dieses Naturgesetz muß durch unabhängige Beobachtungen vorher sichergestellt worden sein, die die nicht direkt beobachtete Größe (die Temperatur) durch eine andere ihrer Wirkungen (z. B. die Längenausdehnung von Körpern) erfassen. Offensichtlich läuft dieses Verfahren Gefahr, sich in den Schwanz zu beißen. Der einzige Ausweg aus dem Circulus vitiosus ist eine *Definition* der zu messenden Größe durch eine ihrer Wirkungen. So wird die **Temperatur** im täglichen Leben durch die Längenausdehnung einer Quecksilbersäule, in der Physik durch die mittlere kinetische Energie der Moleküle *definiert*. Andere als solche **operationellen Definitionen** von Größen, die implizit ein Meßverfahren enthalten, darf die Physik nicht anerkennen. Ein tieferes Durchdenken der Frage, ob eine Größe operationell definiert ist oder nicht, führt zu weitreichenden Ergebnissen, z. B. zur Relativitäts- und zur Quantentheorie.

1.1.2 Maßeinheiten

Für jede physikalische Größe muß eine **Maßeinheit** materiell festgelegt sein. Man unterscheidet natürliche und willkürliche Einheiten, aber diese Unterscheidung ist selbst nicht ganz natürlich. Wenn Henry I. von England (1120) das Yard durch seinen ausgestreckten Arm definierte, oder selbst wenn König David von Schottland (1150) das Inch als durchschnittliche Daumendicke dreier Männer „eines großen, eines kleinen und eines mittelgroßen Mannes“ festlegte, so sind das zweifellos willkürliche Definitionen. Aber auch der Erdäquator ist weder unveränderlich, noch hat er universelle Bedeutung. Eine natürliche **Längeneinheit** könnte man z. B. durch den Abstand zweier Atome in einem bestimmten Kristall festlegen, der keiner Kraft ausgesetzt ist. Willkürliche Einheiten müssen durch **Normale** festgehalten werden. Jeder Meterstab ist ein solches, wenn auch mehr oder weniger unvollkommenes, Normal. Natürliche Einheiten lassen sich im Prinzip jederzeit reproduzieren, allerdings oft durch einen ziemlich langwierigen Prozeß.

1.1.3 Maßsysteme und Dimensionen

Welche physikalischen Größen man als Grund- und welche als abgeleitete Größen betrachtet, ist lediglich eine Frage der Zweckmäßigkeit. Von den vielen **Maßsystemen**, jedes charakterisiert durch einen Satz von Grundgrößen, die die Physik und ihre Teilgebiete entwickelt haben, wird in diesem Buch nur eins benutzt:

Das **Internationale System (SI)**, das als Weiterentwicklung des mechanischen MKS- und des elektromagnetischen Giorgi-Systems die Grundgrößen *Länge, Zeit, Masse, Temperatur, elektrischer Strom, Lichtstärke* und *Substanzmenge* mit den **Einheiten** Meter (m), Sekunde (s), Kilogramm (kg), Kelvin (K), Ampere (A), Candela (cd), und Mol (mol) benutzt und in der Technik Gesetzeskraft hat.

Das **CGS-System**, das die Ladung durch die mechanischen Grundgrößen ausdrückt, mit den **Einheiten** Zentimeter (cm), Sekunde (s) und Gramm (g), beherrscht noch praktisch die ganze atomphysikalische Literatur, besonders im nichtdeutschen Sprachbereich. Die Atomphysik hat es nämlich hauptsächlich mit **Punktladungen** zu tun, und die elektrostatische Energie zweier Punktladungen e im Abstand r ist im CGS-System einfach e^2/r, im SI $e^2/(4\pi\varepsilon_0 r)$. In den Energiestufen des Bohrschen Atommodells tritt der Faktor $4\pi\varepsilon_0$ sogar zweimal auf. Dagegen ist die Umrechnung von Strömen, Widerständen, Induktivitäten zwischen den CGS-Einheiten und den praktischen Einheiten Ampere, Ohm, Henry des SI ziemlich unangenehm.

Abgeleitete Größen erhalten eine **Dimension**, d. h. eine algebraische Kombination der Grundgrößen, die ihrer Definition entspricht. Man sollte bei keiner physikalischen Rechnung versäumen nachzuprüfen, ob die berechneten Größen die richtige Dimension haben, und ob zwei durch ein Gleichheits-, Plus- oder Minuszeichen verknüpfte Ausdrücke die gleiche Dimension haben. Über diese schnellste Fehlerkontrolle hinaus liefert die Dimensionsanalyse häufig Anhaltspunkte, wie eine gesuchte Beziehung überhaupt aussehen kann. In den Ähnlichkeitskriterien der Hydrodynamik und anderer Gebiete sind diese Methoden weit entwickelt worden.

In den einzelnen Gebieten der Physik und ihrer Anwendungen treten sehr verschiedene Größenordnungen für die einzelnen Größen auf. Es ist daher bequem, Vielfache und Teile der Einheiten zu benutzen (Tabelle 1.1).

Tabelle 1.1. Präfixe für Einheiten

Vorsilbe	Symbol	Potenz
Exa-	E	10^{18}
Peta-	P	10^{15}
Tera-	T	10^{12}
Giga-	G	10^{9}
Mega-	M	10^{6}
Kilo-	k	10^{3}
Centi-	c	10^{-2}
Milli-	m	10^{-3}
Mikro-	μ	10^{-6}
Nano-	n	10^{-9}
Pico-	p	10^{-12}
Femto-	f	10^{-15}
Atto-	a	10^{-18}

Die Wellenlängen des sichtbaren Lichts liegen knapp unter 1 μm, die Durchmesser der Atome betragen einige Å (1 Å $= 10^{-10}$ m), die der Atomkerne einige fm. Fixsterne sind einige Lichtjahre voneinander entfernt (1 Lichtjahr $= 9{,}47 \cdot 10^{15}$ m), dem ganzen Weltall schreibt man einen Radius von etwa 10^{10} Lichtjahren zu.

✘ Beispiel...

Prüfen Sie die angegebene Länge des Lichtjahres nach. Die Astronomen benutzen öfter 1 Parsec = 1 pc. Das ist der Abstand, aus dem der Erdbahnradius unter dem Winkel $1''$ (1 Bogensekunde) erscheinen würde. Wie lang ist 1 pc?

1 Lichtjahr $= 3{,}00 \cdot 10^8\,\mathrm{m\,s^{-1}} \cdot 3{,}16 \cdot 10^7\,\mathrm{s} = 9{,}47 \cdot 10^{15}\,\mathrm{m}$.
1 pc $= 1{,}5 \cdot 10^{11}\,\mathrm{m} \cdot 57 \cdot 60 \cdot 60 = 3{,}06 \cdot 10^{16}\,\mathrm{m}$.

1.1.4 Längeneinheit

Das **Meter** war vor 1799 als der 10 000 000ste Teil des (ungenau gemessenen) Erdquadranten, später auf Grund dieser Definition durch einen im Sèvres deponierten Platin-Iridium-Stab, das Archivmeter, festgelegt. Nachdem das Archivmeter den steigenden Anforderungen von Physik und Technik an Definiertheit und Konstanz nicht mehr genügte, wurde 1960 die Vakuum-Wellenlänge zugrundegelegt, die das Nuklid ^{86}Kr beim Übergang $5d_5 \to 2p_{10}$ aussendet. Seit 1983 ist das Meter an die sehr viel genauere Sekundendefinition durch die modernen Atomuhren angeschlossen: Das Meter ist die Strecke, die das Licht im Vakuum in 1/299 792 485 s zurücklegt.

Große Entfernungen lassen sich damit aus der Laufzeit elektromagnetischer Wellen direkt mit der Uhr messen, sehr kleine Abstände mit interferrometrischen Methoden ebenfalls. Im dazwischenliegenden Bereich alltäglicher Längen überträgt man die natürliche Einheit auf sekundäre Normale wie **Endmaße**.

Endmaße dienen für besonders genaue Messungen nicht zu großer Längen. Es sind quaderförmige Metallstücke, an denen zwei gegenüberliegende Flächen sehr genau planparallel geschliffen und hochpoliert sind. Der Abstand dieser Flächen ist auf wenige μm genau angegeben. Planflächen von so hoher Qualität haften aneinander, so daß man durch Aneinandersetzen mehrerer Endmaße neue Maße bilden kann, die ebenso präzis sind.

1.1.5 Winkelmaße

Ebene **Winkel** kann man im Gradmaß angeben. 1 Grad (1°) ist $\frac{1}{360}$ des „vollen" Winkels. Kleinere Einheiten sind (Bogen-) Minute ($'$) und (Bogen-) Sekunde ($''$). $1^\circ = 60' = 3\,600''$. Bei astronomischen Messungen erreicht man eine Genauigkeit von Bruchteilen von Bogensekunden.

> Mathematisch einfacher ist das **Bogenmaß**, d. h. das Verhältnis der Kreisbogenlänge, die der gegebene Winkel aufspannt, zum Radius dieses Kreises.

Die Einheit erhält manchmal den eigenen Namen **Radiant (rad)**:

$$1\,\text{rad} = \frac{360^\circ}{2\pi} = 57{,}295^\circ\,.$$

Radiant ist nur ein anderer Name für die Zahl 1. Entsprechend ist 1° nur ein anderer Name für die Zahl $\frac{1}{57{,}295} = 0{,}01745$.

Ein **Raumwinkel** ist gegeben durch das Verhältnis des über ihm aufgespannten Kugelflächenteils zum Quadrat des Radius der Kugel. Die Einheit wird manchmal **Steradiant** genannt (Aufgabe 1.1.1).

1.1.6 Zeitmessung

Alle periodischen Vorgänge sind als mehr oder weniger genaue **Uhren** brauchbar. Der Ablauf einmaliger Vorgänge hat dagegen nur noch geringe Bedeutung für die Zeitmessung (Sanduhr). Besonders regelmäßige periodische Vorgänge sind Pendelschwingungen, elastische Schwingungen, Atomschwingungen und die Rotation der Erde. Bei der Erddrehung sind zu unterscheiden die Rotationsperiode relativ zu den Fixsternen (**Sterntag**) und relativ zur Sonne (**Sonnentag**). Die Länge des Sonnentages variiert mit der Jahreszeit. Der **mittlere Sonnentag** ist um $\frac{1}{365{,}256}$ länger als der Sterntag, weil die Erde an einem Tag auf ihrer Bahn um die Sonne um gerade diesen Teil des Vollkreises weiterrückt und die Drehungen der Erde um die Sonne und um ihre Achse im gleichen Sinn erfolgen (Aufgabe 1.1.2). Sterntag und Sonnentag werden gemessen als Zeitabstand der Durchgänge eines Fixsterns bzw. der Sonne durch den gleichen Himmelsmeridian, z. B. durch den Meridian, der durch den Zenit geht (obere bzw. untere Kulmination). Ältere Zeiteinheit ist die *mittlere Sonnensekunde* (s).

Auch diese Sekunde ist keine zuverlässige natürliche Einheit. Die Achsdrehung der Erde hängt von der Massenverteilung um die Achse ab und erfolgt nicht mit genau konstanter Winkelgeschwindigkeit. Die Gezeitenreibung bremst außerdem die Drehung langsam, aber ständig ab. Andererseits ist die Schwingungsdauer eines „Sekundenpendels“ nicht nur von der Pendellänge, sondern auch von der Fallbeschleunigung abhängig; diese hängt ebenfalls von der Massenverteilung auf und in der Erde ab und ist daher örtlich und in geringerem Maße zeitlich veränderlich (Aufgaben 1.1.4–1.1.6).

Ein Quarzstab kann piezoelektrisch (Abschn. 6.2.5) zu Schwingungen angeregt werden, deren Periode außer von den Stababmessungen nur von der Dichte und den elastischen Eigenschaften abhängt (Abschn. 4.4.3). Diese sind aber durch Masse, Anordnung der Atome im Kristallgitter und Atomkräfte eindeutig bestimmt. Es gibt **Quarzuhren**, deren Gang an Regelmäßigkeit den der besten astronomischen Pendeluhren übertrifft.

Abb. 1.1. Stroboskop. Der innerste Ring hat $N = 20$ schwarze Sektoren, nach außen nimmt N in Zweierschritten zu bis 40 ganz außen. Wenn im Lampenlicht, das mit 100 Hz schwankt, nur der Ring mit N klar zu sehen ist, hat die Scheibe $6\,000/N$ Umdrehungen/min oder ein Vielfaches davon

Eine bessere Konstanz als die Rotation der Erde zeigen auch periodische Vorgänge innerhalb des Atoms. Zum Bau von höchstkonstanten Uhren verwendet man einen inneratomaren Prozeß eines Isotops des Caesiums (^{133}Cs), dessen Frequenz im Bereich technisch erzeugbarer elektromagnetischer Schwingungen liegt ($9 \cdot 10^9$ Hz). Die Absorption dieser Schwingungen durch die ^{133}Cs-Atome wird benützt, um die Frequenz des sie erzeugenden Senders dauernd genau auf dieser inneratomaren Frequenz zu halten. Die relative Frequenzabweichung kann um 10^{-13} gehalten werden.

Im Jahr 1964 wurde durch Anschluß an die alte Sekundendefinition (Sonnensekunde) provisorisch festgelegt, die Zeit für 9 192 631 770 Schwingungen dieses ^{133}Cs-Übergangs als 1 s zu bezeichnen.

1.1.7 Meßfehler

Eine völlig genaue Messung einer kontinuierlichen Größe ist nicht möglich. Es besteht immer eine Abweichung $\Delta x = x_a - x_r$, genannt **absoluter Fehler**, zwischen dem abgelesenen Wert x_a und dem realen Wert x_r. Für Vergleichszwecke wichtig ist auch der **relative Fehler** $\Delta x/x_a$. Die Kunst des Experimentators liegt darin, den Fehler klein zu halten und den unvermeidlichen Fehler sauber abzuschätzen.

Von **groben Fehlern**, bedingt durch Unachtsamkeit, unsachgemäße Handhabung des Meßgeräts, Benutzung einer falschen Theorie der untersuchten Vorgänge wollen wir hier nicht reden. Die Messung soll „allen Regeln der Kunst“ entsprechen. Dann bleiben Fehler, die durch Unvollkommenheiten des Meßgeräts oder störende Einflüsse der Umgebung bedingt sind (objektive Fehler), und Fehler, die der Beobachter beim Einstellen und Ablesen macht (subjektive Fehler). Beide Arten von Fehlern können konstant, systematisch oder zufällig sein.

Konstante Fehler, z. B. infolge einer falsch gestellten Uhr (objektiv) oder die Tatsache, daß der Beobachter immer etwas von links her auf Zeiger und Skala schaut statt genau senkrecht (**parallaktischer Fehler**, subjektiv), sind meist leicht durch Differenzmessung zu beseitigen. Oft kommt es nur auf die Differenz zweier Ablesungen an; der Parallaxenfehler fällt weg, wenn der Beobachter aller Zeigerstellungen von seiner „persönlichen Nullstellung“ an rechnet.

Für die Erfassung und Beseitigung **systematischer Fehler** gibt es keine so einfache Regel. Bestandteil jeder Messung ist eine mindestens qualitative Analyse der erkennbaren, aber mit den gegebenen Mitteln nicht unterdrückbaren systematischen Fehler.

Oft ist das Ergebnis eines Experiments keine direkte Zeigerablesung, sondern entsteht durch Kombination aus Messungen mehrerer Größen. So bestimmt man eine Geschwindigkeit i. allg. aus einer Weg- und einer Zeitmessung. Die zu bestimmende Größe y sei also eine Funktion mehrerer anderer Größen $x_1, x_2, \ldots, x_k$:

$$y = f(x_1, x_2, \ldots, x_k) .$$

Wenn die Fehler der x_i bekannt und klein sind, d. h. $\Delta x_i \ll x_i$, ergibt sich der Fehler von y nach dem **Fehlerfortpflanzungsgesetz**

$$\boxed{\Delta y = \sum_{i=1}^{k} \left| \frac{\partial f}{\partial x_i} \right| \Delta x_i} \quad . \tag{1.1}$$

Dies folgt analytisch aus der Taylor-Entwicklung der Funktion f, anschaulich wenigstens für zwei Variable ($k = 2$) durch Betrachtung der Fläche $y = f(x_1, x_2)$. Die Absolutstriche sorgen dafür, daß man den *maximalen* Fehler von y erhält, der bei *ungünstiger* Kombination der Einzelfehler zustandekommen kann. Aus (1.1) sieht man sofort:

> Der *absolute* Fehler einer *Summe* oder Differenz zweier Größen, $y = x_1 + x_2$ oder $y = x_1 - x_2$, ist die *Summe der absoluten Fehler* dieser Größen. Der *relative* Fehler eines *Produktes* oder *Quotienten* $y = x_1 x_2$ oder $y = x_1/x_2$ ist die *Summe der relativen Fehler* dieser Größen. Der relative Fehler der n. Potenz einer Größe, $y = ax^n$, ist n-mal der relative Fehler dieser Größe.

Zufällige Fehler sind zwar in der Einzelmessung unvermeidlich, aber durch Kombination mehrerer Messungen im Prinzip beliebig reduzierbar. Im Gegensatz zu den systematischen Fehlern rechnet man hierzu Abweichungen, die auf unkontrollierbaren Einflüssen des Meßgeräts, der Umgebung oder des Beobachters beruhen und die *ebensooft* in *positiver wie in negativer* Richtung erfolgen. Wenn man eine solche Messung mehrfach unter Umständen ausführt, die so identisch wie möglich sind, erhält man Ergebnisse $x_1, x_2, \ldots, x_n$, die sich irgendwo über die x-Achse verteilen. x_i sei das Ergebnis der i-ten Messung (zu unterscheiden von den x_i in (1.1), die Messungen *verschiedener* Größen beschreiben). Dann definiert man als **Mittelwert** der Ergebnisse

$$\boxed{\bar{x} = \frac{1}{n} \sum_{i=1}^{n} x_i} \quad . \tag{1.2}$$

Er stellt offenbar die unter den Umständen beste Schätzung des wahren Wertes x_r dar. Wie gut diese Schätzung ist, sieht man aus der Breite der Verteilung, beschrieben durch die *Streuung* oder **Standard-Abweichung**

$$\boxed{\sigma = \sqrt{\frac{1}{n}\sum_{i=1}^{n}(x_i - \bar{x})^2}} \qquad (1.3)$$

(für $n \gg 1$: Aufgabe 1.1.7). Wenn man das Quadrat ausmultipliziert und (1.2) benutzt, findet man

$$\sigma = \sqrt{\frac{1}{n}\left(\sum x_i^2 - 2\bar{x}\sum x_i + \sum \bar{x}^2\right)}$$
$$= \sqrt{\frac{1}{n}\left(\sum x_i^2 - 2n\bar{x}\bar{x} + n\bar{x}^2\right)} = \sqrt{\overline{x^2} - \bar{x}^2}\,, \qquad (1.4)$$

was zur praktischen Berechnung und für weiterführende Betrachtungen günstiger ist. (Man beachte: in $\overline{x^2}$ wird erst quadriert, dann gemittelt, in $\bar{x}^2$ umgekehrt.)

Mit zufälligen Fehlern behaftete Größen sind i. allg. *normalverteilt*, d. h. sie folgen einer **Normal-** oder **Gauß-Verteilung**: Eine Einzelmessung der Größe x hat die Wahrscheinlichkeit $p(x)\mathrm{d}x$, einen Wert aus dem Intervall $(x, x + \mathrm{d}x)$ zu ergeben, wobei

$$p(x) = \frac{1}{\sqrt{2\pi}\,\sigma}\mathrm{e}^{-(x-\bar{x})^2/(2\sigma^2)}\,. \qquad (1.5)$$

Das Bild dieser Funktion ist eine symmetrische Glockenkurve mit dem Maximum bei $x = \bar{x}$. Wenn man sich auf der Abszisse um ein Stück σ von diesem Wert $\bar{x}$ entfernt, fällt die Kurve auf den Bruchteil $\mathrm{e}^{-1/2} = 0{,}607$ ihres Maximalwerts. Der Faktor $1/\sqrt{2\pi}\,\sigma$ sorgt dafür, daß die Fläche unter der Kurve von $x = 0$ bis $x = \infty$, d. h. die Wahrscheinlichkeit, daß x *irgendeinen* Wert hat, sich zu 1 ergibt (Aufgabe 1.1.8). $\bar{x}$ ist der Mittelwert, denn

$$\int x\,p(x)\,\mathrm{d}x = \bar{x}\,,$$

σ ist die Streuung, denn

$$\int (x - \bar{x})^2\,p(x)\,\mathrm{d}x = \sigma^2\,.$$

Die Wahrscheinlichkeit, daß ein gemessener Wert nicht mehr als eine gegebene Abweichung δ vom wahren Wert (repräsentiert durch $\bar{x}$) hat, ist gleich der Fläche unter der Gauß-Kurve zwischen $x - \delta$ und $x + \delta$. Diese Wahrscheinlichkeit heißt auch *statistische Sicherheit* P für die **Vertrauensgrenze** δ. P hängt nur von δ/σ ab. Wenn jemand 95 % Sicherheit haben will, daß seine Vertrauensgrenzen den wahren Wert umfassen, muß er angeben $x = \bar{x} \pm 1{,}96\,\sigma$.

Normalverteilte zufällige Fehler reduzieren sich durch wiederholte Messung. Ein einzelner Meßpunkt weicht im Durchschnitt um σ vom wahren Wert ab, d. h. er hat die Wahrscheinlichkeit 0,683, ▶

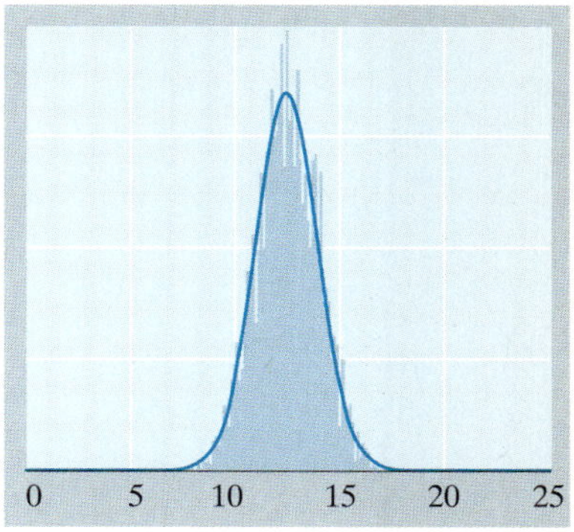

Abb. 1.2. 2500 Summen aus je 25 Zufallszahlen verteilen sich nach Gauß, ähnlich wie die Ergebnisse vieler gleichartiger Messungen. Wovon hängen Mittel und Standard-Abweichung ab? Das Mittel von Zufallszahlen aus $(0, 1)$ ist $\frac{1}{2}$, ihre Standard-Abweichung $\sigma = \sqrt{\overline{x^2} - \bar{x}^2}$, wobei $\overline{x^2} = \int_0^1 x^2\,\mathrm{d}x = \frac{1}{3}$, also $\sigma = 0{,}2887$. Für N Summen aus je Z Zufallszahlen: Mittel $Z/2$, Standard-Abweichung $\sqrt{Z}\sigma$. Je größer N, desto besser die Annäherung an die Gauß-Funktion

δ/σ	0,676	1,000	1,960
	2,000	2,581	3,000
P	0,500	0,683	0,950
	0,954	0,990	0,997

Wie kommt man zu diesen Werten? $P(z)$ ist die Fläche unter der Gauß-Kurve zwischen $z = 0$ und $z = \delta/(\sqrt{2}\sigma)$, also $P(z) = (\sqrt{2\pi}\sigma)^{-1} = \int_0^z \mathrm{e}^{-x^2}\mathrm{d}x$. Das Integral bestimmen wir durch Reihenentwicklung des Integranden: $\int_0^z (1 - x^2 + \frac{1}{2}x^4 - + \ldots) = z - \frac{1}{3}z^3 + \frac{1}{10}z^5 - + \ldots$. Das ist noch mit $2/\sqrt{\pi}$ zu multiplizieren. Wenige Taschenrechnerschritte liefern die Tabellenwerte.

innerhalb des Intervalls $x_r \pm \sigma$ zu liegen. Der *Mittelwert* von n Messungen weicht im Durchschnitt nur um

$$\Delta\bar{x} = \frac{\sigma}{\sqrt{n}} \tag{1.6}$$

ab, d. h. liegt mit der Wahrscheinlichkeit 0,683 in dem viel kleineren Intervall $x \pm \sigma/\sqrt{n}$.

Dies ist ein wichtiges Ergebnis der von *C.F. Gauß* begründeten **Ausgleichsrechnung**. Sie geht davon aus, daß sich die Wahrscheinlichkeiten unabhängiger Ereignisse zur Wahrscheinlichkeit des Gesamtereignisses multiplizieren. Wenn man Wahrscheinlichkeiten wie (1.5) multipliziert, addieren sich die Exponenten. Nun geht es darum, die Schätzwerte x_r so zu bestimmen, daß die Gesamtwahrscheinlichkeit maximal wird, daß also der Exponent, der ja negativ ist, minimal wird. Der Exponent ist die Summe der Quadrate von Abweichungen $x - x_r$. Daher spricht man von der **Methode der kleinsten Quadrate**.

Diese Überlegungen führen auf ein anderes Fehlerfortpflanzungsgesetz als (1.1). Dieses stellt den schlimmsten Fall dar, wo sich alle Einzelfehler im gleichen Sinn zusammentun, um das Ergebnis zu verfälschen. Wenn es sich um viele *unabhängige* Einzelfaktoren handelt, ist das sehr unwahrscheinlich. Man bleibt im Rahmen vernünftig gewählter statistischer Sicherheit (z. B. $P = 0{,}683$), wenn man die Standard-Abweichung der *kombinierten* Verteilung als Vertrauensgrenze angibt. Diese Standard-Abweichung ergibt sich aus der *geometrischen* Addition der Einzelfehler:

$$\Delta y = \sqrt{\sum \left(\frac{\partial f}{\partial x_i}\right)^2 \sigma_i^2}\,, \tag{1.7}$$

als ob jeder Einzelfaktor seine eigene Raumdimension hätte und der Gesamtfehler aus dem Pythagoras folgte, oder, was dasselbe ist, als Betrag eines Vektors entstünde. Da der Betrag eines Vektors immer kleiner ist als die Summe seiner absolut genommenen Komponenten, gibt das **Fehlerfortpflanzungsgesetz von Gauß** (1.7) eine mildere Schätzung als (1.1).

Eine andere wichtige Anwendung der Ausgleichsrechnung ist die **lineare Regression**. Man hat eine Größe y gemessen, von der man annimmt, daß sie linear von einer anderen Größe x abhängt. Meßwerte von y liegen für die x-Werte $x_1, x_2, \ldots, x_n$ vor, d. h. man verfügt über n Wertepaare (x_i, y_i), die in die x, y-Ebene eingetragen eine mehr oder weniger längliche Punktwolke ergeben. Welches ist die Gerade $y = a + bx$, die die Meßwerte am besten beschreibt? Gesucht sind also die Werte a und b, für die die Summe S der Quadrate der vertikalen Abstände zwischen den Meßpunkten und der Geraden so klein wie möglich ist, d. h. für die

$$S = \sum_{i=1}^{n} (y_i - a - bx_i)^2 = \min\,. \tag{1.8}$$

Leonardo da Vinci stellte folgende Daten über Körpermassen m und Flügelspannweiten s von Vögeln zusammen (hier in heutigen Einheiten ausgedrückt):

	m/kg	s/m
Amsel	0,17	0,32
Eichelhäher	0,42	0,48
Bleßhuhn	0,92	0,95
Stockente	1,95	1,10
Graugans	4,80	1,85
Storch	6,60	1,95

Da wir eine Potenzabhängigkeit $s(m) = am^b$ vermuten, tragen wir die Werte in einem $\log(s)$-$\log(m)$-Diagramm auf, dessen Steigung den Exponenten b ergibt. Lesen Sie b ab und erklären Sie das Ergebnis. Welche Spannweite braucht ein fliegender Mensch?

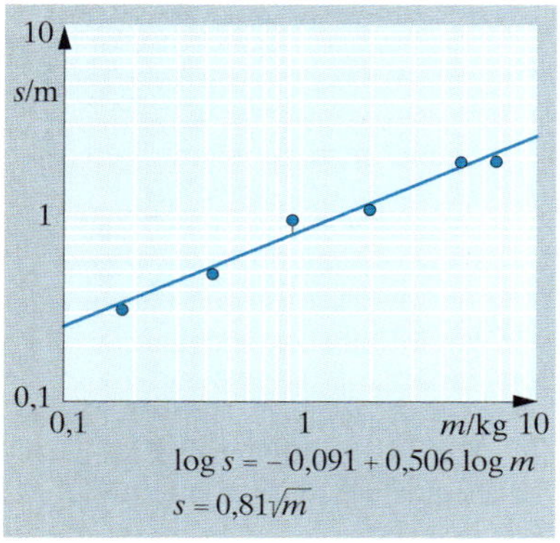

Man findet dieses Minimum durch Nullsetzen der Ableitungen nach a und b:

$$\frac{\partial S}{\partial a} = -2\sum(y_i - a - bx_i) = 0\,, \quad \text{d. h. } \bar{y} = a + b\bar{x}\,. \tag{1.9}$$

Das bedeutet, daß die beste Gerade durch den Punkt geht, der den Mittelwerten von x und y entspricht. Weiter

$$\frac{\partial S}{\partial b} = -2\sum x_i(y_i - a - bx_i) = 0\,, \quad \text{d. h.}$$
$$\sum x_i y_i = a\sum x_i + b\sum x_i^2\,.$$

Hier setzen wir $a = \bar{y} - b\bar{x}$ aus (1.9) ein und erhalten, nach b aufgelöst,

$$\boxed{b = \frac{\sum x_i y_i - \bar{x}\sum y_i}{\sum x_i^2 - \bar{x}\sum x_i}}\,. \tag{1.10}$$

Damit sind Steigung b und y-Abschnitt a der besten Geraden durch die bekannten Meßwerte x_i und y_i ausgedrückt. Kompliziertere als lineare Abhängigkeiten kann man oft durch geeignete Auftragung auf lineare zurückführen. Vermutet man z. B. ein Gesetz $y = a\,\mathrm{e}^{-bx}$, dann trage man y logarithmisch auf (einfach-logarithmisches mm-Papier) und kann aus $\ln y = -bx + \ln a$ die Konstanten $-b$ und $\ln a$ nach der obigen Methode finden.

1.2 Kinematik

Die Kinematik untersucht das „Wie“, den Ablauf der Bewegung, ohne nach dem „Warum“ zu fragen.

1.2.1 Ortsvektor

Um Bewegungen zu beschreiben, muß man zuerst ein **Bezugssystem** festlegen. Sein Ursprung O kann materiell definiert sein (Zimmerecke, Auto-Zündschloß, Erdmittelpunkt, Sonne ...), oder ein gedachter Punkt (Schwerpunkt des Systems Erde–Mond ...). Ob sich O selbst bewegt, spielt zunächst keine Rolle und läßt sich auch prinzipiell nicht sagen, jedenfalls nicht bei gleichförmiger Bewegung (Abschn. 1.8). Den Ort eines Massenpunktes zur Zeit t beschreibt man dann durch einen Vektor $\boldsymbol{r}(t)$, der von O bis zu diesem Ort führt. Will man diesen **Ortsvektor** in cartesische Koordinaten zerlegen, braucht man noch drei durch O gehende aufeinander senkrechte Achsen. Wenn sich der Massenpunkt relativ zu O bewegt, ändert sich $\boldsymbol{r}$ mit der Zeit t. Die Gesamtheit aller Endpunkte der Vektoren $\boldsymbol{r}(t)$ zu allen möglichen Zeiten t bildet die Bahnkurve des Massenpunktes.

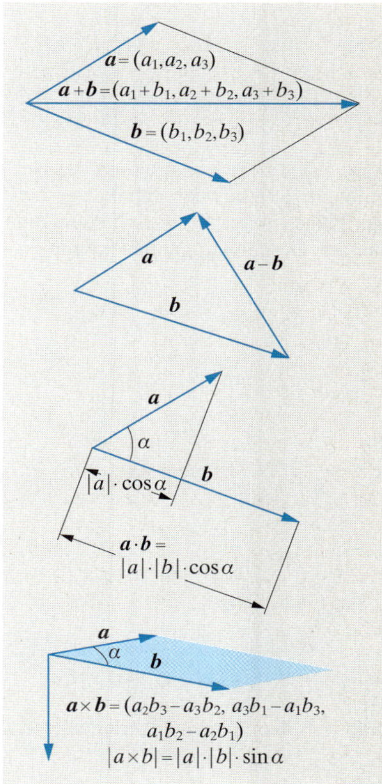

Abb. 1.3. Rekapitulation der Vektoralgebra

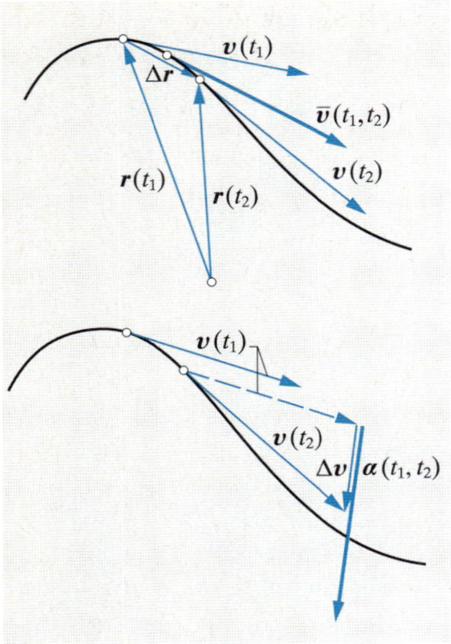

Abb. 1.4. *Oben*: Konstruktion der Geschwindigkeit aus der Bahnkurve. *Unten*: Konstruktion der Beschleunigung aus den Geschwindigkeitsvektoren

1.2.2 Geschwindigkeit

Die Differenz der Ortsvektoren für zwei Zeiten t_1 und t_2 ist die *Verschiebung* des Massenpunktes während dieser Zeit:

$$\Delta \boldsymbol{r} = \boldsymbol{r}(t_2) - \boldsymbol{r}(t_1)\,. \tag{1.11}$$

Diese Verschiebung ist „in Luftlinie" gemessen, ohne Berücksichtigung eventueller Bahnkrümmungen (Abb. 1.4).

✘ Beispiel...

Worauf beruht die bekannte Regel: Man teile die Zeit zwischen Blitz und Donner (in Sekunden) durch 3 und erhält den Abstand des Gewitters in km?

Der Schall breitet sich mit $c = 333$ m/s aus, das Licht praktisch unendlich schnell. Wenn das Gewitter 1 km entfernt ist, hört man den Donner 3 s nach dem Blitz.

Division der Verschiebung durch die dazu benötigte Zeit $t_2 - t_1$ liefert die **mittlere Geschwindigkeit** während dieser Zeit:

$$\bar{\boldsymbol{v}}(t_1, t_2) = \frac{\boldsymbol{r}(t_2) - \boldsymbol{r}(t_1)}{t_2 - t_1}\,. \tag{1.12}$$

Sie berücksichtigt offensichtlich nur den Gesamteffekt, nicht eventuelle Änderungen der Geschwindigkeit während dieser Zeit. Um die **Momentangeschwindigkeit** oder **Geschwindigkeit** schlechthin für einen bestimmten Zeitpunkt, etwa t_1, zu erhalten, argumentiert man folgendermaßen: Wenn man den Zeitpunkt t_2 immer näher an t_1 heranrücken läßt, verringert man immer mehr die Möglichkeit für Geschwindigkeitsänderungen innerhalb dieses Zeitintervalls.

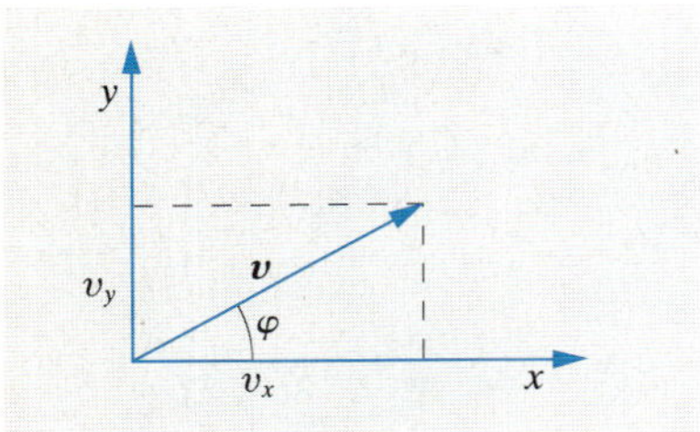

Abb. 1.5. Komponentenzerlegung

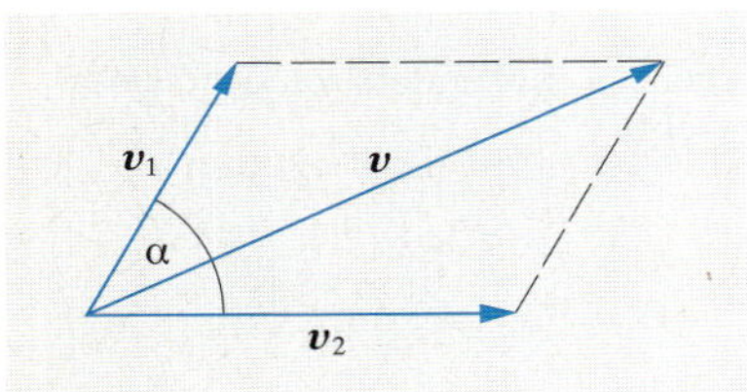

Abb. 1.6. Addition von Geschwindigkeiten

Der Grenzwert des Ausdruckes $\bar{\boldsymbol{v}}(t_1, t_2)$ für $t_2 \to t_1$ ist die Momentangeschwindigkeit

$$\boldsymbol{v}(t_1) = \lim_{t_2 \to t_1} \frac{\boldsymbol{r}(t_2) - \boldsymbol{r}(t_1)}{t_2 - t_1} = \frac{\mathrm{d}\boldsymbol{r}}{\mathrm{d}t} = \dot{\boldsymbol{r}}\,. \tag{1.13}$$

In der Folge werden wir häufig die zeitliche Ableitung einer Größe kurz durch einen darübergesetzten Punkt kennzeichnen.

Wählt man das Meter als Längen- und die Sekunde als Zeiteinheit, so ist die Einheit der Geschwindigkeit sinngemäß m/s.

Die Geschwindigkeit ist zweifellos ein Vektor: Ihrer mathematischen Entstehung nach als Quotient des Verschiebungsvektors und des Skalars Zeit; vor allem aber ihrer physikalischen Bedeutung nach, denn sie hat eine Größe *und* eine Richtung. Ihre *Richtung* ist die gleiche wie die Grenzlage des Verschiebungsvektors für $t_2 \to t_1$, also die Richtung der Tangente an die Bahnkurve an der entsprechenden Stelle.

Im allgemeinen wird sich die Geschwindigkeit $\boldsymbol{v}(t)$ von Bahnpunkt zu Bahnpunkt, also auch von Zeitpunkt zu Zeitpunkt ändern. Ändert sich die Richtung von $\boldsymbol{v}$ nicht (aber evtl. die Größe), so ist die Bahn geradlinig. Ändert sich die Größe von $\boldsymbol{v}$ nicht (aber evtl. die Richtung), so nennt man die Bewegung *gleichförmig*; sie kann indessen noch auf jeder beliebig gekrümmten Bahn erfolgen.

✘ Beispiel...

Wie groß ist die Bahngeschwindigkeit der Erde auf der Bahn um die Sonne; die des Mondes auf der Bahn um die Erde; die eines Punktes am Äquator bei der Achsendrehung der Erde? Mittlerer Abstand Sonne–Erde $1{,}5 \cdot 10^8$ km; mittlerer Abstand Erde–Mond 384 000 km; mittlerer Erdradius 6 378 km.

Erde um Sonne: $2\pi \cdot 1{,}5 \cdot 10^8\,\mathrm{km}/3{,}15 \cdot 10^7\,\mathrm{s} = 29{,}7\,\mathrm{km/s}$.
Mond um Erde: $2\pi \cdot 384\,000\,\mathrm{km}/(27{,}3 \cdot 86\,400\,\mathrm{s}) = 1{,}02\,\mathrm{km/s}$.
Punkt am Äquator: $2\pi \cdot 6\,378\,\mathrm{km}/(86\,400\,\mathrm{s} \cdot 365/366) = 0{,}465\,\mathrm{km/s}$.

1.2.3 Beschleunigung

Die Geschwindigkeitsänderung $\Delta \boldsymbol{v}(t_1, t_2)$ zwischen zwei Zeitpunkten t_1 und t_2 ergibt sich wieder durch vektorielle Differenzbildung zwischen $\boldsymbol{v}(t_2)$ und $\boldsymbol{v}(t_1)$. Diese Operation erfaßt auch den Fall, daß sich nicht, oder nicht nur die Größe, sondern auch die Richtung der Geschwindigkeit ändert. Bei der zeichnerischen Bestimmung von $\Delta \boldsymbol{v}$ muß man einen der beiden Vektoren so parallelverschieben, daß beide Anfangspunkte koinzidieren (eine Parallelverschiebung ändert den Vektor nicht).

Die **mittlere Beschleunigung** während eines Zeitraums, z. B. des Intervalls (t_1, t_2), ergibt sich wieder, indem man die Geschwindigkeitsänderung durch die dazu benötigte Zeit dividiert:

$$\bar{\boldsymbol{a}}(t_1, t_2) = \frac{\boldsymbol{v}(t_2) - \boldsymbol{v}(t_1)}{t_2 - t_1}\,. \tag{1.14}$$

Der Grenzübergang $t_2 \to t_1$ definiert die **Momentanbeschleunigung** oder **Beschleunigung** schlechthin für den Zeitpunkt t_1:

$$\boldsymbol{a}(t_1) = \lim_{t_2 \to t_1} \frac{\boldsymbol{v}(t_2) - \boldsymbol{v}(t_1)}{t_2 - t_1} = \frac{\mathrm{d}\boldsymbol{v}}{\mathrm{d}t} = \frac{\mathrm{d}^2\boldsymbol{r}}{\mathrm{d}t^2} = \ddot{\boldsymbol{r}}\,. \tag{1.15}$$

Die Einheit der mittleren und der momentanen Beschleunigung ist sinngemäß $\mathrm{m/s/s} = \mathrm{m\,s^{-2}}$.

Folgende Tatsachen sind leicht aus diesen Definitionen abzuleiten (Abb. 1.7):

Wenn sich nur die *Größe* der Geschwindigkeit ändert, hat die Beschleunigung $\boldsymbol{a}$ die Richtung (oder Gegenrichtung) zur Geschwindigkeit $\boldsymbol{v}$, je nachdem, ob es sich um eine „Beschleunigung" im alltäglichen Sinne oder um eine Bremsung handelt (Tangentialbeschleunigung).

Wenn sich nur die *Richtung* der Geschwindigkeit ändert, steht der Beschleunigungsvektor senkrecht auf dem Geschwindigkeitsvektor, also auch senkrecht auf der Bahn (Normalbeschleunigung).

Im allgemeinen Fall der Größen- *und* Richtungsänderung der Geschwindigkeit führt die eine zu einer Tangential-, die andere zu einer Normalkomponente der Beschleunigung („normal" = senkrecht).

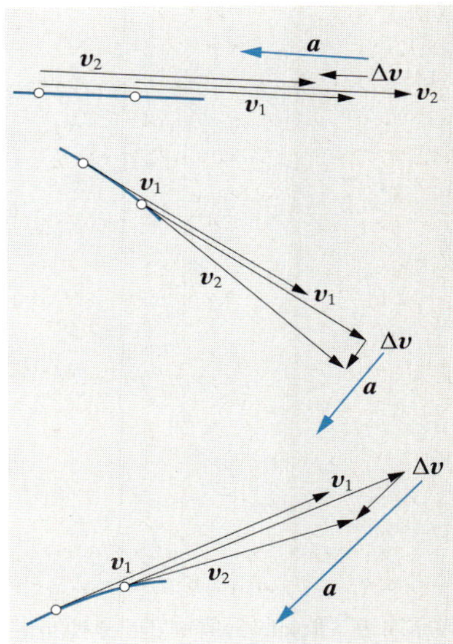

Abb. 1.7. *Oben*: Reine Tangentialbeschleunigung. *Mitte*: Reine Normalbeschleunigung. *Unten*: Allgemeiner Fall

1.3 Dynamik

Jetzt fragen wir auch nach der Ursache der Bewegung, besser nach der Ursache einer Änderung des Bewegungszustandes.

1.3.1 Trägheit

Der Nutzen des kinematischen Verfahrens, aus einem beliebigen Bewegungsablauf nacheinander die Vektorfunktionen $\boldsymbol{r}(t)$ (Bahnkurve), $\boldsymbol{v}(t)$ (Geschwindigkeit) und $\boldsymbol{a}(t)$ (Beschleunigung) herzuleiten, zeigt sich besonders, wenn man zu den Ursachen der Bewegung vorstoßen will. Hierzu muß man sich zunächst einigen, welche Bewegungen einer besonderen Ursache bedürfen und welche nicht. Die moderne exakte Naturwissenschaft begann mit der Feststellung *G. Galileis* (1564–1642), daß eine Bewegung mit konstantem Geschwindigkeitsvektor, eine **geradlinig gleichförmige Bewegung**, keiner Ursache bedarf, sondern aus sich selbst heraus immer weiter geht. Mit anderen Worten:

> Ein sich selbst überlassener Körper bewegt sich geradlinig gleichförmig (*Galileisches* **Trägheitsprinzip**). Ruhe ist danach nur ein Spezialfall einer geradlinig gleichförmigen Bewegung mit der Geschwindigkeit $\boldsymbol{v} = \boldsymbol{0}$.

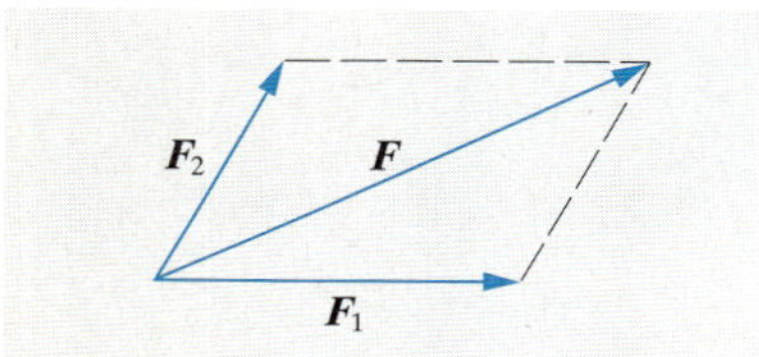

Abb. 1.8. Parallelogramm der Kräfte

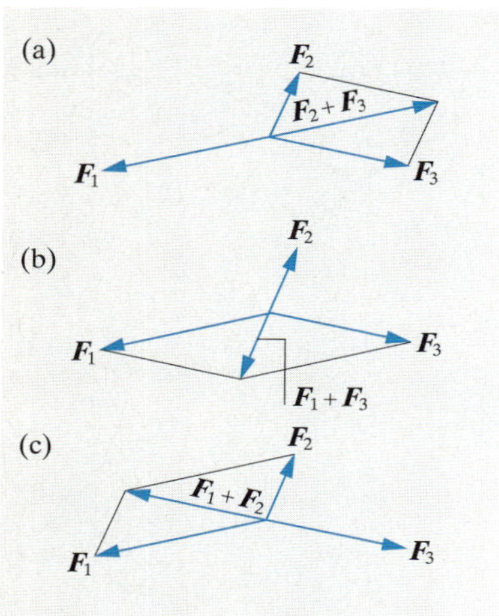

Abb. 1.9. Gleichgewicht dreier Kräfte; $\boldsymbol{F}_1 + \boldsymbol{F}_2 + \boldsymbol{F}_3 = \boldsymbol{0}$, d. h.:
(a) $\boldsymbol{F}_1 = -(\boldsymbol{F}_2 + \boldsymbol{F}_3)$,
(b) $\boldsymbol{F}_2 = -(\boldsymbol{F}_1 + \boldsymbol{F}_3)$,
(c) $\boldsymbol{F}_3 = -(\boldsymbol{F}_1 + \boldsymbol{F}_2)$

1.3.2 Kraft und Masse

Um einen Körper zu veranlassen, seinen geradlinig gleichförmigen Bewegungszustand aufzugeben, also um ihn zu beschleunigen, muß eine **Kraft** auf ihn wirken. Die Kraft ist ihrer Natur nach als Vektor darzustellen, der die gleiche Richtung hat wie die Beschleunigung, die sie hervorruft. Man stellt empirisch fest: Für einen gegebenen Körper ist die Größe der Kraft proportional der Größe der Beschleunigung. Gleiche Kräfte beschleunigen verschiedene Körper verschieden stark. Jeder Körper hat also eine gewisse Fähigkeit, dem Beschleunigtwerden Widerstand zu leisten, ausgedrückt durch seine **Masse**, genauer seine **träge Masse** m. *I. Newton* (1643–1727) faßte diese Erfahrungstatsachen in dem **Aktionsprinzip** zusammen.

$$\boldsymbol{F} = m\boldsymbol{a} = m\ddot{\boldsymbol{r}} \quad \textbf{(Bewegungsgleichung)}\,. \tag{1.16}$$

Diese Gleichung läßt sich in drei Richtungen lesen:

- Als Definitionsgleichung oder Bestimmungsgleichung für m: Wenn ein Körper unter dem Einfluß der gegebenen Kraft $\boldsymbol{F}$ eine Bewegung mit der Beschleunigung $\ddot{\boldsymbol{r}}$ ausführt, welche Masse m ist ihm dann zuzuschreiben?
- Als Definitionsgleichung oder Bestimmungsgleichung für $\boldsymbol{F}$: Wenn ein Körper der Masse m eine Bewegung mit der Beschleunigung $\ddot{\boldsymbol{r}}$ ausführt, welche Kräfte müssen dann auf ihn gewirkt haben? (Kinematische Methode.)

- Als Bestimmungsgleichung für $\ddot{\boldsymbol{r}}$: Wie sieht die Bewegung aus, die ein Körper der Masse m unter dem Einfluß der Kraft $\boldsymbol{F}$ ausführt? (Dynamische Methode; Integration der Bewegungsgleichung.)

Die erste Fragestellung ist prinzipiell bedeutungsvoll, da sie die einzig konsequente Definition der *trägen* Masse darstellt. Praktisch ist sie weniger wichtig als die anderen beiden. Beim Studium spezieller Bewegungsformen werden wir entweder die zweite oder die dritte Methode benutzen.

1.3.3 Maßeinheiten

Daß in Newtons Bewegungsgleichung keine Proportionalitätskonstante auftritt, ist der Wahl der Einheiten zu verdanken: Man wählt die Einheitskraft so, daß sie der Einheitsmasse die Einheitsbeschleunigung mitteilt. Die Einheitsmasse war ursprünglich an die Längeneinheit angeschlossen: 1 kg ist die Masse von 1 dm^3 Wasser bei 4 °C und 1 bar Druck. Als Masseneinheit dient heute ein Normal, das Archivkilogramm.

Im SI ist die Krafteinheit

$$1\,\text{Newton} = 1\,\text{N} = 1\,\text{kg}\,\text{m}\,\text{s}^{-2}\,.$$

Bei homogenen Körpern ist die Masse dem Volumen proportional: $m = \varrho V$. Die Größe $\varrho = m/V$ heißt **Dichte** oder spezifische Masse und wird in $\mathrm{kg/m^3}$ oder $\mathrm{g/cm^3}$ ausgedrückt. Wasser hat bei 4 °C und 1 bar die Dichte 1 000 $\mathrm{kg/m^3}$ oder 1 $\mathrm{g/cm^3}$.

1.3.4 Newtons Axiome

Newton baute die gesamte Mechanik auf drei Sätzen auf, von denen wir die beiden ersten schon kennen:

1) **Trägheitsprinzip**. Ein kräftefreier Körper bewegt sich geradlinig gleichförmig.

2) **Aktionsprinzip**. Wenn eine Kraft $\boldsymbol{F}$ auf einen Körper mit der Masse m wirkt, beschleunigt sie ihn mit

$$\boldsymbol{a} = \ddot{\boldsymbol{r}} = \frac{\boldsymbol{F}}{m}\,. \qquad (1.17)$$

(Das Trägheitsprinzip ist der Spezialfall $\boldsymbol{F} = 0$ des Aktionsprinzips.)

3) **Reaktionsprinzip**. Wenn die Kraft $\boldsymbol{F}$, die auf einen Körper wirkt, ihren Ursprung in einem anderen Körper hat, so wirkt auf diesen die entgegengesetzt gleiche Kraft $-\boldsymbol{F}$.

Newton hat sein Aktionsprinzip eigentlich anders formuliert:

2′) Wenn eine Kraft $\boldsymbol{F}$ auf einen Körper wirkt, ändert sich sein **Impuls** $m\boldsymbol{v}$ so, daß

$$\frac{\mathrm{d}}{\mathrm{d}t}(m\boldsymbol{v}) = \boldsymbol{F}\,. \qquad (1.17')$$

Diese Fassung gilt, im Gegensatz zu (2) auch bei veränderlicher Masse. Es ist, als hätte *Newton* die Relativitätstheorie vorausgeahnt, in der sich ja tatsächlich die Masse mit der Geschwindigkeit ändert. Die moderne Physik zieht daher (1.17′) vor. Man hat sogar mehrfach versucht, den Kraftbegriff ganz aus der Physik zu eliminieren und ihn durch den Begriff des Impulsaustausches zu ersetzen. Wegen ihrer Anschaulichkeit werden wir meist die Fassung (1.17) benutzen. Man muß aber beachten, daß sie nur bei Geschwindigkeiten gilt, die klein gegen die Lichtgeschwindigkeit sind.

1.4 Einfache Bewegungen

Das Aktionsprinzip ist ein allgemeingültiges Rezept zur Analyse von Bewegungen. Wir werden es abwechselnd „vorwärts" und „rückwärts" anwenden, nämlich aus den wirkenden Kräften auf den Ablauf der Bewegung schließen oder umgekehrt.

1.4.1 Die gleichmäßig beschleunigte Bewegung

Eine konstante Kraft (bei der sich weder Größe noch Richtung ändert) erzeugt nach Newtons Beschleunigungsgleichung eine konstante Beschleunigung $\boldsymbol{a} = \ddot{\boldsymbol{r}} = \boldsymbol{F}/m$. Zunächst sei diese Beschleunigung $\boldsymbol{a}$ parallel zu der in einem bestimmten Zeitpunkt herrschenden Geschwindigkeit $\boldsymbol{v}$. Dann behält die Geschwindigkeit auch stets die Richtung, d. h. die Bahn ist eine Gerade, und man kann hier vom Vektorcharakter von $\boldsymbol{r}$, $\boldsymbol{v}$ und $\boldsymbol{a}$ absehen und die Lage des Körpers durch seinen skalaren Abstand x von einem zu wählenden Nullpunkt auf dieser Geraden darstellen.

Daß die Beschleunigung a der Größe nach konstant ist, bedeutet, daß die Geschwindigkeit v linear mit der Zeit zunimmt. Wenn zur Zeit $t = 0$ schon eine gewisse Geschwindigkeit v_0 vorhanden war, ist die Geschwindigkeit zur Zeit t

$$\boxed{v(t) = v_0 + at}\,. \qquad (1.18)$$

Den Abstand x vom Nullpunkt zur Zeit t erhält man (auch ohne Kenntnisse im Integrieren) folgendermaßen: Bei $t = 0$ befinde sich der Massenpunkt bei $x = x_0$ und fliege mit v_0. Zur Zeit t fliegt er mit $v(t)$. Dazwischen hat er die mittlere Geschwindigkeit

$$\overline{v}(t) = \tfrac{1}{2}(v_0 + v(t)) = v_0 + \tfrac{1}{2}at\,. \qquad (1.19)$$

Man beachte: Diese Mittelung ist nur möglich, weil v inzwischen linear angewachsen ist. Mit der Geschwindigkeit $\overline{v}$ würde in der Zeit t der Weg

$$\Delta x = \overline{v}(t)t = v_0 t + \tfrac{1}{2}at^2 \qquad (1.20)$$

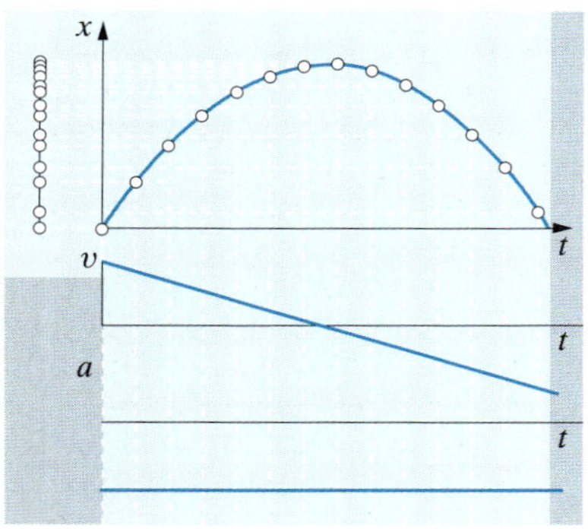

Abb. 1.10. Gleichmäßig beschleunigte Bewegung: $x(t)$-, $v(t)$-, $a(t)$-Diagramm

zurückgelegt werden. Also befindet sich der Massenpunkt dann bei

$$\boxed{x(t) = x_0 + v_0 t + \tfrac{1}{2} a t^2} \quad . \tag{1.21}$$

Durch Integrieren folgen (1.18) und (1.21) unmittelbar aus der **Bewegungsgleichung** (1.17) und den **Anfangsbedingungen** $x(0) = x_0$, $v(0) = v_0$. Wenn speziell $x_0 = 0$ und $v_0 = 0$, vereinfachen sich (1.18) und (1.21) zu

$$v = at\,, \qquad x = \tfrac{1}{2} a t^2\,. \tag{1.22}$$

In diesen beiden Beziehungen läßt sich jede der vier Größen x, v, a, t durch zwei andere ausdrücken. Jede dieser Kombinationen gibt interessante Aufschlüsse und ist vielfach praktisch anwendbar. Speziell ist die Geschwindigkeit nach der Beschleunigungsstrecke x

$$v = \sqrt{2ax}\,. \tag{1.23}$$

Der Fall, daß die Beschleunigung $\ddot{\boldsymbol{r}}$ unter einem Winkel zu der in einem bestimmten Zeitpunkt herrschenden Geschwindigkeit $\dot{\boldsymbol{r}}$ steht, bietet für die Vektorrechnung überhaupt keine Schwierigkeit. Man schreibt die Beziehungen (1.18) und (1.21) einfach vektoriell:

$$\dot{\boldsymbol{r}}(t) = \boldsymbol{v}_0 + \boldsymbol{a}t\,, \tag{1.24}$$

$$\boldsymbol{r}(t) = \boldsymbol{r}_0 + \boldsymbol{v}_0 t + \tfrac{1}{2}\boldsymbol{a}t^2\,. \tag{1.25}$$

✗ Beispiel...

Dr. *Stapp* bremst seinen Raketenschlitten aus 1 000 km/h mit bis zu 300 m/s^2 ab. Wie lange dauert die Bremsung, wie lang ist der Bremsweg?

Bremszeit und Bremsweg ergeben sich aus $t = v/a$ und $s = \frac{1}{2}v^2/a$ zu 0,93 s bzw. 130 m. Daß jedes Experiment mindestens einige Wochen Klinik nach sich zog, ist wohl klar.

Alle Richtungsprobleme regeln sich mit Hilfe der Gesetze der Vektoraddition von selbst. Anschaulich kann man sagen: Jede Bewegung läßt sich beliebig (auch schiefwinklig) in Komponenten aufspalten, die unabhängig voneinander erfolgen. Zum Beispiel läßt sich (1.25) so deuten, daß der Körper von seiner Anfangslage die kräftefreie Bewegung $\boldsymbol{v}_0 t$ und unabhängig davon die gleichmäßig beschleunigte Bewegung $\frac{1}{2}\boldsymbol{a}t^2$ ausgeführt hat.

Ein wichtiger Spezialfall der gleichmäßig beschleunigten Bewegung ist der **freie Fall** unter dem Einfluß der Erdschwerkraft, aber ohne Luftwiderstand. In der Nähe der Erdoberfläche erfährt dabei jeder Körper eine Beschleunigung $a = g = 9{,}81\ \mathrm{m/s^2}$, die auf den Erdmittelpunkt gerichtet ist (über die kleinen Abweichungen von diesem Wert g vgl. Abschn. 1.8). Ein Körper der Masse m, der auf diese Weise beschleunigt wird, muß nach dem Aktionsprinzip unter dem Einfluß einer Kraft vom Betrage $F = mg$ stehen, die ebenfalls auf den Erdmittelpunkt zeigt. Diese Kraft ist das

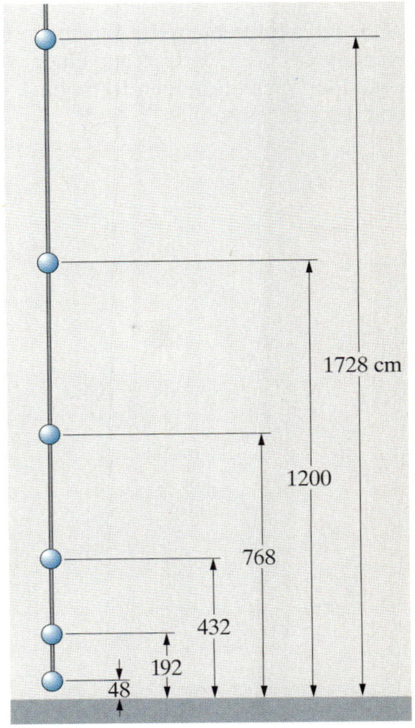

Abb. 1.11. Fallschnur: Wenn man die Aufhängung ausklinkt, trommeln die Kugeln in gleichmäßigem Rhythmus auf den Fußboden. Wenn die Abstände der Kugeln vom Boden sich wie die Quadratzahlen 1, 4, 9, ... verhalten, verhalten sich die Fallzeiten wie die Zahlen 1, 2, 3, ... Man hört also ein gleichmäßiges Trommeln, im Beispiel mit 0,10 s Abstand zwischen zwei Schlägen. Hängt das Seil etwas höher, dann ist die Zunahme der Fallzeit für die kurzen Strecken fühlbarer als für die langen, der Trommelwirbel verlangsamt sich daher gegen das Ende zu

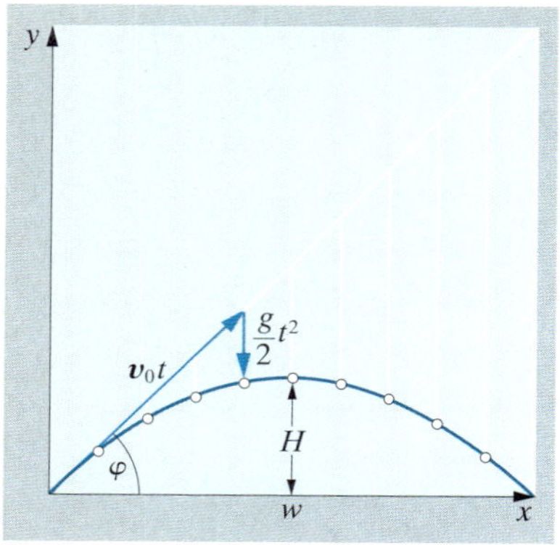

Abb. 1.12. Entstehung der Wurfbewegung aus der Überlagerung einer geradlinig gleichförmigen Bewegung und der Fallbewegung

Gewicht des Körpers und ist begrifflich streng von der Masse zu unterscheiden. Um diese Unterscheidung zu erleichtern, gab es früher die Einheit kp (**Kilopond**). 1 kp ist das Gewicht einer Masse von 1 kg. Das Kilopond ist also eine *Kraft*einheit, *keine* Masseneinheit. Zum N (**Newton**) verhält es sich seiner Definition nach wie folgt:

$$1\,\mathrm{kp} = 9{,}81\,\mathrm{N}\,.$$

Galileis Fall- und Wurfgesetze sind Folgerungen aus (1.24) und (1.25), ebenso wie viele Vorschriften der Straßenverkehrsordnung (Aufgaben 1.4.1–1.4.6).

1.4.2 Die gleichförmige Kreisbewegung

Ein Massenpunkt bewege sich auf einer kreisförmigen Bahn mit dem Radius r um das Zentrum Z mit einer Geschwindigkeit konstanter Größe v, wenn auch natürlich veränderlicher Richtung. Der *Betrag* v der Geschwindigkeit, auch **Bahngeschwindigkeit** genannt, gibt die Bogenlänge des Kreises an, die in der Sekunde durchlaufen wird. Wichtig ist ferner der Begriff der **Winkelgeschwindigkeit** ω. Sie gibt den Winkel an, den der Strahl vom Zentrum Z zum Massenpunkt in einer bestimmten Zeit überstreicht, dividiert durch diese Zeit. Der Winkel ist hierbei im Bogenmaß anzugeben. Aus dieser Definition folgt der Zusammenhang zwischen Bahn- und Winkelgeschwindigkeit:

$$v = \omega r\,. \tag{1.26}$$

Die **Umlaufzeit** T, innerhalb der der Winkel 2π überstrichen wird, hängt mit ω so zusammen:

$$T = \frac{2\pi r}{v} = \frac{2\pi}{\omega}\,. \tag{1.27}$$

Ein rotierender starrer Körper, z. B. ein Rad, hat an allen Punkten die gleiche Winkelgeschwindigkeit; die Bahngeschwindigkeit nimmt wegen (1.26) nach außen hin zu. Bei einem Zahnrad- oder Seiltrieb sind die *Bahn*geschwindigkeiten der wirksamen Peripherien der im Eingriff stehenden Räder gleich (andernfalls würde ein Rad auf dem anderen rutschen). Hieraus ergeben sich z. B. die Grundbeziehungen der Getriebetechnik.

✘ Beispiel...

Bei der Rotation eines Stahlteils sollte man eine Umfangsgeschwindigkeit von 100 m/s nicht überschreiten (Grund: Aufgabe 3.4.2). Wie viele Umdrehungen pro Minute kann man also einem Teil mit dem Durchmesser d zumuten?

Die Umfangsgeschwindigkeit ist $v = \omega r = \omega d/2$, also die zulässige Drehzahl $\omega = 200/d\,\mathrm{s}^{-1}$, $\nu = 32/d\,\mathrm{s}^{-1} = 1\,900/d\,\mathrm{U/min}$, z. B. bei $d = 1\,\mathrm{cm}$: $\nu = 190\,000\,\mathrm{U/min}$, bei $d = 1\,\mathrm{m}$: $\nu = 1\,900\,\mathrm{U/min}$.

Wir ermitteln nun die Beschleunigung bei der gleichförmigen Kreisbewegung. Eine Beschleunigung liegt vor, weil sich die Geschwindigkeit der Richtung (wenn auch nicht der Größe) nach ändert. Sie ist nach dem allgemeinen Verfahren der Kinematik durch Bildung der Geschwindigkeitsdifferenz für zwei genügend eng benachbarte Positionen A und B des Massenpunktes oder die entsprechenden Zeitpunke t_1 und t_2 zu finden (Abb. 1.13). Der Kreissektor ZAB läßt sich dann mit beliebiger Genauigkeit durch ein Dreieck annähern. Dieses Dreieck ist *ähnlich* dem Dreieck BCD aus den beiden Geschwindigkeitsvektoren $\boldsymbol{v}(t_1)$ und $\boldsymbol{v}(t_2)$ (beide an B angetragen) und der Geschwindigkeitsdifferenz $\Delta\boldsymbol{v}$: Beide Dreiecke sind gleichschenklig (ZAB, weil es zwei Kreisradien enthält, BCD, weil die Geschwindigkeit dem Betrag nach konstant ist), beide haben den gleichen Winkel an der Spitze (weil jedes $\boldsymbol{v}$ als Tangente auf dem zugehörigen Radius senkrecht steht). Folglich haben entsprechende Seiten beider Dreiecke das gleiche Verhältnis:

$$\frac{AB}{r} = \frac{\Delta r}{r} = \frac{|\Delta\boldsymbol{v}|}{|\boldsymbol{v}|} = \frac{|\Delta\boldsymbol{v}|}{v}\,, \tag{1.28}$$

wenn Δr die Länge des Kreisbogens ist, der im Grenzfall in die Dreiecksseite übergeht. Division dieser Gleichung durch die Zeitdifferenz $t_2 - t_1 = \Delta t$, die benötigt wird, um den Weg AB zurückzulegen bzw. die Geschwindigkeitsänderung $\Delta\boldsymbol{v}$ herbeizuführen, liefert

$$\frac{\Delta r/\Delta t}{r} = \frac{v}{r} = \frac{|\Delta\boldsymbol{v}|/\Delta t}{v} = \frac{a}{v} \tag{1.29}$$

oder

$$\boxed{a = \frac{v^2}{r} = \omega^2 r}\,, \tag{1.30}$$

wenn man für $\Delta r/\Delta t$ im Grenzfall v und für $|\Delta\boldsymbol{v}|/\Delta t$ die Beschleunigung a setzt.

Die Größe der Beschleunigung ist also konstant. Ihre Richtung ergibt sich aus der Konstruktion (Abb. 1.13) als stets zum Zentrum hin gerichtet (man beachte, daß $\Delta\boldsymbol{v}$ und $\boldsymbol{a}$ eigentlich am derzeitigen Ort A oder B des Körpers anzutragen sind). Es herrscht also eine **Zentripetalbeschleunigung**. Dynamisch betrachtet:

Damit oder wenn ein Körper mit der Masse m eine gleichförmige Kreisbewegung ausführt, muß auf ihn eine Kraft vom Betrag

$$F = \frac{mv^2}{r} = m\omega^2 r \tag{1.31}$$

wirken, die immer zu einem festen Punkt, dem Zentrum, hinzeigt (Zentripetalkraft).

Im physikalisch realen Fall wird es einen Körper Q geben, der die Zentripetalkraft ausübt, die nötig ist, um den Körper P auf die Kreisbahn zu zwingen. Dann übt umgekehrt P auf Q nach dem Reaktionsprinzip eine Gegenkraft aus, deren Betrag ebenfalls durch (1.31) gegeben wird, die aber entgegengesetzte Richtung hat, eine **Zentrifugalkraft**. Eine andere Deutung der Zentrifugalkraft wird sich bei der Diskussion verschiedener Bezugssysteme ergeben (vgl. Abschn. 1.8.4).

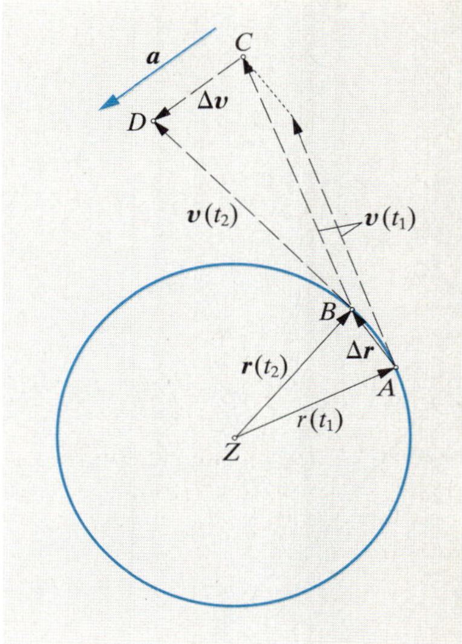

Abb. 1.13. Kinematik der gleichförmigen Kreisbewegung

✗ Beispiel...

Die Zentrifugalkraft infolge der täglichen Rotation der Erde läßt sich leicht direkt messen. Wie äußert sie sich? Ist das für den Jahreslauf der Erde um die Sonne auch so?

Erdrotation: $a = \omega^2 r = 0{,}03\,\mathrm{m/s^2} = (1/300)\,g$: Am Äquator ist ein 100 kg-Mensch 0,3 kg leichter als am Pol. Ebensoviel bringt die verringerte Anziehung infolge der Erdabplattung.
Jahresumlauf: $a = v^2/r = 6 \cdot 10^{-3}\,\mathrm{m/s^2}$. Dies wird durch die Anziehung durch die Sonne genau kompensiert und ist so nicht nachweisbar.

1.4.3 Die harmonische Schwingung

Wenn man eine gleichförmige Kreisbewegung „von der Seite betrachtet", d. h. sie auf eine Gerade c projiziert, die in der Kreisbahnebene liegt, so erhält man eine **harmonische Schwingung**. Damit ist dieser Bewegungstyp kinematisch vollständig gekennzeichnet, und alle wesentlichen Tatsachen darüber lassen sich ohne Rechnung ablesen. Man übernimmt einfach die Ergebnisse für die gleichförmige Kreisbewegung mit der Bahngeschwindigkeit v_0, wobei aber natürlich nur die Komponenten von Weg, Geschwindigkeit und Beschleunigung zählen, die in Richtung der Projektionsgeraden c fallen.

Der Radius r der Kreisbahn spielt hier die Rolle der maximalen Auslenkung oder **Amplitude** der Schwingung. Der Betrag der Geschwindigkeit v ändert sich zeitlich, weil zu jeder Zeit ein verschiedener Teil der Bahngeschwindigkeit v_0 beim Kreis in die Projektionsrichtung fällt. Nur wenn der Massenpunkt die Mittellage passiert, nimmt v den vollen Wert v_0 an. Bei maximaler Auslenkung ist $v = 0$. Die Beschleunigung, da sie in radialer Richtung zeigt, wird dagegen mit dem vollen Kreisbahnwert $a_0 = \pm v_0^2/r$ gerade dann auf c projiziert, wenn der Körper maximal ausgelenkt ist. In der Mittellage ist $a = 0$.

Allgemeiner lassen sich alle drei Größen – Auslenkung x aus der Mittellage, Geschwindigkeit v, Beschleunigung a – durch den Winkel α in der äquivalenten Kreisbewegung (Definition s. Abb. 1.14) ausdrücken.

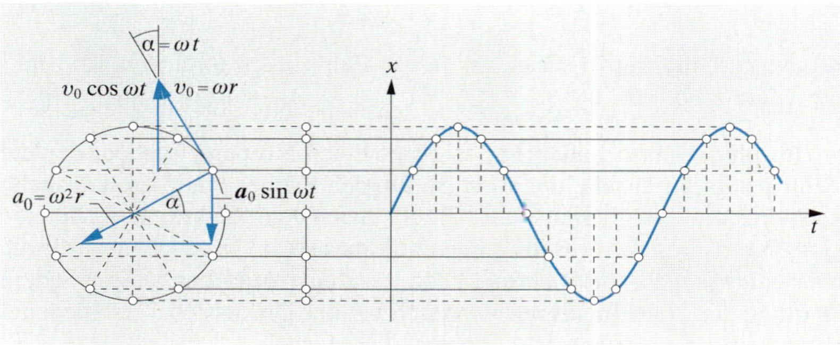

Abb. 1.14. Die harmonische Schwingung als „von der Seite gesehene" gleichförmige Kreisbewegung

Im Fall der Schwingung nennt man α die **Phase**. Zählt man die Zeit t von einem Durchgang durch die Mittellage nach oben an, so ist nach Definition der Winkelgeschwindigkeit

$$\alpha = \omega t \tag{1.32}$$

und man liest aus Abb. 1.14 sofort ab:

$$x = r \sin \omega t \,, \tag{1.33}$$

$$v = v_0 \cos \omega t \,, \tag{1.34}$$

$$a = -a_0 \sin \omega t \,. \tag{1.35}$$

Vergleich von (1.33) und (1.35) zeigt, daß für jeden Zeitpunkt die Beschleunigung a proportional zur Auslenkung x, wenn auch dieser entgegengerichtet ist:

$$a = -\frac{a_0}{r} x = -\omega^2 x \tag{1.36}$$

(vgl. (1.30)).

Damit oder wenn ein Körper der Masse m eine solche Bewegung ausführt, muß auf ihn also eine Kraft

$$F = ma = -m\omega^2 x \tag{1.37}$$

wirken, die proportional zur Auslenkung x aus der Ruhelage und dieser entgegengerichtet ist. Eine Kraft mit einem solchen Abstandsgesetz nennt man **elastische Kraft**. Wenn man also umgekehrt weiß, daß auf einen Körper bei der Auslenkung aus einer Ruhelage eine Kraft wirksam wird, die proportional zu dieser Auslenkung x ist:

$$F = -Dx \,, \tag{1.38}$$

so folgt, daß der Massenpunkt eine harmonische Schwingung ausführt.

Die Proportionalitätskonstante D heißt auch **Federkonstante** oder Direktionskraft, obwohl sie keine Kraft, sondern Kraft/Abstand ist. Vergleich von (1.37) und (1.38) erlaubt Umrechnung der dynamischen in die kinematischen Größen:

$$D = m\omega^2 \quad \text{oder} \quad \omega = \sqrt{\frac{D}{m}} \,. \tag{1.39}$$

Je steiler die elastische Kraft verläuft, desto schneller ist die Schwingung; je größer die zu bewegende Masse, desto langsamer ist sie.

Natürlich ist die harmonische Schwingung periodisch, denn die gleichförmige Kreisbewegung ist es auch. Im Fall der Schwingung ist die **Periode** T die Zeit zwischen zwei Durchgängen durch den gleichen Punkt, etwa die Ruhelage, in gleicher Richtung. In Analogie mit der Kreisbewegung (vgl. (1.27)) ist

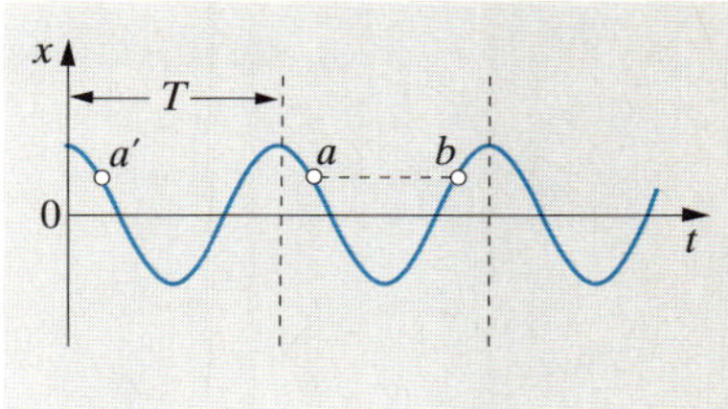

Abb. 1.15. Zur Definition der Phase einer Schwingung. a' und a stimmen in der Phase überein, a und b nicht

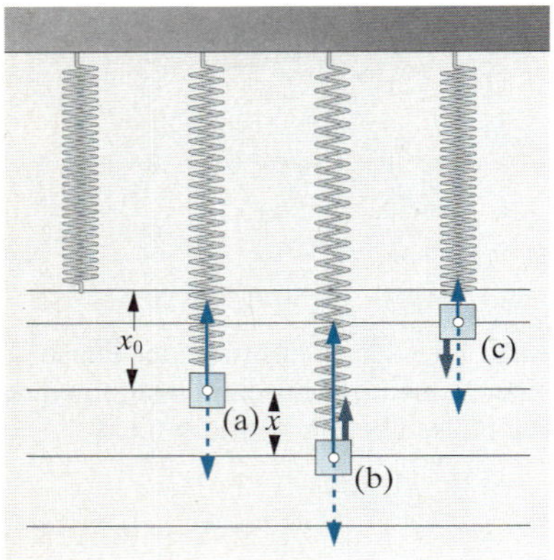

Abb. 1.16a–c. - - -► Gewicht des Klotzes, ——► Rückstellkraft der Feder, ──► resultierende Kraft

$$T = \frac{2\pi}{\omega} = 2\pi\sqrt{\frac{m}{D}}. \tag{1.40}$$

Der Kehrwert von T heißt *Frequenz* der Schwingung:

$$\nu = \frac{1}{T} = \frac{1}{2\pi}\sqrt{\frac{D}{m}}. \tag{1.41}$$

Was bei der Kreisbewegung Winkelgeschwindigkeit hieß, heißt bei der Schwingung **Kreisfrequenz**

$$\omega = 2\pi\nu = \frac{2\pi}{T} = \sqrt{\frac{D}{m}}. \tag{1.42}$$

Es ist kein Wunder, daß harmonische Schwingungen so häufig auftreten, auch außerhalb der Mechanik. Jede Abweichung von einem stabilen Gleichgewichtszustand führt nämlich, solange sie klein ist, zu einem rücktreibenden Einfluß, der proportional zur Größe der Abweichung ist. Speziell wirken jeder mechanischen Deformation eines Körpers rücktreibende Kräfte entgegen, die zunächst proportional zur Deformation sind (Hookesches Gesetz, vgl. Abschn. 3.4.1), was in Abwesenheit von Reibung zu harmonischen Schwingungen führt.

1.5 Arbeit, Energie, Impuls, Leistung

Manchmal braucht man den zeitlichen Ablauf der Bewegung nicht zu kennen, um Aussagen über Anfangs- und Endzustand zu machen. Mathematisch entspricht das einer Integration der Bewegungsgleichung.

1.5.1 Arbeit

Der physikalische Arbeitsbegriff entwickelte sich aus dem Studium der Kraftübertragung durch Hebel, Seile und Rollen. Man stellt dabei fest, daß sich durch eine geeignete Übersetzung zwar „Kraft gewinnen" läßt, d. h. daß man um einen gewissen Faktor weniger Kraft aufzuwenden braucht als schließlich auf die zu bewegende Last wirkt, daß man aber dann mit dem Angriffspunkt dieser Kraft einen um den gleichen Faktor größeren Weg zurückzulegen hat als die Last. Umgekehrt kann man „Weg gewinnen", muß dann aber an Kraft zusetzen. In jedem Fall gibt es also – abgesehen von Reibungsverlusten – eine Größe, die bei einer derartigen Kraftübertragung erhalten bleibt, nämlich das Produkt Kraft · Weg („Goldene Regel der Mechanik").

Es ist zweckmäßig, dieser Größe einen Namen beizulegen und zu definieren:

> Wenn eine konstante Kraft $\boldsymbol{F}$ den Massenpunkt, auf den sie wirkt, um die Strecke $\Delta\boldsymbol{r}$ in ihrer eigenen Richtung verschiebt, führt sie ihm die **Arbeit** W zu:
>
> $$W = \boldsymbol{F}\Delta\boldsymbol{r}\,. \tag{1.43}$$

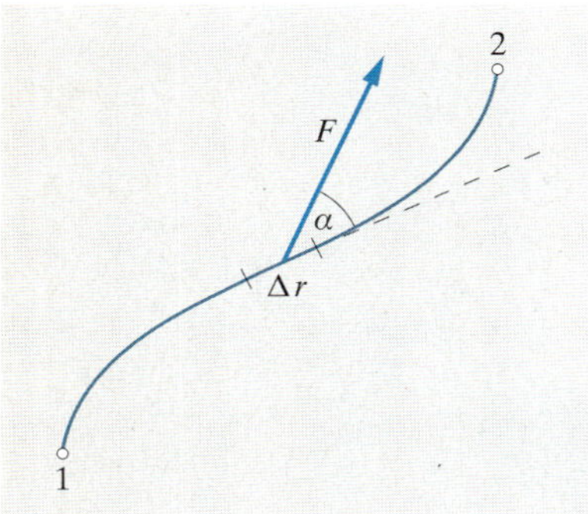

Abb. 1.17. Zur Berechnung der Arbeit bei der Verschiebung von 1 nach 2

Diese Definition kann in zwei Richtungen verallgemeinert werden:

- Berücksichtigung des vektoriellen Charakters von Kraft und Verschiebung: Stimmen die Richtungen von Kraft $\boldsymbol{F}$ und Verschiebung $\Delta\boldsymbol{r}$ nicht überein, so resultiert eine Arbeit nur aus der Komponente von $\Delta\boldsymbol{r}$ in Richtung von $\boldsymbol{F}$. Negativ ausgedrückt: Eine Kraft leistet keine Arbeit auf einen Massenpunkt, der sich senkrecht zu ihr bewegt. Diese Tatsachen werden genau durch das Skalarprodukt von $\boldsymbol{F}$ und $\Delta\boldsymbol{r}$ ausgedrückt:

$$W = F\,\Delta r \cos(\boldsymbol{F}, \Delta\boldsymbol{r}) = \boldsymbol{F}\cdot\Delta\boldsymbol{r}\,. \tag{1.44}$$

- Ändert sich die Kraft längs des Weges oder ist dieser gekrümmt, so ist die Definition (1.43) nicht mehr direkt anwendbar. Jedenfalls erwartet man ein besseres Resultat, wenn man den Gesamtweg in mehrere Teile zerlegt, die einigermaßen gerade sind und auf denen die Änderung der Kraft unwesentlich ist. Auf jedem solchen Wegelement $\Delta\boldsymbol{r}$ fällt dann der Arbeitsanteil

$$\Delta W \approx \boldsymbol{F}\cdot\Delta\boldsymbol{r}$$

an. Für den Gesamtweg addieren sich diese Anteile:

$$W \approx \sum \boldsymbol{F}\cdot\Delta\boldsymbol{r}\,.$$

Das Verfahren wird i. allg. um so genauer, je feiner die Unterteilung ist. In fast allen physikalisch wesentlichen Situationen existiert der Grenzwert für unendlich feine Unterteilung, der genau der mathematischen Definition des (Riemannschen) Linienintegrals entspricht

$$\boxed{W = \int \boldsymbol{F}\cdot\mathrm{d}\boldsymbol{r}}\,. \tag{1.45}$$

✗ Beispiel...

Bestimmen Sie Leistung, Arbeit und Kraft bei folgenden Tätigkeiten: Treppensteigen, Kniebeugen, Klimmzug, Loch graben.

Wenn man seine 75 kg in 15 s bis zum 4. Stock (ca. 16 m) hochbringt, hat man 12 000 N m = 12 000 J bzw. 800 W aufgebracht. Kniebeuge in 1/2 s (Hebung um 0,7 m): 1,05 kW. Klimmzug (0,3 m in 1 s): 250 W. Die Erde (1 m^3 oder ca. 2 000 kg) muß im Durchschnitt mindestens um 1 m gehoben werden. Rein physikalisch ist die Leistung kläglich: 20 000 J in 1 h: 5,6 W!

Für eine Bewegung auf einer Geraden mit veränderlicher Kraft $F(x)$ läßt sich W als die Fläche unter der Kurve $F(x)$ darstellen (Abb. 1.18). Für eine krummlinige Bewegung trägt man als Abszisse die Bogenlänge, als Ordinate die Kraftkomponente in Kurvenrichtung auf.

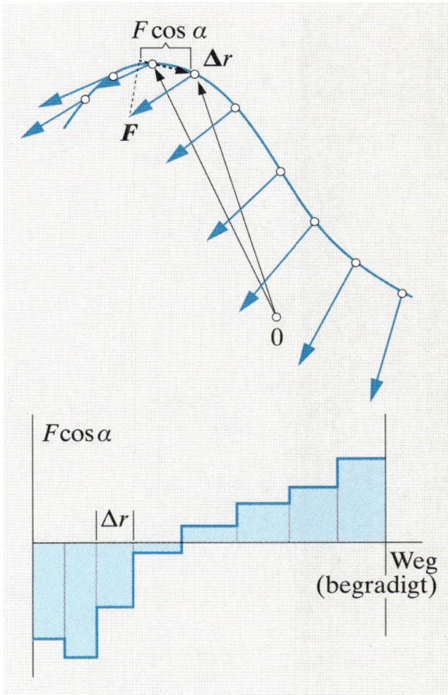

Abb. 1.18. Die Arbeit als Wegintegral der Kraft

Die Einheit der Arbeit ergibt sich aus dieser Definition:

$$1\,\mathrm{kg\,m^2/s^2} = 1\,\mathrm{N\,m} = 1\,\mathrm{Joule} = 1\,\mathrm{J}\,.$$

1.5.2 Kinetische Energie

In der obigen Definition haben wir uns für die Aussage zu verantworten, die Arbeit werde dem Massenpunkt zugeführt. Das impliziert, daß sie noch in ihm steckt und sich auch wieder entnehmen läßt. Wenn der Massenpunkt durch die Kraft beschleunigt worden ist, müßte er also die Arbeit in Form von Bewegung mitführen. Zunächst sei angenommen, die Beschleunigung sei von der Ruhe aus über eine Strecke x gleichmäßig erfolgt, also durch eine konstante Kraft F, die definitionsgemäß auf der Strecke x die Arbeit $W = Fx$ leistet. Nach dieser Beschleunigungsstrecke hat der Massenpunkt die Geschwindigkeit

$$v = \sqrt{2ax} = \sqrt{\frac{2Fx}{m}} = \sqrt{\frac{2W}{m}}$$

erreicht (vgl. (1.23)). Nach W aufgelöst, ergibt sich

$$\boxed{W = \frac{m}{2}v^2} \quad . \tag{1.46}$$

In dieser Form, als **kinetische Energie**, steckt also die Beschleunigungsarbeit im bewegten Massenpunkt.

Von den Beschränkungen des speziellen Beschleunigungstyps kann man sich freimachen, entweder indem man einfach sagt: Wenn der Arbeitsbegriff überhaupt einen Sinn hat, muß es ganz gleichgültig sein, auf welche Weise – gleichmäßig oder nicht – der Betrag W zustandegekommen ist; oder, ohne diese Rückversicherung bei der „Goldenen Regel", mit Hilfe der Vektorrechnung: Für jeden Beschleunigungsvorgang gilt natürlich das Aktionsprinzip $\boldsymbol{F} = m\ddot{\boldsymbol{r}}$. Diese Gleichung kann man beiderseits mit der Geschwindigkeit $\dot{\boldsymbol{r}}$ skalar multiplizieren:

$$\boldsymbol{F} \cdot \dot{\boldsymbol{r}} = m\ddot{\boldsymbol{r}} \cdot \dot{\boldsymbol{r}} \, . \tag{1.47}$$

Links steht die in der Zeiteinheit auf den Massenpunkt geleistete Arbeit; der Ausdruck rechts ist nach den Differentiationsregeln die zeitliche Ableitung des Ausdrucks $\frac{1}{2}m\dot{\boldsymbol{r}}^2$:

$$\frac{\mathrm{d}}{\mathrm{d}t}\left(\frac{1}{2}m\dot{\boldsymbol{r}}^2\right) = \frac{1}{2}m(\dot{\boldsymbol{r}} \cdot \ddot{\boldsymbol{r}} + \ddot{\boldsymbol{r}} \cdot \dot{\boldsymbol{r}}) = m\ddot{\boldsymbol{r}} \cdot \dot{\boldsymbol{r}} \, . \tag{1.48}$$

Auch für endliche Zeiträume findet sich die geleistete Arbeit stets als Zunahme von $\frac{1}{2}mv^2$, der kinetischen Energie wieder.

Es bleibt noch nachzuweisen, daß diese kinetische Energie eines Massenpunktes P als Arbeit verfügbar ist, um an einen anderen Massenpunkt Q abgegeben zu werden. Beim Studium dieses Vorgangs wird man auf zwei weitere Begriffe geführt: den Impuls und die potentielle Energie.

1.5.3 Impuls

Wir betrachten die Massenpunkte P und Q. Q möge auf P die Kraft $\boldsymbol{F}$ ausüben, die P mit $\ddot{\boldsymbol{r}}_P = \boldsymbol{F}/m_P$ beschleunigt. Nach dem Reaktionsprinzip erfährt Q dann gleichzeitig die Kraft $-\boldsymbol{F}$, die Q mit $\ddot{\boldsymbol{r}}_Q = -\boldsymbol{F}/m_Q$ beschleunigt. Es ist also

$$m_P\ddot{\boldsymbol{r}}_P + m_Q\ddot{\boldsymbol{r}}_Q = \boldsymbol{F} - \boldsymbol{F} = \boldsymbol{0}\,. \tag{1.49}$$

Der Ausdruck $m_P\ddot{\boldsymbol{r}}_P + m_Q\ddot{\boldsymbol{r}}_Q$, der demnach verschwindet, ist die zeitliche Ableitung einer Größe

$$\boldsymbol{p} = m_P\dot{\boldsymbol{r}}_P + m_Q\dot{\boldsymbol{r}}_Q = \boldsymbol{p}_P + \boldsymbol{p}_Q\,, \tag{1.50}$$

die also bei jeder Wechselwirkung zwischen P und Q erhalten bleibt. Dies läßt sich auf Wechselwirkungen zwischen beliebig vielen Massenpunkten erweitern, falls keiner dieser Massenpunkte Kräften ausgesetzt ist, die von einem Körper außerhalb dieses Systems herrühren, also falls es sich um ein **abgeschlossenes System** handelt:

Impulssatz

Der **Gesamtimpuls**

$$\boldsymbol{p} = \sum_i m_i\dot{\boldsymbol{r}}_i \tag{1.51}$$

eines abgeschlossenen Systems aus den Massenpunkten $m_1, m_2, \ldots$ ist zeitlich konstant.

Der Gesamtimpuls kann also auf die Impulse der einzelnen Massenpunkte

$$\boldsymbol{p}_i = m_i\dot{\boldsymbol{r}}_i \tag{1.52}$$

infolge der gegenseitigen Kraftwirkungen nur verschieden verteilt werden.

Eine wichtige Folgerung aus dem Impulssatz bezieht sich auf den **Schwerpunkt** eines Systems zweier oder mehrerer Massenpunkte. Dies ist der Punkt mit dem Ortsvektor $\boldsymbol{r}_S$, gekennzeichnet durch die Bedingung

$$(m_P + m_Q)\boldsymbol{r}_S = m_P\boldsymbol{r}_P + m_Q\boldsymbol{r}_Q\,. \tag{1.53}$$

Zweimalige zeitliche Differentiation dieser Gleichung liefert

$$(m_P + m_Q)\ddot{\boldsymbol{r}}_S = m_P\ddot{\boldsymbol{r}}_P + m_Q\ddot{\boldsymbol{r}}_Q = \dot{\boldsymbol{p}}\,. \tag{1.54}$$

Die rechte Seite ist die Gesamtimpulsänderung, verschwindet also. Links steht die Beschleunigung des Schwerpunktes, die also auch Null ist:

Schwerpunktsatz

Der Schwerpunkt eines abgeschlossenen Systems bewegt sich geradlinig-gleichförmig, unabhängig von den Bewegungen und Wechselwirkungen der Teile des Systems.

In einem Bezugssystem, das seinen Ursprung im Schwerpunkt hat (Schwerpunktsystem), ist der Gesamtimpuls aller Massen des Systems Null.

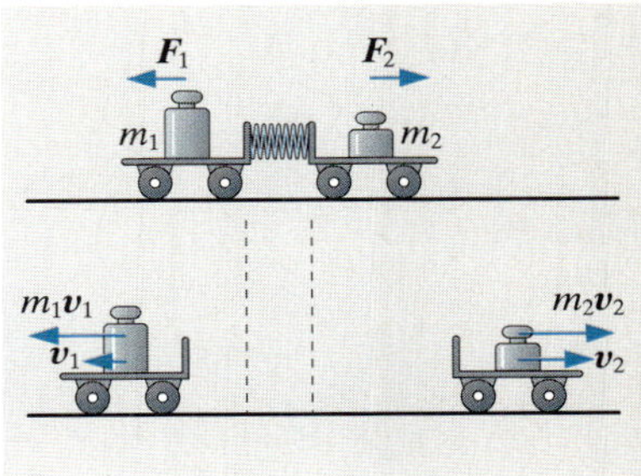

Abb. 1.19. Die beiden Wagen haben auch nach der Trennung noch den Gesamtimpuls 0

1.5.4 Kraftfelder

Wenn die Kraft auf einen Massenpunkt nur von dem Ort $\boldsymbol{r}$ abhängt, wo er sich befindet (und evtl. von der Zeit, nicht aber z. B. direkt von der Geschwindigkeit $\dot{\boldsymbol{r}}$), also wenn $\boldsymbol{F} = \boldsymbol{F}(\boldsymbol{r})$, so sagt man, in dem betreffenden Raumgebiet herrsche ein **Kraftfeld** $\boldsymbol{F}(\boldsymbol{r})$. Bei der Verschiebung des Massenpunktes in diesem Kraftfeld von $\boldsymbol{r}_1$ nach $\boldsymbol{r}_2$ ist die Arbeit

$$W(\boldsymbol{r}_1, \boldsymbol{r}_2) = \int_{\boldsymbol{r}_1}^{\boldsymbol{r}_2} \boldsymbol{F}(\boldsymbol{r}) \cdot \mathrm{d}\boldsymbol{r}$$

zu leisten (vgl. (1.45)). Diese Arbeit hängt i allg. nicht nur vom Start- und Zielort der Verschiebung ab, sondern auch von dem Weg, auf dem sie erfolgt. Jedoch tritt diese Komplikation in vielen wichtigen Feldern wie dem Gravitationsfeld oder elektrostatischen Feld *nicht* auf, d. h. W ist dort allein eine Funktion von Start- und Zielort. Anders ausgedrückt: In einem solchen Feld ist die Gesamtarbeit für jeden abgeschlossenen Weg Null. Felder, für die das zutrifft, heißen **Potentialfelder** oder **konservative Felder**. Nur in ihnen gilt der Energieerhaltungssatz. Der Gegensatz zu konservativ ist **dissipativ**.

1.5.5 Potentielle Energie

Hebt man nahe dem Erdboden einen Körper der Masse m um die Höhe h, so leistet man gegen die Schwerkraft mg eine Arbeit

$$W = mgh \, .$$

Sie steckt ebenfalls als Energie in dem Körper; man kann sie z. B. jederzeit in ebensoviel kinetische Energie verwandeln, indem man den Körper fallenläßt. Daher heißt mgh die **potentielle Energie des Körpers im Erdschwerefeld**, *bezogen* oder *normiert* auf den Ort, von dem die Hebung begann.

Das läßt sich verallgemeinern: Wenn man bei der Ermittlung der Arbeit $W(\boldsymbol{r}_1, \boldsymbol{r}_2)$ immer vom gleichen Ort $\boldsymbol{r}_1$ ausgeht, aber den Zielort $\boldsymbol{r}_2$ variiert, ist natürlich W eine Funktion von $\boldsymbol{r}_2$ allein. Man nennt sie die **potentielle Energie** $W_{\text{pot}}(\boldsymbol{r}_2)$, normiert auf den Ort $\boldsymbol{r}_1$. Es gibt also so viele verschiedene **Normierungen** der potentiellen Energie, wie es verschiedene Startorte gibt. Zwei solche Normierungen für die Startorte $\boldsymbol{r}_1$ und $\boldsymbol{r}'_1$ unterscheiden sich aber nur um eine konstante additive Größe, nämlich die Arbeit $W(\boldsymbol{r}'_1, \boldsymbol{r}_1)$:

$$\begin{aligned} W_{\text{pot}\,\boldsymbol{r}'_1}(\boldsymbol{r}) &= W(\boldsymbol{r}'_1, \boldsymbol{r}) = W(\boldsymbol{r}'_1, \boldsymbol{r}_1) + W(\boldsymbol{r}_1, \boldsymbol{r}) \\ &= W_{\text{pot}\,\boldsymbol{r}_1}(\boldsymbol{r}) + W(\boldsymbol{r}'_1, \boldsymbol{r}_1) \, . \end{aligned} \tag{1.55}$$

Man benutzt gelegentlich auch Normierungen, bei denen diese additive Konstante einen willkürlichen, gar keinem möglichen Startort entsprechenden Wert hat, der nur durch die mathematische Zweckmäßigkeit bestimmt ist. Das kann man tun, weil physikalisch letzten Endes nur *Differenzen* zwischen den potentiellen Energien zweier Orte interessieren; bei der Bildung dieser Differenz fällt die additive Konstante fort.

Die potentielle Energie hat den großen formalen Vorteil, daß sie das Kraftfeld genauso erschöpfend beschreibt wie die Kraft $\boldsymbol{F}(\boldsymbol{r})$, obwohl sie als Skalar sehr viel einfacher ist als der Vektor $\boldsymbol{F}$. Man kann nämlich, wenn nur das Skalarfeld $W_{\text{pot}}(\boldsymbol{r})$ gegeben ist, die Kraft einfach durch Gradientenbildung gewinnen:

$$\boxed{\boldsymbol{F} = -\operatorname{grad} W_{\text{pot}}(\boldsymbol{r})} \quad . \tag{1.56}$$

Die **Gradientenoperation** ist die Umkehrung des Linienintegrals, das nach (1.45) von $\boldsymbol{F}(\boldsymbol{r})$ auf W oder W_{pot} führt.

Anschaulich bedeutet (1.56) folgendes: An jedem Ort zeigt die Kraft in die Richtung, in der W_{pot} am schnellsten *ab*nimmt (deswegen auch das Minuszeichen in (1.56)). Die Kraft ist gleich dem Gefälle des W_{pot}-Gebirges in dieser Fallinie. In allen anderen Richtungen nimmt W_{pot} langsamer ab, und entsprechend kleiner ist die Kraftkomponente in diesen Richtungen. Sie ist Null in jeder der unendlich vielen Richtungen senkrecht zur Fallinie, weil sich W_{pot} in einer solchen Richtung nicht ändert. Das alles gilt für sehr kleine Verschiebungen. Allgemein sind sowohl die Fallinien oder **Feldlinien** als auch die Flächen konstanter W_{pot}, die **Niveauflächen** des Feldes, gekrümmt. Richtig bleibt, daß die Feldlinien die Niveauflächen senkrecht schneiden, d. h. ihre **Orthogonaltrajektorien** sind.

Zur graphischen Darstellung eines Potentialfeldes genügt es, hinreichend viele Niveauflächen zu zeichnen und an jede den dort herrschenden W_{pot}-Wert zu schreiben. Andererseits genügt auch die Angabe hinreichend dicht liegender Feldlinien, falls man – z. B. durch die Dichte dieser Feldlinien – die Größe der Kraft angibt.

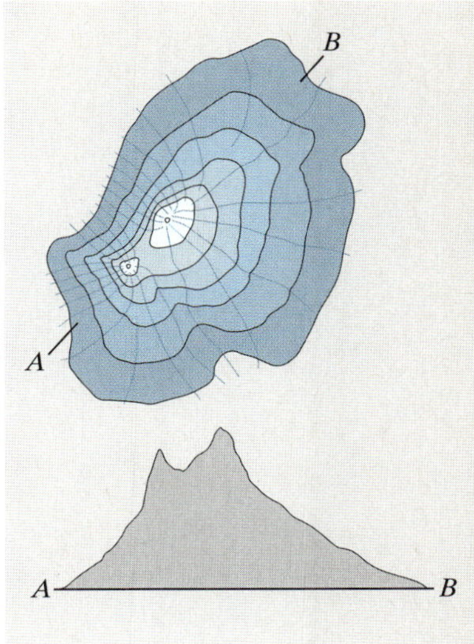

Abb. 1.20. *Oben*: Kraftfeld mit Niveaulinien und Feldlinien. *Unten*: Schnitt durch das Potentialgebirge

1.5.6 Der Energiesatz

Mit Hilfe des Begriffs der potentiellen Energie schreibt sich die Gl. (1.47) für die Beschleunigung eines Massenpunktes im konservativen Kraftfeld:

$$\boldsymbol{F} \cdot \dot{\boldsymbol{r}} = -\operatorname{grad} W_{\text{pot}} \cdot \dot{\boldsymbol{r}} = -\frac{\mathrm{d}W_{\text{pot}}}{\mathrm{d}t} = m\ddot{\boldsymbol{r}} \cdot \dot{\boldsymbol{r}} = \frac{\mathrm{d}W_{\text{kin}}}{\mathrm{d}t} \ .$$

Mechanischer Energiesatz

$$\frac{\mathrm{d}}{\mathrm{d}t}(W_{\text{kin}} + W_{\text{pot}}) = 0 \, . \tag{1.57}$$

Die Summe aus kinetischer und potentieller Energie, genannt mechanische Energie, ist in einem konservativen Kraftfeld konstant.

Man beachte die Beschränkung auf konservative Felder. Sie war beim Impulssatz nicht nötig: Er gilt auch für dissipative Kräfte. Für den Energiesatz wird diese Beschränkung erst überflüssig, wenn man auch die Wärme in die Energiebilanz einbezieht, die durch dissipative Kräfte erzeugt wird. Dies geht über den Rahmen der eigentlichen Mechanik hinaus, obwohl ja auch die Wärme eine Form kinetischer Energie ist, nämlich die der ungeordneten Molekülbewegung. Die Trennung von Mechanik und Wärmelehre hat hauptsächlich rein praktische Gründe: Ein makroskopisches Objekt hat zu viele Moleküle, als daß sie sich mit den eigentlich mechanischen Methoden behandeln lassen; man muß zur statistischen Mechanik übergehen.

1.5.7 Leistung

Ein weiterer Begriff ist stillschweigend schon im Zusammenhang mit (1.47) aufgetaucht, nämlich die

Leistung, d. h. die Arbeit oder Energieänderung *pro Zeiteinheit*. Man mißt sie im SI in der Einheit

$$1\,\mathrm{J/s} = 1\,\mathrm{kg\,m^2/s^3} = 1\,\mathrm{W} = 1\,\mathrm{Watt}\,.$$

Aus (1.47) und (1.48) ergibt sich, daß Leistung = Kraft · Geschwindigkeit ist:

$$\boxed{P = \boldsymbol{F} \cdot \boldsymbol{v}}\,. \qquad (1.58)$$

1.5.8 Zentralkräfte

Wechselwirkungen zwischen zwei Massen*punkten* sind fast immer so beschaffen, daß die Kräfte zwischen beiden in Richtung ihrer Verbindungslinie wirken. Dies ist schon aus Symmetriegründen klar: Wenn sich im Raum nur die beiden Massenpunkte befinden, gibt es nur *eine* ausgezeichnete Richtung, die ihrer Verbindungslinie. Alle Richtungen senkrecht dazu z. B. sind völlig gleichberechtigt, und es ist nicht einzusehen, warum die Kraft in eine davon zeigen sollte. Wenn einmal eine seitliche Kraft zwischen zwei Körpern auftritt (z. B. bei Kreiselwirkungen oder magnetischen Ablenkungen durch einen Stromleiter), handelt es sich bestimmt nicht um die Wechselwirkung zweier Massenpunkte, sondern ausgedehnter Körper, und daher kann die Problemstellung noch andere Richtungen auszeichnen.

Die Größe der Kraft $\boldsymbol{F}$ auf den einen der Massenpunkte, P, darf deswegen noch jede beliebige Abhängigkeit vom Abstand zwischen P und Q haben; sie darf zu Q hinzeigen (Anziehung) oder von ihm weg (Abstoßung).

Solche Kräfte, die stets auf einen festen Punkt Z zeigen (gleichgültig, ob sich ein anderer Massenpunkt dort befindet, oder ob Z der Schwerpunkt des Systems $P - Q$ ist, usw.), heißen **Zentralkräfte**.

Für einen Massenpunkt in einem Zentralfeld gilt ein weiterer Erhaltungssatz, der **Flächensatz**. Er verallgemeinert sich für ein abgeschlossenes System von Massenpunkten zum **Drehimpulssatz**.

Der Massenpunkt P befinde sich in einem Zentralfeld, um dessen Herkunft wir uns zunächst nicht zu kümmern brauchen. Den festen Punkt Z, auf den die Kraft immer zeigt, erklären wir naturgemäß zum Ursprung. Wir stellen wieder die Bewegungsgleichung auf und multiplizieren sie diesmal *vektoriell* mit dem Ortsvektor $\boldsymbol{r}$:

$$\boldsymbol{r} \times \boldsymbol{F} = m\boldsymbol{r} \times \ddot{\boldsymbol{r}}\,.$$

Da es sich um eine Zentralkraft handelt, ist $\boldsymbol{F}$ parallel zu $\boldsymbol{r}$; das Vektorprodukt paralleler Vektoren verschwindet aber, also

$$m\boldsymbol{r} \times \ddot{\boldsymbol{r}} = \boldsymbol{0}.$$

Nun ist $m\boldsymbol{r} \times \ddot{\boldsymbol{r}}$ identisch mit der zeitlichen Ableitung der Größe $m\boldsymbol{r} \times \dot{\boldsymbol{r}}$:

$$\frac{\mathrm{d}}{\mathrm{d}t}(m\boldsymbol{r} \times \dot{\boldsymbol{r}}) = m\boldsymbol{r} \times \ddot{\boldsymbol{r}} + m\dot{\boldsymbol{r}} \times \dot{\boldsymbol{r}},$$

denn das Produkt $\dot{\boldsymbol{r}} \times \dot{\boldsymbol{r}}$ verschwindet als Produkt paralleler Vektoren ebenfalls.

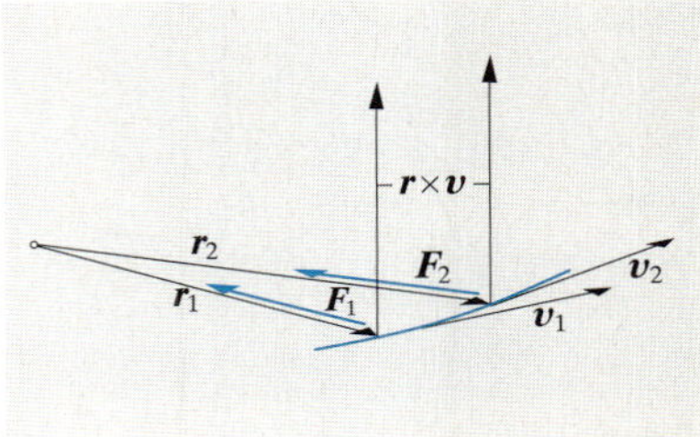

Abb. 1.21. Flächensatz: Eine Zentralkraft verändert den Drehimpuls $m\boldsymbol{r} \times \boldsymbol{v}$ nicht

> Für die Größe $\boldsymbol{L} = m\boldsymbol{r} \times \dot{\boldsymbol{r}}$, den **Drehimpuls** des Massenpunktes P *in bezug auf das Zentrum* Z, gilt also: In einem Zentralfeld ist der Drehimpuls eines Massenpunktes konstant (*Flächensatz*).

Der Drehimpuls ist ein Vektor. Die Konstanz seiner Richtung bedeutet, daß die Bahn des Massenpunktes in einer Ebene senkrecht zu dieser Richtung liegt (also z. B. keine Schraubenlinie sein kann). Wegen der Definition eines Vektorprodukts wie $\boldsymbol{r} \times \dot{\boldsymbol{r}}$ liegen nämlich sowohl $\boldsymbol{r}$ als auch $\dot{\boldsymbol{r}}$ immer senkrecht zu ihm, spannen also in jedem Zeitpunkt die gleiche Ebene senkrecht zu $\boldsymbol{L} = m\boldsymbol{r} \times \dot{\boldsymbol{r}}$ auf. Die Konstanz der Größe des Drehimpulses kann man so deuten: $|\boldsymbol{L}|/m = rv \sin(\dot{\boldsymbol{r}}, \boldsymbol{r})$ ist genau das Doppelte der Fläche des von $\boldsymbol{r}$ und $\dot{\boldsymbol{r}}$ aufgespannten Dreiecks. Dieses Dreieck ist die in der Zeiteinheit vom Ortsvektor („Radiusvektor") $\boldsymbol{r}$ überstrichene Fläche. Diese Fläche ist also zeitlich konstant (im Spezialfall der Planetenbewegung im Zentralfeld der Sonne ist dies das 2. Kepler-Gesetz). Je näher also P an Z ist, desto größer muß seine Geschwindigkeit (genauer: ihre zu $\boldsymbol{r}$ senkrechte Komponente) sein. Je spitzwinkliger $\dot{\boldsymbol{r}}$ zu $\boldsymbol{r}$ steht, desto größer muß der Betrag v sein.

1.5.9 Anwendungen des Energie- und Impulsbegriffes

a) Geschoß- oder Treibstrahlgeschwindigkeiten. Für einen **Sprengstoff** sei die spezifische Explosionsenergie η gegeben, d. h. die auf die Masse bezogene Energie, die bei der Explosion frei wird. Allein hieraus kann man auf die **Geschoßgeschwindigkeit** schließen.

Der gesamte Sprengstoff verwandelt sich im Idealfall in expandierende Explosionsgase. Das Geschoß kann nicht schneller sein als diese Gase. Mehr braucht man nicht zu wissen, speziell nichts aus der Wärmelehre. Die kinetische Energie der Gase und des Geschosses stammt aus η, neben zahlreichen Verlusten. Wenn m_S die Sprengstoff- und m_G die Geschoßmasse ist, ergibt sich die Maximalgeschwindigkeit der Explosionsgase zu

$$v = \sqrt{\frac{2m_\mathrm{S}}{m_\mathrm{S} + m_\mathrm{G}}\,\eta}\,.$$

Ein typischer Wert für moderne Sprengstoffe ist $\eta = 4 \cdot 10^6$ J/kg, folglich $v \lesssim 2$ km/s.

Für einen Brennstoff und die Maximalgeschwindigkeit seiner z. B. zum **Düsenantrieb** verwendeten Verbrennungsgase gilt eine ähnliche

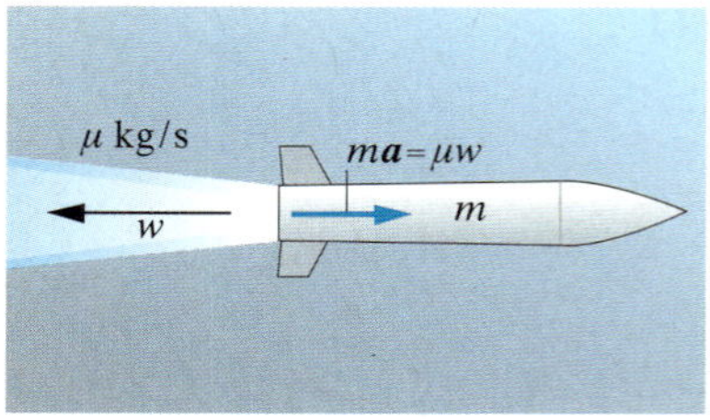

Abb. 1.22. Raketenantrieb

Betrachtung, nur ist hier die Masse des Oxidationsmittels (meist O_2) einzubeziehen, da sie in den Verbrennungsgasen mitbeschleunigt werden muß.

Man beachte, wie sehr zweckmäßige Maßeinheiten alles vereinfachen. Die Einfachheit der Betrachtung und des Ergebnisses sollte allerdings nicht über die für eine genaue Rechnung notwendigen Präzisierungen hinwegtäuschen.

b) Raketenphysik. Eine **Rakete** der Masse m, die im leeren, kräftefreien Raum fliegt, stoße in der Zeit dt eine Treibstoffmasse dm mit der Geschwindigkeit w, also mit dem Impuls $w\,dm$ aus. Da der Gesamtimpuls konstant bleibt, muß die Rakete selbst den entgegengesetzt gleichen Impuls aufnehmen, der ihre Geschwindigkeit v um dv erhöht: $w\,dm = -m\,dv$, oder nach Division durch dt

$$-w\frac{dm}{dt} = m\frac{dv}{dt} = ma\,. \qquad (1.59)$$

Das Minuszeichen stammt nicht aus den Geschwindigkeitsrichtungen, sondern aus dm, das als Massenänderung der Rakete negativ zu nehmen ist. (1.59) stellt die effektive Kraft auf den Raketenkörper dar, die technisch Schub genannt wird: Der **Schub** ist das Produkt von Ausströmrate $-dm/dt$ und Ausströmgeschwindigkeit w.

Bei dem Massenverlust dm/dt nimmt die Raketenmasse vom Anfangswert m_0 auf m ab, um die Geschwindigkeit v zu erreichen. Aus (1.59) folgt bei konstantem w:

$$\frac{1}{m}\frac{dm}{dt} = -\frac{1}{w}\frac{dv}{dt}\,,$$

d. h. integriert

$$\boxed{\ln\frac{m}{m_0} = -\frac{v}{w} \quad oder \quad m = m_0\,e^{-v/w}}\,. \qquad (1.60)$$

Nur noch eine Nutzlast $m = m_0\,e^{-v/w}$ fliegt mit v weiter. Der Rest ist als Treibgas verpufft. Da technisch ein Massenverhältnis $m_0/m \approx 6$ von vollgetankter zu leerer Maschine kaum zu überschreiten ist, ergibt sich für die Brennschlußgeschwindigkeit der Einstufenrakete $v \approx 2w$.

Die üblichen Treibstoffgemische (Brennstoff plus Oxidationsmittel) haben spezifische Energien η zwischen 10^7 und $2 \cdot 10^7$ J/kg (O_2 ist zu berücksichtigen). Bei verlustfreier Umwandlung in kinetische Energie ergäbe sich $w = \sqrt{2\eta} \approx 4 \cdot 10^3$ bis $6 \cdot 10^3$ m/s. Die kinetische Gastheorie zeigt, daß dies Temperaturen von über 10 000 °C entspräche, die keine Brennkammer aushielte; w ist in Wirklichkeit nur etwa halb so groß. Ohne das Stufenprinzip brächte man also nicht einmal Erdsatelliten auf die Bahn.

c) Propeller- und Düsenantrieb. Etwas vereinfachend kann man sagen: Beim **Propellerantrieb** wird der Energieinhalt η des Treibstoffs ausgenutzt, beim **Düsenantrieb** sein Impulsinhalt. Warum zieht man für hohe Fluggeschwindigkeiten die Düse, für kleine den Propeller vor? Warum vollzog sich der Übergang gerade gegen Ende des Zweiten Weltkrieges?

Wir vergleichen die bei den beiden Antriebsarten durch Verbrennung von μ kg Treibstoff pro Sekunde erzielten Beschleunigungen. Beim Propellerantrieb wird ein Bruchteil γ des Energieinhaltes in W_{kin} des Flugzeuges umgesetzt. Der Gesamtwirkungsgrad γ ist nicht viel größer als 0,1, denn als Wärmekraftmaschine hat der Motor einen Wirkungsgrad von höchstens 20–30 %, und die Verluste an der Luftschraube sind auch erheblich. Die nutzbare Leistung ist, wenn m und v Flugzeugmasse und -geschwindigkeit sind:

$$P = \gamma\eta\mu = Fv = m\dot{v}v\,,$$

also ist die Beschleunigung

$$\dot{v}_{\text{P}} = \frac{\gamma\eta\mu}{mv}\,.$$

Beim Düsenantrieb wird der maximale Schub, entsprechend dem Ausstoß der Verbrennungsgase mit der maximal möglichen Geschwindigkeit $w = \sqrt{2\eta}$, in modernen Triebwerken fast erreicht. Nach dem Impulssatz ist dann bei Ausstoß von μ kg Verbrennungsgas pro Sekunde

$$m\dot{v} = \mu w = \mu\sqrt{2\eta} \quad \text{oder} \quad \dot{v}_{\text{D}} = \sqrt{2\eta}\,\frac{\mu}{m}\,.$$

Das Verhältnis der Beschleunigungen

$$\frac{\dot{v}_D}{\dot{v}_{\text{P}}} = \frac{1}{\gamma}\sqrt{\frac{2}{\eta}}v$$

ist um so günstiger für die Düse, je schneller das Flugzeug ist. Oberhalb der Geschwindigkeit

$$v_{\text{kr}} = \gamma\sqrt{\frac{\eta}{2}}$$

ist die Düse ökonomischer, unterhalb der Propeller. Mit vernünftigen Werten erhält man Übergangsgeschwindigkeiten um 1 000 km/h.

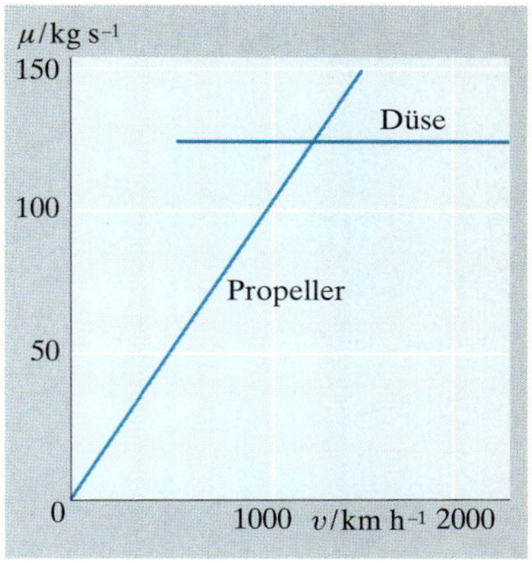

Abb. 1.23. Propeller- und Düsenantrieb: Treibstoffbedarf für eine Beschleunigung a in Abhängigkeit von der Fluggeschwindigkeit. Zahlenwerte für $a = 1\,\text{m/s}^2$, Startmasse 120 t

d) Durchschlagskraft von Geschossen. Die folgende Betrachtung stammt von *Newton*: Ein Geschoß mit der Masse m, der Länge l und dem Querschnitt A schlägt in ein Medium ein und erzeugt darin einen Kanal. Welche Länge L kann dieser haben?

Das Geschoß hat zwei Arbeiten zu leisten, nämlich Arbeit gegen die Kohäsionskräfte des Mediums und Beschleunigungsarbeit: Die Substanz des Kanals muß ausweichen und dazu auf die Geschwindigkeit des Geschosses selbst gebracht werden. Müßte die ganze Masse im Kanal, $m_{\text{k}} = AL\varrho_{\text{m}}$ (ϱ_{m} Dichte des Mediums) auf die Geschoßgeschwindigkeit v gebracht werden, so wäre ihr die kinetische Energie $\frac{1}{2}AL\varrho_{\text{m}}v^2$ zuzuführen. Diese darf höchstens gleich der Geschoßenergie $\frac{1}{2}mv^2 = \frac{1}{2}Al\varrho v^2$ sein (ϱ Dichte des Geschoßmaterials), also ergibt sich für die durchschlagene Länge

$$L = l\frac{\varrho}{\varrho_{\text{m}}}\,. \qquad (1.61)$$

> Das Geschoß dringt so viele seiner eigenen Längen ein, wie seine Dichte größer ist als die des Mediums.

Die überraschende Unabhängigkeit von seiner Geschwindigkeit gilt allerdings nur für so hohe v, daß die Kohäsionsenergie gegen die kinetische zu vernachlässigen ist.

e) Potentielle Energie der Schwere. Die Schwerkraft auf einen bestimmten Körper stellt ein konservatives Kraftfeld dar, das über einem kleinen Teil der Erdoberfläche (der noch als eben angesehen werden kann) und in nicht zu großer Höhe zudem homogen ist ($\boldsymbol{F}$ konstant). Die Niveauflächen sind parallel zur Erdoberfläche, Feldlinien sind die Vertikalen. Wenn die potentielle Energie auf den Erdboden normiert wird, ist

$$W_{\text{pot}} = mgh \tag{1.62}$$

(h Höhe über dem Boden).

Die Fallgesetze können damit aus dem Energiesatz hergeleitet werden. Da wir diese Gesetze (besonders (1.23)) aber schon zur Ableitung des Energieausdrucks benutzt haben, wäre dies rein logisch ein Zirkelschluß. Praktisch bietet aber der Energiesatz für die schnelle Lösung von Fall- und Wurfproblemen große Vorteile.

In Wirklichkeit nimmt die Schwerebeschleunigung mit der Höhe ab, und zwar umgekehrt proportional zum Quadrat des Abstandes r vom Erdmittelpunkt (vgl. Abschn. 1.7). Im Abstand r ist sie also nicht mehr $g = 9{,}81\,\text{m/s}^2$, wie im Abstand $R = 6\,370\,\text{km}$, d. h. an der Erdoberfläche, sondern sie ist dort $a = gR^2/r^2$. Eine Rakete werde auf die Geschwindigkeit v_0 gebracht und fliege dann, praktisch außerhalb der bremsenden Atmosphäre, antriebsfrei genau senkrecht weiter. Die Schwerkraft erteilt ihr, wenn sie im Abstand r ist, die Beschleunigung $\ddot{r} = -gR^2/r^2$, also die Kraft $m\ddot{r} = -mgR^2/r^2$. Auf der kleinen Strecke $\mathrm{d}r$ muß die Rakete die Arbeit $mgR^2r^{-2}\,\mathrm{d}r$ leisten, beim Aufstieg von $r = R$ bis zum Abstand r_1 die Arbeit

$$\boxed{W = \int_R^{r_1} \frac{mgR^2}{r^2}\,\mathrm{d}r = mgR^2\left(\frac{1}{R} - \frac{1}{r_1}\right)}\ .$$

Diese Arbeit stammt aus der kinetischen Energie der Rakete, die anfangs $\frac{1}{2}mv_0^2$ war, jetzt aber um W kleiner ist: $\frac{1}{2}mv_0^2 - \frac{1}{2}mv^2 = mgR^2(1/R - 1/r_1)$. Die Gesamtenergie der Rakete ist konstant:

$$W = W_{\text{kin}} + W_{\text{pot}} = \frac{1}{2}mv^2 - \frac{mgR^2}{r} = \frac{1}{2}mv_0^2 - mgR \tag{1.63}$$

und z. B. aus dem Anfangszustand angebbar. Bei der Normierung $W_{\text{pot}}(\infty) = 0$ hat ja die potentielle Energie negatives Vorzeichen.

Wichtig ist die Unterscheidung zwischen positiver und negativer Gesamtenergie. Bei $W > 0$, d. h. $v_0 > \sqrt{2gR} = 11{,}2\,\text{km/s}$, bleibt auch bei $r = \infty$, wo $W_{\text{pot}} = 0$ ist, noch Geschwindigkeit v übrig: Die Rakete kann sich vollkommen von der Erde lösen. Der kritische Wert von 11,2 km/s heißt auch (parabolische) **Fluchtgeschwindigkeit** oder zweite kosmische Geschwindigkeitsstufe (die erste ist die Kreisbahngeschwindigkeit $v = \sqrt{gR} = 7{,}9\,\mathrm{km/s}$). Bei $W < 0$, d. h. $v_0 < \sqrt{2gR}$, gibt es einen Abstand, wo $v = 0$ wird, nämlich $r_{\max} = mgR^2/|W|$. Dort kehrt die Rakete um und fällt wieder zurück.

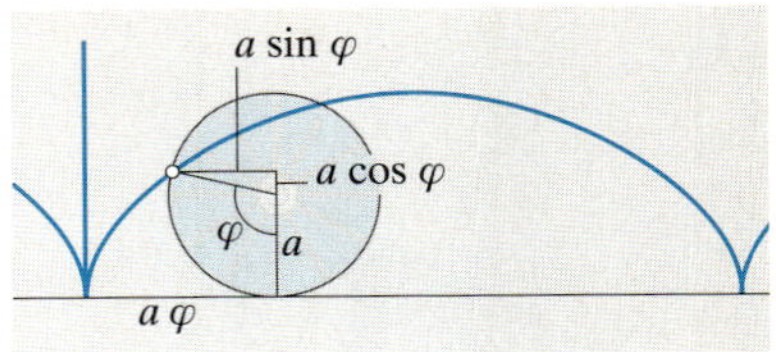

Abb. 1.24. Zykloide, beschrieben von einem Punkt am Umfang des Rades, das auf einer ebenen Bahn rollt

Wie läuft dieser Auf- und Abstieg zeitlich ab? Aus (1.63) folgt die Geschwindigkeit

$$\dot{r} = v = \sqrt{\frac{2gR^2}{r} - \frac{2|W|}{m}}\,. \tag{1.64}$$

Die Integration ist elementar, aber ohne viel Erfahrung oder gute Integraltabelle mühsam. Interessanter ist es, das Ergebnis vorwegzunehmen und seine Richtigkeit hinterher zu beweisen: Die Funktion $r(t)$ ist nichts weiter als ein Stück einer Zykloide. Wie Abb. 1.24 zeigt (vgl. auch Aufgabe 1.5.10), läßt sich die Zykloide, die beim Abrollen eines Rades vom Radius a entsteht, darstellen als

$$y = a(1 - \cos\varphi)\,, \qquad x = a(\varphi - \sin\varphi)\,.$$

Wir identifizieren y mit r und x mit wt. w ist ein Maßstabsfaktor, der zunächst nur aus Dimensionsgründen eingeführt wird, dessen Sinn sich aber später ergibt. Man beachte: Es geht hier nicht um eine räumliche Kurve in den Ortsvektoren x, y, sondern um einen graphischen Fahrplan r, t. Wir bilden die Geschwindigkeit

$$\dot{r} = \frac{\mathrm{d}r}{\mathrm{d}t} = \frac{w\,\mathrm{d}y}{\mathrm{d}x} = w\frac{\mathrm{d}y/\mathrm{d}\varphi}{\mathrm{d}x/\mathrm{d}\varphi} = \frac{w\sin\varphi}{1 - \cos\varphi}\,;$$

wegen $1 - \cos\varphi = r/a$, $\sin\varphi = \sqrt{1 - \cos^2\varphi} = \sqrt{1 - (1 - 2r/a + r^2/a^2)}$ kann man auch sagen

$$\dot{r} = \frac{w\sqrt{2r/a - r^2/a^2}}{r/a} = \sqrt{\frac{2aw^2}{r} - w^2}\,.$$

Der Vergleich mit (1.64) ergibt völlige Übereinstimmung, wenn

$$w^2 = \frac{2|W|}{m}\,, \qquad a = \frac{gR^2m}{2|W|}\,.$$

w ist die Geschwindigkeit, bei der die kinetische Energie allein gleich $|W|$ wäre. a ist natürlich die halbe Steighöhe. Die Periode der Zykloide ist $t = 2\pi a/w = 2\pi gR^2(m/(2W))^{3/2}$. Diese Periode ist ein Spezialfall des allgemeinen Kepler-Problems (Abschn. 1.7.4). Wäre die Erde eine Punktmasse, dann würde die Rakete bei $r = 0$ mit $v = \infty$ ankommen (die Zykloide ist am Anfang oder am Ende unendlich steil). Der Tunnel, der die Erde axial durchbohrt, könnte im Prinzip garantieren, daß die Rakete periodisch mehrere Zykloidenbögen $r(t)$ durchläuft (innerhalb des Tunnels allerdings mit anderem Kraftgesetz, vgl. Aufgabe 1.7.10). Wir werden die Zykloidenbahn als Modell des ganzen Kosmos wiederfinden (vgl. Abschn. 15.4.5).

f) Schwingungsenergie. Eine elastische Kraft $\boldsymbol{F} = -D\boldsymbol{r}$ ($\boldsymbol{r}$, die Auslenkung aus der Ruhelage $\boldsymbol{r} = \boldsymbol{0}$, ist hier allgemein vektoriell aufgefaßt) ist als Zentralkraft konservativ. Ihre potentielle Energie (auf die Ruhelage normiert) ist

$$W_{\mathrm{pot}}(\boldsymbol{r}_0) = -\int_0^{\boldsymbol{r}_0} \boldsymbol{F}(\boldsymbol{r}) \cdot \mathrm{d}\boldsymbol{r} = \frac{1}{2}Dr_0^2\,.$$

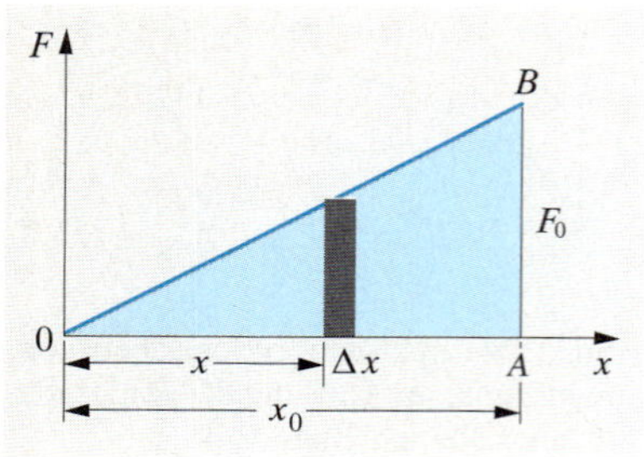

Abb. 1.25. Zur Berechnung der Dehnungsarbeit einer Feder

Für Bewegungen auf einer Geraden durch $\boldsymbol{r} = \boldsymbol{0}$ ist das ohne Integration ebenso leicht herzuleiten: $W_{\text{pot}}(x)$ ist die Fläche unter der Kurve $F(x)$, ein Dreieck mit der Basis x_0 und der Höhe Dx_0, also $W_{\text{pot}} = \frac{1}{2}Dx_0^2$.

Die Niveauflächen sind Kugeln um $r = 0$, die Feldlinien sind deren Radien. Da das Feld als Zentralfeld konservativ ist, bleibt die Gesamtenergie $W = W_{\text{pot}} + W_{\text{kin}}$ konstant. Allein daraus können wir die Form der Bewegung ohne explizite Benutzung der Bewegungsgleichung herleiten. Für eine radial schwingende Masse mit der Auslenkung x ist

$$W = \tfrac{1}{2}Dx^2 + \tfrac{1}{2}m\dot{x}^2 = \text{const} . \tag{1.65}$$

Gesucht ist also eine Funktion $x(t)$, deren Ableitung $\dot{x}$, quadriert, sich mit x^2 in jedem Moment nach (1.65) zu einer Konstanten ergänzt. (1.65) erinnert an den trigonometrischen Pythagoras $\cos^2\alpha + \sin^2\alpha = 1$, und $\cos\alpha$ ist tatsächlich die Ableitung von $\sin\alpha$. Der Ansatz $\alpha = \omega t$ mit $\omega = \sqrt{D/m}$ befriedigt (1.65) vollkommen:

$$W = \tfrac{1}{2}Dx_0^2\sin^2\omega t + \tfrac{1}{2}mv_0^2\cos^2\omega t = \tfrac{1}{2}Dx_0^2 = \tfrac{1}{2}mv_0^2 . \tag{1.66}$$

An einem Faden der Länge l ist ein Körper der Masse m aufgehängt. Wenn man ihn um den Winkel φ, d. h. um die Bogenlänge $s = l\varphi$ auslenkt, hängt er um

$$h = l(1 - \cos\varphi)$$

höher als in Ruhestellung. Solange φ klein ist, kann man $\cos\varphi$ entwickeln: $\cos\varphi \approx 1 - \frac{1}{2}\varphi^2$, also

$$h \approx \frac{l\varphi^2}{2} = \frac{s^2}{2l} .$$

Die potentielle Energie

$$W_{\text{pot}} = mgh \approx mg\frac{s^2}{2l} = \frac{1}{2}Ds^2$$

ist proportional dem Quadrat des Ausschlages, also elastisch. Vergleich mit (1.65) und (1.39) liefert

$$D = \frac{mg}{l} , \qquad \omega\sqrt{\frac{D}{m}} = \sqrt{\frac{g}{l}} , \qquad T = 2\pi\sqrt{\frac{l}{g}} .$$

Die Schwingungsdauer des Pendels hängt (für kleinere Ausschläge) nicht von der Amplitude ab, sondern nur von Pendellänge und Erdbeschleunigung. Diskussion für größere Amplituden: Aufgabe 1.4.16, Abschn. 18.2.1.

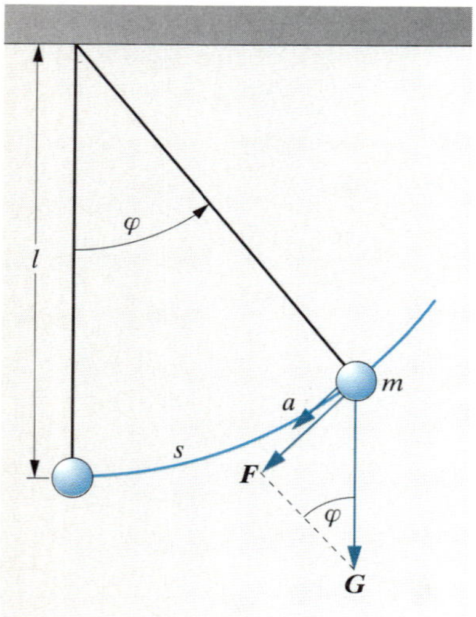

Abb. 1.26. Die rücktreibende Kraft beim Fadenpendel ist annähernd proportional zur Auslenkung

g) Stoßgesetze. Ein **Stoß** ist eine sehr kurzzeitige Wechselwirkung zwischen zwei Körpern (nicht Massenpunkten, denn die könnten einander gar nicht finden, da sie definitionsgemäß unendlich klein sein sollen). Vor und nach dem Stoß bewegen sich beide, ohne einander zu beeinflussen. Sind sonst keine Kräfte zu berücksichtigen, so fliegen daher beide Körper vor und nach dem Stoß mit den konstanten Geschwindigkeiten

vor dem Stoß: $\boldsymbol{v}, \boldsymbol{v}'$; nach dem Stoß: $\boldsymbol{u}, \boldsymbol{u}'$.

Der Gesamtimpuls vor und nach dem Stoß ist derselbe:

$$\boxed{m\boldsymbol{v} + m'\boldsymbol{v}' = m\boldsymbol{u} + m'\boldsymbol{u}'} \ .$$

Wenn der Stoßvorgang keine Energie verzehrt, also elastisch ist (das Wort ist hier nicht auf elastische Kräfte im Sinne von $F = -Dx$ beschränkt, sondern umfaßt alle konservativen Kräfte), bleibt auch die Energie erhalten:

$$mv^2 + m'v'^2 = mu^2 + m'u'^2 \ .$$

Besonders übersichtlich sind die Verhältnisse im **Schwerpunktsystem** (S-System), d. h. wenn der Ursprung sich ebenso bewegt wie der Schwerpunkt der beiden Körper. Dann ist und bleibt der Gesamtimpuls Null (Abschn. 1.5.3), also vor dem Stoß: $m\boldsymbol{v} = -m'\boldsymbol{v}'$, nach dem Stoß: $m\boldsymbol{u} = -m'\boldsymbol{u}'$ (Abb. 1.27). Die Erhaltungssätze sagen noch nichts über den **Streuwinkel** ϑ zwischen $\boldsymbol{v}$ und $\boldsymbol{u}$ bzw. $\boldsymbol{v}'$ und $\boldsymbol{u}'$. Er wird bestimmt durch die Einzelheiten des Stoßprozesses (Form der Körper, Lage, in der sie sich treffen, usw.). Ebenso erlaubt der *Impulssatz* noch jeden Wert des Verhältnisses $u^2/v^2 = u'^2/v'^2$ der Energien vor und nach dem Stoß. Man sieht aber leicht, daß der *Energiesatz* dieses Verhältnis auf 1 bei elastischem Stoß und < 1 bei anelastischem Stoß festsetzt.

Bei elastischem Stoß sind also im *S*-System alle vier Impulspfeile gleichlang.

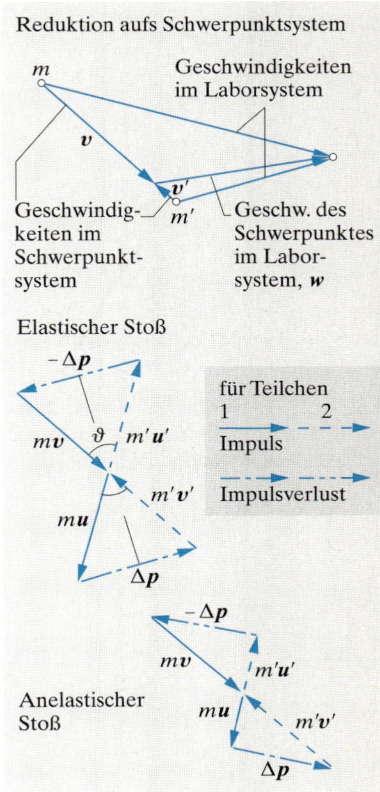

Abb. 1.27. Geschwindigkeiten und Impulse beim Stoß im Labor- und Schwerpunktsystem

Wichtig ist die **Impulsübertragung** $\Delta\boldsymbol{p} = m(\boldsymbol{v} - \boldsymbol{u})$ von einem Körper auf den anderen. Aus Abb. 1.27 liest man ihre Abhängigkeit vom Streuwinkel ab:

$$\Delta p = m|\boldsymbol{v} - \boldsymbol{u}| = 2mv \sin\frac{\vartheta}{2} \ . \tag{1.67}$$

Maximale Impulsübertragung tritt ein für $\vartheta = \pi$ (den **zentralen Stoß**), nämlich $\Delta p = 2mv$. Energie wird im Schwerpunktsystem nicht übertragen, denn aus der Gleichheit der vier Impulsbeträge folgt speziell $u = v$, also $\frac{1}{2}mv^2 = \frac{1}{2}mu^2$: $\Delta W_S = 0$.

Wir gehen jetzt in ein **Bezugssystem** über, in dem sich der Schwerpunkt bewegt, und zwar mit der Geschwindigkeit $\boldsymbol{w}$. Die in diesem System gemessenen Geschwindigkeiten gehen aus denen im Schwerpunktsystem einfach durch vektorielle Addition von $\boldsymbol{w}$ hervor. Wir drücken Impuls- und Energieübertragung im neuen System durch die im Schwerpunktsystem (jetzt bezeichnet durch den Index S) aus.

$$\Delta\boldsymbol{p} = m(\boldsymbol{v} + \boldsymbol{w} - \boldsymbol{u} - \boldsymbol{w}) = m(\boldsymbol{v} - \boldsymbol{u}) = \Delta\boldsymbol{p}_S \tag{1.68}$$

$$\begin{aligned}\Delta W &= \tfrac{1}{2}m\left[(\boldsymbol{v} + \boldsymbol{w})^2 - (\boldsymbol{u} + \boldsymbol{w})^2\right] \\ &= \tfrac{1}{2}m(v^2 - u^2 + 2\boldsymbol{v}\cdot\boldsymbol{w} - 2\boldsymbol{u}\cdot\boldsymbol{w} + w^2 - w^2) \\ &= \tfrac{1}{2}m(v^2 - u^2) + m(\boldsymbol{v} - \boldsymbol{u})\cdot\boldsymbol{w} = \Delta W_S + \Delta\boldsymbol{p}\cdot\boldsymbol{w} = \Delta\boldsymbol{p}\cdot\boldsymbol{w} \ .\end{aligned}$$

Die Impulsübertragung ist unabhängig von der Wahl des Bezugssystems, aber Energieübertragung und Streuwinkel hängen davon ab.

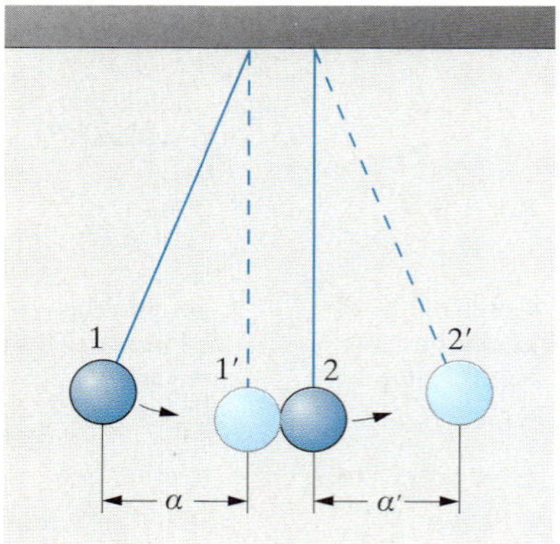

Abb. 1.28. Elastischer Stoß zwischen zwei Pendelkugeln mit gleicher Masse und gleicher Pendelfadenlänge

Speziell betrachten wir das Bezugssystem, in dem der Körper mit der Masse m' anfangs ruhte. Für dieses System ist $\boldsymbol{w} = -\boldsymbol{v}' = m\boldsymbol{v}/m'$. Der Anfangsimpuls des anderen Körpers ist $\boldsymbol{p} = m(\boldsymbol{v} + \boldsymbol{w}) = m(1 + m/m')\boldsymbol{v}$. Davon kann maximal $\Delta\boldsymbol{p} = 2m\boldsymbol{v}$ übertragen werden, also ein Bruchteil $\Delta p/p = 2m'/(m + m')$. Seine Anfangsenergie ist

$$W = \frac{1}{2}m(\boldsymbol{v} + \boldsymbol{w})^2 = \frac{1}{2}mv^2\left(1 + \frac{m}{m'}\right)^2 .$$

Davon kann maximal übertragen werden $\Delta W = \Delta pw = 2mvv' = 2mv^2 m/m'$, also ein Bruchteil

$$\boxed{\frac{\Delta W}{W} = \frac{4m/m'}{(1 + m/m')^2} = \frac{4mm'}{(m + m')^2}} . \qquad (1.69)$$

Man liest daraus ab: Ein leichtes Teilchen ($m' \ll m$) kann einem schweren nur wenig von seinem Impuls entziehen. Die Energieübertragung ist auch im entgegengesetzten Fall $m' \gg m$ klein. Dann prallt nämlich das leichte Teilchen mit der gleichen Geschwindigkeit, also der gleichen Energie zurück und hat zwar seinen doppelten Impuls, aber keine Energie abgegeben.

Wir bleiben weiter in dem Bezugssystem, wo die Masse m' ruht. Allgemein auch bei verschiedenen Massen kann man die Geschwindigkeitsvektoren nach dem Stoß folgendermaßen konstruieren (Abb. 1.29): Man zeichne den Vektor $\boldsymbol{v}_\mathrm{L}$ der Anfangsgeschwindigkeit des stoßenden Teilchens und zerlege ihn im Verhältnis m'/m in zwei Abschnitte. Um den Teilpunkt lege man je eine Kugel durch den Anfangs- und den Endpunkt von $\boldsymbol{v}_\mathrm{L}$. Nach Konstruktion sind diese Kugeln konzentrisch. Dann enden alle Vektoren der Endgeschwindigkeit des stoßenden Teilchens auf der Kugel durch den Endpunkt von $\boldsymbol{v}_\mathrm{L}$, die des gestoßenen Teilchens auf der Kugel durch den Anfangspunkt. Welche dieser Vektoren jeweils für einen bestimmten Stoß zusammengehören, entnimmt man daraus, daß $\boldsymbol{u}'_\mathrm{L}$ parallel zu $\boldsymbol{v}_\mathrm{L} - \boldsymbol{u}_\mathrm{L}$ sein muß, oder gleichbedeutend: Die Verbindungslinie der Enden von $\boldsymbol{u}_\mathrm{L}$ und $\boldsymbol{u}'_\mathrm{L}$ muß durch die Mitte der Kugeln gehen.

Der Beweis für alle diese Tatsachen ergibt sich sofort daraus, daß im S-System die Beträge der Geschwindigkeiten durch den Stoß nicht geändert werden, daß in diesem System also bestimmt alle entsprechenden

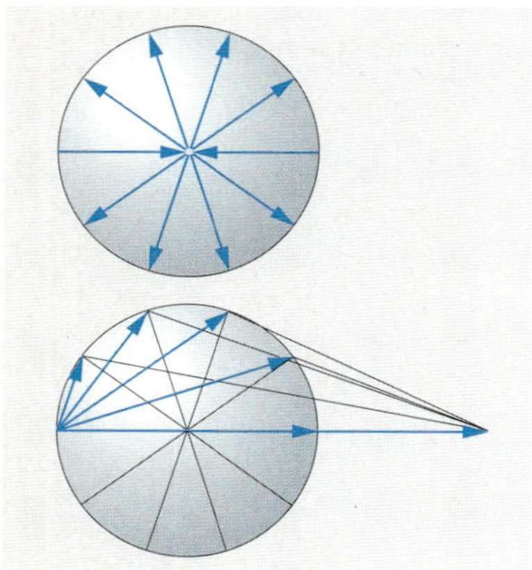

Abb. 1.29. Im Schwerpunktsystem enden alle möglichen Impulsvektoren der Partner nach dem Stoß auf einer Kugel. Diese Kugel verschiebt sich nur im Laborsystem, wo ein Partner ruhte. Für die $\boldsymbol{v}$-Vektoren werden zwei konzentrische Kugeln daraus

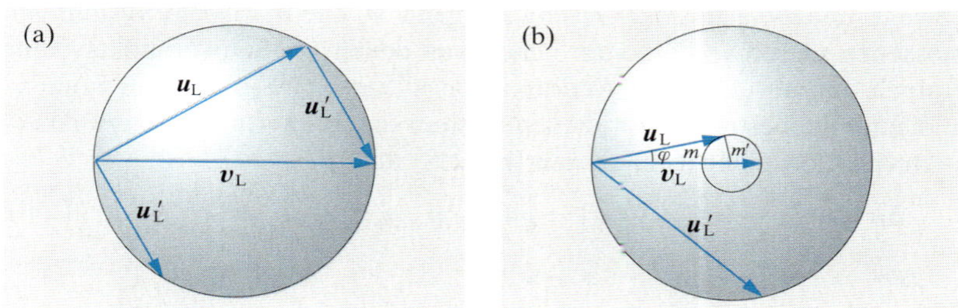

Abb. 1.30. (a) Bei gleichen Massen verschmelzen die beiden $\boldsymbol{v}$-Kugeln zu einer (Laborsystem). Nach dem Stoß stehen die Impulse der beiden Partner immer aufeinander senkrecht. (b) Wenn das gestoßene Teilchen viel leichter ist, ändert das stoßende kaum seinen Impuls und kann höchstens den Energieanteil $4m'/m$ übertragen

Vektoren auf Kugeln enden, und daß diese Kugeln durch den Übergang zum L-System nur um $\boldsymbol{v}_L m'/(m+m')$ verschoben, aber in ihrer Kugelform nicht verändert werden.

Bei $m = m'$ verschmelzen die beiden Kugeln zu einer einzigen. Dann bilden die drei Impulse (stoßendes Teilchen vor und nach dem Stoß, gestoßenes nachher) ein rechtwinkliges Thales-Dreieck (Abb. 1.30a). Bei $m \gg m'$ ist die m'-Kugel, auf der die $\boldsymbol{u}_L$-Vektoren enden, sehr klein (Abb. 1.30b). Man liest dann die maximalen Ablenkwinkel des stoßenden Teilchens zu $\varphi \approx m'/m$ ab, die maximale Energieübertragung (bei zentralem Stoß) zu $\Delta W = W4m'/m$. Bei $m \ll m'$ wird umgekehrt die Kugel, auf der die Vektoren $\boldsymbol{u}'_L$ enden, sehr klein, dagegen kann $\boldsymbol{u}_L$ nach allen Richtungen zeigen und hat sich beim Stoß betragsmäßig kaum geändert (Abb. 1.31). Maximal beim zentralen Stoß wird wieder die Energie $\Delta W = W4m/m'$ übertragen. Eine feste Wand (Abb. 1.32) ist als Stoßpartner unendlicher Masse m' aufzufassen.

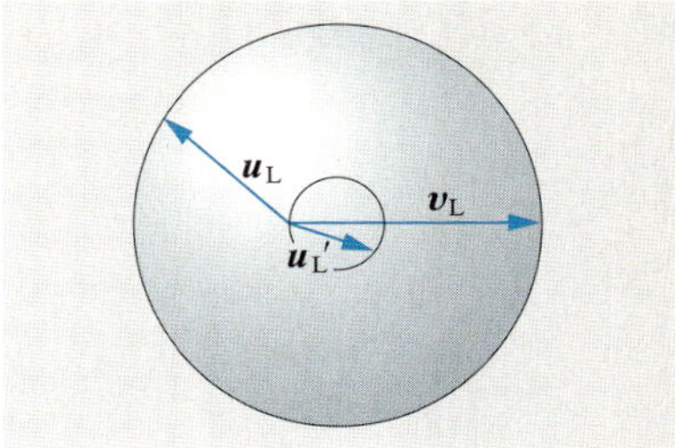

Abb. 1.31. Wenn das stoßende Teilchen sehr leicht ist, kann es zwar unter 180° zurückprallen, aber nur den geringen Energieanteil $4m/m'$ übertragen

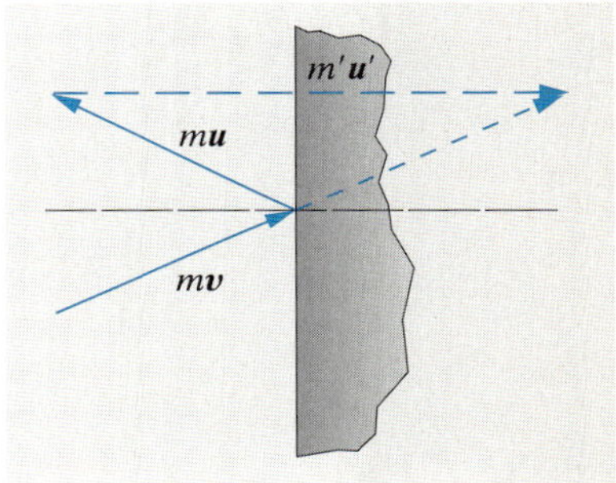

Abb. 1.32. Eine feste Wand wirkt als Stoßpartner unendlich großer Masse

h) Zur Energiekrise. Jeder Mensch unserer technischen Zivilisation verbrennt grob gerechnet 10 t Öl oder Kohle im Jahr, teils direkt in seinem Ofen oder Auto, teils indirekt in den Kraftwerken, die seinen Haushaltsstrom liefern oder die für ihn arbeitende Industrie versorgen. Wenn alle Menschen dieses materielle Niveau erreicht haben, wird der Energiekonsum der Menschheit um 10^{14} W liegen. Einem solchen Verbrauch werden selbst die optimistisch geschätzten Weltvorräte an Erdöl kaum einige dutzend, die an Kohle kaum einige hundert Jahre standhalten. Und wir sind ja schon mitten in der **CO_2-Krise**.

Bei dem angegebenen Konsum an fossilen Brennstoffen beladen wir die Atmosphäre jährlich mit $2 \cdot 10^{13}$ kg CO_2. Meerwasser löst pro m^3 etwa ebensoviel CO_2, wie die Atmosphäre im m^3 enthält. Bei der effektiven Atmosphärendicke von 8 km und der mittleren Meerestiefe von 4 km schluckt das Meer also nur 1/3 dieser Neuproduktion. Allerdings binden die Meereslebewesen erhebliche und schwer abzuschätzende Mengen CO_2, wie die Kalkgesteine bezeugen. Ohne diese Pufferung würden wir die heutige CO_2-Konzentration (360 ppm, um 1900 erst 300 ppm, also $2 \cdot 10^{15}$ kg insgesamt), in knapp 100 Jahren verdoppeln. CO_2 absorbiert hauptsächlich Strahlung zwischen 16 und 22 µm. Dort liegt das Maximum der Rückstrahlung des Erdbodens (vgl. (11.14)), von der das heutige CO_2 daher etwa 10 % schluckt. Ohne CO_2 und H_2O, das noch mehr absorbiert, läge das Gleichgewicht zwischen Ein- und Rückstrahlung um $-15\,°$C (Aufgabe 11.2.16). Diese **Treibhausgase** verschieben es um fast 30 K aufwärts (Aufgabe 11.3.7). Eine Verdoppelung des CO_2-Gehalts brächte weitere 10 % Absorption und etwa 5 K Temperaturanstieg. Die Folgen wie Verschiebung der Klimazonen vor allem durch Vergrößerung der Trockengebiete, Abschmelzen des Inlandeises mit Anstieg des Meeresspiegels sind oft diskutiert worden. Wenn auch die genauen Zahlenwerte von vielen Annahmen abhängen, ist die CO_2-Zunahme ein Faktum, die beginnende Erwärmung ebenfalls. Venus mit 100 bar CO_2-Druck und 400 °C ist eine gar nicht so ferne Warnung. Methan und FCKW (Fluor-Chlor-Kohlenwasserstoffe) sind noch wirksamere, zum Glück z. Z. noch seltenere Treibhausgase.

Die gesamte Sonneneinstrahlung auf die Erde beträgt $1\,400\,\mathrm{W\,m^{-2}} \cdot 1{,}2 \cdot 10^8\,\mathrm{km}^2 \approx 2 \cdot 10^{17}$ W. Nur 0,1 ‰ davon wird photosynthetisch ausgenutzt bzw. müßte technisch eingefangen werden. Etwa 0,1 ‰ der gesamten Erdoberfläche müßte also mit Auffängern ausgelegt werden, die einen Wirkungsgrad der Konversion von nahezu 1 garantieren (Konzentration durch Hohlspiegel, Photoelemente, deren Wirkungsgrad allerdings z. Z. nur knapp 0,1 ist; Abschn. 14.4). Einfachere **Solarenergie**-Empfänger wie das Treibhaus würden nur Temperaturdifferenzen um 10°, also Wirkungsgrade von nicht viel mehr als 1 ‰ liefern (Abschn. 5.3.3) und müßten daher einen erheblichen Teil der Landfläche der Erde ausfüllen. Außer zur Direktheizung kämen sie wohl kaum in Frage.

„**Wasserkraft**" und **Windenergie** sind nichtpolluierend, machen aber nur einen winzigen Bruchteil der Strahlungsenergie aus. Wir schätzen einen Grenzwert für die Wasserkraftreserven der Erde: Die mittlere Verdunstungsrate der Ozeane liegt etwas unterhalb 1 m/Jahr, die des Festlandes bei etwa der Hälfte (vgl. Aufgabe 5.6.3 und typische Niederschlagsmengen). Der Wasserdampf wird durchschnittlich um etwa 1 km gehoben, repräsentiert also annähernd gerade wieder die benötigten 10^{14} W – bei vollständigem Einfang und idealem Wirkungsgrad.

Die **geothermische Energie** scheint auf den ersten Blick sehr ausgiebig, ist aber sehr schwer abzuzapfen. Da der größte Teil des Erdinnern etwa 3 000 K haben dürfte, errechnet man eine geothermische Energiereserve von etwa $3 \cdot 10^{24}\,\mathrm{kg} \cdot 3\,000\,\mathrm{kg} \cdot 600\,\mathrm{J/kg\,K} \approx 10^{30}$ J, die im Prinzip die Menschheit unter den heutigen Umständen etwa 10^8 Jahre versorgen könnte. Mindestens ebensolange wird es aber dauern, bis diese Energie von selbst durch Wärmeleitung an die Oberfläche kommt (vgl. Aufgabe 5.4.3), m. a. W., die natürliche Bodenheizung macht weniger als 1/1 000 der Strahlungsheizung aus. Wenn die Erdwärme an der Oberfläche ankommt, ist sie praktisch im thermischen Gleichgewicht mit der Erdoberfläche, d. h. der Wirkungsgrad einer damit betriebenen Maschine wäre minimal, es sei denn, man bohrte bis in erhebliche Tiefen und erhöhte die effektive Wärmeleitfähigkeit der Anlage um einen entsprechenden Faktor. Beim durchschnittlichen T-Gradienten von 2–3 K/100 m würde selbst eine 5-km-Bohrung erst theoretische Wirkungsgrade um 0,3 ergeben. Daher zieht man z. Z. nur jung- oder altvulkanische Gegenden mit erhöhtem T-Gradienten in Betracht. Der Wärmetransport wird natürlich durch Strömung, nicht durch Leitung erfolgen. Wenn man so die Transportkapazität der Leitung im Gestein auf das 10^6fache steigerte, müßte man nach den obigen Werten immer noch mehr als $1/10^6$ der Erdoberfläche in Tiefbohrungen verwandeln, um den Gesamtbedarf der Menschheit zu decken.

Auch die **Gezeitenenergie** ist pollutionsfrei, wenn man davon absieht, daß ihre Ausnutzung die Erdrotation abbremst, bis im Grenzfall Tag und Monat gleich lang werden (56 heutige Tage). Daß es sich eigentlich um Rotationsenergie der Erde (relativ zum Mond) handelt, garantiert ihre praktische Unerschöpflichkeit: Die Rotationsenergie $\approx \frac{1}{2}J\omega^2$ ist von der Größenordnung 10^{29} J. In der Gezeitenwelle, aufgefaßt als Schwerewelle der Wellenlänge $\lambda = \pi R$, einer mittleren Höhe von $h \approx \frac{1}{2}$m und einer Frontbreite $b \approx R$ (R Erdradius) steckt eine Energie $\frac{1}{2}g\lambda bh^2$ von der Größenordnung 10^{17} J, die bestenfalls innerhalb 12 h abgezapft werden könnte. Das ergibt weniger als 10^{13} W, selbst bei vollständiger Ausnutzung, die natürlich fast noch utopischer ist als bei geothermischer, Wasser- oder Windenergie.

Kernspaltung und **Kernfusion** werden hinsichtlich der technischen Möglichkeiten zur Energiegewinnung in Abschn. 13.1.6 diskutiert. Der Urangehalt der oberen Erdkruste wird auf 0,0002 % geschätzt. Erdmantel und -kern haben wesentlich weniger, wie schon aus der Tatsache folgt, daß dieser U-Gehalt in 50 km Krustendicke allein infolge seiner radioaktiven Zerfallswärme (also ohne daß von Spaltung die Rede ist) bereits die gesamten Wärmeleitungsverluste der Erde ersetzt (vgl. Aufgabe 5.4.3). Da die Geothermie andererseits bei vollständiger Ausnutzung die Menschheit energetisch versorgen könnte (s. o.), folgt, daß das gesamte Uran der Erdkruste, vollständig extrahiert, allein aufgrund seiner α- und β-Aktivität das auch könnte, abgesehen von der technischen Schwierigkeit der Umwandlung in nutzbare Energieformen, und zwar auf mehrere Milliarden Jahre (Halbwertszeit $4{,}5 \cdot 10^9$ a). Spaltbares ^{235}U ist im Natururan nur zu 0,7 % vertreten, dafür bringt aber ein Spaltakt etwa 200 MeV ein, die ganze Kette der radioaktiven Zerfallsakte des U nur etwa 40 MeV (Abschn. 13.2.3). Bei vollständiger Extrahierung kann daher das U der Erde „nur" einige 10^8 Jahre reichen.

Das zur Fusion verwendbare Deuterium macht 0,015 % allen Wasserstoffs aus. Die 10^{21} kg Meerwasser enthalten etwa 10^{20} kg Wasserstoff und davon etwa 10^{16} kg Deuterium (zum Vergleich: etwa 10^{20} kg äußere Erdkruste mit 10^{14} kg Uran, davon 10^{12} kg ^{235}U). Die Fusion zweier Deuteriumkerne zu einem Heliumkern liefert etwa 20 MeV, also ist die Energieausbeute pro Gewichtseinheit bei der Fusion noch fast zehnmal höher als bei der Spaltung, und die Fusion könnte als einzige bekannte Energiequelle selbst einem mehr als tausendfachen Anschwellen unserer „Bedürfnisse" mehrere Millionen Jahre lang prinzipiell ohne weiteres standhalten oder bei unserem jetzigen Lebensstandard uns ein Weltalter (10^{10} Jahre) unterhalten.

i) Der Virialsatz. *Rudolf Clausius*, der auch die Entropie „erfand", leitete 1870 einen Satz ab, der für subtilere Probleme der Gasdynamik, der Astrophysik, aber auch der Atom- und Molekülphysik sehr nützlich ist. Dieser **Virialsatz** gilt nicht so allgemein wie Impuls- und Energiesatz, sondern nur für *stabile mechanische Systeme*, d. h. für Systeme von Massenpunkten, deren Bestimmungsstücke, über hinreichend lange Zeit gemittelt, sich zeitlich nicht ändern. Ein solches System bestehe aus den Massen m_k $(k = 1, 2, \ldots)$, die sich an den Orten $\boldsymbol{r}_k$ befinden und die Impulse $\boldsymbol{p}_k$ haben. Alle diese Einzelgrößen ändern sich natürlich zeitlich, aber das Zeitmittel z. B. der Summe $\sum \boldsymbol{p}_k \boldsymbol{r}_k$ für das ganze stabile System ändert sich nicht, d. h.

$$\frac{\mathrm{d}}{\mathrm{d}t} \overline{\sum \boldsymbol{p}_k \cdot \boldsymbol{r}_k} = \overline{\sum \dot{\boldsymbol{p}}_k \cdot \boldsymbol{r}_k} + \overline{\sum \boldsymbol{p}_k \cdot \dot{\boldsymbol{r}}_k} = 0\,. \tag{1.70}$$

$\sum \boldsymbol{p}_k \cdot \dot{\boldsymbol{r}}_k$ ist genau die doppelte kinetische Energie. Da $\dot{\boldsymbol{p}}_k = \boldsymbol{F}_k$ die auf das k-te Teilchen wirkende Gesamtkraft ist, kann man die erste Summe schreiben $\sum \boldsymbol{F}_k \cdot \boldsymbol{r}_k$. Sie heißt das **Virial** der wirksamen Kräfte. $\boldsymbol{F}_k$ ist die Summe aller Wechselwirkungen mit anderen Teilchen des Systems: $\boldsymbol{F}_k = \sum \boldsymbol{F}_{kj}$ (äußere Kräfte dürfen

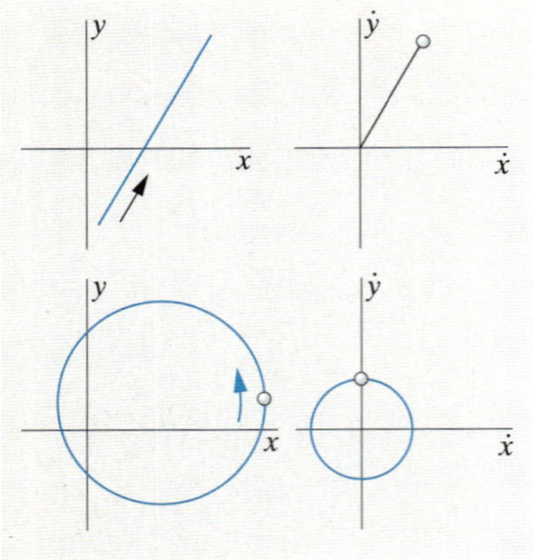

Abb. 1.33. Für die geradlinig-gleichförmige Bewegung ist der Hodograph ein Punkt, für die gleichförmige Kreisbewegung ein Kreis um den Ursprung

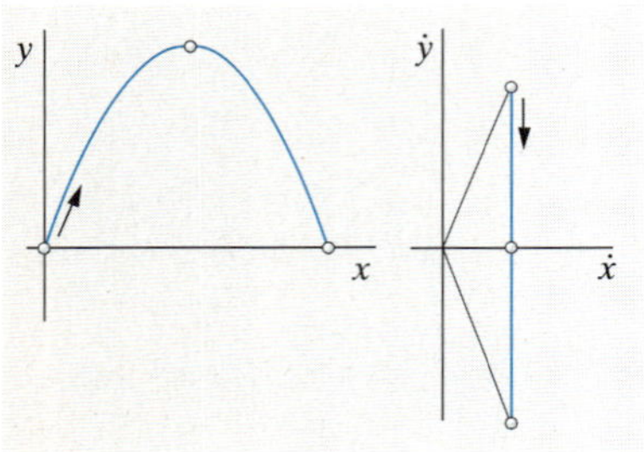

Abb. 1.34. Der Hodograph der Wurfparabel ist eine gleichförmig durchlaufene Gerade

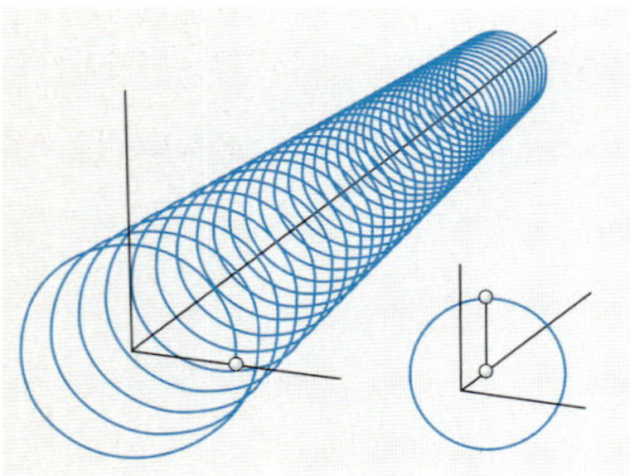

Abb. 1.35. Der Hodograph einer Spiralbewegung (perspektivisch dargestellt) ist ein verschobener Kreis

nicht in das System hineingreifen, sonst wäre es nicht stabil; man kann diese äußeren Kräfte ggf. auch eliminieren, indem man z. B. ein frei fallendes Bezugssystem benutzt). Zu jedem $\boldsymbol{F}_{kj}$ taucht im Virial auch die Gegenkraft $\boldsymbol{F}_{jk} = -\boldsymbol{F}_{kj}$ auf den Wechselwirkungspartner auf. Der Beitrag jedes Paares k, j läßt sich also zusammenfassen zu $\boldsymbol{F}_{kj}(\boldsymbol{r}_k - \boldsymbol{r}_j)$. Die Kraft folge nun einem Potenzgesetz $\boldsymbol{F}_{kj} = a_{kj}(\boldsymbol{r}_k - \boldsymbol{r}_j)|\boldsymbol{r}_k - \boldsymbol{r}_j|^{-n-1}$ (z. B. $n = 2$, $a_{kj} = Gm_k m_j$ für die Gravitation). Der Beitrag des Paares k, j wird dann $a_{kj}|\boldsymbol{r}_k - \boldsymbol{r}_j|^{-n+1}$. Andererseits ist sein Beitrag zur potentiellen Energie $W_{kj} = -(n-1)^{-1} a_{kj}|\boldsymbol{r}_k - \boldsymbol{r}_j|^{-n+1}$. Also lautet (1.70), in W_{pot} und W_{kin} ausgedrückt

$$W_{\text{kin}} = -\tfrac{1}{2}(n-1)W_{\text{pot}} .$$

W_{kin} und W_{pot} teilen daher die konstante Gesamtenergie $W = W_{\text{kin}} + W_{\text{pot}}$ unter sich auf gemäß

$$W_{\text{kin}} = -\frac{n-1}{3-n} W , \qquad W_{\text{pot}} = \frac{2}{3-n} W .$$

Für Gravitation und Coulomb-Anziehung $(n = 2)$ folgt $W_{\text{kin}} = -W$, $W_{\text{pot}} = 2W$, was wir für den Spezialfall der Kreis- oder Ellipsenbahn eines Teilchens um das andere in Abschn. 1.7.2 und für das Atom in Abschn. 12.3.4 bestätigen werden, was aber offenbar sehr viel allgemeiner gilt. Daß diese Kräfte $n = 2$ haben, ist ein „glücklicher Zufall", denn für $n < 1$ oder $n > 3$ ist ein positives W_{kin} bei negativer (bindender) Gesamtenergie W überhaupt nicht mehr möglich, d. h. Kräfte mit solcher Abstandsabhängigkeit können keine stabilen Systeme zusammenhalten. Für einen Stern folgt sofort, daß unabhängig von der inneren Struktur die gesamte Gravitationsenergie doppelt so groß wie die kinetische (thermische) ist. Daraus ergibt sich die Größenordnung der Temperaturen im Sterninnern, obwohl der exakte Wert von der Massenverteilung abhängt (vgl. Aufgabe 5.2.7).

1.5.10 Impulsraum

Ein bewegtes Objekt wird am anschaulichsten durch seine Lage als Funktion der Zeit gekennzeichnet, d. h. durch den Ortsvektor $\boldsymbol{r}(t)$ oder die drei Ortskoordinaten $x(t), y(t), z(t)$. Die graphische Darstellung ergibt direkt die Bahn des Objekts. Fast ebensoviel und manchmal sogar mehr sagt der Geschwindigkeitsvektor $\boldsymbol{v}(t) = \dot{\boldsymbol{r}}(t)$ aus. Wenn man ihn oder seine Komponenten $v_x(t) = \dot{x}(t), v_y(t) = \dot{y}(t), v_z(t) = \dot{z}(t)$ für alle Zeiten kennt, bleibt zwar unbekannt, wo das Objekt z. B. bei $t = 0$ war, aber diese Anfangslage $\boldsymbol{r}(0)$ ist für die Dynamik meist zweitrangig. Ist sie gegeben, dann legt $\boldsymbol{v}(t)$ die Bahn genausogut fest wie $\boldsymbol{r}(t)$.

Ähnlich wie $\boldsymbol{r}(t)$ kann man auch alle $\boldsymbol{v}(t)$ für die verschiedenen Zeiten vom Ursprung aus antragen. Die Endpunkte der Vektoren $\boldsymbol{v}(t)$ bilden ebenfalls eine stetige Kurve, den **Hodographen** der Bewegung. $\boldsymbol{r}(t)$ ist stetig, weil $\dot{\boldsymbol{r}}(t)$ nicht unendlich werden kann, $\boldsymbol{v}(t)$ ist stetig, weil $\dot{\boldsymbol{v}}(t)$ nicht unendlich werden kann. Der Hodograph sieht meist völlig anders aus als die räumliche Bahn. Für die geradlinig-gleichförmige Bewegung ist er ein Punkt, denn $\boldsymbol{v}(t)$ bleibt konstant. Für die gleichförmige Kreisbewegung ist er ebenfalls ein Kreis, der aber mit einer um eine Viertelperiode verschiedenen Phase durchlaufen wird: $x = r\cos\omega t$, $y = r\sin\omega t$; $\dot{x} = -\omega r\sin\omega t$, $\dot{y} = \omega r\cos\omega t$. Entsprechendes gilt für die harmonische Schwingung (seitliche Projektion der Kreisbewegung, $x = a\cos\omega t$; $\dot{x} = -a\omega\sin\omega t$). Die Wurfparabel $x = vt$, $y = wt - \frac{1}{2}gt^2$ hat als Hodographen $\dot{x} = v$, $\dot{y} = w - gt$ eine gleichförmig durchlaufene Gerade senkrecht zur $\dot{x}$-Achse. Der Hodograph einer Schraubenlinie, die sich um die x-Achse schlingt, ist ein Kreis, der parallel zur $\dot{y}, \dot{z}$-Ebene, aber nicht in ihr liegt, sondern um $\dot{x}$ darüber. Eine Kegelschnittbahn in einem Schwerefeld hat als Hodographen einen Kreis, der allerdings nicht mehr gleichförmig durchlaufen wird.

Eine Verschiebung des Ursprungs im Ortsraum ändert nichts am Hodographen. Ein Übergang zu einem geradlinig-gleichförmig bewegten Bezugssystem (Geschwindigkeit $\boldsymbol{w}$) besteht in einer Verschiebung des ganzen Hodographen um $-\boldsymbol{w}$ ohne Änderung seiner Form. Auf die räumliche Bahnkurve hat ein solcher Übergang einen sehr viel drastischeren Einfluß.

Der Impuls $\boldsymbol{p} = m\boldsymbol{v}$ ist physikalisch tiefgründiger als die Geschwindigkeit. Multiplikation aller Abstände mit m macht aus dem $\boldsymbol{v}$-Raum den **Impulsraum**, die Impulsbahn $\boldsymbol{p}(t)$ hat bei nichtrelativistischen Bewegungen dieselbe Form wie der Hodograph $\boldsymbol{v}(t)$. Ein Stoß zweier Teilchen, die vorher kräftefrei flogen, sieht im Impulsraum so aus: Zwei Punkte, die vorher still lagen (geradlinig-gleichförmige Bewegung), aber evtl. ziemlich weit getrennt waren (verschiedene $\boldsymbol{p}$-Werte), springen plötzlich beide in die neue Lage. Die Schwäche dieses Bildes ist, daß es nicht kausal erkennen läßt, warum die Punkte springen, wie es die Ortsraumdarstellung tut. Seine Stärke liegt darin, daß sich die Bedingung für die neuen Lagen sofort ablesen läßt. Nach dem Impulssatz muß die Summe der beiden $\boldsymbol{p}$-Vektoren vorher und nachher dieselbe sein. Am einfachsten ist die Übersicht im Schwerpunktsystem. Dort liegen die beiden $\boldsymbol{p}$-Punkte gleichweit beiderseits des Ursprungs, und das muß auch hinterher so bleiben. Beim elastischen Stoß bleiben die Abstände erhalten, nur die Richtung kann sich drehen (Abschn. 1.5.9g). Die kinetische Energie ist proportional dem Quadrat des Abstands vom Ursprung im Impulsraum: $W_{\text{kin}} = p^2/2m$. Eine Bewegung mit konstantem W_{kin}, aber vielleicht variabler Flugrichtung verläuft immer auf der Kugelfläche $p = \sqrt{2mW_{\text{kin}}}$.

Ein Gas wird im Ortsraum durch ein Gewimmel von Punkten dargestellt, das das ganze verfügbare Volumen gleichmäßig erfüllt. Im Impulsraum sieht das Bild ähnlich aus. Obwohl hier keine materiellen Wände vorhanden sind, verdünnt sich die Punktwolke nach außen hin. Die N Teilchen haben nämlich eine konstante Gesamtenergie W, und keines weicht allzusehr nach oben vom Mittelwert W/N ab. Die $\boldsymbol{p}$-Punktwolke wird also nach außen hin immer dünner, besonders ungefähr von einem Abstand $p = \sqrt{2mW/N}$ ab. W ist proportional der absoluten Temperatur T

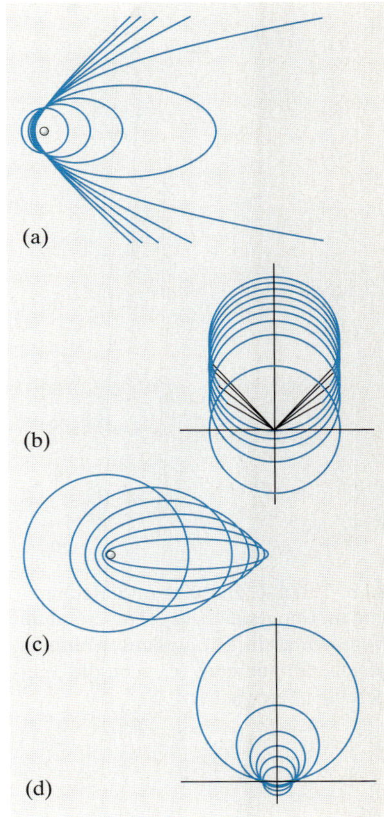

Abb. 1.36a–d. Der Hodograph der Kepler-Bewegung ist immer ein Kreis, der allerdings im Fall der Hyperbel nicht vollständig durchlaufen wird. (a) Bahnkurven mit gleichem Drehimpuls, aber verschiedenen Energien, (b) Hodographen dazu. (c) Bahnkurven mit gleicher Energie, aber verschiedenen Drehimpulsen, (d) Hodographen dazu. Die Kreisform und ihre Parameter ergeben sich einfach durch Bildung von $\dot{x}$ und $\dot{y}$ aus $x = r\cos\varphi$ und $y = r\sin\varphi$ mit $r = p/(1 - \varepsilon\cos\varphi)$ und $\dot{\varphi} = L/mr^2$ (Abschn. 1.7.4)

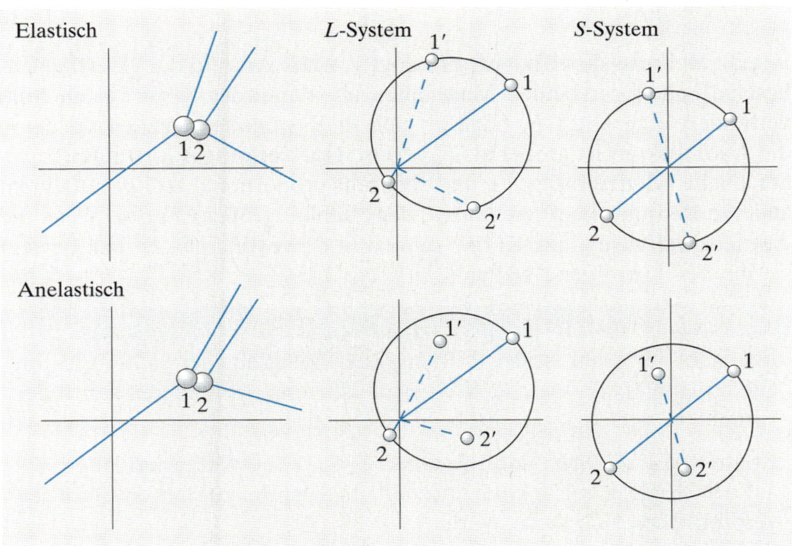

Abb. 1.37. Elastischer und anelastischer Stoß im Impulsraum

des Gases. Wenn man das Gas erhitzt, dehnt es sich im Impulsraum aus und läßt sich, anders als im Ortsraum, durch keine Wand daran hindern.

Der Impulsraum ist ein wesentliches Darstellungs- und Denkmittel für die statistische und die Quantenphysik (Kap. 5, 17 und 16).

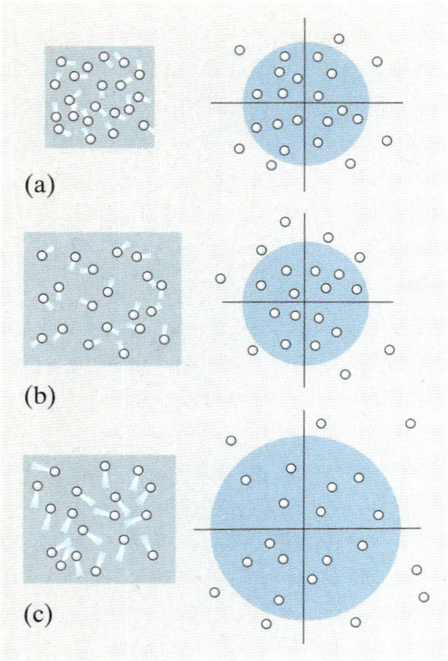

Abb. 1.38a–c. Ein Gas im Ortsraum und im Impulsraum. (a) Temperatur und Volumen klein, (b) größeres Volumen, gleiche Temperatur, (c) auch die Temperatur ist gewachsen

1.6 Reibung

Reibung verwandelt kinetische Energie, also geordnete Bewegung, in Wärme, also ungeordnete Bewegung der Teilchen. Sie durchbricht somit die Energieerhaltung nur scheinbar, nämlich was die mechanische Energie betrifft. Dem Impulssatz kann sie nichts anhaben.

1.6.1 Reibungsmechanismen

Bisher haben wir Bewegungen betrachtet, für die der rein mechanische Energiesatz gilt, bei denen also die Summe von kinetischer und potentieller Energie konstant ist und nur Umwandlungen zwischen diesen beiden Energieformen erfolgen. Jede reale Bewegung, zumindest auf der Erde, sei es auf einer festen Unterlage, sei es in einem Medium wie Wasser oder Luft, ist aber mit einem Energieverlust verbunden, genauer mit der Umwandlung von kinetischer in Wärmeenergie. Für diesen Energieverlust sind **Reibungskräfte** verantwortlich. Wir greifen aus den zahlreichen Reibungsmechanismen die drei wichtigsten heraus.

a) Die **Coulomb-Reibung** oder **trockene Reibung** erfolgt, wenn sich ein Körper ohne Schmiermittel auf fester Unterlage bewegt.

Diese Reibungskraft ist annähernd unabhängig von der Geschwindigkeit. Sie ist allein bestimmt durch die **Normalkraft** F_N, die den Körper auf die Unterlage drückt, und proportional zu dieser:

$$F_R = \mu F_N \; . \tag{1.71}$$

μ heißt **Reibungskoeffizient**. Er hängt von der Art und der Oberflächenbeschaffenheit der beiden Materialien ab. Wenn der Körper noch ruht, verhindert eine Kraft F'_R, daß er sich in Bewegung setzt, es sei denn, die Antriebskraft ist größer als F'_R. Diese **Haftreibung** F'_R ist immer größer als die **Gleitreibung** F_R und ebenfalls proportional zu F_N, mit einem anderen Reibungskoeffizienten μ', der offenbar größer ist als μ. Wenn die Antriebskraft also einen Körper einmal in Bewegung gesetzt hat, bewegt sie ihn beschleunigend weiter.

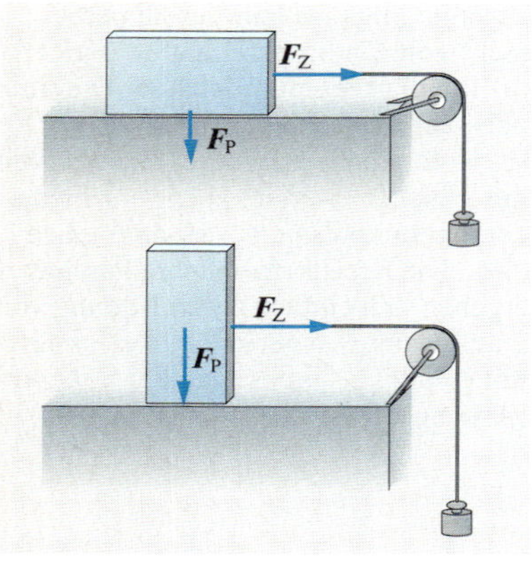

Abb. 1.39. Der Klotz erfährt hochkant die gleiche Reibung wie breitseits, zu deren Überwindung die gleiche Zugkraft F_Z nötig ist, denn es kommt nur auf die Normalkraft an, und die ist beidemal gleich dem Gewicht F_P

✗ Beispiel . . .

Für Stahl auf Stahl ist der Reibungskoeffizient aus der Ruhe 0,15, im Gleiten um 0,05. Welche Bremsstrecken und -zeiten treten bei der Eisenbahn auf?

Bremsweg $v^2/(2\mu_0 g)$ und Bremszeit $v/(\mu_0 g)$ etwa fünfmal länger als auf der Straße, aus 120 km/h etwa 400 m, 22 s. Bei zu starkem Bremsen verdreifachen sich diese Werte.

Am einfachsten bestimmt man einen Reibungskoeffizienten aus dem Winkel α einer schiefen Ebene, bei dem ein Körper gerade zu rutschen anfängt (Haftreibung), oder bei dem er sich langsam gleichförmig weiterbewegt (Gleitreibung). Es gilt

$$\mu = \tan\alpha \,. \tag{1.72}$$

Das ergibt sich aus Abb. 1.40: Vom Gewicht mg wirkt nur die Komponente $mg\cos\alpha$ als Normalkraft. Die Reibung ist also $\mu mg\cos\alpha$. Wenn sie größer ist als der Hangabtrieb $mg\sin\alpha$, d. h. wenn $\tan\alpha < \mu$, rutscht der Körper nicht.

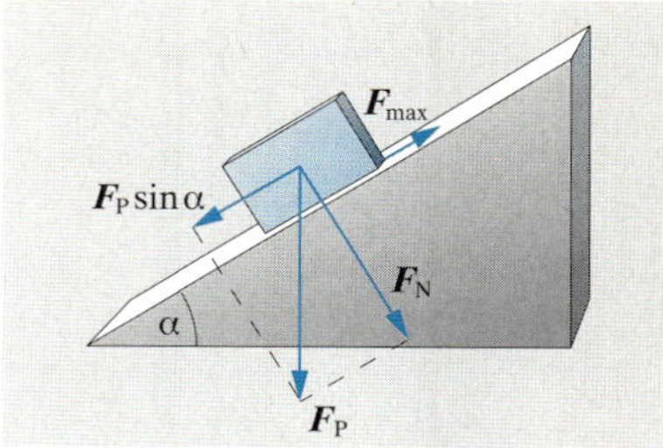

Abb. 1.40. Der Klotz beginnt zu rutschen, wenn $\tan\alpha$ gleich dem Reibungskoeffizienten μ wird

Warum ist die Coulomb-Reibung geschwindigkeitsunabhängig? Bei einer Verschiebung des Körpers um dx muß eine Anzahl mikroskopischer Vorsprünge überwunden oder abgeschliffen werden. Diese Anzahl ist proportional zu dx, die zur Verschiebung erforderliche Energie dW daher ebenfalls. Der Proportionalitätsfaktor zwischen dW und dx ist die Reibungskraft, die also nicht von der Verschiebung oder ihrer Geschwindigkeit abhängt. Die Haftreibung ist größer als die gleitende, weil ein ruhender Körper tiefer in die Vertiefungen der Unterlage einrasten kann als ein bewegter. Daraus sieht man, daß die Unabhängigkeit von v nicht exakt sein kann: Bei sehr kleinem v muß sich der Körper erst in die Gleitstellung heben, also nimmt μ erst allmählich auf seinen Gleitwert ab.

b) **Stokes-Reibung** oder **viskose Reibung**: Nicht zu große Körper, die sich nicht zu schnell durch ein Fluid (Flüssigkeit oder Gas) bewegen, erfahren eine Bremskraft, die proportional zur Geschwindigkeit ist.

Wie in Abschn. 3.3.3e gezeigt wird, ist diese Kraft für eine Kugel vom Radius r

$$\boxed{F_R = 6\pi\eta r v} \,, \tag{1.73}$$

wo η eine Eigenschaft des Fluids, seine **Viskosität** ausdrückt.

c) **Newton-Reibung**: Schneller Bewegung größerer Körper durch ein Fluid wirkt eine Kraft entgegen, die proportional zum Quadrat der Geschwindigkeit ist:

$$F_R = \tfrac{1}{2} c_w \varrho A v^2 \,. \tag{1.74}$$

A ist der Querschnitt des Körpers, in Bewegungsrichtung gesehen, ϱ die Dichte des Fluids, c_w ein Widerstandskoeffizient, der von der Form des Körpers bestimmt wird. Bei Stromlinienform oder Zuspitzung ist $c_w < 1$, bei einer Kugel etwa $c_w \approx 1$, bei hydrodynamisch ungünstiger Form $c_w > 1$. Wir leiten die Newton-Reibung nach dem Gedankengang von Abschn. 1.5.9d her. Will ein Körper mit der Geschwindigkeit v durch ein Fluid der Dichte ϱ dringen, muß er es zur Seite drängen und es dabei auf eine Geschwindigkeit v_f beschleunigen, die etwa gleich seiner eigenen v ist (günstige Formgebung verringert allerdings das Verhältnis v_f/v erheblich). In der Zeit dt muß dies geschehen für eine Säule von der Länge

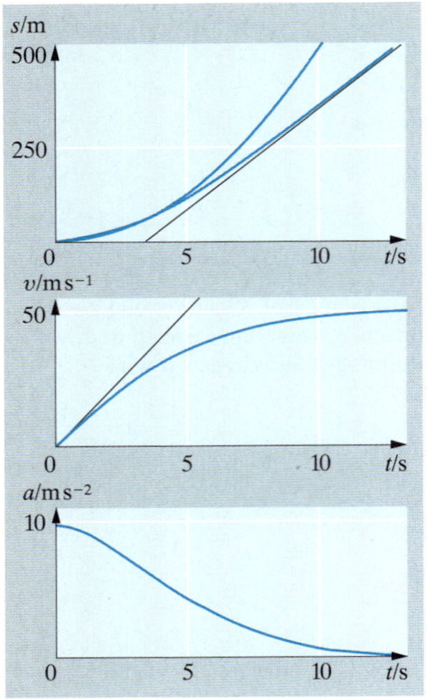

Abb. 1.41. Bewegung in einem Medium mit einer Reibungskraft $F \sim v^2$. Zahlenwerte entsprechen dem Fall eines menschlichen Körpers durch die Luft in Bodennähe

$v\,\mathrm{d}t$ und vom Querschnitt A. Sie hat das Volumen $Av\,\mathrm{d}t$ und die Masse $m_\mathrm{f} = \varrho Av\,\mathrm{d}t$. Um diese Masse auf die Geschwindigkeit v zu bringen, muß man ihr die Energie $\frac{1}{2}m_\mathrm{f}v^2 = \frac{1}{2}\varrho Av^3\,\mathrm{d}t$ zuführen, natürlich auf Kosten des bewegten Körpers. $\frac{1}{2}\varrho Av^3$ ist die zuzuführende Leistung. Da Leistung = Kraft · Geschwindigkeit, vgl. (1.58), ergibt sich für die Reibungskraft (1.74).

Ob eine Bewegung durch ein Fluid durch Stokes- oder Newton-Reibung beherrscht wird, entscheidet man mit dem **Reynolds-Kriterium** (Abschn. 3.3.5). Es gibt noch viele andere Reibungsmechanismen mit anderen $F_\mathrm{R}(v)$-Gesetzen. Die Reibung zwischen geölten und geschmierten Flächen folgt z. B. einem $v^{1/2}$-Gesetz (Abschn. 3.3.3g). Bei sehr hohen Geschwindigkeiten gilt in einem Fluid ein höherer v-Exponent als 2, besonders bei Annäherung an die Schallgeschwindigkeit.

1.6.2 Bewegung unter Reibungseinfluß

Wie sieht nun die durch solche Kräfte beeinflußte Bewegung aus? Wir betrachten das Beispiel einer konstanten Kraft, modifiziert durch eine Reibung $\sim v^2$, z. B. den Fall eines Körpers im Erdschwerefeld mit Luftwiderstand. Die Bewegungsgleichung ergibt sich durch Zusammenfassung der wirkenden Kräfte:

$$ma = -mg + kv^2 \qquad \left(k = \tfrac{1}{2}\varrho A\right) . \tag{1.75}$$

Auch ohne exakte Behandlung der Gleichung (1.75) (die etwas umständlich ist) läßt sich das Wesen der Lösung leicht erkennen: Der Körper sei zunächst in Ruhe und werde unter dem Einfluß von mg allmählich beschleunigt. Ganz zuerst spielt dann die Reibung noch keine Rolle, da v und erst recht v^2 noch klein sind: Die Bewegung verläuft fast wie beim freien Fall, speziell nimmt v zu wie gt. Unbeschränkt lange kann v aber nicht so anwachsen: Spätestens dann, wenn kv^2 auf diese Weise die Konstante mg eingeholt hat, muß die Beschleunigung wesentlich abgenommen haben, denn bei $kv^2 = mg$ würde ja $ma = 0$ folgen. Wenn bis dahin v tatsächlich wie gt anstiege, wäre die Zeit, bei der dieser **quasistationäre Zustand** erreicht wird,

$$t_\mathrm{q} = \sqrt{\frac{m}{kg}} . \tag{1.76}$$

Nach einer Zeit dieser Größenordnung ist die Beschleunigung praktisch Null, und die dann konstante Geschwindigkeit ergibt sich aus $kv^2 = mg$ zu

$$v_\mathrm{q} = \sqrt{\frac{mg}{k}} . \tag{1.77}$$

Diese Beziehungen bleiben sogar richtig, wenn sich die Konstante k langsam ändert. Da k nach (1.75) die Dichte des Mediums enthält, entspricht dies z. B. dem Fall aus großer Höhe. Bedingung für die Anwendbarkeit von (1.77) ist nur, daß sich während der Einstellzeit t_q die Dichte, d. h. k nur wenig ändert.

Diese quasistationäre Betrachtungsweise ist immer dann sehr nützlich, wenn in einem aus mehreren Summanden bestehenden Ausdruck zuerst der eine, dann ein anderer dominiert. In der Kinetik chemischer und anderer Reaktionen und bei der Behandlung der Relaxationserscheinungen kann man oft ähnlich vorgehen.

Die Bewegung unter konstanter Antriebskraft F, aber mit einer Reibung $F_R \sim v$ läßt sich analog behandeln:

$$ma = F - cv\,. \tag{1.78}$$

Die Bewegung wird quasistationär für Zeiten wesentlich größer als $t_q = m/c$ und hat dann die Geschwindigkeit $v_q = F/c$.

Die exakte Lösung ist wegen der Linearität von (1.78) auch leicht zu finden:

$$v = v_0\,e^{-t/t_q} + v_q(1 - e^{-t/t_q})\,.$$

Sie zeigt genau das mittels der Quasistationaritätsbetrachtung gefolgerte Verhalten.

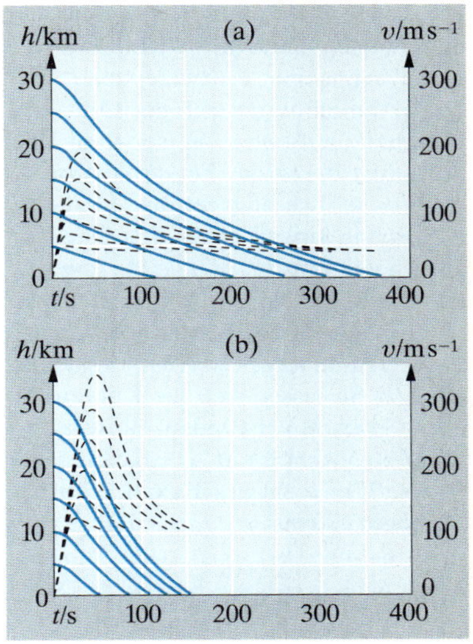

Abb. 1.42a,b. Fall eines Menschen aus verschiedenen großen Höhen durch die Luft. (——) Höhe h, (- - -) Geschwindigkeit v als Funktion der Zeit, (a) in Querlage, (b) in Aufrechtstellung des Körpers. Spätestens nach 1 Minute nimmt v seinen stationären Wert an, der sich mit der Luftdichte ändert und am Boden unabhängig von der Anfangshöhe immer die gleiche Größe hat

1.6.3 Flug von Geschossen

Nur für sehr kleine Schußweiten ist die Wurfparabel eine ausreichende Näherung. Wann sie versagt, zeigt am einfachsten die Abschätzung von *Newton* (Abschn. 1.5.9d), die für ein Widerstandsgesetz $F = -kv^2$ gilt, aber auch für andere v-Abhängigkeiten ihre Bedeutung hat. Wenn die Schußweite in die Größenordnung $x_0 = m/k \approx 2m/(A\varrho_l)$ kommt, d. h. bei Kugeln etwa 10 000 Geschoßlängen, bei günstigerer Form bis zu fünfmal mehr, wird sie fast unabhängig von der Anfangsgeschwindigkeit v_0 und ist daher kaum noch zu steigern. Natürlich muß v_0 so groß sein, daß diese Grenzweite überhaupt erreicht wird. Die Wurfparabel muß also über x_0 hinausreichen, d. h. es muß $v_0^2/g > m/k$ sein oder $v_0 > v_\infty = \sqrt{gm/k}$. ($v_\infty$ ist die stationäre Geschwindigkeit eines fallenden Körpers unter diesen Umständen).

Die Schußbahn fängt wie die Wurfparabel an, endet aber, falls nach unten hinreichend Platz ist, in einem ganz anderen asymptotischen Verhalten: Die Horizontalkomponente von $\boldsymbol{v}$ ist dann völlig aufgezehrt (nach einer Weite $\approx x_0$ und einer Zeit $\approx x_0/v_0$), die Vertikalkomponente beträgt stationär $-v_\infty$. Dementsprechend fällt die Bahn hinten steiler als sie vorn steigt, und die Geschwindigkeit ist auf dem absteigenden Ast wesentlich kleiner als in gleicher Höhe auf dem ansteigenden (Energiesatz mit Berücksichtigung der Reibungsverluste). Eine analytisch geschlossene Darstellung der ballistischen Kurve gibt es aber nicht (bis auf $n = 1$, Abschn. 1.6.2, was hier nicht interessiert). Selbst bei $n = 2$ sind die Integrale nicht geschlossen ausführbar. $n = 2$ gilt übrigens nicht durchgehend: Nahe der Schallgeschwindigkeit hat man mit größerem n zu rechnen. Aufgabe 1.6.12 zeigt, wie weit man mit analytischen Mitteln kommt. Numerische Lösungen sind mit jeder gewünschten Genauigkeit in Schußtafeln festgehalten.

Als man noch mit Kanonenkugeln schoß, war das Problem mit der Berechnung der Schwerpunktsbahn theoretisch erledigt. Allerdings machen die 10 000 Kaliber Reichweite selbst bei den 64pfündigen Kugeln der „Achterstücke" nur wenig mehr als 2 km aus. Verringerung des Luftwiderstandes durch aerodynamisch bessere Formgebung war also wichtiger als Steigerung der Mündungsgeschwindigkeit. Längliche Geschosse neigen aber im heftigen Fahrtwind zu wilden Achsenkippungen, die Flugbahn und -weite völlig unvorhersagbar machen. Man stabilisiert durch Kreiselbewegung, d. h. zwingt dem Geschoß im Lauf mit schraubenförmig gezogener Innenwand einen Drall auf. Die entsprechende Bremsung im Lauf ist unerheblich. Die Winkelgeschwindigkeit ω der Achsrotation muß über

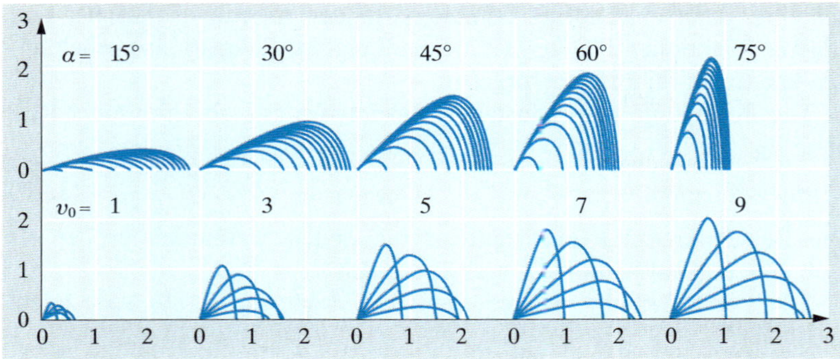

Abb. 1.43. *Ballistische Kurven*, berechnet nach dem Runge-Kutta-Verfahren. Annahme: Luftwiderstand $\sim v^2$. Ähnlich wirkt sich der Luftwiderstand auf einen Wasserstrahl aus, unterstützt durch das Zersprühen in Tropfen. v_0: Anfangsgeschwindigkeit, α: Abschußwinkel. *Oben*: Für jedes α läuft v_0 von 1 bis 12. *Unten*: Für jedes v_0 läuft α von 15° bis 90° in Schritten von 15°. Einheit des Weges ist $m/k = 2m/(c_w \varrho A)$, Einheit der Geschwindigkeit ist $\sqrt{mg/k}$. So lassen sich die Kurven für jedes Geschoß verwenden. Beispiel: Infanteriegeschoß mit $A = 0{,}5\,\text{cm}^2$, $c_w = 0{,}2$, $m = 20\,\text{g}$; x-Einheit 3 km, v-Einheit 170 m/s

einer Stabilitätsgrenze ω_g liegen. Diese ergibt sich daraus (vgl. Aufgabe 2.4.9), daß die Aufbauzeit $t = L_p/T = J'/(J\omega)$ der Präzession des Geschosses unter der Wirkung eines Drehmoments T kleiner sein muß als die Zeit $\tau \approx \sqrt{J'/T}$, in der das gleiche Moment den Kreisel einfach kippt (J Trägheitsmoment um die Geschoßachse, J' um eine Achse senkrecht dazu). Das Drehmoment, mit dem der Luftwiderstand zu kippen versucht, ist Kraft · Kraftarm $\approx \varrho_t v^2 lr \cdot l/2$. Einsetzen typischer Werte liefert Kreisfrequenzen von einigen 1 000 s^{-1}. Bei $v_0 \approx 1$ km/s erfordert das einen Anstellwinkel der „Züge" im Lauf von nur einigen Grad.

Das kreiselnde Geschoß behält zunächst seine Achsrichtung bei und muß eben deshalb, sowie die Flugbahn sich unter die Anfangstangente abzusenken beginnt, schief zur Bahn stehen und sich damit dem Drehmoment des Luftwiderstandes aussetzen. Wenn das Geschoß nicht rotierte, würde es sich dadurch noch steiler stellen. Als Kreisel beginnt es zu präzedieren, d. h. einen Kegel um die momentane Bahntangente zu beschreiben. Die Frequenz dieser **Präzession** ist $\omega_p = T/(L \sin\alpha)$, die Periode beträgt mit den obigen Werten einige Sekunden, oft länger als der Flug des Geschosses. Den größeren Teil der Flugzeit zeigt also die Geschoßachse auf die Seite der Bahn, wohin sie sich zu Anfang der Präzession gewendet hat. Bei Rechtsdrall ist das, von oben betrachtet, die rechte Seite (Abschn. 2.4.2). Damit erhält der Luftwiderstand eine Komponente senkrecht zur Bahn, und zwar nach rechts hin. Alle Geschosse mit Rechtsdrall werden systematisch nach rechts abgelenkt, allerdings um einen Betrag, der sich wegen der Regularität des Dralls und der Präzession vorhersagen läßt. Diese Rechtsabweichung gilt auch auf der Südhalbkugel, denn sie ist etwa 100mal größer als der Einfluß der Coriolis-Kraft.

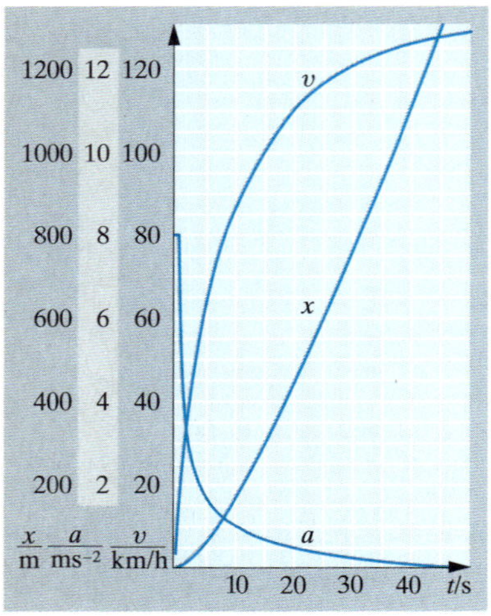

Abb. 1.44. Anfahrvorgang eines Fahrzeugs bis zur durch den Luftwiderstand begrenzten Höchstgeschwindigkeit

1.6.4 Die technische Bedeutung der Reibung

Jedes Glatteis zeigt die positive Rolle der Reibung für die Fortbewegung von Mensch, Tier und Fahrzeug. Auf einer mit Spiritus polierten, mit Nähmaschinenöl dünn eingeriebenen Spiegelglasplatte sind fast alle Tiere völlig hilflos, die meisten fallen sogar um; nur Laubfröschen und Stubenfliegen mit ihren Saugnapf-Füßen macht das nichts aus, ebensowenig den Schnecken. Abgesehen davon könnte man sich bei Wegfall der Reibung nur auf den Raketenantrieb verlassen. Andererseits schätzt man, daß alle Eisenbahnen jährlich etwa 1 Mill. Tonnen Stahl zu feinem Pulver zermahlen, besonders beim Bremsen (vor Bahnhöfen und auf Gefällstrecken sind Schotter und Schwellen rot vom Abrieb). Mindestens ebensoviel Gummistaub verteilen die Autos in der Landschaft, und Fußgänger sind in dieser Hinsicht nicht viel besser. Bei Landfahrzeugen beherrscht die Reibung, abgesehen von Bremsen, Kupplung und vom Kurvenfahren, den **Anfahrvorgang**, aber auch die Höchstgeschwindigkeit.

Wir untersuchen das Anfahren. Könnte das Fahrzeug seine volle Antriebsleistung P ausnutzen, ergäbe sich aus $W = Pt = \frac{1}{2}mv^2$ sofort $v = \sqrt{2Pt/m}$, ein Anstieg in Form einer liegenden Parabel. In Wirklichkeit liegt der Anfangsteil von $v(t)$ tiefer, denn die beschleunigende Kraft kann höchstens gleich der Reibung sein, die Straße oder Schiene aufnehmen: $F = m\dot{v} \leqq F_r = \mu F_n = \mu mg$, also bestenfalls $\dot{v} = \mu g$ und $v = \mu gt$. Wegen $P = Fv$ kann man erst bei der **Reibungsgeschwindigkeit** $v_r = P/F_r = P/(\mu mg)$ die volle Motorleistung auf die Straße bringen. Bei $v < v_r$ quietscht es, wenn man es doch versucht. Bei der Eisenbahn ist μ viel kleiner, also v_r größer.

Die Höchstgeschwindigkeit v_m wird überwiegend durch den Luftwiderstand bestimmt, weil seine Leistung mit v^3 steigt, die der trockenen Reibung nur mit v, die der **Schmiermittelreibung** mit $v^{3/2}$. Aus $P = \frac{1}{2}c_w \varrho A v_m^3$ ergibt sich, daß v_m mit P nur wie $P^{1/3}$ steigt (Abb. 1.45), abgesehen von Maßnahmen zur Verringerung von A und c_w. In diesem Bereich spart man pro Zeiteinheit den halben Treibstoff, wenn man auf nur 21 % der Geschwindigkeit verzichtet. Viel stärker wirken sich Leistung (und Preis) des Autos auf die Beschleunigungszeit aus. Wenn man den Luftwiderstand unterhalb 100 km/h vernachlässigt, ebenso die Einbuße im reibungsbeherrschten Bereich $v < v_r$, erreicht man $v_1 = 100$ km/h in $t_{100} = mv_1^2/(2P)$.

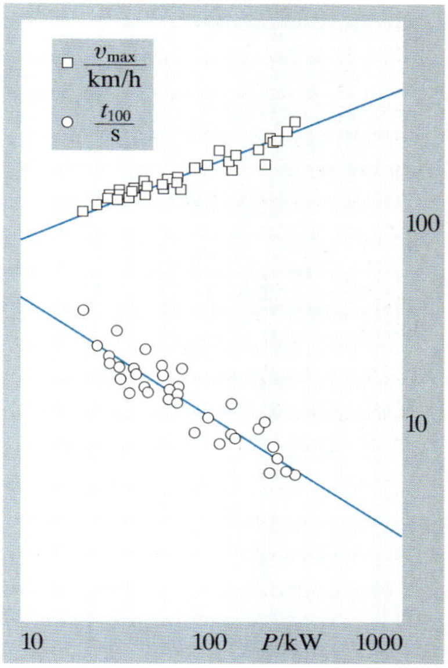

Abb. 1.45. Leistungen P, Höchstgeschwindigkeiten v_{max} und Beschleunigungszeiten t_{100} von 0 auf 100 km/h für einige Autotypen (einschließlich eines chinesischen „Volkswagens" mit 10 kW). Die doppellogarithmische Auftragung zeigt durch ihre Steigung die Abhängigkeiten $v_{max} \sim P^{1/3}$ und $t_{100} \sim P^{-1}$

Leistungsmessung an einem Motor. Motorleistung ist Kreisfrequenz ω mal Drehmoment T. Die Kreisfrequenz wird mit der Drehzahl-Meßuhr bestimmt, deren Achse wieder durch Reibung mitgenommen wird; heutzutage mißt man meist stroboskopisch oder elektronisch. Das Drehmoment bestimmt man oft mit dem **Prony-Zaum**. Ein Riemen oder zwei Schraubbacken (Abb. 1.46) werden an die rotierende Motorwelle gepreßt, bis Gleichgewicht besteht, d. h. der durch F_P belastete Arm sich weder hebt noch senkt. Dann ist das Drehmoment $T = F_P l$ betragsgleich dem Moment, das der Motor gegen die Reibung an den Backen ausübt, und die Leistung ergibt sich aus $P = T\omega$.

✘ Beispiel...

Wieviel Treibstoff spart man pro *Weg*einheit, wenn man 120 km/h statt 160 km/h fährt?

44 %, wenn es nur um den Luftwiderstand geht.

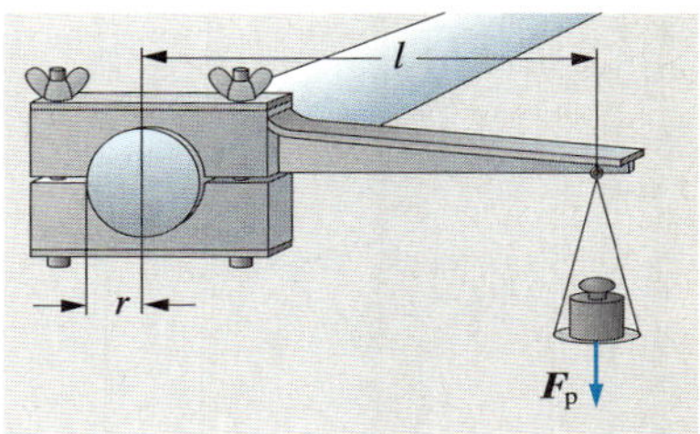

Abb. 1.46. Prony-Zaum zur Leistungsmessung an einer Motorwelle

Rollreibung. Räder vermindern die Reibung verglichen mit dem Schleifen; die verbleibende Gleitreibung in den Achslagern wird durch Wälzlager (Kugel- oder Zylinderlager) noch erheblich reduziert. Ideal harte Rollen auf ideal harter, ebener Unterlage erführen überhaupt keinen Widerstand. Ebenso wäre es bei ideal elastischer Deformation, denn sie läge immer symmetrisch zum Auflagepunkt, und die Reaktionskraft der Unterlage wäre in jedem Augenblick entgegengesetzt zur Normalkraft

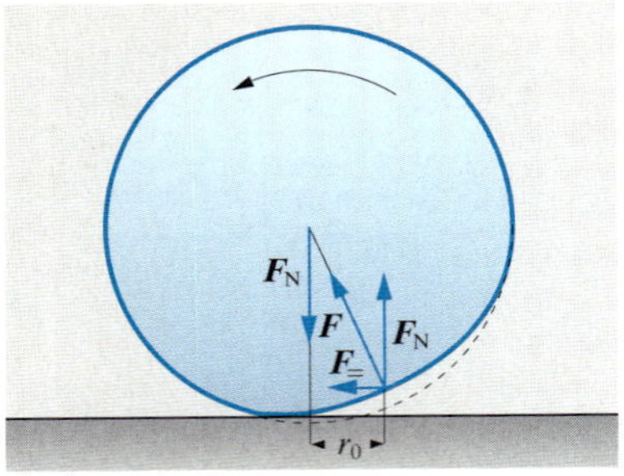

Abb. 1.47. Die Rollreibung beruht auf der anelastischen Deformation von Rollkörper und Unterlage. Was ist gegen diese Erklärung der Rollreibung einzuwenden, besonders was die Geschwindigkeitsabhängigkeit betrifft? Wenn die Rollreibung allein eine Folge der elastischen Relaxation wäre, nämlich der Tatsache, daß die Deformation hinter der Belastung nachhinkt, müßte sie von der Geschwindigkeit abhängen, denn der Winkel zwischen $\boldsymbol{F}_N$ und $\boldsymbol{F}$ in Abb. 1.47 ist um so größer, je schneller das Rad rollt. Tatsächlich ist die Rollreibung geschwindigkeitsabhängig, aber schwächer als proportional. Der Effekt ist also komplizierter als dargestellt

F_N, es bliebe keine Komponente in Bewegungsrichtung. In Wirklichkeit hat die Deformation immer einen anelastischen Anteil (Abschn. 3.4.4), d. h. sie hinkt etwas nach, wie in Abb. 1.47 für eine völlig harte Unterlage angedeutet ist. Die Reaktionskraft $\boldsymbol{F}$, die der Hauptteil des Rollkörpers erfährt, wird ihm durch seine deformierten Teile vermittelt. Ihr Angriffspunkt ist gegen den Punkt, auf den $\boldsymbol{F}_N$ zielt, etwas nach hinten verschoben (um die Strecke r_0). Die Normalkomponente der Reaktionskraft kompensiert genau $\boldsymbol{F}_N$; es bleibt aber eine Tangentialkomponente $F_= = r_0 F_N/r$ entgegen der Rollrichtung, die durch eine Zugkraft von gleichem Betrage kompensiert werden muß, wenn der Körper mit konstanter Geschwindigkeit rollen soll. Bei technischen Rollkörpern (Rädern, Kugellagern) liegt r_0 im Bereich 10^{-2} mm bis 1 mm.

1.7 Gravitation

In sehr großen Maßstäben überwiegt die Gravitation alle anderen Kräfte und bestimmt den Aufbau des Weltalls fast allein.

1.7.1 Das Gravitationsgesetz

In seinen durch die Londoner Pestepidemie verlängerten Semesterferien 1665–1666 fand *Isaac Newton* außer dem verallgemeinerten binomischen Satz, der Differential- und Integralrechnung, der Spektralzerlegung des weißen Lichts auch das **Gravitationsgesetz**. Die Grundidee ist uns heute so geläufig geworden, daß wir ihre Genialität und Tragweite kaum noch richtig einschätzen können. Die Kraft, die den Apfel vom Baum fallen läßt, ist die gleiche, die den Mond um die Erde und die Erde um die Sonne zwingt, d. h.: Beide Fälle sind Spezialfälle eines allgemeinen Kraftgesetzes, nach dem alle Massen einander anziehen. Die Kraft wird von den Massen m_1 und m_2 der beiden beteiligten Körper, ihrem Abstand und vielleicht auch noch anderen Größen abhängen:

$$F = f(m_1, m_2, r, \ldots) .$$

Aus dem Reaktionsprinzip folgt gleichzeitig, daß es sich um eine *beiderseitige* Anziehung handeln muß: Die Erde wird vom Apfel mit der gleichen Kraft angezogen wie umgekehrt. m_1 und m_2 müssen also in symmetrischer Weise in die Funktion f eingehen. Folgende Beobachtungen legen die Form des Gesetzes näher fest:

- Auf der Erdoberfläche fallen alle Körper gleich schnell, abgesehen von denen, die so leicht sind, daß der Luftwiderstand eine wesentliche Rolle spielt. Die Fallbeschleunigung ist also unabhängig von der Masse m_2 des fallenden Körpers. Die zur Erklärung dieser Beschleunigung zu postulierende *Kraft* muß also proportional m_2 sein.
- Aus dem Reaktionsprinzip folgt dann, daß F auch proportional zu m_1 sein muß.
- An der Erdoberfläche, also einen Erdradius oder 6 370 km vom Anziehungszentrum (Erdmittelpunkt) entfernt, beträgt die Schwerebeschleunigung $g \approx 10\,\mathrm{m\,s^{-2}}$. Die Beschleunigung in dem Abstand,

wo sich der Mond befindet (60 Erdradien), ergibt sich sofort aus der Kreisbahnbedingung für den Mond, d. h. der Gleichheit von Schwere- und Zentripetalbeschleunigung (vgl. (1.30)):

$$a = \omega^2 r = \frac{(2\pi)^2}{(27{,}3 \cdot 86\,400)^2 s^2} \cdot 60 \cdot 6{,}37 \cdot 10^6\,\mathrm{m} = 2{,}73 \cdot 10^{-3}\,\frac{\mathrm{m}}{\mathrm{s}^2}\,.$$

Die Beschleunigung im Mondabstand ist also $1/3\,600 = 60^{-2}$ von der auf der Erdoberfläche wirkenden. Es war kühn, allein hieraus allgemein auf eine Abstandsabhängigkeit wie r^{-2} zu schließen:

$$F \sim r^{-2}\,, \quad \text{also} \quad \boxed{F = G\frac{m_1 m_2}{r^2}}\,, \tag{1.79}$$

aber diese Hypothese bestätigt sich tatsächlich glänzend. Man beachte, daß die Masse des Trabanten in dieser Betrachtung keine Rolle spielt. Schon auf diesem Stadium lassen sich Relativbestimmungen der Massen von Himmelskörpern (ausgedrückt in der noch unbekanten Erdmasse) durchführen, sofern diese einen Satelliten mit bekanntem Abstand vom Zentralkörper und bekannter Umlaufszeit haben.

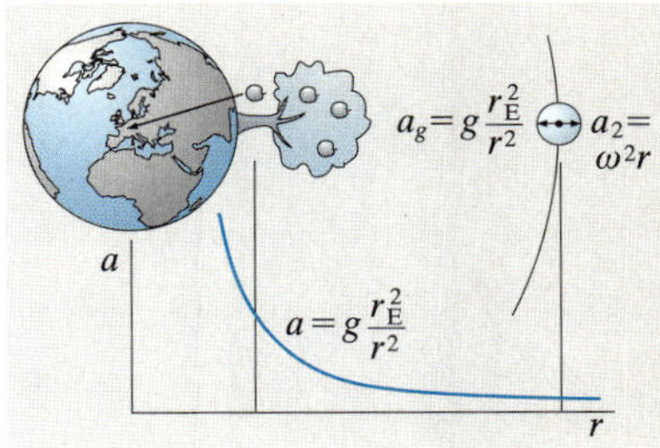

Abb. 1.48. Schwerebeschleunigung in Erdnähe und im Mondabstand (nicht maßstäblich)

✗ Beispiel...

Schätzen Sie die Masse der Erde ohne Benutzung der Gravitationskonstante. Was kann man aus der Abweichung vom richtigen Wert schließen?

Man weiß seit *Eratosthenes* (ca. 300 v. Chr.), daß der Erdradius $R \approx 6\,400\,\mathrm{km}$ ist. Wenn die Erde ganz aus Stein (Dichte ca. $2{,}7\,\mathrm{g/cm^3}$) bestünde, erhielte man eine Masse $M = \frac{4}{3}\pi\varrho R^3 = 3 \cdot 10^{24}\,\mathrm{kg}$. Daß die Masse in Wirklichkeit doppelt so groß ist, zeigt, daß schwereres Material in der Tiefe liegt.

- Es fehlt noch die Proportionalitätskonstante G in der Formel (1.79), d. h. die Größe der Kraft zwischen zwei Einheitsmassen im Einheitsabstand. Sie kann experimentell erst bestimmt werden, wenn die Massen beider wechselwirkenden Körper bekannt sind. Für astronomische Objekte einschließlich der Erde ist die Masse naturgemäß nicht direkt bestimmbar, wenn auch aus Volumen und vermutlicher Dichte Schätzwerte abgeleitet werden können. *Cavendish* maß als erster die Kraft zwischen zwei Objekten bekannter Masse, nämlich Bleikugeln, mit Hilfe seiner **Drehwaage**. *Eötvös* u. a. verfeinerten die Messung und erhielten

$$\boxed{G = 6{,}67 \cdot 10^{-11}\,\mathrm{Nm^2/kg^2}}\,. \tag{1.80}$$

- Es wäre denkbar, daß die Kraft zwischen zwei Körpern noch von anderen Größen abhängt. Zwei davon verdienen Erwähnung, nämlich die Geschwindigkeit der Massen, besser ihre Relativgeschwindigkeit und das Material, mit dem evtl. der Raum zwischen den beiden Körpern erfüllt ist. Gibt es Substanzen, die die Gravitation abschirmen, wie das im sonst ziemlich analogen elektrostatischen Feld zutrifft?

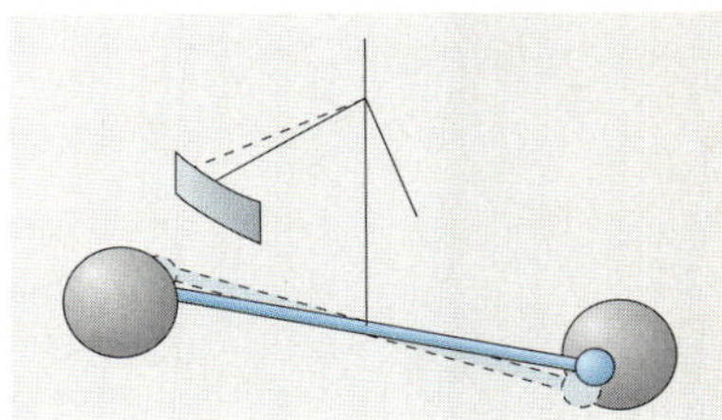

Abb. 1.49. Drehwaage von *Cavendish-Eötvös* (schematisch)

Einsteins Theorie liefert in der Tat eine winzige Abhängigkeit von der Relativgeschwindigkeit und auch vom Rotationszustand der Körper. Für die Existenz von Gravitationsschirmen besteht keinerlei Anhaltspunkt.

- Wenn die gravitierenden Körper ausgedehnt sind, kommt es allerdings auf ihre Form an. Strenggenommen gilt das Newton-Gesetz nur für Massenpunkte. Zum Glück verhält sich jede kugelsymmetrische Massenverteilung so, als sei ihre Masse im Mittelpunkt konzentriert. Die Bestimmung der Gravitationskonstante ist gleichzeitig eine Wägung der Erde und aller übrigen Himmelskörper, für die vorher nur eine *Relativ*bestimmung der Masse (z. B. Vergleich mit der Erdmasse) möglich war.

✗ Beispiel...

Eigentlich sind doch elektrostatische Kräfte viel größer als die Gravitation (wieviel größer z. B. zwischen Elektron und Proton?). Sie wirken sich im Weltall nur kaum aus, sagt man, weil die Himmelskörper gleichviele Elektronen und Protonen enthalten. Wenn nun aber eines dieser Teilchen eine etwas größere Ladung hätte?

$e^2/(4\pi\varepsilon_0 G m_\mathrm{P} m_\mathrm{E}) \approx 10^{40}$. Elektrische Kräfte führen zum Ladungsausgleich (nicht unbedingt Anzahlgleichheit), der das elektrische Feld kompensiert; beim Gravitationsfeld geht das nicht, weil es keine negativen Massen gibt.

1.7.2 Das Gravitationsfeld

In den Ausdruck (1.79) für die Schwerkraft zwischen zwei Massenpunkten gehen beide Massen in völlig symmetrischer Weise ein. Man kann sich aber auf den Standpunkt stellen, daß der eine Massenpunkt (etwa Q) die Quelle eines Kraftfeldes sei, in dem sich der andere Massenpunkt P bewegt. In dem Ausdruck $F(r) = -m_\mathrm{P}(Gm_\mathrm{Q})/r^2$ oder, wenn man der Richtungseigenschaft Rechnung tragen will,

$$\boldsymbol{F} = -m_\mathrm{P}\frac{Gm_\mathrm{Q}}{r^2}\frac{\boldsymbol{r}}{r}\,, \tag{1.81}$$

ist dann $-Gm_\mathrm{Q}\boldsymbol{r}/r^3$ eine Eigenschaft des Feldes allein, unabhängig von der speziellen „Probemasse" m_P. Man nennt diese Größe die **Feldstärke** $\boldsymbol{g}$ des **Gravitationsfeldes**.

Auch im allgemeinen Fall, nicht nur für das Feld einer Punktmasse, ist die Feldstärke zu definieren durch den Zusammenhang mit der Kraft auf eine Probemasse m_P:

$$\boldsymbol{g} = \frac{1}{m_\mathrm{P}}\boldsymbol{F}\,. \tag{1.82}$$

Für das Gravitationsfeld ist $\boldsymbol{g}(\boldsymbol{r})$ dasselbe wie die an diesem Ort $\boldsymbol{r}$ gültige **Schwerebeschleunigung**. Diese Zerlegung der Kraft in eine Eigenschaft des Feldes ($\boldsymbol{g}$) und eine Eigenschaft des Probekörpers (m_P) ist möglich, weil $\boldsymbol{F} \sim m_\mathrm{P}$, m. a. W. wegen der Proportionalität zwischen schwerer (dem Gravitationsfeld unterworfener) und träger Masse. Für andere Arten von Feldern muß die Zerlegung anders vorgenommen werden, z. B. für das elektrostatische Feld in die elektrische Feldstärke $\boldsymbol{E}$ und die Ladung e des Probekörpers.

Das Gravitationsfeld einer Punktmasse ist konservativ, denn es ist kugelsymmetrisch. Also existiert eine eindeutig vom Ort, und zwar nur vom Betrag r des Abstands abhängige potentielle Energie einer Probemasse m_{P}. Am einfachsten normiert man sie auf einen unendlich fernen Punkt, wo keine Kraft mehr herrscht. $W_{\text{pot}}(r)$ ist dann die Arbeit, die nötig ist, die Masse m_{P} aus dem Unendlichen in den endlichen Abstand r zu bringen. Wegen der Wegunabhängigkeit kann man das immer längs eines Radius tun und erhält

$$W_{\text{pot}}(r) = -\int_{\infty}^{r} \boldsymbol{F} \cdot \mathrm{d}\boldsymbol{r} = m_{\mathrm{P}} \int_{\infty}^{r} Gm_{\mathrm{Q}} \frac{1}{r^2} \mathrm{d}r = -m_{\mathrm{P}} \frac{Gm_{\mathrm{Q}}}{r} . \qquad (1.83)$$

Das Minuszeichen besagt vernünftigerweise, daß keine Arbeit nötig ist, sondern welche frei wird.

Auch die potentielle Energie läßt sich in einen vom Probekörper abhängigen Anteil m_{P} und eine reine Feldeigenschaft, nämlich

$$\varphi = -\frac{Gm_{\mathrm{Q}}}{r} , \qquad (1.84)$$

das **Potential** des Feldes, aufspalten. Ganz allgemein (nicht nur für das Feld der Punktmasse) ergeben sich $\boldsymbol{F}$ aus $W_{\text{pot}}(r)$ und die Feldstärke $\boldsymbol{g}$ aus dem Potential φ durch Gradientenbildung:

$$\boldsymbol{F} = -\operatorname{grad} W_{\text{pot}}(\boldsymbol{r}) , \quad \boldsymbol{g} = -\operatorname{grad} \varphi(\boldsymbol{r}) . \qquad (1.85)$$

Das Feld einer komplizierten Massenverteilung sieht natürlich ganz anders aus als das der Punktmasse (1.84). Da sich aber jede solche Verteilung als Summe oder Integral von Punktmassen darstellen läßt, ergeben sich auch $\boldsymbol{F}, \boldsymbol{g}$, $W_{\text{pot}}(\boldsymbol{r})$ und $\varphi(\boldsymbol{r})$ durch entsprechende Summierung oder Integration der Beiträge der einzelnen Massenelemente.

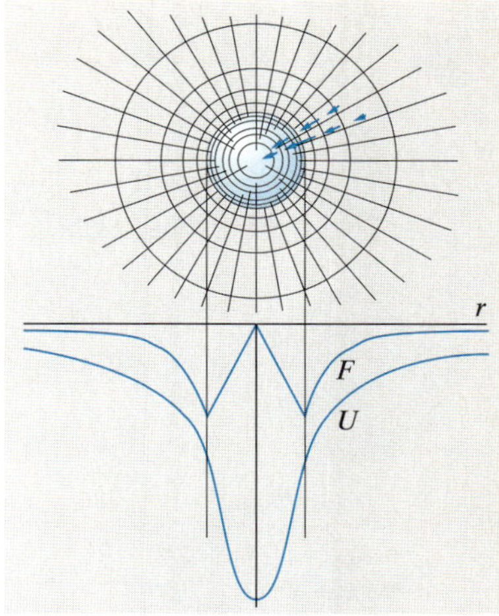

Abb. 1.50. Das Gravitationsfeld einer Kugel homogener Dichte

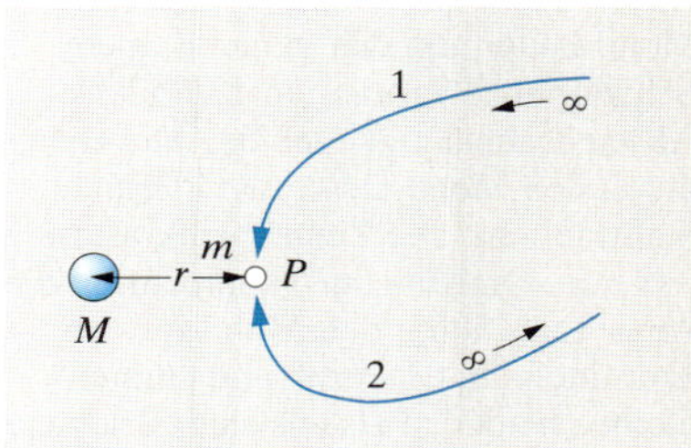

Abb. 1.51. Die Arbeit W bei der Verschiebung von ∞ nach P ist unabhängig vom Weg: Das Kraftfeld hat ein Potential, und dessen Wert bei P ist W/m

1.7.3 Gezeitenkräfte

Es gibt keine vernünftige Massenverteilung, die ein homogenes Gravitationsfeld erzeugte. Höchstens eine gleichmäßig massenerfüllte Scheibe wie die einer Galaxis tut das annähernd in nicht zu großem Abstand. In jedem inhomogenen Feld aber sind die Kräfte, die auf die einzelnen Teile eines ausgedehnten Probekörpers wirken, verschieden. Selbst wenn der Probekörper sich der Gravitation möglichst zu entziehen sucht, indem er „sich fallen läßt", müssen diese Unterschiede als Spannungen übrigbleiben. Wir betrachten ein Raumschiff, das etwa auf einer Kreisbahn antriebslos um die Erde fliegt. Die Insassen sind „schwerelos", einfach weil sie ebenso schnell „fallen" wie die Schiffswände und alle anderen Gegenstände (Proportionalität von träger und schwerer Masse). Sehr genau betrachtet sind aber die Felder und Beschleunigungen auf der erdzugewandten Seite des Schiffes etwas größer (da r kleiner ist), auf der anderen Seite etwas

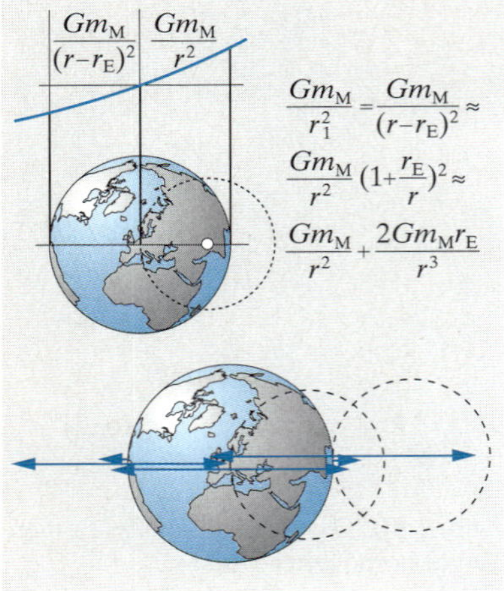

Abb. 1.52. Gezeitenkräfte. Erde und Mond laufen um den gemeinsamen Schwerpunkt S (*oben*; maßstäblich). Abstandsabhängigkeiten der Anziehung durch den Mond (*Mitte*; Kräfte nicht maßstäblich). Die Zentrifugalkraft infolge des Umlaufs um S kompensiert die Anziehung durch den Mond für den Erdmittelpunkt. „Vorn" und „hinten" bleiben beidemal als auswärtsgerichtete Differenzen die Gezeitenkräfte (*unten*; Kräfte nicht maßstäblich). Die Schwerkraft „rechts" im Satelliten zeigt nicht genau nach „unten", sondern hat eine kleine Linkskomponente, und zwar für einen bodennahen Satelliten $a_1 \approx gx/R$ (Erdradius R, Abstand von Satellitenmitte x). Die „Unten"-Komponente wird durch die Zentrifugalkraft kompensiert, a_1 bleibt übrig und treibt alle Gegenstände in der xy-Ebene langsam in die Mitte. Diese Kraft ist harmonisch, führt also bei Reibungsfreiheit zu einer harmonischen Schwingung mit der gleichen Periode von 1 h 24 min wie in Aufgabe 1.4.11. Die Gegenstände oben und unten treiben dagegen mit der gleichen Zeitkonstante von der Mitte weg. Die Mitte, genauer der Schwerpunkt des Satelliten, ist ein Sattelpunkt des Gesamtpotentials (Mond etwa doppelt so groß wie maßstäblich korrekt)

kleiner als im Schwerpunkt, nach dem sich die Gesamtbewegung der Rakete richtet. Die „oben" und „unten" schwebenden Gegenstände würden also sehr langsam an die entsprechenden Schiffswände treiben. Eine lose Vereinigung von Massen würde sich allmählich zerstreuen (jedenfalls, wenn sie dem Zentralkörper näher ist als ein kritischer Abstand, die **Roche-Grenze**).

Die Erde als Ganzes „fällt" ebenfalls frei im Feld des Mondes. Beide kreisen um ihren gemeinsamen Schwerpunkt der allerdings der Erde viel näher ist und sogar noch innerhalb des Erdkörpers liegt. Diese Kreisbewegung wird bestimmt durch den Erdmittelpunkt, indem ihre Zentrifugalkraft genau die dort herrschende Anziehung durch den Mond kompensieren muß. Alle Punkte des Erdkörpers beschreiben Kreise mit dem gleichen Radius (die Achsenrotation der Erde braucht hierbei nicht beachtet zu werden, sie ist schon durch die Abplattung niveauflächenmäßig kompensiert). Die Anziehungsbeschleunigung Gm_M/r^2 durch den Mond genügt für den Erdmittelpunkt genau als Zentripetalbeschleunigung für diese Kreisbewegung. Auf der mondzugewandten Erdseite ist sie größer, also suchen alle Gegenstände, zusätzlich zur Kreisbewegung, mit der Differenzbeschleunigung $(Gm_M/r_1^2) - (Gm_M/r^2)$ auf den Mond zu, also nach oben zu „fallen". Auf der gegenüberliegenden Erdseite ist Gm_M/r^2 zu klein als Zentripetalbeschleunigung, daher sucht alles nach außen, d. h. wieder nach oben zu fallen. Wenn, wie man meist sagt, einfach der Zug des Mondes den Flutberg auftürmte, müßte auf der anderen Erdseite Ebbe sein und nicht ebenfalls Flut.

$$a_{\text{Gez}} = Gm_M\left(\frac{1}{r_1^2} - \frac{1}{r^2}\right) = Gm_M\left(\frac{1}{(r+r_E)^2} - \frac{1}{r^2}\right)$$
$$\approx Gm_M\frac{1}{r^2}\left(1 - \frac{2r_E}{r} - 1\right) = -\frac{2Gm_M r_E}{r^3}\,. \qquad (1.86)$$

Vergleich mit der Schwerebeschleunigung durch die Erde liefert

$$\frac{a_{\text{Gez}}}{g} = \frac{2Gm_M r_E r^{-3}}{Gm_E r_E^{-2}} = 2\frac{m_M}{m_E}\frac{r_E^3}{r^3}\,, \quad \text{also} \quad a_{\text{Gez}} \approx 10^{-7} g\,.$$

Der feste Erdkörper zieht sich unter der Wirkung der **Gezeitenkräfte** etwas in die Länge, aber die Einstellzeit dieser Deformation, die ja in 24 h ihre Richtung um volle 2π drehen muß, ist zu groß, als daß es zu einer vollen Anpassung an die verzerrten Niveauflächen käme (sonst gäbe es gar keine Meeresgezeiten). Das Wasser folgt mit geringerer Verzögerung. Eine gewisse Verzögerung muß vorhanden sein, solange Kräfte

Tabelle 1.2. Das Sonnensystem (nach *Encyclopaedia Britannica*, Chicago 1992)

	Masse kg	Mittlerer Äquatorradius km	Mittlere Dichte g/cm³	Mittlerer Abstand vom Zentralkörper 10^6 km	Siderische Umlaufzeit Jahre	Numerische Bahnexzentrizität	Rotationsperiode Tage
Sonne	$1{,}99 \cdot 10^{30}$	696 000	1,41				27
Merkur	$3{,}3 \cdot 10^{23}$	2 440	5,4	57,9	0,240	0,206	58,6
Venus	$4{,}78 \cdot 10^{24}$	6 050	5,24	108,21	0,616	0,007	243
Erde	$5{,}98 \cdot 10^{24}$	6 378	5,52	149,60	1	0,017	1
Mond	$0{,}73 \cdot 10^{23}$	1 738	3,34	0,384	0,075	0,055	27,3
Mars	$6{,}4 \cdot 10^{23}$	3 400	3,75	227,9	1,88	0,093	1,02
Phobos	$1{,}1 \cdot 10^{16}$	11	1,9	0,0094	0,0009		
Deimos	$1{,}8 \cdot 10^{15}$	6	1,8	0,0235	0,0035		
Ceres	$1{,}0 \cdot 10^{21}$	465	2,3	412	4,60	0,079	0,38
Eros	$\approx 10^{16}$	≈ 10		219	1,8	0,23	0,22
(und ca. 10^5 andere Planetoiden)							
Jupiter	$1{,}9 \cdot 10^{27}$	71 350	1,33	778,3	11,86	0,048	0,41
Ganymed	$1{,}5 \cdot 10^{23}$	2 631	1,93	1,071	0,0196		
(und 15 andere Monde, Ringe)							
Saturn	$5{,}7 \cdot 10^{26}$	60 400	0,69	1 428	29,46	0,056	0,44
Titan	$1{,}31 \cdot 10^{23}$	2 575	1,88	1,223	0,044	0,029	
(und 17 andere Monde, viele Ringe)							
Uranus	$8{,}7 \cdot 10^{25}$	25 559	1,29	2 872	84,02	0,046	0,72
Oberon	$3{,}0 \cdot 10^{21}$	761	1,64	0,583	0,037		
(und 14 andere Monde, Ringe)							
Neptun	$1{,}02 \cdot 10^{26}$	24 800	1,64	4 504	164,79	0,009	0,67
Triton	$2{,}1 \cdot 10^{22}$	1 350	2,07	0,354	0,016	0,000	
(und 7 andere Monde, Ringe)							
Pluto	$1{,}2 \cdot 10^{22}$	1 151	1,9	5 910	247,69	0,251	6,39
Charon	$1{,}8 \cdot 10^{21}$	593	2,1	0,0194	0,0175	0,156	6,39
Transpluto?					675		

die notwendige Verschiebung der Wassermassen hemmen. Solche Kräfte sind: Die innere Reibung der Wassermassen, die Reibung am Meeresboden, der Anprall an die Kontinentalränder mit Eindringen in Meerengen und Buchten. Diese verzögernden Kräfte führen zu einer Phasenverschiebung zwischen Mondhöchststand und Flut und zu einer Bremsung der Erdrotation. Der Erde wird so ständig Drehimpuls entzogen, der nach dem Drehimpulssatz irgendwo im System wieder auftauchen muß, und zwar im Mond als Hauptverantwortlichem. Dies führt schließlich zu einer sehr langsamen Zunahme des Abstands Erde–Mond. Aufhören kann dieser Prozeß offenbar erst, wenn Tag und Monat gleichlang geworden sind.

Beispiel...

Welche der Daten aus Tabelle 1.2 können Sie nachrechnen?

$M = \frac{4}{3}\pi\varrho R^3$ verknüpft Masse, Dichte und Radius. Siderische Umlaufzeit in Jahren: $r^{3/2}$ (Bahnradius r in Erdbahnradien). Für Satelliten $T = r^{3/2}m^{-1/2}$ (Planetenmasse m in Sonnenmassen).

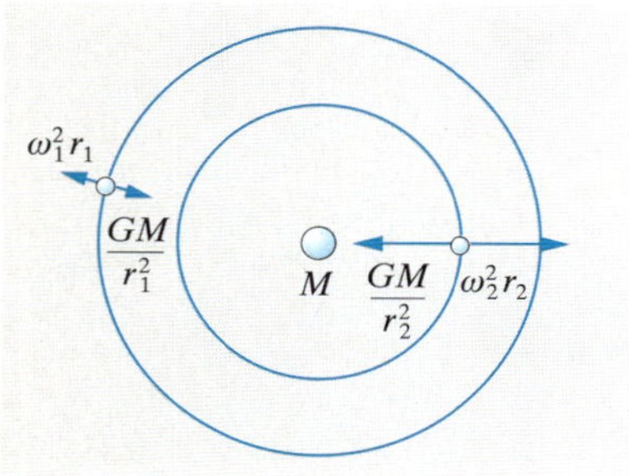

Abb. 1.53. Aus dem Gleichgewicht zwischen Schwerkraft und Fliehkraft folgt das 3. Kepler-Gesetz

1.7.4 Planetenbahnen

Der wichtigste Teil von *Johannes Keplers* Lebenswerk bestand darin, aus einem ungeheuren astronomischen Beobachtungsmaterial (völlig mit bloßem Auge gewonnen und entsprechend ungenau) seine drei Gesetze zu kondensieren:

1) Die Planeten bewegen sich auf Ellipsen, in deren Brennpunkt die Sonne steht.
2) Der „Radiusvektor" (der Strahl Sonne–Planet) überstreicht in gleichen Zeiten gleiche Flächen.
3) Die Quadrate der Umlaufzeiten verschiedener Planeten verhalten sich wie die Kuben ihrer großen Bahnachsen.

Das zweite dieser **Kepler-Gesetze** folgt für die moderne Dynamik sofort als Sonderfall des Drehimpuls- oder Flächensatzes; seine Voraussetzung, nämlich daß das Kraftfeld der Sonne ein Zentralfeld sei, ist ja kaum zu bezweifeln (*Kepler* selbst dachte allerdings an tangential zur Bahn wirkende Kräfte, die die Planeten, ganz aristotelisch gedacht, in Gang halten sollen): Der Drehimpuls $\boldsymbol{L} = m\boldsymbol{r} \times \boldsymbol{v}$ des Planeten ist also konstant. Das erste und das dritte Gesetz ergeben sich erst, wenn man eine bestimmte Form dieses Kraftfeldes, und zwar $F \sim r^{-2}$, annimmt. Die umgekehrte Frage, nämlich wie ein Kraftfeld beschaffen sein muß, in dem sich die Körper auf Ellipsen- oder allgemeiner auf Kegelabschnittbahnen bewegen, ist viel einfacher zu lösen.

Wir beschreiben die Bewegung, die sich ja nach dem **Flächensatz** in einer Ebene abspielt, in ebenen Polarkoordinaten r, φ. Zunächst legen wir eine ganz allgemeine Bahnkurve $r = r(\varphi)$ zugrunde, die empirisch bekannt sei. Wie hier φ und damit r von der Zeit abhängen, interessiert uns zunächst nicht; das kann später der Flächensatz zeigen. Wenn also irgendwo die Zeit auftaucht, und sei es nur in der Form einer zeitlichen Ableitung, müssen wir sie sofort beseitigen, was wieder mit dem Flächensatz gelingt.

Die Geschwindigkeit des Planeten, in ihre radiale und tangentiale Komponente zerlegt, sieht so aus (Abb. 1.57)

$$\boldsymbol{v} = (v_r, v_\varphi) = (\dot{r}, r\dot{\varphi}) .$$

Der Drehimpulsbetrag ist

$$L = mrv_\varphi = mr^2\dot{\varphi} = \text{const} . \tag{1.87}$$

Wir schreiben auch die kinetische Energie auf:

$$W_{\text{kin}} = \tfrac{1}{2}m(\dot{r}^2 + r^2\dot{\varphi}^2) . \tag{1.88}$$

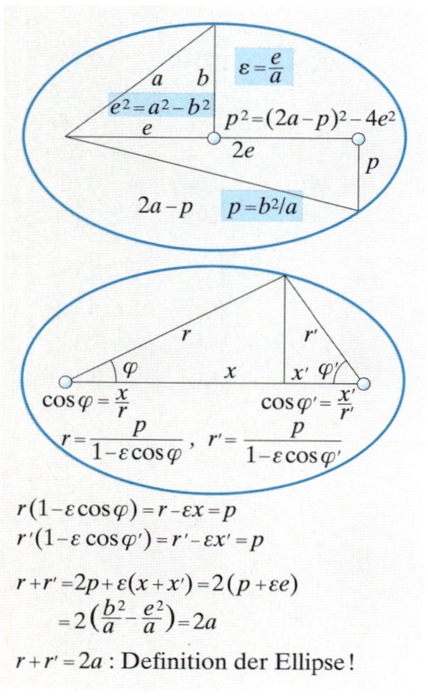

Abb. 1.54. Zur Geometrie der Ellipse. *Oben*: Zusammenhang zwischen Halbachsen a, b, Exzentrizität e und Parameter p. *Unten*: Gleichung der Ellipse in Polarkoordinaten

Hier beseitigen wir die zeitlichen Ableitungen mittels $\dot{\varphi} = L/(mr^2)$ und $\dot{r} = r'\dot{\varphi} = r'L/(mr^2)$ (der Strich bedeutet hier Ableitung nach φ). Die kinetische Energie wird also

$$W_{\text{kin}} = \frac{L^2}{2m}\left(\frac{r'^2}{r^4} + \frac{1}{r^2}\right). \qquad (1.89)$$

Die potentielle Energie nennen wir U und formulieren den Energiesatz:

$$W = \frac{L^2}{2m}\left(\frac{r'^2}{r^4} + \frac{1}{r^2}\right) + U. \qquad (1.90)$$

Jetzt können wir prüfen, welche potentielle Energie $U(r)$ hinter verschiedenen Bahnkurven $r(\varphi)$ steckt. Probieren Sie es selbst mit der **logarithmischen Spirale**, der **Pascal-Schnecke**, speziell der **Cardioide**, der **Lemniskate**, aber auch der Geraden und der Mittelpunktsellipse (Abb. 1.58). Wir gehen von Keplers Befund, der Brennpunktsellipse, aus und verallgemeinern gleich zum Kegelschnitt:

$$r = \frac{p}{1 - \varepsilon\cos\varphi}. \qquad (1.91)$$

Es folgt $r' = -p\varepsilon\sin\varphi/(1-\varepsilon\cos\varphi)^2 = -r^2\varepsilon\sin\varphi/p$. Wir bilden $r'^2/r^4 = \varepsilon^2\sin^2\varphi/p^2 = \varepsilon^2(1-\cos^2\varphi)/p^2$. Hier läßt sich φ ganz beseitigen mittels $\cos\varphi = (1-p/r)/\varepsilon$. Dann wird

$$\frac{r'^2}{r^4} = \frac{\varepsilon^2 - 1}{p^2} + \frac{2}{pr} - \frac{1}{r^2}. \qquad (1.92)$$

In (1.90) eingesetzt:

$$W = \frac{L^2}{2m}\left(\frac{\varepsilon^2-1}{p^2} + \frac{2}{pr}\right) + U. \qquad (1.93)$$

Das kann nur konstant sein, wenn U ebenfalls eine $1/r$-Abhängigkeit enthält: $U = C - L^2/(mpr)$. Wegen $U(\infty) = 0$ ist $C = 0$, also

$$U = -\frac{L^2}{mpr}. \qquad (1.94)$$

> Das Potential eines Kraftfeldes, das die Körper auf **Kegelschnittbahnen** zwingt, ist proportional r^{-1}, die Kraft verhält sich wie r^{-2}.

Wir wissen ja, wie das Potential eigentlich heißt: $U = -GMm/r = -L^2/(mrp)$, also

$$\boxed{L = m\sqrt{GMp} = mb\sqrt{\frac{GM}{a}}}. \qquad (1.95)$$

Für die Gesamtenergie des Planeten bleibt aus (1.92)

$$W = \frac{L^2}{2m}\frac{\varepsilon^2-1}{p^2} = GMm\frac{\varepsilon^2-1}{2p}. \qquad (1.96)$$

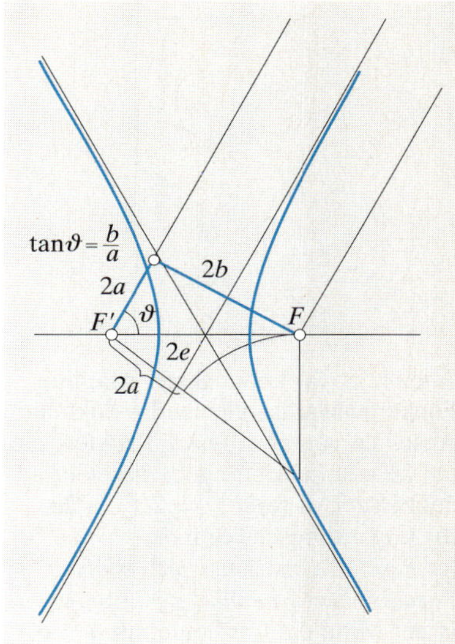

Abb. 1.55. Zur Geometrie der Hyperbel

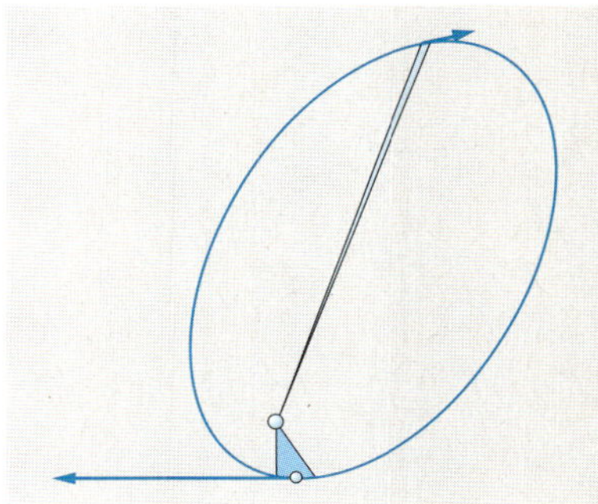
Abb. 1.56. Der Ortsvektor eines Körpers im Zentralfeld überstreicht in gleichen Zeiten gleiche Flächen (Flächensatz oder 2. Kepler-Gesetz)

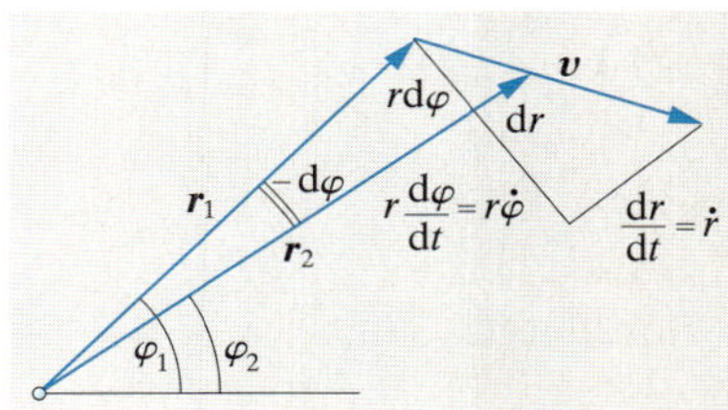

Abb. 1.57. Komponentenzerlegung der Geschwindigkeit in Polarkoordinaten

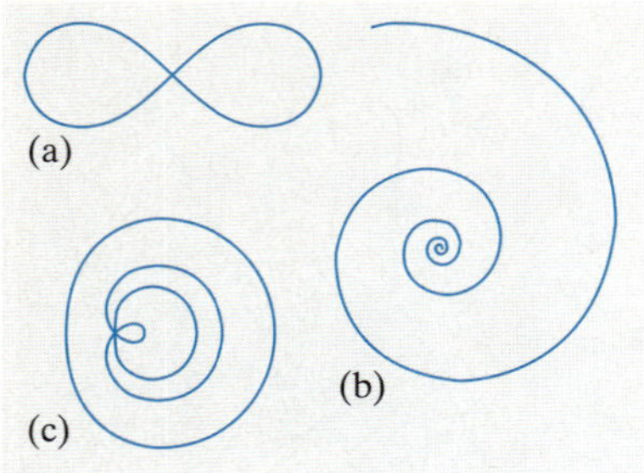

Abb. 1.58. (a) Lemniskate: Alle ihre Punkte haben das gleiche Produkt der Abstände von zwei festen Punkten, die um $2a$ auseinanderliegen; dieses Produkt ist a^2; es folgt $r^2 = 2a^2 \cos 2\varphi$. (b) Logarithmische Spirale, $r = a\,\mathrm{e}^{b\varphi}$. (c) Pascal-Schnecken (nach *Blaise Pascals* Vater *Etienne*): $r = a\cos\varphi + b$; in der Mitte die Cardioide mit $a = b$; die innere Schleife gehört zur innersten Kurve mit $a = 2b$

Für eine Ellipse ($\varepsilon < 1$) ist W negativ, wie für jeden gebundenen Zustand; eine Parabel mit $\varepsilon = 1$ hat $W = 0$, eine Hyperbel mit $\varepsilon > 1$ hat $W > 0$. Mit den geometrischen Beziehungen $p = b^2/a$ und $1 - \varepsilon^2 = (a^2 - e^2)/a^2 = b^2/a^2$ folgt

$$\boxed{W = -\frac{GMm}{2a}} \quad . \tag{1.97}$$

Die Gesamtenergie einer Kegelschnittbahn hängt nur von der großen Halbachse ab, und zwar ist sie genau halb so groß wie die potentielle Energie in diesem Abstand a.

Schließlich bestimmen wir die Umlaufzeit T, natürlich nur für die Ellipsenbahn. T ist die Zeit, in der der Radiusvektor die ganze Ellipsenfläche πab überstreicht. Nach dem Flächensatz überstreicht er in der Zeiteinheit die Fläche $\frac{1}{2}|\boldsymbol{r} \times \dot{\boldsymbol{r}}| = L/2m = \frac{1}{2}b\sqrt{GM/a}$. Für die ganze Fläche braucht er also

$$\boxed{T = \frac{\pi ab}{\frac{1}{2}b\sqrt{GM/a}} = \frac{2\pi a^{3/2}}{\sqrt{GM}}} \quad . \tag{1.98}$$

Dies drückt das dritte **Kepler-Gesetz** aus.

1.8 Trägheitskräfte

Man kann Bewegungen in beliebig bewegten Bezugssystemen beschreiben (aber wer bewegt sich eigentlich „wirklich"?). Dabei muß man aber meist damit rechnen, daß sich die Körper ziemlich bizarr verhalten, angetrieben durch zunächst rätselhafte Kräfte. Nach *Einstein* beruht ja sogar die Gravitation darauf, daß wir normalerweise ein falsches Bezugssystem benutzen.

1.8.1 Arten der Kräfte

Alle Kräfte, die man in der Natur beobachtet, lassen sich zwanglos in mehrere Gruppen einteilen:

1) Kräfte, die auf der direkten Kontaktwechselwirkung zwischen Körpern beruhen: Druck, Zug, Stoß usw., meist zusammengefaßt als **Nahewirkungskräfte**. Beispiel: Die verschiedenen Glieder der Kräfteübertragungskette im Auto vom Druck des explodierenden Treibstoffgas-Luft-Gemisches bis zur Reibung der Reifen an der Straße.
2) Kräfte, bei denen keine direkte Kontaktwechselwirkung nachweisbar ist. Diese Gruppe enthält so verschiedenartige Kräfte wie die Zentrifugalkraft, elektromagnetische Wechselwirkungen und die Gravitation. Sie ordnen sich in zwei Untergruppen:

2a) Kräfte, die dadurch entstehen, daß man den Vorgang in einem bestimmten Bezugssystem beschreibt, und die in anderen Bezugssystemen nicht vorhanden wären: **Trägheitskräfte**.

2b) Kräfte, die durch keine Änderung des Bezugssystems zu beseitigen sind (echte **Fernkräfte**).

Das einfachste Beispiel für eine Trägheitskraft verspüren die Insassen eines bremsenden Autos. Es ist kein Nahewirkungskontakt mit einem anderen Körper vorhanden, der sie nach vorn drängte. Die Beschleunigungen und Kräfte, die im Bezugssystem des Autos auftreten, verschwinden beim Übergang zu einem System, das sich geradlinig-gleichförmig weiterbewegt; die Insassen tun ja auch nur, was das Trägheitsgesetz verlangt, d. h. sie suchen sich geradlinig-gleichförmig weiterzubewegen. Diese Entlarvung der Kraft als **Scheinkraft** ändert allerdings nichts an ihren oft katastrophalen Folgen.

Was die echten Fernkräfte (2b) betrifft, so schien selbst ihre Existenz lange Zeit den Physikern (z. B. *Newton*) fragwürdig, wenn nicht absurd. Es gibt viele Versuche, z. B. die Gravitation auf Nahewirkungskräfte zurückzuführen. Besonders die Elektrodynamik hat uns aber so an die Vorstellung einer Fernkraft gewöhnt, daß durch die Entwicklung der Atomphysik schließlich gerade die Möglichkeit eines direkten Kontaktes fraglich wurde und die Nahewirkungen als verkappte Fernwirkungen erschienen. Was die Gravitation betrifft, so hat *Einstein* sie (mit einigen Einschränkungen) wohl endgültig unter die Trägheitskräfte eingeordnet, indem er die allerdings recht raffinierten Transformationen des Bezugssystems fand, die sie zum Verschwinden bringen (vgl. Abschn. 15.4.1). Für die elektromagnetischen Fernwirkungen hat er dies ebenfalls versucht (Allgemeine Feldtheorie), allerdings ohne überzeugenden Erfolg.

1.8.2 Inertialsysteme

Die Erfahrung läßt vermuten, daß es Systeme gibt, in denen alle Kräfte sich entweder auf direkte Kontaktwechselwirkung oder elektromagnetische Felder zurückführen lassen, m. a. W. in denen keinerlei Trägheitskräfte auftreten. Von der Schwerkraft sehen wir zunächst ab, da ihre Einordnung vorläufig noch in zu tiefes Wasser führen würde. Auf der Erdoberfläche können wir sowieso nicht damit rechnen, ein solches **Inertialsystem** zu finden, denn Trägheitskräfte sind hier unvermeidbar (vor allem Zentrifugalkräfte). Auch ein antriebslos fliegendes Raumschiff stellt kein Inertialsystem dar, solange es in der Nähe größerer Massen ist: Im Innern der Rakete stellt man zwar keine „rätselhaften" Beschleunigungen fest (außer den Gezeitenbeschleunigungen), doch wird der unbefangene Beobachter sich wundern, warum z. B. die Erde ihm beschleunigt entgegenkommt; diese Beschleunigung fällt genaugenommen auch unter die Gezeitenbeschleunigungen.

Eine fast vollkommene Annäherung an ein Inertialsystem wäre erst durch eine antriebslose Rakete im interstellaren Raum fern von allen Massen realisiert, falls sie nicht rotiert. Ein solches „antriebsloses Raumschiff" ist auch die Sonne (abgesehen von ihrem fast kreisförmigen Umlauf um das Zentrum der Galaxis). Ein mit der Sonne verbundenes Achsenkreuz, dessen Achsen auf bestimmte Fixsterne zeigen, ist ein praktisch ausreichendes Inertialsystem, falls man von den Gravitationswirkungen der Sonne und der Planeten absieht.

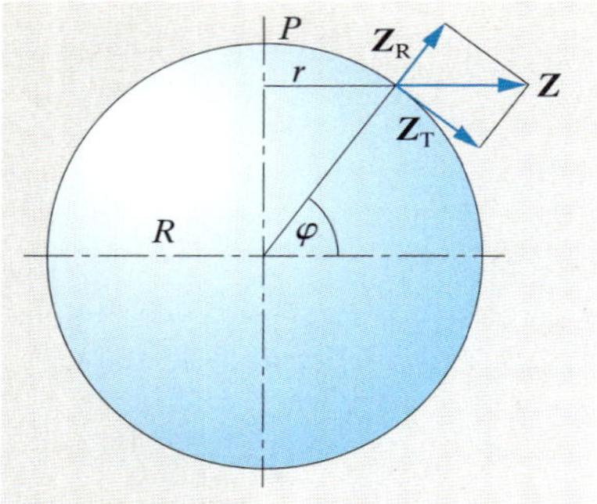

Abb. 1.59. Die Fliehkraftkomponente Z_R infolge der Erdrotation ist von der Schwerkraft abzuziehen

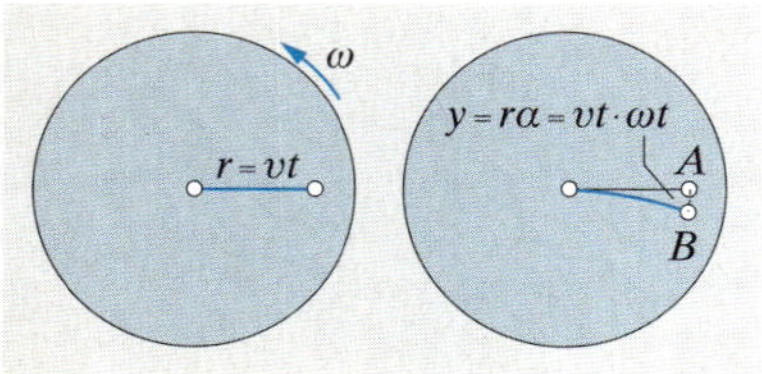

Abb. 1.60. Zur Berechnung der Coriolis-Kraft

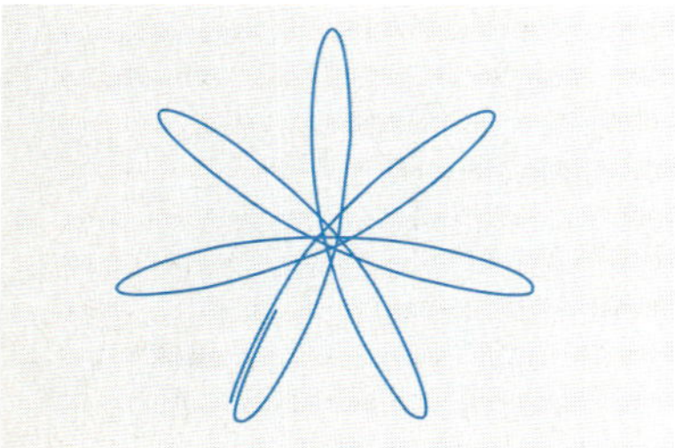

Abb. 1.61. Rosettenschleife als Spur eines über einer Drehscheibe schwingenden Pendels

1.8.3 Rotierende Bezugssysteme

Die **Zentrifugalkraft** gehört zweifellos zu den Trägheitskräften. Im Bezugssystem des Autos in einer Kurve ist sie vorhanden und übt auf alle Insassen und das Auto selbst eine Beschleunigung nach außen aus. Für den Beobachter im Inertialsystem ist dagegen keine solche Beschleunigung vorhanden: Die Insassen bewegen sich einfach geradlinig gleichförmig weiter und müssen dabei allerdings mit Teilen des seinerseits ungleichförmig bewegten Fahrzeuges kollidieren, falls sie sich nicht durch Nahwechselwirkung mit anderen Fahrzeugteilen ebenfalls in diese ungleichförmige Bewegung zwingen, was natürlich entsprechende Kräfte fordert, die genau entgegengesetzt gleich denen sind, die die Insassen als Zentrifugalkräfte empfinden.

Die Zentrifugalkraft ist aber nicht die einzige Kraft, die in rotierenden Systemen auftritt. In der Mitte einer Drehscheibe, die sich mit konstanter Winkelgeschwindigkeit ω dreht (Abb. 1.60), befindet sich ein Beobachter. Er schießt eine Kugel mit der Geschwindigkeit v ab. Diese Kugel ist nach dem Abschuß mit der Scheibe durch keinerlei Kräfte verbunden, sondern fliegt frei durch den Raum. Für einen Beobachter außerhalb der Scheibe bewegt sich die Kugel also geradlinig mit der konstanten Geschwindigkeit v nach außen. Nach der Zeit $t = r/v$ ist sie im Abstand r vom Zentrum angelangt. In dieser Zeit hat sich die Scheibe aber um den Winkel $\alpha = \omega t$ weitergedreht. Daher stellt der Beobachter auf der Scheibe fest, daß sich die Kugel nicht über dem Punkt A seiner Scheibe befindet, wie er vielleicht erwartet hätte, sondern über einem Punkt B: Sie ist von der Scheibe aus gesehen um die Strecke $y = r\alpha$ nach rechts abgelenkt worden, senkrecht zur erwarteten Flugrichtung. Wir drücken diese Strecke durch die Flugzeit t aus: $y = r\alpha = vt\omega t = v\omega t^2$. Der Beobachter auf der Scheibe muß diese Ablenkung auf eine Beschleunigung zurückführen, die senkrecht zur Geschwindigkeit wirkt. Der Bewegungsablauf $y \sim t^2$ läßt auf eine konstante Beschleunigung a schließen, denn diese führt zu $y = \frac{1}{2}at^2$. Der Vergleich liefert

$$\boxed{a = 2\omega v \quad (\textbf{Coriolis-Beschleunigung})}\,. \tag{1.99}$$

Dieser Beschleunigung entspricht eine Kraft

$$\boxed{F_C = ma = 2m\omega v \quad (\textbf{Coriolis-Kraft})}\,. \tag{1.99'}$$

Eine solche Kraft spürt der Beobachter auch, wenn er sich selbst oder einen seiner Körperteile mit der Geschwindigkeit v bewegt.

An dem Ergebnis ändert sich nichts, wenn die Bahn der Kugel nicht durch den Mittelpunkt Z der Scheibe geht. Wenn $\boldsymbol{v}$ nicht senkrecht zur Drehachse steht, sondern mit ihr den Winkel α bildet, ist die Coriolis-Beschleunigung

$$\boxed{\boldsymbol{a}_C = 2\boldsymbol{v} \times \boldsymbol{w}, \quad a_C = 2v\omega \sin\alpha}\,. \tag{1.100}$$

Beides folgt aus der allgemeinen vektoralgebraischen Betrachtung (Aufgabe 1.8.13).

> An jedem Körper, der sich in einem rotierenden Bezugssystem *bewegt*, scheint dem mitrotierenden Beobachter eine solche **Coriolis-Kraft** anzugreifen. Sie steht senkrecht zur Richtung der Drehachse und senkrecht zur Geschwindigkeit.

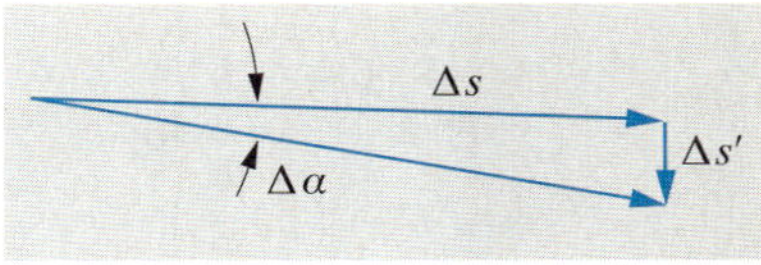

Abb. 1.62. Drehung der Schwingungsebene des Foucault-Pendels unter der Wirkung der am Pendelkörper angreifenden Coriolis-Kraft

Auf der rotierenden Erde hat die Coriolis-Kraft im allgemeinen eine Horizontal- und eine Vertikalkomponente. Wenn die Bewegung in der Oberfläche erfolgt, wirkt die Coriolis-Kraft am Pol nur horizontal, am Äquator nur radial; im letzteren Fall ist sie gleichgerichtet mit der Zentrifugalkraft. Die Horizontalkomponente bewirkt für alle sich auf der nördlichen Halbkugel bewegenden Körper eine Rechtsabweichung. Dies ist von entscheidender Bedeutung für die Bewegung atmosphärischer Luftmassen.

1.8.4 Bahnstörungen

Ceres, der erste Planetoid, von *Piazzi* in der Neujahrsnacht 1800 entdeckt, war bald danach wegen zu großer Sonnennähe nicht mehr beobachtbar. Erst der junge *C.F. Gauß* fand sie auf dem Papier wieder: Er berechnete die Bahn aus den wenigen vorliegenden Beobachtungen. Mit ähnlichen Mitteln konnten *Leverrier* und *Adams* aus den **Bahnstörungen** des Uranus die Existenz und Position des **Neptun** vorhersagen, den *Galle* dann fand. Dasselbe leisteten *Lowell* und *Pickering* für **Pluto**, der 1930 von *Tombaugh* entdeckt wurde. Im ganzen Sonnensystem blieb danach nur eine unerklärte Bahnstörung, die **Perihelverschiebung des Merkur** von 43 Bogensekunden im Jahrhundert, bis *Einstein* genau diesen Wert aus seiner Gravitationstheorie folgerte. Mit Recht zählt man diese Voraussagen zu den größten Leistungen des menschlichen Geistes.

Wir wollen die **Störungsrechnung** aufs äußerste vereinfachen. Ein Planet bewege sich im Potential $U = -A/r + B/r^n$ auf einer sehr kreisähnlichen Bahn. Ohne das kleine Störglied B/r^n beschriebe er eine Ellipse mit sehr kleiner Exzentrizität. Wir zeigen: Mit dem Störglied ändert sich die Form der Ellipse kaum, aber sie schließt sich nicht mehr, sondern wird zu einer Rosette. Man kann das so auffassen, als rotiere die Ellipse selbst mit einer Winkelgeschwindigkeit ω', die viel kleiner ist als die Winkelgeschwindigkeit ω des Planeten *auf* der Ellipsenbahn. ω' heißt Geschwindigkeit der Perihelverschiebung. Daß dies alles stimmt und wie groß ω' ist, zeigen wir durch Übergang in ein Bezugssystem, das sich mit $-\omega'$ dreht, in dem also die Ellipse wieder in sich geschlossen ist. Das ist nur möglich, wenn die Trägheitskräfte in diesem Bezugssystem gerade das Störglied B/r^n im Potential, d. h. $-nmB/r^{n+1}$ in der Kraft wegkompensieren. Als Trägheitskräfte kommen die Zentrifugalkraft $m\omega'^2 r$ und die Coriolis-Kraft $2m\omega' v$ in Frage, wobei $v \approx \omega r$ (kreisähnliche Bahn im ursprünglichen und im neuen System). Da $\omega' \ll \omega$, spielt die Zentrifugalkraft keine Rolle. Es muß also sein $2m\omega'\omega r \approx nmB/r^{n+1}$ oder $\omega' \approx nB/(2\omega r^{n+2})$. Nun ist ω fast allein durch den Hauptteil mA/r^2 des Kraftfeldes bestimmt: $\omega^2 r \approx A/r^2$. Es folgt

$$\omega' \approx \omega \frac{nB}{2Ar^{n-1}} . \qquad (1.101)$$

Die wichtigsten Störfelder sind das **Dipolfeld** ($n = 2$) und das **Quadrupolfeld** ($n = 3$). Wenn die Zentralmasse nicht ganz kugelsymmetrisch verteilt, z. B. abgeplattet, von einem Ring oder von anderen Planeten umgeben ist, hat ihr Feld einen Quadrupolanteil (ein Dipolfeld kommt im elektrischen Fall vor, wo es zwei Ladungsvorzeichen gibt). Ganz allgemein kann man das Feld einer

Abb. 1.63a. Tiefdruckgebiet, von dem US-Wettersatelliten NOAA 11 aus einer Höhe von 850 km aufgenommen und im Institut für Meteorologie der FU Berlin empfangen und aufbereitet. Das Abtastradiometer im Satelliten liefert kontinuierlich Daten in fünf Spektralkanälen mit einer geometrischen Auflösung von 1 × 1 km. Nach dem Empfang werden die Daten on-line in eine stereographische Landkartenprojektion entzerrt und archiviert. Die vorliegende Aufnahme vom 3. Februar 1994 zeigt die Wolkenspirale eines voll entwikkelten Sturmwirbels bei Irland im thermischen Infrarot 10,3–11,3 µm. Die gemessenen Strahlungstemperaturen werden in Grautöne umgesetzt und schwanken zwischen 12 °C an der Meeresoberfläche (*dunkelgrau*) und −51 °C an der höchsten Wolkenoberfläche (*weiß*). Mit freundlicher Genehmigung © Institut für Meteorologie, Freie Universität Berlin.
Die Luft strudelt doch ins Tief hinein. Läuft der Wirbel dann nicht falsch herum, da doch auf der Nordhalbkugel Rechtsablenkung herrscht? Lösung des Paradoxons: Nächste Seite!

Abb. 1.63b. Eine stationäre, also unbeschleunigte Luftströmung weht so, daß sich Druckgradient, Coriolis-Kraft und Reibung die Waage halten. In der Höhe, wo sich Wolken bilden, ist die Reibung gering. Dort weht der Wind fast senkrecht zum Druckgradienten, damit die auf seiner Richtung senkrecht stehende Coriolis-Kraft diesen Gradienten ausgleichen kann: Gegenüber diesem Gradienten (*schwarze Linien*) ist er also tatsächlich rechts abgelenkt. Die Reibung bewirkt eine leichte Abweichung von 90°, die zur annähernd logarithmischen Spirale führt. Genau genommen sind die schwarzen Linien hier Orthogonaltrajektorien zu den log-Spiralen $r = a\mathrm{e}^{-k\varphi}$, also ebenfalls log-Spiralen $\mathrm{e}^{\varphi/k}$, sehr viel flacher und anders herum laufend

Massen- oder Ladungsverteilung, die wenigstens zylindersymmetrisch ist, in den Koordinaten r und ϑ (Winkel von der Symmetrieachse aus) als Summe von **Kugelfunktionen** darstellen:

$$U = \frac{A}{r} + \frac{B}{r^2}\cos\vartheta + \frac{C}{r^3}\left(\frac{3}{2}\cos^2\vartheta - \frac{1}{2}\right) + \dots \,. \tag{1.102}$$

Man findet diese Reihe am einfachsten, wenn man einen Massenpunkt nicht in den Koordinatenursprung, sondern im Abstand a auf die Symmetrieachse setzt. Ein Punkt r, ϑ hat dann nach dem Cosinussatz von diesem Massenpunkt den Abstand $r' = \sqrt{r^2 + a^2 - 2ar\cos\vartheta}$. Für das Potential kommt es auf $1/r'$ an. Wir entwickeln dies für $a < r$ nach dem binomischen Satz:

$$\begin{aligned}\frac{1}{r'} &= \frac{1}{r}\left(1 + \frac{a^2}{r^2} - 2\frac{a}{r}\cos\vartheta\right)^{-1/2} \qquad (1.103)\\ &= \frac{1}{r} - \frac{1}{2r}\left(\frac{a^2}{r^2} - 2\frac{a}{r}\cos\vartheta\right) + \frac{3}{8r}\left(\frac{a^2}{r^2} - 2\frac{a}{r}\cos\vartheta\right)^2 - + \dots\\ &= \frac{1}{r} + \frac{a}{r^2}\cos\vartheta + \left(\frac{3}{2}\cos^2\vartheta - \frac{1}{2}\right)\frac{a^2}{r^3} + \dots \,.\end{aligned}$$

Diese Darstellung liefert z. B. sofort das elektrische Feld einer Antenne der Höhe a, die an ihrer Spitze eine positive Ladung U, in der Tiefe a unter dem Erdboden (Höhe $-a$) eine ebenso große negative Gegenladung $-U$ trägt. Beide Felder haben natürlich auch entgegengesetzte Vorzeichen. Daher heben sich die $1/r$- und die $1/r^3$-Glieder weg. Es bleibt das Dipolfeld mit dem Potential $2Qar^{-2}\cos\vartheta$, das uns noch oft begegnen wird.

Für die Astronomie handelt es sich meist um ringförmige störende Massenverteilungen. Einen abgeplatteten Zentralkörper kann man auffassen als exakte Kugel mit „Bauchbinde", auch die anderen Planeten kann man für die sehr langen betrachteten Zeiträume als Ringe über ihre Bahnen verschmiert denken. Außerdem interessiert im Sonnensystem zunächst nur das Potential in der Ringebene, denn alle Planeten kreisen annähernd in der gleichen Ebene (bis auf **Pluto**). Wir bestimmen also das Potential eines Ringes vom Radius R, dem Querschnitt A und der Dichte ϱ, also der Masse $M = 2\pi rA\varrho$, in seiner eigenen Ebene. Das Ringelement der Masse $\mathrm{d}M = \varrho AR\,\mathrm{d}\varphi$ ist vom betrachteten Punkt P um $r' = \sqrt{R^2 + r^2 - 2rR\cos\varphi}$ entfernt und liefert zum Gravitationspotential den Beitrag $\mathrm{d}U = -G\varrho AR\,\mathrm{d}\varphi/r'$, der sich nach (1.102) nach Kugelfunktionen entwickeln läßt:

$$\mathrm{d}U = -G\varrho AR\,\mathrm{d}\varphi\left[\frac{1}{r} + \frac{R}{r^2}\cos\varphi + \left(\frac{3}{2}\cos^2\varphi - \frac{1}{2}\right)\frac{R^2}{r^3} + \dots\right]. \tag{1.104}$$

Das Potential des ganzen Ringes erhalten wir durch Integration über φ, wobei alle ungeraden Potenzen von $\cos\varphi$ wegfallen, weil sie ebensooft negativ wie positiv sind. $\cos^2\varphi$ dagegen hat den Mittelwert $\frac{1}{2}$, also wird mit $M = 2\varrho RA$

$$U = -\frac{GM}{r}\left(1 + \frac{1}{4}\frac{R^2}{r^2} + \frac{9R^4}{64r^4} + \dots\right). \tag{1.105}$$

In großem Abstand wirkt der Ring wie eine Punktmasse ($U \approx -GM/r$). Innerhalb des Ringes ($r < R$) erhält man durch Entwicklung nach r/R ganz analog

$$U = -\frac{GM}{R}\left(1 + \frac{1}{4}\frac{r^2}{R^2} + \frac{9}{64}\frac{r^4}{R^4} + \dots\right). \tag{1.106}$$

Jupiter dreht danach das Merkur-Perihel mit $\omega' = M_\mathrm{J} r_\mathrm{M}^3/(4M_0R_\mathrm{J}^3)$ (in (1.102) ist $n = -2$, $B = \frac{1}{4}GM_\mathrm{J}/R_\mathrm{J}^3$). Mit den mittleren Bahnradien folgt $\omega' = 55''$/Jahrh., unter Berücksichtigung der Bahnexzentrizität, die bei Merkur besonders groß ist, folgt $\omega' = 153''$/Jahrh. (Abb. 1.64). Alle Planeten zusammen liefern $531''$/Jahrh. von den beobachteten $574''$/Jahrh., mit denen das Merkur-Perihel sich verschiebt. Die fehlenden $43''$/Jahrh. versuchte man auf einen unentdeckten Planeten „Vulkan" innerhalb der Merkurbahn zurückzuführen, bis *Einstein* genau diese Abweichung von der Kepler-Bahn aus der allgemeinen Relativitätstheorie folgerte.

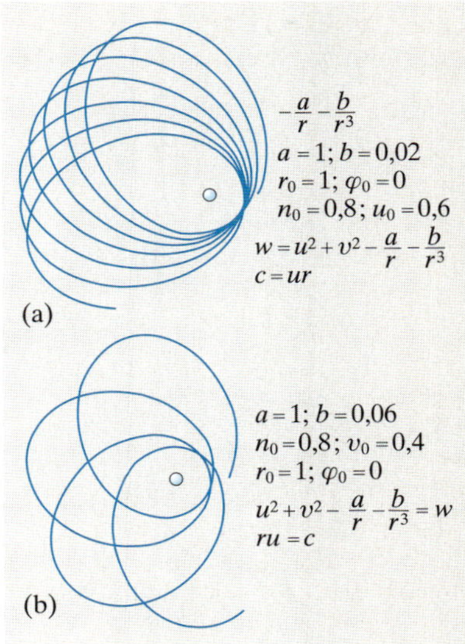

Abb. 1.64a, b. Bahnen in einem Potential $\varphi = a/r - b/r^3$, wie es z. B. um einen abgeplatteten Himmelskörper herrscht oder (gemittelt) um einen Stern, der von einem kleineren umkreist wird. Die Bahnellipse präzediert um so schneller, je größer der r^{-3}-Anteil ist ($a = 1$, $b = 0{,}02$ bzw. $0{,}06$)

1.8.5 Invarianzen und Erhaltungssätze

Wir betrachten ein System von n Massenpunkten und beschreiben seinen mechanischen Zustand zunächst in einem cartesischen Bezugssystem durch die $3n$ Lagekoordinaten r_i und die $3n$ Geschwindigkeitskomponenten $\dot{r}_i$. Wir numerieren sie alle durch: Das erste Teilchen hat r_1, r_2, r_3, das zweite r_4, r_5, r_6 usw. Statt der $\dot{r}_i$ können wir auch die Impulskomponenten $p_i = m_i \dot{r}_i$ benutzen. Die $3n$ Zahlen r_i kann man sich als Koordinaten eines $3n$-dimensionalen Ortsraums denken, in dem die Lage *aller* n Teilchen durch *einen* Punkt beschrieben wird. Ebenso bringt man die $3n$ Impulse p_i in einem $3n$-dimensionalen Impulsraum unter. Dann ist es nur noch ein Schritt weiter, auch Orts- und Impulsraum zu einem $6n$-dimensionalen **Phasenraum** zusammenzufassen, in dem die momentane Lage *und* Bewegung *aller* Teilchen durch *einen* Punkt beschrieben werden können.

Wenn wir die Kräfte kennen, die von außen auf die Teilchen wirken, und die diese aufeinander ausüben, können wir die potentielle Energie W_{pot} des Systems berechnen. Sie hängt nur von den Lagen aller Teilchen ab: $W_{\text{pot}} = f(r_i)$. Ihre Ableitung nach der Koordinate r_i liefert die Kraft auf das entsprechende Teilchen in der angegebenen Richtung. Diese Kraft ist gleich der zeitlichen Impulsänderung: $\partial W/\partial r_i = -F_i = -\dot{p}_i$. Es schadet nichts, wenn man hier in W auch die kinetische Energie stehen hat, denn sie hängt nicht von r_i, sondern nur von $\dot{r}_i$ bzw. p_i ab: $W_{\text{kin}} = g(p_i)$. Die $3n$ Beziehungen für die Kräfte lassen sich zu einem $3n$-dimensionalen Vektor des Ortsgradienten von W zusammenfassen: $\text{grad}_{\boldsymbol{r}} W = -\dot{\boldsymbol{p}}$. Auch im Impulsraum kann man den Gradientenvektor von W bilden. Er hat die $3n$ Komponenten $\partial W/\partial p_i$. Die Ableitung betrifft nur die kinetische Energie $W_{\text{kin}} = \frac{1}{2}\sum m_i r_i^2 = \frac{1}{2}\sum p_i^2/m_i$. Es folgt $\partial W/\partial p_i = p_i/m = \dot{r}_i$, oder zusammengefaßt $\text{grad}_{\boldsymbol{p}} W = \dot{\boldsymbol{r}}$. Wir erhalten so die Differentialgleichungen von *Hamilton*:

$$\text{grad}_{\boldsymbol{r}} W = -\dot{\boldsymbol{p}}\,, \qquad \text{grad}_{\boldsymbol{p}} W = \dot{\boldsymbol{r}}\,. \tag{1.107}$$

Die Gesamtenergie $W(r_i, p_i)$ eines Systems, in dieser Schreibweise oft auch **Hamilton-Funktion** genannt, hängt nicht von der Lage des Koordinatensystems ab, in dem man die Teilchen beschreibt. Speziell kann man den Ursprung $\boldsymbol{r} = \boldsymbol{0}$ woanders hinlegen oder das Koordinatensystem um den gegebenen Ursprung drehen oder den Zeitnullpunkt anders wählen, ohne daß sich W ändert. Diese drei **Invarianzen** sind logisch äquivalent mit den Erhaltungssätzen für Impuls, Drehimpuls und Energie.

Die **Homogenität der Zeit** bedeutet einfach $\dot{W} = 0$, also den Energiesatz. **Homogenität des Raumes**: Wir verschieben den Ursprung um $\delta\boldsymbol{r}$, ersetzen also $\boldsymbol{r}$ überall durch $\boldsymbol{r} - \delta\boldsymbol{r}$. Dabei soll sich W nicht ändern, soll also nur von der *relativen* Lage der Teilchen abhängen, was vernünftig ist. Die Änderung $\delta W = \sum(\partial W/\partial r_i)\,\delta r_i$ soll 0 sein. Nach der Hamilton-Gleichung (1.107) heißt das $\delta W = -\dot{\boldsymbol{p}} \cdot \delta\boldsymbol{r} = 0$. Wenn dieses Produkt verschwinden soll, gleichgültig wie wir $\delta\boldsymbol{r}$ gewählt haben, muß $\dot{\boldsymbol{p}} = \boldsymbol{0}$ sein, also der Impulsvektor (mit allen seinen Komponenten) ist zeitlich konstant. *Isotropie des Raumes*: Bei einer kleinen Drehung um den Winkel $\delta\alpha$ (Drehachse gegeben durch die Richtung des Vektors $\delta\alpha$, Drehwinkel gegeben durch seinen Betrag) ändert sich der Ortsvektor $\boldsymbol{r}$ um $\delta\boldsymbol{r} = \delta\alpha \times \boldsymbol{r}$ (vgl. Abschn. 2.1.2). Aber auch der Impulsvektor ändert sich bei der Drehung (bei der Verschiebung blieb er konstant), er ist ja jetzt, ebenso wie der Ortsvektor $\boldsymbol{r}$, nach anderen Koordinatenrichtungen aufzuspalten: $\delta\boldsymbol{p} = \delta\alpha \times \boldsymbol{p}$. Die

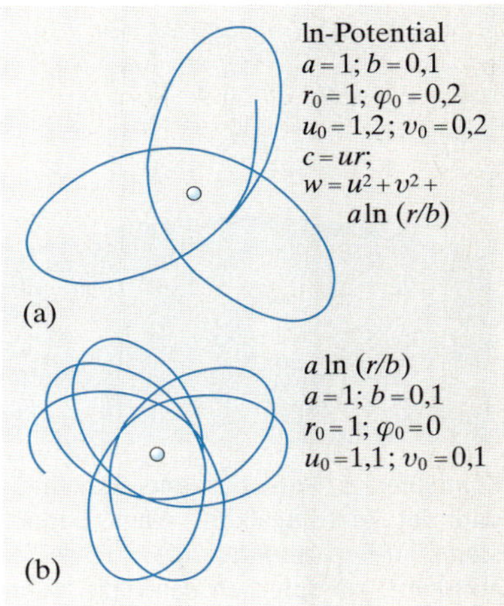

Abb. 1.65a, b. Bahnen in einem logarithmischen Potential $\varphi = a\ln(r/b)$, wie es z. B. auf einer runden Gummimembran herrscht, die man in der Mitte hinunterdrückt, oder in der Umgebung eines gleichmäßig geladenen Drahtes. Die einzelnen Bahnen entsprechen verschiedenen Anfangsgeschwindigkeiten

Energie dagegen muß von der Drehung unberührt bleiben: $\delta W = \mathrm{grad}_{\boldsymbol{r}} W \cdot \delta \boldsymbol{r} + \mathrm{grad}_{\boldsymbol{p}} W \cdot \delta \boldsymbol{p} = 0$. Wir setzen die Ausdrücke für $\delta \boldsymbol{r}$ und $\delta \boldsymbol{p}$ ein und benutzen die Hamilton-Gleichungen: $\delta W = -\dot{\boldsymbol{p}} \cdot (\delta\alpha \times \boldsymbol{r}) - \dot{\boldsymbol{r}} \cdot (\delta\alpha \times \boldsymbol{p}) = 0$. Beide Terme sind Spatprodukte. Nach Gleichung (2.0) können wir die Faktoren zyklisch permutieren, damit sich $\delta\alpha$ ausklammern läßt: $\delta W = \delta\alpha \cdot (-\dot{\boldsymbol{p}} \times \boldsymbol{r} + \dot{\boldsymbol{r}} \times \boldsymbol{p}) = \delta\alpha \cdot (\boldsymbol{r} \times \dot{\boldsymbol{p}} + \dot{\boldsymbol{r}} \times \boldsymbol{p})$. In der Klammer steht die Ableitung des Drehimpulses $\boldsymbol{L} = \boldsymbol{r} \times \boldsymbol{p}$, also $\delta W = \delta\alpha \cdot \dot{\boldsymbol{L}} = 0$. Damit dieses Produkt bei *jeder* beliebigen Wahl der Drehung $\delta\alpha$ verschwindet, muß $\dot{\boldsymbol{L}} = \boldsymbol{0}$ sein, d. h. der Drehimpulssatz gelten.

Ganz allgemein kann man zeigen:

> Wenn die Energiefunktion invariant gegen eine gewisse Transformation ist, d. h. die Naturgesetze symmetrisch gegen eine solche Transformation sind, entspricht das dem Erhaltungssatz für eine bestimmte Größe.

Dieser Satz von *Emmy Noether* spielt in der modernen theoretischen Physik eine grundlegende Rolle.

Wir haben bisher in cartesischen Koordinaten gerechnet. Für komplexe mechanische Systeme mit **Bindungen**, z. B. für Teilchen, die nur auf bestimmten Flächen oder Kurven laufen dürfen, oder die durch starre Stangen, Fäden usw. untereinander gekoppelt sind, ist die Beschreibung mit anderen Koordinaten oft einfacher. Wenn man fragt: Wie weit ist das Teilchen auf dieser Kurve schon gerutscht, genügt eine Zahlenangabe, während man in cartesischen Koordinaten immer drei braucht. Natürlich haben die Bewegungsgleichungen in diesen neuen Koordinaten nicht mehr die einfache Newton-Form. Wenn z. B. ein Schlitten auf einer gekrümmten Bahn gleitet und wir seine Lage durch die Bogenlänge s ausdrücken, die er schon zurückgelegt hat, sind nicht nur mit $\ddot{s}$ Kräfte verbunden, sondern auch mit der Krümmung der Kurve. *Lagrange, Hamilton* u. a. haben Bewegungsgleichungen gefunden, die unabhängig von der speziellen Wahl des Koordinatensystems sind und die daher oft Vorteile bei der Behandlung mechanischer Systeme mit Bindungen bieten.

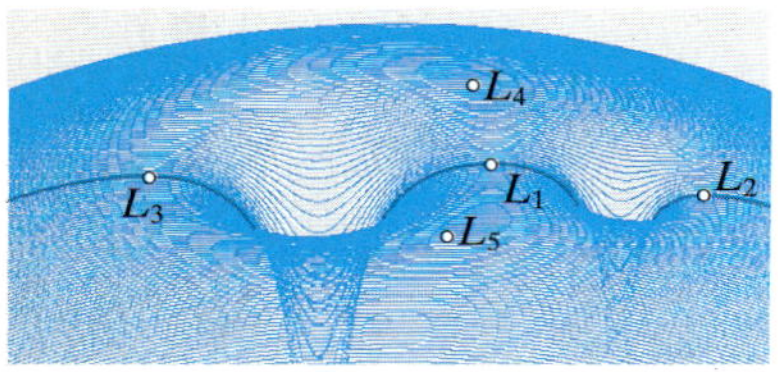

Kombiniertes Potential der Gravitation und der Zentrifugalkraft eines Doppelsterns im Bezugssystem, das mit beiden mitrotiert. Wir sprechen der Kürze halber von Erde E und Mond M, obwohl das Massenverhältnis hier ganz anders ist. Es gibt fünf kräftefreie Punkte oder Librationspunkte, von *Lagrange* entdeckt: L_1 zwischen E und M, L_2 jenseits von M, L_3 jenseits von E (alle sind Sattelpunkte). Auf der Mondbahn, 60° von diesem entfernt, liegen zwei flache Potentialgipfel L_4 und L_5

▲ Ausblick

Schon mit drei Körpern, die aufeinander Kräfte z. B. nach dem r^{-2}-Gesetz ausüben, wird die Mechanik nur in Spezialfällen fertig. *Newton* meinte, vielleicht müsse der Schöpfer von Zeit zu Zeit eingreifen, um das Sonnensystem in Ordnung zu halten, *Laplace* glaubte, ohne diese Hypothese die Stabilität dieses Systems nachweisen zu können, aber seit *Poincaré* ist man nicht mehr so sicher. Daß die Parameter der Erdbewegung (Exzentrizität, Schiefe der Achse) schwanken, ist bekannt, und viele führen mit *Milanković* die Eiszeiten darauf zurück. Seit kurzem meint man, die Achse würde viel mehr schwanken, wenn der Mond sie nicht stabilisierte. Wie wir zu unserem Mond gekommen sind – durch Abschleuderung, Einfang oder wie sonst – ist auch noch nicht ganz sicher. Die nichtlineare Dynamik (Kap. 18) hat hier einiges geklärt, aber gleichzeitig die Hoffnung auf eine durchgehende Beschreibung des ganzen Weltlaufs zunichte gemacht.

Mit sehr vielen Teilchen kann die Mechanik höchstens umgehen, wenn zwischen ihnen feste Lagebeziehungen bestehen wie im starren Körper (Kap. 2) oder wenigstens annähernd feste (Kap. 3, 4). Wenn diese Teilchen aber alle wild durcheinandersausen wie im Gas ▶

oder vielfach in strömenden Flüssigkeiten, kann und will kein Mensch jedes einzelne verfolgen, nicht nur, weil die Quantenmechanik (Kap. 16) das auch prinzipiell gar nicht zuließe. Hier sind statistische Gesetze, Aussagen über Mittelwert und mittlere Abweichungen davon, alles was man vernünftigerweise verlangen und verarbeiten kann (Kap. 5, 17): Wer wollte denn verfolgen, was jedes von 10^{30} Teilchen macht?

✓ Aufgaben . . .

● 1.1.1. Bogenmaß

Welchen Längen entsprechen $1°$, $1'$, $1''$, 1 rad auf der Erdoberfläche? Welchen Flächen entsprechen 1 Quadratgrad, 1 Quadratminute, 1 Quadratsekunde, 1 sterad? Wieviel sterad, Quadratgrad usw. hat die ganze Kugel; ein Halbraum; eine Kreisscheibe vom Radius r im Abstand a; ein Rechteck mit den Seiten a und b im Abstand r (senkrecht bzw. unter einem Winkel betrachtet); die Sonne, von der Erde aus gesehen; Ihre Hand bei ausgestrecktem Arm von Ihrem Auge aus (hat Ihre Körpergröße einen Einfluß?); die Bundesrepublik vom Erdmittelpunkt aus? Welchen Anteil der Sonnenstrahlung fängt die ganze Erde auf? Wenn λ die geographische Länge, φ die Breite ist, wieso ist das Raumwinkelelement der Erdoberfläche $\cos\varphi\, d\lambda\, d\varphi$? In sphärischen Polarkoordinaten zählt die „Breite“ anders herum als auf der Erde ($\vartheta = 0$ am Pol, $\pi/2$ am Äquator). Wie sieht das Raumwinkelelement aus? Wann spricht man bei einer Messung (z. B. Strahlungsmessung) von „4π-Geometrie“?

●● 1.1.2. Sonnen- und Sterntag

Wie kommt es zu dem Verhältnis 366,25/365,25 zwischen Sonnen- und Sterntag?

● 1.1.3. Stroboskopeffekt

Warum sieht man im Kino oder Fernsehen oft Flugzeugpropeller, Panzerketten, Kutschenräder viel zu langsam oder rückwärts laufen? Was kann man schließen, wenn die Rückwärtsdrehung in eine Vorwärtsdrehung übergeht oder umgekehrt? Kann der Effekt beim Anfahren öfter auftreten? Wie kann man den Effekt zur Drehzahlmessung an Motoren, Zentrifugen usw. ausnutzen? Braucht man dazu natürliche oder künstliche Beleuchtung?

●● 1.1.4. Tageslänge

Schätzen Sie, in welchem Maße folgende Ereignisse das Trägheitsmoment der Erde und damit die Winkelgeschwindigkeit ihrer Rotation beeinflussen: Die Krakatau-Katastrophe (mehrere km^3 Gestein einige km hoch geblasen); der Bau der chinesischen Mauer; die Sättigung der gesamten Troposphäre mit Wasserdampf; eine Abkühlung der Atmosphäre (Schrumpfung der Skalenhöhe); eine Eiszeit; die Bildung eines Hochgebirges wie des Himalaja (beachten Sie die Breitenlage); die gesamte tertiäre Gebirgs- und Hochlandbildung. Welcher dieser Effekte kann merkliche Veränderungen der Sonnensekunde bringen?

●●● 1.1.5. Pendeluhren

Wie beeinflussen die in Aufgabe 1.1.4 genannten Vorgänge die Periode von Präzisionspendeln, die am Ort des Geschehens oder anderswo aufgestellt sind? Man vergleiche mit der Periodenänderung infolge thermischer Ausdehnung des Pendelarmes (z. B. Temperaturschwankungen der Atmosphäre). Welche Präzision der Thermostatisierung lohnt sich angesichts dieser Einflüsse noch?

●● 1.1.6. Tageslänge

Die Totalitätszone der **Sonnenfinsternis** von 484 n. Chr. lief nach zeitgenössischen Berichten über Korfu, Rhodos und den Libanon. Rechnet man mit der sehr genau bekannten Länge des Finsterniszyklus zurück, kommt man zwar auf das richtige Datum, aber auf eine Totalitätszone Lissabon–Karthago–Cypern. Diese Diskrepanz fiel schon *Halley* um 1700 auf. *Kant*, der durchaus nicht nur abstrakter Philosoph war, schlug **Gezeitenbremsung** der Erdrotation als Erklärung vor. An Schliffen von Korallenstöcken kann man mikroskopisch periodische Änderungen der Kalkablagerung als Jahres- und sogar Tagesringe feststellen. An devonischen ($3 \cdot 10^8$ Jahre alten) Korallen zählt man 400 ± 10 Tagesringe pro Jahresring. Heutige Atomuhren gestatten Direktmessung der Zunahme der **Tageslänge**: 20 ± 5 µs/Jahr. Vergleichen Sie die drei Angaben miteinander und mit der in Aufgabe 1.7.19 geschätzten Gezeitenreibung. Wie sind diese Schätzung und die Folgerungen über Vergangenheit und Zukunft des Erde-Mond-Systems abzuändern? Worauf könnte der Unterschied beruhen?

●●● 1.1.7. Standard-Abweichung

Vielfach definiert man die Standard-Abweichung anders als in (1.3), nämlich $\sigma' = \sqrt{\sum (x_i - \bar{x})^2/(n-1)}$. Dies bezieht sich auf eine Stichprobe von endlich vielen Werten x_i. Gleichung (1.3) ist dagegen die „Standard-Abweichung der Grundgesamtheit“. Der Unterschied rührt daher, daß der Mittelwert (1.2) der Stichprobe etwas vom „wahren Mittel“ der Grundgesamtheit abweicht. Führen Sie das näher aus.

●● 1.1.8. Gauß-Fläche

Weisen Sie nach, daß die Gesamtfläche unter der **Gauß-Funktion** 1 ist (was bedeutet das?), und daß ihr Mittelwert tatsächlich $\bar{x}$, ihre Standard-Abweichung σ ist.

●●● 1.1.9. Normalverteilung
Warum sind Zufallsabweichungen normalverteilt? Beachten Sie: Solche Abweichungen beruhen auf sehr vielen verschiedenen Ursachen, man kann sie auf viele verschiedene Weisen in Anteile zerlegen. Nach welchem Gesetz addieren sich diese Beiträge? Die Verteilungsfunktion für diese Abweichungen muß immer den gleichen Bau haben, ob es sich um irgendwelche Teilbeträge oder die Gesamtabweichung handelt.

● 1.2.1. Wie schnell ist der Mensch?
Berechnen Sie aus den Weltrekordzeiten für einige Laufstrecken (Leichtathletik, Eisschnellauf usw.) die mittleren Geschwindigkeiten. Treten während des Laufs irgendwann höhere Geschwindigkeiten auf?

● 1.2.2. Ein schneller Hund
Morgens um 6 Uhr bricht Jäger Bumke zu seiner 10 km entfernten Jagdhütte auf. Sein Hund läuft doppelt so schnell, kehrt an der Jagdhütte um, läuft wieder bis zum Herrn zurück und pendelt so ständig zwischen Jäger und Hütte hin und her. Welche Strecke ist der Hund gelaufen, wenn der Jäger um 8 Uhr an der Hütte anlangt?

●● 1.2.3. Wo ist der Hund?
Ein Junge, ein Mädchen und ein Hund setzen sich gleichzeitig vom gleichen Punkt einer schnurgeraden Straße aus in Marsch. Der Junge geht mit 6 km/h, das Mädchen mit 4 km/h, der Hund pendelt ständig mit 10 km/h zwischen beiden hin und her. Wo befinden sich der Junge, das Mädchen, der Hund nach genau einer Stunde, in welche Richtung läuft der Hund?

●●● 1.2.4. Ein nasser Hund
Ein Hund entdeckt seinen Herrn am anderen Ufer eines Flusses, springt genau gegenüber ins Wasser und schwimmt immer genau in Richtung auf Herrchen, obwohl ihn die Strömung abtreibt. Der Fluß habe überall die gleiche Geschwindigkeit. Wo landet der Hund, wie lange braucht er, welche Kurve beschreibt er?

●●● 1.2.5. Der Lobatschewsky-Hund
Ein Hund, der sich abseits der Straße an einem Baum beschäftigt hatte, wird jetzt von seinem Herrn, der geradlinig und gleichförmig auf der Straße weitergeht, an strammer Leine mitgezerrt. Welche Kurve beschreibt der Hund?

●● 1.2.6. Un problema quadrato per teste quadrate
Ein junges Mädchen, ein Wanderer, ein Räuber und ein Polizist befinden sich auf einer Ebene in genau quadratischer Anordnung, als jeder den genau 1 km entfernten Gegenstand seines Interesses entdeckt – der Wanderer das Mädchen, der Räuber den Wanderer, der Polizist den Räuber, das Mädchen den Polizisten – und beginnt, mit 6 km/h auf ihn zuzugehen. Welche Kurven beschreiben die Leute, wann und wo treffen sie zusammen? Wie ist die Lage, wenn es nur drei, wenn es fünf, sechs usw. Personen sind, die sich entsprechend verhalten?

●● 1.2.7. Satyr und Nymphe
In einem exakt kreisförmigen, vom Ufer ab sehr tiefen See schwimmt ein junges Mädchen genau in der Mitte, als sie das Herannahen eines allem Anschein nach sehr starken, sehr intelligenten, aber sonst widerlichen Mannes mit offenbar sehr bösen Absichten bemerkt, der zum Glück nicht schwimmen und genau viermal so schnell am Ufer laufen kann wie sie schwimmt, aber nicht schneller als sie läuft. Was muß sie tun, um ihm zu entkommen?

●●● 1.2.8. Ans Ende der Welt
In einer Science fiction-Story gerät der Held auf eine Art Fließband, auf dem er nur vorsichtig mit 1 m/s vorwärtskommt. Bald bemerkt er, daß von den beiden Enden A und B des Bandes eines (A) feststeht. Das andere (B) wird mit 10 m/s weggezogen. Zum Glück ist das Bandmaterial beliebig dehnbar. Kann der Held, der bei A auf das anfangs 1 km lange Band geraten ist, jemals das Ende B erreichen, und wenn ja, wann? – Der „Rand des Weltalls“, der z. Z. etwa $2 \cdot 10^{10}$ Lichtjahre entfernt ist, rast mit Lichtgeschwindigkeit von uns weg. Wenn im Weltall als Ganzem die übliche Geometrie herrschte, wann würde eine Rakete, die mit $c/2$ fliegt, den Rand der Welt erreichen?

● 1.2.9. Hemmt Wind immer?
Ein Flugzeug fliegt mit der Reisegeschwindigkeit v eine Strecke d hin und zurück. Es weht ein Wind mit der Geschwindigkeit w genau in Flugrichtung bzw. beim Rückflug in Gegenrichtung. Gleicht der Gewinn an Flugzeit beim Hinflug den Verlust beim Rückflug aus?

●● 1.2.10. Michelson im Fluß
Ein Fluß hat überall die Strömungsgeschwindigkeit w. Ein Schwimmer überquert den Fluß zum genau gegenüberliegenden Punkt und kehrt zum Ausgangspunkt zurück. Ein anderer schwimmt genau die Flußbreite stromab und wieder zurück. Welcher der beiden gleich guten Schwimmer gewinnt?

●● 1.2.11. Wie kommt man rüber?
Ein Fluß hat überall die gleiche Strömungsgeschwindigkeit. Wie muß man sich verhalten, damit man beim Hinüberschwimmen

a) eine möglichst kurze Strecke abgetrieben wird; wie lang ist die Überquerungszeit?
b) in möglichst kurzer Zeit hinüberkommt; wie weit wird man abgetrieben?
c) Der Fluß strömt schneller als man schwimmt. Am sehr unwegsamen Ufer kommt man zu Fuß auch nur langsam vorwärts. Man soll in möglichst kurzer Zeit ans jenseitige Ufer schwimmen und wieder zum Ausgangspunkt zurückkehren.

● 1.3.1. Hier irrte Aristoteles
Aristoteles behauptete, ein schwerer Körper falle schneller als ein leichter (auch abgesehen vom Luftwiderstand). *Galilei* schlug vor, man solle

sich einen schweren und einen leichten Körper durch einen Faden verbunden denken und diesen immer dünner bzw. dicker machen. Was beweist das?

●● 1.3.2. Was ist Masse?
Newton definiert zu Beginn der „Principia" die Masse (er sagt: „Quantity of matter") wie folgt: „The quantity of matter is the measure of the same, arising from its density and its bulk conjunctly". Er kommentiert dies: „Thus air of a double density, in a double space, is quadruple in quantity, ...". Ist diese Definition logisch befriedigend?

●● 1.3.3. Wie viele Axiome braucht man?
Eine Betrachtung aus *Newtons* „Principia": Angenommen, zwei Körper A und B ziehen einander an, aber entgegen dem Reaktionsprinzip so, daß B von A stärker gezogen wird als A von B. Jetzt verbinden wir A und B durch eine Stange. Sie wird nach Voraussetzung durch B stärker geschoben als durch A, erfährt also eine gegen A gerichtete resultierende Kraft, die sie auf A überträgt. Das ganze System müßte sich damit nach dem Aktionsprinzip selbständig beschleunigen, ohne äußeren Kräften ausgesetzt zu sein, im Widerspruch zum Trägheitsprinzip und zur Erfahrung. Ist das eine echte Herleitung des Reaktionsprinzips, die es als Axiom überflüssig macht?

●●● 1.3.4. Da kann man sich sehr täuschen
Ein Stein wird genau senkrecht hochgeworfen. Trifft er genau an der gleichen Stelle wieder auf? Man läßt einen Stein von einem Turm fallen. Kommt er genau senkrecht unter der Abwurfstelle an? (Beide Male Windstille.)

● 1.4.1. Brunnentiefe
Sie lassen einen Stein in einen Brunnen fallen und hören es nach der Zeit t platschen. Wie tief ist der Brunnen?

● 1.4.2. Tachoregel
Was halten Sie von der Kraftfahrregel: Um den Bremsweg (in m) zu erhalten, teile man die Geschwindigkeit (in km/h) durch 10 und quadriere? Welcher Bremsverzögerung entspricht das (Vergleich mit der TÜV-Forderung von 6 m/s^2)? Welchen Winkel gegen die Vertikale muß ein stehender Fahrgast in einem gebremsten Fahrzeug einnehmen, wenn er ohne Halt nicht umfallen will? Wie lauten die Werte von Beschleunigung und Einstellwinkel für einen PKW, der in 12 s auf 100 km/h beschleunigt?

● 1.4.3. Sicherheitsabstand
Welchen Sicherheitsabstand sollte man bei gegebener Geschwindigkeit halten, wenn man (a) die eigenen Bremsen für mindestens so gut hält wie die des Vordermannes und die eigene Reaktionszeit mit t veranschlagt (speziell etwa $t = 0{,}3$; 1,0; 2,0 s), (b) damit rechnen muß, daß die Bremsverzögerung des Vordermannes doppelt so groß ist wie die eigene (er hat z. B. bessere Bremsen, Sie bremsen nur entsprechend Aufgabe 1.4.2)? Was sagen Sie zu der Faustregel: In der Stadt fahre man halben, im Freien vollen Tachometerabstand (Tachometerabstand: so viele m, wie der Tacho km/h zeigt)?

● 1.4.4. Hier irrte Jules Verne
Jules Vernes Mondschuß: Eine Granate, als Passagierkabine eingerichtet, wird aus einem tiefen Felsschacht als Kanonenrohr abgeschossen und soll so auf die „parabolische Geschwindigkeit" von 11,2 km/s gebracht werden, die ein Objekt (ohne Berücksichtigung des Luftwiderstandes) zum Entweichen von der Erde braucht. Diskutieren Sie die Möglichkeit des Projektes. Denken Sie daran, daß ein Mensch unter günstigsten Bedingungen (welche sind das?) 1 s lang $30g$, 5 s lang $15g$, 60 s lang $8g$, 200 s lang $6g$ aushält.

● 1.4.5. Wurfweite
Wie groß sind die fehlenden Werte (Anfangsgeschwindigkeit v_0, Wurfweite w, Scheitelhöhe h) bei folgenden Problemen (Voraussetzung: kein Luftwiderstand, Wurfwinkel so, daß w maximal): Weitsprung (Absprung als reine Umlenkung auffassen!); Speerwerfer wirft 90 m. Wie schnell bewegt er die Wurfhand relativ zum Körper? Ferngeschütz schießt 100 km weit (warum so großes Kaliber?); Rakete fliegt 280 km weit. Satelliten-Rakete (letzte Stufe): $v_0 = 8$ km/s. Sind die Formeln des schiefen Wurfs in allen Fällen anwendbar?

●●● 1.4.6. Kugelstoß
Sollte ein Kugelstoßer auch unter 45° abstoßen wie ein Ballwerfer?

●● 1.4.7. Drehscheibe
Auf einer mit der Winkelgeschwindigkeit ω rotierenden Scheibe vom Radius r ist längs eines Durchmessers ein Gleis montiert. Jemand schiebt einen Wagen der Masse m von außen bis ins Zentrum. Welche Arbeit leistet er dabei mindestens? Wie groß ist der Unterschied an potentieller Energie des Wagens zwischen Umfang und Zentrum? Wie schnell würde ein nahe dem Zentrum losgelassener Wagen am Umfang ankommen? Ist seine Bewegung gleichmäßig beschleunigt? (Reibung überall vernachlässigen!) Man koppelt zwei Wagen mit den Massen m_1 und m_2 durch ein Seil der Länge l zusammen. Wo müssen sie stehen, damit sie ohne Bremsvorrichtung nicht wegrollen? Ist das Gleichgewicht stabil?

●● 1.4.8. Kurvenfahrt
Kommt man auf der Innen- oder Außenspur schneller um eine nicht überhöhte Kurve, falls man nicht „schneiden" kann oder darf, also seine Spur beibehält und so schnell fährt, daß man gerade nicht seitlich wegrutscht?

● 1.4.9. Überhöhung
Wie groß ist die richtige Überhöhung einer Kurve vom Krümmungsradius r, die mit der Geschwindigkeit v durchfahren werden soll? Sollte man die Kurve nach dem Prinzip bauen: gerades Stück – Kreisbogen – gerades Stück?

●● 1.4.10. Eisenbahnkurve
Wie schnell darf ein Zug um eine nicht überhöhte, bzw. um den Winkel α überhöhte Kurve fahren, damit die Wagen nicht kippen? Spurbreite 1,435 m, Höhe des Wagenschwerpunktes über der Schienenoberkante ca. 2 m.

● 1.4.11. Schwerelosigkeit
Berechnen Sie Bahngeschwindigkeit und Umlaufzeit eines Satelliten, der in geringer Höhe über dem Erdboden kreist. Wieso kann man sagen, daß in ihm Schwerelosigkeit herrscht?

●● 1.4.12. Zentrifuge
Diskutieren Sie die Zentrifugalbeschleunigungen und -kräfte in einer Wäscheschleuder (Trommeldurchmesser 30 cm, 3 000 U/min); in einer Astronauten-Testmaschine (Abstand Drehachse–Kabine 6 m); auf der Erde am Äquator und in München (48° N) infolge Achsdrehung; auf der Erde infolge der Bahnbewegung um die Sonne; auf dem Mond infolge der Bahnbewegung um die Erde.

●● 1.4.13. Kreispendel
Ein Pendel schwingt in x-Richtung. In einem bestimmten Moment stößt man es auch senkrecht oder schräg dazu an. Wie hängt die Bahn, die der Pendelkörper beschreibt, vom Zeitpunkt des Anstoßes (Phasendifferenz), von seiner Stärke (Amplitudenverhältnis) und seiner Richtung ab?

●● 1.4.14. Galileis Irrtum
Galilei hat vorübergehend gemeint, die Fallgeschwindigkeit v sei proportional zur durchfallenen Strecke s, denn er hatte beobachtet, „eine Ramme, die aus doppelter Höhe fällt, treibt den Pfahl doppelt so weit in die Erde“. Was sagen Sie zu dieser Begründung? Die Annahme $v \sim s$ läßt sich zu einem flagranten qualitativen Widerspruch mit der Erfahrung führen. Wie?

● 1.4.15. Der starke Floh
Sind die Muskeln eines Flohs (pro Querschnittseinheit) wirklich stärker als die des Menschen, weil er 500 seiner Körperlängen weit springen kann und der Mensch höchstens 5?

●●● 1.4.16. Captain Smolletts Uhr
Nur für sehr kleine Amplituden ist die Frequenz eines Pendels unabhängig von der Amplitude. Dies beschränkt die Ganggenauigkeit von Pendeluhren, besonders auf Schiffen, wo die Amplitude schwer konstant zu halten ist. Welche Nachteile hat das für den Navigator? Wir behandeln jetzt die Pendelschwingung exakter, auch für größere Amplituden. Wie stark weicht die Pendelperiode vom üblichen Wert ab? Wie weit durfte die Pendeluhr der „Hispaniola“ ausschlagen, mit der man die Schatzinsel nach Captain Flints Koordinaten suchte?

●● 1.5.1. Bogenschießen
Warum ist ein guter Bogen an den Enden dünner als in der Mitte, im Gegensatz zum „Flitzbogen“ aus einem Ast einheitlicher Dicke?

● 1.5.2. Benzinverbrauch
Die typische Stadtfahrt bestehe aus Halten vor der Ampel (alle 100 m), Beschleunigen auf 50 km/h, Ampel, Gasgeben, ... Um wieviel erhöht das den Kraftstoffverbrauch auf 100 km? Wieviel „kostet“ im Vergleich ein kräftiger Paß?

● 1.5.3. Unfall
Ein Auto fährt mit der Geschwindigkeit v gegen eine feste Betonwand. Sein Kühler wird dabei um eine Strecke d zusammengeschoben. Welche Beschleunigung erfährt der Insasse? Kann er sich mit steifen Armen am Armaturenbrett abstützen? Vergleichen Sie die Zerstörungswirkung dieses Unfalls mit dem Frontalzusammenstoß zweier Autos gleicher Bauart und gleicher Geschwindigkeit.

●● 1.5.4. Hochsprung
Der Schwerpunkt eines Hochspringers liegt beim Absprung in der Höhe h_0 über der Absprungfläche. Längs einer Strecke Δh_1 beschleunigt sich der Springer durch seine Beinkraft auf die Absprunggeschwindigkeit v_0, die ausreicht, ihn über die Latte zu tragen. Mit vernünftigen Werten bestimmen Sie Beschleunigungen, Geschwindigkeiten, Höhen, Arbeiten, Leistungen.

●● 1.5.5 Veranschaulichung des Raketenprinzips
Zwei gleichschwere Körper A_1 und B_1 werden durch eine Sprengladung auseinandergeschleudert (Maximalgeschwindigkeiten s. Abschn. 1.5.9a). A_1 besteht seinerseits aus zwei gleichschweren Teilstücken, mit denen das gleiche geschieht usw. Wie schnell bewegt sich A_1 nach der ersten Explosion relativ zur Erde, wenn das Ausgangssystem in Ruhe war? Wie viele Explosionen braucht man, um mit einem Teilstück die Kreisbahngeschwindigkeit zu erreichen? Wie groß ist das Verhältnis der Ausgangsmasse zur „Nutzlast“ (Masse des letzten Teilstücks)? Sind die Verhältnisse bei wirklichen Raketen günstiger oder ungünstiger?

●● 1.5.6. Spülmaschine
Ein Gefäß ist ganz voll mit praktisch reinem Alkohol. Man gießt unter ständigem gründlichen Umrühren sehr langsam Wasser dazu, wobei die gleiche Gemischmenge in eine Wanne überläuft. Wieviel Wasser muß man zugießen, damit noch 40%iger, 20%iger, allgemein Alkohol der Volumenkonzentration c im Gefäß bleibt? Welche Konzentration hat die übergelaufene Flüssigkeit in der Wanne? Suchen Sie formale Beziehungen zum Raketenantrieb (Aufgabe 1.5.5, Abschn. 1.5.9b).

● 1.5.7. Rakete
Ethanol (95 %) hat den Brennwert $2{,}8 \cdot 10^7$ J/kg. Schätzen Sie die optimalen Flugdaten einer einstufigen Rakete (Ethanol plus Flüssigsauerstoff).

●● 1.5.8. Projekt für den Fall einer Abkühlung der Sonne
Man bohre ein Loch bis ins Magma und lasse das Meerwasser hineinlaufen. Mit dem entstehenden Dampfstrahl als Raketenantrieb bugsiere man die Erde näher an die Sonne heran oder im Notfall zu einem anderen Fixstern, wobei natürlich Atomheizung vorzusehen ist. Kritik?

●● 1.5.9. Elastischer Stoß
Eine elastische Kugel prallt zentral auf (a) eine gleichschwere ruhende Kugel,

(b) eine doppelt so schwere ruhende Kugel, (c) eine feste Wand, (d) eine gleichschwere Kugel, die ihr mit gleicher Geschwindigkeit entgegenkommt, (e) eine sehr kleine Kugel. Alle diese Stoßpartner sind ebenfalls elastisch. Bestimmen Sie die Geschwindigkeiten nach dem Stoß und die übertragenen Impulse und Energien.

●● 1.5.10. Zykloide
Welche Kurve beschreibt ein Punkt an der Lauffläche des Reifens eines fahrenden Autos? Stellen Sie zunächst die Koordinaten des Punktes als Funktionen des Drehwinkels des Rades dar (Parameterdarstellung). Bestimmen Sie die Neigung der Kurve. Gibt es Augenblicke, wo der Punkt doppelt so schnell läuft wie das Auto? Wann bewegt er sich genau senkrecht, wann genau waagerecht, wann überhaupt nicht? Diese Kurve spielt eine Rolle angefangen vom Zahnradprofil über die „Brachistochrone" des *Johann Bernoulli* (Aufgabe 1.5.12), das Pendel konstanter Schwingungsdauer (Tautochrone), das Profil der Wasserwelle, den Raketenflug bis zur Expansion des Weltalls.

●●● 1.5.11. Pendeluhr
Die Schwingungsdauer eines Pendels sollte unabhängig von der Amplitude sein. Abweichungen von dieser „Tautochronie" bei größeren Amplituden s. Aufgabe 1.4.16. Gilt das gleiche auch für einen reibungsfreien Schlitten in einem zylinderförmigen U-Tal? Wie müßte das Talprofil aussehen, damit die Periode exakt amplitudenunabhängig ist? Begründen Sie *Huygens'* Antwort: Das Profil muß eine umgestülpte Zykloide sein. Wie kann man ein Zykloidenpendel praktisch realisieren? Warum hat man sich zu *Huygens'* Zeit soviel mehr für das Problem interessiert als jetzt?

●●● 1.5.12. Bruderzwist im Hause Bernoulli
1696 stellte *Johann Bernoulli* seinen Kollegen und besonders seinem Bruder *Jakob*, mit dem er sich nicht gut stand, eine Denkaufgabe: Zwei Punkte A und B, die verschieden hoch, aber nicht direkt übereinander liegen, sollen so durch eine Rutschbahn verbunden werden, daß ein reibungsfreier Schlitten in möglichst kurzer Zeit von A nach B gleitet. Zur Lösung soll selbst *Newton* einen sehr anstrengenden Tag gebraucht haben. *Johann Bernoulli* soll dessen anonym veröffentlichte Lösung sofort als *Newtons* erkannt haben: „Ex ungue leonem", sagte er. Jakob begründete mit seiner Lösung die Variationsrechnung, *Johann* machte es praktisch ohne Differentialrechnung: Er stellte die Bahn als Lichtweg in einem Medium veränderlicher Brechzahl dar und benutzte das Fermat-Prinzip der kürzesten Laufzeit. Außerdem brauchte er nur die Fallgesetze und die Eigenschaften der Zykloide (das ist die Lösung), soweit sie in Aufgabe 1.5.10 abgeleitet sind. Wenn Sie nicht daraufkommen, studieren Sie wenigstens zwei unvollkommene Lösungen: Die schiefe Ebene, die A und B geradlinig verbindet, und eine Bahn, die von A senkrecht abfällt und ganz kurz vor der Höhe von B in die Horizontale umlenkt. Wovon hängt es ab, welche dieser beiden Bahnen schneller ist?

●● 1.5.13. Kann Messner mehr?
Messen Sie Ihre körperliche Dauerleistung, z. B. beim **Bergsteigen**. Das Blut enthält 15,5 % **Hämoglobin**. Ein Hb-Molekül (rel. Molekülmasse 65 000) kann vier Moleküle O_2 reversibel binden. Herzfrequenz bei Anstrengung bis $150\,\mathrm{min}^{-1}$, Pumpvolumen $1\,\mathrm{cm}^3/\mathrm{kg}$ Körpergewicht. Zukker, Grundeinheit CH_2O, wird zu $CO_2 + H_2O$ abgebaut; 1 g Zucker liefert 17 kJ. Wirkungsgrad der Muskeln ca. 25 %. Wird Ihre Dauerleistung durch die Zirkulation begrenzt?

● 1.6.1. Bremsweg
Einige Reibungskoeffizienten gegen Autoreifen: Gute trockene Straße 0,8, feuchte Straße 0,3, Schnee um 0,1, Glatteis $< 0{,}1$. Abgenutzte Reifen haben kaum mehr als die Hälfte (alle Werte ohne Gewähr). Diskutieren Sie Bremswege, zulässige Geschwindigkeiten in Kurven usw.

● 1.6.2. Richtiges Bremsen
Warum nutzt es nichts, zu stark „auf die Bremse zu steigen"? Wie sollte man bremsen, um den Ruck kurz vor dem Zum-Stehen-Kommen zu vermeiden?

●● 1.6.3. Anfahren
Der Haftreibungskoeffizient zwischen Reibung und Straße sei $\mu_0 = 0{,}6$. Das „Leistungsgewicht" eines Autos sei 10 kg/PS. Wie groß ist die maximal mögliche Beschleunigung beim Anfahren auf ebener Strecke? Von welcher Geschwindigkeit ab wird die maximale Beschleunigung durch die Motorleistung begrenzt? Wie steil darf die Straße höchstens sein, damit das Auto hinaufkommt? Wie groß ist bei dieser maximalen Steigung die Geschwindigkeit bei voller Leistung? Das Auto fährt so schnell durch eine nicht überhöhte Kurve, daß es gerade nicht wegrutscht. Unter welchem Winkel zur Senkrechten stellt sich dabei ein im Wagen frei bewegliches Pendel ein? Wie groß ist die maximale Bremsverzögerung? Der Fahrer habe eine Reaktionszeit von 1 s. Welchen Weg (als Funktion der Geschwindigkeit) braucht er, um beim Auftauchen eines Hindernisses zum Halten zu kommen?

● 1.6.4. Super-Reibung
Gibt es Reibungskoeffizienten > 1?

●● 1.6.5. Zauberstab
Man legt einen langen Stab quer über die beiden parallel ausgestreckten Zeigefinger. Zunächst seien die Arme ausgebreitet. Was geschieht, wenn man die Finger einander nähert? Fällt der Stab herunter? Wo treffen sich die Finger?

● 1.6.6. Traktor
Warum hat ein Traktor so große Räder, wenigstens hinten? Hat das etwas mit seiner Motorleistung oder -drehzahl zu tun?

●● 1.6.7. Der starke Matrose
Ein Matrose kann ein großes Schiff an einem Seil festhalten, wenn er dieses mehrmals um einen Pfahl schlingt. Wie ist das möglich?

●● 1.6.8. Kartentrick

Auf einem Bierglas liegt eine Spielkarte, mitten darauf eine Münze. Wie schnell muß man die Karte wegziehen oder -schnipsen, damit die Münze ins Glas fällt? Geht es besser mit einem weiten oder einem engen Glas? Wie geht es mit einem weichen Radiergummi statt der Münze? – Wie schnell muß man die Tischdecke unter dem Geschirr wegreißen, ohne daß es Scherben gibt? Fällt ein hohes oder ein niedriges Glas dabei leichter um?

●● 1.6.9. Fallschirm

Wie groß muß ein Fallschirm sein, wenn ein Mann, Auto, Kleinkind den Fall unversehrt überstehen soll? Welche Aufschlaggeschwindigkeit übersteht man? Kommt es auf die Absprunghöhe an? Nach welcher Fallstrecke und -zeit wird die Endgeschwindigkeit erreicht? Wie groß ist die Endgeschwindigkeit für einen Menschen ohne Fallschirm? Beim Fallschirm kann mit einer effektiven Fläche gerechnet werden, die etwa zwei- bis dreimal so groß ist wie die geometrische Fläche ($c_w = 2$ bis 3).

●● 1.6.10. Brand im Transatlantik-Jet

Sie müssen raus! Dürfen Sie den Fallschirm sofort öffnen? Aus welcher Höhe kann man ohne Atemgerät lebend unten ankommen, und wie muß man sich verhalten? Diskutieren Sie den freien Fall auch für kleinere Lebewesen. Gibt es eine Größe, unterhalb der ein Tier sich überhaupt nicht mehr totfallen kann?

●● 1.6.11. Leistung beim Radeln

Ein Radler hat im wesentlichen gegen folgende Kräfte anzukämpfen: Reibungskräfte, Luftwiderstand, Steigungskräfte . . . . Diskutieren Sie diese Kräfte und die entsprechenden Leistungen in Abhängigkeit von der Fahrgeschwindigkeit. Arbeiten Sie teilweise empirisch, z. B.: Aus der Geschwindigkeit, mit der Sie bestimmte Steigungen fahren, folgt Ihre Leistung; die Geschwindigkeit in der Ebene bei gleicher Anstrengung ergibt Ihren effektiven Querschnitt, usw. Welche Rolle spielt dabei die Übersetzung?

●●● 1.6.12. Bewegung mit Reibung

Untersuchen Sie eine Bewegung unter dem Einfluß einer Reibungskraft, deren Geschwindigkeitsabhängigkeit durch v^n mit beliebigem n gegeben ist, z. B. die Bremsung eines Objekts mit der Anfangsgeschwindigkeit v_0 durch eine solche Reibung. Bestimmen Sie den $v(t)$- und den $x(t)$-Verlauf. Welcher qualitative Unterschied besteht zwischen dem Verhalten bei $n < 1$, bei $1 \leqq n < 2$ und bei $n \geqq 2$? Betrachten Sie das Verhalten von v und x bei $t \to \infty$.

●● 1.6.13. Schwingung mit Reibung

Als gedämpfte Schwingung bezeichnet man i. allg. eine, deren Amplitude mit der Zeit exponentiell abnimmt. Ist dieses Abklinggesetz allgemeingültig, oder hängt es von der Form des Reibungsgesetzes ab? Betrachten Sie eine Schwingung unter dem Einfluß einer elastischen Rückstellkraft und einer Reibungskraft, die proportional v^n ist (n beliebig). Untersuchen Sie nur die zeitliche Änderung der Amplitude $x_0(t)$. Wie hängt die Gesamtenergie W von der Geschwindigkeitsamplitude v_0 ab? Wie ändert sich W zeitlich unter der Annahme, daß v immer seinen Maximalwert v_0 hat? Ist diese Annahme berechtigt, oder wie kann man den Fehler korrigieren? Aus der Abhängigkeit $v_0(t)$ schließen Sie auf $x_0(t)$ zurück und beachten dabei Aufgabe 1.6.12.

●● 1.6.14. Reentry

Die Bahn eines Satelliten oder eines Meteoriten durch die Erdatmosphäre zerfällt in zwei qualitativ verschiedene Phasen: (1) die stationäre Phase, in der die ursprüngliche Kepler-Bahn praktisch beibehalten wird, in größeren Höhen, (2) die „reentry-Phase" in geringer Höhe. Zeigen Sie, daß das stimmt. Beschreiben Sie das Verhalten des Satelliten in den beiden Phasen. Wo liegt die Grenze zwischen diesen Phasen, und wie hängt ihre Lage von den Eigenschaften des Satelliten ab?

●● 1.6.15. Viel Lärm um nichts

Im März 1980 stürzte der Skylab-Satellit ab, der 1972 mit 85 t Masse und 60 m^2 Querschnitt auf eine Kreisbahn in 300 km Höhe über dem Erdboden gebracht worden war. Trotz des Geschreis katastrophensüchtiger Medien und ihrer Konsumenten verlief dieser Absturz viel harmloser als bei den meisten Starfighters. Welche Bahngeschwindigkeit und welche Umlaufzeit hatte Skylab auf dieser Kreisbahn? Skylab wurde von einer Trägerrakete gestartet, deren Triebwerk Verbrennungsgase mit etwa 2 km/s ausstößt. Falls dies eine Einstufenrakete war und unter Vernachlässigung des Luftwiderstandes: Welche Startmasse hatte die Rakete, wieviel Treibstoff wurde verbraucht? Warum verwendet man in Wirklichkeit mehrstufige Trägerraketen? Wie groß ist die Luftdichte in der Höhe der Skylab-Bahn bei einer mittleren Skalenhöhe von 12 km? Welcher mittleren Lufttemperatur entspricht diese Skalenhöhe? Wie groß sind die Reibungskraft, die Skylab auf der ursprünglichen Bahn erfuhr, und die entsprechende Leistung? Schätzen Sie die Lebensdauer von Skylab auf seiner Bahn. Der vorzeitige Absturz wurde so erklärt: Die Sonne hatte ihre Aktivität in den vorangegangenen zwei Jahren unerwartet gesteigert, insbesondere mehr Sonnenwind, d. h. mehr schnelle Elektronen und Protonen ausgesandt als erwartet. Diese bleiben in der Hochatmosphäre stecken und heizen sie auf. Wieso hat das die Lebensdauer von Skylab verkürzt? Wie schnell würde die Luftreibung die Energie des Satelliten aufzehren, wenn er plötzlich in Luft geriete, die dieselbe Dichte hat wie am Erdboden? Wie heiß würde das Material von Skylab, wenn es die ganze Reibungshitze aufnehmen müßte? Ist das der Fall, oder wo bleibt der Rest der Energie? Mit welcher Geschwindigkeit ist Skylab auf der Erde aufgeschlagen? Geschah es senkrecht oder schräg? Wenn ein Satellit völlig wahllos irgendwo aufschlägt, wie groß ist die Wahrscheinlichkeit, daß ein Mensch dabei getroffen wird?

● 1.7.1. Seilsicherung
Um Katastrophen bei evtl. Abschaltung der Gravitation vorzubeugen, will man die Erde mit der Sonne durch ein Stahlseil verbinden, das sie auf ihrer Bahn hält. Abgesehen vom Befestigungsproblem und von der Masse des Seils: Wie dick müßte das Seil sein?

● 1.7.2. Geostationärer Satellit
Der Syncom-Nachrichtensatellit soll antriebslos immer über demselben Punkt der Erdoberfläche stehen. Wie groß muß sein Abstand von der Erdoberfläche sein? Könnte er z. B. ständig über München stehen? Wie viele solcher Satelliten braucht man, um jeden Punkt am Äquator zu erreichen? (Ultrakurzwellen breiten sich geradlinig aus.) Welches ist der nördlichste Punkt, der gerade noch erreicht wird?

● 1.7.3. Sonnenmasse
Auch ohne Kenntnis der Gravitationskonstante kann man angeben, wievielmal massereicher die Sonne ist als die Erde. Man braucht dazu außer allbekannten Daten über Jahres- und Monatslänge nur das Verhältnis der Abstände von Sonne und Mond von der Erde (400 : 1), nicht aber die absoluten Abstände. Wie geht das zu?

●● 1.7.4. G-Messung
Projektieren Sie eine Messung der Gravitationskonstante nach *Cavendish-Eötvös*: Art der großen Kugeln (müssen es Kugeln sein?), Konstruktion des Drehbalkens, Material und Dicke des Torsionsdrahtes usw.

●● 1.7.5. Sirius B
Sirius führt um seine scheinbare geradlinige Bewegung am Himmel eine leichte Pendelung mit einer Periode von 48 Jahren aus, bei der seine Position insgesamt um 3,2″ schwankt. Unter der Annahme, daß dieses Pendeln von einem (bis 1862 noch nicht optisch identifizierten) Begleiter herrührt, der sehr geringe Leuchtkraft hat, und daß die Bahnen kreisförmig sind (was nicht stimmt): Welche Masse hat dieser Begleiter? Sirius ist 8,8 Lichtjahre entfernt. (Parallaxe 0,372″.) Benutzen Sie folgende, auch sonst sehr nützliche Überlegung: Welche Masse müßte im Schwerpunkt des Systems aus den Massen m_1 und m_2 angebracht sein, um in ihrer Gravitationswirkung auf m_1 die Masse m_2 zu ersetzen?

●● 1.7.6. Lotablenkung
In Bad Harzburg, 10 km nördlich des Brockens, weicht das Lot um 0,25′ von der Richtung ab, die man nach Korrektur auf Zentrifugalkraft und Ellipsoidgestalt erwartet. Welchen Fehler würde man beim Kartenzeichnen machen, wenn man sich nur auf die Polhöhe verließe? Was kann man über das Material sagen, aus dem der Harz besteht? Am Fuß des Himalaja findet man nur wenige Bogensekunden Lotabweichung. Warum?

●● 1.7.7. Ziggurat
Angenommen, den Babyloniern wäre ihr Turmbau bis in den „Himmel", sagen wir bis in 50 000 km Höhe gelungen. Man nehme ein genügend festes Seil der gleichen Länge, das zwei Kabinen verbindet, eine nahe der Erdoberfläche, die andere oben im Turm. Was geschieht? Was kann man damit anfangen? Braucht man überhaupt einen Turm?

● 1.7.8. Mondautobahn
Was ist bei der Anlage von Autobahnen auf dem Mond zu beachten (besonders Kurvenradien, Überhöhungen usw.)?

● 1.7.9. Olympiade 2000 in Selenopolis (Mare Imbrium)
Welche Rekorde besonders in den leichtathletischen Disziplinen sind zu erwarten? Welche anderen Sportarten versprechen Sensationen? Welche Änderungen in den Sportanlagen sind zu treffen?

●●● 1.7.10. Projekt Gravitrain
Man baut genau geradlinig, also nicht der Erdkrümmung folgend, einen Tunnel, der zwei Punkte A und B der Erdoberfläche verbindet. Darin kann ein Wagen reibungsfrei rollen. Wie bewegt er sich, wenn man ihn an einem Ende bei A losläßt? Wie lange dauert die Fahrt von A nach B? Wie groß ist die dabei erreichte Höchstgeschwindigkeit? Wie hängen die obigen Werte von der Länge des Tunnels ab? Wie liegen die Dinge, wenn der Tunnel durch den Erdmittelpunkt geht? Erfahrungsgemäß ist der Reibungswiderstand bei gut gelagerten Wagen etwa 1 % des Gewichts. Wie groß müßte die Tunnellänge mindestens sein, damit der Wagen nicht infolge Reibung gleich nach dem Start wieder zum Stehen kommt? Die Reibung bringt den Wagen natürlich vor dem Ende des Tunnels (B) zum Stehen. Wo geschieht das? Hinweis: Ein Körper im Innern der Erde in einem Abstand r vom Erdmittelpunkt wird von der Kugel mit dem Radius r angezogen. Die Wirkungen der Teile der äußeren Kugelschale heben sich gegenseitig auf. Man nehme konstante Dichte des Erdkörpers an.

●● 1.7.11. Isostasie
Über der Tiefsee ist die Schwerebeschleunigung nicht kleiner als über dem Flachland. Schätzen Sie den Unterschied, der eigentlich auftreten sollte, weil Wasser leichter ist als Stein. Wenn dieser Unterschied nicht existiert, wie ist er kompensiert worden? Granit, Gneis usw. („Sial") haben Dichten um 2 650 kg/m^3, die Gesteine unter dem Meeresboden („Sima") um 2 850 kg/m^3. Wie tief ragt die Sialscholle? Wie tiefe Wurzeln müssen die Gebirge haben, wenn sie keinen Einfluß auf die Schwerebeschleunigung haben?

●● 1.7.12. Ehrenrettung
Zu *Galileis* Zeiten fehlten empirische Beweise dafür, daß sich die Erde bewegt (welche gibt es jetzt?). Vom positivistischen Standpunkt aus war also die Ansicht berechtigt, *Copernicus* habe vor *Ptolemäus* nur den Vorzug größerer mathematischer Einfachheit. Indirekte Beweise hatte *Galilei* zur Genüge (Jupitermonde,

Venusphasen usw.). Mit seinem angeblichen direkten Beweis im „Dialogo“, sagen die Historiker, habe er sich aber ins Unrecht gesetzt: Die Gezeiten sollten nach Galilei verursacht sein durch die Kombination von Jahresumlauf und Tagesrotation. Ist das wirklich so falsch?

● 1.7.13. Homogenes Feld
Wie müßte eine Massenverteilung aussehen, die für ein homogenes Schwerefeld verantwortlich wäre?

●● 1.7.14. Tidenhub I
Ein sehr langes, genau horizontal liegendes Rohr ist halb voll Wasser. (Genau horizontal heißt: sich der Erdkrümmung anschmiegend!) Kann man hoffen, die Gezeiten in diesem Rohr nachzuweisen? Wie hängt der Gezeitenhub von der Rohrlänge ab? Extrapolieren Sie auf einen weltweiten Ozean. Warum sind die Gezeiten in Wirklichkeit i. allg. höher? Welche Hübe schätzen Sie für Mittelmeer, Ostsee, Oberen See, Bodensee?

●● 1.7.15. Tidenhub II
Wie kann die winzige Gezeitenbeschleunigung von $10^{-7}g$ die Flut 10 m hoch auftürmen?

●● 1.7.16. Gezeitenkraft
Ein elastischer Reifen wird so auf die Kreisbahn um die Erde gebracht, daß sein Durchmesser auf den Erdmittelpunkt hinzeigt. Bleibt er kreisförmig oder deformiert er sich? Was wird aus einem losen Trümmerhaufen, der um die Erde kreist? Hängt sein Schicksal vom Radius der Kreisbahn ab? Berücksichtigen Sie die eigene Gravitation des Haufens. Wirft das Ergebnis ein Licht auf die Entstehung der **Saturnringe?**

●● 1.7.17. Springflut
Wer erzeugt höhere Gezeiten: Sonne oder Mond? Erklären Sie Spring- und Nipptiden.

●● 1.7.18. Stationärer Mond
Warum muß die Gezeitenreibung Tag und Monat schließlich gleichlang machen? Welche Einflüsse könnten dem entgegenarbeiten? Wie lang werden Tag und Monat sein, wenn sie sich treffen? Wie weit ist der Mond dann von der Erde entfernt?

●● 1.7.19. Mondentstehung
Schätzen Sie die Stärke der Gezeitenreibung in den Ozeanen, zunächst für einen „weltweiten Ozean“: Wieviel Wasser steckt im Flutberg? Wie schnell muß das Wasser durchschnittlich strömen? Wie groß sind die inneren Reibungskräfte auf dem Meeresboden mindestens? Wieso ist dies eine Mindestschätzung? Welche Größenordnung ergibt sich für die Tagesverlängerung und für die Zeit, bis Tag = Monat sein wird? Drehen Sie den Film zurück: Vor wie langer Zeit könnte der Mond ganz nahe der Erde gewesen sein? Reicht die Drehgeschwindigkeit des vereinigten Systems zum Abschleudern des Mondes? Welche Einflüsse könnten dabei geholfen haben?

●● 1.7.20. Hat die Bibel doch recht?
Welikowski machte Sensation mit seiner Behauptung, die Sonne oder vielmehr die Rotation der Erde habe verschiedentlich stillgestanden oder ihre Richtung umgekehrt (einmal, um Josua die völlige Abschlachtung der Amalekiter zu erlauben), und zwar weil einmal Venus, ein andermal Mars sich der Erde sehr genähert haben. Kann er recht haben?

●● 1.7.21. Sind wir doch allein?
Nach *Jeffries-Jeans* soll das Sonnensystem entstanden sein, als ein anderer Fixstern der Sonne so nahe kam, daß er Material aus ihr riß und umgekehrt. Aus diesem Material sollen sich die Planeten kondensiert haben. Wie nahe müßte die Begegnung gewesen sein? Wie häufig kommt so etwas vor (z. B. in der ganzen Galaxis)? Hätte es Zweck, nach anderen bewohnten Welten zu suchen, wenn man noch, wie bis vor kurzem, an diese Theorie glaubte?

● 1.7.22. Schwere auf Jupiter
Welche Schwerebeschleunigungen herrschen auf den einzelnen Planeten und an der Sonnenoberfläche? Stellen Sie sich die Auswirkungen vor.

●● 1.7.23. Mondmasse
Was braucht man, um die Masse des Mondes zu bestimmen?

● 1.7.24. 7.1.1610
Galilei wußte, daß Jupiter etwa 12 Jahre zum Umlauf um die Sonne braucht, er sah den Mond Ganymed etwa $6'$ neben dem Planeten stehen und bestimmte seine Umlaufzeit zu 3,6 Tagen. (Wie viele von diesen Daten können Sie mit einem Feldstecher nachprüfen?) Wenn *Galilei* das Gravitationsgesetz gekannt hätte, was hätte er daraus über Jupiter aussagen können? (Masse? Abstand von der Sonne? Brauchte er noch weitere Informationen?)

●●● 1.7.25. Hohmann-Bahnen
Interplanetare Raketenbahnen erfordern minimalen Treibstoffaufwand, wenn sie Kepler-Ellipsen sind, die die Bahnen von Start- und Zielplanet innen bzw. außen tangieren (warum?). Berechnen Sie für solche Bahnen Flugzeiten, Start- und Landegeschwindigkeiten (unter Berücksichtigung des Gravitationsfeldes des Planeten), ungefähren Treibstoffbedarf usw.

●● 1.7.26. Rotation der Galaxis
Unsere Galaxis enthält 10^{11} Sterne. Der Durchschnittsstern ähnelt der Sonne. Die Sonne steht ziemlich am Rand der Galaxis, etwa 27 000 Lichtjahre von deren Zentrum. Mit welcher Geschwindigkeit und Periode muß die Sonne um das Zentrum umlaufen, um nicht hineinzufallen? Können Sie dieses „Großjahr“ in der Geologie wiederkennen? Kann man die Rotation z. B. des Andromedanebels (M 31) direkt sehen? Welche Nachweismethoden gibt es sonst?

●● 1.7.27. Satelliten-Paradoxon
Ein Satellit in einem widerstehenden Medium wird immer *schneller*, seine Umlaufzeit nimmt *ab*. Wie kommt das?

●● 1.7.28. Mondfahrt
Die Bahn einer Mondrakete ist keine Parabel, sondern eine Ellipse, die die

Mondbahn tangiert oder schneidet. Wieviel spart man hierdurch an Treibstoff gegenüber der Parabelbahn, d. h. der „zweiten kosmischen Geschwindigkeitsstufe“?

● 1.8.1. Der brave Mann

Ein Mann beobachtet von einer Brücke aus, wie einem stromauf fahrenden Paddler gerade unter der Brücke eine fast volle Kognakflasche ins Wasser fällt und abwärts treibt. Da der Paddler auf Rufen nicht reagiert, rennt der Mann ihm nach und erreicht ihn nach $\frac{1}{2}$ h. Der Paddler kehrt auf die Nachricht sofort um und holt die Flasche. Der Paddler fährt 6,5 km/h relativ zum Wasser, das mit 3 km/h strömt. Wie lange war die Flasche im Wasser? Benutzen Sie das Bezugssystem des Ufers und das des Wassers. Was ist einfacher?

● 1.8.2. Wie verhütet man Tanker-Unfälle?

Eine Radaranlage ortet gleichzeitig zwei Schiffe und mißt ihre momentanen Geschwindigkeiten, Kurse und Positionen. Beantworten Sie möglichst schnell folgende Fragen: Werden die Schiffe zusammenstoßen, wenn sie den Kurs beibehalten? Wenn ja, wo und wann? Wenn nein, wo und wann kommen sie einander am nächsten, nämlich auf welche Entfernung? Entwickeln Sie ein allgemeines Verfahren, das eine schnelle Antwort erlaubt und für Hafenbehörden brauchbar ist. Können Sie es auch an den Flugsicherungsdienst verkaufen?

● 1.8.3. Hubble-Effekt

Eine Granate explodiert, während sie sich noch auf ihrer (fast) parabolischen Bahn befindet. Was tut der Schwerpunkt nach der Explosion? Beschreiben Sie das Verhalten der Sprengstücke im Bezugssystem der Erde, des Schwerpunktes und eines beliebigen Sprengstückes. Achten Sie besonders auf den Zusammenhang zwischen Entfernung und Geschwindigkeit der Sprengstücke in den beiden letzten Systemen. Was hat das mit dem Hubble-Effekt zu tun?

●● 1.8.4. Vollziehen Sie Copernicus nach

Mars stand im Juni 1969 in Opposition zur Sonne (S–E–M in gerader Linie). Welche scheinbare Bewegung auf dem durch die Fixsterne definierten Hintergrund der „Himmelskugel“ beschrieb Mars, etwa bis 1980? Konstruieren Sie möglichst genau. Wie sieht die analoge Konstruktion für andere Planeten aus (bes. Venus, Jupiter)? Welchen Einfluß hat die Exzentrizität der Bahnen? Stellen Sie sich vor, Sie kennen nur diese scheinbare Bewegung; vergessen Sie alle Kenntnisse über die Eigenbewegung der Erde sowie die Bahndaten (Tabelle 1.2), die Sie bisher benützt haben.

●● 1.8.5. Straßenszene

Polizist: Was machen Sie denn da? Am hellen Tage betrunken herumzuliegen! Ich nehme Sie mit!
Betrunkener: Aber warum denn? Ich habe es doch lange genug geschafft!
P.: Was haben Sie geschafft?
B.: Auf dem verdammten Dings zu balancieren!
P.: Sie, ich warne Sie! Auf welchem Dings?
B.: Auf der Erde! Sie ist hinter mir her, beschleunigt noch dazu, und schließlich hat sie mich eingeholt. Schauen Sie meinen Kopf an! Machen Sie das mal und bleiben stehen!
P.: Mache ich ja, den ganzen Tag!
B.: Stimmt, Respekt! Sie sollten zum Zirkus gehen! Aber weil ich nicht ganz so geschickt bin, wollen Sie mich einsperren?
Sie sind der freundliche, logische, aber gesetzesbewußte Schupo. Was sagen Sie?

●● 1.8.6. Garten in Woolsthorpe

Newton, ein Apfel. Sehr schnell:
N.: Aha, da fällt er.
A.: Gar nichts mache ich, aber du saust auf mich los!
N.: Wart ab, bis du aufplumpst! Dann wirst du sehen, wer sich wirklich bewegt.
A.: Mein Lieber, das war unter deinem Niveau. Allerdings bin ich der Schwächere, wenn die Erde gegen mich prallt. Das ist eine Größenfrage, keine Rechtsfrage. Übrigens: Warum sollte ich mich denn beschleunigt bewegen? Hast du nicht selbst mal verkündet, daß dazu eine Kraft nötig ist?
N.: Allerdings, und zwar in deinem Fall die Gravitation!
A.: Ich merke aber nichts von deiner Gravitation.
N.: Ich schon.
A.: Kein Wunder! Aber ich muß dir das wohl langsam explizieren, obwohl die Zeit knapp ist. Du mußt doch selbst spüren, daß der Erdboden dich beschleunigt vor sich her schiebt. Das, nämlich der Schub des Bodens auf deine Füße, ist die einzige reale Kraft, die hier im Spiel ist.
N.: Ja, ja. Aber darin hat er recht: Wenn mich einer beschleunigt aufwärts schiebt, spüre ich eine Kraft nach unten. Hm. Wenn ich ihn frage, warum er bis vor kurzem nicht „frei und in Ruhe“ war, sagt er natürlich, der Zweig des Baumes, der mit der Erde paktiert, habe ihn mitgeschleppt, mit exakt meßbarer Kraft, und erst als der Stiel dieser Kraft nicht mehr gewachsen war, ist er entkommen.
A.: Bravo, eins rauf! Aber jedenfalls 1 : 0 für mich, o.k.?
Können Sie *Newton* wenigstens zum Unentschieden verhelfen?

●●● 1.8.7. Windrichtung

Auf die atmosphärischen Luftmassen wirken in horizontaler Richtung Druckkräfte, Reibungskräfte und Coriolis-Kräfte. Stellen Sie die Bewegungsgleichung eines Luftvolumens auf (Annahme: Reibungskraft $\sim$ Geschwindigkeit) und untersuchen Sie die stationäre Strömung. Beachten Sie die Breitenabhängigkeit. Wenn die Reibung keine große Rolle spielte, wie stünde die Windrichtung zum Druckgradienten? Was ändert der Reibungseinfluß an dem Ergebnis? Was sagt die Erfahrung (Hoch, Tief, Passate)? Kann man den Reibungskoeffizienten schätzen? Ein kräftiges Hoch liegt über Mittelrußland (1030 mbar), ein Tief über Irland (990 mbar). Welche Windrichtungen und -stärken erwarten Sie bei uns? Vergleichen Sie mit Wetterkarten.

●● 1.8.8. Wer irrte hier?
Stimmt es, daß die Coriolis-Kraft die Erdsatelliten trägt, wie in dem sonst vorzüglichen Fischer-Lexikon „Geophysik", S. 22, behauptet wird? Wenn nein, welches ist dann die relative Rolle der verschiedenen Trägheitskräfte? Benutzen Sie die beiden in Frage kommenden Bezugssysteme.

●● 1.8.9. Raumstation
In einer Raumstation will man die Streiche vermeiden, die einem die Schwerelosigkeit spielen kann (z. B. welche?), indem man durch Rotation der Station ein „künstliches Schwerefeld" erzeugt. Allerdings müssen dabei Coriolis-Kräfte in Kauf genommen werden. Stellen Sie sich deren Auswirkungen vor, z. B. für eine ringförmige Station und jemanden, der den Ringkorridor entlangläuft. Projektieren Sie die Station so, daß die Querkräfte in vernünftigen Grenzen bleiben.

●● 1.8.10. Berg- und Wiesenufer
Glauben Sie, daß die Bergufer-Flachufer-Asymmetrie der russischen Flüsse oder die angeblich stärkere Abnutzung der rechten Schiene bei der Bahn auf die Coriolis-Kraft zurückzuführen ist?

●● 1.8.11. Foucault-Pendel
Eine sehr große Masse, aufgehängt an einem sehr langen Draht, die mehrere Tage fast ungedämpft schwingt, behält ihre Schwingungsebene nicht bei, sondern beschreibt eine Rosette (Abb. 1.61). Wie komt das? Wie lange dauert ein vollständiger Umlauf um die Rosette? Wie hängt die Dauer von der geographischen Breite ab? Zur Behandlung benutzen Sie Abb. 1.62.

●● 1.8.12. Schuß auf der Scheibe
Stimmt es, daß die Kugel in Abb. 1.60 nach der Zeit $t = r/v$ in einen Baum B schlägt, der im Bild senkrecht unter A liegt? Wenn nicht, wo ist sie nach dieser Zeit? Was würde der rotierende Beobachter erwarten, wenn er von seiner Drehung nichts wüßte? Wie deutet er die Diskrepanz? Unter welcher Bedingung ist die entsprechende Abweichung gegen die im Text behandelte zu vernachlässigen?

●● 1.8.13. Trägheitskräfte
Es gibt eine allgemeine, mathematisch sehr elegante Ableitung der **Coriolis-Beschleunigung**, bei der die Zentrifugalbeschleunigung und ein weiterer, bisher von uns nicht behandelter Term automatisch mit herauskommen. Man betrachte ein Bezugssystem S', das gegenüber einem Inertialsystem S mit einer nicht notwendig zeitlich konstanten Winkelgeschwindigkeit ω rotiert. Im betrachteten Zeitpunkt mögen Ursprung und Achsen der beiden Systeme gerade zusammenfallen. Drücken Sie Ort, Geschwindigkeit und Beschleunigung in S' durch die in S aus. Wie hängen also $\boldsymbol{r}$ und $\boldsymbol{r}'$ zusammen? Wie ist es mit $\dot{\boldsymbol{r}}$ und $\dot{\boldsymbol{r}}'$? Betrachten Sie erst $\dot{\boldsymbol{r}}' \perp \omega$, dann den allgemeinen Fall. Welche Vektoroperation ist anwendbar? Was folgern Sie daraus über die zeitliche Ableitung eines *beliebigen* Vektors in S', verglichen mit der in S? Wenn nötig, unterscheiden Sie die beiden Operationen symbolisch. Aus $\dot{\boldsymbol{r}}'$ bilden Sie nun $\ddot{\boldsymbol{r}}'$. Drücken Sie alles durch S'-Größen aus und deuten Sie die einzelnen Glieder.

●● 1.8.14. Kosmische Tankstellen
Pioneer 10 hatte beim Start von der Erde noch nicht die Geschwindigkeit, die zur Flucht aus dem Sonnensystem nötig ist (wie groß ist sie?). Bei der engen Begegnung mit Jupiter (Dez. 1973) bekam die Rakete soviel Zusatzenergie, daß sie das Sonnensystem verlassen kann. Wie ist das möglich? Müßten nicht auch auf der Kepler-Hyperbel um Jupiter End- und Anfangsgeschwindigkeit gleich sein? Kann man den Vorgang als elastischen Stoß behandeln? Unter welchem Winkel muß die Rakete die Jupiterbahn anfliegen, damit sie mit einer möglichst kleinen Anfangsgeschwindigkeit auskommt? Wie genau muß sie gezielt sein? Genügt es, die Rakete auf eine Hohmann-Ellipse (Aufgabe 1.7.25) zu bringen? Ginge es bei Mars oder Saturn auch mit einer solchen Ellipse? In welcher Richtung muß man von der Erde abschießen? Wie muß Jupiter um diese Zeit am Himmel stehen?

●● 1.8.15. M. Cinglés Paradoxon
Monsieur Cinglé schießt aus dem TGV Paris–Lyon, der mit 360 km/h fährt, in Fahrtrichtung aus einer Luftpistole, deren Mündungsgeschwindigkeit 100 m/s beträgt, und trifft ein Kaninchen. Cinglé: „Pauvre petit lapin! Üblicherweise macht ihm das ja kaum was aus, aber hier hat das Geschoß die doppelte Geschwindigkeit, also die vierfache Energie wie gewöhnlich!" Monsieur Malin, der im gleichen Abteil sitzt, protestiert: „Irgendwas stimmt da nicht. Bezeichnen wir mal $\frac{1}{2}mv^2$ als eine Energieeinheit, mit $v = 100$ m/s. Ich konzediere: Schon im Lauf hatte Ihr Geschoß eine solche Einheit. Wenn Sie im Wald stehen und schießen, teilt das Pulver dem Geschoß offenbar ebenfalls eine solche Einheit mit. Warum sollte das anders sein, wenn Sie hier im Zug stehen? Das gibt zwei Energieeinheiten. Und Sie sagen, es sind vier. Wo sollen denn die anderen beiden herkommen?" Na, wer hat recht?

2

Mechanik des starren Körpers

Inhalt

Einleitung

Bisher durften die Dinge sich nur verhalten wie Massenpunkte, d. h. sich nur fortschreitend, translatorisch bewegen, gleichförmig oder beschleunigt. Jetzt erhalten sie eine Ausdehnung und können sich daher auch drehen. Zum Glück täuscht die Befürchtung, man müsse dafür eine ganz neue Mechanik lernen. Es genügt, sich ein einziges Wort dieser neuen Sprache klarzumachen; daraus kann man dann das ganze Wörterbuch herleiten, und die Grammatik ist auch dieselbe wie für den Massenpunkt – oder fast. Manche bilden sich ein, sie könnten Russisch, wenn sie einigermaßen „sdrastwuitje" sagen können. Hier ist dieser Wunschtraum Wirklichkeit.

„Ungleiche Gewichte stehen im Gleichgewicht in Abständen, die sich umgekehrt verhalten wie die Gewichte."

Archimedes, um 250 v. Chr.

Unentbehrlich für das Verständnis dieses Kapitels ist Sicherheit im Umgang mit dem **Vektorprodukt**. Wir rekapitulieren seine wichtigsten Eigenschaften:

$\boldsymbol{a} \times \boldsymbol{b}$ ist ein Vektor, der senkrecht auf $\boldsymbol{a}$ *und* auf $\boldsymbol{b}$ steht, und zwar so, daß $\boldsymbol{a}$, $\boldsymbol{b}$ und $\boldsymbol{a} \times \boldsymbol{b}$ in dieser Reihenfolge wie Daumen, Zeigefinger und Mittelfinger der rechten Hand zeigen. Daher ist $\boldsymbol{a} \times \boldsymbol{b} = -\boldsymbol{b} \times \boldsymbol{a}$. Der Betrag von $\boldsymbol{a} \times \boldsymbol{b}$ ist $ab \sin(\boldsymbol{a}, \boldsymbol{b})$, die Fläche des Parallelogramms aus $\boldsymbol{a}$ und $\boldsymbol{b}$. Bei $\boldsymbol{a} \| \boldsymbol{b}$ ist $\boldsymbol{a} \times \boldsymbol{b} = \boldsymbol{0}$. In Komponentenschreibweise läßt sich $\boldsymbol{a} \times \boldsymbol{b}$ am einfachsten als Determinante darstellen:

$$\boldsymbol{a} \times \boldsymbol{b} = \begin{vmatrix} \boldsymbol{i} & \boldsymbol{j} & \boldsymbol{k} \\ a_1 & a_2 & a_3 \\ b_1 & b_2 & b_3 \end{vmatrix} = (a_2 b_3 - a_3 b_2, a_3 b_1 - a_1 b_3, a_1 b_2 - a_2 b_1) \,.$$

Dabei sind $\boldsymbol{i}, \boldsymbol{j}, \boldsymbol{k}$ die Basisvektoren, d. h. Vektoren der Länge 1 in x-, y- und z-Richtung.

Gelegentlich brauchen wir das **Spatprodukt** $\boldsymbol{a} \times \boldsymbol{b} \cdot \boldsymbol{c}$. Es ist eine Zahl, die das Volumen des von $\boldsymbol{a}, \boldsymbol{b}, \boldsymbol{c}$ aufgespannten Parallelepipeds angibt: $\boldsymbol{a} \times \boldsymbol{b} \cdot \boldsymbol{c} = |\boldsymbol{a} \times \boldsymbol{b}| c \cos\alpha =$ Grundfläche $|\boldsymbol{a} \times \boldsymbol{b}|$ mal Höhe $c \cos\alpha$. Falls man die Reihenfolge der Vektoren nur zyklisch vertauscht, kann man die Produktzeichen an Ort und Stelle lassen, das Spatprodukt, also das Volumen, ändert sich dabei nicht:

$$\boldsymbol{a} \times \boldsymbol{b} \cdot \boldsymbol{c} = \boldsymbol{b} \times \boldsymbol{c} \cdot \boldsymbol{a} = \boldsymbol{c} \times \boldsymbol{a} \cdot \boldsymbol{b} \,. \qquad (2.0)$$

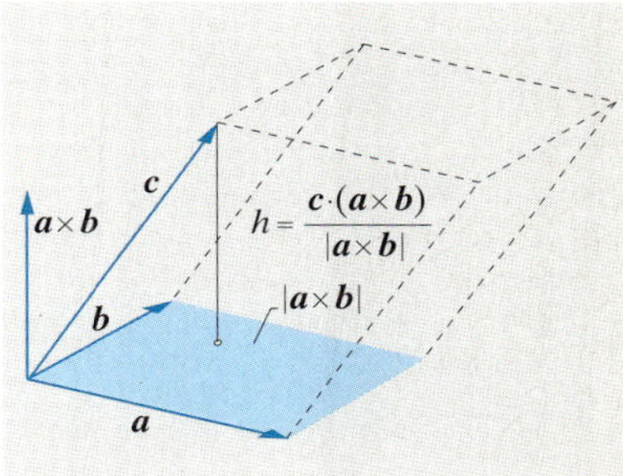

Abb. 2.1. Das Vektorprodukt $\boldsymbol{a} \times \boldsymbol{b}$ hat als Betrag die Fläche des Parallelogramms aus $\boldsymbol{a}$ und $\boldsymbol{b}$, das Spatprodukt $\boldsymbol{c} \cdot (\boldsymbol{a} \times \boldsymbol{b})$ ist gleich der Fläche mal der Höhe, also dem Volumen des Parallelepipeds aus $\boldsymbol{a}, \boldsymbol{b}, \boldsymbol{c}$

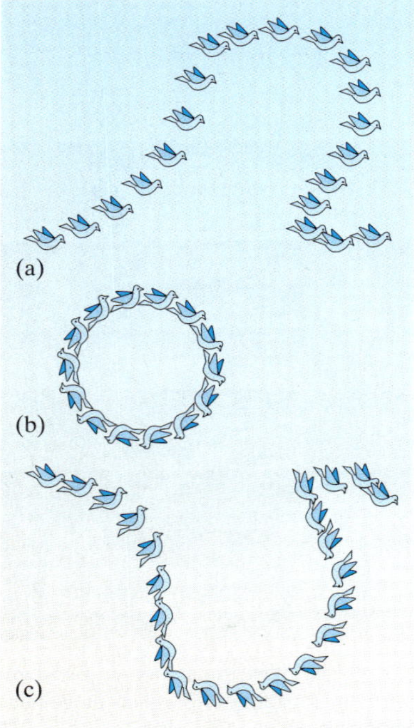

Abb. 2.2. (a) Translation: Die Richtung der Körperachsen bleibt trotz Kurvenbahn erhalten, (b) Reine Rotation, (c) Translation mit Rotation: Körperachsen ändern ihre Richtung

Andernfalls ändert sich das Vorzeichen:

$$\boldsymbol{a} \times \boldsymbol{b} \cdot \boldsymbol{c} = -\boldsymbol{b} \times \boldsymbol{a} \cdot \boldsymbol{c} \,. \qquad (2.0')$$

2.1 Translation und Rotation

Wir müssen uns zuerst einigen, wie wir den Ablauf einer Bewegung beschreiben, ohne uns zunächst um ihre Ursache zu kümmern.

2.1.1 Bewegungsmöglichkeiten eines starren Körpers

Wenn man von der Ausdehnung eines Körpers absehen kann, d. h. ihn als Massenpunkt betrachtet, wie wir das bisher getan haben, läßt sich seine Lage durch einen einzigen Ortsvektor $\boldsymbol{r}$ darstellen, seine Bewegung durch die Zeitabhängigkeit $\boldsymbol{r}(t)$ dieses Ortsvektors. Für einen ausgedehnten Körper braucht man eigentlich unendlich viele Ortsvektoren, einen für jeden seiner Punkte. Zum Glück können sich diese Vektoren nicht alle unabhängig voneinander ändern, selbst dann nicht, wenn der Körper deformierbar ist. Wenn er das nicht ist, sondern *starr*, kann man jede seiner Bewegungen in eine **Translation** und eine **Rotation** zerlegen.

Eine Translation ist eine Bewegung, bei der alle Punkte des Körpers kongruente Bahnen beschreiben. Diese Bahnen dürfen durchaus gekrümmt sein. Bei einer *Rotation* beschreiben alle Punkte konzentrische Kreise um eine bestimmte Gerade, die **Drehachse**.

Die Gesetze der Translation unterscheiden sich nicht von denen, die wir vom Massenpunkt her kennen. Aus der Grundgleichung $\boldsymbol{F} = m\boldsymbol{a}$ und dem Reaktionsprinzip folgen der Impulssatz und alles übrige. Für die Rotation müssen wir einen neuen Satz von Begriffen entwickeln.

Ein System aus N Massenpunkten, die nicht miteinander gekoppelt sind, hat $3N$ **Freiheitsgrade**, d. h. seine Lage läßt sich durch $3N$ Zahlen angeben (drei Koordinaten für jeden Massenpunkt). Wenn man die Massenpunkte starr durch Stangen der Länge $|\boldsymbol{r}_i - \boldsymbol{r}_j|$ zwischen jedem Paar i,j von Massenpunkten verbindet, werden die Bewegungsmöglichkeiten durch die Gleichungen $|\boldsymbol{r}_i - \boldsymbol{r}_j| = \text{const}$ eingeschränkt. Es gibt $\binom{N}{2} = N(N-1)/2$ solche Gleichungen, aber sie sind nicht alle unabhängig. Um die Struktur des Systems festzulegen, genügt es ja, erstens die Lage von drei beliebigen Massenpunkten, die nicht in einer Geraden liegen, durch die drei Abstände zwischen ihnen anzugeben, zweitens die Abstände aller übrigen $N-3$ Punkte von diesen dreien anzugeben, d. h. $(N-3) \cdot 3$ Abstände. Nach dem Prinzip des dreibeinigen Tisches oder Statives ist dann alles festgelegt. Das gibt im ganzen $(N-2) \cdot 3$ Bedingungen. Von den $3N$ Freiheitsgraden der freien Massenpunkte bleiben also immer 6 übrig, unabhängig von N. Man kann sie deuten als die drei Koordinaten eines beliebigen Punktes des starren Körpers, dazu Drehungsmöglichkeiten um die drei zueinander senkrechten Achsen, entsprechend der Unterscheidung zwischen Translation und Rotation.

2.1.2 Infinitesimale Drehungen

Ein starrer Körper drehe sich um einen sehr kleinen Winkel $\mathrm{d}\varphi$ um eine gegebene Achse. Wir können beides – die Richtung der Achse und den Betrag der Drehung – durch einen *Vektor* $\mathrm{d}\boldsymbol{\varphi}$ kennzeichnen, der in Achsrichtung zeigt und den Betrag $\mathrm{d}\varphi$ hat. Sein Richtungssinn sei wie der Daumen der rechten Hand, wenn deren gekrümmte Finger den Drehsinn andeuten. Mittels $\mathrm{d}\boldsymbol{\varphi}$ können wir sofort angeben, wie sich jeder Punkt des Körpers bei dieser Drehung verschiebt. Ein Punkt, dessen Lage durch den Ortsvektor $\boldsymbol{r}$ mit dem Ursprung irgendwo auf der Drehachse gegeben ist, verschiebt sich nach Abb. 2.3 und 2.4 um

$$\boxed{\mathrm{d}\boldsymbol{r} = \mathrm{d}\boldsymbol{\varphi} \times \boldsymbol{r}} \,. \tag{2.1}$$

Diese Verschiebung ist ja senkrecht zur Achse $\mathrm{d}\boldsymbol{\varphi}$ und zu $\boldsymbol{r}$, ihr Betrag ist $r \sin\alpha\,\mathrm{d}\varphi$. Alles das drückt das Vektorprodukt richtig aus.

Führt man zwei infinitesimale Drehungen um zwei verschiedene Achsen aus, die sich im Ursprung schneiden, ist die Verschiebung, die sie zusammen herbeiführen

$$\mathrm{d}\boldsymbol{r} = \mathrm{d}\boldsymbol{r}_1 + \mathrm{d}\boldsymbol{r}_2 = (\mathrm{d}\boldsymbol{\varphi}_1 + \mathrm{d}\boldsymbol{\varphi}_2) \times \boldsymbol{r} \,.$$

Nur *sehr kleine* Drehungen addieren sich so einfach. Größere Drehungen tun das nicht, außer wenn beide Drehachsen parallel sind. Ihr Ergebnis hängt von der Reihenfolge der Drehungen ab, diese sind nichtkommutativ. Das liegt natürlich daran, daß wir von körpereigenen Drehachsen reden. Die erste Drehung ändert selbst die Lage der zweiten Drehachse.

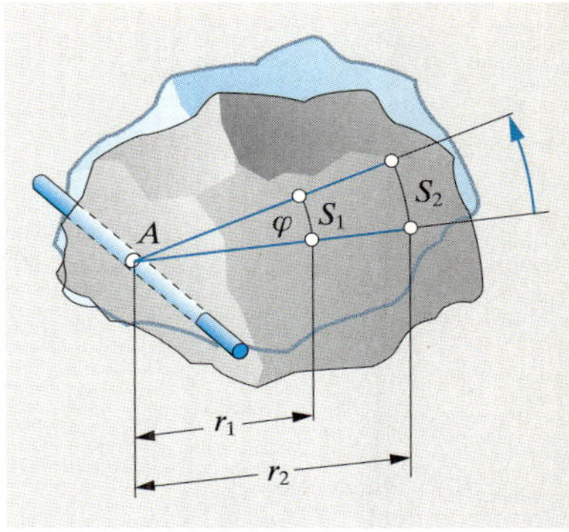

Abb. 2.3. Bei einer Drehung um den Winkel φ verschiebt sich jeder Punkt auf einem Kreisbogen der Länge $s = r\varphi$ (r: senkrechter Abstand von der Achse). Bei kleiner Drehung ist die Verschiebung $\mathrm{d}r = r\,\mathrm{d}\varphi$

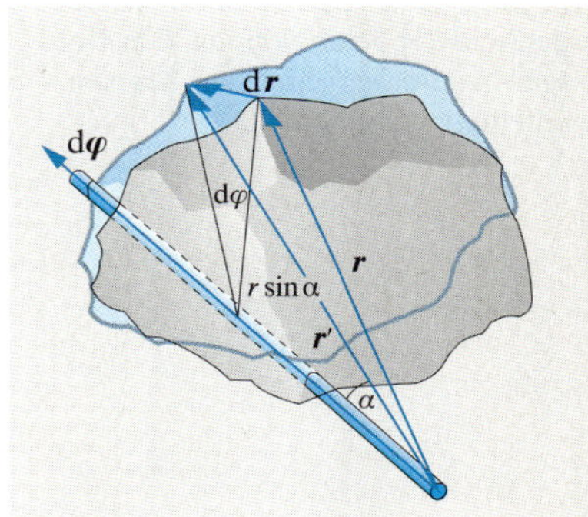

Abb. 2.4. Ein Punkt mit dem Ortsvektor $\boldsymbol{r}$, der unter dem Winkel α zur Drehachse steht, verschiebt sich um $\mathrm{d}\boldsymbol{r} = \mathrm{d}\boldsymbol{\varphi} \times \boldsymbol{r}$

2.1.3 Die Winkelgeschwindigkeit

Division von (2.1) durch die Zeit $\mathrm{d}t$, die man für die Drehung benötigt, liefert die Geschwindigkeiten der einzelnen Punkte des Körpers:

$$\boxed{\frac{\mathrm{d}\boldsymbol{r}}{\mathrm{d}t} = \boldsymbol{v} = \frac{\mathrm{d}\boldsymbol{\varphi}}{\mathrm{d}t} \times \boldsymbol{r} = \boldsymbol{w} \times \boldsymbol{r}} \,. \tag{2.2}$$

Die **Winkelgeschwindigkeit** $\boldsymbol{w}$ hat die Richtung der Drehachse, ebenso wie $\mathrm{d}\boldsymbol{\varphi}$, und den Betrag ω, den wir schon aus der Punktmechanik kennen. Man beachte aber, daß die Drehachse ihre Lage zeitlich ändern kann. Es ist nur eine momentane Drehachse. Wenn der Ursprung sich selbst noch mit der Geschwindigkeit $\boldsymbol{v}_0$ bewegt (Translation), hat der Punkt $\boldsymbol{r}$ des Körpers die Geschwindigkeit

$$\boldsymbol{v} = \boldsymbol{v}_0 + \boldsymbol{w} \times \boldsymbol{r} \,. \tag{2.3}$$

Unsere Beschreibung der Rotation ist bisher völlig analog zu der der Translation. Wir wollen sehen, ob diese Analogie auch für die Dynamik tragfähig bleibt.

Lage	Translation Ortsvektor $\boldsymbol{r}$	Rotation Drehachse + Drehwinkel $\boldsymbol{\varphi}$
Geschwindigkeit:	$\boldsymbol{v} = \dot{\boldsymbol{r}}$	$\boldsymbol{w} = \dot{\boldsymbol{\varphi}}$
Beschleunigung:	$\boldsymbol{a} = \dot{\boldsymbol{v}} = \ddot{\boldsymbol{r}}$	$\dot{\boldsymbol{w}} = \ddot{\boldsymbol{\varphi}}$.

2.2 Dynamik des starren Körpers

Jetzt geht es um die Ursachen von Bewegungen, besser von Änderungen des Bewegungszustandes. Dahinter stecken natürlich Kräfte. Wenn Rotation im Spiel ist, kommt es aber nicht auf Größe und Richtung der Kräfte allein an, sondern auch darauf, wo sie angreifen. Man kann sie jetzt nicht mehr parallel verschieben, ohne ihre Wirkung zu ändern.

2.2.1 Rotationsenergie

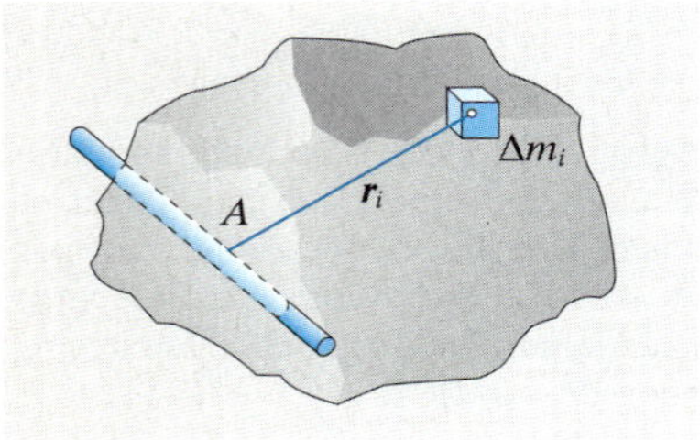

Abb. 2.5. Das Trägheitsmoment um eine Achse A setzt sich aus den Beiträgen $r^2\,\Delta m$ der einzelnen Massenelemente zusammen

Wir betrachten einen starren Körper, der nur um eine Achse rotiert (keine Translation ausführt), und kennzeichnen seine einzelnen Punkte durch ihren senkrechten Abstand r_i' von der Achse, nicht mehr durch den vollständigen Ortsvektor $\boldsymbol{r}_i$. Es gilt $r_i' = r_i \sin\alpha$ (α: Winkel zwischen $\boldsymbol{r}_i$ und der Achse). Dann hat der bei r_i' befindliche Massenteil $\mathrm{d}m_i$ die Geschwindigkeit $v_i = \omega r_i'$ und die kinetische Energie $\frac{1}{2}\mathrm{d}m_i v_i^2$. Die Gesamtenergie des Körpers ist

$$W_{\text{rot}} = \tfrac{1}{2}\sum \mathrm{d}m_i v_i^2 = \tfrac{1}{2}\omega^2 \sum \mathrm{d}m_i r_i'^2\,. \tag{2.4}$$

Bei einem kontinuierlichen Körper ersetze man m_i durch $\varrho\,\mathrm{d}V$ und die Summe durch ein Integral über das ganze Volumen:

$$\boxed{W_{\text{rot}} = \tfrac{1}{2}\omega^2 \int \varrho r'^2\,\mathrm{d}V}\,. \tag{2.4'}$$

Wir lassen ϱ unter dem Integral, weil die Dichte von Ort zu Ort verschieden sein kann. Wenn das ω bei der Rotation das v der Translation ersetzt, scheint statt der Masse m hier der Ausdruck $\sum m_i r_i'^2$ zu stehen. Diese Analogie wird sich auch weiterhin bestätigen.

2.2.2 Das Trägheitsmoment

Zunächst untersuchen wir den in (2.4′) auftretenden Ausdruck

$$\boxed{J = \sum \mathrm{d}m_i r_i'^2 = \int r'^2 \varrho\,\mathrm{d}V}\,, \tag{2.5}$$

das **Trägheitsmoment** des Körpers. Er besagt, daß sich die einzelnen Massenteile in der Rotation um so mehr auswirken, je weiter sie von der Achse entfernt sind. Dementsprechend ist J verschieden groß, je nachdem, wie man die Drehachse durch den Körper legt. Wir bestimmen das Trägheitsmoment einiger einfacher Körper durch Integration, die Sie bitte selbst ausführen wollen:

- Kreisscheibe oder Zylinder, Achse = Symmetrieachse:

$$J = \tfrac{1}{2} M R^2\,. \tag{2.6}$$

- Kugel, Achse durchs Zentrum:

$$J = \tfrac{2}{5} M R^2\,. \tag{2.7}$$

In beiden Fällen ist M die Gesamtmasse; R ist der Radius von Scheibe oder Kugel.

- Stab, Achse senkrecht zum Stab durch sein Ende:

$$J = \tfrac{1}{3}ML^2 . \tag{2.8}$$

- Stab, Achse senkrecht zum Stab durch seine Mitte:

$$J = \tfrac{1}{12}ML^2 . \tag{2.9}$$

M ist hier die Masse, L die Länge des Stabes.

Wenn man das Trägheitsmoment eines Körpers in bezug auf eine durch seinen Schwerpunkt gehende Achse A' kennt, liefert der **Steinersche Satz** das Trägheitsmoment in bezug auf eine andere dazu parallele Achse A:

$$J_A = J_{A'} + Ma^2 . \tag{2.10}$$

a ist der Abstand der beiden Achsen. Das Trägheitsmoment um A ist gleich dem um A', vermehrt um das Trägheitsmoment, das die ganze in A' vereinigte Masse haben würde. Der Beweis ist aus Abb. 2.6 abzulesen:

$$\begin{aligned} J_A &= \sum m_i \boldsymbol{r}_i^2 = \sum m_i(\boldsymbol{r}_i'^2 + \boldsymbol{a}^2 + 2\boldsymbol{a}\cdot\boldsymbol{r}_i') \\ &= \sum m_i \boldsymbol{r}_i'^2 + \boldsymbol{a}^2 \sum m_i + 2\boldsymbol{a}\cdot \sum m_i \boldsymbol{r}_i' . \end{aligned}$$

Da A' durch den Schwerpunkt geht, verschwindet die letzte Summe (vgl. (2.23)). So ergibt sich z. B. das Trägheitsmoment um das Stabende aus dem um die um $L/2$ entfernte Stabmitte entsprechend (2.8).

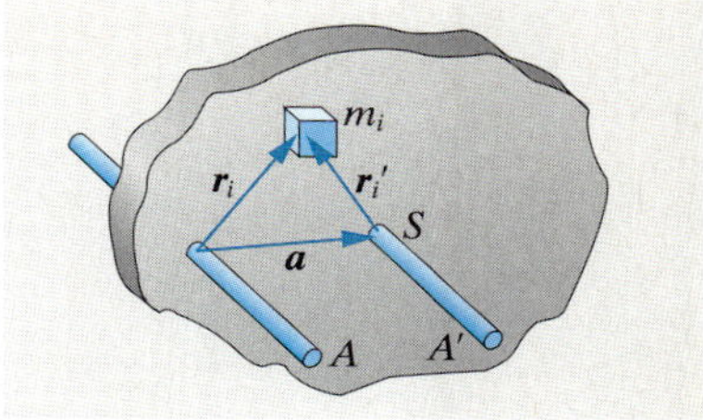

Abb. 2.6. Rückt man die Drehachse um $\boldsymbol{a}$ parallel aus dem Schwerpunkt weg, erhöht sich das Trägheitsmoment um Ma^2

✗ Beispiel . . .

Warum hat ein Hubschrauber hinten einen kleinen Propeller mit waagerechter Achse? Warum geht ein Auto beim scharfen Bremsen vorn „in die Knie"?

Der Motor übt gleichgroße, entgegengesetzte Drehmomente auf Luftschraube und Hubschrauberkörper aus. Ohne die mit großem „Kraftarm" versehene direkte Gegenkraft des kleinen Propellers am Schwanz würde der Hubschrauber bald in heftige Rotation kommen. Die Bremsen üben ein kräftiges Drehmoment nach hinten auf die Räder aus. Das Gegenmoment dreht die Karosserie nach vorn. Entsprechend kippt das Gegenmoment zum Anfahrmoment, das der Motor auf die Räder ausübt, die Karosserie nach hinten: der Wagen „bäumt sich auf".

2.2.3 Das Drehmoment

Wir betrachten einen rotierenden Körper und ändern seine Rotationsenergie $W_{\mathrm{rot}} = \frac{1}{2}J\omega^2$ um einen Betrag $\mathrm{d}W$. Dazu ist offenbar mindestens *eine* Kraft $\boldsymbol{F}$ nötig, die an einem Punkt $\boldsymbol{r}$ außerhalb der Achse angreift und ihren Angriffspunkt um $\mathrm{d}\boldsymbol{r}$ verschiebt. Der Energiesatz liefert dann nämlich

$$\mathrm{d}W = \boldsymbol{F}\cdot\mathrm{d}\boldsymbol{r} .$$

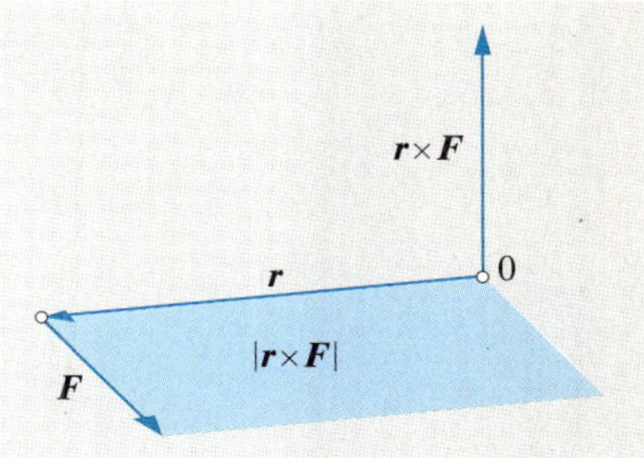

Abb. 2.7. Vektordarstellung des Drehmomentes

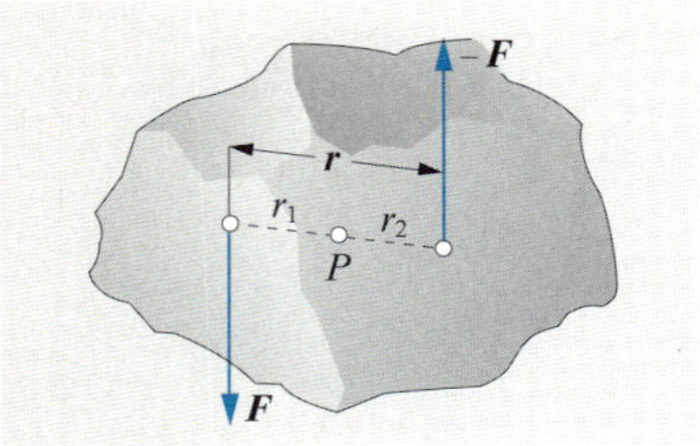

Abb. 2.8. Kräftepaar mit dem Drehmoment $\boldsymbol{T} = \boldsymbol{r} \times \boldsymbol{F}$

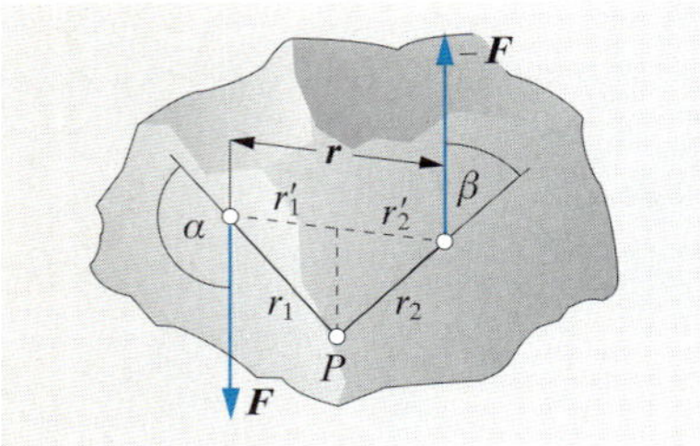

Abb. 2.9. Das vom Kräftepaar bewirkte Drehmoment ist unabhängig von der Lage des Punktes P, auf welchen die Drehmomente bezogen werden

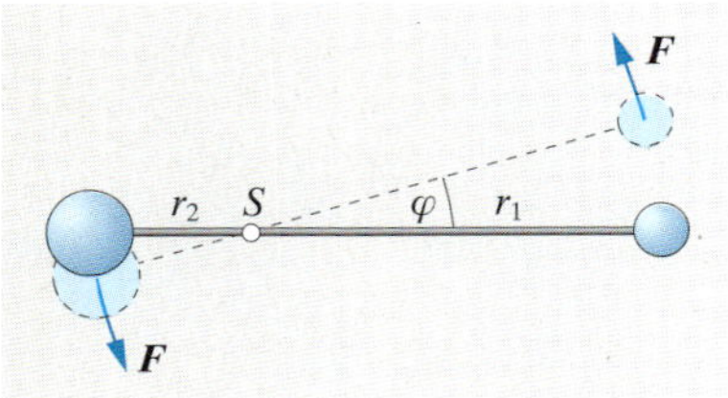

Abb. 2.10. Die Bewegung eines freien Körpers unter der Wirkung eines Kräftepaares ist eine beschleunigte Rotation um den Schwerpunkt

Wir können $\mathrm{d}\boldsymbol{r}$ nach (2.1) durch eine kleine Drehung $\mathrm{d}\boldsymbol{\varphi}$ ausdrücken:

$$\mathrm{d}\boldsymbol{r} = \mathrm{d}\boldsymbol{\varphi} \times \boldsymbol{r} \,.$$

Damit wird die Energieänderung

$$\mathrm{d}W = \boldsymbol{F} \cdot (\mathrm{d}\boldsymbol{\varphi} \times \boldsymbol{r}) = (\boldsymbol{r} \times \boldsymbol{F}) \cdot \mathrm{d}\boldsymbol{\varphi}$$

(vgl. (2.0)). Division durch die dazu benötigte Zeit $\mathrm{d}t$ ergibt die **Beschleunigungsleistung**:

$$P = \frac{\mathrm{d}W}{\mathrm{d}t} = (\boldsymbol{r} \times \boldsymbol{F}) \cdot \frac{\mathrm{d}\boldsymbol{\varphi}}{\mathrm{d}t} = (\boldsymbol{r} \times \boldsymbol{F}) \cdot \boldsymbol{w} \,. \tag{2.11}$$

Vergleich mit der Translationsleistung $\boldsymbol{P = F \cdot v}$ läßt vermuten, daß für die Rotation nicht die Kraft $\boldsymbol{F}$ als solche, sondern das **Drehmoment**

$$\boldsymbol{T} = \boldsymbol{r} \times \boldsymbol{F} \tag{2.12}$$

maßgebend ist.

Das entspricht der Erfahrung: Um mit gegebener Kraft einen Körper möglichst effektiv in Drehung zu versetzen, ziehe man möglichst weit außen und natürlich tangential zur beabsichtigten Drehung.

Speziell betrachten wir zwei gleichgroße entgegengesetzte Kräfte $\boldsymbol{F}_1$ und $\boldsymbol{F}_2 = -\boldsymbol{F}_1$ mit einem Abstand $\boldsymbol{r}$ zwischen ihren Angriffspunkten. Ein solches **Kräftepaar** beschleunigt die Drehung um eine zur Ebene von $\boldsymbol{F}_1$ und $\boldsymbol{F}_2$ senkrechte Achse. Sie durchstoße die Ebene $\boldsymbol{F}_1, \boldsymbol{F}_2$ im Punkt P. Das Drehmoment, das die beiden Kräfte erzeugen, hängt nicht von der Lage der Drehachse ab. Mit dem Punkt P als Ursprung ist das Drehmoment

$$\boldsymbol{T} = \boldsymbol{r}_1 \times \boldsymbol{F}_1 + \boldsymbol{r}_2 \times \boldsymbol{F}_2 = (\boldsymbol{r}_1 - \boldsymbol{r}_2) \times \boldsymbol{F}_1 = \boldsymbol{r} \times \boldsymbol{F}_1 \,.$$

$\boldsymbol{r} = \boldsymbol{r}_1 - \boldsymbol{r}_2$ ist der Abstand der Angriffspunkte. Die Lage von P ist herausgefallen.

2.2.4 Der Drehimpuls

Ein Massenpunkt, der am Ort $\boldsymbol{r}$ mit der Geschwindigkeit $\boldsymbol{v}$ fliegt, hat nach Abschn. 1.5.8 den **Drehimpuls** $\boldsymbol{L} = m\boldsymbol{r} \times \boldsymbol{v}$. Für ein System aus vielen Massenpunkten oder einen starren Körper verallgemeinert sich das zu

$$\boldsymbol{L} = \sum m_i \boldsymbol{r}_i \times \boldsymbol{v}_i \,. \tag{2.13}$$

Nach (2.2) können wir das durch die Winkelgeschwindigkeit des starren Körpers ausdrücken:

$$\boldsymbol{L} = \sum m_i \boldsymbol{r}_i \times (\boldsymbol{w} \times \boldsymbol{r}_i) \,. \tag{2.14}$$

Wir zerlegen den Ortsvektor $\boldsymbol{r}_i$ in einen Vektor $\boldsymbol{r}_i'$ senkrecht zur $\boldsymbol{w}$-Achse und einen Vektor $\boldsymbol{r}_i''$ parallel dazu. Dann zerfällt $\boldsymbol{r}_i \times (\boldsymbol{w} \times \boldsymbol{r}_i)$ nach Abb. 2.12 in die Vektoren $\boldsymbol{w} r_i'^2$ parallel zur Achse und $\omega r_i'' \boldsymbol{r}_i'$ senkrecht dazu. Nun nehmen wir an, der Körper habe eine Symmetrieachse und drehe sich auch um diese. Dann gibt es zu jedem Massenteil mit einem gewissen $\boldsymbol{r}_i'$ genau gegenüber auch eins mit $-\boldsymbol{r}_i'$ und dem gleichen r_i''.

Die Summe über $mr_i''\boldsymbol{r}_i'$ verschwindet also. Es bleibt im Fall der Rotation um die Symmetrieachse

$$\boxed{\boldsymbol{L} = \boldsymbol{w}\sum m_i r_i'^2 = J\boldsymbol{w}} \,. \tag{2.15}$$

2.2.5 Das Trägheitsmoment als Tensor

Die Parallelität zwischen Drehimpuls $\boldsymbol{L}$ und Winkelgeschwindigkeit $\boldsymbol{w}$ gilt bei weitem nicht immer. Im allgemeinen Fall ist das Trägheitsmoment als **Tensor** aufzufassen. Ein Tensor (zweiten Grades) ist eine lineare Funktion zwischen Vektoren, die jedem Vektor einen anderen zuordnet. Man drückt das durch eine Multiplikation aus: Der Vektor $\boldsymbol{a}$ wird durch den Tensor $\boldsymbol{J}$ in den Vektor $\boldsymbol{b} = \boldsymbol{Ja}$ übergeführt. In Komponentenschreibweise hat der Tensor $\boldsymbol{J} = J_{ik}$ neun Komponenten, die mit den Vektorkomponenten nach den Regeln der Matrixmultiplikation verknüpft werden; im Fall des Drehimpulses

$$\boxed{L_i = \sum_k J_{ik} w_k} \,. \tag{2.16}$$

Wenn man die Ortskoordinaten sinngemäß durchnumeriert ($x_1 = x$, $x_2 = y$, $x_3 = z$), hat der Tensor des Trägheitsmoments die Komponenten

$$J_{ik} = \sum m(r^2\delta_{ik} - r_i r_k)x_i x_k \,. \tag{2.17}$$

Nur gewisse Vektoren werden durch die Operation (2.16) in dazu parallele Vektoren verwandelt. Man nennt solche Vektoren **Eigenvektoren** der **Matrix** J_{ik}. Sie spielen in der Quantenmechanik eine zentrale Rolle. Für einen symmetrischen Tensor wie das Trägheitsmoment gibt es drei zueinander senkrechte Richtungen, in denen Eigenvektoren liegen. Sie heißen **Hauptträgheitsachsen**. Nur um sie ist freie Rotation möglich (Abschn. 2.3.5). Eine Symmetrieachse ist immer Hauptträgheitsachse.

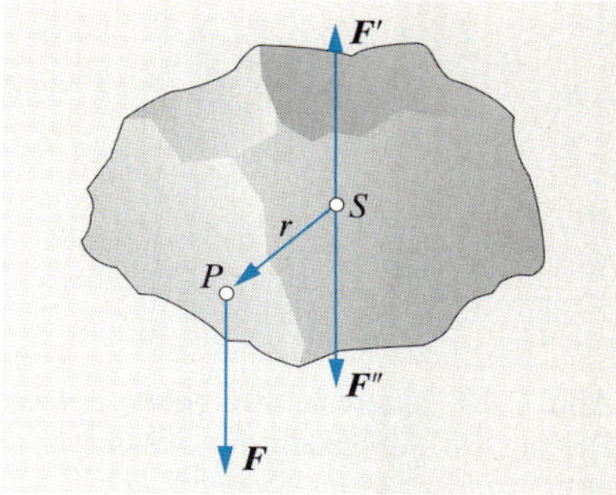

Abb. 2.11. Die in P angreifende Kraft $\boldsymbol{F}$ ist ersetzbar durch die gleiche Kraft $\boldsymbol{F}''$ im Schwerpunkt und ein Kräftepaar $\boldsymbol{r} \times \boldsymbol{F}$

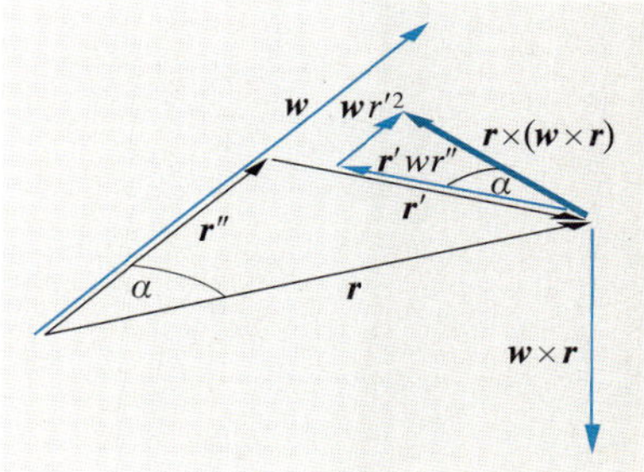

Abb. 2.12. Aufspaltung des Vektors $\boldsymbol{r} \times (\boldsymbol{w} \times \boldsymbol{r})$ in einen Anteil parallel und einen senkrecht zu $\boldsymbol{w}$

2.2.6 Der Drehimpulssatz

Wir untersuchen, wie und wann sich der Drehimpuls ändert, und bilden dazu die zeitliche Ableitung von (2.13):

$$\dot{\boldsymbol{L}} = \sum m_i \dot{\boldsymbol{r}}_i \times \boldsymbol{v}_i + \sum m_i \boldsymbol{r}_i \times \dot{\boldsymbol{v}}_i. \tag{2.18}$$

Das erste Glied fällt weg, weil das Vektorprodukt zweier paralleler Vektoren ($\dot{\boldsymbol{r}}_i = \boldsymbol{v}_i$) verschwindet. Das zweite Glied, auch zu schreiben $\sum \boldsymbol{r}_i \times (m_i \dot{\boldsymbol{v}}_i)$, kann nur dann verschieden von 0 sein, wenn Kräfte $\boldsymbol{F}_i = m_i \dot{\boldsymbol{v}}_i$ auf die Massenteile wirken. Wir unterscheiden innere und äußere Kräfte. Innere Kräfte wirken zwischen den einzelnen Massenteilen. Wenn m_i auf m_k die Kraft $\boldsymbol{F}_{ik}$ ausübt, muß nach dem Reaktionsprinzip m_k auf m_i mit $\boldsymbol{F}_{ki} = -\boldsymbol{F}_{ik}$ wirken. Insgesamt wird m_i beschleunigt durch die Summe aller Kräfte

$$m_i \dot{\boldsymbol{v}}_i = \sum_k \boldsymbol{F}_{ki}$$

(hier nur die inneren Kräfte), und die Drehimpulsänderung wird

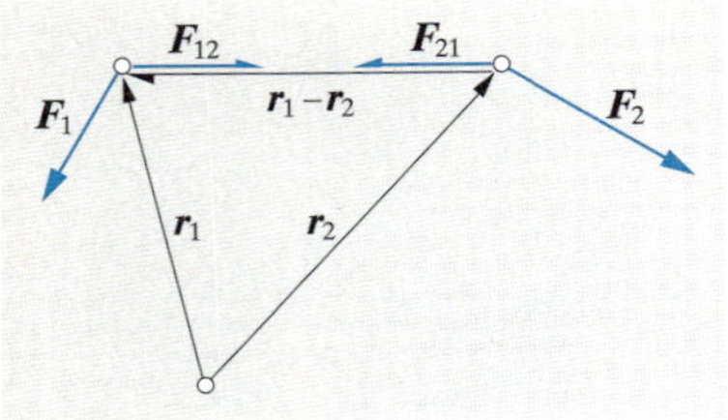

Abb. 2.13. Innere Kräfte geben keinen Beitrag zur Änderung des gesamten Drehimpulses eines Systems von Massenpunkten

$$\boxed{\dot{\boldsymbol{L}} = \sum_{i,k} \boldsymbol{r}_i \times \boldsymbol{F}_{ki}} \, .$$

In der Summe tritt zu jedem Glied $\boldsymbol{r}_i \times \boldsymbol{F}_{ki}$, das auf m_i wirkt, ein Glied $\boldsymbol{r}_k \times \boldsymbol{F}_{ik} = -\boldsymbol{r}_k \times \boldsymbol{F}_{ki}$ auf, das auf m_k wirkt. Die Summe $\dot{\boldsymbol{L}}$ besteht also aus lauter Gliedern der Form $(\boldsymbol{r}_i - \boldsymbol{r}_k) \times \boldsymbol{F}_{ki}$. Da Kräfte zwischen Massenteilen nur die Richtung ihrer Verbindungslinie $\boldsymbol{r}_i - \boldsymbol{r}_k$ haben können, verschwinden alle diese Vektorprodukte:

Innere Kräfte können den Drehimpuls nicht ändern. Wenn keine äußeren Kräfte wirken, bleibt er zeitlich konstant, und zwar betragsmäßig und richtungsmäßig.

Ein Diskus, dem beim Abwurf ein kräftiger Drehimpuls erteilt wird, behält seine Einstellung im Raum bei. Die dadurch bewirkte Tragflächenwirkung vergrößert die Wurfweite. Ein Eisläufer, Tänzer, Turner oder Turmspringer kann durch Anziehen der Arme und Beine oder Zusammenrollen des Körpers sein Trägheitsmoment verkleinern und damit bei konstantem Drehimpuls $L = J\omega$ seine Drehgeschwindigkeit erheblich vergrößern (Pirouette, Salto usw.). Eine Katze, die vom Baum oder vom Dach fällt, erhält bei diesem Kippvorgang immer einen gewissen Drehimpuls, den sie durch geschickte Körperkrümmungen so ausnutzt, daß sie auf die Füße fällt. Dies schafft sie aber auch, wenn man ihr jeden Drehimpuls vorenthält, indem man ihr die Unterstützungsfläche plötzlich genau nach unten wegzieht. Die Katze macht dann besonders mit dem Schwanz Drehbewegungen, die durch eine entsprechende Drehung des Körpers um seine Längsachse kompensiert werden, bis die Füße unten sind. Ein Mensch auf einem Drehschemel kann sich ebenfalls selbst in Drehung versetzen, indem er z. B. einen Vorschlaghammer um den Kopf schwingt. Schwingt er dabei jeweils eine halbe Drehung weit seitlich aus und führt den Hammer senkrecht über dem Kopf zurück, also unwirksam für den Drehimpuls, dann kann er sogar mit dem Schwingen aufhören und trotzdem weiter auf seinem Schemel rotieren. Das ist ein Unterschied zum Translationsimpuls: Wenn der Mensch auf einem reibungsfreien Wagen steht, kann er diesen zwar kurzzeitig in Bewegung setzen, aber nicht auf die Dauer mit ihm davonfahren, ohne äußere Kräfte in Anspruch zu nehmen.

✘ Beispiel...

Wie stellt man am schnellsten zerstörungsfrei fest, ob ein Ei roh oder gekocht ist?

Man erteilt dem Ei eine kurze Drehung auf der Tischplatte. Das gekochte Ei rotiert als starrer Körper, im rohen wird das Innere nicht so schnell mitbeschleunigt und bremst durch innere Reibung die Rotation viel schneller ab.

Übergibt man einem Menschen, der ruhig auf dem Drehschemel sitzt, ein schnell rotierendes Rad mit der Achsrichtung senkrecht zur

Drehschemelachse (Abb. 2.14), bleibt der Schemel bei diesem Vorgang in Ruhe. Wenn der Mensch die Radachse aufrichtet, parallel zur Schemelachse stellt, drehen sich Schemel und Mensch umgekehrt zur Raddrehung. Stellt der Mensch dann das Rad auf den Kopf (Achsschwenkung um 180°), dreht er selbst sich anders herum. Dieser Versuch demonstriert besonders schön den Vektorcharakter des Drehimpulses: Erst das Aufrichten des Rades erzeugt eine Drehimpulskomponente in Richtung der Schemelachse. Das Gesamtsystem hatte vorher keinen Drehimpuls um diese Richtung und darf auch nachher keinen haben. Daher erhalten Mensch und Schemel einen Drehimpuls von gleichem Betrag und entgegengesetzter Richtung wie das Rad.

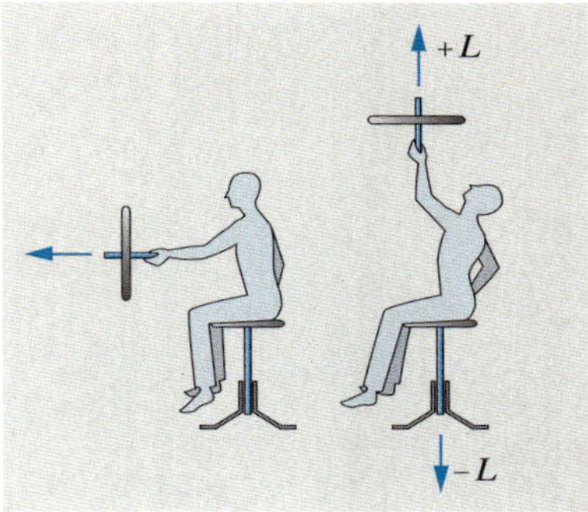

Abb. 2.14. Zum Nachweis des vektoriellen Charakters des Drehimpulses

Die meisten Elementarteilchen und Atomkerne haben einen Drehimpuls oder **Spin**. Dieser bleibt zeitlich konstant, da an den Teilchen kein Drehmoment in Richtung des Spins angreifen kann. Der Spin ist daher neben Ladung und Masse ein wesentliches Kennzeichen der Teilchen. Für die klassische Physik unverständlich ist jedoch, warum der Spin nur ganz bestimmte diskrete Werte haben kann.

Tabelle 2.1

Drehbewegung (Rotation)	Fortschreitende Bewegung (Translation)
Drehwinkel φ	Ortsvektor $\boldsymbol{r}$
Winkelgeschwindigkeit $\boldsymbol{\omega}$ Betrag: $\omega = \dot{\varphi}$ Richtung: Drehachse Sinn: rechter Daumen Beispiel: Gleichförmige Rotation $\omega = \text{const}, \quad \varphi = \omega t$	*Geschwindigkeit* $\boldsymbol{v} = \dot{\boldsymbol{r}}$ Beispiel: Geradl.-gleichf. Bewegung $v = \text{const}, \quad x = vt$
Drehbeschleunigung $\dot{\boldsymbol{\omega}}$ Beispiel: $\dot{\boldsymbol{\omega}} \parallel \boldsymbol{\omega} \rightarrow \omega$ wächst $\dot{\boldsymbol{\omega}} \perp \boldsymbol{\omega} \rightarrow \boldsymbol{\omega}$ dreht sich	*Beschleunigung* $\boldsymbol{a} = \dot{\boldsymbol{v}}$ Beispiel: $\dot{\boldsymbol{v}} \parallel \boldsymbol{v} \rightarrow v$ wächst $\dot{\boldsymbol{v}} \perp \boldsymbol{v} \rightarrow \boldsymbol{v}$ dreht sich
Rotationsenergie $W = \frac{1}{2}\int v^2 \mathrm{d}m$ $v = \omega r \rightarrow W = \frac{1}{2}\omega^2 \int r^2 \mathrm{d}m = \frac{1}{2}\omega^2 J$	*Translationsenergie* $W = \frac{1}{2}mv^2$
Trägheitsmoment $J = \int r^2 \mathrm{d}m$ Scheibe: $J = \frac{1}{2}mr^2$ Stab um Mitte: $J = \frac{1}{12}mL^2$ Stab um Ende: $J = \frac{1}{3}mL^2$ Kugel: $J = \frac{2}{5}mR^2$	*Masse* m
Beschleunigungsleistung $P = \mathrm{d}W/\mathrm{d}t = F\,\mathrm{d}x/\mathrm{d}t = Fr\omega = T\omega$ $P = \mathrm{d}(\frac{1}{2}J\omega^2)/\mathrm{d}t = J\omega\dot{\omega}$	 $P = \mathrm{d}W/\mathrm{d}t = F\,\mathrm{d}x/\mathrm{d}t = Fv$ $P = \mathrm{d}(\frac{1}{2}mv^2)/\mathrm{d}t = m\dot{v}v$
Drehmoment $\boldsymbol{T}$ *Drehimpuls* $\boldsymbol{L} = J\boldsymbol{\omega}$ *Bewegungsgleichung* $\boldsymbol{T} = \dot{\boldsymbol{L}} = J\dot{\boldsymbol{\omega}}$	*Kraft* $\boldsymbol{F}$ *Impuls* $\boldsymbol{p} = m\boldsymbol{v}$ *Bewegungsgleichung* $\boldsymbol{F} = \dot{\boldsymbol{p}} = m\dot{\boldsymbol{v}}$
Erhaltungssatz: Im abgeschlossenen System bleibt der	
Drehimpuls $\boldsymbol{L}$	Impuls $\boldsymbol{p}$ erhalten.

2.2.7 Die Bewegungsgleichung des starren Körpers

Nur *äußere* Kräfte $\boldsymbol{F}_i$ auf die Massenteile des Körpers können dessen Drehimpuls ändern. Nach (2.18) tun sie das gemäß

$$\boxed{\dot{\boldsymbol{L}} = \sum \boldsymbol{r}_i \times \boldsymbol{F}_i} \,. \tag{2.19}$$

Rechts steht das gesamte Drehmoment der äußeren Kräfte:

Bewegungsgleichung der Rotation

$$\dot{\boldsymbol{L}} = \boldsymbol{T} \,. \tag{2.20}$$

Das Drehmoment ist die zeitliche Änderung des Drehimpulses, genau wie die Kraft die zeitliche Änderung des Impulses ist. $\dot{\boldsymbol{L}} = \boldsymbol{T}$ ist die Bewegungsgleichung der Rotation, ebenso wie $\dot{\boldsymbol{p}} = \boldsymbol{F}$ die der Translation.

Wir haben damit unser Wörterbuch zur Übersetzung der Gesetze der Translation in die der Rotation vervollständigt (Tabelle 2.1, S. 79).

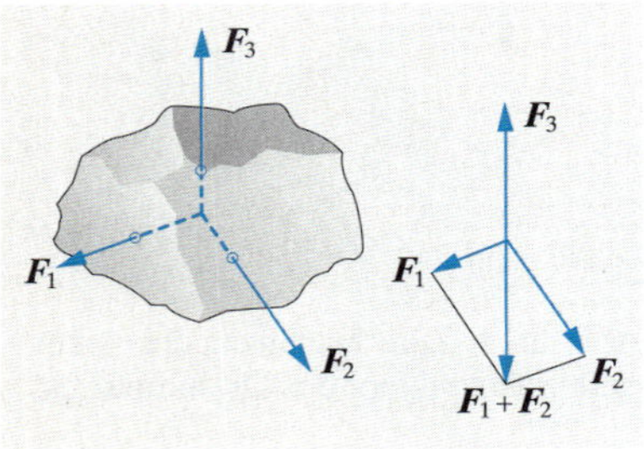

Abb. 2.15. Gleichgewichtsbedingung für den starren Körper, an dem drei in einer Ebene wirkende Kräfte angreifen

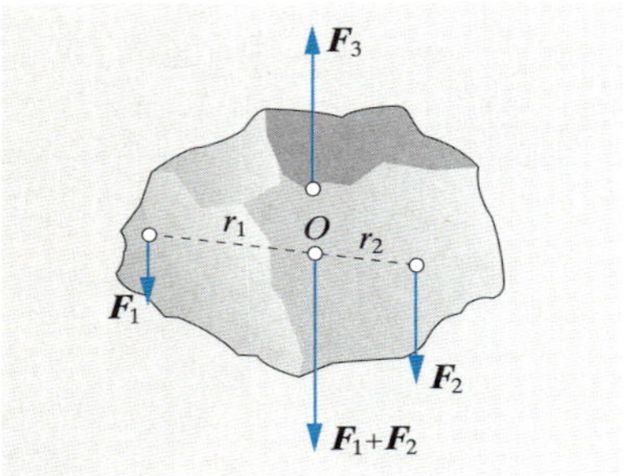

Abb. 2.16. Gleichgewichtsbedingung für die Wirkung von drei parallelen Kräften. Der Angriffspunkt von F_3 kann wegen der Linienflüchtigkeit ohne Störung des Gleichgewichts in den Punkt O verlegt werden

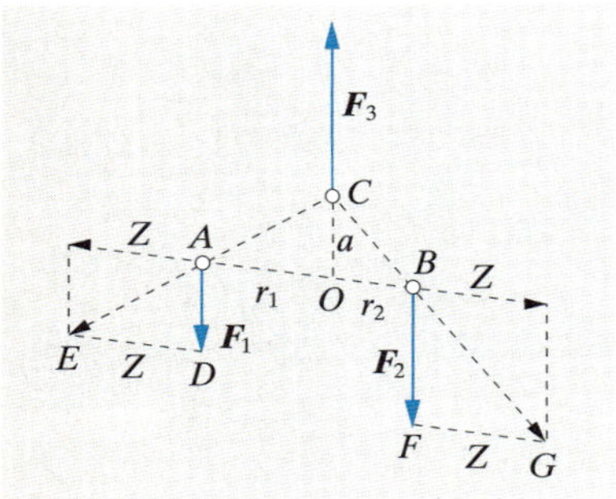

Abb. 2.17. Konstruktion zur Auffindung des Kräftemittelpunkts

2.3 Gleichgewicht und Bewegung eines starren Körpers

Wir wenden jetzt unsere Bewegungsgleichung $\dot{\boldsymbol{L}} = \boldsymbol{T}$ auf verschiedene praktisch wichtige Fälle an. Formal handelt es sich dabei tatsächlich nur um Übersetzungen aus der Sprache der Translation in die der Rotation – bis auf einige Feinheiten.

2.3.1 Gleichgewichtsbedingungen

Ein starrer Körper ist im Gleichgewicht, d. h. er erfährt weder Translations- noch Rotationsbeschleunigungen, wenn Kraft und Drehmoment verschwinden:

$$\boxed{\boldsymbol{F} = \boldsymbol{0}\,, \qquad \boldsymbol{T} = \boldsymbol{0}} \,. \tag{2.21}$$

Dann kann er speziell auch in Ruhe sein und bleiben. Es dürfen Kräfte wirken, aber sie müssen sich alle zu Null addieren, außerdem müssen ihre Angriffspunkte so verteilt sein, daß auch das Drehmoment verschwindet.

Die Abb. 2.15–2.17 zeigen an Beispielen, wie diese Bedingungen sich auswirken. Es folgt speziell das **Hebelgesetz** (**Archimedes**, um 250 v. Chr.): Zwei Kräfte, die an den Enden eines Hebels parallel zueinander angreifen, müssen sich umgekehrt verhalten wie die Abstände der Enden vom Drehpunkt, damit der Hebel im Gleichgewicht ist. Bei schrägen Kraftrichtungen zählen entsprechend der Definition des Drehmoments nur die Kraftkomponenten senkrecht zum Hebel. Dabei ist vorausgesetzt, daß die Drehachse die evtl. verbleibenden Komponenten parallel zum Hebel durch eine Reaktionskraft aufnehmen kann.

Wie muß man einen Körper unterstützen, der der Schwerkraft unterliegt, d. h. in dem auf jedes Massenteil m_i eine Kraft $\boldsymbol{F}_i = m_i\boldsymbol{g}$ wirkt? Die Summe der Kräfte $\boldsymbol{F}_g = \sum m_i\boldsymbol{g} = m\boldsymbol{g}$, das Gesamtgewicht, muß durch eine äußere Haltekraft $-\boldsymbol{F}_g$ kompensiert werden. Andererseits ist das Gesamtmoment der Schwerkräfte

$$\boldsymbol{T}_g = \sum m_i\boldsymbol{r}_i \times \boldsymbol{g} = -\boldsymbol{g} \times \sum \boldsymbol{r}_i m_i\,. \tag{2.22}$$

Dieses Moment hängt wieder von der Lage des Ursprungs der Ortsvektoren ab. Es ist 0, wenn der Ursprung so liegt, daß

$$\boxed{\sum m_i\boldsymbol{r}_i = \boldsymbol{0}}\,. \tag{2.23}$$

Dieser Ursprung heißt **Schwerpunkt**. Für einen Körper aus zwei Massen m_1 und m_2 teilt der Schwerpunkt deren Abstand im umgekehrten Verhältnis der beiden Massen (Abb. 2.20). Für viele Massen m_i auf einer Geraden, jeweils an der Stelle x_i, ist die Schwerpunktskoordinate

$$x_S = \frac{\sum x_i m_i}{\sum m_i}\,.$$

Für die übrigen Koordinaten gilt im allgemeinen Fall Entsprechendes. Bei kontinuierlicher Massenverteilung liegt der Schwerpunkt bei

$$\boxed{r_s = \frac{\int \varrho\boldsymbol{r}\,\mathrm{d}V}{\int \varrho\,\mathrm{d}V}}\,. \tag{2.24}$$

Geht die Drehachse nicht durch den Schwerpunkt S, dann ist der Körper, auf den nur die Schwerkraft wirkt, nur dann im Gleichgewicht, wenn S senkrecht unter der Achse liegt. Dann ist nach (2.22) das Drehmoment wieder 0. So kann man den Schwerpunkt eines beliebig komplizierten Körpers ermitteln: Man hängt ihn an zwei verschiedenen Punkten auf; die Verlängerungen der Aufhängefäden schneiden sich dann in S.

a) Arten des Gleichgewichts. Ein im Schwerpunkt S aufgehängter Körper ist in jeder Lage im Gleichgewicht (**indifferentes Gleichgewicht**). Liegt der Aufhängepunkt senkrecht über S, ist der Körper im

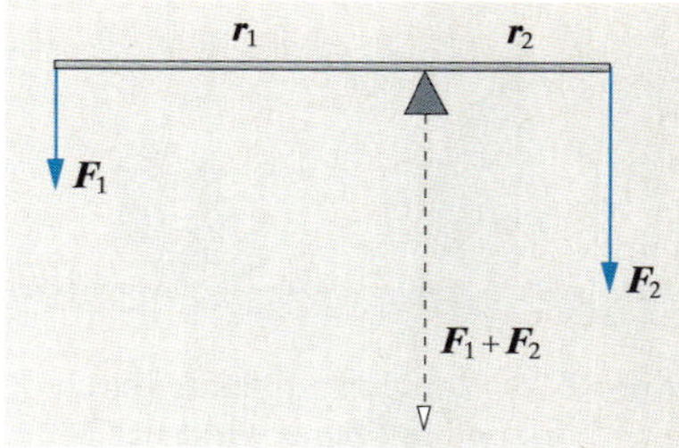

Abb. 2.18. Das Gleichgewicht am ungleicharmigen Hebel, an dem parallele Kräfte angreifen

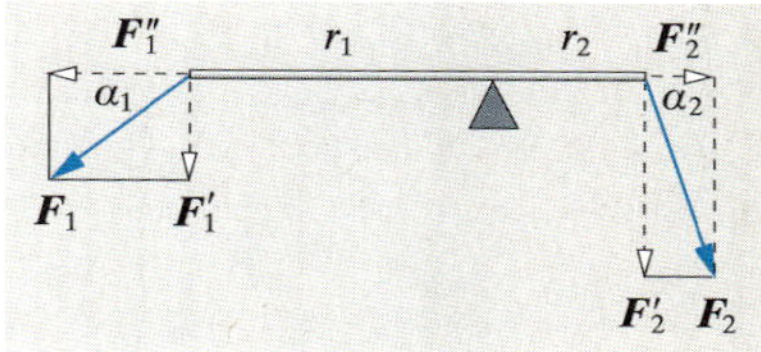

Abb. 2.19. Gleichheit der Drehmomente bei nichtparallelen Kräften (in Richtung der Hebelstange wirkt die Kraft $F_1'' - F_2'' = F_1 \cos\alpha_1 - F_2 \cos\alpha_2$)

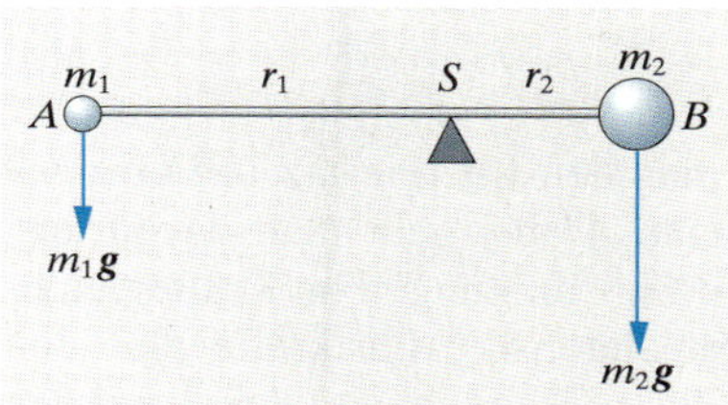

Abb. 2.20. Die Achse eines im Gleichgewicht befindlichen belasteten Hebels geht durch den Schwerpunkt

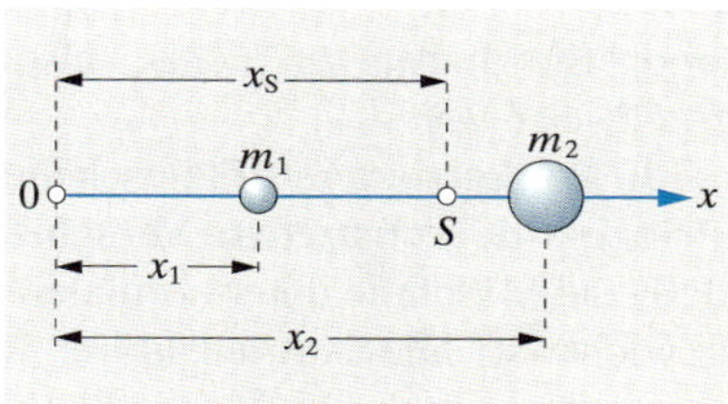

Abb. 2.21. Die Koordinate des Schwerpunktes aus den Koordinaten der Massen

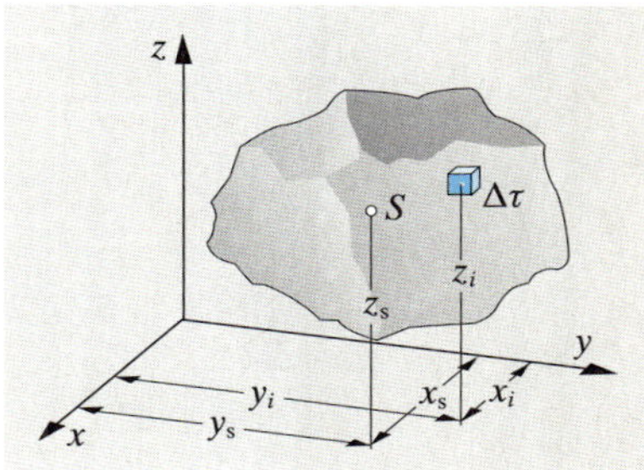

Abb. 2.22. Zur Definition des Schwerpunktes eines homogenen starren Körpers

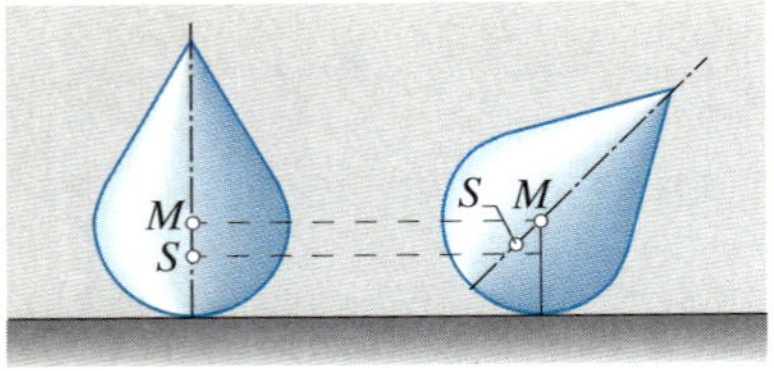

Abb. 2.23. Bei Unterstützung durch eine horizontale Ebene wirkt der Mittelpunkt des Krümmungskreises als Aufhängepunkt

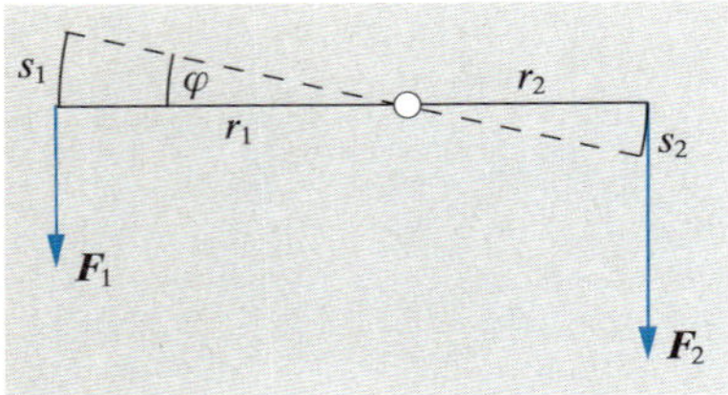

Abb. 2.24. Gleichgewicht herrscht am Hebel, wenn sich bei einer kleinen Drehung die Arbeiten auf beiden Seiten kompensieren (Minimum der Energie)

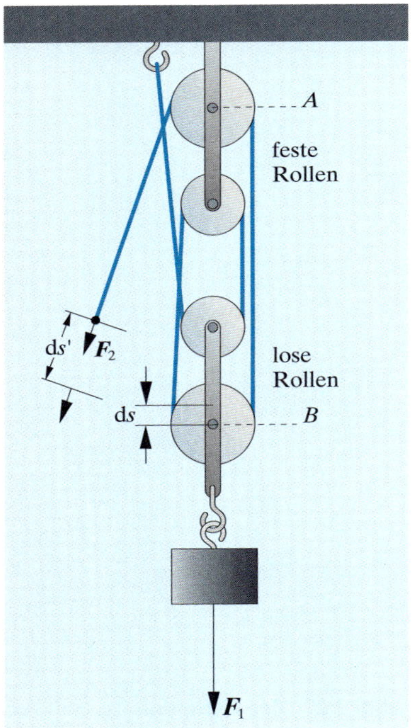

Abb. 2.25. Flaschenzug

stabilen Gleichgewicht; jedes kleine Herausdrehen aus dieser Lage erzeugt ein Drehmoment, das wieder zum Gleichgewicht hinführt. Liegt der Aufhängepunkt senkrecht *unter* S, herrscht **Labilität**; eine kleine Auslenkung löst ein Drehmoment aus, das weiter vom Gleichgewicht wegführt. Ruht ein Körper auf einer horizontalen Fläche, wirkt als Aufhängepunkt der Krümmungsmittelpunkt der Auflagefläche (Abb. 2.23); im dargestellten Fall ist das Gleichgewicht stabil (Stehaufmännchen).

Allgemein kann man das Gleichgewicht und seine Art kennzeichnen durch Angabe der potentiellen Energie U als Funktion aller Koordinaten x_i, einschließlich derer, die mögliche Drehungen oder auch Verschiebungen der Massenteile gegeneinander beschreiben. Gleichgewicht besteht in einer Lage x_i, für die die Ableitungen $\partial U/\partial x_i$ sämtlich verschwinden. Wenn dies nicht nur für *einen* Punkt im x_i-Raum zutrifft, sondern für ein zusammenhängendes Gebiet, ist das Gleichgewicht indifferent. Die zweiten Ableitungen entscheiden die Art des Gleichgewichts. Wenn z. B. in zwei Dimensionen $\partial^2 U/\partial x^2 > 0$ und $\partial^2 U/\partial x^2 \cdot \partial^2 U/\partial y^2 > (\partial^2 U/(\partial x\, \partial y))^2$, ist U minimal und es herrscht Stabilität.

b) Einfache Maschinen. Die einfachen mechanischen Maschinen wie **schiefe Ebene**, **Hebel**, **Rolle**, **Flaschenzug**, **Kurbel**, **Getriebe** dienen zur Verrichtung von Arbeit. Meist ist Heraufsetzung der Kräfte erwünscht: Die geringe Kraft von Mensch oder Tier soll vergrößert werden. Nach dem Energiesatz verhalten sich die entsprechenden Verschiebungen im verlustfreien Fall genau umgekehrt wie die Kräfte, denn die aufgewandte Arbeit kann bestenfalls wiedergewonnen werden (**Goldene Regel der Mechanik**). So kann man das Hebelgesetz gewinnen (Abb. 2.24) oder die Kräfte am Flaschenzug (Abb. 2.25) aus n losen und n festen Rollen. Zieht man das Seilende um ds', hebt sich die Last nur um $ds = ds'/2n$, denn ds' verteilt sich gleichmäßig auf $2n$ Seilabschnitte. Der Energiesatz verlangt $F_1\,ds = F_2\,ds'$, also muß man mit $F_2 = F_1/2n$ ziehen.

Durch ein **Zahnrad-** oder **Riemengetriebe** kann die Motorleistung P bestenfalls verlustfrei durch das ganze Getriebe übertragen werden. Nach (2.11) ist $P = T\omega$ (ω Kreisfrequenz der Welle, T Drehmoment). Wenn ein Rad vom Radius r_1 in ein anderes mit r_2 eingreift, sind die Umfangsgeschwindigkeiten gleich: $v_1 = v_2$, also $\omega_1/\omega_2 = r_2/r_1$. Umgekehrt wie die ω verhalten sich die Drehmomente, denn $P = T\omega$ ist konstant. Dasselbe folgt aus der Gleichheit der Kräfte (actio = −reactio), denn $F = T/r$. Anders bei zwei Rädern, die fest auf der gleichen Welle montiert sind. Sie haben $\omega_1 = \omega_2$, also $v_1/v_2 = r_1/r_2$, und $T_1 = T_2$, also $F_1/F_2 = r_2/r_1$.

In komplizierteren Fällen benutzt man den Energiesatz in Form des **Prinzips der virtuellen Verschiebungen**. Dabei geht man davon aus, daß eine Maschine unter normalen Betriebsbedingungen im Kräftegleichgewicht ist: Die Antriebskräfte werden durch die Lastkräfte plus den Reaktionskräften im Mechanismus selbst ausgeglichen. Sonst würden energieverzehrende Beschleunigungen auftreten. Eine **virtuelle Verschiebung** ist eine Verschiebung, die mit den Führungsmechanismen vereinbar ist. Damit Gleichgewicht besteht, muß die Gesamtarbeit *aller*

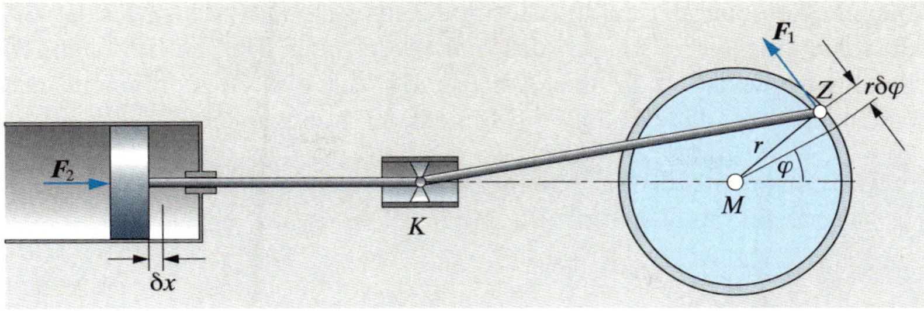

Abb. 2.26. Kurbelwelle einer Dampfmaschine

Kräfte bei einer solchen Verschiebung verschwinden. Das ist nichts weiter als der Energiesatz unter Einbeziehung der Zwangskräfte, die auf Achslager usw. wirken. Da diese Zwangskräfte aber normalerweise keine Verschiebung erzeugen, leisten sie auch keine Arbeit. Man kann das Prinzip der virtuellen Verschiebung auch aus der Gleichgewichtsbedingung $\partial U/\partial x_i$ herleiten:

$$\delta U = \sum \frac{\partial U}{\partial x_i} \delta x_i$$

wäre ja die Arbeit bei den Verschiebungen δx_i.

Die **Kurbelwelle** (Abb. 2.26) hat zwei mögliche Verschiebungskoordinaten, die Lage des Kolbens und den Drehwinkel φ der Schwungscheibe. Ihre Änderungen sind aber nicht unabhängig. Wenn der Kolben sich um δx verschiebt, ändert sich der Abstand $x = \overline{KM}$ ebenfalls um δx. Nach dem Cosinussatz ist $l^2 = x^2 + r^2 + 2xr\cos\varphi$ (mit $l = \overline{KZ}$), d. h.

$$x = -r\cos\varphi + \sqrt{l^2 - r^2\sin^2\varphi}\,.$$

Differenzieren liefert

$$\delta x = r\sin\varphi\Big(1 - r\cos\varphi/\sqrt{l^2 - r^2\sin^2\varphi}\Big)\,\delta\varphi\,,$$

also

$$F_1 = F_2\frac{\delta x}{r\,\delta\varphi} = F_2\sin\varphi\left(1 - \frac{r}{l}\frac{\cos\varphi}{\sqrt{1-(r/l)^2\sin^2\varphi}}\right).$$

Die komplizierten Reaktionskräfte in den Lagern K, Z, M braucht man nicht zu kennen, denn sie leisten keine Arbeit, weil dort keine Verschiebungen stattfinden. Für die maschinentechnische Anwendung kommt es darauf an, wie F_2 von der Zeit abhängt. (Einzylinder- oder Mehrzylindermotor, einfach- oder doppeltwirkende Dampfmaschine.) Bei $r \ll l$ ergibt sich ein Sinusverlauf, anderenfalls kommen $\sin 2\varphi$-Glieder usw. dazu.

c) Die Waage. Eine **Waage** ist ein Hebel, an dessen beiden Seiten die zu vergleichenden Kräfte (oder Massen im Schwerefeld) angebracht werden. Nur in Ausnahmefällen werden beide Kräfte exakt entgegengesetzte Drehmomente auf die Waage ausüben. Wenn das nicht so ist, soll der

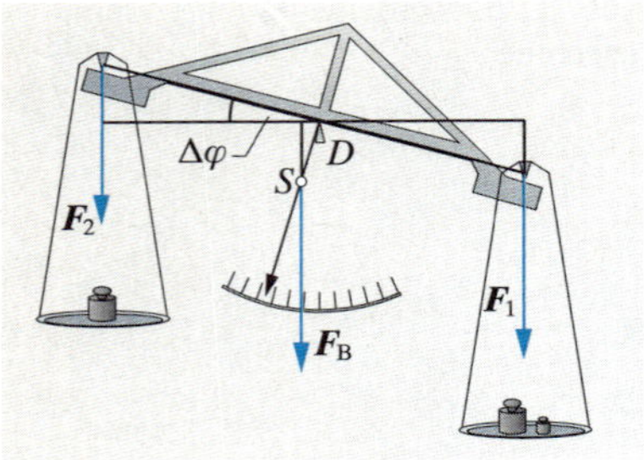

Abb. 2.27. Momentengleichgewicht am Waagbalken

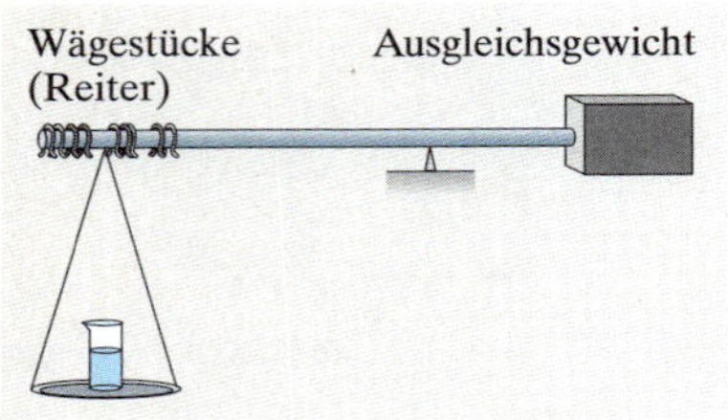

Abb. 2.28. Prinzip der Substitutionswaage

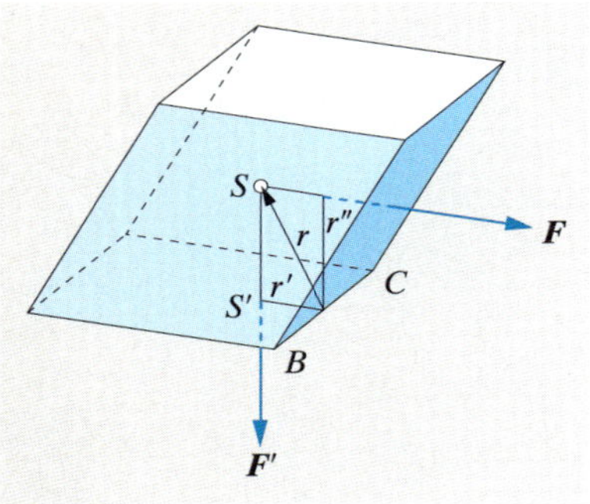

Abb. 2.29. Der Klotz kippt nicht, wenn sein Schwerpunkt noch über der Stützfläche liegt

Waagebalken oder der daran befestigte Zeiger die Differenz ΔT oder ΔF oder Δm anzeigen. Er tut das nur, wenn der Balken im stabilen Gleichgewicht ist, d. h. die Auslenkung $\Delta\varphi$ ein Gegenmoment des Balkens auslöst, das das äußere Moment ΔT kompensiert.

Die entsprechende Auslenkung Δs, gemessen in Skalenteilen auf der Wägeskala, heißt **Empfindlichkeit** der Waage:

$$e = \frac{\Delta s}{\Delta m} \,. \tag{2.25}$$

Eine ähnliche Definition gilt auch für andere Meßinstrumente.

Je weniger weit der Schwerpunkt S des Balkens unter dem Drehpunkt D liegt, desto empfindlicher ist die Waage. Der Übergang zu $S = D$ ($e = \infty$, indifferentes Gleichgewicht) zeigt aber, daß zu hohe Empfindlichkeit auch nicht gut ist. Bei einer Balkenwaage kann sich S mit zunehmender Belastung verschieben, i. allg. abwärts. Dadurch nimmt die Empfindlichkeit meist mit der Belastung ab. Diesen Nachteil vermeiden die modernen **Substitutionswaagen**. Bei ihnen wird die Gesamtbelastung des Balkens konstant gehalten. Die zu wägende Masse wird durch *Abheben* entsprechend vieler „Reiter" vom Balken kompensiert.

d) Standfestigkeit. Ein Körper steht auf einer waagerechten Ebene stabil, wenn die lotrechte Projektion S' seines Schwerpunktes S auf diese Ebene innerhalb seiner Grundfläche liegt. Zur **Kippung** um eine Kante BC (Abb. 2.29) muß mindestens ein Drehmoment

$$T'' = |\boldsymbol{r} \times \boldsymbol{F}| = r''F$$

angreifen, das entgegengesetzt gleich dem Moment der Schwerkraft um die gleiche Achse

$$T' = |\boldsymbol{r} \times \boldsymbol{F}'| = r'F'$$

ist. Je größer T', desto größer die **Standfestigkeit**. Zum Kippen braucht man mindestens die Kraft

$$F = \frac{r'}{r''}F' \,.$$

2.3.2 Gleichmäßig beschleunigte Rotation

Auf einen Körper mögen Kräfte wirken, die sich zu Null summieren, aber ein Drehmoment ergeben. Das einfachste Beispiel ist ein Kräftepaar $\boldsymbol{F}, -\boldsymbol{F}$ mit dem Abstand $\boldsymbol{r}$ der Angriffspunkte und dem Drehmoment $\boldsymbol{T} = \boldsymbol{r} \times \boldsymbol{F}$. Ein solches Drehmoment beschleunigt, wenn es konstant ist, den Körper nach der Bewegungsgleichung $\boldsymbol{T} = \dot{\boldsymbol{L}} = J\dot{\boldsymbol{w}}$ oder

$$\dot{\boldsymbol{w}} = J^{-1}\boldsymbol{T}$$

und erteilt ihm in der Zeit t von der Ruhe aus eine Winkelgeschwindigkeit

$$\boxed{\boldsymbol{w} = J^{-1}\boldsymbol{T}t} \,.$$

In der gleichen Zeit hat sich der Drehwinkel um

$$\boxed{\varphi = \tfrac{1}{2} J^{-1} \boldsymbol{T} t^2}$$

geändert. All dies ist genau analog zu den Fallgesetzen für die Translation.

Ein Zylinder rolle eine schiefe Ebene hinab (Abb. 2.30). Die Rotation erfolgt in jedem Augenblick um die Mantellinie, mit der der Zylinder die Ebene berührt, es sei denn, daß er rutscht. Nach dem **Steinerschen Satz** (2.10) ist das Trägheitsmoment um diese Achse $J = J_S + Mr^2$, wenn J_S das Trägheitsmoment um die Symmetrieachse des Zylinders ist. Das Drehmoment der Schwerkraft ist $Mgr \sin\alpha$, also lautet die Bewegungsgleichung

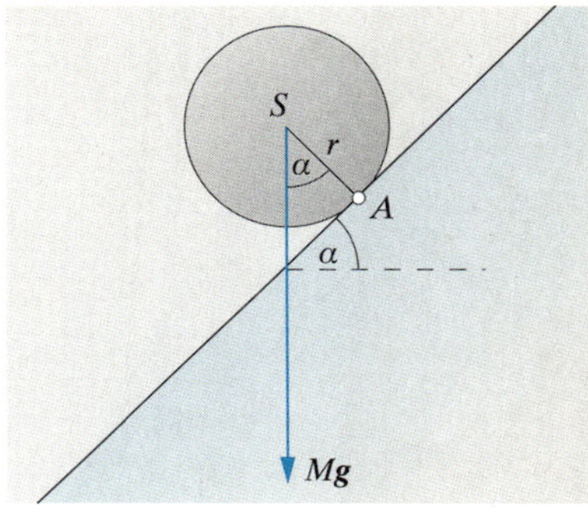

Abb. 2.30. Bewegung eines Zylinders, der auf einer schiefen Ebene rollt, ohne zu gleiten

$$Mgr \sin\alpha = (J_S + Mr^2)\dot{\omega} .$$

Der Schwerpunkt dreht sich mit $\dot{\omega}$ um die momentane Achse A, hat also die Translationsbeschleunigung

$$a = \ddot{s} = r\dot{\omega} = r\frac{Mgr \sin\alpha}{J_S + Mr^2} = \frac{1}{1 + J_S/Mr^2} g \sin\alpha .$$

Wenn der Zylinder reibungsfrei rutschte, ohne zu rotieren, täte er das mit der Beschleunigung $g \sin\alpha$, denn der **Hangabtrieb** ist $Mg \sin\alpha$. Das Rollen verringert also die Beschleunigung. Ein Teil der potentiellen Energie muß ja in Rotationsenergie investiert werden.

Von zwei Zylindern mit gleichen Außenmaßen und gleicher Masse, aber verschiedenem Trägheitsmoment (Vollzylinder und Hohlzylinder aus verschiedenem Material) rollt der Vollzylinder schneller. Ein Massivzylinder hat $J_S = \frac{1}{2}Mr^2$, also $a = \frac{2}{3}g \sin\alpha$, der dünnwandige Hohlzylinder $J_S = Mr^2$, also $a = \frac{1}{2}g \sin\alpha$, eine Kugel $J_S = \frac{2}{5}Mr^2$, also $a = \frac{5}{7}g \sin\alpha$.

2.3.3 Drehschwingungen

Eine **Spiralfeder** (Abb. 2.31) übt ein Drehmoment aus, das dem Auslenkwinkel aus der Ruhelage proportional und entgegengerichtet ist:

$$\boldsymbol{T} = -k\varphi .$$

k heißt **Winkelrichtgröße**. Unter der Wirkung eines solchen Moments führt ein Körper entsprechend der Bewegungsgleichung

$$\boldsymbol{T} = -k\varphi = \dot{\boldsymbol{L}} = J\dot{\boldsymbol{w}} = J\ddot{\varphi}$$

Drehschwingungen aus, die formal genauso aussehen wie die Translationsschwingungen unter der Wirkung einer elastischen Kraft:

$$\boxed{\varphi = \varphi_0 \sin\omega' t, \quad \omega' = \sqrt{\frac{k}{J}}} . \tag{2.26}$$

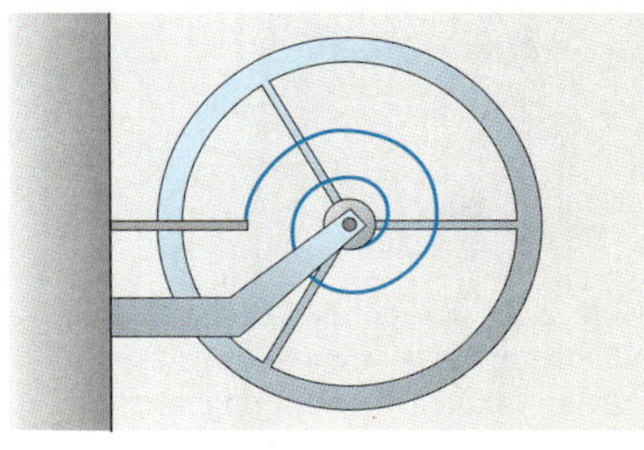

Abb. 2.31. Drehpendel

Man beachte: ω' ist *nicht* die Winkelgeschwindigkeit der Rotation, sondern der Schwingungen, d. h. $\omega' = 2\pi/\tau$ (τ: Periode der Schwingungen). Die Winkelgeschwindigkeit der Rotation ist $\omega = \dot{\varphi} = \varphi_0 \omega' \cos\omega' t$ und hat einen Maximalwert $\omega_m = \varphi_0 \omega'$, der von der Amplitude φ_0 abhängt.

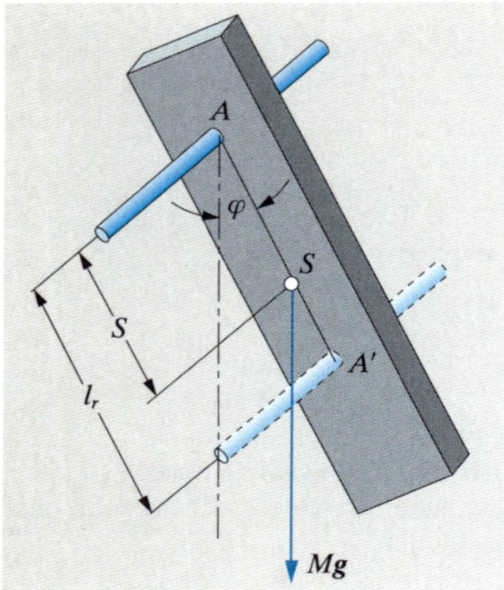

Abb. 2.32. Das physikalische Pendel (Reversionspendel)

Physikalisches Pendel. Ein homogener Stab sei an einem Punkt A aufgehängt (Abb. 2.32). Einer Auslenkung φ wirkt das Drehmoment $T = -mgs\sin\varphi$ entgegen (s: Abstand zwischen A und dem Schwerpunkt S). Für kleine Auslenkungen ist das proportional zu φ, nämlich $T \approx -mgs\varphi$. Der Stab schwingt mit $\omega = \sqrt{mgs/J}$. Das Trägheitsmoment um A ergibt sich nach dem Steinerschen Satz als $J = J_S + ms^2$ (J_S: Trägheitsmoment um S). Wir vergleichen mit einem Fadenpendel, für das $\omega = \sqrt{g/l}$ gilt, und fragen, bei welcher Länge l_r es ebensoschnell schwingt wie der Stab. Offenbar ist diese *reduzierte Pendellänge*

$$l_r = \frac{J_S + ms^2}{ms}\,. \tag{2.27}$$

Der Punkt A', der auf der Verlängerung von AS im Abstand l_r von A liegt (Abb. 2.32), heißt **Schwingungsmittelpunkt**. In A' gelagert schwingt der Stab mit $\omega' = \sqrt{mg(l_r - s)/J'}$, wobei $J' = J_S + m(l_r - s)^2$. Setzt man hier l_r nach (2.27) ein, folgt $\omega' = \omega$: Das Pendel schwingt um A und A' genau gleichschnell. Da sich bei Lagerung auf scharfen Schneiden der Abstand $l_r = AA'$ exakter feststellen läßt als der Abstand Aufhängepunkt–Schwerpunkt für ein Fadenpendel, kann man mit einem solchen physikalischen **Reversionspendel** die Schwerebeschleunigung genauer messen.

Wenn ein homogener Stab der Länge L am Ende gelagert ist, wird nach (2.27) die reduzierte Länge $l_r = \frac{2}{3}L$. Genau so schnell schwingt er also auch um eine Achse, die um $\frac{1}{3}$ der Länge vom Ende entfernt ist. Um S dauert die Schwingung unendlich lange. Also muß es einen Punkt geben, um den die Schwingung am schnellsten ist. Er liegt um $L/2\sqrt{3} = 0{,}289L$ vom Ende entfernt.

2.3.4 Kippung

Wenn das Drehmoment auf einen Körper proportional zu seiner Auslenkung aus einer Ruhelage, aber dieser *gleichgerichtet* ist, kann diese Ruhelage nur labil sein. Die Bewegungsgleichung

$$\dot{L} = J\ddot{\varphi} = T = k\varphi$$

hat dann Lösungen $\varphi(t)$, die von einer Anfangsauslenkung φ_0 exponentiell zunehmen: $\varphi = \varphi_0\,\mathrm{e}^{\omega t}$ mit $\omega = \sqrt{k/J}$. Ebensogut ist aber auch $\varphi = \varphi_0\,\mathrm{e}^{-\omega t}$ eine Lösung. Die allgemeine Lösung muß aus beiden linearkombiniert werden, und zwar so, daß am Anfang $\dot{\varphi} = 0$ ist (dann hat man den Körper ja gerade losgelassen). Das trifft nur zu für

$$\varphi = \tfrac{1}{2}\varphi_0(\mathrm{e}^{\omega t} + \mathrm{e}^{-\omega t}) = \varphi_0\cosh\omega t\,.$$

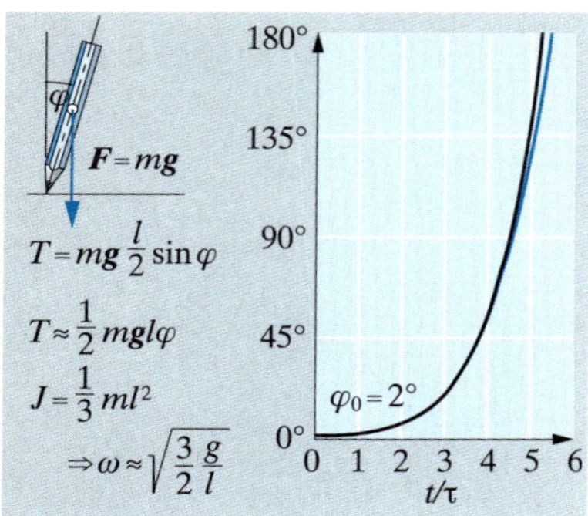

Abb. 2.33. Kippender Bleistift. Die Näherung $\sin\varphi \approx \varphi$ (——) gilt recht gut; erst nahe 90° Kippung werden die Abweichungen von der exakten Kurve (——) merklich

Der zeitliche Verlauf sieht genau aus wie die Hälfte der Kurve, in der ein beiderseits in gleicher Höhe eingespanntes Seil durchhängt (**Kettenlinie** oder **Catenoide**). Mit der Lösung $\varphi_0\,\mathrm{e}^{\omega t}$ wäre die Anfangsbedingung $\dot{\varphi}(0) = 0$ nicht zu erfüllen. Von einer Schwingung $\varphi = \varphi_0\cos\omega t$ um eine *stabile* Lage unterscheidet sich die **Kippung** mathematisch nur um ein i im Exponenten (Abschn. 4.1.1).

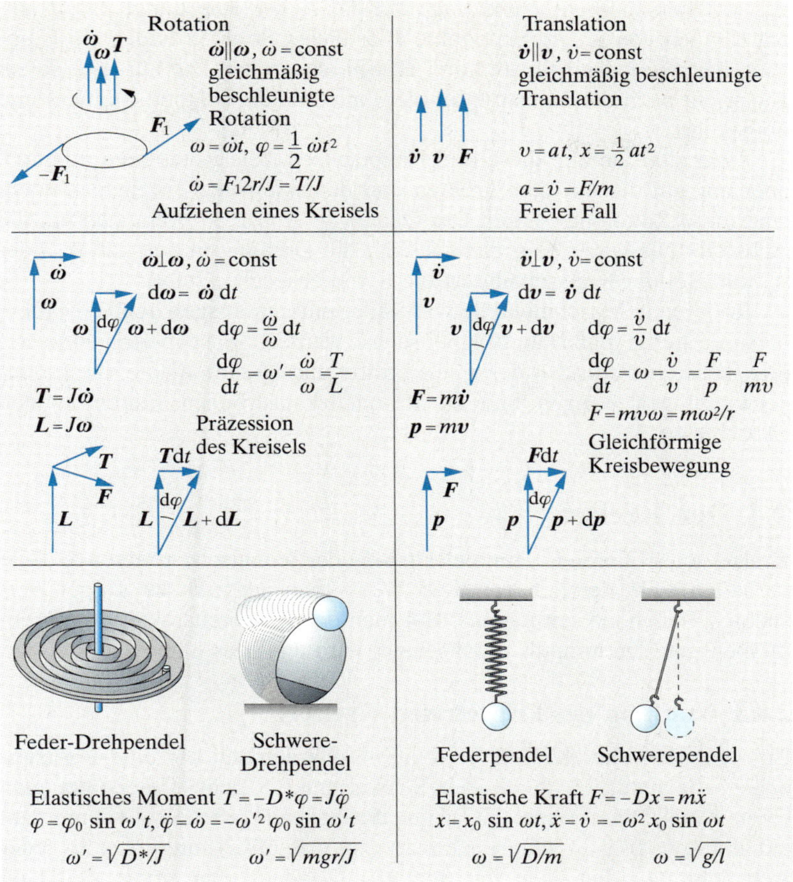

Abb. 2.34. Translation und Rotation

2.3.5 Drehung um freie Achsen

Zu den Kräften, die auf einen starren Körper wirken, sind auch die Zentrifugalkräfte seiner eigenen Massenteile zu rechnen. Wenn $\boldsymbol{r}'$ der Teil des Ortsvektors ist, der senkrecht zur Drehachse $\boldsymbol{w}$ steht, ergibt sich die Summe aller dieser Kräfte als

$$\boldsymbol{F}_Z = \sum m_i \omega^2 \boldsymbol{r}'_i .$$

Sie verschwindet, wenn die Drehachse Symmetrieachse ist, allgemeiner wenn für jedes Massenteil mit $\boldsymbol{r}'$ auch eins mit $-\boldsymbol{r}'$ vorhanden ist. Auf eine solche Achse wirkt keine Kraft, der Körper kann sich auch um sie drehen, wenn sie nicht gelagert ist. Man nennt sie **freie Achse**. Jeder Körper hat drei Hauptträgheitsachsen, auf die bei Drehung weder Kräfte noch Drehmomente wirken, also freie Achsen. Diese Hauptträgheitsachsen sind die Hauptachsen des **Tensorellipsoids** des Trägheitsmoments. Man erhält dieses Ellipsoid durch folgende Konstruktion: Durch den Schwerpunkt S lege man alle möglichen Achsen, messe für jede

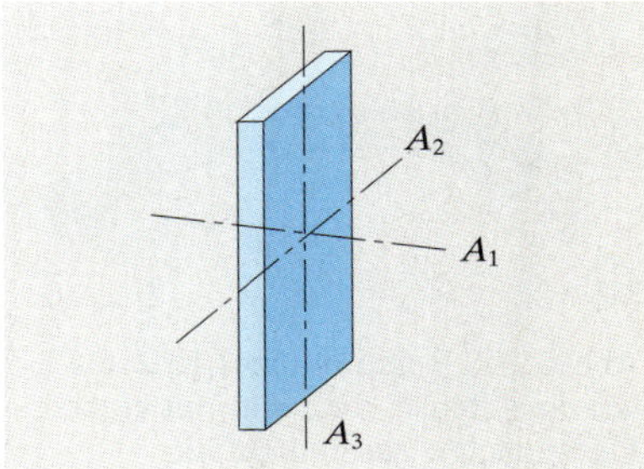

Abb. 2.35. Freie Achsen eines Quaders

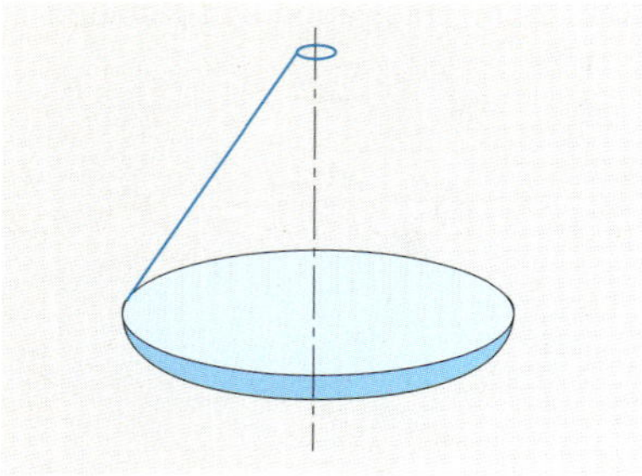

Abb. 2.36. Die Scheibe, am senkrecht herunterhängenden Faden befestigt, rotiert zunächst um diesen. Sehr bald kippt sie aber von selbst so, daß sie sich um ihre Achse maximalen Trägheitsmoments dreht

das Trägheitsmoment J und trage auf der Achse eine Länge $1/\sqrt{J}$ auf, angefangen von S. Die Endpunkte aller dieser Strahlen bilden ein Ellipsoid, das wie jedes Ellipsoid drei **Hauptachsen** hat. Die kürzeste davon entspricht nach der Konstruktion dem maximalen Trägheitsmoment und umgekehrt.

Zwar sind um alle diese drei Hauptachsen freie Rotationen möglich, aber nur um die mit dem größten und dem kleinsten Trägheitsmoment sind diese Rotationen stabil. Der Quader in Abb. 2.35 dreht sich um die Achse A_2 nur kurze Zeit, dann schlägt die Drehung in eine um A_1 oder A_3 um. Bei der Kreisscheibe ist die Symmetrieachse stabil.

Rotierende Maschinenteile wie Räder müssen **ausgewuchtet** werden, d. h. ihre Achse muß Hauptträgheitsachse werden. Sonst übertragen sie auf ihre Achse periodisch wechselnde Kräfte und Drehmomente, die Eigenschwingungen erregen und zu Resonanzkatastrophen führen können (Abschn. 4.1.3).

2.4 Der Kreisel

Kreisel wie rotierende Himmelskörper oder technische rotierende Teile verhalten sich ziemlich paradox: Wenn man sie z. B. zu kippen versucht, weichen sie seitlich aus. Hat man den Vektorcharakter von Drehmoment und Drehimpuls durchschaut, wird das alles klar.

2.4.1 Nutation des kräftefreien Kreisels

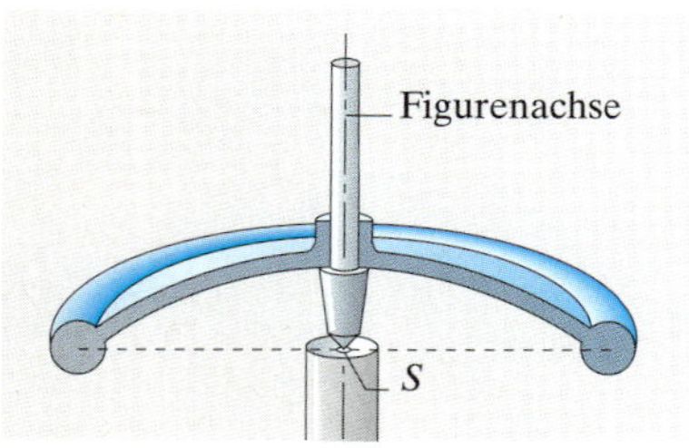

Abb. 2.37. Momentenfreier Kreisel

Ein symmetrischer Kreisel ist rotationssymmetrisch um eine **Figurenachse**, die natürlich durch den Schwerpunkt S geht. Unterstützt man einen Kreisel in S (Abb. 2.37), übt die Schwerkraft kein Drehmoment auf ihn aus, er ist *kräftefrei* (besser momentenfrei), und zwar in jeder Achsrichtung. Man zieht ihn richtig auf, indem man einige Zeit lang ein Drehmoment auf ihn ausübt, dessen Vektor mit der Figurenachse zusammenfällt (Kräftepaar an zwei Punkten des Ringes). Dann hat und behält der Drehimpuls $\boldsymbol{L}$ die Richtung der Figurenachse.

Wird der Kreisel schief aufgezogen oder erhält er nach dem Aufziehen noch ein Drehmoment, z. B. durch einen Schlag auf den Ring, fällt die Drehachse $\boldsymbol{w}$ nicht mehr mit der Figurenachse zusammen. Dann wirken Zentrifugalmomente auf diese Achse, die keine freie Achse mehr ist. Sie bleibt nicht mehr raumfest, sondern beschreibt einen Kegelmantel mit der Spitze in S. Die jeweilige $\boldsymbol{w}$-Richtung heißt **momentane Drehachse**.

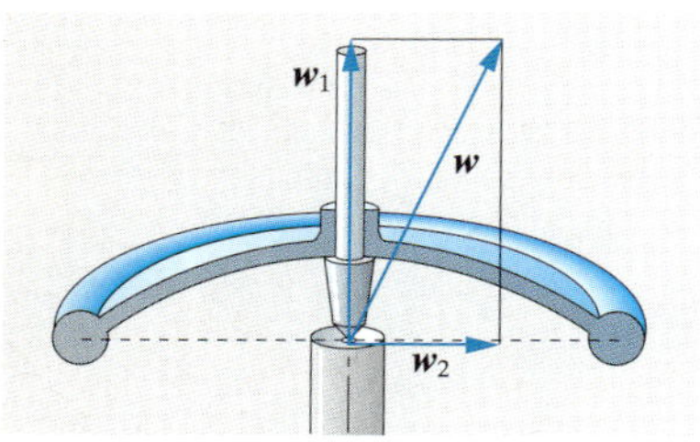

Abb. 2.38. Rotation eines Kreisels um eine Achse, die nicht mit einer Figurenachse zusammenfällt

Am einfachsten beschreibt man diese **Nutation** mit dem Tensorcharakter des Trägheitsmomentes. Da $\boldsymbol{w}$ nicht mehr Hauptträgheitsachse ist, fallen auch die Richtungen von $\boldsymbol{w}$ und $\boldsymbol{L}$ nicht mehr zusammen. Wir zerlegen $\boldsymbol{w}$ in einen Vektor $\boldsymbol{w}_1$ parallel zur Figurenachse und $\boldsymbol{w}_2$ senkrecht dazu. Zu beiden Richtungen gehören i. allg. verschiedene Hauptträgheitsmomente J_1 und J_2. Die entsprechenden Drehimpulse sind $\boldsymbol{L}_1 = J_1\boldsymbol{w}_1$ und $\boldsymbol{L}_2 = J_2\boldsymbol{w}_2$. Sie setzen sich zum Gesamtdrehimpuls $\boldsymbol{L} = \boldsymbol{L}_1 + \boldsymbol{L}_2$ zusammen, der nach dem Erhaltungssatz raumfest bleibt. Um ihn rotieren, weil J_1 und J_2 verschieden sind, die Figurenachse und die momentane Drehachse $\boldsymbol{w}$ auf Kegelmänteln (Abb. 2.39). Direkt sichtbar ist nur die Bewegung der Figurenachse. Sie beschreibt den **Nutationskegel**.

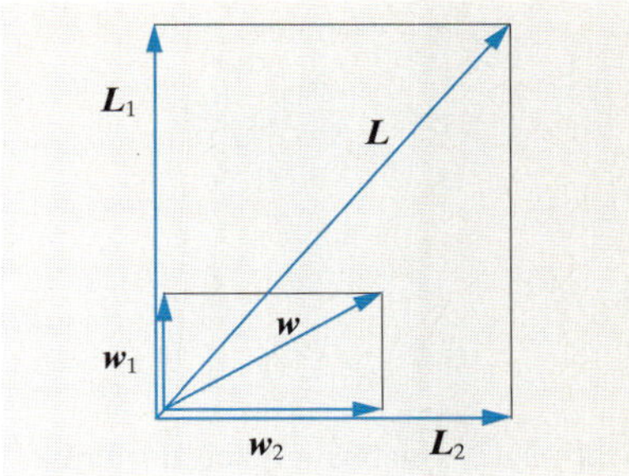

Abb. 2.39. Der Drehimpuls $\boldsymbol{L}$ ist nicht parallel zur Winkelgeschwindigkeit $\boldsymbol{w}$, weil das Trägheitsmoment ein Tensor ist

2.4.2 Präzession des Kreisels

Man halte einen symmetrischen Kreisel, z. B. das Rad eines Fahrrades, an den Enden der Achse und setze ihn in kräftige Rotation. Es ist klar, daß die Achse ihre Richtung beizubehalten sucht. Wie verhält sie sich aber, wenn man diese Richtung mit Gewalt schwenken will? Ganz überraschend: Die Achse drängt *senkrecht* zur beabsichtigten Schwenkrichtung davon. Man unterstütze z. B. nur *ein* Achsende und halte die Achse schräg. Dann übt die Schwerkraft ein konstantes kippendes Drehmoment auf den Kreisel aus. Die Achse weicht senkrecht zu dieser Kraft, also horizontal aus, falls man mit dem unterstützenden Finger entsprechend mitgeht. Durch dieses Ausweichen wird die Größe des Drehmoments der Schwerkraft natürlich nicht beeinflußt. So muß die Achse auf einem Kegelmantel rotieren, eine **Präzessionsbewegung** ausführen.

Hier zeigt sich besonders, wie gut der Formalismus von Drehimpuls und Drehmoment die Lage beschreibt. Das kippende Drehmoment $\boldsymbol{T}$ entsteht als Vektorprodukt einer vertikalen Kraft und eines schrägen, im Grenzfall horizontalen Kraftarms, der Drehachse. $\boldsymbol{T}$ steht also horizontal und senkrecht auf $\boldsymbol{L}$, der Achse. Die Bewegungsgleichung sagt $\boldsymbol{T} = \dot{\boldsymbol{L}}$. Die Änderung des Drehimpulses steht also immer senkrecht auf der Achsrichtung, der Richtung von $\boldsymbol{L}$, genauso wie $\dot{\boldsymbol{v}}$ bei der Kreisbewegung senkrecht auf $\boldsymbol{v}$ steht. Daher kann sich $\boldsymbol{L}$ der Größe nach nicht ändern, sondern muß sich nur gleichmäßig drehen. Die Winkelgeschwindigkeit dieser Drehung ist auch leicht anzugeben. In der Zeit $\mathrm{d}t$ kommt zu $\boldsymbol{L}$ eine senkrechte Änderung $\mathrm{d}\boldsymbol{L} = \boldsymbol{T}\mathrm{d}t$ hinzu. Der $\boldsymbol{L}$-Vektor dreht sich dadurch um den Winkel $\mathrm{d}\varphi = \mathrm{d}L/(L\sin\alpha) = T\mathrm{d}t/(L\sin\alpha)$, denn $L\sin\alpha$ ist der Radius des Kreises, auf dem sich die Spitze des $\boldsymbol{L}$-Vektors bewegt.

Die **Winkelgeschwindigkeit der Präzession** ist also

$$\omega' = \frac{\mathrm{d}\varphi}{\mathrm{d}t} = \frac{T}{L\sin\alpha} . \tag{2.28}$$

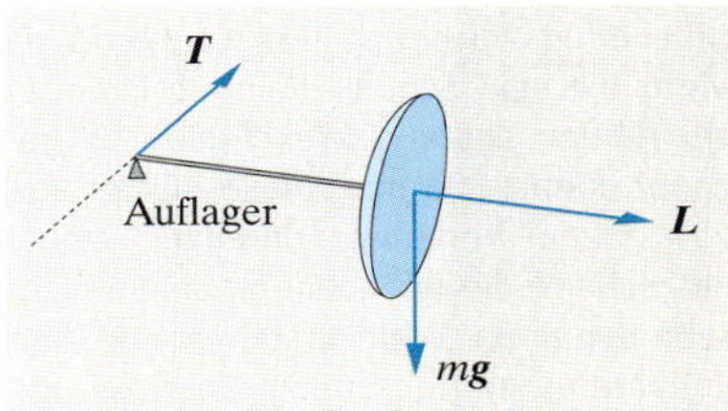

Abb. 2.40. Präzession eines Kreisels mit horizontaler Achse, der außerhalb des Schwerpunkts unterstützt wird

Ein Kreisel präzediert unter einem gegebenen Drehmoment um so langsamer, je schneller er rotiert, je größer also L ist. Wenn $\boldsymbol{T}$ das Moment der Schwerkraft ist, enthält es ebenfalls den Faktor $\sin\alpha$, und die Präzessionsfrequenz wird unabhängig von der Achsschiefe

$$\omega' = \frac{mgr}{J\omega} . \tag{2.29}$$

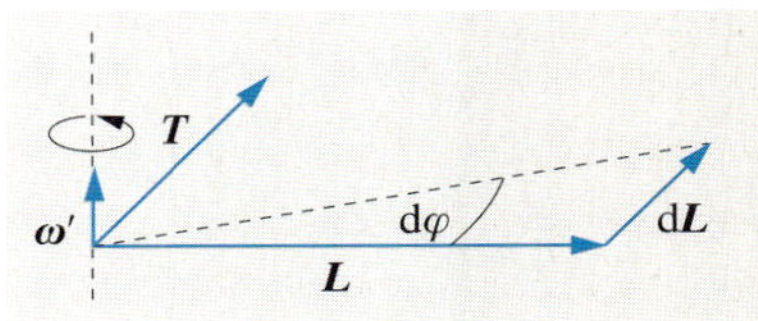

Abb. 2.41. Zur Präzession des Kreisels mit horizontaler Achse

Man möchte aber auch gern anschaulich verstehen, wie dieses zunächst paradoxe Senkrechtausweichen des Kreisels zustandekommt. Betrachten wir die Lage kinematisch und reden zunächst nicht von den Kräften. Wir beobachten, daß ein Kreisel präzediert, z. B. mit horizontaler Achse wie in Abb. 2.40. Seine Achse und auch jeder Punkt des Kreiselkörpers beschreiben einen horizontal liegenden Kreis um das Auflager mit der Winkelgeschwindigkeit ω', deren Vektor vertikal steht. Wir setzen uns

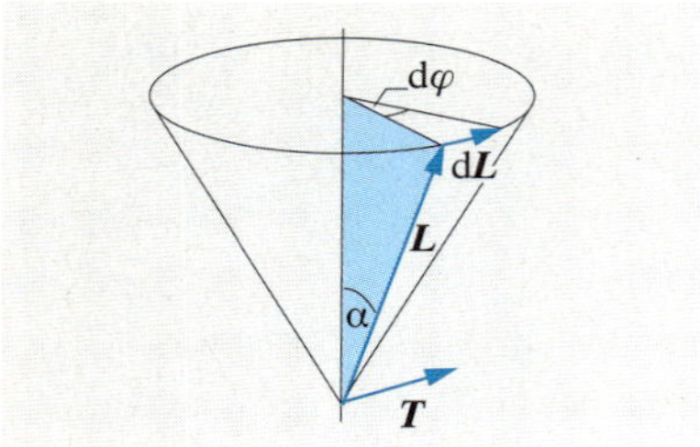

Abb. 2.42. Unabhängigkeit der Präzessionsgeschwindigkeit von der Neigung der Kreiselachse im Schwerefeld oder bei Einwirkung eines Magnetfeldes auf einen in der Kreiselachse angebrachten magnetischen Dipol

jetzt ins Bezugssystem des Kreisels, z. B. auf dessen Achse, aber so, daß wir an der *Rotation* des Kreisels nicht teilnehmen, sondern nur an der *Präzession*. Dieses Bezugssystem rotiert mit $\boldsymbol{w}'$. Jeder Körper, der sich in ihm mit $\boldsymbol{v}$ bewegt, erfährt eine **Coriolis-Beschleunigung** $\boldsymbol{a} = 2\boldsymbol{v} \times \boldsymbol{w}'$. Das betrifft besonders die Punkte des Kreisels ganz oben und ganz unten. Sie bewegen sich ja senkrecht zu $\boldsymbol{w}'$ mit Geschwindigkeiten $v = \omega r$ (r: Abstand von der Kreisachse, ω: Rotationsfrequenz des Kreisels). Die entsprechenden Coriolis-Kräfte gehen senkrecht zu $\boldsymbol{v}$ und zu $\boldsymbol{w}'$, also oben an der Kreiselperipherie nach innen zum Auflagerpunkt hin, unten nach außen. Sie bilden ein Kräftepaar, das den Kreisel hochzudrücken versucht. Wenn er diesem Kräftepaar nicht folgt, sondern ruhig weiter in der Horizontalebene rotiert, gibt es dafür nur eine Erklärung: Es wirkt außerdem ein Drehmoment, das die Kreiselachse nach *unten* zu kippen sucht und das vom Coriolis-Moment genau kompensiert wird. Aus dieser Gleichheit ergibt sich wieder genau der Wert von ω', der sich von selbst so einstellt. Im mitpräzedierenden System ist es also gar kein Wunder, daß der Kreisel nicht kippt.

Diese Skizze entdeckte man auf der Rückseite einer Zeichnung von *Leonardo da Vinci*, die sein Schüler *Pompeo Leoni* in ein Album, später Codex Atlanticus genannt, klebte. Da man diese Blätter erst vor kurzem von ihrer Unterlage gelöst hat, scheint die offenbar von einem nicht sehr begabten Schüler stammende, mit Karikaturen und obszönem Gekritzel umgebene, unbeholfene Skizze authentisch zu sein

▲ Ausblick

Irgendwann in den 40er Jahren las ich in einem technischen Buch, manche Dinge seien so ausgereift, daß offenbar keine Weiterentwicklung mehr möglich sei, z. B. das Fahrrad. Damals gab es weder Naben- noch Kettenschaltung und kein Dutzend Typen vom Holländer zum Mountain-Bike, man war schon stolz auf Freilauf und Rücktrittbremse. Falls Sie nur eine Dreigang-Nabenschaltung haben – verstehen Sie wirklich, wie die funktioniert? Und wenn Sie auch gern freihändig fahren – wieso klappt das meistens?

✓ Aufgaben . . .

●● 2.2.1. Die folgsame Garnrolle
Eine Garnrolle ist unter das Bett gerollt. Ein Fadenende schaut noch heraus. Je nachdem, wie man zieht, kommt die Rolle heraus oder rollt noch tiefer unter das Bett. Wieso?

●● 2.2.2. Wer dreht den Kerl?
Damit der Mann in Abb. 2.14 sich in Drehung setzt, müssen Kräfte auf ihn wirken. Weisen Sie diese experimentell und theoretisch nach. Wie wird dem Energiesatz Rechnung getragen? Rotiert der Kreisel in beiden Stellungen gleichschnell?

● 2.2.3. Motor-Drehmoment
Welches Drehmoment gibt ein Motor der Leistung P (in PS oder in W) bei der Drehzahl f (in U/min) her? Wie hängt das Drehmoment von der Drehzahl ab? Vergleichen Sie mit auto- und elektrotechnischen Daten. Wie ändern sich Drehmoment, Leistung, Drehzahl beim Durchgang durch ein Zahnrad- oder Riemengetriebe?

● 2.2.4. Luftauftrieb
Präzisionswägungen sollten den Auftrieb von Wägegut und Gewichten (meist Messing) berücksichtigen. Entwickeln Sie ein Korrekturverfahren (Formel, Diagramm oder Tabelle) zur schnellen Benutzung im Labor.

● 2.2.5. Schwungrad
Ein Schwungrad dient als Speicher für Rotationsenergie. Würden Sie es bei gegebener Masse aus Blei, Stahl oder Plastik herstellen?

●● 2.3.1. Standfeste Dose
Jemand bekommt bei einem Picknick eine geöffnete Bierdose gereicht und überlegt, bevor er sie auf den unebenen Boden stellt: „Jetzt ist der Schwerpunkt in der Mitte; trinke ich etwas ab, so sinkt der Schwerpunkt, also steht die Dose besser; wenn sie ganz leer ist, liegt der Schwerpunkt wieder in der Mitte. Bei irgendeiner Füllung muß er also am tiefsten liegen." Können Sie diese Füllung (a) mit, (b) ohne Differentialrechnung finden? (Ohne Differentialrechnung ist schwerer, aber interessanter; gilt die wesentliche Erkenntnis der „ohne"-Lösung auch für unregelmäßig geformte Behälter, z. B. Flaschen?)

●●● 2.3.2. Kettenlinie
Ein Faden ohne jede Nachgiebigkeit und ohne jede Biegesteifigkeit ist an zwei gleich hoch gelegenen Punkten befestigt. Dazwischen hängt er unter seinem eigenen Gewicht durch. Welche Kurve beschreibt er?

●● 2.3.3. Hirtenunterschlupf
Wenn man Ziegel ganz ohne Mörtel übereinanderschichtet – immer einen über den anderen – kann man trotzdem einen gewissen Überhang erreichen, indem man jeden Ziegel etwa über den Rand des darunterliegenden hinausschiebt. Ein weiterer Ziegel, auch wenn er selbst gar nicht übersteht, kann allerdings den ganzen Turm zum Umkippen bringen, wenn die unteren Ziegel zu weit überstehen. Wie groß kann der Überhang im ganzen werden, und wie muß man vorgehen, damit er maximal wird? Wenn Sie in der Provence wandern, können Sie diese Bauweise empirisch studieren.

●● 2.3.4. Rutschen oder rollen?
Rutscht oder rollt ein Zylinder schneller hangabwärts? Leiten Sie das Verhältnis der Beschleunigungen, Geschwindigkeiten, Zeiten aus dem Energiesatz her. Stimmt das alles noch bei starker Reibung?

● 2.3.5. Hohlkugel
Von zwei äußerlich identischen gleichgroßen und gleichschweren Kugeln ist die eine hohl (dafür besteht der Mantel aus spezifisch schwererem Material). Wie findet man am einfachsten zerstörungsfrei die hohle Kugel heraus?

●● 2.3.6. Schwingende Tür
Bei einer Gartentür sind die Angeln nicht genau senkrecht übereinander, sondern ihre Verbindungslinie ist um einen Winkel α nach außen geneigt. Infolgedessen schwingt die geöffnete Tür. Wie und mit welcher Frequenz? Wählen Sie sich vernünftige Daten.

●● 2.3.7. Auswuchten von Rädern
Was ist der Unterschied zwischen statischer und dynamischer Unwucht? Ein Dutzend Steinchen von ca. 1 cm Durchmesser haben sich an einer Seite in Ihrem Reifen verklemmt. Welche Zentrifugalkräfte treten bei scharfem Fahren auf? Beeinträchtigt es die Auswuchtung, wenn sich ein Reifen wegen falschen „Radsturzes" (X- oder O-Beinigkeit) ungleichmäßig abnutzt? Kommt man immer mit einem der kleinen Blei-Auswuchtgewichte aus, oder wie viele braucht man schlimmstenfalls?

●● 2.3.8. Sprungbrett
Ein Sprungbrett schwingt mit 1 s Periode und 20 cm Amplitude. Welchen Drehimpuls erteilt es dem Springer, der sich beim Absprung bei aufwärtsschwingendem Brett um 30° vorneigt, aber nicht mit den Beinen nachdrückt? Was kann er mit diesem Impuls anfangen, z. B. wie viele Saltos drehen?

●●● 2.3.9. Kippende Mauer
Eine Mauer steht um den Winkel α gegen das Lot geneigt und hat sonst keine Stütze. Wovon hängt es ab, ob die Mauer umkippt, und wo wird sie zuerst brechen? Jetzt betrachten wir eine Mauer, die bereits im Kippen begriffen ist. Wird sie dabei noch weiter zerbrechen, wo und warum? Knickt sie, indem sie sich nach vorn oder nach hinten ausbuchtet? Formulieren Sie das zweite Problem am besten im Bezugssystem der als Ganzes kippenden Mauer.

●● 2.3.10. Flugzeuglandung
Kurz bevor ein Flugzeug auf der Landebahn aufsetzt, drehen sich die Fahrwerksräder i. allg. noch nicht. Welche Kräfte und Momente versetzen die Räder beim Landen in Drehung? Sie können die gesamte Masse des Rades ganz außen konzentriert denken. Das Flugzeug rolle zunächst ungebremst, bis die Räder die richtige Geschwindigkeit angenommen haben. Wie lange nach der Landung ist das der Fall und nach welchem Roll-

weg? Welche Gesamtarbeit verrichten die Kräfte, die die Räder beschleunigen? Wo bleibt diese Energie? Warum rauchen die Reifen und brennen sogar manchmal? Wie kann man das verhindern?

●● 2.4.1. Radl-Gleichgewicht
Weshalb fährt ein Radler um so sicherer, je schneller er fährt? Infolge einer Gleichgewichtsverlagerung liege der Schwerpunkt von Radler plus Fahrrad nicht mehr senkrecht über den Unterstützungspunkten, sondern um einen gewissen Winkel geneigt. Wie reagiert der Radler? Auf das Vorderrad oder die Lenkstange wirkt eine gewisse Kraft eine gewisse Zeit lang schwenkend ein. Wie reagiert das Vorderrad, was macht der Radler?

●●● 2.4.2. Nutation
Beschreiben Sie die Nutation eines Kreisels mittels des Begriffs der freien Achse. Wie schnell nutiert er? Welche Winkelgeschwindigkeit ist für die Rotation der momentanen Drehachse oder der Figurenachse maßgebend (vgl. Abb. 2.39)?

●● 2.4.3. Polschwankung
Wie liegen die Hauptträgheitsachsen einer Kugel, einer Kreisscheibe, eines Kreiszylinders, einer Hantel, des Systems Erde-Mond? Welche dieser Achsen sind stabile Drehachsen? Gibt es bei der Achsdrehung der Erde Nutationen oder Präzessionen? Wie würde die Erdrotation vermutlich auf den Aufschlag eines Planetoiden reagieren?

●● 2.4.4. Paradoxer Kreisel
Wenn der Kreisel steht, kippt ihn die Schwerkraft um, wenn er rotiert, weicht er ihr seitlich aus. Ist das ein Widerspruch? Wo liegt die Grenze zwischen den beiden Verhaltensweisen?

●● 2.4.5. Saros-Zyklus
Die Bahn des Mondes um die Erde ist um 5,15° gegen die Bahn der Erde um die Sonne (die Ekliptik) gekippt. Die Sonne übt Gezeitenkräfte auf diesen schiefstehenden Kreisel aus (warum nur Gezeitenkräfte?), die ihn in die Ekliptik zu kippen suchen. Wie reagiert der Kreisel? Welche Periode tritt auf? Wie äußert sich das für den Erdbeobachter (Finsternisse usw.)? Hinweis: Man kann die Masse des Mondes gleichmäßig über seine Bahn verschmiert denken.

●● 2.4.6. Präzession der Erdachse
Der Äquatorwulst der abgeplatteten Erde ($(a-b)/a = 1/300, a, b$ Halbachsen des Erdellipsoids) ist den Gezeitenkräften seitens Sonne und Mond ausgesetzt. Wie reagiert der um $23,4°$ schiefstehende Erdkreisel? Welche Periode ergibt sich? Wie macht sich das auf der Erde bemerkbar?

●● 2.4.7. Wer verhindert das Kippen?
Warum kippt ein schiefstehender Kreisel nicht um, wenn er präzediert? Die Schwerkraft übt doch das gleiche Kippmoment aus, ob der Kreisel rotiert oder nicht und ob er präzediert oder nicht. Gibt es ein anderes Drehmoment, das dieses Kippmoment kompensiert? Was geschieht, wenn man den Kreisel zwingt, zu langsam oder zu schnell zu präzedieren?

●● 2.4.8. Kreiselkompaß
Ein schwerer Kreisel in cardanischer Aufhängung stellt seine Drehachse in die Meridianebene, d. h. in Nord-Süd-Richtung. Zeigen Sie, daß hierfür die Coriolis-Kräfte verantwortlich sind, die auf der Erdrotation beruhen. Welche Mißweisungen können auftreten, (a) wenn Schiff oder Flugzeug eine Kurve beschreiben, (b) bei unverändertem Kurs, (c) bei der Fahrt auf einem Großkreis?

●● 2.4.9. Geschoßdrall
Ein gezogener Lauf zwingt dem Geschoß eine Rotation um seine Achse auf. Was ist der Vorteil? Die schraubenförmigen Züge in der Rohrwand, meist Rillen, in die entsprechende Vorsprünge des Geschosses eingreifen, bilden mit der Laufachse einen Winkel α (10–20°). Die Ballistiker ordnen dem Geschoß eine „fiktive Masse“ μ zu, die in die Bewegungsgleichung $F = \mu a$ eingeht und berücksichtigt, daß Translations- und Rotationsenergie investiert werden müssen. Um wieviel weicht μ von der wirklichen Masse ab (Modell: Zylinder homogener Dichte). Schätzen Sie Mündungsgeschwindigkeit, Rotationsfrequenz, Drehimpuls eines Geschosses (einfachster Weg: Abschn. 1.5.9, aber Verluste $> 50\,\%$). Wie verhält sich die Geschoßachse, wenn die Bahn von der geraden Linie abweicht? Beachten Sie den Luftwiderstand; wie versucht er das Geschoß zu kippen, wie reagiert dieses darauf?

●●● 2.4.10. Sonnensystem
Eine Galaxie rotiert nicht als starrer Körper, sondern die einzelnen Schichten laufen gerade so schnell um das Zentrum, daß sie gegen die Gravitation im Gleichgewicht bleiben. Wie ändert sich ungefähr die Winkelgeschwindigkeit ω mit dem Abstand r vom Zentrum? Es gibt kugelförmige Galaxien, die meisten bilden aber wie unsere eine flache Scheibe ungefähr konstanter Dichte, deren Hauptmasse in einem zentralen Klumpen sitzt. Geben Sie die Größenordnung der „differentiellen Rotation“ $\mathrm{d}\omega/\mathrm{d}r$ für beide Grenzfälle an. Anfangs waren die Galaxien vermutlich ziemlich homogene Gashaufen, erst allmählich bildeten sich Verdichtungen, die späteren Sterne. Welchen Einfluß hatte die differentielle Rotation auf das Schicksal einer solchen Verdichtung, die sich in einem bestimmten Bereich bildet? Verfolgen Sie das Verhältnis von Gravitation und Zentrifugalkraft bis zur Kontraktion auf normale Sterngröße. Bedenken Sie: Massereiche Sterne sind größer, aber nicht gemäß $M \sim R^3$, sondern ungefähr $M \sim R$. Das folgt aus der Bedingung, daß alle Sterne im Zentrum etwa Fusionstemperatur (10^7 K) haben, und aus dem Gasgesetz unter Gravitationsdruck (Aufgabe 5.2.7). Werfen diese Überlegungen Licht auf die Entstehung des Sonnensystems?

3

Mechanik deformierbarer Körper

Inhalt

Einleitung

Im täglichen Leben hat man es mit Systemen aus ungeheuer vielen Teilchen zu tun, die alle aufeinander Kräfte ausüben. Dazu kommen noch von außen wirkende Kräfte. Daß man so etwas überhaupt behandeln kann, ist vielen vereinfachenden Annahmen speziell über die inneren Kräfte zu danken. Manches ist auch immer noch nicht aus den Grundpinzipien vollständig ableitbar, z. B. das Verhalten turbulenter Strömungen.

„Welcher der Wasserausflüsse hat die größte Kraft, ein Rad zu drehen? Mir scheint, ihre Kraft muß gleich sein: Der Strom 1, obwohl er aus großer Höhe fällt, hat nichts hinter sich, was ihn treibt, wogegen 2 die ganze Höhe des Wassers über sich hat, das ihn fortdrängt." (s. Abb. 3.57).

Leonardo da Vinci, Codex Madrid I, 134

3.1 Ruhende Flüssigkeiten und Gase (Hydro- und Aerostatik)

Wenn sich alle die vielen Kräfte ausgleichen, einschließlich der von den Gefäßwänden ausgeübten, bleibt ein Fluid in Ruhe.

3.1.1 Der feste, flüssige und gasförmige Zustand

Die einzelnen Teile eines makroskopischen Körpers sind gegeneinander verschiebbar. Je nach der Art des Körpers und der Deformation erfordert das verschieden große Kräfte. Wir unterscheiden Deformationen, die nur die Form des Körpers, aber nicht sein Volumen ändern (**Scherung**, **Biegung**, **Drillung**) und solche, die auch sein Volumen ändern (**Kompression**, **Dilatation**). **Feste Körper** wehren sich gegen beide Arten von Deformationen und kehren, wenn die Beanspruchung aufhört, in ihre ursprüngliche Gestalt zurück: Sie sind **form-** und **volumenelastisch**. Erst wenn die Beanspruchung gewisse Grenzen überschreitet, beginnt **plastisches Fließen**, das schließlich zum Bruch führt. **Flüssigkeiten** haben ein bestimmtes Volumen, aber keine bestimmte Form. Dementsprechend erfordert nur die Volumenänderung Kräfte. Es herrscht in weiten Grenzen **Volumenelastizität**: Bei Entlastung nach einer Kompression stellt sich wieder das Anfangsvolumen ein. Ein reine *Form*änderung, z. B. eine Scherung, erfordert nur dann Kräfte, wenn sie schnell ausgeführt werden soll (**innere Reibung**; vgl. Abschn. 3.3.2). **Gase** erfüllen jeden verfügbaren Raum, haben also keine Formelastizität, wohl aber eine gewisse Volumenelastizität, sind dabei aber viel kompressibler als feste und

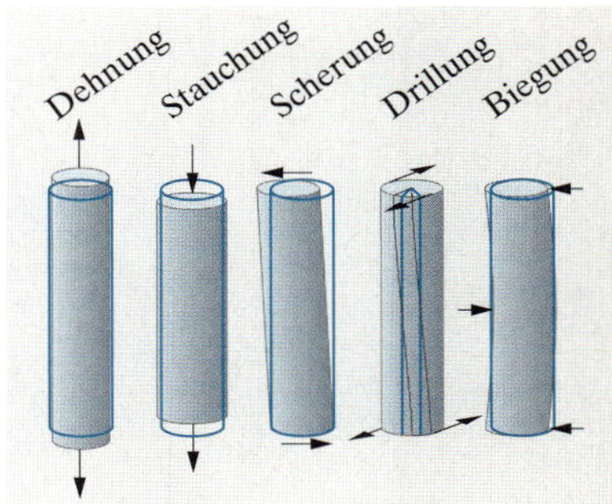

Abb. 3.1. Die Grundtypen der Deformation

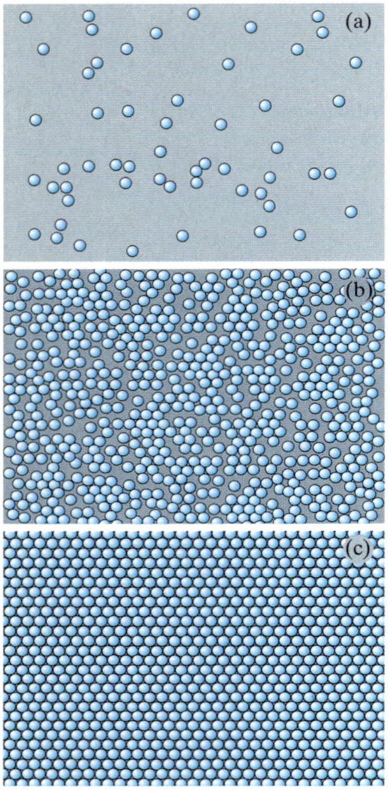

Abb. 3.2a–c. Gas, Flüssigkeit, Festkörper im atomaren Modell

flüssige Körper. Festkörper und Flüssigkeiten faßt man oft als **kondensierte**, Flüssigkeiten und Gase als **fluide Körper** zusammen. Bei den **amorphen Stoffen** verschwimmt die Grenze zwischen Festkörper und Flüssigkeit: Teer und Glas brechen unter hoher Beanspruchung, fließen aber schon unter dem Einfluß viel kleinerer Kräfte, wenn auch langsam.

Im atomistischen Bild werden diese Eigenschaften qualitativ und quantitativ durch die Kräfteverhältnisse zwischen den Molekülen oder Atomen erklärt. In erster grober Näherung kann man sich diese als undurchdringliche Kugeln vorstellen. Im festen Körper sind sie an Gleichgewichtslagen gebunden, die sich i. allg. in geometrisch-periodischer Folge wiederholen (**Kristalle**). Seltener ist ein unperiodischer (**amorpher**) Aufbau. Die Bausteine wirken aufeinander mit Kräften geringer Reichweite über wenige Atom- bzw. Molekülabstände. Entfernung aus der Gleichgewichtslage erfordert Arbeitsleistung gegen diese Kräfte. Um die Gleichgewichtslagen können die Bausteine mehr oder weniger geordnete Schwingungen vollführen; unter dem Einfluß der Temperatur tun sie dies immer (**thermische Bewegung**).

Flüssigkeitsmoleküle sind nicht an Gleichgewichtslagen gebunden, sondern gegeneinander seitlich verschiebbar, allerdings nicht ganz frei: Ein Teilchen, an dem eine Kraft angreift, bewegt sich wegen der Reibung mit einer Geschwindigkeit, die i. allg. der Kraft proportional ist. Jede *Abstands*änderung (Kompression, Dilatation) von Teilchen erfordert dagegen Kräfte von ähnlicher Größe wie bei festen Körpern. Dementsprechend sind die Dichten oder die Anzahlen der Bausteine pro Volumeneinheit (Teilchenzahldichten) bei Flüssigkeiten und Festkörpern nicht sehr verschieden. Auch die Flüssigkeit zeigt noch Reste des für Festkörper typischen Ordnungszustandes, allerdings auf sehr kleine Bereiche beschränkt (**Nahordnung**).

In Gasen bei nicht zu großer Dichte können die Kräfte zwischen den Bausteinen vernachlässigt werden, außer im Moment eines Zusammenstoßes. Dementsprechend bewegen sich die Bausteine völlig ungeordnet. Bei den „normalen“ Drücken und Temperaturen, wie sie auf der Erdoberfläche herrschen, haben die typischen Gase Dichten, die etwa 1000mal kleiner sind als im kondensierten Zustand. Da die Temperatur für das mechanische Verhalten von Gasen entscheidend ist, behandeln wir dieses systematisch erst in der Wärmelehre (Kap. 5).

3.1.2 Die Gestalt von Flüssigkeitsoberflächen

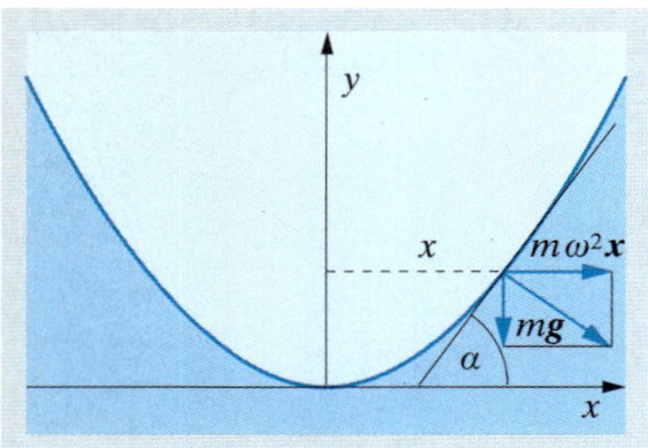

Abb. 3.3. **Rotationsparaboloid** als Oberfläche einer rotierenden Flüssigkeit

Flüssigkeitsteilchen verschieben sich leicht tangential zur Oberfläche, sobald entsprechende Kräfte wirken. Gleichgewicht kann daher nur bestehen, wenn die Oberfläche überall senkrecht zu den Kräften steht. Im homogenen Schwerefeld ist die Oberfläche horizontal; kommt eine Zentrifugalkraft dazu (rotierende Flüssigkeit), so wird die Oberfläche ein **Rotationsparaboloid**, dessen Achse mit der Drehachse zusammenfällt.

Nach Abb. 3.3 sind nämlich die Neigung $\tan\alpha = \omega^2 x/g$ der resultierenden Kraft gegen das Lot und damit die Neigung $dy/dx = \tan\alpha$ der Oberfläche gegen die Waagerechte beide proportional zum Abstand x von der Achse. Wenn die Neigung einer Kurve proportional zu x ist, muß sie eine

Parabel sein, natürlich mit dem Scheitel auf der Achse. Die Neigung stimmt, wenn man schreibt

$$y = \frac{1}{2}\frac{\omega^2}{g}x^2 \,. \tag{3.1}$$

3.1.3 Druck

Greift an einem Flächenstück A senkrecht zu ihm die flächenhaft verteilte Kraft F an, dann heißt das Verhältnis der Kraft zur Fläche **Druck**

$$p = \frac{F}{A} \,. \tag{3.2}$$

Damit ergibt sich als Einheit für den Druck

$$1\,\mathrm{N\,m^{-2}} = 1\,\mathrm{Pa}\ (1\,\mathrm{Pascal}) = 10^{-5}\,\mathrm{bar} \,. \tag{3.3}$$

1 bar ist ungefähr der normale Atmosphärendruck: 1 atm = 1 013 mbar. In der Technik rechnet man manchmal noch mit $1\,\mathrm{kp/cm^2} = 9{,}81 \cdot 10^4$ $\mathrm{N\,m^{-2}}$ = 1 at (technische Atmosphäre).

a) Hydraulische Presse. Auf den Kolben mit der Fläche A in Abb. 3.4 wirkt die Kraft F, also herrscht in dem Fluid im Zylinder der Druck $p = F/A$. Sofern man vom Gewicht des Fluids absehen kann, ist p überall gleich, im Innern wie an der Wand, egal welche Form diese hat, auch wenn sie irgendwie ausgebuchtet ist: Der Druck ist auch in allen Richtungen gleich. In der **hydraulischen Presse** (Abb. 3.5) wirkt daher auf den großen Kolben (Fläche A_2) die Kraft $F_2 = pA_2$, während man auf den kleinen Kolben (Fläche A_1) nur die Kraft $F_1 = pA_1$ ausüben muß.

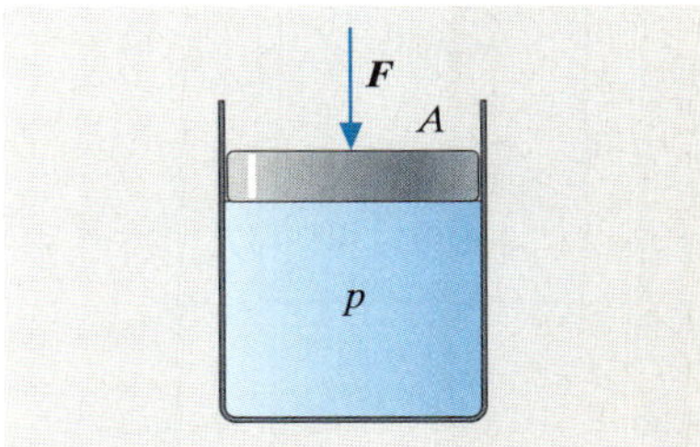

Abb. 3.4. Der Kolbendruck

✘ Beispiel...

Projektieren Sie eine hydraulische Autohebebühne.

Ein PKW von 1 t soll maximal um 2 m gehoben werden. Der Stempel, der ihn hochdrückt, habe 15 cm Durchmesser, also 180 cm² Querschnitt. Das System muß dann mindestens 10 000 N/180 cm² = 5,5 bar aushalten. Bei Handbetrieb wird man z. B. kaum mehr als 200 N auf den Hebel ausüben wollen. Ist er 1 : 10 untersetzt, braucht man einen Primärkolben von 36 cm² Querschnitt. Wenn jeder Hebelweg 1 m beträgt, muß man 100mal pumpen, bis das Auto oben ist. Natürlich muß ein Ventil da sein, das den Rückfluß verhindert. Bei 50 bar Preßluft kommt man mit einem Primärkolben von 5 cm Durchmesser aus.

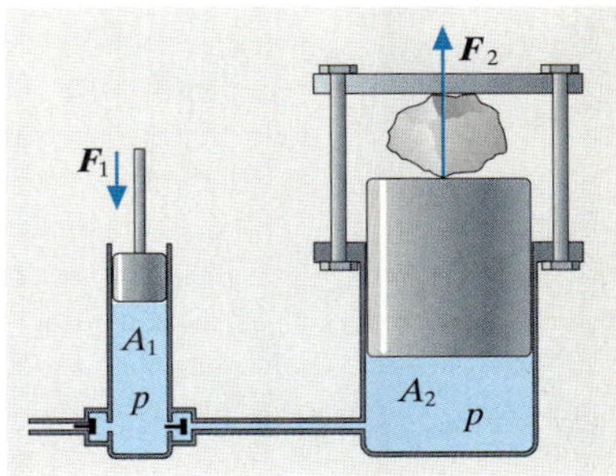

Abb. 3.5. Die hydraulische Presse

b) Druckarbeit. Die hydraulische Presse spart zwar Kraft, aber keine Arbeit. Wir schieben den kleinen Kolben um $\mathrm{d}x_1$ vor, ohne dabei die Kraft F_1 wesentlich zu ändern, und leisten damit die Arbeit $\mathrm{d}W = F_1\,\mathrm{d}x_1 = pA_1\,\mathrm{d}x_1 = p\,\mathrm{d}V$, denn $A_1\,\mathrm{d}x_1 = \mathrm{d}V$ ist das Fluidvolumen, das hinübergeschoben worden ist. Im großen Zylinder wird die gleiche Arbeit geleistet, denn der Eintritt dieses Volumens $\mathrm{d}V$ verschiebt den großen Kolben nur um $\mathrm{d}x_2 = \mathrm{d}V/A_2$.

> Ganz allgemein erfordert eine Volumenabnahme $-\mathrm{d}V$ unter einem konstanten oder so gut wie konstanten Druck p die Arbeit
>
> $$\mathrm{d}W = -p\,\mathrm{d}V\,. \tag{3.4}$$

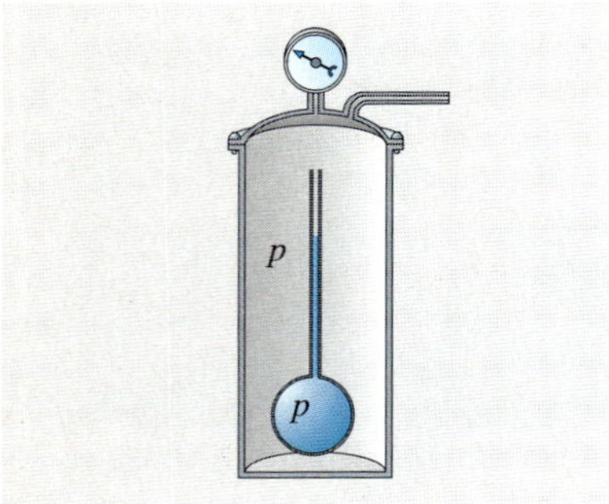

Abb. 3.6. Piezometer

c) Kompressibilität. Eine Drucksteigerung um $\mathrm{d}p$ bewirkt eine Volumenabnahme $-\mathrm{d}V$, die proportional zu $\mathrm{d}p$ und zum vorhandenen Volumen V ist: $\mathrm{d}V = -\kappa V\,\mathrm{d}p$.

> Die **Kompressibilität**
>
> $$\kappa = -\frac{1}{V}\frac{\mathrm{d}V}{\mathrm{d}p} \tag{3.5}$$
>
> hat die Dimension eines reziproken Drucks.

Sie hängt von der Temperatur ab. Bei einer endlichen Drucksteigerung von p_1 auf p_2 verrichtet man an einer Flüssigkeit die Arbeit

$$W = -\int p\,\mathrm{d}V = \int \kappa V p\,\mathrm{d}p = \tfrac{1}{2}\kappa V(p_2^2 - p_1^2)\,.$$

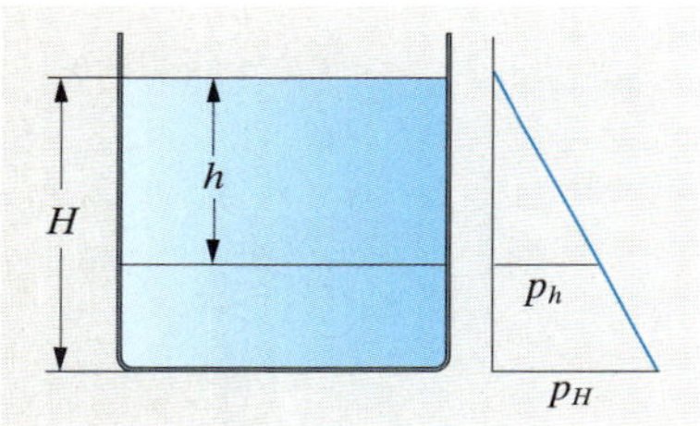

Abb. 3.7. Der Schweredruck in einer Flüssigkeit

Hier haben wir V vor das Integral ziehen können, weil es sich nur wenig ändert. Wasser z. B. hat die Kompressibilität $\kappa = 5 \cdot 10^{-10}\,\mathrm{m^2/N}$. Beim Gas ist das natürlich anders (Abschn. 3.1.5, 5.2.6). Diese Kompressionsarbeit würde die Probe erwärmen, wenn man nicht sehr langsam komprimierte und durch Wärmeabfuhr den Vorgang isotherm hielte. Genaue Volumenmessung erfolgt am einfachsten im **Piezometerkolben** anhand des Flüssigkeitsstandes h in der Kapillare vom lichten Querschnitt A: $\mathrm{d}V = A\,\mathrm{d}h$ (Abb. 3.6).

3.1.4 Der Schweredruck

> Eine Flüssigkeitssäule mit der Höhe h und dem Querschnitt A hat das Gewicht $F = g\varrho hA$ und übt daher auf ihren Boden den Druck
>
> $$p = \frac{F}{A} = g\varrho h \tag{3.6}$$
>
> aus (Abb. 3.7).

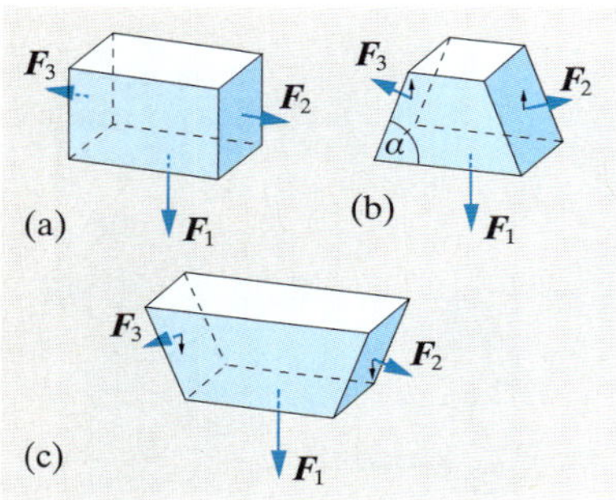

Abb. 3.8a–c. Der Druck auf den Boden eines Gefäßes hängt nur von der Tiefe der Flüssigkeit darin ab, nicht von seiner Form. Bei (c) tragen die Wände einen Teil des größeren Flüssigkeitsgewichtes, bei (b) vergrößert der Gegendruck der Wände noch den Bodendruck

Bei Wasser ($\varrho = 10^3\,\mathrm{kg/m^3}$) herrscht ziemlich genau 1 bar in 10 m Tiefe, wozu noch der Luftdruck kommt. Der Bodendruck ist unabhängig von der Form des Gefäßes: Wenn auf einem vollen Tank ein hauchdünnes Schauröhrchen sitzt, in dem das Wasser 10 m hoch steht, dann wirkt auf den ganzen riesigen Tankboden auch 1 bar (**Hydrostatisches Paradoxon**). Man versteht das aus Abb. 3.8. Hier sind die Bodenflächen und damit die Kräfte auf sie alle gleich, obwohl die Gefäße ganz verschiedene Flüssigkeitsgewichte enthalten. In (c) nehmen ja die Seitenflächen einen Teil dieser Gewichtskraft auf, in (b) helfen sie sogar noch mit abwärtsdrücken.

a) Kommunizierende Röhren. Zwei Flüssigkeiten mit den Dichten ϱ_1 und ϱ_2 stehen in den Schenkeln eines U-Rohres. An jedem Rohrquerschnitt, z. B. ganz unten, muß der Druck $p = g\varrho h$ beiderseits gleich sein, damit Gleichgewicht herrscht. Bei $\varrho_1 = \varrho_2$ ist das der Fall, wenn beide Schenkel gleich hoch gefüllt sind, unabhängig von ihrer Form und ihrem Querschnitt (Abb. 3.9). Bei verschiedenen Dichten verhalten sich die Höhen umgekehrt wie diese (Ablesung der Höhen: Abb. 3.10). Das ergibt eine einfache relative Dichtemessung. Für Wasser und Quecksilber findet man $h_W/h_{Hg} = \varrho_{Hg}/\varrho_W = 13{,}6$ (Vorsicht: Wasser kriecht an der Wand am Quecksilber vorbei, weil dieses die Wand nicht benetzt).

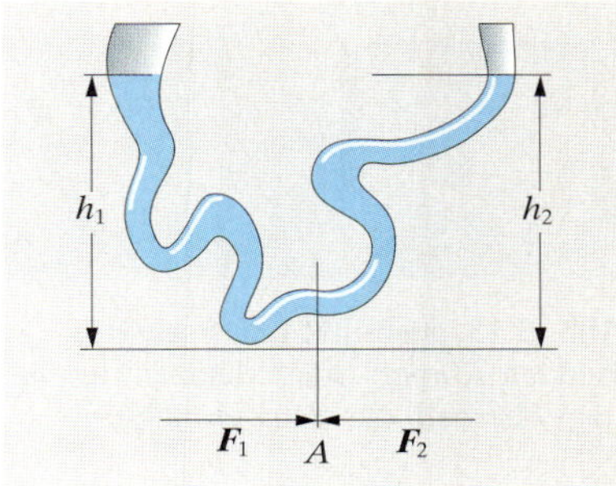

Abb. 3.9. Homogene Flüssigkeit in kommunizierenden Röhren

b) Auftrieb. Ein Zylinder oder Prisma, ganz in eine Flüssigkeit der Dichte ϱ getaucht, erfährt auf seine Grundfläche eine Kraft $F_2 = g\varrho h_2 A$, auf die obere Deckfläche die Kraft $F_1 = g\varrho h_1 A$ (Abb. 3.11).

Die Differenz

$$F_A = F_2 - F_1 = g\varrho(h_2 - h_1)A = g\varrho V\,, \tag{3.7}$$

die den Körper nach oben schiebt, der **Auftrieb**, ist also gerade das Gewicht der verdrängten Flüssigkeitsmenge (**Archimedes**).

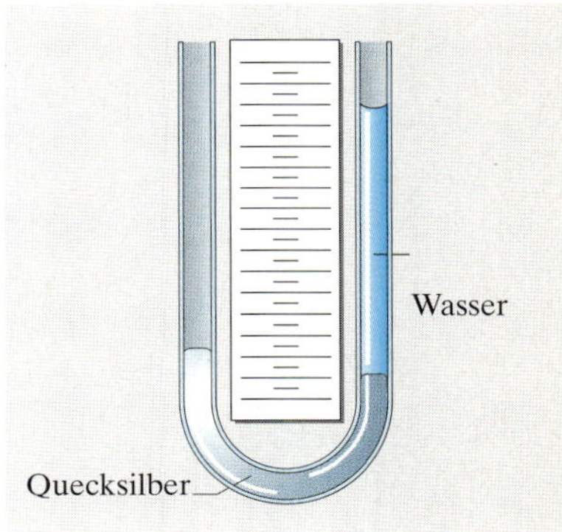

Abb. 3.10. Höhen von nicht mischbaren Flüssigkeiten mit verschiedener Dichte in kommunizierenden Röhren

Die Kräfte auf die Seitenflächen heben sich auf. (3.7) gilt auch für beliebige Formen des Körpers.

Mit der **hydraulischen Waage** bestimmt man das Gewicht eines Körpers in Luft ($F_L = \varrho_K V$) und in einer Flüssigkeit ($F_F = (\varrho_K - \varrho_F)V$). Das Verhältnis $F_F/F_L = 1 - \varrho_F/\varrho_K$ gibt die Dichte ϱ_K (oder ϱ_F).

Eigentlich greift der Auftrieb über die Oberfläche verteilt an. Man kann ihn aber auch durch eine Einzelkraft ersetzen, die im Schwerpunkt der verdrängten Flüssigkeit angreift. Zum Beweis denken wir uns einen homogenen Körper der gleichen Form, der die gleiche Dichte hat wie die Flüssigkeit (Abb. 3.12). Er ist, ganz eingetaucht, in jeder Lage im Gleichgewicht, also ist sein Auftrieb gleich seinem Gewicht (keine resultierende Kraft), und beide greifen im Schwerpunkt an (kein Drehmoment).

c) Schwimmen. Ein Körper vom Gewicht F_G, homogen oder nicht, erfahre ganz eingetaucht den Auftrieb F_A. Bei $F_A = F_G$ schwebt er im in-

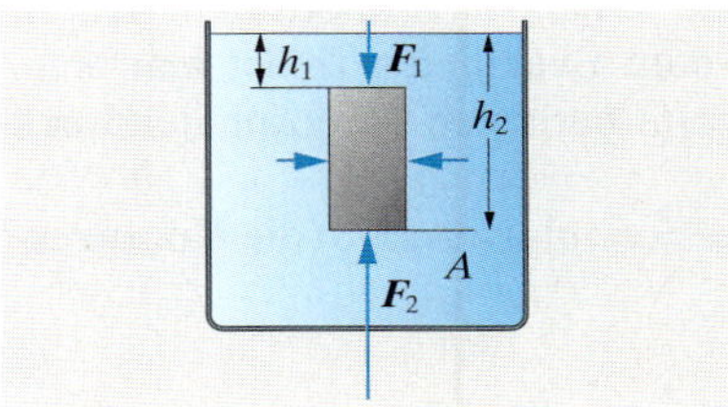

Abb. 3.11. Das Zustandekommen des Auftriebs

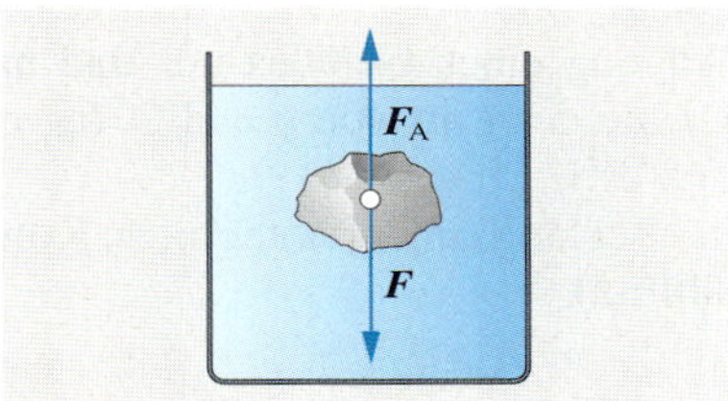

Abb. 3.12. Bedingung für das Schweben eines Körpers in einer Flüssigkeit

differenten Gleichgewicht, bei $F_A < F_G$ sinkt er, bei $F_A > F_G$ schwimmt er, und ein Teil ragt über die Oberfläche.

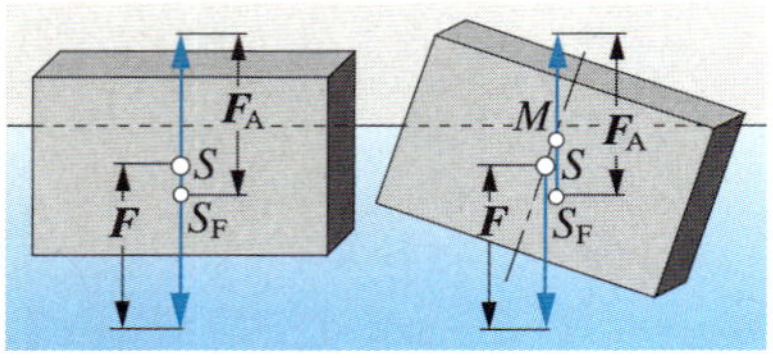

Abb. 3.13. Stabilität eines schwimmenden Körpers. Das Metazentrum M liegt oberhalb des Schwerpunktes S

Stabilitätsbedingung des Schwimmens. Der Angriffspunkt der Schwerkraft $\boldsymbol{F}$ am schwimmenden Körper ist sein Schwerpunkt S, der Angriffspunkt des Auftriebes $\boldsymbol{F}_A$ (der „Aufhängepunkt") ist der Schwerpunkt S_F der verdrängten Flüssigkeit. Wenn S unter S_F liegt (schwerer Kiel), ist die Schwimmlage immer stabil. Andernfalls (Abb. 3.13) liegt im Gleichgewicht S_F senkrecht unter S. Die Verbindung beider Punkte, der Vektor $\boldsymbol{r}$, liegt in der Richtung der Kräfte, also ist das Drehmoment des Kräftepaares Null. Jede Kippung ruft aber ein Kräftepaar mit einem Drehmoment $\boldsymbol{T} = \boldsymbol{F}_A \times \boldsymbol{r}$ hervor, das den Körper wieder in die Gleichgewichtslage zurückdreht oder weiter aus ihr entfernt, je nachdem ob der Vektor $\boldsymbol{F}_A$ die Mittelebene des Körpers oberhalb oder unterhalb von S schneidet (Abb. 3.13). Dieser Schnittpunkt heißt **Metazentrum** M. Die Schwimmlage ist stabil, wenn das Metazentrum oberhalb des Schwerpunktes liegt.

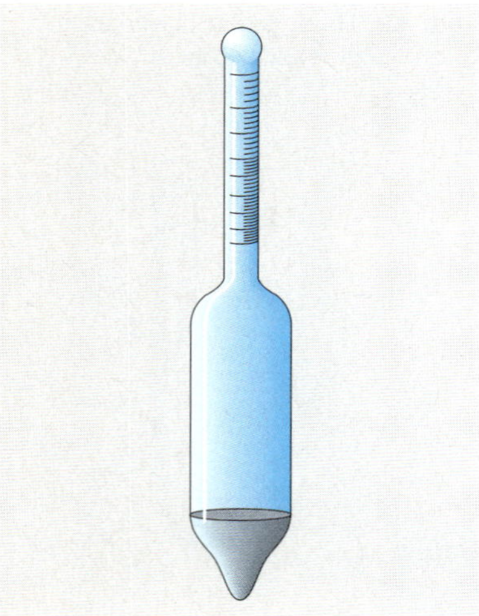

Abb. 3.14. Aräometer oder Tauchspindel zur Dichtemessung an Flüssigkeiten. Die Dichteskala ist offenbar nicht gleichmäßig eingeteilt. Warum nicht, und wie denn?

d) Aräometer. Die Dichte ϱ einer Flüssigkeit mißt man sehr bequem mit der **Tauchspindel** (**Aräometer**). Sie taucht um so tiefer ein, je kleiner ϱ ist. Die Skala auf dem Röhrchen ist aber nicht linear geteilt, wie aus der Schwimmbedingung folgt (Abb. 3.14):

$$m = \varrho(V_0 + Ah)\,, \qquad \text{also} \qquad h = \frac{m}{A\varrho} - \frac{V_0}{A}\,.$$

3.1.5 Gasdruck

Bei einem nicht zu dichten oder zu kalten Gas sind Druck und Volumen umgekehrt proportional zueinander

$$V = \frac{c}{p} \quad (\textbf{Boyle-Mariotte})\,. \tag{3.8}$$

Dieses Verhalten kennzeichnet das **ideale Gas** und ist unter Normalbedingungen am besten bei H_2 und He erfüllt. Die Konstante c hängt bei gegebener Temperatur nur davon ab, wieviele Moleküle das Volumen enthält, d. h. von der eingeschlossenen Gasmenge in mol (**Avogadro**). Bei $T = 0\,°\mathrm{C}$ gilt die Zahlenwertgleichung

$$V = 22{,}4\,\frac{m}{M}\frac{1}{p} \tag{3.8$'$}$$

(m: Masse des Gases, M: Molmasse, V in Liter, p in bar). Druck und Dichte $\varrho = m/V$ eines Idealgases sind einander proportional. Durch Wägung eines Gefäßes vor und nach dem Evakuieren findet man eine Dichte der Luft von $\varrho = 1{,}29\,\mathrm{kg/m^3}$ beim normalen Atmosphärendruck und $0\,°\mathrm{C}$.

Bei langsamer (isothermer) Kompression folgt aus (3.8) die **Kompressibilität**

$$\kappa = -\frac{1}{V}\frac{\mathrm{d}V}{\mathrm{d}p} = \frac{1}{V}\frac{c}{p^2} = \frac{1}{p}\,,$$

die für alle Idealgase bei gleichem Druck den gleichen Wert hat.

Ein **Flüssigkeitsmanometer** ist ein U-Rohr, teilweise z. B. mit Quecksilber gefüllt (Abb. 3.15). Ist der eine Schenkel offen zur Außenluft, dann gibt h den Überdruck $p_1 - p_2$ im Gefäß an, oft direkt in mm Hg oder Torr gemessen. Wegen $\varrho_{Hg} = 13\,593\,\mathrm{kg/m^3}$ (Abschn. 3.1.4) ist

$$1\,\mathrm{Torr} = \varrho_{Hg} \cdot g \cdot 1\,\mathrm{mm} = 133{,}4\,\mathrm{N/m^2}\,.$$

Beim geschlossenen **Manometer** hatte man anfangs den ganzen rechten Schenkel mit Quecksilber gefüllt, das beim Absinken ein Vakuum über sich läßt. Hier braucht man also den Luftdruck p_2 nicht abzuziehen, die Höhe h gibt direkt den Gasdruck p im Gefäß an.

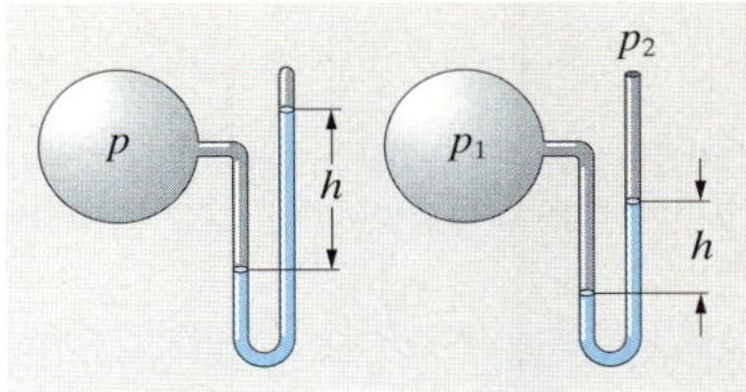

Abb. 3.15. Geschlossenes und offenes Flüssigkeitsmanometer

3.1.6 Der Atmosphärendruck

Der **Luftdruck** ist so allgegenwärtig, daß man ihn meist erst wahrnimmt, wenn er irgendwo fehlt, wie z. B. über der Quecksilbersäule in einem einseitig geschlossenen Rohr, das man erst mit Quecksilber füllt und dann umdreht. In ihm steht das Quecksilber in Meereshöhe normalerweise 760 mm hoch, der übliche **Atmosphärendruck** ist also

$$1\,\mathrm{atm} = 760\,\mathrm{Torr} = 1{,}013\,\mathrm{bar}\,. \tag{3.9}$$

Dieser Druck kommt wie der Schweredruck in einer Flüssigkeit zustande als Gewicht/Fläche der gesamten Erdatmosphäre. Wäre die Luft überall so dicht wie in Meereshöhe, dann könnte die Atmosphäre nur bis zur Höhe

$$H = \frac{p}{g\varrho} = \frac{1{,}013 \cdot 10^5\,\mathrm{N/m^2}}{9{,}81\,\mathrm{m/s^2}\;1{,}29\,\mathrm{kg/m^3}} \approx 8\,\mathrm{km}$$

reichen. Der Mount Everest-Gipfel ragte schon ins Leere. Bei 1 km Anstieg würde der Druck immer um 127 mbar abnehmen, während die Dichte konstant bliebe. Bei konstanter Temperatur muß aber nach *Boyle-Mariotte* die Dichte proportional zum Druck mit der Höhe abnehmen. Wir können also (3.6) nur auf eine dünne Schicht der Dicke $\mathrm{d}h$ anwenden (Abb. 3.16): Beim Anstieg um $\mathrm{d}h$ ändert sich der Druck um $\mathrm{d}p = -\varrho g\,\mathrm{d}h$. Diese Differentialgleichung enthält zwei Variable, p und ϱ; eine davon, z. B. ϱ, können wir nach *Boyle-Mariotte* beseitigen: $p/\varrho = p_0/\varrho_0$ (p_0, ϱ_0: Werte auf Meereshöhe). Also

$$\frac{\mathrm{d}p}{\mathrm{d}h} = -g\frac{\varrho_0}{p_0}\,p\,.$$

Die Ableitung der Funktion $p(h)$ ist bis auf den Faktor $-g\varrho_0/p_0$ gleich der Funktion selbst. Es handelt sich also um eine e-Funktion:

$$p(h) = p_0 \mathrm{e}^{-g\varrho_0 h/p_0} \tag{3.10}$$

(Abb. 3.17).

> Mit der **Skalenhöhe** $H = p_0/(\varrho_0 g)$, die sich für Luft bei 0° C zu $H = 8\,005\,\mathrm{m}$ ergibt, vereinfacht sich das zu
>
> $$p(h) = p_0\,\mathrm{e}^{-h/H}\,. \tag{3.10'}$$

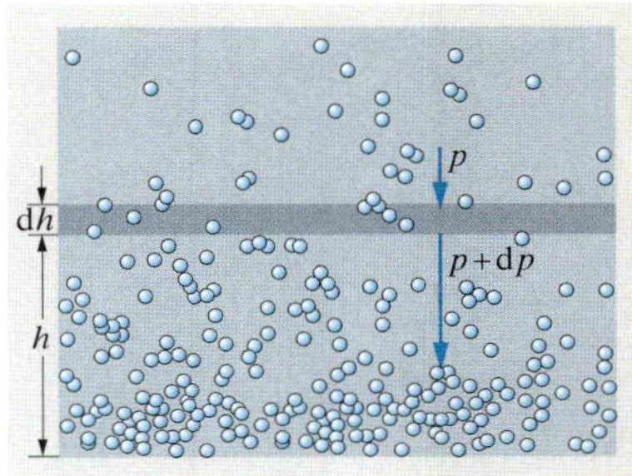

Abb. 3.16. Beim Aufstieg um $\mathrm{d}h$ ändert sich der Luftdruck um $g\varrho\,\mathrm{d}h$

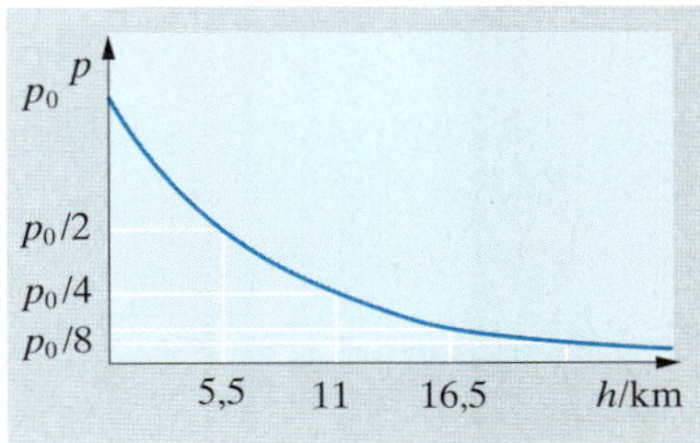

Abb. 3.17. Druckabfall in der Atmosphäre bei konstanter Temperatur als Funktion des Abstandes vom Erdboden ($p_0 = 1\,\mathrm{bar}$)

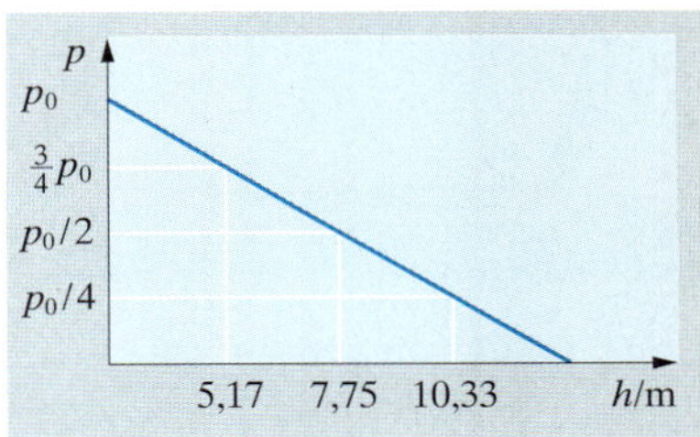

Abb. 3.18. Druckabfall in einer 10,33 m hohen Wassersäule (über der die Luft fortgepumpt ist) als Funktion des Abstandes vom Boden ($p_0 = 1\,\mathrm{bar}$)

Bei 8 km Anstieg nehmen Druck und Dichte nicht auf 0 ab wie bei der „homogenen Atmosphäre“, sondern um den Faktor $e^{-1} = 0{,}386$. Eine scharfe obere Grenze der Atmosphäre gibt es nicht (Abb. 3.18).

In Wirklichkeit nimmt die Temperatur i. allg. in der **Troposphäre** (bis 10–12 km Höhe) mit der Höhe ab. Die Troposphäre wird für trockene Luft besser durch die **adiabatisch-indifferente Schichtung** (Aufgaben zu 5.2) beschrieben. Bei feuchter Luft ist noch der Einfluß der **Kondensationswärme** zu beachten.

Tabelle 3.1. Oberflächenspannung σ in N/m einiger Flüssigkeiten gegen Luft bei 18 °C

Quecksilber	0,471
Wasser	0,0729
Benzol	0,029
Ethylether	0,017

3.2 Oberflächenspannung

Tropfen, Blasen, Schäume, überhaupt das Verhalten von Flüssigkeiten in kleinen Bereichen, werden beherrscht durch nahewirkende Anziehungskräfte zwischen den Molekülen.

Wenn ein Tropfen auf fettiger Unterlage Kugelform annimmt, wenn Wasser im Schwamm von selbst hochsteigt, wenn Wasserläufer (kleine Insekten) über den See huschen können, ohne einzusinken, wenn Enten im eiskalten Wasser nicht frieren, dann zeigt dies alles, daß eine Flüssigkeit eine Art Haut hat, deren Spannung in sehr kleinem Maßstab der Schwerkraft entgegenarbeiten kann. Jede gespannte Haut hat minimale Energie, wenn ihre Fläche minimal ist.

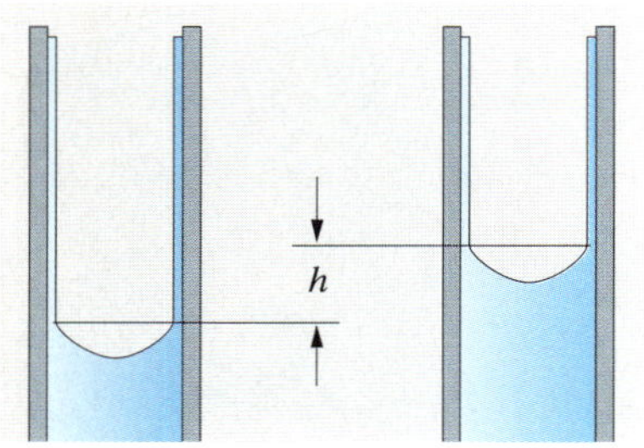

Abb. 3.19. Wenn eine benetzende Flüssigkeit in einem Rohr steigt, verkleinern sich Oberfläche und Oberflächenenergie

Die **Oberflächenenergie** ist proportional zur Oberfläche

$$W_{\text{Ob}} = \sigma A\,. \tag{3.11}$$

σ heißt **spezifische Oberflächenenergie** oder **Oberflächenspannung**.

Bei gegebenem Volumen hat eine Kugel die kleinste Oberfläche, deswegen sind Tröpfchen kugelig. Beim Schwamm muß man beachten, daß seine Oberflächen benetzbar sind, die Beine des Wasserläufers und die gut eingefetteten Entenfedern nicht. Ein Röhrchen im Schwamm ist mit einer Wasserhaut ausgekleidet, sobald man ihn befeuchtet hat. Diese Oberfläche *verkleinert* sich, wenn das Wasser hochsteigt (Abb. 3.19). Sie müßte sich als röhrenförmige Tasche *vergrößern*, wenn das Wasserläuferbein tiefer eintauchte (Abb. 3.20). Wasserläufer und Enten leiden unter waschpulverhaltigem Abwasser: Es senkt die Oberflächenspannung, macht also auch fettige Flächen besser benetzbar.

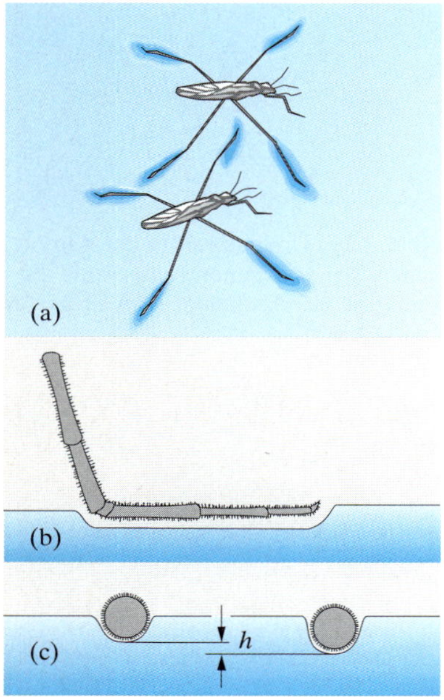

Abb. 3.20a–c. Der Wasserläufer (hier dargestellt die Art *Gerris lacustris*) wird von der Oberflächenspannung getragen

Oberflächenenergie ist ein Teil der Anziehungsenergie zwischen den Flüssigkeitsmolekülen. Ein Molekül tief in der Flüssigkeit wird von seinen Nachbarn allseitig angezogen, die Gesamtkraft ist Null. Solche Kräfte haben knapp 10^{-9} m Reichweite. Sitzt das Molekül sehr nahe der Oberfläche, dann werden die Kräfte einseitig, es bleibt eine Resultierende zur Flüssigkeit hin (Abb. 3.21). Um sie zu überwinden und das Molekül ganz an die Oberfläche zu bringen, brauchen wir eine Energie. Es ist die Oberflächenenergie, bezogen auf die Fläche, die etwa dem Molekülquerschnitt entspricht. Wenn die Molekularkräfte nur zwischen den nächsten Nachbarn wirken, betätigt das Molekül im Innern etwa 12 solche Bindungen, an der Oberfläche nur etwa 9. Es fallen 3 weg. Die

Oberflächenenergie pro Molekülfläche sollte also etwa $\frac{1}{4}$ der Energie sein, die nötig ist, um das Molekül ganz aus der Flüssigkeit zu befreien, d. h. $\frac{1}{4}$ der Verdampfungsenergie pro Molekül. Prüfen Sie dies für verschiedene Flüssigkeiten nach.

Die Oberflächenenergie führt zu einer Kraft auf den Bügel (Abb. 3.22), in dem eine Flüssigkeitslamelle (Seifenhaut) hängt. Zieht man den Bügel um Δs abwärts, dann vergrößert sich die Oberfläche um $2b\,\Delta s$ (sie hat zwei Seiten), die Oberflächenenergie nimmt um $\Delta W = \sigma 2b\,\Delta s$ zu. Diese Arbeit haben wir beim Verschieben aufbringen müssen, also hat dem eine Kraft F nach oben entgegengewirkt, so daß $\Delta W = F\,\Delta s$, d. h. $F = 2b\sigma$. An jeder Randlinie einer Flüssigkeitsoberfläche zieht eine Kraft nach innen, die gleich σ mal der Randlänge ist. Mit dem Bügel Abb. 3.23, durch den ein feiner Faden gespannt ist, kann man σ direkt über die Kraft messen, mit der man zusätzlich zur Schwerkraft die Flüssigkeitshaut hochziehen muß. Diese Kraft ist, anders als bei der elastischen Membran, unabhängig von der Verschiebung Δs: Es gibt keine „Ruhegröße" der Oberfläche, sie will möglichst klein sein. Die Oberflächenspannung σ nimmt mit der Erwärmung ab; dabei lockert sich ja die Flüssigkeit auf, die stark abstandsabhängigen Molekularkräfte werden kleiner. σ ist äußerst empfindlich gegen winzige Verunreinigungen, die sich an der Oberfläche sammeln (**oberflächenaktive Stoffe**).

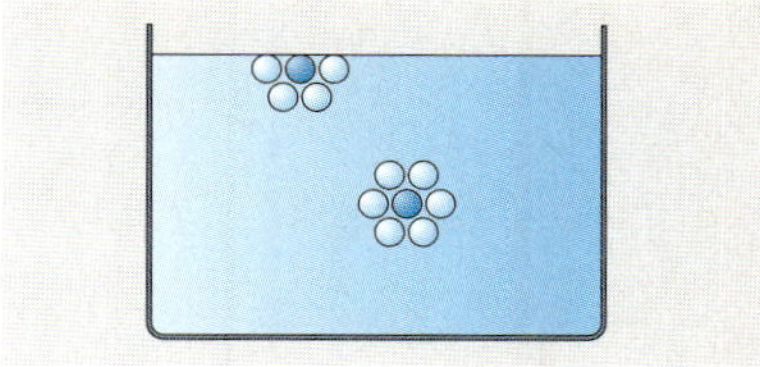

Abb. 3.21. Modell zur Deutung der Oberflächenenergie

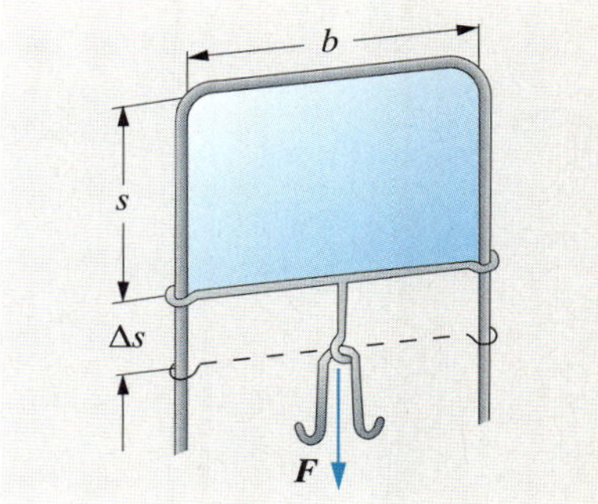

Abb. 3.22. Modellversuch zur Bestimmung der Oberflächenspannung

✗ Beispiel...

Müssen die Messungen der Oberflächenspannung mit dem Bügel (Abb. 3.23) hinsichtlich der Gewichte von Bügel und Flüssigkeitslamelle korrigiert werden? Wie?

Das Bügelgewicht läßt sich leicht herauseichen: Man mißt die Kraftdifferenz zwischen Bügel in Luft und Bügel beim Abreißen der Lamelle. Das Gewicht der Lamelle selbst, das zum Abreißen führt, entspricht gerade der Oberflächenkraft, die man messen will. Es wäre sinnlos, es wegeichen zu wollen. Bleibt der Auftrieb des teilweise eingetauchten Bügels. Bei einem dünnen Draht aus dichtem Material ist er klein (z. B. Stahldraht von 0,3 mm Durchmesser: Auftrieb $7 \cdot 10^{-4}$ N/m, d. h. kaum 0,5 % der Oberflächenspannung).

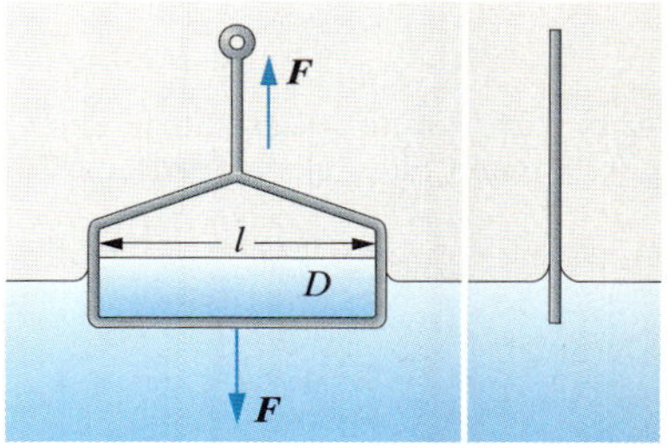

Abb. 3.23. Bügelmethode zur Messung der Oberflächenspannung

a) Tröpfchengröße. Ein **Tropfen** hängt an einem Rohr, aus dem Flüssigkeit nachdringt, bis der Tropfen unter seiner eigenen Schwere fast abreißt. In diesem Zustand hängt der Tropfen am Rohrumfang $2\pi r$ mit der Kraft $2\pi r\sigma$. Beim Abreißen ist dies gleich dem Gewicht $V\varrho g$ des Tropfens (Abb. 3.24), also

$$V = \frac{2\pi r\sigma}{g\varrho}\,. \tag{3.12}$$

Ein dickes Rohr gibt größere Tropfen. Für Wasser und $r = 1$ mm folgt $V \approx 0{,}043\,\mathrm{cm}^3$.

Je kleiner eine Flüssigkeitsmenge ist, desto mehr überwiegen die Oberflächenkräfte z. B. über die Schwerkraft, denn die Oberfläche nimmt

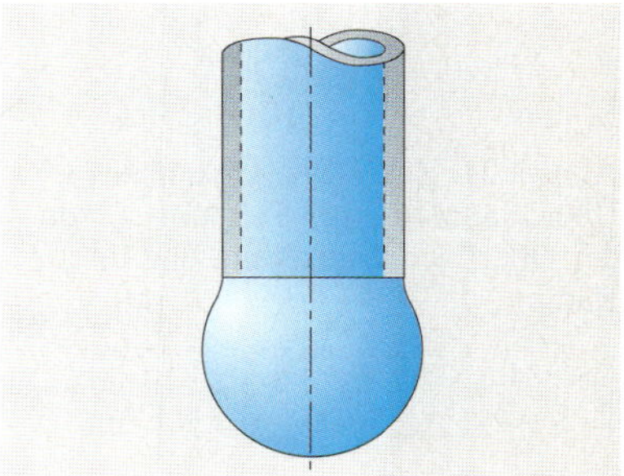

Abb. 3.24. Tröpfchen kurz vor dem Abreißen (schematisch)

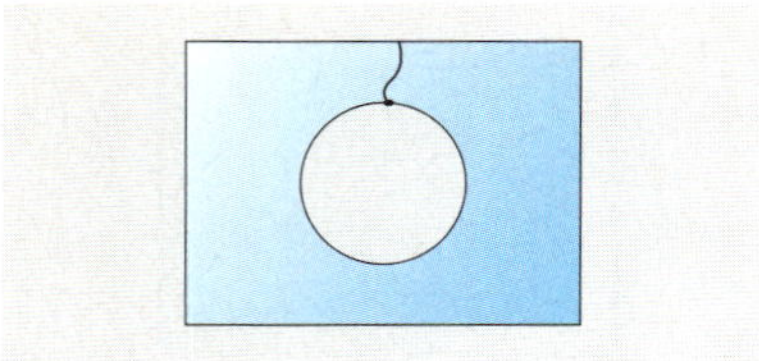

Abb. 3.25. Das durch einen Faden begrenzte Loch in einer Seifenlamelle hat Kreisform. (Flüssigkeitsoberflächen sind Minimalflächen)

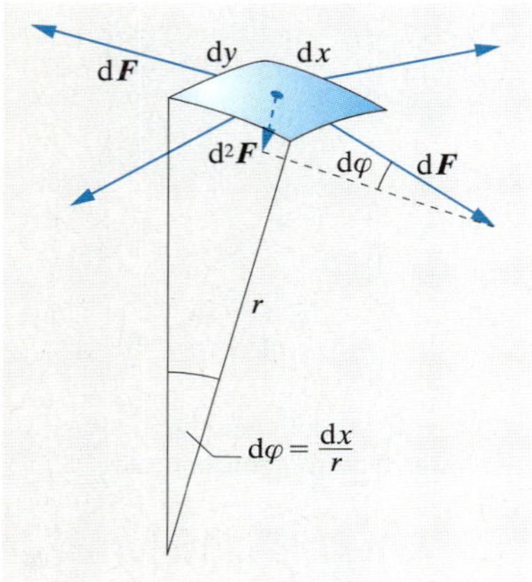

Abb. 3.26. Kräfte auf ein Stück einer gekrümmten Flüssigkeitsoberfläche

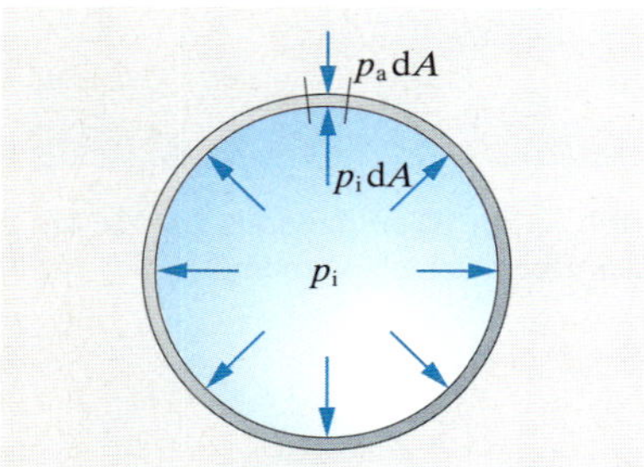

Abb. 3.27. Zur Abhängigkeit des Überdrucks in einer Seifenblase von der Oberflächenspannung und ihrem Radius

langsamer ab als das Volumen. Tröpfchen, freie Lamellen wie Seifenhäute, Trennwände der Bläschen im Schaum sind daher **Minimalflächen**. Ein Faden wird durch eine Seifenhaut zum Kreis gespannt (Abb. 3.25), wenn man die Haut, die anfangs innerhalb der Fadenschlinge war, zersticht. Der Kreis spart ja bei gegebener Fadenlänge *maximal* an der Oberfläche ein. Seifenhäute in krummen Drahtbügeln bilden raffinierte Minimalflächen, die kaum jemand berechnen könnte. So ein Seifenhautcomputer löst äußerst komplizierte Probleme aus der Potentialtheorie, wie wir gleich zeigen werden.

b) Überdruck in der Seifenblase. Verbindet man eine kleine **Seifenblase** durch einen Strohhalm mit einer großen, dann wird die große noch größer, die kleine schrumpft, bis sie ganz verschwindet. Offenbar herrscht in der kleineren ein höherer Druck, daher bläst sie die andere auf.

An den beiden Seiten dy eines gekrümmten Flächenstücks $dA = dx\,dy$ einer Seifenblase vom Radius r (Abb. 3.26) greift je eine Tangentialkraft vom Betrag $dF = 2\sigma\,dy$ an (die Seifenblase hat zwei Oberflächen, eine innere und eine äußere, daher die 2). Diese beiden Kräfte bilden den Winkel $d\varphi = dx/r$ zueinander, also ergibt sich eine Normalkraft vom Betrag $d^2F = dF\,d\varphi = 2\sigma\,dy\,dx/r$ nach innen. Die Kräfte, die an den Seiten dx ziehen, ergeben eine ebenso große Normalkraft. Damit diese Einwärtskräfte die Seifenblase nicht zusammenfallen lassen, muß darin ein Überdruck Δp vom Aufblasen her herrschen, so daß $d^2F = \Delta p\,dA$ ist (Abb. 3.27), d. h.

$$\Delta p = \frac{4\sigma}{r} \,. \qquad (3.13)$$

Entsprechend herrscht auch in jeder *einfachen*, nach außen gewölbten Flüssigkeitsoberfläche ein Überdruck

$$\boxed{\Delta p = \frac{2\sigma}{r}} \,. \qquad (3.13a)$$

Ähnliches gilt für elastische Membranen, Schalen und Gewölbe. Wir folgern: Eine frei gespannte Seifenhaut, auf die beiderseits der gleiche Druck wirkt, hat *keine* Krümmung. Entweder ist sie eben, oder, wenn das infolge der Berandungsform nicht geht, hat sie zwei Krümmungen, die einander aufheben: Eine konvexe, eine gleich starke konkave. Ein altmodischer Sattel sieht so aus. Freie Minimalflächen bestehen aus lauter Sattelpunkten. Wir spannen eine solche Fläche über der x, y-Ebene aus. Sie bildet ein Zelt mit der Höhe $z(x, y)$. Die konvexe Krümmung, die z. B. in x-Richtung liege, ist angenähert d^2z/dx^2, in der y-Richtung ist die Krümmung d^2z/dy^2. Beide müssen sich zu Null ergänzen:

$$\boxed{\frac{d^2z}{dx^2} + \frac{d^2z}{dy^2} = 0} \,. \qquad (3.14)$$

Dies ist die **Laplace-Gleichung**, der jedes (zweidimensionale) Potential im ladungsfreien Raum gehorcht (Abschn. 6.1.3).

c) Kapillarität. Eine Flüssigkeit steigt in einem engen Rohr um h an, wenn man die Innenfläche vorher gut benetzt hat (Abb. 3.28). Die zusätzliche Flüssigkeitssäule mit ihrem Gewicht $\pi r^2 h\varrho g$ hängt an der Randlinie $2\pi r$ mit der Randkraft $\sigma 2\pi r$. Gleichgewicht herrscht bei

$$\boxed{h = \frac{2\sigma}{r\varrho g}} \ . \qquad (3.15)$$

Man kann auch sagen: Der Schweredruck ϱgh muß gleich dem Zug $2\sigma/r$ der halbkugeligen Hohlfläche sein (vgl. (3.13a)). Bei einer nichtbenetzenden Flüssigkeit wie Quecksilber im Glas ergibt sich eine **Kapillardepression** um den gleichen Betrag (Abb. 3.29).

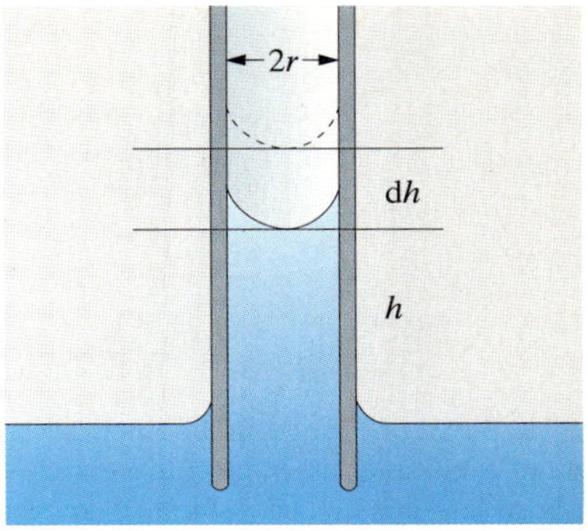

Abb. 3.28. Steighöhe einer benetzenden Flüssigkeit in einem engen Rohr

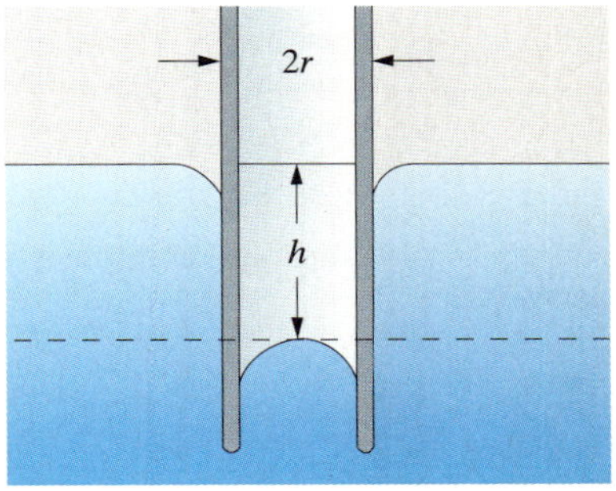

Abb. 3.29. Kapillardepression für eine nichtbenetzende Flüssigkeit

Bisher war von der Oberfläche einer Flüssigkeit gegen Luft die Rede. Auch Grenzflächen zwischen beliebigen Stoffen i und k haben jeweils eine **Grenzflächenspannung** σ_{ik}. Sie kann auch negativ sein, wenn z. B. ein Festkörper die Moleküle einer Flüssigkeit stärker anzieht als diese einander. Dann tritt mindestens teilweise Benetzung ein. Negative Grenzflächenenergie zwischen zwei Flüssigkeiten führt zur Durchmischung.

Wo eine Flüssigkeitsoberfläche an eine Gefäßwand grenzt, wirken drei Randspannungen. In Abb. 3.30 ist σ_{23} (fest-flüssig) als negativ, d. h. aufwärts zeigend dargestellt. Gleichgewicht verlangt

$$\sigma_{23} - \sigma_{13} = -\sigma_{12} \cos \Theta \ . \qquad (3.16)$$

Wenn die **Haftspannung** $\sigma_{13} - \sigma_{23}$ größer ist als σ_{12}, gibt es kein Θ, das (3.16) befriedigt: Die Flüssigkeit kriecht ganz an der Wand hoch. Ist σ_{23} positiv und größer als σ_{13}, also die Haftspannung negativ, dann wird $\Theta > 90°$ (bei Quecksilber-Glas $\Theta = 138°$). Abbildung 3.31 stellt dasselbe nochmals anders dar, nämlich durch die **Kohäsions-** und **Adhäsionskräfte**, die auf ein Flüssigkeitsteilchen am Rand wirken.

Am Rand eines **Fettauges** auf Wasser greifen ebenfalls drei Spannungen tangential zur jeweiligen Oberfläche an. Gleichgewicht herrscht, wenn die Resultierende verschwindet, also nach dem Cosinussatz bei dem **Randwinkel** φ_3 mit

$$\cos \varphi_3 = \frac{\sigma_{12}^2 - \sigma_{13}^2 - \sigma_{23}^2}{2\sigma_{13}\sigma_{23}}$$

(Abb. 3.32, 3.33). Das ist nur möglich, wenn jedes der σ_{ik} kleiner ist als die Summe der beiden anderen. Bei $|\sigma_{12}| > |\sigma_{13}| + |\sigma_{23}|$ wird das Tröpfchen zu einer Schicht ausgezogen, die die ganze Oberfläche bedeckt. Reicht sein Volumen dazu nicht, dann geht die Ausbreitung nur bis zu einer zusammenhängenden **monomolekularen Schicht**, z. B. bei Maschinenöl auf Wasser.

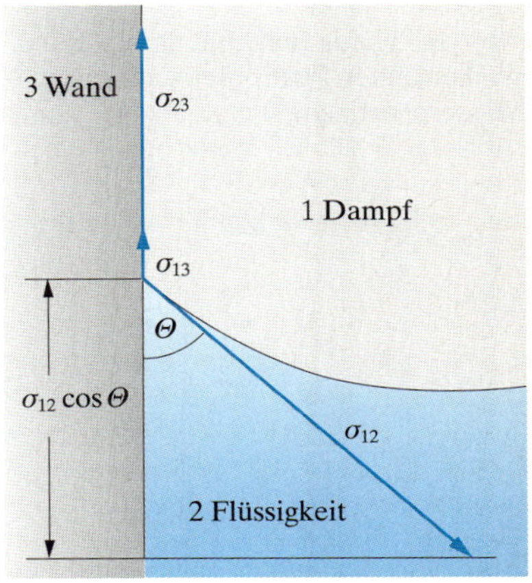

Abb. 3.30. Zusammenhang zwischen der Haftspannung und dem Randwinkel, $\sigma_{13} - \sigma_{23} = \sigma_{12} \cos \Theta$

Bei unvollständiger Benetzung (Abb. 3.34) ist die Steighöhe h vom Randwinkel Θ abhängig. r' sei der Krümmungsradius der Flüssigkeitsoberfläche. Dann liefert Gleichsetzung des hydrostatischen und des **Kapillardruckes** $p = 2\sigma/r' = 2\sigma \cos \Theta / r$ eine Steighöhe

$$h = \frac{2\sigma \cos \Theta}{\varrho g r} \quad \text{oder mit (3.16)} \quad h = \frac{2(\sigma_{13} - \sigma_{23})}{\varrho g r} \ .$$

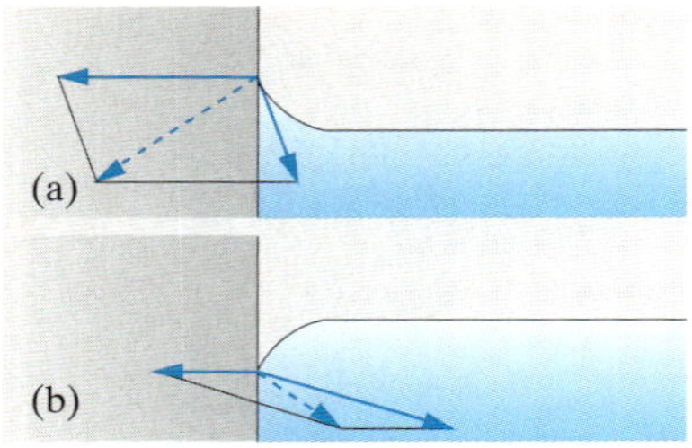

Abb. 3.31a, b. Randwinkel einer an eine Wand angrenzenden Flüssigkeitsoberfläche. Gleichgewicht herrscht, wenn die Resultierende senkrecht zur Oberfläche steht

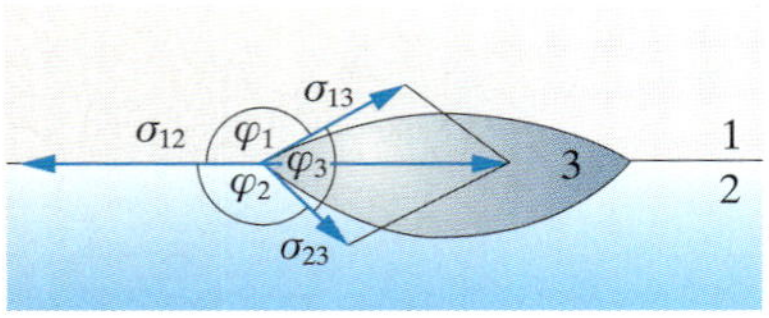

Abb. 3.32. Gestalt eines Fetttropfens auf Wasser

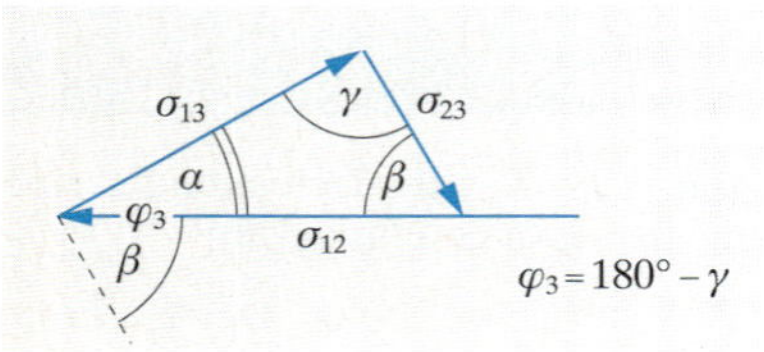

Abb. 3.33. Zur Berechnung des Randwinkels eines Fetttropfens auf einer Wasseroberfläche

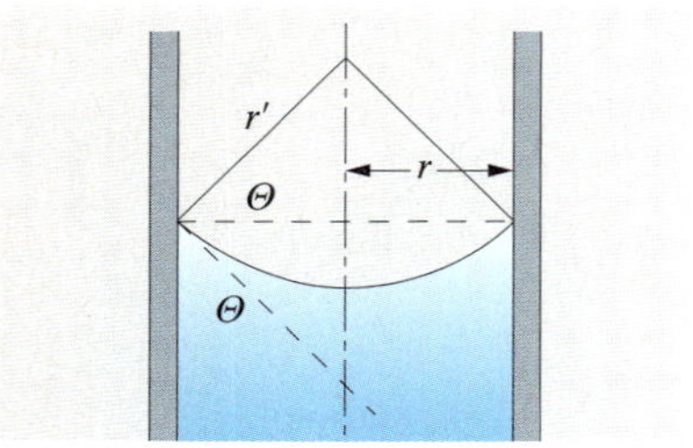

Abb. 3.34. Steighöhe einer unvollständig benetzenden Flüssigkeit in einem Rohr

Schreibt man dies als $2\pi r(\sigma_{13} - \sigma_{23}) = \pi \varrho g r^2 h$, so sieht man deutlich, wie die Differenz der Randkräfte die Flüssigkeitssäule $\pi r^2 h$ hochzieht.

✗ Beispiel...

Vom Rand eines Glases mit sehr starkem Wein, besonders Portwein, perlen ständig Tropfen nieder. Wie kommt es dazu?

Ist der Glasrand einmal benetzt, dann verdampft aus der dünnen Flüssigkeitshaut vorzugsweise der Alkohol. Dadurch steigt die Oberflächenspannung in der Haut, und Flüssigkeit mit geringerer Oberflächenspannung wird aus dem Glas nachgezogen, bis die Haut so schwer geworden ist, daß sie sich in Tropfen aufspaltet, die allmählich hinuntergleiten. Außerdem wächst die Tendenz zur Tropfenbildung mit der Verarmung an Alkohol.

3.3 Strömungen

Dieser Abschnitt führt einige mathematische Begriffe ein, die für die Behandlung beliebiger Felder, also für alle Gebiete der Physik entscheidend wichtig sind und die später bei der Anwendung nur kurz rekapituliert werden.

3.3.1 Beschreibung von Strömungen

Wir schlämmen in einer strömenden Flüssigkeit Schwebeteilchen auf, möglichst glänzende oder farbige. Auf einer Momentphotographie (z. B. mit $\frac{1}{10}$ s Belichtungszeit) bei seitlicher Beleuchtung zeichnet jedes Teilchen einen kurzen Strich, der durch seine Länge und Richtung die dort herrschende Strömungsgeschwindigkeit $\boldsymbol{v}$ angibt (der Richtungssinn ist aus der Aufnahme nicht ohne weiteres abzulesen). Die ganze Strömung wird durch die Menge aller dieser Vektoren, das **Vektorfeld $\boldsymbol{v}(\boldsymbol{r})$** beschrieben. Der Vektor $\boldsymbol{v}$ hat die rechtwinkligen Komponenten v_x, v_y, v_z. Wenn dieses Feld nicht von der Zeit abhängt, heißt die Strömung **stationär**.

Die Geschwindigkeitsvektoren $\boldsymbol{v}$, an hinreichend vielen Punkten gezeichnet, schließen sich zu **Stromlinien** zusammen, deren Tangentenvektoren sie sind. Davon zu unterscheiden sind die **Bahnlinien**. Man sieht sie auf einer *Zeit*aufnahme der Schwebeteilchen (z. B. 2 s Belichtungszeit). Stromlinien und Bahnlinien sind zwar bei einer stationären Strömung identisch, werden aber verschieden, wenn das Feld $\boldsymbol{v}(\boldsymbol{r})$ sich während der Zeitaufnahme ändert.

In strömenden *Flüssigkeiten* ist die Dichte ϱ i. allg. überall gleich, denn der Druck ist nirgends hoch genug, um sie wesentlich zu ändern. Strömungen mit konstantem ϱ heißen **inkompressibel**. Auch *Gas*strömungen kann man oft als inkompressibel betrachten, außer bei Geschwindigkeiten, die der Schallgeschwindigkeit nahekommen. In Schallwellen sind auch in Flüssigkeiten die Dichteschwankungen klein, aber wesentlich.

Wir stellen einen Rahmen, der eine Fläche A umspannt, senkrecht zur Strömungsrichtung in eine Flüssigkeit, die überall mit v fließt. In der Zeit $\mathrm{d}t$ schiebt sich ein Flüssigkeitsvolumen $Av\,\mathrm{d}t$ mit der Masse $\varrho Av\,\mathrm{d}t$

durch den Rahmen. Der **Fluß** durch die Fläche, d. h. die durchtretende Flüssigkeitsmasse pro Zeiteinheit, ist $\Phi = \varrho v A$. Ändert sich v auf der Fläche, bleibt aber noch überall senkrecht dazu, dann muß man integrieren: $\Phi = \int_A \varrho v \, \mathrm{d}A$. Steht $\boldsymbol{v}$ schräg (unter einem Winkel α, Abb. 3.35) zu einem Flächenstück $\mathrm{d}A$, dann zählt nur die Normalkomponente von $\boldsymbol{v}$: $\mathrm{d}\Phi = \varrho v \, \mathrm{d}A \cos\alpha$. Das läßt sich als Skalarprodukt ausdrücken, falls man vereinbart, Größe *und* Orientierung des Flächenstücks durch einen Normalvektor $\mathrm{d}\boldsymbol{A}$ zu beschreiben, dessen Betrag die Größe des Flächenstücks angibt und der senkrecht auf ihm steht. Dann wird $\mathrm{d}\Phi = \varrho \boldsymbol{v} \cdot \mathrm{d}\boldsymbol{A}$.

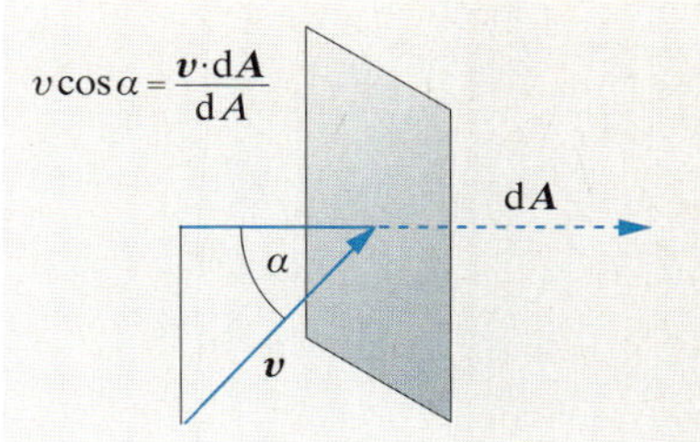

Abb. 3.35. Der Fluß $\mathrm{d}\Phi$ durch ein Flächenstück $\mathrm{d}\boldsymbol{A}$ ist gegeben durch die Normalkomponente der Strömungsgeschwindigkeit: $\mathrm{d}\Phi = \varrho v \cos\alpha \, \mathrm{d}A = \varrho \boldsymbol{v} \cdot \mathrm{d}\boldsymbol{A}$

Der Fluß durch eine beliebig geformte und orientierte, z. B. auch beliebig gekrümmte Fläche ist

$$\Phi = \int \varrho \boldsymbol{v} \cdot \mathrm{d}\boldsymbol{A} = \int \boldsymbol{j} \cdot \mathrm{d}\boldsymbol{A} \,. \qquad (3.17)$$

Der Vektor $\boldsymbol{j} = \varrho \boldsymbol{v}$ heißt auch **Stromdichte** der Strömung.

Wir betrachten jetzt eine *in sich geschlossene Fläche*, z. B. ein Netz, das über einen quaderförmigen Drahtrahmen gespannt ist. Bei einer solchen geschlossenen Fläche definiert man den *Richtungssinn* des Normalenvektors so, daß er überall nach außen zeigt. Der Gesamtfluß Φ durch eine solche Fläche ergibt sich dann als Differenz zwischen dem Abfluß an einigen Stellen und dem Zufluß an anderen. Wenn ein solcher Unterschied Φ besteht, heißt das, daß die eingeschlossene Masse ab- oder zunimmt, je nachdem ob Φ positiv oder negativ ist. In einer inkompressiblen Strömung ist das offenbar nicht möglich, es sei denn, daß jemand „von irgendwoher" Masse dazutut oder wegnimmt. In vielen Strömungsproblemen ist es praktisch, solche **Quellen** oder **Senken** aus dem Strömungsbild herauszuschneiden, das sonst der Massenerhaltung entspricht. So behandelt man z. B. oft ein flaches Becken mit Zufluß durch senkrechte Rohre und Abfluß aus Löchern. Bei einer quellen- und senkenfreien inkompressiblen Strömung dagegen ist der Fluß durch jede geschlossene Fläche Null.

Als geschlossene Fläche nehmen wir jetzt die Wand eines sehr kleinen Quaders, der parallel zu den Koordinatenachsen orientiert sei und das Volumen $\mathrm{d}V = \mathrm{d}x\,\mathrm{d}y\,\mathrm{d}z$ habe (Abb. 3.36). Durch die vordere (der Strömung zugekehrte) Fläche $\mathrm{d}y\,\mathrm{d}z$ strömt ein Fluß

$$\mathrm{d}\Phi_1 = -\varrho v_x(x)\,\mathrm{d}y\,\mathrm{d}z$$

ein (das Minuszeichen deutet das *Ein*strömen an; vgl. die Definition des Normalenvektors $\mathrm{d}\boldsymbol{A}$). An der hinteren Fläche $\mathrm{d}y\,\mathrm{d}z$ kann v_x einen etwas anderen Wert $v_x(x + \mathrm{d}x)$ haben. Der Ausstrom durch diese Fläche ist

$$\mathrm{d}\Phi_2 = \varrho v_x(x + \mathrm{d}x)\,\mathrm{d}y\,\mathrm{d}z = \varrho\left(v_x + \frac{\partial v_x}{\partial x}\mathrm{d}x\right)\mathrm{d}y\,\mathrm{d}z \,.$$

Die Differenz zwischen Aus- und Einstrom durch die $\mathrm{d}y\,\mathrm{d}z$-Flächen ist also

$$\mathrm{d}\Phi_1 + \mathrm{d}\Phi_2 = \varrho\frac{\partial v_x}{\partial x}\mathrm{d}x\,\mathrm{d}y\,\mathrm{d}z = \varrho\frac{\partial v_x}{\partial x}\mathrm{d}V \,.$$

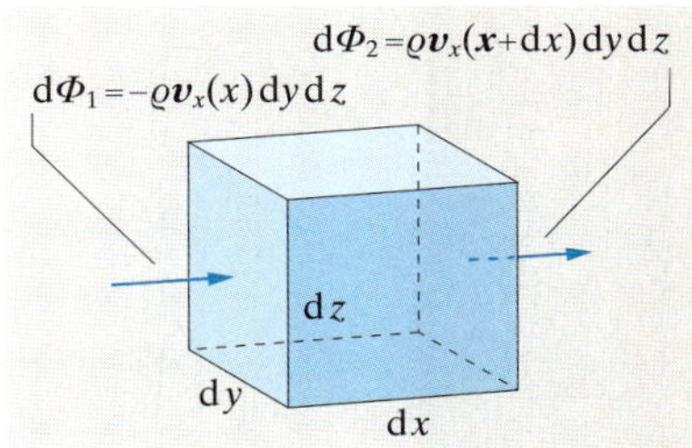

Abb. 3.36. Aus einem Volumenelement $\mathrm{d}V = \mathrm{d}x\,\mathrm{d}y\,\mathrm{d}z$ strömt in x-Richtung mehr Flüssigkeit aus als ein, wenn v_x nach rechts hin zunimmt: Ausstrom – Einstrom $= \varrho\,\mathrm{d}V\,\partial v_x/\partial x$; für alle drei Richtungen $\varrho \operatorname{div} \boldsymbol{v}\,\mathrm{d}V$

Die Flächen $\mathrm{d}x\,\mathrm{d}y$ und $\mathrm{d}x\,\mathrm{d}z$ liefern entsprechende Beiträge, die durch die Änderungen der beiden anderen v-Komponenten in den entsprechenden Richtungen bestimmt sind. Der Gesamtfluß durch den Quader ist

$$\mathrm{d}\Phi = \varrho\left(\frac{\partial v_x}{\mathrm{d}x} + \frac{\partial v_y}{\partial y} + \frac{\partial v_z}{\partial z}\right)\mathrm{d}V\,.$$

Das Symbol in Klammern, das für alle Vektorfelder eine entscheidende Rolle spielt, heißt **Divergenz** des Feldes $\boldsymbol{v}(\boldsymbol{r})$:

$$\operatorname{div}\boldsymbol{v} \equiv \frac{\partial v_x}{\partial x} + \frac{\partial v_y}{\partial y} + \frac{\partial v_z}{\partial z}\,. \tag{3.18}$$

Wenn div $\boldsymbol{v}$ an einer Stelle von Null verschieden ist, muß sich die Dichte im dort gelegenen Volumenelement ändern:

$$\mathrm{d}\Phi = \varrho\operatorname{div}\boldsymbol{v}\,\mathrm{d}V = -\dot{\varrho}\,\mathrm{d}V$$

oder

$$\boxed{\varrho\operatorname{div}\boldsymbol{v} = -\dot{\varrho}}\,. \tag{3.19}$$

Das Minuszeichen stammt daher, daß die Divergenz als Überschuß des Ausstroms gegen den Einstrom definiert ist. Eine quellenfreie inkompressible Strömung hat offenbar überall div $\boldsymbol{v} = 0$. Man nennt $\varrho\operatorname{div}\boldsymbol{v} = \operatorname{div}\boldsymbol{j}$ auch **Quelldichte**, unabhängig davon, ob es sich um eine Dichteänderung oder um Quellen im oben definierten Sinn handelt.

Wenn der Gesamtfluß durch die Oberfläche A eines Volumens V von Null verschieden ist, läßt sich die entsprechende Massenänderung durch Summierung über die Dichteänderungen in allen seinen Volumenelementen darstellen:

$$\Phi = \oint\!\!\oint_A \varrho\boldsymbol{v}\,\mathrm{d}A = -\iiint_V \dot{\varrho}\,\mathrm{d}V = \iiint_V \varrho\operatorname{div}\boldsymbol{v}\,\mathrm{d}V\,. \tag{3.20}$$

Dieser Satz von **Gauß-Ostrogradski** gilt für beliebige Vektorfelder $\boldsymbol{v}(r)$.

In einer divergenzfreien Strömung verfolge man die **Stromlinien**, die durch die Berandung eines quer zur Strömung stehenden Flächenstücks gehen. Alle diese Stromlinien bilden einen Schlauch, eine **Stromröhre**. Da definitionsgemäß durch die Wände der Stromröhre keine Flüssigkeit ein- oder austritt, ist der Strom durch jeden Querschnitt der Stromröhre gleich. Wo die Röhre enger ist, muß die Strömung schneller sein. Aus Abb. 3.37 liest man ab

$$\boxed{A_1 v_1 = A_2 v_2 \quad \text{(makroskopische Kontinuitätsgleichung für inkompressible Strömung)}\,.} \tag{3.21}$$

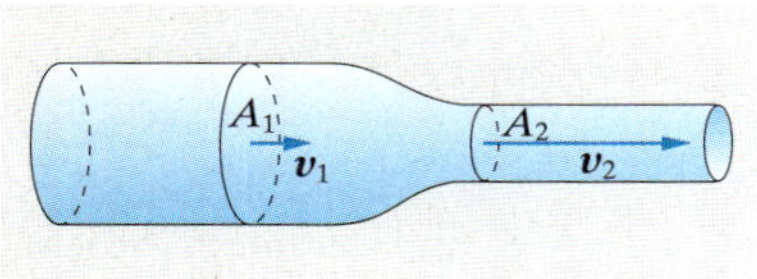

Abb. 3.37. Im engen Querschnitt strömt die Flüssigkeit schneller (Kontinuitätsgleichung)

Umgekehrt: Wenn längs einer Stromlinie die Geschwindigkeit zunimmt, muß eine Verengung vorliegen. Wo die Stromlinien dichter liegen, strömt die Flüssigkeit schneller.

Unsere Schwebeteilchen, falls sie nicht zu klein sind, zeigen noch eine andere Eigenschaft der Strömung an, ihre **Rotation**. Wo die Teilchen sich drehen, hat die Strömung Rotation. Die Mitte des Teilchens treibt mit der mittleren Strömungsgeschwindigkeit $\boldsymbol{v}$ des Gebietes, das es einnimmt. Es gerät in Drehung, wenn $\boldsymbol{v}$ sich *quer* zu seiner eigenen Richtung ändert. Dies ist sogar in einem völlig geraden Bachbett mit parallelen Stromlinien der Fall, in dem das Wasser in der Mitte schneller strömt als am Rand (Abb. 3.39). Auch ein völlig eingetauchtes Wasserrad mit horizontaler Achse dreht sich, wenn der Bach nahe am Grund langsamer strömt als oben. Besser ist es natürlich in diesem Fall, zur Rückführung die Strömungsgeschwindigkeit Null mit praktisch fehlender Reibung in der Luft auszunutzen.

Abb. 3.38. Im engen Querschnitt drängen sich die Stromlinien zusammen. Das bedeutet auch höhere Strömungsgeschwindigkeit. Vorausgesetzt ist, daß der Fluß überall ungefähr gleich tief ist, damit die Oberflächenverteilung der Stromlinien den Vorgang beschreibt

Wir betrachten einen kleinen Holzwürfel (Kantenlänge $2\,l$), der so auf dem Fluß treibt, daß zwei seiner Seitenflächen momentan parallel zur vorherrschenden Strömungsrichtung liegen (Abb. 3.40). Die Würfelmitte folgt translatorisch der Strömung. Wenn der Würfel sich nicht drehte, würde das Wasser rechts und links mit $\pm l\,\mathrm{d}v/\mathrm{d}x$ vorbeiströmen. Der Würfel rotiert gerade so schnell, daß dieses Vorbeiströmen und das Anströmen der Stirnflächen ausgeglichen werden, also mit einer Winkelgeschwindigkeit $\omega = \mathrm{d}v/\mathrm{d}x$. Wenn die Strömung nicht in y-Richtung zeigt, ergibt sich die transversale v-Änderung, die ω bestimmt, als

$$\omega = \frac{\partial v_y}{\partial x} - \frac{\partial v_x}{\partial y}\,. \tag{3.22}$$

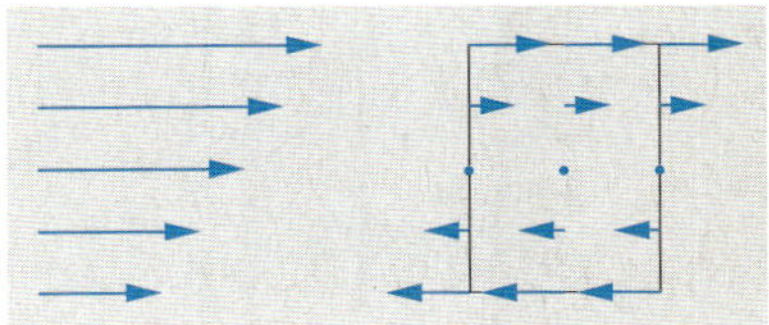

Abb. 3.39. Eine inhomogene Strömung enthält Wirbel. *Rechts*: Im mitbewegten Bezugssystem sieht man die Wirbel deutlicher. Der eingezeichnete Umlauf ergibt eine von Null verschiedene Zirkulation

Schwebende Teilchen können auch um nichtvertikale Drehachsen rotieren. Die Komponenten des Vektors der Kreisfrequenz, der in Richtung der Drehachse zeigt, ergeben sich analog zu (3.22) als

$$\boxed{\omega = \left(\frac{\partial v_z}{\partial y} - \frac{\partial v_y}{\partial z}, \frac{\partial v_x}{\partial z} - \frac{\partial v_z}{\partial x}, \frac{\partial v_y}{\partial x} - \frac{\partial v_x}{\partial y}\right)}\,. \tag{3.23}$$

Formal ist dies das Vektorprodukt des Vektoroperators $\nabla = (\partial/\partial x, \partial/\partial y, \partial/\partial z)$ (des **Nabla-Operators**) mit dem Vektor $\boldsymbol{v}$. In ähnlicher Weise läßt sich div $\boldsymbol{v}$ als Skalarprodukt div $\boldsymbol{v} = \nabla \cdot \boldsymbol{v}$, der Gradient im Skalarfeld $f(\boldsymbol{r})$ als Vektor ∇f darstellen.

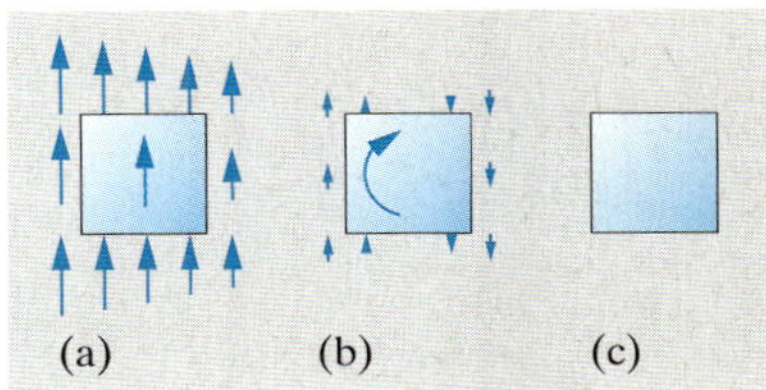

Abb. 3.40a–c. Strömungsverhältnisse um einen auf dem Fluß treibenden Holzklotz; (a) im Bezugssystem des Ufers, (b) in einem Bezugssystem, das mit dem Schwerpunkt des Klotzes mittreibt, aber nicht mitrotiert, (c) im mitrotierenden Bezugssystem

Als Eigenschaft des Strömungsfeldes nennt man (3.23) die **Rotation**

$$\begin{aligned} \operatorname{rot} \boldsymbol{v} &= \nabla \times \boldsymbol{v} \\ &= \left(\frac{\partial v_z}{\partial y} - \frac{\partial v_y}{\partial z}, \frac{\partial v_x}{\partial z} - \frac{\partial v_z}{\partial x}, \frac{\partial v_y}{\partial x} - \frac{\partial v_x}{\partial y}\right)\,. \end{aligned} \tag{3.24}$$

Ein schwimmendes Teilchen rotiert so, daß die Relativgeschwindigkeit des Wassers längs seiner „Wasserlinie“ möglichst klein wird. Wenn es diese Geschwindigkeit nicht überall zum Verschwinden bringen kann, macht es wenigstens überall ihren Mittelwert zu Null, ausgedrückt durch das Linienintegral $\oint \boldsymbol{v}\,\mathrm{d}\boldsymbol{s}$ über die geschlossene Berandungskurve. Hindert man das Teilchen am Rotieren und führt dieses Linienintegral im raumfesten Bezugssystem aus, dann erhält man einen nichtverschwindenden Wert. Dieses Integral heißt **Zirkulation**. In einem Kraftfeld $\boldsymbol{F}(\boldsymbol{r})$ stellt das Linienintegral $\int_C \boldsymbol{F}\,\mathrm{d}\boldsymbol{s}$ genau die Arbeit bei einer Verschiebung längs der Kurve C dar. Wir wissen schon, daß sich durch diese Operation entscheiden läßt, ob ein Kraftfeld ein **Potential** hat. Dies ist der Fall, wenn dieses Linienintegral 0 ist. Nun gilt für jeden Vektor $\boldsymbol{a}$, daß sein Linienintegral über die geschlossene Kurve C gleich dem Flächenintegral von rot $\boldsymbol{a}$ über eine von C umrandete Fläche A ist:

$$\oint_C \boldsymbol{v}\,ds = \iint_A \operatorname{rot} \boldsymbol{v}\,\mathrm{d}\boldsymbol{A} \quad \textbf{(Satz von Stokes)} \quad . \tag{3.25}$$

Man kann also auch sagen: Ein Kraftfeld $\boldsymbol{F}(\boldsymbol{r})$ besitzt ein Potential $U(\boldsymbol{r})$, wenn **rot** $\boldsymbol{F}$ überall Null ist. Dann kann man die Kraft $\boldsymbol{F} = -\operatorname{grad} U$ aus dem mathematisch einfacheren skalaren Potential ableiten. Entsprechend kann man auch das $\boldsymbol{v}$-Feld einer Strömung nach $\boldsymbol{v} = -\operatorname{grad} U$ aus einem **Geschwindigkeitspotential** $U(\boldsymbol{r})$ ableiten, falls die Strömung rotationsfrei ist.

Ein großer Teil der klassischen Strömungslehre beschäftigt sich mit Potentialströmungen, besonders mit ebenen inkompressiblen Potentialströmungen. Die dabei vorauszusetzende Rotationsfreiheit ist durch die Helmholtzschen Wirbelsätze (Abschn. 3.3.9), d. h. die Erhaltungstendenz der Wirbel gesichert. Wenn man weiß, daß eine Flüssigkeit einmal rotationsfrei war, bleibt sie es, sich selbst überlassen, immer und überall. Eine inkompressible Strömung ist außerdem divergenzfrei. Für das Geschwindigkeitspotential U ergibt sich dann

$$\operatorname{div} \boldsymbol{v} = -\operatorname{div} \operatorname{grad} U = -\Delta U = 0 \quad .$$

Solche Strömungen gehorchen der Potentialgleichung für das Vakuum. Die mächtigen Mittel der Potentialtheorie werden damit verfügbar. Jedes Strömungsproblem dieser Art hat ein genau äquivalentes elektrostatisches oder Gravitationsproblem, das vielleicht schon längst gelöst ist.

Wir können hier nur auf die speziell für den Flugzeugbau sehr wichtige Methode der **konformen Abbildungen** hinweisen. Wenn man die Strömung um ein einfaches Profil P, z. B. einen Kreis kennt, den man sich in der komplexen z-Ebene gezeichnet denkt, kann man sofort auch die um ein beliebiges Profil P' bestimmen, falls man eine komplexe Funktion $f(z)$ findet, die P auf P' abbildet. Dieselbe Funktion bildet nämlich auch die beiden Strömungsbilder vollständig aufeinander ab. Mathematisch liegt das daran, daß eine Funktion $f(z)$, sofern sie **analytisch** ist, die Gültigkeit der Potentialgleichung $\Delta U = 0$ nicht beeinträchtigt.

Diese Methoden liefern der Wirklichkeit gut entsprechende Strömungsbilder, versagen aber vollkommen vor dem entscheidenden Problem des **Strömungswiderstandes**. Er ergibt sich für die wichtigsten umströmten Körper, z. B. eine Kugel oder einen Zylinder, als Null. Man sollte danach ein Boot ohne Kraftaufwand mit konstanter Geschwindigkeit durchs Wasser schieben können. Die Theorie der Potentialströmungen lehnt **Newtons** Ansatz für den Strömungswiderstand (Abschn. 1.5.9d und 1.6) ab. Zwar muß der bewegte Körper vorn das Wasser wegschieben, also beschleunigen, aber hinter im schließen sich die Stromlinien angeblich wieder so glatt zusammen, daß die Bremsung vorn genau wieder ausgeglichen wird. Zur Lösung dieses Paradoxons braucht man zwei Begriffe: innere Reibung und Turbulenz. Damit ergibt sich in vielen praktischen Fällen wie durch ein Wunder eine Rechtfertigung des Newtonschen Ansatzes (vgl. Abschn. 3.3.8).

3.3.2 Innere Reibung

Zwischen einer festen Wand (Abb. 3.41 links) und einer bewegten Platte (rechts) befinde sich eine dünne Flüssigkeitsschicht von der Dicke z. Um die Platte der Fläche A mit konstanter Geschwindigkeit $\boldsymbol{v}$ parallel zur Wand zu verschieben, braucht man eine Kraft

$$\boldsymbol{F} = \eta A \frac{\boldsymbol{v}}{z} \quad . \tag{3.26}$$

η, die Viskosität, beschreibt die Eigenschaften der Flüssigkeit. Daß A und $\boldsymbol{v}$ im Zähler stehen, ist klar, höchstens die Schichtdicke im Nenner überrascht. Es handelt sich ja aber nicht um eine Reibung zwischen Festkörper und Flüssigkeit – die an die Wände angrenzenden Schichten haften daran –, sondern um Reibung zwischen den einzelnen Flüssigkeitsschichten. Je kleiner z bei gegebenem v, desto schneller müssen die einzelnen Molekülschichten übereinander weggleiten.

In dem Spalt zwischen den ebenen Platten ändert sich die Strömungsgeschwindigkeit v linear mit der Koordinate z. Im allgemeinen Fall ist dieser Zusammenhang nicht linear. Dann kann man (3.26) nur jeweils auf eine sehr dünne Schicht dz anwenden. An ihr muß beiderseits die Kraft

$$\boldsymbol{F} = \eta A \frac{\mathrm{d}\boldsymbol{v}}{\mathrm{d}z} \tag{3.27}$$

angreifen, wobei A auch noch hinreichend klein sein muß, falls der Geschwindigkeitsgradient $\mathrm{d}\boldsymbol{v}/\mathrm{d}z$ sich senkrecht zur z-Richtung ändert. In diesem Fall reden wir besser von der **viskosen Schubspannung**

$$\sigma_\eta = \frac{\mathrm{d}F}{\mathrm{d}A} = \eta \frac{\mathrm{d}v}{\mathrm{d}z} \, . \tag{3.28}$$

Nach (3.26) ist die Einheit der **Viskosität** $1\,\mathrm{N\,s\,m^{-2}} = 1\,\mathrm{kg\,m^{-1}\,s^{-1}}$ (ältere CGS-Einheit: Poise $= 1\,\mathrm{P} = 1\,\mathrm{dyn\,s\,cm^{-2}} = 0{,}1\,\mathrm{N\,s\,m^{-2}}$). Wasser hat bei $20\,°\mathrm{C}$ $\eta = 10^{-3}\,\mathrm{N\,s\,m^{-2}}$. Manchmal benutzt man auch die **Fluidität** η^{-1} oder die **kinematische Zähigkeit** η/ϱ (CGS-Einheit 1 Stokes $= 1\,\mathrm{St} = 1\,\mathrm{cm^2/s}$).

Die Viskosität von Flüssigkeiten nimmt mit steigender Temperatur sehr stark ab (vgl. Tabelle 3.2). Für viele Flüssigkeiten gilt in guter Näherung

$$\eta = \eta_\infty \mathrm{e}^{b/T} \, . \tag{3.29}$$

Man erklärt dies nach der Theorie der **Platzwechselvorgänge**. Die Scherung eines Flüssigkeitsvolumens, wie sie in der Anordnung von Abb. 3.41

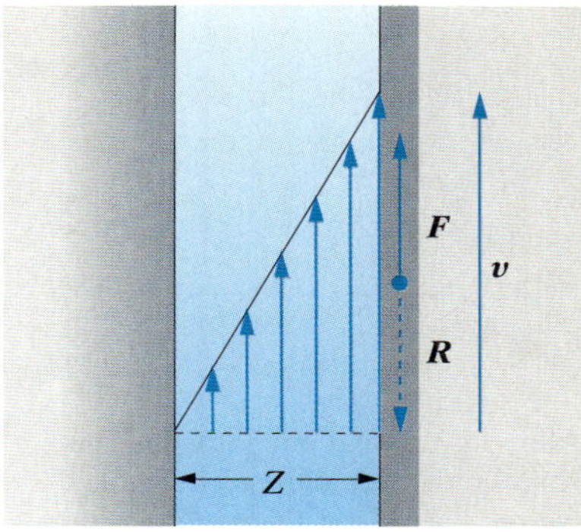

Abb. 3.41. Zwischen einer bewegten und einer ruhenden Platte bildet sich ein lineares Geschwindigkeitsprofil aus. Sein Gradient bestimmt die zum Verschieben nötige Kraft

Tabelle 3.2. Viskosität einiger Stoffe

	η $\mathrm{N\,s\,m^{-2}}$	Temperatur °C
Wasser	0,00182	0
	0,001025	20
	0,000288	100
Ethylalkohol	0,00121	20
Ethylether	0,000248	20
Glyzerin	1,528	20
Luft (1bar)	0,0000174	0
Wasserstoff (1bar)	0,0000086	0

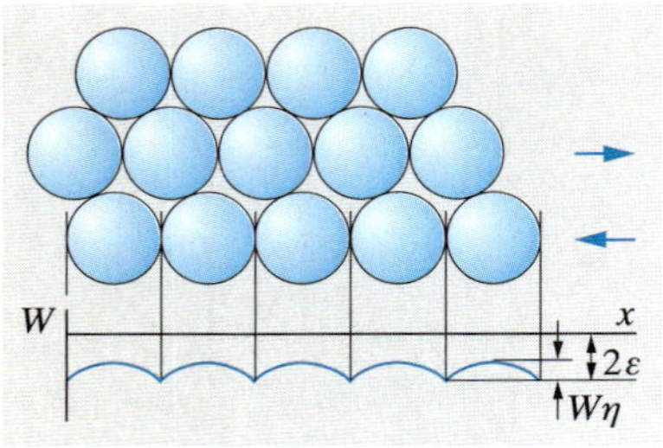

Abb. 3.42. Wenn eine Schicht von Kugeln über die darunterliegende gleitet, hat sie ein Potential der angegebenen Form zu überwinden. Die Höhe der Potentialbuckel W_η bestimmt die Viskosität der Flüssigkeit, die Energie 2ε der vollständigen Trennung ist die doppelte Oberflächenenergie

verlangt wird, ist nur möglich, wenn Molekülschichten übereinander hinweggleiten. Flüssigkeitsmoleküle sind zwar nicht an Ruhelagen fixiert wie die im Festkörper, aber die Verzahnung benachbarter Schichten bedingt Potentialwälle (Abb. 3.42), die nach **Boltzmann** um so leichter zu überspringen sind, je höher die Temperatur ist (vgl. Abschn. 5.2.9). b in (3.29) bedeutet im wesentlichen die Höhe eines solchen Potentialwalls, die **Aktivierungsenergie** des Platzwechsels.

Die sehr viel geringere Viskosität der Gase nimmt dagegen mit steigender Temperatur zu (Begründung s. Abschn. 5.4.6).

3.3.3 Die laminare Strömung

Eine Strömung, deren Verhalten durch die innere Reibung bestimmt wird, heißt **laminare** oder **schlichte Strömung** (Gegensatz: turbulente Strömung). Strömungen wie Flüsse oder Wasser in der Wasserleitung sind i. allg. turbulent; die Blutzirkulation ist normalerweise laminar. Bei laminaren Strömungen gleiten selbst sehr dünne Flüssigkeitsschichten glatt übereinander hin, bei turbulenten wirbeln sie ineinander. Mit Hilfe suspendierter Farbstoffteilchen sind beide Strömungsformen deutlich zu unterscheiden. Ein theoretisches Kriterium gibt die Reynolds-Zahl (Abschn. 3.3.5).

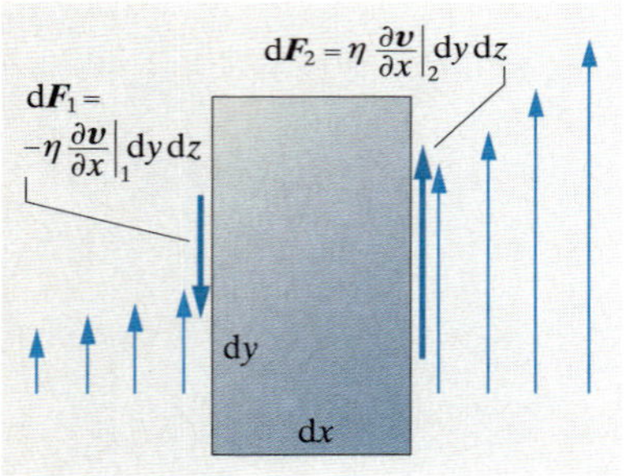

Abb. 3.43. Reibungskräfte auf ein Volumenelement in einer inhomogenen Strömung

a) Reibungskräfte in strömenden Flüssigkeiten. Wir betrachten ein Volumenelement $dV = dx\,dy\,dz$ in einer Flüssigkeit, in der die Strömung in y-Richtung erfolgt und ein Geschwindigkeitsgefälle in x-Richtung hat. Auf die linke Stirnfläche wirkt eine Reibungskraft, die bestimmt ist durch das dort herrschende Geschwindigkeitsgefälle:

$$dF_1 = -\eta \frac{\partial v}{\partial x}\bigg|_{\text{links}} dy\,dz\,.$$

Analog ist die Kraft entgegengesetzter Richtung auf die rechte Stirnfläche bestimmt durch das dortige Gefälle, das einen anderen Wert haben kann:

$$dF_2 = \eta \frac{\partial v}{\partial x}\bigg|_{\text{rechts}} dy\,dz = \eta \left(\frac{\partial v}{\partial x}\bigg|_{\text{links}} + \frac{\partial^2 v}{\partial x^2} dx \right) dy\,dz\,.$$

Die Summe

$$dF_r = dF_2 + dF_1 = \eta \frac{\partial^2 v}{\partial x^2} dx\,dy\,dz = \eta \frac{\partial^2 v}{\partial x^2} dV$$

ist nur dann verschieden von Null, wenn das Geschwindigkeitsprofil gekrümmt ist (sonst gibt es zwar Drehmomente, aber keine translatorischen Kräfte). Wenn sich die Geschwindigkeit nicht nur in x-Richtung ändert, leistet jede Koordinate ihren Beitrag:

$$dF_r = \eta \Delta v\, dV = \eta \left(\frac{\partial^2 v}{\partial x^2} + \frac{\partial^2 v}{\partial y^2} + \frac{\partial^2 v}{\partial z^2} \right) dV\,. \tag{3.30}$$

Hier tritt wieder der **Laplace-Operator** $\Delta = \partial^2/\partial x^2 + \partial^2/\partial y^2 + \partial^2/\partial z^2$ auf.

Die **Kraftdichte**, d. h. die Kraft/Volumen, ist für die innere Reibung

$$\boldsymbol{f}_r = \eta \Delta \boldsymbol{v} \ .$$

Dieser Ausdruck läßt sich auch vektoriell lesen, denn jede Komponente von $\boldsymbol{v}$ liefert, wenn man den Laplace-Operator auf sie anwendet, die entsprechende Kraftdichtekomponente.

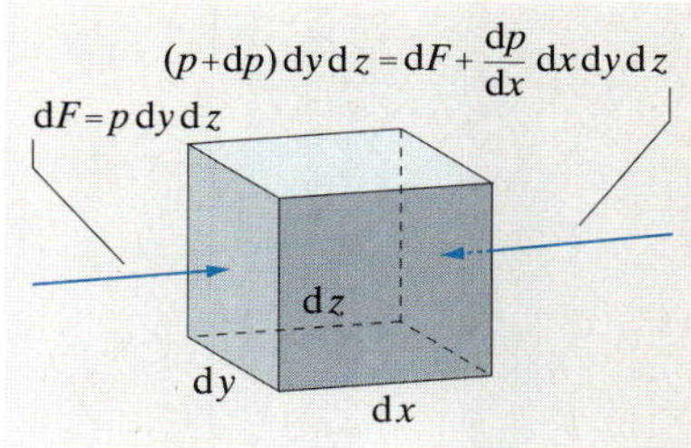

Abb. 3.44. Druckkräfte auf ein Volumenelement

b) Druckkraft. Wenn der Druck nicht überall gleich ist, sondern sich z. B. in x-Richtung ändert, wirkt auf das Volumenelement nach Abb. 3.44 eine Kraft

$$\mathrm{d}F_p = p\,\mathrm{d}y\,\mathrm{d}z - \left(p + \frac{\partial p}{\partial x}\mathrm{d}x\right)\mathrm{d}y\,\mathrm{d}z = -\frac{\partial p}{\partial x}\mathrm{d}x\,\mathrm{d}y\,\mathrm{d}z = -\frac{\partial p}{\partial x}\mathrm{d}V \ .$$

Bei beliebiger Richtung des Druckgefälles folgt die Kraft dieser Richtung und hat die Komponenten $-\mathrm{d}V\,\partial p/\partial x$, $-\mathrm{d}V\,\partial p/\partial y$, $-\mathrm{d}V\,\partial p/\partial z$, kurz zusammengefaßt als

$$\mathrm{d}\boldsymbol{F}_p = -\mathrm{grad}\,p\,\mathrm{d}V \ . \qquad (3.31)$$

Die Kraftdichte der Druckkraft ist einfach der Druckgradient

$$\boldsymbol{f}_p = -\mathrm{grad}\,p \ .$$

Durch diese beiden Kraftdichten $\boldsymbol{f}_r$ und $\boldsymbol{f}_p$ werden für laminare Strömungen Beschleunigung und Geschwindigkeit der Flüssigkeitsteilchen vollständig beschrieben. Äußere Volumenkräfte wie die Schwerkraft setzen sich nach Abschn. 3.1.4 in Druckkraft um.

c) Laminare Spaltströmung. Wenn eine Flüssigkeit zwischen ebenen ruhenden Platten mit zeitlich konstanter (stationärer) Geschwindigkeit v strömen soll, muß sie zur Überwindung der Reibung durch eine Kraft angetrieben werden, also durch ein Druckgefälle in Strömungsrichtung. An der Wand haftet die Flüssigkeit: $v = 0$; in der Mitte strömt sie am schnellsten mit $v = v_0$. An den Seitenflächen der herausgeschnittenen Schicht (Abb. 3.45), die symmetrisch zur Mittelebene liegt, herrscht beiderseits der Geschwindigkeitsgradient $\mathrm{d}v/\mathrm{d}x$, also wirkt auf die Schicht eine Reibungskraft $F_\mathrm{R} = 2lb\eta\,\mathrm{d}v/\mathrm{d}x$. Sie muß gleich der Druckkraft auf die Stirnfläche, $F_p = 2xbl\,\mathrm{d}p/\mathrm{d}z$ sein, sonst würde die Flüssigkeit beschleunigt, d. h.

$$\frac{\mathrm{d}v}{\mathrm{d}x} = \frac{1}{\eta}\frac{\mathrm{d}p}{\mathrm{d}z}x \ .$$

Das Profil $v(x)$, dessen Ableitung proportional zu x ist, muß eine Parabel mit dem Scheitel in der Mitte sein, wo die Flüssigkeit mit v_0 am schnellsten strömt:

$$v = v_0 - \frac{1}{2\eta}\frac{\mathrm{d}p}{\mathrm{d}z}x^2 = v_0 - \frac{p_1 - p_2}{2\eta l}x^2 \ . \qquad (3.32)$$

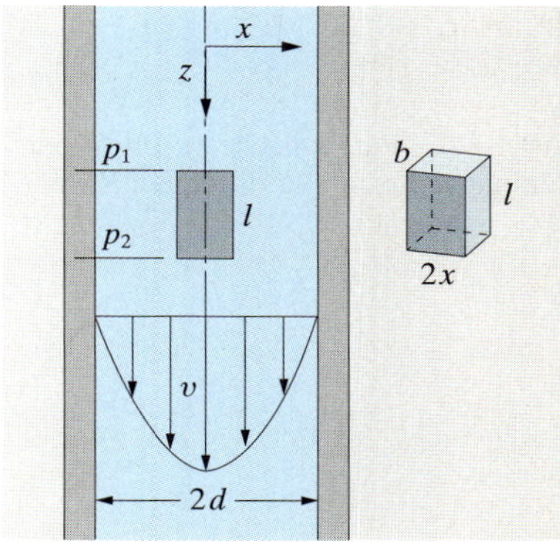

Abb. 3.45. Laminare Strömung zwischen ebenen, parallelen Platten

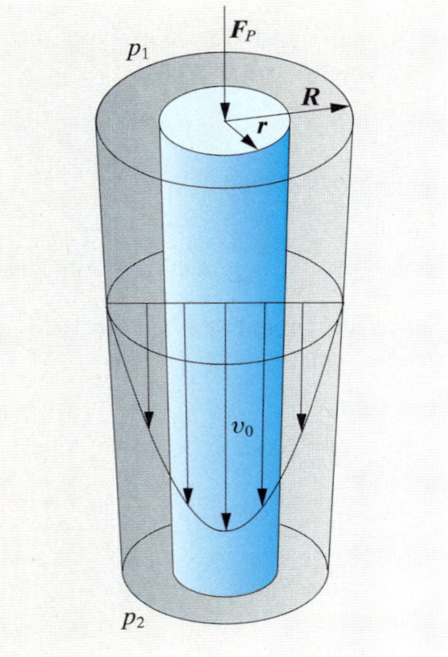

Abb. 3.46. Ein Flüssigkeitszylinder in einem Rohr wird von der Druckkraft angetrieben, von der Reibung zurückgehalten. Das Gleichgewicht beider liefert ein parabolisches v-Profil

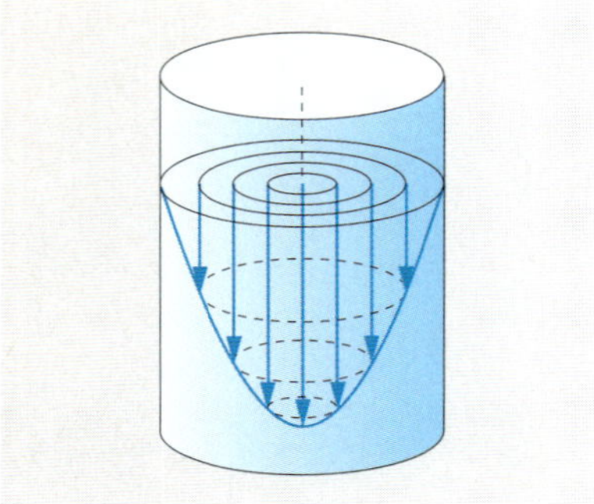

Abb. 3.47. Parabolisches v-Profil bei laminarer Strömung durch ein Rohr

Am Rand $(x = d)$ muß $v = 0$ werden, also

$$v_0 = \frac{p_1 - p_2}{2\eta l} d^2 . \tag{3.32'}$$

d) Laminare Rohrströmung. Auch in einem Rohr haftet die Flüssigkeit am Rand und strömt in der Mitte am schnellsten. Das Geschwindigkeitsgefälle hat überall die Richtung des Rohrradius. Wir betrachten einen koaxialen Flüssigkeitszylinder vom Radius r und der Länge l (Abb. 3.46). An seiner Mantelfläche greift die Reibungskraft $F_R = 2\pi r l \eta \, dv/dr$ an, auf seine Deckfläche wirkt die Druckkraft $F_p = \pi r^2 (p_1 - p_2)$. Im stationären Fall folgt aus $F_R = F_p$

$$\frac{dv}{dr} = \frac{p_1 - p_2}{2\eta l} r .$$

Wieder ergibt sich ein parabolisches Profil

$$v = v_0 - \frac{p_1 - p_2}{4\eta l} r^2 \quad \text{mit} \quad v_0 = \frac{p_1 - p_2}{4\eta l} R^2 . \tag{3.33}$$

Durch den Hohlzylinder zwischen r und $r + dr$ fließt der Volumenstrom $d\dot{V} = 2\pi r \, dr \, v(r)$, durch das ganze Rohr (Abb. 3.47)

$$\dot{V} = \int_0^R 2\pi r v(r) \, dr = \frac{\pi (p_1 - p_2)}{8\eta l} R^4 \tag{3.34}$$

(Gesetz von **Hagen-Poiseuille** oder Ohmsches Gesetz für die laminare Rohrströmung).

Der **Strömungswiderstand** ist $8\eta l / \pi R^4$. Bei gleichem Druckgefälle fließt durch ein Rohr vom doppelten Radius 16mal soviel Flüssigkeit. Über das ganze Rohr gemittelt ist die Strömungsgeschwindigkeit

$$\overline{v} = \frac{\dot{V}}{\pi R^2} = \frac{1}{2} v_0 .$$

Die Gesamtdruckkraft $F_p = \pi R^2 (p_1 - p_2)$ hängt mit dem Volumenstrom $\dot{V}$ so zusammen:

$$F_p = \frac{8\eta l}{R^2} \dot{V} .$$

e) Laminare Strömung um Kugeln (Stokes). Zieht man eine Kugel vom Radius r mit der Geschwindigkeit v durch eine Flüssigkeit, so haften die unmittelbar benachbarten Flüssigkeitsschichten an der Kugel. In einiger Entfernung herrscht die Strömungsgeschwindigkeit Null. Diese Entfernung ist von der Größenordnung r, also ist das Geschwindigkeitsgefälle $dv/dz \approx v/r$. Auf der Oberfläche $4\pi r^2$ der Kugel greift also eine bremsende Kraft

$$F \approx \eta \frac{dv}{dz} 4\pi r^2 \approx -4\pi \eta v r$$

an. Mit dieser Kraft muß man ziehen, um die Geschwindigkeit v zu erzeugen. Die genauere (sehr aufwendige) Rechnung liefert

$$F = -6\pi\eta v r \quad \textbf{(Stokes-Gesetz)} \quad . \tag{3.35}$$

Die gleiche Kraft erfährt eine ruhende Kugel, die von einer Flüssigkeit mit der Geschwindigkeit v umströmt wird.

Das Gesetz von Hagen-Poiseuille – ebenso wie das von Stokes – können zur Messung von η dienen (**Kapillarviskosimeter**, **Kugelfallmethode**).

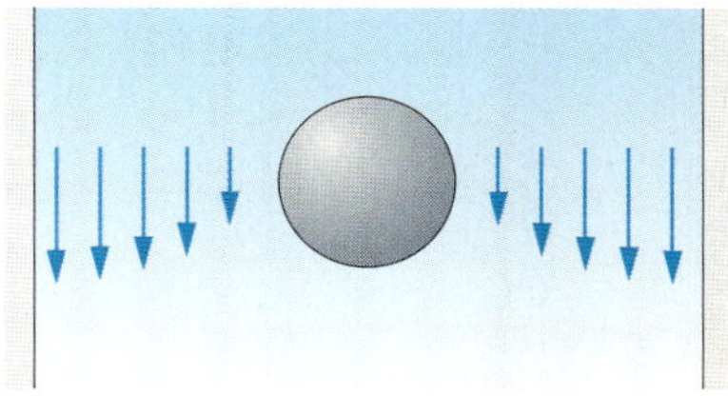

Abb. 3.48. Geschwindigkeitsprofil um eine Kugel, die von einer viskosen Flüssigkeit umströmt wird (schematisch)

✗ Beispiel...

Wie schnell fällt der Regen? Studieren Sie das Fallen von Tröpfchen verschiedener Größe. Wie große Tropfen kann ein Aufwind noch hochtragen?

Ein Tropfen erreicht schon nach kurzer Fallstrecke die stationäre Geschwindigkeit, die durch Gleichheit von Gewicht und Luftwiderstand gegeben ist. Der Luftwiderstand ist $6\pi\eta v r$ oder $\pi r^2 v^2 \varrho_1$, je nachdem ob die Reynolds-Zahl $\varrho_1 v r/\eta$ klein oder groß ist. Die Grenze liegt etwa bei einem Tröpfchenradius $r_1 \approx \sqrt[3]{50\eta^2/(\varrho_1 \varrho g)} \approx 0{,}1$ mm. Unterhalb gilt *Stokes*, also $v \approx 2g\varrho r^2/(9\eta) \approx 10^8 r^2$, oberhalb *Newton*, also $v \approx \sqrt{gr\varrho/\varrho_1} \approx 100\sqrt{r}$ (r in m, v in m/s). Ein Aufwind von 10 m/s reißt noch Tropfen von 1 cm Durchmesser hoch.

f) Die Prandtl-Grenzschicht. An jedem durch die Flüssigkeit gezogenen Körper hängt eine laminare Schicht, die Grenzschicht. Das Geschwindigkeitsgefälle in ihr vermittelt den Übergang zwischen der Geschwindigkeit v des Körpers und der ruhenden Flüssigkeit in großem Abstand. Dieses Gefälle ist linear, wenn die Dicke D dieser Schicht klein gegen die Abmessungen l des Körpers ist. Dann „sieht" die Flüssigkeit nur ein praktisch ebenes Wandstück.

Auf die umströmte Oberfläche A wirkt die Reibungskraft $F_\mathrm{R} = \eta A v/D$. Wie dick ist die Grenzschicht? Wir verschieben den Körper z. B. um seine eigene Länge l und müssen dabei die Arbeit $W = F_\mathrm{R} l = \eta A v l/D$ gegen die Reibung aufbringen. Mit Hilfe dieser Energie bauen wir eine neue Grenzschicht auf, d. h. eine neue Schicht der Fläche A mit der kinetischen Energie $W_\mathrm{kin} = \frac{1}{2}\int_0^D A\varrho\,\mathrm{d}z(vz/D)^2 = \frac{1}{6}A\varrho v^2 D$. Aus $W = W_\mathrm{kin}$ folgt

$$\boxed{D = \sqrt{\frac{6\eta l}{\varrho v}}} \quad . \tag{3.36}$$

Diese Grenzschicht ist dünn, $D \ll l$, wenn $\varrho v l/\eta \gg 1$. Andernfalls ist nach dem Reynolds-Kriterium (Abschn. 3.3.5) die Strömung als ganzes laminar, also der Begriff der Grenzschicht überflüssig. Bei $D \ll l$ wird der Strömungswiderstand

$$F_\mathrm{R} \approx \eta A \frac{v}{D} \approx A\sqrt{\frac{v^3 \eta \varrho}{l}} . \tag{3.37}$$

Wenn man $A \approx l^2$ setzt, sieht man, daß dieser Ausdruck das geometrische Mittel zwischen dem Stokes-Widerstand ($\approx \eta v l$) und dem Newton-Widerstand ($\approx l^2 \varrho v^2$, Abschn. 1.5.9d und 1.6) bildet. Für Schiffe oder Flugzeuge liefert der Stokes-Ansatz nämlich einen zu kleinen Widerstand, weil er die Turbulenz ganz ausschließt, der Newtonsche einen zu großen, weil er die Stromlinienform ungenügend berücksichtigt. Die Prandtl-Schicht begrenzt den Wärme- und Stoffaustausch zwischen Fluid und Wand, z. B. den Wärmeverlust an Mauern und Fenstern, den CO_2- oder H_2O-Austausch an Pflanzenblättern, die Verdunstung an Flüssigkeitsoberflächen: Wärme fließt nur durch Leitung, Stoffe fließen nur infolge Diffusion durch die Grenzschicht, also viel langsamer, als wenn das Fluid sie konvektiv abführte.

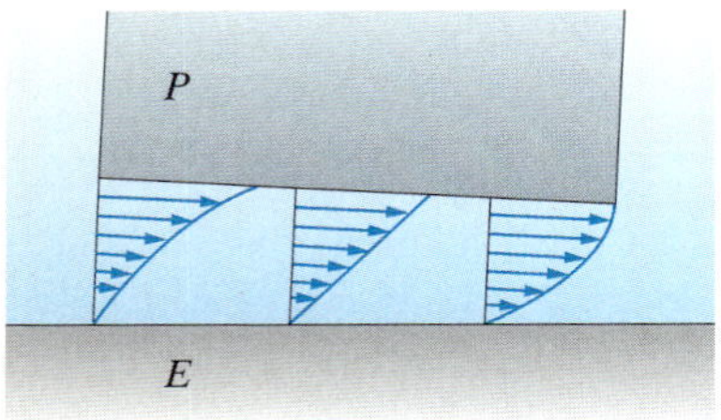

Abb. 3.49. Das v-Profil in einer zähen Flüssigkeit zwischen einer bewegten und einer ruhenden Platte wird recht kompliziert, wenn man das Gewicht der einen Platte oder ihren sonstigen Andruck berücksichtigt

g) Schmiermittelreibung. Warum setzt Öl die **Gleitreibung** herab? Wir behandeln (angenähert) den einfachsten Fall: Eine Platte P mit der Grundfläche $A = lb$, belastet durch die Normalkraft F, gleitet mit der Geschwindigkeit v auf einer Ebene E. Dazwischen befindet sich ein Ölfilm von der Dicke d, die wir ebenfalls bestimmen müssen. Hauptsächlich geht es um die bremsende Tangentialkraft F_R bzw. um ihr Verhältnis $\mu = F_R/F$ zur Normalkraft, um den Reibungskoeffizienten.

Wenn der Ölfilm nirgends verletzt ist, wird die Reibungskraft F_R nur durch die innere Reibung im mitfließenden Öl bedingt. Der Geschwindigkeitsgradient in der Ölschicht ist ungefähr v/d, also

$$F_R \approx A\eta \frac{v}{d} . \tag{3.38}$$

Andererseits muß der Ölfilm die Normalkraft F tragen, sonst würde er seitlich herausgequetscht. Im Ölfilm unter der Platte muß also im Durchschnitt der Druck $p = F/A$ herrschen (Abb. 3.49). In der Mitte ist der Druck natürlich höher als am Rand der Platte, wo er in den normalen Luftdruck p_0 übergeht. Unter einer solchen Druckdifferenz zwischen Mitte und außen würde sich zwischen ruhenden Platten eine Spaltströmung gemäß Abschn. 3.3.3c mit parabolisch gekrümmtem v-Profil ausbilden. Die Krümmung ist ebenso wie dort von der Größenordnung $d^2v/dy^2 = v'' \approx v/d^2$. Diese Krümmung bleibt erhalten, wenn wir diese Strömung mit derjenigen überlagern, die durch die bewegte obere Wand mitgezogen wird. Nach (3.30) und (3.31) entspricht einer solchen Krümmung v'' ein Druckgradient

$$\operatorname{grad} p = \frac{dp}{dx} \approx \eta \frac{v}{d^2} \tag{3.39}$$

längs des Spaltes. Dieser Gradient ist überall zur Mitte hin gerichtet. In der Mitte herrscht also ein Überdruck von der Größenordnung

$$p \approx l \operatorname{grad} p \approx \eta \frac{vl}{d^2} . \tag{3.40}$$

Der Ölfilm trägt also die Normalkraft

$$F = pA \approx \eta A \frac{vl}{d^2} .$$

Der Reibungskoeffizient ist $\mu = F_R/F \approx d/l$. Mit dieser Formel, so einfach sie ist, kann man nicht viel anfangen, da man i. allg. die Ölfilmdicke d nicht kennt. Man kann sie aber nach (3.40) durch bekannte Größen ausdrücken: $d \approx \sqrt{\eta vl/p}$. So erhält man schließlich

$$\mu \approx \sqrt{\frac{\eta v}{pl}} \approx \sqrt{\frac{\eta vb}{F}} . \tag{3.41}$$

Ein leichtes Schmieröl mit $\mu = 0{,}1\,\mathrm{N\,s\,m^{-2}}$ ergibt mit $v = 10\,\mathrm{m\,s^{-1}}$, $b = 0{,}1\,\mathrm{m}$ und $F = 10^3\,\mathrm{N}$ eine Reibungskraft $F_R \approx 1\,\mathrm{N}$, die mehrere hundertmal geringer ist als bei trockener Reibung. μ hängt hier im Gegensatz zur trockenen Reibung von der Geschwindigkeit, der Normalkraft und der Auflagefläche ab, wenn auch nur schwach.

Ein Wasserfilm zwischen Reifen und Straße kann die Bodenhaftung eines Fahrzeuges ebenfalls um Größenordnungen herabsetzen (*Aquaplaning*). Es gibt Gletscher, die von Zeit zu Zeit ruckartig zu Tal stürzen, weil sich an ihrer Sohle ein Schmierfilm aus Schmelzwasser gebildet hat (*surge glaciers*).

3.3.4 Bewegungsgleichung einer Flüssigkeit

Auch in zusammenhängender Materie gilt für jedes Teilvolumen die Newtonsche Bewegungsgleichung: Die Beschleunigung ist gleich der Summe der angreifenden Kräfte, dividiert durch die Masse des Teilvolumens. An Kräften kann man unterscheiden:

- Volumenkräfte, d. h. von außen angreifende Kräfte, die dem Volumen bzw. der Masse proportional sind (z. B. die Schwerkraft);
- Kräfte, die auf Druckgefälle zurückzuführen sind;
- Reibungskräfte.

Wenn die Summe aller dieser Kräfte verschwindet, herrscht Gleichgewicht. Es treten dann keine Beschleunigungen von Flüssigkeitsteilchen auf. Wenn die Gesamtkraft nicht verschwindet, bewirkt sie eine Beschleunigung. In dieser Beschleunigung $\boldsymbol{a}$ eines Teilvolumens sind zwei Anteile zu unterscheiden: Der eine ($\boldsymbol{a}_1$) stammt daher, daß die Geschwindigkeit am Ort, wo sich das Teilvolumen gerade befindet, zu- oder abnimmt, der andere ($\boldsymbol{a}_2$) daher, daß das Teilchen an eine Stelle geführt wird, wo die Strömungsgeschwindigkeit anders ist. So ergibt sich aus der Newtonschen Bewegungsgleichung die

Navier-Stokes-Gleichung

$$\varrho(\boldsymbol{a}_1 + \boldsymbol{a}_2) = -\operatorname{grad} p + \eta \Delta \boldsymbol{v} \quad . \tag{3.42}$$

Je nach Lage der Dinge kann man einige dieser Anteile vernachlässigen. Man unterscheidet

- Strömungen **idealer Flüssigkeiten**: Reibungskräfte sind zu vernachlässigen. Auf diesen Fall lassen sich viele Gesetze der Potentialtheorie und der Theorie komplexer Funktionen übertragen. Mit einigen Zusatzannahmen reicht das für viele Probleme aus.
- **Laminare Strömungen**: Der Anteil $\boldsymbol{a}_2$ der Beschleunigung ist zu vernachlässigen, aber die Reibungskräfte sind entscheidend.
- **Turbulente Strömungen**: Selbst wenn die Strömung stationär ist, $\boldsymbol{a}_1 = \boldsymbol{0}$, ist das Glied $\boldsymbol{a}_2$ von größerem Einfluß als die Reibungskräfte. Die vollständige Theorie der Turbulenz ist sehr schwierig.

Beispiel...

Sind folgende Strömungen laminar oder turbulent: Ein Bach, die Wasserleitung, der Luftstrom durch die Nase beim Atmen, der Blutstrom in der Aorta, in den Kapillaren?

Bach: $v = 1\text{–}10\,\mathrm{m/s}$, $d \approx 1\,\mathrm{m}$, $\varrho = 10^3\,\mathrm{kg/m^3}$, $\eta = 10^{-3}\,\mathrm{N\,s/m^2}$, $Re \approx 10^6$ bis 10^7: Immer turbulent. Wasserleitung: $v = 0{,}1\text{–}1\,\mathrm{m/s}$, $d \approx 1\,\mathrm{cm}$, $Re \approx 10^3$ bis 10^4: Übergang laminar-turbulent. Aorta: $d = 1{,}5\,\mathrm{cm}$, $v = 0{,}1\,\mathrm{m/s}$ (Herzfrequenz $1{,}2\,\mathrm{Hz}$, Kammervolumen $50\,\mathrm{cm^3}$), $\eta = 8 \cdot 10^{-3}\,\mathrm{N\,s\,m^{-2}}$, $Re = 200$: Laminar, außer bei krankhafter Gefäßverengung. Atemwege: $d \approx 0{,}5\,\mathrm{cm}$, $v \approx 15\,\mathrm{m/s}$ ($0{,}5\,\mathrm{l}$ Respirationsluft, normale Atemfrequenz $0{,}3\,\mathrm{Hz}$), $\varrho = 1{,}3\,\mathrm{kg\,m^{-3}}$, $\eta = 2 \cdot 10^{-5}\,\mathrm{N\,s\,m^{-2}}$, $Re \approx 10^4$: Turbulent, besonders bei Erkältung.

3.3.5 Kriterien für die verschiedenen Strömungstypen

Welcher Strömungstyp (ideal, laminar, turbulent usw.) gilt unter gegebenen Bedingungen, d. h. bei gegebenen Abmessungen l von Gefäß oder umströmtem Körper und bei gegebener Strömungsgeschwindigkeit v, ferner bei gegebener Dichte ϱ und Viskosität η der Flüssigkeit? Wir betrachten, wie das für die meisten praktischen Probleme ausreicht, **stationäre Strömungen**, d. h. solche, bei denen die Geschwindigkeit, die an den einzelnen Stellen des Strömungsfeldes herrscht nicht von der Zeit abhängt. Damit ist in (3.42) $\boldsymbol{a}_1 = \boldsymbol{0}$. Dagegen kann die Geschwindigkeit an den einzelnen Stellen verschieden sein. Wenn man mit einem gegebenen Flüssigkeitsteilchen mitreist, kann man also durchaus eine Beschleunigung $\boldsymbol{a}_2$ erfahren. Diese Beschleunigung ist um so größer, je schneller sich die Geschwindigkeit räumlich ändert, je größer also ihr Gradient ist. l_1 sei die Strecke, auf der eine wesentliche Geschwindigkeitsänderung erfolgt. Ein Teilchen durchläuft sie in der Zeit $t \approx l_1/v$. In dieser Zeit ändert sich seine Geschwindigkeit etwa um v, also ergibt sich seine Beschleunigung zu $a_2 = v/t \approx v^2/l_1$. Ähnlich kann man die Größenordnung der übrigen Glieder in (3.42) abschätzen. Für die **Druckkraftdichte** $\operatorname{grad} p$ ergibt sich etwa p/l_2, für die **Reibungskraftdichte** $\eta\Delta\boldsymbol{v}$ etwa $\eta v/l_3^2$. Allerdings können die drei auftretenden Abmessungen l_1, l_2, l_3 je nach der Geometrie der Anordnung ziemlich verschiedene Werte haben.

In der Navier-Stokes-Gleichung für stationäre Strömungen

$$\varrho\boldsymbol{a}_2 = -\operatorname{grad} p + \eta\Delta\boldsymbol{v} \tag{3.43}$$

oder formuliert als Beziehung zwischen den Größenordnungen von Trägheits-, Druck- und Reibungskraftdichte

$$\frac{\varrho v^2}{l_1} \approx \frac{p}{l_2} + \frac{\eta v}{l_3^2}$$

kann jeweils ein Glied klein gegen die beiden anderen sein, die einander ausgleichen müssen:

1) Die Reibung ist zu vernachlässigen: $\eta v/l_3^2 \ll p/l_2 \approx \varrho v^2/l_1$. Wenn $l_2 \approx l_1$, folgt $p \approx \frac{1}{2}\varrho v^2$ (vgl. Abschn. 3.3.6). Dies beschreibt die

ideale Strömung, bei der die Reibung ganz weggedacht werden kann, aber auch die turbulente Strömung, bei der die Reibung in der Erzeugung von Wirbelbewegungen kleinen Ausmaßes in statistischer Zeitabhängigkeit eine sekundäre Rolle spielt. In beiden Fällen ergeben sich in der strömenden Flüssigkeit Drücke oder Druckdifferenzen von der Größenordnung $\frac{1}{2}\varrho v^2$. Sie führen zum Staudruck, zum statischen Druck (Abschn. 3.3.6), zum Strömungswiderstand und letzten Endes auch zum **dynamischen Auftrieb** (Abschn. 3.3.9).

2) Die Trägheitskraft ist zu vernachlässigen: $\varrho v^2/l_1 \ll p/l_2 \approx \eta v/l_3^2$. In diesem Fall kommen wir mit $\operatorname{grad} p = \eta \Delta \boldsymbol{v}$ zur laminaren Strömung (Abschn. 3.3.3).
3) Der Fall $p/l_2 \ll \varrho v^2/l_1 \approx \eta v/l_3^2$ ist praktisch von geringerer Bedeutung. Der Übergang zwischen (1) und (2) erfolgt bei

$$\frac{\eta v}{l_3^2} \approx \frac{p}{l_2} \approx \frac{\varrho v^2}{l_1}, \quad \text{oder} \quad \frac{\varrho v l_3^2}{\eta l_1} \approx 1 \quad \text{und} \quad \frac{p l_1}{\varrho v^2 l_2} \approx 1 . \tag{3.44}$$

Diese beiden Kriterien beherrschen die **hydrodynamische Ähnlichkeitstheorie**: Ein verkleinertes oder vergrößertes Modell eines Strömungsvorganges, z. B. im **Windkanal**, liefert nur dann ein physikalisch richtiges Abbild, wenn dabei die Zahlen $\varrho v l_3^2/(\eta l_1)$ und $p l_1/(\varrho v^2 l_2)$ den gleichen Wert haben wie im abzubildenden Vorgang. Da geometrische Ähnlichkeit garantiert ist, kann man die l „kürzen" und Übereinstimmung nur von $\varrho v l/\eta$ und $p/(\varrho v^2)$ fordern.

$Re = \varrho v l/\eta$ heißt **Reynolds-Zahl** des Strömungsvorganges.

Die Strömung ist laminar für sehr kleine $\varrho v l_3^2/(2\eta l_1)$, turbulent für große Werte dieses Ausdruckes. Da $l_3 \neq l_1$, kann man nicht erwarten, daß der Umschlag gerade bei einer Reynolds-Zahl $\varrho v l/\eta \approx 1$ erfolgt, wo l die makroskopischen Abmessungen der um- oder durchströmten Objekte darstellt. Die Abmessungen l_3 der Turbulenzwirbel sind nämlich wesentlich kleiner als z. B. der Rohrradius $l_1 = r$. Dementsprechend findet man in Rohren den Umschlag bei $\varrho v r/\eta \approx 1\,000$–$2\,000$. Die typischen Wirbelabmessungen betragen also nur etwa $\frac{1}{30}$ des Rohrradius.

Beim Umschlag von laminar zu turbulent wächst der Strömungswiderstand erheblich an. Er ist nicht mehr proportional zu v wie im laminaren Fall, sondern wird proportional zu v^2. Für eine Kugel geht der Stokes-Widerstand $F = 6\pi\eta v r$ in einen Newtonschen Widerstand $F = \frac{1}{2}\varrho A v^2$ über. In einem Rohr tritt ein ähnlicher Knick in der Funktion $F(v)$ auf, aber erst bei einer höheren Reynolds-Zahl ($Re \approx 1\,000$; Abb. 3.50). Wo es auf einen minimalen Widerstand ankommt (Blutkreislauf), ist Turbulenz verderblich; bei Heizungs- oder Kühlrohren kann sie dagegen erwünscht sein.

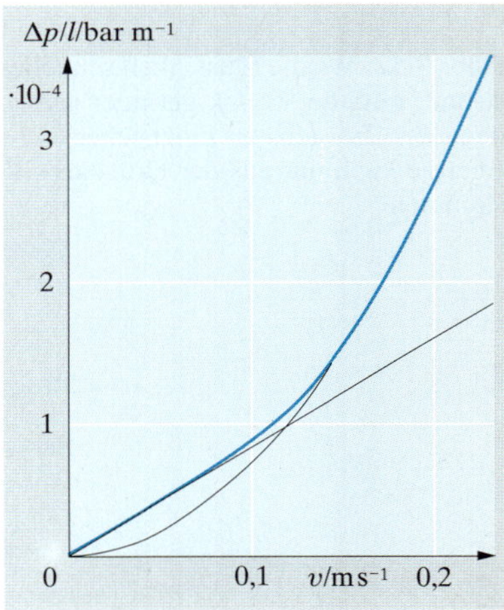

Abb. 3.50. Druckabfall in einem Rohr in Abhängigkeit von der Strömungsgeschwindigkeit (Zahlenwerte für Wasser in einem Rohr von 1 cm Radius; Genaueres in Abb. 3.68)

Der laminare und der turbulente Zustand können mit zwei Aggregatzuständen verglichen werden, von denen jeder unter verschiedenen Bedingungen stabil ist. Der laminare Zustand kann aber „unterkühlt" werden, da die Turbulenzentstehung eine Art Keimbildung fordert. Eine Flüssigkeit durchströme ein Rohr zunächst laminar mit völlig parallelen Stromlinien. Irgendwo trete eine kleine Störung auf, die eine Stromlinie etwas nach oben verbiegt (Abb. 3.51). Dadurch wird die darüber

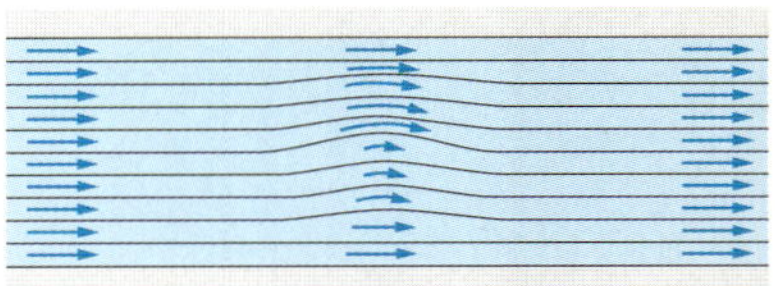
Abb. 3.51. Beschreibung einer Strömung durch Stromlinien, in der Mitte Turbulenzkeim

liegende Stromröhre verengt, und die Flüssigkeit muß dort schneller fließen. Vergrößerung der Strömungsgeschwindigkeit v ist aber wegen des Trägheitsgesetzes stets mit Druckerniedrigung verbunden (vgl. (3.45): $p = \text{const} - \frac{1}{2}\varrho v^2$). Aus dem gleichen Grunde wird der Druck unterhalb der gestörten Stromlinie vergrößert. Unter dem Einfluß der Trägheit allein, der proportional ϱv^2 ist, würde sich also die Störung vergrößern, die Strömung „instabil" und demzufolge turbulent werden. Dem wirkt aber die innere Reibung entgegen. Sie versucht, das Geschwindigkeitsgefälle in der Störung abzubauen. Ihr Einfluß ist proportional zu η und zum Geschwindigkeitsgefälle v/r, wobei für r eigentlich die Abmessung der Störung einzusetzen ist. Ob die Strömung laminar bleibt oder turbulent wird, hängt davon ab, ob der Trägheitseinfluß $\frac{1}{2}\varrho v^2$ oder der Reibungseinfluß $\eta v/r$ überwiegt. Das Verhältnis beider ist die Reynolds-Zahl, wenn man für r den Rohrradius nimmt.

3.3.6 Strömung idealer Flüssigkeiten

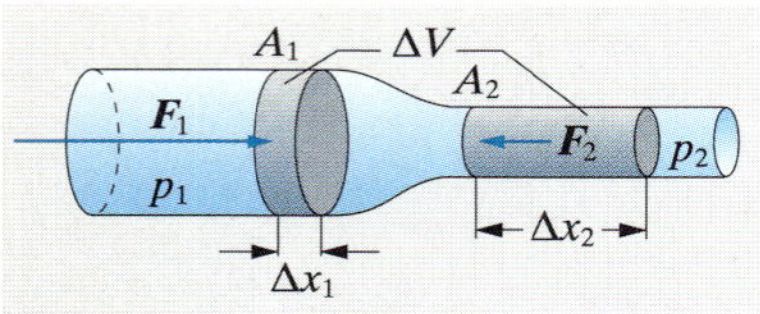

Abb. 3.52. Wo die Flüssigkeit schneller strömt, muß der Druck geringer sein, denn der Zuwachs an kinetischer Energie kann nur aus der Druckarbeit stammen

In **idealen Flüssigkeiten** wirken keine Reibungskräfte. Daher muß jede Druckarbeit, die man auf ein Volumen ausübt, als vermehrte kinetische Energie dieses Volumens wieder auftauchen. Wir wenden dies auf einen Stromfaden an, der sich z. B. verengt (Abb. 3.52), so daß nach der Kontinuitätsgleichung die Flüssigkeit im engeren Teil schneller strömt. Die zusätzliche kinetische Energie kann sie nur aus einer Druckarbeit haben (der Stromfaden liege horizontal, so daß sich Volumenkräfte wie die Schwerkraft nicht auswirken). Wenn das Flüssigkeitsvolumen $\Delta V = A_1\,\Delta x_1 = A_2\,\Delta x_2$ durch den Stromfaden geschoben wird, verrichtet der Druck p_1 von hinten die Arbeit $\Delta W_1 = p_1 A_1\,\Delta x_1 = p_1\,\Delta V$. Sie dient z.T. dazu, den Gegendruck p_2 zu überwinden, also die Arbeit $\Delta W_2 = p_2 A_2\,\Delta x_2 = p_2\,\Delta V$ zu verrichten. Die Differenz $\Delta W_1 - \Delta W_2$ erscheint als Zuwachs zur kinetischen Energie

$$(p_1 - p_2)\,\Delta V = \tfrac{1}{2}\varrho\,\Delta V(v_2^2 - v_1^2)\,.$$

Längs des ganzen Stromfadens, allgemein auf jeder Potentialfläche der äußeren Volumenkräfte, im Fall der Schwerkraft also überall auf gleicher Höhe gilt die

Gleichung von **Daniel Bernoulli :**

$$p + \tfrac{1}{2}\varrho v^2 = p_0 = \text{const} \qquad (3.45)$$

p_0 ist der Druck, der in der ruhenden Flüssigkeit herrschen würde, z. B. der Luftdruck plus dem hydrostatischen Druck $\varrho g h$. Die Summe aus dem **statischen Druck** p und dem **Staudruck** $\frac{1}{2}\varrho v^2$ hat in gegebener Tiefe überall den gleichen Wert.

✗ Beispiel...

Schätzen Sie die Antriebskraft, die der Crawlschwimmer aus seinem Armschlag bezieht (der Beinschlag ist hydrodynamisch viel komplizierter). Wie schnell dürfte ihn diese Kraft vorwärtsbringen?

Effektive Fläche von Arm und Hand $A \approx 0{,}1\,\text{m}^2$, Schlagfrequenz $2\,\text{s}^{-1}$, also mittlere Geschwindigkeit von Hand und Arm $v \approx 1\,\text{m/s}$, Newtonscher Strömungswiderstand $F \approx \varrho A v^2 \approx 100\,\text{N}$ (ein Arm ▶

ist ständig im Wasser!). Schwimmgeschwindigkeit/$v \approx A$/effektiver Körperquerschnitt, also etwa 0,5 m/s, damit Leistung $\approx 50\,\mathrm{W} \approx$ 0,07 PS. Die Beinarbeit leistet offenbar einen weit größeren Beitrag, was man auch ohne diese äußerst grobe Abschätzung wußte.

Man kann die Beschränkung auf konstante Tiefe fallen lassen, muß dann aber die potentielle Energie der Schwere, ebenfalls bezogen auf die Volumeneinheit, allgemein die *potentielle Energiedichte* der äußeren Kräfte, mitberücksichtigen. Schon in der ruhenden Flüssigkeit ist $p + \varrho g h$ überall konstant, in der bewegten ist es die Größe $\frac{1}{2}\varrho v^2 + p + \varrho g h$ oder allgemein

$$\boxed{\tfrac{1}{2}\varrho v^2 + p + w_{\mathrm{pot}} = \mathrm{const}} \ . \tag{3.46}$$

Die Bernoulli-Gleichung ist der Energiesatz. Eigentlich gibt es auch Kompressionsenergie, aber bei Flüssigkeiten ist sie zu vernachlässigen, vielfach sogar bei Gasen. Unter extremen Bedingungen, z. B. in Stoßwellen, gehört auch die Kompressionsenergie in die Bernoulli-Gleichung (Abschn. 3.3.6, 4.3.7).

Der statische Druck p ist der Druck, den ein **Manometer** oder eine **Drucksonde** (Abb. 3.53) anzeigt, wenn die Flüssigkeit oder das Gas tangential an den seitlich angebrachten Meßöffnungen vorbeiströmt. Der Gesamtdruck $p + \frac{1}{2}\varrho v^2$ läßt sich ebenfalls direkt messen, wenn man dafür sorgt, daß an der Meßöffnung $v = 0$ ist. Dies ist der Fall in der Symmetrieachse eines Stromlinienkörpers, in der sich die Strömung gerade teilt. Denkt man sich in Abb. 3.54 die seitlichen Öffnungen verschlossen und den linken U-Rohrschenkel frei an der Luft endend, so erhält man ein **Pitot-Rohr**, das den Gesamtdruck mißt. Das **Prandtlsche Staurohr** (Abb. 3.54) bestimmt direkt die Differenz zwischen Gesamtdruck und statischem Druck, also den Staudruck $\frac{1}{2}\varrho v^2$, liefert also ein direktes Maß für die Strömungsgeschwindigkeit.

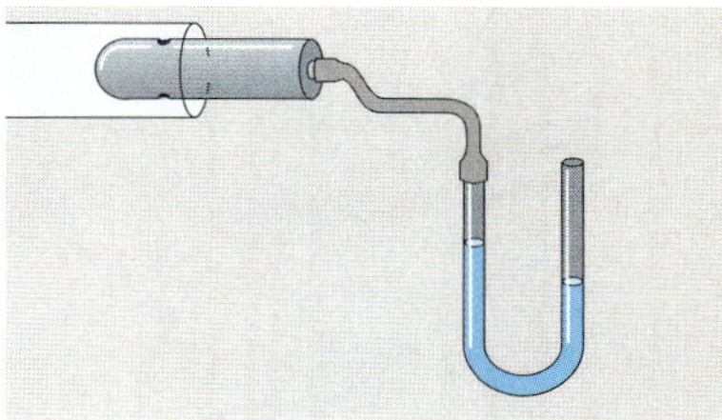

Abb. 3.53. Manometer zur Messung des statischen Druckes p in einem strömenden Gas

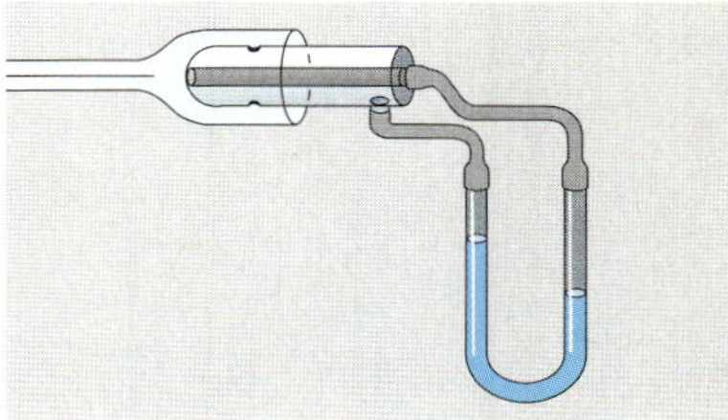

Abb. 3.54. Prandtlsches Staurohr. $\frac{1}{2}\varrho v^2 = p_0 - p$ ist gleich der Druckdifferenz der Flüssigkeitssäulen im Manometer

a) Ausströmen aus einem Loch. Innerhalb eines kleinen Loches in einer Gefäßwand habe das Fluid den Druck p. Er kann ein hydrostatischer Druck $p = \varrho g h$ sein, wenn das Loch um h unter der Oberfläche liegt, oder als Kolbenüberdruck zustandekommen. Weil das Loch klein ist, gerät das Fluid *innerhalb* davon noch nicht merklich ins Strömen: $v = 0$. *Draußen*, wo der Druck $p = 0$ ist, spritzt ein Strahl mit der Geschwindigkeit v hervor (Abb. 3.55). Nach *Bernoulli* ist aber $p + \frac{1}{2}\varrho v^2$ beiderseits gleich, also

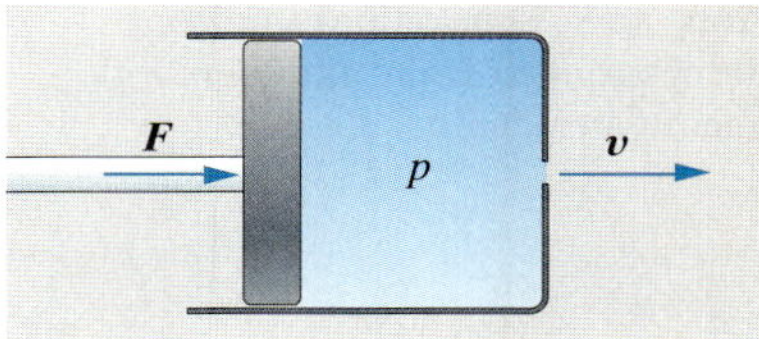

Abb. 3.55. Ausströmung unter der Wirkung eines Kolbendruckes

$$v = \sqrt{\frac{2p}{\varrho}}, \tag{3.47}$$

oder bei reinem Schweredruck (Abb. 3.56)

$$v = \sqrt{2gh}\,. \tag{3.48}$$

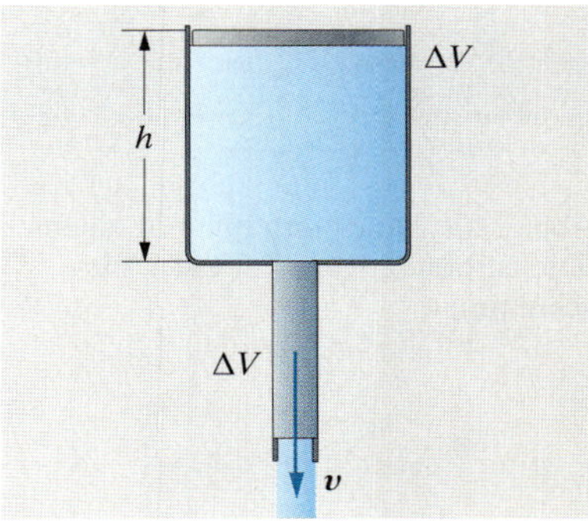

Abb. 3.56. Ausströmung aus enger Öffnung unter der Wirkung der Schwerkraft

E. Torricelli leitete (3.48) aus dem Energiesatz her (1640): Die Lage ist so, als sei das ausgeströmte Volumen um die Höhe h gefallen; daß die

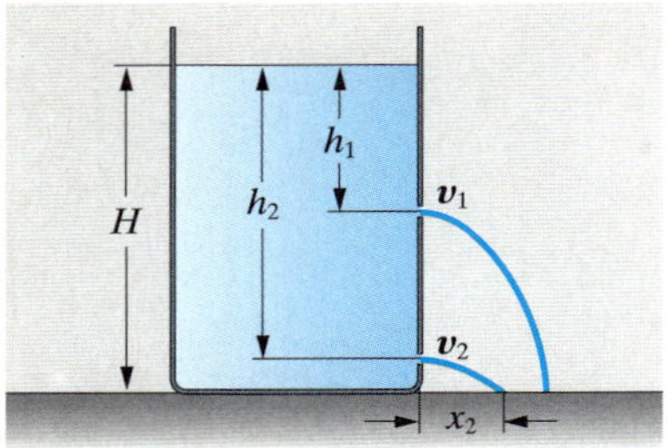

Abb. 3.57. Aus welcher Höhe kommt der Strahl am weitesten? $x = vt = \sqrt{2gh}\sqrt{\frac{2(H-h)}{g}} = 2\sqrt{h(H-h)}$ ist maximal bei $h = \frac{1}{2}H$

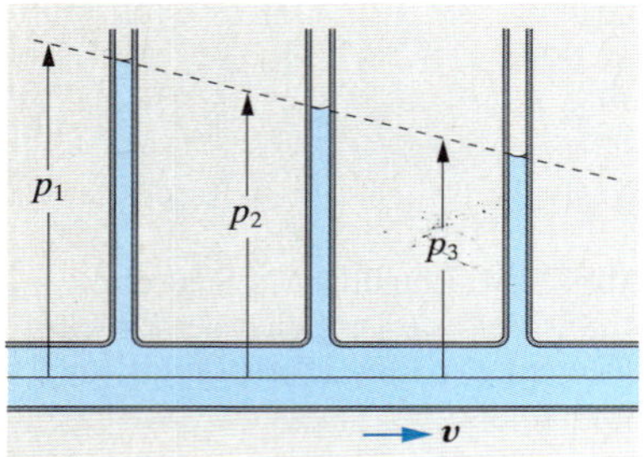

Abb. 3.58. Druckabfall in einem durchströmten Rohr mit überall gleichem Querschnitt

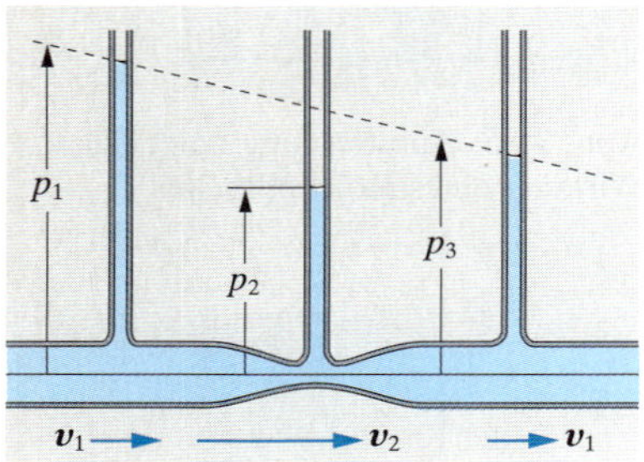

Abb. 3.59. Druckverteilung in einem durchströmten Rohr mit einer Einschnürung

Teilchen, die aus dem Loch kommen, nicht identisch sind mit denen, die oben den Spiegel sinken lassen, spielt energetisch keine Rolle.

Bei gleichem Überdruck verhalten sich die Ausströmgeschwindigkeiten zweier Fluide umgekehrt wie die Wurzeln aus ihren Dichten: $v_1/v_2 = \sqrt{\varrho_2/\varrho_1}$. Mit dem **Effusiometer** von **Bunsen** kann man so die Dichten und bei Gasen die Molmassen vergleichen.

b) Weitere Beispiele zur Bernoulli-Gleichung. In Abb. 3.58 und 3.59 zeigen die aufgesetzten Flüssigkeitsmanometer direkt den statischen Druck an. Bei ruhender Flüssigkeit im horizontalen Rohr stehen sie alle gleichhoch. Der lineare Druckabfall beim Strömen (Abb. 3.58) rührt von der inneren Reibung her; in idealen Flüssigkeiten müßte er verschwinden. An einer Einschnürung ist der Druck geringer (Abb. 3.59), weil die Flüssigkeit dort schneller strömt. Im **Bunsenbrenner** (Abb. 3.60) saugt der statische Unterdruck des einströmenden Gases selbst die Verbrennungsluft an. Die Saugwirkung der **Wasserstrahlpumpe** beruht auf dem gleichen Prinzip.

Aus einem Rohr (Abb. 3.61, 3.62), das am Ende einen kreisförmigen Flansch P_1 trägt, strömt eine Flüssigkeit oder ein Gas gegen eine vor ihm parallel stehende Platte P_2 und strömt seitlich ab. Überraschenderweise wird P_2 i. allg. nicht abgestoßen, sondern angezogen (**hydrodynamisches Paradoxon**). Verantwortlich dafür ist der Unterdruck in der Radialströmung.

c) Kavitation. Wenn die Strömungsgeschwindigkeit den Wert $v_K = \sqrt{2p_0/\varrho}$ erreicht oder überschreitet, wird der statische Druck null oder negativ. Solche Geschwindigkeiten (im Wasser nur $v_K = 14$ m/s) werden an allen schnellen Wasserfahrzeugen, bei langsamen zumindest an den Schrauben, ferner an Turbinenschaufeln, in Flüssigkeitspumpen leicht erreicht. Schon etwas vorher sinkt der statische Druck unter den Dampfdruck der Flüssigkeit, der einige mbar beträgt. Es bilden sich Gasblasen, besonders wenn mikroskopische Luftbläschen als Keime bereits vorhanden sind, was schwer vermeidbar ist. Wo die Strömung wieder langsamer wird und p den Dampfdruck wieder überschreitet, brechen diese Gasblasen implosionsartig (praktisch mit Schallgeschwindigkeit) zusammen. Dabei können im zusammenstürzenden Hohlraum sehr hohe Drücke entstehen (u. U. Tausende von bar).

Der Ingenieur fürchtet die **Kavitation** wegen der Materialzerstörungen, die sie infolge der hohen Druckbelastung auslöst, besonders wenn sie sich in Seewasser mit elektrochemischer Korrosion kombiniert. Hinter schnell umströmten Körpern kann auch ein größerer stationärer Hohlraum auftreten (vollkavitierende Strömung). Von ähnlicher, aber meist erwünschter Auswirkung ist die **Ultraschallkavitation**: In der Unterdruckphase des Schallfeldes werden die Zerreißspannungen des Materials überschritten.

d) Gasdynamik. Auch die Bernoulli-Gleichung wird im allgemeinen Fall komplizierter. Für die kompressible (aber noch stationäre) Strömung muß man die Flüssigkeit (oder meist das Gas) auf dem ganzen Weg verfolgen und seine

Dichteänderungen mitregistrieren. Bei einer kleinen Verschiebung einer gegebenen Gasmasse m ändere sich der Druck von p auf $p + \mathrm{d}p$, das Volumen von V auf $V + \mathrm{d}V$. Die äußeren Kräfte leisten die Arbeit

$$pV - (p + \mathrm{d}p)(V + \mathrm{d}V) = -p\,\mathrm{d}V - V\,\mathrm{d}p$$

zum Durchschieben der Gasmasse (s. oben), wovon aber der Anteil $-p\,\mathrm{d}V$ zur Kompression des Gases selbst, nur der Rest $-V\,\mathrm{d}p$ zur Beschleunigung aufgewandt wird. Der Zuwachs an kinetischer Energie ist also $\frac{1}{2}m\,\mathrm{d}(v^2) = \frac{1}{2}\varrho V\,\mathrm{d}(v^2) = -V\,\mathrm{d}p$, oder

$$\mathrm{d}(v^2) + 2\frac{\mathrm{d}p}{\varrho} = 0 .$$

Für den ganzen Weg von 1 nach 2 gilt also

$$2\int_1^2 \frac{\mathrm{d}p}{\varrho} + v_2^2 - v_1^2 = 0 ,$$

oder, bezogen auf einen Ort 0, wo das Gas ruht (Kesselzustand)

$$2\int_{p_0} \frac{\mathrm{d}p}{\varrho} = -v^2 .$$

Das ist die Bernoulli-Gleichung der Gasdynamik.

Beim isothermen Strömen ist $\varrho = pM/(RT)$ (M: Masse eines Mols). Die Integration liefert

$$2\frac{RT}{M}\left|\ln\frac{p_0}{p}\right| = v^2 ;$$

wo der Druck geringer ist, strömt das Gas schneller, allerdings nach einem ganz anderen Gesetz als (3.46).

Beim adiabatischen Strömen, das wesentlich häufiger ist, gilt $\varrho = \varrho_0(p/p_0)^{1/\gamma}$ (Abschn. 5.2.5); also nach Integration

$$\frac{2\gamma}{\gamma - 1}\frac{p_0^{1/\gamma}}{\varrho_0}\left(p^{1-1/\gamma} - p_0^{1-1/\gamma}\right) = v^2 ,$$

und unter Benutzung der normalen Schallgeschwindigkeit $c_\mathrm{S} = \sqrt{\gamma p_0/\varrho_0}$ (Abschn. 4.2.3) und der anderen Adiabatenbeziehung $T \sim p^{1-1/\gamma}$ (Abschn. 5.2.5)

$$v^2 = \frac{2}{\gamma - 1}c_\mathrm{S}^2\frac{T - T_0}{T_0} .$$

Wo das Gas schneller strömt, ist es heißer: Ein Teil der Beschleunigungsarbeit mußte in Wärme überführt werden. Überschallströmungen ($v > c_\mathrm{S}$) sind mit sehr hohen Temperaturen verbunden (Abschn. 4.3.7).

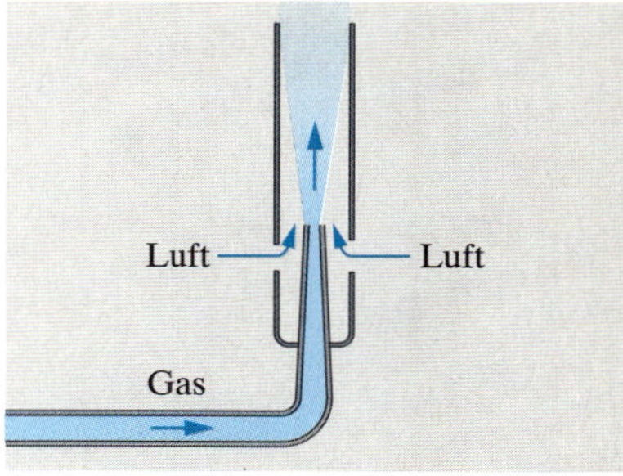

Abb. 3.60. Prinzip des Bunsenbrenners

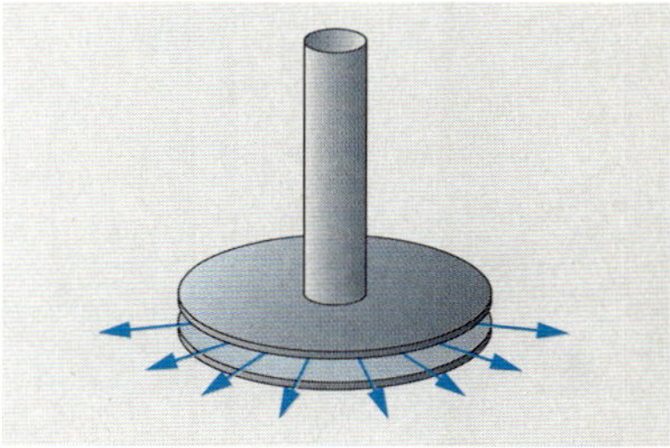

Abb. 3.61. Hydrodynamisches Paradoxon

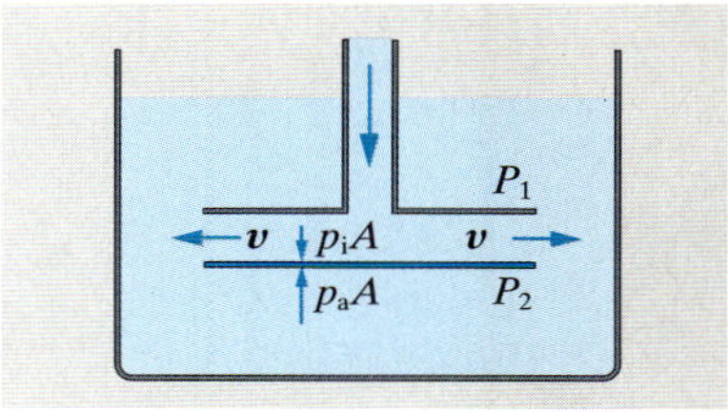

Abb. 3.62. Der Bernoulli-Unterdruck saugt die angeströmte Platte an

3.3.7 Der hydrodynamische Impulssatz

Man kann das Verhalten einer Flüssigkeit an allen Stellen beschreiben, indem man für jedes kleine Volumenelement die Newtonsche Bewegungsgleichung formuliert. So erhält man die Navier-Stokes-Gleichung. Oft sind aber die Einzelheiten der Bewegung viel zu kompliziert, und man braucht sie auch gar nicht, sondern erhält schon genügend Auskunft, wenn man die Verhältnisse an den Grenzflächen eines großen Flüssigkeitsvolumens kennt. Dies gilt besonders für stationäre Strömungen, wo man als Volumen ein Stück einer Stromröhre nehmen wird, abgeschnitten durch zwei Grenzflächen A_1 und A_2. Für ein solches Stromröhrenstück haben wir bereits den Erhaltungssatz der Masse als Kontinuitätsgleichung $\varrho_1 v_1 A_1 = \varrho_2 v_2 A_2$ und den Energiesatz als Bernoulli-Gleichung $p_1 + \frac{1}{2}\varrho_1 v_1^2 = p_2 + \frac{1}{2}\varrho_2 v_2^2$ formuliert. Vollständigere Auskunft erhält man, wenn man den Impulssatz dazunimmt: Die zeitliche Impulsänderung des Flüssigkeitsvolumens ist die Summe der angreifenden Kräfte, $\dot{\boldsymbol{I}} = \boldsymbol{F}$ (hier nennen wir den Impuls I, um Verwechselung mit dem Druck p zu vermeiden). Man kann dabei ein bestimmtes bewegtes Volumen der Flüssigkeit vom mitbewegten Bezugssystem aus betrachten oder ein raumfestes Volumen im ruhenden Bezugssystem. Im zweiten Fall ergibt sich die Impulsänderung in diesem Volumen durch Einströmen des Massenstromes $\varrho_1 v_1 A_1$ an einem Ende zu $\dot{\boldsymbol{I}}_1 = \varrho_1 v_1 A_1 \boldsymbol{v}_1$, am anderen Ende durch Ausströmen zu $\dot{\boldsymbol{I}}_2 = -\varrho_2 v_2 A_2 \boldsymbol{v}_2$. Die Kontinuitätsgleichung verlangt $\varrho_1 v_1 A_1 = \varrho_2 v_2 A_2 = \dot{m}$. Die gesamte Impulsänderung muß gleich der äußeren Kraft auf das Volumen sein:

$$\dot{\boldsymbol{I}} = \dot{\boldsymbol{I}}_1 - \dot{\boldsymbol{I}}_2 = \dot{m}(\boldsymbol{v}_1 - \boldsymbol{v}_2) = \boldsymbol{F} . \tag{3.49}$$

Auf die Außenwand einer Biegung in einem durchströmten Rohr (Knie, Krümmer) wirkt eine Kraft, die bei konstantem Querschnitt in Richtung der Winkelhalbierenden zeigt und bei einem 90°-Krümmer den Betrag $\sqrt{2}\dot{m}v$ hat. Jede Antriebskraft von Paddeln, Propellern, Turbinenrädern, Segeln beruht auf einer Umlenkung oder Beschleunigung von Luftmassen. Wir behandeln speziell den **Propeller** oder die **Schiffsschraube**. Auch hier brauchen wir uns um die viel zu komplizierten Einzelheiten der Strömung nahe der Schraube nicht zu kümmern. Wir betrachten die rotierende Schraube einfach als Kreisfläche, an der ein Drucksprung Δp auftritt. Er beschleunigt die Flüssigkeit in einem Strahl (Stromröhre) von ungefähr zylindrischer Form. Aus Kontinuitätsgründen muß sich der Zylinder allerdings in der Nähe der Schraube verengen, denn dort wird die Flüssigkeit schneller. Wir setzen uns ins Bezugssystem des Flugzeuges oder Schiffes, das nach links fährt. Dann strömt am linken Ende der Stromröhre die Flüssigkeit mit der Fahrzeuggeschwindigkeit v zu, am rechten mit der erhöhten Geschwindigkeit w ab. Der Zylinder sei so lang, daß an seinem Ende der normale Luftdruck p_0 herrscht. Für die beiden Hälften des Strahles liefert die Bernoulli-Gleichung

$$\begin{aligned} p_0 + \tfrac{1}{2}\varrho v^2 &= p' + \tfrac{1}{2}\varrho v'^2 \\ p_0 + \tfrac{1}{2}\varrho w^2 &= p' + \Delta p + \tfrac{1}{2}\varrho v'^2 \\ \hline \text{Differenz} \quad \tfrac{1}{2}\varrho(w^2 - v^2) &= \Delta p . \end{aligned} \tag{3.50}$$

Bei der Anwendung des Impulssatzes muß man die Schubkraft F berücksichtigen, die die Schraube auf unser Flüssigkeitsvolumen ausübt. Wir formulieren den Impulssatz zuerst für eine flache Trommel, die den Schraubenkreis so eng umschließt, daß längs ihrer Höhe noch keine Beschleunigungen auftreten können. Dann sind die Geschwindigkeiten beiderseits gleich v' und liefern keinen Beitrag zur Impulsänderung. Daher ist nur der Druckunterschied zu berücksichtigen: $F = A\,\Delta p$, woraus sich mit (3.50) ergibt

$$F = \tfrac{1}{2}A\varrho(w^2 - v^2) . \tag{3.51}$$

Zweitens wenden wir den Impulssatz auf den ganzen Strahlzylinder an. Hier entfällt der Druckbeitrag (zwar sind die Stirnflächen verschieden groß, aber an der Verjüngung des Zylinders ergibt sich eine genau kompensierende Kraft, ähnlich wie beim hydrostatischen „Paradoxon"). Es bleibt nach (3.51) der Betrag $F = \varrho\dot{V}(w - v)$. Für den Volumenstrom können wir $V = Av'$ setzen, also

$$F = \varrho A v'(w - v) .$$

Der Vergleich mit (3.51) zeigt, daß v' genau in der Mitte zwischen v und w liegt:

$$v' = \tfrac{1}{2}(v + w) .$$

Der Motor, der die Schraube dreht, muß auf die Flüssigkeit die Leistung

$$P' = \tfrac{1}{2}\varrho \dot{V}(w^2 - v^2) = \tfrac{1}{2}\varrho \dot{V}(w+v)(w-v) = \varrho \dot{V} v'(w-v) = Fv'$$

übertragen. Dem Fahrzeug kommt davon nur die Leistung

$$P_0 = Fv$$

zugute. Der Wirkungsgrad bei verlustfreiem Betrieb ist also

$$\eta = \frac{P_0}{P'} = \frac{v}{v'} = \frac{2v}{v+w} \,. \tag{3.52}$$

Mit (3.51) kann man w durch die besser zugänglichen Größen F, A, ϱ, v ausdrücken: $w = v\sqrt{1 + 2F/(\varrho A v^2)}$, also

$$\eta = \frac{2}{1 + \sqrt{1 + 2F/(\varrho A v^2)}} \,. \tag{3.53}$$

Um η zu optimieren, muß man $F/(\varrho A v^2)$ möglichst klein machen.

3.3.8 Strömungswiderstand

Die Stromlinien einer idealen Flüssigkeit um eine Kugel weichen symmetrisch zur Äquatorebene aus (Abb. 3.63). An den Polen P und P' sind Staugebiete ($v = 0$), am schnellsten strömt die Flüssigkeit am Äquator. Nach der Bernoulli-Gleichung nimmt daher der statische Druck vom Pol zum Äquator hin ab und dann genau symmetrisch zum anderen Pol hin wieder zu. Diese symmetrische Druckverteilung kann keine resultierende Kraft auf die Kugel ausüben: Eine Kugel böte einer idealen (reibungsfreien) Flüssigkeit keinen Widerstand. Um sie mit konstanter Geschwindigkeit durch die ruhende Flüssigkeit zu ziehen, brauchte man keine Kraft. Ähnliches gilt für die Umströmung von Körpern anderer Form durch ideale Flüssigkeiten.

Dieser Widerspruch zur Erfahrung löst sich folgendermaßen: Im ersten Anlaufen der Strömung sieht das Stromlinienbild tatsächlich wie in Abb. 3.63 aus. Nach kurzer Zeit aber ändert die unvermeidliche Reibung in der Grenzschicht um die Kugel und beim Wiederzusammenlaufen der Flüssigkeit hinter der Kugel das Strömungsbild (**Totwasser** im Lee); es treten **Wirbel** hinter dem Hindernis auf, die Stromlinien und damit auch die statischen Drücke sind nicht mehr symmetrisch verteilt. Der Strömungswiderstand läßt sich nach **Newton** durch die kinetische Energie ausdrücken, die in die Geschwindigkeitsänderung von Flüssigkeitsteilchen investiert werden muß (Abschn. 1.5.9d). In Abb. 3.63 würde die vorn aufzuwendende Energie hinten wieder zurückerstattet werden. In Wirklichkeit, in der nichtidealen Flüssigkeit, geht sie aber in Wirbel über und kommt dem umströmten Körper nicht wieder zugute. Damit ergibt sich der bekannte Ausdruck für die Kraft, die ein Körper vom Querschnitt A erfährt, der mit der Geschwindigkeit v turbulent umströmt wird:

$$F = \tfrac{1}{2} c_{\mathrm{w}} \varrho A v^2 \,. \tag{3.54}$$

Der **Widerstandsbeiwert** c_{w} hängt von der Gestalt und Oberflächenrauhigkeit des Körpers ab, ferner von der Reynolds-Zahl, der Mach-Zahl und dem Turbulenzgrad der Strömung.

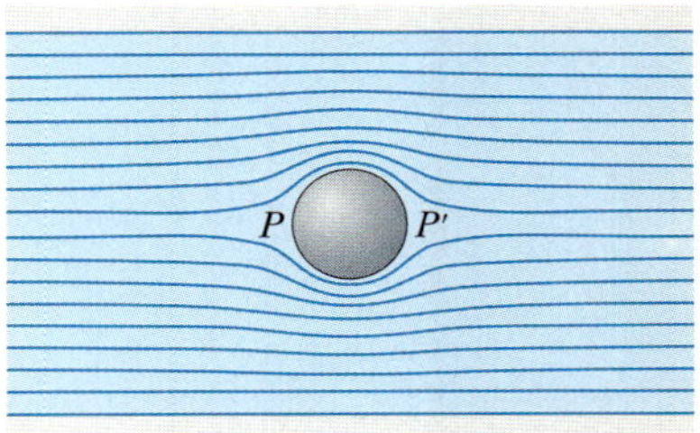

Abb. 3.63. Stromlinien in einer idealen Flüssigkeit um eine Kugel (oder einen Zylinder)

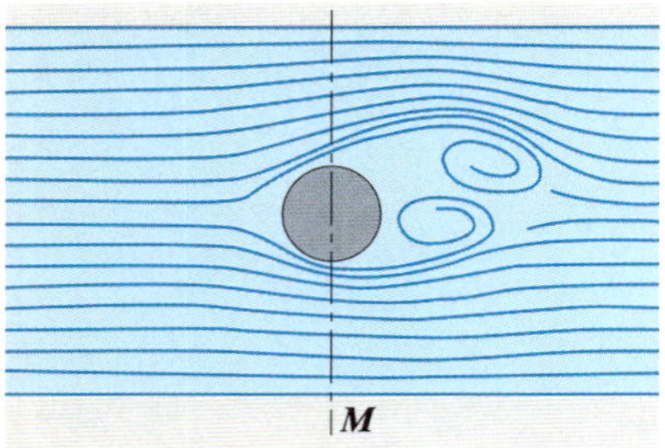

Abb. 3.64. Bildung von Wirbeln in einer realen Flüssigkeit bei der Umströmung eines Zylinders (von links nach rechts)

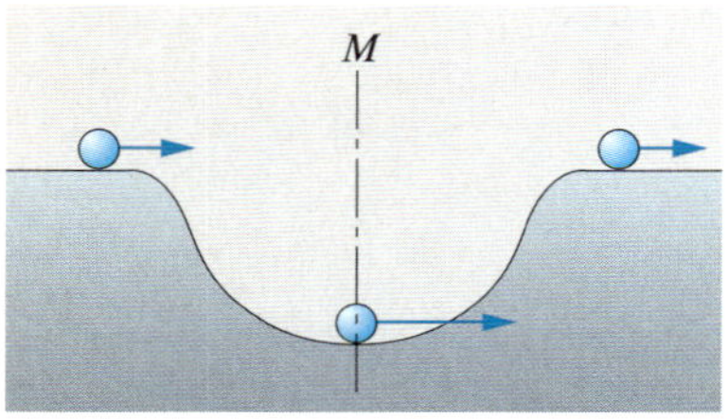

Abb. 3.65. Modellvorstellung zur Geschwindigkeitsverteilung in einer Potentialströmung um einen Zylinder

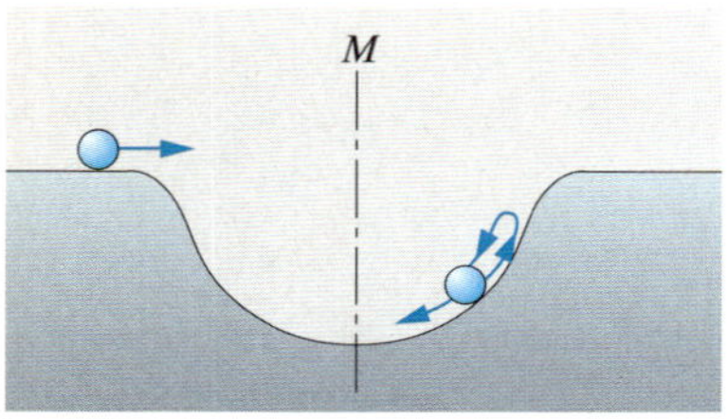

Abb. 3.66. Modellvorstellung zur Wirbelbildung infolge der Grenzschichtreibung

An der Oberfläche eines Körpers, der von einer Flüssigkeit umströmt wird, bildet sich wegen des Haftens eine **Grenzschicht** (Abschn. 3.3.3f). In ihr besteht senkrecht zur Oberfläche ein Geschwindigkeitsgefälle dv/dz, welches um so steiler ist, je dünner die Grenzschicht ist, also besonders groß in Flüssigkeiten von sehr kleiner Viskosität. In dieser Grenzschicht wirken Reibungskräfte, die wir bei der Untersuchung der Kräfte, welche in idealen Flüssigkeiten wirken, vernachlässigt haben. Sie sind aber von wesentlichem Einfluß auf die Strömungserscheinungen. Ihre Berücksichtigung bedeutet den Übergang von den idealen zu den *realen* Flüssigkeiten. Sie bedingen das Auftreten von Wirbeln bei der Umströmung von Körpern durch reale Flüssigkeiten.

Bei der idealen Potentialströmung um einen Zylinder nimmt die Geschwindigkeit bei Annäherung an die Mittelebene M (Abb. 3.64) zu. Die Flüssigkeitsteilchen werden durch das Druckgefälle beschleunigt; hinter der Mittelebene können sie aufgrund ihrer vermehrten kinetischen Energie gegen das Druckgefälle anlaufen und verlieren hier infolgedessen wieder an Geschwindigkeit, bis sie (bei fehlender Reibung) weit hinter dem Hindernis die gleiche Geschwindigkeit besitzen wie davor. Die Teilchen verhalten sich wie Kugeln, die von einer reibungsfreien, horizontalen Ebene in eine Höhlung rollen, an ihrem Boden eine höhere Geschwindigkeit haben, sie aber nach Hinaufrollen der Böschung wieder einbüßen, um auf die horizontale Ebene mit der Anfangsgeschwindigkeit auszutreten (Abb. 3.65). Ist aber Reibung zu überwinden, so muß die Kugel beim Hinaufrollen zur Umkehr kommen, wenn die Reibungsarbeit größer ist als die vor dem Hineinrollen vorhandene kinetische Energie (Abb. 3.66). Ähnlich ist es bei der strömenden realen Flüssigkeit: Die Flüssigkeitsteilchen können infolge der Grenzschichtreibung hinter der Mittelebene M zur Umkehr kommen. Dadurch wird eine Drehung eingeleitet, und es bildet sich hinter dem Zylinder ein **Wirbelpaar** mit entgegengesetztem Drehsinn (Abb. 3.64). Die an den Wirbeln vorbeiströmende Flüssigkeit nimmt abwechselnd den einen und dann den anderen dieser Wirbel mit. Nach Ablösung der Wirbel bilden sich wieder neue, die auch abgelöst werden, hinter dem Zylinder entsteht eine **Wirbelstraße**.

Die Mittelebene M ist nicht mehr Symmetrieebene; nun wird auf den Zylinder eine Kraft übertragen, die man nach *Bernoulli* berechnen kann, wenn man das Strömungsfeld kennt. Daß eine Kraft übertragen wird, folgt aber auch daraus, daß in die Wirbel Energie gesteckt werden muß. Um die Strömung stationär zu halten, muß man Arbeit leisten. Das ist die eigentliche Ursache des Strömungswiderstandes.

Wir betrachten vier praktisch wichtige Fälle etwas genauer, ohne sie theoretisch ganz erklären zu können.

Kugelumströmung. Abbildung 3.67 zeigt die Abhängigkeit des Widerstandsbeiwerts von der Reynolds-Zahl Re. Im laminaren Bereich ($Re \ll 100$) gilt das Stokes-Gesetz (3.35), und c_{w} wird proportional Re^{-1}, genauer $c_{\mathrm{w}} \approx 12/Re$, wie aus dem Vergleich von (3.54) und (3.35) folgt. Für $100 < Re < 3 \cdot 10^5$ ist $c_{\mathrm{w}} \approx 0{,}4$. Die laminare Grenzschicht löst sich hinter der Kugel ab, im Totwasser bildet sich eine Kármán-Wirbelstraße aus. Der entsprechende leeseitige Unterdruck zusammen mit dem luvseitigen Staudruck bedingt Gültigkeit des Newton-Ansatzes (3.54) mit fast konstantem c_w. Bei überkritischer Strömung ($Re > 3 \cdot 10^5$) löst sich die Grenzschicht turbulent ab. Unter diesen Umständen haftet sie länger an der Kugel, der Totwasserschlauch mit seiner Unterdruckzone wird enger, c_w sinkt noch etwas ab.

Profil mit Abreißkante. Bei Tragflächenprofilen oder Autos mit stumpf abgeschnittenem Heck legt die **Abreißkante** den Ort der **Grenzschichtablösung** und damit den Querschnitt des Totwassers fest. c_w wird damit praktisch unabhängig von Re.

Rohrströmung. Für die Strömung durch ein Rohr vom Durchmesser d und der Länge l, an dem ein Druckunterschied Δp liegt, definiert man meist $Re = \varrho\bar{v}d/\eta$ und $c_\mathrm{w} = d\,\Delta p/(\frac{1}{2}\varrho\bar{v}^2 l) = 8F/(\pi\varrho\bar{v}^2 dl)$, als ob der angeströmte Querschnitt nicht $\frac{1}{4}\pi d^2$, sondern $\frac{1}{4}\pi dl$ wäre. Diese Definition bewährt sich für rauhwandige Rohre, die turbulent durchströmt sind ($Re > 2\,000$). Bei glatten Rohren nimmt c_w langsam mit Re ab ($\sim Re^{-1/4}$). Die Rohrwand ist als rauh anzusehen, wenn die Unebenheiten die Prandtl-Grenzschicht durchstoßen. Für $Re < 2\,000$ gilt das laminare Hagen-Poiseuille-Gesetz (3.34), was als $c_\mathrm{w} = 64/Re$ zu lesen ist (Abb. 3.68). Diese Beziehungen gelten für die „ausgebildete" Rohrströmung. Wenn das Rohr zu kurz ist ($l \ll d$), gilt einfach das Torricelli-Ausflußgesetz.

Schräge Platte. Wenn auch eine *ideale* Strömung i. allg. keine resultierende translatorische Kraft auf einen umströmten Körper ausübt, so können doch Drehmomente auftreten. Bei einer schräg zur Strömung stehenden Platte (Abb. 3.69) liegen die Staugebiete P und P', in denen die größten statischen Drücke herrschen, nicht wie bei der Kugel einander gegenüber. Die asymmetrische Druckverteilung bewirkt ein Drehmoment, das die Platte senkrecht zur Strömungsrichtung zu stellen sucht. In dieser Lage sind die Stromlinien wieder symmetrisch verteilt, und das Drehmoment verschwindet. Dies ist auch der Fall, wenn die Plattenebene in Strömungsrichtung liegt; aber diese Lage ist labil: Jede Abweichung von ihr erzeugt ein Drehmoment, das die Auslenkung zu vergrößern sucht. Mit einer solchen **Rayleigh-Scheibe** kann man die Teilchengeschwindigkeit in einer Schallwelle (die **Schallschnelle**) messen.

3.3.9 Wirbel

Im einfachsten Fall eines Wirbels sind die Stromlinien in sich geschlossen. Aber auch in einem Strömungsfeld wie Abb. 3.39 sind Wirbel anzusetzen, wie überall da, wo sich die Strömungsgeschwindigkeit quer zu ihrer eigenen Richtung ändert, z. B. an der Grenze zwischen zwei parallelen Strömungen mit verschiedenen Geschwindigkeiten. Von einem **Wirbel** spricht man nämlich immer dann, wenn z. B. ein Boot auf einem geschlossenen Weg insgesamt durch die Strömung mehr angetrieben wird als behindert oder umgekehrt, d. h. wenn das Linienintegral $\oint \boldsymbol{v} \cdot \mathrm{d}\boldsymbol{s}$ längs dieses geschlossenen Weges von Null verschieden ist. Dieses Linienintegral, die

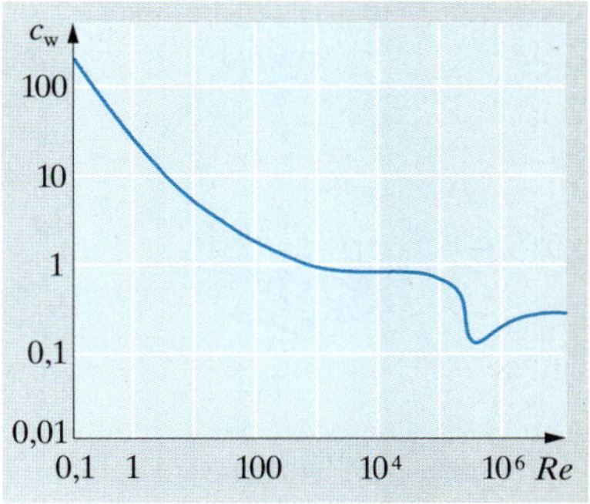

Abb. 3.67. **Widerstandsbeiwert** der umströmten Kugel als Funktion der Reynolds-Zahl. $c_\mathrm{w} = F/(\frac{1}{2}\varrho v^2 \pi r^2)$, F Kraft auf die Kugel

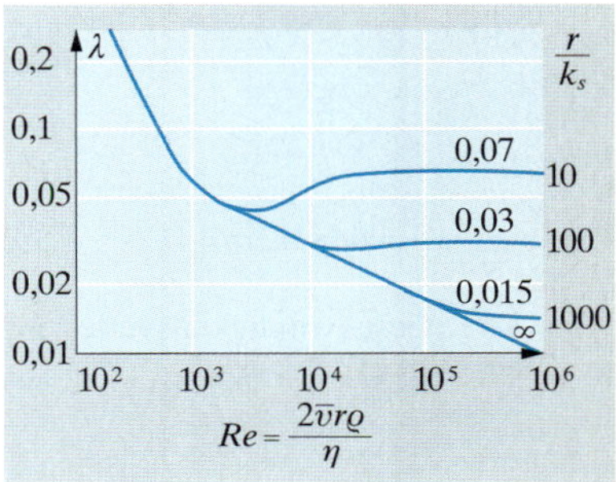

Abb. 3.68. Widerstandsbeiwert der Rohrströmung in Abhängigkeit von der Reynolds-Zahl. $\lambda = 2rc_\mathrm{w}/l$. Die Kurven unterscheiden sich durch das Verhältnis von Rohrradius und Rauhigkeitsabmessungen k_s. Für ganz glatte Rohre gilt die Blasius-Formel $\lambda \sim r^{-1/4}$. Das Abbiegen von diesem Verlauf tritt ein, wenn die laminare Grenzschicht dünner wird als die Rauhigkeiten

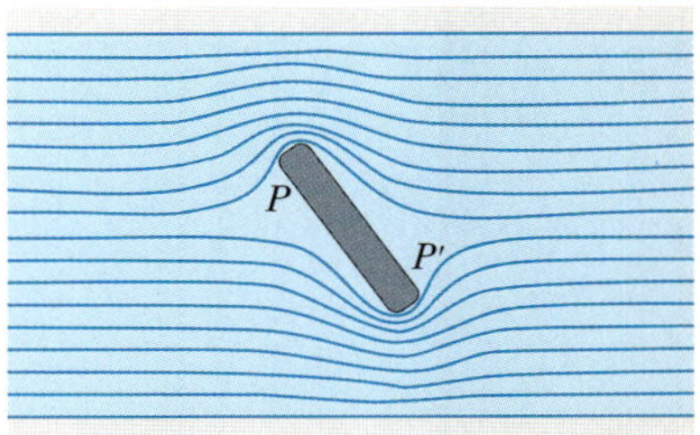

Abb. 3.69. Umströmung einer schräg zur Parallelströmung gestellten Platte

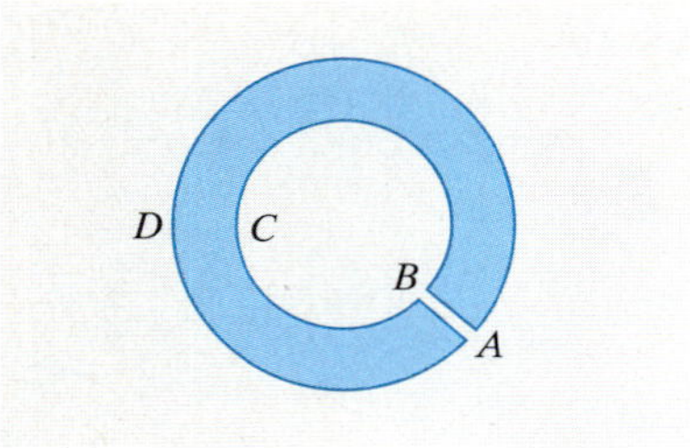

Abb. 3.70. Diese Art des Umlaufs um einen Wirbel ergibt keine Zirkulation

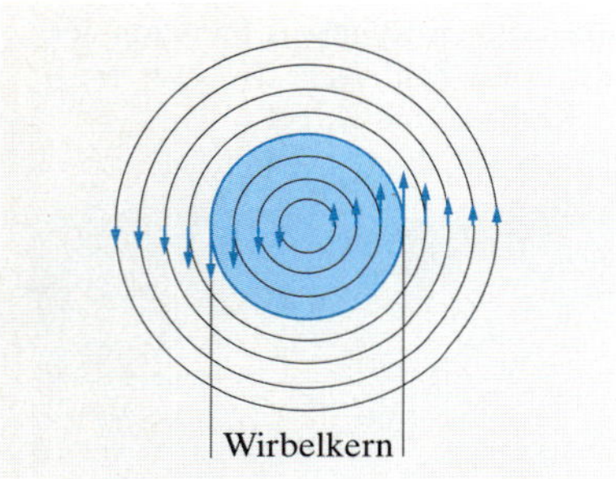

Abb. 3.71. Geschwindigkeitsverteilung in einem Wirbel

Zirkulation, ist ein Maß für die **Wirbelstärke**. Wenn man es für eine sehr kleine umlaufene Fläche bildet und das Ergebnis durch diese Fläche teilt, kommt man zur vektoranalytischen Operation rot $\boldsymbol{v}$ (Abschn. 3.3.1), der **Wirbeldichte**. Eine Strömung, bei der rot $\boldsymbol{v}$ überall verschwindet, heißt wirbelfreie oder **Potentialströmung**. Jedes Vektorfeld $\boldsymbol{v}(\boldsymbol{r})$, das sich als Gradient einer Skalarfunktion $u(\boldsymbol{r})$ darstellen läßt, also als $\boldsymbol{v} = \operatorname{grad} u$, ist nämlich rotationsfrei; es gilt ganz allgemein $\operatorname{rot} \operatorname{grad} u = 0$, wie Sie in Komponentenschreibweise leicht bestätigen können.

Wenn man rings um einen Wasserwirbel fährt, treibt die Strömung das Boot ständig an. Für einen solchen Weg ist also die Zirkulation $Z = \oint \boldsymbol{v} \cdot \mathrm{d}\boldsymbol{s} \neq 0$. Anders auf einem geschlossenen Weg, der den Wirbel *nicht* umschließt. Dort herrscht eine Potentialströmung, d. h. auf einem solchen Weg ist $Z = 0$. Legt man diesen Weg wie in Abb. 3.70 und läßt das Verbindungsstück AB weg, das wegen $\boldsymbol{v} \perp \mathrm{d}\boldsymbol{s}$ keinen Beitrag zur Zirkulation leistet, dann sieht man: Auf den Rundwegen C und D ist die Zirkulation gleichgroß, sie ist allgemein für jeden Weg dieselbe, der den Wirbel umschließt. Ein kreisförmiger Weg um einen rotationssymmetrischen Wirbel liefert $Z = 2\pi r v$. Wenn das unabhängig von r sein soll, muß v nach außen abnehmen wie $v \sim 1/r$. Ganz im Innern des Wirbels kann das nicht so sein, schon weil dort schließlich $v = \infty$ würde. Längs der Wirbelachse zieht sich entweder ein **Wirbelkern** hin, der als starrer Körper rotiert, d. h. mit $v = \omega r$, oder bei *Hohlwirbeln* ein Luftschlauch, wie oft am Ausfluß der Badewanne (Abb. 3.71). Ein Wirbelkern vom Querschnitt A, der mit ω rotiert, hat eine Wirbelstärke $Z = 2\pi R \omega R = 2A\omega$.

Helmholtz fand zwei bemerkenswerte Sätze über Wirbel: Sie können in der Flüssigkeit nirgends beginnen oder enden. Ein solches Ende wäre eine Quelle oder Senke für Wirbellinien, d. h. für die Feldlinien des Feldes rot $\boldsymbol{v}$. Quellen und Senken eines Feldes findet man mathematisch durch die Operation div. Für jedes Vektorfeld $\boldsymbol{v}(\boldsymbol{r})$ gilt aber die Identität $\operatorname{div} \operatorname{rot} \boldsymbol{v} = 0$, wie Sie sie ebenfalls in Komponentendarstellung bestätigen können. Wirbel müssen also immer geschlossene Ringe bilden wie Rauchringe, oder sie müssen an der Flüssigkeitsoberfläche beginnen und enden, wie das Paar von Wirbelenden, das man jedesmal erzeugt, wenn man die Ruder aus dem Wasser hebt, und das durch einen Wirbelschlauch unter dem Boot hindurch verbunden ist. Schöne Rauchringe kann auch der Nichtraucher leicht erzeugen, wenn er kurz und scharf auf die Rückseite eines rauchgefüllten Kartons schlägt, der in der Vorderseite ein Loch hat. Fast noch bessere Ringe geben Tintentropfen, die man aus einer Pipette ins Wasser fallen läßt.

Der zweite Satz von *Helmholtz* besagt, daß Wirbel auch *zeitlich* keinen Anfang und kein Ende haben. Dies gilt allerdings nur für ideale Flüssigkeiten und wenn die äußeren Kräfte ein Potential haben. In realen Flüssigkeiten entstehen Wirbel infolge der Reibung beim Umströmen jeder Kante, ob dies eine Tragflächen-Hinterkante ist oder die Lippe eines pfeifenden oder rauchenden Menschen. Von der Kante aus zieht sich eine **Trennfläche** in die Strömung hinein, beiderseits mit verschiedener Geschwindigkeit, und das bedeutet immer Wirbel. Ebenso vergehen Wirbel wieder; ihre Energie wird durch Reibung aufgezehrt. Das Geschwindigkeitsgefälle im Wirbel mit dem Radius r und der Maximalgeschwindigkeit v ist ja etwa v/r, also wirkt längs einer Außenfläche $2\pi rl$ eine Kraft $F \approx \eta 2\pi rlv/r$, die eine Bremsleistung $P \approx Fv \approx \eta 2\pi lv^2$ aufbringt. Im Wirbel steckt die kinetische Energie $W \approx \frac{1}{8}\varrho\pi r^2 lv^2$ ($\frac{1}{4}$ stammt von der Integration über r). Diese Energie wird durch die Leistung P aufgezehrt in der Zeit

$$\boxed{\tau \approx \frac{\varrho r^2}{16\eta}}\,, \tag{3.55}$$

die unabhängig von v ist (Ähnliches werden wir bei der thermischen Relaxationszeit finden, (5.53)). In einem Wassereimer sollte ein Wirbel danach etwa 5 min leben; das ist etwas zu lange: Die Strömung ist im Kleinen nicht laminar, die Turbulenz steigert effektiv den Wert von η erheblich. Bei atmosphärischen Wirbeln (Tiefs, Taifunen, Tornados) ist die Reibung an der Erdoberfläche zu berücksichtigen. Jedenfalls ist es nicht verwunderlich, daß sie wochenlang existieren und besonders bei Einschnürung unter Zunahme der Drehgeschwindigkeit (Erhaltung der Wirbelstärke) Verheerungen anrichten. Der große rote Fleck auf dem Jupiter ist, entge-

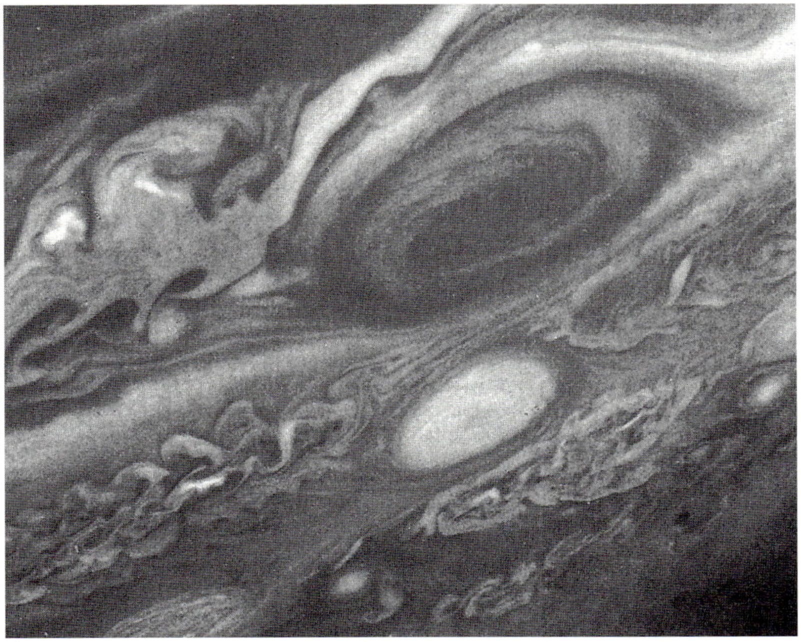

Abb. 3.72. Jupiter, bis fast zur Mitte bestehend aus Sonnengas (H und He), ist ein Gewirr von Wirbelstürmen mit bis zu 400 km/h. Ihre Lebensdauer τ hängt von ihrem Durchmesser d ab ($\tau \approx \varrho d^2/\eta$, vgl. (3.55)). Der große rote Fleck, in dessen Fläche die Erde mehrmals Platz hätte, erscheint schon vor seiner offiziellen Entdeckung auf einem Gemälde von Donato Creti (1673–1749) im Vatikan; allerdings verändert dieser Fleck häufig seine Farbe und Deutlichkeit. Das weiße Oval darunter ist seit 40 Jahren bekannt, die kleinen Wirbel, die erst Voyager 2 i. J. 1979 entdeckte, leben nur Stunden; auch die „drohende Braue“ über dem großen roten Auge ist erst einige Jahre alt

gen manchem abenteuerlichen Deutungsversuch, vermutlich nichts als ein Wirbelsturm von mehr als Erdradius, der ohne weiteres Jahrtausende überdauern kann (Abb. 3.72).

Viele Eigenschaften von Wirbeln werden wir im Magnetfeld wiederfinden: Das Magnetfeld um einen Strom gleicht dem Strömungsfeld in einem Wirbel. Die Wirbel selbst haben keine Quellen und Senken, wie die Magnetfeldlinien. Solche Analogien haben viele Physiker, darunter *Maxwell* verleitet, die elektromagnetischen Erscheinungen als Strömungen im Äther deuten zu wollen.

Die Bedeutung des Zirkulationsbegriffes liegt vor allem darin, daß er die Kräfte quer zur Strömungsrichtung beschreibt, die den für das Fliegen entscheidenden dynamischen Auftrieb ergeben.

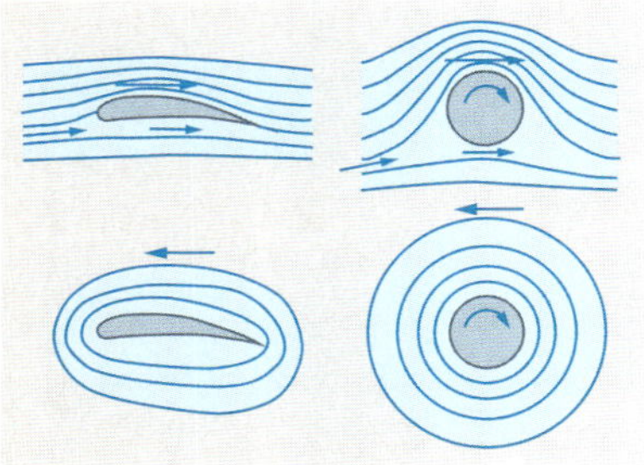

Abb. 3.73. *Oben*: Umströmung von Tragfläche und rotierendem Zylinder. *Unten*: Das Bezugssystem bewegt sich mit der mittleren Strömungsgeschwindigkeit mit

Die langgezogene Tropfenform des Tragflächenprofils (Abb. 3.73) setzt den Anströmwiderstand stark herab. Gleichzeitig aber behindert die Wölbung der Tragfläche mit der scharfen Hinterkante den „links herum“ laufenden Wirbel des Wirbelpaares erheblich stärker als den anderen und nötigt ihn zum Abreißen. Der Rechtswirbel bleibt hängen und überlagert sich der anströmenden Potentialströmung. Ein solches Strömungsfeld ähnelt der Strömung um einen Körper, z. B. einen Zylinder, der „rechts herum“ rotiert und dabei die angrenzende Flüssigkeit mitnimmt. Wird der Zylinder mit v_0 angeströmt und rotiert er mit der Winkelgeschwindigkeit ω, so strömt die Flüssigkeit an seiner Oberseite mit $v' = v_0 + \omega r$, unten mit $v'' = v_0 - \omega r$. Das bedeutet nach *Bernoulli* ein Überwiegen des statischen Druckes auf der Unterseite um

$$\Delta p = \tfrac{1}{2}\varrho(v'^2 - v''^2) \approx 2\varrho\omega r v_0 \quad (\text{falls } \omega r \ll v_0)\,.$$

Ein Zylinder der Länge l erfährt also eine Querkraft (einen Auftrieb) von der Größenordnung

$$F \approx \varrho\omega r v_0 r l$$

oder vektoriell

$$\boldsymbol{F} \approx \varrho r^2 l \boldsymbol{v} \times \omega$$

(**Magnus-Effekt**). In dem Faktor $2\pi\omega r^2$ erkennt man die Zirkulation Z wieder. Man kann also auch sagen

$$\boxed{F \approx \varrho v_0 l Z \quad (\textbf{Kutta-Shukowski-Formel})}\,. \qquad (3.56)$$

Ganz analog ergibt sich der Auftrieb der Tragfläche aus der Fluggeschwindigkeit v_0 und der durch Z gemessenen Stärke des Wirbels, die ebenfalls mit v_0 wächst.

3.3.10 Turbulenz

„Wenn ich in den Himmel kommen sollte“, sagte im Jahre 1932 *Horace Lamb*, Altmeister der Hydrodynamik und Autor eines klassischen Werkes darüber, „erhoffe ich Aufklärung über zwei Dinge: Quantenelektrodynamik und Turbulenz. Was den ersten Wunsch betrifft, bin ich ziemlich zuversichtlich.“ Tatsächlich verstehen wir viel besser, wie sich ein schwarzes Loch bildet, als wie schnell das Wasser aus einem Hahn strömt. Es gibt hier nur empirische Formeln, die sich nicht ohne Zwang auf die Grundgesetze zurückführen lassen. Schuld ist bestimmt nicht der Mangel an Interesse für dieses praktisch so wichtige Gebiet, auf dem Leute wie *Reynolds*, *Prandtl*, *Heisenberg*, *Landau* gearbeitet haben. Erst in letzter Zeit scheint einiges Licht aus einer ganz unerwarteten Ecke zu kommen, nämlich der Spielerei mit Computern, bei der jeder auch ohne große Vorkenntnisse fundamental Neues entdecken kann, falls er genügend Spürsinn und Geduld hat.

Die Strömung einer inkompressiblen Flüssigkeit wird beschrieben durch die Newtonsche Bewegungsgleichung in Form der Navier-Stokes-Gleichung (3.42), zusammen mit der Kontinuitätsgleichung und den Randbedingungen (Flüssigkeit ruht an den Wänden). Nach diesen Gleichungen entwickelt sich aus einem Anfangs-Strömungsfeld $\boldsymbol{v}(\boldsymbol{r};0)$ im Lauf der Zeit ein anderes Feld $\boldsymbol{v}(\boldsymbol{r};t)$. Man unterteile nun den $\boldsymbol{r}$-Raum hinreichend fein in ein Punktgitter aus N Punkten. Dann ist das $\boldsymbol{v}$-Feld gegeben durch $3N$ Zahlen (drei $\boldsymbol{v}$-Komponenten für jeden Punkt) und läßt sich demnach auch durch *einen* Punkt in einem $3N$-dimensionalen **Phasenraum**, ähnlich dem Phasenraum der statistischen Mechanik oder dem Hilbert-Raum der Quantenmechanik darstellen. Mit der Zeit beschreibt dieser Punkt eine Kurve im Phasenraum. Hierbei wird der Unterschied laminar-turbulent besonders augenfällig: Bei laminarer Strömung bleiben die Phasenbahnen zweier nah benachbarter Ausgangspunkte immer nah beisammen, bei turbulenter Strömung können sie scheinbar chaotisch weit auseinanderlaufen. So wird das Turbulenzproblem zum Stabilitätsproblem. Wenn die Bewegung des Phasenpunktes durch *lineare* Gleichungen beherrscht wird, ist das Stabilitätsproblem ein simples Eigenwertproblem einer Transformationsmatrix (Aufgaben zu 18.1). Bei nichtlinearen Gleichungen wie der von Navier-Stokes muß man auf Überraschungen gefaßt sein. Die Nichtlinearität steckt hier in dem Glied $\boldsymbol{a}_2 = \boldsymbol{v}\,\mathrm{grad}\,\boldsymbol{v}$ von (3.42). Das Interessante ist nun, wie aus dem scheinbaren **Chaos** der Instabilität doch eine klare Ordnung herauswächst.

Zerlegt man auch die Zeitachse in diskrete Intervalle, begnügt sich also mit einem Film des Vorgangs statt des stetigen Ablaufs, dann folgt jedes Teilbild aus dem vorigen durch Anwendung eines Operators, einer verallgemeinerten Funktion, auf dieses Bild. Das Ergebnis muß wieder mit dem gleichen Operator behandelt werden und liefert das nächste Teilbild, usw. Solche **iterativen Verfahren** sind meist die einzige gangbare Möglichkeit zur Lösung simultaner Differentialgleichungssysteme (z. B. Runge-Kutta-Verfahren) und lassen sich sehr leicht programmieren.

In Aufgabe 3.3.27 können Sie den Übergang von der glatten Ordnung zum scheinbaren Chaos und umgekehrt bei kleineren Änderungen eines Parameters an einer eindimensionalen Iteration selbst durchspielen. Dabei tauchen immer wieder die gleichen Zahlenwerte auf, die fast unabhängig von der speziellen Art des Problems diesen Übergang kennzeichnen. Eine davon, die **Feigenbaum-Zahl** 4,6692..., könnte eines Tages fast bis zum Rang der Zahlen π und e aufrücken, besonders, wenn es gelänge, mit ihrer Hilfe kritische Reynolds-Zahlen und andere Übergangskriterien erstmals zu berechnen. Noch suggestiver für die strömungstechnische Anwendung sind Muster wie Abb. 3.74. Sie entstehen aus einer zunächst völlig erratisch anmutenden Punktfolge, im Beispiel aus der Iteration $x_{n+1} = 1 + y_n - 1{,}4x_n^2$, $y_{n+1} = 0{,}3x_n$. Solche **seltsamen Attraktoren** sind allerdings noch merkwürdiger als die von *Poincaré* entdeckten **Grenzzyklen** und gehören zu den Überraschungen beim Studium nichtlinearer Gleichungen, die von der chemischen Kinetik bis zur Demographie und Volkswirtschaft eine immer größere Rolle spielen. Sie bieten den ersten Hoffnungsschimmer, daß man Muster wie das in Abb. 3.72 eines Tages wird beherrschen können (s. Kap. 18).

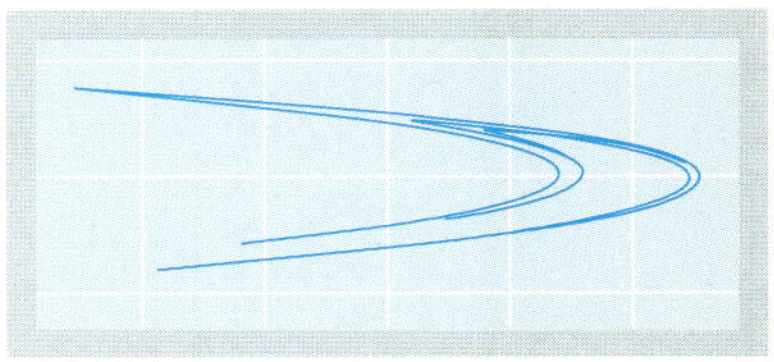

Abb. 3.74. 10 000 Punkte, die nach den Gleichungen $x_{n+1} = 1 + y_n - 1{,}4x_n^2$, $y_{n+1} = 0{,}3x_n$ auseinander hervorgehen, bilden den „attracteur étrange" von *Hénon*

3.4 Der deformierbare Festkörper

Festkörper, selbst von ganz regelmäßigem kristallinen Bau, verhalten sich viel komplizierter als Flüssigkeiten. Ihre mechanischen Eigenschaften, seit jeher von so vitaler Bedeutung für den Menschen, können hier nur noch knapper angedeutet werden als alles Übrige. Etwas mehr erfahren Sie in Kap. 14.

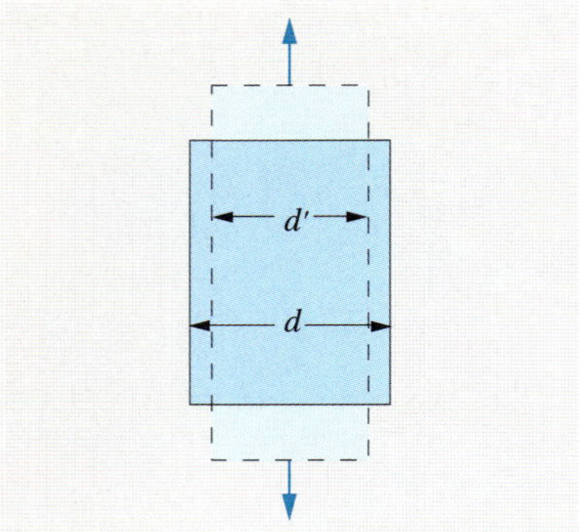

Abb. 3.75. Querkontraktion bei elastischer Dehnung

3.4.1 Dehnung und Kompression

Eine Kraft F, die an einem Draht vom Querschnitt A zieht, verlängert ihn um ein Stück Δl, das (bei nicht zu großem F) proportional zu F, zur Drahtlänge l und zu $1/A$ ist:

$$\Delta l = \frac{1}{E}\frac{lF}{A} \quad \text{oder} \tag{3.57}$$

$$\varepsilon = \frac{1}{E}\sigma \quad (\textbf{Hooke-Gesetz})\,.$$

Die relative Dehnung $\varepsilon = \Delta l/l$ ist proportional zur Spannung $\sigma = F/A$, falls diese nicht zu groß ist.

Da ε dimensionslos ist, hat die Materialkonstante E, der **Dehnungs-** oder **Elastizitätsmodul**, die Einheit N/m^2.

Ein Draht, an dem man zieht, wird nicht nur länger, sondern auch dünner. Sein Durchmesser d nehme um $-\Delta d$ ab. Das Verhältnis der beiden relativen Deformationen

$$\frac{-\Delta d}{d}\frac{l}{\Delta l} = \mu \tag{3.58}$$

heißt **Poisson-Zahl**. Wir grenzen ihren Wert dadurch ein, daß das Volumen $V = \pi d^2 l/4$ des Drahtes sicher nicht kleiner wird, wenn man daran zieht. Die relative Volumenänderung infolge der Deformation Δl und Δd ist (Abschn. 1.1.7)

$$\frac{\Delta V}{V} = \frac{\Delta l}{l} + 2\frac{\Delta d}{d} = \varepsilon(1-2\mu) = \frac{\sigma}{E}(1-2\mu) \tag{3.59}$$

(Δd ist negativ!). Da $\Delta V > 0$, ist $\mu < 0{,}5$. Man mißt für μ Werte zwischen 0,2 und 0,5.

✘ Beispiel...

Wie lang kann ein Stahldrahtseil höchstens sein, bevor es unter seinem eigenen Gewicht zerreißt? Durch welche Kunstgriffe könnte man es im Prinzip unendlich lang machen?

Ein frei herabhängendes Stahlseil von der Länge L ist am oberen Ende mit $\sigma = \varrho g L$ belastet. Bei der Zugfestigkeit σ_F kann man ihm die Maximallänge $L_m = \sigma_F/\varrho g$ geben, also bei Qualitätsstahl von $700\,N/mm^2$ etwa $L = 9\,km$. In der Praxis führt die leichteste ▶

Einkerbung lange vorher zum Bruch. Könnte man den Querschnitt nach unten zu wie $A = A_0 e^{-x/L_m}$ abnehmen lassen, trüge er überall das daranhängende Gewicht. Allerdings wäre ein Stahlseil nach 90 km von 15 cm auf 1 mm Durchmesser geschrumpft.

Ein allseitiger Druck Δp verringert das Volumen in allen drei Richtungen so stark, wie die Spannung $\sigma = -\Delta p$ in (3.59) es in einer tat, also um

$$\frac{\Delta V}{V} = -\frac{3\,\Delta p}{E}(1 - 2\mu)\,. \tag{3.60}$$

Vergleich mit (3.5) liefert die **Kompressibilität**

$$\boxed{\kappa = \frac{3}{E}(1 - 2\mu)}\,. \tag{3.61}$$

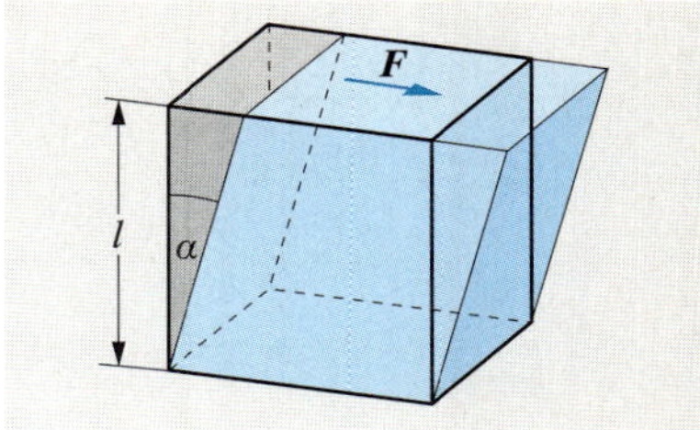

Abb. 3.76. Deformation eines Würfels durch Scherungskräfte (zur Definition des Torsionsmoduls)

3.4.2 Scherung

Eine Kraft F, die tangential zu einer Fläche A wirkt (Scherkraft oder Schubkraft), also eine Schubspannung $\tau = F/A$, kippt alle zu A senkrechten Kanten eines Quaders um den Winkel α, der proportional zu τ ist:

$$\tau = G\alpha\,, \tag{3.62}$$

wenigstens für kleine Deformationen (Abb. 3.76). G heißt **Torsions-** oder **Schubmodul**.

Drillung. Zwei entgegengesetzte Drehmomente T verdrehen die Endflächen eines Drahtes um den Winkel φ. Wir denken den Draht in viele Hohlzylinder zerlegt. Der Hohlzylinder in Abb. 3.77 ist ringsherum um den Winkel $\alpha = r\varphi/l$ verschert, was nach (3.62) eine Schubspannung $\tau = G\alpha$ und eine Scherkraft $\mathrm{d}F = \text{Spannung} \cdot \text{Querschnitt} = \tau 2\pi r\,\mathrm{d}r$, also ein Drehmoment

$$\mathrm{d}T = \mathrm{d}F\,r = \frac{2\pi G\varphi}{l}r^3\mathrm{d}r$$

erfordert. Alle Hohlzylinder zusammen, d. h. der ganze Draht vom Radius R, benötigen ein Drehmoment

$$T = \int_0^R \frac{2\pi G\varphi}{l}r^3\mathrm{d}r = \frac{\pi}{2}G\frac{R^4}{l}\varphi\,. \tag{3.63}$$

Der Draht hat also die Richtgröße

$$\boxed{D_R = \frac{T}{\varphi} = \frac{\pi}{2}G\frac{R^4}{l}}\,, \tag{3.64}$$

die äußerst stark vom Drahtradius abhängt. Sehr kleine Drehmomente an der Gravitationswaage oder am Spiegelgalvanometer kann man durch den Winkel φ messen, um den sie einen feinen Faden verdrillen. Ein an diesem Faden aufgehängter Körper, der um die Fadenachse das Trägheitsmoment J hat, vollführt Drehschwingungen mit der Periode

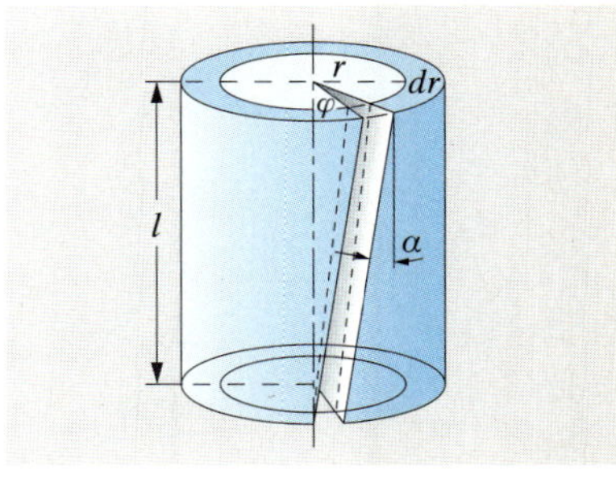

Abb. 3.77. Aufteilung eines Zylinders durch koaxiale Zylinderschnitte und ebene Schnitte durch die Achse in prismatische Teile. Zurückführung der Drillung auf angreifende Schubkräfte

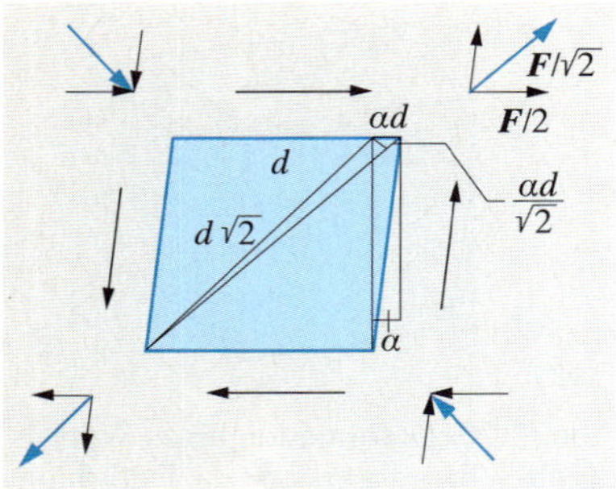

Abb. 3.78. Dieser Würfel läßt sich durch Scherkräfte, aber auch durch diagonale Schub- und Zugkräfte deformiert denken. Der Vergleich ergibt den Zusammenhang zwischen E- und G-Modul

$$\tau = 2\pi\sqrt{\frac{J}{D_R}} = \sqrt{\frac{8\pi J l}{G}\frac{1}{R^2}} . \tag{3.65}$$

So kann man Trägheitsmomente sehr genau vergleichen.

3.4.3 Zusammenhang zwischen E-Modul und G-Modul

Einen Würfel der Kantenlänge d scheren wir durch die in Abb. 3.78 schwarz gekennzeichneten vier Kräfte F um den Winkel α. Aus dieser Deformation ergibt sich der Schermodul des Materials zu $G = 2F/(\alpha d^2)$. Man kann dieselben Kräfte F aber auch zu den blauen Pfeilen zusammensetzen, indem man an jeder der beiden betroffenen Kanten $F/2$ ziehen läßt. So verteilt man jede der vier Kräfte. Die blauen Resultierenden müssen die gleiche Wirkung haben wie die schwarzen Kräfte, nur als Dehnung oder Stauchung ausgedrückt: Sie dehnen die eine Diagonale um $\alpha d/\sqrt{2}$ und stauchen die andere um ebensoviel (Abb. 3.78; das kleine Dreieck oben rechts in der Ecke hat immer noch annähernd zwei 45°-Winkel). Dabei verteilen sich diese Kräfte über die mittlere Fläche $d^2\sqrt{2}/2$ (Mittelwert zwischen der Kante mit der Fläche 0 und der vollen Schnittfläche in Diagonalrichtung, $d^2\sqrt{2}$). Jede der Kräfte $F/\sqrt{2}$, also jede Spannung F/d^2, erzeugt eine relative Dehnung oder Stauchung $F/(Ed^2)$ in ihrer Richtung und die Querkontraktion oder Querdilatation $\mu F/(Ed^2)$ senkrecht dazu, beide Kräftepaare insgesamt also $2F(1+\mu)/(Ed^2) = \Delta l/l = \alpha d/(\sqrt{2}d\sqrt{2}) = \alpha/2$, woraus $E = 4F(1+\mu)/(\alpha d^2)$ folgt. Der Vergleich liefert

$$E = 2G(1+\mu) . \tag{3.66}$$

Mit den Grenzen $0 < \mu < 0{,}5$ für die Poisson-Zahl erhalten wir

$$\frac{E}{2} > G > \frac{E}{3} . \tag{3.67}$$

Die Werte in Tabelle 3.3 bestätigen dies.

3.4.4 Anelastisches Verhalten

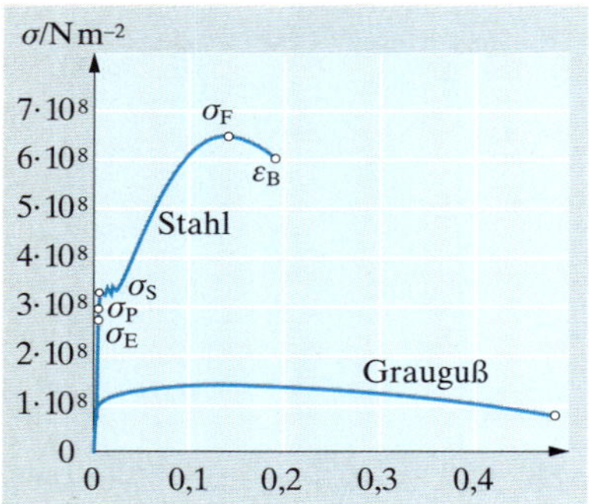

Abb. 3.79. Spannungs-Dehnungs-Diagramm eines harten Stahls und des Gußeisens (Grauguß)

Das Hooke-Gesetz gilt nur bis zu einer bestimmten Grenze, der **Proportionalitätsgrenze** P. Bei höherer Belastung wächst die Dehnung stärker, die $\sigma(\varepsilon)$-Kurve krümmt sich nach rechts (Abb. 3.79). Auch darüber aber kehren viele Körper nach langsamer Entlastung wieder zur ursprünglichen Gestalt zurück; bei ab- und zunehmender Spannung durchläuft die Dehnung praktisch die gleichen Werte. Erst oberhalb der **Elastizitätsgrenze** σ_E lassen innere Umlagerungen und Gefügeänderungen auch nach der Entspannung dauernde Formänderungen zurück. An der **Streckgrenze** σ_S beginnt, meist schubweise, starke plastische Verformung, die jedesmal zu einer Wiederverfestigung führt. Überschreitet man schließlich die **Festigkeitsgrenze** σ_F, die höchste Spannung, die das Material aushält, indem man immer weiter zieht, dann führt starke Einschnürung zur Abnahme der Festigkeit und zum Bruch bei der **Bruchdehnung** ε_B. Schon von σ_S ab, hauptsächlich aber hinter σ_F tritt **Fließen** ein, d. h. die Dehnung nimmt selbst bei Entlastung weiter zu.

Tabelle 3.3. Elastische Konstanten einiger Stoffe (E, G, K: Elastizitäts-, Torsions-, Kompressionsmodul in 10^9 N/m^2; σ_F: Zug- bzw. Druckfestigkeit in 10^9 N/m^2; μ: Poisson-Zahl; ε_B: Bruchdehnung)

Material	E	G	$K = 1/\kappa$	μ	σ_F	ε_B
Al, rein, weich	72	27	75	0,34	0,013	0,5
Duraluminium	77	27	75	0,34	0,50	0,04
α-Eisen	218	84	172	0,28	0,10	0,5
V2A-Stahl (Cr, Ni)	195	80	170	0,28	0,70	0,45
CrV-Federstahl	212	80	170	0,28	1,55	0,05
Grauguß	110				0,15	0,005
Gold	81	28	180	0,42	0,14	0,5
Iridium	530	210	370	0,26		
Thallium	8,1	2,8	30	0,45		
Cu, weich	120	40	140	0,35	0,20	0,4
Cu, kaltgezogen	126	47	140	0,35	0,45	0,02
Blei	17	6	44	0,44	0,014	
α-Messing, kaltgezogen	100	36	125	0,38	0,55	0,05
Silizium	100	34	320	0,45		
Quarzglas	76	33	38	0,17	0,09	
Marmor	73	28	62	0,30		
Beton	40				0,05	
Hartporzellan					0,5	
Eis (−4 °C)	9,9	3,7	10	0,33		
Hanf					0,44	
Holz (Buche, längs)	15				0,14	
Nylon					≤0,6	

Die technisch wichtige Festigkeitsgrenze hängt von der Art der Belastung ab (Zug oder Druck, kurz- oder langzeitige, einmalige oder wiederholte Belastung). Die Werte in Tabelle 3.3 sind daher nur Richtwerte.

Manchmal geht auch im Elastizitätsbereich nach der Entlastung die Verformung erst nach einiger Zeit zurück. Man nennt das **elastische Nachwirkung**.Das wirkt sich besonders bei schneller periodischer Belastung aus. In Abb. 3.80 bei C ganz entlastet, hat der Körper noch die Dehnung OC, die erst durch eine gewisse Gegenspannung rückgängig gemacht wird. So durchläuft das Material periodisch die **Hysteresis-Schleife** ACBD. Auch statisch, d. h. bei sehr langsamer Verformung, geschieht Ähnliches zwischen der Elastizitäts- und der Fließgrenze.

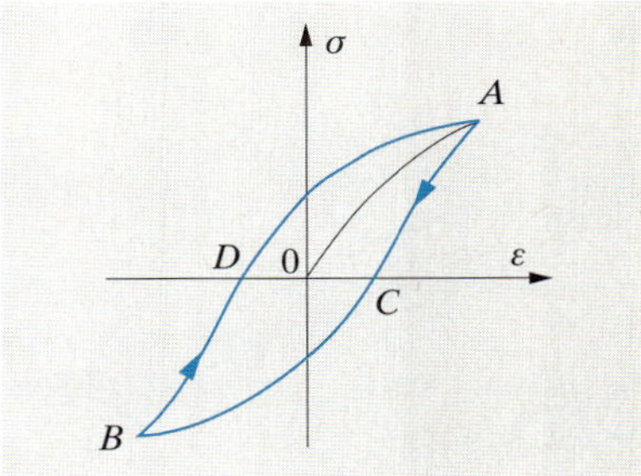

Abb. 3.80. Elastische Hysteresis

✗ Beispiel...

Prüfen Sie die Beziehungen (3.61) und (3.67) an den Werten der Tabelle 3.3 nach. Wie groß ist die Dehnung kurz vor dem Zerreißen? Vergleichen Sie mit thermischen Längenänderungen.

Bei den Metallen, besonders den weichen, liegt G näher der unteren Grenze $E/3$. Das Volumen ändert sich dann unter einseitigem Zug nur sehr wenig: μ ist nur wenig kleiner als 0,5. Am größten ist $3G/E$ bei Quarzglas entsprechend seinem kleinen μ. Nach (3.61) muß $K > E$ sein, wenn $\mu < \frac{1}{3}$, und umgekehrt.

3.4.5 Elastische Energie

Ein Draht vom Querschnitt A und der Länge l dehnt sich unter der Kraft F um $\Delta l = lF/(EA)$. Man kann ihm also die **Federkonstante** $D = F/\Delta l = AE/l$ zuschreiben (Abschn. 1.5.9f). Diese Kraft hat bei der Dehnung die Arbeit

$$W = \frac{1}{2} F\,\Delta l = \frac{1}{2} D\,\Delta l^2 = \frac{1}{2} EAl \left(\frac{\Delta l}{l}\right)^2 = \frac{1}{2} EV\varepsilon^2$$

verrichtet, also pro Volumeneinheit die Energiedichte

$$\boxed{w = \tfrac{1}{2} E\varepsilon^2} \,. \qquad (3.68)$$

Auch bei der Scherung geht die Energie mit dem Quadrat der Deformation:

$$w = \tfrac{1}{2} G\alpha^2 \,.$$

Bei Entlastung wird im elastischen Bereich diese ganze Energie wieder frei, auch wenn die Kurve $\sigma(\varepsilon)$ nicht mehr ganz gerade ist. Dann ist w, die Fläche unter der $\sigma(\varepsilon)$-Kurve bis zur Abszisse der Endverformung, kein exaktes Dreieck mehr, und (3.68) gilt nicht mehr genau. Auch bei elastischer Hysteresis (Abb. 3.80) ist die **elastische Energiedichte** gleich der Fläche unter der Kurve. Beim Hin- und Rückgang BA bzw. AB sind aber diese Flächen verschieden; sie unterscheiden sich um die Fläche *innerhalb* der Schleife. Diese stellt also die Energie pro m^3 dar, die in jeder Periode der Verformung in Wärme übergeht. Dieser Verlust bestimmt z. B. die Dämpfung einer elastischen Schwingung.

3.4.6 Wie biegen sich die Balken?

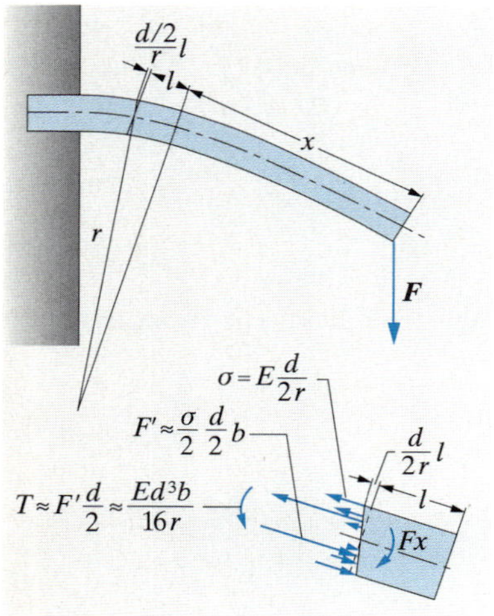

Abb. 3.81. *Oben*: **Balkenbiegung**. *Unten*: Kräfte an einer gedachten Trennfläche

Um ein Stück der Länge l eines ursprünglich geraden Stabes oder Balkens, der die Dicke d und die Breite b hat, so zu biegen, daß er einen Krümmungsradius r annimmt, muß man nach Abb. 3.81 seine oberen Schichten relativ um $\frac{1}{2} d/r$ dehnen, die unteren um ebensoviel stauchen. Die Mittelschicht, die „**neutrale Faser**", behält ihre Länge. Die ganze untere Querschnittshälfte von der Fläche $\frac{1}{2}\,db$ wird im Durchschnitt um $\frac{1}{4} d/r$ gestaucht, die obere um ebensoviel gedehnt. Jede dieser Deformationen erfordert eine Kraft $E \cdot \frac{1}{4}\, d/r \cdot \frac{1}{2}\, db$, beide zusammen bilden ein Kräftepaar, das auf den Querschnitt ein Drehmoment

$$T = F\frac{d}{2} \approx \frac{Ed^3 b}{16r} \approx \alpha \frac{Ed^3 b}{r} \qquad (3.69)$$

ausübt (der Faktor α, der hier zu $\frac{1}{16}$ abgeschätzt wurde, hängt von der Form des Querschnitts ab und kann im Einzelfall leicht berechnet werden; beim rechteckigen Querschnitt ist er $\frac{1}{12}$, beim kreisrunden etwa $\frac{1}{28}$).

Ein Balken der Länge L, der an einem Ende fest eingespannt, am anderen durch die Kraft F belastet ist, erfährt durch diese Kraft im Abstand x vom belasteten Ende das Drehmoment Fx. Es biegt den Balken so weit, bis es durch das Biegemoment T kompensiert wird:

$$Fx = T = \frac{\alpha E d^3 b}{r} \qquad \text{oder} \qquad r = \frac{\alpha E d^3 b}{Fx} \,. \tag{3.70}$$

Die Krümmung $1/r$ ist am größten, wo x am größten ist, also an der Einspannstelle. Dort ist die Spannung ganz oben oder ganz unten

$$\sigma = E\frac{d}{2r} = \frac{Ed}{2}\frac{FL}{\alpha E d^3 b} = \frac{FL}{2\alpha d^2 b} \,. \tag{3.71}$$

Wenn dieser Wert die Festigkeitsgrenze überschreitet, bricht der Balken (Kerbwirkung beachten!). Seine Tragfähigkeit ist also proportional bd^2/L.

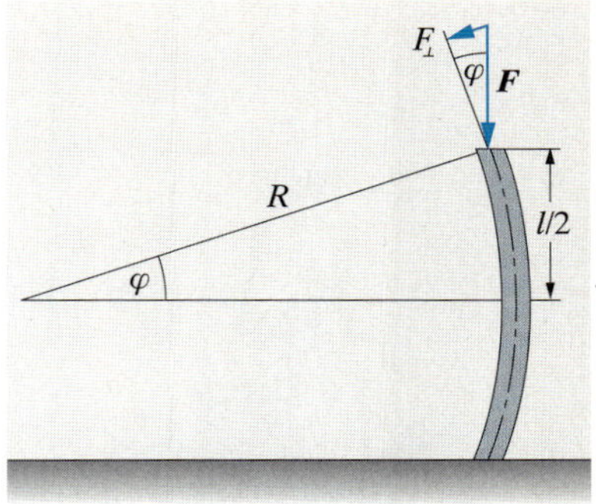

Abb. 3.82. Ein Pfeiler oder eine Wand knickt, wenn die Lastkomponente $\frac{1}{2}Fl/R$ größer ist als das Rückstellmoment $\alpha E d^3 b/R$

3.4.7 Knickung

Eine tragende Säule, die nur in ihrer Achsrichtung belastet ist, also zunächst keine Biegebeanspruchung erfährt, knickt trotzdem in sich zusammen, wenn die Last zu groß wird. Vielfach erfolgt der Zusammenbruch nicht sofort nach Überschreiten der Knicklast, sondern wird erst durch eine Störung ausgelöst, z. B. einen Windstoß, der seitlich, also auf Biegung wirkt, aber selbst viel zu klein wäre, um die Säule merklich zu verbiegen. Offenbar ist die gerade Form der Säule instabil, sobald die Last größer ist als die Knicklast.

Wir bestimmen die **Knicklast** F_{Kn}. Dazu nehmen wir an, die Säule sei nicht genau gerade, sondern aus irgendeinem Grund ganz leicht durchgebogen (Krümmungsradius R). Dann drückt die Last F oben unter einem kleinen Winkel $\varphi \approx \frac{1}{2}l/R$ gegen die Säulenachse (l: Höhe der Säule). Die Kraft $\boldsymbol{F}$ zerlegt sich also in eine axiale Komponente, die praktisch gleich F ist, und eine kleine Komponente $F_\perp = \frac{1}{2}lF/R$ senkrecht dazu. An der Säulenbasis zerlegt sich die Gegenkraft ähnlich. Es wirkt also jetzt ein Biegemoment $T = F_\perp l/2 = \frac{1}{4}l^2F/R$. Andererseits übt ein Balken, der mit dem Krümmungsradius R gebogen ist, nach (3.70) ein Rückstellmoment $T' = \alpha E d^3 b/R$ aus. Wenn das größer ist als T, bildet sich die Biegung wieder zurück, bei $T' < T$ dagegen wird sie immer stärker bis zum Zusammenbruch. Der Übergang liegt bei $T' = T$, woraus sich die Knicklast zu

$$F_{\text{Kn}} \approx \frac{4\alpha E d^3 b}{l^2} \,. \tag{3.72}$$

ergibt. Eine genauere Betrachtung liefert

$$F_{\text{Kn}} = \frac{\pi^2 E d^3 b}{12 l^2} \tag{3.73}$$

(*Leonhard Euler*, 1744).

3.4.8 Härte

Man nennt einen Stoff A härter als einen anderen Stoff B, wenn B von A leichter geritzt wird als umgekehrt. Die qualitative Härteskala nach **Mohs** unterscheidet 10 Stufen, gekennzeichnet durch nebenstehende Mineralien.

Tabelle 3.4

Mohs-Härteklassen	
1. Talk	6. Feldspat
2. Gips	7. Quarz
3. Kalkspat	8. Topas
4. Flußspat	9. Korund
5. Apatit	10. Diamant

Zur quantitativen Härtemessung wird eine Stahlkugel (Durchmesser $D = 5$ bis $20\,\text{mm}$) mit der Kraft F gegen eine ebene Fläche des Werkstoffs gepreßt, so daß darin ein kugelkalottenförmiger Eindruck mit dem Durchmesser d und der Fläche

$$A = \tfrac{1}{2}\pi D\left(D - \sqrt{D^2 - d^2}\right)$$

entsteht. Der Werkstoff hat dann die **Brinell-Härte** $H_{\text{B}} = F/A$.

Otto v. Guericke (1602-1686), Jurist, Stadtrat und ab 1648 Bürgermeister von Magdeburg, demonstrierte 1654 auf dem Regensburger Reichstag die enorme Größe des Luftdrucks mit seinen Halbkugeln von 35,5 cm Durchmesser, evakuiert mit einer selbstentwickelten Pumpe; 2 × 8 Pferde wären allerdings nicht nötig gewesen, um die Halbkugeln zu trennen

▲ Ausblick

Wir haben makroskopische Körper, also Systeme aus ungeheuer vielen Teilchen einigermaßen behandeln können, indem wir sie als deformierbare Kontinua betrachteten, deren Eigenschaften durch eine Reihe von Materialkonstanten beschrieben werden: Dichte, Oberflächenspannung, Viskosität, Elastizitätsmodul usw. Warum diese Konstanten genau diese Werte haben, möchte man gern aus dem molekularen Aufbau verstehen. Für die Oberflächenspannung haben wir dies angedeutet, die Viskosität und viele thermische Eigenschaften werden in Abschn. 5.4 untersucht, wenigstens für Gase; über die elastischen und andere Eigenschaften von Festkörpern erfahren Sie einiges in Abschn. 14.1.4.

✓ Aufgaben . . .

● 3.1.1. Seemannsgarn?
Ist es wahr, daß untergegangene Schiffe in einer gewissen Tiefe schweben bleiben, weil das Wasser in der Tiefe viel dichter ist?

● 3.1.2. Aufstieg
Um wieviel ändert sich die Temperatur des Wassers, das sehr schnell vom Tiefseegrund aufsteigt?

●● 3.1.3. Schwingende Säule
In einem U-Rohr, lichter Querschnitt A, steht eine Flüssigkeitssäule, Dichte ϱ, Gesamtlänge L. Schwingt die Säule harmonisch (Reibungsfreiheit vorausgesetzt), wenn man sie aus der Ruhelage bringt? Mit welcher Frequenz?

● 3.1.4. Wasserverdrängung
Ein Schiff schwimmt in einem geschlossenen Seebecken. Plötzlich wird es leck und sinkt. Wie verändert sich dabei der Wasserspiegel im See?

● 3.1.5. Tiefgang
An der Bordwand von Frachtschiffen findet man eine „Freibordmarke“ (Abb. 3.83). Welche Abstände haben die Marken in Wirklichkeit? Wieviel könnte ein 10 000 t-Frachter, der aus Hamburg kommt, in Cuxhaven zuladen? Was müßte er in Gibraltar, Istanbul, Kertsch machen, wenn er nach Rostow/Don will?

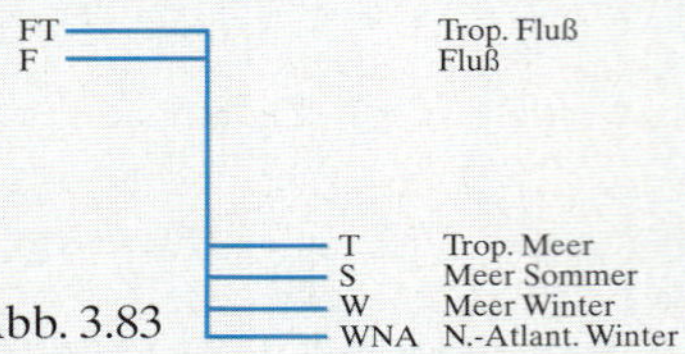

Abb. 3.83

●● 3.1.6. Ballspiel
Um einen Ball im Mittel auf gleicher Höhe schwebend zu halten, gibt man ihm alle τ Sekunden einen Stoß nach oben. Wie groß müssen ein solcher Impuls und die entsprechende Geschwindigkeitsänderung sein? Welchen Impuls muß der Ball pro Sekunde erhalten? Zeichnen Sie die Zeitabhängigkeit der Höhe des Balles. Wie sieht der Vorgang aus (kinematisch und dynamisch), wenn τ sehr klein wird?

●● 3.1.7. Gasdruck
Machen Sie anschaulich, wie der Druck eines Gases auf einen Kolben sich aus den Stößen der Einzelmoleküle zusammensetzt. Macht es etwas aus, daß die Stöße nicht in regelmäßiger Folge kommen?

● 3.1.8. Magdeburger Halbkugeln
Otto von Guericke ließ zwei mit Flanschen versehene, durch einen Lederriemen abgedichtete hohle Halbkugeln aus Kupfer mit 42 cm Durchmesser herstellen und mit der von ihm erfundenen Luftpumpe evakuieren. Welche Kraft war zur Trennung nötig?

●● 3.1.9. Reifendruck
Welchen Druck übt ein Autoreifen auf die glatte Straße aus? Vielleicht ist dieser Druck gleich dem Überdruck, der drinnen herrscht? Mit welcher Fläche liegt ein Reifen auf der Straße auf? Stimmt die Tankwarts-Regel: Bei einem PKW muß diese Fläche etwa der Schuhsohle eines kleinen Männerschuhs entsprechen? Auf wel-

chen Druck muß ein Fahrradreifen aufgepumpt werden, damit er auf glatter Straße nicht „durchschlägt“? Zeichnen Sie den Reifen in Seitenansicht und lesen Sie die wesentlichen Größen ab. Wieviel Luft muß man in einen Fahrradreifen pumpen, der ganz platt war? Welche Arbeit leistet man dabei? Wie heiß kann die Luft dabei werden?

●● 3.2.1. Spritzer
Weshalb sind Spritzer kleiner als Tropfen? Welche Rolle spielt die Beschleunigung beim Abschleudern? Wie kann man sehr kleine Tropfen machen? Sind Quecksilber-, Ether-, Benzol-Tropfen größer oder kleiner als Wassertropfen?

●● 3.2.2. Ballonrakete
Ein aufgeblasener, aber nicht zugebundener Kinderluftballon schießt in der Luft umher. Schätzen Sie Beschleunigungen und Geschwindigkeiten. Wie hängen sie von der Zeit ab? Warum ist das Aufblasen am Anfang am schwersten?

●● 3.2.3. Tropfenbildung
Warum zerfällt ein Wasserstrahl sehr bald nach dem Austritt in Tropfen?

● 3.2.4. Wasserkurve
Zwei Glasplatten werden an einer Seite etwa durch ein dazwischengeklemmtes Streichholz auf ca. 1 mm Abstand gebracht, an der anderen Seite berühren sie einander. Das Ganze wird so in ein Wassergefäß gestellt, daß das Streichholz senkrecht steht. Die Oberfläche des zwischen den Platten aufgestiegenen Wassers bildet eine Kurve. Welche?

● 3.2.5. Saftsteigen
Ist es möglich, daß der Saft allein durch Kapillarität bis in die Krone eines Baumes steigt (Eukalyptusbäume können bis 150 m hoch werden)? Was hätte der Baum davon?

● 3.2.6. Blasendruck
Leiten Sie den Überdruck in der Seifenblase nach dem Prinzip der virtuellen Verrückung her: Gleichgewicht herrscht, wenn bei einer virtuellen Radienänderung die Arbeit gegen die Oberflächenkräfte durch die Druckarbeit kompensiert wird.

● 3.2.7. Tauziehen
Man gießt etwas Wasser in eine flache Schale, so daß es überall einige mm tief steht. In die Mitte der Schale tropft man etwas reinen Alkohol. Um die Mitte bildet sich eine trokkene Stelle. Warum?

●● 3.2.8. Fleckentferner
Tut man Benzin auf einen Fettfleck im Anzug und wäscht dann nochmals mit sauberem Benzin nach, so bleibt regelmäßig ein Schmutzrand zurück. Wieso? Wie geht man besser vor?

●● 3.2.9. Molekularkräfte
Oberflächenenergien sind zwar nicht sehr groß, entsprechen aber doch gewaltigen Molekularkräften. Schätzen Sie diese Kräfte z. B. zwischen zwei Flächen von je 1 cm^2 ab, indem Sie bedenken, daß Molekularkräfte Nahewirkungskräfte sind, die nur über wenig mehr als einen Atomabstand wirken. Vergleichen Sie das Ergebnis mit den Zerreißfestigkeiten fester Stoffe. Wie erklärt sich die Diskrepanz?

●●● 3.2.10. Catenoid
Man ziehe eine Seifenhaut zwischen zwei parallelen Kreisringen. Sie nimmt „Sanduhrform“ (seitlich eingebeulter Zylinder) an. Warum? Was muß man machen, um einen „ordentlichen“ geraden Zylinder zu erhalten?

●● 3.3.1. Nachtverkehr
Machen Sie Moment- und Zeitaufnahmen des nächtlichen Fahrzeugstroms auf einer verkehrsreichen Kreuzung. Was sind Stromröhren? Unter welchen Umständen sind Strom- und Bahnlinien verschieden? Ist die Strömung immer inkompressibel, divergenzfrei, rotationsfrei? Hat sie ein Geschwindigkeitspotential? Gibt es Quellen oder Senken? Wie mißt man den Fluß? Wie wirkt sich die Kontinuitätsgleichung aus?

●● 3.3.2. Gezeitenstrom
In einem flachen Meeresteil mit ebenem Boden habe der Gezeitenstrom überall die gleiche Richtung. Welche Strömungsfelder sind möglich (zunächst ohne, dann mit Berücksichtigung der inneren Reibung). Wie ist die Lage, wenn der Boden zum Ufer hin allmählich ansteigt?

●● 3.3.3. Feldeigenschaften
Beweisen Sie, daß für jedes vernünftige Skalarfeld $u(\boldsymbol{r})$ bzw. für jedes Vektorfeld $v(\boldsymbol{r})$ gilt $\operatorname{rot}\operatorname{grad} u = 0$ und $\operatorname{div}\operatorname{rot} v = 0$. „Vernünftig“ heißt, daß die Ableitungen nach verschiedenen Koordinaten vertauschbar sind, d. h. daß die Reihenfolge ihrer Anwendung keine Rolle spielt.

●● 3.3.4. Aufrahmung
Die Dichte von Butter ist 920 kg/m^3. In Milch ist Fett in Tröpfchen von einigen µm Durchmesser emulgiert. Wie lange dauert es etwa, bis sich der Rahm auf stehender Milch absetzt (experimentell und theoretisch). Geben Sie Konstruktionsvorschriften für eine Milchzentrifuge, die die Trennung in viel kürzerer Zeit durchführen soll.

●● 3.3.5. Stokes-Rotation
Welches Drehmoment ist nötig, um einen Körper im viskosen Medium mit der Winkelgeschwindigkeit ω zu drehen? Schätzung: Man ersetze den einigermaßen runden Körper durch eine kurze Hantel, deren zwei Kugeln dem Stokes-Gesetz gehorchen sollen. Wie wirkt sich die Form des Körpers auf den Drehwiderstand aus?

●● 3.3.6. Hovercraft
Ein Luftkissenboot ist 17 m lang und 8 m breit und wiegt beladen 15 t. Bei der Fahrt bleibt zwischen der das Boot rings umgebenden Gummimanschette und der Wasseroberfläche ein Schlitz von ca. 5 cm Breite, durch den die Luft abströmt. Welcher Überdruck ist nötig, um das Boot zu tragen? Wie schnell strömt die Luft am Rand aus, wieviel geht pro Sekunde verloren? Welche Leistung müssen die Kompressoren aufbringen? Könnte der Schlitz breiter oder enger sein, wovon hängt das ab, welche Folgen hat es? Welchen Einfluß hat die Fahrge-

schwindigkeit auf das Schwebeverhalten? Welche Höchstgeschwindigkeit ist vernünftigerweise zu erreichen?

●● 3.3.7. Wasserleitung
Projektieren Sie die Wasserleitungen für ein Haus, ein Dorf, einen Stadtteil. Geben Sie sinnvolle Werte für Personenzahlen, Verbrauch (Durchschnitt und Spitze), Entfernungen, Reservoirhöhen vor und sorgen Sie dafür, daß der Druckabfall nicht zu groß wird. Beachten Sie die Synchronisierung der Verbrauchsspitzen durch äußere Einflüsse wie Fernsehpausen o. ä.

●● 3.3.8. Flugdaten
Bei der DC-8 strömt die Luft 10 % schneller an der Oberseite der Tragflächen vorbei als an der Unterseite. Welche Startgeschwindigkeit braucht die Maschine? Startgewicht 130 t, Spannweite 42,5 m, mittlere Tragflächenbreite 7 m. Wie lang muß die Startbahn sein, wenn eine Beschleunigung von $3\,\mathrm{m/s^2}$ nicht wesentlich überschritten werden soll? Wie hoch ist der Treibstoffverbrauch während der Startperiode und während der Reise, wo der Schub etwa 10 % vom Startschub beträgt? Schätzen Sie die Reichweite der Maschine.

●● 3.3.9. Seltsamer Antrieb
Am Bug eines Ruderbootes ist ein Seil befestigt. Ein Mann steht im Boot und läßt sich abwechselnd langsam nach hinten fallen bzw. reißt sich am Seil wieder möglichst heftig in die aufrechte Stellung. Bringt er das Boot in Gang, und wenn ja wie? Funktioniert das Verfahren auch für einen Schlitten- oder einen Weltraumfahrer?

●● 3.3.10. Herbstlaub
Ein Blatt fällt nicht senkrecht vom Baum, gleitet auch nicht auf „schiefer Ebene" ab wie ein Segelflugzeug, sondern pendelt mehrmals beim Fallen hin und her. Warum? Probieren Sie mit Papier- und Kartonblättern verschiedener Größe und Stärke. Wie hängen Pendelamplitude und -periode von den Blatteigenschaften und dem Anfangs-Einstellwinkel ab? Verhalten sich die Samen von Ahorn, Linde und Ulme anders? Wenn ja, warum und wozu?

●● 3.3.11. Whirlpool
Wenn man in der Teetasse rührt, sammeln sich die Blätter in der Mitte des Bodens. Daß sie am Boden sind, heißt doch, daß sie schwerer sind als die Flüssigkeit. Müßte sie dann die Zentrifugalkraft nicht eher nach außen treiben?

●● 3.3.12. Wasserrakete
Eine Spielzeugrakete wird teilweise mit Wasser gefüllt. Die darüberstehende Luft wird mit einer Pumpe, die gleichzeitig die Düse fest verschließt, komprimiert. Entfernt man den Pumpstutzen aus der Düse, so schießt ein Wassertreibstrahl heraus. Messen Sie an einer solchen Rakete (ca. 10 DM) die wesentlichen Größen nach (Steighöhe, Schub, Überdruck), indem Sie die Betriebsdaten variieren. Wie hängen diese Größen zusammen? Startet die Rakete auch ohne Wasser? Warum kommt dann ein Dampfwölkchen aus der Düse?

●● 3.3.13. Überlebt er's?
Bei *H. Dominik* fällt einmal ein Mann in ein über 10 km langes Rohr, das bis zum Grund des Philippinengrabens reicht. Die Todesangst läßt nach, als er merkt, daß sich ein Luftpolster bildet, das ihn trägt und nur noch ganz sanft fallen läßt. Wie lange hat seine Angst gedauert? Kann er die Fallgeschwindigkeit regeln? Kann die Sache überhaupt stimmen?

●● 3.3.14. Turbine
Diskutieren Sie die Bewegung eines Mühlrades, wenn es sich frei dreht (auch praktisch reibungsfrei) und wenn es Arbeit zu leisten hat (z. B. Hochwinden einer Last). Was kann man qualitativ sagen? Für die quantitative Näherung nehmen Sie einen Newtonschen Strömungswiderstand der Radschaufeln an (warum nicht einen Stokesschen?). Schätzen Sie Kräfte und Leistungen bei vernünftigen Annahmen über Schaufelabmessungen und Strömungsgeschwindigkeit. Gibt es eine Drehzahl, bei der die Leistung maximal wird? Was passiert bei Überlastung? Kann man Analogien zum Verbrennungs- und Elektromotor aufstellen?

●●● 3.3.15. Rohrströmung
Das Druckgefälle $\Delta p/l$ in einer glatten geraden Rohrleitung der Länge l und des Radius r treibt eine Flüssigkeit, Dichte ϱ, Viskosität η, mit der mittleren Geschwindigkeit v. $\Delta p/l$ kann nur von v, r, ϱ, η abhängen. Am einfachsten wäre ein Potenzgesetz $\Delta p/l \sim \varrho^\alpha \eta^\beta r^\gamma v^\delta$. Wenn nötig, muß man die Exponenten für die verschiedenen v-Bereiche verschieden wählen. Leiten Sie aus Dimensionsbetrachtungen Beziehungen zwischen den Exponenten ab. Kann man alle durch δ ausdrücken? Jetzt untersuchen Sie vier Spezialfälle: (a) Reibungsbeherrschte Strömung: ϱ tritt nicht auf; (b) Trägheitsbeherrschte Strömung: η tritt nicht auf; (c) ϱ und η gehen gleichstark ein. (d) ϱ geht dreimal so stark ein wie η: $\alpha = 3\beta$. Die Annahme (d) führt auf das Gesetz von *Blasius*, das den turbulenten Widerstand im glatten Rohr besser beschreibt als der Newton-Widerstand, der für rauhe Wände gilt. Warum? Diskutieren Sie Abb. 3.68.

●● 3.3.16. Aquaplaning
Bei starkem Regen kann sich unter den Reifen eines schnellfahrenden Autos eine zusammenhängende Wasserschicht bilden. Dieses „Aquaplaning" ist gefürchtet, denn es setzt den Reibungskoeffizienten der Reifen auf sehr kleine Werte herab. Auf wie kleine? Helfen breite Reifen gegen diesen Effekt? Wer fährt sicherer, gleichen Reifendruck vorausgesetzt: Ein LKW, ein PKW, ein Motorrad? Ist der Rat vernünftig, unter solchen Bedingungen die Reifen nicht zu hart aufzupumpen?

●● 3.3.17. Magnus-Effekt
Wir betrachten einen Zylinder (oder eine Kugel), der in einer strömenden Flüssigkeit rotiert, speziell mit der Drehachse senkrecht zur Strömungsrichtung. Die rotierende Oberfläche

nimmt die angrenzende Flüssigkeit mit und erzeugt um sich einen Wirbel, der sich dem normalen Anströmvorgang überlagert. Skizzieren Sie das Stromlinienbild, das sich aus dieser Überlagerung ergibt. Wohin verlagern sich die Staupunkte, wo verdichten sich die Stromlinien, wo werden sie dünner? Welche Strömungsgeschwindigkeit herrscht dicht an der Zylinderwand, speziell dort, wo sich der Zylinder mit der Strömung bzw. gegen sie bewegt? Welche Druckdifferenz muß zwischen diesen Stellen herrschen? Welche Kraft wirkt auf den Zylinder und in welcher Richtung? Stellen Sie diese Kraft für beliebige Achsrichtung dar. Welche Chance sehen Sie für einen „Segelantrieb" durch einen solchen Rotor (Flettner-Rotor)?

●● 3.3.18. Kollisionsgefahr
Zwei nahe beieinander vor Anker liegende Schiffe haben die Tendenz zusammenzutreiben. Ähnlich treibt ein Schiff gegen die Kaimauer. Gilt das auch für zwei Boote, die einen Fluß hinabtreiben? Wenn ein LKW oder Bus Ihr Wohnwagengespann überholt, wird dieses kräftig nach links gezogen. Warum?

●●● 3.3.19. Viskosität von Suspensionen
Man kann Makromoleküle (künstliche Hochpolymere, Proteine) und andere suspendierte Teilchen durch ihren Beitrag zur Viskosität der Suspension kennzeichnen und ihre Strukturänderungen anhand der Viskositätsänderungen verfolgen. Wie beeinflussen feste suspendierte Teilchen die effektive Viskosität? Denken Sie zunächst an plattenförmige Teilchen. Wie werden sie sich in der Strömung einstellen? Wie beeinflußt ihr Vorhandensein den v-Gradienten? Drücken Sie diesen Einfluß durch den Anteil α am Gesamtvolumen aus, den die Teilchen einnehmen. Wird der Einfluß, ausgedrückt durch α, für kugelförmige Teilchen größer oder kleiner sein? *Einstein* fand $\eta = \eta_0(1 + 2{,}5\alpha)$. Was finden Sie? Wenn das Teilchen von einer kompakten Kugel in ein lockeres Knäuel übergeht, wie wird sich das auswirken?

●● 3.3.20. Zerstäubung
Regentropfen überschreiten eine gewisse Größe nicht, weil sie sonst zu schnell fielen und der Luftwiderstand sie zerbliese. Dieses Zerblasen oder Zerstäuben in kleinere Tröpfchen ist technisch erwünscht beim Vergaser oder bei der Diesel- oder Einspritzpumpe. Behandeln Sie den Zerfall eines Tropfens als Wettstreit zwischen Oberflächenspannung und Luftwiderstand. Wie groß können Regentropfen werden und wie schnell fallen die größten; wie klein werden die Tröpfchen bei einem bestimmten Einspritzdruck? Beachten Sie, daß beim Dieselmotor in vorkomprimierte Luft eingespritzt wird.

●●● 3.3.21. Strömen und Schießen
Wasser kommt mit einem bestimmten Volumenstrom $\dot{V}$ und einer bestimmten spezifischen Energie (Energie/kg) w aus dem Oberlauf eines Flusses, von einem Wasserfall oder Wehr, aus einer Stromschnelle. Die Frage ist, wie diese Menge $\dot{V}$ weiter abfließt und was das Wasser mit dieser Energie w anfängt. Es kann w in potentieller Energie anlegen (sich zu großer Tiefe auftürmen) oder in kinetischer Energie (schnell fließen). Setzen Sie diese Aufteilung an und zeichnen Sie w als Funktion der Tiefe H bei gegebenem $\dot{V}$. Zeigen Sie, daß es bei gegebenen w und $\dot{V}$ i. allg. zwei völlig verschiedene Abflußzustände gibt (genannt Schießen und Strömen). Wenn im ruhigen Fluß ein Pfahl steht, bildet der Spiegel oft *stromauf* eine leichte Furche. Beim Wildbach liegt eine (viel tiefere) Furche immer *unterhalb* des Steinblocks. Wie kommt das? Wovon hängt es ab, ob ein gegebener Fluß strömt oder schießt? Hat das Begriffspaar Strömen-Schießen etwas mit laminar-turbulent zu tun?

●● 3.3.22. Sind Flüsse laminar?
Die Isar hat zwischen Sylvenstein-Speicher (750 m) und München (500 m) eine Lauflänge von 100 km und ist im Mittel 50 m breit und 1 m tief. Wie schnell müßte sie fließen und welche Abflußmenge ergäbe sich, wenn sie laminar über glatten Grund strömte? Andererseits: Die mittlere Abflußmenge ist 60 m^3/s. Wie tief wäre die Isar, wenn sie laminar strömte? Gibt es überhaupt laminare Flüsse oder Bäche? Kommen bei vernünftigeren Annahmen die richtigen Werte heraus? Stellen Sie eine Faustregel mit vernünftigem empirischen Koeffizienten auf.

●● 3.3.23. Hubschrauber I
Wir betrachten einen auf der Stelle schwebenden Hubschrauber mit der Masse m. Geben Sie sinnvolle Kombinationen von Luftschraubenfläche und Motorleistung an. Kann man hier einen Wirkungsgrad formulieren? Wie muß die minimale Motorleistung von der Masse und der Schraubenfläche allgemein abhängen?

●● 3.3.24. Hubschrauber II
Wenn ein Hubschrauber eine völlig starre Luftschraube hätte, könnte er zwar stabil auf der Stelle schweben, aber beim Vorwärtsflug würde er sofort nach einer Seite kippen. Warum? Untersuchen Sie den Auftrieb der Schraubenflügel auf den beiden Seiten des Hubschraubers. Wie vermeidet man dieses Umkippen?

●● 3.3.25. Bootsparadoxon
Wenn ein Boot antriebslos auf dem Fluß treibt, gehorcht es trotzdem dem Steuerruder. Das wäre nicht möglich, wenn es genau ebensoschnell triebe, wie das Wasser fließt. Beobachtung zeigt, daß das Boot tatsächlich schneller treibt. Wie ist das möglich?

●● 3.3.26. Widderstoß
Wenn man einen Absperrhahn in einer Wasserleitung, hinter dem noch ein längeres Rohrstück folgt, zu plötzlich schließt, kracht es oft fürchterlich in der Leitung, die heftig wackeln und sogar brechen kann. Wie kommt solch ein „Wasserschlag" oder „Widderstoß" zustande? Wie verhält sich das Wasser im Rohr hinter dem Ab-

sperrhahn, kurz nachdem dieser geschlossen wird? Welche Drücke können bei diesem Stoß auftreten?

●●● **3.3.27. Iteration**
Stellen Sie Ihren Taschenrechner auf Bogenmaß (RAD), geben Sie eine Zahl < 1 ein und tippen Sie COS, so oft Sie wollen. Das Ergebnis konvergiert gegen 0,739085.... Sie haben die transzendente Gleichung $x = \cos(x)$ gelöst. Überlegen Sie, wieso. Tun Sie dies auch graphisch. Ähnlich lassen sich beliebig komplizierte Gleichungen, von algebraischen Gleichungen mit einer Unbekannten bis hin zu Matrixgleichungen (Aufgabe 18.1.4) durch **Iteration** lösen. Manchmal passiert allerdings Seltsames, z. B. bei $\lambda \cos(x) = x$ mit $\lambda > 1{,}31918$ (warum gerade da?). Man weiß (z. B. aus der Graphik), daß eine Lösung existiert, aber das Verfahren divergiert. Oder es gibt mehrere Lösungen (bei $\lambda \cos(x) = x$ für $\lambda > 2{,}97169$; warum?), und man erhält doch nur eine davon, egal welche Zahl man anfangs eingibt. Einige Lösungen wirken als **Attraktoren** für das Verfahren, andere als **Repulsoren**. Finden Sie ein Unterscheidungskriterium? Wie kann man eine solche Gleichung lösen, auch wenn das Verfahren divergiert?

●● **3.4.1. Torsion**
Dimensionieren Sie Torsionsdrähte für eine Gravitations-Drehwaage, für ein Ultraschallradiometer, die Messung der Boltzmann-Konstante (vgl. Abschn. 5.2.8).

●● **3.4.2. Zerreißgefahr**
Wie schnell darf man einen Drehkörper aus einem Material gegebener Festigkeit (z.B. Stahl) rotieren lassen, damit er nicht zerreißt? Hinweis: Untersuchen Sie alle möglichen potentiellen Bruchlinien und schätzen Sie die Spannungen, die daran auftreten. Welche Bruchlinie liefert die größte Spannung?

● **3.4.3. Härte und Sprödigkeit**
Wie unterscheiden sich (qualitativ) die Spannungs-Dehnungs-Diagramme für harte und weiche, spröde und duktile Materialien? Kann man diese Eigenschaften beliebig kombinieren?

●● **3.4.4. Elastische Dämpfung**
Die Elastizitätsgrenze σ_E (Abb. 3.79; genauer die Spannung $\sigma_{0,005}$) ist nach DIN definiert als die Belastung, die bei ihrer Aufhebung eine bleibende Dehnung von 0,005 % zurückläßt. Wie sieht die Hysteresiskurve für eine Belastung bis σ_E aus? Schätzen Sie die Dämpfung einer elastischen Schwingung des Stahles von Abb. 3.79. Anwendungen?

●● **3.4.5. Balkenbiegung**
Um wieviel senkt sich das Balkenende unter der Last F?

●● **3.4.6. Fernsehturm**
Warum ist ein Rohr fast so biegesteif wie ein Stab vom gleichen Durchmesser? Hat das Rohr Vorteile, die auch noch den verbleibenden kleinen Unterschied ausgleichen können?

●● **3.4.7. Brücke**
Um wieviel mehr kann man einen beiderseits eingespannten Balken (Brücke) in der Mitte belasten als einen halb so langen einseitig eingespannten Balken am Ende?

●● **3.4.8. Sägewerk**
Aus einem kreisrunden Baumstamm soll (a) ein Rechteckbalken von möglichst großer Tragkraft, (b) ein Balken, der sich möglichst wenig durchbiegt, geschnitten werden. Offenbar zählt die Dicke mehr als die Breite, also ist der quadratische Querschnitt nicht der beste. Wie sieht der günstigste Querschnitt aus, wieviel mehr trägt er als der quadratische? Wie stellt man ihn im Sägewerk her?

●●● **3.4.9. Flächenträgheitsmoment**
Die Baustatiker kennzeichnen die Biegesteifigkeit eines Balkens durch das Flächenträgheitsmoment seines Querschnitts $I = \iint x^2\,\mathrm{d}x\,\mathrm{d}y$ (x: Abstand von der neutralen Faser). Warum heißt diese Größe Trägheitsmoment? Zeigen Sie, daß es genau auf sie ankommt, berechnen Sie sie für rechteckigen, quadratischen, kreisförmigen, kreisringförmigen, I-förmigen Querschnitt. Wie heißt der Faktor α in (3.70)? Füllen Sie die numerischen Lücken in Abschn. 3.4.6 und in den einschlägigen Aufgaben aus. Der I-Träger habe überall die gleiche Materialstärke d. Bei welcher Form trägt er bei gegebenem Querschnitt und gegebenem d am meisten?

●● **3.4.10. Ein teurer Fehler**
Kessel aus Edelstahl für Milch oder Bier werden durch Einleiten von heißem Wasserdampf gereinigt. Sie haben zwei Ventile (oben oder unten?). Bei Fehlbedienung (welcher Art?) kann der Kessel hinterher aussehen wie eine Osterinselstatue. Wie stark wurde das Material der Kesselwand belastet? Zeichnen Sie dazu ein kleines Wandstück und tragen Sie die wirkenden Kräfte ein. Wovon hängt es ab, ob der Zusammenbruch auf Knickung oder auf einer Spannung oberhalb der Druckfestigkeit beruht? Wie dick müßte die Wand sein, damit sie diese Behandlung aushält?

●● **3.4.11. Tiefseeboot**
Wie stark müssen die Wände eines zylinder- oder kugelförmigen Tauchboots sein, das Menschen bis in den Grund der Tiefseegräben bringen soll? Solche Boote baut man lieber aus Titan als aus Stahl. Warum?

● **3.4.12. Das stabile Ei**
Wenn Sie ein rohes Ei mit der Längsachse zwischen die Höhlungen der gefalteten Hände nehmen, können Sie erstaunlich stark zudrücken, ehe es vielleicht doch kaputtgeht. Bevor Sie eine Schweinerei anrichten, schätzen Sie die Kraft, die Sie anwenden dürfen.

4

Schwingungen und Wellen

Inhalt

„Daher kommt es auch . . . , daß von zwei Personen jede zu gleicher Zeit die Augen der anderen sieht . . . denn zwei Lichtwellen heben sich weder auf noch unterbrechen sie einander, wenn sie sich kreuzen . . . ."

Christiaan Huygens,
Traité de la lumière, 1690

Einleitung

„Alles schwingt", hätte Heraklit mit fast ebensoviel Berechtigung sagen können. Teilchen, die an eine Gleichgewichtslage gebunden sind, sitzen in einem Potentialminimum. Die Umgebung des Minimums läßt sich aber bei einer glatten Funktion immer durch eine Parabel annähern: $W = W_0 + ax^2$, was einer elastischen Kraft $F = -\mathrm{d}W/\mathrm{d}x = -2ax$ entspricht, und unter einer solchen Kraft schwingt ein Teilchen sogar harmonisch, sinusförmig. Deswegen sind **harmonische Schwingungen** physikalisch so wichtig. Auch mathematisch bilden sie die Grundbausteine, aus denen sich kompliziertere Schwingungsformen aufbauen lassen.

Teilchen beeinflussen einander, ihre Schwingungen übertragen sich mit einer gewissen Phasenverschiebung auf Nachbarteilchen. Daher sind auch **Wellen** allgegenwärtig: Mechanische Wellen, wo Teilchen von der Schwerkraft in die Ruhelage zurückgezogen werden (Wasserwellen) oder von Kapillarkräften (sehr kurze Wasserwellen), oder wo Teilchen durch elastische Kräfte gekoppelt sind (Schall und Ultraschall, Erdbebenwellen usw.); elektromagnetische Wellen, aus deren Riesenspektrum Radio, Licht, Röntgenstrahlung nur einige Abschnitte bezeichnen; schließlich weiß man seit einem guten halben Jahrhundert, daß jedes Teilchen gleichzeitig auch als Welle aufzufassen ist; selbst wenn es ganz allein ist, kann man sein Verhalten nur wellentheoretisch beschreiben.

4.1 Schwingungen

Einer abstandsproportionalen Kraft unterworfen, schwingt ein Massenpunkt sinusförmig. Was geschieht aber bei anderen Kraftgesetzen, oder wenn mehrere Kräfte eingreifen, oder wenn mehrere Schwingungen mit verschiedenen Parametern gleichzeitig erfolgen? Wie kann man das alles übertragen, wenn nicht eine mechanische Größe wie die Auslenkung eines Massenpunktes, sondern eine ganz andere Größe ähnlichen Einflüssen ausgesetzt ist?

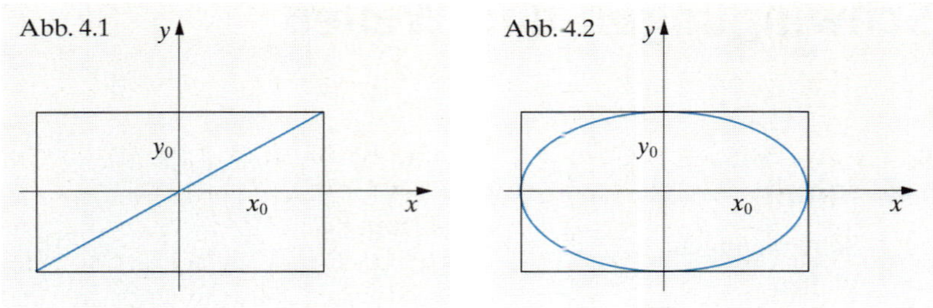

Abb. 4.1 und 4.2. Überlagerung von zueinander senkrechten harmonischen Schwingungen gleicher Frequenz. Abb. 4.1: Phasendifferenz 0; Abb. 4.2: Phasendifferenz $\pi/2$

4.1.1 Überlagerung von Schwingungen

Selten führen Teilchen nur *eine* Schwingung aus, meist mehrere gleichzeitig, die sich durch Richtung, Amplitude Phase und Frequenz unterscheiden können. Jeder dieser Fälle liefert neue Erkenntnisse und Behandlungsmethoden.

a) Schwingungen verschiedener Richtung. Eine kleine Stahlkugel rollt in einer Mulde mit konstanter Krümmung, z. B. einer halben Hohlkugel. Bei geringer Auslenkung aus der tiefsten Lage kann man die Mulde als Paraboloid annähern, und die Schwingungen werden sinusförmig. Aber auch im Kreis oder in Ellipsen kann die Kugel laufen. Wie wir die harmonische Schwingung als eine Komponente einer gleichförmigen Kreisbewegung definiert haben, kann man umgekehrt diese Kreisbewegung aus zwei zueinander senkrechten Schwingungen zusammensetzen. Sie müssen um $\pi/2$ in der Phase auseinanderliegen und gleiche Amplituden haben. Sind die Amplituden verschieden und bleibt die Phasendifferenz $\pi/2$, ergibt sich eine Ellipse, die zu den beiden Schwingungsrichtungen symmetrisch liegt. Ist die Phasenverschiebung verschieden von $\pi/2$, liegt die Ellipse schief. Bei Phasengleichheit entartet sie natürlich zu einer schrägen Linie (Abb. 4.1, 4.2).

Bei der Phasenverschiebung $\pi/2$ kann man aus $x = x_0 \cos(\omega t)$ und $y = y_0 \sin(\omega t)$ sofort die Ellipsengleichung $x^2/x_0^2 + y^2/y_0^2 = 1$ machen. Im allgemeinen Fall $x = x_0 \cos(\omega t)$, $y = y_0 \cos(\omega t + \varphi)$ ist die Ellipse ebenfalls im Rechteck mit den Seiten $2x_0$, $2y_0$ einbeschrieben. Der Winkel ωt ihrer Achsenschräge ergibt sich am einfachsten aus den Extremwerten des Abstandsquadrates $r^2 = x^2 + y^2$, nämlich $\mathrm{d}r^2/\mathrm{d}t = 2x\dot{x} + 2y\dot{y} = 2\omega(x_0^2 \sin(2\omega t) + y_0^2 \sin(2\omega t + 2\varphi)) = 0$, also $\tan(2\omega t) = \tan(2\varphi) - x_0^2/y_0^2 \sin(2\varphi)$.

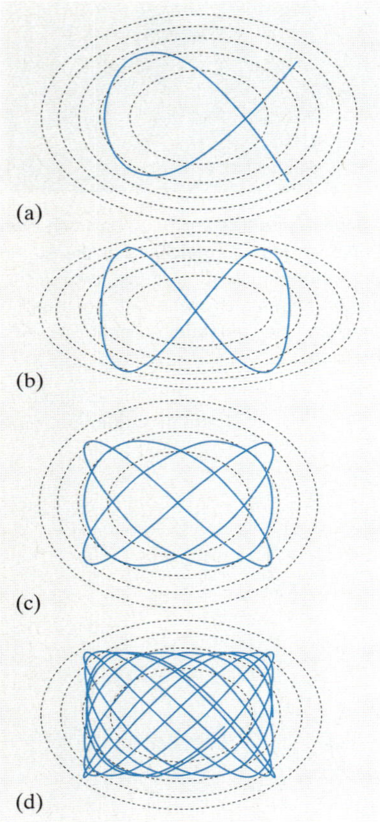

Abb. 4.3a-d. In einer elliptischen Mulde (Höhenlinien punktiert) beschreibt eine reibungsfreie Kugel eine Lissajous-Schleife. Bei rationalem Verhältnis der Achsen und damit der Frequenzen schließt sich diese Schleife. Bei irrationalem (oder sehr „krummem") Verhältnis überstreicht sie schließlich ein Rechteck vollständig. Mit einem Oszilloskop und zwei Sinusgeneratoren kann man das sehr einfach darstellen (vgl. Abb. 8.15–8.17)

Wenn die Mulde nicht Kreise, sondern Ellipsen als Höhenlinien hat, schwingt unser Teilchen in Richtung der größeren Krümmung schneller. Es beschreibt dann auch noch annähernd Ellipsenbahnen, aber deren Achsenrichtung dreht sich im Laufe der Zeit. Die Ellipse wird zur Rosette oder **Lissajous-Schleife** (Abb. 4.3). Die y-Schwingung habe eine nur wenig andere Frequenz als die x-Schwingung: $x = x_0 \sin(\omega t)$, $y = y_0 \sin(\omega + \varepsilon)t$. Schreibt man einfach $y = y_0 \sin(\omega t + \varepsilon t)$, dann sieht man: Die Phasendifferenz εt zwischen y und x durchläuft mit der Zeit alle Werte, also durchläuft die Ellipse alle möglichen Lagen innerhalb des Rechtecks $2x_0$, $2y_0$. Wenn die beiden Krümmungen der Mulde, d. h.

die Frequenzen der Teilschwingungen stark voneinander abweichen, dreht sich die Ellipse so schnell, daß man sie nicht mehr als Ellipse erkennt, sondern die Schleife kann die Form einer 8, eines α usw. annehmen.

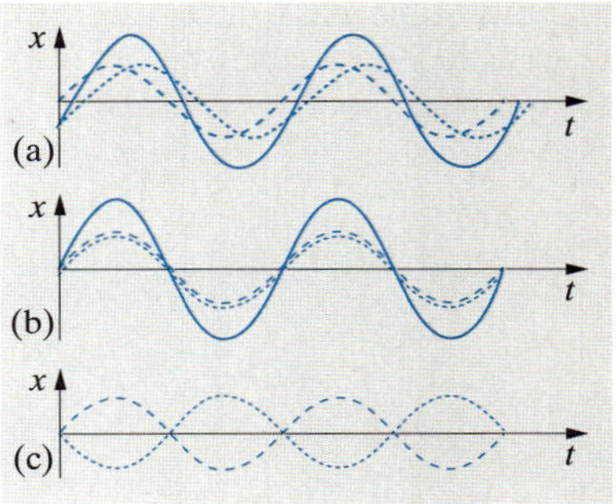

Abb. 4.4a–c. Superposition von gleichgerichteten Schwingungen mit gleicher Amplitude und Frequenz bei verschiedenen Phasendifferenzen, (a) $\alpha = 0{,}4\,\pi$, (b) $\alpha = 0$, (c) $\alpha = \pi$

b) Schwingungen gleicher Frequenz und Richtung: Zeigerdiagramm, komplexe Rechnung. Dies ist eines der Grundprobleme der Schwingungs- und besonders der Wechselstromlehre: Wie addiert man zwei sinusförmige Vorgänge $\xi_1 \sin(\omega t + \varphi_1)$ und $\xi_2 \sin(\omega t + \varphi_2)$, wenn sie verschiedene Amplituden und Phasen haben? Kommt wieder ein Sinus heraus, und welche Amplitude und Phase hat er? Man könnte die beiden verschobenen Sinuskurven graphisch addieren, aber unsere bisherigen Betrachtungen weisen einen viel eleganteren und schnelleren Weg (Abb. 4.5).

Jeder der beiden Vorgänge, z. B. $\xi_1 \sin(\omega t + \varphi_1)$ ist eine Komponente einer gleichförmigen Kreisbewegung. Ein Punkt mit dem Abstand ξ_1 vom Mittelpunkt einer Scheibe und auf dem Strahl mit dem Winkel φ_1 gegen die rechte waagerechte Halbachse beschreibt mit seiner Vertikalkomponente genau diesen Verlauf, wenn man die Scheibe mit der Winkelgeschwindigkeit ω dreht (beschriebene Stellung bei $t = 0$). Der andere Vorgang wird entsprechend durch einen Punkt bei ξ_2, φ_2 auf der Drehscheibe beschrieben. Wie Abb. 4.5 zeigt, liefert die geometrische Summe der beiden Zeiger (Diagonale des Parallelogramms) immer die richtige Summe z. B. für die Vertikalkomponenten, d. h. sie beschreibt genau die Summe der beiden Schwingungen. Daraus sieht man:

- Die Summe zweier verschobener Sinus ist immer wieder ein Sinus: $\xi_1 \sin(\omega t) + \xi_2 \sin(\omega t + \varphi_2) = \xi \sin(\omega t + \varphi)$.
- Wenn ohne Beschränkung der Allgemeinheit $\varphi_1 = 0$ ist, ergibt sich die Summenamplitude aus dem Cosinussatz als $\xi = \sqrt{\xi_1^2 + \xi_2^2 + 2\xi_1\xi_2 \cos\varphi_2}$.
- Ebenfalls bei $\varphi_1 = 0$ liefert der Sinussatz für die Phase des Summenvorgangs $\sin\varphi = \xi_2 \sin(\varphi_2/\xi)$.

Besonders wichtig ist der Spezialfall $\varphi_2 = \pi/2$. Dann wird $\xi = \sqrt{\xi_1^2 + \xi_2^2}$ und $\tan\varphi = \xi_2/\xi_1$, wie man sofort abliest.

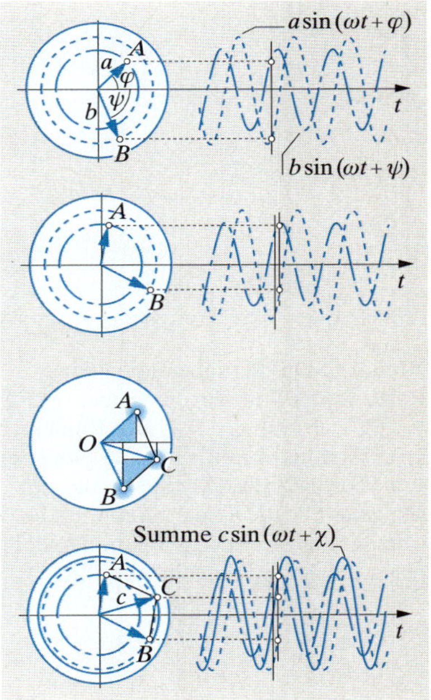

Abb. 4.5. Die Überlagerung zweier Sinusschwingungen gibt immer wieder eine Sinusschwingung, deren Amplitude und Phase am einfachsten aus dem Zeigerdiagramm folgen

Wenn wir vom Mittelpunkt unserer Scheibe zu jedem der drei Punkte einen Pfeil ziehen und eine Momentaufnahme bei $t = 0$ machen, stellt sie das **Zeigerdiagramm** der drei Vorgänge dar. Genausogut kann man die Scheibe auch als Gauß-Ebene der **komplexen Zahlen** auffassen. Die allgemeinste komplexe Zahl $z = a + ib$ läßt sich ja in ein x, y-Achsenkreuz als Punkt mit den Koordinaten x, y einzeichnen. Andererseits kann man sie auch durch den Radius $r = \sqrt{x^2 + y^2}$ und den Winkel φ mit $\tan\varphi = y/x$ darstellen. Sind r und φ gegeben, erhält man x und y als $x = r\cos\varphi$, $y = r\sin\varphi$. Die komplexe Zahl läßt sich also auch schreiben $z = r(\cos\varphi + \mathrm{i}\sin\varphi)$. *L. Euler* fand die wohl wichtigste Formel der ganzen Mathematik und Physik:

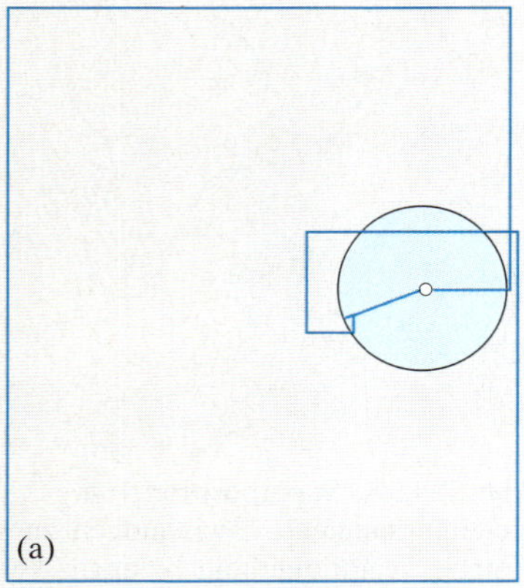

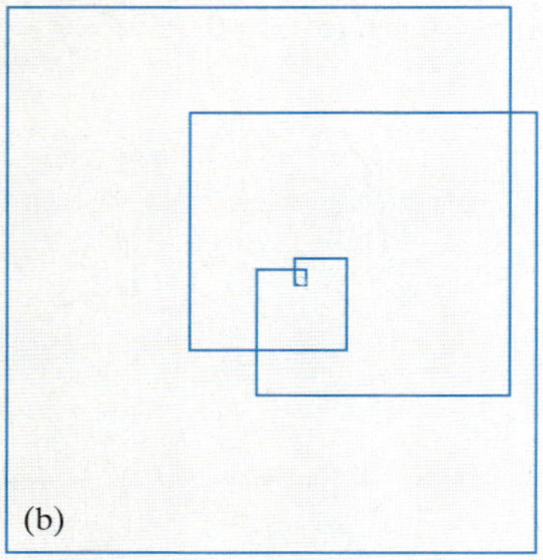

Abb. 4.6. Die Partialsummen der e^{ix}-Reihe in der komplexen Ebene, (a) für $x = 3{,}6$, (b) für $x = 7{,}7$. Der Einheitskreis ist unten kaum noch zu sehen, bei $x = 30$ würde die Odyssee in diesem Maßstab bis zur Sonne führen, und trotzdem landet der „göttliche Dulder" exakt am Strand des winzigen Ithaka

Euler-Formel

$$\cos\varphi + \mathrm{i}\sin\varphi = \mathrm{e}^{\mathrm{i}\varphi} \quad . \tag{4.1}$$

Wir begründen sie auf zwei Arten:

1) Die Reihenentwicklungen von $\sin x$, $\cos x$ und e^x lauten

$$\sin x = x - \tfrac{1}{6}x^3 + \tfrac{1}{120}x^5 - + \ldots \,,$$
$$\cos x = 1 - \tfrac{1}{2}x^2 + \tfrac{1}{24}x^4 - + \ldots \,,$$
$$\mathrm{e}^x = 1 + x + \tfrac{1}{2}x^2 + \tfrac{1}{6}x^3 + \tfrac{1}{24}x^2 + \ldots \,.$$

Setzt man in der e-Reihe $x = \mathrm{i}\varphi$ und multipliziert die sin-Reihe mit i, dann ergibt sich sofort die Behauptung (4.1).

2) Was ist $\mathrm{e}^{\mathrm{i}x}$? Wir wählen zuerst $x \ll 1$. Nach der Grundeigenschaft der Zahl e ist dann $\mathrm{e}^{\mathrm{i}x} \approx 1 + \mathrm{i}x$, d. h.: 1 nach rechts, x nach oben, was ein schmales Dreieck mit dem spitzen Winkel x liefert. Jedes $\mathrm{e}^{\mathrm{i}y}$ mit beliebig großem y können wir erzeugen, indem wir $\mathrm{e}^{\mathrm{i}x}$ oft genug (y/x-mal) potenzieren, d. h. viele solcher schmalen Dreiecke aneinandersetzen. Dabei entfernen wir uns nie vom Einheitskreis, und die Winkel addieren sich zu y (Abb. 4.7). Daß $\mathrm{e}^{\mathrm{i}y}$ immer noch auf dem Einheitskreis liegt, bestätigen wir zusätzlich durch Betragsbildung, d. h. Multiplikation mit dem Konjugiert Komplexen, das $\mathrm{e}^{-\mathrm{i}y}$ heißt, und Wurzelziehen: $|\mathrm{e}^{\mathrm{i}y}| = 1$. (Verfolgen Sie wie die weiteren Glieder der e-Reihe in jedem Fall die Abweichung vom Einheitskreis korrigieren).

✘ Beispiel . . .

Wie weit gehen die Partialsummen der $\mathrm{e}^{\mathrm{i}x}$-Reihe nach draußen?

Das größte Glied $x^n/n!$ der Reihe liegt da, wo $x^{n+1}/(n+1)!$ geteilt durch $x^n/n!$ etwa 1 ist, d. h. bei $n \approx x$, und hat nach *Stirling* den Wert $x^x/x! \approx \mathrm{e}^x/\sqrt{2\pi x}$.

Zu den **harmonischen Schwingungen** kommen wir sofort, wenn wir $x = \omega t$ setzen: Die Zahl $x_0\,\mathrm{e}^{\mathrm{i}\omega t}$ läuft mit der Kreisfrequenz ω auf dem Kreis mit dem Radius x_0 um, ihr Realteil stellt die Schwingung $x_0\cos(\omega t)$ dar. In diesem Zusammenhang ist die komplexe Darstellung völlig identisch mit dem Zeigerdiagramm. Sie ist aber viel umfassender, besonders in Fällen, wo die Frequenzen der Einzelschwingungen verschieden sind oder wo sich die Amplitude zeitlich ändert.

Wie rechnet man mit dieser Darstellung? Eine harmonische Schwingung wird durch einen Pfeil $\xi = \xi_0\,\mathrm{e}^{\mathrm{i}\omega t}$ dargestellt, der in der komplexen Ebene auf einem Kreis vom Radius ξ_0 mit der Kreisfrequenz ω umläuft. Die Projektion auf die reelle Achse (der Realteil) ist eine cos-Schwingung. Bei einer anderen Schwingung mit gleicher Frequenz und Amplitude, aber anderer Phase, ist der Pfeil um einen gewissen Winkel δ verdreht: $\xi_0\,\mathrm{e}^{\mathrm{i}(\omega t+\delta)}$. Beide Schwingungen lassen sich graphisch einfach überlagern, indem man die Pfeile addiert. Man erhält einen neuen Pfeil der Länge $\xi_0' = 2\xi_0\sin(\delta/2)$, der mit der gleichen Kreisfrequenz umläuft und in der Phase zwischen den beiden Teilschwingungen liegt. Die Schwingung bleibt harmonisch mit dem gleichen ω. Bei $\delta = 0$ ist $\xi_0' = 2\xi_0$, bei $\delta = \pi$ ist $\xi_0' = 0$. Für diese Überlegung ist es offenbar gleichgültig, in welcher momentanen Lage man die Pfeile ertappt. Es kommt nur auf die *relative*

Phasenlage an. Man kann aus beiden Amplitudenausdrücken den gleichen willkürlichen Faktor herausziehen, wenn die Überlegung dadurch einfacher wird.

Mehrere Teilschwingungen lassen sich ebenfalls graphisch oder rechnerisch überlagern, z. B. N Schwingungen, die untereinander je die Phasendifferenz δ haben. Bei großem N füllen die vielen Pfeile alle Richtungen gleichmäßig auf, unabhängig von δ, außer wenn $\delta = 2\pi$ oder ein Vielfaches davon ist. Dann addieren sich alle Teilschwingungen. Die Rechnung zeigt das auch, aber genauer: Die Gesamtamplitude ist

$$\xi = \xi_0(1 + e^{i\delta} + e^{2i\delta} + \ldots + e^{(N-1)i\delta})$$

(für die erste Schwingung ist die Amplitude willkürlich auf 1 gedreht). Das ist eine geometrische Reihe mit dem Faktor $e^{i\delta}$, also der Summe $(e^{Ni\delta} - 1)/(e^{i\delta} - 1)$. Wir können hier den Faktor $e^{Ni\delta/2}/e^{i\delta/2}$ herausziehen und erhalten $(e^{Ni\delta/2} - e^{-Ni\delta/2})/(e^{i\delta/2} - e^{-i\delta/2})$ (zurückdrehen, bis die Pfeile symmetrisch zur reellen Achse liegen). Nach der Euler-Formel

$$e^{ix} = \cos x + i \sin x \quad \text{oder} \quad \sin x = \frac{1}{2i}(e^{ix} - e^{-ix})$$

vereinfacht sich das zu dem reellen Ausdruck

$$\boxed{\xi = \xi_0 \frac{\sin(N\delta/2)}{\sin(\delta/2)}} \; .$$

Bei $\delta = m2\pi$ (m ganzzahlig) werden Zähler und Nenner Null. Nach der Regel von *de l'Hôpital* hat der Bruch dann den Wert:

$$\frac{\text{Ableitung des Zählers}}{\text{Ableitung des Nenners}} = \frac{N\cos(N\delta/2)}{\cos(\delta/2)} = N$$

(Entwicklung des Sinus liefert dasselbe). Alle N Teilamplituden addieren sich. Für andere Werte von δ, z. B. während δ von 0 bis 2π zunimmt, oszilliert die Amplitude im ganzen N-mal zwischen allmählich kleinerwerdenden Maxima und Minima der Höhe $1/\delta$ hin und her. Diese Überlegungen sind die Grundlage der Beugungstheorie.

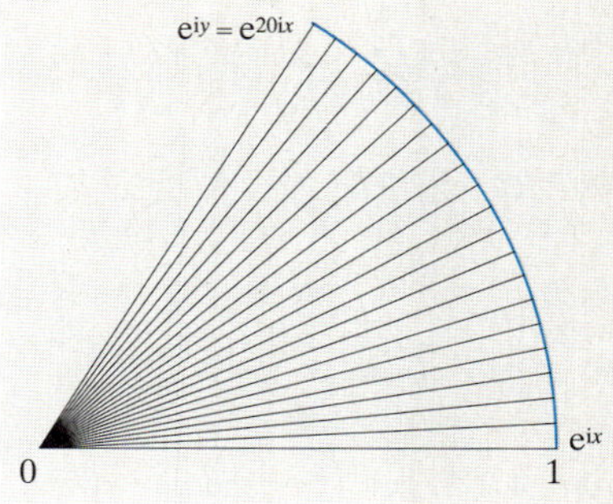

Abb. 4.7. Für $x \ll 1$ liegt der Punkt $e^{ix} \approx 1 + ix$ auf dem Einheitskreis beim Winkel x. Das bleibt auch richtig für größere x, wo die Näherung $e^{ix} \approx 1 + ix$ nicht mehr gilt

✗ Beispiel...

Es heißt, Männer singen am liebsten in der Badewanne. Frauen auf der Toilette. Kann das einen physikalischen Grund haben?

Die Frequenzbereiche von Baß, Tenor, Alt, Sopran sind ungefähr 66–350, 100–520, 130–700, 200–1 050 Hz. Das entspricht Grundschwingungen einer beiderseits eingespannten Luftsäule von 2,5–0,5, 1,7–0,3, 1,3–0,24, 0,8–0,16 m Länge. Räume mit entsprechenden Abmessungen werden vom Sänger in maximale Resonanz versetzt, was gesangstechnisch nicht immer wünschenswert ist, aber den Stimmklang angenehm verstärkt.

c) Schwingungen mit wenig verschiedenen Frequenzen: Schwebungen, Amplitudenmodulation. Wenn zwei Instrumente oder Stimmen

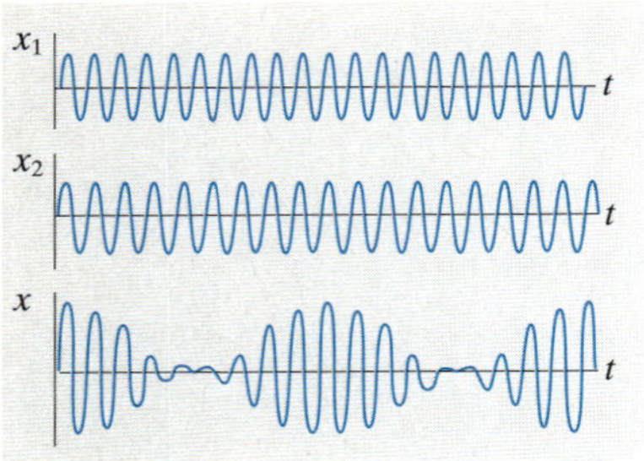

Abb. 4.8. Durch Überlagerung zweier Schwingungen mit gleicher Amplitude und geringem Frequenzunterschied entsteht eine Schwebung

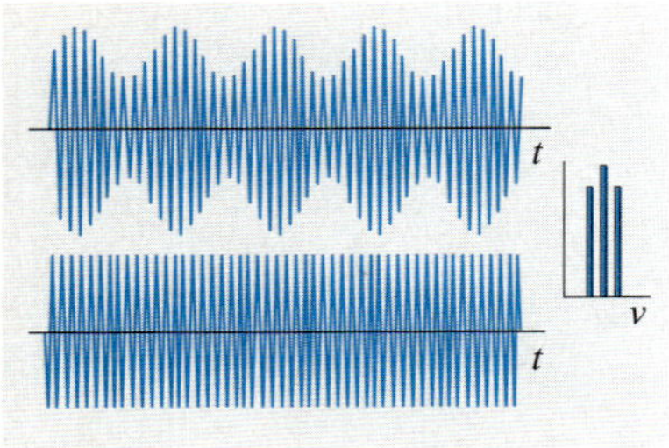

Abb. 4.9. *Oben*: Trägerwelle mit der Frequenz ν, amplitudenmoduliert mit einem Sinuston der Frequenz $\nu/10$. *Darunter* dasselbe Signal frequenzmoduliert (phasenmoduliert). *Rechts* das Spektrum beider Vorgänge

den gleichen Ton zu geben versuchen, ohne ihn ganz zu treffen, flackert die Lautstärke unangenehm auf und ab. Die beiden Schwingungen mit den Kreisfrequenzen ω und $\omega + \varepsilon$ seien, komplex dargestellt, $\xi_1\,e^{i\omega t}$ und $\xi_2\,e^{i(\omega+\varepsilon)t}$. Die Summe

$$\xi = \xi_1\,e^{i\omega t} + \xi_2\,e^{i(\omega+\varepsilon)t} = e^{i\omega t}(\xi_1 + \xi_2\,e^{i\varepsilon t}) \tag{4.2}$$

läßt sich deuten als eine Schwingung mit der Kreisfrequenz ω und zeitlich *veränderlicher* Amplitude $\xi_1 + \xi_2\,e^{i\varepsilon t}$ (reell geschrieben: $\xi_1 + \xi_2\cos(\varepsilon t)$), die mit der Kreisfrequenz ε um den Mittelwert ξ_1 schwankt, manchmal das Maximum $\xi_1 + \xi_2$ annimmt (wenn beide Vorgänge in gleicher Phase schwingen), dazwischen das Minimum $\xi_1 - \xi_2$ (wenn beide entgegengesetzte Phase haben). Die **Schwebungsfrequenz** ε ist die Differenz der Frequenzen der Teilschwingungen.

Wie Abb. 4.8 sieht das Signal aus, das ein Mittelwellensender mit der Frequenz $2\pi\omega$ (Trägerfrequenz) abstrahlt, wenn er einen Ton der Frequenz $2\pi\varepsilon$ sendet: Die Tonfrequenz ε ist der Trägerwelle durch **Amplitudenmodulation** aufgeprägt. Wir ziehen den Umkehrschluß: Sowie ein Sender ein Signal überträgt, hat er nicht mehr nur seine Trägerfrequenz $2\pi\omega$, sondern sein Frequenzspektrum spaltet auf: Es entsteht eine Seitenlinie im Abstand $2\pi\varepsilon$, wenn ein Sinuston gesendet wird, ein kontinuierliches Band der Breite ν', wenn die Sendung alle Frequenzen bis ν' enthält. Deshalb braucht jeder Sender sein Frequenzband, damit er von den anderen nicht gestört wird (Abschn. 4.1.4).

Außer durch seinen zeitlichen Verlauf, z. B. $\xi = (\xi_1 + \xi_2\,e^{i\varepsilon t})\,e^{i\omega t}$ läßt sich ein Schwingungsvorgang also auch durch sein **Frequenzspektrum** kennzeichnen. Es besteht in unserem Fall aus den **Spektrallinien** $2\pi\omega$ und $2\pi(\omega + \varepsilon)$ (Abb. 4.9). Zur vollständigen Beschreibung des Vorgangs gehört dann allerdings noch ein Phasenspektrum.

d) Schwingungen mit stark unterschiedlicher Frequenz: Fourier-Analyse. Wir betrachten einen Vorgang $\xi(t)$ *beliebiger Form*, der sich nach der Periode T wiederholt, also $\xi(t + T) = \xi(t)$. *J. B. Fourier* zeigte 1822 in seiner „Théorie analytique de la chaleur“, daß sich ein solcher Vorgang aus harmonischen Schwingungen aufbauen läßt. Die erste, die **Grundschwingung**, hat die Frequenz $\nu = 1/T$, die anderen, die **Oberschwingungen**, haben ganzzahlige Vielfache davon: $\nu_2 = 2\nu$, $\nu_3 = 3\nu$ usw. Die Amplituden und Phasen dieser Schwingungen sind allerdings noch zu bestimmen. Grund- und Oberschwingungen heißen zusammengefaßt Fourier-Komponenten. Die ganze **Fourier-Reihe**, die den Vorgang $\xi(t)$ darstellt, lautet

$$\boxed{\begin{aligned}\xi(t) &= \xi_0 + \xi_1\cos(\omega t + \varphi_1) + \xi_2\cos(2\omega t + \varphi_2) + \ldots \\ &= \sum_{n=0}^{\infty} \xi_n\cos(n\omega t + \varphi_n)\,.\end{aligned}} \tag{4.3}$$

Die Amplituden ξ_n und Phasen φ_n der Fourier-Komponenten bestimmen eindeutig die Form des Gesamtvorganges. Das Glied mit $n = 0$, d. h. die Konstante ξ_0 sichert, daß auch Vorgänge, die nicht gleichmäßig beiderseits um die t-Achse schwingen, darstellbar sind. Wir können die Reihe auch komplex schreiben, müssen dann aber von $-\infty$ bis $+\infty$ summieren, denn jeder cos liefert auch Glieder mit negativem Exponenten: $\cos\alpha = \frac{1}{2}(\mathrm{e}^{\mathrm{i}\alpha} + \mathrm{e}^{-\mathrm{i}\alpha})$:

$$\xi(t) = \sum_{-\infty}^{\infty} \xi_n \, \mathrm{e}^{\mathrm{i}(n\omega t + \varphi_n)} = \sum_{-\infty}^{\infty} \xi_n \, \mathrm{e}^{\mathrm{i}n\omega t} \, \mathrm{e}^{\mathrm{i}\varphi_n} \,. \tag{4.4}$$

Manchmal zieht man den Phasenfaktor mit in die Amplitude hinein, die dann auch komplex wird: $\tilde{\xi}_n = \xi_n \, \mathrm{e}^{\mathrm{i}\varphi_n}$:

$$\boxed{\xi(t) = \sum_{-\infty}^{\infty} \tilde{\xi}_n \, \mathrm{e}^{\mathrm{i}n\omega t}} \,. \tag{4.5}$$

Jetzt müssen wir die Amplituden und Phasen bestimmen, was in der Form (4.5) am einfachsten ist. Um das für die m-te Fourier-Komponente zu tun, multiplizieren wir die Funktion $\xi(t)$ mit $\mathrm{e}^{-\mathrm{i}m\omega t}$ und integrieren über die ganze Periode:

$$\int_0^T \xi(t) \, \mathrm{e}^{-\mathrm{i}m\omega t} \, \mathrm{d}t = \int_0^T \sum_{-\infty}^{\infty} \tilde{\xi}_n \, \mathrm{e}^{\mathrm{i}n\omega t} \, \mathrm{e}^{-\mathrm{i}m\omega t} \, \mathrm{d}t \,. \tag{4.6}$$

Da $\omega = 2\pi/T$, haben die Integrale den Wert

$$\int_0^T \mathrm{e}^{\mathrm{i}(n-m)\omega t} \, \mathrm{d}t = \frac{1}{\mathrm{i}(n-m)\omega} \left(\mathrm{e}^{\mathrm{i}(n-m)\omega T} - 1 \right) = \frac{\mathrm{e}^{2\pi \mathrm{i}(n-m)} - 1}{\mathrm{i}(n-m)\omega} \,.$$

Das ist 0 für $n \neq m$, denn $\mathrm{e}^{2\pi \mathrm{i}} = 1$. Für $n = m$ folgt durch Grenzübergang (oder nach *de l'Hôpital*) als Wert des Integrals $2\pi/\omega = T$. Somit bleibt von dem ganzen Integral (4.6) nur die Amplitude der m-ten Komponente übrig: $\tilde{\xi}_m T$, oder

$$\boxed{\tilde{\xi}_m = \frac{1}{T} \int_0^T \xi(t) \, \mathrm{e}^{-\mathrm{i}m\omega t} \, \mathrm{d}t} \,. \tag{4.7}$$

Mit dem komplexen $\tilde{\xi}_m = \xi_m \, \mathrm{e}^{\mathrm{i}\varphi_m}$ haben wir die Amplitude ξ_m *und* die Phase φ_m der m-ten Komponente.

Das Spektrum eines *periodischen* Vorganges beliebiger Form ist ein **Linienspektrum**: Bei den ganzzahligen Vielfachen $m\nu$ der Grundfrequenz $\nu = 1/T$ sind unendlich scharfe Linien der Höhe ξ_m errichtet. Einige davon können auch Null sein. Prinzipiell sind unendlich viele nötig, doch erreicht man häufig schon mit wenigen eine gute Annäherung an die darzustellende Funktion. Die Dreiecksschwingung in Abb. 4.10 liefert z. B.

$$\xi(t) = \frac{8A}{2} \left(\sin(\omega t) - \frac{1}{3^2} \sin(3\omega t) + - \ldots \right) . \tag{4.8}$$

Wenn ein Vorgang unperiodisch ist, aber nur ein begrenztes Intervall umfaßt (Abb. 4.11), kann man ihn ständig wiederholt denken und ebenfalls fourier-analysieren. Außerhalb dieses Intervalls, wo vielleicht gar nichts oder etwas ganz anderes passiert, stimmt diese Darstellung natürlich

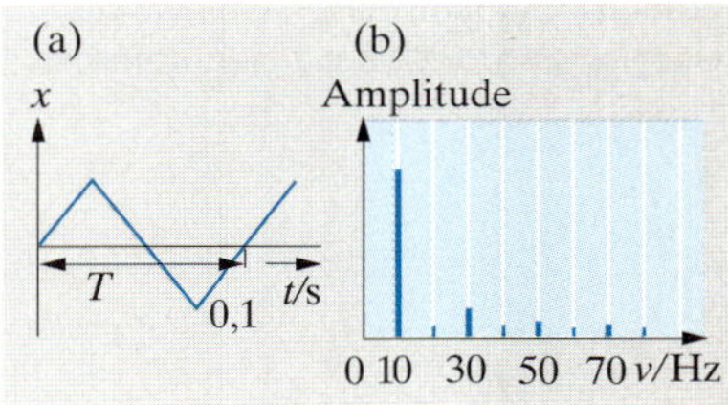

Abb. 4.10. (a) Periodische Dreieckskurve. (b) Spektrum der periodischen Dreieckskurve (a) mit $\nu = 10\,\mathrm{s}^{-1}$. [Die Amplituden sind auf $\frac{3}{10}$ zu verkleinern, damit die Zusammensetzung der Teilschwingungen die Amplitude von (b) ergibt]

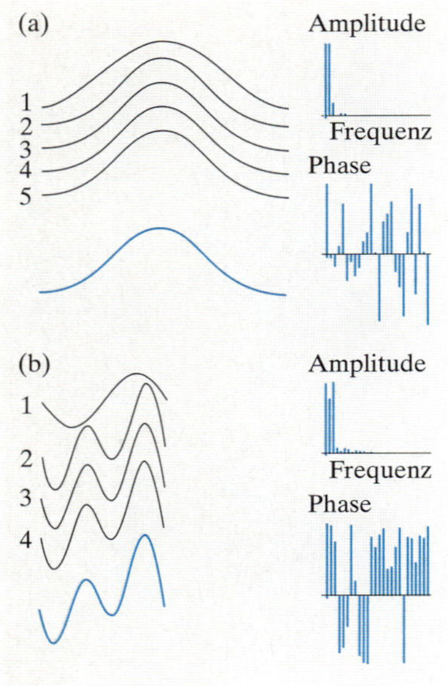

Abb. 4.11a, b. Fourier-Analyse verschiedener Vorgänge. *Blau* der Original-Vorgang, darüber die Partialsummen seiner Fourier-Reihe (z. B. 3: Summe der ersten drei Fourier-Komponenten). *Rechts* das Amplituden- und das **Phasenspektrum**. (a) Bewegung des Kolbens, der durch eine Pleuelstange mit der gleichförmig rotierenden **Kurbelwelle** verbunden ist. Wundern Sie sich nicht, wenn Ihr Auto bei einer gewissen Geschwindigkeit „scheppert" und bei der doppelten nochmal. (b) Jahreszeitliche Änderung der **Zeitgleichung**, d. h. der Differenz zwischen Sonnenzeit und Uhrzeit. Man erkennt eine jährliche und eine (etwas größere) halbjährliche Schwankung. Überlegen Sie, woher beide kommen

nicht, denn sie wiederholt dort den Vorgang unentwegt. Um einen *un*periodischen Vorgang zu zerlegen, der bis ins Unendliche reicht (wenn auch vielleicht mit der Amplitude Null), muß man anders verfahren. Bei unendlich langer Periode T rücken ja die Oberfrequenzen sehr dicht zusammen (ihr Abstand ist $1/T$) und werden zum **kontinuierlichen Spektrum**. Die Fourier-Summe (4.5) verwandelt sich in ein **Fourier-Integral** über eine stetige Amplitudenfunktion $a(\omega)$:

$$f(t) = \frac{1}{\sqrt{2\pi}} \int_{-\infty}^{\infty} a(\omega)\, e^{i\omega t}\, d\omega \,, \qquad (4.9)$$

diese Amplitude oder das Spektrum erhält man analog zu (4.7) durch Integration über die gegebene Zeitabhängigkeit $f(t)$:

$$a(\omega) = \frac{1}{\sqrt{2\pi}} \int_{-\infty}^{\infty} f(t)\, e^{-i\omega t}\, dt \,. \qquad (4.10)$$

Der Faktor 2π ist aufgeteilt, damit „Original" $f(t)$ und „Bildfunktion" (Fourier-Transformierte) $a(\omega)$ in völlig symmetrischer Weise zusammenhängen.

Jeder Spektralapparat, gleichgültig ob optischer oder mechanisch-akustischer Art, ist ein Fourier-Analysator, der aus dem beliebigen, auch unperiodischen Vorgang die harmonischen Komponenten herausfischt oder erzeugt. Überhaupt ist *jedes* Meßgerät zu Schwingungen befähigt, wenn diese auch vielleicht so stark gedämpft sind, daß es nur zum „Kriechen" kommt. Wenn der zu messende Vorgang, sei er periodisch oder nicht, getreu wiedergegeben werden soll, müssen alle in seinem Fourier-Spektrum vorkommenden Schwingungen getreu aufgezeichnet werden, d. h. die Amplitude des Gerätes muß, unabhängig von der Frequenz, immer proportional der zu messenden Amplitude sein; ferner muß die Phase des Gerätes entweder gleich der des Vorganges sein oder um einen festen (frequenzunabhängigen) Betrag von ihr abweichen. Dies zeigt die prinzipielle Bedeutung der Fourier-Analyse für die Meß- und Regeltechnik.

In der Praxis handelt es sich meist darum, eine empirisch gegebene, d. h. durch Messungen definierte Funktion $f(t)$ nach *Fourier* zu analysieren. Solche Funktionen $f(t)$ lassen sich nie exakt durch einen analytischen Ausdruck beschreiben, und daher kann man auch die Integrale, die zur Amplitudenberechnung nötig sind, nur näherungsweise bestimmen. Man muß bei einer Summe hinreichend vieler Glieder haltmachen und kann nicht zum Grenzwert, dem Riemann-Integral vorstoßen. Dies führt zur **diskreten Fourier-Transformation**, die in allen Elektronenrechnern als Standardprogramm vorliegt. Wir betrachten eine Funktion $f(t)$, die durch n Meßwerte $f_j = f(t_j)$ an äquidistanten Stellen $t_j = jT/n$ empirisch gegeben ist. Es hat dann keinen Sinn, unendlich viele Oberfrequenzen zur Entwicklung zu benutzen, sondern man bricht bei der $n-1$-ten Oberschwingung ab und erreicht trotzdem eine vollständige und exakte Darstellung der Meßwerte. Die Entwicklung lautet

$$f_j = \sum_{k=0}^{n-1} a_k\, e^{i\omega_k t_j} \,, \qquad \omega_k = k\frac{2\pi}{T} \,.$$

Die Amplituden der Teilschwingungen ergeben sich aus den Meßwerten f_j nach einer ganz analog gebauten Summe:

$$a_k = \frac{1}{n} \sum_{j=0}^{n-1} f_j \, e^{-i\omega_k t_j} .$$

Die Amplituden a_k sind komplex, drücken also die reellen Amplituden $|a_k|$ aus und gleichzeitig die Phasen

$$\varphi_k = \arctan \frac{\mathrm{Im}(a_k)}{\mathrm{Re}(a_k)} .$$

Abbildung 4.11 gibt Beispiele einer Analyse von je 100 Meßpunkten. In komplizierteren Fällen braucht man zur Kennzeichnung des Verlaufs viel mehr Punkte. Dann werden sogar moderne Computer zu langsam. Mit einem mathematischen Trick gelingt es der schnellen Fourier-Transformation (**Fast Fourier Transform, FFT**), die Rechenzeit um zwei bis drei Größenordnungen zu verkürzen.

Mathematisch ist die Fourier-Transformation nur ein Spezialfall der Entwicklung einer gegebenen Funktion nach einem System von Basisfunktionen. Diese Entwicklungen liegen dem Apparat der Quantenmechanik zugrunde. Eine solche Entwicklung ist immer möglich, wenn die Basisfunktionen ein **vollständiges** System bilden, sie wird besonders einfach, wenn die Basisfunktionen **orthogonal** sind. In den Aufgaben zu 16.1 werden diese Begriffe erklärt, und es wird gezeigt, daß diese Entwicklungen formal dasselbe sind wie die Komponentenaufspaltung eines Vektors.

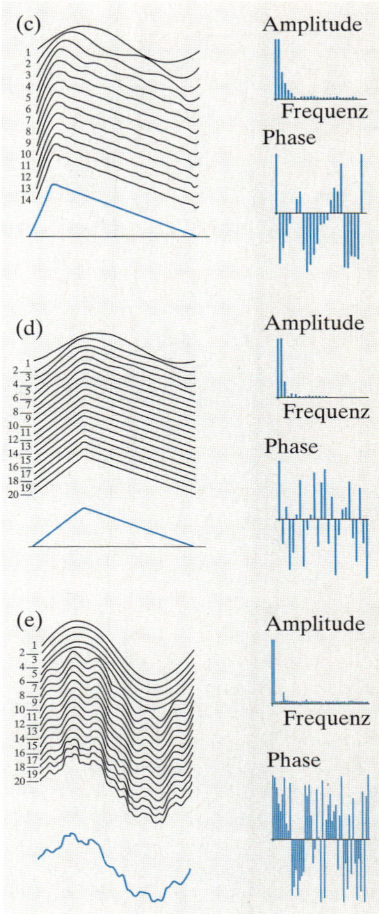

Abb. 4.11c–e. Fourier-Analyse verschiedener Vorgänge. *Blau* der Original-Vorgang, darüber die Partialsummen seiner Fourier-Reihe (z. B. 3: Summe der ersten drei Fourier-Komponenten). *Rechts* das Amplituden- und das **Phasenspektrum**.
(c, d) Der Rahmen eines **Klaviers** ist so gebaut, daß alle Saiten auf 1 : 9 ihrer Länge vom Hammer angeschlagen werden. Im erzeugten Ton sind alle Obertöne bis zum 8. in abnehmender Stärke drin, der 9., die stark dissonante große Sekund (9 : 8) ist unterdrückt.
(e) Auch die Ökonomen erkennen Zyklen in der Zeitabhängigkeit der Gesamtproduktion der Volkswirtschaft: Einen etwa 56jährigen Kondratjew-Zyklus, einen 9–10jährigen Juglar-Zyklus, einen 3–3,5jährigen Kitchin-Zyklus

e) Schwingungen mit unbestimmter Phasendifferenz (inkohärente Schwingungen). Zwei Schwingungen gleicher Frequenz können einander verstärken oder schwächen, je nachdem ob ihre Phasen übereinstimmen oder um φ verschieden sind. Ein Boot kann von zwei Wellen stärker geschaukelt werden als von einer, oder auch schwächer. Beim Schall tritt eine solche Schwächung praktisch nie ein: Zwei Flugzeuge machen immer mehr Lärm als eines im gleichen Abstand. Schallschwingungen aus verschiedenen Quellen haben nämlich keine feste Phasenbeziehung, sie sind **inkohärent.**

Zwei Schwingungen mit den Amplituden x_1 und x_2 und der Phasendifferenz φ, also zwei kohärente Schwingungen, überlagern sich zur Gesamtamplitude $\xi = \sqrt{\xi_1^2 + \xi_2^2 + 2\xi_1\xi_2 \cos\varphi}$; dies ist nach dem Cosinussatz die dritte Seite des Dreiecks aus den Zeigern der beiden Teilschwingungen. (Beachten Sie, wo der Winkel φ in diesem Dreieck sitzt!) Die Energie der Schwingung ist proportional zum Quadrat der Amplitude; für eine elastische Schwingung ist das nach (1.66) klar, es gilt aber auch für Schwingungen anderer Art. Daher überlagern sich die Energien der beiden Teilschwingungen zu

$$\boxed{W = W_1 + W_2 + 2\sqrt{W_1 W_2} \cos\varphi} .$$

Bei gleichen Amplituden z. B. kann alles zwischen Vervierfachung der Energie (bei $\varphi = 0$) und völliger Auslöschung (bei $\varphi = \pi$) vorkommen. Wenn aber alle Phasendifferenzen zu berücksichtigen sind, und zwar alle mit gleicher Wahrscheinlichkeit, muß man über φ mitteln. $\cos\varphi$ hat den Mittelwert 0, also fällt das **Interferenzglied** $2\sqrt{W_1 W_2}\cos\varphi$ ganz weg. Bei inkohärenten Schwingungen addieren sich die Amplituden nach Pythagoras: $\xi = \sqrt{\xi_1^2 + \xi_2^2}$, die Energien addieren sich einfach algebraisch: $W = W_1 + W_2$.

4.1.2 Gedämpfte Schwingungen

Wenn auf einen Körper nur eine Kraft wirkt, die der Auslenkung aus der Ruhelage proportional und ihrer Richtung entgegengesetzt ist, schwingt der Körper harmonisch, wie wir schon wissen:

$$F = m\ddot{x} = -Dx \Rightarrow x = x_0 \sin(\omega t)\,, \qquad \omega = \sqrt{\frac{D}{m}}\,. \tag{4.11}$$

Die Energie bleibt dabei erhalten, pendelt nur zwischen kinetischer und potentieller Form hin und her. In Wirklichkeit hat man es immer auch mit energieverzehrenden Reibungskräften zu tun. Wir betrachten eine Reibung, die proportional zur Geschwindigkeit ist, also z. B. eine Stokes-Reibung in zähem Öl (andere Abhängigkeiten werden in Aufgabe 1.6.13 untersucht):

$$\boxed{F = m\ddot{x} = -Dx - k\dot{x} \quad \text{oder} \quad m\ddot{x} + k\dot{x} + Dx = 0}\ . \tag{4.12}$$

Wir machen den Lösungsansatz $x = x_0\,\mathrm{e}^{\lambda t}$, der alle solche linearen homogenen Gleichungen löst, auch wenn sie höher als 2. Ordnung sind. Denn beim Differenzieren tritt einfach λ vor die Exponentialfunktion, und diese läßt sich überall wegstreichen, da sie ja nirgends Null wird. So entsteht die **charakteristische Gleichung**

$$\boxed{m\lambda^2 + k\lambda + D = 0}\ . \tag{4.13}$$

Als quadratische Gleichung hat sie zwei Lösungen

$$\boxed{\lambda_{1,2} = -\frac{k}{2m} \pm \sqrt{\frac{k^2}{4m^2} - \frac{D}{m}}}\ . \tag{4.14}$$

Hier müssen wir drei Fälle unterscheiden, in denen sich das System ganz verschieden verhält. Vor komplexen Lösungen fürchten wir uns ja nicht mehr.

1) Bei $k < 2\sqrt{mD}$ (schwache **Dämpfung**) wird der Radikand negativ. Mit den Abkürzungen

$$\delta = \frac{k}{2m} \quad \text{und} \quad \omega = \sqrt{\frac{D}{m} - \frac{k^2}{4m^2}} \tag{4.15}$$

erhalten wir mit der Wurzel λ_1:

$$\boxed{x = x_0\,\mathrm{e}^{-\delta t}\,\mathrm{e}^{\mathrm{i}\omega t}}\ . \tag{4.16}$$

Ihr Realteil

$$x = x_0\,\mathrm{e}^{-\delta t}\cos(\omega t) \tag{4.17}$$

stellt den wirklichen Vorgang dar: Eine Sinusschwingung einbeschrieben zwischen zwei abklingende e-Funktionen als Einhüllende. Die Kreisfrequenz hat nicht mehr den „freien" Wert $\omega_0 = \sqrt{D/m}$, sondern ist um so mehr herabgesetzt, je stärker die Dämpfung ist. Wir müssen ja aber nicht wie in (4.17) mit maximaler Auslenkung starten, sondern mit irgendeinem $x(0)$ und $\dot{x}(0)$. Die allgemeine Lösung muß also, wie immer bei Gleichungen 2. Ordnung, zwei Konstanten enthalten, nicht nur x_0. Wir fügen also in (4.16) noch eine Phase φ hinzu:

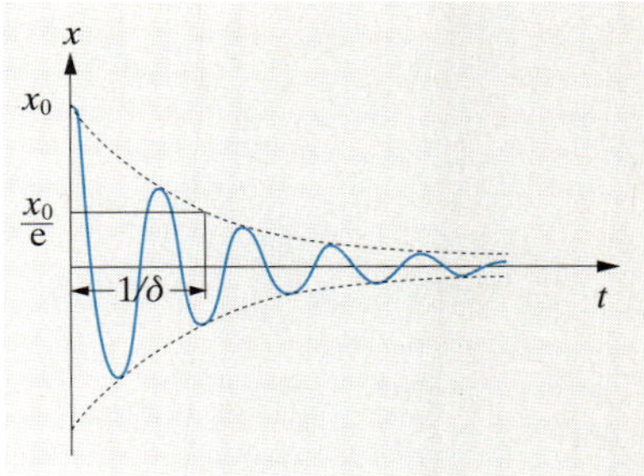

Abb. 4.12. Die Auslenkung als Funktion der Zeit bei einer gedämpften Schwingung

$$x = x_0\,\mathrm{e}^{-\delta t}\,\mathrm{e}^{\mathrm{i}(\omega t+\varphi)} \quad \text{oder reell} \qquad x = x_0\,\mathrm{e}^{-\delta t}\cos(\omega t + \varphi)\,. \tag{4.18}$$

Dann wird

$$x(0) = x_0 \cos\varphi\,, \qquad \dot{x}(0) = -x_0(\delta\cos\varphi + \omega\sin\varphi)\,.$$

2) Bei $k = 2\sqrt{mD}$ (*mittlere Dämpfung*) verschwindet die Wurzel in (4.14); dann ist auch $t\,\mathrm{e}^{-\delta t}$ eine Lösung:

$$x = x_0(1+\delta t)\,\mathrm{e}^{-\delta t} \quad \textbf{(aperiodischer Grenzfall)}\,, \tag{4.19}$$

falls wir den Schwinger ohne Anfangsgeschwindigkeit loslassen.

3) Bei $k > 2\sqrt{mD}$ (*starke Dämpfung*) wird die Wurzel in (4.14) reell und trägt selbst zur Dämpfung bei:

$$x = x_0\,\mathrm{e}^{-\delta' t}\,, \qquad \delta'_{1,2} = \delta \pm \sqrt{\delta^2 - \omega_0^2}\,. \tag{4.20}$$

Die allgemeine Lösung in diesem **Kriechfall** muß aus zwei Anteilen aufgebaut werden, einer mit δ'_1, der andere mit δ'_2.

Die Energie des Schwingers pendelt zwischen kinetischer und potentieller Form hin und her: $W = \frac{1}{2}Dx_0^2 = \frac{1}{2}mv_0^2$, wobei sie allmählich abnimmt, und zwar wegen $W \sim x_0^2$ doppelt so schnell wie die Amplitude, z. B. im Schwingfall $W = W_0\,\mathrm{e}^{-2\delta t}$. Die Reibung verrichtet die Leistung $\dot{W} = -2\delta W$. Das Verhältnis

$$Q = \frac{2\pi \cdot \text{Energie}}{\text{Energieverlust in der Periode}} = \frac{W\omega}{-\dot{W}} = \frac{\omega}{2\delta} \approx \frac{\sqrt{Dm}}{k}\,, \tag{4.21}$$

der **Gütefaktor**, ist ein bequemes Maß für viele Eigenschaften des schwingenden Systems.

Für freie Drehschwingungen lautet die Bewegungsgleichung ganz analog zu (4.12)

$$J\ddot{\varphi} + k^*\dot{\varphi} + D^*\varphi = 0\,. \tag{4.22}$$

φ ist der Ausschlagwinkel aus der Ruhelage, D^* das „Richtmoment", J das Trägheitsmoment um die Drehachse und k^* die Reibungskonstante.

Bei vielen **Meßinstrumenten** (z. B. beim Drehspulgalvanometer) übt die zu messende Größe ein bestimmtes Drehmoment M auf das drehschwingungsfähige Anzeigesystem aus. Für den Zeigerausschlag φ gilt dann

$$J\ddot{\varphi} + k^*\dot{\varphi} + D^*\varphi = M\,. \tag{4.23}$$

Führt man als neue Variable $\varphi' = \varphi - M/D^*$ ein, so gilt für φ' genau wieder (4.22). Die Lösung für den Schwingfall ist demnach auch wieder (4.17)

$$\varphi' = \varphi_0'\,\mathrm{e}^{-\delta t}\cos(\omega t)\,. \tag{4.24}$$

Wir betrachten den konkreten Fall, daß die Meßgröße (z. B. ein Strom) zur Zeit $t = 0$ von 0 auf einen gewissen Wert springt; das Drehmoment auf den Zeiger springt dementsprechend von 0 auf M. Der Ausschlag vor $t = 0$ war $\varphi_0 = 0$, d. h. $\varphi_0' = -M/D^*$. Damit wird aus (4.24)

$$\varphi = \frac{M}{D^*}\left(1 - \mathrm{e}^{-\delta t}\cos(\omega t)\right)\,. \tag{4.25}$$

δ und ω ergeben sich aus (4.15) mit sinngemäßen Bezeichnungsänderungen.

Wie muß bei gegebenen J und D^* der Reibungsfaktor k^* gewählt werden, damit der Zeiger sich möglichst schnell seinem Endstand $\varphi = M/D^*$ annähert? Offensichtlich muß der Dämpfungsfaktor maximal sein. Im Schwingfall steigt δ mit wachsendem k^*, im Kriechfall fällt δ mit wachsendem k^*. Das Optimum liegt also im aperiodischen Grenzfall $k^{*2} = 4D^*J$, der bei Meßinstrumenten mit drehbaren Anzeigesystemen angestrebt wird. In diesem Fall gilt

$$\varphi = \frac{M}{D^*}\left(1 - \mathrm{e}^{-\frac{1}{2}k^*t/J}\right) = \frac{M}{D^*}\left(1 - \mathrm{e}^{-2\pi t/T}\right)\,, \tag{4.26}$$

wo T die Schwingungsdauer des ungedämpften Systems ist. Für $t = T$ ist die Abweichung vom Endausschlag nur noch $(1 + 2\pi)\,\mathrm{e}^{-2\pi} = 1{,}4\,\%$.

Da Reibungskräfte nie ganz vermeidbar sind, ist jede Schwingung mehr oder weniger stark gedämpft. Um eine ungedämpfte Schwingung zu erhalten, muß man der schwingenden Masse während einer Periode gerade die Energie zuführen, die sie in einer Periode durch Reibung verliert. Man erreicht das durch **Selbststeuerung** *oder* **Rückkopplung**; durch das schwingende System werden in geeigneter Phase Kräfte ausgelöst, die den Energieverlust bei jeder Periode wieder wettmachen. Diese Energie wird einem anderen Energievorrat entnommen. Das Pendel einer Pendeluhr z. B. wird in der geeigneten Schwingungsphase über den Anker durch die Zähne des Steigrades beschleunigt (Abb. 4.13); die ihm dadurch zugeführte Energie entstammt dem Energievorrat der gespannten Feder oder des gehobenen Gewichtes der Uhr.

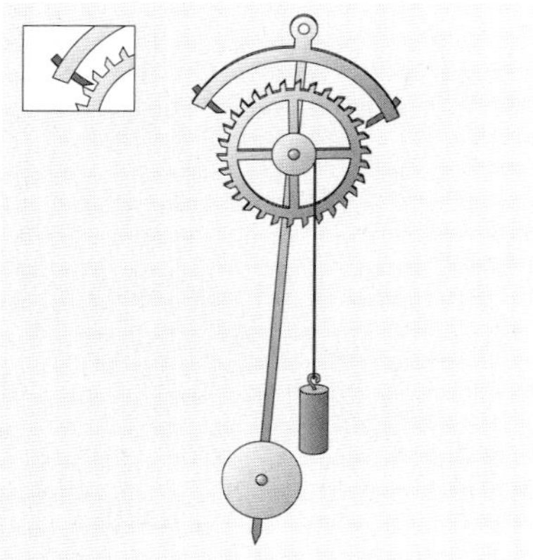

Abb. 4.13. Selbststeuerung des Pendels einer Pendeluhr über Steigrad und Anker. Das sich im Uhrzeigersinn drehende Steigrad drückt mit seinem Zahn auf die Klaue des Ankers und beschleunigt das Pendel nach rechts. In der entgegengesetzten Phase wird durch den Druck des Steigrades auf die linke Ankerklaue das Pendel nach links beschleunigt

Eine reine Sinusschwingung ist eine mathematische Abstraktion; sie müßte nämlich definitionsgemäß unendlich lange weiterschwingen. Jede wirkliche freie Schwingung hört auf, entweder allmählich infolge Dämpfung wie ein Glocken- oder Klavierton, den man nachschwingen läßt, oder plötzlich (Abb. 4.14, 4.15). Solche Schwingungen können daher auch keine absolut scharfe Linie in ihrem Spektrum haben. Um dieses Spektrum zu bestimmen, brauchen wir das Fourier-Integral, da der Vorgang nicht periodisch ist. Komplex ist die Rechnung wieder sehr einfach:

Fourier-Spektrum der gedämpften Schwingung $x(t) = x_0\,\mathrm{e}^{-\delta t}\,\mathrm{e}^{\mathrm{i}\omega t}$:

$$\varphi(\omega') = \frac{1}{\sqrt{2\pi}}\int_0^\infty x(t)\,\mathrm{e}^{-\mathrm{i}\omega' t}\mathrm{d}t = \frac{x_0}{\sqrt{2\pi}}\int_0^\infty \mathrm{e}^{-(\delta-\mathrm{i}(\omega-\omega'))t}\mathrm{d}t$$
$$= \frac{x_0}{\sqrt{2\pi}}\frac{1}{\delta-\mathrm{i}(\omega-\omega')}\;.$$

Das physikalische Spektrum ist der Realteil hiervon:

$$f(\omega') = \frac{x_0}{\sqrt{2\pi}}\frac{\delta}{\delta^2+(\omega-\omega')^2}\;. \qquad (4.27)$$

Aus der scharfen Linie ist eine Glockenkurve geworden (Abb. 4.14), deren Maximum bei ω liegt und deren Halbwertsbreite gleich der Dämpfungskonstante ist: $\Delta\omega = \delta$.

Wir analysieren auch eine Schwingung, die eine Zeit τ andauert und dann plötzlich abbricht. Für die Rechnung ist es bequem, dies Intervall symmetrisch zu $t = 0$ zu legen:

$$x(t) = \begin{cases} x_0\,\mathrm{e}^{\mathrm{i}\omega t} & \text{für } -\dfrac{\tau}{2} < t < \dfrac{\tau}{2} \\ 0 & \text{außerhalb dieses Intervalls.} \end{cases}$$

Die Fourier-Transformierte ist

$$\varphi(\omega') = \frac{x_0}{\sqrt{2\pi}}\int_{-\tau/2}^{\tau/2} \mathrm{e}^{\mathrm{i}(\omega-\omega')t}\mathrm{d}t$$
$$= \frac{x_0}{\sqrt{2\pi}\,\mathrm{i}(\omega-\omega')}\left(\mathrm{e}^{\mathrm{i}(\omega-\omega')\tau/2} - \mathrm{e}^{-\mathrm{i}(\omega-\omega')\tau/2}\right)$$
$$= \sqrt{\frac{2}{\pi}}\frac{x_0}{(\omega-\omega')}\sin(\omega-\omega')\frac{\tau}{2}\;. \qquad (4.28)$$

Dieser Funktion werden wir mehrfach wieder begegnen, z. B. als Beugungsbild eines Spaltes. Die Halbwertsbreite des Hauptmaximums ist um so größer, je kürzer die Schwingung andauert: $\Delta\omega = 3{,}79/\tau$. Die Nebenmaxima liegen bei

$$\tfrac{1}{2}\Delta\omega\tau = (k+\tfrac{1}{2})\pi\,, \qquad k = 1,2,3\ldots$$

und sind um den Faktor $2/[\pi(2k+1)]$ niedriger als das Hauptmaximum.

Dies ist die **Unschärferelation** zwischen Zeit und Frequenz: Je kürzere Zeit τ ein Vorgang dauert, desto unschärfer ist seine Frequenz, und zwar so, daß

$$\boxed{\tau\,\Delta\nu \approx 1}\;. \qquad (4.29)$$

Wenn man weiß, daß einer Schwingung der Frequenz ν die Energie $W = h\nu$ zugeordnet ist, ergibt sich daraus die Unschärferelation zwischen Energie und Zeit:

$$\boxed{\tau\,\Delta W \approx h}\;. \qquad (4.30)$$

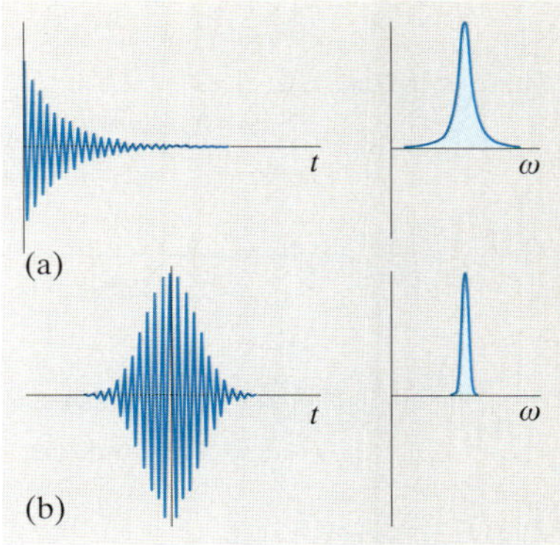

Abb. 4.14. (a) Eine exponentiell gedämpfte Schwingung oder Welle hat als Fourier-Spektrum ein Band, dessen Breite der Dämpfungskonstante entspricht. (b) Eine durch eine Gauß-Kurve modulierte Sinusschwingung hat ebenfalls eine Gauß-Kurve als Frequenzspektrum. Die Breiten beider Kurven gehorchen der Unschärferelation $\Delta t\cdot\Delta\nu \approx 1$, ebenso wie in Abb. 4.15a, b

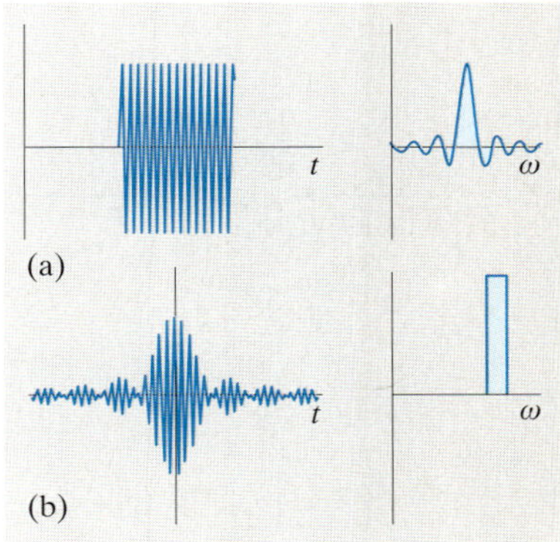

Abb. 4.15. (a) Das Frequenzspektrum einer Sinusschwingung, die nur eine Zeit t lang anhält, sieht aus wie das Beugungsbild eines Spaltes. (b) Welche Schwingung hat ein rechteckiges Frequenzspektrum? Sie sieht aus wie das Beugungsbild eines Spaltes

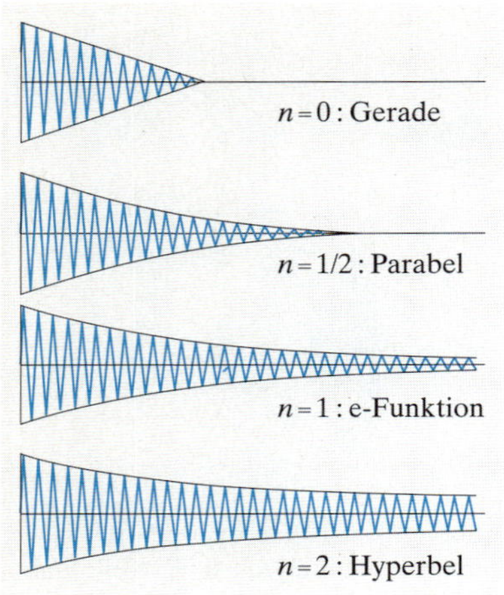

Abb. 4.16. Ein Reibungsgesetz $F \sim v^0$ (Coulomb-Reibung) liefert eine linear abklingende Schwingung, $F \sim v^{1/2}$ (Schmiermittelreibung) eine parabolische, $F \sim v$ (Stokes-Reibung) eine exponentielle, $F \sim v^2$ (Newton-Reibung) eine hyperbolische Dämpfung

Auch die Gleichung (4.27), die Ähnliches aussagt, ist sehr wichtig: In der Atomphysik heißt sie **Breit-Wigner-Formel** und beschreibt Vorgänge, bei denen Teilchen vernichtet oder erzeugt werden. ω ist dabei nach der Planck-Formel $W = \hbar\omega$ durch die Energie W zu ersetzen, δ beschreibt die reziproke Lebensdauer des „Resonanzzustandes".

Andere Reibungsgesetze als $F \sim v$ ergeben ein z. T. qualitativ anderes Dämpfungsverhalten. Bei $F \sim v^0$ (Coulomb-Reibung) nimmt die Amplitude linear ab, bei $F \sim v^2$ (Newton-Reibung) ist die Einhüllende eine Hyperbel (Abb. 4.16, Aufgabe 1.6.13) Bei Newton-Reibung gibt es keinen Kriechfall: Auch bei starker Dämpfung erfolgt noch ein Durchschwingen durch die Ruhelage, kein monotones Herankriechen.

4.1.3 Erzwungene Sinusschwingungen

Gegeben sei ein zu Sinusschwingungen befähigtes System, z. B. ein quasielastisch aufgehängter Körper mit der Masse m, der Federkonstante D und der Reibungskonstante k. Er würde, sich selbst überlassen, gedämpfte Schwingungen mit der Eigenfrequenz $\omega_e = \sqrt{D/m - k^2/4m^2}$ ausführen. Dieses System sei einer periodischen, speziell einer harmonisch veränderlichen Kraft ausgesetzt, deren Kreisfrequenz ω ist. Man stellt fest, daß das System nach einer gewissen **Einschwingzeit** mit der Frequenz ω der äußeren Kraft schwingt, nicht mit seiner Eigenfrequenz ω_e. Die Amplitude dieser Schwingungen ist allerdings stark von der relativen Lage von Eigenfrequenz ω_e und erzwungener Frequenz ω abhängig. Am größten ist sie bei $\omega \approx \omega_e$ (**Resonanz**). Man bemerkt ferner eine Phasendifferenz zwischen der Auslenkung des Systems und der äußeren Kraft, die ebenfalls entscheidend von der relativen Lage von ω und ω_e abhängt.

Man versteht diese Verhältnisse sehr schnell durch eine überschlägige Diskussion der Bewegungsgleichung. Die äußere Kraft sei $F = F_0 \cos(\omega t)$. Dann lautet die Bewegungsgleichung

$$\underbrace{m\frac{d^2x}{dt^2}}_{\text{Trägheitskraft}} + \underbrace{k\frac{dx}{dt}}_{\text{Reibungskraft}} + \underbrace{Dx}_{\text{Rückstellkraft}} = \underbrace{F_0\cos(\omega t)}_{\text{äußere Kraft}} . \tag{4.31}$$

Die Erfahrung zeigt, daß die Auslenkung x nach Ablauf der Einschwingzeit ebenfalls eine harmonische Zeitfunktion mit der Kreisfrequenz ω wird, allerdings mit einer Phasenverschiebung α gegen die äußere Kraft:

$$x = x_0 \cos(\omega t - \alpha) . \tag{4.32}$$

Eine solche Funktion zeitlich abzuleiten, bedeutet im wesentlichen, sie mit ω zu multiplizieren:

$$\frac{dx}{dt} = -\omega x_0 \sin(\omega t - \alpha) , \qquad \frac{d^2x}{dt^2} = -\omega^2 x_0 \cos(\omega t - \alpha) .$$

Abgesehen von sin- und cos-Funktionen, die alle die Größenordnung 1 haben, stehen also auf der linken Seite der Bewegungsgleichung die Glieder $m\omega^2$, $k\omega$, D zur Verfügung, um alle zusammen die Kraft F_0 auszugleichen.

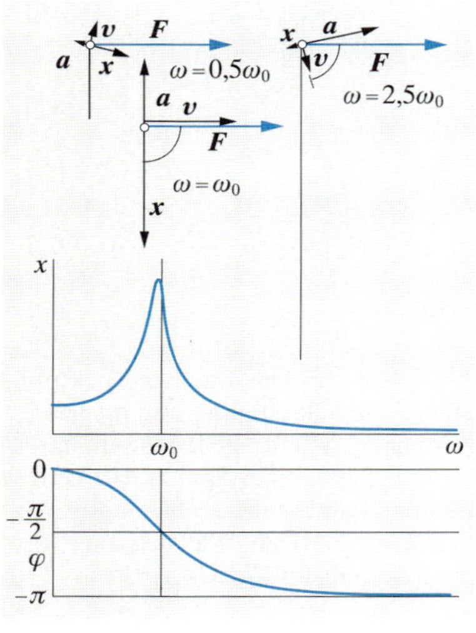

Abb. 4.17. *Oben*: Zeigerdiagramme für erregende Kraft, Auslenkung, Geschwindigkeit, Beschleunigung bei drei verschiedenen Frequenzen. *Unten*: Resultierende Frequenzabhängigkeiten von Amplitude und Phase

Für sehr kleine ω (genauer für $\omega \ll \sqrt{D/m}$ und $\omega \ll D/k$) überwiegt bestimmt das Glied D. Dann vereinfacht sich (4.31) zu $Dx = F_0 \cos(\omega t)$, also

$$\boxed{x = \frac{F_0}{D}\cos(\omega t)} \,. \tag{4.33}$$

Das System wird von der äußeren Kraft **quasistatisch** hin- und hergezerrt, ohne Rücksicht auf Masse und Reibung. Trägheits- und Reibungseffekte sind klein, weil die auftretenden Beschleunigungen bzw. Geschwindigkeiten klein sind. Zwischen x und F herrscht keine Phasendifferenz: $\alpha = 0$. Wir betrachten die Leistungsaufnahme des Systems: Die äußere Kraft F führt dem Körper nur dann Leistung zu, wenn er sich in ihrer Richtung mit der Geschwindigkeit $\mathrm{d}x/\mathrm{d}t$ bewegt. Die Leistung ist dann $F\,\mathrm{d}x/\mathrm{d}t$ (Abschn. 1.5.7). In der zweiten und vierten Viertelperiode nimmt das System Energie auf, aber in der ersten und dritten, wo Kraft und Geschwindigkeit antiparallel sind, gibt es ebensoviel wieder ab (vgl. Abb. 7.76 mit der Übersetzung $U \to F, I \to v$). Die Gesamtleistungsaufnahme im quasistatischen Fall ist also Null.

Für sehr große ω (genauer für $\omega \gg \sqrt{D/m}$ und $\omega \gg D/k$) überwiegt das Trägheitsglied, das proportional $m\omega^2$ ist. Reibung und Rückstellkraft spielen keine Rolle: Das System verhält sich **quasifrei**. Beschleunigung und Kraft sind in Phase, daher ist die Auslenkung x um $\alpha = \pi$ voraus (oder hinterher). All dies folgt auch aus der Bewegungsgleichung, die sich zu $m\,\mathrm{d}^2x/\mathrm{d}t^2 = -m\omega^2 x_0 \cos(\omega t - \alpha) = F_0 \cos(\omega t)$ vereinfacht. Das Minuszeichen erfordert $\alpha = \pi$, und es wird

$$\boxed{x = -\frac{F_0}{m\omega^2}\cos(\omega t)} \,. \tag{4.34}$$

Leistungsaufnahme: In der zweiten und vierten Viertelperiode sind Kraft und Geschwindigkeit antiparallel, das System gibt Energie ab; ebensoviel nimmt es in der ersten und dritten Viertelperiode auf. Der Gesamteffekt ist wieder Null.

Wenn mit wachsendem ω die Phasenverschiebung von 0 auf π steigen soll, muß sie bei irgendeinem ω den Wert $\frac{\pi}{2}$ passieren. Dann ist die Geschwindigkeit in Phase mit der Kraft, und das System nimmt ständig Leistung auf. Ihr Wert ergibt sich zu $F\,\mathrm{d}x/\mathrm{d}t = F_0 \omega x_0 \cos^2(\omega t)$. Würde diese Energiezufuhr nicht durch Reibung verzehrt, so würde die Amplitude bis ins Unendliche anschwellen. Die Leistung der Reibungskraft ist $k(\mathrm{d}x/\mathrm{d}t)^2 = k\omega^2 x_0^2 \cos^2(\omega t)$. Gleichgewicht herrscht, wenn Gewinn und Verlust im Mittel gleich sind, d. h. wenn

$$\boxed{x_0 = \frac{F_0}{k\omega}} \,. \tag{4.35}$$

Vergleich mit der Bewegungsgleichung zeigt, daß in diesem Fall die äußere Kraft genau durch das Reibungsglied kompensiert wird. Trägheits- und Rückstellglied müssen daher links einander wegheben. Das ist nur möglich, wenn $\omega = \sqrt{D/m}$, also gleich der Eigenfrequenz des ungedämpften

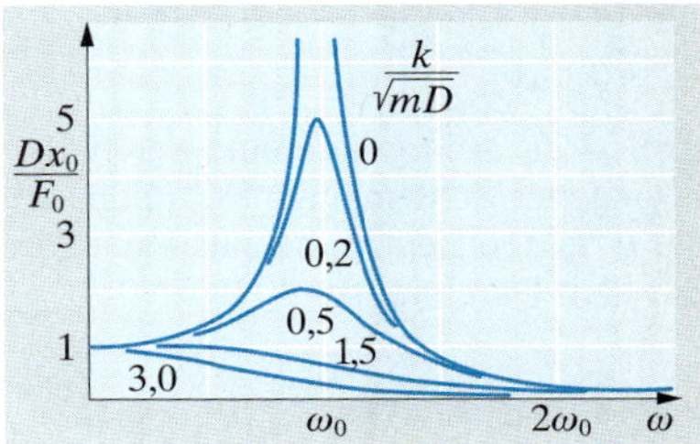

Abb. 4.18. Amplitude einer erzwungenen Schwingung als Funktion der Frequenz der erregenden Kraft für verschiedene Werte der relativen Dämpfung $k/\sqrt{mD}$

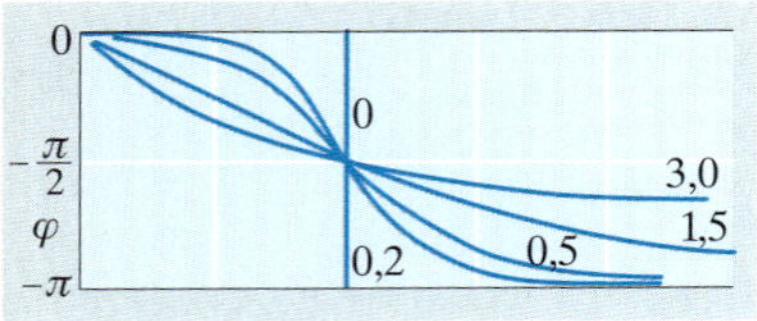

Abb. 4.19. Phasenverschiebung einer erzwungenen Schwingung gegen die erregende Kraft als Funktion von deren Frequenz bei verschiedenen Werten der relativen Dämpfung $k/\sqrt{mD}$

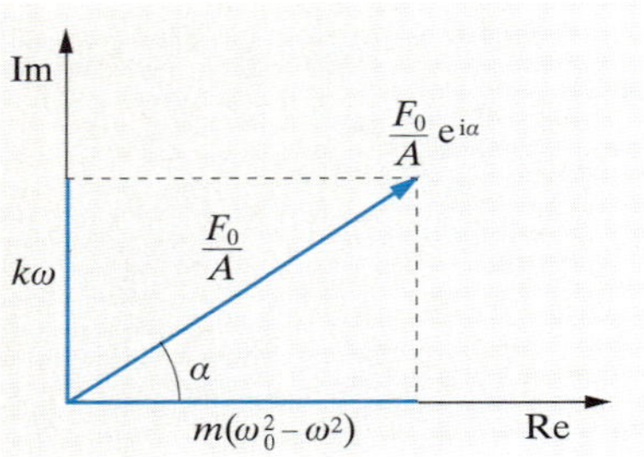

Abb. 4.20. Zur Berechnung der Amplitude und der Phase einer erzwungenen Schwingung

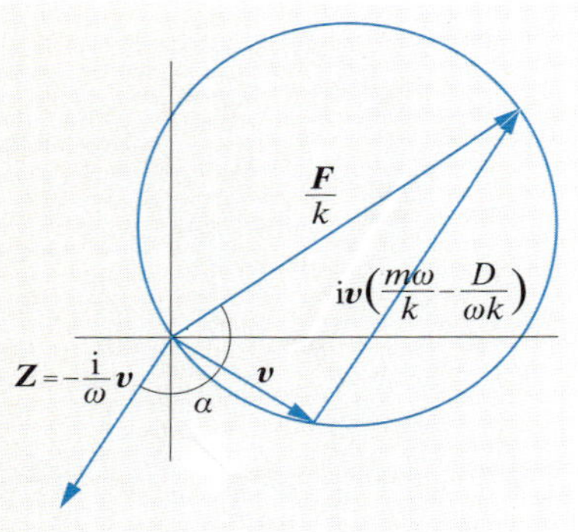

Abb. 4.21. Vektordiagramm der erzwungenen Schwingung. Der Endpunkt des v-Vektors liegt immer auf dem Kreis mit dem Durchmesser F/k

Systems ist. Hier also liegt die Stelle mit der Phasendifferenz $\frac{\pi}{2}$. Benutzt man diesen Wert ω, so folgt aus (4.35) die Amplitude $x_0 = F_0/(k\sqrt{D/m})$. Dies ist nahezu die maximale Amplitude; bei etwas kleinerem ω ist zwar die Phasenbeziehung nicht ganz so günstig für die Leistungszufuhr, aber dafür das Reibungsglied $k\omega$ etwas kleiner.

Die komplexe Rechnung oder das quantitativ ausgewertete Zeigerdiagramm liefert alle diese Aussagen auch sehr elegant. Die Bewegungsgleichung für die ins Komplexe erweiterte Auslenkung z heißt

$$\boxed{m\ddot{z} + k\dot{z} + Dz = F_0\,e^{i\omega t}}\;. \tag{4.36}$$

Die stationäre Lösung muß auch $e^{i\omega t}$ enthalten:

$$z = \hat{z}_0\,e^{i\omega t}\,. \tag{4.37}$$

Hier ist $\hat{z}_0$ eine **komplexe Amplitude**, $\hat{z}_0 = z_0\,e^{i\varphi}$, ihr Betrag z_0 ist die wirkliche Amplitude, ihr Winkel φ gibt die Phasenverschiebung zwischen Kraft und Auslenkung. Einsetzen von (4.37) in (4.36) liefert

$$\boxed{\hat{z}_0(-m\omega^2 + i\omega k + D) = F_0 \quad\text{oder}\quad \hat{z}_0 = \frac{F_0}{-m\omega^2 + D + i\omega k}}\;. \tag{4.38}$$

Der Betrag ist die physikalische Amplitude:

$$\boxed{z_0 = \frac{F_0}{\sqrt{m^2(\omega_0^2-\omega^2)^2 + k^2\omega^2}} \qquad \left(\omega_0 = \sqrt{\frac{D}{m}}\right)}\;, \tag{4.39}$$

der Tangens des Phasenwinkels ist Imaginärteil/Realteil von $\hat{z}_0$:

$$\boxed{\tan\varphi = \frac{k\omega}{m(\omega_0^2-\omega^2)}}\;. \tag{4.40}$$

Besonders übersichtlich ist ein Zeigerdiagramm für die Geschwindigkeit $v = i\omega z$ (**Argand-Diagramm**). Nach (4.36) gilt $i\omega m v + kv + Dv/i\omega = F_0$ oder

$$v + iv\left(\frac{m\omega}{k} - \frac{D}{\omega k}\right) = \frac{F_0}{k}\,.$$

Die beiden Glieder links stehen, als Vektoren in der z-Ebene betrachtet, senkrecht aufeinander (Multiplikation mit i bedeutet Drehung um 90°). Mit F/k bilden sie ein rechtwinkliges Dreieck, das sich mit ω in der z-Ebene dreht. Ebenso dreht sich der umschriebene Thales-Kreis, der den Durchmesser F/k hat. Die Spitze des v-Vektors liegt immer auf seiner Peripherie. Die Phasenverschiebung zwischen F und v ist als Winkel der beiden Vektoren ablesbar. z ist nochmals um $\frac{\pi}{2}$ gegen v verdreht. Man sieht sofort: Bei $\omega = \omega_0$ ist v maximal, nämlich gleich dem Kreisdurchmesser F_0/k. Außerdem sind v und F dort genau in Phase. Aus beiden Gründen nimmt das System dort maximal Leistung auf. Bei $\omega \gtrless \omega_0$ dagegen ist das Glied mit iv viel größer als v selbst; daher zeigt v als kurzer Pfeil senkrecht zu F: Keine Leistungsaufnahme.

Mit der Abkürzung $x = \omega/\omega_0$ und dem Gütefaktor $Q = \sqrt{Dm}/k$ lautet (4.39)

$$z_0 = \frac{F_0}{D} \frac{1}{\sqrt{(1-x^2)^2 + x^2/Q^2}} .$$

Lage und Höhe des Amplitudenmaximums folgen durch Ableitung nach x:

$$\boxed{x_{\max}^2 = 1 - \frac{1}{2Q^2} , \qquad z_{0\,\max} = \frac{F_0 Q}{D\sqrt{1 - \frac{1}{4}Q^{-2}}}} . \tag{4.41}$$

Ein Maximum existiert nur für $Q > \frac{1}{2}$. Es liegt um den Faktor $Q/\sqrt{1 - \frac{1}{4}Q^{-2}}$ höher als das quasistatische Plateau. Die Maximalfrequenz ist gegen ω_0 um den Faktor $\sqrt{1 - \frac{1}{2}Q^{-2}}$ verschoben. Auch die Breite des Maximums läßt sich durch Q ausdrücken. Wenn $Q \gg 1$, liegt das Maximum bei $x \approx 1$. Halb so hoch wie dort ist die Kurve, wenn

$$(1-x^2)^2 + \frac{1}{Q^2} = (1+x)^2(1-x)^2 + \frac{1}{Q^2} \approx 4(1-x)^2 + \frac{1}{Q^2} \approx \frac{4}{Q^2} ,$$

d. h. bei einer Abweichung

$$\frac{\Delta\omega}{\omega_0} = 1 - x \approx \frac{1}{2} \frac{\sqrt{3}}{Q} .$$

Formel (4.37) ist, mathematisch gesprochen, nur eine partikuläre Lösung von (4.36). Sie beschreibt die Schwingung nach länger andauernder Einwirkung der erregenden Kraft $F_0 \cos(\omega t)$. Um den **Einschwingvorgang** mitzubeschreiben, benötigt man die allgemeine Lösung von (4.36). Sie setzt sich additiv zusammen aus der partikulären Lösung (4.37) und der allgemeinen Lösung der entsprechenden homogenen Differentialgleichung (4.12). Die Schwingung setzt sich aus zwei Teilschwingungen zusammen, von denen die eine mit der Eigenfrequenz (4.15) des schwingenden Systems erfolgt. Diese Schwingung klingt aber ab, so daß nach hinreichend langer Zeit nur die erzwungene Schwingung (4.37) übrigbleibt, die mit der Frequenz der erregenden Kraft erfolgt.

Amplitude und Phasendifferenz für ein nicht zu stark gedämpftes System haben also die in Abb. 4.18 und 4.19 dargestellte Abhängigkeit von der Frequenz ω der äußeren Kraft. Wenn die Dämpfung, dargestellt durch die Reibungskonstante k, zunimmt, werden beide Kurven flacher. Man macht sich dies am besten am Grenzfall $k \to 0$ klar: Hier ist das Resonanzmaximum unendlich groß, die Phasendifferenz springt bei $\omega = \omega_0$ schlagartig von 0 auf π. Bei wachsender Dämpfung muß nach (4.41) ein Wert von Q bzw. k erreicht werden, bei dem kein „Resonanzmaximum“ mehr existiert. Offenbar tritt dies ein bei

$$Q = \tfrac{1}{2} , \quad \text{d. h.} \quad k = 2\sqrt{mD} \quad (\textbf{Aperiodischer Grenzfall}) .$$

Für diese und noch stärkere Dämpfungen tritt kein Resonanzmaximum mehr auf, sondern die Amplitude nimmt monoton mit ω ab (Abb. 4.19).

Anwendung auf den Meßvorgang. Jede physikalische Messung besteht darin, daß man eine Schwingung oder einen beliebigen anderen Vorgang auf ein Meßsystem einwirken läßt und dessen zeitliches Verhalten, speziell dessen Schwingungen registriert. Häufig handelt es sich um Hebelsysteme, die Schreibvorrichtungen betätigen, oder Kapseln, die durch Membranen abgeschlossen sind. Die Kapsel ist mit Luft oder Flüssigkeit gefüllt, deren Druckschwankungen Schwingungen der Membran verursachen. Sie dreht ein Spiegelchen, das auf einem Schirm (z. B. lichtempfindlichem Papier) die Schwingungen der Membran aufzeichnet. Bei elektromagnetischer Aufzeichnung sind die Verhältnisse im Prinzip ähnlich. Immer handelt es sich um schwingungsfähige (wenn auch vielleicht überdämpfte) Systeme, die durch den zu messenden Vorgang, falls er periodisch ist, zu erzwungenen Schwingungen erregt werden. Ein unperiodischer Vorgang übt Wirkungen aus, die durch sein Fourier-Spektrum, also durch Überlagerung mehrerer Schwingungen, beschrieben werden.

Die Grundforderung an das Meßgerät ist, daß es die zu messenden Vorgänge möglichst formgetreu ohne Verzerrung aufzeichnet. Das läßt sich im Rahmen der Theorie der erzwungenen Schwingungen so ausdrücken, daß für den ganzen in Frage kommenden Frequenzbereich die *Amplitude* des Meßsystems proportional der erregenden Amplitude sein muß, und daß die *Phase* des Meßsystems höchstens um einen konstanten, d. h. frequenzunabhängigen Betrag von der Phase des Vorganges abweichen darf (die zweite Forderung ist für einige Messungen, z. B. Klangfarbenanalysen, unwesentlich). Aus Abb. 4.18 und 4.19 ergibt sich dann sofort: Das Meßsystem darf keine Eigenfrequenzen im Frequenzspektrum des zu messenden Vorganges haben. In der Nähe einer Eigenfrequenz ist nämlich die Frequenzabhängigkeit, also die Verzeichnung von Amplitude und Phase am größten. Man könnte so die aufzuzeichnende Kurvenform völlig entstellen. Am besten arbeitet man auf dem quasistatischen Plateau der Resonanzkurve, wählt also die kleinste Eigenfrequenz des Meßgerätes sehr viel höher als alle im zu messenden Vorgang enthaltenen Frequenzen. Wenn möglich, macht man auch von einer geeigneten Dämpfung Gebrauch, die die Resonanzkurven erheblich ausglättet (Abb. 4.18, 4.19).

Was hier für die Wechselwirkung zwischen Vorgang und Meßgerät gesagt wurde, gilt allgemein für jede physikalische Wechselwirkung: Ihre Übertragungseigenschaften lassen sich durch die Fourier-Spektren der beteiligten Partner beschreiben. Darauf beruht die ungeheure Bedeutung der Fourierschen Methoden für die moderne theoretische Physik und Technik.

4.1.4 Amplituden- und Phasenmodulation

In der älteren Radiotechnik prägt man einer **Trägerwelle** der Kreisfrequenz ω_0 eine akustische Information (Sprache, Musik) auf, indem man ihre Amplitude im Rhythmus des akustischen Signals ändert: **Amplitudenmodulation** (AM, Abb. 4.9). Das akustische Signal habe den zeitlichen Verlauf $a(t)$. Die übertragene Schwingung ist dann

$$V(t) = V_0(A + a(t)) \cos(\omega_0 t) ,$$

wobei $a(t) < A$, d. h. man „moduliert nicht ganz durch". Das akustische Signal sei z. B. ein reiner Sinuston der Frequenz ω_1: $a(t) = a_1 \cos(\omega_1 t)$, also

$$V(t) = V_0 A \cos(\omega_0 t) + V_0 a_1 \cos(\omega_0 t) \cos(\omega_1 t)\,.$$

Nach dem Additionstheorem des cos ($\cos(\alpha \pm \beta) = \cos\alpha \cos\beta \mp \sin\alpha \sin\beta$) kann man das darstellen als

$$V(t) = V_0 A \cos(\omega_0 t) + \tfrac{1}{2} V_0 a_1 (\cos(\omega_0 + \omega_1)t + \cos(\omega_0 - \omega_1)t)\,.$$

Im Fourier-Spektrum des Vorgangs gibt es jetzt nicht nur die Trägerfrequenz ω_0, sondern sie ist begleitet von den schwächeren „Seitenbändern" $\omega_0 + \omega_1$ und $\omega_0 - \omega_1$. Ein akustischer Vorgang, der aus allen Frequenzen des Hörbereichs von praktisch $\omega = 0$ bis ω_m besteht, erzeugt und benötigt das ganze Frequenzband zwischen $\omega_0 - \omega_m$ und $\omega_0 + \omega_m$. Für **HiFi-Empfang** muß $\omega_m \approx 20$ kHz sein. Wenn die Trägerfrequenzen zweier Radiosender einander näherliegen als 40 kHz, „knabbern" sie einander die Höhen ab. Jeder Elektromotor und jede atmosphärische Entladung prägen der Empfangsantenne ebenfalls Amplitudenänderungen auf und stören daher den Empfang von AM-Sendungen (Lang-, Mittel- und Kurzwelle). Die Phase der Trägerwelle beeinflussen sie i. allg. nicht. Daher ist der Empfang phasenmodulierter Sendungen viel reiner. Um auch den vollen Hörfrequenzbereich auszunutzen, muß man die Trägerfrequenzen sehr hochlegen (**UKW**) und nimmt dann lieber die begrenzte Senderreichweite in Kauf.

Ein phasenmodulierter Vorgang sieht so aus:

$$V(t) = V_0 \cos(\omega_0 t + a(t))\,.$$

$a(t)$ ist wieder das akustische Signal. Da es sich langsam gegen $\cos(\omega_0 t)$ ändert, kann man für ein Zeitintervall, das einige Trägerperioden umfaßt, schreiben $a(t) = a_0 + t\,\mathrm{d}a/\mathrm{d}t = a_0 + \dot{a}t$, also

$$V(t) \approx V_0 \cos(a_0 + \omega_0 t + \dot{a}t)\,.$$

Die momentane Frequenz ist also nicht ω_0, sondern $\omega_0 + \dot{a}$. Daher ist die **Phasenmodulation** gleichwertig einer **Frequenzmodulation** (FM).

Die obige Beziehung legt für jemanden, der komplex rechnen kann, ein raffiniert-einfaches Verfahren zur Umwandlung eines amplitudenmodulierten in einen phasenmodulierten Vorgang nahe. Die zeitliche Ableitung $\dot{a}$ entspricht für einen periodischen Vorgang der Multiplikation mit $\mathrm{i}\omega$, d. h. der Phasenänderung um $\frac{\pi}{2}$. Man schicke also den obigen AM-Vorgang einmal durch einen engen Bandpaß, der nur ω_0 durchläßt, zum anderen durch das dazu komplementäre Bandfilter, das nur die Seitenbänder durchläßt. Eines dieser beiden Signale wird dann um $\frac{\pi}{2}$ phasenverschoben. So wird z. B. $AV_0 \cos(\omega_0 t)$ zu $AV_0 \sin(\omega_0 t)$ (dazu genügen ein Kondensator und ein Widerstand, s. Beispiel S. 403). Dann werden beide Vorgänge wieder zusammengesetzt zu

$$V' = AV_0 \sin(\omega_0 t) + V_0 a(t) \cos(\omega_0 t)\,.$$

Wenn $a(t) \ll A$, läßt sich das auch schreiben

$$V' = AV_0 \sin(\omega_0 t + A^{-1} a(t))$$

(Beweis mittels Additionstheorem des sin). Das ist aber ein FM-Signal.

Ganz analog funktioniert auch das **Phasenkontrast-Mikroskop**. Ein durchsichtiges Objekt, z. B. eine Zelle, moduliert die Amplitude des durchgehenden Lichts praktisch nicht. Anfärbung brächte eine stärkere AM, ist aber bei lebenden Objekten nur sehr beschränkt durchführbar, denn fast jeder Farbstoff ist giftig. Die Zelle hat aber eine andere Brechzahl n als die Umgebung, d. h. sie ändert die *Phase* der Welle. Man erhält ein nicht zeitlich, sondern räumlich phasenmoduliertes Signal, d. h. bei monochromatischer Beobachtung eine Trägerwelle und ihre Seitenbänder. Mittels einer Zusatzoptik trennt man Trägerwelle und Seitenbänder, verschiebt eine davon mit einem $\lambda/4$-Plättchen (vgl. Abschn. 10.2.7) um $\frac{\pi}{2}$ und erhält durch Überlagerung ein AM-Signal, d. h. einen Helligkeitskontrast.

4.2 Wellen

Jetzt handelt es sich nicht mehr um einen Massenpunkt, sondern um sehr viele, die Kräfte aufeinander ausüben. Man kann auch von einem kontinuierlichen Medium reden, dessen einzelne Teile wechselwirken, oder viel allgemeiner von einem Feld, in dem eine solche Wechselwirkung herrscht.

4.2.1 Beschreibung von Wellen

Wir spannen ein Seil zwischen zwei Punkten und schlagen nahe dem einen Ende kurz darauf. Es entsteht eine Auslenkung, die über die ganze Seillänge bis zum anderen Ende läuft. Dort wird sie reflektiert und kann mehrmals hin- und herlaufen, ohne ihre Form wesentlich zu ändern.

$y = f(x,t)$ sei die Auslenkung des Seils aus der Ruhelage an der Stelle x zur Zeit t. Die Anfangsauslenkung $f(x,0)$ soll nach der Zeit t ohne Formänderung um die Strecke ct gewandert sein, z. B. nach rechts. c ist dann die Ausbreitungsgeschwindigkeit der Welle. Dieselbe Auslenkung, die anfangs bei x herrschte, besteht jetzt bei $x + ct$. Offenbar ist dies gegeben, wenn f nicht von x und t einzeln abhängt, sondern nur von der Kombination $x - ct$, also

$$\boxed{y = f(x - ct)} \quad . \tag{4.42}$$

Sonst ist die Funktion f ganz beliebig; wir können ja im Prinzip jede Anfangs-Auslenkung herstellen. Es kann auch $y = f(x + ct)$ sein, aber eine solche Welle läuft nach links (Abb. 4.22).

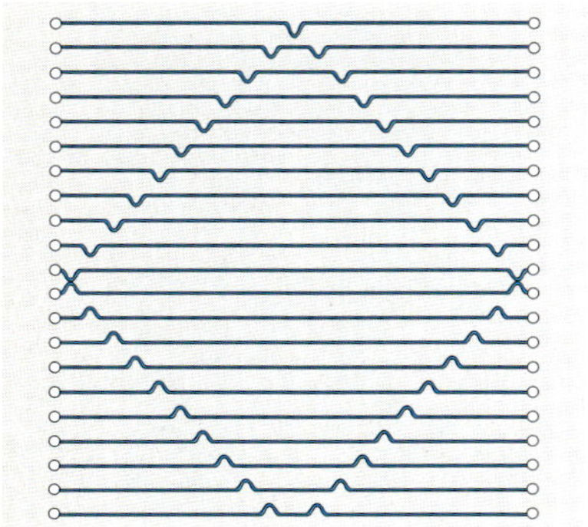

Abb. 4.22. Eine Auslenkung beliebiger Form (nicht nur ein Sinus!) läuft auf einem Seil oder einer Saite ohne Formänderung nach beiden Seiten, falls Reibung keine Rolle spielt

$x - ct$ ist die **Phase der Welle**. In den Ebenen, wo $x - ct$ den gleichen Wert hat, ist auch die Amplitude y gleich. Diese Ebenen stehen senkrecht zur Ausbreitungsrichtung und heißen Wellenflächen oder Wellenfronten, speziell Wellenberge oder Wellentäler, wenn die Auslenkung dort maximal nach „oben" bzw. „unten" geht. Hier beschreiben wir **ebene Wellen**, deren Wellenfronten parallele Ebenen sind. Natürlich gibt es auch kompliziertere Wellenformen. Am wichtigsten sind **Kugel-** und **Zylinderwellen**, die von einer punkt- bzw. stabförmigen Quelle ausgehen.

Ein undehnbares Seil können wir nur senkrecht zu seiner Richtung auslenken und eine **Transversalwelle** erzeugen. Bei einem Gummiseil oder einer Spiralfeder können wir auch **Longitudinalwellen** machen, indem wir in Seilrichtung auslenken.

Bei einer ganz speziellen Welle, der *harmonischen* Welle, hat die Auslenkung Sinusform. Eine Momentaufnahme (z. B. bei $t = 0$) zeigt dann etwa ein Profil $y = y_0 \sin(kx)$. Die Konstante k, genannt **Wellenzahl**, hängt eng mit der Wellenlänge zusammen: Nach einem Abstand $x = 2\pi/k$ wiederholt sich das ganze Profil. Die **Wellenlänge** ist also

$$\boxed{\lambda = \frac{2\pi}{k}} \quad . \tag{4.43}$$

Eine bestimmte Stelle x des Seils führt im Lauf der Zeit eine Sinusschwingung aus: $y = y_0 \sin(\omega t + \varphi)$. Damit bei $t = 0$ das räumliche Sinusprofil herauskommt, muß $\varphi = kx$ sein, im ganzen also

$$\boxed{y = y_0 \sin(kx + \omega t)} \quad . \tag{4.44}$$

Dies ist von der Form (4.42). Wie das Vorzeichen zeigt, läuft die Welle nach links (wenn t zunimmt, muß x abnehmen, damit das Argument und damit y gleichbleibt). Ausklammern von k zeigt durch Vergleich mit (4.42), daß die **Phasengeschwindigkeit** der Welle

$$\boxed{c = \frac{\omega}{k} = \frac{2\pi\nu}{2\pi/\lambda} = \lambda\nu} \tag{4.45}$$

ist. Wenn es Rechenvorteile bringt, wie sehr oft, können wir diese Funktion auch komplex ergänzen:

$$\boxed{y = y_0\, \mathrm{e}^{\mathrm{i}(kx + \omega t)}} \quad . \tag{4.46}$$

4.2.2 Die Wellengleichung

Welche Kraft treibt das Seil in die Ruhelage zurück? Sicher hat sie mit der Seilspannung zu tun. Aber ein Seil überträgt doch Kräfte nur in seiner eigenen Richtung und nicht senkrecht dazu. Für ein gerades Seilstück ist das richtig, aber sowie das Seil gekrümmt ist, ergibt sich eine Resultierende der Kräfte längs der beiden Tangenten, denn diese beiden Kräfte sind zwar der Größe nach gleich (F_0), aber der Richtung nach verschieden. Aus Abb. 4.23 liest man für ein Seilstück der Länge $\mathrm{d}x$ und vom Krümmungsradius R als Resultierende ab

$$\mathrm{d}F = F_0 \frac{\mathrm{d}x}{R}$$

(die gleiche Überlegung haben wir bei der Seifenblase in Abb. 3.26 zweimal, für die beiden Richtungen, ausgeführt). Wenn die Auslenkung nicht zu stark ist, können wir die Krümmung $1/R$ durch die zweite Ableitung y'' ersetzen. Gleichzeitig finden wir auch die Beschleunigung des Seilstücks, das die Masse $\varrho A\, \mathrm{d}x$ hat:

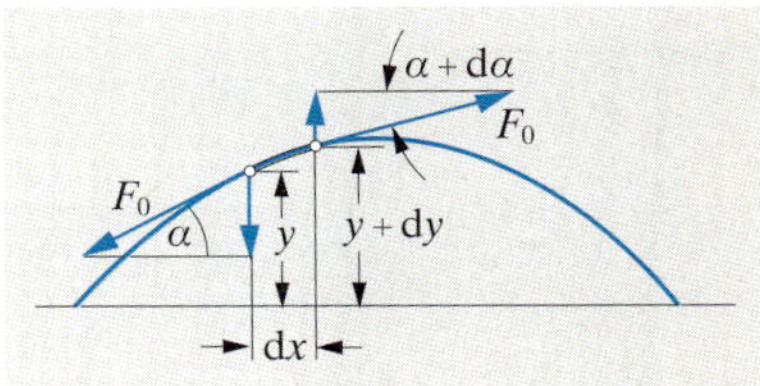

Abb. 4.23. Die Kraft, die eine Saite in die Ruhelage zurückzieht, ist proportional zur Krümmung der Saite an dieser Stelle

$$\ddot{y} = \frac{\mathrm{d}F}{\varrho A\,\mathrm{d}x} = \frac{F_0 y''\,\mathrm{d}x}{\varrho A\,\mathrm{d}x} = \frac{F_0}{\varrho A} y''\,.$$

Mit der Seilspannung $\sigma = F_0/A$ wird das noch einfacher

$$\boxed{\ddot{y} = \frac{\sigma}{\varrho} y''}\,. \tag{4.47}$$

Eine solche Gleichung der Form $\ddot{y} = a y''$ heißt **Wellengleichung (d'Alembert-Gleichung)**.

Wir zeigen: Jede Funktion $y = f(x - ct)$ oder $y = f(x + ct)$ ist Lösung dieser Gleichung mit der Phasengeschwindigkeit $c = \sqrt{a}$. Zum Beweis leiten wir $f(x \pm ct)$ einmal partiell nach x und dann partiell nach t ab. Beide Male müssen wir zunächst f nach seinem direkten Argument $x \pm ct$ ableiten, was natürlich beidemal dasselbe ergibt, und mit der Ableitung dieses Arguments nach x bzw. t multiplizieren, was 1 bzw. $\pm c$ ergibt. Nach der zweiten Differentiation sieht man

$$\boxed{\ddot{y} = c^2 y''}\,. \tag{4.48}$$

Wie wir sehen werden, ergeben sich auch für viele andere typische Wellenvorgänge Gleichungen dieser Form, aber nicht für alle (Abschn. 4.4.2).

4.2.3 Elastische Wellen

Wir betrachten eine Flüssigkeits- oder Gassäule, z. B. in einer Flöte, vom Querschnitt A. Wenn der Druck sich längs der Säulenachse (in x-Richtung) ändert, wirkt in einem solchen Druckgradienten $p(x)$ auf ein Volumenelement $V = A\,\Delta x$ die Kraft $-A\,\Delta x\,p'$ (Abb. 4.24, Abschn. 3.3.3). Sie erteilt der Masse $\varrho A\,\Delta x$ des Volumenelements die Beschleunigung

$$\dot{v} = -\frac{Ap'\,\Delta x}{\varrho A\,\Delta x} = -\frac{1}{\varrho} p'\,. \tag{4.49}$$

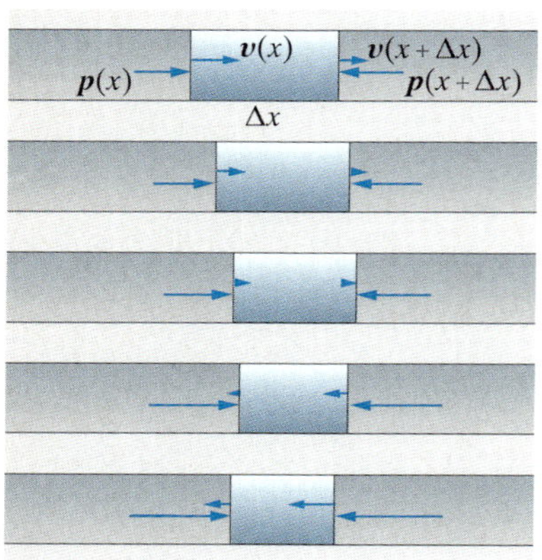

Abb. 4.24. In einer elastischen Welle ändert ein Volumenelement seine Lage und seine Größe infolge der wechselnden Druckverhältnisse an seinen Stirnflächen

Die Geschwindigkeit v des Mediums wird auch von Ort zu Ort wechseln, was dazu führt, daß die einzelnen Flüssigkeitselemente ihr Volumen ändern. In Abb. 4.24 bewegt sich die linke Stirnfläche des Flüssigkeitselements von der Dicke Δx mit v, die rechte mit $v + v'\,\Delta x$. Nach einer Zeit $\mathrm{d}t$ hat sich also die rechte Stirnfläche um $v'\,\Delta x\,\mathrm{d}t$ weiter verschoben als die linke. Das Volumen $V = A\,\Delta x$ hat sich dadurch um $\mathrm{d}V = Av'\,\Delta x\,\mathrm{d}t$ geändert. Die relative Volumenänderung

$$\frac{\mathrm{d}V}{V} = \frac{Av'\,\Delta x\,\mathrm{d}t}{A\,\Delta x} = v'\,\mathrm{d}t$$

erfordert bzw. erzeugt nach Abschn. 3.1.3 eine Druckänderung

$$\mathrm{d}p = -\frac{1}{\kappa}\frac{\mathrm{d}V}{V} = -\frac{1}{\kappa} v'\,\mathrm{d}t$$

oder

$$\dot{p} = -\frac{1}{\kappa} v' \tag{4.50}$$

(κ ist die Kompressibilität des Mediums).

Um (4.49) und (4.50) zu einer Gleichung für eine der Größen p oder v zu verschmelzen, kann man (4.49) nochmals nach x, (4.50) nach t ableiten. Man erhält dann ein gemeinsames Mittelglied $\dot{v}'$, also

$$\ddot{p} = \frac{1}{\kappa\varrho} p'' \quad . \tag{4.51}$$

Der Druck gehorcht einer d'Alembert-Gleichung, d. h. longitudinale Wellen beliebiger Art breiten sich mit der Phasengeschwindigkeit

$$c = \sqrt{\frac{1}{\kappa\varrho}} \tag{4.52}$$

aus. Hätte man umgekehrt (4.49) nach t, (4.50) nach x abgeleitet, hätte man dieselbe Gleichung (4.51) für die Geschwindigkeit v statt für den Druck p erhalten. Auch für den Ort x der Teilchen oder für ihre Auslenkung $\xi = x - x_0$ aus der Ruhelage gilt dieselbe Gleichung. Es ist ja $v = \dot{\xi}$, und ob man beiderseits in dieser Gleichung einmal mehr oder weniger nach t ableitet, spielt keine Rolle.

✘ Beispiel...

Wie groß ist die **Schallgeschwindigkeit** in Wasser? Daten s. Abschn. 3.1.3c.

Die Kompressibilität des Wassers ist $\kappa = 5 \cdot 10^{-10}\,\mathrm{m^2/N}$, die Dichte $\varrho = 1\,000\,\mathrm{kg/m^3}$, also nach Abschn. 4.2.3 oder Abschn. 4.4.2 die Schallgeschwindigkeit $c = 1/\sqrt{\varrho\kappa} = 1{,}4\,\mathrm{km/s}$, d. h. mehr als viermal so groß wie in Luft. Direktmessung der Schallgeschwindigkeit ist das einfachste Mittel zur Bestimmung der Kompressibilität einer Flüssigkeit.

Handelt es sich nicht um einen fluiden, sondern um einen festen Köper, dann ändert sich nichts an der Betrachtung, außer daß p durch die Schubspannung σ und die Gleichung $\mathrm{d}p = -\kappa^{-1}\,\mathrm{d}V/V$ durch das Hookesche Gesetz $\mathrm{d}\sigma = -E\,\mathrm{d}V/V$, also κ durch E^{-1} zu ersetzen ist:

$$\ddot{\xi} = \frac{E}{\varrho}\xi'' , \qquad c = \sqrt{\frac{E}{\varrho}} \quad . \tag{4.53}$$

Im Gegensatz zum Fluid, wo es nur solche Longitudinalwellen gibt (außer an der Flüssigkeitsoberfläche), wehrt sich ein Festkörper aber gegen eine Scherung und kann daher auch Tansversalwellen übertragen. Dabei tritt der Schermodul G anstelle des Schubmoduls E.

Die wichtigste Anwendung auf die Schallgeschwindigkeit in einem Gas hat eine interessante Entdeckungsgeschichte. *Newton* ging von der Gasgleichung $p \sim V^{-1}$ aus, wonach $\mathrm{d}V/\mathrm{d}p = -V/p$, und bestimmte so die Kompressibilität als $\kappa = 1/p$. Damit müßte die **Schallgeschwindigkeit** $c = \sqrt{p/\varrho}$ sein, für Luft also $c = 280\,\mathrm{m/s}$. Jedes Kind, das zwischen Blitz und Donner 12 s zählt und daraus schließt, das Gewitter sei 4 km

Tabelle 4.1. Schallgeschwindigkeiten in verschiedenen Stoffen (20°C)

Stoff	c in m/s
Kohlendioxyd	266
Sauerstoff	326
Stickstoff	349
Helium	1 007
Wasserstoff	1 309
Azeton	1 190
Benzol	1 324
Wasser	1 485
Blei	1 300
Kupfer	3 900
Aluminium	5 100
Eisen	5 100
Kronglas	5 300
Flintglas	4 000

entfernt, kannte aber auch damals schon den genaueren, höheren Wert von c: Etwa 330 m/s. Erst *Laplace* klärte die Diskrepanz: Newtons $p \sim V^{-1}$ gilt nur, wenn die Gastemperatur konstant bleibt. Die Schallschwingungen sind aber so schnell, daß die Kompressionswärme nicht abfließen kann. Wärmeres Gas hat höheren Druck und läßt sich schwerer komprimieren. Man muß das κ für **adiabatische Zustandsänderungen** einsetzen, das aus der kurz zuvor von *Poisson* aufgestellten Zustandsgleichung $p \sim V^{-\gamma}$ (5.26) zu $\kappa = 1/(\gamma p)$ folgt. Ein zweiatomiges Gas wie Luft hat $\gamma = \frac{7}{5}$. Damit wird richtig für Normalluft

$$\boxed{c = \sqrt{\frac{\gamma p}{\varrho}} = 330\,\mathrm{m/s}} \,. \tag{4.54}$$

Bei konstanter Temperatur ist $p \sim \varrho$, also hängt c nicht vom Gasdruck ab. Je heißer aber das Gas, desto höher ist p bei gegebenem ϱ, denn $p \sim T\varrho$ (T: absolute Temperatur). Es folgt $c \sim \sqrt{T}$: In heißer Luft läuft der Schall schneller. Damit erklären sich viele Alltagsbeobachtungen.

4.2.4 Überlagerung von Wellen

Zum Glück wird mein Blick auf meine Strandnachbarin nicht dadurch beeinträchtigt, daß andere Leute zwischen uns beiden hindurch das Meer betrachten. Wellen überlagern sich ungestört, ihre Auslenkungen addieren sich einfach, allerdings nur, wenn die Amplituden nicht zu groß sind. Mathematisch drückt sich das in der *Linearität* der d'Alembert-Gleichung (4.48) aus: Wenn ξ_1 und ξ_2 Lösungen sind, ist auch $\xi_1 + \xi_2$ eine Lösung. Diese **ungestörte Superposition** tritt nichtmehr ein, wenn die eine Welle die Eigenschaften des Mediums beeinflußt, wie in elastischen Medien bei sehr hohen Amplituden oder sogar beim Licht bei extremen Amplituden, wie sie ein Laser erzeugen kann. Nicht einmal das Vakuum ist in diesem Sinne streng linear: Zwei γ-Quanten können einander beeinflussen, z. B. ein Elektron-Positron-Paar erzeugen, obwohl dieser Vorgang noch nicht experimentell nachgewiesen werden konnte.

Zwei Schwingungen können sich in Frequenz, Amplitude, Phase und Schwingungsrichtung unterscheiden. Dazu kommt bei den Wellen noch die Ausbreitungsrichtung, die nur bei den Longitudinalwellen mit der Schwingungsrichtung identisch ist, bei Transversalwellen aber senkrecht dazu liegt. Bei Transversalwellen bezeichnet man die Schwingungsrichtung auch als **Polarisationsrichtung**. Abgesehen davon überträgt sich der ganze Abschn. 4.1.1 sinngemäß auch auf Wellen.

Wir beschränken uns zunächst auf harmonische Wellen. Wenn eine solche ebene Welle in positiver x-Richtung läuft, lautet ihre Auslenkung

$$\xi = \xi_0\, \mathrm{e}^{\mathrm{i}(kx - \omega t + \varphi)} \,.$$

Auch eine beliebige Ausbreitungsrichtung kann man erfassen, wenn man die **Wellenzahl** k zum Vektor $\boldsymbol{k}$ ernennt:

$$\boxed{\xi = \xi_0\, \mathrm{e}^{\mathrm{i}(\boldsymbol{k}\cdot\boldsymbol{r} - \omega t + \varphi)}} \,. \tag{4.55}$$

Diese Welle läuft in Richtung des Vektors $\boldsymbol{k}$, denn nur beim Fortschreiten in dieser Richtung ändert sich $\boldsymbol{k} \cdot \boldsymbol{r}$ und damit die Phase überhaupt.

Wir untersuchen einige Fälle, die gegenüber dem Fall der Schwingungen Neues liefern.

a) Wellen gleicher Frequenz, aber verschiedener Ausbreitungsrichtung. Eine Welle laufe in der Richtung $\boldsymbol{k}_1$, die andere in der Richtung $\boldsymbol{k}_2$. Da beide Wellen gleiche Frequenz ω haben, stimmen sie auch im *Betrag* ihrer $\boldsymbol{k}$-Vektoren überein, denn dieser drückt die Wellenlänge aus (diese Gleichheit gilt nur in isotropen Medien, wo $c = \omega/k$ in allen Richtungen gleich groß ist). Beide Wellen sollen zunächst auch gleiche Amplituden ξ_0 haben. Die Gesamtauslenkung ist die Summe der beiden Teilauslenkungen, die wir gleich komplex schreiben:

$$\xi = \xi_0\, \mathrm{e}^{\mathrm{i}(\boldsymbol{k}_1 \cdot \boldsymbol{r} - \omega t)} + \xi_0\, \mathrm{e}^{\mathrm{i}(\boldsymbol{k}_2 \cdot \boldsymbol{r} - \omega t)} .$$

Jetzt benutzen wir eine Beziehung, die man aus Abb. 4.25 ablesen kann:

$$\mathrm{e}^{\mathrm{i}x} + \mathrm{e}^{\mathrm{i}y} = 2 \cos\left(\tfrac{1}{2}(x-y)\right) \mathrm{e}^{\mathrm{i}(x+y)/2} .$$

Für unsere Wellen heißt das

$$\xi = 2\xi_0 \cos\frac{(\boldsymbol{k}_2 - \boldsymbol{k}_1) \cdot \boldsymbol{r}}{2}\, \mathrm{e}^{\mathrm{i}((\boldsymbol{k}_1 + \boldsymbol{k}_2) \cdot \boldsymbol{r}/2 - \omega t)} . \qquad (4.56)$$

Der Faktor vor dem e-Ausdruck ist die Gesamtamplitude. Sie ist offenbar räumlich moduliert: Bei $(\boldsymbol{k}_2 - \boldsymbol{k}_1) \cdot \boldsymbol{r} = (2m+1)\pi$ (m: ganze Zahl) ist die Amplitude Null; der e-Faktor kann machen was er will, es herrscht dort Ruhe. $(\boldsymbol{k}_2 - \boldsymbol{k}_1) \cdot \boldsymbol{r} = \pi$ beschreibt eine Ebene senkrecht zum Vektor $\boldsymbol{k}_2 - \boldsymbol{k}_1$, die also den Winkel zwischen $\boldsymbol{k}_1$ und $\boldsymbol{k}_2$ halbiert. Die übrigen Knotenebenen mit $m \neq 0$ liegen im Abstand $2\pi/|\boldsymbol{k}_1 - \boldsymbol{k}_2|$ parallel dazu. In den Schichten zwischen diesen Ebenen kann die Welle laufen, ihre Kreisfrequenz ist natürlich immer noch ω, ihr Ausbreitungsvektor $(\boldsymbol{k}_1 + \boldsymbol{k}_2)/2$ ist parallel zu den Knotenebenen, wie der e-Faktor in (4.56) zeigt. Aber die Wellenlänge und damit die Ausbreitungsgeschwindigkeit $c = \lambda\nu$ sind *nicht* mehr die der Einzelwellen: Die resultierende Welle hat $\lambda' = 4\pi/|\boldsymbol{k}_1 + \boldsymbol{k}_2|$, was immer *größer* ist als das $\lambda = 2\pi/k$ der Einzelwelle, außer natürlich bei $\boldsymbol{k}_1 = \boldsymbol{k}_2$ (Abb. 4.26). Wellen, die zwischen Knotenebenen eingeklemmt sind, laufen schneller als im Freien. Wir werden dies bei elektromagnetischen Wellen im Hohlleiter wiederfinden.

Wenn die Teilwellen verschiedene Amplituden ξ_1 und ξ_2 haben, löschen sie sich nicht mehr in Knotenebenen völlig aus, die Amplitude hat dort nur den Minimalwert $\xi_1 - \xi_2$, dazwischen den Maximalwert $\xi_1 + \xi_2$. Diese angenäherten **Knotenebenen** halbieren noch den Winkel zwischen $\boldsymbol{k}_1$ und $\boldsymbol{k}_2$. Aber die Gesamtwelle läuft nicht mehr längs der so vorgezeichneten Schichten, sondern taucht schräg durch die Knotenebenen durch.

Wir betrachten noch einige Spezialfälle von (4.56). $\boldsymbol{k}_1 = \boldsymbol{k}_2$, aber Phasendifferenz φ zwischen beiden Wellen (Abb. 4.27, 4.28):

$$\xi = 2\xi_0 \cos\frac{\varphi}{2}\, \mathrm{e}^{\mathrm{i}(\boldsymbol{k} \cdot \boldsymbol{r} - \omega t + \varphi/2)} . \qquad (4.57)$$

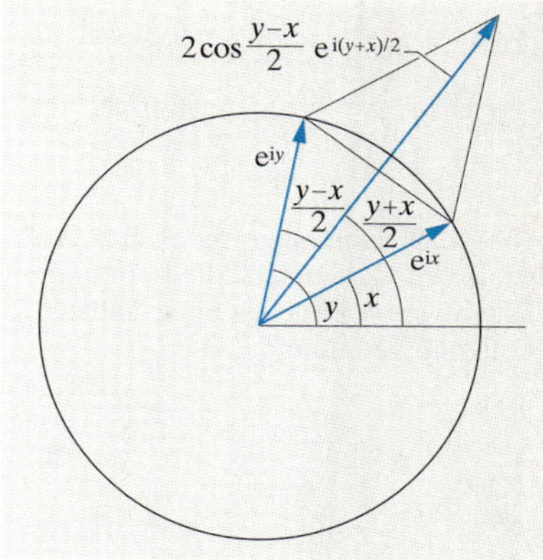

Abb. 4.25. Überlagerung zweier Schwingungen oder Wellen gleicher Frequenz und Amplitude, aber verschiedener Phase

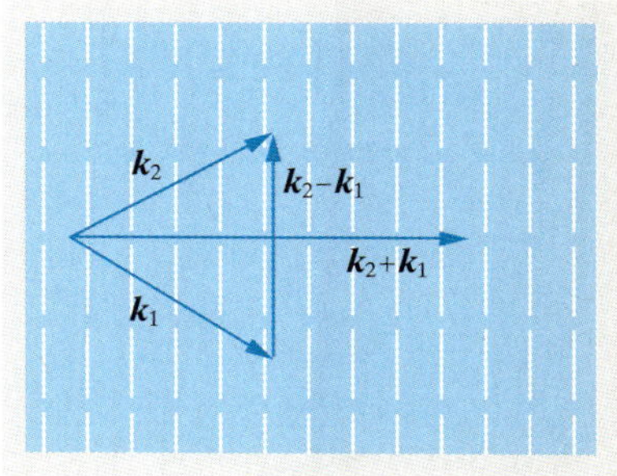

Abb. 4.26. Zwei ebene Wellen gleicher Frequenz, aber verschiedener Ausbreitungsrichtung überlagern sich zu einer Reihe paralleler Kanäle, in denen die Welle schneller laufen kann als die Einzelwellen

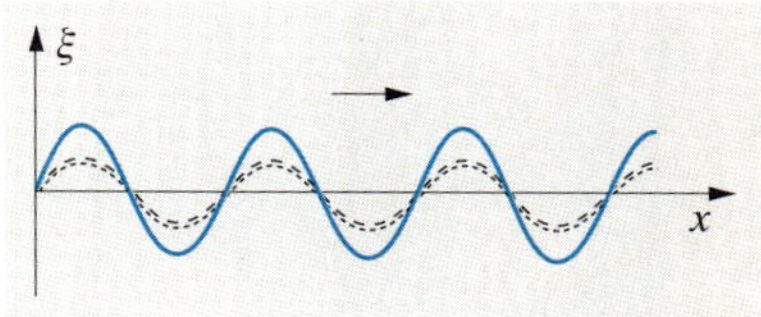

Abb. 4.27. Überlagerung zweier Wellen, deren Gangunterschied Null oder ein ganzzahliges Vielfaches von λ beträgt

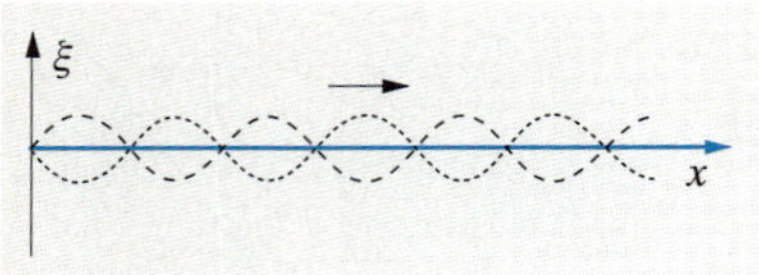

Abb. 4.28. Überlagerung zweier Wellen, deren Gangunterschied ein ungeradzahliges Vielfaches einer halben Wellenlänge beträgt

Wellen, die in gleicher Richtung laufen, verstärken oder schwächen sich je nach der Phasendifferenz. Bei $\varphi = 2m\pi$ verdoppelt sich die Amplitude. Hierauf beruht ein großer Teil der Interferenzoptik.

$\boldsymbol{k}_1 = -\boldsymbol{k}_2$ mit Phasendifferenz φ:

$$\boxed{\xi = 2\xi_0 \cos\left(\boldsymbol{k}\cdot\boldsymbol{r} + \frac{\varphi}{2}\right) \mathrm{e}^{-\mathrm{i}(\omega t - \varphi/2)}} \; . \tag{4.58}$$

Hier ist der räumliche Anteil ganz aus dem Exponenten verschwunden. Die Welle läuft überhaupt nicht mehr, sondern an jeder Stelle schwingt ξ zeitlich auf und ab ($\mathrm{e}^{-\mathrm{i}\omega t}$), aber die Amplitude dieser Schwingung ist überall verschieden, sie bildet selbst ein cos-Profil. Solche **stehenden Wellen** (Abb. 4.29a, b) bilden sich z. B., wenn eine senkrecht einfallende Welle reflektiert wird. Sie sind das einfachste Beispiel für Eigenschwingungen (Abschn. 4.4). Wegen $\boldsymbol{k}_1 = -\boldsymbol{k}_2$, also $\boldsymbol{k}_1 + \boldsymbol{k}_2 = \boldsymbol{0}$ muß man stehenden Wellen eine unendliche Ausbreitungsgeschwindigkeit zuschreiben. Das klingt paradox, aber in der Tat schwingen ja alle Stellen synchron, die Erregung gelangt sozusagen in der Zeit 0 überall hin.

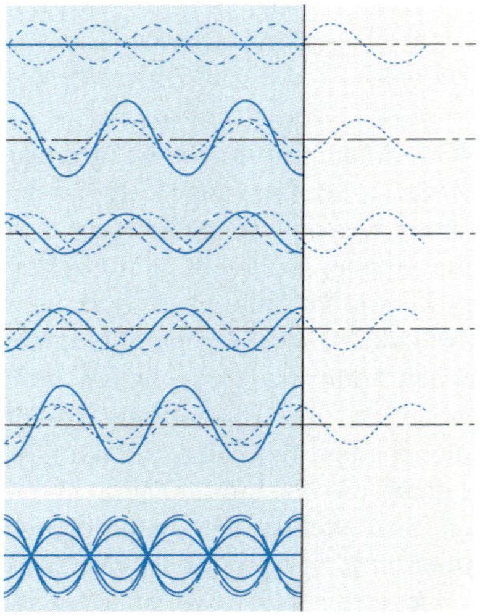

Abb. 4.29a. Entstehung einer stehenden Welle durch Überlagerung der an einem „dünneren" Medium reflektierten mit der einfallenden Welle. Die punktierte Welle eilt auf den Spiegel zu, die gestrichelte ist die reflektierte Welle. In jedem Bild ist die hinlaufende Welle um $\lambda/5$ gegenüber der Welle im darüberstehenden Bild verschoben. Die Phase der reflektierten Welle schließt sich am Spiegel stetig an die der ankommenden Welle an. Im untersten Teilbild sind die resultierenden Wellen für die 5 dargestellten Phasen aufeinandergezeichnet

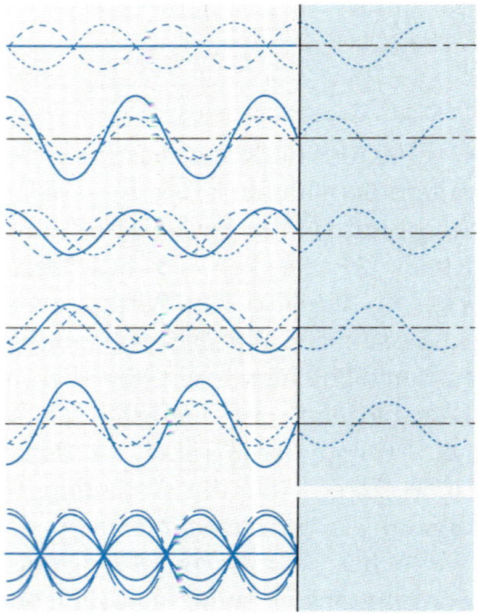

Abb. 4.29b. Entstehung der stehenden Welle bei der Reflexion am „dichteren" Medium. Es erfolgt ein Phasensprung um π (rechts vom Spiegel ist die um $\lambda/2$ verschobene ankommende Welle gezeichnet, deren Umklappung die reflektierte Welle ergibt). Im untersten Teilbild sind die resultierenden Wellen für die 5 dargestellten Phasen aufeinandergezeichnet

✘ Beispiel ...

An Steilküsten sieht man, besonders bei starkem Seegang, oft gelbbraune Streifen parallel zur Küstenlinie, auch Vorsprüngen und Buchten folgend. Sie treiben nicht mit den Wellen mit, sondern stehen still. Wie entstehen sie?

An der Steilküste laufen die Wellen sich nicht tot, sondern werden reflektiert. Mit der einlaufenden Welle überlagert sich die reflektierte zu einer stehenden Welle, in deren Knoten das Wasser relativ ruhig ist und sich Tang ansammeln kann.

b) Wellen gleicher Ausbreitungsrichtung, aber verschiedener Frequenz. Wenn die Kreisfrequenzen der beiden Wellen, ω_1 und ω_2, nur geringfügig verschieden sind, entsteht an jeder Stelle des Raumes das zeitliche Bild einer Schwebung (Abb. 4.30): Die Amplitude ist *zeitlich* moduliert durch den Faktor $\cos(\omega_1 - \omega_2)t$, also mit der Kreisfrequenz $\omega_1 - \omega_2$. Die Wellenlängen λ_1 und λ_2 und damit die Wellenzahlen k_1 und k_2 sind i. allg. auch verschieden, und daher ist auch das räumliche Momentbild der Welle entsprechend *räumlich* amplitudenmoduliert mit dem Faktor $\cos(k'x)$, wobei $k' = k_1 - k_2$. Da $k = 2\pi/\lambda$, ist die räumliche Periode dieses Schwebungsbildes $\lambda' = \lambda_1\lambda_2/|\lambda_1 - \lambda_2| \approx \lambda^2/\Delta\lambda$. Je ähnlicher die Wellenlängen der Teilwellen, desto breiter ist die **Schwebung**.

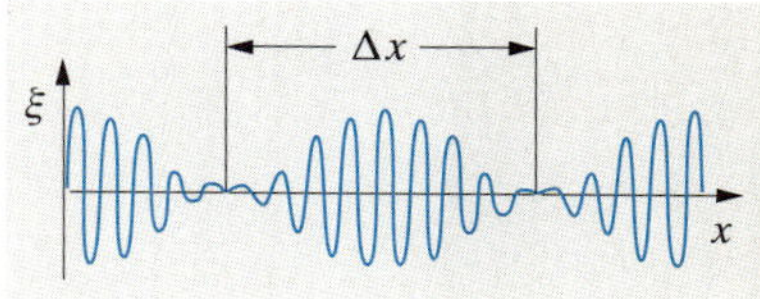

Abb. 4.30. Wellengruppe

Angenommen, wir wollen nur eines dieser Schwebungsmaxima übriglassen, alle anderen sollen sich auslöschen. Es soll also nur *ein* Wellenzug der Länge λ' übrigbleiben. Die Mitte unseres Wellenzuges liege bei $x = 0$, dort verstärken sich die Teilwellen mit λ_1 und λ_2, beiderseits im Abstand $\frac{1}{2}\lambda^2/\Delta\lambda$ löschen sie sich aus. Wollen wir auch im Abstand $\lambda^2/\Delta\lambda$, wo das nächste Schwebungsmaximum käme, Auslöschung haben, müssen wir eine Welle mit der Wellenlänge mitten zwischen λ_1 und λ_2 hinzufügen, denn halbes $\Delta\lambda$ ergibt doppelten Abstand der Schwebungsminima. Damit sind die unerwünschten Schwebungsmaxima noch längst nicht weg, aber je mehr Wellenlängen wir in den Zwischenraum zwischen λ_1 und λ_2 einfügen, desto mehr verschwinden sie. Ein kontinuierliches Wellenlängen-Spektralband der Breite $\Delta\lambda$ erzeugt einen Wellenzug der Länge $\Delta x = \lambda^2/\Delta\lambda$, außerhalb dessen Ruhe herrscht (Abb. 4.31). *Fourier* hätte uns das gleich verraten, besonders in der k-Schreibweise:

$$\int_{k-\Delta k/2}^{k+\Delta k/2} e^{ik'x}dk' = e^{ikx}\int_{-\Delta k/2}^{\Delta k/2} e^{ik''x}dk'' \tag{4.59}$$

$$= e^{ikx}\frac{1}{ix}\left(e^{i\Delta kx/2} - e^{-i\Delta kx/2}\right) = e^{ikx}\frac{2}{x}\sin\frac{\Delta kx}{2}\,.$$

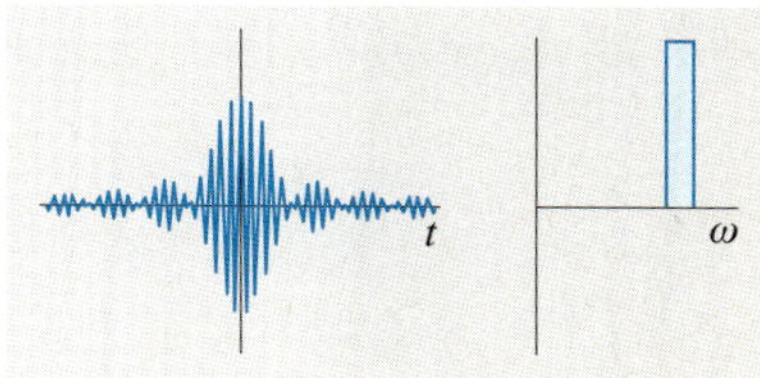

Abb. 4.31. Wellen gleicher Amplitude, deren Wellenlängen einen Bereich der Breite $\Delta\lambda$ gleichmäßig erfüllen, vernichten einander fast überall, außer in einem Bereich der Breite $\Delta x \approx \lambda^2/\Delta\lambda$. Außerhalb davon gibt es nur schwache Nebenmaxima, die man auch beseitigen kann, wenn man das Amplitudenspektrum anders wählt (vgl. Abb. 4.15a)

Das ist wieder das Beugungsbild des Spaltes (vgl. (4.28)). Ebenso wie zwischen Frequenz und Zeit besteht zwischen Wellenzahl k, also $1/\lambda$, und Ort eine Unschärferelation: Ein räumlich begrenztes **Wellenpaket** hat ein k- oder λ-Spektrum, das um so breiter ist, je kürzer das Wellenpaket ist:

$$\Delta k\,\Delta x = \frac{\Delta\lambda}{\lambda^2}\Delta x \approx 1\,. \tag{4.60}$$

Mit der **de-Broglie-Beziehung** $p = h/\lambda$ übersetzt sich dies in die **Unschärferelation** zwischen Ort und Impuls:

$$\boxed{\Delta x\,\Delta p \approx h} \ . \tag{4.61}$$

Wir haben ein räumliches Wellenpaket gebaut. Ob es aber zeitlich erhalten bleibt oder auseinanderfließt, hängt natürlich davon ab, ob die Teilwellen, aus denen es zusammengesetzt ist, alle gleich schnell laufen oder nicht. Wenn c von λ abhängt, sagt man, die Wellen oder das Medium, in dem sie sich ausbreiten, haben eine Dispersion. Das Vakuum hat keine Dispersion, aber alle durchsichtigen Medien dispergieren, sonst würden sie die Spektralfarben nicht trennen. In einem dispergierenden Medium läuft unser Wellenpaket auseinander.

Alle Signale, ob Schall-, Licht- oder Funksignale sind Wellengruppen, die man gedanklich in viele harmonische Wellen verschiedener Frequenz und Wellenlänge zerlegen kann. Nicht alle diese Wellengruppen zerfließen zum Glück, aber jedenfalls ist die **Gruppengeschwindigkeit**, mit der die Wellengruppe läuft, verschieden von der Phasengeschwindigkeit der harmonischen Einzelwelle, falls Dispersion herrscht. Wir untersuchen das an zwei harmonischen Wellen mit den Kreisfrequenzen ω und $\omega + \Delta\omega$ sowie den Wellenzahlen k und $k + \Delta k$. Diese beiden Wellen verstärken einander, bilden also eine rudimentäre Wellengruppe, wenn und wo ihre Phasen übereinstimmen, also bei

$$kx - \omega t = (k + \Delta k)x - (\omega + \Delta\omega)t \quad \text{oder} \quad \Delta k\, x = \Delta\omega\, t\,.$$

Bei $t = 0$ stimmt das für $x = 0$. Etwas später, bei $t = \Delta t$, stimmt es an der Stelle $\Delta x = \Delta t\,\Delta\omega/\Delta k$. Die Wellengruppe hat sich verschoben mit der Geschwindigkeit

$$\boxed{v_\mathrm{G} = \frac{\mathrm{d}\omega}{\mathrm{d}k}} \ . \tag{4.62}$$

Dies ist nur dann identisch mit der Phasengeschwindigkeit $c = \omega/k$, wenn keine Dispersion herrscht, wenn also $\omega \sim k$ ist.

Eine harmonische Welle ist eine ziemlich nichtssagende Angelegenheit. Da sie überall und immer im wesentlichen gleich beschaffen ist, kann sie z. B. direkt keine **Information** übermitteln (außer allenfalls einem Zahlenwert, nämlich ihrer Frequenz oder Wellenlänge und ihrer Amplitude und evtl. ihrer Polarisationsrichtung). Man kann ihr allerdings eine Nachricht aufmodulieren, aber dann ist sie nicht mehr harmonisch, sonder nach *Fourier* als Überlagerung unendlich vieler harmonischer Wellen darzustellen. Ist die aufmodulierte Nachricht wieder ein Frequenzgemisch, wie in der Rundfunktechnik, dann wird nach Abschn. 4.1.1d der Frequenzbereich (das **Frequenzband**) der Trägerwelle ebenso breit wie das der Nachricht, beim Telefonverkehr also 3–4 kHz, beim HiFi-Musikfunk fast 20 kHz. Mindestens so weit müssen die Trägerfrequenzen der Fernsprechkanäle bzw. der Radiostationen auseinanderliegen, damit gegenseitige Störung vermieden wird.

Ein nachrichtentechnisch ideales Ausbreitungsmedium soll nicht nur möglichst dämpfungsfrei sein, also die Signale nicht stärker abklingen lassen, als dem r^{-2}-Gesetz für die Intensität bei Kugelwellen entspricht. Das Medium soll die Signale auch möglichst wenig verzerren, speziell soll es eine Wellengruppe nicht auseinanderlaufen lassen. Eine solche **Wellengruppe**, die z. B. ein sehr kurzzeitiges Geräusch (Knall) darstellt, läßt sich durch Überlagerung sehr vieler harmonischer Wellen mit Wellenlängen zwischen $\lambda_0 - \Delta\lambda$ und $\lambda_0 + \Delta\lambda$ erzeugen. Diese Wellen löschen einander überall aus, bis auf ein Gebiet von der Breite $\lambda^2/\Delta\lambda$ um die Stelle, wo sie alle in Phase sind. Dieses Wellenpaket bewegt sich aber nur dann unverzerrt weiter, wenn alle Trägerwellen gleich schnell laufen, d. h. wenn das Medium keine **Dispersion** hat. Jede Dispersion läßt die Teilwellen und damit das ganze Wellenpaket auseinanderfließen.

Das Vakuum hat für Lichtwellen keine Dispersion, die Luft für hörbare Schallwellen auch so gut wie keine. Sonst würden wir z. B. einen vom Mond bedeckten Stern farbig wieder auftauchen sehen, etwa blau, wenn blaues Licht schneller liefe. Wir würden von ferner Musik die Akkorde und auch die Einzeltöne mit ihren Oberwellen als Arpeggien hören. Festkörper und Flüssigkeiten haben aber erhebliche Dispersion für Schall. Wenn jemand über dünnes Eis geht oder Steine darauf wirft, hört man aus der Ferne ein „Piuuh“: Die hohen Frequenzen laufen schneller.

4.2.5 Intensität einer Welle

Jede Welle transportiert Energie und Impuls. Die **Energiestromdichte** der Welle, d. h. die Energie, die sie in der Zeiteinheit durch eine Einheitsfläche senkrecht zu ihrer Ausbreitungsrichtung transportiert, heißt auch **Intensität**. Bei einer elastischen Welle steckt diese Energie teils in der kinetischen Energie der schwingenden Teilchen, teils in der potentiellen Deformationsenergie der komprimierten, dilatierten oder gescherten Bereiche. Wie immer bei elastischen Schwingungen sind kinetische und potentielle Energie im Mittel gleich, und zwar z. B. gleich der maximalen kinetischen Energie (wo sie vorliegt, also beim Durchschwingen durch die Ruhelage, verschwindet ja die potentielle Energie). Die Geschwindigkeitsamplitude hängt mit der Amplitude der Auslenkung zusammen wie

$$v_0 = \omega\xi_0 \,.$$

Also ist die **Energiedichte** der Welle

$$\boxed{w = \tfrac{1}{2}\varrho v_0^2 = \tfrac{1}{2}\varrho\omega^2\xi_0^2} \,. \tag{4.63}$$

Diese Energiedichte wandert mit der Geschwindigkeit c der Welle (zu unterscheiden von der **Geschwindigkeitsamplitude** v_0, die bei elastischen Wellen auch **Schallschnelle** heißt). Also ist die Intensität

$$\boxed{I = wc = \tfrac{1}{2}c\varrho\omega^2\xi_0^2 = \tfrac{1}{2}c\varrho v_0^2} \,. \tag{4.64}$$

Genausogut kann man w auch als Dichte der potentiellen Energie darstellen. Wenn der Überdruck Δp das Volumen eines elastischen Mediums um $-\mathrm{d}V$ verkleinert, führt er dem Medium die Deformationsarbeit $\mathrm{d}W = -\Delta p\,\mathrm{d}V$ zu. Die Volumenänderung ist wieder proportional zum Überdruck: $\Delta V = -\kappa V\,\Delta p$, also $\Delta W = \kappa\,\Delta p^2 V$. Während der Überdruck von 0 auf Δp anstieg, war aber die Deformation im Mittel nur halb so groß: $\Delta W = \frac{1}{2}\kappa\,\Delta p^2\,V$ (vgl. die Energie der Feder: Integration von 0 bis F bzw. Δp). Die Energiedichte ist $w = \Delta W/V = \frac{1}{2}\kappa\,\Delta p^2$, die Intensität

$$\boxed{I = \tfrac{1}{2}c\kappa\,\Delta p^2} \,. \tag{4.65}$$

Vergleich der beiden Ausdrücke für w oder I liefert $\Delta p/v_0 = \sqrt{\varrho/\kappa}$, oder mit $c = \sqrt{1/\varrho\kappa}$:

$$\boxed{\frac{\Delta p}{v_0} = c\varrho = Z} \quad . \tag{4.66}$$

Dieses Verhältnis $Z = c\varrho$ heißt **Wellenwiderstand** des Mediums. Für Normalluft ist $Z = 428\,\mathrm{kg\,m^{-2}\,s^{-2}}$.

Auch bei anderen Arten von Wellen wird die Intensität durch das Quadrat der Amplitude gegeben.

Intensität einer reflektierten Welle. Eine Welle falle aus dem Medium 1 senkrecht auf die Grenzfläche zum Medium 2 und gehe zum Teil durch, zum Teil werde sie reflektiert. Der Energiesatz verlangt, daß dabei keine Intensität verlorengeht:

$$I_\mathrm{e} = I_\mathrm{r} + I_\mathrm{d}$$

(e, r, d: Einfallende, reflektierte, durchgehende Welle). Wir drücken die Intensitäten durch die Geschwindigkeitsamplituden aus:

$$\tfrac{1}{2}\varrho_1 c_1 v_\mathrm{e}^2 = \tfrac{1}{2}\varrho_1 c_1 v_\mathrm{r}^2 + \tfrac{1}{2}\varrho_2 c_2 v_\mathrm{d}^2 \,,$$

oder mit den Wellenwiderständen $Z_i = \varrho_i c_i$:

$$Z_1(v_\mathrm{e}^2 - v_\mathrm{r}^2) = Z_2 v_\mathrm{d}^2 \,. \tag{4.67}$$

Andererseits muß die Auslenkung und damit auch v an der Grenzfläche stetig sein, sonst würde dort eine katastrophale unendlich große Deformation eintreten. Im Medium 1 überlagern sich einfallende und reflektierte Welle, also fordert die Stetigkeit

$$v_\mathrm{e} + v_\mathrm{r} = v_\mathrm{d} \,. \tag{4.68}$$

Division von (4.67) durch (4.68) liefert $v_\mathrm{e} - v_\mathrm{r} = Z_2 v_\mathrm{d}/Z_1$, also durch Addition bzw. Subtraktion mit (4.68)

$$v_\mathrm{d} = v_\mathrm{e}\frac{2Z_1}{Z_1 + Z_2} \qquad v_\mathrm{r} = v_\mathrm{e}\frac{Z_1 - Z_2}{Z_1 + Z_2} \tag{4.69}$$

oder für die Intensitäten

$$\boxed{I_\mathrm{d} = \tfrac{1}{2}Z_2 v_\mathrm{d}^2 = 4I_\mathrm{e}\frac{Z_1 Z_2}{(Z_1+Z_2)^2} \quad I_\mathrm{r} = \tfrac{1}{2}Z_1 v_\mathrm{r}^2 = I_\mathrm{e}\frac{(Z_2-Z_1)^2}{(Z_1+Z_2)^2}} \; . \tag{4.70}$$

$R = I_\mathrm{r}/I_\mathrm{e} = (Z_2 - Z_1)^2/(Z_1 + Z_2)^2$ ist der **Reflexionsfaktor**. Allein aus dem Energiesatz und der Stetigkeitsbedingung können wir also folgern: Reflexion tritt nur ein, wenn die beiden Medien verschiedene Wellenwiderstände $Z = \varrho c$ haben. Sind die Z sehr verschieden, z. B. $Z_1 \ll Z_2$, dann dringt die Welle praktisch gar nicht ein: Der **Transmissionsfaktor** ist $4Z_1/Z_2 \ll 1$. Bei $Z_1 > Z_2$ hat v_r das gleiche Vorzeichen wie v_e, die Welle wird mit der gleichen Phase reflektiert, wie sie ankam. Bei $Z_2 > Z_1$ liegt v_r in entgegengesetzter Richtung wie v_e: Reflexion an einem Medium mit höherem Wellenwiderstand ergibt einen **Phasensprung** um π. Auch diese Tatsachen sind auf alle Arten von Wellen übertragbar.

✗ Beispiel...

Bestimmen Sie den **Reflexionsfaktor** beim Schallübergang von Luft in Wasser und umgekehrt.

Aus der Luft kommend, falle eine Schallwelle mit der Schnelle v senkrecht auf eine Wasserfläche. Da $\varrho_L c_L \ll \varrho_W c_W$, tritt nur eine Welle mit der Schnelle $v_W = 2\varrho_L c_L v_L/(\varrho_W c_W)$, also mit der Intensität $I_W = \frac{1}{2}\varrho_W v_W^2 = 4\kappa_W I_L/\kappa_L$ ins Wasser ein. Es ist $\kappa_W = 5 \cdot 10^{-10}\,\mathrm{m^2/N}$, $\kappa_L = c_p/p = 1{,}4 \cdot 10^{-5}\,\mathrm{m^2/N}$, also $I_W/I_L \approx 1{,}5 \cdot 10^{-4}$. Alles übrige wird reflektiert.

Wellenimpuls, Strahlungsdruck. Außer Energie transportiert eine Welle auch Impuls. Seine Dichte ist gleich der Energiedichte w, geteilt durch die Schallgeschwindigkeit c, seine Stromdichte ist Impulsdichte $\cdot\, c$, d. h. gleich der Energiedichte. Eine mittlere Impulsstromdichte äußert sich als Druck, ebenso wie in der kinetischen Gastheorie (Abschn. 5.2.1). Also übt eine Schallwelle einen Strahlungsdruck

$$\boxed{p_{\mathrm{Str}} = w = \tfrac{1}{2}\varrho v_0^2 = \tfrac{1}{2}\kappa\, \Delta p^2 = \frac{I}{c}} \tag{4.71}$$

aus. Dieser Zusammenhang zwischen Wellenenergie und Wellenimpuls gilt ganz allgemein, läßt sich aber für die verschiedenen Wellenmechanismen auch speziell nachweisen, z. B. für elastische oder elektromagnetische Wellen (Aufgabe 4.5.2, Abschn. 12.1.2).

Eine ebene Welle hat überall die gleiche Intensität, falls sie nicht durch Absorption gedämpft ist. Bei einer **Kugelwelle**, wie sie von einem punktförmigen Erregungszentrum ausgeht, verteilt sich die Leistung dieser Quelle mit wachsendem Abstand r über immer größere Kugelflächen ($\sim r^2$), also nimmt die Intensität mit dem Abstand ab wie $I \sim r^{-2}$. Wegen $I \sim \xi^2$ nimmt die Amplitude der Kugelwelle nur ab wie $\xi \sim r^{-1}$. Eine solche Welle läßt sich, wenn sie harmonisch ist (nur eine Frequenz enthält), darstellen als

$$\boxed{\xi = \xi_0 \frac{1}{r} \mathrm{e}^{\mathrm{i}(kr-\omega t)}} \quad . \tag{4.72}$$

Eine stabförmige Quelle sendet eine **Zylinderwelle** aus. Für sie gilt entsprechend $I \sim r^{-1}$, $\xi \sim r^{-1/2}$ (die Leistung verteilt sich über immer größere Zylinderflächen), aber die Gesamtdarstellung der Welle ist nicht so einfach, man braucht dazu **Zylinder**- oder **Bessel-Funktionen**.

4.3 Wellenausbreitung

Was einer Welle unterwegs alles passieren kann und wie mehrere Wellen sich überlagern, läßt sich auf mehrere Arten beschreiben: Nach *Huygens*, nach *Fermat*, nach *Fourier* usw. Man muß möglichst viele Darstellungen kennen, um sich die geeignetste heraussuchen zu können.

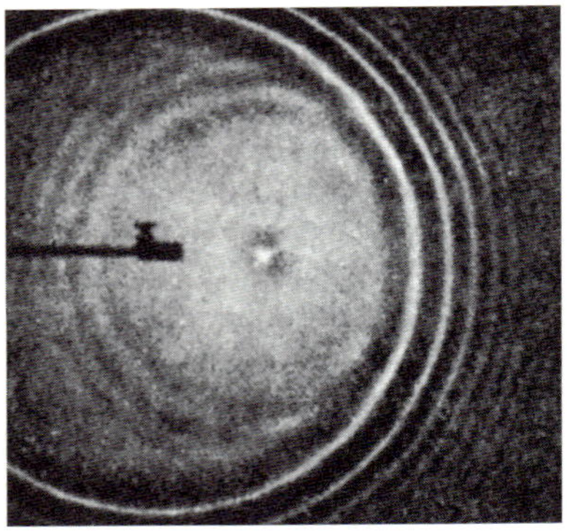

Abb. 4.32. Ein kleines Hindernis (*Bildmitte*) sendet eine Huygens-Kugelwelle aus. Damit man sie besser sieht, wurde das Vibrieren des wellenerregenden Stiftes (*links*) kurz vor der Aufnahme abgeschaltet. Der letzte Sekundärwellenkamm tangiert den letzten primären von innen. (Nach *R. W. Pohl*, aus *H.-U. Harten: Physik für Mediziner*, 4. Aufl. (Springer, Berlin Heidelberg 1980))

Abb. 4.33. Die Huygens-Sekundärwellen, die von einer Wellenfront ausgehen, überlagern sich automatisch zur nächsten Wellenfront. Die Zentren der Sekundärwellen sind in diesem Bild durch einen Zufallsgenerator bestimmt. Wären sie äquidistant, ergäbe sich ein irreführendes Beugungsmuster

4.3.1 Streuung

Bisher haben wir die ungehinderte Ausbreitung von Wellen in einem homogenen Medium untersucht. Wenn die Welle auf ein Hindernis trifft, d. h. eine Stelle, wo diese Homogenität irgendwie unterbrochen ist, dann sendet dieses Hindernis eine **Streuwelle** aus. Am besten sieht man sie, wenn man z. B. einen Nagel aufrecht in eine Wellenwanne stellt. Ist das Hindernis klein gegen die Wellenlänge, dann ist seine Streuwelle kugelförmig (kreisförmig in der Wellenwanne). Ein komplizierteres Muster, speziell ein wellenfreies Gebiet (Schatten) hinter dem Hindernis, entsteht erst, wenn das Hindernis größer als die Wellenlänge ist. Die Kugel-Streuwelle sagt nur, *daß* ein Hindernis da ist, verrät aber nichts über seine Form (Abb. 4.32). Ein **Mikroskop** läßt kein Objekt deutlich erkennen, das kleiner ist als die Wellenlänge der benutzten Strahlung (manchmal auch bei viel größeren Objekten nicht, Abschn. 9.4 und 10.1.5). *Daß* streuende Objekte da sind und wie viele, erkennt man allerdings doch: „Sonnenstäubchen", die man von der Seite in einem schrägen Lichtbündel tanzen sieht, sind oft mikroskopisch klein, und im **Ultramikroskop** mit **Dunkelfeldbeleuchtung** kann man auch Teilchen zählen, die kleiner als λ sind. Die Streuintensität in einer Kugelwelle nimmt nach (4.72) mit dem Abstand r wie r^{-2} ab. Außerdem ist sie proportional der Fläche des streuenden Teilchens, also dem Quadrat seines Radius. Sehr viele kleine Hindernisse erzeugen eine gleichmäßige **Trübung**. Das seitlich weggestreute Licht geht zwar für die durchgehende Welle verloren, die gesamte Wellenenergie bleibt aber erhalten. Das ist der Gegensatz zur **Absorption**, bei der Wellenenergie in andere Energieformen (letzten Endes meist Wärme) übergeht.

Der Nagel in der Wanne wird, wenn ihn eine Welle trifft, selbst zum Erregungszentrum für eine Welle, die mit der ursprünglichen in Phase schwingt oder eine feste Phasenbeziehung hat (z. B. immer Phasendifferenz π). Eine solche Streuung ist **kohärent**. Manche Hindernisse nehmen dagegen Wellenenergie auf, speichern sie eine Weile und strahlen sie erst dann wieder ab, wobei die feste Phasenbeziehung verlorengeht. Eine solche **inkohärente Streuung** bildet also einen Übergang zur Absorption.

Wenn viele Streuzentren kohärente Sekundärwellen abstrahlen, addieren sich deren *Amplituden*. Bei inkohärenter Streuung addieren sich die *Intensitäten* (Abschn. 4.1.1e). Das ist ein wesentlicher Unterschied. Angenommen, in einem Bereich, der viel kleiner ist als die Wellenlänge, sitzen N Streuzentren. Ihre Streuwellen sind im wesentlichen phasengleich, falls die Streuung kohärent ist, weil die Zentren so dicht sitzen. Die Gesamtamplitude ist N-mal, die Gesamtintensität N^2-mal so groß wie die einer Einzelstreuwelle. Bei inkohärenter Streuung ist die Gesamtintensität dagegen nur N-mal so groß wie die der Einzelwelle.

4.3.2 Das Prinzip von Huygens-Fresnel

Die Wellenausbreitung im homogenen Medium und in komplizierteren Fällen versteht man, wenn man sich mit *Huygens* vorstellt, in jedem Punkt einer Wellenfront sitze ein Streuzentrum, von dem wieder eine Kugelwelle ausgeht. Alle diese Kugelwellen überlagern sich dann zu einer neuen Wellenfront. Abbildung 4.33 zeigt, wie aus einer ebenen bzw. kugelförmigen Wellenfront eine neue herauswächst, warum sich das Licht also geradlinig ausbreitet. Interessanter wird die Sache, wenn Hindernisse im Weg der Welle stehen oder sich z. B. die Geschwindigkeit c der Welle räumlich ändert. Dann kommt es zu Reflexion, Beugung, Brechung usw. Das Huygens-Prinzip führt alle diese Erscheinungen auf Streuung und Interferenz zurück, wobei man mit *Fresnel* die Phasenverhältnisse der überlagerten Teilwellen beachten muß.

Das **Reflexionsgesetz** Einfallswinkel = Ausfallswinkel erhält man nach *Huygens* sofort, wenn man die spiegelnde Ebene dicht mit Streuzentren besetzt denkt. Die Tangentialebene an die Kugelwellen, die von diesen Zentren ausgehen, ist die neue Wellenfront und schließt mit dem Spiegel den gleichen Winkel ein wie die ursprüngliche Wellenfront, nur nach der anderen Seite (Abb. 4.34a).

Eine ebene Welle falle schräg auf die ebene Grenze zwischen zwei Medien, in denen die Ausbreitungsgeschwindigkeiten verschiedene Werte c_1 bzw. c_2 haben. Auch hier besetzen wir die Grenzfläche dicht mit Huygens-Streuzentren. Ihre Streuwellen haben in den beiden Medien verschiedene Radien r_1 und r_2, die sich wie c_1/c_2 verhalten. Nach Abb. 4.34b bestimmt r_1/r_2 das Verhältnis der Sinus der Winkel, die die Wellenfronten (Tangentialebenen) mit der Grenzfläche bilden. Wir erhalten das **Brechungsgesetz**

$$\boxed{\frac{\sin\alpha}{\sin\beta} = \frac{c_1}{c_2}} \,, \tag{4.73}$$

das also für alle Wellenarten gilt.

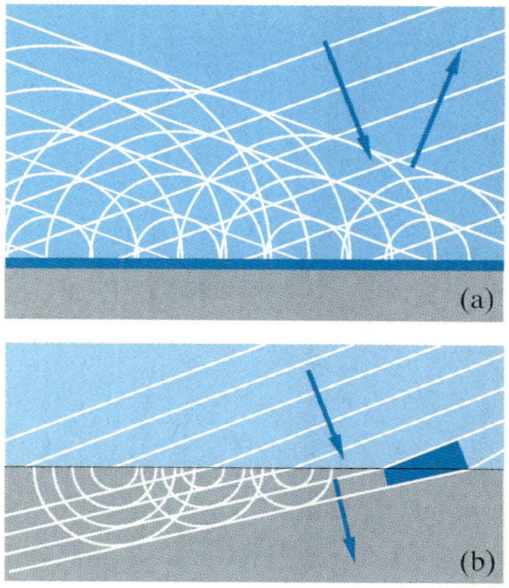

Abb. 4.34. Das Huygens-Prinzip erklärt (a) Reflexion und (b) Brechung. Die von links oben einfallende Wellenfront löst an der Grenzfläche Sekundärwellen aus, die sich zu reflektierten bzw. gebrochenen Wellenfronten überlagern (Tangentialebenen an die Sekundärwellenberge)

4.3.3 Das Prinzip von Fermat

Jemand will möglichst schnell von A nach B laufen, dabei aber Wasser aus dem Fluß F mitbringen (Abb. 4.35). Wo muß er schöpfen, wenn das Wasser ihn nicht merklich belastet? Bei C, so daß AC und BC mit dem Ufer gleiche Winkel bilden. Beweis: Wäre der Fluß nicht da, würde man vom Punkt A', der spiegelbildlich zu A liegt, natürlich geradlinig laufen, denn dieser Weg ist kürzer als jeder geknickte Weg $A'C'B$. Spiegelung am Flußufer ändert aber nichts an den Weglängen. Ein elastisch reflektierter Ball scheint dies zu wissen, ebenso eine Welle.

Jetzt will man zum Gegenufer bei B. Schwimmend kommt man mit v_2 voran, laufend mit v_1. Der Fluß strömt praktisch nicht oder ist ein See. Wo muß man hineinspringen? Man wird möglichst lange auf der Wiese bleiben, wo man schneller vorankommt, aber genau gegenüber von B wird man auch nicht hineinspringen. Der Beweis, daß das Brechungsgesetz herauskommt, ist etwas raffinierter. Wir betrachten zwei sehr nahe benachbarte Wege, AOB und $AO'B$. AOB sei der optimale, schnellste Weg. Die beiden Wege unterscheiden sich nur durch die Stükke CO bzw. $O'D$ (Abb. 4.36). Jetzt erinnern wir uns: Eine Funktion ändert sich an ihrem Extremum nicht, wenn man ihr Argument ein wenig ändert.

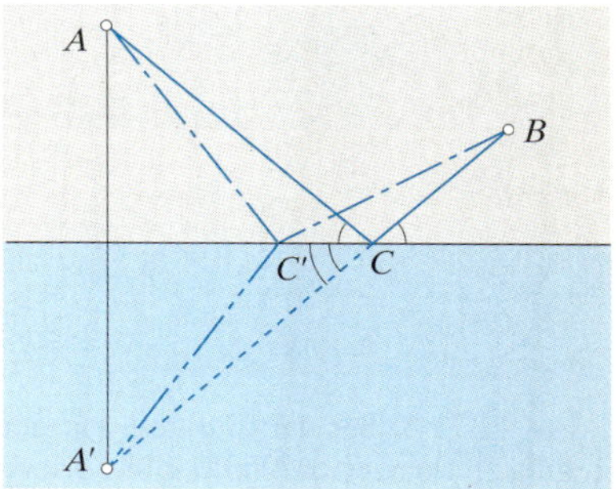

Abb. 4.35. Der reflektierte Lichtstrahl folgt dem kürzesten Weg, der über den Spiegel von A nach B führt

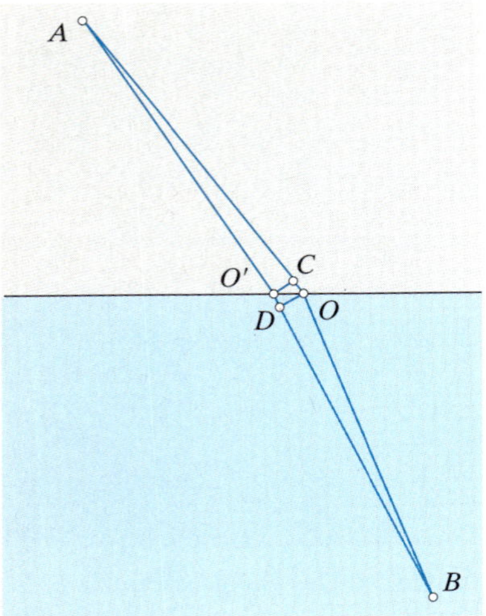

Abb. 4.36. Auch der gebrochene Strahl läuft so, daß er so schnell wie möglich von A nach B gelangt

Was ist die Funktion? Die „Laufzeit" von A nach B. Was ist das Argument? Die Lage des Einstiegs. Wenn also AOB der optimale Weg ist, muß die Laufzeit von C nach O gleich der Schwimmzeit von O' nach D sein: $\overline{CO}/v_1 = \overline{O'D}/v_2$. Aus den kleinen Dreiecken liest man dann ab $\overline{OO'}\sin\alpha_1/v_1 = \overline{OO'}\sin\alpha_2/v_2$ oder

$$\boxed{\frac{\sin\alpha_1}{\sin\alpha_2} = \frac{v_1}{v_2}} \,. \tag{4.73'}$$

Reflexions- und Brechungsgesetz sind Spezialfälle des

Prinzips von *Fermat*: Eine Welle läuft zwischen zwei Punkten immer so, daß sie dazu möglichst wenig Zeit braucht.

Zwischen beiden Punkten können beliebige Medien mit beliebigen scharfen oder kontinuierlichen Übergängen dazwischen liegen. Das klingt fast so geheimnisvoll wie der vor kurzem endlich bewiesene Satz von Fermat, nach dem die Gleichung $x^n + y^n = z^n$ nur für $n = 2$ ganzzahlige Lösungen hat. Natürlich hat die Welle (oder das Photon) keinen Bordcomputer. Aber sie probiert sozusagen ständig alternative Wege aus und schickt Huygens-Sekundärwellen auf diese, aber auf allen Irrwegen interferieren sich die Huygens-Wellen weg, nur auf dem richtigen verstärken sie sich.

Wenn viele Wellen von einem Punkt P ausgehen und sich in einem „Bildpunkt" P' wieder vereinigen, können sie zwischendurch auf sehr verschiedenen Wegen gelaufen sein. Nach *Fermat* müssen sie trotzdem alle die gleiche Zeit gebraucht haben. Deswegen müssen sie, wenn sie phasengleich gestartet sind, auch mit gleicher Phase ωt ankommen, d. h. sie bauen das Bild in konstruktiver Interferenz auf. Dies zeigt wieder den Zusammenhang zwischen *Fermat* und *Huygens-Fresnel*. Eine elliptische Wand sammelt Wellen, die von einem Brennpunkt ausgehen, im anderen Brennpunkt, denn nach der Definition der Ellipse, z. B. der Fadenkonstruktion, ist die Strecke Brennpunkt-Wand-anderer Brennpunkt für alle Wandpunkte gleich groß. Bei der Parabel liegt ein Brennpunkt im Unendlichen, also sammelt sie achsparallel einfallende Wellen im Brennpunkt.

In Abb. 4.37 sei das Ufer so unwegsam, daß man schwimmend schneller vorankommt. Man wird also ein gewisses Stück schwimmend zurücklegen und unter einem „irregulären" Reflexionswinkel in B ankommen. Die Geophysiker kennen diese irregulär an einer tieferen, festeren Gesteinsschicht reflektierte Welle als **Mintrop-Welle**. Am Punkt B empfangen sie drei Wellen von einer Explosion in A: Die direkte, dann die irreguläre und erst danach die regulär reflektierte.

Wo muß ein Mitfahrer aussteigen, wenn er zu einem Ziel Z abseits der Straße will? Nicht genau auf der Höhe von Z, wenn er nicht faul ist und wenn das Gelände überall gleichmäßig begehbar ist. Er steigt etwas vorher aus und geht dann unter einem Winkel β zur Straßenrichtung, so daß $\cos\beta = v'/v$ (v', v: Geschwindigkeiten des Fußgängers bzw. des Autos). Genau an dieser Stelle und in dieser Richtung „springen" die Schallwellen von einem Überschallflugzeug oder die Lichtwellen von einem

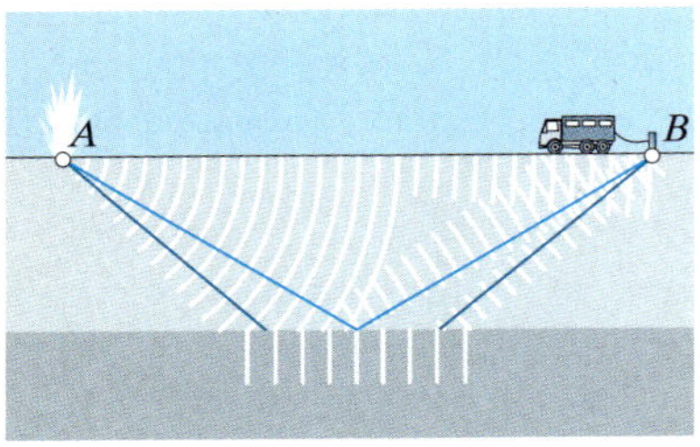

Abb. 4.37. Außer der direkten und der regulär reflektierten Welle gibt es noch eine dritte, die Mintrop-Welle, falls ein Medium mit erhöhter Phasengeschwindigkeit in der Nähe ist. Soweit *Fermat*. Den Mechanismus der Sache zeigen erst die Wellen. Um das Verhältnis der Laufzeiten zu finden, braucht man nur die Wellenberge zu zählen. Wieso? Wie gewinnt die Mintrop-Welle ihren Vorsprung?

Überlichtelektron ab und erzeugen den **Mach-Kegel** des **Überschallknalls** oder des **Tscherenkow-Effekts** (Abb. 4.38, Abschn. 4.3.5).

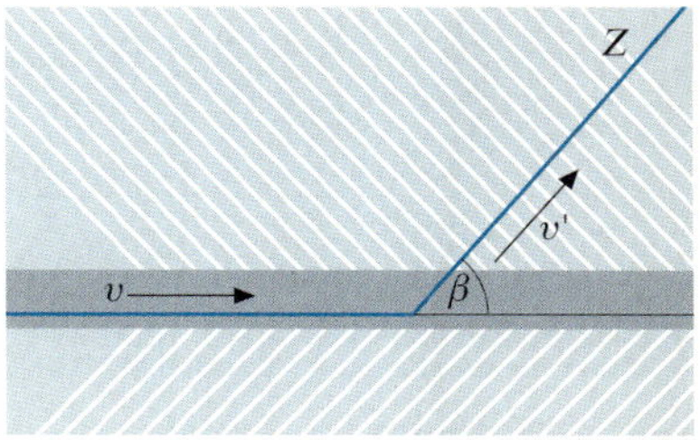

Abb. 4.38. Nach *Fermat* steigt der Mitfahrer so aus, Licht und Schall springen vom Überlicht-Fahrzeug so ab, daß die Mach-Welle des Überschallknalls oder des Tscherenkow-Lichts entsteht. Sehen Sie den Zusammenhang mit der Totalreflexion? Wie ist es bei einem Bus mit äquidistanten Haltestellen?

4.3.4 Beugung

Niemand wundert sich, wenn er hinter einem dicken Baum stehend die Leute auf der anderen Seite nicht sieht, aber hört. Wellen gehen leicht um ein Hindernis, wenn sie länger sind als dessen Abmessungen. Nur ein viel größeres Hindernis wirft hinter sich einen Schatten, ein fast wellenfreies Gebiet. Wer dies mit dem Huygens-Prinzip allein verstehen will, muß sehr viele Sekundärwellen zeichnen. Einige davon erreichen zwar jeden Punkt hinter einem Hindernis (Abb. 4.39), auch bei sehr kleinem λ, aber eben nur einige, verglichen mit der Häufung in der ursprünglichen Richtung der Welle, zu der sehr viel mehr Teilwellen beitragen.

Wie weit geht das Licht um die Ecke, d. h. um welche Breite x ist der Schattenbereich beiderseits reduziert, wenn man um D hinter dem Hindernis steht (Abb. 4.40)? Die Betrachtung wird einfacher, wenn man eine zweite Wand danebenstellt, so daß nur ein Spalt der Breite d bleibt. Die Sekundärwellen, die von den Rändern dieses Spaltes ausgehen, haben bis zu einem Punkt P Wege zurückzulegen, die sich um ein Stück $BC = d \sin \alpha$ unterscheiden. Wenn dieser Gangunterschied gleich $\lambda/2$

Abb. 4.39. Fresnel-Beugung: Wellen dringen in den Schattenraum hinter einem Hindernis ein, sind dort aber schwächer als draußen. Dafür erreicht der Hellraum nahe der Kante noch nicht die volle Helligkeit

Abb. 4.40. Fresnel-Beugung an einer Wand: Die Eindringtiefe in den Schattenraum wächst mit dem Abstand D wie $x \approx \sqrt{\lambda D}$

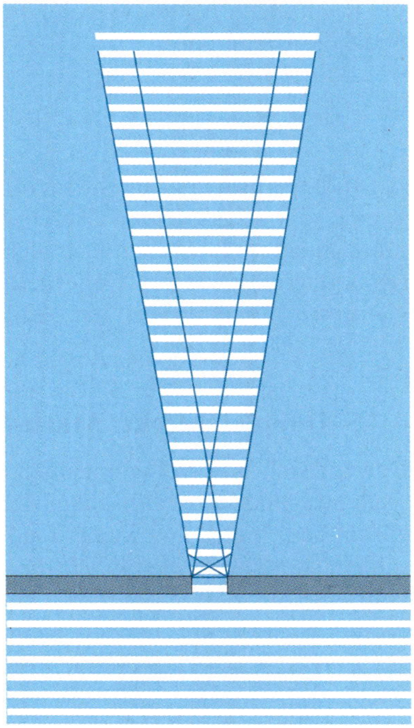

Abb. 4.41. Fresnel-Beugung am Spalt: Die Eindringtiefe in den Schattenraum entspricht der Breite des Maximums 0. Ordnung

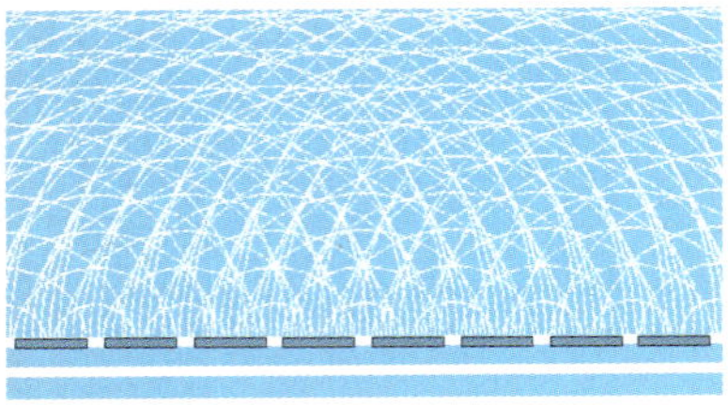

Abb. 4.42. Hinter einem Schirm mit äquidistanten Löchern formieren sich Sekundärwellen zu Beugungsmaxima (schauen Sie schräg auf das Bild und drehen Sie es, bis Sie die auslaufenden Wellenfronten sehen)

ist, löschen sich diese beiden Teilwellen aus. Ungefähr bis zu diesem Winkel $\alpha \approx \lambda/2d$ dringt die Welle aus dem Spalt in den Bereich vor, wo eigentlich Schatten sein sollte (Abb. 4.41) Berücksichtigung der übrigen Sekundärwellen verändert das Ergebnis auf $\alpha \approx \lambda/d$ (Abschn. 10.1.4). Jetzt schieben wir die zweite Wand um d nach rechts, d. h. setzen noch einen Spalt der Breite d daneben. Er erzeugt ebenfalls ein Beugungsbild der Breite $2x \approx 2D\alpha \approx 2D\lambda/d$, dessen Amplitude sich zu der des ersten Spalts addiert. Im Schattenraum hinter der ersten Wand ändert sich dadurch offenbar kaum etwas, sobald $d \approx x$ ist. Auch wenn der zweite Schirm ganz weg ist, dringt das Licht in einer Breite $x \approx \sqrt{\lambda D}$ in den Schattenraum vor. Schallwellen mit $\lambda \approx 1$ haben sich schon in weniger als 1 m Abstand hinter einem 1 m dicken Baum zusammengeschlossen, Lichtwellen mit $\lambda < 1\,\mu$m dringen weniger als 1 mm in den Schattenbereich ein. Genaueres über die Intensitätsverteilung hinter einer Wand bringt die Theorie der **Fresnel-Beugung** (Abschn. 10.1.9).

Mehrere enge äquidistante Spalte bilden als **Beugungsgitter** ein Grundgerät der optischen Spektroskopie. Die Zylinderwellen, die aus den einzelnen Spalten hervorquellen, verschmelzen in einigem Abstand zu einer Wellenfront, die in der ursprünglichen Richtung weitergeht (Beugungsmaximum 0. Ordnung). Aber auch in anderen Richtungen laufen Wellenfronten (Abb. 4.42), nämlich in solchen Richtungen, aus denen gesehen jeder Spalt um λ, 2λ, 3λ, ... weiter entfernt ist als sein Nachbar. Für die Richtungen φ_m der Maxima m. Ordnung ergibt sich wie vorhin beim Spalt die Bedingung

$$\boxed{\sin\varphi_m = \frac{m\lambda}{d}} \; . \tag{4.74}$$

Auch dies gilt nicht nur für Licht, sondern läßt sich z. B. in der Wellenwanne sehr schön demonstrieren. Beugungsmaxima 1. und höherer Ordnung an einem Kristallgitter bilden sich ebensogut im kurzwelligen Licht (Röntgenlicht) wie im Wellenfeld von Teilchen (Elektronen, Protonen, Neutronen) und dienen zur Aufklärung der Kristallstruktur (Abschn. 12.5.2).

4.3.5 Doppler-Effekt; Mach-Wellen

Bewegt sich ein Wellenerzeuger mit der Geschwindigkeit v durch das wellentragende Medium, dann drängen sich die Wellenfronten vor ihm zusammen, hinter ihm lockern sie sich auf. Während der Periode T verschiebt sich die Quelle um vT, die gerade vorher ausgesandte Wellenfront läuft eine Strecke cT, liegt also in der Vorwärtsrichtung nur um $(c-v)T$ vor der soeben entstehenden Wellenfront. Die Wellenlänge ist verringert auf $\lambda' = (c-v)T$, die Frequenz erhöht sich auf

$$\boxed{\nu' = \frac{c}{\lambda'} = \frac{c}{(c-v)T} = \frac{1}{1-v/c}\nu} \; , \tag{4.75}$$

denn die Wellen laufen nach wie vor mit c. Hinter der sich entfernenden Quelle erniedrigt sich die Frequenz auf $\nu/(1+v/c)$. Deshalb schlägt die Tonhöhe der Hupe um, wenn das Auto an uns vorbeifährt, so daß jemand mit etwas Gehör daraus seine Geschwindigkeit schätzen kann, ebenso wie die Polizei es mit ihren elektromagnetischen Dezimeterwellen macht. Die moderne Astronomie und Kosmologie leben geradezu vom optischen **Doppler-Effekt**.

✗ Beispiel...

Verkehrsgericht in Los Angeles:
Polizist W.C. Cop: Dieser Kerl fuhr mindestens 80 miles per hour, wo nur 50 erlaubt waren.
Richter: Wie haben Sie das festgestellt? Hatten Sie Radar?
Cop: Nein, aber seine Reifen gaben ein singendes Geräusch, und als er vorbeifuhr, klang es genau wie ein Kuckuck.
Richter: Machen Sie mal einen Kuckuck nach.
Cop (singt sehr sauber): Cuckoo!
Würden Sie den Autofahrer zur Kasse bitten?

Der Kuckucksruf ist eine absteigende große Terz. Deren Frequenzverhältnis $\frac{5}{4} = (1 + v/c)/(1 - v/c)$ ergibt $v = 37\,\mathrm{m/s} = 82{,}5\,\mathrm{mph}$. Dies ist kaum zu verwechseln mit $50\,\mathrm{mph} = 22{,}2\,\mathrm{m/s}$, was 1,14, wenig mehr als eine große Sekund ergäbe.

Etwas anders ist die Lage, wenn die Quelle relativ zum Medium ruht, aber der Beobachter sich mit v auf sie zubewegt. Dann liegen die Wellenfronten äquidistant im Abstand λ, aber der Beobachter empfängt in der Sekunde nicht $\nu = c/\lambda$ solche Fronten, sondern

$$\boxed{\nu' = \frac{c + v}{\lambda} = \nu\left(1 + \frac{v}{c}\right)}\,, \tag{4.76}$$

wenn er sich der Quelle nähert, oder $\nu(1 - v/c)$, wenn er sich entfernt.

Beim Schall kann man entscheiden, ob sich Quelle oder Beobachter bewegt: Bewegung ist relativ zum Medium Luft gemeint. Für das Licht gibt es kein solches wellentragendes Medium, daher entfällt der Unterschied zwischen (4.75) und (4.76), der zwar klein ist, aber durchaus meßbar wäre, und beide verschmelzen zur relativistischen Formel (Abschn. 15.2.3).

Bewegt sich die Quelle ebensoschnell wie die Welle ($v = c$), dann drängen sich ihre Wellenfronten vor ihr dicht zur **Schallmauer** zusammen. Das Überschallflugzeug hat die Schallmauer durchstoßen ($v > c$) und zieht hinter sich einen Kegel her, auf dem sich die zu verschiedenen Zeiten ausgesandten Wellenfronten addieren. Dieser **Mach-Kegel** (Abb. 4.43) hat nach Konstruktion den halben Öffnungswinkel α mit

$$\sin\alpha = \frac{c}{v} = \frac{1}{M}\,. \tag{4.77}$$

Die Machzahl M gibt v in der Einheit c. Wir hören die addierten Teilwellen des Mach-Kegels als **Überschallknall** eines Düsenflugzeugs, das im gleichen Augenblick nicht mehr über uns, sondern um α über dem Hori-

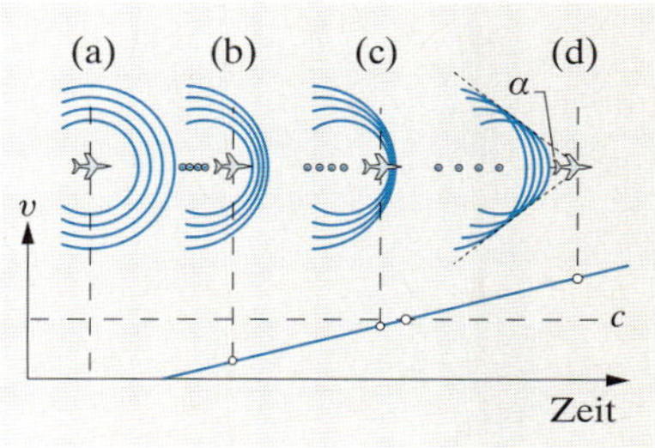

Abb. 4.43a–d. Doppler-Effekt (b), Schallmauer (c) und Mach-Kegel. Die Geschwindigkeit v der Schallquelle nähert sich der Schallgeschwindigkeit c und überschreitet sie

zont ist. Erst nach diesem Knall hören wir auch das Motorengeräusch, denn erst dann sind wir im Innern des Mach-Kegels wo die Wellen hingelangen. Die Bugwelle eines Schiffes ist i. allg. kein Mach-Kegel, wie man aus dem v-unabhängigen Öffnungswinkel $\alpha \approx 19°$ sieht (Abschn. 4.6). Auch bei Lichtwellen kommen Mach-Kegel vor. Die *Phasen*geschwindigkeit c' ist z. B. in Wasser wesentlich kleiner als die Vakuumlichtgeschwindigkeit, geladene Teilchen können also durchaus schneller sein als dieses c'. Dann ziehen sie einen Mach-Kegel, die **Tscherenkow-Welle**, hinter sich her (Aufgaben 4.3.6, 7.6.16, 15.3.8).

4.3.6 Absorption

Bei der Streuung geht der Welle insgesamt keine Energie verloren, sie wird nur umgelenkt. Echt absorbierende Vorgänge verzehren dagegen Wellenenergie. Dieser Intensitätsverlust $-\mathrm{d}I$ ist (wie allerdings vielfach bei der Streuung auch) proportional zur vorhandenen Intensität I (je mehr Energie kommt, desto mehr wird verzehrt) und zur Laufstrecke $\mathrm{d}x$:

$$\boxed{\mathrm{d}I = -\beta I \,\mathrm{d}x} \,. \tag{4.78}$$

Der **Absorptionskoeffizient** β drückt die Eigenschaften des Mediums aus, hängt aber auch von der Art der Welle, speziell meist von ihrer Frequenz ab. Durch Integration erhält man die Intensität, die nach einer endlichen Eindringtiefe x noch von einer Anfangsintensität I_0 übrig ist:

$$\boxed{I = I_0 \,\mathrm{e}^{-\beta x}} \,. \tag{4.79}$$

Wegen $I \sim \xi_0^2$ nimmt die Amplitude ξ_0 nur mit einer halb so großen Dämpfungskonstante ab.

Speziell bei elastischen Wellen (Schall und Ultraschall) gibt es mehrere energieverzehrende Mechanismen. Wären die Kompressionen und Dilatationen streng adiabatisch, wie sie in Abschn. 4.2.3 beschrieben wurden, so würde in einem einatomigen Gas keine **Schallabsorption** auftreten. In Wirklichkeit erfolgt aber ein Wärmeaustausch zwischen benachbarten Gebieten, die durch Kompression erwärmt bzw. durch Dilatation abgekühlt sind. Die so ausgetauschte Energie geht dem Schallfeld verloren. Da der Austausch um so schneller erfolgt, je näher die verschieden temperierten Bereiche einander sind, werden hohe Töne stärker absorbiert als tiefe. Zur Absorption trägt ferner die innere Reibung bei (die Diffusion hat meist nur geringfügigen Einfluß). In mehratomigen Gasen und in kondensierter Materie kommt als – meist überwiegende – Absorptionsursache die **Relaxation** des thermischen Gleichgewichts hinzu: Bei hohen Frequenzen teilt sich die Schallenergie nur den translatorischen Freiheitsgraden der Moleküle mit, bei niederen hat sie Zeit, auch auf die Rotations-, Schwingungs- und sonstigen Freiheitsgrade übertragen zu werden. Am Übergang zwischen beiden Gebieten liegen eine **Dispersionsstufe** und das entsprechende Absorptionsgebiet. Diese Relaxationsfrequenzen liegen sehr hoch, und um so höher, je dichter das Gas ist; daher wächst die Absorption i. allg. mit steigender Frequenz und bei Gasen mit abnehmendem Druck. Unter gleichen Versuchsbedingungen ist β_{Luft} etwa 1 000mal so groß wie β_{Wasser}.

4.3.7 Stoßwellen

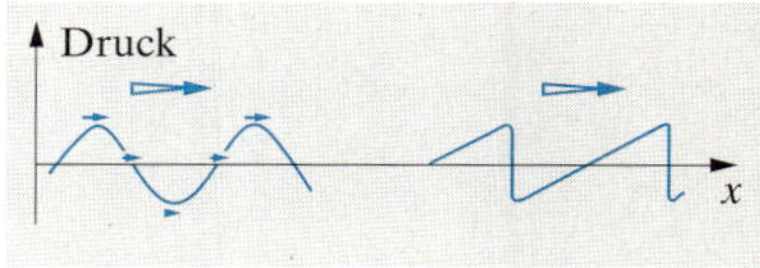

Abb. 4.44. Aufsteilung von elastischen Wellen großer Amplitude

Alle bisherigen Überlegungen über Schallwellen (Abschn. 4.3.1 bis 4.3.6) gelten für Wellen kleiner Amplitude, d. h. für Wellen, bei denen die Druckamplitude klein ist gegen den mittleren Druck, die Verdichtung klein gegen die mittlere Dichte, die Temperaturamplitude klein gegen die mittlere (absolute) Temperatur, die Schallschnelle klein gegen die Schall-(Phasen-)Geschwindigkeit und die Verrückung der Teilchen klein gegen die Wellenlänge.

Wenn dies nicht der Fall ist, treten viel kompliziertere, mathematisch nur in Sonderfällen exakt zu beschreibende Verhältnisse ein. Qualitativ übersieht man sie auf Grund folgender Überlegung: Läßt man die Amplitude immer mehr anwachsen, so tritt an den Stellen größten (kleinsten) Druckes eine merkliche Temperaturerhöhung (-erniedrigung) und damit eine größere (kleinere) Ausbreitungsgeschwindigkeit der Störung ein. Das bewirkt (vgl. Abb. 4.44), daß die Wellenberge schneller, die Wellentäler langsamer fortschreiten als die Stellen unveränderten Druckes. Die Gestalt der Welle bleibt nicht mehr sinusförmig, sondern nähert sich der Sägezahnform. Es treten Fronten auf, in denen sich der Druck und damit auch die Temperatur in der Ausbreitungsrichtung (x) abrupt ändert. Solche abnormen Temperaturgradienten veranlassen dann verstärkten Wärmeaustausch und damit erhöhte Absorption. Außerdem sind in der Sägezahnwelle höhere Oberwellen stark enthalten, die eine andere Ausbreitungsgeschwindigkeit haben können als die Grundwelle.

Solche aufgesteilten Wellenfronten spielen in der modernen Aerodynamik eine große Rolle, da sie auch bei **Kopfwellen**, also bei jeder mit mehr als der Ausbreitungsgeschwindigkeit bewegten Quelle auftreten (Abschn. 4.3.5).

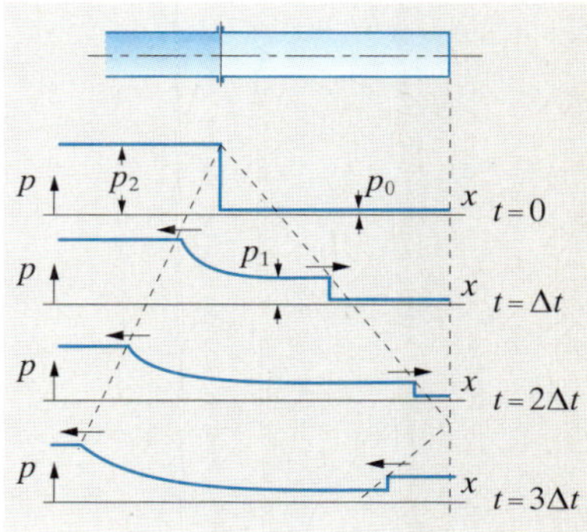

Abb. 4.45. Beim Durchstoßen der Membran, die zwei Gase mit sehr unterschiedlichem Druck trennte, beginnt sich ins Niederdruckgebiet eine Überschall-Stoßwelle, ins Hochdruckgebiet eine Expansionswelle mit Schallgeschwindigkeit auszubreiten

Einzelne Fronten oder Stoßwellen erzeugt man relativ einfach im **Stoßwellenrohr** (Abb. 4.45): Ein zylindrisches Rohr wird durch eine Membran senkrecht zur Achse in zwei Kammern geteilt, deren eine (die linke) mit Gas vom Druck p_2, deren andere (die rechte) mit Gas vom sehr viel kleineren Druck p_0 gefüllt sei. Wird nun die Membran plötzlich durchstoßen, so dringt eine Front verminderten Druckes in die linke, eine Front erhöhten Druckes als Stoßwelle in die rechte Rohrhälfte ein. Die Stoßwelle schreitet bei großem Druckverhältnis p_2/p_0 mit erheblicher Überschallgeschwindigkeit fort. Die resultierenden Strömungen im Gas sind etwas langsamer, liegen aber ebenfalls i. allg. im Überschallbereich. Um das nachzuweisen, betrachten wir Abb. 4.46. Die rechte Front liege bei x, die linke bei x', sie verschieben sich mit $\dot{x}$ bzw. $\dot{x}'$. Der Durchgang der rechten Front bedeutet eine plötzliche Druck- und Dichtezunahme. Es muß also von links her Gas nachströmen, und zwar in der Zeit dt die Masse $(\varrho_1 - \varrho_0)A\,dx$. Um diese Masse heranzutransportieren, stellt sich zwischen x' und x eine Strömungsgeschwindigkeit v ein, so daß $\varrho_1 vA\,dt = (\varrho_1 - \varrho_0)A\,dx$, d. h.

$$v = \dot{x}\frac{\varrho_1 - \varrho_0}{\varrho_1}\,. \qquad (4.80)$$

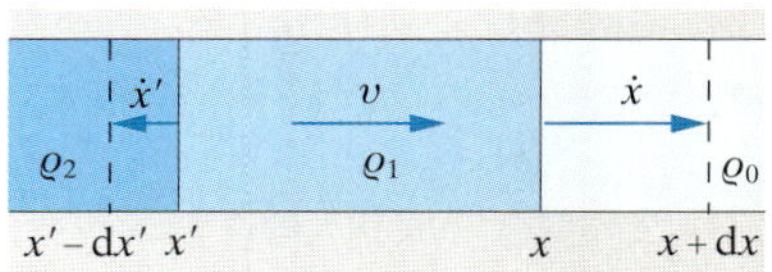

Abb. 4.46. Dichten und Ausbreitungs- und Strömungsgeschwindigkeiten in den Wellen von Abb. 4.45

Dies verlangt die Massenerhaltung. Wir diskutieren auch die **Impulserhaltung** in einem kleinen raumfesten Volumen, das die rechte Front umfaßt. Der Impuls in diesem Volumen ändert sich dadurch, daß sich die Masse $A\varrho_1\,dx$ mit v in Bewegung setzt: Impulszuwachs $A\varrho_1 v\,dx$. Die Ursache dieses Zuwachses ist 1. das Einströmen der Masse $A\varrho_1 v\,dt$ von links, die den Impuls $A\varrho_1 v\,dt\,v$ mitbringt; 2. die Druckkraft $A(p_1 - p_0)$, die in der Zeit dt den Impulszuwachs $A(p_1 - p_0)\,dt$ erzeugt. Man hat also $\varrho_1 v\dot{x} = p_1 - p_0 + \varrho_1 v^2$, und mittels (4.80)

$$\varrho_0 v\dot{x} = p_1 - p_0 \qquad (4.81)$$

und schließlich

$$\dot{x} = \sqrt{\frac{p_1 - p_0}{\varrho_0}\frac{\varrho_1}{\varrho_1 - \varrho_0}}, \qquad v = \sqrt{\frac{p_1 - p_0}{\varrho_0}\frac{\varrho_1 - \varrho_0}{\varrho_1}}. \tag{4.82}$$

Solange ϱ_0 gegenüber ϱ_1 berücksichtigt werden muß, ist v etwas kleiner als $\dot{x}$. Beide sind aber für $p_1 \gg p_0$, $\varrho_1 \gg \varrho_0$ erheblich größer als die Schallgeschwindigkeit $c_S = \sqrt{\gamma p/\varrho}$, und zwar um den Faktor $\sqrt{p_1/(p_0\gamma)}$.

An der linken Wellenfront ergibt sich analog

$$\dot{x}' = \sqrt{\frac{p_2 - p_1}{\varrho_2}\frac{\varrho_1}{\varrho_2 - \varrho_1}}, \qquad v = \sqrt{\frac{p_2 - p_1}{\varrho_2}\frac{\varrho_2 - \varrho_1}{\varrho_1}}. \tag{4.83}$$

Die Strömungsgeschwindigkeit muß zwischen x' und x überall gleich sein, denn es gibt dort weder Quellen noch Senken. Dann folgt bei $p_2 \gg p_1 \gg p_0$ und $\varrho_2 \gg \varrho_1 \gg \varrho_0$

$$p_1\varrho_1 \approx p_2\varrho_0 \approx p_0\varrho_2\,. \tag{4.84}$$

Damit haben wir die Unbekannten (Druck und Dichte in der Stoßwellenzone) noch nicht einzeln bestimmt. Wir haben ja auch noch den **Energiesatz**. Wie so oft, lassen sich Energie- und Impulssatz nicht gemeinsam erfüllen, ohne daß ein Teil der Energie in Wärme übergeführt wird. Das einströmende Gas trifft auf die Stoßwellenfront und schiebt sie vorwärts, ohne selbst zurückzuprallen. Vom inelastischen Stoß zweier Pendel unterscheidet sich die Lage nur dadurch, daß ständig eine Kraft $(p_1 - p_0)A$ nachschiebt. Zur quantitativen Diskussion benutzen wir die Bernoulli-Gleichung für die kompressible Strömung (Abschn. 3.3.6d): Vom **Kesselzustand** p_0, ϱ_0, T_0, $v_0 = 0$ erfolgt Beschleunigung auf den strömenden Zustand mit p_1, ϱ_1, T_1, v gemäß

$$v^2 = \frac{2}{\gamma - 1}c_S^2\frac{T_1}{T_0} = \frac{2}{\gamma - 1}\frac{p_0}{\varrho_0}\frac{T_1}{T_0}, \qquad \text{also} \qquad \frac{T_1}{T_0} = \frac{\gamma - 1}{2}\frac{p_1}{p_0}\,.$$

Dies wäre für eine stationäre Strömung richtig. Berücksichtigung der Nichtstationärität liefert

$$\frac{T_1}{T_0} = \frac{\gamma - 1}{\gamma + 1}\frac{p_1}{p_0}\,.$$

Mit (4.84) und der Zustandsgleichung $p \sim T\varrho$ kann man alle Zustandsgrößen der Stoßwellenzone angeben:

$$\varrho_1 = \frac{\gamma + 1}{\gamma - 1}\varrho_0\,; \quad p_1 = p_2\frac{\gamma - 1}{\gamma + 1}\,; \quad T_1 = T_0\left(\frac{\gamma - 1}{\gamma + 1}\right)^2\frac{p_2}{p_0}\,.$$

$$v \approx \dot{x} \approx c_S\sqrt{\frac{\gamma - 1}{\gamma(\gamma + 1)}\frac{p_2}{p_0}}\,; \quad \dot{x}' \approx c_S\sqrt{\frac{\gamma + 1}{\gamma(\gamma - 1)}\frac{p_0}{p_2}}\,.$$

Herrschte anfangs links 1 bar, rechts 0,001 bar, dann könnte die Stoßwellenzone in der Kombination H_2-Luft hiernach fast 10 000 °C heiß werden. Die Stoßwelle kann das Gas zu thermischem Leuchten bringen, aber die hiermit verbundenen Anregungsvorgänge, die wir nicht berücksichtigt haben, senken die erreichbare Temperatur. Nach der Reflexion läuft die Front in das vorgeheizte Gas zurück und erhitzt es weiter. Mit laserinduzierten Stoßwellen hofft man Plasmen so aufzuheizen, daß Kernfusion möglich wird.

Abgesehen von dem technischen Interesse bietet sich hier Gelegenheit, Materie unter extremen Bedingungen, wie sie etwa in Fixsternen vorkommen, zu studieren; allerdings nur für den kurzen Moment des Vorbeistreichens der Front vor einem Beobachtungsfenster. Dieser muß durch geeignete Vorrichtungen erfaßt werden (Schlierenmethode; ähnlich wie Abb. 4.66, Abschn. 4.5.1).

4.4 Eigenschwingungen

Musikinstrumente ebenso wie Atome bevorzugen bestimmte Schwingungs- und Wellenformen, erwünschte und unerwünschte. Einige davon nehmen wir als Töne oder als Farben wahr. Mathematisch hängen sie nicht von der Schwingungsgleichung, sondern von den Randbedingungen ab.

4.4.1 Gekoppelte Pendel

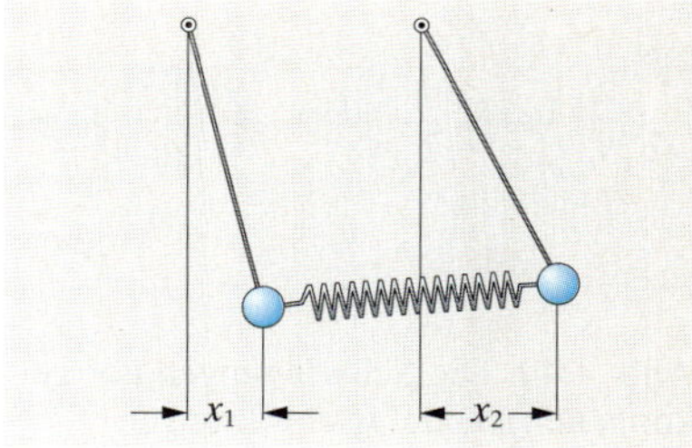

Abb. 4.47. Gekoppelte Pendel

Wir verbinden zwei Pendel z. B. mit einer schwachen Feder und stoßen eines an. Bald überträgt sich die Schwingung auch auf das andere Pendel, und wenn beide gleichlang sind, bleibt das erste einen Augenblick völlig in Ruhe: Seine ganze Schwingungsenergie ist auf das zweite Pendel übergegangen und flutet von da ab ständig zwischen beiden hin und her. Dies geschieht um so schneller, je stärker die Kopplung, je größer also die Federkonstante der verbindenden Feder ist (Abb. 4.47). Jedes der Pendel führt eine typische Schwebungskurve aus, wie sie zustandekommt, wenn zwei Schwingungen etwas verschiedener Frequenz sich überlagern. Im Umkehrschluß folgern wir, daß auch hier infolge der Kopplung die sonst einheitliche Pendelfrequenz in zwei nahe benachbarte aufgespalten wird.

Genaues erfahren wir aus den Bewegungsgleichungen für die Auslenkungen x_1 und x_2 der beiden Pendel aus ihrer jeweiligen Ruhelage. Zu der üblichen Rückstellkraft $-Dx_1$ liefert die Koppelfeder eine kleine Rückstellkraft, die nur von der Differenz $x_1 - x_2$ abhängt; wenn beide Pendel im Takt schwingen, also bei $x_1 = x_2$, ist die Feder unbeansprucht und die Zusatzkraft Null:

$$m\ddot{x}_1 = -Dx_1 + D^*(x_2 - x_1)\,, \quad m\ddot{x}_2 = -Dx_2 - D^*(x_2 - x_1)\,. \tag{4.85}$$

Ein solches System zweier gekoppelter Differentialgleichungen könnte man lösen, indem man x_1 und x_2 zu einer komplexen Größe zusammenfaßt. Viel allgemeiner, nämlich für beliebig viele gekoppelte Schwinger gültig, ist aber folgende Methode. Wir suchen zunächst Schwingungsformen, bei denen beide Pendel sinusförmig schwingen. Schwebungen u. dgl. können wir später daraus zusammensetzen. $x_1 = x_{1\,0}\,\mathrm{e}^{\mathrm{i}\omega t}$, $x_2 = x_{2\,0}\,\mathrm{e}^{\mathrm{i}\omega t}$, in (4.85) eingesetzt, ergibt

$$\begin{aligned} m\omega^2 x_{1\,0} - Dx_{1\,0} + D^*(x_{2\,0} - x_{1\,0}) &= 0 \\ m\omega^2 x_{2\,0} - Dx_{2\,0} - D^*(x_{2\,0} - x_{1\,0}) &= 0\,. \end{aligned} \tag{4.86}$$

Dies ist ein lineares homogenes Gleichungssystem für die Amplituden $x_{1\,0}$ und $x_{2\,0}$, in Matrixschreibweise

$$\begin{pmatrix} m\omega^2 - D - D^* & D^* \\ D^* & m\omega^2 - D - D^* \end{pmatrix} \begin{pmatrix} x_{1\,0} \\ x_{2\,0} \end{pmatrix} = 0\,. \tag{4.87}$$

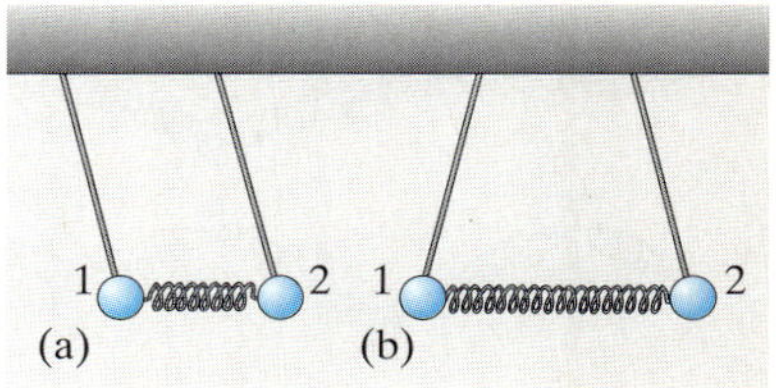

Abb. 4.48a, b. Die Fundamentalschwingungen von gekoppelten Pendeln

Ein solches System hat genau dann nichtverschwindende Lösungen, wenn seine Determinante verschwindet, also wenn

$$\begin{aligned} &(m\omega^2 - D - D^*)^2 - D^{*2} = 0 \quad \text{oder} \\ &m\omega^2 - D - D^* = \pm D^*\,, \end{aligned} \tag{4.88}$$

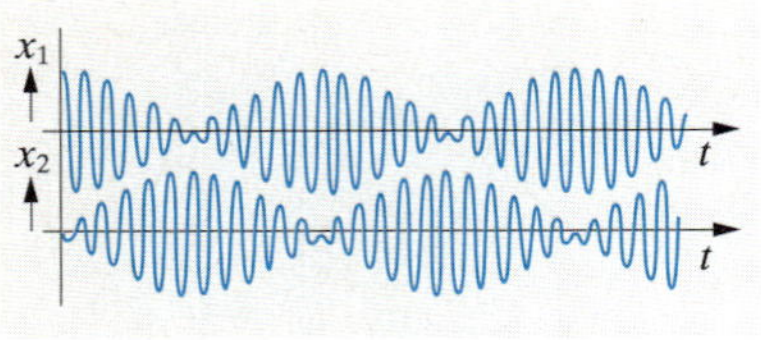

Abb. 4.49. Die Schwingungen der gekoppelten Pendel (Schwebungen)

d. h. für die Kreisfrequenzen

$$\boxed{\omega_1 = \sqrt{\frac{D}{m}} \quad \text{und} \quad \omega_2 = \sqrt{\frac{D + 2D^*}{m}}}\,. \tag{4.89}$$

Bei der ersten dieser **Eigenschwingungen** bleiben beide Pendel im Takt, die koppelnde Feder wird nicht beansprucht; bei der zweiten schwingen sie genau gegeneinander, die Feder wird maximal beansprucht, daher ist $\omega_2 > \omega_1$ (Abb. 4.48).

Die allgemeinste Schwingungsform, eine **Schwebung**, läßt sich als Gemisch der beiden Grenzfälle darstellen:

$$x_1 = x_{1\,1}\,\mathrm{e}^{\mathrm{i}\omega_1 t} + x_{1\,2}\,\mathrm{e}^{\mathrm{i}\omega_2 t}\,, \quad \text{entsprechend für } x_2\,.$$

Wenn $D^* \ll D$, kann man nähern $\omega_2 \approx \omega_1(1 + D^*/D)$, und die Differenz, die Schwebungsfrequenz, wird $\omega_2 - \omega_1 \approx \omega_1 D^*/D$ (Abb. 4.49).

Eine Schwebung findet auch statt, wenn die beiden Pendel verschiedene Massen oder Frequenzen haben. Dann ist aber die Energieübertragung nicht vollständig, d. h. kein Pendel kommt vollständig zur Ruhe.

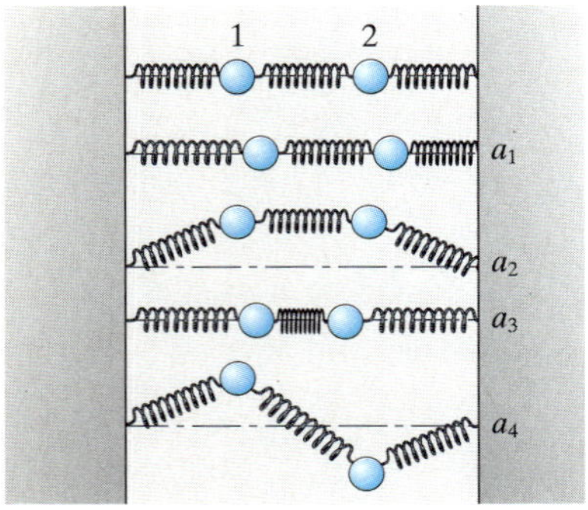

Abb. 4.50. Grund- und Oberschwingungen von zwei elastisch gebundenen Kugeln

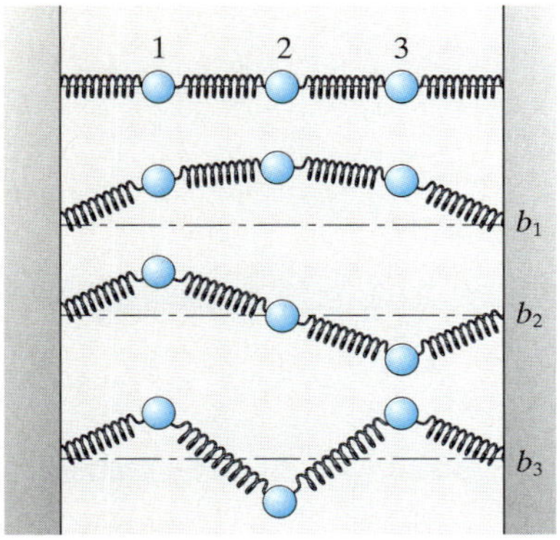

Abb. 4.51. Grund- und Oberschwingungen von drei elastisch gebundenen Kugeln

4.4.2 Wellen im Kristallgitter; die Klein-Gordon-Gleichung

Die Atome im Festkörper sind durch Kräfte an ihre Ruhelagen gebunden, die wir durch Federn darstellen. Man kann auch Stahlkugeln äquidistant in einem Glasrohr wenig größeren Durchmessers verteilen und die Luftfederung benutzen, hat dann aber nur Longitudinalschwingungen, keine transversalen wie in Abb. 4.50 und 4.51. Die dargestellten Schwingungsformen sind *Eigenschwingungen*, d. h. alle Kugeln schwingen mit gleicher Frequenz und (falls die Dämpfung unwesentlich ist) mit zeitlich konstanter Amplitude. Zwei gekoppelte Pendel, die nur in x-Richtung schwangen, hatten zwei solche Eigenschwingungen; allgemein ist deren Anzahl gleich Kugelzahl mal Anzahl der Freiheitsgrade jeder Kugel. In Abb. 4.50 und 4.51 kann jede Kugel in allen drei Raumrichtungen schwingen, hat also drei **Freiheitsgrade**, und es gibt sechs bzw. neun Eigenschwingungen. Die Federn werden am wenigsten beansprucht, wenn alle Kugeln phasengleich schwingen (a_1, a_2, b_1). Diese Schwingungen haben die kleinsten Frequenzen und heißen **Grundschwingungen** oder erste Eigenschwingungen.

Zur theoretischen Behandlung kann man das System von Bewegungsgleichungen, eine für jede Koordinate (jeden Freiheitsgrad jeder Kugel), im ganzen $3N$ Gleichungen, ansetzen. Bei einer Eigenschwingung enthält jede Koordinate den Faktor $\mathrm{e}^{\mathrm{i}\omega t}$, der sich weghebt. Es bleibt wieder wie in Abschn. 4.4.1 ein linear-homogenes algebraisches System, dessen $3N$-reihige Determinante verschwinden muß. Das ergibt eine Gleichung $3N$-ten Grades für ω^2, das in der Diagonale steht, also $3N$ Lösungen für die $3N$ Eigenschwingungen. Statt dies durchzuführen, weisen wir lieber nach, daß nicht alle Wellen in einem Festkörper gleichschnell laufen, wie bisher angenommen, sondern nur die längeren.

Die Wellengleichung $\Delta\xi = c^{-2}\ddot{\xi}$, die **d'Alembert-Gleichung** (Abschn. 4.2.2; 4.2.3) läßt Lösungen beliebiger Form zu und verlangt nur, daß diese Form sich zeitlich zwar verschiebt, aber nicht ändert. Alle harmonischen Teilwellen, aus denen diese Form fouriersynthetisiert werden kann, laufen also gleichschnell. Die d'Alembert-Gleichung (4.48) beschreibt ein Medium ohne Dispersion. Man sollte sie also eigentlich nicht *die* Wellengleichung nennen: Für ein dispergierendes Medium muß eine andere Wellengleichung gelten.

Wir betrachten ein System aus sehr vielen gekoppelten Pendeln (harmonischen Oszillatoren). Jeder feste und z. T. auch flüssige Stoff läßt sich so behandeln, denn er besteht aus Teilchen, die schwingungsfähig an Ruhelagen zwischen den Nachbarteilchen gebunden sind (permanent beim Festkörper, zeitweise bei der Flüssigkeit). Zunächst liege nur eine lineare Kette solcher Pendel mit dem Abstand d zwischen benachbarten Ruhelagen vor. Die Kräfte auf jedes Teilchen stammen z. T. von der Kopplung an die nächsten Nachbarn. Den Einfluß fernerer Nachbarn versuchen wir weiter unten zu erfassen. Das i-te Pendel sei bei x_i, weiche also um $\xi_i = x_i - id$ von seiner Ruhelage id ab. Das i+1-te Pendel zieht nach rechts mit der Kraft

$$F_i = D'(\xi_{i+1} - \xi_i)\,,$$

das $i - 1$-te schiebt nach rechts mit der Kraft

$$F_i' = D'(\xi_{i-1} - \xi_i)\,.$$

Im ganzen ist die Kraft seitens der beiden Nachbarn nach rechts (oder nach links, wenn etwas Negatives herauskommt):

$$F_i + F_i' = D'(\xi_{i+1} + \xi_{i-1} - 2\xi_i)\,. \tag{4.90}$$

Wenn die Teilchen sehr dicht sitzen, geht die Differenz $\xi_{i+1} - \xi_i$ über in das Differential $\xi'(x_i)d$, die Differenz $\xi_i - \xi_{i-1}$ in $\xi'(x_i - d)d$, also die rechte Seite von (4.90) in $\xi_{i+1} - \xi_i - (\xi_i - \xi_{i-1}) \approx \xi'' d^2$. Wenn die Kräfte seitens nächster Nachbarn die einzigen wären, hieße die Bewegungsgleichung des i-ten Teilchens

$$m\ddot{\xi} = D'\xi'' d^2\,.$$

Das ist genau die d'Alembert-Gleichung (4.48) mit der Ausbreitungsgeschwindigkeit $c = d\sqrt{D'/m}$. Solche Medien schwängen dispersionsfrei.

Der Einfluß der übrigen Teilchen wirkt sich angenähert so aus, daß er dem betrachteten Teilchen eine bestimmte Ruhelage zuweist, nicht nur relativ zu den nächsten Nachbarn, sondern „absolut", bezogen auf ein raumfestes System. Auslenkung um $\xi_i = x_i - id$ bringt eine rücktreibende Kraft $F_{i0} = -D\xi_i$ zusätzlich zu den bisher betrachteten. Die vollständige Bewegungsgleichung heißt dann

$$m\ddot{\xi} = D'\xi'' d^2 - D\xi\,. \tag{4.91}$$

Wir suchen eine harmonische Lösung, $\xi = \xi_0\,\mathrm{e}^{\mathrm{i}(kx-\omega t)}$. Einsetzen liefert $-m\omega^2 = -D'd^2k^2 - D$ oder

$$\boxed{\omega = \sqrt{\frac{D'}{m}d^2k^2 + \frac{D}{m}}}\,. \tag{4.92}$$

Diese **Dispersionsbeziehung** für das System gekoppelter Pendel liefert eine Phasengeschwindigkeit der Welle

$$\boxed{c_{\mathrm{Ph}} = \frac{\omega}{k} = \sqrt{\frac{D'}{m}d^2 + \frac{D}{mk^2}}}\,. \tag{4.93}$$

Bei langen Wellen (kleinen k) sind Nachbarteilchen kaum gegeneinander verschoben. Dann wirkt überwiegend die „absolute" Verschiebung mit $\omega \approx$

$\sqrt{D/m}$. Im Grenzfall $k \to 0$ wird $c_{\text{Ph}} = (1/k)\sqrt{D/m}$ sogar unendlich: Die Teilchen schwingen alle in Phase. Je kürzer die Wellen sind, desto mehr überwiegen die „relativen" Kräfte zwischen nächsten Nachbarn, und desto genauer gilt die d'Alembert-Gleichung mit $c_{\text{Ph}} = d\sqrt{D'/m}$. Diese beiden Grenzfälle und der Übergang zwischen ihnen lassen sich sehr schön an Kugellagerkugeln verfolgen, die man in ein Präzisions-Glasrohr steckt, dessen lichter Durchmesser nur etwa 10 µm größer ist als der Kugeldurchmesser. Pumpt man das Glasrohr bis auf etwa 10 mbar aus, dann wird die Luftfederung, die D' und D darstellt, so schwach und c_{Ph} so klein, daß man alle Einzelheiten der Wellenausbreitung bequem beobachten kann.

Die Wellengleichung (4.91) ist hauptsächlich aus einem ganz anderen Gebiet bekannt, nämlich aus der als sehr schwierig geltenden relativistischen Quantenphysik. Dort heißt (4.91) **Klein-Gordon-Gleichung** und beschreibt das Wellenfeld eines Teilchens vom Spin 0 mit Ruhmasse. Für Teilchen vom Spin $\frac{1}{2}$ wie die Elektronen gilt entsprechend die **Dirac-Gleichung**. Die Klein-Gordon-Gleichung ist einfach die Übersetzung des relativistischen Energiesatzes (Abschn. 15.2.7), ebenso wie die Schrödinger-Gleichung die Übersetzung des nichtrelativistischen Energiesatzes ist (Abschn. 16.2.4). Das „absolute" Glied D entspricht der Ruhmasse m_0 des Teilchens. Wenn $m_0 = 0$ ist wie beim Photon, geht die Klein-Gordon-Gleichung in die d'Alembert-Gleichung über, und die Dispersion verschwindet. Teilchen mit Ruhmasse haben auch im Vakuum **dispergierende Materiewellen**.

Die Klein-Gordon-Gleichung mit ihrer höheren Phasengeschwindigkeit für lange Wellen beschreibt gerade das Gegenteil des „Piuuh"-Effekts auf der Eisfläche. Dieses „Piuuh" läßt sich aus der Theorie der **elastischen Membran** erklären: Je kürzer die Wellen, desto stärker die Krümmung der Eisfläche, desto größer also die rücktreibenden Kräfte. Für sehr kurze Schallwellen im Festkörper (**Hyperschall**), wie sie *Debye* zur Erklärung der spezifischen Wärmekapazität heranzog, gelten dagegen ganz ähnliche Wellengleichungen wie die Klein-Gordon-Gleichung (Abschn. 14.2.2).

4.4.3 Stehende elastische Wellen

Zwei Wellen gleicher Frequenz und Amplitude, die einander entgegenlaufen, bilden eine **stehende Welle** (Abb. 4.29). Sie hat **Knotenflächen** im Abstand $\lambda/2$, wo die Teilchen ruhen, und dazwischen **Bauchflächen** mit maximaler Schwingung. Beiderseits der Knotenflächen schwingen die Teilchen aufeinander zu oder voneinander weg, komprimieren oder dilatieren also das Medium gerade in den Knotenflächen am stärksten, und zwar zeitlich abwechselnd: Geschwindigkeitsknoten sind Druckbäuche, die Auslenkungs- und die Druckwelle sind um $\lambda/2$ gegeneinander verschoben.

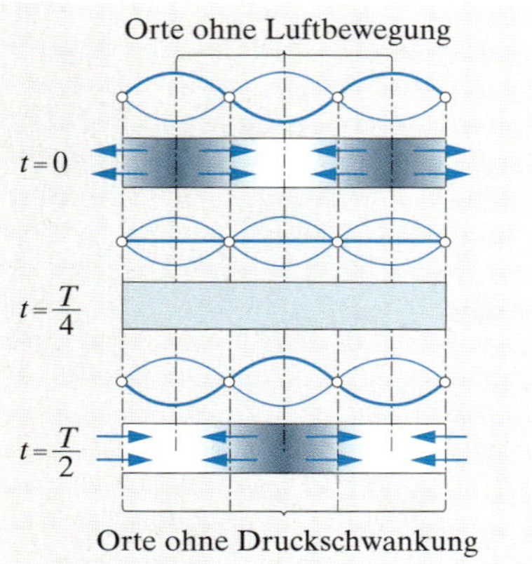

Abb. 4.52. Zuordnung von Druckknoten und -bäuchen zu den Schwingungsknoten und -bäuchen einer stehenden Welle in einem Gas

✗ Beispiel . . .

Ein Geiger verkürzt durch Aufsetzen des 1. Fingers die E-Saite um ein Viertel ihrer Länge und erzeugt durch leichtes Berühren mit dem 4. Finger eine stehende Welle, bei der zwei Wellenlängen auf das freischwingende Saitenstück fallen. Welche Frequenz hat der erzeugte Flageoletton und welcher Ton ist es? (Normalerweise fällt auf die schwingende Saite eine halbe Wellenlänge, bei E ist die Frequenz 660 Hz). ▶

Die Wellenlänge des Flageolettons ist nur $\frac{3}{8}$ von der des Tons E, die Frequenz $\frac{8}{3}$mal so groß, d. h. 1 760 Hz. Es ist die Quint zum nächsthöheren E, also ein A.

Eine stehende Welle bildet sich am einfachsten durch Überlagerung einer ursprünglichen und einer reflektierten Welle oder durch Mehrfachreflexion. Der Phasensprung bei der Reflexion bestimmt, wo die Knotenebenen liegen: An einer Wand, die größeren Wellenwiderstand hat als das Medium, schwingt die reflektierte Welle nach (4.69) in Gegenphase zur einfallenden, also liegt dort ein Auslenkungsknoten, d. h. ein Druckbauch (Abb. 4.52). Beim Übergang zu einem Medium mit kleinerem Z, z. B. am offenen Ende einer Orgelpfeife, erfolgt Reflexion *ohne* Phasensprung, dort liegt ein Auslenkungsbauch, d. h. ein Druckknoten. Holz- und Blechblasinstrumente einschließlich der Orgel erzeugen normalerweise solche stehenden Wellen oder Eigenschwingungen einer Luftsäule der Länge l. Sind beide Enden geschlossen, dann müssen beiderseits Auslenkungsknoten sein, also muß eine ganze Anzahl von Halbwellen ins Rohr passen:

$$l = n\frac{\lambda}{2} \quad \text{oder} \quad \lambda_n = \frac{2l}{n} . \tag{4.94}$$

Die Frequenzen dieser Eigenschwingungen sind also

$$\boxed{\nu_n = \frac{c}{\lambda_n} = \frac{nc}{2l}} . \tag{4.95}$$

Oberschwingungen aller Ordnungen n der Grundfrequenz $\nu = \frac{1}{2}c/l$ sind möglich und sind im Ton vertreten oder können durch geeignetes Anblasen auch einzeln erzeugt werden. Mit c hängt aber die Tonhöhe von der Lufttemperatur ab: Im kalten Saal liegt sie tiefer. Anblasen mit anderen Gasen, speziell Wasserstoff, ergibt auch Überraschungseffekte. Tiefseetaucher, die ein Helium-Sauerstoff-Gemisch geatmet haben, piepsen wie Kinder, denn $c \sim \sqrt{p/\varrho} \sim \sqrt{1/\mu}$ (μ: Molekülmasse).

Ist ein Pfeifenende offen, muß dort ein Auslenkungsbauch sein, also muß $\lambda/4$, $3\lambda/4$, $5\lambda/4, \ldots$ ins Rohr passen:

$$\boxed{l = (2n+1)\frac{\lambda}{4} , \quad \nu_n = \frac{(2n+1)c}{4l}} . \tag{4.96}$$

Hier gibt es nur ungerade Obertöne.

Für einen schwingenden dünnen Stab oder eine Saite gilt Ähnliches. Dem geschlossenen Pfeifenende entspricht ein eingespanntes, dem offenen ein freies Stabende (Abb. 4.53, 4.54). Für den Stab ist $c = \sqrt{E/\varrho}$, für die Saite $c = \sqrt{F/\varrho A}$ zu setzen (Abschn. 4.2.2). Eine Dispersion ist für hörbare und auch für viel schnellere Schwingungen noch nicht zu befürchten (Abschn. 4.4.2). Bei **Torsionsschwingungen** (Verdrillungsschwingungen) eines Stabes ist E durch G zu ersetzen. Das Frequenzverhältnis der longitudinalen und der Torsions-Grundschwingungen ist also $\nu_{\text{long}}/\nu_{\text{tors}} = \sqrt{E/G} = \sqrt{2(1+\mu)}$, woraus man die Poisson-Zahl μ des Materials bestimmen kann (Abschn. 3.4).

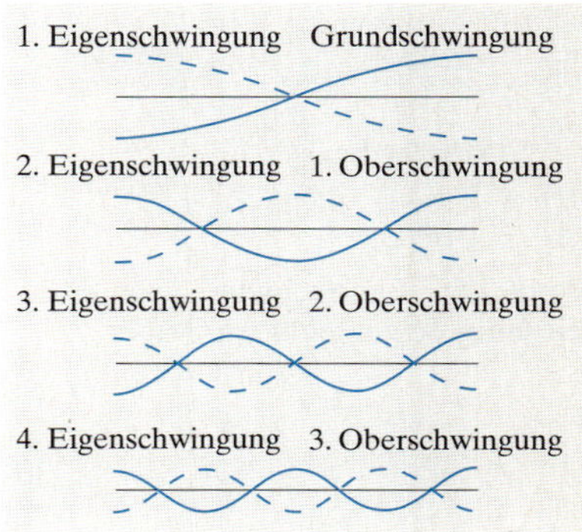

Abb. 4.53. Grund- und Oberschwingungen eines an beiden Enden freien, longitudinal schwingenden Stabes

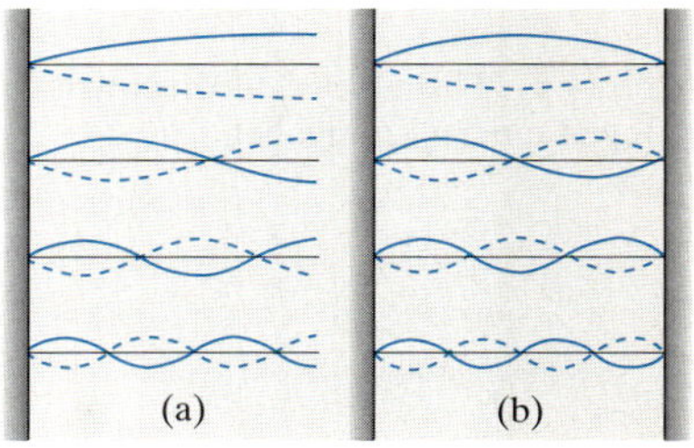

Abb. 4.54a, b. Longitudinalschwingungen eines Stabes; (a) an einem Ende fest, am anderen frei; (b) an beiden Enden fest. Die Verschiebungen in Richtung der Stabachse sind senkrecht zum Stab gezeichnet (Verschiebung nach rechts – nach oben, Verschiebung nach links – nach unten)

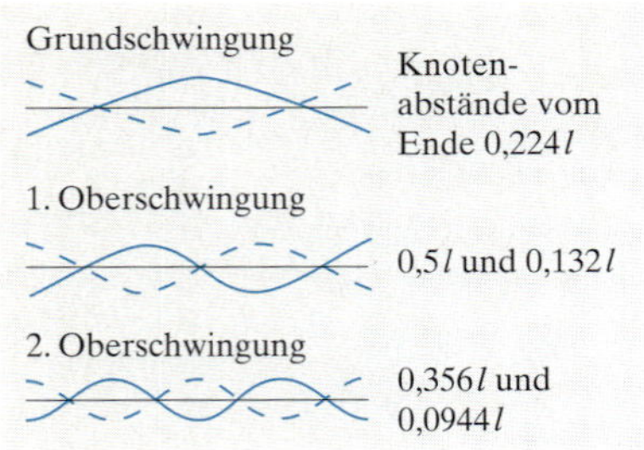

Abb. 4.55. Biegeschwingungen eines freien zylindrischen Stabes

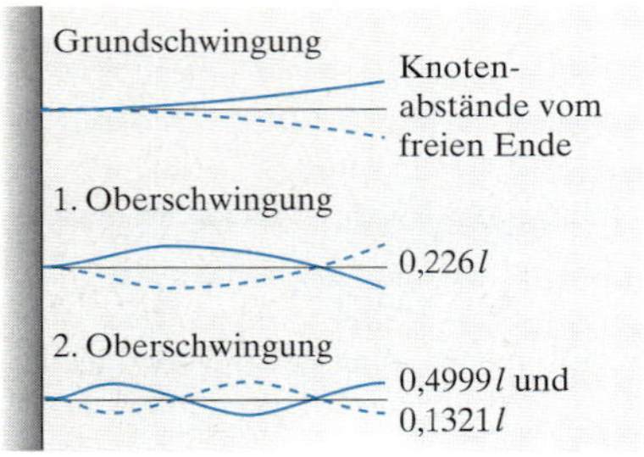

Abb. 4.56. Biegeschwingungen eines einseitig eingeklemmten Stabes

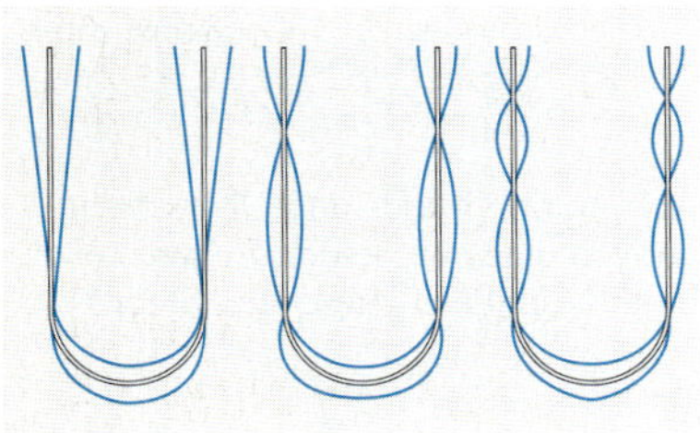

Abb. 4.57. Grund- und Oberschwingungen einer Stimmgabel

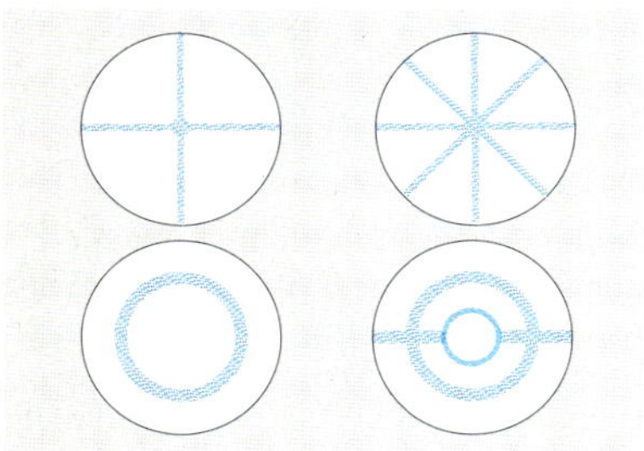

Abb. 4.58. Einige Eigenschwingungen einer Kreisplatte (**Chladnische Klangfiguren**)

Biegeschwingungen eines dicken Stabes, z. B. von Stimmgabelzinken, staffeln sich nicht harmonisch, das Schwingungsprofil ist auch nicht sinusförmig (Abb. 4.55, 4.56, 4.57). Für einen kreiszylindrischen Stab der Dicke d gilt annähernd

$$\nu_n \approx \frac{\pi}{8}\frac{d}{l^2}\left(n-\frac{1}{2}\right)^2\sqrt{\frac{E}{\varrho}}\,.$$

Die Frequenzen verhalten sich annähernd wie die Quadrate der ungeraden Zahlen. Ob die Eigenfrequenzen harmonisch oder anharmonisch gestaffelt sind, ist aus folgendem Grund wichtig: Aus harmonisch (äquidistant) liegenden Obertönen baut sich nach *Fourier* automatisch eine streng periodische Schwingung auf, deren Grundton leicht erkennbar ist. Beim anharmonischen Frequenzspektrum ist die Lage nicht so klar. Dadurch unterscheiden sich Saiten- und Blasinstrumente einschließlich Klavier und Orgel von den meisten **Schlaginstrumenten** einschließlich Trommel und Glocke.

Welche Oberschwingungen z. B. in einem Geigenton vorhanden sind, d. h. welche Klangfarbe er hat, hängt von der Art des Streichens oder Zupfens ab: Die räumliche Fourier-Zerlegung der Anfangsauslenkung, die z. B. beim **Pizzicato** nahezu dreieckig ist, liefert auch die Amplituden der zeitlichen Oberwellen. Betrachten Sie bei einem Flügel, in welchem Verhältnis die Filzhämmerchen die Saiten teilen und welche Form des Spannrahmens sich daraus ergibt. Warum wohl gerade dieses Verhältnis? Fourier-Analyse der „schiefen" Dreiecksauslenkung zeigt, daß bei diesem Teilverhältnis 1 : 9 gerade die Oberschwingungen unterdrückt sind, die bei der temperierten Stimmung am falschesten klingen (Abb. 4.11c, d).

4.4.4 Eigenschwingungen von Platten, Membranen und Hohlräumen

Auf einer Platte, die man mit dem gut gespannten und kolophonierten Geigenbogen zu weithin klingenden Eigenschwingungen anregt, zeichnet Schmirgelpulver deutlich die Schwingungsform: Nur in den Knotenlinien bleibt es liegen (Abb. 4.58). Angefangen vom Stern, der immer eine gerade Anzahl von Strahlen hat (warum?), kann man auch kompliziertere Muster erzeugen und hört gleichzeitig, daß die Frequenzen der Eigenschwingungen keineswegs harmonisch gestaffelt sind. Kreisförmige Knoten erhält man besonders einfach, wenn man die Platte auf einen Lautsprecher legt, den man mit einem Frequenzgenerator versorgt. Steigert man dessen Frequenz, dann schwingt die Platte bei den diskreten Eigenfrequenzen besonders stark mit, und es bilden sich Muster, die immer mehr Knoten enthalten, je höher die Eigenfrequenz liegt.

Auch ein Hohlraum, z. B. ein Konzert- oder Hörsaal, hat viele Eigenfrequenzen. Die **Raumakustik** sollte verhindern, daß zu starke Eigenschwingungen in den Frequenzbereich der menschlichen Stimme oder der Instrumente fallen. Sie tut das durch Formgebung des Saales und durch den Wandbelag, der die Reflexion in vernünftigen Grenzen hält. Die **Nachhallzeit**, d. h. die Laufzeit des Schalles bis zur Wand, multipliziert mit der Anzahl der Reflexionen, die noch erhebliche Intensität haben, sollte gering sein, außer vielleicht in Kirchen, wo der Nachhall zur feierlichen Raumwirkung beiträgt, aber auch den typischen Redestil der Sprecher prägt.

Die Erklärung für die Existenz von diskreten Eigenschwingungen liegt nicht in der Schwingungsgleichung selbst, sondern in den **Randbedingungen**. Es ist klar, daß an den Enden einer Saite ($x = 0$ und $x = l$) die Auslenkung 0 herrscht. Demnach kommen keine fortschreitenden Wellen auf der Saite in Betracht, sondern nur stehende. Da die Saitenenden Knoten sind, muß auf die Länge l eine ganze Anzahl von Halbwellen passen: Auslenkung $u = A \sin(n\pi x/l)$ oder $\sin(k_n x)$ mit $k_n = n\pi/l$. Aus dieser räumlichen Form der Schwingung ergibt sich nach der Schwingungsgleichung (4.48) die zeitliche, denn Einsetzen in $u'' = c^{-2}\ddot{u}$ liefert die Kreisfrequenz $\omega_n = ck_n = n\pi c/l$. Hier haben die Eigenfrequenzen ein harmonisches Spektrum. Ähnlich ist es bei der Luftsäule in einem Rohr (beiderseits Knoten bei der „gedackten", Bauch am Ende der offenen Pfeife). Die Knotenflächen sind senkrecht zur Rohrachse. Knotenflächen parallel zu ihr sind auch möglich, haben aber zu hohe Frequenzen, um in Blasinstrumenten eine Rolle zu spielen.

Bei der schwingenden **Membran** der Pauke oder der schwingenden Luft des ganzen Konzertsaals ist das komplizierter. Eine Membran leistet dem Verbiegen nicht aus innerer Steifigkeit Widerstand wie Balken oder Platte, sondern nur infolge ihrer tangentialen Spannung. Diese zieht, eben wegen ihrer tangentialen Richtung, den Rand jeder Beule nach innen, sucht also die Verbiegung zu beseitigen. Die Zeichnung, aus der man die Rückstellkraft abliest, sieht im Querschnitt aus wie Abb. 4.23 (Saite), im ganzen wie Abb. 3.26 (Seifenhaut). Nach (3.14) ergibt sich die Kraft auf ein Flächenstück dA als

$$\mathrm{d}F = p\,\mathrm{d}A = \sigma\left(\frac{1}{r_1} + \frac{1}{r_2}\right)\mathrm{d}A\,,$$

wobei σ die am Rand angreifende Kraft/Meter Randlänge ist; r_1 und r_2 sind die **Hauptkrümmungsradien** in der Beule (Krümmungen in zwei zueinander senkrechten Richtungen). Die ruhende Membran liege in der x, y-Ebene, ihre Auslenkung ist also $z(x, y)$. Analog wie bei der Saite für kleine Auslenkungen $1/r = \mathrm{d}^2z/\mathrm{d}x^2$ war, gilt für die Membran $1/r_1 + 1/r_2 = \partial^2 z/\partial x^2 + \partial^2 z/\partial y^2 = \Delta z$, also

$$\mathrm{d}F = \sigma\,\Delta z\,\mathrm{d}A\,.$$

Die Masse $\gamma\,\mathrm{d}A$ des Flächenstücks wird dadurch beschleunigt gemäß

$$\gamma\,\mathrm{d}A\ddot{z} = \mathrm{d}F = \sigma\,\Delta z\,\mathrm{d}A\,, \quad \text{d.h.} \quad \Delta z = \frac{\gamma}{\sigma}\ddot{z}\,. \tag{4.97}$$

Das ist eine Wellengleichung der Form (4.48) mit der Phasengeschwindigkeit $c = \sqrt{\sigma/\gamma}$, die frequenzunabhängig ist (keine Dispersion).

Wir interessieren uns für zeitlich sinusförmige Schwingungen. Am festen Ort x, y soll sich also z ändern wie $z = u(x, y)\sin(\omega t + \delta)$. Einsetzen in (4.97) zeigt: Zu jeder festen Zeit wird die Gestalt der Membran beschrieben durch eine Funktion $z = u(x, y)$, die Lösung der Gleichung $\Delta u = -\omega^2 c^{-2} u$ ist, oder mit $k = \omega/c$

$$\boxed{\Delta u = -k^2 u}\,. \tag{4.98}$$

Am Rand der Membran, wo sie eingespannt ist, muß die Auslenkung 0 sein. Das ist unsere Randbedingung. Wir betrachten nicht das kreisförmige Fell einer Pauke (dies würde auf Bessel-Funktionen als Lösungen führen), sondern eine rechteckige Begrenzung mit den Seiten a und b. Eine Ecke liegt im Ursprung, die Seiten sind

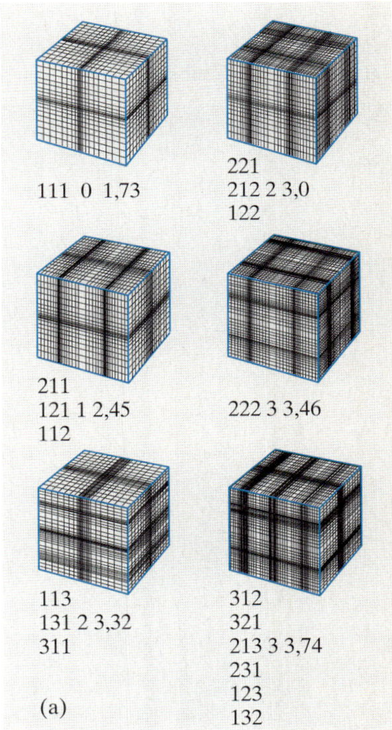

Abb. 4.59. (a) Die niedersten Eigenschwingungen eines würfelförmigen Raumes. Bäuche dunkel, Knoten hell. Die Bauchebenen gehen natürlich nicht bis zu den Wänden, die Knoten darstellen. Die Zahlen bedeuten: Anzahl der Bäuche (stehende Halbwellen) in den drei Koordinatenrichtungen; Gesamtzahl der Knoten; Eigenfrequenzen als Vielfache der Grundfrequenz

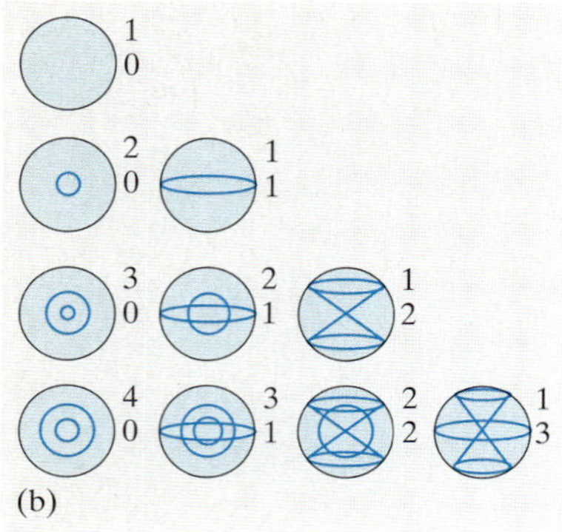

Abb. 4.59. (b) Knotenkugeln, -ebenen, -kegel der niedersten Eigenschwingungen einer Hohlkugel

Niederste Eigenschwingungen einer quadratischen Membran

n	m	$\omega_{nm}\, a/\pi c$
1	1	$\sqrt{2}$
1	2	$\sqrt{5}$
2	1	$\sqrt{5}$
2	2	$\sqrt{8}$
1	3	$\sqrt{11}$
3	1	$\sqrt{11}$

Abb. 4.60. Entartung: Alle diese Knotenlinien der Schwingungen einer quadratischen Platte entsprechen der gleichen Frequenz

parallel zu den Koordinatenachsen. Offenbar erfüllt $u = u_0 \sin(\pi x/a)$ die Schwingungsgleichung (4.98) mit $k = \pi/a$ und die Randbedingung in x-Richtung, nicht aber in y-Richtung. Dies wird erst erreicht durch $u = u_0 \sin(\pi x/a)\sin(\pi y/b)$. Allgemeiner: Es müssen ganze Anzahlen von Halbwellen sowohl in a als auch in b passen:

$$u_{nm} = u_0 \sin(n\pi x/a)\sin(m\pi y/b)\,, \quad n = 1, 2, \ldots \quad m = 1, 2, \ldots\,. \tag{4.99}$$

Einsetzen in (4.98) ergibt die k-Werte und Frequenzen:

$$k_{nm}^2 = \pi^2\left(\frac{n^2}{a^2} + \frac{m^2}{b^2}\right), \quad \omega_{nm}^2 = c^2\pi^2\left(\frac{n^2}{a^2} + \frac{m^2}{b^2}\right). \tag{4.100}$$

Dies sind die Eigenfrequenzen der Membran; die Funktionen $u_{nm}(x, y)$ nach (4.99) sind die Eigenfunktionen. Andere Funktionen sind i. allg. ausgeschlossen (auf Ausnahmen kommen wir gleich zu sprechen). Durch Regeln der Spannung σ läßt sich die Pauke daher auf verschiedene Grundfrequenzen abstimmen, deren Oberfrequenzen allerdings nicht harmonisch verteilt sind. Am rechteckigen Fell sieht man das aus (4.100): Nur wenn eines der Glieder n^2/a^2 oder m^2/b^2 keine Rolle spielt, gibt das andere eine äquidistante Folge. Die Chladni-Staubfigur zeigt klar die Struktur der Eigenfunktion: Der Staub sammelt sich in den Knotenlinien an, wo $u = 0$ ist, denn sonst wird er weggeschleudert.

Eine quadratische Membran $(a = b)$ hat die Eigenfrequenzen $\omega_{nm} = \pi c a^{-1}\sqrt{n^2 + m^2}$. Wie man sieht, fallen einige Eigenfrequenzen zusammen, obwohl ihre Eigenfunktionen verschieden sind: Vertauschen von n und m ändert ω_{nm} nicht, kippt aber alle Knotenlinien um 90°. Wenn zwei Eigenfunktionen die gleiche Eigenfrequenz haben, nennt man sie (oder auch diese Frequenz) *entartet*.

4.4.5 Entartung

Bei **Entartung** ergeben sich noch viel mehr als nur zwei Schwingungsmöglichkeiten mit der gleichen Frequenz. Jede Linearkombination zweier entarteter Eigenfunktionen u_1 und u_2 ist wieder eine Eigenfunktion. Zum Beispiel erfüllt die Funktion $u = u_1 u_{1\,2} + u_2 u_{2\,1} = u_1 \sin(2\pi x/a)\sin(\pi y/b) + u_2 \sin(\pi x/a)\sin(2\pi y/b)$ sowohl die Schwingungsgleichung (4.98) (denn diese ist linear) als auch die Randbedingungen (wenn $u_{1\,2}$ und $u_{2\,1}$ an einer Stelle verschwinden, ändert ihre Addition nichts daran). Außerdem hat $u = u_1 u_{1\,2} + u_2 u_{2\,1}$ die gleiche Frequenz wie $u_{1\,2}$ und $u_{2\,1}$, wie man durch Einsetzen in (4.98) erkennt. Diese Kombination ohne Frequenzänderung ist wohlgemerkt nur im Fall der Entartung möglich; die Kombination von Obertönen ist etwas ganz anderes.

Alle kombinierten Eigenfunktionen, die sich aus $u_{1\,2}$ und $u_{2\,1}$ mit verschiedenen u_1 und u_2 bilden lassen, haben gemeinsam, daß sie genau eine Knotenlinie besitzen. Aber diese Linie kann sehr verschieden verlaufen: Bei $u_1 = 0$ in x-Richtung, bei $u_2 = 0$ in y-Richtung, bei $u_1 = u_2$ oder $u_1 = -u_2$ diagonal, bei anderen Werten gekrümmt (Abb. 4.60). Allgemein hat ein Zustand mit den Indizes n, m genau $n + m - 2$ Knotenlinien. Dies ist leicht zu zeigen, etwas schwerer folgendes: Wo sich mehrere Knotenlinien kreuzen, tun sie das immer unter gleichen Winkeln; zwei Knotenlinien stehen senkrecht aufeinander, drei bilden Winkel von 60° usw.

Die Übertragung auf den Raum, z. B. auf die Luft in einem quaderförmigen Saal, ist einfach (Randbedingung: $u = 0$ an allen Wänden; es kommt ein weiterer ganzzahliger Index hinzu). Alle diese Tatsachen finden sich in der Atomphysik wieder, wo sie die entscheidende Rolle spielen. Man hat das Atom erst verstanden, als man seine Zustände als Eigenschwingungen auffaßte (*de Broglie, Schrödinger*).

Jede Entartung gibt zu sehr vielen Schwingungsmöglichkeiten Anlaß. Ein Raum muß in einer entarteten Eigenfrequenz viel stärker widerhallen als in den anderen, was für einen Konzertsaal verheerend wirkt. Der Hauptfeind einer guten Akustik ist die Entartung. Außerdem ist eine günstige Nachhallzeit wesentlich. Sie hängt von der Absorption an den Wänden ab (Aufgabe 4.5.9). Die Würfelform, der sich manche Opernhäuser nähern, ist daher sehr ungünstig. Günstige Proportionen vermeiden das Auftreten von quadrat- oder würfelförmigen Teilräumen so weit wie möglich. Jedes Rechteck mit rationalem Seitenverhältnis a/b läßt sich in eine Anzahl von Quadraten zerlegen. Diese Anzahl ist das kleinste gemeinsame Vielfache von a und b, seine Seite der größte gemeinsame Teiler. Bei irrationalem Verhältnis existiert keine solche Zerlegung, aber in der Praxis verschwimmt der scharfe Unterschied rational-irrational, denn die Seitenlängen sind ja nicht einmal beliebig genau definiert. Welches Verhältnis ist „am irrationalsten"? Wir trennen vom Rechteck ab (mit $a > b$) ein Quadrat b^2 ab, von der Restfläche wieder ein möglichst großes Quadrat usw. (Abb. 4.61). Schließlich muß (bei rationalem a/b) ein kleines Quadrat übrigbleiben, dessen Seite der größte gemeinsame Teiler von a und b ist. (In der Arithmetik kennt man dieses Verfahren als Euklidschen Algorithmus zur Bestimmung des größten gemeinsamen Teilers.) Offenbar ist es akustisch ungünstig, wenn sich dabei irgendwo mehrere gleich große Quadrate aneinanderreihen, denn ihre entarteten Schwingungen verstärken sich. Die Quadratfolge muß also alternieren wie in Abb. 4.61a, und das Endquadrat muß möglichst klein sein. Die erste Bedingung ist nur erfüllt für alle Glieder der **Fibonacci-Folge** $\frac{1}{1}, \frac{1}{2}, \frac{2}{3}, \frac{3}{5}, \frac{5}{8}, \frac{8}{13}, \ldots$. Wenn ein Bruch der Folge a/b heißt, ist der nächste $b/(a+b)$. Beim Euklid-Algorithmus wird diese Folge rückwärts durchlaufen. Ihr Grenzwert ist $\frac{1}{2}(\sqrt{5}-1)$, das Verhältnis des **Goldenen Schnittes**, und diesem Wert muß a/b möglichst nahekommen, damit das Endquadrat möglichst klein ist. Säle mit berühmter Akustik wie der Wiener Musikvereinssaal und das Concertgebouw in Amsterdam kommen in ihren Proportionen dem Goldenen Schnitt tatsächlich sehr nahe.

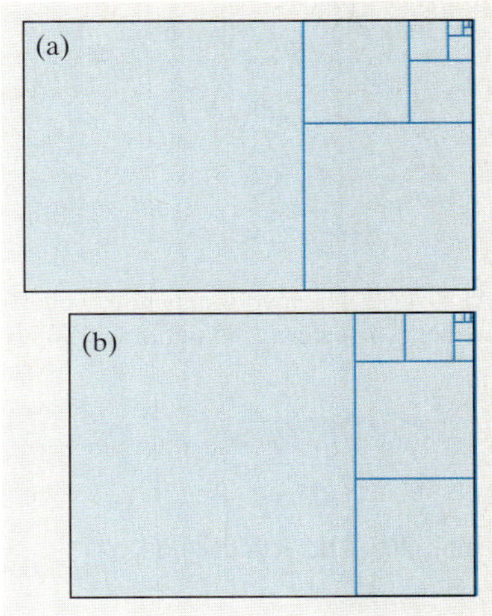

Abb. 4.61. Ein „goldenes" Rechteck (a) und ein DIN-Format (b) zerfallen in eine knospenartige Folge von Quadraten

Die ungeheure Bedeutung der Eigenschwingungen für die moderne Physik ergibt sich u. a. daraus, daß alle Teilchen Welleneigenschaften haben. Im Hohlraum, der durch das Kraftfeld eines Atoms gegeben ist, vollführen die Elektronen Eigenschwingungen, die den diskreten Energiezuständen des Atoms entsprechen. Allmähliche Auffüllung dieser Eigenzustände erklärt das **Periodensystem**, Übergang zwischen zwei Eigenzuständen ist mit Emission oder Absorption von Licht verbunden. Entsprechendes gilt für die Nukleonen im Kern; die **magischen Zahlen** von Protonen oder Neutronen entsprechen dem Schalenabschluß im Periodensystem, bei Übergängen entsteht γ-Strahlung.

4.5 Schallwellen

Schon Leonardo da Vinci verglich den Schall einer Glocke mit den Kreiswellen, die sich um einen ins Wasser geworfenen Stein bilden und bestimmte die Ausbreitungsgeschwindigkeit. Alle Geheimnisse unseres Ohres sind aber auch heute noch nicht aufgeklärt.

4.5.1 Schallmessungen

Die Wellenlänge eines Tons bestimmt man heute am einfachsten als $\lambda = c/v$ durch Messung der Frequenz v mit dem Oszilloskop, das das Signal eines Mikrophons als Sinuskurve zeigt. Zur Direktmessung von λ sind **stehende Wellen** am bequemsten.

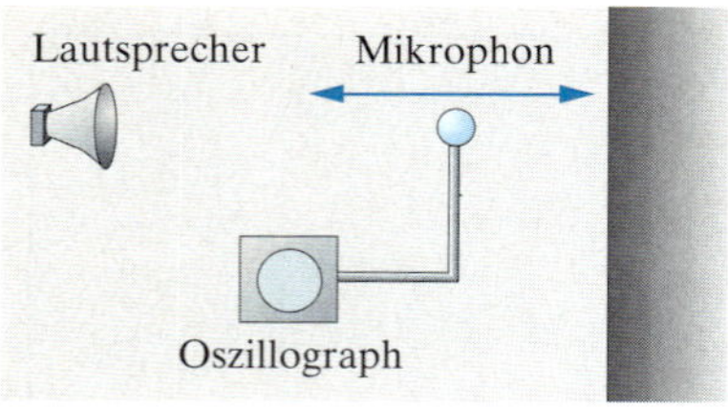

Abb. 4.62. Nachweis stehender Schallwellen vor einer reflektierenden Wand

a) Messung in stehender Welle. Ein Lautsprecher, der eine harmonische Schallwelle (Sinuston) abstrahlt, wird vor einer reflektierenden ebenen Wand in so großer Entfernung aufgestellt, daß die Wand von nahezu ebenen Wellen getroffen wird. Ein Mikrophon, das mit einem Oszillographen verbunden ist, wird in der Nähe der Wand und senkrecht zu ihr hin und her bewegt (Abb. 4.62). Dabei zeigt sich auf dem Schirm des Oszillographen, daß das Mikrophon in gewissen Abständen von der Wand, die sich um die halbe Wellenlänge unterscheiden, keinen Schall empfängt (vgl. Abb. 4.29b). Das Auftreten derartiger stehender Wellen muß in Räumen, von denen eine gute Hörsamkeit verlangt wird, durch geeignete Gestalt und Beschaffenheit der Wände (Absorber) möglichst vermieden werden.

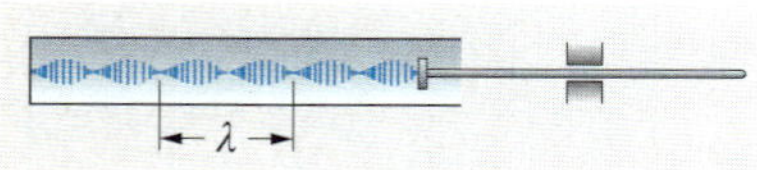

Abb. 4.63. Das Kundtsche Rohr

b) Kundtsches Rohr (Abb. 4.63). In ein einseitig geschlossenes, gasgefülltes Rohr ragt ein in der Mitte eingespannter Stab (Glas oder Metall), der durch Reiben in Längsschwingungen versetzt wird. Von seinem Ende breiten sich Wellen in dem Rohr aus, die sich mit den am geschlossenen Ende reflektierten zu stehenden Wellen zusammensetzen. Feines Korkmehl oder Lykopodiumsamen werden an den Stellen der Schwingungsbäuche (Abb. 4.63, lange Schraffur) aufgewirbelt, während sie an den Orten der Schwingungsknoten liegenbleiben. Der Abstand benachbarter Schwingungsknoten ist $\lambda/2$. Da auch die Schwingung eines in der Mitte eingespannten Stabes als stehende Schallwelle aufzufassen ist, deren Wellenlänge (λ_{St}) gleich der doppelten Stablänge ist, ergibt der Versuch unmittelbar das Verhältnis der Schallwellenlängen in Gas und im Stabmaterial bei gleicher Frequenz und damit das Verhältnis der Schallgeschwindigkeiten.

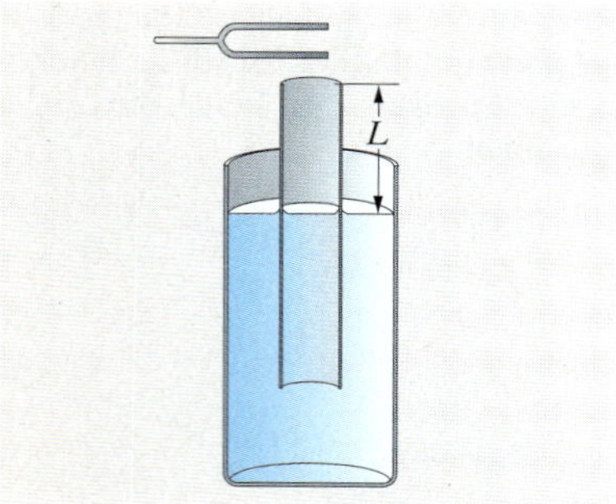

Abb. 4.64. Das Quinckesche Resonanzrohr

c) Quinckesches Resonanzrohr (Abb. 4.64). Die möglichen Eigenschwingungen einer Luftsäule in einem einseitig geschlossenen Rohr (z. B. einem in Wasser nicht ganz eingetauchten Rohr) ergeben sich aus der Abb. 4.54a. Bei den vorgeschriebenen Grenzbedingungen, nach denen am unteren Ende ein Knoten und am oberen ein Bauch sein muß, kann die Schwingung nur so erfolgen, daß die Länge der Luftsäule $\lambda/4$, $3\lambda/4$, $5\lambda/4$ usw. beträgt. Sie wird also durch eine über das offene Ende gehaltene Stimmgabel in Resonanzschwingung versetzt, wenn $L = \lambda/4, 3\lambda/4$ usw. Die Differenz der Längen, bei denen man bei Heben des Rohres aus dem Wasser ein kräftiges Mitschwingen wahrnimmt, ist $\lambda/2$.

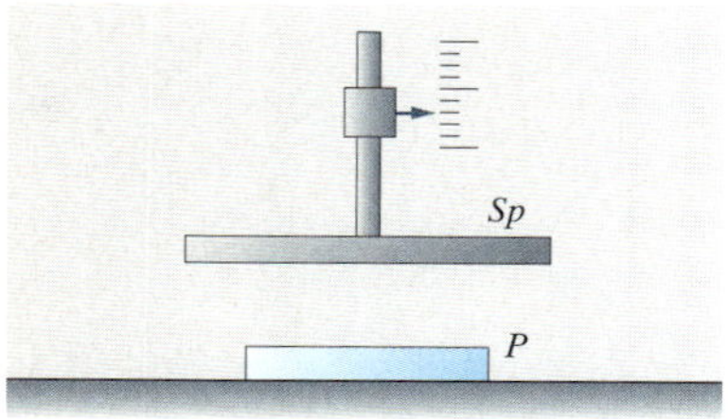

Abb. 4.65. Das Ultraschall-Interferometer (*Pierce*)

d) Ultraschall-Interferometer (Abb. 4.65). Für Ultraschallwellen, d. h. Schallwellen, deren Frequenz höher als etwa 20 kHz und daher dem Ohr nicht mehr zugänglich ist, kommen als Schallquellen vorzugsweise piezoelektrische Schallgeber in Betracht (vgl. Abschn. 6.2.5). Läßt man die von einem solchen (P) erzeugte Schallwelle an einem ihm parallel angeordneten Spiegel (Sp) reflektieren, so gerät die von P und Sp begrenzte Schicht immer dann in kräftige Schwingungen (Resonanz), wenn ihre Dicke $(2n + 1)\lambda/4$ ist ($n =$ ganze Zahl), genau wie bei einem einseitig geschlossenen Rohr (vgl. Abb. 4.54b). Man erkennt das Eintreten der Resonanz am vermehrten Energiebedarf des Schallgebers, der sich elektrisch nachweisen läßt. Verschiebt man den Reflektor meßbar in Richtung seiner Normalen, so läßt sich das Eintreten der Resonanz über viele Halbwellen hin verfolgen und ihre Länge mit großer Genauigkeit messen. Da sich die Frequenz der Schallquelle auf elektrischem Wege praktisch beliebig genau ermitteln läßt, stellt das Gerät ein Präzisionsinstrument zur Schallgeschwindigkeitsmessung dar.

e) Optische Wellenlängenmessung von Ultraschallwellen (Debye und Sears) (Abb. 4.66). Ein Ultraschallwellenzug wird von parallelem einfarbigen Licht senkrecht zu seiner Ausbreitungsrichtung (parallel zu seinen Wellenflächen) durchstrahlt. In der Schallwelle ändert sich periodisch die Dichte und daher auch der

Brechungsindex (s. Abschn. 10.3.2). Sie wirkt dann ähnlich wie ein optisches Beugungsgitter (Abschnitte 4.3.4 und 10.1.3). Aus dem auf einem Schirm aufgefangenen Beugungsspektrum kann man die „Gitterkonstante" berechnen, die gleich der Wellenlänge λ der Schallwelle im Medium ist: $\sin \alpha_z = z\Lambda/\lambda$; hier ist α_z der Winkel, unter dem das z-te Beugungsbild gegen das 0-te (Zentralbild) abgelenkt wird. Λ ist die Wellenlänge des verwendeten Lichtes. Dabei ist es gleichgültig, ob durch Reflexion stehende Schallwellen gebildet werden oder nicht. Die „Gitterkonstante" ist in beiden Fällen die gleiche, und die Beugungserscheinung wird durch eine Verschiebung, selbst wenn diese mit Schallgeschwindigkeit erfolgt, nicht beeinflußt.

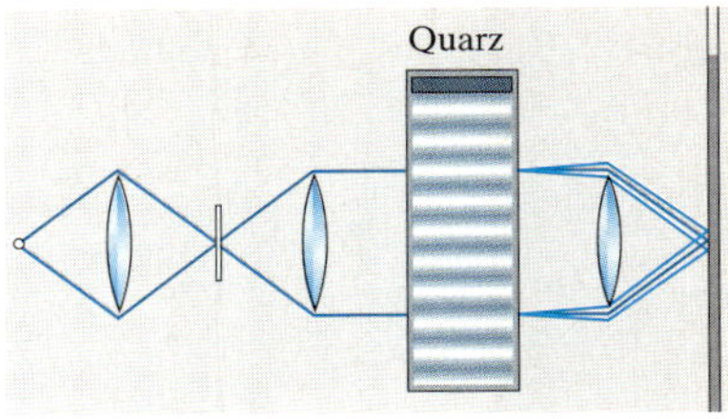

Abb. 4.66. Wellenlängenmessung an Ultraschallwellen nach *Debye-Sears*

Die **Schallintensität** mißt man über die Schallschnelle v_0 oder die Druckamplitude Δp. Sie bestimmen den Schallwechseldruck $\Delta p \sin(\omega t)$, in dessen Rhythmus eine Mikrophonmembran schwingt und ihn auf ein elektronisches System überträgt, aber auch den **Schallstrahlungsdruck** $p_{\text{Str}} = \frac{1}{2}\varrho v_0^2 = \frac{1}{2}\kappa\,\Delta p^2 = I/c$, der zeitlich konstant ist und eine **Rayleigh-Scheibe** oder ein **Schallradiometer** verdreht. Die Rayleigh-Scheibe ist direkt, die Radiometerscheibe über einen Dreharm an einem dünnen Quarz-Torsionsfaden aufgehängt und mit einem Spiegelchen versehen, das die Auslenkung stark vergrößert auf einen Schirm projiziert. Das Radiometer erfährt im Schallfeld ein Drehmoment $T = Alp_{\text{Str}}$, die Rayleigh-Scheibe (Radius r) $T = \frac{4}{3}p_{\text{Str}}r^3$. Die Scheibe muß klein gegen die Wellenlänge sein, sonst mitteln sich die Kräfte teilweise weg.

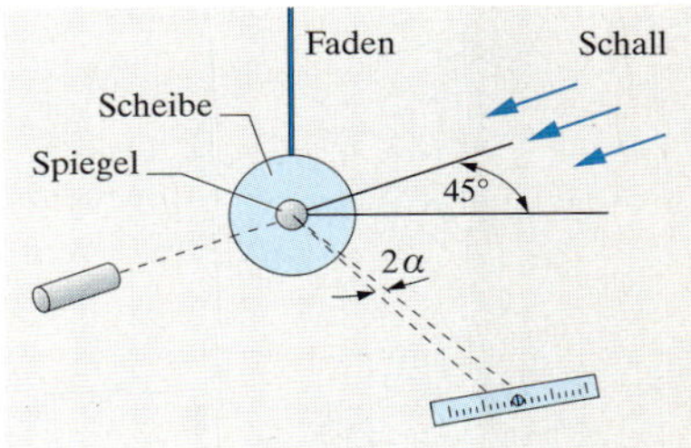

Abb. 4.67. Rayleigh-Scheibe zur Messung der Schallschnelle

4.5.2 Töne und Klänge

Die Fourier-Analyse schält aus unserer akustischen Umwelt als Grundelement den **Ton**, eine reine Sinusschwingung $a\sin(\omega_0 t + \varphi)$ heraus, charakterisiert durch Amplitude, Frequenz und Phase. Er entspricht im Spektrum (in der Fourier-Transformierten) einer einzelnen Spektrallinie bei der Kreisfrequenz ω_0. Ein musikalischer „Ton" (abgesehen von den leblosen Sinustönen elektronischer Instrumente) ist physikalisch bereits ein **Klang**, nämlich die Überlagerung mehrerer Sinustöne, eines Grundtons und einiger Obertöne. Im Spektrum eines Klanges liegen diskrete gleichabständige Linien $\omega_n = n\omega_0$. Ein Klang ist ein streng periodischer Vorgang beliebiger Form. Ein nichtperiodischer Vorgang ergibt ein kontinuierliches Frequenzspektrum und heißt **Geräusch**. Strenggenommen trifft dies auch für jeden Vorgang zu, dessen Amplitude mit der Zeit anschwillt oder abklingt. Nur ein unendlicher Sinuston ist wirklich ein Ton. Das Frequenzspektrum eines nicht zu kurzen abbrechenden Klanges ist aber schmal genug, daß das Ohr und jedes Analysegerät ihn noch als reinen Klang empfindet (Aufgaben 4.1.1, 12.1.6).

Physikalisch besteht der Unterschied zwischen einem musikalischen Einzel„ton" und einem **Akkord** nur in der relativen Amplitude der Oberschwingungen: Im Akkord sind einige von ihnen besonders betont, nämlich die musikalischen Einzeltöne. Bis zu einem gewissen Grade kann man so das Harmoniesystem unserer Musik aus der Obertonreihe ableiten. Wie *Pythagoras* mit mystischer Befriedigung fand, klingen Akkorde angenehm, wenn die Saitenlängen oder die Frequenzen der Teiltöne im Verhältnis kleiner ganzer Zahlen stehen. Für Oktave, Quint, Quart, große Terz, kleine Terz sind diese Verhältnisse 2 : 1, 3 : 2, 4 : 3, 5 : 4, 6 : 5. Solche

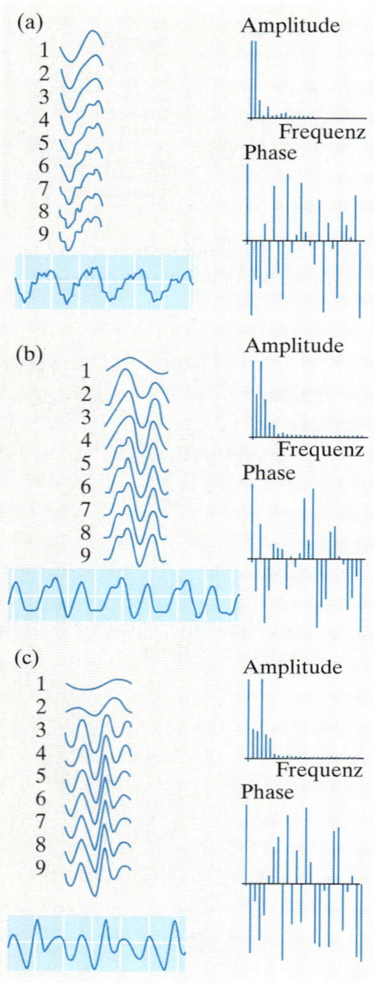

Abb. 4.68. Oszillogramme der Töne von (a) Violine, (b) Klarinette und (c) Trompete mit ihrer Obertonentwicklung

Verhältnisse bestehen naturgemäß zwischen geeigneten Obertönen jedes Einzeltones. So steckt der Dur-Dreiklang als 3ω, 4ω, 5ω in jedem „Ton" ω. Die Töne 4ω, 5ω, 6ω, 7ω bilden fast genau den Dominantseptakkord (allerdings mit deutlich zu tiefer Septime und mit der Auflösung nach F-Dur, wenn man von C ausgeht). Höhere Obertöne geben die ganze Tonleiter wieder, aber mit Abweichungen. Untertöne, d. h. die Frequenzen $\omega/2$, $\omega/3$ usw. entstehen in den klassischen Instrumenten nur ausnahmsweise, werden dagegen in elektronischen Instrumenten bewußt durch Frequenzteilung erzeugt. Musikalisch bilden sie die „Umkehrung" der Obertonreihe und enthalten den Moll-Dreiklang an der gleichen Stelle wie diese den Dur-Dreiklang. Jedes Blasinstrument erzeugt ohne besondere Tricks (Stopfen, Ventile, Mundakrobatik) nur die Obertonreihe als „Naturtöne": Man kann die Luftsäule im Rohr so anregen, daß 1, 2, 3, ... halbe Wellenlängen hineinpassen.

Unser Tonsystem muß überall auf Physik und Mathematik Rücksicht nehmen. Wenn man die Intervalle z. B. von C aus durch die reinen Frequenzverhältnisse 3/2, 4/3 usw. definiert (reine Stimmung), könnte man auf einem so gestimmten Klavier eigentlich nur C-Dur spielen (Aufgabe 4.5.6). Seit *A. Werckmeister* und *J. S. Bach* stimmt man daher die Tasteninstrumente **temperiert**, d. h. man verteilt die unvermeidliche Falschheit auf alle Töne und Tonarten in gleichmäßiger, aber erträglicher Weise. Die zwölf Halbtöne einer Oktave haben zum Nachbarton das gleiche Frequenzverhältnis $\sqrt[12]{2}$. Kleine Terz und große Sext weichen am meisten von der reinen Stimmung ab. Im Moll-Akkord hört man daher auch beim gut gestimmten Klavier Schwebungen, die anzeigen, daß die Fourier-Synthese nicht ganz stimmt.

Die **Klangfarbe** eines Klanges wird bestimmt durch die Amplitudenverhältnisse von Grund- und Obertönen. Die Phasen der Teilschwingungen sind dagegen ohne Einfluß auf die Klangfarbe. Das Ohr ist ein Fourier-Analysator ohne Phasenempfindlichkeit. Ein Ton mit überwiegend geraden Obertönen (2ω, 4ω, ...; der Grundton gilt als 1. Oberton), wie ihn viele Holzblasinstrumente, besonders Oboe und Flöte liefern, klingt hohl und näselnd. Er enthält nämlich zunächst nur reine Oktaven und eine Quint, muß also ähnlich klingen wie der Anfang der 9. Sinfonie mit seinen berühmten leeren Quinten. Die ungeraden Obertöne der Streicher machen den Ton „hell" oder „warm", denn schon ω, 3ω, und 5ω konstruieren den vollen Dur-Dreiklang. Zu zahlreiche und intensive Obertöne klingen „rauh", als wenn man alle Töne der Tonleiter auf einmal anschlägt.

Zur objektiven Aufzeichnung von Klängen ist ein Oszillograph in Verbindung mit Kondensatormikrophon und Verstärker geeignet (Abb. 4.68). Die Frequenzanalyse eines Klanges erfolgt im Prinzip immer noch mit einem System von Resonatoren, wenn diese auch nicht mehr wie bei *Helmholtz* als Hohlkörper angelegt sind, die auf einen bestimmten engen Frequenzbereich ansprechen, sondern als elektronische Filter mit engem durchgelassenen Frequenzband. Im Tonfrequenzspektrometer wird die Reihe solcher Filter nacheinander an die y-Platten eines Oszillographen gelegt, auf dessen Schirm direkt das Fourier-Spektrum des Klanges entsteht.

Schallaufzeichnung und -wiedergabe sind durch Elektronik, Feinmechanik und Optik zu höchster Perfektion entwickelt. Grundvoraussetzung ist Linearität der Systeme im ganzen hörbaren Frequenzbereich, denn sonst sind Verzerrungen nicht zu vermeiden. Die **Stereoplatte** enthält Signale von den beiden Mikrophonen auf den Flanken einer V-förmigen Rille. Der Schwingungsvorgang der Nadel setzt sich aus diesen beiden senkrechten Komponenten zusammen. Auf dem **Magnetband** werden feinste Eisenteilchen im Rhythmus des Stroms im Magnetkopf ausgerichtet, und ihr Magnetfeld induziert bei der Wiedergabe im gleichen Kopf genau entsprechende Ströme. Manche Diktaphone benutzen zum gleichen Zweck die Einzelbereiche eines polykristallinen Drahtes. Beim **Tonfilm** moduliert man die

Schwärzung der Tonspur auf dem Film durch eine Kerr-Zelle oder einen Schleifenoszillographen, und diese Schwärzung moduliert bei der Wiedergabe ihrerseits den Strom durch eine Photozelle.

In wenigen Jahren hat die Compact Disk (CD) die Schallplatte fast ganz verdrängt. Wie das spektrale Interferenzfarben-Schillern im Schräglicht zeigt, ist eine solche Scheibe bedeckt mit µm-großen Gruben (pits), erzeugt von einem Hochleistungslaser und ausgeätzt, die die Schallsignale digital und daher kaum störanfällig wiedergeben. Etwa 20 000 solche pits/s tasten den analogen Verlauf der Schallintensität punktweise ab, sogar zweimal für Stereo-Aufnahmen. Sie werden als Reflexe von Festkörper-Lasern berührungsfrei abgelesen. Auch andere Daten können digital auf Video-Disks oder CD ROMs gespeichert werden.

✗ Beispiel...

Messen Sie die bespielte Fläche einer CD; schätzen Sie die Drehfrequenzen am Anfang und Ende des Stückes. Wieviel Platz etwa nehmen die pits ein, die einen Abtastpunkt der analogen Amplitudenkurve wiedergeben?

Innenradius 23 mm, außen z. B. 55 mm, Drehfrequenzen 500 U/min bzw. 200 U/min, also 1,1 m/s. Auf die 32 mm müssen bei 1 h Spieldauer 21 000 Spuren passen, von je 1,5 µm Breite. $2 \cdot 10^4$ Abtastungen/s ergeben 50 µm Länge für die beiden Binärzahlen (Stereo!), die die Amplitude digital darstellen. Außerdem müssen noch Signale für Zeit und Drehfrequenz untergebracht werden.

4.5.3 Lautstärke

Vor überhohen Schallintensitäten, die das Ohr verletzen könnten, warnt die **Schmerzschwelle**. Am anderen Ende der Skala hätte es keinen Zweck, ein zu empfindliches Ohr zu konstruieren. Wenn unser Ohr nur ein bißchen empfindlicher wäre, nähmen wir die molekularen Schwankungen in der Luft, d. h. die **Brownsche Bewegung** des Trommelfells, als ständiges Störrauschen wahr (Aufgabe 4.5.7). Damit ist der Intensitätsbereich, den das Ohr wahrnimmt, umgrenzt. Bei der günstigsten Frequenz (1–4 kHz) umspannt er 13 Zehnerpotenzen.

Schon daraus ist klar, daß die subjektive Empfindung, die **Lautstärke**, anderen Gesetzen folgen muß als ihr physikalisches Analogon, die Intensität. Es wäre biologisch sinnlos, diesen riesigen Intensitätsbereich linear einzuteilen. Wenn z. B. 100 unterscheidbare Lautstärkestufen verfügbar sind und gleichmäßig über die I-Skala verteilt würden, könnte man ganz unnötigerweise unterscheiden, ob 99 oder 100 Menschen gleichzeitig reden. Wenn ein einzelner Mensch unter den gleichen Umständen etwas leiser redete, würde, was er sagt, im Lautstärkeniveau 0 der Unhörbarkeit untergehen.

Nach *W. Weber* und *G. Th. Fechner* hilft sich die Natur genau wie der Mathematiker, der einen riesigen Bereich durch Logarithmieren komprimiert und dabei im interessanten niederen Teil gewaltig an Unterscheidungsschärfe gewinnt. Die Wahrnehmungsintensität, hier die Lautstärke, ist proportional dem Logarithmus der Reizintensität, hier Schallintensität:

$$\boxed{L = \text{const} \ln(I/I_0)} \,. \tag{4.101}$$

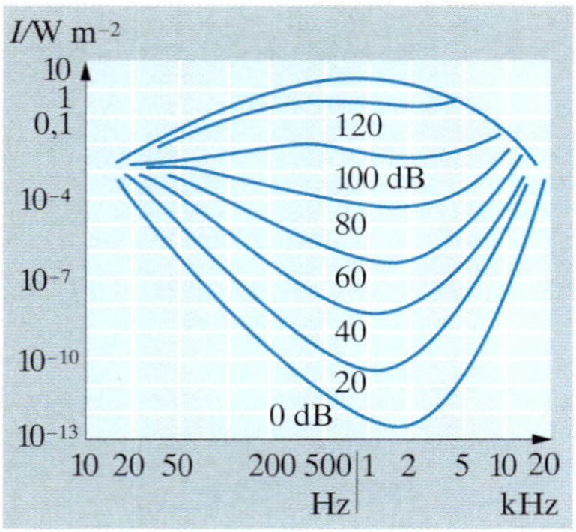

Abb. 4.69. Die „Hörfläche" gibt an, bei welchen Schallintensitäten und -frequenzen das menschliche Ohr einen bestimmten Lautstärkeeindruck hat

Daß sich die Intensität geändert hat, merkt man erst, wenn sie sich um einen bestimmten *Faktor* geändert hat (empirisch 20–25 %), gleichgültig, wie groß sie anfangs war. Der Lautstärkeunterschied zwischen zwei Motorrädern und einem ist derselbe wie zwischen zwei Mücken und einer. Das gleiche Grundgesetz der Psychophysik gilt ja auch für Tonhöhen: Gleiche Intervalle bedeuten gleiches *Verhältnis* der Frequenzen. Ähnliches gilt für das Unterscheidungsvermögen für Gewichte, Helligkeiten usw., nicht aber z. B. für den durch einen elektrischen Strom erregten Schmerz.

Hörschwelle und Schmerzschwelle liegen für die einzelnen Frequenzen verschieden. Am tiefsten liegt die Hörschwelle und am höchsten die Schmerzschwelle zwischen 1 und 4 kHz. Wo beide zusammenfallen hört man nichts mehr. Das ist der Fall bei 16 Hz einerseits, bei 20 kHz beim kindlichen Ohr andererseits. Mit zunehmendem Alter schwinden die hohen Frequenzen bis 4 kHz oder darunter.

Entsprechend dem Weber-Fechner-Gesetz mißt man Lautstärken in **Phon**. Ein Phon (auch **Dezibel**, dB genannt) entspricht einem Intensitätsverhältnis $\sqrt[10]{10} = 1{,}259$, also etwa dem Unterscheidungsvermögen des Ohres. Der gerade noch hörbare Ton der Normalfrequenz 1 kHz soll 0 Phon haben (Intensität I_0). Damit ist die Konstante in (4.101) festgelegt.

$$\boxed{L = 10 \log(I/I_0)}\ .$$

Die Schmerzschwelle für 1 kHz ($I/I_0 = 10^{13}$) liegt demnach bei 130 Phon. Die **Phonometrie** versucht Lautstärken auch bei verschiedenen Frequenzen zu vergleichen: Man regelt die Intensität eines Normaltons von 1 kHz so, daß dieser als ebenso laut empfunden wird wie der zu messende Ton. Die **Hörfläche** (Abb. 4.69) faßt alle Tatsachen zusammen.

Neuerdings zweifelt man die Allgemeingültigkeit des Weber-Fechner-Gesetzes an. Subjektiv sei der Unterschied zwischen zwei Düsenflugzeugen und einem doch größer als zwischen zwei Mücken und einer. Analog scheinen dem Musiker die hohen Oktaven breiter: Das Tonunterscheidungsvermögen wird in der Höhe feiner. Man glaubt das universelle ln-Gesetz durch individuelle Potenzgesetze mit kleinem Exponenten (z. B. $L \sim I^{0,3}$) ersetzen zu müssen, obwohl diese natürlich die Existenz der unteren Schwelle nicht wiedergeben. So ergibt sich die von der Phon-Skala etwas abweichende **Sone-Skala**. Es scheint auch eine enge Wechselwirkung zwischen Frequenz- und Intensitätswahrnehmung zu bestehen: Laute Töne klingen systematisch tiefer. Dies könnte auf den Schwingungseigenschaften der Basilarmembran beruhen (Abschn. 4.5.4).

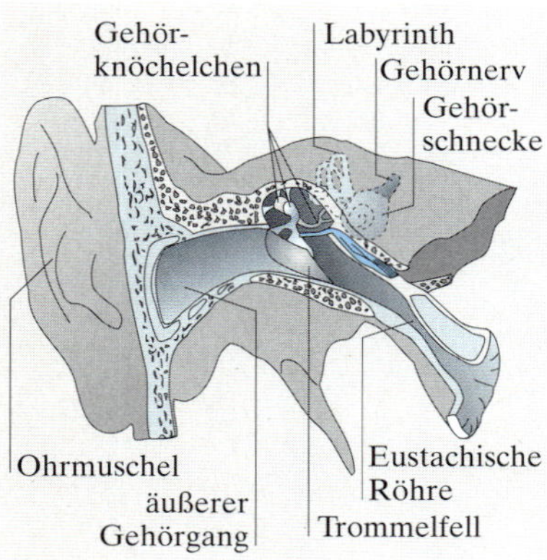

Abb. 4.70. Das menschliche Ohr: Gehörgang, Trommelfell, Mittelohr mit Gehörknöchelchen und Eustachischer Röhre, Innenohr mit den drei Ringen des Gleichgewichtsorgans (Labyrinth) und der Schnecke, an der der Gehörnerv ansetzt

4.5.4 Das Ohr

Bündelung durch die Ohrmuschel (Abb. 4.70) und den leicht verjüngten Gehörgang verstärkt den Schalldruck zwischen Außenraum und **Trommelfell** etwa auf das Doppelte, also die Intensität auf das Vierfache. Ob die Resonanzeigenschaften des Gehörgangs dabei eine Rolle spielen, ist umstritten; mit 2,5 cm Länge wäre er auf 6 kHz abgestimmt. Interessanter wird es hinter dem Trommelfell, dessen Schwingungen von **Hammer**, **Amboß** und **Steigbügel** auf das ovale Fenster, den Eingang zum Innenohr, übertragen werden. Das Trommelfell hat 1 cm^2 Fläche, die Membran des ovalen Fensters nur 0,05 cm^2, entsprechend verjüngen sich die drei Gehörknöchelchen. Bei einer Kraftübersetzung 1 : 1 wäre die Druckamplitude am ovalen Fenster daher 20mal größer als am Trommelfell. Die eigenartige Form und Anordnung der Knöchelchen fügt dazu eine Hebelübersetzung von

3 : 1 zugunsten des ovalen Fensters, bringt also das Verhältnis der Druckamplituden auf 60 : 1. Wozu das alles?

Das Innenohr ist mit Zellflüssigkeit, also praktisch Wasser gefüllt. Jeder Taucher weiß, wie schwer der Schall aus der Luft seiner Stimmorgane ins Wasser zu bringen ist. An einer normalen Luft-Wasser-Grenzfläche mit beiderseits gleicher Druckamplitude erfolgt fast vollständige Reflexion (Abschn. 4.2.5). Diese Schwierigkeit wird überwunden, wenn der Druck auf das Wasser im Verhältnis der Wurzeln aus den Schallwiderständen $Z = \varrho c$ verstärkt wird (**Anpassung**), denn dann geht die Intensität $I = \frac{1}{2}\,\Delta p_0^2/(\varrho c)$ stetig durch die Grenzfläche. Wasser ist 800mal dichter als Luft und hat die 4,5fache Schallgeschwindigkeit. Das Mittelohr erzeugt $\Delta p_\mathrm{W}^2/\Delta p_1^2 \approx 3\,600 \approx \varrho_\mathrm{W} c_\mathrm{W}/(\varrho_1 c_1)$, sorgt also für praktisch ideale Anpassung.

Auch in umgekehrter Richtung besteht ein ganz symmetrisches Anpassungsproblem: Schall kommt nur schwer aus Festkörpern und Flüssigkeiten in Luft. Eine schwingende Saite erregt die Luft nur schwach. Hier muß man umgekehrt die Schwingungsamplitude der Saite über die große Fläche des Resonanzbodens (Violinkörpers) verteilen, um gute Anpassung zu erzielen. Man kann auch sagen: Für die Wellenlängen in Luft, die alle groß gegen den Durchmesser der Saite sind, gleichen sich die Druckunterschiede einfach außen herum aus, ebenso wie um die Membran eines zu kleinen Lautsprechers (akustischer Kurzschluß).

Weitere Funktionen des Mittelohrs sind Ausgleich des Durchschnittsdrucks beiderseits des Trommelfells durch die **Eustachische Röhre** (Verbindung mit dem Rachenraum, die man beim Paßfahren oder Fliegen durch Schlucken oder Gähnen freimacht), und Schutz des Innenohrs durch eine automatische Lautstärkeregelung: Anschwellen der Schallintensität zieht die Muskeln des Mittelohrs zusammen, so daß sie die Schwingungen der Gehörknöchelchen dämpfen und das Übersetzungsverhältnis verringern, und versteift gleichzeitig das Trommelfell. Auf einen plötzlichen Knall ist dieser Mechanismus nicht eingerichtet.

Was hinter dem ovalen Fenster vorgeht, ist erst zum Teil geklärt. Außer dem **Vestibularapparat**, dem Gleichgewichtsorgan mit seinen drei zueinander senkrechten Bogengängen, beginnt dort die **Schnecke** (**Cochlea**) aus $2\frac{1}{2}$ Windungen, längsgeteilt in zwei Kanäle durch die **Basilarmembran**. Diese 3,3 cm lange Membran mit ihren 20 000 Querfasern ist sehr wahrscheinlich der Fourier-Analysator des Ohres. Ihr Schwingungszustand überträgt sich auf die 30 000 Zellen des daraufliegenden **Cortischen Organs**. Von diesen Zellen gehen die Einzelfasern des Hörnervs aus. Schon 1605 vermutete *G. Baudin* Resonanz im Innenohr als Grundlage des Tonhörens. *J. C. Du Verney* lokalisierte 1683 diese Resonanz in der Schnecke, *A. Corti* 1851 in Basilarmembran und Corti-Organ, *H. von Helmholtz* baute seit 1850 die Resonanztheorie aus. Wenn die 20 000 Fasern je auf eine Frequenz abgestimmt wären, reichte das selbst für das feinste Musikerohr, um über 100 Stufen in jedem der 12 Halbtöne der 10 hörbaren Oktaven zu unterscheiden.

Die Fourier-Analyse bringt aber die Resonanztheorie in Schwierigkeiten. Eine so feine Abstimmung setzt sehr schwach gedämpfte Resonatoren voraus, die anatomisch fast undenkbar sind, vor allem aber sehr lange nachklingen müßten, viel zu lange, um rasch wechselnde Gehörseindrücke aufnehmen zu können (Aufgabe 4.5.8). Heute spricht man daher mit *v. Bekesy* (um 1930) von Eigenschwingungen der gesamten Basilarmembran, deren Amplitudenmaximum für verschiedene Frequenzen an verschiedenen Stellen dieser Membran liegt, wegen deren variabler Breite und Spannung. Obwohl offenbar jeder Frequenz ein bestimmter Erregungsort zugeordnet ist, kennen sich die wenigsten Menschen auf ihrer Basilarmembran so gut aus, daß sie ein absolutes Gehör für Tonhöhen haben.

Jede Einzelzelle des Cortischen Organs und jede Einzelnervenfaser scheint also einer bestimmten Frequenz zugeordnet zu sein. Die Amplitude wird, wie ganz allgemein die Erregungsintensität von Nerven, anders umcodiert: Die **Nervenerregung** besteht in einzelnen Impulsen des **Aktionspotentials**, wobei die Erregungsintensität nicht die Höhe der Impulse bestimmt – sie bleibt immer im wesentlichen gleich –, sondern ihre Frequenz. Heftig erregte Zellen feuern häufiger, maximal mit etwa 1 000 Impulsen/s, was schon zeigt, daß der Nervenvorgang keine direkte Ähnlichkeit mit dem Schwingungsvorgang haben kann, sondern umcodiert worden ist. So wird die ganze $a(\omega)$-Funktion des Fourier-Spektrums übertragen. Die Phasenlagen spielen keine Rolle. All dies kann man seit *C. W. Bray* und *E. Wever* (1931) mit Mikroelektroden in den einzelnen Fasern direkt nachweisen.

Wir haben zwei Ohren, um räumlich hören, d. h. Schallquellen lokalisieren zu können. Diese heute durch jede Stereoplatte bestätigte Binsenweisheit wurde lange bezweifelt und erst 1876 durch *Lord Rayleigh* sichergestellt. Die Amplituden-, Phasen- und Laufzeitunterschiede der Signale, die beide Ohren erreichen, kombinieren sich bei verschiedenen Frequenzen in verschiedenem Grade, um die akustische Umwelt zu organisieren: Über 4 kHz Intensitätsunterschiede, unterhalb 3 kHz Phasenunterschiede mit unvollständiger Überlappung zwischen beiden, so daß bei 3 kHz die Orientierung am schlechtesten wird. Anders, durch Echos von selbstausgesandten Signalen, orten Fledermäuse und Delphine die Objekte; sie hören und schreien bis 150 kHz. Auch Blinde und in geringerem Grade wir alle orten so bei niederen Frequenzen und daher mit geringerer Auflösung (Aufgabe 4.5.3).

4.5.5 Ultraschall und Hyperschall

Elastische Wellen mit Frequenzen von der menschlichen Hörschwelle (15 bis 20 kHz) bis etwa 10 GHz nennt man **Ultraschall**. Im oberen Teil dieses Bereichs ist die Wellenlänge etwa so groß wie die des sichtbaren Lichts. Dementsprechend verlieren die Beugungserscheinungen, die die Hörschallausbreitung so komplizieren, an Bedeutung. Ultraschall läßt sich ebensogut bündeln wie Licht und zur Ortung und Hinderniserkennung durch Richtstrahlreflexion ausnutzen (**Sonar** in der Schiffahrt, bei Fledermäusen und Delphinen). Die Raumakustiker studieren Konzertsäle usw. am verkleinerten Modell mit Schall von proportional verkleinerter Wellenlänge. In Materialien mit einfachem Molekülaufbau, z. B. in Metallen ist die Absorption von Ultraschall sehr gering, denn die wesentlichen atomaren Dispersions- und Absorptionsfrequenzen beginnen erst oberhalb von 10^{10} Hz. Daher und wegen seiner Ungefährlichkeit ist Ultraschall zur Materialprüfung, d. h. Entdeckung von Materialfehlern und Dickenmessung, meist den anderen Strahlungen (Röntgen, hartes UV, Neutronen) überlegen. Auch die Medizin mißt Gewebestärken aus der Laufzeit von Ultraschallreflexen. Andererseits ist die Absorption, die besonders in hochpolymerem Material, z. B. organischem Gewebe, mit seinen zahlreichen niederfrequenten Schwingungsmöglichkeiten eintritt, technisch wichtig zur Steuerung der Polymerisationsvorgänge und therapeutisch zur Erwärmung tiefliegender Organe. Der Absorptionskoeffizient eines Materials läßt sich sehr elegant nach dem Impulsechoverfahren messen. Der flächenhafte Schallgeber sendet einen sehr kurzen Impuls aus, der an den Wänden der planparallelen Probe mehrfach reflektiert wird und in dem jetzt als Empfänger benutzten Geber eine Folge von Echoimpulsen mit exponentiell abklingender Stärke erzeugt. Die Dämpfungskonstante dieser Impulsfolge gibt bei bekannter Probendicke direkt den Absorptionskoeffizienten. In Abhängigkeit von der Frequenz, also als Absorptions- bzw. Dispersionskurve, helfen solche Messungen bei der Strukturanalyse.

Mechanische Ultraschallgeber wie Pfeifen und Sirenen erreichen 500 kHz. Bequemer sind **elektroakustische Schallgeber**, die elektrische oder magnetische Schwingungen nach dem Prinzip der **Elektrostriktion** oder des umgekehrten **Piezoeffekts** (vgl. Abschn. 6.2.5) bzw. der **Magnetostriktion** in mechanische umwandeln. Der Wirkungsgrad dieser Umwandlung ist am besten für eine mechanische Resonanz mit hohem Gütefaktor, also eine schwach gedämpfte Eigenschwingung des Schallgebers. Schon ein Weicheisen- oder Nickelstab in einer Hochfrequenzspule ist ein guter Ultraschallgeber. Man verringert i. allg. die Dämpfung durch Wirbelströme wie im Transformatorkern durch Schichtung vieler dünner Bleche. Die Resonanzfrequenz des Stabes ergibt sich nach (4.95). Für eine Piezo-Quarzplatte der Dicke l ist die tiefste Eigenfrequenz $\nu = \frac{1}{2}\sqrt{E/\varrho}/l = 2{,}8 \cdot 10^5/l$ (l in cm; vgl. Tabelle 4.1). Außer Quarz wird Bariumtitanat wegen seiner hohen Elektrostriktion viel verwendet.

Moderne Schallgeber erreichen Schallintensitäten über $100\,\mathrm{W\,cm^{-2}}$, die im hörbaren Bereich 10^5mal höher liegen würden als die Schmerzschwelle. Geeignet geformte Transducer können diese Intensität noch konzentrieren, so daß fast jedes Material zerstört wird. Schon bei viel geringeren Intensitäten ergeben sich physiko-chemische Wirkungen, die man anders kaum erreicht: Feinemulgierung nicht mischbarer Flüssigkeiten, selbst Quecksilber und Wasser, Feindispergierung von Festkörpern in Flüssigkeiten, Abbau von Hochpolymeren mit Einblicken in die Kinetik organischer Reaktionen.

Zwischen 10^{10} und etwa 10^{13} Hz spricht man von **Hyperschall**. Hiermit endet der Bereich elastischer Festkörperschwingungen, denn die Wellenlänge kann nicht kürzer werden als der doppelte Atomabstand $2d$. Bei $\lambda = 2d$ schwingen benachbarte Atome gegenphasig, und jede geometrisch noch kürzere Welle wäre physikalisch gleichwertig einer längeren (vgl. Abschn. 14.2.1). Für Stahl mit $c_\mathrm{S} = 5{,}1 \cdot 10^3\,\mathrm{m\,s^{-1}}$ und $d = 2{,}9$ Å folgt eine Grenzfrequenz (**Debye-Frequenz**) $\nu_\mathrm{G} = \frac{1}{2}c_\mathrm{S}/d \approx 10^{13}$ Hz.

Im Hyperschallbereich verschwindet der Unterschied zwischen Schall- und Wärmeschwingungen. Da die Wellenlänge nicht viel größer ist als der Atomabstand, treten erhebliche Phasenverschiebungen zwischen Druck und Atombewegung auf, die zu starker Absorption führen, aber auch interessante festkörperphysikalische und molekularkinetische Untersuchungen ermöglichen. Bei sehr tiefen Temperaturen frieren die für diese Absorption verantwortlichen Schwingungen ein (vgl. Abschn. 14.2.1). Hyperschall wurde daher erstmals (*Baranski*, 1957) in einem heliumgekühlten Quarzstab durch Ankopplung an zwei Mikrowellen-Koaxialresonatoren erzeugt.

4.6 Oberflächenwellen auf Flüssigkeiten

Wasserwellen sind physikalisch ebenso interessant wie außerphysikalisch, dabei theoretisch so schwierig, daß wir hier keine allgemeine

Behandlung versuchen können, sondern uns mit einigen Plausibilitätsschlüssen zufriedengeben müssen, die die entscheidenden Zusammenhänge liefern.

Wir gehen aus von der Tatsache, daß in einer Welle, die nicht bricht, die Wasserteilchen im wesentlichen an derselben Stelle bleiben, wie man an schwimmenden Körpern, z. B. seinem eigenen, leicht feststellt. Die Geschwindigkeit v der Wasserteilchen hat also direkt nichts mit der Phasengeschwindigkeit c der Welle zu tun.

Jetzt beschreiben wir den Wellenvorgang vom Standpunkt zweier Beobachter. Der eine (A) fahre mit dem Boot genau mit der Welle mit, der andere (B) ruhe relativ zum Meeresboden. Die Relativgeschwindigkeit der beiden Beobachter ist also c.

Für A ist die Welle ein statisches Gebilde; er sieht eine Folge paralleler Rücken und Täler. Die Wasserteilchen allerdings huschen an ihm vorbei, im Mittel mit der Geschwindigkeit c, und zwar überall parallel zur Oberfläche. Bei genauerer Betrachtung sieht A, daß die Teilchen auf den Bergen etwas langsamer laufen als der Durchschnitt, im Tal etwas schneller. Das wundert ihn auch gar nicht, denn vom Berg zum Tal sind sie ja abwärts gelaufen und haben dabei eine potentielle Energie $mg2h$ gewonnen (h sei die Wellenamplitude, m die Masse eines Wasserpaketes). Um genau soviel muß die kinetische Energie im Tal größer sein als auf dem Berg. Sei $c - v$ die Geschwindigkeit auf dem Berg, $c + v$ die im Tal, dann ist der Gewinn an kinetischer Energie

$$\tfrac{1}{2}m(c+v)^2 - \tfrac{1}{2}m(c-v)^2 = 2mcv\,.$$

Da dies gleich $2mgh$ sein muß, folgt

$$v = \frac{gh}{c}\,. \tag{4.102}$$

Der Beobachter B brauchte gar nichts zu beobachten, sondern könnte die Teilchenbewegung in seinem Bezugssystem allein aus den Daten von A erschließen. Von allen Geschwindigkeiten, die A zeichnet, hat B einfach die Relativgeschwindigkeit c (als Vektor) abzuziehen (Abb. 4.71). Er erhält so eine kreisende Bewegung der Wasserteilchen. Der Phasenwinkel, auf dem sich das Teilchen gerade befindet, schreitet in Wellenrichtung fort. So ergibt sich für B das Profil der Welle (nur bei kleiner Amplitude ähnlich einem Sinus, allgemein eine Trochoide oder verallgemeinerte Zykloide: Die Täler sind breiter als die Berge). Die Kreisbahnen der Oberflächenteilchen haben den Radius h (Amplitude der Welle) und werden mit der konstanten Bahngeschwindigkeit durchlaufen, die A als v gefunden hat. Die Winkelgeschwindigkeit des Umlaufs ist also

$$\omega = \frac{v}{h} = \frac{g}{c}\,. \tag{4.103}$$

Die Wellenlänge ergibt sich wie immer als $\lambda = 2\pi c/\omega$, also $\lambda = 2\pi c^2/g$ oder

$$c = \sqrt{\frac{g\lambda}{2\pi}}\,. \tag{4.104}$$

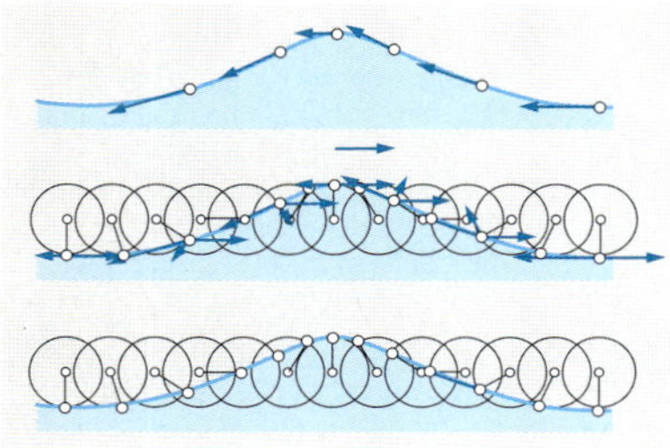

Abb. 4.71. *Oben*: Teilchengeschwindigkeiten in der Wasserwelle, die der mitfahrende Beobachter feststellt. *Mitte*: Der ruhende Beobachter konstruiert die Teilchengeschwindigkeiten in seinem System. *Unten*: Orbitalbewegung der Teilchen an der Oberfläche

Lange Wellen laufen also schneller als kurze. Eine Abhängigkeit der Phasengeschwindigkeit von der Wellenlänge nennt man **Dispersion**. In Anlehnung an die Optik spricht man von **normaler Dispersion**, wenn, wie hier, c mit λ zunimmt. Rotes Licht wird i. allg. schwächer gebrochen, seine Brechzahl n ist also kleiner, d. h. seine Phasengeschwindigkeit $c = c_0/n$ größer (c_0: Vakuum-Lichtgeschwindigkeit).

Bei sehr kurzen Wellen spielt die potentielle Energie der Wasserteilchen im Schwerefeld eine geringere Rolle als die Kapillarenergie. Jede Kräuselung der Oberfläche erfordert ja neben einer Hubarbeit auch Oberflächenarbeit: Die ebene Wasserfläche ist am kleinsten. An die Stelle des Schweredruckes $p = g\varrho h$, der z. B. im Innern eines Wellenberges auf Normalniveau herrscht, tritt also der Kapillardruck $p = \sigma/r$ (Abschn. 3.2), wo r der Krümmungsradius der Oberfläche ist. Dieser ergibt sich bei nicht zu großer Amplitude als $r = y''^{-1}$, wenn $y(x)$ die Form der Oberfläche ist. Angenähert gilt $y = h\sin(2\pi x/\lambda)$, d. h. $y'' = -h\,4\pi^2\lambda^{-2}\sin(2\pi x/\lambda)$, also wird der maximale Kapillardruck (am Gipfel des Wellenberges)

$$p_{\text{Kap}} = \sigma \frac{4\pi^2}{\lambda^2} h\,.$$

An die Stelle von $g\varrho$ tritt $4\pi^2\sigma/\lambda^2$, und damit wird aus (4.104)

$$c_{\text{Kap}} = \sqrt{\frac{2\pi\sigma}{\varrho\lambda}}\,. \tag{4.105}$$

Diese **Kapillarwellen** haben also **anomale Dispersion** (Abb. 4.72). Mit steigender Wellenlänge müssen die Kapillarwellen in Schwerewellen übergehen. Dies geschieht dort, wo sich die beiden Dispersionskurven $c(\lambda)$ treffen, also bei

$$c_{\text{Kap}} = c_{\text{Schwere}}\,, \quad \text{d. h. bei}$$

$$\lambda_{\min} = 2\pi\sqrt{\frac{\sigma}{\varrho g}}\,. \tag{4.106}$$

Für Wasser mit $\sigma = 0{,}07\,\text{N}\,\text{m}^{-1}$ ergibt sich $\lambda_{\min} = 0{,}0172\,\text{m}$. Die Geschwindigkeit solcher Wellen, nämlich $c_{\min} = \sqrt{2}\sqrt[4]{g\sigma/\varrho} = 0{,}23\,\text{m/s}$ (man beachte den Faktor 2, der von der Ausgleichung des Knickes herrührt), ist die kleinste Phasengeschwindigkeit, die für Wasserwellen vorkommt.

Die Kreise, die die Wasserteilchen in der Welle beschreiben, werden um so kleiner, je tiefer man unter die Oberfläche geht, und zwar nehmen Radius und Bahngeschwindigkeit auf einer Tiefe von $\lambda/2\pi$ um den Faktor e ab. Dies Verhalten ist für jemanden, der mit den funktionentheoretischen Methoden der Strömungslehre vertraut ist, fast trivial: Die Geschwindigkeit der ebenen Strömung einer inkompressiblen Flüssigkeit muß immer eine Funktion von $x \pm \mathrm{i}y$ sein, weil sonst die Kontinuitätsgleichung (vgl. (3.21)) nicht erfüllt wäre. Wenn daher in horizontaler Richtung eine harmonische Abhängigkeit $\mathrm{e}^{\mathrm{i}kx}$ herrschen soll, verlangt das automatisch in vertikaler Richtung eine $\mathrm{e}^{\mathrm{i}\cdot\mathrm{i}ky}$-, d. h. e^{-ky}-Abhängigkeit mit dem gleichen $k = 2\pi/\lambda$, also die beschriebene Dämpfung der Orbitalbewegung mit der Tiefe.

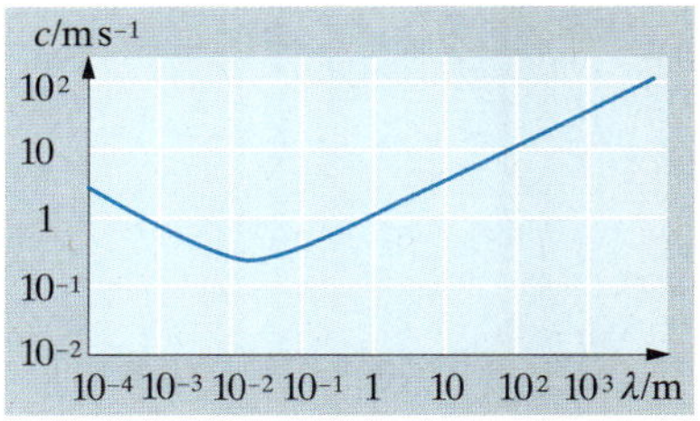

Abb. 4.72. Dispersion der Kapillar- und Schwerewellen im Tiefwasser

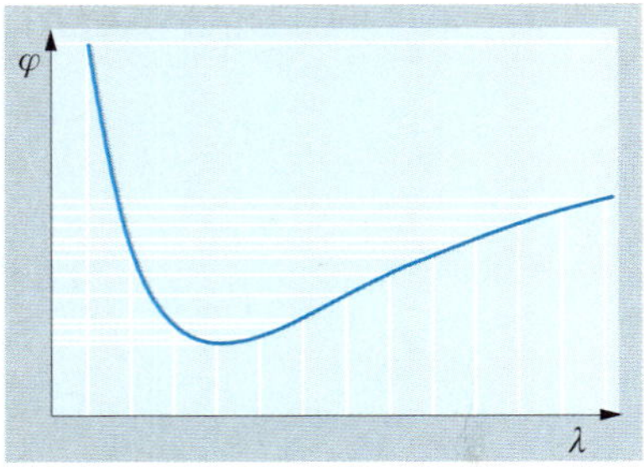

Abb. 4.73. Prinzip der stationären Phase: Das Extremum von $\varphi(\lambda)$ liefert den überwiegenden Beitrag zur Gesamterregung

Dieser Bewegungsablauf wird gestört, wenn die Wassertiefe H nur von der Größenordnung $\frac{1}{2}\lambda/\pi$ oder kleiner ist. Da am Grunde die Teilchen nur parallel zu diesem strömen können, müssen sich die Kreise mit wachsender Tiefe immer mehr zu Ellipsen abflachen, die ganz am Grunde zu „Strichen" werden. Das wirkt sich auch auf die Phasengeschwindigkeit der Wellen aus: Für $H \ll \frac{1}{2}\lambda/\pi$ ist in (4.104) $\frac{1}{2}\lambda/\pi$ durch H zu ersetzen, also wird

$$c = \sqrt{gH}\,. \tag{4.107}$$

Seichtwasserwellen haben also keine Dispersion. Hierher gehören besonders die stehenden Wellen in Seen oder flachen Randmeeren (Ostsee, Genfer See), die nach einem Ausdruck der Fischer vom Genfer See als **Seiches** bezeichnet werden, und die durch Erdbeben o. ä. ausgelösten **Tsunamis** des Pazifik, die Wellenhöhen über 30 m erreichen.

Für die Ausbreitung einer begrenzten Störung auf der Wasseroberfläche ist nicht die Phasengeschwindigkeit, sondern die **Gruppengeschwindigkeit** maßgebend. Da Dispersion herrscht, sind beide verschieden. Bei den Schwerewellen ist die Gruppengeschwindigkeit kleiner, bei den Kapillarwellen größer als die Phasengeschwindigkeit.

Wirft man einen Stein ins Wasser, so beobachtet man, daß nicht nur die Stärke der Erregung mit wachsendem Abstand und zunehmender Zeit abklingt, was selbstverständlich ist, sondern auch, daß die Wellen nach außen immer länger, mit der Zeit aber immer kürzer werden. Dies erklärt sich durch ein interessantes Zusammenwirken von Interferenz und Dispersion. Vom Erregungszentrum und -zeitpunkt gehen Wellen aller möglichen Wellenlängen aus, die natürlich miteinander interferieren. Ob sie sich dabei verstärken oder schwächen, hängt von ihrer Phasenbeziehung ab: Maximale Verstärkung erfolgt bei Phasengleichheit, maximale Schwächung bei einer Phasendifferenz π. Wir betrachten einen Punkt im Abstand r von der Stelle, wo der Stein hineingefallen ist, und eine Zeit t danach. Eine Welle der Länge λ, die dort und dann ankommt, hat die Phase $\varphi = 2\pi r/\lambda - \omega t$ (die Welle ist gegeben durch $\sin(2\pi r/\lambda - \omega t)$ mal einem Dämpfungsfaktor, der für die Phase belanglos ist). Diese Phase ist für festes r und t eine Funktion von λ und mißt (zusammen mit einer Amplitudenfunktion, die die Stärke der einzelnen Wellen angibt) den Beitrag zur Gesamterregung in r und t. Es ist nun klar, daß diejenigen λ-Werte am meisten beitragen, die am häufigsten vorkommen. Besonders häufig sind nach Abb. 4.73 Phasenwerte an einem Extremum der $\varphi(\lambda)$-Kurve. Die ihnen entsprechende Wellenlänge setzt sich durch, alle anderen Wellen interferieren einander weg. Dies ist die Grundidee der **Sattelpunktsmethode** oder **Methode der stationären Phase**, ohne die die Lösung der meisten praktischen Wellenprobleme in Hydrodynamik, Akustik und Optik hoffnungslos wäre.

Beachtet man, daß $\omega = g/c = \sqrt{2\pi g/\lambda}$, also die Phase $\varphi = 2\pi r/\lambda - \sqrt{2\pi g/\lambda}\,t$ ist, so ergibt sich die charakteristische Wellenlänge (bei festem r und t) sofort aus $\mathrm{d}\varphi/\mathrm{d}\lambda = -2\pi r/\lambda^2 + \frac{1}{2}\sqrt{2\pi g/\lambda^3}\,t = 0$ als

$$\lambda = \frac{8\pi}{g}\frac{r^2}{t^2}\,. \tag{4.108}$$

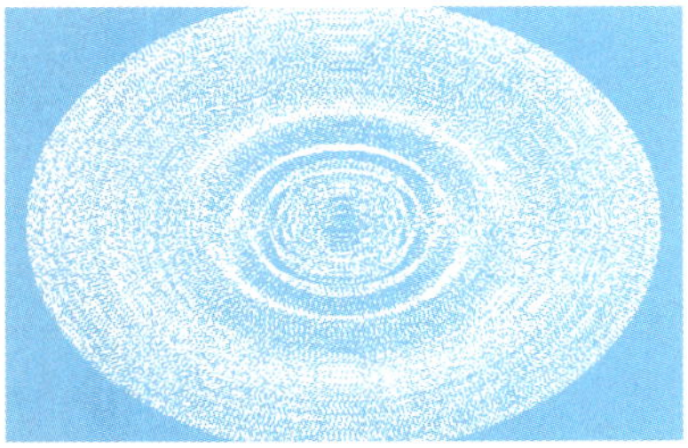

Abb. 4.74. Schwerewellen aus einer punktförmigen Momentanerregung

Das drückt die beobachtete r- und t-Abhängigkeit der Wellenlänge aus. Für Wellen ohne Dispersion ist die Lage anders: Da c nicht von λ abhängt, ist $\omega \sim \lambda^{-1}$ und $\varphi = 2\pi r/\lambda - 2\pi ct/\lambda$. Das Prinzip der stationären Phase führt dann auf $\mathrm{d}\varphi/\mathrm{d}\lambda = -2\pi(r - ct)/\lambda^2 = 0$, d. h. nicht auf eine bestimmte Wellenlänge, sondern auf

$$r = ct\,.$$

Der Erregungsvorgang breitet sich hier als Stoßwelle aus, an der alle möglichen Wellenlängen beteiligt sind.

✗ Beispiel...

Ein sehr kleines Steinchen fällt ins Wasser. Behandeln Sie die Ringwellen (reine **Kapillarwellen**).

Wir wiederholen die Betrachtung, die zu (4.108) führt, für Kapillarwellen: Die Phase $\varphi = r/\lambda - vt = r/\lambda - ct/\lambda = r/\lambda - \sqrt{2\pi\sigma/\varrho} \cdot t/\lambda^{3/2}$ ist maximal für $\mathrm{d}\varphi/\mathrm{d}\lambda = 0$, d. h. $\lambda = 2{,}25\sigma t^2/(\varrho r^2)$. Dies ist die beherrschende Wellenlänge. Die Wellen werden nach außen immer kürzer, mit der Zeit immer länger, gerade umgekehrt wie bei Schwerewellen.

Ein Schiff erzeugt neben und hinter sich eine komplizierte Wellenerregung, die ziemlich scharf durch die **Bugwelle** begrenzt wird. Diese wird oft als typisches Machsches Phänomen analog zum Überschallknall oder der Tscherenkow-Strahlung bezeichnet. Die einfache Beobachtung, daß der Öffnungswinkel der Bugwelle *nicht* von der Schiffsgeschwindigkeit abhängt, sondern immer etwa $2 \cdot 20°$ ist, widerspricht dem aber, denn ein Mach-Kegel sollte sich nach $\sin\vartheta_0 = c/v$ mit wachsendem v verengen. Der Grund ist wieder ein Zusammenwirken von Interferenz und Dispersion. Diesmal interferieren noch mehr Wellen, nämlich für jeden Ort des Schiffes alle Wellen aller möglichen Wellenlängen, die von diesem Ort ausgehen (s. Beispiel des Steins), ferner alle Wellensysteme, die von den aufeinanderfolgenden Schiffsorten ausgehen. Die Methode der stationären Phase, hier allerdings zweimal angewandt, klärt auch dieses Gewirr: Wir betrachten die Wellenerregung an einer Stelle P in einem Moment, wo das Schiff schon in S ist. Als es in S' war (dies war vor der Zeit t), hat es Wellen ausgesandt, die nach (4.108) an dem um r' von S' entfernten Ort P mit der beherrschenden Wellenlänge $\lambda_1 = 8\pi r'^2/(gt^2)$, also mit der Phase

$$\varphi = \frac{2\pi r'}{\lambda_1} - \sqrt{\frac{2\pi g}{\lambda_1}}t = -\frac{gt^2}{4r'}$$

ankommen. Sie kennzeichnet den Beitrag der Lage, die das Schiff vor einer Zeit t innehatte. Die einzelnen Schiffslagen S' hatten natürlich verschiedenen Abstand r' von P, und zwar läßt sich dieser nach dem Cosinussatz durch t ausdrücken: $r'^2 = r^2 + v^2t^2 - 2rvt\cos\vartheta$ (Abb. 4.75), also

$$\varphi(t) = -\frac{g}{4}\frac{t^2}{\sqrt{r^2 + v^2t^2 - 2rvt\cos\vartheta}}\,. \tag{4.109}$$

Von allen Wellensystemen, die das Schiff zu verschiedenen Zeiten t ausgesandt hat, leisten wieder die den entscheidenden Beitrag, für die die Phase stationär (extremal) ist. Das ist der Fall für

$$\frac{\mathrm{d}\varphi}{\mathrm{d}t} = 0 = \frac{g}{4}\left(\frac{2t}{r'} - \frac{t^2}{r'^2}\frac{\mathrm{d}r'}{\mathrm{d}t}\right).$$

Wegen

$$\frac{\mathrm{d}r'}{\mathrm{d}t} = \frac{1}{2r'}(2v^2t - 2rv\cos\vartheta)$$

(man beachte, daß S' nach *rechts* wandert, wenn t zunimmt; deswegen das $-$ vor $2rv\cos\vartheta$) folgt

$$2r^2 + v^2t^2 - 3rvt\cos\vartheta = 0\,, \quad \text{also} \quad t = \frac{3}{2}\frac{r}{v}\left(\cos\vartheta \pm \sqrt{\cos^2\vartheta - \tfrac{8}{9}}\right).$$

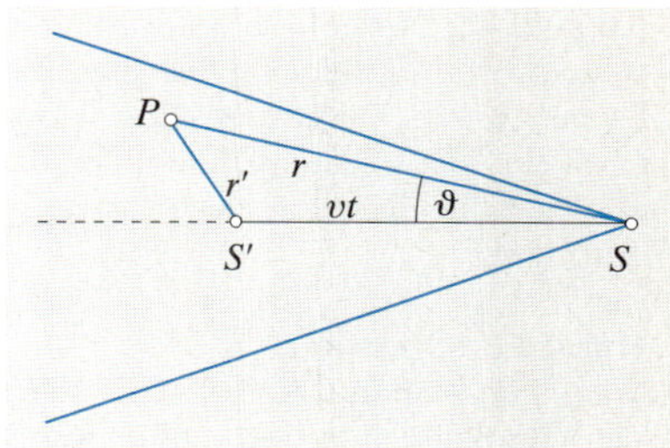

Abb. 4.75. Schiffswellen: Die Erregung im Punkt P zur Zeit t ergibt sich aus den Beiträgen aller früheren Schiffslagen S'

Wie man sieht, wird für $\cos^2 \vartheta < \frac{8}{9}$ oder $\sin \vartheta > \frac{1}{3}$, d. h. $\vartheta > 19{,}5°$ die Lösung komplex. Es gibt dann überhaupt keine Schiffslage, die den beherrschenden Einfluß hat. Wenn aber alle Wellensysteme etwa gleichen Einfluß haben, kann das Ergebnis nur ein praktisch völliges Weginterferieren sein. Außerhalb 19,5° ist also das Wasser ruhig.

Man beachte, daß infolge der eigenartigen Dispersion der Schwerewellen im Prinzip Wellen jeder Geschwindigkeit möglich sind, die schneller laufen als jedes Schiff und daher leicht in den Raum außerhalb des 19,5°-Fächers eindringen oder sogar dem Schiff vorauslaufen könnten. Beim Schall, der praktisch keine Dispersion hat, ist das anders. Die Überlagerung aller von den einzelnen Positionen des Flugkörpers ausgehenden Wellen, die alle mit dem gleichen c laufen, ist dann einfacher und führt zum Mach-Kegel.

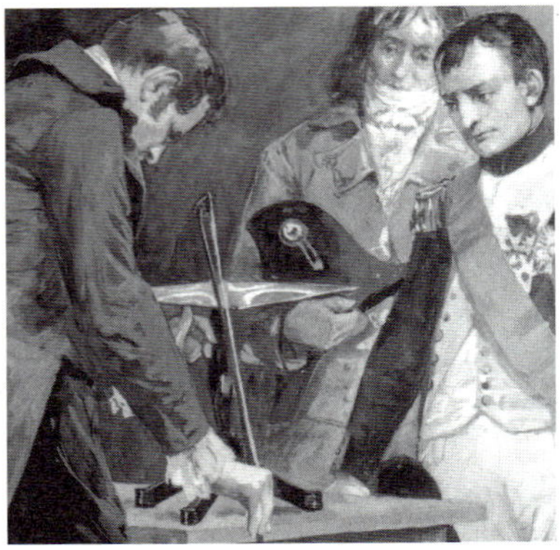

Ernst Chladni (1756-1827), Dozent in Wittenberg, führte 1809 *Napoléon* seine Klangfiguren vor, mit denen er die gebildete Gesellschaft ganz Europas unterhielt. Einen Preis für die Theorie dieser Figuren erhielt 1816 *Sophie Germain*, die mit Fachkollegen meist unter männlichem Pseudonym korrespondierte, damit man sie ernstnähme

▲ Ausblick

Nicht nur der Physiker sollte sich für Wellen interessieren: Fast alles, was wir über die Welt wissen, verdanken wir Schall und Licht, von Radio und Fernsehen ganz zu schweigen. Kein Wunder, denn die ganze Welt besteht nach der Quantenmechanik aus Wellen, wenn auch ganz seltsamen: Wahrscheinlichkeitswellen. Eine Welle ist mathematisch nicht einfach: Ein Feld, das nicht nur orts-, sondern auch zeitabhängig ist. Und diese Abhängigkeit wird durchaus nicht immer durch die d' Alembert-Gleichung beschrieben. Was wir hier über die Schicksale von Wellen erfahren haben, werden wir in Kap. 10 auf das Licht, in Kap. 7 auf elektromagnetische Wellen überhaupt, in Kap. 11 auf Strahlung, in Kap. 16 auf die Materie überhaupt übertragen. Auch die Wärmeenergie, speziell die eines Kristalls, wird in Kap. 14 in Wellen zerlegt. Eine wesentliche Beschränkung, die auf lineare Schwingungen, werden wir in Kap. 18 fallen lassen und dadurch auf ganz neue Tatsachen stoßen.

✓ Aufgaben . . .

●● 4.1.1. Koloraturbaß
Sarastros getragene Platituden gegen die glitzernden Koloraturen der Königin der Nacht – sind die Männer so schwerfällig, oder gibt es physikalische Gründe? Hinweis: Wie lange muß ein Ton andauern, damit er die erforderliche Reinheit (sagen wir: $\frac{1}{16}$ Ton) hat?

●● 4.1.2. Obertöne
Was kann man aus Abb. 4.10a, b über die **Obertöne** einer gezupften Saite lernen? Lassen sich die Ergebnisse über den zeitlichen Verlauf von x auch auf die Ortsabhängigkeit der Auslenkung umdeuten?

●● 4.1.3. Schatzsuche
Jemand findet am Strand eine uralte Rumflasche und darin ein Pergament, unterzeichnet „Captain Kidd", in dem die Koordinaten einer Insel angegeben werden, wo der Piratenschatz vergraben ist. Auf der Insel sollen sich zwei Bäume und die Reste eines Blockhauses befinden. Um den Schatz zu finden, gehe man von der Blockhaustür geradlinig zum einen Baum, zähle dabei die Schritte, schwenke am Baum 90° nach rechts und gehe in der neuen Richtung ebenso viele Schritte, wie man vorher zum Baum gegangen ist. Dann schlage man einen Pflock ein. Man gehe zurück zur Blockhaustür und verfahre mit dem zweiten Baum genauso, nur daß man an diesem Baum nach links schwenkt. In der Mitte zwischen beiden Pflöcken liegt der Schatz. Der Finder der Flasche fährt zur Insel, findet dort die beiden Bäume, aber keine Spur des Blockhauses. Kann er den Schatz trotzdem finden – besonders wenn er mit komplexen Zahlen umgehen kann?

●● 4.1.4. Beschleunigungsmesser
Eine Stahlkugel in einem horizontalen Glasrohr wird von zwei Spiralfedern normalerweise in die Rohrmitte gedrückt. Zeichnen und diskutieren

Sie, wie das System funktionieren soll. Wie dimensionieren Sie Kugel und Federn sowie die Anzeigeskala? Füllen Sie das Rohr mit Wasser oder Glyzerin oder dergleichen oder lassen Sie es leer?

●●● **4.1.5. Meßgerät**
Das drehbare Anzeigesystem habe das Trägheitsmoment J und die Rückstellgröße D^*. Die Dämpfungsgröße k läßt sich variieren. Wie muß man sie wählen, damit die Annäherung an den Endausschlag bei einer Messung möglichst schnell erfolgt? Diskutieren Sie auch die Fälle D^*, k fest, J variabel und J, k fest, D^* variabel. Sind alle drei Fälle praktisch wichtig?

●● **4.2.1. Verstimmte Uhren**
Eine Anzahl von Uhren ist in einer Reihe aufgestellt, jede immer 1 m von der vorigen entfernt. Jede Uhr geht gegenüber der vorigen pro Stunde um 1 s nach. Zu einem bestimmten Zeitpunkt hat man alle genau gestellt. Jede Uhr gibt jede Viertelstunde einen Gongschlag von sich. Was geschieht später? Mit welcher Geschwindigkeit läuft die „Gongschlagwelle" durch die Uhrenreihe? Wie hängt diese Geschwindigkeit vom Abstand und von der „Verstimmung" der Uhren ab? Wovon hängt sie sonst noch ab?

●● **4.2.2. Erdbeben I**
Fünf Minuten nach dem **Erdbeben** von Agadir begannen in Paris die Seismographen auszuschlagen. Welchen Elastizitätsmodul haben die Gesteine des Erdmantels? Weshalb wird auch ein stoßartiges Großbeben in der Ferne als mehrere Minuten langer Wellenzug aufgezeichnet? Im Erdkern läuft die schnellste Welle (P-Welle) mit ca. 8 km/s. Kann der Erdkern aus Stahl sein? **Erdbebenwellen** laufen auf gekrümmten Bahnen. Wie und warum? Was geschieht, wenn sie dabei wieder an die Oberfläche oder auf die Grenze zwischen Mantel und Kern treffen?

●● **4.2.3. Erdbeben II**
Ein Weltbeben habe als **Hypozentrum** eine Bruchzone in 100 km Tiefe. Im **Epizentrum** direkt darüber an der Erdoberfläche kommen Beschleunigungen vor, die größer als g sind. Die entsprechenden Schwingungsperioden liegen zwischen 4 und 10 s. Welche Verschiebungs- und Geschwindigkeitsamplituden kommen im Epizentrum und in größerem Abstand davon, z. B. am Antipodenpunkt an (verlustfreie Ausbreitung vorausgesetzt)? Wie groß ist die Gesamtenergie des Bebens, wenn das Hypozentrum etwa 10 km Durchmesser hat? Vergleichen Sie mit einer Wasserstoffbombe. Eine Zehnerpotenz in der Epizentrums-Intensität entspricht drei Größenstufen in der **Mercalli-Skala**. Bis zu welcher Stärke lassen sich Beben auf der ganzen Erde registrieren, wenn die Schreibspitze knapp 1 mm dick ist?

●● **4.2.4. Seismograph**
Ist ein System wie in Aufgabe 2.3.6 als Seismograph brauchbar, wenigstens im Prinzip? Wie muß man die Massen, Winkel usw. wählen? Wie würde man das Aufzeichnungssystem konstruieren? Fernbeben haben Perioden bis 20 s. Muß man dämpfen und wie? Man beachte: Ein sehr kurzer Erdstoß soll als Stoß und nicht als gedämpfte Eigenschwingung wiedergegeben werden.

●● **4.2.5. Seiches**
Wie schwappt das Wasser in einem flachen Becken hin und her? Allgemeiner betrachten wir Wellen, die sehr lang sind verglichen mit der Tiefe des Beckens, so daß das Wasser über die ganze Tiefe mit gleicher Geschwindigkeit v nach rechts oder links strömt. Wie hängen v und seine Änderung von der Druckverteilung ab, wovon hängt wieder diese ab? Wie verschiebt sich der Wasserspiegel unter dem Einfluß dieser Strömung? Stellen Sie eine Wellengleichung auf und lesen Sie Ausbreitungsgeschwindigkeit, Periode usw. der Flachwasserwellen ab.

●● **4.2.6. Wellengruppe**
Am Meer folgen auf eine große Welle meist noch mehrere ähnlich große, nach einer solchen Serie ist es wieder ziemlich ruhig usw. Wie kommt das?

●● **4.2.7. Unterwassergespräch**
Weshalb können sich Taucher so schlecht sprachlich verständigen, obwohl doch die Schallabsorption in Wasser so viel geringer ist als in Luft? Weshalb hat man so lange gedacht, die Fische seien stumm? Wieso hat man diese Ansicht plötzlich korrigiert?

●● **4.2.8. Seegeflüster**
Warum hört man am See so deutlich, was die Leute am anderen Ufer reden? Sollte der Effekt über einer glatten Wüstenfläche auch da sein? Warum kann man so schlecht gegen den Wind schreien? Worauf beruht die Wirkung des Sprachrohres?

●● **4.3.1. Reflexion**
An einer soliden Wand wird eine schräg einfallende Welle reflektiert. Bei einem Lattenzaun sollte man eher den Begriff der Beugung anwenden. Wie sind die beiden Bilder vereinbar? Sie sollten es sein, da sich eine Wand von einem sehr dichten Lattenzaun praktisch nicht unterscheidet.

●● **4.3.2. Am Strand**
Auf einem flachen Strand laufen die Wellen fast immer senkrecht aus (Kämme parallel zur Strandlinie), selbst wenn sie im Tiefwasser eine ganz andere Richtung hatten. Wie kommt das?

●● **4.3.3. Flüsterjets**
Zwei gleichgroße Schiffe fahren beiderseits in ungefähr gleichen Abständen an einem kleinen Boot vorbei. Unter welchen Umständen schaukelt das Boot auf beiden Wellen weniger bzw. stärker, als wenn nur ein Schiff vorbeiführe? Wie groß sind die Wahrscheinlichkeiten für beide Ereignisse? Wie kommt es, daß zwei Autos lauter sind als eins?

●● **4.3.4. Doppler-Effekt**
Die Astrophysik verdankt dem **Doppler-Effekt** einige ihrer wichtigsten Aussagen. Wie bestimmt man die Geschwindigkeit von Sternen oder

Galaxien relativ zur Sonne oder die Rotationsgeschwindigkeit von Sternen? Was versteht man unter der Doppler-Verbreiterung von Spektrallinien, und wovon hängt das ab? Kann man mittels des Doppler-Effekts feststellen, ob ein Fixstern dunkle Begleiter (Planeten) hat?

●● 4.3.5. Überschallknall

Warum hören wir einen *Doppel*knall, wenn ein Überschallflugzeug über uns weggeflogen ist? Wovon hängt der Zeitabstand zwischen den beiden Knallen ab? Das Flugzeug steht 42° über dem Horizont, als es knallt; der Zeitabstand der beiden Knalle ist $\frac{1}{8}$ s. Was kann man folgern?

●● 4.3.6. Tscherenkow-Strahlung

Welche **Phasengeschwindigkeit** v hat das Licht in Glas ($n = 1{,}5$) oder Wasser ($n = 1{,}33$)? Welche Energie W (in J bzw. in eV) muß ein Elektron, ein Proton, ein α-Teilchen haben, um schneller als v zu fliegen? Wie und wo erreicht man solche Energien? Was ist die Folge? Ändert die relativistische Betrachtung (vgl. Abschn. 15.2.7) die Werte für W erheblich?

● 4.4.1. Panflöte

Sie bauen eine Panflöte aus Schilfrohr. Wie müssen die Längen abgestuft sein, damit Sie alle 12 Halbtöne einer Oktave spielen können? Wie können Sie die absolute Höhe im voraus festlegen?

●● 4.4.2. Goldener Schnitt

Zeigen Sie, daß folgende Probleme alle auf die gleiche Zahl hinauslaufen: (1) Die Proportionen einer Rechteckmembran sollen so bestimmt werden, daß möglichst wenig Chancen für entartete Schwingungen vorliegen. (2) Eine Strecke soll so geteilt werden, daß sich der große Abschnitt zum kleinen so verhält wie die ganze Strecke zum großen Abschnitt. (3) Konstruktion eines regelmäßigen Zehnecks oder Fünfecks. (4) Die **Fibonacci-Folge** $1/1$, $1/2$, $2/3$, $3/5, \ldots$ und ihr Grenzwert. (5) Die Folge der Kettenbrüche

$$1, \frac{1}{1+1}, \frac{1}{1+\frac{1}{1+1}}, \frac{1}{1+\frac{1}{1+[1/(1+1)]}}, \ldots .$$

(6) Die Angabe zweier Zahlen a, b, für die **Euklids Algorithmus** zur Bestimmung ihres größten gemeinsamen Teilers (ggT) möglichst viele Divisionsschritte erfordert. (7) Folgende Konstruktion: Senkrecht über dem Ende B der Strecke AB setze man den Zirkel in der Höhe $AB/2$ ein, schlage einen Kreis K, der durch B geht, und einen Kreis um A, der K berührt. Der letzte Kreis teilt AB nach dem Goldenen Schnitt. (8) Viele Blätter sollen so um einen Stengel angeordnet werden, daß jedes durch alle Blätter darüber möglichst wenig beschattet wird.

●● 4.4.3. Membranschwingung

Wie sieht die **Knotenlinie** der Eigenschwingung $Au_{12} + Bu_{21}$ einer quadratischen Membran aus? Diskutieren Sie verschiedene Kombinationen von A und B. Geht die Knotenlinie immer durch den Mittelpunkt und wie? Trifft sie immer auf den Rand und wie?

●● 4.4.4. Knotenlinien

Zeigen Sie: Eine Kreuzung zweier Knotenlinien einer schwingenden Membran erfolgt immer rechtwinklig. Mehrere Knotenlinien schneiden sich so, daß lauter gleiche Winkel entstehen. Wie paßt das Ergebnis von Aufgabe 4.4.3 in dieses Bild?

●● 4.5.1. Schalltote Zone

Starke Detonationen sind oft ab ca. 50 km Entfernung nicht mehr hörbar, können aber von etwa 100 km an wieder deutlich wahrgenommen werden. Wie ist das möglich? Spielt die Stratosphäre eine Rolle dabei?

●● 4.5.2. Schallstrahlungsdruck

Ein seitlich begrenztes Wellenbündel fällt auf einen Schirm. Im Bündel haben die Teilchen maximal die Geschwindigkeit v_0 (Schallschnelle). Welchen Einfluß hat das auf den statischen Druck im Bündel? Was geschieht, um den Druckausgleich mit der Luft außerhalb des Bündels herzustellen? Am Schirm ist die Teilchengeschwindigkeit Null. Was ist die Folge?

●●● 4.5.3. Fledermaus-Sonar

Fledermäuse stoßen Ultraschall-Schreie aus (um 100 kHz) und benutzen die Echos zur Orientierung und zum Orten von Jagdbeute. Die Schallleistung eines solchen Schreies liegt zwischen 10^{-6} und 10^{-5} W. Falls das Fledermausohr ebenso empfindlich ist wie das Menschenohr, aus welcher Entfernung kann die Fledermaus – alle störenden Einflüsse ausgeschaltet (welche sind das?) – bestimmte Objekte (Bäume, Wände, Fliegen usw.) wahrnehmen? Warum verwendet die Fledermaus *Ultra*schall? Manche Fledermäuse fischen; ist es möglich, daß sie auch dazu ihr „Sonar“ verwenden? (Beachten Sie, daß der Fisch selbst praktisch nicht reflektiert, sondern nur die Schwimmblase; warum?) Hinweis: Der Fledermausschrei mag eine gewisse Bündelung haben, ist aber sicher kein vollkommener „Richtstrahl“. Welche Hilfsmittel sollte man Blinden als Orientierungshilfe geben?

●●● 4.5.4. Schallabsorption

Diskutieren Sie die Schallabsorption nach der Theorie der erzwungenen Schwingungen. Stimmt es allgemein, daß die Absorption mit der Phasenverschiebung zwischen Druck und Kompression zusammenhängt? Wie kommt es dazu im einzelnen infolge Wärmeleitung, innerer Reibung, Diffusion, anderer Relaxationserscheinungen?

●● 4.5.5. Klangfarbe

Welche Töne spielen die Instrumente in Abb. 4.68? Wie würden alle drei zusammen klingen? Was können Sie über die **Klangfarben** ablesen? Welche Obertöne erkennen Sie? Analysieren Sie soweit wie möglich den Einzelton und den Akkord, falls sich einer ergibt.

●● 4.5.6. Reine Stimmung
Wenn man die weißen Tasten eines Klaviers so stimmt, daß C-Dur absolut rein ist, dann klingt schon G-Dur falsch. An welchem Ton liegt das? Warum hat man in der reinen Stimmung einen großen und einen kleinen Ganzton einführen müssen? Wie löst die **temperierte Stimmung** das Problem?

●●● 4.5.7. Warum hören wir nicht feiner?
Ist die Behauptung richtig, daß das menschliche Ohr fast die thermische Bewegung der Moleküle (mit anderen Worten: die thermischen Druckschwankungen beiderseits des Trommelfells) hören kann? Man beachte, daß das Empfindlichkeitsmaximum bei etwa 1 kHz liegt! Wie könnte man die **Hörschwelle** senken, ohne ins **thermische Rauschen** zu geraten? (Vergrößerung des Trommelfells, des Auffangtrichters, andere Maßnahmen?)

●●● 4.5.8. Basilarmembran
Diese Membran in der Schnecke des inneren Ohrs ist als Zungen- oder Saiten-Frequenzmesser aufgefaßt worden (Reihe von Resonatoren mit verschiedenen Eigenfrequenzen). Der Anregungszustand der einzelnen Teile des Organs durch eine Schallwelle soll zur Frequenzanalyse dienen. Diskutieren Sie die Möglichkeiten eines solchen „Spektralapparates" nach der Theorie der erzwungenen Schwingungen. Wieso sind die Forderungen nach guter Frequenzauflösung und kurzer Nachhallzeit einander konträr?

●● 4.5.9. Nachhall
Eine der wichtigsten raumakustischen Kenngrößen eines Saales ist seine Nachhallzeit τ. Warum darf sie nicht groß sein? Geben Sie eine vernünftige obere Grenze. τ wird bestimmt durch die allmähliche Absorption der im Saal enthaltenen Schallenergie an den Wänden bzw. ihr Verschwinden durch Öffnungen. Spezialdämmstoffe schlucken etwa 80 % der auftreffenden Schallintensität, die besetzten Stuhlreihen etwa 40 %, glattes Holz 6–10 %, Putz und Glas 3–5 %. Statten Sie Säle verschiedener Größe zweckentsprechend aus.

●● 4.5.10. Wer heizt die Corona?
Schätzen Sie die Schallgeschwindigkeit im Innern eines Sterns (Druck: vgl. Aufgabe 5.2.6). Ist es denkbar, daß eine heftige Schallwelle (Stoßwelle) ein Gasvolumen so beschleunigt, daß es ganz vom Stern entweicht?

●●● 4.5.11. Sterne als Stimmgabeln
Die periodisch veränderlichen Sterne vom Typ δ **Cephei**, die „Meilensteine des Weltalls", geben durch den eindeutigen Zusammenhang zwischen ihrer Leuchtkraft und der Periode ihrer Helligkeitsschwankung das wichtigste Mittel zur Absolutmessung großer Entfernungen im Weltall: Aus der Periode folgt die absolute Leuchtkraft, also aus der scheinbaren Helligkeit der Abstand. Zwei solche Sterne mit Perioden von 2,5 bzw. 100 Tagen zeigen maximale Doppler-Verschiebungen von $\Delta\lambda/\lambda = 10^{-3}$ bzw. $5 \cdot 10^{-4}$. Wenn der Sternradius schwingt wie $R = R_{\min} + \frac{1}{2}R_{\max}(1 + \sin(\omega t))$ mit $R_{\max} \gg R_{\min}$, wie groß sind die $R_{\max}$-Werte der beiden Sterne? Wenn sie Sonnenmasse haben (in Wirklichkeit haben sie mehr), welches sind ihre mittleren Dichten? Versuchen Sie die Pulsationen als Schall-Eigenschwingungen zu deuten: Welche Schallgeschwindigkeit erwartet man (vgl. Aufgabe 4.5.10), welche Periode, wie hängt diese speziell von der Dichte ab? Vergleichen Sie mit den gemessenen Perioden.

●● 4.5.12. Ultraschall-Bohrer
Wie bohrt und stanzt man mit **Ultraschall**? Welche Schalleistungen braucht man? Darf man einen Luftzwischenraum zwischen Quelle und Werkstück haben, oder muß man einen Transducer direkt aufsetzen? Welche Formgebung und welches Material schlagen Sie für den Transducer vor?

●● 4.6.1. Dispersion
Welche Schwereenergie und welche Kapillarenergie stecken in einem Wellenberg + Wellental? Wenn Sie das Ergebnis, bezogen auf ein Wasserteilchen der Masse m, in der Betrachtung von Abschn. 4.6 als Differenz der kinetischen Energien verwenden, welche einheitliche Dispersionsformel ergibt sich dann?

●● 4.6.2. Brecher auf hoher See
Wieso kann die Amplitude einer Wasserwelle einen gewissen Bruchteil ihrer Länge nicht überschreiten, ohne daß sie bricht? Welcher maximale Bruchteil ergibt sich rein geometrisch? In Wirklichkeit ist er kleiner, nämlich etwa $\frac{1}{8}$.

●●● 4.6.3. Totwasser
Mittels der Energiebetrachtung in Aufgabe 4.6.1 behandle man Wellen an der Grenzfläche zwischen einer leichteren und einer schwereren Flüssigkeit (Dichten ϱ_1 und ϱ_2; Süßwasser über Salzwasser, Warmluft über Kaltluft). Man bestimme $c(\lambda)$. Was hat das mit den **Schäfchenwolken** zu tun? Wieso betrachtet man sie als Gutwetterboten? (Man beachte, daß die Aufgleitfläche an einer Kaltfront viel steiler ist als an einer Warmfront; zu welchen typischen Fronterscheinungen führt das?) In Flußbuchten haben kleine Schiffe oft mit dem **Totwasser** zu kämpfen: Sie kommen plötzlich kaum noch voran (Geschwindigkeit sinkt von 10–20 auf 2–3 Knoten). Erklärung: Das Schiff verbraucht den größten Teil seiner Maschinenleistung, um Wellen in der Süßwasser-Salzwasser-Grenzschicht aufzurühren. Bei „Einfrieren" ungünstiger Phasenbeziehung kommt es nur noch mit dem c der Welle voran.

● 4.6.4. Seiches
Im Finnischen Meerbusen (und schwächer auch zwischen den dänischen Inseln) treten oft periodische Hochwasser bis zu einigen Metern auf, und zwar mit einer Periode von 27 h. Wie erklären Sie das? Wie tief ist danach die Ostsee im Mittel? Welche Periode erwarten Sie für Entsprechendes im Bodensee oder anderen Seen?

● 4.6.5. Brandung
Wenn die Formel (4.107) sich auf die Bewegung von Wellenberg und Wellental einzeln anwenden läßt, wie kann man dann die Küstenbrandung erklären?

●● 4.6.6. Wellengruppe
Welches ist die Gruppengeschwindigkeit für eine Störung, die sich aus Wellen aus einem engen Wellenlängenintervall um den Zentralwert λ_1 aufbaut (für Schwerewellen und für Kapillarwellen)? Was wird aus einer solchen Störung mit der Zeit? Was geschieht, wenn Wellen allzu verschiedener Wellenlängen am Aufbau der Störung beteiligt sind?

● 4.6.7. Kapillarwellen
Wenn ein Boot langsam über eine ruhige Wasserfläche gleitet, sieht man oft vor der eigentlichen „Bugwelle“ eine stehende (d. h. mit dem Boot mitbewegte) Welle von rasch nach außen abnehmender Amplitude. Wie kommt das? Wie hängt die Wellenlänge dieser Erscheinung von der Bootsgeschwindigkeit ab?

● 4.6.8. Gruppengeschwindigkeit
Wie groß ist sie für Schwerewellen bzw. Kapillarwellen im Tiefwasser bzw. Flachwasser? Kommt es vor, daß sich eine Wellengruppe schneller ausbreitet als ihre Einzelwellen? Wenn ja, wie ist das möglich?

●● 4.6.9. Sturmsee
Wieso unterstützt die Dispersion das Anschwellen des Seeganges? Hinweis: Wenn Welle A Welle B einholt, verstärkt sich momentan die Amplitude so, daß es zum Brechen einer der Wellen kommt, wobei ihre Energie z. T. an die andere übergeht.

●● 4.6.10. Bugwelle
Wie kommt es, daß die Bugwelle auch lange nach dem Vorübersausen eines Motorbootes noch so erstaunlich kurz und hoch ist? Sollte ihre Länge nicht nach (4.108) sehr schnell mit dem Abstand zunehmen?

●● 4.6.11. Luftkissenboot
Ein Luftkissenboot gerät in sehr flaches Wasser. Wie verändert sich dabei die Gestalt seiner Bugwelle?

● 4.6.12. Tsunami
Gibt es eine Maximalgeschwindigkeit für Meereswellen und wie groß ist sie? Wie lange dürften die Wellen von der Krakatau-Explosion um die ganze Erde gebraucht haben?

●●● 4.6.13. Seegang
Bei ganz leichtem Wind bleibt der See spiegelglatt. Wenn der Wind sich örtlich oder zeitlich etwas steigert, laufen kleine Kräuselwellen über den See. Wie lang und wie schnell sind sie? Warum bilden sie sich zuerst, während längere Wellen einen stärkeren Wind brauchen? Es besteht ein einfacher Zusammenhang zwischen der Phasengeschwindigkeit der Wellen und der kritischen Windgeschwindigkeit, die sie gerade erregen kann. Argumentieren Sie angenähert so: Wenn sich die Oberfläche zufällig etwas wellt, sucht der Winddruck die Störung zu steigern, der unterschiedliche Wasserdruck in einer gegebenen Tiefe sucht sie abzubauen. Der Wind muß eine Weile konstant wehen, bis der Seegang „ausgereift“ ist, d. h. die Wellenhöhe nicht mehr wächst. Dann muß die Leistung des Winddrucks gleich der in der Welle verzehrten Leistung sein. Können Sie diese Zeit schätzen? Wie hoch sind ausgereifte Wellen?

5

Wärme

Inhalt

Einleitung

Die ganze Wärmelehre läßt sich in einem kurzen Satz zusammenfassen: Wärme ist ungeordnete Molekülbewegung.

In den einzelnen Abschnitten dieses Kapitels werden wir verschiedene Aspekte dieser Aussage untersuchen.

„Indessen kann die Elastizität der Luft nicht nur durch Verdichtung erhöht werden, sondern auch durch Steigerung der Wärme, weil ja feststeht, daß sich Wärme durch wachsende Bewegung der Teilchen steigert . . . , daß der Druck dem Quadrat dieser Geschwindigkeit proportional ist, denn dabei wächst einmal die Zahl der Stöße und dann auch deren Intensität . . . ."

Daniel Bernoulli, Hydrodynamica (1738)

Was hier wie bei Bernoulli „Wärme" genannt wird, heißt in vielen Büchern „innere Energie". Dort wird unter „Wärme" nur der Anteil einer Energieänderung verstanden, der zur Änderung der Temperatur, des Aggregatzustandes usw. führt, der also nicht mit mechanischer Arbeit verbunden ist.

5.1 Wärmeenergie und Temperatur

Wärme ist ungeordnete Molekülbewegung. Wärmeenergie ist kinetische Energie dieser Bewegung. Temperatur ist ein lineares Maß für den Mittelwert dieser Energie.

Benjamin Thompson (1753–1814), später Graf *Rumford*, beobachtete das Bohren von Kanonenrohren bei Krauss-Maffei in München und fand die damals herrschende Vorstellung eines Wärmestoffs unzureichend: „Ich finde es schwer, wenn nicht unmöglich, mir vorzustellen, wie hierbei anderes erzeugt und verbreitet werden könnte als Bewegung." *James Prescott Joule* fand dann: „. . . zur Erwärmung eines Pfundes Wasser um 1° F braucht man eine mechanische Kraft, repräsentiert durch den Fall von 772 Pfund durch 1 Fuß."

5.1.1 Was ist Wärme?

Wenn ein Ball fliegt oder eine Schallwelle schwingt, bewegen sich ihre Moleküle natürlich auch, aber in geordneter Weise, d. h. in größeren (makroskopischen) Bereichen auf zueinander parallelen Bahnen. Bei der thermischen Bewegung dagegen wimmeln die einzelnen Moleküle, zumindest in einem Gas, völlig zufällig und unabhängig durcheinander, ohne daß eine makroskopische Gesamtbewegung zustandekäme. Im Kristall ist diese Unabhängigkeit nicht mehr gegeben; eine Bewegung des Gesamtkristalls kommt zwar auch nicht zustande, aber nach *Fourier* und *Debye* läßt sich auch die unregelmäßige thermische Bewegung in

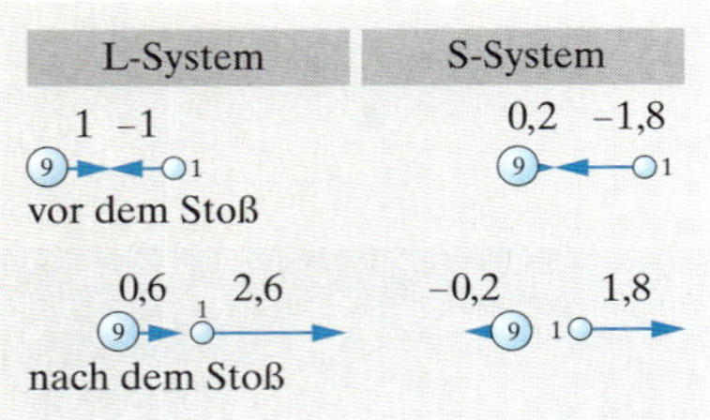

Abb. 5.1. Gleichverteilungssatz: Zwei Teilchen verschiedener Massen ändern beim Stoß ihre Geschwindigkeiten in Richtung einer Angleichung der kinetischen Energien. Nach sehr vielen Stößen in allen Richtungen nehmen alle Teilchensorten im Mittel die gleiche kinetische Energie an

ein breites Spektrum hochfrequenter Schallwellen (**Phononenspektrum**) auflösen (Abschn. 14.2).

Der molekulare Aspekt der thermischen Bewegung wird besonders in Abschn. 5.2 behandelt. Er führt zur kinetischen Theorie der Materie und ihrer Eigenschaften. In Abschn. 5.5 diskutieren wir den Unordnungsaspekt der thermischen Bewegung. Er führt zum 2. Hauptsatz, zur Entropie, zur Theorie der Wärmekraftmaschinen und allgemein zur statistischen Physik.

Wir beginnen mit der Feststellung, daß Wärmeenergie nichts anderes ist als kinetische Energie der ungeordneten Molekülbewegung. Eben wegen dieser Unordnung ist nicht zu erwarten, daß alle Teilchen im gegebenen Augenblick die gleiche Energie haben. Aber die *mittlere Energie* ist tatsächlich für alle gleich, und zwar unabhängig von ihrer Masse. Wenn also $\overline{W} = \frac{1}{2}m\overline{v^2}$ für alle Teilchen gleich ist, müssen die schweren langsamer fliegen. Man sieht das qualitativ ein, wenn man sich vorstellt, eine schwere Kugel bewege sich durch einen Schwarm leichter, zunächst mit der gleichen Geschwindigkeit wie diese. Die von hinten kommenden Kügelchen werden mit der großen kaum Energie austauschen, schon weil sie sie kaum einholen. Jeder Stoß von vorn aber muß der großen Kugel nach den Stoßgesetzen Energie entziehen (Abschn. 1.5.9g). Gleichgewicht tritt erst ein, wenn beide Kugelsorten ihre kinetischen Energien ausgeglichen haben (Aufgabe 5.1.2).

Folgende Herleitung des **Gleichverteilungssatzes** ist viel allgemeiner (berücksichtigt auch schräge Stöße) und liefert gleich die Verteilung der Teilchen über die Energie: Im Intervall $(W, W + \mathrm{d}W)$ sei ein Bruchteil $f(W)\,\mathrm{d}W$ der Teilchen. Stöße von Teilchen aus einem Intervall um W_1 mit solchen um W_2 haben die Häufigkeit $f(W_1) \cdot f(W_2)$ und ändern die Energien auf W_1' und W_2', wobei der Energiesatz fordert $W_1 + W_2 = W_1' + W_2'$. Gleichgewicht besteht, wenn es ebensoviele Stöße gibt, die genau den entgegengesetzten Effekt haben, d. h. wenn $f(W_1)f(W_2) = f(W_1')f(W_2')$ ist, für alle Werte W, die den Energiesatz befriedigen. Das *Produkt* $f(W_1) \cdot f(W_2)$ darf also nur von der *Summe* $W_1 + W_2$ abhängen, nicht von W_1 und W_2 einzeln. Das trifft nur zu für $f = a\,\mathrm{e}^{-bW}$ (das $-$ verhindert, daß $f(\infty) = \infty$). $1/b$ ist der Mittelwert der Energie, wie man leicht nachprüft. Ob es sich um lauter gleiche oder verschiedenartige Teilchen handelt, ist egal: Dieser Mittelwert ist für alle Teilchenarten derselbe.

5.1.2 Temperatur

Die **Temperatur** ist nur ein anderes Maß für die **mittlere kinetische Energie** der Moleküle.

Wenn wir zunächst nur die Translationsenergie betrachten, wird ihr Mittelwert gegeben durch

$$\overline{W}_{\text{trans}} = \frac{1}{2}m\overline{v^2} = \frac{3}{2}kT\,. \tag{5.1}$$

Dies ist die allgemeinste und vollständigste Definition der Temperatur. m ist die Masse, $\overline{v^2}$ die quadratisch gemittelte Ge- ▶

schwindigkeit der Moleküle. Die Konstante k, die **Boltzmann-Konstante**, hat den Wert

$$k = 1{,}381 \cdot 10^{-23}\,\mathrm{J\,K^{-1}}\,. \tag{5.2}$$

Die Temperatur ist in K (Kelvin) gemessen. Man hätte der Konstante in (5.1) den Wert 1 beilegen können, wenn man die Temperatur direkt in J messen würde. Das ergäbe aber eine unbequem große Einheit (fast 10^{23} von unseren Graden), und außerdem ist es günstig, die Sonderstellung der Wärmeerscheinungen durch die besondere Grundeinheit K zu betonen.

✘ Beispiel...

Wieviel kinetische Energie steckt in 1 kg Luft? Schließen Sie auf die spezifische Wärme und auf die mittlere Molekülgeschwindigkeit.

Die spezifische Wärme bei konstantem Volumen für Luft ist 0,71 kJ/kg K. In einem kg Luft (etwas weniger als $1\,\mathrm{m^3}$) bei 300 K stecken also $2{,}1 \cdot 10^5$ J Wärmeenergie, d. h. kinetische Energie der Moleküle. Davon sind allerdings nur $\frac{3}{5}$, also $1{,}3 \cdot 10^5$ J Translationsenergie, der Rest ist Rotationsenergie. Wie groß auch immer die Moleküle sind, sie müssen mit einer Geschwindigkeit fliegen, so daß $\frac{1}{2}v^2 \cdot 1\,\mathrm{kg} = 1{,}3 \cdot 10^5\,\mathrm{J}$, also $v = 510\,\mathrm{m/s}$.

Aus (5.1) folgt zunächst, daß es einen nichtunterschreitbaren **absoluten Nullpunkt** der Temperatur gibt, wo die Moleküle völlig ruhen, also W und T Null sind. Von hier aus zählt man die absolute oder Kelvin-Temperatur.

Ihre Einheit, 1 K, ist ebensogroß wie 1 °C, das als $\frac{1}{100}$ des Abstandes zwischen dem Gefrier- und dem Siedepunkt des Wassers unter 1,013 bar Druck definiert ist. Bei diesem Druck liegt der Gefrierpunkt des Wassers bei 273,2 K, sein Siedepunkt bei 373,2 K.

Eine unmittelbare Anwendung von (5.1) auf alle Ausströmvorgänge ins Vakuum, z. B. in der Turbinen- oder Raketentechnik ist, daß die mittlere **Molekülgeschwindigkeit** mit der Temperatur ansteigt wie

$$\boxed{\sqrt{\overline{v^2}} = v_{\mathrm{th}} = \sqrt{\frac{3kT}{m}}}\,. \tag{5.3}$$

Wenn man die Zusammensetzung eines Gases kennt, speziell die relative Molekülmasse μ, dann kann man v_{th} sofort angeben. Es ist ja $m = \mu m_{\mathrm{H}}$, wobei

$$\boxed{m_{\mathrm{H}} = 1{,}67 \cdot 10^{-27}\,\mathrm{kg}} \tag{5.4}$$

die Masse des H-Atoms ist. So erhält man für Luft (80 % N_2, 20 % O_2, mittleres $\mu \approx 29$) bei 20 °C eine Molekülgeschwindigkeit von 500 m/s, bei 3000 K von 1600 m/s. H_2-Moleküle bewegen sich 3,8mal schneller als Luftmoleküle. Da die Endgeschwindigkeit der Rakete von der Ge-

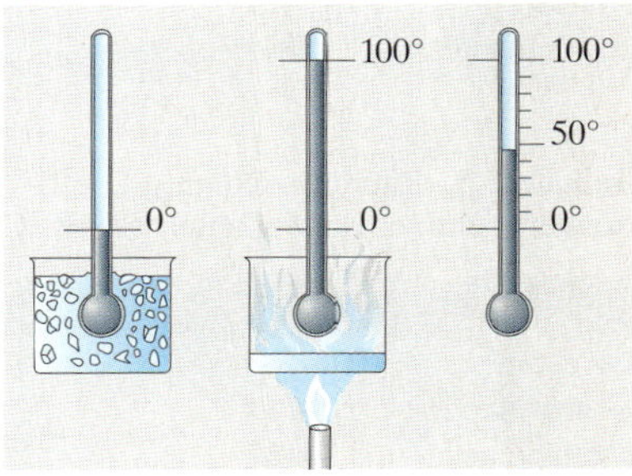

Abb. 5.2. Fixpunkte 0° und 100° der Celsius-Skala

schwindigkeit des Treibstrahls, also letzten Endes der Geschwindigkeit der Moleküle in der Brennkammer, direkt abhängt, von der Treibstoffmasse aber nur logarithmisch (Abschn. 1.5.9b), ergibt sich die ungeheure Bedeutung immer heißerer und immer leichterer Treibgase für Triebwerke. Der Steigerung der Brennkammertemperatur sind durch den Schmelzpunkt des Wandmaterials enge Grenzen gezogen. Die leichtesten Produkte einer normalen chemischen Reaktion sind HF und H_2O. Deswegen wird z. B. der „Space Shuttle“ mit Knallgas betrieben. Man gewinnt gegenüber der Verbrennung von Benzin oder Alkohol einen Faktor 1,7 in der relativen Molekülmasse, also einen Faktor 1,3 im Schub. Noch wesentlich weiter wird man mit thermischen Raketen erst kommen, wenn man H_2 ausstößt (Faktor 3 im Schub). H_2 entsteht aber nicht als Reaktionsprodukt, denn H „in statu nascendi“ ist zu schwierig zu erzeugen, sondern muß in Kernreaktoren aufgeheizt werden. Daher das Interesse an Raketen mit **Nuklearantrieb**.

Es ist klar, daß die **Schallgeschwindigkeit** c etwas mit der Molekülgeschwindigkeit zu tun hat. Druckstörungen werden sich annähernd so schnell ausbreiten wie die Moleküle fliegen. Ein Blick auf die gemessenen Werte bestätigt dies (Tabelle 5.1).

Tabelle 5.1. Mittlere Geschwindigkeit der Moleküle (v_{th}) und des Schalles (c) in Gasen (in m/s) bei 0 °C

Gas		v_{th}	c	$\frac{v_{th}}{c}$
Wasserstoff	H_2	1839	1261	1,46
Stickstoff	N_2	493	331	1,49
Chlor	Cl_2	310	206	1,50

Der Unterschied zwischen Molekül- und Schallgeschwindigkeit wird in Abschn. 4.2.3 und 5.2.5 genauer analysiert. Es folgt zunächst, daß mit v_{th} auch c unabhängig von der Gasdichte, aber proportional $\sqrt{T}$ ist. Daraus ergeben sich zahlreiche interessante Phänomene wie die gute Schallausbreitung über einem See, die schlechte in der Wüste, die überhohen Schallreichweiten durch Reflexion an der „Thermosphäre“ oder Ozonschicht usw.

5.1.3 Thermometer

Zur Temperaturmessung sind im Prinzip alle Größen geeignet, die in reproduzierbarer Weise von der Temperatur abhängen. Am direktesten wäre eine Messung der Molekülenergie oder -geschwindigkeit. Beide Methoden haben Anwendungen in der Astrophysik. Bequemer benutzt man in Quecksilber- oder Alkohol-Thermometern die Ausdehnung von Flüssigkeiten, in **Bimetallstreifen** die von Festkörpern mit der Erwärmung. Die Länge l eines Festkörpers hängt mit der Temperatur T in recht guter Näherung linear zusammen:

$$l = l_0(1 + \alpha T)\,. \tag{5.5}$$

Tabelle 5.2. Lineare Ausdehnungskoeffizienten α für verschiedene Materialien

Stoff	$\alpha \cdot 10^6/\mathrm{K}^{-1}$ +100 °C	300 °C
Quarzglas	0,510	0,627
Jenaer Glas 16	8,08	8,67
Pyrexglas	3,0	—
Eisen	12,0	—
Aluminium	23,8	25,6
Mangan	22,8	32,23
Kupfer	16,7	—
Wolfram	4,3	—
Blei	29,4	—
Phosphor (weiß)	124,0	—
Eis	—	—
NaCl	40,0	—
Rohrzucker	83,0	—

α heißt **linearer Ausdehnungskoeffizient** (Tabelle 5.2). Eine Eisenbahnschiene von 30 m Länge zieht sich bei Abkühlung von +50 °C auf −30 °C um $\Delta l = 3$ cm zusammen. Verschweißt man die Schienen, statt wie früher entsprechende Schienenstoßlücken zu lassen, dann tritt nach Abschn. 3.4.1 und Tabelle 3.3 eine mechanische Spannung bis $E\,\Delta l/l \approx 2 \cdot 10^8\,\mathrm{N\,m^{-2}}$ auf (E: Elastizitätsmodul). Bei Erwärmung um einige hundert Grad dehnen sich die meisten Stoffe stärker aus, als man sie durch Zug allein deformieren könnte.

Tabelle 5.3. Raumausdehnungskoeffizienten γ einiger Flüssigkeiten bei 18 °C

Flüssigkeit	γ/K^{-1}
Aceton	0,00143
Ethylalkohol	0,00143
Ethylether	0,00162
Benzol	0,00106
Quecksilber	0,000181

Die Abhängigkeit des Volumens von der Temperatur ergibt sich daraus, daß *jede* lineare Abmessung des Körpers sich gemäß (5.5) ändert. Ein Würfel von der Kantenlänge $l(T)$ hat das Volumen

$$V(T) = l(T)^3 = l_0^3(1 + \alpha T)^3 \approx l_0^3(1 + 3\alpha T) = V_0(1 + \gamma T)\,.$$

In $(1 + \alpha T)^3$ können die Glieder $3\alpha^2 T^2$ und erst recht $\alpha^3 T^3$ gegen $3\alpha T$ vernachlässigt werden, weil $\alpha T \ll 1$ ist. Der **Raumausdehnungskoeffizient** γ ist also

$$\gamma = 3\alpha\,.$$

Flüssigkeiten dehnen sich i. allg. stärker aus als Festkörper. Trotzdem muß man beim Hg-Thermometer berücksichtigen, daß sich auch die Glaskapillare mit ausdehnt (Tabelle 5.2–5.4).

Wie die Ausdehnung von Festkörpern und Flüssigkeiten mit der Erwärmung zustandekommt, werden wir erst in Abschn. 14.1.4 verstehen. Bei Gasen ist das viel einfacher und folgt direkt aus dem Molekülbild (Abschn. 5.2). Neben Ausdehnungsthermometern sind auch Widerstandsthermometer (Abschn. 6.4.3a), Thermoelemente (Abschn. 6.6.1) und Strahlungsthermometer (Pyrometer, Bolometer, Abschn. 11.2.6, 11.3.2) wichtig.

Zur Eichung von Thermometern benutzt man eine Reihe von Fixpunkten, die durch Schmelzpunkte (Sm.), Erstarrungspunkte (E.), Sublimationspunkte (Sb.) oder Siedepunkte (Sd.) verschiedener Stoffe festgelegt sind (Tabelle 5.5 gibt einige Beispiele).

Tabelle 5.4. Dichte des Wassers im Verhältnis zur Dichte bei 4 °C

$T/°C$	ϱ/ϱ_4
0	0,999868
1	0,999927
2	0,999968
3	0,999992
4	1,000000
5	0,999992
6	0,999968
8	0,999876
10	0,999728
15	0,999126
20	0,998232
25	0,997074
30	0,995676
40	0,992247
50	0,98808
60	0,98324
70	0,97781
80	0,97183
90	0,96535
100	0,95838

5.1.4 Freiheitsgrade

Moleküle können nicht nur Translationsenergie haben, sondern auch Rotationsenergie. Außerdem können ihre Bestandteile, Atome, Ionen und sogar Elektronen, gegeneinander schwingen. Jede solche unabhängige Bewegungsmöglichkeit nennt man einen **Freiheitsgrad**. Die Translation hat drei Freiheitsgrade, nämlich die Bewegungen längs der drei zueinander senkrechten Raumrichtungen. Auch die Rotation hat drei Freiheitsgrade, entsprechend den drei möglichen zueinander senkrechten Richtungen der Drehachse. Ein zweiatomiges Molekül wie O_2 kann sich um die beiden in Abb. 5.4 angegebenen Achsen drehen. Die dritte noch denkbare Achse, die parallel zur Verbindungslinie der Atome ist, trägt aus Gründen, die erst später (Abschn. 14.2.1) klar werden, nicht zur Energiebilanz bei. Ein zweiatomiges Molekül hat also 5 Freiheitsgrade, 3 der Translation, 2 der Rotation, ebenso ein „lineares“ dreiatomiges Molekül, dessen Atome auf einer Geraden liegen. Gewinkelte Moleküle wie H_2O haben 6 Freiheitsgrade, 3 translatorische und 3 rotatorische, ebenso mehratomige Moleküle. Dazu können noch Schwingungsfreiheitsgrade der Atome gegeneinander kommen.

Wenn ein Teilchen in ein Kristallgitter eingebaut ist, kann es meist nicht mehr rotieren, aber Schwingungen in allen drei Raumrichtungen sind möglich. Bei einer Schwingung sind nach (1.65) kinetische und potentielle Energie im Mittel gleichgroß. Daher hat das Teilchen im Kristall i. allg. 6 Freiheitsgrade, 3 der kinetischen, 3 der potentiellen Schwingungsenergie.

Wir sahen in Abschn. 5.1.1, daß alle Teilchen unabhängig von ihrer Masse im thermischen Gleichgewicht die gleiche mittlere Translations-

Tabelle 5.5. Fixpunkte der Temperaturskala in °C bezogen auf 1013 hPa (Sd.: Siedepunkt, Sm.: Schmelzpunkt, Sb.: Sublimationspunkt, E.: Erstarrungspunkt)

He	Sd.	−268,94
H_2	Sd.	−252,78
O_2	Sd.	−182,97
CO_2	Sb.	− 78,52
Hg	E.	− 38,87
H_2O	Sm.	0,000
H_2O	Sd.	100,000
Cd	E.	321
S	Sd.	444,60
Ag	E.	960,5
Au	E.	1 063
Pt	E.	1 773
W	Sm.	3 380 ± 20

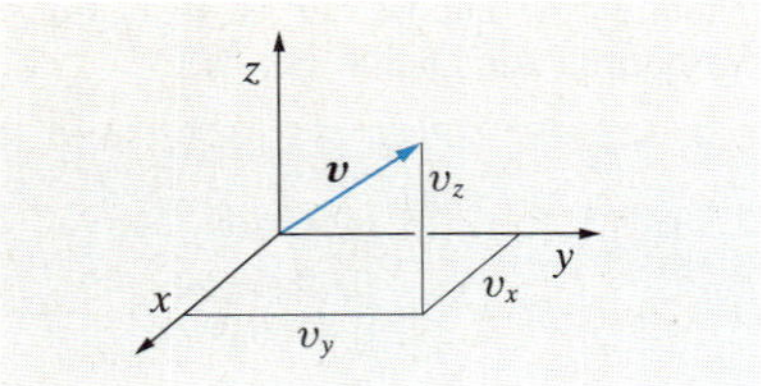

Abb. 5.3. Die drei Freiheitsgrade der Translation

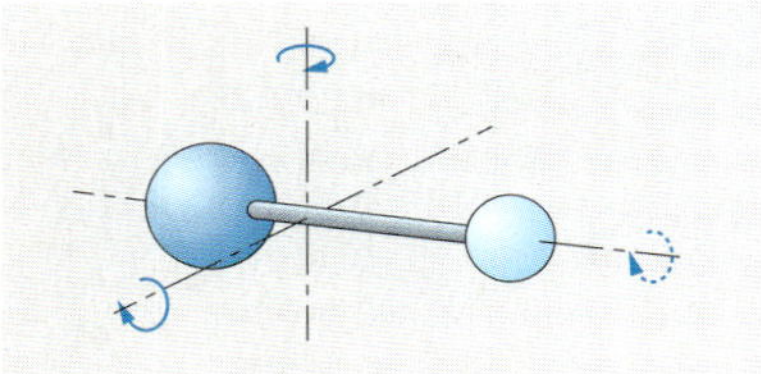

Abb. 5.4. Die drei Freiheitsgrade der Rotation (Drehachsen) eines zweiatomigen Moleküls. Die gestrichelte Drehrichtung nimmt üblicherweise keine Rotationsenergie auf. Sie „taut" erst bei sehr hohen Temperaturen auf

energie annehmen. Diese Gleichverteilung der Energie gilt auch für die einzelnen Freiheitsgrade. Es gilt der **Gleichverteilungssatz** (das **Äquipartitionstheorem**):

Auf jeden Freiheitsgrad entfällt im thermischen Gleichgewicht die gleiche mittlere Energie, und zwar für jedes Molekül

$$W_{\mathrm{FG}} = \tfrac{1}{2} kT\,. \tag{5.6}$$

Ein Molekül mit f Freiheitsgraden enthält also die mittlere Gesamtenergie

$$W_{\mathrm{mol}} = \frac{f}{2} kT\,. \tag{5.6'}$$

5.1.5 Wärmekapazität

Um einen Körper von der Temperatur T_1 auf T_2 zu erwärmen, muß man ihm Energie zuführen. Wieviel, folgt direkt aus der Definition (5.6′), wenn man weiß, wieviele Moleküle der Körper enthält. Ein homogener (aus lauter gleichen Molekülen bestehender) Körper der Masse M enthält M/m Moleküle der Masse m. Jedes davon braucht die Energie $\frac{1}{2} fk(T_2 - T_1)$, um von T_1 nach T_2 zu gelangen, der ganze Körper braucht also die Energie

$$\Delta W = \frac{M}{m}\frac{f}{2} k\,\Delta T\,. \tag{5.7}$$

Man nennt das Verhältnis

$$C = \frac{\Delta W}{\Delta T} = \frac{M}{m}\frac{f}{2} k \tag{5.8}$$

die **Wärmekapazität** des Körpers. Bezogen auf 1 kg eines bestimmten Stoffes erhält man dessen **spezifische Wärmekapazität**

$$c = \frac{\Delta W}{M\,\Delta T} = \frac{fk}{2m} = \frac{fk}{2\mu m_{\mathrm{H}}}\,. \tag{5.9}$$

Wir können damit für einfache Stoffe wie Gase oder feste Metalle die spezifischen Wärmekapazitäten berechnen. Für Metalle und überhaupt für Elementkristalle mit $f = 6$ Freiheitsgraden brauchen wir dazu nur ihre relative Atommasse μ. Für Eisen mit $\mu = 55{,}85$ erhalten wir $c = 3k/(\mu m_{\mathrm{H}}) = 444\,\mathrm{J\,kg^{-1}\,K^{-1}}$ (gemessener Wert $460\,\mathrm{J\,kg^{-1}\,K^{-1}}$). Auf 1 mol eines solchen Kristalls bezogen, z. B. auf 55,85 g Eisen, sollte man immer die gleiche **molare Wärmekapazität** (früher **Atomwärme** genannt) erhalten. 1 mol enthält ja die **Avogadro-Zahl** an Teilchen, nämlich

$$N_{\mathrm{A}} = \frac{1\,\mathrm{g/mol}}{1{,}67 \cdot 10^{-24}\,\mathrm{g}} = 6 \cdot 10^{23}\ \mathrm{Teilchen/mol}\,, \tag{5.10}$$

also sollte die molare Wärmekapazität sein

$$C_{\text{mol}} = N_{\text{A}}\frac{f}{2}k = 3N_{\text{A}}k = 24{,}9\,\text{J}\,\text{mol}^{-1}\,\text{K}^{-1} \quad . \qquad (5.11)$$

Diese **Regel von Dulong und Petit** ist, wie Tabelle 5.6 zeigt, für schwerere Elemente gut erfüllt. Leichtere bleiben hinter diesem Wert um so weiter zurück, je kälter sie sind (Abb. 5.5). Man spricht von einem **Einfrieren** der Schwingungs- und Rotationsfreiheitsgrade: Bei tiefen Temperaturen nehmen sie keine Energie mehr auf. In der Nähe des absoluten Nullpunktes strebt ihr energetischer Anteil ganz allgemein gegen Null. Selbst bei Zimmertemperatur sind Diamant und Beryllium noch nicht ganz „aufgetaut", was die Schwingungsfreiheitsgrade betrifft. Das erklärt auch das Fehlen des sechsten Freiheitsgrades für O_2 (Rotation um die Molekülachse): Dieser taut erst bei sehr viel höherer Temperatur auf. Dieses Verhalten läßt sich mit der klassischen Mechanik nicht deuten, sondern findet seine Erklärung erst in der Quantenstatistik (Abschn. 14.2.1).

Bei Gasen muß man unterscheiden, ob die spezifische Wärmekapazität bei konstantem Volumen (c_V) oder bei konstantem Druck (c_p) gemessen wird. In c_p steckt noch die Arbeit, die das Gas bei seiner Wärmeausdehnung leisten muß (Abschn. 5.2.3). Bei Festkörpern und Flüssigkeiten macht dies nichts aus, weil die Ausdehnung äußerst gering ist. c_V ergibt sich wieder einfach aus (5.9), wenn die Molekülstruktur, also die Anzahl der Freiheitsgrade bekannt ist. Stickstoff mit $f = 5$ sollte $c_V = 738\,\text{J}\,\text{kg}^{-1}\,\text{K}^{-1}$ haben. Man mißt $c_V = 740\,\text{J}\,\text{kg}^{-1}\,\text{K}^{-1}$ (Tabelle 5.7).

Tabelle 5.6. Spezifische c und molare C Wärmekapazitäten einiger Elemente bei 20 °C (c in $\text{J}\,\text{kg}^{-1}\,\text{K}^{-1}$, C in $\text{J}\,\text{mol}^{-1}\,\text{K}^{-1}$)

Element	c	rel. Atommasse	C
Li	3 386	6,94	23,4
Be	1 756	9,02	15,9
Diamant C	502	12,01	5,9
Mg	1 003	24,32	24,7
Si	710	28,06	20,1
K	752	39,10	28,8
Fe	460	55,85	25,5
Ag	234	107,88	25,1
W	134	183,92	24,7
Pb	130	207,21	26,8

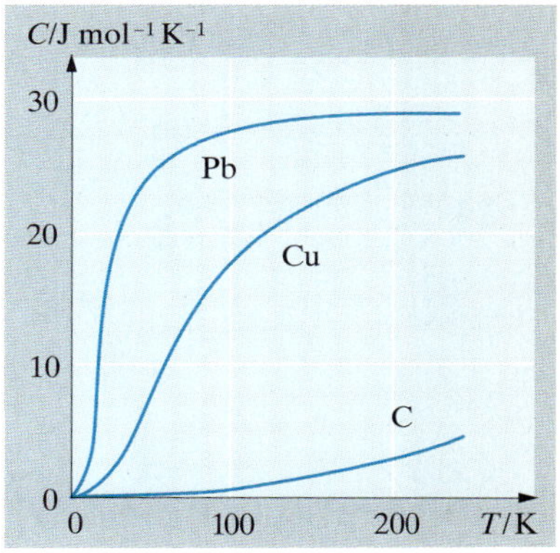

Abb. 5.5. Molare Wärmekapazität von Elementkristallen in Abhängigkeit von der Kelvin-Temperatur

Tabelle 5.7. Spezifische (c in $\text{J}\,\text{kg}^{-1}\,\text{K}^{-1}$) und molare Wärmekapazitäten (C in $\text{J}\,\text{mol}^{-1}\,\text{K}^{-1}$) einiger Gase um 0 °C

1	2	3	4	5	6	7
	c_p	c_V	$\frac{c_p}{c_V} = \frac{C_p}{C_V}$	C_p	C_V	$C_p - C_V$
He	5 230	3 151	1,66	20,9	12,6	8,3
Ar	518	314	1,67	20,7	12,4	8,3
Luft	1 003	715	1,40	29,1	20,7	8,4
O_2	915	656	1,40	29,3	21,0	8,3
N_2	1 037	740	1,40	29,0	20,7	8,3
H_2	14 210	10 078	1,41	28,5	20,2	8,3
CO_2	819	627	1,30	32,9	25,1	7,8
N_2O	849	660	1,29	34,1	26,5	7,6

Tabelle 5.8. Molare Wärmekapazitäten von Gasen nach der kinetischen Theorie der Wärme

Zahl der Atome im Molekül	Zahl der Freiheitsgrade			Mol. Wärmekap. in $\text{J}\,\text{mol}^{-1}\,\text{K}^{-1}$		$\frac{C_p}{C_V} = \frac{c_p}{c_V}$
	transl.	rot.	gesamt(f)	C_V	C_p	
1	3	0	3	12,6	20,8	1,667
2	3	2	5	20,8	29,1	1,40
3	3	3	6	24,9	33,3	1,33

Flüssiges Wasser, der praktisch wichtigste Stoff, verhält sich etwas komplizierter. Das gewinkelte H_2O-Molekül hat so viele Freiheitsgrade der Translation, Rotation und Schwingung, daß man die drei Atome fast als völlig unabhängige Einheiten auffassen kann, die jedes 6 Freiheitsgrade haben. Für μ kann man dann die *mittlere* relative Atommasse $(16+1+1)/3=6$ setzen und erhält rechnerisch $c = 4\,150\,\mathrm{J\,kg^{-1}\,K^{-1}}$. Man mißt

$$c = 4\,185\,\mathrm{J\,kg^{-1}\,K^{-1}}\,. \tag{5.12}$$

Die Energie 4,185 J, die man braucht, um 1 g Wasser um 1 K zu erwärmen, heißt auch 1 cal.

Da Wasser aus so leichten Atomen besteht (derselbe Grund, der es zum so guten Raketen-Treibgas macht), und wegen seiner vielen Freiheitsgrade hat es eine höhere spezifische Wärmekapazität als fast alle anderen Stoffe. Darauf beruht u. a. seine Bedeutung als klimatologischer Wärmespeicher und Temperaturdämpfer.

5.1.6 Kalorimeter

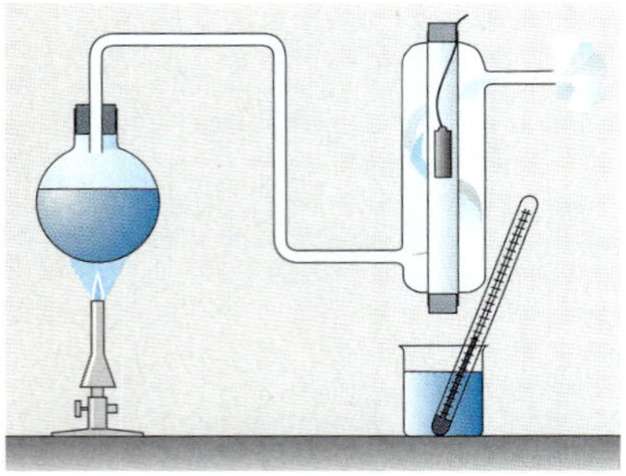

Abb. 5.6. Mischungskalorimeter. Das Metallstück im Dampfmantelgefäß hat $T_2 = 100\,°\mathrm{C}$, das Wasser im Becherglas die Temperatur T_1

Die spezifische Wärmekapazität c kann mit dem **Mischungskalorimeter** bestimmt werden (Abb. 5.6). In einem Gefäß bekannter Wärmekapazität C_w befindet sich eine Wassermasse m_1 der Temperatur T_1. Der Probekörper, dessen c gemessen werden soll, hat die Masse m_2 und wird auf T_2 erhitzt (z. B. im Wasserdampfbad, $T_2 = 100\,°\mathrm{C}$). Läßt man ihn in das **Kalorimeter** fallen, stellt sich nach einer Weile eine Mischungstemperatur T_m ein. Der Energiesatz fordert Gleichheit von abgegebener und aufgenommener Wärmemenge:

$$\underbrace{Q_2 = cm_2(T_2 - T_\mathrm{m})}_{\text{abgegeben}} = \underbrace{Q_1 = (c_0 m_1 + C_\mathrm{w})(T_\mathrm{m} - T_1)}_{\text{aufgenommen}}\,.$$

c_0 ist die spezifische Wärmekapazität des Wassers. Es folgt

$$c = \frac{c_0 m_1 + C_\mathrm{w}}{m_2}\,\frac{T_\mathrm{m} - T_1}{T_2 - T_\mathrm{m}}\,.$$

Die Wärmekapazität von Kalorimetergefäß + Rührer + Thermometer heißt auch **Wasserwert** des Kalorimeters. Wenn man in Kalorien rechnet, gibt der Wasserwert an, wie viele g Wasser dem Gefäß gleichwertig sind. Bei genauen Messungen muß das Mischgefäß gegen Wärmeaustausch nach außen geschützt werden (Dewar-Gefäß, Styropor-Umhüllung o. ä.).

5.2 Kinetische Gastheorie

Wärme ist ungeordnete *Molekül*bewegung. Das molekulare Modell gibt Auskunft über viele Eigenschaften der Materie.

5.2.1 Der Gasdruck

Die **kinetische Gastheorie** leitet die Eigenschaften der Gase aus mechanischen Bewegungsvorgängen der einzelnen Moleküle ab. Dazu schreibt sie diesen folgende Eigenschaften zu: Ihre Masse sei m; sie verhalten sich wie vollkommen elastische Kugeln, die keine Kräfte aufeinander ausüben, solange sie sich nicht berühren. Sie bewegen sich voneinander unabhängig, ohne irgendeine Richtung im Raum zu bevorzugen, mit der Geschwindigkeit v. Beim Zusammenstoß, der den Gesetzen des elastischen Stoßes gehorcht, tauschen sie Energie und Impuls aus. Dabei ändern sie im allgemeinen ihre Geschwindigkeit; wenn wir trotzdem zunächst von *einer* Geschwindigkeit v sprechen, kann sie daher nur die Bedeutung eines Mittelwertes haben. Er hängt von der Masse der Moleküle und der Temperatur des Gases ab.

Die von dem Gas auf die Wand ausgeübte Kraft führen wir auf Stöße der Moleküle gegen die Wand zurück. Dabei wird Impuls auf die Wand übertragen. Nach dem Grundgesetz der Mechanik (Abschn. 1.3.4) ist die Kraft auf die Wand gleich dem in der Zeiteinheit durch die Stöße auf die Wand übertragenen Impuls.

$$\text{Druck} = \frac{\text{an die Wand abgegebener Impuls}}{\text{Wandfläche} \times \text{Zeit}} .$$

Als **Molekülzahldichte** n bezeichnen wir das Verhältnis der Anzahl N aller Moleküle zum Gasvolumen V, d. h. die Anzahl der Moleküle je Volumeneinheit: $n = N/V$.

Die ungeordnete Bewegung denken wir uns so geordnet, daß der dritte Teil der Moleküle eine Flugrichtung senkrecht zur Wand hat. Von ihnen bewegt sich die Hälfte, also $\frac{1}{6}$, in Richtung zur Wand hin. Alle Moleküle mit dieser Flugrichtung, die in einer Säule vom Querschnitt A (Grundfläche in Abb. 5.7) und der Länge $v\,\mathrm{d}t$ enthalten sind, erreichen in der Zeit $\mathrm{d}t$ die Wand. Also ist die Stoßzahl pro Flächeneinheit und Zeiteinheit

$$z = \frac{1}{6}\frac{nv\,\mathrm{d}t}{\mathrm{d}t} = \frac{n}{6}v .$$

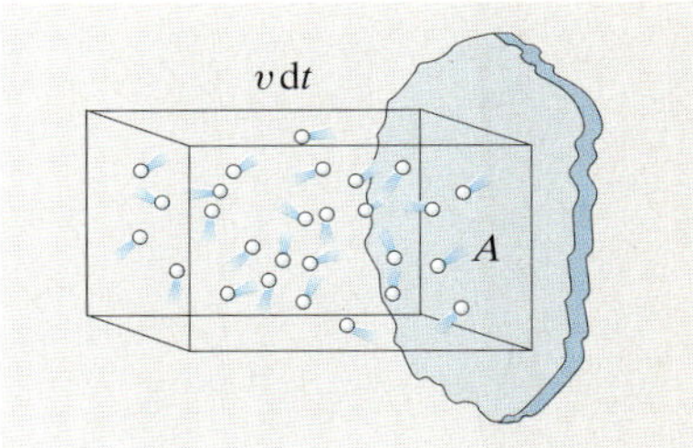

Abb. 5.7. Der Gasdruck entsteht durch das Trommeln (die Impulsübertragung) der Moleküle auf die Wand. Der dargestellte Kasten (Grundfläche A, Höhe $v\,\mathrm{d}t$) enthält $nAv\,\mathrm{d}t$ Moleküle, von denen $\frac{1}{6}$ in der Zeit $\mathrm{d}t$ an die Wand prallen und dort den Impuls $\mathrm{d}I = 2mv\frac{1}{6}nAv\,\mathrm{d}t$ abliefern. Der Druck ist $p = \mathrm{d}I/(A\,\mathrm{d}t) = \frac{1}{3}mnv^2$

✘ Beispiel...

Man bestimme und begründe die Umrechnungsfaktoren zwischen den verschiedenen Druckeinheiten (bar, atm, at, Torr).

1 bar ist definiert als $10^5\,\mathrm{N/m^2}$. $1\,\mathrm{at} = 1\,\mathrm{kp/cm^2} = 0{,}981 \cdot 10^5\,\mathrm{N/m^2}$. $1\,\mathrm{atm} = 1013\,\mathrm{mbar} = 1{,}013 \cdot 10^5\,\mathrm{N/m^2} = 760\,\mathrm{Torr} = 1{,}032\,\mathrm{at}$. 1 Torr ($\equiv$1 mmHg-Säule)$= 10^{-3}\,\mathrm{m} \cdot 13{,}546\,\mathrm{kg/m^3} \cdot 9{,}81\,\mathrm{m/s^2} = 133\,\mathrm{N/m^2}$. Quecksilber hat bei 20 °C die Dichte $13\,546\,\mathrm{kg/m^3}$. 1 m Wassersäule (bei 4 °C) $\hat{=}\, 10^3\,\mathrm{kg/m^3} \cdot 9{,}81\,\mathrm{m/s^2} = 0{,}1\,\mathrm{at}$.

Jedes einzelne Molekül überträgt beim Aufprall und nachfolgender Reflexion den Impuls $2mv$ (s. Abschn. 1.5.9g) auf die Wand. Also wird durch alle Stöße auf die Wand ein Impuls pro Zeit- und Flächeneinheit der Größe

$$z2mv = \frac{n}{6}v2mv = \frac{1}{3}nmv^2$$

übertragen. Für den Druck (p) ergibt sich daher

$$p = \frac{1}{3} nmv^2 \; .$$

Berücksichtigt man die Tatsache, daß die Geschwindigkeiten der Gasmoleküle nicht alle gleich sind, so muß man hier v^2 ersetzen durch $\overline{v^2}$, das Mittel der Quadrate aller vorkommenden Geschwindigkeiten

$$p = \frac{1}{3} nm\overline{v^2} \tag{5.13}$$

Grundgleichung der kinetischen Gastheorie von *Daniel Bernoulli*.

Mit (5.1) kann man auch sagen

$$p = nkT \; . \tag{5.14}$$

5.2.2 Die Zustandsgleichung idealer Gase

Die **Zustandsgleichung** eines Systems gibt an, wie seine meßbaren Eigenschaften voneinander abhängen. Der Zustand einer gegebenen Gasmasse M ist durch drei Größen vollständig beschrieben: Temperatur T, Druck p und Volumen V. Zwei davon können unabhängig voneinander variiert werden, die dritte ist dann eindeutig durch beide bestimmt. Diesen Zusammenhang gibt (5.14), indem man die Teilchenzahldichte n durch N/V ersetzt:

$$pV = NkT \; . \tag{5.15}$$

Wenn es sich um eine Gasmenge von ν mol handelt, besteht sie aus $N = \nu N_A$ Molekülen, also gilt

$$pV = \nu N_A kT \; .$$

Zur Abkürzung führt man die **Gaskonstante**

$$R = N_A k = 8{,}31\,\mathrm{J\,K^{-1}\,mol^{-1}} \tag{5.16}$$

ein und schreibt die makroskopische Form des Gasgesetzes

$$pV = \nu RT \; . \tag{5.17}$$

Es gilt seiner Herkunft nach für ein **Idealgas**, in dem die Teilchen abgesehen von kurzzeitigen Stößen keine Kräfte aufeinander ausüben und selbst kein merkliches Eigenvolumen haben.

Folgerungen aus dem Gasgesetz (5.17) sind

- das *Gesetz von Boyle-Mariotte*: Bei konstanter Temperatur ist der Druck umgekehrt proportional zum Volumen

$$p \sim V^{-1} \quad (T = \mathrm{const}) \; ; \tag{5.18}$$

- das *Gesetz von Gay-Lussac*: Bei konstantem Volumen steigt der Druck wie die absolute Temperatur

$$p \sim T \quad (V = \mathrm{const}) \; ; \tag{5.19}$$

- das *Gesetz von Charles* (oft auch nach *Gay-Lussac* benannt): Bei konstantem Druck steigt das Volumen wie die absolute Temperatur

$$\boxed{V \sim T \quad (p = \text{const})} \,. \tag{5.20}$$

Der **kubische Ausdehnungskoeffizient** eines Idealgases ist also $1/273{,}2\,\text{K} = 0{,}00366\,\text{K}^{-1}$. Tabelle 5.9 zeigt, wie nahe wirkliche Gase diesem Verhalten kommen. Die Abweichung ist um so größer, je höher die Verflüssigungstemperatur T_s des Gases liegt. Schon dies läßt auf sehr niedrige T_s für H_2 und besonders für He schließen. Ein **Gasthermometer** mit linearer Skala ist also am genauesten, wenn es mit H_2 oder He gefüllt ist.

Tabelle 5.9. Kubischer Ausdehnungskoeffizient γ einiger Gase (zwischen 0° und 100 °C)

	γ
Luft	0,003675
H_2	0,003662
He	0,003660
Ar	0,003676
CO_2	0,003726

Eine mit Wasserstoff oder Helium gefüllte Kugel steht mit einem Quecksilbermanometer in Verbindung, dessen einer Schenkel so gehoben oder gesenkt werden kann, daß bei jeder Temperatur das gleiche Volumen eingestellt wird. Der Druck, unter dem das Gas steht, ist gleich dem äußeren Luftdruck b, vermehrt um den Druck der Quecksilbersäule AB mit der Höhe h. $b + h_0$ sei der Druck des Gases bei 0 °C, wenn die Kugel von schmelzendem Eis umgeben ist (diese Addition von „Druck" und „Höhe" ist in Zahlenwertgleichungen erlaubt, wenn man etwa den Druck in Torr oder mm Hg-Säule und die Höhe in mm mißt). Dann ist der Druck bei t °C ($t > 0$), wenn durch Heben des beweglichen Manometerschenkels das Anfangsvolumen wieder eingestellt ist:

$$b + h_t = (b + h_0)(1 + \beta t) \,.$$

Daraus folgt für die Temperatur:

$$t = \frac{h_t - h_0}{\beta(b + h_0)} \,, \quad \text{wo } \beta = \frac{1}{273{,}2\,\text{K}} \,.$$

Die mit dem Gasthermometer mit Heliumfüllung gemessene Temperatur entspricht recht genau der thermodynamischen Skala.

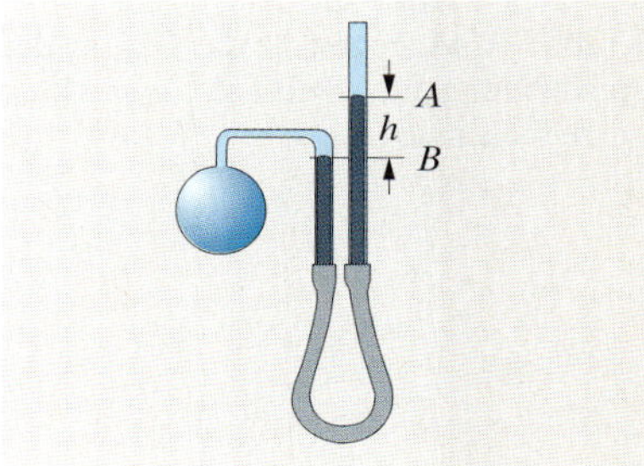

Abb. 5.8. Gasthermometer nach Jolly

5.2.3 Der 1. Hauptsatz der Wärmelehre

Nach der jahrhundertelangen Erfahrung aller Patentämter gibt es kein **Perpetuum mobile 1. Art**, d. h. keine Maschine, die Arbeit leistet, ohne in ihrer Umgebung Veränderungen herbeizuführen, nämlich ihr die entsprechende Energie zu entziehen. Dies ist nur ein anderer Ausdruck des Energiesatzes, den wir schon ständig benutzen und jetzt für die Wärmelehre so formulieren wollen:

> Führt man einem System von außen die Wärmeenergie ΔQ zu, so kann sie teilweise zu einer Arbeitsleistung $-\Delta W$ verbraucht werden (wir rechnen sie als negativ, wenn das System Arbeit hergibt). Der Rest von ΔQ führt zur Steigerung der inneren Energie U des Systems um ΔU:
>
> $$\Delta Q = \Delta U - \Delta W \,. \tag{5.21}$$

Die innere Energie U kann Bewegungsenergie der Moleküle sein ($\Delta U = c_V M\, \Delta T$), also zu einer Erwärmung führen; bei idealen Gasen ist dies die einzig mögliche Form innerer Energie. Sie kann aber auch zum Umbau oder zum Aufbrechen des Festkörper- oder Flüssigkeitsver-

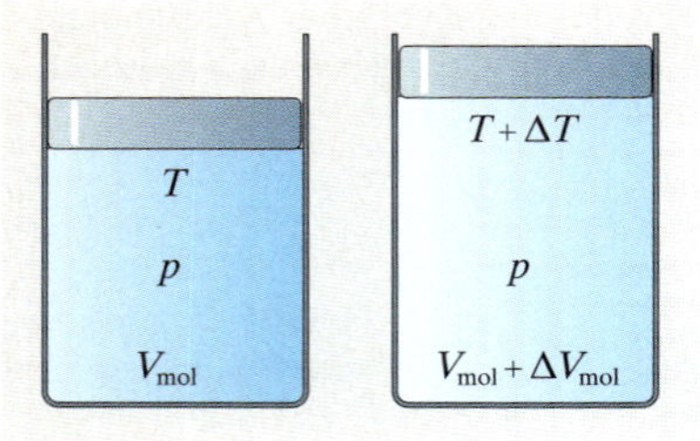

Abb. 5.9. Die Temperatur von 1 mol eines Idealgases wird um ΔT erhöht. Von außen wirkt auf den Kolben die Kraft $F = pA$, gegen die das Gas bei der Ausdehnung die Arbeit $F\,\Delta x = p\,\Delta V_{\text{mol}}$ verrichten muß

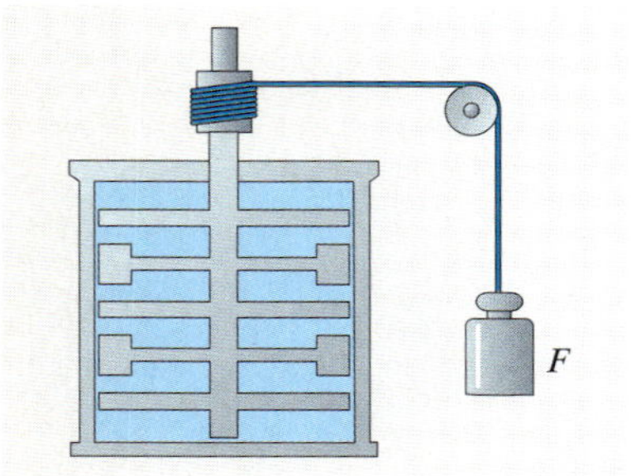

Abb. 5.10. Apparatur von Joule zur Messung des mechanischen Wärmeäquivalents (schematisch)

bandes dienen (Schmelz-, Verdampfungs-, Lösungsenergie). Sie kann auch in Arbeit gegen chemische oder elektromagnetische Kräfte bestehen.

Wenn wir mit einem Gas zu tun haben, besteht die äußere Arbeitsleistung nur in Druckarbeit $\Delta W = -p\,\Delta V$ (Arbeit wird geleistet, Energie geht dem Gas verloren, wenn ΔV positiv ist; daher das Minuszeichen).

Für ein Gas lautet der Energiesatz

$$dQ = dU + p\,dV\,, \tag{5.21'}$$

spezieller für ein Idealgas mit $dU = c_V M\,dT$

$$dQ = c_V M\,dT + p\,dV\,. \tag{5.22}$$

5.2.4 c_V und c_p bei Gasen

Bei konstantem Druck braucht man mehr Energie zur Erwärmung eines Gases als bei konstantem Volumen, denn man muß nicht nur die Temperatur um ΔT steigern, also die Molekülenergie erhöhen, sondern auch für die Volumenzunahme aufkommen. Für diese gilt nach (5.20)

$$\Delta V = V\frac{\Delta T}{T}\,.$$

Gegen den Druck p ist also die Druckarbeit

$$p\,\Delta V = pV\frac{\Delta T}{T} = \nu RT\frac{\Delta T}{T} = \nu R\,\Delta T$$

zu erbringen. Damit kommt zur Erwärmungsarbeit $C_V\,\Delta T = \frac{1}{2} f\,\nu R\,\Delta T$ die Druckarbeit $\nu R\,\Delta T$ hinzu. Die Wärmekapazität unserer ν mol bei konstantem Druck ist also

$$\boxed{C_p = C_V + R\nu = \left(\frac{f}{2}+1\right)\nu R}\,. \tag{5.23}$$

Aus solchen Überlegungen leitete zuerst *Robert Mayer* 1842 die Wesensgleichheit von Arbeit und Wärme sowie das **mechanische Wärmeäquivalent** 1 cal = 4,18 J ab. *J. P. Joule* maß dieses Äquivalent direkt nach dem Schema von Abb. 5.10. Das Schaufelrad, angetrieben vom Gewicht F, dreht sich mit großer Reibung in einer Flüssigkeit, der es die Fallarbeit Fh als Wärme mitteilt.

✘ Beispiel...

Vollziehen Sie *R. Mayers* Überlegung zum mechanischen Wärmeäquivalent nach. Wie kommt der Zahlenwert heraus?

Robert Mayer benutzte Literaturdaten über c_V und c_p und erkannte, daß der Unterschied in der Expansionsarbeit zu suchen ist. 1 l Luft bei 1 bar hat eine Wärmekapazität von 0,22 cal/°C bei konstantem Volumen und 0,31 cal/°C bei konstantem Druck. Die Ausdehnung um 1/273 l bei Erwärmung von 0 auf 1 °C gegen den Druck von 1 bar = 10^5 N/m^2 erfordert eine Arbeit $p\,\Delta V = 0{,}37$ J. Sie ist äquivalent zu den 0,09 cal, also 1 cal $\hat{=}$ 4,1 J.

Besonders interessant ist das Verhältnis $\gamma = c_p/c_V$, auch **Adiabaten-Exponent** genannt. Nach (5.23) sollte sein

$$\boxed{\gamma = \frac{c_p}{c_V} = \frac{f+2}{f}} \quad . \tag{5.24}$$

Tabelle 5.7 überprüft diese Voraussage für einige Gase. Aus solchen Messungen von c_p und c_V, für die es eine ganze Reihe sehr eleganter Methoden gibt, kann man offenbar Angaben über die Molekülstruktur machen: Gase mit $\gamma = \frac{5}{3}$ haben $f = 3$, müssen also einatomig sein. $\gamma = \frac{7}{5}$ ergibt $f = 5$, also zweiatomige oder linear angeordnete Moleküle. Gewinkelte oder mehratomige Moleküle sollten $f = 6$ und $\gamma = \frac{8}{6}$ haben.

5.2.5 Adiabatische Zustandsänderungen

Viele Vorgänge in der Atmosphäre, in Maschinen, in Schallwellen gehen so schnell vor sich, daß zu einem Wärmeaustausch gar keine Zeit ist. Ob das der Fall ist, kann man mittels der thermischen Relaxationszeit (5.53) entscheiden. Einen Vorgang ohne Wärmeaustausch nennt man **adiabatisch**. Bei ihm verschwindet $\mathrm{d}Q$ in (5.22), es gilt also

$$c_V M \,\mathrm{d}T = -p \,\mathrm{d}V \,.$$

Da wir nach der Zustandsgleichung (5.17) haben $p = \nu RT/V$, ergibt sich mit $C_V = c_V M = \frac{f}{2}\nu R$

$$\frac{f}{2}\mathrm{d}T = -T\frac{\mathrm{d}V}{V} \quad \text{oder} \quad \frac{f}{2}\frac{\mathrm{d}T}{T} = -\frac{\mathrm{d}V}{V} \,.$$

Integriert man dies beiderseits, so folgt

$$\boxed{V \sim T^{-f/2} = T^{1/(1-\gamma)}} \tag{5.25}$$

(bei der Rechnung beachte man, daß rechts und links die Ableitungen von $\ln T$ bzw. $\ln V$ stehen). Mittels der Zustandsgleichung kann man (5.25) auch in andere Kombinationen von Zustandsgrößen umschreiben:

$$\boxed{p \sim V^{-(f+2)/f} = V^{-\gamma}} \tag{5.26}$$

und schließlich

$$\boxed{p \sim T^{f/2+1} = T^{\gamma/(\gamma-1)}} \quad . \tag{5.27}$$

Dies sind die **Poisson-Gleichungen** oder **Adiabatengleichungen**.

Luft hat eine so geringe Wärmeleitfähigkeit, daß größere auf- oder absteigende Luftmassen während ihrer Bewegung nur sehr wenig Wärme mit ihrer neuen Umgebung austauschen können. Die atmosphärische Schichtung ist daher eher adiabatisch als isotherm. In einer Höhe z. B., wo die Dichte nur noch halb, d. h. das Volumen einer bestimmten Gasmenge doppelt so groß ist wie am Erdboden, ist dann der Druck nicht halb so groß, wie isotherm nach $pV = \text{const}$, sondern nach $pV^\gamma = \text{const}$ nur $(\frac{1}{2})^\gamma = (\frac{1}{2})^{1{,}4} \approx \frac{1}{3}$ so groß wie am Boden. Die barometrische Höhenformel ändert sich dementsprechend. Vor allem nimmt T mit der Höhe ab, wie der Beobachtung entspricht.

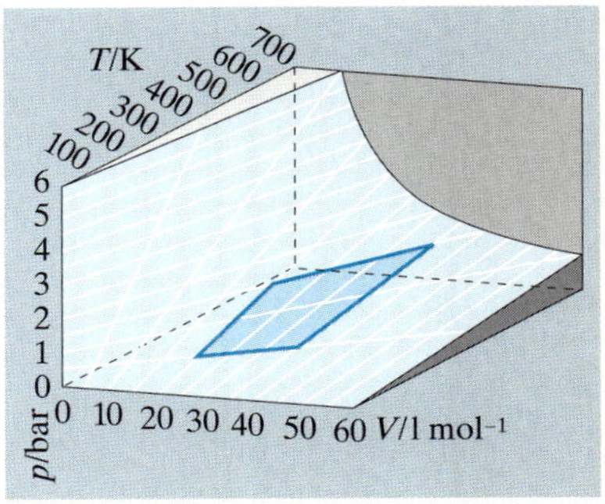

Abb. 5.11. Isobaren und Isochoren auf der Zustandsfläche $p(V,T)$ eines Idealgases. Der schematisierte Arbeitszyklus einer pV-Maschine ($\approx$ **Dampfmaschine**) ist hervorgehoben

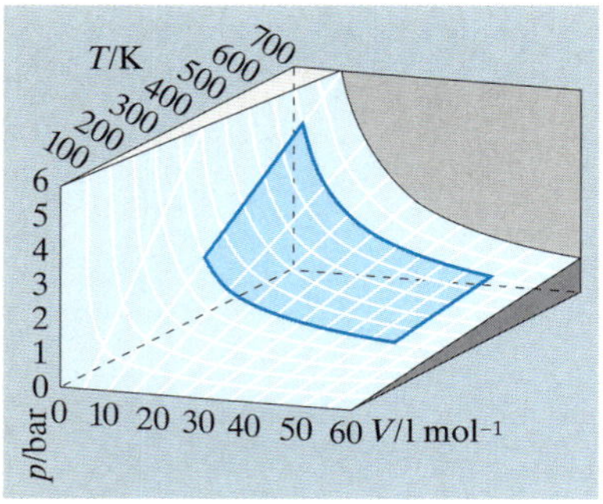

Abb. 5.12. **Isothermen** und **Isochoren** auf der Zustandsfläche $p(V,T)$ eines Idealgases. Der schematisierte Arbeitszyklus einer **Stirling-Maschine** ist hervorgehoben

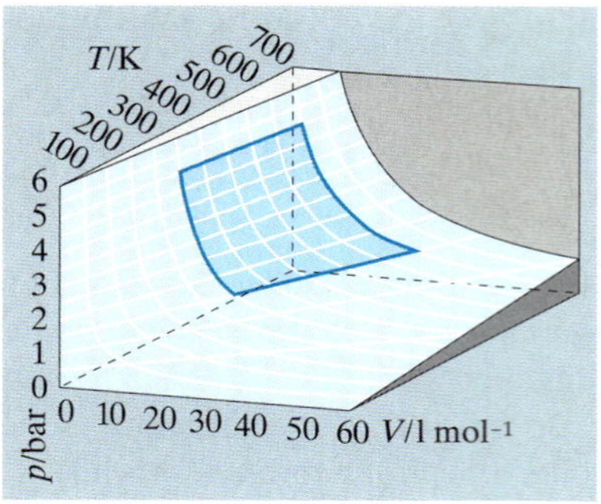

Abb. 5.13. **Isobaren** und Isothermen auf der Zustandsfläche $p(V,T)$ eines Idealgases. Ein „pipi-Zyklus" ist hervorgehoben

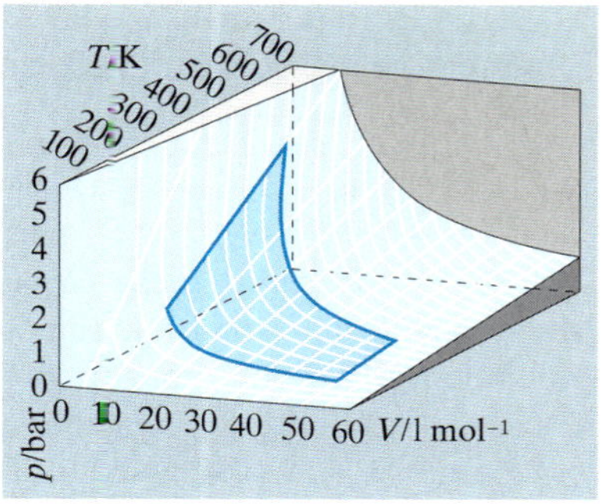

Abb. 5.14. Adiabaten und Isochoren auf der Zustandsfläche $p(V,T)$ eines Idealgases. Der schematisierte Arbeitszyklus eines **Otto-Motors** ist hervorgehoben

In Abb. 5.12, 5.13 und 5.16 sind u. a. auch Isothermen eingetragen. Es sind Hyperbeln, die um so höher liegen, je größer die Temperatur ist. Abbildung 5.16 zeigt Isothermen und Adiabaten. Die Adiabaten verlaufen steiler und schneiden daher bei kleinerem Volumen die höheren Isothermen. Bei adiabatischer Kompression tritt also Erwärmung ein. Sie rührt von der bei der Kompression geleisteten Arbeit her, die in Wärme verwandelt wird und dann nicht – wie bei isothermer Kompression – an ein Wärmebad abgeführt werden kann. Die Temperaturerhöhung ergibt sich aus (5.25) zu:

$$\frac{T'}{T} = \left(\frac{V'}{V}\right)^{1-\gamma} .$$

Komprimiert man eine Luftmenge ($\gamma = 1{,}4$) von Zimmertemperatur ($T = 293\,\mathrm{K}$) adiabatisch auf $\frac{1}{10}$ ihres Volumens, so steigt ihre Temperatur auf das $10^{\gamma-1} \approx 2{,}5$fache, d. h. auf $735\,\mathrm{K} = 462\,°\mathrm{C}$ (**pneumatisches Feuerzeug**). – Die Abkühlung eines Gases bei adiabatischer Expansion wird in der **Nebelkammer** (Abschn. 13.3.2b) ausgenutzt, die Erhitzung bei Kompression im Dieselmotor.

Abbildung 5.12 zeigt überdies, daß eine *isochore* (d. h. bei konstantem Volumen verlaufende) Drucksteigerung immer mit einer Temperatursteigerung verbunden, bzw. durch diese zu erreichen ist. Entsprechendes gilt für *isobar* (d. h. bei konstantem Druck) durchgeführte Volumenvergrößerung (Abb. 5.13). Natürlich muß Energie zugeführt werden, wenn p und T steigen sollen, und erst recht, wenn p trotz der Volumenzunahme konstant bleiben soll.

5.2.6 Druckarbeit

Wieviel Arbeit ein Gas leistet, hängt von der Art der Zustandsänderung ab. Man untersucht sie am besten im p, V-Diagramm. Dort ist die Arbeit direkt als Fläche unter der $p(V)$-Kurve abzulesen, denn differentiell gilt immer $\mathrm{d}W = p\,\mathrm{d}V$.

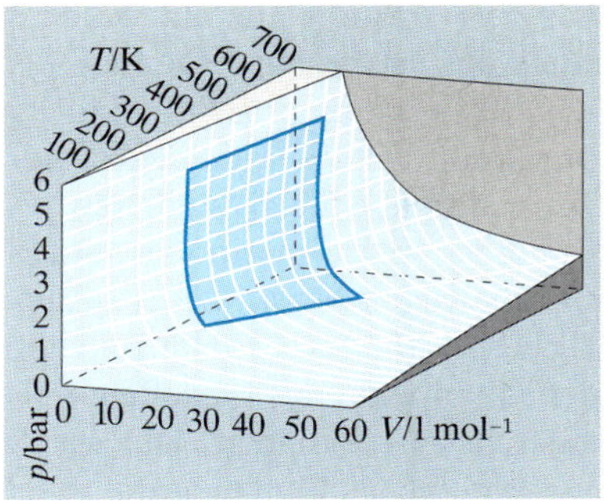

Abb. 5.15. Isobaren und Adiabaten auf der Zustandsfläche $p(V, T)$ eines Idealgases. Ein „papa-Zyklus" ist hervorgehoben

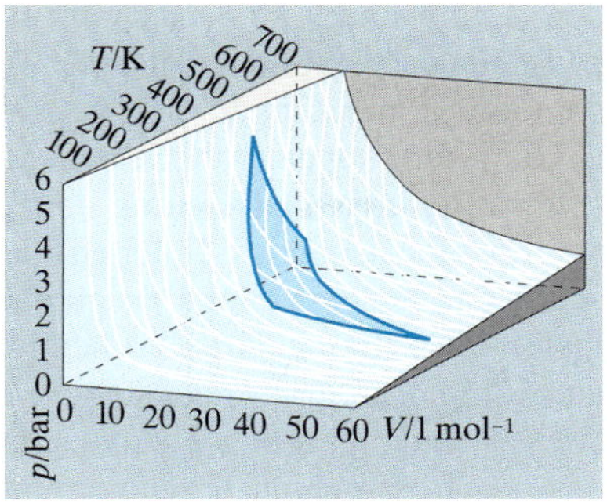

Abb. 5.16. Isothermen und Adiabaten auf der Zustandsfläche $p(V, T)$ eines Idealgases. Ein **Carnot-Zyklus** ist hervorgehoben

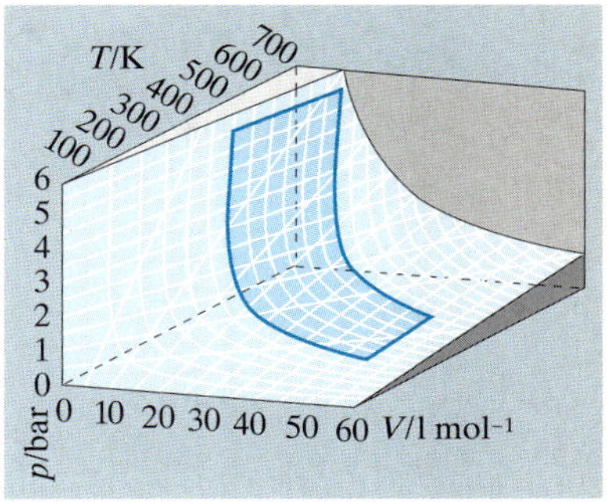

Abb. 5.17. Isobaren, Isochoren und Adiabaten auf der Zustandsfläche $p(V, T)$ eines Idealgases. Der schematisierte Arbeitszyklus eines **Diesel-Motors** ist hervorgehoben

Bei isobarer Expansion ($p = \text{const}$) ergibt sich einfach

$$\boxed{\Delta W = p\,\Delta V},$$

auch für endliche Volumenänderungen ΔV.

Bei adiabatischer Expansion ändert sich die Temperatur, und zwar nimmt sie ab, eben weil hier nur die innere Energie des Gases die Expansionsarbeit decken kann. Da beide Änderungen gleich sein müssen, ergibt sich bei Abkühlung von T_1 auf T_2 eine Arbeit

$$\boxed{W = U_1 - U_2 = c_V M(T_1 - T_2)}\,. \tag{5.28}$$

Bei der isothermen Expansion ($T = \text{const}$) müssen wir das Arbeitsintegral $W = \int p\,\mathrm{d}V$ ausrechnen. Für ν mol Gas liefert die Zustandsgleichung $p = \nu RT/V$, also

$$\boxed{W = \nu RT \int_{V_1}^{V_2} \frac{\mathrm{d}V}{V} = \nu RT \ln \frac{V_2}{V_1}}\,. \tag{5.29}$$

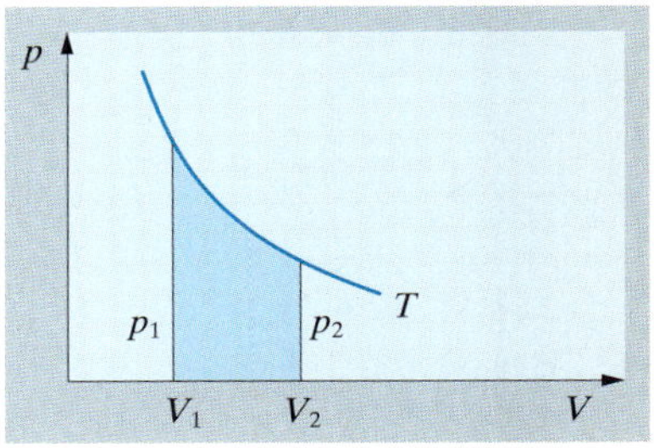

Abb. 5.18. Die Arbeit bei isothermer Ausdehnung eines Idealgases

Bei isochorer Zustandsänderung ($V = \text{const}$) wird natürlich gar keine Arbeit $p\,\mathrm{d}V$ geleistet.

5.2.7 Mittlere freie Weglänge und Wirkungsquerschnitt

Wir haben aus der Gaskinetik die Grundlagen für die Theorie der Wärmekraftmaschinen entwickelt, die wir in Abschn. 5.3 weiterverfolgen. Jetzt wollen wir wieder zum molekularen Bild der Materie zurückkehren und eine Größe verstehen, die so verschiedene Gebiete wie Vakuumtechnik, Gasentladungen, Wärmeleitung, Diffusion und Viskosität beherrscht, ferner für die ganze chemische Kinetik grundlegend ist.

Pumpt man ein Vakuumsystem bis auf etwa 10^{-3} mbar aus, dann ändern sich die Strömungsverhältnisse vollkommen, die klassische Strömungslehre gilt nicht mehr. Man versteht das daraus, daß bei so geringem Druck die Moleküle praktisch nicht mehr untereinander, sondern nur noch mit den Gefäßwänden stoßen. Die **mittlere freie Weglänge**, die ein Molekül zwischen zwei Stößen mit anderen zurücklegt, ist größer geworden als die Gefäßabmessungen. Daher strömt das Gas nicht mehr als kontinuierliches Fluid, sondern in Gestalt der Einzelmoleküle. Die Gesetze einer solchen **Knudsen-Strömung** können Sie in Aufgabe 5.2.20 studieren.

Ein sehr schnelles Teilchen vom Radius r_1 werde in ein Gas eingeschossen, dessen Moleküle sich ebenfalls als Kugeln vom Radius r_2 auffassen lassen und praktisch ruhende Zielscheiben für das schnelle Teilchen darstellen. Ein Stoß findet statt, wenn der Mittelpunkt des schnellen Teilchens sich dem eines Moleküls auf weniger als $r_1 + r_2$ nähert. Man erhält das gleiche Ergebnis, wenn man die Gasmoleküle als Punkte auffaßt und dafür dem schnellen Teilchen eine Scheibe vom Radius $r_1 + r_2$ mit dem **Stoßquerschnitt** $\pi(r_1 + r_2)^2 = \sigma$ anheftet. Wenn das Teilchen den Weg x zurücklegt, überstreicht sein Stoßquerschnitt einen Kanal vom Volumen σx. Ein Stoß ist eingetreten, wenn in diesem Volumen der Mittelpunkt eines Moleküls liegt. Wenn das Gas die Teilchenzahldichte n hat, liegen im Volumen σx im Mittel $n\sigma x$ Teilchen. Wenn diese Zahl 1 wird, tritt im Mittel auf der Strecke x gerade ein Stoß ein, d. h. dieses x ist die mittlere freie Weglänge l:

$$\boxed{l = \frac{1}{n\sigma}} \,. \tag{5.30}$$

Wenn die Gasmoleküle sich ebenso schnell bewegen wie das betrachtete Teilchen, werden die Stöße etwas häufiger und die freie Weglänge etwas kleiner (Aufgabe 5.2.17):

$$\boxed{l = \frac{1}{\sqrt{2}\,n\sigma}} \,. \tag{5.30'}$$

Auf einer Wegstrecke $\mathrm{d}x$ des einfliegenden Teilchens besteht die Wahrscheinlichkeit $\mathrm{d}P = \sigma n\,\mathrm{d}x$, daß ein Gasmolekül im überstrichenen Volumen liegt. Läßt man also einen Strahl aus N Teilchen einfallen, dann erleiden davon im Mittel $N\,\mathrm{d}P = \sigma nN\,\mathrm{d}x$ auf der Strecke $\mathrm{d}x$ einen Stoß. Nehmen wir an, sie scheiden durch einen solchen Stoß aus dem Strahl aus. Dann verringert sich die Anzahl N darin gemäß

$$\mathrm{d}N = -\sigma nN\,\mathrm{d}x \quad \text{oder} \quad \frac{\mathrm{d}N}{\mathrm{d}x} = -\sigma nN \,. \tag{5.31}$$

Das ist die Differentialgleichung der e-Funktion: Die Funktion $N(x)$, deren Ableitung bis auf den Faktor $-\sigma n$ gleich der Funktion selbst ist, muß lauten

$$N = N_0\,\mathrm{e}^{-\sigma nx} \,. \tag{5.32}$$

N_0 ist die ursprüngliche Anzahl der Teilchen im Strahl, der noch kein Gas durchlaufen hat ($x = 0$). In (5.31) oder (5.32) kann man σn als **Absorptionskoeffizienten** α deuten:

$$\boxed{\alpha = \sigma n = \frac{1}{l}} \,. \tag{5.33}$$

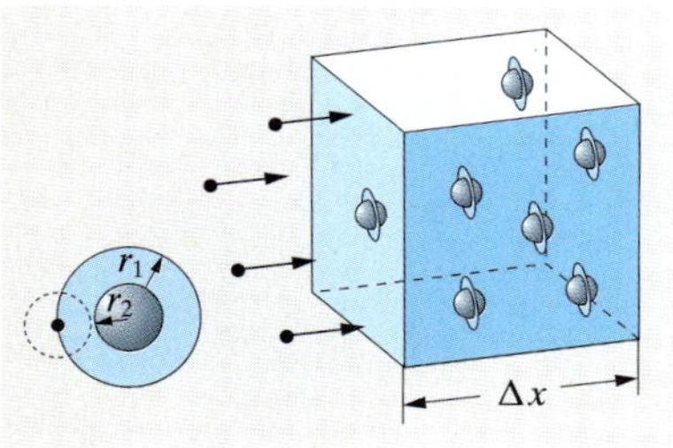

Abb. 5.19. Absorption eines Molekularstrahls in einem Gas. Definition des „Wirkungsquerschnittes“

Der **Absorptionsquerschnitt** ist die Summe aller Querschnitte der Moleküle in der Volumeneinheit. Entsprechende Ausdrücke bestimmen die Absorption von Licht, Röntgenstrahlung, Kathodenstrahlung, gelten aber auch in der chemischen Kinetik (Aufgabe 5.2.19), jedoch nicht für sehr energiereiche Strahlung, wo *viele* Stöße nötig sind, um ein solches Teilchen zu bremsen. (5.31) gilt auch, wenn die Gasdichte vom Ort abhängt, aber natürlich sieht dann die Lösung anders aus als (5.32).

Für H_2 kann man setzen $r = 0{,}87 \cdot 10^{-10}$ m, unter Normalbedingungen ergibt sich $l = 2{,}7 \cdot 10^{-7}$ m, beim Druck 10^{-7} bar steigt l auf fast 3 m. Solche Verhältnisse herrschen in etwa 150 km Höhe in unserer Atmosphäre.

5.2.8 Brownsche Bewegung

Ein Teilchen in einem System mit der Temperatur T hat die mittlere kinetische Energie $\frac{3}{2}kT$ der regellosen thermischen Bewegung. Wie groß das Teilchen ist, spielt für die Energie keine Rolle (Gleichverteilungssatz), nur für die Geschwindigkeit: Schwere Teilchen fliegen langsamer. Für ein Teilchen von 1 µm Durchmesser, also etwa 10^{-15} kg Masse folgt bei Zimmertemperatur $v_{\text{th}} = \sqrt{3kT/m} \approx 3$ mm/s. Diese Bewegung, im Mikroskop gut erkennbar, die er zunächst für aktiv hielt wie bei tierischen Spermien, entdeckte der Botaniker *Brown* 1828 an Pollen einer Nachtkerzenart und erbrachte so, ohne es zu ahnen, den ersten direkten Beweis für die kinetische Theorie der Materie. An Rauch- oder Staubteilchen in einem Sonnenlichtbündel, das durchs Fenster schräg einfällt, kann man die **Brownsche Bewegung** manchmal auch ohne Mikroskop beobachten.

Die Zitter- oder Wimmelbewegung eines solchen Teilchens setzt sich aus Translationen und Rotationen ständig wechselnder Richtung zusammen. Bei der Messung unter dem Mikroskop muß man beachten, daß man nicht jeden Richtungswechsel erkennt, sondern nur die mittlere Verschiebung x während einer bestimmten Beobachtungszeit t. Für diese quadratisch gemittelte Verschiebung $\overline{x^2}$ gelten dieselben Wahrscheinlichkeitsgesetze wie für das mittlere Fehlerquadrat einer Messung, die sich aus k Einzelmessungen mit je dem Fehler l zusammensetzen: $\overline{x^2} = kl^2$. Hier ist k die Anzahl der freien Weglängen, die das Teilchen in zufälligen Richtungen aneinanderreiht, also $k = vt/l$. Damit wird

$$\boxed{\overline{x^2} = vlt} \, . \tag{5.34}$$

Man kann dies entsprechend (5.64) und (5.42) durch den Diffusionskoeffizienten D der Schwebeteilchen oder durch die Viskosität η des Mediums ausdrücken, in dem sie schweben:

$$\boxed{\overline{x^2} = 3Dt = \frac{kT}{2\pi\eta r}t} \, . \tag{5.34'}$$

Diese Formel von *Einstein* und *Smoluchowski* wird durch die Erfahrung gut bestätigt.

Die Leistungsfähigkeit vieler hochempfindlicher Geräte wird durch die Brownsche Bewegung oder das **thermische Rauschen** des Anzeigeorgans begrenzt. Das gilt für ein **Spiegelgalvanometer**, aber auch für das Trommelfell unseres Ohres. Auch die Elektronen in einem Widerstand nehmen an der Brownschen Bewegung teil und erzeugen so das **Nyquist-Rauschen** (Aufgabe 5.2.21, 4.5.7).

5.2.9 Die Boltzmann-Verteilung

Wir gehen aus von der **barometrischen Höhenformel** (3.10)

$$p = p_0\,\mathrm{e}^{-\varrho_0 gh/p_0} = p_0\,\mathrm{e}^{-Mgh/(V_0 p_0)}\,.$$

Es handele sich um 1 mol Gas. Mittels der Zustandsgleichung (5.15) kann man auf molekulare Größen umrechnen: $p_0 V_0 = RT = N_\mathrm{A} kT$, also

$$n = n_0\,\mathrm{e}^{-Mgh/(N_\mathrm{A}kT)} = n_0\,\mathrm{e}^{-mgh/(kT)} \tag{5.35}$$

(n, die Teilchenzahldichte, ist bei konstanter Temperatur proportional zum Druck p). Man kann diese Beziehung auf eine andere Weise aussprechen, die den Weg zu einer wichtigen Verallgemeinerung weist: Bringt man ein Gas aus Teilchen mit der Masse m in ein Gravitationsfeld, dessen Potential wie $\varphi = \varphi(h)$ vom Ort abhängt, so befindet sich am Ort h, wo die potentielle Energie der Moleküle $m\varphi(h)$ ist, eine Teilchenzahldichte

$$n(h) = n(0)\,\mathrm{e}^{-m\varphi(h)/(kT)}\,. \tag{5.36}$$

Anders ausgedrückt:

Die Teilchenzahldichten an zwei Orten 1 und 2 verhalten sich wie

$$\frac{n_1}{n_2} = \mathrm{e}^{-(W_1-W_2)/(kT)}\,, \tag{5.37}$$

wenn die potentiellen Energien (gleichgültig ob Schwereenergie oder z. B. elektrische Energie) an diesen Orten W_1 bzw. W_2 sind.

In der Nähe des Erdbodens ist das Schwerefeld praktisch homogen: $\varphi(h) = gh$; damit folgt die barometrische Höhenformel.

Es gibt – außer der „Kontinuumsbetrachtung“ – eine sehr lehrreiche Ableitung für dieses Verteilungsgesetz. Die Moleküle unterliegen zwei Tendenzen: Sie wollen im Schwerefeld längs des Gradienten von φ fallen. Dieses Fallen durch das Medium der übrigen Moleküle ist nach dem Stokes-Gesetz durch eine Sinkgeschwindigkeit

$$v = \mu mg$$

($\mu = v/F$ Beweglichkeit; vgl. Abschn. 6.4.2) zu beschreiben. Wenn alle Teilchen mit der Teilchenzahldichte n so sinken, repräsentieren sie eine Teilchenstromdichte

$$j_\mathrm{sink} = nv = -\mu mgn\,. \tag{5.38}$$

Wäre dies die einzige Tendenz, so würden sich alle Teilchen im Potentialminimum (am Erdboden) versammeln. Einer so extrem inhomogenen Verteilung wirkt aber die **Diffusion** entgegen, die die Tendenz vertritt, die Teilchen möglichst gleichmäßig zu verteilen. Ist $n(h)$ die Höhenabhängig-

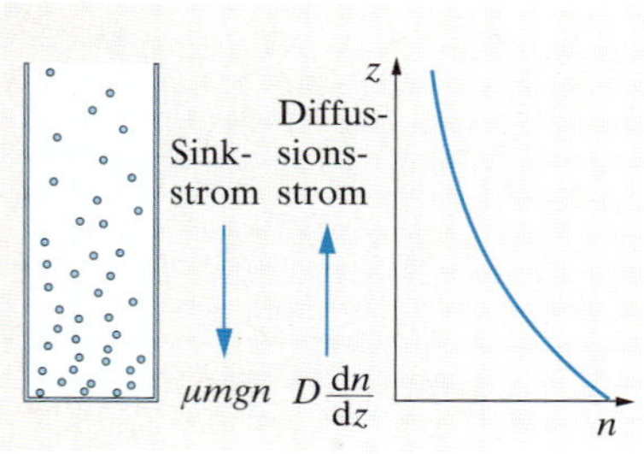

Abb. 5.20. Die Dichteverteilung in einer Atmosphäre ergibt sich aus dem Gleichgewicht von Diffusionsstrom und Sinkstrom

keit der Teilchenzahldichte, so ruft jede Inhomogenität von $n(h)$ einen Diffusionsstrom

$$j_{\text{diff}} = -D\frac{\mathrm{d}n(h)}{\mathrm{d}h} \tag{5.39}$$

hervor (vgl. Abschn. 5.4.5).

Nun ist leicht zu sehen, daß jedes Überwiegen einer der beiden Einflüsse dazu führt, daß sich eben dieses Übergewicht abbaut. Ist z. B. die Verteilung $n(h)$ zu homogen, also $j_{\text{diff}} < j_{\text{sink}}$, so führt das Sinken der Teilchen zu einer Aufsteilung von $n(h)$, so lange bis der Diffusionsstrom den Sinkstrom kompensiert. Nach einer gewissen Zeit (der **Relaxationszeit**) stellt sich also ein Gleichgewicht ein, das gegeben ist durch Stromlosigkeit:

$$j = j_{\text{sink}} + j_{\text{diff}} = 0 = -\mu m g n(h) - D\frac{\mathrm{d}n(h)}{\mathrm{d}h} \tag{5.40}$$

oder nach Lösung dieser Differentialgleichung für $n(h)$:

$$n(h) = n(0)\,\mathrm{e}^{-\mu m g h/D}\,. \tag{5.41}$$

Das ist wieder die barometrische Höhenformel, mit dem zusätzlichen Bonus, daß wir durch Vergleich mit (5.35) einen Zusammenhang zwischen dem Diffusionskoeffizienten D und der Beweglichkeit gewinnen:

$$\boxed{D = \mu k T}\;. \tag{5.42}$$

Dies ist die **Einstein-Beziehung**.

Auch die allgemeine Verteilung (5.37) ist nur ein Spezialfall einer viel allgemeineren Beziehung, des Verteilungssatzes von *Boltzmann*:

> Wenn ein System (gleichgültig ob ein einzelnes Teilchen oder ein zusammengesetztes System) eine Reihe von Zuständen mit den Energien $W_1, W_2, \ldots$ annehmen kann (W_i ist die Summe von kinetischer und potentieller Energie), dann ist die Wahrscheinlichkeit, daß sich das System im Zustand i befindet
>
> $$P_i = g_i\,\mathrm{e}^{-W_i/(kT)}\,. \tag{5.43}$$
>
> g_i ist das **statistische Gewicht** des Zustandes i.

Verschiedene Zustände haben verschiedene statistische Gewichte, wenn ihre Wahrscheinlichkeiten schon abgesehen von allen energetischen Betrachtungen verschieden sind.

Für sehr viele gleichartige Systeme, z. B. viele Gasmoleküle, drückt die Wahrscheinlichkeit P_i offenbar die relative Anzahl von Molekülen im Zustand i aus, womit man wieder zu (5.36) kommt.

5.2.10 Die Maxwell-Verteilung

Gasmoleküle stoßen ständig zusammen und ändern dabei ihre Geschwindigkeiten. Die im Abschn. 5.2.1 angenommene einheitliche Geschwindigkeit kann daher nur einen Mittelwert bedeuten, genauer das Quadratmittel

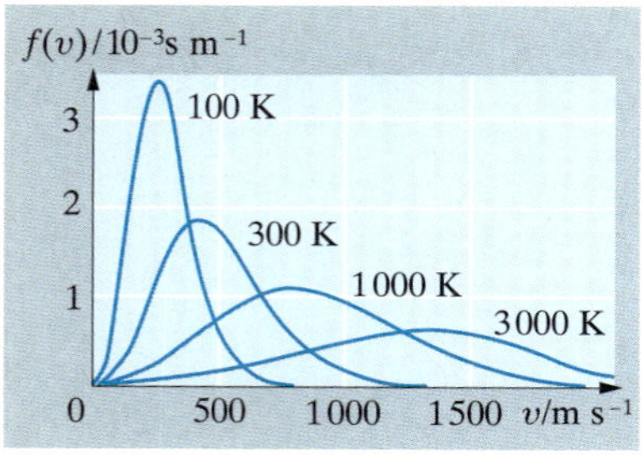

Abb. 5.21. Maxwell-Verteilung der Molekülgeschwindigkeiten in Luft für vier verschiedene Temperaturen

$\sqrt{v^2}$. Wir messen, welcher Bruchteil der Moleküle eines Gases eine Geschwindigkeit aus einem Intervall zwischen v und $v + \mathrm{d}v$ hat (eine Meßmethode bringt Abschn. 5.2.10b). Trotz der ständigen Stöße wird dieser *Bruchteil*, den wir $f(v)\,\mathrm{d}v$ nennen, zeitlich konstant sein, wenn auch jedesmal andere Moleküle dazu beitragen. Abbildung 5.21 zeigt, wie $f(v)$ von v abhängt, und zwar für verschiedene Temperaturen.

✗ Beispiel...

Wie viele Moleküle in Ihrem Zimmer fliegen in diesem Moment genau mit 1 km/s? Wie viele fliegen mit mehr als 10 km/s?

Mathematisch genau mit 1 km/s fliegt kein einziges Molekül. Erst wenn man ein endliches, wenn auch vielleicht sehr kleines Intervall zuläßt, gibt die Maxwell-Verteilung eine endliche Antwort. Mit mehr als $v_1 = 10$ km/s fliegt ein Bruchteil, der durch die Fläche des Schwanzes der Maxwell-Verteilung rechts von v_1 oder in der Energieauftragung rechts von $W_1 = \frac{1}{2}mv_1^2$ gegeben wird. Da $W_1 \gg kT$, kann man diese Fläche als $f(W_1)kT$ annähern, denn von der Ordinate $f(W_1)$ ab fällt die Kurve im wesentlichen wie $e^{-W/(kT)}$ ab, d. h. mit einer Breite kT. Da v_1 etwa 20mal größer ist als die mittlere Geschwindigkeit, ist $W_1 \approx 400 \cdot \frac{3}{2}kT = 600kT$. Der Faktor $e^{-600} \approx 10^{-260}$ ist so klein, daß bestimmt noch nie in einem Zimmer ein Luftmolekül 10 km/s gehabt hat, außer in einer Höhensonne oder Bogenlampe.

a) Die Verteilungsfunktion. In einem idealen Gas hat ein Molekül mit der Geschwindigkeit v nur die kinetische Energie $W = \frac{1}{2}mv^2$, keine potentielle. Die Boltzmann-Verteilung besagt, daß man bei höheren Energien exponentiell weniger Moleküle antrifft:

$$f(v)\,\mathrm{d}v = C\,\mathrm{e}^{-mv^2/(2kT)}\,\mathrm{d}v\,.$$

In C steckt noch das statistische Gewicht der einzelnen v-Intervalle. Ein großer Geschwindigkeitsbetrag v hat ein höheres statistisches Gewicht, weil er sich durch mehr Vektoren $\boldsymbol{v}$ darstellen läßt als ein kleiner (Abb. 5.22). Man kann zeigen, daß gleiche Volumina des **Geschwindigkeitsraumes**, d. h. des von den $\boldsymbol{v}$-Vektoren gebildeten Raumes, gleiche statistische Gewichte haben. Das Intervall $(v, v + \mathrm{d}v)$ des Geschwindigkeitsbetrages ist repräsentiert durch eine Kugelschale vom Volumen $4\pi v^2\,\mathrm{d}v$ im Geschwindigkeitsraum (Abb. 5.22):

$$f(v)\,\mathrm{d}v = C' 4\pi v^2\,\mathrm{e}^{-mv^2/(2kT)}\,\mathrm{d}v\,.$$

Die Konstante C' ist dadurch bestimmt, daß $\int_0^\infty f(v)\,\mathrm{d}v = 1$ (irgendeinen Wert von v zwischen 0 und ∞ hat ja jedes Teilchen mit Gewißheit). Daraus ergibt sich C' zu $(m/(2\pi kT))^{3/2}$.

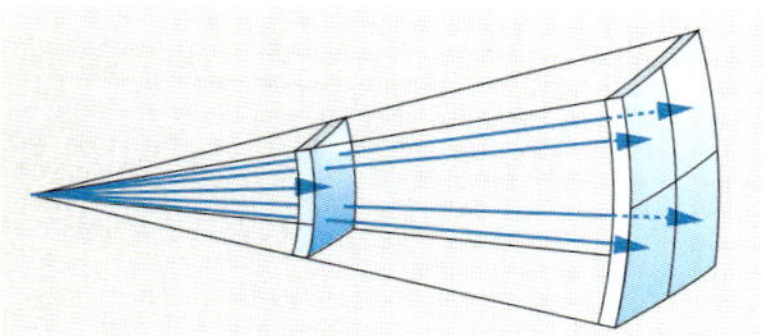

Abb. 5.22. Das statistische Gewicht einer Kugelschale im Geschwindigkeitsraum ist proportional zum Quadrat der Geschwindigkeit

Die Geschwindigkeitsverteilung (Maxwell-Verteilung) lautet

$$f(v)\,\mathrm{d}v = \sqrt{\frac{2}{\pi}}\left(\frac{m}{kT}\right)^{3/2} v^2\,\mathrm{e}^{-mv^2/(2kT)}\,\mathrm{d}v\,, \qquad (5.44)$$

▶

oder auf kinetische Energie $W = \frac{1}{2}mv^2$ umgerechnet:

$$f(W)\,\mathrm{d}W = \frac{2}{\sqrt{\pi}}(kT)^{-3/2}\sqrt{W}\,\mathrm{e}^{-W/(kT)}\,\mathrm{d}W\,. \qquad (5.44')$$

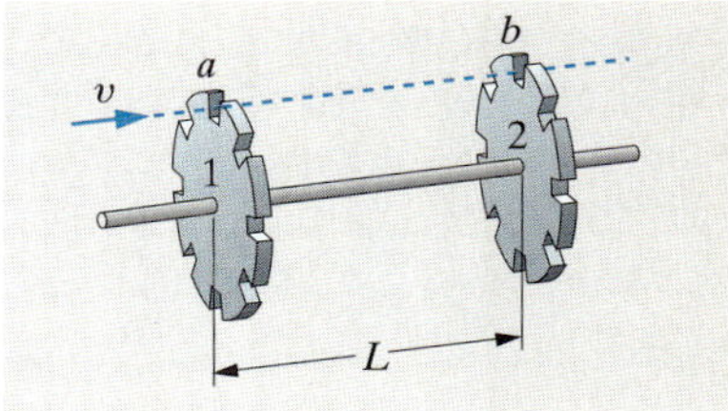

Abb. 5.23. Messung der Geschwindigkeit von Gasatomen bzw. -molekülen (Monochromator für Molekularstrahlen)

Die Maxwell-Verteilung beantwortet u. a. die Frage: Wieviele der Gasmoleküle haben genug kinetische Energie, um eine endotherme chemische Reaktion auszulösen, einem anderen Teilchen ein Elektron zu entreißen (**Stoßionisation**), oder es zur Strahlung anzuregen (**Stoßanregung**), dem Schwerefeld der Erde oder eines anderen Planeten zu entweichen, die zwischen den Atomkernen herrschende elektrostatische Abstoßung zu überwinden (eine **Kernfusion** auszuführen)? Da es sich in der Praxis immer um Energien handeln wird, die größer sind als die mittlere Molekularenergie $\approx kT$, treffen alle diese Bedingungen nur für die relativ wenigen Teilchen zu, die sich ganz rechts in Abb. 5.21 im **Maxwell-Schwanz** befinden. Die Intensität der genannten Prozesse wird durch die Fläche dieses Schwanzes gemessen. Sie ist in guter Näherung

$$\frac{\text{Fläche des Maxwell-Schwanzes}}{\text{Gesamtfläche}} = \frac{2}{\sqrt{\pi}}\sqrt{\frac{W_0}{kT}}\,\mathrm{e}^{-W_0/(kT)}\,, \qquad (5.45)$$

wenn W_0 die Mindestenergie ist, die der Prozeß verlangt.

b) Molekularstrahlen. Durch eine geeignete Blendenanordnung kann man in einen hochevakuierten Raum, dessen Abmessungen klein gegen die freie Weglänge l der Moleküle sind, einen scharf begrenzten Molekular- oder **Atomstrahl** eintreten lassen. Seine Geschwindigkeit kann man sehr einfach mit zwei Zahnrädern messen, die im Abstand L auf einer gemeinsamen Achse so montiert sind, daß der Strahl bei ruhenden Rädern durch die Lücken a und b tritt. Nun dreht man die Räder mit der Winkelgeschwindigkeit ω. Die meisten Moleküle kommen jetzt nicht mehr durch, denn in der Zeit $\Delta T = L/v$, die sie vom Rad 1 zum Rad 2 brauchen, hat sich ein Zahn von Rad 2 in ihren Weg geschoben. Dies ist nur dann nicht mehr der Fall, wenn $\Delta t = L/v = N\alpha/\omega$ ist, wo α der Winkelabstand benachbarter Zahnlücken und N eine natürliche Zahl ist. Die Geschwindigkeit v dieser Moleküle ergibt sich so aus lauter direkt meßbaren Größen:

$$v = \frac{L\omega}{N\alpha}\,.$$

Ändert man ω, dann zeichnet das Nachweisgerät hinter Rad 2 einen Teil der Maxwell-Verteilung auf. Die Ergebnisse bestätigen genau die Theorie.

5.3 Wärmekraftmaschinen

Wärme ist *ungeordnete* Molekülbewegung. Wie kann man diese Energie in geordnete Bahnen lenken, also Wärme- in mechanische Energie umwandeln?

5.3.1 Thermische Energiewandler

Die sogenannten **Wärmekraftmaschinen** (**Dampfmaschinen**, **Verbrennungsmotoren** unserer Autos **Gas-** und **Dampfturbinen** unserer Kraftwerke) wandeln Wärmeenergie in mechanische um. Andere Maschinen

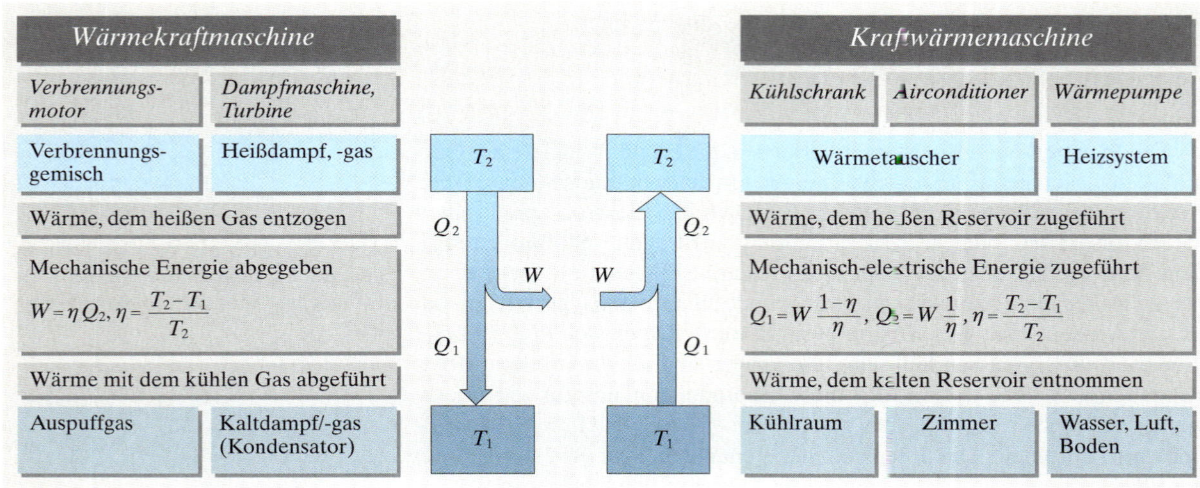

Abb. 5.24. Wärmekraftmaschine und Kraftwärmemaschine

wandeln umgekehrt mechanische Energie in Wärme um; man kann sie Kraftwärmemaschinen nennen (**Kühlschrank**, **Airconditioner**, **Wärmepumpe**). In beiden Arten von Maschinen laufen im Prinzip die gleichen Vorgänge mehrfach zyklisch ab, nur bei der einen Gruppe vorwärts, bei der anderen rückwärts. In der Wärmekraftmaschine erzeugt man zunächst Wärmeenergie auf hohem Temperaturniveau T_2 (z. B. im Explosionstakt des Verbrennungsmotors), indem man eine Arbeitssubstanz (Luft, Wasserdampf) durch eine chemische oder eine Kernreaktion erhitzt, z. B. durch Verbrennung eines Treibstoffs (Benzin, Öl, Kohle). Die Arbeitssubstanz sinkt dann auf ein niederes Temperaturniveau T_1 ab und gibt dabei einen Bruchteil η der vorher aufgenommenen Wärmeenergie als mechanische Energie ab. Bestimmung des **Wirkungsgrades** η ist die Hauptaufgabe der Theorie der Wärmekraftmaschine. In der Kraftwärmemaschine spielt sich genau das Umgekehrte ab: Durch Zufuhr von mechanischer (oder elektrischer) Energie hebt man die Arbeitssubstanz von der Temperatur T_1 auf die höhere T_2. In der Wärmepumpe nutzt man die Wärmeenergie im höheren T-Zustand (dem (Heizsystem) und entzieht dem tieferen (Wasser, Boden, Luft) Wärmeenergie. Beim Kühlschrank oder Airconditioner ist der Kühleffekt wichtiger. Hierbei wechselt die Arbeitssubstanz zwischen zwei Zuständen verschiedener Energie, nämlich flüssig-gasförmig oder absorbiert-desorbiert hin und her; die transportierte Wärmeenergie ist überwiegend Verdampfungs- bzw. Desorptionsenergie.

Weil eine Kraftwärmemaschine nur eine umgekehrt laufende Wärmekraftmaschine ist, haben beide im Prinzip den gleichen Wirkungsgrad η. Nur die praktischen Nutzanwendungen klingen verschieden: Aus jedem Joule Wärmeenergie, das in der Wärmekraftmaschine von T_2 nach T_1 fließt, kann man nur η J mechanische Arbeit abzweigen. Umgekehrt liefert 1 J mechanischer oder elektrischer Energie in der Kraftwärmemaschine $1/\eta$ J, also mehr, auf dem Niveau T_2 ab und schöpft $1/\eta - 1$ J aus dem Niveau T_1.

5.3.2 Arbeitsdiagramme

Die Vorgänge in einem thermischen Energiewandler lassen sich in **Arbeitsdiagrammen** darstellen, die die Abhängigkeit zwischen zwei Zustandsgrößen der Arbeitssubstanz zeigen. Zeitlich wird in einem solchen Arbeitsdiagramm ein bestimmter Zyklus mehrfach durchlaufen. Am anschaulichsten, wenn auch nur für Gase, besonders Idealgase geeignet ist das p, V**-Diagramm**, denn in ihm erscheint die Arbeit, die das Gas verrichtet oder die ihm zugeführt wird, direkt als Fläche $\int p\,\mathrm{d}V$. In einer realen Maschine wird ein abgerundeter Zyklus im p, V-Diagramm durchlaufen, der sich meist mehr oder weniger genau aus vier Abschnitten der typischen Linien Isotherme, Adiabate, Isobare und Isochore zusammensetzen läßt. Beim **Otto-Motor** erhitzt die Verbrennung des Benzin-Luftgemisches dieses von T_1 auf T_2. Dann schiebt das heiße Gas den Kolben adiabatisch vor sich her und kühlt sich dabei auf T_3 ab. Nach dem Auspufftakt und dem Ansaugen frischen Gemisches bei der Temperatur T_4 wird dieses durch den sich hebenden Kolben verdichtet, wobei natürlich ein Teil der vorher gewonnenen Energie wieder verbraucht wird. Diese adiabatische Verdichtung erhitzt das Gemisch auf T_1, und der Zyklus kann neu beginnen. Beim **Diesel-Motor** ist die obere Ecke des Otto-Zyklus annähernd isobar abgeschnitten. Die klassische, von *S. Carnot* idealisierte **Dampfmaschine** hat zwei adiabatische und zwei isotherme Arbeitstakte; in den isothermen steht der Dampf in Kontakt mit dem Verbrennungsraum T_2 bzw. mit dem Kondensator T_1, in den adiabatischen Takten verschiebt sich der Kolben ohne einen solchen Wärmekontakt. Interessant ist noch die **Stirling-Maschine**, ein **Heißluftmotor**, in dem die Luft abwechselnd in Kontakt mit einer Wärmequelle (z. B. elektrisch geheizten Glühkerze) und mit einer Wasserkühlung gebracht wird. Sehr angenähert führt das zu einer isochoren Drucksteigerung bzw. -senkung mit anschließender isothermer Ausdehnung bzw. Verdichtung.

In jedem Arbeitszyklus leistet das Gas bei der Expansion eine Arbeit, die durch die Fläche unter dem *oberen* Kurvenzug des p, V-Diagramms gegeben wird. Anschließend muß es durch Verdichtung wieder in den Ausgangszustand zurückgeführt werden, wobei man ihm eine Energie zuführen muß, die durch die Fläche unter dem *unteren* Kurvenzug gegeben wird. Als Nutzarbeit bleibt bei jedem Zyklus genau die Differenz, d. h. die Fläche *innerhalb* des geschlossenen Kurvenzuges.

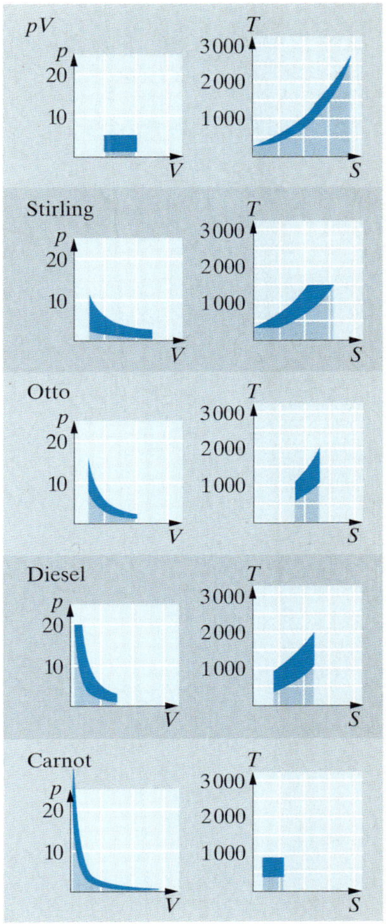

Abb. 5.25. Arbeitsdiagramme von Wärmekraftmaschinen in p, V- und in T, S-Auftragung. Das p, V-Diagramm stellt die Vorgänge im Zylinder sehr anschaulich dar; die gelieferte Arbeit pro Zyklus ist ebenfalls leicht abzulesen (*dunkelblaue Fläche*), der Energieaufwand aber nicht so einfach (außer im Fall Stirling). Das $\boldsymbol{T, S}$**-Diagramm** zeigt die Arbeit (*dunkelblau*) und die Verlustenergie (*hellblau*) direkt. Um das einzusehen, braucht man nur $\Delta Q = \int T\,\mathrm{d}S$ und den Energiesatz $\Delta W = \Delta Q_1 - \Delta Q_2$. Außerdem muß man wissen, in welchen Takten die Arbeitssubstanz im Wärmekontakt mit einem der beiden Reservoire steht. In den adiabatischen Takten ist das sicher nicht der Fall

5.3.3 Wirkungsgrad von thermischen Energiewandlern

Beim Verbrennungsmotor benutzen wir die Verbrennungsenergie des Treibstoffs, um das Gasgemisch im Zylinder auf eine Temperatur T_2 zu erhitzen. Ein Teil dieser Energie geht mit dem Auspuffgas wieder verloren, denn dieses hat die Temperatur T_3. Jedes Gasmolekül hat bei T_2 eine Energie $\frac{1}{2}fkT_2$, bei T_3 die Energie $\frac{1}{2}fkT_3$.

Höchstens die Differenz $\frac{1}{2}fk(T_2 - T_3)$ kann jedes Molekül als mechanische Arbeit an den Kolben abgeliefert haben, d. h. einen ▶

Bruchteil

$$\eta = \frac{T_2 - T_3}{T_2} \tag{5.46}$$

von der Energie, die es nach der Explosion hatte.

Vom einzelnen Molekül können wir auf den gesamten Zylinderinhalt schließen, denn die Molekülzahl ändert sich bei der Ausdehnung nicht. Wir erwarten also einen Wirkungsgrad η gemäß (5.46) für den Verbrennungsmotor. Dies erweist sich hiermit ganz einfach als eine Folge der Proportionalität zwischen Molekülenergie und Temperatur.

An dieser Betrachtung stört nur, daß wir die Verbrennungsenergie des Benzins proportional T_2 gesetzt haben, als ob das Gemisch vorher $T = 0$ gehabt hätte. In Wirklichkeit erreicht es schon durch die Verdichtung T_1. Entsprechend verlieren wir im Auspuff nicht T_3, sondern nur die Differenz gegen die Außentemperatur T_4. Damit wird der Wirkungsgrad

$$\eta = \frac{T_2 - T_1 - T_3 + T_4}{T_2 - T_1} . \tag{5.46'}$$

T_2 und T_3 liegen auf einer Adiabate, T_1 und T_4 auf einer anderen, und beide Adiabaten verknüpfen die gleichen Volumina V_1 und V_2:

$$\frac{T_2}{T_3} = \left(\frac{V_2}{V_1}\right)^{1-\gamma} = \frac{T_1}{T_4} .$$

Daraus folgt durch Überkreuz-Multiplizieren bzw. -Dividieren

$$\frac{T_2}{T_1} = \frac{T_3}{T_4} .$$

Nennen wir dieses Verhältnis α, dann können wir mittels $T_2 = \alpha T_1$, $T_3 = \alpha T_4$ jeweils zwei der Temperaturen aus (5.46′) eliminieren und erhalten wie erwartet

$$\eta = \frac{T_1 - T_4}{T_1} = \frac{T_2 - T_3}{T_2} .$$

Wir können η auch durch eine bekanntere Größe ausdrücken, nämlich das **Kompressionsverhältnis**, d. h. das Druckverhältnis

$$\kappa = \frac{p_1}{p_4} = \frac{p_2}{p_3} = \left(\frac{V_2}{V_1}\right)^{-\gamma}$$

zwischen oberem und unterem Umkehrpunkt (Totpunkt) des Kolbens. Beide Druckverhältnisse sind gleich, weil wir adiabatisch mit dem gleichen Volumenverhältnis arbeiten. Wegen der Adiabatengleichung ist

$$\frac{T_3}{T_2} = \left(\frac{p_3}{p_2}\right)^{1-1/\gamma} = \kappa^{1/\gamma-1} ,$$

also

$$\eta = 1 - \frac{T_3}{T_2} = 1 - \kappa^{1/\gamma-1} = 1 - \kappa^{-2/(f+2)} .$$

Das Gas im Zylinder ist immer noch überwiegend Stickstoff mit $f = 5$, also

$$\boxed{\eta = 1 - \kappa^{-2/7}} . \tag{5.47}$$

So erhalten wir bei einem Kompressionsverhältnis $\kappa = 8$ einen idealen Wirkungsgrad $\eta = 0{,}45$, der infolge der unvermeidlichen Verluste (Kühlung, Reibung) leider längst nicht erreicht wird. Für $\kappa = 20$ wird $\eta = 0{,}58$. Je höher die Kompression, desto besser wird der Treibstoff ausgenutzt. Der **Diesel-Motor** hat daher einen besseren Wirkungsgrad; er komprimiert ja so stark, daß sich das Gemisch bei T_3 von selbst entzündet.

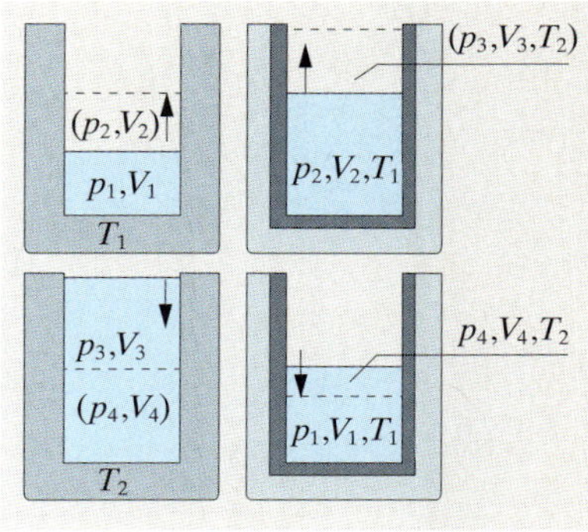

Abb. 5.26. Arbeitstakte der Carnot-Maschine

Alle anderen Arbeitsdiagramme liefern ebenfalls einen Wirkungsgrad von der Form $(T_2 - T_1)/T_2$. Wir untersuchen speziell die Dampfmaschine, deren Arbeitsdiagramm *Carnot* durch zwei isotherme und zwei adiabatische Takte idealisiert hat. Man kann die Diskussion im p, V-Diagramm führen (Aufgabe 5.3.8), aber noch viel bequemer im $\boldsymbol{T, S}$**-Diagramm**. Hierbei brauchen wir von der Entropie S zunächst nur zu wissen, daß ihre Änderung $\mathrm{d}S$ mit der Wärmezufuhr $\mathrm{d}Q$ nach

$$\boxed{\mathrm{d}S = \frac{\mathrm{d}Q}{T}} \tag{5.48}$$

zusammenhängt (Genaueres in Abschn. 5.5). Auf dem adiabatischen Zweig, wo $\mathrm{d}Q = 0$ ist, muß also $S = \text{const}$ sein. Damit wird das T, S-Arbeitsdiagramm der Carnot-Maschine einfach ein Rechteck (Abb. 5.25). Ferner folgt aus dem Energiesatz $\mathrm{d}U = \mathrm{d}W + \mathrm{d}Q$ für die isothermen Zweige $\Delta W = -\Delta Q$, da die innere Energie des Idealgases sich dabei nicht ändert ($\Delta U = 0$, weil U nur von T abhängt). Die Wärmezufuhren ΔQ ergeben sich aber wegen (5.48) sofort als $\Delta Q = \int T\,\mathrm{d}S$, hier $T\,\Delta S$, weil $T(S)$ horizontal ist, d. h. allgemein als Flächen unter den betreffenden Kurvenstücken. Die Nutzarbeit ist $W = -\Delta W_2 + \Delta W_1 = \Delta Q_2 - \Delta Q_1$, also der Wirkungsgrad

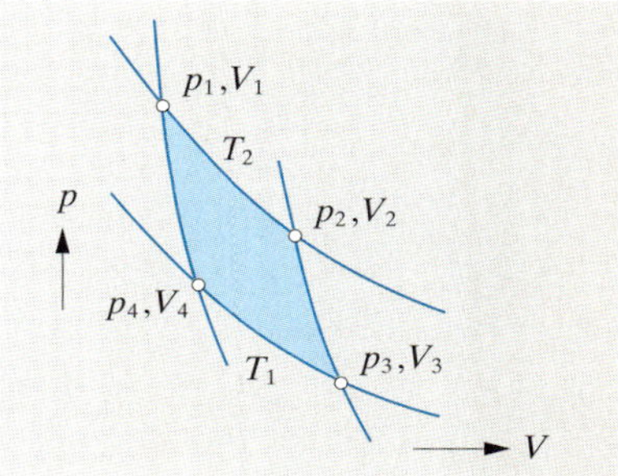

Abb. 5.27. So wird das Arbeitsdiagramm des Carnot-Prozesses gewöhnlich dargestellt ...

$$\boxed{\eta = \frac{W}{\Delta Q_2} = \frac{\Delta Q_2 - \Delta Q_1}{\Delta Q_2} = \frac{T_2\,\Delta S - T_1\,\Delta S}{T_2\,\Delta S} = \frac{T_2 - T_1}{T_2}} .$$

Bei jeder Wärmekraftmaschine ist also ein möglichst großes Verhältnis T_2/T_1 anzustreben (Heißdampf oder hohe Kompression verbunden mit guter Kühlung). Eine vollständige Umwandlung der Wärmeenergie in mechanische wäre nur bei $T_1 = 0\,\mathrm{K}$ möglich. In der Praxis ist man auf die Luft- oder Wassertemperatur beschränkt, denn Bereitstellung kälterer Kühlmittel durch eine Kraftwärmemaschine würde ebensoviel Energie verschlingen, wie man dabei gewinnen könnte. Große Anlagen brauchen enorme Mengen an Kühlwasser oder Kühlluft, die Abwärme in Gewässer oder Atmosphäre abführen. Natürlich kann man diese **Abwärme** z. T. zum Heizen von Gebäuden, Äckern oder Fischteichen benutzen, wozu man nur ein relativ niederes T-Niveau braucht, also den Wirkungsgrad des Kraftwerks kaum verschlechtern muß.

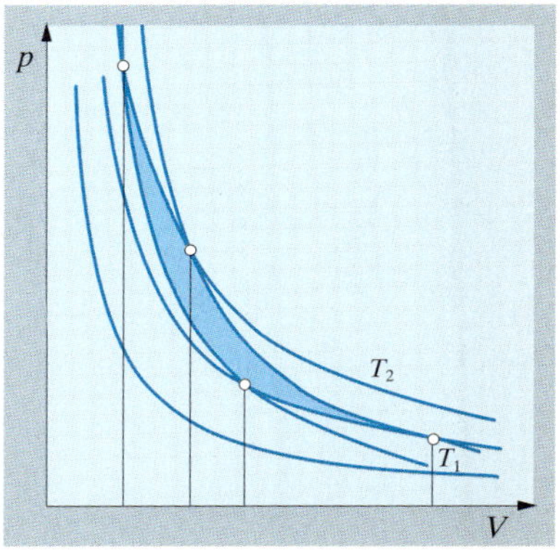

Abb. 5.28. ... und so sieht es wirklich für eine vernünftige Temperaturdifferenz aus (z. B. $T_1 = 900\,\mathrm{K}$, $T_2 = 600\,\mathrm{K}$). Abbildung 5.27 stellt nur den „infinitesimalen" Carnot-Prozeß dar

5.4 Wärmeleitung und Diffusion

Wärme ist ungeordnete Molekül*bewegung*. Wie überträgt sich deren Energie von einem Ort zum anderen? Die Gesetze dieser Übertragung gelten auch für viele andere Vorgänge.

5.4.1 Mechanismen des Wärmetransportes

Wärmeenergie kann durch Strahlung, Leitung oder Strömung (**Konvektion**) transportiert werden. **Wärmestrahlung** ist elektromagnetischer Natur wie das Licht. Sie ermöglicht die Abgabe von Wärme auch ins Vakuum. Diese Abgabe ist nur von der Temperatur des strahlenden Körpers abhängig, aber für die Energiebilanz ist auch die Rückstrahlung der Umgebung wichtig. Wir behandeln die Wärmestrahlung im Abschn. 11.2.

Wärmeströmung setzt makroskopische Bewegungen in der Flüssigkeit oder dem Gas voraus, deren Wärmeinhalt so an andere Stellen transportiert wird. **Wärmeleitung** erfolgt nur in Materie, ist aber nicht mit deren makroskopischer Bewegung verbunden, sondern nur mit Energieübertragung durch Molekülstöße. Sie setzt örtliche Unterschiede in der Molekülenergie, also ein Temperaturgefälle voraus. Vielfach führt gerade der Wärmetransport zum Ausgleich dieses Temperaturgefälles, allgemein zu einer zeitlichen Änderung der Temperaturverteilung. Dann spricht man von einem nichtstationären Problem. **Stationarität**, d. h. zeitliche Konstanz der ganzen Temperaturverteilung, ist nur dann möglich, wenn es irgendwo **Wärmequellen** gibt, d. h. Stellen, wo Wärmeenergie aus anderen Energieformen (mechanischer, elektrischer, chemischer Energie) entsteht. Quellen sind z. B. Heizdrähte, Verbrennungsräume, lebende Substanz. Negative Wärmequellen oder Senken sind Stellen, wo Wärme in andere Energieformen überführt wird, z. B. in chemische Energie, Verdampfungs- oder Schmelzenergie. Zwischen Quellen und Senken kann sich dann eine **stationäre Temperaturverteilung** einstellen.

5.4.2 Die Gesetze der Wärmeleitung

Außer dem Energiesatz brauchen wir nur ein ganz einfaches Gesetz:

> Wärme strömt immer längs eines Temperaturgefälles, und zwar um so stärker, je steiler dieses Gefälle ist.

Wir betrachten ein System, an dessen verschiedenen Stellen $\boldsymbol{r}$ verschiedene Temperaturen $T(\boldsymbol{r})$ herrschen, in dem also ein Temperaturfeld besteht. Wenn T nur von zwei der Koordinaten, z. B. x und y abhängt, kann man $T(x, y)$ durch Hinzufügen einer dritten T-Koordinate als Fläche darstellen. Den **Gradienten** $\operatorname{grad} T = (\partial T/\partial x, \partial T/\partial y, \partial T/\partial z)$ kann man aber auch bei Abhängigkeit von allen drei Koordinaten bilden. Für die Fläche $T(x, y)$ ist er ein Vektor, dessen Richtung die Richtung größter Steigung, dessen Länge den Betrag dieser Steigung angibt. Durch eine Fläche A trete in der Zeit $\mathrm{d}t$ die Wärmeenergie $\mathrm{d}W$. Dann ist $P = \mathrm{d}W/\mathrm{d}t = \dot{W}$ der Wärmestrom durch diese Fläche. Da der Wärmestrom von Ort zu Ort verschieden stark sein kann, zerlegen wir A in hinreichend kleine Stücke und definieren die **Wärmestromdichte** j durch die Beziehung

$$P = \int \boldsymbol{j} \cdot \mathrm{d}\boldsymbol{A}\,. \tag{5.49}$$

Der Zusammenhang zwischen Wärmestrom P und Wärmestromdichte $\boldsymbol{j}$ ist derselbe wie zwischen Volumenstrom $\dot{V}$ und Strömungsgeschwindigkeit $\boldsymbol{v}$.

Die Wärmestromdichte $\boldsymbol{j}$ ist proportional dem Temperaturgefälle und folgt seiner Richtung:

$$\boldsymbol{j} = -\lambda \,\mathrm{grad}\, T \quad (\textbf{Wärmeleitungsgleichung})\,. \tag{5.50}$$

λ ist eine Stoffkonstante, die **Wärmeleitfähigkeit**.

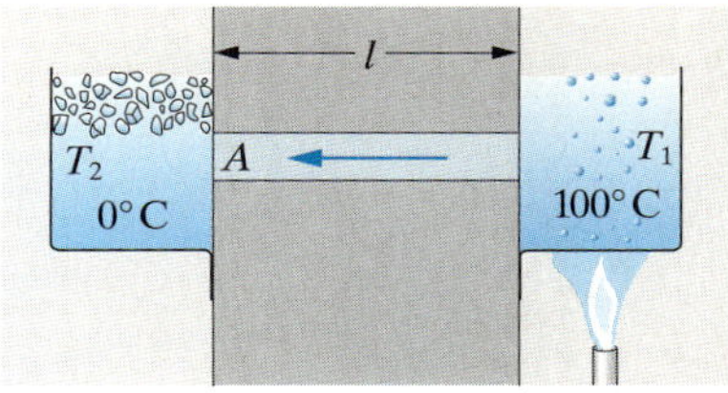

Abb. 5.29. Zur Definition der Wärmeleitfähigkeit

λ hat seiner Herkunft entsprechend die Einheit W K^{-1} m^{-1}. Aus (5.50) ergibt sich der Wärmestrom durch einen homogenen Stab vom Querschnitt A und der Länge l, längs dessen sich ein lineares Temperaturgefälle zwischen T_1 und T_2 eingestellt hat (Abb. 5.29)

$$P = jA = A\lambda \frac{T_1 - T_2}{l}\,. \tag{5.51}$$

Metalle sind gute Wärmeleiter, Gase sehr schlechte (unabhängig vom Druck, aber abhängig von der Temperatur, Tabelle 5.10). Bei Nichtmetall-Kristallen ist λ ungefähr proportional T^{-1}, bei amorphen Substanzen wächst dagegen λ mit T, ist aber i. allg. kleiner als für den gleichen Stoff im kristallinen Zustand. Quarzkristalle leiten bei 0 °C etwa zehnmal besser als Quarzglas. Metalle leiten bei tiefen Temperaturen ebenfalls immer besser ($\lambda \sim T^{-2}$), zwischen Zimmertemperatur und einigen 100 °C ändern sie dagegen ihr λ nur sehr wenig.

Tabelle 5.10. Wärmeleitfähigkeit einiger Stoffe ($T/$°C, $\lambda/$Wm^{-1} K^{-1})

Stoff	T	λ
Silber	0	420
Kupfer	50	390
Aluminium	100	230
Platin	0	71
Blei	0	36
	200	33
Konstantan (40% Ni, 60% Cu)	0	22
Quarzglas	50	1,4
Flußspat	0	10
	100	7,9
Seide	0	0,04
Schwefel (rhomb. krist.)	0	0,3
Helium	0	0,14
	100	0,17
Luft	0	0,024
	100	0,031
Wasser	0	0,54
	100	0,67
Ethylalkohol	0	0,18

✘ Beispiel...

Warum fühlt sich ein heißes Metall heißer, ein kaltes kälter an als Holz oder Plastik der gleichen Temperatur?

Der Eindruck von Wärme oder Kälte stammt nicht direkt aus dem berührten Gegenstand, sondern aus dem Teil der Hand, der ihn berührt. Infolge seiner weit höheren Wärmeleitfähigkeit entzieht das kalte Metall der Hand mehr Wärme als das Holz, ein heißes führt ihr mehr zu.

Wenn aus einem Volumen mehr Wärme herauskommt als hineinströmt, ändert sich sein Wärmeinhalt Q. Für ein kleines Volumen drückt die Operation div diesen Verlust aus:

$$\mathrm{div}\,\boldsymbol{j}\,\mathrm{d}V = -\dot{Q}\,.$$

Die Wärmekapazität des Volumens ist $\varrho c\,\mathrm{d}V$. Also ändert sich die Temperatur gemäß

$$\dot{T} = -\frac{1}{\varrho c}\,\mathrm{div}\,\boldsymbol{j}\,.$$

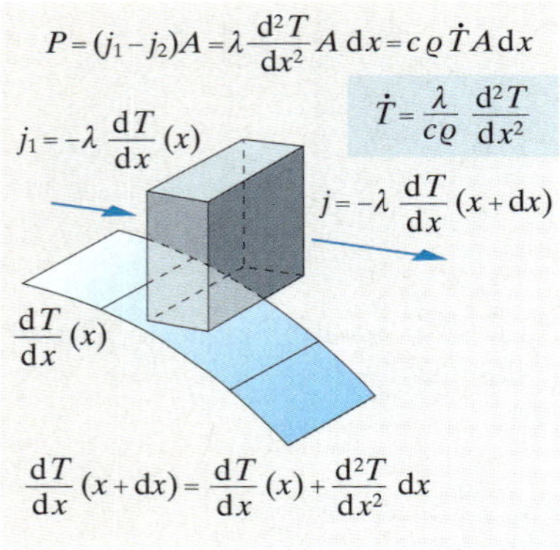

Abb. 5.30a. Die Wärmestromdichte ist proportional dem Temperaturgradienten, der Wärmezuwachs eines Volumenelements ist proportional der Differenz von Wärmestromdichten, also der Krümmung des Temperaturprofils

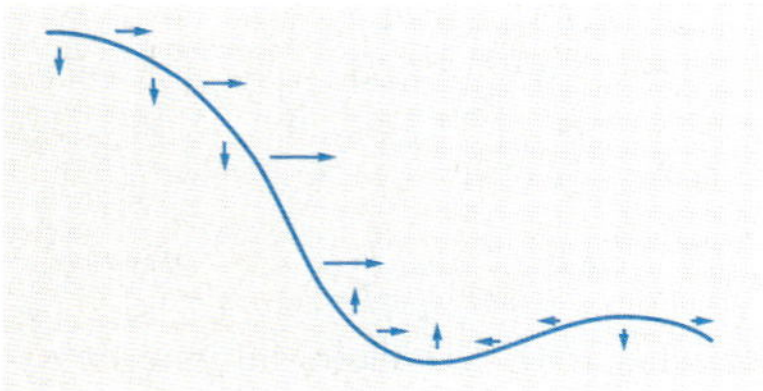

Abb. 5.30b. Wo das Temperaturprofil nach oben konvex gekrümmt ist, fließt mehr Wärme ab als zu (*waagerechte Pfeile*). Umgekehrt bei konkavem T-Profil. In beiden Fällen hat die Krümmung die Tendenz, sich abzubauen (*senkrechte Pfeile*). Schließlich bleibt als stationäre T-Verteilung ein geradliniges Profil, das schräg steht, wenn links und rechts eine Quelle bzw. Senke ist. Dies gilt im ebenen Fall. Die räumliche stationäre T-Verteilung ist eine Sattelfläche (Lösung der Laplace-Gleichung $\Delta T = 0$)

Mit (5.50) wird daraus die allgemeine Wärmeleitungsgleichung

$$\boxed{\dot{T} = \frac{\lambda}{\varrho c}\operatorname{div}\operatorname{grad} T \equiv \frac{\lambda}{\varrho c}\Delta T} \quad . \tag{5.52}$$

Sie regelt das gesamte räumliche und zeitliche Verhalten einer Temperaturverteilung, wenn die Randbedingungen, d. h. die Wärmeübergangsverhältnisse am Rand des untersuchten Objekts gegeben sind. Die Größe $\lambda/\varrho c$ heißt **Temperatur-Leitwert**. Ihre Einheit ist z. B. m^2/s. Der Temperatur-Leitwert bestimmt die Zeit, die zum Temperaturausgleich benötigt wird.

> Ein Temperaturgefälle, das sich über einen Raumbereich von der Abmessung d erstreckt, baut sich ab in einer Zeit von der Größenordnung
>
> $$\tau = \frac{d^2\varrho c}{\lambda} \quad \textbf{(thermische Relaxationszeit)}. \tag{5.53}$$

Wenn z. B. ein würfelförmiger Bereich der Kantenlänge d um T kälter ist als seine Umgebung, herrscht an seinen Rändern ein T-Gefälle von der Größenordnung T/d, das einen Wärmestrom $P = A\lambda T/d \approx \lambda T d$ hervorruft. Dieser gleicht das Energiedefizit $W \approx d^3\varrho c T$ in der Zeit $\tau \approx W/P \approx d^2\varrho c/\lambda$ aus. Während die Wärmeleitfähigkeit der Metalle sehr viel größer ist als die der Gase, sind die Temperatur-Leitwerte etwa gleich.

Es gibt aber auch Wärmequellen, z. B. elektrische Heizdrähte, Gebiete, wo exotherme chemische Reaktionen ablaufen usw. Auftauendes Eis z. B. ist eine Wärmesenke.

> In (5.52) muß man also die **Wärmequelldichte** η (Wärmeerzeugung/Volumen) hinzufügen:
>
> $$\dot{T} = \frac{1}{\varrho c}(-\operatorname{div}\boldsymbol{j} + \eta) = \frac{\lambda}{\varrho c}\Delta T + \frac{1}{\varrho c}\eta\,. \tag{5.54}$$

Untersucht man die **stationäre Temperaturverteilung**, die sich i. allg. nach hinreichender Wartezeit einstellt, d. h. den Zustand, wo überall $\dot{T} = 0$ ist, dann muß $T(\boldsymbol{r})$ genau derselben Gleichung folgen wie ein elektrostatisches Potential oder das Geschwindigkeitspotential einer inkompressiblen Strömung:

$$\boxed{\Delta T = -\frac{\eta}{\lambda}} \quad .$$

Das mächtige Arsenal der Potentialtheorie, von dem Abschn. 6.1.4 eine schwache Vorstellung gibt, wird damit auch für den Wärmeingenieur verfügbar.

Als Beispiel betrachten wir die Temperaturverteilung um ein langes gerades Heizrohr. Vergleich mit Abschn. 6.1.4 ergibt sofort

$$T \sim \ln r \quad (r: \text{ Abstand vom Rohr})\,.$$

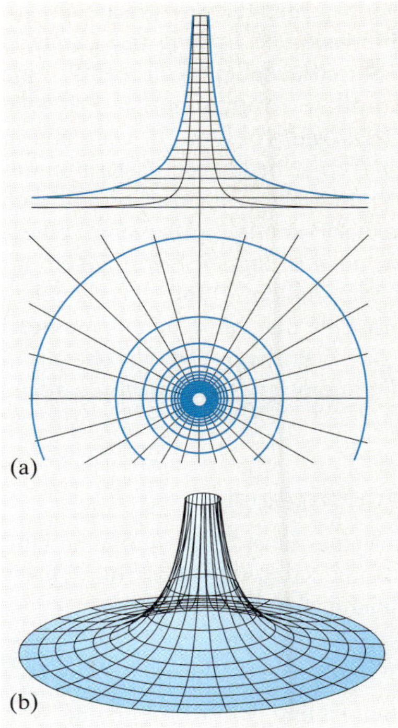

Abb. 5.31a, b. Die Temperaturverteilung in einem Wärmedämmstoff um eine sehr kleine Wärmequelle ist identisch mit dem elektrischen Feld einer Punktladung. (—) $T(r)$; (—) grad $T(r)$

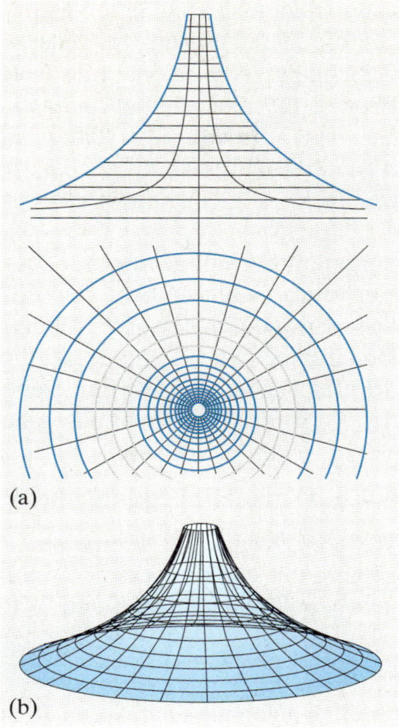

Abb. 5.32a, b. Die Temperaturverteilung um ein gerades Heizrohr, umhüllt mit Wärmedämmstoff, ist identisch mit dem elektrischen Feld eines geladenen Drahtes

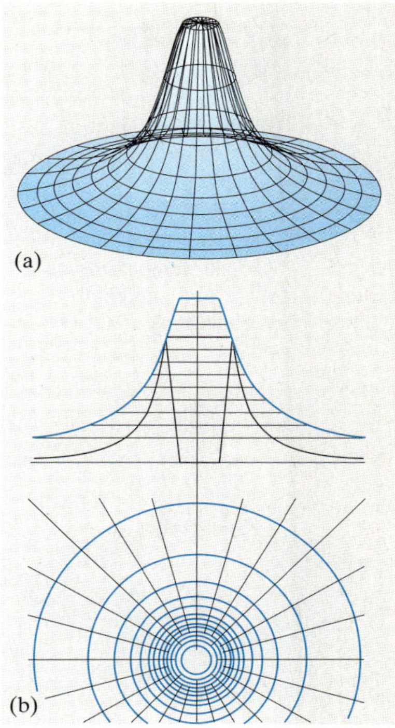

Abb. 5.33a, b. Die Temperaturverteilung innerhalb und außerhalb eines Kugelofens, umhüllt mit Wärmedämmstoff, ist identisch mit dem elektrischen Feld einer geladenen Hohlkugel. (—) $T(r)$; (—) grad $T(r)$

Im Innern einer heißen Hohlkugel ist die Temperatur überall gleich. Im Außenraum nimmt sie wie r^{-1} ab. All dies gilt, wenn nur die Wärmeleitung, nicht aber Strahlung oder Konvektion, eine Rolle spielt: Im Fall überwiegender Wärmestrahlung kommt $T \sim r^{-1/2}$ heraus (Aufgabe 11.2.16).

Ein **Heizofen** werde durch eine zylindrische Spirale (Radius R, Länge L, Heizleistung P) beheizt (Abb. 5.34). Durch die offene Grund- und Deckfläche erfolgt Wärmeverlust durch Leitung. Im Innern gilt $\Delta T = 0$ oder mit dem „zylindersymmetrischen Laplace-Operator" $\partial^2 T/\partial r^2 + r^{-1}\,\partial T/\partial r + \partial^2 T/\partial z^2 = 0$ (z: Achsrichtung des Zylinders, $z = 0$ in der Mitte). Probieren ergibt die Lösung $T = T_0 + ar^2 + bz^2$, wobei $b = -2a$ sein muß, damit $\Delta T = 0$ ist. An den Stirnflächen ($z = \pm L/2$) ist $\partial T/\partial z = \mp 2aL$, also der Gesamtverlust $2 \cdot 2\pi R^2 \cdot \lambda \cdot 2aL$, was im stationären Fall gleich P sein muß. So folgt schließlich

$$T = T_0 + \frac{P}{8\pi R^2 \lambda L}(r^2 - 2z^2)\,.$$

Trägt man T als dritte Koordinate über einem Schnitt durch den Zylinder auf, der die Achse enthält, d. h. über den Koordinaten r und z,

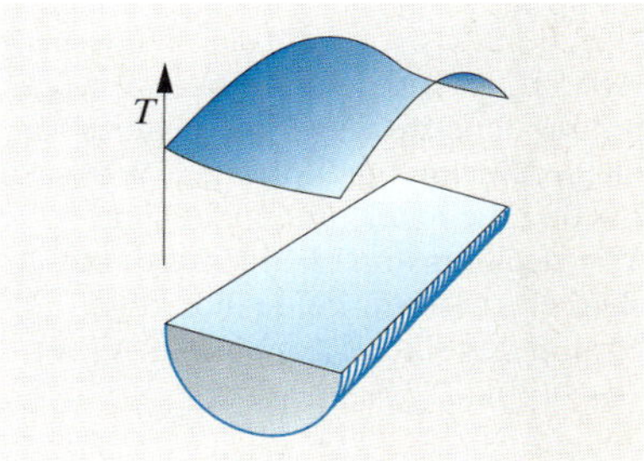

Abb. 5.34. Temperaturprofil eines zylindrischen Heizofens mit äußerer Heizwicklung

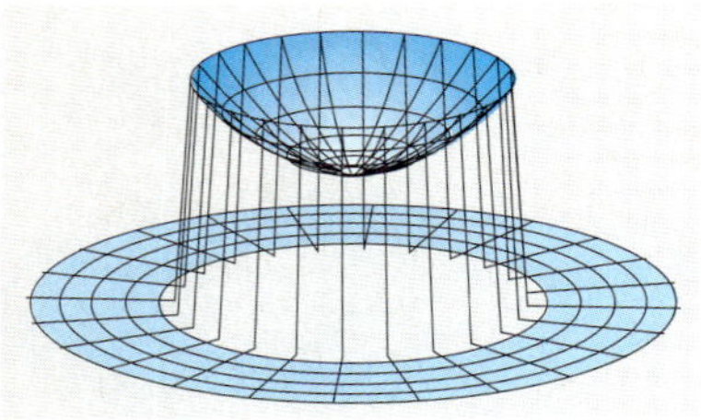

Abb. 5.35. Radiale Temperaturverteilung innerhalb und außerhalb eines zylindrischen Heizofens

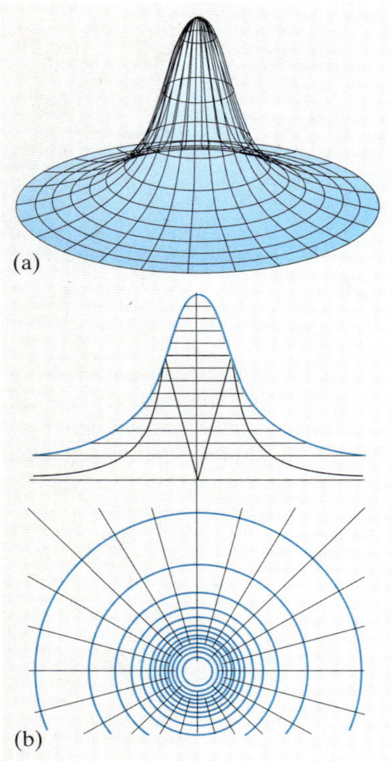

Abb. 5.36a, b. Die Temperaturverteilung innerhalb und außerhalb einer ausgedehnten kugelförmigen Wärmequelle (auch außen befindet sich Wärmedämmstoff) ist identisch mit dem elektrischen Feld einer kugelförmig verteilten Ladung. (——) $T(r)$; (——) grad $T(r)$

dann erhält man eine Sattelfläche: T nimmt gegen die Stirnfläche ab, gegen die Heizwicklung zu. Jede zweidimensionale Lösung der Laplace-Gleichung $\Delta T = 0$ ist eine solche Sattelfläche (im Grenzfall eine Ebene). ΔT gibt nämlich einfach die mittlere Krümmung der T-Fläche an (vgl. Abschn. 3.2). Man sieht das am besten in der Form $\Delta T = \partial^2 T/\partial x^2 + \partial^2 T/\partial y^2$: Die beiden Terme bedeuten die Krümmungen in zwei zueinander senkrechten Richtungen. Genauso verhält sich eine druckfreie Seifenhaut. Man kann daher Potentialprobleme mit einem **Seifenhaut-Analogcomputer** lösen. Wenn z. B. an den Stirnflächen des Heizofens nicht wie oben der T-Gradient, sondern T selbst vorgegeben wäre (etwa durch bewußte Kühlung), brauchte man nur einen viereckigen Drahtrahmen zu biegen, dessen Form das T-Profil in Heizwicklung und Stirnflächen wiedergibt. Eine Seifenhaut in diesem Rahmen würde genau das T-Profil im Innern wiedergeben.

5.4.3 Wärmeübergang und Wärmedurchgang

Wenn ein Körper der Temperatur T_1 mit einer Oberfläche A an eine Umgebung mit der Temperatur T_2 grenzt (Luft, Kühl- oder Heizflüssigkeit), geht von ihm angenähert eine Wärmeleistung

$$\boxed{P = \alpha A (T_1 - T_2)} \tag{5.55}$$

an die Umgebung über. Wenn T_2 konstant ist und dem Körper keine Wärme nachgeliefert wird, kühlt er sich gemäß $P = cm\dot{T}_1$ ab, also

$$\dot{T}_1 = -\frac{\alpha A}{cm}(T_1 - T_2)\,, \quad \text{d.h. } T_1 - T_2 = (T_{10} - T_2)\,\mathrm{e}^{-t/\tau}\,. \tag{5.56}$$

Das ist *Newtons* **Abkühlungsgesetz** mit der Zeitkonstanten $\tau = cm/(\alpha A)$. Für α findet man bei den meisten Stoffen Werte um $6\,\mathrm{W\,m^{-2}\,K^{-1}}$.

Die Gleichung (5.55) ist nur eine phänomenologische Beziehung, die nur für kleine Temperaturdifferenzen gilt. In Wirklichkeit muß man den Wärmeübergang als einen *Strahlungs*vorgang auffassen und die Leistung P als Differenz zwischen der Abstrahlungsleistung $P_1 = A\sigma T_1^4$ des Körpers und der Rückstrahlungsleistung der Umgebung $P_2 = A\sigma T_2^4$ (**Stefan-Boltzmann-Gesetz** mit $\sigma = 5{,}7 \cdot 10^{-8}\,\mathrm{W\,m^{-2}\,K^{-4}}$; vgl. Abschn. 11.2.5):

$$P = P_1 - P_2 = \sigma A (T_1^4 - T_2^4)\,.$$

Wenn $T_1 - T_2 \ll T_2$, kann man angenähert schreiben $T_1^4 \approx T_2^4 + 4T_2^3(T_1 - T_2)$:

$$P \approx 4\sigma T_2^3 A (T_1 - T_2)\,. \tag{5.55'}$$

Damit entpuppt sich α als $4\sigma T^3 \approx 6\,\mathrm{W\,m^{-2}\,K^{-1}}$ für $T \approx 300\,\mathrm{K}$. Genauer betrachtet hängt α noch vom **Emissionsvermögen** der Oberfläche ab, das für die meisten praktischen Fälle zwischen 0,1 und 1 liegt.

Der Wärmedurchgang durch eine Platte zwischen zwei Medien mit den Temperaturen T_1 und T_2 wird beschrieben durch die Leistung

$$P = kA(T_1 - T_2)\,.$$

kA ist der **Wärmeleitwert**. Sein Kehrwert, der **Wärmewiderstand**, setzt sich analog zum elektrischen Widerstand aus den Widerständen der hintereinandergeschalteten Hindernisse zusammen:

$$\underset{\substack{\text{Gesamt-}\\\text{widerstand}}}{\frac{1}{kA}} = \underset{\substack{\text{Übergang}\\\text{Medium 1-Platte}}}{\frac{1}{\alpha_1 A}} + \underset{\substack{\text{Leitung der}\\\text{Plattendicke } d}}{\frac{d}{\lambda A}} + \underset{\substack{\text{Übergang}\\\text{Platte-Medium 2}}}{\frac{1}{\alpha_2 A}} .$$

Für solche ebenen Probleme gilt nämlich das übliche Ohmsche Gesetz mit allen seinen Konsequenzen, wenn man Temperatur durch Potential, Wärmestrom durch elektrischen Strom ersetzt. Die Temperaturverteilung auf und innerhalb der Platte ergibt sich auch völlig analog den Spannungsabfällen an Einzelwiderständen oder ihren Teilen. Die Wärmeleitungsgleichung (5.50) ist ja auch analog zum differentiellen Ohmschen Gesetz (6.65).

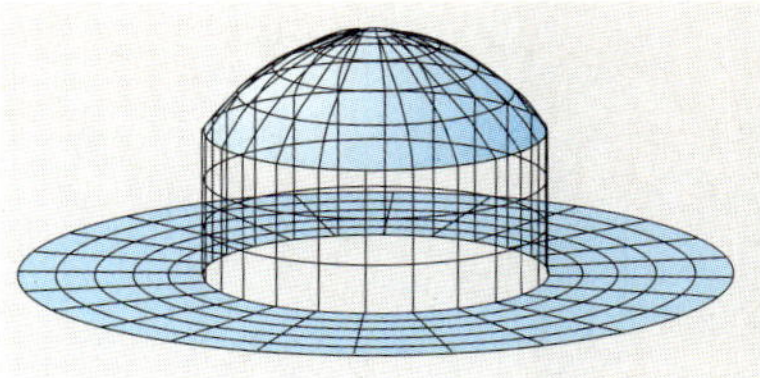

Abb. 5.37. Temperaturprofil einer kugelförmigen kontinuierlichen Wärmequelle. Der Temperatursprung an der Oberfläche ist durch Wärmestrahlung und Konvektion bedingt

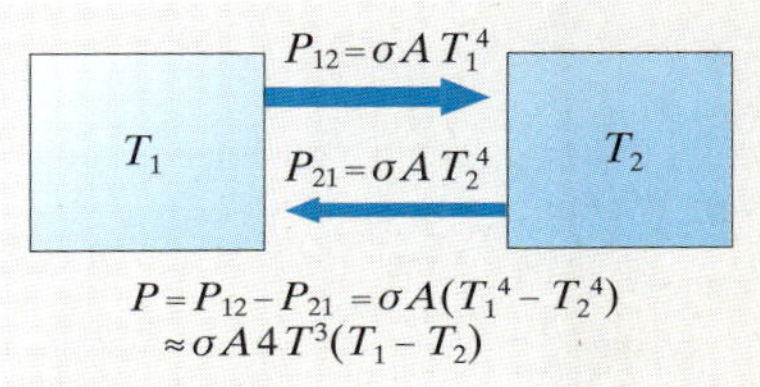

Abb. 5.38. Energiebilanz bei der Wärmestrahlung

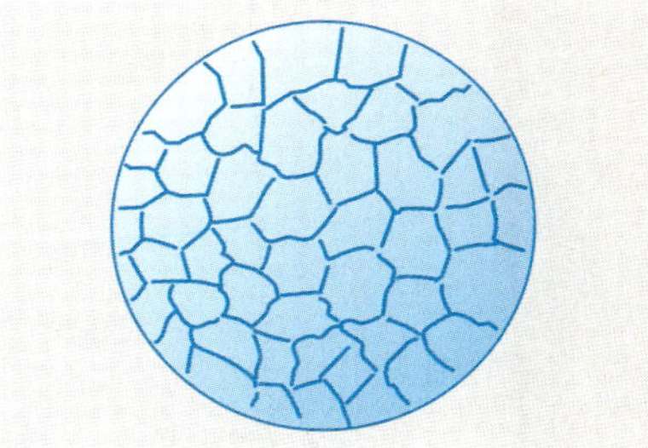

Abb. 5.39. Konvektionszellen in einem flachen von unten geheizten Topf (Bénard-Zellen)

5.4.4 Wärmetransport durch Konvektion

In Flüssigkeiten und Gasen befördert die **Konvektion** oft viel mehr Wärme als die Leitung. Strömungsvorgänge werden durch lokale Temperatur- und damit Dichteunterschiede, d. h. durch den Auftrieb der wärmeren Bereiche ausgelöst. Es bilden sich sehr komplizierte Strömungsfelder nichtstationärer oder stationärer Art, manchmal allerdings von erstaunlich regelmäßiger Zellenstruktur, z. B. in einer flachen, von unten geheizten Schale (polygonale **Bénard-Zellen**). Heiz- und Kühlanlagen nutzen die Konvektion weitgehend aus. Die Irrtümer der Wetterprognose zeigen, wie schwer solche Vorgänge trotz vollständiger Überwachung durch Satellitenphotos theoretisch zu behandeln sind. Der Wärmestrom in einer Konvektionszelle steigt mit einer ziemlich hohen Potenz der Zellenabmessungen d. Antrieb der Strömung ist eine Auftriebs-Kraftdichte, die proportional zu den lokalen Temperaturunterschieden δT ist. Bei stationärer Strömung ohne wesentliche Beschleunigung gleicht sich diese Kraftdichte mit der Reibungskraftdichte $\eta\,\Delta v \approx \eta v/d^2$ (**Navier-Stokes** (3.43)) aus, ergibt also eine Geschwindigkeit v und eine damit verbundene Wärmestromdichte, die mindestens proportional d^2 sind. Das beste Mittel, die Konvektion zu unterdrücken, ist also Verkleinerung der Hohlräume. Poröse Wärmedämmstoffe isolieren, weil sie so erst die geringe Wärmeleitfähigkeit der Luft zur Geltung bringen.

5.4.5 Diffusion in Gasen und Lösungen

Schichtet man Alkohol vorsichtig über Wasser oder reines Wasser über eine Salzlösung, dann wird die anfangs scharfe Trennfläche allmählich immer diffuser. Die steile Dichtestufe flacht sich immer mehr ab. Man kann dies im Versuch von *Wiener* sehr schön verfolgen, wenn man ein Lichtbündel durch einen 45° schrägen Spalt horizontal auf die Küvette fallen läßt. Im Dichte-, also Brechzahlgradienten wird das Licht gekrümmt (Abschn. 9.4.1) und zeichnet auf einen Schirm eine glockenförmige Lichtlinie, deren Abweichung von der schrägen Grundlinie proportional zu $d\varrho/dz$ ist (ϱ: Dichte, z: Höhenkoordinate). In Lösungen

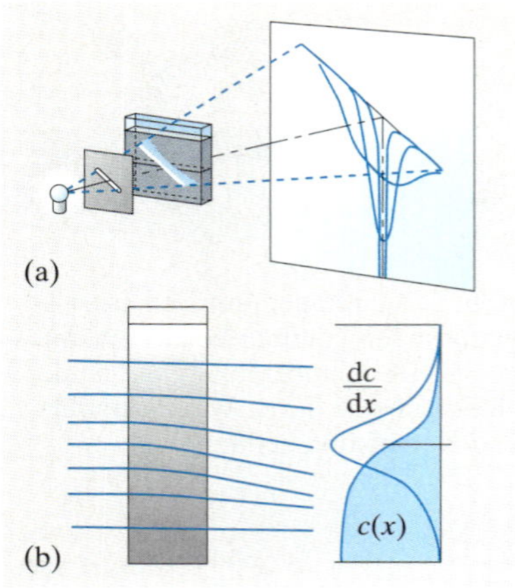

Abb. 5.40a, b. Der Diffusionsversuch von *Wiener*

dauert die Entwicklung des so dargestellten Dichteprofils Stunden, in Gasen nur Sekunden.

Eine solche **Diffusion** findet immer dann statt, wenn die Konzentration eines gelösten Stoffes, der Druck eines Gases oder der Partialdruck eines Bestandteils eines Gasgemisches, allgemein also wenn die Teilchenzahldichte n von Ort zu Ort verschieden ist. Beendet wird der Vorgang erst durch völligen Ausgleich aller Teilchenzahldichten, falls keine Teilchenquellen oder -senken vorhanden sind (chemische Reaktionen, Kernreaktionen), die auch ein stationäres Konzentrationsgefälle aufrechterhalten können. Jedenfalls dauert der Ausgleich durch Diffusion auch bei einem Gas viel länger als durch Expansion ins Vakuum, eben weil andere Moleküle im Weg sind. Der Teilchentransport in der Diffusion wird durch den Gradienten der Teilchenzahldichte, grad n, angetrieben, genau wie die Wärmeleitung durch grad T. Die **Teilchenstromdichte** $\boldsymbol{j}_n$, ein Vektor, dessen Betrag die Anzahl von Teilchen darstellt, die in der Sekunde durch die Flächeneinheit treten, ist proportional dem n-Gefälle:

1. Ficksches Gesetz

$$\boldsymbol{j}_n = -D \operatorname{grad} n \,. \tag{5.57}$$

Der Diffusionsstrom fließt immer in die Richtung, in der n am schnellsten abnimmt. D ist der Diffusionskoeffizient. Seine Einheit $m^2 s^{-1}$ ergibt sich aus (5.57).

Wenn aus einem Volumen mehr Teilchen ausströmen als hineinfließen, nimmt die Teilchenzahldichte dort ab:

$$\boxed{\dot{n} = -\operatorname{div} \boldsymbol{j}_n} \,. \tag{5.58}$$

Mit (5.57) erhält man ganz analog zur Wärmeleitungsgleichung (5.52) die allgemeine Diffusionsgleichung,

2. Ficksches Gesetz

$$\dot{n} = D \operatorname{div} \operatorname{grad} n = D\,\Delta n \,, \tag{5.59}$$

die gegebenenfalls entsprechend (5.54) noch durch Quelldichten zu ergänzen ist. Eine stationäre quellenfreie Konzentrationsverteilung $n(\boldsymbol{r})$ wird wegen $\dot{n} = 0$ ebenfalls durch die Potentialgleichung $\Delta n = 0$ beschrieben.

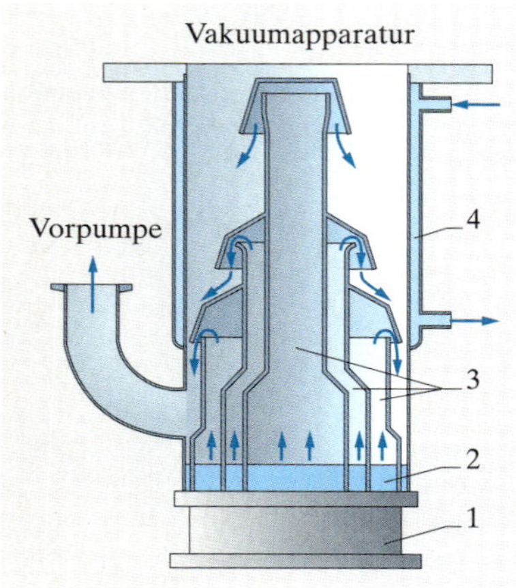

Abb. 5.41. Schema einer Diffusionspumpe. (1) Heizkörper, (2) Siedegefäße, (3) Steigrohre, (4) Kühlmantel

Diffusionspumpe. Die moderne Hochvakuumtechnik wurde erst möglich durch die Diffusionspumpe (*W. Gaede*, 1913, Abb. 5.41). Öl oder Quecksilber werden in einem Siedegefäß verdampft. Der Dampf strömt nach oben und wird durch Kappen geeigneter Form umgelenkt. Hier diffundiert das Gas aus der zu evakuierenden Apparatur in den Dampf hinein und wird mit nach unten geführt. An den wassergekühlten Wänden, wo der Dampf kondensiert und ins Siedegefäß zurückfließt, wird das aufgenommene Gas frei und durch eine **Vorpumpe** abgesaugt. Zusammen mit anderen Vorrichtungen (**Kühlfallen**, in denen bei den Temperaturen flüssigen Stickstoffs, Wasserstoffs oder Heliums die meisten Moleküle durch Ausfrieren beseitigt werden, und **Ionengetter**, die durch elektrische Felder oder adsorbierende Schichten besonders geladene Teilchen abfangen) erreicht man heute Drücke unterhalb 10^{-10} mbar (Abschn. 5.8).

5.4.6 Transportphänomene

Wärmeleitung, Diffusion und Viskosität lassen sich als **Transportphänomene** zusammenfassen. Bei allen dreien löst die räumliche Inhomogenität (der Gradient) einer gewissen Größe den Transport einer anderen Größe aus: Bei der **Wärmeleitung** führt ein Temperaturgradient zum Strömen von Wärmeenergie, bei der **Diffusion** erzeugt ein Konzentrationsgradient einen Massenstrom. Was im Fall der **Viskosität** strömt, ergibt sich aus folgender Betrachtung (Abb. 5.42). Eine Gasschicht der Dicke z sei links von einer festen, ebenen Wand begrenzt, rechts von einer ihr parallelen, die in ihrer eigenen Ebene mit der Geschwindigkeit w bewegt werde. Dazu muß eine Kraft je Flächeneinheit (Schubspannung, Abschn. 3.4.2) aufgewandt werden, für die gemäß Abschn. 3.3.2 gilt

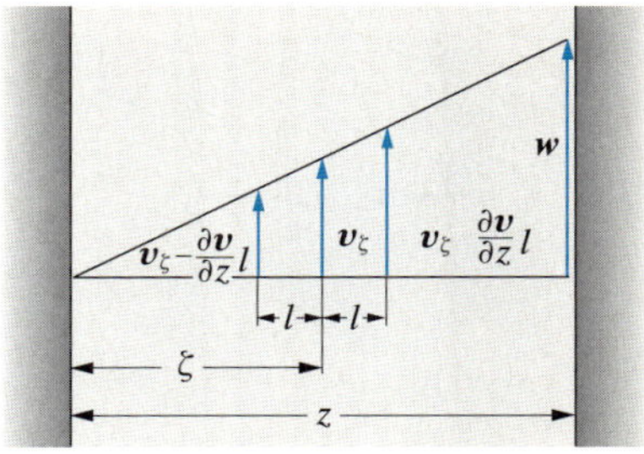

Abb. 5.42. Zur Berechnung der Viskosität von Gasen

$$\sigma = \frac{F}{A} = \eta \frac{w}{z} . \tag{5.60}$$

Nach dem Impulssatz bedeutet eine Kraft immer eine gleichgerichtete Änderung des Impulses. Da der Impuls der Wand unverändert bleibt ($w = \text{const}$), kommt die Impulsänderung allein dem Gas zugute: Die an die bewegte Wand prallenden Moleküle verlassen diese wieder mit einem parallel zu ihr gerichteten Zusatzimpuls, der in Zusammenstößen mit anderen Molekülen diesen weitergereicht und schließlich an die feste Wand abgegeben wird. Es findet ein dauernder Impulsstrom von der bewegten zur festen Wand statt.

Die in den Abschnitten 5.4.2 und 5.4.5 besprochenen phänomenologischen Gesetze haben alle die Form

$$\boxed{j = -C \operatorname{grad} \varphi} \tag{5.61}$$

und

$$\boxed{\dot{\varphi} = C \Delta \varphi} \tag{5.62}$$

(Δ ist der Laplace-Operator (vgl. Abschn. 3.3.1)), wobei die Größen folgende konkrete Bedeutung haben:

	Wärmeleitung	Diffusion	Viskosität
j	Wärmestrom j_w oder „Temperaturstrom" $j_T = j_\text{w}/(\varrho c_V)$	Teilchenstrom	Impulsstrom = Schubspannung
φ	Temperatur T	Konzentration n	Strömungsgeschwindigkeit w
$\dot{\varphi}$	Temperaturänderung $\dot{T}$	Konzentrationsänderung $\dot{n}$	Beschleunigung
C	Temperaturleitfähigkeit $\lambda/(\varrho c_V)$	Diffusionskoeffizient D	Viskosität η/ϱ (kinematisch)

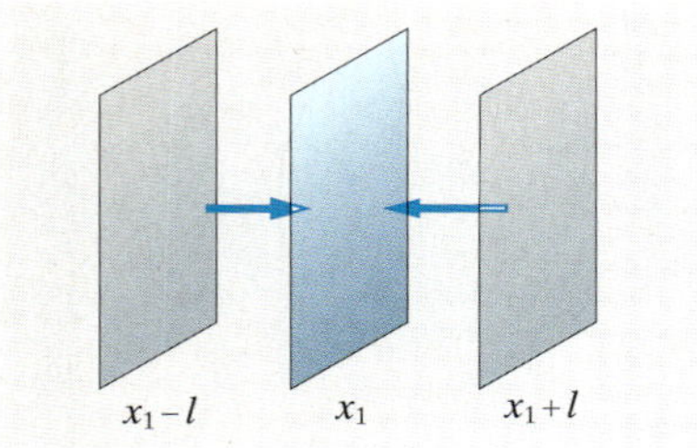

Abb. 5.43. Der Strom einer molekularen Größe durch eine Fläche stammt im wesentlichen aus Abständen von einer freien Weglänge beiderseits

Wir wollen jetzt (5.61) und (5.62) aus molekularen Vorstellungen ableiten und gleichzeitig die Konstanten (Wärmeleitfähigkeit λ, Diffusionskoeffizient D und Viskosität η) aus den Eigenschaften der Moleküle berechnen. In allen drei Fällen entsteht der Strom der entsprechenden Größe (Wärme, also kinetische Energie mv^2, Impuls mw oder Teilchenzahldichte n) dadurch, daß die Moleküle, die von einer Seite kommen, mehr von dieser Größe herantragen als die von der anderen Seite kommenden. Wir betrachten eine Einheitsfläche senkrecht zur x-Achse bei x_1 (Abb. 5.43). Die Moleküle, die dort eintreffen, stammen im Mittel aus einem Abstand l (mittlere freie Weglänge) und bringen die dort herrschenden Werte von Energie, Impuls bzw. Teilchenzahldichte mit. Es kommen

$$\begin{aligned}&\text{von rechts}\\ &\frac{1}{6}n(x_1+l)\,v(x_1+l)\approx\frac{1}{6}\left[n(x_1)+l\frac{\mathrm{d}n}{\mathrm{d}x}\right]\left[v(x_1)+l\frac{\mathrm{d}v}{\mathrm{d}x}\right]\\ &\text{von links}\\ &\frac{1}{6}n(x_1-l)\,v(x_1-l)\approx\frac{1}{6}\left[n(x_1)-l\frac{\mathrm{d}n}{\mathrm{d}x}\right]\left[v(x_1)-l\frac{\mathrm{d}v}{\mathrm{d}x}\right]\end{aligned}\tag{5.63}$$

Moleküle/m^2 s. Die Differenz dieser beiden Teilchenströme bei $v=\text{const}$ ($T=\text{const}$), nämlich $\frac{1}{3}lv\,\mathrm{d}n/\mathrm{d}x$, gibt schon den Diffusions-Teilchenstrom. Der Vergleich mit (5.57) liefert für die **Diffusionskonstante**

$$\boxed{D=\tfrac{1}{3}vl}\ .\tag{5.64}$$

Im Fall der Viskosität sind n und v beiderseits gleich, nur die mitgebrachten Impulse sind verschieden:

$$\begin{aligned}&\text{von rechts}\quad \frac{1}{6}nvm\left(w+l\frac{\mathrm{d}w}{\mathrm{d}x}\right)\\ &\text{von links}\quad -\frac{1}{6}nvm\left(w-l\frac{\mathrm{d}w}{\mathrm{d}x}\right).\end{aligned}$$

Die Differenz ist $\frac{1}{3}nmvl\,\mathrm{d}w/\mathrm{d}x$. Die **Viskosität** ergibt sich also zu

$$\boxed{\eta=\tfrac{1}{3}nmvl}\ .\tag{5.65}$$

Nach (5.30) sind mittlere freie Weglänge und Teilchenzahldichte einander umgekehrt proportional: $nl\approx\text{const}$. Daraus folgt: *Die Viskosität der Gase ist unabhängig vom Druck.* Diese überraschende Folgerung wird durch das Experiment vollkommen bestätigt. Sie ist erfüllt, solange die mittlere freie Weglänge klein gegen die Abstände der sich im Gas bewegenden Körper ist, oder bei strömenden Gasen klein gegen die Gefäßdimensionen. Dagegen wächst die Viskosität der Gase – im Gegensatz zu derjenigen der Flüssigkeiten – mit steigender Temperatur, weil die mittlere Geschwindigkeit v mit der Temperatur zunimmt.

Während man aus der Zustandsgleichung mit Hilfe der kinetischen Gastheorie die mittlere kinetische Energie und damit die mittlere thermische Geschwindigkeit gewinnt, liefert die Kenntnis der Viskosität der

Gase eine Angabe über die freie Weglänge und damit über den Wirkungsquerschnitt, d. h. die Größe der Moleküle.

Bei der Wärmeleitung transportiert jedes Molekül die Wärmeenergie $W = \frac{1}{2} fkT$ (f: Anzahl der Freiheitsgrade). Die Wärmeströme sind

$$\begin{aligned} &\text{von rechts} \quad \frac{1}{6} n(x_1 + l)\left(\overline{v} + l\frac{\mathrm{d}\overline{v}}{\mathrm{d}x}\right)\frac{f}{2}kT(x_1 + l) \\ &\text{von links} \quad -\frac{1}{6} n(x_1 - l)\left(\overline{v} - l\frac{\mathrm{d}\overline{v}}{\mathrm{d}x}\right)\frac{f}{2}kT(x_1 - l) . \end{aligned} \tag{5.66}$$

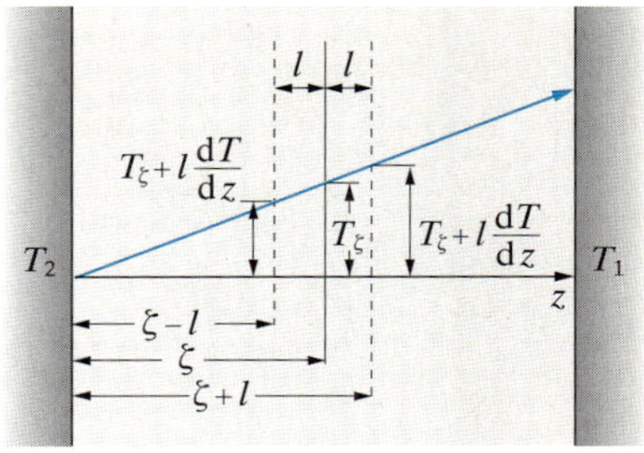

Abb. 5.44. Zur Berechnung der Wärmeleitung in Gasen

Wenn T sich räumlich ändert, aber p konstant ist, muß nach der Zustandsgleichung die Teilchenzahldichte n sich im entgegengesetzten Sinne ändern, so daß $T/V \sim nT$ konstant ist. Also bleibt in (5.66) nur die v-Änderung übrig. Damit ist der Differenzstrom

$$\frac{1}{3} n \frac{f}{2} kTl \frac{\mathrm{d}\overline{v}}{\mathrm{d}x} .$$

Nun ist wegen $T \sim v^2$:

$$\frac{1}{v}\frac{\mathrm{d}v}{\mathrm{d}x} = \frac{1}{2}\frac{1}{T}\frac{\mathrm{d}T}{\mathrm{d}x} ,$$

also wird der Wärmestrom

$$j = \frac{1}{6} n \frac{f}{2} k\overline{v} l \frac{\mathrm{d}T}{\mathrm{d}x} .$$

Die **Wärmeleitfähigkeit** ist demnach

$$\boxed{\lambda = \frac{f}{12} nk\overline{v}l} . \tag{5.67}$$

Sie läßt sich auch durch spezifische Wärme $c_V = \frac{1}{2} fk/m$ und Viskosität ausdrücken:

$$\lambda = \tfrac{1}{2}\eta c_V .$$

Eine strengere Behandlung ergibt

$$\boxed{\lambda = \tfrac{1}{2}\alpha\eta c_V} , \tag{5.67'}$$

wobei die Konstante α für einatomige Gase den Wert $\approx 2{,}4$, für zweiatomige $\approx 1{,}9$ und für dreiatomige $\approx 1{,}6$ hat.

Da c_V von Dichte und Druck des Gases unabhängig ist, muß ebenso wie η (Abschn. 3.3.2) auch die Wärmeleitung eines Gases vom Druck unabhängig sein; das wird durch das Experiment bestätigt. Erst wenn l die Größe der Gefäßdimensionen erreicht, nimmt λ dem Druck proportional ab.

✗ Beispiel . . .

Wenn die Wärmeleitfähigkeit eines Gases druckunabhängig ist, welchen Sinn hat es dann, den Mantel einer Thermosflasche (eines **Dewar-Gefäßes**) zu evakuieren? ▶

Das Evakuieren des Mantels unterbindet zunächst die Konvektion, die i. allg. mehr Wärme austauscht als die Leitung. Evakuiert man so weit, daß die freie Weglänge größer wird als die Dicke des Luftmantels (einige mm, also $p \lessapprox 0{,}1$ mbar), dann ist auch die Wärmeleitfähigkeit nicht mehr druckunabhängig, sondern nimmt proportional zur Stoßzahl, also zum Druck, ab.

In diesem Bereich sehr kleiner Drücke kann die Wärmeleitung zur Druckmessung dienen. Dazu mißt man den Widerstand eines dort ausgespannten, elektrisch beheizten Drahtes. Seine Wärmeabgabe, daher auch seine Temperatur und sein elektrischer Widerstand sind vom Gasdruck abhängig.

5.5 Entropie

Wärme ist *ungeordnete* Molekülbewegung. Gibt es verschiedene Grade dieser Unordnung? Wie kann man sie messen? Geben sie Auskunft über den Ablauf von Vorgängen in Physik, Chemie, Biologie?

5.5.1 Irreversibilität

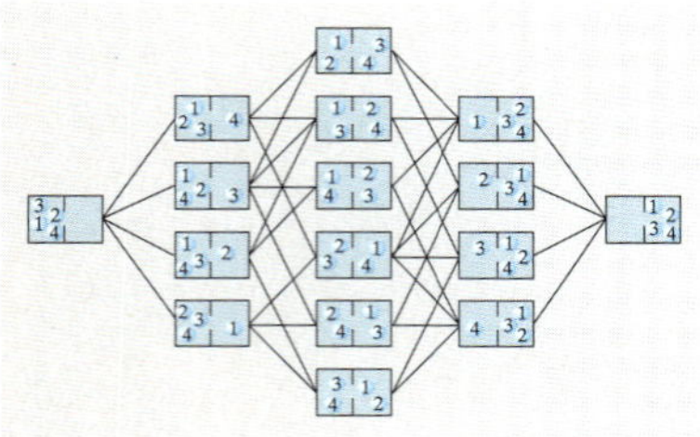

Abb. 5.45. Schon bei vier Teilchen ist eine gleichmäßige Verteilung über beide Hälften eines Volumens viel wahrscheinlicher als eine ungleichmäßige

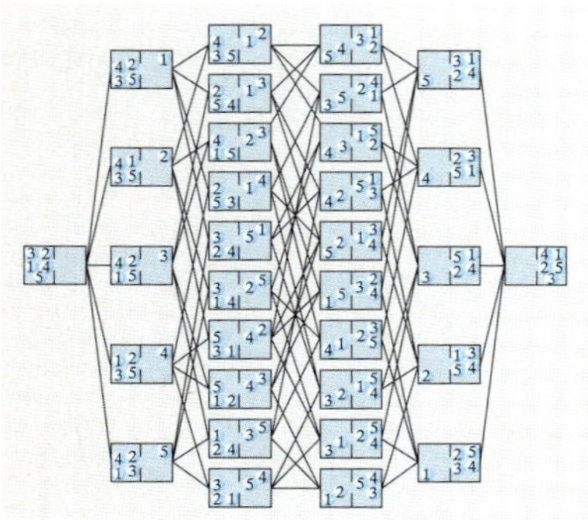

Abb. 5.46. Bei fünf Teilchen überwiegt die gleichmäßige Verteilung noch viel stärker

Wenn Sie einen Film sehen, in dem jemand einen Hahn öffnet, der zwei gasgefüllte Gefäße verbindet, und wenn daraufhin sich das ganze Gas im linken Gefäß ansammelt, dann wissen Sie sofort: Dieser Film läuft rückwärts. Es gibt noch andere Prozesse, die von selbst nur in *einer* Richtung verlaufen. Solche Prozesse heißen **irreversibel**. Ein antriebsloses Fahrzeug kommt durch Reibung von selbst zum Stehen. Ein Topf mit kaltem Wasser, auf die heiße Herdplatte gesetzt, erwärmt sich. Zwei verschiedene Gase vermischen sich durch Diffusion. Die Umkehrung ist nicht etwa durch den Energiesatz ausgeschlossen. Dieser hätte nichts dagegen, wenn das Fahrzeug Wärmeenergie aus seiner Umgebung sammelte und in kinetische Energie verwandelte, oder wenn eine bestimmte Wärmeenergie dem kalten Wasser entzogen und der Heizplatte zugeführt würde, oder wenn sich die beiden Gase von selbst wieder trennten.

Die freie Ausdehnung eines Gases ins Vakuum hat den Vorzug, daß man besonders leicht sieht, *warum* dieser Prozeß irreversibel ist. Man braucht nur zu wissen, daß ein Gas aus sehr vielen Teilchen besteht, die sich unabhängig voneinander bewegen. Speziell kann jedes Teilchen mit gleicher Wahrscheinlichkeit im linken wie im rechten Gefäß sein, falls beide gleich groß sind. Abbildungen 5.45 und 5.46 stellen alle Möglichkeiten zusammen, vier bzw. fünf Teilchen über die beiden Gefäßhälften zu verteilen. Zwei Zustände sind hier durch einen Strich verbunden, wenn sie durch Übertritt eines Teilchens auseinander hervorgehen. Wir nennen jeden der dargestellten 16 Zustände einen **Mikrozustand**; bei ihm kommt es offenbar darauf an, *welche* Teilchen links bzw. rechts sind. Wenn es dagegen nur darauf ankommt, *wieviele* Moleküle links bzw. rechts sind, sprechen wir von einem **Makrozustand**. Die fünf Makrozustände 4 : 0, 3 : 1, 2 : 2, 1 : 3, 0 : 4 sind offenbar durch sehr verschiedene Anzahlen von Mikrozuständen realisiert. Wenn jedes Teilchen sich unabhängig von den übrigen ebensooft links wie rechts aufhalten kann, haben alle 16 Mikrozustände die gleiche Wahrscheinlichkeit, nämlich jeder $\frac{1}{16}$. Die Makrozustände haben aber sehr ungleiche Wahrscheinlichkeiten (Abb. 5.45), der mittlere hat die höchste, sechsmal höher als die extremen Zustände.

Dieser Unterschied zwischen den Wahrscheinlichkeiten der gleichmäßigen und der extremen Verteilungen wird natürlich viel krasser, wenn man es mit mehr Teilchen zu tun hat. Schon bei $N = 100$ Teilchen sieht die Wahrscheinlichkeitsverteilung der Makrozustände aus wie Abb. 5.47. Das System wird deshalb nicht lange in dem extremen Makrozustand bleiben, wo alle Teilchen in der linken Hälfte sind, sondern es wird einen mittleren Zustand aufsuchen, in dem rechts und links etwa gleich viele Teilchen sind. Man sieht das auch so: In Abb. 5.45 kann man von einem beliebigen 3 : 1-Makrozustand auf drei Arten zum ausgeglichenen Zustand kommen, aber nur auf eine Art zum extremen. Ein solcher 3 : 1-Zustand wird sich also dreimal häufiger ausgleichen als zum Extrem entwickeln. Die extremen Zustände entstehen nicht deshalb nie von selbst, weil sie unmöglich, sondern weil sie zu unwahrscheinlich sind.

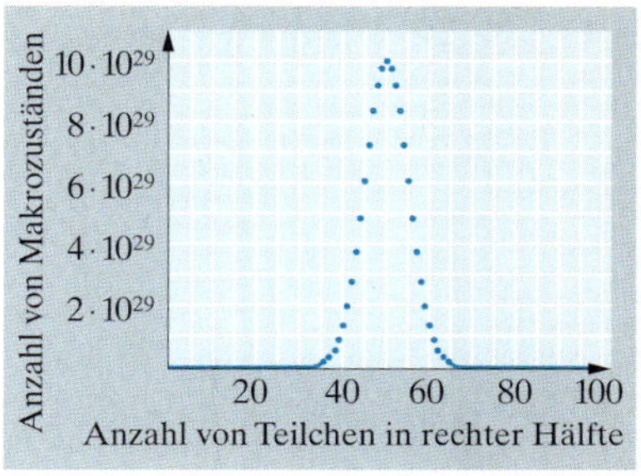

Abb. 5.47. Wahrscheinlichkeiten der Verteilungen von 100 Teilchen über zwei gleiche Teilvolumina

5.5.2 Wahrscheinlichkeit und Entropie

Wir bleiben bei der Expansion eines Gases, unterscheiden den Zustand 1 (alle Moleküle sind in der linken Gefäßhälfte) und den Zustand 2 (die Moleküle sind gleichmäßig über beide Gefäßhälften verteilt), und fragen: Wieviel wahrscheinlicher ist der Zustand 2 als der Zustand 1?

Etwas vereinfacht können wir so antworten: Der Zustand 2 ist praktisch sicher, hat also eine Wahrscheinlichkeit, die fast 1 ist. Der Zustand 1, wo alle N Moleküle links sind, hat nur die Wahrscheinlichkeit 2^{-N}, denn er wird nur durch einen unter den 2^N gleichwertigen Mikrozuständen realisiert. Es wird nur einmal unter 2^N Beobachtungen vorkommen, daß man zufällig alle N Moleküle in der linken Hälfte antrifft. Schon bei $N = 10$ Molekülen ist diese Wahrscheinlichkeit nur 1/1 000, bei $N = 100$ Molekülen ist sie 10^{-30}, also völlig vernachlässigbar. Bei den $3 \cdot 10^{22}$ Molekülen in einem Liter Luft würden hinter 3 noch 10^{22} Nullen folgen!

So winzige Wahrscheinlichkeiten P sind kaum hinschreibbar. Man rechnet daher lieber mit dem Logarithmus von P.

> Dieser Logarithmus, multipliziert mit der Boltzmann-Konstante k, heißt **Entropie** des Zustandes:
>
> $$S = k \ln P \,. \tag{5.68}$$

Statt zu sagen: Der Zustand 2 ist 2^N-mal wahrscheinlicher als der Zustand 1, kann man auch sagen: Die Entropie des Zustandes 2 ist um $\Delta S = k \ln 2^N = kN \ln 2$ höher als beim Zustand 1. In dem Satz: Ein Zustand geht von selbst nur in einen gleichwahrscheinlichen oder einen wahrscheinlicheren über, ersetze man einfach das Wort Wahrscheinlichkeit durch Entropie, und hat damit die Behauptung, daß die Entropie eines Systems nie abnehmen kann, als Selbstverständlichkeit erkannt. Wir können uns sogar viel genauer ausdrücken: Ein Zustand kann u. U. in einen weniger wahrscheinlichen übergeben, aber nur, wenn dessen Wahrscheinlichkeit höchstens um einen Faktor kleiner ist, der nicht viel kleiner ist als Eins. Anders ausgedrückt: Die Entropie kann u. U. etwas abnehmen, aber nur um wenige Einheiten von der Größe k. Dies führt zur Theorie der **Schwankungserscheinungen**. Im allgemeinen handelt es sich um sehr viel größere Entropieänderungen, und dann gilt der Satz, daß die Entropie nicht abnimmt, mit derselben oder größerer Sicherheit als die üblichen, nichtstatistischen Naturgesetze, nämlich mit einer Sicherheit, die sich exakt zahlenmäßig angeben läßt.

✗ Beispiel...

Welche Entropieänderungen treten auf beim Mischen eines vorher sortierten Kartenspiels, beim Schütteln der Schachtel, die anfangs oben weißen, unten schwarzen Sand enthielt?

Ein Spiel von 52 Karten hat 52! mögliche Anordnungen. Nach *Stirling* ist $52! \approx 52^{52}\sqrt{2\pi \cdot 52}/e^{52} \approx 10^{70}$. Das Mischen führt eine ganz bestimmte, durch Sortieren erzeugte Anordnung in *irgendeine* andere über, erhöht also die Zustandswahrscheinlichkeit um den Faktor $10^{70} \approx e^{160}$ und die Entropie um $\Delta S = k \ln(P/P_1) \approx 160k \approx 2 \cdot 10^{-21}$ J/K. Eine Kiste von 50 l enthält etwa 10^{13} feine Sandkörner von 0,1 mm Durchmesser, die Hälfte weiß, die Hälfte schwarz. Jedes Korn kann mit der Wahrscheinlichkeit $\frac{1}{2}$ oben oder unten sein. Die Anordnung, in der alle weißen Körner oben sind, hat die Wahrscheinlichkeit $P_1 = 2^{-N}$, die Wahrscheinlichkeit der Mischung kann $P_2 \approx 1$ gesetzt werden. Beim Schütteln erfolgt die Entropieänderung $\Delta S = k \ln 2^N = kN \ln 2 \approx 10^{13} k \approx 10^{-10}$ J/K.

Ein System hört erst dann auf, seinen Zustand zu ändern, wenn es den Zustand mit der maximalen Wahrscheinlichkeit, also der maximalen Entropie erreicht hat, die unter den gegebenen Bedingungen möglich ist. Dieser Zustand maximaler Entropie hat alle Eigenschaften eines Gleichgewichts: Ändert man ihn zwangsweise, bildet sich diese Änderung sofort wieder zurück, sobald man das System sich selbst überläßt. All dies gilt nur für isolierte Systeme, die mit ihrer Umgebung weder Materie noch Energie austauschen. Wenn Energieaustausch möglich ist, muß man das thermische Gleichgewicht etwas anders charakterisieren (Abschn. 5.5.7). In jedem Fall sind aus dem Gleichgewicht noch Schwankungen möglich, bei denen sich die Entropie um einige k ändert (s. oben).

Die Definition der Entropie S als Logarithmus der Wahrscheinlichkeit eines Zustandes bietet einen weiteren Vorteil: Die Entropie ist eine additive Zustandsfunktion, genau wie die Energie. Wenn man zwei Systeme zu einem Gesamtsystem zusammenfaßt, addieren sich ihre Entropien S_1 und S_2. Dies spiegelt einfach die Grundeigenschaft der Logarithmusfunktion wider und die Tatsache, daß die Wahrscheinlichkeiten P_1 und P_2 der Zustände der beiden Systeme sich zu der Wahrscheinlichkeit des Gesamtzustandes multiplizieren:

$$P = P_1 P_2 \qquad S = S_1 + S_2 \,. \tag{5.69}$$

Man hätte von vornherein sagen können: Wenn wir eine *additive* Zustandsfunktion suchen, die die Wahrscheinlichkeit des Zustandes ausdrückt, kommt nur ein Logarithmus der Wahrscheinlichkeit in Frage.

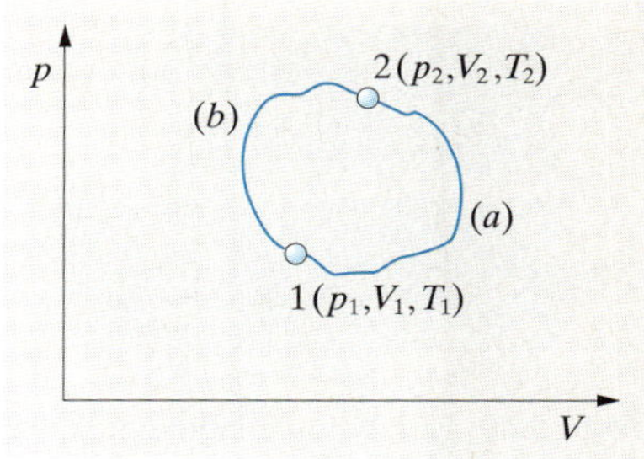

Abb. 5.48. Bei reversibler Änderung vom Zustand 1 nach 2 ist die Summe der reduzierten Wärmen vom Weg unabhängig

5.5.3 Entropie und Wärmeenergie

Die klassische Definition der Entropie klingt völlig anders als die obige. Sie geht vom Differential der Zustandsfunktion S aus und sagt

$$dS = \frac{dQ}{T} \,. \tag{5.70}$$

Um die Entropiedifferenz dS zwischen zwei nahe benachbarten Zuständen zu bestimmen, führe man den einen *reversibel* in den anderen über und messe die Wärmeenergie dQ, die das System dabei aufnimmt. Dieses dQ dividiert durch die absolute Temperatur des Systems ist die Entropiedifferenz.

Die Äquivalenz beider Definitionen weisen wir am einfachsten wieder an der Expansion eines Gases aus einem Halbgefäß in das ganze nach. Gemäß der statistischen Definition (5.68) nimmt hierbei die Entropie um

$$S = kN \ln 2 \tag{5.71}$$

zu. Für die Definition (5.70) können wir die beiden Zustände nicht ineinander überführen, indem wir das Gas einfach durch ein Loch in der Zwischenwand ausströmen lassen, denn diese Definition verlangt ausdrücklich einen *reversiblen* Übergang. Die Expansion ist reversibel, wenn wir das Gas einen Kolben sehr langsam wegschieben lassen. Der Kolben bleibt langsam, wenn wir den Druck auf ihn von außen immer nur ganz wenig kleiner halten als den jeweiligen Gasdruck. Dabei leistet das Gas Arbeit und würde sich daher abkühlen, falls wir ihm die geleistete Arbeit nicht gleich als Wärme wieder zuführen. Wir wollen das tun, damit wir genau den verlangten Endzustand 2 erreichen, in dem ja die Temperatur genausogroß sein muß wie zu Anfang im Zustand 1. Die Arbeit bei der isothermen Expansion auf das doppelte Volumen ist nach (5.29)

$$W = -\nu RT \ln \frac{V_1}{V_2} = \nu RT \ln 2 \,.$$

Diese Arbeit wandeln wir in Wärme um (was immer möglich ist) und führen sie dem Gas wieder zu. Damit ergibt sich die Entropiezunahme beim Übergang von Zustand 1 nach Zustand 2 zu

$$S = \frac{\nu RT \ln 2}{T} = \nu R \ln 2 \,.$$

Beachten wir noch, daß die ν mol unseres Gases genau $N = \nu N_A$ Moleküle enthalten und daß $R = N_A k$ ist, erhalten wir genau dieselbe Entropiedifferenz (5.71) wie aus der statistischen Definition.

5.5.4 Berechnung von Entropien

Thermodynamische Größen lassen sich auf zwei Arten einführen und berechnen: Makroskopisch-phänomenologisch und mikroskopisch-stati-

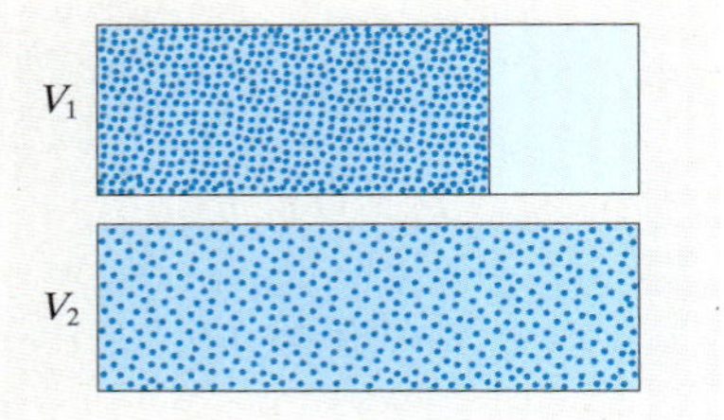

Abb. 5.49. Zur Volumenabhängigkeit der Entropie eines Gases

stisch. Je nach den Umständen ist eine oder die andere Betrachtungsweise durchsichtiger und tragfähiger. Im Bereich der klassischen Thermodynamik (Theorie der Gleichgewichte) sind beide äquivalent, aber die Nichtgleichgewichte sind der statistischen Auffassung besser zugänglich. Wir werden beide Darstellungen entwickeln, aber jeweils diejenige betonen, die im gegebenen Fall überlegen erscheint. Kapitel 17 bringt eine geschlossene Einführung in die statistische Physik.

Zunächst verallgemeinern wir die Betrachtung über die **isotherme Expansion** eines Gases. Es möge sich von einem beliebigen Volumen v auf ein Volumen V ausdehnen. Ein bestimmtes Molekül hat die Wahrscheinlichkeit v/V, sich in v aufzuhalten, obwohl man ihm V anbietet. Die Wahrscheinlichkeit, daß *alle* N Moleküle dort sind, ist $P = (v/V)^N$ (die Einzelwahrscheinlichkeiten multiplizieren sich). Dagegen hat der Zustand gleichmäßiger Verteilung über das ganze Volumen V praktisch die Wahrscheinlichkeit 1. So ergibt sich die Entropiedifferenz zwischen den beiden Endzuständen der Expansion

$$S = k \ln \frac{1}{P} = kN \ln \frac{V}{v} \,. \tag{5.72}$$

Jetzt betrachten wir zwei verschiedene Gase, eines aus N_1, das andere aus N_2 Molekülen. Sie seien erst getrennt, dann sollen sie sich vermischen, was natürlich ein irreversibler Vorgang ist. Wir bestimmen den Entropiezuwachs dabei, die **Mischungsentropie**. Wir setzen Temperatur- und Druckgleichheit in den zunächst getrennten Teilvolumina V_1 und V_2 voraus. Das bedeutet $N_1/V_1 = N_2/V_2$. Der Ausgangszustand „Alle Moleküle der Sorte 1 in V_1" hat nach (5.72) eine um $kN_1 \ln(V/V_1) = kN_1 \ln((N_1 + N_2)/N_1)$ kleinere Entropie als der Endzustand, wo die Moleküle 1 über $V = V_1 + V_2$ gleichmäßig verteilt sind. Analog hat der Zustand „Alle Moleküle der Sorte 2 in V_2" eine um $kN_2 \ln((N_1 + N_2)/N_2)$ kleinere Entropie als die gleichmäßige Verteilung dieser Moleküle. Im ganzen ist die Mischungsentropie

$$\boxed{S_\mathrm{m} = kN_1 \ln \frac{N_1 + N_2}{N_1} + kN_2 \ln \frac{N_1 + N_2}{N_2}} \,. \tag{5.73}$$

Man kann dies wie viele andere Ausdrücke auch über die Binominalformel (Bernoulli-Verteilung)

$$\binom{N}{n} = \frac{N!}{n!(N-n)!} \tag{5.74}$$

und die **Stirling-Näherung** für die Fakultät

$$\boxed{n! \approx \frac{n^n}{\mathrm{e}^n} \qquad \left(\text{genauer}: n! \approx \frac{n^n}{\mathrm{e}^n} \sqrt{2\pi n}\right)} \tag{5.75}$$

gewinnen, oder auch mittels der makroskopischen Definition (5.70), und zwar über einen raffinierten Kreisprozeß mit zwei semipermeablen Membranen, eine nur durchlässig für Moleküle 1, die andere nur für Moleküle 2 (Aufgabe 5.5.2). Der Entropiegewinn infolge Mischung ist entscheidend für die chemische Thermodynamik (Abschn. 5.5.8) und viele andere Probleme.

Schließlich betrachten wir den **Wärmeaustausch** zwischen zwei Körpern 1 und 2 mit den Temperaturen T_1 und T_2. Eine Wärmemenge $\mathrm{d}Q$ gehe von 2 nach 1 über. Dann wird nach der makroskopischen Definition (5.70) die Entropie von 2 um $\mathrm{d}Q/T_2$ kleiner, die von 1 um $\mathrm{d}Q/T_1$ größer. Insgesamt ist die Entropieänderung

$$\mathrm{d}S = \mathrm{d}Q\left(\frac{1}{T_1} - \frac{1}{T_2}\right) . \tag{5.76}$$

Dies ist genau dann positiv, d. h. der Vorgang läuft genau dann von selbst ab, wenn $T_2 > T_1$ ist. Statistisch versteht man dies auch. Man muß dazu die Moleküle im Impulsraum (Abschn. 1.5.9) betrachten. Im Anfangszustand sind einige (die des Körpers 2) über einen großen Impulsbereich verteilt, entsprechend ihrer höheren mittleren Energie, die anderen (die des Körpers 1) nur über einen kleineren Bereich. Was für den Ortsraum gilt, nämlich daß eine gleichmäßige Verteilung über ein größeres Volumen wahrscheinlicher ist, gilt auch für den Impulsraum, nur mit dem Unterschied, daß hier die Teilchen sich nicht ganz beliebig verteilen können, weil ihre Bewegung durch die Bedingung konstanter Gesamtenergie eingeschränkt ist.

Wir wissen jetzt endlich, warum die im Abschn. 5.5.1 als typisch irreversibel bezeichneten Vorgänge irreversibel sind.

Jetzt bestimmen wir noch auf beide Arten die Gesamtentropie eines idealen Gases aus N Molekülen, genauer den Entropieunterschied zwischen einem solchen Gas, wenn es das Volumen V und die Temperatur T hat, und dem gleichen Gas bei V_0, T_0 (i. allg. sind ja nur Entropie*unterschiede* physikalisch wesentlich, ähnlich wie beim elektrischen Potential; eine absolute Normierung der Entropie bringt erst die Quantenstatistik, Abschn. 17.3).

Statistisch: Die Verteilung der N Teilchen über den normalen Raum (Ortsraum) bringt nach (5.72) einen Betrag

$$S_V = kN \ln \frac{V}{V_0} .$$

Die Verteilung über den **Impulsraum** bringt ganz analog $kN \ln(V'/V_0')$. Die Volumina V' und V_0', die die Teilchen im Impulsraum einnehmen, müssen wir bestimmen. Die mittlere Translationsenergie ist $W = \frac{1}{2}mv^2 = \frac{3}{2}kT$, der zugehörige Impuls ist $I = mv = \sqrt{2mW} = \sqrt{3mkT}$. Die Teilchen sind über eine Art Kugel im Impulsraum verteilt, deren Radius von der Größenordnung I, deren Volumen also $V' \sim I^3 \sim T^{3/2}$ ist. Diese Kugel hat zwar keine scharfen Ränder, aber die Energiebedingung sperrt die Teilchen ebenso effektiv im Impulsraum ein wie eine feste Wand im Ortsraum. Wenn T steigt, dehnt sich die Kugel aus, was denselben Effekt hat wie eine Ausdehnung des verfügbaren Ortsvolumens. Der Impulsbeitrag wird also

$$S_I = kN \ln \frac{T^{3/2}}{T_0^{3/2}} = \frac{3}{2} kN \ln \frac{T}{T_0} .$$

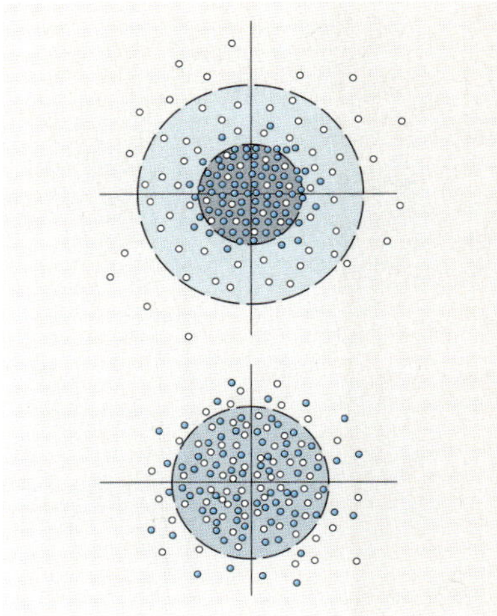

Abb. 5.50. Temperaturausgleich: Oben gibt es „kalte" Moleküle (*blau*), die ein geringes, und „warme", die ein großes Impulsraumvolumen einnehmen. Dieser Zustand ist weniger wahrscheinlich als der untere, wo alle Moleküle das Impulsraumvolumen gemeinsam erfüllen, das ihnen der Energiesatz zubilligt

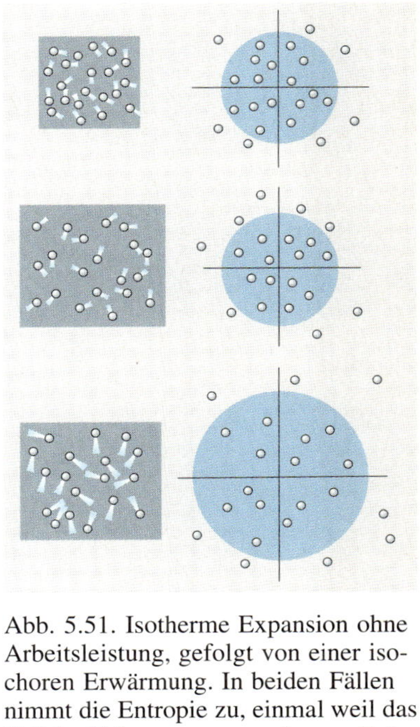

Abb. 5.51. Isotherme Expansion ohne Arbeitsleistung, gefolgt von einer isochoren Erwärmung. In beiden Fällen nimmt die Entropie zu, einmal weil das übliche Volumen, zum andern weil das Impulsraumvolumen zunimmt

Die Rotationsfreiheitsgrade spannen ebenfalls einen Impulsraum auf. Dieser hat eine Dimension pro Freiheitsgrad, jeder liefert einen Beitrag $\frac{1}{2}kN\ln(T/T_0)$, also ist die Gesamtentropie

$$\boxed{S = kN\left(\ln\frac{V}{V_0} + \frac{f}{2}\ln\frac{T}{T_0}\right)} \quad . \tag{5.77}$$

Thermodynamisch erhalten wir natürlich dasselbe aus $S = \int \mathrm{d}Q/T$. Wir ändern z. B. zuerst isotherm das Volumen von V_0 auf V, was nach (5.72) liefert $kN\ln(V/V_0)$. Dann führen wir isochor die Wärmeenergie $\Delta Q = Mc_V(T - T_0)$ zu (M: Masse des Gases). Mit $c_V = \frac{1}{2}fk/m$ (5.9) und $M/m = N$ erhalten wir dann im ganzen ebenfalls (5.77).

5.5.5 Der 2. Hauptsatz der Wärmelehre

Mit der statistischen Definition der Entropie nimmt der **2. Hauptsatz**, der die Richtung der Vorgänge in der Natur bestimmt, die evidente Form an:

Ein System geht nie von selbst in einen bedeutend unwahrscheinlicheren Zustand über, d. h. seine Entropie nimmt nie um mehr als einige k ab.

Will man nur von direkt makroskopisch beobachtbaren Sachverhalten ausgehen, kann man den 2. Hauptsatz formulieren:

Es gibt irreversible Vorgänge.

Das leuchtet ebenfalls aus der Alltagserfahrung vollkommen ein, ist aber unvollständiger, weil die Möglichkeit von Schwankungserscheinungen nicht berücksichtigt ist. Historisch wurde der 2. Hauptsatz noch anders formuliert. Er handelt dann von einer hypothetischen Maschine, einem **Perpetuum mobile zweiter Art**. Sie soll Arbeit leisten, indem sie nichts weiter tut als *einen* Körper abzukühlen (ein Perpetuum mobile erster Art soll sogar ständig Arbeit leisten, ohne sonst irgend etwas in der Welt zu ändern). Der 1. Hauptsatz, der natürlich ein Perpetuum mobile erster Art ausschließt, wäre befriedigt, wenn die Wärme, die sich das Perpetuum mobile aus dem abzukühlenden Körper holt, gleich der Arbeit ist, die geleistet wird. Praktisch wäre ein Perpetuum mobile zweiter Art gleichwertig einem erster Art, denn als abzukühlenden Körper könnte man ja die Erde oder das Meer nehmen, zumal ihnen diese Wärme sehr bald zurückerstattet wird, nämlich nachdem die mechanische Energie durch Reibung aufgezehrt ist. Dieser typisch kapitalistische Wunschtraum – jemand leiht sich eine an sich wertlose Sache, verschafft sich damit alles was er will, und gibt sie trotzdem vollständig zurück – kann nicht funktionieren:

Es gibt kein Perpetuum mobile zweiter Art.

Diese Formulierung ist weniger unmittelbar einleuchtend als die vorige. Sie überzeugt viele Physikkandidaten wohl nur, weil sie sonst durchfallen, und viele Erfinder gar nicht. Sie ist auch nur negative Erfahrung, nämlich die aller Patentämter. Daß es irreversible Vorgänge gibt, ist direkte Alltagserfahrung. Wir zeigen, daß beide äquivalent sind.

Dazu beweisen wir: Wenn die Umkehrung irgendeines irreversiblen Vorgangs vorkäme, könnte man daraus ein Perpetuum mobile zweiter Art bauen; jeden irreversiblen Vorgang könnte man, ohne daß sich sonst etwas in der Welt ändert, umgekehrt ablaufen lassen, indem man insgeheim ein Perpetuum mobile zweiter Art einschaltet. Wir könnten jeden irreversiblen Prozeß zur Demonstration benutzen und müßten das eigentlich auch, beschränken uns aber auf den Wärmeübergang von einem warmen zu einem kälteren Körper, der nach der Behauptung nur in dieser Richtung läuft. Dies wäre nicht wahr, wenn es ein Perpetuum mobile zweiter Art gäbe. Wir könnten dieses nämlich Wärme aus dem *kalten* Körper schöpfen und damit Arbeit verrichten lassen. Diese Arbeit führen wir dem wärmeren Körper zu, indem wir sie vollständig in Wärme umsetzen, z. B. durch Reibung, was immer möglich ist. Im Endeffekt hätten wir also nichts getan als Wärme vom kalten zum warmen Körper gebracht, d. h. einen irreversiblen Prozeß umgekehrt. Andererseits nehmen wir an, Wärme ließe sich irgendwie vom kalten zum warmen Körper bringen, ohne daß sich sonst etwas in der Welt ändert. Nun gibt es viele Möglichkeiten, aus dem *Rückfluß* von Wärme vom warmen zum kalten Körper Arbeit zu erzeugen, z. B. eine normale Wärmekraftmaschine. Den Wärmeverlust, den der warme Körper dabei erfährt, könnten wir mittels des angenommenen Umkehrprozesses immer decken und somit effektiv nur den kalten Körper abkühlen und Arbeit erzeugen, hätten also ein Perpetuum mobile zweiter Art gebaut.

5.5.6 Reversible Kreisprozesse

Wir greifen die Frage nach dem Wirkungsgrad einer idealen **Wärmekraftmaschine** wieder auf, um diesen Begriff erheblich zu verallgemeinern und *S. Carnots* klassischen Gedankengang nachzuvollziehen, der schließlich zur modernen Thermodynamik führte. Eine Wärmekraftmaschine ist eine Vorrichtung, die, was ihren eigenen Zustand betrifft, periodisch immer wieder den gleichen Zyklus durchläuft, dabei allerdings in der Umgebung einsinnige Veränderungen hinterläßt, speziell bei jedem Zyklus einen bestimmten Arbeitsbetrag abliefert. Diese periodische Wirkungsweise ist allen realen Maschinen eigen. Bei der Wärmekraftmaschine stammt die geleistete Arbeit aus einer Wärmeenergie, die einem Speicher fortlaufend entzogen wird. Der 1. Hauptsatz hätte nichts dagegen, daß diese Umwandlung 100%ig ist, aber der 2. Hauptsatz erklärt das für unmöglich (die Maschine wäre sonst ein Perpetuum mobile zweiter Art). Es muß Wärme übrigbleiben, die an einen anderen Speicher abgeführt wird. Dieser muß eine geringere Temperatur haben als der erste Speicher, denn sonst könnte man die Differenzwärme sehr leicht wieder in den ersten Speicher bringen und hätte ein Perpetuum mobile zweiter Art.

Wir nehmen an, die Maschine ändere ihren Zustand immer nur reversibel, und nennen das entstehende Idealgebilde eine **Carnot-Maschine**, den Prozeß, den sie zyklisch durchläuft, einen Carnot-Kreisprozeß. So nennt man manchmal einen viel spezielleren Prozeß, in dem ein Idealgas

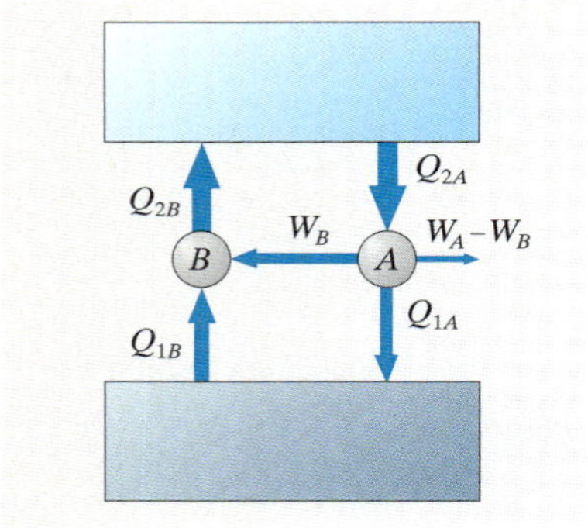

Abb. 5.52. Alle reversiblen Kreisprozesse haben denselben Wirkungsgrad. Sonst würde die dargestellte Kombination Arbeit liefern ($W_A - W_B$ bei jedem Zyklus), ohne etwas anderes zu tun, als das kalte Reservoir noch mehr abzukühlen

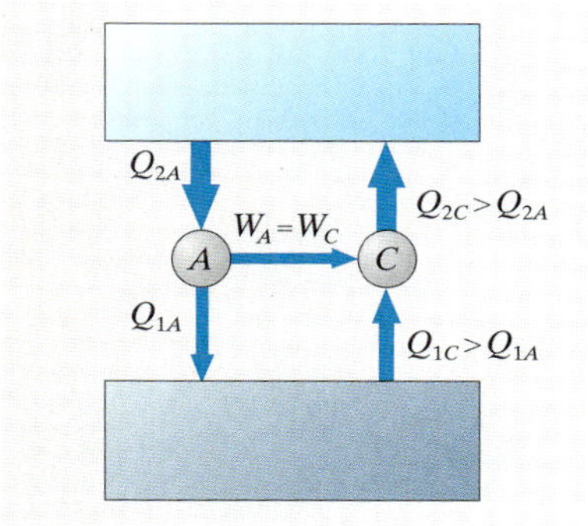

Abb. 5.53. Keine Wärmekraftmaschine oder Kältemaschine kann besser sein als der reversible Kreisprozeß. Sonst würde die Kombination aus reversibler Wärmekraftmaschine A und irreversibler Kältemaschine C nichts weiter tun, als Wärme vom kalten zum warmen Reservoir befördern

durch zwei adiabatische und zwei isotherme Arbeitstakte gejagt wird. Bei uns ist von der Arbeitssubstanz oder der Art des Kreisprozesses noch keine Rede, nur von der Reversibilität der Vorgänge. Die Diskussion und ihre Schlußfolgerung werden also völlig allgemeingültig sein: Was man an Voraussetzungen spart, gewinnt man an Allgemeinheit.

Jede Carnot-Maschine wie jede reversible Maschine überhaupt hat zwei mögliche Laufrichtungen: In der einen entnimmt sie dem Speicher 2 bei der Temperatur T_2 die Wärmeenergie Q_2, erzeugt die Arbeit W und führt dem Speicher 1 bei T_1 die Differenzwärme $Q_1 = Q_2 - W$ zu. Sie läuft als Kraftmaschine. Bei umgekehrter Laufrichtung steckt man die Arbeit W hinein, dem Speicher 2 wird daher mehr Wärme $Q_2 = Q_1 + W$ zugeführt, als dem Speicher 1 entnommen wird (Q_1). Denkt man an die Abkühlung von Speicher 1, dann ist dies eine Kältemaschine.

Der Wirkungsgrad $\eta = W/Q_2$ der Kraftmaschine muß zwischen 0 und 1 liegen. Wäre er größer als 1, würde *beiden* Speichern Wärme entzogen und dabei Arbeit geleistet, im Widerspruch zum 2. Hauptsatz. $\eta < 0$ beschreibt die Kältemaschine.

Wir bauen jetzt zwei verschiedene Carnot-Maschinen, die zwischen den gegebenen Speichern laufen. Sie können nach völlig verschiedenen Prinzipien und mit verschiedenen Substanzen arbeiten. Man sollte erwarten, daß sie dann auch verschiedenen Wirkungsgrad haben. Wäre das der Fall und hätte z. B. die Maschine A das höhere η, benutzten wir sie als Kraftmaschine, die andere (B) als Kältemaschine. A entnimmt dann bei jedem Zyklus die Wärme Q_{2A} aus 2, erzeugt die Arbeit $W_A = \eta_A Q_{2A}$ und liefert Q_{1A} an 1 ab. Die Kältemaschine B entnimmt Q_{1B} aus 1, nimmt die Arbeit W_B auf und liefert die Wärme $Q_{2B} = W_B/\eta_B$ an 2 ab. Wir können ohne weiteres die Maschinen so dimensionieren, daß $Q_{2B} = Q_{2A}$ wird. Dann ändert sich in Speicher 2 auf die Dauer nichts, aber wegen der Annahme $\eta_A > \eta_B$ ist die Arbeit W_B, die B verbraucht, kleiner als die Arbeit W_A, die A erzeugt. Wir gewinnen also im Endeffekt Arbeit, wobei wir nichts weiter tun als den Speicher 1 abkühlen. Dieser Verstoß gegen den 2. Hauptsatz ist nur zu vermeiden, wenn die Annahme $\eta_A > \eta_B$ nicht realisierbar ist, d. h. wenn *alle Carnot-Prozesse den gleichen Wirkungsgrad haben.*

Wesentlich bei diesem Beweis ist, daß die beiden Maschinen A und B reversibel sind, denn sonst könnte man sie nicht wahlweise vorwärts oder rückwärts laufen lassen. Bei einer irreversiblen Maschine ist die Laufrichtung festgelegt. Trotzdem kann man sie wie oben mit einer reversiblen Maschine zusammenschalten, die im Gegensinn läuft. Kann die irreversible Maschine C einen höheren Wirkungsgrad haben als die reversible A? Wir nehmen einmal an, das sei so. Wenn C eine Kraftmaschine ist, würde das genau wie oben heißen, daß die kombinierte Maschine Arbeit leistet, ohne etwas anderes zu tun als z. B. den kalten Speicher abzukühlen. Ist C eine Kältemaschine, dann kann sie ebenfalls keine bessere sein als die Carnot-Maschine. Sie muß nämlich für jedes Joule, das sie dem Speicher 1 entnimmt, mindestens soviel Arbeit aufnehmen, wie die Carnot-Maschine A für jedes dem Speicher 1 zugeführte Joule leistet. Wäre das nicht so, dann könnte man A und C nach Abb. 5.53 zu einer

Verbundmaschine zusammenkoppeln, die zwar insgesamt keine Arbeit hergibt, die aber ständig Wärme vom kalten zum warmen Speicher befördert, was nach dem zweiten Hauptsatz ebenfalls unmöglich ist.

Es gibt also auch keine irreversible Maschine, die einen größeren Wirkungsgrad hätte als die reversible Carnot-Maschine, d. h. es gibt überhaupt keine Maschine, die diese übertrifft.

Der Wirkungsgrad der reversiblen Carnot-Maschine gewinnt so fundamentale Bedeutung. Er hängt weder von der Konstruktion der Maschine, noch von der Arbeitssubstanz ab, nur von den Temperaturen der beiden Speicher: $\eta = \eta(T_2, T_1)$. Diesen Zusammenhang kann man durch ähnliche Betrachtungen wie oben noch genauer festlegen (Aufgabe 5.5.11). Wir können, wegen der Unabhängigkeit vom Verlauf des Prozesses und der Arbeitssubstanz, ein beliebiges Beispiel heranziehen, etwa den klassischen Carnot-Prozeß aus zwei adiabatischen und zwei isothermen Takten (oder jeden der in Abschn. 5.3.2 behandelten Prozesse) und finden

$$\boxed{\eta = \frac{T_2 - T_1}{T_2}} \quad . \tag{5.46'}$$

Am Beispiel des Arbeitsdiagramms für den klassischen Carnot-Prozeß erkennt man auch anschaulich, warum ein irreversibler Prozeß einen kleineren Wirkungsgrad hat. Wenn die Irreversibilität z. B. daher kommt, daß man, um den Wärmeaustausch mit dem heißen Speicher (T_2) zu beschleunigen, eine Gastemperatur unterhalb T_2 in Kauf nimmt, läuft das Zustandsdiagramm unterhalb der idealen T_2-Isotherme. Wenn man bei der Expansion den Kolben außen etwas entlastet, damit er sich schneller verschiebt, wenn man also den Druck unter den der Isothermen bzw. Adiabaten entsprechenden Wert senkt, ist der Effekt derselbe: Beim nichtidealen irreversiblen Kreisprozeß läuft das Zustandsprogramm überall *innerhalb* des idealen, also wird der Wirkungsgrad kleiner.

5.5.7 Das thermodynamische Gleichgewicht

Ein System ist im Gleichgewicht, wenn sich zeitlich nichts an ihm ändert, obwohl einer solchen Verschiebung kein äußeres Hemmnis im Wege steht. Das Gleichgewicht ist stabil, labil bzw. indifferent, wenn eine gewaltsame Verschiebung Einflüsse auslöst, die das System zum Gleichgewichtszustand zurücktreiben, weiter von ihm wegtreiben, bzw. wenn keine solchen Einflüsse ausgelöst werden. Bei einem mechanischen System sieht man sehr anschaulich, daß ein stabiles Gleichgewicht einem Minimum der potentiellen Energie W_{pot} entspricht. Die (negative) Ableitung von W_{pot} nach einer Lagekoordinate bedeutet nämlich eine Kraft in der entsprechenden Richtung. In einem Minimum verschwinden alle Kräfte, in seiner Umgebung zeigen sie alle zum Minimum hin.

Wir suchen eine thermodynamische Größe, die zur Charakterisierung des Gleichgewichts eines Systems dieselben Dienste tut wie die potentielle Energie in der Mechanik. Für ein isoliertes System, das weder Materie noch Energie mit der Umgebung austauscht, ist diese Größe einfach die

Entropie: Das Gleichgewicht ist der Zustand maximaler Entropie, jeder benachbarte Zustand entwickelt sich im Sinne steigender Entropie zum Gleichgewicht hin, dieses ist daher stabil. Bei einem System, das Energie mit der Umgebung austauschen kann (aber zunächst keine Materie: abgeschlossenes System), muß die Umgebung mit einbezogen werden. Von selbst laufen nur Prozesse ab, für die $\Delta S_{\text{Syst}} + \Delta S_{\text{Umg}} \geqq 0$ ist. Das Gleichgewicht liegt bei $S_{\text{Syst}} + S_{\text{Umg}} = \max$ oder

$$\Delta S_{\text{Syst}} + \Delta S_{\text{Umg}} = 0\,. \tag{5.78}$$

Diese Gleichgewichtsdefinition hat den Nachteil, daß sie nicht allein die Eigenschaften des Systems betrifft. Wir können den Anteil ΔS_{Umg} loswerden, wenn wir bedenken, daß er nur auf einem Austausch einer Wärmemenge ΔQ zwischen Umgebung und System beruhen kann. Vorzeichenrichtig ist ΔQ die dem System zugeführte Wärme; die Umgebung verliert ΔQ, also ändert sich ihre Entropie wie $\Delta S_{\text{Umg}} = -\Delta Q/T$. Die Gleichgewichtsbedingung (5.78) bedeutet dann, ganz in Systemgrößen ausgedrückt (und unter Fortfall des Index „Syst"), $\Delta S = \Delta Q/T$. Nach dem 1. Hauptsatz dient ΔQ teils zur Erhöhung der inneren Energie U des Systems, teils zur (negativ zu rechnenden) Arbeitsleistung durch das System. Die Gleichgewichtsbedingung wird

$$\boxed{\Delta S = \frac{\Delta U - \Delta W}{T} \quad \text{oder} \quad \Delta U - \Delta W - T\,\Delta S = 0}\,. \tag{5.79}$$

Wenn nur Druckarbeit $\Delta W = -p\,\Delta V$ möglich ist, heißt das

$$\Delta U + p\,\Delta V - T\,\Delta S = 0\,, \tag{5.80}$$

im allgemeinen Fall kommen noch andere Anteile dazu: Oberflächenarbeit, elektromagnetische Arbeit usw. Wenn wir das Volumen zwangsweise konstant halten, fällt auch $p\,\Delta V$ weg. Wenn außerdem T konstant ist, wird (5.80) äquivalent mit

$$\Delta(U - TS) = 0\,. \tag{5.81}$$

Unter isotherm-isochoren Bedingungen ist das Gleichgewicht gegeben durch das Minimum der **freien Energie** (des **Helmholtz-Potentials**)

$$F = U - TS\,. \tag{5.82}$$

Unterschiede in F stellen die „Kraft" dar, die die Prozesse antreibt. Wenn p und T konstant sind, ist (5.80) gleichbedeutend mit

$$\Delta(U + pV - TS) = 0\,. \tag{5.83}$$

Unter isotherm-isobaren Bedingungen ist das Gleichgewicht gegeben durch das Minimum der **freien Enthalpie** (des **Gibbs-Potentials**)

$$G = U + pV - TS\,. \tag{5.84}$$

G-Differenzen treiben die Prozesse an. Wenn Wärmeaustausch unterbunden ist, aber Arbeitsleistung möglich ist, wird $T\,\Delta S = 0$, also wird aus (5.80) bei $p = \text{const}$

$$\Delta(U + pV) = 0\,. \tag{5.85}$$

Unter *adiabatisch-isobaren* Bedingungen liegt das Gleichgewicht im Minimum der **Enthalpie**

$$H = U + pV\,, \tag{5.86}$$

unter *adiabatisch-isochoren* Bedingungen im Minimum der **Energie** U.

Um die Tragweite dieser Bedingungen zu prüfen, betrachten wir ein System aus Teilchen, die zwei verschiedene Zustände A und A^* einnehmen können, z. B. einen Grund- und einen angeregten Zustand. Die freien Enthalpien pro Teilchen seien g und g^*. Es sei $g^* > g$. Man sollte meinen, dann liege das Gleichgewicht des Prozesses $A \rightleftarrows A^*$ ganz „links", d. h. alle Teilchen seien im Grundzustand. Dabei hätten wir aber die **Mischungsentropie** vergessen. Die freie Enthalpie eines Gemisches aus n Teilchen A und n^* Teilchen A^* ist nicht einfach $ng + n^*g^*$, sondern dazu kommt die Mischungsentropie, multipliziert mit $-T$. Wenn nur N Teilchen A vorhanden sind und keine Teilchen A^*, genügt zur Kennzeichnung des Zustandes die Angabe der Lagen und Geschwindigkeiten dieser N Teilchen. Wenn dagegen *ein* Teilchen A^* dabei ist, muß man außerdem noch angeben, *welches* Teilchen angeregt ist. Da jedes der N Teilchen hierfür in Frage kommt, ist die Wahrscheinlichkeit des Zustandes 2 aus $N - 1$ Teilchen A und einem A^* genau N-mal größer als die des Zustandes 1 aus N Teilchen A:

$$\frac{P_2}{P_1} = N\,.$$

Beim Übergang zum Zustand 2 muß zwar eine Anregungsenthalpie $\Delta H = g^* - g$ aufgewandt werden, dafür steigt aber auch die Entropie um $\Delta S = k \ln(P_2/P_1) = k \ln N$. Wenn gerade $\Delta H = T\,\Delta S$ ist, haben beide Zustände gleiches G (wäre z. B. $T\,\Delta S$ ein wenig größer als ΔH, läge das Gleichgewicht beim Zustand 2). Das ist der Fall bei $kT \ln N = g^* - g$ oder $1/N = \mathrm{e}^{-(g^*-g)/(kT)}$. Unter N Teilchen ist eins angeregt, unter n Teilchen sind n^* angeregt, wobei

$$\frac{n^*}{n} = \frac{1}{N} = \mathrm{e}^{-(g^*-g)/(kT)}\,. \tag{5.87}$$

Wir erhalten wieder die Boltzmann-Verteilung.

Das nächste Beispiel ist ein reiner Stoff, etwa Wasser. Es kann als Dampf, Flüssigkeit oder Eis vorliegen. Da alle Teilchen jeweils gleichartig sind, ist keine Mischungsentropie zu berücksichtigen. Dafür wollen wir den vollen Bereich der Variablen T und p untersuchen. Jeder der drei Aggregatzustände hat eine eigene Funktion $G(T,p)$, dargestellt durch eine über der T,p-Ebene ausgespannte Fläche. Für jedes Paar solcher

Flächen sind zwei Fälle denkbar: Eine der Flächen liegt überall tiefer als die andere, oder die Flächen schneiden sich, und zwar in einer Kurve. Im ersten Fall liegt im Gleichgewicht für alle T und p nur der Zustand mit dem tieferen G vor. Dasselbe gilt im Fall 2 lokal bei T, p-Werten außerhalb der Schnittkurve. Auf der Schnittkurve sind dagegen beide Aggregatzustände im Gleichgewicht, z. B. kann der Dampf in beliebiger Menge mit der Flüssigkeit koexistieren. Wir erkennen die Eigenschaften des Siedepunktes wieder: Die Schnittkurve $T(p)$ der „flüssigen" und der „gasförmigen" G-Fläche beschreibt den Siedepunkt und seine Druckabhängigkeit.

Um die Situation quantitativ zu beherrschen, müßte man $G(T, p)$ für alle drei Aggregatzustände berechnen. Das gelingt aus dem molekularen Bild nur angenähert. Wir führen eine einfache Näherungsbetrachtung durch. In der Flüssigkeit und noch mehr im Festkörper sind die Moleküle aneinander gebunden. Diese Bindungsenergie senkt die Energie U der kondensierten Zustände, so daß

$$U_{\mathrm{f}} < U_{\mathrm{fl}} < U_{\mathrm{g}} .$$

Andererseits haben die Moleküle im Gas volle Freiheit, das ganze verfügbare Orts- und Impulsraumvolumen einzunehmen. Im kondensierten Zustand steht ihnen nur das sehr viel kleinere Volumen zur Verfügung, das die Nachbarn ihnen lassen, und in dem sie Schwingungen oder langsame Wanderungen ausführen können. Das Impulsraumvolumen ist weniger stark reduziert, denn auch hier ist die mittlere kinetische Energie pro Freiheitsgrad $\frac{1}{2}kT$. Die Entropien staffeln sich also wie

$$S_{\mathrm{f}} < S_{\mathrm{fl}} < S_{\mathrm{g}} .$$

Im Wasser kann sich der Molekülschwerpunkt nur in einem Teil des Molvolumens V_{fl} verschieben. V_{fl} ist selbst schon 1 250mal kleiner als das Molvolumen V_{g} des Gases unter Normalbedingungen (Dichte des Wasserdampfes $0{,}80\,\mathrm{kg\,m^{-3}}$). Diesen freien Anteil von V_{fl} müssen sich die Wassermoleküle selbst freikämpfen. Sie üben, mikroskopisch gesehen, einen $V_{\mathrm{g}}/V_{\mathrm{fl}} = 1\,250$mal größeren Druck aus als im Dampf. Damit ergibt sich das freie Volumen

$$\Delta V \approx \kappa V_{\mathrm{fl}} p = \kappa V_{\mathrm{fl}} V_{\mathrm{g}} V_{\mathrm{fl}}^{-1} \cdot 1\,\mathrm{bar} = \kappa V_{\mathrm{g}} \cdot 1\,\mathrm{bar}$$

($\kappa = 5 \cdot 10^{-5}\,\mathrm{bar}^{-1}$: Kompressibilität des Wassers). Die Entropiedifferenz ist $S_{\mathrm{g}} - S_{\mathrm{fl}} = kN \ln(V_{\mathrm{g}}/\Delta V)$, oder für ein mol

$$s_{\mathrm{g}} - s_{\mathrm{fl}} = R \ln(V_{\mathrm{g}}/\Delta V) = -R \ln(\kappa \cdot 1\,\mathrm{bar}) = 80\,\mathrm{J/mol\,K} .$$

Die Differenz messen wir direkt als Verdampfungswärme (genauer: **Verdampfungsenthalpie**; für Wasser $2{,}3 \cdot 10^6\,\mathrm{J/kg} = 4 \cdot 10^4\,\mathrm{J/mol}$. Die Gleichgewichtsbedingung $H_{\mathrm{g}} - H_{\mathrm{fl}} = T(S_{\mathrm{g}} - S_{\mathrm{fl}})$ ergibt einen Siedepunkt

$$T_{\mathrm{s}} = 4 \cdot 10^4\,\mathrm{J\,mol^{-1}}/80\,\mathrm{J\,mol^{-1}\,K^{-1}} = 500\,\mathrm{K} ,$$

was als grobe Schätzung nicht zu schlecht ist. In Wirklichkeit ist offenbar S_{fl} noch kleiner als geschätzt: Die Moleküle sind noch weniger frei als angenommen, besonders impulsmäßig. Für andere Flüssigkeiten ist eine Verdampfungsenthalpie $\Delta S = \Delta H/T$, durchaus typisch (**Regel von Pictet-Trouton**; sie gilt von flüssigem N_2 und O_2 bis zum Siedeverhalten von Metallen, weniger gut allerdings für H_2 und He).

5.5.8 Chemische Energie

Chemische Reaktionen sind immer noch die wichtigsten Energiequellen der Menschheit. Biologisch gesehen leben wir überwiegend von der chemischen Energie der Nahrung, technisch von fossiler organischer Substanz. Dazu kommen Tausende von Reaktionen, die biologisch oder technisch nicht wegen ihrer Energieausbeute, sondern wegen ihrer Produkte wichtig sind.

Wovon hängt es ab, ob eine gegebene chemische Reaktion von selbst abläuft? Bis wohin läuft sie, d. h. welches ist der Endzustand, den das Reaktionsgemisch schließlich annimmt? Wieviel Energie wird dabei frei und in welcher Form? Wie schnell verläuft die Reaktion, wie kann man sie ggf. beschleunigen? Die klassische Thermodynamik beantwortet alle diese Fragen in sehr einfacher Weise; nur für die letzte muß sie einige kinetische Hilfsbegriffe heranziehen.

Ob eine Reaktion spontan ablaufen kann, hängt wie bei jedem anderen Prozeß davon ab, ob die freie Enthalpie G dabei abnimmt, d. h. ob G für die Endprodukte der Reaktion kleiner ist als für die Ausgangsprodukte (wir setzen konstantes T und p voraus; bei konstantem T und V entscheidet nicht G, sondern F). Die Reaktion hört auf, wenn keine weitere Möglichkeit zur G-Senkung mehr besteht. Üblicherweise rechnet man die Differenzen thermodynamischer Größen als Unterschiede zwischen End- und Ausgangszustand, genannt freie Reaktionsenthalpie $\Delta G = G_{\text{End}} - G_{\text{Ausg}}$, Reaktionsenthalpie ΔH usw.: Dann muß $\Delta G < 0$ sein, damit die Reaktion spontan (irreversibel) abläuft. Bei $\Delta G = 0$ hört sie auf.

Wir betrachten eine ganz allgemeine Reaktion, bei der die Moleküle A_1, $A_2, \ldots, A_k$ direkt oder indirekt in die Moleküle $A_{k+1}, A_{k+2}, \ldots, A_l$ übergehen (eine einfachere Reaktion wird in Abschn. 5.5.7 untersucht). Die Reaktionsgleichung lautet

$$\sum_{i=1}^{k} \nu_i A_i = \sum_{i=k+1}^{l} \nu_i A_i \,. \tag{5.88}$$

ν_i sind die stöchiometrischen Faktoren, die angeben, wie viele Moleküle A_i am Reaktionsakt beteiligt sind. Beispiel:

$$2\,H_2 + O_2 = 2\,H_2O \,. \tag{5.89}$$

Hier ist $A_1 = H_2$, $A_2 = O_2$, $A_3 = H_2O$, $\nu_1 = \nu_3 = 2$, $\nu_2 = 1$. Man kann die Endprodukte formal auch auf die linke Seite bringen, wobei allerdings ihre ν_i negativ werden:

$$\sum_{i=1}^{l} \nu_i' A_i = 0 \,. \tag{5.90}$$

Wenn von der Substanz A_i eine Menge von N_i mol vorhanden ist, enthält die freie Enthalpie G zunächst die Summe $\sum N_i g_i$ (g_i ist die freie Enthalpie von 1 mol A_i). Das wäre schon alles, wenn die Reaktionspartner ungemischt nebeneinanderlägen. Wenn dann z. B. die freie Enthalpie der Endprodukte kleiner wäre als die der Ausgangsprodukte, würde alles vollständig durchreagieren, bis mindestens einer der Ausgangsstoffe (oder bei stöchiometrischem Verhältnis der N_i alle Ausgangsstoffe) vollständig verbraucht wäre. In Wirklichkeit sind die Partner, um reagieren zu können, als Gas oder als Lösung molekular gemischt. In beiden Fällen entsteht so eine Mischungsentropie, die nach (5.73) den Wert hat

$$S_\mathrm{m} = -R\sum N_i \ln \frac{N_i}{\sum N_i} . \tag{5.91}$$

Sie ist immer positiv, verringert also den G-Wert des Gemisches um TS_m:

$$G = \sum N_i g_i + RT \sum N_i \ln \frac{N_i}{\sum N_i} .$$

Daher ist es günstiger, wenn nicht alles durchreagiert, sondern etwas von den Ausgangsstoffen übrigbleibt, um Mischung zu ermöglichen. Das Gleichgewicht, d. h. der Endzustand der Reaktion liegt da, wo G sich durch keinen Stoffumsatz mehr verringern läßt, wo G also hinsichtlich erlaubter Änderungen der Molzahlen N_i ein Minimum hat. Erlaubte Änderungen der N_i sind durch die Reaktionsgleichung miteinander gekoppelt. Wenn in (5.89) 1 mol O_2 verschwindet, müssen gleichzeitig 2 mol H_2 verschwinden und 2 mol H_2O entstehen. Allgemein führen wir versuchsweise einen „Formelumsatz" von $\Delta\zeta$ Einheiten durch, d. h. wir lassen $\Delta N_i = \nu_i' \Delta\zeta$ mol des Stoffes A_i reagieren (wenn ν_i' negativ ist, d. h. der Stoff in (5.88) rechts steht, bedeutet das eine Entstehung von $|\nu_i|\Delta\zeta$ mol). Hierbei ändert sich G um

$$\Delta G = \sum g_i \,\Delta N_i + RT\Big(\sum \ln N_i \,\Delta N_i + \sum \Delta N_i - \sum \Delta N_i \ln \sum N_i - \sum N_i \frac{\sum \Delta N_i}{\sum N_i} \Big)$$

(man beachte $\ln(N_i/\sum N_i) = \ln N_i - \ln \sum N$ und $\Delta(N_i \ln f) = \ln f\,\Delta N_i + \Delta f\, N_i/f$). Das dritte und das fünfte Glied heben einander weg. Es bleibt mit Hilfe von $\Delta N_i = \nu_i' \Delta\zeta$

$$\Delta G = \Big(\sum g_i \nu_i' + RT \sum \nu_i' \ln N_i - RT \sum \nu_i' \ln \sum N_i \Big) \Delta\zeta . \tag{5.92}$$

Das Gleichgewicht liegt im Minimum von G, d. h. wo G sich nicht ändert, wenn eine kleine Menge $\Delta\zeta$ durchreagiert:

$$-\sum g_i \nu_i' + RT \sum \nu_i' \ln \sum N_i = RT \sum \nu_i' \ln N_i .$$

Wir dividieren durch RT und erheben die ganze Gleichung in den Exponenten. Dann wird die rechte Summe zum Produkt, die ν_i' werden zu Exponenten der N_i:

$$\boxed{\Big(\sum N_i\Big)^{\sum \nu_i'} \exp\Big(-\frac{\sum g_i \nu_i'}{RT} \Big) = \prod N_i^{\nu_i'}} \tag{5.93}$$

z. B. für die Reaktion (5.89), wo $\sum \nu_i' = 1$ ist

$$(N_{O_2} + N_{H_2} + N_{H_2O}) \cdot \exp\Big(-\frac{g_{O_2} + 2g_{H_2} - 2g_{H_2O}}{RT} \Big) = \frac{N_{O_2} N_{H_2}^2}{N_{H_2O}^2} . \tag{5.94}$$

Das ist das **Massenwirkungsgesetz**. Die linke Seite ist konstant, wenn die äußeren Umstände gegeben sind. Sie wird als Massenwirkungs- oder Gleichgewichtskonstante K^{-1} abgekürzt; man nimmt also das Reziproke von (5.93), so daß die Endprodukte im Zähler stehen:

$$K = \Big(\sum N_i\Big)^{-\sum \nu_i'} \cdot \exp\Big(\frac{\sum \nu_i' g_i}{RT} \Big) . \tag{5.95}$$

Der Faktor vor dem Exponenten tritt nur dann in Erscheinung, wenn $\sum \nu_i' \neq 0$, d. h. wenn sich bei der Reaktion die Gesamtmolzahl ändert. Nur dann spielt der Druck explizit eine Rolle. $\sum N_i$ ist ja proportional dem Gesamtdruck der Reaktionspartner. Im Exponentialausdruck steckt die Differenz der freien Enthalpien der Stoffe links bzw. rechts in der üblichen Reaktionsgleichung (5.88). Ist diese

Differenz positiv und groß, d. h. liegen die Endprodukte um viele RT tiefer in G, dann ist K sehr groß, d. h. das Gleichgewicht liegt „auf der rechten Seite".

Reaktionsenthalpien usw. werden üblicherweise als Gesamtenthalpie der Stoffe auf der rechten Seite der Reaktionsgleichung minus der Gesamtenthalpie der Stoffe auf der linken Seite gerechnet. Bedingung dafür, daß sich Stoffe links in Stoffe rechts umwandeln, ist also ein negativer Wert von ΔG. Die entsprechende Festsetzung gilt auch für ΔH und ΔS.

Wir untersuchen noch, um wieviel die freie Enthalpie des Reaktionsgemisches sich ändert, wenn wir eine Formeleinheit umsetzen. Im Gleichgewicht ist diese Änderung definitionsgemäß Null. Bei beliebiger Konzentration der Partner ergibt (5.92) mit $\Delta\zeta = 1$

$$\Delta G = \sum \nu_i' g_i - RT \ln \sum N_i \sum \nu_i' + RT \sum \nu_i' \ln N_i \,,$$

oder vereinfacht mittels der Definition (5.95) von K:

$$\Delta G = RT \ln K + RT \sum \nu_i' \ln N_i \,. \tag{5.96}$$

Je nach den Konzentrationen N_i kann dies positiv oder negativ sein. Das hängt davon ab, ob wir uns rechts oder links vom Gleichgewicht befinden, d. h. ob die rechten oder die linken Substanzen höhere Konzentrationen haben als dem Gleichgewicht entspricht. Demgemäß ändert die Reaktion ihren Richtungssinn: Sie strebt immer dem Gleichgewicht zu. Wenn alle Molzahlen N_i gleich 1 sind (d. h. gewöhnlich: Wenn alle Substanzen in der Standardkonzentration 1 mol/l vorliegen), nimmt ΔG seinen *Standardwert* an

$$\Delta G^0 = -RT \ln K \,. \tag{5.97}$$

Gleichgewichtskonstante K und freie Standardenthalpie ΔG^0 lassen sich also einfach durcheinander ausdrücken.

ΔG läßt sich aufspalten in ΔH und $-T\,\Delta S$. ΔH ist die **Reaktionswärme**, bei konstantem p gemessen (bei konstantem V, also in der festverschlossenen Kalorimeterbombe, mißt man nur ΔU als Reaktionswärme; dann ist ΔF statt ΔG entscheidend für die Richtung des Ablaufes). ΔH wird nicht oder nur wenig durch die Mischung beeinflußt; es handelt sich ja um Gase oder verdünnte Lösungen, in denen die Wechselwirkung der Partner außerhalb des eigentlichen Reaktionsaktes schwach ist. Daher läßt sich ΔH als Summe der spezifischen Enthalpien der Partner darstellen: $\Delta H = \sum \nu_i' h_i$. In (5.95) eingesetzt:

$$K = \left(\sum N_i\right)^{-\sum \nu_i'} \exp\left(\frac{\sum \nu_i' h_i}{RT} - \frac{\sum \nu_i' s_i}{R}\right) . \tag{5.98}$$

Man kann ΔH am einfachsten bestimmen, indem man $\ln K$ über $1/T$ aufträgt (**Arrhenius-Auftragung**). In diesem Diagramm erhält man eine Gerade mit der Steigung $\Delta H/R$:

van't Hoff-Gleichung

$$\frac{\partial \ln K}{\partial T^{-1}} = \frac{\Delta H}{R} \,. \tag{5.99}$$

Für die Differenzen aller Zustandsgrößen wie ΔG, ΔH usw. gilt ein Additionsgesetz, das zuerst von *Hess* für die Reaktionswärmen formuliert wurde (noch vor Aufstellung des Energiesatzes): Die molare Energie bzw. freie Enthalpie einer Reaktion ist gleich der Summe dieser Größen für aufeinanderfolgende Teilreaktionen, die von denselben Ausgangsstoffen zu denselben Endstoffen führen. Demnach kann man diese Größen für viele Reaktionsschritte bestimmen, die einer direkten Messung nicht zugänglich sind. Zum Beispiel ist ΔH für

$2\,C + O_2 = 2\,CO$ nicht direkt meßbar, weil dabei immer auch CO_2 entsteht. Die Reaktionen $2\,C + 2\,O_2 = 2\,CO_2$ und $2\,CO + O_2 = 2\,CO_2$ sind dagegen leicht durchführbar, und als Differenz ihrer Reaktionsenthalpien von $-2 \cdot 394$ kJ/mol und $2 \cdot 284$ kJ/mol ergibt sich ΔH für $2\,C + O_2 = 2\,CO$ zu $-2 \cdot 110$ kJ/mol.

Wenn die Entropien von Ausgangs- und Endstoffen nicht zu verschieden sind, zieht ein negatives ΔG ein negatives ΔH nach sich: **Exergonische** Reaktionen ($\Delta G < 0$) sind oft auch **exotherm** ($\Delta H < 0$: Es wird Wärme frei). Manchmal kann aber die Entropieänderung die Enthalpieänderung überkompensieren. Dann ist $\Delta H > 0$ (endotherme Reaktion) trotz $\Delta G < 0$. Während $\Delta G < 0$ die allgemeinste Bedingung für das spontane Ablaufen der Reaktion ist (**endergonische Reaktionen** finden nicht statt), ist z. B. schon ein so einfacher Prozeß wie Verdampfen, Schmelzen oder wie die Auflösung eines Salzes in Wasser **endotherm**: Das System kühlt sich ab. Bedingung dafür, daß eine endotherme Reaktion von selbst abläuft, ist $\Delta G < 0$ bei $\Delta H > 0$, also $\Delta S = (\Delta H - \Delta G)/T > 0$. Der Endzustand muß viel höhere Entropie haben als der Ausgangszustand. Trotzdem verliert der endotherme Prozeß bei hinreichend niederer Temperatur sein negatives ΔG. Die Temperatur, wo das eintritt, ist der Siede- bzw. Schmelzpunkt. Die meisten Salze lösen sich bei höherer Temperatur sehr viel besser als bei tieferer, weil ihr ΔG dann stärker negativ ist. Das ist besonders für Salze mit hoher (positiver) Lösungswärme der Fall. NaCl hat eine sehr geringe Lösungswärme, und dementsprechend hängt seine Löslichkeit nur schwach von T ab. Wenige Salze wie $CaCrO_4$ haben eine negative **Lösungswärme** (die Lösung erwärmt sich, das Auflösen ist exotherm), und dementsprechend lösen sie sich schlechter in wärmerem Wasser.

Exergonische Reaktionen ($\Delta G < 0$) können im Prinzip spontan ablaufen. Wie schnell sie das tun, zeigen die rein thermodynamischen Betrachtungen noch nicht. Viele Reaktionen kommen trotz negativen ΔG praktisch nicht in Gang, außer bei sehr hohem T und p. Modellmäßig ist klar, daß Moleküle erst aufbrechen müssen, bevor sich ihre Atome neu arrangieren können. Die Reaktion rutscht also nicht einfach auf einer schiefen G-Ebene abwärts, sondern muß über einen Zwischenzustand, den **aktivierten Zustand**, der meist höheres G hat als die beiden Grenzzustände, eben weil die Bindungen in ihm aufgebrochen sind (Abb. 5.54). Relativ zu dem G-Berg dieses Zustandes stellen beide Grenzzustände stabile bzw. metastabile G-Täler dar. Die Reaktion muß über den Berg, d. h. Moleküle müssen zufällig durch thermische Stöße die **Aktivierungsenergie** auf sich versammeln, die ihre Bindungen auftrennt. Dann werden sie i. allg. in den tieferen G-Topf fallen. Nach *Boltzmann* (5.43) ist die Wahrscheinlichkeit, daß ein Molekül die Zusatzenergie W_A auf sich versammelt, proportional $e^{-W_A/(kT)}$. Die Reaktionsrate (umgesetzte Moleküle oder Mole pro Zeiteinheit) ist also proportional diesem Faktor. Arrhenius-Auftragung des Logarithmus der Reaktionsrate über $1/T$ liefert als Steigung die Aktivierungsenergie (genauer $-W_A/k$), ähnlich wie Gleichgewichtsmessungen die Reaktionsenthalpie liefern.

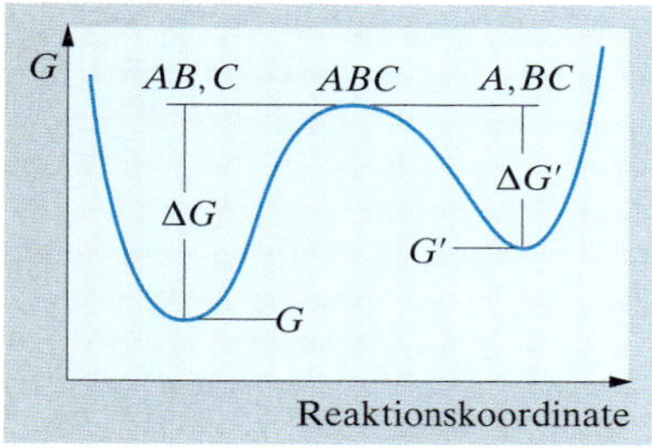

Abb. 5.54. Verlauf der freien Enthalpie für eine Reaktion $AB + C \rightleftharpoons A + BC$. Die Reaktionsrate hängt von der Höhe der Schwelle auf dem günstigsten Reaktionsweg mit dem aktivierten Komplex ABC im Sattelpunkt ab

Katalysatoren und **Enzyme** erleichtern das Aufbrechen der zur Reaktion nötigen Bindungen, bauen also die Aktivierungsschwelle ab. Jeder solche Abbau um die geringfügige Höhe kT (0,18 kJ/mol bei Zimmertemperatur) steigert die Reaktionsrate um den Faktor $e \approx 2{,}7$. Anorganische Katalysatoren und in noch viel stärkerem und spezifischerem Maße die organischen Enzyme (meist Proteine) ermöglichen so Reaktionen, die allein nur mit unmerklicher Geschwindigkeit ablaufen würden, und steuern komplizierte technische bzw. biologische Reaktionsgefüge. Trotzdem haben sie auf die G-Werte von Ausgangs- und Endstoffen und damit auf die *Lage* des Gleichgewichts keinen Einfluß, sondern nur auf Aktivierungsenergie und Reaktionsrate.

Kinetische Betrachtungen liefern, wie man sieht, viel weitergehende Aussagen als die klassische Thermodynamik. Übrigens läßt sich auch das Massenwirkungsgesetz sehr einfach kinetisch ableiten. Die Reaktionsrate der links in der Reaktionsgleichung stehenden Moleküle ist proportional dem Produkt der Konzentrationen dieser Moleküle, wobei jedes so oft eingesetzt werden muß, wie es in der Reaktion vorkommt, also mit dem Exponenten ν_i. Entsprechendes gilt für die Rate der Rückreaktion, d. h. für die Moleküle rechts in der Gleichung. Im Gleichgewicht sind Hin- und Rückrate gleich. Damit folgt sofort (5.93).

5.5.9 Freie Energie, Helmholtz-Gleichung und 3. Hauptsatz der Wärmelehre

Wir betrachten wieder ein Gas in einem zweigeteilten Volumen. Wenn die Teilchen nicht mehr mit gleicher Wahrscheinlichkeit in den beiden Hälften des verfügbaren Raumes sein können, sondern durch Kräfte vorzugsweise in einen Teil davon getrieben werden (z. B. durch die Schwere in den unteren Teil), ist das Ergebnis aus der barometrischen Höhenformel (Abschn. 3.1.6) bekannt. Es bildet sich ein Kompromiß heraus zwischen der Tendenz der Kräfte: „Alles nach unten, in den Zustand *minimaler Energie*“, und der Tendenz zum wahrscheinlichsten Zustand: „Gleichmäßige Verteilung, *maximale Entropie*“. Der Einfluß der Wahrscheinlichkeit, also der Entropie, ist um so größer, je höher die Temperatur ist: Um so flacher fällt die Verteilung mit der Höhe ab. Die **freie Energie**

$$F = U - TS \qquad (5.100)$$

trägt diesem Wettstreit zwischen Energie U und Entropie S Rechnung. Falls Temperatur und Volumen fest gegeben sind, ist das thermodynamische Gleichgewicht der Zustand, für den F minimal ist.

Eine andere wichtige Eigenschaft der freien Energie ergibt sich, wenn man ihr Differential für eine isotherme Änderung betrachtet

$$\mathrm{d}F = \mathrm{d}U - T\,\mathrm{d}S\,.$$

Wir wissen, daß $T\,\mathrm{d}S \geqq \mathrm{d}Q$ ist (= für reversible, > für irreversible Vorgänge), also $\mathrm{d}F \leqq \mathrm{d}U - \mathrm{d}Q$. Nach dem 1. Hauptsatz ist aber $\mathrm{d}U - \mathrm{d}Q = \mathrm{d}W$, also $\mathrm{d}F \leqq \mathrm{d}W$. Uns interessiert der Fall, wo $\mathrm{d}W$ negativ ist, das System also Arbeit leistet. Umkehrung der Vorzeichen kehrt den Sinn der Ungleichung um:

$$-\mathrm{d}W \leqq -\mathrm{d}F\,. \qquad (5.101)$$

Die Arbeit, die ein beliebiges System bei einer reversiblen Zustandsänderung leisten kann, ist so groß wie der Betrag, um den die freie Energie zwischen Anfangs- und Endzustand abgenommen hat. Bei einem irreversiblen Vorgang gewinnt man weniger Arbeit.

Im Gleichgewicht, wo F sein Minimum angenommen hat, ist keine Änderung von F und daher keine Arbeitsleistung mehr möglich.

Eine andere Aussage über die Arbeit, die ein System leisten kann, ergibt sich mittels des Carnot-Prozesses. Wenn er zwischen den Temperaturen $T + \mathrm{d}T$ und T arbeitet, verrichtet er bei jedem Zyklus

$$-\mathrm{d}W = Q\frac{\mathrm{d}T}{T}\,.$$

Da der Carnot-Prozeß maximalen Wirkungsgrad hat, ist dies die größte Arbeit, die irgendein Vorgang verrichten kann, bei dem eine Wärmeenergie Q aus einem Körper mit $T + \mathrm{d}T$ auf einen Körper mit T überführt wird. Nach dem 1. Hauptsatz ist andererseits $\Delta Q = \Delta U - \Delta W$. Beides zusammen ergibt die **Helmholtz-Gleichung**

$$\Delta W - \Delta U = T\frac{\mathrm{d}\,\Delta W}{\mathrm{d}T}\,. \qquad (5.102)$$

Wie ΔU von der Temperatur abhängt, weiß man, wenn man ΔU für irgendein T und außerdem die spezifische Wärmekapazität als Funktion von T kennt. Damit ist aber ΔW als Funktion von T noch nicht festgelegt, denn bei der Integration von (5.102) tritt eine unbekannte Konstante auf. *Nernst* hat nun postuliert, daß am absoluten Nullpunkt allgemein gilt

$$\lim_{T \to 0} \frac{\mathrm{d}\,\Delta W}{\mathrm{d}T} = 0 \,.$$

Daraus folgt am absoluten Nullpunkt $\Delta W = \Delta U$ (siehe (5.102)), und daher auch

$$\boxed{\lim_{T \to 0} \frac{\mathrm{d}\,\Delta U}{\mathrm{d}T} = 0} \,. \tag{5.103}$$

Dies ist der **3. Hauptsatz der Wärmelehre**.

Hiernach müssen alle spezifischen Wärmekapazitäten bei Annäherung an den absoluten Nullpunkt gegen Null streben, im Gegensatz zum klassischen Gleichverteilungssatz. Der eigentliche Grund dafür ergibt sich aus der Quantenmechanik. Sogar die Neigung $\mathrm{d}c/\mathrm{d}T$ verschwindet bei $T \to 0$ (Abb. 5.5). Es folgt ferner, daß man dem absoluten Nullpunkt wohl beliebig nahe kommen, ihn aber nie exakt erreichen kann. Der 3. Hauptsatz wird auch als Satz von der Unerreichbarkeit des absoluten Nullpunkts bezeichnet.

5.6 Aggregatzustände

Alle Stoffe können in drei Zuständen vorkommen, die sich energetisch unterscheiden (unter extremeren Bedingungen gibt es viel mehr solche Zustände, Abschn. 8.4 und 17.3). Die Thermodynamik beschreibt das Gleichgewicht zwischen solchen Zuständen, die Kinetik den Übergang zwischen ihnen.

5.6.1 Koexistenz von Flüssigkeit und Dampf

Bringt man in ein zuvor völlig evakuiertes Gefäß eine Flüssigkeit ein, die es nur zum Teil erfüllt, so verdampft ein Teil der Flüssigkeit, und über ihr stellt sich ein für sie charakteristischer Druck ein, den man als ihren **Sättigungsdampfdruck** bezeichnet.

Man demonstriert dies am einfachsten, indem man in ein **Torricelli-Vakuum** (Abb. 5.55, links) durch die Quecksilbersäule etwas Flüssigkeit aufsteigen läßt. Diese sammelt sich über der Quecksilbersäule, während gleichzeitig deren Kuppe absinkt (Abb. 5.55, rechts). Die Flüssigkeit ist also zum Teil verdampft. h gemessen in mm gibt den Dampfdruck der Flüssigkeit in Torr an.

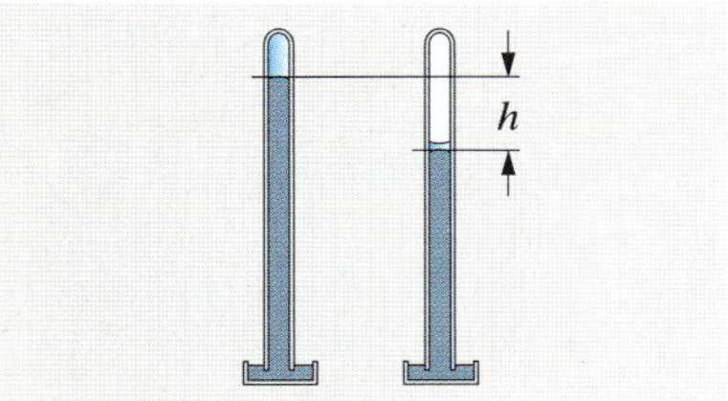

Abb. 5.55. Demonstration des Dampfdrucks einer Flüssigkeit

Verringert man bei konstanter Temperatur das Volumen eines Gefäßes, in dem sich Flüssigkeit und Dampf befinden – etwa indem man das Toricelli-Rohr tiefer einsenkt –, so ändert sich der Druck nicht. Es geht also ein Teil des Dampfes in den flüssigen Zustand über. Das Umgekehrte geschieht bei Volumenvergrößerung. Der Druck bleibt also über einen weiten Volumenbereich konstant (vgl. Abb. 5.59). Erst wenn bei Volumenvergrößerung alle Flüssigkeit verdampft ist, nimmt mit wachsendem Volumen der Druck ab, und die Eigenschaften des Dampfes nähern sich immer mehr denen der idealen Gase.

Tabelle 5.11. Sättigungsdampfdruck einiger Flüssigkeiten bei 20 °C

Stoff	p/mbar
Wasserdampf	23,3
Ethylalkohol	58,8
Methylalkohol	125
Benzol	100
Ethylether	586
Quecksilber	$1{,}6 \cdot 10^{-3}$
Kohlendioxid	56 560
Ammoniak	8 350
Propan	8 270
Butan	2 070

Tabelle 5.12. Druck des gesättigten Wasserdampfes in mbar

$T/°\text{C}$	p/mbar	$T/°\text{C}$	p/mbar
0	6,1	100	1 013
10	12,3	110	1 432
20	23,3	120	1 985
30	42,4	130	2 700
40	73,7	150	4 760
50	123	170	7 919
60	199	190	12 549
70	311	300	82 894
80	473	350	165 330
90	701		

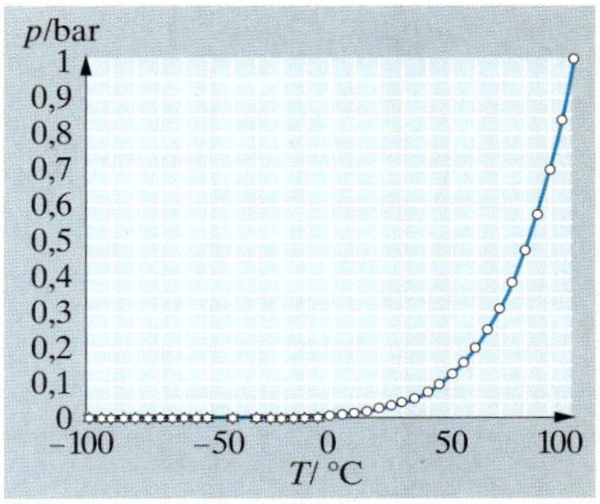

Abb. 5.56. Dampfdruckkurve des Wassers, Meßpunkte: ∘ für flüssiges Wasser, ∗ für Eis

Den flüssigen und dampfförmigen Zustand bezeichnen wir als je eine **Phase** des Stoffes. Dieser Begriff wird aber nicht nur auf verschiedene Aggregatzustände, nämlich feste, flüssige und gasförmige, angewendet, sondern er bezeichnet allgemein solche homogenen Gebiete innerhalb eines Systems, die durch Trennungsflächen gegeneinander abgegrenzt sind, z. B. nebeneinander existierende feste Modifikationen des gleichen Stoffes.

Beim Sättigungsdampfdruck sind Flüssigkeit und Dampf im Gleichgewicht. Um ein Flüssigkeitsmolekül aus dem Innern in den Außenraum zu bringen, muß eine Arbeit aufgewendet werden. Moleküle, deren kinetische Energie zur Verrichtung dieser Arbeit ausreicht, können durch die Oberfläche austreten. Moleküle, die aus dem Dampfraum auf die Oberfläche auftreffen, treten wieder ein; ihre Zahl pro Zeiteinheit ist der Anzahl der in der Volumeneinheit enthaltenen Moleküle und daher dem Dampfdruck proportional. Gleichgewicht besteht, wenn ebensoviele Moleküle ein- wie austreten. Eine Temperaturerhöhung hat zur Folge, daß mehr Moleküle die Austrittsarbeit aufbringen können; die Wahrscheinlichkeit dafür gibt die Boltzmann-Verteilung (Abschn. 5.2.9). Daher steigt der Sättigungsdampfdruck mit der Temperatur steil und immer steiler an (Abb. 5.56). Nur bei den p, T-Werten auf der Dampfdruckkurve können die beiden Phasen koexistieren. Diese Kurve teilt also die p, T-Ebene in zwei Bereiche: Oberhalb kann die Substanz nur im flüssigen, unterhalb nur im Gaszustand vorliegen. Flüssigkeit und Gas lassen sich nur unterhalb einer gewissen kritischen Temperatur T_3 unterscheiden, d. h. die $p(V)$-Kurven zeigen bei höherer Temperatur keinen horizontalen Abschnitt mehr, und die Dampfdruckkurve endet bei T_3 (vgl. Abschn. 5.6.4).

Entsprechend ihrer kinetischen Herkunft aus der Boltzmann-Verteilung läßt sich die Dampfdruckkurve darstellen als

$$\boxed{p_\text{D} = b\,\text{e}^{-W/(kT)}} \quad . \tag{5.104}$$

W ist die Verdampfungsenergie, bezogen auf ein Molekül. Die Größe b kann noch geringfügig von der Temperatur abhängen.

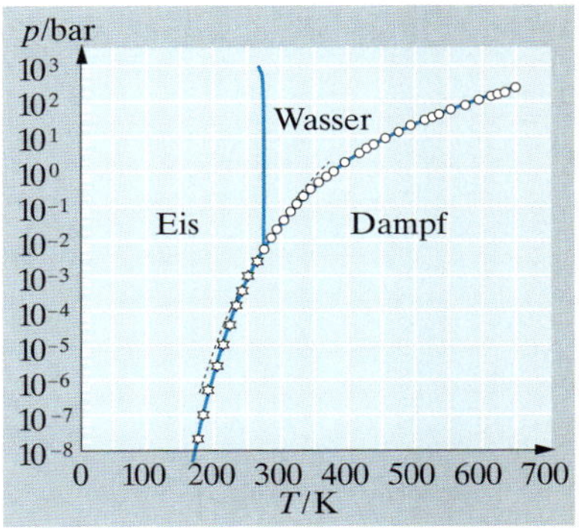

Abb. 5.57. Um die Dampfdruckkurve bis zum kritischen Punkt darstellen zu können, muß man die p-Achse stauchen, am besten durch Logarithmieren. In der Auftragung $\ln p(T)$ wird die Kurve noch nicht gerade. Die Dampfdruckkurve für Eis (Sublimationskurve) verläuft etwas steiler. Beide schneiden sich im Tripelpunkt. Von dort geht auch die Koexistenzlinie Wasser–Eis (Schmelzkurve) aus. Ihr Verhalten ist beim Wasser ungewöhnlich: Sie ist nach links geneigt

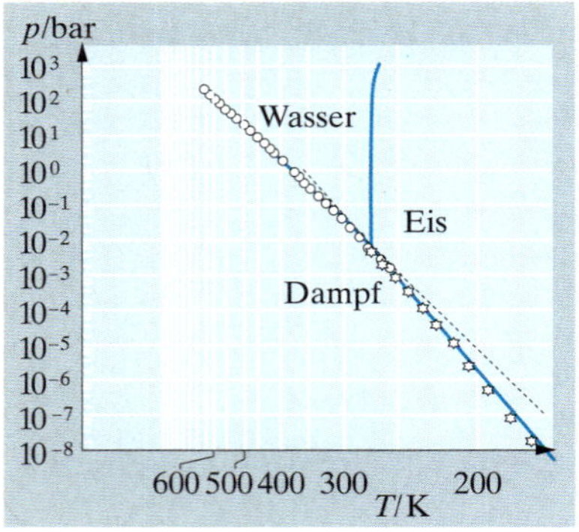

Abb. 5.58. Transformiert man auch die T-Achse und trägt $1/T$ auf, werden die Dampfdruckkurven für Wasser und Eis fast gerade. Das entspricht der Boltzmann-Verteilung $p \approx p_0 e^{-W/(kT)}$

a) Sieden. Wird der Dampfdruck einer Flüssigkeit gleich dem darauflastenden Druck eines anderen Gases, so siedet die Flüssigkeit. Dann entwickelt sich Dampf nicht nur an der Oberfläche der Flüssigkeit, sondern in Form von Blasen auch im Innern. Die **Siedetemperatur** hängt demnach vom Außendruck ab. Nur bei 1 013 mbar siedet das Wasser bei 100 °C, bei vermindertem Druck darunter, bei erhöhtem darüber. Ethanol und Ethylether erreichen den Dampfdruck 1 013 mbar bei 78,3 °C bzw. 34,6 °C. Dies sind die Siedepunkte dieser Stoffe bei Normaldruck. In größeren Höhen über dem Meeresspiegel siedet Wasser unterhalb 100 °C. Aus Dampfdruckkurve und barometrischer Höhenformel kann man aus der Siedetemperatur die Höhe bestimmen, falls im betrachteten Höhenbereich $T = \text{const}$ ist (**Hypsothermometer**).

✗ Beispiel...

Warum brauchen Düsenpiloten für den Fall des Absprungs nicht nur ein Atemgerät, sondern auch einen Druckanzug? Von welcher Höhe ab ist er unentbehrlich? Hinweis: „Kochendes Blut"!

Wasser siedet schon bei 37 °C, wenn der äußere Druck 62 mbar ist. Das wäre in der isothermen Atmosphäre mit 8 km Skalenhöhe der Fall in einer Höhe von 22 km. Wenn die Troposphäre adiabatisch indifferent geschichtet ist, erreicht man diesen Druck schon bei 15 km. Der Salz- und Proteingehalt des Blutes erniedrigt seinen Dampfdruck geringfügig (um knapp 10 %), wodurch man noch nicht einmal 1 km gewinnt. Die Luftblasen, die sich beim Sieden bilden, legen den Kreislauf in kurzer Zeit lahm, ähnlich wie bei der „Caisson-Krankheit" der Taucher, die zu schnell aus großer Tiefe hochkommen und bei denen die unter hohem Druck ins Blut gepreßte Luft wieder ausperlt.

b) Hygrometrie. Die atmosphärische Luft ist i. allg. nicht mit Wasserdampf gesättigt. Zwar bildet sich in einem abgeschlossenen Raum, in dem sich Wasser befindet, schließlich immer der zur Temperatur gehörende Sättigungsdruck des Wasserdampfes aus, aber das dauert ziemlich lange, weil der Wasserdampf durch die Luft hindurchdiffundieren muß. Bei dem häufigen Temperatur- und Luftmassenwechsel in der freien Atmosphäre wird die Sättigung meist nicht erreicht.

Absolute Feuchte nennen wir die Konzentration des Wasserdampfes in g m^{-3}. Die **Sättigungsfeuchte** entspricht dem Sättigungsdruck. Die **relative Feuchte** ist absolute Feuchte/Sättigungsfeuchte. Der Zusammenhang zwischen absoluter Feuchte φ und dem Partialdruck p_W des Wasserdampfes ergibt sich aus (5.14):

$$p_W = n_W kT = \frac{\varphi}{m_W} kT ,$$

($m_W = 2{,}9 \cdot 10^{-26}$ kg Masse, n_W Anzahldichte der Wassermoleküle). p_W kann höchstens gleich p_D, dem Sättigungsdampfdruck werden, außer bei Übersättigung.

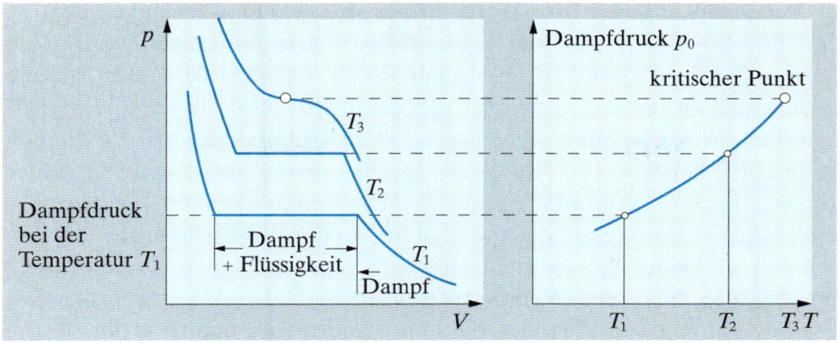

Abb. 5.59. Die Dampfdruckkurve ist die Seitenansicht eines vollständigen p, V, T-Diagramms von Flüssigkeit und Dampf, wie es Abb. 5.60 darstellt. Die Vorderansicht des gleichen räumlichen Diagramms zeigt die Isothermen mit dem waagerechten Übergang Sieden-Kondensieren unterhalb des kritischen Punktes

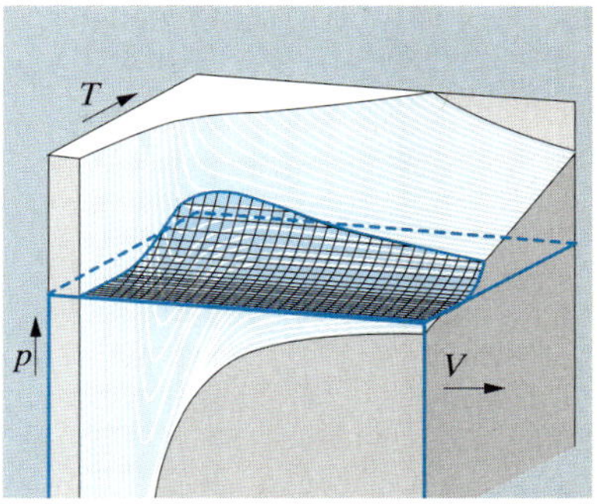

Abb. 5.60. $p(V, T)$-Fläche für Flüssigkeit und Dampf, berechnet für ein van der Waals-Gas (Abschn. 5.6.4). Auf den waagerechten Flächenteilen erfolgt das Sieden oder Kondensieren. Die Seitenansicht dieser Fläche gibt die Dampfdruckkurve. Die punktierten Flächenteile sind nur außerhalb des Gleichgewichts teilweise realisierbar (überhitzte Flüssigkeit, übersättigter Dampf)

Kühlt sich Luft mit einer bestimmten absoluten Feuchte so stark ab, daß sie die Dampfdruckkurve erreicht oder überschreitet, scheidet sich das überschüssige Wasser als Tau oder Nebel in flüssiger Form ab. Die Temperatur, wo $p_W = p_D$ wird, heißt daher **Taupunkt**. Im freien Luftraum bilden sich erst Nebeltröpfchen, wenn die Luft erheblich unter den Taupunkt unterkühlt, d. h. der Wasserdampf übersättigt ist. Zur Tröpfchenbildung sind außerdem Kondensationskeime, z. B. Staubteilchen oder Ionen erforderlich. Der Dampfdruck über sehr stark gekrümmten Flüssigkeitsoberflächen, wie sie sich bei sehr feinen Tröpfchen zunächst bilden müssen, ist nämlich erheblich höher als über ebenen Flächen (Aufgaben 5.7.6, 6.5.1, 13.3.18).

Apparate zur Messung der relativen Feuchte heißen **Hygrometer**. Man benutzt dabei die Abhängigkeit der elastischen Eigenschaften der Proteine vom Wassergehalt (**Haarhygrometer**) oder die Tatsache, daß Wasser um so schneller verdampft und um so mehr Verdunstungskälte produziert, je trockener die umgebende Luft ist (**Aspirationspsychrometer**). Der Spiegel eines Taupunkthygrometers beschlägt sich bei Abkühlung unter den Taupunkt; aus der Dampfdruckkurve kann man dann die absolute Feuchte ablesen.

✗ Beispiel...

Warum freut sich der Gärtner, daß es taut, selbst wenn es vorher schon geregnet hat? Warum sprüht man Wasser in Obstplantagen, wenn Nachtfrost droht?

Bei 50 % Feuchte und 20 °C gibt es 12 mbar, also 9 mg/l Wasserdampf in der Luft. Taupunkt 9–10 °C. Bei vollständiger Kondensation würden im Liter 20 J frei, die die 1,3 g Luft um 15 K erwärmen könnten. Bis −2 °C fällt zwar nur 1/3 davon an, aber die Abkühlung wird doch erheblich verzögert.

Tabelle 5.13. Spezifische und molare Verdampfungsenergie bei der Siedetemperatur T_S

	λ J/g	Λ J/mol	T_S
Wasser	2 253	40 590	373,2 K
Ethylether	359	26 700	307,8 K
Ethylalkohol	844	38 900	351,6 K
Quecksilber	283	59 400	630,2 K
Stickstoff	201	5 600	77,4 K
Wasserstoff	466	941	20,4 K

c) Verdampfungswärme. Wenn Moleküle aus der Flüssigkeit in den Dampfraum treten, müssen sie Arbeit gegen die Anziehungskräfte leisten, die die Flüssigkeit zusammenhalten. Zum Ersatz dieser Energie muß man Wärme zuführen. Tut man das nicht, wird sie der Flüssigkeit entnommen, diese kühlt sich durch **Verdunstungskälte** ab. Es bleiben ja nur die langsameren Moleküle zurück, den schnellsten gelingt der Austritt in den Gasraum. Wenn die Temperatur konstant bleiben soll, muß man der Flüssigkeit die **spezifische Verdampfungsenergie** λ zuführen, um ein kg davon zu verdampfen. Um 1 mol isotherm zu verdampfen, braucht man die **molare Verdampfungsenergie** $\Lambda = M\lambda/1\,000$ (M: relative Molekülmasse). Wenn Dampf kondensiert, wird natürlich die gleiche Energie als Kondensationsenergie frei.

Je größer die molare Verdampfungsenergie ist, desto steiler steigt die Dampfdruckkurve $p_D(T)$. Es handelt sich hier ja um den typischen Anwendungsfall der Boltzmann-Verteilung: Wir bieten den Molekülen zwei Energiezustände, einen tieferen in der Flüssigkeit, einen höheren im Dampf, unterschieden durch die *molekulare* Verdampfungsenergie $W = \Lambda/N_A = \lambda m$. Wenn beide Zustände, abgesehen vom Energieunterschied, gleichwahrscheinlich wären, würden sich die Moleküle auf Flüssigkeit und Dampf so verteilen, daß ihre Teilchenzahldichten sich verhalten wie

$$\frac{n_D}{n_{Fl}} = e^{-W/(kT)} .$$

Mit $p_D = n_D kT$ ergibt das

$$p_D = n_{Fl} kT\, e^{-W/(kT)} . \qquad (5.105)$$

Dies ist eine gute Näherung für die Dampfdruckkurve. Allerdings ist n_{Fl} nicht einfach die geometrische Teilchenzahldichte in der Flüssigkeit, sondern hier muß das Wahrscheinlichkeitsverhältnis (Entropieunterschied) zwischen flüssigem und dampfförmigem Zustand berücksichtigt werden.

Die makroskopisch-thermodynamische Betrachtungsweise liefert auf kompliziertere Weise ähnliche Auskünfte. Den Zusammenhang zwischen Verdampfungsenergie und Steigung der Dampfdruckkurve beschreibt die **Clausius-Clapeyron-Gleichung**:

$$\boxed{\lambda = T\frac{dp}{dT}(v_D - v_{Fl})} . \qquad (5.106)$$

v_D und v_{Fl} sind die spezifischen Volumina (Volumen/Masse) von Dampf und Flüssigkeit. Zum Beweis betrachten wir einen reversiblen Kreisprozeß, bei dem 1 kg einer Flüssigkeit in einem Zylinder mit Kolben abwechselnd verdampft und wieder kondensiert wird, und zwar im p,T-Diagramm nahe der Dampfdruckkurve. Im Zustand 1 sei praktisch aller Dampf kondensiert, das Volumen ist v_{Fl}. Nun verdampft man bei der konstanten Temperatur $T + dT$ die Flüssigkeit, indem man das Gefäß mit der Flüssigkeit in einen Wärmebehälter mit $T + dT$ taucht und durch reversibles Zurückziehen des Kolbens alle Flüssigkeit verdampft (Zustand 2). Dabei leistet der Zylinderinhalt unter Zufuhr der Verdampfungsenergie λ die Arbeit $-\Delta W_1 = (p + dp)(v_D - v_{Fl})$. Die Wärmezufuhr dient teils zur

Loslösung der Flüssigkeitsmoleküle, teils zur Arbeitsverrichtung $-\Delta W_1$. Nun kühlt man (etwa durch adiabatische Expansion) um $\mathrm{d}T$ und gelangt zum Zustand 3. Man taucht den Zylinder in einen Wärmespeicher mit der Temperatur T und komprimiert langsam isotherm, bis im Zustand 4 wieder aller Dampf kondensiert ist. Wenn $\mathrm{d}T$ hinreichend klein ist, kann man $v_\mathrm{D}(3) = v_\mathrm{D}(2)$ und $v_\mathrm{Fl}(4) = v_\mathrm{Fl}(1)$ setzen. Beim Übergang von 3 nach 4 hat man die Arbeit $\Delta W_2 = p(v_\mathrm{D} - v_\mathrm{Fl})$ aufzuwenden. Schließlich beendet man den Kreisprozeß durch Erwärmung der Flüssigkeit von T auf $T + \Delta T$. Wie Abb. 5.61 zeigt, sind die Arbeiten bei den Übergängen $2 \to 3$ und $4 \to 1$ bei kleinem $\mathrm{d}T$ vernachlässigbar (wenn man $\mathrm{d}T = 0{,}1\,\mathrm{K}$ macht, sind beim Wasser diese Anteile kleiner als 0,3 %). Das Gas verrichtet bei diesem Kreisprozeß insgesamt die Arbeit

$$-\Delta W = -\Delta W_1 - \Delta W_2 = (v_\mathrm{D} - v_\mathrm{Fl})\,\mathrm{d}p\,.$$

Der Wirkungsgrad eines solchen reversiblen Kreisprozesses muß

$$\eta = \frac{-\Delta W}{\Delta Q} = \frac{(v_\mathrm{D} - v_\mathrm{Fl})\,\mathrm{d}p}{\lambda} = \frac{T + \mathrm{d}T - T}{T + \mathrm{d}T} = \frac{\mathrm{d}T}{T}$$

sein. Daraus ergibt sich die Behauptung

$$\lambda = T\frac{\mathrm{d}p}{\mathrm{d}T}\,(v_\mathrm{D} - v_\mathrm{Fl})\,.$$

Man kann dies auch direkter aus der Helmholtz-Gleichung (5.102) schließen.

Im allgemeinen ist $v_\mathrm{Fl} \ll v_\mathrm{D}$; wenn λ nur wenig von T abhängt, folgt mit dem idealen Gasgesetz für 1 mol Dampf ($pV = pMv_\mathrm{D}/1\,000 = RT$)

$$\Lambda = \frac{RT^2}{p}\frac{\mathrm{d}p}{\mathrm{d}T} \quad \text{oder} \quad \frac{\mathrm{d}p}{p} = \frac{\Lambda}{R}\frac{\mathrm{d}T}{T^2}\,.$$

Dies ergibt integriert das wesentliche Glied der Dampfdruckkurve

$$p \sim \mathrm{e}^{-\Lambda/(RT)}\,.$$

In Wirklichkeit hängt die Verdampfungsenergie von der Temperatur ab, einmal deswegen, weil sich die Molekularkräfte mit der Temperatur ändern, zum zweiten, weil die Verdampfungsenergie aus einem inneren und einem äußeren Anteil besteht. Der kleinere äußere Anteil wird dazu verbraucht, das ursprüngliche Volumen (bei Wasser 1 l/kg) auf das Volumen des Dampfes (bei Wasserdampf von 100 °C: 1 700 l/kg) auszudehnen. Beim Druck von $1\,\mathrm{bar} = 10^5\,\mathrm{N\,m^{-2}}$ wird die Arbeit gegen den äußeren Druck $p\,\Delta V = 170\,\mathrm{kJ/kg}$. Die innere Verdampfungsenergie (Überwindung der Molekularkräfte) ist also viel größer: Etwa 2 080 kJ/kg. Bei 0 °C hat Wasser $\lambda = 2\,525\,\mathrm{kJ/kg}$, von 100°–170 °C nimmt λ von 2 249 auf 2 015 kJ/kg ab. Bei 264 °C ist nur noch $\lambda = 614\,\mathrm{kJ/kg}$, bei 374 °C, der kritischen Temperatur des Wassers, wird $\lambda = 0$.

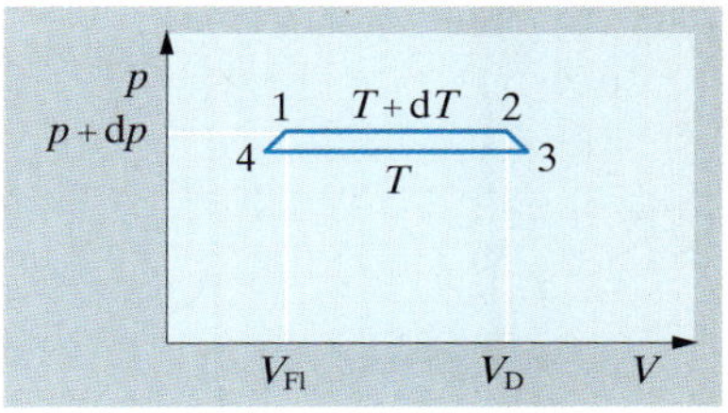

Abb. 5.61. Carnot-Kreisprozeß mit einer verdampfenden Flüssigkeit als Arbeitsstoff

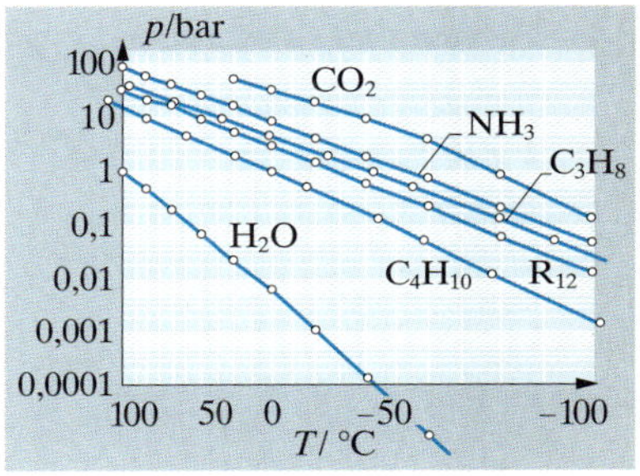

Abb. 5.62. Dampfdruckkurven technisch wichtiger Stoffe in Arrhenius-Auftragung

5.6.2 Koexistenz von Festkörper und Flüssigkeit

Für das **Schmelzen** gelten ganz ähnliche Gesetze wie für das Sieden. Nur bei der Schmelztemperatur können Festkörper und Flüssigkeit

(Schmelze) im Gleichgewicht koexistieren. Schmelzen bedeutet i. allg. Dichteänderung, meist Abnahme der Dichte, denn die regelmäßig angeordneten Teilchen im Kristall nehmen weniger Platz ein als die regellosen in der Flüssigkeit. Bei den meisten Stoffen sinkt daher der Kristall in der Schmelze unter. Nur Eis und wenige andere Stoffe (Ge, Ga, Bi) zeigen beim Schmelzen eine Dichtezunahme: Die Kristalle schwimmen in der Schmelze.

Auch die **Schmelztemperatur** ist druckabhängig wie die Siedetemperatur, nur weniger stark. Im p, T-Diagramm bezeichnet die Schmelzdruckkurve die Koexistenz von Festkörper und Flüssigkeit im Gleichgewicht und trennt den festen vom flüssigen Bereich. Beim Schmelzen eines kg wird die spezifische Schmelzenergie λ' verbraucht, beim Erstarren wird sie frei. Auch hier gilt die Clausius-Clapeyron-Gleichung

$$\lambda' = T \frac{\mathrm{d}p}{\mathrm{d}T} \left(v_{\mathrm{Fl}} - v_{\mathrm{Fest}} \right) . \tag{5.107}$$

Da λ' immer positiv ist, muß die Schmelzdruckkurve $p(T)$ steigen, wenn $v_{\mathrm{Fl}} > v_{\mathrm{Fest}}$ wie bei den meisten Stoffen, dagegen fallen, wenn $v_{\mathrm{Fl}} < v_{\mathrm{Fest}}$ wie beim Eis. Man kann daher Eis bei konstanter Temperatur durch Drucksteigerung schmelzen. Dies ermöglicht das Wandern der Gletscher und den Schlittschuhlauf.

Qualitativ folgt der Zusammenhang zwischen $\mathrm{d}p/\mathrm{d}T$ und Δv auch aus dem **Le Chatelier-Braunschen Prinzip** der **Flucht vor dem Zwang**, das im zweiten Hauptsatz enthalten ist: Eine äußere Einwirkung, die eine Zustandsänderung des Systems zur Folge hat, ruft eine Änderung hervor, die den Zwang zu vermindern sucht. Bei Druckerhöhung weicht das Eis dem Zwang durch Schmelzen aus, weil es dadurch sein Volumen verringern kann.

5.6.3 Koexistenz dreier Phasen

Im p, T-Diagramm hat die Grenzlinie flüssig-gasförmig, die Dampfdruckkurve, eine viel geringere Steigung als die Grenzlinie fest-flüssig (Schmelzdruckkurve). Beide müssen sich also irgendwo treffen. Dieser Treffpunkt heißt **Tripelpunkt**. Unterhalb und links von ihm gibt es keinen flüssigen Zustand mehr, sondern es geht von ihm die **Sublimationskurve** aus, die den unmittelbaren Übergang fest-gasförmig bezeichnet. Nach *Clausius-Clapeyron* hat die Sublimationskurve immer positive Steigung. Nur am Tripelpunkt können alle drei Phasen im Gleichgewicht koexistieren. Für H_2O liegt er bei 6,1 mbar und 0,0075 °C, für CO_2 bei 5,1 bar und −56 °C. Die Molvolumina der drei Phasen sind natürlich am Tripelpunkt völlig verschieden; daher entsprechen ihm in der p, V-Ebene (Abb. 5.63 rechts) drei Zustände und die sie verbindende Linie.

Die drei Zweige des p, T-Diagramms trennen drei Gebiete voneinander, in denen im Gleichgewicht nur je eine Phase existieren kann. In diesem Gebiet können p und T innerhalb gewisser Grenzen beliebig gewählt werden. Man sagt, der Zustand habe hier zwei Freiheitsgrade (in einem anderen Sinne als in Abschn. 5.1.4). Sollen zwei Phasen koexistieren, ist nur noch eine Zustandsgröße frei wählbar, hier hat der Zustand nur

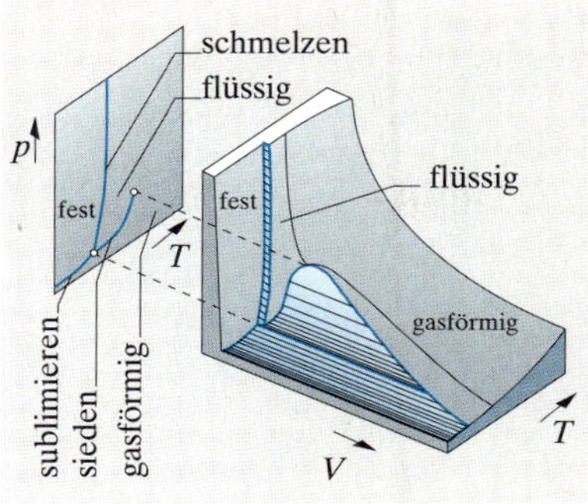

Abb. 5.63. Zustandsdiagramm der drei Phasen mit Koexistenzbereichen und Tripellinie. Die meisten Stoffe zeigen dieses Verhalten des Schmelzbereichs (Ausdehnung beim Schmelzen, Schmelzkurve nach rechts geneigt)

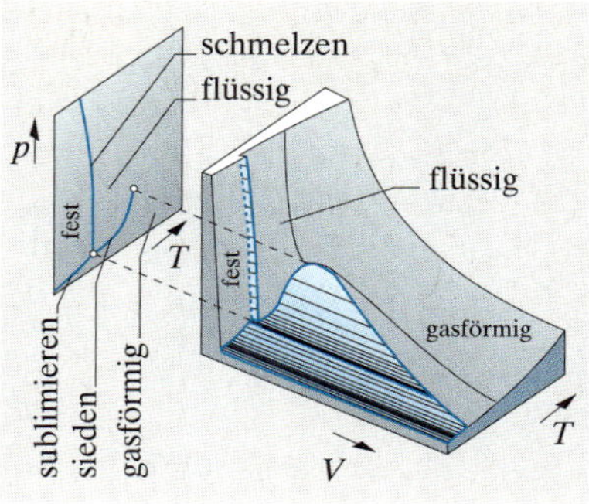

Abb. 5.64. Zustandsdiagramm eines Stoffes wie Wasser, der beim Schmelzen dichter wird und dessen Schmelzkurve infolgedessen nach links geneigt ist. Hierdurch wird das Gleiten auf Schlittschuhen sehr erleichtert

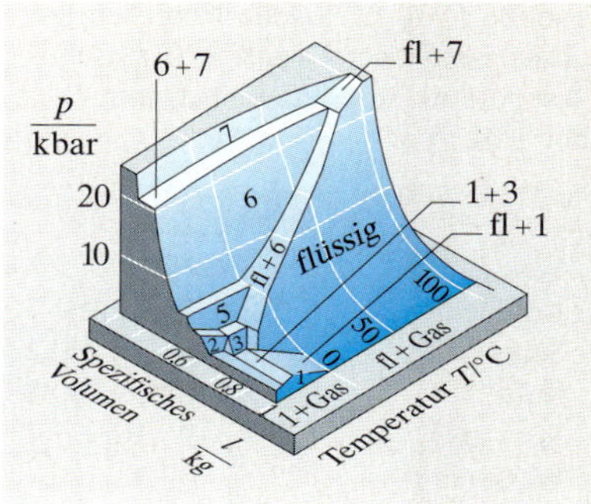

Abb. 5.65. Viele Stoffe, hier das Wasser, haben mehrere Kristallmodifikationen (hier unvollständig durchnumeriert als Eis I–Eis VII). Damit ergeben sich viele Phasenflächen und entsprechend viele Koexistenzbereiche

noch einen Freiheitsgrad. Wenn alle drei Phasen vorhanden sein sollen, was nur im Tripelpunkt möglich ist, gibt es gar keinen Freiheitsgrad mehr. Dies ist ein Spezialfall der **Phasenregel von Gibbs**. Sie gilt für Systeme aus verschiedenen chemischen Stoffen (Komponenten), deren Anzahl k sein soll. Außerdem seien p Phasen möglich (fest, flüssig, gasförmig, gelöst usw.). Dann gilt für die Anzahl der Freiheitsgrade f

$$\boxed{f = k + 2 - p} . \qquad (5.108)$$

5.6.4 Reale Gase

Die Voraussetzungen, unter denen sich ein Gas ideal verhält und die Zustandsgleichung (5.17) befolgt, nämlich: Punktförmige Moleküle, die außer beim Stoß nicht wechselwirken, sind um so schlechter erfüllt, je dichter das Gas ist, also je höher der Druck und je tiefer die Temperatur ist. Ein Beispiel ist CO_2 (Abb. 5.66). Bei 0 °C und 1 bar hat 1 mol CO_2 fast das ideale Molvolumen von 22,4 l. Komprimiert man das mol auf 0,3 l, steigt der Druck nicht auf 75 bar wie beim Idealgas (gestrichelte Linie), sondern nur auf 47 bar (Punkt A). Bei weiterer Kompression bleibt der Druck konstant, und es bildet sich Flüssigkeit. Bei 0,075 l ist der Dampf vollständig kondensiert (E). Weitere Volumenverringerung erfordert starke Drucksteigerung, denn Flüssigkeiten haben sehr geringe Kompressibilität. Bei 20 °C ist das Verhalten ähnlich, aber der Volumenbereich, in dem Gas und Flüssigkeit nebeneinander bestehen, ist nur noch etwa halb so groß. Bei 31,5 °C verschwindet dieser Bereich vollständig (K). Bei noch höheren Temperaturen gibt es keinen definierten Übergang zwischen Gas und Flüssigkeit mehr, und die Isothermen nähern sich allmählich der idealen Hyperbelform.

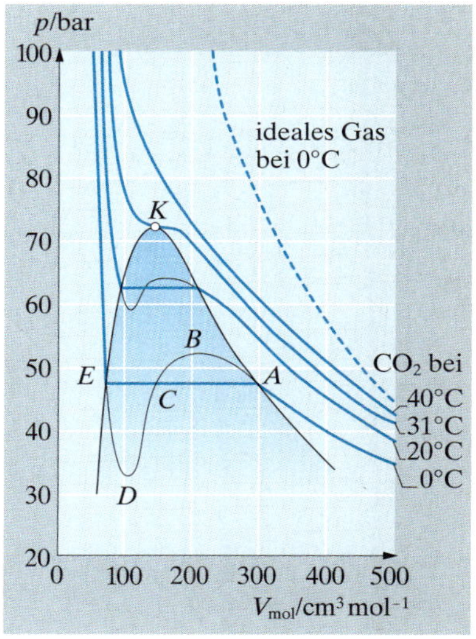

Abb. 5.66. Die Isothermen für 1 mol (44 g) Kohlendioxid (CO_2)

Die Temperatur, oberhalb der sich ein Gas durch noch so hohen Druck nicht mehr verflüssigen läßt, heißt seine **kritische Temperatur**. Sie liegt

Tabelle 5.14. Kritische Daten einiger Gase: Kritischer Druck p_k, kritische Temperatur T_k, Siedetemperatur T_S bei 1,013 bar

	p_k/bar	T_k/K	T_S/K
Wasser	217,5	647,4	373,2
Kohlendioxid	72,9	304,2	194,7
Sauerstoff	50,8	154,4	90,2
Luft	37,2	132,5	80,2
Stickstoff	35	126,1	77,4
Wasserstoff	13	33,3	20,4
Helium	2,26	5,3	4,2

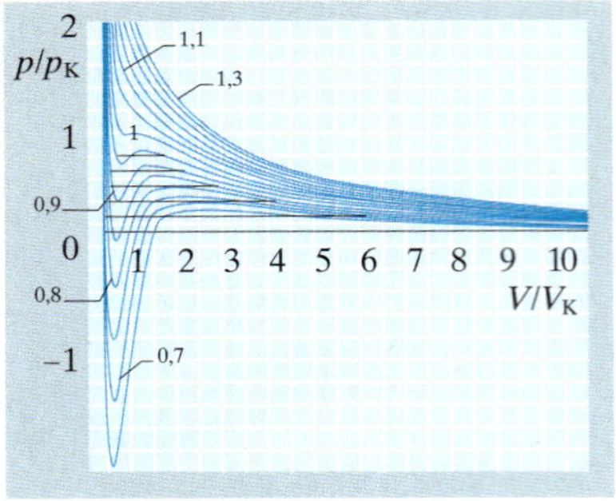

Abb. 5.67. Van der Waals-Isothermen. p, V und T sind in Bruchteilen der kritischen Werte angegeben. Bei einigen unterkritischen Isothermen sind die Maxwell-Geraden eingezeichnet, auf denen Sieden oder Verdampfen im Gleichgewicht erfolgen. Sie schneiden von den Bögen der Isothermen oben ebensoviel Fläche ab wie unten

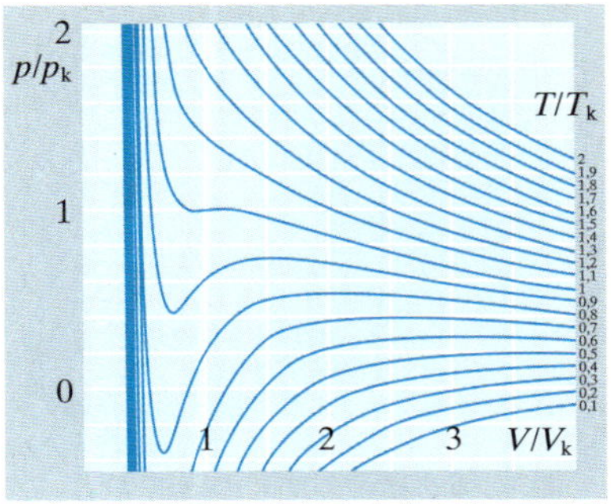

Abb. 5.68. Ausschnitt aus der Schar van der Waals-Isothermen in der Umgebung des kritischen Punktes

bei O_2 und N_2 weit unter Zimmertemperatur, bei Propan und Butan darüber. Deswegen gluckert es in einer Propan-Druckflasche, in der Stickstoffflasche nicht. Deswegen läßt sich flüssige Luft ohne Kühlung nicht herstellen. Im p, V-Diagramm zeichnet sich der kritische Punkt als Wendepunkt mit waagerechter Tangente der kritischen Isotherme ab, im p, T-Diagramm als Endpunkt der Dampfdruckkurve.

Dieses Verhalten der realen Gase wird, zunächst außerhalb des schraffierten Übergangsbereiches in Abb. 5.66, durch die **van der Waals-Gleichung** beschrieben:

$$\boxed{\left(p + \frac{a}{V_\mathrm{mol}^2}\right)(V_\mathrm{mol} - b) = RT} \,. \tag{5.109}$$

Zum äußeren Druck p tritt hier der **Binnendruck** a/V_mol^2, der auf den Anziehungskräften der Moleküle untereinander beruht. Vom Volumen ist das **Kovolumen** b abzuziehen, denn die Moleküle mit ihrem endlichen Radius beanspruchen ein gewisses Volumen, das nicht mehr zur freien Bewegung verfügbar ist. Bei geringer Dichte sind Binnendruck und Kovolumen zu vernachlässigen, und die van der Waals-Gleichung geht in die ideale Zustandsgleichung über. Für CO_2 findet man die Konstanten $a = 3{,}6 \cdot 10^{-6}\,\mathrm{bar\,m^6\,mol^{-2}}$ und $b = 4{,}3 \cdot 10^{-5}\,\mathrm{m^3\,mol^{-1}}$.

Im schraffierten Übergangsbereich in Abb. 5.66 folgt die Isotherme im Gleichgewicht nicht der Schleife $ABCDE$, sondern der geraden Verbindung AE. Sie ist so zu ziehen, daß sie darüber und darunter gleich große Schleifenflächen ABC bzw. CDE abschneidet (Regel von **Maxwell**; sie läßt sich mittels eines gedachten Kreisprozesses längs der Schleife und zurück längs der Geraden ableiten). Bei vorsichtigem Arbeiten kann man allerdings auch Teile der Schleife $ABCDE$ realisieren. Der Abschnitt

AB entspricht einem **übersättigten Dampf**, der bei Fehlen von **Kondensationskeimen** sich nicht in Tröpfchen verwandeln kann, der Abschnitt *ED* einer überhitzten Flüssigkeit, in der sich aus ähnlichen Gründen keine Dampfblasen bilden können (**Siedeverzug**; plötzliche Dampfbildung kann explosionsartig verlaufen und wird durch Zugabe poröser „Siedesteine" verhütet). Der Punkt *D* liegt bei tieferen Temperaturen weit unter der $p = 0$-Linie. Den negativen Druck dort kann man als Zerreißfestigkeit der Flüssigkeit deuten, obwohl sich die Dampfblasenbildung kaum bis dahin verhindern läßt. Trägt man den der Maxwell-Geraden entsprechenden Gleichgewichtsdruck über der Temperatur auf, erhält man natürlich wieder die Dampfdruckkurve.

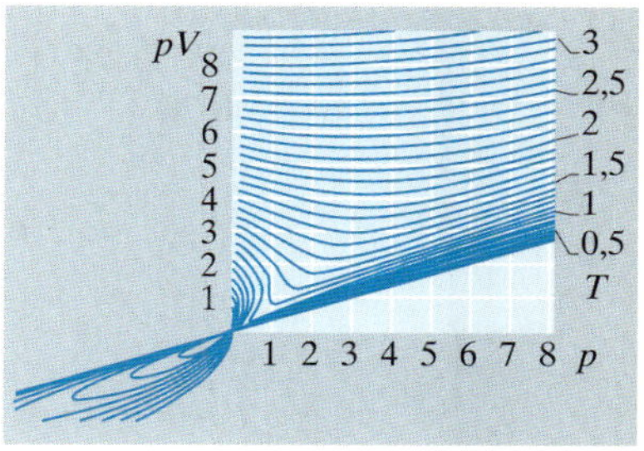

Abb. 5.69. Das $pV(p)$-Diagramm (Amagat-Diagramm) zeigt besonders klar die Abweichungen eines Gases vom idealen Verhalten. Beim Idealgas würden sich lauter Horizontalen ergeben. Hier beginnt nur *eine* Isotherme an der pV-Achse horizontal (dies bedeutet Extrapolation $V \to \infty$); dieser horizontale Anfangspunkt heißt Boyle-Punkt. Der kritische Punkt markiert sich als Wendepunkt mit vertikaler Tangente. Bei tieferen Temperaturen ergeben sich aus der van der Waals-Gleichung halbkreisähnliche Bögen bzw. Ausläufer ins Negative. Im Gleichgewicht werden beide durch Maxwell-Vertikalen abgeschnitten

5.6.5 Kinetische Deutung der van der Waals-Gleichung

Der gaskinetische Ausdruck für den Druck müßte entsprechend seiner Herkunft (Abschn. 5.2.1) eigentlich geschrieben werden

$$p = \tfrac{1}{6} n v'' \cdot 2mv' , \tag{5.110}$$

wobei v'' und v' verschiedene Bedeutung haben:

- v' ist die Geschwindigkeit, mit der die Teilchen auf die Wand auftreffen; der übertragene Impuls ist $2mv'$;
- v'' ist die Wandergeschwindigkeit dieses Impulses durch das Gas.

Beide Geschwindigkeiten sind im realen Gas nicht mehr gleich der mittleren Molekulargeschwindigkeit v, weil

- die Moleküle nicht mehr als Massenpunkte zu betrachten sind, sondern eine endliche Raumerfüllung haben; dadurch wird $v'' > v$;
- die Moleküle aufeinander Kräfte ausüben; dadurch wird $v' < v$.

Wenn ein Molekül auf ein anderes stößt, trägt dieses den Impuls des ersten weiter (elastischer Stoß). Dabei ist der Impuls praktisch momentan um die Strecke $2r$ (r: Molekülradius) weitergesprungen. Auf einer freien Weglänge $l = 1/(n\sigma) = 1/(4\pi r^2 n)$ erfolgt im Durchschnitt ein solcher Stoß: statt der Strecke l legt der Impuls die Strecke $l + 2r$ zurück. Die effektive Wanderungsgeschwindigkeit des Impulses erhöht sich um den entsprechenden Faktor:

$$v'' = v\left(1 + \frac{2r}{l}\right) = v(1 + 8\pi r^3 n) .$$

Das Molekülvolumen ist $V_{\mathrm{m}} = 4\pi r^3/3$. Also kann man auch schreiben

$$v'' = v(1 + 6nV_{\mathrm{m}}) .$$

Da auch schiefe Stöße vorkommen, bei denen der Impuls nicht ganz die Strecke $2r$ überspringt, verringert sich bei genauerer Rechnung der Faktor etwas:

$$v'' = v(1 + 4nV_{\mathrm{m}}) .$$

Wenn ein Teilchen sich inmitten aller anderen befindet, heben sich die Kräfte (i. allg. Anziehungskräfte) seitens dieser übrigen Moleküle im

Mittel auf. Macht unser Molekül aber Anstalten, das Gas zu verlassen, indem es sich der Wand nähert, so werden diese Kräfte einseitig: Es existiert eine mittlere Resultierende F, die das Molekül im Gas zurückzuhalten sucht. Diese Kraft F wird proportional der Teilchenzahldichte n sein: $F = \alpha n$. Sie entzieht dem zur Wand fliegenden Teilchen einen Impuls $\Delta p = Ft = Fd/v$, wenn es eine Zeit $t = d/v$ braucht, um das letzte Wegstück d bis zur Wand zurückzulegen. Die Auftreffgeschwindigkeit auf die Wand hat sich also auf v' reduziert, wobei $m(v - v') = \Delta p = Fd/v = \alpha dn/v$ ist, oder

$$v' = v - \frac{\alpha dn}{vm} .$$

Setzen wir die Geschwindigkeiten v' und v'' in (5.110) ein, so folgt

$$p = \frac{1}{3} nmv(1 + 4nV_\mathrm{m}) \left(v - \frac{\alpha dn}{vm} \right) = \frac{1}{3} nmv^2 (1 + 4nV_\mathrm{m}) - \frac{1}{3} \alpha dn^2$$

oder mit $n = N_\mathrm{A}/V$ für ein mol Gas

$$p + \frac{1}{3} \frac{N_\mathrm{A}^2 \alpha d}{V^2} = \frac{1}{3} nmv^2 (1 + 4nV_\mathrm{m}) .$$

Nun ist nach wie vor $\frac{1}{3} nmv^2 = RT/V$ (auch für ein reales Gas ist die Temperatur ein Ausdruck für die mittlere kinetische Energie der Moleküle). Da $4nV_\mathrm{m} \ll 1$, kann man, statt mit $1 + 4nV_\mathrm{m}$ zu multiplizieren, auch durch $1 - 4nV_\mathrm{m}$ dividieren und hat dann die übliche Form der van der Waals-Gleichung (5.109), deren Konstanten damit gedeutet sind:

$$\frac{a}{V^2} = \frac{1}{3} \alpha dn^2 \quad \textbf{Binnendruck} ,$$

$b = 4N_\mathrm{A} V_\mathrm{m}$ vierfaches Eigenvolumen der Moleküle im Mol (**Kovolumen**).

5.6.6 Joule-Thomson-Effekt; Gasverflüssigung

Wenn die Teilchen wie beim idealen Gas keine Wechselwirkung ausüben, hängt der Energieinhalt des Gases nicht vom Volumen ab. In Wirklichkeit gibt es Wechselwirkungen, die sich in den Konstanten a und b des van der Waals-Gases ausdrücken. Der Energieinhalt eines realen Gases wird sich also bei der Entspannung ändern, selbst wenn sie ohne Wärmeaustausch (adiabatisch) und ohne Arbeitsleistung (gedrosselt) erfolgt. Dies sollte durch eine Temperaturänderung nachweisbar sein. Abbildung 5.70 zeigt schematisch die Anordnung für diesen **Joule-Thomson-Effekt**: Das in Raum 1 eingeschlossene Gas steht unter dem konstanten Druck p_1 und wird mit Hilfe eines Kolbens durch eine poröse Wand (Wattebausch), die Wirbel- und Strahlbildung verhindert, langsam in den Raum 2, der unter dem konstanten Druck $p_2 (< p_1)$ steht, hinübergepreßt.

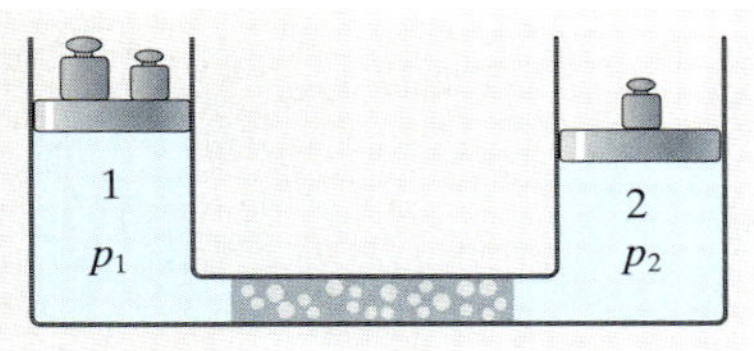

Abb. 5.70. Joule-Thomson-Effekt

Bei realen Gasen stellt sich dann ein kleiner Temperaturunterschied zwischen 1 und 2 ein, und zwar bei CO_2 und Luft eine Temperatursenkung ($\frac{3}{4}^\circ$ bzw. $\frac{1}{4}^\circ$ pro bar Druckdifferenz), bei Wasserstoff eine Temperatursteigerung.

Wenn ein Volumen V_1 links verschwunden ist, hat der linke Kolben dem Gas die Arbeit p_1V_1 zugeführt. Diese Gasmenge taucht rechts als Volumen V_2 auf und muß dazu die Arbeit p_2V_2 gegen den rechten Kolben leisten. Die Differenz ist dem Gas als innere Energie zugute gekommen:

$$p_1V_1 - p_2V_2 = U_2 - U_1 \quad \text{oder} \quad U_1 + p_1V_1 = U_2 + p_2V_2 .$$

Die Funktion $H = U + pV$, die *Enthalpie*, ist konstant geblieben. Die innere Energie eines van der Waals-Gases enthält außer der kinetischen Energie $\frac{1}{2} f RT$ auch eine potentielle Energie $-a/V$ (Arbeit gegen die Kohäsionskräfte, die den Binnendruck $-a/V^2$ bewirken). In der Enthalpie kommt dazu das Glied pV, wobei p ebenfalls $-a/V^2$ enthält:

$$H = U + pV = \frac{f}{2}RT - \frac{a}{V} + V\left(\frac{RT}{V-b} - \frac{a}{V^2}\right) = RT\left(\frac{f}{2} + \frac{V}{V-b}\right) - \frac{2a}{V} .$$

Wenn das konstant sein soll, ergibt sich die T-Änderung, die einer V-Änderung $\mathrm{d}V$ entspricht, aus dem vollständigen Differential

$$\mathrm{d}H = \frac{\partial H}{\partial V}\mathrm{d}V + \frac{\partial H}{\partial T}\mathrm{d}T = 0 ,$$

also

$$\mathrm{d}T = -\mathrm{d}V\frac{\frac{\partial H}{\partial V}}{\frac{\partial H}{\partial T}} = \mathrm{d}V\frac{\frac{Tb}{(V-b)^2} - \frac{2a}{RV^2}}{\frac{f}{2} + \frac{V}{V-b}} \approx \frac{RTb - 2a}{\left(\frac{f}{2}+1\right)RV^2}\mathrm{d}V . \tag{5.111}$$

Der Zähler ist bei hoher Temperatur positiv. Er wechselt aber sein Vorzeichen bei der **Inversionstemperatur** T_i

$$T_\mathrm{i} = \frac{2a}{Rb} . \tag{5.112}$$

Die kritische Temperatur für ein van der Waals-Gas ist

$$T_\mathrm{k} = 8a/(27Rb) , \quad \text{also} \quad T_\mathrm{i} = 6{,}75 T_\mathrm{k} .$$

Oberhalb von T_i erwärmt sich ein Gas bei Entspannung, unterhalb kühlt es sich ab. Für CO_2 und Luft liegt T_i weit über der Zimmertemperatur, für Wasserstoff bei -80 °C.

Nach (5.111) bewirkt ein hoher Wert der van der Waals-Konstante a, daß die Temperatur bei Entspannung des realen Gases stark absinkt. Das ist verständlich, denn bei Volumenvergrößerung entfernen sich die Moleküle voneinander und müssen dabei Arbeit leisten gegen die durch a charakterisierten Anziehungskräfte (vgl. Abschn. 5.6.5). Diese Arbeit vermindert die kinetische Energie der Moleküle und damit die Temperatur des Gases.

Der Joule-Thomson-Effekt wird beim **Linde-Verfahren** zur Abkühlung von Gasen bis zur Verflüssigung benutzt, vor allem in großem Umfang zur Herstellung flüssiger Luft: In der *Linde-Maschine* (Abb. 5.71) läßt man Luft von 200 bar aus einem Kompressor sich durch ein Drosselventil (D) auf etwa 20 bar entspannen; hierbei tritt nach dem Joule-Thomson-Effekt eine Abkühlung um $(200 - 20) \cdot \frac{1}{4}$ K = 45 K ein. Die abgekühlte Luft wird zurückgeleitet und dient zur Kühlung weiterer komprimierter Luft vor ihrer Entspannung. Durch diesen **Gegenstrom-Wärmeaustauscher** wird die Luft allmählich so tief abgekühlt, daß bei 20 bar Verflüssigung eintritt.

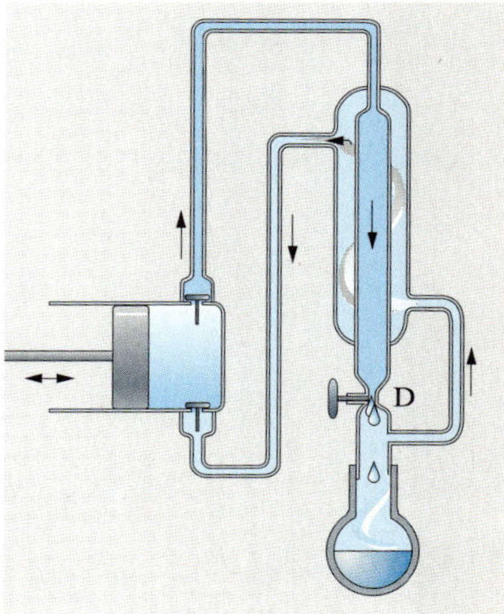

Abb. 5.71. Schema der Luftverflüssigungsmaschine von *Linde*

In einem offenen Gefäß nimmt **flüssige Luft** eine Temperatur von etwa −190 °C an, bei der sie unter Atmosphärendruck siedet. Das Sieden bewirkt die Beibehaltung der Temperatur, denn dadurch wird der flüssigen Luft Verdampfungswärme entzogen. Die Menge der absiedenden Luft regelt sich so ein, daß die (durch Wärmeleitung oder Einstrahlung) zugeführte Wärme gleich der verbrauchten Verdampfungswärme ist.

Um das Linde-Verfahren auf H_2- oder He-Verflüssigung anwenden zu können, muß man diese Gase erst mit flüssiger Luft unter die Inversionstemperatur T_i vorkühlen. **Flüssiges Helium** siedet bei 4,2 K. Durch Abpumpen des He-Gases über der siedenden Flüssigkeit erreicht man infolge der Verdunstungskälte eine Temperatursenkung. Da der Dampfdruck mit der Temperatur sehr stark abfällt, erreicht man mit diesem Verfahren keine tiefere Temperatur als 0,84 K; zu ihr gehört der Dampfdruck 0,033 mbar.

5.6.7 Erzeugung tiefster Temperaturen

Im Linde-Verfahren veranlaßt man ein Gas, von einem Zustand geringerer in einen Zustand höherer innerer Energie überzugehen. Der expandierte Zustand hat die höhere Energie hinsichtlich der van der Waals-Kräfte, die die Moleküle zusammenzuhalten suchen; er entspricht dem gehobenen Gewicht. Ganz allgemein läßt sich, abgesehen von evtl. technischen Schwierigkeiten, jeder Stoff als Kühlmittel verwenden, wenn er zwei Zustände 1 und 2 verschiedener innerer Energie besitzt (z. B. seien die spezifischen Energien $W_1 < W_2$), zwischen denen er durch Änderung der äußeren Bedingungen (Druck, Magnetfeld o. ä.) hin- und hergeschoben werden kann. Da jeder Wärmeaustausch den thermischen Effekt abschwächt, arbeitet man im Grenzfall, wenn es sich nur um Kühlung des „Kühlmittels" selbst handelt wie beim Linde-Gas, adiabatisch. Dann ist die Abkühlung beim Übergang $1 \to 2$ einfach $W_2 - W_1$. Beim zyklischen Arbeiten muß die im umgekehrten Übergang freiwerdende Wärme natürlich im Wärmeaustauscher abgegeben werden.

Die beiden Zustände, die man benutzt, können sein: dichtes Gas – entspanntes Gas; flüssig – gasförmig; fest – flüssig; ungelöst – gelöst; magnetisiert – entmagnetisiert usw. Der **Kühlschrank** und der **Airconditioner** nutzen neben dem Peltier-Effekt, der sich sehr langsam durchsetzt, die Verdampfung aus. Ein Stoff wie Ammoniak oder Ethylchlorid, der bei der tiefsten angestrebten Temperatur und bei Atmosphärendruck gasförmig ist, wird zyklisch im Kompressor unter Abfuhr der Verflüssigungswärme kondensiert und innerhalb des Kühlschranks hinter einem Drosselventil entspannt. Beim Absorbersystem wird die Verdampfung chemisch bewirkt. Außer durch Entspannung kann man (Nichtgleichgewichts-)Verdampfung auch durch kräftiges Abpumpen des Dampfes über einer Flüssigkeit provozieren und so die Flüssigkeit bis weit unter ihren Siedepunkt abkühlen. Anschaulich kann man sagen: Da zur Nachlieferung des Dampfes immer die schnellsten Moleküle die Phasengrenze passieren müssen, entziehen sie der Flüssigkeit Wärme. In der Folge O_2, N_2, Ar, He erreicht man so etwa 1 K. Eine Grenze ist dem Verfahren nur durch die ungefähr exponentielle Abnahme des Dampfdrucks mit der Temperatur gesetzt: Schließlich ist praktisch kein Dampf mehr da, der abgepumpt werden könnte.

Rein statistisch ist die Analogie zwischen Verdampfen und Auflösen fast vollkommen (vgl. Abschn. 5.7.2), nur der energetische Effekt ist durch die **Solvatation** der gelösten Teilchen mehr oder weniger abgeschwächt. Die Spannweite der Kühlung durch Lösungen reicht von den Salzlaken der alten Eismaschinen bis zum **^{3}He-^{4}He-Verfahren**. In einer Überschichtung von ^{4}He mit ^{3}He lösen sich etwa 6 % ^{3}He im ^{4}He, und zwar ist diese Löslichkeit nahezu temperaturunabhängig. Die Solvatation ist hier dank des Edelgascharakters geringfügig und beeinträchtigt die Lösungswärme kaum. Durch Abpumpen des ^{3}He aus dem ^{4}He erzwingt man weitere Auflösung. Die Differenz der inneren Energien zwischen den beiden Isotopen geht allerdings entsprechend dem Nernstschen Satz mit $T \to 0$ ebenfalls gegen Null, so daß man nur 0,003 K erreicht, dies allerdings kontinuierlich und gegen ziemlich große Wärmelecks.

Wir haben die Frage offengelassen: Warum geht der Zustand 1 (flüssig, ungelöst, verdichtet, magnetisiert) von selbst in den Zustand 2 (gasförmig, gelöst, entspannt, entmagnetisiert) über, obwohl dieser doch energetisch höher liegt? 1 l Wasser zu verdampfen, kostet ebensoviel Energie wie diesen 1 l Wasser 230 km hochzuheben. Warum läuft das Wasser, falls es nur heiß genug ist, von selbst „230 km bergauf“? Weil seine Entropie S im Gaszustand um so viel höher ist, daß die Differenz ΔS, mit T multipliziert, den Energieaufwand ΔH überwiegt. Entropie, Unordnung, d. h. Freiheit, ist selbst den Molekülen offenbar große energetische Opfer wert. Für die quantitative Diskussion ist die freie Enthalpie $G = H - TS$ am geeignetsten, weil sie die äußeren Parameter (Druck, Magnetfeld) einbegreift. Stabil ist der Zustand mit dem kleineren G. Dabei gilt $H = W + pV$ im Fall des Druckes, $H = W + \int M\,\mathrm{d}B$ (M Magnetisierung, B Induktionsflußdichte) im Fall des Magnetfeldes. Speziell bei **Paramagnetismus**, wo $M = \chi B$ ist, gilt $H = W + \frac{1}{2}\chi B^2$. Bei tiefen Temperaturen entscheidet H, bei hohen S. Die Übergangstemperatur $T_S = (H_2 - H_1)/(S_2 - S_1)$ hängt über H von p bzw. B ab. Innerhalb der Spanne zwischen den T_S-Werten, die niederem (normalem) und hohem (Kompressor-)Druck entsprechen, kann der Kühlschrank arbeiten. Falls S und W T-unabhängig sind, ist dieses T-Intervall einfach $\Delta T = \Delta p V/(S_2 - S_1)$, wobei Δp der Überdruck des Kompressors und V praktisch das spezifische Volumen des Dampfes ist.

Auch die **Peltier-Kühlung** läßt sich nach diesem Prinzip verstehen. Hier handelt es sich um einen Elektronenstrom, der beim Übergang von einem Metall 1 zu einem Metall 2 die Lötstelle abkühlt und bei der Rückkehr von 2 zu 1 die andere Lötstelle erwärmt (Abschn. 6.6.2). Offenbar haben die Elektronen in 2 die höhere innere Energie, und ihre Hebung auf diese Energie führt die Kühlung herbei. Wenn das richtig ist, müssen die Elektronen in Abwesenheit einer äußeren Spannungsquelle wie ein Wasserfall von 2 nach 1 fließen, bis sich 1 so stark aufgeladen hat, daß weitere Nachlieferung verhindert wird. Bringt man die beiden Lötstellen auf verschiedene Temperatur, dann sind die beiden Wasserfälle verschieden stark, und es verbleibt ein effektiver Kreisstrom, der Thermostrom (Umkehrung des Peltier-Effekts, vgl. Abschn. 6.6.1).

Für die Tieftemperaturphysik wichtiger ist die **magnetische Kühlung** (*Debye*, 1927; *Giauque*, 1928). Magnetisierung eines Materials bedeutet teilweise Ausrichtung seiner Molekular- oder Atomarmagnete (Dipole) in Richtung des angelegten Feldes. Da parallel hintereinanderliegende Dipole einander anziehen, liegt der magnetisierte Zustand i. allg. energetisch tiefer als der unmagnetisierte, in dem die Dipole ziemlich regellos angeordnet sind. Gleichzeitig hat der magnetisierte Zustand mit seiner teilweisen Ordnung eine kleinere Entropie, ist also in jeder Hinsicht mit dem Zustand 1 unseres allgemeinen Schemas gleichzusetzen (er entspricht der Flüssigkeit, der unmagnetisierte dem Dampf). Beim Abschalten des Feldes „verdampft" die magnetische Ordnung, und der damit verbundene Wärmeentzug entspricht der Wechselwirkungsenergie der Elementarmagnete. Diese Verdampfung tritt natürlich nur oberhalb des „Siedepunktes" ein, bei dem spontane Magnetisierung durch gegenseitige Ausrichtung der Elementarmagnete im eigenen Feld einsetzt. Diese Grenztemperatur ist ebenfalls gegeben durch $T_s = (H_2 - H_1)/(S_2 - S_1)$. H ist im feldfreien Zustand proportional zur Wechselwirkungsenergie zweier Dipole p^2/r^2 (p: Dipolmoment; r: Abstand der Dipole). Kernmomente sind etwa 1 000mal kleiner als die Momente der Hüllenelektronen, die den gewöhnlichen Paramagnetismus bedingen (vgl. Abschn. 12.7.2: Bohrsches Magneton und Kernmagneton). Dementsprechend erreicht man durch **adiabatische Entmagnetisierung** geeigneter paramagnetischer Salze bestenfalls 0,003 K, durch Ausnutzung des Kernmagnetismus dagegen theoretisch $5 \cdot 10^{-7}$ K (der Faktor entspricht nicht ganz dem Verhältnis der p^2, also 10^{-6}, weil die r- und ΔS-Werte etwas verschieden sind). Praktisch ist man z. Z. im Bereich einiger μK angelangt. In jedem Fall folgt aus der Proportionalität von T_s und ΔW mit ΔH: Je näher man dem absoluten Nullpunkt kommen will desto kleiner wird die Kühlkapazität (Spezialfall des Satzes von Nernst).

Neuerdings wird auch der Übergang fest-flüssig in Gestalt des **Pomerantschuk-Effekts** ausgenützt. ^{3}He zeigt unterhalb von 0,3 K eine noch ausgeprägtere Anomalie der Schmelzkurve als Wasser: Auch hier fällt die Grenzlinie fest-flüssig im p, T-Diagramm mit steigendem T ab, aber die feste Phase ist dichter, so daß ^{3}He durch Druck über 28 bar verfestigt wird. Merkwürdigerweise hat der feste Zustand die höhere Entropie (was beim Eis nicht der Fall ist). Das feste ^{3}He kann also die Rolle des Zustandes 2 spielen: Drucksteigerung in einem Gleichgewichtsgemisch von festem und flüssigem ^{3}He verfestigt einen Teil und läßt das System auf der Grenzkurve nach oben links rutschen, d. h. kühlt es ab.

5.7 Lösungen

In einem Lösungsmittel verteilte Moleküle verhalten sich in vieler Hinsicht wie im Vakuum verteilte, also wie ein Gas – aber doch nicht ganz so.

5.7.1 Grundbegriffe

In einer **Lösung** oder molekulardispersen Mischung sind die Moleküle mehrerer Stoffe fein durchmischt, in einem **Gemenge** bleiben sie jeweils in größeren Klumpen zusammen. In beiden Fällen kommen alle Kombinationen zwischen fest, flüssig und gasförmig vor, beim Gemenge zudem in allen Feinheitsgraden (Suspension, Staub, Kolloid, Emulsion, Nebel, Schaum usw.). Die Kombination Gas-Gas bildet definitionsgemäß nur eine Lösung. Wir reden hier von flüssigen Lösungen: die Gesetze für feste (Mischkristalle, Legierungen, viele Gesteine, Wasserstoff in Metallen wie Pd oder Pt) sind z. T. ähnlich, aber oft viel komplizierter.

Außer durch Druck und Temperatur ist die Lösung charakterisiert durch die Konzentration der Bestandteile. Es gibt viele Maße für die Konzentration; wir benutzen hier nur die **Molarität** (wieviele Mol Substanz in 1 l Lösung). Zwei Flüssigkeiten sind entweder in jedem Verhältnis mischbar, oder es gibt Mischungslücken. Ein Festkörper löst sich bis zu einer **Sättigungskonzentration**; der Rest bildet einen „Bodenkörper" (der bei leichten gelösten Stoffen auch oben schwimmen kann). Ein Gas, das über einer Flüssigkeit steht, löst sich z. T. in dieser. Die Fälle CO_2-H_2O und O_2-H_2O sind biologisch besonders wichtig.

Das Gelöste steht zum Bodenkörper, der Dampf zum Gelösten im gleichen Verhältnis wie der Dampf zur homogenen Flüssigkeit: Die Verteilung der Teilchen über beide Phasen folgt im Gleichgewicht zwischen ein- und austretenden Teilchen der Boltzmann-Gleichung $n_1/n_2 = e^{-G/(RT)}$, wo G der Unterschied der freien Enthalpien zwischen den beiden Phasen ist. Da der Bodenkörper kompakt ist, also eine praktisch T-unabhängige Teilchenzahldichte hat, folgt für die Sättigungskonzentration direkt eine Arrhenius-Abhängigkeit, aus deren $\ln c(1/T)$-Auftragung man die **Lösungswärme** ablesen kann: Stoffe, bei deren Auflösung Wärme frei wird, lösen sich besser im Kalten, und umgekehrt. Der Entropieanteil in G ist aber auch zu beachten. Allgemein folgt für die Verteilung eines Stoffes über zwei Phasen der **Verteilungssatz von Nernst**: n_1/n_2, der **Verteilungskoeffizient**, hängt nur von der Temperatur ab. Spezialfälle für Lösungen von Gasen sind die Gesetze von *Henry-Dalton* und von *Raoult*: Eine Flüssigkeit löst um so mehr Gas, je höher dessen Partial-Dampfdruck über der Flüssigkeit ist: $n_{\text{Gel}} = \beta n_{\text{Gas}} = \alpha kT n_{\text{Gas}} = \alpha p$ (β, α: Absorptionskoeffizienten nach *Ostwald* bzw. *Bunsen*). Der Dampfdruck eines flüssigen Mischungsbestandteils ist proportional zu dessen molarem Anteil in der Lösung. Beide Proportionalitäten gelten streng nur für ideale Lösungen, d. h. solche, wo die Teilchen verschiedener Art gar nicht oder ebensostark wechselwirken wie die gleicher Art, was bei der engen Lagerung in Flüssigkeiten viel verlangt ist. Abweichungen vom idealen Verhalten sind für Trenn- und Mischvorgänge oft entscheidend (Aufgabe 5.7.7).

5.7.2 Osmose

Eine Wand heißt **semipermeabel**, wenn sie für einen Lösungsbestandteil, z. B. Wassermoleküle, durchlässig ist, der andere (z. B. die größeren gelösten Moleküle) nicht durchtreten kann. Viele biologische Membranen (Zellwände usw.) sind semipermeabel.

Man schließt ein Gefäß (**Pfeffersche Zelle**) mit einem Steigrohr durch eine semipermeable Wand ab, füllt es mit einer geeigneten Lösung und

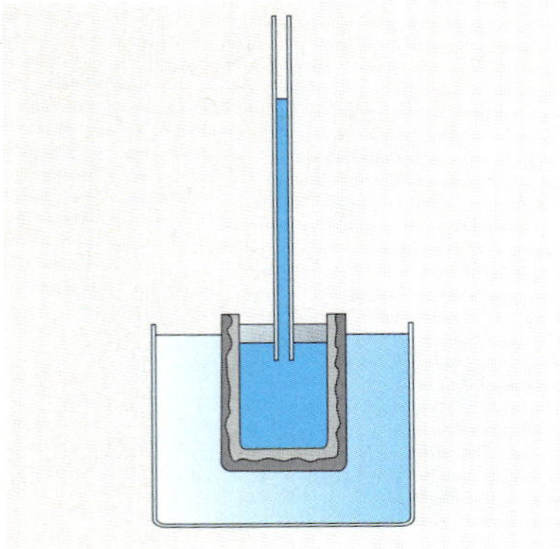

Abb. 5.72. Pfeffersche Zelle

stellt es in ein größeres Gefäß mit reinem Wasser (Abb. 5.72). Allmählich dringt Wasser durch die Wand in die Zelle und bringt die Lösung im Rohr zum Steigen, bis der hydrostatische Druck der Flüssigkeitssäule im Rohr ein weiteres Eindringen verhindert. Dieser Druck ist dann gleich dem **osmotischen Druck** der Lösung.

Durch eine semipermeable Wand, die zwei Lösungen verschiedener Konzentration im gleichen Lösungsmittel trennt, wandert Lösungsmittel bis zum Ausgleich der Konzentrationen, d. h. der osmotischen Drücke, bis zur **Isotonie**. Diese **Dialyse** wird bei Nierenkranken angewandt oder z. B. zur Herstellung alkoholfreien Bieres. Pflanzen- und Tierzellen, die man in normales Wasser legt, schwellen an oder platzen, weil sie **hypertonisch** sind, d. h. höhere Konzentration und damit höheren osmotischen Druck besitzen. Von höher konzentrierter Lösung umspült, schrumpfen die Zellen; Pflanzen welken bei zu starker „Kopfdüngung". **Physiologische Lösung** mit etwa 9 g/l NaCl ist isotonisch und vermeidet die **Hämolyse** z. B. für Blutzellen.

Beim Aufprall auf die semipermeable Wand üben die gelösten Moleküle genau den gleichen Druck aus, als sei das Lösungsmittel nicht vorhanden und sie schwebten als Gasteilchen im leeren Raum. Der osmotische Druck ist also genausogroß wie der Druck eines Gases gleicher Teilchenzahldichte n:

$$\boxed{p_{\text{osm}} = nkT} \; . \tag{5.113}$$

Makroskopisch ausgedrückt lautet dieses **Gesetz von van't Hoff** wie die ideale Gasgleichung:

$$\boxed{p_{\text{osm}} V = \nu RT} \; . \tag{5.113'}$$

Wenn der gelöste Stoff in Ionen dissoziiert, ist dies bei der Angabe der Stoffmenge ν zu berücksichtigen. NaCl z. B. erzeugt den doppelten osmotischen Druck, als wenn es in Form von NaCl-Molekülen gelöst wäre.

5.7.3 Dampfdrucksenkung

Eine Pfeffersche Zelle, gefüllt mit Lösung und in das reine Lösungsmittel eingetaucht, wird diesmal in ein geschlossenes Gefäß gesetzt, in dem sich nur der Dampf des Lösungsmittels befindet (Abb. 5.73). Der gelöste Stoff, z. B. ein Salz, erzeuge keinen merklichen Dampfdruck. An beiden Flüssigkeitsoberflächen, im Hauptgefäß und im Steigrohr, muß Gleichgewicht zwischen Verdunstung und Kondensation herrschen. Wäre das nicht der Fall, z. B. die Verdunstung im Steigrohr stärker, würde dort ständig Flüssigkeit verdampfen und müßte durch die semipermeable Membran nachgesogen werden. Im Prinzip könnte dieser Flüssigkeitsstrom ständig Arbeit leisten, nur auf Kosten des Wärmeinhalts des Systems. Das widerspräche dem zweiten Hauptsatz. Der Dampfdruck p muß also an beiden Flüssigkeitsoberflächen dem *dort herrschenden Außendruck* entsprechen. Dieser nimmt auf der Steighöhe h um $\Delta p = g\varrho_{\text{D}} h$ ab, der Dampfdruck ebenfalls. Da $h = p_{\text{osm}}/(g\varrho_{\text{fl}})$, folgt $\Delta p = p_{\text{osm}}\varrho_{\text{D}}/\varrho_{\text{fl}}$. Nun ist nach van't Hoff $p_{\text{osm}}/p = \varrho_{\text{Gel}}/\varrho_{\text{D}} = \mu c/\varrho_{\text{D}}$, wo ϱ_{Gel}, c, μ Dichte, Konzentration und Molmasse (in kg) des Gelösten sind. Damit wird

$$\Delta p = p \frac{\mu}{\varrho_{\text{fl}}} c \; . \tag{5.114}$$

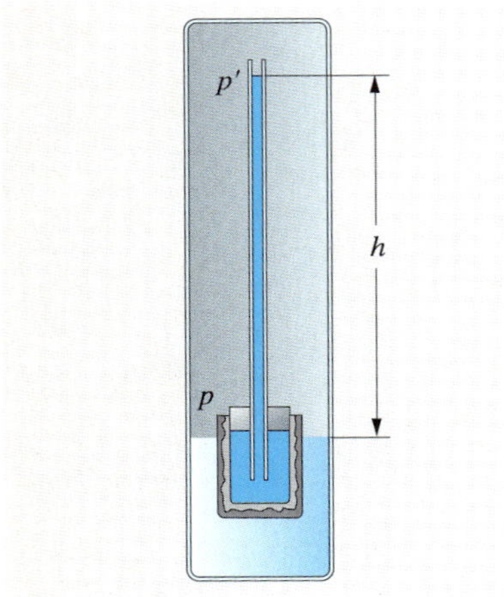

Abb. 5.73. Zusammenhang zwischen Dampfdruckerniedrigung und osmotischem Druck

Wichtige Folgen der **Dampfdrucksenkung** sind eine **Siedepunktserhöhung** ΔT_S und eine **Gefrierpunktssenkung** ΔT_G. Qualitativ kann man sagen: Der osmotische Druck erweitert den Existenzbereich der Flüssigkeit nach beiden Seiten, falls der gelöste Stoff ebensowenig mitverdampft, wie er in den festen Zustand mit eingefriert. Den Zusammenhang zwischen ΔT_S und Δp kann man aus der Dampfdruckkurve ablesen (Abb. 5.74) oder nach *Boltzmann* oder *Clausius-Clapeyron* ausrechnen: $\Delta p/\Delta T_S$ ist die Steigung der Dampfdruckkurve $p = p_0\,e^{-\Lambda/(RT)}$, also $\Delta p/p = \Lambda\,\Delta T/(RT^2) = \mu\lambda\,\Delta T/(RT^2)$. Der Vergleich mit (5.114) liefert

$$\Delta T_S = \frac{RT_S^2}{\lambda\varrho_{fl}}c\,. \tag{5.115}$$

λ ist die spezifische, Λ die molare Verdampfungsenergie. Diese Abhängigkeit allein von der molaren Konzentration wurde erstmals von *Raoult* gemessen. Die Abhängigkeit vom Lösungsmittel steckt in der **ebullioskopischen Konstante** $RT_S^2/(\lambda\varrho_{fl})$, die für Wasser den Wert 0,51 K l mol^{-1} hat. Kennt man sie, dann kann man z. B. aus der bekannten g/l-Konzentration der Lösung die molare Konzentration bestimmen und damit die molare Masse des Gelösten.

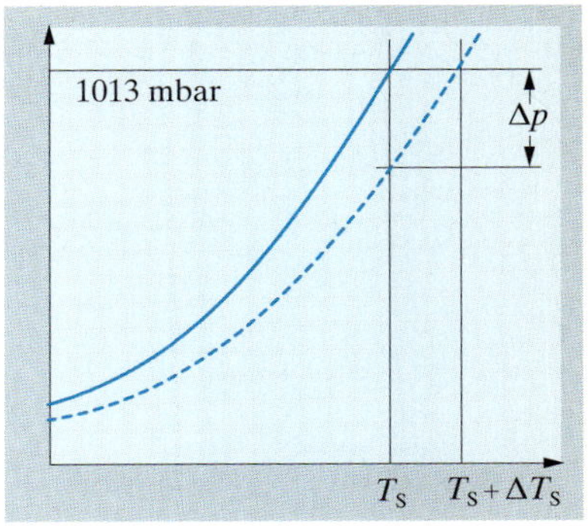

5.74. Zusammenhang zwischen Dampfdrucksenkung und Siedepunktserhöhung (schematisch)

Ebenso wie die **Ebullioskopie** ist die **Kryoskopie**, also die Messung der Gefrierpunktssenkung, ein elegantes Mittel zur **Molekulargewichtsbestimmung**. Beim Schmelzpunkt haben Festkörper und Flüssigkeit den gleichen Dampfdruck. Die $p(T)$-Kurve des Festkörpers ist aber viel steiler als die der Flüssigkeit. In der Auftragung $\ln p(1/T)$ entsprechen die Steigungen der Sublimations- bzw. Verdampfungsenergie. Ihre Differenz ist die spezifische Schmelzenergie λ'. Da die gelöste Substanz den Dampfdruck der Flüssigkeit senkt, schneiden sich die Dampfdruckkurven von flüssig und fest erst bei einer tieferen Temperatur. Hier übernimmt die spezifische Schmelzenergie λ' die Rolle, die λ für den Siedepunkt gespielt hat:

$$\Delta T_G = -\frac{RT_G^2}{\lambda'\varrho_{fl}}c\,. \tag{5.116}$$

Für Wasser ergeben Beobachtungen und Rechnung die **kryoskopische Konstante** $RT_G^2/(\lambda'\varrho_{fl}) = 1{,}86$ K l mol^{-1}. Bei solchen kryoskopischen Messungen muß man beachten, daß sich das Gefrieren einer Lösung über einen endlichen Temperaturbereich hinzieht, weil zuerst reines Lösungsmittel erstarrt, wodurch sich die Lösung immer mehr anreichert und die Gefriertemperatur weiter sinkt. Entscheidend ist der Beginn der Erstarrung.

5.7.4 Destillation

Da Alkohol (Ethanol) flüchtiger ist als Wasser, d. h. einen höheren Dampfdruck hat, kann man ihn durch Verdampfen und Kondensieren des Dampfes anreichern. Ähnlich trennt man reines Wasser von gelösten Feststoffen. Destillationsvorgänge diskutiert man am besten im **Dampfdruck-** oder **Siedediagramm**. Wir tragen den Dampfdruck einer binären Lösung über dem (molaren) Anteil x eines Bestandteils *in der Flüssigkeit* auf (Abb. 5.75). Im idealen Fall ergibt jeder Bestandteil nach *Raoult* eine Gerade von 0 bis zum Dampfdruck p_{i1} des Reinstoffes. Deren Summe, der Gesamt-Dampfdruck, ergibt ebenfalls eine Gerade von p_{A1} nach p_{B1}. Im Dampfraum herrscht dann aber ein ganz anderer Mengenanteil y des Stoffes B, außer natürlich an den Endpunkten. In der Mitte des Diagramms ist in der Flüssigkeit $x = \frac{1}{2}$, im Dampfraum $y = p_{B1}/(p_{A1} + p_{B1})$. Tragen wir auf der gleichen Achse wie x auch y auf, ergibt sich eine Kurve (Hyperbelbogen), die nach der Seite des flüchtigen Stoffes durchhängt: Bei gegebenem Dampfdruck ist natürlich der

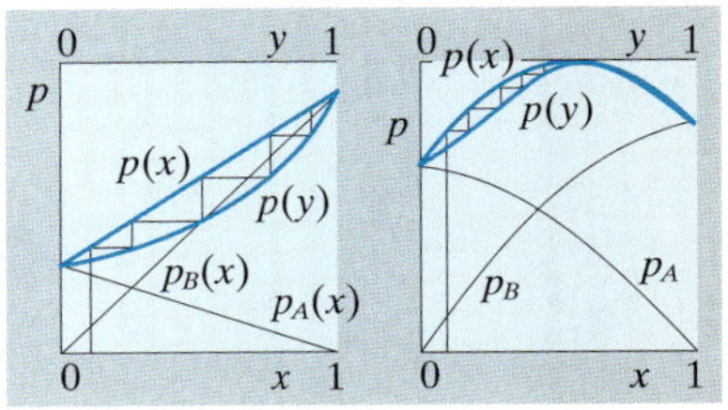

Abb. 5.75. Dampfdruck eines Gemisches (——) und seiner Bestandteile (——), aufgetragen über den Mischungsverhältnissen x in der Flüssigkeit und y im Dampf; links für ein ideales, rechts ein reales Gemisch. Fraktionierte Destillation führt links zum Reinstoff, rechts nur zum azeotropen Gemisch

Dampf reicher am flüchtigen Stoff als die Flüssigkeit. Läßt man das Kondensat immer wieder sieden (**fraktionierte Destillation**), kann man den Streckenzug in Abb. 5.75 bis zum reinen Stoff B durchlaufen.

✗ Beispiel . . .

Richten Sie sich selbst Ihre Frostschutzmischung für den Autokühler her. Warum nimmt man meist Ethylenglykol oder Glyzerin? Gäbe es nicht Stoffe mit höherer Frostschutzwirkung?

1 mol/l, in Wasser gelöst, senkt den Gefrierpunkt um 1,86°. Um auf −20 °C eingerichtet zu sein, muß man 11 mol/l lösen, d. h. 670 g/l Glykol $(CH_2OH)_2$ oder 1 000 g/l Glyzerin $C_3H_8O_3$. Ganz soviel braucht man praktisch nicht, denn der Eisbrei, der aus dem Gemisch bei Unterschreitung des gesenkten Gefrierpunkts entsteht, hat keine Sprengwirkung mehr. Alkohol, besonders Methylalkohol, ist billiger, und man braucht nur etwa halb soviel, aber er verdampft allmählich aus der Lösung. 320 g/l NaCl würden es auch tun, wenn die Korrosionswirkung im Kühlsystem nicht wäre.

Viele Lösungen, auch Ethanol-Wasser, sind aber nicht ideal. Wenn verschiedenartige Teilchen stärker wechselwirken als gleichartige, biegen sich die $p_i(x)$-Kurven nach oben durch. Das kann so weit gehen, daß auch die Kurve des Gesamt-Dampfdrucks $p(x)$ ein Maximum hat. Dieses Maximum muß für die $p(y)$-Kurve an der gleichen Stelle und in gleicher Höhe liegen. Jeder p-Wert auf der einen Kurve muß ja auch auf der anderen zu finden sein. Das Maximum beschreibt das **azeotrope Gemisch**. Über diesen Punkt kommt man ohne weitere Maßnahmen nicht hinaus.

5.8 Vakuum

Wenn nur noch sehr wenige Moleküle da sind, wenn sie kaum noch miteinander stoßen, sondern nur noch mit den Gefäßwänden, kommt ihr Verhalten noch klarer zum Ausdruck.

5.8.1 Bedeutung der Vakuumtechnik

Die Frage, ob das Nichts existieren könne, ist so alt wie die Philosophie. Für *Demokrit*, *Leukipp* und *Lukrez* schwebten die Atome in der absoluten Leere, für die meisten anderen, vor allem für *Aristoteles*, hatte die Natur einen unüberwindlichen „**horror vacui**". Als *Torricelli* und *Guericke* die ersten *praktischen* Vakua als stark luftverdünnte Räume herstellten, schien die Frage zunächst erledigt. Aber so dumm war *Aristoteles* offenbar doch nicht. Heute wird der Raum zwischen den Teilchen immer erfüllter von Feldern aller Art, von den elektromagnetischen bis hin zu den Materie-Erzeugungsfeldern.

Jedenfalls leiteten *Torricelli*, *Guericke*, *Pascal* und *Boyle* eine Entwicklung ein, ohne die unsere Wissenschaft und Technik gar nicht möglich wären. Die moderne Atomphysik begann mit Gasentladungen in evakuierten Gefäßen, die technisch zur Röntgen-Röhre und Gasentladungslampe führten. Glühlampen und Fernsehröhren sind Produkte der Vakuumtechnik, die jeder braucht oder zu brauchen glaubt. Vor der Entwicklung der Halbleiterelemente lebte die Nachrichtentechnik von Vakuum-Gleichrichter- und -Verstärkerröhren. Auch die Herstellung von Halbleitermaterialien stellt höchste Ansprüche an die Vakuumtechnik: Reinigung, Oberflächenbedampfung, Diffusion von Fremdsubstanzen. In die chemische und biologische Technik dringen Vakuummethoden immer mehr ein. Viele Lebensmittel werden im Vakuum verpackt, verarbeitet und besonders getrocknet; der erniedrigte Dampfdruck des Wassers erlaubt dabei, geschmacksschädigende Erhitzung zu vermeiden. Wenn auch einzelne Experimente und Produktionsprozesse ins Weltall verlagert werden, wo schon um 1 000 km Höhe Vakua herrschen, von denen man im Labor nur träumen kann, wird die Vakuumtechnik auch auf der Erde ihre Bedeutung immer mehr steigern.

Nach den physikalischen Erscheinungen und technischen Erfordernissen unterscheidet man folgende Vakuumbereiche:

Bereich	Druck/mbar	Freie Weglänge/m	Strömungs-mechanismus
Grobvakuum	$1000 - 1$	$10^{-7} - 10^{-4}$	viskos
Feinvakuum (Vorvakuum)	$1 - 10^{-3}$	$10^{-4} - 10^{-1}$	Knudsen
Hochvakuum	$10^{-3} - 10^{-7}$	$10^{-1} - 10^{3}$	molekular
Ultrahochvakuum	$< 10^{-7}$	$> 10^{3}$	molekular

Vakuumapparaturen baut man aus Glas, Edelstahl, Kupfer, Messing. Die Gaseinschlüsse, die von der Herstellung in Glas mit seiner amorphen Struktur bleiben, müssen sorgfältig ausgeheizt werden. Zur Dichtung von Verbindungen, Hähnen, Ventilen verwendet man Gummi, Teflon, weiche Metalle, Fett. Wesentlich ist hierbei immer der Dampfdruck des Materials. Gummiringe müssen vulkanisiert sein, nicht geklebt, denn der hohe Dampfdruck der meisten Kleber läßt sich ja schon am Geruch feststellen. Niedriger Dampfdruck ist auch wesentlich für Vakuumfette. Allerdings erzeugt man durch ständiges kräftiges Abpumpen oft einen Druck in der Apparatur, der viel geringer ist als der Dampfdruck des flüchtigsten Bestandteils, der sich ja nur im Gleichgewicht einstellen würde.

5.8.2 Vakuumpumpen

Pumpen entfernen Gas aus dem zu evakuierenden Gefäß, dem Rezipienten, indem sie es in einen anderen Raum, speziell die freie Atmosphäre befördern (mechanische Pumpen, Diffusionspumpen), oder indem sie es innerhalb der Vakuumanlage binden (kondensieren, sorbieren, chemisch binden). Mechanische Pumpen haben einen bestimmten Schöpfraum, den sie entweder abwechselnd vergrößern oder verkleinern, oder der konstant ist und abwechselnd oder kontinuierlich an der Niederdruckseite aufgefüllt und an der Hochdruckseite entleert wird. Diffusionspumpen ähneln mechanischen Pumpen mit konstantem, kontinuierlich arbeitendem Schöpfraum.

Eine wesentliche Kenngröße einer Pumpe ist der *Volumen*strom $\dot{V}$, den sie fördert, genannt **Saugvermögen**, angegeben in l/s und bei mechanischen Pumpen leicht aus der Konstruktion abzulesen als Schöpfvolumen · Drehfrequenz. Davon zu unterscheiden ist die **Saugleistung**. Sie gibt den geförderten Gas-*Massen*strom an. Wichtig sind noch der **Enddruck**, den die Pumpe am Ansaugstutzen erreicht, und der *Anfangsdruck*, gegen den sie das geförderte Gas ausstößt. Bei den Vorpumpen ist der Anfangsdruck gleich dem Atmosphärendruck. Die meisten Pumpen brauchen einen sehr viel kleineren Anfangsdruck, den ihnen eine Vorpumpe liefern muß.

Drehschieberpumpen und **Sperrschieberpumpen** ähneln in ihrem Aufbau dem Verbrennungsmotor, die erste dem Wankel-Motor, die zweite dem Otto-Motor. Ihr Arbeitszyklus besteht aus einem Ansaugtakt auf der Vakuumseite und einem Auspufftakt an die Atmosphäre (Abb. 5.76). Maximale und minimale Größe des Schöpfraums $V_{\max}$ und $V_{\min}$ ergeben sich aus der Abbildung. Sie bestimmen nach der Gasgleichung das Verhältnis von Anfangs- und Enddruck, falls man isotherme Kompression annehmen kann: $p_a/p_e \approx V_{\max}/V_{\min}$. Mehrstufige

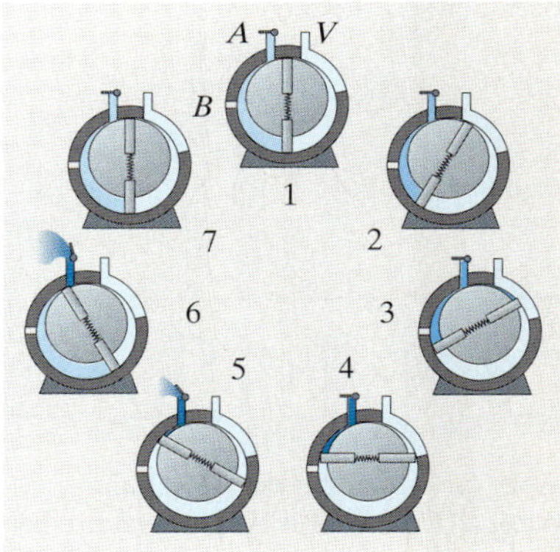

Abb. 5.76. Drehschieberpumpe. Bei V ist der Vorvakuumschlauch angeschlossen, das Ventil A öffnet den Auspuff zur Atmosphäre, wenn der Druck davor größer als 1 bar wird. Zwischen Phase 4 und 5 hat das Gasballastventil B eine dosierte Menge Luft zugelassen, damit in Phase 5 oder 6 keine Kondensation besonders von Wasserdampf eintritt. Maximaler Schöpfraum unten in Phase 4, minimaler oben links in Phase 5 (beim Öffnen des Ventils A)

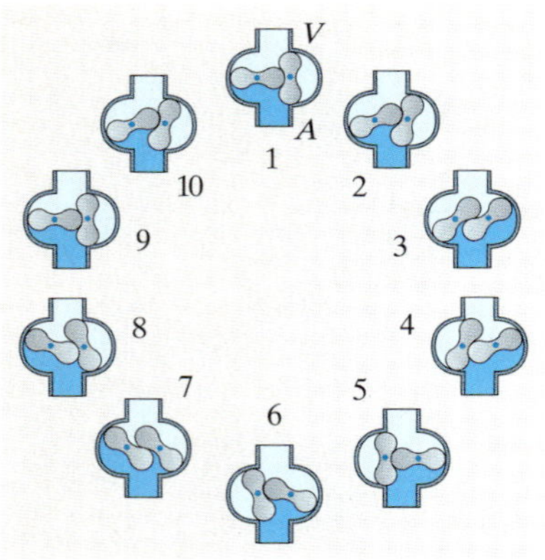

Abb. 5.77. Wälzkolbenpumpe oder Roots-Pumpe. Die beiden Kolben haben *keinen* aus lauter Kreisbögen zusammengesetzten Querschnitt, wie hier vereinfacht dargestellt. Genaues Hinschauen zeigt besonders in Phase 3 Undichtigkeit. Bei *V* saugt die Pumpe aus dem Vakuumgefäß ab, bei *A* stößt sie die geförderte Gasmenge an die Atmosphäre oder die Vorpumpe aus. Der Schöpfraum ist in Phase 8 rechts als etwa halbmondförmiger Raum besonders gut zu erkennen

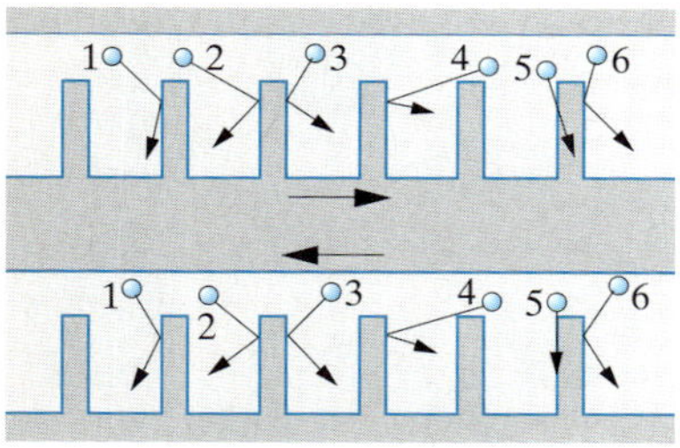

Abb. 5.78. Prinzip der Molekularpumpe (*Gaede*): Im Bezugssystem des Rotors (*unten*) werden die Moleküle am Rotor elastisch reflektiert (Einfallswinkel = Ausfallswinkel), im Bezugssystem des Stators (*oben*) erhält das Molekül beim Stoß die Geschwindigkeitskomponente des Rotors oder einen Teil davon hinzu. Ein thermisches Gleichgewicht der Moleküle kann sich nicht mehr einstellen, denn sie stoßen kaum noch miteinander. Molekül 5 fliegt tatsächlich geradlinig, denn im oberen Bild ist der Rotor schon entsprechend weiter, so daß das Molekül streifend längs der Wand fliegt (*unteres Bild*)

Pumpen dieser Art, d. h. mehrere Pumpen im gleichen Gehäuse hintereinandergeschaltet, steigern dieses Verhältnis, erreichen aber kaum geringere Enddrücke als 10^{-3} mbar.

Ein Problem war lange Zeit das Abpumpen kondensierbarer Dämpfe, besonders von Wasserdampf, bis *W. Gaede* es durch den **Gasballast** überwand. Damit das Auspuffventil öffnet, muß die Pumpe ja das Gas im verkleinerten Schöpfraum auf etwas mehr als Atmosphärendruck komprimiert haben. Wenn dieses Gas nun in einer fast evakuierten Apparatur mit Restfeuchtigkeit darin fast nur noch aus Wasserdampf besteht, würde dieser kurz vor dem Auspuff übersättigt sein, also vorher schon kondensieren. Der Druck im Schöpfraum steigt nach der Kondensation nicht weiter an, das Auspuffventil öffnet nicht. Außerdem kann Emulgierung des Wassers mit dem Schmieröl das Funktionieren der Pumpe beeinträchtigen. Man läßt daher, wenn der Schöpfraum gerade ganz vom Vakuum abgeschlossen ist, durch ein Ventil eine dosierte Luftmenge ein, damit das Auspuffventil schon bei geringerer Kompression öffnet, bei der der H_2O-Partialdruck noch unter dem Sättigungsdampfdruck liegt. Diese Gasballastmenge richtet sich nach dem Verhältnis von Sättigungsdampfdruck und Atmosphärendruck, also der Gastemperatur in der Pumpe, und muß bei kalter (startender) Pumpe größer sein.

Die **Roots-Pumpe** (Wälzkolbenpumpe) hat ein konstantes Schöpfvolumen (Abb. 5.77); das Saugvermögen kann sehr groß werden dank hoher Drehfrequenzen, die man erreicht, weil die Formgebung der Kolben ihre direkte Berührung untereinander und mit der Wand vermeidet. Die Schlitzbreite zwischen diesen Flächen und die Rückströmung von Gas durch diesen Schlitz bestimmen das Verhältnis Anfangsdruck/Enddruck. Bei Atmosphärendruck ist diese Rückströmung meist zu groß, hinter einer Vorpumpe erreicht man Enddrücke unterhalb 10^{-3} mbar.

Das Prinzip der **Molekularpumpen** wurde schon von *Gaede*, *Langmuir* und *Siegbahn* um 1913 angegeben, aber erst kürzlich mit der Turbopumpe allgemeiner nutzbar. Zwischen den Wänden eines sehr schnell umlaufenden Rotors und eines Statorgehäuses bleibt ein enger Schlitz. Wenn die mittlere freie Weglänge der Gasmoleküle größer ist als die Schlitzbreite, so daß die Moleküle fast nur noch Wandstöße ausführen, erhalten sie bei der Reflexion am Rotor dessen Geschwindigkeitskomponenten, und ihre thermische Geschwindigkeit dreht sich allmählich fast ganz in die Drehrichtung des Rotors (Abb. 5.78). Bei höherem Druck, wenn die freie Weglänge klein gegen die Schlitzbreite ist, schleppt der Rotor zwar die dann viskos strömenden Moleküle auch mit, aber nur mit der Rotorgeschwindigkeit, die viel kleiner ist als die thermische Molekülgeschwindigkeit. Molekularpumpen brauchen daher ein gutes Vorvakuum und können dann Enddrücke unter 10^{-10} mbar erreichen. Das Saugvermögen ist bei leichten Gasen besser, weil ihre Moleküle schneller fliegen; aus dem gleichen Grund, d. h. wegen ihrer verstärkten Rückdiffusion, erreicht man aber bei leichten Gasen keinen so geringen Enddruck.

Bei den **Diffusionspumpen** und **Treibmittelpumpen** ist die schnell bewegte Rotoroberfläche durch einen Dampf- oder Flüssigkeitsstrahl ersetzt. Die Wasserstrahlpumpe benutzt allerdings hauptsächlich das Unterdruckprinzip von *Bernoulli*. Im eigentlich molekularen Bereich brauchen diese Pumpen ebenfalls ein gutes Vorvakuum. Man wundert sich zunächst, warum das abzupumpende Gas aus dem bereits sehr verdünnten Vakuum in den Quecksilber- oder Öl-Dampfstrahl hineinwandert, obwohl dort doch der Druck sehr viel höher ist, nämlich gleich dem Dampfdruck des siedenden Treibmittels. Die molekulare Vorstellung macht aber sofort klar, daß es nicht auf diesen Totaldruck ankommt, sondern nur auf den Partialdruck. Da das Treibmittel, solange es flüssig oder frisch verdampft ist, keine Moleküle des abzupumpenden Gases enthält, diffundieren diese aus dem Gasraum in den Treibstrahl hinein, auch gegen einen hohen Gradienten des Totaldrucks. Voraussetzung für die Beladbarkeit des Strahls ist eine hinreichende Geschwindigkeit, die manchmal Überschallwerte erreicht. Diffusionspumpen erreichen dann bei einem Vorvakuum von 10^{-2}–10^{-3} mbar einen Enddruck um 10^{-9} mbar.

Die einfachste **Kondensationspumpe** ist die **Kühlfalle**, in der sich Wasser- oder andere Dämpfe bei Kühlung mit flüssigem Stickstoff oder anderen Kühlmitteln niederschlagen, wenn sie durch eine mechanische oder Diffusionspumpe an der kalten Wand vorbeigesaugt werden. Eine Kühlfalle läßt sich als zusätzliche Pumpe auffassen, allerdings mit einem Saugvermögen, das von der Gasart, nämlich vom Dampfdruck abhängt. Wenn alle Dampfmolekühle, die durch die Falle gesogen werden, an der gekühlten Fläche A kondensieren, verschwinden $nv_{\text{mol}}A$ solcher Moleküle pro Sekunde aus diesem Gasstrom. nv_{mol} ist nämlich die Stoßzahldichte mit der Wand. Der auskondensierende Massenstrom ergibt sich durch Multiplikation mit der Molekülmasse m. Da $mn = \varrho$ und der Massenstrom $\varrho\dot{V}$, ergibt sich $\dot{V} = v_{\text{mol}}A$. Wenn der Partialdruck des Dampfes p_1 im Rezipienten nicht mehr klein gegen seinen Dampfdruck p_2 bei der Fallentemperatur ist, reduziert die Wiederverdampfung das Saugvermögen auf $(1 - p_1/p_2)v_{\text{mol}}A$.

Bei Kühlung mit flüssigem Wasserstoff oder Helium kann man in der **Kryopumpe** auch die „permanenten" Luftbestandteile ausfrieren. **Sorptionspumpen** binden die Gasmoleküle an oder in festen Stoffen, die entweder von Zeit zu Zeit oder kontinuierlich regeneriert werden. Gebräuchlich als Sorptionsmittel sind Alkali-Aluminosilikate wie Zeolith. Wenn die adsorbierende Schicht durch Aufdampfen immer wieder erneuert wird, spricht man von **Getterpumpen**. Stickstoff wird besonders gut durch Titan sorbiert. Um die Sorptionswirkung zu erhöhen, ionisiert man in Ionenzerstäuber-Pumpen entweder die Gasteilchen oder die adsorbierende Oberfläche und erhöht dabei die wirksame Stoßzahl durch Umlenkung in elektromagnetischen Feldern.

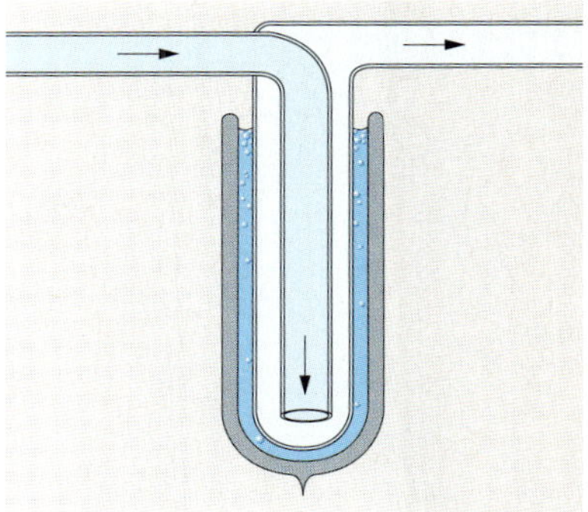

Abb. 5.79. Kühlfalle. Kondensierbare Dämpfe werden an der mit flüssiger Luft gekühlten Glaswand ausgefroren. Eine Kryopumpe leistet dasselbe auch für „permanente" Gase bei Kühlung mit flüssigem Wasserstoff oder Helium

5.8.3 Strömung verdünnter Gase

Eine Pumpe mit dem Saugvermögen $\dot{V}_{\text{P}}$ (in l/s) pumpt aus dem Rezipienten einen Volumenstrom $\dot{V}_{\text{R}}$, der immer kleiner ist als $\dot{V}_{\text{P}}$. Zwischen Rezipient und Pumpe liegt ja eine Vakuumleitung mit einem bestimmten Strömungswiderstand, an der ein Druckabfall $p_{\text{R}} - p_{\text{P}}$ herrschen muß, damit das Gas strömt. Es gibt eine Erhaltungsgröße, die am Anfang und am Ende dieser Leitung den gleichen Wert haben muß, aber das ist nicht der Volumenstrom, sondern der Massenstrom, der unter idealen isothermen Bedingungen proportional zu $p\dot{V}$ ist. Am Rezipientenausgang, wo p höher ist, muß daher $\dot{V}$ kleiner sein. Definiert man analog zum Ohmschen Gesetz den Strömungswiderstand R als Verhältnis des Druckabfalls (der „Spannung") zum Massenstrom (analog dem elektrischen Strom), also $R = \Delta p/(p\dot{V})$, dann ergibt sich aus der Erhaltung des Massenstroms $p\dot{V}$

$$\dot{V}_{\text{R}}^{-1} = \dot{V}_{\text{P}}^{-1} + R\,.$$

Strömungswiderstände verhalten sich in vieler Hinsicht wie elektrische Widerstände. Bei Hintereinanderschaltung addieren sie sich, weil sich die Druckabfälle addieren, bei Parallelschaltung addieren sich die Leitwerte R^{-1}, weil sich die Massenströme addieren.

Wenn eine Pumpe einen zeitlich konstanten Volumenstrom aus dem Rezipienten erzeugt, wie das meist der Fall ist, nehmen Gasmenge m und Gasdruck p darin exponentiell mit der Zeit ab, denn der Massenstrom $\dot{m}$ ist proportional zu p, also zu m.

Bei der Bestimmung von Strömungswiderständen im Vakuum sind molekulare Vorstellungen unerläßlich. Sowie die mittlere freie Weglänge l nicht mehr klein gegen den Rohrdurchmesser d ist, was um 10^{-2} mbar eintritt, folgt die Rohrströmung nicht mehr dem Hagen-Poiseuille-Gesetz $\dot{V} \sim d^4\,\Delta p/(\eta L)$. Nach einem Übergangsbereich, der **Knudsen-Strömung**, folgt bei $l \gg d$ die reine **Molekular-**

strömung. Die Moleküle fliegen ungehindert durch ihresgleichen durch das Rohr, an dessen Wand sie prallen, wobei sie nicht elastisch, sondern ungefähr gleichmäßig nach allen Richtungen reflektiert werden. Selbst die glatteste Wand ist ja molekular immer rauh. Die Molekularströmung läßt sich als Diffusion auffassen, wobei die Rolle der freien Weglänge l jetzt annähernd vom Rohrdurchmesser d übernommen wird. Der Diffusionskoeffizient wird nach (5.64) $D \approx \frac{1}{3} v d$, die Teilchenstromdichte im Gradienten $\operatorname{grad} n = \Delta n / L$ wird nach (5.57) $j \approx \frac{1}{3} v d \, \Delta n / L$, der Massenstrom durch den Rohrquerschnitt $A = \pi d^2/4$ wird

$$mjA \approx v d^3 m \frac{\Delta n}{L} .$$

Verengungen sind nach diesem d^3-Gesetz nicht mehr so große Hindernisse wie nach dem d^4-Gesetz der viskosen Strömung. Der Strömungswiderstand $R = \Delta p/(p\dot{V})$ nimmt im Hagen-Poiseuille-Bereich mit abnehmendem Druck zu: $R \sim L/(pd^4)$, d. h. eine Druckdifferenz fördert einen um so geringeren Massenstrom, je besser das Vorvakuum ist. Im Molekularbereich wird R unabhängig von p, nämlich $R \sim TL/(vd^3) \sim \sqrt{T}\, L/d^3$.

Auch die Strömung durch ein Loch, dessen Durchmesser klein gegen die freie Weglänge ist, folgt nicht mehr dem Torricelli-Gesetz $v = \sqrt{2\,\Delta p/\varrho}$. Wenn sich die Moleküle nicht mehr als viskose Masse durch das Loch drängen müssen, sondern einzeln frei mit der thermischen Geschwindigkeit v_{mol} durchfliegen, wird die Strömung stärker als nach Torricelli, denn v_{mol} ist größer als $\sqrt{2\,\Delta p/\varrho}$.

Wichtig für alle Aufdampfungsvorgänge und für Kondensations- und Sorptionspumpen ebenso wie für die Wasseraufnahme hydrophiler Stoffe ist die *Bedeckungszeit*, d. h. die Zeit, in der sich auf einer reinen Oberfläche eine zusammenhängende monomolekulare Schicht bilden würde, wenn alle auftreffenden Gasmoleküle dort sitzenblieben. Auf die Wandfläche A treffen in der Sekunde nvA Moleküle. Setzt man A gleich dem Molekülquerschnitt, ergibt sich die Bedeckungszeit als $\tau = 1/(nvA)$. Das ist etwa die Zeit, die das Molekül zum Durchlaufen seiner freien Weglänge $l \approx 1/(nA)$ braucht. Bei Atmosphärendruck kann es gar keine reinen Oberflächen geben, weil die Bedeckungszeit um 10^{-10} s liegt. Erst das Ultrahochvakuum erlaubt Reinhaltung von Oberflächen für Zeiten von 1 min und mehr.

5.8.4 Vakuum-Meßgeräte

Mechanische Meßgeräte, verfeinerte Ausgaben der üblichen Manometer, messen den Gasdruck direkt durch seine Kraftwirkung. Für höhere Vakua benutzt man den indirekten Einfluß des Druckes auf andere Größen wie Wärmeleitfähigkeit oder Entladungsströme.

Im **McLeod-Vakuskop** wird ein kleines Vakuumvolumen V_1 durch eine Quecksilbersäule abgesperrt. Unter einem bekannten Druck, den die Hg-Säule selbst oder auch die Atmosphäre erzeugt, schrumpft das Volumen V_1 auf einen Wert V_2, und das Verhältnis V_2/V_1 gibt direkt den Vakuumdruck. In sehr feinen Kapillaren erreicht man so noch bei 10^{-5} mbar vernünftige Ablesegenauigkeiten. Membranmanometer und Federmanometer mit einem gekrümmten elastischen **Bourdon-Rohr** leisten annähernd Ähnliches.

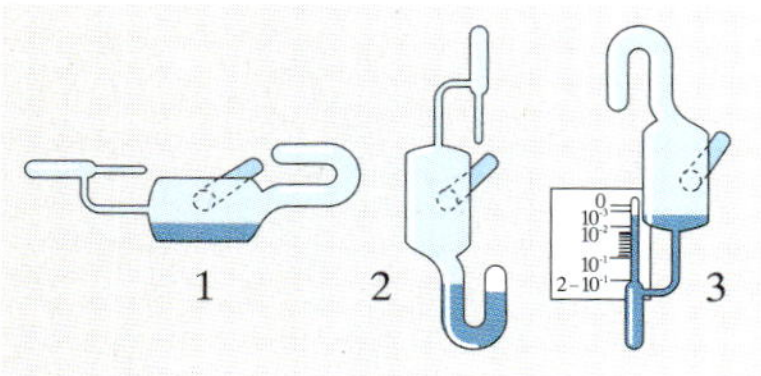

Abb. 5.80. Vakuskop nach *McLeod* und *Gaede*. (1) Ruhestellung; (2) als verkürztes U-Rohr-Manometer für Grobvakuum; (3) als McLeod-Vakuummeter für Feinvakuum. Die feine Kapillare hat eine quadratische (besser quadratwurzelförmige) Druckskala. Warum?

Optiker haben oft Glaskolben im Schaufenster, in denen sich ein Rädchen dreht, wenn Licht darauffällt. Dieser **Radiometereffekt** beruht nicht auf dem Lichtdruck, wie viele Leute glauben. Das geht schon aus der Abhängigkeit vom Restgasdruck im Kolben hervor. Unterhalb einer Grenze, bei der die freie Weglänge etwa gleich den Radabmessungen ist, dreht sich das Rad immer *langsamer*, je weniger Restgas vorhanden ist. *Knudsen* berechnete die Kraft auf die Schaufeln und nutzte sie zur Vakuummessung. Die Moleküle prallen von der durchs Licht erhitzten

Schaufelseite mit größerer Geschwindigkeit ab, als sie gekommen sind, und erteilen ihr daher einen Impuls in Gegenrichtung. Im Knudsen-Vakuummeter heizt man jeweils eine Schaufelseite elektrisch und erhält eine Kraft $F \sim p\,\Delta TA/T$. Die Grenzen liegen bei 10^{-2} mbar (freie Weglänge zu klein) bzw. 10^{-7} mbar (Restdruck zu klein).

Die Wärmeleitfähigkeit wird druckabhängig, wenn die Moleküle stoßfrei längs des Temperaturgradienten fliegen, d. h. wieder im Feinvakuumbereich. Die Wärmestromdichte zwischen zwei Flächen mit der Temperaturdifferenz ΔT wird dann $j \approx nvk\,\Delta T$ (ein Molekül transportiert $\frac{3}{2}kT$, die Teilchenstromdichte ist $\frac{1}{3}nv$; der genaue Wert von j hängt davon ab, ob die Moleküle beim Stoß mit einer Wand sofort deren Temperatur annehmen oder nur teilweise, d. h. vom *Akkomodationskoeffizienten*, der auch beim Knudsen-Vakuummeter eine Rolle spielt). Bei zu geringem Druck, um 10^{-3} mbar, wird die Wärmeleitung viel kleiner als die Wärmestrahlung, die natürlich druckunabhängig ist. Man mißt die Wärmeleitung meist über die Temperatur eines mit konstanter Heizleistung versorgten Thermoelements oder Widerstandsthermometers (**Pirani-Vakuummeter**).

Eine Gasentladung zeigt den Restgasdruck durch Farbe und Struktur der Lichterscheinungen sowie durch den Entladungsstrom an. Unterhalb von 10^{-2} mbar erlischt aber die Entladung in einem normalen Geißler-Rohr. Wenn die freie Weglänge größer ist als der Elektrodenabstand, kann sich keine Stoßionisationslawine mehr bilden. Die einzelnen Ladungsträger, die sich zufällig irgendwo bilden, repräsentieren nur einen unmeßbar kleinen Strom. Damit sie auch bei geringerem Druck wieder stoßionisieren, muß man ihren Weg zwischen den Elektroden stark verlängern. Das geschieht im **Penning-Vakuummeter** oder *Philips-Vakuummeter* in einem starken Magnetfeld zwischen zwei Kathoden in Form runder Dosendeckel mit einer Ringanode dazwischen. Ein Magnetfeld senkrecht zum elektrischen zwingt die Elektronen zu engen Zykloidenbahnen (Abb. 5.81, Abschn. 7.1.5), und der verlängerte Weg ermöglicht Stoßionisation noch bis 10^{-6} mbar.

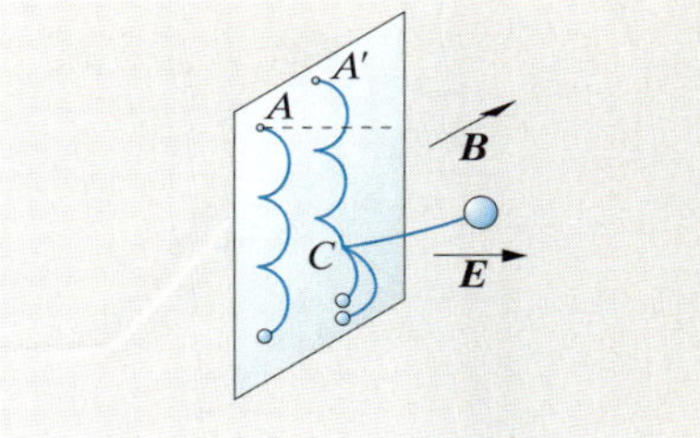

Abb. 5.81. Penning-Vakuummeter (auch Philips- oder Kaltkathoden-Vakuummeter genannt). Im Magnetfeld $\boldsymbol{B}$ parallel zur Kathodenoberfläche fliegen die bei A oder A' ausgelösten Elektronen nicht in Richtung des elektrischen Feldes $\boldsymbol{E}$, sondern beschreiben Zykloidenbahnen mit der Ebene senkrecht zu $\boldsymbol{B}$ (elegantester Beweis dieser Tatsache Abschn. 7.1.5). Trotz der geringen Restgasdichte findet ein Elektron auf seiner so verlängerten Bahn hin und wieder ein Gasmolekül, das es stoßionisiert (bei C). Dabei verliert es einen großen Teil seiner Energie und beginnt daher eine neue, weiter von der Ausgangskathode entfernte Zykloidenbahn, ähnlich wie das durch Stoß befreite Elektron. Das Ion kann wegen seiner großen Masse auf nur schwach gekrümmter Bahn zur Anode fliegen und zum Entladungsstrom beitragen, der den Restgasdruck anzeigt

Das **Ionisations-Vakuummeter** ist gebaut wie eine Triode (Vakuumröhre mit Gitter) und nutzt einen Effekt aus, der bei der gewöhnlichen Triode meist stört, nämlich den Strom positiver Ionen zum negativ vorgespannten Gitter, die von den Elektronen auf ihrem Weg zur Anode durch Stoßionisierung erzeugt werden. Bei gegebenem Anodenstrom ist dieser Gitterstrom proportional zum Druck. Die obere Druckgrenze von 10^{-2} mbar ergibt sich aus der Lebensdauer der Glühkathode, die untere läßt sich durch elektronische Kniffe bis 10^{-11} mbar bringen. In den *massenspektrometrischen* Vakuummessern können die Ionen sogar elektronenoptisch getrennt und damit die Partialdrücke der entsprechenden Gase festgestellt werden, nicht nur der Gesamtdruck. Die Trennung erfolgt nach der Laufzeit im Linearbeschleuniger oder nach der Kreisfrequenz im Zyklotronfeld.

Die meisten Vakuummesser können auch zur **Lecksuche** dienen. Um ein Leck zu finden, kann man entweder Überdruck in die Apparatur geben und ähnlich verfahren, wie jeder das von seinem Fahrradschlauch kennt. Häufiger untersucht man im Vakuumbetrieb, ob Gas von außen eindringt, wobei man oft bestimmte Gase auf bestimmte Teile der Apparatur aufbringt (Aufsprühen, Exponieren unter Abdeckhauben). Eindringen von H_2 z. B. zeigt sich an der erhöhten Wärmeleitfähigkeit eines Pirani-Vakuummeters (größere Molekülgeschwindigkeit), Eindringen von He am Stromabfall in einem Penning- oder Ionisations-Vakuummeter (schwerer ionisierbar als Luft). Massenspektrometer zeigen die eindringende Gasart direkt an.

Rudolf Diesels (1858–1913) erster funktionierender Motor. Zwölf Jahre lang versuchte Diesel in *Lindes* Firma einen selbstzündenden Motor zu entwickeln, der *Carnots* Wirkungsgrad möglichst nahekäme. Sein 1892 patentiertes Modell lief nur eine Minute, erst 1897 lief ein industriell verwendbarer Zweizylinder-Viertakter mit 25 PS

▲ Ausblick

Läßt sich die Wärmelehre bruchlos aus der Mechanik herleiten? Muß man nur einige vielleicht komplizierte, aber eigentlich selbstverständliche statistische Überlegungen hinzufügen? Zunächst scheint es so, und *Boltzmann* widmete sein Leben diesem Nachweis. Ist der zweite Hauptsatz einfach dadurch begründet, daß die Welt immer in wahrscheinlichere Zustände übergeht? Oder besteht ein tiefer Zusammenhang mit der Gesamtstruktur der Welt? Nimmt die Entropie zu, weil die Welt expandiert, und wird die Zeit rückwärts laufen, wenn sie wieder einmal kontrahieren sollte? Ganz genau weiß das alles wohl noch niemand.

✓ Aufgaben . . .

●● 5.1.1. Molekülgröße

Überlegen Sie bei jedem Schritt der Entwicklungen in Kap. 5: Kann man aus den geschilderten Beobachtungen auf die Größe oder Masse der Moleküle, die Avogadro-Zahl, die Boltzmann-Konstante schließen? Wieso würde eine der genannten Größen genügen, um die anderen zu finden?

●● 5.1.2. Gleichverteilungssatz

Wenn zwei Kugeln frontal zusammenstoßen, erfolgt nach den Stoßgesetzen ein Energieaustausch zwischen ihnen, außer wenn der Schwerpunkt ruht. Machen Sie sich diese Tatsache klar. Sollte man daraus nicht folgern: Der Energieaustausch zwischen zwei Molekülen hört erst auf, wenn beide den gleichen *Impuls* haben? Entlarven Sie diesen Trugschluß, indem Sie nicht nur frontale Stöße, sondern auch Stöße „von hinten“ untersuchen.

● 5.1.3. Raketentreibstoffe

Wieso genügt die Kenntnis der Temperaturen, die die Brennkammerwände aushalten, zur Abschätzung der Leistungsfähigkeit chemischer Raketen? Welche Größen bestimmen den Schub? Welche Brennstoffe wären am günstigsten? Schätzen Sie Ausströmgeschwindigkeiten und Brennschlußgeschwindigkeiten. Welche Treibstoffe wird man für Kernraketen nehmen?

● 5.1.4. Bimetall

Wie hängt der Krümmungsradius eines Bemitallstreifens, bestehend aus zwei je 1 mm starken Blechstreifen mit den linearen Ausdehnungskoeffizienten α_1 und α_2, von der Temperatur ab? Bei 0 °C sei $r = \infty$.

● 5.1.5. Badeofen

Ein altmodischer, mit Holz oder Kohle zu heizender Badeofen von 1,20 m Höhe und 40 cm Durchmesser des Wasserreservoirs braucht etwa 1 Stunde, um den Inhalt fast zum Sieden zu bringen. Wieviel Kohle oder Holz braucht man mindestens? Nachdem man den Ofen mit Wasser gefüllt hatte, hat man den Zulaufhahn hermetisch geschlossen. Der Ablaufhahn tropft während des Heizens ca. viermal pro Sekunde. Ein Tropfen von diesem Hahn hat etwa 0,15 ml. Wie groß ist der thermische Ausdehnungskoeffizient des Wassers?

●● 5.1.6. Thermometer

Ein Thermometer taucht meist nicht ganz in das Medium, dessen Temperatur zu messen ist, sondern ein Teil der Skala und damit der Quecksilbersäule ragt in die Raumluft. Welchen Einfluß hat das auf die Messung? Entwickeln Sie eine Korrekturformel. Wieviel kann die Korrektur höchstens ausmachen?

● 5.1.7. Gipfelhunger
Jemand steigt 2 000 m hoch, pumpt eine Wassergrube mit der Handpumpe aus, schwimmt eine Stunde, radelt 200 km (nicht alles am gleichen Tag). Auf wieviel Nahrung hat er, rein physikalisch, dabei oder danach zusätzlich Anspruch oder um wieviel nimmt er ab? Beachten Sie den Wassergehalt seines Gewebes!

●● 5.1.8. Europas Heizung
Der Hauptteil des **Golfstroms**, der Karibenstrom, kommt aus der 160 km breiten und durchschnittlich 1 000 m tiefen Meerenge zwischen Key West (Florida) und Habaña (Cuba) mit maximal 11 km/h, im Mittel etwa 5 km/h hervorgeschossen. Nördlich der Bahamas vereinigt er sich mit dem etwas schwächeren Antillenstrom. Er bringt bis an die Rockall-Schwelle (zwischen Schottland und Island) selbst im Januar Wasser von ca. 15 °C, während man sonst in ähnlicher geographischer Breite um 0 °C mißt. Schätzen Sie die Wärmemenge ab, die der Golfstrom der nordostatlantischen Region zuführt (besonders im Winter), und vergleichen Sie mit der Gesamtsonneneinstrahlung auf dieses 10–20 Mill. km^2 große Gebiet. Beachten Sie die Richtung des Sonneneinfalls und die Tageslängen. Um wieviel werden somit England, Island, die norwegische Küste klimatisch „nach Süden verschoben"?

●● 5.1.9. Heiße Bremsen
Wie heiß können die Bremsen eines Autos bei der Abfahrt von einem Paß werden, wenn es keine Abstrahlung gäbe und man die „Motorbremse" vergäße? Schätzen Sie den Einfluß der Wärmestrahlung bei vernünftigen Werten von Gefälle, Geschwindigkeit, Felgenfläche. Mit welcher stationären Temperatur muß man rechnen?

●● 5.1.10. *c* von Wasser
Wie viele Freiheitsgrade müßte das Wassermolekül im flüssigen Zustand haben, damit die richtige spezifische Wärme herauskommt? Desgleichen für die Metalle und Verbindungen nach Tabelle 5.6.

●● 5.1.11. Spezifische Wärme
Schätzen Sie die spezifischen Wärmen einiger Metalle, z. B. Kupfer, Zinn, Aluminium. Welche spezifischen Wärmen müßten Verbindungen wie Wasser, Ammoniak, Ethylalkohol usw. nach der Neumann-Koppschen Regel haben? Wo treten Abweichungen auf und wie sind sie vermutlich zu erklären? Für welchen festen oder flüssigen Stoff erwarten Sie die größte spezifische Wärme?

●● 5.1.12. Heißer Kaffee I
Während der Kellner Ihren Kaffee bringt, bittet er Sie zum Telefon. Da Sie Milch zum Kaffee nehmen, haben Sie zwei Möglichkeiten: Die Milch gleich hineinzutun, oder wenn Sie wiederkommen. In welchem Fall bleibt Ihr Kaffee wärmer?

●● 5.1.13. Heißer Kaffee II
Wenn Sie Milch und Zucker zum Kaffee nehmen, können Sie verschieden vorgehen: Erst Zucker in den Kaffee, oder erst Milch. Auf welche Weise kommen Sie zum heißesten Kaffee?

●● 5.2.1. Effusiometer nach Bunsen
Ein Gas unbekannter Art steht unter dem Kolbenüberdruck p in einem Gefäß, das durch eine sehr enge Öffnung mit der Außenwelt verbunden ist. Wie kann man aus der Zeit, in der der Kolben alles Gas herausgedrückt hat, die Molekülmasse des Gases bestimmen? Muß man die Größe des Loches kennen? Wenn man sie nicht kennt, wie eicht man das Verfahren?

●● 5.2.2. Gasthermometer
Warum nimmt man im Gasthermometer gerade H_2 und He, um die absolute Temperaturskala zu definieren?

●● 5.2.3. Luftballon
Ein Ballon, gefüllt mit Heißluft (H_2, He) soll die Nutzlast m hochtragen. Berechnen Sie alles Nötige: Ballondurchmesser usw. Wie hoch steigt Ihr Ballon? Was geschieht mit ihm in größeren Höhen? Braucht man Ballast?

●● 5.2.4. Zug im Kamin
Ein Schornstein der Höhe H ist von Luft erfüllt, die um ΔT wärmer ist als die Außenluft. Wie groß ist der Auftrieb? Wieso kann man diese Größe als Druckdifferenz deuten, die den „Zug" des Schornsteins ausmacht? Warum zieht ein Schornstein im allgemeinen um so besser, je höher er ist?

●● 5.2.5. Einwecken
Ein Weckglas wird so gefüllt, daß etwas Luft unter dem Deckel bleibt. Bleibt sie immer drin? Mit welcher Kraft wird der Deckel nach dem Abkühlen angepreßt? Unter welchen Umständen wird diese Kraft maximal?

●● 5.2.6. Druck in der Sonne
Schätzen Sie den Druck im Innern der Erde, der Sonne, anderer Himmelskörper. Einfachster Weg: Dimensionsbetrachtung. Ausführlicher: Jede Schicht drückt auf die darunterliegenden, angezogen lediglich durch die noch innerhalb befindliche Materie.

●● 5.2.7. Wie heiß ist die Sonne?
Schätzen Sie Temperatur und Dichte (vor allem ihr Produkt) im Sonneninnern (ideales H-Atomgas; vgl. Aufgabe 5.2.6).

● 5.2.8. Unser Luftmeer
Welche Experimente sind nötig, um die Grunddaten über die Atmosphäre zu beschaffen? Halten Sie alle diese Experimente möglichst einfach!

● 5.2.9. M. Périers Bergtour
Blaise Pascal schickte seinen Schwager mit einem U-Rohr-Barometer auf den Puy de Dôme. Wie wir wissen, ist dieser 1 463 m hoch; wußte *Pascal* das auch? Wie genau wird seine Druckmessung gewesen sein? Was konnte er daraus schließen?

● 5.2.10. Hat Mt. Everest Luft?
Rechnen Sie die Konsequenzen einer konstanten Dichte nach (homogene Atmosphäre). Speziell: Wieso wäre bei 8 km Schluß? Wo würde die Verflüssigungstemperatur erreicht?

●●● 5.2.11. Adiabatische Schichtung
Das Auf- und Absteigen von Luftmassen erfolgt adiabatisch. Was geschieht, wenn eine aufsteigende Luftmenge in dichtere bzw. weniger dichte Umgebung gerät? Was wird man unter adiabatisch stabiler, labiler, indifferenter Schichtung verstehen? Wie hängen

Dichte, Druck, Temperatur bei indifferenter Schichtung von der Höhe ab? Welches Ergebnis zwingt zu dem Schluß, daß diese Art der Schichtung nur bis zu einer bestimmten Höhe gelten kann? Welche physikalischen Prinzipien gelten oberhalb dieser Tropopause, und wie hoch liegt sie?

●● 5.2.12. Marstemperatur

Wenn das Marsgestein ein schwarzer Körper wäre, welche Temperatur würden Sie ihm bei Zenitstand der Sonne zugestehen? Welches dürfte die mittlere Temperatur in den „Tropen" sein? Mars ist nicht ganz schwarz, sondern hat eine Albedo 0,15 (Erde 0,34). Wie ändert das die Schätzung? Was sagen Sie über den Einfluß der Atmosphäre (vgl. Kap. 11)?

● 5.2.13. Marsatmosphäre

Mariner 7 und 9 bestimmten den Atmosphärendruck in den Marstiefebenen zu 10 mbar, 25 km darüber zu 1 mbar. Kann man daraus schließen, woraus die Marsatmosphäre besteht?

●● 5.2.14. Mars-Samum

Während Mariner 9 unterwegs war, zeigten ab September 1971 terrestrische Beobachtungen auf dem Mars einen Staubsturm, der fast die gesamte Oberfläche verhüllte. Als Mariner im November ankam, konnte er keine nennenswerte Konvektion mehr feststellen. Trotzdem blieb der Staubschleier noch bis Februar 1972 merklich. Schätzen Sie die Größe der Staubteilchen. Vergleichen Sie mit der Sinkgeschwindigkeit auf der Erde. Wenn die „leuchtenden Nachtwolken" von der Krakatau-Eruption noch 10 Jahre sichtbar waren, und zwar bis zu $\frac{1}{2}$ bis $\frac{3}{4}$ h nach Sonnenuntergang, wie hoch und wie groß waren dann die Staubteilchen? Warum blieb in der Troposphäre der Staub nicht so lange hängen?

●● 5.2.15. Mars-Stratosphäre

Geben Sie einen kurzen Querschnitt durch die Marsatmosphäre. Gibt es eine Troposphäre, und wie dick schätzen Sie sie? Gibt es eine Ozonsphäre? Wenn nicht, was sind die Folgen für mögliche Lebewesen auf dem Mars? Gibt es eine Ionosphäre, und wo etwa fängt sie an? Spielt der Treibhauseffekt eine Rolle?

● 5.2.16. Freie Weglänge I

Bei einem Radrennen muß ein Teilnehmer, der eine Reifenpanne hat, ausscheiden. Solche Pannen entstehen, indem man auf einen Nagel fährt. Auf $1\,\mathrm{m}^2$ Straßenfläche liegen im Mittel n Nägel mit der Spitze nach oben (zum Glück $n \ll 1\,\mathrm{m}^{-2}$). Nach welchem Gesetz nimmt die Anzahl der Teilnehmer ab? Wie lange bleibt ein Radler im Durchschnitt im Rennen?

●● 5.2.17. Freie Weglänge II

Wir haben in Abschn. 5.2.7 ein schnelles Teilchen in ein Gas aus praktisch ruhenden geschossen. Was ändert sich, wenn sich beide Stoßpartner bewegen, z. B. gleichschnell? Untersuchen Sie die Stoßfrequenz (Zahl der Stöße/s), die ein Teilchen mit Partnern erleidet, die ihm unter einem Winkel ϑ entgegenkommen. Annahme: Alle Geschwindigkeitsbeträge gleich. Mitteln Sie über die Verteilung der Winkel ϑ. Sie erhalten zwar nicht den Faktor $\sqrt{2}$ von (5.30′), aber einen sehr ähnlichen.

●●● 5.2.18. Exosphäre

In der Hochatmosphäre kann die mittlere freie Weglänge ähnlich der Skalenhöhe werden oder größer. Wie verläuft dann das Schicksal eines Moleküls, das nach oben fliegt?

●● 5.2.19. Reaktionsquerschnitt

Zwei Gase oder Lösungen mit den Molekülen A und B werden gemischt, so daß die Reaktion $A + B \rightarrow AB$ ablaufen kann. Wie hängt die Reaktionsrate, d. h. die Anzahl/s der Reaktionsakte, von den Konzentrationen der beiden Partner ab? Welche Größen sind außerdem bestimmend für die Reaktionsrate? Kann man von einem Reaktionsquerschnitt sprechen? Wieso kann er sich vom geometrischen Querschnitt unterscheiden?

●● 5.2.20. Hochvakuum

Wie hängt die freie Weglänge vom Gasdruck ab? Bei welchem Vakuum wird die freie Weglänge ebensogroß wie die Gefäßdimensionen? Was ist die Folge?

●● 5.2.21. *k*-Messung

Das Drehspiegelsystem von Aufgabe 3.4.1 zeigt selbst bei vollkommenem Schutz vor Luftzug unregelmäßig zitternde Drehbewegungen. Bei längerer Aufzeichnung findet man einen quadratisch gemittelten Ausschlag von ca. 2 mm. Warum mittelt man quadratisch? Was kann man schließen? Kann man z. B. die Boltzmann-Konstante bestimmen?

●●● 5.2.22. Diffusion

Die tatsächliche Bahn eines Moleküls setzt sich aus einer Zickzackfolge freier Weglängen zusammen. Falls im Mittel jede Umlenkung um einen rechten Winkel erfolgt: Welche Gesamtverschiebung ergibt sich nach zwei bzw. drei freien Flugdauern? Verallgemeinern Sie auf n freie Flugdauern und drücken Sie das mittlere Verschiebungsquadrat durch die Gesamtflugzeit aus. Mittels (5.64) kann man dies durch den Diffusionskoeffizienten und mittels (5.42) durch die Beweglichkeit ausdrücken. Wieweit trifft dies alles auch für die sehr viel größeren mikroskopisch beobachtbaren Teilchen zu? Kann man aus Beobachtungen der Brownschen Bewegung die Größe der Moleküle bestimmen?

●● 5.2.23. Perrin-Versuch

Latex-Kügelchen von $0{,}6\,\mu\mathrm{m}$ Durchmesser und der Dichte $1\,200\,\mathrm{kg/m^3}$ werden in Wasser suspendiert, das durch Rohrzucker-Zusatz auf $1\,190\,\mathrm{kg/m^3}$ gebracht ist. Nach einiger Zeit bildet sich ein Bodensatz, der nach oben allmählich ins leere Suspensionsmittel übergeht. Mit einer feinen Pipette entnimmt man aus Höhen von 2; 4; 6; 8 mm über dem Boden je eine winzige Probe und füllt davon (nach evtl. Verdünnung) in die 0,1 mm tiefe, $1\,\mathrm{mm}^2$ große Zählkammer eines Hämozytometers. Man findet in diesem Volumen $1{,}16 \cdot 10^6$; 13 500; 95; 2 Kügelchen. Bestimmen Sie daraus die Avogadro-Zahl, die Boltzmann-Konstante, die Masse des H-Atoms. Welche Fehlerquellen gibt es?

●● **5.2.24. Maxwell-Verteilung I**
Wie breit ist sie (Halbwerts- oder 1/e-Wertsbreite), wie hoch ist ihr Maximum? Entsprechen diese Werte der Forderung, daß die Gesamtfläche 1 sein muß?

●●● **5.2.25. Maxwell-Verteilung II**
In einem Gas ist die am häufigsten vorkommende Molekülgeschwindigkeit etwas verschieden von der mittleren Geschwindigkeit und diese wieder von der Wurzel aus dem mittleren Geschwindigkeitsquadrat $\overline{v^2}$, das in der kinetischen Gastheorie die beherrschende Rolle spielt. Wie kommt es zu diesen Unterschieden? Können Sie anschaulich sagen, welche der drei Geschwindigkeiten die größte, welche die kleinste ist? Berechnen Sie die drei Geschwindigkeiten. Dabei treten Integrale der Form $I_n = \int_0^\infty z^n \,\mathrm{e}^{-az^2}\,\mathrm{d}z$ auf. Man kann sie aufeinander reduzieren mittels $I_{n+2} = -\mathrm{d}I_n/\mathrm{d}a$ und braucht nur noch $I_1 = \int_0^\infty z\,\mathrm{e}^{-az^2}\,\mathrm{d}z = 1/(2a) \int_0^\infty \mathrm{e}^{-x}\,\mathrm{d}x = 1/(2a)$ und $I_0 = \int_0^\infty \mathrm{e}^{-az^2}\,\mathrm{d}z = 1/\sqrt{a}\int_0^\infty \mathrm{e}^{-x^2}\,\mathrm{d}x$. Das letzte Integral haben wir in Aufgabe 1.1.8 schon bestimmt, also $I_0 = \frac{1}{2}\sqrt{\pi/a}$.

●●● **5.2.26. Reaktionsrate**
Eine Oxidationsreaktion erfordert, daß Sauerstoff- und Brennstoffmolekül mindestens mit der **Aktivierungsenergie** W_A zusammenstoßen. Sind dadurch die bestehenden Bindungen gelockert, so erfolgt die Reaktion, die eine größere Energie W_R hergibt. Welcher Bruchteil der O_2-Moleküle ist für die Reaktion verfügbar? Wie hängt dieser Bruchteil von der Temperatur ab? Wie häufig erfolgen Stöße zwischen O_2- und Brennstoffmolekülen (Stöße überhaupt und Stöße, die zur Reaktion führen)? Welche Reaktionsenergie wird in der Sekunde freigesetzt? Schätzen Sie die Temperatur, von der ab die Reaktion genügend Energie erzeugt, um das Gemisch so zu erhitzen, daß die Reaktion von selbst weitergeht (Flammpunkt).

●● **5.2.27. Kernfusion**
Kernfusionsreaktionen würden, wenn der Tunneleffekt nicht wäre, Übersteigung einer Potentialschwelle von mehr als 1 MeV erfordern. Wie heiß müßte ein Gas (eigentlich Plasma) sein, damit wenigstens einige Stöße mit dieser Energie erfolgten? Der Tunneleffekt reduziert die effektiv erforderliche Stoßenergie auf etwa $W_{\text{eff}} = \sqrt{W_s kT}$. Wie ändert das die Abschätzung?

●● **5.2.28. Sind Planeten so selten?**
Sterne fliegen mit etwa 100 km/s (vgl. Aufgabe 1.7.26). Bei engen Begegnungen tauschen sie kinetische Energie aus. Wie eng muß die Begegnung sein, damit dieser Austausch die Größenordnung ihrer ganzen kinetischen Energie erreicht? Wie groß ist die freie Weglänge für einen solchen Austausch, wie groß ist die Relaxationszeit für die Einstellung des „thermischen Gleichgewichts" zwischen den Sternen? Welche Geschwindigkeitsverteilung haben dann die Sterne? Unsere Galaxis enthält $2 \cdot 10^{11}$ Sterne; ihr Durchmesser ist ca. 60 000 Lichtjahre, ihre mittlere Dicke ca. 10 000 Lichtjahre.

●● **5.2.29. Galaxienhaufen**
In den größten Strukturen des Weltalls, Haufen aus tausenden Galaxien, sitzen die größten meist ziemlich innen. Warum?

●● **5.3.1. Ottomotor**
Welches ist das optimale Mischungsverhältnis im Vergasergemisch? Der Brennwert von Benzin ist etwa $3{,}7 \cdot 10^7$ J/kg. Geben Sie Temperatur und Druck nach der Zündung an, falls die Wärmeverluste an Zylinder und Kolben vernachlässigbar sind. Spielt die Druckänderung infolge Molzahländerung bei der Verbrennung eine Rolle? Welcher Wirkungsgrad ergibt sich im idealen Fall? Welche Vorteile bietet der Dieselmotor?

● **5.3.2. Kühlschrank**
Das Kühlaggregat eines Kühlschrankes von 150 l Inhalt nimmt eine elektrische Leistung von 150 W auf. Der Kühlschrank wird zur Hälfte seines Volumens mit Lebensmitteln von 25 °C gefüllt. Wie lange würde eine *Heizung* von 150 W brauchen, um die Lebensmittel von 5 auf 25 °C zu erwärmen? Der Kompressor des Kühlschrankes läuft nach dem Einfüllen der Lebensmittel 2 Stunden und schaltet sich dann ab. Erklären Sie den Unterschied in den Zeiten quantitativ.

●● **5.3.3. Wärmepumpe**
Eine Stadt soll zentral durch eine Wärmepumpe mit Heizwärme versorgt werden. Wo sind das warme und das kalte Reservoir? Welche mechanische oder elektrische Arbeit kommt ins Spiel? Wirkungsgrad? Reicht der Fluß als Wärmespender aus? Wieviel Öl spart man, verglichen mit den individuellen Ölheizungen bzw. mit vollelektrischen Raumheizungen?

●● **5.3.4. Projekt Agrotherm**
Abwärme aus Kraftwerken soll zur Erwärmung des Ackerbodens benutzt werden (auch zur Heizung von Gewächshäusern und Fischzuchtbekken). Man erzielt so erhebliche Ertragssteigerungen. Wenn thermische und Kernkraftwerke mit einer oberen Kesseltemperatur von 600–700 °C arbeiten, wieviel Abwärme erzeugen dann alle Kraftwerke der BRD zusammen? Das Kühlwasser, das etwa 20 K wärmer ist als die Luft, soll durch Rohre geleitet werden, die in der Tiefe d unter dem Ackerboden verlegt sind. Diese Rohre liegen ziemlich dicht beieinander. Wie sieht die Temperaturverteilung im so geheizten Boden aus? Drücken Sie die T-Verteilung im Boden durch diese Größen aus. Damit eine merkliche Ertragssteigerung erzielt wird, müssen die Temperaturen im Wurzelbereich von Getreide, Kartoffeln, Gemüse oder Zuckerrüben um mindestens 2 °C gesteigert werden. Welche Fläche kann man nach diesem Projekt behandeln? Kann die Ackeroberfläche genau Lufttemperatur haben, oder muß sie etwas wärmer sein? Um wieviel? Beeinflußt das die bisherigen Abschätzungen? Wärmeleitfähigkeit der Ackererde $\lambda \approx 0{,}5\,\mathrm{W\,m^{-1}\,K^{-1}}$.

●● **5.3.5. Wirkungsgrad**
Bestimmen Sie die Wirkungsgrade einiger Wärmekraftmaschinen aus dem p,V- und aus dem T,S-Dia-

gramm (Abb. 5.25). Beachten Sie dabei, in welchen Arbeitstakten Wärme ausgetauscht wird und mit wem.

● 5.3.6. Strahlungsdruck

Leiten Sie die Beziehung zwischen Energiedichte und Strahlungsdruck in einem isotropen Strahlungsfeld aus der Photonen-Vorstellung ab: Photonen sind „Teilchen" mit der Energie $h\nu$ und dem Impuls h/λ, die mit c fliegen. Hängt diese Beziehung davon ab, ob die Strahlung schwarz ist?

●●● 5.3.7. Differentieller Carnot-Prozeß

Eine Maschine, deren Arbeitssubstanz kein ideales Gas zu sein braucht, vollführe einen Carnot-Prozeß aus isothermer Expansion, adiabatischer Expansion, isothermer Kompression und adiabatischer Kompression. Alle diese Änderungen seien sehr klein, speziell die isothermen Volumenänderungen, so daß der Druck auf den isothermen Ästen als konstant betrachtet werden kann. Die adiabatischen Temperaturänderungen seien sogar so klein, daß die Volumenänderungen auf den adiabatischen Ästen klein sind gegen die auf den isothermen (kann man das immer erreichen? Skizze im p, V-Diagramm!). Was ist die Folge für die Arbeitsanteile der einzelnen Takte? Die Eigenschaften der Arbeitssubstanz sind nur lückenhaft bekannt: Von einem Stoff A wisse man nur, daß seine innere Energie W nicht vom Volumen, also nur von der Temperatur abhängt (wie für ein ideales Gas nach dem adiabatischen Expansionsversuch von *Gay-Lussac*). Bei einem anderen Stoff B ist die Energie dem Volumen proportional: $W = uV$, wobei die Energiedichte u von T abhängt. Bei Stoff B sei ferner bekannt, daß $u = 3p$ (Strahlung, vgl. Aufgabe 5.3.6). Ein Stoff C hat $W \sim V^{-2/3}$ und W praktisch unabhängig von T (Fermi-Gas). Es ist klar, daß p in allen diesen Fällen von T abhängt; die Frage ist nur wie. Drücken Sie, zunächst in allgemeiner Form, den Wirkungsgrad dieser Carnot-Maschine aus durch T-Änderung $\mathrm{d}T$, Gesamtarbeit d^2W, Wärmeaufnahme $\mathrm{d}Q$ bei isothermer Expansion. Drücken Sie d^2W ferner durch $p(T)$ und die Volumenänderung aus und stellen Sie $\mathrm{d}Q$ nach dem ersten Hauptsatz auf. Welcher allgemeine Zusammenhang ergibt sich zwischen $\mathrm{d}p/\mathrm{d}T$, T, p und $\mathrm{d}W/\mathrm{d}V$? Spezialisieren Sie auf die Stoffe A, B und C und ziehen Sie die Folgerungen: Wie sieht $p(T)$ aus, wie $u(T)$ im Fall B? Wie hängt W von V und T ab? Kann man die Zustandsgleichung aufstellen?

●●● 5.3.8. Sonnenatmosphäre

An der sichtbaren Sonnenoberfläche (Photosphäre) herrscht die Dichte 0,01 g/cm³, in 50 000 km Tiefe etwa 1 g/cm³. Welche Temperatur schätzen Sie in dieser Tiefe? Was sagt die Saha-Gleichung (Abb. 8.9) über den Ionisationszustand des Wasserstoffs an der Oberfläche und in dieser Tiefe? Verfolgen Sie ein Gasvolumen, das aus der Tiefe aufsteigt, vergleichen Sie mit feuchter Luft. Woher kommt die zusätzliche Aufstiegstendenz, in welchem Fall ist sie größer? Erwarten Sie, daß in der Sonnenatmosphäre eine adiabatische-stabile Schichtung möglich ist? Wenn nicht, wie stellen Sie sich die Verhältnisse dort vor? Vergleichen sie mit einem flachen Kochtopf auf der elektrischen Heizplatte, der mit sehr wenig Wasser gefüllt ist.

●● 5.4.1. Heizung

Die Heizung muß Wärmeverluste durch Luftaustausch, Wärmeleitung usw. ersetzen. Sind Doppelfenster sinnvoll? Kommt die geringe Wärmeleitfähigkeit der Luft (0,025 W/m K) zur Geltung? Ist Konvektion nützlich oder schädlich? Welche Heizleistung veranschlagen Sie? Wie erzielen Sie sie: elektrisch, mit Gas, Öl, Kohle? Beachten Sie auch den ökonomischen Gesichtspunkt! Wärmeisolierstoffe leiten typischerweise mit ca. $\lambda = 0{,}05$ W/m K. Nach welchem Prinzip können sie das leisten? Verwenden Sie sie sinnvoll!

●● 5.4.2. Thermische Relaxation

Welchen Temperatur-Leitwert haben Kupfer, Wasser, Luft, Fett, Stein? Ziehen Sie praktische Konsequenzen. Wenn ein Thermik-Aufwindschlauch 100 m Durchmesser hat, wie groß ist seine thermische Relaxationszeit? Ist der Aufstieg adiabatisch?

●● 5.4.3. Mindestalter der Erde (*Kelvin*)

Der Temperaturgradient beim Eindringen in die Erde beträgt im Mittel 0,03 K/m (geothermische Tiefenstufe 30 m/K). Wenn die ganze Erde einmal feuerflüssig war, muß um diese Zeit die hohe Temperatur von ca. 3 000 K bis zur Oberfläche gereicht haben und muß dort steil auf die ca. 0 °C abgebrochen sein, die die Sonneneinstrahlung bedingt (vgl. Aufgabe 11.2.15). Wie lange muß die Abflachung bis zum jetzigen Wert des Gradienten gedauert haben (Größenordnung!)? Weshalb kommt nicht ganz das richtige Alter der Erde heraus?

●●● 5.4.4. Bodenfrost

Die tägliche und die jährliche Änderung der Lufttemperatur können grob durch Sinusfunktionen beschrieben werden. Studieren Sie das Eindringen dieser „Temperaturwellen" in den Erdboden. In welcher Tiefe muß man Wasserrohre verlegen, um vor dem Einfrieren sicher zu sein? Wie tief müssen Sektkeller sein, in denen die Temperatur höchstens um 1 °C schwanken darf? In welcher Tiefe liegt der „Permafrost" (ewig gefrorene Schicht) in der Arktis? Kann es sein, daß manche Keller nachts wärmer sind als tags? Rechnen Sie am besten komplex. Wenn $T(t)$ am Erdboden wie $e^{i\omega t}$ geht, liegt nach dem Bau der Wärmeleitungsgleichung nahe, daß auch $T(x)$ eine e-Funktion ist, aber evtl. mit komplexen Exponenten. Erde hat eine Wärmeleitfähigkeit von ca. 2 W/m K.

●● 5.4.5. Wiener-Versuch

Diskutieren Sie die Figur in Abb. 5.40. Was kann man aus ihrer Gesamtfläche und aus der zeitlichen Änderung ihrer Höhe und Breite entnehmen?

●● 5.4.6. Druckparadoxon

In einem porösen Tongefäß ist Luft. Wenn man es außen mit Wasserstoff zu bespülen beginnt, steigt der Druck im Gefäß plötzlich an. Warum? Bleibt er ständig höher? Was geschieht, wenn man mit dem Bespülen aufhört?

●● 5.4.7. Nackt und pudelwohl

Bei welcher Lufttemperatur kann sich ein splitternackter Mensch im Schatten ohne körperliche Bewegung aufhalten, ohne zu frieren? Warum friert er doch, wenn er schläft? Wie dick muß man sich bei gegebener Lufttemperatur anziehen? Warum wärmt Kleidung überhaupt? Sind die Verlustmechanismen beim nackten und angezogenen Menschen dieselben? Was kann der Mensch oberhalb der anfangs bestimmten Temperatur machen, um Überhitzung zu vermeiden? Hilft kühles Getränk erheblich mit, oder gibt es wirksamere Mechanismen? Wasserverlust von 3–4 l (Dehydrierung) ist für den Menschen tödlich. Wie lange kann er es in der Wüste bei 37 °C ohne Wasser aushalten?

●● 5.4.8. Brrr . . . !

Bei 0 °C und Sturm friert man meist mehr als bei −20 °C und Windstille. Ist dies nur subjektiver Gefühlseindruck oder physikalisch begründbar? Wie kalt wird die Hautoberfläche eines unbekleideten Körperteils bei gegebener Lufttemperatur? Warum erfrieren Nase, Finger und Zehen meist zuerst?

●●● 5.4.9. Rayleigh-Konvektion

Die Konvektion ist theoretisch äußerst schwierig, weil hier Auftrieb, Viskosität, Wärmeleitung, Oberflächenspannung in sehr komplizierter Weise zusammenspielen. In der Atmosphäre kommen noch die Höhenabhängigkeit der Zustandsgrößen und der Energieumsatz durch Kondensation hinzu, im Meer die Dichteunterschiede infolge verschiedener Salzgehalte, die sich bei der Verdunstung noch ändern, im zähplastischen Erdmantel der Energieumsatz durch Änderung der Kristallstruktur sowie die unterschiedliche Verteilung der radioaktiven Wärmequellen. Kein Wunder, daß die atmosphärische und die Ozeanzirkulation noch viele Geheimnisse bergen, noch mehr die Strömungen im Erdmantel, die Motoren der Plattentektonik. Wir studieren den einfachsten Fall, die Rayleigh-Konvektion, in der Auftrieb, Viskosität und Wärmeleitung zusammenspielen. Wird ein Fluid von unten geheizt wie im Kochtopf oder der Atmosphäre, so daß die Temperatur nach oben abnimmt, dann kann die Schichtung leicht instabil werden. Welche Kräfte wirken auf ein Fluidpaket, das zufällig ein Stück aufsteigt, und wie bewegt es sich also weiter? Hat seine Temperatur dabei Zeit, sich der Umgebung anzugleichen? Wie lautet die Bedingung dafür? Unter welchen Umständen bleibt also die Aufstiegstendenz erhalten?

●● 5.4.10. Schlaues Huhn

Das australische Großfußhuhn Tallegalla brütet seine Eier nicht in eigener Körperwärme aus, sondern benutzt dazu bakterielle Fäulniswärme. Der Hahn scharrt einen großen runden Haufen aus Laub und Humuserde zusammen. Die Henne legt die Eier in die Mitte, nachdem es kräftig geregnet hat und die Fäulnis einsetzt. Der Hahn kommt regelmäßig wieder, um die Haufengröße je nach Außentemperatur zu regeln, so daß die Eier immer auf 35 °C–36 °C bleiben. Was muß er tun, wenn es draußen kälter wird? Denken Sie sich aus dem kugelförmig idealisierten Haufen eine konzentrische Teilkugel herausgeschnitten. Wie hängt die darin erzeugte Wärmeleistung vom Radius der Teilkugel ab? Wohin fließt sie? Wie groß ist die Wärmestromdichte? Wie hängt sie vom Radius ab? Wie groß ist der Temperaturgradient und wie hoch ist die Temperatur im Abstand r von der Haufenmitte? Die Wärmeleitfähigkeit von Laub sei $\lambda \approx 0{,}1\,\mathrm{W\,m^{-1}\,K^{-1}}$. Leistungsdichte der Wärmeproduktion der Bakterien $q \approx 6\,\mathrm{W\,m^{-3}}$.

●● 5.5.1. Stirling-Formel

Beweisen Sie die **Stirling-Formel** als analytische Näherung für die Fakultät: $x! \approx x^x\,e^{-x}\sqrt{2\pi x}$. Hinweis: Logarithmieren Sie $x!$ und nähern Sie die Summe von oben und von unten durch geeignete Integrale an, deren Mittelwert sie schließlich verwenden.

●● 5.5.2. Irreversibilität

Zeigen Sie, daß typisch irreversible Prozesse wie der Wärmeübergang von einem warmen zu einem kalten Körper die Umwandlung von Arbeit in Wärme durch Reibung, die arbeitsfreie Expansion eines Gases, die Mischung zweier verschiedener Gase mit einem Anwachsen der Entropie verbunden sind.

● 5.5.3. Mischung

Wir tun nicht weißen und schwarzen Sand in die Schachtel, sondern weißen Sand und scharze Eisenfeilspäne. Kann es jetzt vorkommen, daß Schütteln zur **Entmischung** führt, und unter welchen Umständen? (Antworten Sie so quantitativ wie möglich!)

● 5.5.4. Protein-Entropie I

Ein **Proteinmolekül** ist eine Kette von Aminosäuren in einer ganz bestimmten, für jedes Protein charakteristischen Reihenfolge. Wieviel Entropie könnte Ihr Körper gewinnen, wenn er alle seine Aminosäuren wild durcheinanderwürfelte? (Mittleres Molekulargewicht einer Aminosäure 100; Ihr Körper enthält ca. 20 % Protein.)

●●● 5.5.5. Protein-Entropie II

Ein Riesenmolekül bildet eine Kette aus N Gliedern, deren jedes L verschiedene Lagen (Richtungen) relativ zum vorhergehenden Glied einnehmen kann. Damit das Molekül eine bestimmte Konfiguration hat, z. B. die ganz gestreckte, muß sich jedes Glied in einer ganz bestimmten seiner L Lagen befinden. Welche Wahrscheinlichkeit und welche Entropie hat die Kette, wenn alle L Lagen gleichwahrscheinlich sind, bzw. wenn rein geometrisch ihre Wahrscheinlichkeiten verschiedene Werte p_i haben? Außerdem mögen die einzelnen Lagen verschiedene potentielle Energien ε_i haben. Welche Wahrscheinlichkeit für eine bestimmte Konfiguration ergibt sich jetzt? Welchen Einfluß hat die Temperatur? Wieso spielt die Freie Energie auch hier eine beherrschende Rolle?

●●● 5.5.6. Seltsame Definition

Nehmen Sie an, Sie wüßten von der Größe „Temperatur“ nur, daß sie den Wirkungsgrad einer reversiblen Wärmekraftmaschine bestimmt, nämlich daß dieser eine Funktion $\eta(T_2, T_1)$ der Temperaturen der beiden beteiligten Wärmespeicher ist. Nun versuchen Sie, die Form dieser Funktion η und die Eigenschaften der Temperatur genauer festzulegen. Sie können z. B. zwei solche Maschinen hintereinanderschalten, so daß die eine den kalten Speicher der anderen als heißen für sich selbst benutzt. Was kann man daraus über η schließen? Wie kann man beweisen, daß es einen absoluten Nullpunkt der Größe T gibt? Kann man hieraus die Größe T schon vollständig mit der üblichen Kelvin-Temperatur identifizieren, oder braucht man dazu spezielle Kenntnisse über mindestens eine wirkliche Arbeitssubstanz?

●● 5.5.7. Mischbarkeit
Wenn Mischen immer Entropiegewinn einbringt, warum mischen sich dann z. B. Wasser und Öl nicht? Kann man sagen, ob Erhitzen oder Abkühlen die **Mischbarkeit** verbessert?

●● 5.5.8. Kleiner Unterschied
Das Verdampfungs- oder Schmelzgleichgewicht liegt, außer für einen Zustand auf der Siede- oder Schmelzkurve, ganz auf einer Seite, d. h. es liegt ausschließlich *ein* Aggregatzustand vor. Beim chemischen Gleichgewicht kommt das dagegen nie vor: Selbst bei einer Reaktion, die ganz ausgesprochen in eine Richtung strebt, sind immer alle beteiligten Stoffe in einer gewissen Menge vorhanden. Wie erklärt sich dieser Unterschied?

●● 5.5.9. Adsorption
An einer Grenzfläche, z. B. einer Festkörperoberfläche, steht eine gewisse Anzahl von Plätzen zur Verfügung, wo sich Gasmoleküle anlagern können. Wie ändern sich Energie und Entropie bei einer solchen Anlagerung (qualitativ und schätzungsweise quantitativ)? Wie hängt die adsorbierte Menge vom Druck des Gases ab (die rein thermodynamische Ableitung ist schwieriger als die kinetische)?

●● 5.5.10. Chromatographie
Um ein Gemisch von Gasen oder gelösten Stoffen zu trennen, läßt man am Ende einer Chromatographensäule (Aktivkohle oder andere feindisperse Stoffe für Gase, Alaun, verschiedene Kunstharze für Lösungen) zunächst das ganze Gemisch adsorbieren. Dann läßt man ein Trägergas oder reines Lösungsmittel langsam durch die Säule strömen. Die adsorbierten Stoffe treten nach mehrfacher Desorption und Readsorption auf der anderen Seite aus, und zwar nach einer „Durchbruchszeit“, die von ihrem Adsorptionsvermögen sehr stark abhängt. Untersuchen Sie, wie eine ursprüngliche rechteckige Welle adsorbierten Stoffs in der Säule fortschreitet. Voraussetzung: An jedem Ort herrscht praktisch Adsorptionsgleichgewicht. Welchen Einfluß hat die Form der Adsorptionsisotherme?

●● 5.5.11. *T*-jump
In einem Reaktionsgefäß sind zwei Modifikationen eines Moleküls, A und A', die sich ohne Beteiligung eines anderen Partners ineinander umwandeln können: $A \rightleftharpoons A'$. Bei $T = 300\,\mathrm{K}$ findet man $90\,\%$ A und $10\,\%$ A'. Kann man daraus die Differenz der freien Enthalpien von A und A' ablesen? Warum gerade der freien Enthalpien? Welches Mengenverhältnis erwartet man bei $370\,\mathrm{K}$? Führt man die T-Änderung sehr schnell aus, so stellt sich die neue Gleichgewichtsverteilung erst allmählich ein. Kann man aus dem Bisherigen folgern, wie schnell das geht, oder geben umgekehrt Art und Geschwindigkeit dieser Relaxation neue Aufschlüsse?

●● 5.5.12. Gaszentrifuge
In einer rotierenden Trommel sind Gase einem Fliehkraftfeld ausgesetzt, das sehr viel größer als das Erdschwerefeld ist (viele g). Wie funktioniert die Trennung von Molekülen verschiedener Masse? Welche Apparategröße ist dafür ausschlaggebend? Was läßt sich besser trennen: O_2, N_2 oder $^{238}UF_6$, $^{235}UF_6$ (Siedepunkt 56 °C)? Welchen Trenngrad kann man im einstufigen Betrieb erreichen? Geben Sie ein einfaches Trennkriterium an, das nur von Geschwindigkeiten spricht. Stimmt das alles auch für Teilchen in Lösung?

●● 5.6.1. Wasserstruktur
Was hat die Dichteanomalie des Wassers mit der Struktur seiner Moleküle zu tun (vgl. Abschn. 16.4.7)? Welche Eigenschaften des Wassers hängen damit noch zusammen?

●● 5.6.2. Wolkenbildung
Luft, die am Erdboden die Temperatur T und die relative Feuchte f hat, steigt auf. Wie ändern sich T und f mit der Höhe? Wo beginnt die Wolkenbildung? Wie beeinflußt die Kondensation die Aufstiegstendenz? Warum ist der Föhn so warm und trocken? Beachten Sie die Rolle der Kondensationskeime.

●●● 5.6.3. Verdampfungsgleichgewicht
Leiten Sie Dampfdruckkurve und Clausius-Clapeyron-Gleichung kinetisch ab: Jedes Dampfteilchen, das auf die Flüssigkeitsoberfläche auftrifft, soll sich ihr anlagern; jedes Flüssigkeitsteilchen, das um weniger als δ von der Oberfläche entfernt ist und ausreichende Energie hat, verläßt die Flüssigkeit; man stelle sich vor, die Flüssigkeitsteilchen schwingen mit der Frequenz $\nu_0 \approx 10^{13}$, nehmen also alle 10^{-13} s einen Anlauf. Stellen Sie die Bilanz auf. Was bedeutet das Gleichgewicht? Kommt δ vernünftig heraus? Können Sie Verdunstungsgeschwindigkeiten angeben? Kann das die übliche Thermodynamik auch? Kommen die berechneten Verdunstungsgeschwindigkeiten praktisch jemals zur Geltung? Wenn nein, warum nicht?

● 5.6.4. Ist das möglich?
Zwei gleichgroße gut wärmeisolierende Becher mit gleichviel Wasser gefüllt, aber der eine mit 100 °C, der andere mit 50 °C heißem, werden gleichzeitig ins Tiefkühlfach gestellt. Würden Sie an Zauberei glauben, wenn sich auf dem 100 °C-Becher zuerst Eis bildete?

● 5.6.5. Heizwerte
Technische Tabellen geben für Brennstoffe zwei Heizwerte an: H_u, wenn das Verbrennungswasser dampfförmig bleibt, H_o wenn es kondensiert. Wie unterscheiden sich die beiden

Werte (Beispiele)? Welcher Wert ist einzusetzen für technische Vorgänge wie Heizung, Verbrennungsmotoren, Raketenmotoren?

● 5.6.6. Druckaufschmelzung
Um wieviel verschiebt sich der Schmelzpunkt des Eises bei Druckerhöhung um 1 bar? Stimmt es, daß Skifahren und Schlittschuhlaufen durch Druckaufschmelzung erleichtert werden? Hat das Profil der Schlittschuhe einen Einfluß? Wie liefe es sich auf CO_2-Eis?

● 5.6.7. CO_2-Flasche
Studieren Sie an Hand von Abb. 5.66 die Herstellung und Anwendung von flüssigem CO_2: Mindestdruck in CO_2-Flaschen, Dichte des flüssigen CO_2? Was geschieht beim Öffnen des Ventils? Warum „schneit" es dabei?

● 5.6.8. Freon
Kühlschränke enthalten als Kühlmittel meist Freon, einen Kohlenwasserstoff, bei dem die H-Atome durch Chlor oder Fluor ersetzt sind. Das Treibgas in Spraydosen ist ebenfalls Freon. Weshalb verwendet man für zwei so verschiedene Zwecke dieselbe Substanz? Welche Eigenschaften der Substanz sind dafür maßgebend? Oder sind die beiden Zwecke gar nicht so grundverschieden? Was geschieht in einem Kompressor-Kühlschrank mit dem Kühlmittel, während es umläuft? Was geschieht, wenn man auf den Knopf der Spraydose drückt?

●● 5.6.9. van der Waals-Konstanten
Bestimmen Sie die van der Waals-Konstanten für N_2, O_2, CO_2 aus Tabelle 5.14 und überprüfen Sie damit die Angaben über Gasverflüssigung in Abschn. 5.6.6.

●● 5.6.10. Kritische Daten
Wo liegen die kritischen Daten (Druck, Temperatur, Volumen) für ein van der Waals-Gas? Vergleichen Sie mit Abb. 5.66.

●●● 5.6.11. van der Waals-Kurve
Zeichnen Sie eine van der Waals-Kurve z. B. für Wasser nach den Daten von Tabelle 5.14. Gibt es ein Gebiet mit negativem Druck und hat es eine physikalische Bedeutung? Beschreibt der Flüssigkeitsast die Verhältnisse quantitativ richtig? Was bedeuten die Äste *AB* und *ED* (vgl. Abb. 5.66)? Lassen sich die Zustände dort realisieren? Dieselbe Frage für *BCD*. Wo liegt der Gleichgewichtsdruck?

●● 5.6.12. Maxwell-Gerade
Der Übergang gasförmig-flüssig erfolgt nicht über das Maximum und das Minimum der van der Waals-Kurve, sondern längs einer Horizontalen, die vom van der Waals-Berg ebensoviel Fläche abschneidet wie vom Tal. Begründen Sie das mit Hilfe eines hypothetischen Kreisprozesses.

●●● 5.6.13. Das Büblein steht am Weiher ... wer weiß?
Wie wächst die Eisdecke auf dem See? Gehen Sie von der idealisierten Situation aus, daß das Wasser bis in eine gewisse Tiefe durchweg 0 °C hat, bevor plötzlich eine Kältewelle einsetzt. Je dicker die Eisschicht wird, desto mehr erschwert sie den weiteren Wärmetransport. Welche Wärme muß nämlich transportiert werden? Drücken Sie das durch eine Differentialgleichung aus und lösen Sie sie. Unter welchen Umständen können Menschen, Autos, Eisenbahnzüge das Eis überqueren? Wie dick dürfte das Eis in der Arktis werden? Erinnern Sie sich daran, daß *Fridtjof Nansen* damit rechnete, seine „Fram" würde von der Eisdrift in ca. 1 Jahr von NO-Sibirien über den Nordpol getrieben werden. Wenn Sie nach einer guten Meereskarte die Tiefe des Atlantik als Funktion des Abstandes vom Zentralrücken auftragen, erhalten Sie eine Kurve, die Ihnen bekannt vorkommen wird. Wie kommt das? Denken Sie an die Plattentektonik, speziell an „Rifts" und „sea floor spreading" (Abschn. 7.2.9). Bedenken Sie auch, daß Gesteine beim Erstarren dichter werden (etwa 10 %). Wenn sich die Aktivität der Rifts und des sea floor spreading in geologischen Zeiträumen ändert, was bedeutet das für das Ozeanvolumen, das jeweils verfügbar ist? Wo bleibt das überschüssige Wasser? Wenn sich Erdöl, Salz und andere Lagerstätten hauptsächlich in Flach- und Randmeeren bilden, in welchen geologischen Formationen sollte man dann besonders danach suchen?

● 5.7.1. Entsalzung
In den Trockengebieten der Erde, soweit sie genügend kapitalkräftig sind, baut man riesige Meerwasser-Entsalzungsanlagen, die hauptsächlich auf Umkehrosmose oder auf Destillation beruhen. Bei der Umkehrosmose preßt man Salzwasser durch eine semipermeable Membran von ausreichender Festigkeit, die Wassermoleküle, aber keine Salzionen durchläßt. Welchen Druck braucht man dazu mindestens? Vergleichen Sie dieses Verfahren hinsichtlich des Energieaufwandes mit der Destillation (a) ohne, (b) mit Rückgewinnung der Kondensationsenergie.

●● 5.7.2. Maritimes Klima
Die Temperatur, bei der Wasser am dichtesten ist, verschiebt sich mit zunehmendem Salzgehalt schneller als der Gefrierpunkt. Bei 25 g/l Salz liegen beide bei −1,33 °C. Vergleichen Sie Meerwasser und Süßwasser in ihrem Konvektionsverhalten und achten Sie besonders auf die Konsequenzen für das Klima.

●● 5.7.3. Meereis
Bei welchen Temperaturen siedet bzw. gefriert Meerwasser (rechnen Sie mit 35 g NaCl/l oder schlagen die genaue Zusammensetzung nach). Verfolgen Sie das Eindampfen bzw. Gefrieren im einzelnen.

● 5.7.4. Widerspruch?
Früher kühlte der Konditor sein Eis mit einer Salzlösung. Zum Auftauen von Hydranten usw. streut man Salz darauf. Wie kann die gleiche Ursache (Salz) so entgegengesetzte Wirkungen haben?

●●● 5.7.5. Osmotisches Kraftwerk
Ein sehr langes Rohr, unten verschlossen durch eine semipermeable Membran, die Wasser, aber keine Salzionen durchläßt, wird senkrecht ins

Meer gesenkt. Zunächst bleibt das Rohr auch unter dem Wasserspiegel leer (warum?). Bei einer gewissen Eintauchtiefe aber (bei welcher?) überwindet der hydrostatische Druck den osmotischen der Ionen, und Süßwasser wird ins Rohr gepreßt. Man senkt weiter. Da Salzwasser schwerer ist als Süßwasser ($\varrho'/\varrho \approx 1{,}03$), bleibt der Spiegel im Rohr nicht in der ursprünglichen Höhe stehen, sondern steigt allmählich (wieso?). Schließlich (wann?) erreicht er den Meeresspiegel und sogar mehr: Süßwasser springt am oberen Rohrende heraus. Zum Seenot-Aspekt kommt ein energetischer: Das fallende Süßwasser kann Turbinen treiben. Während Tausende solcher Rohre touristenbesuchte Buchten aussüßen und nebenan Ausgangslake für die Salzgewinnung anreichern, erzeugen sie gleichzeitig Energie für Küche und Nachtklub. Wieweit stimmt die Geschichte?

●● 5.7.6. Kondensationskeime

Mit der gleichen Argumentation wie bei der osmotischen Dampfdrucksenkung kann man auch Aussagen über den Dampfdruck in einer engen Kapillare machen, in der eine Flüssigkeitssäule infolge der Oberflächenspannung angehoben oder abgesenkt ist. Wie hängt der Dampfdruck von der Form der Oberfläche ab? Übertragen Sie das auf die Nebelbildung: Welche Übersättigung ist nötig, damit Tröpfchen vom Radius r entstehen?

●●● 5.7.7. Mischungsdiagramm

Tragen Sie den Dampfdruck einer Mischung zweier Flüssigkeiten über dem Mengenanteil einer davon auf, zunächst für den idealen Fall (*Raoult*). Dann teilen Sie die Abszissenachse anders ein, nämlich für den Mengenanteil im Dampfgemisch. Sie erhalten zwei verschiedene Kurven; wie sehen sie aus, was bedeuten die Flächenstücke, die sie begrenzen? Rechnen Sie das Diagramm um, so daß die Ordinate jetzt die Siedetemperatur darstellt. Diskutieren Sie im Diagramm einen Destillationsvorgang, speziell eine fraktionierte Destillation.

Sättigungskonzentrationen von Gasen in Wasser, in g/kg (im Gleichgewicht mit dem reinen Gas von 1 bar Druck)

$T/°C$	0	20	25	40	50	60	100
O_2	0,0349	–	0,0207	–	0,0149	–	0,0120
CO_2	3,48	1,77	1,45	0,97	–	0,58	–

●● 5.7.8. Luft für Fische

Die Tabelle zeigt die Sättigungskonzentration von CO_2 und O_2 in Wasser. Rechnen Sie auf Molaritäten um. Bestimmen Sie die Lösungsenthalpien und versuchen Sie sie qualitativ modellmäßig zu deuten. Wieso sind arktische Gewässer so reich an Plankton und Fischen? Kann das Meer den Treibhauseffekt durch vom Menschen erzeugtes CO_2 abpuffern?

● 5.7.9. Absorber-Kühlschrank

Ammoniak löst sich sehr gut in kaltem Wasser (1 305 g/l bei 0 °C), sehr viel schlechter in heißem (74 g/l bei 100 °C). Geben Sie zwei Gründe an, weshalb dies Verhalten für die Kältetechnik bedeutsam ist. Erklären Sie die Wirkungsweise eines Absorber-Kühlschranks.

●● 5.7.10. Kältemischung

In 1 l Wasser kann man etwa 350 g Kochsalz lösen, fast unabhängig von der Temperatur. Hierin unterscheidet sich NaCl von fast allen anderen Salzen. Zeichnen Sie ein Zustandsdiagramm für das Gemisch Wasser–Eis–Salz. Kennzeichnen Sie die Flächenstücke, die Koexistenzlinien und -punkte und diskutieren Sie die Anwendung als Kältemischung (z.B. heute noch in „Kühlakkus").

●● 5.7.11. Trockenfeldbau

Auf den Canarischen Inseln, besonders auf Lanzarote, kämpfen die Bauern erfolgreich gegen die Regenarmut mittels der reichlich vorhandenen feinporigen jungvulkanischen Lapilli („picón"). Sie pflanzen Weinstöcke, Zwiebeln usw. direkt ins Lapillifeld oder breiten eine Lapillischicht über normalen Boden („enarenado natural" bzw. „artificial"). In den Poren kondensiert das Wasser schon bei geringerer Luftfeuchte. Wie kommt das, und wann passiert es? Sie können eine Energiebilanz aufstellen oder an den Dampfdruck in einem Kapillarsteigrohr denken.

● 5.8.1. Radiometer I

In einem evakuierten Gefäß (ca. 10^{-3} mbar) ist ein Rahmen, in den ein feines Häutchen (Kollodium o. ä.) gespannt ist. Bei einseitiger Beleuchtung beult sich das Häutchen aus, und zwar vom Licht weg. Warum?

●● 5.8.2. Radiometer II

In einem Glaskolben, der auf 10^{-2} bis 10^{-3} mbar evakuiert ist, steht ein Drehkreuz, dessen Schäufelchen (meist dünne Glimmerblättchen) einseitig berußt sind. Beleuchtet man es, so dreht es sich, und zwar mit den blanken Flächen voran. Das tritt auch bei allseitiger Beleuchtung ein, ebenso, wenn man den Kolben plötzlich in eine wärmere Umgebung bringt. Bei Normaldruck im Kolben dreht sich nichts, ebensowenig bei ca. 10^{-6} mbar. Erklärung?

●●● 5.8.3. Sinkt Schweres immer abwärts?

Da Sauerstoff schwerer ist als Stickstoff, müßte doch in größerer Höhe über dem Erdboden das Mischungsverhältnis in der Atmosphäre sich immer mehr zugunsten des Stickstoffs verschieben. Die Beobachtung zeigt, daß dies nicht zutrifft. Wie ist das zu erklären?

●● 5.8.4. McLeod-Vakuummesser

Der äußere Luftdruck treibt Quecksilber in ein Volumen, das vorher mit dem Vakuumgefäß verbunden war, und von dort weiter in eine immer enger werdende zugeschmolzene Kapillare. Entwerfen Sie die Skala zum Ablesen des Druckes.

6

Elektrizität

Inhalt

„Kräfte wirken offenbar aus der Ferne; ihre physikalische Natur ist uns unverständlich. Trotzdem können wir viel Wahres und Sicheres über sie erfahren, u. a. über die Eigenschaften des Raumes zwischen dem Körper, der wirkt, und dem, auf den gewirkt wird.“

Michael Faraday,
Experimental Researches
in Electricity, 1839

Einleitung

Wir würden gern zu Beginn dieses Kapitels die Frage „Was ist Elektrizität?“ mit einem ebenso knappen Kernsatz beantworten wie im Fall der Wärme. Leider geht das nicht: Während sich die Wärmelehre bruchlos in die Mechanik eingliedern läßt, ist die elektrische Ladung durchaus eine Sache für sich; die Elektrodynamik ist neben der Mechanik die zweite, eigenständige Säule der klassischen Physik. Das hindert nicht, daß es zwischen diesen Säulen viele Querverbindungen gibt. In der Atomphysik schienen beide zu einem Triumphbogen zusammenzuwachsen, bis sich zeigte, daß beide Säulen, wenn sie die atomare Welt tragen sollen, gründlich umgebaut werden müssen, nämlich zur Quantenmechanik und Quantenelektrodynamik.

6.1 Elektrostatik

Ladungen erzeugen ein elektrisches Feld in ihrer Umgebung, Massen ein Schwerefeld, heiße Körper ein Temperaturfeld, Wasserquellen ein Strömungsfeld. Die Struktur aller dieser und vieler anderer Felder hängt in der gleichen Weise von der Verteilung ihrer Quellen ab.

Newton selbst war nicht sehr glücklich mit der Vorstellung einer Wirkung in die Ferne, die er für die Gravitation einführen mußte. Vielleicht hätte er Faradays Idee begrüßt, daß Ladungen im ganzen Raum ein Feld erzeugen, das dann auf andere Ladungen eine Nahewirkung ausübt. Vielleicht hätte er dies, wie später Maxwell, in geschlossene mathematische Form gebracht. Das hätte auch seine eigenen Überlegungen sehr erleichtert.

6.1.1 Elektrische Ladungen

Über der scheinbaren Einfachheit der Grundtatsachen der Elektrostatik sollte man nicht vergessen, daß sie das Destillat jahrhundertelanger Beobachtungsarbeit darstellen, daß sie durchaus nicht selbstverständlich sind und ebensogut auch anders sein könnten, und daß sie an die tiefsten Probleme der modernden Physik rühren.

- Es gibt *zwei Arten von Ladung*, sinnvollerweise als positiv und negativ unterschieden, da sie einander neutralisieren können. Warum gibt es nicht nur eine Art, wie bei der „Gravitationsladung", der Masse, oder mehr als zwei Arten?
- *Ladung* bleibt im abgeschlossenen System immer *erhalten*. Wenn geladene Teilchen erzeugt oder vernichtet werden, dann geschieht dies immer in gleichen Quantitäten beider Vorzeichen. Die Ladungserhaltung ist sogar noch stärker als die Massenerhaltung: Die Masse eines Körpers hängt vom Bewegungszustand des Beobachters ab, seine Ladung nicht.
- *Ladung ist gequantelt*, d. h. sie kommt nur als ganzzahliges Vielfaches der **Elementarladung**

$$e = 1{,}602 \cdot 10^{-19}\,\mathrm{C}\ \text{(Coulomb)} \tag{6.1}$$

vor. Den Quarks schreibt man Drittel-Ladungen zu, aber sie treten nie isoliert auf. Dem Absolutbetrag nach sind die Ladungen von Elektron und Proton exakt gleich. Dies hat man direkt mit einer Genauigkeit von 10^{-20} nachgewiesen. Schon sehr viel kleinere Abweichungen würden zwischen Körpern, die aus gleichvielen Protonen und Elektronen bestehen, Kräfte hervorrufen, die weit größer sind als die Gravitation. Niemand weiß, warum die Ladung so exakt gequantelt ist. *Dirac* hat eine Erklärung versucht, die auf der Existenz *magnetischer* Einzelladungen oder *Monopole* beruht (vgl. Abschn. 13.4.11).
- Die elektrische Kraft zwischen zwei geladenen Elementarteilchen ist etwa 10^{40}mal größer als die Gravitation zwischen ihnen. Niemand weiß, was dieser Faktor bedeutet. *Eddington, Dirac* u. a. vermuteten, er habe etwas mit der Wurzel aus der Gesamtzahl der Teilchen im Weltall zu tun.
- Gleichnamige Ladungen stoßen einander ab, ungleichnamige ziehen einander an. Das könnte anders sein, wie die Gravitation zeigt (vgl. Aufgabe 13.4.20).
- Die Kraft zwischen zwei Punktladungen hat die Richtung ihrer Verbindungslinie. Dies scheint selbstverständlich, denn in welche Richtung sollte sie sonst zeigen, da doch der Raum isotrop ist, d. h. von sich aus keinerlei Richtung bevorzugen kann. Man muß mit solchen Symmetrieargumenten aber vorsichtig sein.
- Die Kraft zwischen zwei Ladungen Q und Q' ist proportional zum Produkt QQ'. Diese Aussage hat ähnlichen Charakter wie die entsprechende im Fall der Gravitation: Wenn es eine von ihren Kraftwirkungen unabhängige Methode der Ladungsmessung gibt (z. B. das „Auslöffeln" einer Leidener Flasche), ist sie direkt verifizierbar. Sonst muß man Ladung durch die Kraft bzw. durch das Feld definieren, das sie erzeugt oder das auf sie wirkt, und Proportionalität zwischen felderzeugender und feldbeeinflußter Ladung voraussetzen. Dann wird das Gesetz $F \sim QQ'$ selbstverständlich für eine Kraft, für die das Newtonsche Reaktionsprinzip gilt.
- Die Kraft zwischen zwei Ladungen vom Abstand r ist proportional r^{-2}. Warum nicht anders? Einige wichtige Eigenschaften des elektro-

statischen Feldes, z. B. sein Verschwinden im Innern einer gleichmäßig geladenen Hohlkugel, würden für ein anderes Kraftgesetz nicht zutreffen. Die Quantenfeldtheorie zeigt, daß ein r^{-2}-Kraftgesetz notwendig mit einer verschwindenden Ruhmasse der Teilchen verbunden ist, die das Feld übertragen (hier der Photonen). Hätte das Photon eine Ruhmasse, dann müßte die Lichtgeschwindigkeit im Vakuum frequenzabhängig sein. Beobachtungen an Doppelsternen und Pulsars zeigen, daß die Ruhmasse des Photons höchstens 10^{-50} kg sein kann. Das r^{-2}-Gesetz muß dementsprechend mindestens bis zum Mond richtig sein (vgl. Aufgabe 15.2.17). Für Abstände kleiner als 10^{-14} m folgt die Wechselwirkung zwischen Elementarteilchen nicht mehr allein dem Coulomb-Gesetz. Hier wird es von anderen Kräften mit kürzerer Reichweite überdeckt (Abschn. 13.1.3).

- Die Proportionalitätskonstante im Coulomb-Gesetz hängt von der Definition der Ladungseinheit ab. Im CGS-System gelten zwei Ladungen als Einheitsladungen (1 elektrostatische Einheit oder 1 ESL), wenn sie im Einheitsabstand (1 cm) mit der Einheitskraft (1 dyn) wechselwirken. Dann lautet das **Coulomb-Gesetz**

$$\boldsymbol{F} = \frac{QQ'}{r^2}\boldsymbol{r}_0 \,. \tag{6.2}$$

($\boldsymbol{r}_0$ ist der Einheitsvektor in Verbindungsrichtung.) Im SI, wo die Ladung durch ihre dynamische Wirkung (d. h. über den Strom) definiert ist, ist die Einheit um den Faktor $c/10 = 3 \cdot 10^7$ größer. Man erhält dann

$$\boldsymbol{F} = \frac{QQ'}{4\pi\varepsilon_0 r^2}\boldsymbol{r}_0 \,. \tag{6.3}$$

Dabei heißt

$$\varepsilon_0 = 8{,}8542 \cdot 10^{-12}\,\mathrm{As\,V^{-1}\,m^{-1}} \tag{6.4}$$

die **Influenzkonstante**. Als Ladungseinheit ergibt sich dann

$$1\,\mathrm{Coulomb} = 1\,\mathrm{C} = 1\,\mathrm{As}\,. \tag{6.5}$$

- Kräfte, die von Ladungen ausgehen, sind additiv. Dies betrifft nicht nur an der gleichen Stelle vereinigte Ladungen, sondern auch beliebig angeordnete. Eine Ladung Q_1 am Ort A erfährt von zwei Ladungen Q_2 und Q_3 an den Orten B bzw. C genau die vektorielle Summe der Kräfte, die sie von Q_2 in B allein bzw. von Q_3 in C allein erfahren würde. Diese Superposition läßt aus dem Coulomb-Gesetz die gesamte Feld- und Potentialtheorie hervorwachsen. Dabei ist zu beachten, daß Ladungen i. allg. verschiebbar sind, Massen dagegen nicht ohne weiteres. Daher läßt sich das Coulomb-Gesetz nicht so bedingungslos z. B. auf ausgedehnte Kugeln anwenden wie das Gravitationsgesetz, bei dem es genügt, den Abstand r vom Kugelmittelpunkt aus zu messen. Ladungsverschiebungen oder Influenz sind verantwortlich dafür, daß auch im ganzen ungeladene ausgedehnte Körper durch Ladungen angezogen werden.

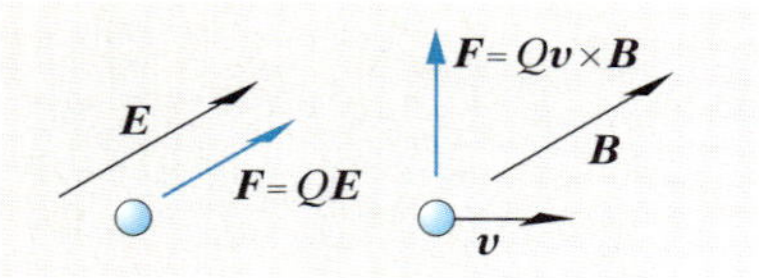

Abb. 6.1. Coulomb-Kraft und Lorentz-Kraft. Im elektrischen Feld $\boldsymbol{E}$ wirkt auf eine Ladung immer eine Kraft, im Magnetfeld $\boldsymbol{B}$ nur, wenn die Ladung sich bewegt

6.1.2 Das elektrische Feld

Der historische Ausgangspunkt für die Theorie des elektrischen Feldes war das Coulomb-Gesetz (6.2). Wir wollen jetzt eine viel breitere Grundlage schaffen, aus der sich u. a. auch das Coulomb-Gesetz als Spezialfall ergeben wird.

Erfahrungsgemäß gibt es Raumgebiete, in denen elektrisch geladene Körper Kräfte erfahren, die sich nicht als Nahewirkungskräfte (Stoß, Reibung u.ä.), aber auch nicht als Trägheits- oder Gravitationskräfte erklären lassen. Es gibt zwei Arten solcher Kräfte:

> Kräfte, die auch dann auftreten, wenn der geladene Körper ruht. Wir nennen sie elektrische Kräfte oder **Coulomb-Kräfte** und sagen, in dem Gebiet, wo sie auftreten, herrsche ein **elektrisches Feld**.
>
> Kräfte, die nur auftreten, wenn der geladene Körper sich bewegt. Diese Kräfte sind proportional zur Geschwindigkeit des Körpers, stehen aber senkrecht auf dieser. Wir nennen sie **Lorentz-Kräfte** und sagen, in dem Gebiet, wo sie auftreten, herrsche ein **Magnetfeld**.

In diesem Kap. 6 befassen wir uns nur mit dem elektrischen Feld und diskutieren das magnetische im Kap. 7.

> Trägt ein Körper die Ladung Q und erfährt eine elektrische Kraft $\boldsymbol{F}$, dann definieren wir die **elektrische Feldstärke** $\boldsymbol{E}$, die an dieser Stelle herrscht, als
>
> $$\boldsymbol{E} = \frac{\boldsymbol{F}}{Q} . \tag{6.6}$$

Diese Definition ist möglich, weil diese Art Kraft sich tatsächlich als proportional zur Ladung erweist:

$$\boxed{\boldsymbol{F} = Q\boldsymbol{E}} . \tag{6.7}$$

Die elektrische Feldstärke hat nach dieser Definition die Einheit

$$[E] = \frac{\mathrm{N}}{\mathrm{C}} \quad \text{oder auch} \quad \frac{\mathrm{V}}{\mathrm{m}} .$$

Die Einheit V (Volt) ist hierdurch festgelegt:

$$\boxed{1\,\mathrm{V} = 1\,\frac{\mathrm{N\,m}}{\mathrm{C}} = 1\,\frac{\mathrm{J}}{\mathrm{C}}} .$$

Näheres über den Zusammenhang von Feldstärke und Spannung in Abschn. 6.1.3.

Man kann also mittels einer Probeladung den ganzen Raum abtasten und feststellen, welche Kraft dort wirkt. An jedem Ort kann man dementsprechend einen Vektor $\boldsymbol{E}$ antragen. Diese $\boldsymbol{E}$-Vektoren schließen sich zu Feldlinien zusammen, deren Tangentialvektoren sie bilden. Alle Versuche, sich über dieses Feldlinienbild hinaus eine „anschauliche" Vorstellung vom elektrischen Feld zu machen, es z. B. als Spannungszustand eines elastischen Mediums, des „Äthers", darzustellen, sind gescheitert. Man sollte daher hinter dem Feldbegriff nichts anderes suchen als was er ist, nämlich ein bequemes Darstellungsmittel für die Kräfte, die auf Ladungen wirken.

Jetzt müssen wir noch feststellen, wie elektrische Felder *erzeugt* werden. Sie treten immer in der Umgebung von Ladungen auf. Genaueres erfahren wir mittels des Begriffs des Flusses.

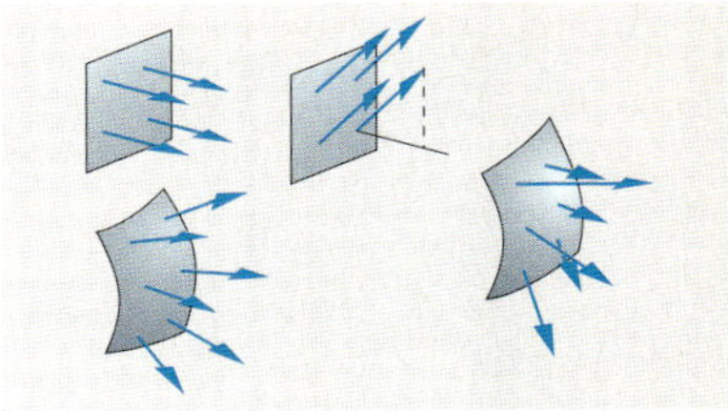

Abb. 6.2. Elektrischer Fluß ϕ. Wenn das Feld $\boldsymbol{E}$ senkrecht auf einer Fläche A steht und überall konstant ist, gilt für den elektrischen Fluß $\phi = EA$. Die Fläche darf dabei auch gekrümmt sein. Steht $\boldsymbol{E}$ schräg, gilt $\phi = \boldsymbol{E} \cdot \boldsymbol{A} = EA \cos\alpha$, falls $\boldsymbol{E}$ noch konstant ist. Im allgemeinen Fall muß integriert werden

Der **elektrische Fluß** ϕ durch eine gegebene Fläche hängt mit der Feldstärke $\boldsymbol{E}$ genauso zusammen wie der Volumenstrom einer Flüssigkeit mit der Strömungsgeschwindigkeit $\boldsymbol{v}$. Steht die Fläche senkrecht zum Feld $\boldsymbol{E}$ und ist $\boldsymbol{E}$ überall auf der Fläche gleich, dann gilt einfach

$$\phi = AE \,. \tag{6.8}$$

Steht $\boldsymbol{E}$ unter einem Winkel α zur Flächennormale und ist $\boldsymbol{E}$ noch konstant, dann gilt

$$\phi = AE\cos\alpha = \boldsymbol{A} \cdot \boldsymbol{E} \,, \tag{6.8a}$$

wenn man die Fläche wie üblich durch einen Vektor $\boldsymbol{A}$ vom Betrag A und mit der Richtung der Normalen kennzeichnet. Ändert sich $\boldsymbol{E}$ längs der Fläche, muß man über die Beiträge der einzelnen Flächenstücke $\mathrm{d}\boldsymbol{A}$ integrieren:

$$\phi = \iint \boldsymbol{E} \cdot \mathrm{d}\boldsymbol{A} \,. \tag{6.8b}$$

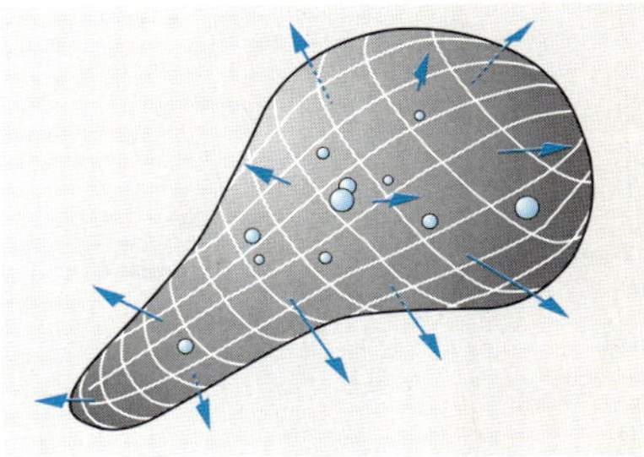

Abb. 6.3. Satz von *Gauß-Ostrogradski*: Der elektrische Fluß, der aus einer geschlossenen Fläche tritt, ist proportional zur Ladung, die darin sitzt

Nun können wir das Grundgesetz über die Erzeugung von Feldern durch Ladungen, den *Satz von Gauß-Ostrogradski*, formulieren:

Der elektrische Fluß, der aus einer beliebigen in sich geschlossenen Fläche hervorquillt, ist proportional zu der Gesamtladung Q, die innerhalb dieser Fläche sitzt:

$$\phi = \frac{1}{\varepsilon_0} Q \,, \tag{6.9}$$

gleichgültig ob diese Ladung punktförmig oder über größere Raumgebiete verteilt ist. Diese **Flußregel** drückt aus, daß Feldlinien nur in positiven Ladungen beginnen und in negativen enden. Alle Feldlinien, die von den eingeschlossenen Ladungen ausgehen, müssen also durch die einschließende Fläche treten, sofern sie nicht von ebenfalls drinnen befindlichen negativen Ladungen aufgeschluckt werden. Die Proportionalitätskonstante ε_0 hat den in (6.4) angegebenen Wert. Man kann sie am einfachsten mit der Kirchhoff-Waage (Abschn. 6.1.5b) oder aus der Kapazität eines Kondensators messen.

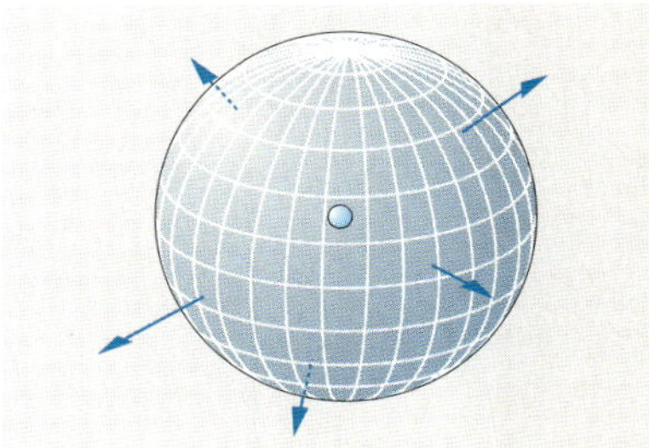

Abb. 6.4. Das Feld einer Punktladung ist radialsymmetrisch. Durch jede Kugelfläche tritt der gleiche Feldfluß $\phi = Q/\varepsilon_0$. Daraus folgt das Coulomb-Gesetz

Aus (6.9) kann man bereits die Struktur des Feldes um die wichtigsten Ladungsverteilungen erschließen, wenn man einige Symmetriebetrachtungen hinzuzieht und die Fläche, über die der Fluß zu ermitteln ist,

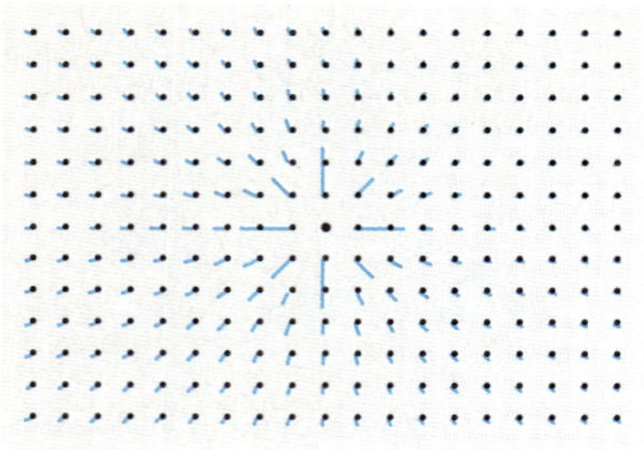

Abb. 6.5. Das Feld einer positiven Punktladung. Die Strichlängen stellen $|\boldsymbol{E}|$ dar. Die Feldlinien ergeben sich, wenn man solche Linienstücke zusammensetzt

geschickt legt. Zum Beispiel folgt das Coulomb-Gesetz (6.2) für eine Punktladung sofort: Um die Punktladung Q legt man eine Kugel vom Radius r. Durch ihre Oberfläche $A = 4\pi r^2$ tritt nach (6.9) der Fluß $\phi = Q/\varepsilon_0$. Da er sich gleichmäßig über die Kugelfläche verteilen muß, und da $\boldsymbol{E}$ sicher überall radial auswärts zeigt, ist $\phi = 4\pi r^2 E$. Vergleich mit (6.9) liefert

$$\boxed{E = \frac{Q}{4\pi\varepsilon_0 r^2}} \,. \tag{6.10}$$

Mit (6.7) finden wir dann die Kraft, die dieses Feld auf eine andere Ladung Q' ausübt:

$$F = \frac{QQ'}{4\pi\varepsilon_0 r^2} \,.$$

Andere Anwendungen der gleichen Idee bringt Abschn. 6.1.4.

6.1.3 Spannung und Potential

Im elektrischen Feld $\boldsymbol{E}$ wirkt auf eine Ladung Q die Kraft $\boldsymbol{F} = Q\boldsymbol{E}$. Verschiebt man die Ladung um $\mathrm{d}\boldsymbol{r}$, muß man gegen diese Kraft eine Arbeit

$$\mathrm{d}W = -\boldsymbol{F} \cdot \mathrm{d}\boldsymbol{r} = -Q\boldsymbol{E} \cdot \mathrm{d}\boldsymbol{r}$$

aufbringen. Das Minuszeichen deutet an, daß die Kraft selbst Arbeit leistet, daß also negative Arbeit aufzubringen ist, wenn $\boldsymbol{E}$ und $\mathrm{d}r$ gleichgerichtet sind. Eine Verschiebung von $\boldsymbol{r}_1$ nach $\boldsymbol{r}_2$ erfordert die Arbeit

$$W_{12} = W(\boldsymbol{r}_1, \boldsymbol{r}_2) = -\int_{\boldsymbol{r}_1}^{\boldsymbol{r}_2} \boldsymbol{F} \cdot \mathrm{d}\boldsymbol{r} = -Q \int_{\boldsymbol{r}_1}^{\boldsymbol{r}_2} \boldsymbol{E} \cdot \mathrm{d}\boldsymbol{r} \,. \tag{6.11}$$

Offenbar ist es zweckmäßig, die Eigenschaft der Punktladung (Q) und die Eigenschaft des Feldes ($\int \boldsymbol{E} \cdot \mathrm{d}\boldsymbol{r}$) zu trennen und diesem Integral einen eigenen Namen beizulegen, nämlich **Spannung** *zwischen den Punkten* $\boldsymbol{r}_1$ *und* $\boldsymbol{r}_2$. Ohne die Präposition „zwischen“ hat das Wort Spannung überhaupt keinen Sinn, ebensowenig wie das Wort Strom ohne die Präposition „durch“.

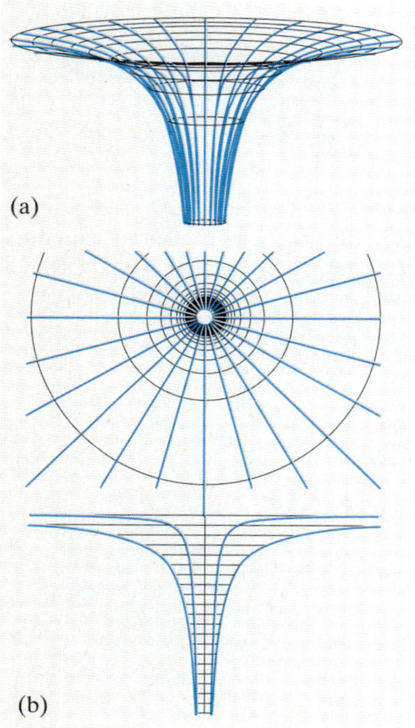

(a)

(b)

Abb. 6.6a, b. Potential einer Punktladung. Die Kreise (eigentlich Kugeln) sind Niveauflächen. In (b) Potential (——), Feldstärke (——)

Wir definieren

$$\boxed{U_{12} = -\int_{\boldsymbol{r}_1}^{\boldsymbol{r}_2} \boldsymbol{E} \cdot \mathrm{d}\boldsymbol{r}} \tag{6.12}$$

und erhalten als Energiebilanz für eine solche Verschiebung:

$$\boxed{W_{12} = QU_{12}} \tag{6.13}$$

ist die Energie, die die Ladung Q aufnimmt, wenn sie von $\boldsymbol{r}_1$ nach $\boldsymbol{r}_2$ wandert.

Wenn die Verschiebungsenergie zwischen $\boldsymbol{r}_1$ und $\boldsymbol{r}_2$ immer dieselbe ist, gleichgültig auf welchem Weg man von $\boldsymbol{r}_1$ nach $\boldsymbol{r}_2$ gelangt, sagt man, das Feld $\boldsymbol{E}$ habe ein eindeutiges **Potential** $U(\boldsymbol{r})$. Zunächst sind durch die Beziehung

$$U_{12} = U(\boldsymbol{r}_2) - U(\boldsymbol{r}_1)$$

nur Potential*differenzen* (Spannungen) festgelegt. Man kann aber wie beim Gravitationsfeld (Abschn. 1.7.2) das Potential auf ein geeignetes Niveau als Nullniveau *normieren*, z. B. auf unendlich ferne Punkte oder auf ein bestimmtes Bezugsniveau, die „Erde" (elektrisch verstanden). Für das Feld um eine Punktladung ergibt sich bei Normierung auf $r = \infty$ durch Integration von (6.10) längs eines Radius

$$\boxed{U(r) = \frac{Q}{4\pi\varepsilon_0 r}}\,, \tag{6.14}$$

denn diese Funktion verschwindet tatsächlich im Unendlichen.

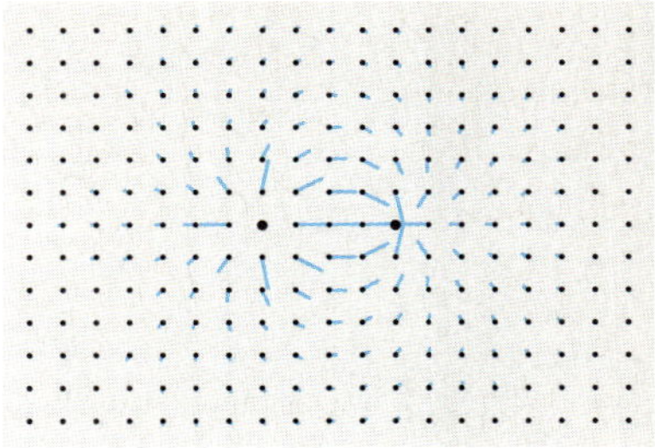

Abb. 6.7. Feld einer positiven und einer negativen Ladung gleicher Größe. Ein Dipolfeld entsteht daraus, wenn die Ladungen immer mehr zusammenrücken, dabei immer größer werden, so daß das Dipolmoment $p = Qd$ endlich bleibt

✗ Beispiel...

Wie verlaufen die Feldlinien eines homogenen Feldes, d. h. eines Feldes, das überall gleiche Feldstärke hat? Was bedeutet es, wenn Feldlinien divergieren oder konvergieren? Konstruieren Sie Abb. 6.10 und Abb. 6.12 ausgehend von Abb. 6.5.

Die Feldlinien eines homogenen Feldes sind parallel und überall gleich dicht. In einer Richtung, in der die Feldlinien konvergieren, wird das Feld stärker. Graphische Überlagerung von Feldern: Man zeichne hinreichend dicht die Feldlinienscharen der Einzelfelder. Sie zerlegen, in zwei Dimensionen betrachtet, die Zeichenfläche in parallelogrammähnliche Figuren. Die Feldlinien des Gesamtfeldes setzen sich aus den Diagonalen dieser Parallelogramme zusammen, und zwar nehme man diejenige der beiden Diagonalen, die dem Richtungssinn der Einzelfeldlinien entspricht (Vektoraddition). Diese Konstruktion gibt Größe und Richtung des Gesamtfeldes richtig wieder (erstere durch die Dichte der entstehenden Feldlinien).

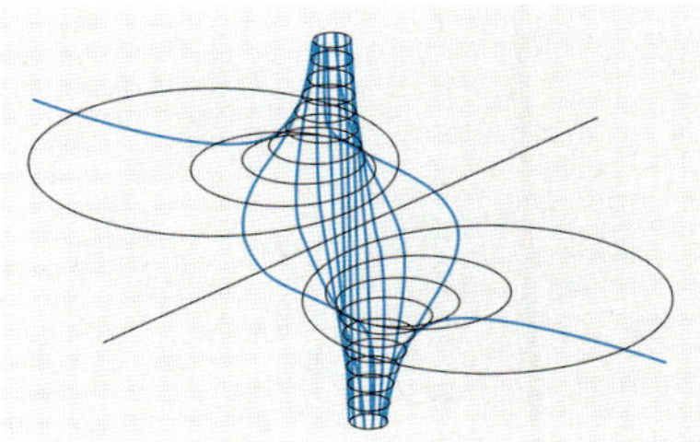

Abb. 6.8. Potential des Feldes zweier paralleler, entgegengesetzt geladener Drähte. Abbildung 6.9 ist die Draufsicht auf dieses Bild

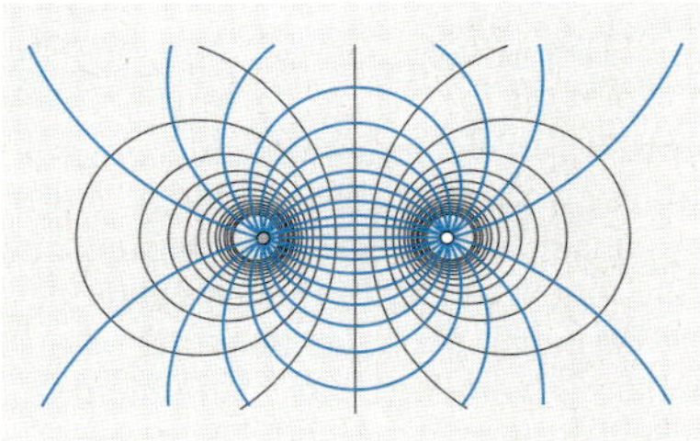

Abb. 6.9. Potentialflächen(——) und Feldlinien (——) für zwei parallele, entgegengesetzt geladene Drähte

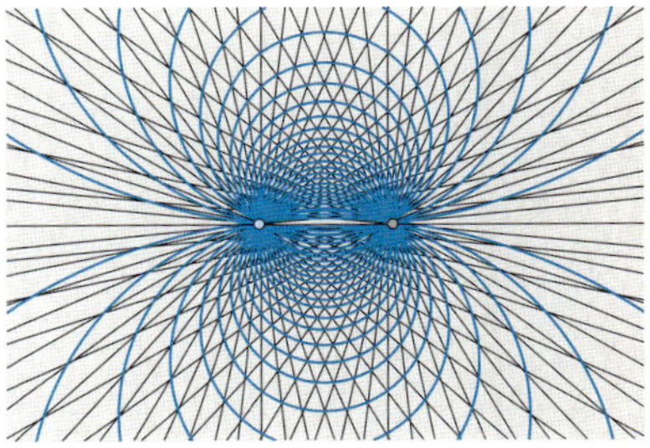

Abb. 6.10. Man kann das Feld einer Ladungsverteilung aus den Feldern der Einzelladungen konstruieren, indem man in den Vierecken, in die die Einzelfeldlinien die Ebene aufteilen, Diagonalen zieht. Abbildung 6.12 entsteht ähnlich, nur muß man dort die andere Diagonale nehmen. Allerdings erhält man so nur „zweidimensionale" Felder, hier das Feld zweier entgegengesetzt geladener paralleler Drähte (nicht zwei Punktladungen)

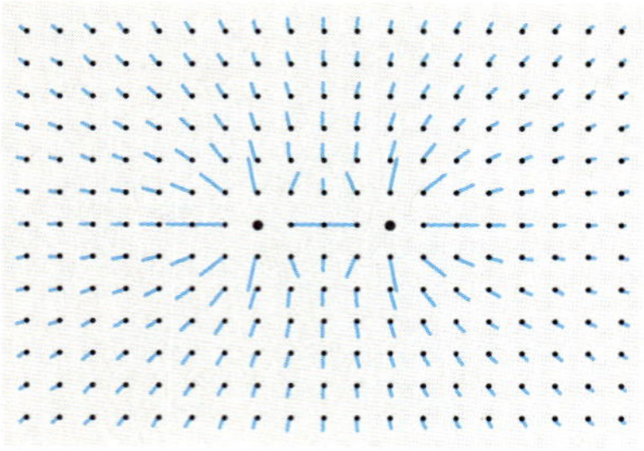

Abb. 6.11. Feld von zwei gleichgroßen positiven Ladungen

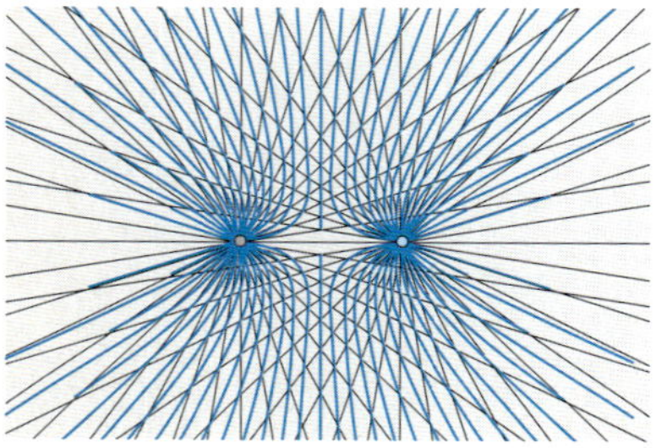

Abb. 6.12. Konstruktion des Feldes von zwei parallelen Drähten mit gleicher Ladung aus den Einzelfeldern. Die Konstruktion ist ähnlich wie in Abb. 6.10

Offenbar ergibt sich aus einem gegebenen Potential $U(\boldsymbol{r})$ das Feld $\boldsymbol{E}(\boldsymbol{r})$ durch Differentiation, genauer durch Gradientenbildung:

$$\boxed{\boldsymbol{E} = -\operatorname{grad} U} \,. \tag{6.15}$$

Wir können also das elektrische Feld wahlweise durch das Vektorfeld $\boldsymbol{E}(\boldsymbol{r})$ oder durch das Skalarfeld $U(\boldsymbol{r})$ beschreiben. $\boldsymbol{E}(\boldsymbol{r})$ liefert direkter die Kräfte auf Ladungen, $U(\boldsymbol{r})$ ist mathematisch einfacher (eine Ortsfunktion statt dreier, der drei Komponenten von $\boldsymbol{E}$) und ist außerdem vorzuziehen, wenn nach der Energie von Ladungen im Feld gefragt ist.

Zwischen $\boldsymbol{E}$-Feld und U-Feld gelten weiterhin folgende Beziehungen:

> Die Flächen konstanten Wertes U, die **Potentialflächen** oder **Niveauflächen**, stehen überall senkrecht auf den Feldlinien.

Das folgt daraus, daß $\boldsymbol{E} = -\operatorname{grad} U$ immer die Richtung stärkster Neigung der $U(\boldsymbol{r})$-Funktion angibt; in den Richtungen senkrecht dazu kann sich U gar nicht ändern.

> Ein Feld besitzt ein eindeutiges Potential, wenn die Verschiebungsarbeit wegunabhängig ist.

Aus zwei solchen Wegen s_1 und s_2, die die Punkte $\boldsymbol{r}_1$ und $\boldsymbol{r}_2$ verbinden, kann man einen geschlossenen Weg s zusammensetzen. Schiebt man längs s_1 und dann zurück längs des umgekehrten Weges s_2, muß die Gesamtarbeit Null sein. Man kann also auch sagen: Ein Feld hat ein Potential, wenn die Verschiebungsarbeit längs jedes geschlossenen Weges verschwindet. Jedes elektrostatische Feld hat ein Potential. Dies folgt daraus, daß das Punktladungsfeld ein Potential hat, und aus dem Super-

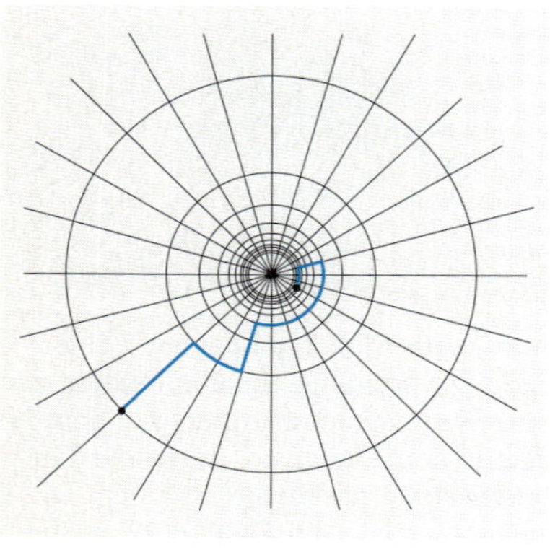

Abb. 6.13. In einem kugel- oder zylindersymmetrischen Feld ist die Verschiebungsarbeit wegunabhängig. Solche Felder besitzen ein Potential

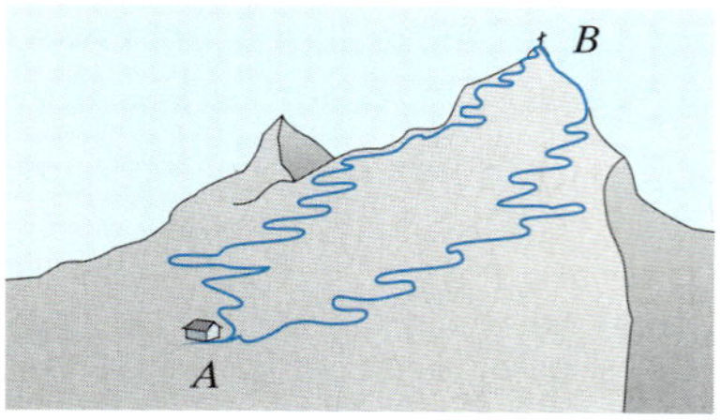

Abb. 6.14. Wenn die Verschiebungsarbeit zwischen zwei Punkten A und B wegunabhängig ist, hat das Kraftfeld ein Potential. Im Fall des Erdschwerefeldes ist das banal, denn das Potential ist nur abhängig von der Höhe. Auf einem geschlossenen Weg ist die Verschiebungsarbeit 0, wenn es dem Bergsteiger auch nicht so scheint

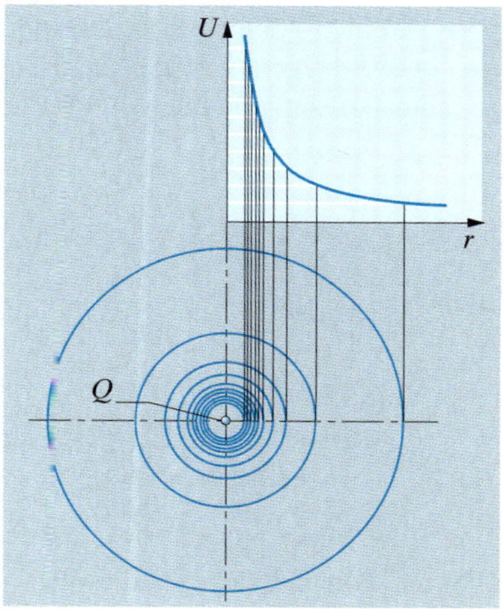

Abb. 6.15. Potential und Niveauflächen einer Punktladung

positionsprinzip: Jede beliebige Ladungsverteilung läßt sich aus Punktladungen zusammengesetzt denken. Daß durchaus nicht *jedes* Feld ein Potential besitzt, zeigen elektrische Wirbelfelder und Magnetfelder (Kap. 7). Sie haben in sich geschlossene Feldlinien. Beim Umlauf auf solchen geschlossenen Feldlinien kann eine Ladung beliebig viel Energie gewinnen. Die Verschiebungsarbeit hängt dann vom Weg zwischen zwei gegebenen Punkten ab.

Für ein kleines Volumenelement $\mathrm{d}V$ lautet die Flußregel

$$\operatorname{div} \boldsymbol{E}\, \mathrm{d}V = \frac{1}{\varepsilon_0} \mathrm{d}Q = \frac{1}{\varepsilon_0} \varrho\, \mathrm{d}V ,$$

wo $\mathrm{d}Q$ die Ladung innerhalb $\mathrm{d}V$ ist, die sich auch durch eine **Ladungsdichte**

$$\varrho = \frac{\mathrm{d}Q}{\mathrm{d}V}$$

ausdrücken läßt. Mittels (6.15) läßt sich die **Flußregel** auch durch $U(\boldsymbol{r})$ ausdrücken:

$$\operatorname{div} \boldsymbol{E} = -\operatorname{div} \operatorname{grad} U = -\Delta U = \frac{1}{\varepsilon_0} \varrho . \qquad (6.16)$$

Dabei ist Δ, der **Laplace-Operator**, eine Abkürzung für

$$\Delta = \operatorname{div} \operatorname{grad} = \frac{\partial^2}{\partial x^2} + \frac{\partial^2}{\partial y^2} + \frac{\partial^2}{\partial z^2} .$$

Die Gleichung $\Delta U = -\varrho/\varepsilon_0$ heißt **Poisson-Gleichung**, ihr Spezialfall $\Delta U = 0$ für den leeren Raum, wo $\varrho = 0$ ist, heißt **Laplace-Gleichung**. Dies ist die mathematisch eleganteste Darstellung der **Flußregel**. Die Ladungsdichte ϱ ergibt eine **Quelldichte** ϱ/ε_0 des elektrischen Feldes.

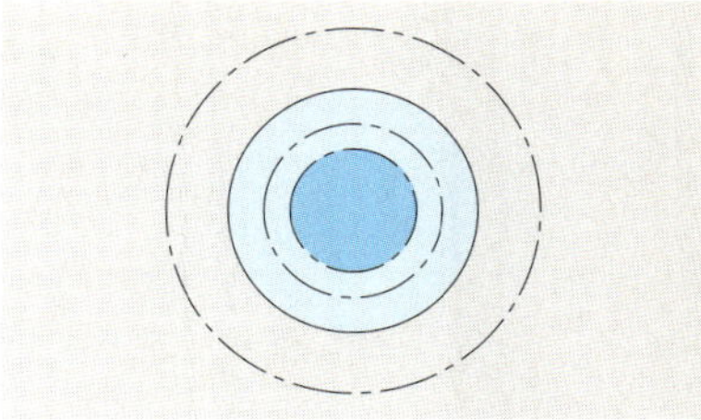

Abb. 6.16. Der Fluß durch die äußere Kugel ist der gleiche, ob eine Punktladung in der Mitte sitzt oder ob diese Ladung über eine Kugel verteilt ist. Daher ist auch das Feld draußen das gleiche. Der Fluß durch eine innere Kugel stammt nur von der darinsitzenden Ladung

6.1.4 Berechnung von Feldern

Mit der Poisson-Gleichung (6.16) oder dem **Satz von Gauß** (6.9) kann man sehr oft schon raten, wie das Feld einer gegebenen Ladungsverteilung aussieht. Das Raten wird legalisiert durch folgende wichtige Tatsache:

Jede Lösung der Poisson-Gleichung, d. h. jede Ortsfunktion $U(\boldsymbol{r})$, für die $\Delta U = -\varrho/\varepsilon_0$ ist, und die die Randbedingungen des Problems erfüllt, ist eindeutig bestimmt.

Hat man eine solche Lösung auf irgendeinem Weg gefunden, dann muß sie *die* Lösung sein. Die folgenden Beispiele werden mit verschiedenen äquivalenten Mitteln behandelt.

a) Feld einer beliebigen kugelsymmetrischen Ladungsverteilung. Auch das Feld muß kugelsymmetrisch sein, d. h. alle Feldlinien müssen ein- oder auswärts zeigen und auf einer konzentrischen Kugelfläche konstanten Betrag haben. Der Fluß durch die Kugelfläche vom Radius r ist also $\Phi = 4\pi r^2 E$. Andererseits ist Φ gleich eingeschlossene Ladung

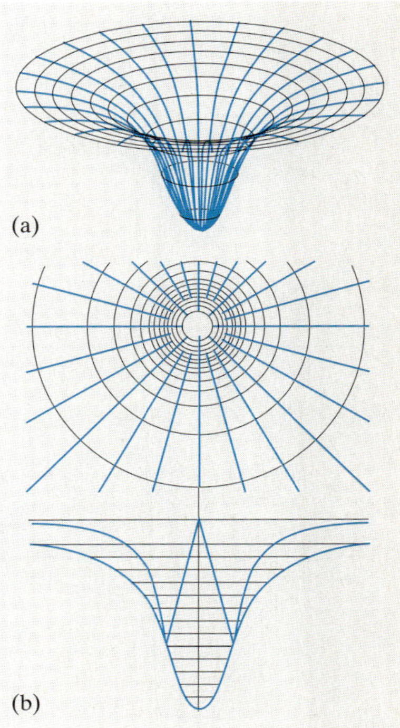

Abb. 6.17a, b. Potential und Feld einer gleichmäßig geladenen Kugel. *Außen*: Coulomb-Potential $\sim 1/r$, *innen*: Parabelpotential

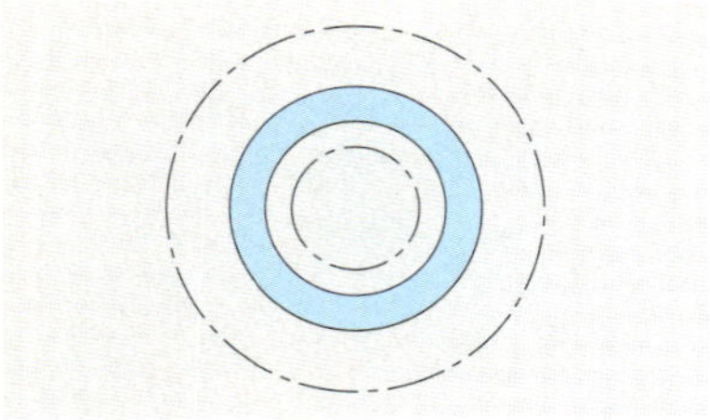

Abb. 6.18. Im Innern einer geladenen Hohlkugel kann kein Feld herrschen, denn durch die Testkugel tritt kein Fluß, weil keine Ladung darin ist

Q geteilt durch ε_0, also $E = Q/(4\pi\varepsilon_0 r^2)$, als ob die ganze Ladung im Mittelpunkt säße.

b) Feld im Innern einer gleichmäßig geladenen Hohlkugel. Auch hier muß das Feld kugelsymmetrisch sein. Im Innern sitzt aber keine Ladung. Durch eine konzentrische Kugelfläche innerhalb der Hohlkugel kann kein Fluß treten. Beides ist nur möglich, wenn das Feld innen überall Null ist.

c) Feld eines gleichmäßig geladenen unendlich langen geraden Drahtes. Der Draht habe die „lineare" Ladungsdichte $\lambda\,\mathrm{C\,m^{-1}}$. Sein Feld muß radial senkrecht zum Draht zeigen. Durch einen konzentrischen Zylinder, Radius r, Länge l, tritt der Fluß $2\pi r l E$ (Grund- und Deckfläche leisten keinen Beitrag), der gleich $l\lambda/\varepsilon_0$ sein muß. Es folgt $E = \lambda/(2\pi\varepsilon_0 r)$. Das Potential ergibt sich durch Integration zu $U = -\lambda/(2\pi\varepsilon_0)\ln r + U_0$. Dieses Potential verschwindet im Unendlichen *nicht*. Die speziellen Eigenschaften dieses Feldes werden in einem berühmten Experiment zum Nachweis der Wellennatur des Elektrons ausgenutzt (vgl. Abschn. 10.4.2).

d) Feld einer gleichmäßig geladenen unendlich ausgedehnten ebenen Platte. Die Flächenladung sei $\sigma\,\mathrm{C\,m^{-2}}$. Das Feld steht senkrecht zur Platte. Durch zwei gleiche Flächen A beiderseits parallel zur Platte, die irgendwie

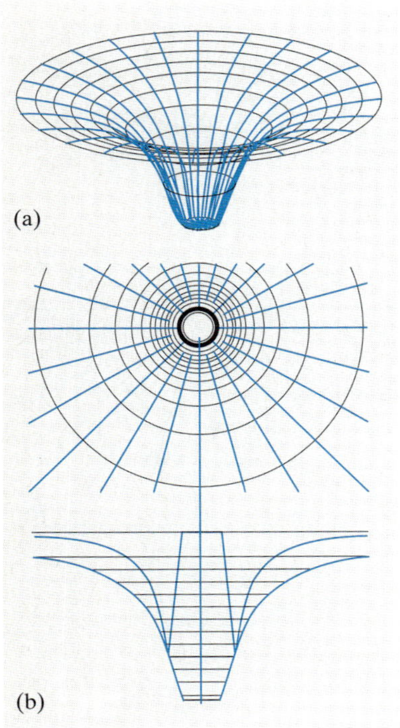

Abb. 6.19a, b. Potential und Feld einer geladenen Hohlkugel

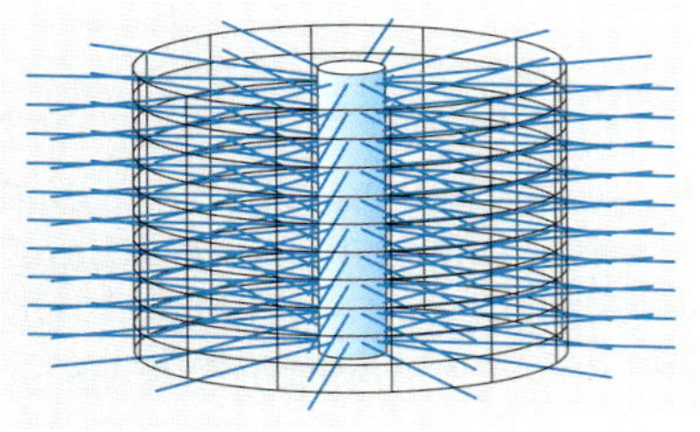

Abb. 6.20. Der Fluß durch jede Zylinderfläche gegebener Höhe um den geladenen Draht ist der gleiche. Daher nimmt das Feld wie $1/r$, das Potential wie $\ln r$ ab

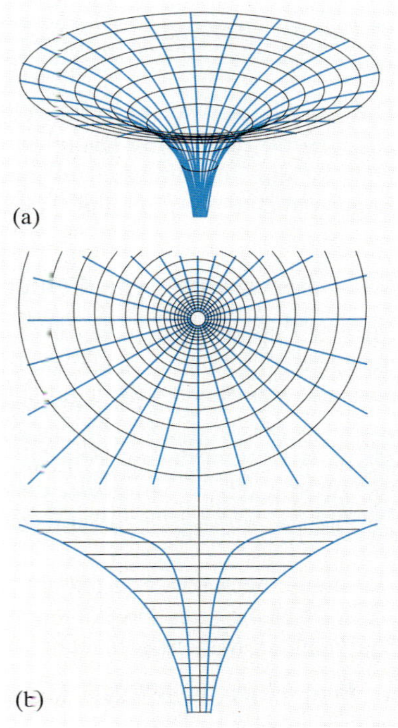

Abb. 6.21a, b. Potential und Feld eines geladenen Drahtes. Der Trichter ist viel flacher als ein $1/r$-Trichter

zur geschlossenen Fläche verbunden sind, tritt der Fluß $2AE = A\sigma/\varepsilon_0$, also $E = \frac{1}{2}\sigma/\varepsilon_0$. $\boldsymbol{E}$ hat überall den gleichen Betrag und zeigt immer von der Platte weg, falls sie positiv geladen ist. Beim Durchtritt durch die Platte erfolgt also ein Feldsprung von $-\frac{1}{2}\sigma/\varepsilon_0$ auf $+\frac{1}{2}\sigma/\varepsilon_0$, d. h. um σ/ε_0. Das läßt sich verallgemeinern: Jede flächenhaft verteilte Ladung, unabhängig von der Form der Fläche und der Ladungsverteilung auf ihr, sieht von einem hinreichend nahegelegenen Punkt eben aus. Auch beim Durchtritt durch eine beliebige Fläche springt also das Feld (genauer seine Komponente senkrecht zur Fläche) um σ/ε_0, wo σ die lokale Flächenladungsdichte ist. Dagegen ändert sich die Tangentialkomponente bei einem solchen Durchgang nicht (Abb. 6.22, 6.23). Aus diesen Tatsachen folgt sofort die Kapazität eines Kondensators (vgl. Abschn. 6.1.5).

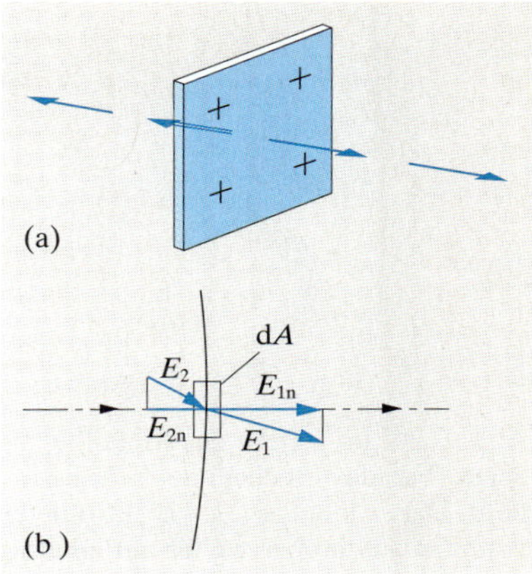

Abb. 6.22a, b. Eine geladene Ebene erzeugt ein abstandsunabhängiges, nach beiden Seiten gerichtetes Feld. Wenn die Ebene nicht allein im Raum ist, bleibt immer noch richtig, daß die Normalkomponente der Feldstärke dort einen Sprung macht. Das stimmt auch für gekrümmte Flächen, denn aus nächster Nähe sehen sie eben aus

e) Feld eines beliebigen Metallkörpers. In einem Leiter sind elektrische Ladungen frei beweglich. Sie können somit nur dann in Ruhe, d. h. im Gleichgewicht sein, wenn sie keiner Kraft, d. h. keiner Feldstärke, also keinem Potentialgefälle ausgesetzt sind. Einem eventuell auftretenden Feld folgen sie sofort, bis das Feld der sich bildenden Ladungsanhäufung das ursprüngliche kompensiert. Das bedeutet (abgesehen von solchen meist kurzzeitigen Nichtgleichgewichtszuständen): Überall im Innern und auf der Oberfläche eines Leiters hat das Potential den gleichen Wert.

> Jede leitende Fläche ist Äquipotentialfläche.

Wenn an der Oberfläche eines Leiters ein elektrisches Feld besteht, muß es senkrecht zu ihr gerichtet sein; jede Tangentialkomponente würde sich durch entsprechende Ladungsverschiebungen selbst vernichten.

> Die Innenwand eines Metallkörpers beliebiger Form ist Äquipotentialfläche.

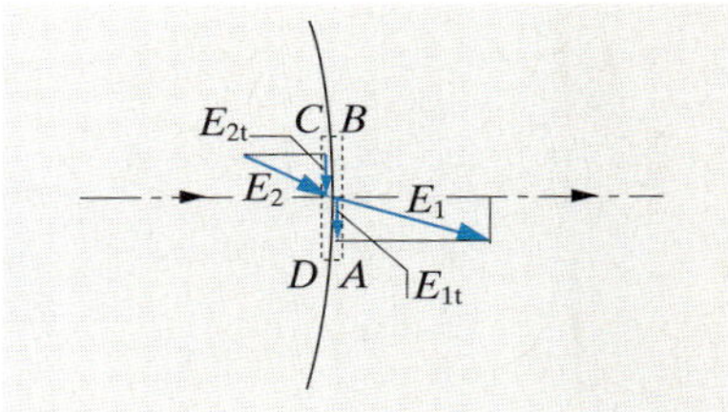

Abb. 6.23. Die Tangentialkomponente der Feldstärke bleibt beim Durchgang durch eine geladene Fläche stetig

Wenn im Innern keine Ladungen sind, gilt dort überall $\Delta U = 0$. Eine Funktion $U(\boldsymbol{r})$, für die dies alles zutrifft, ist $U = \text{const}$. Nach dem Eindeutigkeitssatz ist diese trivial erscheinende Lösung auch die richtige. Konstantes Potential bedeutet aber verschiedenes Feld innerhalb *jedes* leitenden Hohlkörpers.

✘ Beispiel...

Leiten Sie die Aussagen über den Feldstärkesprung an einer geladenen Fläche aus der Beziehung (6.9) über den Gesamtfluß durch eine geschlossene Fläche her (flache Trommel, die die Fläche umschließt).

Eine Trommel der Grundfläche A und der sehr kleinen Höhe $\mathrm{d}h$ umschließe ein Stück A der geladenen Fläche und damit eine Ladung σA. Der gesamte Feldfluß durch die Trommeloberfläche muß daher $\sigma A/\varepsilon_0$ sein. Da die Seitenflächen beliebig klein gemacht werden können, ohne daß sich dieser Fluß ändert, muß er gänzlich durch Boden und Deckel strömen. Die Feldstärken dort seien E_{B} und E_{D}. Dann ist $A(E_{\mathrm{B}} - E_{\mathrm{D}}) = \sigma A/\varepsilon_0$, also $\Delta E = E_{\mathrm{B}} - E_{\mathrm{D}} = \sigma/\varepsilon_0$.

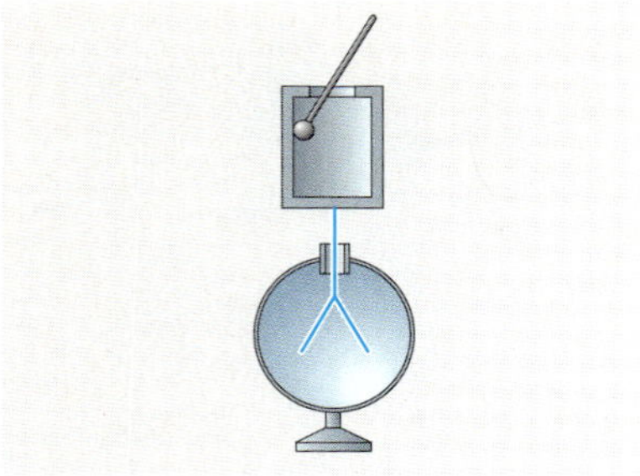

Abb. 6.24. Im Innern des Metallbechers (Faraday-Becher) herrscht kein Feld. Daher läßt sich das Elektrometer von dort aus immer weiter aufladen, selbst wenn schon viel Ladung darauf ist

Will man eine elektrische Ladung, die sich auf einem Leiter befindet, vollständig abgeben, so berührt man mit ihm die Innenwand eines leitenden Hohlkörpers. Die Ladung fließt dann auf die äußere Oberfläche. Zur vollständigen Abgabe einer Ladung ist also ein metallischer Becher geeignet (**Faraday-Becher**), den man zur Messung der Ladung mit einem Elektrometer leitend verbindet (Abb. 6.24).

Ein Raum kann gegen äußere statische elektrische Felder dadurch abgeschirmt werden, daß man ihn mit metallischen Wänden umgibt; häufig genügt dafür auch ein ziemlich enges Drahtnetz, ein **Faraday-Käfig**. Dieser Abschirmungseffekt ist auf die Superposition der Felder zurückzuführen, welche von den auf der Oberfläche des Käfigs influenzierten Ladungen herrühren.

Auf einer Metallkugel verteilen sich die Ladungen immer so, daß die Kugeloberfläche Äquipotentialfläche wird. Eine Metallkugel hat daher gleichmäßige Oberflächenladung, im Außenraum erzeugt sie das gleiche Potential wie ihre im Zentrum vereinigte Gesamtladung:

$$U = \frac{Q}{4\pi\varepsilon_0 r} . \tag{6.17}$$

Zwei Kugeln mit den Radien R_1 und R_2 haben das gleiche Potential, wenn ihre Ladungen Q_i und ihre Flächenladungsdichten $\sigma_i = Q_i/(4\pi R_i^2)$ sich verhalten wie

$$\frac{Q_1}{Q_2} = \frac{R_1}{R_2} , \qquad \frac{\sigma_1}{\sigma_2} = \frac{R_2}{R_1} \tag{6.18}$$

(vgl. Abb. 6.25). Hinreichend nahe vor einer gekrümmten Metalloberfläche stammt das Feld nur von dem benachbarten Teil der Oberfläche mit der dort herrschenden Krümmung. Eine feine Spitze wirkt wie eine kleine Kugel vom entsprechenden Radius r. Potentialgleichheit auf der ganzen Oberfläche ist nur gesichert, wenn die Flächenladungsdichte nach (6.18) in der Spitze viel größer ist als in schwächer gekrümmten Gebieten. Entsprechend größer ist nach Abschn. 6.1.4d auch das lokale Feld vor der Spitze. Es kann so groß werden, daß spontan elektrischer Durchschlag der umgebenden Luft einsetzt (**Spitzenentladung**).

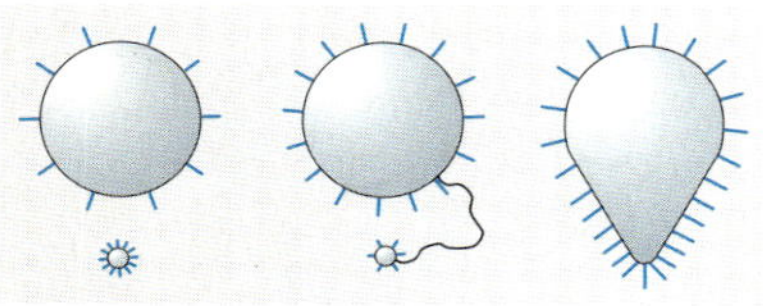

Abb. 6.25. Von zwei Metallkugeln mit gleicher Ladung hat die kleinere das größere Potential an der Oberfläche und erst recht die größere Feldstärke. Aber auch bei gleichem Potential ist das Feld an der kleinen Kugel größer. An feinen Spitzen können daher sehr hohe Felder herrschen

Wie elegant die potentialtheoretischen Methoden sind, weiß man erst richtig zu schätzen, wenn man versucht, die gleichen Felder nach dem verallgemeinerten Coulomb-Gesetz

$$\boldsymbol{E} = \frac{1}{4\pi\varepsilon_0} \int \frac{\varrho}{r^2} \, \mathrm{d}V \, \boldsymbol{r}_0 \tag{6.19}$$

auszurechnen. Dieses Gesetz ergibt sich nach dem Superpositionsprinzip durch Summation über die Felder der Einzelladungen $\varrho \, \mathrm{d}V$. Dabei ist r der Abstand von diesem Volumenelement, $\boldsymbol{r}_0$ der Einheitsvektor in Richtung dieses Abstandes.

Folgende Anekdote ist in vieler Hinsicht lehrreich: *Newton* hatte das vollständige Gravitationsgesetz schon 1665 gefunden, aber nicht veröffentlicht, weil er noch nicht beweisen konnte, daß eine Kugel so anzieht, als sei ihre Masse im Mittelpunkt vereinigt. Dies ist entscheidend für die Gleichsetzung $g = GM/r^2$. Viele Jahre später diskutierte man in der Londoner Royal Society, welches Kraftgesetz eine elliptische Planetenbahn erzeugen würde. *Halley* fuhr zu *Newton* nach Cambridge und fragte ihn. *Newton* sagte sofort „r^{-2}". Erst daraufhin löste er unser Problem der kugelsymmetrischen Ladungsverteilung (Abschn. 6.1.4a) mittels (6.19) und betrachtete seine Theorie als veröffentlichungsreif.

6.1.5 Kapazität

Das Potential U einer Punktladung oder einer Metallkugel ist ihrer Ladung Q proportional. Diese Proportionalität zwischen U und Q gilt für jede Ladungsverteilung. Verdoppelt man überall die Ladungsdichte, ohne die Geometrie der Verteilung zu ändern, dann bleibt auch die Geometrie des Feldes erhalten, aber der Fluß durch jede Fläche verdoppelt sich. Das ist nur möglich, wenn die Feldstärke und damit auch das Potential sich überall verdoppelt haben (vorausgesetzt, daß man das Potential dort auf Null normiert hat, wo das Feld verschwindet, also i. allg. im Unendlichen). Zwischen Gesamtladung Q und Potential U, bezogen z. B. auf eine unendlich entfernte Wand, die „Erde", gilt also allgemein

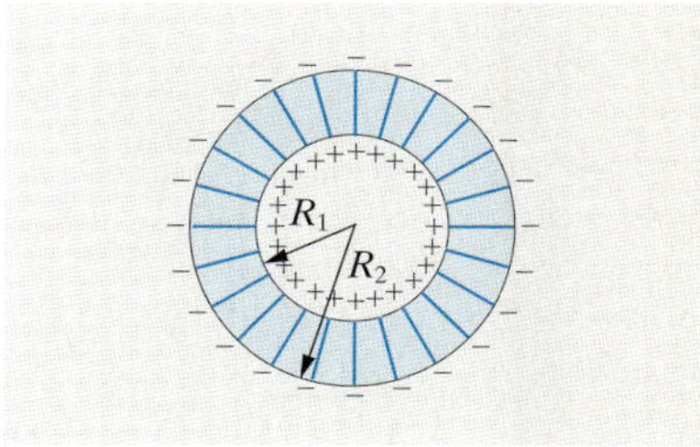

Abb. 6.26. Kugelkondensator

$$Q = CU\,. \tag{6.20}$$

Die Konstante C hängt nur von der Gestalt des Leiters ab und heißt seine **Kapazität**. Ihre Dimension ist Ladung/Spannung, ihre Einheit

$$1\,\text{Farad} = 1\,\text{F} = \frac{1\,\text{C}}{1\,\text{V}}\,. \tag{6.21}$$

Die Kapazität einer Kugel vom Radius R ist nach (6.17)

$$C = 4\pi\varepsilon_0 R\,.$$

Auch jedes Elektrometer (6.1.5c) hat seine Kapazität. Die ihm zugeführte Ladung bringt es auf eine bestimmte Spannung; beide sind durch (6.20) verknüpft. Jedem Ausschlag sind eine bestimmte Ladung und eine bestimmte Spannung zugeordnet. Das Elektrometer kann als Coulomb-Meter wie als Voltmeter verwendet werden.

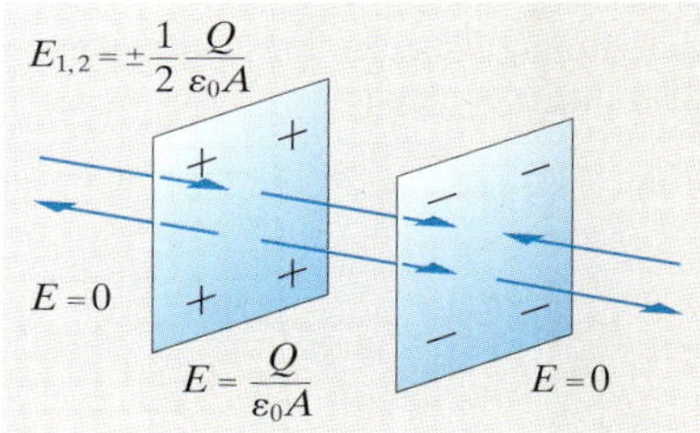

Abb. 6.27. Jede der geladenen Ebenen erzeugt ein abstandsunabhängiges Feld (*oben* für die negative, *unten* für die positive Ebene). Zwischen den Ebenen verstärken sich die Einzelfelder zum Kondensatorfeld, im Außenraum heben sie einander auf

✗ Beispiel...

Welche Kapazität haben ein Stecknadelkopf, ein stanniolbedeckter Fußball, die Erde?

Stecknadelkopf, Fußball, Erde haben die Kapazitäten 0,11 pF, 16 pF, 0,7 mF.

Zwei ebene Metallplatten der Fläche A stehen einander im kleinen Abstand d gegenüber (Abb. 6.28). Sie haben entgegengesetzt gleiche Gesamtladung, wie dies notwendig eintreten muß, wenn man die Platten durch eine Spannungsquelle verbindet, die ja Ladungen nicht erzeugen, sondern nur verschieben kann. Welche Kapazität hat dieser **Plattenkondensator**? Durch eine geschlossene Fläche, die beide Platten mit ihren Ladungen Q und $-Q$ in hinreichendem Abstand umfaßt, tritt kein Fluß. Umfaßt die Fläche nur eine Platte, läuft also zwischen beiden Platten

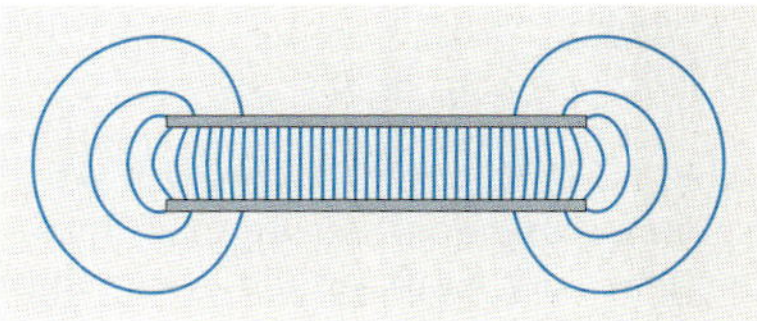

Abb. 6.28. Das elektrische Feld eines geladenen Plattenkondensators

durch, dann ist der Fluß Q/ε_0. Offenbar existiert ein Feld nur zwischen den Platten (am Rand greift es etwas in die Umgebung hinaus, um so weniger, je kleiner d ist; Abb. 6.28). Zwischen den Platten ist das Feld nach Abschn. 6.1.4d homogen und senkrecht zur Platte. Der Fluß ist also $AE = Q/\varepsilon_0$, das Feld $E = Q/(\varepsilon_0 A)$, d. h. die Potentialdifferenz zwischen den Platten

$$U = Ed = \frac{Qd}{\varepsilon_0 A} .$$

Der Plattenkondensator hat also die Kapazität

$$\boxed{C = \frac{Q}{U} = \frac{\varepsilon_0 A}{d}} . \qquad (6.22)$$

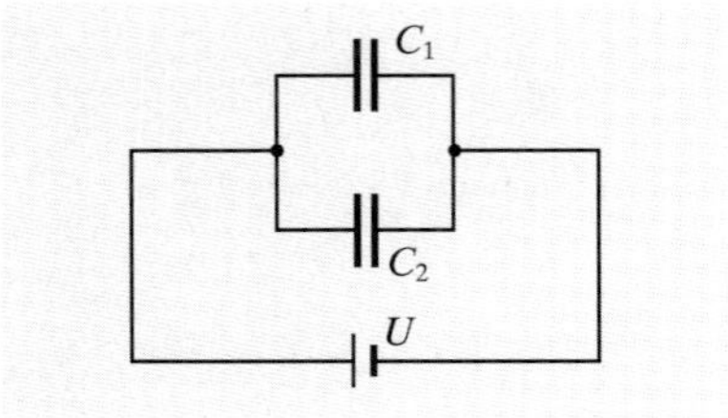

Abb. 6.29. Parallelgeschaltete Kondensatoren addieren ihre Ladungen, also ihre Kapazitäten

a) Parallel- und Serienschaltung von Kondensatoren. Parallel geschaltete Kondensatoren (Abb. 6.29) addieren ihre Kapazitäten

$$C = C_1 + C_2 , \qquad (6.23)$$

hintereinander oder in Serie geschaltete (Abb. 6.30) addieren ihre reziproken Kapazitäten

$$C^{-1} = C_1^{-1} + C_2^{-1} . \qquad (6.24)$$

Begründung: Ein durchlaufender Draht hat überall das gleiche Potential (sein Widerstand ist vernachlässigt). Also muß in Abb. 6.29 die Spannung zwischen den Platten von C_1 gleich der zwischen den Platten von C_2 sein, nämlich gleich der Batteriespannung U. Die Ladungen addieren sich: $Q = Q_1 + Q_2 = C_1 U + C_2 U = CU$. In Abb. 6.30 addieren sich die Spannungen U_1 und U_2 zu U. Zwischen den Platten b und c und ebenso zwischen a und d kann die Ladung nur verschoben worden sein, also haben C_1 und C_2 die gleiche Ladung Q, d. h. $U = U_1 + U_2 = Q(C_1^{-1} + C_2^{-1})$.

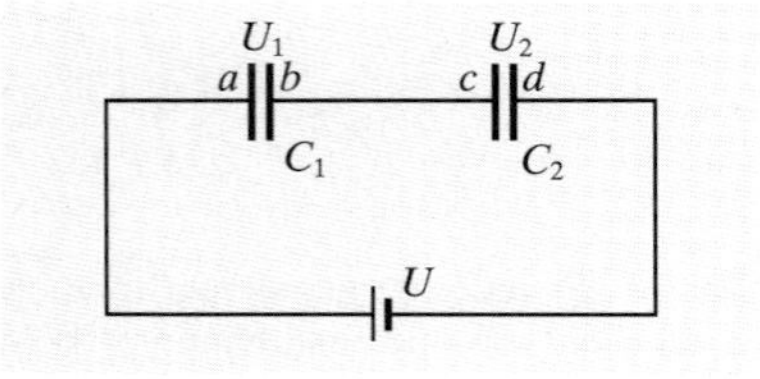

Abb. 6.30. Hintereinandergeschaltete Kondensatoren addieren ihre Spannungen, also ihre reziproken Kapazitäten

b) Kirchhoff-Waage. Wenn an einem Plattenkondensator die Spannung U liegt, herrscht zwischen den Platten das homogene Feld $E = U/d$. Dieses Feld stammt von einer Ladung $\pm Q = \pm CU = \pm \varepsilon_0 AU/d$ auf den Platten. Umgekehrt übt dieses Feld E auf die Ladungen eine Kraft aus. Dabei ist zu bedenken, daß das Feld durch eben diese Ladungen geschwächt wird, je mehr es in die Platten eindringt. Dicht außerhalb der Platten hat es noch den Wert E, im Innern des Metalls ist es 0, im Durchschnitt wirkt auf die Ladungen nur das halbe Feld $E/2$. Damit wird die Kraft, mit der die Platten einander anziehen

$$F = \frac{1}{2} EQ = \frac{1}{2} E \frac{\varepsilon_0 A}{d} U = \frac{1}{2} \frac{\varepsilon_0 A}{d^2} U^2 .$$

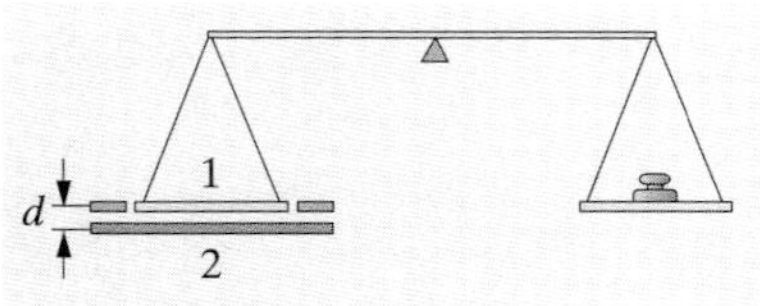

Abb. 6.31. Kirchhoff-Waage zur Absolutmessung von Ladung oder Spannung aus der Kraft auf die Waagschale im Feld. Wenn man den Satz von *Gauß* voraussetzt, kann man so auch ε_0 direkt bestimmen

F, A, d und U sind direkt meßbar, woraus sich eine Bestimmung von ε_0 ergibt. Bei gegebenem ε_0 kann man die Kirchhoff-Waage auch zur „absoluten Spannungsmessung" ausnutzen. Entfernt man die Platten weit voneinander, läßt also den Plattenabstand von d auf ∞ wachsen, wobei die angelegte Spannung konstant bleibt, dann erfordert die Überwindung dieser Kraft die Arbeit

$$W = \int_2^\infty F \,\mathrm{d}x = -\frac{1}{2} \varepsilon_0 A U^2 \int_d^\infty \frac{\mathrm{d}x}{x^2} = \frac{1}{2} \frac{\varepsilon_0 A}{d} U^2 = \frac{1}{2} CU^2 .$$

Diese Energie, die in dem aufgeladenen Kondensator steckt, läßt sich auch rein elektrisch berechnen. Wir werden in Abschn. 6.2.4 sehen, daß man diese Energie auch im elektrischen Feld zwischen den Platten lokalisieren kann.

c) Elektrometer. Der Plattenkondensator dient häufig zur Herstellung eines homogenen elektrischen Feldes, dessen Feldstärke aus Spannung und Plattenabstand gegeben ist: $|E| = U/d$.

Eine im Feld befindliche Ladung Q erfährt eine Kraft $F = QU/d$; die Messung der Kraft kann also zur Bestimmung der Ladung dienen. Beim **Fadenelektrometer** (Abb. 6.32) wird die zu messende Ladung auf einen isoliert befestigten, einige µm dicken Metallfaden gebracht. Dieser befindet sich im Feld eines Plattenkondensators. Es greift also an der Ladung eine Kraft an, die dem Produkt aus Ladung und Feldstärke proportional ist und eine Durchbiegung des Fadens bewirkt. Seine Verschiebung wird mikroskopisch beobachtet, sie ist der Ladung proportional. Solche Elektrometer erreichen Empfindlichkeiten von einigen 10^{-14} Coulomb pro Skalenteil im Okularmikrometer des Ablesemikroskops. Das entspricht bei der geringen Kapazität des Gerätes einigen mV.

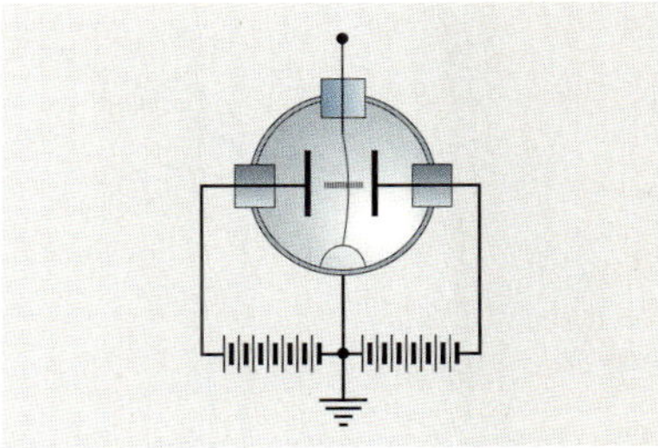

Abb. 6.32. Fadenelektrometer

d) Schwebekondensator, Millikan-Versuch. Als Ladungsträger wird ein kleines Flüssigkeitströpfchen zwischen die Platten des horizontal gelagerten Kondensators gebracht. Im feldfreien Raum sinkt es unter dem Einfluß der Schwere und des Reibungswiderstandes mit gleichförmiger Geschwindigkeit, aus der nach dem Stokes-Gesetz (3.35) der Radius und damit auch das Gewicht mg bestimmt werden kann. Legt man eine veränderliche Spannung an den Kondensator, so kann man diese so regulieren, daß das Tröpfchen in der Schwebe gehalten wird. Dann ist seine Ladung Q

$$Q = \frac{mg}{|E|} = \frac{mgd}{U} .$$

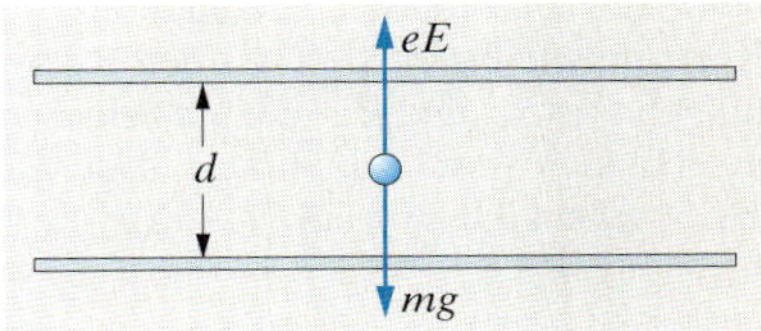

Abb. 6.33. Versuch von Millikan: Ein Öltröpfchen, das eine Elementarladung trägt, schwebt im Kondensatorfeld

Damit ist die zu messende Ladung direkt durch bekannte Größen ausgedrückt (Aufgabe 6.1.14).

Mit dieser Methode fand *Millikan*, daß die Ladung solcher Tröpfchen stets ein niedriges ganzes Vielfaches von $1{,}6 \cdot 10^{-19}$ C beträgt, d. h. wenige Elementarladungen e enthält (Abschn. 6.1.1). Er konnte e so mit hoher Genauigkeit direkt bestimmen. Heutiger Wert:

$$\boxed{e = (1{,}6021773 \pm 0{,}0000005) \cdot 10^{-19}\,\mathrm{C}} \; .$$

6.1.6 Dipole

Ein statischer **Dipol** ist ein Paar sehr nahe benachbarter Ladungen. Wenn diese gegeneinander schwingen, weil sie durch elastische Kräfte aneinander gebunden sind, z. B. in einem Atom oder einer Dipolantenne, kommen wir zum dynamischen Dipol. Das Feld eines statischen Dipols zeigt Abb. 6.34 (man beachte den Unterschied zu Abb. 6.7–6.10).

Wir entfernen uns um r vom Dipol im Winkel ϑ zu seiner Achse, wobei r groß gegen den Abstand l der Ladungen $+Q$ und $-Q$ sei. Von diesem Punkt P (Abb. 6.35) ist die positive Ladung um r entfernt, die negative Ladung um $r + \Delta r = r + l \cos\vartheta$. Das Potential im Punkt P ergibt sich als Differenz der beiden Punktladungspotentiale $U_0 = Q/(4\pi\varepsilon_0 r)$:

$$U = \frac{\mathrm{d}U_0}{\mathrm{d}r}\Delta r = \frac{Q}{4\pi\varepsilon_0 r^2} l \cos\vartheta \, . \qquad (6.25)$$

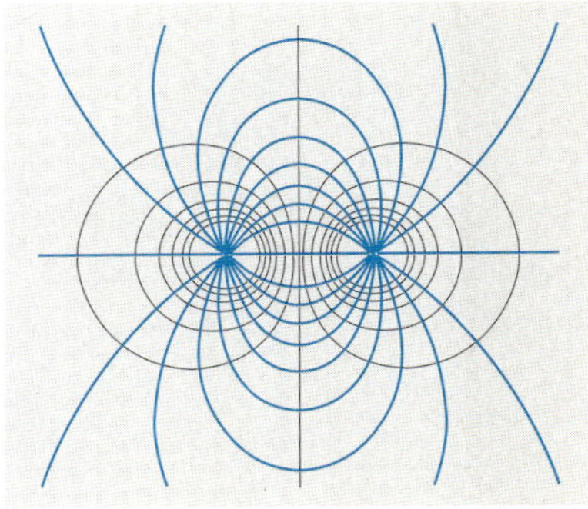

Abb. 6.34. Feldlinien und Potentialflächen zweier entgegengesetzter Ladungen. In großem Abstand von diesen Ladungen herrscht ein Dipolfeld

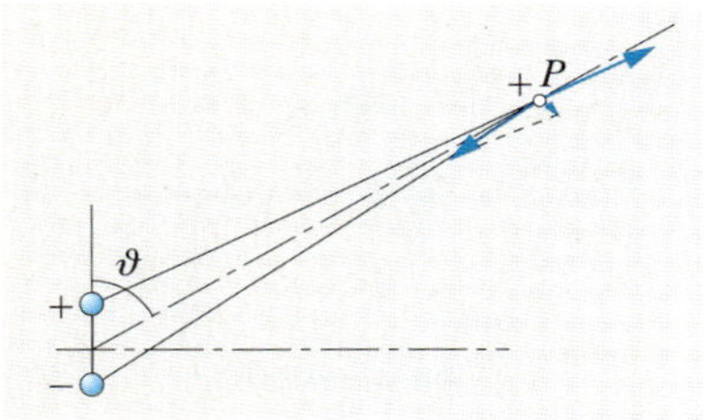

Abb. 6.35. Die positive Ladung ist um $l\cos\vartheta$ näher am Punkt P. Daher ist ihr Feld $\boldsymbol{E}_+$ um $2Ql\cos\vartheta/(4\pi\varepsilon_0 r^3)$ stärker als das Feld $\boldsymbol{E}_-$ der negativen Ladung. Diese Differenz ist die Radialkomponente des Dipolfeldes. Die andere Komponente ergibt sich aus den Richtungen von $\boldsymbol{E}_+$ und $\boldsymbol{E}_-$, die um $l\sin\vartheta/r$ verschieden sind (Sehwinkel). Also $E_\perp = El\sin\vartheta/r = p\sin\vartheta/(4\pi\varepsilon_0 r^3)$

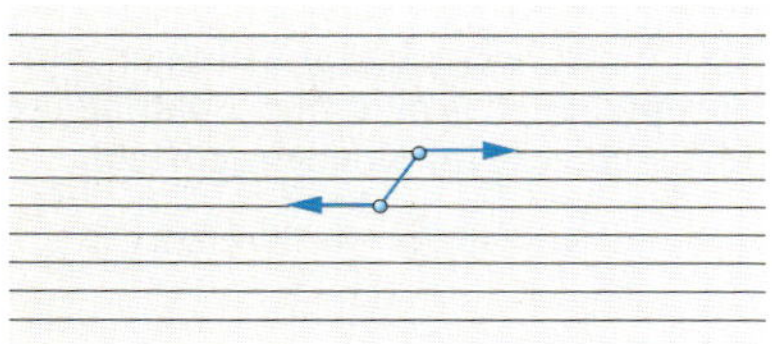

Abb. 6.36. Dipol im homogenen Feld. Die Gesamtkraft ist 0, aber es entsteht ein Drehmoment $\boldsymbol{T} = \boldsymbol{p}\times\boldsymbol{E}$ mit dem Betrag $T = pE\sin\alpha$. Stabiles Gleichgewicht herrscht erst bei $\alpha = 0$. Gegenüber dieser Einstellung ist die potentielle Energie $W = -\boldsymbol{p}\cdot\boldsymbol{E} = -pE\cos\alpha$

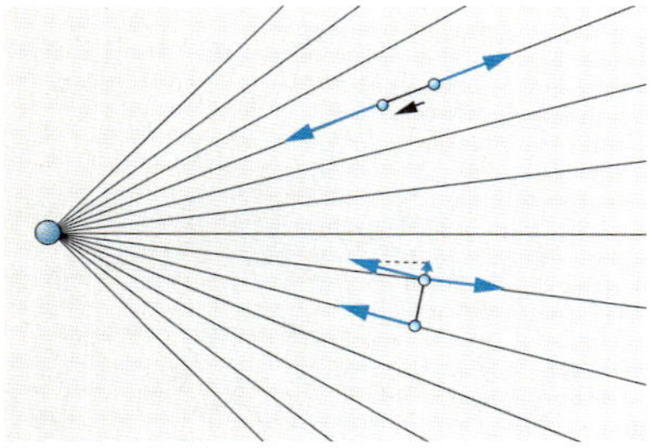

Abb. 6.37. Dipol im inhomogenen Feld (hier im Feld einer Punktladung). Die Kraft hängt nicht nur von Dipolmoment und Inhomogenität des Feldes ab, sondern auch von der Einstellung des Dipols. Auf den oberen Dipol wirkt eine Kraft vom doppelten Betrag wie auf den unteren

Hier kann man die Eigenschaften Q und l des Dipols einschließlich seiner Richtung (von − nach +) zum **Dipolmoment** $\boldsymbol{p}$ zusammenfassen:

$$\boldsymbol{p} = Q\boldsymbol{l}\,. \tag{6.26}$$

Dann lautet das Potential

$$U = \frac{p\cos\vartheta}{4\pi\varepsilon_0 r^2} = \frac{\boldsymbol{p}\cdot\boldsymbol{r}}{4\pi\varepsilon_0 r^3}\,. \tag{6.27}$$

Wie der Faktor $\cos\vartheta$ zeigt, ist U auf der Symmetrieebene des Dipols Null. Das Feld $\boldsymbol{E}$ verschwindet dort aber durchaus nicht. Wir zerlegen $\boldsymbol{E}$ am besten in seine radiale Komponente E_r, (in Richtung r) und seine meridionale Komponente E_ϑ (senkrecht zu r). Die dritte Komponente verschwindet aus Symmetriegründen. E_r ergibt sich genau wie U als Differenz der Punktfelder $E_0 = Q/(4\pi\varepsilon_0 r^2)$:

$$E_r = \frac{\mathrm{d}E_0}{\mathrm{d}r}l\cos\vartheta = \frac{2Q}{4\pi\varepsilon_0 r^3}l\cos\vartheta = \frac{p\cos\vartheta}{2\pi\varepsilon_0 r^3}\,.$$

Bei E_ϑ sind die verschiedenen Richtungen der Einzelfelder zu beachten, die auf „ihre“ Ladung bzw. von ihr weg zeigen. Beide bilden einen Winkel, der gleich dem Sehwinkel ist, unter dem der Dipol von P aus erscheint, nämlich $l\sin\vartheta/r$. Damit liest man ab

$$E_\vartheta = E_0\frac{l\sin\vartheta}{r} = \frac{Q}{4\pi\varepsilon_0 r^2}\frac{l\sin\vartheta}{r} = \frac{p\sin\vartheta}{4\pi\varepsilon_0 r^3}\,. \tag{6.28}$$

Man kann E_r und E_ϑ nach (6.15) auch durch Differentiation von $U(r,\vartheta)$ nach r bzw. ϑ erhalten: $E_r = -\partial U/\partial r$, $E_\vartheta = -r^{-1}\,\partial U/\partial\vartheta$.

Ein Dipol werde in ein *äußeres* elektrisches Feld $\boldsymbol{E}$ gebracht. Wenn $\boldsymbol{E}$ homogen ist, sind die Kräfte auf die beiden Ladungen entgegengesetzt gleich, ergeben also keine Gesamtkraft, aber ein Drehmoment

$$\boxed{\boldsymbol{T} = Q\boldsymbol{l}\times\boldsymbol{E} = \boldsymbol{p}\times\boldsymbol{E}}\,. \tag{6.29}$$

Dieses Drehmoment versucht den Dipol in die Feldrichtung zu stellen; erst dann wird es Null.

Die Drehung des Dipols erfordert Energie. Seine potentielle Energie ist die Summe der Energien der Einzelladungen:

$$W_{\text{pot}} = Q\frac{\mathrm{d}U}{\mathrm{d}r}l\cos\alpha = -QEl\cos\alpha = -\boldsymbol{p}\cdot\boldsymbol{E}\,. \tag{6.30}$$

Nur wenn das äußere Feld inhomogen ist, erfahren die Einzelladungen verschiedene Kräfte und der Dipol eine Gesamtkraft. x bezeichne die Richtung von $\boldsymbol{E}$, der Dipol liege um α gegen diese Richtung schief (Abb. 6.38). Dann ist die resultierende Kraft

$$\boldsymbol{F} = \frac{\mathrm{d}\boldsymbol{E}}{\mathrm{d}x}Ql\cos\alpha = \frac{\mathrm{d}\boldsymbol{E}}{\mathrm{d}x}p\cos\alpha\,. \tag{6.31}$$

Der Vektor $\boldsymbol{E}$ drückt aus, daß $\boldsymbol{F}$ die Richtung von $\boldsymbol{E}$ hat.

6.1.7 Influenz

Bringt man eine positive Punktladung in die Nähe einer leitenden Metallplatte, so krümmen sich die Feldlinien (Abb. 6.39). Sie müssen das tun, damit sie auf die Metallfläche senkrecht münden. Man kann sich vorstellen, daß die Tangentialkomponente, die bei der ursprünglich radialen Feldrichtung aufträte, negative Ladung in die Gegend gegenüber der positiven Punktladung gezogen hat. Da alle Feldlinien der positiven Ladung, wenn auch teilweise auf großem Umweg, auf der Platte münden, ist die so durch **Influenz** gebundene negative Gegenladung ebensogroß wie die influenzierende. Wie ein Vergleich mit Abb. 6.34 zeigt, ist das entstehende Feld, wenigstens vor der Platte, identisch mit dem Feld eines Dipols aus der positiven Ladung und einer negativen **Spiegelladung** hinter der Grenzfläche. Wie beim Dipol hat die Metalloberfläche als Symmetrieebene das Potential Null. In Wirklichkeit ist keine Spiegelladung da, sondern die Influenzladung sitzt in der Oberfläche, wo ihre Flächendichte σ nach Abschn. 6.1.4d den Feldstärkesprung auf den Wert $E = 0$ im Metallinnern regelt. Auf die positive Ladung wirkt jedoch entsprechend der Feldverteilung in ihrer Umgebung eine Kraft, wie sie die Spiegelladung ausüben würde:

$$F = \frac{1}{4\pi\varepsilon_0}\frac{Q^2}{4d^2} . \qquad (6.32)$$

Man nennt sie **Bildkraft**.

Für einen isolierten Metallkörper beliebiger Form gilt Entsprechendes. Die Influenz zieht negative Ladungen dorthin, wo die Feldlinien auf den Körper zukommen; die kompensierenden positiven Ladungen wandern nach der anderen Seite (die Gesamtladung ändert sich ja durch Influenz nicht). Auch hier bleibt die Feldstärke im Innern des Leiters Null, das Potential konstant. Zwei vorher neutrale Metallkörper, die man in einem Feld zur Berührung bringt und dann wieder trennt, tragen danach entgegengesetzt gleiche Ladungen. Allerdings muß zum getrennten Herausführen aus dem Feld eine Arbeit geleistet werden, die gleich der potentiellen Energie der aufgeladenen Körper im feldfreien Raum ist (Prinzip der **Influenzmaschine**).

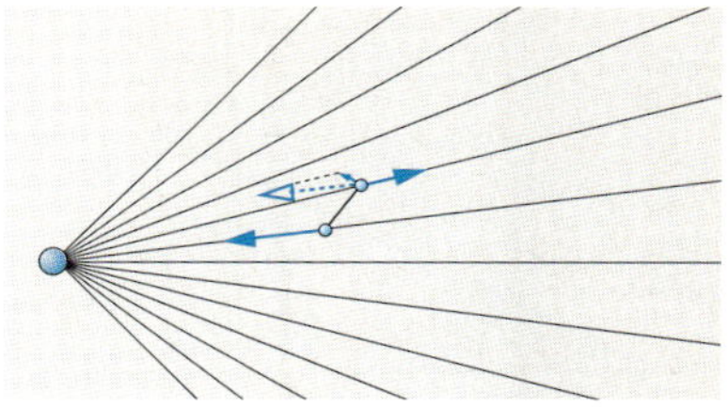

Abb. 6.38. Die Kraft auf einen Dipol im inhomogenen Feld ist nur ausnahmsweise parallel zur Dipolrichtung

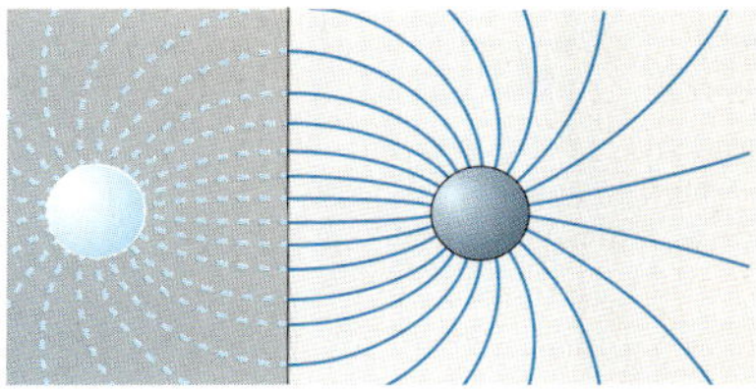

Abb. 6.39. Das Feld einer Punktladung vor einer großen Metallplatte wird so verzerrt, als sitze im Spiegelpunkt eine entgegengesetzte Ladung (Bildladung)

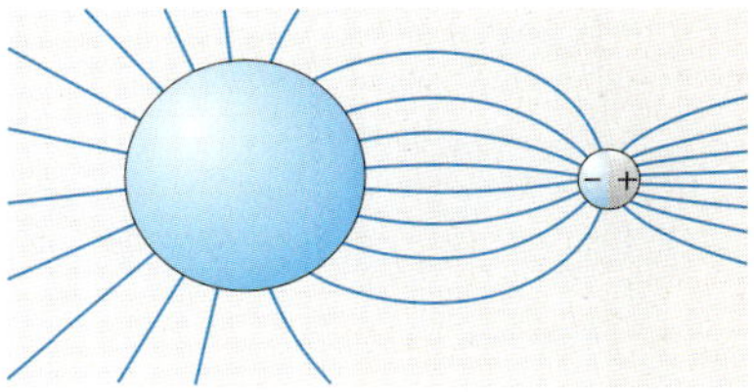

Abb. 6.40. Influenzierte Ladungen auf einer im ganzen ungeladenen Metallkugel und Feldverzerrung durch diese Ladungen

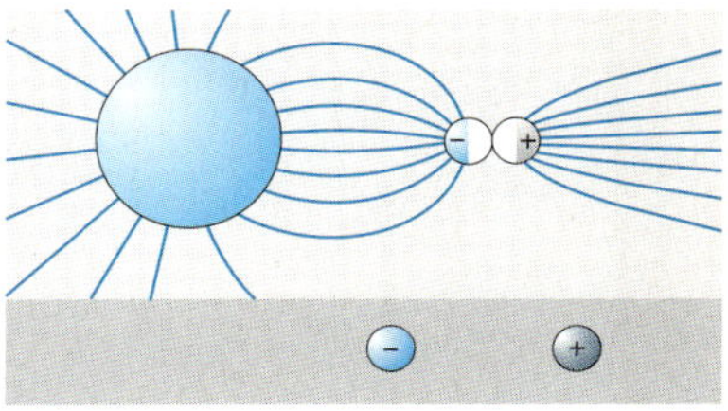

Abb. 6.41. Auf den sich berührenden Metallkugeln a und b werden im elektrischen Feld Ladungen verschoben. Nach der Trennung bleiben die Kugeln auch außerhalb des Feldes geladen

6.1.8 Energie einer Ladungsverteilung

Wir bringen eine Ladung Q in kleinen Schritten $\mathrm{d}q$ auf einen Leiter (Abb. 6.42). In einem Zwischenstadium sei die Ladung q erreicht, die nach (6.20) dem Leiter ein Potential $u = q/C$ gibt. Gegen diese Spannung die nächste Teilladung $\mathrm{d}q$ heranzuführen, erfordert die Arbeit

$$\mathrm{d}W = u\,\mathrm{d}q = \frac{q\,\mathrm{d}q}{C} .$$

Die Gesamtarbeit ergibt sich durch Integration

$$W = \int_0^Q \frac{q\,\mathrm{d}q}{C} = \frac{1}{2}\frac{Q^2}{C} . \qquad (6.33)$$

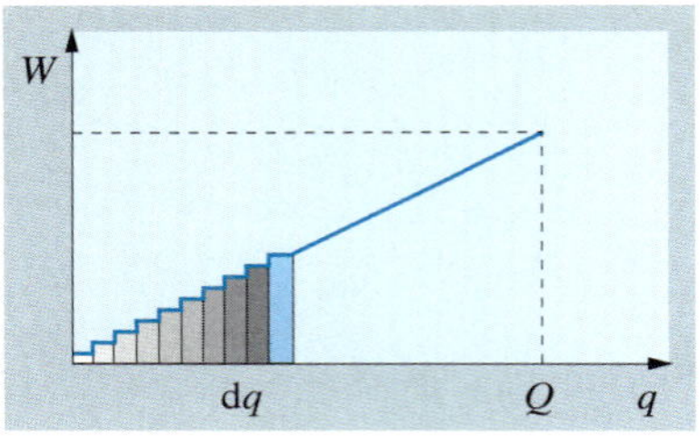

Abb. 6.42. Die Energie eines geladenen Leiters (Kondensators) läßt sich schrittweise aus der Energie kleiner Ladungsbeträge zusammensetzen

Diese Arbeit ist als potentielle Energie im geladenen Leiter gespeichert. Man kann sie mit (6.20) auch durch das Potential ausdrücken:

$$\boxed{W = \tfrac{1}{2} C U^2} \,. \qquad (6.34)$$

Bei einer leitenden Kugel mit $C = 4\pi\varepsilon_0 R$ entspricht diese Energie $W_{\text{pot}} = Q^2/(8\pi\varepsilon_0 R)$ einer Ladung, die nur auf der Oberfläche sitzt. Erfüllt die Ladung die Kugel mit gleichmäßiger Dichte, so ist ihre potentielle Energie $W_{\text{pot}} = \frac{3}{5} Q^2/(4\pi\varepsilon_0 R)$, also größer (Aufgabe 6.1.6). Die Ladungen sind ja auch im Mittel einander näher. Auch aus energetischen Gründen werden die Ladungen zur Oberfläche streben.

6.1.9 Das elektrische Feld als Träger der elektrischen Energie

Wo sitzt die Energie einer Ladungsverteilung, z. B. eines geladenen Plattenkondensators? Man kann sagen: In den getrennten Ladungen. Man kann aber auch sagen, sie sei im Feld zwischen den Platten verteilt. Wenn am Kondensator die Spannung U liegt, enthält er die Energie

$$W = \frac{1}{2} C U^2 = \frac{\varepsilon_0}{2} \frac{A}{d} U^2 = \frac{\varepsilon_0}{2} \frac{U^2}{d^2} A d = \frac{\varepsilon_0}{2} E^2 V \,, \qquad (6.35)$$

wo $E = U/d$ die Feldstärke im Plattenzwischenraum und $V = Ad$ dessen Volumen ist. Wenn die Energie im Feld verteilt ist, ergibt sich die Energiedichte w (Energie in einem hinreichend kleinen Volumen geteilt durch dieses Volumen) als

$$\boxed{w = \frac{\varepsilon_0}{2} E^2} \,. \qquad (6.36)$$

Diese Deutung gilt auch für inhomogene Felder.

Wie die elastische Deformationsenergie überall im deformierten Medium verteilt ist (Abschn. 3.4.5), soll nach *Faraday* und *Maxwell* der felderfüllte Raum Sitz der elektrischen Energie sein. Dies ist nicht nur eine formale Auslegung von (6.35); die Energie steckt wirklich im Feld und kann mit ihm durch den Raum wandern. Das ist grundlegend für das Verständnis der elektromagnetischen Wellen (Abschn. 7.6).

6.2 Dielektrika

Wie ein elektrisches Feld von Materie beeinflußt wird, hängt natürlich von ihrem atomaren Aufbau ab, speziell von Lage und Verschiebbarkeit der Ladungen darin. Wo entgegengesetzte Ladungen sich verschieben, schwächen oder vernichten sie das Feld zwischen sich.

6.2.1 Die Verschiebungsdichte

Das elektrische Feld steht in doppelter Beziehung zur Ladung:

- Das Feld wird von Ladungen erzeugt; diese sind Quellen oder Senken des Feldes; aus jedem Volumenelement, das eine Ladungsdichte ϱ hat, kommen Feldlinien heraus oder enden dort:

$$\operatorname{div} \boldsymbol{E} = \frac{1}{\varepsilon_0} \varrho \,. \tag{6.37}$$

- Das Feld übt auf Ladungen Kräfte aus:

$$\boldsymbol{F} = Q\boldsymbol{E} \,. \tag{6.38}$$

Aus der zweiten Beziehung haben wir die Definition von $\boldsymbol{E}$ bezogen. Um die felderzeugende Rolle der Ladung stärker zu betonen, ist es zweckmäßig, einen zweiten Feldvektor $\boldsymbol{D}$ einzuführen, so daß in (6.37) die Proportionalitätskonstante wegfällt, also

$$\operatorname{div} \boldsymbol{D} = \varrho \,. \tag{6.39}$$

Offenbar muß dazu sein, wenigstens im Vakuum

$$\boldsymbol{D} = \varepsilon_0 \boldsymbol{E} \,. \tag{6.40}$$

Die Vorzüge dieser Definition zeigen sich besonders, wenn man das elektrische Feld in Materie behandelt.

6.2.2 Dielektrizitätskonstante

Eine geerdete Metallplatte, die man zwischen eine geriebene Plastikstange und ein aufgehängtes Holundermarkkügelchen stellt, beseitigt die Anziehung zwischen beiden, eine Platte aus einem isolierenden Material (Glas, Plastik) dagegen nicht. Das elektrische Feld greift durch einen Isolator hindurch. Isolierende Stoffe heißen deswegen auch **Dielektrika** (di = durch).

Wir füllen den Plattenzwischenraum eines Kondensators mit einer Isolierplatte aus. Die Wirkung hängt davon ab, ob der Kondensator vor oder nach dem Einschieben der Platte von der Spannungsquelle getrennt wurde. Im ersten Fall ist die *Ladung* Q des Kondensators konstant; das statische Voltmeter (z. B. Elektrometer, Abschn. 6.1.5.c) zeigt ein Absinken der Spannung U, wenn man die Platte einschiebt. Wenn man sie wieder herauszieht, steigt die Spannung auf den ursprünglichen Wert. Der Kondensator hat also keine Ladung verloren. Trennt man ihn erst nach dem Einschieben der Platte von der Spannungsquelle, ist die *Spannung* U konstant. Bei der Entladung über ein ballistisches Galvanometer (Abschn. 7.5.5a) mißt man eine *größere* Ladung als ohne Dielektrikum. Beide Befunde lassen sich nach $Q = CU$ zusammenfassen:

Das Dielektrikum vergrößert die Kapazität des Kondensators.

Als **Dielektrizitätskonstante** ε (abgekürzt DK) des Isolators bezeichnet man das Verhältnis der Kapazität eines Kondensators mit diesem Isolator bzw. mit Vakuum im Plattenzwischenraum:

$$\varepsilon = \frac{C}{C_{\text{Vak}}} \,. \tag{6.41}$$

Im Gegensatz zu ε_0 ist ε dimensionslos.

Ein materiegefüllter Plattenkondensator hat also die Kapazität

$$C = \varepsilon\varepsilon_0 \frac{A}{d} \,. \tag{6.42}$$

Tabelle 6.1. Dielektrizitätskonstanten einiger Stoffe

Material	Dielektrizitätskonstante
Glas	5 – 10
Schwefel	3,6 – 4,3
Hartgummi	2,5 – 3,5
Quarzglas	3,7
Nitrobenzol	37 (15 °C)
Ethylalkohol	25,8 (20 °C)
Wasser	81,1 (18 °C)
Petroleum	2,1 (18 °C)
Luft	1,000576 (0 °C, 1 bar)
Wasserstoff	1,000264 (0 °C, 1 bar)
SO_2	1,0099 (0 °C, 1 bar)
N_2	1,000606 (0 °C, 1 bar)

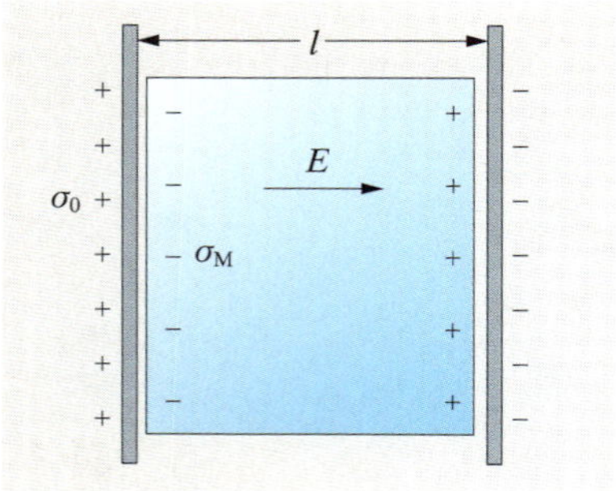

Abb. 6.43. Die freien Oberflächenladungen auf einem Dielektrikum schwächen das E-Feld und die Spannung bei gegebener Ladung der Platten, erhöhen also die Kapazität des Kondensators

Bei gegebener Ladung auf den Platten sei die Spannung zwischen den Platten im Vakuum U_0, das Feld ist $E_0 = U_0/d$. Mit Dielektrikum zwischen den Platten sind Spannung und Feld verringert auf $U_D = U_0/\varepsilon$ bzw. $E_D = E_0/\varepsilon$. Unser Grundgesetz, der Satz von *Gauß* (6.9), gilt aber immer noch: Der Feldfluß $\phi = E_D A$ durch irgendeine Fläche zwischen den Platten muß gleich Q_D/ε_0 sein, wo $\pm Q_D$ die effektiv beiderseits sitzende Ladung ist. Wenn das Feld E_D mit Dielektrikum um den Faktor ε^{-1} kleiner geworden ist, muß dasselbe für die Ladung gelten: $Q_D = Q_0/\varepsilon$. Die Platten selbst enthalten aber immer noch die Ladung Q_0. Der Unterschied muß von Ladungen herrühren, die auf den Oberflächen des Dielektrikums angrenzend an die Kondensatorplatten sitzen, nämlich

$$Q_P = Q_0 - Q_D = Q_0\left(1 - \frac{1}{\varepsilon}\right) = A\varepsilon_0 E_0 \frac{\varepsilon - 1}{\varepsilon}\,. \tag{6.43}$$

Füllt die dielektrische Platte den Kondensator in der Dicke nicht ganz aus, entsteht an ihrer Oberfläche trotzdem die gleiche Ladung Q_P wie oben. Sie verringert das Feld im Innern des Isolators überall auf E_0/ε. Wenn der Isolator aus mehreren parallelen Einzelplatten mit Luftspalten dazwischen besteht, tragen auch diese Platten die gleiche Flächenladung. Eine solche Flächenladung ist auf den Stirnflächen *jedes* Volumenelements im Isolator anzunehmen. Ein solches Volumenelement $\mathrm{d}V = \mathrm{d}A\,\mathrm{d}l$ trägt ein **Dipolmoment** (Ladung · Abstand)

$$\mathrm{d}p = \mathrm{d}Q_P\,\mathrm{d}l = \mathrm{d}A\,\varepsilon_0 E_0 \frac{\varepsilon - 1}{\varepsilon}\mathrm{d}l = \varepsilon_0 E_0 \frac{\varepsilon - 1}{\varepsilon}\mathrm{d}V\,. \tag{6.44}$$

Die Richtung des Dipolmoments ist gleich der Feldrichtung $\boldsymbol{E}_0$, also

$$\mathrm{d}\boldsymbol{p} = \varepsilon_0 \boldsymbol{E}_0 \frac{\varepsilon - 1}{\varepsilon}\mathrm{d}V\,. \tag{6.45}$$

Wir nennen das Dipolmoment pro Volumeneinheit **dielektrische Polarisation $\boldsymbol{P}$**:

$$\boldsymbol{P} = \frac{\mathrm{d}\boldsymbol{p}}{\mathrm{d}V} = \frac{\varepsilon - 1}{\varepsilon}\varepsilon_0 \boldsymbol{E}_0\,, \tag{6.46}$$

oder ausgedrückt durch das Feld $\boldsymbol{E} = \boldsymbol{E}_0/\varepsilon$, das im Dielektrikum wirklich herrscht

$$\boldsymbol{P} = (\varepsilon - 1)\varepsilon_0 \boldsymbol{E}\,. \tag{6.47}$$

Manchmal faßt man $\chi_P = (\varepsilon - 1)\varepsilon_0$ auch als neue Materialkonstante, die **dielektrische Suszeptibilität** zusammen.

Wir wollen jetzt zwischen „wahren" Ladungen, z. B. zusätzlichen oder fehlenden Elektronen im Metall der Kondensatorplatte, und „scheinbaren" Ladungen unterscheiden, wie sie durch dielektrische Polarisation an den Oberflächen der Isolatorplatte entstanden sind. Beide Ladungssorten sind Anfangs- oder Endpunkte von $\boldsymbol{E}$-Linien und gehen daher in das Q im Satz von *Gauß* ein. Das ballistische Galvanometer mißt dagegen nur wahre Ladungen. Wir konstruieren ein Feld, dessen Linien nur in *wahren* Ladungen beginnen oder enden, und nennen es das $\boldsymbol{D}$-Feld.

D-Linien treten demnach ungestört in ein Dielektrikum ein, wenn sie senkrecht darauftreffen.

Dies ist der Fall, wenn man festsetzt

$$\boldsymbol{D} = \varepsilon\varepsilon_0\boldsymbol{E} \qquad (6.48)$$

oder auch $\boldsymbol{D} = \varepsilon_0\boldsymbol{E} + \boldsymbol{P}$.

So läßt sich auch das Verhalten von Feldlinien beschreiben, die schräg auf eine Grenzfläche zwischen $\varepsilon = \varepsilon_1$ und $\varepsilon = \varepsilon_2$ einfallen: Von der Grenzfläche gehen keine neuen **D**-Linien aus, aber **E**-Linien (nur scheinbare Ladungen). Die Normalkomponente von **D** ändert sich daher an der Grenzfläche nicht, und eben deswegen muß die Normalkomponente von **E** um den Faktor $\varepsilon_2/\varepsilon_1$ springen. Für die Tangentialkomponenten gilt genau das Umgekehrte: Die von **E** tritt stetig durch die Grenzfläche, die von **D** springt um den Faktor $\varepsilon_1/\varepsilon_2$. So ergibt sich das Brechungsgesetz für die Feldlinien: Die Tangens der Winkel zwischen Feldlinien und Lot auf der Grenzfläche verhalten sich wie die DK der beiden Medien (vgl. Abschn. 6.1.4d).

Die Kräfte auf Ladungen hängen vom **E**-Feld ab und werden daher im Dielektrikum um den Faktor ε geschwächt, ebenso auch die Wechselwirkungsenergien zwischen Ladungen. Dies ist, besonders im Fall des Wassers, fundamental für die Chemie: Die Anziehung ungleichnamiger Ionen wird im Wasser so geschwächt, daß i. allg. schon die thermische Bewegung zur Dissoziation ausreicht.

6.2.3 Mechanismen der dielektrischen Polarisation

Molekular gesehen beruhen die dielektrischen Eigenschaften auf zwei Hauptmechanismen: Verschiebungspolarisation und Orientierungspolarisation.

a) Verschiebungspolarisation. Die Ladungen, aus denen atomare Teilchen bestehen (Kerne, Elektronen, Ionenrümpfe), sind nicht starr verbunden, sondern durch Kräfte, die in erster Näherung elastisch (proportional zur Auslenkung) sind, an ihre Ruhelage gebunden: $F = -kx$. Ein äußeres elektrisches Feld E übt auf eine solche Ladung Q eine Kraft QE aus und lenkt sie um $x = F/k = QE/k$ aus. Dadurch entsteht ein Dipolmoment

$$p = Qx = \frac{Q^2}{k}E = \alpha E\,. \qquad (6.49)$$

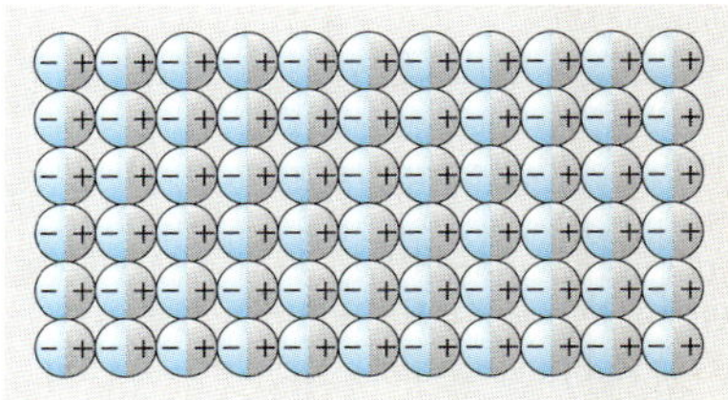

Abb. 6.44. Die Polarisation der Atome als Ursache der freien Oberflächenladungen

Die **Polarisierbarkeit** $\alpha = Q^2/k$ ist charakteristisch für das Atom. Bedenkt man, daß die Rückstellkraft ungefähr dem Coulomb-Gesetz $F = Q^2/(4\pi\varepsilon_0 r^2)$ folgt ($r \approx$ Atomradius), also $k \approx \mathrm{d}F/\mathrm{d}r \approx Q^2/(2\pi\varepsilon_0 r^3)$, so wird $\alpha \approx 2\pi\varepsilon_0 r^3$: Bis auf den Faktor ε_0 ist die Polarisierbarkeit größenordnungsmäßig gleich dem Volumen des Atoms.

Die potentielle Energie einer solchen Auslenkung ist

$$W = \frac{1}{2}Fx = \frac{1}{2}kx^2 = \frac{1}{2}\frac{Q^2}{\alpha}\frac{p^2}{Q^2} = \frac{1}{2}\frac{p^2}{\alpha} = \frac{1}{2}pE \qquad (6.50)$$

(halb so groß wie (6.30), weil der Dipol erst im Feld erzeugt werden muß).

Wenn jedes Teilchen im homogenen Feld so polarisiert ist, heben sich die Ladungen im Innern jedes Volumenelements auf. An jeder freien Oberfläche bleiben aber Flächenladungen im Sinne von Abb. 6.43. Bei der Anzahldichte n der Teilchen ergibt sich eine Polarisation (Dipolmoment/Volumen)

$$\boldsymbol{P} = n\boldsymbol{p} = n\alpha\boldsymbol{E} .$$

Die makroskopische Größe ε und die mikroskopische α hängen daher so zusammen:

$$(\varepsilon - 1)\varepsilon_0 = n\alpha \tag{6.51}$$

(Vergleich mit (6.47)). n läßt sich auch durch die Molmasse μ bzw. das Molvolumen μ/ϱ ausdrücken, in dem N_A Teilchen sind: $n = N_A\varrho/\mu$, also

$$\varepsilon_0(\varepsilon - 1)\frac{\mu}{\varrho} = N_A\alpha . \tag{6.51'}$$

Für Gase stimmt das gut. Für Materie höherer Dichte muß man die Wechselwirkung zwischen den Dipolen berücksichtigen. An die Stelle von (6.51′) tritt dann die **Clausius-Mosotti-Beziehung**

$$\varepsilon_0\frac{\varepsilon - 1}{\varepsilon + 2}\frac{\mu}{\varrho} = \frac{1}{3}N_A\alpha , \tag{6.52}$$

die für $\varepsilon \approx 1$ in (6.51′) übergeht.

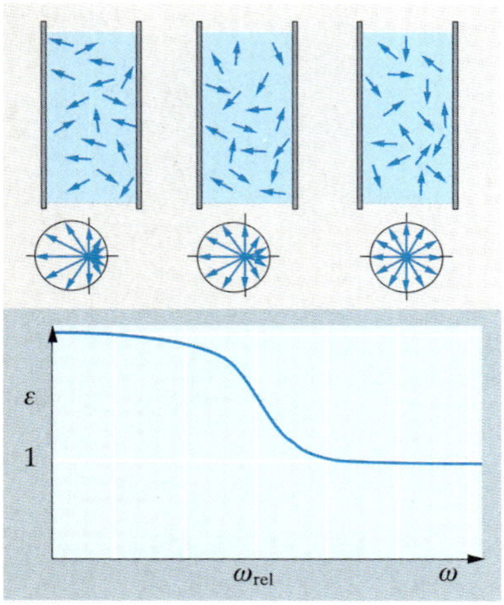

Abb. 6.45. Dielektrische Orientierungspolarisation: *Oben*: Einstellung der molekularen Dipole bei drei verschiedenen Feldfrequenzen. *Mitte*: Richtungsverteilung der Dipole (die Pfeillänge entspricht der Einstellwahrscheinlichkeit in dieser Richtung). *Unten*: Resultierende Relaxationskurve der DK

b) Orientierungspolarisation. Manche atomaren Teilchen besitzen infolge ihres Baus auch im feldfreien Raum schon ein Dipolmoment (polare Moleküle, besonders Wasser, Alkohole, Säuren usw.). Da aber die Wärmebewegung die Richtungen einer großen Anzahl solcher Dipolteilchen i. allg. regellos verteilt, besteht ohne angelegtes Feld keine dielektrische Polarisation. Ein elektrisches Feld zwingt die Momente etwas in die Vorzugsrichtung, und zwar um so mehr, je stärker das Feld und je tiefer die Temperatur ist, denn die Wärmebewegung stört die Einstellung der Dipole. Diese teilweise Einstellung in Feldrichtung braucht eine meßbare Zeit, um so länger, je viskoser das umgebende Medium ist. In hochfrequenten Wechselfeldern kann es daher vorkommen, daß die Dipoleinstellung dem Feld nachhinkt (**dielektrische Relaxation**). Das führt zu den technisch wichtigen **dielektrischen Verlusten**. Die Einstellung der Verschiebungspolarisation geht dagegen so schnell, daß sie selbst dem Feld einer Lichtwelle folgen kann. Daher wird die Brechzahl n nach der Maxwellschen Relation $n = \sqrt{\varepsilon_V}$ i. allg. nur durch den Verschiebungsanteil ε_V der DK bestimmt (vgl. Abschn. 7.6.3). Die Brechzahl liefert also nach *Clausius-Mosotti* (6.52) den Verschiebungsanteil α der effektiven Polarisierbarkeit. Was nach Abzug dieses Anteils von der Gleichspannungs-Suszeptibilität übrigbleibt, hängt wie T^{-1} von der Temperatur ab. Die Theorie liefert

$$\chi = \varepsilon_0(\varepsilon - 1) = n\left(\alpha + \frac{p_p^2}{3kT}\right) , \tag{6.53}$$

wo p_p das permanente Dipolmoment des Einzelmoleküls, n die Anzahldichte dieser Moleküle und k die Boltzmann-Konstante ist. Aus der Temperaturabhängigkeit der DK läßt sich so das molekulare Dipolmoment bestimmen. Für stark polare Moleküle wie H_2O findet man ein Dipolmoment, das ungefähr einer Trennung zweier Elementarladungen durch den Abstand eines Atomdurchmessers (1 Å) entspricht. Dielektrische Messungen können so dem Chemiker wichtige Beiträge zur Aufklärung der Molekülkonstitution liefern.

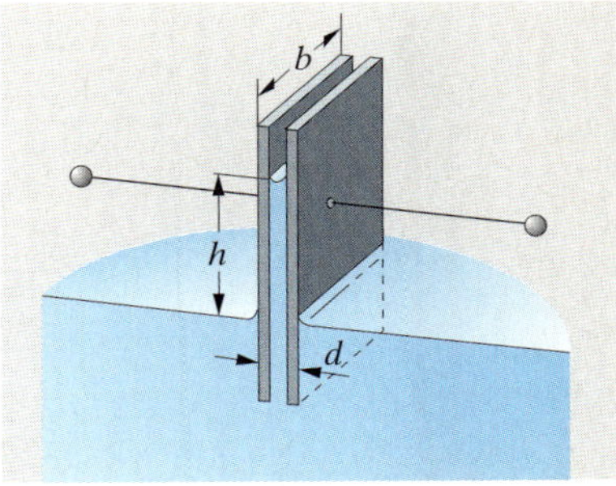

Abb. 6.46. Eine dielektrische Flüssigkeit wird in das Feld eines Plattenkondensators gehoben

6.2.4 Energiedichte des elektrischen Feldes im Dielektrikum

Die Energie $W_{el} = \frac{1}{2}CU^2$ eines mit einem Dielektrikum gefüllten Kondensators ist um den Faktor ε größer als die des leeren Kondensators, denn seine Kapazität ist um so viel größer. Entsprechend ist auch die **Energiedichte** gegenüber (6.36) gewachsen:

$$\boxed{w_{el} = \varepsilon \frac{\varepsilon_0}{2} E^2 = \frac{1}{2} ED} . \qquad (6.54)$$

E und D sind Feldstärke und Verschiebungsdichte im Dielektrikum. In dieser Form gilt der Ausdruck für die elektrostatische Energiedichte ganz allgemein.

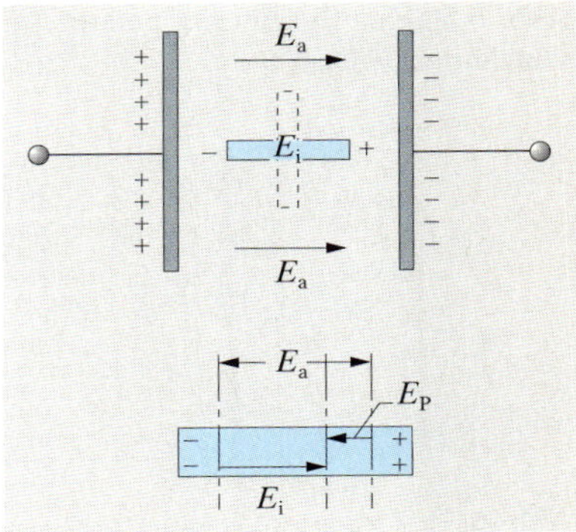

Abb. 6.47. Ein dielektrischer Stab dreht sich in die Richtung der Feldlinien, weil die Feldenergie in dieser Stellung minimal ist (man beachte den „Entelektrisierungsfaktor", Abschn. 7.4.1)

Modellmäßig versteht man (6.54) so: Zur üblichen Feldenergiedichte $\frac{1}{2}\varepsilon_0 E^2$ tritt im Dielektrikum noch die Gesamtenergie aller Dipole hinzu, die die Polarisation $P = np$ ausmachen. Nach (6.50) hat ein Dipol die Energie $\frac{1}{2}pE$, die n Dipole der Volumeneinheit haben die Energie $\frac{1}{2}npE = \frac{1}{2}PE = \frac{1}{2}\varepsilon_0(\varepsilon - 1)E^2$ (vgl. (6.51)). Beide Energiedichteanteile zusammen ergeben genau (6.54).

Ein ungeladenes Hartgummikügelchen wird von einer geladenen Metallspitze angezogen (Abb. 6.48). Im elektrischen Feld wird das Kügelchen zum Dipol, und dieser sucht nach Abschn. 6.1.6 im inhomogenen Feld der Spitze dorthin zu wandern, wo das Feld möglichst groß ist. Umgekehrt werden Gasblasen, die in einer dielektrischen Flüssigkeit aufsteigen, von der geladenen Spitze abgestoßen (Abb. 6.49). Die DK des Gases ist kleiner als die der umgebenden Flüssigkeit; daher hat die Ladungsverteilung beiderseits der Blasenoberfläche die umgekehrte Polung wie der Dipol in Abb. 6.48. Man kann auch sagen: Das fehlende dielektrische Material wirkt wie ein „Antidipol".

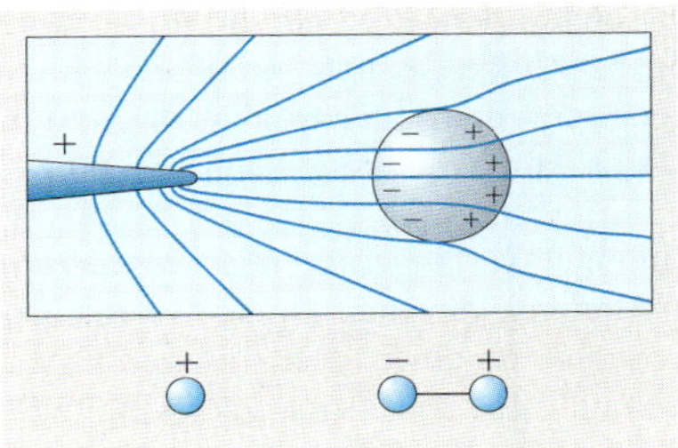

Abb. 6.48. Eine dielektrische Kugel wird im inhomogenen elektrischen Feld dorthin getrieben, wo dieses stärker ist, ähnlich wie der Dipol

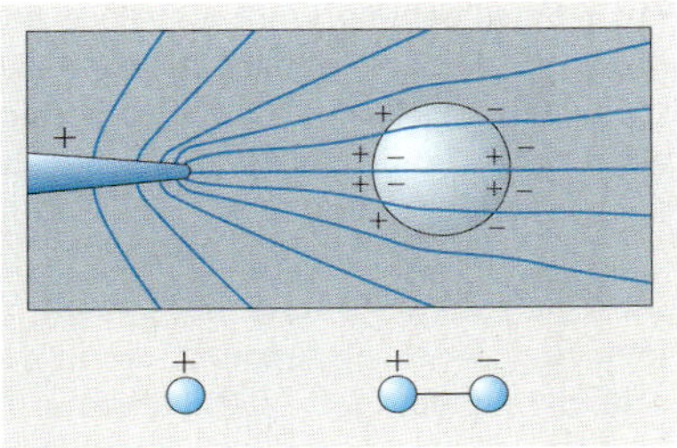

Abb. 6.49. Eine Gasblase in einer dielektrischen Flüssigkeit wird vom inhomogenen Feld dorthin geschoben, wo dieses kleiner ist, ähnlich wie der Dipol

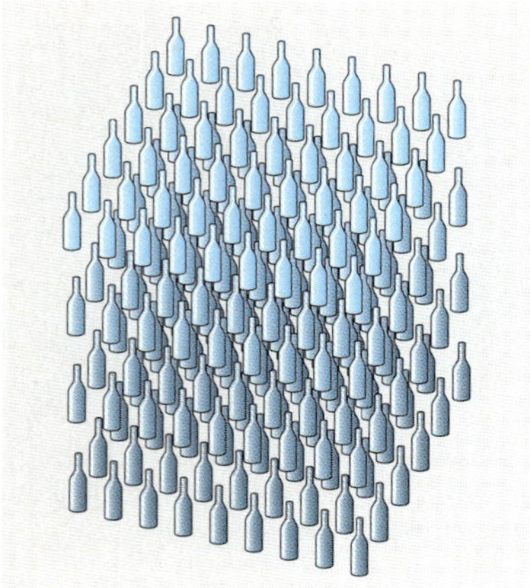

Abb. 6.50. Ein System mit polarer vierzähliger Achse

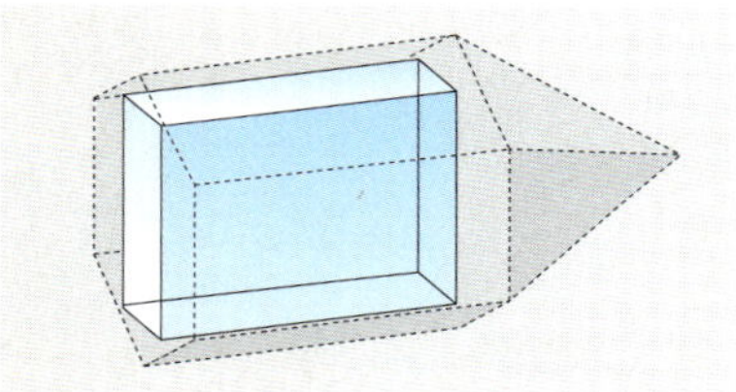

Abb. 6.51. Orientierung einer piezoelektrischen Quarzplatte zum Kristall, aus dem sie herausgeschnitten ist

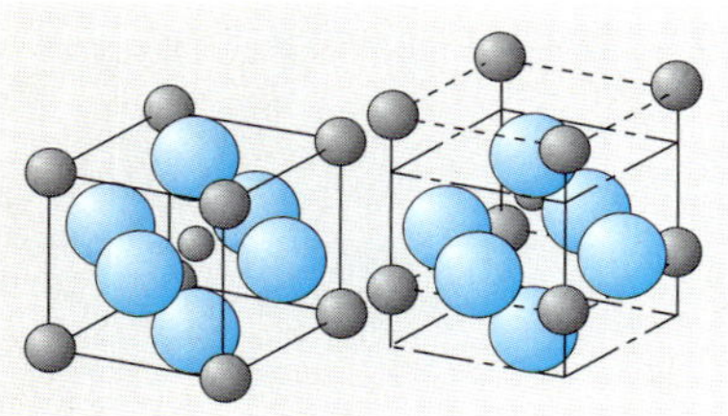

Abb. 6.52. Bariumtitanat, eines der wichtigsten Ferroelektrika und Piezoelektrika. Die kubische Perowskit-Struktur ohne polare Achse deformiert sich unterhalb des ferroelektrischen Curie-Punktes spontan in die tetragonale Struktur (*rechts*), in der Anionen und Kationen in einer der sechs möglichen Richtungen verschoben sind und eine spontane elektrische Polarisation erzeugen. Einen anderen Mechanismus der Ferroelektrizität zeigt Abb. 7.66

6.2.5 Elektrostriktion; Piezo- und Pyroelektrizität

Bringt man einen Isolator in ein elektrisches Feld $\boldsymbol{E}$, dann verschieben sich die Ladungen darin, und die Folge ist eine mechanische Deformation bzw. eine mechanische Spannung. Beides nennt man **Elektrostriktion**. Umgekehrt kann eine mechanische Deformation die Ladungen so verschieben, daß eine elektrische Polarisation, also ein elektrisches Feld entsteht. Ob ein solcher **Piezoeffekt** auftritt, hängt davon ab, ob der Isolator eine polare Achse hat oder nicht. Um eine polare Achse herrscht zwar Rotationssymmetrie, aber die beiden Richtungen der Achse sind nicht gleichwertig. Die Achse einer Flasche in einem großen Stapel von Bierkästen ist eine vierzählige Symmetrieachse (wenn man von den Kastenwänden absieht): Jede Flasche hat vier nächste Nachbarn in 90° Winkelabstand voneinander, aber Flaschen sind oben und unten verschieden. Gase und Flüssigkeiten haben überhaupt keine Symmetrieachse, aber auch die Symmetrieachsen vieler Kristalle, z. B. NaCl, sind nicht polar. Solche Stoffe können nicht piezoelektrisch sein, denn wer sollte entscheiden, in welche Richtung das elektrische Feld zeigen soll? Aus dem gleichen Grund kann in solchen Stoffen die elektrostriktive Deformation nur proportional zu E^2 sein. Wäre sie proportional zu $\boldsymbol{E}$, dann müßte bei einer Vorzeichenumkehr von $\boldsymbol{E}$ auch die Deformation von einer Stauchung in eine Dehnung übergehen oder umgekehrt. Ohne polare Achse kann es aber wieder keinen Unterschied zwischen den beiden Feldrichtungen geben.

In Stoffen mit polarer Achse ist das anders: Eine relative Deformation um $\varepsilon = \Delta x/x$ erzeugt ein elektrisches Piezofeld E, das proportional zu dieser Deformation ist, d. h. eine Spannung $U = Ex$ zwischen den Stirnflächen, die proportional zu Δx ist:

$$E = \delta \frac{\Delta x}{x} \quad \text{oder} \quad U = \delta \, \Delta x \,. \tag{6.55}$$

δ heißt piezoelektrischer Koeffizient und ist für die verschiedenen Kristallrichtungen oft sehr verschieden. Die Deformation beruht darauf, daß die in der Feldrichtung hintereinanderliegenden Dipole einander anziehen. Benachbarte Schichten werden durch diese Kräfte so lange einander genähert, bis elastische Gegenkräfte die elektrischen kompensieren. Die Deformation erfolgt gegen die Coulomb-Felder zwischen Elementarladungen; diese Felder haben die Größenordnung $e/(4\pi\varepsilon_0 r^2)$, wo $r \approx 10^{-10}$–10^{-9} m ein typischer Teilchenabstand ist. Dieselbe Größenordnung des Feldes von 10^9–10^{11} V m^{-1} hat auch δ.

Die gebräuchlichsten Piezomaterialien sind **Quarz**, **Turmalin**, **Bariumtitanat** ($BaTiO_3$) in seiner tetragonalen Kristallform, Piezokeramiken meist aus Ba- und Ti-Salzen mit isotropem Piezoeffekt. Wichtig sind auch organische Salze wie NaK-Tartrat (**Seignette-Salz** und **Rochelle-Salz**), in denen die Polarisation nicht auf einer Verschiebung von Elektronen beruht, sondern von Protonen in Wasserstoffbrücken; gleichzeitig haben diese Salze eine sehr hohe DK und verhalten sich ferroelektrisch (Abschn. 7.4.8). Abbildung 6.53 zeigt den transversalen Piezoeffekt am Quarz (Feldrichtung senkrecht zur Deformationsrichtung; daneben gibt es auch einen longitudinalen Effekt).

Die Umkehr des Piezoeffekts besteht in einer Verlängerung oder Verkürzung der Quarzplatte, je nach der Polung der Spannung, die man an die Belegungen legt. Eine Wechselspannung, die in der Frequenz mit einer mechanischen Eigenschwingung der Quarzplatte übereinstimmt, regt diese zu Resonanzschwingungen an. Der Schwingquarz ist als Ultraschallsender und zur Stabilisierung der Frequenz von Schwingkreisen in Quarzuhren und Sendern sehr wichtig.

Ein Stoff ohne polare Achse kann keine zum äußeren Feld E proportionale Deformation zeigen, denn sonst müßte er in Umkehrung dieses Effekts auch piezoelektrisch sein. Die Deformation kann höchstens proportional zu E^2 sein. Eine solche quadratische Elektrostriktion ist viel kleiner als die lineare bei polaren Stoffen, denn die Felder E sind immer ins Verhältnis zu den mindestens 10^5mal größeren Coulomb-Feldern zwischen den Kristallbausteinen zu setzen.

Die beiden Richtungen einer polaren Achse unterscheiden sich meist in der Anordnung der positiven und negativen Ionen im Kristall. Solche Stoffe wie Quarz und Turmalin haben daher eine spontane elektrische Polarisation. Die Aufladung der Oberflächen ist allerdings normalerweise durch freie Ladungen aus der Umgebung kompensiert. Bei plötzlicher Temperaturänderung tritt die Aufladung in Erscheinung (**Pyroelektrizität**), erstens weil sich die innere Polarisation geändert hat und nicht sogleich durch fremde Ladungen ausgeglichen wird, zweitens wegen des Piezoeffekts infolge der thermischen Längenänderung.

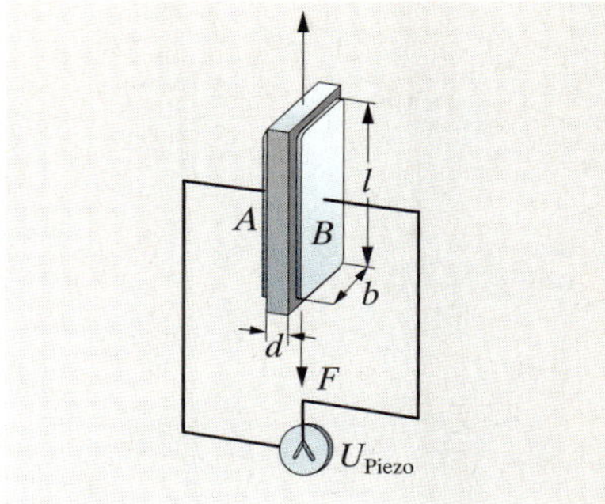

Abb. 6.53. Transversaler Piezoeffekt

6.3 Gleichströme

Selbst der schwächste Gleichstrom, wie ihn die elektrochemischen Elemente von *Luigi Galvani* und *Alessandro Volta* lieferten (1794), transportiert in ganz kurzer Zeit viel mehr Ladung, als man in den größten Elektrisiermaschinen durch Reibung erzeugen konnte.

6.3.1 Stromstärke

In der **Elektrostatik**, wo Ladungen als ruhend, also im Gleichgewicht angenommen werden, ist es richtig, daß längs eines Leiters keine Potentialdifferenz bestehen kann. Im täglichen Leben legt man dagegen ständig Spannung an Leiter mit der Folge, daß sich die Ladungen bewegen, also Ströme fließen. Freilich können diese Ströme nur auf Kosten äußerer Energiequellen aufrechterhalten werden; sich selbst überlassen, würde der Leiter sehr schnell den von der Elektrostatik geforderten Zustand konstanten Potentials annehmen.

Wenn während der Zeit $\mathrm{d}t$ durch den Querschnitt eines Leiters, z. B. einen Draht, die Ladungsmenge $\mathrm{d}Q$ fließt, so sagt man, es fließe ein Strom mit der **Stromstärke**

$$I = \frac{\mathrm{d}Q}{\mathrm{d}t} . \tag{6.56}$$

Im internationalen System ist die Einheit der Stromstärke dementsprechend $1\,\mathrm{C\,s^{-1}} = 1\,\mathrm{A}$ (Ampere).

Der Strom durch einen Leiter kann nur dann zeitlich konstant, also ein **Gleichstrom** sein, wenn die Spannung zwischen den Leiterenden und überhaupt zwischen je zwei Leiterpunkten konstant ist. Umgekehrt: In einem geschlossenen Stromkreis, in dem ein Gleichstrom fließt, ist die Stromstärke für jeden Querschnitt dieselbe, denn sonst gäbe es Teile des Leiters, wo ständig Ladung abgezogen wird oder sich anhäuft. Das wäre höchstens der Fall, wenn der betrachtete Querschnitt zwischen den Platten eines Kondensators durchliefe. Sieht man den Kondensator als ein Ganzes an, dann fließt auch durch ihn der gleiche Strom wie überall sonst im Stromkreis.

Bedenkt man, daß die Ladung einem Erhaltungssatz gehorcht und daß das elektrostatische Feld ein Potential besitzt, dann ergeben sich sofort die Grundregeln zur Analyse beliebiger Schaltungen:

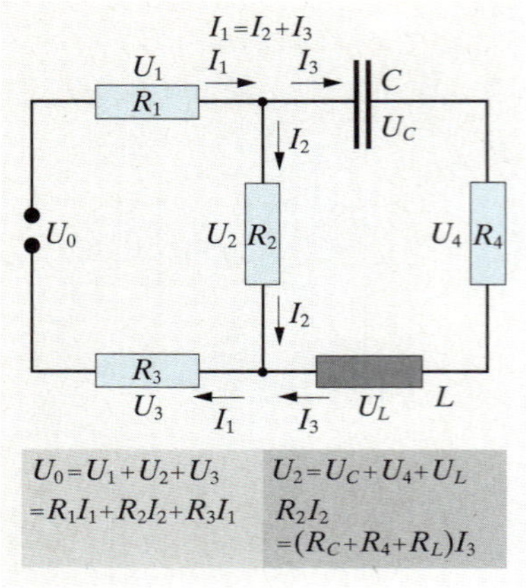

Abb. 6.54. Die Kirchhoff-Regeln verknüpfen die Einzelspannungen und Einzelströme miteinander. Kennt man noch die Strom-Spannungs-Kennlinien der einzelnen Elemente, kann man alle Spannungen und Ströme durch U_0 ausdrücken. Allerdings sind U, I und R für C und L als komplexe Werte aufzufassen

Kirchhoffs Knotenregel

An jedem Verzweigungspunkt (Knoten) in einer Schaltung muß ebensoviel Ladung zu- wie abfließen. Die Summe aller Ströme in den einzelnen Zweigen, die in den Knoten münden, ist Null:

$$\sum I_i = 0\,. \tag{6.57}$$

Man kann die Stromrichtungen auch beliebig festlegen, muß dann aber natürlich die Ströme, die dem Knoten zufließen, positiv zählen, die abfließenden negativ, oder umgekehrt.

Überall in einer Schaltung gilt der Satz von der Wegunabhängigkeit der Potentialdifferenz. Die Spannungen längs zweier verschiedener Zweige der Schaltung, die zwei Punkte A und B verbinden, müssen also gleich sein. Dies gilt auch, wenn Spannungsquellen dazwischenliegen.

Kirchhoffs Maschenregel

Die Gesamtspannung längs einer geschlossenen *Masche* einer Schaltung, d. h. die Summe aller Spannungsabfälle an den einzelnen Elementen, aus denen die Masche besteht, ist Null:

$$\sum U_i = 0\,, \tag{6.58}$$

sofern man in einem beliebigen, aber konstanten Sinn umläuft. Spannungsquellen, die in der Masche liegen, kann man auch ausschließen und erhält dann für den Rest der Elemente in der Masche eine Summe der Spannungsabfälle, die gleich der negativen Summe der Spannungen ist, die die Spannungsquellen liefern.

Spannungsquellen arbeiten entweder magnetisch und erzeugen elektrische Felder durch **Induktion**, also durch Änderung eines Magnetfeldes, oder sie arbeiten elektrochemisch, stellen also eine Art Kondensator mit ständiger chemischer Nachlieferung von Ladung dar.

Mit den beiden Kirchhoff-Regeln kann man jede beliebige Schaltung analysieren, wenn noch die **Strom-Spannungs-Kennlinien** $I(U)$ der einzelnen Elemente bekannt sind. Sie folgen häufig, aber durchaus nicht immer dem Ohmschen Gesetz. Die Kirchhoff-Regeln gelten für die Momentanwerte von Strömen und Spannungen, sinngemäß also auch für Wechselströme.

6.3.2 Das Ohmsche Gesetz

Bei vielen wichtigen Leitern, z. B. Metalldrähten oder auch Elektrolytlösungen, beobachtet man eine Proportionalität zwischen dem Strom I, der durch den Leiter fließt, und der angelegten Spannung U. Der Proportionalitätsfaktor heißt Leitwert des Leiters, sein Kehrwert heißt sein Widerstand R:

$$I = \frac{U}{R} \qquad R = \frac{U}{I} \qquad U = RI\,. \tag{6.59}$$

Durchaus nicht alle Leiter folgen dem **Ohmschen Gesetz** (6.59). Wichtige Ausnahmen sind Gasentladungsstrecken (Bogenlampe, Leuchtstoffröhren, Vakuumröhren) und viele Halbleiterelemente.

Bei einem homogenen Ohmschen Material ist der **Widerstand** R proportional zur Länge l und umgekehrt proportional zum Querschnitt A des Leiters:

$$R = \frac{\varrho l}{A} . \tag{6.60}$$

ϱ heißt **spezifischer Widerstand** des Materials (Tabelle 6.2), sein Kehrwert $\sigma = 1/\varrho$ heißt elektrische Leitfähigkeit (Einheiten Ωm bzw. $\Omega^{-1}\,\mathrm{m}^{-1}$).

Tabelle 6.2. Spezifische Widerstände einiger Metalle und Isolatoren bei 18 °C

Stoff	$\varrho/\Omega\mathrm{m}$
Silber	$0{,}016 \cdot 10^{-6}$
Kupfer	$0{,}017 \cdot 10^{-6}$
Aluminium	$0{,}028 \cdot 10^{-6}$
Eisen	$0{,}098 \cdot 10^{-6}$
Quecksilber	$0{,}958 \cdot 10^{-6}$
Konstantan	$0{,}50 \cdot 10^{-6}$
Manganin	$0{,}43 \cdot 10^{-6}$
Quarzglas	$5 \cdot 10^{16}$
Schwefel	$2 \cdot 10^{15}$
Hartgummi	$2 \cdot 10^{13}$
Porzellan	$\approx 10^{12}$
Bernstein	$> 10^{16}$

Liegt an einem Draht der Länge l die Spannung U, dann mißt man an einem Teilstück der Länge l' die kleinere Spannung $U' = Ul'/l$. Das ist die Grundlage der **Kompensationsmethode** und des **Potentiometers** (Abschn. 6.3.4e). Mit dem Begriff der Feldstärke ist dieser Zusammenhang sofort klar: Im homogenen Draht ist die Feldstärke $E = U/l = U'/l'$ überall gleich.

Die Feldstärke erleichtert auch die Behandlung von Strömen in Leitern komplizierter Gestalt oder Flüssigkeiten, ebenso in Fällen, wo die elektrischen Eigenschaften von Ort zu Ort verschieden sind. Hier muß man eine ebenfalls von Ort zu Ort wechselnde **Stromdichte** $\boldsymbol{j}$ definieren.

$\boldsymbol{j}$ ist ein Vektor, der die Richtung des Ladungstransports angibt, und verhält sich zum Strom I wie die Strömungsgeschwindigkeit $\boldsymbol{v}$ zum Volumenstrom $\dot{V}$ oder wie die Feldstärke $\boldsymbol{E}$ zum elektrischen Fluß ϕ:

$$\mathrm{d}I = \boldsymbol{j} \cdot \mathrm{d}\boldsymbol{A} \quad \text{bzw.} \quad I = \iint \boldsymbol{j} \cdot \mathrm{d}\boldsymbol{A} . \tag{6.61}$$

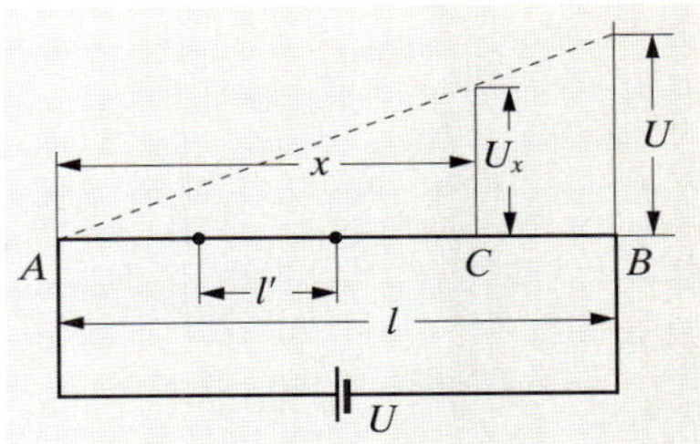

Abb. 6.55. In einem homogenen Draht herrscht konstante Feldstärke, also lineare Spannungsverteilung

Erstreckt man das Integral über den ganzen Leiterquerschnitt, kommt der ganze Strom durch den Leiter heraus. Man kann dann das Ohmsche Gesetz, falls es überhaupt gilt, nur noch für sehr kleine Bereiche formulieren, z. B. für einen kleinen Würfel, dessen Kanten der Länge a parallel bzw. senkrecht zur Feldrichtung an dieser Stelle liegen. Wenn die Feldstärke E ist, liegt zwischen den Stirnflächen des Würfels die Spannung $U = aE$. Der Strom durch den Würfel ist dann $I = \sigma a^2 U/a = \sigma a^2 E$, die Stromdichte ist $j = I/a^2 = \sigma E$. Dies gilt ganz allgemein:

$$j = \sigma E . \tag{6.62}$$

Eigentlich muß dies vektoriell geschrieben werden, denn das Feld könnte schief zum Würfel stehen. Jedenfalls folgt die Stromrichtung in einem homogenen isotropen Medium der Feldrichtung, also

$$\boxed{\boldsymbol{j} = \sigma \boldsymbol{E}} . \tag{6.63}$$

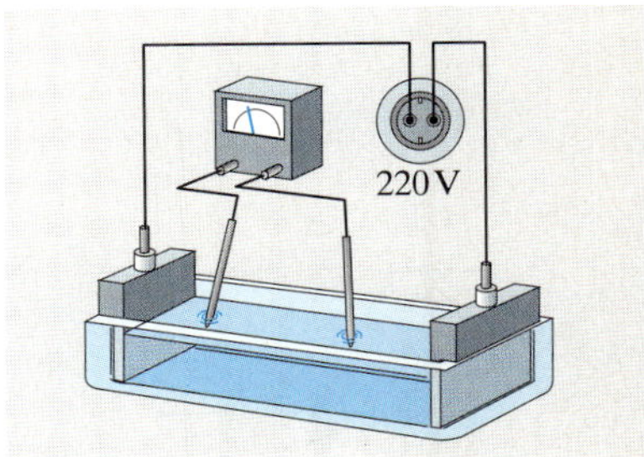

Abb. 6.56. Auch in einer rechteckigen Elektrolytlösung ist das Feld konstant und die Spannungsverteilung linear

Vielfach ist die gesamte Ladungsdichte ϱ, die sich an einer Stelle befindet, in Bewegung. Strömt sie mit der Geschwindigkeit $\boldsymbol{v}$, dann ergibt sich die Stromdichte

$$\boxed{j = \varrho v} \,. \tag{6.64}$$

Kommt aus einem Volumen mehr Strom heraus als hineinfließt, dann nimmt die eingeschlossene Ladung ab. An jeder Stelle gilt daher die **Kontinuitätsgleichung**

$$\boxed{\operatorname{div} j = -\dot{\varrho}} \tag{6.65}$$

(vgl. Abschn. 3.3). Wenn die Ladungsverteilung zeitlich konstant bleibt, muß das j-Feld divergenzfrei sein. Die Kirchhoffsche Knotenregel ist ein Spezialfall hiervon.

Kombination von Widerständen. Wir betrachten jetzt wieder Schaltungen der klassischen Form, wo einzelne Elemente (hier Widerstände) durch Drähte verbunden sind, deren Widerstand vernachlässigbar ist. Solche Widerstände können hintereinander (in Reihe oder in Serie) liegen oder parallel zueinander. Zur Behandlung genügen die Kirchhoff-Regeln.

Durch reihengeschaltete Widerstände fließt der gleiche Strom I. Die Spannungen U_i an den Einzelwiderständen ergeben sich als Spannungsabfälle $U_i = IR_i$ und addieren sich zur Gesamtspannung

$$U = \sum U_i = \sum IR_i \,. \tag{6.66}$$

Damit folgt als Gesamtwiderstand der Schaltung

$$\boxed{R = \frac{U}{I} = \sum R_i} \,. \tag{6.67}$$

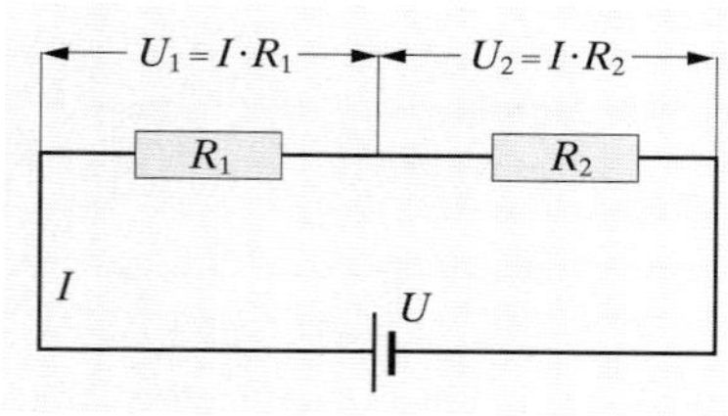

Abb. 6.57. Hintereinandergeschaltete Widerstände addieren sich, weil die Spannungsabfälle sich addieren

In der **Reihenschaltung** addieren sich die Widerstände.

An parallelgeschalteten Widerständen liegt die gleiche Spannung U. Der Strom durch den i-ten Widerstand ist $I_i = U/R_i$. Im Ganzen fließt der Strom

$$I = \sum I_i = \sum \frac{U}{R_i} \,. \tag{6.68}$$

Damit folgt der Gesamtwiderstand der Schaltung

$$\boxed{R = \frac{U}{I} = \frac{1}{\sum R_i^{-1}}} \,. \tag{6.69}$$

In der **Parallelschaltung** addieren sich die Leitwerte R_i^{-1}.

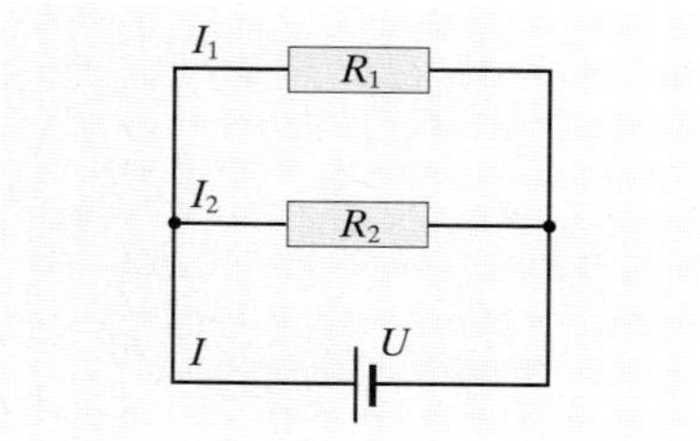

Abb. 6.58. Bei Parallelwiderständen addieren sich die Ströme, also die Leitwerte

6.3.3 Energie und Leistung elektrischer Ströme

Wenn eine Ladung Q sich zwischen zwei Orten verschiebt, zwischen denen die Spannung U herrscht, wenn sie also im Potential um U absinkt, wird eine Energie

$$\boxed{W = QU} \tag{6.70}$$

frei. Diese Energie kann der Ladung selbst zugutekommen und ihre kinetische Energie erhöhen. Das ist allerdings nur bei ganz ungehinderter

Bewegung der Fall, d. h. vor allem im Vakuum. Dort läßt sich die Energie eines geladenen Teilchens, z. B. eines Elektrons oder Protons ($Q = e$ Elementarladung) sehr einfach durch die vom Ruhezustand aus durchlaufene Spannung in Volt ausdrücken, d. h. in der Einheit eV (Elektronvolt). Da $e = 1{,}6 \cdot 10^{-19}\,\mathrm{C}$, ergibt sich

$$\boxed{1\,\mathrm{eV} = 1{,}6 \cdot 10^{-19}\,\mathrm{J}}\;. \tag{6.71}$$

In einem üblichen Leiter dient die Energie W nicht oder so gut wie nicht zur Beschleunigung der Ladungsträger. Deren Geschwindigkeit ist fast immer sehr klein gegen die thermische, und die thermische Energie ist ihrerseits nur ein kleiner Bruchteil eines eV. Vielmehr geht die Energie $W = QU$, falls keine mechanische oder chemische Arbeit verrichtet wird, ganz in Wärmeenergie des Leiters oder seiner Umgebung über. Die entsprechende Heizleistung ergibt sich aus der Definition des Stromes:

Gesetz von Joule

$$\boxed{P = \dot{W} = U\dot{Q} = UI}\;. \tag{6.72}$$

Dieses Gesetz gilt auch für Wechselströme, nur muß man es dort durch die Momentanwerte der ständig wechselnden Größen Strom und Spannung ausdrücken (Abschn. 7.5.3). Für einen Ohmschen Leiter kann man auch schreiben

$$\boxed{P = UI = I^2R = \frac{U^2}{R}}\;. \tag{6.73}$$

Bei ortsabhängiger Leitfähigkeit muß man das Joule-Gesetz differentiell formulieren. Die Leistungsdichte (Leistung/Volumen) ist dann

$$\boxed{p = \boldsymbol{j} \cdot \boldsymbol{E}}\;, \tag{6.74}$$

für Ohmsche Leiter

$$p = \sigma E^2 = \frac{j^2}{\sigma}\;.$$

6.3.4 Gleichstromtechnik

a) Meßgeräte; Meßbereichsumschaltung. Da die wichtigsten Amperemeter und Voltmeter auf magnetischen Kräften beruhen, besprechen wir ihre Wirkungsweise erst in Abschn. 7.5.5. Hier behandeln wir einige Prinzipien, die für alle Typen und ebenso für **Gleich-** wie für **Wechselstrom** gelten. Der Zeigerausschlag der meisten Meßgeräte (Drehspul- und Weicheiseninstrument) hängt nur von dem Strom ab, der durch die Meßspule fließt. Eine Spannung muß erst in einen entsprechenden Strom übersetzt werden. Das geschieht mittels des Innenwiderstandes R_i. Wenn die Spannung U an den Klemmen des **Voltmeters** liegt, fließt der Strom $I = U/R_\mathrm{i}$ durch die Meßspule. Übergang zu einem höheren Spannungsmeßbereich erfolgt also einfach durch Vergrößerung von R_i (Verzehn-

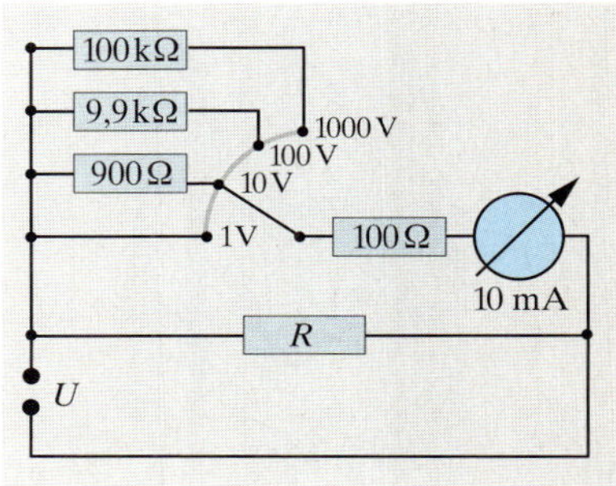

Abb. 6.59. Ein umschaltbares Voltmeter (verschiedene Vorwiderstände) mißt die Spannung am Verbraucher R

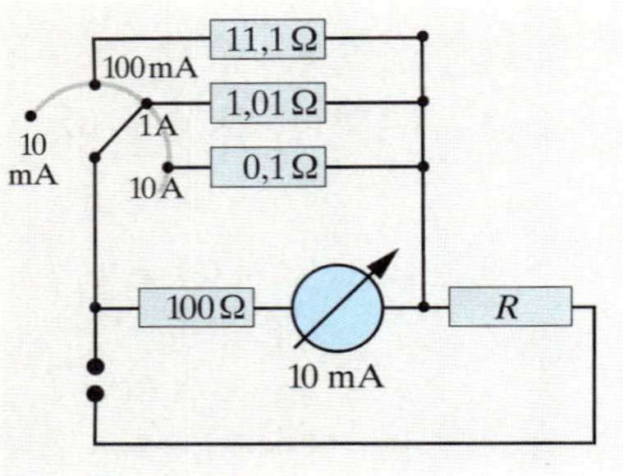

Abb. 6.60. Ein umschaltbares Amperemeter (verschiedene Parallelwiderstände oder Shunts) mißt den Strom durch den Verbraucher R

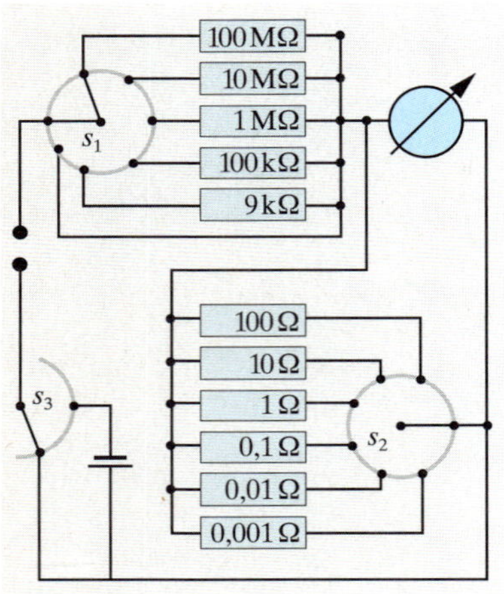

Abb. 6.61. Vielfachmesser für Strom, Spannung, Widerstand (schematisch)

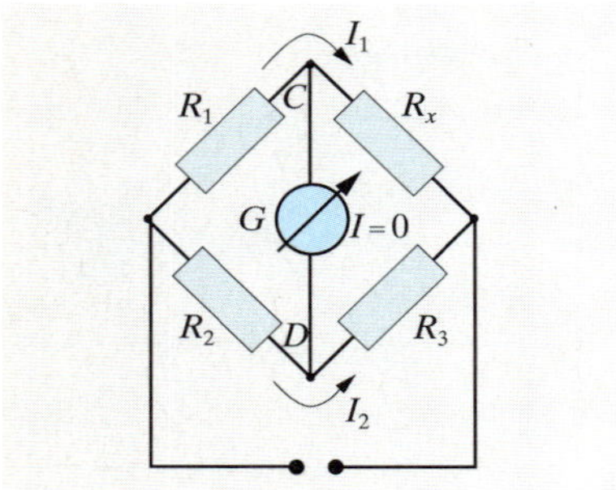

Abb. 6.62. Wheatstone-Brücke zur Messung des unbekannten Widerstandes R_x

fachung von U durch Vorschalten des neunfachen Vorwiderstandes). Will man mit einem **Amperemeter** größere Ströme messen, als die Meßspule verträgt, muß man einen Teil des Stroms durch einen Parallelwiderstand (Shunt) vorbeileiten. Verzehnfachung des I-Meßbereichs heißt Parallelschalten eines neunmal kleineren Widerstandes.

✘ Beispiel . . .

Ein Vertreter bietet Ihnen einen elektrischen Durchlauferhitzer an, der 8 l heißes Wasser pro Minute liefern soll. Der Hauptvorteil sei, daß Sie nicht einmal Ihre 10 A-Sicherung auszuwechseln brauchen. Kaufen Sie das Gerät oder werfen Sie den Kerl hinaus (beides mit technischer Begründung)?

Wenn die 10 A-Sicherung nicht durchbrennen soll, kann man höchstens 2,2 kW entnehmen. Das entspricht 2,2 kJ/s $\approx$ 130 kJ/min. Die 8 l/min würden also bei Verlustfreiheit höchstens um 3,5 °C „aufgeheizt“ werden. Elektrische Durchlauferhitzer sind im normalen Haushalt kaum realisierbar.

Der Einbau des Meßgeräts in die auszumessende Schaltung soll die Größen, die man bestimmen will, möglichst wenig beeinflussen. Für ein Amperemeter trifft das zu, wenn sein Gesamtwiderstand R_i (einschließlich eventueller Shunts) sehr klein gegen den Gesamtwiderstand R der zu messenden Schaltung ist. Der Strom wird durch Einbau des Amperemeters um den Faktor $R/(R + R_i)$ verringert.

Amperemeter müssen *niederohmig* sein.

Umgekehrt darf ein Voltmeter den Gesamtstrom aus der Spannungsquelle möglichst wenig beeinflussen, denn sonst würde sich wegen des Innenwiderstandes der Spannungsquelle auch deren Klemmenspannung ändern (Abschn. 6.3.4d). Der Innenwiderstand R_i des Voltmeters muß also groß gegen den Widerstand R des Verbrauchers sein, längs dessen die Spannung gemessen wird.

Voltmeter müssen *hochohmig* sein.

b) Brückenschaltungen. Im Prinzip kann man einen Widerstand messen, indem man die Spannung U an ihm und den Strom I durch ihn bestimmt und beide durcheinander teilt. Die endlichen Innenwiderstände der Meßgeräte würden ein solches Verfahren aber sehr ungenau machen. Man vermeidet diesen Einfluß, wenn man *stromlos* mißt. In einer **Wheatstone-Brücke** schaltet man den zu bestimmenden Widerstand R_x mit drei anderen bekannten Widerständen zusammen (Abb. 6.62), von denen mindestens einer verstellbar ist. Man stellt R_3 so ein, daß durch das Instrument G kein Strom fließt (**Abgleich der Brücke**). Das ist der Fall, wenn die Spannung zwischen C und D verschwindet, d. h. die Spannungsabfälle an R_x und R_3 gleich sind (womit natürlich auch die Spannungsabfälle an R_1 und R_2 ihrerseits gleich sein müssen). Eben weil durch G kein Strom fließt, geht der Strom I_1 bei C vollständig weiter durch R_x. Damit ergibt sich

$$I_2R_3 = I_1R_x \quad \text{und} \quad I_1R_1 = I_2R_2$$

und durch Division dieser beiden Gleichungen

$$R_x = R_3 \frac{R_1}{R_2} .$$

Damit ist R_x auf die bekannten Widerstände zurückgeführt. Die Spannung U der Spannungsquelle ist unwichtig und darf durchaus zeitlich schwanken. Schon daraus ergibt sich, daß die Wheatstone-Brücke ebensogut für Wechselstrom geeignet ist. Beachtet man auch die Phasenlage der Wechselströme, dann kann man mit ähnlichen Brücken auch Kapazitäten, Induktivitäten und Frequenzen sehr genau messen.

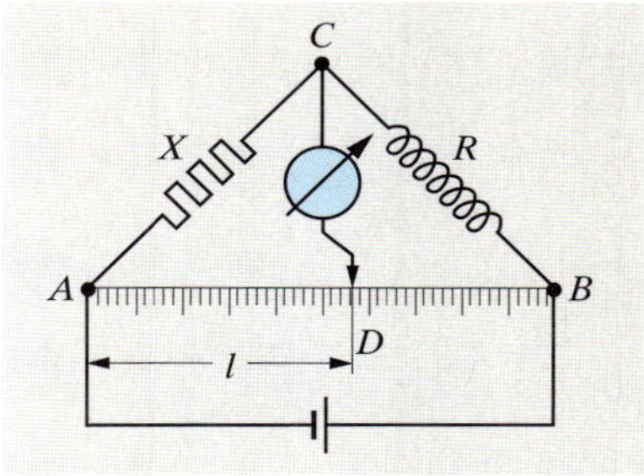

Abb. 6.63. Wheatstone-Brücke mit Schleifdraht. Die beiden Abschnitte des Schleifdrahts ersetzen die Widerstände R_2 und R_3

c) Kompensationsmethode. Auch eine unbekannte *Spannung* U' (in Abb. 6.64 symbolisiert durch eine Spannungsquelle U') läßt sich am genauesten stromlos messen, und zwar durch Vergleich mit einer gegebenen Spannung U, die im Beispiel größer als U' und hier allerdings sehr genau bekannt sein muß. Durch Änderung des Widerstandes R erreicht man Abgleich, d. h. Stromlosigkeit des Instruments G. Dies tritt ein, wenn

$$U' = \frac{r}{R} U$$

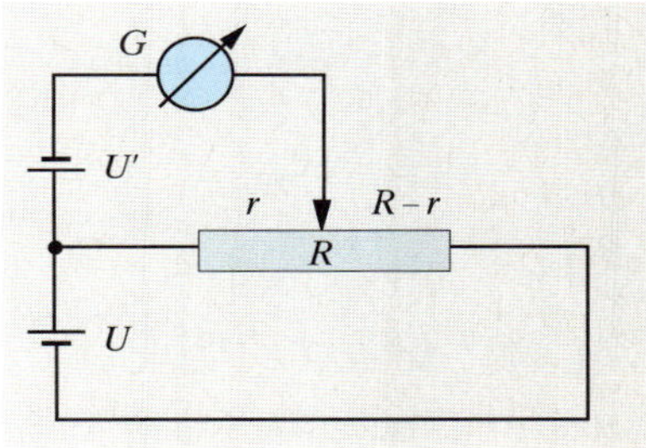

Abb. 6.64. Kompensationsschaltung zur Messung der Spannung U'

(Prinzip des unbelasteten Potentiometers). Die meisten zu messenden Größen in Physik und Technik werden zunächst in Spannungen übersetzt und dann von automatischen Registriergeräten (Meßschreibern) als Funktionen der Zeit aufgezeichnet. Solche **Schreiber** arbeiten meist nach dem **Kompensationsprinzip**. Das Instrument G ist durch einen Stellmotor ersetzt, der durch den Strom I angetrieben wird und selbst den Widerstand R verstellt, gekoppelt mit dem Schreibstift. Motor und Stift bleiben erst stehen, wenn Kompensation eintritt, also der Strom sich automatisch zu Null abgeglichen hat.

d) Innenwiderstand einer Spannungsquelle; Leistungsanpassung. Belastet man eine Spannungsquelle, d. h. entnimmt man ihr einen Strom, dann sinkt ihre **Klemmenspannung** U unter den Wert U_0, die **Leerlaufspannung**, die man an der unbelasteten Spannungsquelle messen würde. Dieses Verhalten läßt sich vielfach hinreichend genau dadurch beschreiben, daß die Spannungsquelle einen **Innenwiderstand** R_i hat. Er ist für eine Steckdose realisiert durch die Widerstände von Zuleitungen und Generatorwicklung, bei einer Batterie durch den Widerstand des Elektrolyten (Aufgabe 6.5.3). Der Widerstand R_i im Ersatzschaltbild (Abb. 6.65) ist natürlich i. allg. weder direkt zugänglich noch beeinflußbar. Die meßbare Klemmenspannung U bleibt gegen die Leerlaufspannung U_0 um den Spannungsabfall IR_i zurück, wenn der Strom I entnommen wird:

$$U = U_0 - IR_i . \tag{6.75}$$

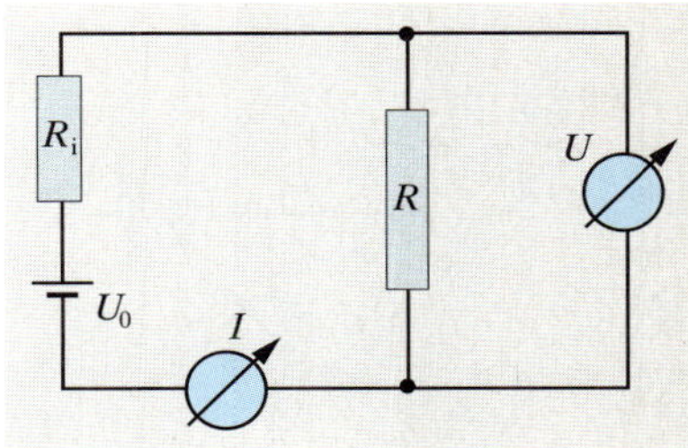

Abb. 6.65. Das Ersatzschaltbild einer Spannungsquelle enthält deren Innenwiderstand R_i

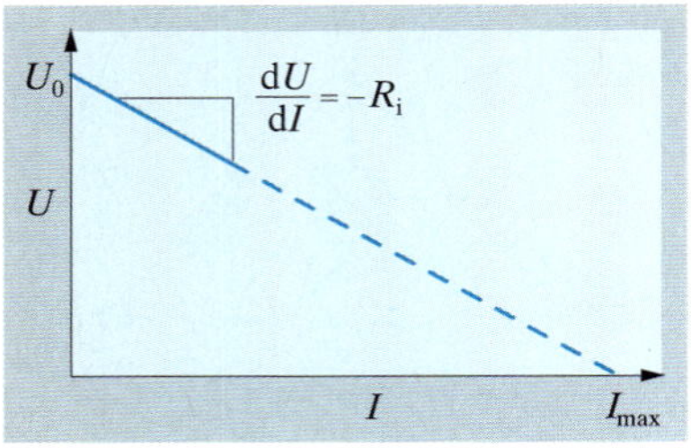

Abb. 6.66. Infolge des Innenwiderstandes R_i sinkt die Klemmenspannung der Spannungsquelle mit dem entnommenen Strom

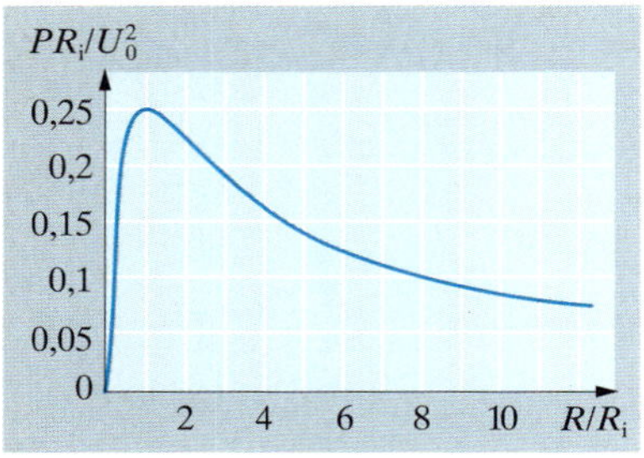

Abb. 6.67. Leistungsanpassung: Aus einer Spannungsquelle kann man maximale Leistung entnehmen, wenn der Widerstand des Verbrauchers gleich dem Innenwiderstand ist

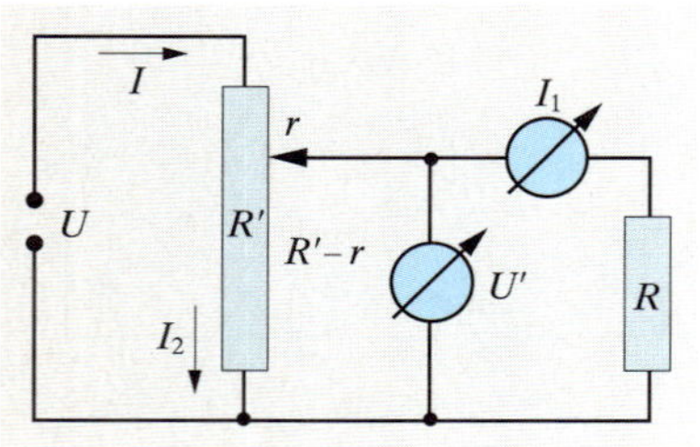

Abb. 6.68. Potentiometer- oder Spannungsteiler-Schaltung

Die Spannungsquelle hat also eine fallende Spannungs-Strom-**Kennlinie** mit der Neigung R_i. Man kann ihr höchstens den Maximalstrom

$$I_m = \frac{U_0}{R_i} \tag{6.76}$$

entnehmen. Durch einen gegebenen Verbraucherwiderstand R fließt der Strom

$$I = \frac{U_0}{R_i + R} \,. \tag{6.77}$$

Im Verbraucher wird die Leistung

$$P = UI = (U_0 - R_i I)\frac{U_0}{R_i + R}$$

verzehrt. Einsetzen von I nach (6.77) ergibt

$$\boxed{P = \frac{U_0^2 R}{(R_i + R)^2}} \,. \tag{6.78}$$

Für $R \ll R_i$ ist die Leistung klein (Klemmenspannung wegen der großen Strombelastung fast ganz zusammengebrochen) und steigt wie R. Bei $R \gg R_i$ ist der Strom so klein, daß die Leistung wie R^{-1} abfällt. Dazwischen hat die Leistung ein Maximum, das sich aus $\mathrm{d}P/\mathrm{d}R = 0$ ergibt:

Bei $R = R_i$ ist

$$P = P_{max} = \frac{U_0^2}{4R_i} \,. \tag{6.79}$$

Aus der Spannungsquelle kann man höchstens die Leistung P_{max} entnehmen. Bestimmung des entsprechenden Verbraucherwiderstandes, der gleich dem Innenwiderstand der Spannungsquelle ist, heißt **Leistungsanpassung**.

e) Vorwiderstand und Potentiometer. Wenn ein Verbraucher geringere Spannung verlangt, als in der Form einer Spannungsquelle zur Verfügung steht, kann man die Spannung auf zwei Arten reduzieren (die Wechselstromtechnik bietet noch zahlreiche andere, energetisch ökonomischere Möglichkeiten):

Man schaltet einen **Vorwiderstand** R' vor den Verbraucher R. Dann teilen sich die Spannungen im Verhältnis R/R' auf beide auf, da ja durch beide der gleiche Strom fließt. Ebenso teilt sich allerdings auch die Gesamtleistung auf: Nur ein Teil wird im Verbraucher genutzt. Leuchtstoffröhren, Bogenlampen und andere Gasentladungen verlangen einen Vorwiderstand oder besser eine „Drosselung" durch eine Spule, damit ihre Strom-Spannungs-Kennlinie steigend, also stabil wird (Abschn. 8.3.3).

Ein Widerstand mit verschiebbarem Mittelabgriff (Abb. 6.68) eignet sich als **Potentiometer**. Solange man nicht belastet, d. h. solange $R \gg R' - r$ ist, fällt am Teilstück $R' - r$ genau der Bruchteil

$$U' = U\frac{R' - r}{R'} \tag{6.80}$$

der Eingangsspannung U ab. Beim belasteten Potentiometer muß man beachten, daß sich der Strom I am Mittelabgriff in I_1 und I_2 aufteilt. Die Knotenregel liefert natürlich

$$I = I_1 + I_2 ,$$

die Maschenregel für die beiden Maschen der Schaltung

$$U = rI + (R' - r)I_2 \qquad U' = RI_1 = (R' - r)I_2 .$$

Kombination aller drei Gleichungen ergibt folgenden Zusammenhang zwischen der abgegriffenen Spannung U' und dem Teilstück r:

$$U' = \frac{R(R' - r)}{RR' + r(R' - r)} U . \tag{6.81}$$

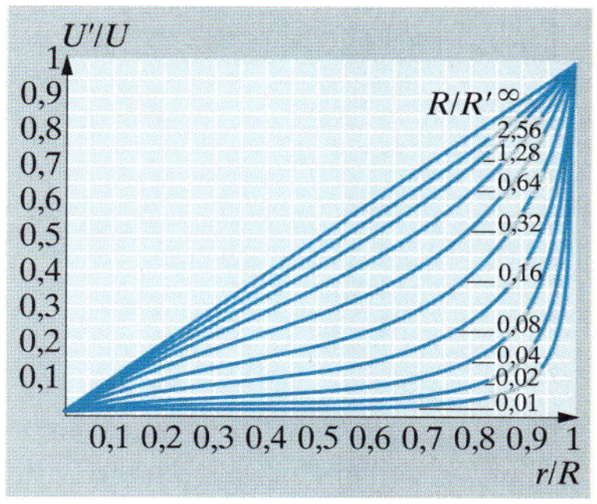

Abb. 6.69. Bei Belastung ändert sich die Spannung des Potentiometers nicht mehr linear mit dem abgegriffenen Teilwiderstand

Natürlich geht die Kurve $U'(r)$ durch die Punkte $(U, 0)$ und $(0, R')$, ebenso wie ohne Belastung, aber verglichen mit der Geraden (6.80) hängt sie um so weiter durch, je kleiner R/R' ist, je stärker also der Verbraucher das Potentiometer belastet.

Ein Potentiometer verschwendet noch mehr Leistung als ein Vorwiderstand. Bei gegebenen Werten U und U' folgt dies schon daraus, daß $I > I_1$ ist. Diesen Nachteil vermeidet weitgehend eine *Spule* mit Mittelabgriff. Man kann sie als Transformator auffassen, bei dem eine der Wicklungen ganz eingespart ist, und nennt sie daher **Spartransformator**.

6.4 Mechanismen der elektrischen Leitung

Schon als 18jähriger Buchbinderlehrling, bevor ihn *Humphrey Davy* als Assistenten einstellte, entdeckte *Michael Faraday* mit einfachsten Mitteln die wesentlichsten Tatsachen über die Elektrolyse.

6.4.1 Nachweis freier Elektronen in Metallen

Über die Natur der Träger des elektrischen Stroms in Metallen gibt der Versuch von *Tolman* Auskunft, dem folgende Überlegung zugrunde liegt: Wenn der Strom durch frei wandernde Teilchen der Ladung e und der Masse m, also der **spezifischen Ladung** e/m getragen wird, so werden diese bei einer Beschleunigung $\boldsymbol{a}$ des Metallkörpers, d. h. des starren Ionengitters, nicht mitbeschleunigt. Wird er z. B. gebremst, so bewegen sich die freien Teilchen auf Grund ihrer Trägheit weiter. Vom Metall aus gesehen werden sie durch „Trägheitskräfte" in der Richtung beschleunigt, die der Beschleunigung des Metalls entgegengerichtet ist. Das sind die gleichen Kräfte, die an einem Mitfahrer in einem bremsenden Wagen angreifen. Die Elektronen mit ihrer negativen Ladung häufen sich also an der einen, die positiven Restladungen an der anderen Stirnseite des Metallstücks an. Diese Ladungstrennung erzeugt analog zum Fall des Plattenkondensators ein Feld $\boldsymbol{E}$, das schließlich eine weitere Ladungsanhäufung verhindert. Das ist der Fall, d. h. Gleichgewicht tritt ein, wenn die Trägheits- und die elektrostatische Kraft auf den Ladungsträger entgegengesetzt gleich sind: $-e\boldsymbol{E} = m\boldsymbol{a}$. Im Innern des beschleunigten Leiters herrscht also ein Feld

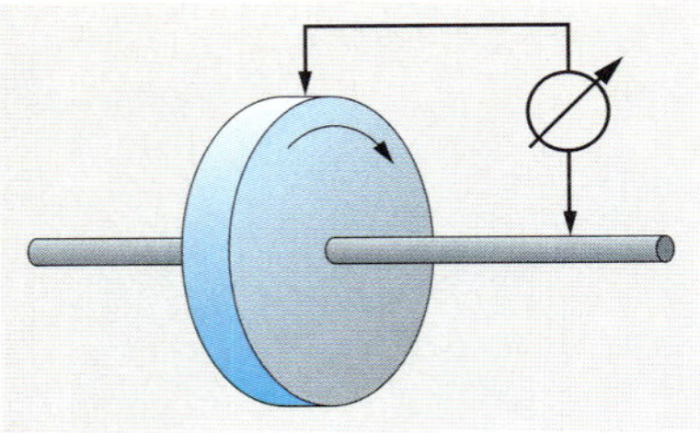

Abb. 6.70. Der Tolman-Versuch läßt sich besser mit einem rotierenden Leiter ausführen (Elektronenzentrifuge)

$$\boldsymbol{E} = -\frac{m}{e}\boldsymbol{a}\,. \tag{6.82}$$

Das gilt für lineare wie für Zentrifugalbeschleunigungen: Man kann Elektronen zentrifugieren. *Tolman* konnte die entsprechenden Effekte für schnell rotierende Metallteile messen. Daraus ergibt sich das Feld $\boldsymbol{E}$ und mittels (6.82) die spezifische Ladung $e/m \approx 2 \cdot 10^{11}\,\mathrm{C\,kg^{-1}}$. Dies ist annähernd der gleiche Wert, den man für freie Elektronen im Vakuum findet (8.16).

✗ Beispiel . . .

Kann man aus dem Ergebnis des **Tolman-Versuchs** Rückschlüsse auf andere Größen als e/m, z. B. auf die Gesamtzahl oder Anzahldichte von freien Elektronen ziehen?

Der Tolman-Versuch mißt nur e/m, unabhängig von Konzentration oder Beweglichkeit der Träger. Löcher (Defektelektronen) würden allerdings ein anderes Vorzeichen für die erzeugte Spannung liefern. Meines Wissens ist der Versuch noch nicht mit einem löcherleitenden Halbleitermaterial wiederholt worden, wahrscheinlich wegen der rein mechanisch-geometrischen Schwierigkeiten.

Dieses Experiment beweist, daß Metallatome, die im Gaszustand elektrisch neutral sind, Elektronen abspalten, wenn sie sich zum Festkörper (oder auch zur Metallschmelze) vereinigen. Die abgespaltenen Elektronen gehören dann nicht mehr dem einzelnen Atom, sondern dem ganzen kondensierten System. Sie können dieses System nicht verlassen, weil dazu eine ziemlich hohe Austrittsarbeit erforderlich ist (Abschn. 8.1.1). Im Innern bewegen sie sich nach ähnlichen Gesetzen wie die Atome eines Gases in einem geschlossenen Gefäß (Elektronengas, Abschn. 14.3.1). Allerdings sind für die Elektronen quantenmechanische Gesetze maßgebend. Sie bilden ein Fermi-Gas (Abschn. 14.3.2). Die Teilchenzahldichte n des Elektronengases ist von Metall zu Metall etwas verschieden, hat aber meist die Größenordnung, die einem abgespaltenen Elektron pro Atom entspricht. Da der Atomabstand wenige Å beträgt, ergibt sich $n \approx (\text{einige Å})^{-3} \approx 10^{29}\,\mathrm{m^{-3}}$.

6.4.2 Elektronentransport in Metallen

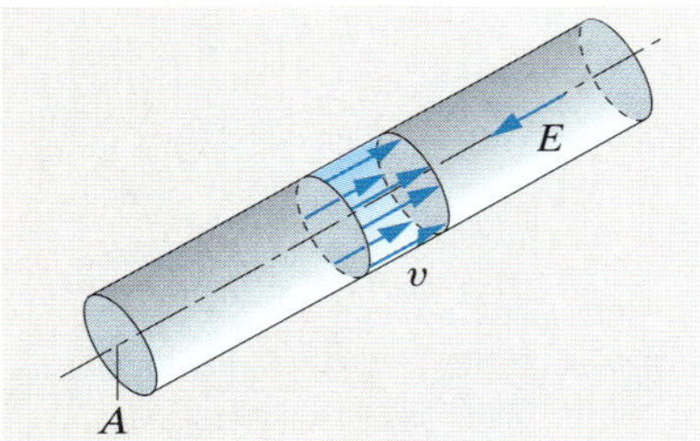

Abb. 6.71. Wenn n Elektronen/m^3 mit der Geschwindigkeit v im Feld wandern, transportieren sie eine Stromdichte $j = env$

Der Strom in einem Metall kommt so zustande, daß die Elektronen sich längs des elektrischen Feldes bewegen (genauer: in Gegenrichtung zu ihm). n Elektronen/m^3, die die mittlere Geschwindigkeit v haben, transportieren in der Sekunde durch den Leiterquerschnitt 1 m^2 eine Ladungsmenge $nve\,\mathrm{C\,m^{-2}\,s^{-1}}$ (Abb. 6.71). Dies ist die gleiche Größe, die wir in Abschn. 6.3.2 als Stromdichte j definiert haben:

$$\boxed{j = nve}\,. \tag{6.83}$$

Nach dem Ohmschen Gesetz ist die Stromdichte proportional zur Feldstärke: $j = \sigma E$. Da n und e konstant sind, folgt daraus $v \sim E$, ausführlich

$$v = \mu E \,. \tag{6.84}$$

μ heißt **Beweglichkeit** der Ladungsträger. Ihre Einheit ist sinngemäß $m^2/V\,s$.

Die Leitfähigkeit σ hängt nach (6.83) mit μ so zusammen:

$$\boxed{\sigma = en\mu} \,. \tag{6.85}$$

Das Ohmsche Gesetz gilt also z. B. im Vakuum bestimmt nicht. Dort werden die Elektronen im Feld frei beschleunigt, und ihre Geschwindigkeit hängt nicht nur vom Feld E ab, sondern auch von der Dauer t seiner Einwirkung: $v = eEt/m$. Damit die Elektronen im Metall mit zeitunabhängiger Geschwindigkeit $v \sim E$ driften, muß der Feldkraft eE eine Reibungskraft F_R entgegenstehen, die proportional v ist. Auf ein Elektron (Ladung $-e$) wirkt keine Beschleunigung, also keine Gesamtkraft: $-eE + F_R = -eE - kv = 0$, also $v = -eE/k$. Eine solche Proportionalität von F_R und v ergab sich für die Bewegung eines kleinen Körpers in einer zähen Flüssigkeit (Stokes-Gesetz, Abschn. 3.3.3). Wie es für Metallelektronen zu diesem Gesetz kommt, wird in Abschn. 14.3.1 erklärt.

Elektronen laufen auch in gut leitenden Metallen erstaunlich langsam (keineswegs etwa mit c). Meist spaltet jedes Atom ein Leitungselektron ab. Dann ergibt sich z. B. n für Kupfer:

$$n = 8\,900\,\mathrm{kg\,m^{-3}}/(63{,}6 \cdot 1{,}67 \cdot 10^{-27}\,\mathrm{kg}) = 8{,}4 \cdot 10^{28}\,\mathrm{m^{-3}}\,.$$

Aus dem spezifischen Widerstand $\varrho = 1{,}7 \cdot 10^{-8}\,\Omega\mathrm{m}$ folgt dann eine Beweglichkeit $\mu = 1/(ne\varrho) = 4{,}3 \cdot 10^{-3}\,\mathrm{m^2/V\,s}$. Bei vernünftigen Stromdichten (einige A/mm^2) und den entsprechenden Feldstärken von $E = j/\sigma \approx 10^{-2}$ V/m laufen die Elektronen also nur mit 0,04 mm/s. Die große Geschwindigkeit der elektrischen Nachrichtenübertragung beruht also nicht auf der Verschiebung der Elektronen im Draht, sondern auf der Ausbreitungsgeschwindigkeit des elektrischen Feldes im und um den Draht, die gleich der Lichtgeschwindigkeit ist (Abschn. 7.6.3).

6.4.3 Elektrische Leitfähigkeit

Die Leitfähigkeit eines Ohmschen Leitermaterials

$$\boxed{\sigma = en\mu} \tag{6.85'}$$

hängt von verschiedenen Einflüssen ab, denen das Material ausgesetzt ist, besonders von Temperatur, Lichtintensität, Magnetfeld und Druck.

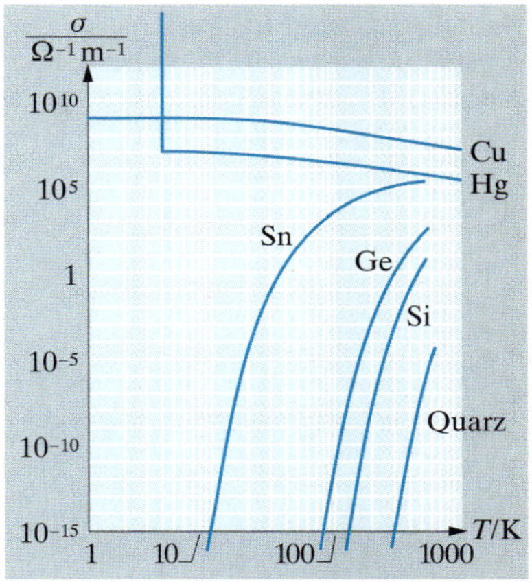

Abb. 6.72. Die Leitfähigkeit σ von Metallen steigt bei Abkühlung bis zu einem Restwiderstand, außer bei Supraleitern, die unterhalb des Sprungpunktes T_c praktisch unendliche Leitfähigkeit haben. Bei anderen Stoffen fällt σ bei Abkühlung nach einem Boltzmann-Gesetz, dessen Steilheit von der Befreiungsenergie der Ladungsträger abhängt

a) Temperaturabhängigkeit der Leitfähigkeit. Metalle leiten um so schlechter, je heißer sie sind, bei Halbleitern ist es umgekehrt. Für kleinere Temperaturbereiche kann man eine lineare Abhängigkeit annehmen:

$$\sigma = \sigma_0(1 - \alpha T) \quad \text{oder} \quad \varrho = \varrho_0(1 + \alpha T)\,.$$

α heißt Temperaturkoeffizient des Widerstandes. Er ist positiv für Metalle (PTC-Leiter mit „positive temperature coefficient"), negativ für Halbleiter (NTC-Leiter). Die Gründe für dieses Verhalten sind qualitativ aus (6.85′)

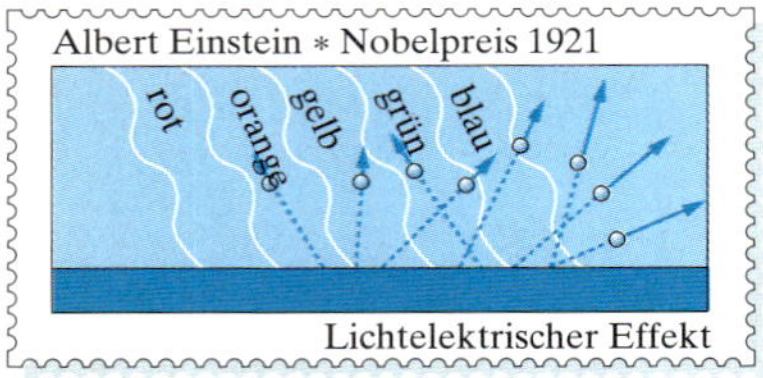

Abb. 6.73. Äußerer Photoeffekt: Die einzelnen Frequenzen (hier alle mit gleicher Wellenlänge gezeichnet) lösen Elektronen verschiedener Energie aus. Unterhalb der Grenzfrequenz gelingt gar keine Auslösung

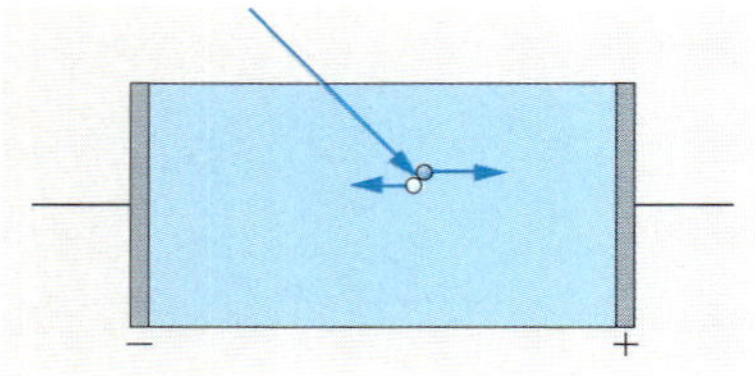

Abb. 6.74. Photoleiter oder Halbleiter-Detektor. Licht oder ionisierende Strahlung erzeugt Ladungsträger im Kristall, meist paarweise (innerer Photoeffekt). Das angelegte Feld trennt die Ladungsträger: Photostrom

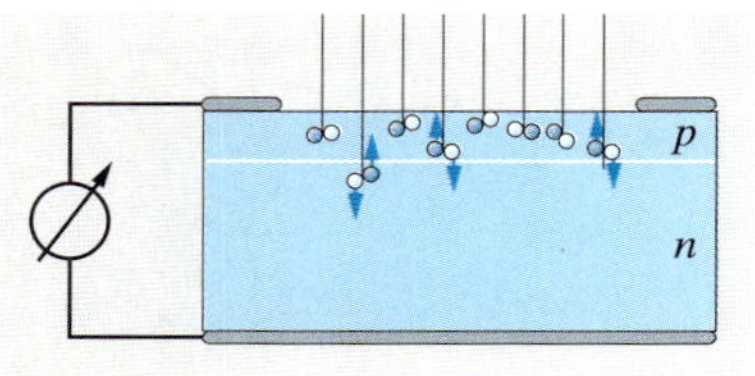

Abb. 6.75. Photodiode. Licht hinreichender Frequenz erzeugt Elektron-Loch-Paare, die i. allg. bald wieder rekombinieren, außer in der Nähe der p-n-Grenzschicht, deren starkes Feld sie auseinanderreißt. Die entstehende Aufladung fließt über den Verbraucher ab, wenn dessen Widerstand kleiner ist als der der Grenzschicht

leicht abzulesen: In Metallen ist die Ladungsträgerdichte n fest vorgegeben, denn alle Valenzelektronen der Metallatome sind i. allg. als „Elektronengas“ durch das Grundgitter der Ionenrümpfe beweglich. Je heißer aber das Metall wird, desto stärker schwingen die Ionenrümpfe, und desto mehr behindern sie die Elektronenbewegung: Die Beweglichkeit nimmt mit steigendem T ab. In Halbleitern ist dies auch der Fall. Eine viel stärkere, steigende T-Abhängigkeit hat aber die Ladungsträgerdichte n, denn die Träger müssen erst mittels thermischer Energie *geschaffen*, d. h. aus ihrem normalerweise gebundenen Zustand in einen beweglichen angehoben werden. Wie in Abschn. 14.3 und 14.4 gezeigt wird, geht dies nach dem **Boltzmann-Arrhenius-Gesetz** $n = n_0\,\mathrm{e}^{-A/T}$.

Bei manchen Metallen findet man $\alpha \approx 1/273\,\mathrm{K}^{-1}$. Wie bei idealen Gasen der Druck, ist dann $\varrho \sim T$. Häufiger sind Abhängigkeiten wie $\varrho \sim T^{3/2}$. **Widerstandsthermometer** nutzen solche Abhängigkeiten zur Temperaturmessung aus. Sie haben den Vorzug geringer Wärmekapazität, also geringer Trägheit, und sind auch bei sehr hohen und sehr tiefen Temperaturen brauchbar. Sehr verbreitet sind heute die Widerstandsdrähte Pt 100 und Pt 1 000, das sind Platinspiralen, die bei 0 °C den Widerstand $100\,\Omega$ bzw. $1\,000\,\Omega$ haben.

b) Innerer Photoeffekt. Statt durch thermische Energie kann man in Halbleitern bewegliche Ladungsträger auch durch Lichtenergie erzeugen. Solche Stoffe steigern ihre Leitfähigkeit bei Bestrahlung mit Licht geeigneter Frequenzbereiche, es sind **Photoleiter**. Seit langem kennt man die **Selenzelle**: Die metallische Modifikation des Se steigert ihre Leitfähigkeit im Licht um mehrere Größenordnungen. Heute sind CdS-Photoleiter in Belichtungsmessern besonders verbreitet. Von diesem inneren Photoeffekt (Anhebung von Ladungsträgern eines Kristalls in leitende Zustände) ist der **äußere Photoeffekt** zu unterscheiden, wie er in Photozellen ausgenutzt wird. Hier werden Elektronen durch das Licht aus der Oberfläche bestimmter Metalle und Oxide ins Vakuum oder den Gasraum herausgeschlagen. Etwas anders ist auch der Mechanismus der **Photoelemente** oder **Photodioden**, in denen Belichtung keine Leitfähigkeitsänderung, sondern eine Spannung hervorruft. Umgekehrt senden **Leuchtdioden** Licht aus, wenn man Strom durch sie schickt.

Andere Strahlungsarten, besonders Röntgen- und radioaktive Strahlung können ebenfalls Ladungsträger in bewegliche Zustände heben und lassen sich daher über Widerstandsänderungen von **Halbleiterdetektoren** nachweisen.

c) Magnetoresistenz. Bringt man einen Leiter in ein Magnetfeld, dann werden die Ladungsträger in ihrer Bewegung durch die Lorentz-Kraft (Abschn. 7.1.2) abgelenkt. Ihre Bahnen setzen sich nicht mehr aus Geradenstücken, sondern angenähert aus Kreisstücken zusammen. Das führt bei manchen Metallen, besonders beim „Halbmetall“ Wismut, zu einer Abnahme von Beweglichkeit μ und Leitfähigkeit σ. Magnetsonden führen die Magnetfeldmessung auf eine Widerstandsmessung zurück. Wichtig ist auch, daß ein Magnetfeld den Sprungpunkt von **Supraleitern** senkt (Abschn. 14.7). Das war bis vor kurzem ein entscheidendes Hindernis für den Bau von supraleitenden Magneten und Generatoren, die wegen ihres verschwindenden Widerstandes energetisch äußerst wirtschaftlich sind.

d) Druckabhängigkeit des Widerstandes. Mechanische Spannungen deformieren das Kristallgitter und beeinflussen deshalb die Beweglichkeit von Ladungsträgern. Manche Metall- und Legierungsbleche eignen sich besonders gut als **Dehnungsmeßstreifen** zur Messung solcher mechanischen Spannungen:

e) Elektrische und Wärmeleitfähigkeit. Gute elektrische Leitfähigkeit geht oft mit guter **Wärmeleitfähigkeit** parallel. Bei nicht zu tiefen Temperaturen gilt für viele Metalle das *Gesetz von Wiedemann-Franz*:

$$\boxed{\frac{\text{Wärmeleitfähigkeit}}{\text{elektrische Leitfähigkeit}} = \frac{\lambda}{\sigma} = aT} \;. \tag{6.86}$$

Die Konstante a hat dabei für alle Metalle annähernd den gleichen Wert

$$a \approx 3\frac{k^2}{e^2} \;. \tag{6.86'}$$

Daß Metalle Elektrizität und Wärme so gut leiten, beruht also auf dem gleichen Mechanismus, nämlich den freien Leitungselektronen (Abschn. 14.3.4).

f) Supraleitung. Bei manchen Metallen und Legierungen sinkt bei Abkühlung unter etwa 10 K der Widerstand sprunghaft auf unmeßbare kleine Werte. Solche Metalle werden bei der Sprungtemperatur *supraleitend* (Genaueres in Abschn. 14.7).

g) Elektrische Relaxation. In einem Medium mit der Leitfähigkeit σ und der DK ε sollen sich irgendwo Ladungen der Dichte ϱ angesammelt haben. Infolge ihres eigenen Feldes werden sich diese Ladungen wieder zu zerstreuen suchen, um so schneller, je größer die Leitfähigkeit ist. Um die Zerstreuungszeit zu ermitteln, brauchen wir nur die Grundgleichungen (6.16), (6.64) und (6.67) zu kombinieren:

Fluß aus Volumenelement $\sim$ Ladung darin: $\operatorname{div}\boldsymbol{E} = \varrho/(\varepsilon\varepsilon_0)$. Wenn mehr Strom aus- als eintritt, geht Ladung verloren: $\operatorname{div}\boldsymbol{j} = -\dot{\varrho}$. Ohmsches Gesetz: $\boldsymbol{j} = \sigma\boldsymbol{E}$. Es folgt $\dot{\varrho} = -\sigma\varrho/(\varepsilon\varepsilon_0)$. Die Ladung baut sich also nach einer e-Funktion ab: $\varrho = \varrho_0\,\mathrm{e}^{-t/\tau}$ mit der **Relaxationszeit**

$$\tau = \frac{\varepsilon\varepsilon_0}{\sigma} \;. \tag{6.87}$$

Wie erwartet, dauert der Ladungsabbau in Isolatoren sehr lange (in Bernstein einige Stunden), in Metall erfolgt er sehr schnell (10^{-19} s). Diese **elektrische Relaxation** erklärt viele Effekte von der Reibungselektrizität (Abschn. 6.4.6) bis zur Ausbreitung von Radiowellen (Abschn. 7.6.7).

Der Elektroniker kennt diese Relaxationszeit in seinen Schaltungen unter dem Namen RC. Ein Kondensator der Kapazität C entlädt sich mit dieser Zeitkonstante über einen Widerstand R. Wenn der Kondensator

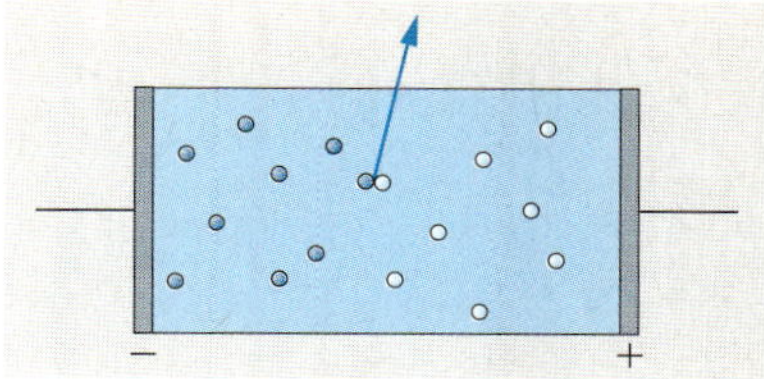

Abb. 6.76. Leuchtdiode (LED = light emitting diode). Von einer Seite werden Elektronen in den Kristall injiziert, von der anderen Defektelektronen oder Löcher. Die Trägersorten vernichten einander paarweise, die Vernichtungsenergie wird als Licht emittiert

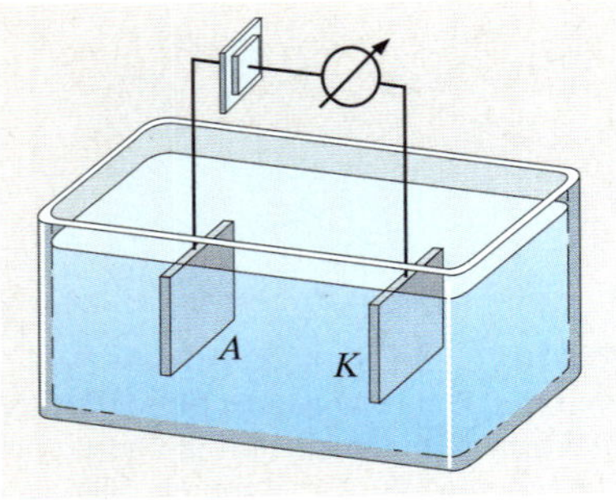

Abb. 6.77. Stromdurchgang durch eine elektrolytische Lösung

($C = \varepsilon\varepsilon_0 A/d$) mit einem Dielektrikum der Leitfähigkeit σ, also dem Widerstand $R = d/(\sigma A)$ gefüllt ist, entlädt er sich in der Zeit $\tau = RC = \varepsilon\varepsilon_0/\sigma$, auch ohne äußere leitende Verbindung. Ein realer Kondensator ist durch eine Parallelschaltung von C und R darzustellen. Nur bei Frequenzen $\omega \gg 1/(RC)$ spielt der Widerstand keine Rolle.

6.4.4 Elektrolyse

In einen Trog mit destilliertem Wasser tauchen zwei Bleche (Elektroden) aus Platin oder Nickel, die über eine Glühlampe oder ein Amperemeter mit den Klemmen einer Spannungsquelle verbunden sind (Abb. 6.77). Reines Wasser ist ein sehr schlechter Leiter. Sobald aber z. B. ein Tropfen Schwefelsäure zugegeben wird, schlägt das Amperemeter aus bzw. die Glühlampe leuchtet auf. Daß ein Strom durch die Lösung fließt, ließe sich auch durch die Wärmeentwicklung oder magnetisch nachweisen.

Anders als bei der metallischen Leitung ist aber hier der Stromdurchgang mit einer chemischen Zersetzung verbunden. Sowohl zu der Elektrode A, der **Anode**, die am positiven Pol der Spannungsquelle hängt, als auch an der **Kathode** K scheiden sich Gase ab, deren Analyse Sauerstoff bzw. Wasserstoff ergibt. Verwendet man eine Lösung von $CuSO_4$ in Wasser, so scheidet sich an der Kathode metallisches Kupfer ab.

✗ Beispiel...

Ist die Versuchsbeschreibung vom Anfang von Abschn. 6.4.4 realistisch? Was für eine Spannungsquelle, Glühlampe usw. müßte man verwenden?

Ein Tropfen (etwa maximal 0,05 cm^3) H_2SO_4 bringt die Konzentration in einem 100 cm^3-Trog auf etwa 0,1 g/l, d. h. 0,01 mol/l. Die Anzahldichte der H-Ionen ist dann $n \approx 10^{19}\,\text{cm}^{-3}$. Vergleich mit Tabelle 6.5 zeigt, daß dies schon fast als unendliche Verdünnung anzusehen ist. Nach Tabelle 6.4 ergibt sich dann eine hauptsächlich durch H^+ getragene Leitfähigkeit $\sigma = en\mu \approx 0{,}01\,\Omega^{-1}\,\text{cm}^{-1}$. Ein kubischer Trog hat dann etwa 30 Ω, d. h. eine 6 V-0,2 A-Taschenlampenbirne leuchtet tatsächlich schwach auf.

Stoffe, deren Lösungen oder Schmelzen den elektrischen Strom in dieser Weise leiten, heißen **Elektrolyte**; chemisch sind sie Salze, Säuren oder Basen. Die Zersetzungen bzw. Abscheidungen, die der Stromdurchgang besonders an den Elektroden mit sich bringt, nennt man **Elektrolyse** bzw. **galvanische Abscheidung**.

Elektrolyte sind *heteropolare* Verbindungen, aufgebaut aus geladenen Atomen oder Radikalen, genannt **Ionen**. Zum Beispiel besteht $CuSO_4$ auch im Kristall aus Cu^{++}- und SO_4^{--}-Ionen. Beim Auflösen des Kristalls werden diese Ionen durch Zwischenschieben von Wassermolekülen getrennt. Die Ionen umgeben sich mit einer Hülle von Wasser-Dipolmolekülen, sie werden **hydratisiert**. Die bei der Anlagerung der Wasserdipole freiwerdende Energie reicht zur Abtrennung der Ionen aus dem Kristallgitter aus. Beide Ionen sind in der Lösung bis auf einen Reibungswiderstand frei beweglich. Das elektrische Feld treibt die positiven Ionen, die **Kationen** zur Kathode, die negativen **Anionen** zur Anode. Kationen sind die Metallionen einschließlich NH_4^+ und H^+, Anionen die Säurerest- und OH^--Ionen (eigentlich sind viele dieser Ionen als größere Komplexe aufzufassen, z. B. H_3O^+ statt H^+ usw.). An den Elektroden neutralisieren sich die Ionen: Kationen nehmen Elektronen auf, Anionen geben welche ab. Damit ändern sie völlig ihren chemischen Charakter. H^+-Ionen werden zu H-Atomen und diese zu H_2-Molekülen, die als Gas entweichen. Metalle, deren Ionen weniger leicht in Lösung bleiben als H^+-Ionen, scheiden sich als Niederschlag auf den Elektroden ab. Metallionen, die sich kräftig hydratisieren, besonders Alkali-Ionen, haben aber eine stärkere Lösungstendenz als H^+-Ionen. An ihrer Stelle scheiden sich daher an der Kathode H^+-Ionen ab, wie sie im Wasser infolge Dissoziation von H_2O immer vorhanden sind. Die Elektrolyse einer KOH-Lösung z. B. führt an der Kathode zu:

$$4\,H^+ + 4\,\text{Elektronen} \rightarrow 2\,H_2\,.$$

An der Anode scheidet sich Sauerstoff ab:

$$4\,OH^- \rightarrow 2\,H_2O + O_2 + 4\,\text{Elektronen}\,.$$

Die Konzentration der Kalilauge ändert sich nicht, es zersetzt sich nur das Wasser.

Das chemische Ergebnis der Elektrolyse hängt auch vom Elektrodenmaterial ab. Elektrolysiert man $CuSO_4$ mit Kupferelektroden, so wird die Kathode ebenso wie eine Platinkathode durch Kupferniederschlag schwerer. Die SO_4-Ionen ziehen aber, anders als beim Platin, Kupfer aus der Anode. $CuSO_4$ geht wieder in Lösung, seine Konzentration ändert sich nicht; effektiv wandert nur Kupfer von der Anode zur Kathode.

Die Physik ist wieder einmal viel einfacher als die Chemie. Zwischen abgeschiedener Stoffmasse m (gleichgültig welcher chemischen Art) und transportierter Ladung (Stromstärke · Zeit) $Q = It$ gelten allgemein die beiden Gesetze von *Faraday*:

1) Die abgeschiedene Masse m ist proportional der durchgegangenen Ladung $Q = It$:

$$m = AIt\,. \qquad (6.88)$$

A ist das **elektrochemische Äquivalent** des untersuchten Stoffes. Es gibt an, wieviel Gramm Ionen durch ein Coulomb abgeschieden werden.

2) Die elektrochemischen Äquivalente verschiedener Stoffe verhalten sich wie die Massen ihrer Grammäquivalente.

Ein Grammäquivalent (abgekürzt 1 val) eines Stoffes ist 1 mol (bzw. 1 Grammatom) dividiert durch die Wertigkeit des Stoffes.

Zum Beispiel hat 1 mol Kupfer 63,6 g und die Wertigkeit 2 (das Chlorid heißt $CuCl_2$); 1 Grammäquivalent Cu hat 31,8 g. Entsprechend hat 1 Grammäquivalent Silber (einwertig) 107,9 g. Die elektrochemischen

Äquivalente sind $A_{\mathrm{Cu}} = 0{,}329\,\mathrm{mg/C}$, $A_{\mathrm{Ag}} = 1{,}118\,\mathrm{mg/C}$. Um 1 Grammäquivalent eines beliebigen Stoffes abzuscheiden, braucht man immer die gleiche Ladung, nämlich z. B. $107{,}9\,\mathrm{g\,val^{-1}}/A_{\mathrm{Ag}} = 31{,}8\,\mathrm{g\,val^{-1}}/A_{\mathrm{Cu}}$, allgemein

$$\boxed{F = (96485{,}3 \pm 0{,}6)\,\mathrm{C/val}}\ . \qquad (6.89)$$

F heißt **Faraday-Konstante**.

Diese Beziehungen eignen sich gut zur Absolutmessung von Ladungen. Früher war das Coulomb definiert als die Ladung, deren Durchgang unter genau vorgeschriebenen Versuchsbedingungen aus einer wäßrigen Lösung von Silbernitrat 1,1180 mg Silber abscheidet (Abschn. 7.5.5). Beide Faraday-Gesetze folgen aus der Annahme, daß ein Ion so viele Elementarladungen trägt, wie seine Wertigkeit Z angibt: Ein Ion Ze, ein Mol Ionen $N_{\mathrm{A}}Ze$, ein Grammäquivalent $N_{\mathrm{A}}e$. Das ist definitionsgemäß die Faraday-Konstante:

$$\boxed{F = N_{\mathrm{A}}e \quad \text{oder} \quad e = F/N_{\mathrm{A}}}\ . \qquad (6.90)$$

Elektrolytische Präzisionsmessungen liefern für e den Wert

$$e = (1{,}6020 \pm 0{,}0004)\,10^{-19}\,\mathrm{C}\,.$$

Moderne Meßmethoden, z. B. der Josephson-Effekt (Abschn. 14.7) sind viel genauer:

$$\boxed{e = (1{,}6021773 \pm 0{,}0000005)\,10^{-19}\,\mathrm{C}}\ . \qquad (6.91)$$

6.4.5 Elektrolytische Leitfähigkeit

In der Lösung zwischen hinreichend großen planparallelen Platten (Abb. 6.78) herrscht das homogene Feld $E = U/l$. An einem Z-wertigen Ion greift die Kraft $F = ZeE = ZeU/l$ an. Wie im Metall führt das nicht zu einer beschleunigten, sondern nur zu einer gleichförmigen Bewegung, da eine geschwindigkeitsproportionale Reibungskraft F_{R} vorhanden ist. Die Ionen wandern so schnell, daß $F = -F_{\mathrm{R}}$ wird. Ihre Geschwindigkeit ist also proportional zum Feld, nämlich für

$$\text{Kationen } v_+ = \mu_+ E\,, \qquad \text{Anionen } v_- = -\mu_- E\,.$$

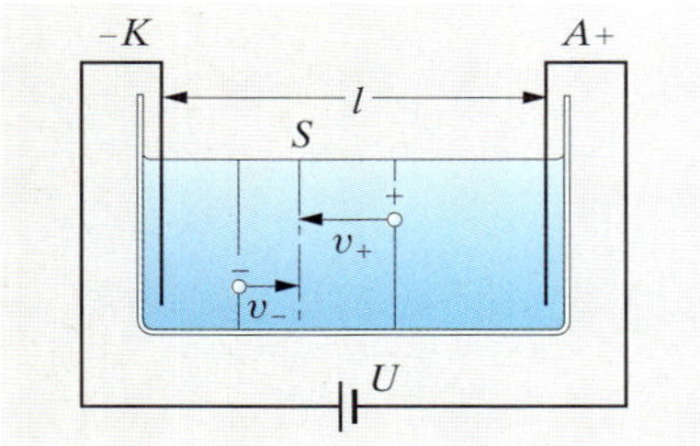

Abb. 6.78. Beide Ionensorten eines binären Elektrolyten tragen entsprechend ihrer Beweglichkeit zum Gesamtstrom bei

μ_+ und μ_- sind die Beweglichkeiten der Ionen. Man definiert sie i. allg. als positive Größen, auch für die Anionen, die entgegen der Feldrichtung laufen; dann muß im Ausdruck für v_- ein Minuszeichen stehen.

Wenn die Teilchenzahldichten von Kationen und Anionen n_+ und n_- sind, ergeben sich Stromdichten von

$$j_+ = Z_+ e v_+ n_+ = Z_+ e \mu_+ E n_+\,, \qquad j_- = -Z_- e v_- n_- = +Z_- e \mu_- E n_-\,.$$

Beide Ionensorten liefern einen positiven Beitrag zum Strom: Der „rückwärts“ laufende Strom der negativen Anionen ist auch positiv zu werten. Die Gesamtstromdichte ist

$$j = j_+ + j_- = e(Z_+\mu_+ n_+ + Z_-\mu_- n_-)E\,. \qquad (6.92)$$

Die Leitfähigkeit des Elektrolyten ist also

$$\sigma = \frac{j}{E} = e(Z_+\mu_+n_+ + Z_-\mu_-n_-) . \tag{6.93}$$

Bei einem Plattenquerschnitt A ist der Gesamtstrom

$$I = jA = Ae(Z_+\mu_+n_+ + Z_-\mu_-n_-)\frac{U}{l} . \tag{6.94}$$

Den Widerstand von Elektrolytlösungen muß man mit Wechselspannung messen, weil sich bei Gleichspannung die Elektroden „polarisieren", was die Feldverhältnisse ändert. Tabelle 6.3 gibt einige Meßwerte für NaCl-Lösungen.

Tabelle 6.3. Spezifischer Widerstand von NaCl-Lösungen verschiedener Konzentrationen bei 18 °C

Konzentration mol/m^3	ϱ/Ωm
10^{-1}	930
1	94
10	9,8
10^2	1,09
10^3	0,135

Bei verdünnten Lösungen ist offenbar die Leitfähigkeit proportional zur NaCl-Konzentration. Das entspricht der Annahme, daß *alles* NaCl in Ionen dissoziiert ist. Bei einer Konzentration c in mol/m^3 bedeutet das $n = N_A c$ Ionen jedes Vorzeichens im m^3, z. B. bei $c = 0{,}1\,\text{mol/m}^3$ wird $n = 6 \cdot 10^{22}\,\text{m}^{-3}$. Damit ergibt sich aus (6.93)

$$\mu_+ + \mu_- = \frac{\sigma}{en} = 11{,}1 \cdot 10^{-8}\,\text{m}^2/\text{V s} .$$

Aus der Widerstandsmessung kann man nur die Summe der Beweglichkeiten aller Ionen bestimmen. Sie beträgt, wie der Vergleich mit Abschn. 6.4.2 zeigt, etwa 10^{-4} der Elektronenbeweglichkeit in Metallen.

Um die Beweglichkeiten einzeln zu erhalten, braucht man eine zweite unabhängige Beziehung zwischen ihnen. Sie wird z. B. durch die Abnahme der Menge des gelösten Elektrolyten während des Stromdurchganges gegeben, vorausgesetzt natürlich, daß sich beide Ionenarten an den Elektroden abscheiden.

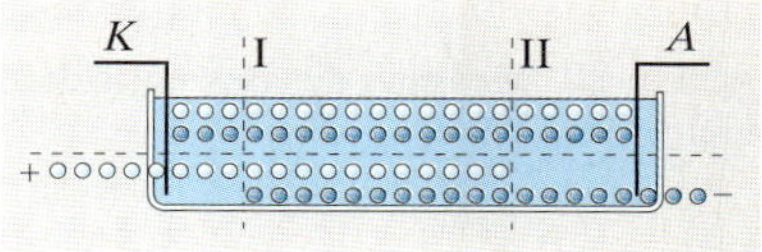

Abb. 6.79. Konzentrationsänderungen in der Umgebung der Elektroden in Abhängigkeit von den Wanderungsgeschwindigkeiten der Ionen

Man denke sich die Kationen und die Anionen zu Ketten geordnet, die sich allmählich zu ihrer Elektrode vorschieben (Abb. 6.79). In Wirklichkeit herrscht keine solche Ordnung, aber im Prinzip ändert das nichts an der Überlegung. Der Strom fließe so lange, bis sich die Kationenkette um fünf Ionen nach links, die Anionenkette um drei nach rechts verschoben hat, entsprechend einem Beweglichkeitsverhältnis $\mu_+/\mu_- = \frac{5}{3}$. Die jenseits der Elektroden gezeichneten Ionen haben sich bereits abgeschieden. Die Situation Abb. 6.79 unten ist aber nicht so möglich, wie sie gezeichnet ist, denn die Ladungsträger jenseits von I und II, die keine neutralisierenden Partner haben, würden ein riesiges Feld hervorrufen, das sie sofort zu ihrer Elektrode risse. Drei Anionen sind aus dem Bereich der Kathode abgewandert, die drei zurückgebliebenen Kationen scheiden sich ebenfalls ab, also verliert die Lösung vor der Kathode drei ganze Moleküle. Entsprechend verliert der Anodenbereich fünf Moleküle. Es ist also

$$\frac{\text{Abnahme der Zahl gelöster Moleküle an der Kathode}}{\text{Abnahme der Zahl gelöster Moleküle an der Anode}} = \frac{\mu_-}{\mu_+} .$$

Die linke Seite gibt auch das Verhältnis der verschwundenen Massen oder der Konzentrationsabnahmen Δc_K und Δc_A vor den Elektroden an. Man

Tabelle 6.4. Beweglichkeiten von Ionen in wäßriger Lösung bei 18 °C und unendlicher Verdünnung

Ion	$\mu/10^{-8}\text{m}^2\text{V}^{-1}\text{s}^{-1}$
Kation	
H	33
Li	3,5
Na	4,6
K	6,75
Ag	5,7
NH_4	6,7
Zn	4,8
Fe	4,8
Anion	
OH	18,2
Cl	6,85
Br	7,0
J	6,95
NO_3	6,5
MnO_4	5,6
SO_4	7,1
CO_3	6,2

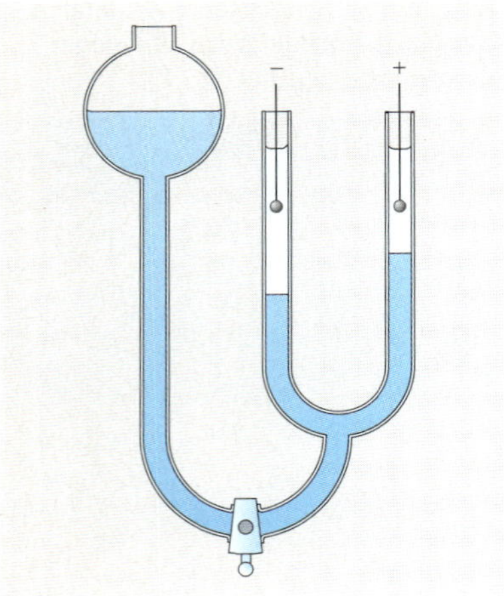

Abb. 6.80. Messung der Beweglichkeit von MnO_4-Ionen

kann sie messen, wenn man z. B. durch poröse Zwischenwände die Durchmischung der drei Bereiche verhindert. Die Zahlen

$$\frac{\Delta c_K}{\Delta c_A + \Delta c_K} = \frac{\mu_-}{\mu_+ + \mu_-} = v_- \qquad (6.95)$$

und

$$\frac{\Delta c_A}{\Delta c_A + \Delta c_K} = \frac{\mu_+}{\mu_+ + \mu_-} = v_+$$

heißen **Hittorf-Überführungszahlen** des Anions bzw. des Kations. Natürlich ist immer $v_- + v_+ = 1$. Die Überführungszahlen geben auch den Beitrag des jeweiligen Ions zum Gesamtstrom an. Eine Messung der Überführungszahlen gibt die zweite Beziehung zur getrennten Bestimmung von μ_+ und μ_-. Man findet i. allg. die Beweglichkeit eines Ions als unabhängig davon, mit welchem Ion es ursprünglich im Elektrolyten verbunden war. Tabelle 6.4 gibt einige Beweglichkeiten.

Die Wanderungsgeschwindigkeit kräftig gefärbter Ionen wie MnO_4 kann man direkt beobachten: In einem U-Rohr (Abb. 6.80) unterschichtet man eine KNO_3-Lösung mit einer violetten $KMnO_4$-Lösung so vorsichtig, daß sich scharfe Grenzflächen bilden. Während des Stromdurchganges wandert die Grenzfläche im rechten Schenkel nach oben, im linken nach unten.

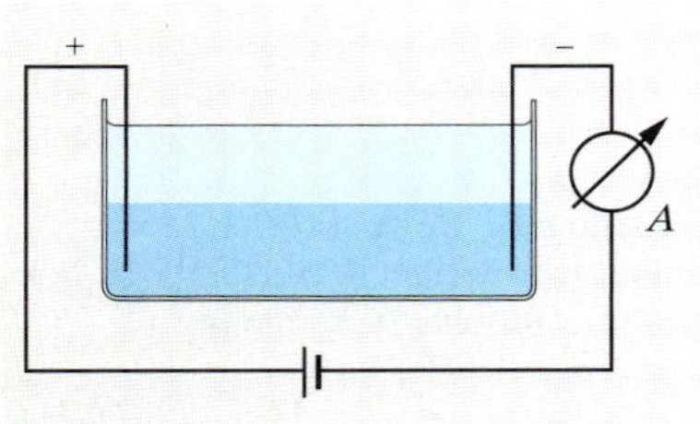

Abb. 6.81. Bei Verdünnung ohne Mengenänderung des Elektrolyten nimmt der Strom zu, weil die Äquivalentleitfähigkeit steigt

Die Äquivalentleitfähigkeit. Für höhere Elektrolytkonzentrationen gelten kompliziertere Gesetze, wie folgender Versuch zeigt. In einem Trog mit rechteckigem Querschnitt befindet sich eine konzentrierte KCl-Lösung (Abb. 6.81). Die Elektroden sind Platinbleche, die je eine Seitenwand völlig bedecken. Bei gegebener Spannung fließt ein am Amperemeter A ablesbarer Strom. Gießt man destilliertes Wasser hinzu, so wächst der Strom. Dies ist überraschend, denn durch die Verdünnung wird die Gesamtmenge des zwischen den Elektroden gelösten KCl nicht geändert. Wohl nimmt die Teilchenzahldichte n ab, aber der Querschnitt A der Lösung nimmt zu, und zwar so, daß das Produkt nA konstant bleibt. Auch die Feldstärke im Elektrolyten wird nicht geändert. Da also nAU/l konstant bleibt, sollte nach (6.94) der Strom konstant bleiben. Anders ausgedrückt: Die Leitfähigkeit σ sollte sich halbieren bei Verdünnung auf die Hälfte. Das Verhältnis σ/n sollte konstant sein.

Statt mit der Ionenzahldichte n (in m^{-3}) rechnet der Chemiker meist mit der **Molarität** η der Lösung, d. h. der Anzahl gelöster Grammäquivalente dividiert durch das Lösungsvolumen in Litern. Es ist also

$$\eta = 10^{-3} \frac{n}{N_A} .$$

Tabelle 6.5. Äquivalentleitfähigkeit von KCl und Essigsäure $\Omega^{-1} m^{-1} mol^{-1}$ l

c/mol l^{-1}	KCl (18 °C)	CH_3COOH (25 °C)
1	9,82	0,146
10^{-1}	11,2	0,515
10^{-2}	12,3	1,66
10^{-3}	12,7	4,9
10^{-4}	12,9	16,6
0 (extrapoliert)	13,0	38,8

$\Lambda = \sigma/\eta$ heißt **Äquivalentleitfähigkeit**.

Sie sollte ebenso wie σ/n konzentrationsunabhängig sein. Das Experiment zeigt dagegen, daß Λ mit wachsender Verdünnung zunimmt (Tabelle 6.5).

Es gibt zwei Deutungsmöglichkeiten für die Zunahme von Λ:

- Bei höheren Konzentrationen sind nicht alle Moleküle in Ionen gespalten. Der **Dissoziationsgrad**

$$\alpha = \frac{\text{Zahl der in Ionen gespaltenen Moleküle}}{\text{Gesamtzahl der gelösten Moleküle}}$$

sollte nach dem **Massenwirkungsgesetz** mit wachsender Verdünnung zunehmen. Für einen $1-1$-wertigen Elektrolyten wie KCl hat man für die Konzentrationen von Ionen und undissoziierten Molekülen

$$\frac{[K^+]\,[Cl^{-1}]}{[KCl]} = \kappa\,.$$

Da $[K^+] = [Cl^-]$, und $[K^+] + [KCl] = c$ die Gesamtelektrolytkonzentration ist, erhält man für den Dissoziationsgrad

$$\alpha = \frac{\kappa}{2c}\left(\sqrt{1+\frac{4c}{\kappa}} - 1\right) \tag{6.96}$$

(**Ostwaldsches Verdünnungsgesetz**). Diese Deutung gilt für schwache Elektrolyte.

- Starke Elektrolyte wie KCl sind selbst bei hohen Konzentrationen vollständig dissoziiert ($\alpha = 1$). In (6.92) bleibt zur Erklärung der Konzentrationsabhängigkeit von Λ nur die Ionenbeweglichkeit. Sie muß mit wachsender Verdünnung zunehmen. Die **Theorie von Debye-Hückel-Onsager** erklärt das so: In einer Elektrolytlösung sind die Ionen nicht völlig ungeordnet verteilt. In der Nähe eines negativen Ions findet man mehr positive Ionen als anderswo und umgekehrt. Jedes Ion ist so von einer Gegenionenwolke umgeben. Wenn ein Ion wandern muß, schleppt seine Gegenionenwolke etwas nach, weil zu ihrem Aufbau eine gewisse Relaxationszeit nötig ist. Die Gegenionenwolke erzeugt also ein hemmendes Feld, das um so stärker ist, je dichter die Wolke ist, d. h. je höher die Konzentration und je größer der Ordnungszustand, also je niedriger die Temperatur ist. Erst bei „unendlich großer Verdünnung" wirkt allein das äußere Feld auf die Ionen, und diese erreichen hier ihre größte Beweglichkeit. Mit wachsender Temperatur werden die Wolken lockerer, und daher leiten Elektrolytlösungen im Gegensatz zu den Metallen bei höherer Temperatur besser; außerdem nimmt die Viskosität des Lösungsmittels bei wachsender Temperatur ab.

6.4.6 Ionenwolken; elektrochemisches Potential

Wie stellen sich bewegliche geladene Teilchen in einem elektrischen Feld ein? Wir betrachten einen Stoff, der nur Ladungsträger eines Vorzeichens enthält (Metall, Halbleiter). Er sei z. B. als ebene Kondensatorplatte ausgebildet (Abb. 6.82). Bisher haben wir angenommen, die Elektronen folgten den Feldlinien bis ganz zur Oberfläche und schirmten so das Innere völlig gegen das Feld ab. Dies würde aber einen Sprung der Elektronenkonzentration gleich hinter der Oberfläche bedeuten, dessen Folge nach (5.57) ein unendlich großer Diffusionsstrom wäre.

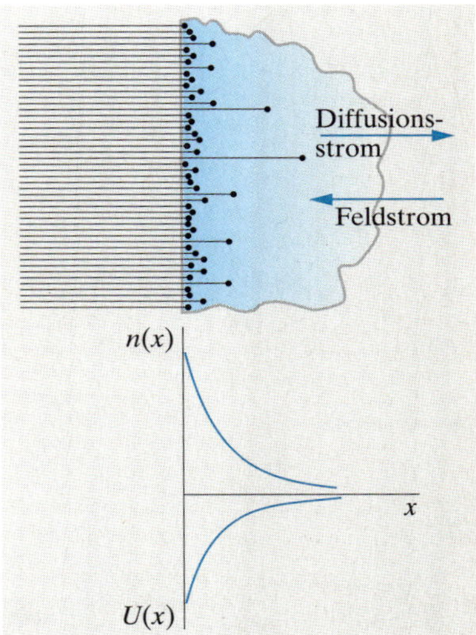

Abb. 6.82. *Oben*: Die Elektronenverteilung im Feld ergibt sich aus dem Gleichgewicht zwischen Feldstrom und Diffusionsstrom. *Unten*: Resultierende Verteilung von Teilchenzahldichte und Potential

Die Elektronen werden sich also in einer Schicht *endlicher* Dicke anreichern, in die das Feld von links noch etwas eindringt. Dieses abgeschwächte Feld ruft einen Strom hervor, aber der Diffusionsstrom im Konzentrationsprofil ist ihm entgegengerichtet. Gleichgewicht besteht dann, wenn beide Ströme einander genau kompensieren. Die Gleichgewichtsverteilung ergibt sich also aus der Gleichheit von Feld- und Diffusionsstromdichte:

$$j_{\text{Feld}} = e\mu E n = -j_{\text{Diff}} = eD\frac{\mathrm{d}n}{\mathrm{d}x}\,. \tag{6.97}$$

Dividiert man beide Seiten durch n und benutzt die Einstein-Beziehung $\mu = eD/(kT)$ (5.42) zwischen Beweglichkeit und Diffusionskoeffizient, so erhält man

$$eE = -e\frac{\mathrm{d}U}{\mathrm{d}x} = kT\frac{1}{n}\frac{\mathrm{d}n}{\mathrm{d}x} = kT\frac{\mathrm{d}\ln n}{\mathrm{d}x}$$

oder integriert

$$\boxed{U + \frac{kT}{e}\ln n = \text{const}}\,. \tag{6.98}$$

$U + kTe^{-1}\ln n$ heißt das **elektrochemische Potential** der Elektronen. *Im Gleichgewicht (bei Stromlosigkeit) hat es überall den gleichen Wert.*

Diese Beziehung ist grundlegend für so verschiedene Gebiete wie die Halbleiterphysik, die Elektrochemie und die Membranphysiologie. Sie ist einfach eine weitere Verkleidung der Boltzmann-Verteilung: Am Ort mit dem Potential U hat ein Elektron die potentielle Energie $-eU$, also ist die Elektronenkonzentration im Gleichgewicht $n \sim e^{eU/(kT)}$.

Die Potentialverteilung wird andererseits durch die Elektronenverteilung wesentlich mitbestimmt: Ladungen verzehren Feldlinien entsprechend der Poisson-Gleichung

$$-\frac{\mathrm{d}^2U}{\mathrm{d}x^2} = \frac{\mathrm{d}E}{\mathrm{d}x} = \frac{1}{\varepsilon\varepsilon_0}en\,.$$

Relativ wenige Überschußelektronen reichen aus, um jedes praktisch erzeugbare Feld zu verzehren. An jeder Stelle ist also die Elektronenkonzentration n gleich dem konstanten Wert n_∞ im ungestörten Material plus einem sehr kleinen Zusatz n_1. Nur n_1 geht in die Poisson-Gleichung ein. Andererseits verteilen sich die Elektronen über ihre verschiedenen durch $W = -eU$ gegebenen Energiezustände an den verschiedenen Stellen nach *Boltzmann*:

$$\frac{n}{n_\infty} = 1 + \frac{n_1}{n_\infty} = \mathrm{e}^{-W/(kT)} = \mathrm{e}^{+eU/(kT)}\,. \tag{6.99}$$

Da $n_1 \ll n_\infty$ und entsprechend $eU \ll kT$, braucht man die e-Funktion nur bis zum zweiten Glied zu entwickeln:

$$1 + \frac{n_1}{n_\infty} = 1 + \frac{eU}{kT} \Rightarrow n_1 = n_\infty \frac{eU}{kT} \ .$$

In die Poisson-Gleichung eingesetzt ergibt das

$$\frac{\mathrm{d}^2 n_1}{\mathrm{d}x^2} = -\frac{e^2 n_\infty}{\varepsilon\varepsilon_0 kT} n_1 \ .$$

Die Lösung stellt einen exponentiellen Abfall (oder Anstieg) der Überschußkonzentration von ihrem Wert n_{10} direkt an der Oberfläche dar:

$$n_1 = n_{10}\,\mathrm{e}^{-x/d} \ , \quad \text{wobei} \quad d = \sqrt{\frac{\varepsilon\varepsilon_0 kT}{e^2 n_\infty}} \qquad (6.100)$$

die „Skalenhöhe" der Überschußelektronen ist, d. h. der Abstand von der Oberfläche, längs dessen ihre Konzentration auf e^{-1} absinkt. d heißt auch **Debye-Hückel-Länge**.

Wenn Ladungsträger beider Vorzeichen vorhanden sind, reichern sich die einen in der Grenzschicht an, die anderen werden weggedrängt. Um ein Ion einer Elektrolytlösung bildet sich eine Wolke von Gegenionen, deren Radius ebenfalls d ist; dabei ist für n_∞ die *Gesamt*konzentration von Anionen und Kationen einzusetzen.

Reibungselektrizität. In verschiedenen Stoffen herrschen, wenn sie getrennt sind, verschiedene Teilchenzahldichten n der Ladungsträger. Bei inniger Berührung müssen Ladungsträger über die so entstehende Konzentrationsstufe fließen. Sie laden die beiden Stoffe entgegengesetzt auf, bis die elektrochemischen Potentiale $U + kT\,e^{-1} \ln n$ beiderseits gleich geworden sind. Trennt man die beiden Stoffe wieder, kann diese Aufladung erhalten bleiben. Erfahrungsgemäß ist sie um so größer, je schlechter die Stoffe leiten; Metalle laden sich überhaupt nicht merklich durch Reibung auf. Die Dicke der aufgeladenen Schicht ist wieder eine Debye-Hückel-Länge, also nach (6.100) um so größer, je kleiner die Ladungsträgerdichte n_∞ und damit die Leitfähigkeit σ ist. Zwischen Cu mit $\sigma \approx 10^{+8}\,\Omega^{-1}\,\mathrm{m}^{-1}$ und Glas mit $\sigma \approx 10^{-16}\,\Omega^{-1}\,\mathrm{m}^{-1}$ besteht ein Schichtdickeunterschied von 12 Zehnerpotenzen. Im Metall sitzen die Überschußladungen nur auf der ersten Atomschicht und gleichen sich kurz vor der Trennung wieder aus, beim Isolator bleibt die Aufladung erhalten. Solange das Feld homogen bleibt, behält es bei der Trennung seine Feldstärke bei, d. h. die Spannung nimmt proportional zum Abstand zu und kann Werte erreichen, die zu Funken- und Büschelentladungen führen.

Die moderne Festkörperphysik ersetzt die hier benutzte Boltzmann-Verteilung durch die Fermi-Verteilung (Abschn. 14.3.2 und 17.3.3), die Größe $kTe^{-1} \ln n$ durch die Fermi-Grenze, d. h. die Energie, bis zu der die Zustände mit Elektronen gefüllt sind. Ein Stoff mit leicht abtrennbaren Elektronen (flacher Fermi-Grenze) wird beim Reiben positiv. Solche flachen Elektronen sind auch im äußeren elektrischen Feld leichter verschiebbar oder sogar abtrennbar und ergeben somit eine höhere DK (Regel von

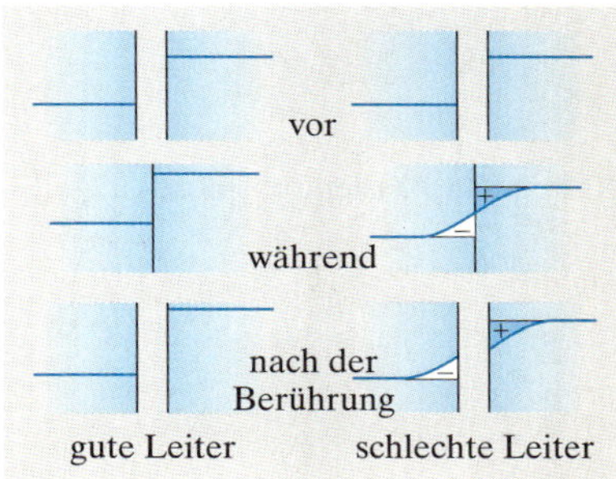

Abb. 6.83. Bei verschiedenen Stoffen sind die Elektronenzustände bis zu verschiedenen Niveaus aufgefüllt. Bei inniger Berührung fließt ein Diffusionsstrom, bis die Aufladung durch fehlende bzw. überschüssige Elektronen weiteren Transport verhindert. Das bedeutet Konstanz des elektrochemischen Potentials. Die Dicke des aufgeladenen Oberflächenbereichs, die Debye-Hückel-Länge, hängt von σ, ε und T ab

Coehn: Stoffe mit hoher DK werden meist positiv). Glas wird i. allg. positiv, weil es viele Alkali- und Erdalkaliatome mit flachen (leicht ionisierbaren) Elektronenzuständen hat, Schwefel wird aus dem entgegengesetzten Grund negativ. Natürliche und synthetische organische Stoffe werden positiv oder negativ, je nachdem ob in ihrer Molekülstruktur die basischen NH_2-Gruppen oder die sauren COOH-Gruppen vorherrschen. Man kann die Stoffe zu einer reibungselektrischen Spannungsreihe ordnen, in der der voranstehende positiv, der folgende negativ aufgeladen wird: Katzenfell, Elfenbein, Quarz, Flintglas, Baumwolle, Seide, Lack, Schwefel. Diese Spannungsreihe stimmt teilweise mit der elektrochemischen und der thermoelektrischen überein (Abschn. 6.5.2 und 6.6.1). Die statische Aufladung stört zwar Schallplattenfreunde und erschreckt aussteigende Autofahrer, wird aber in vielen Geräten wie Fernsehkamera, Photokopierer und van der Graaff-Generator ausgenutzt.

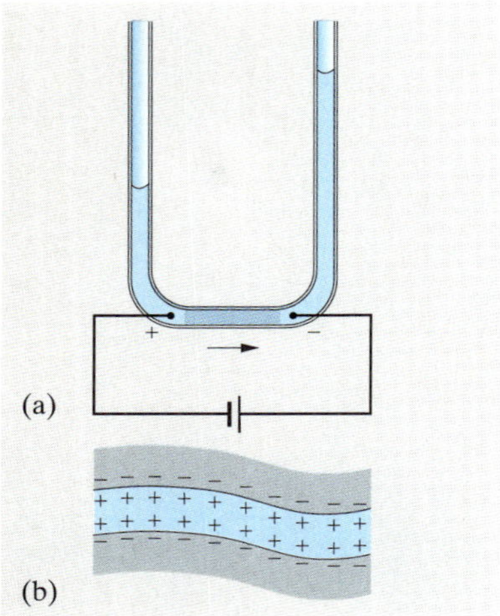

Abb. 6.84a, b. Elektroosmose

Unipolare Ströme in Flüssigkeiten; Elektrophorese. Da in verschiedenen Stoffen die Elektronen- oder Ionenkonzentrationen nie ganz übereinstimmen, führt der Ausgleich des elektrochemischen Potentials stets zu einer Doppelschicht von Ladungen und zu einem starken, wenn auch sehr engräumigen Feld in der Grenzschicht. Eine Flüssigkeit, die an einen Festkörper angrenzt, führt, wenn sie strömt, einen Teil dieser Ladungen mit; ein anderer Teil haftet an der Wand (Abschn. 3.3.2).

Ein Rohr enthalte einen aus porösem Material bestehenden Pfropfen. An den Wänden der feinen Hohlräume bilden sich Doppelschichten, deren nichthaftender Teil durch die Ionen darin in einem elektrischen Feld zum Strömen gebracht wird (Abb. 6.84). Diese Ionen eines Teils der Doppelschicht sind alle gleichsinnig geladen und schleppen durch Hydratisierung angelagerte Wassermoleküle mit. Die innere Reibung bringt die ganze Lösung in Bewegung, und die Flüssigkeit steigt in einem Schenkel an. Im Gegensatz zur Elektrolyse handelt es sich hier um eine einsinnige Wanderung (**Elektroosmose**).

Drückt man umgekehrt Flüssigkeit durch einen porösen Körper hindurch, so fließt die Ladung der Doppelschicht durch die Kapillarkanäle, und ein an die Elektroden angeschlossenes Galvanometer zeigt einen Strom an (Strömungsstrom).

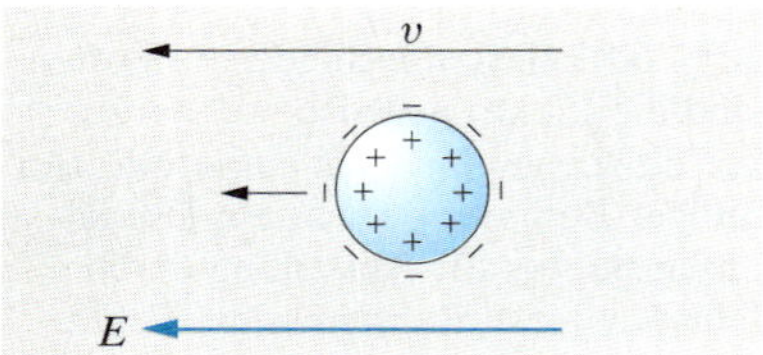

Abb. 6.85. Elektrophorese. Suspendierte geladene Teilchen wandern im elektrischen Feld, aber die influenzierte Gegenionenwolke im Lösungsmittel wandert größtenteils mit

In einer nichtleitenden Flüssigkeit suspendierte Partikel werden von einem elektrischen Feld in Bewegung gesetzt (Abb. 6.85; **Elektrophorese**). Ihr Bewegungssinn hängt nicht nur von ihrer Gesamtladung ab, sondern auch von deren Verteilung; die Oberflächenladung influenziert nämlich eine eng anliegende, die im Innern sitzende Ladung eine weiter ausgedehnte Gegenionenwolke. So ist jedes geladene Teilchen von einer Gegenionenwolke umgeben, die ein ruhendes Teilchen ladungsmäßig neutralisiert. Im homogenen Feld kommt eine resultierende Kraft auf das System Teilchen + Gegenionenwolke erst zustande, wenn man die endliche Ausdehnung der Wolke und das Abstreifen ihrer äußeren Schichten bei der Bewegung beachtet. Die elektrophoretische Beweglichkeit eines Teilchens hängt daher nicht nur von seiner Ladung, sondern auch entscheidend von der Ionenkonzentration (besonders dem pH-Wert) des Suspensionsmittels ab, die den Debye-Hückel-Radius der Ionenwolke bestimmt.

Sind die in einer Flüssigkeit suspendierten Teilchen so klein, daß sie mit ihr scheinbar eine einzige Phase bilden, obgleich sie nicht molekular mit ihr gemischt sind wie in einer echten Lösung, so spricht man von einer **kolloidalen Lösung** oder einem **Sol**. Die Flüssigkeit heißt **Dispersionsmittel**, die in ihr enthaltenen Teilchen bilden die **disperse Phase**. Ist das Dispersionsmittel Wasser, so nennt man die kolloidale Lösung ein **Hydrosol**. So lösen sich z. B. Eiweiß, manche Metallsulfide, hochmolekulare organische Verbindungen als *Hydrosole*. Schwer lösliche Stoffe (reduzierte Metalle [Gold], Hydroxide [$Fe(OH)_3$], Sulfide [As_2S_3]) scheiden sich häufig kolloidal aus. Durch hochfrequente mechanische Erschütterung mit Ultraschall läßt sich Quecksilber in Wasser kolloidal verteilen. Viele Metalle lassen sich kolloidal lösen, indem man im Dispersionsmittel zwischen Elektroden aus diesen Metallen einen elektrischen Lichtbogen (Abschn. 8.3.5) „brennen" läßt. Die Durchmesser dieser kolloidalen Partikel liegen in den Grenzen von 10^{-7} bis 10^{-5} cm, während die Durchmesser der Atome oder kleiner Moleküle einige 10^{-8} cm betragen. Diese kolloidalen Teilchen sind entweder positiv oder negativ geladen; die entgegengesetzt gleichen Ladungen befinden sich dann im angrenzenden Wasser (s. Tabelle 6.6).

Tabelle 6.6. Aufladung der Teilchen in Hydrosolen

Positiv	Negativ
$Fe(OH)_3$	Au, Ag, Pt
$Al(OH)_3$	S, As_2O_3
$Cr(OH)_3$	Stärke
ZnO_2	SiO_2, SnO_2

Schichtet man über solche Hydrosole reines Wasser in einem U-Rohr wie in Abb. 6.80, so verschiebt sich die Grenzschicht bei positiver Aufladung zur Kathode, bei negativer zur Anode.

Die Aufladung der kolloidalen Teilchen kann auf den oben beschriebenen Grenzschichteffekt zurückzuführen sein. Wenn die disperse Phase und das Dispersionsmittel Nichtleiter (Nichtelektrolyte) sind, so lädt sich der Stoff mit der höheren Dielektrizitätskonstanten positiv auf (vgl. Coehnsche Regel). Sie kann aber auch ihren Grund in der Abgabe von Ionen an das Dispersionsmittel haben.

Wenn das Dispersionsmittel Ionen enthält, so kann die Aufladung durch **Adsorption** von Ionen an der Oberfläche der kolloidalen Partikel zustande kommen.

In alle diese Effekte spielen komplizierte physikochemische Faktoren hinein. In der Biochemie haben sie entscheidende Bedeutung gewonnen (Elektrophorese, Chromatographie).

6.5 Galvanische Elemente

Eigentlich war es ja Signora Lucia Galvani, die ihren Mann 1789 auf die zuckenden Froschschenkel zwischen kupfernen Haken und verzinktem Balkongitter aufmerksam machte. Ihr verdanken wir, daß wir unsere Autos ohne Kurbel starten können. Frauen beobachten oft besser, Männer machen Theorien daraus, manchmal falsche, wie Dottore *Galvani*, der erst an tierische Elektrizität dachte, bis Conte *Volta* mit einem nassen Lappen zwischen Kupfer und Zink dasselbe erreichte.

6.5.1 Ionengleichgewicht und Nernst-Gleichung

Wenn zwei Bereiche mit verschiedenen Konzentrationen c_1 und c_2 eines bestimmten Ions aneinandergrenzen, herrscht an der Grenzfläche zwischen ihnen ein Potentialsprung $\Delta U = U_1 - U_2$, der sich nach der Boltzmann-Verteilung aus

$$\frac{c_1}{c_2} = \mathrm{e}^{-e\,\Delta U/(kT)}$$

ergibt, also

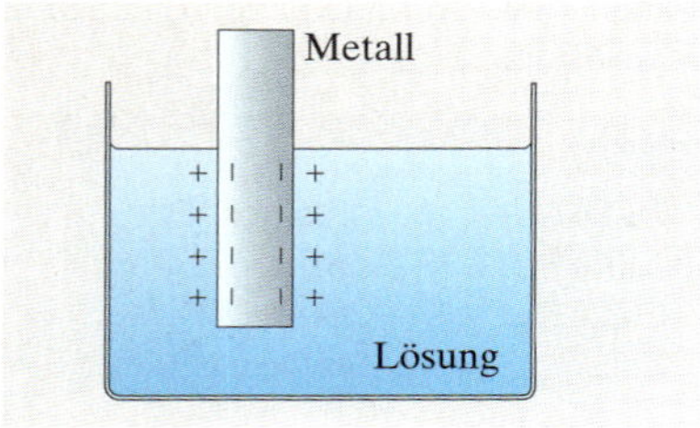

Abb. 6.86. Aus einem Metall treten so viele Ionen in das Lösungsmittel, bis das Feld der entstehenden Doppelschicht den weiteren Austritt verhindert

$$\Delta U = -\frac{kT}{e} \ln \frac{c_1}{c_2} \quad (\textbf{Nernst-Gleichung}) \quad . \tag{6.101}$$

Dies gilt für positive Ionen; bei negativen ist das Vorzeichen umzukehren. Dasselbe folgt natürlich auch aus der Konstanz des elektrochemischen Potentials. Von dieser Art sind alle Potentiale in elektrochemischen Batterien, aber auch biologische Membranpotentiale in Nerven und Muskeln.

Die beiden Bereiche mit den verschiedenen Ionenkonzentrationen müssen in sich trotzdem neutral sein, d. h. der Überschuß an positiven Ionen auf einer Seite muß durch einen ebensogroßen Überschuß an negativen Ionen auf der gleichen Seite neutralisiert werden. Sonst würden nach (6.16) viel zu große Spannungen auftreten. Die Aufladung, die den Potentialsprung erzeugt, beschränkt sich auf eine Doppelschicht von der Dicke der Debye-Hückel-Länge.

6.5.2 Auflösung von Metallionen

Wir tauchen ein Metall, z. B. Zink in eine Elektrolytlösung. Das Metall besteht aus einem Grundgitter aus Zn^{++}-Ionen, umgeben von der Wolke der Leitungselektronen. Einige Zn-Ionen können in die Lösung übergehen, ähnlich wie in einem Salz. Wieviele das tun, hängt von der Energie der Zustände ab, die sie im Metall zwischen den Leitungselektronen bzw. in der Lösung zwischen den H_2O-Molekülen einnehmen. Die H_2O-Dipole wenden vorzugsweise ihr negatives Ende (O-Atom) dem Zn^{++} zu und bilden so einen Potentialtopf mit abgesenkter Energie. Seine Tiefe heißt **Solvatations-**, speziell **Hydratationsenergie**. Die Leitungselektronen im Metall als freie Ladungsträger sind hierin viel wirksamer und erzeugen einen tieferen Potentialtopf. Daher lösen sich Metalle so schlecht; die Ionenkonzentration c_0 im Metall ist viel höher als c in der Lösung. Die Folge ist nach *Boltzmann-Nernst* eine Potentialdifferenz $\Delta U = -kTe^{-1} \ln c_0/c$, die das Metall negativ macht. Diese Differenz baut sich in einer Doppelschicht auf, bis Gleichgewicht zwischen aus- und eintretenden Zn-Ionen erreicht ist.

Ein anderes Metall hat eine andere Energiedifferenz zwischen Ionen in Lösung und Metall, ein anderes Verhältnis c_0/c und eine andere Potentialdifferenz gegen die Lösung. Diese Potentialdifferenz zwischen Metall und Elektrolyt ist nicht direkt meßbar, weil man für eine solche Messung eine zweite metallische Zuführung braucht. Was man dann mißt, ist die *Differenz* der beiden Potentialdifferenzen Metall–Elektrolyt. Um trotzdem solche Potentialdifferenzen absolut angeben zu können, setzt man willkürlich die Spannung einer mit Wasserstoff umspülten Platin-Elektrode (**Wasserstoff-Elektrode**) gegen eine 1-normale Säure als Nullpotential fest. Dann ergeben sich die Spannungen der anderen Metalle gegen eine 1-normale Elektrolytlösung, die das gleiche Metallion enthält, wie in Tabelle 6.7 angegeben.

Tabelle 6.7. Spannungsreihe einiger chemischer Elemente und ihre Normalspannungen gegen die Normal-Wasserstoffelektrode (Konzentration der Elektrolytlösungen: 1 mol Ionen/l)

Elektrode	U/V
Li	−3,02
K	−2,92
Na	−2,71
Mg	−2,35
Zn	−0,762
Fe	−0,44
Cd	−0,402
Ni	−0,25
Pb	−0,126
H_2	0
Cu	+0,345
Ag	+0,80
Hg	+0,86
Au	+1,5

6.5.3 Galvanische Elemente

Wir tauchen jetzt zwei verschiedene Metalle in die gleiche Elektrolytlösung, z. B. Zn und Cu in $CuSO_4$. Zwischen beiden besteht eine

Potentialdifferenz (und zwar wird Zn negativ, weil es weniger „edel“ ist und sich besser löst). Verbindet man die beiden Elektroden durch einen Draht, fließt ein Strom von Elektronen vom Zn zum Cu. Zum Ausgleich fließt auch durch den Elektrolyten ein Strom von positiven Ionen, ebenfalls vom Zn zum Cu: Zn-Ionen lösen sich, Cu-Ionen scheiden sich ab. Das Zinkblech wird immer dünner, das Cu-Blech immer dicker. Der dazu notwendige Übertritt von Zn^{++} in die Lösung und von Cu^{++} aus der Lösung ist jetzt nicht mehr durch die Doppelschicht-Potentiale gehemmt, denn für jedes in Lösung gehende Zn^{++} scheidet sich zum Ladungsausgleich ein Cu^{++} an der Cu-Elektrode ab und wird dort entladen. Solange noch Cu in der Lösung ist, kann das Element einen Strom liefern. Erst wenn alles Cu verbraucht ist, versiegen Spannung und Strom, weil sich die Cu-Elektrode jetzt mit Zn überzieht, also auch als Zn-Elektrode wirkt.

Entnimmt man dem Element einen Strom, dann macht sich der Innenwiderstand des Elektrolyten geltend: Ein Teil der Leerlaufspannung fällt im Elektrolyten selbst ab (Abschn. 6.3.4d). Der Innenwiderstand wird wie der Elektrolytwiderstand (Abschn. 6.4.5) durch Beweglichkeit und Konzentration der Ionen sowie die Geometrie des Elements bestimmt.

Bietet man dem Metall mit der größeren **Lösungstension** $\ln(c/c_0)$ kein entsprechendes Ion im Elektrolyten an, hängt z. B. Eisen in eine $CuSO_4$-Lösung, dann überzieht es sich spontan mit Kupfer: Auch hier werden Auflösung und Abscheidung von Ionen nicht mehr durch die Doppelschicht gehemmt, weil für jedes auftretende Fe^{++}-Ion sich ein Cu^{++} niederschlagen kann.

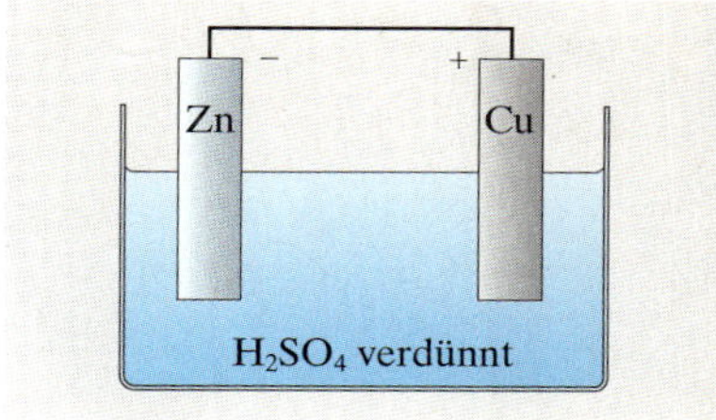

Abb. 6.87. Galvanisches Element

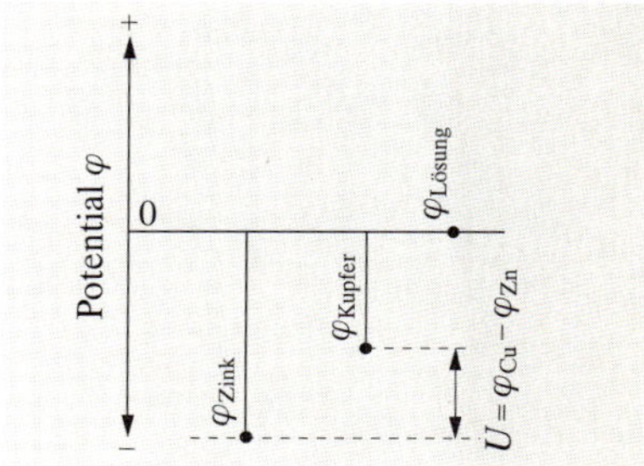

Abb. 6.88. Die Spannung eines galvanischen Elements ist die Differenz der Einzelspannungen der Elektroden gegen den Elektrolyten

6.5.4 Galvanische Polarisation

Eine elektrolytische Zelle mit Platinelektroden sei mit angesäuertem Wasser gefüllt. Legt man an sie eine Spannung von 1 Volt, so nimmt die Stromstärke sehr bald bis auf den Wert Null ab, obwohl der Widerstand im äußeren Kreis sowie die Leitfähigkeit des Elektrolyten unverändert bleiben. Der Grund dafür ist eine Spannungsabnahme an den Elektroden. An der Kathode scheiden sich H_2, an der Anode O_2 ab. Die mit diesen Gasen beladenen Elektroden bilden nunmehr ein galvanisches Element, das der von außen an die Zelle gelegten Stromquelle entgegengeschaltet ist. An dem Elektrolyten liegt also bei Stromdurchgang eine Spannung, welche um die Spannung dieses Wasserstoff-Sauerstoffelementes verringert ist, so daß der durchtretende Strom kleiner ist, als man nach dem Ohmschen Gesetz erwartet. Oberhalb der Spannung, bei der eine sichtbare Zersetzung des Elektrolyten auftritt, der **Zersetzungsspannung** U_z, ist die Stromstärke durch

$$I = \frac{U - U_z}{R}$$

gegeben, wenn R der Widerstand der Zelle ist (Abb. 6.89). Diese Veränderung der Elektroden bezeichnet man als *galvanische* oder **elektrolytische Polarisation**.

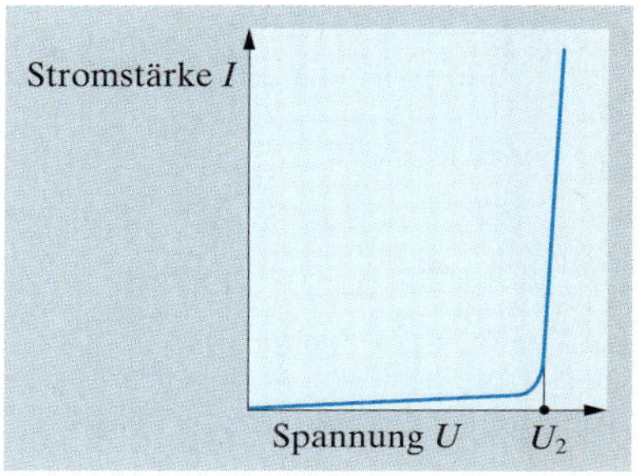

Abb. 6.89. Einfluß der elektrolytischen Polarisation auf den Zusammenhang zwischen Stromstärke und Spannung. Die lineare Extrapolation des steil ansteigenden Kurventeils zum Wert $I = 0$ gibt die Zersetzungsspannung U_z

Eine derartige Spannungserniedrigung infolge *elektrolytischer Polarisation* (nicht zu verwechseln mit der dielektrischen Polarisation, Abschn. 6.2.2) tritt bei den *inkonstanten* galvanischen Elementen auf. Entnimmt man solchen Elementen einen Strom, der im Elektrolyten durch Ionen getragen wird, die sich an den Elektroden abscheiden, so werden die Elektroden verändert. Gegen die Spannung des Elementes schaltet sich die Spannung der „neuen Elektroden"; die Spannung des Elementes wird dadurch bei Stromentnahme immer geringer. Da es sich häufig um eine Abscheidung von H_2 an der positiven Elektrode handelt, vermeidet man die Polarisation durch Beigabe von oxidierenden Chemikalien zum Elektrolyten oder zur positiven Elektrode, z. B. von Kaliumbichromat oder Braunstein (MnO_2), durch welche der entstehende Wasserstoff sofort oxidiert wird. Solche Elemente nennt man *konstant*.

Das Daniell-Element (Zink und Kupfer in $CuSO_4$ mit einer porösen Tonwand zwischen dem anodischen und dem kathodischen Teil des Elektrolyten) ist ein konstantes Element, weil z. B. an der Cu-Elektrode bei Stromentnahme nur das Element, aus dem die Elektrode besteht, aus der umgebenden $CuSO_4$-Lösung abgeschieden wird.

In **Akkumulatoren** nutzt man die Polarisationserscheinungen aus, um aus zwei ursprünglich gleichen Elektroden ein **Sekundärelement** herzustellen. Im Bleiakkumulator tauchen zwei Bleiplatten in H_2SO_4 und überziehen sich mit einer $PbSO_4$-Schicht. Beim Aufladen, einem elektrolytischen Vorgang, wird Spannung von außen angelegt, und es entsteht an der Kathode metallisches Pb, an der Anode PbO_2:

$$\text{Kathode}: PbSO_4 + 2\,H^+ + 2e^- \rightarrow Pb + H_2SO_4\,;$$
$$\text{Anode}: PbSO_4 + 2\,OH^- \rightarrow PbO_2 + H_2SO_4 + 2e^-\,.$$

Nach der Aufladung liefern diese Platten eine Spannung von 2,02 V (PbO_2 positiv). Bei der Stromentnahme laufen die Reaktionen genau umgekehrt, bis der depolarisierte Zustand (beiderseits $PbSO_4$) fast wieder hergestellt ist. Man bezieht so 70–80 % der beim Laden investierten Energie zurück. Akkumulatoren haben gegenüber galvanischen Elementen einen sehr viel geringeren Innenwiderstand (höhere Elektrolytkonzentration), liefern also höhere Spitzenströme, und sie sind außerdem wieder aufladbar, wenn auch nicht unbegrenzt.

✘ Beispiel...

Wieso und wie kann man den Ladungszustand eines **Akkumulators** durch Dichtemessung der Säure kontrollieren?

Mit einer Aräometer-Pipette saugt man etwas Säure hoch, bis ein meist mit Schrot beschwerter Schwimmkörper schwimmt. Seine Eintauchtiefe zeigt direkt die Säuredichte und damit den Ladezustand. Beim Entladen scheidet sich nämlich für jede transportierte Elementarladung ein SO_4-Ion an einer der Platten ab und macht die Säure leichter. Ohne störende Nebenreaktionen könnte man durch lineare Interpolation zwischen der vollen Säuredichte (1,20–1,25 g/cm^3) und 1 g/cm^3 den noch verfügbaren Anteil der Amperestunden ablesen. In der Praxis muß man spätestens bei 1,15 g/cm^3 wieder aufladen.

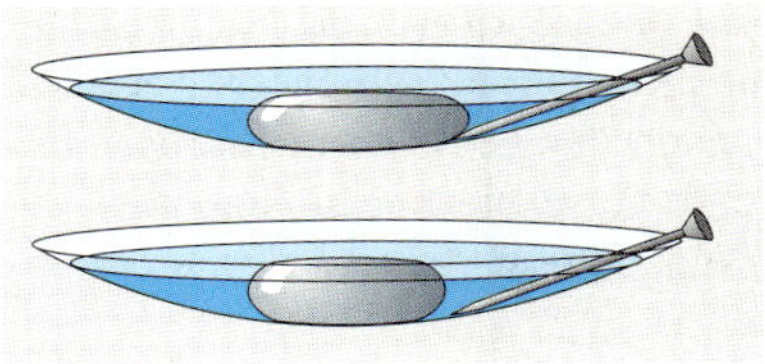

Abb. 6.90. Ein Quecksilbertropfen wird im Uhrglas mit Schwefelsäure überschichtet. Schiebt man einen Nagel in die Nähe, baut die Spannung des galvanischen Elements eine Ladung auf, die den Tropfen abflacht. Sowie er den Nagel berührt, entlädt sich der Tropfen. Er zuckt so periodisch vor und zurück

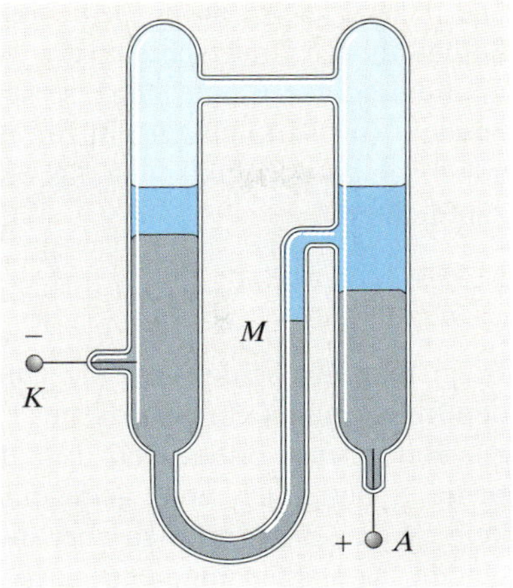

Abb. 6.91. Kapillarelektrometer (Quecksilber ist mit verdünnter Schwefelsäure überschichtet)

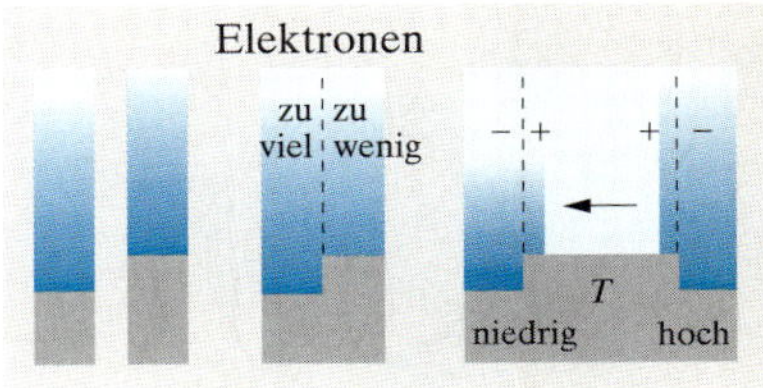

Abb. 6.92. Bei verschiedenen Stoffen liegt das Grundniveau der Elektronen verschieden hoch. Darüber türmt sich eine Elektronenatmosphäre, deren Skalenhöhe proportional zu T ist. Bei Berührung erfolgt Ausgleich durch einen Diffusionsstrom, bis die Aufladung so groß ist, daß das elektrochemische Potential konstant wird. Die Dichteunterschiede, also die Aufladungen, sind um so schwächer, je höher T ist

6.5.5 Polarisation und Oberflächenspannung

Nach Abschn. 3.2 ist die **Oberflächenspannung** einer Flüssigkeit eine Folge der einseitig in das Innere der Flüssigkeit gerichteten Molekularkräfte. Überschichtet man Quecksilber mit einer verdünnten Elektrolytlösung, so entsteht an der Grenzfläche die Doppelschicht, die der Träger einer **Voltaspannung** ist. Die an den Atomen der Quecksilberoberfläche angreifenden, nach außen gerichteten elektrischen Kräfte verringern die Oberflächenspannung: Der Tropfen wird flacher.

Kapillarelektrometer (Abb. 6.91). Legt man an die Elektroden A und K eine Spannung, so wird die Oberflächenspannung des Quecksilbers um einen Betrag verkleinert, der der von außen angelegten elektrischen Spannung proportional ist, solange diese kleiner als 1/10 Volt bleibt. Wegen der Änderung der Oberflächenspannung verschiebt sich der Meniskus M, dessen Ansteigen durch ein Mikroskop beobachtet wird. Das Kapillarelektrometer ist zur Messung kleiner Spannungen, vor allem als Nullinstrument geeignet.

6.6 Thermoelektrizität

Bei *Galvani* und *Volta* durften die beiden verschiedenen Metalle sich natürlich nicht direkt berühren, *Thomas Johann Seebeck* lötete 1821 zwei Drähte zum Ring zusammen und fand: Auch eine Temperaturdifferenz zwischen den beiden Lötstellen treibt einen Strom an.

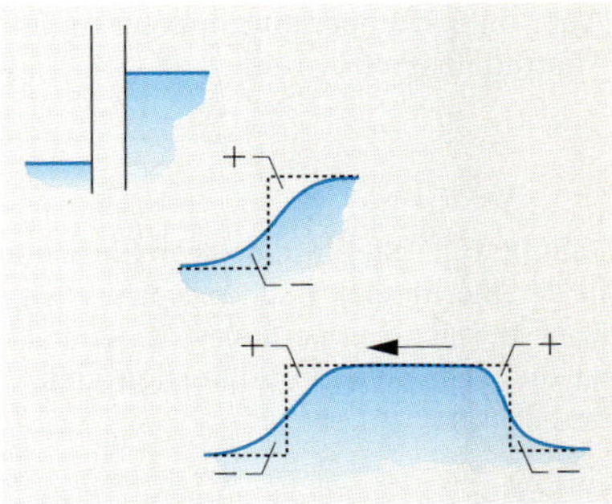

Abb. 6.93. Nach der Fermi-Statistik ist die Lage sogar einfacher. Die Elektronenzustände sind bis zu einem gewissen Niveau (Oberfläche des Fermi-Sees, Fermi-Grenze, elektrochemisches Potential) aufgefüllt, das für verschiedene Stoffe verschieden hoch liegt. Bei Berührung erfolgt Ausgleich der elektrochemischen Potentiale durch Diffusion. Je höher T, desto enger die Übergangsschicht, desto geringer also die Aufladung

6.6.1 Der Seebeck-Effekt

Wenn zwei verschiedene Metalle einander berühren, gehen einige Elektronen vom einen (2) zum anderen (1) über. Wie bei der Reibungselektrizität ist hierfür die Tiefe der höchsten besetzten Elektronenzustände (**Fermi-Grenze**), d. h. die Austrittsarbeit der Elektronen verantwortlich. Das Metall mit der geringeren Austrittsarbeit gibt Elektronen ab und wird positiv. Der Übertritt hört erst auf, wenn sich eine **Kontaktspannung** eingestellt hat, die entgegengesetzt gleich der Differenz der Fermi-Niveaus ist. Dann treten in beiden Richtungen gleichviele Elektronen

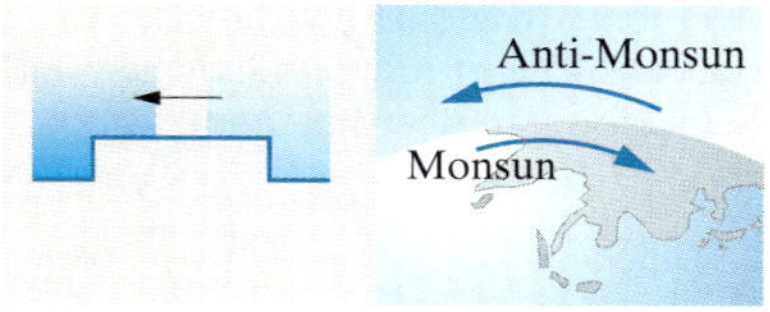

Abb. 6.94. Der Thermostrom ist ein Elektronen-Antimonsun

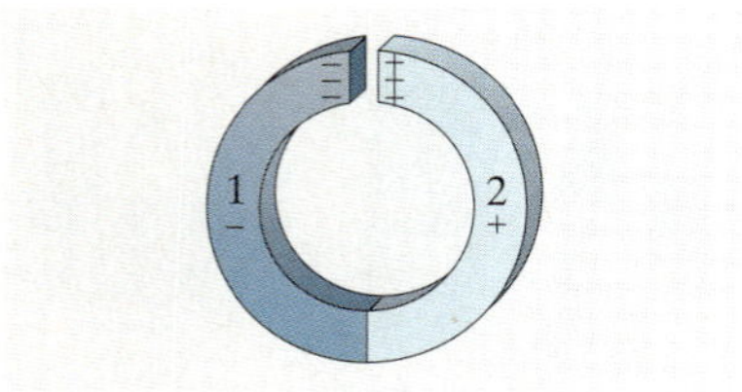

Abb. 6.95. Kontaktspannung zwischen zwei sich berührenden Metallen

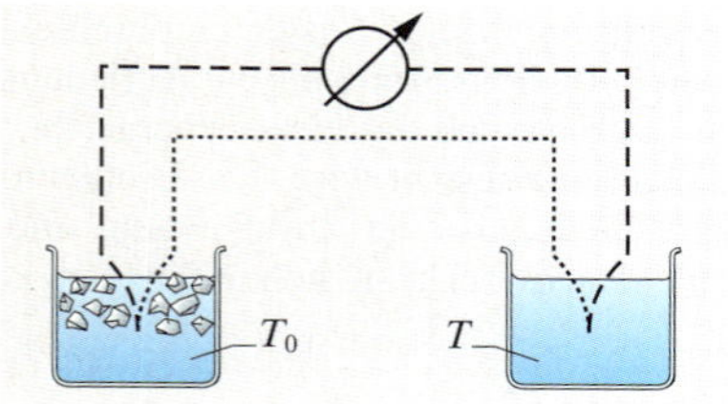

Abb. 6.96. Temperaturmessung mittels Thermoelement

Tabelle 6.8. Stellung einiger Elemente in der thermoelektrischen Spannungsreihe bei der Temperatur 0 °C. (Für Pb ist die Thermokraft willkürlich gleich Null gesetzt)

Element	Thermokraft µV K^{-1}
Sb	+35
Fe	+16
Zn	+ 3
Cu	+ 2,8
Ag	+ 2,7
Pb	0
Al	− 0,5
Pt	− 3,1
Ni	−19
Bi	−70

über: Von 2 nach 1 durch Diffusion, von 1 nach 2 infolge des elektrischen Feldes in der Grenzschicht, die wieder eine Doppelschicht ist. Könnte man die beiden Elektronengase streng nach der Boltzmann-Statistik behandeln (in Wirklichkeit gilt für so dichte Gase die Fermi-Statistik), ergäbe sich die Kontaktspannung wieder aus dem Verhältnis der Teilchenzahldichten:

$$\frac{n_1}{n_2} = \mathrm{e}^{-e\,\Delta U/(kT)} \Rightarrow \Delta U = \frac{kT}{e} \ln \frac{n_2}{n_1} . \tag{6.102}$$

Biegt man die beiden Metalle zum offenen Ring, so herrscht zwischen den freien Enden ein elektrisches Feld (Abb. 6.95). Bringt man die Enden zur Berührung, bildet sich dort die gleiche Kontaktspannung aus. Da beide Spannungen aber gegeneinandergeschaltet sind, fließt im Ring kein Strom. Erwärmt man aber die eine Kontaktstelle, dann werden die beiden Kontaktspannungen nach (6.102) trotz gleichen Verhältnisses n_2/n_1 *verschieden*, und es fließt ein **Thermostrom**. Die dafür benötigte Energie wird der Wärmequelle entnommen.

Lötet man also zwei Drähte aus verschiedenen Metallen an beiden Enden zusammen und schaltet in den einen Draht ein Voltmeter, so zeigt dieses eine **Thermospannung** an, die außer von den Eigenschaften der beiden Metalle nur von der Temperaturdifferenz ΔT zwischen den beiden Lötstellen abhängt. Solche **Thermoelemente**, deren eine Lötstelle auf eine konstante Temperatur gebracht wird (z. B. durch Eintauchen in ein Eis-Wasser-Gemisch), haben als Thermometer den Vorzug großer Empfindlichkeit, geringer Wärmekapazität und daher sehr geringer Trägheit. Die Thermospannung sollte nach (6.102) als Differenz der beiden Kontaktspannungen

$$U_{\mathrm{th}} = \frac{k}{e} \ln \frac{n_2}{n_1}\, \Delta T$$

sein. Für manche Metallkombinationen, z. B. Kupfer-Konstantan oder Eisen-Konstantan, gilt das auch in einem weiten Bereich. Allgemeiner liefert die Fermi-Verteilung auch höhere Potenzen von ΔT:

$$U_{\mathrm{th}} = a\,\Delta T + b\,\Delta T^2 . \tag{6.103}$$

Die Änderung der Thermospannung mit der Temperatur bestimmt die Empfindlichkeit des Thermoelements oder die **Thermokraft**

$$\frac{\mathrm{d}U_{\mathrm{th}}}{\mathrm{d}T} = a + 2b\,\Delta T .$$

Da $k/e = 1/11\,600\,\mathrm{J\,C^{-1}\,K^{-1}} = 86\,\mu\mathrm{V\,K^{-1}}$, erwartet man nach (6.102) Thermokräfte von der Größenordnung einiger µV/K. In der **thermoelektrischen Spannungsreihe** (Tabelle 6.8) steht ein Metall weit oben, wenn es eine hochliegende Fermi-Grenze hat. Die Extreme bilden Sb und Bi, die schon am Übergang zu den Nichtmetallen liegen. Einige Halbleiter ergeben noch höhere Thermospannungen, da die Unterschiede ihrer Fermi-Grenzen größer sind.

Die Thermospannung wurde schon 1822 von *Seebeck* entdeckt. Heute gewinnt sie besondere Bedeutung im Rahmen der Direktumwandlung von

Wärmeenergie in elektrische (im Gegensatz zu den herkömmlichen Kraftwerken, wo immer der Umweg über die mechanische Energie dazwischenliegt). Abbildung 6.97 zeigt das Prinzip eines **Thermogenerators**. Die Schenkel aus den Materialien 1 und 2 nehmen die Wärme über einen großflächigen Brückenkontakt oben auf. Die unteren Enden werden auf der Temperatur T_0 gehalten. R symbolisiert den Verbraucher der elektrischen Energie. Der Wirkungsgrad ist allerdings aus thermodynamischen Gründen klein, viel kleiner als $(T - T_0)/T$. Mit p- bzw. n-leitenden Halbleitern erzielt man Wirkungsgrade von 8–10 %.

Andere Versuche zur Direktumwandlung arbeiten mit **Brennstoffzellen**, bei denen chemische Energie, die in Gestalt flüssiger Brennstoffe zugeführt wird, ohne eigentliche Verbrennung direkt in elektrische Energie umgesetzt wird. Hier hat man im Labor schon Wirkungsgrade um 80 % erreicht.

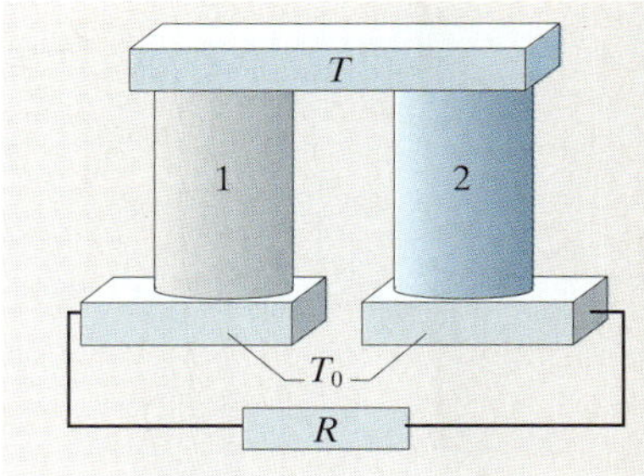

Abb. 6.97. Thermogenerator, schematisch

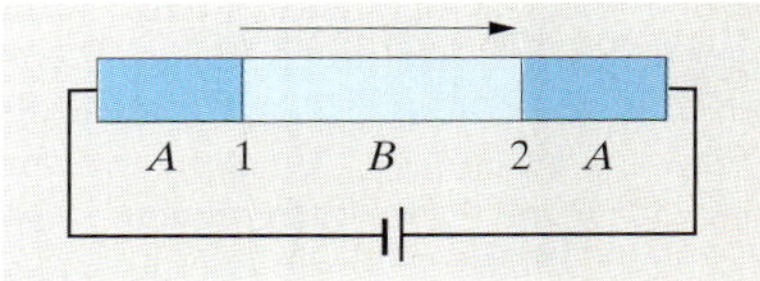

Abb. 6.98. Peltier-Effekt

6.6.2 Peltier-Effekt und Thomson-Effekt

An die Enden eines Metallstabes B sind zwei Stäbe aus einem anderen Metall A gelötet. Wenn man durch ABA einen Strom schickt, kühlt sich die eine Lötstelle ab, die andere erwärmt sich und zwar viel stärker als durch die Joule-Wärme allein. Die Wärmeleistung in der Kontaktstelle ist proportional zum Strom I:

$$P = \Pi I . \tag{6.104}$$

Π ist der **Peltier-Koeffizient**. Zwischen ihm und der Thermokraft η besteht der Zusammenhang

$$\Pi = \eta T . \tag{6.105}$$

Seebeck- und Peltier-Effekt sind also eng verwandt. Ein Peltier-Element von der Bauart von Abb. 6.98 läßt sich in einer Wärmepumpe oder einem Kühlschrank ausnutzen. Je nach der Polung kann die Brücke an einer Lötstelle heizen oder kühlen, die andere tut das Gegenteil.

Auch in einem homogenen Leiter wird bei Stromfluß Wärme erzeugt, wenn man darin ein Temperaturgefälle $\Delta T/l$ aufrechterhält (**Thomson-Effekt**). Diese Wärmeleistung ist $P = -\sigma I \,\Delta T$ und dadurch von der Joule-Leistung zu unterscheiden, die proportional zu I^2 ist. Der **Thomson-Koeffizient** ist von der Größenordnung µV/K und thermodynamisch eng mit Peltier-Koeffizient und Thermokraft verknüpft.

Alessandro Volta führte 1801 der Académie Française mit Konsul *Bonaparte* in der ersten, *Laplace* in der zweiten Reihe seine Zink-Kupfer-Batterie (die Voltasche Säule) vor. Das Neue an seiner Säule waren die viel größeren Ströme, als man sie statisch erzeugen kann

▲ Ausblick

Elektrische Signale im µV-Bereich laufen durch unsere Nervenstränge, lösen Muskelkontraktion und Drüsensekretion aus. Trotzdem haben wir keinen Sinn, der uns vor 220 V oder mehr warnt, wohl weil niederfrequente elektrische Felder ins Körperinnere nicht eindringen, sondern durch winzige Oberflächenaufladungen kompensiert werden. Ob technischer „Elektrosmog" Gesundheit und Wohlbefinden beeinträchtigt, ist daher sehr strittig. Immerhin herrschen ja normalerweise in der Atmosphäre, erst recht in Gewitternähe, luftelektrische ▶

Felder im kV/m-Bereich. Erst Ströme direkt durch den Körper sind schädlich, um 100 mA tödlich.

Wären wir Fische, könnten wir mit den Lorenzini-Ampullen in unserem Seitenlinien-Radar Felder um 10^{-9} V/m wahrnehmen und so Beute, Feinde, Hindernisse lokalisieren. Die Feldbegriffe wären uns dann bestimmt sehr anschaulich. Als Menschen bleibt uns nur eine abstrakte Vorstellung, wenn wir die moderne Technik und Forschung vom Chip bis zum Riesenbeschleuniger begreifen wollen.

✓ Aufgaben . . .

● 6.1.1. Ist 1 C wenig oder viel?
Wieviel Coulomb fließen während einer elektrischen Rasur bzw. während des Bügelns einer Bluse? Wenn Sie diese Ladung z. B. auf zwei Luftballons vereinigen könnten, welche Kraft würde zwischen ihnen herrschen? Schätzen Sie die Ladungsmengen, die zwischen Körper und Nylonhemd ausgetauscht werden, wenn Sie es sich über den Kopf ziehen.

● 6.1.2. Abschirmung
Wie kommt es, daß man elektrische Felder abschirmen, also aus einem bestimmten Volumen fernhalten kann, Gravitationsfelder aber nicht? Wie müssen Schirme gegen elektrische Felder und wie müßten Gravitationsschirme beschaffen sein? Stellen Sie sich die Möglichkeiten vor, die ein Gravitationsschirm bieten würde!

● 6.1.3. Coulomb-Kraft und Gravitation
Vergleichen Sie die Coulomb-Kraft zwischen Elektron und Proton mit ihrer Gravitation. Welche Ladungen müßten Erde und Sonne haben, damit die Gravitation zwischen ihnen kompensiert bzw. verdoppelt würde? Könnte man die Gravitation dadurch erklären, d. h. auf die Coulomb-Kraft zurückführen, daß es solche Überschußladungen gibt oder daß die Ladungen von Proton und Elektron ein wenig verschieden sind (wieviel?). Welche Tatsachen entsprächen einer solchen Theorie, welche widerlegen sie?

●● 6.1.4. Mit oder ohne Potential
Welcher Zusammenhang besteht zwischen der Wegunabhängigkeit der Verschiebungsarbeit, der Anwesenheit in sich geschlossener Feldlinien, der Gültigkeit der Poisson-Gleichung und der Existenz eines Potentials? Beispiele: Fluß, der in der Mitte schneller strömt als am Rand; Magnetfeld um einen stromdurchflossenen Draht; Wind, der bei Tage von der See, nachts vom Land her weht. Ist es richtig, daß ein Potential immer existiert, wenn die Feldlinien in irgendwelchen „Ladungen“ enden? Benutzen Sie den Begriff des „Flusses“!

●●● 6.1.5. Newton hatte es schwerer
Daß das Feld einer leitenden Kugel so ist, als sei die Ladung im Mittelpunkt konzentriert, läßt sich auch direkt durch Summation der Beiträge der einzelnen Kugelflächenelemente zeigen. Man führe dies für das Potential eines Punktes auf der Oberfläche aus, wobei man die Kugel sinngemäß in Schichten zerschneidet. Wäre es einfacher oder komplizierter, mit der Feldstärke statt mit dem Potential zu rechnen?

●●● 6.1.6. Thomson-Modell
Für eine gleichmäßig von Ladung erfüllte Kugel bestimme man die Feld- und Potentialverteilung innerhalb und außerhalb der Kugel sowie die elektrostatische Gesamtenergie. Eine kleine Punktladung entgegengesetzten Vorzeichens wird in die große Kugel eingebettet. Wie hängen ihre Kraft und Energie vom Ort ab? Wie bewegt sie sich, wenn keine Reibungswiderstände herrschen, bzw. bei einer geschwindigkeitsproportionalen Reibungskraft? Wieso hat *Thomson* das System als Atommodell vorgeschlagen, und was hat er damit erklären können? Welche Beobachtung hat dieses Atommodell zu Fall gebracht?

●● 6.1.7. Superposition
In eine gleichmäßig aufgeladene Hohlkugel bohrt man ein kleines Loch. Wie verhalten sich Feld und Potential dicht innerhalb und außerhalb dieses Loches? (Keine Rechnung, nur Superpositionsprinzip o. ä.).

●● 6.1.8. Feld des Drahtes
Welches Feld erzeugt ein gleichmäßig aufgeladener unendlich langer Draht? Benutzen Sie direkt das Coulomb-Gesetz oder die Flußregel. Was ist einfacher?

●● 6.1.9. Bahn im ln-Feld
Ein Elektron fliegt senkrecht zu einem gleichmäßig aufgeladenen geraden Draht in einem Minimalabstand d an diesem vorbei. Um welchen Winkel wird es abgelenkt? Rechnen Sie in der Näherung kleiner Ablenkungen. Warum haben *Möllenstedt* und *Düker* in ihrem Elektroneninterferenz-Experiment einen Draht zur Ablenkung benutzt? Wieso kann man dieses System mit einem **Fresnel-Biprisma** vergleichen? Welches Potential muß man an den Draht legen?

●● 6.1.10. Potentialtal
Kann es im elektrostatischen Feld im leeren Raum eine *stabile* Ruhelage für eine Ladung geben? Wie müßte das Feld um eine solche Stelle aussehen? Erlaubt das der Satz von *Gauß*? Gibt es labile oder indifferente Gleichgewichtslagen? Wie muß man das Feld verallgemeinern, um Teilchen stabil einfangen zu können?

●● **6.1.11. Wie stark ist ein Blitz?** Schätzen Sie die Kapazität einer Gewitterwolke gegen die Erde (am besten für ein lokales Wärmegewitter mit vernünftigen Werten für Ausdehnung und Höhe). Die Durchschlagfestigkeit der Luft ist für kurze Schlagweiten etwa 10^4 V/cm, sinkt aber für lange auf effektiv ca. 1 000 V/cm. Ein **Blitz** dauert etwa 1 ms. Bestimmen Sie Gesamtladung, -strom, -energie des Gewitters sowie, indem Sie die Anzahl der Blitze schätzen, die entsprechenden Größen und die Leistung für den einzelnen Blitz.

●●● **6.1.12. Gewittertheorie**
Damit es blitzt, müssen die Wolken gegen die Erde (Erdblitz) oder Wolkenteile gegeneinander (Wolkenblitz) so stark aufgeladen sein, daß die Durchschlagsfeldstärke der Luft (ca. 10^4 V/cm) überschritten wird. Welche Ladungsdichten sind dazu erforderlich bei vernünftigen Abmessungen der geladenen Bereiche? Falls jedes Wassertröpfchen ein Ion eingefangen hat: Welche Tröpfchenkonzentration muß man annehmen? Wie groß müssen die geladenen Tröpfchen sein (Vergleich mit Dampfdruckkurve)? Nach *C. T. R. Wilson* werden die Tröpfchen einsinnig geladen, weil sie im normalen luftelektrischen Feld (ca. 100 V/m mit negativer Erde) zu Dipolen influenziert werden. Im Fallen nimmt ihre Vorderseite Ionen eines Vorzeichens auf und stößt die anderen ab; deren Beweglichkeit ist nicht groß genug, damit die Rückseite des vorbeifallenden Tröpfchens erreicht wird, falls dieses eine kritische Größe überschreitet. Schätzen Sie diese Größe ab und vergleichen Sie mit dem benötigten Wert (vgl. Beispiel auf S. 113; Beweglichkeit s. Abschn. 8.3.1).

● **6.1.13. Kondensator**
Wie stellt man einen **Kondensator** von z. B. 1 µF möglichst raumsparend her? (Metallfolien und Plastikfolien, eingerollt; Abmessungen?)

●● **6.1.14. Versuch von Millikan**
Feinste Öltröpfchen, durch Zerstäubung hergestellt, schweben im dunkelfeldbeleuchteten Blickfeld eines Mikroskops und sinken langsam im Erdschwerefeld. Nun legt man ein vertikales elektrisches Feld E an (Kondensator) und regelt es so, daß ein ins Auge gefaßtes Tröpfchen, dessen Sinkgeschwindigkeit vorher zu v bestimmt worden war, jetzt gerade nicht mehr sinkt. Was kann man aus E und v entnehmen? Man setze die Kräftegleichgewichte mit Stokes-Kraft, Schwerkraft und Feldkraft an; was ist bekannt? Manchmal beginnt ein Teilchen, das im Feld ruhte, plötzlich doch zu sinken oder zu steigen, und zwar mit der Geschwindigkeit v'; was ist passiert? Beispiel: Öl der Dichte 0,9 gebe $v = 4\,\mu$m/s, $E = 4{,}5$ V/cm, $v' = 1{,}2\,\mu$m/s.

●● **6.1.15. Staubfilter**
Durch ein Rohr, Radius R, Länge l, ist axial ein Draht vom Radius r_0 gespannt. Zwischen Draht und Rohrmantel liegt die Spannung U. Wirkt auf ein Staubteilchen im Rohr eine resultierende Kraft; wenn ja, wie hängt sie von seiner Größe ab? Wie schnell wandern die Teilchen durch die Luft (Ortsabhängigkeit)? Wie lange brauchen sie bis zum Draht oder zur Wand? Wandern auch die Luftmoleküle? Ein Raum soll in vernünftiger Zeit entstaubt werden. Wie schnell darf man die Luft ansaugen? Geben Sie Abmessungen und Spannungen an.

●● **6.1.16. Influenz**
Warum führt sie immer zur Anziehung zwischen geladenen und ungeladenen Körpern? Welche Rolle spielt die Ausdehnung des ungeladenen Körpers für die Größe der Kraft? Nähert sich die große oder die kleine Seifenblase schneller dem geriebenen Füllfederhalter?

●● **6.1.17. Feldemissions-Mikroskop**
Man erzielt ungeheure Vergrößerungen mit sehr einfachem Aufbau: In eine Kugel, deren Innenwand mit einem Leuchtstoff beschichtet ist, ragt zentral eine sehr feine Drahtspitze. Zwischen Draht und Kugel liegt Hochspannung, die Kugel ist hochevakuiert. Wieso erhält man auf der Kugel ein stark vergrößertes Bild der Drahtspitze? Welches ist der Vergrößerungsmaßstab? Wie unterscheiden sich ein Feldelektronen- und ein Feldionen-Mikroskop? Wie kommen die Elektronen aus dem Draht? Wie groß ist die Feldstärke dicht an der Drahtspitze? Wie ist die Feldverteilung in der Kugel? Elektronen müssen eine Potentialstufe der Höhe U_0 überwinden, um aus dem Draht nach draußen zu gelangen. Die Quantenmechanik zeigt, daß ein Elektron mit der Wahrscheinlichkeit e^{-kd} durch eine Potentialschwelle der Dicke d „tunneln" kann. Dabei hängt k von der Schwellenhöhe U_0 und der Teilchenmasse m ab: $k \approx \hbar/\sqrt{2emU_0}$. Von welchen Feldstärken ab können Elektronen austreten? ($U_0 \approx 1$ V). Wie schnell fliegen die ausgetretenen Elektronen, wie lange brauchen sie bis zum Leuchtschirm? Wie kommen die Bilder zustande, auf denen man z. B. einzelne Fremdatome im Gitter des Drahtmaterials sieht?

●● **6.1.18. Geiger-Müller-Zähler**
Ein sehr dünner Draht ist durch ein Rohr gespannt. Zwischen Draht und Rohr liegt eine Spannung. Durch ein Fenster aus sehr dünnem Material können ionisierende Teilchen in das Rohr eintreten. Bei geeigneter Spannung löst jedes Teilchen, das in den „aktiven" Bereich trifft, einen kurzzeitigen Entladungsstrom aus. Kann man mit einem normalen Verstärker-Meßgerät den Übergang einer einzelnen Elementarladung direkt nachweisen? Wenn nein, was muß im Zählrohr geschehen? Warum spannt man einen Draht durch ein Rohr und nimmt nicht einfach einen Plattenkondensator? Schildern Sie in Worten, wie ein schnelles Teilchen eine Entladung im Rohr auslöst. Leichte Moleküle wie O_2 und N_2 haben eine Ionisierungsenergie um 30 eV. Geben Sie Kombinationen von Feldstärke und freier Weglänge an, bei denen sich eine Entladungslawine ausbilden kann. Welche Spannungen sind für ein Zählrohr mit einem 1 µm-Draht nötig, damit das

Rohr „zündet", d. h. Lawinenentladung einsetzt? Muß ein Zählrohr evakuiert sein?

●● 6.1.19. Hochspannungskabel
Ein 220 kV-Hochspannungskabel ist im Sturm gerissen und auf den Boden gefallen, ohne daß die Sicherungsanlagen im Kraftwerk oder Umspannwerk die Spannung abschalten. Wie sieht die Verteilung von Feld und Potential im Erdboden um das Kabel aus, wenn es den Boden nur mit seinem Ende berührt, bzw. in einer gewissen Länge auf dem Boden aufliegt? Bis auf welchen Abstand kann man sich dem Kabel ohne Gefahr nähern? Gilt für ein Kabel, das wie üblich in der Luft hängt oder für ein Kabel, das im Wasser hängt, der gleiche Sicherheitsabstand? Schätzen Sie auch den Strom, der vom Kabel ins Erdreich fließt. Nehmen Sie dabei gut durchfeuchtetes Erdreich an.

●● 6.1.20. Fernleitung
Eine Stadt von 100 000 Einwohnern soll versorgt werden. Schätzen Sie die zu übertragende Leistung. Welcher Strom muß durch die Leitung fließen? Geben Sie Spannungsabfall und Leistungsverlust in der Leitung allgemein an. Wie dick müssen die Kabel sein, damit nur höchstens 1 % der Leistung in der Fernleitung verloren gehen? Warum überträgt man Hochspannung? Wodurch wird die Übertragungsspannung nach oben begrenzt? Wie groß ist die Feldstärke in der Nähe eines Hochspannungskabels in Abhängigkeit vom Abstand vom Kabel? In welchem Gebiet wird die Durchschlagsfeldstärke der Luft überschritten? Was ist die Folge? Welche Feldstärke herrscht dicht über dem Boden unter einem einzelnen Hochspannungskabel? Wie ändert sich die Feldstärke, wenn drei Drehstromkabel gespannt sind? Warum kann ein Mensch ungefährdet unter einer Hochspannungsleitung stehen? Bedenken Sie, daß die Leitung Wechselspannung führt. Fließt im Körper eines darunter stehenden Menschen ein Strom? Wie groß ist dieser Strom, welche Phase hat er gegenüber dem Strom im Kabel?

●● 6.2.1. Dissoziation
Welche Kraft und welche potentielle Energie herrschen zwischen zwei Elementarladungen im Abstand a (einige Ångström) im Vakuum bzw. in Wasser ($\varepsilon = 80$)? Vergleichen Sie mit der thermischen Energie der Teilchen und ziehen Sie die Schlußfolgerungen. Kleben entgegengesetzt geladene Teilchen zusammen? Benutzen Sie die Boltzmann-Verteilung. Worauf beruht die Rolle des Wassers als universelles Lösungsmittel? Welche Stoffe löst es schlecht? Kann man in atomaren Bereichen ohne weiteres mit dem makroskopisch bestimmten ε rechnen?

● 6.2.2. Polarisierbarkeit
Welche Polarisierbarkeit hätte das Thomson-Wasserstoffmodell (vgl. Aufgabe 6.1.6): Positive Ladung gleichmäßig über ein Kugelvolumen V verteilt, ein punktförmiges Elektron darin eingelagert?

●● 6.2.3. Orientierungspolarisation
In einem Lösungsmittel von der Viskosität η schwimmen Moleküle vom Dipolmoment p in einer Anzahldichte n. Es liegt ein elektrisches Feld vom Betrag E an. Wie sieht die Richtungsverteilung der Dipole im thermischen Gleichgewicht aus? (Hinweis: Abhängigkeit zwischen Dipolenergie und Einstellrichtung; Boltzmann-Verteilung!). Näherungsweise nehme man an, es gäbe nur drei Einstellrichtungen: In Feldrichtung, entgegengesetzt und senkrecht dazu. Was ist größer: Dipolenergie oder thermische Energie? Nähern Sie dementsprechend! Welcher Bruchteil γ der Dipole steht zustätzlich in Feldrichtung, verglichen mit dem Fall ohne Feld? Welche Polarisation bringen sie? Woher mag die „3" in (6.53) stammen? Wie lange dauert eine solche Drehung (Drehmoment: Abschn. 6.1.6. Reibungswiderstand Aufgabe 3.3.5)? Zur Kontrolle: Relaxationszeit $\approx \eta \cdot$ Molekülvolumen/(kT).

●● 6.2.4. Mikrowelle
Warum erhitzt ein Mikrowellenherd wasserhaltige Stoffe und nur diese? Warum arbeitet er mit einigen GHz?

●● 6.2.5. Mischungsregel
Wenn Sie zwei Stoffe mit den Leitfähigkeiten σ_1 und σ_2 mischen, z. B. im Verhältnis 1 : 1, erwarten Sie vielleicht eine Leitfähigkeit $(\sigma_1 + \sigma_2)/2$ für das Gemisch. Häufig kommt aber statt des arithmetischen Mittels das geometrische heraus. Wie ist das möglich? Für welche Stoffkombination erwarten Sie das arithmetische, für welche das geometrische Mittel? Warum sollen sich die Leitfähigkeiten linear zusammensetzen und nicht die spezifischen Widerstände? Könnten mikroskopische Bereiche, jeweils aus einem der beiden Stoffe, in der Mischung erhalten bleiben? Wie wären solche Bereiche angeordnet? Entwerfen Sie ein Ersatzschaltbild, aber hören Sie rechtzeitig damit auf. Welche Abhängigkeit der Leitfähigkeit vom Konzentrationsverhältnis, z. B. von der Volumenkonzentration der einen Komponente, erwarten Sie? Könnte für die DK oder andere Materialkonstanten eine ähnliche Mischungsregel gelten?

● 6.3.1. Schmutziges Kabel
Bei einer vor hinreichend langer Zeit verlegten elektrischen Leitung mit weißer Isolation kann man deutlich sehen, welches der Phasendraht und welches der Mittelpunktsleiter ist. Einer der Drähte ist merklich schmutziger. Welcher? Gilt das für Gleichstrom- wie für Wechselstromleitungen?

● 6.3.2. Kabelschaden
Ein 6 km langes, in der Erde verlegtes Kupferkabel (Querschnitt des Innenleiters 1 mm²) hat einen Isolationsfehler. Da man es nicht auf der ganzen Länge ausgraben will, stellt man durch zwei Messungen an den beiden Enden den Widerstand zwischen Innenleiter und „Erde" fest ($R' = 80\,\Omega$ und $R'' = 90\,\Omega$). Daraus kann man sowohl den Ort des Isolationsfehlers als auch dessen Widerstand selbst bestimmen. Wie? (Der Widerstand zwischen beliebig weit voneinander entfernten „geerdeten" Punkten sei vernachlässigbar klein).

●● 6.3.3. Feldrelaxation
Zeigen Sie, daß die Konstanz des Stromes über die ganze Länge eines Lei-

ters ein stabiles Gleichgewicht ist, daß nämlich jede lokale Abweichung von dieser Konstanz Einflüsse auslöst, die die Abweichung rückgängig zu machen suchen. Können Sie sagen, warum der Begriff des RC-Gliedes für die Elektronik, speziell die elektromagnetischen Schwingungen, eine so zentrale Rolle spielt?

● 6.3.4. RC
Die Platten eines aufgeladenen Kondensators werden durch einen dünnen Draht verbunden. Was passiert? Kommt ein Gleichstrom augenblicklich zum Erliegen, wenn man den Stromkreis durch einen Schalter unterbricht? Schätzen Sie die eventuelle Verzögerung.

●● 6.3.5. Vielfachmesser
Die Amperemeterspule hat einen Widerstand von 1 kΩ und gibt, allein benutzt, Vollausschlag bei 10 μA (Abb. 6.61). Wie mißt man damit Spannungen, Ströme und Widerstände? Welche Meßbereiche stehen zur Verfügung? Welche Leistungen fallen in den einzelnen Zweigen bei den verschiedenen Kombinationen von Schalterstellungen an? Welche Kombinationen sind verboten? Wohin sollte man Sicherungen legen und welcher Art? Wie erkennt man, ohne das Gerät zu öffnen, ob sein Innenwiderstand groß bzw. klein genug für die beabsichtigte Messung ist? Um was für ein Amperemeter muß es sich handeln, wenn man Gleich- und Wechselströme und -spannungen messen kann? Wie sieht die Ω-Skala aus? Läßt man den zu messenden Widerstand unter Spannung?

●● 6.3.6. Kochplatte
Kochplatten mit vier Heizstufen enthalten meist zwei Heizwicklungen, aus deren Kombination sich die vier Leistungsstufen ergeben. Wie sieht die Schaltung aus? Wie sind die Heizleistungen abgestuft, wenn die beiden Wicklungen gleiche Widerstände haben? Wie müssen sich die beiden Widerstandswerte verhalten, wenn die Leistungen nach einer geometrischen Reihe abgestuft sein sollten, d. h. wenn die Leistung von Stufe zu Stufe um den gleichen Faktor zunehmen soll?

●● 6.3.7. Bügeleisen
Ein Bügeleisen von 220 V/300 W hat eine Heizwicklung aus einem Manganinband (spez. Widerstand $4 \cdot 10^{-7}\,\Omega$m) von 5 mm Breite und 0,01 mm Dicke. Wie lang muß das Manganinband sein? Wie verhält sich das Bügeleisen, wenn man es an 110 V anschließt? Wie müßte man die Länge der Wicklung ändern, damit das Bügeleisen bei 110 V normal funktioniert? Wird das umgebaute und mit 110 V betriebene Bügeleisen ebensolange halten wie das ursprüngliche Eisen bei 220 V? Warum verwendet man nicht Kupfer als Heizdraht, dessen spez. Widerstand nur $1{,}7 \cdot 10^{-8}\,\Omega$m ist? Manganin hat nur eine sehr geringe Temperaturabhängigkeit des Widerstandes. Welchen Vorteil hat das für ein Bügeleisen? Was könnte passieren, wenn der Draht eine sehr starke Temperaturabhängigkeit des Widerstandes hätte?

●● 6.3.8. Ohm-Puzzle I
Die drei folgenden Probleme, besonders das letzte, haben schon manchen Knoten in Elektroniker-Hirnwindungen verursacht. Benutzen Sie Symmetrieüberlegungen und andere dem Problem angepaßte Tricks, sonst wird es schwierig: Aus zwölf Widerständen von je 1 Ω ist ein Würfel zusammengelötet. Welchen Widerstandswert mißt man zwischen (a) den Endpunkten einer Raumdiagonale, (b) den Endpunkten einer Flächendiagonale, (c) zwei benachbarten Würfelecken? Helfen ähnliche Überlegungen auch beim Tetraeder, Oktaeder, Dodekaeder, Ikosaeder?

●● 6.3.9. Ohm-Puzzle II
Zur Definition: Eine Leiter besteht aus zwei Holmen, verbunden durch Sprossen. Die Enden des einen Holms heißen A und B, die des anderen A' und B'. – Man lötet eine sehr lange Leiter zusammen; jede Sprosse hat einen Widerstand R_2, jeder Holm hat zwischen je zwei Sprossen und an jedem Ende den Widerstand R_1. Welchen Widerstand mißt man zwischen den „oberen“ Enden A und A'? Wenn man an AA' die Spannung U legt, welche Spannung mißt man dann zwischen den Lötstellen der ersten Sprosse, der zweiten Sprosse usw.? Kann man z. B. erreichen, daß an jeder Sprosse genau halb soviel Spannung liegt wie an der vorhergehenden? Wenn man gezwungen ist, die Leiter auf wenige Sprossen zu verkürzen: Was kann man tun, damit sich der Widerstand zwischen A und A' und die Spannungen an den verbleibenden Sprossen nicht ändern? Hinweis: Wie ändert sich der Widerstand zwischen A und A', wenn Sie die ohnehin schon sehr lange Leiter um eine weitere Sprosse (R_2) und die beiden Holmstücke (R_1) nach oben verlängern?

●●● 6.3.10. Puzzle III
Ein Drahtgitter bestehe aus quadratischen Maschen. Der Widerstand jedes Drahtstücks, das eine Quadratseite bildet, ist 1 Ω, der Kontakt an den Kreuzungen ist ideal. Welchen Widerstand mißt man zwischen zwei benachbarten Kreuzungen in einem sehr großen Gitter? Entsprechend für ein Dreiecks- und ein Sechsecksgitter. Warum nicht für ein Fünfecksgitter?

● 6.4.1. Elektronenschleuder
Nichols versuchte die Potentialdifferenz zwischen dem Zentrum und dem Rand einer schnell rotierenden Scheibe zu messen. Meinen Sie, daß ihm das gelang? Wie groß sind die Potentialdifferenzen bei maximaler Drehzahl (vgl. Aufgabe 3.4.2). Welche Meßmöglichkeiten gibt es im Prinzip? Welche Fehlerquellen sind zu beachten, speziell welche Störspannungen?

●● 6.4.2. Tolman-Versuch
Tolman und *Stewart* bremsten eine rotierende Spule schnell ab und maßen den Spannungsstoß mit einem ballistischen Galvanometer. Projektieren Sie das Experiment: Drahtmaterial, Drahtstärke, Spulendurchmesser, Art des Galvanometers.

●● 6.4.3. Wiedemann-Franz-Gesetz

Ein Metallstab sei mit einer wärmeisolierenden Hülle umgeben, so daß er nur an den Enden Wärme abgeben kann. Zwischen diesen Enden liegt eine elektrische Spannung. Welche Temperaturverteilung stellt sich ein? Wie kann man hieraus das Verhältnis der elektrischen zur Wärmeleitfähigkeit bestimmen?

●● 6.4.4. Essigsäure

Für die **Dissoziation** von Essigsäure gilt bei 25 °C die Massenwirkungskonstante $\kappa = 1{,}85 \cdot 10^{-5}$ mol/l. Wie hängen der Dissoziationsgrad und die Ionenkonzentration von der Gesamtkonzentration der Säure ab? Kann man die Werte von Tabelle 6.5 nach dem **Ostwaldschen Verdünnungsgesetz** erklären?

●● 6.4.5. Debye-Hückel-Länge

Wie hängt die **Debye-Hückel-Länge** von der Ionenkonzentration, speziell vom pH-Wert einer Elektrolytlösung ab? Welche Folgerungen ziehen Sie aus den Größenordnungen? Veranschaulichen Sie sich die **Relaxationskraft**, die die nachschleppende **Gegenionenwolke** auf das wandernde Zentralion ausübt.

● 6.4.6. Elektrischer Unfall

Wenn man **physiologische Lösung** anrührt, löst man 9 g NaCl im Liter Wasser. Welche Leitfähigkeit hat diese Lösung? Schätzen Sie den Widerstand des menschlichen Körpers, z. B. zwischen Hand und Hand oder zwischen Hand und Füßen. Wenn weniger als 5 mA durch den Brustraum fließen, ist das harmlos, mehr als 100 mA sind meist tödlich. Was für Spannungen kann man einigermaßen ungeschoren berühren? Diskutieren Sie typische elektrische Unfälle. Der Übergangswiderstand *trockener* Haut kann höher sein als der Innenwiderstand des Körpers.

●● 6.4.7. Dissoziationsgleichgewicht

Untersuchen Sie ein Molekül, das ein Proton abspalten kann. Es kann sich um eine Säure AH handeln, die gemäß $AH \rightleftarrows A^- + H^+$ dissoziiert, oder auch um eine Base, zu deren „Basenrest“ B^+ wir ein Hydratations-H_2O hinzurechnen: $B^+ H_2O = BH_2O^+ = BOHH^+$. Dieses dissoziiert dann zu $BOH + H^+$, während man in der Schulchemie üblicherweise die andere Reaktionsrichtung als Dissoziation der Base auffaßt. Jetzt setzen Sie das Massenwirkungsgesetz für die Abspaltung des Protons an und bestimmen Sie den **Dissoziationsgrad** als Funktion des pH-Wertes der Lösung. Wo ist gerade die Hälfte der Moleküle mit einem Proton besetzt? Wie breit ist die Übergangszone zwischen voll besetzten und ganz leeren Molekülen? Stimmt das mit den üblichen Vorstellungen über Säuren und Basen überein? Unterscheiden Sie immer „Proton dran oder weg“ und „geladen oder ungeladen“. Welches ist die kinetische Grundlage des Massenwirkungsgesetzes?

●● 6.4.8. i oder nicht-i

Die Gegenionenkonzentration vor einer geladenen Grenzfläche $n = n_0\,e^{-ax}$ sieht rein mathematisch fast aus wie eine ebene harmonische Welle, nur daß das i im Exponenten fehlt. Physikalisch ist der Unterschied natürlich weltweit. Aber gilt die mathematische Analogie vielleicht auch für den dreidimensionalen Fall, d. h. unterscheiden sich die Gegenionenverteilung um eine Punktladung (ein Ion anderen Vorzeichens) und eine harmonische Kugelwelle auch nur durch ein i? Wenn ja, gibt es eine allgemeinere Begründung? Was können Sie über das zylindrische Problem sagen, d. h. über die Gegenionenverteilung um einen geladenen Stab (z. B. ein Fadenmolekül)? Vorsicht, dieser Fall ist nicht so einfach wie die beiden anderen. Gibt es außer den **Debye-Hückel-Wolken** noch andere Fälle, wo die Lösungen ohne i von Nutzen sind? Gehen Sie auf die Wellen- bzw. Potentialgleichung zurück, dann haben Sie den besten Überblick; worauf läuft die Frage „i oder nicht-i“ dann hinaus? In der Quantenmechanik erlebt man den Übergang zwischen i und nicht-i besonders dramatisch (denken Sie in Kap. 16 gelegentlich an diese Aufgabe); aber beherrscht er nicht eigentlich die ganze Schwingungs- und Wellenlehre (Schwingfall–Kriechfall, schwach oder stark gedämpfte Welle)?

●●● 6.4.9. Elektrophorese

Bei der elektrophoretischen Analyse und Trennung biochemischer Substanzen legt man eine Gelschicht auf einen Kühlblock. Eine Spannung von einigen 100 oder 1 000 V erzeugt ein Feld in Längsrichtung der Gelschicht, in dem die einzelnen Moleküle mit verschiedenen Geschwindigkeiten wandern. Das Gel kann sich dabei so stark erhitzen, daß es zerstört wird oder daß zumindest die untersuchten Substanzen sich verändern (denaturieren). Welche Form hat die Temperaturverteilung im Gel? Wo ist es am wärmsten, und wie warm? Wie hängt speziell die Erhitzung des Gels von seiner Dicke ab? Die elektrophoretische Beweglichkeit der meisten Moleküle ist temperaturabhängig. Warum und in welcher Weise? Wie wirkt sich das auf die Trennschärfe der Methode aus?

●●● 6.5.1. Kondensationskeime

Warum wirken Ionen als Kondensationskeime für Wasserdampf? In welchen Geräten macht man Gebrauch davon? Gibt es meteorologische Folgen dieses Effektes? Studieren Sie ihn möglichst quantitativ.

● 6.5.2. Akku-Gewicht

Warum ist ein Akku so schwer? Ist sein Gewicht verknüpft mit der Anzahl speicherbarer Amperestunden? Wenn ja, schätzen Sie die Ladung und die Energie, die man pro kg Akku speichern kann. Vergleichen Sie mit Benzin als Energiespeicher. Welche Chancen geben Sie den Elektroautos?

●● 6.5.3. Anlasser

Schätzen Sie den Strom, den der Anlasser eines Autos beim Starten des Motors entnimmt. Der Motor muß dabei mit einer Leistung durchgedreht werden, die ein gewisser Bruchteil der maximalen Motorleistung ist, z. B. 10 %. Warum führen von der Batterie zum Anlasser so dicke Kabel? Wie dick müssen sie sein, damit sie höchstens 0,5 V wegfressen? Sie wollen den Motor mit einer fremden Batterie starten, weil ihre leer ist, und schließen die fremde Batterie über normale Leitungsdrähte an. Kann man so starten? Wenn Sie den Motor starten, während die Autolampen brennen, gehen diese fast aus. Warum? Ist das normal oder liegt ein Defekt vor? Wir entnehmen dem Akku einen Strom, den wir variieren und messen können. Gleichzeitig bestimmen wir die Spannung zwischen den Klemmen des Akkus. Sie sinke z. B. um 0,01 V, wenn der Strom um 1 A zunimmt. Welches ist der höchste Strom, den der Akku hergibt? Warum nimmt die Klemmenspannung ab? Was bedeutet die Neigung der $U(I)$-Kurve? An den Akku werden verschiedene Verbraucher mit verschiedenem Widerstand R angeschlossen. Wie hängen Strom, Spannung, Leistung von R ab? Welche maximale Leistung kann man dem Akku entnehmen und unter welchen Umständen? Die Batteriesäure hat eine H_2SO_4-Konzentration von 20–30 % (Dichte 1150–1220 kg/m^3). Schätzen Sie den elektrolytischen Widerstand der Säureschicht zwischen den Bleiplatten. Hat er etwas mit dem Innenwiderstand des Akkus zu tun? Schätzen Sie Innenwiderstand, Maximalstrom und Maximalleistung für eine Taschenlampenbatterie.

7

Elektrodynamik

Inhalt

Einleitung

Mehr noch als das vorige steht dieses Kapitel im Zeichen *Michael Faradays*, dessen Ideen und Experimente, zu mathematischer Reife gebracht durch *James Clerk Maxwell*, der ganzen modernen Elektrotechnik zugrunde liegen.

„. . . die Geschwindigkeit (einer magnetischen Störung) ist der des Lichts so nahe, daß wir . . . schließen können, daß das Licht selbst (einschließlich der Wärmestrahlung und eventueller anderer Strahlungen) eine elektromagnetische Störung in Form von Wellen ist . . .“

James Clerk Maxwell,
Treatise on Electricity and
Magnetism, 1873

7.1 Ströme und Felder

Als *Christian Oersted* 1820 eine Magnetnadel neben einen stromführenden Draht hielt, wurde klar, daß die beiden bisher völlig getrennten Phänomene Elektrizität und Magnetismus eine Einheit bilden.

7.1.1 Elektrostatik

Wir gehen davon aus, daß wir wissen, was elektrische Ladungen sind. Sie können realisiert sein durch Elektronen oder andere geladene Elementarteilchen, aber auch durch größere Teilchen. Wir wissen außerdem, daß es Raumgebiete gibt, wo auf solche Ladungen Kräfte wirken. Zunächst reden wir von Kräften, die *unabhängig* vom Bewegungszustand der Teilchen sind. Wo eine solche Kraft $\boldsymbol{F}$, eine **Coulomb-Kraft**, auf eine Ladung Q wirkt, sagen wir, es bestehe ein Feld $\boldsymbol{E}$, das definiert ist durch

$$\boxed{\boldsymbol{F} = Q\boldsymbol{E}} \ . \tag{7.1}$$

Von unserem Standpunkt aus ist dies eine Definitionsgleichung für $\boldsymbol{E}$, denn ohne das Verhalten von Probeladungen zu beobachten, wüßte man nichts über Existenz und Verteilung des $\boldsymbol{E}$-Feldes. Wir können jetzt $\boldsymbol{E}$ im ganzen Raum ausmessen, indem wir eine Probeladung umherführen.

Wo ein Feld $\boldsymbol{E}$ herrscht, sind andere Ladungen meist nicht weit, die es erzeugen. Ladungen stehen in doppelter Beziehung zum Feld: Sie werden von ihm beschleunigt ($\boldsymbol{F} = Q\boldsymbol{E}$), und sie erzeugen ein Feld. Die Felderzeugung durch eine räumlich verteilte Ladung der Dichte ϱ wird beschrieben durch die **Poisson-Gleichung**

$$\boxed{\operatorname{div} \boldsymbol{E} = \frac{\varrho}{\varepsilon_0}} \ . \tag{7.2}$$

Diese beiden Gleichungen (7.1) und (7.2) enthalten die ganze Elektrostatik im Vakuum. Wenn man noch das Ohmsche Gesetz in Differentialform

$$\boxed{j = \sigma \boldsymbol{E}} \tag{7.3}$$

hinzunimmt, das in vielen (aber längst nicht allen) Materialien gilt, hat man auch die Theorie der Gleichströme. Dabei ist offenbar vorausgesetzt, daß alle Ströme in geschlossenen Kreisen fließen, denn sonst würden sich Ladungen anhäufen, Ladungs- und Feldverteilung wären nicht mehr statisch.

Die zweite Feldgröße $\boldsymbol{D}$ ist in diesem Zusammenhang eigentlich entbehrlich. Sie wird eingeführt, damit man zwei Arten von Ladung unterscheiden kann: Freie und gebundene Ladungsdichte, ϱ_f und ϱ_g. Der Anteil ϱ_g stammt von der Polarisation der Materie. In gleichmäßig polarisierter Materie ist $\varrho_\mathrm{g} = 0$. Nur an der Grenzfläche zwischen Gebieten mit verschiedener Polarisation, oder wo gleiche Enden von Dipolen zusammentreffen, entsteht ϱ_g:

$$\varrho_\mathrm{g} = -\operatorname{div} \boldsymbol{P}\,. \tag{7.4}$$

Nur ϱ_f erzeugt $\boldsymbol{D}$, aber $\varrho_\mathrm{f} + \varrho_\mathrm{g}$ erzeugt $\boldsymbol{E}$. Dabei ist $\boldsymbol{D}$ so definiert, daß schon im Vakuum $\operatorname{div} \boldsymbol{D} = \varrho_\mathrm{f}$ gilt, also $\boldsymbol{D} = \varepsilon_0 \boldsymbol{E}$. Mit (7.4) folgt dann

$$\operatorname{div} \boldsymbol{E} = \frac{\varrho_\mathrm{f} + \varrho_\mathrm{g}}{\varepsilon_0} = \frac{1}{\varepsilon_0} \operatorname{div} \boldsymbol{D} - \frac{1}{\varepsilon_0} \operatorname{div} \boldsymbol{P}\,,$$

also

$$\boxed{\boldsymbol{D} = \varepsilon_0 \boldsymbol{E} + \boldsymbol{P} = \varepsilon \varepsilon_0 \boldsymbol{E}}\,. \tag{7.5}$$

Man kann die Einführung zweier Feldgrößen rechtfertigen, indem man sagt: $\boldsymbol{E}$ beschreibt die Wirkung des Feldes auf Ladungen ($\boldsymbol{F} = Q\boldsymbol{E}$), $\boldsymbol{D}$ die Art, wie es durch freie Ladungen erzeugt wird ($\operatorname{div} \boldsymbol{D} = \varrho_\mathrm{f}$).

7.1.2 Lorentz-Kraft und Magnetfeld

Im elektrischen Feld $\boldsymbol{E}$ verhalten sich geladene Teilchen sehr einfach: Sie werden in Richtung von $\boldsymbol{E}$ abgelenkt. Ein geladenes Teilchen kann auch in eine Gegend geraten, wo es sich ganz anders verhält. Beobachtung von Elektronen in Vakuumröhren zeigt, daß es eine Kraft mit folgenden Eigenschaften gibt:

- Sie tritt nur auf, wenn sich das geladene Teilchen *bewegt*, und ist proportional der Geschwindigkeit und auch proportional der Ladung selbst.
- Sie wirkt immer *senkrecht* zur Geschwindigkeit $\boldsymbol{v}$ des geladenen Teilchens, lenkt es also *seitlich* ab.
- Wenn man das geladene Teilchen in anderer Richtung einschießt, ändern sich Größe und Richtung der Kraft. Kehrt man die $\boldsymbol{v}$-Richtung um, dann kehrt sich auch die $\boldsymbol{F}$-Richtung um.
- Es gibt eine $\boldsymbol{v}$-Richtung, für die $\boldsymbol{F} = \boldsymbol{0}$ ist, also keine Ablenkung auftritt. Für alle anderen $\boldsymbol{v}$-Richtungen ist $\boldsymbol{F}$ nicht nur senkrecht zu $\boldsymbol{v}$, sondern auch senkrecht zu dieser ausgezeichneten Raumrichtung. Hierdurch ist die Richtung von $\boldsymbol{F}$ festgelegt (nicht aber Betrag und Richtungssinn).
- Wenn $\boldsymbol{v}$ zur ausgezeichneten Raumrichtung den Winkel α bildet, ändert sich der Betrag der ablenkenden Kraft wie $v \sin \alpha$.

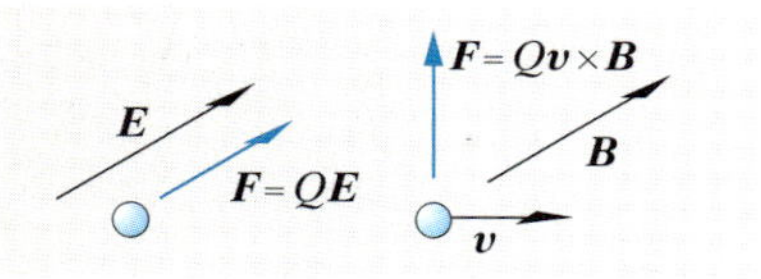

Abb. 7.1. Coulomb-Kraft und Lorentz-Kraft. Im elektrischen Feld $\boldsymbol{E}$ wirkt auf eine Ladung immer eine Kraft, im Magnetfeld $\boldsymbol{B}$ nur, wenn die Ladung sich bewegt

Alle diese Eigenschaften der ablenkenden Kraft lassen sich zusammenfassen durch ihre Darstellung als Vektorprodukt von $Q\boldsymbol{v}$ mit einem Vektor $\boldsymbol{B}$:

$$\boxed{\boldsymbol{F} = Q\boldsymbol{v} \times \boldsymbol{B}} \quad . \tag{7.6}$$

Eine solche Kraft heißt **Lorentz-Kraft**. Wo bewegte Ladungen solche Kräfte erfahren, sagt man, es herrsche ein Magnetfeld. Der Vektor $\boldsymbol{B}$ ist parallel zur ausgezeichneten $\boldsymbol{v}$-Richtung, in der keine Ablenkung auftritt. Der Richtungssinn ergibt sich aus der Definition des Vektorprodukts: Rechte Hand, Daumen $\boldsymbol{v}$, Zeigefinger $\boldsymbol{B}$, Mittelfinger $\boldsymbol{F}$. Dieser Richtungssinn von $\boldsymbol{B}$ ist willkürlich. Man hätte ebensogut definieren können $\boldsymbol{F} = Q\boldsymbol{B} \times \boldsymbol{v}$, und dann ergäbe sich für $\boldsymbol{B}$ der entgegengesetzte Sinn. Auch sämtliche sonstigen physikalischen Wirkungen des Magnetfeldes bleiben dieselben, wenn man $\boldsymbol{B}$ anders herum definiert. Der Betrag von $\boldsymbol{B}$ ist mit (7.6) festgelegt, ebenso seine Einheit:

$$\boxed{\frac{\mathrm{N}}{\mathrm{C\,m\,s^{-1}}} = \frac{\mathrm{J}}{\mathrm{m\,C\,m\,s^{-1}}} = \mathrm{V\,s\,m^{-2}} = \mathrm{T} = \mathrm{Tesla} = 10^4\,\mathrm{Gauß}} \quad . \tag{7.7}$$

Wir haben das Magnetfeld $\boldsymbol{B}$ durch seine Kraftwirkung auf bewegte Ladungen definiert, ebenso wie wir das elektrische Feld $\boldsymbol{E}$ durch seine Kraftwirkung auf Ladungen (von beliebigem Bewegungszustand) definierten. Gewöhnlich geht man von der *Erzeugung* des Feldes aus. Wir können schon vermuten, daß $\boldsymbol{B}$ durch *bewegte* Ladungen, also Ströme erzeugt wird, ebenso wie $\boldsymbol{E}$ durch Ladungen von beliebigem Bewegungszustand (Abschn. 7.2).

7.1.3 Kräfte auf Ströme im Magnetfeld

Durch ein Drahtstück mit der Länge l und dem Querschnitt A fließe ein Strom I, d. h. es herrsche eine Stromdichte vom Betrag $j = I/A$ und mit der Richtung der Drahtachse. Wenn der Draht geladene Teilchen, z. B. Elektronen mit der Ladung $Q = -e$ in der Anzahldichte n enthält, müssen diese sich mit einer mittleren Geschwindigkeit $\boldsymbol{v}$ bewegen, so daß

$$\boldsymbol{j} = en\boldsymbol{v} \quad \text{und} \quad I = -envA \tag{7.8}$$

(vgl. Abschn. 6.4.2). Das ganze Drahtstück enthält nlA Elektronen. Auf jedes dieser bewegten Elektronen wirkt die Lorentz-Kraft $\boldsymbol{F} = e\boldsymbol{v} \times \boldsymbol{B}$, auf die nlA Elektronen im Draht die Gesamtkraft

$$\boldsymbol{F} = -enlA\boldsymbol{v} \times \boldsymbol{B} \,.$$

Nach (7.8) kann man das durch den Strom ausdrücken:

$$\boxed{\boldsymbol{F} = I\boldsymbol{l} \times \boldsymbol{B}} \quad . \tag{7.9}$$

$\boldsymbol{l}$ kennzeichnet nicht nur die Länge des Drahtes (durch seinen Betrag l), sondern auch seine Richtung; der Richtungssinn ist so, daß der Strom als positiv zählt, wenn er in $\boldsymbol{l}$-Richtung fließt.

Bemerkenswert an (7.9) ist, daß die Kraft *nicht* von den mikroskopischen Einzelheiten des Leitungsmechanismus abhängt. Gäbe es weniger

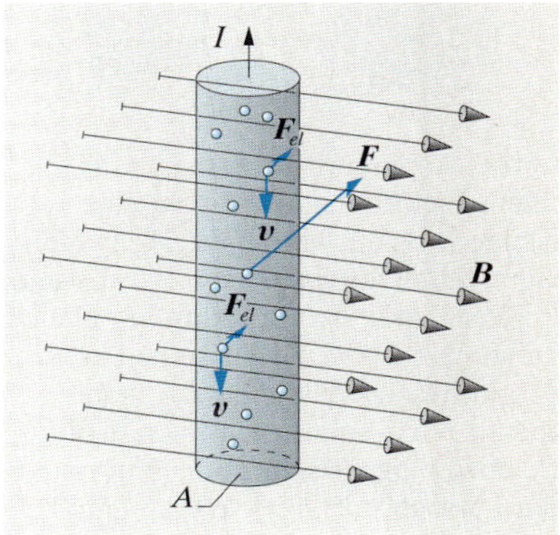

Abb. 7.2. Die Kraft auf einen Draht der Länge $\boldsymbol{l}$, der den Strom I führt, im Magnetfeld $\boldsymbol{B}$ ist $\boldsymbol{F} = I\boldsymbol{l} \times \boldsymbol{B}$, unabhängig davon, wieviele Ladungen nötig sind, um den Strom zu transportieren, und wie schnell sie sich bewegen

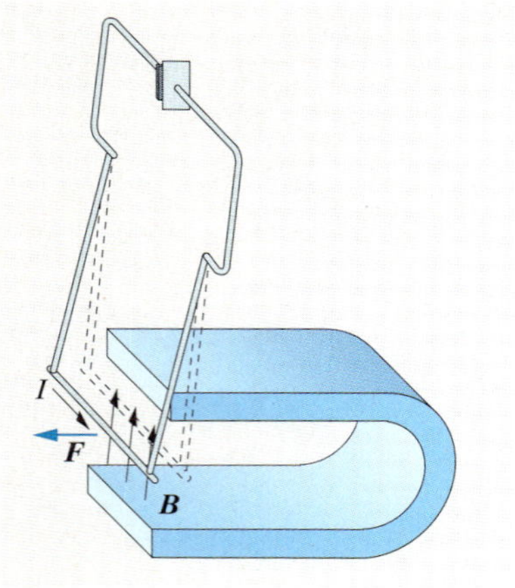

Abb. 7.3. Lorentz-Schaukel. Der Draht wird seitlich weggedrückt, sobald ein Strom durchfließt. Änderung der Stromrichtung kehrt auch die Auslenkung um

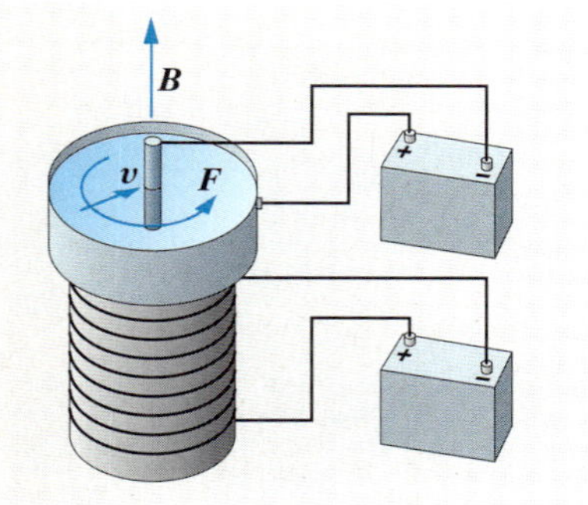

Abb. 7.4. Lorentz-Karussell. Auf einem Elektromagneten steht eine Wanne z. B. mit verdünnter Schwefelsäure, durch die zwischen zentraler und äußerer Elektrode ein Strom in radialer Richtung fließt. Die Flüssigkeit setzt sich in rotierende Bewegung, denn überall wirkt eine Lorentz-Kraft im gleichen tangentialen Sinn. Will man den Versuch mit Wechselspannung betreiben, nehme man den Eisenkern aus dem Elektromagneten (warum?) und lege einen geeigneten regelbaren Widerstand vor die Spule (wozu?). Denken Sie an diesen Versuch, wenn Sie Asynchronmotor, Wechselstromzähler u. ä. studieren

Ladungsträger, müßten sie schneller laufen, um den gegebenen Strom I zu erzeugen. In $\boldsymbol{F}$ geht aber nur das Produkt $n\boldsymbol{v}$ ein. Auch wenn die Ladungsträger das andere Vorzeichen hätten, würde sich $\boldsymbol{F}$ nicht ändern: Die Vorzeichen von Q und $\boldsymbol{v}$ kehrten sich gleichzeitig um. Es spielt auch keine Rolle, ob es mehrere Gruppen von Trägern mit verschiedenen Ladungen und Geschwindigkeiten gibt. $\boldsymbol{F}$ hängt nur vom makroskopischen Strom I ab.

Noch einfacher als (7.9) ist die Beziehung zwischen Stromdichte $\boldsymbol{j}$ und Kraft*dichte* $\boldsymbol{f}$ (Kraft auf die Volumeneinheit des Leiters):

$$\boxed{\boldsymbol{f} = \boldsymbol{j} \times \boldsymbol{B}} \, . \tag{7.10}$$

Sie ergibt sich aus (7.9) sofort durch Division durch das Drahtvolumen Al.

(7.9) bzw. (7.10) ist die Grundlage der Technik der Elektromotoren und der elektrischen Meßgeräte. Hier handelt es sich meist um **Leiterschleifen** im Magnetfeld. Eine Rechteckschleife mit den Seitenlängen a, b, drehbar um die Mitte der b-Seiten, werde von einem Strom I durchflossen und befinde sich in einem homogenen Magnetfeld, dessen $\boldsymbol{B}$ parallel zur Schleifenebene und senkrecht zur Drehachse steht. In den beiden a-Stükken fließt der Strom I in entgegengesetzten Richtungen. Die Lorentz-Kräfte bilden also ein Kräftepaar $\pm IaB$ senkrecht zur Schleifenebene, d. h. ein Drehmoment $bIaB$, dessen Vektor in Achsenrichtung liegt und das die Schleife um diese Achse zu drehen sucht. Wir kennzeichnen die Größe und Stellung der Schleife durch den Normalvektor $\boldsymbol{A}$, dessen Betrag die Fläche ab ist und der so senkrecht zur Schleifenebene steht, daß der Strom im Rechtsschraubensinn umläuft (Rechte-Hand-Regel: Wenn die gekrümmten Finger die Stromrichtung angeben, zeigt der ausgestreckte Daumen in $\boldsymbol{A}$-Richtung). Wenn $\boldsymbol{A}$ einen Winkel α zur $\boldsymbol{B}$-Richtung bildet, sind die beiden Lorentz-Kräfte noch ebensogroß wie bei $\alpha = 90°$, aber der „Kraftarm" ist nur noch $b \sin\alpha$, das Drehmoment hat den Betrag $IabB \sin\alpha$. Offenbar lassen sich Beträge und Richtungen vollständig darstellen durch

$$\boxed{\boldsymbol{T} = I\boldsymbol{A} \times \boldsymbol{B}} \, . \tag{7.11}$$

Die Schleife möchte sich so stellen, daß $\boldsymbol{A} \parallel \boldsymbol{B}$ wird, d. h. daß der Strom das Feld nach der Rechte-Hand-Regel umkreist. Dies ist eine stabile Gleichgewichtslage, denn $\boldsymbol{T} = \boldsymbol{0}$, und jede Verdrehung erzeugt ein Rückstellmoment. Der $\boldsymbol{A}$-Vektor stellt sich ein wie eine Kompaßnadel. Manchmal faßt man daher I und $\boldsymbol{A}$ zum **magnetischen Moment** der Stromschleife zusammen:

$$\boxed{\boldsymbol{m} = I\boldsymbol{A} \quad \text{und} \quad \boldsymbol{T} = \boldsymbol{m} \times \boldsymbol{B}} \, . \tag{7.12}$$

7.1.4 Der Hall-Effekt

Die Lorentz-Kraft auf einen stromdurchflossenen Leiter im Magnetfeld wirkt primär auf die Ladungsträger, die sich darin bewegen. Sie werden relativ zum Leiter seitlich abgelenkt, senkrecht zu ihrer Flugrichtung und zu $\boldsymbol{B}$. An beiden Seitenflächen des Leiters häufen sich entgegengesetzte Ladungen an. Nach sehr kurzer Zeit (Beispiel, s. unten) hat das Querfeld E_{H}, das diese Ladungen erzeugen, einen Wert erreicht, der die Lorentz-Kraft genau kompensiert:

$$e\boldsymbol{E}_{\mathrm{H}} = -e\boldsymbol{v} \times \boldsymbol{B} . \tag{7.13}$$

Dann laufen die Träger wieder gerade durch den Leiter, d. h. parallel zu seinen Seitenflächen. Es bleibt die Kraftdichte $\boldsymbol{f} = \boldsymbol{j} \times \boldsymbol{B} = -en\boldsymbol{v} \times \boldsymbol{B}$ auf den Leiter selbst.

In einem Leiter der Dicke b im transversalen $\boldsymbol{B}$-Feld ($\boldsymbol{j} \perp \boldsymbol{B}$, Abb. 7.6) bedingt das Querfeld $\boldsymbol{E}_{\mathrm{H}} = -\boldsymbol{v} \times \boldsymbol{B}$ eine Querspannung

$$U_{\mathrm{H}} = -bvB , \tag{7.14}$$

die **Hall-Spannung** (*Edwin Hall*, 1879). Im Gegensatz zur Lorentz-Kraft auf den gesamten Leiter ist die Hall-Spannung nicht nur von der Gesamtstromdichte $j = env$ abhängig, sondern von der Trägergeschwindigkeit v allein, und erlaubt daher, die Faktoren im Ausdruck env getrennt zu bestimmen. Drückt man die Hall-Spannung durch den Gesamtstrom $I = dbj = dbenv$ aus, dann wird

$$\boxed{U_{\mathrm{H}} = -\frac{1}{en}\frac{IB}{d} = -A_{\mathrm{H}}\frac{IB}{d}} . \tag{7.15}$$

$A_{\mathrm{H}} = 1/(en)$ heißt Hall-Koeffizient des Materials. Aus seinem Vorzeichen ergibt sich das der Ladungsträger, sein Betrag ist um so größer, je kleiner n ist. Bei gut leitenden Metallen ist der **Hall-Effekt** daher sehr klein, seine Bedeutung gewinnt er erst bei Halbmetallen wie Wismut und besonders bei den Halbleitern. Ganz speziell kommen die 3–5-Halbleiter (Verbindungen aus einem Element der dritten und einem der fünften Spalte des Periodensystems, z. B. InAs und InSb) zum Bau von Hall-Generatoren in Betracht. Bei ihnen laufen die Ladungsträger im gegebenen elektrischen Feld besonders schnell (hohe Beweglichkeit v/E).

Mit **Hall-Generatoren** aus solchen 3–5-Verbindungen kann man die Messung eines Magnetfeldes auf einfache elektrische Messungen von I und U_{H} zurückführen: Hall-Sonde. Die Hall-Spannung U_{H} ist proportional zum Produkt von I und B. Im allgemeinen wird das Feld B durch einen anderen Strom I' erzeugt, der z. B. durch eine Spule fließt, die den Hall-Generator umgibt. Dann ist $U_{\mathrm{H}} \sim I\,I'$. Messung der Hall-Spannung liefert das *Produkt* zweier Ströme. Mit einem Hall-Generator kann man in Analogrechnern multiplizieren. Wenn der eine Strom, etwa I', proportional der anliegenden Spannung U ist, mißt U_{H} die Leistung IU (Hall-Wattmeter).

✗ Beispiel...

Wenn man quer zum elektrischen Feld ein Magnetfeld einschaltet, dauert es im Prinzip eine gewisse Zeit, bis sich durch Ladungsträgerverschiebung das Hall-Feld senkrecht zu beiden Feldern ausbildet. Schätzen Sie diese Zeit. Sie werden eine bereits bekannte Größe wiederfinden. ▶

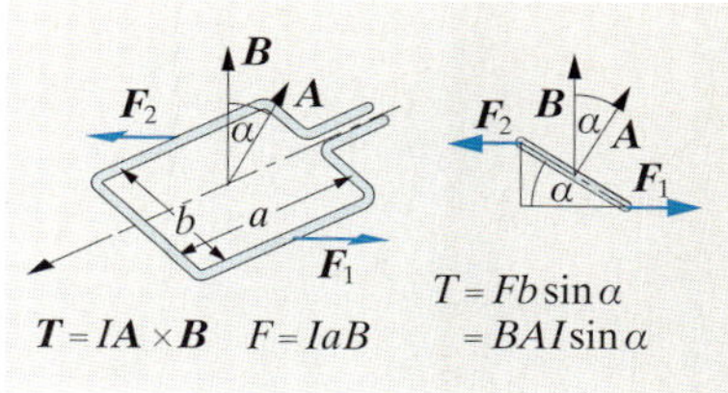

Abb. 7.5. Das Drehmoment auf eine Leiterschleife im Magnetfeld hängt ab von Strom I, Fläche A, Feld B und dem Winkel α zwischen Schleifennormale und Feld: $T = IAB \sin\alpha$

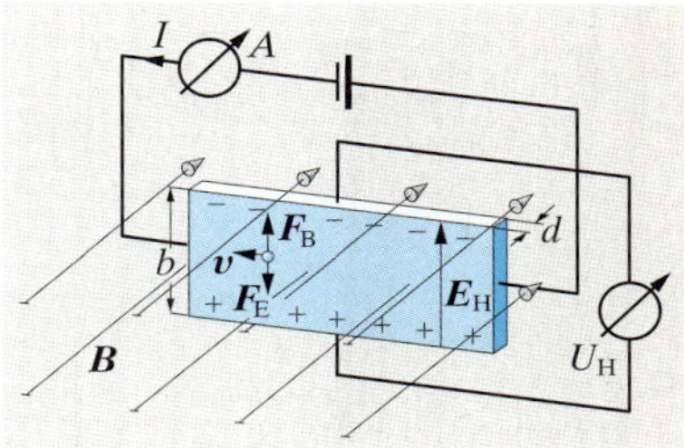

Abb. 7.6. Hall-Effekt. Die Lorentz-Kraft treibt die Ladungsträger im Magnetfeld B seitlich ab, bis sich ein Querfeld $\boldsymbol{E}_{\mathrm{H}} = -v \times \boldsymbol{B}$ aufbaut, das die Lorentz-Kraft kompensiert. Die entsprechende Querspannung erlaubt also v direkt zu messen. Sind Ladungsträger beider Vorzeichen vorhanden, treiben beide zur gleichen Seite ab (ihre elektrischen Driftgeschwindigkeiten sind ja entgegengesetzt), und ihre Querfelder subtrahieren sich

Das Querfeld $E_\perp = vB$ setzt eine Flächenaufladung $\varrho d = \varepsilon_0 \varepsilon E$ voraus. Diese Ladung wird durch eine Stromdichte j in der Zeit $\varepsilon_0 \varepsilon E_\perp / j$ aufgebaut. Diese Stromdichte läßt sich als $j = \sigma E_\perp$ ausdrücken, also ist die Aufbauzeit $\tau = \varepsilon\varepsilon_0/\sigma$, die elektrische Relaxationszeit (Abschn. 6.4.3g), die für Metalle und selbst für Halbleiter sehr kurz ist, nur selten größer als 10^{-10} s.

7.1.5 Relativität der Felder

Die folgenden Überlegungen sind grundlegend für ein tieferes Verständnis der begrifflichen Struktur der Elektrodynamik, z. B. des **Induktionsgesetzes** und des **Verschiebungsstromes**, aber auch so handfester Dinge wie Elektromotoren und Generatoren.

Wir betrachten wieder ein Elektron, das mit der Geschwindigkeit $\boldsymbol{v}$ z. B. von uns weg durchs Labor fliegt. In einem bestimmten Gebiet beginne das Elektron nach links von seiner bisher geraden Bahn abzuweichen. Das könnte zunächst zwei Ursachen haben: Ein nach *rechts* gerichtetes $\boldsymbol{E}$-Feld oder ein nach *oben* gerichtetes $\boldsymbol{B}$-Feld (man beachte die negative Ladung des Elektrons). Genauere Betrachtung zeige, daß das Elektron mit gleichförmiger Geschwindigkeit einen Kreis zu beschreiben beginnt, was auf eine Kraft immer senkrecht zu $\boldsymbol{v}$ schließen läßt. In einem homogenen $\boldsymbol{E}$-Feld würde das Elektron eine Parabel beschreiben und Geschwindigkeit gewinnen. Es handelt sich also um ein $\boldsymbol{B}$-Feld.

Ein ungeladenes Atom fliege anfangs parallel zu unserem Elektron, z. B. etwas rechts davon. Ein Beobachter, der auf diesem Atom säße, würde zunächst ein *ruhendes* Elektron in gewissem Abstand sehen. Nach einer Weile (der Labor-Beobachter würde sagen: Wenn die Teilchen ins $\boldsymbol{B}$-Feld eintreten) beginnt das Elektron sich *beschleunigt* vom Atom-Beobachter zu entfernen. Dafür muß eine Kraft verantwortlich sein. Größe und Richtung dieser Kraft sind dieselben, die wir auch messen. Der Atom-Beobachter kann sie aber nicht als Lorentz-Kraft deuten, denn das Elektron ruht ja für ihn. Die einzige Kraft, die auf ruhende Elektronen wirkt, ist eine Coulomb-Kraft $-e\boldsymbol{E}'$ (Gravitationskräfte sind für atomare Teilchen fast immer vernachlässigbar, Kernkräfte und dgl. wirken nur in subatomaren Bereichen). Getreu unserem Standpunkt, die Felder durch ihre Kraftwirkungen auf Ladungen zu definieren, folgert also der Atombeobachter die Existenz eines elektrischen Feldes $\boldsymbol{E}'$ im fraglichen Gebiet. Dieses Feld erzeugt genau die gleiche Kraft, die der Labor-Beobachter als Lorentz-Kraft deutet, also

$$\boxed{\boldsymbol{E}' = \boldsymbol{v} \times \boldsymbol{B}} \qquad (7.16)$$

(gestrichene Größen: Atom-System; ungestrichene Größen: Labor-System).

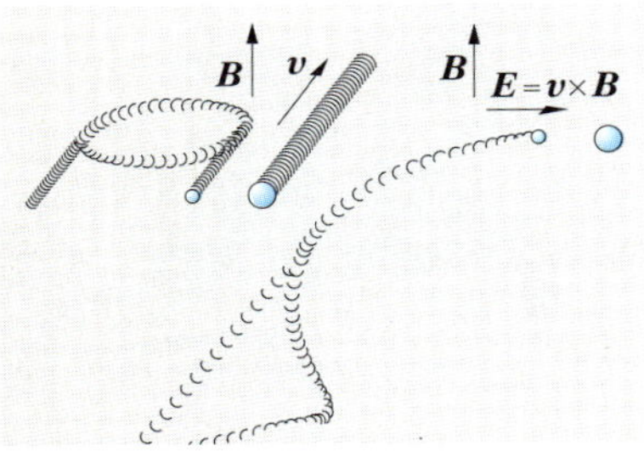

Abb. 7.7. Im Laborsystem beginnt das Elektron einen Kreis zu beschreiben, sobald es ins Magnetfeld $\boldsymbol{B}$ eintritt. Im mitbewegten System muß diese Ablenkung zunächst allein von einem elektrischen Feld $\boldsymbol{E} = \boldsymbol{v} \times \boldsymbol{B}$ stammen, weil das Elektron anfangs ruht. Erst später, wenn das Elektron in Fahrt gekommen ist, kann sich auch das $\boldsymbol{B}$-Feld auswirken und erzeugt eine Zykloidenbahn des Elektrons

Wenn man sich mit der Geschwindigkeit $\boldsymbol{v}$ gegen ein System bewegt, in dem ein $\boldsymbol{B}$-Feld herrscht, aber kein $\boldsymbol{E}$-Feld, empfindet man ein $\boldsymbol{E}'$-Feld gemäß $\boldsymbol{E}' = \boldsymbol{v} \times \boldsymbol{B}$.

Man kann also wahlweise sagen: Das geladene Teilchen wird abgelenkt, weil es sich im $\boldsymbol{B}$-Feld bewegt, oder: Das Teilchen wird von dem $\boldsymbol{E}'$-Feld beschleunigt, das in seinem Eigensystem herrscht.

Diese Betrachtung gilt zunächst nur kurz nach dem Eintritt ins $\boldsymbol{B}$-Feld, d. h. solange das Elektron relativ zum Atom-Beobachter A noch praktisch ruht. Später nimmt das Elektron auch für A eine Geschwindigkeit an, und seine Bewegung wird dann auch für A von *zwei* Kräften beherrscht, nämlich der Coulomb-Kraft im Feld $\boldsymbol{E}'$ und der Lorentz-Kraft im Feld $\boldsymbol{B}'$, das auch für A existiert und für nicht zu schnelle Bewegungen ($v \ll c$) ebensogroß ist wie das $\boldsymbol{B}$ im Laborsystem. Kinematisch ist sofort klar, was für eine Bahn das Elektron für den Atom-Beobachter A beschreibt: Eine Zykloide. Der stationäre Kreis, den man vom Labor aus beobachtet, rollt für ihn mit der Geschwindigkeit $-\boldsymbol{v}$ nach hinten weg. Wir wissen daher ohne jede Rechnung auch, was ein anfangs ruhendes Elektron tut, wenn es im Laborsystem einem homogenen Magnetfeld $\boldsymbol{B}$ und einem dazu senkrechten Feld $\boldsymbol{E}$ ausgesetzt ist: Es beschreibt ebenfalls eine Zykloide (Aufgabe 7.1.8).

Die Symmetrie zwischen $\boldsymbol{E}$ und $\boldsymbol{B}$, die bisher überall herrschte, läßt vermuten, daß aus einem $\boldsymbol{E}$ auch ein $\boldsymbol{B}$ herauswächst, wenn man sich bewegt. Im Laborsystem L herrsche kein $\boldsymbol{B}$, nur ein $\boldsymbol{E}$. Beobachtet man in einem System, das sich mit $\boldsymbol{v}$ gegen L bewegt, nur ein $\boldsymbol{E}'$ oder auch ein $\boldsymbol{B}'$? Wenn ein $\boldsymbol{B}'$ auftritt, wird es sicher auch proportional zu $\boldsymbol{v}$ sein. Wir vermuten analog zu (7.16)

$$\boldsymbol{B}' = k\boldsymbol{v} \times \boldsymbol{E}\,.$$

Aus Dimensionsgründen muß die Konstante k ein reziprokes Geschwindigkeitsquadrat sein, denn andererseits ist ja $\boldsymbol{E}' = \boldsymbol{v} \times \boldsymbol{B}$. k ist eine *universelle* Konstante. Die einzige universelle Naturkonstante dieser Dimension, die nicht von der atomaren Struktur der Materie bedingt wird, ist c^{-2}. Wir postulieren also

$$\boxed{\boldsymbol{B}' = -\frac{1}{c^2}\boldsymbol{v} \times \boldsymbol{E}}\,. \tag{7.17}$$

Diese Beziehung, einschließlich des Vorzeichens, wird in Abschn. 7.2.2 aus einer etwas komplizierten Betrachtung abgeleitet. Wir erheben sie zunächst zum Postulat vom gleichen Rang wie $\boldsymbol{E}' = \boldsymbol{v} \times \boldsymbol{B}$ oder wie die damit äquivalente Existenz der Lorentz-Kraft.

7.2 Erzeugung von Magnetfeldern

Biot und *Savart* fanden gleich nach *Oersted* 1820 die $1/r$-Abhängigkeit der Magnetkraft um einen Draht. *André Marie Ampère*, von dem man sagt, daß er mit 12 Jahren die gesamte damalige Mathematik beherrschte, formulierte 1823 allgemein das Durchflutungsgesetz für den Zusammenhang zwischen Strom und Feld.

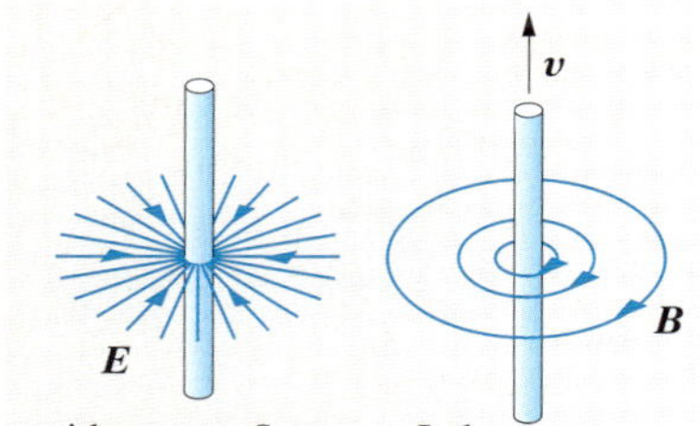

Abb. 7.8. Der mit $\boldsymbol{v}$ fließende Elektronenstrahl erzeugt im mitbewegten System nur ein radiales E-Feld. $E = neA/(2\pi\varepsilon_0 r)$. Im Laborsystem wächst aus diesem E-Feld ein tangentiales B-Feld vom Betrag $B = vE/c^2 = neAv/(2\pi\varepsilon_0 rc^2) = \mu_0 I/(2\pi r)$

7.2.1 Das Feld des geraden Elektronenstrahles oder des geraden Drahtes

Eine Elektronenquelle emittiere ständig Elektronen in eine bestimmte Richtung. Durch den Raum fliegt also ein praktisch kompakter Zylinder vom Querschnitt A aus Elektronen mit der Geschwindigkeit $\boldsymbol{v}$ und der Anzahldichte n. Er repräsentiert eine Stromdichte $\boldsymbol{j} = -en\boldsymbol{v}$ in Achsrichtung und einen Strom $I = -envA$. Zweifellos erzeugt dieser Strom ein Magnetfeld $\boldsymbol{B}$ um den Strahl. Um es zu bestimmen, verlassen wir das Laborsystem und fliegen mit den Elektronen mit. Dann ruhen für uns die Elektronen, repräsentieren keinen Strom und erzeugen kein Magnetfeld. Ein $\boldsymbol{E}$-Feld erzeugen sie aber bestimmt. Dieses ist leicht anzugeben, z. B. mittels des Satzes von *Gauß* (6.9): Ein Zylinder vom Radius r und der Länge l, der den Strahl umschließt, enthält die Ladung $-enAl$. Der elektrische Fluß durch seine Oberfläche $2\pi rl$ ist $2\pi rlE' = -enAl/\varepsilon_0$, also

$$E' = -\frac{enA}{2\pi\varepsilon_0 r} = \frac{I}{2\pi\varepsilon_0 vr}\,. \tag{7.18}$$

$\boldsymbol{E}'$ zeigt überall radial auf den Strahl zu (negative Teilchen).

Jetzt begeben wir uns zurück ins Laborsystem. Dazu müssen wir die Transformation (7.17) rückwärts anwenden. Im System der Elektronen herrscht ja nur das $\boldsymbol{E}$-Feld (7.18). Welches $\boldsymbol{B}$-Feld wächst daraus hervor, wenn man sich mit $-\boldsymbol{v}$ dagegen bewegt, wie es das Labor tut? Das $\boldsymbol{B}$-Feld hat den Betrag

$$B = \frac{vE'}{c^2} = \frac{I}{2\pi\varepsilon_0 c^2 r} \tag{7.19}$$

und steht überall senkrecht auf $\boldsymbol{E}'$ (der Radialrichtung) und $\boldsymbol{v}$ (der Strahlrichtung). Die $\boldsymbol{B}$-Linien können daher nur in konzentrischen Kreisen um den Strahl laufen. Sie haben keinen Anfang und kein Ende, im Gegensatz zu den $\boldsymbol{E}$-Linien, die in Ladungen beginnen und enden. $\boldsymbol{B}$ ist divergenzfrei:

$$\boxed{\operatorname{div} \boldsymbol{B} = 0}\,. \tag{7.20}$$

Wir werden sehen, daß dies eine ganz allgemeine Eigenschaft des $\boldsymbol{B}$-Feldes ist. Sie drückt aus, daß es keine magnetischen Ladungen gibt.

Außerdem lesen wir aus (7.19) ab: Das Linienintegral von $\boldsymbol{B}$ über jeden Kreis um die Strahlachse hat den gleichen Wert

$$\boxed{\oint \boldsymbol{B} \cdot \mathrm{d}\boldsymbol{r} = \frac{I}{\varepsilon_0 c^2}}\,. \tag{7.21}$$

Das gilt überhaupt für jede geschlossene Kurve, die den Strahl umschließt. Jede geschlossene Kurve, die den Strahl draußen läßt, ergibt Null als Linienintegral. Nach dem Satz von *Stokes* (3.25) bedeutet das

$$\boxed{\operatorname{rot} \boldsymbol{B} = \boldsymbol{0} \quad \text{überall außerhalb des Strahls}}\,. \tag{7.22}$$

Innerhalb des Strahls kann rot $\boldsymbol{B}$ nicht verschwinden, sondern es muß sein

$$\boxed{\operatorname{rot} \boldsymbol{B} = \frac{\boldsymbol{j}}{\varepsilon_0 c^2}} \; . \tag{7.23}$$

Wenn es für die Erzeugung des Magnetfeldes nur auf den Strom ankommt, muß ein *gerader Draht*, durch den der Strom I fließt, das gleiche $\boldsymbol{B}$ erzeugen wie der Elektronenstrahl. Das ist auch der Fall, obwohl die Ladungsverteilung im Draht anders ist. Der Elektronen-„Strahl" bewegt sich hier durch ein Gitter aus ebensovielen positiven Metallionen. Wir werden diese Situation studieren und dabei die Transformation (7.17) und die Feldformel (7.19) direkt ableiten. Wem das zu schwierig erscheint, der kann (7.17) als Postulat betrachten.

7.2.2 Der gerade Draht, relativistisch betrachtet

Aus der Relativitätstheorie brauchen wir nur die Weltliniendarstellung und die Relativität der Gleichzeitigkeit (Abschn. 15.1.4 und 15.2.1). Es handelt sich hier um den Übergang von Laborsystem L, in dem die Elektronen im Draht mit der Geschwindigkeit $\boldsymbol{v}$ fliegen, zum System A, das sich mit den Elektronen mitbewegt, in dem also die positiven Metallionen die Geschwindigkeit $-\boldsymbol{v}$ haben.

Im System L kompensieren sich die Ladungen von Elektronen und Ionen genau. Beide haben gleiche Anzahldichten $n_- = n_+$, der Draht ist neutral, es herrscht kein $\boldsymbol{E}$-Feld (abgesehen von dem vernachlässigbar kleinen Feld, das die Elektronen durch den Draht treibt). Es herrscht aber ein $\boldsymbol{B}$-Feld, das wir bestimmen müssen. Wenn im L-System ein $\boldsymbol{B}$-Feld herrscht, ergibt sich nach (7.16) im A-System ein $\boldsymbol{E}'$-Feld $\boldsymbol{E}' = \boldsymbol{v} \times \boldsymbol{B}$. Das ist überraschend. Woher kann es kommen? Ist der Draht im A-System etwa geladen?

Wir zeichnen die Weltlinien der Elektronen und Ionen im L-System (Abb. 7.9). Die Elektronenlinien laufen unter dem Winkel $\alpha \approx v/c$ gegen die t-Achse, die Ionenlinien vertikal. Beide sind gleichdicht gelagert: Jeder Elektronenlinie entspricht eine Ionenlinie. Die t'-Achse des A-Systems ist auch um α gegen die t-Achse geneigt (das ist klar, denn ein bestimmtes Elektron ist immer auf ihr). Aber auch die x'-Achse (die Jetzt-Achse von A) ist um α gegen die x-Achse geneigt, und zwar im entgegengesetzten Sinn (Relativität der Gleichzeitigkeit). Auf dieser Achse liegen die Ionen *dichter* als die Elektronen, d. h. der A-Beobachter sieht in jedem Moment tatsächlich mehr Ionen als Elektronen. Der Draht ist für ihn positiv geladen.

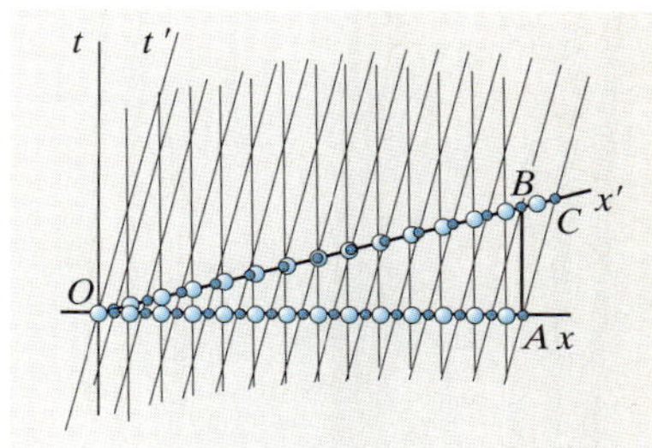

Abb. 7.9. Im Laborsystem ist ein stromführender Draht ungeladen (gleichdichte Ionen und Elektronen). In dem System, das sich mit den Elektronen mitbewegt (Geschwindigkeit hier weit übertrieben), liegen die Elektronen weniger dicht als die Ionen (schräge x'-Achse = Jetzt-Achse des mitbewegten Systems), also ist der Draht in diesem System positiv geladen. Die Ladungsdichte läßt sich aus den Dreiecken OAB bzw. OAC ablesen

Die Anzahldichten der Teilchen im System A sind umgekehrt proportional zu ihren Abständen auf der x'-Achse. Für die kleinen Winkel $\alpha \approx v/c$, die hier in Betracht kommen, liest man aus Abb. 7.9 ab

$$\frac{n'_+}{n'_-} = \frac{OC}{OB} = \frac{OB + BC}{OB} = 1 + \frac{BC}{AB}\frac{AB}{OB} = 1 + \frac{v^2}{c^2} \; . \tag{7.24}$$

Im A-System hat der Draht also die positive Ladungsdichte $\varrho' = e(n'_+ - n'_-) = en_- v^2/c^2$. Sie erzeugt im Abstand r ein $\boldsymbol{E}$-Feld vom Betrag

$$E' = \frac{\varrho' A}{2\pi\varepsilon_0 r} = \frac{en_- v^2 A}{2\pi\varepsilon_0 c^2 r}$$

oder mit dem Strom $I = en_- Av$

$$E' = \frac{Iv}{2\pi\varepsilon_0 c^2 r} \; .$$

Dieses Feld zeigt überall nach außen. Es muß aus dem zu bestimmenden $\boldsymbol{B}$-Feld im L-System entstanden sein als $\boldsymbol{E}' = \boldsymbol{v} \times \boldsymbol{B}$. Daher hat $\boldsymbol{B}$ den Betrag

$$B = \frac{I}{2\pi\varepsilon_0 c^2 r} ,$$

wie in Abschn. 7.2.1 behauptet. Auch die Richtungen ergeben sich zutreffend. Damit bestätigt sich auch die Transformation $\boldsymbol{B}' = -\boldsymbol{v} \times \boldsymbol{E}/c^2$, aus der wir $\boldsymbol{B}$ für den zum Draht äquivalenten Elektronenstrahl abgeleitet hatten.

7.2.3 Allgemeine Eigenschaften des Magnetfeldes

Wir nehmen an, es gebe ein Bezugssystem, in dem alle Ladungen ruhen, also nur $\boldsymbol{E}$-Felder herrschen. Die Ladungsdichteverteilung sei $\varrho(\boldsymbol{r})$. In einem anderen System, das sich mit $\boldsymbol{v}$ gegen das Ruhsystem bewegt, fliegen alle Ladungen mit der Geschwindigkeit $-\boldsymbol{v}$ und repräsentieren die Stromdichteverteilung $\boldsymbol{j} = -\varrho\boldsymbol{v}$. In diesem System gibt es auch $\boldsymbol{B}'$-Felder, nämlich $\boldsymbol{B}' = -\boldsymbol{v} \times \boldsymbol{E}/c^2$. Nun bilden wir rot $\boldsymbol{B}'$. Nach einer allgemeinen Formel der Vektoranalysis (Aufgabe 7.1.5) ist bei konstantem $\boldsymbol{a}$

$$\operatorname{rot}\,(\boldsymbol{a} \times \boldsymbol{b}) = \boldsymbol{a} \operatorname{div} \boldsymbol{b}$$

also

$$\operatorname{rot} \boldsymbol{B}' = -\frac{1}{c^2} \boldsymbol{v} \operatorname{div} \boldsymbol{E} .$$

Nach der Poisson-Gleichung ist $\operatorname{div} \boldsymbol{E} = \varrho/\varepsilon_0$ und daher

$$\boxed{\operatorname{rot} \boldsymbol{B}' = -\frac{1}{\varepsilon_0 c^2} \varrho \boldsymbol{v} = \frac{1}{\varepsilon_0 c^2} \boldsymbol{j}} . \tag{7.25}$$

Diese Gleichung beschreibt ganz allgemein, auch ohne Übergang zu anderen Bezugssystemen, welches Magnetfeld eine gegebene Stromverteilung erzeugt. Wir werden in den Anwendungen von dieser oder der äquivalenten Gleichung in Integralform

$$\boxed{\oint \boldsymbol{B} \cdot \mathrm{d}\boldsymbol{r} = \frac{1}{\varepsilon_0 c^2} I} \tag{7.26}$$

ausgehen. Dabei ist irgendeine geschlossene Kurve zugrundegelegt, um die integriert wird. I ist der Strom, der durch irgendeine von dieser Kurve aufgespannte Fläche tritt (Abb. 7.10).

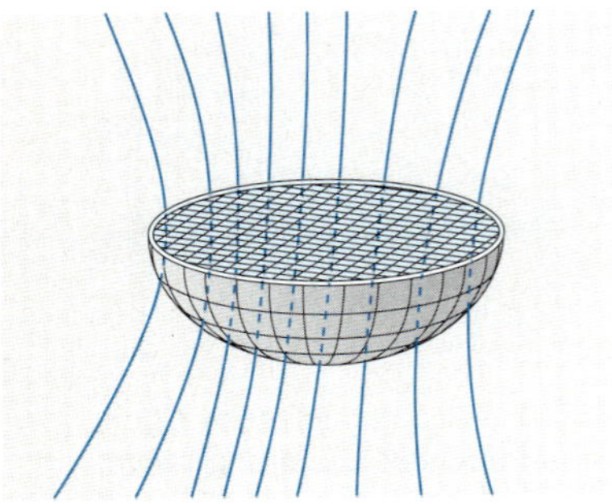

Abb. 7.10. Wenn längs des dick gezeichneten Ringes ein Strom fließt, ist der Magnetfluß durch jede vom Ring begrenzte Fläche der gleiche, weil B-Linien keine Enden haben. Das gilt für jede Kurve, nicht nur für den stromdurchflossenen Ring. Durch eine in sich geschlossene Fläche ist der Gesamtmagnetfluß daher Null

Ganz analog bilden wir die Divergenz von $\boldsymbol{B}'$:

$$\operatorname{div} \boldsymbol{B}' = -\frac{1}{c^2} \operatorname{div}(\boldsymbol{v} \times \boldsymbol{E}) = \frac{1}{c^2} \boldsymbol{v} \cdot \operatorname{rot} \boldsymbol{E} .$$

Das $\boldsymbol{E}$-Feld, wenigstens im hier betrachteten statischen Fall, besitzt aber ein Potential und ist daher rotationsfrei. Damit wird

$$\boxed{\operatorname{div} \boldsymbol{B}' = 0} . \tag{7.27}$$

Das $\boldsymbol{B}$-Feld ist quellenfrei. Das gilt allgemein, bis man eventuell freie magnetische Ladungen (Monopole) entdecken wird. Praktisch würden die Monopole auch keine Rolle spielen (Abschn. 13.4.11), und (7.27) bliebe richtig.

Wie in Abschn. 6.1.2 kann man die differentielle Beziehung $\operatorname{div} \boldsymbol{B} = 0$ auch auf ein Raumstück endlicher Größe übertragen, indem man in Analogie zum elektrischen Fluß den **Magnetfluß**

$$\boxed{\Phi = \iint \boldsymbol{B} \cdot \mathrm{d}\boldsymbol{A}} \qquad (7.28)$$

über eine beliebige Fläche einführt. Wenn $\boldsymbol{B}$ homogen ist und unter dem Winkel α zur Normale der Fläche $\boldsymbol{A}$ steht, ist $\Phi = BA\cos\alpha$. Für die geschlossene Grenzfläche, die ein Raumstück einschließt, ist

$$\Phi = \oiint \boldsymbol{B} \cdot \mathrm{d}\boldsymbol{A} = \iiint \operatorname{div} \boldsymbol{B}\, \mathrm{d}V = 0\,. \qquad (7.29)$$

Daraus folgt (Abb. 7.10): Der Magnetfluß durch *jede* Fläche, die in einer gegebenen geschlossenen Kurve aufgespannt ist, hängt nur von dieser Kurve, nicht von der Form der Fläche ab.

Jedes Vektorfeld $\boldsymbol{a}(\boldsymbol{r})$ läßt sich aus einem wirbelfreien Quellenfeld $\boldsymbol{a}_1$ und einem quellenfreien Wirbelfeld $\boldsymbol{a}_2$ zusammensetzen. Es ist dann rot $\boldsymbol{a}_1 = 0$, div $\boldsymbol{a}_2 = 0$, und $\boldsymbol{a}_1$ besitzt ein Potential φ, so daß $\boldsymbol{a}_1 = -\operatorname{grad}\varphi$ ist. Andererseits leitet sich das Quellenfeld $\boldsymbol{a}_1$ aus einer Quelldichte $q(\boldsymbol{r})$ her durch div $\boldsymbol{a}_1 = q$, das Wirbelfeld $\boldsymbol{a}_2$ leitet sich aus einer Wirbeldichte $\boldsymbol{w}(\boldsymbol{r})$ her durch rot $\boldsymbol{a}_2 = \boldsymbol{w}$. Offenbar ist das $\boldsymbol{B}$-Feld ein quellenfreies Wirbelfeld mit der Wirbeldichte $\boldsymbol{j}/(\varepsilon_0 c^2)$, das elektrostatische Feld ein wirbelfreies Quellenfeld mit der Quelldichte ϱ/ε_0.

Im elektrischen Fall führt man ein zweites Feld $\boldsymbol{D}$ ein. Im Vakuum läuft der Unterschied zwischen beiden auf eine Multiplikation mit ε_0 hinaus: $\boldsymbol{D} = \varepsilon_0 \boldsymbol{E}$. Die Quellgleichung schreibt sich dann noch einfacher

$$\operatorname{div} \boldsymbol{D} = \varrho\,.$$

Die eigentliche Rechtfertigung für die Einführung von $\boldsymbol{D}$ ergibt sich erst aus der Unterscheidung von freien und gebundenen Ladungen in Materie. Ganz entsprechend kann man im Vakuum den Faktor $1/(\varepsilon_0 c^2)$ in (7.23) beseitigen durch die Festsetzung

$$\boldsymbol{H} = \varepsilon_0 c^2 \boldsymbol{B} = \frac{1}{\mu_0} \boldsymbol{B} \qquad (7.30)$$

mit

$$\mu_0 = \frac{1}{\varepsilon_0 c^2} = \frac{4\pi}{10^7} \frac{\mathrm{V\,m}}{\mathrm{A\,s\,m^2\,s^{-2}}} = 1{,}26 \cdot 10^{-6}\,\mathrm{V\,s\,A^{-1}\,m^{-1}}\,, \qquad (7.31)$$

so daß aus (7.25) wird

$$\boxed{\operatorname{rot} \boldsymbol{H} = \boldsymbol{j}}\,. \qquad (7.32)$$

Seiner Definition entsprechend hat $\boldsymbol{H}$ die Einheit $\mathrm{C/(V\,m) \cdot m^2/s^2 \cdot V\,s/m^2} = \mathrm{A/m}$. In Materie bleibt (7.32) richtig und beschreibt, wie das $\boldsymbol{H}$-Feld durch freie, d. h. makroskopisch in Drähten usw. fließende Ströme $\boldsymbol{j}$ erzeugt wird. Für das $\boldsymbol{B}$-Feld gilt (7.25) nur, wenn man in $\boldsymbol{j}$ auch alle mikroskopischen Ströme einbegreift, die in den Teilchen der Materie zirkulieren. Unter einfachen Umständen gilt dann zwischen $\boldsymbol{B}$ und $\boldsymbol{H}$ ein ähnlicher Zusammenhang wie zwischen $\boldsymbol{E}$ und $\boldsymbol{D}$:

$$\boxed{\boldsymbol{B} = \mu\mu_0 \boldsymbol{H}}\,. \qquad (7.33)$$

μ heißt **Permeabilität** des Materials. In ferromagnetischen Materialien gilt die Proportionalität zwischen $\boldsymbol{B}$ und $\boldsymbol{H}$ nicht allgemein (Abschn. 7.4).

(7.27) und (7.32) sind zwei der vier Maxwell-Gleichungen. Das vollständige Gleichungssystem werden wir in Abschn. 7.6.2 entwickelt haben. Wie bisher werden wir bei dieser Entwicklung nichts brauchen als die Existenz der Coulomb- und Lorentz-Kraft sowie die Relativität der Gleichzeitigkeit.

7.2.4 Das Magnetfeld von Strömen

Aus (7.26), (7.27) oder (7.32) kann man für jede beliebige räumliche Verteilung $\boldsymbol{j}(\boldsymbol{r})$ von Strömen angeben, welches Magnetfeld entsteht. Vielfach gelingt dies ohne jede Rechnung, wenn man zwei Prinzipien dazunimmt, die man als fast selbstverständlich im Gefühl hat, die aber doch zu den tiefsten Naturgesetzen gehören: Das **Symmetrieprinzip** und das **Superpositionsprinzip**.

Das Symmetrieprinzip ist schwer allgemein und präzis zu formulieren. In unserem Fall besagt es, daß die Feldverteilung in ihrer Symmetrie der Stromverteilung entsprechen muß, die sie erzeugt. Das Superpositionsprinzip beruht mathematisch darauf, daß die Gleichung (7.25) linear ist. Es besagt: Wenn sich eine Stromverteilung $\boldsymbol{j}(\boldsymbol{r})$ additiv in zwei andere Verteilungen zerlegen läßt, $\boldsymbol{j}(\boldsymbol{r}) = \boldsymbol{j}_1(\boldsymbol{r}) + \boldsymbol{j}_2(\boldsymbol{r})$, dann ist das von $\boldsymbol{j}$ erzeugte Feld die Summe der von $\boldsymbol{j}_1$ und $\boldsymbol{j}_2$ einzeln erzeugten Felder. Für Ladungsverteilung und elektrostatisches Feld gilt das auch.

Wir betrachten zunächst den statischen Fall. Es sollen Ströme fließen, und zwar von zeitlich unveränderlicher Stärke, ohne daß die Ladungsverteilung sich dadurch ändert. Die Ströme fließen also in geschlossenen Kreisen, angetrieben durch die Spannungen von Gleichstromgeneratoren, Batterien o. dgl. Es werden keine Kondensatoren ge- oder entladen.

Wie sieht $\boldsymbol{H}$ aus, wenn nirgends Strom fließt? Dann muß nicht nur $\operatorname{div} \boldsymbol{B} = 0$, sondern auch $\operatorname{rot} \boldsymbol{H} = \boldsymbol{0}$ sein. An sich gibt es ein Feld, das divergenz- und rotationsfrei ist, nämlich das homogene: $\boldsymbol{H}$ überall gleich. Wenn dabei $\boldsymbol{H} \neq \boldsymbol{0}$ ist, zeichnet es aber eine Richtung aus. Wenn die Bedingungen des Problems keine solche Richtung vorschreiben, d. h. wenn wirklich nirgends Ströme fließen, bleibt also $\boldsymbol{H}$ nichts weiter übrig, als überall 0 zu sein.

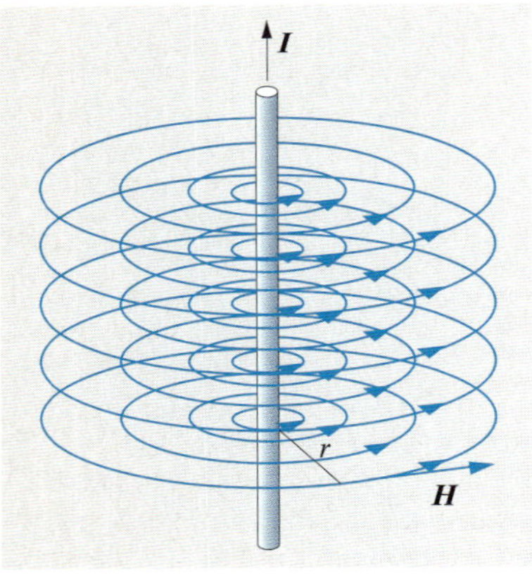

Abb. 7.11. Magnetische Feldlinien um einen geraden stromdurchflossenen Leiter

Feld des geraden Leiters. Durch einen sehr langen geraden Draht fließt der Gleichstrom I. Auf einem Zylindermantel mit dem Radius r um den Draht muß $\boldsymbol{H}$ nach dem Symmetrieprinzip überall gleich sein. Kann es eine Radialkomponente haben? Nein, denn die müßte überall auswärts oder überall einwärts zeigen. Beides würde die Gleichung $\operatorname{div} \boldsymbol{B} = 0$ verletzen, denn über den Zylindermantel wäre $\oiint \boldsymbol{B} \cdot \mathrm{d}\boldsymbol{A} \neq 0$, d. h. im Zylinder müßten $\boldsymbol{B}$-Quellen oder -Senken sitzen, und die gibt es nicht. Kann es eine Komponente in Drahtrichtung geben? Wenn ja, müßte sie unabhängig vom Abstand r sein, denn nur dann ist $\operatorname{rot} \boldsymbol{H} = \boldsymbol{0}$ gesichert (Abb. 7.11). Dann wäre diese Komponente noch in unendlicher Entfernung vom Draht ebensogroß, was absurd ist, denn soweit kann der Draht nicht wirken. Jetzt möchte man fast sagen: Eine Tangentialkomponente kann auch nicht da sein, denn das Problem ist zylindersymmetrisch. Aber die Stromrichtung zeichnet eine Raum*richtung* vor der andern aus, und daher sind auch die Richtungen auf einem Kreis um den Draht nicht mehr gleichwertig: Die eine geht im Rechtsschraubensinn um den Strom, die andere im Linksschraubensinn.

Jetzt erst setzen wir die Gleichung $\operatorname{rot} \boldsymbol{H} = \boldsymbol{j}$ ein. Sie liefert, was noch fehlt: Die Abhängigkeit $B(r)$. Da $\boldsymbol{H}$ überall auf dem Kreis vom Radius r gleichen Betrag hat und tangential zeigt, ist $\oint \boldsymbol{H} \cdot \mathrm{d}\boldsymbol{s} = 2\pi H r$.

Das muß gleich dem umlaufenen Strom sein, also

$$\boxed{H = \frac{I}{2\pi r}} \,. \tag{7.34}$$

Das Feld nimmt nach außen ab, damit $\oint \boldsymbol{H} \cdot \mathrm{d}\boldsymbol{s}$ auf jedem Kreis gleich, nämlich gleich I ist. Der Richtungssinn von $\boldsymbol{H}$ ergibt sich aus der Definition des rot-Vektors. Seine z-Komponente ist $\mathrm{rot}_z\, \boldsymbol{H} = -\partial H_x/\partial y + \partial H_y/\partial x$. Wenn B_y nach rechts zunimmt, ist $\mathrm{rot}_z\, \boldsymbol{H}$ positiv, zeigt also $\mathrm{rot}\, \boldsymbol{H}$ und damit $\boldsymbol{j}$ auf uns zu. Folglich rotiert $\boldsymbol{H}$ rechtsherum, in Stromrichtung gesehen, wie die gekrümmten Finger der rechten Hand um den abgespreizten Daumen.

Stromdurchflossenes Blech. In einem Blech der Dicke d fließe eine Stromdichte j überall in gleicher Richtung (natürlich parallel zur Blechebene, sonst würde sich Ladung an den Oberflächen anhäufen). Auf einer Ebene parallel zum Blech ist $\boldsymbol{H}$ aus Symmetriegründen überall gleich (Abb. 7.12). Wenn es eine Normalkomponente H_x gibt, muß sie auf zwei Ebenen, die beiderseits je im Abstand a vom Blech liegen, das *entgegengesetzte* Vorzeichen haben, denn auch die Stromrichtung ist, von beiden Seiten aus gesehen, entgegengesetzt. Das würde aber die Gleichung $\mathrm{div}\, \boldsymbol{H} = 0$ verletzen, also ist $H_x = 0$ und zwar überall. Man kann nämlich den Kasten K parallel zum Blech so weit verbreitern, daß nur die Parallelflächen einen Beitrag zum Gesamtfluß leisten, und das täten sie bestimmt, wenn $H_x \neq 0$ wäre. Nun zur Komponente H_y. Sie müßte unabhängig vom Abstand a sein, damit das Integral über den Weg W verschwindet. Auch links vom Blech müßte derselbe Wert H_y herrschen wie rechts. Dagegen ist nichts einzuwenden, denn anders als beim Draht kann das Feld durchaus bis in große Entfernungen von Null verschieden bleiben (vgl. das elektrische Feld der geladenen Platte). Das liefe auf ein homogenes Feld H_y hinaus, das nach den Maxwell-Gleichungen (7.25) und (7.32) immer zugelassen ist, aber mit dem Strom im Blech nichts zu tun hat, sondern von anderen Quellen stammen müßte. Es bleibt H_z. Der Umlauf V umkreist einen Strom $I = dlj$, das Umlaufintegral hat auch diesen Wert, also $H_z l - H'_z l = jdl$ oder

$$H_z - H'_z = jd \,. \tag{7.35}$$

Am Blech springt die z-Komponente um jd. Das gilt auch, wenn noch andere Ströme da sind als im Blech. Wenn die im Blech die einzigen sind, verlangt die Symmetrie, daß $\boldsymbol{H}$ rechts vom Blech entgegengesetzte Richtung wie links und beidemal den Betrag $\frac{1}{2} jd$ hat. Die Definition von rot (Rechtsschraube) liefert den Drehsinn von Abb. 7.12. Auf jeder Seite ist $\boldsymbol{H}$ unabhängig vom Abstand, sonst wäre nicht $\mathrm{rot}\, \boldsymbol{H} = \boldsymbol{0}$.

Die lange Spule. Wir rollen aus dem stromführenden Blech ein sehr langes Rohr, und zwar so, daß der Strom um die Rohrachse kreist. Diese Stromverteilung wird einfacher durch einen Draht erreicht, den man um einen Zylinder wickelt. Vom ebenen Blech her wissen wir: Die H-Komponente parallel zur Achse, senkrecht zum Strom, macht an der

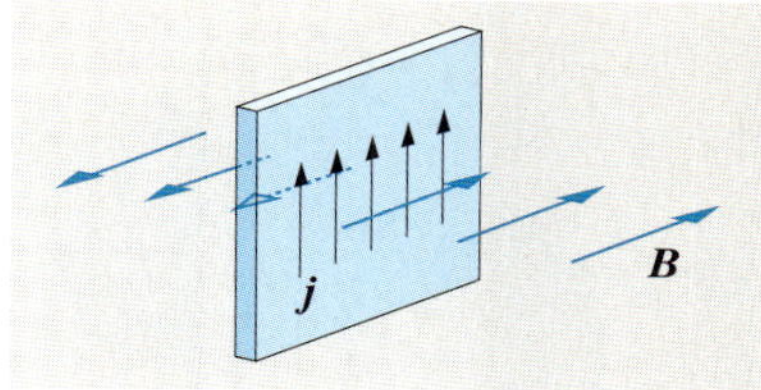

Abb. 7.12. Ein sehr großflächiges Blech der Dicke d, in dem die Stromdichte j fließt, also ein Strom jd pro m, erzeugt beiderseits ein Magnetfeld $B = \pm\frac{1}{2}\mu_0 jd$, das unabhängig vom Abstand ist. Wenn das Blech nicht die einzige Feldquelle ist, kann man nur sagen: Am Blech springt die Tangentialkomponente von $\boldsymbol{B}$ um $\mu_0 jd$. Vergleiche das geladene Blech Abb. 6.22

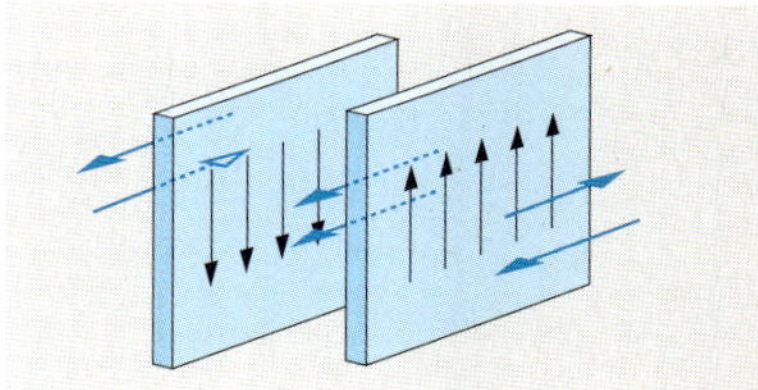

Abb. 7.13. Zwischen sehr großflächigen Blechen mit entgegengesetzter Stromrichtung verstärken sich die Felder zu $B = \mu_0 jd$, im Außenraum heben sie sich auf. Vergleiche den Plattenkondensator Abb. 6.27

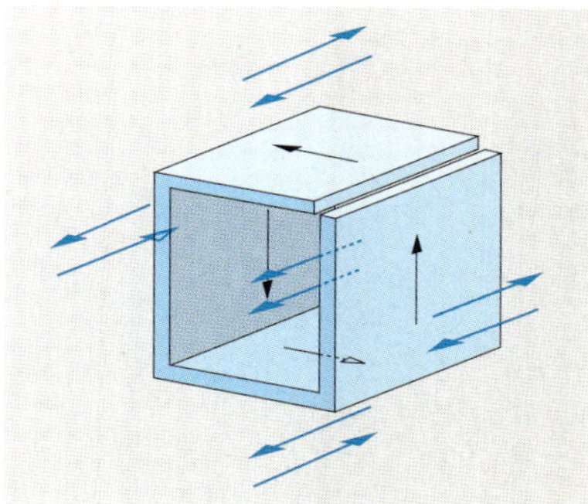

Abb. 7.14. In einem sehr langen Blechkasten herrscht das Feld $B = \mu_0 jd$, außerhalb herrscht keines. Denkaufgabe: Wenn die Bleche in Abb. 7.13 nicht sehr großflächig sind, sondern nur so groß wie dort dargestellt, ist dann das Feld zwischen ihnen auch $\mu_0 jd$ oder wie groß sonst?

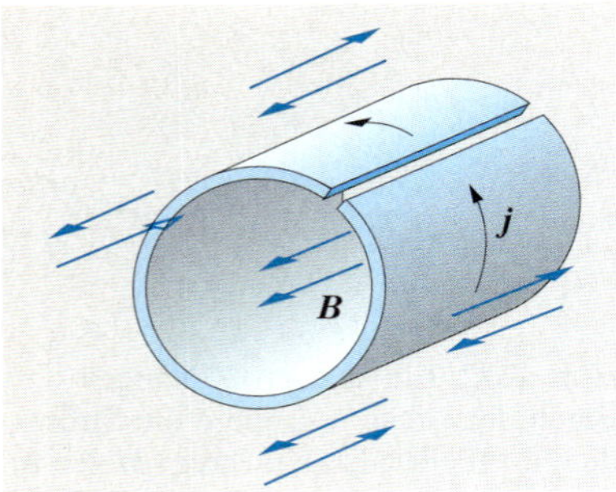

Abb. 7.15. Das Feld in einem runden Rohr ist ebenfalls konstant $B = \mu_0 jd$

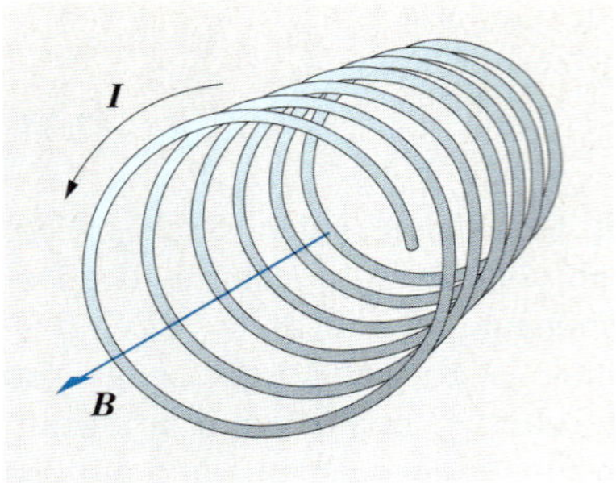

Abb. 7.16. Das Feld der Spule ist innen konstant $B = \mu_0 jd = \mu_0 In$ (n: Windungszahl/m). Außen ist es viel kleiner

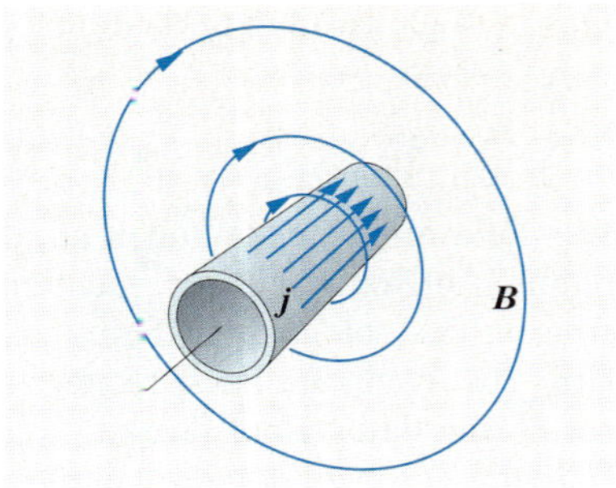

Abb. 7.17. Das Feld eines längs durchströmten Rohres ist außen gleich dem Feld eines Drahtes. Wie groß ist es innen?

Spulenwicklung einen Sprung um jd, oder, wie für die Spule angemessener ist, um In (I Strom durch den Draht, n Anzahl der Drahtwindungen/ Meter). Im Außenraum ist $\boldsymbol{H} = \boldsymbol{0}$. Wenn nicht, müßte $\boldsymbol{H}$ bis zu unendlichen Abständen den gleichen Wert haben, und dann handelte es sich nicht um das Feld der Spule. Folglich ist innen $H = In$, und $\boldsymbol{H}$ zeigt in Achsrichtung, so daß die Stromrichtung es nach der Rechtehandregel umfaßt. Hier sieht man deutlich, warum die Techniker die Einheit von H nicht A/m, sondern Amperewindungen/m aussprechen.

Rohr mit Längsstrom in der Wand. Man kann das stromführende Blech auch so rollen, daß der Strom in Achsrichtung fließt. $\boldsymbol{H}$ muß wieder quer zum Strom stehen, also um die Achse laufen. Am Rohrmantel erfolgt der Sprung um jd. Diesmal muß *innen* $\boldsymbol{H} = 0$ sein, sonst würde ein Kreisintegral den Wert $2\pi rH$ ergeben, obwohl es keinen Strom umfaßt. Also ist außen, dicht am Rohr, $H = dj$. In größerem Abstand muß H abnehmen, sonst wäre rot $\boldsymbol{H} \neq \boldsymbol{0}$. Wir wissen vom geraden Draht, wie H abfällt: $H \sim 1/r$. Der Anschluß an die Rohrwand ($r = R$) verlangt $H = djR/r$. Durch den Gesamtstrom $I = 2\pi Rdj$ ausgedrückt, ist das dasselbe Feld wie beim Draht: $H = I/(2\pi r)$. Was das Feld im Außenraum betrifft, könnte man das Rohr auch auf einen Draht zusammenziehen, ähnlich wie man die geladene Kugel auf den Mittelpunkt zusammenziehen kann, ohne ihr elektrisches Feld zu verändern.

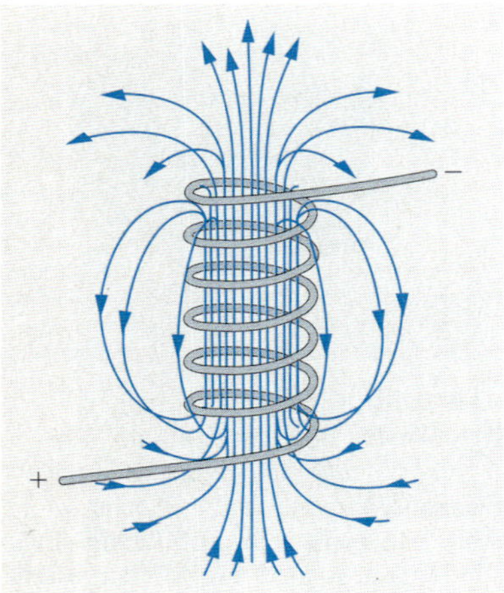

Abb. 7.18. Das Magnetfeld einer Spule

Spule von endlicher Länge. Am Ende einer Spule ist das Feld bestimmt kleiner als im Innern, denn die Feldlinien beginnen aufzufächern. Deswegen ist das Feld auch nicht mehr rein axial gerichtet. Wir beweisen: Der Punkt auf der Achse in der Endfläche der Spule hat genau die Hälfte des Feldes tief im Innern. Dazu benutzen wir das Superpositionsprinzip. Wenn die Spule weiterginge, d. h. aus zwei identischen Spulen wie die betrachtete zusammengesetzt wäre, herrschte darin überall das Feld H_0. Jede Teilspule leistet dazu den gleichen Beitrag, nämlich $H_0/2$, was zu beweisen war. Diese Teilfelder addieren sich allerdings nur auf der Achse arithmetisch, denn nur dort haben sie die gleiche Richtung. Für die *Axial-*

komponente gilt die Halbierung jedoch überall in der Endfläche. Auch der Gesamtfluß durch die Endfläche ist daher genau halb so groß wie durch einen Querschnitt im Innern.

Diese Methoden, die praktisch ohne Rechnung das Feld liefern, funktionieren leider nicht immer. In den nächsten Abschnitten werden einige weiterführende Verfahren angedeutet.

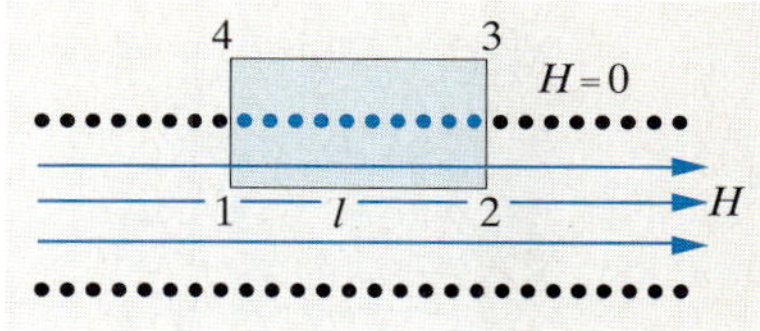

Abb. 7.19. Zur Berechnung des Feldes einer langen Spule nach dem Durchflutungsgesetz

7.2.5 Vergleich mit dem elektrischen Feld; der Satz von Biot-Savart

Das Magnetfeld des stromführenden Drahtes ist in seiner Ortsabhängigkeit dem elektrischen des geladenen Drahtes sehr ähnlich:

$$H = \frac{I}{2\pi r}\,, \qquad D = \frac{\lambda}{2\pi r} \quad (\lambda\text{: Ladung/m})\,. \tag{7.34'}$$

Nur die Richtung ist verschieden: $\boldsymbol{D}$ radial, $\boldsymbol{H}$ tangential. Auch stromführendes und geladenes Blech erzeugen ähnliche Felder:

$$H = \tfrac{1}{2} jd \quad (jd\text{: Strom/m})\,, \qquad D = \tfrac{1}{2}\sigma \quad (\sigma\text{: Ladung/m}^2) \tag{7.36}$$

abgesehen von der Richtung: $\boldsymbol{D}$ zeigt auswärts, $\boldsymbol{H}$ parallel zum Blech (tieferer Grund s. Abschn. 7.2.1).

Man kann den geladenen Draht und das geladene Blech aus vielen linear bzw. flächenhaft aneinandergereihten Ladungselementen (praktisch Punktladungen) aufgebaut denken. Ebenso kann man stromführenden Draht und stromführendes Blech aus vielen sehr kurzen Leiterelementen superponieren. Solch ein Stromelement ist durch ein fliegendes geladenes Teilchen realisiert. Wie die elektrischen Felder von Draht und Blech sich aus Punktfeldern

$$\boldsymbol{E} = \frac{Q\boldsymbol{r}}{4\pi\varepsilon_0 r^3} \tag{7.37}$$

superponieren, müßten auch die Magnetfelder sich aus Feldern von Stromelementen aufbauen lassen. Wie sieht dieses Elementarfeld aus? Seine r-Abhängigkeit müßte analog zu (7.37) sein: Oben steht $\boldsymbol{r}$, unten r^3. Der Unterschied muß in der Richtung liegen, denn im Gegensatz zur Ladung hat das Stromelement Vektorcharakter: Strom · $\mathrm{d}\boldsymbol{l}$, wobei $\mathrm{d}\boldsymbol{l}$ Länge und Richtung des Leiterstücks angibt (Richtungssinn ist Stromrichtung). Während im elektrischen Fall das $\boldsymbol{r}$ im Zähler direkt die Radialrichtung des Feldes ergibt, muß die Magnetfeldrichtung senkrecht auf $\mathrm{d}\boldsymbol{l}$ stehen. Dies leistet das Vektorprodukt $\mathrm{d}\boldsymbol{l} \times \boldsymbol{r}$, also

$$\boxed{\mathrm{d}\boldsymbol{H} = \frac{I\,\mathrm{d}\boldsymbol{l} \times \boldsymbol{r}}{4\pi r^3} \quad (\text{Gesetz von } \textbf{Biot-Savart})}\,. \tag{7.38}$$

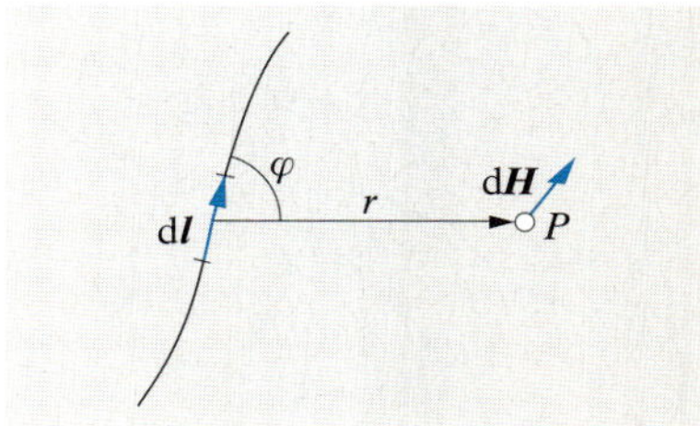

Abb. 7.20. Magnetfeldbeitrag eines Stromelements nach *Biot-Savart*

$\boldsymbol{H}$ steht überall senkrecht auf $\boldsymbol{r}$ und $\mathrm{d}\boldsymbol{l}$, umkreist also wieder das Leiterelement. In der Verlängerung von $\mathrm{d}\boldsymbol{l}$ ist $H = 0$, denn $\boldsymbol{r} \| \mathrm{d}\boldsymbol{l}$. Mit dem Winkel φ gegen die $\mathrm{d}\boldsymbol{l}$-Achse nimmt H wie $\sin\varphi$ zu. Im Prinzip lassen sich die Felder von Draht, Spule usw. aus den Beiträgen der Leiterelemente aufsummieren, aber in diesen Fällen ist das sehr viel komplizierter als unser Verfahren.

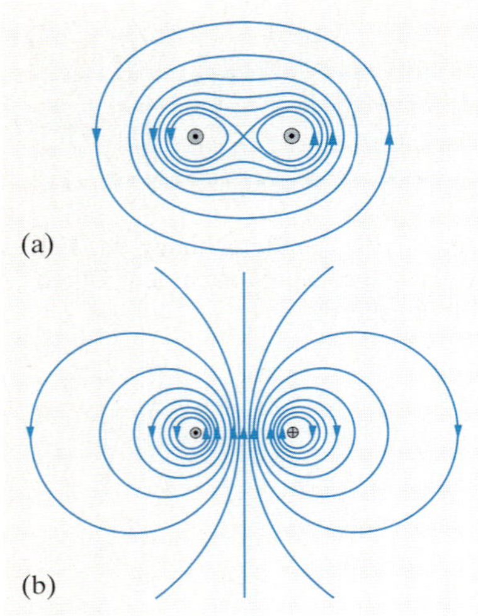

Abb. 7.21. Magnetfeld um zwei parallele Drähte mit gleichstarken gleichgerichteten (a), entgegengerichteten (b) Strömen

Zwei parallele oder antiparallele Ströme. Die $\boldsymbol{H}$-Linien des stromführenden Drahtes stehen senkrecht auf den $\boldsymbol{D}$-Linien des geladenen Drahtes. Im Querschnitt sieht also das $\boldsymbol{H}$-Linienbild genau aus wie die elektrischen *Potentialflächen*, denn diese stehen auch senkrecht auf $\boldsymbol{D}$. Nach *Biot-Savart* stammt diese Eigenschaft schon vom Stromelement im Vergleich mit der Punktladung her und überträgt sich durch Superposition auf jede andere Ladungsverteilung. Da sich Felder und Potentiale von Ladungen und Strömen addieren, sehen die $\boldsymbol{H}$-Linien zweier paralleler Drähte ebenso aus wie ein Querschnitt durch die Potentialflächen zweier Ladungen, und zwar gleichnamiger für parallele, ungleichnamiger für antiparallele Ströme. Zwischen antiparallelen Strömen drängen sich die $\boldsymbol{H}$-Linien ebenso zusammen wie die Potentialflächen zwischen ungleichnamigen Ladungen (Berg gegenüber Talkessel). Zwischen parallelen Strömen sind die $\boldsymbol{H}$-Linien weit auseinander wie die Niveaulinien auf einem Sattel zwischen zwei Gipfeln. Die $\boldsymbol{H}$-Liniendichte entspricht einer Energiedichte, also einem Druck (Abschn. 7.3.7). Parallele Ströme werden sich daher anziehen wie ungleichnamige Ladungen und umgekehrt. Zum gleichen Schluß kommt man durch Vergleich des $\boldsymbol{H}$- und des $\boldsymbol{D}$-Bildes: Die $\boldsymbol{H}$-Linien paralleler und antiparalleler Ströme stehen im wesentlichen senkrecht aufeinander. Daher sehen die $\boldsymbol{H}$-Linien *paralleler* Ströme ähnlich aus wie die $\boldsymbol{D}$-Linien *un*gleichnamiger Ladungen. Viel einfacher als diese feldmäßige Behandlung der Kräfte ist aber der Begriff der Lorentz-Kraft (Abschn. 7.1.3).

Leiterschleife. Ein gerades Leiterelement ist im statischen Fall nicht realisierbar, denn an den Enden würden sich mit der Zeit Ladungen anhäufen. Am nächsten kommt dem Stromelement noch eine sehr kleine Stromschleife. Sehr klein heißt: Klein gegen die Abstände, in denen wir das Feld betrachten wollen. Aus solchen Entfernungen gesehen spielt die Form der Schleife keine Rolle, nur ihre Fläche. Wir nehmen die einfachste Form, ein Rechteck mit den Seiten a und b. Zwei gegenüberliegende Seiten bilden ein Paar von Stromelementen mit entgegengesetzter Stromrichtung. Da ein Stromelement Ia einer Ladung Q analog ist, entspricht ein solches Paar mit dem Abstand b einem Dipol mit dem gleichen Abstand, also dem Dipolmoment Iab. Das $\boldsymbol{H}$-Feld entspricht dem Betrag nach dem Querschnitt durch ein $\boldsymbol{E}$-Dipolfeld. Richtungsmäßig steht allerdings $\boldsymbol{H}$ senkrecht zu $\boldsymbol{E}$, d. h. so, als stünde der elektrische Dipol senkrecht auf der Stromschleife. Die anderen beiden Seiten der Rechteckschleife entsprechen einem Dipolmoment der gleichen Größe Iba, liefern also ein Dipolfeld auch für den zum vorigen senkrechten Querschnitt. Beide zusammen ergeben ein vollständiges Dipolfeld. Die Stromschleife mit der Fläche $\mathrm{d}\boldsymbol{A}$ ($\mathrm{d}\boldsymbol{A}$ steht senkrecht zur Schleifenfläche, und zwar so, daß der Strom die $\mathrm{d}\boldsymbol{A}$-Richtung nach der Rechtehandregel umkreist) entspricht einem magnetischen Dipol mit dem Moment

$$\boldsymbol{p}_{\mathrm{m}} = I\,\mathrm{d}\boldsymbol{A}\,, \tag{7.39}$$

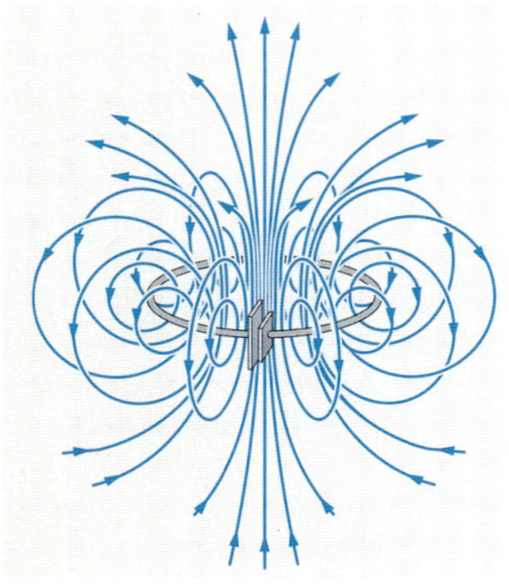

Abb. 7.22. Magnetfeld eines Kreisstroms

wenn man sie aus großem Abstand betrachtet. In der Nähe sind Schleifenfeld und Dipolfeld sehr verschieden. Zur Bestätigung können wir das Feld einer Kreisschleife auf der Achse nach *Biot-Savart* ausrechnen. Dort muß es aus Symmetriegründen axial gerichtet sein. Vom Beitrag jedes Leiterstücks, $\mathrm{d}H = I\,\mathrm{d}s/(4\pi r^2)$, zählt also nur die Axialkomponente $\mathrm{d}H\,a/r$, die senkrechten Komponenten heben sich paarweise auf. Integration über den ganzen Kreis liefert

$$H = \frac{2\pi I a^2}{4\pi r^3}\,, \tag{7.40}$$

während das elektrische Dipolfeld auf der Achse $D = 2p/(4\pi r^3)$ ist. Dies bestätigt wieder den Ausdruck $p_\mathrm{m} = I\mathrm{d}A = I\pi a^2$ für das magnetische Moment des Kreisstroms.

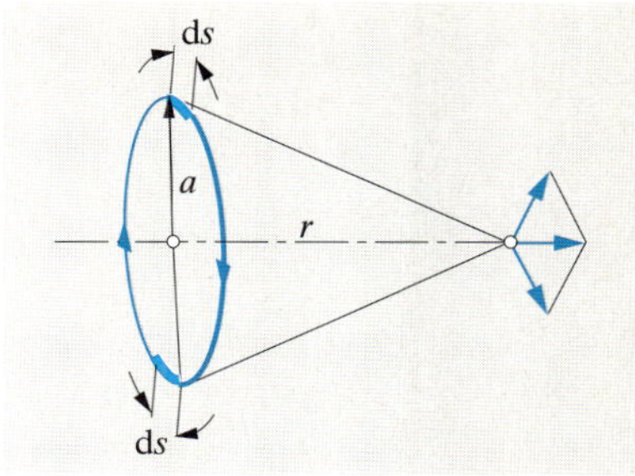

Abb. 7.23. Die magnetische Feldstärke auf der Achse eines Kreisstroms

7.2.6 Magnetostatik

Wo keine makroskopischen (freien) Stromdichten $\boldsymbol{j}$ fließen, sind die Gleichungen für $\boldsymbol{B}$ und $\boldsymbol{H}$ dieselben wie für die statischen elektrischen Felder $\boldsymbol{E}$ und $\boldsymbol{D}$ in Abwesenheit freier Ladungen:

$$\begin{aligned} \boldsymbol{j} = \boldsymbol{0} \Rightarrow \operatorname{rot} \boldsymbol{H} = \boldsymbol{0}\,; &\qquad \operatorname{div} \boldsymbol{B} = 0\,; \\ \operatorname{rot} \boldsymbol{E} = \boldsymbol{0}\,;\ \varrho = 0 \Rightarrow &\operatorname{div} \boldsymbol{D} = 0\,. \end{aligned} \tag{7.41}$$

Man beachte, daß *hier* die Entsprechungen lauten $\boldsymbol{B} \mathrel{\hat{=}} \boldsymbol{D}$, $\boldsymbol{H} \mathrel{\hat{=}} \boldsymbol{E}$. An der Grenzfläche zwischen zwei Materialien mit verschiedenen μ verhält sich $\boldsymbol{B}$ also wie $\boldsymbol{D}$ an der Grenzfläche zweier Dielektrika, $\boldsymbol{H}$ verhält sich wie $\boldsymbol{E}$. Die *Normal*komponenten von $\boldsymbol{B}$ und die *Tangential*komponenten von $\boldsymbol{H}$ haben beiderseits der Grenzfläche den gleichen Wert:

$$B_{1\perp} = B_{2\perp}\,, \qquad H_{1\,\parallel} = H_{2\,\parallel}\,. \tag{7.42}$$

(Herleitung für $\boldsymbol{B}$ mittels einer flachen Trommel, für $\boldsymbol{H}$ mittels eines schmalen Rechtecks, die einen Teil der Grenzfläche einschließen). Dagegen machen die *Tangential*komponente von $\boldsymbol{B}$ und die *Normal*komponente von $\boldsymbol{H}$ einen Sprung an der Grenzfläche:

$$\frac{B_{1\,\parallel}}{B_{2\,\parallel}} = \frac{\mu_1 H_{1\,\parallel}}{\mu_2 H_{2\,\parallel}} = \frac{\mu_1}{\mu_2}\,, \qquad \frac{H_{1\perp}}{H_{2\perp}} = \frac{B_{1\perp}}{\mu_1} : \frac{B_{2\perp}}{\mu_2} = \frac{\mu_2}{\mu_1}\,. \tag{7.43}$$

Da man für Eisen $\mu \gtrsim 1\,000$ ansetzen kann, werden alle $\boldsymbol{B}$-Linien, die schräg auf ein Eisenstück zulaufen, beim Durchtritt durch die Grenzfläche praktisch parallel zu dieser: Eisen bündelt das $\boldsymbol{B}$-Feld. Darauf beruht die **magnetische Abschirmung**. Ein Eisengehäuse läßt von einem äußeren $\boldsymbol{B}$-Feld fast nichts in den umschlossenen Raum eintreten. Geschlossene oder fast geschlossene Eisenkreise in Elektromagneten, Transformatoren, Motoren und Generatoren lassen nur einen sehr geringen Teil des Magnetflusses in den Luftraum entweichen.

In elektrischen Feldern gibt es Raumelemente, in denen Feldlinien beginnen oder enden, d. h. Feldquellen oder -senken. Dort sitzen die elektrischen Ladungen. Magnetfeldlinien haben keine Enden. Selbst wenn man die Orte, wo sie besonders dicht aus- oder einströmen (Polschuhe von Elektro- oder Permanentmagneten) als Quellen oder Senken bezeichnen will, treten diese immer paarweise auf: Es gibt keine magnetischen Ladungen, sondern nur Dipole.

Daher kann man das Magnetfeld nicht ohne weiteres als „Kraft auf die Ladungseinheit" definieren, wie das beim elektrischen Feld geschieht. Dagegen kann man das Feld B durch das mechanische Drehmoment beschreiben, das auf eine Spule vom magnetischen Dipolmoment p_{m} ausgeübt wird. Dieses ergibt sich für jeden ebenen Stromkreis als Produkt von Strom und umschlossener Fläche. Man erhält so eine Meßvorschrift für B. Ist B bekannt, so findet man durch Messung des Drehmomentes das magnetische Moment eines Leiters oder eines Stabmagneten.

In gewissen Fällen liegt es jedoch nahe, an der Vorstellung räumlich konzentrierter „magnetischer Ladungen" festzuhalten. Bei langen Spulen oder Stabmagneten (Länge l) könnte man an den Polschuhen, wo praktisch alle B-Linien aus- oder einströmen, annähernd punktförmige „magnetische Ladungen" oder **Polstärken** $\pm P$ anbringen, so daß sich das magnetische Moment der Spule oder des Stabes ergibt als $p_{\mathrm{m}} = Pl$. Das Drehmoment im Feld B, $T = PlB$, ist dann darzustellen durch ein Kräftepaar

$$\pm F = \pm \frac{T}{l} = \pm PB \tag{7.44}$$

auf die beiden Pole. Hier übernimmt also B die Rolle, die im elektrischen Feld E spielte. Die Polstärke einer einlagigen Spule von N Windungen gleichen Querschnitts A ergibt sich nach (7.9) zu $P = NIA/l = H_{\mathrm{i}}A$, wobei H_{i} die Feldstärke im Innern der Spule ist. Mittels des Magnetflusses $\Phi = \mu_0 H_{\mathrm{i}} A$ durch die Spule kann man auch schreiben

$$P = \frac{\Phi}{\mu_0} \,. \tag{7.45}$$

Nun befinde sich im Abstand r vom Spulenende das Ende einer anderen Spule, von dem der Magnetfluß Φ' ausgeht. Ist r groß gegen den Spulendurchmesser, so kann man annehmen, daß sich Φ' gleichmäßig über eine Kugel vom Radius r um das Spulenende verteilt. Das Feld der zweiten Spule am Ende der ersten ist dann $B(r) = \Phi'/(4\pi r^2)$, und auf das Ende der ersten Spule wirkt wegen (7.44) und (7.45) die Kraft $F = P\Phi'/(4\pi r^2) = \mu_0 PP'/(4\pi r^2)$. Für die Polstärken zweier langer Spulen gilt also auch ein Coulomb-Gesetz. Polstärke ist der durch μ_0 dividierte Magnetfluß Φ, der am Spulenende austritt, ebenso wie die elektrische Ladung gleich dem mit ε_0 multiplizierten gesamten von ihr ausgehenden $\boldsymbol{E}$-Fluß ist.

Nach (7.44) ist die Kraft auf das Ende der Spule im Feld $\boldsymbol{B}$

$$\boldsymbol{F} = P\boldsymbol{B} \,.$$

Ist $\boldsymbol{B}$ an beiden Enden gleich, bleibt keine resultierende Kraft, nur ein Drehmoment

$$\boldsymbol{T} = \boldsymbol{p}_{\mathrm{m}} \times \boldsymbol{B} \,. \tag{7.46}$$

Im inhomogenen $\boldsymbol{B}$-Feld heben sich die Kräfte auf die beiden Enden nicht auf. Die resultierende Kraft ist

$$\boldsymbol{F} = p_{\mathrm{m}} \frac{\mathrm{d}\boldsymbol{B}}{\mathrm{d}r} \cos\alpha \,, \tag{7.47}$$

ganz analog wie beim elektrischen Dipol (Abschn. 6.1.6). Die Energie des magnetischen Dipols im homogenen Feld ist

$$W_{\mathrm{Dip}} = \boldsymbol{p}_{\mathrm{m}} \cdot \boldsymbol{B} \,. \tag{7.48}$$

7.2.7 Elektromagnete

Wenn ein ferromagnetischer Kern mit hoher Permeabilität μ das ganze Innere einer Ringspule ausfüllt, ist im Innern des Kernmaterials das B-Feld um den Faktor μ höher, als es in der gleichen Spule ohne Kern wäre. Man braucht das Feld aber außerhalb, im günstigsten Fall in einem **Luftspalt** (**Interferrikum**, Abb. 7.24) zwischen zwei Polflächen. Hier kann B höchstens indirekt vom Vorhandensein des Kerns profitieren, denn hier ist $\mu = 1$. Wir bestimmen B und seine Abhängigkeit von der Breite d des Luftspalts.

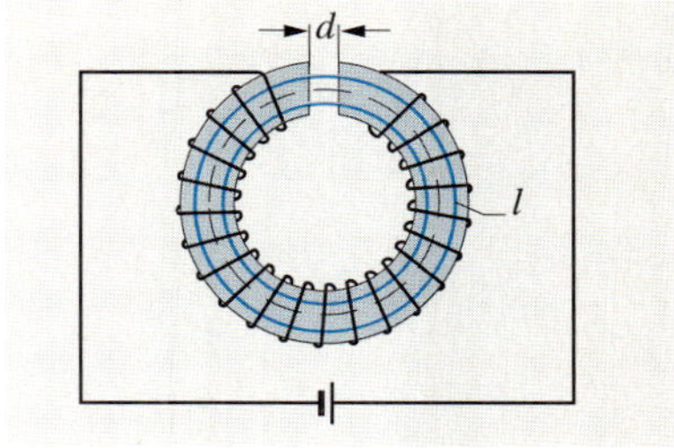

Abb. 7.24. Berechnung der Feldstärke im Luftspalt eines Elektromagneten

Wegen $\operatorname{div} \boldsymbol{B} = 0$ muß der ganze B-Fluß, der aus der Spule tritt, wieder in sie zurück. Er könnte aber den Kern seitlich verlassen oder aus dem Luftspalt seitlich herausquellen (Streufeld). Daß er im Kern bleibt, solange das möglich ist, folgt aus dem Energiesatz: Wegen $\boldsymbol{H} = \boldsymbol{B}/(\mu\mu_0)$ ist H bei gegebenem B im Kern kleiner als draußen, und damit ist auch die Energiedichte $\frac{1}{2}\boldsymbol{H} \cdot \boldsymbol{B}$ am kleinsten, wenn das Feld im Eisen bleibt.

Daß $\boldsymbol{B}$ auch nicht seitlich aus dem Luftspalt quillt, sieht man, wenn man eine Leiterschleife, die den Kern eng umfaßt, schnell über den Luftspalt hinwegschiebt. Es tritt kein Induktionsstoß auf (das ballistische Voltmeter schlägt nicht aus), im Gegensatz zum Verhalten am Ende eines Stabmagneten oder einer geraden Spule. B hat also im Luftspalt den gleichen Wert wie im Eisen. H dagegen hat den Wert H_a, der μ-mal größer ist als im Eisen.

Um B und H_a zu finden, integrieren wir längs einer geschlossenen Feldlinie über $\boldsymbol{H}$. Das Integral ist gleich dem umschlossenen Strom NI (N Windungen):

$$H_i l + H_a d = NI\,.$$

l: Weg im Eisen, gestreckte Kernlänge. Im Luftspalt ist $B = \mu_0 H_a$, im Eisen $B = \mu\mu_0 H_i$, also folgt

$$B = \mu_0 H_a = \frac{\mu_0 NI}{d + l/\mu}\,. \qquad (7.49)$$

Wenn $d \ll l/\mu$ (was bei $\mu \approx 1\,000$ sehr viel verlangt ist und sehr glatte Polflächen voraussetzt), ist $B = \mu_0\mu NI/l$. Die Existenz des Kerns verstärkt B im Spalt um den Faktor μ. Bei $d \gg l/\mu$ ist $B = \mu_0 NI/d$, als ob die Spule nicht auf die Länge l, sondern nur auf d aufgewickelt wäre. Das bedeutet ebenfalls eine erhebliche Verstärkung, aber weniger als bei $d \ll l/\mu$. Mit zunehmendem d fällt B schnell ab; wenn es auf einen großen Magnetfluß ankommt, z. B. in Transformatoren, sind Luftspalte zu vermeiden.

Ein Weicheisenteil wird von der Seite her in den Luftspalt gezogen, und zwar wegen des Energiesatzes. Der Energiegewinn ist

$$\tfrac{1}{2} VBH_a = \tfrac{1}{2} AdBH_a = \tfrac{1}{2} Ad\mu_0 N^2 I^2/(d + l/\mu)^2\,.$$

Zieht man das Joch eines Haltemagneten, das den Flußkreis schließt, um eine kleine Strecke x von den Polflächen weg, entsteht ein zusätzlicher felderfüllter Raum vom Volumen Ax mit der Energie $W = \frac{1}{2}AxB^2/\mu_0$. Die Ableitung

$$F = \frac{\mathrm{d}W}{\mathrm{d}x} = \frac{1}{2}\frac{AB^2}{\mu_0} \qquad (7.50)$$

ist die **Tragkraft des Magneten**.

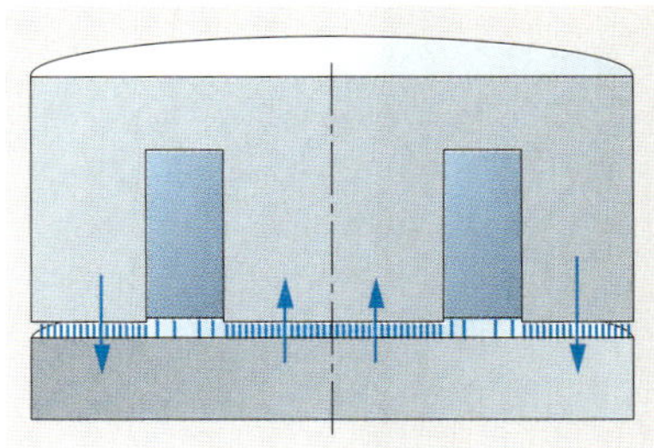
Abb. 7.25. Die Haltekraft eines Hubmagneten ergibt sich aus der Tendenz des Luftspalts, sich zu verkleinern, weil er so die magnetische Feldenergie verringern kann

Mit großen wassergekühlten Elektromagneten erreicht man im Impulsbetrieb $5 \cdot 10^6\,\mathrm{A\,m^{-1}}$. Dabei ist die **Sättigungsmagnetisierung** des Eisens, die bei 2,1 T liegt, längst erreicht und daher $\mu \approx 1$ und $B \approx \mu_0 H \approx 6\,\mathrm{T}$. Mit supraleitenden Wicklungen kommt man noch höher, da sie 1 000mal höhere Stromdichten führen können als Kupfer und trotzdem kaum Joule-Verluste zeigen. Bei den üblichen

Supraleitern zerstört allerdings schon ein relativ kleines Magnetfeld die Supraleitung selbst. Mit nichtidealen Typ II-Supraleitern, speziell Niob-Legierungen, hat man trotzdem über 30 T erreicht (Abschn. 14.7).

7.2.8 Magnetische Spannung und Vektorpotential

In Elektromagneten, Transformatoren, Drosselspulen, Relais usw. wird der Magnetfluß $\Phi = \iint \boldsymbol{B} \cdot \mathrm{d}\boldsymbol{A}$ durch hochpermeable Stoffe (Eisen, Ferrite) so gebündelt, daß er fast vollständig in einem geschlossenen Kreis, höchstens durch enge Luftspalte unterbrochen, umläuft und daß nur ein geringer Teil als Streufluß in die Umgebung abzweigt. Ein solcher Kreis besteht i. allg. aus verschiedenen hintereinander oder parallel liegenden Bauteilen: Verzweigte Eisenkerne, Joche, Eisenteile von variablem Querschnitt, Luftspalte. Da abgesehen vom Streufeld der Fluß Φ wegen $\operatorname{div} \boldsymbol{B} = 0$ an jeder Stelle, wo man den Kreis aufgeschnitten denkt, den gleichen Wert hat, ebenso wie ein Gleichstrom, für den $\operatorname{div} \boldsymbol{j} = 0$ ist, gilt an jeder Verzweigung die Kirchhoffsche Knotenregel für den Fluß. Gibt es eine Spannung, die den Fluß durch die verschiedenen Teile des Kreises treibt?

Definiert man die **magnetische Spannung** zwischen zwei Punkten P und Q in Analogie zur elektrischen als

$$\Theta = \int_P^Q \boldsymbol{H} \cdot \mathrm{d}\boldsymbol{r}\,, \tag{7.51}$$

dann gilt das **Ohmsche Gesetz des Magnetismus**

$$\Theta = \Phi R_\mathrm{m} \tag{7.52}$$

mit dem **magnetischen Widerstand**

$$R_\mathrm{m} = \frac{l}{A\mu\mu_0} \tag{7.53}$$

für das homogene Kreisstück zwischen P und Q, das die Länge l, den Querschnitt A und die Permeabilität μ hat. Dies ist eine triviale Folge der Definition $\Phi = AB = A\mu\mu_0 H$ und $\Theta = Hl$, die nichts mit irgendeinem Leitungsmechanismus zu tun hat, erleichtert aber die Berechnung komplizierter magnetischer Kreise. Die gesamte magnetische Spannung beim einmaligen Umlauf um den Kreis ergibt sich aus $\operatorname{rot} \boldsymbol{H} = \boldsymbol{j}$ als $\oint \boldsymbol{H} \cdot \mathrm{d}\boldsymbol{r} = NI$, d. h. gleich dem umlaufenen Gesamtstrom (N gesamte Windungszahl, nicht Windungszahl/m). Dies bringt die Durchflutung NI in Analogie mit der elektromotorischen Kraft (Ringspannung) von Generatoren oder Batterien. Beide sind im Gegensatz zum elektrostatischen Potential abhängig vom Integrationsweg. Wenn er den Kreis z-mal durchläuft, kommt die z-fache Umlaufspannung heraus.

Nicht zu verwechseln mit der magnetischen Spannung und physikalisch viel fundamentaler ist das Vektorpotential. Man argumentiert so: Da $\boldsymbol{B}$ ein reines quellenfreies Wirbelfeld ist ($\operatorname{div} \boldsymbol{B} = 0$), muß man es als Rotation eines anderen Vektorfeldes darstellen können, nämlich des **Vektorpotentials** $\boldsymbol{A}$.

$\boldsymbol{B}$ ergibt sich aus dem Vektorpotential als

$$\boldsymbol{B} = \operatorname{rot} \boldsymbol{A}\,. \tag{7.54}$$

Analog schließt man aus der Wirbelfreiheit des elektrostatischen Feldes ($\operatorname{rot} \boldsymbol{E} = \boldsymbol{0}$), daß $\boldsymbol{E}$ der Gradient eines Skalarfeldes, des Potentials φ ist: $\boldsymbol{E} = -\operatorname{grad} \varphi$. Zur Berechnung des Magnetfeldes einer Stromverteilung ist $\boldsymbol{A}$ oft praktischer als $\boldsymbol{B}$. Man kann nämlich die Maxwell-Gleichungen mittels φ und $\boldsymbol{A}$ sehr vereinfachen. Zwei von ihnen werden eigentlich überflüssig: Wenn $\boldsymbol{B} = \operatorname{rot} \boldsymbol{A}$ ist, weiß man sofort, daß div $\boldsymbol{B} = 0$ ist (ein reines Wirbelfeld hat keine Quellen). Umgekehrt ist das statische $\boldsymbol{E}$ wirbelfrei, was aus $\boldsymbol{E} = -\operatorname{grad}\varphi$ automatisch folgt. Im dynamischen Fall ergibt sich ein Wirbelanteil: rot $\boldsymbol{E} = -\dot{\boldsymbol{B}}$. Man muß also die Definition von $\boldsymbol{E}$ erweitern:

$$\boxed{\boldsymbol{E} = -\operatorname{grad}\varphi - \dot{\boldsymbol{A}}}\,, \tag{7.55}$$

dann stimmt das auch. Es bleiben die Gleichungen

$$\operatorname{div}\boldsymbol{D} = \operatorname{div}\varepsilon\varepsilon_0\boldsymbol{E} = -\varepsilon\varepsilon_0\,\Delta\varphi = \varrho$$

und rot $\boldsymbol{H} = \boldsymbol{j}$. (Wir lassen $\dot{\boldsymbol{D}}$ vorerst beiseite.) Statt $\boldsymbol{H}$ kann man rot $\boldsymbol{A}/(\mu\mu_0)$ setzen, also

$$\operatorname{rot}\operatorname{rot}\boldsymbol{A} = \mu\mu_0\boldsymbol{j}\,. \tag{7.56}$$

Nun ist für jedes Vektorfeld

$$\operatorname{rot}\operatorname{rot} \;= -\Delta + \operatorname{grad}\operatorname{div}\,. \tag{7.57}$$

Verlangt man div $\boldsymbol{A} = 0$, was immer möglich ist, dann ist schließlich

$$\boxed{\Delta\boldsymbol{A} = -\mu\mu_0\boldsymbol{j}}\,, \tag{7.58}$$

d. h. jede Komponente von $\boldsymbol{A}$ hängt mit der entsprechenden Komponente von $\boldsymbol{j}$ ebenso zusammen wie φ mit ϱ, nämlich nach der Poisson-Gleichung. Damit werden die gesamten Mittel der Potentialtheorie, die sich mit der Lösung dieser Gleichung beschäftigen, für das Magnetfeld verfügbar. Wenn man $\boldsymbol{A}$ kennt, ergibt sich $\boldsymbol{B}$ sofort durch Rotationsbildung.

Die tiefere Bedeutung des Vektorpotentials enthüllt sich in der Hamilton-Mechanik, der Relativitäts- und der Quantentheorie. φ und $\boldsymbol{A}$ verschmelzen zu einem **Vierervektor**, ebenso wie ϱ und $\boldsymbol{j}$. In einigen Quantenexperimenten (Josephson-Effekt, Aharanov-Bohm-Versuch, Abschn. 14.7, Aufgabe 16.2.8) tritt das Vektorpotential direkt physikalisch in Erscheinung.

7.2.9 Das Magnetfeld der Erde

Wie das Schießpulver kannten die Chinesen die Magnetnadel schon mehr als 1 000 Jahre vor uns, benutzten beides aber mehr zu kultischen Spielereien, als um einander umzubringen oder andere umbringbare Völker zu entdecken. Die Europäer erhielten beides erst über die Araber und durch die Kreuzzüge und machten sehr bald blutigen Ernst damit. Das in Anwendung und Theorie uralte Gebiet des **Erdmagnetismus** hat gerade in den letzten Jahren eine ganze Reihe aufregender Überraschungen gebracht.

Um 1600 erklärte *W. Gilbert*, Leibarzt von Elizabeth I, seiner Patientin an einer magnetischen Eisenkugel, der Terrella, daß die ganze Erde als Magnet wirkt. Dasselbe Feld wie mit seiner magnetisierten Eisenkugel hätte *Gilbert* im Außenraum auch mit einer Kupferkugel erhalten, in der zentral ein Kreisstrom fließt oder ein Stabmagnet sitzt. Für magnetisierte Kugel und Stabmagnet läßt sich die Äquivalenz so nachweisen: Elektrische Polarisation $\boldsymbol{P}$ oder **Magnetisierung** $\boldsymbol{J}$ bedeuten ein Dipolmoment/Volumeneinheit $\boldsymbol{P}$ bzw. $\boldsymbol{J}$. Überall sind positive und negative Ladungen der Dichte ϱ um die Strecke $\boldsymbol{d}$ gegeneinander verschoben, so daß $\varrho\boldsymbol{d} = \boldsymbol{P}$ (bzw. $\boldsymbol{J}$) ist. Die polarisierte Kugel kann man sich also aus einer positiv und einer negativ geladenen Kugel zusammengesetzt denken, die um $\boldsymbol{d}$ gegeneinander verschoben sind. Jede Kugel wirkt aber wie eine Ladung $4\pi R^3\varrho/3$ in ihrem Mittelpunkt, die magnetisierte Kugel wie ein Dipol vom Moment $\boldsymbol{p}_\mathrm{m} = 4\pi R^3\varrho\boldsymbol{d}/3 = 4\pi R^3\boldsymbol{J}/3$. Daß auch ein Kreisstrom in größerer Entfernung ein Dipolfeld erzeugt, wird in Aufgabe 7.2.1 gezeigt.

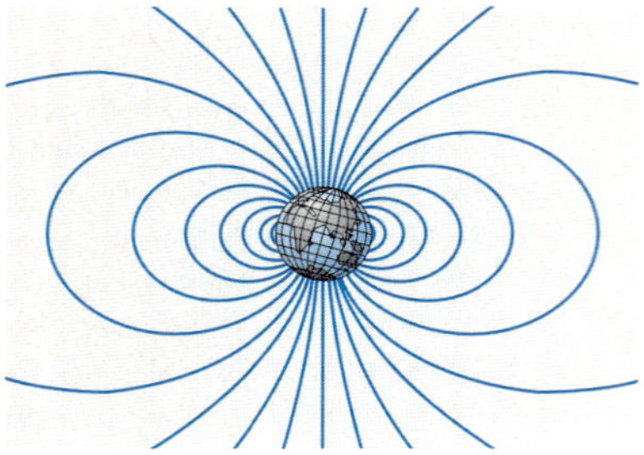

Abb. 7.26. Das Dipolfeld der Erde. Die dargestellte Achsschiefe ist nicht die Ekliptikschiefe von 23,5°, sondern die Abweichung zwischen erdmagnetischer und Rotationsachse ($\approx 15°$)

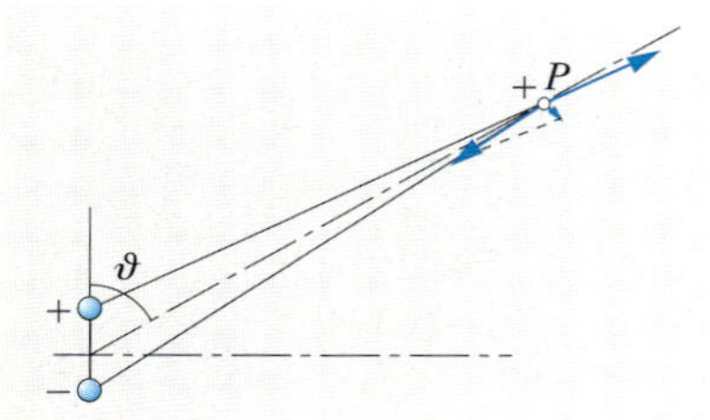

Abb. 7.27. Die positive Ladung ist um $d\cos\vartheta$ näher am Punkt P. Daher ist ihr Feld $\boldsymbol{E}_+$ um $2Qd\cos\vartheta/(4\pi\varepsilon_0 r^3)$ stärker als das Feld $\boldsymbol{E}_-$ der negativen Ladung. Diese Differenz ist die Radialkomponente des Dipolfeldes. Die andere Komponente ergibt sich aus den Richtungen von $\boldsymbol{E}_+$ und $\boldsymbol{E}_-$, die um $d\sin\vartheta/r$ verschieden sind (Sehwinkel). Also $E_\perp = Ed\sin\vartheta/r = p\sin\vartheta/(4\pi\varepsilon_0 r^3)$

Wie sieht das **Dipolfeld** im Abstand R und der geomagnetischen Breite φ (Abb. 7.26) aus? Die Felder der positiven und negativen Ladung kompensieren einander fast, aber nicht ganz. Beide haben ungefähr den Betrag $E_0 = Q/(4\pi\varepsilon_0 R^2)$. Ihre Richtungen sind um $\gamma \approx d\cos\varphi/R$ verschieden, also bleibt eine resultierende Horizontalkomponente

$$E_= \approx E_0\gamma \approx E_0 d\cos\varphi/R = p\cos\varphi/(4\pi\varepsilon_0 R^3)\,.$$

Ihre Größen sind verschieden um

$$\begin{aligned} E_- - E_+ &= Q/\left[4\pi\varepsilon_0(R - \tfrac{1}{2}d\sin\varphi)^2\right] - Q/\left[4\pi\varepsilon_0(R + \tfrac{1}{2}d\sin\varphi)^2\right] \\ &\approx 2Qd\sin\varphi/(4\pi\varepsilon_0 R^3) = 2p\sin\varphi/(4\pi\varepsilon_0 R^3)\,. \end{aligned}$$

Das ist die Vertikalkomponente des Dipolfeldes. Beide Komponenten sind bereits auf die Kugel-(Erd-)Oberfläche bezogen. Der resultierende $\boldsymbol{E}$-Vektor zeigt um einen Winkel β, den **Inklinationswinkel**, gegen die Horizontale nach unten. Es ist

$$\tan\beta = \frac{E_\perp}{E_=} = 2\tan\varphi\,.$$

In 45° geomagnetischer Breite ist $\beta = 63{,}4°$, in 60° Breite schon 73,9°, am magnetischen Pol 90°. Dort ist die Gesamtfeldstärke genau doppelt so groß wie am Äquator. Den magnetischen Fall erhält man, indem man $\boldsymbol{E}$ durch $\boldsymbol{B}$ und ε_0^{-1} durch μ_0 ersetzt:

$$\boldsymbol{B} = \frac{\mu_0 \boldsymbol{p}_\mathrm{m}}{4\pi R^3}(\cos\varphi, 2\sin\varphi)\,.$$

Am Äquator mißt man $B = 3{,}1\cdot 10^{-5}\,\mathrm{T}$. Daraus folgen ein Moment $p_\mathrm{m} = 8{,}1\cdot 10^{22}\,\mathrm{A/m^2}$ und eine Magnetisierung $J = 3B/\mu_0 = 74{,}5\,\mathrm{A/m}$, d. h. 10^{-4} der **Sättigungsmagnetisierung** des Eisens. Es gibt zwar speziell im Erdkern genügend Eisen, aber schon in 20–30 km Tiefe überschreitet die Temperatur den **Curie-Punkt**, und spontane Magnetisierung ist nicht mehr möglich (**geothermische Tiefenstufe** im Mittel 30 m/K). Allem Anschein nach stammt also das Erdfeld von einem Kreisstrom, vermutlich im äußeren Teil des Kerns. Bei 3 000 km Radius müßte der Gesamtstrom $I = p_\mathrm{m}/(\pi R^2) \approx 3\cdot 10^9\,\mathrm{A}$ betragen. Die entsprechende Stromdichte von etwa $10^{-4}\,\mathrm{A/m^2}$ setzt in Eisen nur elektrische Felder von $10^{-11}\,\mathrm{V/m}$ voraus (in Silikaten, die unter Druck und Hitze sehr viel besser leiten, auch nicht viel mehr). Derartige Ringfelder werden fast unvermeidlich induziert, sobald sich Teile des Erdinnern relativ zueinander bewegen. Um sie gemäß $\boldsymbol{E} = \boldsymbol{v}\times\boldsymbol{B}$ zu erzeugen, braucht man Relativgeschwindigkeiten (Strömung) von etwa 1 m/Jahr, die mit anderen Beobachtungen durchaus verträglich sind. Das erdmagnetische Feld entsteht nach dieser **Dynamotheorie** durch Selbsterregung entsprechend dem dynamoelektrischen Prinzip von *Siemens*: Wie im Gleichstrom-Nebenschlußgenerator erzeugt die Rotation des Erdkerns (Ankers) im schwachen remanenten Magnetfeld der Kruste (Erregerwicklung) einen Induktionsstrom, der das Magnetfeld verstärkt usw.

Die Strömungssysteme des Erdinnern haben mit der Erdrotation nur indirekt zu tun (Coriolis-Ablenkung wegen des kleinen v viel schwächer als bei Wind oder Meeresströmung). Selbst ihr Umlaufsinn ist durch „zufällige" Umstände bestimmt. Kein Wunder, daß das Erdfeld örtliche und zeitliche Unregelmäßigkeiten zeigt. Zunächst liegt der resultierende Dipol nicht parallel zur Erdachse und geht auch 350 km abseits des Erdmittelpunkts vorbei (exzentrischer Dipol). Ein Durchstoßpunkt der Dipolachse durch die Erdoberfläche liegt in NW-Grönland (78,4° N, 69° W; physikalisch ein Südpol, da er das N-Ende der Kompaßnadel anzieht), der andere, nicht exakt gegenüber, in Adelie-Land am Rand von Antarktika (68,5° S, 111° O). Infolge der Exzentrizität und weiterer regionaler Anomalien sind dies *nicht* die Stellen, wo die Kompaßnadel senkrecht zeigt, sondern diese liegen fast 1 000 km entfernt.

Die regionalen Anomalien beruhen auf Unregelmäßigkeiten im Strömungssystem des Erdinnern und lassen sich durch schwache zusätzliche Magnetpole beschreiben. Ein solcher Zusatz-Südpol unter Sinkiang ist verantwortlich dafür, daß in Deutschland der Kompaß fast genau nach Norden zeigt (Mißweisung oder **Deklination** maximal 3° W, während der Kurs nach NW-Grönland 17,5° N zu W wäre). Umgekehrt weicht im Südatlantik der Kompaß fast 30° westlich ab (fast 20° mehr als er sollte: Die USA haben auch ihren Zusatzpol), was Columbus sehr verwirrt hat und bis heute Unsicherheit über seinen ersten Landeplatz in Amerika schafft. Anomalien kleinerer Ausdehnung beruhen auf Basaltkuppen und Erzlagerstätten (in Kiruna und Kursk zeigt der Kompaß nach Süden), bis hinunter zu großen Eisenmassen wie Schiffen. Erzprospektierung und U-Boot-Detektierung, zusammen mit der Hochfrequenzspektroskopie (Kernresonanz) haben zur Entwicklung von Magnetometern geführt, die B genauer messen können als $1\,\gamma = 10^{-9}$ Tesla.

Auch für die zeitlichen Variationen des Erdfeldes gibt es sehr verschiedene Größenordnungen der Ausdehnung. Am einfachsten erkennt man die säkularen Änderungen. Seit 1900 ist der „Süd"pol (d. h. der Punkt mit 90° Inklination) von Boothia Felix bis Prince of Wales-Land um 600 km gewandert. Seit *Gauß'* Messungen hat die Deklination in Deutschland um 18° abgenommen. Die **Agone**, d. h. die Linie mit der Deklination 0, lief 1945 durch Königsberg, 1975 durch Berlin.

Ein Teil der kurzperiodischen Schwankungen geht ganz regelmäßig mit dem örtlichen Sonnenstand. Ihre Amplitude liegt um $10\,\gamma$ (10^{-8} T) und läßt sich auf Kreisströme in der **Ionosphäre** zurückführen. Andere, kleinere Schwankungen richten sich nach dem Mondstand. Beide Induktionsstromsysteme entstehen, indem die Hochatmosphäre mit der Tageserwärmung und den Sonnen- und Mondgezeiten „atmet", d. h. sich im Erdmagnetfeld hebt oder senkt. Aus den auftretenden Strömungsgeschwindigkeiten und Leitfähigkeiten folgt ein Gesamtstrom von 10^4–10^5 A, der gerade zu den beobachteten Amplituden führt. Die *unregelmäßigen* Schwankungen (magnetische Unruhe, **magnetische Stürme**) sind, wie schon *Celsius* um 1750 fand, eng verknüpft mit **Polarlichtern** und der **Sonnenaktivität** (am stärksten in fleckenreichen Jahren). Später kamen zu diesem Komplex noch Telegraphie- und Funkstörungen hinzu. Kompaßnadeln schwanken um 1° oder mehr ($\Delta B \approx 3\,000\,\gamma$), zwischen den Enden von Überseekabeln liegen mehrere kV, in Telefonzentralen brennen die Kontakte aus. Ursache eines solchen Sturms ist ein **Flare**, d. h. das plötzliche (und noch weitgehend ungeklärte) Aufflammen der Sonnenphotosphäre um eine Fleckengruppe. Die verstärkte UV- und Röntgenemission der Sonne hat sofort **Kurzwellenschwund (Mögel-Dellinger-Effekt)** u. a. zur Folge. Etwa einen Tag später bricht auf der ganzen Erde, besonders aber im Polargebiet, der magnetische Sturm los. Dann gehen die **Polarlichter** auch über den engen Gürtel zwischen 60 und 70° geomagnetischer Breite hinaus, wo man sie auch normalerweise fast jeden Abend sieht. Sie entstehen als Glimmlicht in der Hochatmosphäre, ausgelöst durch Stoßanregung durch Elektronen von der Sonne, die in Spiralbahnen um die $\boldsymbol{B}$-Linien des Erdfeldes gezwungen werden. Nur in hohen Breiten reichen die Linien des Dipolfeldes weit genug in den Raum hinaus. Andererseits verlaufen sie in zu großer Polnähe zu steil, um die Teilchen zur Erde hinführen zu können. Diese Teilchen stammen aus dem stetigen Sonnenwind, d. h. der Expansion der Gase der Sonnencorona. Die **Corona** ist nämlich thermisch instabil (so heiß, daß ihre Teilchen die Entweichgeschwindigkeit aus dem Schwerefeld der Sonne überschreiten). Geheizt wird die Corona durch Stoßwellen aus der Wasserstoff-Konvektionszone der Photosphäre, also eigentlich durch den Lärm des Brodelns der Sonnengase.

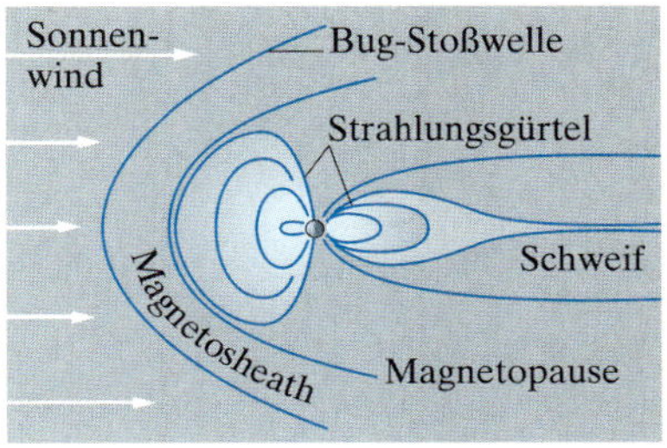

Abb. 7.28. In großem Abstand von der Erde ist das Dipolfeld stark deformiert durch den **Sonnenwind**, einen Plasmastrom (Elektronen und Protonen) aus der Sonnencorona, der mit ca. 500 km/s auf die Magnetosphäre der Erde prallt und in der Zone, wo der Staudruck des Sonnenwindes gleich dem magnetischen Druck des Erdfeldes ist, eine Stoßwellenfront bildet. Innerhalb davon folgt eine turbulente Plasmaschicht (Magnetosheath), deren Ströme das Erdfeld kompensieren. Dieses fängt erst innerhalb der **Magnetopause** an, erstreckt sich aber dafür auf der Nachtseite als Magnetschweif sehr weit in den Raum. Wo das Magnetfeld stark genug ist, um schnelle Teilchen einzufangen, aber die Atmosphäre dünn genug, um sie frei zirkulieren zu lassen, liegt ringförmig der **Strahlungsgürtel (van Allen-Gürtel**, Abschn. 13.5.3). Er ist zu den Polen hin offen, wo auch die im Erdfeld beschleunigten Elektronen eintreten können, die in der Hochatmosphäre Polarlicht durch Stoßionisation erzeugen

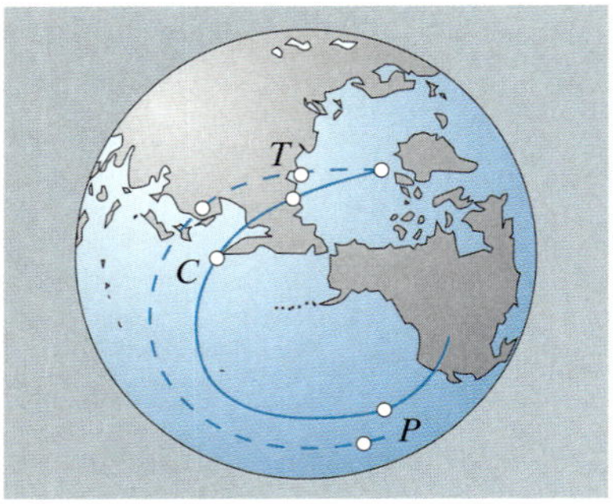

Abb. 7.29. Aus der Magnetisierung der Gesteine ließ sich die Lage des Magnetpols relativ zu den Kontinenten ermitteln. (——) Polwanderung relativ zu Eurasien, (– – –) relativ zu Nordamerika. Die Lage der Pole im oberen Präkambrium (P, 650 Mill. Jahre), im Carbon (C, 270 Mill. Jahre) und im unteren Tertiär (T, 60 Mill. Jahre) sind markiert. Bis vor ca. 100 Mill. Jahren hatten Eurasien und Nordamerika konstante Lage zueinander (man beachte die Verkürzung der Kartenprojektion), waren aber etwa um die Nordatlantikbreite näher zusammen als heute

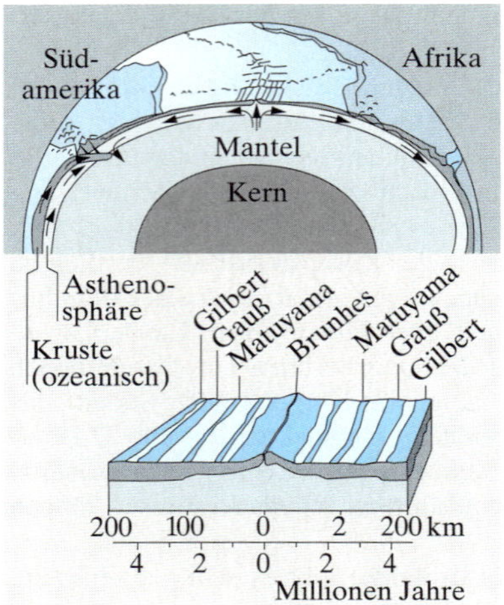

Abb. 7.30. Schema der **Plattentektonik**. Es verschieben sich nicht nur wie nach *A. Wegener* die Kontinente, sondern sie treiben auf Platten aus Ozeanböden, angetrieben vermutlich durch Ströme in der **Asthenosphäre**, wo das Gestein plastisch ist. Grenzen zwischen Platten sind entweder **Rifts**, ozeanische Rücken oder kontinentale Grabenbrüche wie in Ostafrika, wo aufquellendes Material die beiden Platten auseinanderschiebt; oder es sind **Subduktionszonen**, wo sich eine Platte teilweise unter die andere schiebt und wo Tiefseegräben, Faltengebirge, Vulkan- und Tiefbebenzonen entstehen. Beiderseits der ozeanischen Rücken findet man überall die gleiche Folge von Streifen, die jeweils bei der Abkühlung in der damals herrschenden Feldrichtung magnetisiert wurden. *Dunkelblau*: heutige, *hellblau*: umgekehrte Polung des Magnetfeldes. Die einzelnen magnetischen Perioden sind nach Magnetologen benannt

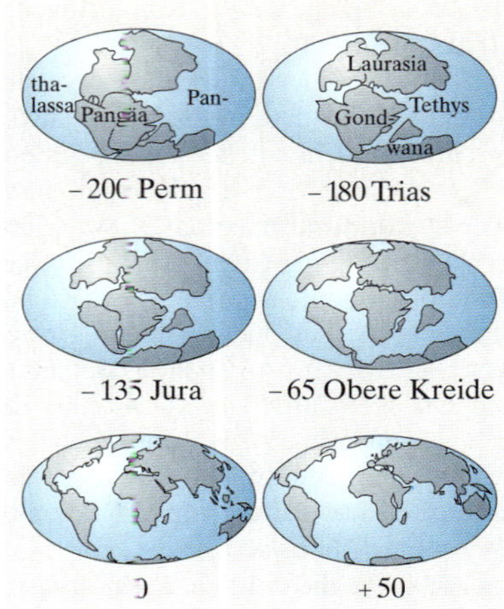

Abb. 7.31 Entwicklung der Kontinentanordnung seit etwa 200 Mill. Jahren mit Projektion um 50 Mill. Jahre in die Zukunft. Ob der Kontinent **Pangäa** immer vorher bestand (seit Abtrennung des Mondes, wie manche glauben), oder ob er aus früher getrennten Platten zusammengewachsen ist, wird noch umstritten. Man beachte besonders die lange Reise Indiens, dessen Kollision mit Südasien die zentralasiatischen Gebirge aufgefaltet hat und für die Erdbeben von Iran, Assam und China verantwortlich ist, und das Vordringen Afrikas in Europas weichen Unterleib, das Ähnliches in kleinerem Maßstab bewirkt. Diese von *Alfred Wegener* um 1910 begründeten Vorstellungen sind besonders durch magnetische Messungen wieder zu Ehren gekommen und haben die gesamte Geologie, Ozeanographie, Paläontologie, Lagerstättenkunde usw. revolutioniert

Mindestens ebenso aufregend sind die Schwankungen des Magnetfeldes in geologischen Zeiträumen. Man kann sie verfolgen durch Messung der Magnetisierung, die eisenhaltige Gesteine bei der Erstarrung bzw. Ablagerung im damaligen Erdfeld angenommen und teilweise bis heute behalten haben. Deklination und Inklination dieser Magnetisierung *einer* Probe ergeben im Prinzip bereits die Lage des fossilen Magnetpols und unter der Annahme einer Kopplung zwischen beiden auch des Rotationspols. Europäische Gesteine zeigen, daß der geographische Nordpol seit dem Präkambrium vom heutigen Mexico durch den Mittelpazifik über Japan und Ostsibirien in seine heutige Lage gewandert ist. Das ist paläoklimatisch sehr befriedigend, denn wenn Europa bis ins Mesozoikum weiter südlich lag, braucht man nicht anzunehmen, die ganze Erde sei damals wärmer gewesen. Nun erhält man aber aus nordamerikanischen Gesteinen eine andere Spur für den Pol, die 2 000–3 000 km weiter südlich und dann westlich zu verlaufen scheint, bis sie nach der Trias mit der europäischen verschmilzt. Offenbar sind Europa und Nordamerika erst seit dieser Zeit in der heutigen Lage zueinander. Vorher lagen sie 2 000–3 000 km näher zusammen. Diese Entdeckung (*Runcorn*, 1956) hat endlich den zähen Widerstand gegen *A. Wegeners* Theorie der **Kontinentalverschiebung** (1912) gebrochen. Diese Theorie nahm dann rapide ihre heutige Form an (**Plattentektonik**). Ein wichtiger Schritt dabei war die Entdeckung, daß manche Gesteine die falsche Polarität der Magnetisierung haben. Speziell auf den Ozeanböden liegen, meist parallel zur Küste, ziemlich regelmäßige „Zebrastreifen" abwechselnder Polarität. Tatsächlich schließt die Dynamotheorie ein 180°-Umklappen der magnetischen Achse nicht aus, wie es anscheinend etwa alle Millionen Jahre erfolgt. Die Streifenstruktur, die weltweit übereinstimmt, erlaubt eine (anderweitig bestätigte) Altersbestimmung der Ozeanböden. Nahe den mittelozeanischen Rücken (z. B. der mittelatlantischen Schwelle) ist der Boden sehr jung, nach außen wird er immer älter. Von den Quellzonen der Rücken aus expandiert er (**ocean floor spreading**) und verschwindet an den Küsten in Tiefseegräben unter den Randgebirgen der Nachbarscholle mit ihren Erdbeben- und Vulkanzonen. Zahlreiche andere Beobachtungen haben diese Vorstellungen bestätigt und eine Fülle von Einzeltatsachen in unerwarteter Weise erklärend verknüpft. Magnetische Messungen haben so entscheidend mitgeholfen, unser Bild von der Erde grundlegend umzugestalten und zu vereinheitlichen.

7.3 Induktion

Faradays Glaube an Einheit und Symmetrie in der Natur brachte ihn zu der Überzeugung: Wenn man Magnetismus mittels Strom erzeugen kann, muß das Umgekehrte auch möglich sein. Aus seinen Arbeitsprotokollen erkennt man, wie intensiv er sich mit den damaligen unvollkommenen Mitteln um diesen Nachweis bemüht hat.

7.3.1 Faradays Induktionsversuche

Michael Faraday hat 1831 die zunächst verwirrende Fülle der Induktionserscheinungen durch eine Reihe genial-einfacher Versuche geklärt und damit den Grundstein zum ungeheuren Aufschwung der Elektrotechnik gelegt. Wir studieren diese historischen Versuche im einzelnen.

Ein Draht sei zu einer Kreisschlinge gebogen, seine Enden seien mit einem ballistischen Galvanometer verbunden, d. h. einem Galvanometer, dessen Nadel viel langsamer schwingt, als die zu messenden Ströme sich ändern (Abschn. 7.5.5). Es zeigt dann einen *Stromstoß*, also die während der Versuchsdauer geflossene Gesamtladung an. Für die ersten Versuche wird ein Permanentmagnet verwendet.

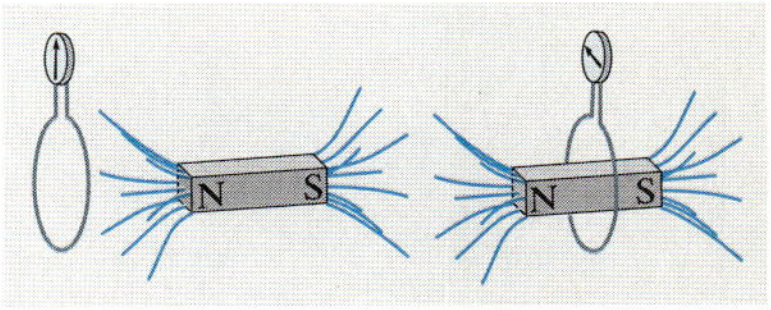

Abb. 7.32. Schiebt man den Stabmagneten schnell in die Kreisschlinge, zeigt das ballistische Galvanometer einen Induktionsstoß an

1) Nähert man den Nordpol des Magneten der Schlinge, so zeigt das ballistische Galvanometer einen Ausschlag. Er ist unabhängig von der Geschwindigkeit, mit der der Magnet verschoben wird, solange die Dauer der Verschiebung klein gegen die Schwingungsdauer des Galvanometers ist. Das bedeutet, daß eine Ladung durch die Kreisschlinge und das Galvanometer transportiert wird, die nur von der Anfangs- und der Endlage des Magneten abhängt.

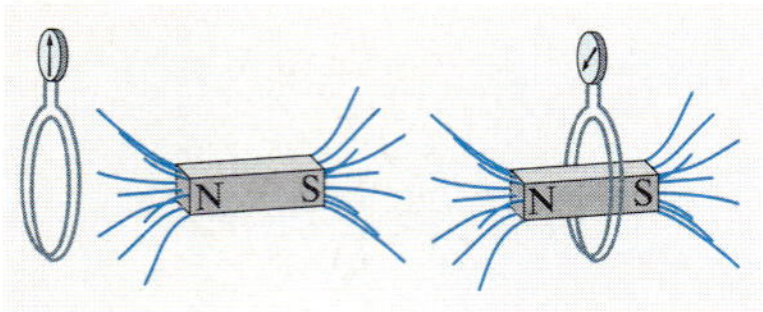

Abb. 7.33. In zwei Windungen entsteht ein doppelt so großer Ausschlag des ballistischen Galvanometers

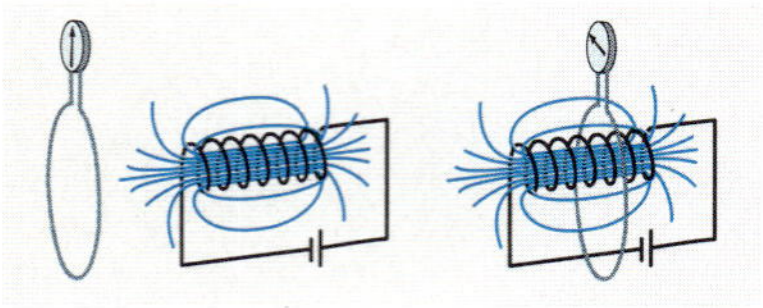

Abb. 7.34. Eine stromdurchflossene Spule induziert beim Hineinschieben wie ein Stabmagnet

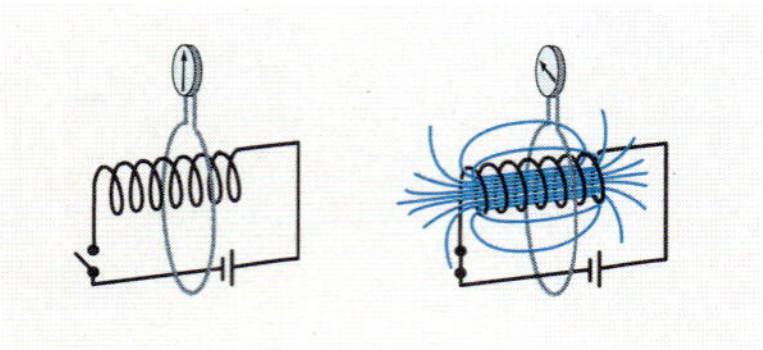

Abb. 7.35. Schließen des Stromkreises läßt das Galvanometer in gleichem Sinn ausschlagen, als wenn man die Spule in die Schlinge schöbe

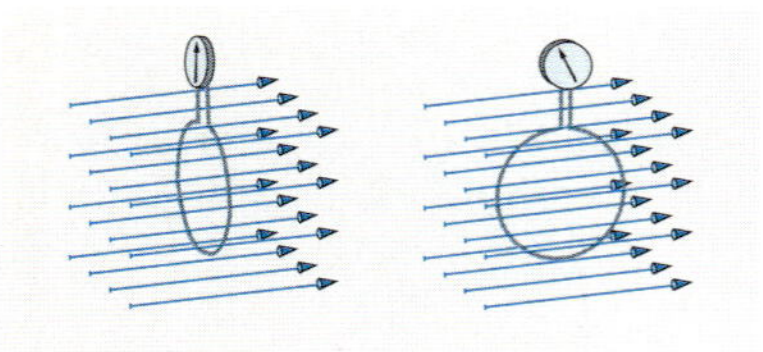

Abb. 7.36. Drehung der Schlinge im Magnetfeld erzeugt ebenfalls eine Induktion ...

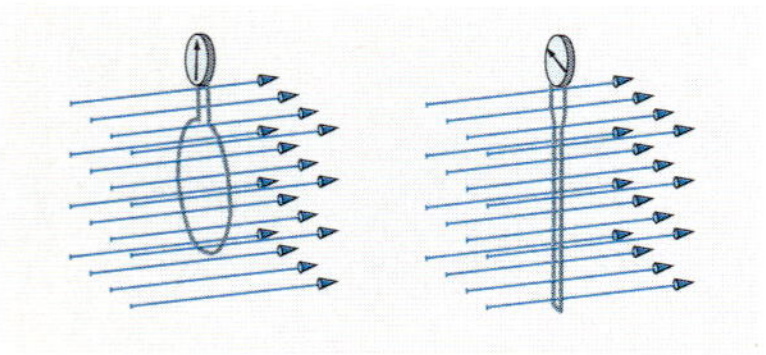

Abb. 7.37. ... ebenso wie eine Änderung der Fläche, die die Schlinge umschließt

2) Nähert man unter sonst gleichen Bedingungen nicht den Nordpol, sondern den Südpol, so erhält man den gleichen Ausschlag in entgegengesetzter Richtung.
3) Zieht man den Magneten aus der Schlinge in die Ausgangslage zurück, so erfolgt der Galvanometerausschlag in der entgegengesetzten Richtung, ist aber ebenso groß. Die Bewegung der Ladungen erfolgt also in der entgegengesetzten Richtung.
4) Nimmt man an Stelle eines Magneten zwei gleiche Magnete, so ist der Ausschlag des ballistischen Galvanometers doppelt so groß.
5) Verwendet man unter sonst gleichen Bedingungen statt einer einfachen eine doppelte (n-fache) Schlinge (Spule mit zwei oder n Windungen), so wird der Ausschlag doppelt (bzw. n-mal) so groß (Abb. 7.33).
6) Ersetzt man den permanenten Magneten durch eine stromdurchflossene Spule, so beobachtet man bei Annäherung bzw. Entfernung die gleichen Erscheinungen (Abb. 7.34). Bei Verdoppelung der Stromstärke in dieser Spule werden die Galvanometerausschläge doppelt so groß. Die in der Drahtschlinge transportierten Ladungen sind der Stromstärke in der Spule, also dem in ihr erregten Feld proportional.
7) Schiebt man die Spule ganz in das Innere der Drahtschlinge und schließt oder öffnet man nun den Spulenstromkreis, so zeigt das ballistische Galvanometer die gleichen Ausschläge, als ob die stromführende Spule aus großer Entfernung ganz in das Innere der Schlinge hineingeführt oder aus dem Inneren herausgezogen würde (Abb. 7.35).
8) Die Vermehrung der Windungszahl der Schlinge hat den gleichen Effekt wie in Versuch 5.
9) Bringt man die Drahtschlinge aus einem feldfreien Raum in ein Magnetfeld (z. B. zwischen die Polschuhe eines Elektromagneten), so zeigt das ballistische Galvanometer einen Ausschlag. Den gleichen Ausschlag in entgegengesetzter Richtung erhält man, wenn man die Schlinge aus dem Feld herausbringt.
10) Dreht man die Schleifenebene, die erst senkrecht zu den Feldlinien stand, in eine Lage parallel zu ihnen, so ist der Ausschlag des ballistischen Galvanometers der gleiche wie bei vollständiger Entfernung aus dem Magnetfeld. Dreht man die Schlinge aus der Ausgangslage um 180°, so daß die Feldlinien die Schlinge von der entgegengesetzten Seite durchdringen, so wird der Galvanometerausschlag doppelt so groß.
11) Wenn man die Fläche der Schlinge in einem konstanten Magnetfeld ändert, indem man sie zusammenzieht oder erweitert, zeigt das Galvanometer einen Ausschlag (Abb. 7.37). Zieht man die Schlinge auf den Flächeninhalt Null zusammen, so ist der Galvanometerausschlag der gleiche, als ob die unveränderte Schlinge aus dem Feld in den feldfreien Raum gebracht wird.
12) Schiebt man in das Innere einer Spule bei konstant gehaltenem Spulenstrom (Abb. 7.35, rechts) einen Eisenkern, so zeigt das Galvanometer wiederum einen Ausschlag, der ein Vielfaches des Ausschlages beim ersten Einschalten des Spulenstromes betragen kann.

13) Bei allen diesen Versuchen kann man im Prinzip das ballistische Galvanometer durch ein elektrostatisches Voltmeter ersetzen (z. B. ein Fadenelektrometer; Abschn. 6.1.5c). Es zeigt an Stelle der Stromstöße Spannungsstöße von genau dem gleichen zeitlichen Verlauf an.

Aus den Versuchen 1–11 ergibt sich das **Induktionsgesetz**:

> Wenn sich der Magnetfluß Φ ändert, der eine Drahtschleife durchsetzt, wird in ihr eine Spannung und, bei gegebenem Widerstand, ein Strom erzeugt; beide sind proportional zu $\dot{\Phi}$.

Die während dieses Stromstoßes transportierte Ladung $\int I\,dt$ ist demnach nur von $\int \dot{\Phi}\,dt = \Phi_2 - \Phi_1$, d. h. von der Gesamtänderung des Magnetflusses abhängig, nicht von der Art, wie diese Änderung im einzelnen vor sich geht. Ein ballistisches Galvanometer, das diese Gesamtladung mißt, reagiert also nur auf $\Phi_2 - \Phi_1$. Versuch 12 zeigt, daß es nicht auf den Fluß von $\boldsymbol{H}$ ankommt, der nur von Spulengeometrie und -strom abhängt, sondern auf den Fluß von $\boldsymbol{B}$, der durch Einschieben des Eisens stark erhöht wird.

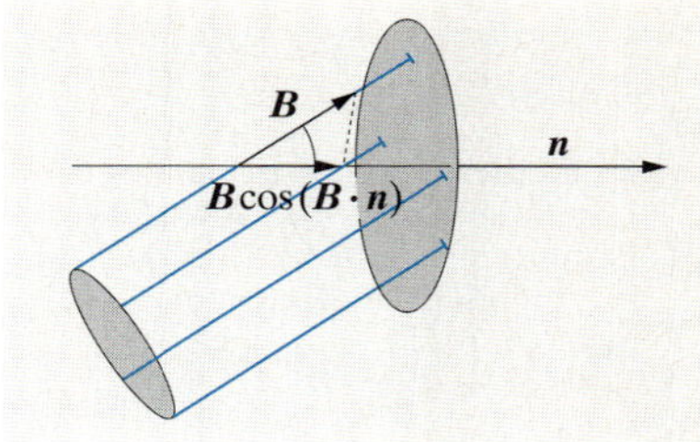

Abb. 7.38. Definition des Magnetflusses

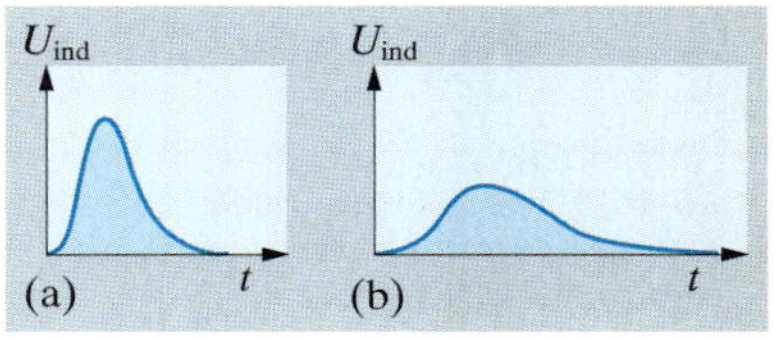

Abb. 7.39a, b. Die induzierte Spannung U hängt von der Änderungsgeschwindigkeit des Magnetflusses ab, die Fläche $\int U\,dt$ nur von der Änderung selbst

✗ Beispiel...

Man lege eine Drahtschleife mit einem ballistischen Galvanometer um die Mitte einer langen Spule und lasse sie über das Spulenende hinweggleiten. Inwiefern mißt der dabei auftretende Spannungsstoß die Polstärke der Spule? Gilt das gleiche für einen Stabmagneten?

Der Spannungsstoß rührt von der Induktionsflußänderung her: $\int U\,dt = \Delta\Phi$. Aus dem Spulenende tritt der Fluß $\Phi = \mu_0 P$ (P: Polstärke), wenn die Schlinge weit genug von der Spule entfernt ist, gilt $\Phi = 0$. Also erhält man einfach $P = \int U\,dt/\mu_0$. Beim Stabmagneten ist es ebenso.

7.3.2 Das Induktionsgesetz als Folge der Lorentz-Kraft

Wir machen einige Gedankenexperimente, die nicht wesentlich verschieden sind von den historischen Versuchen *Michael Faradays*.

1) Ein gerader Draht fliegt mit der Geschwindigkeit v senkrecht zu seiner eigenen Richtung und zu einem homogenen Magnetfeld $\boldsymbol{B}$ (Abb. 7.40, 1). Unter dem Einfluß der Lorentz-Kraft $Qv \times \boldsymbol{B}$ verschieben sich die Ladungsträger längs des Drahtes, bis ihr eigenes Gegenfeld $\boldsymbol{E}''$ die Lorentz-Kraft kompensiert, ganz entsprechend wie beim Hall-Effekt

$$\boldsymbol{E}'' = -v \times \boldsymbol{B}\,.$$

Der mit dem Draht mitfliegende Beobachter sieht ein elektrisches Feld

$$\boldsymbol{E}' = v \times \boldsymbol{B}\,,$$

das zunächst überall herrscht (innerhalb und außerhalb des Drahtes), das aber sehr bald infolge der Ladungsverschiebung im Draht selbst kompensiert wird, entsprechend der Tatsache, daß in ruhenden Leitern

Beobachter im Labor	*Beobachter auf dem Draht*
Draht fliegt durch $\boldsymbol{B}$-Feld. Lorentz-Kraft $\boldsymbol{F}=Q\boldsymbol{v}\times\boldsymbol{B}$ treibt Ladungen nach rechts (links), bis Aufladung ein Gegenfeld erzeugt, so daß $Q\boldsymbol{E}''=-\boldsymbol{F}=-Q\boldsymbol{v}\times\boldsymbol{B}$.	Es herrscht ein Feld $\boldsymbol{B}$, quer dazu ein Feld $\boldsymbol{E}$, das durch $\boldsymbol{E}''=-\boldsymbol{v}\times\boldsymbol{B}$ kompensiert wird.
Drahtschleife fliegt durch homogenes $\boldsymbol{B}$-Feld. Die $\boldsymbol{E}$-Felder in den beiden Zweigen kompensieren sich. Keine Gesamtspannung. Voltmeter schlägt nicht aus.	Es herrscht ein $\boldsymbol{B}$-Feld, quer dazu ein $\boldsymbol{E}$-Feld, beide sind homogen. Voltmeter schlägt nicht aus.
Schleife fliegt durch inhomogenes $\boldsymbol{B}$-Feld. Die $\boldsymbol{E}$-Felder in den beiden Zweigen kompensieren sich nicht. Voltmeter schlägt aus: $U=-a(E_2-E_1)$ $=-av(B_2-B_1)=-avb\frac{\mathrm{d}B}{\mathrm{d}y}$.	$\boldsymbol{B}$ steigt zeitlich an. Voltmeter schlägt aus: $U=-abv\frac{\mathrm{d}B}{\mathrm{d}y}=-ab\dot{\boldsymbol{B}}$ $U=-\dot{\phi}$.
Schleife ruht. $\boldsymbol{B}$ steigt zeitlich an. Die Situation ist genauso wie im Fall 3, rechts. Voltmeter schlägt aus: $U=-ab\dot{B}=-\dot{\phi}$.	Genau wie im Fall 3.

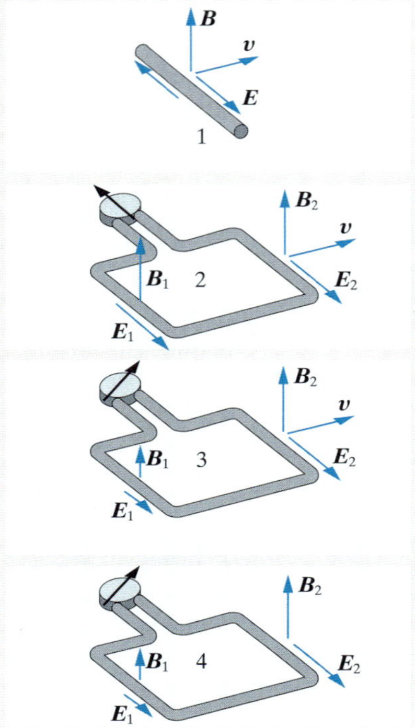

Abb. 7.40. Das Induktionsgesetz als Folge der Lorentz-Kraft

überhaupt kein $\boldsymbol{E}$-Feld aufrechterhalten bleiben kann. Die resultierende Ladungsverschiebung ist natürlich dieselbe wie im Laborsystem.

2) Diesmal fliegt eine rechteckige Drahtschleife durch das $\boldsymbol{B}$-Feld (Abb. 7.40, 2). In den beiden Schenkeln, die senkrecht zu v und $\boldsymbol{B}$ stehen, wirkt eine axiale Lorentz-Kraft (für den Laborbeobachter) bzw. ein Feld $\boldsymbol{E}'$ (für den mitfliegenden Beobachter). In beiden Schenkeln sind aber, *im Umlaufsinn des Drahtes gesehen*, die Kräfte bzw. Felder *entgegengesetzt* gerichtet und kompensieren einander. Das Linienintegral über $\boldsymbol{E}'$ längs des Drahtes verschwindet:

$$\oint \boldsymbol{E}' \cdot \mathrm{d}\boldsymbol{r} = 0\,.$$

Der einzige Effekt sind leichte Ladungsanhäufungen in den zu v parallelen Schenkeln.

3) Das $\boldsymbol{B}$-Feld sei nicht mehr homogen, sondern nehme in Verschiebungsrichtung zu, z. B. nach dem Gesetz $B = B_0 + y\,\mathrm{d}B/\mathrm{d}y$. Dann wirkt im vorderen Schenkel eine größere Lorentz-Kraft (Laborsystem) bzw. ein größeres $\boldsymbol{E}'$-Feld (Drahtsystem) als im hinteren. Der hintere Schenkel sei jetzt bei $y = 0$. Dann ist vorn $E_2' = v(B_0 + b\,\mathrm{d}B/\mathrm{d}y)$, hinten $E_1' = vB_0$. Das Linienintegral verschwindet nicht mehr, sondern hat den Wert

$$\oint \boldsymbol{E}' \cdot \mathrm{d}\boldsymbol{r} = -a(E'_2 - E'_1) = -vab\,\frac{\mathrm{d}B}{\mathrm{d}y}\,. \tag{7.59}$$

Die Richtung des Umlaufs ist wie üblich so definiert, daß sie mit $\boldsymbol{B}$ der Rechte-Hand-Regel folgt. Daher kommt das Minus-Zeichen. Wenn man die Drahtenden isoliert nach außen führt, herrscht zwischen ihnen eine Klemmenspannung (elektromotorische Kraft) von diesem Betrag:

$$U = -vab\,\frac{\mathrm{d}B}{\mathrm{d}y}\,. \tag{7.60}$$

Diese Spannung herrscht auch im Drahtsystem, wo die Schleife *ruht*. Der Drahtbeobachter sieht ebenfalls ein $\boldsymbol{B}$-Feld, das in y-Richtung zunimmt. Gleichzeitig aber nimmt *für ihn* $\boldsymbol{B}$ überall *mit der Zeit* linear zu. Diese Zunahme ist gegeben durch $\dot{B} = v\,\mathrm{d}B/\mathrm{d}y$. Vom *Laborsystem* aus gesehen gerät die Schleife ja mit der Zeit in ein immer größeres Feld, das dabei aber an jedem Ort zeitlich konstant ist.

4) Wir halten die Schleife fest, erzeugen ein inhomogenes $\boldsymbol{B}$-Feld ebenso wie im Versuch 3, lassen seinen Betrag aber überall linear mit der Zeit zunehmen, z. B. durch Hochfahren des felderzeugenden Spulenstroms.

Vom Draht aus gesehen ist die Situation *genau die gleiche* wie im Versuch 3. Daher müssen auch die physikalischen Folgen die gleichen sein. Es tritt eine Klemmenspannung

$$U = \oint \boldsymbol{E}' \cdot \mathrm{d}\boldsymbol{r} = -abv\,\frac{\mathrm{d}B}{\mathrm{d}y} = -ab\dot{B} \tag{7.60'}$$

auf. v hat für diese Situation keine direkte Bedeutung. Es entspricht der negativen Geschwindigkeit eines Systems, das so längs des B-Gefälles gleite, daß in ihm B überall zeitlich konstant ist, ebenso wie im Laborsystem von Versuch 3.

Die Änderung $\dot{\boldsymbol{B}}$ ist auf der ganzen Schleifenfläche konstant und steht senkrecht dazu. Der Magnetfluß ist in diesem Fall $\Phi = abB$, also kann man (7.60′) auch schreiben

$$\boxed{U = \oint \boldsymbol{E}' \cdot \mathrm{d}\boldsymbol{r} = -\dot{\Phi}}\,. \tag{7.61}$$

Das ist das **Induktionsgesetz**: Wenn sich der Magnetfluß durch eine gegebene Fläche zeitlich ändert, wird in der Randlinie dieser Fläche eine Ringspannung $U_{\mathrm{ind}} = -\dot{\Phi}$ induziert. Dabei ist es ganz gleichgültig, ob diese Randlinie durch eine Leiterschleife materialisiert ist oder ob es nur eine gedachte Linie ist. Das Feld $\boldsymbol{E}'$, von dem wir ausgegangen sind, entsteht ja überall, nicht nur im Draht.

Geht man zu einer sehr kleinen Leiterschleife mit der Fläche $\mathrm{d}\boldsymbol{A}$ über, verwandelt sich das Linienintegral $\oint \boldsymbol{E}' \cdot \mathrm{d}\boldsymbol{r}$ in $\operatorname{rot} \boldsymbol{E}' \cdot \mathrm{d}\boldsymbol{A}$. Dann lautet das Induktionsgesetz

$$\boxed{\operatorname{rot} \boldsymbol{E}' = -\dot{\boldsymbol{B}}}\,. \tag{7.62}$$

Für die kleine Rechteckschleife hat $\mathrm{d}\boldsymbol{A}$ den Betrag ab und die Richtung von $\boldsymbol{B}$.

Es gibt viele Hilfsformulierungen des Induktionsgesetzes, die Verständnis und Anschauung unterstützen sollen, aber vielfach in die Irre führen. So sagt man, eine Spannung werde induziert, wenn der Leiter B-Linien schneide. Man stellt sich etwa vor, die B-Linien seien irgendwo im Laborsystem befestigt, und ihr „Entlangbürsten" am bewegten Draht erzeuge die Spannung. Dies ist physikalisch unhaltbar. Es gibt kein Bezugssystem, in dem die Feldlinien ruhen, man kann ihnen überhaupt keinen Bewegungszustand zuschreiben. Das wäre ein Verstoß gegen das Relativitätsprinzip, nach dem alle Inertialsysteme gleichberechtigt sind. Davon abgesehen hilft diese Vorstellung z. B. im Experiment 4 auch nur dann weiter, wenn man annimmt, die zeitliche Zunahme von Φ komme so zustande, daß Feldlinien „von draußen" in die Schleife hineinschnellen, was absurd ist. Wenn sich dagegen eine Schleife einfach im konstanten B-Feld dreht, ist diese Vorstellung ganz anschaulich. Allgemein kann man sich nur auf das Induktionsgesetz in der Form (7.61) oder (7.62) verlassen. Sie gilt auch, wenn gar keine Leiterschleife vorliegt, die einen Integrationsweg materialisiert.

7.3.3 Die Richtung des induzierten Stromes (Lenz-Regel)

Wenn man einen Stabmagneten mit dem Nordpol voran auf eine Leiterschleife zuschiebt (Abb. 7.41), ist der Fluß durch die Schleife positiv (B-Linien sind so definiert, daß sie von N ausgehen und in S zurücklaufen) und nimmt zeitlich zu. Nach dem Induktionsgesetz $U = \oint \boldsymbol{E} \cdot \mathrm{d}\boldsymbol{r} = -\dot{\Phi}$ ist also die Ringspannung negativ, d. h. vom Magneten aus gesehen läuft der induzierte Strom in der Schleife entgegen dem Uhrzeiger um. Ein solcher Strom erzeugt nach (7.39) selbst ein Magnetfeld, dessen B-Linien auf den Magneten hinzeigen. Die Schleife erhält ein induziertes magnetisches Moment, dessen Nordpol auf den Magneten zeigt, ihn also abstößt. Daher spürt man eine Gegenkraft, wenn man den Magneten so bewegt, und muß Arbeit leisten.

All dies ist aus dem Energiesatz auch ohne die komplizierte Vorzeichenbetrachtung klar. Der Aufbau des Schleifenstroms und seines Magnetfeldes kostet Energie, die nur bei der Verschiebung des Magneten aufgebracht worden sein kann. Aus solchen Betrachtungen stellte *H. F. E. Lenz* 1834 die Regel auf:

> Der induzierte Strom ist immer so gerichtet, daß sein Magnetfeld der Induktionsursache entgegenwirkt.

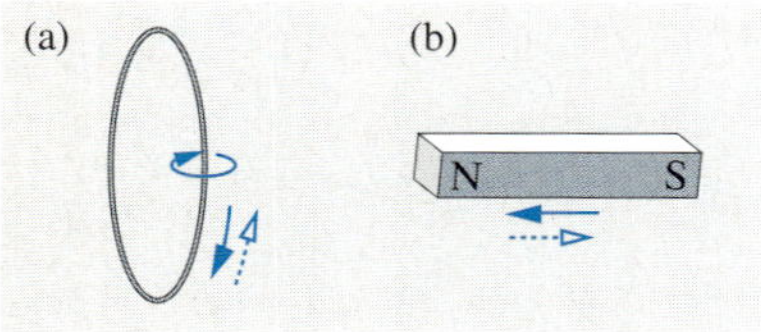

Abb. 7.41. Richtung des induzierten Stromes in einem Ring; (a) beim Heranführen eines Stabmagneten mit dem Nordpol voran (⟵); (b) beim Entfernen des Magneten (⇢)

Er sucht z. B. den sich nähernden Magneten wegzuschieben, den sich entfernenden zurückzuhalten. Aus demselben Grunde kostet es Arbeit, eine Spule im Magnetfeld zu drehen. Eben diese mechanische Arbeit ist es, die der Generator in elektrische Energie umsetzt.

Ebenso wichtig ist die Situation von Abb. 7.35, wo das Magnetfeld eines Elektromagneten zunimmt, weil man den Spulenstrom ansteigen läßt. Ohne weitere Überlegung kann man sagen: Im umgebenden Drahtring wird ein Strom induziert, dessen Magnetfeld so gerichtet ist, daß es seinerseits in der Spule eine Spannung induziert, die dem Spannungsanstieg darin entgegenwirkt. Auch hier widersetzt sich das induzierte Feld der Induktionsursache, nämlich dem Anschwellen des Spulenstroms. Dies führt zum Begriff der Gegen- und der Selbstinduktion (Abschn. 7.3.5, 7.3.8).

In Abb. 7.42 ist die Lage besonders übersichtlich. Wenn man das Drahtstück mit der Geschwindigkeit v nach rechts verschiebt, ändert sich der Fluß durch den Kreis um $\dot{\Phi} = -vlB$. Die induzierte Spannung $U = -\dot{\Phi} = vlB$ erzeugt den Strom I und die Joule-Leistung

$$P_{\mathrm{J}} = UI = vlBI\,.$$

Diese Leistung kann nur aus der mechanischen Arbeit stammen, die man beim Verschieben des Drahtstückes leistet. Es muß also eine Kraft $F = IlB$ der Verschiebung entgegenwirken, so daß die mechanische Leistung gleich der Jouleschen ist:

$$P_{\mathrm{mech}} = Fv = P_{\mathrm{J}} = IlBv\,.$$

Diese Kraft ist natürlich die Lorentz-Kraft.

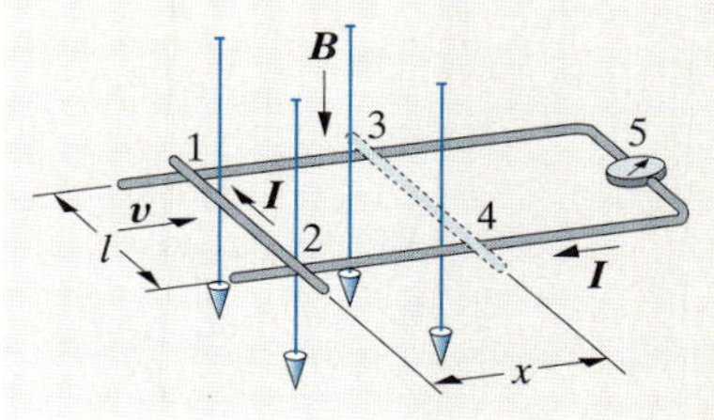

Abb. 7.42. Zur Berechnung der induzierten Spannung in einem geraden Draht, der senkrecht zu einem Magnetfeld verschoben wird

7.3.4 Wirbelströme

Ein Pendel mit einer dicken Kupferscheibe am Ende schwingt frei zwischen zwei Polschuhen eines Elektromagneten, solange dieser noch stromlos ist. Sowie man den Strom einschaltet, bleibt das Pendel zwischen den Polschuhen stehen (Abb. 7.43). Schiebt man den Pendelkörper schnell ins Magnetfeld oder aus ihm hinaus, spürt man eine Bremsung, als müsse man das Pendel durch Schlamm schieben. Wenn der Pendelkörper wie ein Kamm viele senkrechte Schlitze hat, sind die Bremskräfte viel schwächer, die Schwingung ist kaum noch gedämpft.

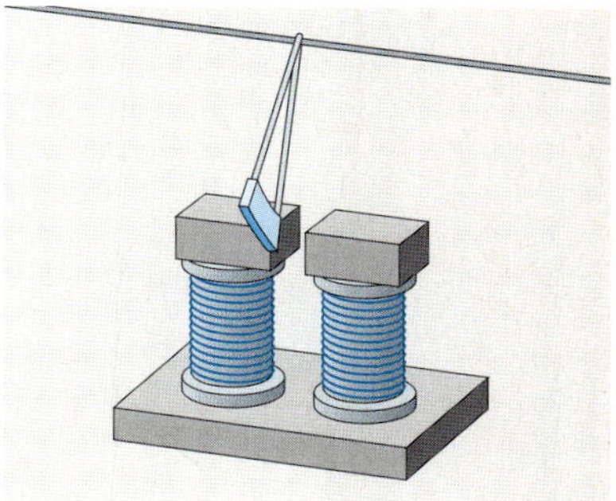

Abb. 7.43. Waltenhofen-Pendel

Wenn die Scheibe sich im inhomogenen B-Feld bewegt, ändert sich für jedes Metallstück das Feld, das es durchsetzt. In seinem Umfang wird also eine Ringspannung induziert. Die entsprechenden Kreisströme oder **Wirbelströme**, die überall im Metall fließen, erfahren im B-Feld Lorentz-Kräfte, die die Bewegung hemmen. Daß es sich um eine Bremsung handeln muß und nicht um eine Antriebskraft, folgt aus dem Energiesatz oder der Lenz-Regel: Mechanische Energie geht in die Joule-Energie der Wirbelströme über, diese schließlich in Wärme. Im Detail ergeben sich die Kraftrichtungen aus Abb. 7.44: Es treten auch beschleunigende Lorentz-Kräfte auf, aber sie sind kleiner als die bremsenden, denn sie entstehen dort, wo das B-Feld kleiner ist. Natürlich entstehen Wirbelströme auch in einem ruhenden Leiter, wenn sich das Magnetfeld zeitlich ändert.

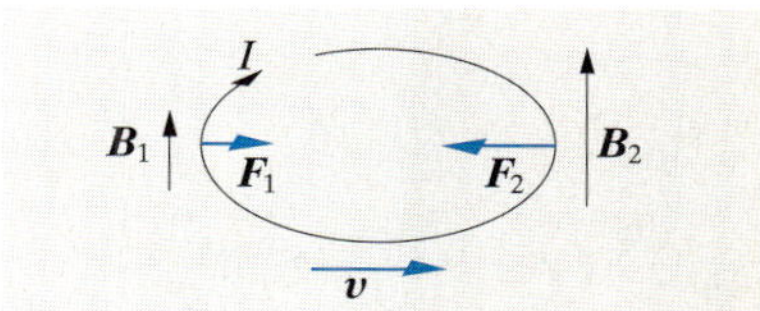

Abb. 7.44. Schiebt man einen Leiter in ein Magnetfeld, dann wirken Lorentz-Kräfte auf beide Äste des induzierten Wirbelstroms. Aber an der Frontseite des Wirbelstromringes ist die Lorentz-Kraft größer, hindert also die Bewegung des Leiters

Wirbelströme werden zur Dämpfung von Schwingungen oder zur Erzeugung kuppelnder Drehmomente ausgenutzt (Tachometer, kWh-Zähler). In den meisten Fällen sind sie aber unerwünscht (in Transformatoren, Motoren usw.), denn ihre Joulesche Wärme ist reine Verlustwärme. Ein Gegenmittel besteht darin, die Wirbelstrombahnen räumlich zu begrenzen, d. h. Transformatorkerne usw. aus dünnen isolierten Blechen zusammenzusetzen. Die Verlustleistung pro Volumeneinheit ist nämlich proportional dem Quadrat der Blechstärke d. Das folgt aus der Induktionsgleichung $\mathrm{rot}\,\boldsymbol{E} = -\dot{\boldsymbol{B}}$. Wenn die Stromwirbel etwa den Durchmesser d haben, ist $|\mathrm{rot}\,\boldsymbol{E}| \approx 2E/d$, also das induzierte Feld $E \approx d\dot{B}/2$. Dieses

Feld erzeugt eine Stromdichte $j = \sigma E$. Die Leistungsdichte der Joule-Verluste (Verlustleistung pro Volumeneinheit) ist $jE = \sigma E^2 \approx \sigma d^2 \dot{B}^2/4$, bei sinusförmigem Wechselfeld $\sigma d^2 \omega^2 B^2/6$ (genauere Ableitung Aufgabe 7.3.3). Bei hohen Frequenzen führt der Skin-Effekt zu einer Proportionalität der Verluste mit $\omega^{3/2} d$ (Abschn. 7.5.11).

7.3.5 Induktivität

Durch jeden Stromkreis greift ein Magnetfluß hindurch, der von seinem eigenen Magnetfeld herrührt (z. B. Abb. 7.22). Ebenso wie die Felder $\boldsymbol{H}$ und $\boldsymbol{B}$ ist dieser Fluß der augenblicklichen Stromstärke I proportional:

$$\boxed{\Phi = LI} \,. \tag{7.63}$$

Der Faktor L, die **Induktivität** des Leiters, hängt nur von seiner Gestalt und der Permeabilität des umgebenden Mediums ab.

Mit jeder Änderung des Stromes I ändert sich auch der Fluß und induziert im Leiter selbst eine Spannung. Diese muß bei Zunahme des Stroms ihm entgegengerichtet sein, denn sonst würde eine instabile und energetisch unmögliche Situation eintreten: Sogar in einem Leiter, an dem keine äußere Spannung anliegt, erzeugten zufällige Schwankungen der Elektronenverteilung immer winzige Ströme; diese würden Spannungen induzieren, die die Ströme verstärken würden, bis zum unbegrenzten Anwachsen eines Stromes aus dem Nichts. Die Lenzsche Regel führt zu dem gleichen Schluß. Nach dem Induktionsgesetz ist die induzierte Spannung

$$U_{\text{ind}} = -\dot{\Phi} = -L\dot{I} \,. \tag{7.64}$$

Die Einheit der Induktivität ist offenbar

$$1\,\text{V}/(\text{A}\,\text{s}^{-1}) = 1\,\Omega\,\text{s} = 1\,\text{J}\,\text{A}^{-2} = 1\,\text{H}\ (1\ \text{Henry}) \,. \tag{7.65}$$

Ein Leiter hat die Induktivität von 1 H, wenn in ihm durch eine Stromänderung von $1\,\text{A}\,\text{s}^{-1}$ eine Spannung von 1 V induziert wird.

✘ Beispiel...

Schätzen Sie die Induktivität einer Kreisschlinge von 10 cm Durchmesser. Das Feld nahe am Draht ist etwas größer als in der Mitte.

Die Kreisschlinge erzeugt in der Mitte das Feld $H = I/(2R)$. Es folgt $B = \mu_0 I/(2R)$, Induktionsfluß durch die Schleife $\Phi \approx \frac{1}{2}\pi\mu_0 IR$. Bei Stromänderung ist die Spannung $U = \dot{\Phi} = \frac{1}{2}\pi\mu_0 R\dot{I}$, also die Induktivität $L = \frac{1}{2}\pi\mu_0 R$. Für $R = 0{,}1$ m wird $L = 2 \cdot 10^{-7}$ H.

Im Innern einer zylindrischen Spule mit der Länge l, dem Querschnitt $A \ll l^2$ und der Windungszahl N, gefüllt mit einem Material der Permeabilität μ, durch die der Strom I fließt, herrscht das Feld $B = \mu\mu_0 IN/l$.

Durch jede Windung tritt der Fluß BA, durch alle N Windungen zusammen der Fluß $\Phi = NBA = \mu\mu_0 IN^2 A/l$. Wenn der Strom I sich ändert, induziert er zwischen den Spulenenden die Spannung

$$U_{\text{ind}} = -\dot{\Phi} = -\mu\mu_0 \frac{N^2}{l} A\dot{I} .$$

Die Spule hat also die Induktivität

$$\boxed{L = \mu\mu_0 \frac{N^2}{l} A} . \qquad (7.66)$$

7.3.6 Ein- und Ausschalten von Gleichströmen

Wenn sich in dem Kreis von Abb. 7.45 der Strom ändert, induziert er in der Spule eine Gegenspannung $U_{\text{ind}} = -L\dot{I}$. Am Widerstand R herrscht daher nicht die Batteriespannung U_0, sondern nur die Spannung

$$U = U_0 - L\dot{I} = RI . \qquad (7.67)$$

Wir schließen den Schalter zur Zeit $t = 0$. Zunächst verzehrt die Gegenspannung in der Spule die volle Batteriespannung, d. h. der Strom steigt an gemäß $\dot{I} = U_0/L$, also $I = U_0 t/L$. Hätte der Kreis den Widerstand $R = 0$, dann würde dieser Anstieg immer so weitergehen. Wenn man sich aber dem Strom $I = U_0/R$ nähert, muß I in diesen Endwert einbiegen. Die vollständige Lösung der Differentialgleichung (7.67) heißt

$$I = \frac{U_0}{R}(1 - \mathrm{e}^{-t/\tau}) \qquad (7.68)$$

mit der Zeitkonstante $\tau = L/R$. Bei Elektromagneten mit ihrer Spule hoher Induktivität kann der Stromanstieg bis zum stationären Wert U_0/R mehrere Minuten dauern.

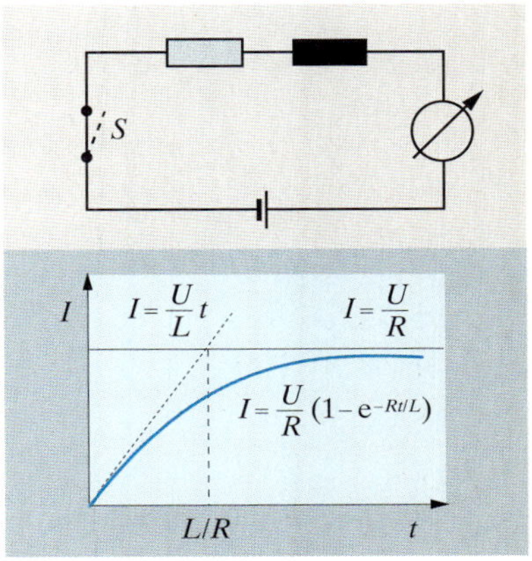

Abb. 7.45. Anstieg des Stromes nach dem Einschalten bis zum konstanten Endwert, der aus dem Ohmschen Gesetz folgt

In einer Parallelschaltung von Spule und Widerstand (Abb. 7.46) hört der Strom nicht sofort auf, wenn man den Schalter S öffnet. Sobald der Strom I abzusinken beginnt, induziert er in der Spule eine Spannung $-L\dot{I}$, die den Strom in dem Kreis aus L und R aufrechterhält gemäß

$$U_{\text{ind}} = -L\dot{I} = RI .$$

Wenn I_0 der Spulenstrom vor dem Ausschalten war, folgt durch Integration

$$I = I_0 \mathrm{e}^{-t/\tau} \qquad \text{mit} \quad \tau = L/R . \qquad (7.69)$$

Bei der Reihenschaltung von Abb. 7.45 liegt im Moment des Öffnens des Schalters die sehr hohe Induktionsspannung $-L\dot{I}$ zwischen den sich gerade trennenden Kontakten und erzeugt über den noch sehr kleinen Luftzwischenraum eine Bogenentladung, den **Öffnungsfunken**. Er verzögert das Zusammenbrechen des Stromes und kann bei großen L und I_0 den Schalter schnell zerstören (Materialtransport im Bogen), die Isolation durchschlagen, zu Bränden führen, dem Bedienenden empfindliche Schläge versetzen. Dagegen hilft Parallelschaltung eines Widerstandes (Abb. 7.46) oder eines Kondensators.

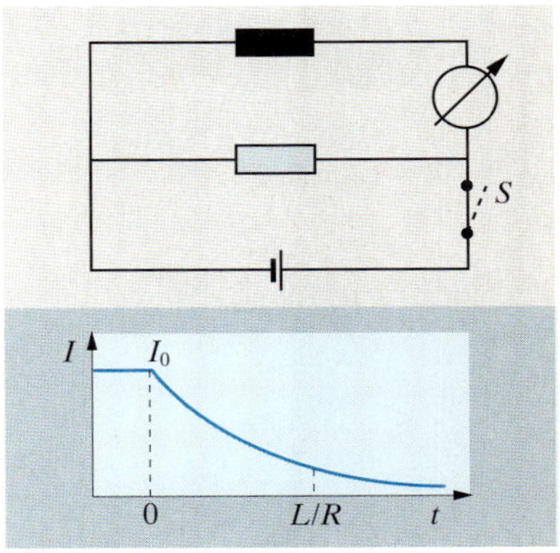

Abb. 7.46. Nach Abschalten der Stromquelle fließt ein nach einer Exponentialfunktion abklingender Strom im Kreis aus L und R

7.3.7 Energie und Energiedichte im Magnetfeld

Die Energie des durch (7.69) beschriebenen abklingenden Abschaltstromes kann nur aus dem Magnetfeld des Kreises stammen, das sozusagen allmählich in die Spule zurückkriecht. Im Widerstand R entwickelt sich dabei eine Joule-Wärme

$$W = \int_0^\infty I^2 R \, \mathrm{d}t = \int_0^\infty I_0^2 \mathrm{e}^{-2Rt/L} R \, \mathrm{d}t = R I_0^2 \frac{L}{2R} = \frac{1}{2} I_0^2 L \,.$$

Diese Energie W muß als magnetische Feldenergie W_{magn} vor dem Abschalten vor allem im Innern der Spule enthalten gewesen sein. Beim Einschalten taucht umgekehrt die vom Strom I gegen die induzierte Spannung *verrichtete* Arbeit als Feldenergie der Spule wieder auf.

$$W = -\int_0^\infty I U_{\text{ind}} \, \mathrm{d}t = \int_0^\infty I L \dot{I} \, \mathrm{d}t = \frac{1}{2} L I^2 \Big|_{t=0}^{t=\infty} = \frac{1}{2} L I_\infty^2$$

(I_∞ spielt natürlich die Rolle vom I_0 beim Abschalten). Der Aufbau des Feldes, ebenso wie das Zurückfluten der Energie in den Leiter, vollzieht sich um so langsamer, je größer L ist.

Mittels (7.66) kann man die magnetische Energie der Spule darstellen als:

$$W_{\text{magn}} = \frac{1}{2} I^2 L = \frac{1}{2} \mu\mu_0 \frac{NI}{l} \frac{NI}{l} lA \,.$$

Der zweite Faktor hinter $\frac{1}{2}$ ist die Induktion B, der nächste das Magnetfeld H in der Spule (Abschn. 7.2.4), der letzte gleich dem felderfüllten Volumen V. Für die Energiedichte im Magnetfeld ergibt sich so

$$\boxed{w_{\text{magn}} = \frac{W_{\text{magn}}}{V} = \frac{1}{2} \int \boldsymbol{H} \cdot d\boldsymbol{B}} \,. \tag{7.70}$$

Das gilt allgemein für beliebig gestaltete Felder, in völliger Analogie zum elektrischen Feld (6.54).

7.3.8 Gegeninduktion

Wir betrachten mehrere getrennte Leiterkreise, in denen die Ströme $I_1, I_2, \ldots$ fließen. Das Magnetfeld $\boldsymbol{B}_i$, das vom Kreis i stammt, ist an jeder Stelle proportional zu I_i. An jeder Stelle setzt sich das Gesamtfeld $\boldsymbol{B}$ additiv aus den Beträgen der Kreise zusammen. Diese Additivität und Proportionalität zum Strom übertragen sich auch auf die Magnetflüsse $\Phi = \iint \boldsymbol{B} \cdot \mathrm{d}\boldsymbol{A}$. Durch den Kreis i trete insgesamt der Fluß Φ_i. Er stammt z. T. von dem Strom I_i im Kreis selbst, aber auch von den anderen Kreisen:

$$\Phi_i = \sum_k \Phi_{ik} = \sum_k L_{ik} I_k \,. \tag{7.71}$$

Wenn sich der Fluß Φ_i zeitlich ändert, induziert er im Kreis i die Ringspannung $U = \dot{\Phi}_i$. Nach (7.71) setzt sie sich zusammen aus den Beträgen der Stromänderungen in den einzelnen Kreisen:

$$U_i = \sum_k L_{ik} \dot{I}_k \,. \tag{7.72}$$

Wäre nur der Kreis i vorhanden, ergäbe sich $U_i = L_{ii}\dot{I}_i$. Man erkennt daraus L_{ii} als Induktivität des Kreises i. Die anderen L_{ik} heißen **Gegeninduktivitäten** zwischen Kreis i und k.

Wenn im Kreis i die Spannung U_i herrscht, erzeugt der Strom I_i darin eine Joule-Leistung

$$P_i = I_i U_i = \sum_k L_{ik} \dot{I}_k I_i \,.$$

In allen Kreisen zusammen ist die Leistung

$$P = \sum_i P_i = \sum_i \Big(I_i \sum_k L_{ik} \dot{I}_k \Big) = \sum_{i,k} L_{ik} I_i \dot{I}_k \,.$$

Dies muß die zeitliche Ableitung der gesamten magnetischen Energie W_{magn} des Leitersystems sein. W_{magn} kann nur vom gegenwärtigen Zustand des Systems, d. h. von den Strömen I_i abhängen, nicht von ihren Ableitungen. Dies ist nicht ohne weiteres mit

$$P = \dot{W}_{\text{magn}} = \sum_{i,k} L_{ik} I_i \dot{I}_k$$

vereinbar, sondern nur, wenn $L_{ik} = L_{ki}$ ist. Dann ergibt sich

$$W_{\text{magn}} = \frac{1}{2} \sum_{i,k} L_{ik} I_i I_k = \frac{1}{2} \sum_i L_{ii} I_i^2 + \sum_{i<k} L_{ik} I_i I_k \tag{7.73}$$

(jedes Paar $i \neq k$ kommt in der ersten Summe zweimal vor). Die Bedingung $L_{ik} = L_{ki}$ bedeutet folgendes: Wenn z. B. im Kreis 1 eine Stromänderung $\dot{I}$ stattfindet, induziert sie im Kreis 2 die Spannung U. Die gleiche Spannung wird aber auch im Kreis 1 induziert, falls im Kreis 2 die Stromänderung $\dot{I}$ stattfindet. Da die Kreise ganz beliebige Form und Lage haben, ist das durchaus nicht selbstverständlich.

Aus (7.73) folgt noch eine andere allgemeine Beziehung. Wir betrachten zwei Kreise. Dann ist $W_{\text{magn}} = \frac{1}{2} L_{11} I_1^2 + \frac{1}{2} L_{22} I_2^2 + L_{12} I_1 I_2$. Das muß immer positiv sein, selbst wenn I_1 und I_2 verschiedene Vorzeichen haben. Wäre W_{magn} negativ, würden sich die Ströme spontan in Gang setzen. Bei gegebenen L_{ik} und I_1 ist W_{magn} minimal für $\partial W_{\text{magn}} / \partial I_2 = 0$, d. h. $I_2 = -L_{12} I_1 / L_{22}$. In W_{magn} eingesetzt, ergibt das $W_{\text{magn}} = \frac{1}{2} L_{11} I_1^2 - \frac{1}{2} L_{12}^2 I_1^2 / L_{22}$, was nur dann nichtnegativ ist, wenn

$$L_{12} \leqq \sqrt{L_{11} L_{22}} \,. \tag{7.74}$$

Die Gegeninduktivität ist höchstens gleich dem geometrischen Mittel der Selbstinduktivitäten.

Ein idealer **Transformator** hat eine Gegeninduktivität $L_{12} = \sqrt{L_{11} L_{22}}$ zwischen den beiden Wicklungen, beim nichtidealen Trafo bedingt der Streufluß $L_{12} < \sqrt{L_{11} L_{22}}$. Im **Elektromotor** bestimmt die Gegeninduktivität L_{12} zwischen Stator- und Rotorwicklung das Drehmoment: $T = L_{12} I_1 I_2$, wenigstens bei stehendem Motor. Wenn er sich dreht, sind Modifikationen anzubringen, die zur Motorkennlinie $T(\omega)$ führen (Abschn. 7.5.10).

Ganz analog läßt sich auch ein System geladener Leiter und ihre elektrostatische Wechselwirkung behandeln. Der Leiter i trägt die Ladung Q_i und liegt auf dem Potential U_i, das von Q_i selbst und allen übrigen Ladungen stammt:

$$U_i = \sum_k C_{ik}^{-1} Q_k \,.$$

Offenbar ist C_{ii} die Kapazität des Leiters i, C_{ik}ist die **Gegenkapazität** zwischen i und k. Hier ist von vornherein klar, daß die Gesamtenergie

$$W_{\text{el}} = \frac{1}{2}\sum_i U_i Q_i = \frac{1}{2}\sum_{i,k} C_{ik}^{-1} Q_i Q_k$$

ist.

7.4 Magnetische Materialien

Wieso gerade Stoffe wie Eisen das Magnetfeld so stark beeinflussen und von ihm beeinflußt werden, erkannte schon 1823 *Ampère* in den Grundzügen, aber noch *Heisenberg* und viele andere hatten hier manche Nuß zu knacken.

7.4.1 Magnetisierung

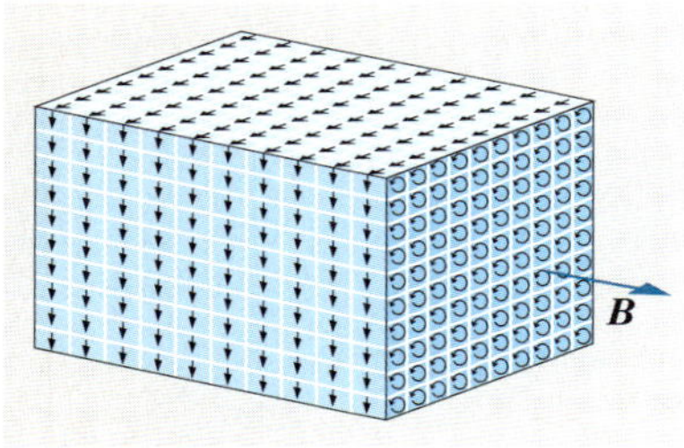

Abb. 7.47. Die magnetischen Kreisströme in einem Material gleichen sich im Innern aus (an jeder Trennfläche fließen beiderseits entgegengesetzt gleichgroße Ströme). Nur an der Oberfläche bleibt ein effektiver Kreisstrom übrig, der rings um den ganzen Körper läuft

Bringt man Materie in ein Magnetfeld $\boldsymbol{B}$, dann beginnen um die $\boldsymbol{B}$-Richtung überall mikroskopische Kreisströme zu fließen. Die Materie wird magnetisiert. Natur und Ursache dieser Kreisströme werden wir in den folgenden Abschnitten untersuchen. Hier betrachten wir ihren Einfluß auf das $\boldsymbol{B}$-Feld und das $\boldsymbol{H}$-Feld. Dazu unterscheiden wir, ähnlich wie im Fall elektrischer Ladungen, **freie** und **gebundene Ströme**. Freie Ströme fließen in Drähten, man kann sie mit Amperemetern messen. Die Kreisströme in magnetisierter Materie sind gebundene Ströme. *Alle* Ströme sind Quellen von $\boldsymbol{B}$, nur die freien Ströme sind Quellen von $\boldsymbol{H}$. Wie sehen $\boldsymbol{B}$ und $\boldsymbol{H}$ in einem magnetisierten Stoff, z. B. in Eisen aus? Das ist keine rein akademische Frage. Wenn man ein Loch ins Eisen schneidet, ändert sich zwar dadurch das Feld an dieser Stelle. Aber mit Teilchenstrahlen, die Eisen durchdringen, kann man die dort wirkenden Kräfte, also das $\boldsymbol{B}$-Feld, ganz real ausmessen. Dies geht besonders gut mit Neutronen, die zwar keine Ladung, aber ein magnetisches Moment haben.

In den Seitenflächen des magnetisierten Körpers fließen ringsum gebundene Ströme. Sie bleiben von den mikroskopischen Kreisströmen übrig, wenn man diese in jedem Volumenelement zeichnet und dabei berücksichtigt, daß sich in den Berührungsflächen die entgegengesetzten Ströme aufheben, nur an der Oberfläche nicht (Abb. 7.47). An der Oberfläche tritt also wie an dem stromdurchflossenen Blech von Abschn. 7.2.4 ein Sprung derjenigen Feldgröße auf, die auch gebundene Ströme zu Quellen hat, nämlich ein Sprung von $\boldsymbol{B}$. Wie beim Blech springt die Tangentialkomponente von $\boldsymbol{B}$ beim Durchtritt durch diese Oberfläche um $\Delta B_\| = \mu_0 jd$. Die Schichtdicke d wird gleich wieder herausfallen. Die Normalkomponente $B_\perp$ tritt stetig durch die Seitenfläche; sonst müßten dort Quellen von $\boldsymbol{B}$ sitzen, und die gibt es nicht. Dagegen muß bei $\boldsymbol{H}$ die Tangentialkomponente stetig durchtreten, denn es handelt sich nicht um freie Ströme. Für einen sehr langen Stab mit der Achse in Richtung des äußeren Feldes ist damit alles geklärt (Abb. 7.48).

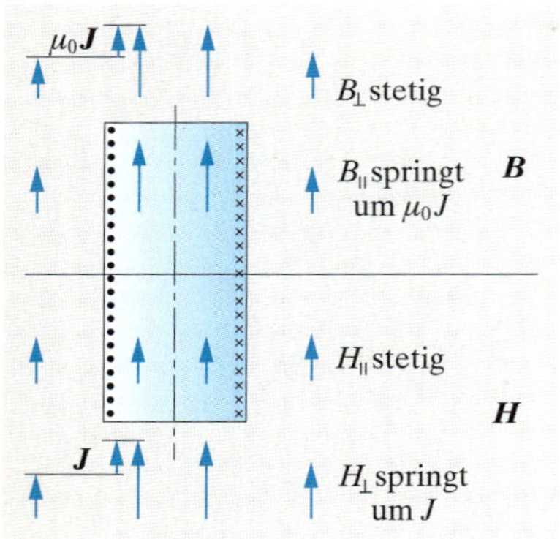

Abb. 7.48. Verhalten von B und H an einer Materialoberfläche. B- und H-Felder für einen langen paramagnetischen oder ferromagnetischen Stab

Der Kreisstrom, der z. B. einen Rundstab vom Radius r umfließt, ist $I = ljd$. Mit der umflossenen Fläche $A = \pi r^2$ ergibt er ein magnetisches Moment $p_{\text{m}} = IA = \pi r^2 ljd$. Es ist offenbar proportional zum Volumen $V = \pi r^2 l$.

Das magnetische Moment pro Volumeneinheit nennen wir **Magnetisierung *J***:

$$J = \frac{p_\mathrm{m}}{V} = jd\,. \qquad (7.75)$$

Wir können also den Sprung $\Delta B_\parallel$ an der Seitenfläche, den Unterschied zwischen innen (Index i) und außen (Index a), auch durch J ausdrücken:

$$\Delta B_\parallel = B_\mathrm{i} - B_\mathrm{a} = \mu_0 J\,.$$

$H_\parallel$ ist stetig: $H_\mathrm{i} = H_\mathrm{a}$. Außen gilt $\boldsymbol{B} = \mu_0 \boldsymbol{H}$, also innen

$$\boldsymbol{B}_\mathrm{i} = \mu_0(\boldsymbol{H} + \boldsymbol{J})\,. \qquad (7.76)$$

Die Kreisströme und damit $\boldsymbol{J}$ sind oft (aber z. B. nicht im Eisen) proportional zu $\boldsymbol{H}$:

$$\boldsymbol{J} = \chi \boldsymbol{H}\,. \qquad (7.77)$$

χ heißt magnetische **Suszeptibilität** und ist, wie z. B. (7.76) zeigt, dimensionslos. (7.76) kann damit auch geschrieben werden

$$\boldsymbol{B}_\mathrm{i} = \mu_0(1+\chi)\boldsymbol{H} = \mu_0 \mu \boldsymbol{H} \qquad (7.78)$$

mit der **Permeabilität**

$$\mu = 1 + \chi\,. \qquad (7.79)$$

In einem kurzen magnetisierten Stab herrschen andere Feldverhältnisse. Vom Standpunkt der magnetischen Momente kann man sagen: Das Moment der Oberflächen-Kreisströme erzeugt ein ähnlich gebautes Feld, wie es im elektrischen Fall zustande käme, wenn auf den Stirnflächen des Stabes positive bzw. negative Ladungen säßen, also ein Dipolfeld. Dieses Dipolfeld ist bei positivem χ dem äußeren Magnetfeld entgegengerichtet und schwächt dieses im Innern des Stabes. Diese **Entmagnetisierung** bewirkt also, daß sich der kurze Stab schwächer magnetisiert als ein langer Stab im gleichen äußeren Feld. Man kann diesen Einfluß der Probenform auf die Magnetisierung im äußeren Feld H_a durch einen Entmagnetisierungsfaktor N darstellen:

$$J = \frac{\chi H_\mathrm{a}}{1 + N\chi}\,. \qquad (7.80)$$

Ein langer Stab hat also $N = 0$, für eine Kugel ergibt sich $N = \frac{4}{3}\pi$ (Abschn. 7.2.9).

Im Innern eines Permanentmagneten haben die $\boldsymbol{B}$- und die $\boldsymbol{H}$-Linien überraschenderweise ungefähr umgekehrte Richtung zueinander (Abb. 7.50). Die $\boldsymbol{B}$-Linien umkreisen nämlich im geschlossenen Zug auch die gebundenen Oberflächenströme auf den Seitenflächen des Magneten. Die $\boldsymbol{H}$-Linien dürfen das nicht tun, eben weil die *gebundenen* Oberflächenströme als ihre Quellen nicht in Frage kommen. Die Zirkulation von $\boldsymbol{H}$ muß überall 0 sein. Das ist nur möglich, wenn die außen vom N- zum S-Pol laufenden $\boldsymbol{H}$-Linien innen ebenfalls von N nach S laufen, also im umgekehrten Sinn wie draußen (Abb. 7.50, linke Hälfte). Das entspricht genau dem entmagnetisierenden Dipolfeld in Abb. 7.49.

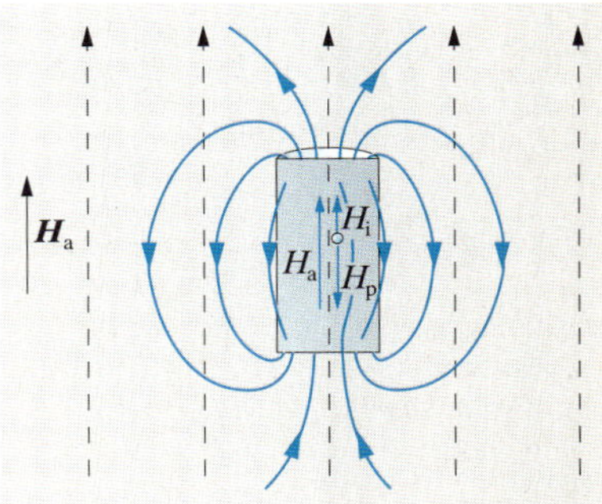

Abb. 7.49. Entmagnetisierung durch Überlagerung des Dipolfeldes eines kurzen Stabes über das äußere Feld

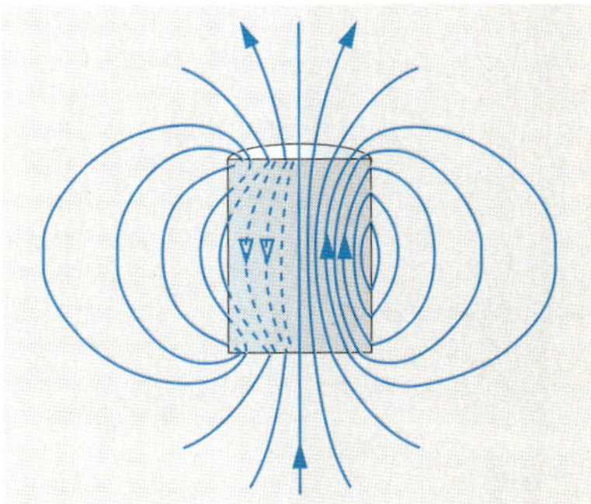
Abb. 7.50. $\boldsymbol{H}$-Feld (*links*) und $\boldsymbol{B}$-Feld (*rechts*) im Innern eines Permanentmagneten

Tabelle 7.1. Magnetische Suszeptibilität χ einiger Stoffe

a) Diamagnetika

Stoff	$\chi \cdot 10^6$
Wismut	-14
Wasser	$-\ 0{,}72$
Stickstoff[a]	$-\ 0{,}0003$

b) Paramagnetika

Stoff	$\chi \cdot 10^6$
Platin	$+\ 19{,}3$
Flüssiger Sauerstoff	$+360$
Sauerstoff[a]	$+\ 0{,}14$

[a] Unter Normalbedingungen

7.4.2 Diamagnetismus

Eine Wismutkugel, an einem Faden aufgehängt, wird von der Spitze des konischen Polschuhs eines Elektromagneten abgestoßen, erfährt also eine Kraft in Richtung abnehmender Feldstärke. Sie verhält sich wie eine Gasblase vor einer elektrisch geladenen Spitze in einer dielektrischen Flüssigkeit (Abschn. 6.2.4). Deren Abstoßung kommt daher, daß die Dielektrizitätskonstante des Gases kleiner ist als die ihrer Umgebung. Dementsprechend hat Wismut eine kleinere Permeabilität als das Vakuum oder die Luft: $\mu < 1$, also $\chi < 0$. Solche Stoffe heißen diamagnetisch. χ ist sehr klein (Tabelle 7.1) und meist temperaturunabhängig. Eigentlich sind alle Stoffe diamagnetisch, nur wird diese Eigenschaft bei manchen durch den weit stärkeren Paramagnetismus verdeckt.

Schiebt man einen diamagnetischen Körper schnell in ein Magnetfeld, dann verhält er sich ähnlich wie ein Metallstück: Man muß eine Kraft überwinden, die ihn wieder hinausdrängt. Beim Metallstück kennen wir den Grund: Die Magnetfeldänderung induziert Wirbelströme, die Lorentz-Kräfte auf diese Wirbelströme im Feld bedingen die Abstoßung. Diese Wirbelströme erlöschen allerdings infolge des Ohmschen Widerstandes, sobald man das Metallstück ruhig hält. Beim Diamagnetikum wirkt die Kraft weiter: Die induzierten Kreisströme müssen ebenfalls widerstandslos weiterlaufen, sie dürfen nur von der wirkenden Feldstärke abhängen, nicht von ihrer Änderung.

Tatsächlich entstehen diese Kreisströme so, daß das ganze Atom mit seiner Elektronenhülle um die $\boldsymbol{B}$-Richtung rotiert, und zwar mit der Kreisfrequenz $\omega = em^{-1}B$, der **Larmor-Frequenz** (Abschn. 8.2.2, Aufgabe 7.4.2). Wenn das Atom Z Elektronen hat und ihr mittleres Abstandsquadrat vom Kern $\overline{x^2}$ ist, bedeutet die Rotation des Atoms einen Kreisstrom der Stärke $I = Zev = Ze\omega/(2\pi)$, der im Mittel die Fläche $A = \pi\overline{x^2}$ umfließt, also nach (7.39) ein magnetisches Moment

$$p_\mathrm{m} = IA = \frac{1}{2}Ze\omega\overline{x^2} = \frac{1}{2}Z\frac{e^2}{m}\overline{x^2}B$$

für jedes Atom, und für die Volumeneinheit, in der n Atome sitzen, ein Moment

$$J = \frac{1}{2}nZ\frac{e^2}{m}\overline{x^2}B \tag{7.81}$$

entgegen der Feldrichtung. Die **Suszeptibilität** ist also

$$\boxed{\chi = \frac{J}{H} = \frac{J\mu_0}{B} = \frac{1}{2}\mu_0 nZ\frac{e^2}{m}\overline{x^2}}\ . \tag{7.82}$$

7.4.3 Paramagnetismus

Viele Stoffe werden im Gegensatz zum Wismut ins Magnetfeld hineingezogen wie ein Dielektrikum ins elektrische Feld. Sie magnetisieren sich also in Feldrichtung, ihr χ ist positiv, und zwar unabhängig vom Feld, aber abhängig von der Temperatur nach dem Gesetz von *Pierre Curie*

$$\boxed{\chi = \frac{C}{T}} \,. \qquad (7.83)$$

Eine paramagnetische Flüssigkeit in einem U-Rohr steigt in dem Schenkel an, der sich im Magnetfeld befindet (Abb. 7.51), und zwar um die Höhe

$$h = \frac{1}{2\varrho g}\mu_0(\mu - 1)H^2 \,, \qquad (7.84)$$

ebenso wie eine dielektrische Flüssigkeit im Kondensator (Abschn. 6.2.4). Die Hubenergiedichte ϱgh ist gleich dem Unterschied der magnetischen Energiedichten $\frac{1}{2}HB = \frac{1}{2}\mu\mu_0 H^2$ mit und ohne Flüssigkeit. Ein frei drehbar aufgehängter Platinstab stellt sich in Feldrichtung ein (paramagnetisch), ein Wismutstab quer dazu (diamagnetisch; vgl. Abschn. 6.2.4).

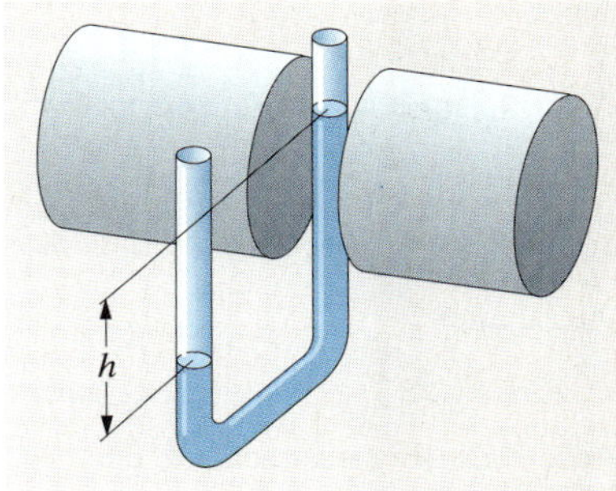

Abb. 7.51. Messung der Permeabilität paramagnetischer Lösungen mit der Steighöhenmethode

Paramagnetische Stoffe entsprechen den Dielektrika mit Orientierungspolarisation (Abschn. 6.2.3). Ihre Teilchen haben permanente magnetische Momente, die vom Feld ausgerichtet werden; im Diamagnetikum muß das Feld diese Momente erst erzeugen. Diese magnetischen Momente stellt man sich klassisch nach *Ampère* als Ringströme vor, die in dem Teilchen kreisen. Quantenmechanisch bedeutet nicht jedes Elektron einen Kreisstrom, sondern nur manche haben ein **Bahnmoment**, allerdings alle dazu ein **Spinmoment** (Abschn. 12.7.1). Der Einstellung der Momente im Feld arbeitet die thermische Bewegung entgegen. Daher entsteht in Analogie zu (6.53) das Curie-Gesetz. Die Übereinstimmung geht bis in die Einzelheiten. Statt $\varepsilon - 1 = np_{\mathrm{el}}^2/(3\varepsilon_0 kT)$ finden wir hier

$$\chi = \mu_0 n \frac{p_{\mathrm{m}}^2}{3kT} \,, \qquad (7.85)$$

oder auf 1 mol der Substanz umgerechnet

$$\boxed{\chi_{\mathrm{mol}} = \mu_0 \frac{p_{\mathrm{mol}}^2}{3RT}} \,, \qquad (7.86)$$

wo $p_{\mathrm{mol}} = N_{\mathrm{A}}p$ das magnetische Moment ist, das 1 mol bei vollständiger Ausrichtung sämtlicher Elementarmagnete hätte.

7.4.4 Ferromagnetismus

Eisen, Nickel, Kobalt und wenige andere Stoffe, besonders Legierungen, nehmen bei nicht zu hohen Temperaturen im Feld $\boldsymbol{B}$ eine sehr hohe Magnetisierung $\boldsymbol{J}$ an, die $\boldsymbol{B}$ gleichgerichtet ist. Ihr großes χ oder μ ist aber stark vom Feld und außerdem von der Vorgeschichte des Materials abhängig.

In Abb. 7.52 schaltet man einen Strom ein, der durch zwei gleichgebaute Ringspulen fließt. Diese Spulen, eine mit einem Eisen-, eine mit einem Holzkern, werden von Meßspulen umfaßt; den Induktionsstromstoß in diesen Meßspulen messen zwei ballistische Galvanometer. Da durch beide hintereinanderliegende Spulen der gleiche Strom fließt, herrscht in beiden das gleiche H. Die Induktionswirkung in den Meßspulen wird aber durch $B = \mu\mu_0 H$ bestimmt. Das Verhältnis der Galvanometerausschläge gibt

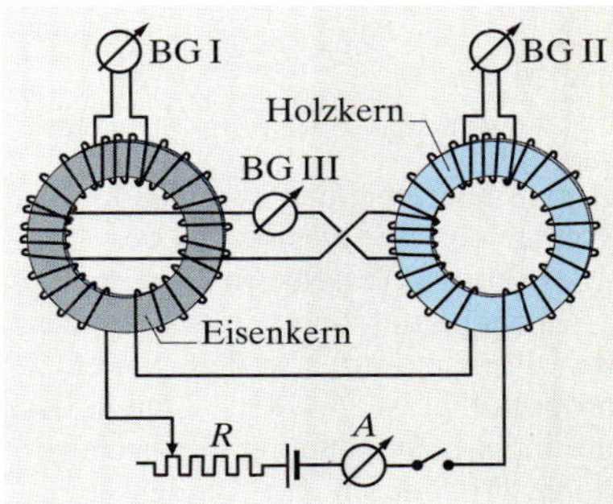

Abb. 7.52. Die drei ballistischen Galvanometer messen die $\boldsymbol{B}$-Felder in Eisen und Holz sowie die Magnetisierung des Eisens

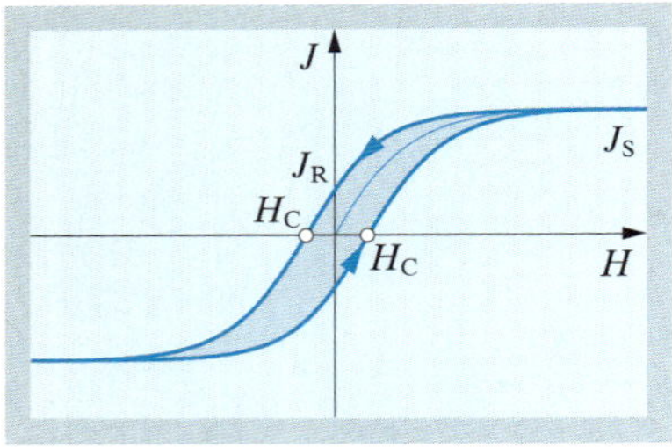

Abb. 7.53. Hysteresisschleife der Magnetisierung

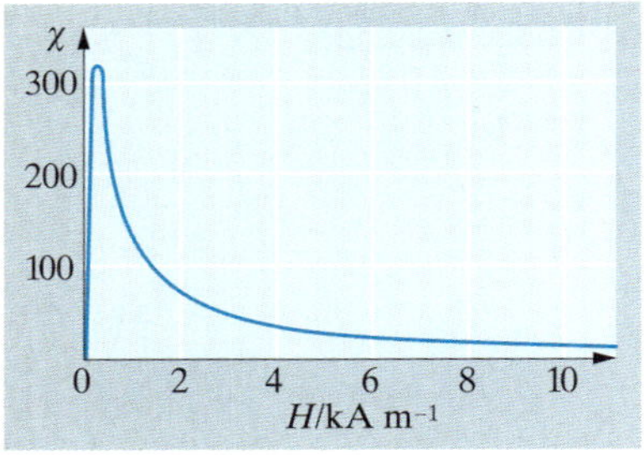

Abb. 7.54. Suszeptibilität einer Dynamostahlsorte in Abhängigkeit von der Feldstärke

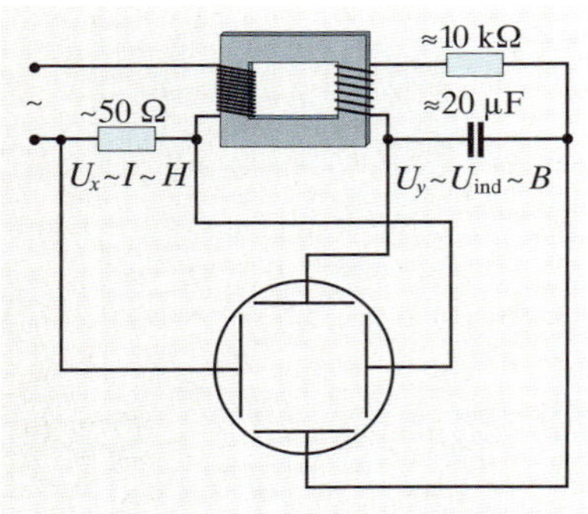

Abb. 7.55. Schaltung zur Oszillographie der Hysteresiskurve des Transformator-Eisenkerns. An den x-Ablenkplatten liegt ein Signal, das dem Primärstrom, also dem H-Feld proportional ist. An den y-Platten liegt die Induktionsspannung, die proportional $\dot{B}$ ist, durch den Kondensator um $\pi/2$ phasenverschoben, also ein Signal, das proportional B ist

also direkt die *Permeabilität μ des Eisens* (Holz hat $\mu = 1$). Das Differenzgalvanometer BGIII mißt $AB_{\text{Fe}} - AB_{\text{Holz}} = A\mu_0(\mu H - H) = A\mu_0 J$, d. h. die Magnetisierung des Eisens.

Wir gehen von einem Eisenstück aus, das noch nie magnetisiert war, und bringen es in ein zeitlich langsam anwachsendes Magnetfeld H. Die Magnetisierung folgt der dünnen Linie in Abb. 7.53 (**Neukurve** oder jungfräuliche Kurve) und strebt einem Sättigungswert J_s zu. Senkt man jetzt H wieder, bleibt die Probe immer etwas stärker magnetisiert, als der Neukurve entspricht. Speziell bleibt, wenn man $H = 0$ erreicht hat, die **Remanenz-Magnetisierung** J_R. Um J auf 0 zu bringen, braucht man ein Gegenfeld H_C (**Koerzitivfeld**). Weitere Magnetisierung in Gegenrichtung und schließlich Umkehr des ganzen Vorganges erzeugt die **Hysteresisschleife**. Oft trägt man nicht J, sondern $B = \mu_0(H + J)$ über H auf. Die Sättigungsbereiche behalten dann einen leichten Anstieg mit der Steigung μ_0, während die Steigung im Mittelbereich der Schleife $\mu\mu_0$, also viel größer ist.

Man kann die Hysteresisschleife direkt auf dem Oszilloskopschirm zeichnen (Abb. 7.55). Dazu muß man an die x-Platten eine Spannung legen, die dem Spulenstrom I und damit dem Feld H proportional ist, an die y-Platten eine Spannung, die proportional B ist, und die man am einfachsten aus einem Transformator erhält (er liefert $U \sim \dot{B}$) mit anschließender Phasenverschiebung um $\pi/2$ durch einen Kondensator.

Ein so kompliziertes ferromagnetisches Verhalten zeigen außer Fe, Ni und Co die **seltenen Erden** Gadolinium, Dysprosium, Erbium sowie einige Legierungen, z. B. die **Heusler-Legierungen** von Mn mit Sn, Al, As, Sb, Bi, B und Cu. Ferromagnetismus ist an den kristallisierten Zustand gebunden. Auch Eisendampf ist paramagnetisch. Fe und Ni haben etwa die gleiche Sättigungsmagnetisierung, bei Co ist sie nur etwa $\frac{1}{3}$ so groß.

Die Form der Hysteresisschleife bestimmt die technische Verwendbarkeit des Materials und ist stark von Zusätzen und von der Verarbeitung abhängig. Hochlegierter Stahl (Edelstahl) ist nur paramagnetisch. Für Permanentmagnete und für Informationsträger wie Tonbänder und Magnetspeicher in Computern braucht man ein **magnetisch hartes** Material mit steiler und breiter $B(H)$-Kurve, hoher Anfangspermeabilität, großer Remanenz und großem Koerzitivfeld. Sie soll ja ihre Magnetisierung überhaupt nicht oder erst in einem sehr hohen Gegenfeld wieder verlieren. Motoren, Generatoren, Transformatoren brauchen **magnetisch weiches** Material mit kleinem B_R und H_C, d. h. möglichst schmaler Hysteresisschleife. Die Fläche $\int B\,\mathrm{d}H$ ist nämlich genau die Energie, die bei jedem Ummagnetisierungszyklus ins Eisen gesteckt werden muß, dieses unnötig erhitzt und ungenutzt verloren geht.

Die ferromagnetischen Eigenschaften gehen bei Überschreitung einer Temperatur T_C, der **Curie-Temperatur**, verloren, und das Material wird paramagnetisch: Die Suszeptibilität χ wird um Größenordnungen kleiner und hängt ähnlich dem Curie-Gesetz von der Temperatur ab:

$$\boxed{\chi = \frac{C}{T - T_C} \qquad \textbf{(Weiss-Gesetz)}} \; . \tag{7.87}$$

Die Curie-Temperatur beträgt für Eisen 744 °C, für Kobalt 1 131 °C, für Nickel 372 °C, bei einigen Heusler-Legierungen liegt sie unterhalb 100 °C.

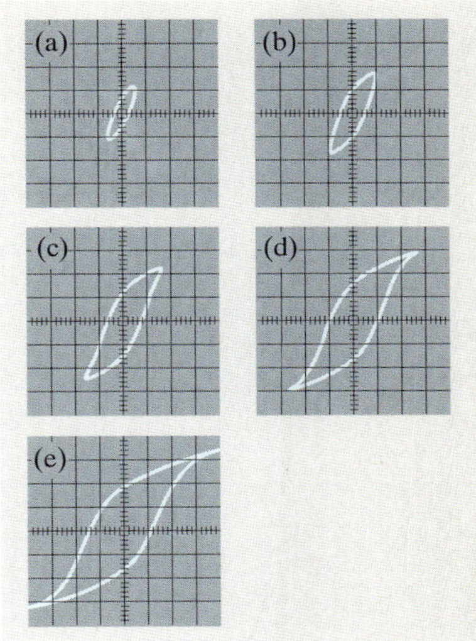

Abb. 7.56a–e. Hysteresiskurven von Transformatoreisen, gemessen mit der Schaltung von Abb. 7.55. Von (a)–(e) nehmen die angelegte Spannung und damit Primärstrom I, H-Feld (x-Achse) und B-Feld (y-Achse) zu. Man beachte die überproportionale Zunahme der Schleifenfläche (Wirkleistungsverlust) und die verbleibende Steigung von $B(H)$ auch in der Sättigung, die $\mu = 1$ entspricht

7.4.5 Der Einstein-de Haas-Effekt

Das Experiment in Abb. 7.57 soll klären, welcher Art die Kreisströme in magnetisiertem Eisen sind. Theoretisch könnte es sich um Elektronen handeln, die Kreisbahnen vom Radius r mit der Kreisfrequenz ω durchlaufen. Ihr Drehimpuls ist dann $L = m\omega r^2$ (Abschn. 2.2.4). Ein solches Elektron, das seine Ladung $-e$ in der Sekunde ν-mal durch jeden Bahnpunkt führt, entspricht einer mittleren Stromstärke $I = -e\nu = -e\omega/(2\pi)$. Mit der umkreisten Fläche $A = \pi r^2$ ergibt das ein magnetisches Moment $p_\text{m} = IA = -\frac{1}{2}e\omega r^2$. Es steht in einem festen Verhältnis zum Drehimpuls

$$\frac{p_\text{m}}{L} = \frac{1}{2}\frac{e}{m}\,, \tag{7.88}$$

genannt **gyromagnetisches Verhältnis**. Prüfen wir nach, ob das stimmt.

Wir hängen einen Eisenstab an einem Quarzfaden in eine Spule. Wenn wir den Spulenstrom anschalten (hier den Entladungsstrom eines Kondensators), wird der Eisenstab magnetisiert, d. h. seine vorher ungeordnet über alle Richtungen verteilten Kreisströme werden mindestens teilweise mit ihren Achsen in die Feldrichtung gedreht. Das bedeutet eine Änderung des Drehimpulses der kreisenden Elektronen. Für das ganze System Stab plus Elektronen gilt Drehimpulserhaltung, also muß der Stab äußerlich sichtbar den entgegengesetzten Drehimpuls annehmen, den die Elektronen unsichtbar aufgenommen haben. Im ursprünglichen Experiment entluden *Einstein* und *de Haas* einen großen Kondensator, um, wenn auch kurzzeitig, einen großen Spulenstrom zu erzielen. So kurzzeitig der Strom ist, hinterläßt er in geeignet hartem Stahl eine hohe *Remanenzmagnetisierung* J_R und das entsprechende magnetische Moment $p_\text{mR} = VJ_\text{R}$. Der entsprechende Drehimpuls L läßt den Stab mit der Winkelgeschwindigkeit $\omega' = L/\Theta$ aus der Ruhelage herausschwingen (Θ: Trägheitsmoment des Stabes). Messung von J_R und ω' (Drehspiegel) liefert das gyromagnetische Verhältnis. Es ergibt sich aus diesem Experiment zu

$$\frac{J_\text{R} V}{\Theta\omega'} = 1{,}76 \cdot 10^{11}\,\text{C}\,\text{kg}^{-1} = \frac{e}{m}\,,$$

also genau das *Doppelte* wie nach (7.88).

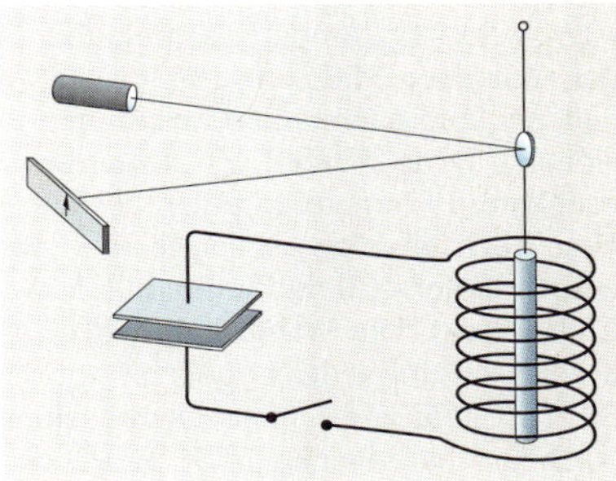

Abb. 7.57. Einstein-de Haas-Effekt

Dieser **Einstein-de Haas-Effekt** beweist, daß es im Eisen keine elementaren „Magnetstäbchen" gibt, sondern daß die Magnetisierung an einen Drehimpuls um die J-Richtung gebunden ist. Trotzdem stimmt das Bild der kreisenden Elektronen nur zum Teil, denn dies müßte in jedem Fall das gyromagnetische Verhältnis $\frac{1}{2}e/m$ liefern. Das gefundene Verhältnis e/m entspricht keinem Bahnmoment, stimmt aber mit dem spektroskopisch und auf anderen Wegen gefundenen **Spinmoment** des Elektrons ausgezeichnet überein. Man beschreibt es anschaulich, nicht ganz zutreffend, durch eine Rotation des Elektrons um die eigene Achse (Abschn. 12.7.1). Der Ferromagnetismus beruht also auf den Spins einzelner Elektronen.

7.4.6 Stuktur der Ferromagnetika

Da sich ein Ferromagnetikum nur bis zur **Sättigungsmagnetisierung** J_S bringen läßt und nicht weiter, ist plausibel, daß im gesättigten Zustand die Spinmomente *aller* in Frage kommenden Elektronen ausgerichtet sind. J_S wird bei einem Feld

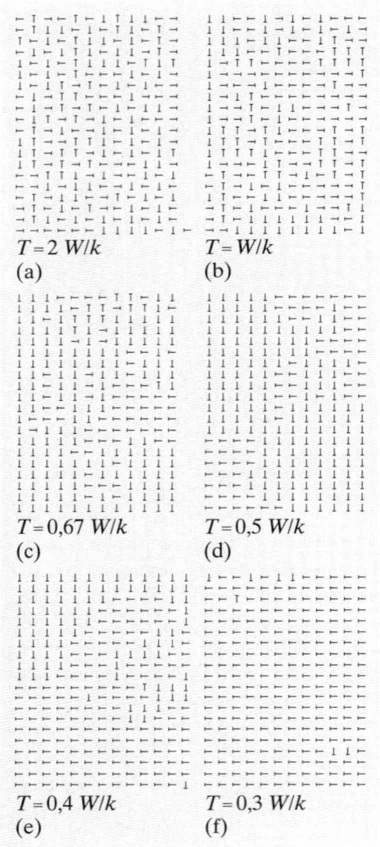

Abb. 7.58a–f. Computer-Simulation der spontanen Magnetisierung ohne äußeres Feld nach einem zweidimensionalen **Ising-Modell**. Zwischen benachbarten Elementardipolen besteht eine Wechselwirkungsenergie W ($-W$ bei paralleler, $+W$ bei antiparalleler Einstellung). Die Wahrscheinlichkeit der Einstellung jedes Dipols ist $e^{-W/(kT)}$ und wird entsprechend seiner Nachbarschaft ausgewürfelt. Bei hoher Temperatur sind die Einstellungen fast unabhängig voneinander. Bei Abkühlung wachsen zwar die ausgerichteten Bereiche, erreichen aber erst um $T \approx 0{,}4W/k$ makroskopische Dimension, d. h. erfüllen praktisch unseren ganzen Ausschnitt. Die ferromagnetische Ordnung hat einen scharfen Curie-Punkt, der in dieser Gegend liegt

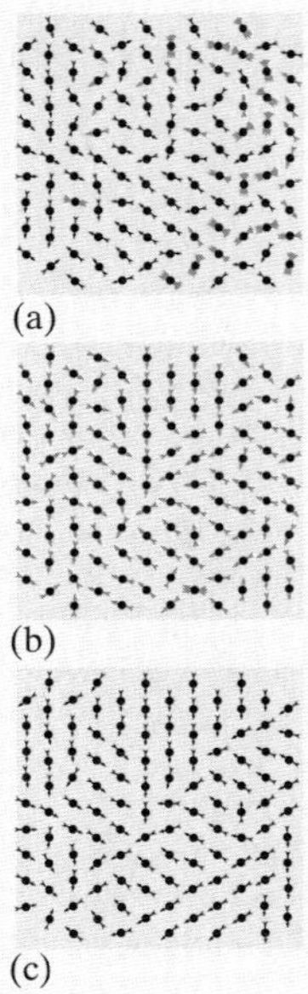

Abb. 7.59a–c. **Spontane Magnetisierung** in einem Modell aus kleinen frei drehbaren Kompaßnadeln. Die thermische Bewegung ist durch schnelles Drehen eines Stabmagneten über dem Modell simuliert. Daher erscheinen einige Nadeln bewegungsunscharf. Die „Temperatur“ nimmt von (a)–(c) ab

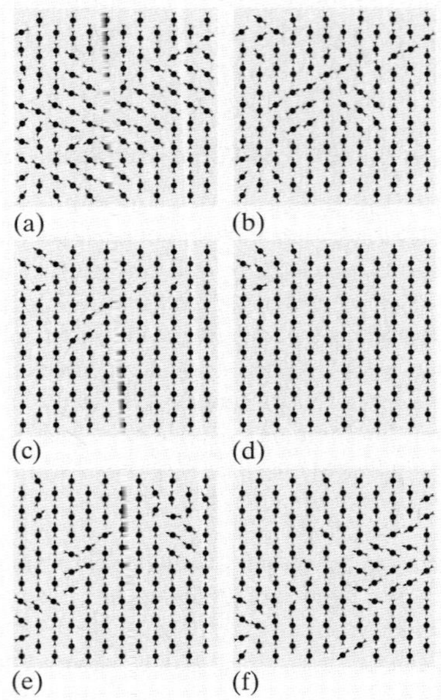

Abb. 7.60a–f. Magnetisierung durch äußeres Feld im Modell. Das anwachsende Magnetfeld (a)–(d) wird durch Annähern einer Permanentmagnetleiste erzeugt. Entfernt man sie langsam wieder, bleibt eine Remanenzmagnetisierung zurück (e). Um sie zu beseitigen, braucht man ein gewisses Gegenfeld (f)

$B \approx 1\,T$ erreicht, liegt also in der Größenordnung $J_S \approx B/\mu_0 \approx 10^6\,\mathrm{Am^{-1}}$. Dies ist das Moment der Volumeneinheit. In ihr befinden sich $n \approx 10^{29}\,\mathrm{m^{-3}}$ Eisenatome. Jedes Atom steuert also ein Moment $J_S/n \approx 10^{-23}\,\mathrm{Am^2}$ zur Magnetisierung bei. Das entspricht dem Moment $p_m = IA = ev\pi r^2$ für den Umlauf eines Elektrons mit $v \approx 10^{14}$ Hz auf einer Bahn mit $r \approx 10^{-10}$ m. Da diese Werte atomphysikalisch plausibel sind, ist die Annahme berechtigt, daß in jedem Eisenatom ein Elektron oder wenige zur Magnetisierung beitragen. Wir wissen zwar aus Abschn. 7.4.5, daß es sich nicht um ein Bahn-, sondern um ein Spinmoment handelt, aber größenordnungsmäßig gilt die Betrachtung auch für diese.

Bei den paramagnetischen Stoffen stört die Wärmebewegung so sehr die Ordnung der Elementarmomente, daß ein äußeres Feld nur eine ganz geringfügige Ausrichtung erzwingen kann. Bei einem Ferromagnetikum kann die Wärmebewegung die vollständige Ordnung nicht unterdrücken, solange man unterhalb der Curie-Temperatur bleibt. Der Grund wird am anschaulichsten in einem flächenhaften Modell, in dem die Elementarmagnete durch frei drehbare, regelmäßig angeordnete kleine Magnetnadeln dargestellt sind (Abb. 7.59). Läßt man das Modell ruhig stehen, richten sich die Magnetnadeln in unregelmäßig begrenzten Bereichen gegenseitig aus, so daß sie hier alle parallel stehen: Der Bereich ist auch ohne äußeres Feld bis zur Sättigung magnetisiert; im Gesamtmodell, wenn es groß genug ist, mitteln sich jedoch die Beiträge der Einzelbereiche zu einer Magnetisierung weg, die verschwindet oder ziemlich klein ist. Im Ferromagnetikum spricht man

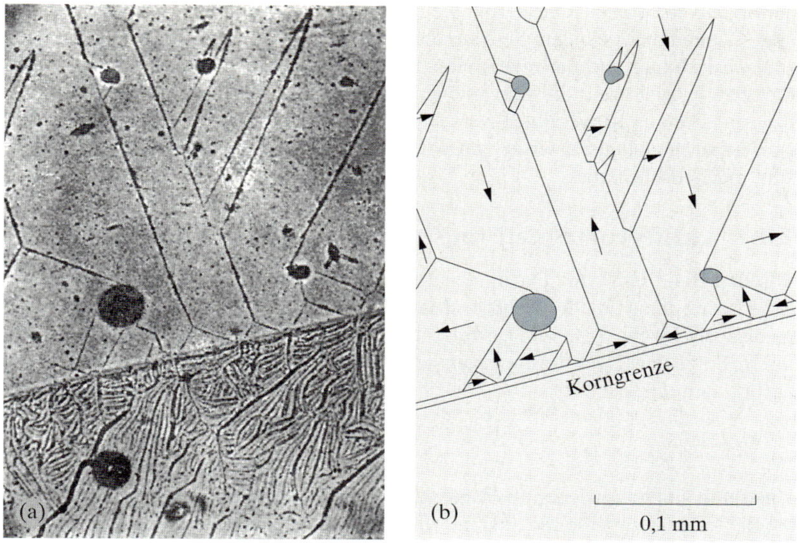

Abb. 7.61a,b. Bitter-Streifen an der Oberfläche von Siliciumeisen. (Nach *B. Elschner*)

von **Weiss-Bereichen** (nach *Pierre Weiss*). Aus der Quantenmechanik des Atombaus hat *Heisenberg* gezeigt, warum sich gerade die Elektronen der *d*-Schale von Fe, Ni und Co so gegenseitig ausrichten, im Gegensatz zu fast allen anderen Atomen.

Schaltet man ein äußeres Magnetfeld $\boldsymbol{B}$ an, dann wachsen die Weiss-Bereiche, deren Einstellrichtung in $\boldsymbol{B}$-Richtung liegt, auf Kosten der anderen (Abb. 7.60). Die entsprechende Verschiebung der Bereichsgrenzen (**Bloch-Wände**) läßt sich nach *Bitter* sehr elegant nachweisen: Wo eine freie Oberfläche eine solche Wand anschneidet, treten aus dem einen Bereich Feldlinien aus und in den benachbarten ein. Wegen der räumlichen Nähe von Quelle und Senke können diese Felder sehr stark sein. Überschichtet man diese Oberfläche mit einer Suspension kolloidaler ferromagnetischer Teilchen, so setzen sich diese an der Bloch-Wand ab und markieren sie als **Bitter-Streifen** (Abb. 7.61). Auch auf bisher unmagnetisiertem Eisen entstehen Bitter-Streifen und weisen die spontane Magnetisierung auch hier nach.

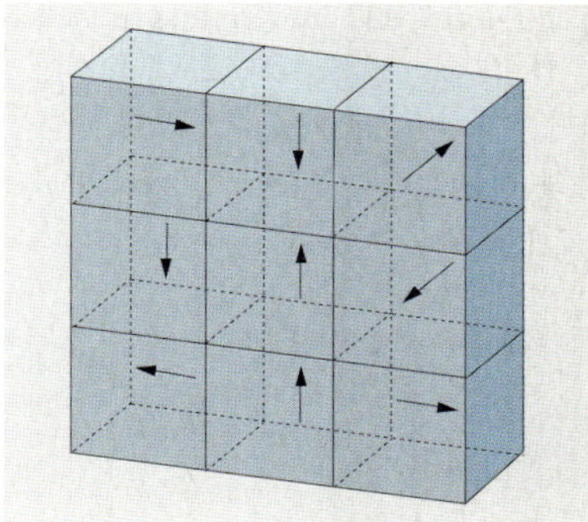

Abb. 7.62. Richtungen der Spontanmagnetisierung von Weiss-Bereichen in nichtmagnetisiertem Eisen (schematisch)

Die Weiss-Bereiche sind i. allg. nicht identisch mit den Kristallen des polykristallinen Materials. Die magnetische Ausrichtung erfolgt aber auch ohne äußeres Feld längs einer kristallographischen Achse. Beim Eisen mit seinem kubischen Gitter sind dies die Würfelkanten. Legt man ein äußeres Feld an, wachsen die günstig orientierten, also energetisch bevorzugten Weiss-Bereiche zunächst durch Wandverschiebung. Erst sehr hohe Felder drehen die Einstellrichtung u. U. aus der kristallographischen Achsrichtung heraus, bis sie überall mit der Feldrichtung übereinstimmt. Diesen Verschiebungen und Drehungen wirken elastische Spannungen entgegen, die das unterschiedliche Hysteresisverhalten verschiedener Eisensorten bedingen.

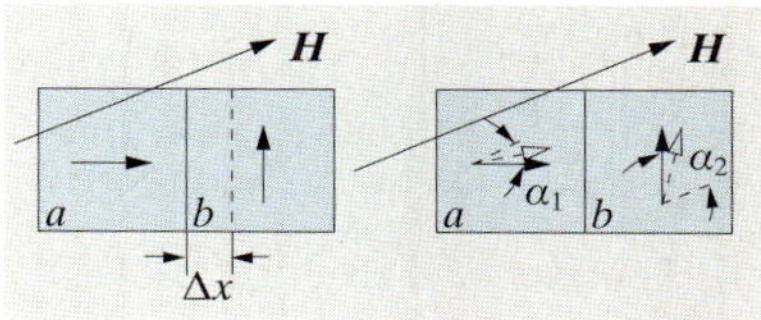

Abb. 7.63. Wandverschiebungen der Weiss-Bereiche und Drehungen in die Feldrichtung bei der Magnetisierung bis zur Sättigung

Fremdatome im Gitter behindern die Wandverschiebung und fesseln die Wände zeitweise in eine bestimmte Lage, bis bei wachsendem Feld die Spannung zu groß wird und die Wand ruckartig weiterschnappt. Solche irreversiblen Wandverschiebungen ändern ruckartig J, also B und damit den Magnetfluß Φ in der felderzeugenden Spule. Wenn diese sehr viele Windungen hat, braucht man an ihren Enden nur Verstärker und Lautsprecher anzuschließen und hört jede solche Wandverschiebung als ein Knacken. Beim Annähern eines Magneten an ein Weicheisenstück in

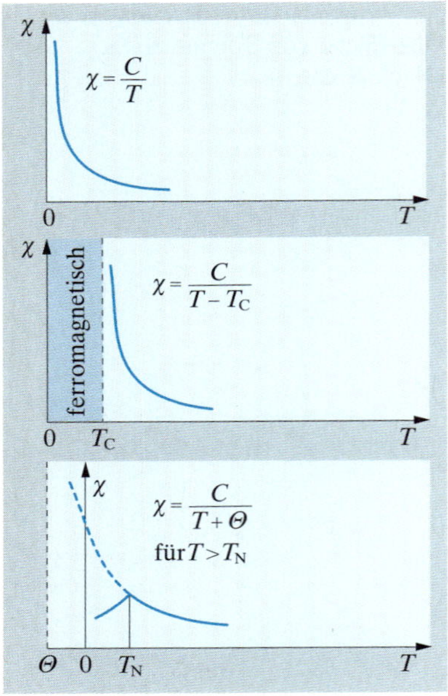

Abb. 7.64. Temperaturabhängigkeit der magnetischen Suszeptibilität bei para-, ferro- und antiferromagnetischen Stoffen

der Spule verschmelzen diese Knacke zu einem Prasselgeräusch: **Barkhausen-Effekt**. Wenn man das äußere Feld wieder senkt, werden die Drehungen aus der Kristallachsrichtung und die reversiblen, allmählichen Wandverschiebungen wieder rückgängig, nicht aber die irreversiblen. Sie bedingen also die remanente Magnetisierung. Da die irreversiblen Verschiebungen mit Fremdatomen zusammenhängen, haben hochlegierte Eisensorten (Stähle) i. allg. eine höhere Remanenz, d. h. sind magnetisch härter.

7.4.7 Antiferromagnetismus und Ferrimagnetismus

Mit den Dia-, Para-, und Ferromagnetika sind die magnetischen Verhaltensweisen der Materie längst nicht erschöpft. Manche Stoffe, besonders solche mit paramagnetischen Ionen, z. B. MnO, MnF_2, haben eine kritische Temperatur T_N, nach ihrem Entdecker **Néel-Temperatur** genannt. Oberhalb von T_N folgt die Suszeptibilität dem Gesetz

$$\chi = \frac{C}{T + \Theta} \,. \tag{7.89}$$

Unterhalb sinkt sie wieder ab. Dieses *antiferromagnetische* Verhalten deutet man so: Bei tiefen Temperaturen sind die zur Magnetisierung beitragenden Elektronenspins im Kristallgitter paarweise antiparallel ausgerichtet und damit nach außen wirkungslos (Abb. 7.65). Diese Ordnung wird mit steigender Temperatur gelockert und bricht bei der Néel-Temperatur T_N völlig zusammen. Oberhalb von T_N sind die Spins der Wärmebewegung ausgeliefert wie bei einem Paramagnetikum.

Bei einigen Gitterstrukturen sind die Nachbarspins antiparallel ausgerichtet, aber verschieden groß und kompensieren sich nur zu einem gewissen Bruchteil. Solche *Ferrimagnetika* wie **Magnetit** (Fe_3O_4), verhalten sich ähnlich wie Ferromagnetika, ihre Sättigungsmagnetisierung ist aber viel kleiner. Durch Einbau von Fremdatomen wie Mg, Al usw. anstelle eines Fe-Atoms entstehen hieraus die heute immer wichtigeren **Ferrite**, deren Hysteresiskurve man ganz verschiedenartig gestalten kann. Sie sind fast nichtleitend und bewirken daher als Transformatorkerne fast keine Wirbelstromverluste.

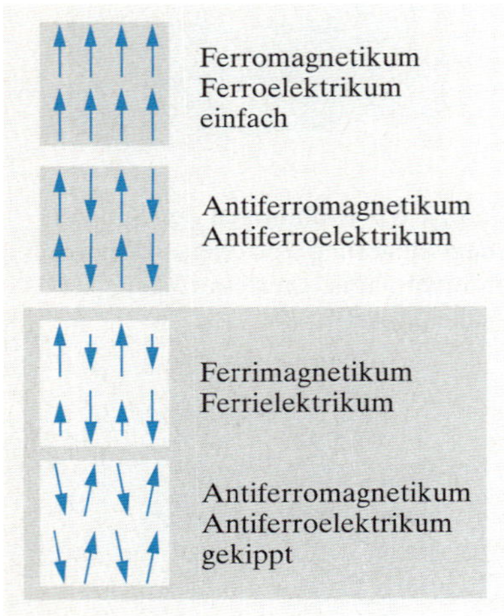

Abb. 7.65. Die verschiedenen Einstellmöglichkeiten der elektrischen oder magnetischen Momente von Teilchen im Festkörper (schematisch)

7.4.8 Ferro- und Antiferroelektrizität

Ganz analog wie die Ferromagnetika im Magnetfeld verhalten sich einige Salze im elektrischen. Man spricht von **Ferro-** und **Antiferroelektrizität**, obwohl keiner dieser Stoffe Eisen enthält. Wichtige Ferroelektrika sind uns schon als Piezoelektrika begegnet: Salze der Weinsäure ($NaKC_4H_4O_6 \cdot 4\,H_2O$; **Seignette-Salze**) und **Bariumtitanat** ($BaTiO_3$). Ihre DK kann Werte über 1 000 erreichen. Ähnlich den Ferromagnetika handelt es sich um eine spontane gegenseitige Ausrichtung der Elementardipole. Mit wachsender Feldstärke E steigt die Polarisation sehr stark an, erreicht einen Sättigungswert, verschwindet beim Abschalten des Feldes nicht völlig – ein solcher Stoff heißt **Elektret** – und wird erst durch ein Gegenfeld um $10^5\,\mathrm{Vm}^{-1}$ beseitigt (elektrische Hysteresis). Ferroelektrika verlieren diese Eigenschaft oberhalb ihres Curie-Punktes.

In *Antiferroelektrika* wie WO_3 richten sich die Dipole spontan gegenseitig antiparallel aus. Wenn die antiparallelen Paare aus zwei Dipolen verschiedener Größe bestehen, ergibt sich **Ferrielektrizität** (Abb. 7.65).

7.5 Wechselströme

Michael Faraday stand auf der Westminster Bridge und schloß die beiden Enden eines Drahtes, den er quer durch die Themse gelegt hatte, an sein leider viel zu unempfindliches Meßgerät. Wenigstens gedanklich hatte er den magnetohydrodynamischen Generator erfunden, ebenso wie kurz vorher den ersten Elektromotor, wenn dies auch nur ein etwas ruckartig umlaufender Magnetstab war.

7.5.1 Erzeugung von Wechselströmen

Die gesamte großtechnische Erzeugung elektrischer Energie beruht auf Induktion, d. h. auf der Lorentz-Kraft. Wir beginnen mit einem der modernsten Generatoren, dem **MHD-Generator** (MHD = magnetohydrodynamisch), weil er vom Prinzip her am einfachsten ist und bereits alle wesentlichen Zusammenhänge zeigt. Durch ein Rohr wird mit der Geschwindigkeit v ein leitendes Fluid (Flüssigkeit oder Gas) gepumpt. An einer Stelle greift das Feld B eines Magneten in das Rohr. Dieser Magnet kann je nach Bauform ein Permanentmagnet oder ein gleich- oder wechselstrombetriebener Elektromagnet sein. Zur betrachteten Zeit herrsche das Feld $\boldsymbol{B}$. In dem mit v durchströmenden Fluid herrscht ein elektrisches Feld $\boldsymbol{E}$ senkrecht zu $\boldsymbol{B}$ und v von der Stärke

$$\boldsymbol{E} = v \times \boldsymbol{B} .$$

Anders ausgedrückt wirkt auf ein Teilchen der Ladung Q im Fluid die Lorentz-Kraft

$$\boldsymbol{F} = Qv \times \boldsymbol{B} .$$

Wenn das Rohr den Durchmesser d hat und man senkrecht zu den Magnetpolen Elektroden anbringt, herrscht zwischen ihnen die Spannung

$$\boxed{U = Ed = vBd} \quad . \tag{7.90}$$

Man kann sich diese Spannung auch als Folge der Tatsache erklären, daß die positiven Teilchen im Fluid nach der einen, die negativen nach der anderen getrieben werden, bis sich auf den Elektroden eine Ladung angesammelt hat, die ein solches elektrisches Gegenfeld erzeugt, daß Lorentz-Kraft und Coulomb-Kraft einander ausgleichen. Man versteht so folgende wichtige Tatsache: E-Feld und Spannung U_0 sind vorhanden, unabhängig von der Leitfähigkeit σ des Fluids, solange man dem Generator keinen Strom entnimmt. Die Spannung U_0 ist die **Leerlaufspannung** des Generators. Sobald man aber eine Leistung entnimmt, wozu natürlich ein Strom fließen muß, wird ein Teil der Leerlaufspannung abgebaut. Dieser Spannungsverlust ist um so größer, je langsamer Ladung nachgeliefert wird, je kleiner also die Leitfähigkeit ist. Man kann dies auch mit dem Innenwiderstand R_i ausdrücken, dessen Herkunft als $R_\mathrm{i} \approx d/(\sigma A)$ hier klar ersichtlich ist (A: Elektrodenfläche). Wird der Strom I entnommen, verringert sich die Klemmenspannung an den Elektroden auf

$$U = U_0 - R_\mathrm{i} I . \tag{7.91}$$

Die klassische Bauart eines **Generators** besteht im Prinzip aus einer Schleife von der Fläche A, z. B. einem Rechteck mit den Seiten a, b, die sich mit der Winkelgeschwindigkeit ω um eine zur b-Seite parallele Achse dreht. Der eine Ast der Schleife bewegt sich mit $v = \omega a/2$ durch

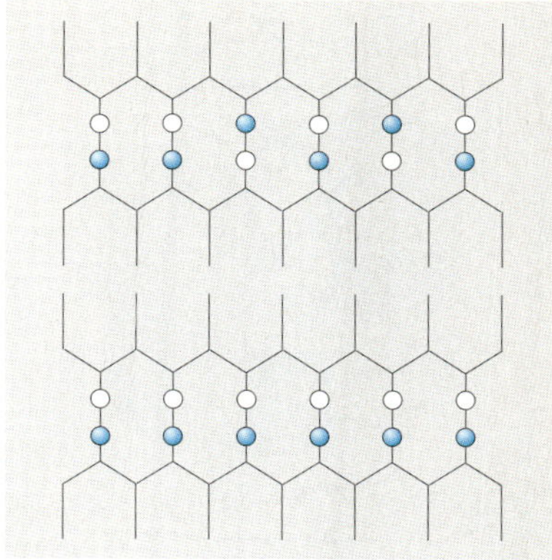

Abb. 7.66. Verbindungen wie Seignette-Salz, KH_2PO_4 oder auch Eis werden teilweise durch **Wasserstoffbrücken** zusammengehalten, auf denen ein Proton zwei mögliche Gleichgewichtslagen hat. Oberhalb des Curie-Punktes verteilen sich die Protonen zufällig über die beiden Lagen (**paraelektrischer Zustand**), unterhalb nehmen sie in bestimmten Bereichen spontan alle die gleiche Lage ein. So entsteht eine ferroelektrische Polarisation. Einen anderen Mechanismus der Ferroelektrizität zeigt Abb. 6.52

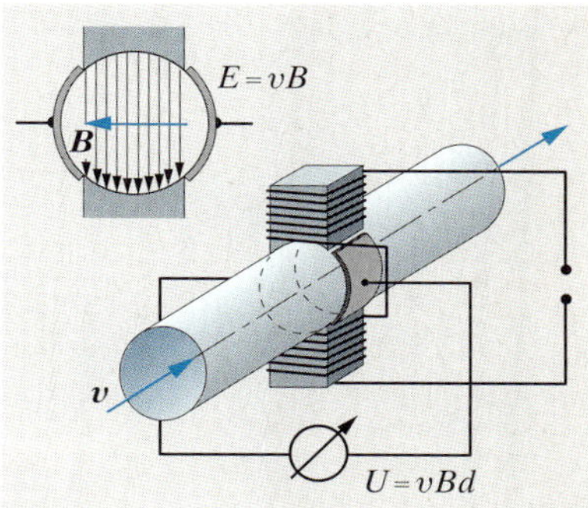

Abb. 7.67. MHD-Generator (magnetohydrodynamischer Generator), schematisch

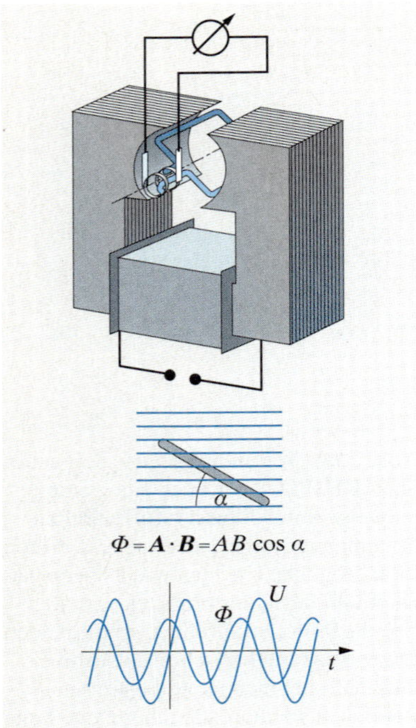

Abb. 7.68. Drehspulgenerator. *Rechts unten* der Fluß- und Spannungsverlauf bei Gleichstromerregung und Abgriff ohne Kommutator, *rechts oben* die Schleife im Magnetfeld in Seitenansicht

das B-Feld. Davon entfällt eine Komponente $v \sin\alpha$ auf die Richtung senkrecht zu $\boldsymbol{B}$ und liefert das E-Feld $E = Bv\sin\alpha$ und die Spannung $U = bBv\sin\alpha$ längs dieses Schleifenastes. Der gegenüberliegende Ast bewegt sich entgegengesetzt. In Umlaufrichtung der Schleife addieren sich beide Spannungen zu

$$U = 2bBv\sin\alpha = Bab\omega\sin\alpha = BA\omega\sin\alpha\,.$$

Man findet dies auch aus dem Induktionsgesetz. Durch die Schleife tritt ein Magnetfluß

$$\Phi = Bab\cos\alpha\,,$$

wobei $\alpha = \omega t$. Die zeitliche Ableitung von Φ ist die in der Schleife induzierte Spannung:

$$U = -\dot{\Phi} = BA\omega\sin\omega t\,. \tag{7.92}$$

Für eine Spule aus N Schleifen multiplizieren sich Φ und U mit N.

Die erzeugte Spannung (7.92) ist sinusförmig mit der Amplitude $U_0 = BA\omega$. Ihre Frequenz ist die Drehfrequenz der Schleife. Genau wie beim MHD-Generator ergibt sich ein Spannungsabfall R_iI in der Schleife und den weiteren Zuleitungen, wenn man den Strom I entnimmt. Der Maximalstrom ist $I_{max} = U_0/R_i$, die maximale Leistung wird durch einen Verbraucher mit $R = R_i$ entnommen und beträgt $P_{max} = U_0^2/(4R_i)$ (**Leistungsanpassung**; Abschn. 6.3.4d).

Im MHD- wie im Spulengenerator benutzt man zur Magnetfelderzeugung meist Elektromagnete; deren Betriebsstrom entnimmt man entweder einer besonderen Spannungsquelle (**fremderregter Generator**) oder dem vom Generator selbst erzeugten Strom (**selbsterregter Generator**). Dabei kann entweder der ganze Verbraucherstrom durch die Magnetwicklung fließen (**Haupt- oder Reihenschluß**), oder Verbraucher und Magnet können parallel liegen (**Nebenschluß**). Der Eisenkern des Magneten hat immer eine gewisse Remanenzmagnetisierung. Diese reicht aus, um mit ihrem kleinen Magnetfeld zunächst einen kleinen Strom im Fluid oder der Spule zu erzeugen, sobald man diese in Bewegung setzt. Dieser Strom verstärkt wieder das B-Feld usw. bis zum Normalbetrieb.

Die elektrische Leistung $P_{el} = UI$, die der Generator erzeugt, stammt natürlich aus mechanischer Leistung: Es kostet Arbeit, das Fluid durchs Magnetfeld zu schieben oder die Spule zu drehen. Wenn ein Strom I quer zu $\boldsymbol{B}$ fließt, wirkt eine Gegenkraft $F = IBd$ auf das Fluid. Um dieses mit der Geschwindigkeit v durchzuschieben, braucht man die mechanische Leistung

$$P_m = Fv = IBdv = IU_0\,.$$

Die nutzbare elektrische Leistung ist

$$P_{el} = IU = I(U_0 - R_iI)\,,$$

der Wirkungsgrad

$$\eta = \frac{P_{el}}{P_m} = 1 - \frac{R_iI}{U_0}\,.$$

Die lineare $U(I)$-Kennlinie des MHD-Generators läßt sich rein mathematisch auch in den Bereich negativer Spannungen fortsetzen. Das bedeutet, daß man eine Spannung an die Elektroden legt, statt eine abzugreifen, und zwar in umgekehrtem Sinn. Dann investiert man elektrische Leistung $P_{\text{el}} = UI$ (deren Vorzeichen kehrt sich mit dem von U um), und gewinnt mechanische Energie: Die Lorentz-Kraft schiebt das Fluid vorwärts. Stünde dem kein Strömungswiderstand entgegen, würde das Fluid so schnell strömen, daß Kräftefreiheit herrscht. Da B noch vorhanden ist, muß dann $I = 0$ sein. Das ist der Fall, wenn angelegte und generierte Spannung einander kompensieren, d. h. bei $U = Bdv_0$. Die Leerlaufgeschwindigkeit ist

$$v_0 = \frac{U}{Bd} .$$

Wenn die Antriebskraft F verlangt wird, muß die Gegenspannung U_{g} kleiner sein als die angelegte, damit ein Strom $I = (U - U_{\text{g}})/R_{\text{i}}$ fließt. Da $U_{\text{g}} = Bdv$ ist, ergibt sich eine $F(v)$-Kennlinie

$$\boxed{F = \frac{(U - Bdv)Bd}{R_{\text{i}}}} . \qquad (7.93)$$

In diesem Bereich ist der MHD-Generator zum **Linearmotor** geworden. (7.93) ist die **Motorkennlinie**. Ganz allgemein läßt sich jeder Generator auch als Motor benutzen und umgekehrt. Ein rotierender Motor wird natürlich durch eine $T(\omega)$-Kennlinie beschrieben (T: Drehmoment; Abschn. 7.5.10).

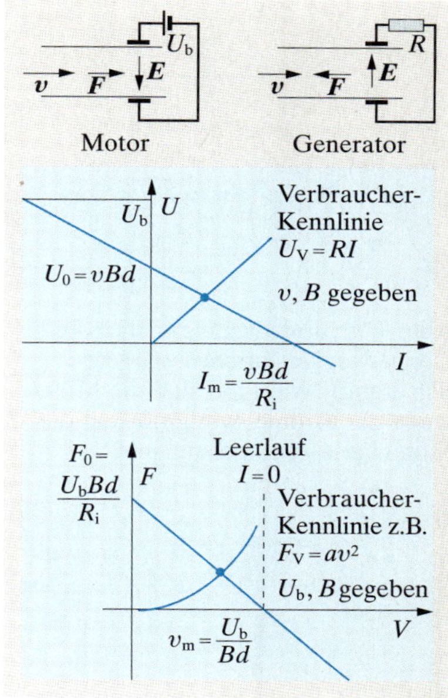

Abb. 7.69. Strom-Spannungs-Kennlinie und Kraft-Geschwindigkeits-Kennlinie einer magnetohydrodynamischen Maschine im Motor- bzw. Generatorbetrieb. Für den Generator ist ein Verbraucher mit linearer Lastkennlinie vorausgesetzt, für den Motor ein Verbraucher mit quadratischer Kennlinie $F_{\text{V}} = av^2$. Der Arbeitspunkt, der Schnittpunkt der beiden Kennlinien, ist stabil, denn jede Abweichung bildet sich von selbst zurück (Abschn. 7.5.10a)

7.5.2 Effektivwerte von Strom und Spannung

Was meint man eigentlich, wenn man sagt, eine Wechselspannung sei 220 V, obwohl sich doch der momentane Wert der Spannung ständig ändert? Man vergleicht mit einer Gleichspannung, an der ein Verbraucher die gleiche Leistung aufnehmen würde. Natürlich muß dies ein Ohmscher Verbraucher sein, denn durch einen Kondensator würde auf die Dauer gar kein Gleichstrom fließen, durch eine ideale Spule unendlich viel. Außerdem verbrauchen Kondensator und Spule aus dem Wechselstromnetz gar keine Leistung (Abschn. 7.5.3).

Durch den Widerstand R, an dem die Spannung $U = U_0 \sin \omega t$ liegt, fließt der Strom $I = U_0 R^{-1} \sin \omega t$, es wird die Leistung

$$P = UI = \frac{U_0^2}{R} \sin^2 \omega t$$

umgesetzt. Den Benutzer interessiert nur der zeitliche Mittelwert dieser Leistung. Für die Funktion $\sin^2 \omega t$ liest man aus Abb. 7.70 oder aus der Darstellung $\sin^2 \omega t = \frac{1}{2} - \frac{1}{2} \cos 2\omega t$ einen Mittelwert $\frac{1}{2}$ ab, also

$$\overline{P} = \frac{1}{2} \frac{U_0^2}{R} .$$

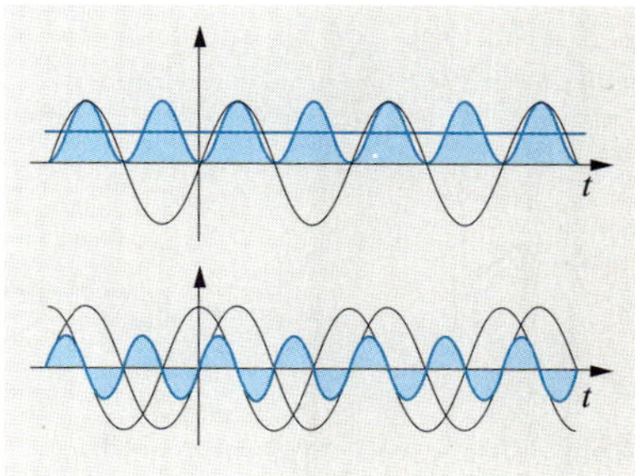

Abb. 7.70. Der Mittelwert von $\sin^2 \omega t$ ist $\frac{1}{2}$, der Mittelwert von $\sin \omega t \cos \omega t$ ist 0

Die Gleichspannung, die dieselbe Leistung umsetzt, ergibt sich aus $P = U_{\text{eff}}^2/R = U_0^2/2R$ zu

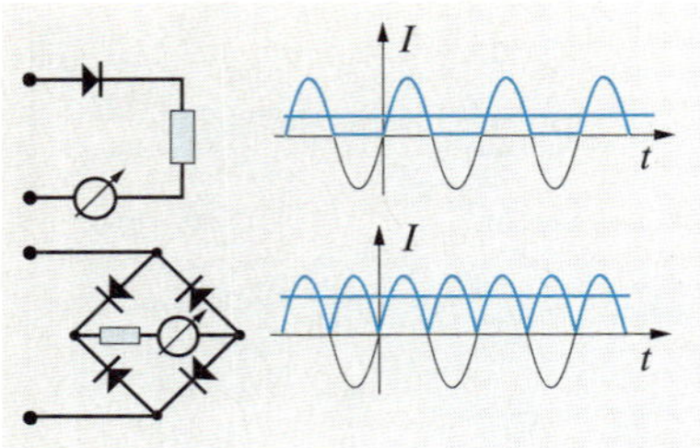

Abb. 7.71. Einweggleichrichter und Doppelweggleichrichter (Graetz-Schaltung). Wie groß sind die Mittelwerte der Ströme, wie groß sind die Mittelwerte ihrer Leistungen?

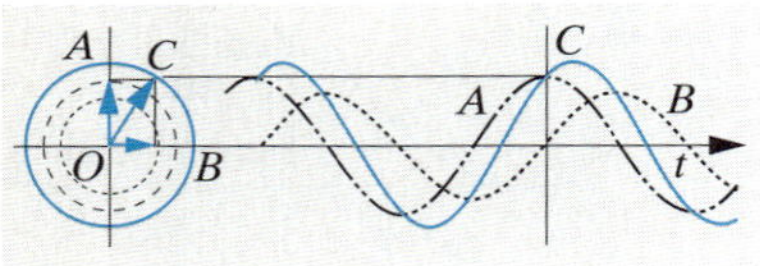

Abb. 7.72. Die Addition zweier sinusförmiger Vorgänge gleicher Frequenz, aber verschiedener Amplitude und Phase ist im Zeigerdiagramm viel einfacher

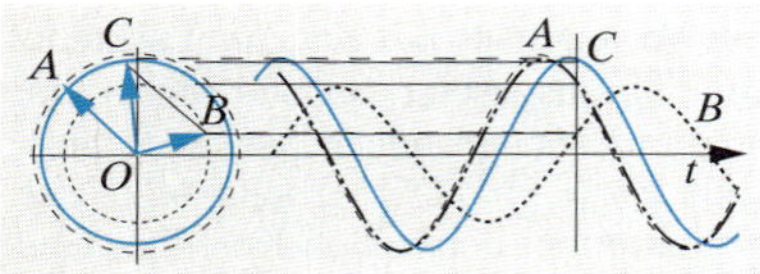

Abb. 7.73. Die Zeigermethode funktioniert auch bei beliebiger Phasenverschiebung. Die Summenamplitude ist keineswegs immer größer als die Teilamplituden

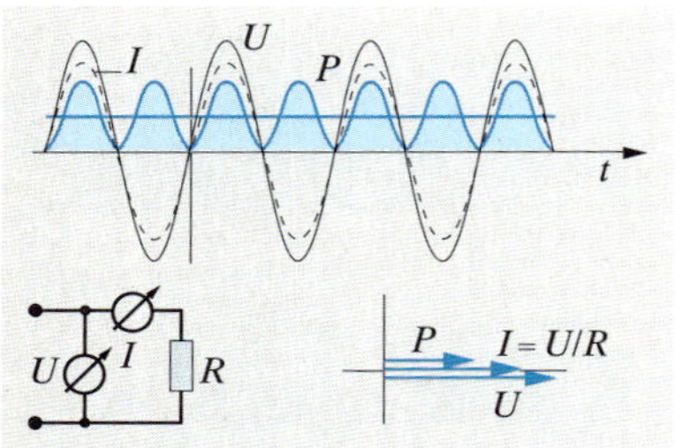

Abb. 7.74. Strom, Spannung und Leistung für einen Ohmschen Verbraucher. Die Leistung ist immer positiv: Reine Wirkleistung. (——): U, (– – –): I, (——): P

$$\boxed{U_{\text{eff}} = \frac{U_0}{\sqrt{2}}} \,. \tag{7.94}$$

Eine Wechselspannung mit $U_{\text{eff}} = 220\,\text{V}$ hat also die Scheitelspannung oder Amplitude $U_0 = U_{\text{eff}}\sqrt{2} = 311\,\text{V}$. Für Wechselspannungen, die anderen als sinusförmigen Verlauf haben, gelten andere Zusammenhänge zwischen Scheitelspannung und **Effektivspannung**. Zum Beispiel gilt für eine Folge von Rechteckimpulsen, die abwechselnd ins Positive und ins Negative gehen, $U_{\text{eff}} = U_0$.

7.5.3 Wechselstromwiderstände

Wir entwickeln jetzt Methoden, um Schaltungen bestehend aus Spannungsquellen, Widerständen, Kondensatoren und Spulen zu analysieren. Das Ziel ist, die Zusammenhänge zwischen Spannungen, Strömen und Leistungen zu ermitteln. Grundregeln sind das Ohmsche Gesetz und die Kirchhoff-Regeln (Abschn. 6.3.1). Diese gelten auch für Wechselstrom, und zwar für die Momentanwerte von Strom und Spannung und damit auch für die Effektivwerte. In beiden Regeln handelt es sich darum, Ströme oder Spannungen gleicher Frequenz, aber verschiedener Amplituden und Phasen zu addieren, und zwar addieren sich nach der Knotenregel die Ströme durch parallelgeschaltete Elemente, nach der Maschenregel die Spannungen an reihengeschalteten Elementen. Eigens um diese Addition zu erleichtern, hat man die **komplexe Rechnung** oder die **Zeigerdarstellung** eingeführt. Rechnerische oder graphische Addition mehrerer Sinusfunktionen mit verschiedenen Amplituden und Phasen ist nämlich äußerst umständlich. Wir nutzen die Tatsache aus, daß eine Sinusfunktion nur eine Komponente einer Kreisbewegung darstellt. Betrachten wir z. B. nur die waagerechte Komponente, dann ist $x = x_0 \cos(\omega t + \varphi)$ darzustellen durch die Kreisbewegung eines Punktes A auf dem Radius x_0, wobei für $t = 0$ der Punkt A schon in der Winkelstellung φ ist. Solche Kreisbewegungen lassen sich äußerst einfach zusammensetzen. Wenn A mit dem Radius x_1 und der Phase φ_1 umläuft, B mit x_2 und φ_2, zeichne man einen Punkt C auf die Drehscheibe, der das Parallelogramm $OABC$ schließt. Wie man aus Abb. 7.72 oder 7.73 abliest, ist die waagerechte (oder auch die senkrechte) Auslenkung von C immer gleich der Summe der Auslenkungen von A und B, nicht nur für die dargestellte Stellung bei $t = 0$, sondern für alle Zeiten. Das ist die Grundlage der *Zeigerdarstellung*: Man faßt OA und OB sowie ihre Summe OC als Momentaufnahmen für $t = 0$ für zweidimensionale Vektoren auf, die sich mit der Kreisfrequenz ω drehen. Ebensogut kann man die Zeiger als graphische Darstellung von *komplexen Zahlen* wie $z_1 = x_1 \mathrm{e}^{\mathrm{i}(\omega t + \varphi)}$ auffassen, wobei immer nur der Realteil oder die waagerechte Komponente den wirklichen Vorgang beschreibt.

Wir ermitteln jetzt die Zeiger für die Ströme, die durch die drei Grundelemente Widerstand, Spule, Kondensator fließen, wobei wir immer von der Spannung $U = U_0 \cos \omega t$ ausgehen, dargestellt durch einen Zeiger mit der Länge U_0 nach rechts. Für den Ohmschen Widerstand ist $I = U/R$, also liegt der Stromzeiger parallel zum Spannungszeiger und hat die Länge $I_0 = U_0/R$. Der Strom durch die Spule stellt sich so ein, daß die selbstinduzierte Gegenspannung $-L\dot{I}$ entgegengesetzt gleich der angelegten Spannung U wird, also $L\dot{I} = U$. Für einen sinusförmigen Wechselstrom I bedeutet zeitliche Ableitung einfach Multiplikation mit ω und Phasenverschiebung um $\pi/2$ vorwärts. Der I-Zeiger liegt also um $\pi/2$ *rückwärts* gegen den U-Zeiger verdreht und hat die Länge $I_0 = U_0/(\omega L)$. Bei einem Kondensator ist die Spannung U auch momentan proportional zur Ladung: $U = Q/C$. Das folgt einfach aus den Grundgesetzen des elektrischen Feldes (Satz von Gauß, (6.9)). Der Strom ist die Ableitung der Ladung: $I = \dot{Q}$, also $I = C\dot{U}$. Bei einer Sinusspannung ist $\dot{U}$ um $\pi/2$ gegen U vorwärts gedreht und hat die Länge ωU_0, also ist der I-Zeiger ebenfalls um $\pi/2$ vorwärts gedreht und hat die Länge $I_0 = \omega C U_0$.

Wie immer bezeichnen wir als **Widerstand** den Faktor, mit dem man den Strom durch ein Bauteil multiplizieren muß, um die angelegte Spannung zu erhalten. Bei Spule und Kondensator ändert sich durch diese Operation nicht nur die Amplitude, sondern auch die Phase. Nach der Definition der komplexen Multiplikation sind ihre Widerstände also komplex, und zwar hier speziell rein imaginär, weil es sich um eine $\pi/2$-Drehung handelt. Multiplikation mit i dreht ja um $\pi/2$, mit $-$i um $-\pi/2$. Wir erhalten für

	Widerstand	Leitwert	
Ohmschen Widerstand $U = RI$	R	$1/R$	
Spule $U = L\dot{I} = \mathrm{i}\omega LI$	$\mathrm{i}\omega L$	$1/(\mathrm{i}\omega L)$	(7.95)
Kondensator $I = C\dot{U} = \mathrm{i}\omega CU$	$1/(\mathrm{i}\omega C)$	$\mathrm{i}\omega C$	

Der **Leitwert** Y ist der Kehrwert des Widerstandes Z, auch im Komplexen:

$$Y = \frac{1}{Z}\,.$$

Jetzt können wir im Prinzip jede Schaltung analysieren. Wo wir auf einen Teil eines Netzwerkes stoßen, der eine Reihenschaltung darstellt, addieren wir die Spannungen, d. h. die Widerstände (der Strom ist ja in der Reihenschaltung überall gleich). Für eine Parallelschaltung addieren sich die Ströme, d. h. die Leitwerte, denn die Spannungen sind dort an allen Elementen gleich. In Abb. 7.77 sind die Ströme $I_\mathrm{R} = U/R$ und $I_\mathrm{C} = U\mathrm{i}\omega C$ zu addieren zum Gesamtstrom mit der Amplitude

$$I_0 = \sqrt{I_\mathrm{R}^2 + I_\mathrm{C}^2} = U_0\sqrt{R^{-2} + (\omega C)^2}\,.$$

Die Leitwerte sind einfach geometrisch zu addieren, der Strom hat gegen die Spannung die **Phasenverschiebung** φ mit

$$\tan\varphi = \omega CR\,.$$

In einer Reihenschaltung (Abb. 7.78) gehen wir am besten vom Strom I aus (waagerechter Zeiger) und konstruieren dazu die Spannungsabfälle $U_\mathrm{R} = RI$ und $U_\mathrm{L} = \mathrm{i}\omega LI$, die sich zur Gesamtspannung U zusammensetzen. Deren Amplitude ist $U_0 = I_0\sqrt{R^2 + \omega^2 L^2}$ (geometrische Addition der Widerstände), ihre Phasenverschiebung $-\varphi$ gegen den Strom folgt

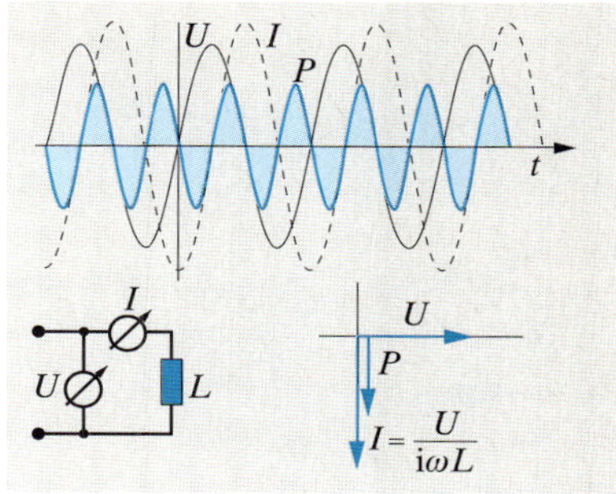

Abb. 7.75. Strom, Spannung und Leistung für eine Spule. Obwohl Strom fließt, ist der Mittelwert der Leistung Null: Reine (induktive) Blindleistung

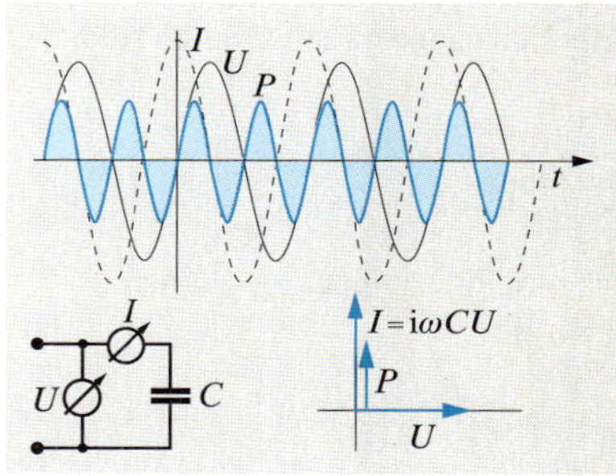

Abb. 7.76. Strom, Spannung und Leistung für einen Kondensator. Obwohl Strom fließt, ist der Mittelwert der Leistung Null: Reine kapazitive Blindleistung

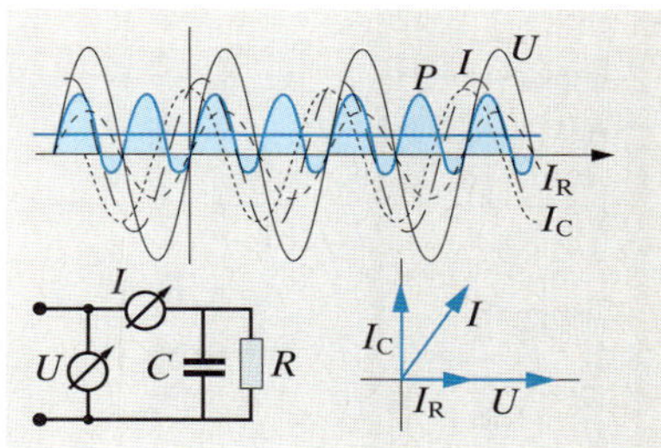

Abb. 7.77. Bei der Parallelschaltung ist es auch zeichnerisch von Vorteil, vom U-Pfeil auszugehen. Der Mittelwert der Leistung (die Wirkleistung) ergibt sich dann aus einem zum I-Diagramm parallelen Zeigerdiagramm, ebenso wie in Abb. 7.78

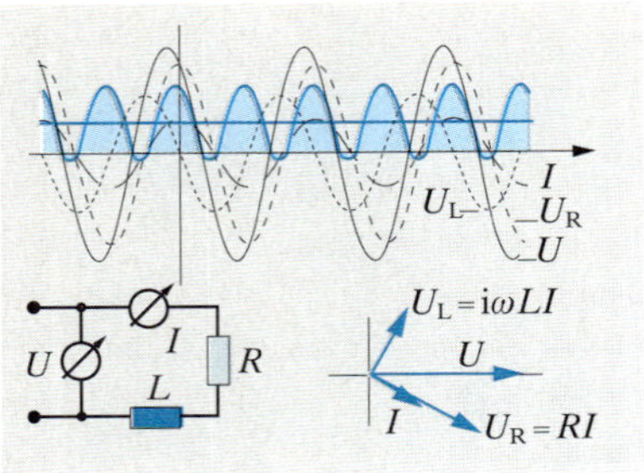

Abb. 7.78. Je komplizierter die Schaltung wird, desto offensichtlicher wird der Vorteil des Zeigerdiagramms, das hier so angelegt ist, daß der U-Zeiger nach rechts zeigt. Zeichnerisch einfacher wäre es für die Serienschaltung gewesen, vom Strom auszugehen und ihn nach rechts zeigen zu lassen. U ergibt sich dann von selbst durch Addition

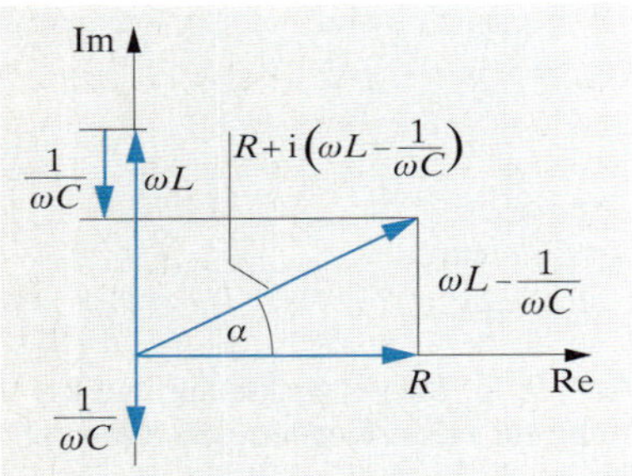

Abb. 7.79. Komplexer Widerstandsoperator (hier für eine Reihenschaltung von R, L und C)

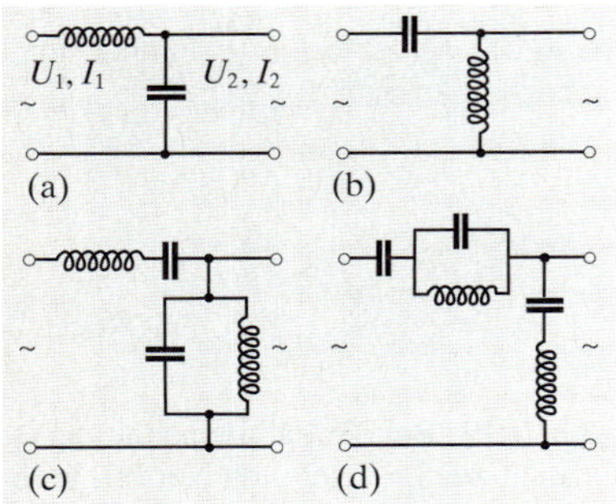

Abb. 7.80a–d. Filterelemente für Wechselspannungen und -ströme. (a) Tiefpaß, (b) Hochpaß, (c) Bandpaß, (d) Bandsperre

aus $\tan\varphi = -\omega L/R$ (negativ, wenn man wie oben mit φ die Phasenverschiebung des Stromes gegen die Spannung meint).

Für größere Schaltungen kann man Gesamtwiderstand und Gesamtleitwert schrittweise aufbauen, rechnerisch durch Addition der komplexen Werte und Kehrwertbildung, viel übersichtlicher aber graphisch durch Zeigeraddition und Übergang zwischen Widerstand und Leitwert durch **komplexe Inversion** (Abschn. 7.5.4).

Den so bestimmten komplexen Widerstand nennt man auch **Scheinwiderstand**. Sein Realteil, der die Komponente der Spannung angibt, die mit dem Strom phasengleich ist, heißt **Wirkwiderstand**, sein Imaginärteil **Blindwiderstand**. Für jede Wechselstromgröße kann man Schein,- Wirk- und Blindwert definieren, immer in bezug auf eine als reell zugrundegelegte Größe. Wenn man z. B. von der Spannung ausgeht, unterscheidet man einen Scheinstrom (sein Betrag ist der Gesamtstrom, sein Winkel gibt die Phasenlage an), einen Wirkstrom (den mit der Spannung phasengleichen Anteil) und einen Blindstrom (den um $\pi/2$ gegen die Spannung verschobenen Anteil). Diese Aufspaltung ist für die Bestimmung der Leistung eines Wechselstroms wichtig. Ein *Wirk*strom ergibt, multipliziert mit der phasengleichen Spannung, in jedem Augenblick eine positive Leistung, also auch eine positive mittlere Leistung, die sich einfach als Produkt der Effektivwerte ergibt: $P = UI_W$. Nach Abb. 7.77 oder 7.78 ist aber $I_W = I_S \cos\varphi$, wenn I_S der wirklich fließende „Schein"strom ist; also ist die Wechselstromleistung (**Wirkleistung**)

$$\boxed{P_W = UI\cos\varphi} \,. \tag{7.96}$$

Ein Blindstrom ergibt zwar während zweier Viertelperioden eine positive Leistung, aber in den nächsten beiden Viertelperioden eine ebensogroße negative Leistung. Spule oder Kondensator entnehmen also der Spannungsquelle auf die Dauer keine Leistung, sondern was sie ihr in $\frac{1}{100}$ s entnehmen, erstatten sie ihr in der nächsten $\frac{1}{100}$ s wieder exakt zurück. Ein reiner Blindstrom erzeugt keine echte Leistung, keine Wirkleistung.

Im allgemeinen Fall setzt sich der Strom aus Wirk- und Blindstrom zusammen. Nur der Wirkstrom erzeugt echte physikalische Leistung. Trotzdem ist es rechnerisch günstig, auch bei der Leistung einen Blindanteil zu unterscheiden, der sich als

$$\boxed{P_B = UI_B = UI\sin\varphi} \tag{7.96'}$$

ergibt und sich mit der Wirkleistung zur komplexen **Scheinleistung** zusammensetzt. Aus den Effektivwerten von Strom I und Spannung U, die mit einem Ampere- bzw. Voltmeter einzeln gemessen werden, ergeben sich die drei Leistungen wie folgt:

$$P_S = UI\,, \quad P_W = UI\cos\varphi\,, \quad P_B = UI\sin\varphi\,.$$

$\cos\varphi$ heißt auch **Leistungsfaktor**. Die Wirkleistung ist also nicht mit Volt- und Amperemeter bestimmbar. Ein **Wattmeter** zeigt dank einer Kopplung zwischen Strom- und Spannungsmessung (Abschn. 7.5.5) die Wirkleistung direkt an. Bei etwas anderer Schaltung gibt ein solches Gerät die Blindleistung direkt an, ebenso gibt es $\cos\varphi$-Messer.

Spule oder Kondensator verzehren keine Wirkleistung, aber induktive bzw. kapazitive Blindleistung. Diese erfordert vom Elektrizitätswerk keinen zusätzlichen Aufwand an Brennstoff und wird auch von den üblichen Zählern nicht registriert, die nur Wirkleistung messen. Trotzdem belastet ein **Blindstrom** indirekt den Generator und das Zuleitungsnetz, und zwar wegen deren Innenwiderstand. Der Spannungsabfall, der in Generatorwicklungen und Zuleitungen erfolgt, hängt nämlich vom Gesamtstrom, also vom Scheinstrom ab: $\Delta U = R_i I_S$. Um dem Verbraucher z. B. die verlangten 220 V liefern zu können, muß also das Werk eine um ΔU höhere Spannung erzeugen. Deswegen wird für Großverbraucher elektrischer Energie ein höherer Tarif berechnet, wenn ihr $\cos\varphi$ zu gering, also φ zu hoch ist. Der Verbraucher sollte seine Blindleistung **kompensieren**. Da Blindleistung meist in Motoren entsteht, die Spulen enthalten (induktive als positiv definierte Blindleistung), benutzt man zur Kompensation Kondensatoren, die möglichst gleichgroße kapazitive (negative) Blindleistung entnehmen. Eine solche Blindleistungskompensation wird in Abschn. 7.5.4 durchgerechnet.

✗ Beispiel...

Konstruieren Sie einen möglichst einfachen Phasenschieber, der die Phase einer Wechselspannung um $\pm\pi/2$ verschiebt. Wie groß ist der Spannungsverlust?

Man schalte einen Widerstand R und einen Kondensator C hintereinander und lege die Spannung U_1 mit der Kreisfrequenz ω an. Wenn $1/(\omega C) \gg R$, fließt der Strom $I \approx \mathrm{i}\omega C U_1$, und an R kann man die Spannung $U_2 = IR \approx \mathrm{i}\omega CRU_1$ abgreifen, die gegen U_2 um $\pi/2$ vorausläuft. Eine Spule statt des Kondensators mit $\omega L \gg R$ liefert $U_2 = U_1 R/(\mathrm{i}\omega L)$ (Phasenverschiebung $-\pi/2$). In beiden Fällen tritt ein Spannungsverlust um den Faktor ωCR bzw. $R/(\omega L)$ auf.

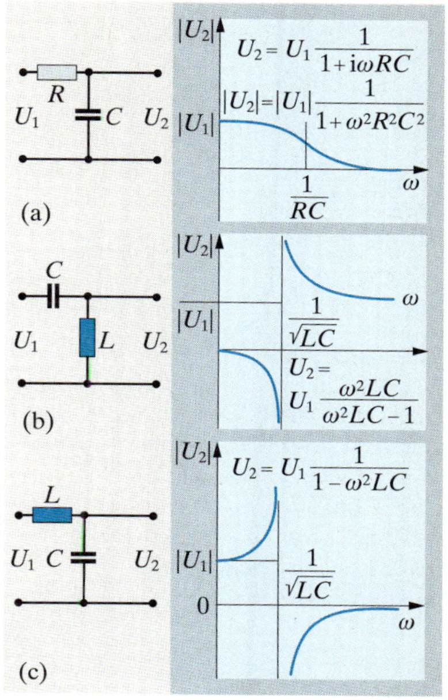

Abb. 7.81a–c. Drei interessante **Vierpole** und ihre Spannungsübertragung. (a) kann z. B. eine Leitung darstellen. Die Kapazität zwischen Hin- und Rückleitung ist nur für $\omega \ll 1/(RC)$ zu vernachlässigen. Bei Hochfrequenz und z. B. in sehr schnellen Computern läßt die Leitung praktisch nichts mehr durch, weil sich die Kapazität nicht mehr aufladen kann. **Tiefpaß** (c) und **Hochpaß** (b) liefern nahe $\omega = 1/\sqrt{LC}$ rechts mehr Spannung, als man links hineinsteckt (Resonanz)

7.5.4 Zweipole, Ortskurven, Ersatzschaltbilder

Alle bisher behandelten Schaltungen sind einfache Beispiele für Zweipole. Allgemein ist ein **Zweipol** eine Schaltung aus beliebig vielen Widerständen, Spulen und Kondensatoren, teils hintereinander, teils parallel, die zwei Eingangsklemmen besitzt, an die man eine Spannung, meist Wechselspannung, legen kann. Diese Spannung ist gegeben durch Amplitude und Phase, zusammengefaßt zu einer komplexen Amplitude $\boldsymbol{U}_0 = U_0 e^{\mathrm{i}\delta}$. Das Verhalten des Zweipols ist bekannt, wenn man weiß, welchen Strom $\boldsymbol{I}$ diese Spannung durch die Schaltung treibt, d. h. welche Amplitude $\boldsymbol{I}_0$ zu $\boldsymbol{U}_0$ gehört.

Wir können zunächst feststellen, daß sich solche Schaltungen *additiv* verhalten: Wenn die Spannung U_1 den Strom I_1 treibt, die Spannung U_2 den Strom I_2, dann treibt die Spannung $U_1 + U_2$ den Strom $I_1 + I_2$ (komplexe Addition). Speziell: Wenn man die Spannung verdoppelt, fließt der doppelte Strom. Der Zweipol ist daher vollständig gekennzeichnet durch seinen komplexen Widerstand $\boldsymbol{Z}$ oder den komplexen Leitwert $\boldsymbol{Y} = \boldsymbol{Z}^{-1}$, wobei $\boldsymbol{U} = \boldsymbol{ZI}$ oder $\boldsymbol{I} = \boldsymbol{YU}$.

Oft muß man analysieren, wie sich das Verhalten einer Schaltung ändert, wenn man den *Betrag eines* Schaltelementes variiert. Dies gelingt rein graphisch besonders elegant und anschaulich nach der Methode der **Ortskurven**. Der Widerstandsbetrag des variablen Elements heiße v. Wir zeigen zunächst: Wenn v variiert, be-

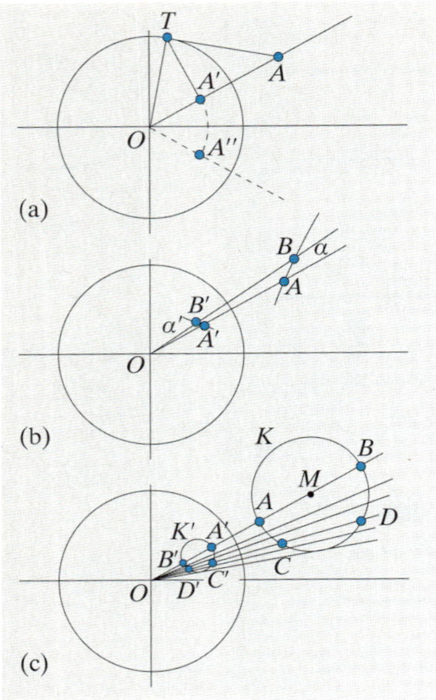

Abb. 7.82. (a) Inversion (Spiegelung am Einheitskreis). Die Tangentenkonstruktion liefert den Bildpunkt A' von A mit $OA' = 1/OA$, denn die Dreiecke OTA' und OAT sind ähnlich, also $OA'/OT = OT/OA$ ($OT = 1$). Bei der komplexen Inversion wird A' außerdem noch an der reellen Achse gespiegelt und so in A'' übergeführt. (b) Die Inversion ist winkeltreu. Es genügt, Erhaltung des Winkels gegen einen Radius zu beweisen, denn jeder beliebige Winkel läßt sich aus zwei Winkeln gegen Radien zusammensetzen. AB sei sehr klein. Die Dreiecke $OA'B'$ und OBA sind ähnlich, denn $OA'OA = OB'OB = 1$, also $OA'/OB' = OB/OA$. Es folgt $\alpha = \alpha'$, aber der Drehsinn beider Winkel ist umgekehrt. (c) Die Inversion ist kreistreu. K' sei das gesuchte Bild eines Kreises K. Wir ziehen zunächst den Radius OM. Drehen wir diesen Radius langsam, dann wächst K' aus den Punkten A' und B' heraus, indem man jedesmal den Winkel, den K mit diesem Radius bildet, überträgt. K' kann also nichts anderes sein als ein ähnliches Bild von K. Der Vergrößerungsfaktor ist OB'/OA. Wenn $OA = 0$ (K geht durch O), wird K' unendlich aufgebläht, also eine Gerade

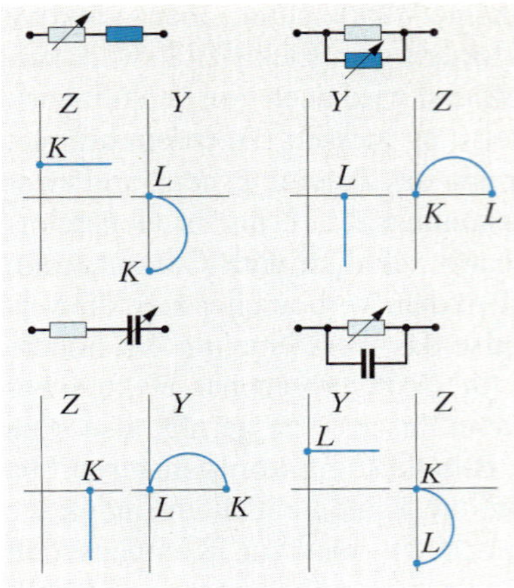

Abb. 7.83. Ortskurven einiger einfacher Schaltungen. Bei der Serienschaltung wird die Z-Ortskurve ein Geradenstück, die Y-Kurve ein Kreisbogen, bei der Parallelschaltung ist es umgekehrt. Kurzschlußpunkt K und Leerlaufpunkt L sind eingezeichnet, sofern sie nicht im Unendlichen liegen. Bei Kurzschluß sind R bzw. L auf 0 eingestellt, bei Leerlauf auf ∞. Beim Kondensator ist es umgekehrt

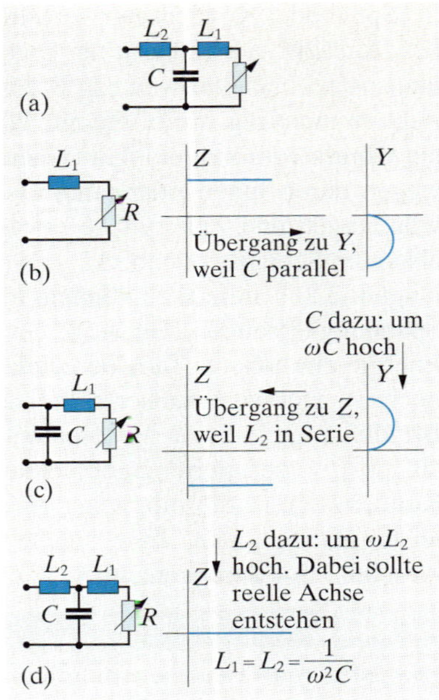

Abb. 7.84a–d. Graphische Analyse einer **Blindstromkompensation**

schreibt der komplexe Widerstand der ganzen Schaltung in der komplexen Ebene immer einen *Kreisbogen*, im Grenzfall einen Bogen mit dem Radius ∞, also ein Geradenstück. Der Beweis ist sehr einfach durch vollständige Induktion. Zunächst ist klar, daß ein einzelnes Element (R, L oder C) die behauptete Eigenschaft hat: Wenn sich sein Widerstandsbetrag von 0 bis ∞ ändert, beschreibt $\boldsymbol{Z}$ eine von 0 ausgehende Halbgerade (positiv reell, positiv imaginär, negativ imaginär für R, L bzw. C). Viele Schaltungen S lassen sich dann schrittweise aufbauen, indem man entweder hinter den bereits bestehenden Teil S' der Schaltung oder parallel dazu ein weiteres Element R, L oder C, allgemein einen Widerstand Z legt. Bei Hintereinanderschaltung von S' und Z addiert sich einfach Z zur Ortskurve der Schaltung S', d. h. diese ist um den Vektor Z zu verschieben. Bei Parallelschaltung des neuen Elements muß man zu den Leitwerten übergehen, bevor man addieren kann. Wenn die Schaltung S' den komplexen Widerstand $\boldsymbol{Z}' = Z_0' e^{i\delta}$ hat, ergibt sich ihr Leitwert $\boldsymbol{Y}' = Y_0' e^{-i\delta}$ daraus graphisch durch **Inversion**, d. h. durch Spiegelung am Einheitskreis und an der reellen Achse (Abb. 7.82). Diese Operation ist aber kreistreu: Sie führt einen Kreis immer in einen anderen Kreis über. Im Grenzfall wird aus einem Kreis durch 0 eine Gerade, die nicht durch 0 geht, und umgekehrt.

Die Ortskurve der ganzen Schaltung ergibt sich so durch endlich viele Inversionen und Verschiebungen aus der Halbgeraden, die für ein einziges Schaltelement gilt. Sie bleibt daher immer ein Kreisbogen oder ein Geradenstück (anders bei ω-Änderung). Die Endpunkte dieses Kreisbogens entsprechen offenbar den Beträgen $v = 0$ bzw. $v = \infty$ für den Widerstand des variablen Elements, $v = 0$ heißt der **Kurzschlußfall**, $v = \infty$ der **Leerlauffall** in bezug auf dieses Element.

Als Beispiel analysieren wir die Schaltung Abb. 7.84 und fragen speziell, ob es möglich ist, L_1, L_2 und C so zu dimensionieren, daß Strom und Spannung immer in Phase sind, unabhängig vom Wert von R. Der Blindstrom (Imaginärteil von $\boldsymbol{I}$, falls $\boldsymbol{U}$ als reell betrachtet) soll also Null sein. R könnte z. B. eine Leuchtstofflampe darstellen, deren fallende Kennlinie durch die Drosselspulen L_2 bzw. L_1 stabilisiert wird (Aufgabe 8.3.7). Man kann das Problem rechnerisch lösen, aber auch zeichnerisch. Dazu fängt man ganz „innen" in der Schaltung an (Abb. 7.84b). Dort sitzt eine Serienschaltung von L_1 und R mit einer Halbgeraden als Z-Bild. Parallel dazu liegt C. Man transformiert auf Y (Inversion) und schiebt den entstehenden Halbkreis um $\mathrm{i}\omega C$ aufwärts. Da L_2 hierzu in Serie liegt, muß man wieder auf Z transformieren und um $\mathrm{i}\omega L_2$ verschieben. Zum Schluß soll hierbei die reelle Achse herauskommen oder ein Stück davon, denn Phasengleichheit zwischen $\boldsymbol{U}$ und $\boldsymbol{I}$ bedeutet reelles $\boldsymbol{Z}$. Dies ist genau dann der Fall, wenn $\omega L_1 = \omega L_2 = 1/(\omega C)$. Dieses Verfahren zur **Blindstromkompensation** wird nicht nur bei Leuchtstofflampen, sondern auch bei Motoren oder Hochfrequenzleitungen angewandt, deren Verhalten ebenfalls durch das Ersatzschaltbild Abb. 7.84 dargestellt wird.

Die Eleganz des Ortskurvenverfahrens hat Anlaß gegeben, daß man auch für Schaltelemente, die nicht direkt aus R, L und C zusammengesetzt sind, **Ersatzschaltbilder** konstruiert, z. B. für Leitungen, Transformatoren, Transistoren usw. Beispiele bringt Abschn. 7.5.8.

Die Methode der **Kreisspiegelung** ist auch sonst von erstaunlicher mathematischer Kraft. Wir beweisen: Wenn man irgendeine Ladungsverteilung an einem Kreis spiegelt, geht bei dieser Spiegelung auch das Feldlinienbild der ursprünglichen in das der gespiegelten Ladungsverteilung über. Dazu brauchen wir nur die Winkeltreue der Kreisspiegelung (Abb. 7.82) und den Satz von Gauß. Wir können das Feld vollständig kennzeichnen, wenn wir die Flüsse Φ_E des $\boldsymbol{E}$-Feldes durch alle denkbaren geschlossenen Flächen angeben. Ein solcher Fluß durch eine Fläche A wird aber bei der Kreisspiegelung nicht geändert. Wenn A in eine Fläche A' transformiert wird, geht das Bild jeder Feldlinie, die durch A tritt, auch durch A', und zwar in beiden Fällen *unter dem gleichen Winkel*. Also treten durch A und A' die gleichen Flüsse. Der Satz von *Gauß* $\Phi_E = Q/\varepsilon_0$ ist auch für das transformierte Feld erfüllt, d. h. dieses ist das richtige Feld der transformierten Ladungsverteilung.

Die Feldlinien zweier paralleler Drähte mit entgegengesetzter Ladung sehen wie Kreise aus (Abb. 6.9); sind sie wirklich Kreise? Die Kreisspiegelung Abb. 7.85 verwandelt den einen Draht in eine unendlich ferne „Erde". Unter diesen Umständen erzeugt der andere Draht radiale, also gerade Feldlinien. Durch Rücktransformation (erneute Spiegelung am gleichen Kreis) müssen diese Geraden in Kreise übergehen, was zu beweisen war. Sind die Potentialflächen in Abb. 6.9 auch Kreise, besser Kreiszylinderflächen? Ja, denn nach der Spiegelung umgeben sie den einen Draht bestimmt als konzentrische Kreiszylinder, also müssen sie auch vorher Kreiszylinder gewesen sein, wenn auch keine konzentrischen.

Auch die Magnetfeldlinien um zwei parallele, von entgegengesetzten Strömen durchflossene Drähte sehen wie Kreise aus (Abb. 7.21). Daß sie es sind, sieht man jetzt mittels Abschn. 7.2.1 oder 7.2.2 sofort: Im Laborsystem sind die Drähte neutral, in jedem dazu bewegten System geladen. Ihr $\boldsymbol{E}$-Feld haben wir eben ermittelt. Bei der Bewegung wächst genau senkrecht aus dem $\boldsymbol{E}$-Feld ein $\boldsymbol{B}$-Feld heraus und umgekehrt. Das ist dieselbe Richtungsbeziehung wie zwischen $\boldsymbol{E}$-Linien und Potentialflächen. Also sehen die $\boldsymbol{B}$-Linien genau aus wie die Schnitte der Potentialflächen mit der Zeichenebene, sie sind also auch Kreise.

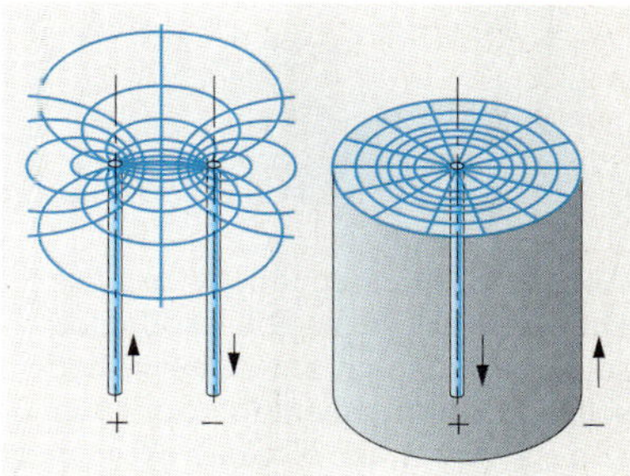

Abb. 7.85. Kreisspiegelung führt einen Draht in einen unendlich fernen Zylinder über. Die Feldlinien werden dann Gerade, die Potentialflächen Kreiszylinder. Wegen der Kreistreue der Inversion handelt es sich auch links um Kreise bzw. Kreiszylinder

Die Kreisspiegelung ist nur ein Beispiel für eine **konforme Abbildung**, d. h. die Abbildung durch eine analytische Funktion in der komplexen Ebene. Jede solche Abbildung ist winkeltreu und führt daher ein wirkliches Feld in ein wirkliches Feld über, wenn auch nicht immer Kreise in Kreise. Unsere Beispiele zeigen, wieso die konforme Abbildung zu einem der wichtigsten Werkzeuge der höheren Potentialtheorie und damit auch der Theorie von Strömung, Wärmeleitung, Diffusion usw. geworden ist. Leider funktionieren diese eleganten Methoden nur bei Problemen, die sich in einer Ebene darstellen lassen.

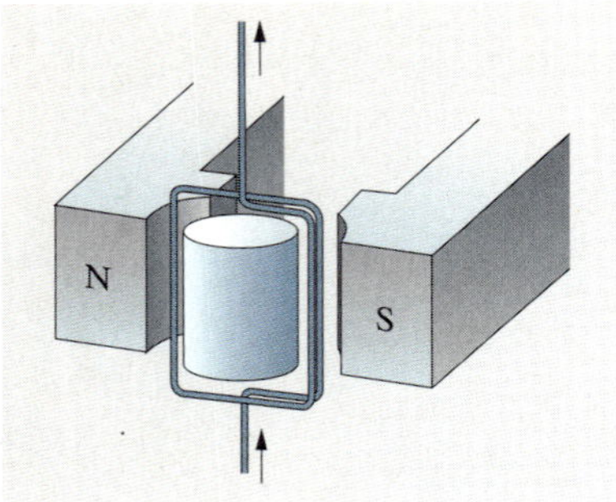

Abb. 7.86. Drehspulamperemeter (schematisch)

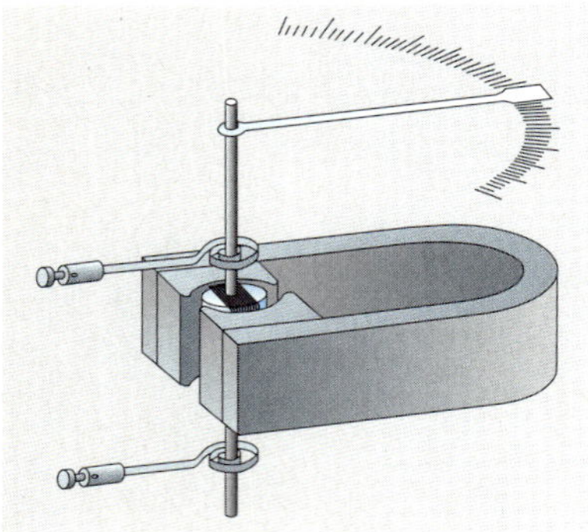

Abb. 7.87. Drehspulamperemeter

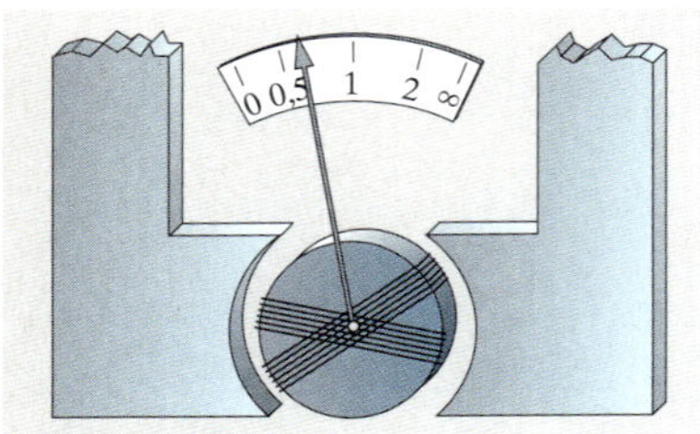

Abb. 7.88. Kreuzspulmeßwerk. Die Drehspule hat keine Rückstellfeder, sondern stellt sich mit dem magnetischen Gesamtmoment (Vektorsumme von $I_i\boldsymbol{A}_i$, wo $\boldsymbol{A}_i$ die Normalvektoren der Spulen sind) der beiden Spulen in die Feldrichtung. Dabei gewinnt die Spule mit dem größeren Strom. Die Skala gibt das Verhältnis der beiden Ströme

7.5.5 Meßinstrumente für elektrische Größen

Die Messung vieler, auch nichtelektrischer Größen wird auf eine Strommessung zurückgeführt. Dazu dienen Amperemeter, die bei hoher Empfindlichkeit Galvanometer heißen. **Empfindlichkeit** ist Zeigerausschlag/Strom, streng zu unterscheiden von der **Genauigkeit**, d. h. der reziproken relativen Abweichung zwischen angezeigtem und wahrem Strom.

a) Drehspulamperemeter. Im Feld eines Permanentmagneten kann sich die Meßspule, durchflossen vom zu messenden Strom, drehen. Das Feld im engen Spalt zwischen den zylindrisch ausgefrästen Polschuhen und dem ebenfalls zylindrischen eisernen Spulenkern ist überall radial. Alle Drähte der Meßspule erfahren also, wenn der Strom I durchfließt, die gleiche Lorentz-Kraft $F = IlB$. Insgesamt ergibt sich ein Drehmoment $T = 2NIlBr$ (r: Spulenradius, l: Spulenhöhe, N: Windungszahl). Eine oder zwei Spiralfedern erzeugen ein Rückstellmoment, so daß der Zeigerausschlag proportional zu T, also zum Strom I wird. Die Richtung des Ausschlags wechselt mit der Stromrichtung, man kann also nur Gleichstrom messen; bei Wechselstrom erhält man höchstens eine Zitterbewegung um die mittlere Nullage. Die Empfindlichkeit geht bis 10^7 mm/A, mit Lichtzeiger oder Drehspiegel 10^{10} mm/A und höher. Die freie Schwingungsfrequenz der Drehspule ist $\omega = \sqrt{D/J}$ (D: Federkonstante, J: Trägheitsmoment); daher haben sehr empfindliche **Galvanometer** mit kleinem D sehr hohe Schwingungsdauern. Bei Stromstößen, die kurz gegen diese Schwingungsdauer sind, gibt der schließlich erreichte Ausschlag nicht das Drehmoment, sondern den Drehimpuls, den die Lorentz-Kraft der Spule erteilt, also das Zeitintegral des Stromes, die transportierte Ladung (**ballistisches Galvanometer**). Die Empfindlichkeit solcher Meßwerke ist durch die Brownsche Bewegung des Drehspulsystems begrenzt. Beim **Kreuzspul-Meßwerk** sitzen zwei getrennte, um etwa 30° verdrehte Meßspulen auf dem gleichen Drehrähmchen. Wenn durch beide Spulen der gleiche Strom in den angegebenen Richtungen fließt (Abb. 7.88), stellt sich das Meßwerk ein wie gezeichnet. Wenn beide Ströme verschieden sind, ist der Ausschlag aus dieser Nullage proportional zu I_1/I_2 (**Quotientenmesser**). Schaltet man die eine Spule als Amperemeter, die andere als Voltmeter, ergibt der Quotient direkt den Widerstand (unabhängig von Schwankungen der Batteriespannung, denen das Gerät Abb. 6.61 unterliegt).

b) Elektrodynamisches Meßwerk. Der Permanentmagnet ist durch einen Elektromagneten ersetzt. Wenn I_S und I_M die Ströme durch Drehspule und Magnet sind, steigen Drehmoment und Ausschlag wie $I_S B \sim I_S I_M$. Fließt der Meßstrom durch beide Spulen ($I_S = I_M$), so ist der Ausschlag

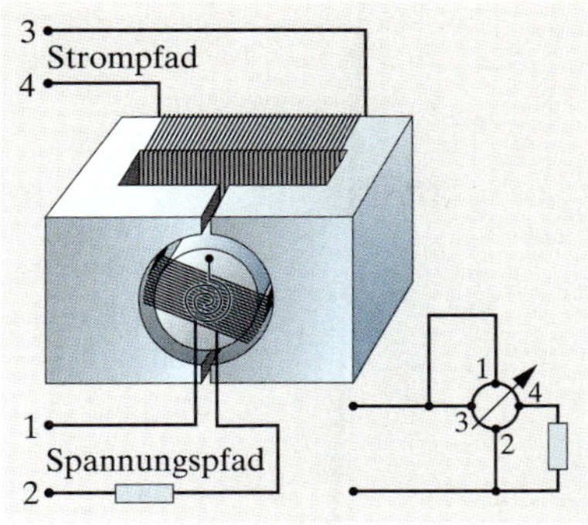

Abb. 7.89. Elektrodynamisches Meßwerk, rechts als Wirkleistungsmesser geschaltet. In einem Blindleistungsmesser ist der große Widerstand links unten durch eine Spule ersetzt

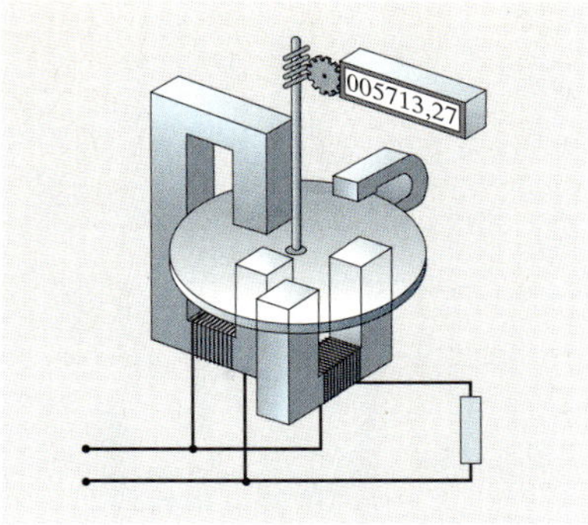

Abb. 7.90. Induktionszähler für Wechselstrom, eigentlich ein gebremster Asynchronmotor (hinten rechts der Bremsmagnet). Der Widerstand unten rechts stellt einen Verbraucher dar. Zeigt der Zähler nur Wirkenergie an? Wenn ja, wie macht er das?

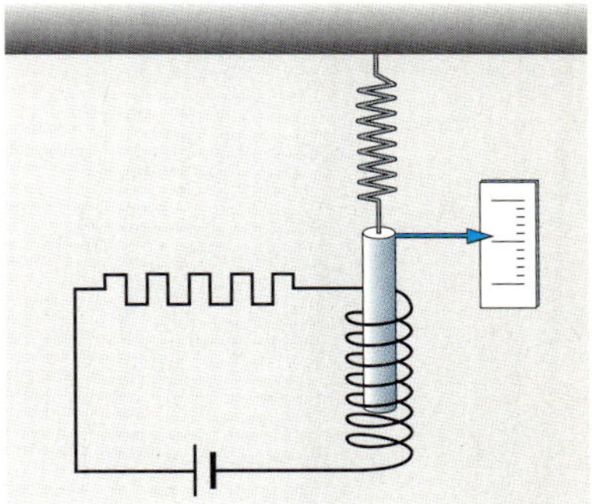

Abb. 7.91. Weicheiseninstrument. Der an einer Feder aufgehängte Eisenstab wird von dem Feld der vom Strom durchflossenen Spule magnetisiert und daher in die Spule hineingezogen

quadratisch und daher für Gleich- wie Wechselstrom geeignet. Bei $I_S \neq I_M$ wirkt das Gerät als **Produktmesser**, z. B. in Analogrechnern. Wichtiger ist die Anwendung als **Wattmeter** (Wirkleistungsmesser): Der Verbraucherstrom fließt z. B. durch die Feldspule (**Strompfad**), ein der Verbraucherspannung proportionaler Strom durch die Drehspule (**Spannungspfad**). Phasenrichtigkeit erreicht man durch einen hohen Widerstand im Spannungspfad. Der $\cos\varphi$ in der Wirkleistung wird so automatisch mitberücksichtigt (Aufgabe 7.1.4). Ersetzt man den Widerstand durch eine Spule, kann man infolge der $\pi/2$-Phasenverschiebung die Blindleistung direkt messen.

c) Induktionsmeßwerk (Ferraris-Zähler). Dieses arbeitet ebenfalls als Produktmesser und daher als Wattmeter. Eine nichtferromagnetische Scheibe (meist Al) kann sich zwischen den Polen von zwei Elektromagneten drehen, die um etwa 90° gegeneinander versetzt sind. Ein Phasenschieber (Kondensator) sorgt dafür, daß die Ströme in beiden Magneten ebenfalls um 90° gegeneinander phasenverschoben sind. Es entsteht ein magnetisches Drehfeld, das die Scheibe ähnlich wie den Kurzschlußläufer eines Asynchronmotors mitnimmt (Lorentz-Kraft des Feldes der Elektromagnete auf die Wirbelströme in der Scheibe, Abschn. 7.5.10). Schaltet man wieder die eine Magnetspule in den Strompfad, die andere in den Spannungspfad, dann sind Drehmoment und Drehfrequenz der Scheibe proportional $UI\cos\varphi$. Die Anzahl der Drehungen, übertragen auf ein digitales Zählwerk, integriert die Leistung zur verbrauchten Energie. So funktionieren die meisten **kWh-Zähler**.

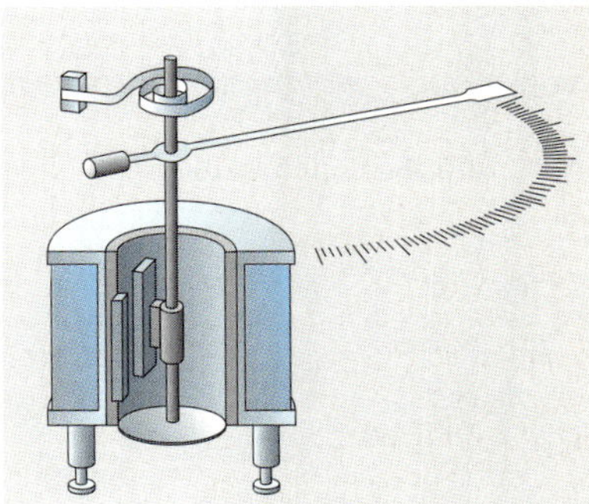

Abb. 7.92. Im Magnetfeld der Spule werden beide Eisenstreifen parallel magnetisiert und stoßen einander ab. Der mit der Achse verbundene Streifen dreht diese dabei

d) Dreheisen- oder Weicheisen-Meßwerk (Abb. 7.91, 7.92). Eisen wird im Feld der stromdurchflossenen Spule magnetisiert und in sie hineingezogen. Zwei in der Spule gleichsinnig magnetisierte Eisenstreifen stoßen

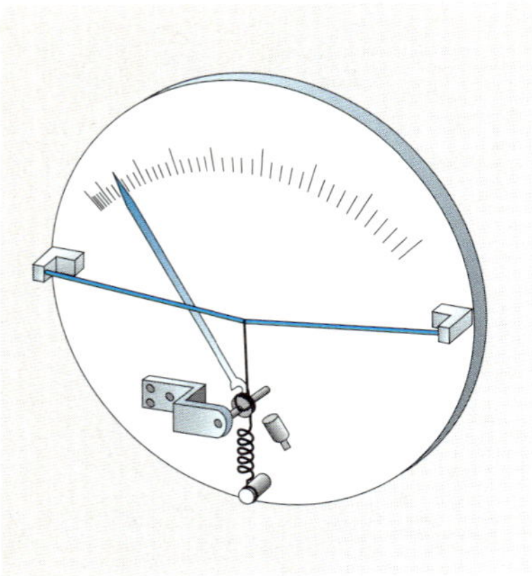

Abb. 7.93. Hitzdrahtamperemeter

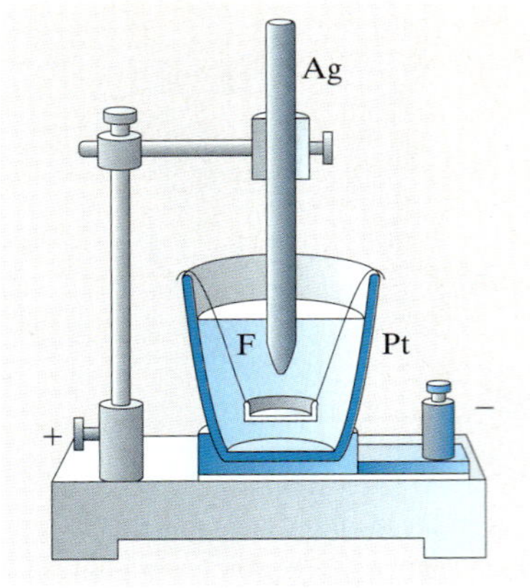

Abb. 7.94. Silbervoltameter. Bei Durchgang des Stromes scheidet sich auf der Innenfläche des als Kathode dienenden Platintiegels, der die $AgNO_3$-Lösung enthält, Silber ab. Das eingehängte Glasschälchen F verhindert, daß der sich bei der Elektrolyse bildende „Anodenschlamm" in den Tiegel fällt

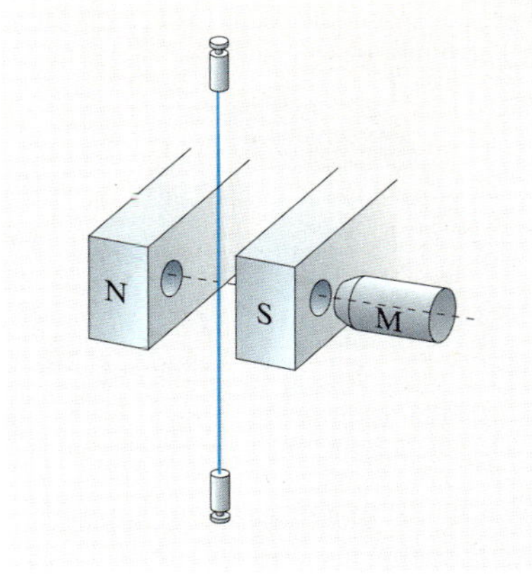

Abb. 7.95. Modell eines Saitengalvanometers

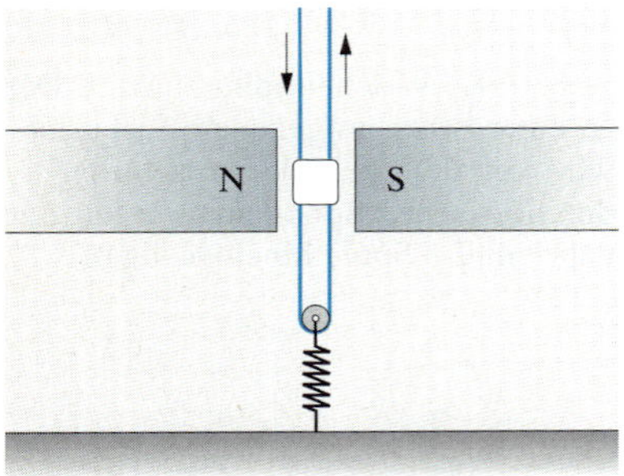

Abb. 7.96. Schleifenoszillograph

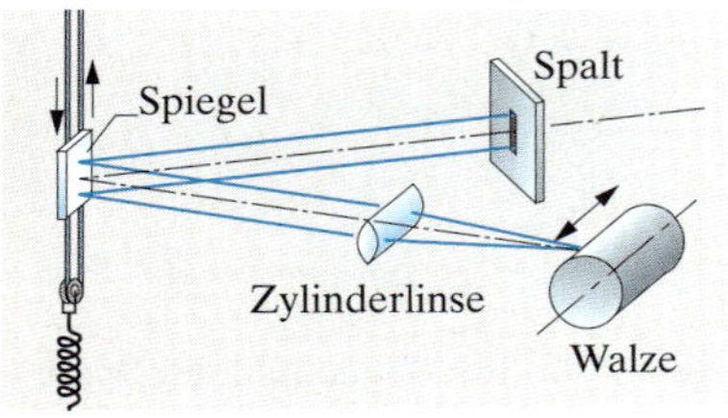

Abb. 7.97. Registriervorrichtung zur Messung der Ausschläge eines Schleifenoszillographen

einander ab. Der Ausschlag ist unabhängig von der Stromrichtung. Das Gerät ist daher auch für Wechselstrom geeignet. Es ist robuster, aber weniger stromempfindlich als das Drehspulmeßwerk.

e) Hitzdrahtamperemeter (Abb. 7.93). Die thermische Ausdehnung des stromdurchflossenen Drahtes infolge Joule-Erwärmung wird ausgenutzt und daher auch Wechselstrom gemessen.

f) Voltameter (Abb. 7.94). Es wird direkt die elektrolytische Materialabscheidung, z. B. von Silber aus einer Silbernitratlösung bestimmt. 1 A scheidet in einer Sekunde 1,118 mg Silber ab (Abschn. 6.4.4). Das Voltameter mißt Strom · Zeit, ist also eigentlich ein Coulomb-Meter.

g) Saitengalvanometer (Abb. 7.95). Zwischen den Polschuhen eines Permanent- oder Elektromagneten ist der stromführende Draht (oft Platin) von einigen µm Dicke senkrecht zu den Feldlinien gespannt und wird proportional zum Strom seitlich ausgelenkt, was man mit dem Mikroskop M konstatieren kann. Saitengalvanometer messen und registrieren rasch veränderliche Ströme, z. B. in **Elektrokardiographen**.

h) Schleifenoszillograph. Zwischen den Polschuhen eines Magneten (Abb. 7.96) ist eine haarnadelförmige Schleife mit einem Spiegelchen angebracht. Licht aus einem Spalt (Abb. 7.97) wird vom Spiegelchen reflektiert und durch eine Zylinderlinse auf der Walze W mit dem photographischen Registrierpapier zu einem Lichtpunkt vereinigt Fließt ein Strom in der angegebenen Richtung, wird der linke Draht nach vorn, der rechte nach hinten ausgelenkt, der Spiegel wird geschwenkt, der Lichtpunkt wandert nach hinten. Diese Verschiebung ist proportional zum Strom. Zeitlich wechselnde Ströme erregen erzwungene Schwingungen der Schleife; damit sie getreu aufgezeichnet werden, muß man im quasistatischen Bereich arbeiten (Abschn. 4.1.3; Eigenfrequenz der Schleife groß gegen Frequenz der Ströme; starke Dämpfung durch Ölfüllung des Schwingsystems). Sehr hohe Frequenzen zeichnet man daher mit **Kathodenstrahl-Oszillographen** auf, d. h. mit einem elektrisch abgelenkten Elektronenstrahl als Zeiger und ohne mechanisch bewegte Teile (Abschn. 8.2.3).

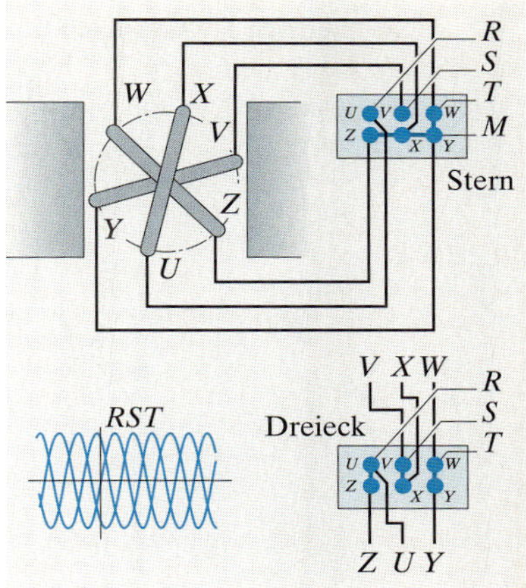

Abb. 7.98. Drehstromgenerator (schematisch). Die Spulenenden sind so herausgeführt, daß man den Generator wahlweise durch einen oder mehrere Kurzschließer im Stern oder im Dreieck anschließen kann

7.5.6 Drehstrom

Ein Generator der Bauart von Abb. 7.68, aber mit drei getrennten, räumlich um 120° versetzten Spulen (Abb. 7.98) erzeugt drei Wechselspannungen, die zeitlich um $\frac{1}{3}$ Periode versetzt sind. Diese drei Spannungen könnte man getrennt durch insgesamt sechs Leitungen zum Verbraucher befördern oder in *verketteter* Form. Die wichtigsten **Verkettungen** sind

Sternschaltung: Vier Leitungen, die Außenleiter R, S, T und der **Mittelpunkts-** oder **Nulleiter** M, der die Spulenenden X, Y, Z zusammenfaßt;
Dreiecksschaltung: Drei Leiter, bezeichnet als R, S, T.

Wenn in *einer* Spule die Effektivspannung $U = \omega BAN/\sqrt{2}$ generiert wird (N Windungszahl, A Schleifenfläche), ergeben sich die Spannungen zwischen den einzelnen Leitern am einfachsten aus einem Zeigerdiagramm. Bei der Sternschaltung herrscht zwischen M und jedem Außenleiter die Spannung U (bei uns 220 V), dargestellt z. B. durch den Zeiger MR. Zwischen zwei Außenleitern, z. B. R und S liest man trigonometrisch eine Spannung

$$U_{RS} = 2U \sin 60^\circ = U\sqrt{3} \tag{7.97}$$

ab, bei uns 380 V.

Die Drehstromversorgung ist in den meisten Industrieländern eingeführt worden, weil sie folgende Vorteile bietet:

- Geringerer Materialaufwand für die Zuleitungen: Mit vier Kabeln, von denen der Mittelpunktsleiter vielfach sehr dünn gehalten werden kann oder sogar entbehrlich ist, überträgt man ebensoviel Leistung wie mit den sechs ebensostarken Kabeln für drei getrennte Wechselspannungen.
- Bei Sternschaltung des Generators hat man zwei Spannungswerte zur Verfügung, bei uns 220 V (zwischen M und Außenleiter) oder 380 V (zwischen zwei Außenleitern).
- Unter Ausnutzung dieser beiden Spannungen kann man einen Verbraucher einfach von einer bestimmten Leistung auf die dreifache umschalten: Erhöht man die Spannung um den Faktor $\sqrt{3}$, dann steigt der Strom um den gleichen Faktor, die Leistung um den Faktor 3. Bei Verbrauchern aus drei Teilwiderständen spricht man dann von Stern-Dreieck-Umschaltung (Abb. 7.99).
- Die Generatoren und Motoren für Drehstrom sind besonders einfach, billig und robust. Besonders gilt dies für den Drehstrom-Asynchronmotor (Abschn. 7.5.10).

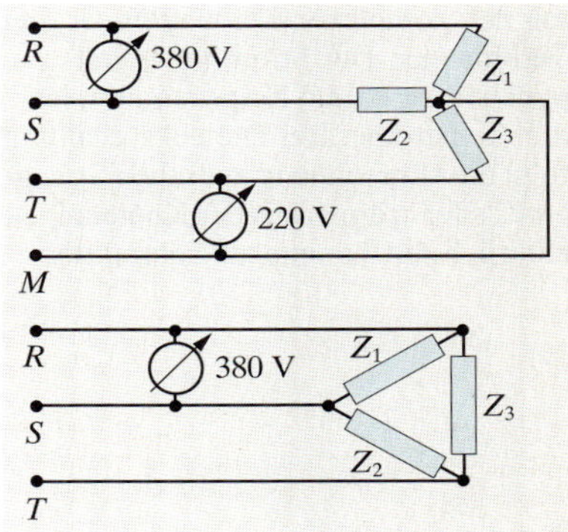

Abb. 7.99. Drehstromkabel mit vier oder mit drei Leitungen. In der Praxis ist noch eine Erdleitung dabei. Drei gleiche oder verschiedene Verbraucher sind im Stern bzw. im Dreieck angeschlossen. Ebensogut kann man darunter auch die Generatorspulen verstehen

Durch den Mittelpunktsleiter fließt die geometrische Summe der Ströme durch die drei Teilverbraucher in der Sternschaltung. Diese Summe ist 0, wenn alle drei Verbraucher exakt gleich sind, sowohl in ihrem Widerstandsbetrag, als auch in der

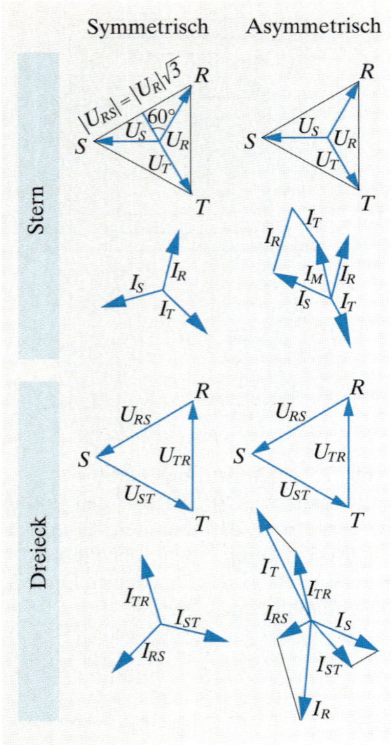

Abb. 7.100. Das Spannungsdreieck des Drehstromsystems ist durch die generierten Spannungen festgelegt. Man kann daraus das Verhältnis 380 V/220 V ablesen. Das Stromdreieck ergibt sich daraus durch Multiplikation mit den komplexen Leitwerten der drei Verbraucher. Der Strom im Mittelpunktsleiter ist die Zeigersumme der drei Teilströme. Bei Dreiecksschaltung folgt die Umrechnung zwischen Strang- und Leiterströmen aus der Knotenregel, natürlich mit komplexer Subtraktion

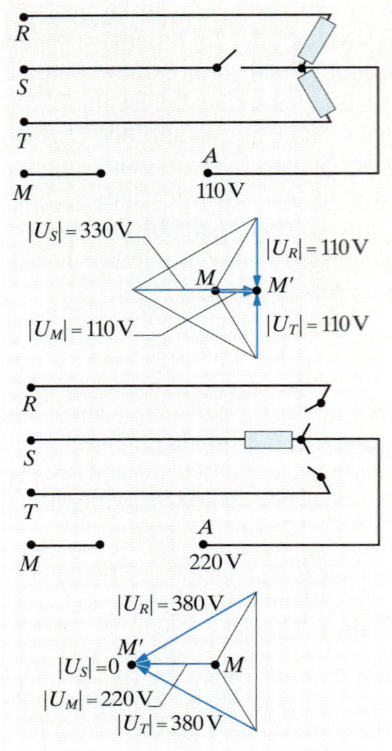

Abb. 7.101. Wozu man eine Schutzerde braucht: Wenn der Mittelpunktsleiter unterbrochen ist, liegen zwar die Außenseiten des Spannungsdreiecks noch fest, denn sie sind als Spulenspannungen des Generators gegeben. Der „Mittelpunkt“ kann innerhalb eines ganzen Dreiecks umherwandern, je nach Art der drei Teilverbraucher. Dargestellt sind Ohmsche Verbraucher, von denen zwei gleich sind, der andere dagegen sehr verschieden ist. Bei A treten Spannungen bis zu 220 V auf. Daher nie Mittelpunktsleiter und Erde verwechseln! Die offenen Schalter symbolisieren sehr große Widerstände

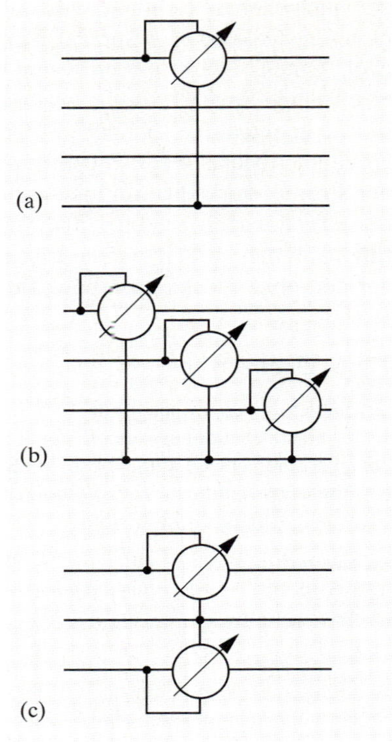

Abb. 7.102a–c. Leistungsmessung im Drehstromsystem. Es ist angenommen, daß die Verbraucher unzugänglich sind. Man soll nur im aufgeschnittenen Kabel messen. (a) Symmetrisch, (b) asymmetrisch belastetes Vierleiternetz, (c) Dreileiternetz

Phasenverschiebung zwischen Strom und Spannung, wenn sie also gleiche *komplexe* Widerstände haben. In einer solchen **symmetrischen Schaltung** kann man den Mittelpunktsleiter ganz weglassen. In einer asymmetrischen Schaltung muß er vorhanden sein. Falls er unterbrochen wird, bleibt der Summe der Teilströme nichts übrig, als ebenfalls zu verschwinden. Da die drei Teilwiderstände aber verschieden sind, kann das Zeigerdreieck für die Spannungen nicht mehr symmetrisch bleiben. Die Teilspannungen verschieben sich nach Größe und Phase, der Mittelpunkt kann auf sehr hohes Potential rutschen. Wenn z. B. Z_1 sehr großen Betrag hat und $Z_2 = Z_3$ ist, muß $I_2 = -I_3$ sein, also $U_2 = -U_3$. Das Potential von M liegt dann mitten zwischen S und T, d.h. auf 110 V verglichen mit seiner üblichen Nullage. Bei $Z_1 \ll Z_2 = Z_3$ rutscht M nach R auf 220 V, die Verbraucher 2 und 3 erhalten nur noch 190 V, der Verbraucher 1 erhält 330 V. Schutzvorrichtungen für Menschen und Geräte müssen das berücksichtigen. Speziell müssen deswegen Nulleiter und Erde getrennt werden.

Bei der Messung der Leistung, die ein Drehstromverbraucher entnimmt, sind drei Fälle zu unterscheiden:

1) Symmetrischer Verbraucher: Wattmeter in eine Leitung einschalten, Anzeige mit 3 multiplizieren.
2) Asymmetrisches Dreileiternetz: Zwei Wattmeter genügen (Aron-Schaltung), weil der Strom durch den dritten Leiter sich als Summe der beiden anderen ergibt.
3) Asymmetrisches Vierleiternetz: Drei Wattmeter sind erforderlich.

7.5.7 Schwingkreise

1859 beobachtete *Feddersen* den Entladungsfunken eines Kondensators (Leidener Flasche) im rotierenden Spiegel. Der Funken erwies sich als zeitlich äquidistante Folge von Teilfunken mit einem Polwechsel zwischen zwei Teilfunken. Der Kondensator entlud sich also nicht monoton, sondern entlud sich, lud sich wieder auf usw. Die elektrische Ladung flutete in einer Schwingung hin und zurück. Diese Schwingung wird unterdrückt, wenn die Leitung einen zu großen Ohmschen Widerstand hat.

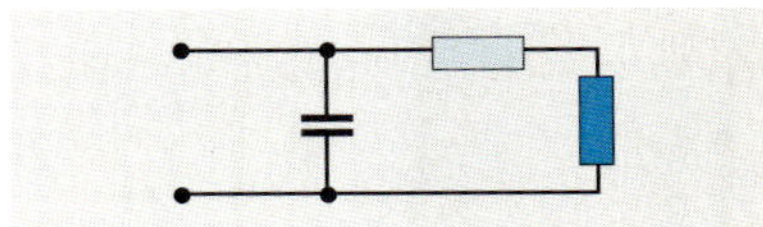

Abb. 7.103. Schwingkreis. Der einmal aufgeladene Kondensator entlädt sich und lädt sich in einer gedämpften Sinusschwingung wieder auf

Diese Schwingungen sind leicht quantitativ zu verstehen. Wenn der Kreis (Abb. 7.103) keine Spannungsquelle enthält, muß die Summe der Spannungsabfälle an allen Schaltelementen zusammen Null ergeben. Wir benutzen die Beziehungen $I = \dot{Q}$, $\dot{I} = \ddot{Q}$, und drücken alles durch Q aus:

$$U = \frac{Q}{C} + R\dot{Q} + L\ddot{Q} = 0\,. \tag{7.98}$$

Diese Differentialgleichung für Q ist genauso gebaut wie eine mechanische Schwingungsgleichung mit Rückstell- und Reibungsglied (Abschn. 4.1.3):

$$Dx + k\dot{x} + m\ddot{x} = 0\,.$$

Man braucht also die mechanischen Begriffe nur nach folgendem „Wörterbuch" in elektrische zu übersetzen

$$x \leftrightarrow Q\,, \quad m \leftrightarrow L\,, \quad k \leftrightarrow R\,, \quad D \leftrightarrow \frac{1}{C}$$

und kann alle Ergebnisse von Abschn. 4.1.3 übernehmen: Im Kreis ohne Ohmschen Widerstand kann ein Wechselstrom konstanter Amplitude fließen mit der Schwingungsdauer

$$\boxed{T = 2\pi\sqrt{LC} \quad \textbf{(Thomson-Gleichung)}}\,. \tag{7.99}$$

Ein Ohmscher Widerstand senkt die Frequenz etwas,

$$\boxed{\omega = \sqrt{\frac{1}{LC} - \frac{R^2}{4L^2}}}\,,$$

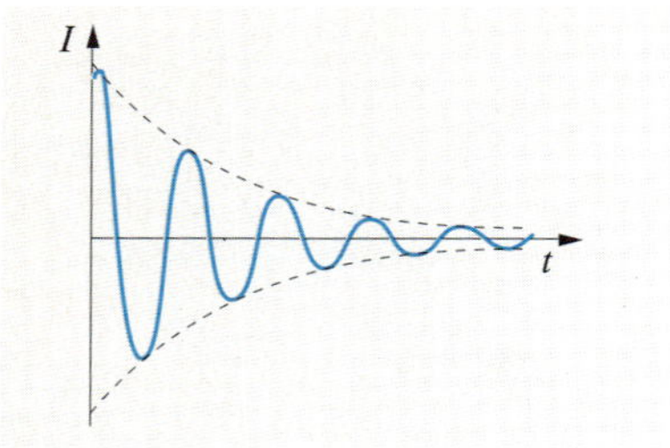

Abb. 7.104. Infolge der Verlustleistung in einem Widerstand im Kreis nimmt die Amplitude der freien Schwingungen exponentiell ab

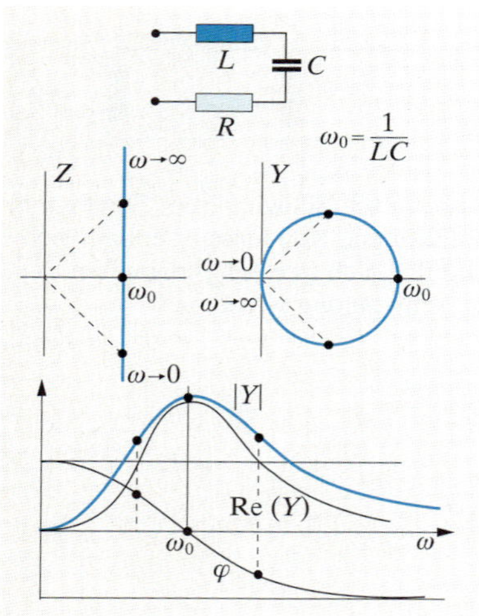

Abb. 7.105. Serienschwingkreis. Aus der Kreisfrequenz-Ortskurve $Y(\omega)$ lassen sich sofort die ω-Abhängigkeiten von $|Y|$, $\mathrm{Re}(Y)$ und φ ablesen, sobald man den einzelnen Punkten der Ortskurve ihre ω-Werte zugeordnet hat. $U|Y|$ ist der Scheinstrom, $U\mathrm{Re}(Y)$ der Wirkstrom, $U^2\mathrm{Re}(Y)$ die Wirkleistung. Die Kurven sehen etwas anders aus als mechanische Resonanzkurven, weil man dort die Amplitude aufträgt, während hier I der Geschwindigkeit v entspricht

und führt zu einer **Dämpfung** der Schwingung mit dem Amplitudenverlauf

$$I_0(t) = I_0(0)\,\mathrm{e}^{-Rt/(2L)}\,.$$

Wenn der Ohmsche Widerstand zu groß ist,

$$R \geqq 2\sqrt{\frac{L}{C}}\,,$$

findet keine Schwingung mehr statt (Kriechfall).

Auch die Ergebnisse über *erzwungene* mechanische Schwingungen lassen sich ohne weiteres übertragen. Eine Wechselspannungsquelle im Kreis von Abb. 7.105 ist in (7.98) links durch eine „Inhomogenität“ zu beschreiben:

$$U_0 \cos \omega t = \frac{Q}{C} + R\dot{Q} + L\ddot{Q}\,. \tag{7.100}$$

Diese Spannung entspricht genau der mechanischen harmonischen Erregungskraft in Abschn. 4.1.3. Die Kondensatorladung Q und damit die Kondensatorspannung folgen in Amplitude und Phase genau den Resonanzkurven der mechanischen Schwingung (Abb. 4.18, 4.19). Die Stromkurve ergibt sich daraus durch Multiplikation mit ω. Wenn $R < 2\sqrt{L/C}$, ergibt sich ein Resonanzmaximum bei $\omega = 1/\sqrt{LC}$ oder kurz unterhalb davon. Dieses Maximum ist um so höher und steiler, je kleiner R ist.

✗ Beispiel...

Leiten Sie die Gleichungen für freie und erzwungene elektrische Schwingungen aus dem Energiesatz her: Die Summe von elektrischer und magnetischer Feldenergie ändert sich infolge der Arbeit der Spannungsquelle und infolge der Erzeugung Joulescher Wärme.

Die gesamte Feldenergie besteht aus einem magnetischen (Spulenfeld) und einem elektrischen Anteil (Kondensatorfeld): $W = \frac{1}{2}LI^2 + \frac{1}{2}Q^2/C$. Ihre zeitliche Änderung muß für die Arbeit der äußeren Spannungsquelle und für den Joule-Verlust im Leiterkreis aufkommen: $\dot{W} = UI - P_{\mathrm{Joule}} = UI - RI^2 = LI\dot{I} + Q\dot{Q}/C = LI\dot{I} + QI/C$, also $U = RI + L\dot{I} + Q/C$.

Anschaulich versteht man das Verhalten des **Serienschwingkreises** am einfachsten daraus, daß die Spannungen an Spule und Kondensator bei gleichem Strom einander entgegengesetzt sind, wenn $\omega = 1/\sqrt{LC}$ ist. Die äußere Spannung dient dann eigentlich nur noch dazu, den Strom durch den Ohmschen Widerstand zu treiben. Die Ortskurven von Widerstand und Leitwert, hier mit ω als variabler Größe, sind eine Vollgerade bzw. ein Vollkreis, aus denen sich die Resonanzkurve ebenfalls ablesen läßt. Der **Parallelschwingkreis** (Abb. 7.107) verhält sich anders. Für den Kreis Abb. 7.106 braucht man die Ausdrücke für den Serienkreis nur zu übersetzen, indem man Ströme durch Spannungen und Widerstände durch Leitwerte ersetzt. Bei gegebener Spannung U ist der Strom hier *minimal* in der **Resonanz** $\omega = 1/\sqrt{LC}$, denn der größte Teil des Stromes

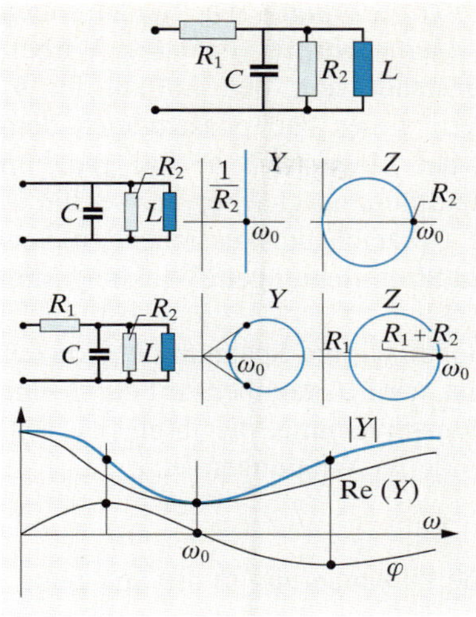

Abb. 7.106. Parallelschwingkreis mit realem Kondensator (der einen Parallelwiderstand hat), aber einer idealen Spule, dafür aber einem Vorwiderstand. Lesen Sie rein geometrisch ab, daß bei $\omega = \omega_0$ exakt $\varphi = 0$ und $|Y|$ sowie $\mathrm{Re}(Y)$ minimal sind, ebenso daß Extrema von φ mit Wendepunkten von $|Y|$ zusammenfallen

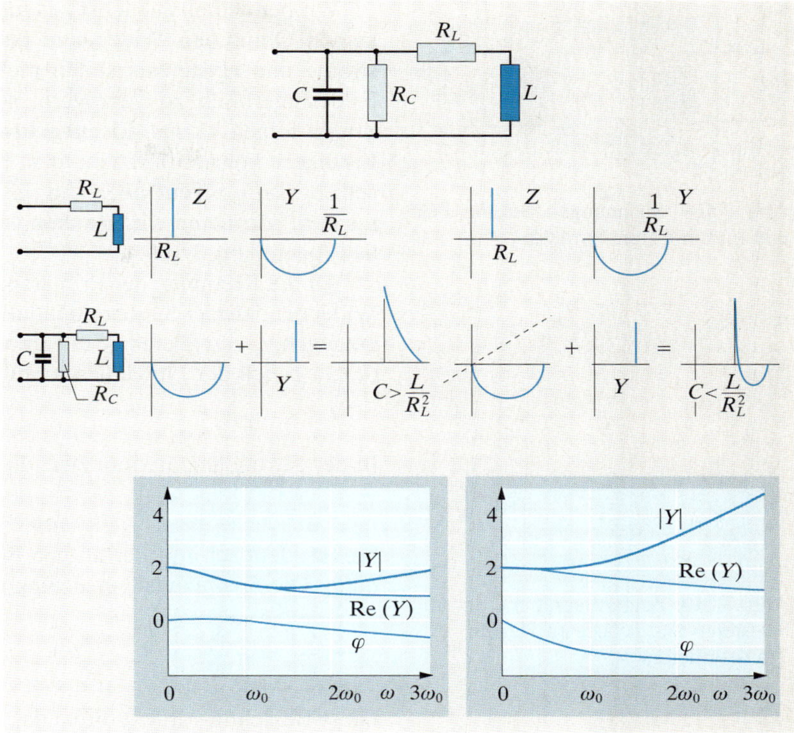

Abb. 7.107. Parallelschwingkreis mit realer Spule und realem Kondensator. Hier ist die ω-Ortskurve nicht allein Kreis oder Gerade

rotiert als Blindstrom im Kreis selbst, ohne durch die Zuleitungen zu fließen. Im praktisch wichtigeren Fall Abb. 7.107 erreicht man so **Blindstromkompensation**.

Schwingkreise dienen zur Erzeugung, Stabilisierung und Aussonderung (Filterung) von Schwingungen bestimmter Frequenz. Radio- oder Fernsehempfänger werden durch Änderung von C (**Drehkondensator**) oder L (**Tauchspule** mit variabler Eintauchtiefe des ferromagnetischen Kerns) auf die gewünschte Frequenz abgestimmt. Die **Abstimmschärfe** oder **Güte** des Kreises wird durch R bestimmt.

7.5.8 Transformatoren

Ein **Transformator** dient zur Änderung der Amplitude einer Wechselspannung ohne Frequenzänderung. Er besteht aus zwei Spulen verschiedener Windungszahlen N_1 bzw. N_2, die einen gemeinsamen Magnetfluß umgreifen. Dieser Magnetfluß wird gebündelt durch einen hochpermeablen **Eisenkern**, der normalerweise einen geschlossenen magnetischen Kreis bildet. Die effektive Leitfähigkeit des Kerns muß klein sein, damit Wirbelstromverluste vermieden werden. Für kleine Leistungen benutzt man deshalb **Ferritkerne**, für höhere Leistungen lamellierte Eisenrahmen (aus Blechen von meist 0,35 mm Stärke, durch Lack oder Papier gegeneinander isoliert).

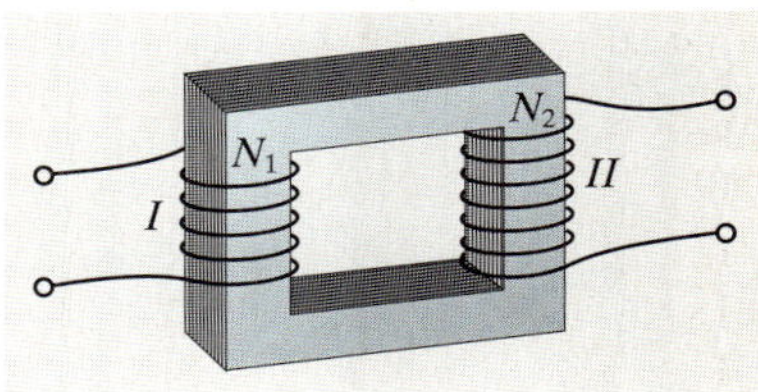

Abb. 7.108. Transformator

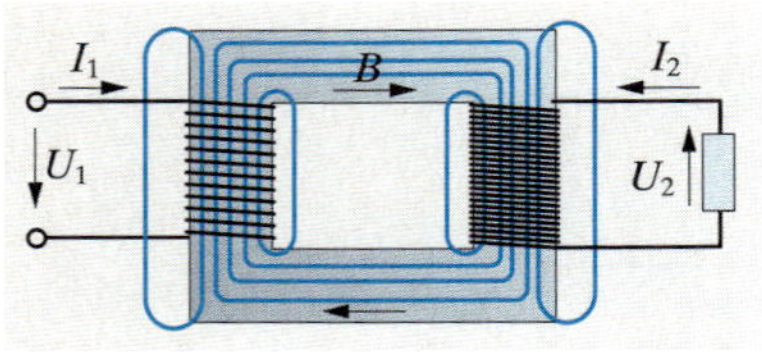

Abb. 7.109. Spannungen, Ströme, Feld und Fluß im Transformator

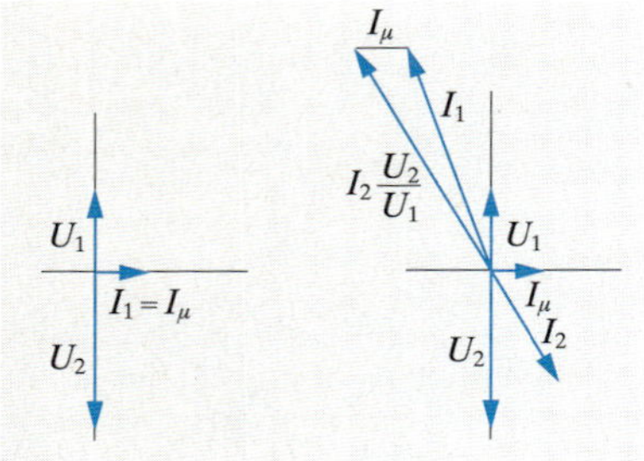

Abb. 7.110. Zeigerdiagramme des unbelasteten und belasteten idealen Transformators

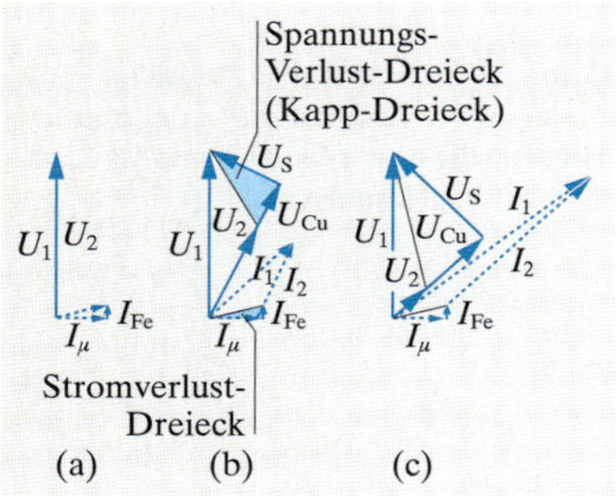

Abb. 7.111a–c. Zeigerdiagramme des unbelasteten und belasteten realen Transformators. Die Belastung nimmt von (a) bis (c) zu

Wir betrachten zunächst den *idealen Transformator*. Die Spulen sollen keinen Ohmschen Widerstand haben (*keine* **Kupferverluste**), Wirbelströme und Hysteresis sollen nicht imstande sein, den Aufbau des B-Feldes merklich zu verzögern, sondern dieses soll phasengleich dem Strom folgen (*keine* **Eisenverluste**), der Magnetfluß Φ soll ganz im Eisenkern konzentriert sein, d. h. beide Spulen in gleicher Stärke durchsetzen (*kein* **Streufluß**). Um lästige Vorzeichendiskussionen zu vermeiden, normieren wir Spannungs- und Stromrichtungen, Wicklungssinn usw. nach Abb. 7.109.

An die Klemmen der Primärspule legen wir die Spannung U_1. Da der Widerstand dieser Spule rein induktiv ist, wird U_1 kompensiert durch eine entgegengesetzt gleiche Selbstinduktions-Spannung, die ihrerseits nach (7.61) gleich der Flußänderung durch alle N_1 Windungen ist:

$$U_1 = N_1 \dot{\Phi} .$$

In der Sekundärspule induziert dieselbe Flußänderung $\dot{\Phi}$ die Spannung

$$U_2 = -N_2 \dot{\Phi} .$$

Sie ist identisch mit der an den Sekundärklemmen abgegriffenen Spannung. Die Spannungsübersetzung des Transformators ist also

$$\boxed{\frac{U_2}{U_1} = -\frac{N_2}{N_1}} . \tag{7.101}$$

Diese Beziehung drückt direkt das Induktionsgesetz aus, ist also unabhängig von der Belastung, d. h. von der Stromentnahme aus der Sekundärspule. Das Vorzeichen drückt Gegenläufigkeit der beiden Spannungen aus.

Wenn der Sekundärkreis offen ist (Leerlauf), fließt kein Strom durch ihn, d. h. der Magnetfluß Φ stammt nur vom Strom I_1 in der Primärspule. Dieser Leerlaufstrom I_{10} ist ein reiner Blindstrom $I_{10} = U_1/(\mathrm{i}\omega L_1)$, also leistungslos; sekundärseitig wird ja auch keine Leistung entnommen. Bei Belastung, d. h. wenn ein Verbraucher mit dem komplexen Widerstand Z (i. allg. ein R und ein L) im Sekundärkreis liegt, treibt die Spannung U_2, die durch U_1 und N_2/N_1 fest gegeben ist, einen Strom $I_2 = U_2/Z$. Dieser Strom fließt, nach Abb. 7.109 mit umgekehrtem Vorzeichen, auch durch die Sekundärwicklung und trägt zum Magnetfluß Φ bei. Trotzdem ändert sich Φ aber nicht gegenüber seinem durch I_{10} bestimmten Leerlaufwert, denn dieser Wert oder seine zeitliche Ableitung reicht gerade aus, um das gegebene U_1 zu kompensieren. Die zusätzliche Durchflutung $N_2 I_2$ muß also durch einen zusätzlichen Primärstrom I_1' mit $N_1 I_1' = N_2 I_2$ kompensiert werden: Der Primärstrom wird

$$I_1 = I_{10} - \frac{N_2}{N_1} I_2 = I_{10} - \frac{N_2 U_2}{N_1 Z} .$$

Die komplexe Addition macht I_1 i. allg. größer als den Leerlaufstrom. Der Energiesatz ist befriedigt: Abzüglich des reinen Blindstrom I_{10} verhalten sich Primär- und Sekundärstrom, die gleiche Phasenwinkel zu ihren Spannungen bilden, umgekehrt wie diese, d. h. Primär- und Sekundärleistung sind gleich. Der Transformator ist ja verlustfrei (ideal). Wenn Z sehr klein ist, genauer $Z \ll \omega L_{12}$, d. h. die Sekundärwicklung fast kurzgeschlossen, wird $I_{10} \ll N_2 I_2 / N_1$, also $I_1 \approx -N_2 I_2 / N_1$. Die Ströme haben dann entgegengesetzte Richtung.

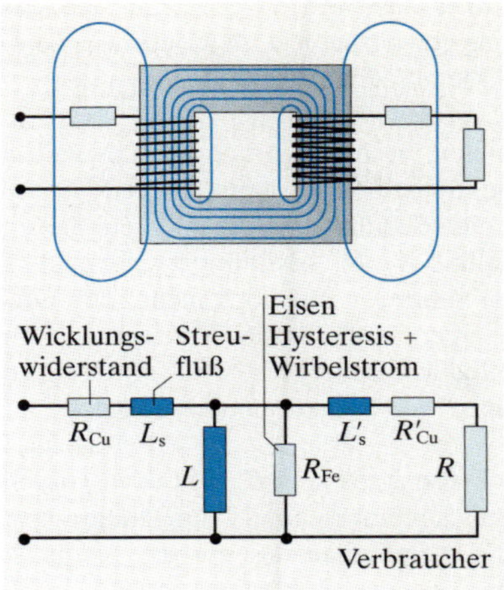

Abb. 7.112. Verluste im realen Transformator und ihre Darstellung im Ersatzschaltbild

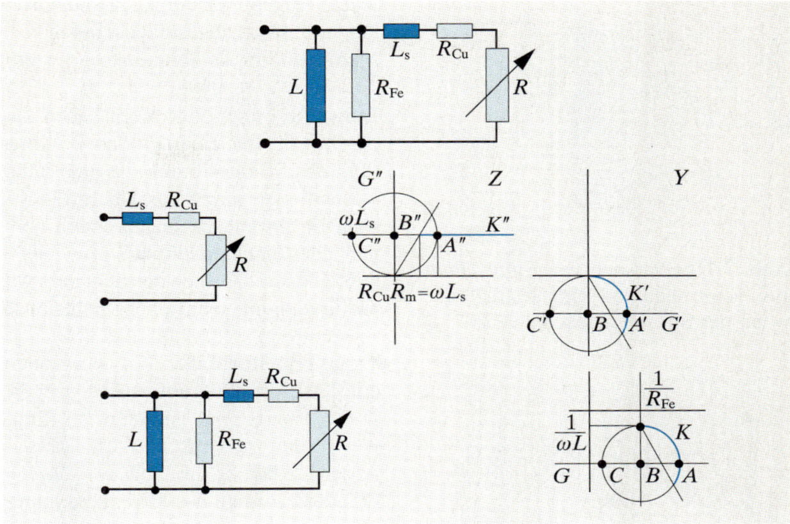

Abb. 7.113. Vereinfachtes Ersatzschaltbild des realen Transformators, mittels Ortskurven analysiert. Bei welchem Verbraucherwiderstand kann man am meisten Wirkleistung entnehmen?

Zum gleichen Ergebnis kommt man auch ausgehend von den Gleichungen (7.72) für Selbst- und Gegeninduktion:

$$\begin{aligned} U_1 &= L_1\dot{I}_1 + L_{1\,2}\dot{I}_2 = \mathrm{i}\omega(L_1 I_1 + L_{1\,2} I_2) \\ U_2 &= Z I_2 = \mathrm{i}\omega(L_{1\,2} I_1 + L_2 I_2)\,. \end{aligned} \tag{7.102}$$

Dabei ist $L_1 = \mu\mu_0 A N_1^2/l$, $L_2 = \mu\mu_0 A N_2^2/l$, $L_{1\,2} = \mu\mu_0 A N_1 N_2/l$ (A, l Querschnitt und Länge des Eisenkerns). (7.102) ist ein inhomogenes lineares Gleichungssystem für I_1 und I_2 mit den Lösungen

$$I_2 = -\frac{N_2 U_1}{N_1 Z}\,, \quad U_2 = Z I_2 = -\frac{N_2}{N_1} U_1\,, \quad I_1 = \frac{U_1}{\mathrm{i}\omega L_1} - \frac{L_{1\,2}}{L_1} I_2 = I_{1\,0} - \frac{N_2}{N_1} I_2\,.$$

Wenn man diese Gleichungen erweitert um Ohmsche Widerstände der Spulen (Kupferverluste), um den Streufluß, der zu $L_{1\,2} < \sqrt{L_1 L_2}$ führt, und um eine Phasenverschiebung zwischen Φ und I infolge von Wirbelströmen und Hysteresis (Eisenverlusten), kann man so auch den verlustbehafteten Transformator behandeln. In der Praxis benutzt man lieber das **Ersatzschaltbild** von Abb. 7.112, meist in vereinfachter Form. Hier erscheinen beide Wicklungen galvanisch gekoppelt. Das wird möglich durch folgenden Kniff: Man rechnet alle Sekundärgrößen so um (auf gestrichene Größen), daß die in beiden Wicklungen induzierten Spannungen gleich werden und gleichzeitig die Leistungen erhalten bleiben. Spannungen werden also mit N_1/N_2, Ströme mit N_2/N_1, Widerstände mit N_1^2/N_2^2 multipliziert. Dann kann man beide Spulen, genauer den Anteil von ihnen, der für den gemeinsamen Fluß Φ verantwortlich ist, zu einer Induktivität L_0 zusammenfassen. R_0 gibt die Phasenverschiebung zwischen Φ und I, d. h. die Eisenverluste wieder, $L_{1\mathrm{s}}$ und $L'_{2\mathrm{s}}$ die Induktivitätsanteile, die nur Streuflüsse erzeugen, R_1 und R_2 die Kupferverluste.

Daß Primär- und Sekundärströme entgegengesetzte Richtung haben, zeigt der Versuch von *Elihu Thomson* (Abb. 7.115): Ein Eisenkern trägt eine Spule und einen Aluminiumring; dieser ist als Sekundärspule eines Transformators aufzufassen. Schaltet man einen Wechselstrom durch die Spule ein, so wird der Ring mit großer Gewalt fortgeschleudert. Der in ihm induzierte sehr starke Strom – ein Kurzschlußstrom, weil der Widerstand des Ringes sehr klein ist – läuft dem Primärstrom in

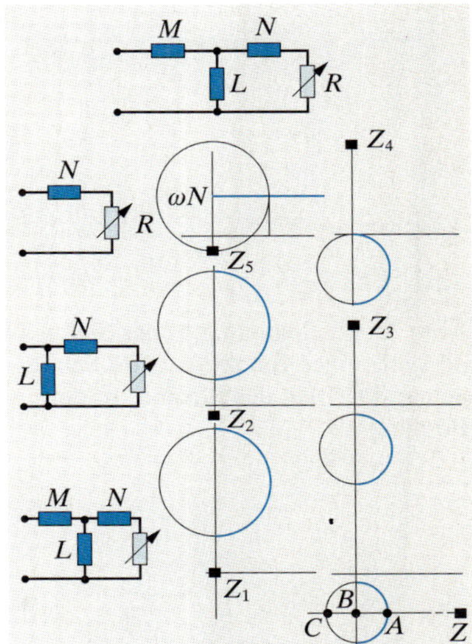

Abb. 7.114. Ersatzschaltbild des realen Transformators ohne Kupfer- und Eisenverluste, mittels Ortskurven analysiert. Bei welchem Verbraucherwiderstand kann man am meisten Wirkleistung entnehmen?

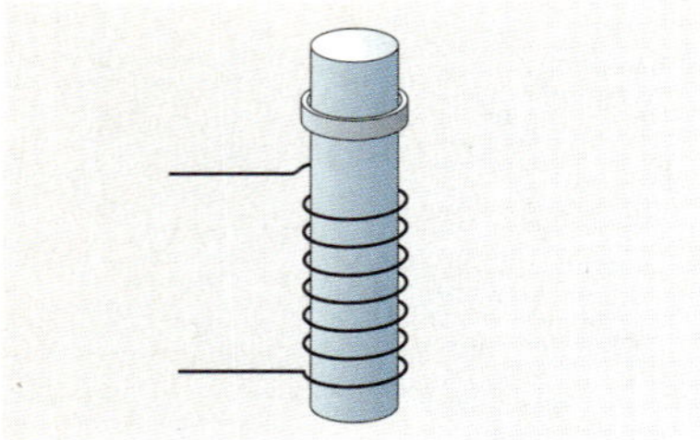

Abb. 7.115. Versuch von *Elihu Thomson*. Kann man den Ring festhalten, wenn der Strom eingeschaltet ist?

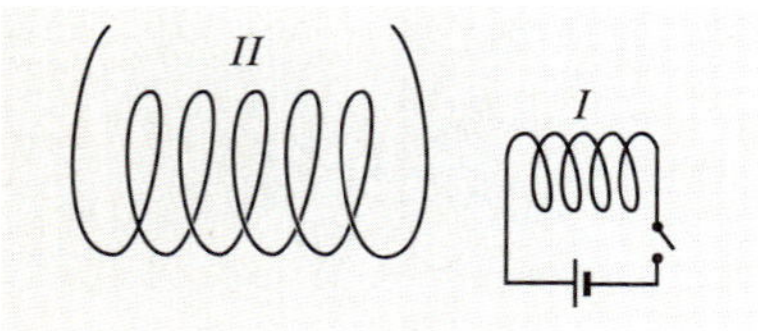

Abb. 7.116. Induktorium

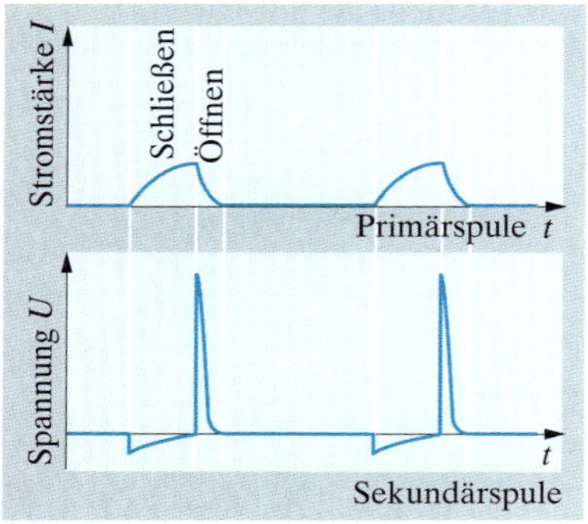

Abb. 7.117. Spannung in der Sekundärspule eines Induktors beim Schließen und Öffnen des Stromes in der Primärspule

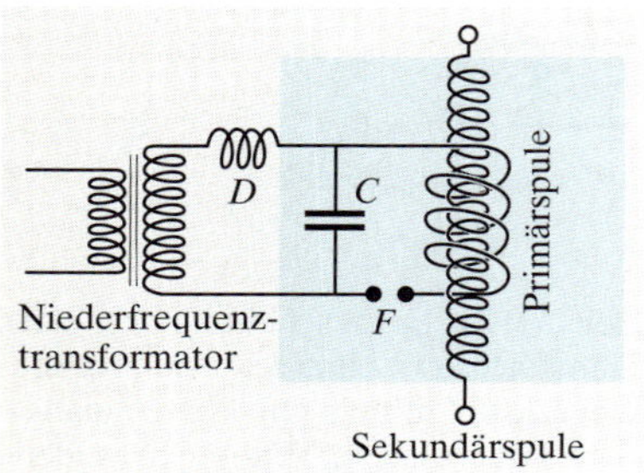

Abb. 7.118. Tesla-Transformator

jedem Augenblick entgegen und wird daher von ihm (oder besser vom B-Feld, das ihn durchsetzt) abgestoßen. Hält man den Ring gewaltsam fest, so wird er sehr heiß. Man kann ihn als Schmelztrog für größere Metallmengen ausbilden.

Induktor. Auch ohne Kern haben zwei Spulen, besonders wenn sie ineinandergeschoben sind, einen großen Teil ihres Induktionsflusses gemeinsam. Jede Änderung des Stromes durch die eine induziert eine Spannung in der anderen, die im wesentlichen durch das Übersetzungsverhältnis N_2/N_1 bestimmt ist. Besonders schnelle Stromänderungen erzielt man beim Schließen und noch mehr beim Öffnen eines Schalters (Abb. 7.116, 7.117). Mit einer automatischen Vorrichtung zum Schließen und Öffnen des Schalters wurden Induktoren (N_2 bis 20 000) früher gern zur Erzeugung sehr hoher (nichtsinusförmiger) Wechselspannungen benutzt.

Tesla-Transformator. Wird ein Kondensator (Kapazität z. B. $C = 1\,000$ pF) durch eine kreisförmige Kupferschlinge (z. B. 40 cm Durchmesser und 2 mm Drahtradius, $L = 1{,}25 \cdot 10^{-6}$ H) entladen, so klingen die Amplituden des mit der Frequenz $\nu = 1/(2\pi) \cdot \sqrt{1/(LC)} = 4{,}5 \cdot 10^6\,\text{s}^{-1}$ schwingenden Entladungsstromes nach Abschn. 7.5.7 in der Zeit $\tau = 2L/R = 1{,}5 \cdot 10^{-4}$ s auf e^{-1} ab [R ist für diese Frequenz infolge der Stromverdrängung, des Skineffektes (Abschn. 7.5.11), etwa 10mal größer als der Gleichstromwiderstand]. Nach der 4,6fachen Zeit, das sind $7 \cdot 10^{-4}$ s, beträgt daher die Amplitude nur noch 1 % des Anfangswertes, ist also die Schwingung praktisch abgeklungen. Macht man die Drahtschlinge eines solchen Schwingungskreises zur Primärspule eines Transformators, in den man als Sekundärspule eine Spule mit vielen Windungen stellt, so wird infolge der hohen Frequenz und der dadurch bedingten großen Änderungsgeschwindigkeit des Induktionsflusses in ihr eine sehr hohe Spannung induziert. Besonders hohe Spannungen, die zu meterlangen Büschelentladungen in der freien Atmosphäre Veranlassung geben, erzielt man, wenn die Eigenfrequenz der Spule mit der Frequenz des Primärkreises übereinstimmt (Resonanz). Abbildung 7.118 gibt das Schaltschema eines Tesla-Transformators. Der blau hinterlegte Teil stellt den eigentlichen **Tesla-Transformator** dar. Der Niederfrequenztransformator lädt den Kondensator des Schwingkreises auf, der sich über die Primärspule und die Funkenstrecke F oszillatorisch entlädt.

Ersetzt man die Sekundärspule durch eine Spule mit wenigen Windungen aus dickem Draht, so werden in ihr starke Ströme niedriger Spannung induziert, in die man z. B. den menschlichen Körper einschalten kann. Diese **Hochfrequenzströme** finden in der medizinischen Therapie als **Diathermieströme** eine wichtige Anwendung. Während Gleichströme oder niederfrequente Wechselströme von 10 bis 100 mA, die durch den menschlichen Körper gehen, tödlich wirken, können Hochfrequenzströme bis über 10 A ohne Schädigung durch ihn hindurchfließen; die untere Grenze der unschädlichen Frequenzen liegt etwa bei 10^5 Hz. Während von außen zugeführte Wärme die Temperatur nur einige Millimeter unter der Hautoberfläche erhöht, erwärmt die von den Hochfrequenzströmen entwickelte Joulesche Wärme tief im Innern des Körpers liegende Organe.

7.5.9 Das Betatron

Nach dem Prinzip des Transformators kann man Elektronen auf sehr hohe Energien bringen. Um den Kern M (Abb. 7.119) ist als einzige Sekundärwicklung ein evakuiertes Kreisrohr K gelegt, in das mittels einer Glühkathode G Elektronen tangential eingeschossen werden. Durch die enggewickelte Primärspule PSp wird ein Wechselstrom geschickt. Durch das Ringrohr tritt ein Magnetfluß $\Phi = \pi R^2 \overline{B}$ ($\overline{B}$: Mittelwert des Magnetfeldes in der Ringebene). Während der ansteigenden Wechselstromphase wächst Φ, und längs des Rohrs wird die Spannung $U_{\text{ind}} = -\dot{\Phi}$ bzw. das elektrische Feld

$$E = \frac{U_{\text{ind}}}{2\pi R} = -\frac{\dot{\Phi}}{2\pi R} = -\frac{1}{2}R\dot{\overline{B}} \tag{7.103}$$

induziert. Dieses Feld läßt den Impuls des Elektrons anwachsen gemäß $\mathrm{d}(mv)/\mathrm{d}t = -eE = \frac{1}{2}eR\dot{\overline{B}}$, d. h.

$$mv = \tfrac{1}{2}eR\overline{B} \tag{7.104}$$

(diese allgemeine Form des Newtonschen Aktionsprinzips gilt auch für relativistische Geschwindigkeiten, im Gegensatz zur üblichen Formulierung mittels der Kraft; allerdings ist die Geschwindigkeitsabhängigkeit von m zu beachten: $m = m_0(1 - v^2/c^2)^{-1/2}$).

Damit die Elektronen auf dem Sollkreis (So) bleiben, muß ihre Zentrifugalkraft durch eine Lorentz-Kraft kompensiert werden:

$$\frac{mv^2}{R} = evB_{\text{st}} \,. \tag{7.105}$$

Vergleich mit (7.104) liefert

$$B_{\text{st}} = \tfrac{1}{2}\overline{B} \quad (\textbf{Wideroe-Bedingung}) \,. \tag{7.106}$$

Das B-Feld muß also nach außen so abfallen, daß es auf dem Sollkreis nur noch die Hälfte des Mittelwerts hat. Das ist durch geeignete Formgebung der Steuerpole zu erfüllen, falls der Kern nicht die Sättigungsmagnetisierung erreicht.

Bei $v \ll c$ ist die Elektronenenergie nach (7.104)

$$W = \tfrac{1}{2}m_0v^2 = \frac{1}{8}\frac{e^2R^2\overline{B}^2}{m_0} \,.$$

Bei relativistischen Energien muß man nach (15.12) als kinetische Energie ansetzen

$$W = m_0c^2\left(1/\sqrt{1 - v^2/c^2} - 1\right) ,$$

mit (7.104)

$$W = m_0c^2(eR\overline{B}/(2m_0v) - 1) \,,$$

also für $v \approx c$

$$W \approx \tfrac{1}{2}ecR\overline{B} \,.$$

Bei $B = 1\,\mathrm{V\,s\,m^{-2}}$ und $R = 0{,}2\,\mathrm{m}$ ergibt sich bereits $W = 3 \cdot 10^7\,\mathrm{eV}$. Die obere Energiegrenze des Betatrons liegt um 200 MeV. Dann wird nämlich die elektromagnetische Ausstrahlungsleistung infolge der Beschleunigung gleich der aus dem elektrischen Wirbelfeld aufgenommenen, und diese kommt nicht mehr der Beschleunigung der Elektronen zugute.

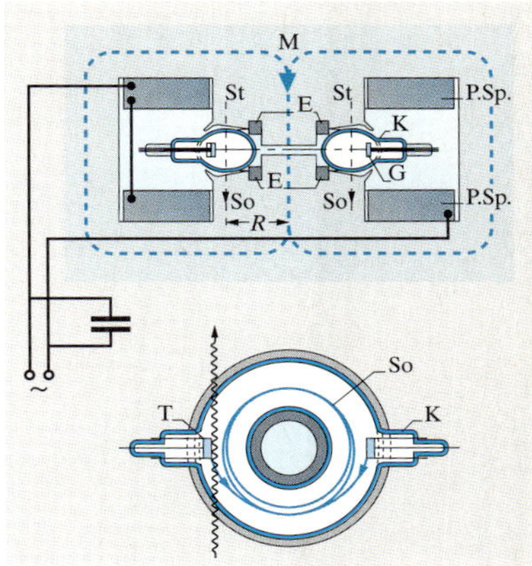

Abb. 7.119. Das Betatron

Kurz nach dem Durchgang des Magnetfeldes durch den Wert Null werden während eines kleinen Bruchteils einer Periode tangential zum Sollkreis aus G Elektronen mit einer Geschwindigkeit eingeschossen, welche die Bedingung

(7.105) erfüllt. Wenn das Magnetfeld denjenigen Wert erreicht, der die Elektronen auf die gewünschte Energie bringt, wird durch die Expansionsspulen E ein Stromstoß geschickt, der das Steuerfeld schwächt. Die Elektronen winden sich nun spiralig nach außen, um endlich auf eine „Antikathode" T aufzutreffen, aus der sie harte Röntgenstrahlung auslösen.

7.5.10 Elektromotoren und Generatoren

a) Motoren und ihre Kennlinien. Das Prinzip der Umwandlung von elektrischer in mechanische Energie ist immer dasselbe, hat aber sehr vielfältige Ausführungsformen, von denen wir nur die wichtigsten in angemessener Vereinfachung besprechen können. Immer wird die Lorentz-Kraft zwischen einem Magnetfeld und einem Strom ausgenützt. Der Strom I, der eine Wicklung aus N Drahtwindungen mit der Fläche A umfließt, stellt ein magnetisches Moment $\boldsymbol{p}_{\mathrm{m}}$ vom Betrag NIA senkrecht zur Windungsfläche dar. Im Magnetfeld $\boldsymbol{B}$ erfährt diese Wicklung ein Drehmoment $\boldsymbol{T} = \boldsymbol{p}_{\mathrm{m}} \times \boldsymbol{B}$ vom Betrag $NIAB \sin\alpha$ (α: Winkel zwischen $\boldsymbol{p}_{\mathrm{m}}$ und $\boldsymbol{B}$; Abb. 7.5, siehe auch Abschn. 7.1.3). Dies ist der Momentanwert des Drehmoments. Man kann NAB auch zum Gesamtfluß Φ durch die N Windungen der Spule zusammenfassen und hat dann $T = \Phi I \sin\alpha$.

Von dem räumlichen Einstellwinkel α streng zu unterscheiden ist der *zeitliche* Phasenwinkel φ, der zwischen I und Φ auftreten kann, wenn es sich um Wechselströme handelt. Wenn man dann unter Φ und I die Effektivgrößen versteht, in denen also die Mittelung über die Zeit und damit über den Einstellwinkel $\alpha = \omega t$ schon vollzogen ist, ergibt sich $T = \Phi I \cos\varphi$.

Die einzelnen Motortypen unterscheiden sich dadurch, wie Φ und I zustandekommen. Φ wird meist im Motorgehäuse, dem Ständer oder **Stator** erzeugt, der als Elektromagnet, seltener als Permanentmagnet ausgebildet ist. I, genauer I_{r} fließt dann im rotierenden Teil (Läufer, **Rotor** oder Anker). Bei Generatoren dagegen ist der Rotor nicht immer identisch mit dem Anker. Als **Anker** bezeichnet man das Bauelement, an dem die gewünschte Energieform (mechanische beim Motor, elektrische beim Generator) abgenommen wird, und Generatoren werden sogar häufiger als Innenpolmaschine (Stator = Anker) gebaut, weil man hierdurch die Stromabnahme am rotierenden Teil einspart.

Wenn das Magnetfeld von einem Elektromagneten erzeugt wird, ist es proportional zum Strom durch diesen, und dasselbe gilt für den Fluß $\Phi = L' I_{\mathrm{s}}$. Der Index s steht für Stator, L' ist im wesentlichen die Induktivität dieser Spule. Daß $\Phi = L' I_{\mathrm{s}}$ ist, sieht man am einfachsten, wenn man die zeitliche Ableitung bildet: $\dot{\Phi} = L' \dot{I}_{\mathrm{s}}$ ist tatsächlich die selbstinduzierte Gegenspannung. Somit wird das Drehmoment

$$T = L' I_{\mathrm{s}} I_{\mathrm{r}} \cos\varphi\,. \tag{7.107}$$

I_{r} ist der Rotorstrom, der oben einfach als I bezeichnet wurde.

Das Laufverhalten eines Motors wird beschrieben durch die Abhängigkeit des Drehmoments, das er hergibt, von der Drehzahl. Diese **Kennlinie** $T(\omega)$ ergibt zunächst ganz direkt die Leistung $P = T\omega$ in Abhängigkeit von der Drehzahl ($P =$ const: Hyperbel im $T(\omega)$-Diagramm). Vor allem aber beschreibt die Kennlinie, wie der Motor auf ein Drehmoment T_{L} (Lastmoment) reagiert, das man seiner Welle abverlangt. Wenn das verlangte Moment T_{L} kleiner ist als das Moment $T(\omega)$, das der Motor bei der vorliegenden Winkelgeschwindigkeit ω hergibt, beschleunigt er sich weiter, und zwar nach der Bewegungsgleichung

$$J\dot{\omega} = T(\omega) - T_{\mathrm{L}}\,. \tag{7.108}$$

J ist das Trägheitsmoment des Rotors. Bei $T = T_{\mathrm{L}}$ besteht Gleichgewicht, aber ob es stabil oder labil ist, hängt davon ab, ob die Kennlinie $T(\omega)$ fällt oder steigt. Dies geht aus Abb. 7.120 hervor; die Rechnung zeigt, wie diese Annäherung

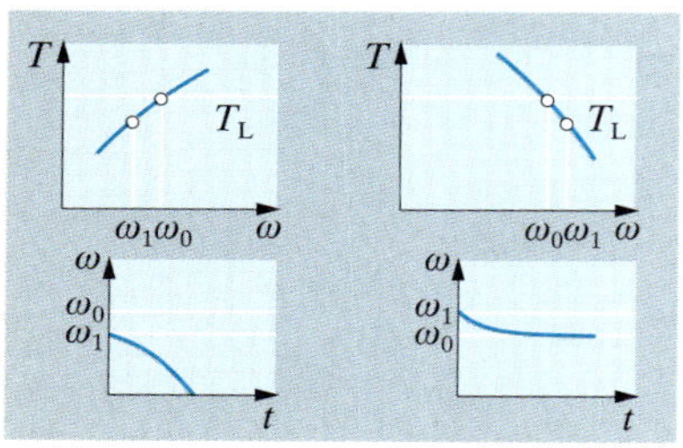

Abb. 7.120. Moment-Drehzahl-Kennlinien eines Motors und Betriebsverhalten bei konstantem Lastmoment T_{L}. Steigende Kennlinienteile sind instabil, fallende stabil

an das Gleichgewicht bei fallender bzw. die Entfernung vom Gleichgewicht bei steigender Kennlinie erfolgt. Wir betrachten ein kurzes gerades Stück der Kennlinie mit der Steigung $T' = \mathrm{d}T/\mathrm{d}\omega$, beschrieben durch $T = T(\omega_0) + T'(\omega - \omega_0)$. Die Bewegungsgleichung $J\dot{\omega} = T'(\omega - \omega_0)$ hat dann die Lösung $\omega = \omega_0 + (\omega_1 - \omega_0)\,\mathrm{e}^{T't/J}$, wenn ω_1 die Winkelgeschwindigkeit zur Zeit $t = 0$ war. Die Abweichung $\omega - \omega_0$ vom Gleichgewichtswert ω_0 nimmt also mit der Zeitkonstante $\tau = J/T'$ exponentiell zu oder ab, je nachdem ob T' positiv oder negativ ist. Die Zeitkonstante ist um so kürzer, je größer T', je steiler oder „härter" die Kennlinie ist.

Interessant ist auch der unbelastete Anlauf ($T_\mathrm{L} = 0$). Wenn $T(0) = 0$, läuft der Motor überhaupt nicht von selbst an, sondern muß durch ein äußeres Moment angeworfen werden. Andernfalls läuft er um so zügiger an, je größer $T(0)$ ist: $\omega = T(0)t/J$.

Der **Wirkungsgrad** eines Elektromotors ist

$$\eta = \frac{\text{mechanische Leistung}}{\text{elektrische Leistung}} = \frac{T\omega}{UI} \,.$$

Der Zusammenhang zwischen den auftretenden Größen ist für die einzelnen Motortypen verschieden.

b) Gleichstrommotoren. Abbildung 7.121 zeigt das Wesentliche. *NS* ist ein Elektro- oder Permanentmagnet. Der **Kommutator** polt die Stromrichtung automatisch in dem Augenblick um, wo α und das Drehmoment verschwinden und wo bei weiterer Drehung ohne Umpolung ein Gegenmoment auftreten würde. In dieser einfachsten Form gibt der Motor ein sehr inkonstantes Drehmoment her, das mit der Zeit wie $|\sin\omega t|$ variiert. Man gleicht diese Zeitabhängigkeit aus, indem man mehrere unabhängige Wicklungen gegeneinander verdreht auf den zylindrischen Rotor legt. Der Kommutator erhält dann entsprechend viele Kontaktpaare.

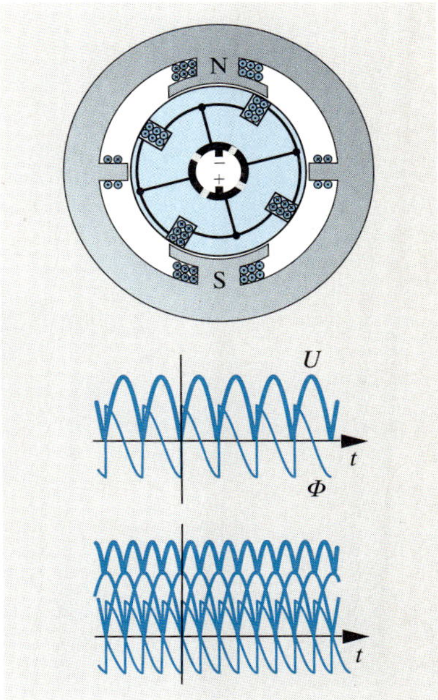

Abb. 7.121. Schnitt durch einen Gleichstrommotor mit zwei Spulen in vier Nuten, Feldwicklung (*oben, unten*) und Polwender (*rechts, links*). Der Kommutator ist in der Mitte eingezeichnet. *Unterer Teil*: Magnetfluß durch die Rotorspulen und darin induzierte Spannung

✘ Beispiel...

Wie sieht die $T(\omega)$-Kennlinie eines Gleichstrommotors mit Permanentmagnet aus?

Hier ist Φ fest gegeben, also $T = I_\mathrm{r}\Phi$, die Rotorspannung $U = RI + \omega\Phi \cdot 2/\pi$ und $T = I\Phi = \Phi(U - 2\omega\Phi/\pi)/R$: Lineare „Nebenschluß"-Kennlinie mit $\omega_\mathrm{m} = \pi U/(2R\Phi)$ (läuft unbelastet um so schneller, je *schwächer* der Magnet und je größer U ist): $T_\mathrm{m} = U\Phi/R$.

Obwohl es sich um Gleichstrom handelt, wird der Strom durch den Rotor nicht nur durch seinen Ohmschen Widerstand bestimmt. Von dem mit ω laufenden Rotor aus gesehen, ist der Fluß Φ, der durch ihn hindurchtritt, ein variabler Fluß mit der Kreisfrequenz ω. Die Änderung von Φ ist aber nicht sinusförmig, denn immer wenn Φ maximal ist (wenn die Wicklung die Feldlinien möglichst voll umfaßt: $\alpha = 0$), wird gerade kommutiert. Im bezug auf die Stromrichtung, die so in jeder Halbwelle neu definiert wird, ist Φ ein im Maximum zerhackter Cosinus (Abb. 7.121). Entsprechend ist $\dot{\Phi}$ ein Sinus, dessen Halbwellen alle im Positiven laufen: $\dot{\Phi} = \omega\Phi_0|\sin\omega t|$. Die induzierte Spannung $-N_\mathrm{r}\dot{\Phi}$ in der Rotorspule aus N_r Windungen ist also in jedem Moment eine Gegenspannung zur definierten Stromrichtung. Ihr zeitlicher Mittelwert ist $\overline{U}_\mathrm{ind} = (2/\pi) \cdot N_r\omega\Phi_0$ (Mittelwert einer Sinus-Halbwelle $(1/\pi) \cdot \int_0^\pi \sin x\,\mathrm{d}x = 2/\pi$). Da nun $\Phi_0 = A_\mathrm{r}B = \mu\mu_0 A_\mathrm{r} N_\mathrm{s} I_\mathrm{s}/l_\mathrm{s}$, kann man schreiben $\overline{U}_\mathrm{ind} = \omega L I_\mathrm{s}$, wobei $L = (2/\pi) \cdot \mu\mu_0 N_\mathrm{r} N_\mathrm{s} A_\mathrm{r}/l_\mathrm{s}$ eine Gegeninduktivität zwischen Stator- und Rotorspule ist. Im Gegensatz zum echten Wechselstrom ist $\overline{U}_\mathrm{ind}$ als mittlere Gleichspannung aufzufassen, die entsprechenden Spannungen,

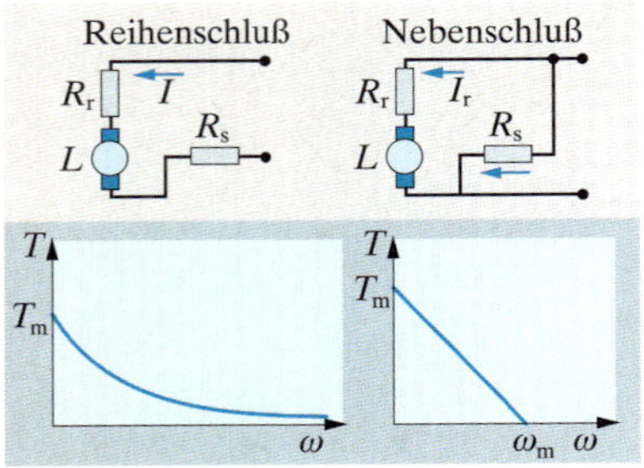

Abb. 7.122. Gleichstrommotor, Schaltung und Kennlinie des Reihenschlußmotors und des Nebenschlußmotors

Ströme und Widerstände addieren sich algebraisch, nicht geometrisch. Zum Beispiel setzt sich der gesamte Spannungsabfall am Rotor zusammen aus dem ohmschen und dem induktiven Abfall:

$$U_r = I_r R_r + \omega L I_s \,.$$

Wesentlich für das Betriebsverhalten eines Gleichstrommotors mit Elektromagnet ist, ob Stator und Rotor hintereinander- oder parallelgeschaltet sind. Beim **Reihenschluß-** oder **Hauptschlußmotor** fließt derselbe Strom I durch Stator- und Rotorwicklung. Das Drehmoment ist $T = L'I^2$, der Strom ist $I = U/(\omega L + R_r + R_s)$, also

$$T = L'I^2 = \frac{L'U^2}{(\omega L + R_r + R_s)^2} = \frac{L'U^2}{(\omega L + R)^2} \,.$$

Der Motor kann ein maximales Moment $T_m = L'U^2/R^2$ hergeben. Verlangt man mehr, bleibt er stehen. Bei sehr kleinem T wird andererseits ω sehr groß: Der unbelastete Reihenschlußmotor geht durch, idealerweise bis $\omega = \infty$; erst das Reibungsmoment des Rotors bringt ein Gleichgewicht, aber oft zu spät. Zwischen diesen Extremfällen nimmt die Kennlinie $T(\omega)$ ab, aber nicht zu steil. Solche „weichen" Kennlinien ersparen manchmal die Gangschaltung bei Bahnen, Kränen, Aufzügen: Großes Anfahrmoment bei kleiner Drehzahl.

Beim **Nebenschlußmotor** teilt sich der dem Netz entnommene Strom I auf gemäß $I = I_s + I_r$. Der Statorstrom ist $I_s = U/R_s$. Der Rotorstrom I_r ergibt sich aus $U = \omega L I_s + R_r I_r$, also

$$I_r = (U - \omega L I_s)/R_r = U(1 - \omega L/R_s)/R_r \,.$$

Das Drehmoment wird

$$T = L'I_s I_r = \frac{L'U^2}{R_s R_r}\left(1 - \frac{\omega L}{R_s}\right) = T_m\left(1 - \frac{\omega}{\omega_m}\right) \,. \qquad (7.109)$$

Das maximale Moment ist $T_m = L'U^2/(R_r R_s)$. Hier existiert auch eine maximale Winkelgeschwindigkeit $\omega_m = R_s/L$. Dazwischen nimmt T linear mit der Neigung $L'U^2L/(R_r R_s^2)$ ab. Wenn man diese Steigung groß macht, wird die „harte" Kennlinie geeignet für viele Anwendungen, wo es auf eine Drehzahl ankommt, die nur wenig von der Belastung abhängt (Werkzeugmaschinen usw.). Ein Verbundmotor (Compoundmotor), bei dem ein Teil der Statorwicklung in Reihe, der Rest parallel mit dem Rotor geschaltet ist, liegt im Verhalten zwischen Reihen- und Nebenschlußmotor. Der Nebenschlußmotor ist wichtig wegen seiner vielen und flexiblen Möglichkeiten zur Drehzahlregelung. Durch Verändern von R_r und R_s kann man fast jede gewünschte Lage und Neigung der $T(\omega)$-Kennlinie herstellen, besonders wenn man noch die Spannungen an Stator und Rotor unabhängig voneinander regelt.

c) Der Drehstrom-Asynchronmotor (Induktionsmotor). Die Einfachheit, Betriebssicherheit und Wartungsfreiheit dieses Motors waren mitbestimmend für die allgemeine Einführung des Drehstroms. Dieser Motor erfordert keine Stromzuführung zum Rotor, sondern erzeugt sich den Strom, auf dem das Drehmoment beruht, durch Induktion selbst. In der Ausführung mit **Kurzschluß-** oder **Käfigläufer** fallen daher die störanfälligen Schleifringe und Bürsten ganz weg. Eine eigentliche Drahtwicklung hat der Läufer nicht. Er besteht wie ein Eichhörnchenkäfig aus dicken Kupferstäben, die an den Enden durch Kurzschlußringe verbunden sind. Der Rest des Käfigvolumens ist durch einen Stapel von Transformatorblechen ausgefüllt. Die Ausführung mit Schleifringläufer hat nur den Sinn, daß man Widerstände hinter die Läuferwicklung legen und so das Betriebsverhalten beeinflussen kann, besonders beim Anlassen. Strom wird dem Läufer auch dann nicht zugeführt.

Das Geheimnis liegt in der Statorwicklung. Sie besteht im einfachsten Fall aus drei Strängen, die im Gehäuse um 120° gegeneinander versetzt angebracht und mit den drei Phasen des Drehstromnetzes (Kreisfrequenz ω_0) verbunden sind. Man kann auch $3p$ Stränge anbringen (p ganzzahlig) und erhält dann den Winkel $120°/p$ zwischen benachbarten Strängen, die an verschiedenen Phasen liegen. Diese Wicklungen erzeugen ein Magnetfeld, das sich räumlich mit der Frequenz $\omega_1 = \omega_0/p$ gegen das Motorgehäuse zu drehen scheint.

Wie dieses **Drehfeld** zustandekommt, ist in Abb. 7.124 erläutert. Dort ist der zeitliche Verlauf der Ströme und Magnetfelder in den drei Wicklungen RR', SS', TT' dargestellt. Man beachte die Polung. Im Zeitpunkt t_1 zeigt das Gesamtfeld in Richtung RR', denn die beiden anderen Felder sind gleichgroß, ihre Querkomponenten heben sich auf. Bei t_2 hat sich das Feld in die Stellung $T'T$ gedreht, bei t_3 in die Stellung SS' usw. Das Gesamtfeld sieht genauso aus, als drehte sich ein Permanentmagnet mit der Kreisfrequenz ω_0. Bei $3p$ Strängen sieht das Feld aus, als rotierten p gegeneinander um $2\pi/p$ versetzte Permanentmagnete (**p Polpaare**) mit der Kreisfrequenz ω_0/p: In $1/3$ der Drehstromperiode dreht sich das Feld von einer Wicklung bis zur nächsten, also nicht um $2\pi/3$ wie bei $p = 1$, sondern nur um $2\pi/(3p)$. Je mehr Polpaare, desto langsamer rotiert das Drehfeld.

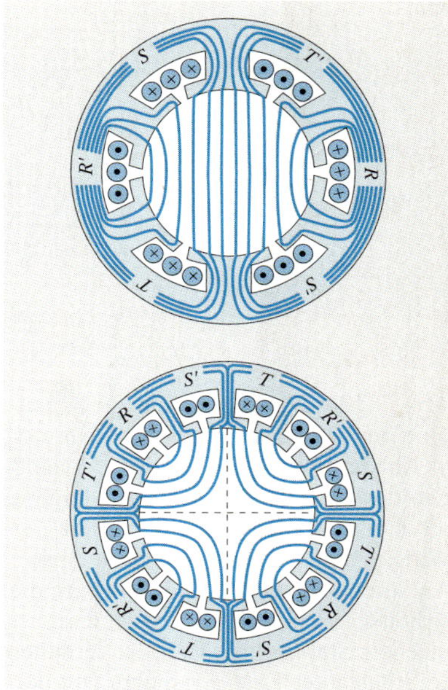

Abb. 7.123. Schnitt durch den Stator eines Drehstrom-Asynchron- oder Synchronmotors. Das Magnetfeld ist so eingezeichnet, als sei der Rotor darin. *Oben* ein Polpaar, *unten* zwei Polpaare

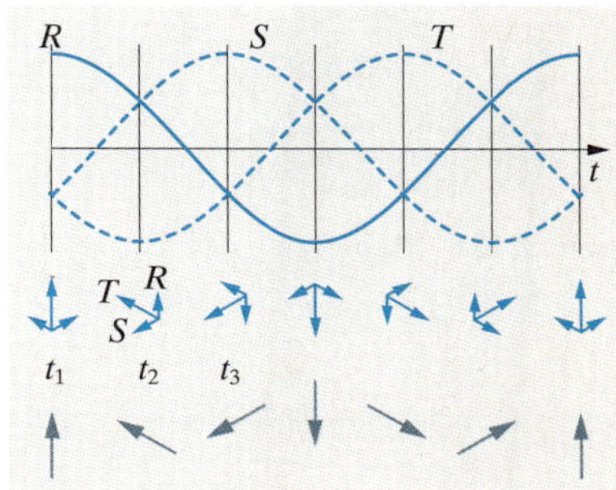

Abb. 7.124. *Oben*: Zeitlicher Verlauf der Ströme durch die drei Statorspulen eines Drehstrom-Asynchronmotors. *Mitte*: Stärke der Teilmagnetfelder der drei Spulen. *Unten*: Drehung des Gesamtmagnetfeldes

Der Rotor selbst möge sich mit der Kreisfrequenz ω_1 gegen das Gehäuse drehen. Wir setzen uns in Gedanken an eine bestimmte Stelle des Rotors. Dann nehmen wir ein Magnetfeld wahr, das *zeitlich* mit der Kreisfrequenz $\omega_2 = \omega - \omega_1$ schwankt. Diese zeitliche Änderung induziert im Rotor eine Wechselspannung U mit dieser Kreisfrequenz ω_2 und mit dem Effektivwert $U = \omega_2 \Phi$, wenn Φ der Effektivwert des Magnetflusses ist, der den Rotor durchsetzt. Diese Spannung U treibt durch den Rotor mit seinem Ohmschen Widerstand R und der Induktivität L einen Strom mit dem Effektivwert

$$I = \frac{\omega_2 \Phi}{\sqrt{R^2 + \omega_2^2 L^2}} ,$$

der gegen die Spannung U um den Phasenwinkel φ mit $\cos\varphi = R/\sqrt{R^2 + \omega_2^2 L^2}$ versetzt ist, also gegen den Fluß Φ um den Winkel $\varphi + \pi/2$. Das Drehmoment ergibt sich nach (7.107)

$$T = I\Phi \cos\varphi = \Phi^2 \frac{\omega_2 R}{R^2 + \omega_2^2 L^2} . \tag{7.110}$$

Was Φ betrifft, so ist die Lage ähnlich wie beim Transformator: Zwar erzeugt der Rotorstrom (Sekundärwicklung) auch einen Φ-Beitrag, aber gleichzeitig übt er eine Gegeninduktion auf die Statorwicklung aus, so daß der zusätzliche Statorstrom den Φ-Beitrag des Rotors genau kompensiert. Deshalb bleibt Φ unabhängig von der Rotorfrequenz und vom Rotorstrom, und zwar gerade so groß, daß seine Induktionswirkung die an die Statorwicklung angelegte Spannung U gemäß $U = \omega_0 \Phi$ kompensiert. Hier ist ω_0 die konstante Netzfrequenz, im Gegensatz zu ω_2, der Frequenz des Drehfeldes relativ zum Rotor.

Wir diskutieren jetzt die *Kennlinie* des Momentes T als Funktion der Kreisfrequenz ω_2 des Drehfeldes relativ zum Rotor. Anschließend zeichnen wir diese Kennlinie auf die Rotorfrequenz $\omega_1 = \omega - \omega_2$ oder auf den **Schlupf** $s = \omega_2/\omega$ um. Das Moment hat ein Maximum bei $\omega_2 = R/L$ bzw. $s = R/(L\omega)$. Für sehr kleine ω_2, d. h. für $s \ll 1$ oder $\omega_1 \approx \omega$ steigt $T(\omega)$ linear an wie $T \approx \Phi^2 \omega_2/R$. Der Motor hat dann annähernd volle Drehzahl und eine fallende Kennlinie von Nebenschlußcharakter. Bei langsamem Lauf ($\omega_2 \gg R/L$) wird $T \sim \omega_2^{-1}$: Die Kennlinie, über der Rotorfrequenz ω_1 aufgetragen, steigt hier an bis zum Maximum. Dieser steigende Kennlinienteil ist wegen seiner Instabilität nicht zum Arbeiten, sondern

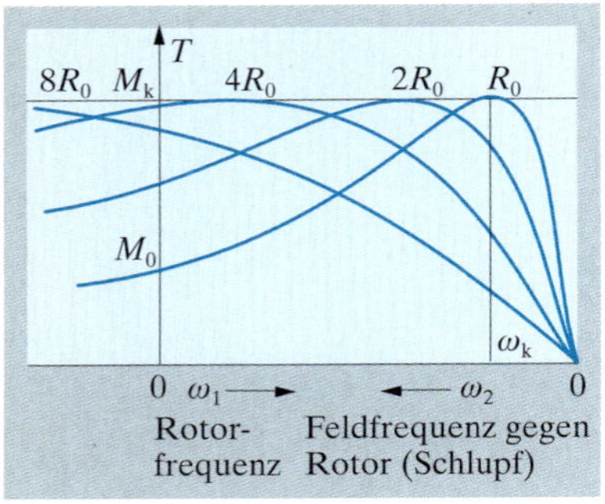

Abb. 7.125. Moment-Drehzahl-Kennlinie des Drehstrom-Asynchronmotors in Abhängigkeit vom Rotorwiderstand. Um das Anlaufmoment T_0 zu steigern, schaltet man dem Schleifringrotor Widerstände vor, die man nach dem Anlaufen wieder herausnimmt, um die Arbeitskennlinie möglichst steil zu machen. Stabil ist das Betriebsverhalten bei konstanter Last nur rechts von der **Kippdrehzahl** ω_k

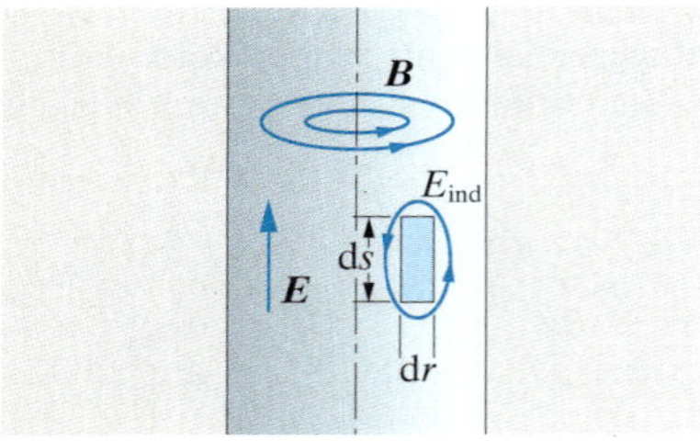

Abb. 7.126. Skineffekt

nur zum Anfahren brauchbar. Stabilität herrscht erst oberhalb des Maximums, das die „Kippfrequenz" $\omega_1 = \omega - R/L$ und das „Kippmoment" $T_R = \Phi^2/L$ bezeichnet.

Der Anlaufvorgang erfolgt um so schneller, je größer das Moment bei $\omega_1 = 0$ ist. Sein Wert ist nach (7.110) $T_0 = \Phi^2\omega R/(R^2 - \omega^2 L)$. Da im allgemeinen $R \ll \omega L$, wird das **Anlaufmoment** um so größer, je größer R ist. Deswegen legt man vor den **Schleifringläufer** Anlaßwiderstände, die man im Betriebszustand wieder wegläßt, um die Kennlinie dort möglichst steil zu machen ($T = \Phi^2\omega_2/R$). Gleichzeitig bietet die R-Änderung eine allerdings verlustbehaftete Möglichkeit zur Drehzahländerung. Günstiger ist Änderung der Polpaarzahl p; z. B. schaltet die Waschmaschine im Schleudergang meist auf $p = 1$ um und läuft dabei mit voller Netzfrequenz. Außerdem kann man heutzutage auch die Drehstromfrequenz ω_0 selbst regeln.

7.5.11 Skineffekt

Bei hoher Frequenz verteilt sich der Strom nicht über den ganzen Querschnitt eines zylindrischen Leiters mit gleicher Dichte, sondern drängt sich an die Oberfläche. Die Veranlassung zu diesem **Skin-** oder **Hauteffekt** ist die innere Selbstinduktion.

Durch ein Flächenelement $\mathrm{d}r\,\mathrm{d}s$ im Drahtinnern (Abb. 7.126) greift ein Magnetfeld hindurch, dessen Änderung ein elektrisches Wirbelfeld $\boldsymbol{E}_{\text{ind}}$ induziert. Es ist auf der der Achse zugewandten Seite dem angelegten Feld $\boldsymbol{E}$ entgegengerichtet, auf der anderen Seite gleichgerichtet. Das resultierende Feld muß also von der Achse nach außen zunehmen, ebenso wie der von ihm erzeugte Strom. Bei hohen Frequenzen wird der Strom fast vollständig an die Oberfläche verdrängt. In einer Tiefe $d = \sqrt{2\varrho/(\mu\mu_0\omega)}$ ist er bereits auf e^{-1} abgefallen (ϱ, μ spezifischer Widerstand und Permeabilität des Drahtes, ω Kreisfrequenz). Eine weitere Folge der inneren Selbstinduktion ist eine Phasenverschiebung zwischen Strom und Spannung.

Der Skineffekt führt dazu, daß ein Draht für hochfrequenten Wechselstrom einen höheren Widerstand hat als für Gleichstrom. Wenn die Dicke d der effektiv leitenden Schicht klein gegen den Drahtdurchmesser ist, bestimmt nicht mehr der Querschnitt, sondern der Umfang den Widerstand. Daher verwendet man als Hochfrequenzleiter dünnwandige Rohre oder Litzen.

Die vollständige Theorie des Skineffektes ist ziemlich kompliziert. Wir geben eine Kurzfassung. Selbst bei den höchsten technisch erreichbaren Frequenzen spielt in guten Leitern der Verschiebungsstrom $\dot{D}$ keine Rolle gegen die Stromdichte j. Man sieht das aus dem Vergleich von $\dot{D} = \omega\varepsilon_0 E$ mit $j = \sigma E$. Für $\omega \ll \sigma/\varepsilon_0 \approx 10^{18}\,\mathrm{s}^{-1}$ ist $\dot{D} \ll j$. Die Maxwell-Gleichungen lauten dann

$$\operatorname{rot} \boldsymbol{H} = \boldsymbol{j}\,, \qquad \operatorname{rot} \boldsymbol{E} = \frac{1}{\sigma}\operatorname{rot} \boldsymbol{j} = -\mu\mu_0\dot{\boldsymbol{H}}\,.$$

Elimination von $\boldsymbol{H}$ führt auf $\operatorname{rot}\operatorname{rot}\boldsymbol{j} = \sigma\mu\mu_0\dot{\boldsymbol{j}}$. Die zeitliche Ableitung entspricht einer Multiplikation mit ω, die zweimalige räumliche (rot rot) einer zweimaligen Multiplikation mit der reziproken Schichtdicke, auf der der Stromabfall auf e^{-1} erfolgt:

$$\frac{1}{d^2}\boldsymbol{j} \approx \omega\sigma\mu\mu_0\boldsymbol{j}\,. \qquad (7.111)$$

Das ist die oben angegebene Beziehung für d, hier für eine Platte.

7.6 Elektromagnetische Wellen

Die Eleganz von *Maxwells* Gleichungen begeisterte *Ludwig Boltzmann* zu dem Ausruf: „War es ein Gott, der diese Zeichen schrieb ...?“ Die Symmetrie zwischen Elektrizität und Magnetismus wurde damit vollständig: Wenn sich ein elektrisches Feld ändert, entsteht ein Magnetfeld. Als *Heinrich Hertz* dann die theoretisch postulierten elektromagnetischen Wellen erzeugte, begann eine Entwicklung, die heute an Tempo fast noch zunimmt.

Unsere bisherige Darstellung der elektromagnetischen Erscheinungen umfaßte drei Stufen, gekennzeichnet durch folgende Sätze:

1) Ruhende elektrische Ladungen erzeugen elektrische Felder, deren Feldlinien in den Ladungen beginnen oder enden:

$$\operatorname{div}\boldsymbol{D} = \varrho\,.$$

2) Ströme, d. h. bewegte Ladungen, erzeugen Magnetfelder, deren geschlossene Feldlinien die Ströme umkreisen:

$$\operatorname{rot}\boldsymbol{H} = \boldsymbol{j}\,.$$

3) Sich ändernde Magnetfelder erzeugen elektrische Felder, deren geschlossene Feldlinien die Änderungsrichtung des Magnetfeldes umkreisen:

$$\operatorname{rot}\boldsymbol{E} = -\dot{\boldsymbol{B}}\,.$$

Zum Verständnis der elektromagnetischen Wellen fehlt ein vierter Schritt. *Maxwell* ermöglichte ihn durch die Einführung des „Verschiebungsstromes“.

7.6.1 Der Verschiebungsstrom

Wenn ein Kondensator (etwa in einem Schwingkreis) aufgeladen wird, so fließt überall im Kreis ein Ladestrom I, nur zwischen den Kondensatorplatten ist er plötzlich unterbrochen. Wenn der Plattenzwischenraum mit einem Dielektrikum gefüllt ist, so fließt eigentlich auch dort ein allerdings nicht direkt meßbarer Strom I_1, repräsentiert durch die Verschiebung der Ladungen im Dielektrikum. Die Platten des Kondensators mögen die Fläche A und den Abstand d haben. Die Polarisation P des Dielektrikums entspricht einer Ladung $\pm PA$ direkt vor den Platten, ihre Änderung $\dot{P}$ einem Strom $I_1 = \dot{P}A$. Nach (6.47) ist $\boldsymbol{D} = \varepsilon\varepsilon_0\boldsymbol{E} = \varepsilon_0\boldsymbol{E} + \boldsymbol{P}$, also läßt sich der gesamte Ladestrom darstellen als

$$I \underset{1}{=} \dot{Q} \underset{2}{=} C\dot{U} \underset{3}{=} C\dot{E}d \underset{4}{=} \varepsilon\varepsilon_0 A\dot{E} \underset{5}{=} \dot{D}A \underset{6}{=} \varepsilon_0\dot{E}A + \dot{P}A\,. \qquad (7.112)$$

Erläuterungen zu den Schritten der Umformung (vgl. Nummern der Gleichheitszeichen): (1) Strom ist Ladungsänderung; (2) Definition der Kapazität; (3) Defini-

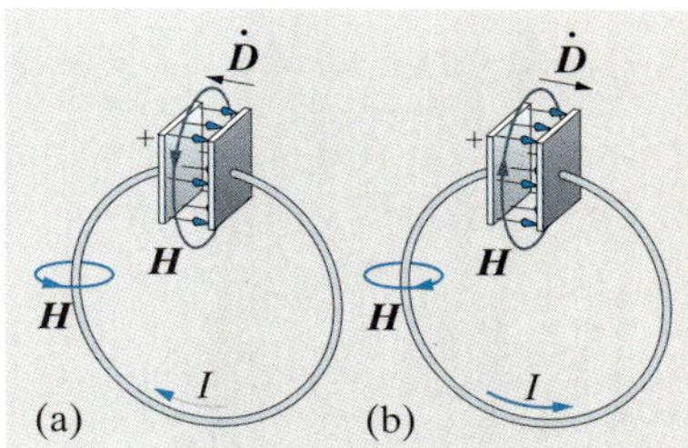

Abb. 7.127a, b. Wenn der Kondensator sich lädt, umspannt das Magnetfeld nicht nur den Draht, sondern auch die D-Änderung zwischen den Platten. Dargestellt sind die Felder kurz vor bzw. nach Erreichen der maximalen Aufladung

tion der Feldstärke bzw. der Spannung; (4) Kapazität des Plattenkondensators; (5) Definition von D; (6) Definition von P.

Äußerst rechts in (7.112) taucht der Strom $I = \dot{P}A$ wieder auf, der in der Ladungsverschiebung im Dielektrikum besteht. *Maxwell* faßte nun auch das Glied $\varepsilon_0 \dot{E}A$ als Teil eines *Verschiebungsstromes* auf, der sogar im Vakuum fließen soll, wenn sich das elektrische Feld dort ändert. Der vollständige Verschiebungsstrom

$$I_V = \varepsilon_0 \dot{E}A + \dot{P}A = \varepsilon\varepsilon_0 \dot{E}A = \dot{D}A$$

sorgt dann dafür, daß der Stromkreis, auch über den Kondensatorzwischenraum hinweg, völlig geschlossen ist. Die **Verschiebungsstromdichte**

$$\boxed{\boldsymbol{j}_V = \dot{\boldsymbol{D}}} \qquad (7.113)$$

soll danach völlig gleichwertig einer Leitungsstromdichte $\boldsymbol{j}_L$ sein, wie sie im Metall fließt. Diese Begriffsbildung bewährt sich, wenn sich zeigt, daß ein Verschiebungsstrom, also eine zeitliche Änderung des elektrischen Feldes, ebenso ein Magnetfeld um sich herum erzeugt, wie das ein Leitungsstrom tut. Man hat dann das Recht, die Gleichung rot $\boldsymbol{H} = \boldsymbol{j}_L$ zur vollständigen Maxwellschen Gleichung

$$\boxed{\operatorname{rot} \boldsymbol{H} = \boldsymbol{j}_V + \boldsymbol{j}_L = \dot{\boldsymbol{D}} + \boldsymbol{j}_L} \qquad (7.114)$$

zu ergänzen. Alle diese Annahmen bestätigen sich empirisch vollkommen.

✗ Beispiel...

In einem Leitermaterial mit dem spezifischen Widerstand ϱ fließt ein Wechselstrom der Frequenz ω. Welche relativen Rollen spielen der Verschiebungsstrom $\dot{D}$ und der Leitungsstrom?

Das elektrische Feld ist E, die Stromdichte $j = E/\varrho$, die Verschiebungsstromdichte $\dot{D} = \varepsilon_0 \dot{E} = \varepsilon_0 \omega E$, also $j/\dot{D} = 1/(\varepsilon_0 \omega \varrho)$. Bei $\varrho = 1{,}7 \cdot 10^{-8}\,\Omega\text{m}$ (Cu) überwiegt der Leitungsstrom bis $\omega \approx 10^{19}\,\text{s}^{-1}$. Bei einem Isolator mit $\varrho = 10^{12}\,\Omega\text{m}$ (Prozellan) überwiegt schon ab $\omega \approx 0{,}1\,\text{s}^{-1}$ der Verschiebungsstrom.

7.6.2 Der physikalische Inhalt der Maxwell-Gleichungen

Damit ist der vollständige Satz von Feldgleichungen gewonnen, die wir nochmals in differentieller und integraler Form zusammenstellen:

$$\boxed{\begin{aligned}
&\operatorname{rot} \boldsymbol{H} = \dot{\boldsymbol{D}} + \boldsymbol{j}, && \oint_K \boldsymbol{H} \cdot d\boldsymbol{s} = \frac{d}{dt} \int_A \boldsymbol{D} \cdot d\boldsymbol{A} + I \\
&\operatorname{rot} \boldsymbol{E} = -\dot{\boldsymbol{B}}, && \oint_K \boldsymbol{E} \cdot d\boldsymbol{s} = -\frac{d}{dt} \int_A \boldsymbol{B} \cdot d\boldsymbol{A} \\
&\operatorname{div} \boldsymbol{D} = \varrho, && \oint_A \boldsymbol{D} \cdot d\boldsymbol{A} = Q \\
&\operatorname{div} \boldsymbol{B} = 0, && \oint_A \boldsymbol{B} \cdot d\boldsymbol{A} = 0 .
\end{aligned}} \qquad (7.115)$$

Bis auf die Tatsache, daß es elektrische, aber keine magnetischen Ladungen und Ströme gibt, drücken diese Gleichungen eine völlige Symmetrie zwischen elektrischem und magnetischem Feld aus:

> Ein sich zeitlich änderndes elektrisches Feld erzeugt ein magnetisches Wirbelfeld. Ein sich zeitlich änderndes Magnetfeld erzeugt ein elektrisches Wirbelfeld.

Die Richtungsverhältnisse zwischen $\dot{\boldsymbol{D}}$ und $\boldsymbol{H}$ einerseits und $\dot{\boldsymbol{B}}$ und $\boldsymbol{E}$ andererseits folgen der Rechtehand- bzw. Linkehandregel (Abb. 7.128–7.130).

Jede Änderung eines Magnetfeldes induziert in einem Leiter, der das Feld umfaßt, eine Spannung. Wird der Leiter zum Ring geschlossen, so fließt in ihm ein Strom, der seinerseits ein (sekundäres) Magnetfeld erzeugt. In Abb. 7.130 sei $\dot{\boldsymbol{B}}$ die Änderung des Primärfeldes, entsprechend einer Zunahme von $\boldsymbol{B}$. Das sekundäre Feld ist stets $\dot{\boldsymbol{B}}$ entgegengerichtet (Lenzsche Regel, oder Rechtehand- und Linkehandregel). Die Maxwellschen Gleichungen behaupten, daß all dies auch richtig ist, wenn kein Leiter das sich ändernde Magnetfeld umspannt, in dem man die induzierten elektrischen Felder durch einen Strom direkt nachweisen könnte. Es besteht nur ein Unterschied: In dem Spezialfall, wo das primäre Magnetfeld linear mit der Zeit anwächst, d. h. $\dot{\boldsymbol{B}}$ konstant ist, induziert es um sich ein *konstantes* elektrisches Wirbelfeld. Ist ein Leiter vorhanden, so fließt ein Gleichstrom, dessen sekundäres Magnetfeld ebenfalls konstant ist. Ohne einen Leiter hat das konstante elektrische Wirbelfeld keine weiteren Folgen. Anders, wenn sich das primäre Magnetfeld nicht mit konstanter Geschwindigkeit ändert, z. B. wenn es von einem mit Wechselstrom betriebenen Magneten stammt. Mit $\dot{\boldsymbol{B}}$ ist dann auch das induzierte elektrische Wirbelfeld zeitlich veränderlich und erzeugt daher (gleichgültig ob ein Leiter da ist oder nicht) um sich herum wieder ein Magnetfeld, und so weiter.

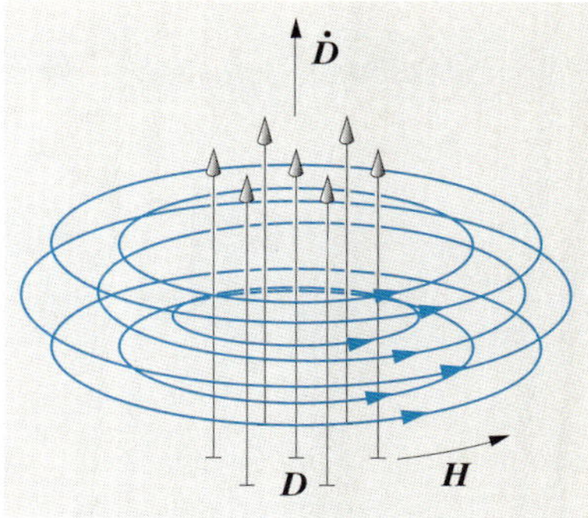

Abb. 7.128. Ein sich änderndes elektrisches Feld erzeugt ein Magnetfeld

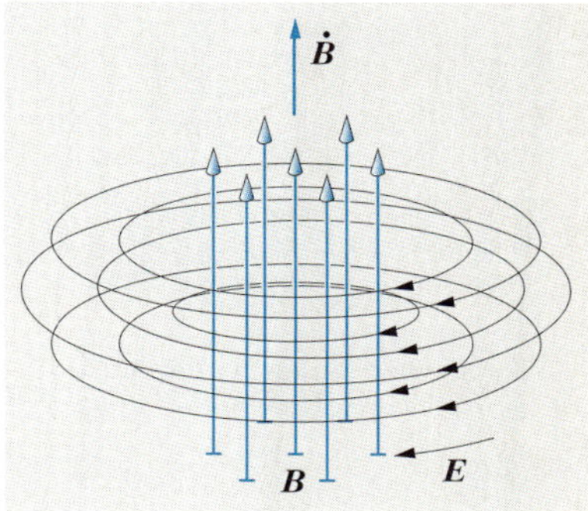

Abb. 7.129. Ein sich änderndes Magnetfeld erzeugt ein elektrisches Feld

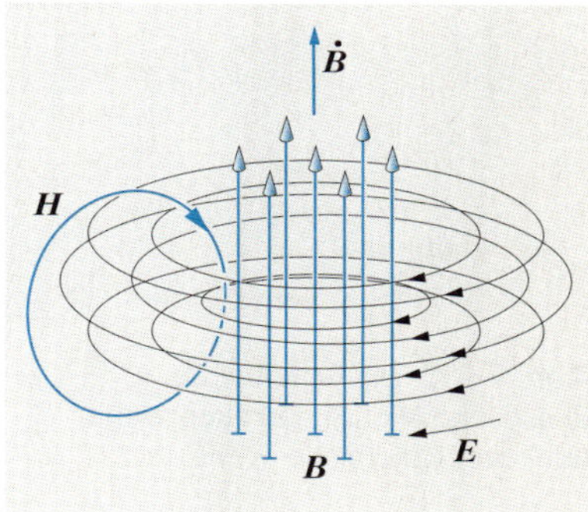

Abb. 7.130. Bei nichtkonstantem $\dot{B}$ erzeugt das veränderliche E ein weiteres Magnetfeld H

7.6.3 Ebene elektromagnetische Wellen

Die Folgerung aus den Maxwellschen Gleichungen, daß elektrische und magnetische Felder sich gegenseitig induzieren können, ist ganz analog der Tatsache, daß eine Kompression in einem Gas einen Druck erzeugt, der seinerseits wieder die Umgebung zu deformieren sucht. *Maxwell* fragte sich daher sofort, ob es nicht analog zu den elastischen Wellen auch elektromagnetische Wellen gebe und welche Eigenschaften sie haben müßten.

Wir versuchen, die einfachste Wellenform zu konstruieren: Eine ebene harmonische Welle. Sie möge sich in x-Richtung fortpflanzen. Das elektrische Feld $\boldsymbol{E}$ soll sich also mit Ort und Zeit ändern wie

$$\boxed{\boldsymbol{E} = \boldsymbol{E}_0 \sin\omega\left(t - \frac{x}{v}\right)} \quad . \tag{7.116}$$

v und ω sind Ausbreitungsgeschwindigkeit und Kreisfrequenz der hypothetischen Welle, $\lambda = 2\pi v/\omega$ ist ihre Wellenlänge. Mit dem elektrischen

(a) *Schallwelle (elastische Welle)*

(b) *Lichtwelle (elektromagnetische Welle)*

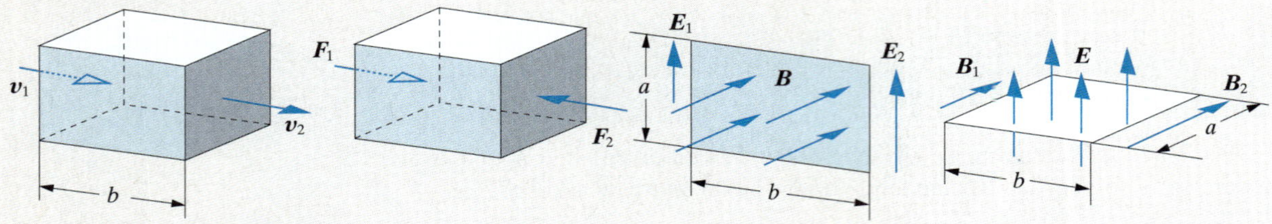

(a) Schallwelle

Geschwindigkeitsunterschied deformiert das Volumen:

$$\dot V = A(v(x+b) - v(x)) = v'bA = v'V$$

$$\frac{\dot V}{V} = -\kappa \dot p = v'$$

$$\dot p = -\frac{1}{\kappa} v', \ddot p = -\frac{1}{\kappa} \dot v'$$

Druckunterschied beschleunigt das Volumen:

$$\varrho V \dot v = F = A(p(x) - p(x+b)) = -p'Ab = -p'V$$

$$\dot v = -\frac{1}{\varrho} p', \dot v' = -\frac{1}{\varrho} p''$$

Wellengleichung $\ddot p = -\frac{1}{\kappa\varrho} p''$

Allgemeine Lösung $p = f(x \pm ct)$, $c = \frac{1}{\sqrt{\kappa\varrho}}$

Speziell:

Harmonische Welle $p = p_0 + p_1 \sin(\omega t - kx)$

$k = \frac{2\pi}{\lambda}$ $\quad v = v_0 - v_1 \sin(\omega t - kx)$

$c = \frac{\omega}{k}$ $\quad v_1 = \kappa c p_1$

Schallenergiedichte $w = \frac{1}{2} \varrho v_1^2 = \frac{1}{2} \kappa p_1^2 = \frac{1}{2} \frac{v_1 p_1}{c}$

Schallintensität $I = wc = \frac{1}{2} v_1 p_1$

(b) Lichtwelle

Magnetflußänderung induziert E-Unterschied:

$$\dot\phi = \dot B ab = -U = -E'ab$$

$$\dot B = -E'$$

$$\ddot B = -\dot E'$$

Elektrische Flußänderung erzeugt B-Unterschied:

$$\dot E ab = -\frac{B'ab}{\varepsilon\varepsilon_0\mu\mu_0}$$

$$\dot E = -\frac{1}{\varepsilon\varepsilon_0\mu\mu_0} B'$$

$$\dot E' = -\frac{1}{\varepsilon\varepsilon_0\mu\mu_0} B''$$

Wellengleichung $\ddot B = \frac{1}{\varepsilon\varepsilon_0\mu\mu_0} B''$

Allgemeine Lösung $B = f(x \pm ct)$, $c = \frac{1}{\sqrt{\varepsilon\varepsilon_0\mu\mu_0}}$

Speziell:

Harmonische Welle $B = B_0 + B_1 \sin(\omega t - kx)$

$E = E_0 - E_1 \sin(\omega t - kx)$

$E_1 = cB_1$

Lichtenergiedichte $w = \frac{1}{2} \varepsilon\varepsilon_0 E_1^2 = \frac{1}{2} \frac{B_1^2}{\mu\mu_0} = \frac{1}{2} E_1 B_1 c\varepsilon\varepsilon_0$

Lichtintensität $I = wc = \frac{1}{2} E_1 B_1 \frac{1}{\mu\mu_0} = \frac{1}{2} E_1 H_1$

Abb. 7.131. (a) Schallwelle (elastische Welle), (b) Lichtwelle (elektromagnetische Welle)

Feld muß ein Magnetfeld $\boldsymbol{B}$ mit der Amplitude $\boldsymbol{B}_0$ verbunden sein, das sich ebenfalls harmonisch mit Ort und Zeit ändert, das durch die $\boldsymbol{E}$-Änderung erzeugt wird und dessen Änderung ihrerseits das $\boldsymbol{E}$-Feld erzeugt. Mittels der Maxwellschen Gleichungen stellen wir folgendes fest:

- Elektromagnetische Wellen müssen **transversal** sein. Denn wenn $\boldsymbol{D}$ oder $\boldsymbol{B}$ in der Ausbreitungsrichtung lägen oder auch nur eine Komponente in dieser Richtung hätten, würde nach Abb. 7.132 der Raum von abwechselnden Feldquellen und Feldsenken erfüllt sein. Dies ist im ladungsfreien Raum für $\boldsymbol{D}$ nicht möglich, und für $\boldsymbol{B}$ überhaupt nirgends. $\boldsymbol{D}$ und $\boldsymbol{B}$ stehen senkrecht auf der Ausbreitungsrichtung. *Elektromagnetische Wellen sind transversal*. Dies folgt aus den Maxwellschen Gleichungen $\operatorname{div}\boldsymbol{D} = \operatorname{div}\boldsymbol{B} = 0$.

Die anderen beiden Maxwellschen Gleichungen arbeiten in ihrer Integralform mit einer Integrationsfläche A, dem (elektrischen oder magnetischen) Fluß, der durch sie tritt, und der (magnetischen oder elektrischen) Umlaufspannung um den Rand dieser Fläche A. Wir denken diese Fläche durch einen rechteckigen Rahmen realisiert, der eine halbe Wellenlänge lang ist und beliebige Breite b hat und den wir im Feld beliebig drehen und verschieben können (Abb. 7.133). Damit weisen wir nach:

- $\boldsymbol{B}$ steht senkrecht auf $\boldsymbol{E}$. Denn dreht man den Rahmen um die x-Richtung, so fängt er um so mehr $\dot{\boldsymbol{D}}$ ein, je mehr man ihn senkrecht zu $\boldsymbol{E}$ stellt. Gleichzeitig muß man wegen $\oint_K \boldsymbol{H}\,\mathrm{d}\boldsymbol{s} = \int_A \dot{\boldsymbol{D}}\,\mathrm{d}\boldsymbol{f}$ maximales $\boldsymbol{H}$ haben. Das ist nur möglich, wenn $\boldsymbol{E}\perp\boldsymbol{H}$ ist.
- $\boldsymbol{E}$ und $\boldsymbol{H}$ sind in Phase, d. h. haben ihre Maxima an der gleichen Stelle. Verschiebt man nämlich den Rahmen so, daß er maximales $\dot{\boldsymbol{D}}$ einfängt – das ist der Fall, wenn er vom Berg zum Tal von $\boldsymbol{E}$ reicht – wird auch die magnetische Umlaufspannung maximal, d. h. $\boldsymbol{H}$ hat ebenfalls sein Maximum bzw. Minimum auf dem Rahmenrand.
- Schreibt man die Flüsse und Umlaufspannungen für diese optimale Lage des Rahmens auf, so erhält man mit der ersten Maxwellschen Gleichung

$$\int_A \dot{\boldsymbol{D}}\,\mathrm{d}\boldsymbol{f} = b\int_{\lambda/4}^{3\lambda/4} \varepsilon\varepsilon_0 \dot{E}\,\mathrm{d}x = b\varepsilon\varepsilon_0\omega E_0 \int_{\lambda/4}^{3\lambda/4} \cos\frac{\omega x}{v}\,\mathrm{d}x$$

$$= b\varepsilon\varepsilon_0\omega\frac{v}{\omega}E_0\cdot 2 = \oint_K \boldsymbol{H}\,\mathrm{d}\boldsymbol{s} = 2bH_0$$

oder

$$H_0 = \varepsilon\varepsilon_0 v E_0\,. \tag{7.117}$$

Ganz analog folgt aus der zweiten Maxwellschen Gleichung

$$E_0 = \mu\mu_0 v H_0\,. \tag{7.118}$$

Setzt man eine dieser Gleichungen in die andere ein, so erhält man für die Ausbreitungsgeschwindigkeit der Welle

$$\boxed{v = \frac{1}{\sqrt{\varepsilon\varepsilon_0\mu\mu_0}}}\,. \tag{7.119}$$

Die vier Feldvektoren hängen also zusammen wie

$$\boxed{E_0 = \sqrt{\frac{\mu\mu_0}{\varepsilon\varepsilon_0}}H_0 = \frac{1}{\sqrt{\varepsilon\varepsilon_0\mu\mu_0}}B_0 = \frac{1}{\varepsilon\varepsilon_0}D_0}\,. \tag{7.120}$$

$Z_W = E_0/H_0 = \sqrt{\mu\mu_0/(\varepsilon\varepsilon_0)}$ heißt **Wellenwiderstand** des Mediums (vgl. Aufgabe 7.6.11). Im Vakuum ist

$$Z_W = \sqrt{\frac{\mu_0}{\varepsilon_0}} = 376{,}7\,\Omega\,.$$

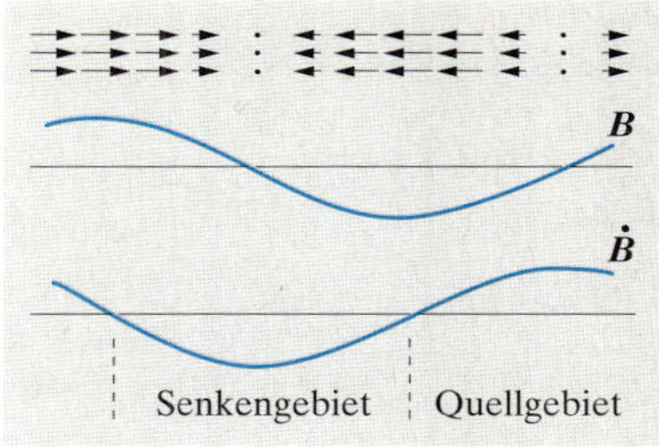

Abb. 7.132. Ein longitudinales elektromagnetisches Feld hätte abwechselnd Quellen und Senken für elektrische und magnetische Ladung

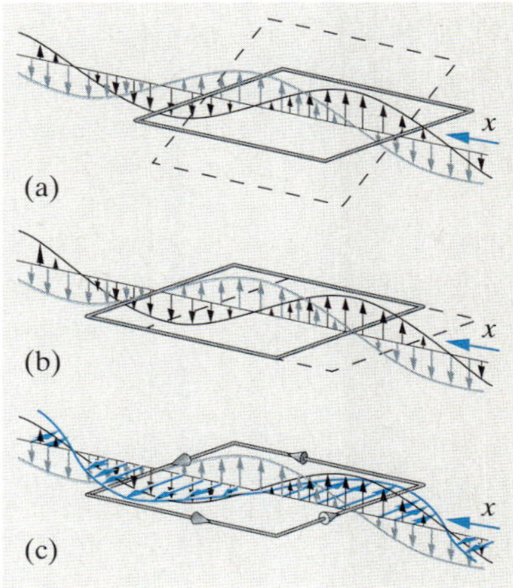

Abb. 7.133a–c. Elektromagnetische Welle (fortschreitende ebene Welle). (a) Der Meßrahmen fängt am meisten $\dot{\boldsymbol{D}}$ auf, wenn er senkrecht zu $\boldsymbol{D}$ steht, und zwar so (b), daß er eine volle $\dot{\boldsymbol{D}}$-Halbwelle umfaßt; (c) $\boldsymbol{H}$ ist also senkrecht zu $\boldsymbol{D}$ und in Phase mit ihm. (⟶) $\boldsymbol{D}$, (⟶) $\dot{\boldsymbol{D}}$, (⟶) $\boldsymbol{H}$

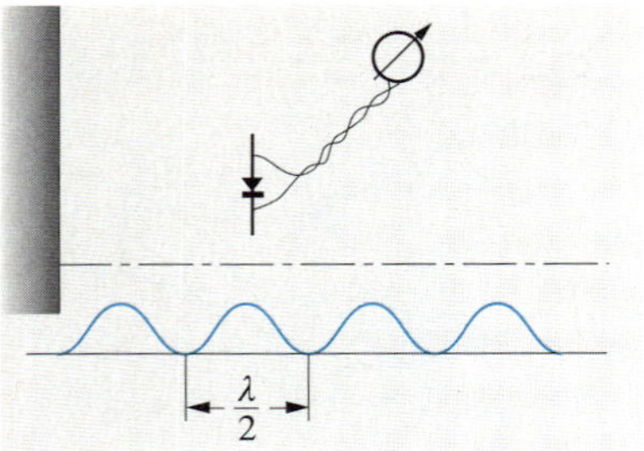

Abb. 7.134. Zum Nachweis freier stehender elektromagnetischer Wellen

Im Vakuum ($\varepsilon = \mu = 1$) breiten sich also elektromagnetische Wellen mit der Geschwindigkeit

$$c = \frac{1}{\sqrt{\varepsilon_0 \mu_0}} = 3 \cdot 10^8 \text{ m/s} \tag{7.121}$$

aus, d. h. mit derselben Geschwindigkeit wie das Licht. Der Verdacht liegt daher nahe, daß Licht nichts anderes als eine elektromagnetische Welle ist.

Abgesehen von dieser ungeheuer weittragenden Einschmelzung der ganzen Optik in die Elektrodynamik kann man elektromagnetische Wellen aber auch direkt im Labor herstellen. *Heinrich Hertz* gelang dies 1880 zum ersten Mal, nachdem *Maxwell* sie 1865 theoretisch vorausgesagt hatte. Die Erzeugung solcher Wellen wird in den Abschn. 7.6.5 bis 7.6.10 besprochen. Läßt man sie auf eine hinreichend weit von der Quelle entfernte Metallfläche auffallen (Abb. 7.134), so entstehen davor stehende Wellen. Die Metalloberfläche ist dabei eine Knotenfläche für $\boldsymbol{E}$, weil im Metall kein elektrisches Feld herrschen kann. Weitere Knoten liegen parallel zum Spiegel in Abständen einer halben Wellenlänge. In der Mitte zwischen ihnen sind Bäuche, d. h. Orte maximaler Feldstärke. Man weist diese periodische Verteilung des elektrischen Wechselfeldes mit einer Antenne nach, d. h. einem geraden Draht, der durch einen Gleichrichter oder Detektor unterbrochen und an ein Galvanometer angeschlossen ist. Abbildung 7.134 zeigt die räumliche Verteilung der Galvanometerausschläge. In den beiden dazu senkrechten Richtungen würde kein Antennenstrom fließen, weil die Welle des Senders transversal und zudem polarisiert ist (Abschn. 10.2.1).

✘ Beispiel...

Die Sonne strahlt der Erde rund 1 400 W/m^2 zu (Solarkonstante). Wie groß sind $\boldsymbol{E}, \boldsymbol{B}, \boldsymbol{D}, \boldsymbol{H}$ in der Sonnenstrahlung (Effektiv- und Maximalwerte)? Spielt es eine Rolle, daß das Sonnenlicht „weiß" und unpolarisiert ist?

In der ebenen Welle ist $\boldsymbol{E}$ senkrecht zu $\boldsymbol{H}$, beide Felder sind in Phase. Also ist der **Poynting-Vektor** $S = EH = S_0 \cos^2 \omega t$, der mittlere Energiefluß $\overline{S} = \frac{1}{2} S_0 = \frac{1}{2} E_0 H_0 = 1{,}4 \cdot 10^3 \text{ W/m}^2$. Andererseits ist $H_0 = E_0 \sqrt{\varepsilon_0/\mu_0}$. Es folgt $E_0 = 1\,000$ V/m, $H_0 = 2{,}6$ A/m, $B_0 = 3{,}3 \cdot 10^{-6}$ T, Spektrum und Polarisation spielen hier keine Rolle.

In Materie breiten sich elektromagnetische Wellen nach (7.119) i. allg. langsamer aus: $v = c/\sqrt{\varepsilon\mu}$ oder, da für die in Frage kommenden Stoffe $\mu \approx 1$ ist:

$$v = \frac{c}{\sqrt{\varepsilon}} . \tag{7.122}$$

Diese **Maxwell-Relation** würde in optischer Sprache durch eine Brechzahl

$$n = \frac{c}{v} = \sqrt{\varepsilon} \tag{7.123}$$

ausgedrückt werden. Diese Beziehung zwischen einer rein optischen und einer rein elektrischen Größe trifft tatsächlich in vielen Fällen zu (Ausnahmen und ihre Gründe s. Abschn. 10.3.3), was der elektromagnetischen Lichttheorie als weitere Stütze dient.

7.6.4 Energiedichte und Energieströmung

Eine ebene ungedämpfte Welle hat nach (7.120) die **Energiedichte**

$$w = \tfrac{1}{2}(ED + HB) = \varepsilon\varepsilon_0 E^2 = \mu\mu_0 H^2$$

(vgl. (6.54)). Die Energie der Welle steckt zur Hälfte im elektrischen, zur Hälfte im magnetischen Feld. Räumlich ist die Energie in plattenförmigen Bündeln konzentriert, dort, wo E und H maximal sind. Dazwischen liegen energiearme Zonen. Die Energiebündel wandern mit der Geschwindigkeit $v = 1/\sqrt{\varepsilon\varepsilon_0\mu\mu_0}$. Das bedeutet einen Energiestrom mit der Dichte

$$S = wv = \varepsilon\varepsilon_0 E^2 \frac{1}{\sqrt{\varepsilon\varepsilon_0\mu\mu_0}} = \sqrt{\frac{\varepsilon\varepsilon_0}{\mu\mu_0}} E^2 = EH\,. \tag{7.124}$$

Diese Energie strömt senkrecht zu $\boldsymbol{E}$ und $\boldsymbol{H}$, die beide ihrerseits senkrecht aufeinanderstehen. Alle diese Eigenschaften drückt der **Poynting-Vektor**

$$\boxed{\boldsymbol{S} = \boldsymbol{E} \times \boldsymbol{H}} \tag{7.125}$$

aus, der ganz allgemein die **Energiestromdichte** im elektromagnetischen Feld angibt.

7.6.5 Der lineare Oszillator

Beim Schwingkreis für Frequenzen bis zu einigen MHz (Abb. 7.103) bleibt das elektrische Feld praktisch auf den Kondensator und das magnetische auf die Spule beschränkt. Um die Eigenfrequenz weiter zu steigern, muß man C und L so sehr verkleinern, daß man schließlich gar nicht mehr eine Spule zu wickeln oder Platten an die Drahtenden zu löten braucht, sondern daß der Leitungsdraht selbst schon Kapazität und Induktivität genug hat. Elektrisches und magnetisches Feld umgeben dann den gesamten Draht und sind räumlich nicht mehr getrennt. Aus dem Schwingkreis entwickelt sich so entweder der **Hohlraumoszillator**, bei dem elektrisches und magnetisches Feld einen leitend umschlossenen Hohlraum erfüllen, oder der lineare Oszillator, bei dem beide einen linearen Leiter umgeben (Abb. 7.147, 7.135).

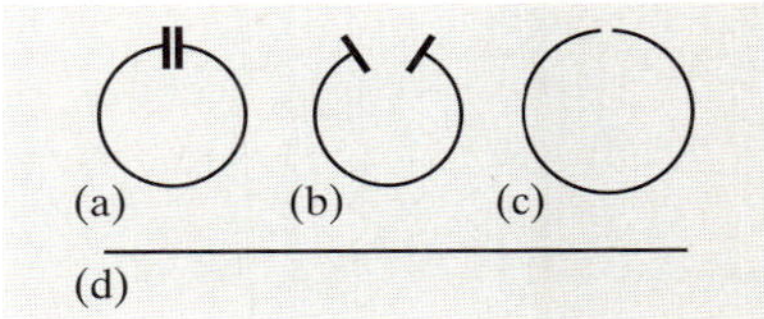

Abb. 7.135a–d. Übergang vom geschlossenen zum offenen Schwingkreis und zum Hertz-Oszillator

Nach Abb. 7.135 kommt man vom Schwingkreis zum linearen Oszillator durch Verkleinerung des Kondensators und Streckung der Spule. Schwingkreis wie linearen Oszillator kann man z. B. durch induktive Kopplung mit einem Röhrensender erregen (Abschn. 8.2.8). Zum Nachweis der Schwingungen baut man z. B. eine Glühlampe ein (Abb. 7.136). Sie leuchtet am hellsten, wenn die Eigenfrequenz des Kreises mit der Senderfrequenz übereinstimmt. Die **Abstimmung** kann beim Schwingkreis durch Abstands- oder Größenänderung der Konden-

Abb. 7.136. Nachweis der Schwingungen durch eine in den Kreis geschaltete Glühlampe

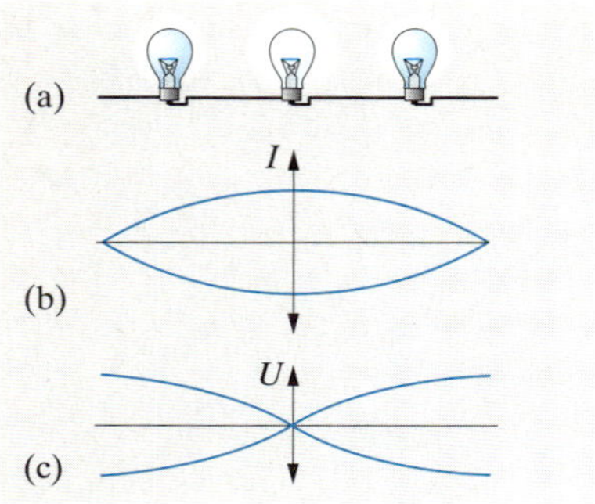

Abb. 7.137a–c. Die Verteilung von Stromstärke und Spannung in einem Hertz-Oszillator. Die zur Spannungsverteilung (c) gehörige Feldstärke zeigt die gleiche Form wie (b)

satorplatten erfolgen, beim linearen Oszillator durch Längenänderung (Ausziehen ineinandergesteckter Rohre). Man findet, daß die Resonanz beim linearen Oszillator viel weniger scharf ist als beim Schwingkreis, was nach Abschn. 4.1.3 auf eine viel höhere Dämpfung schließen läßt. Die hohe Dämpfung des linearen Oszillators kann nicht allein auf Jouleschen Wärmeverlusten im Leiter beruhen; der ohmsche Widerstand des geraden Leiters ist ja nicht größer, als wenn er wie in Abb. 7.135 zum Kreis bzw. zur Spule gebogen ist. Beim Hertz-Oszillator kommen zu den Verlusten an Joulescher Wärme noch *Energieverluste durch Ausstrahlung* hinzu (**Strahlungsdämpfung**).

Bringt man einen Hertz-Oszillator der Länge l_0, der in Luft Resonanz zeigt, in ein Dielektrikum, z. B. in Wasser ($\varepsilon = 81$), dann muß er, um auf die gleiche Sendefrequenz abgestimmt zu sein, auf $l_0/\sqrt{\varepsilon}$ verkürzt werden. Bei einer solchen Verkürzung nehmen Kapazität und Induktivität des geraden Leiters proportional zur Länge ab, ihr Produkt LC dividiert sich also durch ε. Beim Einbetten ins Wasser hat sich aber vorher die Kapazität mit ε multipliziert. Im ganzen ist also LC und damit nach der Thomson-Formel ω unverändert geblieben.

Bringt man im Oszillator noch weitere Glühlampen an (Abb. 7.137a), so leuchten sie um so weniger hell, je weiter sie von der Mitte entfernt sind. Längs des Oszillators ist also die effektive Stromstärke nicht konstant: Sie hat in der Mitte ein Maximum und ist an den Enden Null (Abb. 7.137b). Diese Stromverteilung schwingt zeitlich mit gleicher Phase über die ganze Stablänge; im Abstand einer halben Schwingungsdauer folgen einander Zustände, wo der Strom überall verschwindet; dazwischen liegen Zustände maximalen Stromes in beiden Richtungen. Die Spannungsverteilung (Abb. 7.137c) ist so, daß das Feld ebenfalls in der Stabmitte am größten ist. Strom und Spannung sind zeitlich gegeneinander um $\pi/2$ verschoben, wie dies einem rein induktiven Widerstand entspricht: Das elektrische Feld ist räumlich und zeitlich proportional zur Änderungsgeschwindigkeit des Stromes.

Abbildung 7.137b stimmt mit Abb. 4.54b überein, die die Verschiebung der Teilchen eines beiderseits fest eingespannten elastischen Stabes in der longitudinalen Grundschwingung darstellt. In beiden Fällen handelt es sich um eine stehende Welle, deren Wellenlänge doppelt so lang ist wie der Stab. Eine solche stehende Welle kann als Überlagerung einer hin- und einer zurücklaufenden Welle aufgefaßt werden. Wenn die elektrische Welle mit der Phasengeschwindigkeit $c = 3 \cdot 10^8$ m/s läuft, so ergibt sich die Schwingungsfrequenz des linearen Oszillators der Länge l als

$$\nu = \frac{c}{\lambda} = \frac{c}{2l} \,. \tag{7.126}$$

Die Annahme, daß die Welle mit der Geschwindigkeit c über den Stab läuft, ist berechtigt, denn der wesentliche Teil der Vorgänge spielt sich nicht im Stab, sondern im umgebenden Raum ab (Umwandlung des elektrischen Feldes in ein Magnetfeld und umgekehrt). Solche Feldumwandlungen breiten sich aber nach (7.119) mit Lichtgeschwindigkeit aus.

7.6.6 Die Ausstrahlung des linearen Oszillators

Für die Stromverteilung in Abb. 7.137b folgt aus der Kontinuitätsgleichung: Da nicht überall im Stab der gleiche Strom fließt, häuft sich in der Umgebung eines Endes Ladung an, am anderen wird sie weggeschafft. Diese Ladungsanhäufungen sind maximal in den Phasen, wo nirgends mehr Strom fließt. Dann hat der Stab ein maximales Dipolmoment, das sich allerdings sofort wieder abbaut. Der Hertz-Oszillator ist ein schwingender Dipol. Sein elektrisches Feld ändert sich ebenso wie sein Dipolmoment mit der Periode der Schwingung. Das elektrische Feld eines *konstanten* Dipols erfüllt den ganzen Raum wie in Abb. 6.7 bis 6.10. Wenn aber beim Hertz-Oszillator der Dipol in einigen Nanosekunden entsteht, wieder vergeht und mit umgekehrtem Vorzeichen neu entsteht, so können die Feldlinien innerhalb dieser Zeit nicht unendlich weit vordringen, wieder verschwinden und mit umgekehrtem Vorzeichen wieder auftauchen. Vielmehr kann das Feld in einer Zeit t nur bis zum Abstand $r = ct$ vordringen, m.a.W.: Das Feld in einem Abstand r wird durch den Zustand des Oszillators bestimmt, wie er vor der Zeit $t = r/c$ war. Die *zeitlich* aufeinanderfolgenden Zustände des Dipols setzen sich also um in *räumlich* einander mit der Geschwindigkeit c nachjagende elektrische Felder. Dabei ist der räumliche Abstand zwischen zwei Feldlinienbündeln maximaler Dichte, aber verschiedener Richtung gleich einer halben Schwingungsperiode multipliziert mit c, also einer halben Wellenlänge. Maximales *Magnetfeld* entspricht den Phasen maximalen Stromes im Oszillator, die um $\pi/2$ gegen die Phasen maximalen Dipolmomentes, also maximalen elektrischen Feldes verschoben sind. Räumlich liegen also die Bündel der Magnetfeldlinien immer zwischen zwei elektrischen Bündeln.

Allerdings verhalten sich die Felder des schwingenden Oszillators nur bis zu einer gewissen Entfernung wie das elektrische Feld eines Dipols bzw. das Magnetfeld eines Biot-Savartschen „Leiterelementes". In Abständen, die groß gegen die Wellenlänge sind (in der **Wellenzone**), speisen sich elektrisches und Magnetfeld durch gegenseitige Induktion. Wenn z. B. das Magnetfeld, an einer bestimmten Stelle betrachtet, sich zeitlich mit dem Durchlaufen der Welle periodisch ändert, induziert es dadurch ein elektrisches Feld und umgekehrt. Die Verhältnisse sind hier praktisch die gleichen wie in der ebenen elektromagnetischen Welle (Abschn. 7.6.3): Elektrisches und Magnetfeld sind in Phase und stehen senkrecht aufeinander.

Um die Struktur des ausgestrahlten Feldes quantitativ zu verstehen, denke man sich Kugeln um den Oszillator gelegt, deren Achse mit der Stabrichtung zusammenfällt. In der Nah- und in der Wellenzone liegen die elektrischen Feldlinien im wesentlichen in den Meridianen, die magnetischen in den Breitenkreisen dieser Kugel. Der **Poynting-Vektor** $\boldsymbol{S} = \boldsymbol{E} \times \boldsymbol{H}$ zeigt also überall radial nach außen; er kennzeichnet ja die Flußdichte der abgestrahlten Energie. Durch zwei konzentrische Kugeln muß die gleiche Gesamtenergie fließen, da ja zwischen den Kugeln keine Energiequelle sitzt. Die Poynting-Vektoren an zwei entsprechenden Stellen einer Kugel müssen sich daher verhalten wie ihre reziproken

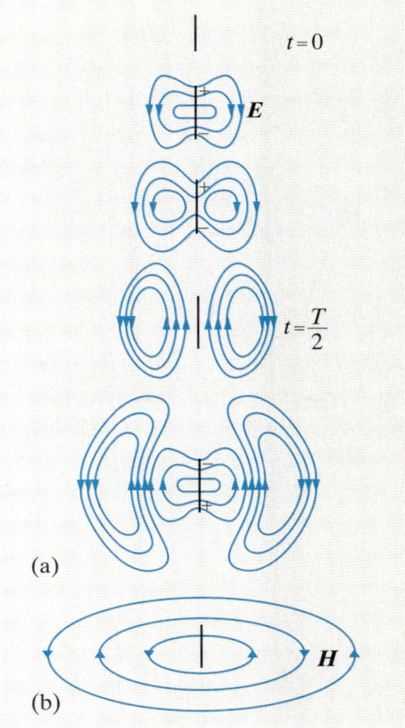

Abb. 7.138a, b. Das elektrische und magnetische Feld in der Umgebung eines **Hertz-Oszillators**. Die elektrischen Feldlinien, welche mit wachsendem Moment des schwingenden Dipols sich in den umgebenden Raum hinein ausbreiten, kehren während der Abnahme des Moments nicht zurück. Nach der Zeit $T/2$ haben sie sich von den Ladungen des Dipols gelöst. Das entstandene elektrische Wirbelfeld mit den charakteristischen nierenförmigen Feldlinien entfernt sich mit Lichtgeschwindigkeit vom Sender. Nach $T/2$ quellen wieder, nun aber mit umgekehrter Richtung, Feldlinien aus dem Dipol. So löst sich nach jeder halben Periode ein Bündel elektrischer Feldlinien ab. Der Strom im Oszillator erzeugt ein Magnetfeld, dessen Feldlinien Kreise sind, wie in (b) dargestellt. Auch ihre Richtung ändert sich nach jeder halben Periode. Gemäß den Maxwell-Gleichungen miteinander gekoppelt, pflanzen sich die elektrischen und magnetischen Felder gemeinsam fort

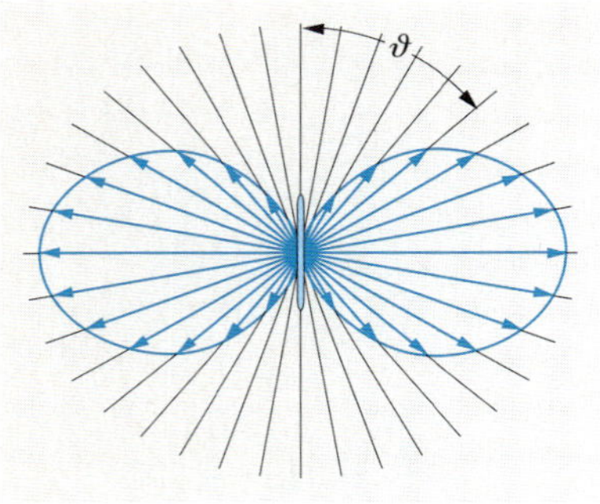

Abb. 7.139. Das Strahlungsdiagramm eines Hertz-Oszillators. Es besteht Rotationssymmetrie um die Dipolachse

Oberflächen: $S \sim r^{-2}$. Da E und H wiederum einander proportional sind, muß jedes von ihnen mit dem Abstand abnehmen wie r^{-1}:

$$S = EH \sim r^{-2}\,, \qquad H \sim E \sim r^{-1}\,. \tag{7.127}$$

Jetzt fehlt nur noch die Abhängigkeit der Feldstärken vom Ort auf der Kugel. Aus Symmetriegründen ist ausgeschlossen, daß eine „Längenabhängigkeit" vorliegt, denn das ganze Problem ist völlig symmetrisch gegenüber Rotationen um seine Achse. Eine Breitenabhängigkeit muß dagegen bestimmt vorhanden sein. Wäre z. B. das elektrische Feld an den Polen so groß wie am Äquator, so würde dort, wo alle Feldlinien zusammen- bzw. auseinanderlaufen, eine Feldsenke bzw. -quelle anzusetzen sein. Da dort aber keine Ladungen sitzen, ist das unmöglich: E und damit auch H müssen nach den Polen hin abnehmen, und zwar genau wie das Dipolfeld wie $\sin\vartheta$ (vgl. (6.28)). Ihr Produkt S geht sogar mit $\sin^2\vartheta$.

Ein reines Dipolfeld $E = p/(4\pi\varepsilon_0 r^3)\sin\vartheta$ liegt allerdings nur in der **Nahzone** vor. Wenn es sich zeitlich sinusförmig ändert, ist $\dot{E}$ einfach ωE. Auf einem kleinen Kreis in der Äquatorialebene des Dipols fällt die Zirkulation $2\pi r H = \pi r^2 \varepsilon_0 \dot{E}$ an, also $H = \frac{1}{2}\varepsilon_0 r\omega E = p\omega/(8\pi r^2)$. Wird der Kreis zu groß, hat an verschiedenen Stellen das E-Feld verschiedene Phasen. Damit der obige Ausdruck für H ungefähr gilt, muß also $r \ll \lambda\!\!\!^{-}$ sein. Weiter außen gilt annähernd der Zusammenhang (7.117): $H = \varepsilon_0 c E$ wie für die ebene Welle. Wegen $\omega \lambda\!\!\!^{-} = c$ gehen in der Tat bei $r = \lambda\!\!\!^{-}$ beide Fälle ineinander über.

Für $r = \lambda\!\!\!^{-}$ erhalten wir also

$$E = \frac{p}{4\pi\varepsilon_0 \lambda\!\!\!^{-3}}\sin\vartheta\,, \quad H = \frac{p\omega}{8\pi\lambda\!\!\!^{-2}}\sin\vartheta\,, \quad S = \frac{p^2\omega}{32\pi^2\varepsilon_0\lambda\!\!\!^{-5}}\sin^2\vartheta\,, \tag{7.128}$$

und durch Integration über die Kugelfläche vom Radius $\lambda\!\!\!^{-}$ als gesamte Strahlungsleistung

$$P = \frac{p^2\omega}{12\pi\varepsilon_0\lambda\!\!\!^{-3}} = \frac{p^2\omega^4}{12\pi\varepsilon_0 c^3}\,, \qquad \text{weil} \quad \int_0^{\pi}\int_0^{2\pi}\sin^2\vartheta\,\sin\vartheta\,\mathrm{d}\vartheta\,\mathrm{d}\varphi = \frac{8\pi}{3}\,.$$

Die genauere Rechnung bringt noch einen Faktor 2:

$$\boxed{P = \frac{p^2\omega^4}{6\pi\varepsilon_0 c^3}}\,. \tag{7.129}$$

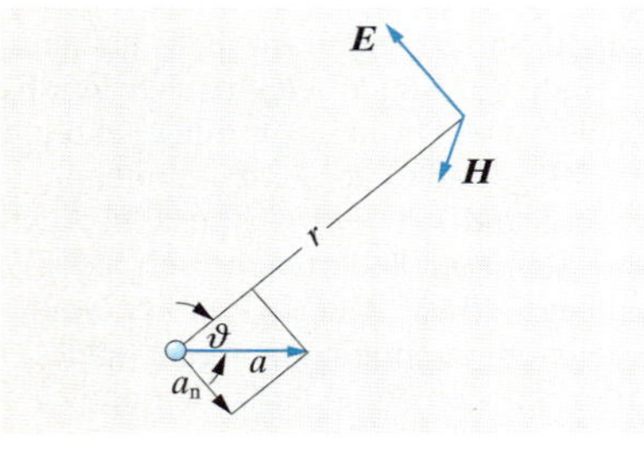

Abb. 7.140. Die Ausstrahlung einer beschleunigten Ladung als Funktion der Richtung

Von dort ab auswärts bleibt P konstant, da E und H nur noch wie $1/r$ abnehmen. Der schwingende Dipol strahlt maximal senkrecht zu seiner Achse, gar nicht in Achsrichtung.

Das Dipolmoment des Hertz-Oszillators läßt sich ausdrücken als $p = el$, wo e die effektive Ladung an den Stabenden ist. Da das Dipolmoment harmonisch schwingt, ist seine Änderungsgeschwindigkeit $\dot{p} = ev = e\omega l$, seine zweite zeitliche Ableitung $\ddot{p} = e\dot{v} = e\omega^2 l$. Der Ausdruck $p^2\omega^4$ läßt sich auffassen als $p^2\omega^4 = e^2\omega^4 l^2 = e^2\dot{v}^2$. Dies drückt einen noch allgemeineren Sachverhalt aus: Jede Ladung e, die mit $\dot{v}$ beschleunigt ist, strahlt eine Welle aus, deren Energieflußdichte und Gesamtleistung entsprechend (7.128) beschrieben werden durch

$$\boxed{S = \frac{1}{(4\pi)^2} \frac{e^2 \dot{v}^2}{\varepsilon_0 c^3} \frac{\sin^2 \vartheta}{r^2}\,, \qquad P = \frac{1}{6\pi} \frac{e^2 \dot{v}^2}{\varepsilon_0 c^3}}\,. \tag{7.130}$$

Ganz analog dem schwingenden elektrischen Dipol verhält sich ein magnetischer, der z. B. durch einen mit hochfrequentem Wechselstrom beschickten Stromring (Abschn. 7.2.5) realisiert werden kann. Das von ihm erzeugte Feld entspricht genau dem des elektrischen Dipols, nur daß, wo dort die elektrischen Feldlinien verlaufen (vgl. Abb. 7.138a), sich jetzt magnetische befinden und umgekehrt. Das Strahlungsdiagramm (Abb. 7.139) ist in beiden Fällen das gleiche.

7.6.7 Wellengleichung und Telegraphengleichung

Im leeren Raum, wo es keine Ladungen ϱ oder Ströme $\boldsymbol{j}$ gibt, und wo $\varepsilon = \mu = 1$ ist, vereinfachen sich die beiden ersten Maxwell-Gleichungen:

$$\operatorname{rot} \boldsymbol{H} = \varepsilon_0 \dot{\boldsymbol{E}}\,, \qquad \operatorname{rot} \boldsymbol{E} = -\mu_0 \dot{\boldsymbol{H}}\,. \tag{7.131}$$

Leitet man die erste dieser Gleichungen nochmals nach t ab, erhält man $\operatorname{rot} \dot{\boldsymbol{H}} = \varepsilon_0 \ddot{\boldsymbol{E}}$. Hier kann man $\dot{\boldsymbol{H}} = -\operatorname{rot} \boldsymbol{E}/\mu_0$ aus der zweiten Gleichung einsetzen und findet

$$\operatorname{rot} \operatorname{rot} \boldsymbol{E} = -\varepsilon_0 \mu_0 \ddot{\boldsymbol{E}}\,. \tag{7.132}$$

Die vektoranalytische Beziehung

$$\operatorname{rot} \operatorname{rot} \boldsymbol{a} = -\Delta \boldsymbol{a} + \operatorname{grad} \operatorname{div} \boldsymbol{a}\,,$$

die sich komponentenweise leicht verifizieren läßt, liefert hier wegen $\operatorname{div} \boldsymbol{E} = 0$ (keine Ladungen!)

$$\Delta \boldsymbol{E} = \varepsilon_0 \mu_0 \ddot{\boldsymbol{E}}\,. \tag{7.133}$$

Für jede Komponente von $\boldsymbol{E}$ gilt also eine Wellengleichung von der Form (4.48) mit der Phasengeschwindigkeit

$$c = \frac{1}{\sqrt{\varepsilon_0 \mu_0}}\,. \tag{7.134}$$

In einem Dielektrikum kommt der Faktor ε dazu; hier ist die Phasengeschwindigkeit $c/\sqrt{\varepsilon}$, entsprechend der Maxwell-Relation (7.123). Alle Wellenvorgänge im Vakuum, auch z. B. in Hohlleitern, sind Lösungen der Wellengleichung (7.133). Die einfachste Lösung ist eine ebene, z. B. in x-Richtung fortschreitende Sinuswelle:

$$\boldsymbol{E} = \boldsymbol{E}_0\, \mathrm{e}^{\mathrm{i}(\omega t - kx)}\,, \qquad k = \frac{\omega}{c}\,. \tag{7.135}$$

Daraus ergibt sich mit (7.131) sofort die zugehörige $\boldsymbol{H}$-Welle.

In einem Medium mit der Leitfähigkeit σ fließen Stromdichten $\boldsymbol{j} = \sigma \boldsymbol{E}$, wenn die Welle vorbeistreicht. Die obige Herleitung muß dann abgewandelt werden: $\operatorname{rot} \boldsymbol{H} = \varepsilon\varepsilon_0 \dot{\boldsymbol{E}} + \sigma \boldsymbol{E}$, $\operatorname{rot} \boldsymbol{E} = -\mu_0 \dot{\boldsymbol{H}}$, also

$$\Delta \boldsymbol{E} = \mu_0 \varepsilon\varepsilon_0 \ddot{\boldsymbol{E}} + \mu_0 \sigma \dot{\boldsymbol{E}}\,. \tag{7.136}$$

Das ist die **Telegraphengleichung**. Sie wird nicht mehr durch eine ungedämpfte Sinuswelle gelöst. Wir versuchen es mit einer gedämpften Welle:

$$\boldsymbol{E} = \boldsymbol{E}_0\, \mathrm{e}^{\mathrm{i}(\omega t - kx)}\, \mathrm{e}^{-\delta x}\,. \tag{7.137}$$

Jede Ableitung nach t bringt den Faktor $\mathrm{i}\omega$, Ableitung nach x den Faktor $-\delta - \mathrm{i}k$. Für diese ebene in x-Richtung fortschreitende Welle wird aus (7.136) nach Weglassen des gemeinsamen Faktors

$$(\delta + \mathrm{i}k)^2 = \mu_0 \sigma \mathrm{i}\omega - \mu_0 \varepsilon \varepsilon_0 \omega^2 . \tag{7.138}$$

Wie jede komplexe Gleichung zerfällt (7.138) in zwei reelle Gleichungen:

$$k^2 - \delta^2 = \mu_0 \varepsilon \varepsilon_0 \omega^2 , \qquad 2\delta k = \mu_0 \sigma \omega . \tag{7.139}$$

Jetzt unterscheiden wir zwei Grenzfälle:

a) Hohe Frequenzen: $\omega \gg \mu_0 \sigma c^2$**.** Dann ist $\delta \ll k$, d. h. die Welle kann viel tiefer als eine Wellenlänge eindringen. Aus (7.139), zweite Hälfte, folgt dann

$$\delta = \frac{\mu_0 \sigma c}{2} , \tag{7.140}$$

wobei c aus der ersten Hälfte folgt wie bekannt: $c = \omega/k = 1/\sqrt{\mu_0 \varepsilon \varepsilon_0}$. Die Intensität der Welle ist proportional E^2, ihre Abnahme also doppelt so schnell wie die von E. Demnach ist

$$\alpha = \mu_0 \sigma c \tag{7.141}$$

der Absorptionskoeffizient des Mediums für diesen Grenzfall. Diese Absorption infolge Ohmscher Leitfähigkeit, d. h. freier Ladungsträger, ist nur eine Art der Absorption. Sie ist in diesem Grenzfall frequenzunabhängig. Eine andere Art, die Absorption durch gebundene Ladungen, läßt sich im Prinzip ebenfalls mit der Telegraphengleichung beschreiben (Abschn. 10.3.3): Wenn die Ströme infolge der elastischen Bindung der Ladungen eine Frequenzabhängigkeit in Form einer Resonanzkurve haben, zeigt auch die Absorption einen steilen Resonanzpeak mit dem Maximum bei der Resonanzfrequenz.

b) Kleine Frequenzen: $\omega \ll \mu_0 \sigma c^2$**.** Auch dieser Grenzfall ist praktisch sehr interessant, besonders für Radiowellen. Nach der ersten Hälfte von (7.139) muß dann $\delta \approx k$ sein, und aus der zweiten Hälfte folgt

$$\delta \approx k \approx \sqrt{\frac{\mu_0 \sigma \omega}{2}} . \tag{7.142}$$

Lange Wellen dringen immerhin tiefer ein, aber wegen $\delta \sim \sqrt{\omega}$ macht die Eindringtiefe einen immer kleineren Bruchteil der Wellenlänge aus, je größer diese wird. Übrigens darf man, wie $k \approx \delta$ zeigt, nicht mehr mit der für ebene Wellen gültigen Beziehung $k = \omega/c$ rechnen, denn im Medium ist die Welle stark deformiert. Meerwasser hat $\sigma \approx 12\,\Omega^{-1}\,\mathrm{m}^{-1}$, wie sich aus Konzentration und Beweglichkeit seiner Ionen ergibt. Wegen $\varepsilon \approx 80$, also $c \approx 3 \cdot 10^7\,\mathrm{m\,s^{-1}}$ liegt die Grenze zwischen Fall a) und b) im Gebiet der mm-Wellen. Solche und kürzere Wellen dringen nur wenige mm ein. Längere Wellen kommen etwas weiter, aber selbst die üblichen Langwellen ($\lambda = 1\,\mathrm{km}$) nur bis etwa 1 m. Ein getauchtes U-Boot könnte höchstens noch längere Wellen empfangen, deren Erzeugung mit annehmbarer Leistung unmöglich große Antennen voraussetzte (Abschn. 7.6.8). Sichtbares Licht folgt nicht diesem Absorptionsmechanismus, denn die freien und auch die gebundenen Ionen können dort nicht mehr mitschwingen (**Relaxationsfrequenz** $\sigma/(\varepsilon\varepsilon_0) \approx 10^{10}\,\mathrm{s}^{-1}$, Abschn. 6.4.3g). Daher kommt für moderne U-Boot-Strategen fast nur Laser-Kommunikation im Blauen über Satelliten mit speziellen elektronischen Codiertricks in Frage.

Meerwasser und auch der Erdboden wirken für Radiowellen als gute Leiter, auf denen die elektrischen Feldlinien überall senkrecht stehen müssen. Daher laufen diese Wellen zwischen Erdboden und Ionosphäre wie in einem **Hohlleiter**

(Abschn. 7.6.10), was ihre zunächst unerwartet hohe Reichweite erklärt. Daß dieser Effekt über dem Meer noch stärker sein sollte, wußte schon *Marconi*. Erst vom UKW ab ist die Relaxationsfrequenz der Ionosphäre überschritten (Abschn. 8.4.2), und solche Wellen laufen geradlinig in den Raum hinaus, gehen also nicht wesentlich über den optischen Horizont der Sendeantenne hinaus. Die verbleibenden Absorptionsverluste ergeben sich wieder aus der Telegraphengleichung.

7.6.8 Warum funkt man mit Trägerwellen?

Wenn der Mittelwellensender München I Beethovens 5. Sinfonie überträgt, schwankt die Feldstärke des Senders während der ersten Sekunde etwa wie Abb. 7.141 zeigt. Die Eingangstöne g, g, g, es enthüllen sich bei Streckung des Zeitmaßstabes um den Faktor 100 als akustische Schwingungen von 196 bzw. 157 Hz.Weitere Streckung zeigt, daß unter einer solchen Sinuswelle eine viel höherfrequente Schwingung, nämlich von 520 kHz liegt. Das ist die **Trägerwelle** des Senders, amplitudenmoduliert mit dem akustischen Signal. Warum erzeugt man einen so komplizierten $E(t)$-Verlauf, statt dieses akustische Signal direkt zu übertragen, indem man z. B. das Dipolmoment der Sendeantenne mit 196 Hz schwanken läßt?

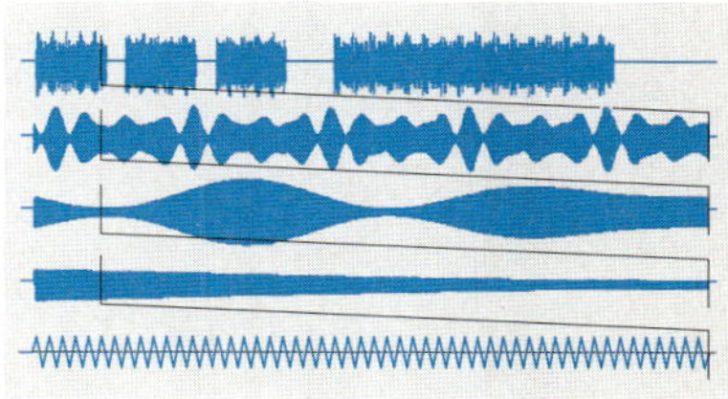

Abb. 7.141. Etwa so sieht das Signal aus, das ein Mittelwellensender im ersten Takt von Beethovens 5. Sinfonie aussendet

Wenn ein **Sendemast** der Höhe h an der Spitze die Ladung Q trägt, influenziert diese im leitenden Erdboden die entgegengesetzte Bildladung $-Q$ in der Tiefe h unter der Erdoberfläche. Genauer gesagt: Das Feld in der Luft sieht so aus, als sei in der Tiefe h eine Gegenladung (Abschn. 6.1.7). Der Sender hat also das Dipolmoment $p = 2Qh$. Am waagerechten Erdboden hat das Dipolfeld die Feldstärke

$$E = \frac{p}{4\pi\varepsilon_0 r^3}\,, \tag{7.143}$$

immer senkrecht zum Boden, die mit dem Abstand wie r^{-3} abnimmt. Die Empfangsleistung im Abstand r ist sogar $P \sim E^2$, nimmt also wie r^{-6} ab. Dagegen gilt für ein Wellenfeld, nämlich die Abstrahlung eines Hertz-Dipols, eine Intensität $I \approx P/(4\pi r^2)$, die ganz in der mit c strömenden Energiedichte $\varepsilon_0 E^2$ steckt. P ist hier die Sendeleistung. Daraus folgt $E \sim r^{-1}$: Hier nimmt die Feldstärke sehr viel langsamer mit dem Abstand ab. Der Abstand r ist in Antennenhöhen h zu messen, wie wir gleich sehen werden, also mit einer Einheit von bestenfalls einigen 100 m. Wenn eine Abnahme von 10^{-4} gegenüber der Feldstärke dicht am Sender noch tolerierbar ist, kann man ein Wellenfeld noch in einigen 1 000 km Abstand empfangen, ein quasistatisches Dipolfeld nur in wenigen km Abstand.

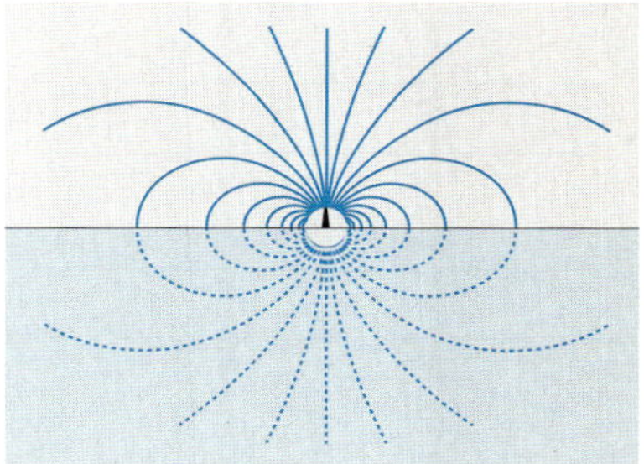

Abb. 7.142. Das E-Feld einer Sendeantenne ist im Luftraum identisch mit einem Dipolfeld. Um eine Antennenhöhe unter der Erde kann man sich eine Spiegelladung denken

Ob sich ein Dipolfeld als Welle von der **Antenne** löst, entscheidet allein das Verhältnis der Antennenhöhe h zur Wellenlänge λ. Wir untersuchen, welcher Bruchteil der Sendeleistung wirklich abgestrahlt wird. Mit ω schwingende Ladungen Q, $-Q$ bedeuten eine Stromamplitude $I = 2\omega Q$, oder durch das Dipolmoment $p = 2Qh$ ausgedrückt

$$I = \frac{p\omega}{h}\,. \tag{7.144}$$

Die Spannung zwischen Erde und Antennenladung ist nach *Coulomb* ungefähr

$$U = \frac{2Q}{4\pi\varepsilon_0 h} = \frac{p}{4\pi\varepsilon_0 h^2}\,. \tag{7.145}$$

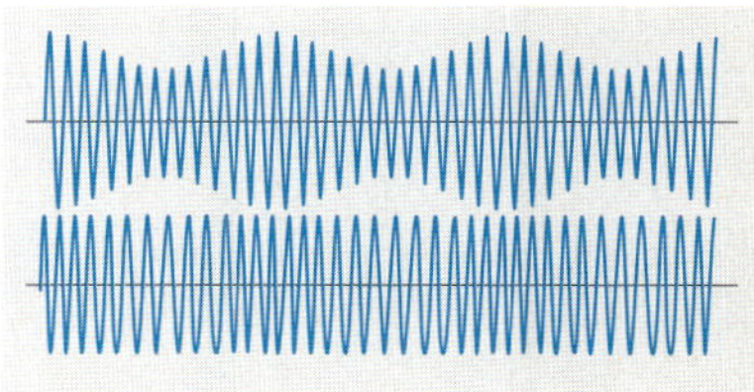

Abb. 7.143. Trägerwelle mit Amplituden- bzw. Phasenmodulation durch das gleiche Signal

Um den Strom I gegen diese Spannung anzutreiben, braucht der Sender eine Leistung

$$P_S \approx IU \approx \frac{p^2\omega}{4\pi\varepsilon_0 h^3}\,. \tag{7.146}$$

Andererseits ist die Abstrahlungsleistung des Dipols nach *Hertz* (7.129)

$$P_W = \frac{1}{6\pi}\frac{p^2\omega^4}{\varepsilon_0 c^3} . \qquad (7.147)$$

Das Verhältnis beider Leistungen, der Wirkungsgrad des Senders, ist

$$\eta = \frac{P_W}{P_S} \approx \frac{2}{3}\frac{\omega^3 h^3}{c^3} = \frac{16\pi^3}{3}\frac{h^3}{\lambda^3} . \qquad (7.148)$$

Die genaue Rechnung liefert $\eta = 8h^3/\lambda^3$. Dies ergibt 1 für die günstigste Antennenhöhe $h = \lambda/2$ (bei $h > \lambda/2$ gilt die Betrachtung nicht mehr). Für $\nu = 520$ kHz, d. h. $\lambda \approx 600$ m sind solche Höhen erreichbar, bei 200 Hz müßte man um den Faktor 2500 darunter bleiben, würde also nur den Bruchteil $\eta \approx 10^{-10}$ abstrahlen. Deswegen ist ohne hohe Trägerfrequenz ab etwa 100 kHz kein Funk mit vernünftiger Leistung und Reichweite möglich. Nur wegen des langsamen Abfalls $E \sim r^{-1}$ können wir auch Lichtsignale so weit sehen. Die Sterne wären unsichtbar, wenn sie als quasistatische Dipole sendeten. Andererseits sind Atome mit ihren „Antennenlängen" um 10^{-10} m der Emission sichtbaren Lichts nicht so gut angepaßt wie der Röntgenemission. Ähnlichen Bedingungen unterliegt auch die Längenanpassung von Empfangsantennen.

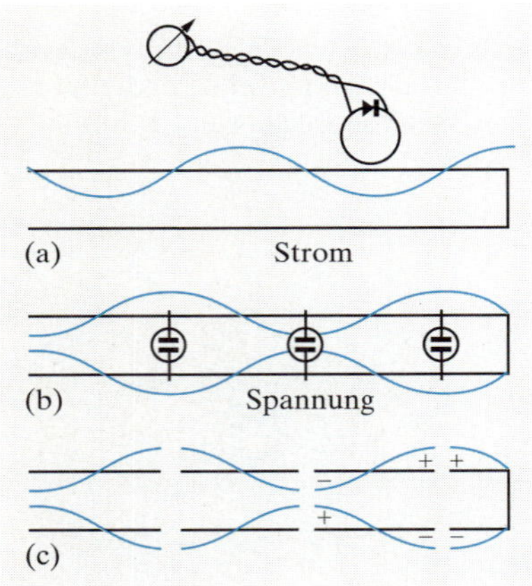

Abb. 7.144a–c. Stehende Wellen auf Lecher-Drähten. Die Induktionsspule in (a) ist im Verhältnis zu λ viel zu groß dargestellt

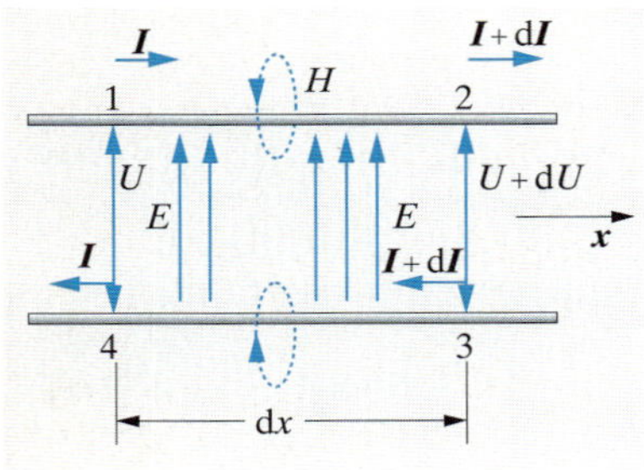

Abb. 7.145. Zur Aufstellung der Wellengleichung einer elektromagnetischen Welle, die sich entlang einer Doppelleitung ausbreitet

7.6.9 Drahtwellen

Fernsehantennenkabel älterer Bauart bestehen aus zwei parallelen Drähten (Doppelleitung oder **Lecher-System**), modernere aus einer **Koaxialleitung** (dünner Innenleiter in der Achse einer rohrförmigen Abschirmung). Bei beiden sind die Leiter in Kunststoff eingebettet. An und zwischen den Leitern läuft die elektromagnetische Welle entlang zum Empfänger. Mit einer kleinen Spule, deren Enden durch einen Gleichrichter und parallel dazu durch ein Galvanometer verbunden sind, und die man an einem Draht der Doppelleitung entlangschiebt (Abb. 7.144a), kann man die Verteilung des Magnetfeldes und damit des Stromes im Draht nachweisen. Glimmlämpchen zwischen den Drähten (Abb. 7.144b), die oberhalb einer gewissen Zündspannung aufleuchten, zeigen die Verteilung der Spannung und des elektrischen Feldes. Wenn die Doppelleitung nicht „abgeschlossen" ist (vgl. Aufgabe 7.6.13), findet man eine stehende Welle mit Knoten und Bäuchen des Stromes und der Spannung. An den Drahtenden wird nämlich die Welle reflektiert und überlagert sich mit der einfallenden. Hängen die Drahtenden frei, ist dort der Strom 0 (Stromknoten, aber Spannungsbauch). An kurzgeschlossenen Enden ist $U = 0$ (Spannungsknoten, aber Strombauch). Strom und Spannung verhalten sich wie Geschwindigkeit und Druck am geschlossenen oder offenen Ende einer Pfeife. Zwei Bäuche haben immer den Abstand $\lambda/2$, gleich der Länge eines Hertz-Oszillators, der auf die empfangene Welle abgestimmt ist. Die ganze Doppelleitung läßt sich durch Aneinanderreihen von Hertz-Oszillatoren entstanden denken (Abb. 7.144c). Die Mitten der Oszillatoren haben zeitlich konstantes Potential (Spannung 0, Spannungsknoten), aber maximalen Strom, dessen Richtung mit der Frequenz ν wechselt (Strombäuche). Das Produkt aus der Frequenz des Senders und der so gefundenen Wellenlänge λ ist $c = 3 \cdot 10^8$ m/s, wenn die Doppelleitung in Luft hängt (Abb. 7.145). In einem Medium mit der Dielektrizitätskonstante ε findet man $\nu\lambda = c/\sqrt{\varepsilon}$. Der Strom in der Leitung richtet sich offenbar so ein, daß er das Wellenfeld nicht verzerrt, sondern nur verstärkt. Abbildung 7.146 zeigt die Feldverteilung um die Drähte. Der Poynting-Vektor $\boldsymbol{S} = \boldsymbol{E} \times \boldsymbol{H}$ zeigt immer in Drahtrichtung: Die Energie strömt längs der Drähte.

In den Aufgaben 7.6.10–7.6.15 können Sie solche **Wellenleiter** auf drei Arten behandeln: Als Ketten von Längsinduktivitäten und Querkapazitäten, als Strom- und Ladungssystem, begleitet von B- und E-Feldern, und aus der reinen Feldvorstellung. Alle drei Auffassungen führen zum gleichen Ergebnis.

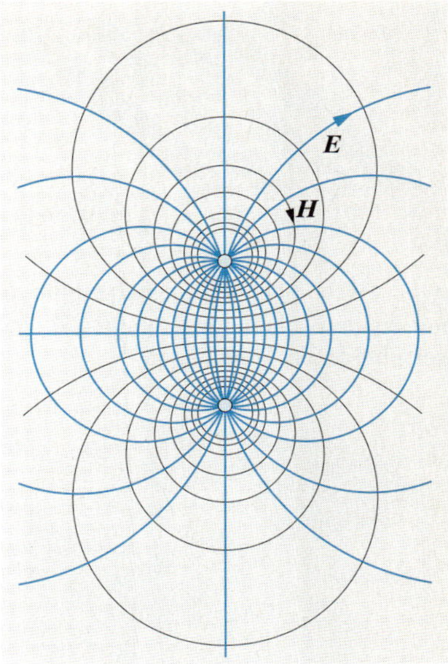

Abb. 7.146. Momentbild des elektrischen und magnetischen Feldes in einer Ebene senkrecht zur Doppelleitung

7.6.10 Hohlraumoszillatoren und Hohlleiter

Den Übergang vom Schwingkreis zum **Hohlraumoszillator** kann man sich nach Abb. 7.147 klarmachen: Aus dem Schwingkreis (a) entsteht durch Rotation um die Achse des Kondensators ein ringförmiger Hohlraum (b), in dem die Magnetfeldlinien das elektrische Kondensatorfeld umrunden. Den Ring denke man sich zur zylindrischen Schachtel erweitert (c) und endlich die Platten des Kondensators bis zu den Zylinderdeckeln zurückverlegt. Die Linien des Magnetfeldes (punktiert) und des elektrischen Feldes erfüllen dann abwechselnd den gleichen Hohlraum. Ganz analog zu den mechanischen **Eigenschwingungen** materiegefüllter Räume (Abschn. 4.4.4) hat ein leerer von leitenden Wänden umgebener Hohlraum elektromagnetische Eigenschwingungen. Es gibt auch andere Schwingungsformen als die in Abb. 7.147d skizzierten. Bei allen aber stehen überall im Hohlraum elektrische und magnetische Feldlinien senkrecht zueinander. Die elektrischen Feldlinien enden senkrecht auf den Wänden, falls der spezifische Widerstand der Hohlraumwände vernachlässigt werden kann und die Welle dementsprechend nicht in die Wände eindringt (Skineffekt mit Eindringtiefe ≈ 0, Abschn. 7.5.11). In diesem Fall geht die Schwingung dämpfungsfrei, also ohne jeden Energieverlust vor sich.

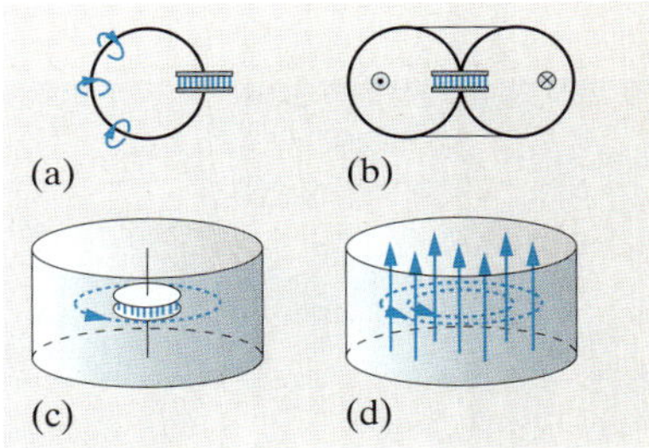

Abb. 7.147a–d. Übergang vom Schwingkreis zum Hohlraumresonator

Bei den sehr hohen Frequenzen der cm- und mm-Wellentechnik (z. B. der Radartechnik) sind Drähte als Zuleitungen nicht mehr geeignet. Zunächst steigert der Skin-Effekt den Widerstand solcher Drähte erheblich. Es leitet ja nur noch eine Schicht der Dicke $d \approx \sqrt{\varrho/(\pi\mu_0\omega)}$, die im mm-Bereich ($\omega \approx 10^{12}\,\mathrm{s^{-1}}$) für Kupfer nur noch etwa 1 µm ist. Vor allem hat aber schon eine Doppelleitung von nur 1 m langen Drähten in 0,1 m Abstand eine Induktivität von $10^{-8}\,\mathrm{H}$, also bei $\omega \approx 10^{12}\,\mathrm{s^{-1}}$ einen induktiven Widerstand von $10^4\,\Omega$. Man überträgt daher die Leistung in Form von Wellen, die man durch **Hohlleiter** zusammenhält. Ein Hohlleiter hat leitende Wände, daher muß das E-Feld an der Wand verschwinden. Wir betrachten eine Welle der Frequenz ω von der Form $E = E_\mathrm{r}\,\mathrm{e}^{\mathrm{i}\omega t}$, deren räumlicher Anteil E_r von den Koordinaten ebenfalls sinusförmig abhängt

$$E = E_0\,\mathrm{e}^{\mathrm{i}(\omega t - \boldsymbol{k}\cdot\boldsymbol{r})}\,. \tag{7.149}$$

Dieser Ansatz erfüllt die Wellengleichung $\Delta E = c^{-2}\ddot{E}$, denn $\Delta E = -k^2 E$, $\ddot{E} = -\omega^2 E$, wobei

$$k^2 = k_x^2 + k_y^2 + k_z^2 = \frac{\omega^2}{c^2}\,. \tag{7.150}$$

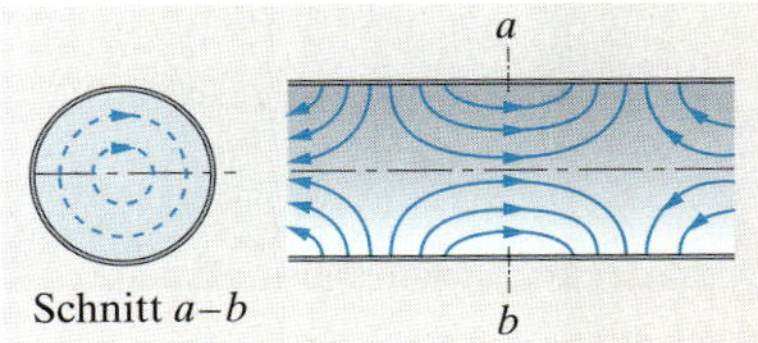

Abb. 7.148. E_{01}-Welle im zylindrischen Hohlleiter. (– – –) magnetische, (——) elektrische Feldlinien

Da an der Wand, z. B. für $x = 0$ und $x = a$, das Feld verschwinden muß, gibt es nur ganz bestimmte erlaubte Werte (Eigenwerte) von k_x, nämlich $k_x = n_1\pi/a_1$ (n_x: natürliche Zahl), analog für die y-Richtung $k_y = n_2\pi/a_2$. Damit bleibt für k_2, das direkt keiner Wandbeschränkung unterliegt,

$$k_z = \sqrt{\frac{\omega^2}{c^2} - \frac{n_1^2\pi^2}{a_1^2} - \frac{n_2^2\pi^2}{a_2^2}}\,. \tag{7.151}$$

Wenn $\omega < \pi c\sqrt{a_1^{-2} + a_2^{-2}}$, wird k_z imaginär, solche Wellen werden überhaupt nicht weitergeleitet (das imaginäre k_z, in (7.149) eingesetzt, ergibt eine starke Dämpfung). Die Grenzfrequenz

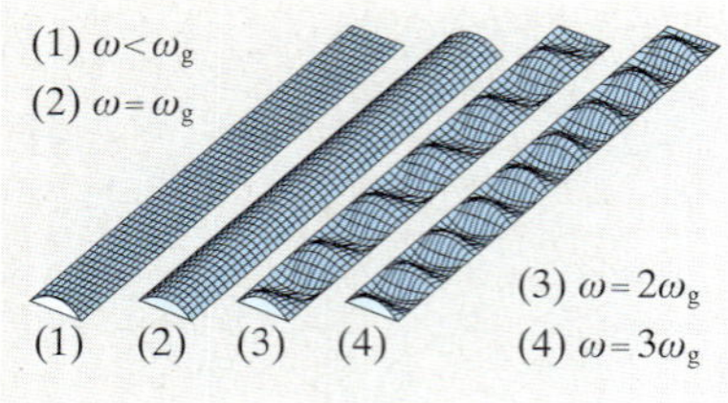

Abb. 7.149. Wellen in einem Hohlleiter mit quadratischem Querschnitt bei verschiedenen Frequenzen

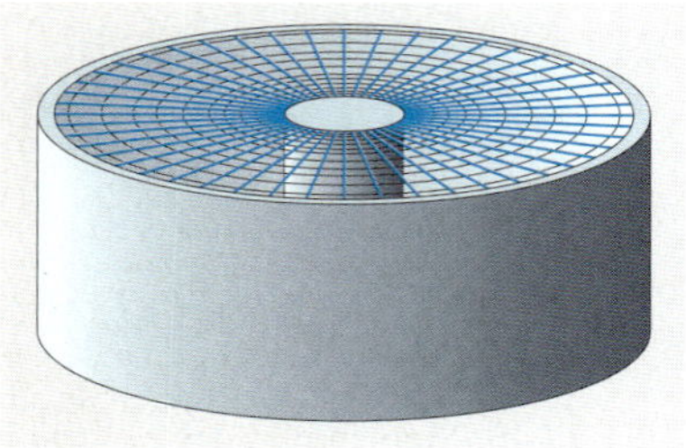

Abb. 7.150. Koaxialleitung. (——) elektrische, (——) magnetische Feldlinien

Michael Faraday bei einem seiner öffentlichen Vorträge. Der junge Faraday selbst hatte als Buchbinderlehrling an solchen Vorträgen von *Humphrey Davy* teilgenommen und diese so schön ausgearbeitet, daß *Davy* ihn als Assistenten anstellte – seine größte Entdeckung, wie er sagte

$$\omega_G = \pi c \sqrt{a_1^{-2} + a_2^{-2}} \qquad (7.152)$$

liegt so, daß $\lambda/2$ etwa gleich einer Hohlleiterabmessung ist. Oberhalb der Grenzfrequenz ergibt sich die Phasengeschwindigkeit zu

$$c_z = \frac{\omega}{k_z} = \frac{c}{\sqrt{1 - c^2\pi^2\omega^{-2}(n_1^2 a_1^{-2} + n_2^2 a_2^{-2})}}\,, \qquad (7.153)$$

sie ist also größer als c. Hohlleiterwellen haben nach (7.153) eine solche **Dispersion**, daß die Gruppengeschwindigkeit (Signalgeschwindigkeit) trotzdem kleiner als c ist (Abschn. 5.2.4b).

Wenn der Hohlraum *allseitig* durch leitende Wände abgeschlossen ist, können die Felder in ihm stehende Wellen als Eigenschwingungen ausführen. Die möglichen Frequenzen ergeben sich ähnlich wie bei Schallwellen wieder aus der Randbedingung $E = 0$ an den Wänden. Da es sich jetzt nicht mehr um fortschreitende Wellen handelt, ist die Ortsabhängigkeit von E reell darzustellen

$$E = E_0 \sin(\boldsymbol{k} \cdot \boldsymbol{r})\, \mathrm{e}^{\mathrm{i}\omega t}\,. \qquad (7.154)$$

Die stehende Welle läßt sich ja aus einer hin- und einer rückläufigen Welle zusammensetzen, und $\mathrm{e}^{\mathrm{i}\boldsymbol{k}\cdot\boldsymbol{r}} - \mathrm{e}^{-\mathrm{i}\boldsymbol{k}\cdot\boldsymbol{r}} = 2\mathrm{i}\sin \boldsymbol{k}\cdot\boldsymbol{r}$. Die Randbedingungen verlangen

$$k_1 = \frac{n_1\pi}{a_1}\,, \quad k_2 = \frac{n_2\pi}{a_2}\,, \quad k_3 = \frac{n_3\pi}{a_3}\,. \qquad (7.155)$$

Einsetzen in die Wellengleichung liefert die Eigenfrequenzen

$$\omega = \pi c \sqrt{\sum_1^3 n_i^2 a_i^{-2}}\,. \qquad (7.156)$$

Ein solcher **Hohlraumresonator** hat also ein ganz ähnliches diskretes Spektrum von Eigenschwingungen wie ein entsprechend geformter Konzertsaal mit Entartungen (verschiedenen Eigenschwingungszuständen, die zur gleichen Frequenz gehören), nur daß beim Resonator diese Abstimmung erwünscht ist, denn damit kann man höchstfrequente Schwingungen erzeugen und stabilisieren.

Eine konzentrische Leitung oder ein **Koaxialkabel** (Abb. 7.150) läßt sich auch als Hohlleiter auffassen. Der Innenleiter besteht beim Koaxialkabel nur aus einem Draht, der Zwischenraum ist gewöhnlich mit einem Dielektrikum ausgefüllt. Die $\boldsymbol{E}$-Linien laufen im Zwischenraum radial, die $\boldsymbol{B}$-Linien sind konzentrische Kreise. Haben die Leitungen einen merklichen Widerstand und hat das Dielektrikum eine endliche Leitfähigkeit, breitet sich das ins Koaxialkabel eingespeiste Signal als gedämpfte Welle aus, deren Phasengeschwindigkeit von der Frequenz abhängt. Das Signal ändert also nicht nur seine Amplitude, sondern auch seine Form, denn seine Fourier-Komponenten haben verschiedene Laufzeiten.

▲ Ausblick

Die Elektrotechnik versorgt den Menschen mit Energie und, was jetzt immer wichtiger wird, mit Information. In beide Bereiche, meist als Stark- und Schwachstromtechnik unterschieden, konnten wir hier nur einen kurzen Einblick geben. Manchem Theoretiker mag es genügen, daß dies alles in den Maxwell-Gleichungen steckt. Aber ob er aus denen gleich herauslesen kann, warum sich der Spaltpolmotor seiner Küchenmaschine dreht – oder nicht dreht?

✓ Aufgaben . . .

● 7.1.1. Draht im Feld
Ein stromdurchflossener Draht hängt frei beweglich in einem zeitlich konstanten Magnetfeld. Unter welchen Umständen kommt über längere Zeiten keine Verschiebung des Drahtes zustande? Antworten Sie für Gleich- und für Wechselstrom.

● 7.1.2. Schleife im Feld
Eine stromdurchflossene Drahtschleife hängt drehbar im Magnetfeld. Unter welchen Umständen kommt über längere Zeit kein Drehmoment zustande? Antworten Sie für Gleich- und für Wechselstrom.

● 7.1.3. Drehspul-Meßwerk
Kann man mit einem solchen Gerät Gleichstrom oder Wechselstrom oder beide messen? Wie hängt der Ausschlag der Spule und des daran befestigten Zeigers vom Strom ab? Ist die Skala gleichmäßig eingeteilt oder wie sonst?

●● 7.1.4. Wattmeter
Ein **Elektrodynamometer** ist ähnlich aufgebaut wie ein Drehspulinstrument, nur ist der Permanentmagnet durch einen Elektromagneten ersetzt. Dessen Spule (die Feldspule) kann in verschiedener Art mit der Drehspule zusammengeschaltet werden. Man legt Feld- und Drehspule hintereinander und läßt sie vom zu messenden Strom durchfließen. Wie unterscheidet sich dies Gerät vom Drehspulinstrument? Man läßt den Strom, der durch einen Verbraucher fließt, durch die Feldspule fließen. Gleichzeitig legt man die Meßspule, notfalls mit einem ohmschen Widerstand davor, parallel zum Verbraucher. Zeichnen Sie die Schaltung und diskutieren Sie, was man damit anfangen kann. Warum spricht man von einem **Wattmeter** oder **Wirkleistungsmesser**? Statt des großen ohmschen Widerstandes legt man eine große Induktivität vor die Drehspule und schaltet sonst genau wie oben. Was zeigt jetzt das Gerät an? Wieso spricht man von einem **Blindleistungsmesser**? Man läßt zwei ganz verschiedene Ströme durch Feld- und Drehspule fließen. Welchen Ausschlag erhält man jetzt für zwei Gleichströme, zwei phasengleiche Wechselströme, zwei phasenverschiedene Wechselströme?

●● 7.1.5. Vektoranalysis I
$\boldsymbol{a}(\boldsymbol{r})$ und $\boldsymbol{b}(\boldsymbol{r})$ sind zwei Vektorfelder. Was ist $\text{rot}\,(\boldsymbol{a} \times \boldsymbol{b})$, was ist $\text{div}(\boldsymbol{a} \times \boldsymbol{b})$? Spezialisieren Sie auf den Fall $\boldsymbol{a} = \text{const}$. Sie brauchen nur eine Komponente der Rotation auszurechnen, die anderen können Sie aus Symmetriebetrachtungen erschließen.

●●● 7.1.6. Vektoranalysis II
Stellen Sie den Ausdruck $\boldsymbol{v}\,\text{div}\,\boldsymbol{E} + \text{rot}\,(\boldsymbol{E} \times \boldsymbol{v})$ in Komponenten dar und zeigen Sie, daß er die Feldänderung beschreibt, die jemand mißt, wenn er mit der Geschwindigkeit $\boldsymbol{v}$ durch ein $\boldsymbol{E}$-Feld fliegt, das für den ruhenden Beobachter zeitlich konstant, aber räumlich veränderlich ist. Vergleichen Sie auch mit dem Unterschied zwischen ortsfester und „materieller" Beschleunigung in der Hydrodynamik (Navier-Stokes-Gleichungen).

●●● 7.1.7. Relativität der Felder
Ein Raumschiff (Geschwindigkeit klein gegen c) fliegt durch eine Gegend, wo elektrische und magnetische Felder herrschen. Die Felder können sich zeitlich und räumlich ändern, das Raumschiff oder Teile davon können geladen oder polarisiert sein und Ströme führen. Vergleichen Sie die Felder, Ströme usw., die ein Raumfahrer und ein „ruhender" Beobachter messen. Im Raumschiff gelten natürlich die Maxwell-Gleichungen. Kann der ruhende Beobachter die Erscheinungen im Raumschiff auch mit den Maxwell-Gleichungen beschreiben, die auf sein eigenes System bezogen sind, oder muß er Änderungen daran anbringen? Benutzen Sie Aufgabe 7.1.6 und diskutieren Sie die auftretenden Transformationen und Zusatzglieder. In welchem Licht erscheint danach die Lorentz-Kraft?

●● 7.1.8. Space talk
Wir beobachten ein geladenes Teilchen, das ruht, denn ein elektrisches Feld ist nicht vorhanden, wohl aber ein großräumiges homogenes Magnetfeld. Ein Raumfahrer fliegt vorbei und beobachtet ebenfalls das Teilchen. Bruchstücke seiner Unterhaltung mit seiner Zentrale: „Da fliegt ein geladenes Teilchen mit . . . . Es herrscht ein Magnetfeld von . . . . Trotz der . . . fliegt das Teilchen genau . . . . Also muß ein . . . herrschen, das die . . . kompensiert, und zwar vom Betrag . . . in der Richtung . . .". Was hat er gesagt? In der Rakete ist auch ein geladenes Teilchen. Wie verhält es sich und warum, (a) für den Raumfahrer, (b) für uns?

●● 7.2.1. Kreisstrom
Bestimmen Sie das Magnetfeld im Mittelpunkt eines kreisförmigen Leiters nach *Biot-Savart*. In welche Richtung zeigt das Magnetfeld in einem beliebigen Punkt auf der Achse (Abb. 7.23), wie groß ist es? Wie ist die Abstandsabhängigkeit bei sehr großem axialen Abstand vom Kreis? Vergleichen Sie mit dem Feld eines elektrischen Dipols. *Rutherford* und *Bohr* nahmen kreisende Elektronen im Atom an. Mit welchem Recht kann man sie als magnetische Dipole auffassen?

●● 7.2.2. Kurze Spule
Welches Magnetfeld erzeugt eine Spule der Länge L und des Radius a genau in der Mitte ihrer Achse, wenn L nicht mehr klein gegen a ist? Gehen Sie am besten nicht von einer Spule, sondern von einem Rohr aus, das rings von einer Stromdichte durchflossen ist und rechnen Sie nach *Biot-Savart*. Beschreibt Ihre Formel die Grenzfälle der sehr langen Spule und des kurzen Kreisringes richtig? Können Sie auch die Feldstärke dort angeben, wo die Achse durch die Endfläche der Spule tritt?

●● 7.2.3. Bohr-Magneton
Schätzen Sie das magnetische Moment eines Kreisstroms. Sie kennen sein Magnetfeld (wenigstens in der Kreismitte; nahe der Peripherie ist es kaum anders). Damit ergeben sich der Gesamtfluß und die Polstärke.

Im Abstand r ober- und unterhalb der Kreisebene ist das Feld noch nicht wesentlich kleiner, entspricht also etwa dem Feld einer Spule welcher Länge? Wenden Sie das Ergebnis auf eine Elektronen-Kreisbahn an (z. B. für das Bohrsche H-Atom) und vergleichen Sie mit dem Wert des Bohrschen Magnetons.

● 7.2.4. Erdfeldmessung
Zur Messung des erdmagnetischen Feldes kann man eine Magnetnadel horizontal aufhängen und sie zu horizontalen Schwingungen anstoßen. Was erhält man aus der Schwingungsdauer? Welche Zusatzmessung braucht man noch?

●●● 7.2.5. Elektromagnet
Diskutieren Sie den Verlauf von $\boldsymbol{B}$ und $\boldsymbol{H}$ eines Permanentmagneten außerhalb (im Luftraum) und innerhalb (im Eisen) nach den Maxwell-Gleichungen. Achten Sie besonders auf die Richtungsverhältnisse. Kann $\boldsymbol{B} = \mu\mu_0\boldsymbol{H}$ allgemein gelten? Vergleichen Sie mit einer stromdurchflossenen Eisenkern-Spule bzw. einer Luftspule. Auf welchem Teil der Hysteresiskurve müssen sich die Vorgänge abspielen? Ein Permanentmagnet soll in einem Luftspalt gegebenen Volumens V ein gegebenes Feld B erzeugen. Wie kann man das mit einem möglichst kleinen Eisenvolumen V' erreichen (Wahl des Materials, des Arbeitspunktes auf der Hysteresiskurve, Formgebung)? Welche Eigenschaft des Materials ist am wichtigsten? Welche Rolle spielt das „Energieprodukt", das durch den maximalen Wert von BH auf der Hysteresiskurve gegeben ist? Warum heißt es so? Wie findet man es graphisch? Warum kann man B im Luftspalt nicht beliebig steigern? Wo liegt die praktische Grenze?

●● 7.3.1. Weidezaun
Neben dem Zaun steht ein 6 V-Akkumulator. Von ihm führen Drähte in einen Kasten, in dem es tickt. Die Kühe hüten sich, den Zaun zu berühren. Haben sie Angst vor 6 V, oder wovor sonst? Warum tickt es in dem Kasten?

●● 7.3.2. Zebrastreifen im Meer
Von Flugzeugen nachgeschleppte Magnetometer wurden im 2. Weltkrieg zur U-Boot-Aufspürung entwikkelt und dienen jetzt der Erzprospektion. Klassische Magnetometer können Feldänderungen von $1\,\gamma$ (10^{-9} T) feststellen, Kernresonanzgeräte sind noch genauer, aber teurer und schwerer. Es wird sogar behauptet, daß Tiere (Brieftauben) und vielleicht auch Menschen auf Änderungen um $10\,\gamma$ in einigen Sekunden reagieren. Die Suszeptibilität χ von Magnetit, Fe_3O_4, liegt je nach Qualität zwischen 10^{-2} und 10. Wieso sprechen Magnetometer auf Schiffe oder Erzlager an? Aus welchem Abstand kann man sie erkennen? Eruptivgesteine, besonders Basalt, haben $\chi \approx 10^{-5}$–10^{-2}. Wie reagiert das Magnetometer beim Überfliegen des Vogelsberges (200 m dicke Basaltkuppe, 40 km Durchmesser)? Kann man die remanente fossile Magnetisierung des Ozeanbodens mit Geräten messen, die von Schiffen nachgeschleppt werden?

●●● 7.3.3. Trafo-Bleche
In einem Leiter herrsche ein zeitlich veränderliches Magnetfeld. Der Leiter bestehe wie im Transformator oder Motor aus gegeneinander isolierten Blechen der Stärke d. Schätzen Sie die Stromdichte und Leistungsdichte der Wirbelströme, die sich im Leiter ausbilden. Wie müssen die Bleche liegen, damit sie ihren Zweck erfüllen? Welcher ist das? Sind dünne Stäbe noch wesentlich besser als Bleche? Wie hängt die Leistungsdichte der Wirbelströme von der Blechstärke d ab? Schätzen Sie, welchen Anteil der übertragenen Leistung in einem Transformator die Wirbelströme ausmachen.

●● 7.3.4. Seltsame Heizung
Ein aus 5 mm dicken Eisenstäben zusammengeschweißter quadratischer Rahmen wird bei Zimmertemperatur mit $v = 20$ m/s in ein scharf begrenztes, homogenes Magnetfeld ($B = 2\,\mathrm{Vs/m^2}$) gestoßen. Welche Temperatur hat das Eisen unmittelbar nach dem Experiment? Der Rahmen wird mit derselben Geschwindigkeit v wieder aus dem Feld herausgerissen. Welche Temperatur hat er dann?

●● 7.4.1. Analogie
Es besteht doch eine weitgehende Analogie zwischen dielektrischen und magnetischen Erscheinungen. Führen Sie sie im einzelnen durch. Welche Größen entsprechen einander, welche Gesetze lassen sich einfach übertragen? Übersetzen Sie z. B. Abschn. 6.2 ins Magnetische. Die Orientierungspolarisation entspricht dem Paramagnetismus, die Verschiebungspolarisation dem Diamagnetismus. Wie weitgehend stimmt das? Wie kommt es, daß die diamagnetische Suszeptibilität negativ ist, die Verschiebungs-Polarisierbarkeit dagegen positiv?

●● 7.4.2. Larmor-Rotation
Ist es richtig, daß jedes Atom im Magnetfeld B mit der **Larmor-Frequenz** eB/m um die Feldrichtung rotiert? Welches magnetische Moment ergibt sich daraus? Wie errechnet sich die diamagnetische Suszeptibilität?

●● 7.4.3. Dia oder Para?
Können Sie eine einfache Regel dafür aufstellen, welche Atome und Moleküle dia-, welche paramagnetisch sind (versuchen Sie nicht, eine *durchgehend* gültige Regel zu finden). Wie groß ist ungefähr das magnetische Moment eines paramagnetischen Teilchens, und welche Größenordnung für die paramagnetische Suszeptibilität von Gasen und kondensierter Materie ergibt sich daraus? Können Sie eine Regel ableiten, nach der die paramagnetische sich zur diamagnetischen Suszeptibilität ungefähr so verhält wie die Bindungsenergie eines Elektrons ans Atom zur thermischen Energie?

●● 7.4.4. Metall-Paramagnetismus
Metalle haben vielfach eine temperaturunabhängige positive Suszeptibilität. Wie mag sich der Gegensatz zum T^{-1}-Gesetz für Gase erklären? Benutzen Sie die Ergebnisse von

Kap. 14 über das Energieschema der Leitungselektronen und die quantenmechanische Tatsache, daß sich das Spinmoment eines Elektrons entweder parallel oder antiparallel zu einem Magnetfeld einstellen kann, aber nicht anders.

●●● 7.4.5. Langevin-Funktion
Wie sieht die Verteilung der Momente von Gasteilchen über die Einstellrichtungen zum Magnetfeld aus (im einfachsten Fall nur parallel oder antiparallel)? Benutzen Sie die Boltzmann-Verteilung. Wie sollte also die paramagnetische Suszeptibilität von Feld und Temperatur abhängen? Ist die Sättigung praktisch erreichbar?

●● 7.4.6. Warum nur Eisen?
Wieso sind gerade Fe, Co, Ni nach ihrem Atombau zum Ferromagnetismus prädestiniert? (Hinweis: Hund-Regel). Weshalb wiederholen sich die ferromagnetischen Eigenschaften nicht in den höheren Perioden?

●●● 7.5.1. MHD-Generator
Im **magnetohydrodynamischen Generator** strömt ein Plasma (ionisiertes Gas) durch ein transversales Magnetfeld. Senkrecht zur Strömungsrichtung $\boldsymbol{v}$ und zu $\boldsymbol{B}$ entsteht ein $\boldsymbol{E}$-Feld. Warum? Wie groß ist es? Welche Spannungen erzielt man bei vernünftigen Abmessungen und v- und B-Werten? Wenn man den Generator belastet, d. h. die Spannung an einen Energieverbraucher legt, stammt die Leistung woher? Wie geschieht das im einzelnen? Schätzen Sie den Maximalstrom, den man dem Generator entnehmen kann. Vergleichen Sie mit Dampfmaschinen- und Gasturbinen-Generator hinsichtlich der Direktheit der Energieumwandlung und des vermutlichen Wirkungsgrades. Wie weit geht die Analogie mit dem Hall-Effekt? Dort ist die Richtung des Querfeldes verschieden je nach dem Vorzeichen der Ladungsträger. Müßten die Querfelder der Elektronen und Ionen einander nicht kompensieren? Vergleichen Sie auch mit dem Unipolargenerator (Aufgabe 15.3.6). Hängt die Existenz des Querfeldes vom Ionisationsgrad des Gases ab? Was hängt sonst davon ab? Relativistisch betrachtet ist alles sehr viel einfacher!

● 7.5.2. Fernleitung
Das Walchenseekraftwerk nützt einen Höhenunterschied von 200 m aus. Pro Sekunde fließen 5 m^3 Wasser durch die Turbinen. Wie groß ist die damit in den Generatoren erzeugbare elektrische Leistung (keine Verluste)? Zum Transport der Energie vom Kraftwerk nach München (60 km) steht eine Kupfer-Freileitung zur Verfügung. Der Querschnitt der Hin- und Rückleitung beträgt je 1 cm^2. (In der Praxis verwendet man natürlich Drehstrom!) Zeigen Sie, daß es nicht möglich ist, mit dieser Leitung auch nur einen kleinen Teil der Kraftwerksleistung nach München zu transportieren, wenn man eine Übertragungsspannung von 220 V verwendet. Welche muß man verwenden, damit die Leitungsverluste nur 0,4 % der Gesamtleistung betragen?

●● 7.5.3. Hochspannung
Beim Entwurf elektrischer Fernleitungen benutzt man die Faustregel: Eine Leitung von x km Länge sollte mindestens x kV führen. Was sucht diese Regel zu minimieren: Die Leistungsverluste, den Spannungsabfall, die für die Leitung benötigte Kupfermenge, die Anzahl von Umspannstationen, den Aufwand an Isolier- und Sicherheitsvorrichtungen? Sie können die Isolationskosten als proportional zur Spannung und natürlich zur Leitungslänge betrachten. Denken Sie zunächst an eine Leitung, die ein gegebenes, z. B. ländliches Gebiet zentral versorgen soll! Länge? Leistung? Welche Spannung ist am wirtschaftlichsten?

● 7.5.4. $R = 0$
Gibt es Schaltungen, deren Widerstand Null oder Unendlich ist?

● 7.5.5. Reine Blindleistung
Wie kommt es, daß in induktiven und kapazitiven Widerständen keine Stromarbeit geleistet wird? Gilt das auch momentan oder nur im Zeitmittel?

●● 7.5.6. Filterglieder
Wieso nennt man die in Abb. 7.80 dargestellten Schaltungen Tiefpaß, Hochpaß bzw. Bandfilter? Denken Sie sich links eine Wechselspannung angelegt und überlegen Sie, welche Spannung man rechts mißt, und zwar in Abhängigkeit von der Frequenz. Ändern sich die Verhältnisse, wenn man rechts einen Strom entnimmt (Klemmen durch R überbrückt)?

● 7.5.7. C- und L-Brücke
Wie kann man mit einer Wheatstone-Brückenschaltung Kapazitäten oder Induktivitäten messen?

●● 7.5.8. Additiver Zweipol
Beweisen Sie: Jeder irgendwie aus Widerständen, Spulen und Kondensatoren zusammengeschaltete Zweipol verhält sich additiv, d. h. bei doppelter Spannung fließt durch ihn der doppelte Strom, anders ausgedrückt: Man kann dem Zweipol einen ganz bestimmten komplexen Widerstand zuordnen. Beweisidee: Vollständige Induktion (im mathematischen Sinn).

●● 7.5.9. Ortskurve
Beweisen Sie: Wenn in irgendeinem Zweipol *ein* Schaltelement verändert wird, durchläuft der komplexe Widerstand des Zweipols immer einen Kreisbogen als Ortskurve.

●● 7.5.10. Lorentz-Karusell
Der Versuchsaufbau von Abb. 7.4 mit der rotierenden Schwefelsäure wird jetzt mit Wechselspannung an Magnet und Elektrolytgefäß betrieben. Vor die Magnetspule, die als rein induktiver Widerstand gedacht sei, legt man einen veränderlichen ohmschen Widerstand und stellt fest, daß die Lösung bei einem mittleren Wert dieses Widerstandes am stärksten rotiert, dagegen fast gar nicht, wenn der Widerstand sehr klein oder sehr groß ist. Wie kommt das? Welches ist der günstigste Widerstand?

●● 7.5.11. Spiegelgalvanometer
Das Spiegelchen eines **Galvanometers** ist der Brownschen Bewegung unterworfen. Wie begrenzt dies

die Ströme, die man mit einem solchen Gerät messen kann? Die elektrische Leistung in der Galvanometerspule wird teils in Joulesche Wärme verwandelt, teils zur Auslenkung verwendet. Wovon hängt die Aufteilung ab? Betrachten Sie z. B. eine ballistische Messung. Welche Auslenkenergie kann maximal investiert werden? Sie muß natürlich größer als die thermische Energie sein, damit die Messung einen Sinn hat. Wie geht der Spulenwiderstand ein? In welchen Grenzen wird er bei einem Strommesser liegen?

●● 7.5.12. Rauschen
In einem Draht muß ständig ein gewisser Strom fließen, weil die Elektronen thermisch hin- und herzittern. Dieser Strom hat natürlich keinerlei Periodizität. Wie sieht sein Fourier-Spektrum aus? Wenn die Schaltung einen Frequenzbereich der Breite $\Delta\omega$ durchläßt, wie groß ist dann die quadratisch gemittelte Stromstärke des **thermischen Rauschens** in einem Widerstand R?

●● 7.5.13. Meßbrücke
Meßbrücke für Tonfrequenzen: Eine Brückenschaltung hat in ihren vier Ästen 1) eine Parallelschaltung von C_1 und R_1, 2) eine Reihenschaltung von C_2 und R_2, 3) den Widerstand R_3, 4) den Widerstand R_4. Am Eingang (zwischen 1,4 und 2,3) liegt eine Wechselspannung, deren Frequenz gemessen werden soll, am Ausgang (zwischen 1,2 und 3,4) ein hochohmiges Voltmeter, das durch Einstellung von R_1 und R_2 auf Null abgeglichen werden muß. Ist der Abgleich immer möglich? In der Praxis benutzt man meist nur einen Drehknopf: $R_1 = R_2 = R$ gemeinsam veränderlich, $C_1 = C_2 = C$ fest, R_3 und R_4 fest. Wie müssen R_3 und R_4 beschaffen sein? Welche Variationsbreite muß $R_1 = R_2$ haben, wenn man Frequenzen zwischen 50 Hz und 20 kHz messen will? Warum benutzt man eine Parallel- und eine Reihen-RC-Schaltung? Ginge es nicht auch mit zwei gleichartigen Gliedern, z. B. mit zwei Reihenschaltungen?

●● 7.5.14. Schwingkreis
Prüfen Sie alle Aussagen über Schwingkreise nach, indem Sie die Gleichungen (7.98) und (7.100) lösen.

●● 7.5.15. Transformator mit Schmelzrinne
Die Primärwicklung hat 500 Windungen, es fließt durch sie ein Strom von 1,5 A. Die Sekundärwicklung besteht aus einer ringförmigen, mit Zinn gefüllten 0,5 mm dicken Kupferrinne (Außendurchmesser 10 cm, Innendurchmesser 5 cm). Nach etwa 15 s ist das Zinn geschmolzen, und der Transformator wird vom Netz abgeschaltet. Wie groß sind die induzierte Spannung, der Strom und die während der Betriebsdauer erzeugte Energie in der Sekundärwicklung? Wie groß ist die Energie, die zur ausreichenden Erwärmung des Kupferringes erforderlich ist? (Die Masse des Zinns kann gegenüber der des Kupferringes vernachlässigt werden.) Wie groß ist also der Wirkungsgrad der Anlage? Wodurch entstehen vermutlich die Verluste?

●●● 7.5.16. Trafo-Gewicht
Ein 100 MVA-Transformator wiegt über 10 t, bei 1 kVA etwa 10 kg, bei 10 VA immer noch $\frac{1}{2}$ kg. Können Sie die Abhängigkeit erklären? Betrifft die Abschätzung den idealen Transformator, die Eisenverluste, die Kupferverluste? Wie groß sollte man B machen, wie lang und wie dünn den Wicklungsdraht? In der Konstruktionspraxis benutzt man oft Diagramme, die die Spannung pro Windung als Funktion der Nennleistung darstellen. Diese Kurve hat etwa die Form einer liegenden Parabel. Entwerfen Sie ein solches Diagramm. Kann man daraus alle Bestimmungsstücke des Transformators ablesen?

●● 7.5.17. Trafo-Brummen
Warum und mit welcher Frequenz brummt ein **Transformator**? Wie ändert sich das Brummen bei Belastung?

●● 7.5.18. Gleichstrommotor: Wirkungsgrad
Diskutieren Sie den Wirkungsgrad von Reihen- und Nebenschlußmotoren in Abhängigkeit von der Drehzahl oder anderen Größen. Unter welchen Bedingungen ist er maximal?

●● 7.5.19. Gleichstrommotor: Regelung
Wenn man einen zusätzlichen Widerstand vor die Rotor- oder Statorwicklung eines Gleichstrom-Nebenschluß- oder Reihenschlußmotors legt, können ganz verschiedene Dinge passieren. Diskutieren Sie sie! Kann die Drehfrequenz dabei sogar zunehmen? Sind diese Arten der Regelung ökonomisch? Betrachten Sie auch einen Nebenschlußmotor, bei dem man Stator- und Rotorspannung unabhängig voneinander variieren kann. Wie kann man damit die $T(\omega)$-Kennlinie beeinflussen? Wie kehrt man den Drehsinn eines Gleichstrommotors um?

●● 7.5.20. Dynamo
Manche kleinen Fahrzeuge erzeugen ihren Beleuchtungs- und Zündstrom auf folgende Weise: Zwischen den zylindrisch ausgefrästen Polschuhen eines Permanentmagneten dreht sich ein Eisen-Hohlzylinder, in dessen Wand zwei breite, einander gegenüberliegende Schlitze in Achsrichtung sind (sie sind fast so breit wie die dazwischen stehengebliebenen Stege). Der Deckel des Hohlzylinders fehlt, mit dem Boden ist er an der Antriebswelle befestigt. Innerhalb des Zylinders sitzt eine *feststehende* Spule. Nur der Eisenzylinder kann sich drehen, und wenn er das tut, brennt die Lampe, die an die Spulenenden angeschlossen ist. Wieso?

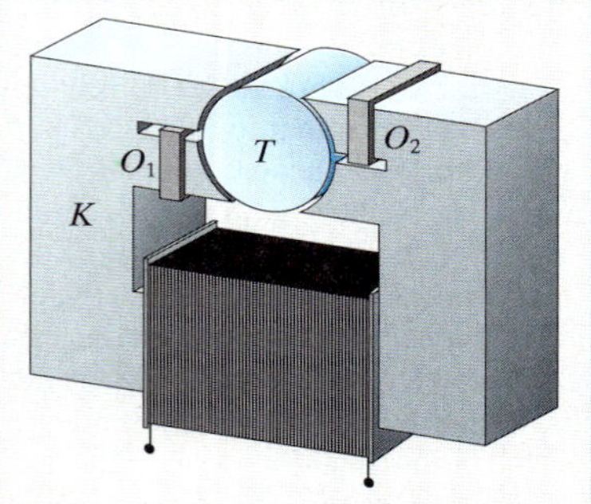

Abb. 7.151. Warum dreht sich der Läufer dieses Spaltpolmotors?

●● **7.5.21. Spaltpolmotor**
Kleine Wechselstrommotoren in Haushaltsgeräten usw. sind oft nach dem einfachen Schema von Abb. 7.151 aufgebaut. K ist ein Eisenkern, meist aus dünnen Blechen. O_1 und O_2 sind Metallringe, T ist ein Rotor, auf eine Achse montiert, aber ohne jede Stromwicklung. Wie und warum dreht sich der Rotor?

●● **7.5.22. Asynchronmotor**
Ein Drehstrom-Asynchronmotor mit Schleifringläufer wird mit 50 Hz betrieben. Wir untersuchen zunächst das Verhalten des Motors mit kurzgeschlossenen außenliegenden Widerständen in der Schleifringwicklung. Er rotiert im Leerlauf (ohne äußeres Lastmoment) mit 730 U/min, mit einem Lastmoment von 1 000 Nm rotiert er nur noch mit 670 U/min. Wenn man das Lastmoment langsam bis auf 1 500 Nm steigert, bleibt der Motor plötzlich stehen, nachdem er bei etwas kleinerem Lastmoment mit 570 U/min rotiert hat. Zeichnen Sie, soweit wie möglich, die $T(\omega)$-Kennlinie und tragen Sie wichtige Werte ein. Warum bleibt der Motor bei Lastmomenten $\geqq$ 1 500 Nm stehen? Wie viele Polpaare hat der Motor? Geben Sie für die genannten Belastungen die Werte des Schlupfes an. Was kann man über den ohmschen Widerstand und die Induktivität des Rotors aussagen? Welches Anlaufmoment hat der Motor? Was verändert sich an den obigen Beobachtungen und Betrachtungen, wenn man die äußeren Widerstände in der Schleifringwicklung einschaltet?

● **7.6.1. Skineffekt**
Gibt es Drahtmaterialien, bei denen der **Skineffekt** schon bei Netzfrequenz wesentlich ist? Schätzen Sie die Widerstandszunahme für normale Kupferdrähte als Funktion der Frequenz. Kontrollieren Sie die Angaben im Abschn. 7.5.8 (Tesla-Transformator).

●● **7.6.2. Bewegt sie sich doch?**
In einer geschlossenen Metallhohlkugel befindet sich ein geladener kleiner Körper. Wie kann man am einfachsten zerstörungsfrei feststellen, ob und wie sich die Ladung bewegt? Macht es einen Unterschied, ob die große Kugel aus Eisen oder Aluminium ist?

●●● **7.6.3. Vektorpotential**
Warum kann man eigentlich ein elektrostatisches Feld immer als $\boldsymbol{E} = -\operatorname{grad} \varphi$ darstellen? Hängt das mit der Wirbelfreiheit von $\boldsymbol{E}$ zusammen? $\boldsymbol{B}$ ist nicht wirbelfrei, aber quellenfrei. Man kann es also nicht als grad eines Skalarpotentials darstellen, sondern ...? Kann man sagen, diese Definition löse automatisch eine der Maxwell-Gleichungen oder mache sie überflüssig? Läßt sich das elektrische Feld auch im dynamischen Fall als $\operatorname{grad} \varphi$ darstellen? Beispiele: Gleichstrom, Wechselstrom durch geraden Draht. Zeigen Sie, daß man einen allgemeingültigen Ausdruck für $\boldsymbol{E}$ erhält, wenn man das Vektorpotential $\boldsymbol{A}$ in einfacher Weise einbezieht. Hinweis oder Kontrolle: Eine andere Maxwell-Gleichung muß dadurch automatisch erfüllt sein. Bestimmen φ und $\boldsymbol{A}$ das Feld ebenso vollständig wie $\boldsymbol{E}$ und $\boldsymbol{B}$? Haben sie rechentechnische Vorteile? Sind φ und $\boldsymbol{A}$ durch diese Definitionen vollständig festgelegt, wenn $\boldsymbol{E}$ und $\boldsymbol{B}$ gegeben sind? Kann man z. B. $\operatorname{div} \boldsymbol{A} = 0$ oder $\operatorname{div} \boldsymbol{A} = -\dot{\varphi}/c^2$ festsetzen? Wie lauten die übrigen Maxwell-Gleichungen, in φ und $\boldsymbol{A}$ geschrieben, speziell im Vakuum und mit diesen Konventionen (die zweite heißt Lorentz-Konvention)? Man beachte die Identität $\operatorname{rot}\operatorname{rot} \boldsymbol{A} \equiv -\Delta \boldsymbol{A} + \operatorname{grad}\operatorname{div} \boldsymbol{A}$.

●● **7.6.4. Poynting-Vektor**
Durch einen Draht fließt ein Gleichstrom, der ein Magnetfeld um sich erzeugt. Wie liegen $\boldsymbol{E}$ und $\boldsymbol{H}$? Ergibt sich ein **Poynting-Vektor**? Was bedeutet er? Ändert sich die Energiedichte des Feldes? Wie sieht die Energiebilanz rein feldmäßig (abgesehen von der Spannungsquelle) aus?

● **7.6.5. Antenne**
Ist die Stabantenne eines Autos auf Radiowellen abgestimmt? Warum wird der Empfang besser, wenn man die Antenne auszieht? Warum sind Sendetürme so hoch (zwei Gründe)?

●● **7.6.6. Ionosphäre**
Appleton und *Barnett* sandten (1924) ein Funksignal aus, dessen Frequenz sie langsam änderten. Ein Empfänger in 200 km Abstand empfing eine Amplitude, die bei Frequenzänderung periodisch zwischen einem Maximum und einem Minimum schwankte. Der Abstand zwischen zwei Minima der Empfangsamplitude war 3 kHz. Dieses Ergebnis wurde als Interferenz der direkten Welle mit einer Welle gedeutet, die in einer bestimmten Höhe reflektiert wurde. In welcher Höhe lag die reflektierende Schicht?

● **7.6.7. Fading**
Ein Mittelwellensender wird eine Weile fast unhörbar, dann ist er wieder in voller Stärke da, usw. Wie kommt das? Werden nahe oder ferne Sender mehr durch diesen „Fading-Effekt" gestört? Welche Höhenänderungen der reflektierenden Schicht sind nötig, um Fading zu bewirken? Warum gibt es kein Fading beim UKW-Sender?

●● **7.6.8. UHF-Wellen**
Warum hat die Elektronik bei der Überschreitung der Meterwellengrenze wesentlich neue Bauprinzipien entwickeln müssen? Schätzen Sie Kapazität und Induktivität eines geraden Drahtes von einigen cm Länge und einigen Zehntelmillimetern Dicke (benutzen Sie die Ausdrücke für die Feldenergien). Schätzen Sie auch Kapazität und Induktivität eines Hohlraumoszillators in Abhängigkeit von seinen Abmessungen.

●● **7.6.9. TV-Signal**
Ein Fernsehbild stelle ein Gitter aus abwechselnd hellen und dunklen senkrechten Streifen dar. Welches Signal emittiert der Sender (Idealfall und reales Signal)? Wie viele Striche kann das Gitter maximal haben? Die Bandbreite eines Fernsehkanals ist 3 bis 10,4 MHz.

●● **7.6.10. Lecher-Bleche**
Die Feldverteilung um eine Doppelleitung (zwei parallele Lecher-

Drähte) ist recht kompliziert. Wir betrachten statt dessen ein Doppelblech (zwei parallele Bleche, Länge l, Breite b, Abstand d, mit $l \gg b \gg d$) und ein Koaxialkabel. Wie verteilen sich das E- und das B-Feld zwischen den Leitern? Welche Kapazität/Längeneinheit und Induktivität/Längeneinheit haben Doppelblech bzw. Koaxialkabel?

●●● 7.6.11. Wellenleiter
Stellen Sie Doppelleitung, Doppelblech oder Koaxialkabel durch ein Ersatzschaltbild aus Induktivitäten und Kapazitäten dar, zunächst für Leiter ohne ohmschen Widerstand und ideale Isolation der beiden Leiter gegeneinander. Dann berücksichtigen Sie auch den Leiterwiderstand und eine Leitfähigkeit des Isoliermaterials. Wie breitet sich ein hochfrequentes Signal längs einer solchen Leitung aus? Welche Bedeutung und welchen Zahlenwert hat die Größe U/I in einem solchen System?

●● 7.6.12. TV-Kabel
Sie gehen ein Fernsehantennenkabel kaufen. Es gebe Kabel mit 240 Ω und mit 60 Ω Wellenwiderstand, sagt der Verkäufer. Ob das nicht von der Kabellänge abhänge? Nein, sagt der Verkäufer, und auch für alle Sender sei dieser Wert gleich. Versteht der Verkäufer sein Fach, und was folgt aus seinen Angaben?

●● 7.6.13. Kabelabschluß
Wenn man ein Kabel nicht richtig „abschließt", sondern wenn man seine Enden offen hängen läßt oder einfach kurzschließt, trifft die Welle, die längs des Kabels läuft, am Ende auf eine abrupte Änderung des Wellenwiderstandes und wird reflektiert. Was ist die Folge für den Energiefluß? Man vermeidet dies durch einen Abschlußwiderstand. Wie groß muß er sein? Denken Sie dabei auch an Aufgabe 6.3.9.

●● 7.6.14. Wellenwiderstand
Im Text von Abschn. 7.6.3 wurde der Wellenwiderstand einer Leitung oder eines Mediums als Verhältnis der Felder definiert: $Z = E/H$, in Aufgabe 7.6.11 wie üblich als $Z = U/I$. Wie reimt sich das zusammen? Stellen Sie die Leistung, die längs der Leitung fließt, dar als Joule-Leistung und als Leistungsfluß im Feld. Vergleichen Sie beide.

●● 7.6.15. Widerspruch?
In einem Doppelblech oder einem Koaxialkabel laufen elektromagnetische Wellen mit Lichtgeschwindigkeit, in einem Hohlleiter, der fast genauso aussieht, laufen sie nach Abschn. 7.6.10 schneller oder bei zu kleiner Frequenz gar nicht. Wie erklärt sich dieser Widerspruch?

●●● 7.6.16. Tscherenkow-Strahlung
Die Betrachtung, zu der Sie hier verleitet werden, ist etwas vereinfacht, liefert aber ungefähr den richtigen Wert z. B. für die Intensität der **Tscherenkow-Strahlung**. Ein Teilchen mit der Ladung Ze fliegt mit der Geschwindigkeit v. Stellen Sie das $\boldsymbol{E}$- und $\boldsymbol{B}$-Feld der Ladung auf und bilden den Poynting-Vektor $\boldsymbol{S}$, ohne aber irgendwelche Feinheiten der Richtungen zu beachten, d. h. so, als stünde $\boldsymbol{E}$ überall senkrecht auf $\boldsymbol{v}$. Bilden Sie auch die Gesamtleistung so, als zeigte $\boldsymbol{S}$ überall radial. Woran kann man sofort sehen, daß das Ergebnis nicht stimmt? Jetzt kommt der entscheidende Schritt: Aus dem Abstand r betrachtet sieht der Vorbeiflug des Teilchens aus wie ein Feldimpuls der Dauer ..., dessen Fourier-Zerlegung die beherrschende Kreisfrequenz ... liefert. Ersetzen wir in P also r durch .... Wenn dies alles nur hinauf bis zu einer Frequenz ω_m gilt (Begründung Aufgabe 15.3.8), welche Leistung ergibt sich dann? Wie viele Photonen strahlt ein sehr schnelles Teilchen auf 1 cm seiner Bahn ab? Antwort des Experiments und der genaueren Theorie: $490Z^2$ Photonen/cm. Haben Sie das auch heraus?

●●● 7.6.17. Pulsar
Gibt es auch magnetische Antennen? **Pulsare** sind Sterne, deren Radio- und auch Röntgenintensität kurzperiodisch schwankt. Man kennt zwei Gruppen mit Schwankungsperioden von 30 ms und darüber, sowie neuerdings auch mit 1,5 ms und etwas mehr. Diese Strahlung und ihre Periodizität wird dadurch erklärt, daß das riesige Magnetfeld dieses Sterns etwas schief zur Rotationsachse steht. Die Strahlungsleistung wird der Rotationsenergie entnommen, so daß 30 ms-Pulsare ihre Periode im Jahr um etwa 10 µs verlängern, 1,5 ms-Pulsare dagegen nur um 3 ps/Jahr. Vier Abschätzungen für den Pulsarradius: 1. Wie groß darf er sein, damit sein Äquator nicht schneller rotiert als c? 2. Wie groß, damit er nicht zentrifugal auseinanderfliegt? 3. Wie stark müßte sich die Sonne (Rotationszeit 26 Tage) kontrahieren, damit sie so schnell rotierte? 4. Wie groß wäre ein Klumpen enggepackter Neutronen von Sonnenmasse? Zur Strahlung: Die magnetische Achse stehe etwa 1° schief. Welche Strahlungsintensität ergibt sich daraus (denken Sie an *H. Hertz*), welcher Verlust an Rotationsenergie? Schätzen Sie die Magnetfelder der beiden Pulsargruppen. Überreste einer Supernova wie der Crab-Pulsar rotieren in 30 ms und werden dann langsamer; die superschnellen Pulsare sollen viel älter sein, und zwar durch Einfang der Außenhülle eines nahen Begleiters wiederbelebt worden sein, der in seinem Rote-Riesen-Stadium über seine Roche-Grenze hinausschwoll. Es gibt aber auch Einzelsterne, die superschnelle Pulsare sind. Um die Doppelsternhypothese zu retten, nimmt man an, daß sie ihren Retter zum Dank durch ihre Strahlung zerblasen haben.

●● 7.6.18. Röntgenquelle
Der **Pulsar** Hercules X-1 hat in seiner extrem starken Röntgenemission eine etwas verbreiterte Linie bei 58 keV. Können Sie dies als charakteristische Strahlung einem Atom zuweisen? Was sagen Sie zur Deutung als Landausche Zyklotron-Strahlung: Übergang zwischen gequantelten Kreisbahnen im Magnetfeld, analog zum Bohr-Modell? Wie stark müßte dieses Magnetfeld sein?

8

Freie Elektronen und Ionen

Inhalt

Einleitung

Fast noch mehr als die Elektronen in Metalldrähten beherrschen Elektronen und Ionen im Vakuum oder in Halbleitern unser modernes Leben. Sie leuchten in Gasentladungslampen, heizen im Mikrowellengerät, unterhalten uns in Radio und Fernsehen, denken für uns im Computer, ganz abgesehen von den zahllosen elektronischen Meß- und Steuergeräten in Haus, Labor und Fabrik, von der Glimmlampe des Spannungsprüfers über das Oszilloskop bis zu den Riesenbeschleunigern; sie enthüllen heute neue Tiefenschichten in der Struktur der Materie, in die man vor fast hundert Jahren mit Hilfe der Gasentladungen einzudringen begann. Wir werden hier hauptsächlich geladene Teilchen in Gasen und im Vakuum untersuchen. Im Festkörper verhalten sich die Teilchen in vieler Hinsicht ähnlich, wie wir in Kap. 14 feststellen werden.

„... über die Natur der Kathodenstrahlen gibt es sehr verschiedene Ansichten. Die deutschen Physiker erklären sie fast einstimmig als ätherisch, andere als durchaus materiell, ... Teilchen mit negativer Elektrizität ... "

J. J. Thomson, Phil. Mag. 1896

8.1 Erzeugung von freien Ladungsträgern

Um Elektronen aus neutralen Atomen oder Molekülen zu befreien, braucht man Energie. Innerhalb von Metallen sind zwar einige Elektronen frei beweglich, aber sie ganz herauszureißen, kostet ebenfalls Energie. Diese Energie kann man auf viele Arten zuführen: Durch Stoß von Nachbarteilchen (thermisch), von Photonen (optisch), von schnellen Teilchen von außen. Starke elektrische Felder können diese Energiezufuhr sogar ersparen.

8.1.1 Glühemission (Richardson-Effekt)

Die Kathode einer Fernseh- oder Verstärkerröhre läßt Elektronen erst austreten, wenn sie sehr heiß ist. Im Innern eines Metalls lassen sich die am losesten gebundenen Elektronen, die **Leitungselektronen**, frei verschieben, aber wenn sie in die Nähe der Oberfläche geraten, zieht das positive Ionengitter sie zurück. Man muß eine **Ablöse-** oder **Austrittsarbeit** W leisten, um ein Elektron ganz aus dem Metall zu entfernen. W liegt zwischen 1 und 5 eV (Aufgabe 8.1.1). Energetisch läßt sich also ein Metall als ein **Potentialkasten** darstellen, in dem die Elektronen überwiegend in einer Tiefe W unter dem Niveau eines ruhenden freien Elektrons sitzen (Abb. 8.1).

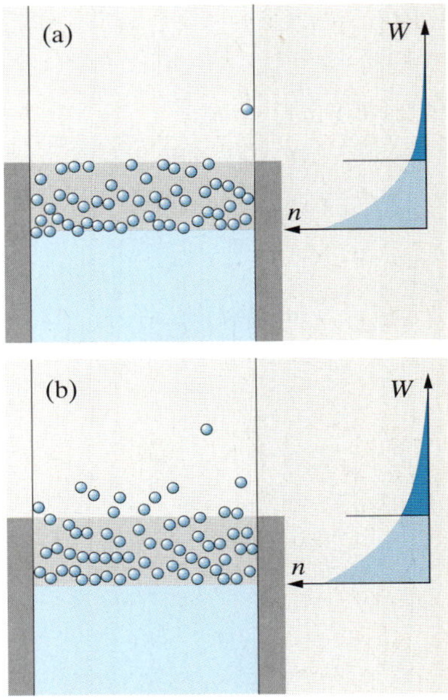

Abb. 8.1. Elektronensee mit Dampfatmosphäre bei (a) $T = 300\,\mathrm{K}$ und (b) $T = 1\,000\,\mathrm{K}$

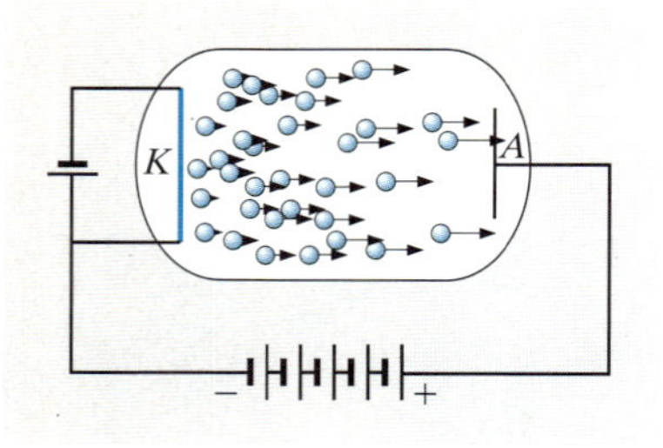

Abb. 8.2. Die Glühkathode emittiert Elektronen, die das elektrische Feld zur Anode absaugt

Die mittlere thermische Translationsenergie eines Teilchens bei Zimmertemperatur $\frac{3}{2}kT = 6 \cdot 10^{-21}\,\mathrm{J} = 3{,}7 \cdot 10^{-2}\,\mathrm{eV}$ (Faustregel: $kT \approx \frac{1}{40}\,\mathrm{eV}$) ist viel zu gering zur Ablösung eines Elektrons. Das gilt auch noch bei Rotglut, aber bei jeder Temperatur gibt es einige Teilchen mit Energien um 1 eV. Sie liegen ganz fern im „Schwanz" der Maxwell-Verteilung. Strenggenommen gilt für die Metallelektronen eine etwas andere Energieverteilung, die **Fermi-Verteilung** (Abschn. 17.3.2), aber auch sie hat einen hochenergetischen Schwanz von der gleichen Form, wenn auch anderer Höhe. Einige Elektronen können also, wenn sie sich von innen her der Oberfläche nähern, die Austrittsarbeit W aufbringen und aus dem Metall „herausdampfen". Über dem Elektronensee im Metall bildet sich die **Dampfatmosphäre freier Elektronen**. Mit steigender Temperatur wächst der Bruchteil austrittsfähiger Elektronen schnell an, und im Gleichgewicht folgt die Teilchenzahldichte freier Elektronen n genau wie der Dampfdruck über einer Flüssigkeit dem Boltzmann-Faktor $\mathrm{e}^{-W/(kT)}$.

✗ Beispiel...

Welcher Bruchteil der Elektronen aus einem Cäsium-Film auf Wolfram ist imstande, diesen zu verlassen bei Zimmertemperatur bzw. bei Rotglut (1 000 K)?

$W = 1{,}36\,\mathrm{eV} = 2{,}2 \cdot 10^{-19}\,\mathrm{J}$, $kT = 4{,}1 \cdot 10^{-21}\,\mathrm{J}$ bzw. $1{,}4 \cdot 10^{-20}\,\mathrm{J}$, $\mathrm{e}^{-W/(kT)} = 5 \cdot 10^{-24}$ bzw. $1{,}5 \cdot 10^{-7}$.

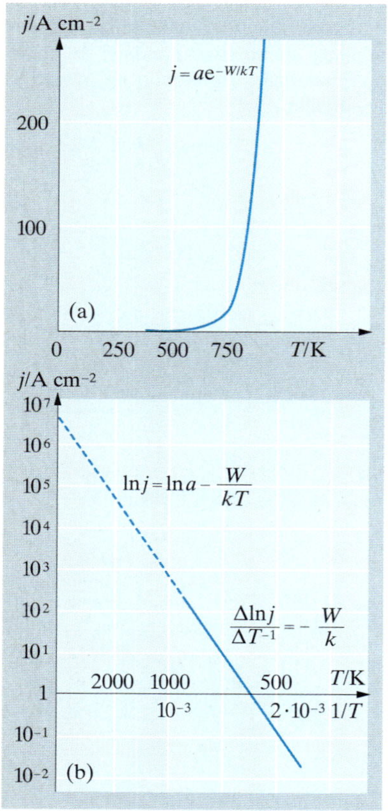

Abb. 8.3. (a) Der Glühemissionsstrom als Funktion der Temperatur, (b) dasselbe in Arrhenius-Auftragung

Praktisch arbeitet man meist nicht im thermischen Gleichgewicht, sondern saugt alle aus der Kathode herausdampfenden Elektronen durch ein Feld zur Anode ab (Abb. 8.2). Auch dieses Nichtgleichgewicht wird vom Boltzmann-Faktor $\mathrm{e}^{-W/(kT)}$ beherrscht. Er gibt an, mit welcher Wahrscheinlichkeit ein Elektron, das gegen die Oberfläche anläuft, die zur Ablösung notwendige Energie W über dem Durchschnittsniveau der anderen Elektronen hat. Die Anzahl der pro Zeit- und Flächeneinheit austretenden Elektronen ergibt sich daraus durch Multiplikation mit einem Faktor, der angibt, wie häufig Elektronen gegen die Oberfläche anrennen. Dieser Faktor wächst auch mit steigender Temperatur, aber so viel schwächer als der Boltzmann-Faktor, daß seine exakte T-Abhängigkeit experimentell sehr schwer zu ermitteln ist. Man erhält so (Aufgabe 8.1.2) für die Dichte des in den Außenraum getragenen Stroms

$$j = CT^2\,\mathrm{e}^{-W/(kT)} \quad \textbf{(Richardson-Gleichung)}\,. \qquad (8.1)$$

Abbildung 8.26 zeigt die Charakteristik, d. h. die Strom-Spannungs-Abhängigkeit einer Glühkathode in der Anordnung von Abb. 8.2. Die verschiedenen Bereiche der Charakteristik werden in Abschn. 8.2.6 diskutiert. Hier interessiert der **Sättigungsstrom** I_s (Plateau ganz rechts in den Charakteristiken). Abbildung 8.3 zeigt die Abhängigkeit des Sättigungsstromes I_s von der Kathodentemperatur T, in (b) aufgetragen als $\ln I_\mathrm{s}$ über $1/T$. Es ergibt sich eine Gerade, deren Steigung, wie man aus (8.1) leicht bestätigt, direkt $-W/k$ ist, also die Ablösearbeit ergibt.

Dieses graphische Verfahren (**Arrhenius-Auftragung**) ist für die Auswertung von Experimenten aus den verschiedensten Gebieten nützlich, nämlich immer dann, wenn eine Meßgröße durch die Verteilung von Teilchen über zwei oder mehrere Energiezustände bestimmt wird (thermisches Gleichgewicht), oder wenn diese Meßgröße durch die Wahrscheinlichkeit der Überwindung einer Energiedifferenz geregelt wird (kinetische Messung, Aufgaben 8.1.3–5).

Tabelle 8.1. Austrittsarbeit W eines Elektrons aus verschiedenen Metallen und Oxiden

Stoff	W/eV
W	4,54
Mo	4,16
Ag	4,05
Cu	4,39
BaO-Paste	0,99
Cs-Film auf W	1,36

Tabelle 8.1 enthält die Ablösearbeit W für einige Kathodenmaterialien. Für reine Metalle mit gleichmäßig emittierender Oberfläche hat C angenähert den gleichen Wert $60\,\mathrm{A\,cm^{-2}\,K^{-2}}$.

In der Praxis finden als Glühkathoden häufig direkt oder indirekt geheizte Metallbleche (aus Nickel oder Platin) Verwendung, welche mit einer Paste aus BaO unter Beigabe anderer Erdalkalioxide belegt sind. Nach vorangegangener **Formierung** geben diese Oxidkathoden (sog. **Wehnelt-Kathoden**) schon bei schwacher Rotglut eine erhebliche Emission.

Vakuumröhren der oben beschriebenen Art bezeichnet man als **Dioden**. In ihnen fließt nur dann ein Strom (Abb. 8.4), wenn die Kathode negativ und die Anode positiv ist; sie sperren den Stromdurchgang aber bei Umpolung, weil die aus der heißen Kathode verdampfenden Elektronen nicht gegen die negative Gegenelektrode anlaufen können (Abb. 8.5). Deshalb finden sie als **Gleichrichter** eine wichtige technische Anwendung (Abschn. 8.2.7 und 8.2.8).

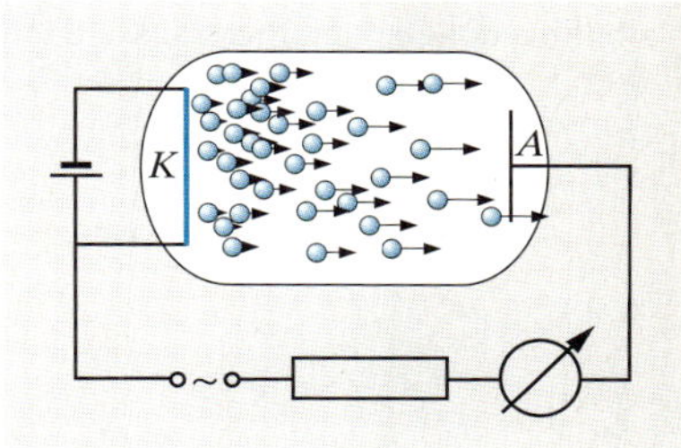

Abb. 8.4. Nur wenn die Kathode der Vakuumdiode wirklich Kathode (negativ) ist, gelangen die von ihr emittierten Elektronen zur Anode

8.1.2 Photoeffekt (Lichtelektrischer Effekt)

1888 bestrahlte *W. Hallwachs* negativ geladene Metallplatten mit ultraviolettem Licht und stellte mit dem angeschlossenen Elektrometer fest, daß diese Ladung allmählich verschwindet. Eine positive Ladung blieb dagegen erhalten. Allgemein löst hinreichend kurzwelliges Licht aus Metalloberflächen negative Ladungsträger, Elektronen, aus. Draußen kommen sie mit einer gewissen kinetischen Energie W an, die man durch die Gegenspannung messen kann, gegen die die Elektronen gerade noch anlaufen können (Abb. 8.6):

$$W = \tfrac{1}{2}mv^2 = eU\,.$$

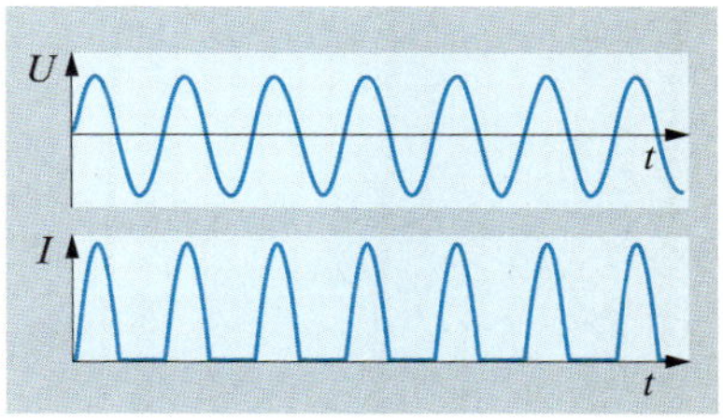

Abb. 8.5. Eine sinusförmige Anodenspannung U an einer Vakuumdiode treibt auch Anodenstrom-Halbwellen, die aber nicht genau sinusförmig sind, denn der Strom hängt nicht linear, sondern wie $U^{3/2}$ von U ab. Auch wenn die Anode negativ ist, fließt ein sehr kleiner Strom: Einige Elektronen im Maxwell-Schwanz können gegen das Gegenfeld anlaufen

Wie die Messung zeigt, werden die Elektronen um so energiereicher, je höher die Frequenz des auslösenden Lichtes ist. Die Strahlungsenergie ist ja in Portionen $h\nu$, den Photonen, abgepackt, und nach Abzug der Austrittsarbeit W_0 bleibt dem Elektron noch die kinetische Energie:

$$W = h\nu - W_0 \quad \textbf{(Einstein-Gleichung)}\,. \qquad (8.2)$$

Dabei wird h bezeichnet als:

Plancksches Wirkungsquantum

$$h = (6{,}62620 \pm 0{,}00005)\cdot 10^{-34}\,\mathrm{J\,s} \qquad (8.3)$$

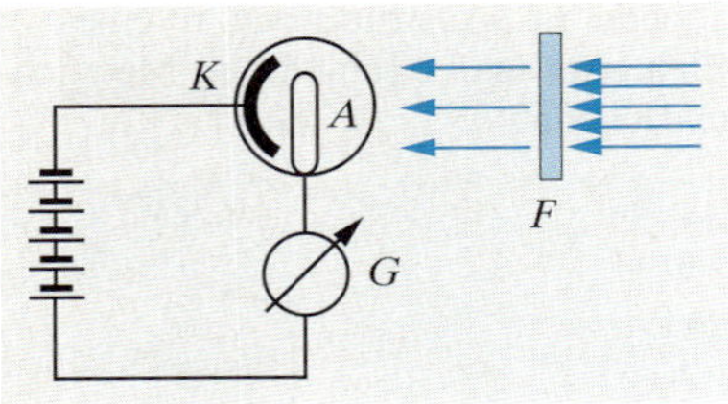

Abb. 8.6. Photozelle. Sie dient hier zur Messung der Absorption des einfallenden Lichtes durch ein Graufilter F. Das Verhältnis der durchtretenden zur auffallenden Intensität ist gleich dem Verhältnis der Galvanometerausschläge mit und ohne Filter

(Aufgabe 8.1.6). Die Intensität des auslösenden Lichts hat dagegen keinen Einfluß auf die Energie der austretenden Elektronen; sie bestimmt nur ihre Anzahl pro m^2 und s. Das steht in scharfem Gegensatz zur elektromagnetischen Lichttheorie, nach der man annehmen sollte: Je mehr Strahlungsleistung auf die Fläche fällt, die einem Elektron zugeordnet ist, desto mehr Energie kann das Elektron auf sich versammeln. Die Photonenvorstellung klärt diesen Widerspruch sehr einfach.

✘ Beispiel...

Von welchen Frequenzen ab ist für die in Tabelle 8.1 aufgeführten Materialien Photoeffekt möglich?

$\nu > W/h$ ab $1{,}1 \cdot 10^{15}$ Hz, $\lambda = 270$ nm (UV) für W, ab 1 400 nm (IR) für BaO, ab 900 nm (nahes IR) für Cs auf W

In der **Photozelle** steht einer metallverspiegelten Wand (K, Cs, Cd o. ä.) eine ringförmige Anode gegenüber (Abb. 8.6). Licht, das auf die Metallschicht (Kathode) fällt, löst dort Elektronen aus, die von der Anode gesammelt und vom Galvanometer G als Photostrom gemessen werden. Dieser Strom ist der Lichtintensität proportional und oberhalb einer **Sättigungsspannung** unabhängig von der angelegten Spannung. Photozellen können evakuiert oder gasgefüllt sein. Im zweiten Fall wird der Elektronenstrom durch Stoßionisation verstärkt (Abschn. 8.3.2). Heute spielen Halbleiterelemente (Photowiderstände, Photodioden, Abschn. 11.3.2, 14.4.3) als Strahlungsempfänger eine immer größere Rolle (Aufgabe 8.1.7).

8.1.3 Feldemission

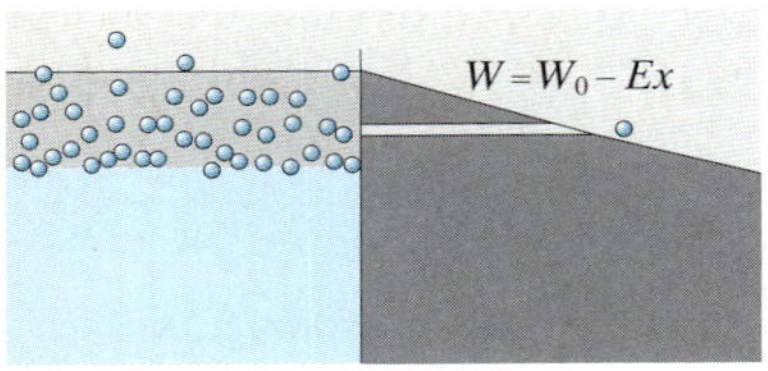

Abb. 8.7. Feldemission aus einem Metall: Elektronen können die dreieckige Potentialschwelle quantenmechanisch durchtunneln, wenn sie dünn genug ist

Bringt man ein Metall auf ein hohes negatives elektrisches Potential gegenüber seiner Umgebung, so kippt das entsprechende Feld die potentielle Energie für Elektronen so stark, daß beim Austritt keine Stufe, sondern nur noch eine Schwelle zu überwinden ist, um so niedriger und dünner, je größer das Feld ist (Abb. 8.7). Besonders an feinen Metallspitzen erreicht man schon mit mäßigen Spannungen Felder von 10^7 V/cm und mehr. Bei solchen Feldern treten, besonders im Vakuum, ständig Elektronen aus (**Feldemission**).

Aus photoelektrischen Messungen (Einstein-Gleichung (8.2)) weiß man, daß die Austrittsarbeit W einige eV beträgt. Ein Feld von 10^7 V/cm verwandelt eine solche Energiestufe in eine Schwelle von der Dicke $1\,\mathrm{V}/10^7\,\mathrm{V\,cm^{-1}} = 10^{-9}$ m. Schwellen dieser Dicke und Höhe können von Elektronen auch ohne Energiezufuhr ziemlich leicht *durchtunnelt* werden (Abschn. 16.3.2). Die Feldemission ist also überwiegend ein quantenmechanischer Effekt (Aufgaben 8.1.8 und 8.1.9).

Der **Tunnelstrom**, ausgelöst durch das hohe Feld vor einer sehr dünnen Metallspitze, steuert das **Raster-Tunnelmikroskop** (*Binnig* und *Rohrer*, Nobelpreis 1986). Da dieser Strom exponentiell von winzigsten Abstandsänderungen abhängt, kann man damit Strukturen aus einzelnen Atomen abtasten und sogar umbauen (Abschn. 9.4.4).

8.1.4 Sekundärelektronen

Wenn ein Metall ein Elektron, das aus dem Vakuum kommt, „einsaugt“, wird dabei im Prinzip ebensoviel Energie frei, wie nötig ist, um ein anderes Elektron abzulösen. Zum Ersatz der Energieverluste muß das auftreffende Elektron aber etwas kinetische Energie W mitbringen, um ein **Sekundärelektron** auslösen zu können. Das **Sekundäremissionsvermögen**, definiert als Anzahl der ausgelösten Elektronen/Anzahl der auftreffenden Elektronen, hängt also stark von W ab. Schnelle Elektronen können mehrere Sekundärelektronen freisetzen. Das nutzt man im **Sekundärelektronen-Vervielfacher** (kurz SEV oder **Multiplier** genannt) aus, um einzelne Elektronen, vor allem aber geringe Lichtintensitäten bis herab zu einzelnen Photonen nachzuweisen. Das Licht löst aus der Photokathode Elektronen aus, diese werden durch eine Spannung von einigen 100 V bis zur nächsten Elektrode (**Dynode**) beschleunigt, wo jedes mehrere Sekundärelektronen auslöst usw., bis nach mehreren (oft 10 und mehr) Verstärkungsstufen ein gut meßbarer Stromstoß entsteht (Abb. 8.8, Aufgabe 8.1.10).

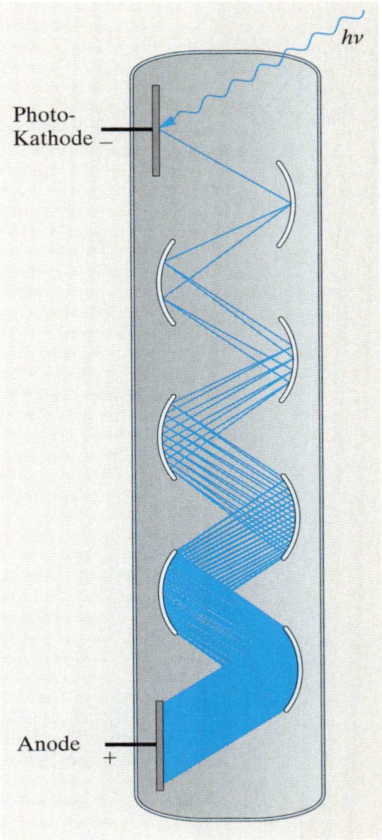

Abb. 8.8. Photomultiplier (schematisch; die Spannungszuleitungen zu den Dynoden sind nicht mitgezeichnet; die räumliche Anordnung der Elektroden ist auch ganz anders; warum wohl?)

8.1.5 Ionisierung eines Gases

Ähnlich wie aus einem Metall kann man aus Gasatomen oder -molekülen Elektronen abtrennen, also diese Teilchen ionisieren, indem man thermische, optische, elektrische oder kinetische Energie zuführt. Wir betrachten hier zunächst die **thermische Ionisation** durch Stoß mit anderen Gasteilchen. Über Ionisation durch hinreichend hochfrequente Strahlung und die Feldemission aus Atomen und Molekülen wird in Abschn. 12.3 und 12.4 einiges gesagt, über Stoßionisation durch sehr schnelle Teilchen in Abschn. 13.3.1. Alle diese Effekte – Hitze, Ultraviolett, radioaktive Strahlung – machen z. B. die Luft elektrisch leitend; durch die Entladung eines aufgeladenen Elektroskops hat man sie meist auch zuerst nachgewiesen.

Auch die Ablösearbeit W_i eines Elektrons vom Atom oder Molekül, die **Ionisierungsenergie**, liegt in der Größenordnung 10 eV (etwas weniger bei Metallen, besonders Alkalien, etwas mehr bei Nichtmetallen). Auch hier haben bei hinreichend hoher Temperatur einige Teilchen im Schwanz der Maxwell-Verteilung solche kinetischen Energien und können stoßionisieren. Im thermischen Gleichgewicht ergibt sich der **Ionisierungsgrad**, d. h. das Verhältnis der Ionenzahldichte n_i zur Gesamtteilchenzahldichte n, aus der Boltzmann-Verteilung: Die n_i Teilchen/m^3, die ionisiert sind, liegen energetisch mindestens um W_i höher als die $n_0 = n - n_i$ Teilchen/m^3, die ihr Elektron noch besitzen (mindestens um W_i, weil Elektron und Ion auch kinetische Energie haben können). Also wird nach (5.37) n_i/n_0 gegeben durch $e^{-W_i/(kT)}$, multipliziert mit einem Faktor, der die statistischen Gewichte des Elektron-Ion-Paares und des neutralen Teilchens vergleicht (Abschn. 5.2.9). So erhält man für schwache Ionisation die

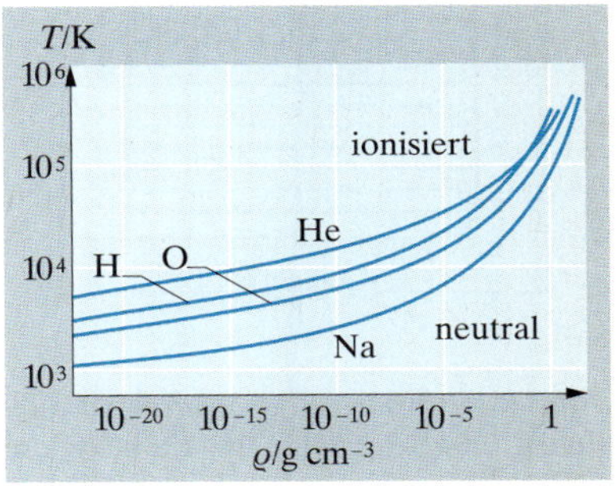

Abb. 8.9. Grenzen zwischen neutralem und ionisiertem Zustand im T,ϱ-Diagramm für H, He, O, Na nach der Eggert-Saha-Gleichung

Eggert-Saha-Gleichung (Abb. 8.9)

$$\frac{n_i}{n_0} = \frac{(2\pi mkT)^{3/4}}{n_0^{1/2} h^{3/2}} e^{-W_i/(2kT)} = 4{,}91 \cdot 10^{10} \frac{T^{3/4}}{n_0^{1/2}} e^{-W_i/(2kT)} . \quad (8.4)$$

Bei Sterntemperaturen sind alle Gase stark ionisiert (Aufgabe 8.1.11 und 8.1.12).

Ein elektrisch geladenes Metallstück (eine **Sonde**), das mit einem Elektrometer verbunden ist, wird in einer Flamme entladen. Die Entladung ist davon unabhängig, ob die Sonde positiv oder negativ geladen ist; sie erfolgt durch Anlagerung von aus der Flamme stammenden, entgegengesetzt geladenen Ionen. Der Versuch zeigt, daß die Flamme sowohl positive als auch negative **Flammenionen** enthält. Die Ionendichte kann durch Einbringen von geeigneten, leicht flüchtigen Salzen, z. B. Alkalihalogeniden oder Na_2CO_3, in die Flamme um Größenordnungen gesteigert werden.

8.2 Bewegung freier Ladungsträger

Geladene Teilchen werden von elektrischen und magnetischen Feldern unvergleichlich viel stärker beeinflußt als vom Gravitationsfeld, außer unter extremen Umständen wie in der Nähe schwarzer Löcher. Wir untersuchen diese Bewegung im Vakuum und teilweise auch im Festkörper. Die moderne Technik (Leistungs- wie Informationselektronik) lebt von diesen Vorgängen, und auch die Grundlagenforschung bringt immer neue Überraschungen auf diesem Gebiet.

8.2.1 Elektronen im homogenen elektrischen Feld

Zwischen zwei planparallelen Platten mit dem Abstand d im Vakuum liege die Spannung U (Abb. 8.10). Wenn zwischen den Platten nur so wenige Ladungsträger schweben, daß sie das Feld nicht merklich verzerren, ist dieses homogen: $E = U/d$, übt auf die Ladung e die Kraft $F = eE$ aus und beschleunigt sie mit

$$a = \frac{e}{m}\frac{U}{d} . \qquad (8.5)$$

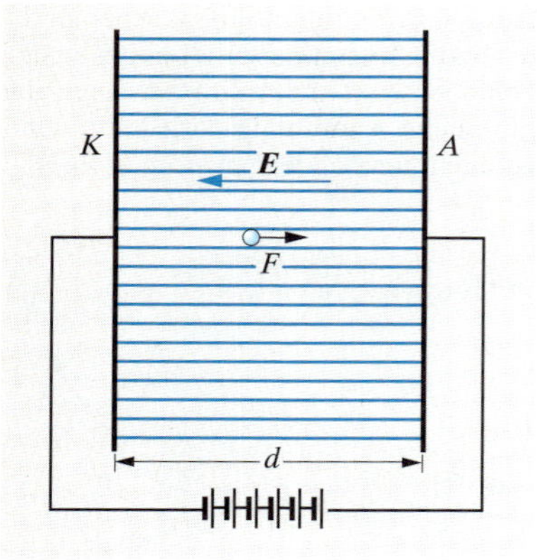

Abb. 8.10. Im homogenen elektrischen Feld $E = U/d$ erfährt das Elektron die Kraft $F = -eE$. Im Vakuum erreicht es von K bis A die Geschwindigkeit $v = \sqrt{2eU/m}$, in Materie, selbst einem verdünnten Gas, fliegt es konstant mit $v = \mu E$

Der Ladungsträger „fällt“ wie ein Stein im Erdschwerefeld gleichmäßig beschleunigt. Endgeschwindigkeit v_d und Fallzeit t_d ergeben sich aus den Fallgesetzen. Falls der Träger an einer Elektrode mit $v = 0$ startete, erreicht er die andere mit bzw. nach

$$v_d = \sqrt{\frac{2eU}{m}} , \qquad t_d = \sqrt{\frac{2m}{eU}}\, d . \qquad (8.6)$$

v_d folgt allein aus dem Energiesatz, gilt also bei beliebiger Feldverteilung und beliebigem d, solange U gegeben ist und sich keine bremsende Materie im Feld befindet.

In einem **Ablenkkondensator**, in den man ein Elektron zunächst mit $\boldsymbol{v}_0$ senkrecht zum $\boldsymbol{E}$-Feld einschießt, beschreibt das Elektron eine Wurfparabel. Zum Durchgang durch die Kondensatorlänge l braucht es die Zeit $t = l/v_0$. Senkrecht dazu, in Feldrichtung, hat es in dieser Zeit die Geschwindigkeit

$$v_\perp = at = \frac{e}{m}E\frac{l}{v_0} \qquad (8.7)$$

gesammelt. Daher hat sich die Flugrichtung gedreht um den Winkel α mit

$$\tan\alpha = \frac{v_\perp}{v_\parallel} = \frac{e}{m}E\frac{l}{v_0^2}\,. \tag{8.8}$$

Auf einem Schirm im Abstand D hinter dem Kondensator trifft das Elektron nicht bei A (Abb. 8.11), sondern in einem Abstand

$$s = D\tan\alpha = \frac{e}{m}E\frac{l}{v_0^2}D \tag{8.9}$$

davon ein, oder, ausgedrückt durch die Ablenkspannung $U_K = Ed$ und die Spannung $U_0 = mv_0^2/(2e)$, mit der die Elektronen vor dem Eintritt in den Kondensator beschleunigt worden sind:

$$\boxed{s = \frac{1}{2}\frac{l}{d}D\frac{U_K}{U_0}}\,. \tag{8.10}$$

Dies hängt nur von der Geometrie der Anordnung und dem Verhältnis der beiden Spannungen ab, nicht von den Eigenschaften des Teilchens.

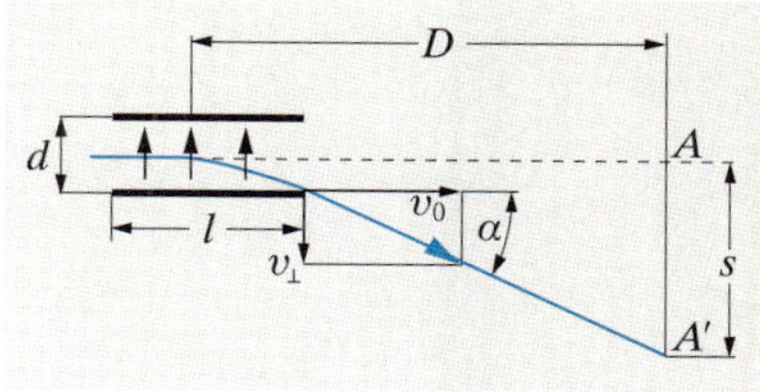

Abb. 8.11. Ablenkung von Elektronen im homogenen elektrischen Querfeld

8.2.2 Elektronen im homogenen Magnetfeld

Wenn eine Ladung e mit der Geschwindigkeit $\boldsymbol{v}$ durch ein Magnetfeld $\boldsymbol{B}$ fliegt, erfährt sie eine Kraft

$$\boldsymbol{F} = e\boldsymbol{v}\times\boldsymbol{B}\,, \tag{8.11}$$

die **Lorentz-Kraft**. Diese verschwindet nur dann, wenn $\boldsymbol{v}$ parallel zu $\boldsymbol{B}$ ist, steht sowohl auf der Feldrichtung ($\boldsymbol{B}$) wie auf der Bewegungsrichtung ($\boldsymbol{v}$) senkrecht und ist maximal, nämlich vom Betrag evB, wenn $\boldsymbol{v}$ senkrecht zu $\boldsymbol{B}$ ist. Wir beschränken uns zunächst auf diesen Fall $\boldsymbol{v}\perp\boldsymbol{B}$ und untersuchen die Bewegung der Ladung, die dabei herauskommt.

Eine Kraft, die immer senkrecht auf der Bewegung des Teilchens steht, kann nach Abschn. 1.5.1 keine Arbeit leisten, also die Energie und damit die Geschwindigkeit des Teilchens nicht steigern. Es handelt sich also um eine Bewegung mit konstantem Geschwindigkeitsbetrag und einer Beschleunigung, die immer senkrecht zur Bahn erfolgt. Dies sind die Kennzeichen einer gleichförmigen Kreisbewegung (Abschn. 1.4.2). Die Lorentz-Kraft wirkt als Zentripetalkraft, der im Bezugssystem des Teilchens eine Zentrifugalkraft die Waage hält:

$$\frac{mv^2}{r} = evB\,. \tag{8.12}$$

Das Teilchen läuft mit einer Kreisfrequenz

$$\boxed{\omega = \frac{v}{r} = \frac{e}{m}B} \tag{8.13}$$

um, der **Larmor-Frequenz**. Sie ist wichtig für die Deutung optischer und elektromagnetischer Effekte wie Faraday- und Zeeman-Effekt, paramagnetische Resonanz, Kern- und Zyklotronresonanz, de Haas-van Alphen-Effekt usw. (Abschn. 10.3.4, 12.7.9). Die Kreisbahn hat den Radius

$$\boxed{r = \frac{mv}{eB}} \ . \tag{8.14}$$

✗ Beispiel...

Wie bewegt sich ein kosmisches 1 GeV-Proton im Magnetfeld der Erde ($\approx 10^{-5}$ T) in einiger Entfernung?

Es beschreibt Kreis oder Spirale von knapp 1 000 km Radius in knapp 10 ms, erreicht also i. allg. den Erdboden nicht, außer in Polnähe.

Nimmt das Feld nur ein kleines Bogenstück dieses Kreises ein, d. h. ist seine räumliche Ausdehnung $l \ll r$, so erfolgt eine Ablenkung um den Winkel

$$\alpha \approx \frac{l}{r} = \frac{leB}{mv} \ . \tag{8.15}$$

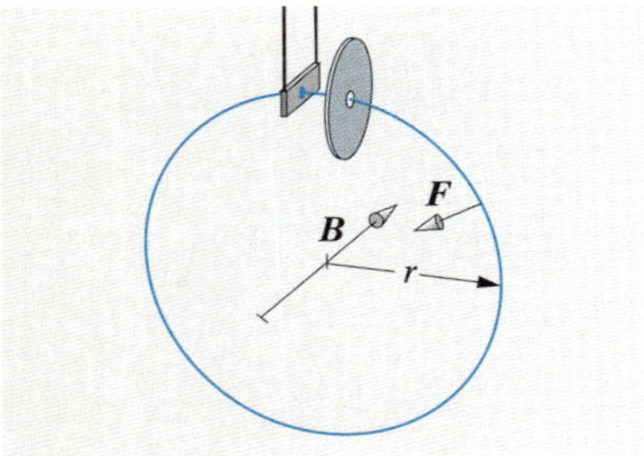

Abb. 8.12. Kreisbahn von Elektronen im homogenen Magnetfeld

Kennt man die kinetische Energie der Teilchen (sie ergibt sich aus der benutzten Beschleunigungsspannung U als $\frac{1}{2}mv^2 = eU$), so folgt $v = \sqrt{2eU/m}$, und aus (8.13) läßt sich e/m ausdrücken:

$$\frac{e}{m} = \frac{v}{rB} = \frac{1}{rB}\sqrt{\frac{2e}{m}U} \qquad \text{oder} \qquad \boxed{\frac{e}{m} = \frac{2U}{r^2B^2}} \ . \tag{8.16}$$

Rechts stehen nur meßbare Größen, wenn man z. B. folgende Anordnung wählt: In einem auf ca. 10^{-3} mbar evakuierten Glaskolben, in dem ein Paar von **Helmholtz-Spulen** ein weitgehend homogenes Magnetfeld erzeugt, sendet ein System aus Glühkathode und Anoden-Lochblende (besser Wehnelt-Zylinder) ein paralleles Bündel schneller Elektronen aus, die bei richtiger Wahl der Magnetfeldstärke eine saubere Kreisbahn ziehen (Abb. 8.12). Diese ist als Leuchtspur infolge des Stoßanregungs-Leuchtens des Restgases gut zu erkennen (Aufgaben 8.2.2 und 8.2.3).

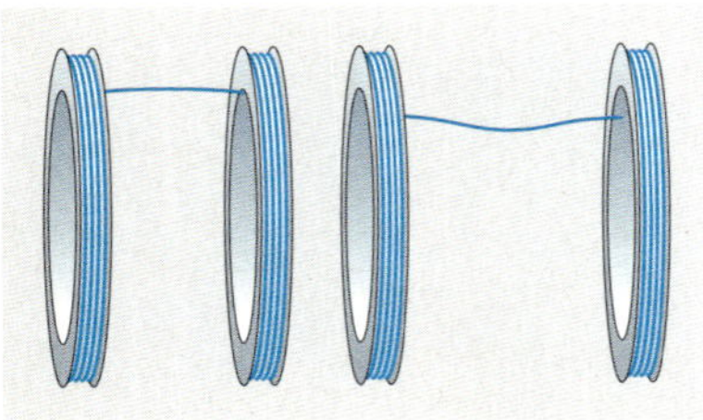

Abb. 8.13. Es ist gar nicht so leicht, ein großräumiges homogenes Magnetfeld herzustellen. Eine Annäherung bringt das Helmholtz-Spulenpaar, vom Strom I in gleicher Richtung durchflossen. Wenn der Abstand d der Ringe gleich dem Ringradius R ist, wird das Magnetfeld ziemlich homogen. Jede Abweichung vom Verhältnis 1 : 1 verstärkt die Inhomogenität. Die blaue Kurve zeigt den Betrag der Feldstärke $H = \frac{1}{2}IR^2(1/(R^2 + (d-x)^2)^{3/2} + 1/(R^2 + (d+x)^2)^{3/2})$ längs der Achse. In radialer Richtung ist es ähnlich

Für die Atomphysik wichtig ist auch der Fall, daß eine Ladung schon in einem anderen (z. B. elektrischen) Feld auf eine Kreisbahn gezwungen wird. Setzt man ein solches System einem zusätzlichen Magnetfeld aus, das z. B. senkrecht auf der Bahnebene stehe, so stellt die entsprechende Lorentz-Kraft je nach Umlaufsinn einen zusätzlichen Beitrag zur Zentripetal- oder Zentrifugalkraft dar. Die Bahn wird also weiter bzw. enger, die Umlaufsfrequenz verringert bzw. vergrößert sich, und dies genau um den Betrag eB/m: Die Kreisfrequenz im Magnetfeld ist $\omega_B = \omega_0 \pm eB/m$, wenn sie ohne Magnetfeld ω_0 war.

Wenn das Magnetfeld nicht senkrecht auf der Umlaufsebene steht, kann man so argumentieren: Die umlaufende Ladung stellt einen Kreisstrom dar, der nach Abschn. 7.1.3 ein magnetisches Moment senkrecht zur Bahnebene, also schief zum Magnetfeld hat. Das Magnetfeld übt auf dieses magnetische Moment ein Drehmoment aus, unter dessen Einfluß die kreisende Ladung, wie jeder Kreisel, eine Präzessionsbewegung ausführt (Abschn. 2.4.2). Die Frequenz dieser Präzession ergibt sich wieder zu eB/m. Das Elektron kann also eigentlich machen was es will: Im Magnetfeld tritt immer eine kreisende Bewegung mit der Frequenz eB/m (der **Larmor-Frequenz**) auf.

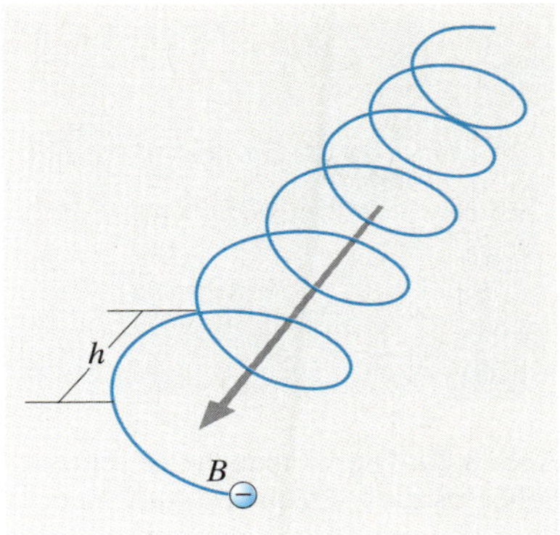

Abb. 8.14. Ein geladenes Teilchen beschreibt eine Schraubenlinie um die Magnetfeldlinien. Die zum Feld senkrechte $\boldsymbol{v}$-Komponente bestimmt den Radius $r = v_\perp/\omega$ des begrenzenden Zylinders, $v_\parallel$ bestimmt die Ganghöhe $h = 2\pi v_\parallel/\omega$. Die Larmor-Frequenz $\omega = eB/m$ hängt nicht von der $\boldsymbol{v}$-Richtung ab

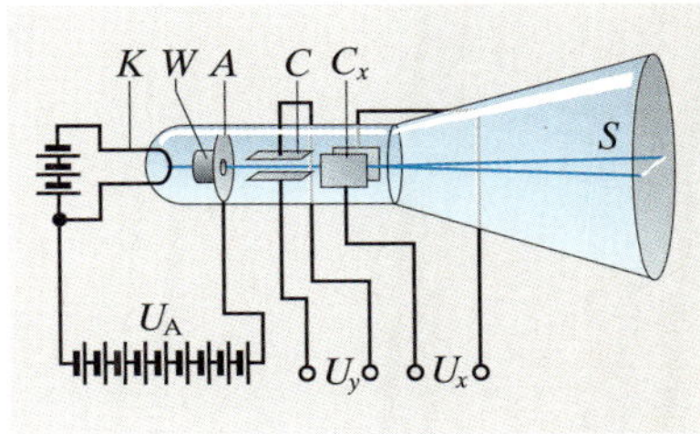

Abb. 8.15. Elektronenstrahloszillograph, schematisch

Ein freies Elektron, dessen Geschwindigkeit $\boldsymbol{v}$ nicht senkrecht zum Feld $\boldsymbol{B}$ steht, beschreibt eine **Schraubenlinie** um die Feldrichtung. Die zu $\boldsymbol{B}$ parallele Komponente $v_\parallel$ bleibt unbeeinflußt, die andere Komponente $v_\perp$ tritt an die Stelle von v in den Formeln für Bahnradius und Larmor-Frequenz. Die Ganghöhe der Schraube ist also $h = 2\pi m v_\parallel/(eB)$.

8.2.3 Oszilloskop und Fernsehröhre

Ferdinand Braun benutzte um 1900 Elektronenstrahlen als „Zeiger" für schnell veränderliche elektrische Spannungen, die diese Elektronen ablenkten. Die **Braunsche Röhre** des Kathoden- oder **Elektronenstrahloszilloskops** ist zu einem der wichtigsten Meßgeräte entwickelt worden.

Aus der Glühkathode K (Abb. 8.15) treten Elektronen und werden durch die Anodenspannung U_A (einige kV) zwischen K und der durchbohrten Anode A beschleunigt. Durch das Loch in A treten sie hindurch und werden bei passender Formgebung (**Wehnelt-Zylinder** W) sogar noch enger gebündelt (fokussiert). Sie treten dann durch den Ablenkkondensator C und treffen auf den Leuchtschirm S. Die zu analysierende Spannung U_y wird an den Ablenkkondensator C gelegt. Ist diese Spannung eine periodische Wechselspannung, so wird der Leuchtfleck zu einem vertikalen Strich auseinandergezogen. Will man den zeitlichen Verlauf beobachten, dann legt man an den hinter C angebrachten, um 90° gedrehten Kondensator C_K eine sägezahnförmige **Kippspannung** U_K, deren zeitlicher Verlauf in Abb. 8.16 dargestellt wird. Sie allein bewirkt auf dem Schirm eine horizontale Ablenkung. Durch Überlagerung beider Ablenkungen entsteht dann das in Abb. 8.16 dargestellte Bild. Durch passende Wahl der Kippfrequenz erreicht man, daß die zu analysierende periodische Spannung immer die gleiche Phase besitzt, wenn die Kippspannung (zu den Zeiten t', t''...) zusammenbricht und der Strahl nach A „zurückspringt". Dann überdecken sich alle Ablenkungsbilder auf dem Leuchtschirm, es ergibt sich ein stehendes Bild (Aufgabe 8.2.4).

Das elektronenoptische System einer **Fernsehröhre** funktioniert ähnlich, aber mit magnetischer Ablenkung. Die Helligkeitssteuerung (Steuerung der Anzahl von Elektronen im Strahl), die beim Oszillographen ma-

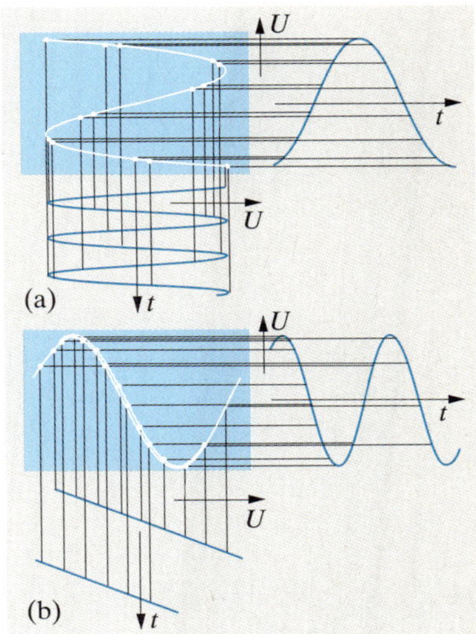

Abb. 8.16. (a) Zwei verschiedene Signale an den x- und y-Platten (Einstellung EXT) ergeben eine Lissajous-Figur. (b) Eine Kippspannung passender Frequenz an x (oder richtige Triggerung) gibt den y-Spannungsverlauf wieder

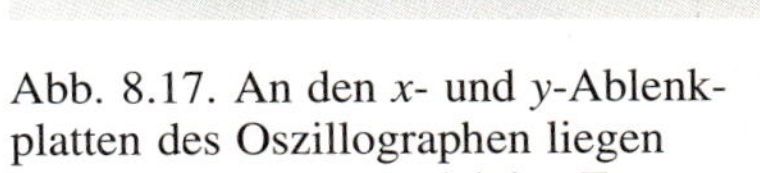

Abb. 8.17. An den x- und y-Ablenkplatten des Oszillographen liegen Wechselspannungen gleicher Frequenz, aber verschiedener Phase

Abb. 8.18. An den x- und y-Platten liegen Spannungen verschiedener Frequenz

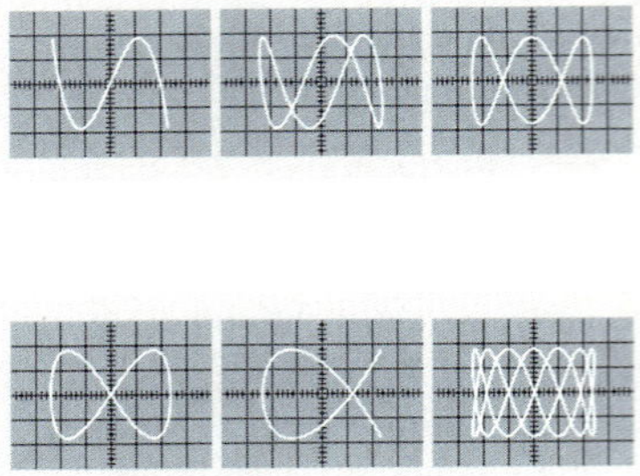

Abb. 8.19. Frequenzen und Phasen der Signale an den x- und y-Platten sind verschieden. Nämlich? Sind die Signale noch sinusförmig? Kann man auch eine exakte Parabel zeichnen?

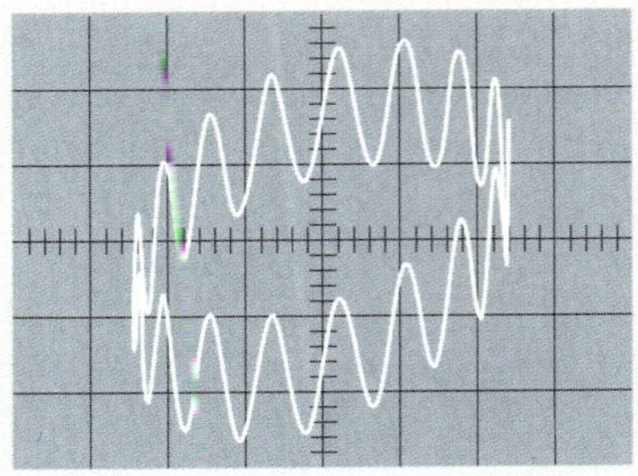

Abb. 8.20. Die y-Frequenz ist sehr viel höher als die x-Frequenz. Außerdem liegt an den y-Platten noch ein Signal der Grundfrequenz mit einer Phasenverschiebung gegen das x-Signal

nuell geschieht, folgt bei der Fernsehröhre den Lichtwerten des wiederzugebenden Bildes. Das einfachste Mittel hierzu wäre die Heizspannung der Glühkathode, von der deren Temperatur und Elektronenemission sehr empfindlich abhängen (Abschn. 8.1.1). Leider ist die Kathode thermisch zu träge, um die schnellen Bildwertschwankungen (die in ungefähr 10^{-7} s erfolgen müssen) wiederzugeben. Man benutzt daher echt elektronenoptische Mittel (**Wehnelt-Zylinder**), um einen variablen Teil der emittierten Elektronen abzufangen (Aufgabe 8.2.5).

Beim Oszillographen wie in der Fernsehröhre ist die Schirminnenseite mit einer lumineszierenden Substanz überzogen (Sulfide und Silikate von Zink und Cadmium, welche die Energie der aufschlagenden Elektronen in Licht geeigneter Farbe umsetzen; Abschn. 12.2.3).

8.2.4 Thomsons Parabelversuch; Massenspektroskopie

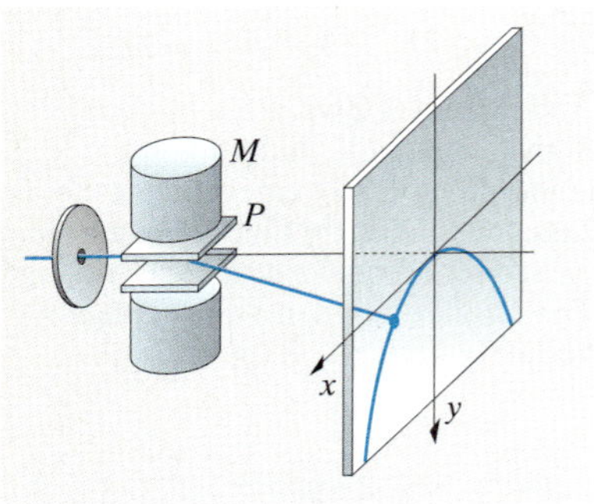

Abb. 8.21. Anordnung von *J. J. Thomson* zur Ionenmassenbestimmung nach der Parabelmethode. P Ablenkkondensator, M Magnetpole. (Nach W. Finkelnburg: *Einführung in die Atomphysik*, 11./12. Aufl. (Springer, Berlin Heidelberg 1976))

Die Ablenkbarkeit eines Teilchens im Magnetfeld (ausgedrückt durch die Bahnkrümmung, d. h. den reziproken Bahnradius) ist

$$\frac{1}{r} = \frac{eB}{mv} \tag{8.17}$$

(vgl. (8.14)). Im elektrischen Feld ist die Ablenkbarkeit (Tangens des Ablenkwinkels pro Wegeinheit, (8.8))

$$\frac{\tan\alpha}{l} = \frac{eE}{mv^2} . \tag{8.18}$$

Die „Steifheit" des Strahls wächst also im Magnetfeld mit dem Impuls mv, im elektrischen Feld mit der kinetischen Energie $\frac{1}{2}mv^2$.

Aus einer Quelle trete ein Strahl geladener Teilchen mit unbekannten Eigenschaften. Offenbar reicht die Ablenkung im elektrischen Feld allein oder im Magnetfeld allein nicht aus, um m und v einzeln zu messen – selbst wenn man die Ladung als eine Elementarladung ansetzt –, denn die Ablenkbarkeiten enthalten in beiden Fällen m und v kombiniert. Benutzung beider Felder zusammen erlaubt eine Trennung von m und v.

Die eleganteste Realisierung dieses Gedankens stammt von *J. J. Thomson* und wurde später von *Aston* zum **Massenspektrographen** vervollkommnet (Abschn. 13.1.4).

Ein eng ausgeblendeter Teilchenstrahl tritt durch einen Ablenkkondensator, der sich zwischen den Polschuhen eines Elektromagneten befindet, so daß elektrisches und Magnetfeld parallel, z. B. beide vertikal stehen. Ohne Felder würde der Strahl in 0 auftreffen. Dieser Punkt sei Ursprung der Koordinaten x (horizontal) und y (vertikal). Beide Felder lenken unabhängig voneinander ab: Das elektrische Feld vertikal um

$$y = \frac{eElD}{mv^2}\,, \tag{8.19}$$

das Magnetfeld, das so schwach sei, daß seine Abmessung l nur einen kleinen Bogen des Bahnkreises darstellt, lenkt horizontal ab um

$$x = \frac{eBlD}{mv}\,. \tag{8.20}$$

E, B, l, D sind Konstanten der Apparatur. Dagegen kann der Strahl Teilchen mit verschiedenen Ladungen, Massen und Geschwindigkeiten enthalten. Wir betrachten zunächst Teilchen gleicher Art (gleiches e und m), aber verschiedener Geschwindigkeit. Sie landen auf Punkten (x, y), die sich ergeben, wenn v alle erlaubten Werte annimmt. Aus (8.20) kann man v eliminieren und in (8.19) einsetzen:

$$v = \frac{eBlD}{mx}\,, \quad \text{also} \quad \boxed{y = \frac{mE}{eB^2lD}x^2}\,. \tag{8.21}$$

Das ist die Gleichung einer zur Vertikalen symmetrischen Parabel. Die schnellen Teilchen treffen näher zum Scheitel dieser Parabel auf (vgl. (8.20)). Dieser Scheitel liegt in 0 und würde unendlicher Geschwindigkeit (unendlicher Strahlsteifheit) entsprechen (Aufgabe 8.2.6).

Eine andere Teilchenart mit einer anderen spezifischen Ladung e/m zeichnet eine andere Parabel; sie ist um so enger, je kleiner e/m ist. So lassen sich sehr präzise Massenbestimmungen vornehmen (Nachweis und Trennung von Isotopen, Molekülen, chemischen, besonders organischen Radikalen). Die kombinierte Ablenkung im elektrischen und magnetischen Feld ist im **Massenspektrographen** zu noch größerer Präzision entwickelt worden.

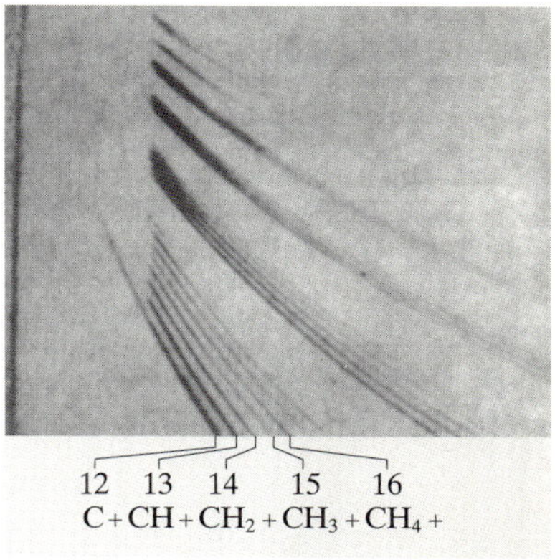

Abb. 8.22. Trennung eines Gemisches organischer Ionen nach der Parabelmethode von *J. J. Thomson*. Man erkennt die verschiedenen homologen Paraffine: *Unten* Methan und seine Dehydrierungsprodukte, darüber das gleiche für Ethan usw. (Nach *Conrad*, aus W. Finkelnburg: *Einführung in die Atomphysik*, 11./12. Aufl. (Springer, Berlin Heidelberg 1976))

8.2.5 Die Geschwindigkeitsabhängigkeit der Elektronenmasse

Sehr schnelle Elektronen (z. B. radioaktive β-Teilchen, allgemein Elektronen oberhalb von 100 keV) zeichnen im Thomson-Versuch keine exakten Parabeln mehr. Die Kurve weicht besonders in Scheitelnähe nach innen hin ab (Abb. 8.23). Scheitelnahe Punkte entsprechen hohen Energien, engere Parabeln größeren m/e-Werten. Der Punkt für eine Energie von 500 keV liegt schon auf der Parabel, die doppeltem m/e entspricht. Entweder nimmt also die Elektronenladung mit wachsender Energie ab (wofür sonst keinerlei Belege existieren), oder die Masse nimmt zu,

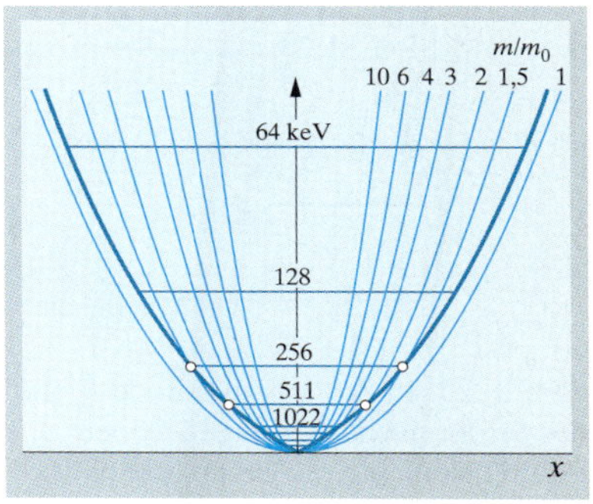

Abb. 8.23. Bei hohen Elektronenenergien deformiert sich die Thomson-Parabel infolge der relativistischen Massenzunahme

und zwar so, daß sie bei 500 keV doppelt so groß ist. Allgemeiner entspricht die Abhängigkeit der Formel

$$m = \frac{m_0}{\sqrt{1 - v^2/c^2}} ,$$

wo m_0 die normale Elektronenmasse (für kleine Geschwindigkeiten) und c die Lichtgeschwindigkeit im Vakuum sind. Alle diese Befunde entsprechen genau einem der wichtigsten Postulate der Relativitätstheorie (Abschn. 15.2.6).

✗ Beispiel...

Jemand tippt auf dem Taschenrechner: .9 INV SIN COS 1/x. Was soll das?

Er berechnet, um wieviel schwerer ein Teilchen mit $v = 0{,}9c$ ist als in Ruhe: $\cos\beta = \sqrt{1 - \sin^2\beta}$.

8.2.6 Die Elektronenröhre

Der Stromtransport im Vakuum (**Elektronenröhre**) und der im Festkörper (Draht, Halbleiter) unterscheiden sich wie der freie Fall und die Bewegung durch ein zähes Medium. Im *Vakuum* ergibt sich die Geschwindigkeit der Ladungsträger nach dem Energiesatz aus der durchfallenen *Spannung U*

$$\tfrac{1}{2}mv^2 = eU , \quad \text{also} \quad v = \sqrt{\frac{2e}{m}U} , \tag{8.22}$$

im *Festkörper* ist die Geschwindigkeit proportional zur treibenden Kraft, also zur *Feldstärke*

$$v = \mu E \tag{8.23}$$

(μ ist die **Beweglichkeit**, Abschn. 6.4.2). In beiden Fällen ist die Stromdichte j (d. h. die durch 1 m^2 in der Sekunde transportierte Ladung) gegeben durch die Teilchenzahldichte n der Ladungsträger, ihre Ladung e und ihre Geschwindigkeit v:

$$j = env . \tag{8.24}$$

In einem *homogenen* Feld fließt also im Vakuum die Stromdichte

$$j = en\sqrt{\frac{2e}{m}U} , \tag{8.25}$$

im Festkörper ergibt sich

$$j = en\mu E = en\mu\frac{U}{d} \quad \textbf{(Ohmsches Gesetz)} . \tag{8.26}$$

Der Gesamtstrom I folgt aus j durch Multiplikation mit dem Querschnitt des felderfüllten Raumes.

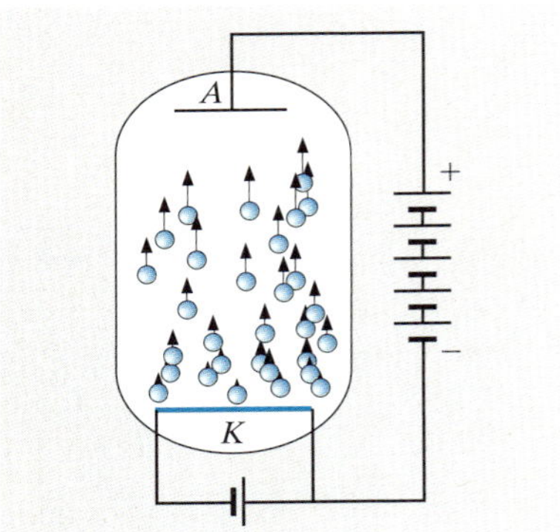

Abb. 8.24. In der Vakuumdiode fließt der Strom nur in der angegebenen Polung, denn nur die geheizte Elektrode läßt Elektronen austreten. Sie werden zur Anode abgesaugt, wobei ihre Anzahldichte längs der Beschleunigungsstrecke nach der Kontinuitätsgleichung abnimmt

Die Abhängigkeit des Stromes I, der durch ein System fließt, von der angelegten Spannung heißt **Strom-Spannungs-Kennlinie** des Systems. (8.26) stellt eine proportionale oder Ohmsche Kennlinie dar. Das homogen felderfüllte Vakuum hat eine $U^{1/2}$-Kennlinie, wenn es nur sehr wenige Ladungen enthält. Das entspricht nun allerdings selten der Realität: Entweder ist Materie, mindestens ein Gas, vorhanden, und dann erfolgt die Ladungsbewegung nicht ungebremst, oder man hat ein hinreichendes Vakuum und muß dann die Ladungsträger von außen zuführen, meist von der Kathode aus (Glühkathode, Photokathode). Dann ist es aber i. allg. mit der Homogenität des Feldes vorbei: Die Ladungsträger verzerren durch ihre **Raumladung** das Feld erheblich; das kann so weit gehen, daß am Erzeugungsort, der Kathode, gar kein Feld mehr ankommt, sondern daß es schon vorher durch Raumladungen abgefangen wird (Abb. 8.25). Man spricht dann von einem **raumladungsbegrenzten Strom**. In der Vakuumröhre ist der Strom praktisch immer, im Festkörper manchmal (besonders in Halbleitern) raumladungsbegrenzt. Die Ladungsträgerkonzentration n ist unter diesen Umständen ortsabhängig. Sie regelt sich von selbst auf die Bedingung ein, daß die Stromdichte überall gleich ist. Wäre das nicht der Fall, so würde sich dort, wo z. B. ein großes j in ein kleines übergeht, Ladung anhäufen; diese zusätzliche Raumladung würde das Feld im dahinterliegenden Raum so weit abschirmen, daß j dort absinkt, bis es sich dem allgemeinen Niveau angepaßt hat. Dieser Ausgleichsvorgang hört erst auf, wenn ein durch $j = \text{const}$ gekennzeichnetes Quasigleichgewicht herrscht. $j = env = \text{const}$ bedeutet aber $n \sim 1/v$: Wo wenige Träger sind, fliegen sie entsprechend schneller.

Andererseits werden in Gebieten hoher Trägerkonzentration viele Feldlinien verschluckt: Das Feld ändert sich dort stark (Abb. 8.25). Diesen Zusammenhang beschreibt

$$\frac{\mathrm{d}E}{\mathrm{d}x} = -\frac{\mathrm{d}^2U}{\mathrm{d}x^2} = \frac{1}{\varepsilon\varepsilon_0}\varrho = \frac{1}{\varepsilon\varepsilon_0}ne \quad \textbf{(Poisson-Gleichung)}. \tag{8.27}$$

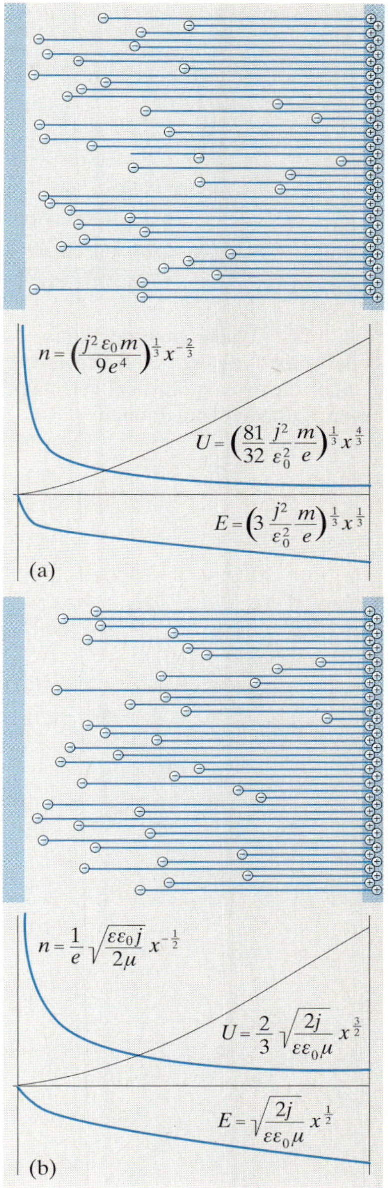

Abb. 8.25a, b. Negative Raumladung verschluckt Feldlinien, verringert also das von der Anode ausgehende Feld und krümmt das Potential. (a) für eine Vakuumröhre, (b) für einen Halbleiter

Wir untersuchen den raumladungsbegrenzten Fall, wo an der Kathode kein Feld ankommt: $E_{\text{kath}} = 0$. An der Anode herrscht das volle Feld $E_{\text{an}} \approx U/d$, oder sogar etwas mehr. Wenn dieses Feld auf der Länge d abgebaut wird, ist seine räumliche Änderung annähernd $E_{\text{an}}/d \approx U/d^2$. Die Poisson-Gleichung lautet dann angenähert

$$\frac{U}{d^2} \approx \frac{ne}{\varepsilon\varepsilon_0}, \tag{8.28}$$

oder mit (8.24)

$$\frac{U}{d^2} \approx \frac{j}{v\varepsilon_0}. \tag{8.29}$$

Für die **Vakuumröhre** folgt mit (8.22)

$$\frac{U}{d^2} \approx \frac{1}{\varepsilon_0}\sqrt{\frac{m}{2e}}\,jU^{-1/2} \quad \text{oder} \quad \boxed{j \approx \varepsilon_0\sqrt{\frac{2e}{m}}\frac{U^{3/2}}{d^2}}\,. \tag{8.30}$$

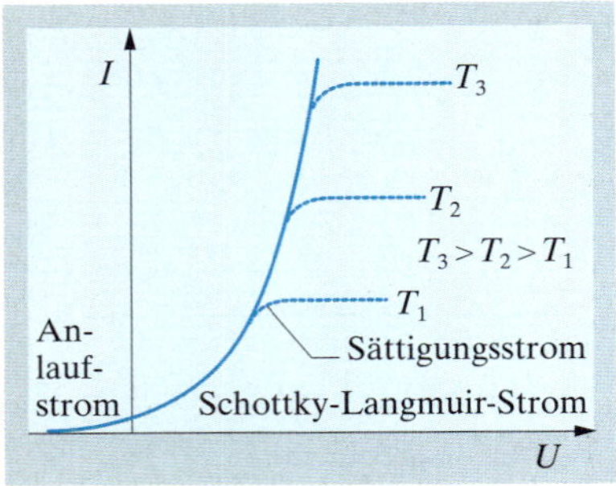

Abb. 8.26. Abhängigkeit des Emissionsstromes von der Anodenspannung in einer Elektronenröhre bei verschiedenen Kathodentemperaturen

Die exakte Rechnung liefert die **Schottky-Langmuir-Raumladungsformel**, die sich von unserem Näherungsausdruck nur um den Faktor $\frac{4}{9}$ unterscheidet. Sie beschreibt den aufwärts gekrümmten Teil der Kennlinie einer Elektronenröhre für mittlere Spannungen (Abb. 8.26).

Im **Festkörper** erhält man analog aus (8.29) und (8.23)

$$\frac{U}{d^2} \approx \frac{j}{\varepsilon\varepsilon_0\mu E} \approx \frac{jd}{\varepsilon\varepsilon_0\mu U} \quad \text{oder} \quad \boxed{j \approx \varepsilon\varepsilon_0\mu \frac{U^2}{d^3}} . \tag{8.31}$$

Dies ist das **Child-Gesetz** für raumladungsbegrenzte Halbleiterströme. Es gilt besonders für Halbleiter, die nur wenige eigene Träger haben, sondern diese aus einer injizierenden Elektrode geliefert erhalten.

Für die Elektronenröhre beschreibt (8.30) noch nicht die ganze Kennlinie. Bei $U = 0$ sollte nach (8.30) der Strom verschwinden. Er tut es aber nicht ganz, und sogar bei schwachen Gegenfeldern (bis zu annähernd 1 V) kommt noch etwas Strom an, und zwar um so mehr, je heißer die Glühkathode ist (auf den Schottky-Langmuirschen Teil hat die Kathodentemperatur dagegen keinen Einfluß). Bei diesem sogenannten **Anlaufstrom** handelt es sich um Elektronen, die nach dem Austritt aus der Kathode genügend thermische Energie haben, um auch gegen ein schwaches Gegenfeld anzulaufen. Die Anlaufstromkennlinie ist ein Abbild des hochenergetischen „Schwanzes" der **Maxwell-Verteilung**. Sie wird beherrscht durch den Faktor $\mathrm{e}^{-e|U|/(kT)}$:

$$\boxed{I(U) = I(0)\,\mathrm{e}^{-e|U|/(kT)}} . \tag{8.32}$$

Mit Hilfe dieser Beziehung kann man die Kathodentemperatur messen. Die von 0 verschiedene Austrittsgeschwindigkeit der Elektronen hat übrigens zur Folge, daß der Ort $E = 0$, also das Minimum der Potentialkurve, sich nicht genau an der Kathodenoberfläche, sondern etwas vor ihr befindet.

✗ Beispiel . . .

Bei 0,2 V Gegenspannung sei der Anodenstrom einer Röhre 0,3 μA, bei 0,1 V sei er 1,1 μA. Wie heiß ist die Kathode?

$T = eU/(k \ln(I_1/I_2)) = 900\,\mathrm{K}$.

Für große Anodenspannungen geht die $U^{3/2}$-Kennlinie in einen horizontalen Teil über, der wieder um so höher liegt, je heißer die Kathode ist. Dieser von der Spannung unabhängige **Sättigungsstrom** kommt so zustande, daß das hohe Feld *alle* Ladungsträger absaugt, die die Kathode liefern kann, ohne daß sich der raumladungsbildende Stau vor der Kathode ausbildet. Die Temperaturabhängigkeit des Sättigungsstromes entspricht dem Richardson-Gesetz (Abschn. 8.1.1); die Kurve liegt um so höher, ist aber auch um so flacher, je kleiner die Austrittsarbeit aus der Kathode ist. Der Übergang zwischen dem Schottky-Langmuir- und dem Sättigungsbereich erfolgt so, daß die Feldlinien immer tiefer in den Raum vor der Kathode eingreifen und den Strom anwachsen lassen, bis die Raumladung vor der Kathode abgebaut ist und *alle* austretenden Elektronen unmittelbar erfaßt und zur Anode geführt werden.

8.2.7 Elektronenröhren als Verstärker

Im raumladungsbegrenzten Bereich (Schottky-Langmuir-Bereich) einer Vakuumdiode treten aus der geheizten Kathode so viele Elektronen aus, daß ihre Raumladung das Feld dort ganz aufzehrt. Diese Wolke ist als negative Kondensatorplatte aufzufassen. Ihre Gesamtladung ergibt sich aus der Anodenspannung U_A und der Kapazität C_{AK} des Anode-Kathode-Systems zu $Q = C_{AK} U_A$. Jetzt bauen wir ein Gitter zwischen Anode und Kathode und legen es auf ein positives Potential U_G (die Kathode sei immer geerdet: $U_K = 0$). Dann muß die Elektronenwolke vor der Kathode noch mehr Feldlinien abfangen: $Q = C_{AK} U_A + C_{GK} U_G$. Das Kapazitätsverhältnis $D = C_{AK}/C_{GK}$ ist nur von der Geometrie der Röhre abhängig und meist viel kleiner als 1; wir nennen es den **Durchgriff** der Röhre. Die Ladung der Wolke ist also $Q = C_{GK}(U_G + DU_A)$. Mit Q hängt auch die Stromdichte $j = \varrho v$ und damit der Kathodenstrom von U_G und U_A, kombiniert zur **Steuerspannung** $U_G + DU_A$, ab: Anstelle des U_A der Diode tritt bei der **Triode** $U_G + DU_A$, also heißt die Schottky-Langmuir-Formel jetzt

$$I_K = I_A + I_G \sim (U_G + DU_A)^{3/2} . \tag{8.33}$$

Die Kennlinien $I_K(U_G)$ bei konstantem U_A haben die bekannte S-Form (Abb. 8.28): Schottky-Langmuir-Bereich mit $U_G^{3/2}$, dann Sättigungsbereich. Je größer U_A wird, desto mehr verschieben sie sich nach links, ohne aber ihre Form zu ändern. Uns interessiert besonders der Bereich schwach negativer Gitterspannung U_G. Bei genügend großem U_A fließt dann immer noch ein beträchtlicher Kathodenstrom, aber die Elektronen können auf dem negativen Gitter nicht landen, der Gitterstrom ist praktisch 0, und statt I_K kann man auch den Anodenstrom I_A setzen. Die **Steilheit** dieser Kennlinien $S = \partial I_A/\partial U_A$ ist variabel, hängt aber nach (8.33) mit $\partial I_A/\partial U_A$ immer zusammen wie $S = D^{-1}\, \partial I_A/\partial U_A$. Die Größe $\partial U_A/\partial I_A$ definiert man sinngemäß als **Innenwiderstand** R_i der Röhre (Aufgabe 8.2.7). So ergibt sich die **Barkhausen-Röhrenformel**

$$\boxed{SDR_i = 1} \tag{8.34}$$

als mathematische Identität.

Durch Änderung von U_G läßt sich also der Anodenstrom bei konstantem U_A steuern. Darauf beruht die Anwendung der Triode als **Verstärker** (Abb. 8.27 und 8.28). Man stellt die Gitterspannung aus der Batterie U_{G_0} so ein, daß der **Arbeitspunkt** A der Röhre in einen möglichst geraden Kennlinienteil fällt. Um diesen Punkt A pendelt das Gitterpotential im Rhythmus des zu verstärkenden Wechselsignals δU_G. Eine solche Änderung $\delta U_G = AA'$ ruft eine Änderung $\delta I_A = BB'$ des Anodenstroms hervor. Damit vergrößert sich auch der Spannungsabfall am **Arbeitswiderstand** R_A um $R_A\, \delta I_A$. Da diese Spannungsänderung der Anodenspannung entgegengerichtet ist, bedeutet sie eine Verkleinerung der Ausgangsspannung zwischen den Buchsen 3 und 4:

$$\delta U_A = -R_A\, \delta I_A . \tag{8.35}$$

Diese Änderung der Anodenspannung muß in der Steuerspannung und ihrem Einfluß auf I_A mitberücksichtigt werden:

$$\delta I_A = S(\delta U_G + D\, \delta U_A) . \tag{8.36}$$

Aus (8.35) und (8.36) zusammen erhalten wir die **Spannungsverstärkung**

$$\boxed{V = \frac{\delta U_A}{\delta U_G} = -\frac{SR_A}{1 + DSR_A} = -\frac{1}{D}\frac{R_A}{R_i + R_A}} . \tag{8.37}$$

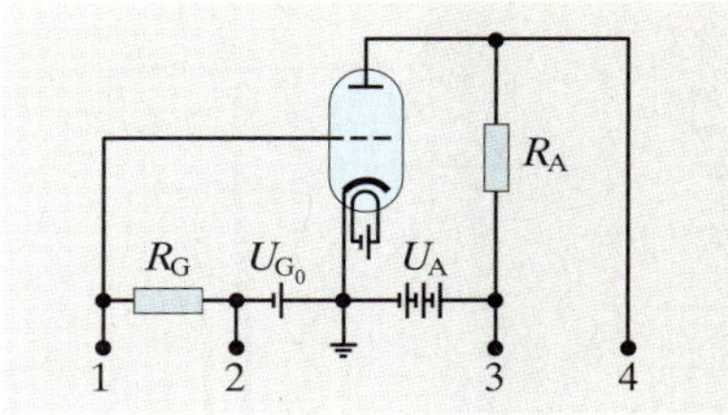

Abb. 8.27. Vakuum-Triode in Verstärkerschaltung. Die bei 1 2 eingegebene Spannung kann bei 3 4 verstärkt abgegriffen werden. Die Röhre wird heute fast überall durch einen Transistor ersetzt, außer für hohe Leistung (Röhrensender)

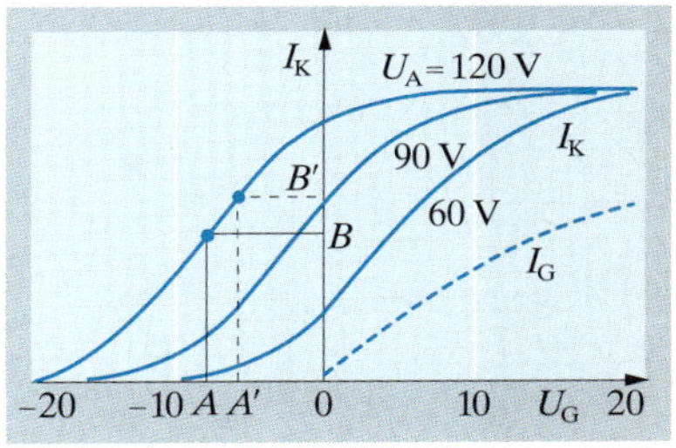

Abb. 8.28. Kennlinien der Triode. Abhängigkeit des Kathodenstroms von Gitter- und Anodenspannung. Für positive Gitterspannungen tritt auch ein Gitterstrom I_G auf

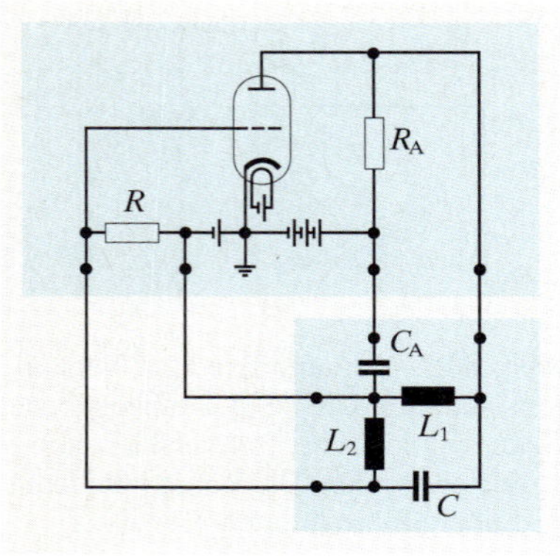

Abb. 8.29. Verstärkerschaltungen mit Rückkopplungsglied (Meißner-Dreipunktschaltung)

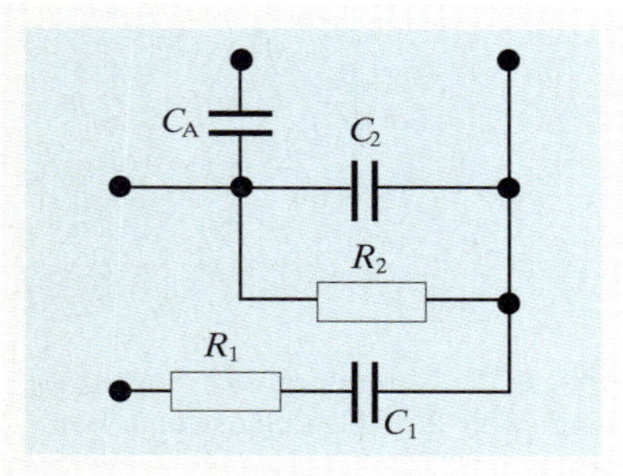

Abb. 8.30. Phasenschieber-Rückkopplungsglied, an die Verstärkerschaltung von Abb. 8.27 anzuschließen

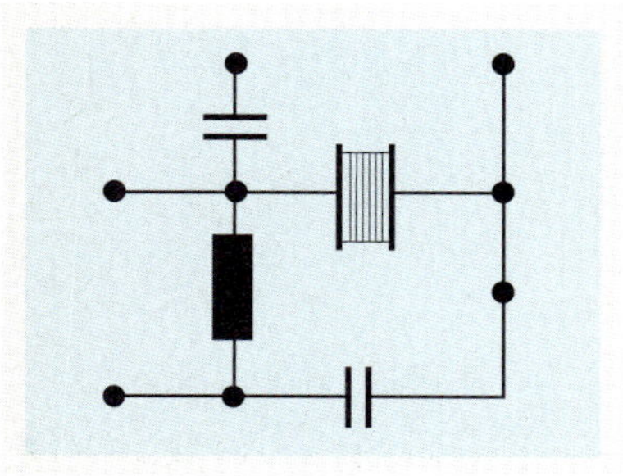

Abb. 8.31. Schwingquarz-Stabilisierung des Rückkopplungsgliedes einer Verstärkerschaltung, an Abb. 8.27 anzuschließen

V ist negativ, weil Eingangs- und Ausgangssignal entgegengesetzte Phasen haben. Wenn das Gitter negativ wird, läßt es ja weniger Elektronen durch, und vom positiven U_A fällt ein geringer Anteil $I_A R_A$ am Arbeitswiderstand ab. Der Betrag der Verstärkung kann höchstens $1/D$ sein (falls $R_A \gg R_i$). Röhren mit hoher Verstärkung haben einen sehr kleinen Durchgriff. Diesen kann man mittels weiterer Gitter noch verringern (**Tetrode**, **Pentode** usw.). Der Innenwiderstand von Röhren liegt in der Größenordnung einiger kΩ. Die Verstärkung läßt sich steigern, indem man mehrere Verstärkerstufen in Reihe schaltet, wobei immer die Anode einer Stufe am Gitter der nächsten liegt und sich die Verstärkungen im Idealfall multiplizieren.

8.2.8 Schwingungserzeugung durch Rückkopplung

Mit einer Triode oder einem anderen Verstärkerelement, z. B. einem **Transistor**, kann man ungedämpfte elektrische Schwingungen erzeugen, die z. B. in einer **Sendeanlage** als **Trägerwelle** dienen. Der Verstärker wandele seine sinusförmige Eingangsspannung U_E in die Ausgangsspannung U_A um. Da U_A und U_E selten phasengleich sind, ist der Verstärkungsfaktor $V = U_A/U_E$ i. allg. eine komplexe Größe. Nun wird U_A in ein Rückkopplungsglied eingespeist, das an seinem Ausgang die Spannung U_R liefert. $K = U_R/U_A$, der **Rückkopplungsfaktor**, ist i. allg. ebenfalls komplex. Wenn nun $VK = 1$, d. h. wenn V und K entgegengesetzte Phasenverschiebungen enthalten und dem Betrag nach zueinander reziprok sind, ist $U_R = U_E$, und man kann den Ausgang des Rückkopplungsgliedes mit dem Verstärkereingang verbinden. Diese **Selbsterregungsgleichung**

$$\boxed{VK = 1} \tag{8.38}$$

sichert, daß jede zufällig entstandene Schwingung immer erhalten bleibt. Sie beschreibt einen labilen Betriebszustand, denn V ist nie ganz konstant. Bei $VK < 1$ erlischt die Schwingung, bei $VK > 1$ facht sie sich selbst an, in der Praxis allerdings meist nur bis zu einer bestimmten gewünschten Amplitude, bei der wieder $VK = 1$ wird, und zwar jetzt stabil. Diese Begrenzung erfordert mindestens ein nichtlineares Element, z. B. eine nichtlineare Verstärkerkennlinie.

Bei der Triode sind U_E und U_A gegenphasig (vgl. (8.37)). Auch das Rückkopplungsglied muß dann die Phase umkehren. Abbildungen 8.29, 8.30 und 8.54 zeigen drei hierzu geeignete Schaltungen. Sie erfüllen die Selbsterregungsbedingung nur für eine bestimmte Frequenz und erzeugen daher Sinusschwingungen eben dieser Frequenz (Aufgaben 8.2.11–8.2.14).

Auch der Fall einer Verringerung der Eingangsleistung (**Gegenkopplung**) wird technisch mehr und mehr ausgenutzt. Man nimmt hierbei den Verstärkungsverlust in Kauf,

- um die Übertragungseigenschaften zu verbessern (den Frequenzzugang zu linearisieren, Klirrfaktor und Störspannungen zu reduzieren),
- um Stabilität der Schaltung zu sichern, wo Selbsterregung unerwünscht ist oder zeitliche Änderung der aktiven Schaltelemente Änderungen von K und V herbeiführen könnte, oder
- um eine bestimmte Abhängigkeit der Verstärkung von der Größe der Eingangsspannung zu erzielen (**Operationsverstärker** als Grundbausteine von Analogrechnern, **logarithmische Verstärker**).

Diese Schaltungen werden heute überwiegend auf Halbleiterbasis realisiert und kommen als integrierte Miniatur-Schaltmoduln in den Handel, die trotz mehrtausendfacher Volumenverkleinerung im wesentlichen dieselben oder viel weitreichendere Zwecke erfüllen als die riesigen alten Röhrenschaltungen.

8.2.9 Erzeugung und Verstärkung höchstfrequenter Schwingungen

Die Selbsterregung, Aufrechterhaltung oder Verstärkung von Schwingungen geht im Prinzip immer ähnlich vor sich wie bei der alten Pendeluhr. Man braucht eine *Energiequelle* (das sinkende Gewicht), ein *schwingungsfähiges Gebilde* (das Pendel) und einen *Rückkopplungsmechanismus* (Anker und Steigrad), der Energie in den richtigen Augenblicken aus der Quelle in den Schwinger einspeist, indem er im mechanischen Fall Kraft F und Pendelgeschwindigkeit v, im elektrischen Fall Strom I und Spannung U in Phase bringt. Leistung ist ja Fv bzw. UI. Wenn nur einer der Partner, z. B. U oder I, eine Gleichstromkomponente enthält, hebt sich ihr Leistungsanteil im Zeitmittel weg. Wir brauchen also nur Wechselgrößen zu betrachten.

In einer üblichen Vakuumtriode, als Senderöhre benutzt, dient der Elektronenstrahl, letzten Endes also die Anodenspannungsquelle als Energiequelle. Das Gitter erzeugt einen wechselnden Elektronenstrom nach dem Prinzip der Verkehrsampel, die den Fahrzeugstrom periodisch sperrt bzw. durchläßt. Koppelt man eine mit diesem Strom wechselnde Spannung zurück ans Gitter, dann schwingt das Feld, das die Elektronen durchlaufen, in Phase oder Gegenphase mit dem Strom. Bei Gleichphasigkeit werden die Elektronen immer beschleunigt, bei Gegenphasigkeit immer gebremst und geben Energie ans Feld ab. Eine zufällig entstandene kleine Schwingung facht sich selbst an.

Die **Dichtemodulation** im Fahrzeugstrom, die eine Verkehrsampel hinter und vor sich erzeugt, reicht zwar weit, verliert sich schließlich aber doch, einfach weil Autos verschieden schnell fahren. Nach einer Fahrzeit, die nicht viel größer ist als die Ampelperiode (genauer: Nach etwa $v/\Delta v$ Perioden, wo Δv die Geschwindigkeitsspanne der Fahrzeuge ist), merkt man von der Dichtemodulation nichts mehr. Bei $U = 1$ kV fliegen Elektronen mit $7 \cdot 10^6$ m/s, brauchen also für einige mm Laufstrecke zwischen Gitter und Anode knapp 1 ns. Sie verstärken oder generieren also nur bis etwa 1 GHz. Dazu kommt, daß bei so hohen Frequenzen die Kapazitäten und Induktivitäten normaler Zuleitungsdrähte störende Schwingkreise bilden.

Statt sich von den Laufzeiteffekten stören zu lassen, nutzt man sie im dm-, cm- und mm-Bereich gerade aus, um die erwünschte Modulation des Elektronenstroms zu erzeugen. Die wichtigsten Möglichkeiten dazu sind die **Klystrons** und die **Lauffeldröhren**. Daneben benutzt man heute mehr und mehr **Halbleiterelemente** wie **Tunnel-**, **Lawinen-** und **Gunn-Dioden**, in denen Ähnliches passiert.

Im **Zweikammer-Klystron** (Abb. 8.33) schießt man einen Elektronenstrahl durch einen Hohlraumresonator. Das in ihm schwingende elektrische Feld beschleunigt und verlangsamt abwechselnd die durchtretenden Elektronen. Genau wie solche v-Unterschiede aus einem mit konstanter Dichte dahinfließenden Autostrom schließlich getrennte Pakete oder gar „Staus" machen, verwandelt sich die v-Modulation nach einer gewissen Laufstrecke in eine Dichtemodulation (vgl. den graphischen Fahrplan der Elektronenbewegung, Abb. 8.32). In einem zweiten Resonator, der meist an der Stelle maximaler Grundschwingungsamplitude steht, facht dieser modulierte Strom ein Feld passender Frequenz an, indem er ihm immer wieder Bremsenergie der Elektronen zuführt. Nach Abb. 8.32 ist der Strom annähernd rechteckförmig, also reich an Oberwellen. Man kann den zweiten Resonator also auch auf ein Vielfaches der Frequenz des ersten abstimmen.

Das **Reflexklystron** legt die beiden Resonatoren mittels eines hohen Minuspotentials, das die Elektronen reflektiert, zu einem einzigen zusammen (Abb. 8.34). Zur Selbsterregung der entsprechenden Schwingung braucht man dann keine äußere Rückkopplung. Hier muß man noch beachten, daß schnelle Elektronen weiter gegen die reflektierende Elektrode vordringen als langsame.

In den **Lauffeldröhren** läßt man ein elektrisches Wellenfeld einem Elektronenstrahl etwas langsamer als dieser nachlaufen. Indem es die Elektronen bremst,

Abb. 8.32. Graphischer Fahrplan für Teilchen, die geschwindigkeitsmoduliert aus einer Quelle austreten. Ihre Geschwindigkeit ändert sich zeitlich gemäß $v = v_0 + v_1 \sin(\omega t)$. Nach einer Laufstrecke von etwa $v_0^2/(\omega v_1)$ hat sich die Geschwindigkeitsmodulation in eine Dichtemodulation verwandelt

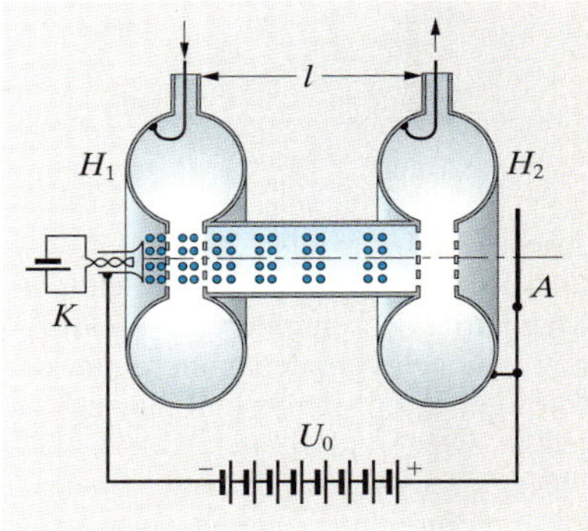

Abb. 8.33. Klystron

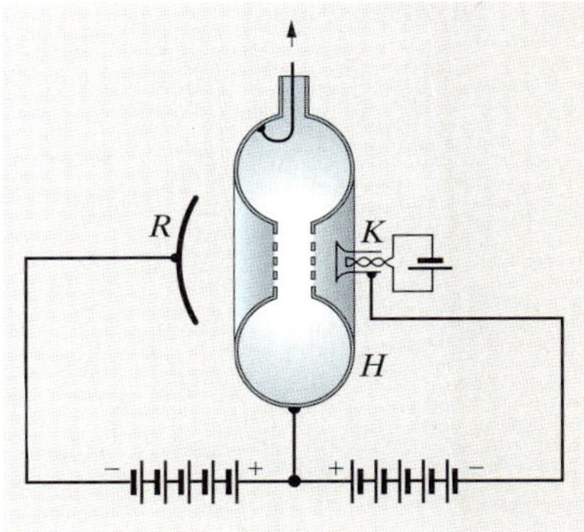

Abb. 8.34. Reflexklystron

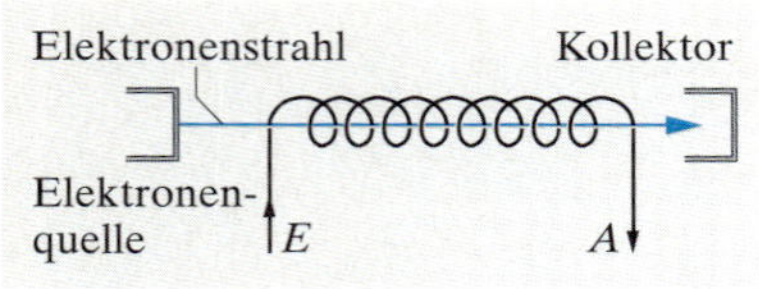

Abb. 8.35. Wanderfeld-Verstärker

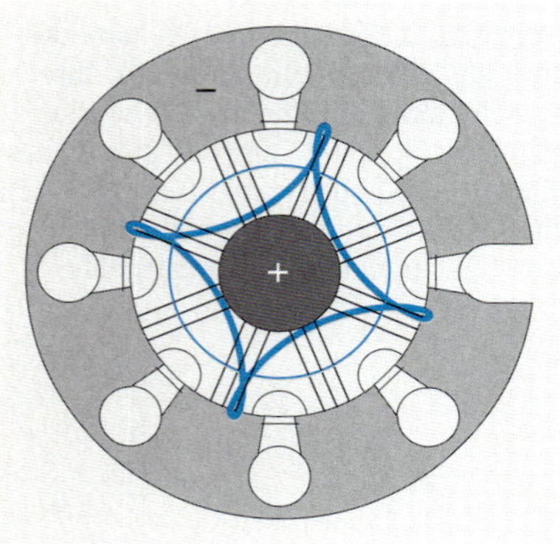

Abb. 8.36. Im axialen Magnetfeld und überwiegend radialen E-Feld des Magnetrons beschreiben die Elektronen eine epizykloidenähnliche (karoförmige) Bahn. Ihr Strom, hier zu jedem zweiten „Pol" der Anode, führt dieser „Verzögerungsleitung" Energie zu, die Aufladung erzeugt einen azimutalen E-Feldanteil E_a. Die Karobahn rotiert mit einigen GHz; ebensoschnell läuft die E_a-Welle um und wird durch ein Loch ausgekoppelt

eignet sich das Feld einen Teil von deren Energie an. In der **Wanderfeldröhre** (**travelling wave tube**, Abb. 8.35) läuft dieser Strahl geradlinig, im *Magnetron*, wie es im Mikrowellenherd und in der Radaranlage steckt, wird er durch die Lorentz-Kraft in einem axialen Magnetfeld zum Kreis gekrümmt, auf dem infolge eines radialen E-Feldes ein kleiner Kreis abrollt (Epizykloide, vgl. Abb. 7.7). Da Elektronen bei gebräuchlichen Beschleunigungsspannungen nur mit etwa $c/10$ laufen, muß die Welle in beiden Fällen durch eine **Verzögerungsleitung** verlangsamt werden. Bei der Wanderfeldröhre kann man diese als gewendelten Lecher-Draht ausbilden oder als eine Kette von Hohlraumresonatoren mit Kopplung durch ein zentrales Loch, im **Magnetron** ebenfalls als Kette von Resonatorschlitzen, die radial vom Elektronen-Laufraum abzweigen. Die Umsetzung von Elektronen- in Feldenergie hat allerdings einen geringen Wirkungsgrad ($\eta \approx 2\,\Delta v/v \approx 0{,}3$), denn der Geschwindigkeitsunterschied Δv zwischen Welle und Strahl muß klein bleiben, weil beide sonst außer Phase fallen. Im Magnetron erreicht man $\eta = 0{,}8$.

Wanderfeldröhre und Magnetron lassen sich auch mit dem linearen bzw. dem rotierenden **Asynchronmotor** oder besser -generator vergleichen (Abschn. 7.5.10). Anstelle des Läufers hat man hier ein Elektronenpaket oder mehrere. Bevor die Röhre „eingeschwungen" ist (der Motor auf seiner Nenndrehfrequenz läuft), gibt es immer auch Feldanteile, die in „falscher" Phase schwingen, d. h. so, daß sie die Elektronen (den Läufer) beschleunigen. Der entsprechende Energieverlust dämpft aber diese Anteile bald weg, die phasenrichtigen wachsen an. Die Teilchenbeschleuniger sind umgekehrt mit den Motoren gleichzusetzen (Abschn. 13.3.3).

Wie fast überall lassen sich auch in der Höchstfrequenztechnik die Vakuumröhren durch handlichere, billigere und betriebssichere **Halbleiterelemente** ersetzen, falls nicht zuviel Leistung umgesetzt werden muß. Auch hier nutzt man oft Laufzeiteffekte aus (**Lawinen-Laufzeitdiode**). Eine andere, hier meist einfachere Beschreibung der Arbeitsweise solcher Bauteile geht von der Entdämpfung eines Schwingkreises mittels einer fallenden $I(U)$-Kennlinie, also eines negativen differentiellen Widerstandes $\mathrm{d}U/\mathrm{d}I$ aus. Wir wissen ja, daß ein Schwingkreis unbegrenzt weiterschwingen könnte, wenn der dämpfende Widerstand R nicht da wäre. R läßt sich durch ein Element mit fallender Kennlinie kompensieren oder überkompensieren, so daß Schwingungen ungedämpft bleiben oder sich selbst anfachen.

Eine solche **fallende Kennlinie** entsteht auf verschiedene Art. Wir kennen sie von der Gasentladung (Abschn. 8.3.3), wo sie durch Vorschaltung von R oder L überkompensiert werden muß, damit die Entladung nicht „durchgeht". Ganz ähnlich entsteht die fallende Kennlinie in der **Lawinendiode**, wo im sehr hohen E-Feld ebenfalls Ladungsträgermultiplikation durch Stoßionisation stattfindet. Die Kennlinie der **Gunn-Diode** fällt, weil ein starkes E-Feld die Ladungsträger in Bandbereiche mit geringerer Beweglichkeit hebt (Abschn. 14.3.6), in der **Tunnel-Diode** (**Esaki-Diode**) beruht sie auf quantenmechanischem Tunneln (Abschn. 16.3.2) durch die sehr dünne Übergangsschicht zwischen n- und p-leitendem Gebiet des Kristalls.

8.2.10 Teilchenfallen

Elektromagnetische Felder können geladene Teilchen nicht nur führen und beschleunigen, sondern auch bremsen und auf engem Raum einfangen. Ein statisches elektrisches Feld kann zwar im Vakuum kein Energieminimum haben, in dem man ein Teilchen fangen könnte; in einen solchen Potentialtopf für ein positives Teilchen z. B. müßten ja von allen Seiten Feldlinien hineinführen, was nach *Gauß* nur möglich wäre, wenn dort ein negatives Teilchen säße. Mit kombinierten E- und B-Hochfrequenzfeldern gelingt das aber. *Dehmelt* und *Paul* konnten in solchen Fallen wenige, sogar einzelne Elektronen und Ionen über Monate halten und ihre Eigenschaften, z. B. ihre magnetischen Momente mit relativen Genauigkeiten bis fast 10^{-12} messen. Neutrale Atome und Neutronen kann man bei ihrem magnetischen Moment packen; die Potentialtöpfe, die man ihnen bietet, sind aber so flach (kaum 0,1 meV), so daß man sie auf weniger als 1 K „kühlen" muß, z. B. indem man ihnen Licht entgegenschickt, das sie absorbieren. Diese Forschung steht an der Nahtstelle vieler Gebiete, der Physik der Laser (Abschn. 12.2.9), der Beschleuniger (Abschn. 13.3.3), der Teilchenmikroskope (Abschn. 9.4.4), der Resonanzmethoden (Abschn. 12.7); dies zeigt schon die Verleihung des Nobelpreises 1989 an *Dehmelt* und *Paul* gemeinsam mit *Ramsey*, der die **Cs-Uhr** durch Resonanz zweier Felder auf Ganggenauigkeiten von 10^{-13} brachte und den **H-Maser** zur bisher stabilsten elektromagnetischen Strahlungsquelle machte.

8.3 Gasentladungen

Blitze, Funken, Lichtbögen gehören zu den spektakulärsten Naturerscheinungen. Gezähmt geben sie uns Licht aus energiesparenden Lampen, warnen uns vor schnellen Teilchen in Geiger-Zähler und Ionisationskammer oder registrieren sie in der Drahtkammer. **Gasentladungen**, beherrschbar gegen Ende des 19. Jh. durch Fortschritte in Vakuum- und Hochspannungstechnik, waren auch der Schlüssel zur Erforschung des Atoms.

8.3.1 Leitfähigkeit von Gasen

Gase leiten nur, wenn sie Ladungsträger, also Ionen oder Elektronen enthalten. Diese können durch Erhitzung oder energiereiche Strahlung (Röntgen- oder radioaktive Strahlung) erzeugt werden. Anders als im Elektrolyten, wo sie durch Solvathüllen energetisch stabilisiert werden, sind Ionen in Gasen nicht beständig, sie rekombinieren mit Teilchen entgegengesetzten Vorzeichens.

a) Ionenkinetik. Wir erzeugen Ionenpaare mit der Rate α Ionenpaare $\mathrm{s^{-1}\,m^{-3}}$. Ohne Rekombination würden die Anzahldichten positiver und negativer Teilchen mit der Zeit anwachsen wie $n_+ = n_- = n = \alpha t$. Je mehr Ionen umherwimmeln, desto wahrscheinlicher werden aber Begegnungen, die zur **Rekombination** führen. Wir betrachten ein bestimmtes positives Ion. Es legt die mittlere freie Weglänge $l = 1/(An_-)$ in der Zeit $t_l = l/v$ zurück, bevor es von einem der n_- negativen Träger mit dem **Rekombinationsquerschnitt** A eingefangen wird. Im $\mathrm{m^3}$ sind n_+ solche positiven Ionen, also ist die Rekombinationsrate (Einfangakte $\mathrm{s^{-1}\,m^{-3}}$),

$$Avn_-n_+ = \beta n_-n_+ \,.$$

Erzeugung und Rekombination zusammen ergeben als zeitliche Änderung von $n_+ = n_- = n$:

$$\boxed{\dot{n} = \alpha - \beta n^2} \,. \tag{8.39}$$

Setzt die Erzeugung plötzlich aus, klingt n gemäß $\dot{n} = -\beta n^2$ oder integriert

$$n = \frac{n_0}{1 + t/\tau}$$

ab, wobei die **Lebensdauer** $\tau = 1/(\beta n_0)$ um so kürzer ist, je mehr Träger da waren. Entsprechend stellt sich etwa eine Zeit τ nach dem Einschalten der Erzeugung ein **stationärer Zustand** ein, wo $\dot{n} = 0$, also Erzeugung = Rekombination ist

$$n = n_\infty = \sqrt{\frac{\alpha}{\beta}}.$$

In der Einstellzeit

$$\tau = \frac{1}{\beta n_\infty} = \frac{1}{\sqrt{\alpha\beta}} = \frac{n_\infty}{\alpha}$$

könnte die Ionenquelle gerade die stationäre Ionendichte nachliefern, wenn es keine Rekombination gäbe.

✗ Beispiel...

Bestimmen Sie die Anklingkurve $n(t)$ von $n_0 = 0$ aus durch Integration von (8.39).

$\int_0^n \mathrm{d}n/(1 - \beta n^2/\alpha) = \alpha t = \sqrt{\alpha/\beta} \int_0^{\sqrt{\beta/\alpha}\, n} \mathrm{d}x/(1 - x^2) = \sqrt{\alpha/\beta}\, \mathrm{artanh}(\sqrt{\beta/\alpha}\, n)$, $n = \sqrt{\alpha/\beta} \tanh(\sqrt{\alpha\beta}\, t)$.

Kosmische Strahlung und die Radioaktivität von Boden und Luft stellen in Bodennähe eine Erzeugungsrate von $\alpha \approx 10^6\,\mathrm{m^{-3}\,s^{-1}}$ dar. Der **Rekombinationskoeffizient** ist $\beta \approx 10^{-12}\,\mathrm{m^3\,s^{-1}}$ (Aufgabe 8.3.1). Luft enthält also mindestens $n_\infty \approx 10^9$ Ionen/m^3, die etwa $\tau \approx 10^3$ s leben. In der Nähe kräftiger radioaktiver Präparate oder in Kernreaktoren kann α etwa 10^{10}mal, n_∞ etwa 10^5mal größer, τ etwa 10^5mal kleiner sein (Abschn. 13.3.4).

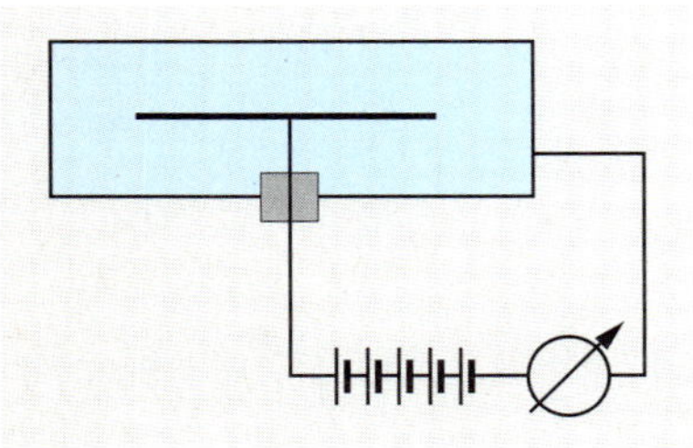

Abb. 8.37. Ionisationskammer. Ihr Sättigungsstrom mißt linear die Erzeugungsrate von Ionen durch radioaktive Strahlung oder ähnliche Einflüsse. Im Proportionalbereich gilt eine Wurzel-Abhängigkeit

b) Die Ionisationskammer. Im gasgefüllten Platten- oder Zylinderkondensator (Abb. 8.37) fallen die Ionen im Feld nicht frei, sondern bewegen sich wie im Elektrolyten mit einer **Driftgeschwindigkeit**

$$v = \mu E\,. \tag{8.40}$$

Sie stoßen ja ständig mit Gasmolekülen zusammen. Auf der **freien Weglänge** l zwischen zwei solchen Stößen, d. h. während der **freien Flugdauer** $t_l = l/v_{\mathrm{th}}$ (v_{th}: thermische Geschwindigkeit) wird das einwertige Ion beschleunigt mit $a = eE/m$, gewinnt also schließlich die Geschwindigkeit $\Delta v = at_1 = eEt_l/m$ in Feldrichtung. Beim folgenden Stoß geht diese gerichtete Geschwindigkeit wieder verloren, da das Ion in jeder beliebigen Richtung zurückprallen kann. Nach jedem Stoß muß das Ion also neu „auftanken" und hat im Zeitmittel nur

$$v_{\mathrm{d}} = \frac{1}{2}\Delta v = \frac{eEt_l}{2m}\,.$$

Mit dieser **Driftgeschwindigkeit** treiben alle positiven Ionen in Feldrichtung, die negativen entgegengesetzt. Darüber lagert sich die meist viel größere, aber ungeordnete thermische Geschwindigkeit v_{th}. Wenn nicht mehr $v_{\mathrm{d}} \ll v_{\mathrm{th}}$ gilt, wie in verdünnten Gasen oder sehr hohen Feldern, spricht man von heißen Trägern, und unsere Betrachtung gilt nicht mehr.

Vergleich mit (8.40) liefert

$$\boxed{\mu = \frac{et_l}{2m} = \frac{el}{2mv_{\text{th}}} = \frac{e}{2mv_{\text{th}}nA} \quad \textbf{(Beweglichkeit)}} \ . \tag{8.41}$$

Hier ist natürlich n die Anzahldichte neutraler Gasmoleküle, A ihr Stoßquerschnitt.

✗ Beispiel...

Wie groß ist die Beweglichkeit von Luftionen in Normalluft?

$n = 3 \cdot 10^{25}\ \text{m}^{-3}$, $A \approx 2 \cdot 10^{-19}\ \text{m}^2$, $v_{\text{th}} = 500$ m/s, also $\mu \approx 3 \cdot 10^{-4}\ \text{m}^2/\text{V s}$.
Meßwerte: $\mu_+ = 1{,}3 \cdot 10^{-4}\ \text{m}^2/\text{V s}$, $\mu_- = 2{,}1 \cdot 10^{-4}\ \text{m}^2/\text{V s}$.

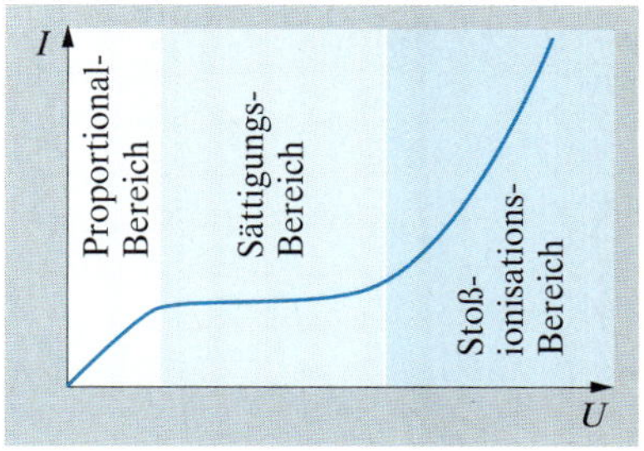

Abb. 8.38. Charakteristik einer unselbständigen Gasentladung (**Ionisationskammer**)

Wir steigern jetzt allmählich die Spannung an unserer Ionisationskammer und messen die **Kennlinie** $I(U)$ (Abb. 8.38).

- Solange das Feld noch viel weniger Ladungen zur Elektrode absaugt, als durch Rekombination verloren gehen, gilt Gleichgewicht zwischen Erzeugung und Rekombination: $n_\infty = \sqrt{\alpha/\beta}$. Die Stromdichte ist dann

  $$j = en(\mu_+ + \mu_-)E = e\sqrt{\alpha/\beta}\,(\mu_+ + \mu_-)E\,.$$

  Die Kennlinie steigt ohmsch, also proportional, ihre Steigung geht mit der Wurzel aus der Dosisleistung. Die Anfangsleitfähigkeit $\sigma = j/E$ hat für Normalluft, die nur der Hintergrundstrahlung ausgesetzt ist, den Wert $\sigma \approx 5 \cdot 10^{-14}\,\Omega^{-1}\,\text{m}^{-1}$ (Aufgabe 8.3.1). Bei sehr hoher Dosisleistung kann $\sigma \approx 10^{-8}\,\Omega^{-1}\,\text{m}^{-1}$ werden. Noch weiter steigt σ auch nicht, wenn man noch mehr Moleküle ionisiert, denn dann begrenzen die Ionen mit ihrem viel größeren Stoßquerschnitt (Coulomb-Querschnitt) die freie Weglänge, und somit wird $\mu \sim l \sim n^{-1}$ und $\sigma = \text{const.}$
- Wenn bei hoher Spannung die Ionen so schnell abgesaugt werden, daß es kaum noch zur Rekombination kommt, gelangen alle in einer Säule von der Höhe d (Elektrodenabstand) erzeugten Träger zur Elektrode:

  $$j = 2ed\alpha\,.$$

  Dieser **Sättigungsstrom** hängt nicht mehr von der Spannung ab, ist aber proportional zur Dosisleistung. Gewöhnlich mißt man daher in diesem Bereich (Abb. 8.38).
- Bei noch höherer Spannung bilden sich **Stoßionisationslawinen**, und der Strom steigt wieder mit der Spannung an.

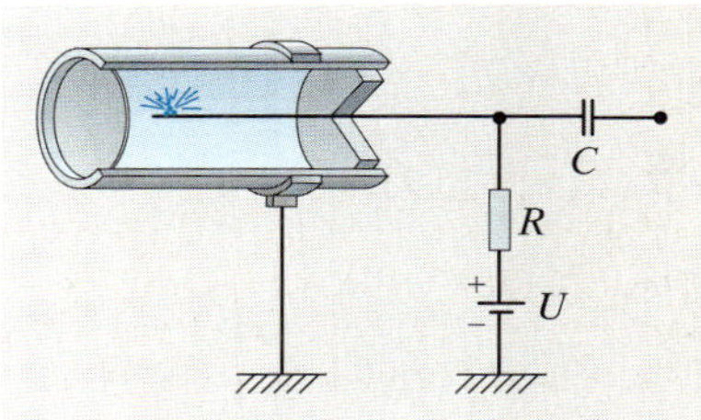

Abb. 8.39. Im starken Feld um den dünnen Draht des **Geiger-Müller-Zählers** lösen die wenigen Elektronen und Ionen, die ein schnelles Teilchen erzeugt, Ionisierungslawinen aus und führen so zu einer leicht meßbaren unselbständigen Entladung

Geiger und *Müller* verwendeten als Anode einen nur wenige µm dicken Draht (Abb. 8.39). Nahe diesem Draht ist dann das Feld so groß, daß man schon mit einigen 100 V Spannung im Sättigungsbereich liegt und der Durchgang *eines* ionisierenden Teilchens durch das **Zählrohr** eine Entladung auslöst, die nach Verstärkung einen Lautsprecher zum Knacken oder ein Zählwerk zum Ansprechen bringt (Abschn. 13.3.2d).

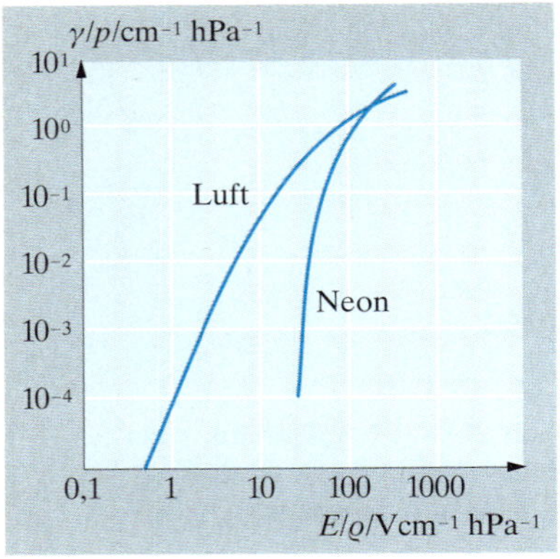

Abb. 8.40. Das auf den Druck 1 hPa bezogene Ionisierungsvermögen von Elektronen in Luft und Neon als Funktion von Feldstärke/Druck

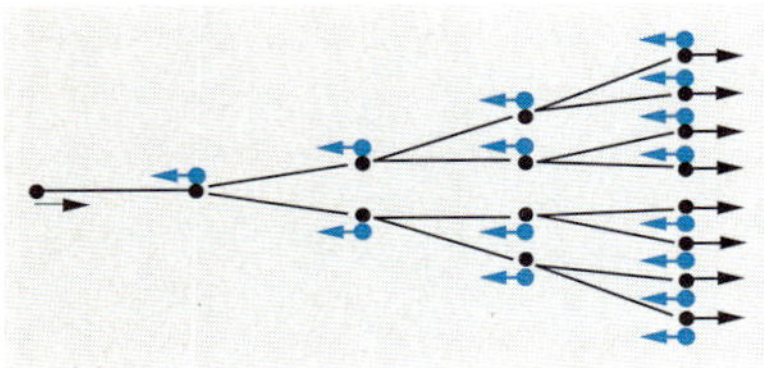

Abb. 8.41. Schematische Darstellung einer Trägerlawine bei der Stoßionisation

8.3.2 Stoßionisation

Ein Ion oder Elektron in einem kühlen Gas kann nur dann durch Stoß ein anderes Gasmolekül ionisieren, wenn es auf seiner freien Weglänge l mindestens dessen Ionisierungsenergie W_i aufnimmt. Es muß sein

$$eEl \geqq W_\mathrm{i}\,.$$

Die Wahrscheinlichkeit, daß ein Stoß zur Ionisierung führt, ist eine Funktion des Verhältnisses eEl/W_i, die **Ionisierungsfunktion**

$$P_\mathrm{Ion} = P\left(\frac{eEl}{W_\mathrm{i}}\right)\,.$$

Auf 1 m Weg stößt jeder Träger l^{-1}mal, erzeugt also $l^{-1} \cdot P_\mathrm{Ion}$ Ionen/m. Dieses Ionisierungsvermögen γ kann man wegen $l \sim n^{-1} \sim p^{-1}$ auch durch das Feld E und den Druck p ausdrücken:

$$\gamma = pf\left(\frac{E}{p}\right)\,. \tag{8.42}$$

Abbildung 8.40 zeigt das **differentielle Ionisierungsvermögen** γ/p für Luft und Neon. Wie erwartet, liegt die Kurve für Neon mit seiner höheren Ionisierungsenergie weiter rechts (Aufgabe 8.3.3).

Jetzt betrachten wir einen Strahl von N Trägern, die im Feld beschleunigt werden. Auf der Wegstrecke $\mathrm{d}x$ erzeugen sie $\mathrm{d}N = \gamma N\,\mathrm{d}x$ neue Träger. Diese können auch stoßionisieren, und an der Elektrode kommt schließlich eine ganze *Lawine* an (Abb. 8.41), bestehend aus $N_\mathrm{d} = N_0\,\mathrm{e}^{\gamma d}$ Trägern, wenn an der anderen Elektrode N_0 Träger starteten, z. B. an der Kathode als Photoelektronen ausgelöst wurden. Außer den negativen Trägern, die sich dieser Lawine anschließen, erzeugt aber jedes dieser Mutterelektronen ebenso viele, nämlich $\mathrm{e}^{\gamma d} - 1$ positive Ionen (die 1 gilt für das Mutterelektron, zu dem kein positives Ion gehört). Diese positiven Ionen werden ebenfalls beschleunigt und können beim Aufprall auf die Kathode **Sekundärelektronen** auslösen (Abschn. 8.1.4). Wenn jedes dieser Ionen δ Sekundärelektronen macht, entstehen im ganzen $\delta N_0(\mathrm{e}^{\gamma d} - 1)$ Sekundärelektronen. Diese laufen ihrerseits zur Anode und erzeugen auf ihrem Weg $\delta N_0(\mathrm{e}^{\gamma d} - 1)\mathrm{e}^{\gamma d}$ negative Träger usw. usw. Die Gesamtzahl der negativen Ladungen ist

$$N = N_0\mathrm{e}^{\gamma d} + N_0\delta(\mathrm{e}^{\gamma d} - 1)\mathrm{e}^{\gamma d} + N_0\delta^2(\mathrm{e}^{\gamma d} - 1)^2\mathrm{e}^{\gamma d} + \ldots\,.$$

Diese geometrische Reihe mit dem Faktor $\delta(\mathrm{e}^{\gamma d} - 1)$ hat, falls dieser Faktor < 1 ist, die Summe

$$\boxed{N = N_0\frac{\mathrm{e}^{\gamma d}}{1 - \delta(\mathrm{e}^{\gamma d} - 1)} \qquad \textbf{(Townsend-Formel)}}\,. \tag{8.43}$$

Der Entladungsstrom ist proportional dazu und wächst entsprechend dem steilen Anstieg des Ionisierungsvermögens γ mit dem Feld E. Immer noch ist aber die Entladung unselbständig: Sie erlischt, wenn wir keine Elektronen mehr aus der Kathode auslösen (Aufgabe 8.3.2).

Das wird erst anders, wenn

$$\delta(e^{\gamma d} - 1) \geqq 1 \quad \text{oder} \quad \gamma \geqq \frac{1}{d}\ln\left(1 + \frac{1}{\delta}\right). \tag{8.44}$$

Dann entwickelt sich aus jedem zufällig entstandenen Ladungsträger eine laut (8.43) unendlich anschwellende Lawine. Bei hinreichend hoher Feldstärke, die von Gasart und Druck ($\gamma = p \cdot f(E/p)$) sowie vom Elektrodenmaterial (δ) abhängt, wird diese **Zündbedingung** schließlich immer erfüllt: Die Entladung brennt selbständig ohne künstliche Trägerauslösung, denn die wenigen Startelektronen erzeugt auch die Hintergrundstrahlung immer.

8.3.3 Einteilung der Gasentladungen

Im Zählrohr oder der Vakuum-Röhre ist die Entladung normalerweise **unselbständig**: Strom fließt nur, wenn man Ladungsträger durch Prozesse erzeugt, die mit dem Stromtransport nichts zu tun haben. **Selbständig** wird die Entladung, wenn die Träger selbst durch Stoßionisation für ihren eigenen Ersatz sorgen, wie in **Glimm-**, **Spektral-**, **Leuchtstoff-** und **Hochdrucklampen**. Beide Entladungstypen haben unsere Kenntnis vom Bau der Materie sowie unsere Elektro- und Lichttechnik entscheidend gefördert. Da Anregung von Atomen mit anschließender Lichtemission weniger Stoßenergie erfordert als Ionisierung, sind die meisten Entladungen mit Lichterscheinungen verbunden. Bevor eine selbständige Entladung zündet, fließt allerdings nach (8.43) der geringe Townsend-Strom, der zum Leuchten i.allg. nicht ausreicht (**Dunkelentladung**). Bei höherer Spannung zündet im verdünnten Gas die Glimmentladung und geht bei sehr hoher Stromdichte in die Bogenentladung über. Bei höherem Druck kommt es in sehr hohen Feldern zur **Corona-Entladung**, die Hochspannungsfreileitungen oberhalb 110 kV knistern läßt und sie mit einer bläulichen Hülle umgibt. Im großen Feld an scharfen Spitzen tritt dies schon bei sehr viel kleineren Spannungen auf. Vor dem **Gewitter** summt das **Elmsfeuer** um Drahtseile im Gebirge, Schiffsmasten oder Blitzableiter. Wer trockenes Haar hat und sein Perlonhemd über den Kopf zieht, kann im dunklen Zimmer ganze Gewitterszenerien mit Flächenblitzen erzeugen. Bei allen diesen Corona-Entladungen fließen nur winzige Ströme; erheblicher sind sie im **Funken** und seiner gewaltigsten Form, dem **Blitz**. Ein Funkenüberschlag über den Abstand d erfordert eine angenähert zu d proportionale Spannung U, d. h. die **Durchschlagsfeldstärke** ist für jedes Material charakteristisch. Für Luft liegt sie um 10^6 V/m, für manche Dielektrika ist sie etwa 10mal höher. Bei niederer Spannung, aber sehr großem Strom brennt der **Lichtbogen**, z. B. zwischen zwei Kohlestäben, die man zur Zündung zur Berührung bringt und dann auseinanderzieht (Aufgaben 8.3.5, 8.3.6).

In der Glimm- und Bogenentladung ist das Feld nicht mehr homogen. Die endlichen und unterschiedlichen Beweglichkeiten der Trägerarten führen zum Aufbau von **Raumladungen**. Nach der Poisson-Gleichung (6.16) krümmt sich im Raumladungsgebiet das Potential U: $dE/dx = \varrho/\varepsilon\varepsilon_0 = -d^2U/dx^2$. Wenn sich z. B. positive Träger vor dem

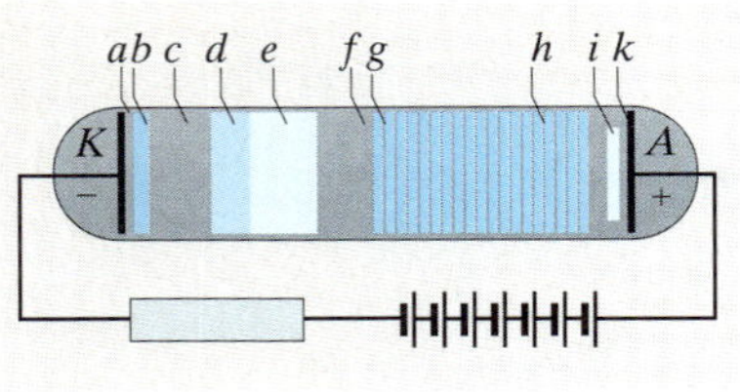

Abb. 8.42. Leuchterscheinungen in einer Glimmentladung. (Was im Rohr hier *grau* gezeichnet ist, stellt Dunkelräume dar.) (*a*) Astonscher Dunkelraum; (*b*) Kathodenschicht; (*c*) Hittorfscher Dunkelraum; (*d*) Glimmsaum; (*e*) negatives Glimmlicht; (*f*) Faradayscher Dunkelraum; (*g*) Scheitel der positiven Säule; (*h*) positive Säule; (*i*) anodisches Glimmlicht; (*k*) Anodendunkelraum

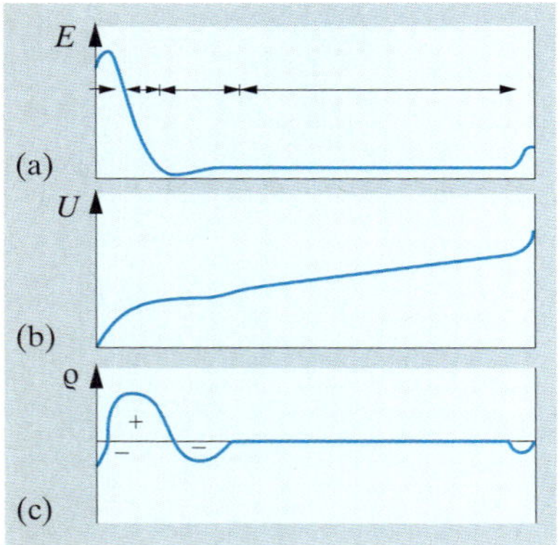

Abb. 8.43a–c. Feldstärke, Potentialanstieg und Raumladung zwischen Kathode und Anode in einer Glimmentladung

Eintritt in die Kathode oder nach dem Austritt aus der Anode stauen, gehen von dort neue Feldlinien aus, und das Potential macht einen Buckel.

Typisch für selbständige Entladungen ist die **fallende Widerstandskennlinie** (Aufgabe 8.3.11) oder sogar der negative differentielle Widerstand $\mathrm{d}U/\mathrm{d}I$. Für $R = U/I$ erhält man im Proportionalbereich (Abb. 8.38) einen konstanten Wert, im Sättigungsbereich einen linearen Anstieg, im Stoßionisationsbereich einen steilen Abfall. Vielfach biegt die $I(U)$-Kurve sogar wieder nach links um: Je mehr Strom fließt, desto geringer wird der Spannungsabfall an der Entladungsstrecke. Dann wird der differentielle Widerstand $\mathrm{d}U/\mathrm{d}I$ negativ. Die Entladung würde „durchgehen", wenn man einfach eine konstante Spannung anlegte. Um die fallende $U(I)$-Abhängigkeit auszugleichen, legt man einen Widerstand oder bei Wechselspannungen eine **Drosselspule** vor die Entladungsröhre.

8.3.4 Glimmentladungen

Im **Geißler-Rohr**, evakuiert auf etwa 1 mbar, beginnt die Luft bläulichrot zu leuchten, wenn man einige kV anlegt. Diese Zündspannung hängt nach *Paschen* nur von pd ab (Druck mal Elektronenabstand), was aus (8.42) leicht zu verstehen ist. Die Schichtung der Leuchterscheinungen (Abb. 8.42) entspricht der Feldverteilung (Abb. 8.43). Am größten ist das Feld im **Kathodenfall**. Dort werden die durch Aufprall positiver Ionen erzeugten Elektronen stark beschleunigt und erzeugen im Abstand einer freien Weglänge das intensive **negative Glimmlicht** (in Luft blau). Gleichzeitig und auch etwas weiter zur Anode hin werden besonders viele Ionen erzeugt, stauen sich infolge ihrer geringeren Beweglichkeit und schirmen fast das ganze Feld ab, so daß schließlich selbst die beweglicheren Elektronen im breiten **Faraday-Dunkelraum** überwiegend durch Diffusion weiterkriechen müssen. Eben diese negative Raumladung krümmt aber das Potential wieder aufwärts, und im größten Teil des Rohrs, der **positiven Säule**, herrscht ein geringes, aber konstantes Feld, das die Kontinuität des Stroms und ein diffuses Leuchten sichert und die durch Rekombination an der Wand verlorenen Träger nacherzeugt. Bei noch geringerem Druck zerfällt die positive Säule in leuchtende Scheibchen, deren Abstand die freie Weglänge anschaulich macht.

Glimmlampen mit Elektrodenabständen um 1 mm, die um 100 V oder darunter zünden, dienen heute als Signal- oder Kontrollampen, z. B. in **Phasenprüfern**, mit denen man feststellt, ob ein Draht Spannung führt.

8.3.5 Bogen und Funken

Bei großen Entladungsströmen erhitzen sich die Elektroden (Joulesche Wärme, z. T. infolge Aufprallens der Ladungsträger) so stark, daß die Glühemission die wesentlichste Rolle bei der Elektronenauslösung aus der Kathode übernimmt. Dann geht die Glimmentladung in eine **Bogenentladung** (**Lichtbogen**) über. Infolge der zusätzlichen Elektronenauslösung nimmt die Brennspannung erheblich ab. Bei sehr großen Entladungsströmen erzeugt die positive Raumladung (Stau der positiven Ionen vor der Kathode) ein so hohes Feld, daß Feldemission von Elektronen aus der Kathode möglich wird (im **Feldbogen**, wie er im Gleichrichter mit flüssiger Quecksilberelektrode brennt). Der Bereich der Bogenentladung spannt sich von den Niederdruckbögen (einige mbar) bis zu Hochdruckbögen (10 bis 100 bar wie in Quecksilber- und Xenonhochdrucklampen). Von großer praktischer Bedeutung sind die Quecksilberdampflampe und der **Kohlebogen** (Abb. 8.44), der in atmosphärischer Luft brennt.

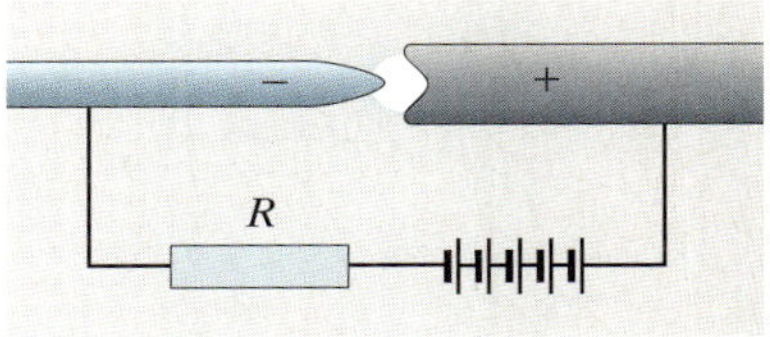

Abb. 8.44. Lichtbogenentladung mit Schaltbild des Bogens

Zwei Kohlestäbe werden über einen Widerstand R mit den Polen einer Gleichspannungsquelle verbunden. Nach Stromschluß durch Berührung der Kohlestäbe werden diese auseinandergezogen. Es bildet sich zwischen den Kohlespitzen der Lichtbogen, der bläulichviolett brennt. Die Kohlespitzen werden weißglühend. Die positive Kohle, die erheblich heißer wird (Temperatur $T > 4\,000$ K), brennt zu einem tiefen Krater aus, die negative Kohle ($T > 3\,500$ K) nimmt Kegelform an. Brennt der Bogen unter erhöhtem Druck, so kann die positive Kohle Temperaturen wie die Sonne ($T > 6\,000$ K) annehmen. Der Krater der positiven Kohle wird als Lichtquelle in Projektionsgeräten verwendet. Unter normalen Betriebsbedingungen liegt die Brennspannung zwischen 30 und 40 V. Sie nimmt mit wachsender Stromstärke ab (fallende Charakteristik). Zum stationären Betrieb muß daher in den Stromkreis ein Widerstand R (30 bis 50 Ω) eingeschaltet werden.

Funken sind rasch erlöschende Bogenentladungen. Bei gegebener Elektrodenform und gegebenem Gasdruck ist die Spannung, die zur Zündung eines Funkens erforderlich ist, sehr genau definiert. Man verwendet daher **Funkenstrecken** (Kugelelektroden), deren Abstand sich mit einer Mikrometerschraube einstellen läßt, zur Spannungsmessung. Abbildung 8.45 zeigt die **Funkenschlagweite** s zwischen Kugeln von 1 cm Radius in Luft von 1 013 mbar und 18 °C.

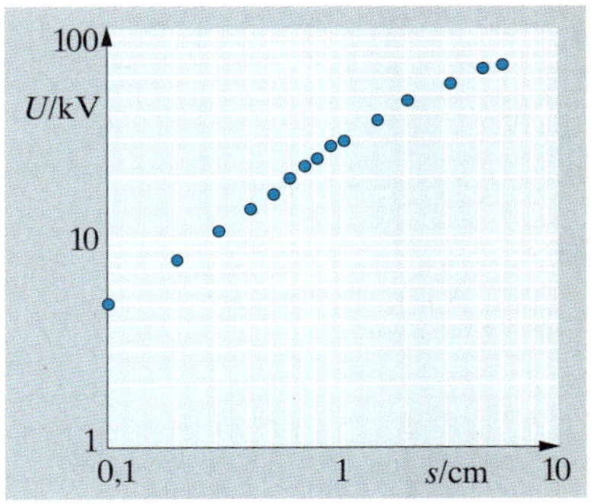

Abb. 8.45. Welche Spannung ist nötig, um den Abstand s zwischen zwei Kugeln zu durchschlagen?

8.3.6 Gasentladungslampen

In der wichtigsten **Gasentladungslampe**, der **Leuchtstoffröhre**, merkwürdigerweise immer noch vielfach Neonröhre genannt, obwohl Neon rot leuchtet und höchstens für Reklamezwecke brauchbar ist, wird nicht Neon, sondern Quecksilber von geringem Druck (einige μbar, entsprechend dem Dampfdruck des Quecksilbers bei der Betriebstemperatur) durch Elektronenstoß zum Leuchten angeregt. Die Hg-Atome senden dabei überwiegend UV-Licht aus (254 nm, entsprechend dem 4,9 eV-Übergang der Elektronen, der auch beim Franck-Hertz-Versuch ausgenutzt wird, Abschn. 12.2.5). Dies Licht ist natürlich unsichtbar, würde das Auge in wenigen Minuten zerstören, tötet Bakterien ab (**Sterilisationslampe**), bräunt und verbrennt die Haut (**Höhensonne**). Alle diese Wirkungen beruhen darauf, daß seine Energie ausreicht, um die Peptidbindung zwischen Aminosäuren in Proteinen aufzusprengen und auch in den Nukleinsäuren, dem genetischen Material, ähnliche photochemische Reaktionen auszulösen. Außer der UV-Linie werden noch eine violette, eine blaue und eine grüne Hg-Linie emittiert. Wenn die Leuchtstoffschicht auf der Innenwand defekt ist (bei alten Röhren oft nahe den Elektroden), sieht man das direkte Hg-Licht fahlbläulich durchschimmern (Vorsicht!).

Die Leuchtstoffschicht aus Sulfiden, Silikaten, Wolframaten von Zink, Cadmium usw. wandelt das UV-Licht des Hg in sichtbares Licht um, dessen spektrale Zusammensetzung sich in weiten Grenzen dem Verwendungszweck anpassen läßt (z. B. Licht mit hohem photosynthetisch wirksamen Rotanteil um 670 nm für **Gewächshauslampen**). Diese Frequenzabnahme in der Leuchtstoffschicht, z. B. von 254 auf 500 nm, bedeutet nach $W = h\nu$ etwa eine Halbierung der Energie W des Photons (**Stokes-Verschiebung**, Abschn. 12.2.3). Die andere Hälfte der Photonenenergie bleibt im Leuchtstoff und erwärmt ihn. Dies ist aber auch fast der einzige Energieverlust in diesen Lampen. Die Leuchtstoffröhre wandelt fast die Hälfte der elektrischen Energie in sichtbares Licht um, verglichen mit knapp 10 % der Leistung, die bei der üblichen Glühlampe nach der Planck-Kurve in den sichtbaren Bereich fallen. Daher wird die Leuchtstoffröhre, abgesehen von den Elektroden, im Betrieb auch kaum warm (Aufgabe 8.3.7).

Ohne Leuchtstoff-Auskleidung gibt die Entladungsröhre das Linienspektrum des Füllgases ab, also kräftig gefärbtes Licht (rot bei Neon, blau bei Hg). Wie bei der Leuchtstoffröhre leuchtet hier die positive Säule einer Glimmentladung mit relativ schwacher Leuchtdichte. Höhere Leuchtdichten erreicht man mit sehr dichtem Füllgas, z. B. in den **Hg- und Xe-Höchstdrucklampen** (HBO und XBO). Erhitzung des Kolbens durch einen Lichtbogen läßt den Dampfdruck hier auf Werte bis 100 bar steigen; der kalte HBO-Kolben enthält Hg-Tröpfchen. Eine Glimmentladung kommt in so dichtem Gas nicht zustande, weil die freie Weglänge zu klein ist. Man muß dafür sorgen, daß die Elektroden genügend heiß für eine Bogenentladung werden. Eine andere Folge des hohen Drucks ist Verbreiterung der Spektrallinien, bis sie zum Kontinuum verschmelzen. Die HBO-Lampe leuchtet daher weiß, die Hg-Linien sind nur noch als schwache Buckel angedeutet. In der **Na-Dampflampe** ist der Druck nicht so hoch, die gelben Linien dominieren weiterhin. Das gelbe Licht ist zur Straßen- und Tunnelbeleuchtung günstig, weil es Nebel und Smog besser durchdringt, oder zum Anstrahlen von Gebäuden mit warmem Goldton.

In der **Glimmlampe** sind die Elektroden mit einem Metall geringer Austrittsarbeit, oft Barium, überzogen. Bei Füllung mit Neon zündet die Lampe schon um 90 V. Die Elektroden sind so nahe beieinander, daß sich keine positive Säule ausbildet, sondern nur das negative Glimmlicht, das die Kathode rötlich umgibt. Im **Phasenprüfer** kann man so einfach durch Berühren feststellen, welche Drähte des Drehstromnetzes spannungsführende Phasendrähte sind. Bei Gleichspannung kann man auch die Pole unterscheiden. Wenn die Glimmlampe einmal brennt, kann man die Spannung bis erheblich unter die **Zündspannung**, bis zur **Löschspannung** senken, ohne daß die Entladung abbricht. Die positive Raumladung drängt das E-Feld auf eine kürzere Strecke zusammen, so daß noch bei kleinerer Spannung Stoßionisation eintritt.

8.3.7 Kathoden-, Röntgen- und Kanalstrahlung

Verringert man in einem Geißler-Rohr den Druck noch mehr (etwa unter 0,01 mbar), dann rücken alle Leuchterscheinungen von der Kathode fort. Die Dunkelräume wachsen; zugleich wird das Leuchten blasser. Je schwächer es wird, um so stärker fluoresziert die Glaswand blaugrün.

Immer noch lösen positive Ionen beim Aufprall auf die Kathode Elektronen aus, aber diese durchlaufen mit ihren cm-langen freien Weglängen den Kathodenfall praktisch ungestört und erreichen dabei alle fast die gleiche freie Fallgeschwindigkeit $v = \sqrt{2eU/m}$. Da der Rest der Röhre, die positive Säule, fast feldfrei ist, fliegen sie dort als **Kathodenstrahlen** geradlinig weiter bis zur Glaswand, wo ihr Stoß Fluoreszenz auslöst. Sie fliegen so geradlinig, daß hinter einem Hindernis ein scharfbegrenzter Schatten entsteht (Abb. 8.46). Ein Magnet, den man z. B. mit dem N-Pol voran von der linken Seite nähert, verschiebt den Schatten ziemlich unverzerrt nach oben, womit die negative Ladung der Träger nachgewiesen ist (Aufgabe 8.3.10). *J. J. Thomson* führte so eine erste e/m**-Bestimmung** durch, die zeigte, daß es sich nicht um negative Ionen, sondern um viel leichtere Teilchen handelt (Aufgabe 8.3.9). Natürlich verschieben sich auch die Lichterscheinungen in der Glimmentladung dramatisch im Magnetfeld. Die kinetische Energie, die die Elektronen in der Gegenwand abladen, ist erheblich und kann außer zur Fluoreszenz auch zur Aufheizung und Materialzerstörung führen (**Kathodenstrahlofen**, **Kathodenstrahlbohrer**). In der **Bildröhre** von Fernseher und Oszilloskop werden Außenelektronen, in der **Röntgenröhre** auch tiefliegende Atomelektronen angeregt. Bei etwas höherem Druck und hoher Spannung können die positiven Ionen beim Aufprall auf die Kathode auch Atome aus ihr herausschlagen: **Kathodenzerstäubung** oder **Sputtering**. Diese Atome können sich als dünne Schichten auf gekühlten Oberflächen niederschlagen.

Hinter einer durchbohrten Kathode setzt sich die Lichterscheinung fort: Ein scharfbegrenzter **Kanalstrahl** (*Goldstein*, 1886) tritt durch das Loch. Positive Ionen, die zur Kathode flogen, rasen infolge ihrer Trägheit durch das Loch und behalten ihre Geschwindigkeit im feldfreien Raum hinter der Kathode bei. Aufgabe 12.2.3 untersucht einige Eigenschaften der Kanalstrahlionen (Abb. 8.47).

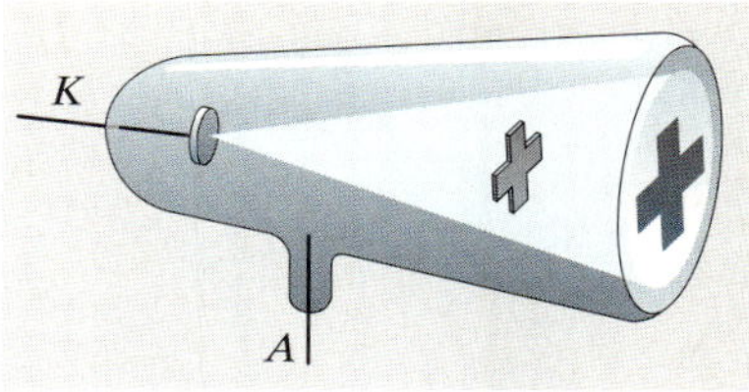

Abb. 8.46. Nachweis der geradlinigen Ausbreitung der Kathodenstrahlen

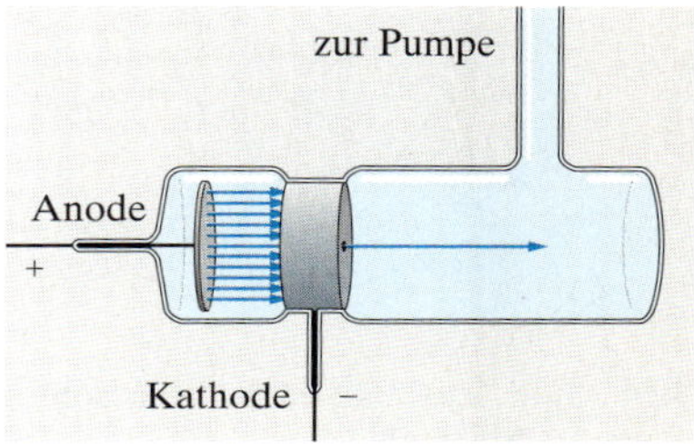

Abb. 8.47. Positive Ionen, durch Elektronenstoß in der Anode oder (weniger) im Restgas erzeugt, sausen auf die Kathode zu und durch die Bohrung hindurch

8.4 Plasmen

Der größte Teil der Materie im Weltall ist hochionisiert, ist ein **Plasma**. So verhält es sich in den Sternen, in weiten Bereichen der interstellaren Materie, schon oberhalb von knapp 100 km über der Erdoberfläche. Kalte Materie, wie wir sie am Erdboden kennen, ist eine Ausnahmeerscheinung.

8.4.1 Der „vierte Aggregatzustand“

Mit steigender Temperatur schließt sich an die drei klassischen Aggregatzustände ein vierter, der Plasmazustand an. Natürlich gibt es keinen scharfen Übergang zwischen Gas und Plasma, aber nach der Eggert-Saha-Gleichung (8.4) steigt der Ionisationsgrad in einem Bereich von einigen 1 000 K von fast 0 auf fast 1. Bei sehr hohem Druck kommt man noch zu weiteren Aggregatzuständen, in denen die Materie ganz neue Eigenschaften entwickelt: Zum **Fermi-Gas**, zum **relativistischen Fermi-Gas**, zum **Neutronengas** (Abb. 8.48).

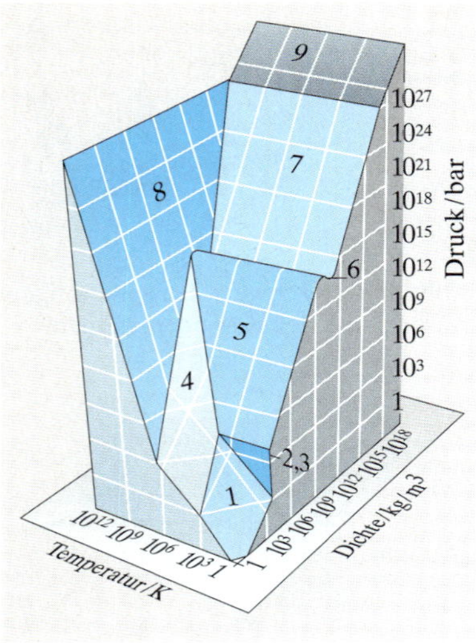

Abb. 8.48. Zustandsflächen der acht Aggregatzustände (die Übergänge sind schematisiert, weil das Modell keinen speziellen Stoff, sondern das ungefähre Verhalten aller Stoffe darstellen soll; z. B. ist der van der Waals-Maxwell-Übergang gasförmig-kondensiert nicht erkennbar). (1): Gas; (2, 3): flüssig-fest; (4): Plasma; (5): Elektronen-Fermi-Gas; (6): Relativistisches Fermi-Gas; (7): Neutronengas; (8): Photonengas; (9): Relativistisches Neutronengas-Schwarzes Loch

Plasmen sind im wesentlichen quasineutral, enthalten also gleichviele positive wie negative Ladungen. Trennung und Isolierung makroskopischer Mengen geladener Teilchen würde ja so ungeheure Kräfte erfordern, wie sie nirgends verfügbar sind. Lokale Abweichungen von der Quasineutralität in mikroskopischen Bereichen sind dagegen die Regel. Rings um jede positive Ladung überwiegen die negativen als Debye-Hückel-Wolke und umgekehrt. Sind Atome mit hoher Elektronenaffinität (Halogene, Chalkogene usw.) vorhanden, dann lagern sich die von positiven Ionen abgespaltenen Elektronen an sie an. Das Plasma besteht dann aus Ionen beider Vorzeichen. Bei höheren Temperaturen, wenn die Ionisierung die Außenschalen aller Atome erfaßt, gibt es nur noch positive Ionen und Elektronen. Wegen ihrer geringen Masse bewegen sich die Elektronen viel schneller als die Ionen, sowohl thermisch als auch im elektrischen Feld. Sie fliegen durch ein praktisch unbewegliches Ionengitter, das allerdings im Unterschied zum Festkörper ungeordnet ist. Daher bestehen enge Beziehungen zwischen Plasma- und Festkörperphysik.

Ein Plasma besteht aus mindestens drei Teilsystemen: Dem **Elektronengas**, dem **Ionengas**, dem **Neutralgas**, wozu man noch das „Gas" der Photonen des emittierten Lichts rechnen kann. Durchaus nicht immer stehen alle Teilsysteme untereinander im thermischen Gleichgewicht, selbst wenn innerhalb jedes Systems ein solches Gleichgewicht herrscht. Dementsprechend kann jedes Teilsystem seine eigene Temperatur haben. Das ist typisch für Gasentladungen, sonst müßten sie ja eine „schwarze" Strahlung abgeben, und deren Intensität wäre viel geringer. Die Energie aus der äußeren Spannungsquelle teilt sich zunächst den Elektronen mit und geht erst allmählich auf die Ionen und noch viel unvollständiger auf das Neutralgas über. Manchmal herrscht nicht einmal in einem Teilsystem Gleichgewicht. Es wäre z. B. sinnlos, dem 100 GeV-Teilchenstrahl eines Großbeschleunigers entsprechend $W \approx kT$ eine Temperatur $T \approx 10^{15}$ K zuzuschreiben, denn außerhalb des Gleichgewichts hat der Temperaturbegriff keinen Sinn.

Die **elektrische Leitfähigkeit** eines Plasmas ergibt sich wie beim Elektrolyten als $\sigma = en\mu$, die Beweglichkeit nach dem **Drude-Ansatz** (8.41) als $\mu = el/(2mv)$. Dabei hängt die freie Weglänge $l = 1/(nA)$ vom Stoßmechanismus ab. Für Stöße mit Neutralteilchen gilt ungefähr deren geometrischer Stoßquerschnitt A. Meist überwiegen aber die Stöße mit geladenen Teilchen, denn deren **Coulomb-Stoßradius** $r \approx e^2/(4\pi\varepsilon_0\varepsilon kT)$ ist viel größer als der geometrische. Für n tritt dann in l die Anzahldichte geladener Teilchen und kürzt sich daher aus σ ganz heraus: Bei höherer Ionisierung hängt die Leitfähigkeit nicht mehr von der Ionenzahldichte ab. Dasselbe gilt für die **Wärmeleitfähigkeit** λ, die sich nach Wiedemann-Franz aus σ einfach durch Multiplikation mit $3k^2T/e^2$ ergibt. Von der Temperatur hängen beide stark ab: σ wie $T^{3/2}$ ($A \sim T^{-2}$, $v \sim T^{1/2}$), λ sogar wie $T^{5/2}$. Besonders die Hochtemperaturplasmen haben extreme Eigenschaften. Ein Fusionsplasma von 10^7 K, das heute als „zu kühl" für die Fusion gilt, hat die elektrische Leitfähigkeit von metallischem Kupfer, aber die 30 000fache Wärmeleitfähigkeit; bei 10^8 K leitet es 30mal besser elektrisch und 10^7mal besser die Wärme als Kupfer. Man kann sich vorstellen, welche ungeheuren Leistungen ein solches Plasma mit seinem extremen T-Gradienten allein durch Wärmeleitung verliert.

8.4.2 Plasmaschwingungen

Abweichungen von der Quasineutralität, die größere Bereiche umfassen, bilden sich schwingend zurück. Alle Elektronen in einem Plasma seien gegen die Ionen um die gleiche Strecke x verschoben, z. B. nach links. Dann ist das Innere des Plasmas immer noch quasineutral, nur am linken Rand gibt es eine Schicht der Dicke x, die nur Elektronen enthält, also die Flächenladungsdichte $q = -enx$ hat. Ihr steht eine ebensostark positiv geladene Schicht gegenüber. In dem z. B. quaderförmigen Plasma dazwischen herrscht nach (6.9) die elektrische Feldstärke $E = q/(\varepsilon_0\varepsilon) = nex/(\varepsilon_0\varepsilon)$, die die Teilchen mit der Kraft $F = ne^2x/(\varepsilon_0\varepsilon)$ in ihre Ruhelagen zurückzieht. Diese Kraft ist proportional zu x, führt also zu einer harmonischen Schwingung um seine Ruhelage mit der Kreisfrequenz

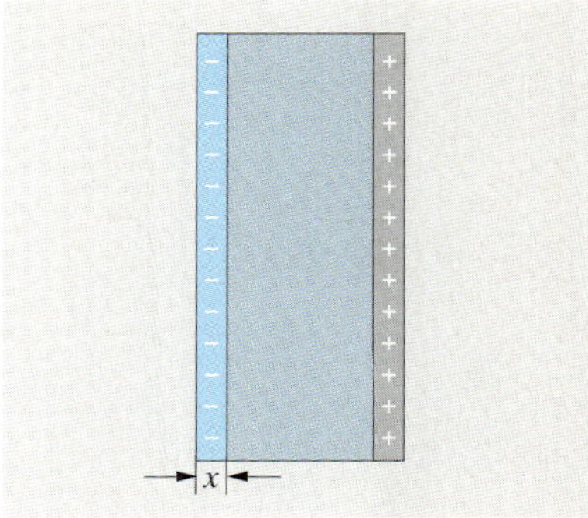

Abb. 8.49. Verschiebung der Ladungen gegeneinander erzeugt ein rücktreibendes Feld und führt zu einer Plasmaschwingung

$$\omega = \sqrt{\frac{D}{m}} = \sqrt{\frac{ne^2}{\varepsilon_0\varepsilon m}} \quad \left(\textbf{Plasmafrequenz} \text{ oder } \textbf{Langmuir-Frequenz}\right) . \tag{8.45}$$

Auch wenn die anfängliche Störung der Quasineutralität nicht so einfach gebaut ist, ergibt sich die gleiche Frequenz. Irgendwo sei nicht $n_+ = n_-$, sondern es herrsche die Raumladung $\varrho = e(n_+ - n_-)$. Sie stellt eine Quelldichte für das E-Feld dar: $\operatorname{div} \boldsymbol{E} = \varrho/(\varepsilon_0\varepsilon) = e(n_+ - n_-)/(\varepsilon_0\varepsilon)$. Andererseits werden im E-Feld praktisch nur die Elektronen beschleunigt mit $\dot{v} = -e\boldsymbol{E}/m$. Die Stromdichte $\boldsymbol{j} = -en\boldsymbol{v}$ ändert sich also im Feld zeitlich wie $\dot{\boldsymbol{j}} = -en\dot{v} = e^2n\boldsymbol{E}/m$. Da $\operatorname{div}\boldsymbol{j} = -\dot{\varrho}$ (Kontinuitätsgleichung), können wir auch sagen $\ddot{\varrho} = -e^2n\varrho/(m\varepsilon_0\varepsilon)$. Das ist wieder die Gleichung einer harmonischen Schwingung mit der Kreisfrequenz $\omega = \sqrt{e^2n/(m\varepsilon_0\varepsilon)}$.

Für ein gut ionisiertes Plasma bei 10^{-2} mbar ist n von der Größenordnung $10^{10}\,\mathrm{cm^{-3}}$, die Plasmafrequenz beträgt also mehrere 100 GHz. In diesem Frequenzbereich beobachtet man tatsächlich Plasmaschwingungen, die allerdings von so starkem **Rauschen** begleitet sind, daß ein Plasma als Höchstfrequenzgenerator praktisch vorerst nicht in Betracht kommt.

Dagegen spielen Plasmaschwingungen für die Erforschung der **Ionosphäre** und die Ausbreitung von Funkwellen in ihr die entscheidende Rolle. Kurzwellige Sonnenstrahlung (vom mittleren UV bis ins weiche Röntgengebiet) ionisiert und dissoziiert die Luftbestandteile (O_2, O, N_2, dort oben auch NO) und erzeugt daher in relativ dünnen Höhenzonen (D-, E-, F_1-, F_2-Schicht) hohe Elektronen- und Ionenkonzentrationen n_e bzw. n_i. Jede dieser Schichten, die einem bestimmten Ionisierungsprozeß entspricht, hat ein scharfes Maximum in der Höhenverteilung von n_e (Abb. 8.50). Das Maximum und seine Schärfe kommen deswegen zustande, weil schon einige Dutzend km oberhalb davon zu wenige ionisierbare Teilchen da sind (exponentieller Abfall der Dichte mit der Höhe),

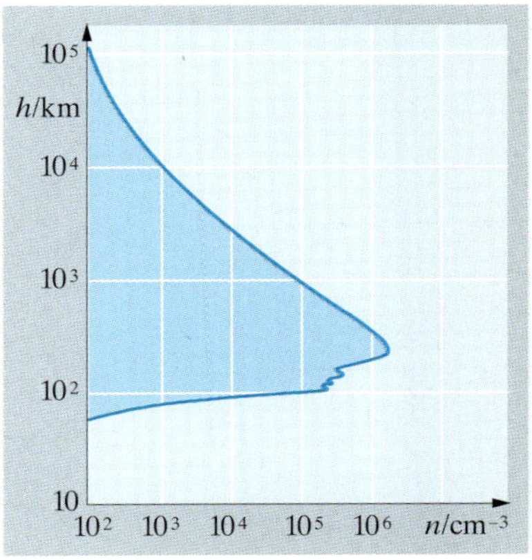

Abb. 8.50. Elektronendichte in der Atmosphäre als Funktion der Höhe zu einer Zeit relativ starker Ionisierung

während schon einige km darunter die zur Ionisierung fähige Strahlungskomponente eben infolge dieser Ionisierungsprozesse zu schwach geworden ist. So ergeben sich, besonders bei Tage, Elektronenkonzentrationen n_e bis zu $10^7\,\mathrm{cm}^{-3}$, die nachts infolge der Rekombination auf 10^5 bis $10^6\,\mathrm{cm}^{-3}$ abfallen. Beiderseits des Maximums sind natürlich auch die kleineren n_e-Werte vertreten. Entsprechend (8.45) treten also Plasmafrequenzen bis zu einigen MHz auf, aber alle Werte unterhalb dieser Maximalfrequenz sind ebenfalls in irgendeiner Höhe realisiert (Aufgabe 8.4.1).

Dies hat drastischen Einfluß auf den **Funkverkehr**, der klassische Funkverkehr (Lang-, Mittel- und Kurzwellen) wäre ohne die Ionosphäre überhaupt nicht möglich. Eine Radiowelle der Frequenz f kommt in der Höhe, wo die Plasmafrequenz ähnliche Werte hat, in Resonanz mit den Ionosphärenelektronen. Die Folge ist ein eigenartiges Dispersions- und Absorptionsverhalten (Abschn. 10.3.2). Die Radiowelle wird in einem großen Bereich des Einfallswinkels totalreflektiert – genau in der Resonanz, also bei $f = f_p$ sogar bei senkrechtem Einfall, was die „Echoauslotung" der Ionosphäre ermöglicht. Längstwellen und Kurzwellen (5 bis 30 km bzw. 10 bis 20 m) erhalten so ihre enorme Reichweite, die Längstwellen durch einen Hohlleitereffekt (Abschn. 7.6.10), die Kurzwellen durch Vielfachreflexion an der Ionosphäre, während die Lang- und Mittelwellen (200 bis 5 000 m) stark absorbiert und durch Interferenzen zwischen direkten und indirekten Wellen (fading) verzerrt werden. Nur Wellen oberhalb der Maximalfrequenz, also UKW-, Fernseh- und Radarwellen usw. dringen glatt durch die Ionosphäre, was einerseits die Kommunikation mit Raumfahrzeugen gestattet, andererseits aber die Reichweite eines UKW- oder Fernsehsenders auf den „optischen Horizont" beschränkt.

8.4.3 Plasmen im Magnetfeld

Es ist fast unvermeidlich, daß in einem Plasma Ströme fließen. Dazu brauchen das negative und das positive Teilgas nur verschieden schnell zu strömen, wodurch die Quasineutralität nicht beeinträchtigt werden muß. Ebenso unvermeidlich sind dann auch die Magnetfelder, die solche Ströme begleiten. Dabei ergibt sich etwas Merkwürdiges: Das Plasma und sein Magnetfeld sind aneinandergefesselt. Das Magnetfeld im Plasma hat Schwierigkeiten, sich zeitlich zu ändern, und ebensoschwer ist es für das Plasma, ein Magnetfeld zu verlassen, z. B. senkrecht zu dessen Feldlinien auszubrechen. Dies würde ja, vom Bezugssystem des Plasmas aus gesehen, auch eine zeitliche Änderung $\dot{\boldsymbol{B}}$ bedeuten. Wir betrachten z. B. ein schlauchförmiges Gebiet, in dem sich das Magnetfeld um $\dot{\boldsymbol{B}}$ ändert, mit $\dot{\boldsymbol{B}}$ parallel zur Schlauchachse. Diese Änderung induziert eine Ringspannung $U = \pi r^2 \dot{B}$, also ein elektrisches Feld $E = \frac{1}{2} r\dot{B}$ und eine Stromdichte $j = \sigma E = \frac{1}{2}\sigma r\dot{B}$ rings um den Schlauch, aber auch innerhalb davon (r kann auch kleiner sein als der Schlauchradius R). Im Ganzen fließt also ein Ringstrom $\frac{1}{4}\sigma R^2\dot{B}$ pro m Schlauchlänge (das zweite $\frac{1}{2}$ stammt von der Integration) und erzeugt ebenso wie in einer Spule ein Magnetfeld $B_1 = -\frac{1}{4}\mu_0\sigma R^2\dot{B}$ in Gegenrichtung zur Änderung $\dot{B}$ des ursprünglichen

Feldes (daher das −). Das B-Feld kann also nicht plötzlich zusammenbrechen, sondern höchstens nach dem Gesetz $\dot{B} = -4B/(\mu_0 \sigma R^2)$, also $B = B_0\,\mathrm{e}^{-t/\tau}$ abklingen mit der Zeitkonstante

$$\boxed{\tau = \tfrac{1}{4}\mu_0 \sigma R^2}\,, \tag{8.46}$$

der **magnetohydrodynamischen Relaxationszeit**.

Auf die Ringstromdichte $j \approx \sigma R\dot{B}$, die ja senkrecht zum B-Feld fließt, wirkt eine Lorentz-Kraftdichte jB (Kraft/m^3). Über die Schichtdicke R integriert ergibt das einen **magnetischen Druck** (Kraft/m^2)

$$\boxed{p_\mathrm{m} = jBR \approx \sigma R^2 B\dot{B} \approx \frac{B^2}{\mu_0}}\,, \tag{8.47}$$

falls das B-Feld sich so schnell ändert wie es kann, z. B. in einer Zeit τ zusammenbricht. Dieser Druck ist etwa gleich der Energiedichte des B-Feldes. Er hält das Plasma zusammen, d. h. verhindert sein seitliches Ausbrechen aus dem B-Feld. In Aufgabe 13.1.13 wird er auf etwas andere Weise abgeleitet.

In den hydrodynamischen Gleichungen, speziell der Bernoulli-Gleichung, kommt der magnetische Druck zum gaskinetischen hinzu. Im interplanetaren und interstellaren Raum und auch in manchen technischen Plasmen (Pinch beim Fusionsplasma) ist er viel größer als der gaskinetische. Die Ausströmgeschwindigkeit aus dem B-Feld ist dann analog zu *Torricelli* $v \approx \sqrt{2p_\mathrm{m}/\varrho} \approx \sqrt{2/(\mu_0\varrho)}B$. Es würde eine Zeit $t \approx R/v$ dauern, bis das Plasma aus seinem Feld herausgequollen ist. Wenn t viel kürzer ist als die Relaxationszeit τ, schleppt das Plasma sein Feld mit, das Feld ist im Plasma „eingefroren". Das ist der Fall unter der **Alfvén-Bedingung**

$$\tau \approx \mu_0 \sigma R^2 \gg \frac{R}{v} \approx \frac{R}{B}\sqrt{\varrho\mu_0}\,, \quad \text{d. h.} \quad \boxed{B\sqrt{\mu_0}\,\sigma R \gg \sqrt{\varrho}}\,. \tag{8.48}$$

Wenn ein Plasmaschlauch sich und sein Feld irgendwo einschnürt, wird B dort größer, der magnetische Druck ebenfalls. p_m übernimmt die Rolle, die der gaskinetische Druck in der Schallwelle spielt: Längs der B-Linien breitet sich eine **Alfvén-Welle** aus mit der Geschwindigkeit

$$\boxed{c \approx \sqrt{\frac{p_\mathrm{m}}{\varrho}} \approx \frac{B}{\sqrt{\mu_0\varrho}}}\,. \tag{8.49}$$

Fast alle kosmischen Plasmen sind so groß oder leiten so gut, daß sie ihr eingefrorenes Magnetfeld mitschleppen. Schon von etwa einem Sternradius an wird τ größer als das Weltalter. In solchen Plasmen gleiten die Teilchen praktisch nur längs der $\boldsymbol{B}$-Linien wie Perlen auf der Schnur, nicht ohne diese manchmal zu deformieren. Technische Plasmen, z. B. im Fusionsreaktor, sind i. allg. zu klein, um magnetisch sicher zusammengehalten zu werden. Ein Übergangsfall sind die **Sonnenflecken**. Für sie folgt aus (8.46) $\tau \approx 1\,000$ Jahre, viel mehr als die tatsächliche Lebensdauer von einigen Wochen. Man erklärt diese Diskrepanz daraus, daß die Turbulenz im Fleck, die im Fernrohr gut zu erkennen ist, die effektive Leitfähigkeit stark herabsetzt. Die Flecken selbst sollen die Enden magnetischer Schläuche sein, die tiefer in der Sonnenatmosphäre entstanden und zur Oberfläche durchgebrochen sind, so daß ihre Enden ein bipolares Fleckenpaar bilden. Infolge des behinderten Aufwärtsstroms heißer Tiefengase sind die Flecken kühler und dunkler (nur 4 000 K in der „Umbra"). An den aus der Photosphäre ausgebrochenen Bögen der B-Feldschleife steigen manchmal Plasmaballen bis in Höhen von mehr als 10 Erdradien auf, die **Protuberanzen**. Corona, Sonnenwind, Magnetosphäre der Erde werden ebenfalls von der **Magnetohydrodynamik** beherrscht. Auch bei der Entstehung des Planetensystems können die **magnetischen Speichen** wichtig für die Übertragung des Drehimpulses von der Sonne auf die Planeten gewesen sein.

8.4.4 Fusionsplasmen

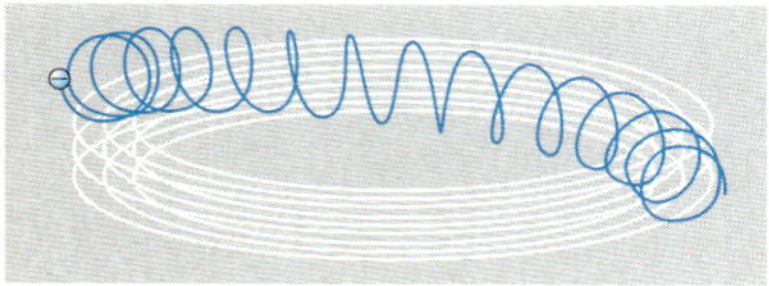

Abb. 8.51. Zentrifugaldrift von Elektronen im ringförmigen Magnetfeld. Die Spirale, die die Elektronen um die Magnetfeldlinien beschreiben (hier nach links), rutscht infolge Zentrifugaldrift immer weiter aufwärts. Die Ionen driften in viel größeren Spiralbögen, aber ebensoschnell nach unten

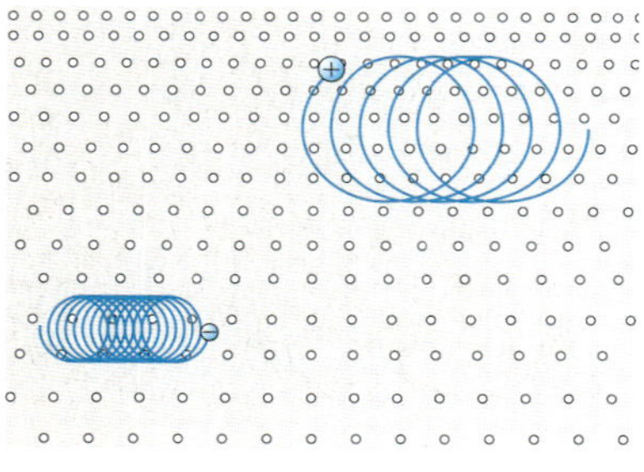

Abb. 8.52. Gradientendrift im inhomogenen Magnetfeld. Wo B schwächer ist, wird die Bahn schwächer gekrümmt und schließt sich nicht mehr zum Kreis, sondern Ionen und Elektronen driften senkrecht zu $\boldsymbol{B}$ und grad $\boldsymbol{B}$ in entgegengesetzter Richtung. In dieser Simulation ist nur ein Massenverhältnis 1 : 10 angenommen, nicht 1 : 1 840

Kernfusion, die Energiequelle der Sterne und unserer Zukunft, setzt ein sehr heißes, möglichst dichtes Plasma voraus. Die Sonne hat es leicht, ihren 10^7 K heißen und $10^5\,\mathrm{kg/m^3}$ dichten Kern durch die 10^9 bar Gravitationsdruck der äußeren Schichten zusammenzuhalten. Wir erreichen vorerst noch viel zu kleine Einschlußzeiten, Abmessungen und Dichten und brauchen daher Temperaturen von 10^8 K. Der Einschluß gegen den entsprechenden Gasdruck gelingt in der **H-Bombe** und bei der **Laserfusion** durch Implosion, andernfalls in einer **magnetischen Flasche**. Ein axialer Strom, der das Plasma aufheizt, erzeugt gleichzeitig ein ringförmiges Magnetfeld, das es zusammenhält. Oder man erzeugt, meist mit supraleitenden Spulen, ein axiales Magnetfeld. Ein Feld von 10 T mit seinem Druck von 10^3 bar kann aber bei 10^8 K nur einer Plasmadichte um $10^{-3}\,\mathrm{kg/m^3}$ standhalten. Ohne Stöße würden die Teilchen dann einfach auf Schraubenlinien um die B-Linien laufen. Die Stöße werfen sie gelegentlich aus dem Feld hinaus oder an die Wände. Eine unendlich lange Spule würde so einen annähernden Einschluß garantieren. Endliche Spulen kann man auf zwei Arten abdichten: Durch magnetische Pfropfen, d. h. verstärktes Feld mit konvergierenden Feldlinien an den Enden, wo die meisten Teilchen reflektiert werden (Abschn. 13.5.3); oder indem man die Spule zum Ring schließt. Leider dichten beide Systeme nicht ideal: Teilchen, die fast parallel zu den Feldlinien fliegen, dringen durch den magnetischen Pfropfen durch. Für die im Ring umlaufenden Teilchen muß die Zentrifugalkraft durch eine andere Kraft kompensiert werden, die nach Lage der Dinge nur eine zusätzliche Lorentz-Kraft sein kann, die einwärts zeigt. Eine solche Kraft entsteht aber nur, wenn die Teilchen mit $v' = mv^2/(ReB)$ senkrecht zur Ringebene driften, z. B. die Elektronen langsam nach oben, die Ionen schnell nach unten (Abb. 8.51). Diese **Zentrifugaldrift** führt also die Teilchen notwendig zu den Wänden. Genauso driftet die Luft im Coriolis-Feld der rotierenden Erde senkrecht zum antreibenden Druckgradienten. Eine andere, ähnliche Drift entsteht so: Wickelt man einen Draht zur Ringspule, dann liegen die Windungen innen zwangsläufig dichter, B ist dort größer. Die Schraubenbahn der Teilchen um die Feldlinien hat dann keinen Kreisquerschnitt mehr, sondern die Krümmung ist innen stärker. Folge ist eine Drift senkrecht zum Feldgradienten, also wieder senkrecht zur Ringebene (Abb. 8.52). Diese **Gradientendrift** (aber nicht die Zentrifugaldrift) läßt sich teilweise ausgleichen, wenn man den Ring zur 8 verwindet (Stellarator-Prinzip).

Wenn der Strom durch einen Plasmaschlauch rasch ansteigt, wächst auch sein ringförmiges Magnetfeld. Dieser Anstieg induziert ein E-Feld rings um die B-Linien, also axial, und zwar innen im Schlauch entgegengesetzt zu $\boldsymbol{j}$, außen in $\boldsymbol{j}$-Richtung. Dadurch wird der Strom innen geschwächt, außen verstärkt. Er fließt wie beim Skin-Effekt überwiegend in der Außenhaut des Schlauches. Innen herrscht auch kein B-Feld mehr (parallele Ströme), sondern nur außen. Dieses Feld übt auf den Skinstrom eine Lorentz-Kraft nach innen aus. Der Schlauch schnürt sich auf einen winzigen Querschnitt ein, wo j und damit die im Plasma umgesetzte Leistung $P = Alj^2\sigma$ extrem hoch werden (σ ist ja praktisch unabhängig von n und $j \sim 1/A$, also $P \sim 1/A$). Die Verluste durch die verkleinerte Oberfläche sind geringer, der Plasmafaden wird durch diesen **Pinch-Effekt** schlagartig auf bis zu 10^7 K aufgeheizt. Dann dehnt er sich allerdings wieder aus, und der Vorgang wiederholt sich. Außer diesem **z-Pinch** (Strom in z-Richtung der Zylinderkoordinaten) gibt es auch einen **ϑ-Pinch** (ringförmiger Strom, axiales B-Feld).

Leider ist auch ein Pinch vielen Instabilitäten ausgesetzt. Wenn sich z. B. ein z-Pinch verbiegt, werden die B-Linien an der Innenseite der Biegung enger, der magnetische Druck wächst dort und vergrößert die Störung. Ähnlich verhält sich eine Stelle, wo die Einschnürung weiter fortgeschritten ist als anderswo. Sie kann den Pinch in „Tropfen“ zerlegen, ähnlich wie bei einem Wasserstrahl. Ein starkes eingefrorenes Magnetfeld wirkt diesen Instabilitäten entgegen (Steigerung des magnetischen Innendrucks in einer Einschnürung). Auch die leitenden Wände des Reaktionsgefäßes können Biegungsinstabilitäten heilen, weil sich die B-Linien vor der Wand stauen. Ähnliche Probleme zusammen mit den ungeheuren Leistungsverlusten aus dem Plasma haben den „break-even“, d. h. den Zustand, in dem das Fusionsplasma soviel Energie liefert wie es zu seinem Aufbau verzehrt hat, bis heute noch verhindert.

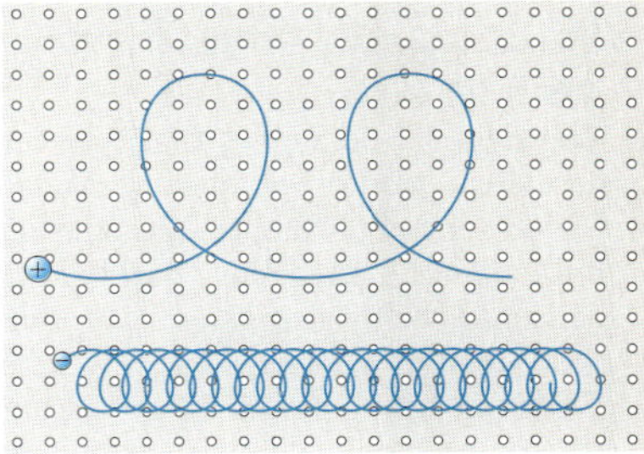

Abb. 8.53. Elektrische Diffusion in gekreuzten elektrischen und magnetischen Feldern. Beide Teilchen weichen auf Zykloidenbahnen senkrecht zum E-Feld aus, und zwar im Mittel gleich schnell, obwohl die Elektronen viel engere Bögen ziehen (vgl. Abb. 7.7)

▲ Ausblick

Ordnet man die Physik-Nobelpreise den Kapiteln dieses Buches zu, dann kommt Kap. 8 gar nicht schlecht weg: *W. C. Röntgen* (1901), *H. A. Lorentz* (1902), *Ph. Lenard* (1905, Kathodenstrahlung), *J. J. Thomson* (1906), *K. F. Braun* (1909, Oszillograph), *R. Millikan* (1923, Photoeffekt), *O. Richardson* (1929), *H. Alfvén* (1970), *G. Binnig*, *H. Rohrer* (1986), *H. G. Dehmelt*, *W. Paul* (1989, Ionenfalle), *G. Charpak* (1992, Drahtkammer). Auch für Sie bestehen offenbar noch Chancen. Von der Ionenfalle bis zum Schwarzen Loch, vom Kopiergerät bis zum Fusionsreaktor steht das Verhalten geladener Teilchen an der Front von Grundlagen- wie Anwendungsforschung.

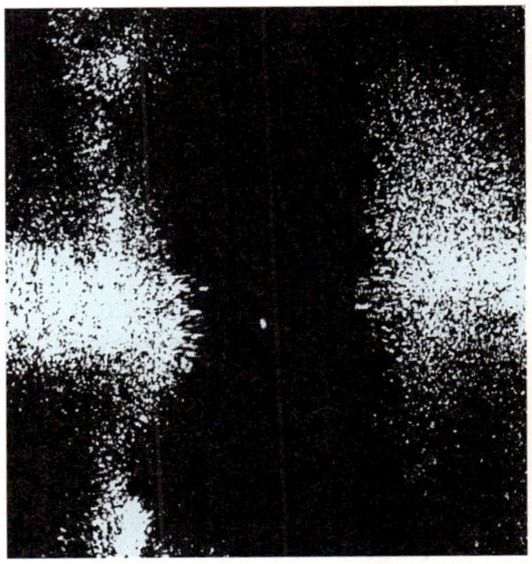

Der weiße Fleck in der Bildmitte ist ein einzelnes Barium-Ion in einer Ionenfalle, durch sehr schmalbandiges Laserlicht zum Leuchten angeregt. Die Falle besteht aus einem Ring mit hyperbolischem Querschnitt und zwei axial angebrachten ebenfalls hyperbolischen Schalen, zwischen denen eine Gleichspannung liegt

✓ Aufgaben . . .

●● 8.1.1. Austrittsarbeit
Wie sieht das Feld eines Elektrons aus, das dicht vor einer ebenen Metallfläche schwebt? Suchen Sie eine Anordnung von Ladungen, deren Feld genauso aussieht, wenigstens außerhalb des Metalls. Welche Kraft zwischen Elektron und Metall folgt daraus? Bis zu welchem Minimalabstand gilt dieses Kraftgesetz? Wie groß ist also die Austrittsarbeit ungefähr? Warum ist sie gerade bei Cs und Ba besonders klein?

●●● 8.1.2. Glühemission
Versuchen Sie das Richardson-Gesetz (8.1), speziell den Faktor vor der e-Funktion modellmäßig zu verstehen. Wenn Sie dabei auf Widersprüche stoßen, versuchen Sie es nochmal, nachdem Sie die Fermi-Verteilung (Abschn. 17.3) studiert haben.

● 8.1.3. Arrhenius-Auftragung
Von der Physik bis zur Biologie ist diese Auftragung eines der wichtigsten Auswertungsmittel. Warum? Was bedeutet der Schnittpunkt der Geraden mit der Ordinatenachse? Wie findet man ihn, wenn man nur in einem engen T-Bereich gemessen hat, und mit welcher Genauigkeit? Wie liest man am schnellsten die Aktivierungsenergie ab?

●● 8.1.4. Kompensationseffekt
Bei vielen Prozessen, die sich durch ein Arrhenius-Gesetz $A\mathrm{e}^{-W/(kT)}$ beschreiben lassen, ändern sich A und W bei Variation der Versuchsmaterialien und -bedingungen, und zwar oft so, daß die verschiedenen Arrhenius-Geraden sich alle in einem Punkt, dem „Inversionspunkt", schneiden (Kompensationseffekt). Wie müssen die Änderungen von A und W zusammenhängen, damit das der Fall ist? Was bedeuten die Koordinaten des Inversionspunktes? Wie könnte es zu diesem Effekt kommen?

●● 8.1.5. Aktivierungsenergie
Für viele chemische Reaktionen läßt sich die Reaktionsgeschwindigkeit darstellen als $\alpha\mathrm{e}^{S/R}\mathrm{e}^{-W/(RT)}$ (S, W Aktivierungsentropie und -energie pro mol). Begründen Sie dieses Gesetz kinetisch. Wenn ein Atom in zwei Zuständen vorkommen kann (z. B. frei und gebunden), wird das Konzentrationsverhältnis in den beiden Zuständen oft gegeben durch $\beta\mathrm{e}^{S'/R}\mathrm{e}^{-W'/(RT)}$. Warum? Sind S und S', W und W' identisch? Wenn nicht: Kann man sagen, welcher Wert größer ist? Ist das bei der Glühemission auch so?

● 8.1.6. *h*-Messung
Wie kann man aus dem Photoeffekt möglichst genau die Planck-Konstante h bestimmen? Versuchsanordnung! Welche Größe muß man variieren?

● 8.1.7. Lichtschranke
Entwerfen Sie ein Lichtschrankensystem für eine automatische Tür, als Einbruchsicherung o. ä. Wählen Sie Lichtquelle, Strahlgeometrie, Kathodenmaterial, Anodenspannung, Galvanometer bzw. Nachweisschaltung.

●● 8.1.8. Feldemission
Wie hängt die Dicke der Potentialschwelle vor einer Metalloberfläche von der angelegten Feldstärke ab? Wie groß sind Tunnelwahrscheinlichkeit und Feldemissionsstrom? Bei welchen Feldstärken wird der Effekt wesentlich? Wie erreicht man solche Felder?

● 8.1.9. Feldemissionsmikroskop
Wie sieht ein Feldemissionsmikroskop aus, und was kann man damit sehen? Weshalb und wie erreichen solche Mikroskope fast beliebig hohe Vergrößerungen?

● 8.1.10. Multiplier
Welche Spannungen muß man zwischen die Dynoden eines Multipliers legen, damit man mit acht Stufen eine Verstärkung von 10^8 erzielt (Schätzung)? Wie weist man den Anodenstrom am besten nach? Wie sieht die Gesamtschaltung aus? Welche Hilfsgeräte braucht man?

●●● 8.1.11. Eggert-Saha-Gleichung
Thermische Ionisation erfolgt im einfachsten Fall nach der Reaktion $A \rightleftharpoons A^+ + \mathrm{e}^-$. Das Massenwirkungsgesetz für diese Reaktion ist die Eggert-Saha-Gleichung. Damit ergibt sich eine Verfeinerung des Ausdruckes (8.4) (der nur für schwache Ionisierung gilt). Können Sie diese Verfeinerung angeben? Dabei erklärt sich auch, warum der Exponent nicht $W_\mathrm{i}/(kT)$, sondern $W_\mathrm{i}/(2kT)$ heißt. Gibt es eine allgemeine Regel, wann $W/(kT)$ und wann $W/(2kT)$ gilt? Der „Gewichtsfaktor" $(2\pi mkT)^{3/4}/h^{3/2}$ läßt sich nach der Quantenstatistik richtig verstehen. Kommen Sie nach dem Studium von Kap. 17 wieder darauf zurück. Ist Rekombination nicht eigentlich nur im Dreierstoß möglich? Ist das bisher berücksichtigt worden?

●● 8.1.12. Thermische Ionisation
Der Ionisationsgrad hängt nach (8.4) von T und p ab. Wie verläuft in einem p,T-Diagramm die Grenze zwischen überwiegend neutralem und überwiegend ionisiertem Zustand der Atome? Von welchen Atomeigenschaften hängt ihre Lage ab? Läßt sich auch für die Moleküldissoziation ein ähnliches Diagramm zeichnen?

● 8.1.13. Ionisation in der Sonne
Sind H und He in der Sonnenphotosphäre (6 000 K, 0,1 bar) bzw. 10 000 km darunter (10^6 K, $3 \cdot 10^6$ bar) weitgehend ionisiert?

● 8.2.1. Wettkampf der Felder
Wie stark müßte ein Schwerefeld sein, um in seiner Wirkung auf geladene Teilchen mit ganz üblichen elektromagnetischen Feldern konkurrieren zu können?

● 8.2.2. *E*-Ablenkung
In (8.10) sind Ladung und Masse der Teilchen herausgefallen. Trotzdem zeigt sich, daß Protonen und Elektronen in entgegengesetzter Richtung abgelenkt werden. Wie kommt das?

● 8.2.3. α-, β-, γ-Strahlung
Kann man Masse, Ladung und Geschwindigkeit von Teilchen aus der Ablenkung im elektrischen oder im Magnetfeld allein bestimmen, oder muß man beide kombinieren, oder braucht man zusätzliche Auskünfte?

Projektieren Sie solche Messungen für α-Strahlung, β-Strahlung, den Nachweis, daß γ-Strahlung nicht aus Teilchen besteht, usw.

● 8.2.4. Oszillograph
Man kann die Kippspannung an den x-Ablenkplatten durch eine beliebige Spannung ersetzen. Was für Spannungen muß man an x- und y-Platten legen, um auf dem Schirm Kreise, Ellipsen verschiedener Exzentrizität, schrägliegende Gerade zu zeichnen? Kann man eine 8 oder ein ∞ zeichnen? Wie ändern sich die Figuren, wenn man bei gleichem x- und y-Spannungsverlauf die Anodenspannung ändert?

●● 8.2.5. Fernsehröhre
Welche Forderungen stellt man an Bild-, Zeilen-, Punktfrequenz, Helligkeitssteuerung usw., und wie kann man sie elektronenoptisch realisieren? Gibt es eine Grenze, bei der die Elektronen zu träge werden, und wie weit ist man gegebenenfalls noch von ihr entfernt?

● 8.2.6. Thomson-Parabel
Wie sieht die Kruve aus, die (a) ein Kathodenstrahl einheitlicher Energie, (b) ein β-Strahlenbündel aus einem radioaktiven Reinnuklid zeichnet?

● 8.2.7. Triode
Schätzen Sie den **Innenwiderstand** einer Vakuumröhre bzw. die Steilheit einer Triode im Schottky-Langmuir-Bereich.

● 8.2.8. Durchgriff
Wieso ist der Durchgriff einer Triode kleiner als 1, und wozu ist das gut? Warum sollte der Arbeitspunkt im linearen Teil der Kennlinie liegen?

● 8.2.9. Anoden-Basisschaltung
Man kann das Eingangssignal auch zwischen Gitter und Anode legen. Wie verhält sich dann die Schaltung?

● 8.2.10. Logarithmische Kennlinie
Wie kann man mit einer Röhren- oder Halbleiterdiode einen logarithmischen Zusammenhang erzeugen?

●● 8.2.11. Phasenschieberoszillator
Warum hat er drei RC-Glieder (Abb. 8.54). Würden eins oder zwei

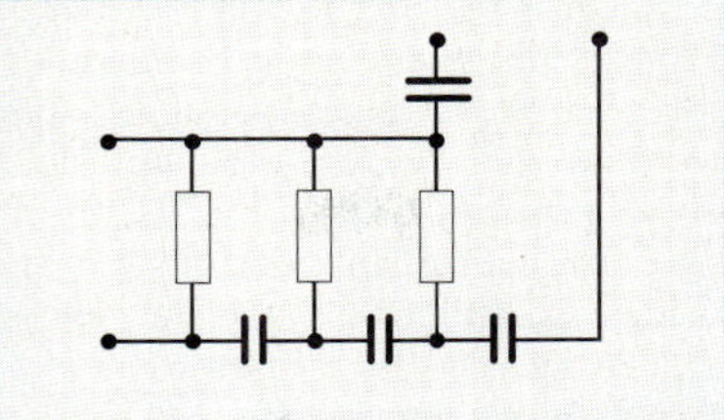

Abb. 8.54. Rückkopplungsglied (Dreikondensatorschaltung), an Abb. 8.27 anzuschließen, vgl. Abb. 8.29

nicht auch genügen? Welches V muß der Verstärker haben, damit die **Selbsterregungsbedingung** erfüllt ist, falls alle drei R und alle drei C unter sich gleich sind? Welche Frequenz erzeugt das System?

●● 8.2.12. Meißner-Dreipunktschaltung
Mit welcher Frequenz schwingt sie (Abb. 8.29)? Spielt die Größe von C_A eine Rolle? Welchen Verstärkungsfaktor setzt sie voraus?

●● 8.2.13. Brückenschaltung
Sie kann als Rückkopplungsglied für einen zweistufigen Verstärker dienen (Abb. 8.30). Warum muß er zweistufig sein? Welche Frequenz kann die Schaltung erzeugen und welche Verstärkung ist vorausgesetzt?

●●● 8.2.14. Quarzuhr
Fast jeder hat heute eine Quarzuhr, die viel genauer geht als eine zehnmal so teure mechanische Uhr. Man sagt so schön, die piezoelektrisch angeregte Schwingung des Quarzes stabilisiere den Schwingkreis in der Uhr. Aber wie macht er das? Wie verhält sich ein Quarzplättchen in einem Kondensator schaltungstechnisch? Suchen Sie Ersatzschaltbilder für die verschiedenen Frequenzbereiche.

●● 8.3.1. Rekombinationskoeffizient
Begründen Sie zunächst den Zusammenhang $\beta = vA$ (v: thermische Geschwindigkeit, A Einfangquerschnitt). Beschreiben Sie dann die durch A charakterisierte Wechselwirkung genauer. Wie nahe mindestens müssen zwei entgegengesetzt geladene Ionen kommen, um einander einfangen und ihre Ladung neutralisieren zu können? Stichwort: Beziehung zwischen W_{kin} und W_{pot}. Wie hängen demnach A und β von Temperatur und Druck ab? Kommt die in Abschn. 8.3.1 genannte Größenordnung von β heraus? Sind alle Annahmen dieser einfachen Theorie immer plausibel, besonders die über den Verlauf des Einfanges?

● 8.3.2. Glimmentladung
Diskutieren Sie die Kennlinie (8.43) für verschiedene Fälle $\delta > 1$, $\delta < 1$ usw.). Tragen Sie zunächst I über γ auf und rechnen Sie dann mittels Abb. 8.40 auf E um. Beachten Sie die Gültigkeitsbedingung der Summation.

●● 8.3.3. Zündspannung
Geben Sie eine atomistische Deutung für die Paschen-Regel, nach der bei gegebenem Füllgas und Elektrodenmaterial die Zündspannung einer Glimmentladung nur von dem Produkt aus Druck und Elektrodenabstand abhängt. Benutzen Sie die Begriffe Feldstärke und freie Weglänge.

● 8.3.4. Durchschlag
Wie groß ist die Feldstärke nahe einem 10 µm dicken Draht, wenn 500 V daran liegen? In welchem Bereich ist die Durchschlagsfeldstärke der Luft (10^6 V/m) überschritten?

● 8.3.5. Funken
Zu welcher Entladungsform gehört der Blitz? Sind die Funken eines Feuers, eines Feuerzeuges Funkenentladungen im oben definierten Sinne? Wohin gehören die Lichterscheinungen, die man im dunklen Zimmer sieht, wenn man sich ein Nylonhemd über den Kopf zieht? Welchen Einfluß haben das Wetter und der Zustand der Haare sowie das Material des Hemdes? Gewisse Schuhsohlen (Krepp usw.) haben die Eigenschaft, daß ihr Träger nach einem kurzen „Solotanz" imstande ist, ausströmendes Gas mit dem bloßen Finger (aus etwa 1 cm Abstand) anzuzünden. Erklären Sie das (quantitative Schlußfolgerungen). Andererseits ergeben

sich z.T. erschreckende Effekte beim Berühren von Türklinken usw.

● 8.3.6. Blitz
Aus einer großen Gewitterwolke zucken mehrere Blitze. Schätzen Sie unter vernünftigen Annahmen die Spannung zwischen Wolke und Erde (beachten Sie Abb. 8.45), die Ladung, die in der Wolke steckt, den Strom, den ein Blitz transportiert, und seine Leistung und Energie. Wie lange könnten Sie Ihre Tischlampe mit der Ladung bzw. der Energie des Blitzes betreiben? Fließt im Blitz mehr oder weniger Ladung als bei einer Elektrorasur?

● 8.3.7. Leuchtstoffröhre
Zum Zünden einer Leuchtstoffröhre dient die nebenstehend vereinfacht dargestellte Schaltung. Die Glimmentladung im Glimmzünder setzt ein, wenn etwa 100 V daranliegen, und heizt ihn auf. Die Entladung in der Leuchtstoffröhre selbst setzt erst bei etwa 400 V ein; wenn sie erst einmal eingesetzt hat, brennt sie auch bei 200 V weiter. Wie entsteht die erhöhte Spannung, die die Leuchtstoffröhre zur Zündung braucht?

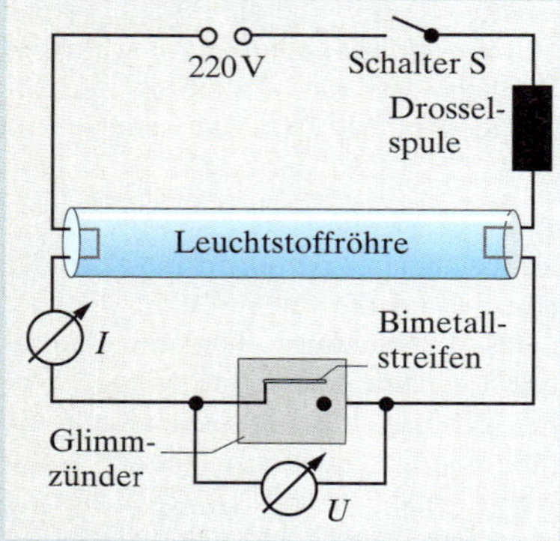

Abb. 8.55

● 8.3.8. Elektronenmühle
Kathodenstrahlung kann ein Flügelrädchen antreiben. Vergleichen Sie mit dem analogen Effekt für Licht. Handelt es sich um eine direkte Wirkung der Kathodenstrahlung oder um einen indirekten, z.B. thermischen Effekt?

● 8.3.9. e/m
Projektieren Sie eine e/m-Messung, die wenigstens genau genug ist, um Ionen auszuschließen, möglichst aber etwas genauer. Lenken Sie elektrisch oder magnetisch ab, oder müssen Sie beides kombinieren? Welche Hilfsgrößen müssen Sie messen?

● 8.3.10. Elektronenschatten
Bringt man die Kathodenstrahlröhre, z.B. mit dem klassischen Abschirmkreuz (Abb. 8.46) in ein Magnetfeld, dann wird der Schatten des Kreuzes nicht nur verschoben, sondern auch unscharf, selbst im homogenen Feld. Wie kommt das?

●● 8.3.11. Fallende Kennlinie
Was würde geschehen, wenn man den Vorwiderstand in einem Kreis, der eine Bogenentladung mit fallender Kennlinie enthält, wegließe oder falsch dimensionierte, oder wenn man ihn parallel legte? Können Sie eine qualitative Erklärung für das Fallen der Kennlinie geben?

●● 8.3.12. Mikrowellenherd
In einem solchen Herd kann man keine Metalltöpfe verwenden. Keramik- oder Plastikgeschirr wird höchstens indirekt durch die darin enthaltenen wasserhaltigen Lebensmittel erhitzt. Man sagt doch, elektrische Felder dringen in Wasser oder biologische Substanzen gar nicht ein. Wie verträgt sich das? Kernstück dieser Herde ist i. allg. ein **Magnetron** mit 2,5 GHz. Erklären Sie das alles, speziell, warum man gerade diese Frequenz benutzt.

●●● 8.3.13. Brathendl
Ein Hähnchen kann man im Mikrowellenherd braten, eine Gans kaum. Vergleichen Sie Wellenlänge und Eindringtiefe der Strahlung. Ist die Übereinstimmung zufällig?

●● 8.3.14. Mikrowellenheizung
Unser Zimmer sei wie ein Mikrowellenherd mit schwächerer hochfrequenter Strahlung erfüllt, unsere Tapeten seien metallisiert. Vergleichen Sie diese Heizung mit einer konventionellen. Was muß jeweils erwärmt werden: Luft, Bewohner, Wände, Möbel? Wo und wie erfolgen Verluste?

● 8.4.1. Plasmafrequenz
Welchem Ionisationsgrad entspricht eine Elektronenkonzentration $n \approx 10^{10}\,\mathrm{cm^{-3}}$ bei 10^{-2} mbar? Wie groß sind die Plasmafrequenzen in der Sonnenphotosphäre (Aufgabe 8.1.13)? Welche Plasmafrequenzen erwartet man für Halbleiter (n zwischen 10^{12} und $10^{20}\,\mathrm{cm^{-3}}$) und Metalle ($n$ zwischen 10^{21} und $10^{23}\,\mathrm{cm^{-3}}$)? Bestehen Beziehungen zur Optik?

● 8.4.2. Nordlicht
Warum entstehen die **Polarlichter** vorwiegend in Höhen um 100 km?

● 8.4.3. Durchschlag
Wenn Sie die Größenordnung der Durchschlagsspannung durch dünne Luftschichten (mm bis cm) vergessen haben, wie können Sie sie ableiten? (Hinweis: Die Begriffe Feldstärke und freie Weglänge müssen in der Ableitung vorkommen.) Für welche praktischen Zwecke ist die Kenntnis der Durchschlagsspannungen nützlich? Wie ist es zu erklären, daß die 220 V der Lichtleitung bei einem Kurzschluß oft erheblich längere Luftzwischenräume überschlagen (der eine der sich berührenden Drähte kann gelegentlich auf fast 1 cm wegschmelzen, bevor die Entladung abbricht)?

● 8.4.4. Ionenrakete
Positive Ionen (welcher Art?) werden beschleunigt (wie?) und nach Vereinigung mit Elektronen (warum?) ausgestoßen. Diskutieren Sie Ausströmungsgeschwindigkeit, Energiebedarf, Fahrpläne usw. Kann man genügend Sonnenenergie einfangen oder braucht man Kernreaktoren? Planen Sie Raumfahrten. Vergleichen Sie mit thermischen und Kernraketen.

● 8.4.5. Photonenrakete
Welche Temperatur müßte ein Plasma von vernünftigen Abmessungen haben, um einen Schub von interessanter Größenordnung durch Photonenrückstoß zu erzielen? Diskutieren Sie, soweit möglich, die Spiegel- und Strahlenschutzverhältnisse sowie die Energiequellen.

9

Geometrische Optik

Inhalt

Einleitung

Die Strahlenoptik beschreibt sehr einfach einige Züge der Lichtausbreitung. Aber sogar der Mechanismus von Reflexion und Brechung wird erst im Wellenbild klar. Allem, was mit Beugung, Polarisation usw. zusammenhängt, steht die Strahlenoptik völlig hilflos gegenüber.

„... enthält und erklärt Beobachtungen, die kürzlich mit Hilfe eines neuartigen Augenglases gemacht wurden, am Antlitz des Mondes, an der Milchstraße und den Nebelsternen, an unzähligen Fixsternen sowie an vier Planeten, Mediceische Gestirne genannt, die noch nie bisher gesehen wurden."

Galileo Galilei, Sidereus Nuncius, 1610

9.1 Reflexion und Brechung

Die alten Griechen stritten sich nicht nur darüber, ob sie mit dem Zwerchfell dachten oder womit sonst, sondern auch, ob das Licht von den Dingen ausgeht oder ob unser Auge Strahlen aussendet, die die Dinge irgendwie abtasten. *Empedokles* von Agrigent war mit der ersten Ansicht in der Minderheit gegen *Aristoteles*, *Platon*, *Euklid*, sogar viel später noch *Descartes*. Erst der große arabische Augenarzt *Ibn al Haitham* (*Alhazen*) scheint um das Jahr 1000 klargestellt zu haben, daß die sichtbaren Dinge Licht aussenden, d. h. selbst leuchten oder fremdes Licht zurückwerfen.

9.1.1 Lichtstrahlen

Wir stellen das Licht eines leuchtenden Punktes durch eine Kugelwelle dar, die von ihm ausgeht, oder durch ein **Büschel** von *Strahlen*, die überall senkrecht auf den Wellenfronten stehen und die Wege sind, auf denen die Lichtenergie reist. Zunächst gehen sie in alle oder fast alle Richtungen; will man ein enges Büschel, muß man es *ausblenden*. Wenn der leuchtende Punkt sehr weit weg ist, wird der Ausschnitt der Kugelwelle zur ebenen Welle, aus dem Büschel wird ein (paralleles) **Bündel** (Abb. 9.1). Ohne Störung läuft der Lichtstrahl geradlinig, was Geodäsie und Astronomie bis *Einstein* stillschweigend voraussetzten und zu äußerst genauen Messungen ausnutzten. Stören läßt er sich auch z. B. durch andere Strahlen nicht, die ihn kreuzen. Sonst gäbe z. B. die **Lochkamera** (Abb. 9.2) kein so klares Bild. Die Lichtbüschel, die von jedem Punkt des Objekts durch das Loch in B treten, zeichnen jeder einen hellen Fleck auf dem Schirm S, und diese formieren sich zum Bild, das nach Konstruktion um-

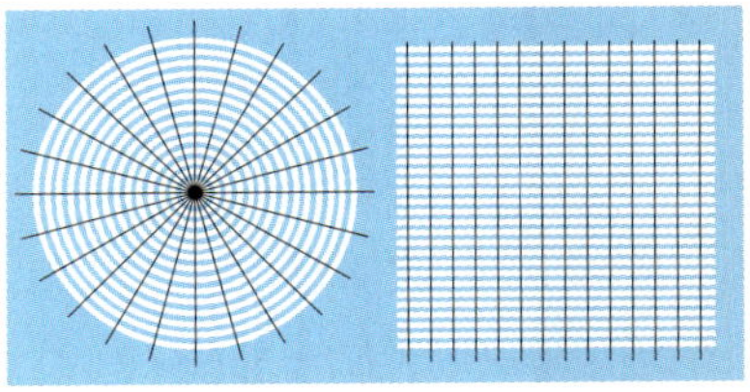

Abb. 9.1. Wellenfronten (*weiß*) und Strahlen (*schwarz*) einer Kreiswelle (Strahlenbüschel) von einer Punktquelle und einer ebenen Welle (Parallelbündel)

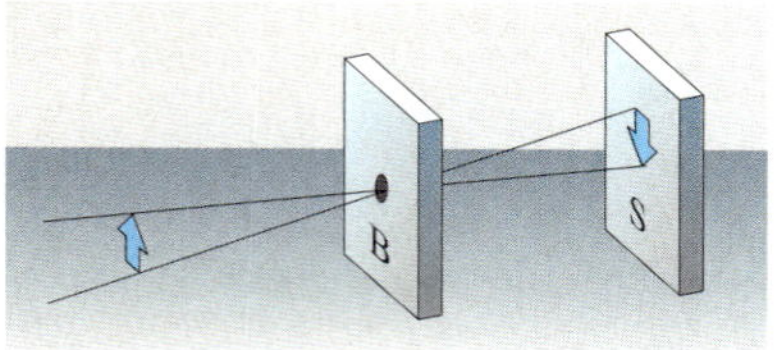

Abb. 9.2. Die Lochkamera erzeugt im dunklen Innenraum ein umgekehrtes Bild; Verkleinerung des Loches macht es schärfer bis zu einem Optimum, aber dunkler

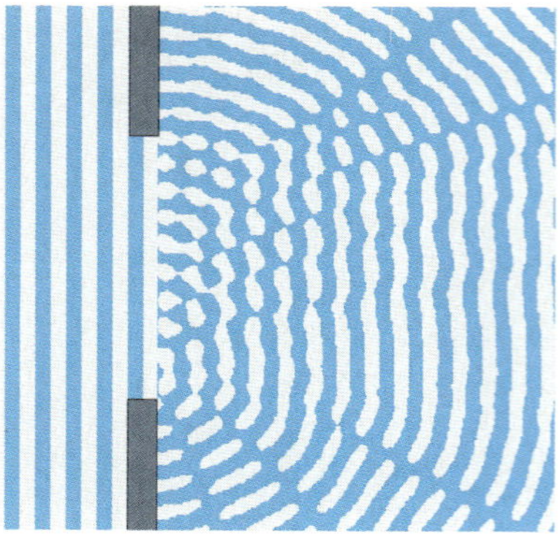

Abb. 9.3. Ein Loch schneidet aus einem ebenen Wellenzug ein Wellenbündel aus, das um so schärfer begrenzt ist, je kleiner die Wellenlänge ist. Wenn diese nicht sehr klein gegen den Lochdurchmesser ist, erfolgt erhebliche Beugung in den „Schattenraum". Für die Berechnung des Problems wurden für jedes Pixel bei (x, y) die dort ankommenden Huygens-Teilwellen überlagert, die von 80 zufällig im Spalt verteilten Zentren stammen. Das Pixel wird weiß, wenn diese Summe i einen gewissen Wert überschreitet. Man sieht besonders deutlich die Nebenmaxima mit ihrer jeweils um π verschobenen Phase

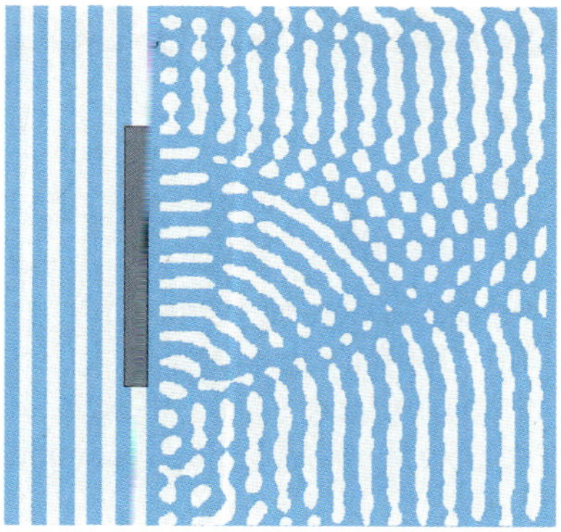

Abb. 9.4. Ein Hindernis wirft nur dann einen scharf begrenzten Schatten, wenn es groß gegen die Wellenlänge ist. Berechnung wie bei Abb. 9.3

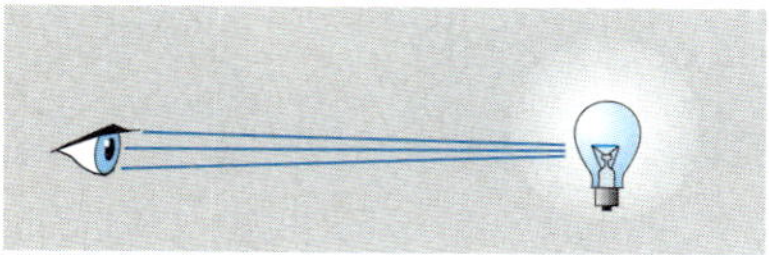

Abb. 9.5. Direkte Beobachtung einer Lichtquelle

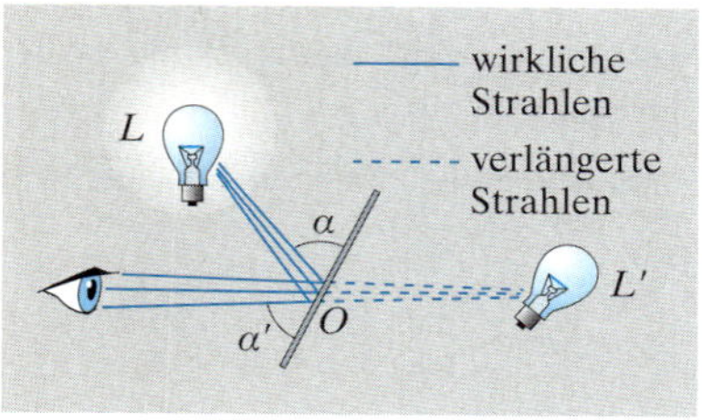

Abb. 9.6. Der ebene Spiegel erzeugt ein virtuelles unverzerrtes Bild

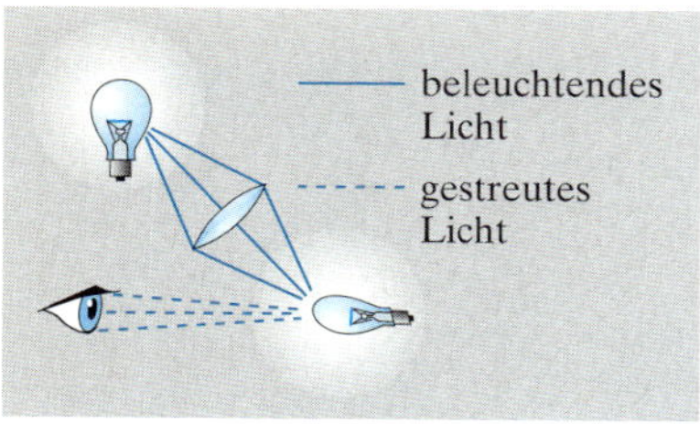

Abb. 9.7. Die Linse erzeugt ein reelles, aber verzerrtes Bild

gekehrt ist. Der Versuch, das Bild durch Verkleinern des Loches absolut scharf zu machen, scheitert nicht nur an der zu geringen Helligkeit: Wenn das Loch zu klein wird, verbreitert sich das Büschel dahinter wieder; die Beugung, ein typisches Wellenphänomen, mit dem wir uns in Kapitel 10 beschäftigen, lenkt Licht um die Ecke, in den geometrisch definierten „Schattenraum" hinein (Abb. 9.3, 9.4). Linsen sind z. B. für Röntgenlicht unwirksam $(n < 1)$, aber mit Lochblenden oder Fresnel-Zonenplatten kann man auch hier Bilder erzeugen.

Das Auge setzt automatisch voraus, die Strahlen, die es empfängt, seien immer geradlinig gelaufen. Wenn ein von L ausgehendes Büschel z. B. durch einen Spiegel abgelenkt wird, verlegen wir den Ausgangspunkt in die rückwärtige Verlängerung der Strahlen und sehen ein **virtuelles Bild** in L' (Abb. 9.7).

Allgemein ist ein **Bild** eine Stelle, wo sich entweder die Strahlen des Büschels selbst oder ihre Verlängerungen in einem Punkt schneiden: Reelles bzw. virtuelles Bild.

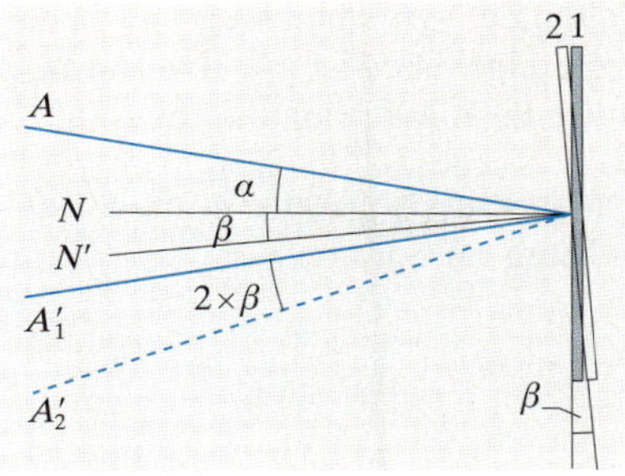

Abb. 9.8. Bei Drehung des Spiegels dreht sich der reflektierte Strahl um den doppelten Winkel

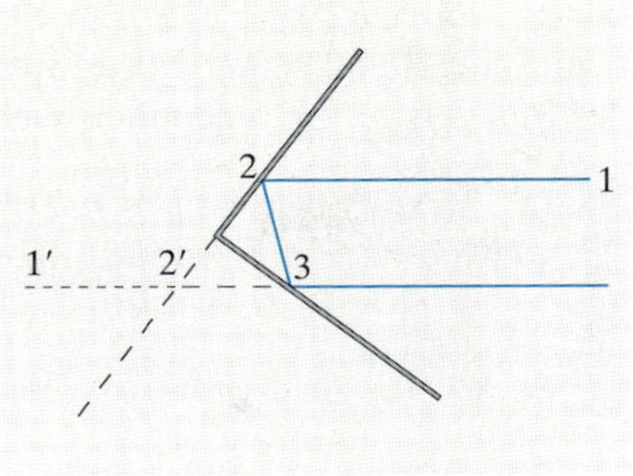

Abb. 9.9. Der rechtwinklige Spiegel lenkt jeden Strahl, der in der zu beiden Seiten senkrechten Ebene einfällt, in umgekehrter Richtung zurück

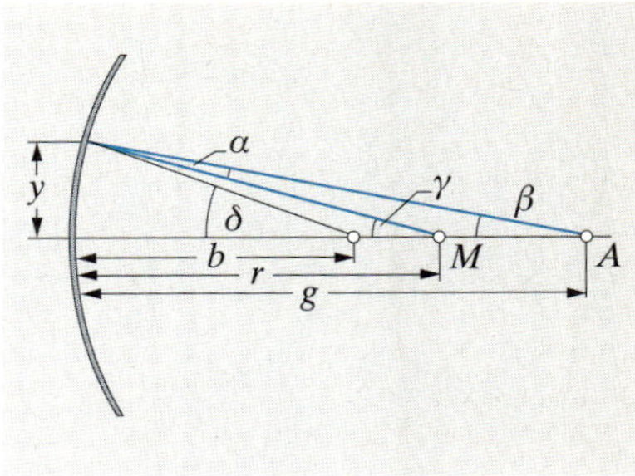

Abb. 9.10. Der Hohlspiegel vereinigt näherungsweise alle von einem leuchtenden Punkt ausgehenden Strahlen wieder in einem Punkt, falls sie nahe der Achse einfallen

9.1.2 Reflexion

An der Grenzfläche zweier Medien wird ein Lichtstrahl ganz oder teilweise reflektiert, und zwar genauso wie eine elastisch abprallende Kugel: LO und OL' in Abb. 9.6 liegen in einer Ebene, und es ist $\alpha = \alpha'$. Alle Strahlen des Büschels aus der Punktquelle L, die den Spiegel treffen, werden so reflektiert, als kämen sie vom (virtuellen) Spiegelbild L' her, das ebensoweit hinter dem Spiegel liegt wie L davor. Das folgt aus der Konstruktion. Der ebene Spiegel bildet im Prinzip den ganzen Raum vollkommen ab, d. h. überall scharf und unverzerrt, wenn auch ohne Vergrößerung. Er ist auch das einzige optische Gerät, das dies leistet.

In einem **Winkelspiegel** sieht man sich mehrfach, weil die Spiegelbilder nochmals gespiegelt werden. Zwei Spiegel, die im rechten Winkel stehen, werfen in der dritten dazu senkrechten Ebene jeden Strahl in genau entgegengesetzte Richtung zurück, egal woher er kommt (Abb. 9.9); drei Spiegel, die eine Würfelecke bilden, tun dies überhaupt mit jedem Strahl. Der Rückstrahler am Fahrrad besteht aus vielen solchen Würfelecken.

Ein **Hohlspiegel** bildet i. allg. einen Teil einer Kugelfläche vom Radius r mit dem Zentrum M. Ein leuchtender Punkt A stehe im Abstand g vor dem Spiegel. Was wird aus den Strahlen eines Büschels aus A, die den Spiegel in verschiedenen Abständen y von der Achse AM treffen? Ein solcher Strahl schneidet die Achse nach der Reflexion wieder im Abstand b vom Spiegel. Wenn y klein, also das Büschel eng ist, sind alle Winkel in Abb. 9.10 klein, und wir lesen ab

$$\beta = \frac{y}{g}, \qquad \gamma = \frac{y}{r}, \qquad \delta = \frac{y}{b},$$

$$\alpha = \gamma - \beta = \delta - \gamma = \frac{y}{r} - \frac{y}{g} = \frac{y}{b} - \frac{y}{r}. \tag{9.1}$$

Hier kann man y wegstreichen, d. h. b ist unabhängig von y, alle Strahlen des Büschels schneiden sich im gleichen Punkt, dem Bild, solange alle Winkel klein gegen 1 sind. Es folgt

$$\frac{1}{g} + \frac{1}{b} = \frac{2}{r}. \tag{9.2}$$

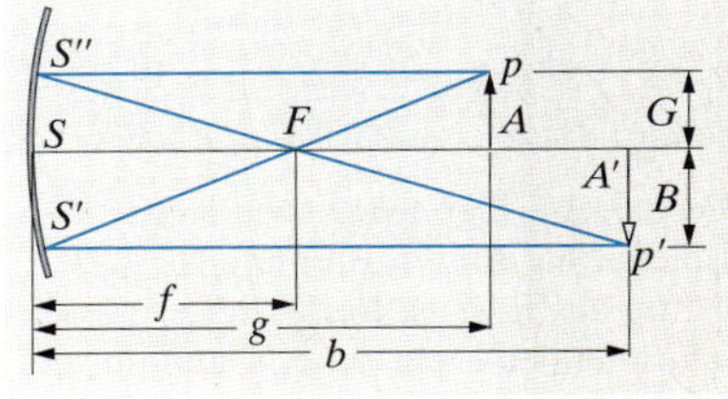

Abb. 9.11. Bildkonstruktion für den Hohlspiegel

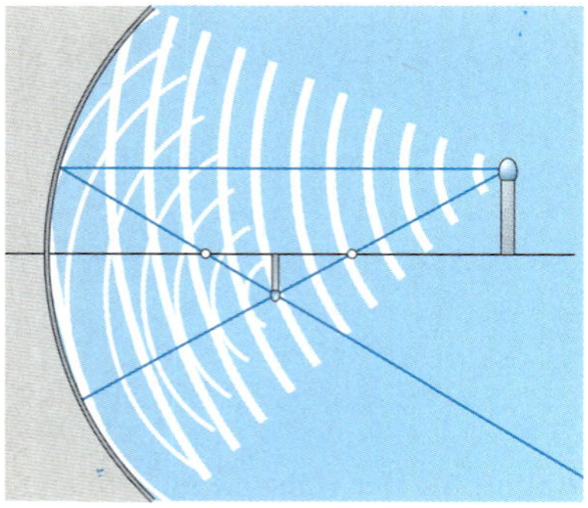

Abb. 9.12. Der Spiegel wirft nicht nur die Strahlen, sondern auch die Wellenfronten unter gleichen Winkeln zurück. Eine Lichtquelle jenseits des Mittelpunkts eines Hohlspiegels hat ein Bild zwischen Brennpunkt und Mittelpunkt, und umgekehrt

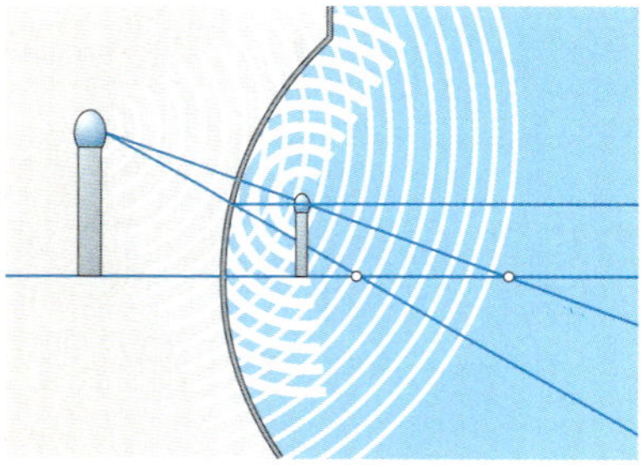

Abb. 9.13. Die Wellenfronten einer Lichtquelle zwischen Hohlspiegel und seinem Brennpunkt treten so vorgewölbt wieder aus dem Spiegel, als kämen sie von einem virtuellen Bild her

Für $g = \infty$ wird $b = r/2$: Ein Parallelbündel wird halbwegs zwischen dem Spiegel und seiner Mitte wiedervereinigt Dies ist *ein* **Brennpunkt** des Spiegels (er hat unendlich viele, für jede Bündelrichtung einen).

> Die **Brennweite** ist $f = r/2$; sie hängt mit **Dingweite** g und **Bildweite** b nach der **Abbildungsgleichung** zusammen:
>
> $$\frac{1}{g} + \frac{1}{b} = \frac{1}{f} \,. \tag{9.3}$$

Mit den Abständen vom Brennpunkt, $g' = g - f$, $b' = b - f$ ergibt sich *Newtons* Form dieser Gleichung

$$g'b' = f^2 \,. \tag{9.4}$$

Bei $g = \infty$ folgt $b = f$, was wir schon wissen. Bei $g = f$ wird umgekehrt $b = \infty$. Allgemein kann man Bild und Gegenstand vertauschen, in (9.3) und auch in der Zeichnung, in der Einfalls- und Ausfallswinkel gleich sind und von der Ausbreitungsrichtung kein Gebrauch gemacht wird.

✗ Beispiel . . .

Wie weit weicht der Schnittpunkt F' des am sphärischen Hohlspiegel reflektierten Parallelstrahles mit der Hauptachse vom „Brennpunkt" ab? Gibt es einen reflektierten Strahl, der durch den Spiegelscheitel S geht?

$F'M = \frac{1}{2}r/\cos\alpha$ (Abb. 9.38) statt des angenäherten Wertes $\frac{1}{2}$. Bei $\alpha = 60°$ geht der Strahl durch S.

Beim **Wölbspiegel** rechnet man f als negativ, wie alle Abstände hinter dem Spiegel. Dann gilt (9.3) unverändert und liefert immer ein negatives b (virtuelles Bild hinter dem Spiegel).

Der **parabolische Hohlspiegel** (Abb. 9.15), der durch Rotation einer Parabel $y^2 = 2px$ um die x-Achse entsteht, vereinigt alle parallel zu dieser Achse einfallenden Strahlen in einem exakten Brennpunkt F, auch bei großem Achsabstand. Es ist $SF = p/2$.

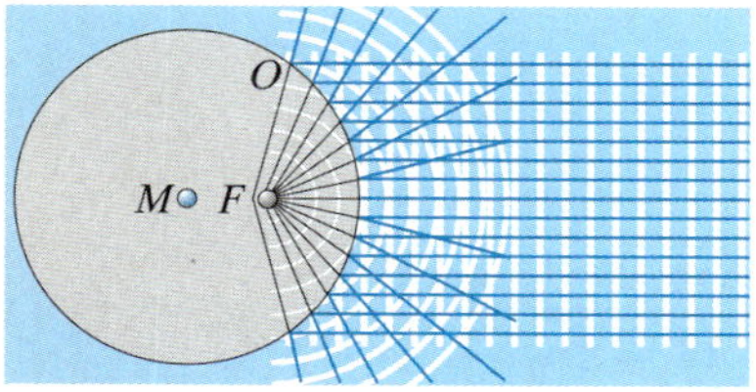

Abb. 9.14. Der sphärische Konvexspiegel hat seinen Brennpunkt in der Mitte des Radius. Reflektiertes parallel einfallendes Licht scheint von dorther zu kommen

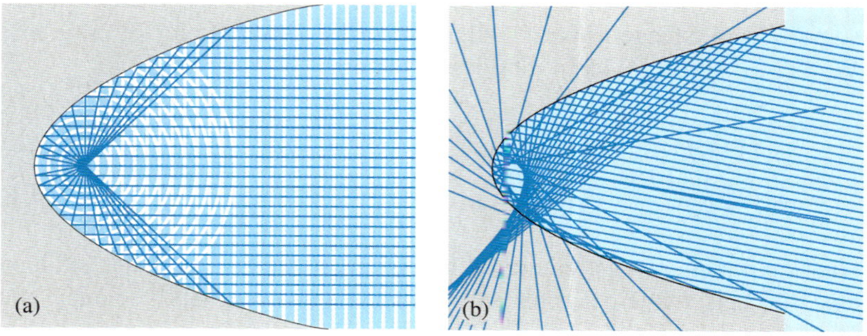

Abb. 9.15a, b. Ein parabolischer Hohlspiegel vereinigt achsparallele Strahlen in einem exakten Brennpunkt. Schon für geringfügig schiefe ist er schlechter als ein Kugelspiegel. Es entsteht eine cissoidenförmige Brennlinie

9.1.3 Brechung

Fällt ein Lichtstrahl aus dem Vakuum, um α_1 gegen das Einfallslot geneigt, auf die Oberfläche eines Mediums, so wird ein Teil reflektiert, der Rest tritt unter Richtungsänderung, **Brechung** (Abb. 9.16), in das Medium ein und läuft dort unter dem Winkel α_2 gegen das Lot weiter. Nach *Snellius* ist

$$\frac{\sin\alpha_1}{\sin\alpha_2} = n\,. \tag{9.5}$$

n heißt **Brechzahl** oder **Brechungsindex** des Mediums.

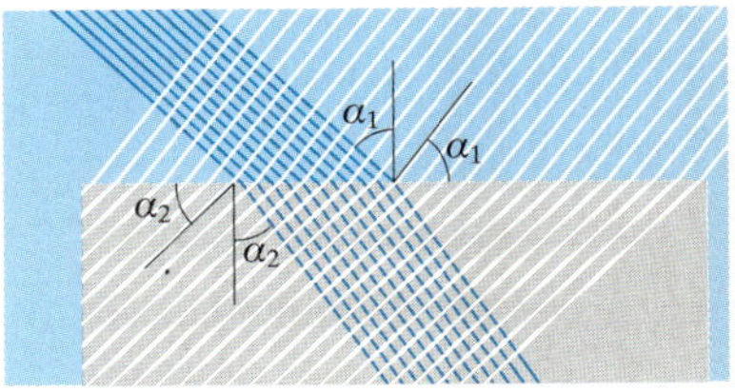

Abb. 9.16. Brechung: Trotz der kleineren Wellenlänge müssen die Wellenfronten im dichteren Medium mit denen im dünneren zusammenpassen. Sie müssen also entsprechend dem Snellius-Gesetz kippen

Für eine bestimmte Lichtfarbe (Wellenlänge) ist sie eine Materialkonstante.

Nach Abschn. 4.3.3 beruht Brechung einer Welle auf ihren unterschiedlichen Ausbreitungsgeschwindigkeiten c in den beiden Medien, und zwar

$$\frac{\sin\alpha_1}{\sin\alpha_2} = \frac{c_1}{c_2}\,.$$

Also gibt die Brechzahl an, um wieviel langsamer das Licht im Medium läuft (c_m) als im Vakuum (c_0):

$$\boxed{n = \frac{c_0}{c_m}}\,. \tag{9.6}$$

Für den Übergang zwischen zwei beliebigen Medien 1 und 2 ergibt sich

$$\boxed{\frac{\sin\alpha_1}{\sin\alpha_2} = \frac{n_2}{n_1}}\,. \tag{9.7}$$

Tabelle 9.1. Brechzahlen einiger Stoffe bei 20 °C für $\lambda = 589$ nm

Substanz	n
Luft von 1013 mbar	1,000 272
Wasser	1,333
Benzol	1,501
Schwefelkohlenstoff	1,628
Diamant	2,417
Steinsalz	1,544
Kronglas (BK 1)	1,510
Flintglas (F 3)	1,613

Von zwei Stoffen nennt man den mit der größeren Brechzahl **optisch dichter**. Wenn sich n nicht sprunghaft, sondern allmählich ändert, z. B. in einer Lösung mit Konzentrationsschichtung, knickt der Lichtstrahl nicht, sondern krümmt sich stetig (Abschn. 9.4.1). In der Astronomie und der Nautik ist die **Lichtkrümmung** in der Dichteschichtung der Luft, die **atmosphärische Refraktion**, eine wichtige Fehlerquelle.

9.1.4 Totalreflexion

Beim Übergang von einem optisch dichteren zum dünneren Medium ($n_2 < n_1$) wird das Licht vom Lot weggebrochen, und zwar immer stärker, je schräger es ankommt. Schließlich wird ein Zustand erreicht, wo das Licht streifend, d. h. parallel zur Oberfläche austritt. Zu diesem $\alpha_2 = 90°$ gehört nach (9.7) der Einfallswinkel α_T mit

$$\boxed{\sin\alpha_T = \frac{n_2}{n_1}\sin 90° = \frac{n_2}{n_1}}\,. \tag{9.8}$$

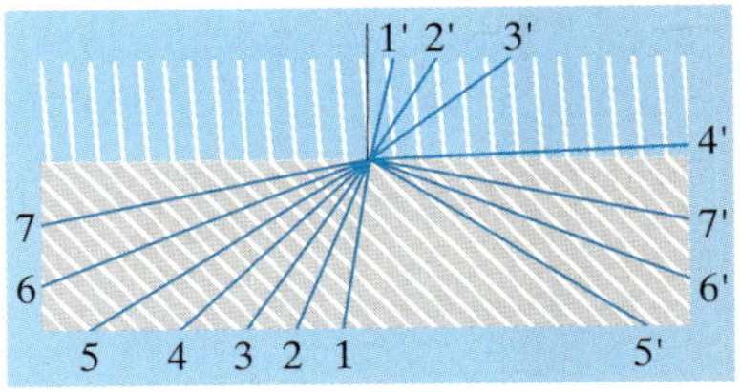

Abb. 9.17. Totalreflexion tritt ein, wenn die Wellenfronten in den beiden Medien bei keiner Kippung zusammenpassen. Auf dem Bild tun sie es gerade noch (Grenzwinkel)

Wenn dieser **Grenzwinkel** α_T überschritten wird, ist der Übergang ins dünnere Medium nicht möglich; das Licht wird zu 100 % reflektiert (Abb. 9.17). Glas mit $n \approx 1{,}5$ hat einen Grenzwinkel $\alpha_T \approx 42°$. Das

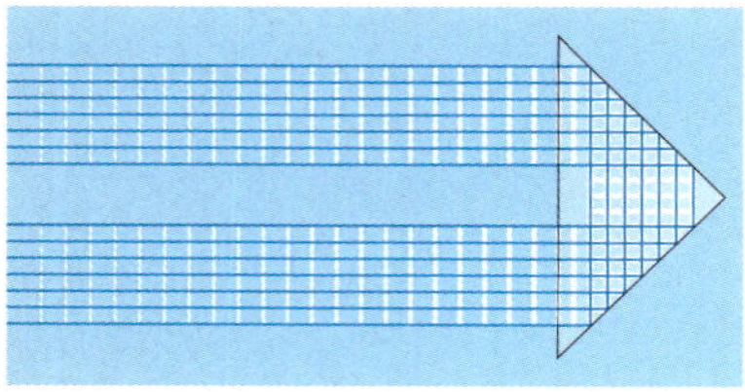

Abb. 9.18. Ein gleichseitig-rechtwinkliges Glasprisma lenkt das Licht durch Totalreflexion um 180° um und vertauscht dabei rechts und links. In anderer Richtung kann man auch um 90° ablenken

45°-Prisma (Abb. 9.18) reflektiert daher besser als jeder Spiegel und wird im Feldstecher und vielen anderen Geräten zum Umlenken benutzt. Nach (9.8) ist der Grenzwinkel ein empfindliches Maß für die Brechzahl. Man mißt diese z. B. für eine Flüssigkeit im **Totalrefraktometer** (*Pulfrich*, *Abbe*), indem man Licht aus einem optisch dichteren Glas mit bekanntem n in die Flüssigkeit eintreten läßt.

Genauere Beobachtung zeigt hier die Grenzen der Strahlenoptik. Nimmt man als dünneres Medium eine fluoreszierende Flüssigkeit, dann beobachtet man trotz Totalreflexion eine dünne fluoreszierende Schicht. Etwas Licht tritt also doch ein. Die Schicht ist allerdings nur wenige Wellenlängen dick; die Intensität nimmt exponentiell mit der Entfernung von der Grenzfläche ab. Für Schallwellen gilt dasselbe. In Abb. 9.19 fällt eine Ultraschallwelle von links oben auf eine Grenzfläche, wo die Schallgeschwindigkeit größer (also n kleiner) wird; sie wird nach rechts oben totalreflektiert. Das Schallwellenmuster dient als Beugungsgitter für Licht (Abschn. 4.3.4) und wird dadurch sichtbar.

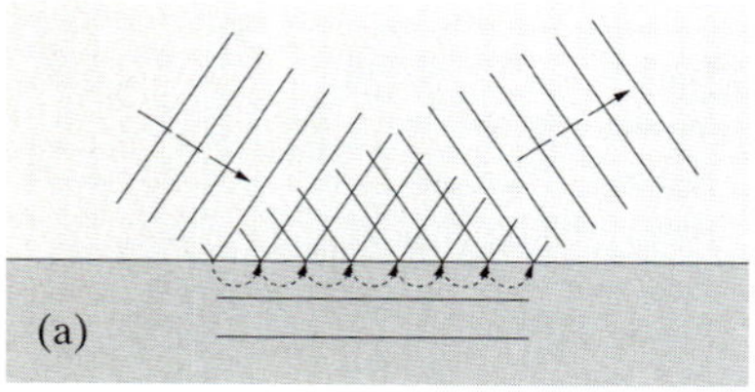

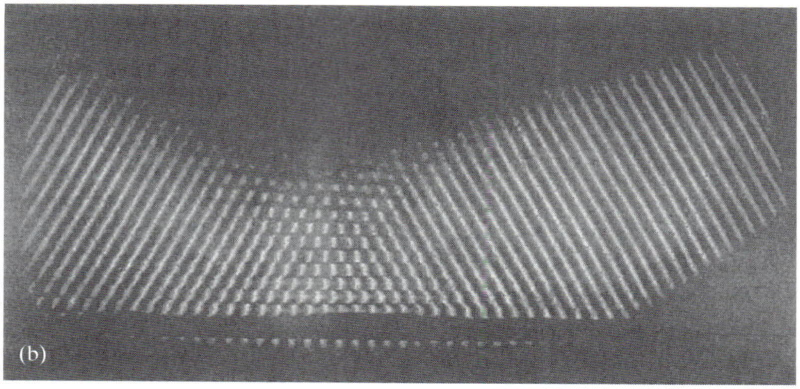

Abb. 9.19a, b. Eindringen einer Welle in ein totalreflektierendes Medium; (a) schematisch; (b) stroboskopische Aufnahme von Ultraschallwellen; nach *Rshevkin* und *Makarow*, Soviet Physics Acoustics

Eine dünne Wasserhaut zwischen zwei Glasblöcken wird auch bei Überschreitung des Grenzwinkels lichtdurchlässig, falls der zweite Glasblock in die von „unerlaubten“ Wellen erfüllte Zone reicht, d. h. wenn die Haut dünner ist als eine Wellenlänge. Dies ist analog zum quantenmechanischen **Tunneleffekt** (Abschn. 16.3.2), was man am besten aus dem Zusammenhang zwischen Potential und Brechzahl (Abschn. 9.4.1) erkennt. Nach der geometrischen Optik oder der klassischen Mechanik könnte kein Teilchen eine Zone zu niedriger Brechzahl bzw. zu hohen Potentials durchdringen; nach der Wellenoptik bzw. Wellenmechanik ist das doch mit einer Wahrscheinlichkeit möglich, die wie $e^{-d/\lambda}$ von Wellenlänge und Schichtdicke abhängt.

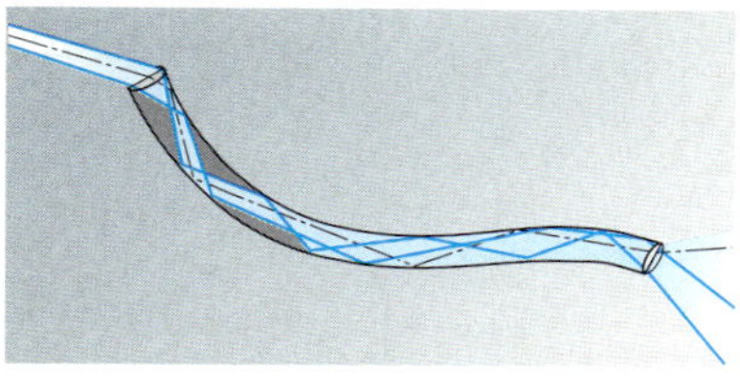

Abb. 9.20. Glasfaser als **Lichtleiter**. Die ursprüngliche Anordnung der Teilstrahlen im Bündel geht durch Mehrfachreflexion verloren. Zur Bilderzeugung braucht man sehr viele Fasern

Wenn ein Lichtbündel an der Stirnfläche in eine dünne **Glasfaser** eintritt, wird es durch vielfache Totalreflexion gehindert, die Faser wieder zu verlassen, und tritt an der anderen Stirnfläche, nur durch Absorption geschwächt, wieder aus. Die Faser kann dabei, wenn sie nur dünn genug ist, praktisch beliebig gebogen sein. Interferenz zwischen den verschiedenen hin- und herlaufenden Bündeln gestattet aber Ausbreitung nur unter gewissen Winkeln zur Faserachse (Ausbreitungsmodes). In den übrigen Richtungen tritt Auslöschung ein. Bündel solcher Fasern übermitteln sogar erkennbare Bilder von sonst unzugänglichen Objekten, besonders in der inneren Medizin. Natürlich müssen die Fasern so gelagert sein, daß ihre Anordnung zueinander am „Eingang“ die gleiche ist wie am „Ausgang“.

Glasfasern werden bald als Leiter für Laserlicht in der Nachrichtentechnik eine große Rolle spielen. Auf einen Laserstrahl mit seiner enormen Trägerfrequenz kann man ja nach Abschn. 7.6.8 z. B. ebenso viele gleichzeitige Telefongespräche aufmodulieren, wie es Menschen gibt.

9.1.5 Prismen

Bei Durchgang durch ein dreiseitiges **Prisma** (Abb. 9.21) wird ein Lichtstrahl um den Winkel δ abgelenkt, und zwar von der „brechenden Kante" fort. Dieser Ablenkwinkel ist am kleinsten, wenn das Licht so einfällt, daß es im Innern des Prismas senkrecht zu dessen Symmetrieebene verläuft (**symmetrischer Durchgang**).

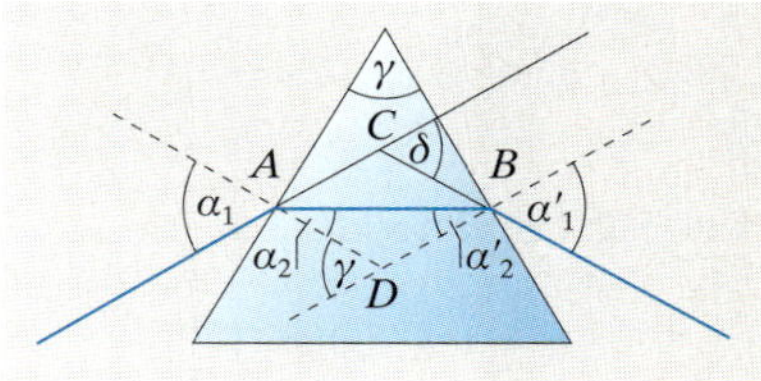

Abb. 9.21. Ablenkung eines Lichtstrahles durch ein Prisma, symmetrischer Durchgang

Nach Abb. 9.21 tritt γ als Außenwinkel des Dreiecks ABD wieder auf, also

allgemein $\gamma = \alpha_2 + \alpha'_2$;

bei symm. Durchgang $\gamma = 2\alpha_2$.

δ ist Außenwinkel des Dreiecks ABC:

allgemein $\delta = \alpha_1 - \alpha_2 + \alpha'_1 - \alpha'_2$;

bei symm. Durchgang $\delta = 2(\alpha_1 - \alpha_2)$.

Daraus folgt

$$\begin{aligned} &\text{allgemein } \gamma + \delta = \alpha_1 + \alpha'_1 ; \\ &\text{bei symm. Durchgang } \gamma + \delta = 2\alpha_1 . \end{aligned} \tag{9.9}$$

Das Brechungsgesetz liefert dann bei symmetrischem Durchgang

$$\frac{\sin \alpha_1}{\sin \alpha_2} = n = \frac{\sin(\gamma + \delta)/2}{\sin \gamma/2}$$

oder

$$\sin \frac{\gamma + \delta}{2} = n \sin \frac{\gamma}{2} . \tag{9.10}$$

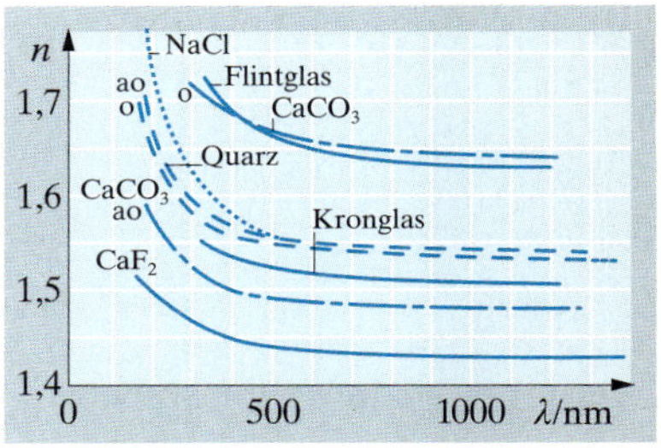

Abb. 9.22. Dispersionskurven $n(\lambda)$ für verschiedene Prismenmaterialien

Die Brechzahl eines Stoffes ist i. allg. für Licht verschiedener Farbe verschieden: n hängt von der Wellenlänge ab. Dies bezeichnet man als **Dispersion**. Nach (9.10) hängt der Ablenkwinkel δ von n und damit von λ ab: Man kann zusammengesetztes Licht mit dem Prisma spektral zerlegen (Abb. 9.23). Fast alle Stoffe brechen langwelliges Licht schwächer als kurzwelliges, d. h. die Funktion $n(\lambda)$ fällt: Die Dispersion ist **normal**.

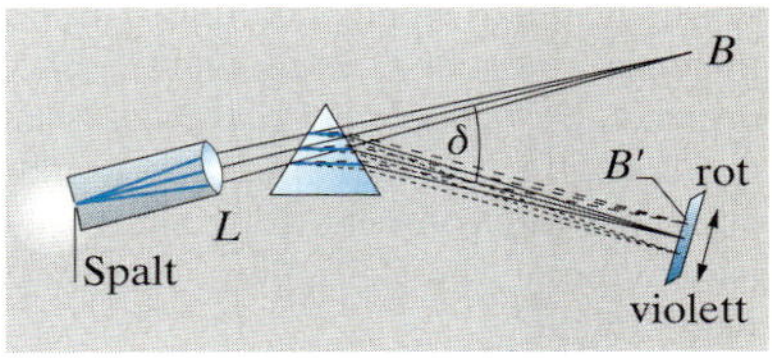

Abb. 9.23. Spektrale Zerlegung von zusammengesetztem Licht durch ein Prisma

Im **Spektralapparat** trennt das Prisma die Farben nur sauber, wenn das Licht aus sauber definierter Richtung kommt, z. B. aus dem engen Spalt (Abb. 9.23). Er sei zunächst mit einfarbigem (monochromatischem) Licht beleuchtet. Ohne Prisma erzeugt die Linse L ein Bild des Spaltes in B. Das Prisma verschiebt dieses Bild nach B', aber für jede Wellenlänge ist die Ablenkung etwas anders, und alle diese Spaltbilder verschiedener Farbe zusammen ergeben das **Spektrum** der Lichtquelle.

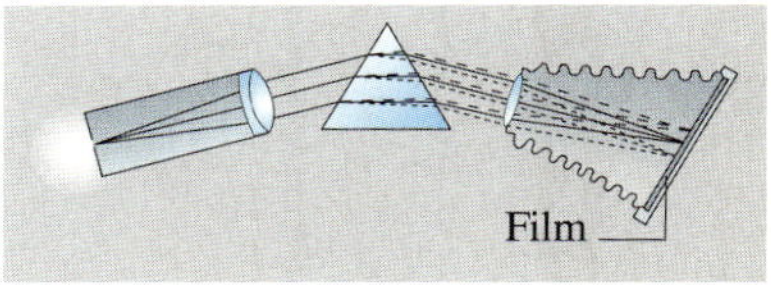

Abb. 9.24. Spektrograph

Der **Spektrograph** (Abb. 9.24) hat meist zwei (achromatische) Linsen; eine vor dem Prisma macht das Licht aus dem Spalt parallel, die andere hinter dem Prisma vereinigt es auf dem Schirm oder Film. Im **Spektroskop**

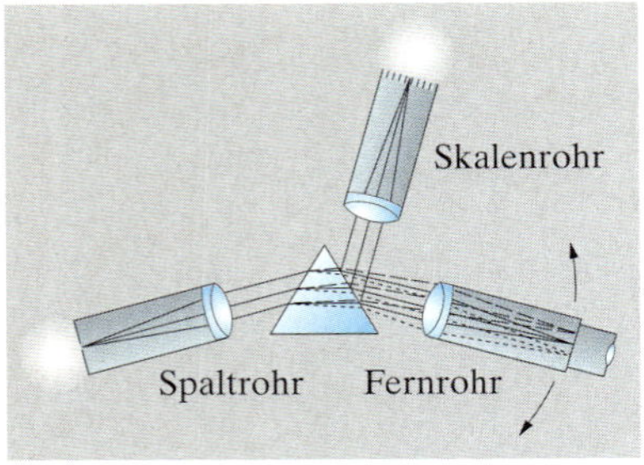

Abb. 9.25. Spektroskop

(Abb. 9.25) ist die zweite Linse durch ein kleines Fernrohr ersetzt, in dem man das Spektrum vor absolut dunklem Hintergrund besonders brillant sieht. In die Brennebene des Fernrohrobjektivs stellt oder projiziert man eine Skala, so daß man jeder Linie ihre Wellenlänge zuordnen kann. Meist sitzt die Lichtquelle nicht direkt vor dem Spalt, sondern wird mit einer Linse auf diesen abgebildet.

Mit einem **Beugungsgitter** statt des Prismas erhält man auch ein Spektrum, aber mit umgekehrter Farbfolge als beim Prisma: Das Gitter lenkt Rot stärker ab, das Prisma Violett. Beim Gitter ist im Gegensatz zum Prisma der Ablenkwinkel etwa proportional zur Wellenlänge: Ein Beugungsspektrum ist ein „normales“ Spektrum.

9.2 Optische Instrumente

Seit *Galilei* 1610 die Welt im Großen und *Leeuwenhoek* 1674 die Welt der „Vele kleine Diertjes“ erschloß, hat man aus Linsen, Spiegeln, Prismen Dinge zusammengebaut, von denen wir alle profitieren, besonders wenn wir sie verstehen.

9.2.1 Brechung an Kugelflächen

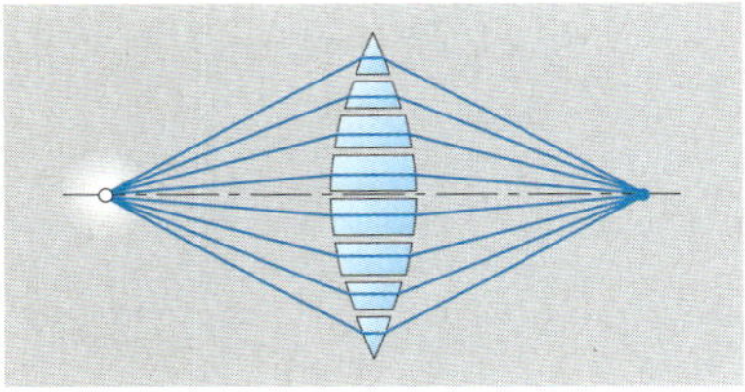

Abb. 9.26. Ein Prismenstapel vereinigt Licht, das aus einem Punkt kommt, annähernd wieder in einem Punkt. Hier ist der symmetrische Durchgang gezeichnet, d. h. Gegenstand und Bild liegen in doppelter „Brennweite“. Die brechenden Winkel der Prismen müssen so abgestuft sein, daß sie proportional zum Abstand von der Achse sind. Das ist annähernd die Bedingung für eine Kugelfläche

Linsen sind aus fertigungstechnischen Gründen durch Kugelflächen begrenzt. Eine Kugel hat ja überall gleiche Krümmung und schleift sich daher unter seitlicher Verschiebung in einer entsprechend gekrümmten Mulde.

Wir betrachten zunächst den Durchgang durch *eine* Kugelfläche, die die Medien 1 und 2 trennt. Den leuchtenden Punkt A im Medium 1 verbinden wir durch die Achse AM mit dem Kugelmittelpunkt M und fragen wie in Abschn. 9.1.2, was aus einem engen von A stammenden Strahlenbüschel wird, speziell ob und wo diese Strahlen die Achse wieder schneiden. Aus Abb. 9.28 lesen wir für kleine y ab:

$$\varphi_1 = \frac{y}{g}\,, \quad \gamma = \frac{y}{r}\,, \quad \varphi_2 = \frac{y}{b}\,, \quad \alpha = \gamma + \varphi_1\,, \quad \beta = \gamma - \varphi_2\,, \qquad (9.11)$$

und nach dem Brechungsgesetz

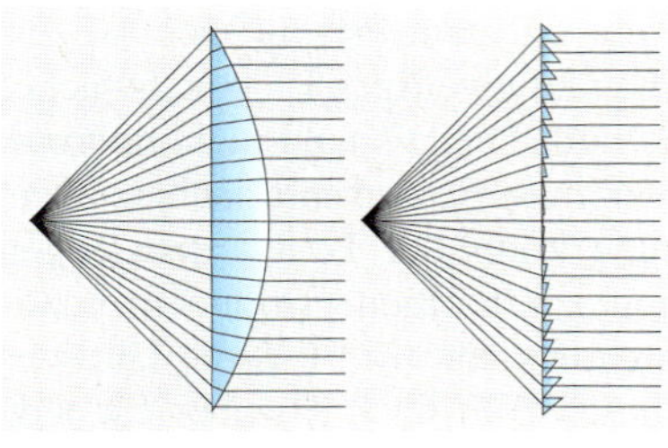

Abb. 9.27. Gibt man den Prismen nur soviel Dicke wie nötig, kommt man zu Fresnels Stufenlinse (*rechts*). Sie bricht praktisch ebenso wie die dicke Linse (*links*), ist aber viel leichter

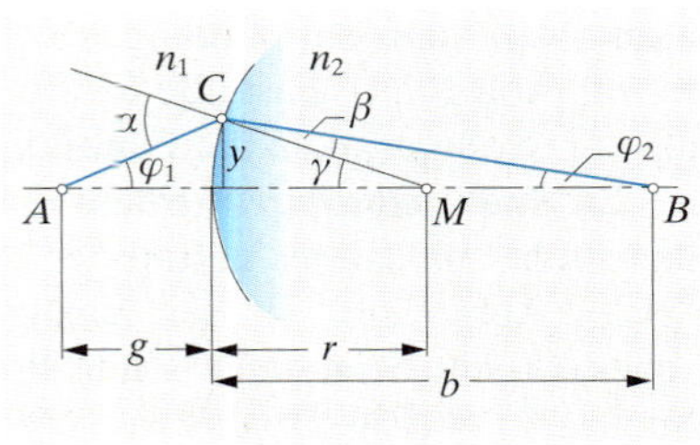

Abb. 9.28. Brechung an der kugelförmigen Grenze zweier Medien mit verschiedenen Brechzahlen

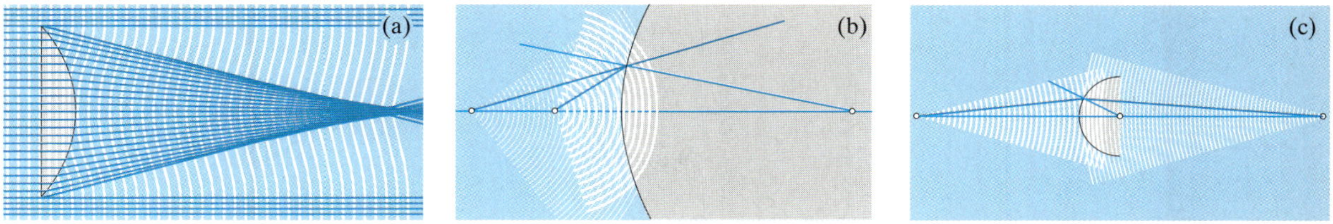

Abb. 9.29. (a) Die Sammelwirkung der Linse beruht darauf, daß die Wellenfronten um so mehr zurückbleiben, je dicker das Glas an dieser Stelle ist. Die Strahlen stehen überall senkrecht auf den Wellenfronten; sie vereinigen sich nicht exakt in einem Punkt (sphärischer Astigmatismus). (b) Im Glas (hier mit $n = 1{,}6$ berechnet) flachen sich die Wellenfronten einer nahen Lichtquelle so ab, als kämen sie von einer ferneren virtuellen Quelle. (c) Hier ist die Quelle weiter weg. Die Fronten im Glas beulen sich anders herum und laufen in einem reellen Bild zusammen

$$\frac{\sin\alpha}{\sin\beta} \approx \frac{\alpha}{\beta} \approx \frac{n_2}{n_1} .$$

Setzen wir hier α und β nach (9.11) ein, dann kürzt sich y wieder weg: Alle Strahlen des engen Büschels gehen durch den gleichen Bildpunkt, und es wird

$$\frac{1/r + 1/g}{1/r - 1/b} = \frac{n_2}{n_1}$$

oder

$$\frac{n_1}{g} + \frac{n_2}{b} = \frac{n_2 - n_1}{r} . \qquad (9.12)$$

Einfallende Parallelstrahlen ($g = \infty$) vereinigen sich im Punkt mit der **hinteren Brennweite**

$$b = \frac{n_2}{n_2 - n_1} r = f .$$

Damit die Strahlen nach der Brechung parallel werden ($b = \infty$), müssen sie aus einem Punkt mit der **vorderen Brennweite**

$$g = \frac{n_1}{n_2 - n_1} r = F$$

kommen. Mittels f und F wird aus (9.12)

$$\boxed{\frac{F}{g} + \frac{f}{b} = 1} , \qquad (9.13)$$

oder mit den *Brennpunktsweiten* $g' = g - F$, $b' = b - f$, vom jeweiligen Brennpunkt aus gemessen

$$g'b' = fF . \qquad (9.14)$$

Ist die brechende Fläche nach rechts vorgewölbt, so ist der Strahlengang spiegelbildlich zu Abb. 9.28. Man müßte die Bedeutungen von n_1 und n_2 sowie von g und b vertauschen. Das kommt auf das gleiche heraus, als wenn man in (9.12) ohne eine solche Vertauschung das Vorzeichen von r umkehrt: Konkave brechende Flächen haben einen negativen Krümmungsradius.

Eine Einzellinse besteht aus zwei brechenden Flächen, ein Linsensystem aus mehreren. Man unterscheidet dünne und dicke Linsen, je nachdem der Abstand zwischen den brechenden Flächen gegen die übrigen Abstände zu vernachlässigen ist oder nicht. Bei dünnen Linsen addieren

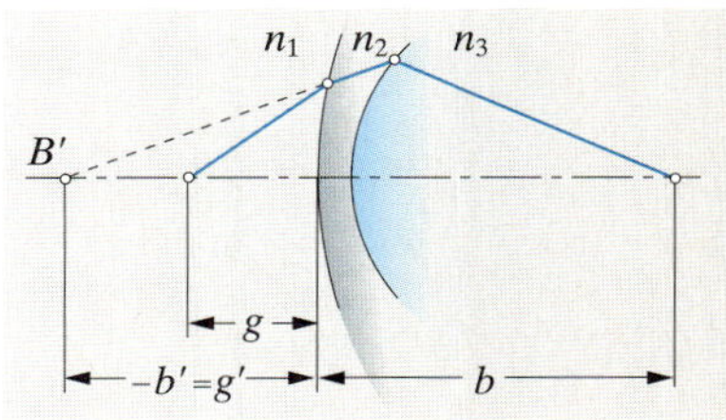

Abb. 9.30. Kombinierte Wirkung zweier Kugelflächen

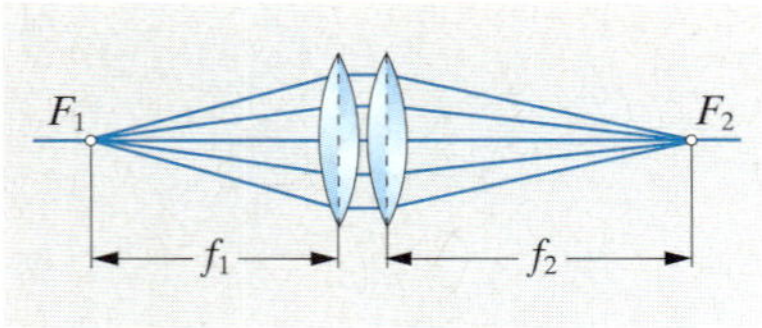

Abb. 9.31. Die Brechkräfte (reziproken Brennweiten) mehrerer Linsen addieren sich zur Brechkraft des Gesamtsystems: $1/f = 1/g + 1/b = 1/f_1 + 1/f_2$

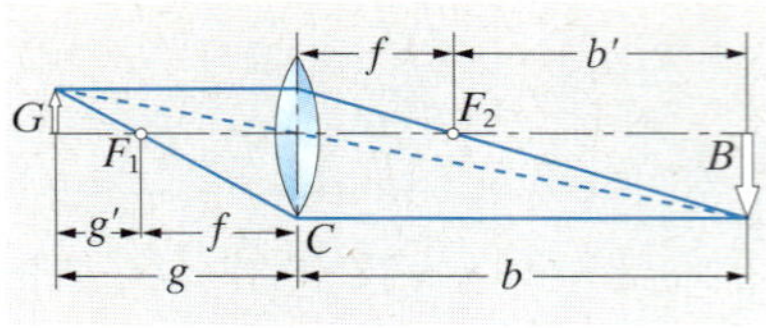

Abb. 9.32. Ein Gegenstand jenseits der Brennweite einer Sammellinse gibt ein reelles umgekehrtes Bild

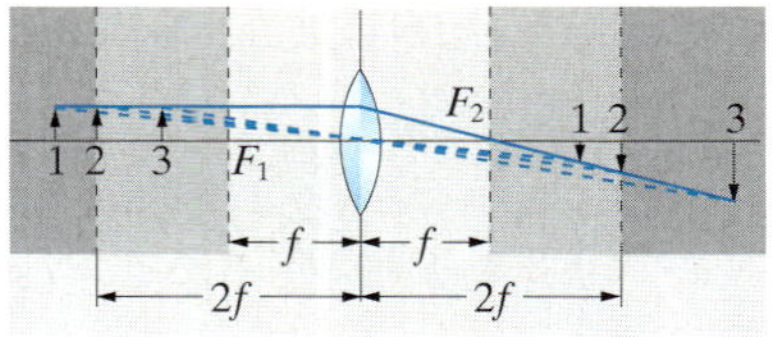

Abb. 9.33. Nähert sich der Gegenstand der Brennebene, wird das Bild größer und ferner; in der Mittelpunktsebene ist es ebensogroß wie der Gegenstand

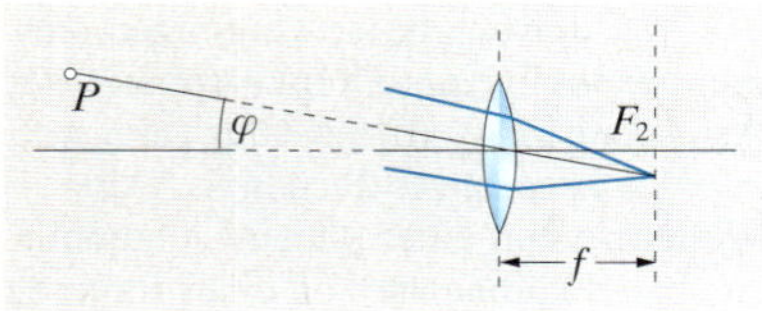

Abb. 9.34. Abbildung eines unendlich fernen Gegenstandes

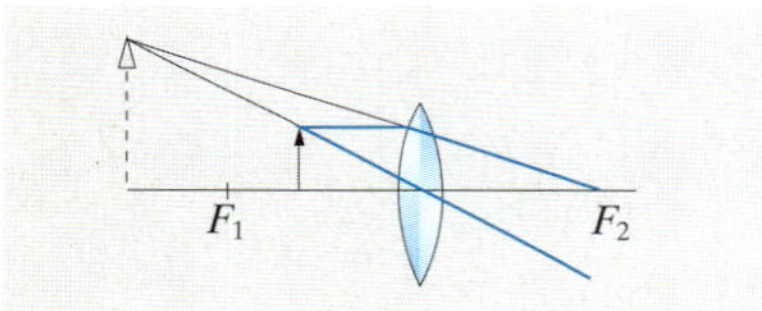

Abb. 9.35. Ein Gegenstand diesseits der Brennebene gibt ein virtuelles aufrechtes Bild, das mit Annäherung an die Brennebene größer und ferner wird

sich einfach die Ablenkwinkel durch die beiden brechenden Flächen. Die Brennweite ist aber umgekehrt proportional zum Ablenkwinkel eines achsparallelen Strahls: $f = y/\varphi_2$. Also addieren sich die reziproken Brennweiten oder die **Brechkräfte** der Einzelflächen

$$\boxed{\frac{1}{f} = \frac{1}{f_1} + \frac{1}{f_2}} \; . \tag{9.15}$$

Die Brechkraft $1/f$ hat sinngemäß die Einheit $1\,\text{m}^{-1} = 1\,\text{dp}$ (eine Dioptrie).

Eine **dünne Linse** aus einem Material, das die Brechzahl n hat, und mit den Krümmungsradien r_1 und r_2 (beide als positiv gerechnet, wenn nach links vorgewölbt) in Luft mit $n_1 = n_2 = 1$ hat nach (9.12) und (9.15) die Brechkraft

$$\frac{1}{g} + \frac{1}{b} = (n-1)\left(\frac{1}{r_1} - \frac{1}{r_2}\right) = \frac{1}{f} \; . \tag{9.16}$$

Eine Bikonvexlinse hat $r_1 > 0$, $r_2 < 0$ und positive Brechkraft, ist eine **Sammellinse**, ebenso eine konvex-konkav-Linse mit $r_1 > 0$, $r_2 > 0$, aber $r_2 > r_1$. Diese Linsen sind in der Mitte dicker als außen, bei der **Zerstreuungslinse** ist es umgekehrt.

✘ Beispiel...

Ein Photoapparat, Objektiv 50 mm Brennweite, erlaubt als kleinste Gegenstandsentfernung 50 cm. Wie wird technisch der Übergang von Fern- auf Naheinstellung bewerkstelligt? Wie ändert sich der Tiefenschärfenbereich dabei?

Bei Einstellung auf $g = \infty$ muß die Linse um $b = f = 50\,\text{mm}$ von der Filmebene entfernt sein, bei Einstellung auf $g = 50\,\text{cm}$ um $b = fg/(g-f) = 55{,}6\,\text{mm}$. Das Objektiv rückt um so weiter nach vorn, je näher der Gegenstand ist, maximal um knapp 6 mm. Tiefenschärfebereich: Vgl. Aufgabe 9.1.13.

9.2.2 Dicke Linsen

Bei dünnen Linsen war es näherungsweise erlaubt, die zweifache Brechung an den beiden Glas-Luft-Trennflächen durch eine einzige zu ersetzen und dazu die Strahlen von beiden Seiten in das Glas hinein bis zur Mittelebene der Linse durchzuzeichnen. Wenn der Lichtweg im Glas eine gewisse Länge überschreitet, so daß die in Abschn. 9.2.1 gemachte Näherung nicht mehr gilt, muß man anders verfahren. Auch dann kommt man noch mit einer einzigen Brechung aus, aber wo sie zu erfolgen hat, hängt davon ab, aus welcher Richtung der Strahl kommt. Für alle von links parallel einfallenden Strahlen zeichne man eine Ebene hh' senkrecht zur optischen Achse, aber etwas rechts von der Mittelebene der Linse (Abb. 9.36). Hier hat die einmalige Brechung zu erfolgen, wenn sie die eigentlich zweimalige richtig beschreiben soll. Die Mittelebene zerfällt so in zwei getrennte **Hauptebenen**. Deren Schnittpunkte mit der optischen Achse heißen **Hauptpunkte**. Als Brennweiten der Linse bezeichnet man jetzt die Abstände der Brennpunkte vom benachbarten Hauptpunkt. Auch Gegenstands- und Bildweite werden von der entsprechenden Hauptebene an gemessen.

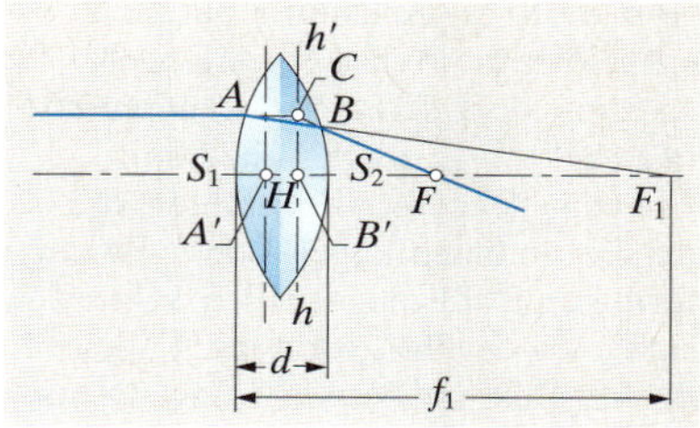

Abb. 9.36. Dicke Linsen, Hauptebenen und Hauptpunkte

Die Lage des Hauptpunktes einer dicken symmetrischen Bikonvexlinse mit den Krümmungsradien $r_1 = r_2 = r$ und der Dicke d ergibt sich so: Wir setzen $HS_2 = vd$ und suchen den Bruchteil v. Die Brennweite der vorderen (linken) Trennfläche allein ist nach (9.12)

$$A'F_1 = f_1 = \frac{n}{n-1} r . \tag{9.17}$$

Die ganze Linse hat angenähert nach (9.16) die Brennweite

$$HF = f = \frac{1}{2(n-1)} r . \tag{9.18}$$

Aus der Ähnlichkeit der Dreiecke $AA'F_1$ und $BB'F_1$ folgt nun

$$\frac{AA'}{BB'} = \frac{A'F_1}{B'F_1} = \frac{f_1}{f_1 - d} ,$$

und aus der Ähnlichkeit der Dreiecke CHF und $BB'F$

$$\frac{CH}{BB'} = \frac{HF}{B'F} = \frac{f}{f - vd} .$$

Die linken Seiten dieser beiden Gleichungen sind aber identisch, denn $AA' = CH$. Also

$$\frac{f_1}{f_1 - d} = \frac{f}{f - vd} , \quad \text{d.h.}$$

$$f_1(f - vd) = f_1 f - vdf_1 = f(f_1 - d) = f_1 f - fd ,$$

woraus mittels (9.17) und (9.18) folgt

$$v = \frac{f}{f_1} = \frac{1}{2n} . \tag{9.19}$$

Für Glas mit $n = 1{,}5$ teilen also die beiden Hauptebenen die Linsendicke in drei gleiche Teile.

Aus Abb. 9.37 leitet man dann trotz der geänderten Definition der Gegenstandsweite g, der Bildweite b und der Brennweite f wiederum die Abbildungsgleichung her:

$$\frac{1}{g} + \frac{1}{b} = \frac{1}{f} .$$

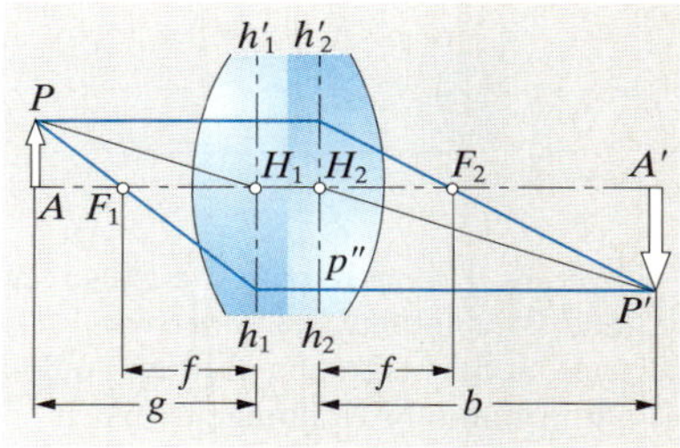

Abb. 9.37. Bildkonstruktion mit Hilfe der Hauptebenen und Hauptpunkte

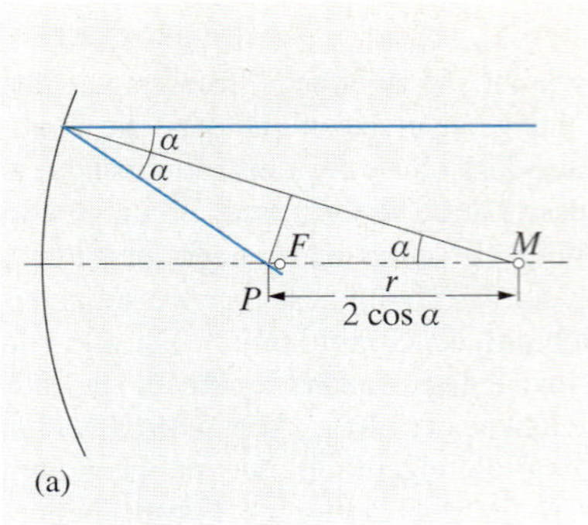

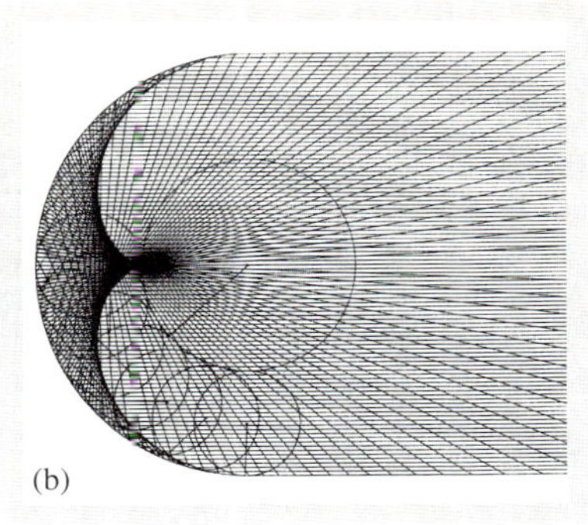

Abb. 9.38. (a) Achsferne Strahlen schneiden die Achse eines Kugelspiegels nicht genau im Brennpunkt F mit $FM = r/2$, sondern in P mit $PM = r/(2\cos\alpha)$. (b) Strahlen, die parallel in einen kugel- oder zylinderförmigen Hohlspiegel fallen, schneiden sich nach der Reflexion nicht alle im Brennpunkt, sondern auf einer Brennlinie oder Kaustik, die eine Epizykloide darstellt. Die „Moiré-Muster“ haben keine Realität, außer wenn es sich um diskrete Strahlen handelt, die z. B. durch ein enges Gitter fallen

Auch ein System aus mehreren Linsen mit gemeinsamer Achse ist durch zwei Hauptebenen zu kennzeichnen, auf die die Brennweiten des Systems zu beziehen sind. Die Bildkonstruktion ist dann analog zu Abb. 9.37.

9.2.3 Linsenfehler

Sphärische Aberration. Sphärisch geschliffene Linsen und kugelförmige Spiegel bilden einen Punkt nur dann befriedigend als Punkt ab, wenn alle auftretenden Winkel klein sind, d. h. wenn das Büschel eng ausgeblendet ist. Für weite Büschel stimmt diese Voraussetzung zu (9.1) und (9.11) nicht mehr. Aus Abb. 9.38 liest man z. B. für ein Parallelbündel ab $F'M = r/(2\cos\alpha)$; F' ist der Schnittpunkt mit der Achse, dicht neben F. Hier können wir mit den beiden ersten Gliedern der cos-Reihe nähern:

$$F'M = \frac{r}{2\cos\alpha} \approx \frac{r}{2(1-\alpha^2/2)} \approx \frac{r}{2}\left(1+\frac{\alpha^2}{2}\right).$$

Achsferne Strahlen schneiden also die Achse nicht bei $F = r/2$, sondern näher am Spiegel. In jeder schräg beleuchteten Kaffeetasse sieht man eine herzförmige Linie. Auf ihr schneiden sich benachbarte achsferne Strahlen. An ihrer Spitze, wo der Brennpunkt liegen sollte, ist sie am hellsten. Die Linie ist eine Epizykloide, die durch Abrollen eines Kreises vom Radius $r/4$ auf den Kreis mit $r/2$ um M entsteht.

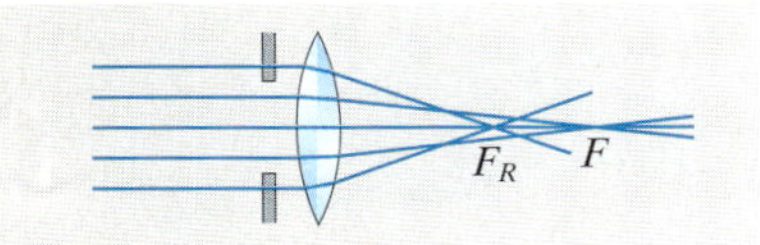

Abb. 9.39. Sphärische Aberration und ihre Verringerung durch eine Blende

Astigmatismus. Eine Zylinderlinse bricht nur in einer Richtung (in der Ebene senkrecht zur Zylinderachse), aber nicht in der anderen. Aus einem Parallelbündel macht sie keinen Brennfleck, sondern eine Brennlinie parallel zur Zylinderachse (Abb. 9.40). Dies ist der Extremfall einer Situation, wo die Linsenflächen nicht in allen Richtungen gleich stark gekrümmt sind. Dann gibt es i. allg. zwei Ebenen maximaler bzw. minimaler Krümmung, die Hauptebenen, und entsprechend eine linsennahe und eine linsenferne **Brennlinie** F_1 und F_2, wo Strahlen, die in die Hauptebenen fallen, zusammentreffen.

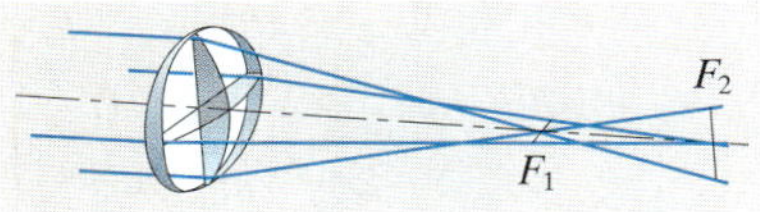

Abb. 9.40. Die astigmatische Linse hat keinen Brennpunkt, sondern zwei Brennlinien, entsprechend ihren beiden Hauptkrümmungsrichtungen. (Nach H.-U. Harten: *Physik für Mediziner*, 4. Aufl. (Springer, Berlin Heidelberg 1980))

Auch exakt kugelförmig begrenzte Linsen haben **Astigmatismus schiefer Bündel**: Punkte weit außerhalb der Achse haben als Bild günstigstenfalls je einen Strich in zwei verschiedenen Abständen von der Linse. Beide Striche stehen senkrecht zueinander; der eine ist parallel zu der Richtung, um die der Gegenstand gegen die Linsenachse geschwenkt ist.

Chromatische Aberration (Abb. 9.41). Wegen der Dispersion des Glases liegt der Brennpunkt für das stärker gebrochene blaue Licht näher an der Linse als der für das rote. Eine einfache Linse kann daher von einem weißen Gegenstand höchstens für jeweils eine der darin enthaltenen Farben ein scharfes Bild herstellen, das mit andersfarbigen Rändern umgeben ist. Kombiniert man die Sammellinse mit einer Zerstreuungslinse von geringerer (negativer) Brechkraft (Abb. 9.42), aber aus einem Glas mit höherer Dispersion, dann kann man die Farbzerstreuung wenigstens für zwei Farben, durch kompliziertere Linsensysteme aber auch für mehr Farben aufheben. Solche Linsensysteme heißen **Achromate**. Auch die übrigen Linsenfehler lassen sich durch Kombination mehrerer Linsen erheblich reduzieren.

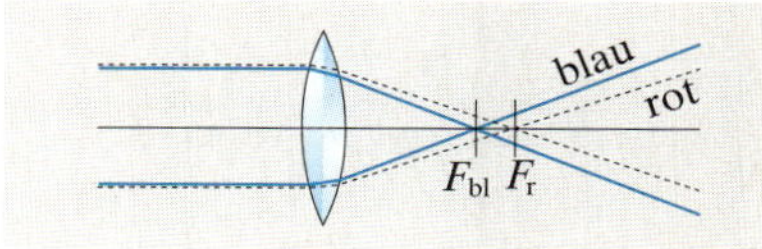

Abb. 9.41. Die chromatische Aberration

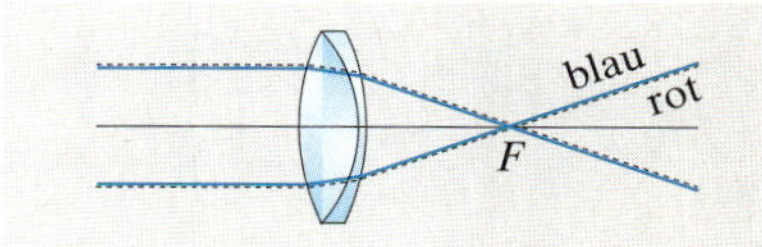

Abb. 9.42. Die Beseitigung der chromatischen Aberration durch die Kombination einer Sammel- und einer Zerstreuungslinse aus Gläsern mit verschiedener Dispersion

9.2.4 Abbildungsmaßstab und Vergrößerung

Ein optisches System erzeugt von einem Gegenstand der Größe G ein reelles Bild von der Größe B.

Der **Abbildungsmaßstab** $\beta = B/G$ hängt nur von der Brennweite des Systems und der Gegenstandsweite ab, nicht aber vom Standpunkt des Beobachters:

$$\beta = \frac{B}{G} = \frac{b}{g} = \frac{F}{g'} = \frac{b'}{f} . \tag{9.20}$$

Etwas ganz anderes ist die Größe, unter der ein Gegenstand einem Betrachter *erscheint*. Sie hängt vom Abstand zwischen Auge und Gegenstand ab (Abb. 9.43): Durch diesen Abstand ist der **Sehwinkel** festgelegt. Das ist der Winkel, den zwei Grenzstrahlen vom Gegenstand zum Auge bilden (genauer zum hinteren Scheitel der Augenlinse). Nach Übereinkunft erklärt man, einen Gegenstand unter der Vergrößerung 1 zu sehen, wenn er sich 25 cm vor dem Auge des Betrachters, in der **Bezugssehweite** oder **deutlichen Sehweite** befindet. Der zugehörige Sehwinkel sei ε_0. Ist der Abstand größer, so sieht man G verkleinert, ist er kleiner, so erscheint G vergrößert. Der Sehwinkel in der gegebenen Entfernung sei ε.

Die **Vergrößerung** v ist das Verhältnis dieses Sehwinkels ε zu dem Sehwinkel ε_0 in 25 cm Abstand:

$$v = \frac{\varepsilon}{\varepsilon_0} . \tag{9.21}$$

In einem Abstand von etwa 10 cm (**Nahpunkt**) versagt aber die Akkommodationsfähigkeit selbst des jugendlichen menschlichen Auges. Um den Gegenstand bzw. sein Bild näher heranzuholen, also den Sehwinkel zu vergrößern, braucht man dann optische Instrumente: Lupe, Mikroskop, Fernrohr. Dann gilt

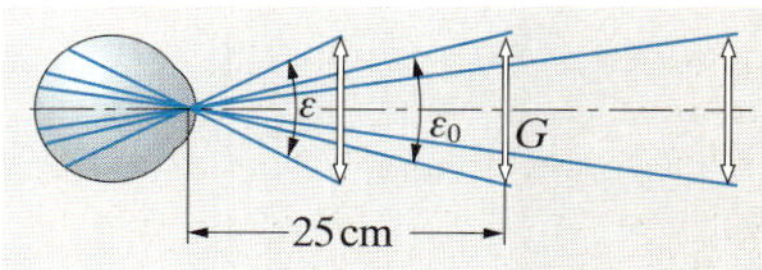

Abb. 9.43. Zur Definition des Begriffes Vergrößerung

$$\text{Vergrößerung} = \frac{\text{Sehwinkel mit Instrument}}{\text{Sehwinkel ohne Instrument}} . \tag{9.21'}$$

Das normale Auge nimmt in der Netzhautzone schärfsten Sehens (**Fovea centralis**) zwei Punkte noch getrennt wahr, wenn sie unter einem Sehwinkel von etwa einer Bogenminute erscheinen. Das folgt aus der Theorie des Auflösungsvermögens (Abschn. 10.1.5). Je größer die Vergrößerung, desto kleinere Einzelheiten werden erkennbar.

9.2.5 Die Lupe

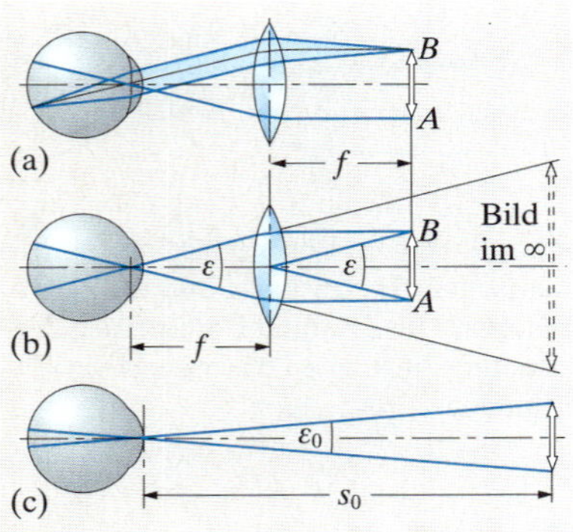

Abb. 9.44. Eine Lupe der Brennweite f spreizt den Sehwinkel des unbewaffneten Auges um den Faktor s_0/f

Am wenigsten anstrengend für das Auge ist die Einstellung auf Unendlich, bei der die Linse entspannt ist. Abbildung eines näheren Gegenstandes verlangt ja stärkere Brechung, also eine stärker gekrümmte Linse. Betrachtet man mit entspanntem Auge durch eine Sammellinse der kurzen Brennweite f einen Gegenstand der Größe G, dessen virtuelles Bild also im Unendlichen liegt – das ist der Fall, wenn der Gegenstand in der Brennebene liegt –, dann erscheint dieses Bild nach Abb. 9.44 unter dem Sehwinkel $\varepsilon = G/f$. Würde man den gleichen Gegenstand *ohne* Lupe aus der Bezugssehweite $s_0 = 25\,\text{cm}$ betrachten, erschiene er unter dem Sehwinkel $\varepsilon_0 = G/s_0$. Die **Lupe** vergrößert also um

$$v_\text{L} = \frac{\varepsilon}{\varepsilon_0} = \frac{s_0}{f}\,. \qquad (9.22)$$

Der Gegenstand erscheint also noch etwas größer, wenn man ihn näher an die Linse rückt, so daß sein virtuelles Bild ins Endliche wandert, z. B. in den Abstand s. Allerdings muß das Auge dazu akkommodiert werden. Dann ist die Vergrößerung

$$v'_\text{L} = \frac{\varepsilon}{\varepsilon_0} = \frac{B/s}{G/s_0} = \frac{s_0 b}{sg}\,.$$

Dabei müssen wir das Auge ganz dicht hinter die Linse halten, was für ein virtuelles Bild im Unendlichen keine Rolle spielte. Es ist also $s = -b$ und $v'_\text{L} = s_0/g$. Nach der Abbildungsgleichung (9.13) ist $1/g = 1/f - 1/b$, also

$$v'_\text{L} = \frac{s_0}{f} + \frac{s_0}{s}\,. \qquad (9.23)$$

Für kurze Brennweite ist das von (9.22) nur wenig verschieden. Wenn speziell das Bild in der Bezugssehweite liegt, wird $v'_\text{L} = s_0/f + 1$. Mit Lupen kann man 20–30mal vergrößern.

9.2.6 Das Mikroskop

Beim **Mikroskop** multiplizieren sich die Wirkungen zweier Linsen oder Linsensysteme. Das **Objektiv** erzeugt von dem gut beleuchteten Gegenstand ein möglichst großes reelles **Zwischenbild**. Im Prinzip könnte man schon dieses Bild beliebig groß machen, indem man den Gegenstand immer näher an die Brennebene des Objektivs rückt. Aber erstens wird es dadurch um so lichtschwächer und ist selbst im dunklen Tubus schlecht zu sehen, zweitens müßte dieser Tubus unbequem lang sein, drittens wüchsen die Abbildungsfehler, viertens erlaubt das beschränkte Auflösungsvermögen doch keine beliebig kleinen Einzelheiten zu erkennen. Man erzeugt daher das Bild fast am Ende des Tubus, dessen Länge $t \approx 25$ cm ist. Der Gegenstand liegt dann ganz dicht außerhalb der Objektivbrennweite f_1, und der Abbildungsmaßstab wird

$$\beta = \frac{B}{G} = \frac{b}{g} = \frac{t}{f_1} \,. \tag{9.24}$$

Nach (9.14) wird dies trotz des kleinen Unterschiedes zwischen g und f_1 streng richtig, wenn man b' statt b benutzt, also die **optische Tubuslänge** vom hinteren Objektivbrennpunkt aus rechnet. Offenbar muß das Objektiv eine kurze Brennweite haben, damit das Zwischenbild groß wird.

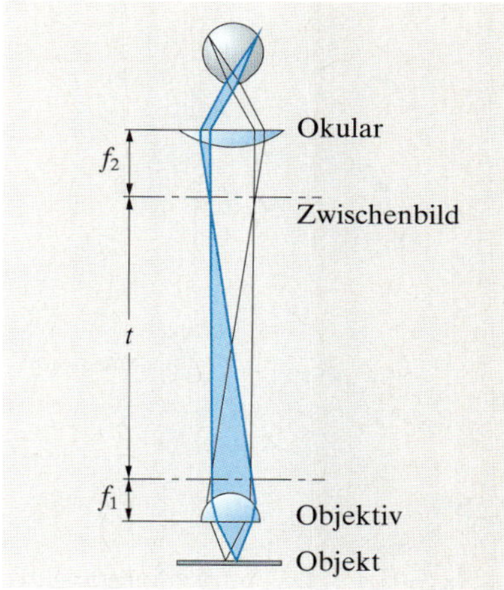

Abb. 9.45. Der Strahlengang im Mikroskop

Man betrachtet das Zwischenbild mit dem **Okular** als Lupe, meist mit entspanntem Auge, und erzielt dadurch eine nochmalige Vergrößerung $v_L = s_0/f_2$. Das Zwischenbild muß dazu um die Brennweite f_2 hinter dem Okular sitzen. Die Gesamtvergrößerung des Mikroskops ergibt sich aus dem Abbildungsmaßstab β des Objektivs multipliziert mit der Lupenvergrößerung v_L des Okulars:

$$\boxed{v_M = \frac{t}{f_1}\frac{s_0}{f_2}} \,. \tag{9.25}$$

Objektiv und Okular müssen in bezug auf sphärische und chromatische Aberration korrigiert sein. Da das Okular nur von schmalen Büscheln durchsetzt wird (Abb. 9.45), ist seine Korrektur nicht so anspruchsvoll.

Das **Huygens-Okular** besteht aus zwei Linsen, der **Kollektiv-** oder der **Feldlinse** und der **Augenlinse** (Abb. 9.46). Die Feldlinse macht die vom Objektiv kommenden Strahlen noch etwas konvergenter, so daß das Zwischenbild nicht bei ZB, sondern bei $Z'B'$ entsteht. Es wird mit der Augenlinse als Lupe betrachtet. Die Vorteile sind:

- Das Sehfeld wird größer.
- Weil der Strahl 2 die Feldlinse weiter außen als 1, die Augenlinse aber weiter innen als 1 durchsetzt, heben die sphärischen Aberrationen beider Linsen einander fast auf.
- Ein Strahl von weißem Licht wird infolge der chromatischen Aberration im Kollektiv in verschiedenfarbige Strahlen zerlegt (Abb. 9.46b), von denen der rote weniger abgelenkt wird als der blaue Strahl. Da aber der rote die Augenlinse näher am Rande durchsetzt, wird er dort stärker zur Achse gebrochen als der blaue, beide treten parallel ins Auge des Beobachters, die chromatische Aberration wird also aufgehoben, da das auf ∞ eingestellte Auge parallele Strahlen in einem Punkt vereinigt.

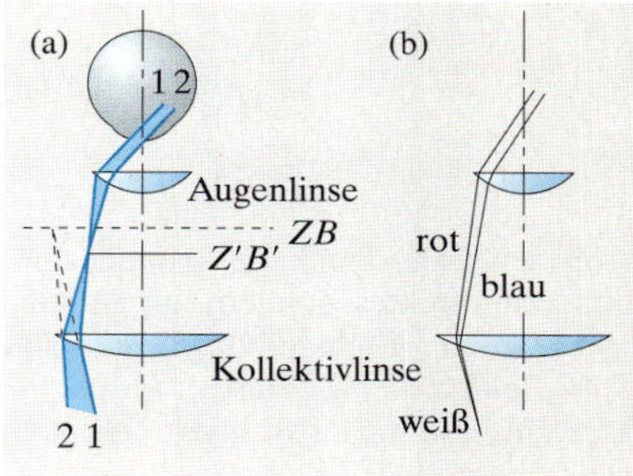

Abb. 9.46. Die sphärische (a) und die chromatische Aberration (b) werden im Huygens-Okular verringert

In der Ebene $Z'B'$ kann auf einer Glasplatte eine Teilung (**Okularskala**) angebracht werden. Da sie durch die Augenlinse mit dem Zwischenbild gemeinsam betrachtet wird, kann die Teilung zur Ausmessung des Bildes dienen.

Die Korrektur des von einem breiten Bündel durchsetzten Objektivs ist sehr viel schwieriger. Man verwendet Linsensysteme von mehr als 10 Einzellinsen aus verschiedenen Glassorten und einer resultierenden Brennweite bis zu 1 mm hinab.

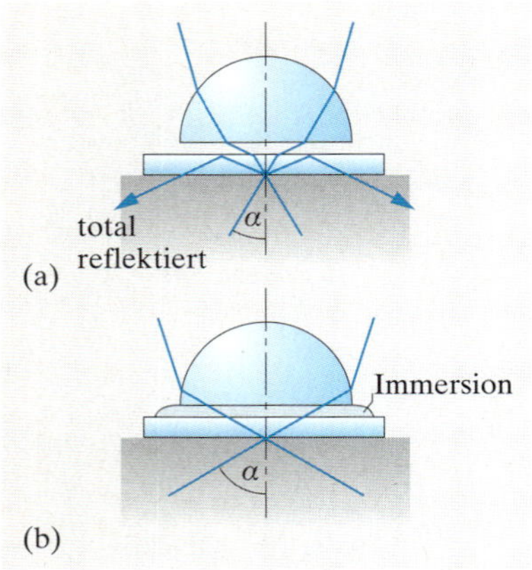

Abb. 9.47a, b. Das Immersionsobjektiv und die durch die Immersion erzielte Vergrößerung der numerischen Apertur

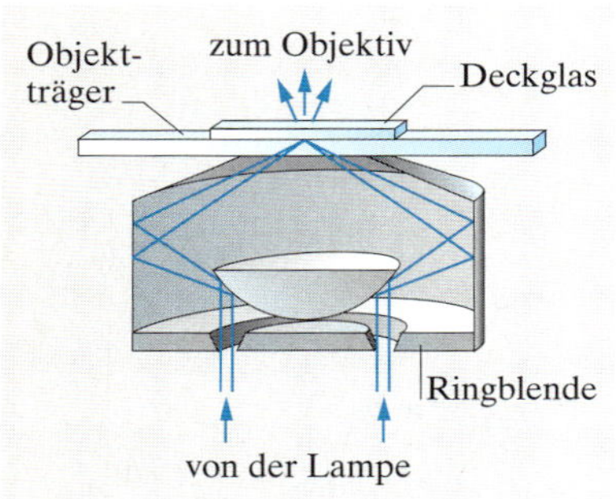

Abb. 9.48. Der Dunkelfeldkondensor läßt kein direktes, sondern nur am Objekt gestreutes Licht ins Objektiv. (Nach *R. W. Pohl*, aus H.-U. Harten: *Physik für Mediziner*, 4. Aufl. (Springer, Berlin Heidelberg 1980))

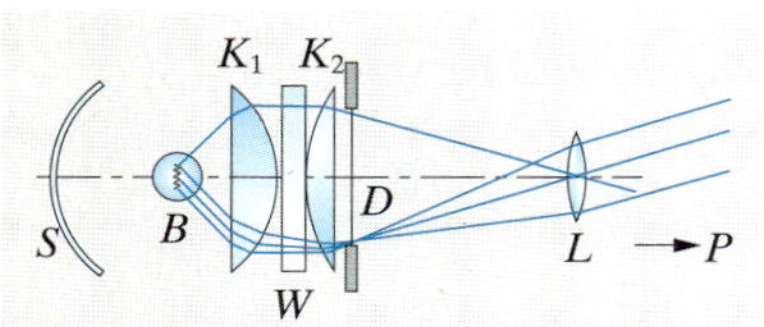

Abb. 9.49. Der Kondensor K (zwei Konvexlinsen mit Wärmeschutzfilter W dazwischen) vereinigt möglichst viel Licht der Lampe B auch auf Randpunkte des Dias D. Gleichzeitig sorgt er dafür, daß dieses Licht vollständig durch die Projektionslinse tritt, die es auf dem sehr fernen Projektionsschirm vereinigt

Man unterscheidet bei den Objektiven **Trockensysteme** und **Immersionssysteme**. In Abb. 9.47 ist der Verlauf von Strahlen gezeichnet, die von dem mit einem Deckgläschen bedeckten mikroskopischen Präparat ausgehen und in die **Frontlinse** des Objektivs (a) bei einem Trockensystem, (b) bei einem Immersionssystem eintreten. Bei letzterem ist der Raum zwischen Deckgläschen und Frontlinse mit einer Flüssigkeit, z. B. Zedernholzöl ($n = 1{,}5$) ausgefüllt, wodurch Totalreflexion des Lichtes an der oberen Fläche des Deckgläschens vermieden wird. Beim Immersionssystem ist deshalb der Öffnungswinkel, unter dem Licht in die Frontlinse eintritt, und daher auch die Lichtstärke größer. Bezeichnet α den Winkel zwischen der optischen Achse und dem Randstrahl des Lichtkegels, der von einem Punkt des mikroskopischen Objektes in das Objektiv einzutreten vermag, so heißt $n \sin \alpha$ dessen **numerische Apertur**. Die Bedeutung der numerischen Apertur für das **Auflösungsvermögen** des Mikroskops wird in Abschn. 10.1.5 behandelt.

Erkennbarkeit besonders bei biologischen Präparaten ist häufig weniger durch Vergrößerung oder Auflösungsvermögen begrenzt als durch mangelnden **Kontrast**. Das klassische Mittel zur Kontrasterhöhung ist das *Einfärben*, das die verschiedene Affinität oder Absorbierbarkeit gewisser Farbstoffe für die einzelnen Gewebstypen und Zellorganellen ausnutzt. Diese Farbstoffe sind aber fast immer Zellgifte: Es gibt praktisch keine Vitalfärbung. Zum Glück haben die Strukturdetails meist verschiedene Brechzahl. Sie streuen das Primärlicht und sind so im **Dunkelfeldkondensor** erkennbar, der das Primärlicht vollständig ausblendet. Aus ähnlichen Gründen erzeugen sie einen **Phasenkontrast**, selbst wenn sie ebenso absorbieren wie ihre Umgebung, also keinen Helligkeitskontrast erzeugen (Abschn. 4.1.4).

9.2.7 Der Dia-Projektor

Es kommt hier darauf an, das Dia möglichst gut „auszuleuchten“, d. h. einen möglichst hohen Anteil des Lichts der Projektorlampe B auf das Dia D zu konzentrieren und durch die Linse L treten zu lassen. Das ist offenbar der Fall, wenn der **Kondensor** K möglichst nahe an der Lampe B steht, damit er einen möglichst großen Raumwinkel überdeckt (der Spiegel S kann den Raumwinkel effektiv noch fast verdoppeln), und wenn der Kondensor ein Bild der Lampe in der Ebene der Linse L oder ganz nahe dabei erzeugt. An dieser Stelle, wo das Bild von B liegt, ist das Lichtbündel so eng wie möglich und tritt daher ohne Verlust durch die Linse L. Dazu ist keineswegs eine hervorragende optische Qualität von K nötig, sondern nur, daß die Einschnürung des Lichtbündels, das „Bild“, *ungefähr* in der Ebene von L liegt. Damit haben wir, zunächst ohne Dia, eine maximal helle Fläche auf dem Projektionsschirm P. Stellen wir nun das Dia mit seinen mehr oder weniger durchlässigen Stellen gleich hinter den Kondensor, dann kann man jede Stelle des Dias als Sekundärstrahler auffassen. Er sendet Licht in einen Kegel nach vorn, dessen Öffnung gleich dem Sehwinkel ist, unter dem der Glühfaden der Lampe B vom Dia aus erscheint. Gleichgültig, wie groß dieser Öffnungswinkel ist: Alle Strahlen dieses Kegels werden durch die Linse L auf dem Schirm P vereinigt, wenn L notfalls so verschoben wird, daß Dingweite $g = DL$ und Bildweite $b = LP$ die Abbildungsgleichung $1/g + 1/b = 1/f$ erfüllen. Wegen $b \gg f$ muß näherungsweise $g = bf/(b-f) \approx f(1+f/b)$ sein. Die kleinen Verschiebungen Δg, die sich aus der verschiedenen Dicke der Dias, der Durchbeulung eines unverglasten Dias in der Hitze usw. ergeben, werden vom beleuchtenden Strahlengang leicht toleriert: Der Kondensor bündelt das Licht der Lampe immer noch auf die Linse.

9.2.8 Das Fernrohr

Eine Sammellinse erzeugt von einem fernen Gegenstand ein Bild praktisch in ihrer Brennebene, das wegen $B/G = b/g = f/g$ um so größer ist, je *länger* die Brennweite ist. An dieses Bild könnte man mit dem Auge z. B. bis zur Bezugssehweite s_0 herangehen. Es erschiene dann unter dem Sehwinkel $\varepsilon = B/s_0$, der ferne Gegenstand, direkt betrachtet, dagegen unter $\varepsilon_0 = G/g$. Schon so hätte man also eine Vergrößerung $v = \varepsilon/\varepsilon_0 = f/s_0$. Ein Okular als Lupe erhöht diese Vergrößerung nochmals um ihr $v_L = s_0/f_2$, so daß die Gesamtvergrößerung des Fernrohrs wird

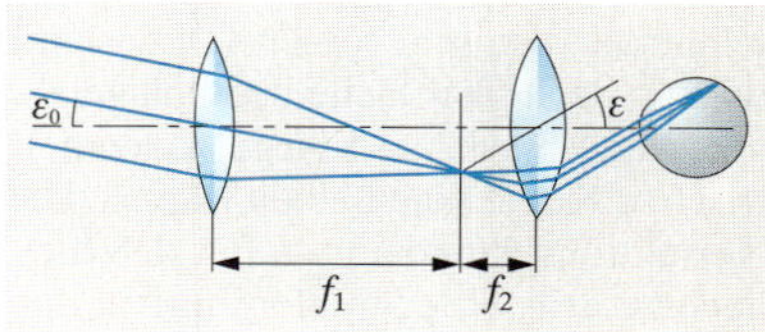

Abb. 9.50. Der Strahlengang im astronomischen Fernrohr

$$\boxed{v_F = v v_L = \frac{f}{f_2}} \; . \tag{9.26}$$

In der Praxis besteht fast immer, wie beim Mikroskop, das Okular aus Feldlinse und Augenlinse.

Für die Beobachtung irdischer Objekte ist es unbequem, daß im astronomischen Fernrohr das Bild umgekehrt erscheint. Man vermeidet dies, indem man entweder Umkehrprismen einschaltet (**Prismenfernrohr**) oder als Okular eine Zerstreuungslinse verwendet (**terrestrisches Fernrohr**; *Galilei* 1609); diese Okularlinse wird dann *innerhalb* der Objektivbrennweite angebracht.

✘ Beispiel...

Erzherzog Maximilian III. von Tirol beklagte sich 1615 bei Christoph Scheiner, sein Fernrohr zeige alles kopfstehend. Welche Möglichkeiten hatte Scheiner, das zu beheben?

(1) Zerstreuungslinse als Okular statt der Sammellinse (Galilei-Fernrohr). (2) Altes Okular etwas herausziehen, damit es ein zweites Zwischenbild erzeugt; dieses mit zusätzlicher Sammellinse umkehren (terrestrisches Fernrohr). (3) Zwei gekreuzte Spiegel oder besser Umkehrprismen; eins vertauscht oben und unten, das andere rechts und links (Porro-Prisma im Feldstecher). Scheiner wählte die Lösung (2). Maximilian war so beeindruckt, daß er die Gründung der Universität Freiburg genehmigte.

Die Vergrößerung ergibt sich wie beim **Kepler-Fernrohr** als Verhältnis der Brennweiten von Objektiv und Okular. In der Astronomie bevorzugt man das Kepler-Fernrohr, weil man in seiner Brennebene ein Fadenkreuz oder eine Skala einsetzen kann, die sich mit dem reellen Bild überlagern und exakte Positionsbestimmungen ermöglichen.

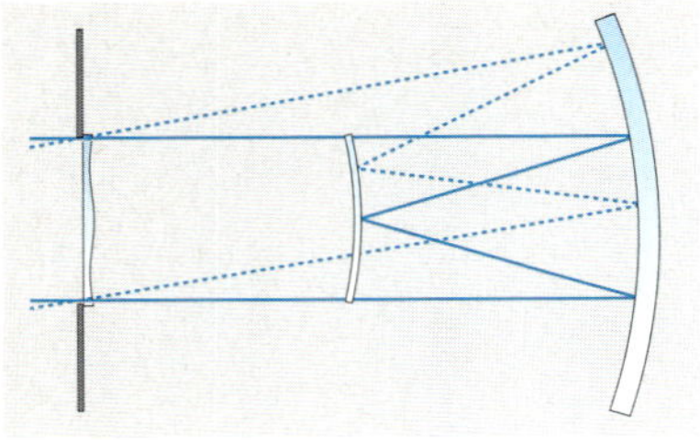

Abb. 9.51. Schmidt-Optik: Ein Parallelbündel vom sehr fernen Gegenstand wird in der Fokalfläche des Spiegels vereinigt, einer zum Spiegel konzentrischen Kugel vom halben Radius. Die Korrektionsplatte sorgt dafür, daß dies auch für achsferne Strahlen zutrifft. Ihre Form reduziert gleichzeitig die chromatische Aberration, die eine solche Zusatzlinse sonst mit sich brächte

Die größten astronomischen Fernrohre sind **Reflektoren** (*Newton* 1671). Bei ihnen erzeugt ein Hohlspiegel das Bild, das dann mit dem Okular betrachtet wird. Spiegel lassen sich mit größerem Durchmesser, also größerem Auflösungsvermögen herstellen als Linsen. Der Hauptgrund ist der, daß Glas eigentlich eine Flüssigkeit ist. Große Linsen „sacken" unter ihrem eigenen Gewicht in ihrer Fassung durch, und zwar in einem optisch unerträglichen Maße, sobald der Durchmesser 1 m wesentlich überschreitet.

Reflektoren haben keine chromatische Aberration. Der Kugelspiegel zeigt sphärische Aberration, d. h. achsenferne Strahlen werden näher am Spiegel vereinigt, selbst wenn sie exakt achsparallel sind. Eine große Eintrittsblende, also hohe Lichtstärke, führt also zu unscharfem Bild. Beim Parabolspiegel könnte die Öffnung beliebig groß sein, wenn nur achsparallele Strahlen einträten. Zur Achse geneigte Strahlen finden einen anderen Krümmungsradius und damit eine andere Brennweite. Beide sind zudem in den verschiedenen Richtungen längs des Spiegels verschieden (Astigmatismus) und nicht rotationssymmetrisch (**Koma**: Das Bild eines Lichtpunkts wird ein einseitig unscharfer ovaler oder kommaförmiger Fleck). Winkelbereich und Bildfeld müssen daher sehr eng gehalten werden.

Erst 1930 fand *B. Schmidt* eine Möglichkeit, große Öffnung mit einigermaßen großem Winkelbereich zu kombinieren (großes, helles Bild). Die **Schmidt-Optik** (Abb. 9.51) benutzt einen Kugelspiegel, muß also mit engen Bündeln arbeiten, die aber beliebige Richtung haben können (Eintrittsblende um den Kugelmittelpunkt M bei $2f$). Für jede Richtung ergibt sich ein anderer Brennpunkt. Alle Brennpunkte liegen aber auf einer Kugel um M mit dem Radius f und werden auf einem entsprechend gekrümmten Film scharf. Die verbleibende sphärische Aberration wird durch eine Glasplatte in der Eintrittsöffnung weitgehend korrigiert, die in der Mitte konvex, weiter außen konkav geschliffen ist, also die achsnahen Strahlen etwas vorbündelt und damit ihren Schnittpunkt näher an den Spiegel zieht. Erst so kann man für ausgedehnte Objekte die Steigerung der Auflösung ausnützen, die ein großer Spiegel ermöglicht (Abschn. 10.1.5). Auch dann ist in der Praxis die Erkennbarkeit eines Objekts häufiger durch die **atmosphärische Turbulenz** (Szintillation) und das Nachthimmelleuchten begrenzt als durch die Fernrohroptik selbst. Deswegen sind Fernrohre auf dem Mond oder einem künstlichen Satelliten so wichtig. Solche Observatorien erschließen außerdem Spektralbereiche, die von der Atmosphäre absorbiert werden (**UV-**, **Röntgen-**, **Gamma-Astronomie**).

9.2.9 Das Auge

Helmholtz sagte, er würde einen Optiker hinauswerfen, der ihm ein Instrument wie das menschliche **Auge** brächte, und hat doch keines nachbauen können. Zwar sind Formgebung und Zentrierung der abbildenden Flächen (**Hornhaut** und **Linse**) schlechter als bei einer billigen Kamera, die Abbildungsfehler sind unzureichend korrigiert, aber alle diese Schwächen sind durch raffinierte Regelmechanismen weitgehend kompensiert, dazu ist der überbrückbare Leuchtdichtebereich größer als bei jedem physikalischen Gerät (fast 15 Zehnerpotenzen), und die lichtempfindliche Schicht ist ständig empfangsbereit und ändert ihre Empfindlichkeit automatisch – wie ein Polaroid-Farbfilmpack mit wenigen ms Entwicklungszeit, das automatisch von 10 auf 40 DIN umschalten würde.

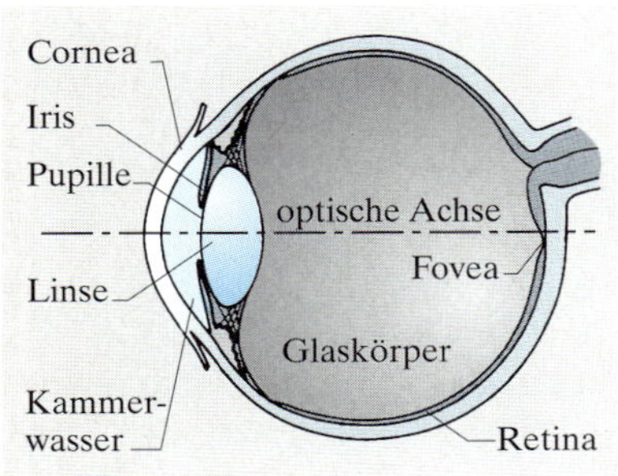

Abb. 9.52. Schnitt durch das menschliche Auge. (Nach H.-U. Harten: *Physik für Mediziner*, 4. Aufl. (Springer, Berlin Heidelberg 1980))

Hornhaut und Linse mit dem dazwischenliegenden Kammerwasser und dem gallertigen **Glaskörper** hinter der Linse haben, wie alle überwiegend aus Wasser bestehenden Gewebe, nur geringe Brechzahlunterschiede. Den Hauptbeitrag zur Brechkraft (über 40 Dioptrien) leistet daher die noch besonders vorgewölbte Hornhaut, da sie an Luft grenzt. Ohne diese Vorwölbung, als reine Kugelfläche, müßte das Augeninnere die Brechzahl 2 haben, um ein fernes Objekt auf seine Rückwand abbilden zu können. Der Rest von etwa 15 Dioptrien ist mittels eines Ringmuskels, der die Linsenkrümmung ändert, regelbar. Bei Einstellung auf den Nahpunkt ist die Linse am rundesten, auf den Fernpunkt am flachsten. Diese **Akkommodation** wird unterstützt durch Einstellung der Schärfentiefe, d. h. Abblenden mittels der **Iris**, die den Pupillendurchmesser von 1 bis 8 mm regeln kann. Außer der Schärfentieferegelung trägt sie durch Regelung des durchtretenden Lichtstroms um knapp zwei Zehnerpotenzen zur **Adaptation** bei. Die Hauptlast der Adaptation liegt aber auf der **Retina** selbst. Bei Helladaptation schiebt sie die farbenempfindlichen **Zapfen** nach vorn, bei Dunkeladaptation die **Stäbchen**. Beide Zelltypen können ihre Empfindlichkeit in weiten Grenzen mittels des Redox-Gleichgewichts des Sehstoffs regeln. Mehrere Stäbchen können so zusammengeschaltet werden, daß ihre Gesamterregung den Schwellenwert übersteigt, wobei natürlich das Auflösungsvermögen leidet.

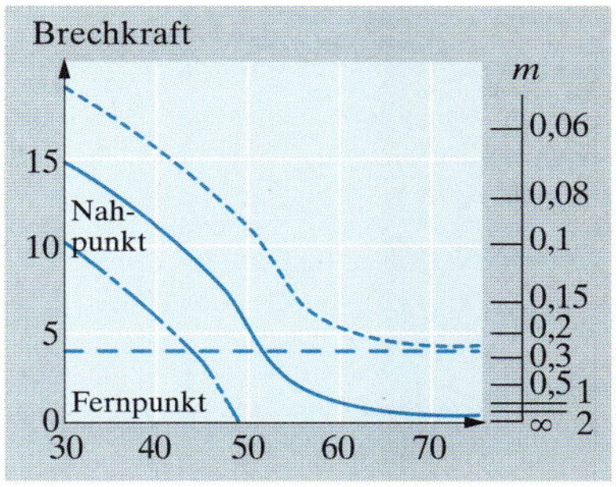

Abb. 9.53. Akkommodationsbreite in Abhängigkeit vom Alter. (——) normalsichtiges, (– – –) kurzsichtiges (−5 dp), (- - - -) übersichtiges Auge (+5 dp). Um die Gesamtbrechkraft des Auges zu erhalten, muß man 40 – 45 dp addieren

Scharfe Abbildung auf die Retina wird dadurch beeinträchtigt, daß aus ernährungsphysiologischen und schalttechnischen Gründen über den lichtempfindlichen Zellen noch andere Zellschichten liegen. Nur im Zentralteil, der **Fovea**, sind diese Deckschichten seitlich verschoben. Hier, speziell in der Foveola (nur 0,3 mm Durchmesser), liegen die Zapfen auch am dichtesten, die Sehschärfe ist maximal, von jedem Zapfen geht genau eine Nervenfaser aus. Weiter außen sind immer mehr Zapfen an einer Nervenfaser zusammengeschaltet.

Die Brechkraft des Auges läßt sich objektiv messen, die Sehschärfe nicht, da sie stark von außerphysikalischen Faktoren abhängt. Die **Sehschärfe** ist definiert als Kehrwert des Winkels (in Minuten), unter dem ein Objekt noch deutlich erkannt wird. Dieser Wert ist verschieden, je nachdem Punkte oder Linien vom Untergrund zu trennen sind (**minimum perceptibile**), Abstände zwischen Punkten oder Linien wahrzunehmen (**minimum separabile**) oder Texte zu lesen sind (**minimum legibile**).

Ein Auge, dessen Fernpunkt nicht im Unendlichen liegt, heißt *fehlsichtig*, und zwar **kurzsichtig (myop)**, wenn der Fernpunkt außerhalb, **übersichtig (hyperop)**, wenn er innerhalb des Akkommodationsbereichs liegt. Im Alter wird die Linse steifer. Der Nahpunkt wandert auf den Fernpunkt zu, besonders schnell zwischen 40 und 50 Jahren. Beim Übersichtigen wird der Akkommodationsverlust etwas früher fühlbar.

✗ Beispiel...

Wie schätzt man am schnellsten ohne Hilfsmittel, welche Brillenstärke (in Dioptrien) jemand braucht?

Kurzsichtige: Das Reziproke des größten Abstandes (in m), in dem sie gerade noch scharf sehen, ist die erforderliche Brechkraft. Bei alten Leuten nehme man die kürzeste Entfernung, in der sie noch scharf sehen, und ziehe ihr Reziprokes von 4 (d. h. von 1/0,25) ab. Mit einer solchen +-Brille können sie dann in 25 cm Abstand lesen.

9.3 Die Lichtgeschwindigkeit

Die Lichtgeschwindigkeit ist eine der wichtigsten Naturkonstanten. Nicht nur in der Astronomie, auch in der Mikrophysik taucht sie überall auf. Ihre fundamentale Rolle wurde besonders in der Relativitätstheorie klar.

9.3.1 Astronomische Methoden

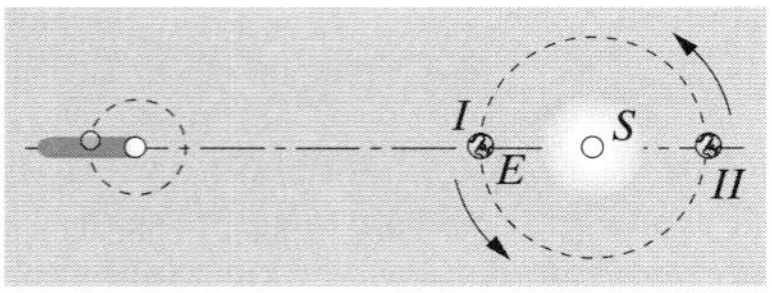

Abb. 9.54. Astronomische Methode von *Ole Rømer* zur Messung der Lichtgeschwindigkeit

Um die geographische Länge des Schiffsortes zu bestimmen, braucht der Seemann eine Uhr. Er muß nämlich z. B. feststellen, wieviel später die Sonne im Mittag steht als in seinem Heimatort. *Galilei* schlug als astronomische Uhr den Umlauf der Jupitermonde vor. Bei dem Versuch, diese Uhr zu eichen, stieß *Ole Rømer* 1676 auf etwas Merkwürdiges: Die Jupitermonde verfinstern sich wie der Erdmond, nur viel öfter, durch Eintritt in den Schatten ihres Planeten. *Rømer* hatte die Zeit zwischen zwei Verfinsterungen des Ganymed zu $T = 171{,}99\,\mathrm{h}$ gemessen (Abb. 9.54). Jupiter stand zu dieser Zeit in Opposition zur Sonne, d. h. die Erde stand zwischen ihm und der Sonne. 25 Verfinsterungen sollten etwa ein halbes Jahr füllen. In Wirklichkeit trat aber die 26. Verfinsterung nicht nach $25 \cdot 171{,}99\,\mathrm{h}$, sondern erst 1 000 s später ein. *Rømer* deutete dies richtig: Inzwischen hat sich die Erde um ihren Bahndurchmesser, $3 \cdot 10^8\,\mathrm{km}$, weiter von Jupiter entfernt. Dafür braucht das Licht 1 000 s mehr, es läuft mit $c \approx 3 \cdot 10^8\,\mathrm{m/s}$.

1725 suchte *Bradley* nach einem anderen astronomischen Grundphänomen, der Jahresparallaxe der Fixsterne, d. h. ihrer scheinbaren Verschiebung infolge des jährlichen Umlaufs der Erde. Diese Parallaxe, erst 100 Jahre später von *Bessel* gemessen, hätte endlich Entfernungsbestimmung der Fixsterne erlaubt. *Bradley* fand, daß tatsächlich *alle* Fixsterne im Lauf des Jahres sich um $21''$ verschieben, teils kreisförmig (wenn sie nahe am Pol der Ekliptik stehen), teils elliptisch. Diese Verschiebung konnte nicht die Parallaxe sein, da sie für alle Sterne gleich ist, es sei denn, es gäbe Ptolemäus' Himmelskugel doch, auf der alle Sterne in gleichem Abstand von uns sitzen.

Ein Mann steht im Regen, der ihm genau auf den Kopf fällt, ein anderer rennt, und der Regen trifft ihn schräg von vorn, unter einem Winkel α gegen die Senkrechte, der sich aus der Fallgeschwindigkeit c der Regentropfen und Laufgeschwindigkeit v zu $\alpha = v/c$ ergibt ($v \ll c$). Genauso kommt das Licht eines Sterns aus verschiedener Richtung, je nachdem wie schnell sich der Beobachter mit der Erde bewegt. Die Umlaufgeschwindigkeit $v = 30\,\mathrm{km/s}$ der Erde war aus ihrem Abstand von der Sonne bekannt, also ergab sich aus dieser **Aberration** ebenfalls

$$c = \frac{v}{\alpha} = \frac{30\,\mathrm{km/s}}{21''} = \frac{30\,\mathrm{km/s}}{10^{-4}} = 3 \cdot 10^8\,\mathrm{m/s}\,.$$

9.3.2 Zahnradmethode

Galilei versuchte schon um 1600 die Lichtgeschwindigkeit zu messen, indem er zwei Männer mit Blendlaternen auf zwei Hügeln postierte.

Der erste sollte seine Lampe plötzlich öffnen, der zweite sollte das gleiche tun, sobald er das Licht des ersten sah. Der erste versuchte dann die Verzögerung zwischen dem Öffnen seiner Lampe und dem Aufblitzen der anderen zu schätzen, erhielt aber natürlich nur die menschliche Reaktionszeit, unabhängig vom Abstand. *Fizeau* ersetzte den zweiten Mann durch einen Spiegel und die Klappe durch ein schnellaufendes Zahnrad, das den weggehenden und den wiederkommenden Strahl periodisch unterbricht (Abb. 9.55). Wenn das Rad mit z Zähnen die Drehfrequenz ν hat, dauert es eine Zeit $\tau = 1/(\nu z)$, bis eine Lücke an der Stelle der vorigen ist. Wenn der Spiegel im Abstand s steht und das Licht für diese Strecke $2s$ gerade diese Zeit τ braucht, sieht der Beobachter den Reflex, bei der halben Drehfrequenz steht ein Zahn im Weg.

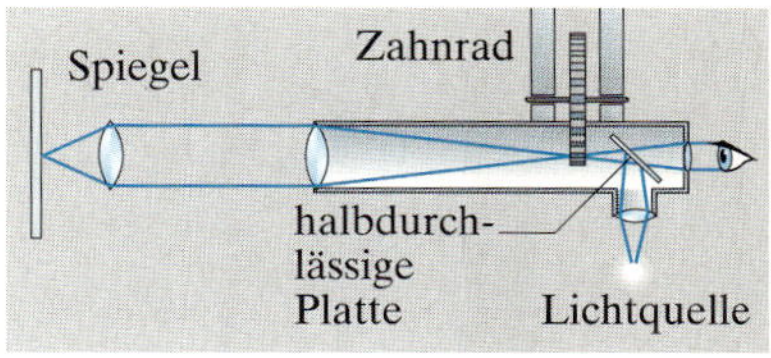

Abb. 9.55. *Fizeaus* Zahnradmethode zur Messung der Lichtgeschwindigkeit

Man kann das Zahnrad durch eine **Kerr-Zelle** ersetzen, die den Lichtstrahl im Takt einer Wechselspannung moduliert (Abschn. 10.2.10) oder noch einfacher eine **Leuchtdiode** als Lichtquelle modulieren. Führt man dieses Licht mit zwei Spiegeln auf eine Photodiode zurück (Abb. 9.78) und legt die Spannung von Leuchtdiode und Photodiode an die x- bzw. y-Platten eines Oszilloskops, dann gibt die Form der Lissajous-Ellipse die Phasenverschiebung des Lichts auf der Laufstrecke. So kann man heute c auf dem kleinsten Labortisch und auch seine Änderung z. B. durch Einbringen einer Wasserwanne oder eines Glasstabs messen.

Bei der **Radarortung** benutzt man cm- statt Lichtwellen, um die Entfernung reflektierender Ziele bei bekanntem c zu messen. Für den Mond und nahe Planeten ist diese Abstandsmessung sogar erheblich genauer als astronomische Methoden. Umgekehrt konnte man mit dem bekannten Abstand der Venus direkt nachweisen, daß sich c im Schwerefeld der Sonne ändert (Abb. 15.19). Mit Hilfe des **Doppler-Effekts** liefert die **Radar-** oder **Laserreflexion** Auskünfte nicht nur über die Geschwindigkeit von Autos, sondern auch von Teilchen in Flüssigkeitsströmungen, Molekular- oder Neutronenstrahlen. Auch die äußerst langsame Rotation der Venus wurde so gemessen.

9.3.3 Drehspiegelmethode

In Abb. 9.56 ist der zurückkehrende Lichtstrahl (gestrichelt) gegen den einfallenden doppelt so stark geschwenkt, wie sich der rotierende Spiegel während der Laufzeit zum festen Spiegel dreht. Daraus folgt bei kleinem Winkel $c = 4ab\omega/\Delta s$.

Mit dieser Methode, die wesentlich kürzere Meßstrecken braucht als die von *Fizeau*, hat *Foucault* erstmals direkt nachgewiesen, daß das Licht in anderen Medien langsamer läuft als in Luft, im Gegensatz zu *Newtons* Korpuskular- und im Einklang mit *Huygens'* Wellenbild.

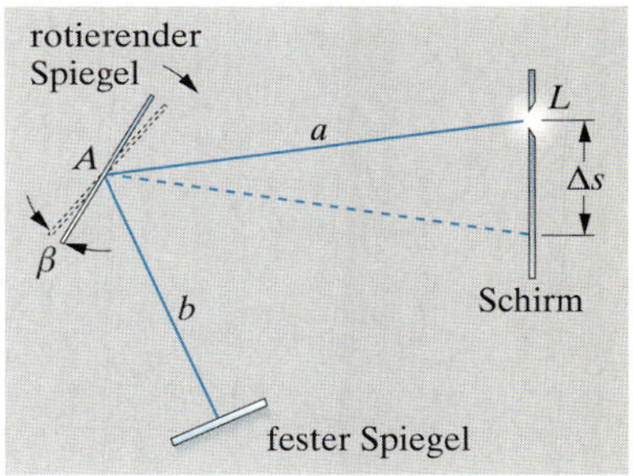

Abb. 9.56. *Foucaults* Drehspiegelmethode zur Messung der Lichtgeschwindigkeit

Interferenzmethoden liefern Laufzeitunterschiede noch genauer. *Fizeau* konnte so die „Mitführung" des Lichts mit einer strömenden Flüssigkeit messen, die später zum experimentum crucis für die spezielle Relativitätstheorie wurde. Noch wichtiger für diese war das Scheitern des **Michelson-Versuchs**, die Mitführung durch den „Äther" zu messen (Abschn. 15.1.2).

9.3.4 Resonatormethode

Bei elektronisch erzeugten elektromagnetischen Wellen ist die Frequenz direkt meßbar, und daher kann man c als $\nu\lambda$ bestimmen, falls man λ analog zum **Kundt-Versuch** (Abschn. 4.5.1) in einer stehenden Welle abtastet oder die Resonanzfrequenz eines **Hohlraumresonators** (Abschn. 7.6.10) ermittelt, wobei sich die Wellenlänge aus den Abmessungen des Hohlraums ergibt. Solche Messungen sind auch direkt im Vakuum ausführbar.

Heute ist die Ausbreitungsgeschwindigkeit elektromagnetischer Wellen im Vakuum eine der am genauesten bekannten Naturkonstanten:

$$c_0 = 299\,792\,458\,\mathrm{ms}^{-1}\,.$$

Dieser Wert ist exakt, denn er dient, umgekehrt wie früher, zur Definition des Meters als der Strecke, die das Licht im Vakuum in 1/299 792 458 s zurücklegt, womit die phantastische Präzision der heutigen **Atomuhren** (rel. Fehler um 10^{-13}) im Prinzip auch für die Längenmessung verfügbar wird.

9.4 Geometrische Elektronenoptik

Seit *Hans Busch* 1926 erkannte, daß man mit Elektronenstrahlen ganz ähnlich und vielfach besser als mit Licht abbilden kann, hat sich die **Elektronenoptik** enorm entwickelt. Man denke nur, was es heißt, im Fernseher oder Oszilloskop einen Elektronenstrahl in wenigen ns zu steuern und auf einen wenige μm großen Punkt zu fokussieren. Im Beschleuniger muß das nach einer Laufstrecke gelingen, die gleich dem Erdumfang sein kann. Sende- und Verstärkerröhren für Höchstfrequenz (Abschn. 8.2.9) und vor allem das **Elektronenmikroskop** sind Höchstleistungen der Elektronenoptik.

9.4.1 Das Brechungsgesetz für Elektronen

Ein Plattenkondensator, d. h. eine Zone der Dicke d, in der das Feld E herrscht, läßt sich als Übergang zwischen den Gebieten 1 und 2 mit den Potentialen U_1 und U_2 auffassen, die sich um Ed unterscheiden. Wir bilden die Platten als Netze aus, so daß Elektronen zum Teil durchkönnen. Die Kathode, aus der die Elektronen stammen, habe das Potential 0. Dann haben die Elektronen in 1 die Energie $W_1 = mv_1^2/2 = eU_1$, in 2 die Energie $W_2 = mv_2^2/2 = eU_2$. Das Feld E ändert nur die y-Komponente der Elektronengeschwindigkeit (Abb. 9.57), die x-Komponente ist in 1 und 2 dieselbe: $v_{x1} = v_{x2}$. Wir bilden die Sinus der Ein- und Ausfallswinkel α_1 und α_2:

$$\frac{\sin\alpha_1}{\sin\alpha_2} = \frac{v_{x1}/v_1}{v_{x2}/v_2} = \frac{v_2}{v_1}\,.$$

Dies Verhalten läßt sich allein durch die Energien, d. h. die Potentiale U_1 und U_2 ausdrücken:

$$\boxed{\frac{\sin\alpha_1}{\sin\alpha_2} = \sqrt{\frac{U_2}{U_1}}}\,,$$

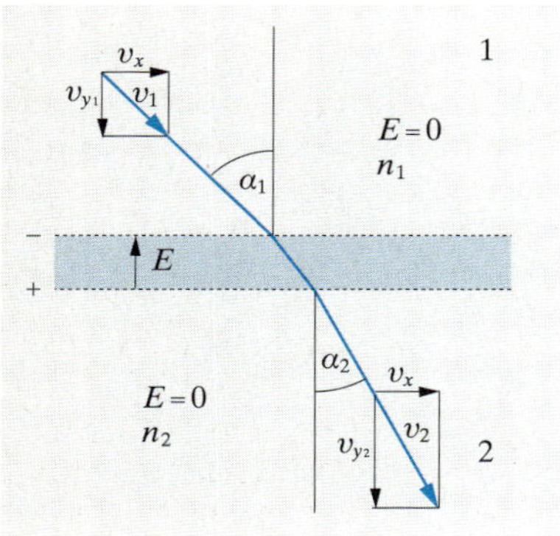

Abb. 9.57. Zum Brechungsgesetz der Elektronenoptik

hängt aber nicht vom Winkel ab, ebenso wie bei der Lichtbrechung. Dem Gebiet mit dem Potential U (immer gegen die geerdete Kathode) kann man eine Brechzahl $n \sim \sqrt{U}$ zuordnen, dann kommt das Brechungsgesetz auf die übliche Form, bei der ja nur die *Verhältnisse* der Brechzahlen interessieren.

Krummes Licht. Wenn sich das Potential nicht sprunghaft, sondern stetig ändert, knickt die Elektronenbahn nicht, sondern krümmt sich. Die Elektronen fliegen unter dem Winkel α gegen die Feldrichtung. Die Feldkomponente $E\cos\alpha$ beschleunigt dann das Elektron, die Komponente $E\sin\alpha$ krümmt seine Bahn, sie erzeugt nämlich eine Zentripetalkraft $eE\sin\alpha = mv^2/R$, also eine Bahnkrümmung

$$\frac{1}{R} = \frac{eE\sin\alpha}{mv^2} . \tag{9.27}$$

Wegen $mv^2/2 = eU$ und $E\sin\alpha = \mathrm{d}U/\mathrm{d}y$ kann man auch schreiben

$$\frac{1}{R} = \frac{1}{2U}\frac{\mathrm{d}U}{\mathrm{d}y} . \tag{9.28}$$

Auch diese Krümmung hängt also nicht vom Winkel ab, sondern nur von den Potentialen.

Bei Licht gilt dasselbe, wenn die Brechzahl n stetig vom Ort abhängt. Man sieht das am besten im Wellenbild (Abb. 9.58). Ein Stück einer Wellenfront von der Breite $\mathrm{d}b$ laufe an einem seiner Enden („rechts") in einem Medium mit der Brechzahl n, am anderen Ende („links") sei die Brechzahl $n + \mathrm{d}n$. In der kurzen Zeit $\mathrm{d}t$ ist die Welle dann rechts um $c\,\mathrm{d}t/n$, links um $c\,\mathrm{d}t/(n + \mathrm{d}n) \approx c\,\mathrm{d}t/n \cdot (1 - \mathrm{d}n/n)$ fortgeschritten. Die Front ist also etwas nach links umgeschwenkt. Die Verlängerungen der Wellenfronten würden sich in einem um R entfernten Punkt treffen. Man liest ab $\mathrm{d}b/R = \mathrm{d}n/n$ oder

$$\boxed{\frac{1}{R} = \frac{1}{n}\frac{\mathrm{d}n}{\mathrm{d}b}} . \tag{9.29}$$

Dies ist das Krümmungsmaß der Lichtstrahlen, die ja an jeder Stelle auf der Wellenfront senkrecht stehen. Am größten ist die Krümmung, wenn der Lichtstrahl senkrecht zum Gradienten der Brechzahl steht. Wenn ein Winkel φ zwischen Strahlrichtung und n-Gradient liegt, ist die Krümmung um den Faktor $\sin\varphi$ kleiner als der maximal mögliche Wert (Abb. 9.58). Die Äquivalenz mit (9.28) folgt aus $\mathrm{d}n/n = \mathrm{d}\ln n = \frac{1}{2}\mathrm{d}\ln U = \mathrm{d}U/2U$.

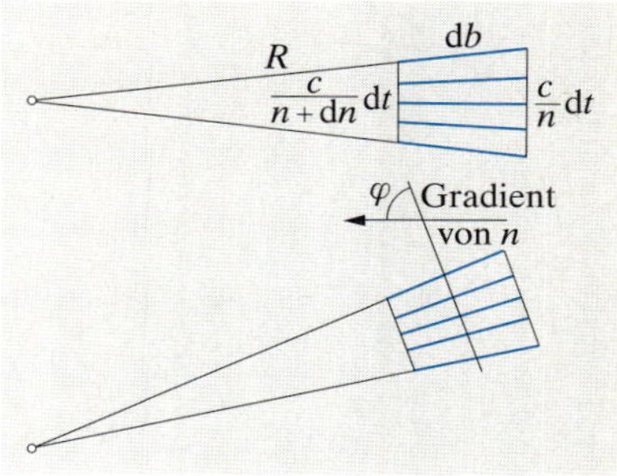

Abb. 9.58. Krümmung eines Lichtbündels in einem Gradienten der Brechzahl. Ausbreitung senkrecht (*oben*) bzw. schräg (*unten*) zum Gradienten

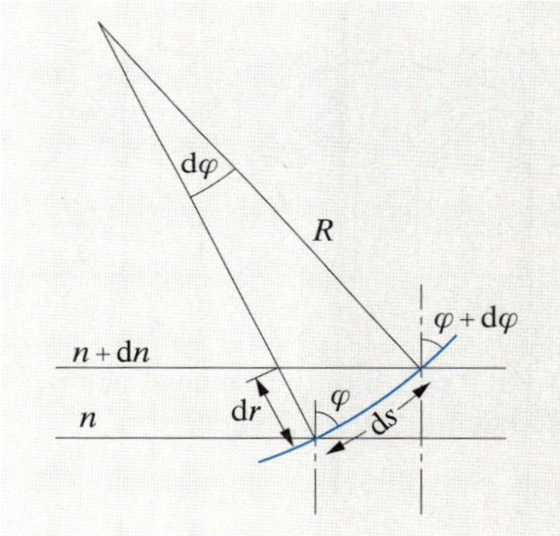

Abb. 9.59. Krümmung von Lichtstrahlen oder Elektronenbahnen in einem Medium (Feld) mit stetig veränderlicher Brechzahl

9.4.2 Elektrische Elektronenlinsen

Zwei Kondensatoren aus gewölbten Netzen, entsprechend Abb. 9.60 aneinandergesetzt, grenzen einen linsenförmigen Innenraum mit dem Potential $U_2 = U_1 + U$ vom Außenraum mit U_1 ab. Die beiden Übergangszonen zwischen den Netzen wirken auf Elektronen wie eine Linse aus Glas mit der Brechzahl $n = \sqrt{U_2/U_1}$ gegen den Außenraum mit $n = 1$. Nach (9.16) hat diese Linse die Brechkraft

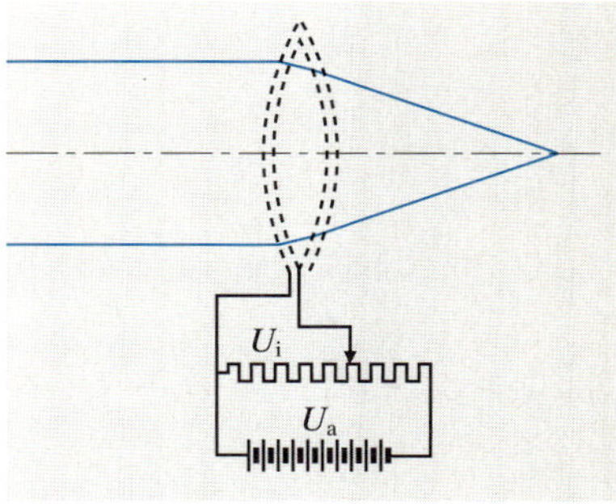

Abb. 9.60. Die Doppelschichtlinse trennt einen Innenraum mit anderem Potential vom Außenraum ab. Die beiden Übergangszonen zwischen den Netzen wirken auf Elektronen wie eine Linse mit $n = \sqrt{U_i/U_a}$

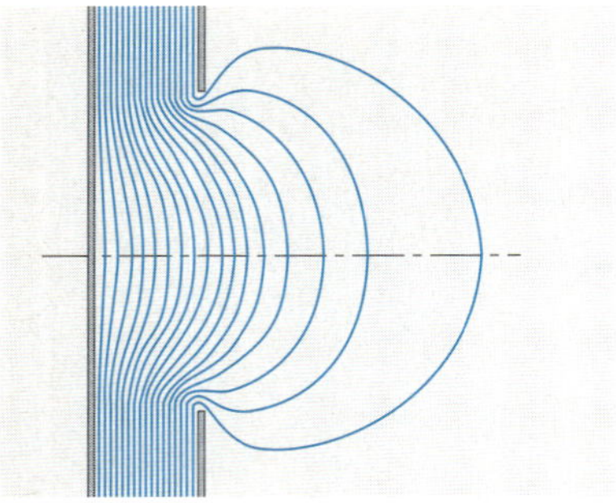

Abb. 9.61. Äquipotentialflächen zwischen einer Platte und einer kreisförmigen Lochblende, zwischen denen eine Spannung besteht

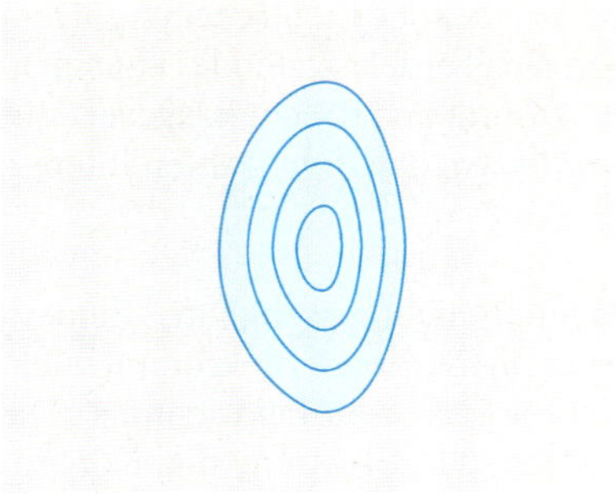

Abb. 9.62. Schichten mit gleicher Brechzahl in der Augenlinse

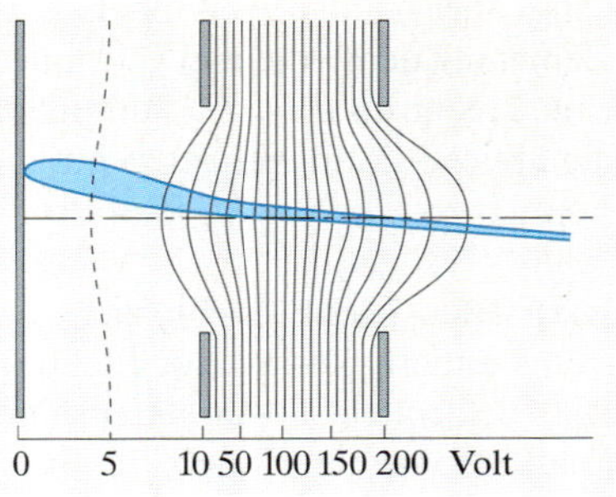

Abb. 9.63. Eine gebräuchliche Immersionslinse zur Abbildung einer Elektronen emittierenden Kathode

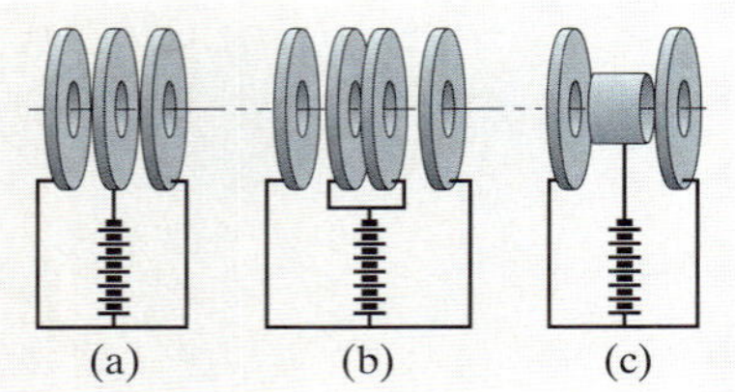

Abb. 9.64. Einzellinsen aus Lochblenden (a, b) und Zylindern (c)

$$\frac{1}{f} = (n-1)\left(\frac{1}{r_1}+\frac{1}{r_2}\right) = \left(\sqrt{\frac{U_2}{U_1}}-1\right)\left(\frac{1}{r_1}+\frac{1}{r_2}\right).$$

Über die Spannungen läßt sich die Brechkraft in weiten Grenzen ändern. Aber die Feldstörungen durch die einzelnen Drähte im Netz sind zu groß. Es kommt ja auch nur auf die Wölbung der Potentialflächen an, und die kann man auf viele Arten auch ohne störende Leiter erzeugen, z. B. mit Lochblenden oder unterbrochenen Rohren. Allerdings entspricht ein Feld wie in Abb. 9.63 keiner durch Kugelflächen begrenzten einheitlichen Glaslinse, sondern besteht aus Schichten mit verschiedenen Potentialen U, also verschiedenen Brechzahlen n, wie übrigens auch unsere Augenlinse. Das System Abb. 9.61 mit negativer linker Platte wirkt wie ein **Elektronen-Hohlspiegel**, ebenso Abb. 9.67. In Abb. 9.63 treten die Elektronen sofort nach Verlassen der Quelle (auf der linken Platte) ins Feld, also ins brechende System ein, wie bei einem Lichtobjektiv mit Immersionstropfen davor. Daher spricht man von **Immersionslinsen**, im Gegensatz zu den Einzellinsen, die in einem feldfreien Raum stehen, wo die Elektronen beiderseits geradlinig fliegen.

In Abb. 9.66 wirken die nach links gewölbten Potentialflächen sammelnd, die nach rechts gewölbten zerstreuend (das rechte Rohr ist positiver); weil aber die Elektronen nach rechts schneller werden, ist die zerstreuende Ablenkung schwächer als die sammelnde: Die **Rohrlinse** wirkt wie das darunter dargestellte achromatähnliche Linsensystem.

Wenn man alle Spannungen einschließlich der Beschleunigungsspannung im gleichen Verhältnis ändert, z. B. halbiert, ändern sich nach (9.28) die Brechzahlverhältnisse nicht, ebensowenig die Elektronenbahnen. Ladung und Masse der Teilchen kommen in (9.28) auch nicht vor. Ein Elektronenmikroskop ist daher im Prinzip auch für Protonen oder Deuteronen korrigiert.

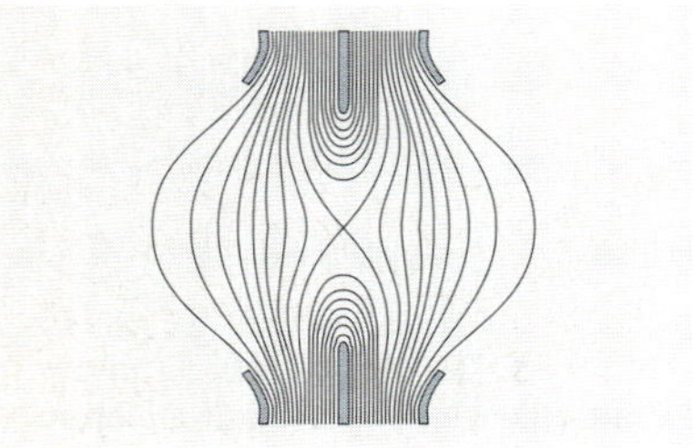

Abb. 9.65. Äquipotentialflächen im Feld einer Einzellinse vom Typus der Abb. 9.64a

Ein Feld wie in Abb. 9.65 ist äußerst schwer zu berechnen. Man bestimmt es besser experimentell im **elektrolytischen Trog**. Das Feld um ein Elektrodensystem ändert sich nämlich nicht, wenn man dieses in eine Elektrolytlösung taucht, falls der Trog viel größer ist als das Modell. Dies folgt aus der Proportionalität von Stromdichte und Feld: $j = \sigma E$. Um Polarisationsspannungen zu vermei-

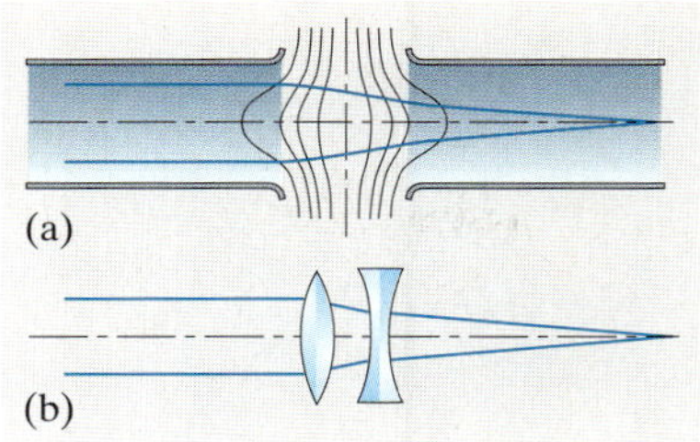

Abb. 9.66. Rohrlinse (a) und ihr optisches Analogon (b)

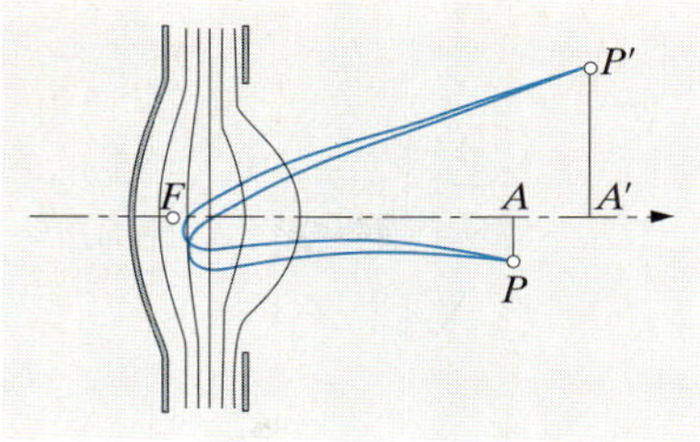

Abb. 9.67. Elektronenspiegel

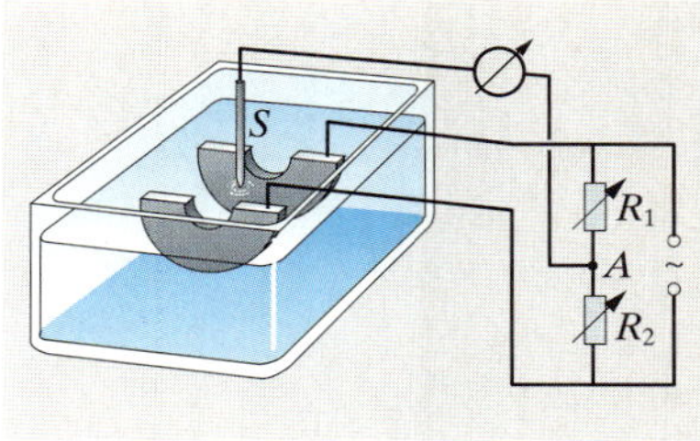

Abb. 9.68. Elektrolytischer Trog zur experimentellen Auffindung der Potentialverteilung

den (Abschn. 6.5.3), muß man freilich mit Wechselspannung arbeiten. Weil im rotationssymmetrischen Feld durch eine Ebene, die die Achse enthält, kein Strom tritt, braucht man nur die Hälfte des Modells genau bis zur Flüssigkeitsoberfläche einzutauchen. Man sucht nun das Potential in der Oberfläche und tastet es mit einer Sonde ab, die stromlos bleiben muß, damit sie das Feld nicht verzerrt. Dies erreicht man mit der Brückenschaltung von R_1 und R_2. Wenn man die Sonde so verschiebt, daß sie immer stromlos bleibt, beschreibt sie die zu R_1/R_2, also $R_2U/(R_1+R_2)$ gehörige Potentialfläche (Spannungsquelle unten geerdet, oben auf Potential U).

9.4.3 Magnetische Linsen

Außerhalb der Achse einer langen Spule liege eine primäre oder sekundäre Elektronenquelle, die nach allen Richtungen Elektronen emittiert oder streut. Wir wollen dieses Büschel von Elektronenbahnen möglichst vollständig in einem Punkt vereinigen, also ein Bild der Quelle herstellen. Im homogenen Magnetfeld läuft ein Elektron mit der Winkelgeschwindigkeit $\omega = eB/m$ auf einer Schraubenlinie um. ω ist unabhängig von der Geschwindigkeit, also auch von der Bahnrichtung. Nach der Zeit $t = 2\pi/\omega = 2\pi m/(eB)$ schneiden also alle Bahnen wieder die Feldlinie, auf der die Quelle liegt. In dieser Zeit sind sie in Achsrichtung um $tv\cos\varphi$ geflogen. Für hinreichend kleine φ, also ein enges Büschel, erhält man als Brennweite (halber Abstand Gegenstand / Bild)

$$f = \frac{\pi m v}{eB} \,.$$

✘ Beispiel...

Ist Abb. 9.69 so zu verstehen, daß die Achse der Spiralbahn des Elektrons mit der Spulenachse zusammenfällt?

Im annähernd homogenen Feld im Innern der langen Spule ist die Achse durch nichts ausgezeichnet. Das Elektron beschreibt, wo immer es ist, eine Spirale, deren Querschnittsradius r durch die Kreisbahnbedingung $\omega^2 r = Bv\sin\varphi \cdot e/m$ bestimmt wird.

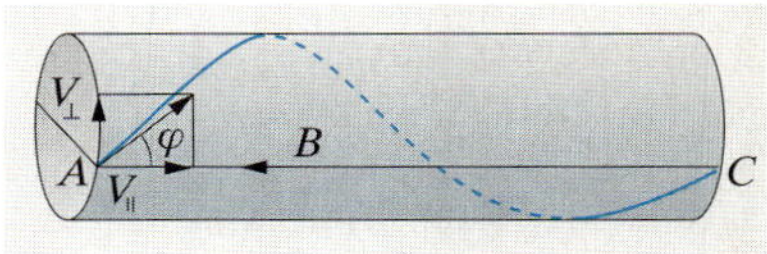

Abb. 9.69. Die stromdurchflossene lange Spule als magnetische Linse. Die Spule ist nicht gezeichnet, sondern nur die Elektronenbahn im homogenen Spulenfeld

Anders als beim elektrischen Feld ändert der Durchgang durch ein Magnetfeld die Elektronengeschwindigkeit nicht. Eine magnetische Linse verdreht das Bild (die lange Linse um 360°, also eigentlich gar

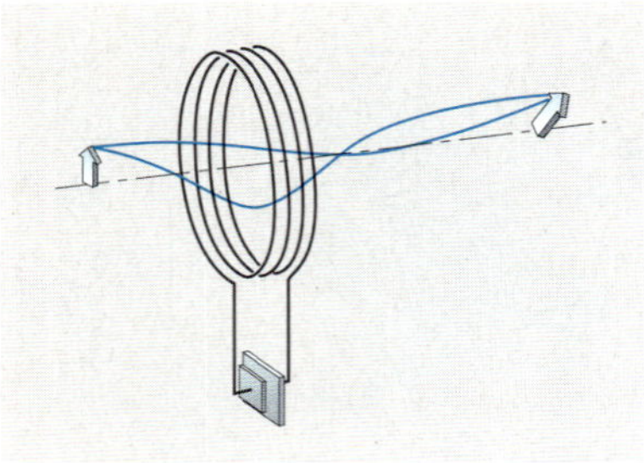

Abb. 9.70. Die Spiralbahnen der Elektronen treffen sich nach dem Durchgang durch die kurze magnetische Linse wieder im Bildpunkt

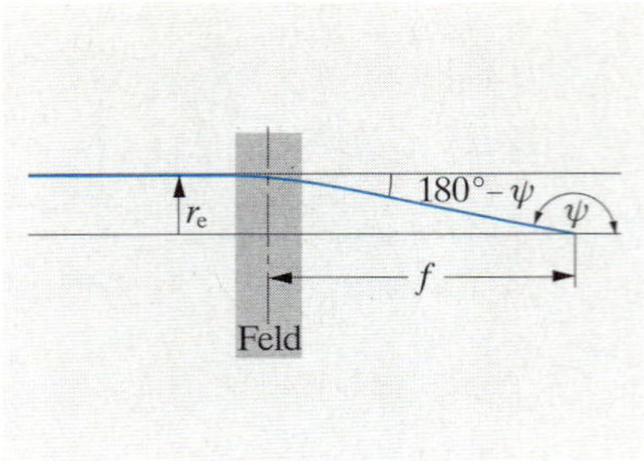

Abb. 9.71. Zur Berechnung der Brennweite einer kurzen magnetischen Linse

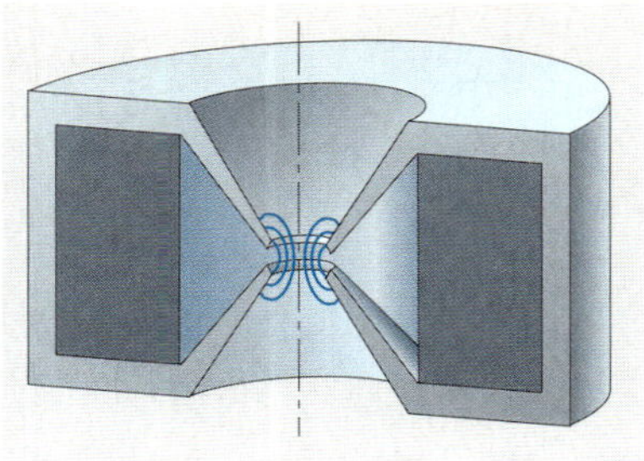

Abb. 9.72. Eisengepanzerte Spule mit Schlitz als kurzbrennweitige Linse

nicht), die elektrische kehrt es um. Die lange magnetische Linse hat einen Abbildungsmaßstab 1 : 1, bei der kurzen (Abb. 9.70) wirkt sich die Feldinhomogenität ganz anders aus: Vor der kurzen Spule konvergieren die Feldlinien nach rechts, haben also eine Radialkomponente. Angenommen, die Feldlinien laufen auch nach rechts. Ein achsparallel von links einfliegendes Elektron erfährt eine Lorentz-Kraft nach vorn, im Gegensatz zur langen Spule, wo für dieses Elektron $\boldsymbol{B} \parallel v$ wäre. Allmählich baut sich eine Geschwindigkeitskomponente nach vorn auf, die mit der axialen Feldkomponente eine nach innen gerichtete Lorentz-Kraft ergibt. Im divergierenden Feld hinter der Spule wird die Komponente nach vorn größtenteils wieder aufgehoben, es bleibt die Komponente nach innen (übrigens auch bei anderer Richtung des B-Feldes): Die achsparallelen Elektronen laufen in einem Abstand f hinter der Linse zusammen. Die Rechnung liefert eine Brechkraft

$$\frac{1}{f} = \frac{e}{8mU} \int_{-\infty}^{\infty} B^2 \,\mathrm{d}z \tag{9.30}$$

(längs der Achse integriert). In Aufgabe 9.4.7 können Sie das nachprüfen.

Kurze Brennweite trotz geringer Ausdehnung des Feldes erreicht man mit den sehr hohen Feldstärken eisengepanzerter Spulen (Abb. 9.72).

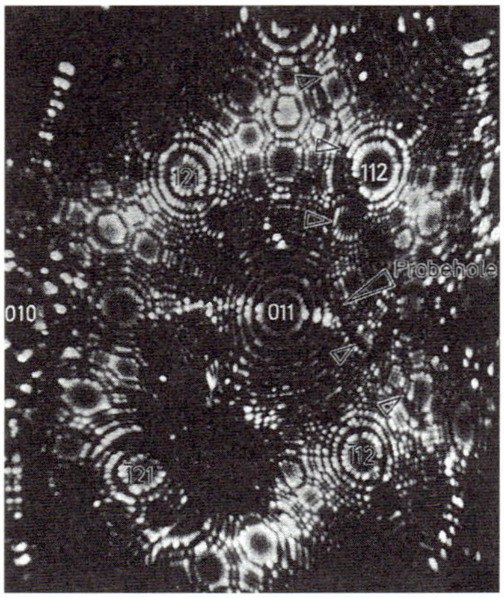

Abb. 9.73. Feldionenmikroskop-Aufnahme: Atome des Füllgases werden im hohen Feld an einer sehr feinen Metallspitze (hier Wolfram) ionisiert und übertragen das Bild von atomaren Bereichen unterschiedlicher Ionisierungswahrscheinlichkeit radial auswärts auf den Leuchtschirm. (Nach E. W. Müller: Naturwissenschaften **57**, 222 (1970))

9.4.4 Elektronenmikroskope

Nur Objekte wie Metalle oder andere Kristalle emittieren Elektronen oder auch Ionen, ohne dabei zerstört zu werden, und eignen sich zur **Emissionsmikroskopie**. Auf feine Spitzen montiert, ergeben solche Proben ohne jedes optische System ungeheuer vergrößerte Bilder (Abb. 9.73; Aufgabe 6.1.17). Biologische Objekte durchstrahlt man mit Elektronen oder läßt diese an ihnen oder an Abgüssen (Repliken) reflektieren.

Wie in einem Lichtmikroskop zur Mikrophotographie ist im **Elektronenmikroskop** das Okular durch eine Projektionslinse ersetzt (Abb. 9.74). Das Bild wird auf einem Fluoreszenzschirm oder dem photographischen Film aufgefangen. Da das Absorptionsvermögen der einzelnen Objektteile

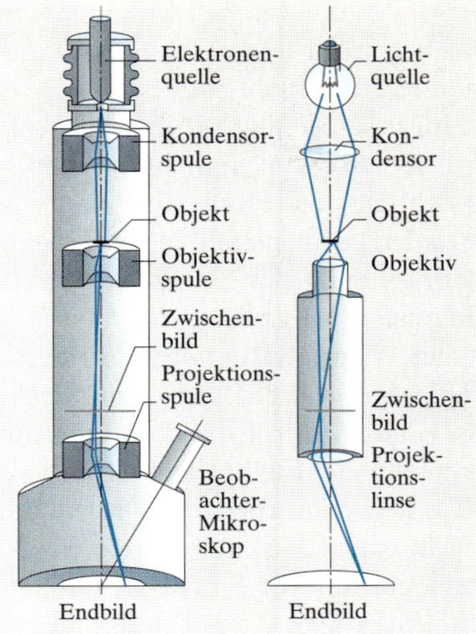

Abb. 9.74. Elektronenmikroskop mit magnetischen Linsen, daneben Strahlengang im optischen Projektionsmikroskop

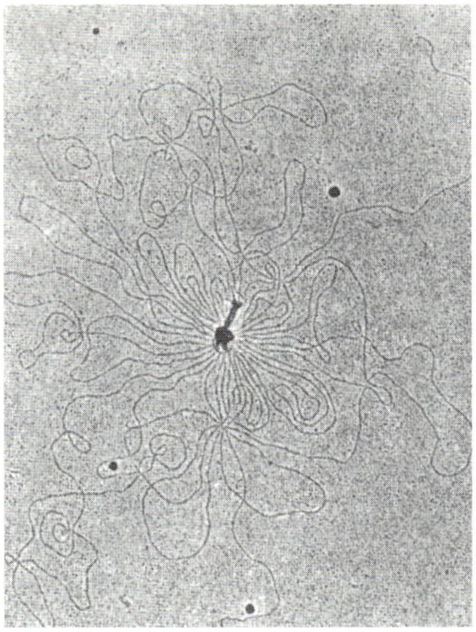

Abb. 9.75. Ein **Bakteriophage** (T2) bestehend aus Kopf (Proteinhülle mit normalerweise eingeschlossener Erbsubstanz DNS) und Schwanz. T2 ist ein „Raubtier", das dem 1 000mal so großen Darmbakterium Escherichia coli seine **DNS** injiziert (durch den Schwanz als Injektionsspritze). Drinnen zwingt die Phagen-DNS die biochemische Fabrik des Bakteriums, Kopien dieser DNS und des Hüllenproteins herzustellen. Das ausgelaugte E. coli zerfällt und entläßt etwa 100 fertig zusammengebaute Viren. Im Bild (nach *Kleinschmidt*) ist die Hülle durch osmotischen Schock (hypotonische Lösung) explodiert, und der vorher sorgfältig verpackte DNS-Strang ist nach außen geschnellt. Länge des Virus 0,2 μm, Länge seines DNS-Stranges 34 μm. E. coli-DNS, ebenfalls ein einziger Strang, ist sogar 1,2 mm lang – eines der längsten Moleküle. (Nach H.-U. Harten: *Physik für Mediziner*, 4. Aufl. (Springer, Berlin Heidelberg 1980))

Abb. 9.76. Mit einem 500 keV-Elektronenmikroskop kann man einzelne Atome sehen, hier besonders die schweren, elektronenreichen Atome im chlorierten Kupfer-Phtalocyanin. Organische Moleküle sehen tatsächlich aus wie im Chemiebuch (Auflösung etwa $1{,}3 \cdot 10^{-10}$ m; Aufnahme von *N. Uyeda*, Univ. Kyoto)

für Elektronen meist ganz anders ist als für Lichtwellen, ist auch die Deutung des Bildes oft anders.

Elektronenlinsen haben natürlich auch **Linsenfehler**, die sich nie ganz unterdrücken lassen, besonders **sphärische Aberration**. Sie sind für Auflösung und Vergrößerung des Elektronenmikroskops entscheidender als die beugungstheoretische Grenze, die durch die de Broglie-Wellenlänge λ des Elektrons bestimmt wird. $\lambda = h/p$ ist schon bei 0,1 kV-Elektronen von der Größenordnung des Atomradius. Trotzdem bringt Steige-

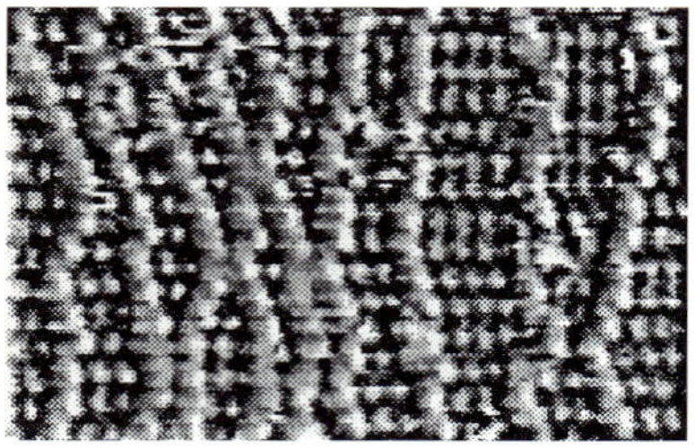

Abb. 9.77. RTM-Bild einer Cu-Oberfläche mit absorbiertem Schwefel. Die hellen „Perlenketten“ sind monoatomare, 1,8 A hohe Stufen auf der 100-Cu-Oberfläche. Ursprünglich bildete diese eine von links nach rechts in parallelen, ca. 14 A breiten Stufen abfallende Treppe. Da die adsorbierten S-Atome (schwache helle Flecken) 32% größer sind als die Cu-Atome, prägen sie der Cu-Oberfläche z. T. ihre eigene Flächenstruktur auf, indem sie einige Cu-Atome zum Umlagern zwingen. So werden die Stufen unregelmäßig: Wo das S-Gitter quadratisch ist, laufen sie im Bild noch senkrecht, dagegen schräg, wo das S-Gitter hexagonal ist (mit freundlicher Genehmigung von *S. Rousset*, Groupe de Physique des Solides de l'École Normale Supérieure, Paris)

rung der Spannung auf mehrere MV Vorteile; mit solchen Mikroskopen kann man tatsächlich einzelne Atome sehen. Hier lautet das Brechungsgesetz etwas anders, weil die Elektronen relativistisch sind.

Mit dem **Rastermikroskop (scanning microscope)** macht man Aufnahmen von verblüffender Raumillusion. Es handelt sich nicht um Abbildungen im üblichen Sinn, sondern das Bild entsteht Punkt für Punkt wie beim Fernsehen. Ein sehr fein fokussierter Elektronenstrahl tastet das Objekt zeilenweise ab, und die Sekundäremissionen der einzelnen Punkte werden registriert und wieder zum Bild zusammengesetzt.

Mit dem **Tunnel-Mikroskop** (genauer: **Tunneleffekt-Rastermikroskop, RTM**) von *Binnig* und *Rohrer* (Nobelpreis 1986) kann man Strukturen erkennen, die sogar kleiner sind als ein Atom. Eine ultrafeine, im Idealfall aus einem einzigen Atom bestehende Elektrodenspitze wird der Probe so weit genähert, bis ein Tunnelstrom übertritt. Die Stärke dieses Stroms reagiert exponentiell auf den Abstand Spitze–Probe (Abschn. 16.3.2). Ein Piezosystem verschiebt nun die Spitze so, daß der Tunnelstrom auf einen konstanten Wert eingeregelt wird. Dann muß die Spitze allen Rauhigkeiten der Oberfläche folgen. So kann man Flächen von einigen μm^2 mit einer Auflösung um 10^{-11} m senkrecht zur Oberfläche und um $2 \cdot 10^{-10}$ m parallel dazu abtasten.

Im **Ionenleitungsmikroskop** ersetzt man den Elektronen-Tunnelstrom durch einen Ionenstrom, die feine Metallspitze durch eine Mikropipette. So kann man nichtleitende, speziell biologische Oberfläche zerstörungsfrei abtasten, indem man die Sonde piezoelektrisch immer in dem Abstand hält, wo die Oberfläche den Ionenfluß zu sperren beginnt. Wenn auch die seitliche Auflösung noch weit von der des RTM entfernt ist, erkennt man doch so die nur postulierten Kanäle in den Zellmembranen, die den Stoffaustausch vermitteln.

Der Reflektor vom Mt. Palomar (Hale-Teleskop) in Südkalifornien (5 m Spiegel, 16,8 m Brennweite)

▲ Ausblick

Als Wirtschaftsfaktor steht die Optik der Mikroelektronik gar nicht so viel nach. Nicht nur jeder PC, auch jede Kamera, ob Video oder klassisch, die Sie kaufen, ist schon wieder unmodern. Ebensoschnell ist die Entwicklung im Forschungsbereich, für Teleskope und Mikroskope. Man projektiert schon 25 m-Reflektoren, aus Einzelspiegeln zusammengesetzt, baut Spiegel mit adaptiver Optik, die Bildverzerrungen infolge atmosphärischer Dichteschwankungen durch winzige Verbiegungen automatisch korrigieren, ganz abgesehen von Weltraum- und Radioteleskopen, die inzwischen das Auflösungsvermögen klassischer Instrumente überholt haben. Die Mikroskopie stößt ständig in neue Bereiche vor, sie sieht nicht nur Einzelatome, sie schiebt sie sogar hin und her und baut Strukturen daraus, deren Feinheit wohl nicht mehr zu übertreffen ist.

✓ Aufgaben . . .

● **9.1.1. Sonnenkringel**
Die Sonne malt Kringel auf den Waldboden. Wie kommen sie zustande? Geben sie die Form der Blattlücken wieder, oder was sonst? Hängt es von den Abstandsverhältnissen ab, was sie wiedergeben?

● **9.1.2. Log K. May hier auch?**
Winnetou und Old Shatterhand reiten wieder einmal durch eine ihrer beliebten tief eingeschnittenen Schluchten: Senkrechte Wände, 2 000 Fuß hoch. Plötzlich reißt Winnetou die Silberbüchse hoch, schießt – und der Indianer, der sie oben vom Schluchtrand aus bespäht hatte, schlägt vor ihnen auf dem Pfad auf, bevor noch sein Todesschrei ihr Ohr erreicht. Niemand als Winnetou hätte natürlich den Schatten auf dem Pfad bemerkt.

●● **9.1.3. Finsternisse**
Beantworten Sie graphisch oder rechnerisch folgende Fragen für einige der möglichen Abstandskombinationen, z. B. minimaler Abstand Sonne-Erde, mittlerer Abstand Erde-Mond: Welchen Durchmesser hat das Totalitätsgebiet bei einer **Sonnenfinsternis**? Wie lange dauert die Totalität höchstens? Wie groß ist die maximale Verfinsterung (abgedeckte Sonnenfläche in Prozent) in 1 000–2 000 km Abstand von der Totalitätszone (Schätzung aus geeigneter Skizze)? Wie lange kann eine totale **Mondfinsternis** dauern (Kernschatten)? Wie groß kann die Gesamtdauer einer Mondfinsternis sein (Kern- und Halbschatten)? *Aristarch* von Samos (um 300 v. Chr.) wußte zwar den Durchmesser der Erde, aber zunächst nicht den des Mondes. Er bestimmte ihn bei einer totalen Mondfinsternis. Können Sie sich vorstellen, wie?

Abstände (km)	Sonne – Erde	Mond – Erdoberfläche
minimal	$146{,}6 \cdot 10^6$	356 400
mittel	$149{,}5 \cdot 10^6$	378 060
maximal	$152{,}6 \cdot 10^6$	406 700

● **9.1.4. Finsternisse auf Mars**
Gibt es auf dem Mars Sonnen- oder Mondfinsternisse?

● **9.1.5. Was vertauscht der Spiegel**
Warum sieht man im Spiegel rechts und links vertauscht, aber nicht oben und unten?

●● **9.1.6. Brennspiegel**
Kann man mit einem Rasierspiegel Feuer machen? Papier muß auf ca. 500 °C erhitzt werden, damit es Feuer fängt. Benutzen Sie die Strahlungsgesetze (Kap. 11).

● **9.1.7. Wunderwaffe**
Archimedes soll auf den Zinnen von Syrakus Hohlspiegel angebracht haben, um die römischen Schiffe in Brand zu setzen. Glauben Sie das?

●● **9.1.8. Brennlinie**
Wie kommt die „herzförmige" helle Linie zustande, die man oft in Weingläsern, Ringen usw. beobachten kann? Die Brennlinie im Glas vom Radius r ist eine Epizykloide, die Spur eines Punktes auf der Peripherie eines Rades vom Radius $r/4$, das auf einem konzentrischen Kreis vom Radius $r/2$ abrollt. Beweisen Sie das.

●● **9.1.9. Weltraumspiegel**
Ein stationärer Erdsatellit, als Hohlspiegel von 600 m Durchmesser ausgebildet, wird auf eine Umlaufbahn um die Erde gebracht. Er soll ein bestimmtes Gebiet auf der Erdoberfläche auch nachts beleuchten, indem er dort ein Bild der Sonne erzeugt. Welchen Abstand vom Erdmittelpunkt muß der Spiegel haben, damit er immer über dem gleichen Punkt des Äquators bleibt? Wie hoch steht er über der Erdoberfläche? Wie groß müssen Brennweite und Krümmungsradius des Spiegels sein? Welchen Durchmesser hat das beleuchtete Gebiet? Um welchen Faktor etwa ist die nächtliche Beleuchtungsstärke durch den Spiegel geringer als die bei Tage durch die Sonneneinstrahlung? Infolge der Beugung am Spiegel entsteht um das Sonnenbild eine Folge von dunklen und hellen Ringen. Welchen Abstand vom Rand des oben berechneten Sonnenbildes hat der erste Dunkelring? Wird durch die Beugung das beleuchtete Gebiet wesentlich vergrößert? Von wann bis wann ist es trotz Spiegel dunkel (Ortszeit)? Aus welchem Abstand könnte der Spiegel von einem Astronauten zum Rasieren benutzt werden?

●● **9.1.10. Echo-Satellit**
Wie hell erscheint ein kugelförmiger **Erdsatellit** vom Durchmesser d (z.B. $d = 1$ m, 30 m) aus blankem Metall? Vergleichen Sie mit einem Stern. Sterngrößenklassen sind so definiert: Die Sonne hat die Größe -27. Ein Stern $(n+5)$ter Größe erscheint 100mal weniger hell als ein Stern $n$ter Größe. Hinweis: Welche Beziehung besteht zwischen den Leuchtdichten von Bild und Gegenstand?

● **9.1.11. Parabolspiegel**
Ist der Parabolspiegel optisch ideal? Was macht er mit nicht achsenparallelen Strahlen?

●● **9.1.12. Riesenfernrohr**
In einem Bergwerksschacht rotiert eine Wanne mit Quecksilber, dessen Oberfläche als idealer Parabolspiegel gedacht ist. Diskutieren Sie das Projekt. Welches wären seine Vorteile, welche technischen Schwierigkeiten sehen Sie?

●● **9.1.13. Schärfentiefe**
Wie groß ist die **Schärfentiefe** bei der Abbildung durch den Hohlspiegel? Wie definieren Sie die Schärfentiefe sinnvoll für die Beobachtung des Bildes mit bloßem Auge bzw. für die Photographie? Wie kann man sie steigern?

●● **9.1.14. Refraktometer**
Im Abbeschen Refraktometer tupft man ein Tröpfchen der zu untersuchenden Flüssigkeit auf ein Glasprisma und klappt dann eine mit einem Okular verbundene Glasplatte darauf. An einem Drehknopf dreht man so lange, bis im Blickfeld des Okulars eine scharfe Grenze zwischen Licht und Dunkelheit er-

scheint. Die Skala am Drehknopf zeigt dann direkt die Brechzahl der Flüssigkeit an (manchmal gibt es noch eine zweite Skala, die den Zuckergehalt angibt). Können Sie sich vorstellen, wie das Gerät funktioniert?

●● 9.1.15. Asymmetrischer Durchgang
Ein Lichtbündel fällt senkrecht auf eine Fläche eines Dreikantprismas und tritt durch die um γ dagegen geneigte Fläche wieder aus. Um wieviel wird es abgelenkt? Ist die Ablenkung immer größer als bei symmetrischem Durchgang, und um wieviel?

●● 9.1.16. Minimale Ablenkung
Man kann auch ohne Rechnung zeigen, daß die Ablenkung bei symmetrischem Durchgang durch ein Prisma am kleinsten ist. Alles, was man braucht, ist die Umkehrbarkeit des Lichtweges.

● 9.1.17. Dreikantprisma
Warum benutzt man zur Erzeugung eines Spektrums ein Dreikantprisma und nicht z. B. eines mit quadratischem Querschnitt?

●● 9.1.18. Rückstrahler
Die Richtung, in die ein Spiegel ein Lichtbündel ablenkt, ist empfindlich gegen Verdrehung des Spiegels. Dies kann als vorteilhaft ausgenützt werden (wo?), aber auch ein Nachteil sein. Wie verhält sich ein Winkelspiegel (bestehend aus zwei gegeneinander um den Winkel α gekippten Spiegeln)? Warum benutzt man technisch zum Umkehren der Richtung von Lichtbündeln meist nicht Winkelspiegel, sondern Prismen? Was kehrt sich noch um? Welche Rolle spielen Brechung und Dispersion bei **Umkehrprismen**? Sollte man im **Prismenfeldstecher** die Gegenstände nicht mit bunten Rändern sehen? Wie kann man Lichtbündel in sich selbst zurückwerfen, unabhängig von allen Kippungen des reflektierenden Systems („Rückstrahler")?

● 9.1.19. Camera obscura
Unbegabte Landschaftsmaler früherer Zeiten setzten sich in ein Zelt, das bis auf ein Loch in der Seitenwand lichtdicht war, und pinselten das Bild auf der gegenüberliegenden Wand nach. Wie entsteht dies Bild? Ist es seitenrichtig? Unter welchen Umständen ist es optimal scharf? Wie steht es mit der Helligkeit?

●● 9.1.20. Kommen wir da durch?
Wenn man mit dem Boot durch ein klares, flaches Gewässer fährt, meint man oft, unter dem Boot sei es gerade noch ausreichend tief, weiter vorn aber werde man bestimmt auf Grund laufen. Zum Glück verschiebt sich die scheinbare Mulde immer mit dem Boot. Welche Form hat sie?

●● 9.2.1. Gärtnerlatein?
Manche Gärtner raten ab, Blumen bei Sonne zu gießen, weil die Brennglaswirkung der Tröpfchen auf den Blättern diese zerstöre. Was sagen Sie?

●● 9.2.2. Astigmatismus
Welche Abbildungseigenschaften hat eine **Zylinderlinse** (brechende Fläche gleich Ausschnitt eines Zylindermantels)? Kann man mit zwei Zylinderlinsen punktförmig abbilden? Sind sie dann ganz äquivalent zu einer sphärischen Linse? Erläutern Sie, warum die Optiker statt von Astigmatismus auch von einem Zylinderfehler reden?

●● 9.2.3. Aphakie
Betrachten Sie Abb. 9.52 (Maßstab 1,4 : 1). Bei manchen Augenleiden muß die Linse entfernt werden. Zurück bleibt das **aphake** Auge. Liegt das Bild eines unendlich fernen Gegenstandes auf der Netzhaut oder wo sonst? Wo entsteht das Bild eines näheren Gegenstandes? Kann man einem Menschen mit einem aphaken Auge durch eine oder mehrere Brillen helfen? Wie stark muß die Brille sein? Probieren Sie aus (ohne Brille): Wie nah und wie fern können Sie gerade noch scharf sehen? Geben Sie den Brechkraftbereich Ihrer Augen an. Wie funktioniert die Entfernungseinstellung des Auges? Vergleichen Sie mit dem Fotoapparat. Welche Brechkraft hat Ihre Augenlinse (nur die Linse allein)? Können Sie aus den bisherigen Beobachtungen und Überlegungen schließen, ob Sie eine Brille brauchen und was für eine?

● 9.2.4. Taucherbrille
Kann man unter Wasser (ohne Taucherbrille) scharf sehen? Sind Weitsichtige oder Kurzsichtige wesentlich im Vorteil? Würden +- oder --Brillengläser helfen? Wie viele Dioptrien müßten sie haben? Welches ist das Prinzip der Taucherbrille? Jemand nimmt eine normale Kamera (die nicht in einem Glasgehäuse sitzt) unters Wasser mit. Abgesehen von den mechanischen Konsequenzen: Kann er scharfe Bilder erwarten? Kann er mittels der Entfernungseinstellung korrigieren?

●● 9.2.5. Wenigstens ein Vorteil
Warum können Kurzsichtige kleine Dinge besser erkennen? Wieviel kann dieser Effekt einbringen?

● 9.2.6. Dicke Linse
An welchen Ebenen muß man bei einer dicken Linse einmalige Brechung ansetzen für (a) Parallelstrahlen von rechts, (b) Brennstrahlen von links, (c) Brennstrahlen von rechts, (d) Strahlen, die weder Parallel- noch Brennstrahlen sind?

●● 9.2.7. Sphärische Aberration
Warum werden in sphärischen Konvexlinsen die Randstrahlen eines Parallelbündels näher an der Linse vereinigt als achsennahe Strahlen? Wie ist die Lage bei Konkavlinsen?

●● 9.2.8. Trikolore
Unser Auge ist offenbar chromatisch gut korrigiert. Da aber rotes Licht schwächer gebrochen wird als blaues, muß der Akkommodationsmuskel die Linse stärker wölben, wenn eine rote, als wenn eine blaue Fläche in gleichem Abstand betrachtet wird. Wie kommt es, daß Rot, wie die Maler sagen, „aggressiv auf uns zukommt" und Blau „uns in seine Tiefen zieht"? Wenn man bunte Kirchenfenster betrachtet, scheinen die verschiedenen Farben oft in verschiedenen Ebenen zu stehen. In der französischen Trikolore ist der rote Streifen

merklich breiter (37 %) als der weiße (33 %) und dieser breiter als der blaue (30 %). Warum?

●● **9.2.9. Lupe**
Warum kann eine Lupe nicht mehr vergrößern als 20- bis 30mal?

● **9.2.10. Mikroskop**
Die Brennweiten des Okularsatzes eines Mikroskops sind 50; 25; 17 mm, die des Objektivsatzes 10; 5; 3; 1,5 mm. Die Tubuslänge ist 25 cm. Welche Vergrößerungen kann man kombinieren? Wie weit müssen die einzelnen Objektive dem Objekt genähert werden?

● **9.2.11. Immersionsobjektiv**
Das Immersionsöl mit der Brechzahl $n \approx 1{,}5$ verringert die Wellenlänge des ins Objektiv einfallenden Lichtes, wodurch das Auflösungsvermögen verbessert wird (kleinster auflösbarer Sehwinkel $\approx \lambda/a$, a Durchmesser der Eintrittspupille). Ist das ein weiterer Vorzug des Immersionssystems oder ist er äquivalent mit einem der in Abschn. 9.2.6 genannten?

●● **9.2.12. Auflösungsvermögen**
Gilt die Abbesche Theorie des **Auflösungsvermögens** auch für Elektronenmikroskope? Es gibt ein Mittel, das für Lichtmikroskope nur sehr beschränkt, für Elektronenmikroskope aber in großem Umfang anwendbar ist, um das Auflösungsvermögen zu steigern. Welches?

●● **9.2.13. Wie mißt man Vergrößerung?**
Besteht beim Fernrohr ein Zusammenhang zwischen der Vergrößerung und dem Verhältnis der Durchmesser des eintretenden und des austretenden Lichtbündels? Wie kann man die Vergrößerung mit einer Schublehre messen?

● **9.2.14. Entfernungseinstellung**
Warum kommt auf dem Entfernungseinstellring der Kamera ∞ so bald nach 10, während 0,55 und 0,5 viel weiter auseinanderliegen?

●●● **9.2.15. Hohlwelt**
Nach der **Hohlwelttheorie** leben wir auf der *Innen*seite einer Kugel, in die auch das ganze Weltall eingeschlossen ist. Daß wir bei klarem Wetter nicht bis Australien sehen, liege einfach daran, daß das Licht krumm läuft. Das mag ein Bierwitz sein, aber es ist ein wesentlich besserer als Astrologie oder Welteislehre. Beweisen Sie erst mal das Gegenteil! Sie werden feststellen, daß die üblichen optischen und positions-astronomischen Gegenargumente nicht zwingend sind. Gibt es einen allgemeinen Grund dafür? Wie müßte das Licht in der Hohlwelt laufen, damit alles stimmt? Kann man dieses Verhalten durch eine Brechzahl beschreiben, und wie müßte sie vom Ort abhängen? Hinweis: Spiegelung an Kreis oder Kugel. Geben Sie ein quantitatives Hohlweltmodell für Sonne, Mond und Sterne (Größen, Bahnen usw.). Wie kommen Tages- und Jahreszeiten, Finsternisse usw. zustande? Ergibt sich eine Parallaxe bei der Bewegung auf der Erde, im Lauf des Jahres? Liefern andere Gebiete der Physik zwingendere Gegenargumente?

●● **9.2.16. Halo**
Die häufigste **Haloerscheinung** ist ein Ring um Sonne oder Mond mit 22° Radius, ganz schwach gefärbt mit Rot innen. Eis hat die Brechzahl 1,31. Nadelförmige Eiskriställchen, wie sie sich in der Hochtroposphäre bilden, haben vorwiegend Prismenform mit gleichseitig-dreieckigem Querschnitt. Wie kommt der 22°-Halo zustande?

●● **9.3.1. Rømer oder Doppler**
Kann man *Rømers* Beobachtung über die verzögerte Jupitermondfinsternis auch als Doppler-Effekt verstehen? Führen Sie das quantitativ durch.

●● **9.3.2. Fizeau-Versuch**
Projektieren Sie einen Versuch zur Bestimmung der Lichtgeschwindigkeit nach *Fizeau*. Beachten Sie den Umstand, daß man eine Scheibe aus Stahl höchstens bis zu einer Umfangsgeschwindigkeit von 100 m/s rotieren lassen sollte. Nehmen Sie an, Sie hätten einen Lichtstrahl bis auf 1 mm Durchmesser fokussiert. Wie lang muß der Lichtweg sein, wenn der durch eine Zahnlücke gegangene Strahl auf dem Rückweg gerade auf einen Zahn stoßen soll? *Fizeau* benutzte einen Spiegel in 8,6 km Abstand. Kann man mit weniger auskommen? Welche Genauigkeit für c kann man erreichen?

●● **9.3.3. Foucault-Versuch**
Schätzen Sie die Genauigkeit einer c-Messung nach der Drehspiegelmethode von *Foucault*, wobei die ganze Meßanordnung in einem großen Saal aufgebaut ist. Reicht die Genauigkeit zur Direktbestimmung der Brechzahl von Luft? Man erreicht Spiegeldrehzahlen von ca. 1 000 Hz. Warum nicht mehr? Wie könnte man die in Abschn. 9.3.4 angegebene Genauigkeit für c erreichen?

● **9.3.4. Ändert sich λ oder ν?**
Im Wasser läuft das Licht langsamer als in der Luft. Liegt das an einer Abnahme der Wellenlänge oder der Frequenz? Auch wenn man taucht, sieht man die Wasserpflanzen grün (falls sie nicht zu weit entfernt oder zu tief unten sind). Welche Welleneigenschaft übersetzen Auge und Gehirn also in Farbe: λ oder ν?

●● **9.3.5. Widerspruch?**
Licht fällt von unten schräg auf die Seeoberfläche und wird demnach totalreflektiert. An der Seeoberfläche entstehen aber doch auch Elementarwellen, die sich in die Luft ausbreiten. Ist das nicht ein Widerspruch?

●● **9.3.6. c-Messung**
In dem Versuchsaufbau (Abb. 9.78) spiegelt man das Licht einer **Leuchtdiode (LED)** zurück auf eine **Photodiode** (PD). Das Licht der LED hat einen mit 50 MHz voll durchmodulierten Sinusverlauf. Dieses Signal wird auf die horizontalen Platten eines Oszilloskops gelegt, ein Signal, das dem PD-Strom proportional ist, auf die vertikalen Platten. Dreht man am Phasenschieber, kann man auf

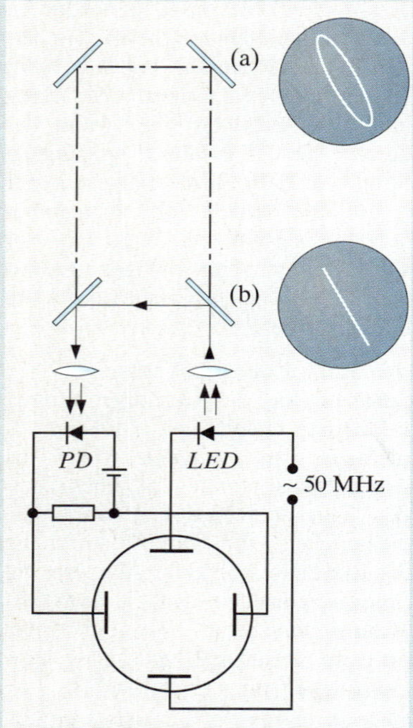

Abb. 9.78. Messung der Lichtgeschwindigkeit. Elektronik stark vereinfacht

dem Schirm eine schräge Linie (b) erhalten. Verändert man nun den Abstand l nur um 15 cm, öffnet sich diese Linie zur Ellipse (a). Wieso? Genauso öffnet sich die Ellipse, wenn man l konstant läßt, aber in den einen Arm des Lichtweges ein wassergefülltes Rohr von 90 cm Länge stellt oder einen Glasstab von 60 cm Länge. Wieso?

●● 9.4.1. Hätte Newton sich gefreut?

Obwohl Licht und Elektronen rein geometrisch dem gleichen Brechungsgesetz gehorchen, bestehen physikalisch erhebliche Unterschiede. Man betrachte besonders die Geschwindigkeit in Abhängigkeit von der Brechzahl.

●● 9.4.2. Lichtkrümmung

Leiten Sie das Krümmungsmaß eines Lichtstrahles in einem Medium mit stetig ortsabhängiger Brechzahl rein geometrisch-optisch her. Vermeiden Sie zunächst den Fall, daß der Strahl senkrecht zum Gradienten von n läuft (warum?); stellen Sie diesen Fall durch Grenzübergang von endlichen Winkeln aus her.

● 9.4.3. Bahnkrümmung

Ein Elektron fliegt durch einen Raum mit ortsabhängigem Potential. Wie groß ist die Krümmung seiner Bahn? (Hier ist am einfachsten der Fall $v \perp \operatorname{grad} U$).

●● 9.4.4. Fata Morgana

Im Sommer scheint die Straße in einer gewissen Entfernung häufig naß zu sein. Erklären Sie den Effekt. Hat er etwas mit der **Fata Morgana** in der Wüste zu tun? Warum tritt er meist in der warmen Jahreszeit auf? Was kann man aus der Entfernung der „Pfütze" quantitativ schließen?

●● 9.4.5. Atmosphärische Refraktion

„Wenn der untere Rand der untergehenden Sonne gerade den Horizont zu berühren scheint, ist geometrisch die Sonne schon vollkommen untergegangen." Stimmt das? (Wohlgemerkt: Es handelt sich nicht um die Laufzeit des Lichtes zwischen Sonne und Erde). Um wieviel wird der Tag durch diesen Effekt verlängert? Könnte man sich eine Planetenatmosphäre vorstellen, die so ist, daß die Sonne gar nicht untergeht? Diskutieren Sie die Sichtverhältnisse auf der Venus (Atmosphärendruck am Boden ca. 90 bar (CO_2), Skalenhöhe ca. 13 km) (a) unter Berücksichtigung der undurchsichtigen Wolkenschicht in ca. 20 km Höhe, (b) wenn diese Wolkenschicht nicht da wäre. Wieviel „Sonnenatmosphäre" (etwa atomarer Wasserstoff bei 6 000 K) würde notwendig sein, um die zwei Bogensekunden Ablenkung herbeizuführen, die nach Einsteins Gravitationstheorie am Sonnenrand zu erwarten sind (vgl. Abschn. 15.4.2)? Wie genau muß man also die Dichte über der Chromosphäre kennen, um die Messungen entsprechend korrigieren zu können?

●● 9.4.6. Elektronenspiegel

Kann man nach dem Prinzip von Abb. 9.67 einen ebenen oder konvexen **Elektronenspiegel** herstellen?

●●● 9.4.7. Lange Linse

Kommt Ihnen (9.30) nicht auch merkwürdig vor? Die Ablenkung eines Elektrons soll nur vom Feld auf der Achse abhängen, obwohl doch gerade dort gar keine Ablenkung erfolgt. Bedenken Sie aber, daß die Feldverteilung *längs* der Achse auch irgendwie die Feldverteilung *quer* zur Achse mitbestimmt. Wie nämlich? Die Ablenkung soll nur vom Integral über B^2 abhängen, nicht von der Verteilung des Feldes. Jetzt zeigen Sie, ob Sie Bewegungsgleichungen aufstellen können und sich auch nicht zu früh verleiten lassen, sie lösen zu wollen. In der Näherung, die die geometrische Optik ziemlich durchgehend benutzt (was besagt sie hier?), stellen Sie die Bewegungsgleichungen für die Geschwindigkeitskomponenten des Elektrons auf und setzen, bevor Sie sie zu lösen versuchen (ginge das denn überhaupt?), eine in die andere ein. Wir gehen ja davon aus, daß ein ursprünglich achsparalleles Elektronenbündel durch die Linse in einem Punkt vereinigt wird. Wie muß also v_r von r abhängen? Suchen Sie etwas, das unabhängig von r ist, aber dabei natürlich von z abhängt, und formen Sie die Bewegungsgleichung um, so daß sie nur diese Größe enthält. Dann wird sie wirklich lösbar, sagen wir, in zwei Schritten.

10

Wellenoptik

Inhalt

Einleitung

Was ist Licht? *Newton* war kein so einseitiger Verfechter der Korpuskularvorstellung, der Huygens Wellentheorie dank seiner Autorität so lange unterdrückt hätte, wie man oft hört. Vielmehr kombinierte er in ziemlich moderner Weise Teilchen und Wellen, um z. B. die verschiedenen Brechzahlen der Farben in seinem Prisma oder „seine" Ringe zu erklären: Lichtteilchen verschiedener Art sollten Wellen im Äther auslösen, und diese sollten die Teilchen verschieden stark beschleunigen – die langen roten stärker als die kurzen blauen. Er hielt nur eine endgültige Entscheidung für verfrüht. Sie fiel erst 150 Jahre später durch *Fresnel* und *Young*.

„... habe ich die Dimensionen der Lichtquelle soweit wie möglich reduziert, und dennoch habe ich beobachtet, daß die Schatten nie scharf abgegrenzt waren, wie sie es sein müßten, wenn sich das Licht ausschließlich in der ursprünglichen Richtung fortpflanzte. Man sieht, daß es sich in den Schatten hinein ausbreitet, und es ist schwer, den Punkt, wo es haltmacht, festzulegen. Ich habe Licht bis mitten im Schatten eines 2 cm breiten Maßstabs gesehen ... ."

Augustin Fresnel, Théorie de la lumière

10.1 Interferenz und Beugung

Daß Licht eine Welle ist, hat man erst viel später erkannt als beim Schall. Schuld daran war erstens die viel kleinere Wellenlänge. Der Schall geht ohne weiteres „um die Ecke", Licht tut dies nur bei winzigen Öffnungen. Zweitens macht die mangelnde Kohärenz der üblichen Lichtquellen Interferenzerscheinungen selten und schwer beobachtbar. Bei einer Schallquelle, z. B. in Musikinstrumenten, schwingen alle Teile i. allg. mit gleicher Frequenz und in gleicher Phase, was von allen Lichtquellen nur beim Laser der Fall ist. Die typischen Welleneigenschaften des Lichts spielen daher im Alltagsleben keine so offensichtliche Rolle wie z. B. bei den Wasserwellen, und viele Ergebnisse der Interferenzoptik schlagen der Alltagsintuition geradezu ins Gesicht.

✘ Beispiel...

Ein Kind stellt sich hinter einen Baum und ruft „Such mich!" Warum hört man das Kind, sieht es aber nicht?

Für die fast 1 m langen Schallwellen ist der Baum kein Hindernis, wohl aber für die knapp 1 μm langen Lichtwellen.

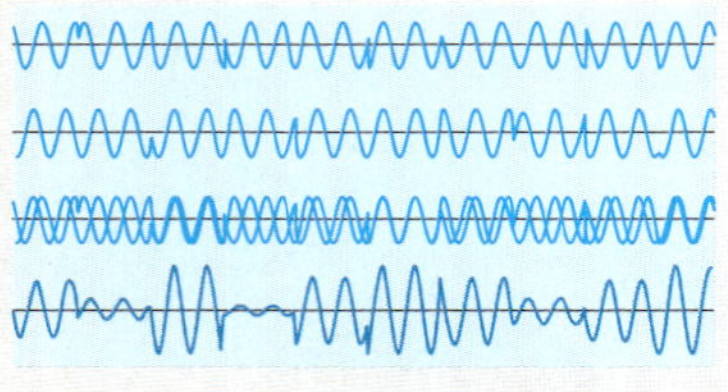

Abb. 10.1. Im Licht eines thermischen Strahlers (z. B. einer Glühlampe) stekken viele rasch und unregelmäßig aufeinanderfolgende Wellenzüge. Überlagerung solcher unabhängigen Vorgänge ergibt kein klares Interferenzbild (weder durchweg hell noch durchweg dunkel: *Untere Kurve*)

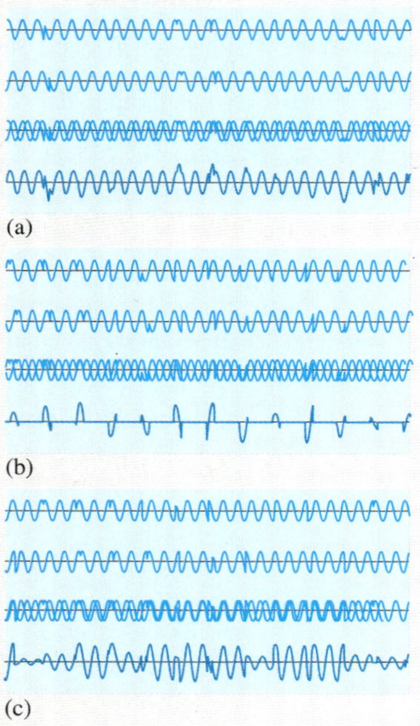

Abb. 10.2. Zwei Teilbündel aus demselben Wellenzug interferieren konstruktiv (a) oder destruktiv (b), je nach dem Gangunterschied. Bei etwas größerem Gangunterschied (c), größer als die mittlere Länge der Wellenzüge ohne Phasensprung, geht aber die Kohärenz, d. h. die Interferenzfähigkeit verloren

10.1.1 Kohärenz

Damit zwei oder mehr Lichtwellen geordnete und stationäre Interferenzerscheinungen erzeugen können, müssen sie **kohärent** sein.

> Wellen sind kohärent, wenn die Zeitabhängigkeit der Amplitude in ihnen bis auf eine Phasenverschiebung die gleiche ist.

Bei rein harmonischen Wellen heißt das, daß die Frequenzen übereinstimmen müssen; die Phasen dürfen eine konstante Differenz gegeneinander haben.

Da das spontan emittierte Licht eines heißen Körpers von einzelnen, voneinander unabhängigen Atomen ausgestrahlt wird, ist es ausgeschlossen, daß zwei verschiedene Lichtquellen zufällig genau die gleiche Schwingung ausführen, also kohärente Wellenzüge ausstrahlen. Wellenzüge, die zur Interferenz gebracht werden sollen, müssen i. allg. aus der gleichen Lichtquelle stammen (man beachte, daß das Huygens-Fresnel-Prinzip schon die Ausbreitung *eines* Wellenzuges als Interferenz mit sich selbst beschreibt). Infolge Spiegelung, Brechung, Streuung oder Beugung können solche Wellenzüge aus der gleichen Quelle aber, *bevor* sie sich überlagern, verschiedene Lichtwege zurückgelegt haben, so daß zwischen ihnen **Gangunterschiede** bestehen. Im Fall der Streuung ist zu beachten, daß sie selbst kohärent sein muß, d. h. daß zwischen Auftreffen und Wiederaussendung des Lichtes kein Prozeß eingeschaltet ist, der die Schwingungsform verändert.

Auch wenn man einen Wellenzug teilt und mit sich selbst interferieren lassen will, darf der Gangunterschied zwischen den Teilbündeln eine gewisse **Kohärenzlänge** L nicht überschreiten. Sie ist günstigstenfalls so groß wie die mittlere Länge des von einem einzelnen Atom ausgesandten Wellenzuges: $L = c\tau$ (τ: mittlere Dauer des Emissionsaktes). Wenn der Gangunterschied größer ist als L, d. h. der Laufzeitunterschied größer als τ, sind an den beiden Wellenzügen ganz verschiedene Atome beteiligt, die voneinander nicht wissen und deren Emissionen keinerlei feste Phasenbeziehungen haben. τ ist für isolierte Atome etwa 10^{-8} s, bei größerer Dichte und Temperatur der Lichtquelle i. allg. kürzer (vgl. Abschn. 12.2.2), also L höchstens einige Meter.

Der gedämpfte Wellenzug mit der Abklingzeit τ, den ein Atom emittiert, kann keiner ganz scharfen Spektrallinie entsprechen, sondern deren Breite ist $\Delta\omega \approx \tau^{-1}$. Benutzt man einen noch breiteren Ausschnitt aus dem Spektrum (Breite $\Delta\omega$), dann verringern sich Kohärenzzeit und -länge noch weiter auf $t \approx 1/\Delta\omega$, $L \approx ct \approx c/\Delta\omega$. Mit zu ausgedehnten Lichtquellen darf man auch nicht arbeiten, um Interferenz zu erzeugen. Ihre zulässige Ausdehnung b steht mit dem Öffnungswinkel σ des benutzten Bündels im Zusammenhang $b < \lambda/(4\sigma)$. Der Winkel σ darf nicht größer sein als die Breite eines Beugungsstreifens, der entstünde, wenn man die Lichtquelle als beugendes Hindernis oder Loch benutzte (Abschn. 10.1.4). Sonst mischen sich die verschiedenen Beugungsordnungen oder, anders ausgedrückt, die Beiträge der einzelnen Teile der Lichtquelle und zerstören die Kohärenz.

Bei der **erzwungenen Emission** ist die Lage anders. Hier löst eine auffallende Lichtwelle geeigneter Frequenz die in angeregten Atomen gespeicherte Energie aus. Dann besteht eine feste Phasenbeziehung zwischen auslösender und emittierter Welle und somit auch zwischen den Emissionen der einzelnen Teile des erzwungen emittierenden Mediums. Laserlicht ist daher viel kohärenter als spontan emittiertes Licht. Die Kohärenzdauer kann die gesamte Dauer des Laserpulses erreichen, die Kohärenzlänge viele km.

10.1.2 Die Grundkonstruktion der Interferenzoptik

Wir betrachten zwei kohärente punktförmige Lichtquellen im Abstand d voneinander. Man kann sie auf verschiedene Arten herstellen: Zwei feine Löcher oder Schlitze in einer Blende, zwei Spiegelbilder der gleichen Lichtquelle in einem Winkelspiegel (Abb. 10.3), eine Lichtquelle gesehen durch die beiden Hälften eines Biprismas (Abb. 10.4). Die erste Methode führte *Th. Young*, die letzten Methoden *A. J. Fresnel* ein. Berge beider Teilwellen überlagern sich, d. h. Helligkeit herrscht an allen Stellen P, die von den Lichtquellen A und B gleichweit entfernt oder um ein ganzzahliges Vielfaches einer Wellenlänge verschieden weit entfernt sind: $PA - PB = z\lambda$, $z = 0, \pm 1, \pm 2, \ldots$. Alle solche Punkte mit gegebenem z liegen auf einer Hyperbel mit den Brennpunkten A und B. Bei der Hyperbel ist ja die Differenz der Abstände von den Brennpunkten konstant gleich der doppelten Halbachse a:

$$PA - PB = z\lambda = \pm 2a\,. \tag{10.1}$$

Man sieht diese Hyperbelmuster sehr schön, wenn man zwei sehr exakt auf Glasplatten oder Transparentfolie gezeichnete Scharen äquidistant konzentrischer Kreise übereinanderlegt und ihre Mittelpunkte leicht gegeneinander verschiebt (Abb. 10.5, 10.6). Räumlich gesehen verstärken sich die Teilwellen auf einer Schar konfokaler Rotationshyperboloide.

In der Praxis ist der Abstand d immer sehr klein gegen den Abstand zum Schirm, wo man das Interferenzbild auffängt. Wenn also P sehr weit entfernt ist, geht die Hyperbel in ihre Asymptote über. Aus dem Dreieck ABQ (Abb. 10.10), das dann rechtwinklig wird, liest man als Bedingung für die Richtung φ der **Interferenzmaxima** ab

$$\boxed{\sin\varphi = \frac{z\lambda}{d}}\,. \tag{10.2}$$

Vielfach handelt es sich um kleine Winkel φ. Dann kann man noch mehr vereinfachen:

$$\varphi \approx \frac{z\lambda}{d}\,. \tag{10.3}$$

Interferenzminima mit völliger Dunkelheit entstehen, wo ein Berg der einen Welle auf ein Tal der anderen trifft, d. h. wo der Wegunterschied ein halbzahliges Vielfaches von λ ist:

$$\sin\varphi = \left(z + \frac{1}{2}\right)\frac{\lambda}{d} \quad \text{bzw.} \quad \varphi \approx \left(z + \frac{1}{2}\right)\frac{\lambda}{d}\,. \tag{10.4}$$

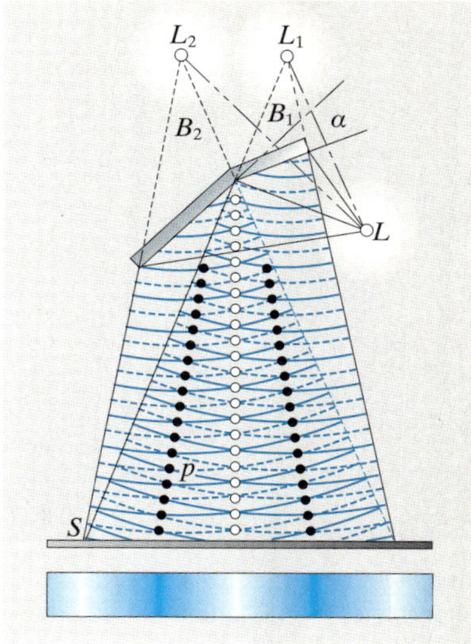

Abb. 10.3. Erzeugung kohärenter Lichtbündel mit dem Fresnel-Doppelspiegel. (Der Winkel zwischen den Spiegeln weicht im Experiment nur um wenige Minuten von 180° ab)

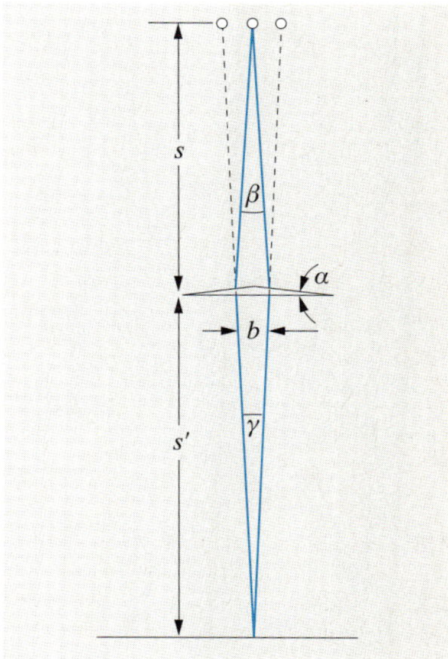

Abb. 10.4. Das Fresnel-Biprisma vereinigt zwei Teilbündel, die infolge ihres sehr geringen Gangunterschieds kohärent sind, auf dem Schirm

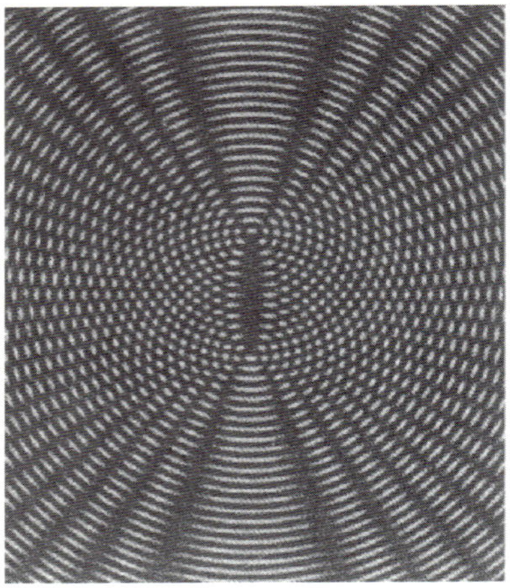

Abb. 10.5. Interferenz der Wellenfelder zweier Punktquellen; hier dargestellt als „Moiré-Muster" durch Überlagerung zweier Glasplatten mit je einem System schwarz gezeichneter konzentrischer Kreise. (Nach *R.W. Pohl*, aus H.-U. Harten: *Physik für Mediziner*, 4. Aufl. (Springer, Berlin Heidelberg 1980))

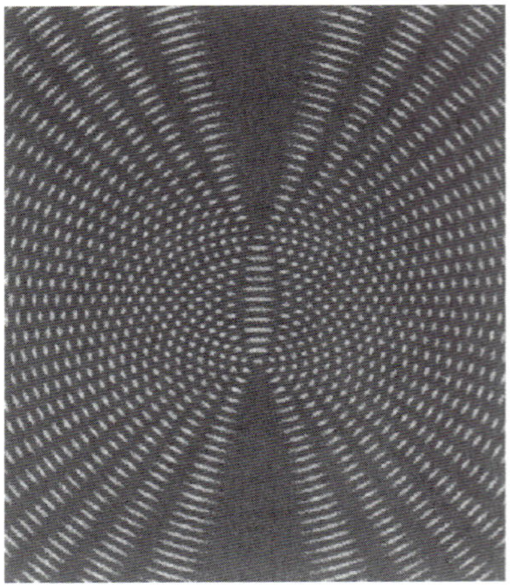

Abb. 10.6. Gegenüber Abb. 10.5 ist der Abstand der Wellenzentren um eine halbe Wellenlänge erhöht. Ergebnis: Das Interferenzmuster kehrt sich um. Verschiebung um eine ganze Wellenlänge erzeugt ein Maximum mehr oder weniger. (Nach *R. W. Pohl*, aus H.-U. Harten: *Physik für Mediziner*, 4. Aufl. (Springer, Berlin Heidelberg 1980))

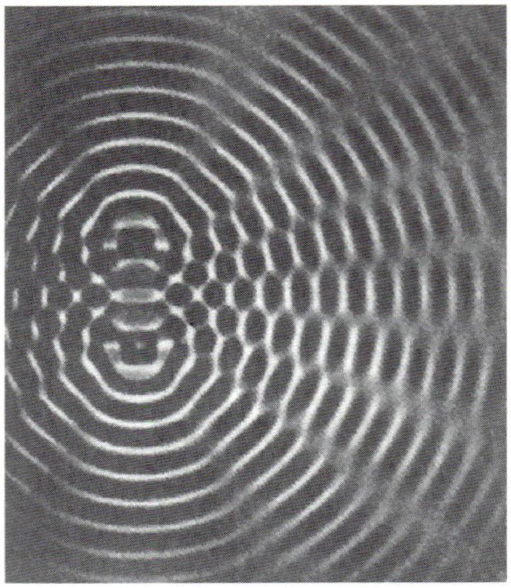

Abb. 10.7. Bei Wasserwellen sind die Interferenzmuster nicht ganz so deutlich wie beim Moiré-Verfahren mit seiner Rechteckwelle von Hell und Dunkel. Man bedenke, daß bei der Wasserwelle die Linsenwirkung der Wellenkämme unvollkommen bleiben muß. (Nach *R. W. Pohl*, aus H.-U. Harten: *Physik für Mediziner*, 4. Aufl. (Springer, Berlin Heidelberg 1980))

Offenbar hängt die Richtung φ bei gegebenem d von der Wellenlänge ab. Die roten Maxima (mit $\lambda \approx 800$ nm) liegen fast beim doppelten φ wie die violetten ($\lambda \approx 400$ nm). Wenn die Quellen weißes Licht aussenden, sind (abgesehen vom nullten Maximum in der Mittelebene) alle Maxima farbig, außen rot, innen violett. Das Rot des ersten Maximums fällt fast auf das Violett des zweiten. Bei den höheren Maxima wird die Überdeckung noch stärker.

L liege in einem Abstand l vor dem Spiegel (vor welchem spielt keine Rolle, da α sehr klein ist). Aus dem Dreieck LL_1L_2, das bei L den in Wirklichkeit sehr viel spitzeren Winkel α hat, liest man ab, daß L_1 und L_2 den Abstand $2l\alpha$ haben (Abb. 10.11). Die gemeinsame Exzentrizität der Hyperbeln ist also

$$e = l\alpha .$$

Selbst bei kleinem α gilt noch $e \gg \lambda$.

In großem Abstand $D \gg e$, wo der Schirm ist, kann man die Hyperbeln durch ihre Asymptoten ersetzen. Deren Neigung gegen die Mittellinie ist nach Abb. 10.8

$$\tan(90° - \vartheta) = \frac{a}{b} = \frac{a}{\sqrt{e^2 - a^2}} \approx \frac{a}{e} = \frac{z\lambda}{2l\alpha} .$$

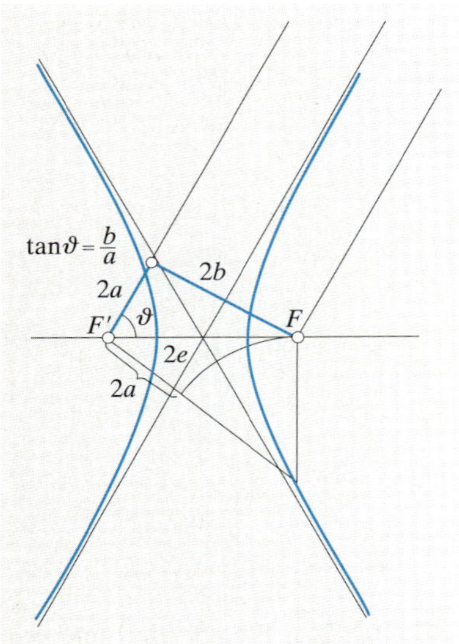

Abb. 10.8. Zur Geometrie der Hyperbel. Setzt man kohärente Lichtquellen in die beiden Brennpunkte, dann gibt jede Hyperbel die Orte gleichen Gangunterschiedes an

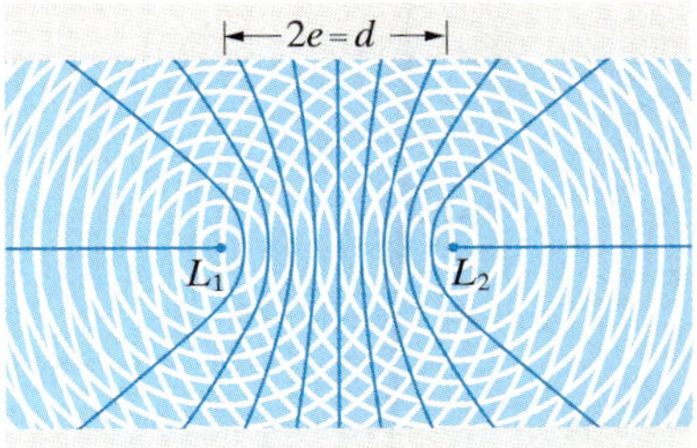

Abb. 10.9. Konfokale Hyperbeln, auf denen die von L_1 und L_2 ausgehenden Lichtwellen sich durch Interferenz verstärken

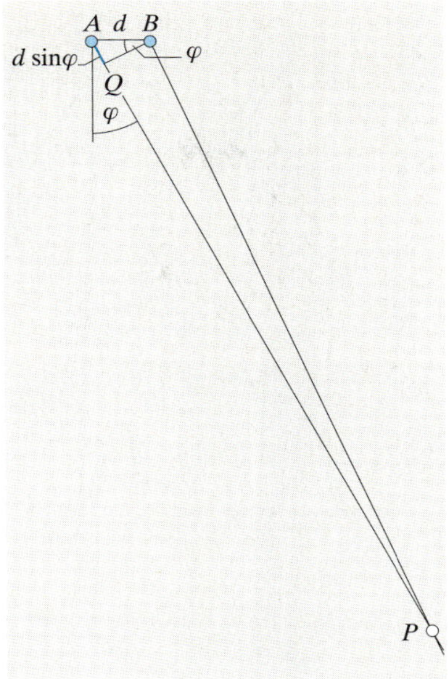

Abb. 10.10. Zwei kohärente Wellen, die von A bzw. B ausgehen, haben einen Gangunterschied $g = d \sin\varphi$, wenn sie sich in der Richtung φ wieder vereinigen. Bei $g = k\lambda$ herrscht Helligkeit, bei $g = (k + 1/2)\lambda$ Dunkelheit

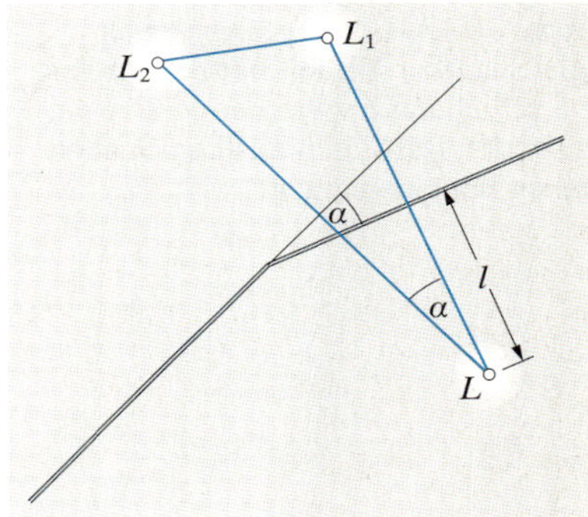

Abb. 10.11. Beim **Fresnel-Doppelspiegel** ist der Abstand der beiden virtuellen Lichtquellen, d. h. der Brennpunkte der Interferenz-Hyperbeln, gleich $2l\alpha$ (vgl. Abb. 10.3)

Der Abstand zweier heller Streifen ist $\delta = \lambda D/(2l\alpha)$; daraus ergibt sich die Wellenlänge als

$$\lambda = \frac{2l\alpha}{D}\delta .$$

In der Praxis beträgt z. B. $\alpha = 10'$, $D = 2\,\text{m}$. Für die gelbe D-Linie des Na-Dampfes beobachtet man dann einen Streifenabstand von 2 mm und erhält für die Wellenlänge $\lambda = 580\,\text{nm}$.

Die beiden virtuellen Lichtquellen kann man auch mit dem **Fresnel-Biprisma** (Abb. 10.4) erzeugen. Hier ist $\gamma = b/s'$, $\beta = b/s$, $\gamma = 2(n-1)\alpha - \beta$ (vgl. (9.9); alle Winkel klein), also

$$\gamma = \frac{2(n-1)\alpha s}{s+s'} \qquad \text{und} \qquad \lambda = \gamma\delta = \frac{2(n-1)\alpha\delta s}{s+s'} .$$

10.1.3 Gitter

Jetzt betrachten wir viele (N) kohärente Lichtquellen. Jede soll vom Nachbarn den Abstand d haben. Der Abstand l des Schirms sei groß gegen die Länge Nd des ganzen Gitters. Zwischen zwei Wellen, die aus Nachbarquellen kommen, herrscht der Gangunterschied $d \sin\varphi$, also die Phasendifferenz

$$\delta = 2\pi \frac{d}{\lambda} \sin\varphi . \tag{10.5}$$

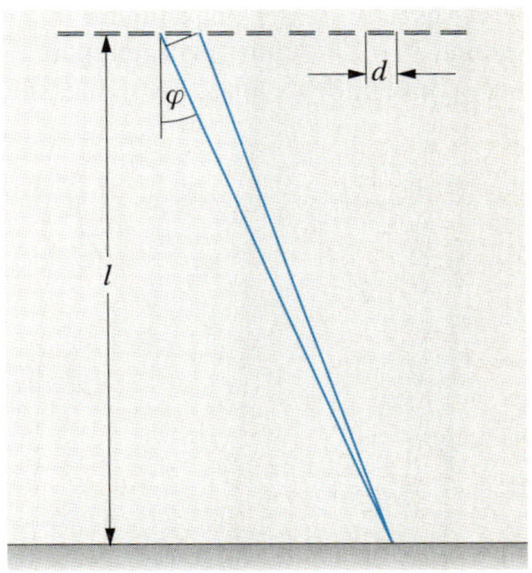

Abb. 10.12. Beugungsgitter. Wenn Teilwellen aus benachbarten Spalten den Gangunterschied $(k + 1/2)\lambda$ haben, herrscht Dunkelheit – aber nicht nur dann

Die Amplituden der Einzelwellen (sie mögen den Betrag A' haben) addieren wir am besten im Zeigerdiagramm. Wir erhalten einen Polygonzug aus Amplitudenzeigern der Länge A', wobei jeder Zeiger gegen den

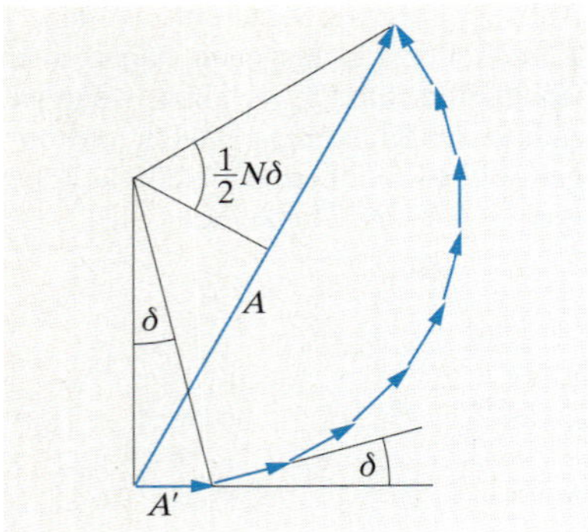

Abb. 10.13. Überlagerung vieler gleichstarker Wellen mit der Phasenverschiebung δ zwischen je zweien, z. B. der Teilwellen aus den Spalten eines Beugungsgitters

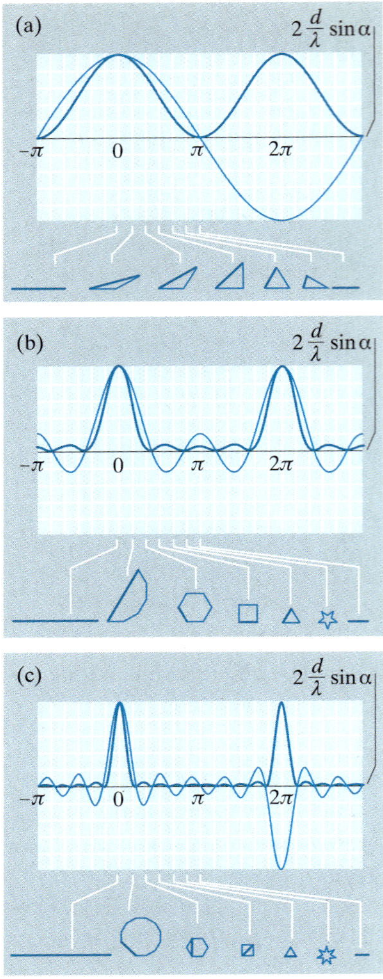

Abb. 10.14a–c. Amplituden (*dünn*) und Intensitäten (*dick*) des monochromatischen Lichtes hinter einer Reihe sehr feiner äquidistanter Spalte in Abhängigkeit von der Richtung α. Auf der Abszisse ist der Phasenunterschied $\varphi = 2\lambda^{-1} d \sin\alpha$ aufgetragen. (a) 2 Spalte, (b) 5 Spalte, (c) 10 Spalte

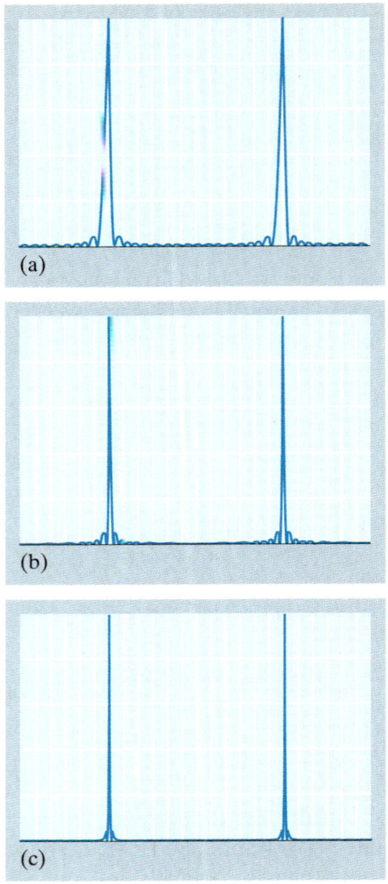

Abb. 10.15. Intensitätsverteilung hinter einem Beugungsgitter aus (a) 20, (b) 50, (c) 100 Spalten

vorhergehenden um den Phasenwinkel δ verdreht ist. Die Gesamtamplitude ist die Länge der Sehne des Polygonzuges A.

Bei $\delta = 0$ ist der Polygonzug gestreckt: $A = NA'$, ebenso bei Phasenwinkeln $\delta = z2\pi$, also bei $d \sin\varphi = z\lambda$. Das ist unsere alte Maximumsbedingung (10.2). Was passiert zwischen den Maxima, d. h. wie lang ist die Sehne des Polygonzugs? Dieser ist einbeschrieben in einen Kreis, dessen Radius r sich ergibt als

$$r = \frac{A'}{2\sin(\delta/2)} . \qquad (10.6)$$

Der ganze Polygonzug umspannt den Phasenwinkel $N\delta$, seine Sehne ist

$$\boxed{A = 2r \sin\frac{N\delta}{2} = A' \frac{\sin(N\delta/2)}{\sin(\delta/2)} = A' \frac{\sin(\pi N d \lambda^{-1} \sin\varphi)}{\sin(\pi d \lambda^{-1} \sin\varphi)}} . \qquad (10.7)$$

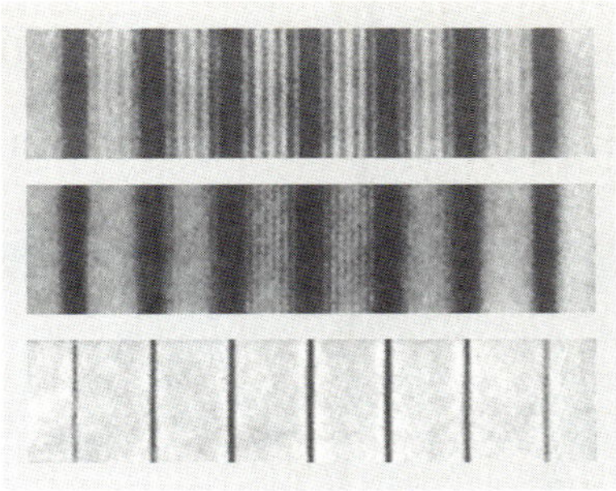

Abb. 10.16. Beugung eines monochromatischen Parallelbündels an Gittern mit 6, 10 und 250 Spalten (photographisches Negativ nach *R. W. Pohl*). Das Gitter mit den meisten Spalten erzeugt die wenigsten Linien, denn die Zwischenmaxima sind praktisch unterdrückt. Das Beugungsbild ist eine Art Fourier-Transformierte der Gitterstruktur. (Aus H.-U. Harten: *Physik für Mediziner*, 4. Aufl. (Springer, Berlin Heidelberg 1980))

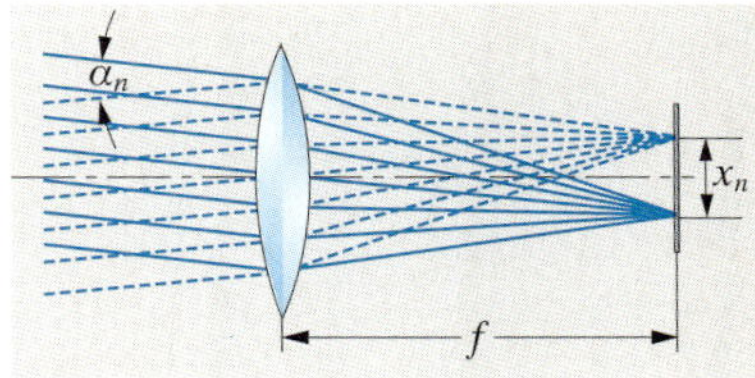

Abb. 10.17. Die Linse bildet die Parallelbündel, die zwei Beugungsmaxima entsprechen, auf einen Schirm in der Brennebene ab. Der Winkel α_n zwischen den Richtungen der Bündel übersetzt sich so in den Abstand $x_n = f\alpha_n$ der Beugungsstreifen

Bei $\delta = z2\pi$, also $\sin\varphi = z\lambda/d$, ergibt die Regel von *de l'Hospital* $A = NA'$, wie erwartet. Zwischen zwei solchen Maxima verschwindet der Zähler $(N-1)$mal: Es gibt $N-1$ Dunkelheiten, nicht nur eine wie bei zwei Lichtquellen. Die Maxima sind N-mal schärfer als bei zwei Quellen, denn sie reichen nur beiderseits bis zur benachbarten Dunkelheit. Das Gitter macht um so schärfere Spektrallinien, je mehr Striche es hat. Abbildungen 10.14 und 10.15 zeigen die Amplitudenverteilung $A(\varphi)$ und die Intensitätsverteilung $I(\varphi) \sim A^2(\varphi)$.

10.1.4 Spalt- und Lochblende

Einen Spalt der endlichen Breite D, beleuchtet durch ein Parallelbündel, können wir auffassen als ein Gitter aus unendlich vielen, unendlich dichten Spalten, deren Breite d demnach so gegen Null gehen muß, daß $Nd = D$ bleibt. In (10.7) geht somit auch δ gegen Null, und daher ist sicher $\sin(\delta/2) = \delta/2$. Wir drücken alles durch D statt durch $d = D/N$ aus und benutzen (10.5):

$$\boxed{A = NA' \frac{\sin(\pi D\lambda^{-1}\sin\varphi)}{\pi D\lambda^{-1}\sin\varphi}} \quad . \tag{10.8}$$

In dieser Verteilung (Abb. 10.18) nehmen die Beugungsmaxima sehr schnell an Höhe ab, im Gegensatz zum Gitter. Mathematisch kommt dies vom Fortlassen des Sinus im Nenner von (10.8): Da $d = 0$ ist, wandern die Hauptmaxima unendlich weit auswärts. Was wir sehen, sind die immer kleiner werdenden Nebenmaxima, von denen es wegen $N = \infty$ beliebig viele gibt. Beleuchtet man mit weißem Licht, werden die Beugungsstreifen bunt.

Das Beugungsbild einer Kreislochblende ist natürlich ebenfalls symmetrisch um die Mittelachse. Es läßt sich nicht mehr mit elementaren Funktionen berechnen, ähnelt aber dem Beugungsbild des Spaltes, wobei man die Koordinate x auf dem Schirm durch den Abstand von der Mittelachse ersetzen muß. Die Intensität der Nebenmaxima fällt noch schneller ab als beim Spalt, denn die ungefähr gleiche Strahlungsleistung muß sich ja auf immer größere Ringflächen verteilen (Abb. 10.18). Auch die Richtungen der Maxima liegen etwas anders, nämlich

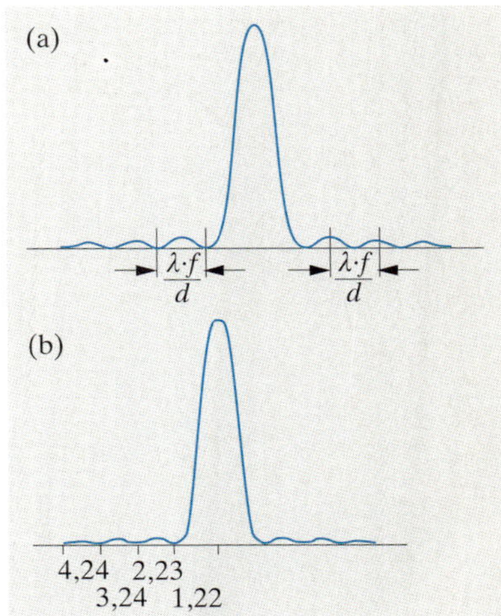

Abb. 10.18. Intensitätsverteilung der Fraunhofer-Beugungsbilder (a) eines Spaltes der Breite d; (b) eines Kreisloches vom Radius r; die Zahlen geben die Radien der dunklen Ringe in der Einheit $\lambda f/(2r)$

$$\sin\varphi_z = \frac{z\lambda}{r}\,, \qquad z = 0{,}61;\ 1{,}12;\ 1{,}62;\ 2\ 12;\ \dots\ . \qquad (10.9)$$

Die Zahlen z hängen mit den Nullstellen der **Bessel-Funktion** zusammen. r ist der Radius des Loches.

✘ Beispiel...

In der **Fovea centralis** des Menschenauges sind die **Zäpfchen** etwa 5 µm voneinander entfernt. Ist das Zufall oder konstruktive Anpassung an die optischen Eigenschaften des Auges?

Der Zäpfchenabstand entspricht fast genau dem Durchmesser des Beugungsscheibchens, das die maximal **dunkeladaptierte** Pupille auf der Netzhaut von einem scharfen Lichtpunkt (Stern) herstellt. Bei Tage ist das Scheibchen größer. Eine feinere Unterteilung der Netzhaut hätte keinen Sinn.

10.1.5 Auflösungsvermögen optischer Geräte

Jede Linse, begrenzt durch ihren Rand oder ihre Fassung, wirkt als beugende Öffnung und entwirft auch von einem unendlich entfernten Punkt (z. B. einem Stern) keinen scharfen Bildpunkt, sondern ein **Beugungsbild** gemäß Abb. 10.18b. Selbst wenn man nur von dessen Hauptmaximum redet, erhält man ein Beugungsscheibchen vom Winkeldurchmesser $1{,}22\lambda/r$. Zwei nahe beieinanderstehende Sterne lassen sich im Fernrohr nur trennen, wenn ihre Beugungsscheibchen sich nicht überdecken. Der Sehwinkel zwischen den beiden Sternen muß also größer sein als λ/r. Das **Auflösungsvermögen eines Fernrohrs** wird um so besser, je kleiner λ und je größer die Objektivöffnung r ist. Radioteleskope arbeiten mit sehr großem λ und müssen daher auch riesige r haben. Die Auflösung optischer Fernrohre erreichen und übertreffen sie erst durch **Langbasis-Interferometrie**, d. h. Kopplung zweier sehr entfernter Teleskope, deren Abstand dann die Rolle von r übernimmt.

Die Pupille des menschlichen Auges mit einem mittleren Radius $r \approx 2$ mm erzeugt ebenfalls auf der 24 mm dahinter liegenden Netzhaut ein Beugungsscheibchen. Im Augapfel herrscht die Brechzahl 1,33, also wird die Wellenlänge dort nur $\frac{3}{4}$ so groß wie draußen. Gelbes Licht ($\lambda = 600$ nm in Luft) erzeugt einen Beugungskegel mit dem Öffnungswinkel $1{,}22\lambda'/r = 2{,}7 \cdot 10^{-4} = 0{,}9'$. Der Scheibchenradius von 6 µm entspricht dem mittleren Abstand zweier Netzhautrezeptoren (Zäpfchen). Die Rasterung der Netzhaut ist also gerade so weit getrieben, daß das **Auflösungsvermögen des Auges** voll ausgenutzt wird.

Beim Mikroskop ist das Licht, das durchs Objektiv tritt, natürlich nicht parallel. Betrachtet man als Objekt nur einen hellen Punkt, hat das Büschel den Öffnungswinkel φ mit $\sin\varphi = r/f$ (r: Radius der Objektivblende, f: Abstand Objekt–Objektiv ≈ Brennweite des Objektivs). Verglichen damit ist der Strahlengang hinter dem Objektiv fast parallel, denn der Tubus ist sehr lang verglichen mit f. Die Situation ist also genau umgekehrt wie beim Fernrohr. Umkehrung des Strahlenganges ändert die optischen Verhältnisse nicht. Unser leuchtender Objektpunkt erzeugt in der

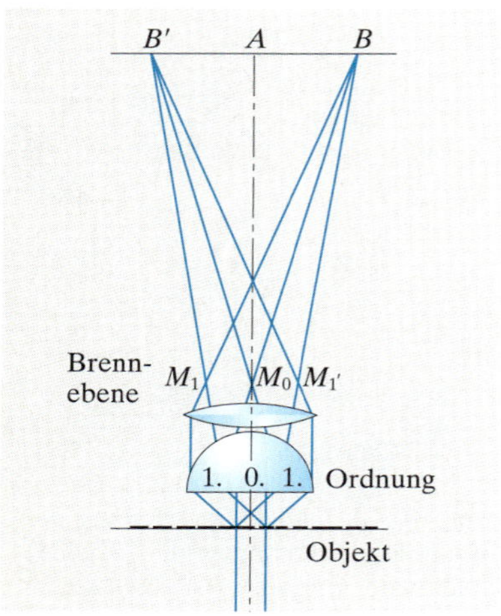

Abb. 10.19. Zum Auflösungsvermögen eines Mikroskops

Bildebene des Objektivs ein Beugungsscheibchen, das einem Kegel vom Öffnungswinkel $1{,}22\lambda/r$ entspricht. Ein anderer leuchtender Objektpunkt muß mindestens um diesen Winkel, d. h. in der Objektebene um den Abstand $x_{\min} = 1{,}22 f\lambda/r$ davon entfernt sein, damit die Scheibchen nicht verschmelzen. Mittels der **numerischen Apertur** $\sin\varphi = r/f$ kann man auch schreiben

$$x_{\min} \approx \frac{\lambda}{\sin\varphi} . \qquad (10.10)$$

Ein Mikroskop löst um so besser auf, je kleiner λ und je größer φ ist. Um die Vergrößerung kurzbrennweitiger Objektive auszunutzen, bringt man zwischen Objekt und Objektiv ein brechendes Medium (Immersionsöl), das die Wellenlänge auf λ/n verringert. Dann ist

$$\boxed{x_{\min} = \frac{\lambda}{n \sin\varphi}} , \qquad (10.10')$$

die numerische Apertur vergrößert sich auf $n \sin\varphi$. Eine andere Überlegung führt zum gleichen Ergebnis.

Ein Objekt, das wesentlich kleiner ist als die Wellenlänge, beeinflußt die Wellenausbreitung nur dadurch, daß von ihm eine kugelförmige Huygens-Sekundärwelle als **Streuwelle** ausgeht. Diese Streuwelle ist in ihrer Intensität abhängig von der Größe des Objekts, hat aber immer Kugelform, unabhängig von der Form des sehr kleinen Objekts. Dementsprechend kann diese Welle auch keine Information über die Form des Objekts enthalten. Man kann nur feststellen, *daß* etwas Streuendes da ist, aber nicht, *wie* es aussieht. Im schrägen Lichtbündel sieht man zwar Staubteilchen tanzen (Sonnenstäubchen), erkennt aber nicht ihre Form. Im **Ultramikroskop** (*Zsigmondy* und *Siedentopf*) nutzt man dies zur Zählung von Teilchen aus.

Formen werden erst bei Abmessungen auflösbar, die von der Größenordnung λ oder größer sind. Genauere Auskünfte gibt eine Überlegung, die in etwas anderer Form *Ernst Abbe* angestellt hat. Man betrachte z. B. ein Objekt, das aus zwei leuchtenden Punkten mit einem Abstand d besteht, z. B. zwei feinen Löchern in einer undurchsichtigen Folie. Es gilt zunächst nur zu entscheiden, ob es sich um einen oder zwei helle Punkte handelt. Das Objekt werde von unten durch eine ebene Welle (ein paralleles Bündel) beleuchtet. Von *einem* sehr kleinen Loch geht dann eine Kugelwelle aus. Die beiden kohärenten Kugelwellen, die von *zwei* Löchern ausgehen, bilden ein Beugungsmuster mit dem Maximum 0. Ordnung in der Mitte, umgeben von einem ersten Minimum, das annähernd einen Kegel mit dem Öffnungswinkel φ bildet, wobei $\sin\varphi = \lambda/d$ ist. Wenn nur das Innere dieses Kegels, d. h. das 0. Maximum ins Objektiv fällt, ist dieses Lichtsignal zum Verwechseln ähnlich dem entsprechenden Ausschnitt der von *einem* Loch ausgehenden Kugelwelle. Dieser Teil der Welle läßt daher keine Rückschlüsse darauf zu, ob er von einem oder von zwei Löchern ausgeht. Erst wenn mindestens auch das 1. Minimum vom Objektiv erfaßt wird, ist eine solche Unterscheidung möglich. Der Objektivdurchmesser muß also, vom Objekt aus gesehen, unter einem

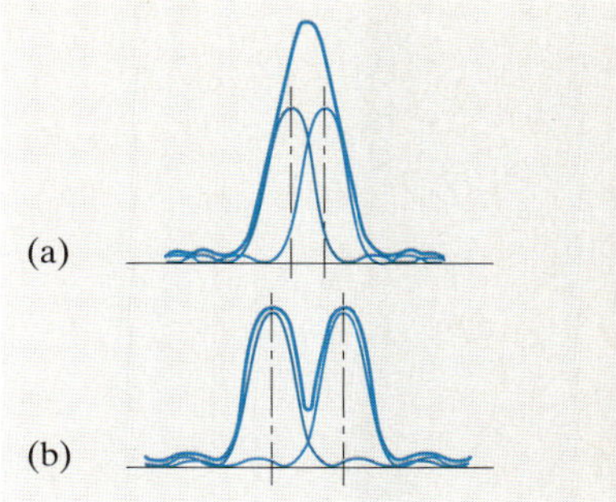

Abb. 10.20a, b. Bedingung für die Trennung von sich überlappenden Spektrallinien: Der Abstand der Maxima muß größer sein als die Halbwertsbreite

Sehwinkel 2φ erscheinen, wobei $\sin\varphi = \lambda/d$. Der kleinste Abstand, den zwei Objekte haben dürfen, damit sie im Mikroskop noch getrennt erscheinen, ist also wieder

$$d = \frac{\lambda}{\sin\varphi} \,. \tag{10.10''}$$

Einzelheiten, die größer sind als die Grenze d, senden mehr als nur das 0. Maximum und 1. Minimum ins Objektiv. Sie sind daher mit mehr Details zu erkennen, ähnlich wie man eine Funktion mit um so mehr Details synthetisieren kann, je mehr von ihren Fourier-Komponenten man berücksichtigt.

10.1.6 Auflösungsvermögen des Spektrographen

Wie wir schon wissen, erzeugt ein Gitter um so schärfere Hauptmaxima, je mehr Striche es hat. Die dazwischenliegenden Nebenmaxima verschwinden schließlich fast ganz. Das Maximum der Ordnung z liegt dort, wo Zähler und Nenner von (10.7) verschwinden: $\pi d\lambda^{-1}\sin\varphi = z\pi$, also $\varphi_z \approx z\lambda/d$; die Minima liegen dort, wo nur der Zähler verschwindet, also im Abstand $\Delta\varphi \approx \lambda/(Nd)$. Die Minima, die unser Maximum beiderseits begrenzen, sind also nur um $\Delta\varphi = \lambda/(Nd)$ entfernt.

All dies betrifft monochromatisches Licht der Wellenlänge λ. Wenn wir außerdem noch Licht der Wellenlänge $\lambda + \Delta\lambda$ einstrahlen, liegt dessen Maximum der Ordnung z unter dem Winkel $z(\lambda + \Delta\lambda)/d$, d.h. um $z\,\Delta\lambda/d$ vom Maximum des Lichts mit λ entfernt. Beide Maxima oder Spektrallinien lassen sich trennen, wenn $z\,\Delta\lambda/d \geqq \lambda/(Nd)$, also wenn

$$\frac{\lambda}{\Delta\lambda} \leqq zN \,. \tag{10.11}$$

Merkwürdigerweise hängt das **Auflösungsvermögen des Gitters**, gegeben durch $\lambda/\Delta\lambda$, nicht von der Gitterkonstante d ab (je kleiner d, desto weiter wird allerdings das Spektrum gespreizt), sondern es wächst nur mit der Strichzahl N und der Ordnung z des benutzten Maximums (Abb. 10.21).

Zwei Teilwellen, die von den äußersten, um Nd voneinander entfernten Gitterstrichen in einem Maximum z-ter Ordnung zusammenlaufen, haben den Gangunterschied $g = Nd\sin\varphi_z$. Da dieses Maximum in der Richtung $\sin\varphi_z = z\lambda/d$ liegt, heißt das $g = Nz\lambda$. Für zwei Spektrallinien mit λ bzw.

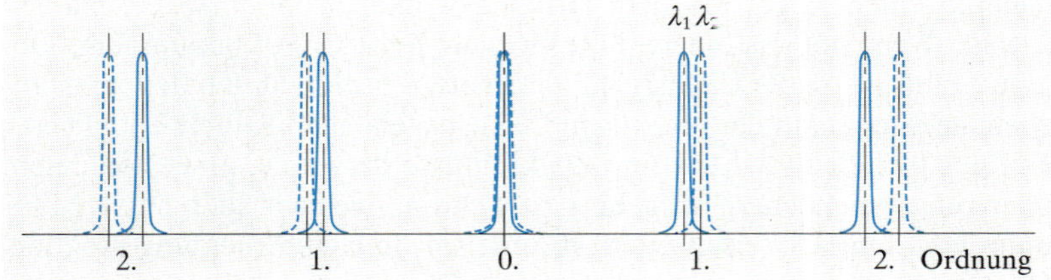

Abb. 10.21. Je größer die Beugungsordnung, desto stärker spreizt ein Gitter das Spektrum

$\lambda + \Delta\lambda$ sind diese Gangunterschiede um $\Delta g = Nz\,\Delta\lambda$ verschieden. Die Gangunterschiede müssen um ungefähr eine Wellenlänge verschieden sein: $\Delta g = Nz\,\Delta\lambda \approx \lambda$, damit die beiden Linien trennbar sind.

Das läßt sich auf das Prisma übertragen (Abb. 10.23). Bei symmetrischem Durchgang hat das Licht an der Basis des Prismas mit der Breite d den Lichtweg nd zurückzulegen. Für zwei Spektrallinien mit λ bzw. $\lambda + \Delta\lambda$ unterscheiden sich die Lichtwege um

$$d\frac{\mathrm{d}n}{\mathrm{d}\lambda}\Delta\lambda\,.$$

Das muß etwa gleich λ sein, damit die Linien trennbar sind.

Das **Auflösungsvermögen des Prismas,**

$$\frac{\lambda}{\Delta\lambda} = d\frac{\mathrm{d}n}{\mathrm{d}\lambda} \tag{10.12}$$

ist einfach gleich der Basisbreite d mal der Dispersion $\mathrm{d}n/\mathrm{d}\lambda$ des Glases.

Man kann das auch anders einsehen. Jede Spektrallinie ist ein Bild des Eingangsspalts im Licht der jeweiligen Farbe. Selbst wenn dieser Spalt sehr eng ist, kann sein Bild nicht beliebig scharf werden: Die Breite $b = a\cos\alpha$ des Prismas, in Richtung des abgelenkten Lichtbündels gesehen (Abb. 10.23), wirkt als begrenzende Öffnung und erzeugt ein Beugungsbild, das vom Prisma aus gesehen den Winkel λ/b aufspannt. Zwei Spektrallinien mit λ bzw. $\lambda + \Delta\lambda$ müssen um mindestens diesen Winkel λ/b divergieren, damit sie trennbar sind. Bei symmetrischem Durchgang ist $\beta = \gamma/2$ (γ: Basiswinkel) und natürlich $\sin\alpha = n\sin\beta$. Der Ablenkwinkel $\varphi = 2\alpha - 2\beta$ ändert sich bei einer λ-Änderung von $\Delta\lambda$, also einer n-Änderung von $\Delta n = \Delta\lambda\,\mathrm{d}n/\mathrm{d}\lambda$ um

$$\Delta\varphi = 2\,\Delta\alpha = 2\frac{\sin(\gamma/2)}{\cos\alpha}\frac{\mathrm{d}n}{\mathrm{d}\lambda}\Delta\lambda$$

(aus $\cos\alpha\,\mathrm{d}\alpha = \mathrm{d}n\;\sin(\gamma/2)$). Mit $b = a\cos\alpha$ und $d/2 = a\sin(\gamma/2)$ finden wir die Bedingung

$$\frac{\lambda}{a\cos\alpha} \approx 2\frac{\sin(\gamma/2)}{\cos\alpha}\frac{\mathrm{d}n}{\mathrm{d}\lambda}\Delta\lambda\,, \quad \text{also wieder} \quad \frac{\lambda}{\Delta\lambda} = d\frac{\mathrm{d}n}{\mathrm{d}\lambda}\,.$$

Da Dispersion immer mit Absorption verbunden ist, nutzt es nichts, die Glasdicke immer weiter zu steigern: Man würde zuviel Intensität verlieren. Im Gelben ist die Dispersion von Flintglas nach Abb. 9.22 etwa $\mathrm{d}n/\mathrm{d}\lambda = 0{,}01/100\,\mathrm{nm} = 10^3\,\mathrm{cm}^{-1}$. Mit $d = 10\,\mathrm{cm}$ Glasdicke erreicht man also ein theoretisches Auflösungsvermögen $\lambda/\Delta\lambda \approx 10^4$. Das gelbe Na D-Dublett (589,0 und 589,6 nm) läßt sich noch trennen.

Es gibt Gitter mit mehr als 100 000 Strichen; bei Verwendung in der 3. Ordnung ist das Auflösungsvermögen 300 000, d. h. Wellen um 600 nm können noch getrennt ausgemessen werden, wenn sich ihre Wellenlängen um nur $\Delta\lambda = \lambda/(zn) = 2 \cdot 10^{-3}$ nm unterscheiden.

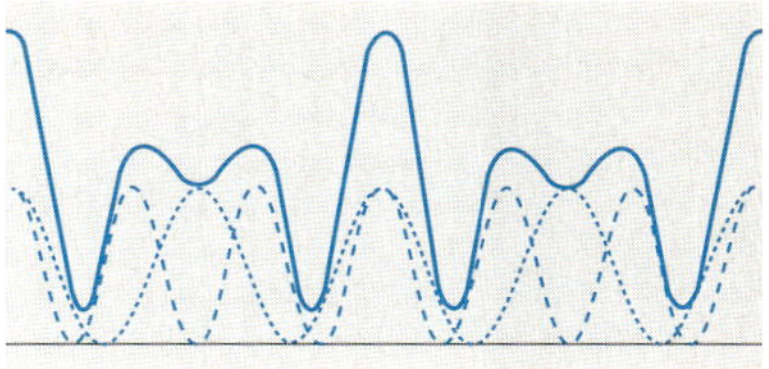

Abb. 10.22. Das Beugungsbild zweier Spalte ist zur Wellenlängenmessung ungeeignet

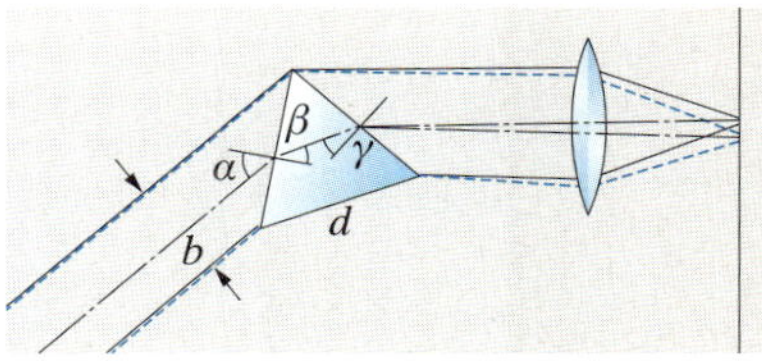

Abb. 10.23. Der Prismenspektrograph erzeugt auch bei günstigster Anordnung ein Beugungsbild des Spaltes (der hier sehr weit entfernt zu denken ist). Die Breite des Prismas bestimmt die Breite dieses Beugungsbildes und damit die Trennbarkeit der Spaltbilder für verschiedene Wellenlängen, d. h. das spektrale Auflösungsvermögen

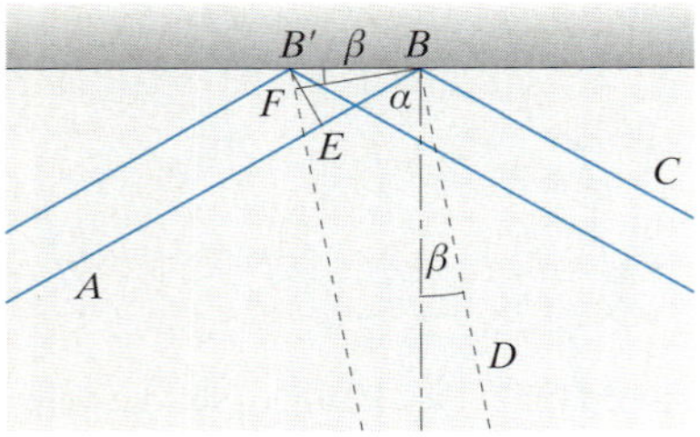

Abb. 10.24. Das Reflexionsgitter (Gitterkonstante $g = B'B$)

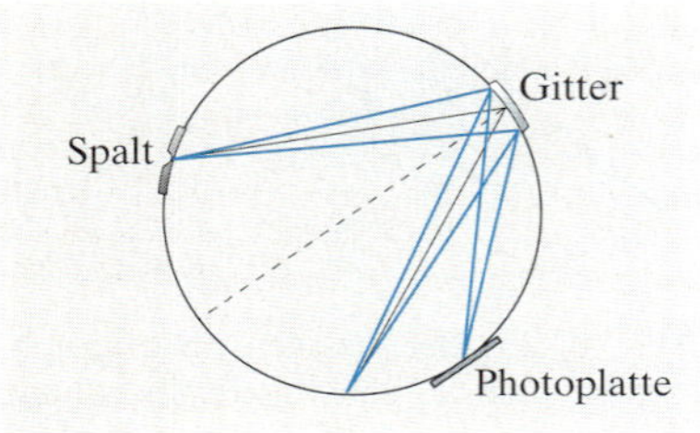

Abb. 10.25. Aufstellung eines Konkavgitters im „Rowland-Kreis“

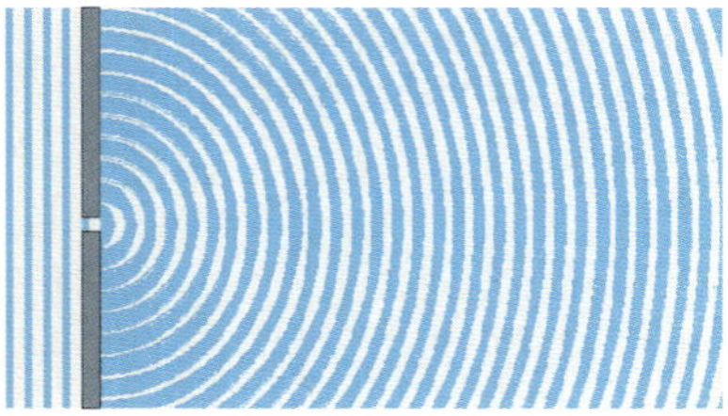

Abb. 10.26. Von einem Spalt, der schmaler ist als die Wellenlänge, geht eine ziemlich einheitliche Huygens-Kugelwelle aus

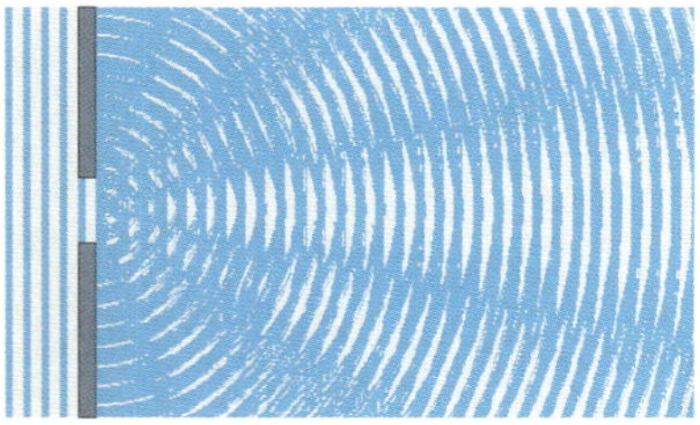

Abb. 10.27. Bei breiterem Spalt überlagern sich die Huygens-Wellen (hier je 12 an Zufallsstellen des Spaltes entstandene) zu Beugungsmaxima und -minima, um so mehr, je breiter der Spalt ist

Anstelle von lichtdurchlässigen Gittern verwendet man häufig **Reflexionsgitter** (Spiegelgitter), die durch äquidistante Ritzung von spiegelnden Metallflächen erzeugt werden (Abb. 10.24). AB sei die Richtung der auf das Gitter fallenden Strahlen, die mit der Normalen den Winkel α bilden. BC ist die Richtung der ungebeugten reflektierten Strahlen. Unter dem Winkel β gegen die Normale in der Richtung BD gebeugte Strahlen, die von benachbarten Spalten B und B' kommen, haben den Gangunterschied $EB - FB'$:

$$EB - FB' = g \sin\alpha - g \sin\beta .$$

Sie werden sich also verstärken, wenn

$$z\lambda = g(\sin\alpha - \sin\beta) , \qquad (10.13)$$

oder wenn der einfallende und gebeugte Strahl auf derselben Seite der Normalen liegen:

$$z\lambda = g(\sin\alpha + \sin\beta) . \qquad (10.14)$$

Zur Vermeidung der Absorption des langwelligen infraroten oder sehr kurzwelligen ultravioletten Lichtes in Glas- oder Quarzlinsen, die bei Plangittern zur Abbildung, d. h. zur Erzeugung des Spektrums in ihrer Brennebene dienen, verwendet man **Konkavgitter**. Das sind Gitter, die auf hochglanzpolierte metallische Hohlspiegel geritzt sind. Ihre Aufstellung erfolgt im **Rowland-Kreis** (Abb. 10.25). Spalt S und Gitter G befinden sich auf einem Kreis, dessen Durchmesser gleich dem Krümmungsradius des Hohlspiegels ist. Man kann zeigen, daß dann die scharfen Beugungsspektren der verschiedenen Ordnungen ebenfalls auf diesem Kreis liegen, auf dem man zur Aufnahme der Spektren photographische Platten anbringt.

10.1.7 Fresnel-Linsen

Warum geht das Licht nicht um die Ecke? Huygens’ Sekundärwellen tun das doch, sie breiten sich allseitig aus. Abbildung 4.33 gibt eine anschauliche Antwort: Nur parallel zu einer existierenden Wellenfront bauen alle Sekundärwellen zusammen eine neue auf. *A. J. Fresnel* verfolgte die Frage tiefer und erfand dabei viele nützliche Dinge, z. B. die Holographie.

Warum geht das Licht der Lampe A nach B auf geradem Weg (Abb. 10.28) und läßt sich abdecken, wenn man in diesen Weg ein Hindernis stellt? Auch der Punkt C wird doch von der direkten Welle erreicht, und C strahlt seinerseits Huygens-Kugelwellen aus; erreichen diese B nicht? Doch, sagt *Fresnel*, aber Wellen von D z. B. tun dies auch, und alle diese Teilwellen interferieren sich weg bis auf die direkte. Die Wellen über C und über D löschen sich aus, wenn ihr Gangunterschied $AC + CB - (AD + DB) = \lambda/2$ ist, vorausgesetzt, diese Wellen haben gleiche Intensität, d. h. sie stammen von gleich großen Flächenstücken um C bzw. D. Man lege eine Ebene durch C, senkrecht zu AB und unterteile sie in Zonen, so daß Licht, das von verschiedenen Zonen kommt, in B mit dem Gangunterschied λ eintrifft. Diese Zonen sind Ringe; der Radius r des Ringes Nummer z bestimmt sich geometrisch so:

$$AC + CB - AB = \sqrt{a^2 + r^2} + \sqrt{b^2 + r^2} - a - b = z\lambda\,.$$

Da $\lambda \ll a, b$, sind auch die Ringe sehr klein, man kann nähern

$$\sqrt{a^2 + r^2} \approx a(1 + r^2/(2a^2))$$

und erhält

$$r_z^2 = 2z\lambda\left(\frac{1}{a} + \frac{1}{b}\right)^{-1}. \tag{10.15}$$

a, b, λ sind gegeben, also nimmt die Fläche πr^2 beim Zufügen jedes neuen Ringes in gleichen Schritten zu: Alle Ringe haben die gleiche Fläche. Die Wellen von der äußeren Hälfte jedes Ringes löschen, in B angekommen, die Wellen von der inneren Hälfte des nächsten Ringes aus, denn beide haben gleiche Amplitude (stammen von gleichen Flächen), und ihr Gangunterschied ist $\lambda/2$. Insgesamt bleibt nur die innere Hälfte des innersten Ringes: Das Licht ist effektiv geradlinig von A nach B gegangen.

Setzt man tatsächlich einen undurchlässigen Schirm anstelle der gedachten Ebene, mit einem zentralen Loch, das die halbe innerste Zone frei läßt, dann ist es in B genauso hell wie ohne Schirm; sonst ist es natürlich überall dunkel: Prinzip der **Lochkamera**. Läßt man jetzt z. B. die innere Hälfte von jeder Zone offen, dann ist es in B sogar viel heller als ohne Schirm, denn die Teilwellen interferieren alle konstruktiv. Der Schirm sammelt das Licht, er wirkt als *Fresnel-Linse*. Daß sie wirklich die Abbildungseigenschaft einer Linse hat, sieht man, wenn man (10.15) mit der Abbildungsgleichung $1/f = 1/a + 1/b$ vergleicht. a ist ja die Gegenstands- und b die Bildweite, also spielt $r_z^2/(2\lambda z)$ die Rolle der Brennweite f. Sie ist allerdings stark von λ abhängig, also hat die Fresnel-Linse eine erhebliche chromatische Aberration.

Die dunklen Ringe auf einer Fresnel-Linse (meist als Rippen ausgebildet) sind schwer genügend exakt zu zeichnen. Photographisch kann man sie heute sehr leicht herstellen. Wir setzen die Lichtquelle, die zunächst exakt punktförmig sei, also kohärente Kugelwellen aussende, vor eine Photoplatte. Außerdem strahlen wir ein Parallelbündel ein, das kohärent zu dieser Kugelwelle schwingt. Am einfachsten nimmt man Laserlicht; die Streuwelle von einem kleinen Hindernis dient dann als Kugelwelle. Überall, wo die Kugelwelle gegenphasig zur ebenen Welle schwingt, herrscht Dunkelheit, das Negativ bleibt hell; wo beide Wellen phasengleich schwingen, wird die Platte geschwärzt. Zwischen diesen Extremen erfolgt ein gleitender Übergang. Das Negativ wird zur Fresnel-Linse mit Helligkeitsabstufung. Wenn wir sie wieder an den alten Platz stellen, aber kein Parallellicht einstrahlen, macht die Platte das Licht der Lampe parallel. Jetzt nehmen wir die Lampe weg und lassen von der anderen Seite ein kohärentes Parallelbündel einfallen. Wegen der Umkehrbarkeit der Lichtwege vereinigt die Platte dieses Licht im Brennpunkt, wo vorher die Lampe war, erzeugt also ein Bild der Lampe. Die Fresnel-Platte ist ein *Hologramm* der Punktquelle.

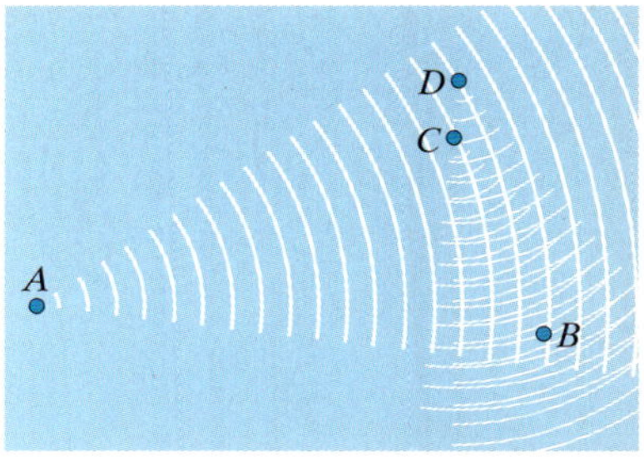

Abb. 10.28. Licht, das auf verschiedenen Wegen von A nach B gelangt (direkt oder über C oder D), interferiert konstruktiv, wenn wie bei C die Phasen übereinstimmen. Dicht daneben (bei D) ist dies aber schon nicht mehr der Fall. Ein Bild entsteht nur, wenn Linse, Spiegel o. ä. dafür sorgen, daß alle Lichtwege Phasengleichheit ergeben

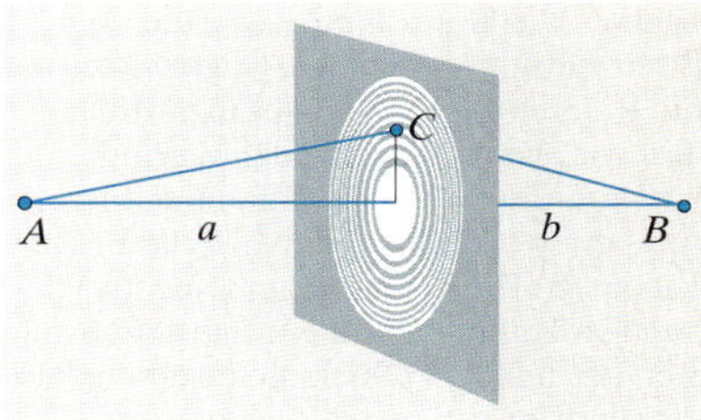

Abb. 10.29. Fresnels Zonenplatte erzeugt in B ein Bild von A, wenn die Lichtwege durch benachbarte durchlässige Ringe sich gerade um λ unterscheiden

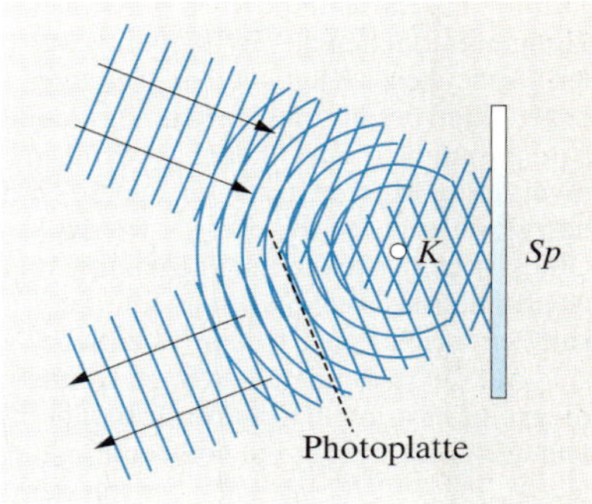

Abb. 10.30. Auf der Photoplatte erzeugt die Interferenz zwischen reflektierter und an K gestreuter Welle ein Muster, das als Fresnel-Zonenplatte dienen kann

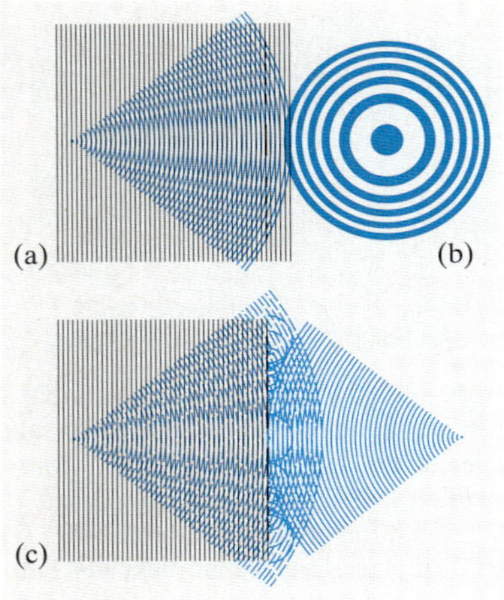

Abb. 10.31a–c. Holographie. Dargestellt ist das einfachste Verfahren (Geradeausverfahren nach *Gabor*) für das einfachste Objekt, einen streuenden Punkt. (a) Aufnahme: Die Objektwelle, d. h. die vom Streuzentrum ausgehende Kugelwelle, und die Referenzwelle, hier der ungestreute Teil der ebenen Laserwelle, interferieren auf dem Film und schwärzen ihn dort am meisten, wo beide Wellen gleiche Phase haben. (b) Das Hologramm (Negativ) des streuenden Punktes ist ein Interferenzmuster, das mit dem Objekt keine erkennbare Ähnlichkeit hat. (c) Rekonstruktion des holographischen Bildes: Auf das Hologramm, jetzt als Positivkopie, fällt eine ebene Laserwelle gleicher Frequenz, die Rekonstruktionswelle. Die Huygens-Elementarwellen, die durch die hier übertrieben hervorgehobenen hellen (im Negativ dunklen) Spalten des Hologramms treten, formieren sich dahinter zu Kugelwellen (Tangentialflächen an die Elementarwellen). Eine dieser Kugelwellen (*durchgezogen*) konvergiert und läuft auf das reelle Bild zusammen, eine andere (*gestrichelt*) divergiert und scheint vom virtuellen Bild herzukommen. Dieses sitzt da, wo das Objekt war; das reelle liegt gegenüber und ist „pseudoskopisch" (vorn und hinten sind vertauscht). Der Übersicht zuliebe sind nur die Elementarwellen gezeichnet, die je eine bestimmte Kugelwelle berühren, und auch dies nur für die hellsten Punkte jedes „Spaltes". Vergleichen Sie mit dem Beugungsgitter mit seinen äquidistanten Spalten, wo sich die Elementarwellen nicht zu Kugeln, sondern zu ebenen Wellen formieren. Auch beim Hologramm gibt es noch mehr Kugelwellen und damit Bilder höherer Ordnung

10.1.8 Holographie

Herkömmliche Bilder sind nur höchst unvollkommene Darstellungen von Objekten. Ein Bild auf Leinwand, Papier oder Film ist nur zweidimensional und eigentlich nur auf Grund erfahrungsmäßiger Anhaltspunkte deutbar. Ein reelles Bild im Sinn der geometrischen Optik ist zwar echt dreidimensional (man kann herumgehen und es von fast allen Seiten betrachten), aber es ist sehr lichtschwach, weil nur ein sehr kleiner Teil des vom Objekt ausgehenden Lichts verwendet wird, und weil von diesem Licht wieder noch viel weniger ins Auge gelangt (durch Streuung an Staubteilchen in der Luft o. ä.). Sowie man das Bild heller macht, indem man es auf einem festen Projektionsschirm auffängt, verliert man wieder die Räumlichkeit. Kniffe wie Stereoprojektion können den Anschein der Räumlichkeit nur für eine Blickrichtung, die der Aufnahmekamera, einigermaßen wiederherstellen.

Die **Holographie** erzeugt echt dreidimensionale, im Raum stehende Bilder des Objekts, die sehr viel lichtstärker sind als ein reelles herkömmliches Bild – allerdings zur Zeit noch auf sehr aufwendige Weise. Alle optische Information über das Objekt ist in einer von ihm ausgehenden Wellenfront enthalten, und zwar als Verteilung von Amplitude und Phase über diese Wellenfront. Bei farbigen Objekten kommt das Spektrum dazu, in manchen Fällen noch die Polarisation. Außer auf die übliche Weise kann man diese Struktur der Wellenfront auch festhalten, indem man sie mit einer **Referenzwelle** (oft einem Parallelbündel) interferieren läßt und die Interferenzfigur als *Hologramm* photographisch aufzeichnet. Wenn das Objekt klein gegen die Wellenlänge ist (Abb. 10.31), sieht diese Interferenzfigur genauso aus wie eine Fresnel-Zonenplatte. Für kompliziertе Objekte besteht sie aus einem Gewirr heller und dunkler Streifen, die keinerlei Ähnlichkeit mit dem herkömmlichen Bild des Objekts haben. Da die entscheidenden Feinheiten einer solchen Interferenzfigur so klein wie λ sein können, braucht man ein extrem feinkörniges Filmmaterial für die Hologrammaufzeichnung. Damit das Licht von den verschiedenen Teilen des Objekts noch interferenzfähig ist, kommt praktisch nur Laserlicht zur Objektbeleuchtung und als Referenzlicht in Betracht. Hochmonochromatische thermische Strahlung genügend hoher Kohärenz wäre zu lichtschwach.

Durchstrahlt man später das Hologramm mit einer **Rekonstruktionswelle**, die meist identische Geometrie hat wie die Referenzwelle, dann beugt das gitterähnliche Streifensystem auf dem Hologramm dieses Licht so, als ob es von dem aufgenommenen Objekt herkäme. Man sieht entweder ein virtuelles Bild hinter dem Hologramm stehen, genau dort wo das Objekt war, oder ein reelles seitenverkehrtes Bild vor dem Hologramm, als ob das Objekt an der Hologrammebene gespiegelt würde. Dieses Bild ist echt räumlich und verhält sich auch parallaktisch gegen Änderungen des Beobachterstandpunktes, genau wie das reale Objekt. Es ist überhaupt durch keinen visuellen Test von ihm zu unterscheiden.

Man kann ein Hologramm auch mit Ultrarot- oder Ultraviolettlicht aufnehmen. Um es dann mit sichtbarem Licht zu rekonstruieren, muß man es vorher im Verhältnis der Wellenlängen photographisch verkleinern bzw. vergrößern. Auf dem gleichen Film lassen sich mehrere Hologramme überlagern, z. B. vom gleichen Objekt zu verschiedenen Zeiten. Die Hologramm-Interferometrie zeigt dann winzige Veränderungen, die inzwischen eingetreten sind. Beim Vergleich verschiedener Objekte kann man nur die Merkmale hervortreten lassen, die beiden gemeinsam sind. Auf dieser Basis hat man assoziative Speichermatrizen gebaut, die viel raumsparender sind als die konventionellen Speicher für Computer. Auch Farbhologramme erzeugt man durch Mehrfachbelichtung mit verschiedenen Wellenlängen. Unter bestimmten Bedingungen wirkt dann das Hologramm als Spektralfilter, so daß man mit weißem Licht farbige Bilder rekonstruieren kann. Mit Mikrowellen und Ultraschall ist ebenfalls Holographie möglich.

10.1.9 Fresnel-Beugung

Wir stellen eine Platte mit scharfem geraden Rand senkrecht zum Einfall eines Parallellichtbündels. Auf einem Schirm im Abstand D dahinter entsteht ein Beugungsbild aus einer Reihe von hellen und dunklen Streifen (Abb. 10.32). Es bestehen aber wesentliche Unterschiede zur Beugung an einem engen Spalt:

- Die Figur ist völlig unsymmetrisch zur geometrischen Schattengrenze: Streifen sind nur da, wo Licht sein sollte; im „Schatten" wird es gleichmäßig immer dunkler.
- Die Streifen sind nicht äquidistant wie beim Spalt, sondern werden zum Hellen hin immer dichter.
- In den Minima wird es nirgends vollständig dunkel, außer natürlich tief hinter der Platte.
- Die Intensität der Maxima nimmt nach außen langsamer ab als bei den Nebenmaxima des Spaltbildes.

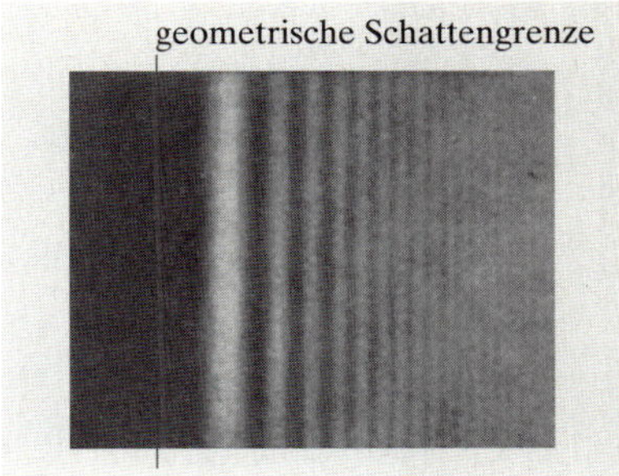

Abb. 10.32. Die Beugungsstreifen in der Nähe der Schattengrenze eines scharfkantigen, mit monochromatischem Licht beleuchteten Schirms. (Aus R. W. Pohl: *Einführung in die Physik*, 3. Band, Optik und Atomphysik, 13. Aufl. (Springer, Berlin Heidelberg 1976))

Beim engen Spalt konnten wir ja so tun, als sei nicht nur die Lichtquelle, sondern auch der Schirm unendlich weit entfernt. Das sind die Voraussetzungen der **Fraunhofer-Beugung**. Unsere Öffnung jenseits vom Plattenrand reicht aber selbst bis ins Unendliche.

Die Amplitude an einer Stelle x des Schirms (Abb. 10.33) erhalten wir durch phasengerechte Summation aller Teilwellen, die von den verschiedenen Stellen x' in der Plattenebene ausgehen, angefangen vom Plattenrand ($x' = 0$) bis $x' = \infty$. Der Lichtweg von x' bis x ist nach Pythagoras $s = \sqrt{D^2 + (x - x')^2}$. Interessant ist nur ein schmaler Bereich $x - x' \ll D$, denn das Beugungsbild ist viel schmaler als D, und daß die ungestörte Welle überall gleichmäßige Helligkeit erzeugt, wissen wir ja. Für $x - x' \ll D$ können wir nähern

$$s \approx D + \frac{(x - x')^2}{2D} \,. \qquad (10.16)$$

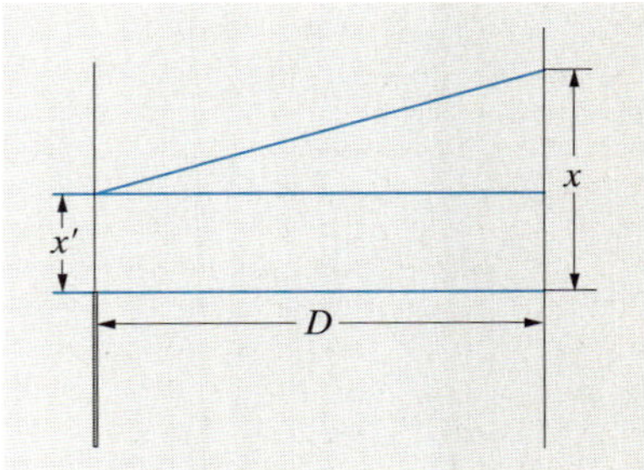

Abb. 10.33. Bezeichnungsweise für die Fresnel-Beugung an einer Kante

Beim engen Spalt war außerdem $x' \ll x$ (Spalt klein gegen Beugungsbild), und daher konnte man noch weiter nähern $s \approx D + x^2/(2D) - xx'/D$. Lichtwege und Phasen hingen linear von x' ab. So entstand als Zeigerdiagramm eine Spirale konstanter Krümmung, also ein mehrfach durchlaufener Kreis. Das ist jetzt nicht mehr richtig: Die Phase hängt *quadratisch* von x' ab. Gegen die direkte Welle ist die Teilwelle, die von x' nach x läuft, phasenverschoben um

$$\delta = \frac{2\pi}{\lambda}(s - D) = \frac{2\pi}{\lambda}\frac{(x - x')^2}{2D} \,. \qquad (10.17)$$

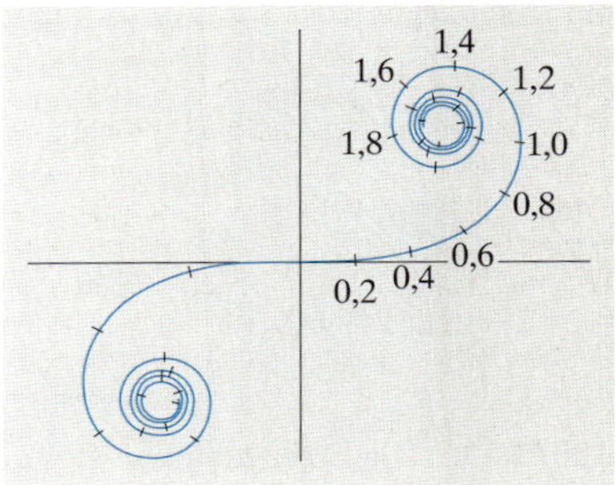

Abb. 10.34. Die Cornu-Spirale, eine Kurve mit gleichmäßig zunehmender Krümmung, beschreibt die Fresnel-Beugung an einer Kante

Unter unserer Voraussetzung $x - x' \ll D$ haben alle Teilwellen, die von verschiedenen x' kommen, praktisch den gleichen Weg zu laufen und damit die gleiche Amplitude. Im Zeigerdiagramm sind die Teilpfeile also noch gleich lang, aber der Winkel zwischen Nachbarpfeilen ist nicht mehr konstant wie bei der Fraunhofer-Beugung, sondern nimmt mit der Entfernung von der Stelle $x = x'$ linear zu (Ableitung der quadratischen Abhängigkeit (10.17)). Es entsteht eine Doppelspirale mit ständig zu-

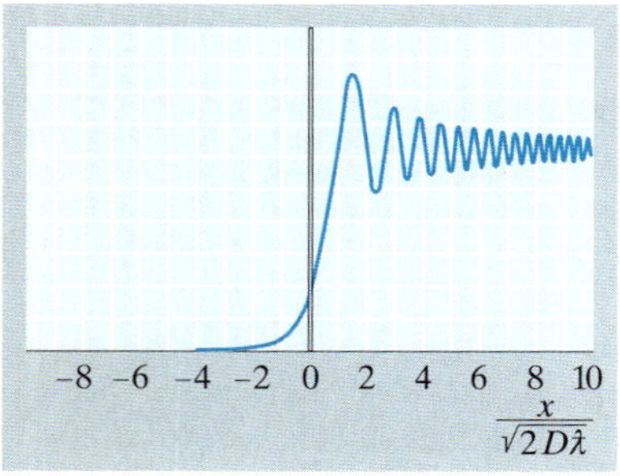

Abb. 10.35. Die Intensität hinter einer Platte fällt in der Schattenregion gleichmäßig ab, aber im Hellraum vollführt sie noch ziemlich fern von der Schattengrenze Schwankungen

nehmender Krümmung, die **Cornu-Spirale**, die sich in zwei Grenzpunkten zusammenschnürt (Abb. 10.34). Ein Auto, dessen Lenkrad immer gleichmäßig gedreht wird, beschreibt ein Stück dieser Kurve. Eine Hälfte der Doppelspirale enthält die Zeiger mit $x' < x$, die andere die Zeiger mit $x' > x$. Liegt x im geometrischen Hellbereich $(x > 0)$, dann ist die $x' > x$-Hälfte voll ausgebildet, die $x' < x$-Hälfte nur zum Teil, nämlich bis $x' = 0$. Wenn x im Schattenraum liegt, ist es umgekehrt.

Aus der Cornu-Spirale kann man die Helligkeitsverteilung (und auch die Phasen) in der Beugungsfigur ablesen. Die Gesamtamplitude an der Stelle x ergibt sich als Summe aller Zeiger von $x' = 0$ bis $x' = \infty$, also als Pfeil, der von dem Spiralenpunkt mit $x' = 0$ zum oberen Konvergenzpunkt führt. Bei $x = 0$, wo die geometrische Schattengrenze läge, ist $x' = 0$ in der Mitte der Spirale, also ist dieser Pfeil genau halb so lang wie für einen Ort weit im Hellen ($x^2 \gg \lambda D$), wo $x' = 0$ fast im unteren Konvergenzpunkt liegt. An der geometrischen Schattengrenze ist es $\frac{1}{4}$ so hell wie ohne Platte (Intensität $\sim$ Amplitude^2). Je tiefer wir in den geometrischen Schatten ($x < 0$) eindringen, desto weiter verschiebt sich $x' = 0$ auf den oberen Ast der Spirale. Dabei nähern wir uns monoton dem oberen Konvergenzpunkt: Die Amplitude wird monoton kleiner, deshalb gibt es hinter der Platte keine Streifen. Im geometrischen Hellbereich dagegen ($x > 0$) läuft $x' = 0$ auf dem unteren Ast um, der Summenpfeil wird abwechselnd länger und kürzer, ohne je Null zu werden, und dieser Wechsel erfolgt immer schneller: Man erhält enger werdende Streifen ohne Dunkelheit dazwischen.

Hinter einem breiten Steg ergibt sich ein Schattenstreifen, der beiderseits von Beugungsstreifen umrandet ist. Wenn aber der Steg schmal genug ist (dünner Draht), greifen die Streifen auch in den Schattenraum hinein, und ganz in der Mitte herrscht Helligkeit. Welcher dieser beiden Fälle vorliegt, hängt davon ab, ob der Endpunkt, bis zu dem die Cornu-Spirale ausgebildet ist, außerhalb oder tief innerhalb des „Schnörkels" liegt, d. h. ob der Drahtdurchmesser d groß oder klein gegen $\sqrt{D\lambda}$ ist. Entsprechend ist es in der Mitte des Schattens hinter einer sehr kleinen Kreisscheibe immer hell (**Poisson-Fleck**), unabhängig von Scheibendurchmesser d und Abstand D, sofern noch $d \ll \sqrt{D\lambda}$ gilt. Hinter einer Platte mit Kreisloch ist es dagegen auf der Achse bald hell, bald dunkel, je nach dem Abstand D.

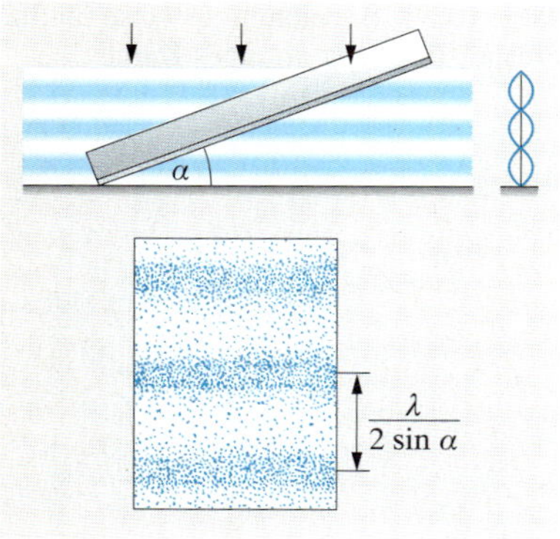

Abb. 10.36. Die Erzeugung von stehenden Lichtwellen in einer photographischen Schicht nach *Wiener*. Das *untere* Teilbild zeigt die Anordnung der geschwärzten Streifen an der Plattenkante, die den Spiegel berührt

10.1.10 Stehende Lichtwellen

In Abschn. 7.6.3 wurden stehende elektromagnetische Wellen bei senkrechtem Auftreffen auf einen Spiegel erzeugt. Das gleiche kann man nach *Wiener* auch mit Licht beobachten (Abb. 10.36).

Eine nur etwa $\lambda/30$ dicke photographische Schicht wird unter einem sehr kleinen Neigungswinkel α auf einen sehr planen und gut reflektierenden Metallspiegel gelegt, der von oben mit parallelem, monochromatischem Licht beleuchtet wird. Nach der Entwicklung zeigen sich auf der Schicht in Abständen $\frac{1}{2}\lambda/\sin\alpha$ geschwärzte Streifen, von denen der dem Spiegel am nächsten gelegene im Abstand $\lambda/4$ vom Spiegel entstanden ist.

Da die elektrische Welle am (optisch dichteren) Metall mit dem Phasensprung π reflektiert wird, überlagert sich sich mit der einfallenden zu einer stehenden Welle, die an der Metalloberfläche einen Knoten hat. Das muß auch schon deswegen so sein, weil die transversale elektrische Feldstärke stetig auf den Wert 0 im Metall übergehen muß. In einer stehenden Welle sind E und H zwar zeitlich in Phase, ebenso wie bei einer fortschreitenden Welle. Räumlich aber sind sie es bei einer stehenden Welle nicht, sondern die H-Linienbündel füllen die Zwischenräume zwischen den E-Linienbündeln, es besteht eine $\pi/2$-Phasendifferenz zwischen E und H. H hat also einen Bauch an der Metalloberfläche (was übrigens bedeutet, daß H ohne Phasensprung reflektiert wird).

Daß die Schwärzung der E-Welle folgt, beweist, daß das elektrische Feld für die photochemischen Prozesse verantwortlich ist.

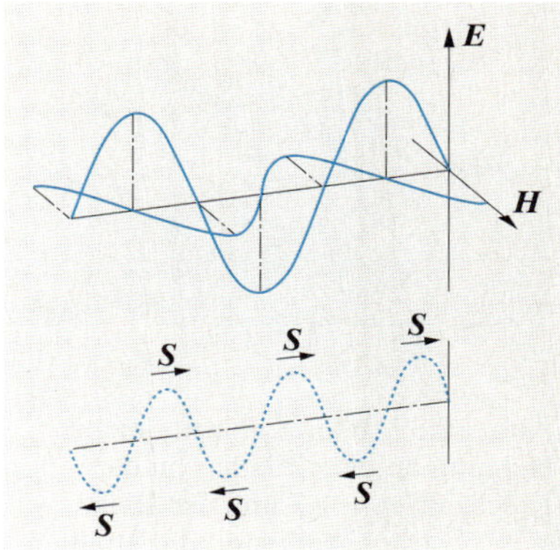

Abb. 10.37. *Oben*: Stehende Lichtwelle vor einem Spiegel. *Unten*: Energieströmung im Strahlungsfeld

10.1.11 Interferenzfarben

Jeder kennt die schillernden Farbenspiele in **Seifenblasen**, Ölschichten auf der nassen Straße, Anlaufschichten auf blanken Gegenständen, feinen Sprüngen in Glas oder Kristallen. Weniger erwünscht sind die **Newton-Ringe** auf glasgerahmten Dias. Alle diese Farben entstehen durch Interferenz der Wellen, die an der Vorder- und Rückseite einer annähernd planparallelen Schicht reflektiert werden. Unter dem Ölfleck muß die Straße naß sein, damit die Ölhaut eine glatte Wasser- und keine rauhe Asphaltrückfläche hat.

Eine ebene Welle falle aus einem Medium der Brechzahl n_1 unter dem Winkel α auf eine Schicht der Dicke d und der Brechzahl n_2. Ein Teil wird vorn reflektiert, ein Teil erst hinten. Natürlich wiederholt sich das Spiel öfter: Es gibt eigentlich unendlich viele Wellen $1''$, $2''$, $3''$, ... Hier betrachten wir nur die Interferenz zwischen $1''$ und $2''$. Die übrigen spielen eine Rolle, wenn es um feinere Intensitätsfragen geht wie in Abschn. 10.1.12 und 10.2.6.

Der Gangunterschied, mit dem $1''$ und $2''$ sich auf einem sehr weit entfernten Schirm oder im Auge vereinigen, ist nach Abb. 10.38 gleich $2BC$, also

$$g = 2dn_2 \cos\beta\,. \tag{10.18}$$

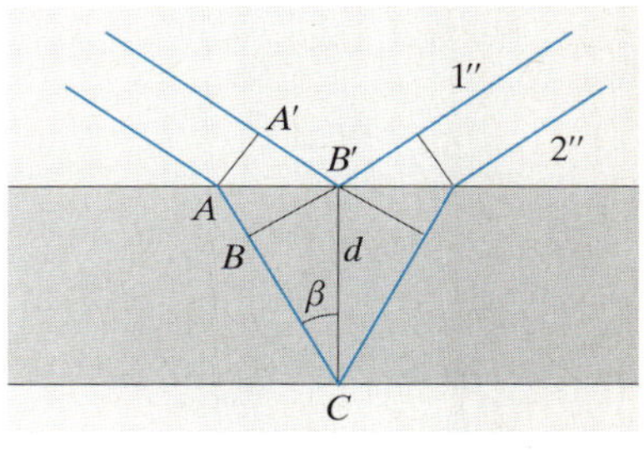

Abb. 10.38. Zwischen den an der vorderen und hinteren Grenzfläche einer planparallelen Platte reflektierten Wellen herrscht der Gangunterschied $2nd\cos\beta$. Dazu kommt noch ein Phasensprung π, wenn hinter der Platte wieder ein dünneres Medium folgt

Nach *Fermat* ist ja die Laufzeit des Lichtes zwischen A und B dieselbe wie zwischen A' und B' (Abschn. 4.3.3). Hierzu kommt noch der Phasensprung π bei der Reflexion an der oberen Grenzfläche, falls $n_2 > n_1$, jedenfalls am dichteren Medium (Abschn. 4.2.5 und 10.2.5). Insgesamt kommen die Wellen $1''$ und $2''$ mit einer Phasendifferenz $\delta = 2\pi s/\lambda + \pi$ an. Wenn

$$\delta = (2z+1)\pi\,, \quad \text{d.h.} \quad s = z\lambda \tag{10.19}$$

ist, schwächen diese Wellen einander. (Die übrigen Wellen $3''$, $4''$, ... ändern daran nichts, denn sie sind mit $2''$ in Phase: Sie werden ja zweimal, viermal ... öfter am dünneren bzw. dichteren Medium reflektiert.) Speziell tritt die Schwächung für sehr dünne Schichten ($d \ll \lambda/2$) ein, und zwar für alle Wellenlängen: Wo die Seifenblase sehr dünn und kurz

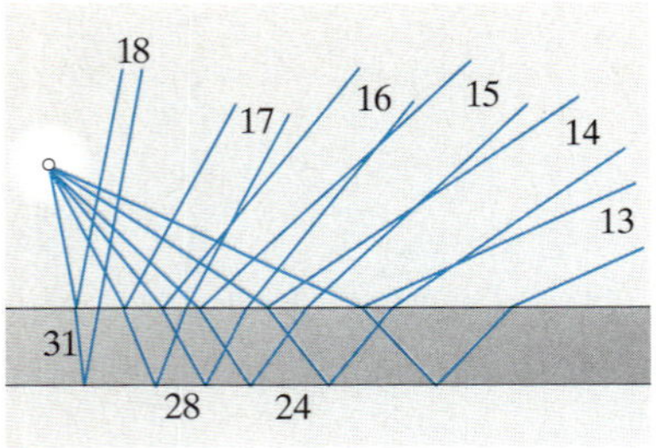

Abb. 10.39. Interferenzen gleicher Neigung an einer Platte von der Brechzahl $n = 1{,}3$ und der Dicke $d = 7\lambda$. Dargestellt sind die Strahlen, die konstruktiv interferieren. Die Zahlen geben die Vielfachen von λ im Gangunterschied

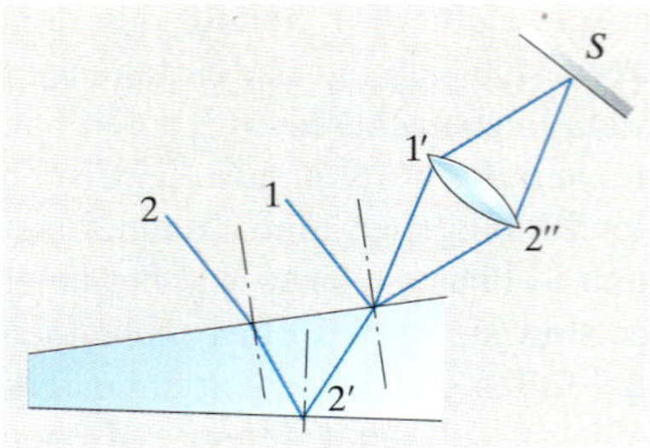

Abb. 10.40. Interferenzen an keilförmigen Schichten. 1 und 2 sind kohärente Strahlen aus einer Lichtquelle wie in Abb. 10.39

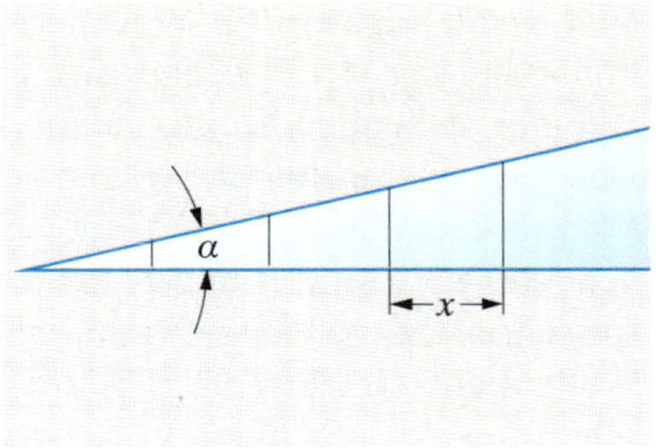

Abb. 10.41. Breite der Interferenzstreifen an keilförmigen Schichten

vor dem Platzen ist, erscheint sie ganz dunkel. Schon hieran sieht man, daß irgendwo der Phasensprung π eingetreten ist. Bei Schichten mit $d \approx \lambda$ werden nur bestimmte Wellenlängen geschwächt, nämlich $\lambda_z = s/z$. Wenn nur eine davon ins Sichtbare fällt, nämlich die erste, $\lambda = s$, erscheint die Schicht in der Komplementärfarbe dazu. Sie hängt wegen (10.18) vom Einfallswinkel ab, die Schicht schillert. Farbige Ringe markieren die Stellen gleichen Einfallswinkels α bei einer Schicht, die mit einem divergierenden Lichtbündel beleuchtet wird (**Interferenzen gleicher Neigung**, Abb. 10.39). Bei dicken Schichten liegen mehrere Ordnungen (λ_z mit verschiedenen z-Werten) im Sichtbaren, die Farben sind nicht mehr so leuchtend (dafür ist aber die spektrale Auflösung höher).

Im durchfallenden Licht sind die Spektralbereiche, die bei der Reflexion geschwächt werden, entsprechend stärker vertreten, die Farben sind komplementär zu den reflektierten. Da aber die Reflexion normalerweise nur wenige Prozent ausmacht, ist dieser Unterschied nicht groß: Im durchgehenden Licht sind die Farben weniger brillant als bei der Reflexion.

Wenn die Schicht nicht überall gleichdick ist, ergeben sich farbige Streifen (**Interferenzen gleicher Dicke**). Bei einer keilförmigen Schicht haben sie konstanten Abstand. *Newton* untersuchte sie an einer flachen Konvexlinse, die auf einem ebenen Spiegel lag (Abb. 10.42). Die Luftspaltdicke nimmt ungefähr quadratisch mit dem Abstand vom Zentrum zu, daher folgen die Farbringe immer dichter aufeinander. *Newton* erkannte daraus, daß seine Lichtteilchen doch periodische „fits" haben müssen, während *Huygens* etwa gleichzeitig zwar die Wellentheorie vertrat, aber nur in Form von einzelnen Stößen ohne jede Periodizität. Erst *Young* und *Fresnel* brachten Wellen und Periodizität zusammen und verwarfen dabei die Teilchen, die erst *Einstein* wieder zu Ehren brachte. Soviel kann man aus den Newton-Ringen auf Dias lernen, die entstehen, wo der gewölbte Film die Glasplatte des Rahmens berührt.

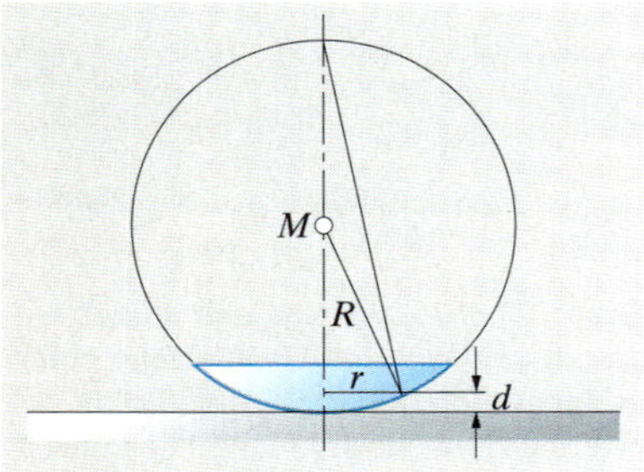

Abb. 10.42. Entstehung der Newton-Ringe

Viele der herrlichen Farben auf Schmetterlingsflügeln, Vogelfedern und den Schuppen tropischer Fische beruhen auf einem anderen Interferenzprinzip, dem des Stufengitters, das wir im nächsten Abschnitt besprechen.

10.1.12 Interferometrie

Die planparallele Platte ist die Grundlage vieler interessanter Geräte. Dabei muß man aber auch die übrigen, mehrfach reflektierten Wellen berücksichtigen. Zwischen zwei solchen Teilwellen, z. B. $2''$ und $3''$ in Abb. 10.43, herrscht immer die gleiche Phasendifferenz δ. Sie ergibt sich aus einem Gangunterschied s als $2\pi s/\lambda$, zuzüglich evtl. Phasensprünge bei Reflexionen an dichteren Medien. Insofern ist die Lage wie bei einem Gitter mit sehr vielen (unendlich vielen) Spalten, nur schwächen der Hin- und Rückgang durch die Platte und besonders die Verluste bei der Reflexion die Amplitude jedesmal um einen konstanten Faktor ϱ. Im **Zeigerdiagramm** ist also jeder Zeiger gegen den vorhergehenden nicht nur um den Winkel δ verdreht, sondern auch um den Faktor ϱ verkürzt. Der Polygonzug der Zeiger schmiegt sich nicht an einen Kreis, sondern an eine (logarithmische) Spirale an, die sich schließlich in einem Punkt P zusammenschnürt.

Wir suchen die resultierende Amplitude a, den Zeiger, der vom Anfangspunkt nach P führt. Dazu brauchen wir nur die Amplitudenzeiger der beiden ersten Teilbündel mit den Längen a' und $\varrho a'$ zu zeichnen. Die Resultierende a bildet einen gewissen Winkel mit a'. Was käme heraus, wenn wir das erste Bündel (a') wegließen? Eine neue Resultierende, die im gleichen Längen- und Winkelverhältnis zu $\varrho a'$ steht wie a zu a', die also die Länge ϱa hat und als Restsumme natürlich zum gleichen Punkt P führt. Aus dem sich so schließenden Dreieck lesen wir nach dem Cosinussatz ab $a^2 + \varrho^2 a^2 - 2\varrho a^2 \cos\delta = a'^2$,

$$a^2 = \frac{a'^2}{1 + \varrho^2 - 2\varrho\cos\delta} \tag{10.20}$$

(Formel von *Airy*).

Für $\varrho = 1$ (Verlustfreiheit) geht dies offenbar in die Gitterformel mit $N = \infty$ über: Monochromatische Beleuchtung liefert eine unendliche Reihe gleich intensiver unendlich scharfer Linien im Winkelabstand $\delta = 2\pi$ mit völliger Dunkelheit dazwischen. Wenn ϱ sehr nahe bei 1 liegt, ist das auch noch fast so; die Linien haben dann eine gewisse geringe Breite, und zwischen ihnen ist es viel dunkler, wenn auch nicht mehr ganz dunkel. (Bei $\delta = z2\pi$ liegen Maxima der Funktion (10.20) mit der Höhe $a'^2/(1-\varrho)^2$ und der Breite $1-\varrho$, bei $\delta = (2z+1)\pi$ Minima mit der Höhe $a'^2/4$.) Bei $\varrho \ll 1$ schließlich kann man ϱ^2 im Nenner von (10.20) weglassen und nähern $a^2 \approx a'^2\,(1 - 2\varrho\cos\delta)$. Das ist ein uninteressanter Verlauf. Wir setzen also in der Folge $\varrho \approx 1$ voraus, was scharfe Maxima garantiert.

Ein Phasenwinkel-Abstand 2π zwischen den Maxima bedeutet einen Abstand $\Delta g = \lambda$ im Gangunterschied. Wir können nun die Wellenlänge ändern bzw. Licht einstrahlen, das viele λ-Werte enthält, ohne den Winkel α zu ändern. Dann werden nach (10.18) nur die λ in merklicher Intensität durchgelassen, für die $g = z\lambda$ oder $\lambda = 2dn_2\cos\beta/z$ gilt, bei senkrechtem Einfall auf eine Luftplatte also $\lambda = 2d/z$. So kommen wir zum **Interferenzfilter**. Damit es im Sichtbaren (λ-Faktor 2) nur *eine* Wellenlänge durchläßt, muß $z = 1$ oder 2 sein: Der Luftspalt muß eine

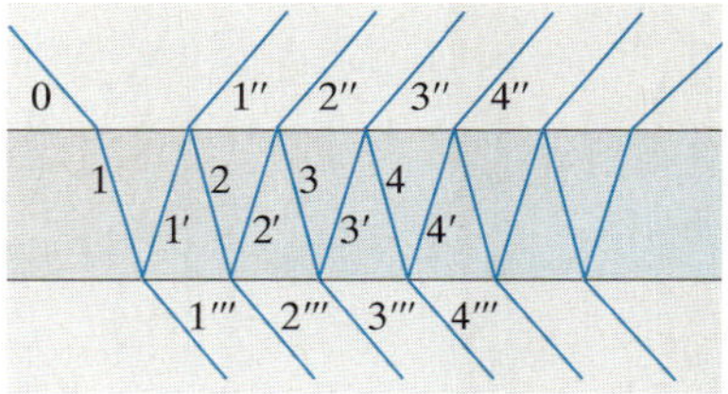

Abb. 10.43. Vielfachinterferenz an einer planparallelen Platte (ähnlich einem Fabry-Pérot-Interferometer)

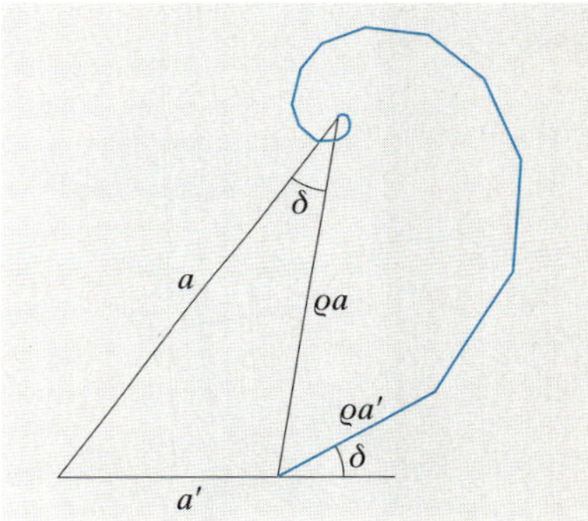

Abb. 10.44. Auch die Interferenz unendlich vieler Wellen führt zu einer Spirale (einer logarithmischen) im Zeigerdiagramm

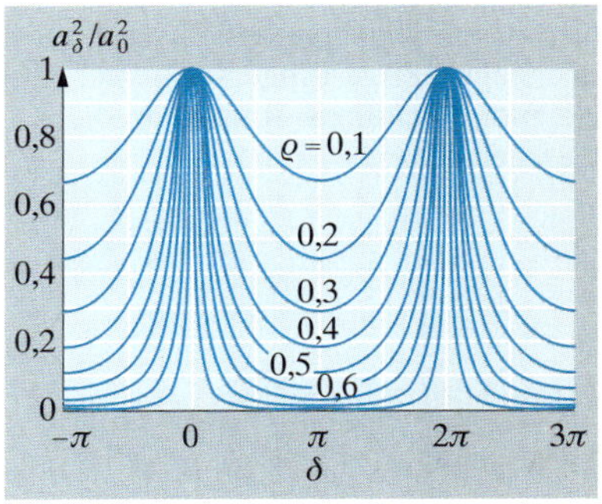

Abb. 10.45. Intensität der Vielstrahlinterferenz an einer planparallelen Platte der Dicke d als Funktion des Phasenwinkels δ, der sich als $2\pi\lambda^{-1}2dn_2\cos\beta$ ergibt (vgl. Abb. 10.38). Die Kurven für verschiedenen Reflexionsgrad ϱ sind so normiert, daß bei $\delta = 0$ immer die gleiche Intensität herauskommt

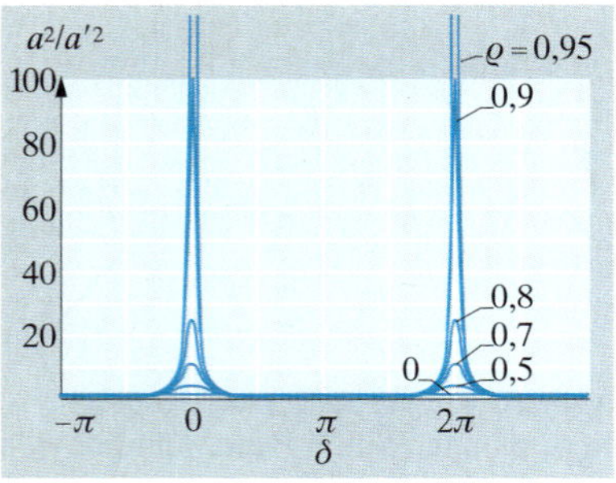

Abb. 10.46. Hier sind die Kurven für verschiedene ϱ so normiert, daß die einfallende Intensität bei allen gleich ist

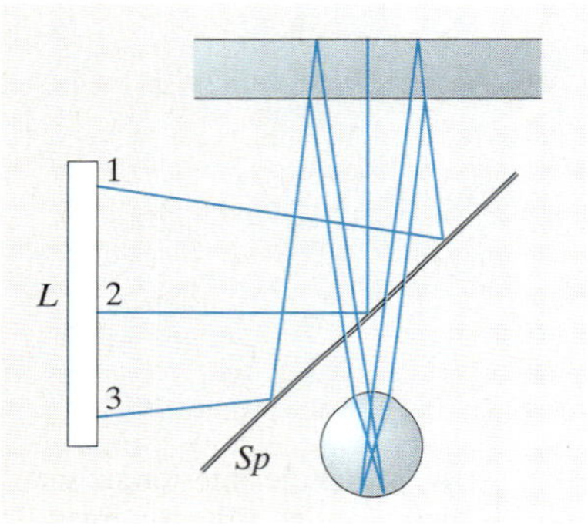

Abb. 10.47. Licht von der ausgedehnten Quelle L fällt über einen halbdurchlässigen Spiegel auf eine planparallele Platte. Das Auge sondert hieraus ein konvergentes Büschel aus und sieht farbige Ringe konstanter Neigung (Haidinger-Ringe) um die Büschelachse

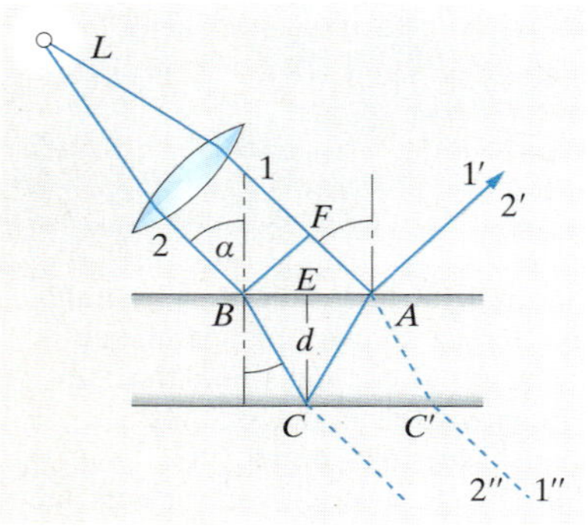

Abb. 10.48. Interferenzen an planparallelen Platten

oder zwei der gewünschten Wellenlängen dick sein. Damit der durchgelassene Bereich sehr scharf wird, muß ϱ nahe an 1 liegen. Das erreicht man durch halbdurchlässige Bedampfung der Glasplatten, zwischen denen der exakt planparallele Luftspalt sitzt.

Oder wir verwenden monochromatisches Licht, lassen es aber nicht als exaktes Parallelbündel auftreffen, sondern z. B. als divergierendes Bündel aus einer Punktquelle. Dann beruht die g-Änderung auf der Änderung des Einfallswinkels α. Orte konstanten Winkels α sind Kegelmäntel. Man sieht also eine Folge scharfer heller Kreisringe, getrennt durch fast dunkle Gebiete.

Das **Fabry-Pérot-Interferometer** besteht aus zwei Glasplatten mit einem exakt planparallelen Luftspalt der Dicke d dazwischen. Das durchgehende Licht enthält viele Wellen, die 0-, 2-, 4-, ...-mal an den Innenseiten der Platten reflektiert worden sind (damit die Reflexe an den Außenseiten der Platten nicht stören, macht man diese Platten leicht keilförmig). Der Schwächungsfaktor ϱ ist, abgesehen von der Absorption im Glas und den Transmissionsverlusten an den Außenflächen, gleich dem Quadrat des Reflexionsfaktors R an den Innenflächen. Damit die Interferenzen scharf werden, dürfen nach (10.20) ϱ und R nur wenig kleiner sein als 1. Man erreicht das durch Bedampfen mit Silber, Aluminium oder dielektrischen Schichten, bis nur noch wenig Licht durchgelassen wird. Durch die ganze Anordnung treten dann wie beim Interferenzfilter nur noch sehr enge Spektralbereiche um $\delta = z2\pi$. Hier ist $\delta = 2d2\pi/\lambda$ (Luft, fast senkrechter Einfall, zwei Reflexionen am dichteren Medium mit Gesamtphasensprung 2π), also werden die Wellenlängen $\lambda_z = 2d/z$ durchgelassen. Bei $d \gg \lambda$ wird die Ordnung z sehr groß. Diese Maxima haben die Breite $\Delta\delta = 1 - \varrho$. Eine äußerst geringe Dickenänderung $\Delta d = (1-\varrho)d/(2\pi z) = (1-\varrho)\lambda/(4\pi)$ führt uns vom Maximum der Airy-Kurve herunter: Der Luftspalt wird undurchlässig. Eine entsprechende λ-Änderung um $\Delta\lambda = (1-\varrho)\lambda/(2\pi z)$ liefert dasselbe. Der erste Effekt wird zur Messung winziger Dickenänderungen ausgenutzt, der zweite ergibt ein riesiges spektrales Auflösungsvermögen

$$\frac{\lambda}{\Delta\lambda} = \frac{2\pi z}{1-\varrho} = \frac{4\pi d}{(1-\varrho)\lambda} . \tag{10.21}$$

Die Sache hat aber einen Haken: Benachbarte Durchlässigkeitsordnungen einer bestimmten Wellenlänge liegen im δ-Abstand 2π. Zwei *verschiedene* Wellenlängen müssen in ihren δ-Werten gleicher Ordnung einander näher liegen als 2π, sonst vermischen sich die Linien und die Ordnungen:

$$\Delta\delta = \frac{4\pi d\,\Delta\lambda}{\lambda^2} < 2\pi , \quad \text{d. h.} \quad \Delta\lambda < \frac{\lambda^2}{2d} = \frac{\lambda}{z} .$$

Dieser **Dispersionsbereich** λ/z ist bei hoher Ordnung z, also hoher Auflösung nur sehr klein, man kann nur einen engen Spektralbereich analysieren, der aus einem anderen Spektrometer kommt. Diese Vorzerlegung kann auch durch ein anderes Interferometer mit engerem Luftspalt erfolgen (**Duplex-** und **Multiplex-Interferometrie**). Bei der Analyse der Feinstruktur von Spektrallinien erreicht man heute Auflösungen bis 10^{11}.

Verwendet man statt des Luftspalts eine Schicht mit der Brechzahl n, dann ist der Gangunterschied $2nd$ auch durch geringe n-Änderungen zu beeinflussen. Intensive Laserstrahlen ändern n und öffnen bzw. schließen damit quer dazu den Durchgang für einen anderen Strahl, ebenso wie die Gitterspannung den Anodenstrom einer Röhre oder die Basisspannung den Kollektorstrom eines Transistors steuert. So entsteht das Grundelement für einen superschnellen Computer der Zukunft.

Lummer und *Gehrcke* benutzten zur Mehrfachreflexion keinen Luftspalt, sondern eine planparallele Glasplatte (Abb. 10.49). Ihre Flächen brauchen nicht versilbert zu werden: Wenn der Reflexionswinkel dicht unter dem der Totalreflexion liegt, ist nach (10.25) die Reflexion ebenfalls fast vollständig. Allerdings kann man so wegen der begrenzten Plattenlänge nicht allzu viele (N) Teilwellen erhalten und muß die Airy-Formel ($N = \infty$) etwas modifizieren.

Vielstrahlinterferenzen nutzt man auch im **Stufengitter** aus, einem treppenartigen Stoß spiegelnder Platten der Dicke d. Solche Treppen findet man auch auf den Flügeln der schönsten Tagfalter. Die Stufenhöhe ist von der Größenordnung λ, denn hier sollen ja satte Farben aus dem breiten Spektrum des Tageslichts erzeugt werden und keine hohe Auflösung eines engen Bereichs in höherer Ordnung. Auch die praktisch unendlich vielen Atomschichten in Kristallgittern wirken, allerdings nur für Röntgenlicht, als Stufengitter, das einen sehr scharfen Reflex nur dann liefert, wenn die Interferenzbedingung (**Bragg-Bedingung**, Abschn. 12.5.2) erfüllt ist. Das Treppchen- oder **Echelette-Gitter** wirkt im Sichtbaren genauso: Während ein übliches Strichgitter die Intensität auf sehr viele Ordnungen verteilt, kann man sie hier auf die Ordnung konzentrieren, die in Richtung der normalen Reflexion der Treppenstufen liegt.

Viele Schichten der Dicke $\lambda/(2n)$, die abwechselnd die Brechzahlen n_1 und n_2 haben, wirken als Stufengitter, denn jede Grenzschicht reflektiert phasenrichtig den Bruchteil $[(n_1 - n_2)/(n_1 + n_2)]^2$ des senkrecht einfallenden Lichtes. Alle zusammen wirken als Spiegel. Manche Mollusken haben Hohlspiegel dieser Art als bilderzeugende Elemente in ihren Augen. Man hat sogar Strukturen gefunden, die wie eine **Schmidt-Platte** den sphärischen Fehler zu korrigieren scheinen.

In vielen Interferometern wird eine Welle in zwei Teilwellen geteilt, ähnlich wie beim Fresnel-Spiegel, aber meist unter 90°. Auf dem Schirm, wo die Teilbündel wieder zusammentreffen, gibt Helligkeit oder Dunkelheit den Gangunterschied der Teilwellen an. Man kann so winzige Längenunterschiede der beiden Wege oder Brechzahlunterschiede der eingeschobenen Medien bestimmen. *Michelson* benutzte zum Teilen eine halbdurchlässige Platte, *Mach* und *Zehender* gekittete Prismen, auf deren Grenzfläche das Licht nahe dem Totalreflexionswinkel auftrifft.

Selbst die größte Fernrohröffnung reicht nicht aus, um Fixsterne als Scheibchen aufzulösen. *Michelson* vergrößerte die Öffnung wenigstens in einer Richtung, indem er zwei 45°-Spiegel auf einem Arm der Länge L montierte und ihr Licht mit zwei anderen Spiegeln ins Fernrohr lenkte. So entsteht zwar kein Bild des Sterns mit entsprechender Auflösung, sondern ein Beugungsmuster ähnlich wie bei zwei Spalten im Abstand L. Seine Form zeigt, ob das Licht aus streng einheitlicher Richtung kommt oder

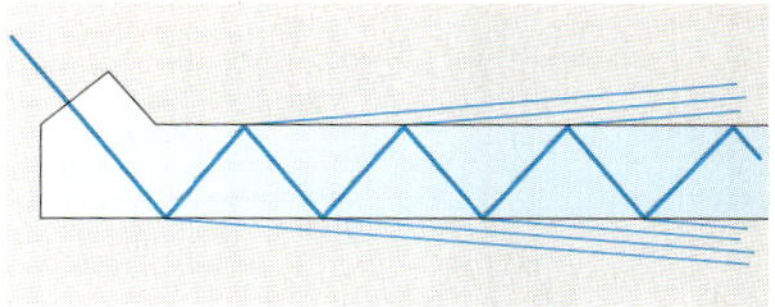

Abb. 10.49. **Lummer-Gehrcke-Platte**. Da der innere Einfallswinkel fast gleich dem Totalreflexionswinkel ist, liegt der Reflexionsfaktor ϱ sehr nahe bei 1. Der Lichteintritt wird durch das aufgekittete Prisma erleichtert

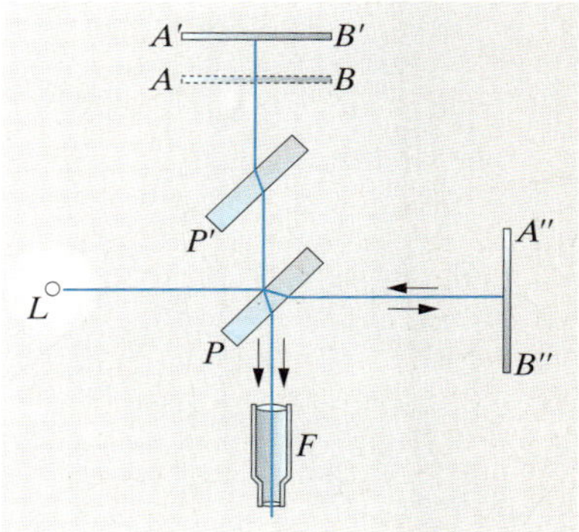

Abb. 10.50. Das Interferometer von *Michelson*

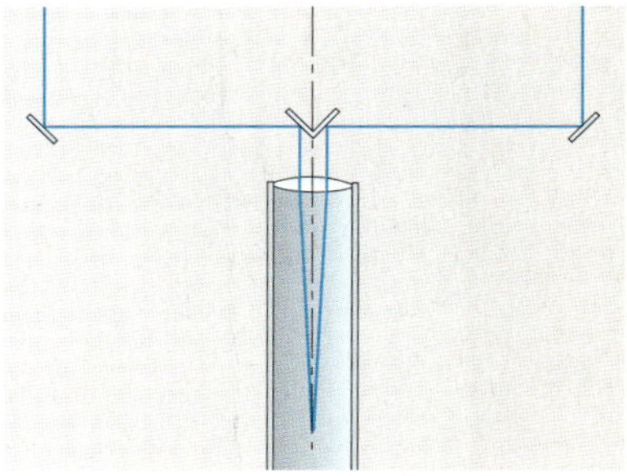

Abb. 10.51. **Michelsons Interferometer** zur Messung von Fixsternradien

aus einem Winkelbereich $\Delta\alpha$, dem Sehwinkel, unter dem das Sternscheibchen uns erscheinen würde: $\Delta\alpha = 2R/a$ (R: Sternradius, a: Sternabstand). Die entsprechende Verbreiterung muß größer sein als die Winkelbreite $\lambda/(2L)$ des Beugungsmaximums. So konnte man einige rote Riesensterne wie α Orionis (Beteigeuze) und α Scorpionis (Antares) direkt vermessen. Ihr Radius ist größer als der der Erdbahn. Anstelle der Sonne würden diese Sterne bis über die Marsbahn reichen. Man wußte übrigens schon vorher aus den Strahlungsgesetzen, daß diese kühlen, aber sehr hellen Sterne sehr groß sein müssen. Auf ähnliche Weise steigert man heute die Auflösung von Radioteleskopen, indem man zwei oder mehrere weit entfernte Antennen durch Funk und Computer koppelt (**Langbasis-Interferometrie**). Selbst die größte Schüsselantenne ergibt mit $\lambda \approx 10\,\text{cm}$ allein nur eine Winkelauflösung $\lambda/d \approx 10^{-3}$, zwei Antennen mit dem Erddurchmesser als Basis dagegen 10^{-8}, verglichen mit einem optischen 5 m-Reflektor mit 10^{-7}.

10.2 Polarisation des Lichts

Durch einen Kalkspatkristall erscheinen Schriftzeichen doppelt. Newton schloß daraus, seine Lichtteilchen müßten auch seitliche Richtungseigenschaften haben. Leider hörte er nicht auf *Hooke*, der meinte, *Huygens'* Wellen seien vielleicht nicht longitudinal, sondern transversal. Erst als *Etienne Malus* 1808 das Palais de Luxembourg durch einen Kalkspatkristall betrachtete und feststellte, daß die Reflexe der Abendsonne in den Fenstern dunkler wurden, wenn er den Kristall drehte, kam die Sache wieder in Bewegung.

10.2.1 Lineare und elliptische Polarisation

Elektromagnetische Wellen sind transversal, d. h. der elektrische und der magnetische Feldvektor stehen immer senkrecht zur Ausbreitungsrichtung (Abschn. 7.6.3). Aber schon lange bevor *Maxwell* das Licht unter die elektromagnetischen Wellen einordnete, erkannten *Fresnel*, *Malus* und *Arago* seinen transversalen Charakter daraus, daß es sich polarisieren läßt.

Licht, in dem das elektrische Feld immer nur in einer Richtung (oder der Gegenrichtung dazu) steht, heißt *linear polarisiert*. Die Richtung des elektrischen Vektors heißt Polarisationsrichtung. Die zu dieser Richtung senkrechte Ebene, in der die Ausbreitungsrichtung und der Magnetfeldvektor liegen, wird manchmal irreführenderweise Polarisationsebene genannt. In dem Licht, das z. B. Temperaturstrahler (glühende Körper) aussenden, sind alle Polarisationsrichtungen gleichmäßig und ungeordnet vertreten. Der Emissionsakt eines einzelnen Atoms ergibt zwar i. allg. polarisiertes Licht, aber in der Temperaturstrahlung überlagern sich sehr viele solche Einzelakte in völlig ungeordneter Weise. Solches Licht heißt natürliches oder unpolarisiertes Licht.

Schwingt die elektrische Feldstärke so, daß die Spitze des Feldvektors auf einer Ellipse um die Ausbreitungsrichtung umläuft, so ist das Licht *elliptisch polarisiert*. Ein wichtiger Sonderfall ist das *zirkular polarisierte* Licht, bei dem die Feldstärke im Kreis umläuft (Abschn. 4.1.1a). Eine elliptisch oder zirkular polarisierte Welle kann man in zwei zueinander senkrecht schwingende linear polarisierte Wellen mit der Phasendifferenz zwischen 0 und $\frac{\pi}{2}$ zerlegen. Bei einer zirkularen Welle ist diese Phasenverschiebung $\frac{\pi}{2}$, und die Amplituden der Teilwellen sind einander gleich. Bei der Phasendifferenz 0 entartet die Ellipse zur Geraden: Auch lineare Schwingungen lassen sich in zwei zueinander senkrechte Komponenten entsprechender Amplituden aufspalten.

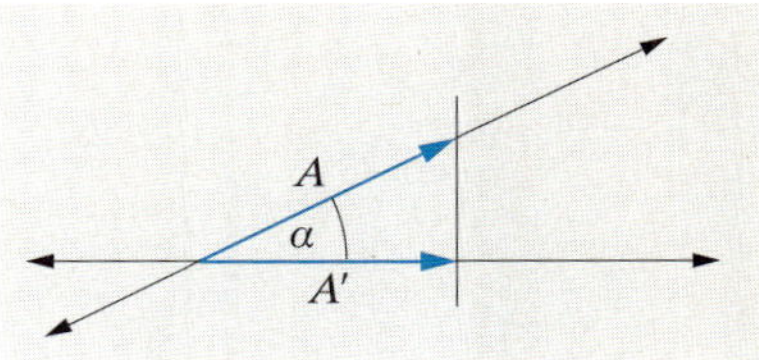

Abb. 10.52. Zur Bestimmung der Intensität des durch einen „Analysator" hindurchgelassenen polarisierten Lichtes

10.2.2 Polarisationsapparate

Kristalle oder Filter, die aus natürlichem Licht polarisiertes machen, heißen **Polarisatoren**. Dieselbe Vorrichtung kann auch als **Analysator** dienen, mit dem man die Polarisation und ihre Schwingungsrichtung nachweist. Ein linearer Polarisator läßt nur Licht einer bestimmten Schwingungsebene durch. Die durchgelassene Amplitude sei A. Ein anderer Polarisator, der gegen den ersten um den Winkel α verdreht ist, läßt von A wieder nur die Komponente $A' = A\cos\alpha$ durch, die in seine Durchlaßebene fällt. Die entsprechenden Intensitäten sind proportional zu A'^2:

$$I' = I\cos^2\alpha\,.$$

Drehung erlaubt präzise Intensitätsänderungen, z. B. in Photometern. Gekreuzte Polarisatoren ($\alpha = 90°$) lassen kein Licht durch, außer wenn sich auf dem Lichtweg zwischen ihnen Vorgänge abspielen, die den Polarisationszustand oder seine Schwingungsebene ändern.

Im **Polarisationsapparat** (Abb. 10.53) tritt unpolarisiertes Licht in den Polarisator P ein. Zunächst stellt man den Analysator senkrecht dazu, was man an der Dunkelheit des Gesichtsfeldes im Beobachtungsfernrohr erkennt. Bringt man einen „optisch aktiven" Stoff, der die Polarisationsrichtung dreht, in den Lichtweg, wird das Gesichtsfeld heller, und man muß den Analysator um den Drehwinkel α nachstellen, um wieder Dunkelheit zu erreichen. Daraus ergibt sich eine der raschesten Analysemethoden zum Nachweis wichtiger Substanzen, z. B. der verschiedenen Zucker (Abschn. 10.2.9).

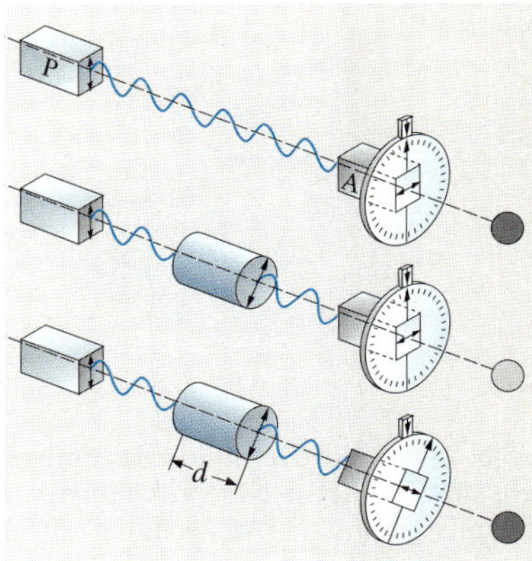

Abb. 10.53. Der Polarisationsapparat. *Oberes Bild*: Einstellung auf gekreuzte Polarisatoren. *Mittleres Bild*: Aufhellung des Gesichtsfeldes durch Einführung einer drehenden Substanz. *Unteres Bild*: Messung des Drehwinkels durch Drehung des Analysators bis zu erneuter Auslöschung

10.2.3 Polarisation durch Doppelbrechung

Die bisher behandelten optischen Gesetze, z. B. das Brechungsgesetz von *Snellius*, gelten nur in Medien, in denen die Lichtgeschwindigkeit in allen Richtungen gleich ist, d. h. in **optisch isotropen** Medien. Gase, die meisten homogenen Flüssigkeiten, feste Körper, sofern sie amorph sind (Glas) oder dem regulären (kubischen) Kristallsystem angehören (Steinsalz, Diamant), sind optisch isotrop. Auch sie verlieren i. allg. diese Isotropie, wenn sie elektrischen oder magnetischen Feldern oder elastischen Deformationen ausgesetzt sind oder wenn sie faserigen oder geschichteten Feinbau besitzen. Ein solcher Feinbau ist selbst bei Flüssigkeiten möglich, z. B. stellt er sich bei Lösungen von Kettenmolekülen von selbst ein, wenn sie strömen (Strömungsdoppelbrechung).

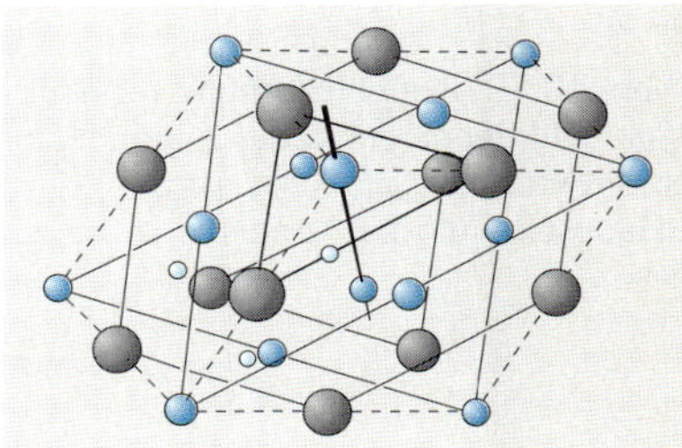
Abb. 10.54. Raumgitter des Kalkspats $CaCO_3$. ● C, ● Ca, ○ O. Die O-Atome sind nur um eines der Ca eingezeichnet

Die meisten Kristalle sind nicht nur optisch, sondern auch in anderen Eigenschaften **anisotrop**, z. B. sind Wärme- und elektrische Leitfähigkeit,

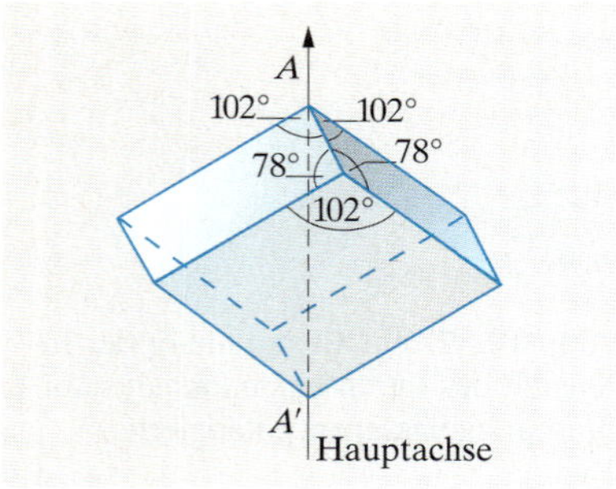

Abb. 10.55. Kalkspatrhomboeder. Diese Ansicht entsteht aus Abb. 10.54, indem man die Hauptachse aufrichtet und den Kristall um fast 180° um diese Achse dreht

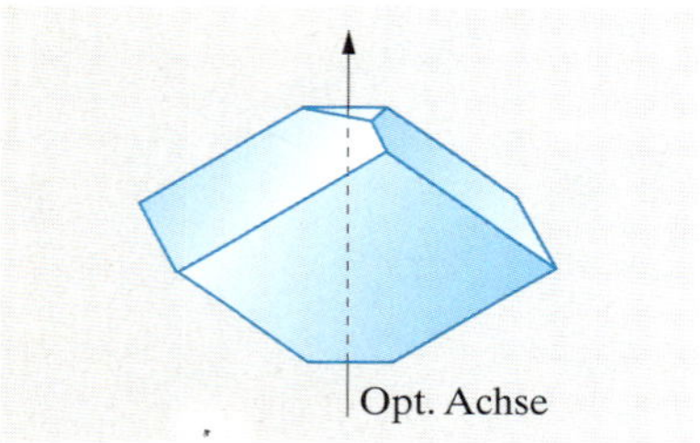

Abb. 10.56. Zur Definition des optisch einachsigen Kristalls. Optische und kristallographische Achse fallen zusammen

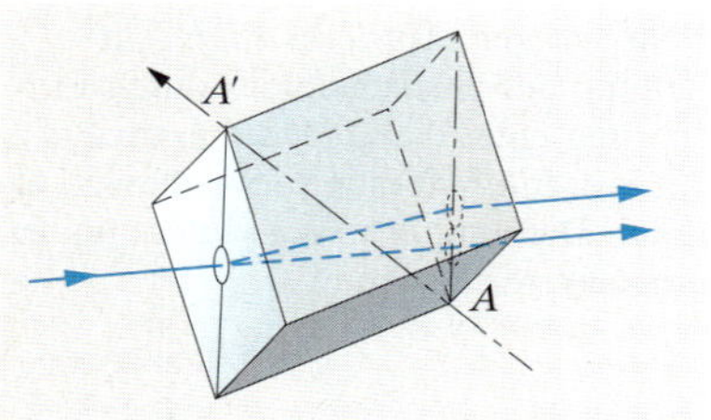

Abb. 10.57. Doppelbrechung im Kalkspat. Die Ebene durch den einfallenden Strahl und die Achse AA' ist der „Hauptschnitt" des Strahls

Dielektrizitätskonstante, elastische Eigenschaften in den einzelnen Kristallrichtungen verschieden. Aus dem atomaren Bau ist dies leicht zu verstehen. Das klassische Beispiel eines anisotropen Kristalls, der Kalkspat ($CaCO_3$), ist aufgebaut wie Abb. 10.54 zeigt. Man erkennt leicht, daß um die eingezeichnete Achse eine hohe Symmetrie herrscht (drei- bzw. sechseckige Anordnung der Ca- bzw. CO_3-Gruppen). Für keine der anderen Kristallrichtungen ist dies in gleichem Maße der Fall, sie haben höchstens zweizählige Symmetrie. In einem kubischen Kristall dagegen gibt es mehrere gleichwertige Achsen mit hoher Symmetrie. Die Achse hoher Symmetrie beim Kalkspat heißt **kristallographische Hauptachse**. Man beachte, daß Kristallachsen Richtungen im Kristall darstellen und nicht physisch durch die Ecken eines Spaltstückes gegeben sind. Für den Kristall sind die Winkel, nicht die Kantenlängen charakteristisch. Die übliche Wuchs- und Spaltform des Kalkspats, das Rhomboeder, hat als Flächen Parallelogramme, in denen zwei Winkel je 102°, die anderen beiden je 78° haben. Die Hauptachse geht durch eine Ecke, in der drei 102°-Winkel zusammenstoßen, und liegt symmetrisch zu den dort zusammenlaufenden drei Kanten (Abb. 10.54, 10.55).

Alle genannten physikalischen Eigenschaften, einschließlich der Lichtgeschwindigkeit (genauer: der Lichtgeschwindigkeiten, s. u.), sind isotrop in jeder Ebene, die senkrecht zur Hauptachse liegt (z. B. in der angeschliffenen Ebene von Abb. 10.56). Die Lichtgeschwindigkeit ist also in allen Richtungen senkrecht zur Hauptachse oder optischen Achse gleich. Aber in diesen Richtungen, wie überhaupt in allen Richtungen, die nicht mit der Hauptachse zusammenfallen, ist die Geschwindigkeit des Lichtes abhängig von seiner Polarisationsrichtung. *In* Richtung der optischen Achsen hat die Lichtgeschwindigkeit unabhängig von der Polarisationsrichtung den Wert c_o, den man als Hauptlichtgeschwindigkeit des Kristalls bezeichnet. *Senkrecht* zur optischen Achse läuft polarisiertes Licht ebenfalls mit c_o, wenn sein magnetischer Vektor in Richtung der optischen Achse, also der elektrische senkrecht dazu steht. Licht mit dieser Polarisationsrichtung heißt **ordentliches Licht**. Licht der anderen Polarisationsrichtung (außerordentliches Licht) läuft im Kalkspat schneller, mit $c_{ao} = 1{,}116 c_o$. Für die dazwischenliegenden Einfallsrichtungen gilt für ordentliches Licht immer c_o, **außerordentliches Licht** hat eine Geschwindigkeit zwischen c_o und c_{ao}. Die Wellenflächen ordentlichen Lichtes, das von einem Punkt ausgeht, sind also Kugeln, die des außerordentlichen abgeplattete Rotationsellipsoide, deren Rotationsachse in der optischen Achse liegt. Kristalle, die sich so verhalten, heißen **einachsig-negativ**. Quarz dagegen ist einachsig-positiv, dort hat außerordentliches Licht verlängerte Rotationsellipsoide als Wellenflächen (Abb. 10.58).

Unpolarisiertes Licht falle senkrecht auf eine Rhomboederfläche, also schief zur optischen Achse (Abb. 10.59). Für die beiden Polarisationsrichtungen sieht die Konstruktion der Huygens-Elementarwellen, die von jedem Punkt des lichterfüllten Kristalls ausgehen, verschieden aus: Für das ordentliche Licht gelten die üblichen Kugelwellen, für das außerordentliche Ellipsoidwellen, deren kleine Achse (optische Achse) schief zur Trennfläche steht. Die tatsächlichen Wellenflächen ergeben sich als Tangentenflächen der Elementarwellen. Während also die Lichterregung in Abb. 10.59 für ordentliches Licht senkrecht zur Trennfläche von A nach A_1 wandert, schreitet sie für außerordentliches eine größere Strecke AA_2 in schiefer Richtung fort. Der außerordentliche Strahl ist also trotz seines senkrechten Einfalls gebrochen worden und trennt sich vom ordentlichen. Aus der gegenüberliegenden Rhomboederfläche treten beide Strahlen parallel gegeneinander verschoben aus.

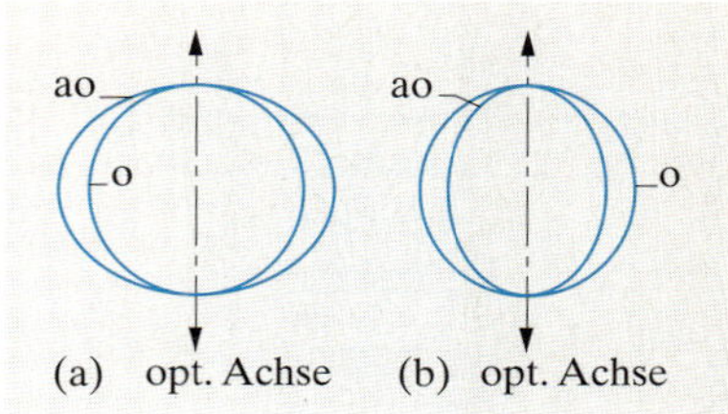

Abb. 10.58. Wellenflächen im einachsig-negativen (a) und einachsig-positiven Kristall (b)

✗ Beispiel...

Ein enges unpolarisiertes Lichtbündel fällt senkrecht auf eine Kalkspat-Rhomboederfläche. Der Kristall wird dabei langsam um die Richtung des Lichtbündels gedreht. Was sieht man an der gegenüberliegenden parallelen Rhomboederfläche? Wie sind die Polarisationsrichtungen, und wie ändern sie sich beim Drehen?

An der Rückfläche treten zwei Bündel aus, das ordentliche und das außerordentliche. Bei der Drehung behält das ordentliche Bündel, das bei senkrechtem Einfall nach *Snellius* gerade durchgeht, seine Lage bei, das außerordentliche wandert mit dem Hauptschnitt mit, dreht sich also um das ordentliche. Der elektrische Vektor des ordentlichen Lichts schwingt immer senkrecht zum Hauptschnitt, der des außerordentlichen in dessen Ebene. Beide Schwingungsrichtungen drehen sich also mit dem Hauptschnitt mit.

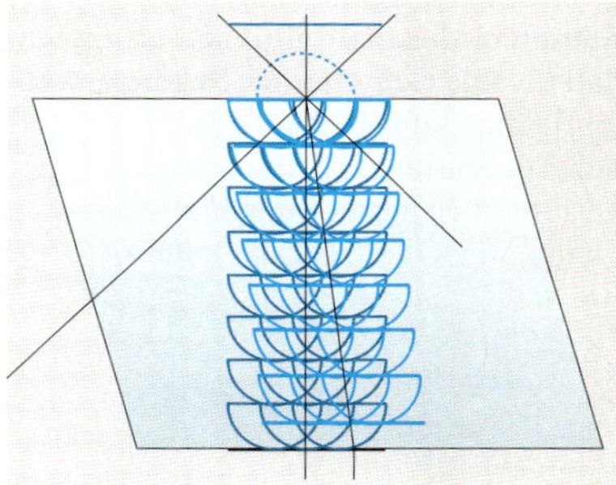

Abb. 10.59. Bei senkrechtem Einfall auf eine Kalkspat-Rhomboederfläche, die etwa 45° schräg zur optischen Achse steht, läuft die außerordentliche Welle senkrecht zu dieser Achse schneller als parallel zu ihr. Die Folge ist eine Brechung trotz *Snellius*

Bei schiefem Einfall auf die Grenzfläche folgt das ordentliche Licht dem Snellius-Gesetz, das außerordentliche nicht: Es wird immer *mehr* von der optischen Achse weggebrochen, als das Brechungsgesetz vorschreibt, es sei denn, der Einfall erfolge senkrecht zur optischen Achse oder in deren Richtung (Abb. 10.60).

Abb. 10.60. Wenn die Einfallsebene (gebildet aus Strahlrichtung und Einfallslot) senkrecht zur optischen Achse steht, sind die Schnitte der ordentlichen und außerordentlichen Sekundärwellen Kreise, aber von verschiedenem Radius. Das Snellius-Gesetz gilt für beide, aber das außerordentliche Licht wird schwächer gebrochen

Für spätere Anwendungen betrachten wir den senkrechten Durchgang von Licht durch eine planparallele Platte, die parallel zur optischen Achse aus dem Kristall herausgeschnitten ist. Die Schnitte der Elementarwellenflächen des außerordentlichen Lichtes mit der Zeichenebene in Abb. 10.61 sind hier Ellipsen, deren große Achsen auf der Plattenebene senkrecht stehen.

Daher tritt keine Aufspaltung in ordentliches und außerordentliches Licht ein, keines von beiden wird gebrochen. Aber die Welle des außerordentlichen Lichtes eilt infolge ihrer größeren Geschwindigkeit der des ordentlichen Lichtes voraus. Nachdem beide die Kristallplatte verlassen haben, besteht zwischen ihnen ein Gangunterschied. Auf die Plattendicke d entfallen d/λ_o Wellenlängen des ordentlichen, d/λ_{ao} des außerordentlichen Lichtes. Nach dem Austritt eilt der außerordentliche dem ordentlichen Strahl um

$$d\left(\frac{1}{\lambda_o} - \frac{1}{\lambda_{ao}}\right) = \frac{d}{\lambda_{vac}}(n_o - n_{ao}) \tag{10.22}$$

Wellenlängen voraus.

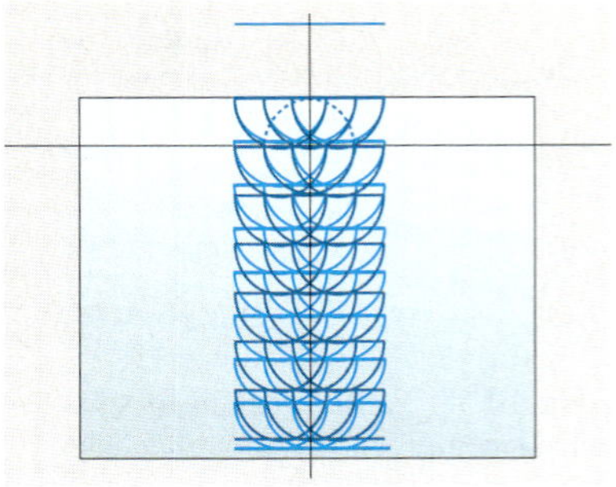

Abb. 10.61. Wieder ist die Platte senkrecht zur optischen Achse geschnitten, diesmal fällt Licht senkrecht darauf. Die Schnitte der Sekundärwellenflächen sind Kreise, größer für das außerordentliche Licht, so daß im dargestellten Fall unter der Platte ein Gangunterschied λ entstanden ist

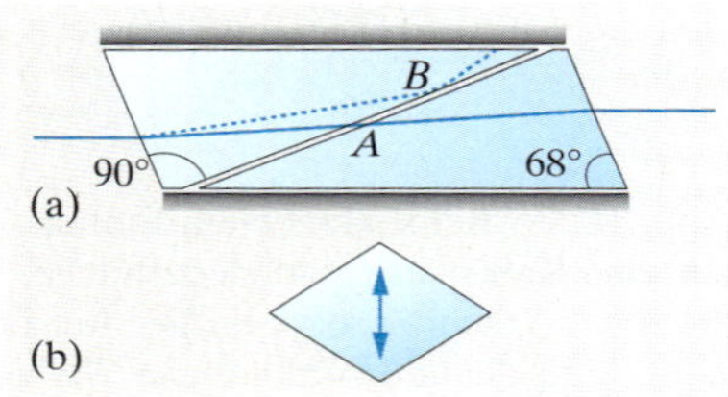

Abb. 10.62a, b. Das Nicol-Prisma

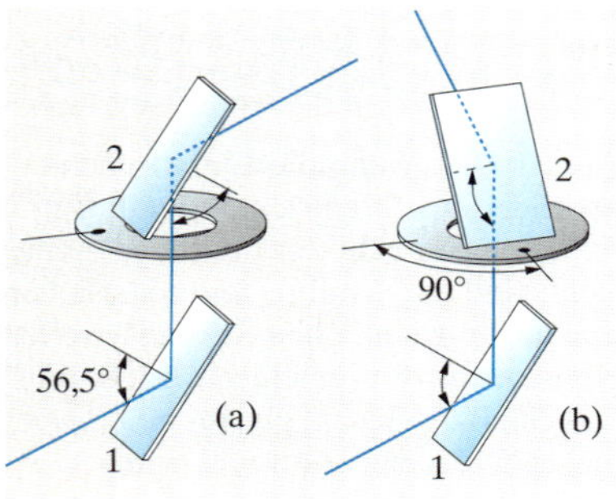

Abb. 10.63a, b. Nachweis der Polarisation des Lichtes durch Reflexion

Um linear polarisiertes Licht außerhalb des Kristalls zu erhalten, muß man entweder das ordentliche oder das außerordentliche Licht aus dem Strahlengang entfernen. Dies gelingt z. B. mit dem **Nicol-Prisma** (kurz „Nicol" genannt). Ein länglicher Kalkspat-Einkristall mit glattgeschliffenen natürlichen Spaltflächen (Abb. 10.62a; optische Achse in Bildebene senkrecht zur Längsrichtung) wird diagonal zersägt und mit einer dünnen Kittschicht wieder zusammengesetzt. Die Brechzahl des Kittes muß etwas kleiner sein als die des Kalkspats für den ordentlichen Strahl (1,66). Dieser fällt bei B unter einem Winkel auf, der größer ist als der Grenzwinkel der Totalreflexion, wird daher in Richtung auf die geschwärzte Wand reflektiert und dort absorbiert. Infolge seiner geringeren Brechung fällt der außerordentliche Strahl bei A unter einem kleineren Einfallswinkel auf die Kittschicht auf. Wählt man den Kitt so, daß seine Brechzahl nahezu gleich der des außerordentlichen Strahls ist, so tritt dieser durch die Schicht fast ohne Reflexionsverluste hindurch. Die Schwingungsebene dieses außerordentlichen Lichtes ist die Zeichenebene der Abb. 10.62a. In Abb. 10.62b ist das Prisma in seiner Längsrichtung gesehen dargestellt. Der eingezeichnete Pfeil gibt die Schwingungsrichtung des außerordentlichen Lichtes, also auch die Schwingungsrichtung des aus dem Nicol-Prisma austretenden polarisierten Lichtes an. Die Ebene durch diese Richtung und die Ausbreitungsrichtung des Lichtes, die Schwingungsebene des polarisierten Lichtes, heißt auch **Schwingungsebene des Prismas**.

Außer den einachsigen Kristallen gibt es doppelbrechende Kristalle, welche zwei Richtungen enthalten, in denen nur *eine* Ausbreitungsgeschwindigkeit des Lichtes vorkommt. Sie enthalten also zwei optische Achsen, man bezeichnet sie daher als **zweiachsige Kristalle** (zu ihnen gehören z. B. Aragonit, eine andere Kristallform des $CaCO_3$, und Glimmer). Bei den zweiachsigen Kristallen gehorcht keiner der beiden Strahlen dem Snellius-Gesetz, d. h. beide Strahlen verhalten sich außerordentlich.

Dichroismus. Einachsige Kristalle, die das ordentliche und das außerordentliche Licht verschieden stark schwächen, bezeichnet man als *dichroitisch*. Eine parallel zur optischen Achse geschnittene Turmalinplatte absorbiert den ordentlichen Strahl schon in einer Dicke von 1 mm fast vollständig. Sie läßt aber den außerordentlichen Strahl mit nur geringer Schwächung hindurch, so daß sie ohne weiteres als Polarisator verwendet werden kann.

Polarisationsfilter, d. h. Folien, in die submikroskopische dichroitische oder nadelförmige Kristalle parallel zueinander eingelagert sind, spielen heute eine größere Rolle als die „klassischen" Polarisatoren.

10.2.4 Polarisation durch Reflexion und Brechung

Von einer Glasplatte (nicht metallisiert, also kein Spiegel!) wird unpolarisiertes Licht unter einem Winkel von 56.5° reflektiert und fällt auf eine parallel zur ersten stehende zweite Glasplatte (Abb. 10.63a). Nun dreht man die Platte 2 um eine Achse, die dem an 1 reflektierten Licht parallel ist. Man stellt fest, daß dabei der zweimal reflektierte Strahl allmählich dunkler wird und nach einer 90°-Drehung völlig ausgelöscht ist. Bei 180°, wo die beiden Einfallsebenen wieder zusammenfallen, ist die Intensität die gleiche wie in der Stellung *a*, bei 270° herrscht wieder Auslöschung.

Die Erscheinung erklärt sich dadurch, daß das an der Platte 1 reflektierte Licht vollständig polarisiert ist, und zwar in der Richtung, die auf der Einfallsebene senkrecht steht. Sein elektrischer Vektor schwingt also parallel zur Glasplatte. In der Stellung *a* kann die Platte 2 dieses polarisierte Licht reflektieren, weil die Reflexionsbedingungen wegen der Identität der Einfallsebenen die gleichen sind. In der Stellung *b* (90°) kann die Platte 2 nichts reflektieren, weil das auf sie auftreffende Licht keine Komponente in der in Frage kommenden Richtung hat (der elektrische Vektor schwingt in die Platte hinein). Den Einfallswinkel (für Glas 56,5°), unter dem das reflektierte Licht vollständig polarisiert wird, nennt man **Brewster-Winkel** oder **Polarisationswinkel**. Ist der Einfallswinkel etwas größer oder kleiner, so nimmt bei einer Drehung aus der Stellung *a* in *b* die Intensität nicht auf Null, wohl aber auf ein Minimum ab. Das an 1 reflektierte Licht enthält dann noch eine Komponente, die in der Einfallsebene von 1 schwingt und die an 2 auch in der Stellung *b* noch reflektiert werden kann.

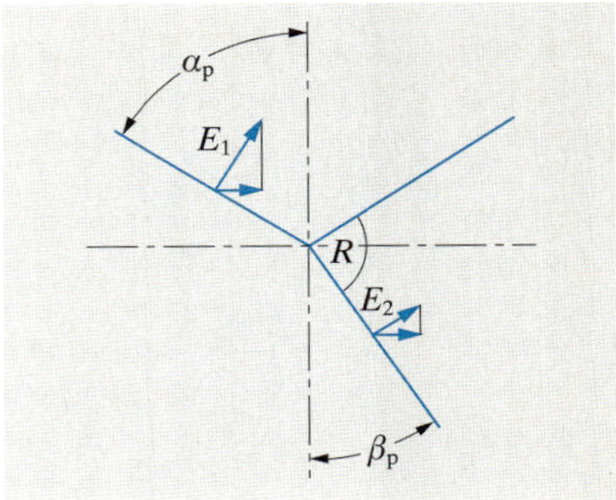

Abb. 10.64. Bedingung für die Erzeugung von vollständig polarisiertem Licht durch Reflexion (Brewster-Gesetz)

Die reflektierte Welle entsteht nach dem Huygens-Fresnel-Prinzip als Überlagerung aller Elementarwellen, deren Ausgangspunkte die vom einfallenden Licht getroffenen Punkte der Oberfläche sind. Physikalisch sind für eine elektromagnetische Welle diese „Punkte der Oberfläche" Ladungen in einer Schicht bestimmter Dicke nahe der Oberfläche, die vom elektrischen Feld der einfallenden Welle zu erzwungenen Schwingungen angeregt werden. Diese Schwingungen erfolgen natürlich in Richtung des anregenden elektrischen Feldes. Bedenkt man, daß eine linear schwingende Ladung (Hertz-Dipol) in ihrer Schwingungsrichtung nicht emittiert (Abschn. 7.6.6), so ergibt sich, daß keine reflektierte Welle zustande kommt, wenn ihre Richtung in Schwingungsrichtung der Dipole stünde. Das ist beim Einfall einer Welle, die in der Einfallsebene polarisiert ist, genau dann der Fall, wenn der gebrochene und der reflektierte Strahl aufeinander senkrecht stehen würden. Dann ist nach Abb. 10.64 $\beta_p = 90° - \alpha_p$, also $\sin\beta_p = \cos\alpha_p$. Aus dem Brechungsgesetz $\sin\alpha_p/\sin\beta_p = n$ wird in diesem Fall

$$\tan\alpha_p = n\,. \qquad (10.23)$$

Das ist das **Brewster-Gesetz** für *den* Einfallswinkel, bei dem ein in der Einfallsebene polarisierter Strahl nicht reflektiert wird. Liegt die Polarisationsrichtung senkrecht zur Einfallsebene (parallel zur Oberfläche), so ergibt sich keine solche Emissionsschwierigkeit. War das einfallende Licht unpolarisiert, so wird unter dem Brewster-Winkel nur diese Polarisationsrichtung reflektiert.

10.2.5 Intensitätsverhältnisse bei Reflexion und Brechung

Wenn Licht so auf die Grenzfläche zwischen zwei durchsichtigen Medien fällt, daß reflektierter und gebrochener Strahl aufeinander senkrecht stehen, enthält die reflektierte Welle keinen parallel zur Einfallsebene polarisierten Anteil (*Brewster*). Was geschieht aber bei anderen Einfallswinkeln? Wieviel Licht wird

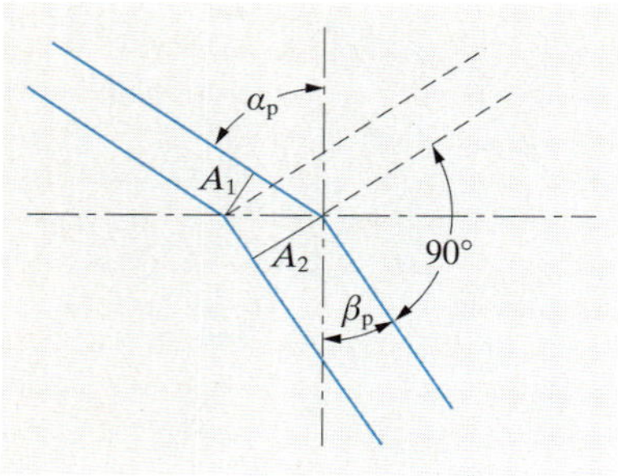

Abb. 10.65. Benutzung des Energiesatzes zur Berechnung des Brewster-Winkels

reflektiert bzw. gebrochen, in Abhängigkeit von Einfallswinkel und Polarisationsrichtung? Die elektromagnetische Lichttheorie beantwortet diese Fragen, wobei das Brewster-Gesetz als Spezialfall mit herauskommt, und braucht dazu nur folgende Tatsachen (Abschn. 7.6.3):

- Die Intensität einer Lichtwelle ist proportional $\sqrt{\varepsilon}\,E^2$, wo E der Betrag des elektrischen Feldvektors ist. An der Grenzfläche ist keine Energiesenke, d. h. alle Energie, die auffällt, wird entweder reflektiert oder durchgelassen. Wir bezeichnen die einfallende, reflektierte und gebrochene Welle mit den Indizes e, r, g, die Dielektrizitätskonstanten der beiden Medien mit ε bzw. ε'. Die Stetigkeitsbedingung des Energiestroms an der Grenzfläche betrifft seine Komponente senkrecht zu dieser:

$$\sqrt{\varepsilon}\,(E_e^2 - E_r^2)\cos\alpha = \sqrt{\varepsilon'}\,E_g^2\cos\beta \tag{10.24}$$

  (der reflektierte Energiestrom hat das −-Zeichen, denn seine Richtung ist entgegengesetzt der einfallenden).
- An der Grenzfläche sitzen keine Ladungen (durchsichtige Medien sind i. allg. Isolatoren). Also ist die Parallelkomponente des Feldes $\boldsymbol{E}$ an der Grenzfläche stetig (Abschn. 6.1.4d).
- Brechzahl und Dielektrizitätskonstante hängen nach der Maxwell-Relation zusammen:

$$n = \sqrt{\varepsilon}\,.$$

Wir betrachten zuerst eine Welle, die senkrecht zur Einfallsebene polarisiert ist ($\boldsymbol{E}$ senkrecht zur Einfallsebene). Dann ergeben sich die Bedingungen

Parallelkomponente von $\boldsymbol{E}$ stetig: $E_e + E_r = E_g$

Energiestrom senkenfrei: $(E_e^2 - E_r^2)\sqrt{\varepsilon}\cos\alpha = E_g^2\sqrt{\varepsilon'}\cos\beta\,.$

Division der zweiten Gleichung durch die erste liefert $(E_e - E_r)\sqrt{\varepsilon}\cos\alpha = E_g\sqrt{\varepsilon'}\cos\beta$. Nach der Maxwell-Relation $\sqrt{\varepsilon'/\varepsilon} = n'/n = \sin\alpha/\sin\beta$ bedeutet das $(E_e - E_r)\sin\beta\cos\alpha = E_g\sin\alpha\cos\beta$. Zusammen mit $E_e + E_r = E_g$ erhält man daraus

$$E_r = E_e\frac{\sin\beta\cos\alpha - \sin\alpha\cos\beta}{\sin\beta\cos\alpha + \sin\alpha\cos\beta} = -E_e\frac{\sin(\alpha-\beta)}{\sin(\alpha+\beta)}\,. \tag{10.25}$$

Für die gebrochene Welle bleibt übrig

$$E_g = E_e\frac{2\sin\beta\cos\alpha}{\sin(\alpha+\beta)}\,. \tag{10.26}$$

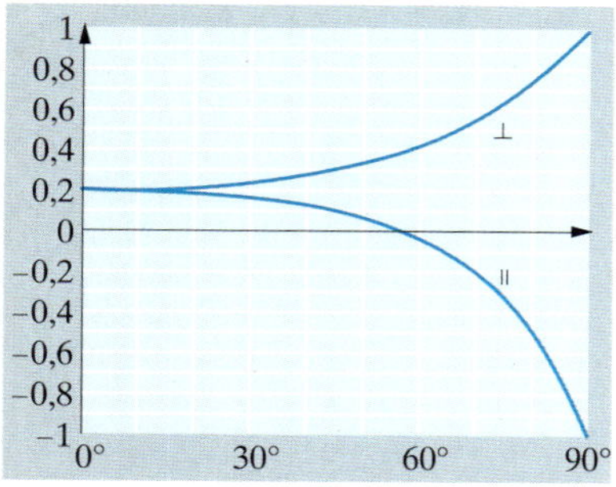

Abb. 10.66. An einer ebenen Grenzfläche Luft–Glas wird Licht reflektiert, das senkrecht bzw. parallel zur Einfallsebene polarisiert ist. Dargestellt ist die Abhängigkeit der reflektierten Amplitude vom Winkel gegen das Einfallslot

Wenn $\alpha > \beta$, d. h. beim Auftreffen auf ein dichteres Medium, hat die reflektierte Amplitude E_r das entgegengesetzte Vorzeichen wie die einfallende: Phasensprung um π bei der Reflexion. Bei der Reflexion am dünneren Medium ($\alpha < \beta$) kehrt der $\sin(\alpha-\beta)$ sein Vorzeichen um, und E_r und E_e sind gleichgerichtet: Kein Phasensprung. Der reflektierte Intensitätsanteil ergibt sich durch Quadrieren von E_r/E_e. Bei fast senkrechtem Einfall, wo man die cos der Winkel durch 1 ersetzen kann, ist

$$E_r = -E_e\frac{\sin\alpha - \sin\beta}{\sin\alpha + \sin\beta} = -E_e\frac{n'-n}{n'+n}\,. \tag{10.27}$$

Der reflektierte Intensitätsanteil $[(n'-n)/(n'-n)]^2$ ist für Luft–Glas 0,04, für Luft–Wasser 0,02.

Wenn die Welle parallel zur Einfallsebene polarisiert ist, zählen in der Stetigkeitsbedingung für $\boldsymbol{E}$ nur die Komponenten parallel zur Grenzfläche:

$$(E_e + E_r)\cos\alpha = E_g\cos\beta\,.$$

Die Stetigkeitsbedingung für den Energiestrom heißt wieder

$$(E_e^2 - E_r^2)\sqrt{\varepsilon}\,\cos\alpha = E_g^2\sqrt{\varepsilon'}\,\cos\beta\,.$$

Wir rechnen genau wie oben und erhalten

$$E_r = E_e \frac{\sin\beta\cos\beta - \sin\alpha\cos\alpha}{\sin\alpha\cos\alpha + \sin\beta\cos\beta}\,.$$

Mittels der trigonometrischen Beziehung $\sin(\alpha\pm\beta)\cos(\alpha\mp\beta) = \sin\alpha\cos\alpha \pm \sin\beta\cos\beta$ kann man das umwandeln in

$$E_r = -E_e \frac{\tan(\alpha-\beta)}{\tan(\alpha+\beta)}\,. \qquad (10.28)$$

Für die durchgehende Welle bleibt die Amplitude

$$E_g = E_e \frac{2\sin\beta\cos\alpha}{\sin(\alpha+\beta)\cos(\alpha-\beta)} \qquad (10.29)$$

übrig. Bei $\alpha+\beta = 90°$, d. h. wenn reflektierter und gebrochener Strahl senkrecht aufeinanderstehen, erhält man aus (10.28) $E_r = 0$, entsprechend dem Brewster-Gesetz, denn der Nenner wird ∞. Bei fast senkrechtem Einfall ergibt sich wieder $E_r = -E_e(n'-n)/(n'+n)$: Bei senkrechtem Einfall unterscheiden sich die beiden Polarisationsrichtungen nicht im Reflexionsgrad.

Eigentlich gibt es ja noch eine dritte Stetigkeitsbedingung an der Grenzfläche, nämlich für die Normalkomponente von $\boldsymbol{D}$ (oder von $\varepsilon\boldsymbol{E}$). Sie liefert zuammen mit den anderen Bedingungen $\sin\alpha/\sin\beta = \sqrt{\varepsilon'/\varepsilon}$, was wir bereits benutzt haben, denn nach der Maxwell-Relation ist $n = \sqrt{\varepsilon}$.

Die Beziehungen (10.25) bis (10.29) hat *Fresnel* schon 1822 ohne Kenntnis und Benutzung des elektromagnetischen Charakters des Lichtes auf sehr viel kompliziertere Weise abgeleitet.

10.2.6 Reflexminderung

Beim senkrechten Übergang Luft–Glas werden etwa 4 % des Lichts reflektiert. In einem Linsensystem aus N Linsen passiert das $2N$-mal, und dieser Lichtverlust kann sehr erheblich werden, abgesehen von den inneren störenden Reflexionen. In modernen Systemen sind daher alle Grenzflächen Luft–Glas **vergütet**, so daß an ihnen fast nichts mehr reflektiert, sondern alles durchgelassen wird. Das gelingt (exakt allerdings nur für eine Wellenlänge und senkrechten Einfall), indem man eine Schicht der Dicke $d = \lambda/(4n)$ mit der Brechzahl $n = \sqrt{n_{\text{Glas}}}$ aufdampft.

Warum man $d = \lambda/(4n)$ nimmt, ist klar: Zwischen den an der Ober- und der Unterseite der Schicht reflektierten Wellen muß ein optischer Gangunterschied $\lambda/(2n)$ bestehen, damit sie sich durch Interferenz schwächen. Da beide Reflexionen am dichteren Medium erfolgen, treten bei beiden Phasensprünge auf, die $\lambda/(2n)$ entsprechen, und heben sich weg. Der Gangunterschied stammt allein vom Hin- und Rückweg durch die $\lambda/(4n)$-Schicht. Warum aber $n = \sqrt{n_{\text{Glas}}}$?

An der Interferenz wirkt nicht nur die Welle mit, die einmal durch die Schicht hin- und zurückgegangen ist, sondern auch alle, die das zwei, drei, ...mal getan haben. Der Gangunterschied zwischen *ihnen* ist jeweils λ/n, nämlich $\lambda/(2n)$ bei der Reflexion unten, nichts bei der Reflexion oben, $\lambda/(2n)$ beim Hin- und Hergang. Alle diese Wellen addieren also ihre Amplituden. Wenn bei der Reflexion Luft–Schicht die Amplitude um den Faktor R, bei der Reflexion Schicht–Glas um R' geschwächt wird, und eine Welle mit der Amplitude 1 einfällt, erhalten wir unter Beachtung des Vorzeichens (Amplitudenumkehr bei der Reflexion am dichteren Medium) die in Abb. 10.67 angegebenen Amplituden. In der Reihe $2'$,

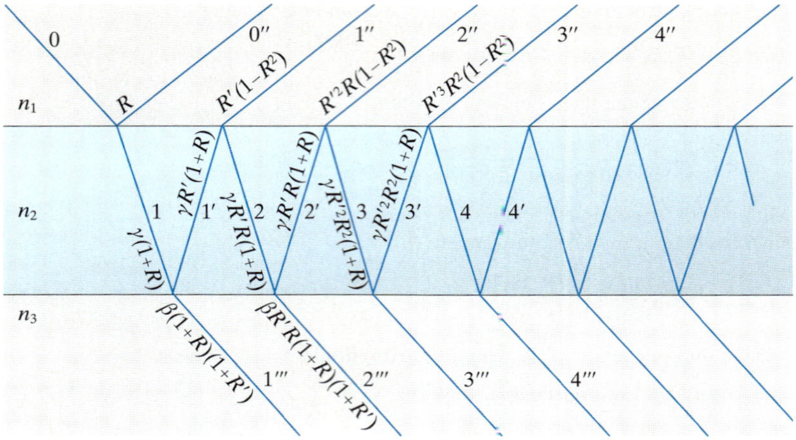

Abb. 10.67. Amplituden der verschiedenen reflektierten und gebrochenen Wellen an einer planparallelen Schicht. Die Faktoren $\gamma = \sqrt{n_1/n_2}$ und $\beta = \sqrt{n_1/n_3}$ folgen aus der Energiebilanz (Abschn. 10.2.5): $E_g = E_e 2\sqrt{n_1 n_2}/(n_1 + n_2)$, $E_r = E_e(n_2 - n_1)/(n_2 + n_1) = RE_e$, also $E_g = \sqrt{n_1/n_2}\, E_e(1 + R)$. Prüfen Sie auch, ob die Amplituden von $1'''$, $2'''$, $3'''$, ... zusammen 1 ergeben, d. h. ob alles Licht durchgeht

$3'$, $4'$, ... haben die Wellen jeweils eine Reflexion oben und eine unten mehr erlitten als der Vorgänger, werden also je um den Faktor RR' schwächer. Ihre Summe ergibt sich aus der geometrischen Reihe oder aus (10.20) mit $\delta = 2\pi$ als $-R'(1 - R^2)/(1 - RR')$. Diese Summe soll gleich $-R$ sein, was offenbar bei $R = R'$ zutrifft. Beide Grenzflächen müssen gleichgut reflektieren oder nach (10.27): $(n_1 - n_2)/(n_1 + n_2) = (n_2 - n_3)/(n_2 + n_3)$. Dies ist genau für $n_2 = \sqrt{n_1 n_3}$ erfüllt (man kürze links durch $\sqrt{n_1}$, rechts durch $\sqrt{n_3}$).

Wenn man die Bedingung $d = \lambda/(4n_2)$ für die Mitte des Sichtbaren (gelbgrün) erfüllt, stimmt sie weder im Blauen noch im Roten genau. Daher schimmern vergütete Kameraobjektive purpurn. Im Prinzip kann man mehrere Vergütungsschichten für verschiedene λ übereinanderdampfen und damit auch noch diesen Effekt weitgehend unterbinden.

10.2.7 Interferenzen im parallelen linear polarisierten Licht

Durch eine Platte aus einem doppelbrechenden Kristall, die parallel zur optischen Achse geschnitten ist, sieht man senkrecht zur Schnittebene nicht doppelt: Natürliches unpolarisiertes Licht wird zwar in einen ordentlichen und einen außerordentlichen Strahl aufgespalten – der ordentliche schwingt senkrecht, der außerordentliche parallel zur optischen Achse –, deren Ausbreitungsrichtungen unterscheiden sich aber nicht. Wegen der Verschiedenheit der Brechungsindizes zeigen aber beide Strahlen nach dem Austritt aus der Platte einen Gangunterschied, der nach (10.22), in Wellenlängen gemessen,

$$z = \frac{d}{\lambda_{\text{vac}}}(n_o - n_{ao}) \qquad (10.30)$$

beträgt. Er ist proportional zur Plattendicke d.

Läßt man statt natürlichen Lichtes linear polarisiertes auffallen, so bleibt dieses (bis auf geringe Reflexions- und Absorptionsverluste) in seiner Intensität und Schwingungsrichtung unverändert, wenn es in der o-o- oder ao-ao-Richtung der Kristallplatte schwingt (Normalstellung). Bringt man die Platte in Normalstellung zwischen gekreuzte Nicols, so bleibt es dahinter dunkel. Dreht man aber die Platte zwischen den Nicols um den Winkel α (Abb. 10.68), so enthält das aus ihr austretende Licht einen ordentlichen und einen außerordentlichen Anteil. Wenn vorn die Amplitude A auftrifft, so erscheint (abgesehen von Reflexion und Brechung) hinten $A\cos\alpha$ als ordentliche, $A\sin\alpha$ als außerordentliche Amplitude. Für $\alpha = 45°$ (*Diagonalstellung*) sind beide Amplituden, also auch beide Intensitäten einander gleich.

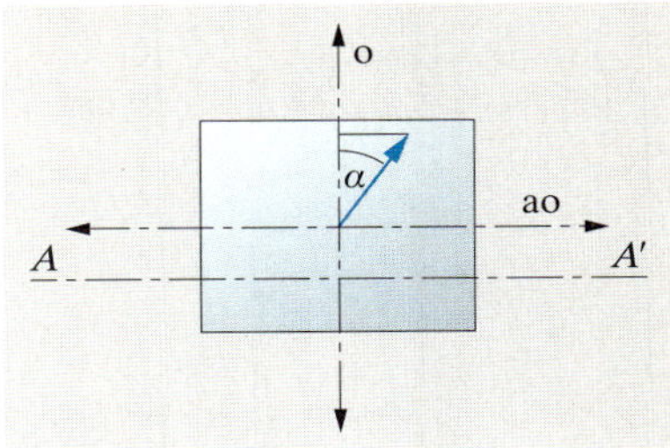

Abb. 10.68. Senkrechte Durchstrahlung einer doppelbrechenden Platte, die parallel zur optischen Achse geschnitten ist. Strahlrichtung senkrecht zur Zeichenebene

Praktisch besonders wichtig ist der Fall, daß diese beiden Komponenten einen Gangunterschied $\lambda/4$ haben. Kristallscheibchen, die das leisten (**Viertelwellenplättchen**), müssen nach (10.22) die Dicke

$$d_{\lambda/4} = \frac{\lambda_{\text{vac}}}{4}\frac{1}{n_{\text{o}} - n_{\text{ao}}} \tag{10.31}$$

haben. Im Kalkspat ist für Natriumlicht $n_{\text{o}} = 1{,}6584$, $n_{\text{ao}} = 1{,}4864$ und daher $d_{\lambda/4} = 0{,}856 \cdot 10^{-6}$ m. So dünne Schichten sind aber kaum herstellbar. Wegen des viel geringeren Unterschiedes zwischen den Hauptbrechzahlen bei Gips oder Glimmer, bei denen infolge ihrer Zweiachsigkeit die Zusammenhänge etwas verwickelter sind, verwendet man daher im allgemeinen diese Substanzen als Viertelwellenplättchen. Beim Glimmer braucht man dazu eine Dicke von $3 \cdot 10^{-5}$ m.

Zwei linear polarisierte Wellen gleicher Intensität, aber mit einem Gangunterschied von $\lambda/4$, also einer Phasendifferenz von $\frac{\pi}{2}$, wie sie aus einem Viertelwellenplättchen kommen, setzen sich zu einer **zirkularen Welle** zusammen, d. h. einer Welle, in der die Feldvektoren an jedem Ort im Kreis schwingen (Abschn. 4.1.1a). Nun kann der Analysator das Licht in keiner Stellung auslöschen. In jeder beliebigen Lage läßt er eine linear polarisierte Welle mit gleicher Amplitude durch, die Helligkeit ist von der Analysatorstellung unabhängig. Ändert man die Dicke so, daß die Gangunterschiede $3\lambda/4$, $5\lambda/4$, ..., $(2z+1)\lambda/4$ betragen, so bleibt die resultierende Welle zirkular polarisiert; es wechselt nur der Umlaufsinn. Bei Gangunterschieden von $\lambda/2$, d. h. Phasenunterschieden π, die bei Plättchen auftreten, die doppelt so dick wie $\lambda/4$-Plättchen sind, setzen sich die beiden Wellen aber wieder zu linear polarisierten Wellen zusammen. Sie schwingen in einer Ebene, die zur Schwingungsebene des auffallenden Lichtes senkrecht steht. Sie werden also ausgelöscht, wenn die Nicols parallel stehen. Dasselbe geschieht für Gangunterschiede $3\lambda/2$, $5\lambda/2$, ... Ist aber der Gangunterschied λ, 2λ, 3λ usw., so bleibt bei Parallelstellung der Nicols das Gesichtsfeld hell; um Auslöschung zu erhalten, müssen die Nicols gekreuzt werden.

Optisch isotrope Körper, die zwischen gekreuzte Polarisatoren gebracht werden, heben die Auslöschung des Lichtes nicht auf, doppelbrechende Körper bewirken aber fast immer eine Aufhellung, welche bei Verwendung von weißem Licht mit einer Färbung verbunden ist. Die Doppelbrechung ist nicht nur eine Eigenschaft kristallisierter Stoffe, sondern tritt an allen Stoffen auf, die einem einseitig gerichteten Zug unterworfen sind oder eine geschichtete oder Faserstruktur besitzen. Auch in strömenden Flüssigkeiten wird sie beobachtet. Diese *Form-* bzw. **Strömungsdoppelbrechung** kommt bei vielen pflanzlichen oder tierischen Stoffen vor. Das Studium der Doppelbrechung im polarisierten Licht ist ein wichtiges Hilfsmittel zur Untersuchung des Spannungszustandes oder zur Ermittlung von Strukturen, die im Mikroskop sonst keinen genügenden Kontrast zeigen (**Polarisationsmikroskopie**).

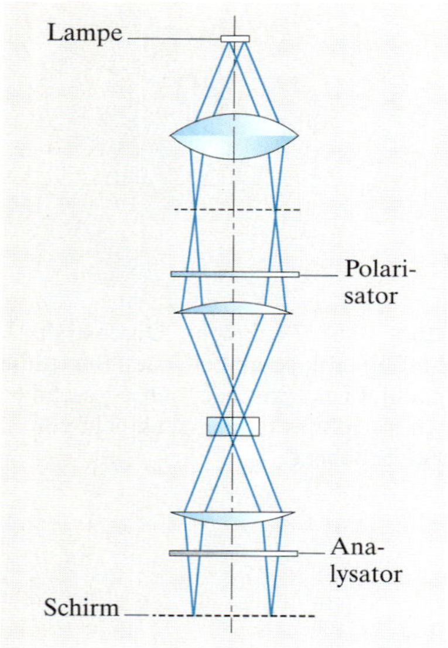

Abb. 10.69. Anordnung zur Erzeugung von Interferenzen im konvergenten polarisierten Licht

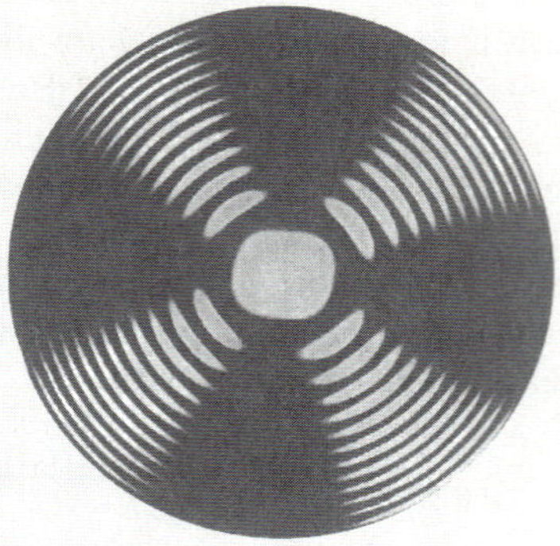

Abb. 10.70. Interferenzbild einer senkrecht zur optischen Achse geschnittenen Kalkspatplatte

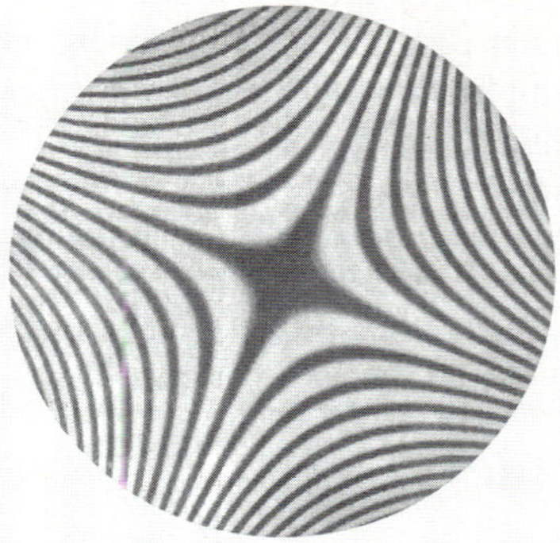

Abb. 10.71. Interferenzbild einer parallel zur optischen Achse geschnittenen Kalkspatplatte

10.2.8 Interferenzen im konvergenten polarisierten Licht

Paralleles oder schwach divergentes polarisiertes Licht werde durch eine kurzbrennweitige Linse $f \approx 2\,\text{cm}$ zu einem stark konvergenten Bündel zusammengefaßt; in die Brennebene werde eine senkrecht zur optischen Achse geschnittene, planparallele doppelbrechende Platte gestellt (Abb. 10.69). Die divergent von der Platte ausgehenden Strahlen werden wieder durch eine Linse von kurzer Brennweite konvergent oder parallel gemacht und gelangen unter Zwischenschaltung eines Analysators in das Auge des Beobachters; oder es wird mit einem Objektiv auf einer Projektionsfläche ein Bild der Interferenzfigur entworfen, wie es für Kalkspat, der senkrecht zur Achse geschnitten ist, in Abb. 10.70 dargestellt ist. Wenn man mit gekreuzten Nicols beobachtet, ist die Mitte des Gesichtsfeldes dunkel. In den Richtungen der Schwingungsebenen der Nicols beobachtet man von der Mitte ausgehend ein dunkles Kreuz, dessen Arme sich nach außen verbreitern. Die dazwischenliegenden Sektoren sind mit konzentrischen hellen und dunklen Ringen erfüllt, welche nach außen hin immer enger aufeinanderfolgen. In weißem Licht beobachtet man nur wenige, aber farbige Ringe.

Bringt man eine parallel zur optischen Achse geschnittene Kalkspatplatte in Diagonalstellung in das konvergente polarisierte Licht zwischen gekreuzte Nicols, so besteht die Interferenzfigur aus zwei gegeneinander um 90° gedrehten Scharen von Hyperbeln (Abb. 10.71).

10.2.9 Drehung der Polarisationsebene

Bringt man zwischen gekreuzte Nicols eine planparallele Quarzplatte, die senkrecht zu einer bestimmten wieder als optische Achse bezeichneten Kristallrichtung geschnitten ist, so hellt sich das Gesichtsfeld auf. Bei einfarbigem Licht ist Dunkelheit wieder zu erreichen, indem man den Analysator um einen bestimmten Winkel α dreht. Der Quarz hat also die Polarisationsebene des Lichtes um diesen Winkel α gedreht (allgemeiner und genauer um $\alpha + z\pi$, wo $z = 0, \pm 1, \pm 2, \pm 3, \ldots$ sein könnte). Man nennt dies **optische Aktivität**. Das Experiment gibt Proportionalität des Drehwinkels α mit der Dicke des Quarzes:

$$\alpha = \gamma d\,. \tag{10.32}$$

γ heißt spezifische Drehung. Für das gelbe Natriumlicht beträgt γ bei 20 °C 21,728°/mm. Die Entscheidung, ob $z = 0, 1, 2, \ldots$ ist, gibt ein Versuch mit verschieden dicken Kristallen, bei denen die beobachteten Drehwinkel den Dicken proportional sein müssen.

Es gibt rechts- und linksdrehende Quarze. Erstere drehen die Polarisationsebene im Uhrzeigersinn, wenn man dem Licht entgegenblickt, die anderen entgegen dem Uhrzeigersinn. Die Drehung ist von der Farbe stark abhängig; sie ist um so größer, je kurzwelliger das Licht ist (**Rotationsdispersion**, Abschn. 10.3.2 und Tabelle 10.1).

Tabelle 10.1. Rotationsdispersion des Quarzes

λ/nm	Spezifische Drehung γ
275	121,1°
373	58,86°
436	41,55°
509	29,72°
656	17,32°
1 040	6,69°
1 770	2,28°
2 140	1,55°

Daraus folgt, daß weißes Licht durch keine Stellung des Analysators völlig ausgelöscht werden kann. Auslöschung kann nur für *eine* der im weißen Licht enthaltenen Farben erfolgen; benachbarte Wellenlängen werden geschwächt. Eine Farbe, deren Schwingungsebene mit der des Analysators übereinstimmt, wird ungeschwächt hindurchgelassen. Dreht man den Analysator, so ändert sich der Farbton dauernd. Beim *rechtsdrehenden* Stoff folgen die Farben in der Reihenfolge von rötlichen über gelbliche, grünliche, violette Farbtöne, und es erfolgt ein Farbumschlag vom Violetten zum Rot, wenn man, bei der Blickrichtung dem Licht entgegen, den Analysator im Uhrzeigersinn dreht. Beim linksdrehenden Stoff muß die Drehrichtung dem Uhrzeiger entgegengerichtet sein, um die gleiche Farbenfolge zu erhalten.

Außer dem Quarz drehen noch andere Kristalle, wie Zinnober (etwa 20mal so stark für gelbes Licht), Natriumchlorat usw. Das Drehvermögen ist an die Kristallform gebunden, und es verschwindet im allgemeinen in der Schmelze oder Lösung.

Andere Stoffe drehen auch im flüssigen oder gelösten Zustand, weil ihre Asymmetrie schon im Molekül steckt. Besonders wichtig sind organische Verbindungen mit asymmetrischen C-Atomen, d. h. C-Atomen mit vier verschiedenen Substituenten am Bindungstetraeder. Der Drehwinkel einer Lösung solcher *optisch aktiven* Stoffe ist proportional zur Konzentration der Lösung. So kann man z. B. den Zuckergehalt von Getränken oder auch von Harn bequem und schnell messen, auch wenn andere Stoffe mitgelöst sind (**Saccharimetrie**). Die einzelnen Zuckerarten drehen aber verschieden: Traubenzucker (Glucose) rechts, Fruchtzucker (Fructose) stärker links, die Verbindung beider zu Rohrzucker (Saccharose) dreht trotzdem rechts, was bei der Aufspaltung (**Invertierung**) in eine Linksdrehung übergeht.

Die Drehung kommt so zustande: Die Überlagerung von zwei entgegengerichteten zirkularen Schwingungen *gleicher Frequenz* gibt eine lineare Schwingung (Abschn. 4.1.1a). Umgekehrt kann man sich eine ebene, linear polarisierte Welle in zwei zirkular polarisierte Wellen zerlegt denken, die sich mit der gleichen Frequenz und Phasengeschwindigkeit ausbreiten (Abb. 10.72). Die Drehung der Polarisationsebene läßt sich beschreiben als Aufspaltung einer linear polarisiert eintretenden Welle in zwei entgegengesetzt zirkular polarisierte Wellen mit gleicher Frequenz, aber verschiedener Phasengeschwindigkeit. Die rechtsdrehende Welle möge eine größere Geschwindigkeit haben als die linksdrehende. Wenn der Vektor A_L der linksdrehenden Welle nach mehreren Umläufen wieder die Anfangslage erreicht hat, hat sich der Vektor A_R der rechts-

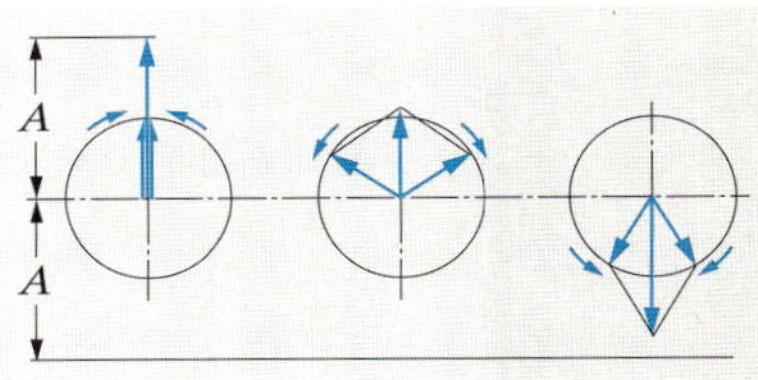

Abb. 10.72. Überlagerung zweier zirkularer Schwingungen zu einer linearen Schwingung

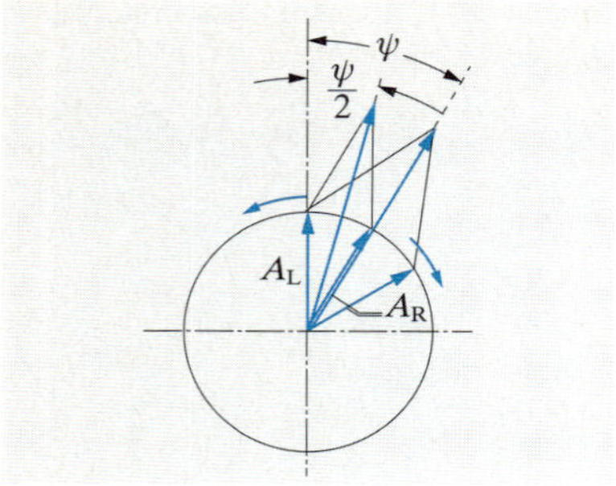

Abb. 10.73. Drehung der Polarisationsebene einer linear polarisierten Welle als Folge verschiedener Phasengeschwindigkeiten der zirkular polarisierten Wellen, aus denen sie zusammensetzbar ist

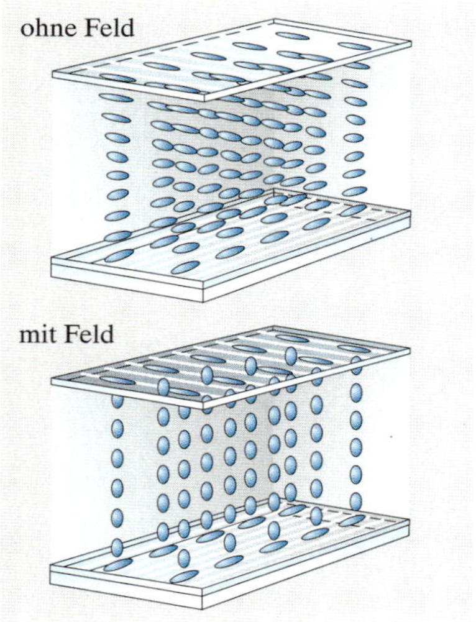

Abb. 10.74. Anordnung der nematischen Moleküle in einem LCD ohne (*oben*) und mit Feld (*unten*)

drehenden am gleichen Ort schon darüber hinaus gedreht (Abb. 10.73). Die Resultierende liegt nun in einer Ebene, die den Winkel zwischen A_L und A_R halbiert. Um diesen Winkel $\psi/2$ hat sich also die Schwingungsrichtung der linear polarisierten Welle gedreht. So schraubt sich die linear polarisierte Welle auf einer Schraubenfläche durch die drehende Substanz hindurch. Der Winkel wächst mit jeder Schwingung, und daher muß der Drehwinkel der Schichtdicke proportional sein.

Unter dem Einfluß eines parallel zur Strahlrichtung orientierten Magnetfeldes zeigen manche Substanzen optische Aktivität (Abschn. 10.3.4).

Digitalanzeigen von Uhren, Taschenrechnern, Videokameras, Mini-TV, Laptops benutzen **LCDs** (**liquid crystal devices**). **Flüssigkristalle** fließen wie Öl, aber ihre stab- oder plattenförmigen Moleküle besetzen geordnete Lagen. In der häufigsten LCD-Bauart liegt zwischen um 90° verdrehten Polarisationsfolien eine **nematische** Schicht, deren Stabmoleküle nahe diesen Folien durch besondere Vorbehandlung jeweils parallel zur Polarisationsebene ausgerichtet werden. Dazwischen ändert sich die Einstellung mit der Tiefe stetig wendeltreppenartig. In gleicher Weise dreht sich bei geeigneter Schichtdicke auch die Polarisationsebene, das Licht geht durch beide Folien zum darunterliegenden Spiegel und wieder zurück: Die Schicht sieht hell aus, bis man ein schwaches elektrisches Feld anlegt, das die Moleküle überwiegend parallel orientiert. Dann kommt kein Licht durch die gekreuzten Polarisatoren: Der Feldbereich wird dunkel. Der Stromverbrauch ist minimal.

10.2.10 Der elektrooptische Effekt (Kerr-Effekt)

Gewisse Gase und Flüssigkeiten (nicht die einatomigen) werden doppelbrechend, wenn man senkrecht zur Richtung des Lichtstrahls ein elektrisches Feld anlegt. Die Ausbreitungsgeschwindigkeit einer Welle hängt dann davon ab, wie ihre Polarisationsrichtung zur Feldrichtung steht. Die Deutung ist die folgende: Im äußeren elektrischen Feld werden die Moleküle wenigstens teilweise orientiert, besonders wenn sie ein großes Dipolmoment haben. Die zur Dispersion führende Wechselwirkung der einfallenden Lichtwelle mit den Molekülen ist dann verschieden, je nachdem, ob ihr elektrischer Vektor parallel oder senkrecht zur Orientierungsrichtung liegt. Ein ähnlicher Effekt ergibt sich, wenn die Polarisierbarkeit der Moleküle nicht in allen Richtungen die gleiche, sondern anisotrop ist.

Ein Gefäß mit einer elektrooptisch aktiven Flüssigkeit (z. B. Nitrobenzol), durch das man einen Lichtstrahl so schicken kann, daß er ein elektrisches Feld senkrecht durchsetzt, heißt **Kerr-Zelle**. Zwischen gekreuzten Polarisatoren angebracht, erlaubt sie, mittels einer Wechselspannung einen Lichtstrahl im Rhythmus der Feldänderungen zu unterbrechen (Abschn. 9.3.2).

10.3 Absorption, Dispersion und Streuung des Lichtes

Dem Licht kann auf seinem Weg viel mehr passieren als nur Reflexion, Brechung, Beugung: In Materie wird es je nach seiner Frequenz mehr oder weniger stark verschluckt, in enger Beziehung zur Brechzahl bei dieser Frequenz. Außerdem wird es gestreut: Von sehr kleinen Hindernissen geht eine Kugelwelle aus, bei größeren muß man alle diese Kugelwellen überlagern, woraus man wieder Reflexion und Brechung herleiten könnte.

10.3.1 Absorption

Beim Durchgang durch Materie wird Strahlung mehr oder weniger geschwächt und wandelt sich dabei in andere Energieformen, besonders in Wärme um (im Gegensatz zur Streuung, bei der die Strahlung nur ihre Ausbreitungsrichtung ändert, aber Strahlung bleibt). Innerhalb einer sehr kleinen Schichtdicke $\mathrm{d}x$ wird jede Strahlungsintensität I um den gleichen Bruchteil geschwächt:

$$\mathrm{d}I = -\alpha \, \mathrm{d}x \, I \,. \qquad (10.33)$$

Der **Absorptionskoeffizient** α ist eine Stoffkonstante und hat offenbar die Dimension m^{-1}. Durch Integration ergibt sich der Intensitätsverlust in einer größeren Schichtdicke x:

$$I(x) = I(0)\,\mathrm{e}^{-\alpha x} \quad \textbf{(Lambert-Beer-Bouguer-Gesetz)} \,. \qquad (10.34)$$

Handelt es sich um gelöste Stoffe in einem praktisch durchsichtigen Lösungsmittel (*Wasser*), so ist ihr Beitrag zur Absorption proportional der Konzentration c in g/l, mol/l o.ä.:

$$\alpha = \varepsilon c \,.$$

ε heißt entsprechend der g/l- oder molare **Extinktionskoeffizient**. Ein anderer häufig benutzter Begriff ist:

Transmissionsgrad einer Schicht: Bruchteil durchgelassenen Lichts:

$$\mathrm{e}^{-\alpha x} \,.$$

Gleichung (10.34) gilt zunächst nur für monochromatisches Licht. Man muß aber immer mit einem Spektralbereich arbeiten, in dem um $\Delta\alpha$ unterschiedliche α-Werte gelten. Wenn die Schichtdicke größer wird als $1/\Delta\alpha$, kommen die Bereiche mit kleinem α immer mehr zur Geltung, und die Transmission wird größer als dem mittleren α entspräche. Eine vollständige Theorie der Absorption ist schwierig. Der Absorptionskoeffizient α ist eine meist sehr komplizierte Funktion der Frequenz. Das **Absorptionsspektrum** $\alpha(\nu)$ ist eines der wichtigsten Mittel zur Charakterisierung von Substanzen, besonders in der organischen Chemie. Man unterscheidet vereinfachend linienhafte und kontinuierliche Absorption. Beide beruhen auf der Verschiebung von Ladungen, bei der die elektromagnetische Welle Leistung in Form Joulescher Wärme investieren muß. Bei der linienhaften Absorption handelt es sich um gebundene Ladungen, die in erzwungene Schwingungen versetzt werden (Abschn. 10.3.3), bei der kontinuierlichen Absorption um quasifreie Ladungen, z. B. die Elektronen der Metalle, die für deren starke Absorption sämtlicher elektromagnetischer Wellen verantwortlich sind.

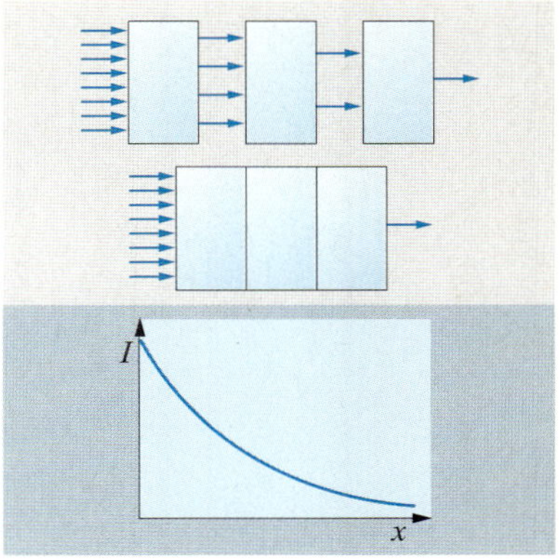

Abb. 10.75. Das Absorptionsgesetz. Jede Platte verzehrt den gleichen Bruchteil des auf sie auffallenden Lichts. Das gilt für getrennte (*oben*) ebenso wie für vereinigte Platten (*Mitte*). *Unten*: Resultierende Intensitätsverteilung

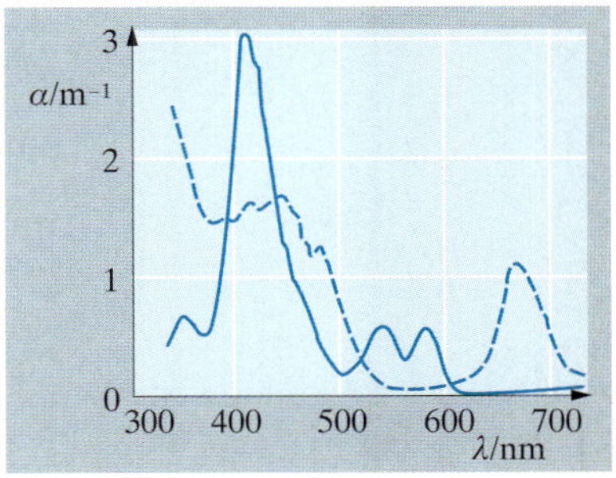

Abb. 10.76. Absorptionsspektren von zwei der für uns wichtigsten Substanzen: (– – –) Chlorophyll, (——) Hämoglobin (genauer: Chlorophyll a, Oxyhämoglobin vom Menschen). *Daß* Blätter grün und Blut rot (in sehr dünner Schicht gelb) sind, läßt sich daraus sofort ablesen. *Ob* und *warum* aber die Absorptionsmaxima so liegen müssen, ist beim Chlorophyll nur zum Teil und beim Hämoglobin so gut wie gar nicht bekannt (Abschn. 11.3.4)

In einem Stoff mit der Leitfähigkeit σ erzeugt das elektrische Feld E eine Stromdichte $j = \sigma E$. Im m^3 wird somit eine Joule-Leistung $jE = \sigma E^2$ freigesetzt, natürlich auf Kosten des Energiestromes der Welle oder der Intensität. Diese Intensität (Energie/(m^2 s)) ist $I = n\varepsilon_0 c E^2$ (Abschn. 7.6.4). Auf einer Wegstrecke dx nimmt die Intensität ab um den Betrag der Joule-Leistung in einem Quader von 1 m^2 Querschnitt und der Dicke dx:

$$\mathrm{d}I = -\sigma E^2 \,\mathrm{d}x = -\frac{\sigma}{n\varepsilon_0 c} I \,\mathrm{d}x\,. \tag{10.35}$$

Vergleich mit (10.33) liefert

$$\boxed{\alpha = \frac{\sigma}{n\varepsilon_0 c}}\,. \tag{10.36}$$

10.3.2 Dispersion

Die Erscheinung, daß verschiedene Farben des sichtbaren Spektrums (oder allgemeiner Wellen mit verschiedener Frequenz bzw. Wellenlänge) verschieden stark gebrochen werden, heißt **Dispersion**. Die Brechzahlen für blaues und rotes Licht unterscheiden sich normalerweise nur um weniger als 0,03.

Wenn die Brechzahl stetig vom roten bis zum violetten Ende des Spektrums ansteigt, spricht man von **normaler Dispersion**. Sie liegt für die meisten durchsichtigen Stoffe vor.

Seltener und schwerer zu beobachten ist der Fall, daß die Brechzahl für kurzwelliges Licht kleiner ist als für langwelliges: **Anomale Dispersion**. Dieses Verhalten ist die Regel in Spektralbereichen starker Absorption. Innerhalb einer ausgesprochenen Absorptionslinie ist dieser Abfall von n mit abnehmender Wellenlänge sehr steil und geht oft bis zu n-Werten, die kleiner als 1 sind. Eine solche Substanz ist z. B. festes Fuchsin, bei dem im Bereich von 600 bis 450 nm statt des Anstieges ein Abfall der Brechzahl beobachtet wird.

Wenn man die Untersuchung auf das ultrarote bzw. das ultraviolette Licht ausdehnt, so findet man bei allen Stoffen Gebiete mit Absorption und anomaler Dispersion. Harte Röntgenstrahlung zeigt zwar normale Dispersion, aber mit $n < 1$. Funk- und Radarwellen haben ebenfalls ein eigenartiges Dispersionsverhalten, besonders in Gebieten, wo es freie Elektronen gibt (Ionosphäre, Abschn. 8.4.2).

Alle diese Eigenschaften der Dispersionskurve eines Stoffes lassen sich elektronentheoretisch in großen Zügen verstehen. Daß die Brechzahl sich mit der Farbe ändert, bedeutet, daß die Phasengeschwindigkeit der Lichtwellen von ihrer Frequenz abhängt. Wenn die **Maxwell-Relation** (Abschn. 7.6.3) zwischen Brechzahl und Dielektrizitätskonstante

$$n = \frac{c}{v} = \sqrt{\varepsilon} \tag{10.37}$$

allgemeine Gültigkeit beanspruchen darf (was nicht uneingeschränkt zutrifft), bedeutet das, daß sich das gesamte Dispersionsverhalten durch eine Frequenzabhängigkeit der Dielektrizitätskonstante ε ausdrücken läßt.

10.3.3 Atomistische Deutung der Dispersion

Die Dielektrizitätskonstante war bisher nur für statische Felder definiert. Um diesen Begriff auf die hochfrequenten Wechselfelder einer elektromagnetischen Welle auszudehnen, benutzen wir die Argumentation von Abschn. 6.2.2. Dort war die **dielektrische Polarisation** P von Materie in einem elektrischen Feld der Feldstärke E dargestellt worden als

$$P = (\varepsilon - 1)\varepsilon_0 E\,. \tag{10.38}$$

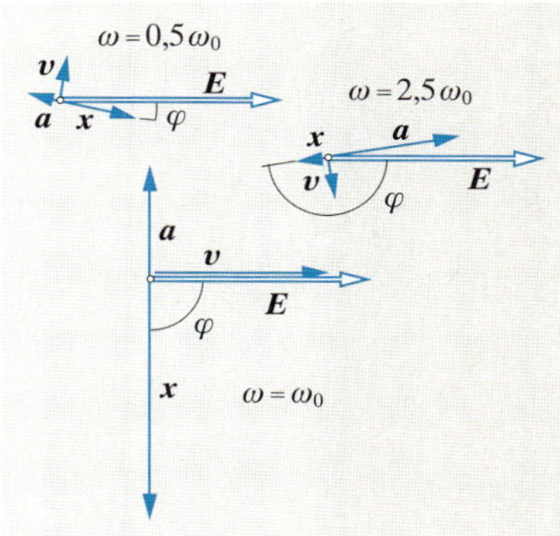

Abb. 10.77. Zeigerdiagramm der elektrischen Feldstärke und der Auslenkung. Geschwindigkeit und Beschleunigung einer elastisch gebundenen Ladung für drei verschiedene Feldfrequenzen

Wir kümmern uns nun genauer um das Zustandekommen dieser Polarisation. Das Feld E übt auf jede Ladung e in einem Atom eine Kraft eE aus, die sie verschiebt, so daß aus jedem Atom ein Dipol wird. Die elektrischen Momente dieser Dipole addieren sich so, daß jede makroskopische Volumeneinheit das Dipolmoment P hat. Handelt es sich um ein Wechselfeld E, so erregt es die Ladungen zu erzwungenen Schwingungen. Wir wissen aus Abschn. 4.1.3, daß in diesem Fall zwar die in (10.38) vorausgesetzte Proportionalität zwischen der Auslenkung x, die P bestimmt, und der Kraft oder dem Feld E noch für jede einzelne Frequenz gilt, daß aber Resonanzerscheinungen zu beachten sind. Die Auslenkung erfolgt durchaus nicht immer in Phase mit dem Feld, und sie hängt stark von der Frequenz ab. Die Dispersionskurve erweist sich einfach als Umzeichnung der **Resonanzkurve**, wobei jeder Resonanz, d. h. jeder Eigenschwingungsmöglichkeit der Ladungen im durchstrahlten Stoff, eine Absorptionslinie entspricht.

Dieses Bild läßt sich quantitativ am einfachsten durchdenken, wenn der Auslenkung quasielastische Kräfte entgegenstehen, d. h. Kräfte F, die der Entfernung x von der Ruhelage proportional sind: $F = Dx$. Aus ganz allgemeinen mathematischen Gründen ist jede solche Rückstellkraft quasielastisch, falls die Auslenkung hinreichend klein ist. Einmal angestoßen und dann sich selbst überlassen, wird ein solches System Schwingungen mit einer Eigenfrequenz ω_0 ausführen; diese Eigenfrequenz kann allerdings bei starker Dämpfung erheblich gegen den Wert $\sqrt{D/m}$ verstimmt sein (Abschn. 4.1.3).

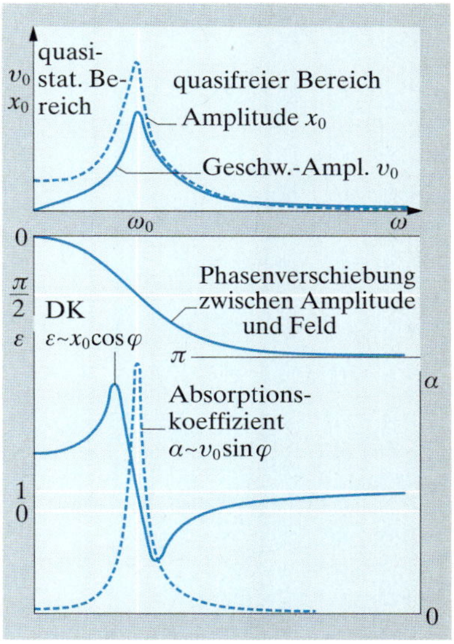

Abb. 10.78. Absorptions- und Dispersionskurve (*unten*) sind nur Umzeichnungen der Resonanzkurven für Amplitude und Phase des harmonischen Oszillators

Ein solches System setzen wir nun einem harmonisch veränderlichen elektrischen Feld $E = E_0 \cos(\omega t)$, also einer Kraft $F = eE_0 \cos(\omega t)$ aus. Mit der Frequenz ω dieser Kraft bleiben wir zunächst weit unterhalb der Resonanzfrequenz ω_0. Die Auslenkung kann einer so langsamen Feldänderung ohne weiteres folgen (quasistatischer Fall, Abb. 10.77), die Phasenverschiebung ist Null. Fahren wir mit der Feldfrequenz allmählich an ω_0 heran, so hinkt die Auslenkung mehr und mehr nach, bei $\omega = \omega_0$ z. B. um genau $\frac{\pi}{2}$. An dieser Stelle ist also die *Geschwindigkeit* der Ladungen, d. h. der Strom, in Phase mit dem Feld. Die Amplitude der Auslenkung ist in dieser Gegend maximal. Bei sehr hoher Anregungsfrequenz $\omega \gg \omega_0$ schließlich ist die *Beschleunigung* der Ladungen in Phase mit dem Feld, d. h. die Auslenkung hinkt um π nach (quasifreier) Fall.

Aus diesem Phasenverhalten von Geschwindigkeit der Ladungen und Stromdichte j relativ zum anregenden Feld E ergibt sich bereits das Absorptionsverhalten. Das schwingende System entnimmt dem Feld Leistung als Joule-Wärme Ej. Wenn E und j sich um $\frac{\pi}{2}$ in der Phase unterscheiden (bei $\omega \gg \omega_0$ und $\omega \ll \omega_0$), nimmt das System in jeder zweiten Viertelperiode Energie auf, aber in der nächsten Viertelperiode schon gibt es ebensoviel Energie wieder her. Die Leistungsaufnahme des schwingenden Systems, d. h. die Absorption, ist maximal, wenn E und j in Phase sind, zumal dann auch j bei gegebenem E maximal ist. Das ist bei $\omega = \omega_0$ der Fall.

Das Verhalten der **Brechzahl** gewinnt man nach (10.38) und der Maxwell-Relation (10.37) aus dem der Polarisation P. Im quasistatischen Bereich $\omega \ll \omega_0$ kann die Auslenkung der Ladungen dem Feld folgen. Die Dipolmomente stehen in Feldrichtung, und aus (10.38) ergibt sich ein normaler Wert $\varepsilon > 1$ der Dielektrizitätskonstante. Im quasifreien Bereich $\omega \gg \omega_0$ dagegen stehen in jedem Augenblick die Dipolmomente entgegengesetzt zur Feldrichtung. Im Rahmen von (10.38) ist das durch $\varepsilon < 1$ zu beschreiben. Die Maxwell-Relation folgert daraus, daß auch die Brechzahl kleiner als 1 ist. Der Übergang zwischen $n > 1$ und $n < 1$ erfolgt ziemlich rasch in der Umgebung der Resonanzfrequenz. Diese kennzeichnet also nicht nur das Gebiet der Absorption, sondern auch der anomalen Dispersion: n nimmt mit steigender Frequenz ab. Im quasifreien Gebiet ist zwar $n < 1$, aber die Abweichung von 1 wird mit steigender Frequenz immer kleiner, denn die Auslenkung und damit die Polarisation nehmen wie ω^{-2} ab (Abb. 10.78).

Nun ist noch zu beachten, daß die betrachtete Resonanz sicher nicht die einzige ist: Jeder Stoff hat mehrere Resonanzfrequenzen, deren höchste erst im Röntgengebiet liegen. Die Beiträge aller dieser Resonanzen zur Auslenkung der Ladungen, d. h. zur Polarisation und damit zu ε überlagern sich. Das quasifreie Gebiet einer Resonanz ist schon das quasistatische der nächsten. Da die Auslenkung selbst im fernen quasistatischen Gebiet endlich bleibt, im quasifreien dagegen wie ω^{-2} gegen Null geht, kommt es nur selten zur Ausbildung eines breiten Spektralbereiches mit $n < 1$. Nur oberhalb der *letzten* Resonanz, also oberhalb der härtesten Röntgenabsorption, ist $n < 1$ die Regel.

Einfach gestaltet sich die quantitative Theorie der Dispersion bei Stoffen sehr geringer Dichte, das sind Gase bei nicht zu hohem Druck. Hier rührt die Polarisation der Moleküle praktisch nur von dem Feld der Lichtwelle her, während die gegenseitige Beeinflussung der polarisierten Moleküle, die das sogenannte „innere Feld" erzeugen, vernachlässigt werden kann. Bei den Ionenkristallen muß auch der Einfluß der Eigenfrequenz der Ionen berücksichtigt werden.

Die Polarisation der Volumeneinheit ist

$$P = N \sum e_i x_i \,,$$

wo N die Atomzahldichte, $e_i x_i$ das durch die Verschiebung der Ladung e_i um x_i aus ihrer Gleichgewichtslage erzeugte Dipolmoment und $\sum e_i x_i$ das gesamte Moment des Atoms ist.

Vernachlässigt man die Dämpfung, so folgt aus Abb. 10.77:

$$P = N \sum_i \frac{e_i e_i E}{\sqrt{m_i^2 (\omega_{i_0}^2 - \omega^2)^2}} = N \sum_i \frac{e_i^2}{m_i(\omega_{i_0}^2 - \omega^2)} E \,, \qquad (10.39)$$

wo m_i die Masse des i-ten Teilchens und ω_{i_0} seine Eigenfrequenz ist. Faßt man nun die Teilchen gleicher Ladung, Masse und gleicher Eigenfrequenz (e_α, m_α und ω_α) in den Atomen in Gruppen zu je z_α Teilchen zusammen (z. B. Elektronen gleicher Frequenz), so kann man statt (10.39) schreiben:

$$P = N \sum_\alpha \frac{e_\alpha^2 z_\alpha}{m_\alpha(\omega_\alpha^2 - \omega^2)} E . \tag{10.40}$$

Zusammen mit (6.47) erhält man die Dispersionsformel:

$$(\varepsilon - 1)\varepsilon_0 = N \sum_\alpha \frac{e_\alpha^2 z_\alpha}{m_\alpha(\omega_\alpha^2 - \omega^2)}$$

oder, da $n^2 = \varepsilon$, vgl. (10.37)

$$\boxed{n^2 = 1 + \frac{1}{\varepsilon_0} N \sum_\alpha \frac{e_\alpha^2 z_\alpha}{m_\alpha(\omega_\alpha^2 - \omega^2)}} \; . \tag{10.41}$$

Sie wird in vielen wesentlichen Zügen durch die Erfahrung bestätigt, besonders wenn man noch die Dämpfung einbezieht.

Die Erfahrung lehrt, daß die Dispersion auch für nicht gasförmige Körper außerhalb der Absorptionsstreifen durch eine zu (10.41) analoge Gleichung

$$n^2 = A_0 + \sum_\alpha \frac{A_\alpha \lambda^2}{\lambda^2 - \lambda_\alpha^2} \tag{10.42}$$

gut beschrieben wird. Hier bedeuten λ_α die Wellenlängen der Absorptionsgebiete. Bei durchsichtigen Stoffen kommt man im allgemeinen mit der Annahme von zwei Absorptionsgebieten aus, von denen eines im Ultraroten, das andere im Ultravioletten liegt. Sie entsprechen den Eigenfrequenzen von Ionen und Elektronen (Abschn. 14.2.3).

Beide haben ähnliche Anzahldichten N und Federkonstanten $D \approx m\omega_0^2$; sie sind ja durch die gleichen Felder aneinandergekoppelt. D ist im wesentlichen die Ableitung einer Coulombkraft: $D \approx e^2/(8\pi\varepsilon_0 r^3)$. In kondensierter Materie sind die Teilchen dicht gepackt: $N \approx 1/(8r^3)$. Der Faktor $Ne^2/(\varepsilon_0 D)$ in (10.41) ist also etwas kleiner als 1. Zwischen den beiden Absorptionsbereichen, also bei $\sqrt{D/m_\mathrm{i}} \ll \omega \ll \sqrt{D/m_\mathrm{e}}$, liefert (10.41)

$$n \approx 1 + \frac{Ne^2}{2\varepsilon_0 D}\left(1 + \frac{m_\mathrm{e}\omega^2}{D} - \frac{D}{m_\mathrm{i}\omega^2}\right) .$$

In der Klammer überwiegt die 1: n liegt zwischen 1 und 2. Die Dispersion folgt aus den beiden anderen Gliedern, überwiegend dem elektronischen: $\mathrm{d}n/\mathrm{d}\omega \approx m_\mathrm{e}\omega/D$ oder $\mathrm{d}n/\mathrm{d}\lambda \approx -\lambda_0^2/\lambda^3$: Die Dispersion ist normal und steigt mit Annäherung an die Resonanz sehr steil an. Vergleich mit Abb. 9.22 ergibt auch quantitativ recht gute Übereinstimmung.

Eigentlich ist es inkonsequent, das Medium einerseits als Kontinuum aufzufassen, andererseits seine Eigenschaften (hier ε und n) aus dem Verhalten seiner Einzelteilchen abzuleiten. Atomistisch geschlossener ist folgendes Bild: Zwischen zwei Netzebenen läuft die Lichtwelle mit c, wie im Vakuum. In jeder Netzebene erregt sie die Teilchen zu Schwingungen; die von diesen Antennen ausgehenden

Sekundärwellen interferieren mit der Primärwelle und werfen ihre Phase jedesmal ein Stück zurück. Insgesamt läuft die Welle also langsamer als c. Da die Teilchen fern der Resonanzfrequenz ω_0 in Phase (oder bei $\omega \gg \omega_0$ in Gegenphase) zum E der Primärwelle schwingen, bringt diese Interferenz keine Schwächung. Nur nahe der Resonanz ist das anders.

10.3.4 Deutung des Faraday-Effektes

In Abschn. 10.2.9 wurde kurz folgendes Experiment erwähnt, das für *Faraday* ein entscheidender Beweis für die elektromagnetische Natur des Lichtes war: Man bringt eine Substanz, die normalerweise nicht optisch aktiv ist (die Polarisationsebene nicht dreht), zwischen gekreuzte Polarisatoren, so daß kein Licht durch dieses System treten kann. Legt man nun ein Magnetfeld parallel zur Richtung des Lichtstrahles, so tritt Aufhellung ein, die erst beim Nachdrehen des Analysators um einen Winkel α wieder verschwindet. α erweist sich als proportional zur durchstrahlten Schichtdicke l und zur Magnetfeldstärke B:

$$\alpha = VlB\,. \tag{10.43}$$

V, die **Verdet-Konstante**, ist von Stoff zu Stoff etwas verschieden. Vor allem aber ist V von der Wellenlänge abhängig, und zwar

$$V = V'\lambda\frac{\mathrm{d}n}{\mathrm{d}\lambda}\,.$$

Der **Faraday-Effekt** ist also am stärksten in der Nähe von Absorptionslinien. Sein Vorzeichen hängt davon ab, ob die Dispersion normal oder anomal ist. Bei normaler Dispersion erfolgt Rechtsdrehung (Blickrichtung entgegen der Strahlrichtung und dem Magnetfeld; bei Umkehrung der Magnetfeldrichtung kehrt sich natürlich das Vorzeichen der Aktivität um).

Die atomistische Deutung geht davon aus, daß die schwingenden Ladungen, auf die es bei der Dispersion ankommt, in einem Magnetfeld zusätzlich eine Präzessionsbewegung ausführen müssen. Die Frequenz dieser Präzession ergibt sich ziemlich allgemein als die **Larmor-Frequenz**

$$\omega' = \frac{e}{m}B\,,$$

wenn e und m Ladung und Masse der schwingenden Teilchen sind (Abschn. 8.2.2). Relativ zu diesen präzedierenden Ladungen haben rechts- und linkszirkular polarisierte Wellen verschiedene Frequenzen. Ein Beobachter, der mit einer solchen Ladung mitpräzedierte, würde für rechts- und linkszirkular polarisierte Wellen andere Frequenzen messen als ein ruhender Beobachter (Rotations-Doppler-Effekt); und zwar würde er die Frequenz der einen um ω' vermehrt, die der anderen um ω' vermindert finden. Dies gilt z. B. für die Rechts- und Linkskomponente der gleichen Lichtwelle der Frequenz ω: Relativ zu den Ladungen, worauf es bei der Dispersion ankommt, hat die eine die Frequenz $\omega + \omega'$, die andere $\omega - \omega'$. Brechzahlen und Phasengeschwindigkeiten der beiden Teilwellen sind entsprechend verschieden, was nach Abschn. 10.2.9 optische Aktivität bedeutet.

Wenn diese Erklärung ganz allgemein zuträfe, müßte die Verdet-Konstante außer durch $\mathrm{d}n/\mathrm{d}\lambda$ lediglich durch e/m für das Elektron bestimmt sein:

$$V = \frac{e}{m}\frac{\lambda}{2c}\frac{\mathrm{d}n}{\mathrm{d}\lambda}, \tag{10.44}$$

e/m müßte sich hieraus direkt ablesen lassen. Dies ist für viele Spektralbereiche auch richtig (z. B. Wasserstoff und Steinsalz im Sichtbaren), nämlich in der Nachbarschaft von Spektrallinien mit normalem **Zeeman-Effekt** (Abschn. 12.7.9), der sich aus dieser Vorstellung zwanglos mitergibt. In der Nähe von Linien mit anomalem Zeeman-Effekt hat auch die Verdet-Konstante etwas andere Werte.

10.3.5 Warum ist der Himmel blau?

Kein Mensch wundert sich darüber, daß bei Tage der Himmel auch in solchen Richtungen hell erscheint, aus denen kein direktes Sonnenlicht in das Auge des Beobachters gelangen kann. Daß dies die Anwesenheit der Luftmoleküle voraussetzt, ergibt sich aus der absoluten Schwärze auch des Tageshimmels für die Astronauten, die Sterne dicht neben der Sonne sehen, und schon aus dem viel dunkelvioletteren Himmel über Himalaya-Gipfeln. Das blaue Himmelslicht ist Streustrahlung der Luftmoleküle. Es ist polarisiert, und zwar überwiegend senkrecht zu der Ebene, die durch die Sonne, den Beobachter und seine Blickrichtung festgelegt ist. Hält man ein Polarisationsfilter mit seiner Schwingungsrichtung parallel zu dieser Ebene, dann erscheint der Himmel dunkler, und zwar fast schwarz, wenn man einen Punkt 90° von der Sonne entfernt betrachtet.

✗ Beispiel . . .

Warum sehen ferne Berge blau aus?

Von dem Licht, das die Berge selbst reflektieren, wird das Rote weniger gestreut als das Blaue. Wenn es um ihr eigenes Licht ginge, wären also die fernen Berge rötlich wie die Abendsonne. Die Berge sind aber fast immer so dunkel, daß das blaue Streulicht der vorgelagerten Luftschicht ausreicht, um den blauen Schein der Luftperspektive darüberzulagern.

Die Luft enthält zwei Arten Streuzentren: Die Luftmoleküle und gröbere Verunreinigungen wie Wassertröpfchen und Staubteilchen. Die einen sind viel kleiner als die Lichtwellenlänge λ, die anderen etwa gleichgroß oder größer als λ. Dementsprechend sind die Streumechanismen sehr verschieden. Beide Teilchen streuen die auftreffende Welle, weil diese die Elektronen hin- und herschüttelt. Im Molekül entsteht so ein punktförmiges Dipolmoment p, das mit dem ω der Welle schwingt, im größeren Teilchen sind es viele Dipole. Wir bleiben zunächst beim Molekül. Hier trennen sich die positiven und negativen Ladungen so weit, daß sie das E-Feld der Welle zwischen sich durch ihr Gegenfeld ganz oder fast vernichten. Dazu muß beiderseits des Molekülquerschnitts A eine Ladung $\pm Q$ sitzen, so daß $E = Q/(\varepsilon_0 A)$, und zwar im Abstand etwa eines Moleküldurchmessers d. Das Dipolmoment ist also $p = Qd \approx \varepsilon_0 AdE \approx \varepsilon_0 VE$. Der Faktor $p/E \approx \varepsilon_0 V$, die Polarisierbarkeit, ist durch das Molekülvolumen V gegeben.

Wenn diese molekulare Antenne mit ω schwingt, strahlt sie nach *H. Hertz* eine Leistung $P = \omega^4 p^2/(6\pi\varepsilon_0 c^3) = \omega^4 \varepsilon_0 V^2 E^2/(6\pi c^3)$ ab (vgl. (7.129)), eine Leistung, die sie natürlich der einfallenden Welle entnimmt. Diese hat die Intensität $I = c\varepsilon_0 E^2$ (vgl. (7.124)). Das Molekül fängt also die Leistung P ab und strahlt sie fast allseitig wieder ab, die auf den **Streuquerschnitt**

$$\boxed{\sigma = \frac{P}{I} \approx \frac{\omega^4 V^2}{6\pi c^4}} \qquad (10.45)$$

fällt. Dieser Querschnitt ist wegen ω^4 für violettes Licht 16mal größer als für rotes. Blau wird viel stärker gestreut als Rot.

Wie stark werden aber beide gestreut? Wir bestimmen die Eindringtiefe (mittlere freie Weglänge) des Lichts mit der Wellenlänge λ. Sie beträgt $l = 1/(n\sigma) = 6\pi c^4/(nV^2\omega^4) = 6\pi\lambda\!\!\!^-{}^4/(nV^2)$ (vgl. (5.30); n: Molekülzahldichte, $\lambda\!\!\!^-\omega = c$). Das Molekülvolumen V schätzen wir aus der Dichte der flüssigen Luft (etwa gleich der des Wassers), wo die Moleküle fast dichtgepackt liegen. Es folgt $1/V \approx 800n \approx 2 \cdot 10^{28}\,\mathrm{m}^{-3}$, also

$$l \approx 160\lambda^4 \qquad (\lambda \text{ in } \mu\text{m},\ l \text{ in km}), \qquad (10.46)$$

d. h. 4 km für Violett (400 nm), 65 km für Rot (800 nm), 20 km für Gelb (600 nm). Bei steilem Sonnenstand werden nur Violett und Blau fast weggestreut, bei Sonnenauf- und -untergang, wenn der Weg durch die 8 km der dichten Atmosphäre über 300 km lang ist, kommt nur das Rot geschwächt durch. Eine viel dichtere Atmosphäre als unsere streut Licht aller Wellenlängen. Auf der Venus sähe man auch ohne die Wolkenschicht die Sonne nur trübrötlich am weißen Himmel hängen.

Jedenfalls geht aber durch die atmosphärische Streuung nur etwa die Hälfte des Streulichts verloren, die wieder in den Außenraum zurückgestreut wird und von dort aus gesehen die Erde auch blau schimmern läßt. Der andere Teil kommt dem Planeten als diffuses Himmelslicht zugute. Fern von jeder Absorption schwingt ja das molekulare Dipolmoment p in Phase mit dem Wellenfeld E und verzehrt keine durch $jE \sim \dot{p}E$ gegebene Wirkleistung, wie es das in der Absorption täte. Der geringe Anteil, der wirklich absorbiert wird (Abschn. 11.3.3), bleibt in der Atmosphäre stecken und erwärmt sie; dadurch erreicht sie allerdings nur Stratosphärentemperatur, außer in der Ionosphäre und der Ozonschicht, wo noch stärker absorbiertes UV vorhanden ist.

Dieser Streumechanismus, die **Rayleigh-Streuung**, gilt nur für Teilchen, die klein gegen λ sind. Sehr viel größere Teilchen reflektieren einfach mit ihrer Oberfläche (was man als Zusammenwirken sehr vieler Huygens-Streuzentren darstellen kann). Für Teilchen mit Größen um λ gilt ein Übergangsfall, die **Mie-Streuung**. In beiden Fällen $d \gtrsim \lambda$ hängt der Streuquerschnitt nicht oder nur schwach von der Frequenz ab. Das Streulicht wird weiß und „verwässert" das Blau des klaren Himmels. Stark mit Wasser verdünnte Milch sieht von der Seite bläulich aus, das durchfallende Licht ist rötlich: Die Fettkügelchen in der Emulsion sind nicht viel größer als λ, es gilt noch die Mie-Streuung.

Sonnenlicht ist unpolarisiert, die molekularen Dipole können in allen Richtungen senkrecht zum Einfall schwingen. Wir betrachten ein Molekül, das für den Beobachter B in der Richtung φ schwebt, von der Richtung zur Sonne aus gerechnet (Abb. 10.79). Sein Dipol schwingt senkrecht zur Richtung AS, und zwar gleich häufig in der Ebene SAB (Dipol 1) und senkrecht dazu (Dipol 2). Ein Dipol strahlt maximal senkrecht zu seiner Schwingungsrichtung, gar nicht in dieser Richtung. Der Dipol 2 strahlt also in Richtung auf B mit maximaler Stärke (1), Dipol 2 strahlt nur mit der Stärke $\cos^2\varphi$. Die Gesamthelligkeit des Himmels ändert sich mit φ wie $1+\cos^2\varphi$. Um 90° von der Sonne entfernt ist er am dunkelsten. Dem Auge fällt dieser geringe Unterschied kaum auf, besonders weil das Blendlicht der direkten Sonne und das immer blassere Blau gegen den Horizont ihn verdecken. Durch ein Polarisationsfilter sieht man das aber sehr gut.

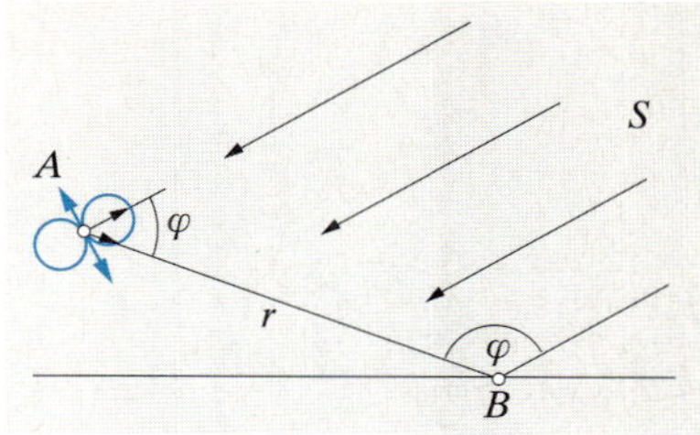

Abb. 10.79. In einem Luftmolekül A erregt der in der Ebene SAB polarisierte Anteil des Sonnenlichts eine Dipolschwingung. Die Amplitude, die dem Beobachter B zugestrahlt wird, ist proportional zu $\cos\varphi/r$, die Intensität $I \sim \cos^2\varphi/r^2$. Für die Polarisationsrichtung senkrecht zu SAB gilt $I \sim 1/r^2$, denn hier schwingt der Dipol senkrecht zu AB

Anishaltige Liköre wie Ouzo oder Pastis werden trüb, wenn man Wasser dazutut: Im konzentrierten Alkohol sind die ätherischen Öle gelöst, bei geringerer Konzentration ballen sie sich zu viel stärker reflektierenden Emulsionströpfchen zusammen. Dabei sind es doch jetzt aber weniger Moleküle pro cm^3, und mehr als mitschwingen können ihre Dipole doch jetzt auch nicht. Wieso streuen gelöste Einzelmoleküle viel weniger, und im reinen Öl übrigens so gut wie gar nicht, sondern erst, wenn sie Emulsionströpfchen bilden? Eine Wasserschicht von 6 m Dicke enthält ebensoviele Moleküle pro m^2 wie die ganze Erdatmosphäre; warum sieht ein See von 6 m Tiefe nie so blau aus wie der Himmel? Warum sind viele Kristalle völlig durchsichtig, warum reflektiert Kalk weiß, eine Eichelhäherfeder, ein „Pfauenauge", ein Libellenkörper blau, violett oder grün?

Vögel und Insekten machen ihr intensives Blau-Grün meist nicht durch Farbstoffe, sondern durch **Stufengitter** mit Stufen der Höhe d, halb so hoch wie die „gewünschte" Wellenlänge, bei deren Reflexion der konstruktive Gangunterschied $\lambda = 2d$ entsteht (s. Abb. zum Ausblick Kap. 10). Auch Wellen mit $\lambda = d$, allgemein mit $\lambda = 2d/k$ werden voll reflektiert, alle anderen Reflexe an verschiedenen Stufen des Gitters interferieren sich weg. Das Schichtgitter eines Kristalls hat $d \approx 10^{-10}$ m, konstruktive Interferenz ist also für kein sichtbares λ möglich, erst für Röntgenwellen, wo *Laue* und *Bragg* sie ausnutzten. Sichtbarem Licht bleibt, wenn es nicht absorbiert wird, nichts übrig, als durch ein solches reguläres Gitter glatt durchzugehen. Streuung gibt es nur an *Gitterfehlern.* Eine Flüssigkeit enthält mehr davon als ein Kristall, ein Gas noch viel mehr.

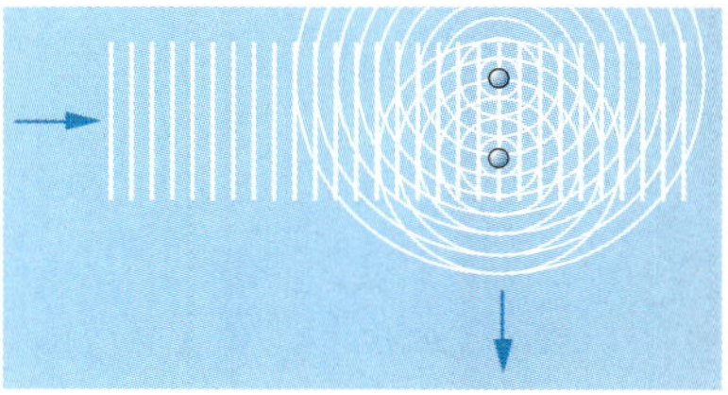

Abb. 10.80. Ein geordnetes System atomarer Streuzentren streut sichtbares Licht praktisch nicht, denn für jeden Sekundärstrahler gibt es einen anderen, so daß beider Sekundärwellen sich weginterferieren (bei Röntgenlicht ist das für einzelne Richtungen nicht der Fall). Im Gas ist ein solcher Partner nicht immer vorhanden. Nur infolge von Dichteschwankungen ist der Himmel hell, nämlich blau

Wir beobachten z. B. senkrecht zum einfallenden monochromatischen Licht (Abb. 10.80; für beliebige Winkel vgl. Abschn. 14.1.3). Zu jedem Molekül A ist ein Molekül B vorhanden, das um $\lambda/2$ weiter vom Beobachter entfernt ist als A. Beider Streubeiträge interferieren einander also weg. Dies gilt (mit anderen Molekülen A und B) für alle λ und auch alle Streuwinkel φ, bis auf $\varphi = 0$, die Richtung des direkten Bündels, den einzigen Winkel, für den die Interferenz immer konstruktiv ist. Also dürfte es kein

Streulicht geben. (Für ein ideales Gitter folgt dies auch aus der Bragg-Bedingung, vgl. Abschn. 14.1.3 und 12.5.2, die bei großem λ für keine Richtung erfüllbar ist.)

Der Himmel ist nur deshalb hell, weil in einem Gas im Gegensatz zu Festkörper und Flüssigkeit *nicht immer* ein Molekül im Abstand $\lambda/2$ vorhanden ist. Genauer gesagt: Zwar entfallen auch im Gas auf eine solche Strecke sehr viele Moleküle, aber ihre Dichte schwankt völlig unregelmäßig. Wir betrachten zwei gleichgroße Luftvolumina, die in einem solchen Abstand liegen, daß sich bei exakt gleichen Molekülzahlen N darin ihre Streuwellen exakt weginterferieren (Abstand $\lambda/2$ bei $\varphi = 90°$). In Wirklichkeit existiert in jedem Moment ein Unterschied ΔN zwischen den beiden Molekülzahlen, der nach der Poisson-Verteilung (vgl. Abschn. 13.2.3) $\Delta N = \sqrt{N}$ ist. Eines der beiden Volumina gibt also eine um $E = \sqrt{N}\, E_1$ größere Streufeldstärke her als das andere (E_1: Streufeld eines Moleküls). Welches der beiden Volumina z. Z. stärker besetzt ist, interessiert für die beobachtete Intensität nicht; wichtig ist nur, daß ein Feldanteil $\sqrt{N}\, E_1$ nicht weginterferiert wird. Es bleibt also eine Streuintensität $I \sim E^2 = NE_1^2$.

10.4 Wellen und Teilchen

Licht ist zwar Welle, aber auch Teilchen, schloß *Einstein* aus dem Photoeffekt. Ein Elektron ist ein Teilchen, aber auch eine Welle, vermutete 20 Jahre später *de Broglie*, und bald wurde dies durch zahlreiche Versuche bestätigt. Dieser Welle–Teilchen-Dualismus liegt der ganzen modernen Physik zugrunde.

10.4.1 Materiewellen

In den ersten beiden Jahrzehnten unseres Jahrhunderts wurde klar, daß das „klassische" Bild von den Teilchen als immer weiter verkleinerten Billardkugeln nicht imstande ist, das Verhalten des Atoms zu beschreiben. Schon die Tatsache, daß jedes Atom nur ganz charakteristische Spektrallinien aussendet und absorbiert, an denen man sein Vorhandensein spektralanalytisch nachweisen kann, blieb ungeklärt. Hier halfen die Überlegungen von *Planck* über die Wärmestrahlung (vgl. Abschn. 11.2.3) und *Einstein* über den Photoeffekt (vgl. Abschn. 8.1.2) weiter. Das Licht hat außer seinen Welleneigenschaften, die sich in Beugung, Interferenz und Polarisation ausdrücken, auch einen Teilchenaspekt, der besonders bei der Emission und Absorption zur Geltung kommt. Die Lichtwelle regelt die Ausbreitung der Lichtteilchen (Photonen); bei der Wechselwirkung mit Materie können aber immer nur ganze Photonen erzeugt oder vernichtet werden. Warum sollen Objekte, die bisher als Teilchen betrachtet worden waren, nicht gleichzeitig auch Welleneigenschaften haben, fragte *Louis de Broglie* 1923. Daß man auf diese Welleneigenschaften nicht früher experimentell gestoßen ist, muß an der außerordentlich kleinen Wellenlänge liegen. Wenn die Analogie zwischen Licht und Elektron vollkommen wäre, müßten Frequenz und Energie auch beim Elektron nach der Einstein-Planck-Gleichung $W = h\nu$ zusammenhängen. Wir können hier noch nicht sagen, mit welcher Phasengeschwindigkeit sich die *Materie-*

wellen ausbreiten. Nehmen wir an, sie sei c (was nicht allgemein stimmt, vgl. Abschn. 15.3.4). Dann wäre die Wellenlänge $\lambda = c/\nu = ch/W$. Ein sehr schnelles Teilchen hat den Impuls $p = W/c$. Es ergibt sich, daß die Wellenlänge vom Impuls des Teilchens bestimmt wird:

$$\boxed{\lambda = \frac{h}{p}} \ . \qquad (10.47)$$

De Broglie konnte dies allgemein begründen (vgl. Abschn. 15.3.4).

Wenn man annimmt, daß die Mechanik der atomaren Teilchen sich von der Mechanik der Billardkugeln unterscheidet wie die Wellenoptik von der geometrischen Optik, gewinnt man eine Ahnung, warum sich die Atome so eigenartig verhalten. Wenn das Elektron eine Wellenerscheinung ist, darf man sich nicht wundern, daß sie nur bestimmte Frequenzen zuläßt, wenn sie in das Kraftfeld eines bestimmten Atoms eingesperrt ist, genau wie die Luft in einer Trompete nur bestimmte Eigenschwingungen ausführen kann. Tatsächlich kam *de Broglie* auf seine Idee durch die Tatsache, daß in der Bohrschen Theorie des Atomelektrons nur Zustände möglich sind, die durch ganze Zahlen gekennzeichnet werden. Ähnliches kannte die Physik nur aus Eigenschwingungserscheinungen. *De Broglie* sagte selbst: „Es gilt, eine neue Mechanik zu schaffen, die die alte Mechanik ebenso als Grenzfall enthält, sie aber gleichzeitig erweitert, wie dies die Wellenoptik mit der geometrischen Optik tut."

10.4.2 Elektronenbeugung

Wenn die Ausbreitung von Teilchen durch Materiewellen geregelt wird, müßten sich auch Beugungs- und Interferenzerscheinungen beobachten lassen. Man trennt z. B. zwei Strahlen freier Elektronen, die aus der gleichen Quelle kommen, analog zu *Fresnels* Spiegel- oder Biprismaversuch und läßt sie dann fast parallel wieder zusammenlaufen (Abb. 10.81). Als Quelle dient das elektronenoptisch auf 50 nm verkleinerte Bild einer üblichen Elektronenquelle. Die Elektronen fliegen an einem positiv aufgeladenen Metallfaden vorbei und werden von ihm zur Mitte hin abgelenkt. Das Feld eines solchen Drahtes ist proportional r^{-1} (r: Abstand vom Draht). Ein Elektron, das nahe am Draht vorbeifliegt, erfährt also eine starke seitliche Kraftkomponente, aber nur für kurze Zeit. Fliegt das Elektron in größerem Abstand vorbei, dann ist die seitlich ablenkende Kraftkomponente kleiner, aber wirkt längere Zeit. Im Feld des geraden Drahtes (nicht etwa auch im Feld der Punktladung) hängt daher überraschenderweise der Gesamtablenkwinkel eines Elektrons nicht von dem Abstand ab, in dem es den Draht passiert, sondern nur von seiner Energie (vgl. Aufgabe 6.1.9). Elektronen homogener Energie (monochromatische Elektronen) verhalten sich also genau wie monochromatisches Licht am Fresnel-Doppelspiegel oder -Biprisma.

Auf der Photoplatte, vor der sich die Teilbündel unter sehr kleinem Winkel durchkreuzen, entstehen, wenn der Faden aufgeladen ist, die typischen Interferenzstreifen von Abb. 10.82. Es gibt Orte, wo sich die auf verschiedenen Wegen eintreffenden Elektronen verstärken, aber auch sol-

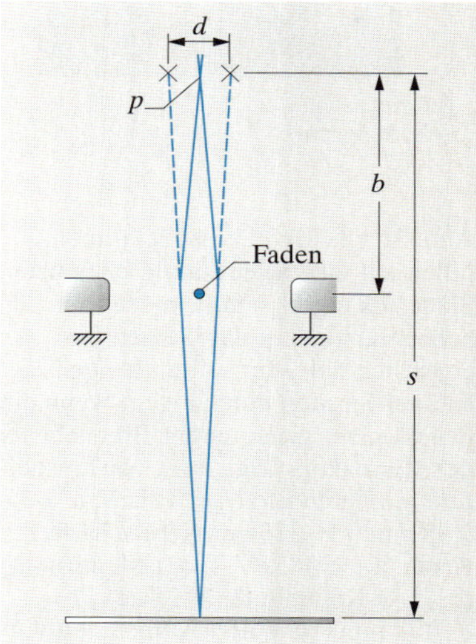

Abb. 10.81. Biprisma zur Erzeugung von Elektroneninterferenzen nach *Düker* und *Möllenstedt*

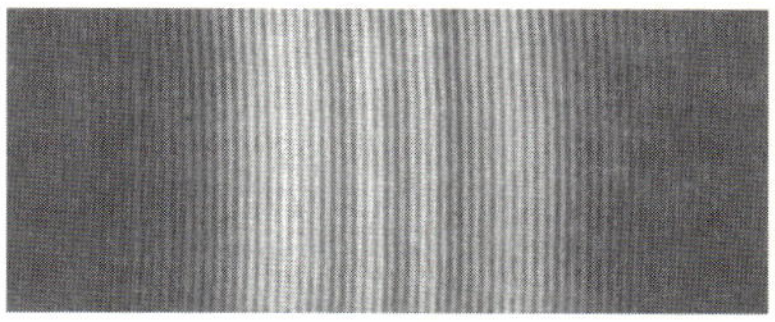

Abb. 10.82. Elektroneninterferenzen mit dem „Biprisma" nach *Düker* und *Möllenstedt*

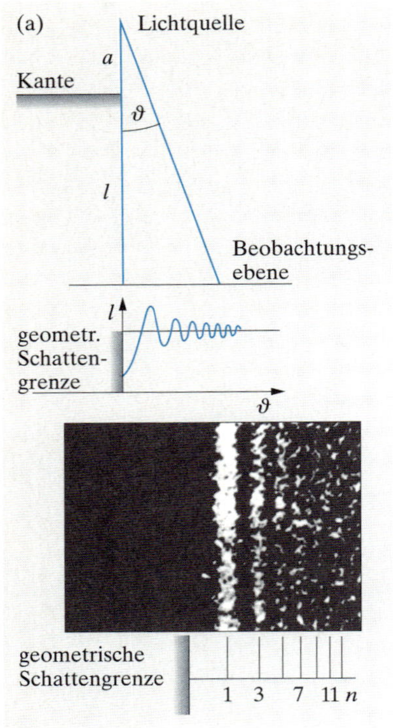

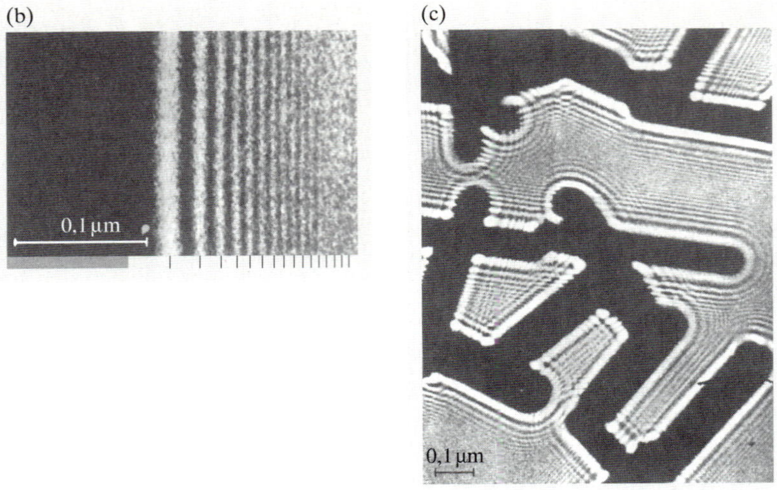

Abb. 10.83. (a) 34 keV-Elektronen fallen auf eine scharfkantig begrenzte Platte. Es ergibt sich kein scharfer Schatten, sondern das Gebiet, das eigentlich hell sein sollte, ist von Fresnel-Streifen durchzogen. Wenn ein Objekt nicht genau in der Brennebene des Mikroskops liegt, ist es von Fresnel-Streifen berandet ($U = 34$ keV, $a = 0{,}35$ mm, $l = 313$ mm); (b) scharfe Kante ($U = 38$ keV, $l = 0{,}14$ mm); (c) ZnO-Kristalle ($U = 38$ keV, $l = 0{,}0177$ mm) (alle drei Aufnahmen von *H. Boersch*; (a) Naturwissenschaften **28**, 709 (1940), (b, c) Phys. Zeitschr. **44**, 202 (1943))

che, wo sie sich auslöschen. So etwas ist nur bei Wellen möglich. Analog zu *Fresnels* Rechnung (Abschn. 10.1.2) kann man die Wellenlänge der Elektronen bestimmen. Für 1 eV-Elektronen mißt man $\lambda = 1{,}2 \cdot 10^{-9}$ m. Genau dies folgt auch aus der de Broglie-Beziehung

$$\lambda = \frac{h}{p} = \frac{h}{\sqrt{2mW}} .$$

Bei höheren Energien wird die Wellenlänge noch kleiner und vergleichbar mit der von hartem Röntgenlicht. Mit makroskopischen Anordnungen ist Interferenz dann kaum noch herstellbar. Nur die Teilchen in einem Kristall bieten ein hinreichend feines Beugungsgitter an. Wie *Davisson* und *Germer* 1927 zeigten, kann man mit Elektronen die gleichen Beugungsbilder von Kristallen erzeugen wie mit Röntgenstrahlung (vgl. Abschn. 12.5.2). *G. P. Thomson* erhielt ähnliche Beugungsbilder an Kristallpulver (analog zur Methode von *Debye-Scherrer*). Da Elektronen zu stark mit Materie wechselwirken, verwendet man heute vielfach Neutronen. Bei ihrer großen Masse müssen nach $\lambda = h/(mv)$ diese Neutronen sehr langsam sein, damit die Wellenlänge nicht zu klein wird. Im Elektronenmikroskop begrenzt die de Broglie-Wellenlänge genauso das Auflösungsvermögen wie im Lichtmikroskop die optische Wellenlänge. Allerdings kann man die Elektronenwellenlänge sehr viel kleiner machen (vgl. Abschn. 9.4).

10.4.3 Elektronenbeugung an Lochblenden

Interferenz- und Beugungsversuche verlaufen für Licht und Teilchen im wesentlichen gleich. Einige der folgenden Versuche sind zwar aus technischen Gründen nur beim Licht direkt durchgeführt worden, müssen aber nach allem, was wir wissen, für Elektronen genauso verlaufen.

Wir lassen ein genau paralleles Elektronenbündel auf eine sehr feine Lochblende fallen. Wie für das Licht (Abschn. 10.1.4) ergibt sich auf dem Leuchtschirm, der das Auftreffen des Elektrons anzeigt, kein scharfes Bild des Loches, sondern ein Beugungsscheibchen vom Durchmesser $d = 1{,}22 f\lambda/r$ (Abb. 10.18b), abgesehen von den schwächeren Beugungsringen höherer Ordnung, die das Scheibchen umschließen. Offenbar fliegen die Elektronen nach dem Durchgang durch das Loch nicht mehr streng parallel, einige sind um den Winkel $\alpha \approx \lambda/r$ abgelenkt worden. Vorher lag der ganze Impuls $p = h/\lambda$ genau senkrecht zum Schirm, jetzt haben einige Elektronen eine transversale Impulskomponente $p_{\text{tr}} = \alpha p = h/r$. Diese Ablenkung könnte von der Wechselwirkung der Elektronen mit den Lochrändern herrühren. Man sollte dann aber eine Abhängigkeit vom Material und der Dicke des Blendenschirms erwarten. Eine solche Abhängigkeit besteht nicht. Allein die Lochgröße ist entscheidend für die Ablenkung, d. h. die Impulsänderung. Auch die gegenseitige Abstoßung der Elektronen, die durch das Loch müssen, ist nicht für die Ablenkung verantwortlich zu machen. Selbst wenn die Intensität so schwach ist, daß zur Zeit mit Sicherheit nur ein Elektron sich in der Nähe des Lochs befindet, bilden die Auftreffpunkte der nacheinander eintreffenden Elektronen ein Beugungsbild. Sogar für ein einzelnes Elektron, das durch das Loch gegangen ist, kann anscheinend niemand voraussagen, wo es auf dem Schirm auftreffen wird. Diese Ungenauigkeit ist um so größer, je kleiner das Loch ist. Allein die Tatsache, daß das Elektron an einer Stelle seinen Ort mit einer Ungenauigkeit von höchstens r hat festlegen müssen, belastet seinen Impuls mit einer Ungenauigkeit h/r.

Dieser Schluß, gegen den sich unsere Logik zunächst sträubt, wird durch folgenden Versuch bestätigt und verschärft. Wir schneiden zwei Spalte in einen Blendenschirm, auf den Elektronen senkrecht auffallen. Im Versuch A lassen wir beide Spalte 1 s lang offen, im Versuch B nur den einen Spalt 1 s lang, dann den anderen ebensolange. Beidemal machen wir eine Zeitaufnahme (2 s) vom Auffangschirm. Die Bilder sind völlig verschieden: zwei überlagerte Beugungsbilder der beiden Spalte im Fall B, das Beugungsbild des **Doppelspaltes** (Abschn. 10.1.4) im Fall A. Ein Elektron, als übliches Teilchen aufgefaßt, kann entweder durch Spalt 1 oder Spalt 2 gehen. Wenn es durch Spalt 1 geht, sollte es ihm ganz egal sein, ob der Spalt 2 existiert bzw. ob er offen ist. Wie das Ergebnis zeigt, verhält sich das Elektron nicht so. Es „weiß" sehr wohl, daß zwei Spalte da sind und richtet sein Verhalten danach. Im Wellenbild ist das ganz klar, im Teilchenbild scheinbar absurd. Das ist der Hauptgrund, weshalb man *Newtons* Vorstellung der Lichtkorpuskeln durch die Versuche von *Fresnel* und *Young* als erledigt ansah. Dieser Schluß war aber vorschnell, genauso, wie es vorschnell wäre, das Elektron nun einfach als Welle anzusehen. In ihrer Wechselwirkung mit Materie verhalten sich Elektron und Licht durchaus als praktisch punktförmige Teilchen. Im Doppelspaltversuch mit geringer Intensität z. B. flammt der Leuchtschirm nur jeweils punktweise auf, wenn dort ein Elektron auftrifft, aber die Gesamtheit dieser Lichtblitze bildet genau das von der Wellenvorstellung vorausgesagte Beugungsbild. Die beiden scheinbar einander ausschließenden Bilder – Teilchen und Welle – müssen, so schwierig das scheint, zusammengedacht werden. Die Materie ist beides zugleich.

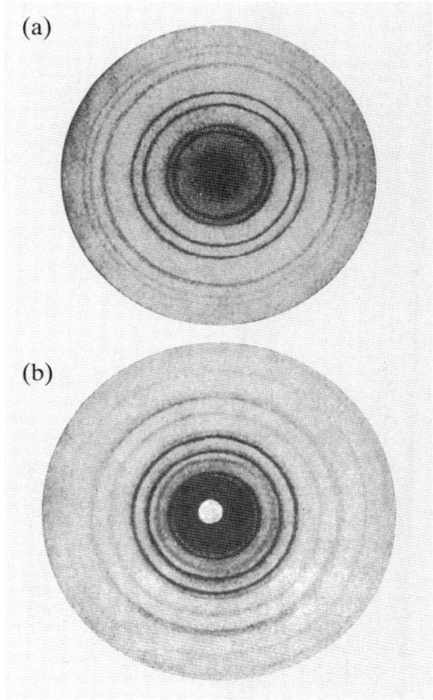

Abb. 10.84a, b. Elektronenbeugung und Röntgenbeugung an einer Silberfolie. (a) 36 kV-Elektronen; (b) Kupfer-K_α-Strahlung, $\lambda = 0{,}154$ nm. (Nach *Mark* und *Wierl*, aus W. Finkelnburg: *Einführung in die Atomphysik*, 11./12. Aufl. (Springer, Berlin Heidelberg 1976))

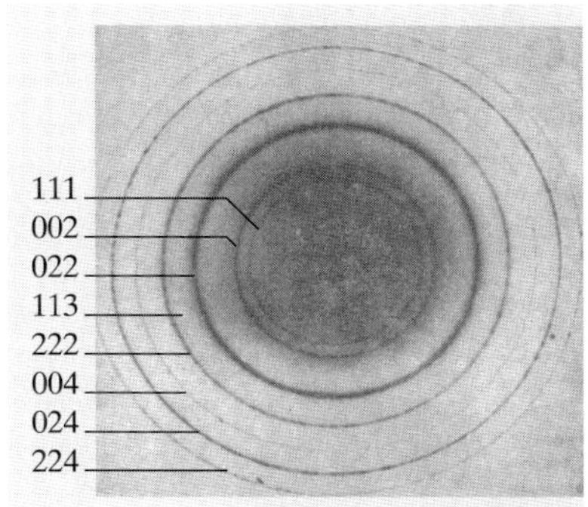

Abb. 10.85. Elektronenbeugung an MgO. Energie 80 keV. Vgl. die Röntgenbeugung am gleichen Kristall, Abb. 12.37

✗ Beispiel...

Vergleichen Sie die Röntgen- und die Elektronenbeugung am MgO-Kristall (Abb. 12.37 und 10.85). Schätzen Sie die Wellenlänge der verwendeten Röntgenstrahlung. Worauf können die Intensitätsunterschiede beruhen?

Alle Reflexe sind in beiden Bildern vorhanden, selbst die Reflexe 115 und 333 sind in Abb. 10.85 zwar nicht bezeichnet, aber andeutungsweise sichtbar. Über die absolute Größe des Ablenkwinkels ist aus Abb. 10.85 nichts auszusagen. Wären die Winkel in beiden Abbildungen gleich, würde das heißen, daß in Abb. 12.37 eine 200 keV-Röntgenstrahlung benutzt wurde. Wahrscheinlich war die Röntgenenergie aber kleiner und die Ablenkung größer als in Abb. 10.85.

10.4.4 Die Unschärferelation

Jedes Teilchen mit der Energie W und dem Impuls p ist gleichzeitig eine Welle mit der Frequenz $\nu = W/h$ und der Wellenlänge $\lambda = h/p$.

Wenn das stimmt, kann man die Folgerungen aus unseren Versuchen so verallgemeinern:

Es ist unmöglich, Ort und Impuls eines Teilchens gleichzeitig mit beliebiger Genauigkeit zu bestimmen.

Die Lochblende liege z. B. in der x, y-Ebene. Ein Loch vom Radius r legt x- und y-Koordinate des durchgehenden Elektrons bis auf einen Fehler $\Delta x = \Delta y = r$ fest. Wie wir sahen, werden eben dadurch die x- und y-Komponente des Impulses um den Fehler $\Delta p_x = \Delta p_y = h/r$ unbestimmt. Bei sehr kleiner Ortsunschärfe (sehr kleinem Loch) wird die Impulsunschärfe sehr groß und umgekehrt. Beide Unschärfen stehen in dem Zusammenhang

$$\boxed{\Delta x\,\Delta p_x \approx h}\,. \tag{10.48}$$

Dies ist **Heisenbergs Unschärferelation**, auf der wir die ganze Atom-, Kern- und Festkörperphysik aufbauen werden, bis wir sie in Kap. 16 strenger begründen. Sie drückt im Grunde nur die Tatsache aus, daß die Materie Welleneigenschaften hat, die durch die Beziehungen von *Planck*, *Einstein* und *de Broglie* beschrieben werden. Man hat heute bequemer zu handhabende Beschreibungen atomarer Systeme entwickelt, in denen die Welle nicht mehr explizit auftritt, ohne daß dadurch die Unschärferelation ihre Bedeutung verliert.

Eine ähnliche Relation wie zwischen Ort und Impuls gilt auch zwischen Zeit und Energie.

Wenn man ein System nur eine Zeit Δt lang beobachtet, oder wenn es überhaupt nur so lange existiert, ist es unmöglich, seine Energie genauer festzulegen als bis auf einen Fehler ΔW, der sich ergibt aus

$$\Delta t\,\Delta W \approx h\,. \tag{10.49}$$

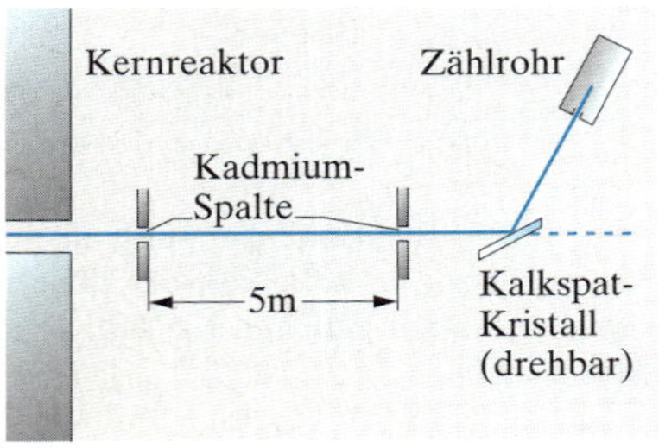

Abb. 10.86. Neutronenspektrometer zur Kristallstrukturanalyse

Diese Beziehung ist im Wellenbild sehr einfach zu verstehen. Messung der Energie des Teilchens bedeutet Frequenzmessung der zugehörigen Welle. Eine Frequenzmessung läuft immer auf eine Zählung der eintreffenden Wellenberge (oder -täler) hinaus. Eine harmonische Welle der Frequenz ν macht $\nu\,\Delta t$ Berge in der Zeit Δt. Sind z. B. sieben Berge eingetroffen, weiß man nicht, ob der achte dicht „vor der Tür steht" oder nicht. Der Fehler von $\nu\,\Delta t$ ist also von der Größenordnung 1, der Fehler von ν demnach $\Delta\nu \approx 1/\Delta t$, der Fehler von $W = h\nu$ ist $\Delta W \approx h/\Delta t$, was mit (10.49) übereinstimmt. Die Fourier-Analyse (Abschn. 4.1.1d) zeigt auch in aller Strenge, daß sogar eine reine Sinuswelle, die nur eine Dauer Δt hat, immer durch ein Frequenzspektrum von der Breite $\Delta\nu \approx 1/\Delta t$ beschrieben werden muß.

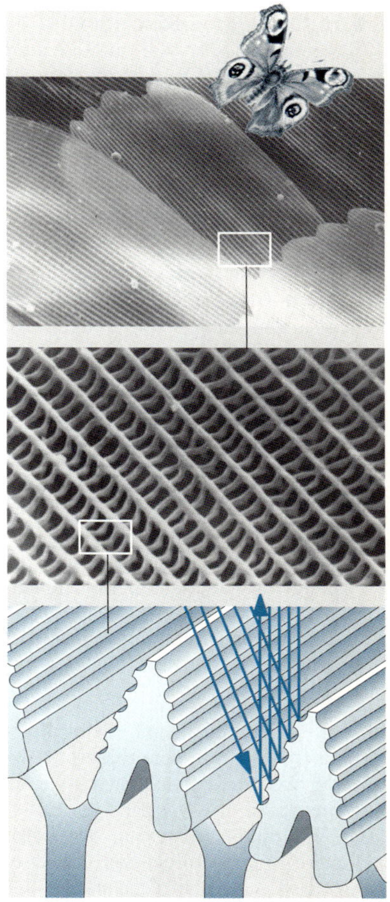

Die zunehmende Vergrößerung des Flügels eines Pfauenauges (Vanessa Io) im Raster-Elektronenmikroskop zeigt Rippen, die als Stufengitter die schillernden Interferenzfarben erzeugen

▲ Ausblick

Die Natur weiß seit vielen Millionen Jahren, daß Licht eine Welle ist, und erzeugt herrliche Farben durch Interferenz. Oben sehen Sie eine raster-elektronenmikroskopische Aufnahme aus dem Flügel eines Pfauenauges, unten dasselbe schematisch. Die Treppen auf den Rippen bilden ein Stufengitter von 220 nm Stufenhöhe. Welche Farbe entsteht? Die blau- und grünschillernden Farben auch von Vogelfedern entstehen ähnlich. Viele Mollusken, manche Krebse haben in ihren Augen keine Linsen-, sondern Spiegeloptik. Aber wie spiegelt man ohne Metall? Ihr „tapetum lucidum" am Augenhintergrund hat viele Schichten abwechselnder Brechzahl.

✓ Aufgaben . . .

● 10.1.1. Glasplatte I

Mit einer Linse und einer Glasplatte wollen Sie nach Abb. 10.48 Interferenzen herstellen. Beschreiben Sie genau, was Sie beobachten, wenn Sie den Einfallswinkel α allmählich von 0 auf einen maximalen Wert drehen.

● 10.1.2. Glasplatte II

Man diskutiere die Interferenzen an einer planparallelen Schicht für monochromatisches oder weißes Licht, für paralleles einfallendes Licht, eine punktförmige Lichtquelle oder Licht aus allen Richtungen.

● 10.1.3. Schillernde Ölhaut

Auf eine mit schrägem Parallellicht beleuchtete, mit Wasser gefüllte Wanne spritzt man einen Tropfen Maschinenöl (wie groß ist der Tropfen ungefähr?). Während der Tropfen sich ausbreitet (warum tut er das?), entspinnt sich ein lebhaftes Farbenspiel (wie muß man schauen, um es zu sehen?), das schließlich erlischt. Warum? Bedeckt das Öl die ganze Wasseroberfläche? Wenn nein, warum nicht? Warum sieht man nicht immer Ringe?

● 10.1.4. Seifenblase

Wie schätzt man die Wandstärke einer Seifenblase?

● **10.1.5. Newton-Ringe in Dias**
Wie entstehen sie? Warum fangen sie an zu „kriechen"? Wie vermeidet man sie? Warum werden die **Newton-Ringe** in Hookes Anordnung (Abb. 10.42) nach außen immer matter?

● **10.1.6. Babinet-Prinzip**
Babinet bewies auf genial-einfache Weise folgenden Satz: Eine Aussparung beliebiger Form in einer undurchsichtigen Wand erzeugt im parallelen Licht genau die gleiche Beugungsfigur wie ein Hindernis, das dieselbe Form hat wie das Loch. Anders ausgedrückt: Ein photographisches Negativ erzeugt das gleiche Beugungsbild wie sein Positiv. Unter Beugungsbild sind hier die Teile des Schirms verstanden, wohin kein *direktes* Licht gelangt. Können Sie den Beweis finden? Entscheidend ist die Tatsache, daß die Öffnungen sich additiv an der Lichterregung im Beugungsbild beteiligen. Sind die beiden Beugungsbilder auch phasenmäßig identisch?

● **10.1.7. Viererstern**
Warum sieht man auf Sternphotographien, die mit dem Fernrohr gemacht werden, besonders die hellen Sterne meist als vierzackige Gebilde? Was müßte man tun, damit der Fixstern so abgebildet wird, wie er eigentlich aussieht, nämlich als Scheibchen? Kann man das technisch erreichen?

● **10.1.8. Auflösungsvermögen**
Gegenstände welcher Größe kann man unter den günstigsten Bedingungen (welche sind das?) mit bloßem Auge, mit einem Feldstecher von 50 mm-Öffnung, mit einem 50 cm-Refraktor, mit dem 5 m-Reflektor von Mt. Palomar erkennen (z. B. auf dem Mond, auf dem Mars in Opposition, auf der Sonne, in Siriusabstand, ca. 10 Lichtjahre, im Andromedanebel, ca. $2 \cdot 10^6$ Lichtjahre)?

●● **10.1.9. Sind wir allein?**
Es sind vier Methoden für den direkten Nachweis vorgeschlagen worden, daß ein bestimmter Fixstern Planeten hat: (a) Beobachtung periodischer Positionsänderungen des Fixsterns; (b) Doppler-Effekt im Licht des Fixsterns, der periodische Bewegungen ausführt; (c) direkte Trennung des Lichts eines Planeten von dem des Zentralsterns; (d) indirekte Trennung mittels des Doppler-Effekts. Bis auf welche Entfernung könnte man mit diesen Methoden feststellen, daß die Sonne einen Jupiter hat?

● **10.1.10. Farbverteilung**
In einem Prismenspektrum sind Violett und Blau viel breiter als Rot, im Beugungsspektrum ist es umgekehrt. Warum?

●● **10.1.11. Fourier-Spektrometer**
In einem Michelson-Spektrometer kann ein Spiegel (z. B. $A'B'$ in Abb. 10.50) durch einen Feintrieb sehr langsam gleichförmig verschoben werden. Das einfallende Lichtbündel ist gut parallel. Anstelle des Fernrohrs in Abb. 10.50 bringt man eine Photozelle an. Wie sieht die zeitliche Aufzeichnung des Photostroms aus? Diskutieren Sie z. B. den Fall monochromatischen Lichts, eines Gemisches zweier Spektrallinien, eines natürlichen, maximal monochromatischen Wärmestrahlers (viele Teilchen, die inkohärent gedämpfte Wellenzüge emittieren). Warum nennt man das Gerät Fourier-Spektrometer oder genauer Fourier-Transformations-Spektrometer? Spielt die Fourier-Transformation bei üblichen Spektrometern keine Rolle? Welche Vorzüge hat das Gerät, besonders im fernen Ultrarot?

● **10.1.12. Intensitätsfragen**
Wenn man die Spaltbreite eines Spektrographen verdoppelt, kommt manchmal doppelt soviel Licht durch, manchmal aber auch viermal soviel. Wovon hängt das ab?

● **10.1.13. Farbenlehre**
Im Himmel oder wohin Leute wie *Newton* (*N*), *Goethe* (*G*), *Huygens* (*H*) kommen.
G: Also, bester Sir Isaac, ich bleibe dabei: Die Farben sind nicht von vornherein im weißen Licht, sondern sie werden erst durch die farbigen Dinge daraus erzeugt.
N: Jetzt lassen Sie mich erst fertig aufbauen. Das ist nicht meine ursprüngliche Anordnung, weil ich hier kein Prisma auftreiben konnte. Aber hier habe ich eine Schwungfeder vom Erzengel Gabriel, die tut's auch. So. Ist das weißes Licht, das da vorn drauffällt? Gut. Jetzt halten Sie mal Ihr Auge dorthin, Herr Geheimrat. Was sehen Sie?
G: Ein prächtiges Grün.
N: Na, also.
G: Jetzt sagen Sie mir bitte, was ist denn das eigentlich, grünes Licht?
H: (Räuspert sich vernehmlich).
N: Schon gut, Herr Kollege. Ich habe ja inzwischen auch dazugelernt. Also, das Grün, das Sie gesehen haben, ist eine harmonische Welle mit der Wellenlänge 0,5 µm.
G: Und Sie versichern, daß Sie die 0,5 µm nicht irgendwie hineingeschmuggelt haben in Ihre Apparatur?
N: Allerdings, das versichere ich.
G: Ha, mein Bester! Jetzt betrachten Sie den Renommieratavismus von Seiner Heiligkeit genauer. Da sind doch periodische feine Seitenstrahlen, viel feiner als bei irdischen Flügelbesitzern, oder nicht?
N: Natürlich. Aber nicht, wie Sie vielleicht denken, in 0,5 µm Abstand.
G: Zugegeben. Aber von da, wo Sie mich hingestellt haben, liegt jeder Seitenstrahl um genau 0,5 µm weiter entfernt als der benachbarte. Sie haben also eine Periodizität von 0,5 µm in Ihrer Apparatur. Kein Wunder, daß entsprechendes Licht herauskommt.
Wer hat recht? Wie wäre die Lage, wenn *Newton* ein Prisma gehabt hätte?

●● **10.1.14. Höfe**
Wenn Sonne oder Mond hinter einer sehr dünnen, gleichmäßigen Wolkenschicht stehen, sieht man sie oft umgeben von einem farbigen **Hof** (Kranz, Aureole). Wenn ein Beobachter die Sonne im Rücken hat und sein Schatten auf eine Nebelwand oder eine betaute Wiese fällt, ist der Schatten des Kopfes oft von einem ähnlichen Kranz umgeben (Glorie, Heiligenschein, Brockenge-

spenst). Wie kommt das zustande? Wie ist die Farbenverteilung? Wie groß sind die verantwortlichen Objekte? Kann der Kranz mehrfach sein? Welches ist der Unterschied zum Halo (Aufgabe 9.2.16)?

●● **10.1.15. Facettenauge**
Das **Insektenauge** besteht aus vielen Facetten oder Ommatidien, die auf einer Kugelschale angeordnet sind. Ein **Ommatidium** hat keine Linse und bildet nicht ab. Es ist nur ein Lichtleiter, der den von ihm ausgehenden Sehnerv erregt, wenn Licht hinreichend genau in seiner Achsenrichtung einfällt. Das Insekt sieht ein Raster aus hellen und dunklen Flecken, die den Richtungen der einzelnen Ommatidien entsprechen. Sieht es also um so schärfer, je mehr und kleinere Ommatidien es hat? Oder gibt es irgendwo ein Optimum? Erfüllen ein Fliegen- oder Libellenauge diese Optimalbedingungen?

●● **10.1.16. Doppelspalt**
Gegeben ein Blendenschirm mit zwei feinen parallelen Spalten in sehr geringem Abstand. Im Versuch A läßt man 1 s lang Licht durch den Doppelspalt fallen und schließt ihn dann. Im Versuch B bleibt der eine Spalt 1 s offen, dann schließt man ihn und öffnet den anderen ebensolange. Als Auffangschirm dient beidemal eine Photoplatte. Wie unterscheiden sich die beiden Aufnahmen?

● **10.2.1. Unsichtbarer Strahl**
Ein polarisiertes Lichtbündel geht durch ein trübes Medium (rauchige Luft, schmutziges Wasser). Sein Verlauf ist deutlich zu erkennen, jedenfalls von der Seite. Genau von oben oder unten sieht man nichts. Wie kommt das und wie liegt die Polarisationsrichtung? Was sieht man bei unpolarisiertem Licht? Hinweis: Ausstrahlungsrichtung des Hertz-Dipols.

● **10.2.2. Komponentenzerlegung**
Kann man alle denkbaren elliptischen Schwingungen auch aus zwei zueinander senkrechten linearen Schwingungen mit der Phasendifferenz $\pi/2$ herstellen? Warum wird in Abschn. 10.2.9 die andere im Text erwähnte Aufspaltungsart vorgezogen?

●● **10.2.3. Doppelbild**
Aus den Daten von Abb. 10.59 und $c_{\text{ao}} = 1{,}116 c_{\text{o}}$ berechnen oder konstruieren Sie den Winkel zwischen ordentlichem und außerordentlichem Strahl. Wie dick muß der Kristall sein, damit ein Bündel von 2 mm Durchmesser in zwei völlig getrennte Bündel aufgespalten wird? Was sieht man, wenn polarisiertes Licht einfällt?

●● **10.2.4. Wollaston-Prisma**
Zwei Dreikantprismen von rechtwinklig-gleichschenkligem Querschnitt sind aus einem einachsigen Kristall geschnitten (meist aus Quarz), und zwar so, daß in dem einen die optische Achse im Querschnitt liegt, im anderen senkrecht dazu. Beide werden mit den Hypotenusenflächen zusammengekittet (oft einfach mit einem Tropfen Wasser aneinandergeheftet). Was wird aus einem engen unpolarisierten Lichtbündel, das senkrecht auf eine der vier Kathetenflächen fällt? Welche Winkel treten für Kalkspat auf?

● **10.2.5. Brewster-Fenster**
Beim Gaslaser sind die Spiegel oft hinter den Abschlußfenstern angebracht. Da das Licht sehr oft hin- und hergespiegelt wird, ergibt auch der kleine Reflexionsverlust an der Glas-Luft-Grenze untragbare Verluste an phasenrichtiger Intensität. Wie groß ist der Verlust bei 100maligem Durchgang? Kann man ein Glasfenster konstruieren, bei dem selbst bei sehr vielen Durchgängen nur 50 % der Lichtintensität verlorengeht?

● **10.2.6. Buntes Zuckerrohr**
Ein polarisiertes Lichtbündel fällt in ein Rohr mit schlammigem Wasser, und zwar in Längsrichtung. Was sieht man, wenn man um das Rohr geht? Man schüttet Zucker dazu und sieht bunte Ringe erscheinen. Wie kommt das?

●● **10.2.7. Sechs Effekte**
Wie hängen die sechs Begriffe Faraday-Effekt, Kerr-Effekt, optische Aktivität, Doppelbrechung, lineare Polarisation, zirkulare Polarisation logisch zusammen? Erstreckt sich die Korrespondenz auch auf die atomistische Deutung?

● **10.3.1. Dunkle Fenster**
Warum kann man bei Tage aus einiger Entfernung nicht sehen, was hinter den geschlossenen Fenstern eines Hauses vorgeht? Wie stellt man solche Fenster in einer naturalistischen Zeichnung dar? Unter welchen Umständen kann man ein Fenster als Spiegel benutzen? Alles möglichst quantitativ: Tageszeit, Beleuchtungsart usw. berücksichtigen.

● **10.3.2. Schichtspiegel**
Wieviel Licht kommt durch einen Stapel aus N Glasplatten? Ergibt sich ein Spiegelbild, und wie sieht es aus? Spielt die Qualität der Platten, der Druck, mit dem sie zusammengepreßt werden, evtl. Befeuchtung eine Rolle? Bestehen Unterschiede gegenüber einem ebenso dicken Glasblock?

●● **10.3.3. Verteilungsfehler**
Sie wollen die Menge einer absorbierenden Substanz in einem mikroskopischen Objekt photometrisch messen. Sie kennen die Dicke des Objekts und den molaren Extinktionskoeffizienten im benutzten Spektralbereich und wissen, daß andere Substanzen, die dort absorbieren, nicht vorhanden sind. Sie messen den gesamten Strahlungsfluß vor und hinter dem Objekt. Die zu messende Substanz kann aber ungleichmäßig im Objekt verteilt sein, z. B. auch in submikroskopischem Maßstab, so daß man sie für homogen verteilt hält. Welchen Fehler in der Mengenbestimmung kann dieser Verteilungseffekt bringen? Vergleichen Sie z. B. eine wirklich homogene Verteilung mit einer, bei der die Hälfte der Fläche die doppelte Konzentration enthält, die andere Hälfte gar nichts. Ist das der maximal mögliche Fehler? Über- oder unterschätzt man die Menge immer, wenn man gleichmäßige Verteilung annimmt, oder kann das Vorzeichen des Fehlers je nach den Umstän-

den verschieden sein? Geben Sie den Fehler in der Näherung sehr schwacher Absorption und auch für starke Absorption. Tatsächlich ist ja jede Substanz grundsätzlich inhomogen, nämlich molekular verteilt. Bringt das auch einen Verteilungsfehler?

●● 10.3.4. Widerspruch zu Einstein?
Widerspricht nicht $n < 1$ der speziellen Relativitätstheorie?

● 10.3.5. Blaue Augen
Säugetiere besitzen kein blaues Pigment. Wie kann es trotzdem blauäugige Menschen geben?

● 10.3.6. Dunkles Bier
Hat dunkles Bier dunkleren Schaum als helles? Warum sind Milch, Salz, Zucker, Schnee, Papier weiß?

● 10.3.7. Weiße Milch
Wann sieht ein feindisperser Stoff weiß aus, wann blau, wann rot? Beispiele: Voll- und Magermilch.

● 10.3.8. Heller oder dunkler Rauch
Rauch von einem frischen Holzfeuer sieht vor dunklem Hintergrund weiß, vor hellem dunkelgrau aus. Wenn nur noch Holzkohlenglut da ist, sieht die dünne Rauchsäule vor dem dunklen Wald bläulich, vor dem hellen Himmel rötlichbraun aus. Warum?

● 10.3.9. Blaue Schatten
Schatten auf Schnee sehen manchmal bläulich aus. Wann, warum?

● 10.3.10. Bunter Hauch
Man hauche eine Glasscheibe an und betrachte durch sie eine Lampe. Was sieht man? Warum?

● 10.3.11. Gelbfilter
Warum fotografiert man Wolken mit einem **Gelbfilter?**

●● 10.4.1. Düker-Möllenstedt-Versuch
Man findet für 1 eV-Elektronen einen Streifenabstand $\delta = 1\,\mu\text{m}$ (Abb. 10.81, 10.82). Welche Ladung trägt der Ablenkdraht? Der Draht sei 5 µm dick, der Rest der Apparatur sei etwa 20 cm von ihm entfernt. Welche Spannung hat man an den Draht gelegt? Kann man die Elektronen wesentlich langsamer machen, und wozu wäre das gut?

● 10.4.2. Neutronenbeugung
Welche Neutronenenergien eignen sich zur Aufnahme von Kristallbeugungsbildern? Diskutieren Sie Abb. 10.86. Braucht man einen Reaktor? Wozu dienen die Cd-Spalte? Erhält man auf die dargestellte Weise monochromatische Neutronen? Wenn nein, wie sonst? Müssen sie monochromatisch sein?

●● 10.4.3. Wellenpaket
Ein Teilchen muß durch eine Welle dargestellt werden, deren Amplitude die Aufenthaltswahrscheinlichkeit des Teilchens an der betreffenden Stelle angibt. Was kann man über den Ort eines Teilchens aussagen, das durch eine harmonische Welle (scharfer Wert von λ) beschrieben wird? Wir überlagern zwei harmonische Wellen mit λ_1 und λ_2, aber gleicher Phasengeschwindigkeit. Welcher Impulsdifferenz entspricht das, speziell bei $\lambda_1 \approx \lambda_2$? Welche Schwebungsfrequenz tritt auf? Welche räumliche Ausdehnung hat ein Schwebungsmaximum? Wenn wir andere Wellen mit λ zwischen λ_1 und λ_2 hinzufügen, die einander alle in *einem* Schwebungsmaximum verstärken, was wird aus den anderen Schwebungsmaxima? Auf welchen Raumbereich Δx ist das entstehende Wellenpaket lokalisiert? Welcher Zusammenhang besteht zwischen Δx und Δp?

● 10.4.4. Makroskopische Unschärfe
Spielt die Unschärferelation für makroskopische Objekte eine Rolle? Sie messen den Ort eines Steins, Sandkorns, Bakteriums so genau, wie das unter dem Mikroskop möglich ist, und überzeugen sich auch, daß die Objekte allem Anschein nach ruhen. Keinerlei äußere Kräfte wirken ein, selbst das Bakterium bewegt sich nicht aktiv. Mit welcher Genauigkeit läßt sich der Ort der Objekte nach einem Tag, 30 Jahren, 10^{10} Jahren voraussagen? Es sei, z. B. durch tiefe Temperatur, gesichert, daß das Bakterium noch da ist.

●● 10.4.5. Unschärferelation
Die Unschärferelation wird zu einem heuristischen Werkzeug von unglaublicher Kraft, wenn man die Worte mindestens und höchstens benutzt. Wenn z. B. der Ort eines Teilchens um *höchstens* Δx unsicher ist, muß die Impulsunschärfe *mindestens* $\Delta p = h/\Delta x$ sein. Wenn der Impuls aber so „verschwimmt“, kann und muß auch eine bestimmte kinetische Energie vorhanden sein (Nullpunktsenergie). Wenden Sie das auf ein Teilchen an, von dem man weiß, daß es in einem Kasten von der Abmessung d sitzt. Anwendungen dieser Idee beherrschen sämtliche folgenden Kapitel. Eine Unschärferelation gilt auch zwischen Drehwinkel und Drehimpuls. Betrachten Sie irgendein rotierendes Objekt. Welchen Höchstfehler kann man in der Lageangabe (Winkel) machen? Welchem Mindest-Drehimpuls entspricht das? Ein System lebt nur eine Zeit Δt. Wie unscharf ist seine Energie? Anwendungen?

11

Strahlungsenergie

Inhalt

„Insofern ist für den richtigen Theoretiker nichts interessanter als eine Tatsache, die mit einer bisher allgemein anerkannten Theorie in Widerspruch steht; denn hier setzt seine eigentliche Arbeit ein."

Max Planck, Neue Bahnen der physikalischen Erkenntnis, 1922

Einleitung

Da unser Auge aus dem Riesenbereich des elektromagnetischen Spektrums nur einen winzigen Ausschnitt (eine Oktave) wahrnimmt, und auch diesen mit sehr ungleicher Empfindlichkeit, muß streng unterschieden werden zwischen den physikalischen Größen, die das elektromagnetische Strahlungsfeld kennzeichnen, und den Größen der **Photometrie** im engeren Sinne, die die physiologische Wahrnehmung betreffen. Der zweite Standpunkt ist natürlich maßgebend für alle Fragen der praktischen Beleuchtungstechnik.

11.1 Das Strahlungsfeld

Was die teilweise etwas unanschaulichen Größen bedeuten, die ein Strahlungsfeld beschreiben, versteht man am besten in Analogie mit anderen Feldern. Parallel dazu gibt es entsprechende photometrische Größen für das vom menschlichen Auge wahrgenommene Licht.

11.1.1 Strahlungsgrößen

In einem **Strahlungsfeld**, wie es um jede Strahlungsquelle herrscht, strömt Energie. Wie das Strömungsfeld durch die Strömungsgeschwindigkeit $v(\boldsymbol{r})$ gegeben ist, das elektrische Feld durch die Feldstärke $\boldsymbol{E}(\boldsymbol{r})$, das Wärmeleitungsfeld durch die Wärmestromdichte $\boldsymbol{j}(\boldsymbol{r})$, so ist das Strahlungsfeld gegeben durch die räumliche Verteilung der Stromdichte dieser Energie, der **Strahlungsstromdichte** oder **Intensität** $\boldsymbol{D}(\boldsymbol{r})$. Ein Flächenstück $\mathrm{d}\boldsymbol{A}$, z. B. ein Stück Ihrer Buchseite, empfängt in diesem Strahlungsfeld die Bestrahlungsleistung $\mathrm{d}P = \boldsymbol{D} \cdot \mathrm{d}\boldsymbol{A} = D \cos\vartheta \, \mathrm{d}A$ (ϑ: Winkel zwischen Flächennormale und $\boldsymbol{D}$-Richtung). An dieser Stelle und bei dieser Einstellrichtung herrscht also eine **Bestrahlungsstärke** (Leistung/Fläche) $E = D \cos\vartheta$. Über einen endlichen Zeitraum erhält unsere Fläche die **Bestrahlung** $\int E \, \mathrm{d}t$. Die Leistung auf eine endliche Fläche erhält man durch das Flächenintegral $P = \iint \boldsymbol{D} \, \mathrm{d}\boldsymbol{A} = \iint E \, \mathrm{d}A$, das auch **Strahlungsfluß** ϕ heißt, in Analogie zum elektrischen Fluß oder dem Volumenstrom. Durch eine geschlossene Fläche fließt soviel Strahlungsleistung, wie die eingeschlossenen Quellen abgeben, falls im eingeschlossenen Raum keine Energie durch Absorption verlorengeht.

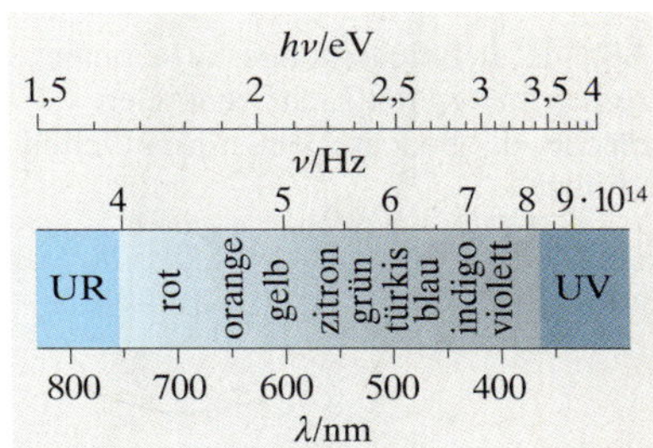

Abb. 11.1. Spektrum des sichtbaren Lichts mit Wellenlängen, Frequenzen und Photonenenergien (s. auch Tafel 9a, b, S. 1228)

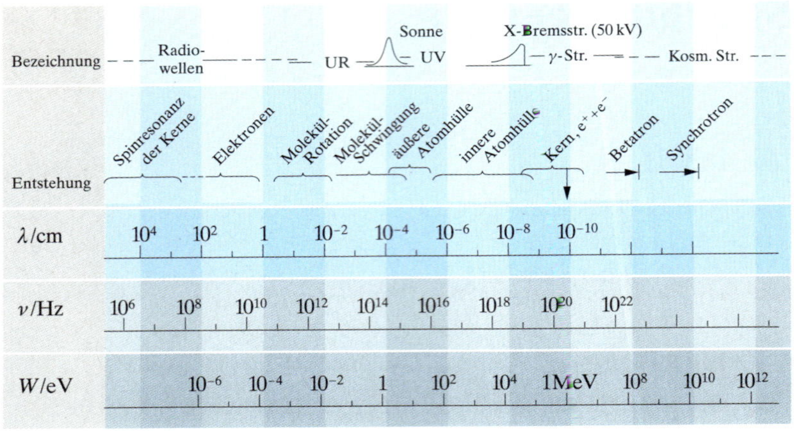

Abb. 11.2. Wellenlänge, Frequenz, Energie, Quellen und Bezeichnung elektromagnetischer Strahlung

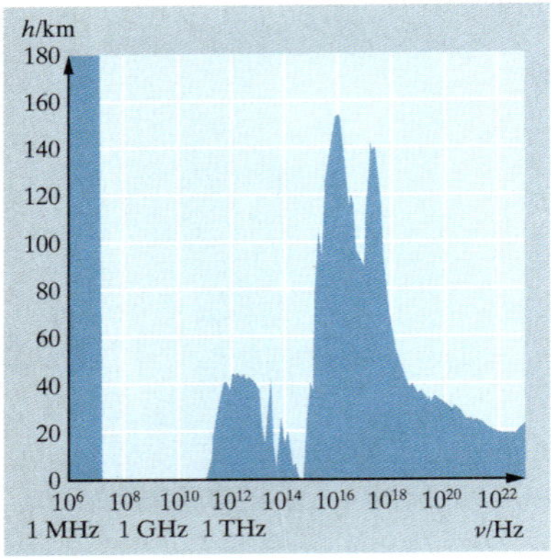

Abb. 11.3. Absorption der Erdatmosphäre. Der Absorptionskoeffizient der Luft sagt wegen der Änderung der Dichte und in großer Höhe auch der Zusammensetzung wenig aus, speziell wenn er größer ist als die Skalenhöhe. Deshalb ist die Höhe aufgetragen, bis zu der die Hälfte der extraterrestrischen Strahlung in die Atmosphäre vordringt. Man sieht unsere beiden Fenster zum All: Das schmale (eine Oktave) im Sichtbaren, und das viel breitere Radiofenster (13 Oktaven)

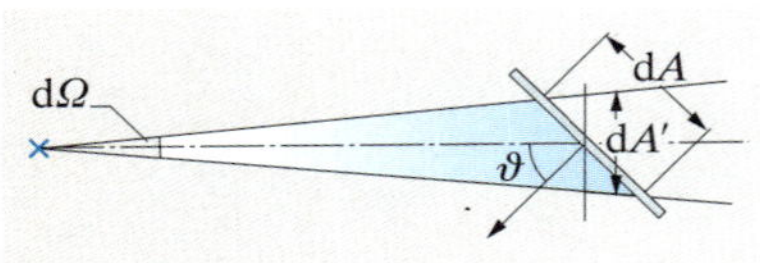

Abb. 11.4. Beleuchtungsstärke einer zum einfallenden Licht geneigten Fläche. dΩ bedeutet einen räumlichen Winkel

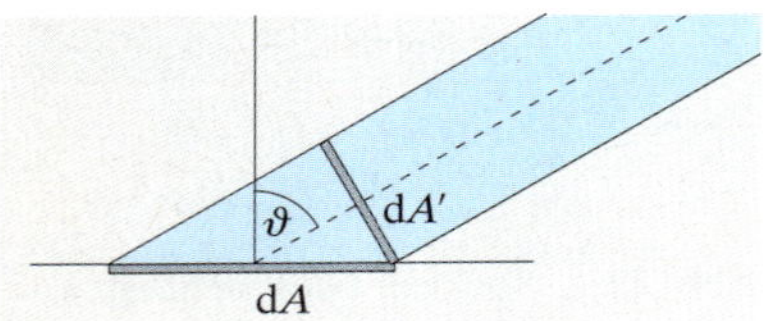

Abb. 11.5. Unabhängigkeit der Leuchtdichte von der Beobachtungsrichtung

Strahlungsquellen haben aber meist nicht die angenehmen Symmetrieeigenschaften der elektrischen Quellen, der Ladungen. Punkt- oder Kugelquellen sind technisch meist nur unvollkommen realisiert. Nur die Sonne strahlt nach allen Seiten gleich stark: $D = P/(4\pi r^2)$. Sonst ist D nicht nur von r abhängig, sondern auch vom Winkel. Wenn in den Raumwinkel dΩ der Leistungsanteil d$P = J\,$dΩ abgegeben wird, heißt $J = $ d$P/$dΩ die **Strahlungsstärke** der Quelle. Zu dieser Strahlung in bestimmter Richtung tragen die einzelnen Oberflächenelemente der ausgedehnten Quelle in verschiedenem Maß bei. Ein Flächenstück dA der Quelle strahlt im Ganzen d$P = R\,$dA ab. $R = $ d$P/$dA heißt seine **spezifische Ausstrahlung**. Auch diese ist wieder über den Raumwinkel verteilt: In den Bereich dΩ fällt der Leistungsanteil $\mathrm{d}^2P = B\,\mathrm{d}A\,\mathrm{d}\Omega$, wo $B = \mathrm{d}^2P/(\mathrm{d}A\,\mathrm{d}\Omega)$ **Strahlungsdichte** heißt.

✗ Beispiel...

Welchen Strahlungsstrom und welche Strahlungsstärke gibt die Sonne ab? Welche Intensität und welche Strahlungsstärke herrschen außerhalb der Erdatmosphäre?

Intensität in Erdnähe $D_\mathrm{E} = 1{,}4\,\mathrm{kW/m^2}$, am Sonnenrand $D_\mathrm{S} = D_\mathrm{E} r_\mathrm{ES}^2/R_\mathrm{S}^2 = 7 \cdot 10^4\,\mathrm{kW/m^2}$. Strahlungsfluß $\Phi = D_\mathrm{E} 4\pi r_\mathrm{ES}^2 = 2{,}8 \cdot 10^{23}\,\mathrm{kW}$. Strahlungsstärke $J \approx \Phi/(2\pi) = 5{,}5 \cdot 10^{22}$ kW/sterad, unabhängig vom Abstand; J gilt nur ungefähr, weil die Sonne kein exakter Lambert-Strahler ist.

Eine mattweiße Fläche (Papier, Leinwand, Leuchtstoffschicht), ebenso ein heißer schwarzer Körper oder eine kleine Öffnung in einem strahlungserfüllten Hohlraum sind in guter Näherung **Lambert-Strahler**, d. h. sie haben eine richtungs*un*abhängige Strahlungsdichte. Bewegen Sie den Kopf so abwärts, daß Sie Ihr Buch mehr von der Seite sehen. Erscheint das Papier noch ebenso hellweiß wie vorher? Dann ist es ein Lambert-Strahler. Aber aus dem Winkel ϑ gegen das Lot betrachtet, scheint das Papier nur noch den Raumwinkel $\Omega_0 \cos\vartheta$ zu erfüllen, nicht mehr

$\Omega_0 \approx A/r^2$ wie bei senkrechter Betrachtung. Aus dem verkürzten Raumwinkelbereich kommt pro Winkeleinheit offenbar gleichviel Licht, also von der ganzen Papierfläche nur die Strahlungsstärke

$$\boxed{J = J_0 \cos \vartheta \qquad \textbf{(Lambert-Gesetz)}} \ . \tag{11.1}$$

Trägt man die Strahlungsstärken, die ein Lambertsches Flächenelement in die verschiedenen Richtungen wirft, als entsprechend lange Pfeile auf, dann liegen deren Spitzen auf einer Kugel, die das Flächenelement tangiert. Die Charakteristik von nichtlambertschen Flächen ist dagegen meist in Normalrichtung verlängert. Bei einer Projektionsleinwand ist das erwünscht, weil dort die Zuschauer sitzen. Auch die Sonnenoberfläche oder eine Röntgenantikathode haben eine verlängerte Charakteristik: Der Rand der Sonnenscheibe sieht etwas dunkler aus als die Mitte.

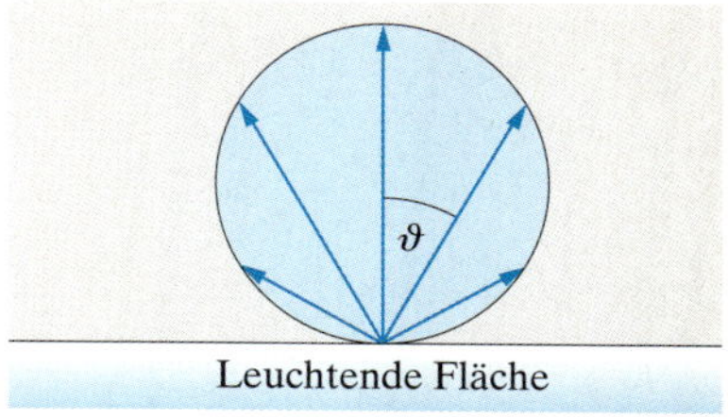

Abb. 11.6. Lichtstärke einer Fläche nach dem Lambertschen Kosinusgesetz

11.1.2 Photometrische Größen

Die Photometrie interessiert sich nicht für die physikalischen Eigenschaften des Strahlungsfeldes allgemein, sondern nur für den Teil davon, den unser Auge wahrnimmt. Die Beziehung zwischen den physikalischen und den physiologischen Größen stiftet die **spektrale Empfindlichkeitskurve des Auges** (Abb. 11.7; man beachte aber, daß diese Kurve für das Dunkelsehen etwas anders liegt). Das Auge ist demnach erstaunlicherweise für Karminrot (750 nm) 10 000mal weniger empfindlich als für Zitronengelb (550 nm). Wie eine bestimmte physikalische Strahlungsmenge physiologisch bewertet wird, hängt also entscheidend von ihrer spektralen Zusammensetzung ab. Eine Fläche von 1 m^2 z. B., auf die 1 Watt monochromatischen gelbgrünen Lichts (genauer von 550 nm) auftrifft, wird als **Beleuchtungsstärke** von 680 Lux empfunden, die gleiche Bestrahlungsstärke im Roten (750 nm) nur als etwa 0,1 Lux.

Jede der physikalischen Strahlungsgrößen hat ihr physiologisches Gegenstück (s. Tabelle 11.1). Alle diese physiologisch-photometrischen Größen lassen sich auf eine neu einzuführende Grundgröße, die neue

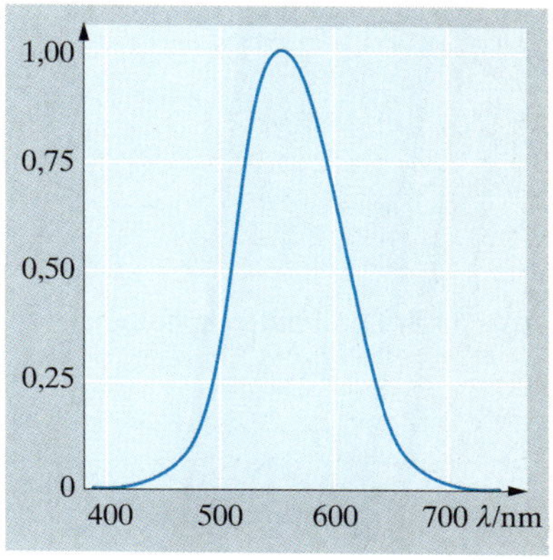

Abb. 11.7. Spektrale Empfindlichkeit des menschlichen Auges im helladaptierten Zustand

Tabelle 11.1. Strahlungsfeldgrößen und photometrische Größen

Physikalisch: Strahlung Größe	Symbol	Einheit
Strahlungsenergie	W	J
Strahlungsfluß	Φ	W
Spezifische Ausstrahlung	R	W m^{-2}
Strahlungsstärke	$J = d\Phi/d\Omega$	W $sterad^{-1}$
Strahlungsdichte	$B = \dfrac{dJ}{dA \cos\vartheta}$	W m^{-2} $sterad^{-1}$
Intensität Strahlungsflußdichte	$D = d\Phi/dA_\perp$	W m^{-2}
Bestrahlungsstärke	$E = D\cos\vartheta$	W m^{-2}
Bestrahlung	$\int E\,dt$	J m^{-2}

Physiologisch: Licht Größe	Symbol	Einheit
Lichtmenge	Q	Lumensek. = lm s
Lichtstrom	Φ	Lumen = lm
Spezifische Lichtausstrahlung	R	lm m^{-2} Phot = lm cm^{-2}
Lichtstärke	$I = d\Phi/d\Omega$	Candela = cd = lm $sterad^{-1}$
Leuchtdichte	$B = \dfrac{dI}{dA \cos\vartheta}$	cd m^{-2} Stilb = sb = cd cm^{-2}
Intensität Lichtstromdichte	$D = d\Phi/dA_\perp$	Lux = lx = lm m^{-2}
Beleuchtungsdichte	$E = D\cos\vartheta$	lx
Beleuchtung	$\int E\,dt$	lx s

Kerze oder **Candela (cd)** zurückführen. Sie ist definiert als der **Lichtstrom** pro Raumwinkeleinheit, der von $\frac{1}{60}$ cm^2 eines schwarzen Körpers bei 2 042 K, der Schmelztemperatur des Platins, ausgeht. Früher benutzte man auch die **Hefner-Kerze (HK)**. Sie ist operationell definiert durch eine offene Amylacetat-Flamme unter vorgeschriebenen Brennbedingungen. Es ist 1 HK = 0,9 cd.

11.1.3 Photometrie und Strahlungsmessung

Um die Lichtstärke oder Strahlstärke zu messen, die eine Lichtquelle in einer bestimmten Richtung aussendet, stellt man meist eine matte Fläche dorthin und mißt die Beleuchtungs- oder Bestrahlungsstärke, die sie empfängt. Als Empfänger dient im visuellen Photometer das Auge, im Strahlungsmesser ein photoelektrischer, thermoelektrischer oder photochemischer Empfänger (**Photozelle**, **Photowiderstand** oder **Multiplier**; **Thermoelement**; Film; vgl. auch Abschn. 11.3.2). Unser Auge ist ein sehr schlechter Absolutmesser, kann aber die Beleuchtungsstärken zweier benachbarter kleiner Felder sehr genau vergleichen, wenn auf beide Licht gleicher Farbe fällt. Beim **Fettfleckphotometer** nach *R. Bunsen* wird ein Papier mit Fettfleck von der einen Seite durch die Normallichtquelle (Abb. 11.8, hier eine Hefner-Lampe, Lichtstärke $I_0 = 0{,}9$ cd), von der anderen durch die zu messende Lichtstärke I beleuchtet. Die Abstände r_1 und r_2 stellt man so ein, daß der Fettfleck unsichtbar wird. Dann sind die Beleuchtungsstärken beiderseits gleich: Das Licht, das am Fettfleck nicht reflektiert wird, sondern durchgeht, wird genau durch das Licht kompensiert, das von der anderen Seite durchkommt. Daraus ergibt sich für die zu messende **Lichtstärke** I

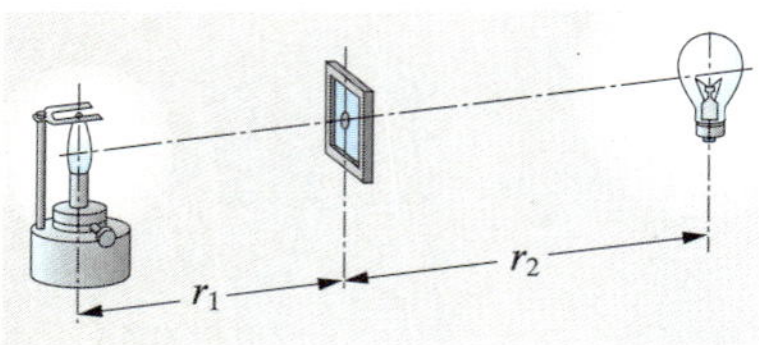

Abb. 11.8. Das Fettfleckphotometer

$$\frac{I}{r_2^2} = \frac{I_0}{r_1^2} \qquad \text{d. h.} \qquad I = I_0 \frac{r_2^2}{r_1^2} \,. \tag{11.2}$$

Außer durch die Entfernung r kann man das Licht auch durch Blenden, rotierende Sektoren, Graufilter oder Polarisationsfilter schwächen. Papier und Fettfleck reflektieren nicht beide mit gleicher, z. B. lambertscher Charakteristik. Diesen Nachteil vermeidet der **Lummer-Brodhun-Würfel** (Abb. 11.9). Zwei Glasprismen sind auf der Hälfte ihrer Berührungsfläche so verkittet, daß Licht ungeschwächt durchgeht. Auf der anderen Hälfte ist die Trennfuge so angeschliffen, daß Totalreflexion eintritt. So sieht der Beobachter zwei Felder, beleuchtet durch je eine der zu vergleichenden Lichtquellen.

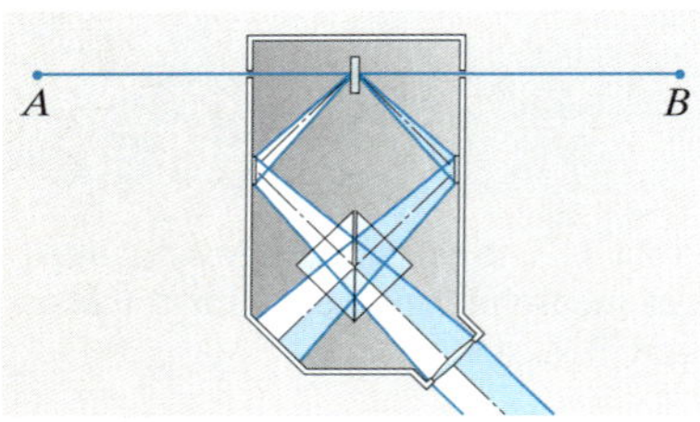

Abb. 11.9. Der Lummer-Brodhun-Würfel dient zum Vergleich der Lichtstärken der Quellen A und B

Vor die beiden Lichtquellen kann man **Polarisationsfilter** setzen, die senkrecht zueinanderstehen, und beobachtet dann durch einen drehbaren Analysator. Stellt man seine Schwingungsebene parallel zu der des Lichtes auf dem rechten Feld (Amplitude A_1, Abb. 10.10), dann erscheint das linke Feld ganz dunkel. Beide Felder werden gleichhell bei einem Drehwinkel φ gegen diese Stellung, für den $A_1 \cos\varphi = A_2 \sin\varphi$ ist. Daraus ergibt sich das Verhältnis der Beleuchtungsstärken

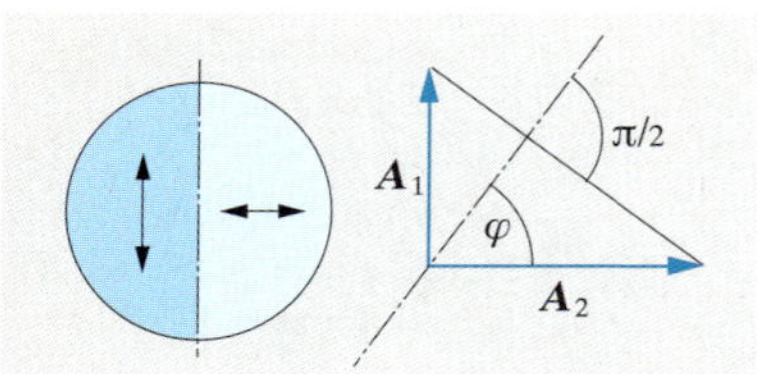

Abb. 11.10. Ein drehbarer Analysator bringt die beiden mit senkrecht zueinander polarisiertem Licht bestrahlten Bildfelder des Lummer-Brodhun-Würfels auf gleiche Helligkeit

$$\frac{E_1}{E_2} = \frac{A_1^2}{A_2^2} = \tan^2\varphi \,. \tag{11.3}$$

Diese Geräte messen die Lichtstärke oder Strahlstärke, die von der Quelle in Richtung auf die Meßfläche ausgeht. Die Integration über alle Richtungen, also die Messung des Licht- oder Strahlungsstroms Φ der Quelle ist mühsam. Die **Ulbricht-Kugel** integriert automatisch. Sie ist innen mattweiß gestrichen (Lambert-Strahler), in der Mitte sitzt die Quelle Q, das Beobachtungsfenster F ist durch einen kleinen Schirm S vor direkter Beleuchtung geschützt (Abb. 11.11). Von den Wänden her fällt eine zu Φ proportionale Beleuchtungsstärke E auf das Fenster, obwohl die Quelle die einzelnen Wandpartien vielleicht ganz verschieden hell beleuchtet (Aufgabe 11.1.8).

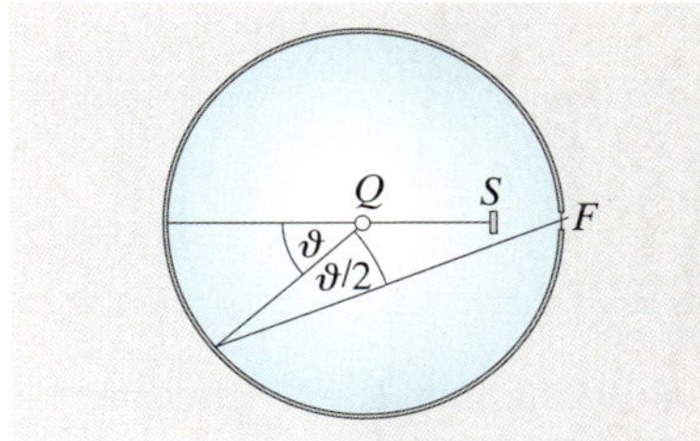

Abb. 11.11. Die Ulbricht-Kugel integriert die Lichtstärke einer Quelle über den ganzen 4π-Raumwinkel

11.2 Strahlungsgesetze

1876 stellte sich der frischgebackene Studiosus Max Planck, damaliger Sitte entsprechend, beim Physik-Professor vor, und der riet ihm ab: In einer so abgeschlossenen Wissenschaft hätte ein intelligenter junger Mensch keine Chance mehr. In der ersten Sitzung des neuen Jahrhunderts der Berliner Akademie trug derselbe Max Planck sein Gesetz vor, das die ganze Naturwissenschaft revolutionieren sollte.

11.2.1 Wärmestrahlung und thermisches Gleichgewicht

Der Inhalt einer **Thermosflasche** bleibt sehr viel länger wärmer (oder kälter) als seine Umgebung, denn das Vakuum zwischen den doppelten Glaswänden unterbindet den Energieaustausch durch Wärmeleitung und durch Konvektion. Außerdem sind diese Glaswände metallisch verspiegelt, wodurch auch der dritte Austauschmechanismus, die Strahlung, weitgehend unterdrückt wird. Der heiße Kaffee strahlt natürlich nicht im Sichtbaren, sondern bei viel kleineren Frequenzen, im fernen Infrarot. Die Verspiegelung ist nur sinnvoll, wenn sie auch in diesem Frequenzbereich reflektiert. Blanke Metallflächen tun dies, weil sie viele quasifreie Elektronen enthalten (Abschn. 8.4.2). Das dünne Elektronengas der Ionosphäre reflektiert alle Frequenzen unterhalb der Ultrakurzwellen, das fast 10^{16}mal dichtere Elektronengas im Metall reflektiert auch noch 10^{8}mal kürzere Wellen.

Trotz der Thermosflasche nimmt der Kaffee schließlich die Umgebungstemperatur an, wenn auch viel langsamer als in der Porzellankanne. Täte er das nicht, bliebe er z. B. wärmer, dann könnte man ihn als warmes Reservoir einer Wärmekraftmaschine benutzen, die ein Perpetuum mobile 2. Art darstellen würde. Im thermischen Gleichgewicht ist also die Temperatur überall konstant. Verwechseln Sie nicht das **thermische Gleichgewicht** mit dem stationären Zustand eines Systems, das Wärmequellen enthält: Zwischen Sonne und Erde herrscht im wesentlichen Stationarität, obwohl die Temperaturen sehr verschieden sind, ebenso zwischen der Kaffeekanne, die man auf kleiner Heizplatte gerade warm hält, und ihrer Umgebung.

Strahlt die auf Zimmertemperatur abgekühlte Kaffeekanne gar keine Energie mehr ab? Gegenfrage: Woher sollte sie denn „wissen“, daß sie das jetzt nicht mehr darf? Ob sie es tut, kann doch nur von ihren eigenen Eigenschaften abhängen, nicht von der Umgebung. Thermisches Gleich-

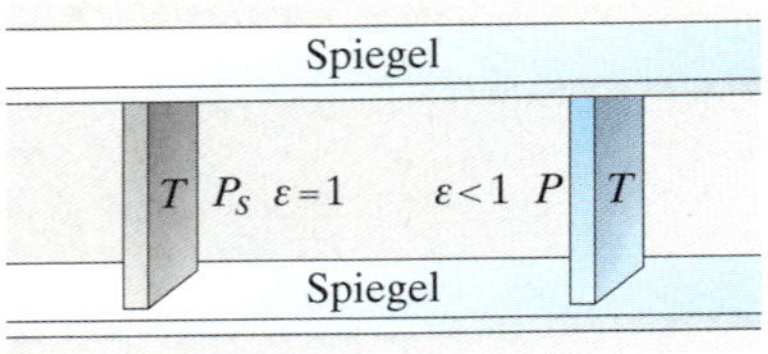

Abb. 11.12. Zum Kirchhoffschen Strahlungsgesetz

gewicht mit der Umgebung bedeutet nicht, daß die Kanne nicht mehr strahlt, sondern daß sie von der Umgebung genausoviel Energie empfängt, wie sie an diese abgibt. Das gilt bei Temperaturgleichheit. Ist der Kaffee wärmer, strahlt er mehr als er empfängt, und nur die Differenz führt zur Abkühlung. Bei der Wärmeleitung ist es ja ähnlich: Wir konnten sie erst dann molekular erklären (Abschn. 5.4.6), als wir erkannt hatten, daß der Netto-Wärmestrom die Differenz aus Hin- und Rückstrom ist. Bei der Strahlung ist allerdings die Temperaturabhängigkeit des Energiestroms nicht linear: Heiße Körper strahlen überproportional viel mehr.

Außer von der Temperatur hängt die Strahlungsleistung, die eine Oberfläche abgibt, auch von ihrer Beschaffenheit ab: Material, Farbe, Rauhigkeit usw. Wir kommen auf diese Abhängigkeit, wenn wir bedenken, daß die Fläche nicht nur abstrahlt, sondern auch einen Teil der auf sie auftreffenden Strahlung absorbiert. Dieser Bruchteil heißt **Absorptionsgrad** ε der Fläche (nicht zu verwechseln mit dem Absorptionskoeffizienten); komplementär zu ε ist der **Reflexionsgrad** $1-\varepsilon$. ε hängt sicher noch von der Frequenz der Strahlung ab: $\varepsilon = \varepsilon(\nu)$. Kupferblech reflektiert alle Frequenzen unterhalb der des gelben Lichts, die höheren absorbiert es weitgehend; deswegen sieht es rot aus. Wir betrachten hier zunächst Strahlung einheitlicher Frequenz oder gleicher Spektralzusammensetzung. Eine Fläche, die alle auftreffende Strahlung absorbiert, also $\varepsilon(\nu) = 1$ hat, nennen wir „schwarz für die Frequenz ν“; wenn das für alle Frequenzen gilt, nennen wir die Fläche „schwarz“ (ohne Zusatz).

Nun stellen wir zwei ebene Platten mit verschiedenen Werten von ε einander im Vakuum gegenüber. Beide sollen die gleiche Temperatur haben. Den Raum zwischen ihnen begrenzen wir seitlich durch ideale Spiegel, so daß keine Strahlung entweichen kann. Beide Platten strahlen, die erste gibt die Leistung P_1 ab, die zweite P_2. Von der Leistung P_1, die Platte 1 der Platte 2 zusendet, absorbiert diese die Leistung $\varepsilon_2 P_1$. Umgekehrt absorbiert die Platte 1 die Leistung $\varepsilon_1 P_2$. Beide Leistungen müssen gleich sein, sonst flösse trotz anfangs gleicher Temperaturen dauernd ein Energiestrom von einer Platte zur anderen, die Temperaturen würden von selbst verschieden, wir hätten wieder ein Perpetuum mobile 2. Art. Es folgt also

$$P \sim \varepsilon ; \qquad (11.4)$$

bei gleicher Temperatur ist die abgegebene Strahlungsleistung (die spezifische Ausstrahlung) proportional zum Absorptionsgrad. Das gilt für jede Frequenz. Je besser eine Fläche absorbiert, desto besser strahlt sie auch. Schwarze Flächen absorbieren nicht nur am besten, sie strahlen auch am meisten. Speziell kann man die Ausstrahlung aller Flächen auf eine schwarze beziehen, die ja $\varepsilon_s = 1$ hat:

$$P = \varepsilon P_s \quad \textbf{(Strahlungsgesetz von G. Kirchhoff)} \; . \qquad (11.5)$$

Selbst berußte rauhe Flächen oder schwarzer Samt erfüllen die Bedingung $\varepsilon = 1$ nur unvollkommen. Am besten tut dies ein kleines Loch in einem Hohlkörper, z. B. in einem Hohlzylinder aus feuerfestem Material, der elektrisch geheizt wird und mit einem oder mehreren Luftmänteln zur

Wärmeisolation umgeben ist (Abb. 11.13). Strahlung, die von außen durch das Loch eintritt, wird im Innern vielfach reflektiert oder gestreut und dabei jedesmal z. T. absorbiert; der Bruchteil, der aus dem Loch wieder herauskommt, ist daher winzig, ε also nahezu 1. Die Strahlung aus dem Loch des geheizten Hohlraums, die erst bei hoher Temperatur dem Auge sichtbar wird, ist also identisch mit der Strahlung einer schwarzen Fläche gleicher Temperatur. Die **schwarze Strahlung** heißt daher auch **Hohlraumstrahlung**.

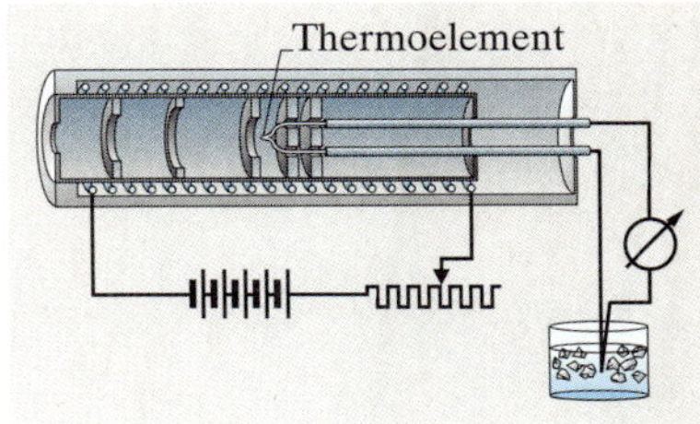

Abb. 11.13. Der Hohlraumstrahler als „schwarzer Körper"

11.2.2 Das Spektrum der schwarzen Strahlung

In dem Hohlraum Abb. 11.12 oder 11.13 befindet sich Strahlung, von der uns jetzt nicht mehr interessiert, welche Wand sie ursprünglich ausgestrahlt hat. Diese Strahlung ist in ganz bestimmter Weise über die Frequenz verteilt, sie hat ein Spektrum, das wir aufklären wollen. Nennen wir $\varrho(\nu, T)\,\mathrm{d}\nu$ die **spektrale Energiedichte**, also die Energie pro m^3, die auf den Frequenzbereich $(\nu, \nu + \mathrm{d}\nu)$ entfällt, wenn der Hohlraum von Wänden der Temperatur T umgeben ist. Damit die Strahlung mit diesen Wänden im Gleichgewicht steht, müssen die Wände ebensoviel Energie emittieren wie sie absorbieren. Die Energie mit der Dichte $\varrho(\nu, T)\,\mathrm{d}\nu$ wandert mit der Geschwindigkeit c zur Wand. Dort trifft also die Intensität (Energie $\mathrm{m}^{-2}\mathrm{s}^{-1}$) $c\varrho(\nu, T)\,\mathrm{d}\nu$ auf (vgl. Abb. 5.7 oder 6.71). Die schwarze Wand absorbiert diese ganze Intensität und emittiert nach Kirchhoff $P_\mathrm{s}(\nu, T)\,\mathrm{d}\nu$. Die spezifische Ausstrahlung von $1\,\mathrm{m}^2$ schwarzer Wand ist also bis auf den Faktor c identisch mit der Energiedichte der schwarzen Strahlung:

$$R_\mathrm{s}(\nu, T) = c\varrho(\nu, T)\,. \tag{11.6}$$

Die Messung dieser Energieverteilung ist besonders im infraroten und ultravioletten Bereich nicht einfach. *Lummer* und *Pringsheim* leisteten hier kurz vor 1900 Pionierarbeit. Abbildung 11.14 zeigt diese Verteilung, über der Wellenlänge aufgetragen. Bei sehr niedrigen und sehr hohen Frequenzen wird sehr wenig ausgestrahlt. Dazwischen liegt ein Maximum, und zwar bei um so höheren Frequenzen, je höher die Temperatur ist. Die vorherrschende Emission liegt für glühendes Metall, selbst für den Glühdraht unserer Lampen noch im Infraroten, wandert erst kurz unterhalb der Sonnentemperatur ins Sichtbare und verschiebt sich bei noch heißeren Sternen ins Blaue. Unsere Netzhaut entspricht mit ihrer Empfindlichkeitskurve ungefähr dem Maximum des Sonnenspektrums. **Glühlampen** reichen nur mit einem schmalen Ausläufer ihres Spektrums ins Sichtbare, ihre Lichtausbeute ist entsprechend gering. **Leuchtstoffröhren**, deren lumineszierende Schicht das überwiegend ultraviolette Licht einer Hg-Gasentladung ins Sichtbare schiebt, erreichen eine viel bessere Ausbeute. Auch die Sonnenstrahlung läßt sich nur annähernd als „schwarz" beschreiben (am besten noch mit $T = 5\,800\,\mathrm{K}$). Die äußeren, kühleren Schichten der Sonne absorbieren ja die **Fraunhofer-Linien** heraus und verstärken zum Ausgleich andere Spektralgebiete (Abb. 11.28). Wieviel davon durch unsere Erdatmosphäre dringt und mit welcher spektralen Zusammensetzung, hängt stark von der Wetterlage ab.

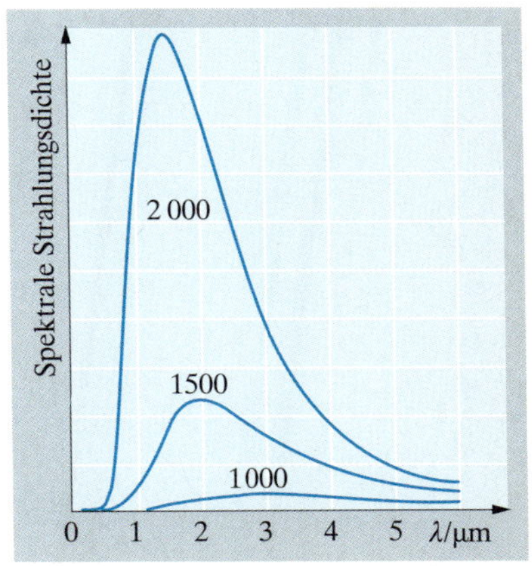

Abb. 11.14. Spektrale Intensitätsverteilung der schwarzen Strahlung, Plancksches Strahlungsgesetz; Temperaturangaben in K

Die Fläche unter der $\varrho(\nu)$-Kurve, also die Gesamtemission über das ganze Spektrum, steigt sehr schnell mit wachsender Temperatur.

✗ Beispiel...

Die Albedo von Schnee ist (je nach Frische und Konsistenz) 0,4–0,8, die von Seesand 0,4–0,7. Diskutieren Sie die Schlußfolgerungen für Fotografen, Bräunesuchende und Sonnenbrandempfindliche.

Während z. B. selbst Flußsand eine Albedo von nur 0,15–0,20 hat, also sehr wenig Sonnenlicht zurückstrahlt, ist im Schnee und im Seesand die Gesamteinstrahlung fast verdoppelt. Fotografen machen die Blende um fast eine Nummer zu oder halbieren die Belichtungszeit. Schuld an vielen Sonnenbränden ist aber wohl eher die Tatsache, daß man im Schnee und im Seewind das Sonnenbad hitzemäßig viel länger aushält.

11.2.3 Plancks Strahlungsgesetz

Nachdem alle Versuche zur Erklärung des Spektrums der schwarzen Strahlung aus den bekannten thermodynamischen und elektrodynamischen Gesetzen gescheitert waren, erkannte *Max Planck* 1900, daß man hier eine der klassischen Physik grundsätzlich fremde Annahme einführen muß, nämlich die **Quantenhypothese**. Danach kann ein strahlendes System mit einem Strahlungsfeld nicht beliebige Energieportionen austauschen, sondern nur ganzzahlige Vielfache des **Energiequantums** $h\nu$, wo ν die Frequenz der Strahlung und h eine neue Naturkonstante ist:

$$h = 6{,}626 \cdot 10^{-34}\,\mathrm{J\,s} \quad \textbf{(Plancksches Wirkungsquant)} \;. \tag{11.7}$$

Die klassische Elektrodynamik kennt keine derartige Beschränkung für den Energieaustausch zwischen einem Ladungssystem und einer elektromagnetischen Welle. Die Quantenhypothese rechtfertigt sich durch ihren Erfolg: Sie liefert exakt die gemessene Energieverteilung $\varrho(\nu, T)$ der schwarzen Strahlung. Wir folgen bei der Ableitung einem Gedankengang von *Einstein* (die ursprüngliche Ableitung von *Planck* setzt etwas mehr statistische Physik voraus).

Die Teilchen der Materie, die mit der Strahlung im Gleichgewicht steht, z. B. die Wände des Hohlraumes, müssen zu allen in Frage kommenden Schwingungsfrequenzen fähig sein; sonst würden ja Lücken im Spektrum der Strahlung auftreten. Wir betrachten eine Gruppe von Teilchen, die Strahlung der Frequenz ν aufnehmen und abgeben können. Da solche Strahlung nach der Quantenhypothese nur in der Mindestmenge $h\nu$ aufgenommen werden kann, müssen die Atome, die gerade einen solchen Absorptionsakt hinter sich haben, eine um $h\nu$ höhere Energie besitzen, um $h\nu$ angeregt sein. Sei n^* die Teilchenzahldichte der angeregten, n_0 die der unangeregten Atome. Im thermischen Gleichgewicht, das uns hier interessiert, ist das Verhältnis der Anzahlen energiereicher und energieärmerer Teilchen durch die Boltzmann-Verteilung gegeben:

$$\frac{n^*}{n_0} = \mathrm{e}^{-W/(kT)} = \mathrm{e}^{-h\nu/(kT)} . \tag{11.8}$$

Nun stellen wir die verschiedenen Möglichkeiten des Energieaustausches zwischen Teilchen und Strahlung zusammen und geben die Häufigkeit der entsprechenden Ereignisse an:

- Teilchen absorbieren Strahlung vom Betrag $h\nu$; die Häufigkeit solcher Akte ist proportional zur Konzentration unangeregter Teilchen und zur Intensität der Strahlung im entsprechenden Frequenzbereich:

  $$\text{Anzahl der Absorptionen}/(\mathrm{m}^3\,\mathrm{s}) = \gamma\varrho(\nu, T) n_0\, \mathrm{d}\nu .$$

- Atome emittieren Strahlung vom Betrage $h\nu$; für die Häufigkeit solcher Akte **spontaner Emission** ist die Konzentration angeregter Teilchen maßgebend:

  $$\text{Anzahl spontaner Emissionen}/(\mathrm{m}^3\,\mathrm{s}) = \beta n^* .$$

- Es gibt einen dritten Prozeß, bei dem das Durchschütteln der Teilchen durch die Strahlung zur Emission des gespeicherten Energievorrates $h\nu$ führt: **Erzwungene Emission**. Dieser Prozeß, den *Einstein* ad hoc einführte, um das Planck-Gesetz herauszubringen, spielt bei tieferen Temperaturen im Strahlungsgleichgewicht keine große Rolle, hat sich aber später z. B. als entscheidend für die Nichtgleichgewichtsemission von *Maser* und *Laser* erwiesen (Abschn. 12.2.9). Die erzwungene Emission ist der direkte Umkehrprozeß zur Absorption und hat daher die gleiche kinetische Konstante γ:

  $$\text{Anzahl erzwungener Emissionen}/(\mathrm{m}^3\,\mathrm{s}) = \gamma\varrho(\nu, T) n^*\, \mathrm{d}\nu .$$

Im Gleichgewicht müssen die Absorptionen ebenso häufig wie die Emissionen sein:

$$\gamma\varrho(\nu, T) n_0\, \mathrm{d}\nu = \beta n^* + \gamma\varrho(\nu, T) n^*\, \mathrm{d}\nu$$

oder mittels (11.8),

$$\gamma\varrho(\nu, T) n_0\, \mathrm{d}\nu = \beta n_0\, \mathrm{e}^{-h\nu/(kT)} + \gamma\varrho(\nu, T) n_0\, \mathrm{e}^{-h\nu/(kT)}\, \mathrm{d}\nu .$$

Die Teilchenkonzentration n_0 fällt heraus (es darf darauf ja nicht ankommen). Dann ergibt sich die spektrale Energiedichte zu

$$\varrho(\nu, T)\, \mathrm{d}\nu = \frac{\beta\, \mathrm{e}^{-h\nu/(kT)}}{\gamma(1 - \mathrm{e}^{-h\nu/(kT)})} = \frac{\beta}{\gamma} \frac{1}{\mathrm{e}^{h\nu/(kT)} - 1} . \tag{11.9}$$

Die Konstante β/γ ergibt sich in einer etwas komplizierteren Betrachtung, die vom Eigenschwingungsspektrum eines Hohlraumes ausgeht (Abschn. 14.2.1) als

$$\frac{\beta}{\gamma} = \frac{8\pi h\nu^3}{c^3}\, \mathrm{d}\nu : \tag{11.10}$$

Planck-Gesetz

$$\varrho(\nu,T)\,\mathrm{d}\nu = \frac{8\pi h\nu^3}{c^3}\frac{1}{\mathrm{e}^{h\nu/(kT)}-1}\,\mathrm{d}\nu\,. \tag{11.11}$$

Dies beschreibt genau die Kurven von Abb. 11.14.

Für sehr kleine Frequenzen ($h\nu \ll kT$) geht diese Formel wegen $\mathrm{e}^{h\nu/(kT)} \approx 1 + h\nu/(kT)$ über in

$$\boxed{\varrho(\nu,T)\,\mathrm{d}\nu \approx \frac{8\pi\nu^2}{c^3}kT\,\mathrm{d}\nu \quad \textbf{(Rayleigh-Jeans-Gesetz)}}\,. \tag{11.12}$$

Die Kurven $\varrho(\nu,T)$ als Funktion der Frequenz beginnen also auf der „roten" Seite als Parabeln. Ginge es so weiter, so würde für große Frequenzen die Energiedichte unendlich werden (**Ultraviolett-Katastrophe**), was schon a priori absurd ist.

Für $h\nu \gg kT$ dagegen ist $\mathrm{e}^{h\nu/(kT)} \gg 1$, und aus (11.11) wird

$$\varrho(\nu,T)\,\mathrm{d}\nu \approx \frac{8\pi h\nu^3}{c^3}\mathrm{e}^{-h\nu/(kT)}\,\mathrm{d}\nu \quad \textbf{(Wiensches Strahlungsgesetz)}\,. \tag{11.13}$$

Das Wien-Gesetz beschreibt wenigstens die Existenz des Maximums, wird aber für sehr kleine Frequenzen völlig falsch. Beide Gesetze (*Rayleigh-Jeans* und *Wien*) waren schon länger als Teilnäherungen bekannt, bevor sie sich als Grenzfälle des Planck-Gesetzes ergaben.

11.2.4 Lage des Emissionsmaximums; Wiensches Verschiebungsgesetz

Aus dem Planckschen Strahlungsgesetz (11.11) ergibt sich leicht, bei welcher Frequenz ν_m das Maximum der schwarzen Strahlungsdichte liegt. Nullsetzen der Ableitung nach ν liefert

$$\nu_\mathrm{m} = \frac{2{,}82k}{h}T = 5{,}88\cdot 10^{10}T \quad (\nu \text{ in Hz},\ T \text{ in K}) \quad \textbf{(Wien-Verschiebungsgesetz)}\,. \tag{11.14}$$

Am Maximum hat die Energiedichte den Wert

$$\varrho(\nu_\mathrm{m},T)\,\mathrm{d}\nu = \frac{8\pi h\nu_\mathrm{m}^3}{c^3}\frac{1}{\mathrm{e}^{2{,}82}-1}\,\mathrm{d}\nu = 35{,}7\frac{k^3}{c^3h^2}T^3\,\mathrm{d}\nu \tag{11.15}$$

(ϱ in J pro m^3 und Frequenzeinheitsintervall). Dies ist das Maximum der spektralen Energiedichte, über ν aufgetragen. Bei der Auftragung über λ fällt infolge der Maßstabsverzerrung das Maximum an eine etwas andere Stelle.

Wenn man weiß, daß die Sonne maximal bei $3{,}4\cdot 10^{14}$ Hz emittiert, ergibt sich aus (11.14) sofort die Temperatur ihrer sichtbaren Oberfläche (Photosphäre) zu 5 800 K. Flüssiger Stahl selbst bei 2 000 K hat sein

Maximum bei $1{,}2 \cdot 10^{14}$ Hz, also noch weit im IR. Daß er trotzdem gelbweiß erscheint, liegt an der spektralen Empfindlichkeit unseres Auges (vgl. Abb. 11.7): Das *wahrgenommene* Licht hat sein Maximum tatsächlich im Gelben. Dazu kommt noch ein rein physiologischer Netzhautprozeß (Rückzug der farbempfindlichen Zäpfchen aus der Fovea), der jeden hellen Gegenstand weißer erscheinen läßt als er ist.

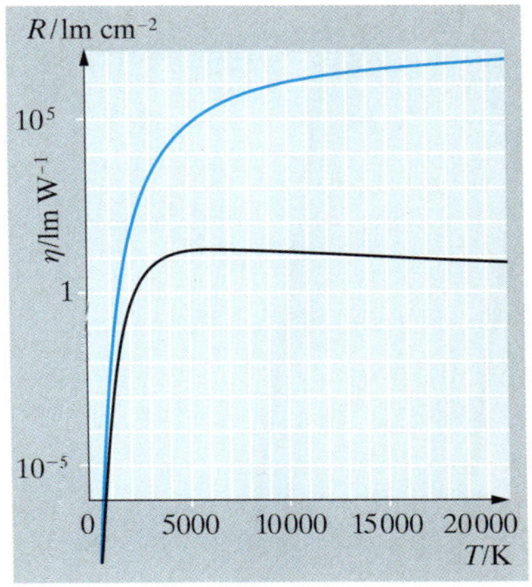

Abb. 11.15. Spezifische Lichtausstrahlung R (——) und Lichtausbeute η in lm pro W emittierter Gesamtstrahlung (——) für einen schwarzen Körper

11.2.5 Gesamtemission des schwarzen Strahlers; Stefan-Boltzmann-Gesetz

Die Gesamtenergiedichte in einem von schwarzer Strahlung erfüllten Hohlraum, über alle Frequenzen integriert, entspricht der Fläche unter der Planck-Kurve (Abb. 11.14). Sie ist bis auf den Faktor c identisch mit der spezifischen Ausstrahlung des schwarzen Körpers, d. h. mit der Energie, die ein m^2 seiner Oberfläche in alle Richtungen abstrahlt (Abschn. 11.2.2):

$$R = \frac{c}{2}\int_0^\infty \varrho(\nu, T)\,d\nu\,. \tag{11.16}$$

Wie diese Größe von der Temperatur abhängt, sieht man am einfachsten, wenn man zur bequemeren Integration die neue Variable $x = h\nu/(kT)$ einführt:

$$R = \frac{c}{2}\int_0^\infty \varrho(\nu, T)\,d\nu = \frac{4\pi}{c^2}\frac{k^4T^4}{h^3}\int_0^\infty \left(\frac{h\nu}{kT}\right)^3 \frac{1}{e^{h\nu/(kT)}-1}\,d\frac{h\nu}{kT}$$
$$= \frac{4\pi}{c^2}\frac{k^4T^4}{h^3}\int_0^\infty \frac{x^3}{e^x-1}\,dx\,.$$

Das bestimmte Integral ganz rechts hat den Wert $\pi^4/15 \approx 6{,}5$. Damit wird

$$R = \frac{4\pi^5}{15}\frac{k^4}{c^2h^3}T^4 = 11{,}34 \cdot 10^{-8}T^4 \tag{11.17}$$

Stefan-Boltzmann-Gesetz.

(R in W/m^2); nach einer Seite strahlt eine Fläche A mit der Temperatur T die Leistung

$$P = \sigma A T^4$$

ab. $\sigma = 5{,}67 \cdot 10^{-8}\,W\,m^{-2}\,K^{-4}$ ist die **Stefan-Boltzmann-Konstante**. Diesen T^4-Anstieg mit der Temperatur kann man auch so verstehen: Die Fläche einer Kurve wie der Planckschen ergibt sich angenähert als Höhe · Breite. Die Höhe des Maximums ist nach (11.15) proportional ν_m^3, also T^3. Die Breite der Verteilung entspricht nach (11.13), im Energiemaß ausgedrückt, etwa kT.

11.2.6 Pyrometrie

Die Strahlungsgesetze bilden die Grundlage für die Temperaturmessungen mit den **Pyrometern**. Sie messen die Strahlung des Körpers, dessen Tem-

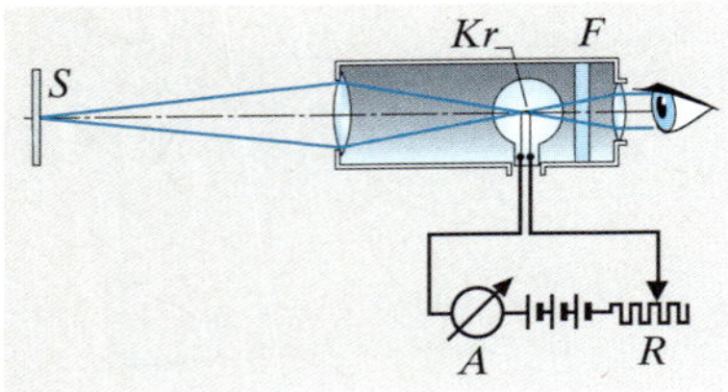

Abb. 11.16. Optisches Pyrometer

peratur bestimmt werden soll, in einem schmalen Wellenlängenbereich des sichtbaren Spektrums (meistens im Roten) nach einem photometrischen Verfahren (Abb. 11.16): Durch eine Linse wird die strahlende Fläche S in einer Ebene abgebildet, in der sich der Faden einer Glühlampe befindet, deren Stromstärke durch die Änderung des Widerstandes R so geregelt werden kann, daß das gekrümmte Stück Kr des Glühfadens auf dem Bild der zu photometrierenden Fläche verschwindet, wenn man Kr durch das Okular unter Zwischenschaltung des Rotfilters F betrachtet. Man eicht das Instrument, indem man die Öffnung eines Hohlraumstrahlers mit bekannter Temperatur in die Ebene von Kr abbildet und nun die im Amperemeter A gemessenen Ströme den Temperaturen des schwarzen Körpers zuordnet.

Schwarze Temperatur. Im allgemeinen sind die glühenden Körper, deren Temperatur mit dem Pyrometer gemessen wird, nicht schwarze Strahler, d. h. ihr Absorptionsgrad ε ist kleiner als 1. Dann ist ihre spezifische Ausstrahlung kleiner als die des schwarzen Körpers bei gleicher Temperatur. Ihre wahre Temperatur T ist also höher als die vom Pyrometer angezeigte, die man als ihre *schwarze Temperatur* T' bei der Wellenlänge λ bezeichnet, deren Emission gemessen wird.

Nach dem Kirchhoff-Gesetz ist die spezifische Ausstrahlung des untersuchten Strahlers der Temperatur T

$$R = R_s\varepsilon = \varepsilon \frac{8\pi h\nu^3}{c^3} e^{-h\nu/(kT)} .$$

(Wir benutzen die Wiensche Näherung (11.13), weil die gemessenen Frequenzen für Temperaturstrahler weit rechts vom Maximum liegen.) Diese spezifische Ausstrahlung ist gleich der des schwarzen Vergleichskörpers (Temperatur T'):

$$R = \varepsilon \frac{8\pi h\nu^3}{c^3} e^{-h\nu/(kT)} = \frac{8\pi h\nu^3}{c^3} e^{-h\nu/(kT')} .$$

Durch Logarithmieren erhält man

$$\frac{1}{T} - \frac{1}{T'} = \frac{k}{h\nu} \ln\varepsilon = \frac{k}{hc} \lambda \ln\varepsilon . \qquad (11.18)$$

Für $\varepsilon = 1$ wird $T = T'$, für $\varepsilon < 1$ wird $\ln\varepsilon < 0$, also $T > T'$.

Die **Farbtemperatur** eines Körpers, der sichtbares Licht ausstrahlt, ist die Temperatur des schwarzen Körpers, bei der dieser die gleiche Farbe hat wie der strahlende Körper. **Graue Strahler** sind solche, deren Absorptionsgrad ε von der Wellenlänge unabhängig ist; ihre Farbtemperatur muß mit der wahren Temperatur übereinstimmen.

11.3 Die Welt der Strahlung

Was ist Farbe, wie kann man sie quantitativ kennzeichnen? Welche Quellen und Empfänger für elektromagnetische Strahlung auch außerhalb des Sichtbaren gibt es? Wie strahlt die Sonne, und wie setzen Pflanzen die Strahlungsenergie um?

11.3.1 Farbe

Wenn auch die Farbempfindung nichts rein Physikalisches ist, wäre es schade, die Farbe aus der Physik auszuklammern und sich damit in die Welt vor der Kreidezeit zurückzuziehen, als es noch keine Blüten, kaum bunte, bestäubende Insekten und übrigens auch sehr wenig reine Töne gab, denn Singvögel sind Insekten- oder Samenfresser.

Farbphotographie, Farbfernsehen und im gewissen Umfang auch Malerei und Buchdruck kombinieren alle Farbtöne aus drei Grundfarben. Auch das Auge muß mindestens drei Arten von Rezeptoren mit verschiedener spektraler Empfindlichkeit haben, wie *Young* (1807) und *Helmholtz* (1852) erkannten. Abbildung 11.17 zeigt das der **Farbmetrik** oder **Colorimetrie** zugrundeliegende, wenn auch physiologisch noch umstrittene Modell der Blau-, Grün- und Rot-Rezeptoren. Diese Kurven sind nicht direkt aus der Erregung der Rezeptornerven gemessen, sondern aus den Absorptionskurven der in die drei Zäpfchentypen eingelagerten Farbstoffe erschlossen. Licht bestimmter Zusammensetzung, monochromatisch oder nicht, reizt die drei Rezeptoren mit Erregungen B, G bzw. R. Je größer die Summe $B+G+R$, desto heller erscheint das Licht. Trotz verschiedener Helligkeit kann der **Farbton** aber gleich sein. Er wird allein durch die relativen Erregungen b, g, r gegeben, d. h. den Anteil an der Gesamterregung: $b = B/(B+G+R)$ usw. Da nach dieser Definition $b+g+r=1$, braucht man nur zwei Anteile, meist r und g anzugeben (b ergibt sich als $1-g-r$), und kann den Farbton durch einen Punkt in der r,g-Ebene eindeutig kennzeichnen. Erregungen können nicht negativ sein. Daher ist in dieser Ebene nur ein Dreieck, begrenzt durch die Katheten $r=0$ und $g=0$ sowie die Hypotenuse $b=0$, zugänglich. Je reiner die Farbe, desto weiter außen liegt sie im **Farbdreieck**. Dessen Schwerpunkt $b=g=r=\frac{1}{3}$ bedeutet gleichmäßige Erregung aller drei Rezeptoren, also Weiß. Selbst reine Spektralfarben (monochromatisches Licht) können aber nicht ganz am Rand des Dreiecks liegen, speziell nicht in den Ecken, denn das würde bedeuten, daß sie einen bzw. zwei Rezeptoren überhaupt nicht erregen. Wie Abb. 11.17 zeigt, scheidet der Blau-Rezeptor ab 550 nm praktisch aus, und die Spektralfarben gelb-orange-rot liegen fast auf der Hypotenuse. Der Rot-Rezeptor spielt aber immer mit (am wenigsten bei 500 nm), und daher entspricht das schönste Grün nur etwa $g=0{,}8$, ähnlich für reines Blau oder Rot. Der Spektralfarbenzug schließt sich nicht; der Ansatz dazu, das Abbiegen von der Blau-Ecke, beruht bereits auf einer Anomalie, nämlich dem zweiten, kurzwelligen Buckel der Rot-Erregung. Um den Bogen zu schließen, braucht man die Reihe der Mischfarben zwischen Violett und Rot, die Purpurgerade. Allgemein liegen Mischfarben zweier Farben A und B auf der Verbindungsstrecke AB. Die Abstände AC und BC geben den Anteil von A bzw. B in C. Geht diese Verbindungslinie durch den Dreiecksschwerpunkt, dann sind A und B komplementär. Ihre Mischung, nicht unbedingt im gleichen Verhältnis, ergibt Weiß.

Hier handelt es sich um **additive Farbmischung**, erzeugt durch Addition des Lichts farbiger Strahler, die nur bestimmte Spektralbereiche emittieren, entweder als Emissionsspektren ihrer atomaren Teilchen, oder

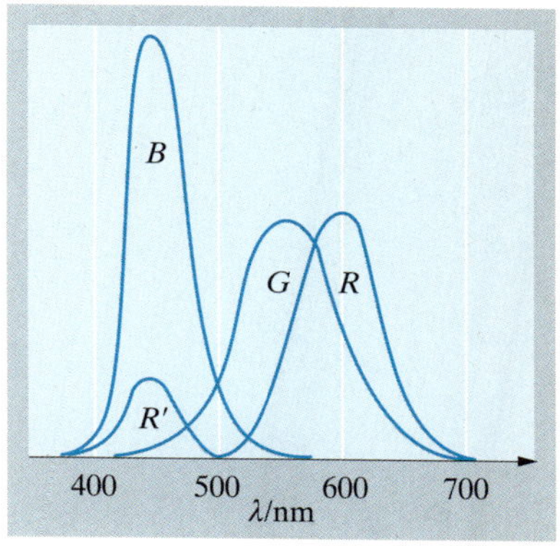

Abb. 11.17. Empfindlichkeitskurven der drei Farbrezeptoren in der Netzhaut des „Standard-Beobachters". Die Kurven sind so normiert, daß die Gesamtflächen unter allen dreien gleich sind. Daher ist der Beitrag des Blaurezeptors zur gesamten Helligkeitsempfindung übertrieben, und Addition der drei Kurven ergibt nicht die spektrale Hellempfindlichkeitskurve von Abb. 11.7 (siehe auch Tafel 9h, S. 1229)

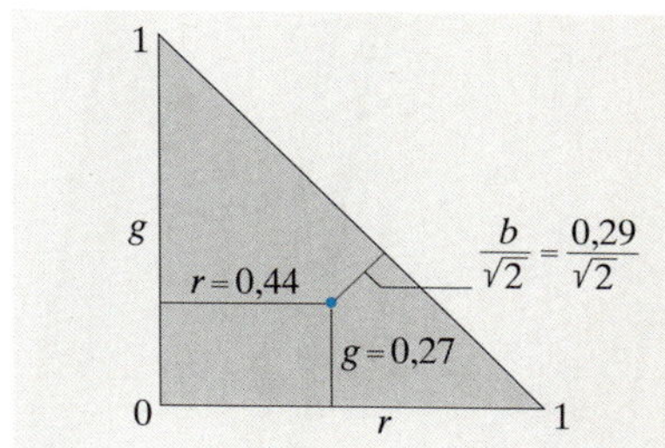

Abb. 11.18. Die relativen Beiträge der drei Farbrezeptoren zum Farbeindruck lassen sich als Abstände von den Seiten des Farbdreiecks darstellen. Man beachte den Faktor $\sqrt{2}$ im Abstand von der Hypotenuse. Der dargestellte Punkt entspricht etwa dem Rosa der Heckenrose (siehe auch Tafel 10c, d, S. 1230)

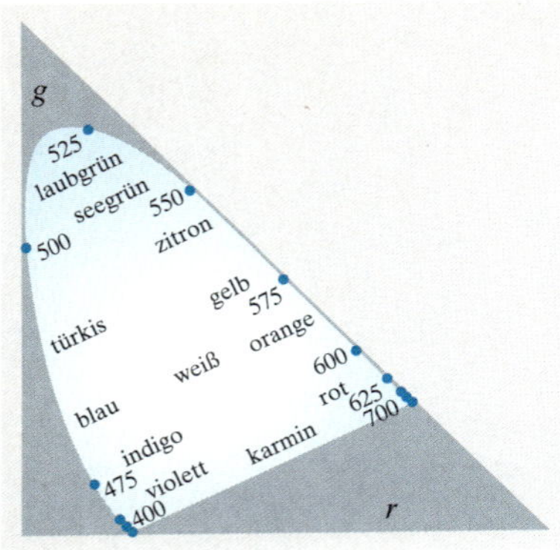

Abb. 11.19. Infolge der Überlappung der drei Rezeptorempfindlichkeiten ist nur der blau dargestellte Bereich, begrenzt von Spektralfarbenzug und Purpurgerade, zugänglich (siehe auch Tafel 10c, d, S. 1230)

weil der Rest herausgefiltert wurde. Die meisten Farben unserer Umgebung entstehen **subtraktiv**, d. h. indem Stoffe gewisse Spektralbereiche selektiv absorbieren und daher in der Komplementärfarbe erscheinen. Subtraktive Mischung von Komplementärfarben ergibt Schwarz, denn die komplementären Absorptionsbereiche lassen gar kein Licht mehr durch.

In der Praxis benutzt man viel den **Ostwaldschen Farbenkreisel**, einen Doppelkegel, dessen Achse die Grauleiter von Idealschwarz bis Idealweiß bildet. Der Kegelrand ist in 24 gesättigte Farben des Spektralzuges und der Purpurgeraden eingeteilt, so daß das Auge ihre Abstufung als gleichmäßig empfindet. Dies entspricht weder gleichen Winkeln im Farbendreieck noch gleichen Wellenlängenunterschieden, sondern einer Zwischenlösung.

Der Farbeindruck hängt stark von der Konsistenz der Unterlage und von der Färbung der Umgebung ab. *Tizian* und *van Gogh*, *Dior* und *Lamborghini* sind auf diese Effekte angewiesen. Neue Farben, die nicht im Farbenkreisel sind, können auch sie nicht erfinden

✘ Beispiel . . .

Warum sind bei Nacht alle Katzen grau? Warum neigt man nachts besonders zum Gespenstersehen?

Im Dunkeln arbeiten nur die Stäbchen, die farbunempfindlich sind und hauptsächlich außerhalb der Fovea centralis sitzen. Man sieht daher ungewohnterweise Gegenstände, die von der Seite ins Blickfeld treten, besser als wenn man sie direkt fixiert, was manchmal erschreckend wirken kann.

Beim **Farbfernsehen** mischt man additiv drei Grundfarben, realisiert durch Phosphore, deren Emissionsspektrum etwa dem Empfindlichkeitsspektrum der Netzhautrezeptoren entspricht. Gemäß der Farbmetrik werden ein Hellsignal und ein Farbsignal übertragen, das wieder aus zwei Komponenten besteht. Da das Auge für Farbabstufungen nicht so empfindlich ist wie für Helligkeitsabstufungen, kann die Bandbreite des Farbsignals geringer sein. Das Hellsignal hat ein Spektrum äquidistanter Linien im Abstand der Zeilenfrequenz. In die Lücken zwischen diesen Linien kann man das Farbsignal einbauen. Die drei heute üblichen Systeme (NTSC in USA und Japan, SECAM-West in Frankreich und SECAM-Ost in Osteuropa, PAL im übrigen Westeuropa) unterscheiden sich durch die Art der Modulation. Bei der Aufnahme benutzt man drei Orthikon-Röhren mit entsprechenden Vorsatzfiltern. Das verbreitetste Wiedergabesystem (Dreistrahl-Lochmaskenröhre) hat drei Elektronenkanonen, deren Emission durch die drei Farbsignale gesteuert wird, und dicht vor der Bildschirmschicht eine Lochmaske mit ebenso vielen Löchern, wie es Bildpunkte gibt. Hinter jedem Loch sitzt in jedesmal gleicher Anordnung ein Farbtriplett aus einem rot-, einem grün- und einem blaulumineszierenden Phosphorkorn. Die drei Elektronenstrahlen schneiden sich in der Lochmitte, erregen das Farbtriplett in entsprechender Stärke und springen zum nächsten Loch weiter.

Farbstoffe müssen begrenzte und intensive Absorptionsbereiche im Sichtbaren haben. Die absorbierten Frequenzen entsprechen Übergängen des Systems zwischen seinen verschiedenen Zuständen. Eine schmale Absorptionslinie, z. B. die gelbe Linie in kaltem Na-Dampf, ergibt im durchgehenden Licht ein Blau, das aber durch das Weiß der übrigen paarweise komplementären Farben stark verwässert ist. Der Absorptions- oder Remissionsbereich eines guten Farbstoffes muß also eine gewisse Breite haben. Unter den anorganischen Stoffen erfüllen die Ionen von Übergangsmetallen mit ihren zahlreichen eng benachbarten Anregungs- und Ionisierungszuständen diese Bedingungen besonders gut. In organischen Molekülen ist der Abstand zwischen Rotations- und Kernschwingungszuständen i. allg. zu klein, der zwischen Elektronenzuständen zu groß, außer im Fall ausgedehnter Systeme konjugierter Doppelbindungen (**chromophorer Gruppen**). **Auxochrome Gruppen**, besonders solche mit freien Elektronenpaaren wie NH_2, vertiefen vorhandene Absorption, Antiauxochrome (oft NO_2) zerstören Farbigkeit, **Bathochrome** und **Hypsochrome** verschieben sie zum Blauen bzw. Roten hin. Der organische Chemiker kann heute Farbstoffe gewünschter Eigenschaften „auf dem Reißbrett" entwerfen.

In den drei verschieden sensibilisierten Emulsionsschichten des **Farbfilms** lagern sich drei verschiedene **Farbkuppler** (relativ einfache Verbindungen mit aktiven ungesättigten Gruppen) um die photochemisch gebildeten Silberkörner. Dazwischengelagerte Filterschichten schneiden besonders das Blau heraus, gegen das alle Schichten, unabhängig von ihrer Sensibilisierung, empfindlich wären. Bei der Entwicklung lagert sich der entsprechende Farbstoff an den Farbkuppler, und das Silber wird entfernt. Beim **Negativfilm** geschieht das direkt über eine Positivkopierung, der **Umkehrfilm** wird zunächst schwarz-weiß-entwickelt, das übriggebliebene Silberhalogenid wird dann zum farbrichtigen Bild farben-entwickelt. Die Farben der drei Schichten mischen sich natürlich subtraktiv.

11.3.2 Infrarot und Ultraviolett

Wilhelm Herschel, hannoveranischer Regimentsoboist, Kurkapellmeister in Bath und erfolgreichster Liebhaberastronom aller Zeiten, hielt im Jahre 1800 ein Thermometer ins Sonnenspektrum und stellte fest, daß sich die Energie darin ganz anders verteilt als der vom Auge wahrgenommene Helligkeitseindruck. Daher war es keine Überraschung, daß die Energiestrahlung sich jenseits des roten Endes fortsetzt. Im Spektrum einer Lampe steigt die spektrale Intensität sogar weiter an, bis die Absorption des Prismenglases dem ein plötzliches Ende setzt. Von 2,5 μm ab dringt die Strahlung der Glühlampe nicht einmal mehr durch die dünne Glaswand. Hier muß man zu offenen Temperaturstrahlern übergehen oder Fenster aus Quarz, Flußspat oder Alkalihalogenidkristallen benutzen.

Die klassische Elektrodynamik führt die Absorption im Infraroten auf Schwingungen von Ionen zurück, die im Ultravioletten auf Schwingungen von Elektronen. Die Quantentheorie spricht von Übergängen dieser Teilchen zwischen stationären Zuständen, ohne die Größenordnungen der Frequenzen zu ändern. Im amorphen Glas haben die Ionen viel mehr Schwingungsmöglichkeiten als im reinen Kristall, und daher sind

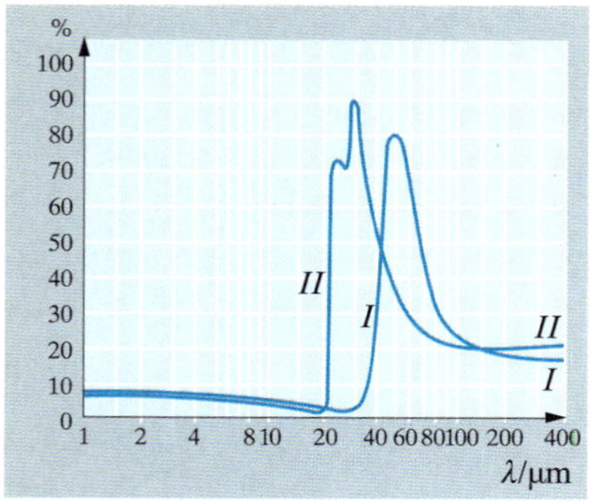

Abb. 11.20. Der Reflexionsgrad von Steinsalz (*I*) und Flußspat (*II*) als Funktion der Wellenlänge

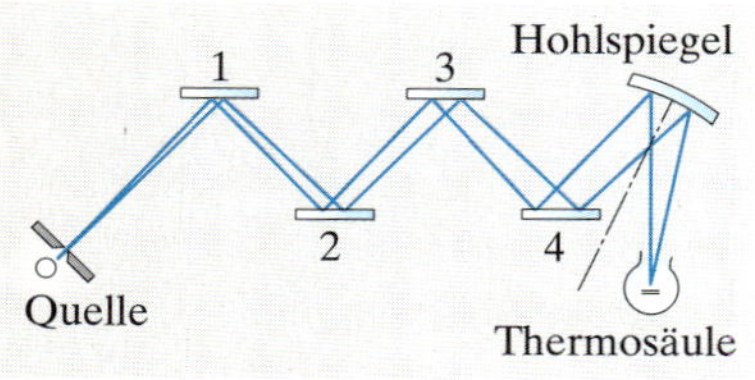

Abb. 11.21. Anordnung zur Erzeugung von Reststrahlen nach *Rubens*

Quarz- und **Flußspatoptiken** auch für längere Wellen brauchbar (bis etwa 4 µm bzw. 9 µm). Mit den besonders einfach gebauten Alkalihalogeniden kommt man noch weiter: Mit NaCl bis 16 µm, mit KCl (Sylvin) bis 20 µm, mit KBr fast bis 30 µm. 20/16 ist ziemlich genau die Wurzel aus dem Verhältnis der reduzierten Massen $m_1 \cdot m_2/(m_1 + m_2)$ von KCl und NaCl, wie die Theorie der harmonischen Schwingung voraussagt.

Vereinfacht betrachtet sollte ein System das Licht, das es stark absorbiert, auch stark reflektieren. Beide Vorgänge setzen ja heftiges Mitschwingen geladener Teilchen voraus. In Wirklichkeit liegt der Absorptionsbereich bei höheren Frequenzen als das Reflexionsmaximum, aber das Verhältnis beider Frequenzen ist etwa konstant, d. h. auch die Wellenlänge maximaler Reflexion ist proportional der Wurzel aus der reduzierten Masse der Kristallbausteine. Abbildungen 11.20 und 14.39 zeigen solche engen, fast „metallisch" reflektierten Spektralbereiche einiger Kristalle. Man nutzt sie nach der **Reststrahlmethode** von *Rubens* zur Isolierung enger IR-Bereiche aus (Abb. 11.21): Nach vierfacher Reflexion ist vom Licht der Quelle (z. B. eines Auer-Strumpfes) fast nur noch der Anteil mit $\lambda = 51$ µm und dem Reflexionsgrad $\varrho = 0{,}81$ vorhanden, nämlich zu $\varrho^4 = 0{,}43$ der Ausgangsintensität; von dem Anteil mit $\lambda = 43$ µm ($\varrho = 0{,}4$) bleiben dagegen nur $\varrho^4 = 0{,}025$.

Ein anderes raffiniertes Mittel, enge Spektralbereiche im IR, UV oder auch im Sichtbaren auszusondern, ist das **Christiansen-Filter**. Die Brechzahl n hängt ja von der Wellenlänge ab, im IR und UV oft besonders stark, weil eine Resonanz in der Nähe liegt. Man verteilt ein Kristallpulver in einer Flüssigkeit (oder einem anderen Kristall), die im gewünschten Bereich das gleiche n hat, außerhalb aber nicht. Licht, für das die Brechzahlen nicht übereinstimmen, wird an jeder Korngrenze reflektiert und damit aus dem Bündel herausgestreut. Filter für schmale IR-Bänder kann man auch mittels der rechten bzw. der linken Absorptionskante zweier verschiedener Stoffe kombinieren. Universeller sind **Interferenzfilter** (Abschn. 10.1.12). Laser und Maser liefern extrem monochromatische Strahlung. Ins langwellige IR gelangt man auch durch Frequenzvervielfachung elektrisch erzeugter Wellen.

Breitbandiges IR-Licht erzeugt man in **Temperaturstrahlern** wie Glühlampen in Quarzkolben oder Hochdruck-Gasentladungen, in denen die Emissionslinien durch Stoß- und Doppler-Verbreiterung (Abschn. 12.2.2) zum Kontinuum verschmelzen. Schwarze und graue Strahler liefern bei niederen Temperaturen überhaupt wenig Strahlung, bei hohen wenig im IR. Interessanter sind **Selektivstrahler** wie der **Nernst-Stift** und der **Auer-Strumpf** (Campinglampe). Er ist mit einem Gemisch aus Cerium- und Thoriumoxid getränkt. **Seltene Erden** (Ce) und die homologen **Aktiniden** (Th) haben ja tiefliegende teilbesetzte Elektronenschalen ($4f$ bzw. $5f$) und daher auch im festen Zustand ein linienhaftes oder wenigstens schmalbandiges Spektrum (Abschn. 12.2.1). Eine Gasflamme leuchtet fast nicht, weil sie nicht sehr heiß und nicht schwarz ist (gerade im Sichtbaren keine Absorption, also auch keine Emission). Glühende, unverbrannte Kohleteilchen aus der Kerze beheben den zweiten Mangel, aber heißer wird die Flamme dadurch auch nicht: Die Lichtausbeute bleibt gering. Der Glühstrumpf hat bei Wellenlängen um

5 µm, wo er gemäß Flammentemperatur am meisten strahlen müßte, den Absorptions- und Emissionsgrad 0, muß also die ganze aus der Flamme aufgenommene Energie unterhalb 1 µm und oberhalb 10 µm abstrahlen, nimmt dadurch im Sichtbaren eine viel höhere Farbtemperatur an und hat eine Lichtausbeute fast wie die Glühlampe.

Ein **Strahlungsempfänger** verwandelt die Strahlungsleistung P, die auf ihn auftrifft, in eine andere Signalgröße S (z. B. Reizung des Sehnervs, Schwärzung des Films, Elektronenstrom oder äquivalente Spannung in **Photozelle**, **Multiplier**, **Ikonoskop** usw.). Die Abhängigkeit $S(P)$, die Kennlinie des Empfängers, ist beim Auge logarithmisch (**Weber-Fechner-Gesetz**), beim Film S-förmig, bei elektronischen Empfängern ungefähr linear bis zu einem Sättigungswert, wo sie ebenfalls in eine Waagerechte einbiegt. Von einem guten Strahlungsempfänger verlangt man hohe **Quantenausbeute** in einem möglichst weiten Spektralbereich (Quantenausbeute = Anzahl der emittierten Elektronen oder sonstigen charakteristischen Ereignisse/Anzahl der auftreffenden Photonen). Außerdem verlangt man einen niedrigen Rauschpegel, gute Reproduzierbarkeit und möglichst Linearität der $S(P)$-Kennlinie in einem möglichst weiten P-Bereich. **Rauschen** ist einmal bedingt durch die quantenhafte Natur der Strahlung: Wenn innerhalb einer bestimmten Meßzeit im Mittel N Photonen auftreffen, sind nach *Poisson* Schwankungen um diesen Wert zu erwarten, deren Betrag $\Delta N \approx \sqrt{N}$ ist. Aber nicht überall, wo ein Photon hinfällt, sitzt im Film ein Bromsilberkorn oder wird ein Elektron aus der Oxidschicht der Photozelle ausgelöst. Auch das trägt zum Rauschen bei. In den Widerständen und Drähten elektronischer Geräte treiben thermische Schwankungen Elektronenströme hin und her (**Nyquist-Rauschen**, Abschn. 5.2.8). Das Quadratmittel des Rauschstroms ist $\overline{I^2} = \Delta\omega kT/R$, wo $\Delta\omega$ die Breite des von der Schaltung durchgelassenen Frequenzbereichs ist, läßt sich also durch Kühlung stark herabsetzen.

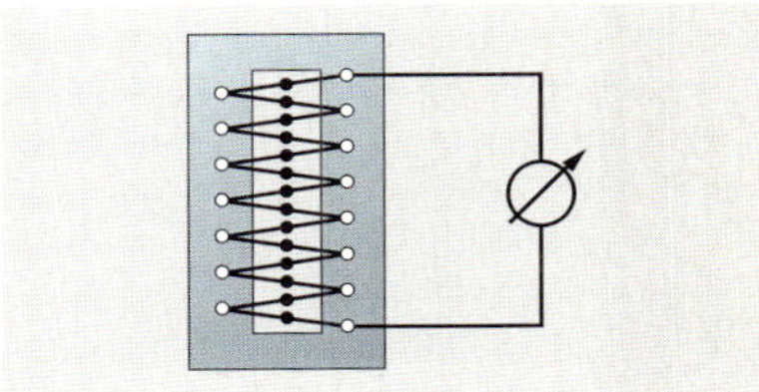

Abb. 11.22. Thermosäule

Meist muß das Empfängersignal elektronisch verstärkt werden. Solche Signale zerhackt man gern durch mechanische oder elektrische **Chopper**, die z. B. den Strahlengang periodisch öffnen und sperren. Gleichstromverstärker haben nämlich den Nachteil, daß ihr Nullpunkt driftet und daß damit das Signal „wegschwimmt“. Das Zerhacken setzt natürlich eine *Einstellzeit* des Empfängers voraus, die kürzer ist als die Chopper-Periode. Bei thermischen Empfängern hängt die Einstellzeit vor allem vom Volumen ab. Neben den Empfängern, die die Strahlungs*leistung* verfolgen, gibt es auch integrierende, in denen die *Energie* über längere Zeit akkumuliert und später entwickelt oder „ausgelesen“ wird (Photoemulsion, Kristallphosphore, charge-coupled devices usw., die gleich besprochen werden).

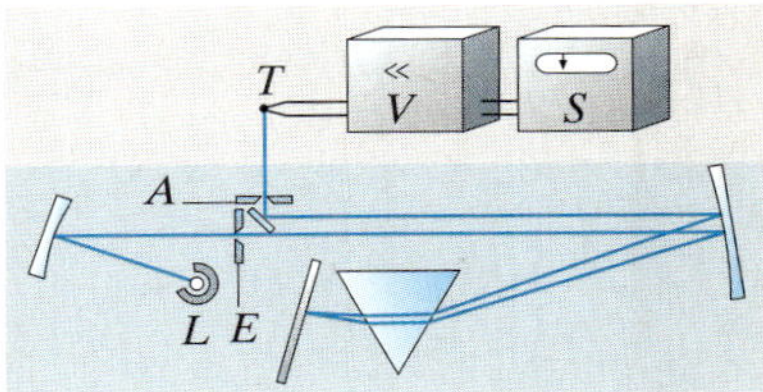

Abb. 11.23. Ultrarot-Spektrograph für das „photographische Ultrarot“ (bis etwa 1 000 nm). L Lichtquelle, E Eintrittsspalt, A Austrittsspalt, T Thermoelement, V Verstärker, S Schreiber. (Nach W. Finkelnburg: *Einführung in die Atomphysik*, 11./12. Aufl. (Springer, Berlin Heidelberg 1976))

Thermische Empfänger messen direkt oder indirekt die absorbierte Strahlungsenergie. Beim **Thermoelement** oder vielen zur **Thermosäule** (Abb. 11.22) hintereinandergeschalteten solchen Elementen wird die eine Sorte Lötstellen erwärmt und die Thermospannung gemessen. Beim **Bolometer** erzeugt die Erwärmung eine Widerstandsänderung. Besonders stark ist diese Änderung natürlich nahe dem Sprungpunkt eines Supraleiters. In einem pneumatischen Empfänger wie der **Golay-Zelle** erwärmt die Strahlung ein Gas, und die entsprechende Durchbiegung einer spiegelnden Membran lenkt ein Hilfs-Lichtbündel meßbar ab.

Selektive Empfänger für einen bestimmten Spektralbereich sind meist empfindlicher. **Halbleiterdetektoren**, deren Leitfähigkeit bei Bestrahlung steigt, können direkt als Photowiderstände eingesetzt werden, aber auch im **Bildwandler** und der **IR-Fernsehkamera**, wo an den beleuchteten Stellen die Ladung schneller abgebaut wird. In Photozellen gelangen die ausgelösten Elektronen nicht nur ins Leitungsband, sondern ins Freie; im **Multiplier** werden sie dann im Feld beschleunigt, prallen auf eine weitere Elektrode und lösen in mehreren Stufen je eine ganze Lawine von Sekundärelektronen aus.

Integrierende Empfänger sind neben der Photoemulsion z. B. Kristalle, in denen Elektronen bei Bestrahlung in höhere Zustände gehoben und dort gespeichert werden, bis sie durch Erhitzen oder UV-Einstrahlung „ausgeglüht" bzw. „ausgeleuchtet" werden. Immer wichtiger werden heute dank ihrer hervorragenden Quantenausbeuten und Rauschpegel die **charge-coupled devices (CCD)**. Sie bestehen aus einem Raster von vielen (z. B. 500×500) winzigen „picture elements" oder „pixels", meist in einen Si-Kristall geätzt. Ein **Pixel** ist ein Potentialtopf für Leitungselektronen und speichert diese, die durch auftreffende Strahlung ausgelöst worden sind, für längere Zeit. Danach wird das Bild Zeile für Zeile ausgelesen: Man verschiebt die ganze Potentialstruktur der Zeile wie die Eimerkette eines Baggers. Die am Zeilenende abgelieferten Elektronen bedeuten eine Folge von Stromimpulsen, die im Rechner z. B. zur Rekonstruktion des Bildes weiterverarbeitet werden. CCD's haben Quantenausbeuten über 0,7 (Auge oder Photoemulsion höchstens 0,2) in einem weiten Spektralbereich (0,4 bis über 1 μm), sehr geringes Eigenrauschen (besonders gekühlt) und eine über den Faktor 5 000 lineare Kennlinie. Mit ihrer Hilfe kann man z. B. in der Astronomie fast 100mal schwächere Intensitäten erfassen als mit der Photoplatte.

Ultraviolett. Wenige Monate nach *Herschels* Entdeckung der infraroten Strahlung fand *J.W. Ritter* in München, daß das Sonnenspektrum auch jenseits des violetten Endes weitergeht und dort photochemisch besonders aktiv ist. Es spaltet Moleküle, z. B. die Peptidbindung zwischen Aminosäuren und die Bindung zwischen den Nukleotiden der Nukleinsäuren, tötet daher Bakterien und bei längerer Einwirkung alle lebenden Zellen. Es wandelt Moleküle um, erzeugt z. B. in unserer Haut Vitamin D aus dem Ergosterin, bleicht Farbstoffe aus usw. Alle modernen Feinwaschmittel enthalten „Weißmacher", die UV-Licht durch Fluoreszenz in sichtbares Licht umwandeln, wodurch unsere Hemden gute Bildwandler für das nahe UV werden und besonders in der Sonne bläulichweiß strahlen.

Die Möglichkeit, Temperaturstrahler als **UV-Quellen** zu benutzen, ist dadurch begrenzt, daß die Planck-Kurve bei $h\nu \gg kT$ viel steiler, nämlich exponentiell abbricht als auf der anderen Seite (Gesetz von *Wien*). Schon wenige Frequenzeinheiten kT/h jenseits des Maximums wird die Intensität sehr gering. Halogen- und Bogenlampen erreichen 3 000 bzw. 4 000 K, Spezialbögen etwas mehr, also Frequenzen von einigen 10^{14} Hz. Auch das Sonnenspektrum außerhalb der Erdatmosphäre bricht bei $1{,}5 \cdot 10^{15}$ Hz ab, nicht nur weil die Planck-Kurve für 6 000 K dort so niedrig ist, sondern weil die kühleren Atome der **Chromosphäre**, be-

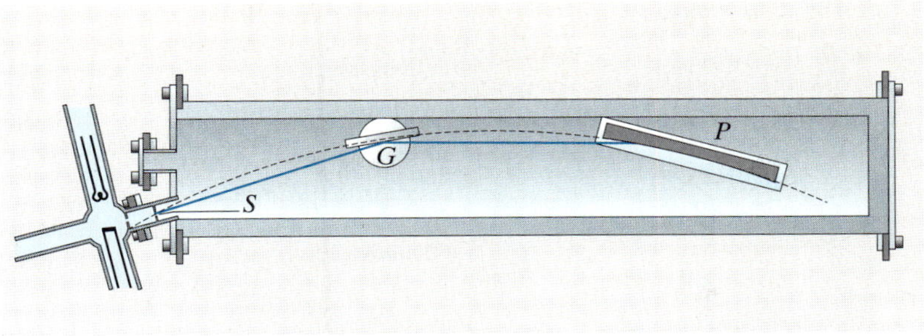

Abb. 11.24. Vakuum-Gitterspektrograph für das äußerste UV und langwelliges Röntgenlicht. *S* Spalt, *G* Konkavgitter (auf Spiegelmetall geritzt, effektive Gitterkonstante durch streifende Inzidenz verringert), *P* Photoplatte; keine Abbildungsoptik, weil es kein Material mit hinreichender Durchlässigkeit und Dispersion gibt. (Nach *K. Siegbahn*, aus W. Finkelnburg: *Einführung in die Atomphysik*, 11./12. Aufl. (Springer, Berlin Heidelberg 1976))

sonders H und He, aus dieser Kurve noch ein Stück herausnagen (die Lyman-Linien des H liegen von $2{,}5 \cdot 10^{15}$ Hz an aufwärts). Auf der Erdoberfläche kommt dank der Absorption des **Ozons** jenseits von $0{,}85 \cdot 10^{15}$ Hz (350 nm) fast nichts mehr an. Weiter kommt man mit **Gasentladungslampen**, z. B. mit **Hg-Hochdrucklampen**, in denen die Einzellinien infolge Druckverbreiterung zu einem Kontinuum verschmelzen, und mit Gasentladungen in H_2 und den Edelgasen. Je leichter diese sind, desto tiefer liegen die Elektronenschalen; mit He kommt man bis $6 \cdot 10^{15}$ Hz (51 nm, Abb. 12.22), soweit, daß es für diese Strahlung schon kein Kolben- oder Fenstermaterial mehr gibt, das sie durchläßt.

Von dort bis zum weichen Röntgen-Licht ($\lambda \approx 0{,}1$ nm), entsprechend der Grenzfrequenz $\nu = W/h$ von 10 kV-Elektronen, wie sie auch in älteren Fernsehröhren laufen, klaffte früher eine große Lücke, in der es keine Quellen kontinuierlicher Strahlung gab. Diese Lücke wird heute auf überraschende Weise durch die **Synchrotronstrahlung** geschlossen. In modernen Beschleunigern laufen ja geladene Teilchen mit Energien, die viel größer sind als ihre Ruhenergie, also mit annähernd c um. Die Bahnen haben, bedingt durch die begrenzte Stärke der ablenkenden Magnetfelder, Abmessungen von der Größenordnung 100 m. Die Umlaufs-Kreisfrequenzen $\omega_0 = c/r$ liegen also im MHz-Bereich. Es ist klar, daß ein solches kreisendes Elektron strahlt. Seltsamerweise tut es das aber nicht im MHz-Bereich (UKW). Schon 1947, als man knapp 100 MeV erreicht hatte, begann der Ringkanal sichtbar zu leuchten, rötlich um 30 MeV, blauweiß sogar bei Tageslicht um 70 MeV. Diese Strahlungsverluste beschränken die Grenzenergie, die man mit einem Betatron erreichen kann, und zwangen zum Übergang auf das Synchrotron-Prinzip.

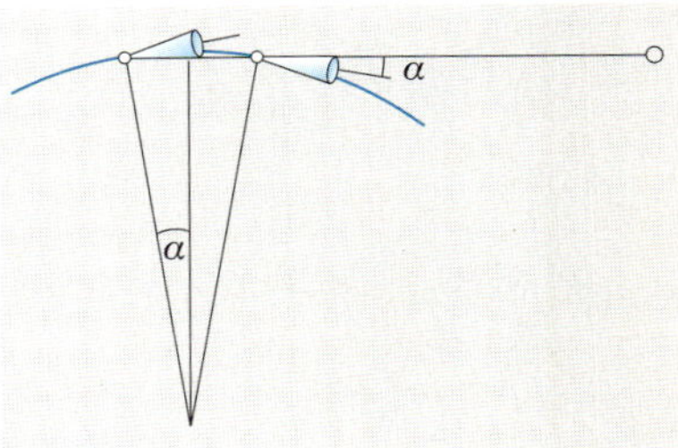

Abb. 11.25. Ein geladenes Teilchen mit ultrarelativistischer Geschwindigkeit strahlt bei der Beschleunigung z. B. auf einer Kreisbahn nicht nach allen Seiten, sondern nur in einen engen Vorwärtskegel mit dem Öffnungswinkel m_0c^2/W. Dieser überstreicht den Beobachter in einer Zeit, die gleich der Laufzeitdifferenz auf dem Bogen 2α bzw. auf seiner Sehne ist. So erklärt sich die hohe Frequenz der Synchrotronstrahlung

Die hohen Frequenzen und Intensitäten der Synchrotronstrahlung sind nur relativistisch zu erklären. Ein sehr schnelles Elektron mit der Energie W kann ja Photonen nicht praktisch isotrop abstrahlen wie bei $v \ll c$, sondern nur in Vorwärtsrichtung (Abschn. 12.5.4, 15.2.7) innerhalb eines Kegels vom Öffnungswinkel $2\alpha \approx 2m_0c^2/W$. Der Lichtkegel eines Leuchtturms vom Öffnungswinkel 2α, der sich mit ω_0 dreht, würde in der Zeit $2\alpha/\omega_0$ über den Beobachter hinhuschen. Hier geht der Lichtkegel aber von einem ebenfalls praktisch mit c bewegten Teilchen aus. Das Teilchen legt, während der Lichtkegel den Beobachter überstreicht, den Kreisbogen über 2α von der Länge $2\alpha r$ zurück, wozu es $t_1 = 2r\alpha/c$ braucht. Das erste Licht, das den Beobachter erreicht, hat um die Kreis-

Tabelle 11.2 Hilfsmittel der Spektroskopie (nach *W. Finkelnburg*)

λ	Spektralgebiet	Spektralapparat	Strahlungsempfänger	
<10 nm	γ- und Röntgen-strahlung	Kristallgitter-Spektrograph	Ionisationskammer, Photoplatte, Zählrohr	
10 – 180 nm	Vakuum-Ultraviolett	Vakuum-Konkavgitter (λ >105 nm) Flußspat-Spektrograph	Schumann-Photoplatte	
180 – 400 nm	Quarz-Ultraviolett	Quarzspektrograph oder Gitter	Photoplatte	Photo-multiplier
400 – 700 nm	Sichtbares Gebiet	Glasspektrograph oder Gitter	Photoplatte	
700 – 1 000 nm	Photographisches Ultrarot	Glasspektrograph oder Gitter	UR-sensibilisierte Photoplatte	
1 – 5 µm	Kurzwelliges Ultrarot	Gitter	Photowiderstand	
1 – 40 µm	Mittleres Ultrarot	Kristall-Spektrograph oder Gitter	Thermosäule, Thermoelement, Bolometer, Golay-Zelle	
40 – 400 µm	Langwelliges Ultrarot	Echelette-Gitter		
> 400 µm	Mikro- und Radiowellen	Spezielle Hoch- und Höchstfrequenztechnik		

sehne $2r\sin\alpha$ weiter zu laufen als das letzte, wozu es $t_2 = 2rc^{-1}\sin\alpha$ braucht. Die Laufzeitdifferenz $t_1 - t_2$ ist die Dauer des Lichtblitzes für den Beobachter:

$$\Delta t = t_1 - t_2 = rc^{-1}(2\alpha - 2\sin\alpha) \approx \frac{r\alpha^3}{3c} .$$

Im Lichtimpuls der Dauer Δt herrscht nach *Fourier* die Kreisfrequenz $\omega \approx 1/\Delta t \approx 3c/(r\alpha^3)$ vor. Für ein 5 GeV-Elektron liegt ω fast 10^{12}mal höher als die Umlauf-Kreisfrequenz. Die Lichtblitze wiederholen sich mit der Periode $2\pi r/c$, ihr Fourier-Spektrum hat also die Grund-Kreisfrequenz $\omega_0 = c/r$, aber die Oberwellen werden bis $\omega = c/(r\alpha^3)$ immer intensiver und bilden praktisch ein dichtes, kontinuierliches Spektrum. In die Hertz-Formel für die Gesamtleistung geht statt $\omega_0 = c/r$ die „Leuchtturm-Frequenz" $\omega' = c/(r\alpha)$ ein. Man erhält

$$P = \frac{1}{6}\frac{e^2 r^2 \omega'^4}{\pi\varepsilon_0 c^3} = \frac{1}{6}\frac{e^2 c}{\pi\varepsilon_0 r^2 \alpha^4} .$$

Bei gegebener Elektronenenergie steigen Frequenz und Leistung der Synchrotronstrahlung also schnell mit abnehmendem Bahnradius. Nun ist bei Ringbeschleunigern r proportional der Energie, da die erreichbaren Magnetfelder auf einige Tesla begrenzt sind. Die Kreisbahnbedingung liefert $p/r = eB$, und wegen $W = pc$ folgt $r = W/(eBc)$. Das großräumige B-Feld um 1 T erfordert bei 100 GeV also $r \approx 300$ m. Lokale Ablenkfelder kann man dank der Supraleitungstechnik mehr als zehnmal größer machen und der Kreisbahn kurze „Schlenker" (**wigglers**) mit kleinerem r überlagern. Noch viel stärker sind aber natürlich die Ablenkfelder atomarer Systeme. Sie dürfen allerdings nicht abrupt bremsen, sondern nur ablenken. Das ist erfüllt, wenn man Elektronen hinreichend parallel zu den Bausteinreihen in einen Einkristall einschießt. Einige von ihnen fliegen dann durch die Kanäle zwischen diesen Bausteinreihen und kommen erstaunlich weit, weil sie nur immer periodisch und relativ schwach seitlich abgelenkt werden. Anstelle der magnetischen Ablenkkraft $eBc \approx 5 \cdot 10^{-11}$ N tritt dann die elektrische $Ze^2/(4\pi\varepsilon_0 d^2)$, die etwa 1 000mal oder mehr größer ist. Von der Synchrotronstrahlung von **Channeling-Elektronen** verspricht man sich daher Photonenenergien bis weit in den γ-Bereich, vielleicht mit vielen MeV bei sonst unerreichter Intensität.

Für ein 5 GeV-Elektron liegt ω etwa 10^{12}mal höher als die Umlauffrequenz, also um 10^{18} Hz, schon im weichen Röntgengebiet. Protonen mit ihrer 2 000mal größeren Masse beginnen dagegen noch nicht einmal in den riesigsten heutigen Anlagen zu leuchten.

In der Radio-, Röntgen- und Gamma-Astronomie gewinnt die Synchrotronstrahlung immer mehr an Bedeutung. **Galaktische Magnetfelder** sind etwa 10^{10}mal kleiner als die im Beschleuniger, für die Umlaufsfrequenzen gilt dasselbe. Dafür sind die Energien kosmischer Teilchen vielfach höher. In den riesigen Magnetfeldstärken eines **Pulsars** (bis 10^6 T) dagegen können Frequenz und Intensität der Synchrotronstrahlung fast beliebig hoch werden. Für Teilchen, die auf Spiralbahnen in ein **schwarzes Loch** stürzen, gilt dasselbe.

11.3.3 Die Strahlung der Sonne

Da wir Büchern grundsätzlich nicht trauen, messen wir zuerst die **Solarkonstante**, d. h. die Intensität der **Sonnenstrahlung** in Erdnähe. Allerdings bezieht sich dieser Wert auf die Strahlung außerhalb der Atmosphäre, wir müssen die Verluste in dieser in Kauf nehmen. Eine schwarze Kochplatte von 19 cm Durchmesser wird in strahlender Junimittagssonne bei uns etwa 60 °C warm (Messung mit Thermoelement oder Widerstandsthermometer in kleinem seitlichen Loch). Ebenso warm wird sie im Schatten, wenn man ihr elektrisch 27 W zuführt. Damit ergibt sich die Sonnenintensität zu $I = 27\,\mathrm{W}/(\pi \cdot 0{,}095^2\,\mathrm{m}^2) = 970\,\mathrm{W\,m^{-2}}$. Vergleich mit der extraterrestrischen Solarkonstante $I_0 = 1\,400\,\mathrm{W\,m^{-2}}$ zeigt: Selbst die klarste Atmosphäre läßt bei einer für unsere Breite maximalen Sonnenhöhe $\varphi_0 \approx 63°$ nur knapp $0{,}70\,I_0$ durch. Da die effektive Atmosphärendicke $\sim 1/\sin\varphi$ ist, erhalten wir bei der Sonnenhöhe φ noch $I = I_0 \cdot 0{,}7^{\sin\varphi_0/\sin\varphi}$. Am Tropenmittag folgt $I = 0{,}73\,I_0$, am Dezembermittag bei uns $I = 0{,}32\,I_0$. Abbildung 11.26 zeigt die Gesamteinstrahlung in Abhängigkeit von geographischer Breite und Jahreszeit für Planeten mit verschiedener Ekliptikschiefe, d. h. verschiedenem Neigungswinkel ε zwischen Rotations- und Bahnebene. Die atmosphärische Absorption ist hier nicht berücksichtigt (Aufgabe 11.3.5). Überrascht es Sie, daß in 24 Stunden im Juni am Nordpol der Erde mehr Energie einfällt als am Äquator, daß auf Uranus ($\varepsilon \approx 90°$) die Pole im ganzen Jahr mehr Energie erhalten als der Äquator, daß bei $\varepsilon = 54°$ in allen Breiten gleichviel Energie einfällt, allerdings verschieden übers Jahr verteilt?

Abb. 11.26. So hängt die Gesamteinstrahlung während 24 Stunden von der geographischen Breite und der Jahreszeit ab. Die Kurve an der Rückwand zeigt die übers Jahr integrierte Einstrahlung als Funktion der Breite. Für Planeten mit verschiedener Achsneigung ε zur Bahnebene sind die Verläufe sehr verschieden. Man erkennt die Polarnacht, die auf Uranus ($\varepsilon \approx 90°$) in allen Breiten eintritt. Trotzdem fällt dort am Pol im Jahr mehr Energie ein als am Äquator. Für die 24 Stunden am Sommeranfang ist das auch auf der Erde der Fall. Bei $\varepsilon \approx 54°$ empfangen alle Breiten übers Jahr gleichviel Energie

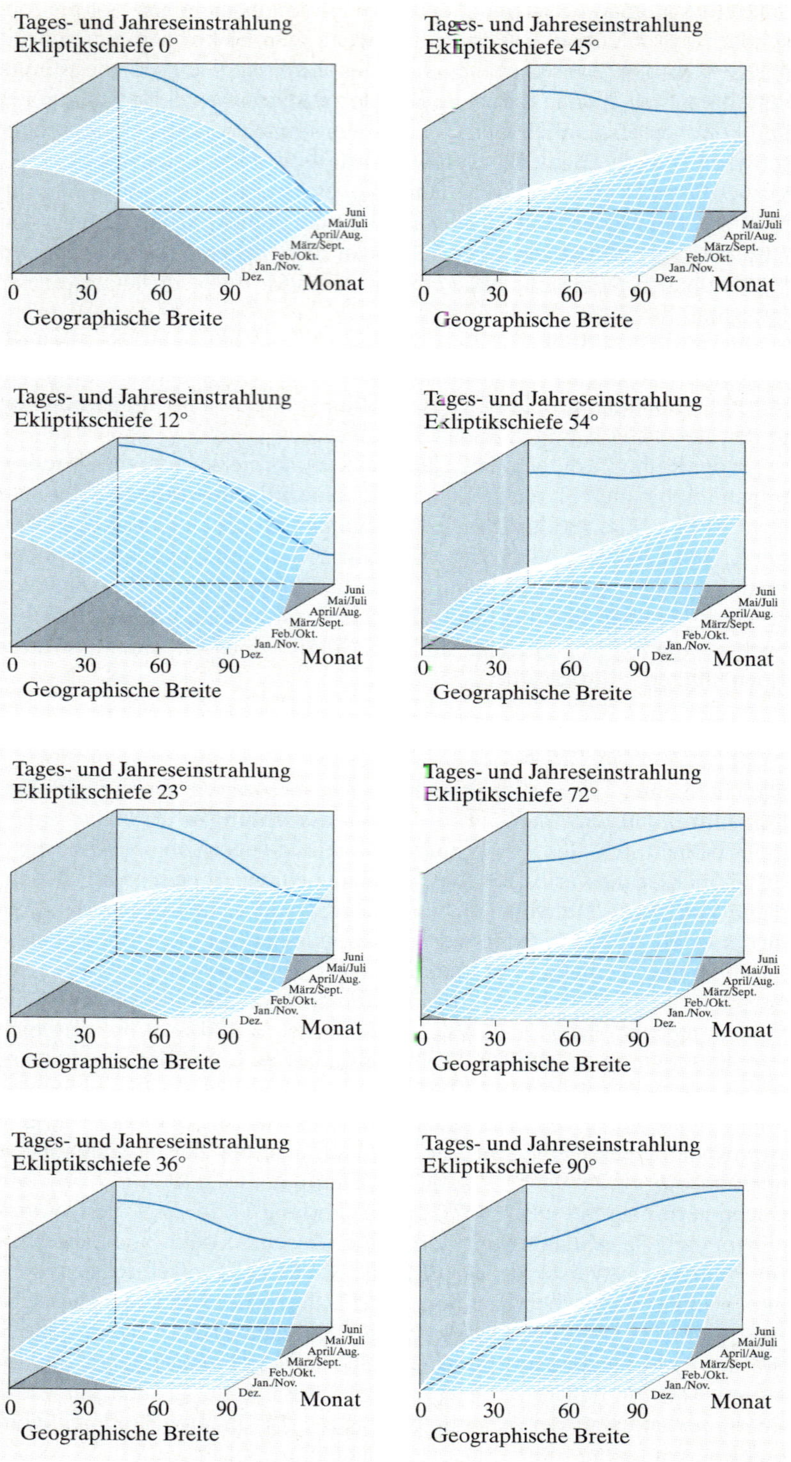

Mit unserer Kochplatte sollten wir auch gleich das Stefan-Boltzmann-Gesetz prüfen. Führt man ihr die Leistungen 50, 200, 500, 2 000 W zu, dann nimmt sie die Temperatur 97, 217, 350, 595 °C an. Doppeltlogarithmische Auftragung liefert eine schöne Gerade mit der Steigung 4, und aus der Gesamtoberfläche der Platte folgt die Stefan-Boltzmann-Konstante zu $5{,}9 \cdot 10^{-8}\,\mathrm{W\,m^{-2}\,K^{-4}}$. Nachdem wir das bestätigt haben, können wir ausrechnen, wie heiß eine sonnenbestrahlte Fläche wird. Nehmen wir an, sie absorbiert den Bruchteil α der Sonnenstrahlung, emittiert aber nur den Bruchteil β dessen, was eine schwarze Fläche der gleichen Temperatur emittieren würde (α und β können sehr verschieden sein: α bezieht sich auf den sichtbaren, β auf den infraroten Bereich; Glas, Klarsichtfolien, CO_2 absorbieren im Infraroten, haben also $\beta \ll \alpha$). Die Rückstrahlung der Umgebung liegt auch im Infraroten, von ihr nimmt unsere Fläche auch nur den Bruchteil β auf. Der Faktor γ gibt an, ob der Körper nur mit der bestrahlten Seite zurückstrahlt ($\gamma = 1$) oder z. B. als Kugel allseitig ($\gamma = 1/4$). Aus der Energiebilanz $\beta\sigma T^4 = \beta\sigma T_0^4 + \gamma\alpha I$ folgt dann

$$T = \sqrt[4]{T_0^4 + \frac{\gamma\alpha \cdot I}{\beta\sigma}}. \qquad (11.19)$$

Wir können jetzt die Temperaturen von rotierenden und nichtrotierenden Planeten mit und ohne Atmosphäre, von allen möglichen besonnten Körpern, von Solarkollektoren wie dem Treibhaus berechnen. Interessant ist der Fall der Erdatmosphäre, soweit sie durch Strahlung geheizt wird und nicht wie die Troposphäre durch Bodenheizung. Wie wir gemessen haben, absorbiert sie etwa 30 % der Sonnenstrahlung (keine Absorptionslinien im Sichtbaren), emittiert aber fast „schwarz“ (im IR liegen sehr dichte Linien, also $\beta \approx 1$). So folgt die **Stratosphärentemperatur** von etwa 200 K. Bei dem **trockenadiabatischen *T*-Gradienten** 1 K/100 m (**feuchtadiabatischer Gradient** etwas geringer) reicht die Bodenheizung bei uns bis in 10 km, am Äquator bis 12 km, am Pol nur bis etwa 4 km Höhe. Dort beginnt die Stratosphäre, die übrigens am Pol etwas wärmer ist (warum wohl?). Die **adiabatisch-indifferente Schichtung** werden wir gleich wieder brauchen, die Gesamtabsorption von 30 % auch.

Warum liegt die Solarkonstante gerade um $1\,\mathrm{kW\,m^{-2}}$? Die Erde hätte vermutlich kein Leben, wenigstens kein intelligentes, wenn ihre mittlere Temperatur nicht im Bereich des flüssigen Wassers läge, und das setzt nach Stefan-Boltzmann eine Einstrahlung um $1\,\mathrm{kW\,m^{-2}}$ voraus. Wie heiß muß die Sonne sein, damit sie uns soviel Energie zusendet? Dazu genügt es, den scheinbaren Sonnenradius zu messen (mit dem Daumen z. B.). Dieser Radius ist $0{,}25° = 1/230$, der Erdbahnradius ist 230mal größer als der Sonnenradius, am Sonnenrand herrscht eine 230^2mal höhere Intensität als bei uns. Nach Stefan-Boltzmann ist die **Photosphäre** also etwa 6 000 K heiß. Sterne mit größerer Leuchtkraft, also heißerer Photosphäre oder größerem Radius, haben, wenn überhaupt, belebte Planeten in größerem Abstand als die Sonne.

Die Sonne strahlt $4 \cdot 10^{26}$ W in den Raum, $2 \cdot 10^{17}$ W davon allein auf die Erde. Wie hat sie das 10^{10} Jahre lang fast unverändert tun können? Ihre

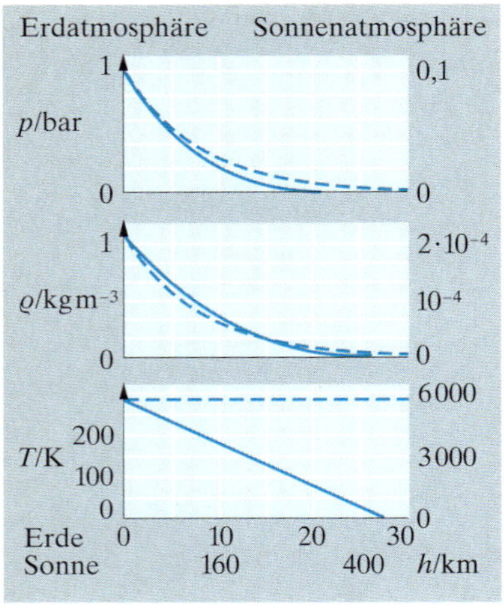

Abb. 11.27. Druck, Dichte und Temperatur in der Erd- und der Sonnenatmosphäre bei adiabatisch indifferenter (——) und isothermer Schichtung (– – –). Im Fall der Sonne zählt r vom unteren Rand der Photosphäre aus

6 000 K sind zunächst kein naturgegebener Wert; es gibt ja Sterne mit sehr verschiedenen Oberflächentemperaturen bis weit über 20 000 K. Naturgegeben ist dagegen die Temperatur im Sterninnern. Sie liegt (wenigstens für die **Hauptreihensterne** im **Hertzsprung-Russell-Diagramm**) sehr nahe bei der Grenze von etwa 10^7 K, wo die Fusion von H zu He einsetzt. Warum die Grenze gerade dort liegt, können Sie in Aufgabe 12.3.18 untersuchen. Daß es im Sonneninnern so heiß ist, sieht man allein schon aus ihrer Masse und ihrem Radius: Der thermische Druck muß den Schweredruck aushalten können (Aufgabe 5.2.7).

Jetzt müssen wir noch die 6 000 K am Sonnenrand auf die 10^7 K im Innern zurückführen. Abgesehen von Feinheiten, auf die wir gleich zurückkommen, können wir wie in der Erdatmosphäre eine adiabatisch-indifferente Schichtung annehmen. Sie bringt eine lineare T-Abnahme mit der Höhe: $T = T_0(1 - h/H)$ mit $H = kT_0/[(\gamma - 1)mg]$. Auf der Erde gilt $\gamma = 7/5$ und $kT_0/(mg) = 8$ km, also $H = 28$ km. In der Sonne ist m um den Faktor 29 kleiner, $\gamma = 5/3$ (einatomiges H), und g ist zu ersetzen durch GM/R^2, wenigstens für die äußeren Schichten, was 30mal größer ist als g auf der Erde. Der T-Gradient in der Sonne ist also nur wenig größer als auf der Erde, aber H ist viel höher, weil wir von $T_0 = 10^7$ K statt 300 K ausgehen. Es folgt $H \approx 10^6$ km, der Sonnenradius. Bei $h = H$ wäre ja nach unserem Gesetz die Atmosphäre zu Ende. Die Photosphäre, die wir sehen, die uns die Strahlung zusendet und deren Intensität bestimmt, liegt etwas tiefer. Das muß sie auch, denn bei $r = H$ würde ja $T = 0$ herauskommen. Um wieviel tiefer sie liegt, werden wir gleich untersuchen. Vorher überprüfen wir noch unsere Annahme über die Dichte im Sonneninnern, die ja in Aufgabe 5.2.6 benutzt wurde. Dazu integrieren wir $\varrho = \varrho_0(1 - r/H)^{1/(\gamma-1)}$ über die Kugel (Aufgabe 5.2.11):

$$M = 4\pi\varrho_0 \int_0^H r^2 \left(1 - \frac{r}{H}\right)^{3/2} \mathrm{d}r \qquad (11.20)$$

$$= 4\pi\varrho_0 H^3 \int_0^1 z^{3/2}(1-z)^2 \, \mathrm{d}z \, .$$

Der Wert des Integrals ergibt sich zu 16/315 (s. Aufgabe 18.2.8), also $\varrho_0 = \bar{\varrho} \cdot 315/48 \approx 10^4\,\mathrm{kg/m^3}$.

Unsere angenäherte Theorie ergibt bei $r = H$ einen scharfen Rand der Sonne. Dort ist das Gas aber so dünn, daß man es von ferne nicht sieht, und so kalt, daß es nicht strahlt. Die sichtbare Sonnenphotosphäre liegt in einer solchen Tiefe unterhalb dieses Randes, daß ihr Licht in den darüberliegenden dünneren Schichten gerade nicht absorbiert wird. Höchstens in einigen engen Spektralbereichen, z. B. den Balmer-Linien des Wasserstoffs, ist die Absorption dieser **„umkehrenden" Schichten** stark genug, um die dunklen **Fraunhofer-Linien** zu erzeugen. Abgesehen davon dringt das Kontinuum der Photosphärenstrahlung gerade durch. Eben hierdurch ist die Lage und damit auch die Temperatur der Photosphäre bestimmt.

Wir müssen also wissen, wie stark ein Gas außerhalb seiner Absorptionslinien absorbiert. Dabei ist wieder der Vergleich mit der Erdatmosphäre interessant. Wir gehen zu unserer Solarkonstantenmessung zurück, wo wir fanden, daß auch die klarste Atmosphäre mindestens etwa 20–30 % der Sonnenstrahlung absorbiert, ohne daß sie im Sichtbaren irgendwelche Absorptionslinien hat (allerdings spielt hier auch die Streuung eine Rolle, aber das Streulicht kommt uns ja großenteils als indirektes Himmelslicht wieder zugute). Diese geringe Absorption ist überraschend, wenn man bedenkt, daß über 1 cm^2 Erdoberfläche 1 kg Luft, d. h. $2 \cdot 10^{25}$ Luftmoleküle schweben, d. h. über einem Molekülquerschnitt von $10^{-15}\,\mathrm{cm}^2$ liegen mehr als 10^{10} Moleküle, die einander also 10^{10}mal überdecken. Außerhalb seiner eigentlichen Absorptionsbereiche fängt also ein atomares Teilchen Photonen nur mit weniger als 10^{-10} seines Querschnittes ein, d. h. nicht mit dem Atomquerschnitt, sondern nur mit einem Kernquerschnitt. Liegt dem ein allgemeines Gesetz zugrunde, und verhält sich der Wasserstoff in der Sonne ebenso?

Im klassischen Bild der erzwungenen Schwingungen absorbiert ein Elektron oder ein Ion solche Frequenzen, bei denen die quasielastische Rückstellkraft und die Trägheitskraft einander aufheben (sie haben ja entgegengesetzte Phasen). Dann bleibt nur die Reibungskraft, um die anregende Kraft F auszugleichen. Diese Kraft und die Geschwindigkeit v sind damit phasengleich, und das schwingende Teilchen nimmt die Leistung $P = Fv$ auf. Fern von allen Resonanzfrequenzen schwingt das Teilchen zwar auch etwas mit, aber die anregende Kraft ist entweder in Phase oder in Gegenphase mit der Auslenkung, d. h. um $\pi/2$ gegen v verschoben. Eine Leistungsaufnahme käme überhaupt nicht zustande (reine Blindleistung), wenn das schwingende Teilchen nicht auch strahlte. Ein Teilchen der Ladung e, das mit der Amplitude x_0 und der Kreisfrequenz ω schwingt, strahlt nach *H. Hertz* eine Leistung

$$P = \frac{1}{6} \frac{e^2 x_0^2 \omega^4}{\pi \varepsilon_0 c^3} \tag{11.21}$$

ab (vgl. (7.129)).

Ein Elektron schwinge also fern jeder Resonanz im Feld E der Lichtquelle. Man kann es dann als quasifrei betrachten, und seine Bewegungsgleichung lautet $m\ddot{x} = eE$, woraus sich die Amplitude $x_0 = eE/(m\omega^2)$ ergibt. Ein solches Elektron strahlt die Leistung $P = e^4 E^2/(6\pi m^2 c^3 \varepsilon_0)$ ab, die es natürlich nur aus der Lichtwelle entnehmen kann. Deren Energiedichte ist $\varepsilon_0 E^2$, die Energie*strom*dichte (Intensität) ist $I = \varepsilon_0 E^2 c$. Das Elektron absorbiert also alle Energie, die auf einen Querschnitt

$$\boxed{\sigma_0 = \frac{P}{I} = \frac{1}{6\pi} \frac{e^4}{\varepsilon_0^2 m^2 c^4}}$$

fällt. Dies ist der **Thomson-Absorptionsquerschnitt**. Er entspricht einem Radius von $r_0 = e^2/(4\pi\varepsilon_0 mc^2)$, dem **klassischen Elektronenradius**. Eine Ladung e, auf die Oberfläche einer Kugel mit diesem Radius verteilt, hat eine Coulomb-Abstoßungsenergie W, die nach $W = mc^2$ gerade die Ruhmasse des Elektrons ergibt. r_0 ist etwa so groß wie der Nukleonenradius (10^{-15} m), also hat σ_0 den für die Atmosphärenabsorption geschätzten Wert.

Die Photosphäre liegt in einer solchen Tiefe unter dem eigentlichen Sonnenrand $r = H$, daß etwa ebenso viele Elektronen darüber schweben wie in unserer Atmosphäre. Für atomaren Wasserstoff ergibt das 7mal mehr Atome oder 4mal geringere Flächendichte als in der Erdatmosphäre, d. h. 0,3 kg/cm^2. Integration über die Dichte $\varrho = \varrho_0(1 - r/H)^{3/2}$ zeigt, daß eine Säule von dieser Flächendichte am Sonnenrand etwa eine Dicke $d \approx 200$ km hat. Die Temperatur steigt vom Sonnenrand aus linear an, also ist die Photosphärentemperatur $T_\varphi = T_0 d/H \approx$ einige Tausend Kelvin.

Wenn man das Bild der Sonnenscheibe mit einem Fernrohr projiziert, erscheinen die äußeren Teile der Scheibe deutlich dunkler (**Randverdunkelung**). Wir verstehen dies sofort: Die sichtbare Photosphäre liegt in einer Tiefe, aus der das Licht gerade ohne Absorption zu uns gelangt. Am Rand der Sonnenscheibe muß dieses Licht schräg durch die darüberliegenden Schichten treten, kommt also aus geringerer Tiefe, wo das Gas weniger heiß und weniger leuchtkräftig ist. Die genaue Rechnung reproduziert sehr gut die beobachtete Helligkeitsverteilung.

Wie hängt die Photosphärentemperatur (T_φ) von den übrigen Eigenschaften des Sterns ab? Wie wir wissen, ist $T_\varphi \approx T_0 d/H$, und die Absorptionsbedingung liefert $d\varrho_\varphi \sigma_0/m \approx 1$ (d ist so groß, daß die Absorptionsquerschnitte σ_0, die Thomson-Querschnitte, gerade anfangen, sich zu überdecken). Bedenkt man noch, daß

$$\varrho_\varphi \approx \varrho_0 \left(\frac{d}{H}\right)^{3/2} \qquad \text{und} \qquad p_0 = \frac{\varrho_0 k T_0}{m} \approx \frac{GM^2}{H^4}\,, \tag{11.22}$$

erhält man

$$T_\varphi \approx T_0 \left(\frac{m^2 G}{k T_0 \sigma_0}\right)^{2/5} H^{2/5}\,. \tag{11.23}$$

Die absolute **Leuchtkraft** L eines Sternes ist proportional zu T_φ^4 und zur Oberfläche, also

$$L = \pi H^2 \sigma T_\varphi^4 \approx \pi \sigma T_0^4 \left(\frac{m^2 G}{k T_0 \sigma_0}\right)^{8/5} H^{18/5}\,. \tag{11.24}$$

Aus $M \approx kT_0 H/(Gm)$ folgt außerdem $H \sim M$, also gilt auch $L \sim M^{3{,}6}$ (**Masse-Leuchtkraft-Gesetz**, *Eddington*, 1924).

Es beschreibt sehr gut die Sterne in der Hauptreihe des Hertzsprung-Russel-Diagramms. Die **Riesensterne** außerhalb der Hauptreihe passen nicht ins Schema; sie haben ihren Wasserstoffvorrat weitgehend erschöpft, müssen von der Fusion schwererer Kerne leben und brauchen daher eine höhere Zentraltemperatur T_0.

Die Photosphärentemperatur eines sehr heißen Sterns liegt ungefähr in der geometrischen Mitte zwischen den Temperaturen im Sterninnern und auf der Erdoberfläche. Die **Bohr-Energie** liegt ebenfalls etwa in der Mitte zwischen den mittleren Energien eines Teilchens im Sterninnern und auf der Erdoberfläche. Sind das Zufälle?

Wie wir wissen, ist die Teilchenenergie im Sterninnern als Grenzenergie der Fusion um etwa den Faktor $m/(m_e 4\alpha^2)$ größer als die Bohr-

Energie. Auf der Erde herrscht eine Temperatur T_E im flüssigen Bereich des Wassers, sonst wäre die Erde nicht belebt. **Wasserstoffbrücken**, die die Wasserstruktur zusammenhalten, werden also durch Stöße mit der Energie kT_E noch nicht gesprengt, wohl aber die wenigen (ca. 10 %) zusätzlichen **H-Brücken**, die die Eisstruktur bedingen. Die H-Brückenenergie ist zum großen Teil Delokalisierungsenergie eines Protons, das sich vorher in einem Potentialtopf vom Radius r_B (Bohr-Radius) befand und jetzt deren zwei zur Verfügung hat. Die quantenmechanische Nullpunktsenergie

$$W_E = \frac{h^2}{8mr^2} = \frac{e^4 m_e^2}{8m\varepsilon_0^2 h^2}$$

ist größtenteils weggefallen. Das ergibt die bekannte Größenordnung von 0,2 eV (5 cal/mol) für die H-Brückenenergie. Offensichtlich ist W_E wieder um den Faktor $m/(4\alpha^2 m_e)$ kleiner als die Bohr-Energie. kT_E ist wieder etwa $\frac{1}{10}$ von W_E. Die Photosphärentemperatur eines heißen Sterns entspricht annähernd der Bohr-Energie. Dort sind die H-Atome größtenteils ionisiert, wie man am Spektrum der O- und B-Sterne erkennt. In der Sonne liegt die Zone ionisierten Wasserstoffs weiter innen. Das Wechselspiel von Ionisation und Rekombination in der Sonnenphotosphäre erzeugt die **Granulation** der Sonnenoberfläche und ist die Energiequelle der **Corona**.

11.3.4 Warum sind die Blätter grün?

Vom Energieangebot der Sonne zehren die Pflanzen und deren energetische Schmarotzer, die Tiere und die Menschen. Außer den paar Prozent, die aus Kern- und Gezeitenenergie stammen, verdanken wir ja unser ganzes Energieaufkommen direkt oder indirekt der Sonnenstrahlung (sogar die schweren, spaltbaren Kerne sind in den Sternen, wenn auch nicht in unserer Sonne, aufgebaut worden). Man kann sich fragen, ob die Pflanzen die Sonnenenergie optimal nutzen. 1 ha Zuckerrüben erbringt 60 t Jahresernte an Rüben mit 15 % Zuckergehalt, d. h. 0,9 kg/m^2 Zucker. Einschließlich der Kohlenhydrate in Blättern, ausgelaugten Schnitzeln usw. ist das etwa 1 kg/m^2 Jahr. Die Pflanze hat 17 kJ im g Kohlenhydrat investiert, also $1{,}7 \cdot 10^7$ J/m^2 Jahr. Bei effektiver dreistündiger täglicher Sonneneinstrahlung während der fünf Vegetationsmonate ergibt das eine Ausbeute von nur 1 %. Viele Pflanzen nützen die Sonnenenergie noch schlechter aus, nur wenige besser. An der Spitze soll die Sumpfhyazinthe Eichhornia mit 3–4 % liegen.

Chlorophyll absorbiert in einem etwa 40 nm breiten Spektralbereich um 660 nm, also im Roten (deshalb sieht es grün aus). Außerdem hat es noch einen Absorptionspeak im nahen UV, nutzt die hier absorbierte Energie aber noch unvollständiger zur **Photosynthese**. Eine Absorption im Roten scheint energetisch ungünstig, denn man liest immer, die Sonne emittiere maximal im Gelb-Grünen. Wo das Maximum der Sonnenemission liegt, ist aber eine Frage der Auftragung: Über der Wellenlänge aufgetragen, hat die spektrale Intensität tatsächlich ihr Maximum bei 500 nm, über der Frequenz und damit der Energie aufgetragen, aber um 900 nm, unter Berücksichtigung der Absorption des atmosphärischen Wasser-

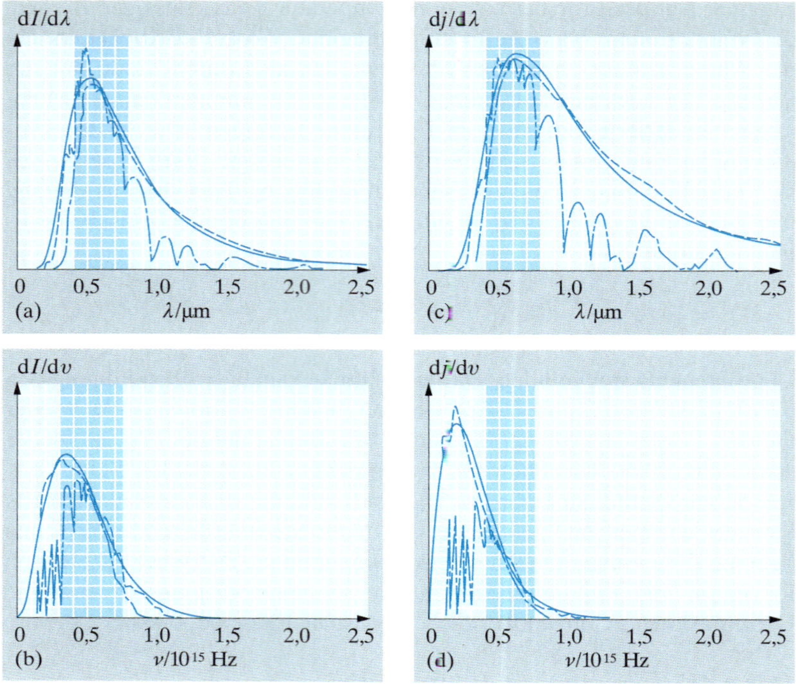

Abb. 11.28a–d. Spektrale Verteilungen der Intensität I und der Photonenflußdichte j in Abhängigkeit von Wellenlänge oder Frequenz. (——): Planck-Kurve für $T = 5\,780$ K; (– – –): Strahlung außerhalb der Erdatmosphäre; die hohe Sonnenatmosphäre hat die Fraunhofer-Linien wegabsorbiert und emittiert dafür bei geringeren Frequenzen; (– · – · –): Strahlung am Erdboden an einem klaren Sommermittag; besonders Ozon absorbiert im UV, Wasserdampf und CO_2 im IR

dampfes um 700 nm. Welche Auftragung ist einem Absorptionspeak angemessener? Klassisch dargestellt ist der Absorptionspeak ein Resonanzpeak eines schwingungsfähigen Elektrons im Chlorophyllmolekül. An eine solche Elektronenschwingung sind notwendigerweise auch Schwingungen von Molekülgruppen, z. B. CH_2-Gruppen angekoppelt. Man kopple eine leichte Kugel (das Elektron) an eine mehrere tausendmal schwerere (eine CH_2-Gruppe) mittels einer Feder und hänge das Ganze an einer weiteren gleichstarken Feder auf. Lenkt man die kleine Kugel aus, dann gerät auch die große in Schwingungen, allerdings mit einer Frequenz, die um die Wurzel des Massenverhältnisses kleiner ist ($\omega = \sqrt{D/m}$). Diese langsame Schwingung moduliert die schnelle, genau wie die übertragene Tonfrequenz die Trägerfrequenz eines Radiosenders moduliert, und in beiden Fällen entsteht ein Frequenzband, dessen Breite gleich der aufmodulierten Frequenz ist, im Fall des Chlorophylls also gleich der Eigenfrequenz einer Atomgruppe im Molekül. Sie liegt normalerweise im Ultraroten und berechnet sich am einfachsten durch Vergleich mit einer normalen Elektronenfrequenz, z. B. der Rydberg-Frequenz zu

$$\sqrt{\frac{m_e}{m_{CH_2}}} \cdot \frac{m_e e^4}{8\varepsilon_0^2 h^3} \approx 2 \cdot 10^{13}\,\text{Hz}\,, \qquad (11.25)$$

was gerade die beobachtete Verbreiterung des Absorptionspeaks von 30–40 nm ergibt. Ein solcher Absorptionspeak, wo immer er im Spektrum liegt, hat also eine gegebene Breite im *Frequenzmaß*. Seine günstigste Lage ist also dort, wo die spektrale Intensität, über der *Frequenz* aufgetragen, maximal ist, d. h. um 700 nm. Man könnte auch vermuten, der Pflanze komme es darauf an, möglichst viele Photonen zu fischen, nicht möglichst viel Energie. Die spektralen Verteilungen des Photonenstroms, über λ und über ν aufgetragen, haben aber ihre Maxima weit außerhalb der Chlorophyll-Absorption (Abb. 11.28).

Könnte das Chlorophyll nicht einen höheren Absorptionspeak haben und dadurch die anfallende Energie besser nutzen? Bei einer Resonanzkurve ist die Gesamtfläche, gebildet aus Breite mal Höhe, ziemlich konstant. Eine Dämpfung vergrößert die Halbwertsbreite, senkt aber entsprechend das Maximum. Quantitativ: Im Resonanzmaximum kompensieren Rückstellkraft Dx und Trägheitskraft $m\ddot{x} = -m\omega^2 x$ einander, woraus $\omega_0 = \sqrt{D/m}$ folgt. Die anregende Kraft F wird allein durch die Reibungskraft γv ausgeglichen: $F = \gamma\omega x$. Der Schwinger nimmt dann die Leistung $P_{\max} = Fv = F^2/\gamma$ auf. Die Breite $\Delta\omega$ des Peaks wird dadurch begrenzt, daß bei $\omega = \omega_0 \pm \Delta\omega$ die Reibung ebensogroß wird wie die Summe von Rückstell- und Trägheitskraft: $\gamma\omega x = \pm(D - m\omega^2)x$, woraus sofort folgt $\Delta\omega = \gamma/(2m)$, und somit $P_{\max} \cdot \Delta\omega = F^2/(2m)$. Das Elektron in der Lichtwelle erfährt die Kraft $F = eE$, andererseits ist der Absorptionsquerschnitt σ definiert durch $P = \sigma\varepsilon_0 E^2 c$ (mit $I = \varepsilon_0 E^2 c$ Intensität der Welle). Bei der Peakbreite von 40 nm oder $\Delta\omega \approx 10^{14}\,\mathrm{s}^{-1}$ erhält man eine Peakhöhe $\sigma_{\max} = e^2/(2m_0 c\,\Delta\omega) \approx 10^{-20}\,\mathrm{m}^2$. Das Chlorophyllmolekül, ebenso wie viele andere Farbstoffe, absorbiert also maximal nur mit *einem* Atomquerschnitt von 1 $\mathrm{Å}^2$. Der Absorptionskoeffizient ist $\alpha = n\sigma$ (n: Teilchenzahldichte). Für 1 mol/l ist $n = 6 \cdot 10^{26}\,\mathrm{m}^{-3}$, also ergibt sich die maximale molare Extinktion des Chlorophylls zu $10^7\,\mathrm{m}^{-1}\,\mathrm{l\,mol}^{-1}$. Hiermit kann man leicht angeben, welchen Chlorophyllgehalt ein Blatt von gegebener Dicke haben muß, um die einfallende Strahlung weitgehend auszunutzen (die relative Molekülmasse von Chlorophyll $C_{55}H_{72}O_5N_4Mg$ ist 893,5).

Um das Licht besser auszunutzen, könnte man allerdings versuchen, den Absorptionsbereich zu verbreitern. Durch zusätzliche Dämpfung, aber mit *einem* Elektronenübergang und einer gegebenen Anzahl von Pigmentmolekülen, wäre hier allerdings kein Gewinn zu erreichen, denn die Fläche der Absorptionskurve ändert sich dabei nicht. Man könnte nun zwar den Verlust an Höhe durch Vermehrung der Pigmentmoleküle ausgleichen und damit einen größeren Spektralbereich abfischen, aber, wie wir sahen, ist die Breite des Peaks und damit seine Höhe durch die Physik der Elektronenschwingung festgelegt.

Das einzige Mittel ist der Einsatz weiterer Pigmentmoleküle mit anderer Lage des Absorptionspeaks. Viele Pflanzen in beschränkten Lichtverhältnissen (Wald, unter Wasser) benutzen solche **akzessorischen Pigmente**, die dem Chlorophyll ihre zusätzlichen Photonen zuspielen, aber einfacher und weniger kostspielig aufgebaut sein können und daher im Herbst nicht wie das Chlorophyll rechtzeitig aus den Blättern abgezogen werden (**Carotinoide**, **Phycobiline**). Das sind Ketten aus etwa 20 C-Atomen, konjugiert gebunden, d. h. abwechselnd durch Einfach- und Doppelbindungen – geradlinige Rennbahnen für π-Elektronen, während der Porphyrinring im Chlorophyll ringförmige hat. Ein Elektron, das in einem solchen Potentialgraben eingesperrt ist, absorbiert um so

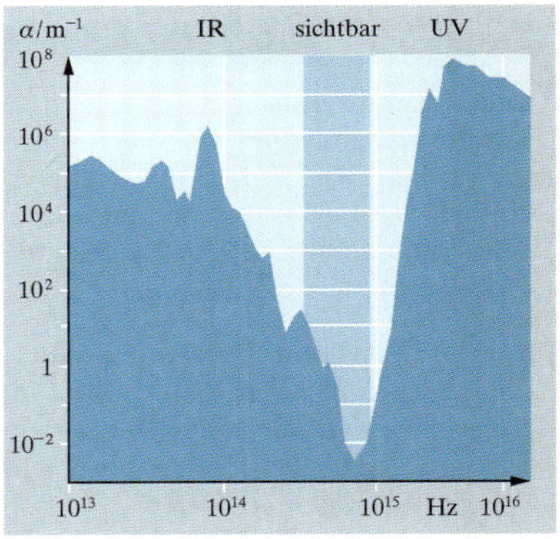

Abb. 11.29. Absorptionskoeffizient des Wassers. Man beachte die logarithmische Auftragung. Das tiefe Minimum im Blauen bedingt die Farbe von Meeren und Seen. Das photosynthetisch wirksame Rot dringt nur etwa 1 m tief ein; unterhalb davon brauchen die Algen zusätzliche Pigmente, um Photonen einzufangen, und sehen bräunlich-rötlich aus. Vor weichem UV ist man dort noch nicht sicher; wenn wir die Ozonschicht weiter abbauen, werden wir auch das Leben im Meer schädigen

kleinere Frequenzen, je länger der Graben ist (Abschn. 16.3.1). Die Natur wußte das lange vor den theoretischen Chemikern, die heute auch Farbstoffe „maßschneidern" können.

Der four solaire von Odeillo bei Font Romeu in den östlichen Pyrenäen. 65 nachführbare Planspiegel von je 48 m² werfen das Sonnenlicht auf einen Parabolspiegel, in dessen Brennpunkt der Sonnenofen maximal 4 000 K erreicht

▲ Ausblick

Die Technik der Strahlungsquellen und -empfänger ist in voller Entwicklung. Sogar für die heimische Beleuchtung kommen alle paar Jahre neue Lampen mit energetischen oder anderen Vorteilen auf den Markt. Grundsätzlicher: Alles, was wir über den Kosmos wissen, haben uns das Licht und seit einiger Zeit auch Radio-, Röntgen-, Gamma- und sogar Neutrinostrahlung vermittelt. Ähnliches gilt für den Mikrokosmos. Wer das Atom verstehen will, muß wissen, wie es Strahlung erzeugt, absorbiert und überhaupt mit ihr wechselwirkt. Die Sonne spendet der Erde mehr als 1 000mal soviel Energie wie die ganze Menschheit verbraucht. Indirekt nutzen wir einen winzigen Bruchteil davon, direkt noch viel weniger. Das Problem liegt in den riesigen Empfängerflächen, weniger im Wirkungsgrad der Photovoltaik: In Kap. 14 werden Sie verstehen, warum der kaum über 20 % zu steigern sein wird; er ist nämlich gegeben durch das Verhältnis von Sonnen- zu Erdtemperatur.

✓ Aufgaben . . .

● 11.1.1. Ausrede für Verkehrssünder?
Unser Auge ist für Grün sehr viel empfindlicher als für Rot. Warum sehen eine rote und eine grüne Lampe trotzdem ungefähr gleichhell aus?

● 11.1.2. Abstandsabhängigkeit
Welche photometrischen Größen ändern sich, welche bleiben konstant, (a) wenn man das Licht einer Lichtquelle mit einem Parabolspiegel bündelt, (b) wenn man den Abstand von ihr ändert, (c) wenn man ein Filter davor setzt?

● 11.1.3. Kerzen
Ist es eigentlich richtig, eine Lichtquelle durch eine Lichtstärke (so und so viele „Kerzen") zu bezeichnen?

●● 11.1.4. Hefner-Kerze
Eine Hefnersche Normallampe strahlt auf 1 cm^2 einer senkrecht gestellten Fläche in 1 m Abstand $9{,}5\cdot 10^{-5}$ Watt (gemessen mit einem berußten Thermoelement. Die Strahlung der heißen Gase über der Flamme ist ausgeblendet; nur die Flamme allein strahlt). Entwerfen Sie eine Meßanordnung, um das nachzuprüfen. Wie eicht man ein Thermometer in W? Welche Strahlungsleistung und Strahlungsstärke hat die Lampe? Schätzen Sie die mittlere Emissionsdichte der Flamme und ihre Temperatur. Ist die Flamme „schwarz"? Machen Sie Angaben über die Intensitätsverteilung im Raum und über sämtliche photometrischen Größen, die den angegebenen physikalischen entsprechen.

● 11.1.5. Leselampe
Zum Lesen sollte man mindestens 50 Lux haben, für feine Arbeiten (Zeichnen usw.) 1 000 Lux. Entspricht dem Ihr Arbeitsplatz? Richten Sie Lampenleistung und -geometrie danach ein.

●● 11.1.6. Belichtungszeit
Denken Sie alle Ihre Fotoerfahrungen in Lux, Lumen, Candela, Stilb um.

● 11.1.7. Leuchtstoffröhre
Betrachten Sie eine Leuchtstoffröhre. Auf manche ihrer strahlenden Flächenelemente schauen Sie senkrecht drauf, auf andere fast streifend. Trotzdem sieht die Röhre überall fast gleichhell aus. Wie kommt das, obwohl Sie doch die meisten Teile der Röhre verkürzt sehen (um welchen Faktor?). Sendet also ein Stück der Rohrwand nach allen Seiten gleichviel Strahlung aus, oder wie ist die Winkelabhängigkeit? Verstehen Sie, wozu man die Leuchtdichte oder die Strahldichte $B = \mathrm{d}J/(\mathrm{d}A\cos\vartheta)$ einführt? Wie hängt B bei der Leuchtstoffröhre vom Winkel ab? Welche Fläche bildet die Charakteristik $J(\vartheta)$ dieser Röhre?

● 11.1.8. Ulbricht-Kugel
Warum integriert die Ulbricht-Kugel über die Lichtstärke und mißt direkt den Lichtstrom? Beweisen Sie: Der Anteil $\mathrm{d}E$ der Beleuchtungsstärke, den das Fenster F von einem Wand-

stück dA empfängt (Abb. 11.11), ist unabhängig vom Abstand zwischen F und dA.

●●● **11.1.9. Vollmond**
Wieviel mehr Licht strahlt der **Vollmond** der Erde zu als der Halbmond? Vorsicht, die Antwort, die sich aufdrängt, ist falsch.

●● **11.1.10. Echo-Satellit**
Ein kugelförmiger **Satellit** mit spiegelblanker Oberfläche wird auf die Bahn gebracht (z. B. der Satellit Echo aus den 60er Jahren, eine erst oben aufgeblasene metallisierte Ballonhülle mit 12 m Durchmesser). Wie hell sieht der sonnenbeschienene Satellit von verschiedenen Seiten aus?

● **11.2.1. Leslie-Würfel**
Der **Leslie-Würfel** aus Blech, gefüllt mit heißem Wasser (Abb. 11.30), hat eine blanke (1) und eine berußte Fläche (2). Dicht vor diese Flächen kann man Blechplatten schieben, deren Temperatur mit einem Thermoelement gemessen wird. Von zwei gleichen Blechplatten wird die viel wärmer, die der berußten Würfelfläche gegenübersteht. Mit einer blanken und einer berußten Platte gegenüber den entsprechenden Würfelflächen wird der Temperaturunterschied noch größer. Dreht man den Würfel um 180°, dann verschwindet der Temperaturunterschied. Erklären Sie.

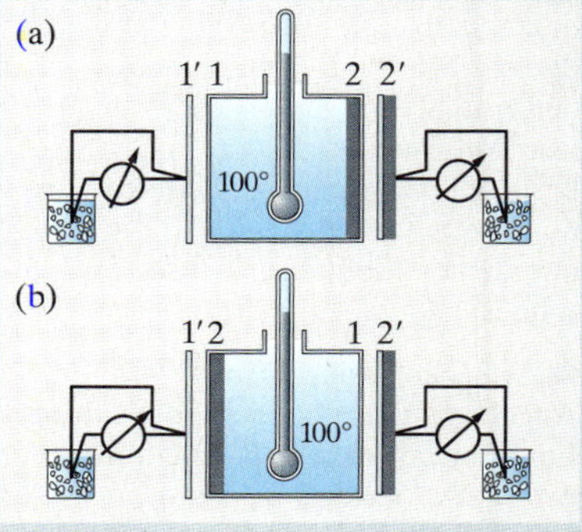

Abb. 11.30a, b

● **11.2.2. Weinpanscher**
Da steht ein Glas mit Rotwein, daneben eins mit ebensoviel Weißwein. Man schöpft einen Löffel voll aus dem Rotweinglas, entleert ihn ins Weißweinglas, rührt um und schöpft einen Löffel voll von dem Gemisch zurück ins Rotweinglas. Jetzt ist etwas Rotwein im Weißwein und etwas Weißwein im Rotwein. In welchem Glas ist mehr fremdfarbiger Wein? Wie ändert sich die Antwort, wenn man unvollständig oder gar nicht umrührt? Wie ändert sie sich, wenn man den Prozeß wiederholt? Was macht es aus, wenn man ein Glas immer umrührt, das andere nicht?

● **11.2.3. Kirchhoff-Gesetz**
Bei unserer Herleitung des **Kirchhoff-Gesetzes** (Abschn. 11.2.1) haben wird nur die Leistungen $\varepsilon_2 P_1$ und $\varepsilon_1 P_2$ berücksichtigt, die eine Platte aus der Strahlung der anderen absorbiert. Ein Teil wird aber reflektiert und kommt zur Ausgangsplatte zurück. Stört das nicht die Betrachtung?

●● **11.2.4. Strahlungsmaximum**
In welchem Frequenz- bzw. Wellenlängenbereich strahlt ein schwarzer Körper am meisten Energie ab? Wo strahlt er die meisten Photonen ab? Wenden Sie dies, soweit möglich, auf die Sonne an.

●●● **11.2.5. Stefan-Boltzmann-Konstante**
Integrale der Form $\int_0^\infty x^n\,dx/(e^x-1)$, wie Sie sie brauchen, um die Gesamtstrahlung eines schwarzen Körpers zu berechnen, könnten Ihnen öfter begegnen. Wenn Sie an die geometrische Reihe denken, stoßen Sie dabei auf *Riemanns* **Zeta-Funktion** $\zeta(n) = \sum_{x=1}^\infty x^{-n}$, die z. B. in der Zahlentheorie eine große Rolle spielt. Der Wert der Zeta-Funktion läßt sich für einige n, besonders geradzahlige ganze, auf überraschende Weise aus der Fourier-Zerlegung geeigneter Funktionen finden.

●● **11.2.6. Lampenausbeute**
Welcher Anteil der Gesamtemission eines schwarzen Körpers der Temperatur T fällt in den sichtbaren Bereich? Ist dieser Anteil direkt in Lumen ausdrückbar? Lösen Sie diese Fragen graphisch für einige interessante Temperaturen. Wie groß ist die **Lichtausbeute** (lm/W) der Sonne, einer Glühlampe (bis 3 000 K Fadentemperatur), einer Bogenlampe (bis 7 000 K)? Was ändert sich, wenn der Leuchtkörper grau oder selektiv strahlt?

●● **11.2.7. Sternhelligkeit**
Wie hell sind Sonne, Mond und Sterne? Gehen Sie z. B. aus von der Photosphärentemperatur und rechnen die W/cm^2 und lm/cm^2 aus, die auf der Erde ankommen. Für den Mond reicht eine einfache geometrische Betrachtung. Seine **Albedo** (refl. Licht/einfall. Licht) ist 0,07, die der Venus 0,61 (warum?). Man beachte die Phasen von Mond und Venus. Betrachten Sie auch Fixsterne und Spiralnebel. Astronomische Skala der scheinbaren Helligkeiten: Die Sonne hat −27; 5 Größenklassen entsprechen einem Faktor 100 in der Helligkeit.

●● **11.2.8. Wieviel Sternlein?**
Sterne bis zu welcher Größenklasse könnte das Auge bei maximaler Adaptation sehen?

●● **11.2.9. Nachthimmelleuchten**
Kann der Nachthimmel, auch zwischen den sichtbaren Sternen, völlig dunkel sein? Beachten Sie die nicht sichtbaren Sterne und Galaxien (Olbers-Leuchten), die Auflösungsgrenze des Auges, die Streuung des Sternlichts in der Luft, die Emission interstellarer Materie, das Leuchten der Atmosphäre selbst (Rekombination von Molekülen, die im Tageslicht gespalten wurden, besonders in der Ozonschicht).

●● **11.2.10. Augenempfindlichkeit**
Das dunkeladaptierte menschliche Auge kann etwa 50 Quanten/s im günstigsten Spektralbereich wahrnehmen. Man sieht dann nur mit den Stäbchen, die keine Farbempfindung vermitteln und im Gebiet deutlichsten Sehens, der *Fovea centralis*, am dünnsten gesät sind. Von welcher Tempera-

tur ab kann man einen Körper glühen sehen, und wie?

● **11.2.11. UR-Kamera**
Warum können die **Ultrarotdetektoren** der Spionageflugzeuge soviel mehr leisten als unser Auge oder selbst die Telekamera? Wofür sind sie besonders geeignet?

●● **11.2.12. Wien-Gesetz**
Wie würde die Energieverteilung der schwarzen Strahlung aussehen, wenn es keine **erzwungene Emission** gäbe? Entspricht das einer bekannten Strahlungsformel? Wie sieht man anschaulich, daß es nicht so sein kann?

●● **11.2.13. Erzwungene Emission**
Welche Rolle spielt die erzwungene Emission im Vergleich zur spontanen bei verschiedenen Temperaturen und in verschiedenen Spektralbereichen? Folgerungen?

● **11.2.14. Erdschein**
Der Neumond ist nicht ganz dunkel, sondern vom Widerschein der Erde beleuchtet. Die Albedo der Erde ist 0,4. Wie hell ist der Neumond?

● **11.2.15. Zinklicht**
Wenn man einen verzinkten Eisendraht elektrisch verdampft (Kurzschluß), steigt eine lebhaft blaugrüne Flamme auf. Hat das etwas mit der Tatsache zu tun, daß ZnO im Roten und Gelben viel schwächer absorbiert als im Blauen?

● **11.2.16. Planetentemperatur**
Welche Oberflächentemperatur erwartet man auf Grund der Theorie des Strahlungsgleichgewichts für die einzelnen Planeten des Sonnensystems? (Astronomische Daten s. Tabelle 1.2). Welchen Einfluß auf das Ergebnis haben die Rotationsperiode des Planeten, seine Albedo (der Reflexionsgrad einschließlich Atmosphäre), die Existenz und Zusammensetzung der Atmosphäre, speziell eine CO_2- und H_2O-reiche Atmosphäre?

● **11.2.17. Mondscheinfoto**
An einem strahlenden Sommermittag belichten Sie Ihren Iso-100-Farbfilm mit Blende 16 und $\frac{1}{60}$ s. Wie würden Sie belichten, um aufzunehmen (a) die Vollmondscheibe mit einem Teleobjektiv, (b) eine vollmondbeschienene Landschaft, (c) die Landschaft bei mondloser, aber sternklarer Nacht?

●● **11.2.18. Schmelzofen**
In einem Glasschmelzofen, der ein kleines Fenster hat, erkennt man im kalten Zustand die vielen grauweißen bis rotbraunen Flecken an der Wand, das Schmelzgut hebt sich deutlich ab. Wenn der Ofen heiß ist, erkennt man praktisch keine Einzelheiten mehr. Wie kommt das? Heißt das, daß die Körper im Innern alle „schwarz“ sind? Würde man Selektivstrahler sehen?

●● **11.2.19. Weltraumkälte**
Ist es wahr, „daß die Temperatur des Weltraums 0 K ist“? Hat die Aussage überhaupt einen Sinn ohne Bezug auf einen Probekörper, von dessen Temperatur die Rede ist? Welche Eigenschaften des Probekörpers bestimmen seine Temperatur? Wie hängt die Temperatur vom Ort im Weltall ab? Man betrachte einen schwarzen Körper an einem „typischen Ort“ innerhalb der Galaxis, d. h. etwa gleichweit von den nächstgelegenen Sternen entfernt. Welche Temperatur nimmt er an? (Vernachlässigen Sie zunächst die Existenz der übrigen Galaxien.) Entsprechend für einen „typischen intergalaktischen Ort“ im Einsteinschen sphärischen Weltall. Daten: Mittlere Entfernung zwischen Fixsternen in der Galaxis: 7 Lichtjahre; mittlere Entfernung zwischen Galaxien: $5 \cdot 10^6$ Lichtjahre; eine mittlere Galaxis enthält knapp 10^{11} Sterne; mittlere Leuchtkraft der Sterne etwa gleich Leuchtkraft der Sonne.

● **11.2.20. Sherlock-Holmes**
Szene: Baker Street, abends. Während Sherlock Holmes (H) seine Violine stimmt, blättert Dr. Watson (W) in einem Lexikon.
W.: „Stellen Sie sich vor, Holmes: Die gesamte Strahlungsemission oder -absorption eines Körpers ist proportional der vierten Potenz seiner absoluten Temperatur!“
H.: , Was ist absolute Temperatur?“
W.: „Der absolute Nullpunkt liegt bei −273 °C. 1° absolut als Temperaturdifferenz ist gleich 1 °C.“
Holmes streckt den Arm mit abgespreiztem Daumen vor sich hin in Richtung des Fensters, hinter dem gerade die Sonne untergeht.
Kurze Pause.
H.: „Wenn das so ist, mein lieber Watson hat die Sonne eine Oberflächentemperatur von etwa 6 000° absolut.“
W.: „Ihre astrophysikalischen Kenntnisse überraschen mich, Holmes!“
H.: „Mein Lieber, sie sind gleich Null. Ich weiß nicht einmal, wie weit die Sonne entfernt ist. Reine Kombinationsgabe! Sehen Sie ... (das Gerassel einer Kutsche übertönt Teile des Folgenden): ... mein Arm ist ... mein Daumen ... Sonne etwa viermal .. mal so weit entfernt wie ihr Durchmesser lang ist ... verdünnt auf ein ...stel. Die Erde als Ganzes ist schon lange genug ... ebensoviel wie sie ausstrahlt .... Ihr T^4-Gesetz ...zel aus Radienverhältnis ... etwa 6 000° absolut ... ist das nicht einfach genug?“
Können Sie die Lücken in Holmes' Deduktion ergänzen?

● **11.2.21. Glühlampe**
Welchen Einfluß hat die Schmelztemperatur des Glühfadenmaterials auf die Strahlungsleistung einer Glühlampe? Eine Osmium-Wolfram-Legierung schmilzt bei 3 400 °C und hat einen spezifischen Widerstand von $5 \cdot 10^{-7}\,\Omega$m. Schätzen Sie Oberfläche, Länge, Querschnitt des Glühdrahtes für eine 100 Watt-Lampe aus diesem Material. Vergleichen Sie mit der scheinbaren Spannlänge des Drahtes. Welcher Anteil der Gesamtstrahlung fällt ins Sichtbare? Welcher Anteil kommt als physiologisch wahrgenommenes Licht zur Geltung (graphische Schätzung)?

● **11.2.22. Superlampe**
Angenommen, eine Lichtquelle mit der **Farbtemperatur** 20 000 K kommt auf den Markt. Kaufen Sie sie, warum und wozu: wegen der hohen lm/W-Zahl, zur Projektion von Dias, o.ä.?

● **11.2.23. Halogenlampe**
Atomares Wolfram bildet mit Halogenen Wolframhexahalogenide, die in der Hitze (ab ca. 2000 °C) wieder zerfallen. Warum sind **Halogenlampen** so hell?

● **11.3.1. Veilchenfarbige Ägäis**
Man hat spekuliert, daß UV und UR, wenn wir sie sehen könnten, keinen wesentlich neuen Farbeindruck böten, sondern nur die bekannten auf höherer bzw. tieferer Oktave wiederholten, ähnlich wie bei den Tönen. – Daß *Homer* von der „veilchenfarbigen See" spricht, hat man so gedeutet, daß die alten Griechenaugen weiter ins UV empfindlich gewesen seien. Bestehen physikalische oder physiologische Gründe für diese Annahmen?

● **11.3.2. Farbdreieck**
Wie sähe das **Farbdreieck** aus und wie würde sich vermutlich unser Farbempfinden ändern, wenn die Spektralempfindlichkeiten der drei Rezeptoren nicht überlappten oder der sekundäre kurzwellige Buckel des Rot-Rezeptors fehlte?

● **11.3.3. Crab-Nebel**
Die **Supernova** aus dem Jahr 1054 n. Chr. war nach chinesischen Berichten viel heller als Venus, man konnte in ihrem Licht fast so gut sehen wie bei Vollmond. Ihre Explosionswolke, der **Crab-Nebel**, erscheint heute unter 6,5 Bogenminuten Durchmesser. In seinem Spektrum mißt man Doppler-Verschiebungen bis zu $\Delta\lambda/\lambda = 0{,}0043$, die offenbar von der Expansion des Nebels stammen. Kann die Expansion durch Eigengravitation gebremst sein? Wie weit ist der Crab-Nebel von uns entfernt? Vergleichen Sie die absolute Leuchtkraft der Supernova mit der der Sonne. Was würde geschehen, wenn α Centauri (4,3 Lichtjahre entfernt) zur Supernova würde? Stiege die Temperatur auf der Erde merklich? Das Helligkeitsmaximum einer Supernova dauert etwa 10 Tage. Welche Gesamtenergie strahlt sie während dieser Zeit aus? Vergleichen Sie mit der Fusionsenergie für einen Wasserstoffstern und mit der gravitativen Kontraktionsenergie. Wie weit müßte ein Stern kontrahieren, um dadurch diese Energie aufzubringen?

● **11.3.4. Fixstern-Parallaxe**
Einer der Haupteinwände (intelligenter) Kritiker gegen *Copernicus* wie schon 1 800 Jahre vorher gegen *Aristarch* war folgender: Wenn sich die Erde auf einem so riesigen Kreis um die Sonne bewegte, müßten sich doch die Fixsterne scheinbar im entgegengesetzten Sinn verschieben, d. h. Parallaxen zeigen. *Copernicus* wie *Aristarch* gaben die einzig sinnvolle Antwort: Die Sterne sind so weit weg, daß ihre Parallaxe unter der Meßgrenze liegt (für beide Forscher war diese etwa 5 Bogenminuten; warum?). Wie fern müssen also die Sterne sein? Wie verschob sich diese Schätzung mit der Erfindung und Weiterentwicklung des Fernrohrs? *Newton* zog aus der einfachen Tatsache, daß Saturn so hell ist wie ein Fixstern 1. Größe, völlig unabhängig die Folgerung, die **Fixsternparallaxen** müßten tatsächlich kleiner als 1 Bogensekunde sein. Wie argumentierte *Newton*?

●● **11.3.5. Sonneneinstrahlung**
Schätzen Sie die Gesamtenergie, die Orte verschiedener geographischer Breite in verschiedenen Jahreszeiten von der Sonne empfangen, ebenso wie die Gesamtenergie im Lauf eines Jahres in Abhängigkeit von der geographischen Breite. Arbeiten Sie am besten graphisch, denn die auftretenden Integrale sind ziemlich eklig. Ziehen Sie klimatologische Folgerungen.

● **11.3.6. Sonneninneres**
Materie im Sonneninnern hat etwa 10^7 K. Bei welcher Wellenlänge liegt ihr Emissionsmaximum? Welche Strahlungsenergiedichte herrscht dort? Wenn ein Klümpchen von 1 cm^3 dieser Materie isoliert und irgendwie durch eine vollkommen durchsichtige Hülle zusammengehalten werden könnte, wie schnell würde es sich relativistisch zerstrahlen? Welchen Druck würde seine Strahlung in 1 km Abstand ausüben? Warum geht die Zerstrahlung im Sonneninnern nicht so schnell?

●● **11.3.7. Treibhauseffekt**
Erklären Sie in Worten, warum es in einem ungeheizten Treibhaus mit Glasdach wärmer ist als draußen. Eine dünne Glasplatte absorbiert Infrarotlicht mit Wellenlängen oberhalb 20 µm. Alles andere läßt sie praktisch ungeschwächt durch. Das Treibhausdach stand längere Zeit ganz offen und wird dann wieder zugedeckt. Für die drei Zustände: Offenes Treibhaus – unmittelbar nach dem Zudekken – längere Zeit nach dem Zudekken stellen Sie schematisch Strahlungsbilanzen auf, indem Sie die Leistungen von Einstrahlung und Rückstrahlung durch entsprechende Anzahlen von Pfeilen darstellen. Welche Temperatur kann das Treibhaus annehmen, wenn die Sonne voll darauf scheint? Die Abdeckplatte eines **Sonnenkollektors** kann 90 % der Rückstrahlung absorbieren, aber das Sonnenlicht fast ungeschwächt durchlassen. Wie warm kann es im Innern des Kollektors werden? Warum absorbiert Glas wie die meisten Stoffe im Infraroten, läßt aber sichtbares Licht durch? Wo erwarten Sie noch einen Absorptionsbereich des Glases? Welche Teilchen sind für diese Absorptionen verantwortlich?

● **11.3.8. Siafu**
Die gefürchteten Treiberameisen (Siafu) bauen kein Nest im Boden oder im Holz, sondern formen eines aus ihren eigenen Körpern: Alle nicht zum Jagen benötigten Arbeiterinnen bilden eine Hohlkugel, in der sie die zur Larvenaufzucht nötige konstante Temperatur aufrechterhalten. Worin liegt der Unterschied zum Fall des Tallegalla-Huhns (Aufgabe 5.4.10)? Was müssen die Ameisen machen, wenn es draußen kälter bzw. wärmer wird? Stellen Sie eine Leistungsbilanz auf und entwickeln Sie daraus eine Formel oder ein Diagramm, nach dem sich die Ameisen richten könnten. Die Konvektion sei vernachlässigt.

12

Das Atom

Inhalt

Niels Bohr (*rechts*) und *Wolfgang Pauli* betrachten einen „Spinumkehr-Kreisel", der sich nach kurzer Rotation von selbst auf den Kopf stellt (Aufnahme: Universität Lund, Schweden 1954)

Niels Bohr kommt mit Frau und Mitarbeitern aus einer langen Nachtsitzung in den Karlsberg-Bierstuben. Da beginnt der Holländer „Cas" *Casimir*, begeisterter Alpinist, die Rustica-Fassade eines Bankgebäudes zu erklettern. Bohr versucht es nach kurzem Besinnen ebenfalls. Frau Bohrs Augen werden noch besorgter, als sich zwei Polizisten in Eilmärschen nähern, aber plötzlich sagt der eine: „Ach laß, das ist ja bloß der Professor Bohr!"

Einleitung

Die klassische Lichttheorie, besonders in ihrer vollendetsten Form als **Maxwell-Lorentz-Theorie** der elektromagnetischen Wellen und ihrer Wechselwirkung mit den atomaren Ladungssystemen, hatte eine ungeheure Fülle optischer Erscheinungen mit bewundernswerter Präzision beschrieben. Brechung und Dispersion, Streuung, die ganze Vielfalt der Polarisationserscheinungen bis hin zum Faraday- und Kerr-Effekt, der optischen Aktivität und, etwas später, den feinsten Einzelheiten der Ausbreitung von Radiowellen – all dies konnte die klassische Lichttheorie im wesentlichen verständlich machen. Zum ersten Mal versagte diese Theorie, als sie sich an die Erklärung der Emission und Absorption des Lichtes machte. Am einfachsten sollte die Emission durch einzelne Atome sein. Warum hierbei nur bestimmte scharfe Frequenzen ausgestrahlt werden und wo sie liegen, blieb völlig dunkel. Vereinzelte Ansätze, wie *Thomsons* Atommodell (Abschn. 12.3.1), erklärten zwar die Existenz der Spektrallinien, gaben aber völlig falsche Werte für ihre Lage. Für sehr viele sich gegenseitig beeinflussende emittierende Teilchen, wie z.B. im heißen Festkörper, speziell im „schwarzen", schien die Lage überraschenderweise günstiger: Ein kontinuierliches Spektrum folgte wenigstens einigen Regeln der klassischen Physik, wie dem Wienschen Verschiebungsgesetz und dem Stefan-Boltzmann-Gesetz. Die Gesamtform der spektralen Energieverteilung jedoch entzog sich um so mehr der klassischen Beschreibung, je genauer man sie ausmaß.

12.1 Das Photon

Plancks Durchbruch zur Energieverteilung der schwarzen Strahlung öffnete den Weg. Das Energiequantum $h\nu$, das er fast widerwillig postulieren mußte, wurde bald in vielen anderen Erscheinungen wiedergefunden.

12.1.1 Entdeckung des Photons

Lange war die Beobachtung von *Hallwachs* ein Rätsel geblieben, wonach die *Energie* der beim Photoeffekt ausgelösten Elektronen nur durch die *Frequenz* des auslösenden Lichtes, ihre *Anzahl* nur durch die *Intensität* dieses Lichtes bestimmt wird (Abschn. 8.1.2). Die klassische Lichttheorie hätte den entscheidenden Einfluß auf die Elektronenenergie von der Lichtintensität erwartet. *Einstein* klärte dieses Rätsel auf sehr einfache Weise (1905), indem er annahm, daß auch für die Elektronenauslösung nur ganze Lichtenergiebeträge von der Größe $h\nu$ zur Verfügung stehen, der gleiche Betrag, der nach *Planck* zwischen Oszillatoren und Strahlungsfeld ausgetauscht wird. Dies führt zu Einsteins Gleichung (8.2), die sich experimentell vollkommen bestätigt und eine unabhängige, sehr präzise Messung von h ermöglicht. Deren Ergebnis stimmt genau mit dem aus der schwarzen Strahlung überein.

Eine Photokathode, eingebaut in ein Zählrohr, das den Nachweis einzelner Elektronen gestattet (Lichtzählrohr), werde einer sehr schwachen Lichtintensität ausgesetzt. Bei Kombination mit Verstärker und Lautsprecher erzeugt so jedes Photoelektron einen hörbaren Knack. Die Folge dieser Knacke ist statistisch ebenso unregelmäßig (Poisson-Verteilung) wie die Folge atomarer Ereignisse. Zwar läßt sich das Zeitmittel voraussagen, z. B. die mittlere Anzahl der Knacke pro Minute – um so genauer, je länger der fragliche Zeitraum ist –, der Einzelakt jedoch entzieht sich jeder Voraussage. Alle Versuche, den Elektronen einen gewissen Wirkungsbereich zuzuschreiben, innerhalb dessen sie die in einer Lichtwelle stetig einströmende Energie gewissermaßen einsaugen, bis sie den Vorrat gespeichert haben, den sie zur Auslösung aus dem Metall brauchen, führen zu unlösbaren Widersprüchen. Die Energie des Lichtes ist offenbar nicht kontinuierlich über die Wellenfront verteilt; vielmehr ist sie in einer Art Lichtkorpuskeln oder *Photonen* konzentriert. Andererseits sind die Wellen dadurch keineswegs abgeschafft. Dies zeigt schon die Tatsache, daß die Energie des Photons $h\nu$ ist, also durch die Frequenz von etwas Schwingendem bestimmt wird. Man muß dem Licht – und wie sich später zeigte, auch den „echten Korpuskeln" wie Elektronen oder Protonen – *sowohl Wellen- als auch Quantennatur* zuschreiben (**Dualität des Lichtes**, Abschn. 10.4).

12.1.2 Masse und Impuls der Photonen; Strahlungsdruck

Ein Photon hat die Energie $h\nu$ und bewegt sich im Vakuum mit der Geschwindigkeit c. Ein „richtiges" Teilchen kann also das Photon nach der Relativitätstheorie (Abschn. 15.2.6) nicht sein, denn jeder Körper sollte bei der Geschwindigkeit c eine unendliche Masse annehmen (was natürlich verhindert, daß er jemals diese Geschwindigkeit erreicht). Der einzige Ausweg ist, dem Photon die „Ruhmasse" Null zuzuschreiben. Erst bei der Lichtgeschwindigkeit nimmt die Masse des Photons einen endlichen Wert an. Bei dieser Geschwindigkeit gilt auch eine etwas abgeänderte Beziehung zwischen kinetischer Energie W_{kin} und *Impuls* p: Bei $v \ll c$ ist $W_{\text{kin}} = \frac{1}{2}mv^2$, $p = mv$, also $p = 2W_{\text{kin}}/v$, bei $v \approx c$ dagegen $p = W_{\text{kin}}/c$ (Abschn. 15.2.7). Das Lichtquant mit der Energie $h\nu$ hat also den Impuls

$$\boxed{p = \frac{h\nu}{c} = \frac{h}{\lambda}} \quad . \tag{12.1}$$

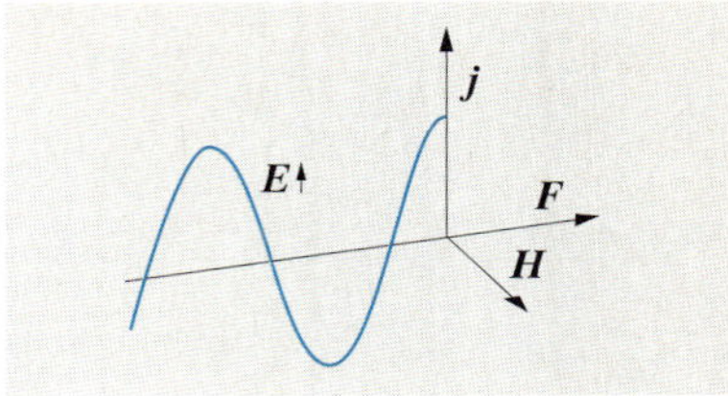

Abb. 12.1. Der Strahlungsdruck als Lorentz-Kraft: Das elektrische Feld der Welle erzeugt Ströme $\boldsymbol{j}$, die im Magnetfeld $\boldsymbol{H}$ der Welle eine Kraft $\boldsymbol{F}$ erfahren

Damit wird z. B. die Deutung des Strahlungsdruckes, die in der klassischen Theorie ziemlich kompliziert war, äußerst einfach.

In der elektromagnetischen Theorie kommt der Strahlungsdruck so heraus: Die Welle falle auf ein Material mit der Leitfähigkeit σ, in dem ihre Feldstärke $\boldsymbol{E}$ eine Stromdichte $\boldsymbol{j} = \sigma \boldsymbol{E}$ erzeugt. Das Magnetfeld $\boldsymbol{B}$ der Welle steht senkrecht auf $\boldsymbol{E}$ und damit auf $\boldsymbol{j}$, also gerade so, daß die Dichte der Lorentz-Kraft $jB = \sigma EB$, die auf die Ströme und damit auf das Material wirkt, maximal wird. Diese Kraft steht senkrecht auf $\boldsymbol{E}$ und $\boldsymbol{B}$, also in Ausbreitungsrichtung der Welle (Abb. 12.1). Aus der Kraft*dichte* wird eine Kraft durch Multiplikation mit einem Volumen, also ein Druck (Kraft/Fläche) durch Multiplikation mit einer Länge, oder besser durch Integration der Kraftdichte σEB über die Eindringtiefe der Welle. Ein schwach absorbierendes Material hat ein kleines σ (Abschn. 10.3.1) und damit eine kleine Kraftdichte; dafür ist die Eindringtiefe $1/\alpha$ groß (Absorptionskoeffizient $\alpha = \sigma/(n\varepsilon_0 c)$, Abschn. 7.6.7). Auf alle vollständig absorbierenden Materialien wirkt so der gleiche Strahlungsdruck

$$p_{\text{Str}} = \int_0^\infty \sigma EB \, \mathrm{d}x = \frac{1}{\alpha} \sigma EB = n\varepsilon_0 cEB = n\varepsilon_0 \mu_0 cEH = \frac{1}{c} I \, . \tag{12.2}$$

Im Quantenbild ergibt sich der Strahlungsdruck p_{Str} auf eine absolut schwarze Oberfläche aus dem Impuls aller aufprallenden Photonen, bei einer reflektierenden Oberfläche aus dem doppelten Impuls, da die Photonen ja zurückprallen – ganz analog wie beim Gasdruck. Druck ist Impulsübertragung pro Fläche und Zeit, Intensität I ist Energiefluß pro Fläche und Zeit. Damit ergibt sich aus (12.1) sofort

$$\boxed{p_{\text{Str}} = \gamma \frac{I}{c}} \tag{12.3}$$

($\gamma = 1$ für absolut schwarze, $\gamma = 2$ für ideal reflektierende Flächen).

Der experimentelle Nachweis des Strahlungsdruckes durch *P. I. Lebedew* ergab innerhalb der Beobachtungsfehler von etwa 20 % Übereinstimmung mit dem theoretischen Wert.

Wenn der Impuls eines Lichtquants $h\nu/c = h/\lambda$ ist und andererseits als mc ausgedrückt werden kann, ergibt sich für die Masse

$$\boxed{m = \frac{h\nu}{c^2} = \frac{W}{c^2}} \quad . \tag{12.4}$$

Dies wäre nach der Energie-Massenäquivalenz auch von vornherein zu erwarten gewesen. Daß dem Photon keine Ruhmasse zukommt, bedeutet, daß es reine Strahlungsenergie ist. Auf Grund der Vorstellung, daß Photonen Masse haben, die mit ihrer Frequenz zusammenhängt, lassen sich auch Effekte der allgemeinen Relativitätstheorie wie Rotverschiebung und Lichtablenkung im Schwerefeld sehr einfach verstehen (Abschn. 15.4.2).

12.1.3 Stoß von Photonen und Elektronen; Compton-Effekt

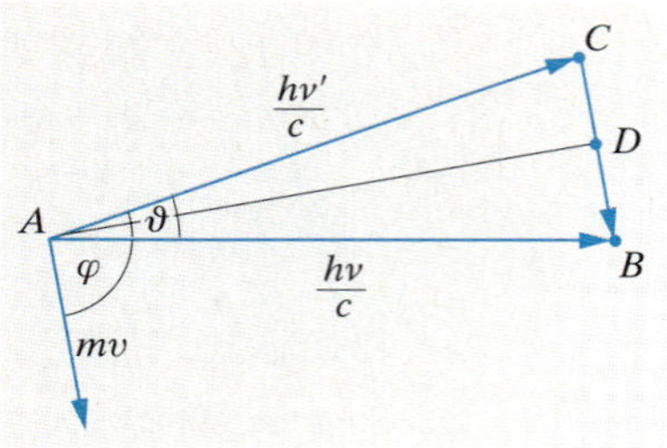

Abb. 12.2. Impulserhaltung beim Compton-Effekt

Die Photonenvorstellung hat auch folgenden zunächst rätselhaften Effekt aufgeklärt (*Compton*, 1922): Monochromatische Röntgenstrahlung wird durch Materie gestreut, und zwar im Gegensatz zum sichtbaren Licht unter Vergrößerung ihrer Wellenlänge. Die Wellenlänge des Streulichtes ist um so größer, je größer der Streuwinkel ϑ ist. Rückwärtsstreuung ($\vartheta = \pi$) liefert eine Wellenlängenzunahme um $4{,}85 \cdot 10^{-12}\,\mathrm{m} = 0{,}0485\,\text{Å}$, unabhängig von der eingestrahlten Wellenlänge.

Compton deutete den Effekt als einen Stoßvorgang zwischen dem Röntgenphoton und einem Elektron der streuenden Materie. Ein solcher Vorgang wird durch Energie- und Impulserhaltung vollständig charakterisiert, wenn der Streuwinkel ϑ gegeben ist. Das Elektron kann vor dem Stoß als ruhend betrachtet werden. Seine Energie und sein Impuls sind dem Photon entzogen worden:

$$h\nu - h\nu' = \text{kinetische Energie des Elektrons}\,. \tag{12.5}$$

Die Impulsbilanz wird ausgedrückt durch Abb. 12.2. Die genaue Ausrechnung ist elementar, aber ziemlich kompliziert. Eigentlich muß der Vorgang relativistisch behandelt werden. Wir betrachten den Grenzfall, daß dieWellenlänge sich relativ nur wenig ändert (was häufig zutrifft). Dann sind die beiden mit $h\nu/c$ und $h\nu'/c$ bezeichneten Vektoren in Abb. 12.2 praktisch gleichlang, und man liest aus den rechtwinkligen Dreiecken *ABD* und *ACD* ab

$$\frac{1}{2}mv = \frac{h\nu}{c}\sin\frac{\vartheta}{2}\,.$$

Die kinetische Energie des Elektrons ist also (Vergleich mit (12.5))

$$\frac{1}{2}mv^2 = \frac{1}{2}\frac{(mv)^2}{m} = \frac{4h^2\nu^2\sin^2(\vartheta/2)}{2mc^2} = h\nu - h\nu'\,.$$

Kürzen durch $h\nu^2$ liefert, wenn man beachtet, daß $\nu' \approx \nu$

$$\frac{2h}{mc^2}\sin^2\frac{\vartheta}{2} = \frac{\nu - \nu'}{\nu^2} \approx \frac{1}{\nu'} - \frac{1}{\nu}$$

oder in $\lambda = c/\nu$ geschrieben:

$$\lambda' - \lambda = \frac{2h}{mc}\sin^2\frac{\vartheta}{2}\,. \tag{12.6}$$

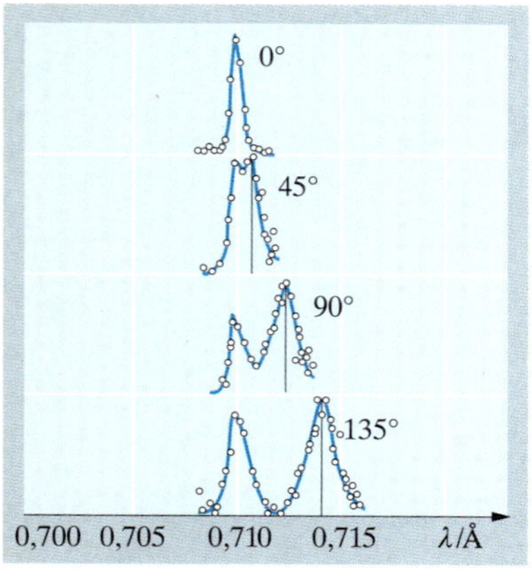

Abb. 12.3. Originalexperiment von *A. H. Compton*, K_α-Strahlung von Mo fällt auf Graphit und wird unter verschiedenen Winkeln zur Einfallsrichtung teils elastisch (ohne λ-Verschiebung), teils inelastisch (mit λ-Erhöhung) gestreut. Die Zunahme der λ-Verschiebung mit dem Streuwinkel läßt sich nach keinem klassischen Modell verstehen, folgt aber sofort aus den Stoßgesetzen für ein Photon

Diese Formel gilt auch im allgemeinen Fall, nicht nur für $\nu' \approx \nu$. Das Experiment bestätigt sie glänzend; speziell ist $2h/(mc)$ genau der für Rückstreuung gefundene Wert von 0,0485 Å. Die Hälfte davon heißt auch Compton-Wellenlänge

$$\boxed{\lambda_C = \frac{h}{mc} = 0{,}0243\,\text{Å}}\,. \tag{12.7}$$

Ein Photon, das die Wellenlänge λ_C hätte, besäße die Masse $h\nu/c^2 = h/(\lambda_C c) = m$, also die gleiche Masse wie das ruhende Elektron. Ein solches Photon würde bei Rückwärtsstreuung seine Wellenlänge verdoppeln. Dies zeigt schon, daß die nichtrelativistische Behandlung hier nicht angemessen wäre; nach den nichtrelativistischen Stoßgesetzen bleibt ein Teilchen, das ein massengleiches zentral stößt, einfach liegen, was für ein Photon natürlich unmöglich ist.

Nach dieser Theorie muß die Streuung mit dem Auftreten schneller gestoßener Elektronen verbunden sein. *Bothe* und *Geiger* konnten durch Koinzidenzmessungen von Photonen und Elektronen die Gleichzeitigkeit von Streuung und Erzeugung schneller Elektronen nachweisen. Energie, Impuls und Richtung dieser Elektronen entsprachen ebenfalls genau der Theorie. Der Compton-Effekt beweist also überzeugend die Richtigkeit der Photonenvorstellung und die Gültigkeit von Energie- und Impulssatz bei der Wechselwirkung zwischen Materie und Strahlung.

Bei niederfrequenten Photonen muß man anders rechnen, weil für sie fast alle Elektronen schnell sind. Beim Stoß mit einem Elektron ändert sich ihre Frequenz relativ um $\Delta\nu/\nu \approx 2v_e/c$. Die Elektronen des intergalaktischen Plasmas mit etwa 10^7 K sollen nach *Seldowitsch* und *Sunjajew* so die leichte Anisotropie der 3 K-Urstrahlung erzeugen, die der Satellit COBE (Cosmic Background Explorer) 1993 entdeckt hat (Aufgabe 12.1.5).

✘ Beispiel...

Warum wird bei sichtbarem Licht keine Compton-Wellenlängenänderung des Streulichtes beobachtet?

Natürlich werden auch sichtbare Photonen an Elektronen gestreut. Die maximale λ-Änderung dabei (für 180°-Streuung) ist die doppelte Compton-Wellenlänge, also 0,048 Å, d. h. nur etwa 10^{-5} der einfallenden Wellenlänge. Die mechanische Analogie ist die eines sehr leichten Teilchens, das beim Stoß mit einem sehr schweren ohne merkliche Impulsänderung zurückprallt. Das gilt für freie Elektronen. Bei Atomelektronen nimmt das ganze Atom den Impuls auf, und $\Delta\lambda/\lambda$ ist noch etwa 10^4mal kleiner.

12.1.4 Rückstoß bei der γ-Emission; Mößbauer-Effekt

Wenn ein Atom ein Photon emittiert, muß dessen Impuls h/λ durch einen entgegengesetzt gleichen Rückstoßimpuls ausgeglichen werden, den das Atom aufnimmt. Im Sichtbaren und UV ist dieser Rückstoß so klein, daß er nicht zu meßbaren Konsequenzen führt. Anders im Bereich der γ-Strahlung, die von angeregten *Kernen* emittiert wird. Ihre typische Energie-Größenordnung ist $W \approx 1\,\text{MeV} = 1{,}6 \cdot 10^{-13}\,\text{J}$. Der entsprechende Impuls $p = h\nu/c = W/c \approx 10^{-21}\,\text{kg m/s}$ ist schon imstande, einen Kern mit erheblicher Geschwindigkeit wegzuschleudern. Die kinetische Energie, die der Kern so aufnimmt, nämlich $W_{\text{Kern}} = p^2/(2M) = W^2/(2Mc^2)$ (M: Kernmasse), geht dem γ-Quant verloren. Dessen Frequenz erniedrigt sich um einen entsprechenden Betrag $\Delta\nu$, der bestimmt ist durch

$$h\,\Delta\nu = -W_{\text{Kern}} = -\frac{W^2}{2Mc^2} = -\frac{h^2\nu^2}{2Mc^2}\,,$$

d. h.

$$\boxed{\frac{\Delta\nu}{\nu} = -\frac{h\nu}{2Mc^2}}\,. \qquad (12.8)$$

Da Mc^2 für Kerne mehrere GeV beträgt, ist die relative Verstimmung der γ-Frequenz nicht sehr groß (weniger als 10^{-3}). Die typischen γ-Linien sind aber so scharf, daß trotzdem eine bedeutsame Konsequenz eintritt: Damit ein anderer identischer Kern das γ-Quant absorbieren kann, muß seine Frequenz in eine Absorptionslinie fallen, die identisch ist mit der Emissionslinie, wie sie *ohne Rückstoß* läge. Die Verstimmung durch den Rückstoß reicht aus, um diese „Resonanzabsorption" unmöglich zu machen.

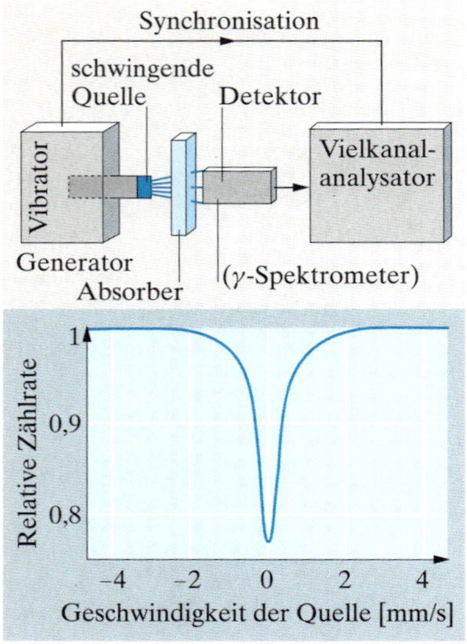

Abb. 12.4. Einfaches Mößbauer-Experiment. Je nach der Relativgeschwindigkeit zwischen Quelle und Absorber, hier realisiert durch Vibration der Quelle, ist die (oft durch Kühlung rückstoßfrei gemachte) Absorption verschieden stark. Der mit dem Generator synchronisierte Vielkanal-Analysator ordnet die Zählimpulse in die der jeweiligen Geschwindigkeit entsprechenden Kanäle ein. *Unten*: 14 keV-Linie von ^{57}Fe, eine besonders schmale Linie

Nun gelingt es aber, den Rückstoß zunichte zu machen, und zwar dadurch, daß man das γ-strahlende Atom in das Kristallgitter eines festen Körpers einbaut. Dieses besitzt – ganz ähnlich wie ein einzelnes Atom – diskrete Energiezustände, die verschiedenen Typen von Schwingungen im Gitter entsprechen. Das Gitter kann also bestimmte Energiebeträge aufnehmen, andere nicht. Gehört zu den letzteren der Energiebetrag, den der freie Kern bei der Emission nach den Stoßgesetzen als kinetische Energie aufnehmen müßte, so kann diese Energie von den Nachbaratomen, d. h. von Schwingungen des Gitters nicht aufgenommen werden, sondern nur als kinetische Energie vom ganzen Kristall oder Kristallit. Dessen Masse ist aber im Vergleich zur Masse des Kerns so ungeheuer groß, daß der Kern sich so verhält, als sei er vollkommen starr eingebaut. Damit entfallen alle Effekte, die sonst durch die Rückstoß-Energie bewirkt werden, nämlich Linienverschiebung und -verbreiterung, und es wird eine Linie von außerordentlicher Schärfe emittiert, die von einem gleichartigen Kern, wenn auch er in ein Kristallgitter eingebaut ist, mit gleicher Schärfe (oder Selektivität) absorbiert werden kann.

Die Spektrallinien im Bereich der γ-Strahlung, die man so erhält – in Emission, wie auch in Absorption –, sind schärfer als alle sonst bekannten. Ihre relative Halbwertsbreite $(\Delta\nu/\nu)$ kann kleiner als 10^{-13} sein. Bei Linien des sichtbaren Spektralbereiches erreicht man bestenfalls 10^{-10}.

Bewegt man eine solche Strahlenquelle mit einer Geschwindigkeit von nur 3 cm/s ($= 10^{-10}\cdot$ Lichtgeschwindigkeit) vom Absorber weg oder auf ihn zu, so ist die Frequenz der Strahlung, wenn sie den Absorber erreicht, durch Doppler-Effekt um 10^{-10} verändert, und sie wird nicht mehr absorbiert. Durch Anwendung verschiedener Geschwindigkeiten läßt sich also die Frequenz der emittierten Spektrallinie (oder auch des Absorptionsgebietes) um winzige Beträge meßbar verändern, ohne daß die Linienschärfe verloren geht. Ebenso lassen sich winzige Veränderungen am emittierenden oder am absorbierenden Kern oder am Lichtquant selbst feststellen.

Auf diese Weise haben *R. V. Pound* und *G. A. Rebka* 1960 gemessen, daß sich die Frequenz eines γ-Lichtquants um den Faktor $5 \cdot 10^{-15}$ verringert, wenn es sich im Schwerefeld der Erde um 45 m nach oben bewegt. Es verliert dabei also die Energie $h\nu \cdot 5 \cdot 10^{-15}$. Das ist aber gerade diejenige Arbeit, die geleistet werden muß, um die Masse des Quants ($h\nu/c^2$, vgl. (12.4)) im Erdfeld um $H = 45$ m zu heben:

$$\frac{h\nu}{c^2} gH = h\nu \cdot 4{,}9 \cdot 10^{-15} .$$

Damit ist experimentell bewiesen, daß die Masse eines Lichtquants der Schwere unterliegt.

12.2 Emission und Absorption von Licht

Was in Atomen und Molekülen los ist, erkennt man am detailliertesten aus ihren Spektren. Um die Jahrhundertwende hoffte man, ein „Newton der Spektroskopie“ würde klarlegen, was die Welt im Innersten zusammenhält. Er kam, er hieß *Niels Bohr*, aber auch 80 Jahre danach sind wir immer noch auf dem Weg ins „Innerste“.

12.2.1 Spektren

Die Gesetze der Wärmestrahlung lassen sich ableiten, ohne daß man auf die innere Struktur der Materie eingeht, die mit der Strahlung in Wechselwirkung steht, d. h. sie emittiert und absorbiert. Man braucht nur zu wissen, ob diese Materie „schwarz“ ist oder nicht, genauer, welches Absorptionsvermögen sie hat. Alles weitere ist eine Angelegenheit der Strahlung selbst und des Energieaustausches zwischen ihren verschiedenen Frequenzbereichen, die wir als Energiebereiche der Photonen gedeutet haben. Der praktische Erfolg der Theorie der schwarzen Strahlung beruht darauf, daß zumindest im Sichtbaren viele heiße Körper, besonders feste und flüssige, sich nahezu schwarz oder grau verhalten (Absorptionsvermögen frequenzunabhängig); ihre Grenzen liegen dort, wo die spektrale Verteilung des Absorptionsvermögens wesentlich wird.

Von den individuellen Eigenschaften der Atome oder Moleküle ist im Festkörper oder der Flüssigkeit wenigstens optisch nicht mehr viel zu erkennen. Dicht gepackt sind alle Teilchen grau. Daß jedes Atom oder Molekül nur ganz charakteristische Spektrallinien hat, d. h. nur bei bestimmten scharfen Frequenzen absorbieren und emittieren kann, zeigt sich, von Ausnahmefällen abgesehen (Abschn. 12.2.9), erst im Zustand isolierter Teilchen, im Gas. Die scharfen Spektrallinien der Gasteilchen verbreitern sich, je mehr die Teilchen zusammenrücken, zu breiten Absorptions- und Emissionsgebieten und schließlich im Extremfall zum konstanten Absorptionsvermögen des schwarzen oder grauen Körpers.

Die Absorption gelöster Teilchen, obwohl in breiten und daher ziemlich uncharakteristischen Absorptionsgebieten konzentriert, ist besonders in der organischen und Biochemie ein wichtiges Mittel zum quantitativen Nachweis von Substanzen. Viel charakteristischer sind natürlich die scharfen Linien von Gasen und Dämpfen, die in der **Spektralanalyse** ausgenutzt werden und die den ungeheuren Aufschwung der Astrophysik seit etwa 100 Jahren ermöglichten. Fast alles, was man über die Sterne weiß, hat man aus ihren Spektren abgeleitet. Weil andererseits die Lage der Spektrallinien so charakteristisch für die verschiedenen Atome ist, liegt auf der Hand, daß ein Verständnis der Spektren auch ein Verständnis der Atome bedeutet. Bei der Entwicklung dieser Zusammenhänge werden wir häufig zwischen dem klassisch-elektrodynamischen Grundmodell eines strahlenden Teilchens, nämlich dem Hertz-Oszillator, und dem

Abb. 12.5. Das kontinuierliche Spektrum eines heißen Festkörpers (a), das Bandenspektrum eines Molekülgases (b) und das Linienspektrum eines Atomgases (c). (Aus W. Finkelnburg: *Einführung in die Atomphysik*, 11./12. Aufl. (Springer, Berlin Heidelberg 1976))

Photonenbild hin- und herspringen, bis wir im Bohrschen Atommodell eine vorläufige und in der quantenmechanischen Theorie des Atoms eine weitergehende Synthese finden.

12.2.2 Linienverbreiterung

Absolut scharfe **Spektrallinien** gibt es nicht. Selbst ein völlig isoliertes Atom könnte nur dann Licht einer absolut scharfen Frequenz aussenden, wenn es ununterbrochen strahlen würde. Unabhängig vom speziellen Atommodell muß die emittierte Welle irgendwann aufhören. Jeder solche Abbruch verletzt aber die absolute Periodizität, und das Ergebnis ist nur noch durch ein Kontinuum von Frequenzen darstellbar (Abschn. 4.1.1d: Fourier-Analyse).

Ein Hertz-Dipol, also eine Ladung e, die mit der Amplitude x_0 und der Kreisfrequenz ω schwingt, strahlt nach Abschn. 7.6.6 eine Leistung $P = \omega^4 e^2 x_0^2/(6\pi\varepsilon_0 c^3)$ aus. Diese Leistung wird der Gesamtenergie der Schwingung entzogen, die $W = \frac{1}{2}mv^2 = \frac{1}{2}m\omega^2 x_0^2$ beträgt und somit nach einer Zeit

$$\tau = \frac{W}{P} = 3\pi \frac{\varepsilon_0 c^3 m}{e^2 \omega^2} \tag{12.9}$$

verbraucht ist. Sind die schwingenden Teilchen Elektronen, so ergibt sich $\tau \approx 10^{-8}$ s. Die emittierte Welle ist also gedämpft mit einer **Dämpfungskonstante** $\delta = 1/(2\tau)$.

Wie in (4.27) ergibt sich das Frequenzspektrum einer gedämpften Schwingung $f(t) = A\,\mathrm{e}^{-\delta t}\,\mathrm{e}^{\mathrm{i}\omega_0 t}$ aus dem Fourier-Integral

$$\begin{aligned}\frac{1}{\sqrt{2\pi}} \int_0^\infty f(t)\,\mathrm{e}^{-\mathrm{i}\omega' t}\,\mathrm{d}t &= \frac{A}{\sqrt{2\pi}} \int_0^\infty \mathrm{e}^{(-\delta + \mathrm{i}\omega_0 - \mathrm{i}\omega')t}\,\mathrm{d}t \\ &= \frac{1}{\delta - \mathrm{i}(\omega_0 - \omega')} \frac{A}{\sqrt{2\pi}} .\end{aligned}$$

Der Realteil hiervon ist das Frequenzspektrum:

$$g(\omega') = \frac{\delta}{(\omega_0 - \omega')^2 + \delta^2} .$$

Das Maximum dieser symmetrischen Kurve (Abb. 12.6) liegt bei der Frequenz $\omega' = \omega_0$; dort hat die Amplitude den Wert $g(\omega_0) = 1/\delta$; auf die Hälfte dieses Wertes ist sie abgesunken bei einer Verstimmung um $\Delta\omega' = \delta$ (Halbwertsbreite). Da $\delta = 1/(2\tau)$, folgt die Gesamtbreite der Linie

$$\boxed{2\,\Delta\omega' = 2\delta = \frac{1}{\tau}} . \tag{12.10}$$

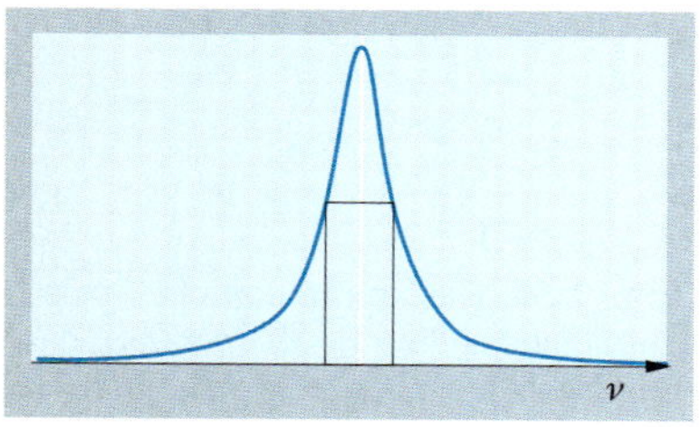

Abb. 12.6. Profil einer Spektrallinie als Fourier-Spektrum eines gedämpften Wellenzuges

Die Breite einer Spektrallinie, die einem gedämpften Wellenzug des einzelnen Emissionsaktes entspricht, ist gleich der reziproken **Lebensdauer des angeregten Zustandes**. Diese Beziehung gilt ganz allgemein, gleichgültig ob der Strahlungsprozeß durch Dämpfung oder anders abgebrochen wird.

Völlig isolierte Atome senden häufig Linien aus, deren **natürliche Linienbreite** der oben geschilderten klassischen Strahlungsdämpfung entspricht (12.9). Für sichtbares Licht ist $\delta/\omega \approx 10^{-8}$. Noch schärfere Linien kann man nur erwarten, wenn der angeregte Zustand langlebiger ist. Dies ist für gewisse Atomzustände (metastabile Zustände, Abschn. 12.2.7) und vielfach für Zustände des Atomkerns der Fall. Die Schärfe der entsprechenden γ-Linien wird im Mößbauer-Effekt ausgenutzt.

In dichten Gasen und besonders im kondensierten Zustand werden die individuellen Strahlungsakte nicht mehr durch Strahlungsdämpfung, sondern durch Stöße mit anderen Teilchen abgebrochen. Die Lebensdauer τ ist dann annähernd mit der gaskinetischen Stoßzeit gleichzusetzen (Abschn. 5.2.7):

$$\tau = \frac{l}{v} \approx \frac{1}{nAv}$$

(l: freie Weglänge; v: mittlere thermische Geschwindigkeit; n: Teilchenzahldichte; A: Stoßquerschnitt). Das führt zur **Stoß-** oder **Druckverbreiterung** der Spektrallinien auf die Breite

$$\Delta\omega \approx \frac{1}{\tau} \approx nAv \sim p\,. \tag{12.11}$$

Die Quantentheorie des Atoms hat gegen die Größenordnung von τ aus der klassischen Elektrodynamik im Normalfall nichts einzuwenden, erklärt aber, warum einige Atomzustände viel langlebiger (metastabil) sind.

Die endliche Leuchtdauer der Atome hat eine weitere sehr praktische Konsequenz. Da der von einem Atom emittierte Wellenzug zeitlich i. allg. $\tau \approx 10^{-8}$ s, räumlich also $c\tau \approx 3$ m lang ist, kann man nicht erwarten, daß man mit zwei Lichtbündeln, selbst wenn sie aus der gleichen Quelle stammen, noch Interferenzen herstellen kann, wenn ihr Gangunterschied größer als diese **Kohärenzlänge** ist. Versuche mit dem Michelson-Interferometer bestätigen das.

✗ Beispiel . . .

Wie muß ein Spektralapparat gebaut sein, damit er bis zur **natürlichen Linienbreite** auflösen kann? Was stellen die Linien andernfalls dar?

Die natürliche Linienbreite der meisten („erlaubten“ Übergängen entsprechenden) Linien ist gerade nicht mehr auflösbar. Selbst mit einem Beugungsgitter mit $n = 10^6$ benutzten Strichen müßte man etwa in der Ordnung $z = 100$ messen (Abschn. 10.1.6: $\lambda/\Delta\lambda = zn$). Außerdem wird die natürliche Breite schon bei Heliumtemperaturen von der Doppler-Breite überdeckt. „Verbotene“ Linien, die von metastabilen Zuständen ausgehen, haben noch viel geringere natürliche Breite. Die Linien sind also normalerweise Beugungsbilder des Spaltes.

12.2.3 Fluoreszenz

In einem hochevakuierten Gefäß befindet sich metallisches Natrium mit seinem Dampf, dessen Druck bei 100 °C 10^{-7} mbar beträgt (Abb. 12.7). Schickt man durch das Gefäß ein Bündel gelben Na-Lichtes (die D_1- und D_2-Linien), dann sieht man auch von der Seite die Spur dieses Bündels im gelben Licht des Natriums leuchten. Durchstrahlt man das Gefäß mit weißem Licht (z. B. aus einer Bogenlampe), dann leuchtet die Spur ebenfalls im gelben Licht der ***D*-Linien**. Natriumdampf streut Licht, aber nur selektiv in den D-Linien. Eine solche selektive Streuung heißt **Fluoreszenz**. Im Spektrum des durch den Dampf hindurchgegangenen Lichtes zeigt sich

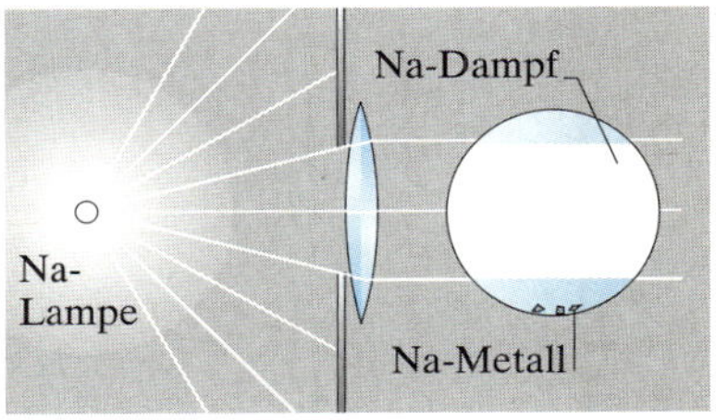

Abb. 12.7. Das Licht der Natrium-D-Linien regt den Na-Dampf zum Resonanzleuchten an (leuchtender Teil im Bild weiß)

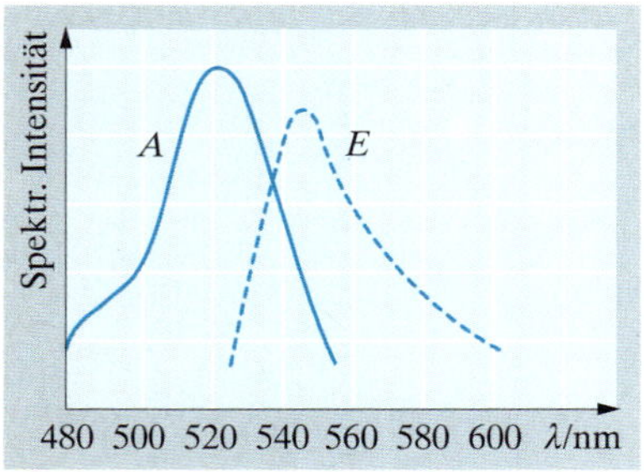

Abb. 12.8. Stokes-Verschiebung beim Fluoreszenzlicht einer Eosinlösung. *A* Absorption. *E* Emission

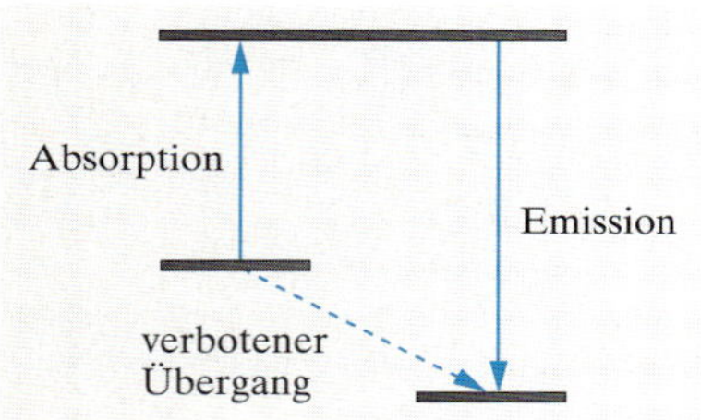

Abb. 12.9. Metastabiler Zustand und verbotener Übergang

ein Paar von *D-Absorptionslinien*: Energie aus dem einfallenden Strahl ist verbraucht worden, um die Na-Atome zum Mitschwingen anzuregen; die in Resonanz mitschwingenden Na-Atome strahlen diese Energie nach allen Seiten wieder ab. Deswegen spricht man in diesem Fall von **Resonanzfluoreszenz**. Durchstrahlt man den Dampf mit der Linie 330,3 nm, so erscheint auch sie als Resonanzfluoreszenz; neben ihr treten aber auch die *D*-Linien auf, die nun nicht mehr als Resonanzlinien aufgefaßt werden können.

Auch bei anderen fluoreszenzfähigen Systemen ist das emittierte Licht fast immer höchstens so kurzwellig wie das absorbierte (**Stokes-Regel**, Abb. 12.8). Im Photonenbild ist das ganz verständlich: Das absorbierte Photon kann höchstens Energie, also Frequenz verlieren, bevor es wieder ausgestrahlt wird. Ein solcher Energieverlust kann eintreten, wenn während der Lebensdauer des angeregten Zustandes ein gaskinetischer Zusammenstoß erfolgt, der die Anregungsenergie teilweise oder ganz abführt. Die abgeführte Energie kann in kinetische (thermische) Energie umgesetzt oder vom Stoßpartner als Anregungsenergie übernommen und ausgestrahlt oder weitertransportiert werden (Energiewanderung). Bei vollständiger Umwandlung in thermische Energie beobachtet man also **Fluoreszenzlöschung**. Die Häufigkeit aller dieser Prozesse nimmt i. allg. mit wachsender Temperatur zu.

Nur ausnahmsweise beobachtet man in der Emission kürzerwellige Antistokes-Linien als in der Absorption. Die Zusatzenergie kann entweder aus dem thermischen Energievorrat stammen (in diesem Fall nimmt die Intensität der Antistokes-Linien mit wachsender Temperatur zu), oder die Absorption des Photons kann einen Übergang höherer Energie ausgelöst haben, der sonst verboten wäre (Abb. 12.9).

Das Absorptions- und das Fluoreszenzspektrum eines mehratomigen Gases (z. B. Joddampf) ist viel komplizierter. Auch Flüssigkeiten und Festkörper zeigen bei geeigneter Einstrahlung Fluoreszenz. Die Absorption des zur Anregung befähigten Lichtes ebenso wie die Emission erfolgen fast immer in kontinuierlichen Banden. Eine Ausnahme sind Festkörper, die seltene Erden enthalten; sie zeigen auch scharfe Fluoreszenzlinien.

Typische Vertreter fluoreszenzfähiger flüssiger Körper, die durch sichtbares Licht angeregt werden, sind Fluoreszein und Eosin in wäßriger Lösung. Praktisch wichtig ist die Fluoreszenz des Uranglases und des Bariumplatincyanids, die zum Nachweis von ultraviolettem Licht und von Röntgenstrahlen verwendet wird. Die durch Röntgenstrahlen erregte Fluoreszenz ist allerdings den von ihnen ausgelösten Sekundärelektronen zuzuschreiben.

12.2.4 Phosphoreszenz

Viele feste Körper, als Phosphore („Lichtträger“) bezeichnet, leuchten nach Bestrahlung mit kurzwelligem Licht noch länger nach. Im Gegensatz zur Fluoreszenz wird die Energie des anregenden Lichtes nicht sofort (innerhalb 10^{-8} s) wieder ausgestrahlt, sondern unter Umständen erst im Laufe von Tagen. Erdalkali-, Zinksulfid- und Zinksilikat-Phosphore haben je nach Zusammensetzung Nachleuchtdauern zwischen Bruchteilen von Millisekunden (Fernsehschirme) und mehreren Stunden (Leuchtzifferblätter). Sie entstehen durch Schmelzen oder Sintern der Sulfide oder Silikate von Ca, Sr, Zn, Cd, „aktiviert“ mit geringen Mengen von Cu, Ag, Mn, Bi oder anderen Schwermetallen sowie unter Beimengung eines **Flußmittels**. Die Atome des aktivierenden Schwermetalles bilden Zentren, in denen die absorbierte **Lichtsumme** gespeichert wird. Temperatursteigerung verkürzt die Nachleuchtdauer; die Lichtsumme bleibt dabei aber bis zu gewissen Grenzen konstant. Für jeden Phosphor gibt es eine Höchstlichtsumme, die bei Steigerung der Anregung nicht überschritten werden kann. Die Anzahl der speicherbaren Photonen entspricht i. allg. der der Zentren, d. h. der Anzahl der aktivierenden Metallatome.

12.2.5 Der Versuch von Franck und Hertz

Daß die Atome diskrete Energiezustände haben und daß sie mit Energiebeträgen, die kleiner sind als der Abstand bis zum nächsten Energiezustand, nichts anfangen können, auch wenn ihnen diese Energie anders als in Photonenform geboten wird, wiesen *Franck* und *Hertz* 1913 nach.

Ein Gefäß wird gut evakuiert, und dann wird ein sehr geringer Dampfdruck einer einheitlichen Substanz, z. B. Natrium erzeugt (etwa durch leichtes Erhitzen eines Stückchens Natrium, das sich im Gefäß befindet). Eine Glühkathode K steht einer mit Öffnungen versehenen Anode gegenüber (Abb. 12.10). Regelt man die Anodenspannung von Null an langsam hoch, so bemerkt man ein gelbes Leuchten im Licht der Natrium-D-Linien, sobald die Anodenspannung 2,1 V überschreitet.

Die Natrium-D-Linien liegen bei $\lambda = 589$ nm. Ihre Quantenenergie ist also $W = h\nu = hc/\lambda = 3{,}38 \cdot 10^{-19}$ J $= 2{,}11$ eV. Ein Elektron kann also ein Atom erst dann durch Stoß zur Ausstrahlung anregen, wenn seine Energie mindestens so groß ist wie die des emittierten Lichtquants. Dieses ist sozusagen die Umkehrung der entsprechenden Bedingung für den Photoeffekt.

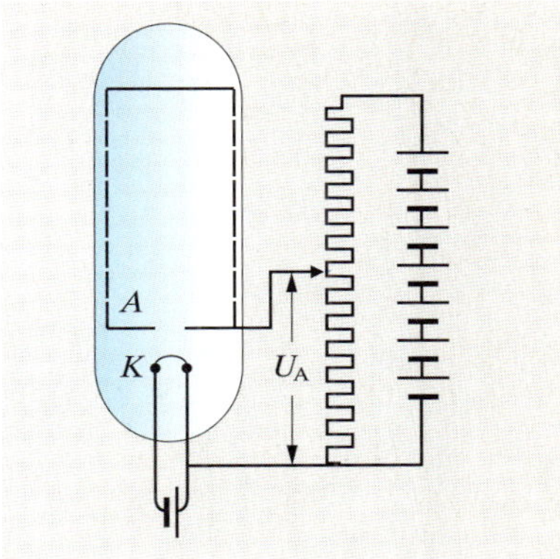

Abb. 12.10. Lichtanregung von Natriumdampf durch Elektronenstoß

Die ursprüngliche Anordnung von *Franck* und *Hertz* (Abb. 12.11) gestattet auch nachzuweisen, daß die Elektronen tatsächlich den Dampf ohne Energieverlust durchlaufen, wenn ihre Energie unterhalb der Anregungsstufe liegt. In einem zylindrischen Rohr Z aus Platin befindet sich ein axialer Glühdraht K, umgeben von einem zylindrischen Drahtnetz A, das als Anode dient. Das Rohr enthält ein wenig Quecksilberdampf. Elektronen werden im Feld zwischen K und A beschleunigt; ein Teil von ihnen fliegt durch die Maschen von A weiter und wird mit dem Galvanometer G nachgewiesen. Um ganz langsame Elektronen, speziell solche, die gerade einen energieverzehrenden Stoß hinter sich haben, zurückzuhalten, legt man ein schwaches Gegenfeld (etwa 0,5 V) zwischen Z und A. Regelt man dann die Anodenspannung langsam hoch, so steigt der Strom durch G bis 4,9 V steil an, geht bei dieser Spannung aber fast auf Null zurück (Abb. 12.12). Mit steigender Spannung nimmt er dann wieder zu, bis sich bei 9,8 V, 14,7 V usw. die gleiche Erscheinung wiederholt. 4,9 eV entsprechen der Quantenenergie für die 253,7 nm-Quecksilberlinie. Damit ist die Deutung des Effektes sehr einfach: Sobald die Elektronen die Energie von 4,9 eV erreicht haben, sind sie imstande, Hg-Atome anzuregen, wozu sie allerdings ihre ganze Energie hergeben müssen und nicht mehr gegen die Gegenspannung anlaufen können. Eine leichte Steigerung der Anodenspannung macht dies aber wieder möglich, und erst bei $U_A = 2 \cdot 4{,}9$ V geben die meisten Elektronen in zwei aufeinanderfolgenden Stößen ihre Energie wieder vollständig ab.

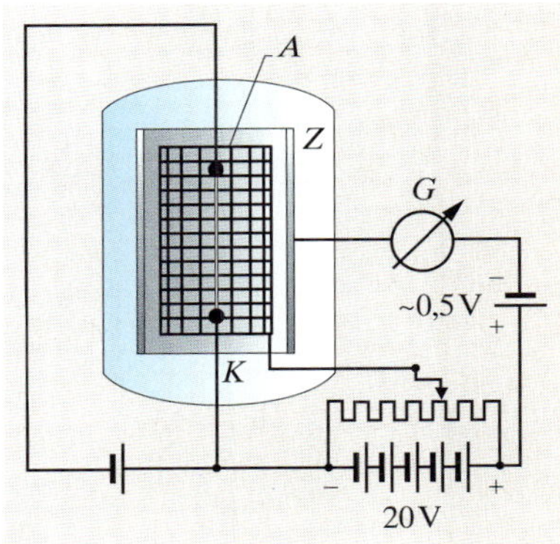

Abb. 12.11. Atomstoßversuch von *Franck* und *Hertz* zum Nachweis des quantenhaften Energieverlustes der stoßenden Elektronen

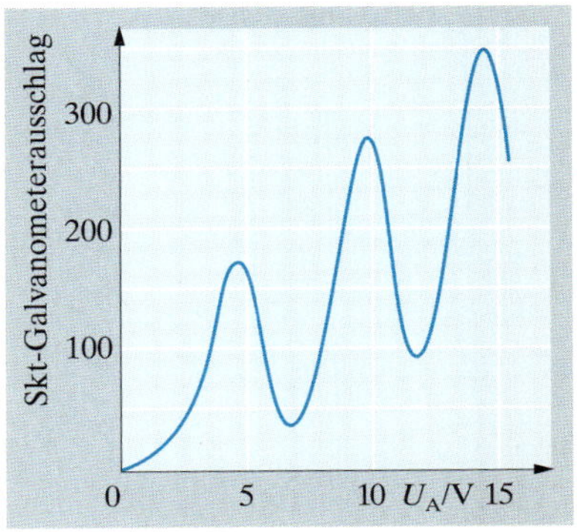

Abb. 12.12. Der zur Hilfsanode fließende Anodenstrom als Funktion der Anodenspannung im Stoßversuch von *Franck* und *Hertz*

Genauere Untersuchungen z. B. an der **Natriumdampflampe** zeigen, daß die Atome auch andere Energiestufen haben. Zusätzlich zu den D-Linien kommt aus dem Na-Dampf auch die Linie 330 nm, sobald die Elektronenenergie auf 3,7 eV gesteigert wird. Schon bei 3,15 und 3,55 eV treten Ultrarotlinien auf.

12.2.6 Die Energiestufen der Atome

Im Vertrauen auf die Elektronenstoßversuche kann man allgemein postulieren, daß jeder Spektrallinie, die ein Atom oder Molekül emittieren oder absorbieren kann, eine Differenz zwischen zwei Energiezuständen dieses Teilchens entspricht.

Absorption eines Photons von der Frequenz ν hebt die Energie des Atoms um den Betrag $h\nu$, Emission bedeutet einen entsprechenden Energieverlust. Dasselbe gilt auch für die möglichen Energiebeträge, die das Atom einem stoßenden Elektron entziehen kann. Die Übereinstimmung von Absorptionslinien, Emissionslinien und Elektronenstoßenergien bestätigt die **Bohr-Frequenzbedingung** zwischen den Energiezuständen $W_1, W_2, \ldots$ des Atoms und den Frequenzen der Spektrallinien

$$h\nu = W_k - W_i \quad . \qquad (12.12)$$

Der tiefstmögliche Energiezustand eines Atoms heißt sein **Grundzustand**, die höheren sind **angeregte Zustände**.

Aus der Bohr-Frequenzbedingung folgt sofort das schon früher empirisch von *Ritz* gefundene **Kombinationsprinzip**: Wenn man die Frequenzen zweier Spektrallinien addiert oder subtrahiert, erhält man oft die Frequenz einer anderen Linie; oder allgemeiner: Die Frequenzen aller Linien eines Spektrums lassen sich als Differenzen von verhältnismäßig wenigen **Spektraltermen** darstellen, die miteinander kombiniert werden. Diese Terme erweisen sich jetzt einfach als die durch h dividierten Energien der möglichen Zustände des Atoms. Allerdings treten nicht alle Kombinationen von Termen oder Zuständen als Spektrallinien auf: Es gibt gewisse Übergangsverbote oder **Auswahlregeln**, deren wahre Bedeutung erst die Quantenmechanik enthüllt.

Alle Spektrallinien, bei denen der untere Term übereinstimmt und nur der obere, der **Laufterm**, verschieden ist, lassen sich zu einer im Spektrum oft deutlich erkennbaren **Spektralserie** zusammenfassen. Die Linien solcher Serien rücken meist im Kurzwelligen immer enger zusammen und konvergieren gegen eine **Seriengrenze**. Dies zeigt, daß die dem Laufterm entsprechenden Energiezustände mit wachsender Energie immer enger liegen.

Steigert man die Energie des Elektrons oder Photons, das man auf ein Atom schießt, so bringt man dieses in immer höhere Energiestufen. Schließlich aber führt dies zur Zerstörung des Atoms, und zwar zunächst zur Abtrennung eines Elektrons, einer **Ionisierung**. Schon daraus ist zu vermuten, daß im Atom Elektronen enthalten sind und daß die Anregungszustände eigentlich Zustände dieser Elektronen sind. Ionisierung tritt ein, wenn einem Atom vom Grundzustand mehr Energie zugeführt wird als eine charakteristische Grenzenergie, die **Ionisierungsenergie** (sie wird oft in eV ausgedrückt und dann etwas unsauber als Ionisierungsspannung bezeichnet).

12.2.7 Anregung und Ionisierung

Abbildung 12.13 gibt eine Übersicht über die wichtigsten Wechselwirkungen zwischen Atomen, Photonen und Elektronen, die mit Anregung oder Ionisierung verbunden sind. Wenn ein bestimmter Prozeß möglich ist, so ist auch seine Umkehrung möglich, die dem rückwärts gespielten Film des Originalprozesses entspricht. Wenn ein Atom z. B. einem Elektron einen bestimmten Energiebetrag entnehmen und ihn zum Übergang in einen höheren Zustand benutzen kann, so kann es die gleiche Energie auch an ein vorbeikommendes Elektron abgeben, wobei dieses beschleunigt wird (**Stoß zweiter Art**).

Nur solche Prozesse sind möglich, die den drei Erhaltungssätzen für Energie, Impuls und Drehimpuls gehorchen. Dies schließt z. B. die Rekombination eines isolierten Atoms mit einem einzelnen Elektron aus: Das entstehende neutrale Atom kann nicht gleichzeitig die kinetische Energie $\frac{1}{2}mv^2$ und den Impuls mv des Elektrons aufnehmen. Es muß ein weiterer Partner da sein, der die Bilanzen in Ordnung bringt. In kondensierter Materie ist das meist ein anderes Atom, im verdünnten Gas oder Plasma oft ein anderes Elektron (**Dreierstoß-Rekombination**).

Trotz ihrer weitgehenden formalen Entsprechung sind die Übergänge, die durch Photonen-, Elektronen- oder Atomstoß ausgelöst werden können, teilweise verschieden, und zwar hauptsächlich wegen der Verschie-

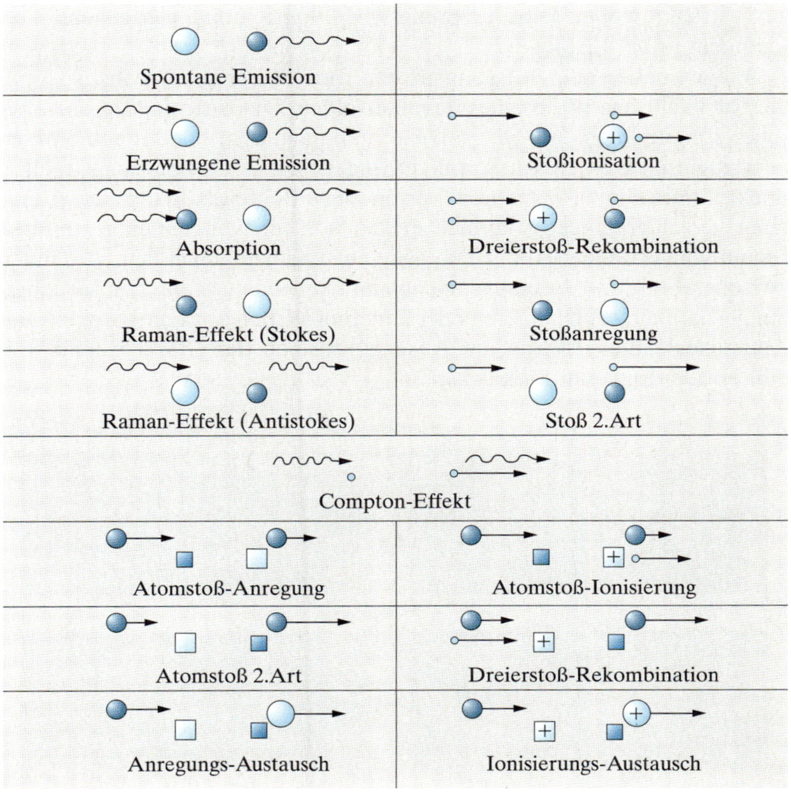

Abb. 12.13. Übersicht über die Stoßprozesse zwischen Atomen, Elektronen, Photonen. (⇝) Photon, (∘) Elektron, (●, ■) Atome im Grundzustand, (○, □) im angeregten Zustand, (⊕, ⊞) Ionen

denheit der Impuls- und Drehimpulsbilanz. Es gibt Übergänge, die optisch verboten, also durch Photonenstoß nicht oder nur sehr schwer, durch Elektronen- oder Atomstoß (thermischen Stoß) aber sehr leicht zu bewerkstelligen sind. Der energetisch höhere in einem solchen Paar von Zuständen, zwischen denen der Übergang optisch verboten ist, heißt (optisch) **metastabiler Zustand**. Wenn die „erlösenden" thermischen oder Elektronenstöße selten sind, können solche Zustände sehr lange Lebensdauern haben und erhebliche Energiemengen speichern.

Wenn man die Linie 253,7 nm in Hg-Dampf einstrahlt, dem Tl-Dampf beigemischt ist, so treten neben den Hg-Resonanzlinien (Abschn. 12.2.3) auch längerwellige Tl-Linien auf. Angeregte Hg-Atome haben ihre Anregungsenergien mit Tl-Atomen ausgetauscht. Die Differenz zwischen den beiden Anregungsenergien geht in kinetische Energie über. Solche indirekte Anregung heißt **sensibilisierte Fluoreszenz**; Hg ist der Sensibilisator für das Tl-Leuchten.

12.2.8 Raman-Effekt

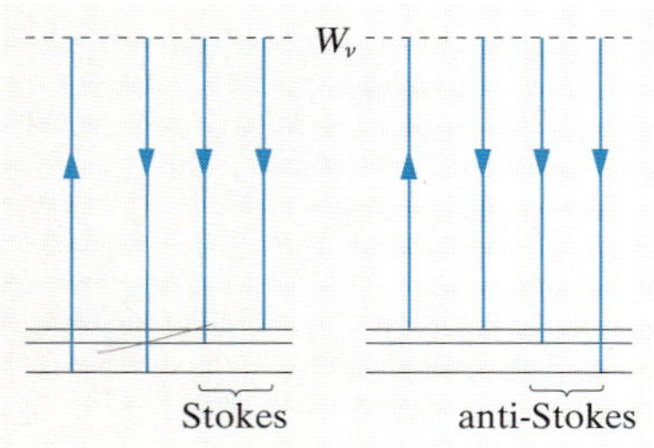

Abb. 12.14. Termschema zur Deutung der Raman-Linien

Nach der Photonenvorstellung besteht Lichtstreuung darin, daß die Energie der Photonen nicht gleich einer möglichen Differenz von Energieniveaus des Atoms oder Moleküls ist, und daß das Photon nur „versuchsweise" absorbiert wird, wobei es das Atom in einen Zustand W_ν überführt. Da dieser nicht zu den erlaubten gehört, wird das Photon sofort wieder ausgestrahlt, wobei seine ursprüngliche Flugrichtung weitgehend verlorengeht (Abb. 12.14).

Liegen neben dem Ausgangsniveau weitere Energieniveaus, so kann die Rückkehr aus W_ν in eines davon erfolgen. Die Energiedifferenz zwischen ihm und dem Ausgangsniveau muß dann dem Photon entnommen oder zugefügt werden. Im Streulicht findet man neben der eingestrahlten Spektrallinie eine oder mehrere verschobene Begleiter. Die gleichen Frequenzverschiebungen $\Delta\nu$ können sich auch neben weiteren eingestrahlten Linien wiederfinden (Abb. 12.15). Sie entsprechen genau den Abständen zwischen End- und Ausgangsniveaus im streuenden Atom. Die Verschiebungen können nach längeren oder kürzeren Wellen erfolgen (Stokes- und Antistokes-Linien). Wenn der Ausgangszustand der Grundzustand war, gibt es allerdings nur Stokes-Linien.

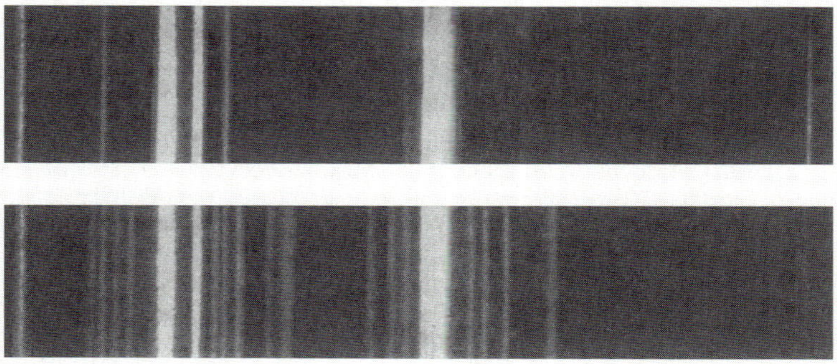

Abb. 12.15. Raman-Effekt mit Quecksilber-Bogenlicht an Benzol; *oben*: Spektrum des primären Hg-Lichtes, *unten*: Spektrum des Streulichtes

Streuung ist Emission der Ladungen, die mit der einfallenden Lichtwelle mitschwingen, speziell der Elektronenhülle. Die Amplitude des Streulichts hängt von der Polarisierbarkeit dieses Ladungssystems ab, und diese ändert sich, wenn die Atome im Molekül oder im Festkörper gegeneinander schwingen. Im gleichen Takt wird also das Streulicht moduliert, und die Modulationsfrequenz äußert sich im Spektrum als Abstand zwischen Haupt- und Seitenlinie (Abschn. 4.1.1, 4.1.4). Mit einer ähnlichen Überlegung hat *Smekal* diesen Effekt vorausgesagt, einige Jahre bevor *Raman* ihn 1928 nachwies.

In Abb. 12.15 sind die $\Delta\nu$ so klein, daß sie, direkt am Benzolmolekül beobachtet, Übergängen im fernen Ultrarot entsprechen würden, wo sie sehr schwer zu beobachten sind. Der Raman-Effekt rückt sie ins bequeme sichtbare Gebiet.

12.2.9 Laser

Grundlage der Physik des Lasers und Masers ist die **erzwungene Emission**. Diesen Vorgang hat *Einstein* postuliert (Abschn. 11.2.3), um das Planck-Gesetz auf möglichst einfache Weise abzuleiten. Die erzwungene, induzierte oder **stimulierte Emission** ist das genaue Gegenstück zur Absorption. Ein elektromagnetisches Strahlungsfeld kann ein Teilchen entweder zum Übergang in einen energetisch höheren oder tieferen Zustand veranlassen, vorausgesetzt daß seine Frequenz gerade mit der Energiedifferenz zwischen den beiden Zuständen übereinstimmt, d. h. daß $\nu = \Delta W/h$ ist. Speziell kann das Strahlungsfeld ein Teilchen aus dem Grundzustand in einen angeregten Zustand heben (Absorption) oder aus dem angeregten Zustand in den Grundzustand zurücksenden (erzwungene Emission), wobei im zweiten Fall die Energie, die dem Teilchen entzogen wird, vom Strahlungsfeld aufgenommen wird, während im ersten Fall genau das Umgekehrte geschieht. Die beiden entgegengesetzten Vorgänge haben, bezogen auf ein Teilchen im Grundzustand bzw. ein angeregtes Teilchen, genau die gleiche Wahrscheinlichkeit.

So fremdartig die erzwungene Emission zunächst anmutet, so ist sie doch auch in der klassischen Elektrodynamik verständlich. Wir betrachten eine schwingungsfähige Ladung (einen Oszillator). Ein *ruhender* Oszillator kann natürlich aus einem elektromagnetischen Feld passender Frequenz nur Energie *aufnehmen* (Absorption). Ein Oszillator, der bereits schwingt, kann aber ebensogut Energie aufnehmen wie abgeben. Das hängt lediglich von den Phasenverhältnissen ab. Das Dipolmoment sei $\boldsymbol{p}$, seine zeitliche Ableitung $\dot{\boldsymbol{p}} = \omega \boldsymbol{p}$. Im elektrischen Feld $\boldsymbol{E}$ erfährt die Ladung e die Kraft $e\boldsymbol{E}$, nimmt also die Leistung $\boldsymbol{F} \cdot \boldsymbol{v} = e\boldsymbol{E} \cdot \boldsymbol{v} = \boldsymbol{E} \cdot \dot{\boldsymbol{p}}$ auf. Wenn $\boldsymbol{E} \cdot \boldsymbol{v}$ negativ ist, also $\boldsymbol{v}$ antiparallel zu $\boldsymbol{E}$, wird die Leistung negativ: Der Oszillator gibt Energie an das Feld ab. Eine einfallende elektromagnetische Welle, die auf einen Haufen schwingender Dipole ohne feste Phasenbeziehung untereinander fällt, trifft im allgemeinen ebensoviele Dipole an, die im Gegentakt zu ihr schwingen, wie im Gleichtakt, d. h. ebensoviele, die ihr Energie zuführen, wie solche, die ihr Energie entziehen.

n_2 sei die Anzahldichte der schwingenden Dipole. Jeder von ihnen habe das mittlere Dipolmoment $\boldsymbol{p}$ und die Kreisfrequenz ω, also hat $\dot{\boldsymbol{p}}$ den Betrag ωp. Außerdem gebe es n_1 nichtangeregte Oszillatoren, die wir zunächst nicht betrachten. Die Phasendifferenzen zwischen $\boldsymbol{p}$ und $\boldsymbol{E}$ seien gleichmäßig verteilt. Auf der Strecke $\mathrm{d}x$, d. h. in der Zeit $\mathrm{d}t = \mathrm{d}x/c$, und auf der Querschnittsfläche A verliert die Welle die Leistung $A\,\mathrm{d}x\, n_2 E p\omega/2$, auf derselben Strecke gewinnt sie die gleiche Leistung. Durch Wechselwirkung mit den nichtangeregten Oszillatoren verliert sie die Leistung $A\,\mathrm{d}x\, n_1 E p\omega/2$. Indem sie Energie an die Welle abgeben, fallen die angeregten Oszillatoren allmählich in den nichtangeregten Zustand zurück und werden dann in entgegengesetzter Phasenlage neu aufgeschaukelt. Der Zustand wird sich also dahin entwickeln, daß im Gleichgewicht alle Oszillatoren im Gleichtakt mit der Welle schwingen. Wir setzen hierbei natürlich ein kohärentes Strahlungsfeld voraus, d. h. eines, das immer und überall mit einer fest gegebenen Phasenlage schwingt. Wenn das Strahlungsfeld dagegen wie das Licht eines Wärmestrahlers aus sehr vielen Bestandteilen mit rasch wechselnden Phasen zusammengesetzt ist (jeder Bestandteil entspricht der Emission eines einzelnen Atoms), bleiben die Wahrscheinlichkeiten für Energieaufnahme und -abgabe trotzdem noch gleich.

Quantenmechanisch ist die Lage noch einfacher. Die Unterscheidung zwischen verschiedenen Phasenlagen der Oszillatorschwingung hat dann keinen Sinn mehr. Einige Atome sind im angeregten Zustand (Anzahldichte n_2) und werden von der einfallenden Strahlung zur Emission gezwungen. Andere sind im Grundzustand (Anzahldichte n_1) und absorbieren die gleiche Strahlung. Für beide Prozesse ist der kinetische Faktor der gleiche, denn quantenmechanische Prozesse sind grundsätzlich umkehrbar, falls kein Erhaltungssatz einen von beiden ausschließt.

Ob die Absorption oder die erzwungene Emission überwiegt, hängt also lediglich von den Anzahldichten n_2 und n_1 ab. Bei $n_1 > n_2$ überwiegt die Absorption, die einfallende Welle ist gedämpft. Bei $n_2 > n_1$ verstärkt sich die einfallende Welle ständig durch erzwungene Emission (**Entdämpfung**). Im Gleichgewicht ist immer $n_2 < n_1$, nämlich nach *Boltzmann* $n_2 = n_1\, \mathrm{e}^{-h\nu/(kT)}$. Deswegen ist die Dämpfung der Welle durch Absorption der übliche Vorgang, und es bedarf besonderer Maßnahmen, um Entdämpfung zu erzielen. Man muß nämlich dafür sorgen, daß der angeregte Zustand stärker besetzt ist als der Grundzustand. Wenn es sich dabei um ein thermisches Gleichgewicht handelte, würde ein solcher Zustand einer negativen Temperatur entsprechen.

Überbesetzung des angeregten Zustandes kann auf verschiedene Weisen erreicht werden. Besonders bei Gas-Masern nutzt man aus, daß sich die verschiedenen Energiezustände oft in ihren elektrischen und magnetischen Eigenschaften unterscheiden, daß man sie also durch starke elektromagnetische Felder voneinander trennen kann. Das klassische Beispiel ist der **Ammoniak-Maser**. Das NH_3-Molekül bildet eine Pyramide mit dem N an der Spitze. Die drei Bindungen des N stehen nämlich paarweise senkrecht aufeinander, zeigen z. B. in die Richtungen der drei Koordinatenachsen. Infolge der partiellen Aufladung der H-Atome sind diese 90°-Winkel leicht gespreizt (ähnlich wie beim H_2O, aber schwächer). Andererseits führt diese Aufladung zu einem Dipolmoment mit dem negativen Ende im N-Atom. Bringt man NH_3 in ein elektrisches Feld, dann erlaubt die Quantenmechanik genau zwei Einstellungen dieses Dipols: N oben oder N unten. Wenn das Feld außerdem noch stark inhomogen ist, wirkt eine Kraft auf die Dipole, die die beiden Einstellungen in verschiedene Richtungen auseinandertreibt. Ein Molekülstrahl, in dem ursprünglich beide Einstellungen gemischt waren, wird also in zwei Strahlen aufgespalten. In dem einen Strahl zeigen alle N nach oben, im anderen alle nach unten. Man kann den einen Strahl in einen Hohlraum leiten, und zwar wird man das mit demjenigen Strahl tun, in dem die Dipole entgegengesetzt zur Richtung des elektrischen Feldes stehen. Diese Moleküle sind nämlich um den Betrag $2pE$ energiereicher als die im anderen Strahl.

Nun muß man beachten, daß die einmal erzeugte Einstellung nicht für alle Zeit bestehen bleibt, selbst wenn die Moleküle praktisch keine Stöße ausführen. Das N-Atom kann nämlich mit einer gewissen Wahrscheinlichkeit durch die Ebene der drei H durchschwingen, wobei das Molekül in die andere, unter den gegebenen Bedingungen energetisch tiefere Konfiguration übergeht. Damit haben wir die **Maser-Bedingung** erfüllt: Der energetisch höhere Zustand ist stark überbesetzt, und man braucht nur eine Mikrowelle einzustrahlen, deren Frequenz der Energiedifferenz zwischen den beiden Einstellungen entspricht, und diese Mikrowelle wird das Umklappen so vieler NH_3-Moleküle erzwingen, bis Gleichgewicht herrscht, d. h. die Mikrowelle wird sich durch erzwungene Emission verstärken. Unter Umständen ist gar keine Einstrahlung von außen nötig, sondern die Wellen, die beim Umklappen der ersten Moleküle ausgestrahlt werden, reißen weitere mit sich, bis sich lawinenartig das Gleichgewicht herstellt.

Ein anderes Verfahren zur Überbesetzung eines angeregten Zustandes wird besonders bei Festkörper-Lasern und -Masern ausgenutzt. Dort stehen viel mehr als nur zwei Energiezustände zur Verfügung, von denen man mindestens drei braucht. Eine Hilfsstrahlung (**Pumpstrahlung**) befördert Teilchen vom tiefsten Zustand 1 zum höchsten 3. Dieser wird dadurch stärker besetzt als der dazwischenliegende Zustand 2, und für das System 2–3 ist jetzt die Laser-Bedingung erfüllt. Unter geeigneten Bedingungen wird das System mit einer Frequenz „lasern", die der Energiedifferenz 2–3 entspricht.

Die erzwungene Emission braucht nicht durch Einstrahlung von außen her abgerufen zu werden. Es genügt, daß irgendwo im Laser selbst einige Teilchen in den Grundzustand zurückkehren. Ihre Emission, die sich bei normaler Besetzung $n_1 > n_2$ durch Selbstabsorption dämpfen würde, schwillt bei Überbesetzung $n_2 > n_1$ ständig an, bis sie alle oder fast alle angeregten Teilchen in einem sehr intensiven Strahlungspuls mitgerissen hat. Entscheidend ist dabei, daß die erzwungene Emission dieselbe Phase hat wie die auslösende Strahlung, während umgekehrt die Absorption, klassisch betrachtet, so zustandekommt, daß die Sekundärwelle des Oszillators in Gegenphase zur auslösenden Strahlung schwingt und diese schwächt.

Daraus ergeben sich die wesentlichen Eigenheiten des Laserlichtes, die der üblichen thermischen Emission (überwiegend Spontanemission) fremd sind. Spontane Emissionsakte erfolgen ihrem Wesen nach unabhängig voneinander, die einzelnen mikroskopischen Strahlungsblitze haben keine Phasenbeziehung untereinander, sie sind inkohärent. Die Lawine erzwungener Emissionen besteht dagegen aus lauter Einzelakten mit strenger Phasenbindung: Der gesamte Laserpuls ist kohärent. Dies gilt räumlich und zeitlich: In jedem Moment schwingen im Laser alle Teilchen in Phase, und innerhalb des gleichen Pulses kann man für jede spätere Zeit genau angeben, wie die Phase sein wird. Dies hat wichtige Folgen. Lichtanteile, die von verschiedenen Bereichen eines thermischen Strahlers ausgehen, sind nicht interferenzfähig. Auch Lichtanteile, die vom gleichen Teilchen ausgehen, aber zu Zeiten, die um mehr als die Lebensdauer des angeregten Zustandes verschieden sind, verlieren ihre Interferenzfähigkeit. Beim Laser dagegen können sowohl die einzelnen Teilwellen als auch die zu verschiedenen Zeiten emittierten Wellen unbeschränkt interferieren.

Während die einzelnen Teilchen eines thermischen Strahlers grundsätzlich allseitig Kugelwellen abstrahlen, bündelt sich eine Laserwelle von selbst, wenn man durch die unten geschilderten Kunstgriffe (z. B. planparallele Spiegel) einen bestimmten Schwingungsmode anregt. So ergibt sich die beste Annäherung an ein Parallelbündel, die mit Rücksicht auf die Wellennatur des Lichtes überhaupt erzielbar ist. Eine thermische Lichtquelle erlaubt ihre endliche Ausdehnung immer nur auf ein Bild zusammenzufassen, dessen Größe B sich aus der Beziehung $B = Gb/g$ zwischen Bild und Gegenstandsweite (b und g) sowie Gegenstandsgröße G ergibt. Man kann g sehr groß und damit B sehr klein machen, aber dann fängt das abbildende System nur noch wenig Leistung auf. Ein Laser mit seinem streng parallelen Bündel läßt sich praktisch als unendlich ferne Lichtquelle auffassen: g ist ∞, die Bildgröße würde geometrisch-optisch unendlich klein. Im freien Raum beruht die Divergenz des Bündels nur noch auf Beugung, d. h. ein Bündel der Breite d fächert um einen Winkel λ/d auf. Bei anfangs 10 cm Breite kommt ein solches Bündel auf dem Mond mit knapp 1 km Breite an.

Abbildung 12.16 zeigt eine Ausführungsform des **Rubin-Lasers**. Durch die spiralförmige Gasentladungsröhre entlädt sich ein Kondensator während der „Pumpzeit" von ca. 1 ms. Der Rubin hat seine rote Farbe daher, daß im Korundgitter (Al_2O_3) einige Al^{+++}-Ionen durch Cr^{+++}-Ionen ersetzt sind. Die Cr-Ionen werden durch das grüne und blauviolette Pumplicht in einen höheren Zustand gehoben. Bei geringer Pumpleistung erfolgt nur Fluoreszenz (zwei rote Linien um 690 nm), An- und Abregung sind im Gleichgewicht. Im sehr intensiven Entladungslicht kann die erzwungene Emission die Oberhand gewinnen, und die gespeicherte Anregungsenergie entlädt sich in einem oder wenigen Laserpulsen. Auch die meisten anderen Festkörper-Laser arbeiten mit paramagnetischen Ionen im durchsichtigen Grundgitter (Nd-Glas). Kontinuierliche Laser-Strahlung kann man mit Gas-Lasern erzeugen. Im verbreitetsten, dem **He-Ne-Laser**, nimmt das He die Pumpenergie auf und gibt sie in Stößen

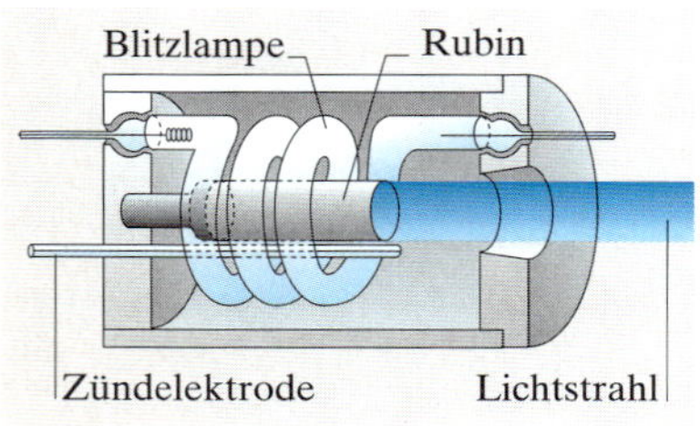

Abb. 12.16. Laser-Anordnung, schematisch; tatsächlich ist der Lichtstrahl viel schärfer gebündelt

zweiter Art an Ne weiter, dessen angeregter Zustand dadurch überbesetzt wird.

Ob der Lasereffekt einsetzt, hängt vom **Gütefaktor** des Resonators ab, d.h. von der reziproken Dämpfung. Im Fall des Ammoniak-Masers muß eine Eigenfrequenz des benutzten Hohlraumes genau der emittierten Frequenz entsprechen, beim Festkörper- oder Gaslaser stellt man den Resonanzraum meist als **Fabry-Pérot-Interferometer** her, indem man die Stirnflächen eines Kristalls von abgestimmter Länge exakt parallel schleift oder verspiegelt, so daß sich durch Mehrfachreflexion eine stehende Welle ausbildet. Ein Teil davon wird durch die eine, nur teilweise verspiegelte Stirnfläche als Nutzenergie ausgekoppelt. Man kann nun besonders starke Laserpulse (Riesenpulse) erzeugen, wenn man die Einsatzschwelle des Lasers zunächst herabsetzt und während dieser Zeit eine große Anregungsenergie speichert, die man dann plötzlich abruft, indem man die Dämpfung herabsetzt. Die Dämpfung kann man durch elektrooptische oder mechanische Mittel (Kerr-Zellen, Drehspiegel) oder durch ausbleichende Farbstoffe mit sehr rascher Kinetik regulieren. Man erreicht so Pulse, die mehr als 1 MW enthalten.

In der Anwendung sind drei Eigenschaften des Masers und Lasers wichtig: Ihre hervorragende Frequenzkonstanz und die Kohärenz und Parallelität ihrer Strahlung. Ein „masernder" abgestimmter Hohlraum dient als Zeitgeber für die **Atomuhren** (NH_3-, H_2-, Cs-Uhr), die bisher ungeahnte Genauigkeiten erreicht haben (besser als 10^{-12} s/s, d.h. weniger als 30 µs Abweichung im Jahr). Infolge der Kohärenz und Parallelität eines Laserbündels kann man fast die volle Energie eines Pulses auf einen Brennfleck fokussieren, der kaum mehr als den beugungsoptisch bedingten Durchmesser von etwa einer Wellenlänge hat. Damit erreicht man mehr als die 10^{10}fache Intensität des Sonnenlichtes. Die elektromagnetischen Felder in einer solchen Welle sind bereits vergleichbar mit den Feldern, denen die Elektronen im Kristallgitter ausgesetzt sind. Das bringt völlig neue Materialeigenschaften und technische Möglichkeiten zutage. Nicht nur verdampft jedes getroffene Material augenblicklich, auch die Gesetze der elementaren Optik scheinen außer Kraft gesetzt. Zum Beispiel durchkreuzen zwei Lichtbündel einander nicht mehr ungestört, sondern das eine verändert das Medium so nachhaltig, daß das andere abgelenkt, gestreut, moduliert wird usw. Die ausgezeichnete Parallelität erlaubt Entfernungsmessungen bis zu anderen Planeten (z. B. Abtastung der Venusoberfläche). Laser-Strahlen bohren sogar Diamanten, führen Punktschweißungen an fast allen Materialien und mikrochirurgische Operationen an Zellbestandteilen durch. Der „Todesstrahl" wird nicht mehr nur in der Science fiction diskutiert. Die hohe Trägerfrequenz eines Laserstrahls erlaubt Aufmodulation einer enormen Fülle von Information und kann in faseroptischen Lichtleitern zur irdischen Nachrichtenübertragung, als Freistrahl zur Kommunikation mit Satelliten und im Prinzip sogar zu den nächsten Fixsternen eingesetzt werden. Schließlich ist die holographische Erzeugung echt dreidimensionaler Bilder praktisch nur mit dem hochkohärenten Laserlicht möglich.

Eine sehr einfache und physikalisch interessante Möglichkeit, einem Laserstrahl Nachrichten aufzumodulieren, benötigt einen Laser, einen

Faraday-Modulator (einen Stab aus gefärbtem Spezialglas, der einen Faraday-Effekt zeigt, d. h. die Polarisationsebene des Lichtes dreht, wenn er sich im Magnetfeld befindet), zwei Polarisationsfilter und einen Lichtdetektor (Photodiode oder Photowiderstand). Das Signal, z. B. die Ausgangsspannung eines Radiogerätes, Plattenspielers oder Telefonverstärkers, speist die Spule, in der der Faraday-Modulator steckt. Der Signalstrom dreht mittels seines Magnetfeldes die Polarisationsebene, so daß durch den Analysator nur eine Amplitude tritt, die dem Signalstrom proportional ist. Das erreicht man, wenn man die Schwingungsrichtungen vom Polarisator und Analysator unter 90° kreuzt, so daß ohne Drehung der Polarisationsebene gar kein Licht durchkommt. Bei einer kleinen Drehung ist dann die durchgehende Lichtamplitude E proportional zu $\sin\alpha \approx \alpha$. Andererseits ist $\alpha = VBl$ (V: Verdet-Konstante, B: Magnetfeld, l: Länge des Modulators), also $E \sim B \sim I$, proportional dem Signalstrom. Wenn dann entweder die Spannung der Photodiode oder die Leitfähigkeit des Photowiderstandes – beide können ja als Detektoren dienen – proportional zur Lichtamplitude ist, erhält man einen Detektorstrom proportional zum modulierenden Ausgangsstrom I, d. h. das Signal wird unverzerrt wiedergegeben. Wenn man Übersteuerung (Nichtlinearität) vermeidet, kann man so z. B. Musik in hoher Qualität mittels eines Lichtstrahles über große Entfernungen übertragen.

12.3 Das Bohrsche Atommodell

Bohrs Modell war der Schlüssel zum Verständnis der Struktur der Materie. Wenn sich auch bald herausstellte, daß es nicht alles im Atom richtig beschreibt, bleibt es auch heute noch als heuristisches Hilfsmittel wertvoll, mit dem man z. B. die Rydberg-Atome, die katalysierte Fusion, die Störzentren in Halbleitern, sogar das Quark-Modell annähernd versteht. Das Bohr-Modell ist eben das letzte Modell, das auch der Anfänger wirklich verstehen kann.

12.3.1 Das Versagen der klassischen Physik vor dem Atom

Um die Jahrhundertwende stellte man sich das Atom als ein hochelastisches Klümpchen von etwa $1\,\text{Å} = 10^{-10}\,\text{m}$ Durchmesser vor. Hierdurch waren seine mechanischen und thermischen Eigenschaften ziemlich vollständig beschrieben. Atome sind elektrisch neutral, enthalten aber zweifellos Elektronen, wie die Elektrolyse und die Gasentladungen beweisen. So kam *J. J. Thomson* zu seinem Bild des Atoms als eines 1 Å großen Kügelchens, in dem positive Ladung gleichmäßig verteilt ist und in das praktisch punktförmige Elektronen eingebettet sind. Elektronen würden in einer solchen positiven Ladungswolke, wenn sie reibungsfrei schwingen, scharfe Spektrallinien aussenden, nur leider nicht die experimentell beobachteten.

Die α-Streuversuche von *Ernest Rutherford* (Abschn. 13.1.2) zerstörten dieses Bild, indem sie nachwiesen, daß die positive Ladung des Atoms zusammen mit praktisch seiner ganzen Masse im Kern, d. h. auf einem viel kleineren Raum von weniger als $10^{-14}\,\text{m}$ Durchmesser konzentriert ist. Da mechanisch und thermisch das Atom als Gebilde von etwa 10^{-10} m Durchmesser erscheint, blieb nichts übrig, als hierfür eine Hülle aus Elektronen verantwortlich zu machen, die den Kern in Abständen von dieser Größenordnung frei umschweben. Nach den Gesetzen der Mechanik können sie sich dort im Feld des positiven Kerns nur halten, wenn sie Bahnen ähnlich den Kepler-Bahnen beschreiben, im einfachsten Fall Kreise oder Ellipsen. Dabei ist allerdings die gegenseitige Störung der Elektronen sehr viel größer als im sonst analogen Fall der Planeten des Sonnensystems. Wie *Rutherford*, *Geiger* u.a. zeigten, ist die Kernladung und damit auch die Anzahl der neutralisierenden Hüllenelektronen für die einzelnen Elemente verschieden und steigt mit der Ordnungszahl des Elementes im periodischen System. Es liegt nahe, daß Wasserstoff, das leichteste Element, nur ein Elektron hat.

Damit geriet Rutherfords Atommodell aber in eigentümliche Schwierigkeiten, die es eigentlich zu einem schlechteren Bild machten als das Thomson-Modell. Alle Atome eines Elementes sind mechanisch, chemisch und optisch, soweit man damals wußte, völlig gleichartig. Sieht man als kennzeichnend für das Element die Anzahl der Hüllenelektronen an, so könnten diese noch sehr viele mechanisch mögliche Konfigurationen einnehmen. Das eine Elektron des Wasserstoffs könnte z. B. auf Kreisen mit sehr verschiedenen Radien umlaufen. Es war nicht einzusehen, wieso in Wirklichkeit alle H-Atome gleich sind. Ferner mußte angenommen werden, daß die Umlaufsfrequenz eines Elektrons die vom Atom ausgestrahlte Frequenz darstellt. Ein kreisendes Elektron läßt sich ja durch zwei senkrecht zueinander stehende lineare harmonische Oszillatoren darstellen, die nach *Hertz* Strahlung emittieren müssen, und zwar immer. Rutherfords Atom kann überhaupt nicht existieren, ohne zu strahlen. Dann kann es aber nicht lange existieren. Die ausgestrahlte Energie kann nämlich nur aus dem Energievorrat des umlaufenden Elektrons stammen. Dieses muß also seine potentielle und kinetische Energie immer mehr verringern, d. h. sich spiralig dem Kern nähern, in den es schon nach wenigen Nanosekunden stürzt. Das Thomson-Modell lieferte wenigstens stabile und gleichartige Atome, die nur nach gelegentlichem Anstoß strahlen, Rutherfords nicht.

Mit der beschriebenen Elektronenkatastrophe müßte übrigens ein Strahlungsblitz verbunden sein, der entsprechend der ständig zunehmenden Umlaufsfrequenz kontinuierlich immer hochfrequenter wird. Das Elektron stirbt unter schrillem Aufheulen. Dagegen lieferte das Thomson-Modell wenigstens diskrete Frequenzen, wenn auch nicht die richtigen. Daß die Umlaufsfrequenz auf einer 1 Å-Bahn in der Größenordnung der beobachteten Spektrallinien liegt, war ein schwacher Trost, denn beim Thomson-Modell kam dies auch heraus.

Alle diese Widersprüche zur Erfahrung sind unausweichliche Folgen aus Rutherfords Experimenten einerseits und der Mechanik und Elektrodynamik andererseits. Da die Experimente immer wieder bestätigt wurden, blieb nichts anderes übrig, als einschneidende Änderungen in den theoretischen Grundlagen vorzunehmen.

12.3.2 Bohrs Postulate

Niels Bohr tat 1913 den ersten Schritt zur Auflösung der Widersprüche, indem er zwei Postulate einführte, die der üblichen Mechanik und Elektrodynamik völlig fremd sind und erst später in der Quantenmechanik ihre tiefere Begründung fanden.

Das erste Postulat formuliert den schon bekannten Tatbestand, daß Atome nicht alle Energien einnehmen können, sondern nur eine Reihe von diskreten Werten. In den erlaubten **stationären Energiezuständen** soll das Atom nicht strahlen. Deutet man, wie das auch *Bohr* tat, diese Energiezustände als Umlaufbahnen der Elektronen um den Kern, so steht dies Postulat in krassem Widerspruch zur Elektrodynamik, nach der das Elektron als beschleunigte Ladung (zumindest der Richtung nach beschleunigt) strahlen müßte.

Strahlung soll nur beim *Übergang* zwischen zwei stationären Zuständen emittiert oder absorbiert werden, und zwar ergibt sich nach dem zweiten Postulat die dabei auftretende Frequenz aus der Energiedifferenz der stationären Zustände:

$$\boxed{h\nu = W_k - W_i} \quad . \tag{12.12'}$$

Dazu kommt noch die **Auswahlbedingung** für die erlaubten Bahnen. Unter allen mechanisch möglichen Kreisbahnen z. B. sind nur die zugelassen, auf denen der Drehimpuls des Elektrons ein ganzzahliges Vielfaches von $\hbar = h/(2\pi)$ ist:

$$\boxed{L = n\hbar} \quad . \tag{12.13}$$

Die möglichen Kreisbahnen sind also durch die Zahl n, die **Hauptquantenzahl**, unterschieden. Wie das Elektron es fertigbringt, trotz seines Umlaufes nicht zu strahlen, und wie der Übergang von einer Bahn in die andere vor sich geht, sagt *Bohr* nicht. Seine Annahmen rechtfertigen sich durch den Erfolg, zunächst durch die glänzende Deutung des Wasserstoff-Spektrums.

12.3.3 Das Wasserstoffspektrum

Erwartungsgemäß hat der Wasserstoff von allen Elementen das einfachste Spektrum. Dies gilt besonders für das im heißen Lichtbogen angeregte Emissionsspektrum. Ein solches **Bogenspektrum** kann man i. allg. dem isolierten Atom zuschreiben, denn bei diesen Temperaturen sind praktisch alle Moleküle aufgespalten. Das Bogenspektrum des Wasserstoffs hat im

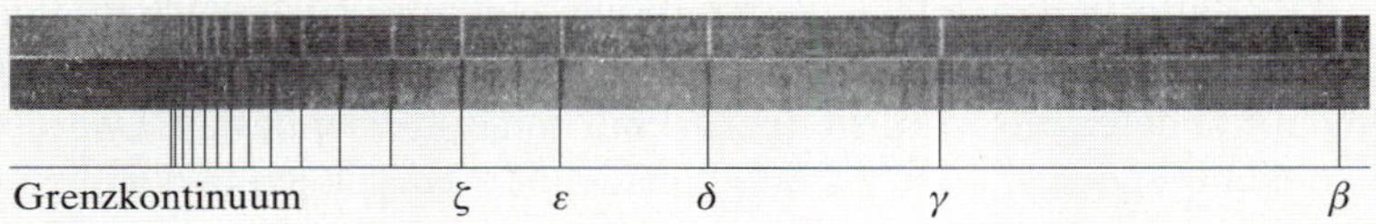

Abb. 12.17. Balmer-Serie (ohne H_α) in Emission und Absorption in den Spektren der Sterne γ Cassiopeiae und α Cygni (Deneb). (Aus R. W. Pohl: *Einführung in die Physik*, Band 3: Optik und Atomphysik, 13. Aufl. (Springer, Berlin Heidelberg 1976))

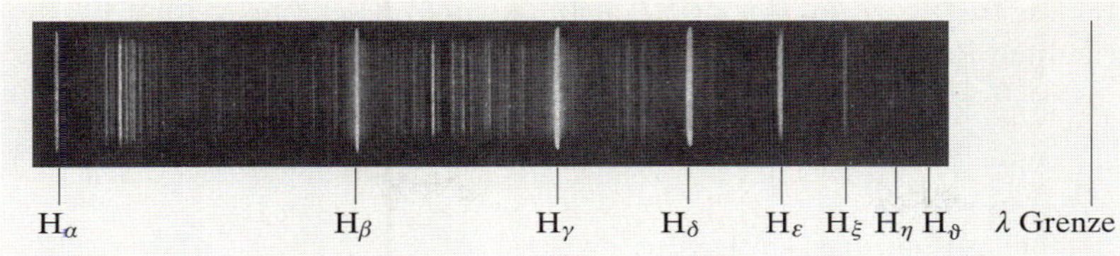

Abb. 12.18. **Balmer-Spektrum** aus einer Hochfrequenzentladung in Wasserstoff

Sichtbaren nur vier Linien, H_α, H_β, H_γ, H_δ (Abb. 12.18), die sich im UV zu einer vollständigen Serie fortsetzen. Für die Frequenzen dieser Serie stellte *Balmer* 1885 empirisch die erste geschlossene Formel auf

$$\boxed{\nu = R_\infty \left(\frac{1}{2^2} - \frac{1}{n_2^2} \right)} \,, \tag{12.14}$$

wobei für n_2 die Zahlen $3, 4, 5, \ldots$ zu setzen sind. R_∞ ist die **Rydberg-Konstante**, die auch in der Deutung vieler anderer Spektren auftritt:

$$\boxed{R_\infty = 3{,}2899 \cdot 10^{15}\,\mathrm{s}^{-1}} \,. \tag{12.15}$$

$R_\infty/4$ ist der Grundterm, R_∞/n_2^2 der Laufterm der Balmer-Serie. Das H-Atom hat noch mehr Serien, die ziemlich klar getrennt liegen: Im ferneren UV die **Lyman-Serie** mit dem Grundterm $R_\infty/1$, im UR die **Paschen-**, **Brackett-** und **Pfund-Serie** mit den Grundtermen $R_\infty/9$, $R_\infty/16$, $R_\infty/25$. Jede H-Emissionslinie läßt sich entsprechend dem Ritz-Prinzip aus zwei Termen R_∞/n_1^2 und R_∞/n_2^2 kombinieren:

$$\boxed{\nu(n_1, n_2) = R_\infty (n_1^{-2} - n_2^{-2}) \,, \qquad n_2 > n_1} \,. \tag{12.16}$$

Eine Serie entsteht, wenn man n_1 festhält und n_2 die ganzen Zahlen von $n_1 + 1$ an aufwärts durchlaufen läßt. Da $1/n_2^2$ dabei immer kleiner wird, drängen sich die Linien immer mehr zusammen und konvergieren gegen die **Seriengrenze** $\nu(n_1, \infty) = R_\infty/n_1^2$.

12.3.4 Das Wasserstoffatom nach Bohr

Das H-Atom hat deswegen ein so einfaches Spektrum, weil es nur ein Elektron enthält. Wenn dieses Elektron mit der Ladung $-e$ und der Masse m_0 im Feld des Kerns von der Ladung e auf einer Kreisbahn vom Radius r bleiben soll, muß die Coulomb-Anziehung durch die Zentrifugalkraft ausgeglichen werden:

$$\boxed{\frac{e^2}{4\pi\varepsilon_0 r^2} = \frac{mv^2}{r}} \,. \tag{12.17}$$

Nach der **Quantenbedingung** (12.13) sollen aber nicht alle Radien r erlaubt sein, sondern nur solche, auf denen der Drehimpuls mvr des Elektrons ein ganzzahliges Vielfaches von $\hbar$ ist:

$$\boxed{mvr = n\hbar} \,. \tag{12.18}$$

Hieraus folgt $v = n\hbar/(mr)$; setzt man das in (12.17) ein, so folgt für die erlaubten Radien $e^2/(4\pi\varepsilon_0 r^2) = mn^2\hbar^2/(m^2 r^3)$ oder

$$\boxed{r_n = n^2 \frac{4\pi\varepsilon_0\hbar^2}{me^2}} \quad . \tag{12.19}$$

Die engste Bahn hat den Radius

$$\boxed{r_1 = \frac{4\pi\varepsilon_0\hbar^2}{me^2} = 0{,}529 \cdot 10^{-10}\,\mathrm{m}} \quad , \tag{12.20}$$

den **Bohr-Radius**. Die zweite Bahn hat den vierfachen Radius usw. Auf der n-ten Bahn hat das Elektron die potentielle Energie (man beachte $h = 2\pi\hbar$)

$$W_{\text{pot}} = -\frac{e^2}{4\pi\varepsilon_0 r_n} = -\frac{me^4}{4\varepsilon_0^2 n^2 h^2} \; .$$

Die kinetische Energie ist, wie z. B. aus (12.17) hervorgeht (Multiplikation mit r), bis auf das Vorzeichen genau halb so groß. Daher wird die Gesamtenergie auf der n-ten Bahn

$$\boxed{W_n = -\frac{me^4}{8\varepsilon_0^2 h^2}\frac{1}{n^2}} \quad . \tag{12.21}$$

So berechnete *Bohr* zum ersten Mal die Energiestufen eines Atoms. Die Frequenzen der Spektrallinien, die beim Übergang von der Bahn n_2 zur Bahn n_1 emittiert werden, ergeben sich zu

$$\nu(n_1, n_2) = \frac{W_{n_2} - W_{n_1}}{h} = \frac{me^4}{8\varepsilon_0^2 h^3}\left(\frac{1}{n_1^2} - \frac{1}{n_2^2}\right) \tag{12.22}$$

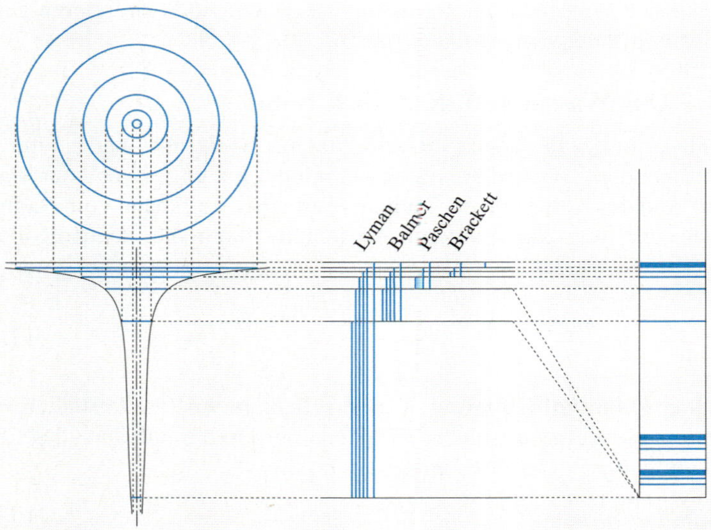

Abb. 12.19. Das Bohr-Modell des H-Atoms. Oben links die stationären Kreisbahnen, darunter der Coulomb-Topf mit den stationären Energiezuständen, in der Mitte die möglichen Übergänge, nach Spektralserien geordnet, rechts diese Spektralserien in einem Frequenzspektrum

in genauer Übereinstimmung mit der empirischen Formel (12.16), falls man die Rydberg-Konstante folgendermaßen auf die übrigen Naturkonstanten zurückführt:

$$R_\infty = \frac{me^4}{8\varepsilon_0^2 h^3} \,. \tag{12.23}$$

Tabelle 12.1. Vergleich der berechneten und der beobachteten Wellenlängen einiger Glieder des Balmer-Spektrums des H-Atoms

	n_2	λ beob/Å	λ ber/Å
H_α	3	6 562,793	6 562,78
H_β	4	4 861,327	4 861,32
H_γ	5	4 340,466	4 340,45
H_δ	6	4 101,738	4 101,735
H_ε	7	3 970,075	3 970,074
H_ζ	8	3 888,052	3 888,057
H_η	9	3 835,387	3 835,397
H_ϑ	10	3 797,900	3 797,910
H_ι	11	3 770,633	3 770,634
H_χ	12	3 750,154	3 750,152
H_λ	13	3 734,371	3 734,372
H_μ	14	3 721,948	3 721,948
H_ν	15	3 711,973	3 711,980

✘ Beispiel...

Vergleichen Sie die Wellenlängen im Wasserstoffspektrum nach dem Bohr-Modell mit den beobachteten Werten (Tabelle 12.1).

Aus $mvr = n\hbar$, $mv^2/r = e^2/(4\pi\varepsilon_0 r^2)$ folgt für den Übergang zwischen den Zuständen n und m: $\lambda_{nm} = hc/(W_n - W_m) = c/R_\infty(n^{-2} - m^{-2})^{-1}$ mit $R_\infty = me^4/(8\varepsilon_0^2 h^3)$, z. B. für $n = 2$, $m = 3$ (die Balmer-$H\alpha$-Linie) $\lambda = 6\,565$ Å, was in hochauflösenden Spektrographen von den gemessenen 6 562,8 Å gut zu unterscheiden ist. Für alle Linien berechnet man so Werte, die um den Faktor 1,00055 zu groß sind (Deutung: Aufgabe 12.3.6).

Die Übereinstimmung mit dem empirischen Wert (12.15) ist gut; sie wird vollkommen, wenn man berücksichtigt, daß der Kern zwar 1840mal schwerer ist als das Elektron, aber sich bei dessen Umlauf doch etwas mitbewegt.

Die Frequenz der Seriengrenze ($n_2 = \infty$) ergibt direkt die Energie des Zustandes, auf dem die Übergänge dieser Serie enden. Kurz unterhalb der Seriengrenze liegen Linien, die sehr weiten Elektronenbahnen entsprechen. Das Atom kann auch Photonenenergien, also Frequenzen absorbieren, die jenseits der Seriengrenze liegen; hierbei entfällt sogar die Beschränkung auf diskrete Werte: Alle Energien können aufgenommen werden, wenn auch mit einer Wahrscheinlichkeit, die mit wachsendem Abstand von der Seriengrenze schnell abnimmt. An die Seriengrenze schließt sich also ein kontinuierlicher Absorptionsbereich an, das **Grenzkontinuum**. Diesen Übergängen entspricht eine Abtrennung des Elektrons, das im freien Zustand jede beliebige kinetische Energie aufnehmen kann.

Für ein Elektron im Feld eines Kerns, der Z Elementarladungen trägt, und in einem Medium mit der Dielektrizitätskonstante ε liefert die gleiche Rechnung für Bahnradien und -energien

$$r_n = n^2 \frac{4\pi\varepsilon\varepsilon_0\hbar^2}{Zme^2} \,, \qquad W_n = -\frac{Z^2 me^4}{8\varepsilon^2\varepsilon_0^2 h^2 n^2} \,. \tag{12.24}$$

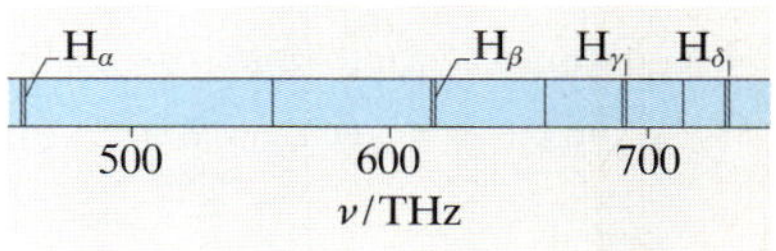

Abb. 12.20. Spektrum einer Funkenentladung in He mit etwas H-Beimischung. Jede zweite Linie der Pickering-Serie des He^+ wird von einer Balmer-Linie des H begleitet. Der Abstand jedes Linienpaares ist aus zeichnerischen Gründen etwa vervierfacht

12.3.5 Die Spektren anderer Atome

Mit (12.24) liefert Bohrs Modell auch gleich die Spektren aller Atome, die so hoch ionisiert sind, daß nur noch *ein* Elektron den Kern mit der Ladung Ze umkreist. Solche Ionenspektren beobachtet man vorwiegend in sehr heißen Funken. Man nennt daher allgemein die Spektren von

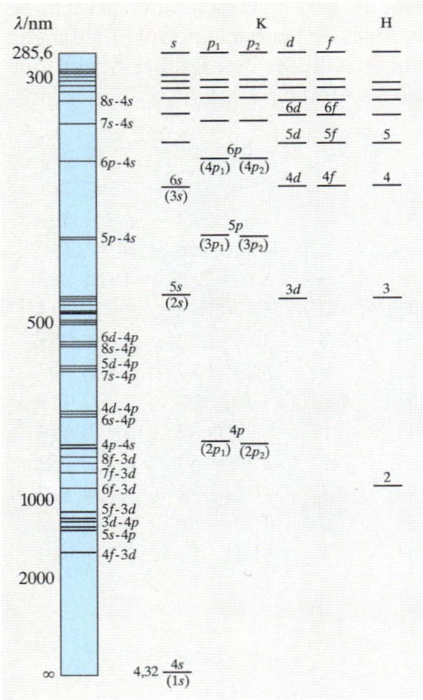

Abb. 12.21. Spektrum und Termleitern des Kaliums. Rechts zum Vergleich die Termleiter des Wasserstoffs

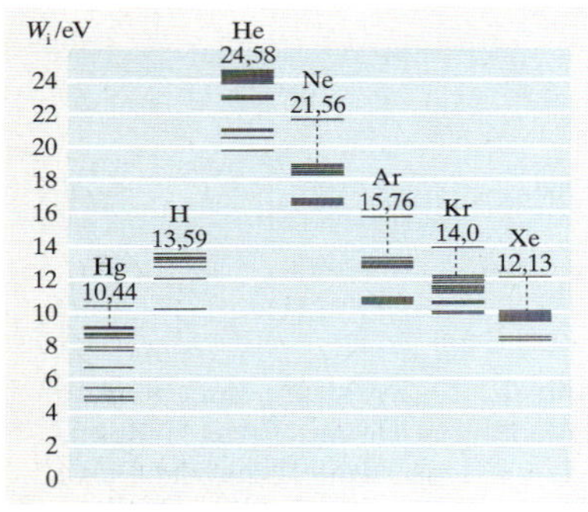

Abb. 12.22. Anregungs- und Ionisierungsenergien von Quecksilber, Wasserstoff sowie Helium, Neon, Argon, Krypton und Xenon

Ionen die **Funkenspektren** der jeweiligen Elemente. Systeme aus einer negativen und einer positiven Punktladung spielen auch in der Festkörperphysik und der Elementarteilchenphysik eine große Rolle (Myo-Wasserstoff, Positronium, Abschn. 12.5.6).

Die nächsteinfachen Spektren sind die der Alkaliatome (erste Spalte des periodischen Systems: Li, Na, K, Rb, Cs, Fr). Sie sind chemisch immer einwertig und treten in der Elektrolyse und den Gasentladungen besonders leicht ein einzelnes Elektron ab. Daher liegt die Annahme nahe, daß dieses **Valenzelektron** oder Leuchtelektron, ähnlich wie im Wasserstoff, den Kern und die Wolke der weiter innen schwebenden Elektronen umkreist. Man sieht tatsächlich im Spektrum balmerähnliche Serien, aber mehr als beim H. Es sieht so aus, als seien einige H-Serien in mehrere benachbarte aufgespalten, und entsprechend jeder H-Term in mehrere Alkaliterme.

Abbildung 12.21 zeigt diese Termleitern für das Kalium-Atom. Die nicht eingezeichneten tieferliegenden Terme sind voll mit Elektronen besetzt (Elektronenkonfiguration $1s^2\,2s^2\,2p^6\,3s^2\,3p^6$, vgl. Abschn. 12.6.3). Die Linien des normalen Kalium-Spektrums stammen nur von den Sprüngen des $4s$-Leuchtelektrons, das also die Terme von $4s$, $4p$, $3d$, $4f$ an aufwärts zur Verfügung hat.

Wie man sieht, ist die f-Termserie fast identisch mit den Wasserstofftermen, allerdings fängt sie erst bei $4f$ an. In der Reihe f, d, p, s wird der Abstand von den H-Termen immer größer, und zwar rücken die Termenergien immer tiefer.

In der Spektroskopie läuft neben dieser atomphysikalisch sinnvollen Termbezeichnungsweise noch eine empirisch-spektroskopische her, die sich auf den Standpunkt stellt, das Leuchtelektron und das Rumpfion (Kern + Innenelektronen) bilden ein wasserstoffähnliches System mit Zuständen von $1s$, $2p$, $3d$, $4f$ an aufwärts. Diese Nomenklatur erlaubt zwar eine einheitliche Bezeichnung der entsprechenden Linien für alle Alkali-Atome, verdeckt aber völlig den Gang der Termenergien mit der Bahnexzentrizität, d. h. der Abschirmung, oder kehrt ihn sogar um. In Abb. 12.21 sind diese spektroskopischen Termbezeichnungen in Klammern gesetzt. In der spektroskopischen Bezeichnungsweise ergeben sich die vier wichtigsten Serien folgendermaßen:

$n_2p \to 1s$ die **Hauptserie** (*p*rincipal series)

$n_2d \to 2p$ die 1. **Nebenserie** (*d*iffuse series)

$n_2s \to 2p$ die 2. Nebenserie (*s*harp series)

$n_2f \to 3d$ die **Bergmann-Serie** (*f*undamental series).

Von den Anfangsbuchstaben der englischen Bezeichnungen sind auch die Namen der Termleitern abgeleitet. Die Termenergien lassen sich ähnlich (12.21) darstellen durch

$$\boxed{W = -\frac{hR_\infty}{(n_2+\alpha)^2}}\,, \tag{12.25}$$

wobei das Zusatzglied α für Na bei s und p die Werte 0,4 und 2,2, für K 0,77 und 0,23 hat. Die α-Werte für d und f sind nur bei Rb und Cs deutlich von Null verschieden, d. h. diese Terme entsprechen bis auf Rb und Cs den H-Termen. Die Bohr-Sommerfeld-Theorie und die strenge Quantenmechanik haben alle diese Regeln verständlich gemacht.

12.3.6 Die Bohr-Sommerfeld-Quantenbedingungen

Sommerfeld hat Bohrs Quantenbedingung folgende weiterführende Fassung gegeben: Ein System sei durch einen Impuls p und eine Lagevariable q beschrieben. p und q können z. B. eine Komponente des üblichen Impulses und die zugehörige Ortskoordinate sein, oder ein Drehimpuls und der Winkel, der die Lage bei einer Rotation kennzeichnet. Wenn das System eine periodische Änderung durchläuft, muß gelten

$$\boxed{\oint p\,\mathrm{d}q = nh}\,, \tag{12.26}$$

wobei sich das **Phasenintegral** über eine Periode erstreckt und n eine natürliche Zahl ist.

Für das Elektron im H-Atom folgt sofort die übliche Bohr-Bedingung: $p = mvr$ ist der Drehimpuls um den Kern, $q = \varphi$ ist der Drehwinkel, also $\oint p\,\mathrm{d}q = mvr2\pi = nh$, was identisch mit (12.13) ist.

Prinzipiell ist aber das Elektron nicht auf eine Ebene beschränkt, sondern zu einer räumlichen Bewegung fähig. Daher ergeben sich drei Quantenbedingungen wie (12.26), eine für jede Orts- und die zugehörige Impulsvariable. Die Auswertung zeigt, daß außer der Hauptquantenzahl n zur vollständigen Beschreibung des Elektronenzustandes zwei weitere Quantenzahlen, die **Neben-** oder **Drehimpulsquantenzahl** und die **magnetische Quantenzahl** nötig sind (bei Berücksichtigung des Elektronenspins kommt noch eine vierte, die **Spinquantenzahl** dazu). Da die Modellvorstellungen, die *Sommerfeld* mit diesen Begriffen verbunden hat, zusammen mit ihrer stillschweigend angenommenen Grundlage, dem Bild des Elektrons als klassischen Punktteilchens, heute überholt sind, sei nur soviel gesagt, daß die Quantenbedingungen nicht nur Kreisbahnen mit den Radien r_n nach (12.19), sondern auch Ellipsenbahnen erlauben (Abb. 12.23). Die große Halbachse einer solchen Kepler-Ellipse, die nach Abschn. 1.7.4 die Energie des Elektrons darauf bestimmt, muß ebenfalls den Wert r_n haben. Bei gegebener Hauptachse bestimmt die kleine Halbachse den Bahndrehimpuls (Abschn. 1.7.4). Sie muß nach der Quantenbedingung ein ganzzahliges Vielfaches von r_n/n sein, nämlich $b = n_\varphi r_n/n$. Zu jeder Hauptquantenzahl n gibt es also n Ellipsen verschiedener Exzentrizität, d. h. verschiedenen Drehimpulses, unterschieden durch die Nebenquantenzahl $n_\varphi = 1, 2, \ldots, n$. Das verschieden tiefe Eintauchen der Ellipsen verschiedener Exzentrizität in die Wolke der inneren Elektronen wird dann für die Aufspaltung der Terme im Alkalispektrum verantwortlich gemacht: Im Feld eines punktförmigen Kerns hätten die Ellipsen bei gleichem n auch gleiche Energie (sie wären **entartet**), aber die Abschirmung durch die Innenelektronen schwächt die Kernanziehung

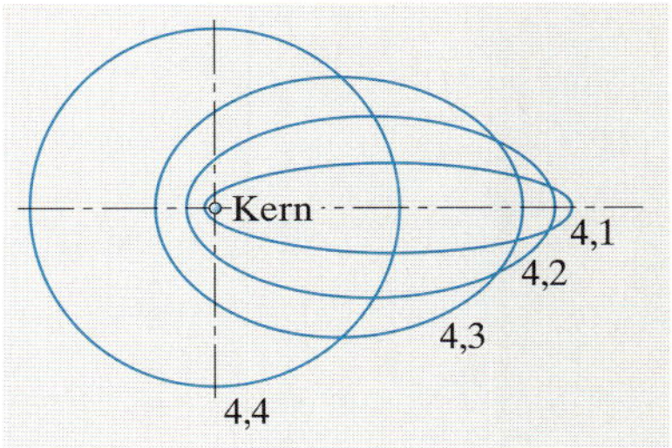

Abb. 12.23. Elektronenbahnen des Wasserstoffatoms mit der Hauptquantenzahl $n = 4$. Die Bahnen sind durch Haupt- und Nebenquantenzahl gekennzeichnet, z. B. 4,1: $n = 4$, $n_\varphi = 1$. Die moderne Quantenmechanik zählt n_φ (heute meist l genannt) anders: $l = 0, 1, \ldots, n-1$. Eine Bahn mit $n_\varphi = 0$ wäre zu einem Strich zusammengezogen, der durch den Kern geht, was klassisch undenkbar ist

auf das Valenzelektron um so mehr, je kreisähnlicher dessen Bahn ist. Die Ellipsen sind um so exzentrischer, d. h. tauchen um so tiefer in die Innenelektronenwolke und liegen also energetisch um so tiefer, je kleiner ihr n_φ ist. Daher steigen die Termenergien in der Reihenfolge s, p, d, f (hierbei ist die atomphysikalische Termnomenklatur zu benutzen; vgl. Abb. 12.21, Termnamen ohne Klammern). Die d- und besonders die f-Bahnen des Leuchtelektrons in Alkali-Atomen umschließen den ganzen Ionenrumpf, stehen also unter dem Einfluß nur *einer* positiven Elementarladung. Daher sind sie fast identisch mit den entsprechenden H-Termen.

Gute Dienste leisten Sommerfelds Quantenbedingungen auch beim Verständnis der Molekülspektren.

12.3.7 Das Korrespondenzprinzip

Da Elektronen auf stationären Bahnen nicht strahlen sollen, ist kaum zu erwarten, daß die wirklich auftretenden Strahlungsfrequenzen mehr als größenordnungsmäßig mit der Umlauffrequenz der Elektronen übereinstimmen. Diese ergibt sich für Wasserstoff und $n = 1$ zu $6{,}58 \cdot 10^{15}\,\mathrm{s}^{-1}$, dagegen ist die Frequenz der energiereichsten Lyman-Linie $2{,}47 \cdot 10^{15}\,\mathrm{s}^{-1}$. Anders wird das bei sehr hohen Quantenzahlen. Dort wird aus (12.16) die Frequenz beim Übergang zu einem benachbarten Zustand

$$\nu = R_\infty \left(\frac{1}{n^2} - \frac{1}{(n+1)^2} \right) = R_\infty \frac{n^2 + 2n + 1 - n^2}{n^2 (n+1)^2} \approx \frac{2R_\infty}{n^3} \, .$$

Die Umlaufsfrequenz ist nach (12.18) und (12.19)

$$\nu = \frac{v}{2\pi r} = \frac{2R_\infty}{n^3} \, .$$

Für große Quantenzahlen verhält sich hier wie ganz allgemein das Elektron nach der klassischen Physik, nämlich wie ein Hertz-Oszillator. Dies rechtfertigt in gewisser Weise die Quantenbedingung (12.12). Der Übergang aus dem $(n+i)$. in den n. Zustand liefert, solange $i \ll n$, die Frequenz $\nu \approx i 2R_\infty / n^3$, also ein Vielfaches der „Grundfrequenz“ $2R_\infty / n^3$, entsprechend den klassisch zu erwartenden Oberschwingungen.

Dieser Übergang der Quantenphysik in die klassische Physik bei hohen Quantenzahlen, den das *Korrespondenzprinzip* behauptet, hat vor dem Entstehen der strengen Quantenmechanik gute heuristische Dienste geleistet. Zum Beispiel macht er aus dem klassischen Analogon Aussagen über Intensität und Polarisation der Spektrallinien, über die sich die Bohrschen Postulate ausschweigen. Speziell folgen die **Auswahlregeln**, z. B. das Verbot von anderen Übergängen als solchen, bei denen sich n_φ um ± 1 ändert (Abb. 12.21). Die verbotenen Übergänge entsprechen Gliedern, die in der Fourier-Reihe, die den klassischen Vorgang beschreibt, nicht vorkommen.

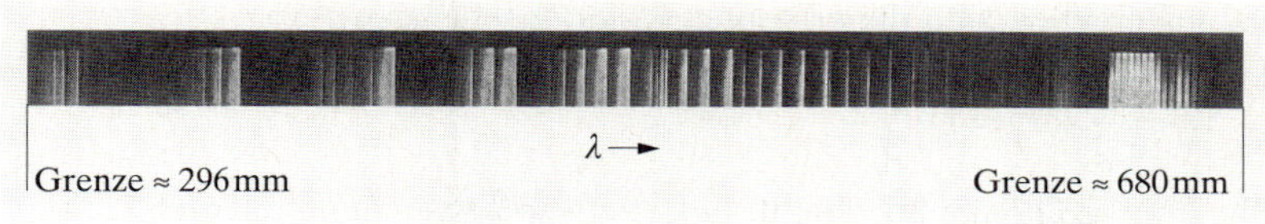

Abb. 12.24. Bandenspektrum. Spektrum des Lichtes aus der positiven Säule einer Glimmentladung in Stickstoff. (Aufnahme von *H. Schüler*, Max-Planck-Institut, Hechingen)

12.4 Molekülspektren

Sinngemäß übertragen, erklärt das Bohr-Modell auch vieles in den viel komplizierteren Spektren der Moleküle. Was aber die Moleküle zusammenhält, versteht man richtig nur quantenmechanisch, selbst im Fall der Ionenbindung, wo man ja erst erklären muß, warum ein Elektron vom Na zum Cl übergeht.

12.4.1 Die Energiestufen der Moleküle

Moleküle haben viel mehr Spektrallinien als Atome. Oft häufen sich die Linien so, daß der Eindruck von kontinuierlichen Emissionsbändern, hier **Banden** genannt, entsteht, die nach einer Seite stetig schwächer werden („Abschattierung"), an der anderen aber im **Bandenkopf** plötzlich abbrechen (Abb. 12.24). Erst hochauflösende Spektralapparate zerlegen auch die Banden in sehr viele scharfe, regelmäßig angeordnete Linien, deren Abstand manchmal über die ganze Bande konstant ist.

Die Energie, die ein Molekül abstrahlen kann, steckt ja nicht wie beim Atom nur in angeregten Elektronen. Die Atome können auch gegeneinander schwingen, oder das ganze Molekül kann rotieren. Alle diese Anteile tragen zur spezifischen Wärmekapazität bei (Ausnahmen s. unten) und können thermisch (durch Stöße), optisch (durch Licht) oder elektrisch (durch starke Felder) zugeführt oder abgerufen werden. Allerdings sind Schwingung und Rotation optisch nur wirksam, wenn sich geladene Molekülteile bewegen, z. B. heteropolar gebundene Ionen.

Wie wir gleich verstehen werden, liegen Rotationszustände am dichtesten (Abstand $\Delta W_r \approx 10^{-3}$ eV, Wellenlänge fast 1 000 µm im fernen Infrarot); Schwingungszustände sind fast 100mal weiter getrennt ($\Delta W_\mathrm{s} \approx 0{,}1$ eV, $\lambda \approx 10$ µm), Elektronenzustände noch fast 100mal weiter ($\Delta W_\mathrm{e} \approx 10$ eV, $\lambda \approx 0{,}1$ µm). Das vollständige Spektrum setzt sich aus allen drei Anteilen zusammen, für die Frequenzen gilt

$$h\nu = \Delta W_\mathrm{e} + \Delta W_\mathrm{s} + \Delta W_\mathrm{r}\,. \qquad (12.27)$$

12.4.2 Rotationsbanden

Ein Molekül kann nicht mit beliebiger Geschwindigkeit rotieren, sondern nur mit solchen, die die Quantenbedingung erfüllen. Als Ortskoordinate fungiert hier der Drehwinkel φ, als Impulskoordinate der Drehimpuls $J\omega$. Nach (12.26) muß sein

$$\oint p\,\mathrm{d}q = \oint J\omega\,\mathrm{d}\varphi = 2\pi J\omega = n_\mathrm{r} h\,.$$

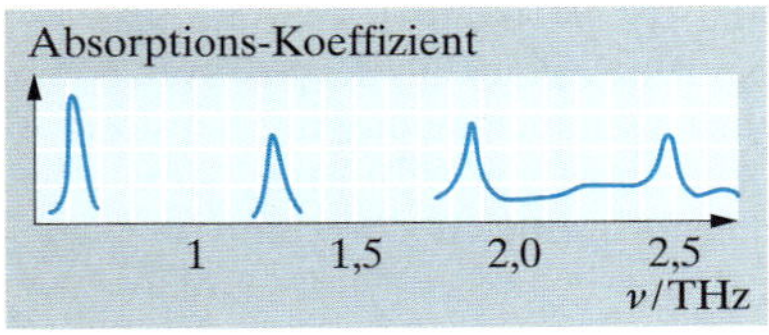

Abb. 12.25. Rotationsspektrum von HCl

Daraus ergeben sich die erlaubten Rotationsenergien

$$W_\mathrm{r} = \frac{1}{2} J\omega^2 = \frac{1}{2}\frac{n_r^2\hbar^2}{J} \ .$$

Die strenge Quantenmechanik liefert etwas abweichend davon

$$\boxed{W_\mathrm{r} = \frac{1}{2}\frac{n_\mathrm{r}(n_\mathrm{r}+1)\hbar^2}{J}} \ . \tag{12.28}$$

Beim Übergang von n_r auf $n_\mathrm{r} - 1$ wird die Frequenz

$$\nu_\mathrm{r} = \frac{W_\mathrm{r}}{h} = \frac{\hbar}{4\pi J}(n_\mathrm{r}(n_\mathrm{r}+1) - (n_\mathrm{r}-1)n_\mathrm{r}) = \frac{\hbar}{2\pi J} n_\mathrm{r} \tag{12.29}$$

emittiert. Die Frequenz nimmt proportional zu n_r zu, die Linien liegen äquidistant (Abb. 12.25). Aus ihrem Abstand $\hbar/(2\pi J)$ läßt sich das Trägheitsmoment des Moleküls ablesen.

Wir vergleichen das Rotationsquant $\Delta W_\mathrm{r} \approx \hbar^2/(mr^2)$ mit der Energie eines Elektronensprunges $\Delta W_\mathrm{e} \approx e^2/(8\pi\varepsilon_0 r)$. Der typische Kernabstand r ist etwa gleich dem Bohr-Radius $r \approx 4\pi\varepsilon_0\hbar^2/(m_\mathrm{e}e^2)$, also $\Delta W_\mathrm{e}/\Delta W_\mathrm{r} \approx m/m_\mathrm{e} \approx 10^4$. Eine Ausnahme macht die Rotation eines zweiatomigen Moleküls um seine Symmetrieachse. Hier rotieren praktisch nur Elektronen, und ΔW_r ist daher kaum kleiner als ΔW_e, nämlich einige eV.

So versteht man endlich, warum ein zweiatomiges Molekül nur fünf Freiheitsgrade hat, nicht sechs. Da die Kerne so winzig sind und die Elektronen praktisch keine Masse haben, ist für die Rotation um die Kernverbindungslinie das Trägheitsmoment sehr klein und damit nach (12.29) der Termabstand sehr groß, viel größer als die mittlere thermische Energie kT. Thermische Stöße können das Molekül nicht aus dem tiefsten Zustand der Rotation um diese Achse herauswerfen, und daher leistet dieser Rotationsfreiheitsgrad keinen Beitrag zur spezifischen Wärmekapazität.

✗ Beispiel...

Lesen Sie aus Abb. 12.25 das Trägheitsmoment des HCl-Moleküls und daraus den Kernabstand zwischen H und Cl ab.

Die längstwellige Linie liegt bei $6{,}2 \cdot 10^{11}$ Hz, und dies ist auch der Abstand der übrigen. Diese Äquidistanz entspricht einem Rotationsspektrum. Man deutet dann den Abstand als $h/(4\pi^2 J)$. Das Trägheitsmoment ergibt sich zu $J = 2{,}7 \cdot 10^{-47}\,\mathrm{kg\,m^2}$. Wenn m und M die Massen von H und Cl sind, r ihr Kernabstand, gilt $J = mr^2M^2/(M+m)^2 + Mr^2m^2/(M+m)^2 = mr^2\,(1+m/M)$, also $r = 1{,}3$ Å.

12.4.3 Das Rotations-Schwingungs-Spektrum

In einem zweiatomigen Molekül können die Atome längs ihrer Verbindungslinie gegeneinander schwingen. Die Bindung an die Ruhelage ist annähernd elastisch, die Schwingung also harmonisch: $x = x_0 \cos\omega t$. In die Quantenbedingung setzt man hier den üblichen Impuls $p = m\dot{x}$ und den Ort x ein. Das Phasenintegral über eine Periode ist

$$\begin{aligned}\int p\,\mathrm{d}q &= \int_0^{2\pi/\omega} m\omega x_0 \sin(\omega t) x_0 \omega \sin(\omega t)\,\mathrm{d}t \\ &= \pi m \omega x_0^2 = \frac{W_\mathrm{s}}{\nu} = n_\mathrm{s} h\,.\end{aligned} \tag{12.30}$$

$W_\mathrm{s} = \frac{1}{2} m\omega^2 x_0^2$ ist ja die Gesamtenergie der Schwingung. Die strenge Quantenmechanik (Aufgabe 16.3.1) liefert allerdings kein Vielfaches von h, sondern ein ungerades Vielfaches von $h/2$:

$$W_\mathrm{s} = (n_\mathrm{s} + \tfrac{1}{2}) h\nu\,. \tag{12.31}$$

Als **Auswahlregel** für die möglichen Übergänge erhält man $\Delta n_\mathrm{s} = \pm 1$, wie bei der Rotation. Das Spektrum des **harmonischen Oszillators** besteht also nur aus einer einzigen Frequenz

$$\nu_\mathrm{s} = \nu\,, \tag{12.32}$$

es ist wie im klassischen Fall unabhängig von der Amplitude oder der Energie der Schwingung. Anders als in der klassischen Mechanik kann aber der Oszillator seine Energie nie ganz abgeben, er behält auch im Grundzustand eine **Nullpunktsenergie**

$$\boxed{W_{\mathrm{s}0} = \tfrac{1}{2} h\nu}\,. \tag{12.33}$$

Die Schwingungsfrequenzen bilden etwa das geometrische Mittel zwischen Elektronen- und Rotationsfrequenzen. Man sieht das, wenn man $\nu_\mathrm{s} \approx \sqrt{D/m}$ mit der Federkonstanten $D \approx \mathrm{d}F/\mathrm{d}r \approx e^2/(8\pi\varepsilon_0 r^3)$ schreibt und wieder beachtet, daß r etwa der Bohr-Radius ist.

Schwingungs- und Rotationszustand können sich auch gleichzeitig ändern. Die Energie des Schwingungsquants reicht gut aus, damit die Rotation schneller wird, also n_r um 1 zunimmt. So ergeben sich die drei Frequenzen

$$\nu = \nu_\mathrm{s}\,, \qquad \nu = \nu_\mathrm{s} \pm \frac{\hbar}{2\pi J} n_\mathrm{r}\,. \tag{12.34}$$

Jetzt lassen wir außerdem einen Elektronensprung zu. Er ändert i. allg. den Bindungszustand im Molekül, also die Grundfrequenz der Schwingung und das Trägheitsmoment, z. B. von J auf J'. Dann ändert sich die Rotationsenergie sogar, wenn keine Änderung der Rotationsquantenzahl eintritt. Allgemein beim Übergang $n_\mathrm{r} \to n'_\mathrm{r}$ ändert sie sich um

$$\Delta W_\mathrm{r} = \frac{1}{2}\hbar^2 \left(\frac{n_\mathrm{r}(n_r + 1)}{J} - \frac{n'_\mathrm{r}(n'_\mathrm{r} + 1)}{J'} \right). \tag{12.35}$$

Es gibt drei Fälle mit folgenden leicht zu errechnenden Frequenzen:

1) $n'_\mathrm{r} = n_\mathrm{r} + 1$:
$$\nu = \nu_\mathrm{e} + \nu_\mathrm{s} + B n_\mathrm{r} + C n_\mathrm{r}^2 \quad (R\text{-Zweig}) \tag{12.36}$$

2) $n'_\mathrm{r} = n_\mathrm{r}$:
$$\nu = \nu_\mathrm{e} + \nu_\mathrm{s} + C n_\mathrm{r} + C n_\mathrm{r}^2 \quad (Q\text{-Zweig}) \tag{12.36'}$$

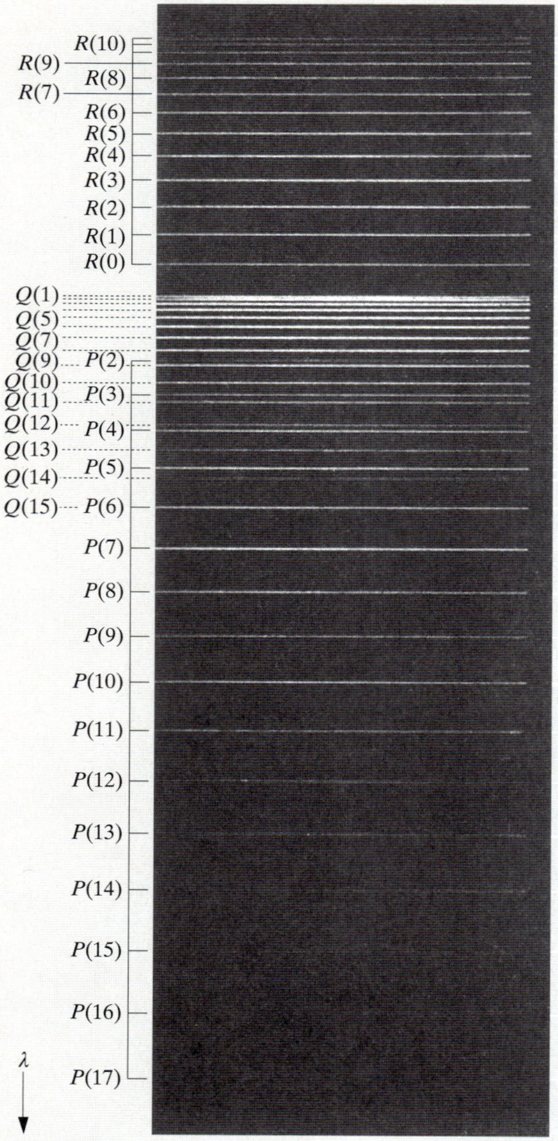

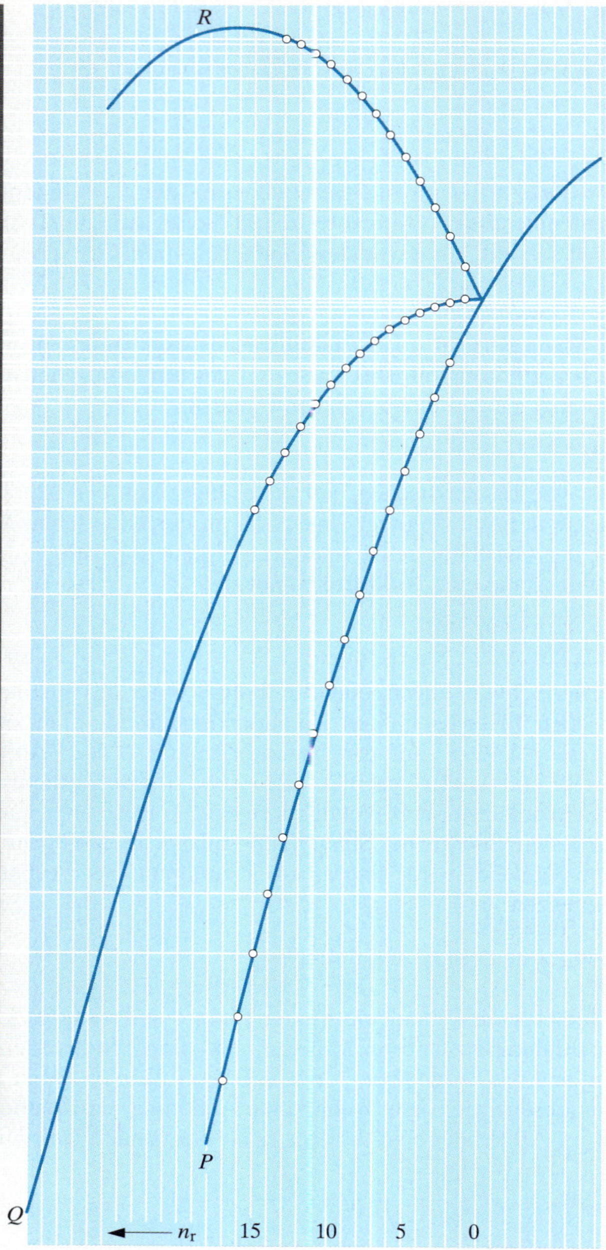

Abb. 12.26. Eine Elektronenbande des AlH, hoch aufgelöst (Aufnahme von *H. Schüler*, Max Planck-Institut, Hechingen). Anders als in Abb. 12.24 nimmt λ hier nach unten zu

Abb. 12.27. Aus den drei Parabeln des Fortrat-Diagramms kann man die Lage der Linien in Abb. 12.26 ablesen. Die Intensitäten ergeben sich aus dem Franck-Condon-Prinzip (Abschn. 12.4.4)

3) $n_r' = n_r - 1$:
$$\nu = \nu_e + \nu_s - B(n_r + 1) + C(n_r + 1)^2 \quad (P\text{-Zweig}) \tag{12.36''}$$
$$B = \frac{\hbar}{4\pi}\left(\frac{1}{J} + \frac{1}{J'}\right), \qquad C = \frac{\hbar}{4\pi}\left(\frac{1}{J} - \frac{1}{J'}\right).$$

Alle drei Zweige bilden im $\nu(n_r)$-Diagramm (**Fortrat-Diagramm**, Abb. 12.27) Parabeln, aber die Scheitel liegen ganz verschieden. Bei $C > 0$ (Kernabstand im oberen Zustand kleiner, $J < J'$) sind die Parabeln nach oben offen, sonst nach unten. So kann man die Bandenspektren verstehen (z. B. Abb. 12.26 mit $C < 0$) und erhält daraus viele Angaben über den Bau des Moleküls (Kernabstand, Bindungskräfte, Dissoziationsarbeit usw.).

12.4.4 Die Potentialkurve des Moleküls

Zwischen den Atomen oder Ionen eines zweiatomigen Moleküls wirkt eine Anziehung, sonst käme es ja gar nicht zur Molekülbildung. Im Fall der Ionen handelt es sich um eine Coulomb-Anziehung mit einem r^{-1}-Potential. Bei neutralen Atomen konnte erst die Quantenmechanik die homöopolare Bindungskraft als Austauschkraft erklären, bedingt durch die Erweiterung des Potentialtopfes und Absenkung des Energiezustandes eines oder zweier bindender Elektronen (Abschn. 16.3.1). Das homöopolare Anziehungspotential hat für geringe Abstände ähnliche Form wie das Coulomb-Potential. Nähern sich die Atome oder Ionen aber zu stark, geht die Anziehung in eine Abstoßung über, weil die Elektronenhüllen sich dabei deformieren müssen. Dieses Abstoßungspotential wächst sehr steil mit abnehmendem Abstand r. Im Abstand r_0, wo sich beide Kräfte die Waage halten, im Minimum der Potentialkurve, würde man klassisch die Ruhelage des Moleküls erwarten. Quantenmechanisch gibt es aber immer eine Nullpunktsenergie: Die Teilchen schwingen immer etwas oberhalb des Topfbodens.

Nahe der „Ruhelage" r_0 kann man das Potential als Parabel annähern. Der Auslenkung $r - r_0$ wirkt die harmonische Kraft $F = -D(r - r_0)$ entgegen und beschleunigt die Teilchen mit den Massen m_1 und m_2 gemäß $m_i\ddot{x}_i = -D(r - r_0)$. Trotz der Schwingung bleibt der Schwerpunkt in r_0, es gilt $m_1x_1 = m_2x_2$ und $x_1 + x_2 = r - r_0$, also $x_1 = m_2(r - r_0)/(m_1 + m_2)$ und folglich
$$\mu\ddot{r} = -D(r - r_0)\,. \tag{12.37}$$
$$\mu = \frac{m_1m_2}{m_1 + m_2} \tag{12.38}$$
heißt **reduzierte Masse** des Moleküls. Die Teilchen schwingen also mit der Kreisfrequenz $\omega = \sqrt{D/\mu}$. Diese Frequenz gilt auch quantenmechanisch, aber die Teilchen können nicht beliebige Schwingungsenergien haben, sondern nur solche von der Form $W_n = \hbar\omega(n + \frac{1}{2})$. Es gilt dieselbe **Auswahlregel** $\Delta n = \pm 1$ wie im Abschn. 12.4.3.

Die Parabel ist nur eine Näherung für kleine Schwingungen. Das wirkliche Potential ist asymmetrisch: innen steil, außen flach. Trennung der Atome, d. h. Dissoziation des Moleküls erfordert ja nur einen endlichen

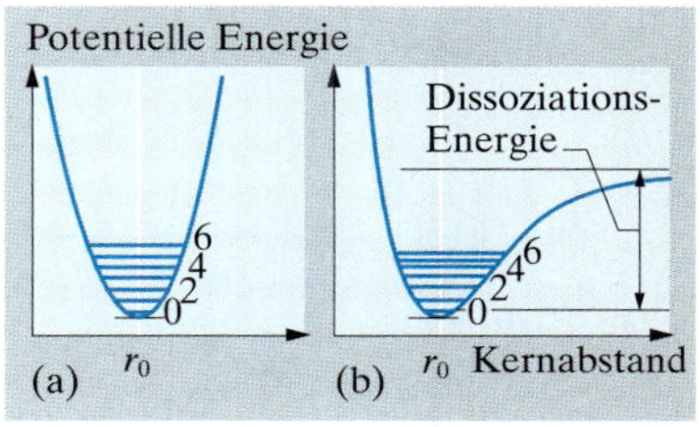

Abb. 12.28a, b. Potentialkurve eines zweiatomigen Moleküls

Energiebetrag. In einem solchen Potential rücken die erlaubten Schwingungsenergien nach oben hin immer enger zusammen und konvergieren gegen die Dissoziationsenergie. Auch die Auswahlregel $\Delta n = \pm 1$ gilt nicht mehr: Es gibt Übergänge mit größerem Δn, allerdings mit abnehmender Wahrscheinlichkeit.

Wenn man ein Elektron im Molekül anregt, ändert die Potentialkurve ihre Form. Der Elektronenzustand bestimmt ja die Bindungs- und Abstoßungskräfte. Auch das Trägheitsmoment ändert sich meist dabei. Die allgemeinste Spektrallinie des Moleküls, die sich aus Anregung, Schwingung und Rotation zusammensetzt, ist also durch einen Sprung zwischen zwei verschiedenen Potentialkurven darzustellen. Während ein Elektron springt, können die viel schwereren Atome ihre Lage kaum ändern. Der Sprung erfolgt also fast senkrecht im Potentialschema, und zwar am wahrscheinlichsten zwischen den Umkehrpunkten der beiden beteiligten Schwingungen, weil sich dort, klassisch betrachtet, die Atome am längsten aufhalten; quantenmechanisch liegen dort die Maxima der ψ-Funktion, außer für den tiefsten Zustand, dessen Maximum in der Mitte liegt (Aufgabe 16.3.1). Mit diesem **Franck-Condon-Prinzip** kann man viele Moleküleigenschaften aufklären.

12.5 Röntgenstrahlung

„Wenn die Entladung einer ziemlich großen Induktionsspule durch eine hinreichend evakuierte Hittorf-, Lenard- oder Crookes-Röhre geschickt wird, welch letztere mit dünnem schwarzen Carton, einigermaßen dicht schließend, bedeckt ist, ... beobachtet man bei jeder Entladung eine Erleuchtung eines mit Bariumplatinzyanür bestrichenen Pappschirms ... ."

W. C. Röntgen, 1895

12.5.1 Erzeugung und Nachweis

Röntgenstrahlung entsteht, wenn schnelle Elektronen auf ein Hindernis prallen und plötzlich gebremst werden. Bei *W. C. Röntgen* prallten die Elektronen, die aus einer kalten Kathode kamen, auf die Glaswand gegenüber, heute gewinnt man sehr viel mehr Elektronen durch Heizung der Kathode, beschleunigt sie stärker (durch eine Anodenspannung zwischen 50 und 300 V), bündelt sie elektronenoptisch (durch einen Wehnelt-Zylinder) und stellt ihnen eine **Antikathode** aus Metallen mittlerer oder hoher Massenzahl entgegen (Mo, Cu bzw. W). Dort geben die Elektronen ihre Energie ab und verwandeln sie in Strahlung, größtenteils aber in Wärme, so daß die Antikathode meist gekühlt werden muß. Diese Strahlung durchdringt Materieschichten erheblicher Dicke, was *W. C. Röntgen* am Aufleuchten eines Fluoreszenzschirms nachwies, ähnlich wie er noch heute zur Schirmbilduntersuchung dient. Schonender für den Patienten ist die photographische Aufnahme. Röntgenstrahlung löst Elektronen nicht nur im Bildschirm oder im Bromsilberkorn des Films aus, sondern ionisiert auch Gase und läßt sich so durch die Entladung von Elektrometern oder Ionisationskammern messen.

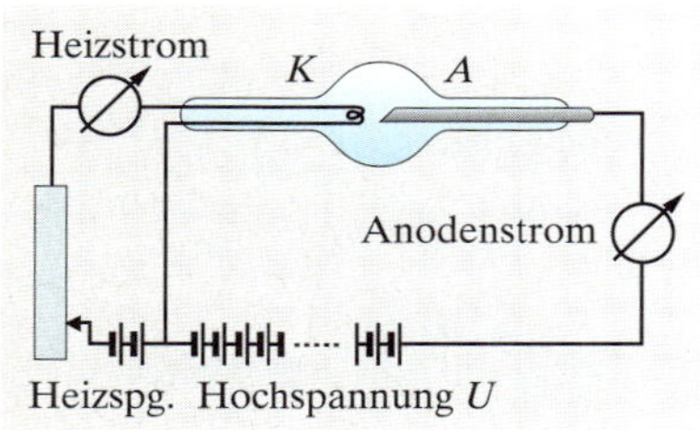

Abb. 12.29. Aus der Glühkathode K emittierte Elektronen prallen, durch U beschleunigt, auf die Antikathode A und lösen Röntgenstrahlung aus

12.5.2 Röntgenbeugung

Noch fast 20 Jahre nach *Röntgens* Entdeckung war zweifelhaft, ob hier Wellen oder Teilchen emittiert werden. Wenn es sich um Wellen handelt, sollten sie gemäß ihrem Durchdringungsvermögen sehr kurz sein. Da genügend enge Beugungsgitter nicht herstellbar sind, schien ein experimenteller Beweis aussichtslos, bis *Max von Laue* die geniale Idee hatte, daß die Natur solche Gitter in Gestalt der Kristalle anbietet.

Deren periodische Raumgitterstruktur war bis dahin ebenfalls nur Hypothese, und *Laue*, *Friedrich* und *Knipping* konnten die beiden grundlegenden Annahmen durch ein einziges Experiment beweisen.

Ein eng ausgeblendetes Röntgenbündel tritt durch eine Kristallplatte K, z. B. aus NaCl parallel zu den Würfelflächen geschnitten (Abb. 12.30). Auf der Photoplatte P zeichnet sich nicht nur der Durchstoßpunkt des Bündels (in Abb. 12.31 abgedeckt) als schwarzer Fleck ab, sondern es entsteht rings herum ein System von Flecken, das vierzählige Symmetrie hat.

Man könnte leicht verstehen, daß der Durchgang durch Materie das Röntgenlicht etwas aus der Richtung bringt und daß sich ein homogener Streukegel bildet. Statt dessen scheint es, als seien im Kristall viele Spiegel unter verschiedenen Richtungen angebracht, die scharfe Reflexionspunkte erzeugen. Eine Betrachtung von *W. Bragg* zeigt, um was für Spiegel es sich handelt. In einer periodischen Anordnung von Teilchen findet man viele Ebenen verschiedener Richtung, die durch Gitterpunkte gehen, z. B. nicht nur die horizontale und vertikale Ebene in Abb. 12.32, sondern auch schräge, auf denen allerdings die Teilchen dünner gesät sind. Hat man eine solche **Netzebene** gefunden, so sind auch alle dazu parallelen in einem gewissen Abstand gezogenen Ebenen Netzebenen. Dieser Abstand ist offenbar i. allg. verschieden von den **Gitterkonstanten**, d. h. den Teilchenabständen in x- oder y-Richtung (Abb. 12.33). Wenn paralleles Röntgenlicht auf eine Netzebene fällt, wirkt jedes daraufliegende Teilchen als Streuzentrum und emittiert eine Sekundärwelle. Alle diese Sekundärwellen setzen sich nach *Huygens* zu einer regulär reflektierten Welle zusammen (Abb. 12.33b). Dasselbe geschieht an den dazu parallelen Netzebenen, denn auf dem Abstand d wird die Röntgenwelle nur sehr wenig absorbiert. Alle diese reflektierten Wellen interferieren. Ist die Verstärkungsbedingung „Gangunterschied = ganzes Vielfaches der Wellenlänge" nicht exakt erfüllt, so interferiert sich die reflektierte Welle völlig weg. Man sieht das wieder am einfachsten im Zeigerdiagramm, wo jeder Phasenunterschied δ der Teilwellen als Winkel zwischen den Amplituden-Zeigern zum Ausdruck kommt. Hat man sehr viele solche Zeiger für Reflexionen an den vielen parallelen Netzebenen, dann schließen sie sich selbst bei sehr kleinem δ zu einem mehrfach durchlaufenen Polygon, die Summenamplitude ist praktisch 0. Nur wenn δ exakt $k \cdot 2\pi$ ist, streckt sich das Polygon, alle Teilamplituden addieren sich (Abschn. 10.1.3).

Für welche Einfallswinkel und welche Wellenlängen die Verstärkungsbedingung erfüllt ist, liest man aus Abb. 12.34 ab. Von A bis B bzw. von A' bis C haben durchgehende und reflektierte Welle gleichweit zu laufen, ebenso von C bzw. D bis zum sehr weit entfernten Film. Der Gangunterschied ist also einfach BD:

Reflexionsbedingung von *W. L. Bragg*

$$BD = 2d\cos\vartheta = k\lambda \qquad (k = 1, 2, 3, \ldots)\,. \tag{12.39}$$

Das folgt auch aus (10.18) mit $n = 1$. Diese Bedingung ist bei gegebenem ϑ nur für wenige λ und bei gegebenem λ nur für wenige ϑ erfüllt. Zu jedem Punkt im Beugungsdiagramm gehört eine Netzebene, die den Winkel zwi-

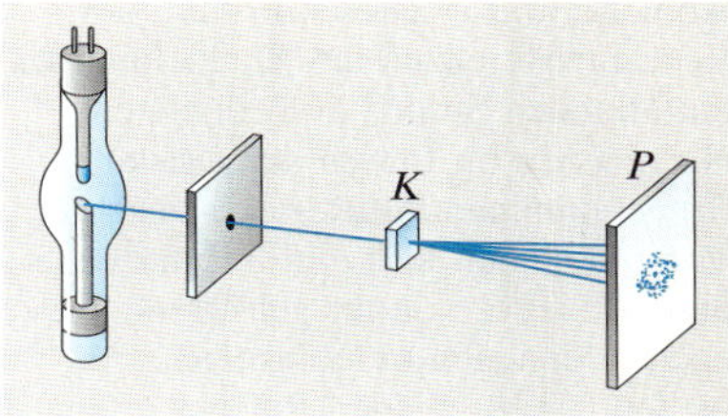

Abb. 12.30. Anordnung von *v. Laue*, *Friedrich* und *Knipping* zur Erzeugung von Kristallinterferenzen

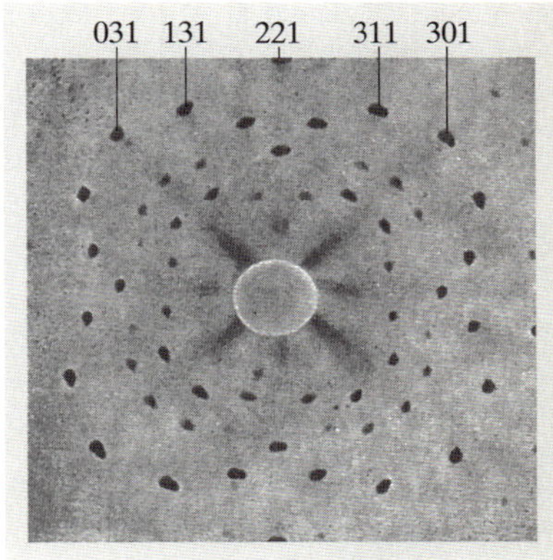

Abb. 12.31. Laue-Interferenzen mit einer parallel zur Würfelfläche gespaltenen NaCl-Kristallplatte. (Aus R. W. Pohl: *Einführung in die Physik*, Band 3: Optik und Atomphysik, 13. Aufl. (Springer, Berlin Heidelberg 1976)) Die oben angegebenen Zahlentripel sind die Millerschen Indizes der Netzebenen, an denen ein passender Wellenlängenbereich reflektiert wird

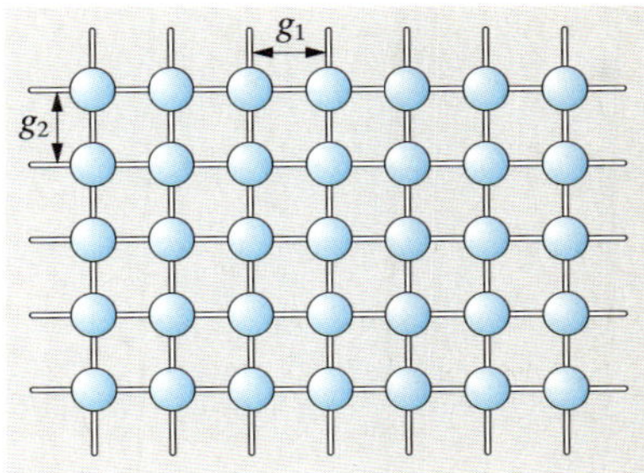

Abb. 12.32. Schema eines Kreuzgitters

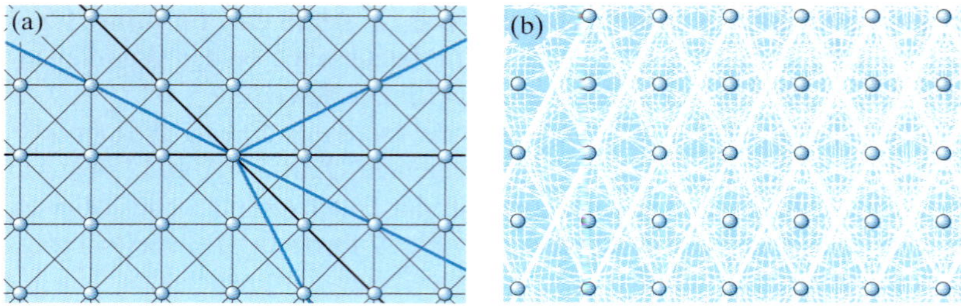

Abb. 12.33. (a) Zurückführung der Laue-Interferenzen auf Spiegelung des einfallenden Strahls an geeigneten Netzebenen im Innern des Kristalls. (b) So kommen die Reflexe zustande: Von links oben fällt eine Primärwelle ein. Um jedes von ihr getroffene Teilchen bilden sich kreisförmige Streuwellen, die zu ebenen Reflexwellen interferieren. Die Reflexe an 1, 0 und 0, 1 (senkrechte bzw. waagerechte Netzebene) fallen zusammen und zeichnen sich daher besonders stark ab, laufen allerdings in entgegengesetzten Richtungen. 1, 1 und 1, −1 (45°-Ebenen) geben schwächere Reflexe, (um $\lambda/2$ verschoben und auch gegenläufig), weil sie weniger dicht besetzt sind

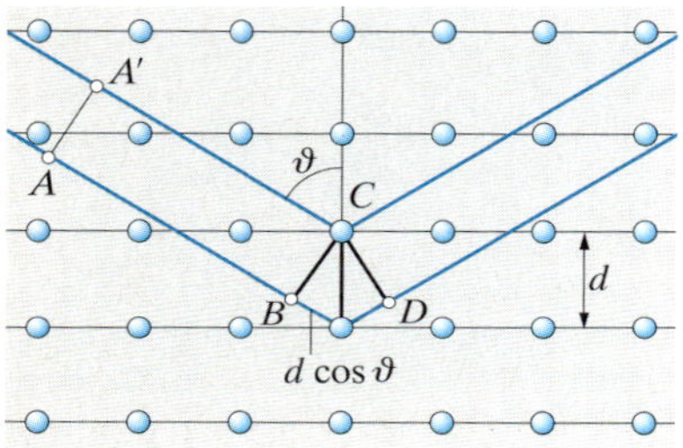

Abb. 12.34. Zwischen den Reflexen an zwei Netzebenen eines Kristalls herrscht ein Gangunterschied $2d\cos\vartheta$, wenn der Strahl um ϑ vom Lot abweicht

schen direktem und reflektiertem Strahl halbiert. Diese Netzebene sucht sich zur Reflexion aus dem einfallenden „weißen" Röntgenlicht die Wellenlänge heraus, die die **Bragg-Bedingung** erfüllt. Die Reflexe sind eigentlich „bunt". Ihre Intensität ist um so höher, je dichter die reflektierende Netzebene mit Teilchen besetzt ist und je mehr parallele reflektierende Ebenen es gibt, d. h. je kleiner d ist. In Abb. 12.33 erzeugt die vertikale Ebene den stärksten Reflex, etwa doppelt so stark wie die angedeutete schräge Ebene, wenn die geometrischen Verhältnisse sonst gleich sind.

Laues eigene Deutung des Diagramms klingt etwas anders, ist aber logisch äquivalent mit der von *Bragg*. Wenn man zwei Strichgitter (Durchlaßgitter) wie in Abb. 12.32 senkrecht kreuzt, so unterliegen die Richtungen für die Interferenzmaxima zwei Bedingungen (Abschn. 10.1.6):

$$z_1\lambda = g_1(\cos\alpha - \cos\alpha_0)\,, \qquad z_2\lambda = g_2(\cos\beta - \cos\beta_0)\,, \tag{12.40}$$

wo α und α_0 die Winkel des gebeugten und des einfallenden Strahls gegen die x-Richtung und β und β_0 die Winkel gegen die y-Richtung sind. Die gebeugten Strahlen müssen also sowohl auf einem Kegel um die x-Richtung mit dem Öffnungswinkel 2α, als auf einem Kegel um die y-Richtung mit dem Öffnungswinkel 2β liegen. Im allgemeinen schneiden sich beide Kegel; in Richtung dieser Schnittgeraden verlaufen also gebeugte Strahlen. Für jedes λ, das kleiner als g_1 und g_2 ist, und jede Einfallsrichtung α_0, β_0 kommt ein Schnitt der zugehörigen Strahlenkegel zustande. Die Beugungsfigur eines Kreuzgitters enthält also alle Wellenlängen, die im auffallenden Licht enthalten sind.

Bringt man aber nun in gleichen Abständen g_3 hintereinander lauter parallele Kreuzgitter so an, daß die Kreuzungspunkte in der z-Richtung senkrecht übereinander liegen, so tritt als dritte „Laue-Gleichung" für die Richtung der gebeugten Strahlen zu (12.40) hinzu:

$$z_3\lambda = g_3(\cos\gamma - \cos\gamma_0)\,. \tag{12.41}$$

Damit wirklich eine Verstärkung zustandekommt, muß auch der Kegel um die z-Achse mit dem Öffnungswinkel 2γ durch die Schnittlinie der beiden anderen Kegel gehen. Das wird im allgemeinen nicht der Fall sein, sondern bei vorgegebenen Werten von z_1, z_2 und z_3, die kleine ganze Zahlen sind, nur für bestimmte Wellenlängen λ erfüllt sein. Nach längerer Rechnung ergibt sich daraus wieder die Bragg-Bedingung (12.39).

Diese Bedingung gibt an, in welchen Richtungen (bei gegebener Wellenlänge) gebeugte Bündel oder „Reflexe" entstehen können, sie sagt aber nichts über deren Intensität. Diese ergibt sich, wenn man die Teilchen, die an den Gitterpunkten sitzen, nicht einfach als Punkte schematisiert, sondern auf ihre innere Struktur Rücksicht nimmt. Ein solches Teilchen kann ja ein ganzes, u. U. riesiges Molekül sein. Selbst ein einzelnes Atom hat eine ausgedehnte Elektronenhülle. Außerdem geben die Punkte des Idealgitters nur die Ruhelagen der Teilchen an, um die sie thermische Zitterbewegungen ausführen. Alle drei Effekte – Existenz mehrerer Atome in der „Basis" des Gitters, Elektronenhülle jedes Atoms und thermische Schwankungen – führen zu inneren Interferenzen der Teilwellen, die von den einzelnen Strukturelementen stammen, und führen i. allg. zu einer Herabsetzung der Intensität, manchmal sogar zur völligen Auslöschung des Reflexes. Diese Effekte werden in Abschn. 14.1.3 genauer behandelt.

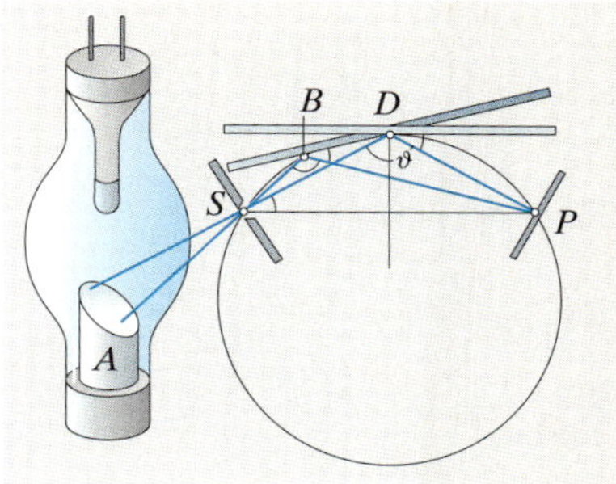

Abb. 12.35. Die Braggsche Drehkristallmethode zur Wellenlängenmessung von Röntgenstrahlen

Beim Laue-Verfahren mit feststehendem Kristall, auf den kontinuierliches Röntgenlicht fällt, suchen sich die einzelnen Wellenlängen Netzebenen mit passendem Abstand d und Einstellwinkel ϑ, an denen sie nach *Bragg* reflektiert werden. Man kann aber auch immer mit der gleichen Netzebene arbeiten und durch Änderung des Einfallswinkels ϑ, d. h. Drehung des Kristalls mit gleichzeitiger Schwenkung des Empfangsgerätes, nacheinander die einzelnen Wellenlängen in gewissen Grenzen durchlaufen, also ein Röntgenspektrum aufnehmen.

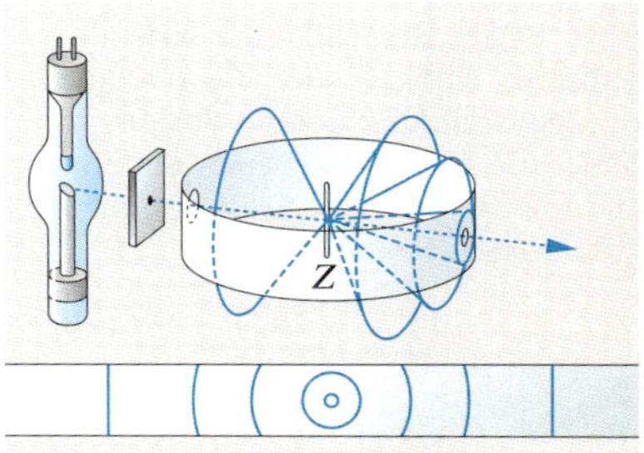

Abb. 12.36. *Oben*: **Debye-Scherrer-Verfahren** zur Bestimmung des Gitterbaus von Kristallen. *Unten* ist das Beugungsbild auf dem abgewickelten Film dargestellt

Strahlen gleicher Wellenlänge, aber von verschiedenen Stellen der Antikathode A stammend, werden bei *Braggs* Drehkristallmethode am gleichen Punkt P der Photoplatte gesammelt, wenn dieser von der Drehachse D des Kristalls ebensoweit entfernt ist wie der Spalt S. Zunächst stellen wir die Kristalloberfläche parallel zu SP. Strahlung der Wellenlänge λ, für die $k\lambda = 2d\cos\vartheta$ ist, wird bei D nach P reflektiert. Nun drehen wir den Kristall um D. Seine Oberfläche schneidet jetzt den Kreis, der durch S, D und P geht, auch in einem zweiten Punkt B. Die Winkel SDP und SBP sind gleich als Peripheriewinkel über der Sehne SP, ebenso ist $PBD = PSD = \pi/2 - \vartheta$ als Peripheriewinkel über PD. Also reflektiert der Kristall, diesmal an der Stelle B, einen aus S kommenden Strahl der gleichen Wellenlänge λ ebenfalls nach P. Diese Betrachtung gilt für Netzebenen beliebiger Richtung.

Genügend große Einkristalle für die Verfahren von *Laue* und *Bragg* sind schwer herzustellen. *Debye* und *Scherrer* zeigten, daß man die Struktur eines Materials auch aufklären kann, wenn es nur als Kristallpulver vorliegt. Man benutzt dazu monochromatische oder linienhafte Röntgenstrahlung. In einem Stäbchen Z, das aus feingepulverten Kristallen gepreßt

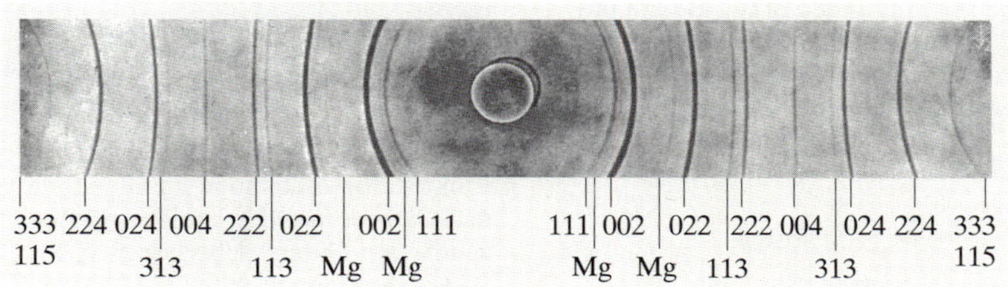

Abb. 12.37. Debye-Scherrer-Diagramm von MgO mit den zu den Beugungsringen gehörenden Laue-Indizes der „spiegelnden" Netzebenen

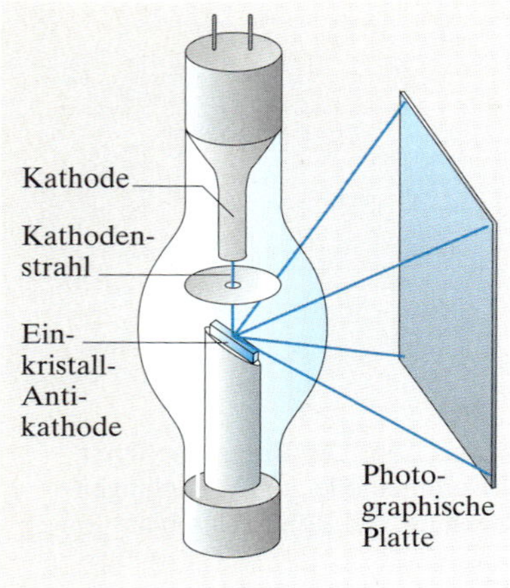

Abb. 12.38. Hier dient der Kristall selbst als Antikathode. Die erzeugte Röntgenstrahlung kommt aus einer Tiefe, die viele Netzebenen umfaßt, und interferiert mit den an diesen reflektierten Sekundärwellen

ist (Abb. 12.36), findet die benutzte Röntgenwellenlänge unter den vielen ungeordneten Kriställchen immer solche vor, deren Orientierung der Reflexionsbedingung genügt. Die so an einer Netzebene gebeugten Strahlen erfüllen einen Kegelmantel, dessen Öffnungswinkel, abzulesen auf einem koaxial zu Z gelegten Film, nach (12.39) den Abstand der betreffenden Netzebenen ergibt. Auch daraus läßt sich die Kristallstruktur rekonstruieren (Abb. 12.37).

Wenn man ein gut fokussiertes Kathodenstrahlenbündel in einen Einkristall eintreten läßt (Abb. 12.38), verlegt man die Antikathode, von der die charakteristische Röntgenstrahlung ausgeht, in das Innere des beugenden Kristalls. Weil nun von der ins Innere verlegten Quelle die Ausstrahlung nach jeder Richtung erfolgt, erscheinen die Reflexe der im Gitter möglichen Netzebenen vollständig. Die Überlagerung der primären und der sekundären Strahlung ermöglicht, die Phasenbeziehung zwischen ihnen wahrzunehmen (Abb. 12.39 und 12.40), während die Laue- und Bragg-Interferenzen nur die Phasenbeziehungen der Sekundärwellen untereinander zeigen. Die Deutung der Interferenzen ergibt, daß sich die von der Gitterquelle ausgehenden Wellen kohärent im ganzen Raumwinkel 4π ausbreiten.

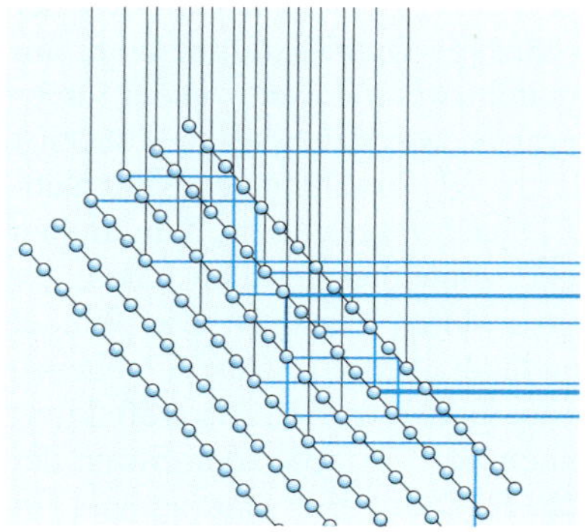

Abb. 12.39. Einige der durch schnelle Elektronen (——) ausgelösten Röntgenphotonen (——) der Primärwelle treffen auf Atome einer anderen Netzebene und werden dort gestreut bzw. lösen Photonen einer Sekundärwelle aus. Jedenfalls erleidet die Welle dadurch eine Phasenverschiebung, die bei Erfüllung der Bragg-Bedingung durch konstruktive Interferenz einen zusätzlichen registrierbaren Reflex ergibt

Abb. 12.40. Emission einer Kupfer-Einkristall-Antikathode im Gebiet um den Oktaederpol des kubisch-flächenzentrierten Gitters (Überlassen von *W. Kossel*)

12.5.3 Röntgenoptik

Kennt man die Gitterkonstanten der Kristalle – sie lassen sich aus Dichte, Atommasse und Avogadro-Zahl leicht bestimmen – so liefert die Röntgenbeugung nach *Bragg* oder *Debye-Scherrer* auch die Wellenlängen der Röntgenlinien auf indirekte Weise. Direkte Wellenlängenmessungen an künstlich hergestellten Gittern gelangen erst um 1925 durch den Trick der **streifenden Inzidenz**: Einer Welle, die fast parallel zur Gitterebene einfällt, erscheint der Strichabstand wesentlich reduziert. Wenn man in der Interferenzbedingung (10.13) statt der gegen die Normale gemessenen Winkel α und β ihre Komplemente φ und ψ einführt (Abb. 12.41), erhält man

$$k\lambda = g(\cos\varphi - \cos\psi)\,. \tag{12.42}$$

Die sehr kleinen Winkel φ und ψ sind schwer zu bestimmen. Man registriert daher auf einer hinreichend weit entfernten Photoplatte den gebeugten Strahl zusammen mit dem reflektierten Strahl und in einer weiteren Belichtung nach Wegnahme des Gitters auch den einfallenden Strahl in seiner Verlängerung. Die Differenzwinkel δ und γ zwischen diesen Richtungen $\delta = \psi + \varphi$, $\gamma = \psi - \varphi$ (Abb. 12.41) enthalten dieselbe Information wie die Originalwinkel φ und ψ:

$$k\lambda = 2g\sin\frac{\psi+\varphi}{2}\sin\frac{\psi-\varphi}{2} \approx \frac{g}{2}(\psi+\varphi)(\psi-\varphi) = \frac{g}{2}\delta\gamma\,. \tag{12.43}$$

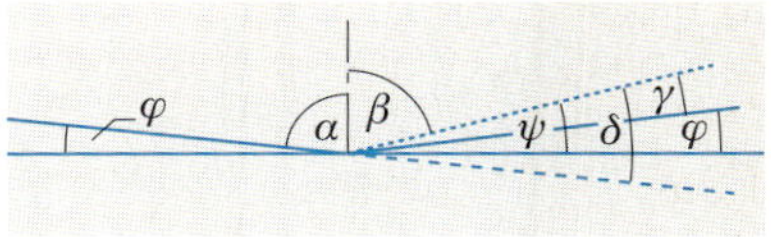

Abb. 12.41. Absolute Wellenlängenmessung von Röntgenstrahlen mit einem streifend angestrahlten Strichgitter nach *Compton* und *Doan*. Der Röntgenstrahl fällt von links unter dem kleinen Winkel φ gegen die horizontale Gitterebene ein

Kein Gitter kann feiner sein als ein Kristall, wenn auch dessen dreidimensionale Struktur das Beugungsbild kompliziert. Beim **Kristallspektrographen** (Abb. 12.42) reflektiert der langsam rotierende Kristall nach und nach mit verschiedenen Netzebenen verschiedene Wellenlängen, und zwar mit besonders großer Schärfe und Intensität, wenn er zu einem Konkavgitter ausgeschliffen ist.

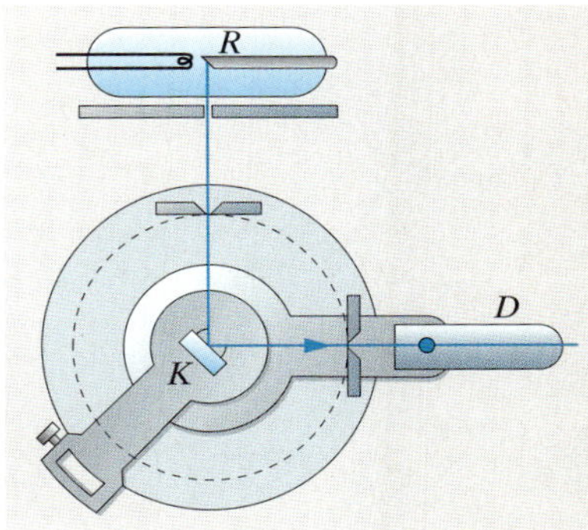

Abb. 12.42. Röntgenspektrometer mit Röntgenröhre R, drehbarem Analysatorkristall K und Detektor D. (Nach W. Finkelnburg: *Einführung in die Atomphysik*, 11./12. Aufl. (Springer, Berlin Heidelberg 1976))

Theoretisch könnte ein **Röntgenmikroskop** sehr kleine, der Wellenlänge von Bruchteilen eines nm entsprechende Details auflösen. Die übliche Linsen- oder Spiegeloptik funktioniert aber nicht, weil die Brechzahl n aller Stoffe im Röntgengebiet nur ganz wenig von 1 abweicht. Da n meist kleiner als 1 ist (Abschn. 10.3.3), wird ein aus dem Vakuum kommender Strahl total reflektiert, allerdings nur bei sehr flachem Einfall (streifender Inzidenz). Schwach gekrümmte Spiegel, auch als Einkristallflächen mit Bragg-Reflexion, müssen also als „Röntgenlinsen“ dienen. Wegen dieser Beschränkungen erreicht das Röntgenmikroskop in der Praxis kaum höhere Auflösung als das Lichtmikroskop. Daneben benutzt man auch, ohne optische Abbildung, einen sehr feinen Antikathoden-Brennfleck; die radial von diesem Zentrum ausgehende Strahlung projiziert eine Probe auf einen weit entfernten Schirm, ähnlich wie beim einfachen Feldemissions-Mikroskop.

12.5.4 Bremsstrahlung

Ein plötzlich gebremstes Elektron muß nach der klassischen Elektrodynamik wie jede beschleunigte Ladung strahlen, und zwar nach Abb. 7.139 überwiegend senkrecht zur Richtung der Beschleunigung $\boldsymbol{a}$. Deswegen schrägt man die Antikathode meist unter 45° ab, als ob man eine ideale Reflexion erwartete. Der nach der anderen Seite gehende Teil der Strahlungscharakteristik wird in der Antikathode weitgehend absorbiert. Auch die Polarisation nach Abb. 7.140 mit dem $\boldsymbol{E}$-Vektor senkrecht zu $\boldsymbol{a}$ und $\boldsymbol{r}$ läßt sich nachweisen. Ein Streustrahler aus leichten

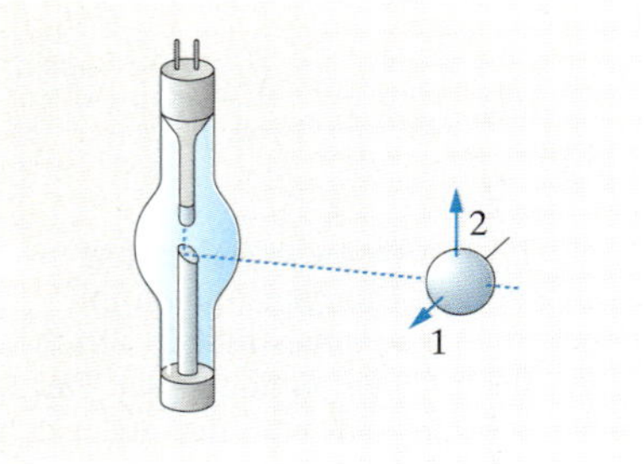

Abb. 12.43. Zum Nachweis der **Polarisation der Röntgenbremsstrahlung**

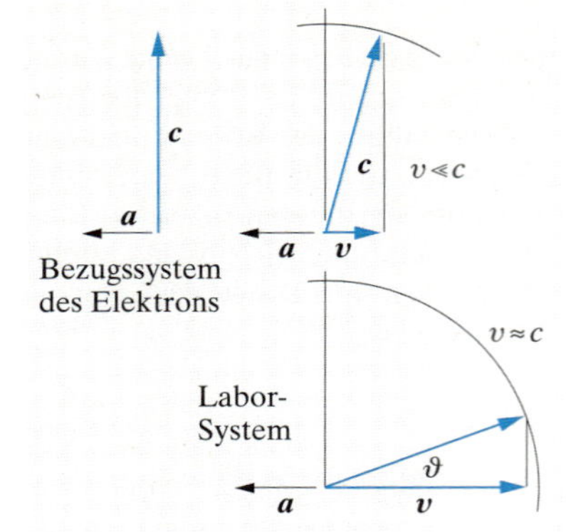

Abb. 12.44. In seinem eigenen Inertialsystem strahlt ein gebremstes Elektron vorwiegend senkrecht zu seiner Beschleunigungsrichtung. Im Laborsystem, in dem das Elektron mit v fliegt, müssen die Photonen ebenfalls mit c laufen. Bei $v \ll c$ scheint es noch, als werde $\boldsymbol{v}$ einfach zu $\boldsymbol{c}$ addiert. In Wirklichkeit klappt aber $\boldsymbol{c}$ auf einem Kreis herum

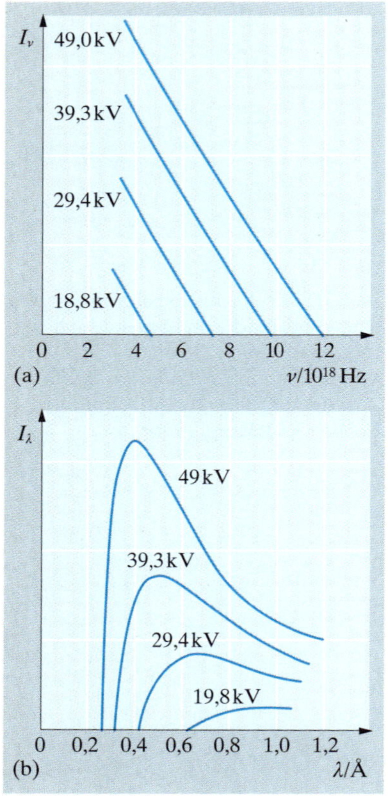

Abb. 12.45. Spektrale Intensitätsverteilung der Röntgen-Bremsstrahlung aus dicker Antikathode als Funktion der Frequenz (a) bzw. der Wellenlänge (b) (nach *Kulenkampff*). I_λ, I_ν: Intensität pro Intervall der entsprechenden Größe

Atomen (Abb. 12.43) sendet, wie man mit einer Ionisationskammer prüfen kann, in Richtung 1 viel mehr Sekundärstrahlung aus als in Richtung 2. Das entspricht dem Strahlungsdiagramm von Ladungen, die von der Primärwelle in Richtung 2 hin- und hergeschüttelt werden.

Elektronen mit Energien um 500 keV und darüber geben ihre Bremsstrahlung nicht mehr nach *H. Hertz* überwiegend senkrecht zur Bahn, sondern mehr in Vorwärtsrichtung ab. Man versteht das, indem man sich zunächst ins Bezugssystem des schnellen Elektrons setzt. Wenn dieses etwas gebremst wird (nicht gleich bis zur Ruhe), strahlt es in seinem eigenen System wie gewohnt senkrecht zur Bahn. Umrechnung ins Laborsystem erfolgt, indem man die Elektronengeschwindigkeit $\boldsymbol{v}$ addiert. Trotz $v \approx c$ liefert diese Addition aber für das Photon nicht etwa einen 45°-Vektor mit dem Betrag $\sqrt{2}c$, sondern das Photon kann auch jetzt nur mit c fliegen, und sein Vektor mit diesem Betrag c muß daher bis auf einen Winkel ϑ mit $\cos\vartheta = v/c$, $\sin\vartheta = \sqrt{1 - v^2/c^2}$ an die Bahnrichtung herangeklappt werden. Diese Wurzel gibt genau W_0/W (W Energie, W_0 Ruhenergie des Elektrons, Abschn. 15.2.7). Der Vorwärts-Kegel wird also mit wachsendem W immer enger: $\vartheta \approx W_0/W$. Man kann das auch so ausdrücken: Wegen der Zeitdilatation kommt das Photon in senkrechter Richtung nur um den Faktor $\sqrt{1 - v^2/c^2}$ weniger weit als erwartet. Man kann auch sagen: Bei $W \ll W_0$ ist der Impuls des Photons klein gegen den des Elektrons, weil $p_\gamma = h/\lambda = W/c \ll \sqrt{2W_0W}/c = mv = p_e$; das getroffene Atom schluckt den Impuls p_e, für das Photon gibt es hieraus keine Richtungsbeschränkung. Bei $W \gg W_0$ dagegen geht fast der ganze Impuls des Elektrons ans Photon über, denn relativistisch gilt auch fürs Elektron $W \approx pc$.

Im elektrischen Feld eines Hindernisses wird ein Proton wegen seiner größeren Masse 1 836mal weniger gebremst als ein Elektron. Nach (7.130) strahlt bei gleicher Energie also das Proton pro Zeiteinheit $1\,836^2$mal weniger intensiv als das Elektron, dringt aber entsprechend tiefer ein.

Der plötzlichen Bremsung, also einer völlig unperiodischen Beschleunigung, entspricht nach *Fourier* ein kontinuierliches Spektrum, ähnlich dem akustischen Knall. Daher sollte sich klassisch das Spektrum der

Röntgen-Bremsstrahlung bis zu beliebig hohen Frequenzen erstrecken. Da die Strahlung aber in Photonen abgepackt ist, kann eins davon höchstens die gesamte Energie eU des Elektrons übernehmen. Das Spektrum bricht bei einer **Grenzfrequenz** ν_{gr} ab, für die gilt

$$\boxed{h\nu_{gr} = eU \quad \text{oder} \quad \lambda_{gr} = \frac{hc}{eU} = \frac{1234\,\text{nm}}{U} \quad (U \text{ in } V)} \quad . \tag{12.44}$$

Aus ν_{gr} kann man sehr einfach die Planck-Konstante h bestimmen.

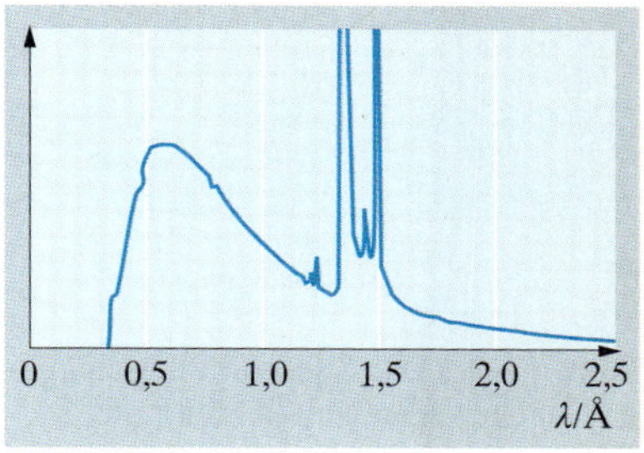

Abb. 12.46. Röntgenspektrum einer Kupfer-Antikathode mit Bremskontinuum und überlagerten Linien K_α und K_β des Kupfers. Röhrenspannung 38 kV

12.5.5 Charakteristische Strahlung

Über das Bremsspektrum lagert sich bei hinreichend hoher Elektronenenergie ein Linienspektrum von relativ einfachem Bau, das im Gegensatz zum Bremsspektrum charakteristisch für das Antikathodenmaterial ist. Es entsteht, indem die schnellen Elektronen tief in die Hülle der getroffenen Atome eindringen, und hängt nur vom Aufbau der inneren Hülle ab, die durch chemischen und Aggregatzustand kaum berührt wird. Daher senden auch feste Körper, anders als im sichtbaren Gebiet, scharfe Röntgenlinien aus (Abb. 12.46).

Als man noch keine Wellenlänge, sondern nur die Härte (das Durchdringungsvermögen) der Röntgenstrahlung messen konnte, lieferten Experimente über **Röntgenfluoreszenz** wichtige Aufschlüsse. In Abb. 12.47 sendet eine röntgenbestrahlte Metallplatte nach ziemlich allen Richtungen Sekundärstrahlung aus, nachgewiesen mit einer Ionisationskammer. Ein geringer Teil dieser Strahlung ist Rayleigh-Streuung: Die in der Primärwelle geschüttelten Elektronen strahlen mit der gleichen Frequenz. Der Hauptteil der Sekundärstrahlung ist aber viel weicher als die Primärstrahlung, und ihr Absorptionskoeffizient hängt von der Röhrenspannung nicht ab. Ebenso verhält sich ja die im Sichtbaren erregte Fluoreszenz: Ihre Frequenz ist nach der Stokes-Regel verringert (Abschn. 12.2.3). Die Fluoreszenzstrahlung von Fe, Co, Ni, Cu, Zn wird entsprechend der Reihenfolge im Periodensystem härter; maßgebend ist hier die Ordnungszahl, nicht die Atommasse, denn Co ist schwerer als Ni. Die Sekundärstrahlung ist charakteristische Strahlung des beschossenen Elements.

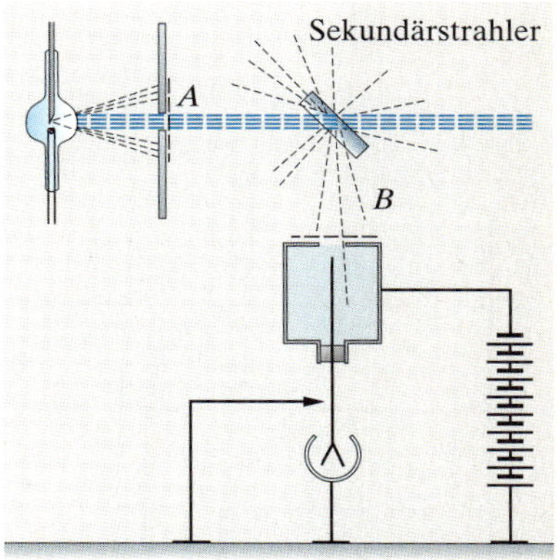

Abb. 12.47. Anordnung zur Messung der Härte von Röntgenfluoreszenzstrahlung

Eine dünne Fe-Schicht, z. B. ein mit einer Eisensalzlösung getränktes Filtrierpapier, das man bei B in Abb. 12.47 über das Fenster der Ionisationskammer legt, absorbiert die charakteristische Strahlung des Fe schlechter als die des Ni (Abb. 12.48). Anders als im Sichtbaren handelt es sich hier nicht um eine echte Resonanzabsorption.

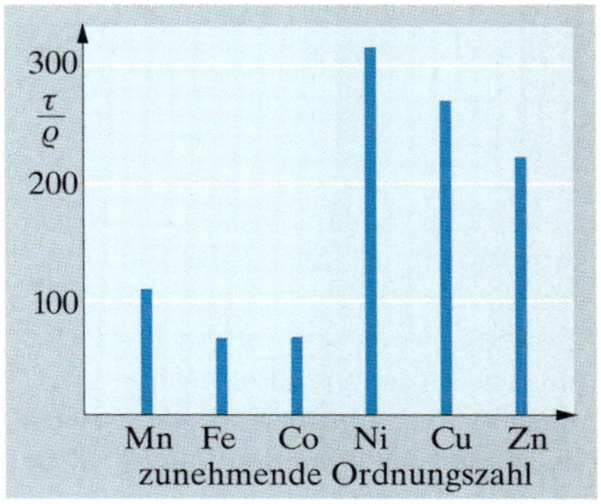

Abb. 12.48. Absorbierbarkeit der K-Strahlung der Elemente vom Mangan bis zum Zink in Eisen

Die Röntgenspektroskopie enthüllt in der charakteristischen Strahlung jedes Elements höherer Ordnungszahl Liniengruppen sehr verschiedener Frequenz, die als K-, L-, M-, ...-Strahlung bezeichnet werden (Abb. 12.49). Alle diese Gruppen sind natürlich bei hinreichender Röhrenspannung anregbar. *Moseley* fand den sehr einfachen Zusammenhang zwischen der Frequenz der langwelligsten K-Linie (K_α) eines Elements und seiner Ordnungszahl Z:

$$\boxed{\nu_{K_\alpha} = \tfrac{3}{4} R_\infty (Z-1)^2} \quad . \tag{12.45}$$

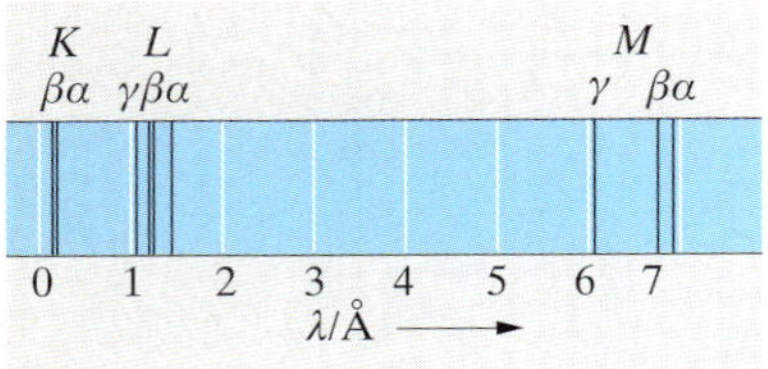

Abb. 12.49. Das Spektrum der charakteristischen Röntgenstrahlung des Wolframs

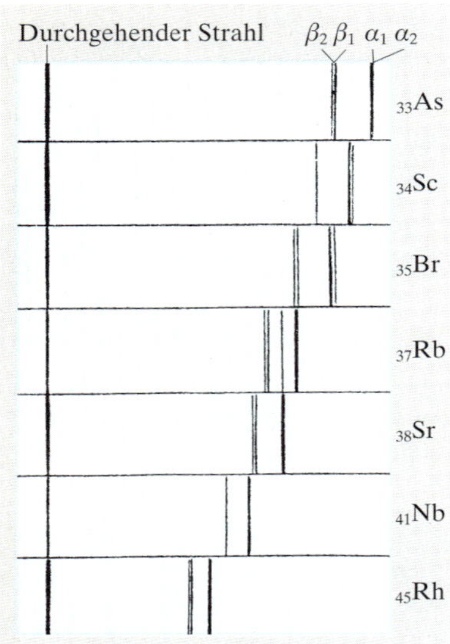

Abb. 12.50. Charakteristisches Röntgenspektrum (K-Serie) der Elemente von As bis Rh. Entsprechend dem Moseley-Gesetz nimmt die Frequenz mit der Ordnungszahl zu (photographisches Negativ; nach *K. Siegbahn*). Es handelt sich um Beugungsspektren in einem Röntgenspektrometer ähnlich Abb. 12.42. Der nichtabgelenkte Strahl ist angegeben. Die Ablenkung ist annähernd proportional der Wellenlänge. (Aus W. Finkelnburg: *Einführung in die Atomphysik*, 11./12. Aufl. (Springer, Berlin Heidelberg 1976))

R_∞ ist die gleiche Rydberg-Konstante, die man für die optischen Spektren findet. Für die L_α-Linie gilt, wenn auch nicht ganz so exakt

$$\nu_{L_\alpha} \approx \tfrac{5}{36} R_\infty (Z - 7{,}4)^2 \,. \tag{12.46}$$

Die Frequenz aller Linien wächst monoton mit der Ordnungszahl, ohne daß die Periodizität der Elemente zum Ausdruck kommt.

Alles deutet darauf hin, daß auch die Röntgenlinien durch Elektronensprung zwischen stationären Zuständen entstehen, allerdings tief im Innern der Hülle. Wenn ein Kathodenstrahl-Elektron beim Aufprall auf die Antikathode aus einem Atom ein tiefliegendes Elektron herausschlägt, kann ein weiter außen liegendes Elektron in diese Lücke nachrutschen und dabei eine Linie emittieren, deren Frequenz dem energetischen Abstand beider Zustände entspricht.

Die K_α-Linie ergibt sich durch Vergleich mit (12.16) als Übergang von $n = 2$ nach $n = 1$ (der Faktor $\frac{3}{4}$ ist $\frac{1}{1} - \frac{1}{4}$), d. h. als langwelligste Lyman-Linie in einem Atom, in dem auf das nachrutschende Elektron die Kernladung $(Z - 1)e$ wirkt. Tatsächlich ist die Kernladung Ze; es sieht so aus, als sitze außer dem herausgeschlagenen Elektron auch ein weiteres noch ganz innen, das genau eine Elementarladung des Kerns abschirmt. Weiter außen sitzende Elektronen sollten zur Abschirmung nichts beitragen, weil ihre kugelsymmetrische Ladungsverteilung im Innern kein Feld erzeugt (Abschn. 6.1.4). In der innersten, der *K-Schale*, sitzen also offenbar zwei Elektronen. Die weiteren Linien der K-Serie (K_β, K_γ usw.) stammen von Übergängen aus höheren Zuständen ($n = 3, 4$ usw.) in die K-Schale. Sie sind aber viel enger zusammengedrängt als die entsprechenden Linien der Lyman-Serie, weil sich bei ihnen progressiv immer mehr abschirmende Elektronen dazwischenschieben.

Um die L_α-Linie als langwelligste Balmer-Linie deuten zu können, muß man nach (12.46) eine viel größere Abschirmung um $7{,}4e$ annehmen, also außer den beiden K-Elektronen noch durch weitere fünf oder sechs abschirmende Elektronen. Die L-Schale enthält daher mindestens sechs bis sieben Elektronen, einschließlich des herausgeschlagenen. Vergleich mit dem periodischen System liefert sogar acht L-Elektronen, die demnach nicht alle mit ihrer vollen Ladung zur Abschirmung beitragen. Daß diese Abschirmzahlen für K_α und L_α bei allen Elementen gleich sind, zeigt, daß die K- und L-Schale, wenn sie einmal mit zwei bzw. acht Elektronen besetzt ist, nicht mehr aufnehmen kann. Sonst würden ja Röntgenübergänge in die tieferen Schalen auch ohne Elektronenstoß oder andere energiereiche Anregung stattfinden können. Das Nachrutschen der äußeren Elektronen erfolgt vorzugsweise zwischen einer Schale und der nächstinneren: Zuerst fällt ein L-Elektron in ein Loch in der K-Schale, dann ein M-Elektron in das L-Loch usw. Daher treten i. allg. alle Linien einer Röntgenserie und alle Serien gleichzeitig auf, wenn die Anregung genügend energiereich ist.

Wie oben gezeigt, wird die K_α-Linie des Fe im Eisenatom nicht resonanzabsorbiert. Das ist verständlich, denn eine solche Absorption als direkte Umkehrung des L-K-Überganges würde voraussetzen, daß gerade ein L-Platz frei ist. Da dies nicht der Fall ist, muß das K-Elektron bis in die äußerste, von Natur aus nur teilweise besetzte Schale gehoben werden, was mehr Energie erfordert, als das K_α-Photon hat.

Die K-Serie zerfällt nur in eine Gruppe nahe benachbarter Linien K_α, K_β usw., die L-Serie dagegen in drei solche Gruppen, die M-, N- ... Serien in 5, 7, ... Gruppen. Man muß daraus schließen, daß die L-, M-, N-Zustände selbst 3-, 5-, 7fach energetisch aufgespalten sind. Ähnlich zu der etwas andersartigen Aufspaltung der Alkali-Linien zeigt dies, daß die eine Quantenzahl n (K: $n = 1$, L: $n = 2$, ...) zur Kennzeichnung der Energiezustände nicht ausreicht. Man braucht noch die Drehimpuls-, die magnetische und die Spinquantenzahl, deren Kombinationen die beobachteten sichtbaren und Röntgenterme ergeben.

Nicht jedes aus der K-, L-, ... Schale herausgeschlagene Elektron führt zur Emission einer Röntgenlinie. Die Strahlungsausbeute, definiert als Anzahl der in einer bestimmten Linienserie emittierten Photonen dividiert durch die Anzahl der in der betreffenden Schale ionisierten Atome, ist stets kleiner als 1, und zwar am kleinsten für leichte Atome. **Strahlungslose Übergänge** sind bei leichten Atomen wahrscheinlicher. Solche Übergänge benutzen die Energie des nachrutschenden Außenelektrons zur Abspaltung eines weiteren Elektrons aus dem gleichen Atom. Man kann von einem **inneren Photoeffekt** sprechen und sich vorstellen, das Röntgenphoton werde zwar emittiert, aber im gleichen Atom sofort wieder absorbiert. Das abgespaltene Elektron bekommt dann die Differenz der beteiligten Übergangsenergien als kinetische Energie mit. So kann eine ganze Kaskade von Elektronen mit verschiedenen kinetischen Energien abgelöst werden. Nebelkammeraufnahmen beweisen quantitativ die Existenz dieser Elektronen mit ihren diskreten Energiestufen und bestätigen damit diese Deutung des **Auger-Effektes**.

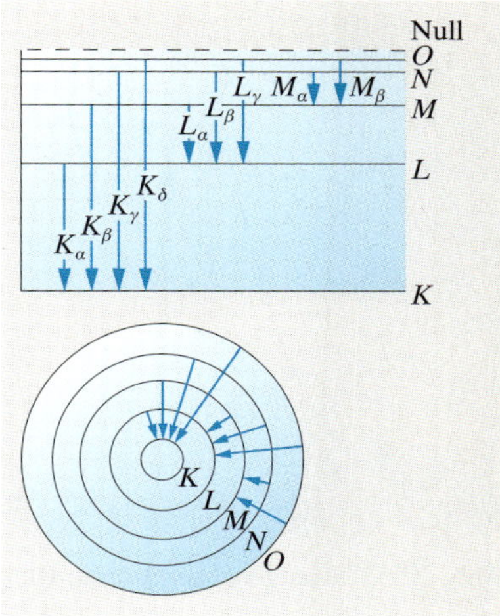

Abb. 12.51. Die Deutung der K-, L-, M-...Serien der charakteristischen Röntgenspektren aus dem Energie-Termschema (*oben*) und dem Schalenmodell des Atoms (*unten*)

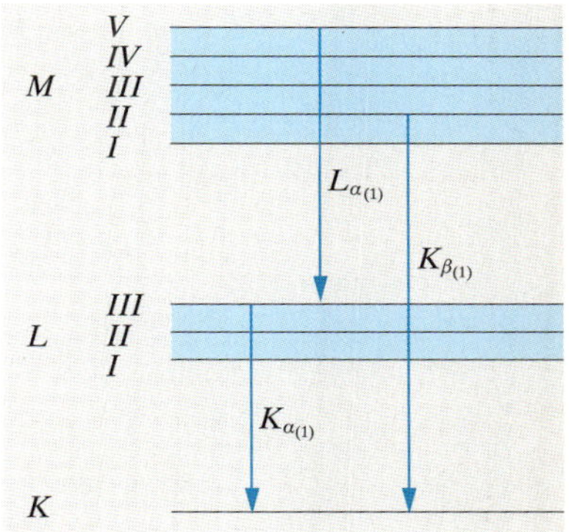

Abb. 12.52. Die Untergruppen der L- und M-Schale

12.5.6 Röntgenabsorption

Für den Anwender von Röntgenstrahlung am wichtigsten ist ihre Schwächung beim Durchgang durch Materie – so kann der Arzt sich und den Patienten schützen – und die Abhängigkeit dieser Schwächung von der Art des Absorbers – so kann er Knochen und Fremdkörper im Gewebe sichtbar machen. Röntgenstrahlung wird wie Licht nach dem Lambert-Beer-Gesetz $I = I_0\,\mathrm{e}^{-\mu x}$ absorbiert, und der Absorptionskoeffizient μ läßt sich durch Anzahldichte n und Querschnitt σ der absorbierenden Teilchen ausdrücken: $\mu = \sigma n$. Zur Absorption und Streuung tragen die Elektronen viel mehr bei als die Kerne, das zeigt schon die klassische Theorie der erzwungenen Schwingungen. Die wichtigsten Schwächungsmechanismen sind Photoeffekt, Streuung (elastische und inelastische) und Paarbildung.

Photoeffekt. Ein Röntgenquant gibt seine Energie $h\nu$ ganz an ein Atomelektron ab und schlägt es i. allg. mit einer kinetischen Energie $W_{\mathrm{kin}} = h\nu - W_n$ aus dem Atom heraus, wo es die Bindungsenergie W_n hatte. In den leergewordenen Platz können Außenelektronen nachrutschen und charakteristische Fluoreszenz abgeben oder selbst strahlungslos Auger-Elektronen herausschlagen.

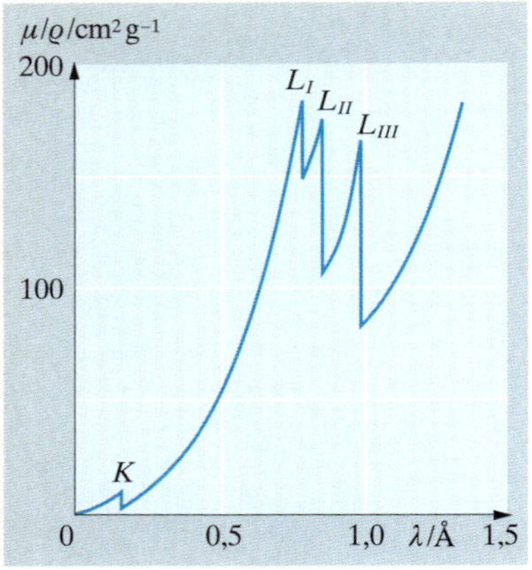

Abb. 12.53. Röntgenabsorption in Blei

Wenn die Röntgenphotonen mit wachsender Energie eine neue, tiefere Elektronenschale attackieren können, steigt die Absorption schlagartig an. Diese **Absorptionskanten** entsprechen den Energien der jeweils härtesten der charakteristischen Linien. Anders als bei der Resonanzabsorption im Sichtbaren fällt die Absorption aber jenseits dieser Linien nicht ebenso steil wieder ab, denn infolge der Abschirmung durch die äußeren Schalen hat das Spektrum eine ganz andere Struktur: Die Energiedifferenz zwischen den unbesetzten Außenschalen und dem ionisierten Zustand ist zu vernachlässigen, K-Elektronen können also alle Energien oberhalb $W_K = (Z-1)^2 W_H$ aufnehmen, wenn auch mit abnehmender Wahrscheinlichkeit.

Wir geben eine grobe Theorie dieser Wahrscheinlichkeit, d. h. des Absorptionsquerschnittes eines Elektrons. Wenn es mit der Kreisfrequenz ω_n schwingt oder rotiert, sendet es nach *H. Hertz* die Leistung $P = \frac{1}{6} e^2 r_n^2 \omega_n^4 / (\pi\varepsilon_0 c^3)$ aus. Emission eines Photons $\hbar\omega_n$ dauert im Mittel eine Zeit

$$t_0 = \frac{\hbar\omega_n}{P} = \frac{6\pi\varepsilon_0 c^3 \hbar}{e^2 r_n^2 \omega_n^3} = \frac{3}{2} \frac{c^2}{\alpha r_n^2 \omega_n^3} ;$$

$\alpha = e^2/(4\pi\varepsilon_0 \hbar c) = \frac{1}{137}$ ist die **Feinstrukturkonstante**. Dieselbe Wahrscheinlichkeit gilt auch für die Absorption, denn alle Elementarprozesse sind umkehrbar. Während welcher Zeit $\mathrm{d}t$ ist aber das ankommende Photon in Kontakt mit dem Elektron? Ein Elektron ist sehr klein; wie groß ist ein Photon? In diesem Zusammenhang kann man ihm den Radius $\lambda\!\!\!^{-}$ zuschreiben, also $\mathrm{d}t = \lambda\!\!\!^{-}/c$, und immer wenn ein Elektron durch den Querschnitt $\pi\lambda\!\!\!^{-2}$ des Photons tritt, kommt es mit der Wahrscheinlichkeit $\mathrm{d}t/t_0$ zu einer Absorption: Der **Absorptionsquerschnitt** ist

$$\sigma_\mathrm{a} \approx \frac{2\pi}{3} \alpha r_n^2 \omega_n^3 \frac{\lambda\!\!\!^{-3}}{c^3} = \frac{2\pi}{3} \alpha r_n^2 \left(\frac{\omega_n}{\omega}\right)^3 . \qquad (12.47)$$

Das erklärt den Abfall mit W^{-3}. Zur besseren Vergleichbarkeit drücken wir den Bahnradius durch den klassischen Elektronenradius

$$r_0 = \frac{e^2}{4\pi\varepsilon_0 mc^2} = 2{,}8 \cdot 10^{-15}\,\mathrm{m}$$

aus, den Radius, auf den die Elektronenladung konzentriert sein müßte, damit ihre elektrostatische Energie gleich der Ruhenergie mc^2 des Elektrons wird; $r_n = n^2 r_0/(Z\alpha^2)$, die Bahnfrequenz drücken wir durch die relativistische Grenzfrequenz $\omega_0 = mc^2/\hbar$ aus:

$$\omega_n = \frac{1}{2} \frac{Z^2\alpha^2 mc^2}{n^2 \hbar} = \frac{1}{2} \frac{Z^2 \alpha^2 \omega_0}{n^2} .$$

Damit wird

$$\sigma_\mathrm{a} \approx \frac{\pi}{12} \frac{\alpha^3 Z^4}{n^2} r_0^2 \left(\frac{\omega_0}{\omega}\right)^3 . \qquad (12.48)$$

Hier tritt wieder der **Thomson-Querschnitt** $\frac{2}{3}\pi r_0^2$ auf, der knapp 0,1 barn $= 10^{-29}\,\mathrm{m}^2$ ist.

Aus σ_a erhält man den **Absorptionskoeffizienten** $\mu = NN_\mathrm{at}\sigma_\mathrm{a}$ oder wegen $\varrho = N_\mathrm{at} m_\mathrm{at}$ den **Massenabsorptionskoeffizienten** $\mu/\varrho = N\sigma/m_\mathrm{at}$ (N_at ist die Atomzahldichte, N absorbierende Elektronen/Atom). Wegen $m_\mathrm{at} \approx 2Zm_\mathrm{H}$ ist μ/ϱ nur noch proportional zu Z^3. Wenn z. B. Blei schon K-absorbieren kann (ab 150 keV), schirmt es 30mal stärker ab als ebenso dickes Eisen. Bei Verbindungen

Tabelle 12.2. Massenabsorptionskoeffizient einiger Stoffe in cm^2/g

λ/nm	Luft	Al	Cu	Pb
0,01	–	0,16	0,33	3,8
0,05	0,48	2,0	19	54
0,1	2,6	15	131	75
0,2	21	102	188	–

addieren sich die Beiträge der Einzelatome. Da die Atomabstände in reinen Verbindungen und Elementen etwa gleich sind, kann man auch sagen: Jedes Atom bringt sein μ/ϱ mit in die Verbindung, aber wegen $\mu/\varrho = Z\sigma/m_{\text{at}}$ ist dieser Anteil mit dem Massenanteil des Atoms zu multiplizieren, z. B. für Wasser

$$\frac{\mu}{\varrho} = \frac{1}{9}\left(\frac{\mu}{\varrho}\right)_{\text{H}} + \frac{8}{9}\left(\frac{\mu}{\varrho}\right)_{\text{O}}.$$

Streuung. Ein Röntgenquant kann elastisch, d. h. ohne Energieverlust gestreut werden, ebenso wie ein sichtbares in der Rayleigh-Streuung. Meist verliert aber das Quant beim Compton-Stoß mit dem Elektron Energie und wird inelastisch gestreut. Nach (12.6) und $\Delta\nu = -\Delta\lambda\, \nu^2/c$ ist ja der relative Energieverlust bei hohen Energien viel größer, und daher überwiegt der Compton-Stoß dann immer mehr. Beide Vorgänge kann man auch im Bild des Hertz-Strahlers annähernd verstehen. Ein Elektron wird durch das Feld E der Röntgenwelle mit der Kreisfrequenz ω gerüttelt, und zwar weit oberhalb aller Resonanzen (zur Streuung liefern ja die viel zahlreicheren Außenelektronen den Hauptbeitrag). Im Feld E wird das Elektron mit $\ddot{x} = -eE/m$ beschleunigt und strahlt die Leistung

$$P = \frac{1}{6}\frac{e^2\ddot{x}^2}{\pi\varepsilon_0 c^3} = \frac{1}{6}\frac{e^4E^2}{\pi\varepsilon_0 c^3 m^2}$$

in alle Richtungen senkrecht zur Schwingung, solange diese nichtrelativistisch ist. Die Röntgenwelle hat die Intensität $I = c\varepsilon_0 E^2$, also streut das Elektron mit dem Querschnitt $\sigma = P/I = e^2/(\varepsilon_0 c^4 m^2)$. Dies kann man darstellen durch den klassischen Elektronenradius $r_0 = e^2/(4\pi\varepsilon_0 mc^2)$. Also ist der Streuquerschnitt

$$\boxed{\sigma \approx \frac{2\pi}{3} r_0^2 \approx 1{,}7 \cdot 10^{-28}\,\text{m}^2} \qquad (12.49)$$

bis auf einen Zahlenfaktor gleich dem Thomson-Querschnitt, den wir schon aus Abschn. 11.3.3 kennen. Alle Z Elektronen des Atoms tragen bei, und daher ist der Massenstreukoeffizient $\mu_{\text{S}}/\varrho \approx \sigma/(2m_{\text{H}})$ für alle Stoffe etwa 0,02 m²/kg. Das bedeutet einfach, daß bei allen Elementen die Elektronendichte etwa proportional zur Massendichte ist, also die Ordnungszahl eines Atoms etwa proportional zur Massenzahl. Im relativistischen Bereich fällt μ_{S}/ϱ etwa mit dem Faktor W_0/W ab. Dieser Faktor beschreibt ja die Öffnung des Vorwärts-Kegels bei der Strahlung eines sehr schnellen Elektrons: So energiereiche Photonen werden kaum noch aus der Richtung geworfen.

Nach (12.48) und (12.49) überwiegt zwar der Photoeffekt immer bei kleinen Energien. Für leichte Atome taucht er aber bald unter das konstante Niveau der Streuung (für Luft z. B. um 30 keV). Für Blei liegt dieser Übergang so hoch, daß hier bereits der dritte Absorptionseffekt, die Paarbildung, einsetzt (Abb. 12.54).

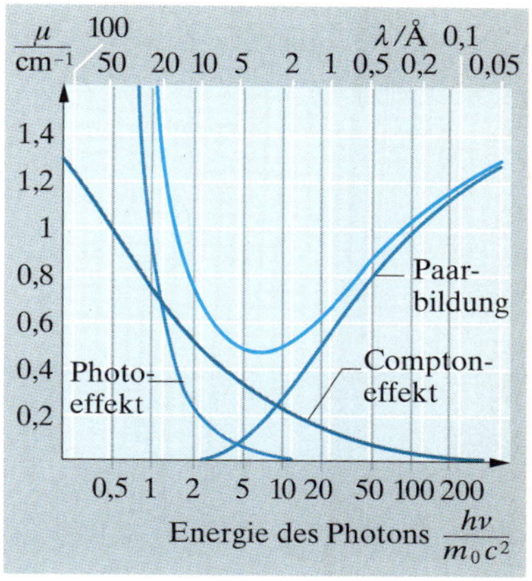

Abb. 12.54. Die durch Photoeffekt, Compton-Effekt und Paarbildung bewirkte Absorption von Photonen in Blei

✗ Beispiel...

Warum sieht man Knochen auf dem Röntgenbild? Sieht man sie bei hoher oder geringer Anodenspannung besser? ▶

Ein Atom Ca oder P absorbiert entsprechend seiner Ordnungszahl nach $\mu \sim Z^3$ etwa 20mal mehr als ein Atom C, O oder N. Aber Ca und P sind auch größer, wenn auch nicht soviel, wie Abb. 12.56 vermuten läßt: Bei Ca^{++} fehlt die äußerste Schale. Damit und infolge des Proteingehalts im Knochen verringert sich dessen μ-Vorsprung auf einen Faktor um 3. Bei zu harter Strahlung (über 100 kV) hebt sich die Absorption kaum noch von der fast Z-unabhängigen Streuung ab.

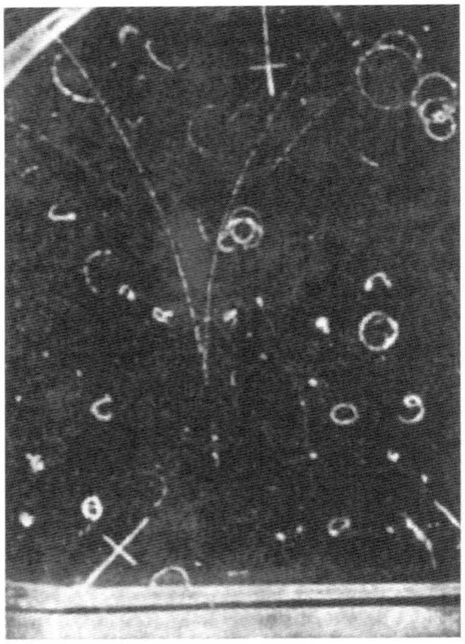

Abb. 12.55. Elektronenpaarbildung

Paarbildung. Von einigen MeV ab werden energiereichere Röntgenquanten wieder stärker absorbiert, werden also eigentlich „weicher". Der Grund ist ein neuer energieverzehrender Prozeß, nämlich die Erzeugung von Elektron-Positron-Paaren (Abb. 12.55). Sie wird möglich, sobald die Photonenenergie größer wird als die Ruhenergie $2mc^2$ dieser beiden Teilchen. Ein Energieüberschuß kann als kinetische Energie auf beide verteilt werden. Die Impulserhaltung wäre allerdings im Vakuum nicht möglich (das Photon hat $p = W/c$, und das ist immer größer als $2mc$, d. h. die beiden Elektronen müßten in Vorwärtsrichtung schneller als c fliegen); ein weiteres Teilchen, in dessen Feld die Paarbildung erfolgt, muß den Differenzimpuls aufnehmen. Deshalb hängt auch die Paarbildungswahrscheinlichkeit von der Art des Stoffes ab, in dem sie erfolgt.

Vorzugsweise wird der Impuls auf einen Kern übertragen. Ein Elektron hat ja ein schwächeres Feld um sich, und außerdem müßte es zusammen mit dem Impuls auch eine erhebliche Energie aufnehmen ($W = p^2/(2m)$), wodurch die Schwellenenergie der Paarbildung höher würde als $2mc^2$, nämlich $4mc^2$. Wir müssen also einen Impuls der Größenordnung mc auf einen Kern der Ordnungszahl Z übertragen. Im Abstand r ist die Kraft auf das Elektron oder das Positron $F = Ze^2/(4\pi\varepsilon_0 r^2)$, Kern und Elektron bleiben etwa die Zeit $\Delta t = r/c$ in genügend engem Kontakt, also wird bestenfalls der Impuls $p \approx F\,\Delta t \approx Ze^2/(4\pi\varepsilon_0 rc)$ übertragen. Damit er mc wird, muß $r \approx Ze^2/(4\pi\varepsilon_0 mc^2)$ sein. Das ist wieder der klassische Elektronenradius, multipliziert mit Z. Der Paarbildungsquerschnitt ist von der Größenordnung Z^2r^2, multipliziert mit der Wahrscheinlichkeit für den Übergang Photon → Elektronenpaar selbst, die wie für alle Einphotonenprozesse etwa $\alpha = 1/137$ ist:

$$\sigma_p \approx \alpha Z^2 r^2 \,. \tag{12.50}$$

Der genaue Wert ist energieabhängig: Je kleiner der Energieüberschuß des Photons über $2mc^2$ ist, desto mehr Impuls muß übertragen werden, und desto langsamer trennen sich Elektron und Positron (solange sie fast am gleichen Ort sind, üben sie ja viel weniger Kraft auf den Kern aus, als wenn sie einzeln wären). Beides führt zu einem ziemlich langsamen (logarithmischen) Anstieg des Paarbildungsquerschnitts mit der Photonenenergie.

Abbildung 12.55 ist eine Nebelkammeraufnahme einer Paarbildung. Der Röntgenstrahl, der keine Spur hinterläßt, ist von unten her eingedrungen. Die Elektronenbahnen sind gekrümmt, und zwar im entgegengesetzten Sinne, weil man die Kammer in ein Magnetfeld gestellt hat. Der umgekehrte Prozeß (**Paarvernichtung**) findet statt, wenn ein Positron mit einem gewöhnlichen Elektron von nicht zu hoher Energie zusammentrifft. Dann entstehen zwei γ-Quanten mit je etwa 500 keV, also $\lambda = 2{,}4 \cdot 10^{-12}$ m, die unter 180° und senkrecht zueinander polarisiert emittiert werden. Dies ist das Schicksal des Positrons in Abb. 12.55 nach kurzer Laufstrecke. Der Zerstrahlung kann Bildung eines wasserstoffähnlichen Systems aus Positron und Elektron, eines **Positronium-Atoms** vorausgehen, das in zwei Zuständen (mit parallelen oder antiparallelen Spins) vorkommt und nach Lebensdauern von $1{,}4 \cdot 10^{-7}$ s bzw. $1{,}2 \cdot 10^{-10}$ s zerfällt. Die Vernichtungsstrahlung mit $2{,}4 \cdot 10^{-12}$ m, also der Compton-Wellenlänge, überlagert sich als starke monochromatische Streulinie dem Spektrum der Compton-Streuung.

12.6 Systematik des Atombaus

Mit einigen sinnvollen Annahmen und Zusatzregeln wie dem Pauli-Prinzip gibt das Bohr-Modell auch einen Überblick über die Eigenschaften der Elemente, die sich im Periodensystem ausdrücken.

12.6.1 Das Periodensystem der Elemente

D. Mendelejew und *L. Meyer* fanden beim Versuch, sämtliche chemische Elemente nach ihrem Atomgewicht zu ordnen, eine Anordnung, die eine Reihe von Verwandtschaften und Gesetzmäßigkeiten besonders gut erkennen läßt: das in Tabelle 12.3 in moderner Form wiedergegebene **Periodensystem**. Es enthält in 7 waagrechten Reihen (Perioden) und 8 senkrechten Reihen (Gruppen), dazu einigen Nebengruppen sämtliche bekannten Elemente. Die durchlaufenden Nummern nach dem Symbol eines jeden Elementes heißen **Ordnungszahlen**.

Die Zahlen unter den Elementsymbolen sind die **Atomgewichte**, richtiger **Massenzahlen**, d. h. diejenigen Zahlen, die angeben, wievielmal größer die Masse des betreffenden Atoms ist als die Masse des Kohlenstoffatoms (C) – genauer gesagt, des überwiegenden **Isotops** (Abschn. 13.1.4) des Kohlenstoffs –, wenn man diesem die Massenzahl 12 zuschreibt. Da Kohlenstoff normalerweise nicht ohne Beimengung eines schwereren Isotops (Massenzahl 13) vorkommt, erscheint unter dem Symbol C eine Zahl, die geringfügig größer als 12 ist. Analoges gilt für fast alle Massenzahlen.

Die chemischen Eigenschaften der Elemente wiederholen sich in jeder Periode, daher sind die in den Gruppen untereinanderstehenden Elemente sich chemisch sehr ähnlich, z. B. die **Halogene** in Gruppe VII, die **Edelgase** in Gruppe VIII, die **Alkalien** und **Erdalkalien** in den Gruppen I und II. Etwas größer sind die Unterschiede innerhalb der **Erden** (Gruppe III) und **Chalkogene** (Gruppe VI). Dazu kommen die Elemente der **Nebengruppen**, durch eingerückte Elementsymbole dargestellt, die eine gewisse entfernte Verwandtschaft zur Hauptgruppe zeigen.

Um das System verwandtschaftlicher Beziehungen aufrechtzuerhalten, muß man allerdings alle Elemente der Ordnungszahlen 57 bis 71, die **Seltenen Erden**, auf einen einzigen Platz setzen, ebenso alle Elemente der Ordnungszahlen 89 bis 103, die **Aktiniden**.

Tabelle 12.3. Periodensystem der Elemente

Periodensystem der Elemente

	Fe 26	
	55,85	Element und Ordnungszahl; Atommasse in AME; für einige instabile Elemente in Klammern: Massenzahl des stabilsten Isotops
3d	6	Elektronenkonfiguration; die vollen Schalen der vorhergehenden Perioden sind mitzurechnen, z.B. vollständige Elektronenkonfiguration des Fe: $1s^2 2s^2 2p^6 3s^2 3p^6 3d^6 4s^2$
4s	2	
4p	–	

Sg = Seaborgium nach *Glenn T. Seaborg* *1912
Ns = Nielsbohrium (*Niels Bohr*, dänischer Physiker 1885–1962)
Hs = Hassium (lat. *Hassia* = Hessen, deutsches Bundesland)
Mt = Meitnerium (*Lise Meitner*, österreichische Physikerin, 1878–1968)
*Eka-Gold (Dezember 1994 am GSI synthetisiert)

	H 1	He 2	
	1,008	4,0026	
1s	1	2	1s

	Li 3	Be 4	B 5	C 6	N 7	O 8	F 9	Ne 10	
	6,939	9,012	10,81	12,01	14,01	16,00	19,00	20,18	
2s	1	2	2	2	2	2	2	2	2s
2p	–	–	1	2	3	4	5	6	2p

	Na 11	Mg 12	Al 13	Si 14	P 15	S 16	Cl 17	Ar 18	
	23,00	24,31	26,98	28,09	30,97	32,06	35,45	39,95	
3s	1	2	2	2	2	2	2	2	3s
3p	–	–	1	2	3	4	5	6	3p

	K 19	Ca 20	Sc 21	Ti 22	V 23	Cr 24	Mn 25	Fe 26	Co 27	Ni 28	Cu 29	Zn 30	Ga 31	Ge 32	As 33	Se 34	Br 35	Kr 36	
	39,10	40,08	44,96	47,90	50,94	52,00	54,94	55,85	58,93	58,71	63,55	65,38	69,72	72,59	74,92	78,96	79,90	83,80	
3d	–	–	1	2	3	5	5	6	7	8	10	10	10	10	10	10	10	10	3d
4s	1	2	2	2	2	1	2	2	2	2	1	2	2	2	2	2	2	2	4s
4p	–	–	–	–	–	–	–	–	–	–	–	–	1	2	3	4	5	6	4p

	Rb 37	Sr 38	Y 39	Zr 40	Nb 41	Mo 42	Tc 43	Ru 44	Rh 45	Pd 46	Ag 47	Cd 48	In 49	Sn 50	Sb 51	Te 52	J 53	Xe 54	
	85,47	87,62	88,91	91,22	92,91	95,94	98,91	101,07	102,9	106,4	107,9	112,4	114,8	118,7	121,8	127,6	126,9	131,3	
4d	–	–	1	2	4	5	6	7	8	10	10	10	10	10	10	10	10	10	4d
5s	1	2	2	2	1	1	1	1	1	–	1	2	2	2	2	2	2	2	5s
5p	–	–	–	–	–	–	–	–	–	–	–	–	1	2	3	4	5	6	5p

	Cs 55	Ba 56	La 57	Hf 72	Ta 73	W 74	Re 75	Os 76	Ir 77	Pt 78	Au 79	Hg 80	Tl 81	Pb 82	Bi 83	Po 84	At 85	Rn 86	
	132,9	137,3	138,9	178,5	181,0	183,9	186,2	190,2	192,2	195,1	197,0	200,6	204,4	207,2	209,0	(210)	(210)	(222)	
5d	–	–	1	2	3	4	5	6	7	9	10	10	10	10	10	10	10	10	5d
6s	1	2	2	2	2	2	2	2	2	1	1	2	2	2	2	2	2	2	6s
6p	–	–	–	–	–	–	–	–	–	–	–	–	1	2	3	4	5	6	6p

	Fr 87	Ra 88	Ac 89	Ku 104	Ha 105	Sg 106	Ns 107	Hs 108	Mt 109	110	111*
	(223)	(226)	(227)	(258)	(260)	(261)	(262)	(264)	(266)	(269)	(272)
6d	–	–	1	2 ?	3 ?						
7s	1	2	2	2 ?	2 ?						
7p	–	–	–	–	–						

	Ce 58	Pr 59	Nd 60	Pm 61	Sm 62	Eu 63	Gd 64	Tb 65	Dy 66	Ho 67	Er 68	Tm 69	Yb 70	Lu 71	
	140,1	140,9	144,2	(145)	150,4	152,0	157,3	158,9	162,5	164,9	167,3	168,9	173,0	175,0	
4f	2	3	4	5	6	7	7	8	10	11	12	13	14	14	4f
5d	–	–	–	–	–	–	1	1	–	–	–	–	–	1	5d
6s	2	2	2	2	2	2	2	2	2	2	2	2	2	2	6s

	Th 90	Pa 91	U 92	Np 93	Pu 94	Am 95	Cm 96	Bk 97	Cf 98	Es 99	Fm 100	Md 101	No 102	Lr 103	
	232,0	231,0	238,0	237,0	239,1	(243)	(247)	(247)	(251)	(254)	(257)	(256)	(254)	(258)	
5f	–	2	3	5	6	7	7	9	10	11	12	13	14	14	5f
6d	2	1	1	–	–	–	1	–	–	–	–	–	–	1	6d
7s	2	2	2	2	2	2	2	2	2	2	2	2	2	2	7s

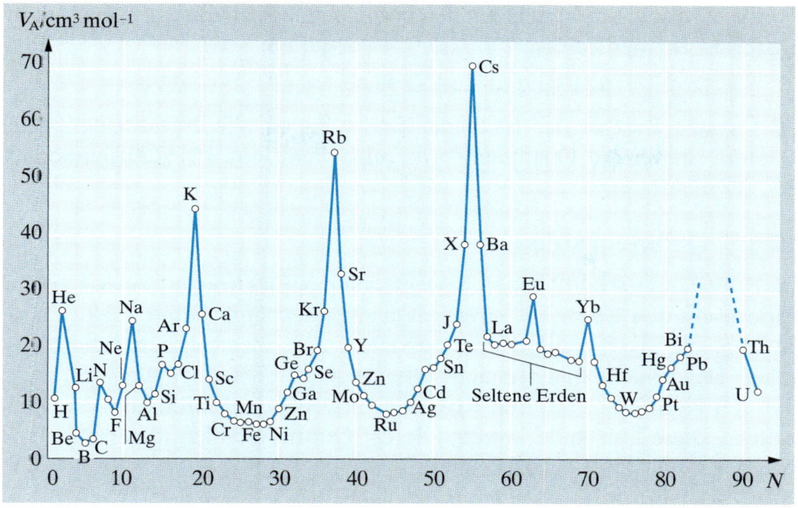

Abb. 12.56. Die Periodizität der Atomvolumina

Der chemischen Periodizität folgen zahlreiche andere Eigenschaften, z. B. das **Atomvolumen** (Abb. 12.56), die **Ionisierungsspannung** (Abb. 12.57), die Schmelztemperatur, der Ausdehnungskoeffizient und der Aufbau der optischen Spektren. Offenbar bestimmen Anzahl und Anordnung der äußeren Elektronen die Eigenschaften, welche sich als periodisch erweisen, denn die Spektren der charakteristischen Röntgenstrahlung der inneren Elektronen lassen keine Periodizität erkennen: Die Härte der Röntgenstrahlen nimmt mit wachsender Kernladungszahl ständig zu (Abschn. 12.5.5).

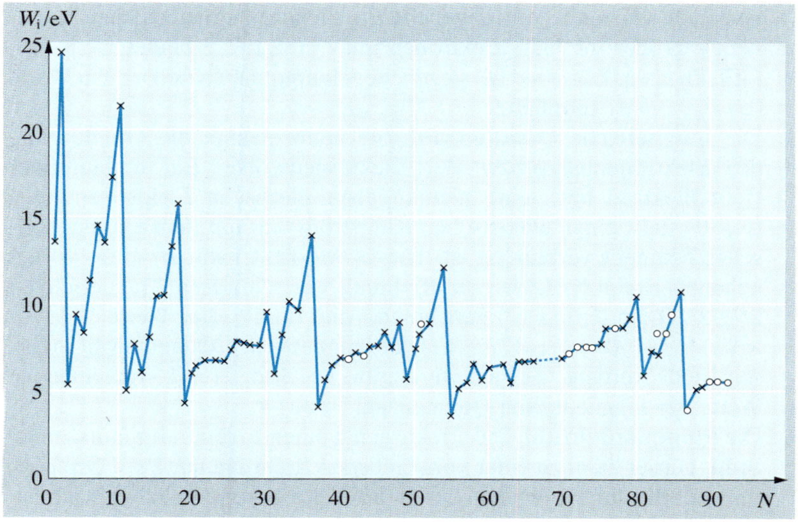

Abb. 12.57. Ionisierungsenergie der Atome als Funktion der Ordnungszahl. (Nach W. Finkelnburg: *Einführung in die Atomphysik*, 11./12. Aufl. (Springer, Berlin Heidelberg 1976))

Die Anzahl der Elemente in den Perioden läßt sich durch die doppelten Quadrate $2n^2$ der Zahlen $n = 1, 2, 3, 4$ darstellen:

$$2 = 2 \cdot 1^2\,, \quad 8 = 2 \cdot 2^2\,, \quad 18 = 2 \cdot 3^2 \quad \text{und} \quad 32 = 2 \cdot 4^2\,.$$

Dies ganze System der Elemente findet bis in alle Einzelheiten eine Deutung durch die Quantentheorie, angewandt auf das Schalenmodell des Atomaufbaus.

12.6.2 Quantenzahlen

Im Bohr-Sommerfeld-Modell bewegt sich das Elektron auf einer Kepler-Ellipse um den Kern. Die strenge Quantenmechanik liefert Elektronenwolken, die zwar völlig anders aussehen, aber insofern den halbklassischen Elektronenbahnen ähneln, als sie sich mehr oder weniger stark um den Kern konzentrieren bzw. sich in größerer Entfernung von ihm halten. Diese Zustände werden durch **Quantenzahlen** unterschieden, von denen wir zwei schon kennen:

- Die **Hauptquantenzahl** n. Sie mißt bei *Bohr-Sommerfeld* die große Halbachse der Bahn: $a \sim n^2$. Auch in der Quantenmechanik wächst der Radius der Elektronenwolke etwa mit n^2 an. Entsprechend steigt auch die Gesamtenergie des Elektrons. Elektronen mit $n = 1, 2, \ldots$ heißen auch Elektronen der K-, L-... Schale.
- Die **Nebenquantenzahl** oder **Drehimpulsquantenzahl** l. Bei *Bohr-Sommerfeld* drückt sie die kleine Halbachse der Bahnellipse, d. h. ihren Bahndrehimpuls aus. In der Quantenmechanik ist $l = 0$ für eine völlig kugelsymmetrische Wolke, $l = 1, 2, \ldots$ für verschiedene Abweichungen von der Kugelsymmetrie. Diese Abweichungen bestehen u. a. darin, daß sich die Elektronenwolke in unmittelbarer Kernnähe um so mehr verdünnt, je größer l ist; um so stärker wird daher auch die Abschirmung durch weiter innen sitzende Elektronen, d. h. Zustände mit gegebenem n liegen energetisch um so höher, je größer ihr l ist. Elektronen mit $l = 0, 1, 2, 3$ heißen s-, p-, d-, f-Elektronen. Für l sind bei gegebener Hauptquantenzahl n die n Werte $0, 1, \ldots, n-1$ möglich.
- Die **magnetische Quantenzahl**. Sie kennzeichnet die Orientierung der Elektronenbahn bzw. der Elektronenwolke. Ein umlaufendes Bohr-Elektron bzw. eine nichtkugelsymmetrische Elektronenwolke ($l \neq 0$) stellt einen elektrischen Ringstrom dar, mit dem ein magnetisches Moment verbunden ist. Dieses Moment kann zu einer vorgegebenen Richtung (z. B. zur Richtung eines äußeren Magnetfeldes) $2l + 1$ Orientierungen einnehmen, die durch die Werte $-l$, $-l+1, \ldots, -1, 0, +1, \ldots, l-1$, l der magnetischen Quantenzahl unterschieden werden. Zu jedem l gibt es also $2l + 1$ verschiedene Werte der magnetischen Quantenzahl.
- Die **Spinquantenzahl**. Das Elektron hat einen Eigendrehimpuls, einen **Spin**. Dieser kann zu einer vorgegebenen Richtung nur zwei Orientierungen einnehmen, die man durch die Werte $+\frac{1}{2}$ und $-\frac{1}{2}$ kennzeichnet.

Die physikalische Bedeutung der Orientierungsquantenzahlen wird in Abschn. 12.7 durch Beispiele belegt.

12.6.3 Bauprinzipien der Elektronenhülle

Der Einbau von Elektronen in die Atomhülle wird durch zwei Prinzipien geregelt:

Das Pauli-Prinzip. Dieses sehr allgemeine Symmetrieprinzip ist eine Erfahrungstatsache etwa vom Rang des Energiesatzes. Es besagt in der hier benötigten speziellen Form:

> Innerhalb eines Atoms dürfen nie zwei oder mehr Elektronen in allen vier Quantenzahlen übereinstimmen.

Jede mögliche Kombination der vier Quantenzahlen darf also nur von einem einzigen Elektron beansprucht werden.

Das Bohr-Sommerfeld-Bausteinprinzip. Die Elektronenhülle eines Atoms entsteht aus derjenigen des in der Ordnungszahl vorangehenden Atoms dadurch, daß ein weiteres Elektron angefügt wird, ohne die schon vorhandene Ordnung wesentlich zu verändern. Von den möglichen Anbauweisen wird immer die energetisch günstigste wahrgenommen. Sie entspricht i. allg. einem Zustand mit der geringsten noch verfügbaren Hauptquantenzahl n. Unter diesen Zuständen wird wiederum der mit der geringsten Drehimpulsquantenzahl l bevorzugt, weil er wegen der geringeren Abschirmung energetisch am günstigsten liegt. Es kann sogar vorkommen, daß das Prinzip minimalen l den Vorrang vor dem Prinzip minimalen n gewinnt (Abschn. 12.6.4). Durch Einführung gegenseitiger Abschirmzahlen für die einzelnen Elektronenzustände kann man nicht nur das Periodensystem, sondern auch den Gang der Ionisationsenergien, der Atomvolumina, der optischen Spektren usw. ziemlich weitgehend deuten.

12.6.4 Deutung des Periodensystems

Tabelle 12.3 enthält die **Elektronenbaupläne der Elemente**, wie sie aus spektroskopischen und chemischen Daten übereinstimmend mit den oben entwickelten Prinzipien abgeleitet wurden.

Das Elektron des H-Atoms im Grundzustand sitzt in der tiefsten Schale, der K-Schale mit $n = 1$. Wegen $l \leqq n - 1$ kann es nur die Nebenquantenzahl $l = 0$ haben. Die magnetische Bahnquantenzahl m_l kann daher auch nur Null sein. Die Spinquantenzahl hat, wie stets, die beiden Möglichkeiten $\pm\frac{1}{2}$. Das H-Elektron hat also z. B. die Quantenzahlen $(1, 0, 0, +\frac{1}{2})$. Nach dem Pauli-Prinzip ist noch ein Platz $(1, 0, 0, -\frac{1}{2})$ in der K-Schale frei, der bei He energetisch günstig ausgenutzt wird. Damit ist die K-Schale voll. Beim Li beginnt daher der Aufbau der L-Schale mit $n = 2$, zunächst für Li und Be mit möglichst kleinem l ($l = 0$, $2s$-Elektronen). Vom B bis zum Ne folgen dann die $2p$-Zustände, insgesamt sechs mit den Quantenzahlen $(2, 1, 0, \pm\frac{1}{2})$, $(2, 1, \pm 1, \pm\frac{1}{2})$. Damit sind die zweite Periode und die L-Schale beendet.

Von Na bis Ar füllen sich in genauer Wiederholung die $3s$- und $3p$-Schalen. Eigentlich wären nun vom Element 19 ab die zehn $3d$-Zustände an der Reihe, denn für $n = 3$ kann l erstmals auch den Wert 2 annehmen. In

Tabelle 12.4. Quantenzahlen der Elektronen in der dritten Schale

n	l	m_l	m_s	Zahl der Elektronen
3	0	0	$\pm\frac{1}{2}$	zwei s-Elektronen
3	1	0	$\pm\frac{1}{2}$	sechs p-Elektronen
3	1	+1	$\pm\frac{1}{2}$	
3	1	−1	$\pm\frac{1}{2}$	
3	2	0	$\pm\frac{1}{2}$	zehn d-Elektronen
3	2	+1	$\pm\frac{1}{2}$	
3	2	+2	$\pm\frac{1}{2}$	
3	2	−1	$\pm\frac{1}{2}$	
3	2	−2	$\pm\frac{1}{2}$	

Wirklichkeit ist offenbar der $4s$-Zustand energetisch günstiger (K, Ca), und erst von Sc bis Zn werden die $3d$-Zustände nachgeholt. Das Schrödinger-Bild der Quantenmechanik erklärt das so: Im Feld einer Punktladung hätten die $4s$-Zustände eine höhere Energie als die $3d$-Zustände. s-Elektronen schmiegen sich aber dem Kern enger an als solche mit höheren l-Werten (Abb. 16.10, 16.12, 16.13) und profitieren daher stärker von der höheren effektiven Kernladung im Innern der abschirmenden Innenelektronenwolke. Ähnlich ist die Lage im Bohr-Sommerfeld-Bild (schlanke s-Ellipsen haben kernnäheres Perihel).

Diese Erscheinung wiederholt sich in den höheren Perioden: Die **Übergangsmetalle** der n, d-Schale kommen immer erst nach den $n+1$, s-Elementen, wenn auch vor den $n+1, p$-Elementen. In noch krasserer Weise bleiben die $4f$-Plätze zunächst völlig ungenutzt. Erst wenn die $5s$-, $5p$- und $6s$-Schalen voll sind, wird es energetisch untragbar, noch weiter außen anzubauen. Von Ce bis Lu wird die $4f$-Schale bei praktisch identischer äußerer Elektronenkonfiguration nachgeholt. Das erklärt die große chemische Ähnlichkeit der **Seltenen Erden**. Analog wird bei den **Aktiniden** Th bis Lr die „vergessene“ $5f$-Schale nachgeholt.

Überhaupt erklärt sich die Periodizität der chemischen Eigenschaften durch die Periodizität der äußeren Elektronenstruktur, die für die chemische Bindung, die Ionisierungsenergie usw. verantwortlich ist. Chemische Bindung wird durch ungepaarte Elektronen vermittelt, wobei zu bedenken ist, daß eigentlich gepaarte Elektronen wie z. B. die beiden $4s$-Elektronen des Ca beide verfügbar werden, wenn andere freie Zustände wie $3d$ oder $4p$ in energetischer Nähe vorhanden sind. Bei den Edelgasen ist diese Entkopplung normalerweise nicht möglich, denn zwischen der $ns-$, np-Konfiguration (acht Elektronen) und den darauffolgenden $n+1, s$-Zuständen klafft eine große energetische Lücke.

In der n-ten Schale gibt es n Werte von l $(l = 0, 1, \ldots, n-1)$. Zu jedem l-Wert gehören $2l+1$ Werte von m_l $(m_l = -l, -l+1, \ldots, l)$. Zu jedem m_l-Wert gehören noch zwei m_s-Werte.

Die n-te Schale kann also

$$2\sum_{l=0}^{n-1}(2l+1) = 2n^2$$

Elektronen haben

(die Summe ungerader Zahlen ist eine Quadratzahl). Die Zahlen 2, 8, 18, 32 sind aus dem Periodensystem als Abstände zwischen zwei Edelgasen bekannt, wenn auch jede wegen der geschilderten Unregelmäßigkeit im allgemeinen doppelt vorkommt.

12.6.5 Jenseits des Periodensystems

Mit den Elementen 104 (Kurtschatowium) und 105 (Hahnium) wird die $6d$-Schale begonnen. In den letzten Jahren hat man besonders in Darmstadt durch Zusammenschuß schwerer Ionen Kerne bis zur Ordnungszahl 109 hergestellt. Wahrscheinlich geht die Auffüllung von $6d$ und $7p$ analog zur Reihe Hf–Rn weiter bis zum Edelgas 118 (Eka-Radon). Von 122 bis 153 liegen wahrscheinlich die Superaktiniden (Auffüllung von $6f$), von 154 bis zum Edelgas 168 sind die Schalen $7d$ und $8p$ an der Reihe. Wann die 18 Elemente fassende Schale mit $n = 5$, $l = 5$ nachgeholt wird, weiß man noch nicht genau.

Die Stabilität der **Transurane** nimmt anfangs mit wachsender Ordnungszahl Z ab. Die Halbwertszeit gegen spontane Spaltung ist z. B. 10^{11} Jahre beim Pu, 1 h beim Fm. Mit Annäherung an die magische Neutronenzahl $A - Z = 164$, was $Z = 110$ oder 114 entspricht, wird die Stabilität wieder zunehmen. Es ist sogar möglich, daß die Elemente 110 (Eka-Platin) und 114 (Eka-Blei) in der Natur existieren. Meldungen von ihrer Auffindung haben sich allerdings als verfrüht erwiesen.

Es ist nicht sicher, ob die vorausgesagten **Inseln der Stabilität** tatsächlich stabile Atome enthalten. Interessant sind aber auch schwere Komplexe von Nukleonen, die man für sehr kurze Zeit herstellen kann, indem man schnelle Ionen in Beschleunigern aufeinanderprallen läßt. Zwei U-Ionen können so vorübergehend zu einem Kern verschmelzen, der nahezu Dominiks „Atomgewicht 500" erreicht und tatsächlich überraschende Eigenschaften zeigt.

Je schwerer ein Kern wird, desto mehr nähert sich die Bindungsenergie eines Innenelektrons seiner Ruhenergie. Nach dem einfachen Bohr-Modell (12.21) würde sie erreicht bei $W = Z^2 me^4/(32\pi^2\varepsilon_0^2\hbar^2) = mc^2$, also bei $Z = \sqrt{2}\, 4\pi\varepsilon_0\hbar c/e^2 = 195$. $e^2/(4\pi\varepsilon_0\hbar c) = \alpha = \frac{1}{137}$ ist *Sommerfelds* **Feinstrukturkonstante**. Man kann sie anschaulich als Verhältnis zwischen der Coulomb-Energie der Wechselwirkung zweier Ladungen im Abstand r und der Energie eines Photons der Wellenlänge $\lambda = 2\pi r$ interpretieren, oder als Verhältnis der Umlaufgeschwindigkeit des Elektrons im Grundzustand des H-Atoms zur Lichtgeschwindigkeit.

Ein Atom mit $Z = \sqrt{2} \cdot 2 \cdot 137 = 387$ könnte also K-Röntgenquanten aussenden, die ihrerseits sich in Elektron-Positron-Paare umsetzen können. In Wirklichkeit passiert etwas noch Merkwürdigeres.

Man nimmt heute an, daß überall im Vakuum ständig alle Arten von Teilchen-Antiteilchen-Paaren entstehen, aber normalerweise einander sehr schnell wieder vernichten, und zwar innerhalb einer Zeit Δt, die so kurz ist, daß die Unschärferelation $\Delta t\, \Delta W \approx h$ die Verletzung des Energiesatzes um die Ruhenergie ΔW der Teilchen verbergen kann. Besonders leicht sind solche virtuellen Elektron-Positron-Paare zu erzeugen. Sie führen zu einer **Polarisation des Vakuums**, die u. a. für den **Lamb shift**, eine winzige Abweichung einiger Energiezustände des H-Atoms von den Werten nach dem Bohr-Modell, und für das **anomale magnetische Moment des Elektrons** verantwortlich ist. Wenn solche Paare in der Nähe eines so schweren Kerns entstehen, kann das Elektron in einen gebundenen Zustand eingefangen werden und damit seine eigene Existenz und die des gleichzeitig entstandenen Positrons nachträglich energetisch rechtfertigen. Solche kurzlebigen Kerne müßten also eine neue Art von Positronstrahlung aussenden, denn das Positron wird durch Coulomb-Abstoßung aus dem Atominnern herausgeworfen, wo die positive Ladung überwiegt. Man glaubt, diese Strahlung bereits nachgewiesen zu haben.

Elektronenzustände mit so hohen Energien sind relativistisch zu behandeln. Damit verschiebt sich die Grenze Z für Kerne der geschilderten Art erheblich nach unten. Das liegt an der Massenzunahme des Elektrons mit der Energie. Wie Sie in Aufgaben 12.6.5–12.6.13 etwas genauer nachrechnen können, würde die Bindungsenergie schon bei $Z = 137$ unendlich werden und kurz vorher die Grenze $2m_0c^2$ überschreiten. In Wirklichkeit kommt es nicht zu diesem Unendlichwerden, weil solche Elektronen bereits innerhalb des Kerns „umlaufen" und daher nicht mehr dem r^{-2}-Feld einer Punktladung ausgesetzt sind, sondern annähernd dem mit r ansteigenden Feld im Innern einer gleichmäßigen sphärischen Ladungsverteilung. Das verschiebt die Grenze für die neuartige Positronenstrahlung und den **Zerfall des neutralen Vakuums** wieder etwas aufwärts, nämlich bis $Z \approx 170$. Solche Komplexe sind aus zwei schweren Ionen durchaus kurzzeitig herstellbar.

Schon bei den schwereren stabilen Atomen sind relativistische Effekte nicht mehr vernachlässigbar: Auch die Chemie wird relativistisch. Zwar bewegen sich die für die chemische Bindung verantwortlichen Außenelektronen auch in schweren Atomen langsam gegen die Lichtgeschwindigkeit, solange man sie sich auf Kreisbahnen vorstellt. Das wird auch im Bohr-Sommerfeld-Bild anders für schlanke Ellipsenbahnen, in deren Perihel das Elektron schon im r^{-2}-Feld viel schneller würde, wo es vor allem aber einer höheren effektiven Kernladung ausgesetzt ist. Dann wird die relativistische Massenzunahme merklich und führt nach (12.20) zu engeren Bahnen und nach (12.21) zu höheren Bindungsenergien als nach dem nichtrelativistischen Bohr-Modell. Es gibt auch einen anderen relativistischen Effekt, der in der entgegengesetzten Richtung wirkt: Die Innenelektronen schwerer Atome sind bestimmt relativistisch, schnüren sich also enger um den Kern als nach Bohr und schirmen daher die Kernladung stärker von den Außenelektronen ab als nach dem nichtrelativistischen Bohr-Modell: Z_{eff} wird kleiner, die Bahn weiter und energieärmer.

Wie diese Konkurrenz der gegenläufigen Effekte ausgeht, muß für jeden Fall gesondert berechnet werden. Offensichtlich überwiegt aber die Steigerung der Masse und der Bindungsenergie bei den Elektronen mit geringer Drehimpulsquantenzahl (z. B. den s-Elektronen), die nach *Bohr-Sommerfeld* und auch nach *Schrödinger* dem Kern am nächsten kommen. Ihre Energieterme werden gesenkt, die von d- oder f-Elektronen angehoben. Erst so versteht man, warum Gold soviel „edler" ist als seine Spaltenhomologen Cu und Ag: Sein $6s$-Außenelektron ist ungewöhnlich fest gebunden (um fast 1,5 eV stärker als ohne relativistische Effekte). Deswegen sind die Atomradien, sofern sie überwiegend durch s-Elektronen bestimmt sind, also bei den schweren Übergangsmetallen, so klein, deswegen sind also Os, Ir und Pt noch viel dichter als ihre Nachbarelemente. Deswegen sind diese Metalle auch so hart und so hochschmelzend: Delokalisierung von Elektronen bringt um so mehr Energie, auf je engerem Raum sie vorher eingesperrt waren (vgl. Abschn. 16.4.7). Diese Tendenz hört aber sofort auf, sobald die d-Schale und besonders sobald auch die s-Schale abgeschlossen sind: Gold ist schon leichter, weicher und einfacher zu schmelzen als Platin; Quecksilber schließlich, bei dem beide Schalen voll sind, bildet die bekannte extreme Ausnahme unter allen Metallen mit außerordentlich kleiner Bindungsenergie zwischen den Atomen.

12.7 Atome in elektrischen und magnetischen Feldern

Bisher wurde das freie Atom oder Molekül betrachtet, das abgesehen von kurzzeitigen Stoßvorgängen keinen äußeren Kräften ausgesetzt ist. Diese Bedingung ist in einem Gas sehr geringer Dichte weitgehend erfüllt. In Flüssigkeiten und Festkörpern wirken die dichtgepackten Atome dagegen mit komplizierten Kraftfeldern stark aufeinander ein (vgl. Kap. 14). Zum Verständnis dieser Wechselwirkungen einerseits, sowie zum tieferen Studium des Atombaus andererseits untersucht man Atome in äußeren elektrischen und magnetischen Feldern von bekanntem Verlauf. Dank ihrer elektrischen und magnetischen Eigenschaften reagieren die Atome in charakteristischer Weise auf diese äußeren Felder.

12.7.1 Drehimpulsquantelung

Wie das Bohrsche Modell zeigt, können sich die Drehimpulse verschiedener Zustände eines atomaren Systems immer nur um den Wert $\hbar$ oder ein Vielfaches davon unterscheiden. Diese Grundregel der Quantenmechanik kann man sich aus der Unschärferelation plausibel machen (Aufgabe 12.7.1). Strenggenommen handelt es sich um die *Komponente* des Drehimpulses in einer gegebenen (sonst beliebigen) Richtung, z. B. der z-Richtung. Sie kann die Werte haben

$$L_z = s\hbar, (s-1)\hbar, (s-2)\hbar, \ldots - (s-1)\hbar, -s\hbar\,. \qquad (12.51)$$

Diese Werte sind symmetrisch gegen Umkehrung des Vorzeichens, also des Richtungssinnes der z-Achse. Dieser willkürliche Richtungssinn kann ja auch keinen Einfluß haben. Es sind $2s+1$ mögliche Werte, von denen $s\hbar$ der größte ist. Wenn s eine ganze Zahl ist, ist $L_z = 0$ mit dabei. s kann aber auch halbzahlig sein, z. B. gibt es bei $s = \frac{1}{2}$ die L_z-Werte $\pm\hbar/2$. Andere als ganz- und halbzahlige Werte von s sind mit der $\pm$-Symmetrie offenbar nicht vereinbar. s heißt Drehimpulsquantenzahl oder Spinquantenzahl des Systems. Normalerweise, d. h. wenn man nicht z. B. durch ein Magnetfeld Unterschiede zwischen den verschiedenen L_z-Zuständen schafft, sind sie alle gleichstark besetzt, d. h. die Wahrscheinlichkeit, das System darin anzutreffen, ist für alle gleich.

Diese Quantelung gilt für jede Komponente des Drehimpulses in jeder beliebigen jeweils betrachteten Richtung. Daraus ergibt sich der Wert des *Gesamtdrehimpulses* des Systems. Sein Betragsquadrat ist $L^2 = \boldsymbol{L} \cdot \boldsymbol{L} = L_x^2 + L_y^2 + L_z^2$. Die Beiträge der drei Richtungen sind natürlich im Mittel gleich, also $L^2 = 3\overline{L_z^2}$. Das System sitzt mit der Wahrscheinlichkeit $1/(2s+1)$ in einem bestimmten der $2s+1$ in (12.51) angegebenen Zustände. Damit wird

$$\overline{L_z^2} = \frac{\hbar^2}{2s+1}\sum_{\nu=0}^{2s}(s-\nu)^2 = \frac{1}{3}\hbar^2 s(s+1)\,, \quad \text{also} \quad L^2 = \hbar^2 s(s+1)\,. \qquad (12.52)$$

Der Betrag des Drehimpulses ist größer als selbst die maximale Komponente in einer bestimmten Richtung. Der Drehimpuls kann sich demnach nie ganz z. B. in die z-Richtung einstellen; das wäre eine Verletzung der Unschärferelation (Aufgabe 16.2.4).

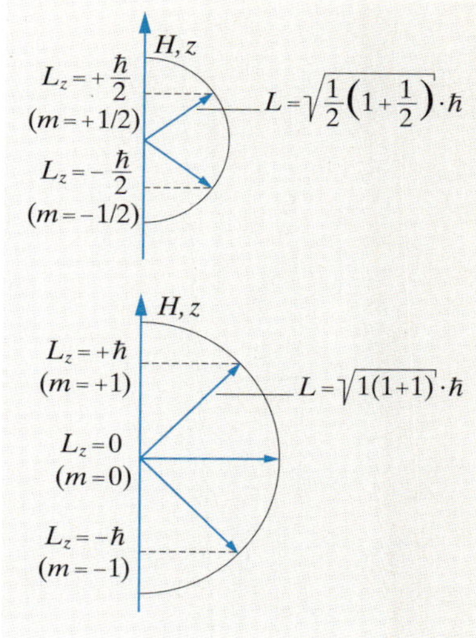

Abb. 12.58. Einstellmöglichkeiten für den Spin eines Protons ($s = \frac{1}{2}$) und eines Deuterons ($s = 1$) im magnetischen Feld H

✗ Beispiel...

Wie folgt (12.52) für den Gesamtdrehimpuls aus (12.51) für seine Komponente?

$\sum_{\nu=0}^{2s}(s-\nu)^2$ geht mit $x = s - \nu$ über in $2\sum_1^s x^2 = \frac{1}{3}s(s+1)(2s+1)$: Probieren + vollst. Induktion.

12.7.2 Atom- und Kernmomente

Im Grundzustand des H-Atoms läuft nach *Bohr* (nicht aber nach der strengen Quantenmechanik) das Elektron auf einer Kreisbahn mit dem Radius r und der Geschwindigkeit v um, so daß der Drehimpuls $L = mvr$ der Quantenbedingung gehorcht (Abschn. 12.3.4)

$$L = mvr = \hbar\,. \qquad (12.53)$$

Ein solches Elektron kommt $\nu = v/(2\pi r)$ mal pro Sekunde durch jeden Punkt seiner Bahn, repräsentiert also einen Strom $I = e\nu = ev/(2\pi r)$ und ein magnetisches Moment $p'_\mathrm{m} = \mu_0$ Strom $\cdot$ Fläche $= \mu_0 evr/2$. Mit (12.53) folgt

$$p'_\mathrm{m} = p'_\mathrm{m\,B} = \mu_0 \frac{e}{2m}\hbar = 1{,}1654 \cdot 10^{-29}\,\mathrm{V\,s\,m}\,. \qquad (12.54)$$

Für einen Zustand mit der Hauptquantenzahl n ist der Drehimpuls n-mal so groß, also $p_\mathrm{m} = np_\mathrm{m\,B}$. Offenbar ist $p_\mathrm{m\,B}$, das **Bohr-Magneton**, die Einheit des durch Elektronenumlauf erzeugten magnetischen Moments. Manchmal wird es auch ohne den Faktor μ_0 (Induktionskonstante) angegeben, also $p_\mathrm{m\,B} = \frac{1}{2}e\hbar/m = 9{,}2742 \cdot 10^{-24}\,\mathrm{A\,m}$.

Wie man sieht, steht das magnetische Bahnmoment eines Elektrons mit seinem Drehimpuls ($\hbar$ bzw. $n\hbar$) größen- und richtungsmäßig in einem festen Zusammenhang:

$$p_m = \gamma L \,. \qquad (12.55)$$

γ heißt das **gyromagnetische Verhältnis**. Für Elektronenbahnen ist offenbar $\gamma = e/(2m)$. Diese Zusammenhänge, obwohl hier halbklassisch abgeleitet, gelten auch in der Quantenmechanik.

Freie Einzelteilchen können ebenfalls einen Drehimpuls und ein magnetisches Moment haben, die diesen Regeln gehorchen. Die wichtigsten Teilchen wie Elektron, Proton, Neutron haben den **Spin** $\frac{1}{2}$, d. h. nach (12.52) den Gesamtdrehimpuls $\hbar\sqrt{3}/2$, der die Einstellungen (z-Komponenten) $\hbar/2$ und $-\hbar/2$ haben kann. Solche Teilchen mit halbzahligem Spin gehorchen der Fermi-Statistik und heißen **Fermionen**. Einige Elementarteilchen haben ganzzahligen Spin und sind **Bosonen**: Für die Mesonen ist $s = 0$, das Photon hat $s = 1$.

Es liegt nahe, den Spin und das zugehörige magnetische Moment des Elektrons ähnlich wie das Bahnmoment zu deuten, nämlich durch eine Rotation des Elektrons um seine eigene Achse. Dabei müßte aber, gleichgültig wie man sich die Ladungsverteilung im Elektron denkt, auch immer das gyromagnetische Verhältnis $\gamma = e/(2m)$ herauskommen. Man beobachtet dagegen (z. B. im **Einstein-de Haas-Effekt**, Abschn. 7.4.5)

$$p_{\mathrm{m\,spin}} = \frac{e}{m} L = \frac{e}{m} \frac{\hbar}{2} \,. \qquad (12.56)$$

Das Elektron hat $\gamma = e/m$. Nur zufällig kommt das gleiche magnetische Moment heraus wie für eine Bahn mit $n = 1$.

Für Protonen und Neutronen liegt γ in der Nähe des Wertes $e/(2m_{\mathrm{H}})$, den man bei der 1 836mal größeren Masse m_{H} erwartet, entspricht ihm aber nicht genau. Diese Abweichung ist noch nicht befriedigend gedeutet, ebensowenig wie die Tatsache, daß das Neutron überhaupt ein magnetisches Moment hat. Anschaulich wird es sich darum handeln, daß im Neutron die negative Ladung weiter außen sitzt als die kompensierende positive, und daß sie daher bei der Rotation einen größeren Beitrag Strom · Fläche liefert (Abschn. 13.4.7). In Analogie zum Bohr-Magneton heißt $p_{\mathrm{mK}} = \frac{1}{2} e\hbar/m_{\mathrm{H}}$ das **Kernmagneton**. Auch das magnetische Moment des Elektrons ist nicht ganz exakt $1 p_{\mathrm{m\,B}}$. Die winzige, aber sehr genau gemessene Abweichung wurde durch die **Quantenelektrodynamik** gedeutet (theoretischer Wert $1{,}0011454 p_{\mathrm{m\,B}}$).

Gesamtdrehimpuls und Gesamtmoment eines Atoms oder Moleküls setzen sich aus den Bahn- und Spinanteilen der Elektronen zusammen. Dazu kommt noch der i. allg. viel schwächere Beitrag des Kerns. Diese Zusammensetzung (**Drehimpulskopplung**) erfolgt nach ziemlich komplizierten Regeln, die besonders durch die Spektroskopie aufgeklärt worden sind. Weil Bahn- und Spinmomente verschiedenes γ haben, stehen *Gesamt*drehimpuls und *Gesamt*moment i. allg. nicht mehr parallel zueinander, und das Verhältnis ihrer Beträge (auch γ genannt) liegt zwischen dem Bahnwert $e/2m$ und dem Spinwert e/m (Magnetomechanische Anomalie). Man drückt das durch den **Landé-Faktor** g aus, der zwischen 1 und 2 liegt:

$$p_m = g \frac{e}{2m} L \,.$$

Im Kern sind die Nukleonen (Protonen und Neutronen) so dicht gepackt, daß man zunächst einen Bahnumlauf für unmöglich halten möchte. Drehimpuls und magnetisches Moment würden nur von der parallelen oder antiparallelen Kombination der Nukleonenspins herrühren. Dementsprechend haben gg-Kerne (gerade Pro-

Tabelle 12.5

	Spindrehimpuls L_z	Magnetisches Dipolmoment
Elektron	$\frac{1}{2}\hbar$	$-1{,}00114\ p_{\mathrm{mB}}$
Proton	$\frac{1}{2}\hbar$	$+2{,}79\ p_{\mathrm{mK}}$
Neutron	$\frac{1}{2}\hbar$	$-1{,}91\ p_{\mathrm{mK}}$
Deuteron	$1\hbar$	$+0{,}86\ p_{\mathrm{mK}}$
α-Teilchen	0	0
${}^{7}_{3}$Li-Kern	$\frac{3}{2}\hbar$	$+3{,}26\ p_{\mathrm{mK}}$
AG	$\frac{1}{2}\hbar$	$1\ p_{\mathrm{mB}}$
Dy^{3+}	$\frac{15}{2}\hbar$	$9{,}9\ p_{\mathrm{mB}}$
O_2	$1\hbar$	$1\ p_{\mathrm{mB}}$

tonen- und Neutronenzahl) immer $L = 0$ und $p_m = 0$ infolge paarweiser Absättigung. Darüber hinaus reicht diese Vorstellung aber nur für die leichtesten Kerne einigermaßen aus. Sie versagt schon bei $^7_3$Li (Tabelle 12.5, Aufgabe 12.7.5). Man muß doch auch Bahnumläufe annehmen, die zu L und im Fall des Protons auch zu p_m beitragen. Aus der begreiflicherweise nur beschränkt gültigen Analogie mit der Elektronenhülle haben das Einzelnukleonenmodell und das kollektive Kernmodell (Abschn. 13.1.5) einige Klarheit in die Kernmomente gebracht und gleichzeitig eine Art periodisches System der Kerne ergeben, d. h. die „magnetischen" Nukleonenzahlen erklärt.

12.7.3 Der Stern-Gerlach-Versuch

Ein eindrucksvoller Beweis der Richtungsquantelung gelang 1921 *O. Stern* und *W. Gerlach*. Ein Strahl von Silberatomen fliegt durch ein stark inhomogenes Magnetfeld senkrecht zu dessen Feldlinien. Die Inhomogenität wird erzeugt, indem man die Polschuhe nicht eben gestaltet, sondern als scharfe Schneide bzw. Rinne (Abb. 12.59). Nach Tabelle 12.3 hat das Ag-Atom ein s-Elektron in der äußersten Schale und daher den Spin $\frac{1}{2}$ ohne Bahnmoment. Die abgeschlossenen inneren Schalen ergeben weder Spin- noch Bahnmoment. Das Atom kann sich mit seinem Spinmoment entweder parallel oder antiparallel zum Magnetfeld einstellen, wird also im inhomogenen Feld entweder auf die Schneide zu- oder von ihr weggetrieben, je nach seiner Einstellung. Der Strahl spaltet in zwei Teilstrahlen auf. Klassisch wäre jede Einstellung möglich, man sollte nur *ein* breites Maximum erhalten. Das Intensitätsverhältnis der beiden Teilstrahlen wird nach *Boltzmann* bestimmt durch das Verhältnis der Einstellenergie des Dipols im Feld zur thermischen Energie. Aus ähnlichen Gründen sind die Flecke, die die Teilstrahlen auf dem Schirm erzeugen, durch die Maxwell-Verteilung verbreitert. Die Ablenkung hängt ja auch von der Geschwindigkeit der Atome ab.

Mit geladenen Teilchen, z. B. freien Elektronen, gelingt der Stern-Gerlach-Versuch nicht, denn die Lorentz-Kraft auf die Ladung ist sehr viel größer als die Kraft auf den magnetischen Dipol. Diamagnetische Atome zeigen zunächst keine Aufspaltung, weil ihre Elektronenhülle kein magnetisches Moment hat. Bei sehr hoher Auflösung erkennt man aber auch hier Aufspaltung in Linien infolge des Kernspins mit seinem viel kleineren magnetischen Moment. Aus der Anzahl der Linien läßt sich der Drehimpulsbetrag, aus ihrem Abstand das magnetische Moment des Kerns ermitteln. Bei paramagnetischen Atomen spaltet jede der von der Hülle stammenden Linien nochmals kernmagnetisch auf.

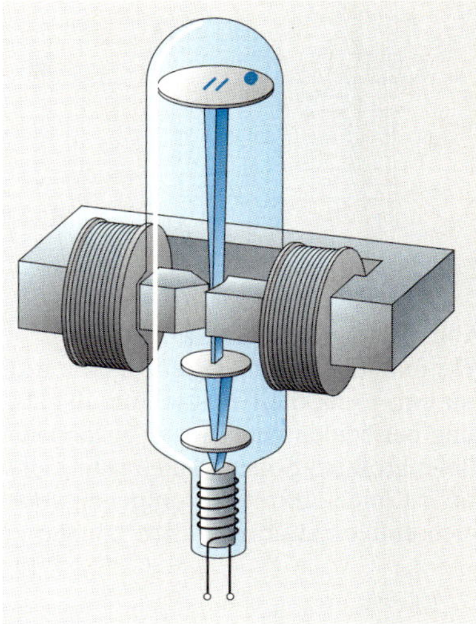

Abb. 12.59. Apparatur zur Untersuchung der Richtungsquantelung von Atomen im inhomogenen Magnetfeld nach *Stern* und *Gerlach* (schematisch)

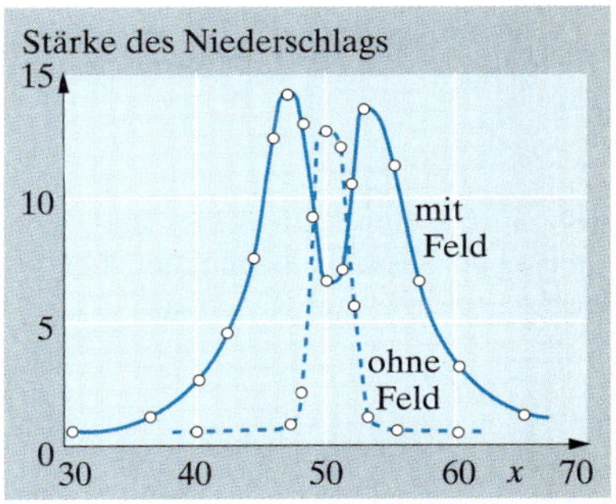

Abb. 12.60. Niederschlagsdichte auf dem Auffänger beim Stern-Gerlach-Versuch

12.7.4 Zeeman-Aufspaltung und Larmor-Präzession

In einem Magnetfeld $\boldsymbol{B}$, das z. B. in z-Richtung zeige, können Drehimpuls und magnetisches Moment nach Abschn. 12.7.1 nur $2s + 1$ verschiedene Lagen einnehmen, in denen die z-Komponente des Moments die Werte

$$p_{\mathrm{m}z} = j\gamma\hbar, \qquad j = s, s-1, \ldots, -(s-1), -s$$

hat. Zur Energie des Zustands ohne Magnetfeld kommt ein Beitrag

$$W_\mathrm{m} = -p_{\mathrm{m}z}B = -j\gamma\hbar B$$

dazu (Abschn. 7.2.6). Der Zustand spaltet also energetisch in $2s + 1$ Zustände auf, die um so weiter auseinanderrücken, je größer B ist. Ein reines Bahnmoment ($\gamma = e/(2m)$) bedingt im Feld $B = 1\,\mathrm{V\,s\,m^{-2}}$ eine Aufspaltung um $\Delta W = e\hbar B/(2m) = 0{,}9 \cdot 10^{-23}\,\mathrm{J} \approx 5 \cdot 10^{-5}\,\mathrm{eV}$, die fast millionenmal kleiner ist als die Energie des Zustandes selbst und sogar fast tausendmal kleiner als kT bei Zimmertemperatur. Die Atome sind daher nach *Boltzmann* noch fast gleichmäßig über die

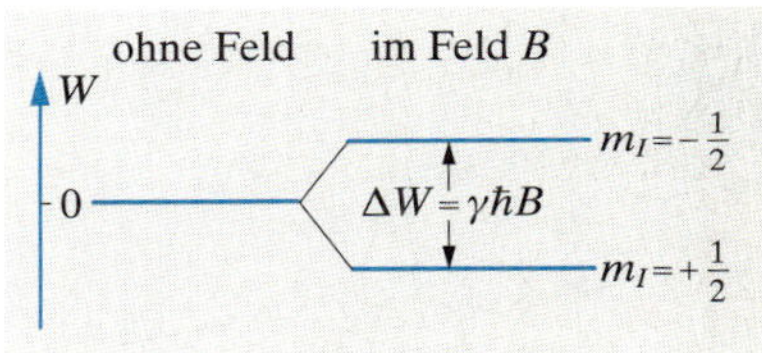

Abb. 12.61. Energieniveaus eines Protons im Magnetfeld B

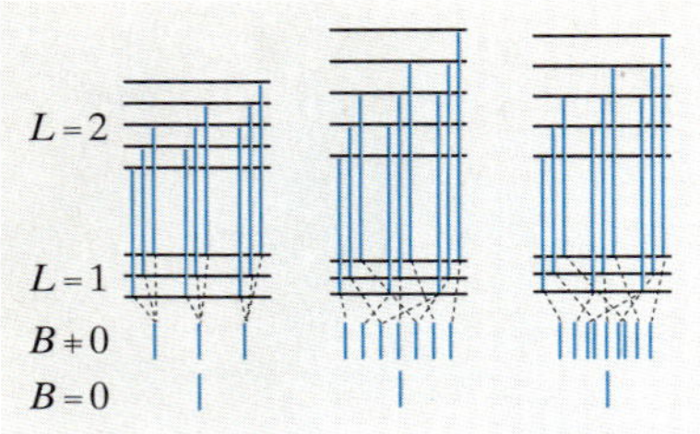

Abb. 12.62. Der normale Zeeman-Effekt mit Aufspaltung in drei Linien tritt nur ein, wenn die Feinstrukturaufspaltung bei beiden beteiligten Zuständen gleichgroß ist. Sonst können sehr viel mehr Linien auftreten, von denen aber auch einige zusammenfallen können

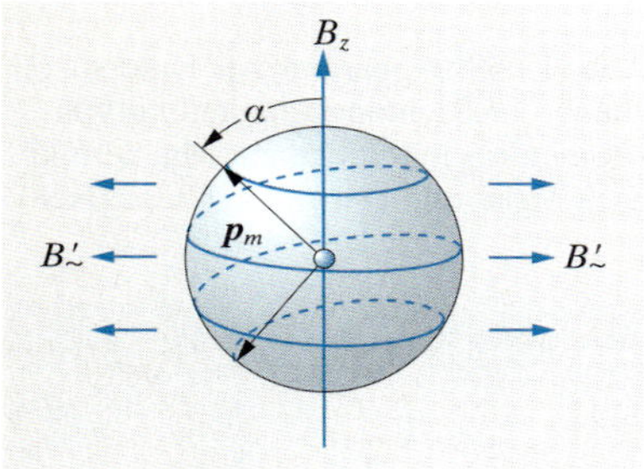

Abb. 12.63. Bewegung eines magnetischen Kreisels im magnetischen Wechselfeld $B'_\sim$ bei Resonanz

möglichen Einstellungen verteilt, mit ganz schwacher Bevorzugung der parallelen Einstellung, die zum Paramagnetismus führt.

Das Magnetfeld des Elektronenspins spaltet die Bohrschen Energieniveaus in **Feinstrukturterme** auf, die sich durch die Einstellung des Bahndrehimpulses $l\hbar$ zur Spinrichtung unterscheiden ($2l+1$ mögliche Einstellungen). Das viel schwächere Magnetfeld des Kerns bedingt die sehr viel kleinere **Hyperfeinstruktur**-Aufspaltung.

Zwischen den magnetisch aufgespaltenen Zuständen sind Übergänge möglich wie zwischen anderen Atomzuständen auch. Dies betrifft nur benachbarte Einstellungen, d. h. die magnetische Quantenzahl j kann sich nur um ± 1 ändern. Dabei wird die Energiedifferenz ΔW als Strahlung der Frequenz $\omega_{\mathrm{P}} = \Delta W/\hbar = \gamma B$ emittiert oder absorbiert. Für ein Spinmoment ist $\omega_{\mathrm{P}} = eB/m$. Klassisch gibt es für diese Frequenz eine sehr anschauliche, oft nützliche, wenn auch manchmal irreführende Deutung. Wenn ein magnetisches Moment schräg (unter dem Winkel α) zum Magnetfeld steht, versucht dieses es in die Parallellage zu kippen. Das Drehmoment $\boldsymbol{T}$ hat den Betrag $p_{\mathrm{m}}B \sin\alpha$. Da das System aber einen mit p_{m} gekoppelten Drehimpuls hat, im einfachsten Fall $\boldsymbol{L} = \boldsymbol{p}_{\mathrm{m}}/\gamma$, reagiert es auf das Drehmoment wie ein Kreisel durch Präzession (**Larmor-Präzession**) um die Achse $\boldsymbol{B}$ mit der Kreisfrequenz $\omega_{\mathrm{P}} = T/(L \sin\alpha) = p_{\mathrm{m}}B/L = \gamma B$. Dies ist ein Spezialfall eines ganz allgemeinen Satzes: Im Magnetfeld B rotiert jedes Elektronensystem zusätzlich zu seiner vielleicht ohnehin schon vorhandenen Rotation mit $\omega_{\mathrm{P}} = eB/m$ um die Feldrichtung. Dies gilt ebenso für den Diamagnetismus der Atome (Abschn. 7.4.2) wie für das freie Elektron (Abschn. 8.2.2).

Das Auftreten der Frequenz ω_{P} ist damit verständlich: Eine mit ω_{P} rotierende Ladungsverteilung strahlt diese Frequenz aus, und zwar im klassischen Bild ständig, wobei der Kreisel ständig in energetisch tiefere Achslagen sinkt, und schließlich in die Parallellage. Die Spitze des $\boldsymbol{p}_{\mathrm{m}}$- oder $\boldsymbol{L}$-Vektors müßte so eine Spirale auf der Kugelfläche zeichnen (Abb. 12.63). Wie für die Atomzustände verbietet aber das Bohrsche Postulat, daß diese Emission ständig erfolgt. Es wird nur gelegentlich ein Photon der Energie $\hbar\omega_{\mathrm{P}}$ emittiert, wobei der $\boldsymbol{p}_{\mathrm{m}}$-Vektor ruckartig in die benachbarte Lage springt (Auswahlregel $\Delta j = \pm 1$).

12.7.5 Spinresonanz

Übergänge zwischen zwei geeigneten Zuständen mit der Energiedifferenz ΔW emittieren oder absorbieren Strahlung der Frequenz $\omega = \Delta W/\hbar$. Es gibt noch einen dritten Prozeß, der zum quantenmechanischen Verständnis des Planckschen Gesetzes notwendig (Abschn. 11.2.3) und für die Laseremission entscheidend ist: Die **erzwungene Emission**. Ein elektromagnetisches Wellenfeld der passenden Frequenz $\omega = \Delta W/\hbar$ löst selbst Übergänge mit der Differenz ΔW aus. Offenbar handelt es sich um eine Resonanz zwischen Strahlung und Ladungssystem.

Im klassischen Bild läßt sich gut anschaulich machen, was dabei vorgeht. Wir bringen Atome mit dem magnetischen Moment $\boldsymbol{p}_{\mathrm{m}}$ in ein Magnetfeld $\boldsymbol{B}$. Die Atome verteilen sich (ungefähr gleichmäßig) über die möglichen Einstellungen. Wir betrachten eine Einstellung mit nicht zu großem Winkel α zwischem $\boldsymbol{p}_{\mathrm{m}}$ und $\boldsymbol{B}$. Der $\boldsymbol{p}_{\mathrm{m}}$- und der $\boldsymbol{L}$-Vektor präzedieren mit der Larmor-Frequenz ω_{P} um die $\boldsymbol{B}$-Richtung. Um den Kreisel in eine andere Richtung zu kippen, müßte man ein zusätzliches Drehmoment möglichst senkrecht zu $\boldsymbol{L}$ ausüben. Die $\boldsymbol{L}$-Richtung ändert sich aber beim Präzedieren zeitlich und ist im gegebenen Augenblick für jedes Atom anders. Wenn man z. B. ein konstantes Zusatzfeld $\boldsymbol{B}'$ senkrecht zu $\boldsymbol{B}$ legte, würde es ein Drehmoment auf $\boldsymbol{p}_{\mathrm{m}}$ ausüben, das senkrecht auf $\boldsymbol{p}_{\mathrm{m}}$ und $\boldsymbol{B}'$ stünde, also den Kreisel abwechselnd auf die $\boldsymbol{B}$-Richtung zu und von ihr weg zu kippen versuchte. Der Gesamteffekt wäre Null, was die Kippung angeht; der ganze Erfolg wäre eine Verlegung der Präzessionsachse in die etwas veränderte Richtung $\boldsymbol{B} + \boldsymbol{B}'$. Wenn $\boldsymbol{B}'$

aber ein Wechselfeld mit der Frequenz ω_p ist, erfolgt die Kippung überwiegend immer in der gleichen Richtung, und zwar bei der Hälfte der Atome von $\boldsymbol{B}$ weg, bei den anderen zu $\boldsymbol{B}$ hin, je nach der zufälligen Phase der Präzession. Bei anderer Frequenz des $\boldsymbol{B}'$-Feldes ist das nicht der Fall: Die Kippung ist dann im Mittel Null. $\omega = \omega_p$ ist eine scharfe Resonanzfrequenz (Gründe für ihre Verbreiterung Abschn. 12.7.8). Sogar bei $\omega = 2\omega_p$ mitteln sich die Kippungen weg, es tritt keine Resonanz auf. Quantenmechanisch heißt das: Der Übergang (hier der erzwungene) erfolgt immer nur in die benachbarte Einstellung. Die Auswahlregel $\Delta j = \pm 1$ ist damit erklärt. Kippung zu $\boldsymbol{B}$ hin heißt Energieabnahme, also erzwungene Emission, Kippung von $\boldsymbol{B}$ weg Absorption. Beide sind offenbar gleichhäufig, wie das auch *Einsteins* Ableitung des Planck-Gesetzes verlangt.

Spinresonanz ist also das Umklappen der magnetischen Momente, die sich in einem konstanten Magnetfeld eingestellt haben, unter dem Einfluß eines i. allg. dazu senkrechten Wechselfeldes geeigneter Frequenz. Jedes Feld, das die Teilchen schüttelt, ist dazu geeignet, z. B. auch ein Ultraschallfeld. Nach (12.56) liegen die Resonanzfrequenzen für Elektronenmomente (Bahn und Spin) im GHz-, für Kernmomente im MHz-Gebiet, wenn man ein konstantes Feld von einigen Zehntel Tesla anlegt. Der Faktor von etwa 1 000 zwischen den Resonanzfrequenzen ist einfach das Massenverhältnis Proton–Elektron.

12.7.6 Kernspinmessung an freien Atomen

Der Stern-Gerlach-Versuch weist nach, daß Atome im Magnetfeld nur wenige diskrete Einstellmöglichkeiten für ihr Moment besitzen. Wie groß dieses Moment ist, bestimmt man sehr viel genauer durch eine Resonanzmessung im magnetischen Wechselfeld, das ein Umklappen der Momente erzwingt. Man kann so auch die sehr viel kleineren Kernspins mit äußerster Genauigkeit messen.

Eine elegante Ausführung dieser Idee stammt von *I. I. Rabi* (1938). Ein Strahl von Atomen oder Molekülen tritt im Vakuum durch drei hintereinander angeordnete Magnetfelder. Alle drei Felder haben dieselbe Richtung. Das mittlere Feld B_C ist homogen, die äußeren haben starke Gradienten wie beim Stern-Gerlach-Versuch, die einander entgegengesetzt gerichtet sind. Ein Atom fliege unter dem Winkel α ein und habe eine Spineinstellung, die im Feldgradienten zu seiner Ablenkung nach unten auf einer Wurfparabel führt (konstante Kraft $p_m \operatorname{grad} B$). Durch den sehr engen Spalt S_1 tritt es in das Feld B_C und durchquert dieses geradlinig (keine Kraft auf den Dipol). Im Feld B_B wird es umgekehrt abgelenkt wie in B_A und trifft auf den Detektor D. Wenn aber im mittleren Gebiet senkrecht zu $\boldsymbol{B}_C$ ein schwaches Wechselfeld $\boldsymbol{B}'$ mit der Resonanzfrequenz ω_p liegt, klappt das Atom bei geeigneter Wahl von B' mit großer Wahrscheinlichkeit in eine andere (z. B. die entgegengesetzte) Spinrichtung um und wird daher im Feld B_B ähnlich wie im Feld B_A abgelenkt, weit weg vom Detektor. Die Intensität am Detektor hängt also von der Frequenz ω des B'-Feldes ab und zeigt bei $\omega = \omega_p$ ein scharfes Resonanzminimum.

Mit einer ähnlichen Apparatur konnten *Bloch* und *Alvarez* 1940 auch das magnetische Moment des Neutrons messen. Ersetzt man die magnetischen durch elektrische Felder, dann kann man Kernquadrupolmomente messen, die sich auf ähnliche Weise im Feld einstellen.

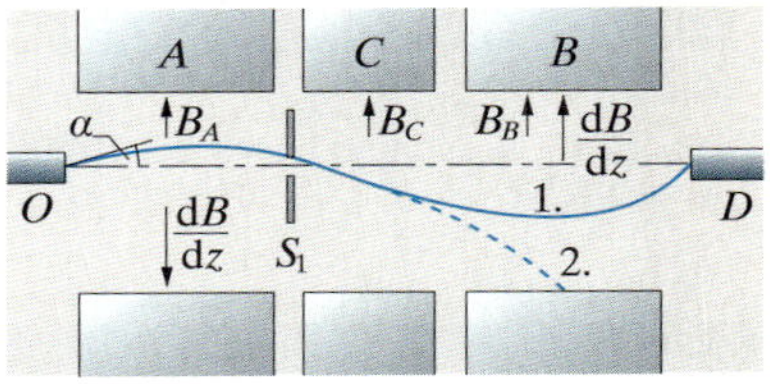

Abb. 12.64. Anordnung zur Messung des Kernspins an freien Atomen. (Versuch von *I. I. Rabi*)

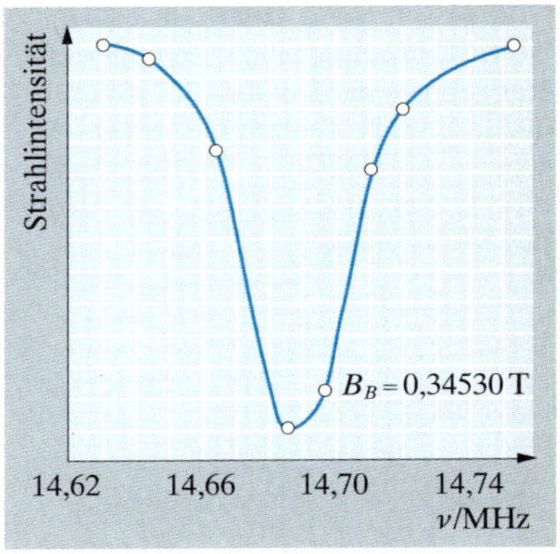

Abb. 12.65. Strahlintensität in Abhängigkeit von der Frequenz des in C wirkenden Wechselfeldes

12.7.7 Kernspinresonanz in kompakter Materie

Die Kernspins und ihre Präzession im äußeren Magnetfeld werden nur wenig beeinflußt, wenn das Atom, dem der Kern angehört, eine Molekülbindung eingeht oder in den festen oder flüssigen Zustand eingebaut wird. Der geringe Einfluß der Nachbarteilchen auf die Präzession oder, besser gesagt, die Besetzung der ein-

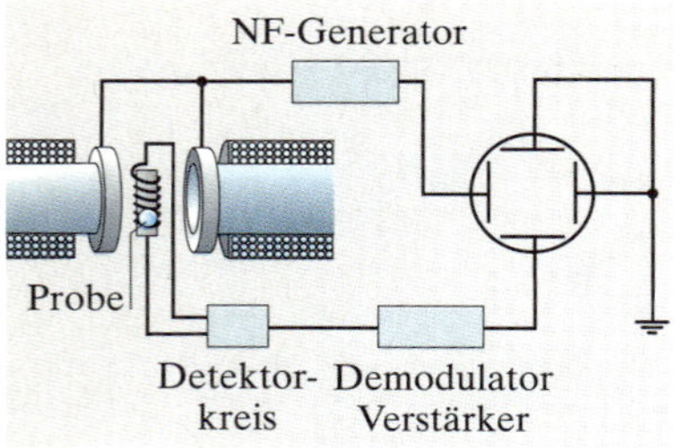

Abb. 12.66. Apparatur von *Purcell* zur Messung der Kernspinresonanz in kompakter Materie

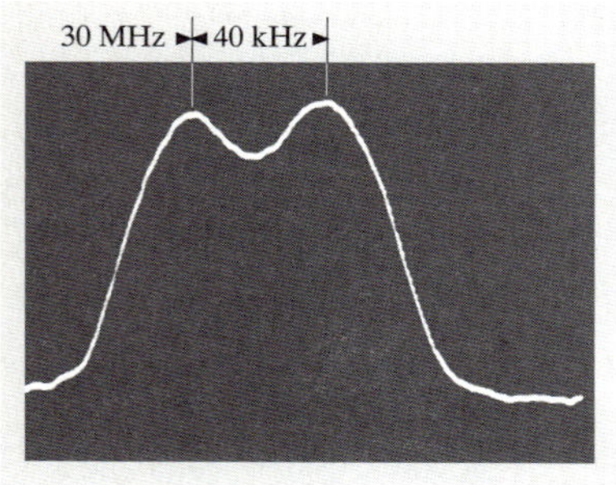

Abb. 12.67. Resonanzkurve der Protonen in Eis

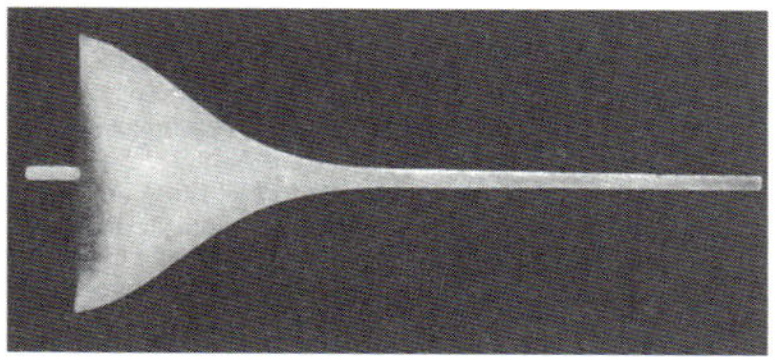

Abb. 12.68. Spinecho: Abklingen eines Kernsignals nach einem 90°-Hochfrequenz-Impuls. Der Impuls selbst erscheint nicht auf dem Oszillographenbild. Er befindet sich links am Anfang des Kernsignals

zelnen Einstellzustände erlaubt Aussagen über den Einbau. Wegen der größeren Teilchenzahldichte werden die Resonanzeffekte viel stärker als im Atomstrahl, und man kann mit einfacheren Methoden arbeiten. *Bloch* u. a. und *Purcell* u. a. wiesen 1946 fast gleichzeitig Kernresonanz nach. Die Theorie ist hauptsächlich *F. Bloch* zu verdanken.

Wieder liegt das starke konstante Magnetfeld B, in dem die verschiedenen Spineinstellungen energetisch aufspalten, senkrecht zum schwachen Hochfrequenzfeld B'. Statt dessen Frequenz zu ändern, um die Resonanzkurve zu durchfahren, ist es aber einfacher, dem Feld B durch eine Modulationsspule (Wobbelspule) ein schwaches gleichgerichtetes niederfrequentes Wechselfeld zu überlagern: $B = B_0 + B_1 \sin \omega_0 t$, $\omega_0 \ll \omega$. Ob man $\omega_p = \gamma B$ oder ω ändert, ist ja gleichgültig. Man erhält dann das Bild der Resonanzkurve direkt auf dem Oszillographenschirm, wenn man die Modulationsspannung, die linear mit ω_p zusammenhängt, an die x-Platten legt. Das y-Signal kommt so zustande: Die Probe bildet den Kern einer Probenspule, die als Induktivität eines Schwingkreises mit der Resonanzfrequenz ω (des Detektorkreises) dient. Er wird durch eine geeignete Oszillatorschaltung angeregt. Wenn die Feldstärke B durch den Bereich geht, wo $\omega_p = \omega$ ist, ändert sich die Induktivität der Probenspule mit der Magnetisierung ihres Kerns. Die Resonanzfrequenz ω verstimmt sich daher etwas (Dispersionssignal). In der Resonanz ist die Verstimmung 0, aber dem Detektorkreis wird jetzt mehr Energie entzogen (Absorptionssignal, Güteänderung des Kreises), nämlich die Energie, die den umklappenden Spins zugeführt wird. Jedes der beiden Signale (Frequenz- und Amplitudenänderung) kann durch Demodulation in die y-Spannung am Oszillographen übergeführt werden, wo sie direkt gegen die Frequenz aufgetragen erscheint. Das breite Absorptionsmaximum in Abb. 12.67, gemessen am Eis in $B = 0{,}7\,\mathrm{V\,s\,m^{-2}}$, entspricht der Resonanzfrequenz der Protonen von etwa 30 MHz. Die feineren Einzelheiten werden in Abschn. 12.7.8 erörtert.

Ein anderer Nachweis der **Kernspinresonanz** benutzt ein Impulsverfahren (**Spinecho-Verfahren**). Man versteht dies am besten im klassischen Bild der Momente, die um die $\boldsymbol{B}$-Richtung präzedieren. Ein schwaches senkrechtes resonantes Wechselfeld dreht die Momente spiralig aus ihrer früheren Einstellung heraus (Abb. 12.63). Nach einer gewissen Zeit ($\tau \approx L/T \approx 1/(\gamma B')$) stehen die meisten Spins senkrecht zu ihrer Ausgangslage. In diesem Augenblick schaltet man das B'-Feld ab (d. h. man legt an die B'-Spule nur einen kurzen Impuls, dessen Dauer der Drehzeit entspricht). Die Spins präzedieren dann weiter frei um $\boldsymbol{B}$, und zwar überwiegend im gleichen Takt und mit konstantem Einstellwinkel, da das Drehmoment von B' nicht mehr wirkt. Diese rotierende Magnetisierung erzeugt in der Probenspule einen variablen Magnetfluß, induziert also eine Spannung in ihr. Diese ist sinusförmig mit der Larmor-Frequenz ω_p und kann Werte um 1 mV erreichen. Natürlich klingt dieses Signal der freien Präzession mit der Zeit ab, teilweise durch die in der Spule induzierte Zusatzleistung, aber auch durch thermische Stöße, die die präzedierenden Dipole aus dem Takt oder der Richtung bringen. Abbildung 12.68 zeigt ein typisches Spinecho an Wasser. Nach einem HF-Impuls von 10 µs Dauer erhält man eine mit 30 MHz präzedierende Magnetisierung von Protonen, die in etwa 10 ms auf die Hälfte abklingt.

12.7.8 Einfluß der Umgebung bei der Spinresonanz

Kernspinresonanz (**nuclear magnetic resonance**, **NMR**) und **Elektronenspinresonanz** (**paramagnetische Elektronenresonanz, ESR**) liefern nicht nur präzise Daten über die magnetischen Momente selbst, sondern auch über die Art, wie die Teilchen in ihre Umgebung (Molekül, Festkörper, Flüssigkeit) eingebaut sind. Als **Hochfrequenz-Spektroskopie** gewinnen sie in der physikalisch-chemischen Strukturforschung immer größere Bedeutung.

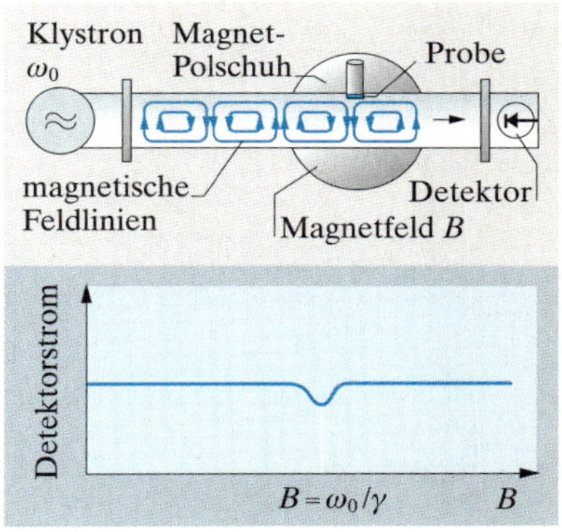

Abb. 12.69. Messung der Elektronen-Spinresonanz

Die ESR unterscheidet sich von der NMR hauptsächlich durch die etwa 1 000mal höhere Resonanzfrequenz (kleinere Masse, größeres Magneton). Solche elektromagnetischen Wechselfelder regt man in Hohlraumresonatoren an (Abschn. 7.6.10, Abb. 12.69). Da man die Eigenfrequenz des Hohlraums nur in geringem Umfang ändern kann, variiert man meist wieder das einstellende Feld B und damit die Larmorfrequenz ω_p der Spins. Das Eintreten der Resonanz erkennt man an der zunehmenden Dämpfung des Resonators. Um die Empfindlichkeit zu erhöhen, bildet man den Hohlraum oft als eine Art Michelson-Interferometer aus (Doppel-T-Mikrowellenbrücke). Diese Brücke gleicht man so ab, daß sich außerhalb der Resonanz die Teilwellen aus den Armen des Doppel-T am Detektor weginterferieren. Wenn die Probe in Resonanz gerät und dadurch ihren Wellenwiderstand ändert, wird die Interferenz unvollständig, und der Detektor zeigt ein Feld an, das dem Absorptionssignal proportional ist. ESR tritt nur bei Stoffen mit Elektronen-Paramagnetismus auf, d. h. bei Atomen mit ungerader Elektronenzahl oder unaufgefüllten inneren Schalen (Übergangsmetalle), ferner an freien Radikalen, d. h. Molekülgruppen mit ungepaarten Elektronen, schließlich bei Metallen und Halbleitern mit ihren Leitungselektronen und -löchern. Auch Gitterdefekte (paramagnetische Fremdionen, Farbzentren) zeigen Paramagnetismus und ESR.

In einem gesättigten Ferromagnetikum, wo praktisch alle Elektronenspins einheitlich ausgerichtet sind, führt das gesamte Spinsystem gemeinsam eine Präzession um die Richtung eines Gleichfeldes aus: **Ferromagnetische Resonanz**. Auch ferrimagnetische und antiferromagnetische Resonanz werden beobachtet (Abschn. 7.4.5).

Selbst für isolierte Teilchen im Atomstrahl ist die Resonanzfrequenz nicht vollkommen scharf (Abb. 12.65), sondern hat mindestens eine Linienbreite $\Delta\omega$, die nach Abschn. 12.2.2 direkt durch die Lebensdauer der beteiligten Zustände gegeben ist. Ein Zustand, der eine Zeit τ lebt, kann energetisch nicht schärfer bestimmt sein als bis auf $\Delta W \approx \hbar/\tau$. Klassisch hat der mit der Zeitkonstante τ abklingende Wellenzug ein ebenso verbreitertes Fourier-Spektrum. Derselbe Einfluß, der die Übergänge auslöst, nämlich das Wechselfeld B', bestimmt unter diesen Bedingungen auch die Breite der Resonanz. Klassisches und Quantenbild sind sich einig, daß die Lebensdauer etwa gleich Drehimpulsunterschied/Drehmoment $= \hbar/(p_\mathrm{m}B') = 1/(\gamma B')$ ist. Damit folgt die relative natürliche Breite der Resonanz zu $\Delta\omega/\omega \approx B'/B$.

Wenn Nachbarteilchen vorhanden sind, schaffen ihre Felder, speziell die Magnetfelder ihrer Ladungen und Spins, eine zusätzliche Verbreiterung. Man kann diese Felder in einen Gleich- und einen Wechselanteil zerlegen. Der Gleichanteil überlagert sich dem äußeren Feld $\boldsymbol{B}$ und verschiebt die Resonanzfrequenz $\omega_\mathrm{p} = \gamma B$. Wenn die untersuchten Teilchen in verschiedenen Umgebungen sein können, führt das zu einer Verbreiterung oder Aufspaltung, je nachdem die Mannigfaltigkeit der Umgebung stetig oder diskret ist. Für chemisch einheitliche Teilchen in Flüssigkeiten ist das Gleichfeld der Umgebung im Zeitmittel klein. Man untersucht ja das Signal sehr vieler Teilchen, die alle verschiedene und zeitlich rasch wechselnde Umgebungen haben. Im Kristall ist die Nachbarschaft fixiert, das Gleichfeld existiert, wenn es auch vielfach nicht für alle Teilchen dasselbe ist. Wenn das Störfeld z. B. überwiegend von den Spinmomenten $\hbar/2$ eines oder weniger Nachbarn stammt, können diese Spins sich im äußeren B-Feld parallel oder antiparallel einstellen. Die Verstärkung bzw. Schwächung des B-Feldes erzeugt dann diskrete Werte der Resonanzfrequenz. Abbildung 12.67 zeigt dies für Eis. Der entscheidende Einfluß kommt vom Nachbarproton, das im gleichen H_2O sitzt (Abschn. 14.1.6; Sie werden hier auf einen interessanten Widerspruch stoßen).

Der Wechselanteil des Störfeldes enthält sicher auch eine Fourier-Komponente mit der Resonanzfrequenz, die also ebenfalls Umklapp-Übergänge der Spins auslöst. Dieses Wechselfeld hat allerdings ganz zufällig verteilte Phasen, d. h. es dreht einige Teilchen im gleichen Sinn wie das äußere Feld B', aber ebensoviele andersherum. Im ganzen läßt sich sein Einfluß durch zufällige thermische Stöße beschreiben. Diese Stöße würden, wenn das Feld B' nicht da wäre, eine Boltzmann-Verteilung der Spins über die Einstellungen erzeugen. Die Einstellung parallel zu $\boldsymbol{B}$ ist energetisch um $\Delta W = 2p_{\mathrm{m}}B$ gegen die antiparallele bevorzugt, liegt also im Gleichgewicht um den Faktor $\mathrm{e}^{2p_{\mathrm{m}}B/(kT)}$ häufiger vor. Da immer $p_{\mathrm{m}}B \ll kT$, ist dieser Überschuß sehr klein, aber von ihm hängt der ganze Resonanzeffekt ab. Das HF-Feld B' regt ja Übergänge in beiden Richtungen an: Absorptionen, bei denen der Spin in einen energetisch höheren Zustand klappt, und erzwungene Emissionen, bei denen er in einen tieferen klappt. Die ersten entziehen dem HF-Feld Energie, die zweiten führen ihm welche zu. Die Übergangswahrscheinlichkeit ist in beiden Richtungen gleich. Wieviele Übergänge jeweils erfolgen, hängt vom Besetzungsgrad des Ausgangszustandes ab. Wenn beide Zustände gleichstark besetzt sind, gleichen sich Energiegewinn und -verlust aus: Es tritt kein Signal auf. Diesen Zustand sucht das B'-Feld selbst gegen den Einfluß der Umgebung herbeizuführen. Bei großen Amplituden B' verschwindet daher die Resonanz (Sättigung).

Gleichzeitig verkürzt das Wechsel-Störfeld die Lebensdauer der Zustände (es intensiviert ja die Übergänge) und verbreitert damit die Resonanz (**Stoßverbreiterung**, Abschn. 12.2.2). Anstelle der natürlichen Breite $\Delta\omega \approx \gamma B'$ tritt, falls die Störfelder überwiegen, $\Delta\omega \approx \tau^{-1}$, wo τ die mittlere Stoßzeit (Spin–Gitter–Relaxationszeit) ist.

Die **hochauflösende Kernresonanz**, meist an Protonen vorgenommen, macht Aussagen über den Bindungszustand der Atome, in denen diese Kerne sitzen. Man arbeitet meist in Flüssigkeiten, weil sich hier das Gleich-Störfeld weitgehend wegmittelt und die Resonanzen scharf genug sind, daß man ihre Verschiebung und Aufspaltung sehen kann. Die sehr kleinen Verschiebungen ($\Delta\omega/\omega \approx 10^{-6}$) beruhen zumeist auf der Abschirmung des B-Feldes durch das diamagnetische Gegenmoment der Elektronenhülle und hängen von der Art der Bindung ab (chemical shift). Anzahl und Stärke der Linien zeigen Anzahl und Häufigkeit der Protonen in verschiedenem Einbauzustand (z. B. CH_3 oder CH_2OH) an. Diese scheinbare Aufspaltung läßt sich durch ihre B-Abhängigkeit von der echten Aufspaltung durch indirekte Spin-Spin-Kopplung unterscheiden, bei der Nachbarkerne unter Vermittlung der Hülle ihre Spins zueinander orientieren. Apparativ sind diese Methoden sehr anspruchsvoll. Man benutzt Felder bis $6\,\mathrm{V\,s\,m^{-2}}$ aus supraleitenden Magneten.

12.7.9 Zeeman-Effekt

1895 sagte *H. A. Lorentz* voraus, in einem starken Magnetfeld müßten die Emissions- und Absorptionslinien der Atome in drei Komponenten aufgespalten sein. Ein Jahr später fand sein Mitarbeiter *P. Zeeman* den Effekt und bestätigte auch die Voraussagen über Intensität und Polarisation. Die Anforderungen an Lichtquelle, Feld und Spektralapparat waren für die Zeit enorm. Eine Schwierigkeit unter vielen war, daß ein Lichtbogen im starken Magnetfeld abreißt, weil die Ladungsträger seitlich weggetrieben werden. Man muß ihn mit einer beweglichen Elektrode ständig neu zünden (Backscher Abreißbogen).

Diese Linienaufspaltung entspricht natürlich den verschiedenen Einstellungen des Drehimpulses im B-Feld, die sich energetisch um $\Delta W = \gamma\hbar B$ unterscheiden. Die optischen Übergänge, um die es sich hier handelt, erfolgen aber nicht zwischen den einzelnen Orientierungen wie bei der Spinresonanz, sondern zwischen zwei verschiedenen Atomzuständen, von denen jeder in ähnlicher Weise aufgespalten ist. Bei einem Drehimpuls $l\hbar$ gibt es $2l + 1$ Einstellungen. Übergänge sind nur zwischen Zuständen möglich, die sich um $\Delta l = \pm 1$ unterscheiden (Abschn. 16.4.5).

Der obere Zustand hat also immer zwei Einstellungen mehr. Wie Abb. 12.62 zeigt, fallen Energiedifferenzen und Frequenzen mehrerer Übergänge zusammen und ordnen sich in drei Gruppen. Eine davon hat dieselbe Frequenz wie ohne Magnetfeld, die beiden anderen sind um die halbe Larmor-Frequenz $eB/(2m)$ nach oben bzw. unten verschoben.

Lorentz' klassische Deutung klingt viel farbiger; man wundert sich, daß dasselbe herauskommt. Sie liefert auch sehr einfach die Intensitäts- und Polarisationsverhältnisse. Jede lineare Schwingung eines Elektrons oder einer Ladung überhaupt, wie sie für Emission und Absorption verantwortlich sein soll, läßt sich in eine Komponente parallel zu $\boldsymbol{B}$ und eine senkrecht dazu zerlegen. Die senkrechte kann man wieder durch zwei zirkuläre Schwingungen mit entgegengesetztem Umlaufsinn ersetzen (Ab. 10.73). Auf diese drei Anteile wirkt das Magnetfeld ganz verschieden: Den parallelen beeinflußt es nicht, die zirkulären werden je nach dem Drehsinn beschleunigt oder verlangsamt (Erhöhung und Senkung der Frequenz). Da ein linearer Oszillator in seiner Schwingungsrichtung nicht strahlt, verschwindet die unverschobene Komponente bei Beobachtung in $\boldsymbol{B}$-Richtung (longitudinaler Zeeman-Effekt). Der Polarisationszustand entspricht der Schwingungsform.

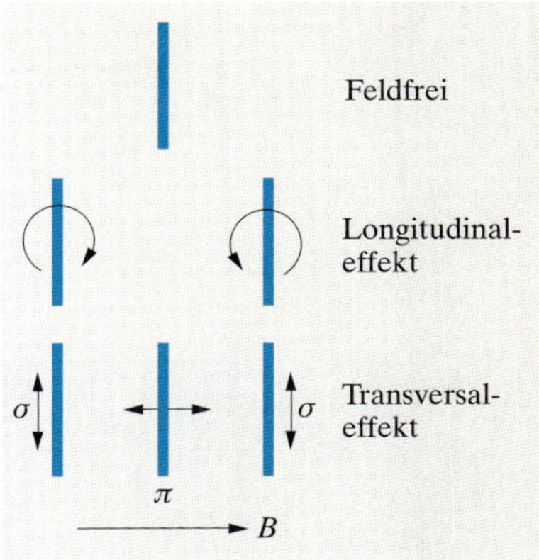

Abb. 12.70. Das Aufspaltungsbild des normalen Zeeman-Effektes

Daß die Aufspaltung $2\,\Delta\omega$ gleich der Larmor-Frequenz sein muß, ergibt sich gemäß Abschn. 8.2.2: Jedes Elektronensystem, das einem Feld $\boldsymbol{B}$ ausgesetzt wird, nimmt eine zusätzliche Rotation an, deren Fliehkräfte die Lorentz-Kräfte im Feld exakt kompensieren, wenn $\Delta\omega = eB/(2m)$ ist. Der Gesamtzustand des Systems bleibt unverändert, wenn man es von einem mit $\Delta\omega$ rotierenden Bezugssystem aus betrachtet. Dieses Ergebnis, eines der schönsten der klassischen Physik, folgt auch aus dem Induktionseffekt beim Einschalten des B-Feldes (Aufgabe 12.7.6). Wegen der Allgemeinheit dieser Larmor-Rotation überträgt sich *Lorentz'* Theorie auch ohne weiteres auf das Bohr-Modell.

In den meisten Fällen ist allerdings das Aufspaltungsbild wesentlich komplizierter und linienreicher: **Anomaler Zeeman-Effekt**. Bei der Deutung zeigt sich die Überlegenheit der Quantenmechanik. Der normale Effekt tritt nur ein, wenn das Atom lediglich einen Bahn-, keinen resultierenden Spindrehimpuls hat. Wenn ein Spin vorhanden ist, addiert er sich vektoriell zum Bahndrehimpuls (**Spin-Bahn-Kopplung**). Wegen der magnetomechanischen Anomalie ($\gamma = e/(2m)$) für Bahn, e/m für Spin) ist dann das magnetische Gesamtmoment nicht mehr parallel zum Gesamtdrehimpuls. Verschiedene Zustände spalten im B-Feld verschieden stark auf, und die Linien, die beim normalen Zeeman-Effekt zusammenfallen, tun dies nicht mehr. Die Verschiebung ist nicht mehr gleich der Larmor-Frequenz, aber ein rationales Vielfaches davon (**Runge-Regel**), denn der Landé-Faktor g ist rational (z. B. 3/2).

Wenn das Feld B so groß wird wie die inneren Felder, die die Spin-Bahn-Kopplung bedingen (einige $\mathrm{V\,s\,m^{-2}}$), oder größer, wird diese aufgehoben. Spin- und Bahndrehimpuls orientieren sich unabhängig voneinander, und der Zeeman-Effekt wird wieder normal (**Paschen-Back-Effekt**).

Feinstruktur und Hyperfeinstruktur lassen sich als Zeeman-Effekt in dem inneren Feld auffassen, das die Hüllen- bzw. Kernmomente erzeugen.

12.7.10 Stark-Effekt

1913 fand *J. Stark* das elektrische Analogon zum Zeeman-Effekt. Auch ein starkes E-Feld spaltet Spektrallinien in scharfe Komponenten auf. Man beobachtet dies, wenn man Kanalstrahlen unmittelbar hinter der Kathode in ein starkes Kondensatorfeld eintreten läßt. Dabei kann man, ohne daß das Feld durch eine Glimmentladung zusammenbricht, Felder bis 1 MV/cm erreichen. Bei longitudinaler Beobachtung (in Feldrichtung) sind die Linien unpolarisiert, bei transversaler in Feldrichtung oder senkrecht dazu polarisiert. Im Gegensatz zum Zeeman-Effekt ist das Aufspaltungsbild nicht für alle Linien derselben Serie das gleiche, vielmehr wächst die Anzahl der Komponenten mit dem Laufterm der Serie. Im allgemeinen ist die Aufspaltung proportional zum Quadrat der Feldstärke (**quadratischer Stark-Effekt**). Nur bei Wasserstoff und wasserstoffähnlichen Ionen ist sie linear, ebenso manchmal in sehr großen Feldern. Die Aufspaltung und ihr quadratischer Charakter erklären sich so, daß das Feld die Elektronenverteilung der einzelnen Zustände in verschiedenem Maß verzerrt (verschiedene Polarisierbarkeit α). Dabei entsteht ein Dipolmoment $p = \alpha E$, dessen Wechselwirkungsenergie mit dem Feld $pE = \alpha E^2$ ist. Nur wenn infolge besonderer Umstände ein feldunabhängiges permanentes Dipolmoment vorliegt, ist der Effekt linear.

Originalaufbau von *Max v. Laue*, *Walther Friedrich* und *Paul Knipping* zur Messung der Röntgenbeugung an einem Kristall (vermutlich ZnS). *Wilhelm Conrad Röntgen* sah in dem Beugungsbild sofort die lange gesuchte Bestätigung für die Wellennatur seiner Strahlung

▲ Ausblick

Selbst das H-Atom läßt sich mit den hier eingeführten einfachen Vorstellungen nicht ganz exakt beschreiben, schwerere Atome erst recht nicht. Auch die elementare Quantenmechanik, wie in Kap. 16 dargestellt, schafft das nicht ganz. Fein- und Hyperfeinstruktur verlangen Analyse der magnetischen Wechselwirkung zwischen dem Bahnmoment des Elektrons und seinem Spin bzw. dem des Kerns. Selbst beim H-Atom bleibt dann noch der winzige Lamb-Shift, den erst die Quantenelektrodynamik durch den Einfluß der Vakuum-Polarisation erklärt.

Trotzdem bleibt das Bohr-Modell heuristisch sehr nützlich. Das wesentliche über Rydberg-Atome (Elektronen sehr hoher Hauptquantenzahl), H-ähnliche Zustände in Halbleitern, sogar einiges über das Quark-Modell versteht man damit schon. Jedenfalls wäre *Faust* sehr froh gewesen über ein so einfaches Prinzip, das die Welt im Innersten zusammenhält, einigermaßen wenigstens, das überhaupt erst ihr Bestehen sichert und viele Eigenschaften der Materie zwanglos erklärt.

✓ Aufgaben . . .

● 12.1.1. Konstante Proportionen
Ein Sultan hatte einen sehr intelligenten, aber mindestens ebenso kurzsichtigen Wesir. Eines Tages führte er ihn auf sein Reiterübungsfeld. „Was geschieht dort drüben“, fragte er ihn. „Eine größere braune Masse vereinigt sich mit einer kleineren weißen, nachdem jemand ‚Aufgesessen‘ geschrien hat.“ „Und dort links?“ „Ähnliches, obwohl dort die eine Masse schwarz ist und beide kleiner sind.“ Könnte der Wesir durch sorgfältige Beobachtungen Genaueres über die Vorgänge herausbringen?

● 12.1.2. Panspermie
Berechnen Sie den **Strahlungsdruck** des Sonnenlichts auf ein Teilchen vom Radius r. Gibt es Teilchengrößen, bei denen der Strahlungsdruck mit der Gravitation wetteifern kann? Hängt dieser kritische Radius vom Abstand von der Sonne ab? Beschreiben Sie quantitativ die Reise eines Teilchens unter dem Einfluß dieser Kräfte. Diskutieren Sie den Effekt als interstellares Verkehrsmittel von Bakteriensporen u. ä., besonders hinsichtlich des Fahrplans. Halten Sie danach die von *Arrhenius* vertretene **Panspermie** für eine Möglichkeit zur Lösung der Frage nach der Entstehung des Lebens?

● 12.1.3. Strahlungs- und Gasdruck
Gibt es eine Temperatur, bei der der Strahlungsdruck einer Gasmasse den gaskinetischen Druck überholt? Wird diese Temperatur in der Sonne erreicht? Welchen Strahlungsdruck würde z. B. 1 cm^3 Materie aus dem Sonneninnern etwa in 1 km Abstand ausüben, wenn man sie intakt auf die Erde brächte? Explodieren Atombomben mehr infolge des gaskinetischen oder des Strahlungsdrucks?

● 12.1.4. Compton-Effekt
Wie groß ist die relative Wellenlängenänderung beim **Compton-Effekt** für die K_α-Röntgenstrahlung von Blei? Wie stellen Sie sich ein Experiment zu Nachweis und Präzisionsmessung dieser Änderung vor?

●● **12.1.5. Seldowitsch-Sunjajew-Effekt**
Ein Photon stößt zentral mit einem Elektron. Wer prallt zurück? Wie ändert sich die Frequenz des Photons? Anwendung z. B. auf die 3 K-Photonen der Penzias-Wilson-Strahlung und die 10^6 K-Elektronen des intergalaktischen Plasmas.

●● **12.1.6. Mößbauer-Effekt**
Wieso sind manche γ-Linien so scharf? Kommt die geringe relative Breite nach der Theorie der klassischen Strahlungsdämpfung heraus? Was für Teilchen schwingen? Welche Lebensdauern müssen die Ausgangszustände solcher Übergänge haben? Um was für Übergänge muß es sich handeln? Wie dürfte die relative Linienbreite von der Energie des Quants abhängen?

●● **12.2.1. Strahlungsdämpfung**
Führt die klassische **Strahlungsdämpfung** zu einem exponentiellen zeitlichen Abfall der Amplitude der emittierten Welle?

● **12.2.2. Doppler-Breite**
In heißen Gasen beobachtet man eine Linienverbreiterung, die der Wurzel aus der Temperatur proportional ist. Können Sie aus dem Namen **Doppler-Verbreiterung** schließen, wie sie zustandekommt? Wann überwiegt die Druck-, wann die Doppler-Verbreiterung? Wann beginnen sich beide von der natürlichen Linienbreite abzuheben?

● **12.2.3. Leuchtdauer**
W. Wien hat versucht, die Leuchtdauer der Atome an Kanalstrahlionen oder durch deren Umladung entstandenen Atome direkt zu messen. Wie verhindert man, daß die Teilchen nach dem Durchtritt durch die Kathode neu angeregt werden? Bei 30 kV-Wasserstoff-Kanalstrahlen ist die Leuchtdichte des Strahles etwa 1 cm hinter der Kathode auf 1/e abgefallen. Schlußfolgerung? Wie könnte man die Teilchengeschwindigkeit direkt aus dem Spektrum messen?

●● **12.2.4. Anregungsfrequenz**
Man betrachte ein Atom in einer Gasflamme (1 000 K), in einem Hochofen (2 000 K), in der Sonnenphotosphäre (6 000 K). Wieviel Zeit verstreicht im Durchschnitt zwischen zwei Emissionen von Photonen durch dieses Atom? Man vergleiche mit der Umlaufzeit eines Elektrons im Rutherford- oder Bohr-Modell, die man als „1 Jahr" im „atomaren Planetensystem" auffassen kann. Wo herrscht mehr Betrieb, im Sonnensystem oder im Atom?

●● **12.2.5. Linienbreite**
Isolierte Atome können nur ganz scharfe Spektrallinien absorbieren, wie die Erfahrung zeigt. Warum wird aber ein Photon mit etwas höherer Energie nicht auch absorbiert, wobei das Atom den Energieüberschuß als kinetische Energie aufnimmt?

●● **12.2.6. Spontane Elektronenemission?**
Warum ist in Abb. 12.13 kein Elektronenstoß-Analogon zur spontanen Emission gezeichnet?

● **12.2.7. UV-Laser**
Indem man *Einsteins* Ableitung des Planck-Gesetzes sinngemäß abändert, kann man leicht ablesen, warum ein **UV-Laser** sehr viel schwerer herzustellen ist als ein UR-Laser.

●●● **12.2.8. Nichtlineare Optik I**
Laserlicht kann mehr als die 10^{10}fache Intensität des Sonnenlichts erreichen. Wie groß sind das elektrische und das Magnetfeld in der Welle? Vergleichen Sie mit den Feldern, die ein Elektron an sein Atom binden. Stellen Sie das Mitschwingen des Elektrons mit der Welle in seiner Potentialkurve dar. Ist das Elektron noch als harmonischer Oszillator aufzufassen, oder welche Abweichungen treten auf? Unterscheiden Sie asymmetrische und symmetrische Abweichungen. Wie wird die einfallende Welle durch die Sekundäremission verzerrt? Falls Oberwellen auftreten, zu welchen Frequenzen führen die symmetrische und die asymmetrische Anharmonizität? Bewirkt die symmetrische in jedem Kristalltyp Oberwellen? Schätzen Sie die Intensität der Oberwellen. Es gibt eine eigentümliche Schwierigkeit für die Beobachtung der Oberwellen: Sie interferieren sich meist weg. Warum? Ein raffinierter Weg zur Behebung dieser Schwierigkeit nutzt die Doppelbrechung aus. Können Sie sich vorstellen, wie?

●●● **12.2.9. Nichtlineare Optik II**
Wie kommt es, daß normalerweise die von den mitschwingenden Elektronen emittierte Sekundärwelle die Primärwelle so wenig stört? Warum beeinflussen sich eigentlich zwei Lichtbündel nicht, die durch das gleiche Medium gehen? Warum treten z. B. keine Schwebungswellen mit Summen- und Differenzfrequenzen auf? Ist das bei intensivem Laserlicht auch noch so? Denken Sie daran, daß das Licht durch seine eigenen Wechselfelder die optischen Eigenschaften des Mediums periodisch moduliert (Faraday- und Kerr-Effekt, aber auch direkte Beeinflussung der Brechzahl). Unter welchen Umständen kann man von Photon-Photon-Streuung sprechen? Welche Stoßgesetze beherrschen diese Streuung?

● **12.3.1. Bohr-Geschwindigkeit**
Bestimmen Sie Umlaufgeschwindigkeiten und -frequenzen für das Elektron in den einzelnen Zuständen des H-Atoms. Lassen sich diese Rechnungen für höhere Atome fortsetzen?

●● **12.3.2. Rydberg-Atome**
In Abb. 12.18 sind die Linien H_η und H_ϑ kaum noch, die höheren gar nicht mehr erkennbar. Verdünnt man das Entladungsgas, so erscheinen immer höhere Linien. Wie kommt das? Können Sie schätzen, mit welchem Gasdruck Abb. 12.18 aufgenommen worden ist? Würden Sie meinen, daß bei der Verdünnung unter sonst gleichen Entladungsbedingungen die übrigen Linien auch intensiver werden?

●● **12.3.3. Balmer-Absorption**
Balmer-Absorptionslinien sind ziemlich schwer zu erzeugen. Warum? Unter welchen Umständen gelingt das doch?

● **12.3.4. Ionisierung**
Wie kann man die Ionisierungsspannung des H-Atoms aus dem Bohr-Modell bestimmen? Geht das für andere Elemente (vgl. z. B. Abb. 12.21, 12.22) auch direkt, oder welche Modifikationen muß man anbringen?

● **12.3.5. Pickering-Serie**
Im Funkenspektrum des Heliums gibt es eine **Pickering-Serie** von der jede zweite Linie praktisch mit einer Balmer-Linie des Wasserstoffs zusammenfällt; die übrigen Linien fallen dazwischen. Wie deuten Sie diese Serie? Wie erklärt sich die geringfügige Abweichung von den Balmer-Linien?

●● **12.3.6. Kernmitbewegung**
Das Elektron kreist nicht einfach um den ruhenden Kern, sondern beide kreisen um den gemeinsamen Schwerpunkt. Um wieviel verändern sich dadurch die Radien, Energien, Frequenzen des Bohr-Modells? Warum hängt man an den Wert R_∞, wie er in (12.23) definiert ist, den Index ∞ an? Bei der Rechnung beachten Sie, daß jetzt der Drehimpuls des *Gesamtsystems* der Quantenbedingung unterliegt.

●● **12.3.7. Spektralklassen**
Die Astrophysiker ordnen die Sterne nach ihren Spektren in die Klassen $O, B, A, F, G, K, M, R, N$ („O be a fine girl, kiss me right now"). In dieser Reihe wandert das Emissionsmaximum immer mehr ins Langwellige (Farbe!). O-Sterne haben starke Emissionslinien, in den übrigen herrschen Absorptionslinien vor. Die H-Absorptionslinien sind bei A-Sternen am kräftigsten (Deneb, Sirius, Wega), beiderseits werden sie immer schwächer. B-Sterne haben die stärksten He-Linien (Rigel, Regulus). Verstehen Sie das?

●● **12.3.8. Bohr-Modell anders**
Wir leiten die Bohr-Radien und Energiestufen auf etwas andere Weise her, die noch wesentlich verallgemeinerungsfähiger ist. Dazu brauchen wir nur die Unschärferelation $\Delta x\,\Delta p \approx h$. Ein Teilchen sei in ein Volumen mit dem Durchmesser d eingesperrt. Welches ist seine maximale Orts- und die zugehörige minimale Impulsunschärfe? Welchen Impuls und welche kinetische Energie (Nullpunktsenergie) hat also das Teilchen mindestens? Ein Elektron kann sich in verschiedener energetischer Höhe im Coulomb- Potentialtopf des Kerns ansiedeln. Setzen Sie die Gesamtenergie ($W_{pot} + W_{kin}$) an. Wo liegt das Minimum? Eine dritte Art, zu den Bohr-Energien zu gelangen, zeigen Aufgaben 12.3.17 und 12.3.18.

●● **12.3.9. Fermi-Druck**
Nach dem Pauli-Prinzip können höchstens zwei Elektronen (mit entgegengesetzten Spins) den gleichen Zustand einnehmen. Welches Volumen steht jedem Elektron in einem Elektronengas mit n Elektronen/m^3 zur Verfügung? Welche kinetische Energie muß es mindestens haben (auch bei $T = 0$)? Wie reagiert das Gas auf Kompression? Kann man einen Druck definieren (**Fermi-Druck** p_F, auch Schrödinger-Druck genannt), den es auch bei $T = 0$ ausübt? Wie verhält sich p_F zum üblichen gaskinetischen Druck? In welcher logischen und numerischen Beziehung steht er zur Kompressibilität oder zum Elastizitätsmodul?

● **12.3.10. Energie-Größenordnungen**
Vergleichen Sie folgende typischen Energien, immer bezogen auf ein Atom oder Molekül: Energie eines Elektrons im Atom (z. B. im H-Atom); chemische Energie, z. B. Bindungsenergie von H_2; Bindungsenergie der Teilchen in einer Flüssigkeit, z. B. Wasser; Oberflächenenergie, z. B. der auf ein H_2O-Molekül entfallende Anteil; elastische Energie, z. B. aus Festigkeitsgrenze und Bruchdehnung eines Metalls. Deuten Sie die gefundenen Größenordnungen atomistisch (vgl. die vorstehenden Aufgaben). Kann man sagen, es handele sich eigentlich immer um die gleiche Art von Energie?

● **12.3.11. Bergeshöhe**
Wie hoch kann ein Berg auf der Erde oder auf einem anderen Planeten sein? Ein Material läßt sich höchstens so hoch auftürmen, bis sein Druck auf die Unterlage deren Elastizitäts- oder Festigkeitsgrenze überschreitet. In welcher Tiefe muß demnach das Gestein plastisch sein? Wie dick sind die Kontinentalschollen (vgl. Aufgabe 1.7.11)? Wie hoch könnten Berge auf Mond, Mars, Jupiter sein? Erreichen sie diese Höhe? Wie groß dürfte ein Himmelskörper sein, damit die „Berge" auf ihm ungefähr so hoch sein können wie sein Radius? Im Augenblick ist Phobos der größte unregelmäßige (nicht im wesentlichen kugelige) Körper, den wir im Weltall aus Nahaufnahmen kennen. Stimmt das zur obigen Betrachtung?

● **12.3.12. Kräuselwellen**
An einem sehr ruhigen Tag regt ein leiser Wind zunächst Wellen an, die dem Übergang von den Schwere- zu den Kapillarwellen entsprechen. Warum? Wie groß ist die entsprechende Wellenlänge λ? Physikalisch wesentlicher ist $\lambda\!\!\!^- = \lambda/(2\pi)$, diese Länge ist etwa 10^7 Atomdurchmesser. Andererseits ist die maximale Bergeshöhe (vgl. Aufgabe 12.3.11) etwa $10^7 \lambda\!\!\!^-$. Ist das Zufall oder Gesetz? Gilt auf anderen Planeten Entsprechendes?

●● **12.3.13. Beste aller Welten**
Unsere Welt ist optisch recht nett eingerichtet: Unser Auge ist am empfindlichsten für Wellen, die die Sonne maximal abstrahlt. Die Atmosphäre läßt gerade diese Wellen besonders gut durch, im Gegensatz zu längeren und kürzeren. Feste und flüssige Objekte beeinflussen aber gerade diese Wellen besonders einschneidend, so daß wir diese Objekte deutlich sehen können (im Gegensatz zu Gasen). Wie weit ist all dies zufällig, wie weit gesetzmäßig? Welche Empfindlichkeitskurve erwarten Sie bei Bewohnern eines Planeten eines heißen O-Sterns (etwa 25 000 K Oberflächentemperatur)?

●● 12.3.14. Sternatmosphäre
Wenn ein Stern i. allg. weder in sich zusammenbricht noch explodiert, verdankt er das dem Gleichgewicht zwischen Gasdruck und Gravitationsdruck. Man kann dieses Gleichgewicht auf mehrere Arten formulieren: Als Druckgleichheit, aus der Kreisbahnbedingung, aus dem Virialsatz. Zeigen Sie, daß dieses Gleichgewicht stabil ist. Wie regeln sich die Parameter des Sterns (Masse M, Radius R, Temperatur T, mittlerer Teilchenabstand d, Gesamtteilchenzahl N, mittlere Teilchenenergie W) aufeinander ein?

● 12.3.15. Sternentwicklung
Ein Stern verliert ständig Energie durch Abstrahlung. Wird er dadurch kühler? Denken Sie z. B. an einen Satelliten: Wenn er in der Hochatmosphäre gebremst wird, läuft er immer schneller um. Warum? Denken Sie auch ans Bohr-Atom: Je energieärmer, also je enger die Bahn, desto schneller wird sie durchlaufen. Stimmt die Analogie mit dem Stern?

● 12.3.16. Sonnenalter
Wie lange könnte die Sonne ihre Strahlung aufrechterhalten aus chemischer Energie, aus der Gravitationsenergie (Kontraktion)? Ziehen Sie geologisch-paläontologische Konsequenzen. *Charles Darwin* war gegen Ende seines Lebens so beeindruckt von den Argumenten der damaligen Physik (besonders *Lord Kelvins*), daß er sich gezwungen glaubte, lamarckistische Evolutionsmechanismen anzunehmen, damit die Entwicklung etwas schneller ginge. Er gab seine eigene Grundidee auf, bevor die moderne Physik sie rechtfertigen konnte.

●● 12.3.17. Fusionsbedingung
Ein geladenes Teilchen A fliegt auf ein anderes B zu, so daß es, wenn es seine Bahn geradlinig fortsetzte, im Minimalabstand a am Teilchen B vorbeikäme. Welche Kräfte wirken zwischen den Teilchen, welcher Impuls wird übertragen? Unter welchen Bedingungen bleibt die Bahn praktisch geradlinig (vgl. Aufgabe 13.3.3)? Dies war die klassische Beschreibung der Situation. Unter welchen Bedingungen macht die Unschärferelation diese Beschreibung hinfällig? Kann man sagen, was unter diesen Bedingungen passiert? Erkennen Sie die Bedingung im Bohr-Atom wieder? Welche Energie entspricht dieser Bedingung im Fall zweier stoßender Protonen? Welches ist die entsprechende Temperatur thermischer Protonen (minimale **Fusionstemperatur** T_{fus})?

●● 12.3.18. Fusionstemperatur
Ein Proton fliegt zentral auf ein anderes zu. Bis zu welchem Abstand a kommen sie einander nahe? Bedenken Sie, daß ein Proton eine de Broglie-Wellenlänge λ hat und daß es Potentialwälle durchtunneln kann, wenn deren Dicke nicht zu groß gegen $\bar{\lambda} = \lambda/(2\pi)$ ist. Von welchen Energien und Temperaturen ab ist Fusion der Protonen möglich?

●● 12.3.19. Der größte Planet
Wenn ein Himmelskörper nicht die in Aufgaben 12.3.17 und 12.3.18 berechnete Mindest-Fusionstemperatur T_{fus} hat, hält sein eventueller Wärmevorrat nicht lange vor (vgl. Aufgabe 12.3.16). Wer hält dann dem Gravitationsdruck die Waage? Wie groß wird der Himmelskörper bei gegebener Masse?

●● 12.3.20. Jupiter ist aus Fermi-Gas
Warum hat kondensierte Materie fast immer Dichten zwischen 1 und $20\,\text{g}\,\text{cm}^{-3}$? Wie kann man diese Dichte allein durch atomare Konstanten ausdrücken? Wie hängen demnach Masse und Radius eines kleinen Himmelskörpers zusammen? Bei welchen Werten von Masse, Radius, Druck geht diese „normale" Abhängigkeit in die von Aufgabe 12.3.19 über? Was ist die physikalische Ursache für diesen Übergang?

●● 12.3.21. Der leichteste Stern
Eine Gasmasse wird erst dann zum Stern, wenn in ihr Fusion stattfindet. Wieso? Wie müssen M und R (oder N und d, s. Aufgabe 12.3.14) des Sterns zusammenhängen, damit er die dazu nötige Minimaltemperatur hat? Eine weitere Bedingung ist, daß nicht der Fermi-, sondern der thermische Druck den Gravitationsdruck kompensiert. Warum? Wie groß ist also der leichteste Stern?

●●● 12.3.22. Chandrasekhar-Grenze
Für das Folgende brauchen wir den Virialsatz für relativistische Teilchen. Wiederholen Sie die Ableitung von Abschn. 1.5.9i. Was ändert sich daran? Bleibt $\boldsymbol{F}_i = \dot{\boldsymbol{p}}_i$? Bleibt $\sum \boldsymbol{p}_i \dot{\boldsymbol{r}}_i = 2W_{\text{kin}}$? Beachten Sie Abschn. 15.2.7. Welchen Wert hat die Gesamtenergie? Kann man relativistische Teilchen durch ein r^{-2}-Kraftfeld stabil zusammenhalten?

●● 12.3.23. Der schwerste Stern
Kann ein Stern so heiß werden, daß der Strahlungsdruck p_{S} den thermischen Druck p_{T} überholt? Vergleichen Sie unter diesen Umständen die kinetische Energie der Teilchen mit der Energie des Strahlungsfeldes, d. h. der Photonen. Kann das System stabil sein (Virialsatz)? Wie schwer sind also die größten stabilen Sterne? Welche atomistische Konstante erkennen Sie in dem Massenverhältnis des schwersten und des leichtesten Sterns wieder?

● 12.4.1. Rotationsspektrum
Schätzen Sie den Abstand der Rotationsterme für die Rotation eines zweiatomigen Moleküls um die Kernverbindungslinie. Von welchen Temperaturen ab muß man mit dem sechsten Freiheitsgrad rechnen?

●● 12.4.2. Schwingungsspektrum
Wenn in einem Molekül ein höherer Elektronenzustand angeregt ist, bedeutet das i. allg. einen geänderten Abstand des Elektrons von „seinem" Kern. Wie wirkt sich das auf die Potentialkurve der Kerne aus? Zeichnen Sie schematisch die Potentialkurven für die beiden Elektronenzustände mit den Schwingungstermen darin. Diskutieren Sie den Aufbau der Rotations-Schwingungsbanden in diesem Bild.

●● 12.4.3. Franck-Condon-Prinzip
Da die Elektronenmasse so viel kleiner ist, können die Kerne ihre Lage während eines Elektronensprungs nicht wesentlich ändern. An den Umkehrpunkten hält sich ein schwingendes System am längsten auf. Leiten Sie aus diesen beiden Tatsachen Regeln über die Intensität der Bandenlinien ab. Ergeben sich noch andere Folgerungen?

●● 12.4.4. Dissoziation
Stellen Sie die **Dissoziation** eines Moleküls infolge Lichtabsorption im Potentialkurvenschema dar. Warum ist Photodissoziation allein durch Anregung von Kernschwingungen i. allg. unmöglich? Wie hängt die Dissoziationsenergie mit der Lage des Bandenkopfes zusammen?

●● 12.5.1. Röntgens Apparatur
Wie sah seine Spannungsquelle aus? Welche Spannungen dürfte er erreicht haben? Wie hart war das erste Röntgenlicht?

●● 12.5.2. Röntgen-Totalreflexion
Die Wellenlängenmessung von Röntgenstrahlung mit streifender Inzidenz auf das Gitter wird dadurch erleichtert, daß Totalreflexion auftritt. Wieso? Weisen Sie aus der Dispersionstheorie (Abschn. 10.3.3) nach, daß Glas oder Metall für Röntgenstrahlung dünner sind als Luft, und schätzen Sie den Grenzwinkel der Totalreflexion.

● 12.5.3. Charakteristische Strahlung
Welche Frequenzen haben die Linien K_α und L_α mit Mo bzw. W als Antikathode? Welche Röhrenspannungen braucht man, um sie anzuregen? Welche Frequenzen haben die härtesten K-Linien, die es gibt? Konnte *W. C. Röntgen* mit seinen 25 keV-Elektronen die K-Serie seiner Antikathode (Glas) anregen?

●● 12.5.4. Auger-Effekt
Welche Termdifferenzen können als Auger-Elektronenenergien auftreten, wenn der anregende Elektronenstoß ein K-Elektron abgetrennt hatte?

● 12.5.5. X-Ray panic
Man sagt, daß um 1900 jede junge Dame errötete, wenn von X-Strahlen die Rede war; eine Londoner Firma bot „X-feste Damenunterwäsche" an; ein Abgeordneter von New Jersey brachte einen Gesetzesvorschlag ein, der „den Einbau von X-Strahlen in Operngläser" verbot. Hatten diese Befürchtungen oder Hoffnungen eine Grundlage?

●● 12.5.6. Tomographie
Wie kann man Organe tief im Körperinnern, deren Dichte sich kaum von der Umgebung unterscheidet, ohne Kontrastmittel im Röntgenbild deutlich sichtbar machen? Wie kann man sie gezielt bestrahlen?

●● 12.5.7. Paarvernichtung
Ist die Paarvernichtungslinie immer gut vom Compton-Streuspektrum zu trennen? Hat die Bildung des **Positroniums** einen merklichen Einfluß auf die Vernichtungswellenlänge? Berechnen Sie Energiezustände und Bahnradien des Positroniums. Kann man seine „Lyman-Linien" neben der Zerstrahlungslinie sehen?

●● 12.5.8. Bremsstrahlung
Wie ist es möglich, daß die spektralen Energieverteilungen der **Bremsstrahlung** über ν und über λ (Abb. 12.45) so grundverschieden aussehen? Beachten Sie die Definitionen von I_ν und I_λ. Nehmen Sie die einfachste mit den Daten einigermaßen verträgliche Funktion $I_\nu(\nu)$ an und rechnen Sie auf $I_\lambda(\lambda)$ um. Bestätigt sich das Näherungsgesetz für Lage und Höhe des Maximums von $I_\lambda(\lambda)$? Besteht eine Ähnlichkeit mit der Planck-Kurve? Wenn ja, ist sie physikalisch begründet?

●● 12.5.9. Protonen-Therapie
Einige große Kliniken haben die Tumortherapie mittels schneller **Protonen** eingeführt. Welchen Vorteil hat diese gegenüber der herkömmlichen Röntgen-Therapie? Vergleichen Sie auch mit der Neutronentherapie. Schwerere Ionen wären noch günstiger. Wieso? Welche Energie braucht man, um alle Tumore im Menschen erreichen zu können? Denken Sie an die Ionendichte und ihre räumliche Verteilung (Abschn. 13.3.1).

●● 12.6.1. Periodensystem
Erklären Sie die Begriffe metallisch, nichtmetallisch, elektropositiv, elektronegativ in möglichst vielen ihrer Schattierungen und Anwendungen, die in der Chemie und Physik üblich sind. Wie sind diese Gegensatzpaare im **Periodensystem** lokalisiert? Betrachten Sie den „horizontalen" und „vertikalen" Gang dieser Eigenschaften. Wie ist dieser Gang aus der Struktur der Elektronenhülle zu verstehen?

● 12.6.2. Atomvolumina
Schätzen Sie Radien und Volumina der Atome mittels des Begriffs der effektiven Kernladung. Kommt der Gang von Abb. 12.56 heraus? Stimmen auch die Einzelwerte überein? Wie sind die Daten von Abb. 12.56 vermutlich gewonnen worden?

● 12.6.3. Ionisierungsspannung
Welche Gesetzmäßigkeiten über den Gang der **Ionisierungsspannung** in den Perioden und Gruppen kann man aus den effektiven Kernladungen folgern? Ziehen Sie quantitative Konsequenzen über den Grad des Metallcharakters im Sinne der anorganischen Chemie (Säure- und Basenstärke) und der Elektrochemie (Elektrolyse).

● 12.6.4. Verspätete Auffüllung
Erklären Sie die energetische Staffelung der s-, p-, d-, f-Zustände und die Unregelmäßigkeiten in der Auffüllung der Elektronenschalen (**Übergangsmetalle**, **Seltene Erden**, **Aktiniden**) mit den Ellipsenbahnen des **Bohr-Sommerfeld-Modells**.

● 12.6.5. Vakuum-Polarisation
Wir wissen, daß auch im Vakuum ständig Teilchenpaare, z. B. Elektron-Positron-Paare entstehen. Falls ihnen niemand die dazu notwendige Energie stiftet, müssen diese Teilchen einander sehr bald wieder vernichten. Nach welcher Zeit muß dies spätestens geschehen, und wie weit können sie bestenfalls in dieser Zeit fliegen?

●● 12.6.6. Maximale Reichweite
Wenn Teilchen eines virtuellen Paares genau mit ihrer Ruhmasse erzeugt werden, bewegen sie sich nicht und kommen nicht vom Fleck. Will man ihnen sehr große kinetische Energie mitgeben, fliegen sie zwar schnell, aber existieren noch kürzere Zeit. Gibt es ein Maximum für ihre mögliche Flugstrecke, und wie groß ist sie?

●● 12.6.7. Legale Überziehung
Das erzeugte Elektronenpaar kann seine Existenz vorher oder nachher rechtfertigen, indem ihm jemand seine Energieschuld vorher oder nachträglich bezahlt, letzteres so schnell, daß niemand die Überziehung merken kann. Diese Deckung des Defizits könnte erfolgen, indem das Elektron in eine hinreichend tief gelegene Bohrsche Bahn stürzt. Welche Atome besitzen so tief gelegene Bahnen? Gehen Sie vom Bohr-Modell aus. Wie groß wären der Bahnradius und die Bahngeschwindigkeit?

●●● 12.6.8. Relativistisches Bohr-Modell
Kann man annehmen, die Massen in der Kreisbahn- und Drehimpulsbedingung hätten alle die gleiche Geschwindigkeitsabhängigkeit, und wie sieht diese Abhängigkeit aus? Drücken Sie v durch den Bahnradius r aus und geben Sie dann r an. Gilt noch die Beziehung $W_{\text{kin}} = -\frac{1}{2} W_{\text{pot}}$, oder wie sieht sonst die Gesamtenergie aus?

●●● 12.6.9. Kern-Tauchbahnen
Von welchem Z ab tauchen die innersten Elektronenbahnen in den Kern ein, und welchen Einfluß hat das auf die Bahnenergie?

●●● 12.6.10. Tauchbahnen nach Bohr
Formulieren Sie die Bohr-Bedingungen für ein Elektron, das im Innern einer Kugel vom Radius r_K und von der Gesamtladung Z_e umläuft. Wie sind die Bahnradien und die Bahnenergien abgestuft?

●●● 12.6.11. Relativistische Tauchbahnen
Behandeln Sie auch die Elektronenbahnen, die im Innern des Kerns verlaufen, relativistisch. Welche Tatsachen können Sie vom Fall des Coulomb-Feldes übernehmen, welche aus der nichtrelativistischen Behandlung?

●●● 12.6.12. Spontane Paarbildung
Von welcher Kernladungszahl Z an kann man spontane Paarerzeugung mit nachträglicher Schuldendeckung durch Einfang in Bahnen mit $n = 1, 2, 3, \ldots$ erwarten?

●● 12.6.13. Elektron im Kern?
Man behauptet doch gewöhnlich, Elektronen könnten sich nicht im Kern aufhalten. Wieso soll das für sehr große Kerne nicht mehr wahr sein? Wie soll sich das Elektron ungehindert durch die dichtgepackten Nukleonen bewegen können?

● 12.7.1. Quantenbedingung
Machen Sie sich das Bohrsche Postulat, nach dem sich Drehimpulskomponenten immer nur um ganzzahlige Vielfache von $\hbar$ unterscheiden können, aus der **Unschärferelation** klar. Sie gilt z. B. zwischen Impulskomponente p_x und Koordinate x, aber auch zwischen Drehimpulskomponente und der entsprechenden konjugierten Variablen. Welche wird das sein? Welche maximale Unschärfe kann sie haben? Welcher minimale Unterschied in L_z ergibt sich daraus? Warum gibt es keine so allgemeingültige Stufe für Impuls oder Energie? Unter welchen Umständen sind diese Größen überhaupt gequantelt, und warum ist es der Drehimpuls immer?

● 12.7.2. Bohr-Magneton
Geben Sie die Werte des **gyromagnetischen Verhältnisses** γ für die Teilchen in Tabelle 12.5 an. Welche anschauliche Bedeutung hat γ z. B. für ein „spinnendes Elektron“ oder ein Elektron auf einer Bohrschen Kreisbahn?

●● 12.7.3. Stern-Gerlach-Versuch
Wie sollte das Profil der Silber-Niederschlagsdichte auf dem Schirm des **Stern-Gerlach-Versuchs** in Richtung der Achse des Elektromagneten aussehen? Berücksichtigen Sie die Geschwindigkeitsverteilung im Atomstrahl. Warum müssen die Polschuhe so eigenartig ausgebildet sein? Wie groß müssen das Magnetfeld und seine Inhomogenität sein, damit die beiden Teilstrahlen sauber getrennt werden? Wie könnte man die Schärfe der Niederschlags-Flecken verbessern? Wie sähe das Ergebnis aus, wenn einige Silberatome ionisiert wären? Kann das vorkommen?

●● 12.7.4. Zeeman-Effekt
Damit sich die Zeeman-Aufspaltung aus der thermischen, der druckbedingten, der natürlichen Linienverbreiterung heraushebt, muß das Magnetfeld gewisse Grenzen übersteigen. Geben Sie diese Grenzen an. **Sonnenflecken** sind magnetische Zentren, wie man mittels des **Zeeman-Effekts** feststellte. Wie groß muß das Magnetfeld dort mindestens sein?

● 12.7.5. Kernspin
Versuchen Sie die in Tabelle 12.5 angegebenen **Kernspins** und magnetischen Momente aus den Spins der Bausteine zusammenzusetzen. Bei welchen Teilchen gelingt das problemlos, und worauf beruht die Diskrepanz bei den anderen?

●● 12.7.6. Larmor-Präzession
Man kann die **Larmor-Frequenz**, mit der jedes Elektron um die Richtung eines Magnetfeldes präzediert, auch rein elektrodynamisch durch den Induktionseffekt beim Einschalten dieses Feldes erklären. Untersuchen Sie die Spannungen und Kräfte, die beim Einschalten auftreten, und zeigen Sie, daß der Gesamteffekt unabhängig davon ist, auf welche Art, wie schnell usw. man das Feld eingeschaltet hat.

●● 12.7.7. Feinstruktur
Schätzen Sie die Größe der **Feinstruktur**- und der **Hyperfeinstruktur**-Aufspaltung. Welches mittlere Magnetfeld erzeugt der Umlauf des Elektrons in der Bahnebene? Ist es klassisch vernünftig, dieses Feld auf das Spinmoment desselben Elektrons zurückwirken zu lassen?

●● **12.7.8. Rabi-Versuch**
Was können Sie aus Abb. 12.65 ablesen? Um was für Teilchen wird es sich gehandelt haben? Machen Sie nähere Angaben über die Abmessungen der Apparatur in Abb. 12.64. Dürfen die Teilchen eine Ladung oder ein elektronisches magnetisches Moment haben? Was bedeutet die Breite des Maximums? Welche Amplitude hatte das Wechselfeld?

●● **12.7.9. Protonen im Eis**
Schätzen Sie aus Abb. 12.67 das Störfeld am Ort des untersuchten Protons. Wenn ein Nachbarproton dafür verantwortlich ist, welcher Abstand der beiden ergibt sich daraus? Könnte die Aufspaltung von anderen Teilchen herrühren? Sähe die Resonanzkurve auch so aus, wenn das Proton im Eis in der Mitte einer O–O-Bindung säße? Es scheint, als sprängen die Protonen zwischen den beiden möglichen Lagen auf einer solchen Bindung hin und her (Abschn. 14.1.6). Was kann man über die Sprungfrequenz aussagen?

●● **12.7.10. Spinecho**
Wie groß war in Abb. 12.68 das Hochfrequenzfeld B_1, wenn der HF-Impuls 10 μs dauerte? Was bedeutet die Abklingzeit des Echos von etwa 10 ms?

●● **12.7.11. Chemische Verschiebung**
Wie kommt es zu der Größenordnung $\Delta\omega/\omega \approx 10^{-6}$ für die **chemischen Verschiebungen** bei der hochauflösenden Kernresonanz? Mit welcher Stoffkonstante, die ähnliche Größenordnung hat, hängt das direkt zusammen? Wenn Sie weiterdenken, lassen sich beide Werte auf ein Verhältnis von Naturkonstanten zurückführen, das in der Atomphysik seit langem einen besonderen Namen hat. Welches?

Kerne und Elementarteilchen

Inhalt

Einleitung

Für viele Leute ist Physik heute gleich Kern- und Hochenergiephysik. Hier liegt allerdings die Front der Grundlagenforschung, und faszinierenderweise berührt sich hier das Kleinste mit dem Größten, mit Struktur und Entwicklung des Weltalls. In Abschn. 13.1 und 13.2 werden wir nachvollziehen, wie man Existenz und Eigenschaften des Kerns erschlossen hat. Abschnitt 13.4 gibt dann einen notgedrungen immer hinter der Entwicklung nachhinkenden Einblick in die neuere Forschung.

„... daß bei der Bildung eines Pfundes Helium aus Wasserstoff ebensoviel Energie frei wird wie bei der Verbrennung von 8000 t reinen Kohlenstoffs. *Eddington* und *Perrin* vermuten, die Strahlung der Sonne und heißer Sterne beruhe hauptsächlich auf dieser Energiequelle."

Ernest Rutherford, 1923

13.1 Der innere Aufbau der Atome

Woher weiß man, daß es Kerne gibt? Sobald man das wußte und wie klein sie sind, konnte man schon wesentliche Eigenschaften voraussagen, z. B. daß ungeheure Energien darinstecken.

13.1.1 Das leere Atom

Atome und Moleküle sind keine kompakten Gebilde, sondern überwiegend „leer wie das Weltall". Das zeigten *Heinrich Hertz* (1891) und *Philipp Lenard* (um 1900). Kathodenstrahlung von etwa 40 kV Beschleunigungsspannung dringt leicht durch ein dünnes Fenster (F in Abb. 13.1; z. B. 5 μm Aluminiumfolie) in die Außenluft und bringt sie als Halbkugel von einigen cm Radius zu bläulichem Leuchten. In Abb. 13.2 dringt die Strahlung in einen Teil der Röhre, wo Gasart und Druck beliebig eingestellt werden können und eine Anode (A) den Teilchenstrom direkt auffängt. Erstaunlich ist, daß die schnellen Elektronen überhaupt durch die Metallfolie von einigen μm Dicke kommen, in der immerhin etwa 10^4 Atomschichten in dichter Packung übereinanderliegen. In einigen mm Luft sind es ebenso viele, und die Elektronen kommen dort sogar einige cm weit. Der Wirkungsquerschnitt der Atome für die Absorption dieser Elektronen ist also 10^5mal kleiner als der geometrische Querschnitt, der z. B. für die freie Weglänge langsamer Teilchen in Normalluft (10^{-5} cm) verantwortlich ist.

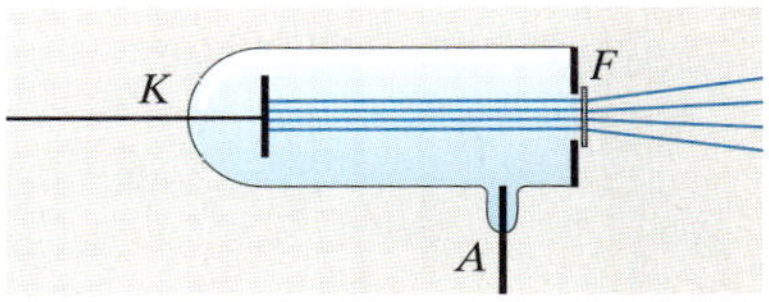

Abb. 13.1. Kathodenstrahlrohr mit Lenard-Fenster

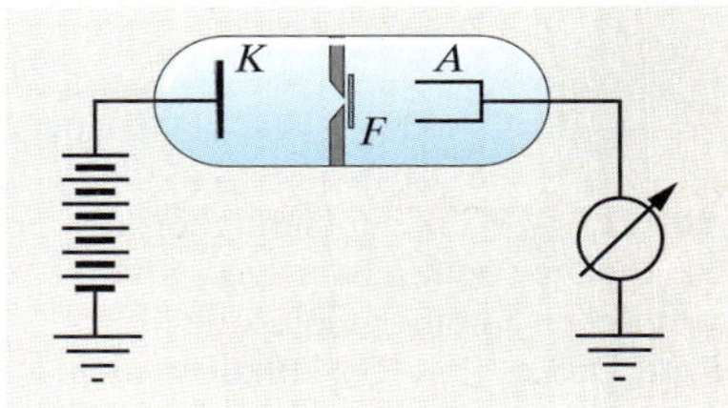

Abb. 13.2. Anordnung zur Messung des Wirkungsquerschnitts absorbierender Stoffe für Kathodenstrahlung

Die quantitative Messung mit Änderung von Beschleunigungsspannung U, Gasdichte ϱ und Abstand d zwischen F und A (Abb. 13.2) ergibt ein Absorptionsgesetz wie beim Licht: Der Elektronenstrom, der bei A ankommt, ändert sich gemäß

$$\boxed{I = I_0\,\mathrm{e}^{-\alpha d} = I_0\,\mathrm{e}^{-\beta\varrho d}}\;. \tag{13.1}$$

Der **Massenabsorptionskoeffizient** β hat für alle Stoffe (auch feste) ungefähr den gleichen Wert, hängt aber sehr stark von der Elektronenenergie eU ab. Man kann $\alpha = \beta\varrho$ durch den **Einfangquerschnitt** σ eines Absorberteilchens darstellen. Diese Teilchen haben die Anzahldichte $n = \varrho/m$. Jedes präsentiert den schnellen Elektronen eine Scheibenfläche σ, die Gesamtauffangfläche pro Volumeneinheit ist $n\sigma$, die mittlere freie Weglänge $l = 1/(n\sigma)$, das Absorptionsgesetz lautet damit $I = I_0\,\mathrm{e}^{-x/l}$. Der Vergleich liefert $\alpha = \beta\varrho = n\sigma$, also

$$\beta = \frac{\sigma}{m}\;. \tag{13.2}$$

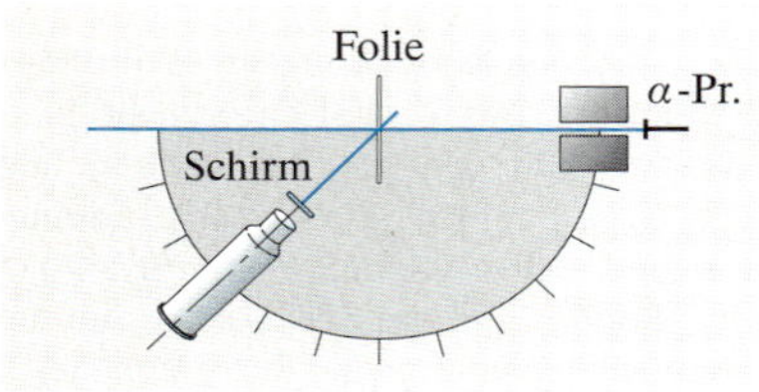

Abb. 13.3. Prinzip der Versuchsanordnung zur Messung der Einzelstreuung von α-Strahlung. Von der Strahlungsquelle α-*Pr* treffen die α-Teilchen auf die Streufolie; der durch ein Mikroskop betrachtete Szintillationsschirm kann zwischen 0° und fast 180° um die Streufolie herumgeschwenkt werden

In Luft hat der Einfangquerschnitt σ bis $U \approx 300\,\mathrm{V}$ etwa den geometrischen Wert $3 \cdot 10^{-20}\,\mathrm{m}^2$. Von da bis 600 kV fällt er auf $3 \cdot 10^{-26}\,\mathrm{m}^2$, hat dann also nur noch den Radius $r = 10^{-13}$ m. Nach dem Coulomb-Gesetz ist das ganz verständlich (vgl. Aufgabe 8.3.1): Ein Elektron mit der Energie W kann sich einer Ladung Q maximal so weit nähern, bis $eQ/(4\pi\varepsilon_0 r) \approx W$. Dieses r fungiert als Radius des Einfangquerschnitts σ und nimmt wie W^{-1} ab, σ wie W^{-2}. Die quantitative Übereinstimmung mit der Messung verlangt $Q \approx 10e$: Eine solche Ladung muß irgendwo im Atom konzentriert und mit einer erheblichen Masse verbunden sein. Ein Elektron im Atom kann dem schnellen nämlich nur einige eV entziehen, sonst fliegt es aus dem Atom hinaus und wird – bei zentralem Stoß – selbst zum schnellen Elektron.

Streuversuche mit den noch viel energiereicheren radioaktiven α-Teilchen zeigen genauer, wie Ladung und Masse im Atom verteilt sind.

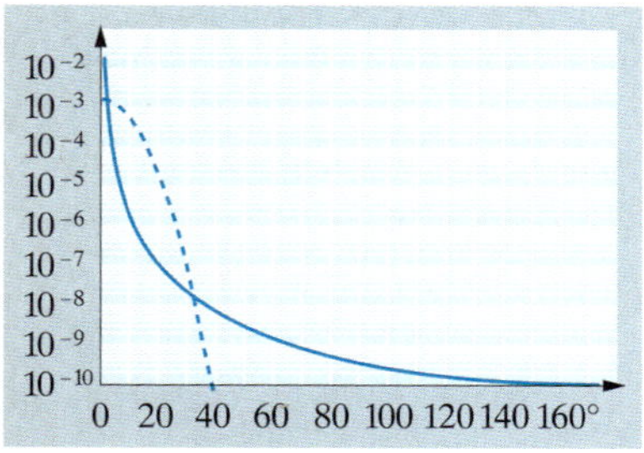

Abb. 13.4. Winkelabhängigkeit der Streuwahrscheinlichkeit von 6 MeV-α-Teilchen in einer Goldfolie von 1 µm Dicke. (——) Meßkurve und theoretische Kurve nach dem Rutherford-Modell, (– – –) Gauß-Kurve nach dem Thomson-Modell. Man beachte die logarithmische Ordinate

13.1.2 Die Entdeckung des Atomkerns

Wie leer die Materie wirklich ist, zeigten *Rutherford*, *Geiger*, *Marsden* in den Jahren 1906 bis 1913 durch eines der folgenschwersten Experimente der ganzen Physik. Sie ließen ein eng ausgeblendetes, also paralleles Bündel von α-Teilchen aus einem radioaktiven Präparat auf eine sehr dünne Goldfolie (wenige µm) fallen. Weitaus die meisten α-Teilchen gehen fast unabgelenkt durch, nur wenige werden stärker abgelenkt. Man weist sie auf einem Zählgerät, z. B. einem **Szintillationsmikroskop** nach, das man im Kreis um die Folie schwenken kann (Abb. 13.3). Jedes α-Teilchen löst im Leuchtstoffschirm einen Lichtblitz aus; diese Blitze können visuell gezählt oder automatisch von einem Multiplier mit Zählschaltung registriert werden. Ihre Häufigkeit nimmt mit dem Streuwinkel φ sehr stark ab. Wenn man z. B. unter 15° Ablenkung 3 500 α-Teilchen zählt, findet man in der gleichen Zeit bei 150° nur noch knapp ein Teilchen (Abb. 13.4, ausgezogene Kurve; man beachte die logarithmische Auftragung des Bruchteils $\mathrm{d}N/N$ = Anzahl abgelenkter Teilchen/Anzahl einfallender Teilchen).

Die damals vernünftigste Vorstellung vom Atomaufbau, das **Thomson-Modell**, betrachtet die positive Ladung und die Masse als über das Atomvolumen (Durchmesser einige Å) gleichmäßig verteilt und die praktisch punktförmigen Elektronen darin eingebettet. Da die positive Ladung im Festkörper demnach sehr gleichmäßig verteilt sein soll, kann sie das durchfliegende α-Teilchen kaum ablenken. Das Feld der Elektronen ist sehr viel inhomogener, aber dafür können diese das 7 350mal schwerere α-Teilchen nach den Stoßgesetzen ((1.69), Abb. 1.30) nur sehr wenig ablenken: $\sin\varphi \leqq m'/(m+m') \approx m'/m = 1/7\,350$, d. h. $\varphi \leqq 28''$. Die Gesamtablenkung des α-Teilchens setzt sich also aus sehr vielen sehr kleinen Ablenkungen zusammen, deren Richtungen nicht im einzelnen vorhersagbar sind. Die Lage ist dieselbe wie bei der Diffusion, wo die Gesamtverschiebung eines Teilchens sich aus sehr vielen freien Weglängen mit zufälligen Richtungen zusammensetzt. Die Verteilung der Lichtblitze auf dem Schirm entspräche nach dem Thomson-Modell der Verteilung von Teilchen, die seit einer gewissen Zeit von einem eng begrenzten Bereich (dem Durchstoßbereich des Primärbündels) wegdiffundieren. Es käme eine **Gauß-Verteilung** $\mathrm{d}N/N = A\,\mathrm{e}^{-B\varphi^2}$ heraus, die in logarithmischer Auftragung eine Parabel $\ln A - B\varphi^2$ ergibt, also sich gerade im falschen Sinne ausbaucht (Abb. 13.4).

Der Fehler liegt offenbar in der Annahme, daß die positive Ladung und die Masse des Atoms (zu der die Elektronen ja praktisch nichts beitragen) etwa gleichmäßig verteilt sind. Stärkere Konzentration dieser Ladung und Masse bringt stärkere Felder, die heftiger, wenn auch seltener ablenken können. *Rutherford* nahm also 1911 einen praktisch punktförmigen Kern an, was die α-Streumessungen vollständig erklärt (wenn es auch die Stabilität und das sonstige Verhalten des Atoms nicht richtig beschreibt). Im r^{-2}-Coulomb-Feld des streuenden Kerns werden die ebenfalls positiven α-Teilchen ($^4_2$He-Kerne) ähnlich wie Kometen im Feld der Sonne auf **Hyperbelbahnen** abgelenkt (Abb. 13.5), allerdings durch Abstoßung, nicht durch Anziehung. Große Ablenkwinkel kommen nur im starken Feld sehr nahe am Kern vor. Diese Felder nehmen nur einen kleinen Teil des ganzen Atomvolumens ein, und entsprechend klein ist die Wahrscheinlichkeit, daß ein α-Teilchen dorthin trifft.

Abbildung 13.7 zeigt die Bahn eines positiven Teilchens der Ladung $Z'e$ und der Energie W im Feld eines Kerns der Ladung Ze. Dieser steht im entfernteren Brennpunkt der Hyperbelbahn (die Sonne würde im näheren Brennpunkt der Kometenbahn stehen, da sie anzieht, während der Kern abstößt). Wenn das α-Teilchen unabgelenkt, also längs der Asymptote weiterflöge, käme es am Kern im Abstand b, dem **Stoßparameter** vorbei. In Wirklichkeit fliegt es schließlich in Richtung der anderen Asymptote, also um den Winkel φ abgelenkt davon. Wie man aus Abb. 13.6 sieht, spielt b die Rolle der einen Hyperbel-Halbachse.

Die Bahnen von α-Teilchen mit der gleichen Energie W, aber verschiedenem Stoßparameter b, haben den Brennpunkt gemeinsam, in dem der streuende Kern liegt. Außerdem haben sie alle die gleiche Halbachse a, denn diese allein bestimmt die Energie des Teilchens (Abschn. 1.7.4, (1.97)). Wie groß a ist, sieht man am einfachsten aus der speziellen

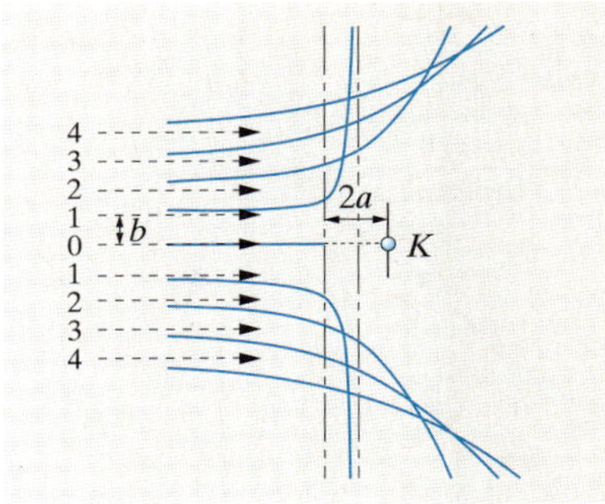

Abb. 13.5. Hyperbelbahnen von α-Teilchen im Kraftfeld des Atomkerns. Der außerhalb der Atome beobachtete Ablenkungswinkel ist der Winkel zwischen den Asymptoten der Hyperbel

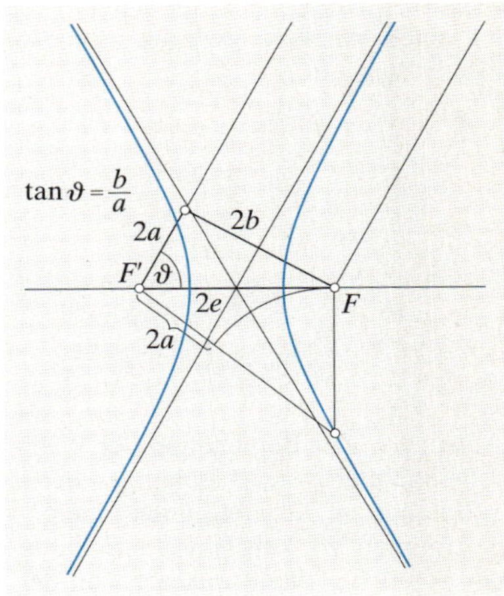

Abb. 13.6. Geometrie der Hyperbel

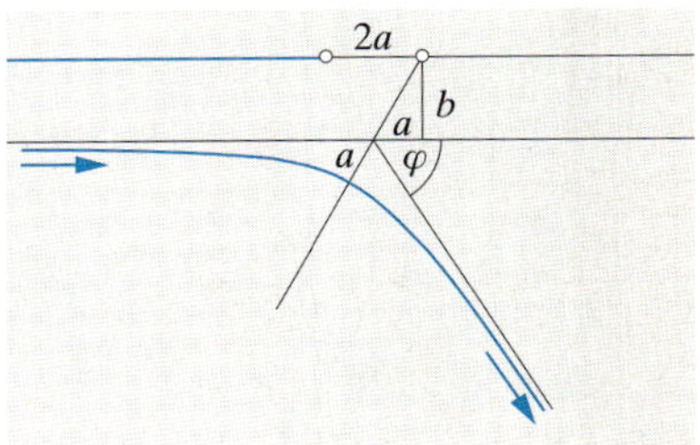

Abb. 13.7. Ablenkung im abstoßenden Coulomb-Feld

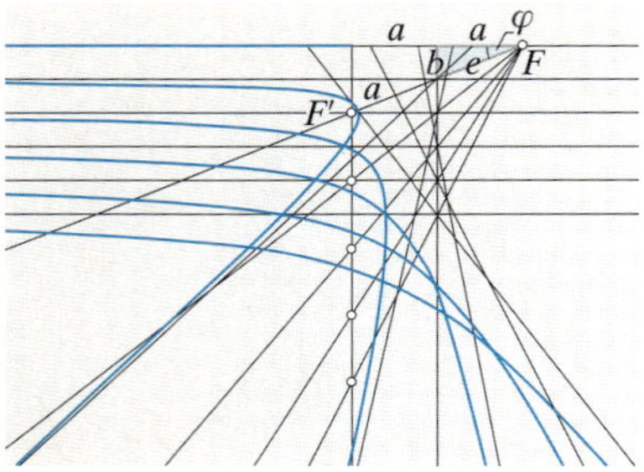

Abb. 13.8. Eine Schar von Hyperbelbahnen mit gleicher großer Halbachse a, also gleicher Gesamtenergie, aber verschiedenen Stoßparametern (kleinen Halbachsen) b und daher verschiedenen Exzentrizitäten $e = \sqrt{a^2 + b^2}$ und Streuwinkeln φ. Die Bahnen ergeben sich mit einem Abstoßungszentrum in F (positive Ladung), ebensogut aber auch mit einem Anziehungszentrum (negative Ladung) in F'

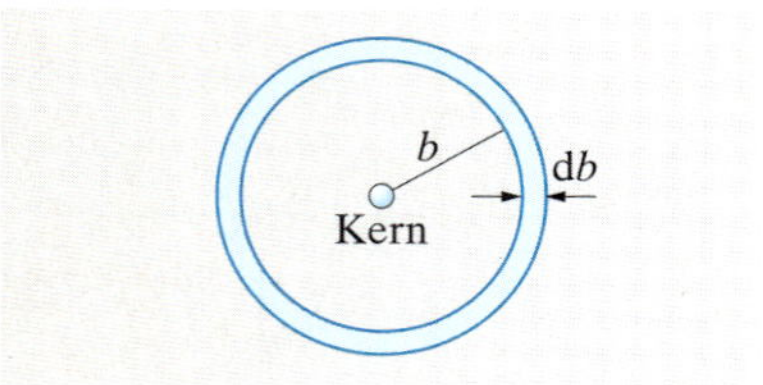

Abb. 13.9. Zur Berechnung der Wahrscheinlichkeit von Ablenkungen der α-Teilchen im Kernfeld unter einem bestimmten Winkel. Die Flugrichtung der α-Teilchen steht senkrecht auf der Papierebene

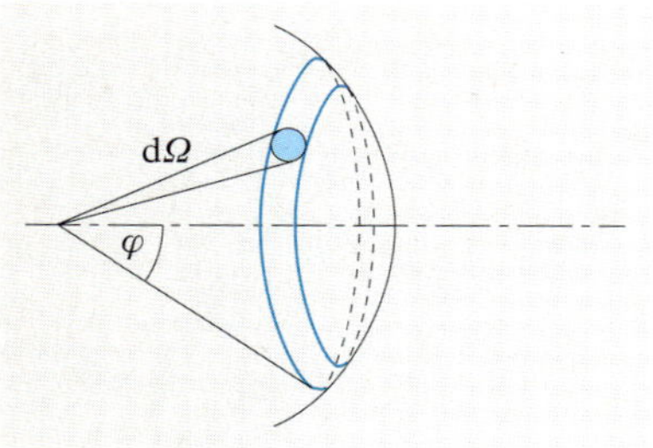

Abb. 13.10. Zur Raumwinkeldefinition in der Rutherfordschen Streuformel

Bahn mit $b = 0$, die zentral auf den Kern zuführt, dann aber im Abstand $2a = 2e$ umkehrt und in sich zurückläuft. Am Umkehrpunkt ist die kinetische Energie Null, also

$$W = \frac{Z'Ze^2}{4\pi\varepsilon_0 2a} = \frac{Ze^2}{4\pi\varepsilon_0 a} . \tag{13.3}$$

Wir suchen den Zusammenhang zwischen Streuwinkel $\varphi = \pi - 2\vartheta$ und Stoßparameter b. Nach Abb. 13.8 liegen die Brennpunkte aller Hyperbeln auf dem gleichen Lot zur Einfallsrichtung im Abstand $2a$ vom streuenden Kern, die Mittelpunkte aller Hyperbeln auf dem Lot im Abstand a. Dies folgt aus Abb. 13.6 (man betrachte die Dreiecke aus den Stücken a, b, e). Damit liest man ab $\tan\vartheta = b/a$ und wegen $\cot\varphi/2 = \cot(\pi/2 - \vartheta) = \tan\vartheta$:

$$\boxed{\cot\frac{\varphi}{2} = \frac{b}{a} = \frac{4\pi\varepsilon_0}{Ze^2} bW} . \tag{13.4}$$

Der Ablenkwinkel φ ist um so größer, also $\cot\varphi/2$ um so kleiner, je kleiner b und W sind, d. h. je näher am Kern das α-Teilchen vorbeifliegt und je langsamer es ist.

Wir schießen jetzt eine Anzahl N von α-Teilchen auf eine Folie und fragen, wie viele davon unter den verschiedenen Winkeln abgelenkt werden. Genauer: Das Szintillationsmikroskop (Abb. 13.3) bilde mit seiner Achse einen Winkel φ gegen die Einfallrichtung der α-Teilchen. Von der Folie aus gesehen nehme der Leuchtschirm im Blickfeld des Mikroskops einen Raumwinkel $d\Omega$ ein. Wie viele Lichtblitze wird man zählen?

Die Folie habe eine Dicke Δx und enthalte n Kerne/m^3. Wir fragen zunächst, wie viele α-Teilchen in einen Hohlkegel abgelenkt werden, der außen den Öffnungswinkel φ, innen $\varphi - d\varphi$ hat (Abb. 13.10). Der Ablenkwinkel φ entspricht nach (13.4) einem gewissen Stoßparameter b, $\varphi - d\varphi$ einem um db größeren Stoßparameter; der Zusammenhang zwischen $d\varphi$ und db ergibt sich durch Differentiation von (13.4):

$$-\frac{1}{2}\frac{1}{\sin^2\varphi/2}\,d\varphi = \frac{4\pi\varepsilon_0 W}{Ze^2}\,db . \tag{13.5}$$

Die Teilchen, nach denen wir fragen, sind also die, die an irgendeinem Kern mit einem Stoßparameter zwischen b und $b + db$ vorbeifliegen, d. h. die in den in Abb. 13.9 gezeichneten Ring hineinzielen. Ein solcher Ring hat die Fläche $2\pi b\,db$. Im m^3 befinden sich n solche Ringe, also präsentiert eine Schicht des Querschnitts σ und der Dicke Δx einen Gesamtstoßquerschnitt $n\sigma\,\Delta x\,2\pi b\,db$. Teilt man dies durch σ, so erhält man die Wahrscheinlichkeit $P(\varphi)\,d\varphi$ für eine Ablenkung in den fraglichen Hohlkegel:

$$P(\varphi)\,d\varphi = n\,\Delta x\,2\pi b\,db . \tag{13.6}$$

Von den N Teilchen werden $dN' = P(\varphi)\,d\varphi\,N$ in den Hohlkegel gestreut. Da b der Messung nicht direkt zugänglich ist, drückt man es in (13.6) mittels (13.4) und (13.5) besser durch φ aus:

$$\begin{aligned} \mathrm{d}N' &= Nn\,\Delta x\, 2\pi \frac{Ze^2}{4\pi\varepsilon_0 W}\cot\frac{\varphi}{2}\,\frac{1}{2}\frac{Ze^2}{4\pi\varepsilon_0 W}\frac{\mathrm{d}\varphi}{\sin^2(\varphi/2)} \\ &= \pi Nn\,\Delta x \frac{Z^2e^4}{16\pi^2\varepsilon_0^2 W^2}\frac{\cos(\varphi/2)}{\sin^3(\varphi/2)}\,\mathrm{d}\varphi\,. \end{aligned} \tag{13.7}$$

Diese Teilchen werden in den Hohlkegel gestreut, dessen Raumwinkel $2\pi\sin\varphi\,\mathrm{d}\varphi$ ist. In den Raumwinkel $\mathrm{d}\Omega$ des Mikroskops gelangt nur ein Bruchteil $\mathrm{d}\Omega/(2\pi\sin\varphi\,\mathrm{d}\varphi)$ davon, also eine Anzahl

$$\boxed{\mathrm{d}N = \mathrm{d}N'\frac{\mathrm{d}\Omega}{2\pi\sin\varphi\,\mathrm{d}\varphi} = Nn\,\Delta x\frac{Z^2e^4}{64\pi^2\varepsilon_0^2W^2}\frac{\mathrm{d}\Omega}{\sin^4(\varphi/2)}} \tag{13.8}$$

(die letzte Umwandlung benutzt das Additionstheorem). Der Nenner $\sin^4(\varphi/2)$ bringt den außerordentlich starken Abfall der Streuwahrscheinlichkeit mit wachsendem Streuwinkel zum Ausdruck (Abb. 13.4). Das W^2 im Nenner besagt, daß der Strahl um so „steifer" wird, je energiereicher er ist. In Analogie mit Abschn. 5.2.7 kann man (13.8) auch schreiben $\mathrm{d}N = n\,\Delta x\,N\,\mathrm{d}\sigma$, wobei

$$\boxed{\mathrm{d}\sigma = \frac{Z^2e^4}{64\pi^2\varepsilon_0^2W^2}\sin^{-4}\frac{\varphi}{2}\,\mathrm{d}\Omega \quad (\textbf{Rutherford-Streuformel})} \tag{13.9}$$

der **differentielle Wirkungsquerschnitt** für die Ablenkung in den Raumwinkel $\mathrm{d}\Omega$ in Richtung φ ist.

Verfeinerte Beobachtungen der **Einzelstreuung von α-Strahlen** durch *Geiger* und *Marsden* ergaben für mäßige Streuwinkel eine vollständige Bestätigung für (13.9) und überzeugten daher von der Richtigkeit des zugrundegelegten Atombildes. Erst für sehr große Ablenkwinkel und dementsprechend kleine Werte von b ($\approx 10^{-14}$ m) gehorcht die Streuung nicht mehr (13.9). Das α-Teilchen dringt dann offenbar in Bereiche zu nahe dem Kern ein, wo das Coulomb-Gesetz, das der Ableitung der Rutherford-Streuformel zugrundeliegt, nicht mehr gültig ist. Es ist sinnvoll, hier die Grenze des Atomkerns anzusetzen. Sein Radius ist demnach kleiner als 10^{-14} m, d. h. mehr als 10 000mal kleiner als der Atomradius. Der Kern ist im Vergleich zum Atom noch viel kleiner als die Sonne im Vergleich zum Sonnensystem.

Derartige Versuche an Folien aus verschiedenen Metallen führten zu der Erkenntnis, daß für die **Kernradien** (r) ziemlich genau gilt:

$$\boxed{r = 1{,}2\cdot 10^{-15}\,\mathrm{m}\,\sqrt[3]{A}}\,, \tag{13.10}$$

wobei A die Massenzahl bedeutet. Der Faktor $1{,}2\cdot 10^{-15}$ m ist als **Radius eines Nukleons** (Abschn. 13.1.3) aufzufassen. Die Dichte der Kernsubstanz, d. h. der Quotient aus Masse (proportional A) und dem Volumen (proportional r^3) ist daher für alle Kerne nahezu die gleiche. Zahlenmäßig ergibt sich für die Kerndichte der ungeheuer große Wert von etwa $2\cdot 10^{17}$ kg m^{-3}.

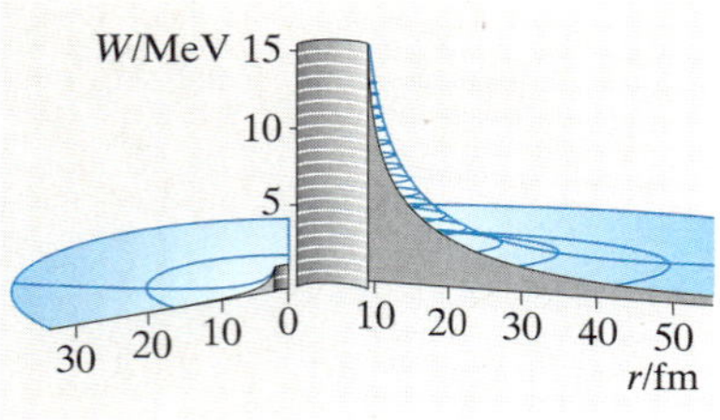

Abb. 13.11. Potentielle Energie eines Protons im Abstand r von einem leichten (^{3}He) und einem schweren Kern (^{238}U): „Fujiyama-Modell"; die Flanke des Berges Fuji bildet allerdings keine $1/x$-, sondern eine $\ln x$-Kurve; wissen Sie warum?

13.1.3 Kernbausteine und Kernkräfte

Sobald man wußte, daß der Kern so klein ist, konnte man bereits abschätzen, daß man es mit Kräften und Energien von bisher ungeahnter Größenordnung zu tun bekommen würde. Der Faktor 10^5 bis 10^6 zwischen der Sprengkraft der gewöhnlichen und der Atombombe war schon damals vorauszusehen. Der Energiemaßstab ist nämlich einfach umgekehrt proportional zum Längenmaßstab, sofern das Coulomb-Gesetz oder ein ähnliches r^{-1}-Gesetz für die Wechselwirkungsenergie gilt. Dies trifft zu bis zu Annäherungen von weniger als 10^{-14} m an den Kern, denn sonst wären die Rutherfordschen Ergebnisse und ihre Deutung gar nicht möglich gewesen. Für noch kleinere Abstände muß dann allerdings die Coulomb-Abstoßung der positiven Kernbausteine durch eine noch stärkere Anziehung überwunden werden, sonst könnte der Kern nicht zusammenhalten. Man kommt so zum **Fujiyama-Modell** des Kernpotentials oder der potentiellen Energie einer positiven Elementarladung als Funktion des Abstandes vom Kern (Abb. 13.11). Chemische Reaktionen wie Verbrennung oder Explosion spielen sich in der Elektronenhülle ab, also bei $r \approx 10^{-10}$ m, Kernvorgänge dagegen um 10^{-15} m, wo allein der Coulomb-Berg schon etwa 10^5mal höher ist. Der radioaktive Zerfall mit seiner scheinbar unerschöpflichen Energie (etwa 1 MeV für jeden Elementarvorgang verglichen mit maximal einigen eV in der Chemie) gab einen Vorgeschmack.

Die eigentlichen Kernkräfte, die bei Abständen unterhalb 10^{-14} m die Coulomb-Abstoßung überwinden, haben offenbar sehr kurze Reichweiten, denn schon um 10^{-14} m merkt man von ihnen nichts mehr. Man deutet sie seit *Yukawa* als **Austauschkräfte** zwischen den Nukleonen, die durch Austausch von **Mesonen** zustandekommen. Die Reichweite r_Y dieser Kräfte hängt mit der Masse m_π des ausgetauschten Teilchens zusammen wie

$$r_Y = \frac{\hbar}{m_\pi c} \tag{13.11}$$

(Erklärung: Abschn. 13.4.5). Mit der Masse des Pions von 273 Elektronenmassen ergibt sich eine Reichweite $r_Y = 1{,}3 \cdot 10^{-15}$ m. Die **Quantenelektrodynamik** erklärt alle Wechselwirkungskräfte, auch die elektrostatischen, als Austauschkräfte.

Um die Kernmasse aufzubauen, wäre es am einfachsten, den Kern aus Wasserstoffkernen oder **Protonen** zusammenzusetzen. Für ein Atom der Massenzahl A brauchte man A Protonen. Dann wäre aber die Ladung zu groß, nämlich Ae statt der Ze, die die Neutralität des Atoms

Tabelle 13.1. Arten von Wechselwirkungen

Wechselwirkung	Maßgebliche Eigenschaft	Relative Stärke in Kernnähe	Reichweite	Ausgetauschtes Teilchen
Gravitation	Masse	10^{-41}	groß	Graviton
Schwache W.		10^{-15}	klein	W- und Z-Boson
Chemische W.	Ungepaarte El.	–	mittel	Elektron
Elektromagnetische W.	El. Ladung	10^{-2}	groß	Photon
Starke W.	„Farbe"	1	klein	Gluon

gegen die Z Außenelektronen verlangt. Zur Kompensation könnte man $A - Z$ Elektronen mit in den Kern einzubauen versuchen. Dies ist aus mehreren Gründen nicht möglich: Ein Elektron, auf so engem Raum eingesperrt, hätte eine so hohe quantenmechanische Nullpunktsenergie, daß es den Wall des „Kernkraters" einfach überspringen würde. Außerdem stimmen die beobachteten Spins der Kerne nicht mit der Annahme von $2A - Z$ Teilchen (A Protonen, $A - Z$ Elektronen) überein. Man braucht also außer Elektron und Proton ein neues Elementarteilchen, das im einfachsten Fall neutral sein und etwa die Protonenmasse haben sollte, das **Neutron**, das 1932 von *Chadwick* entdeckt wurde. Der Kern enthält demnach Z Protonen und $A - Z$ Neutronen. Beide schweren Teilchen werden als **Nukleonen** zusammengefaßt. Diese Annahme erklärt viele wesentliche Eigenschaften der Kerne.

✗ Beispiel...

Welche Nullpunktsenergie hätte ein Elektron im Kern?

Wenn seine Ortsunschärfe auf den Kernradius r eingeschränkt werden soll, muß die Impulsunschärfe auf $\Delta p \approx h/r$ anschwellen. Dem entspräche nichtrelativistisch eine kinetische Energie $W = \frac{1}{2}\,\Delta p^2/m \approx$ 10 GeV, richtiger relativistisch $W = \Delta p\, c \approx 100\,\text{MeV}$ (analog zu Aufgabe 13.1.1: Schwer wie ein Pion!). Es würde hoch über dem Rand des Kernkraters schweben, der maximal 20 MeV hoch ist. Außerdem verhalten sich Spin und magnetisches Moment der Kerne genau, als bestünden sie aus Z Protonen und $A - Z$ Neutronen, nicht aus A Protonen und $A - Z$ Elektronen.

13.1.4 Massendefekt, Isotopie und Massenspektroskopie

Proton und Neutron haben fast die gleiche Masse (1,6727 bzw. $1{,}6748 \cdot 10^{-27}$ kg). Zählt man zum Proton ein Elektron hinzu, schrumpft der Unterschied noch mehr. Wenn die Kerne nur aus Protonen und Neutronen bestehen, sollten also die Atommassen durchweg nahezu ganzzahlige Vielfache der Masse des H-Atoms sein. Tatsächlich gibt es erhebliche Abweichungen. Sechs Protonen, sechs Neutronen und sechs Hüllenelektronen haben eine Gesamtmasse von $20{,}089 \cdot 10^{-27}$ kg, für das C-Atom mißt man aber nur $19{,}922 \cdot 10^{-27}$ kg. Beim U-Atom errechnet man $398{,}4 \cdot 10^{-27}$ kg, mißt aber $395{,}0 \cdot 10^{-27}$ kg. Ungefähr zwei Protonenmassen sind verschwunden. Dieser **Massendefekt** erklärt sich aus der Äquivalenz von Masse und Energie. Wenn bei der Bildung des Kerns aus den Nukleonen eine Bindungsenergie ΔW frei wird und den Kern z. B. als γ-Strahlung verläßt, tritt damit auch ein Massenschwund

$$\Delta m = \frac{\Delta W}{c^2} \tag{13.12}$$

auf. Besonders groß ist der Massendefekt des He-Kerns ($6{,}6465 \cdot 10^{-27}$ kg gegen $6{,}6968 \cdot 10^{-27}$ für je zwei Protonen, Neutronen und Elektronen). Er entspricht einer Bindungsenergie von 28,3 MeV, die bei der **Kernfusion** ausgenützt wird.

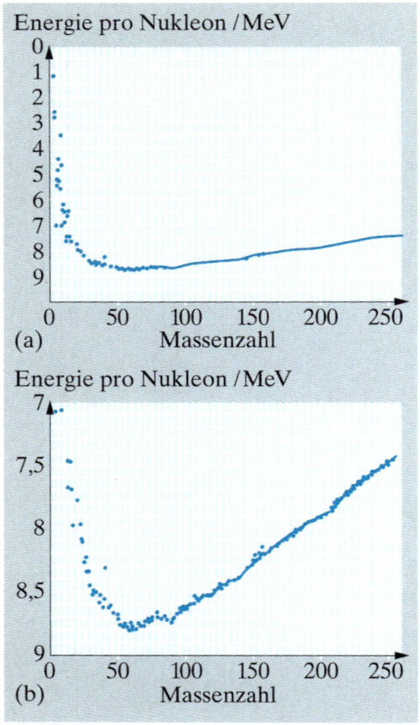

Abb. 13.12a, b. Mittlere Bindungsenergie eines Nukleons in Abhängigkeit von der Massenzahl des Kerns. In (b) kann man die Unregelmäßigkeiten, besonders die magischen Zahlen als Buckel nach unten besser sehen

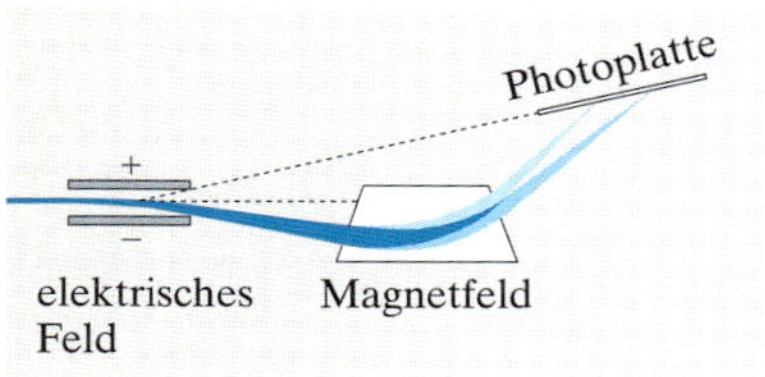

Abb. 13.13. Prinzip des Astonschen Massenspektrographen

Wie Abb. 13.12 zeigt, kommt bei schwereren Kernen auf jedes Nukleon im Mittel eine Bindungsenergie von 8 MeV, was etwa 0,008 Protonenmassen entspricht. Man erreicht daher eine bessere Annäherung an die Ganzzahligkeit der Massenzahlen, wenn man als **atomare Masseneinheit** nicht die Masse des H-Atoms, sondern $\frac{1}{12}$ der Masse des C-Atoms (genauer: nächster Absatz) zugrundelegt, wobei das Proton die Massenzahl oder relative Atommasse 1,00797 erhalten muß.

Einige Abweichungen von der Ganzzahligkeit bleiben trotzdem bestehen, z. B. erhält Chlor die Massenzahl oder relative Atommasse 35,457. Fast jedes chemisch reine Element besteht nämlich noch aus mehreren **Isotopen**, die sich mit physikalischen und auch verfeinerten chemischen Methoden unterscheiden lassen. Beim Chlor sind es zwei Isotope, deren Massen sich nun wirklich um weniger als 1 % von 35 bzw. 37 unterscheiden. Man kennzeichnet die Isotope durch die hochgestellte Massenzahl. Auch C hat außer dem Isotop ^{12}C noch ein Isotop ^{13}C, dessen Anteil allerdings nur 1 % beträgt (das instabile Isotop 14 ist noch viel seltener). Das Isotop ^{12}C stellt auch mit $\frac{1}{12}$ seiner Masse die atomare Masseneinheit. Aus der chemischen Fast-Identität isotoper Atome folgt, daß sie die gleiche Anzahl und Konfiguration von Elektronen besitzen und folglich auch gleiche Ordnungszahl, d. h. gleichviele Protonen. Sie unterscheiden sich nur in der Neutronenzahl. Feine Unterschiede im chemischen Verhalten diskutiert Aufgabe 17.2.12.

Das genaueste und direkteste Verfahren zur Trennung von Isotopen und Bestimmung ihrer Massen ist die **Massenspektrographie** (*F. W. Aston*, 1919). Die zu untersuchenden Atome werden mittels einer elektrischen Entladung ionisiert und treten als Kanalstrahlen in ein homogenes elektrisches Feld ein (Abb. 13.13), wo sie um so stärker abgelenkt werden, je kleiner ihre kinetische *Energie* ist. Dahinter kommt ein Magnetfeld, das die Ionen in umgekehrter Richtung ablenkt, um so stärker, je kleiner ihr *Impuls* ist. Da Energie und Impuls verschieden von Masse und Geschwindigkeit abhängen, kann man die Geometrie von Feldern und Detektor (Photoplatte) so einrichten, daß alle Ionen gleicher Masse (genauer gleicher spezifischer Ladung Ze/m) trotz verschiedener Geschwindigkeiten wieder durch einen Punkt laufen. Zudem liegen alle diese Punkte für verschiedene Ze/m auf einer Geraden. Ein Film, dessen Ebene diese Gerade enthält, zeichnet sie als eine Reihe von Punkten oder – bei spaltförmiger Eingangsblende – von feinen Linien auf, aus deren Lage man die spezifischen Ladungen und damit auch die Masse auf bis zu 6 Dezimalen genau entnehmen kann.

Die meisten Elemente erweisen sich so als Isotopengemische. Zinn z. B. hat 10 stabile Isotope. Auch im Wasserstoff ist mit 0,015 % Anteil ein schweres Isotop ^{2}H vorhanden. Es wird als **Deuterium**, sein Kern (ein Proton, ein Neutron) als **Deuteron** bezeichnet. Einen Kern, gekennzeichnet durch Ordnungszahl und Massenzahl, z. B. ^{35}Cl, nennt man ein **Nuklid**. Dieser Begriff ist allgemeiner als der des Isotops, den man heute nur noch auf Kerne verschiedener Massenzahl anwendet, die zu einem und demselben Element gehören.

13.1.5 Kernmodelle

Kernkräfte zwischen zwei Nukleonen wirken praktisch nur bei direktem Kontakt. Bei solchem Abstand sind sie stärker als die elektrischen, aber schon bei 10^{-14} m sind sie kaum noch spürbar, wie aus Rutherfords Versuchen hervorgeht und im Fujiyama-Modell dargestellt ist. Ganz ähnlich verhalten sich die Kräfte zwischen Molekülen in einer Flüssigkeit. Bringt man ein Nukleon an die Kernoberfläche oder ein Molekül an die Flüssigkeitsoberfläche, dann verliert es einen Teil seiner Bindungspartner. Die Verlustenergie ist die Oberflächenenergie pro Teilchenquerschnitt. Eben wegen dieser „Kontaktklebekräfte" hat ja die Kernmaterie nahezu konstante Dichte, und so erklären sich die Erfolge des **Tröpfchenmodells**, das den Kern als geladenes Flüssigkeitströpfchen mit einer Oberflächenspannung auffaßt.

Wenn je zwei Nukleonen, sofern sie unmittelbar benachbart sind, eine Anziehungsenergie ε haben, erhält man als Gesamtenergie eines Kerns aus Z Protonen und $A-Z=N$ Neutronen

$$\boxed{\begin{aligned} W = Zm_\mathrm{p}c^2 + Nm_\mathrm{n}c^2 - 6\varepsilon A \\ + 6\varepsilon A^{2/3} + \frac{3}{5}\frac{e^2}{4\pi\varepsilon_0 r_0}\frac{Z^2}{A^{1/3}} \\ + \eta\frac{(N-Z)^2}{A} \end{aligned} \left\} \begin{array}{ll} -\dfrac{\delta}{A} & \text{für gg} \\ \pm 0 & \text{für gu, ug} \\ +\dfrac{\delta}{A} & \text{für uu}\,. \end{array}\right.} \tag{13.13}$$

g und u bedeuten Geradheit oder Ungeradheit der Protonen- bzw. Neutronenzahl. Die ersten beiden Glieder sind die Massenenergien von Protonen und Neutronen. Das dritte Glied ist die Wechselwirkungsenergie der A Nukleonen, die in der dichtesten Kugelpackung je 12 nächste Nachbarn haben (jedes Nukleonenpaar darf aber nur einmal gezählt werden, daher $6\varepsilon A$ statt $12\varepsilon A$). Ein Bruchteil, der proportional $A^{2/3}$ ist, von diesen Nukleonen sitzt an der Oberfläche und verliert daher einige der oben bereits mitgezählten Bindungen. So kommt das vierte Glied, die **Oberflächenenergie** zustande. Die Coulomb-Abstoßung der gesamten Protonenladung Ze über einen mittleren Abstand $r \approx A^{1/3} r_0$ ergibt das fünfte Glied. Ohne das sechste Glied wären Kerne aus lauter Neutronen am stabilsten, weil bei ihnen die Coulomb-Abstoßung wegfällt. Dieses Glied beruht auf dem **Pauli-Prinzip**. Da Neutronen und Protonen den gleichen Energiezustand besetzen können, nicht aber zwei identische Teilchen, wäre ein Aufbau aus gleichvielen Neutronen und Protonen energetisch am günstigsten, abgesehen von der Coulomb-Energie. Das letzte Glied ist kleiner als die übrigen; es beruht auf einer **Spinabsättigung** von Teilchenpaaren und bevorzugt die gg-Kerne, benachteiligt die uu-Kerne.

Die Anwendung dieser Energieformel zeigt, warum die stabilen Kerne sich im **Energietal** Abb. 13.15 zusammendrängen, flankiert von instabilen Kernen; sie liefert auch feine Einzelheiten der Topographie dieses Energietals, Verteilung und Energie von β- und α-aktiven Kernen, Möglichkeit und Energien von Kernspaltungs- und Kernfusionsprozessen usw.

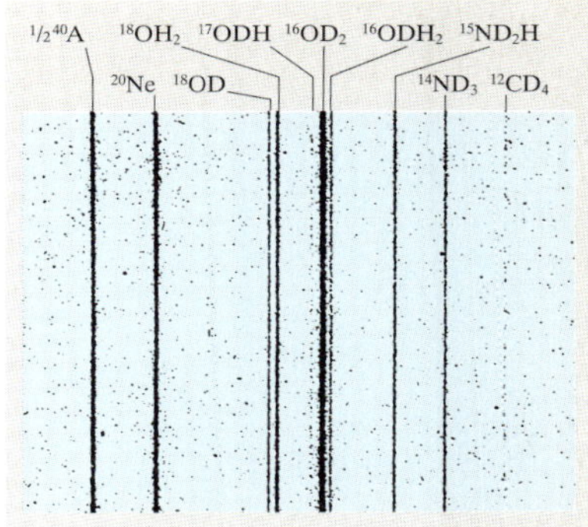

Abb. 13.14. Ein Massenspektrometer kann Massenunterschiede nachweisen, die unterhalb von 10^{-3} Atommasseneinheiten liegen. Die Massenzahl aller registrierten Ionen ist 20, die exakten Ionenmassen liegen zwischen 19,9878 und 20,0628. (Nach *Bieri*, *Everling* und *Mattauch*, aus W. Finkelnburg: *Einführung in die Atomphysik*, 11./12. Aufl. (Springer, Berlin Heidelberg 1976))

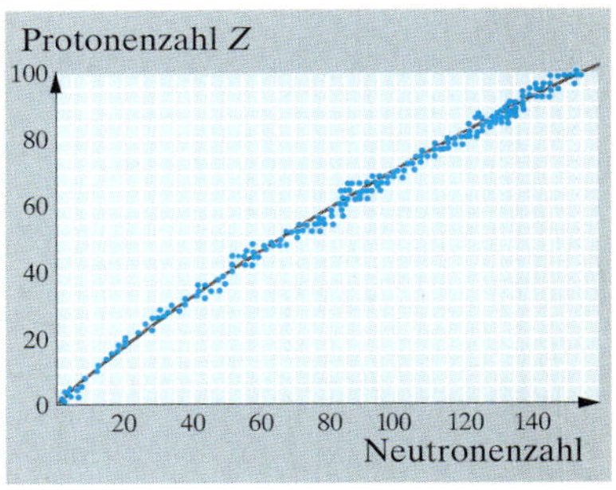

Abb. 13.15. Die stabilen und α-aktiven Kerne. Der Boden des Energietals nach dem Tröpfchenmodell ist angedeutet

Allerdings kann das Tröpfchenmodell in dieser Form (d. h. ohne Eingehen auf die „Kristallographie" der Nukleonenpackung) nur Eigenschaften erklären, die sich monoton mit der Ordnungszahl der stabilen Kerne ändern. Dagegen zeigt z. B. der **Einfangquerschnitt für Neutronen** sehr starke Schwankungen, z. B. scharf ausgeprägte Minima für $^4_2$He, $^{16}_8$O, $^{87}_{37}$Rb, $^{136}_{54}$Xe, $^{208}_{82}$Pb. Kurz vorher ist der Einfangquerschnitt besonders groß. Das erinnert an das Verhalten der Elektronenhülle; Edelgase verweigern die Aufnahme weiterer Elektronen, Halogene sind besonders gierig danach (hohe Elektronenaffinität). Auch das leicht abtrennbare Leuchtelektron der Alkalien hat sein Gegenstück: $^5_2$He, $^{87}_{36}$Kr, $^{137}_{54}$Xe strahlen ihr überschüssiges Neutron spontan aus.

Es gibt also auch im Kern Schalen, deren Abschluß bei **magischen Nukleonenzahlen** erfolgt. Aus den genannten Beispielen liest man die magischen Zahlen 2, 8, 50, 82, 126 ab; dazu kommen noch 14, 20, 28. Für Protonen gilt bis 82 die gleiche Reihe. Die magischen Zahlen zeichnen sich in vielen anderen Eigenschaften ab, z. B. in der **kosmischen Häufigkeit** der Nuklide (maximal für $^4_2$He, $^{16}_8$O, $^{28}_{14}$Si, $^{40}_{20}$Ca, daneben aber auch für die nichtmagischen Vielfachen des α-Teilchens $^{12}_6$C, $^{20}_{10}$Ne, $^{24}_{12}$Mg, $^{32}_{16}$S sowie überhaupt für gg-Kerne mit gerader Protonen- und Neutronenzahl, z. B. $^{56}_{26}$Fe), ferner in der Anzahl der stabilen Isotope (den Rekord hält $_{50}$Sn mit 10 Isotopen; Abb. 13.15, waagerechte Reihen), und der stabilen Nuklide mit gegebener Neutronenzahl N (Isotone, Abb. 13.15, senkrechte Reihen: 7 mit $N = 82$, 6 mit $N = 50$). $^{208}_{82}$Pb, das häufigste Blei-Isotop, Endprodukt der Thorium-Zerfallsreihe, ist sogar doppelt-magisch (82 Protonen, 126 Neutronen), und zwar ist dies wegen der Abweichung des Energietals von 45° der einzige schwere Kern mit dieser Eigenschaft bis zu der hypothetischen **Insel der Stabilität** um $Z = 114$.

Die drei ersten magischen Zahlen sind ziemlich einfach zu verstehen, wenn man die Nukleonenzustände als Eigenschwingungen im kugelsymmetrischen Kernpotential auffaßt. Man beobachtet sie ganz ähnlich im akustischen oder elektromagnetischen Hohlraumresonator. Der niederfrequenteste Grundzustand hat keinen Knoten, außer an der Wand, wenn diese fest ist (Kastenpotential); bei anderem Potential klingt die Amplitude nach außen asymptotisch ab. Es folgen drei Zustände mit Knotenebenen längs der Koordinatenebenen, die natürlich gleiche Energie (Frequenz) haben. Je drei Zustände mit Knoten-Doppelkegeln bzw. zwei Knotenebenen sind i. allg. energetisch verschieden, nur beim Oszillatorpotential $U = U_0 + ar^2$ entarten sie, d. h. fallen energetisch zusammen. Wenn man jeden Zustand doppelt besetzt (mit entgegengesetzten Spins), hat man die magischen Zahlen $2, 2 + 6 = 8, 2 + 6 + 12 = 20$. Bei leichten Kernen dürfte das Kernpotential irgendwo zwischen Oszillator- und Kastenpotential liegen, bei schweren wird es allerdings kastenförmiger. Auch im Oszillatorpotential kommen die höheren magischen Zahlen nicht richtig heraus.

1949 lösten *Goeppert-Mayer*, *Haxel*, *Jensen* und *Süß* das Problem. Auch sie beschreiben den Kern analog zur Hülle durch zwei weitgehend ähnliche Folgen von Zuständen (eine für die Protonen, eine für die Neutronen), die beim Kernaufbau nach und nach besetzt werden. Große Energieabstände in dieser Termleiter entsprechen einem Schalenabschluß. Jeder Zustand ist wie in der Hülle durch einen Bahn- und einen Spindrehimpuls gekennzeichnet. Die Wechselwirkung der dicht gepackten Nukleonen und ihrer magnetischen Momente ist aber so groß, daß die „Feinstruktur"-Aufspaltung oft größer wird als die Energieabstände für benachbarte Hauptquantenzahlen. Die großen Lücken in der Termleiter treten daher an ganz anderen Stellen auf als für die Hülle.

Dieses **Schalenmodell** steht scheinbar in scharfem Gegensatz zum Tröpfchenmodell. Wie sollen die Nukleonen sich auch nur annähernd so frei durch ihre dichtgepackten Nachbarn bewegen wie die Elektronen imVakuum um den Kern? Auch mehrere Elektronen im Atom üben ja aber aufeinander ebensogroße Wechselwirkungen aus wie mit dem Kern und beschreiben trotzdem geregelte Bahnen. Im Sonnensystem wäre eine solche Stabilität undenkbar, wenn Planeten und Sonne vergleichbare Massen hätten. Entscheidend für die Stabilität der „Bewegungen" in einem quantenmechanischen System ist nicht die Größe der Wechselwirkung, sondern die Quantelung selbst zusammen mit dem Pauli-Prinzip. Ein Teilchen kann nur aus einem Umlauf gebremst werden, indem es ein anderes Teilchen entsprechend energetisch anhebt. Wenn unter ihm nur vollbesetzte Zustände sind, liefe das höchstens auf einen Austausch mit einem anderen Teilchen hinaus, der am Gesamtzustand nichts änderte.

Da das Schalenmodell keine ganz befriedigende Beschreibung der Kernmomente liefert und auch bei vielen Kernreaktionen versagt, versuchten *A. Bohr*, *Mottelson*, *Nilsson* u.a. eine gewisse Synthese zwischen Schalen- und Tröpfchenmodell im **kollektiven Kernmodell**. Danach stehen die Einzelnukleonen in Wechselwirkung mit dem Kernrumpf, der sich deformieren, schwingen und rotieren kann und damit selbst einen Beitrag zum magnetischen Dipol- und elektrischen Quadrupolmoment leistet. Im Energiespektrum treten wie bei den Molekülen Rotationsbanden auf.

Speziell zur Behandlung von Kernreaktionen haben *Feshbach*, *Porter* und *Weisskopf* das **optische Kernmodell** entwickelt. Streuung und Einfang von Geschoßteilchen werden durch einen Potentialtopf des Targetkerns beschrieben, der einen imaginären Potentialanteil enthält, wie er in der Optik eine Absorption ergibt. Der Kern verhält sich dann gegen das als Welle aufgefaßte Geschoß wie eine trübe Glaskugel (**cloudy crystal ball**). Hochenergetische Stöße beschreibt man außerdem mit verschiedenen statistischen Ansätzen. Der Stoß soll die Kernmaterie, die manchmal wie eine Fermi-Flüssigkeit behandelt wird, auf eine hohe Temperatur aufheizen, aus der sie dann nach statistischen Gesetzen Sekundärteilchen verdampfen läßt.

Die Annahme kugelsymmetrischer Kerne ist sicher nur eine Näherung; denn fast alle Kerne besitzen einen Drehimpuls (**Spin**) um eine im Kern festliegende Achse und demzufolge ein magnetisches Moment (Abschn. 12.7.1). Es liegt daher nahe, als nächsthöhere Näherung für die Gestalt des Atomkerns ein homogen geladenes Rotationsellipsoid anzunehmen. Es ist bisher nicht gelungen, alle Kerne einer Probe – etwa durch äußere magnetische Felder – auszurichten. Jedoch orientieren sich die Kerne in charakteristischer Weise gegenüber dem magnetischen Feld, das die umlaufenden Hüllenelektronen am Ort des Kerns erzeugen. Diese werden umgekehrt von der Kernorientierung beeinflußt, was sich in winzigen Aufspaltungen der sichtbaren Spektrallinien äußert (**Hyperfeinstruktur**; *Kopfermann*, *Schüler* 1931, Abschn. 12.7.4). Daraus kann man entnehmen, daß die Abweichungen von der Kugelgestalt gering sind. Nur bei den seltenen Erden und bei den schwersten Kernen stellt man Achsenverhältnisse bis 1,5 fest, meist im Sinn einer Streckung in Richtung der Kernachse.

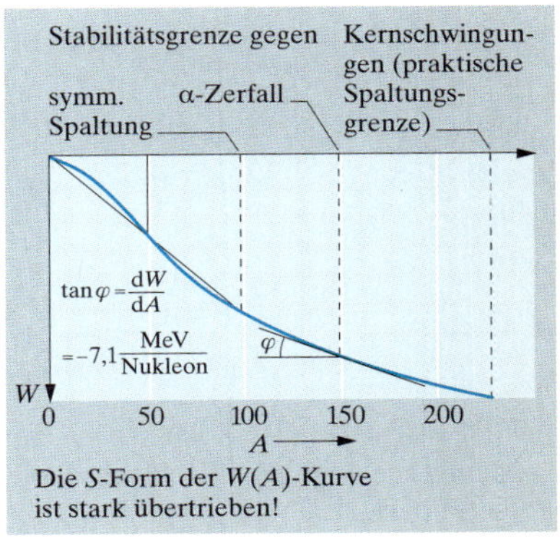

Abb. 13.16. Abhängigkeit der Bindungsenergie der Kerne von der Nukleonenzahl. Die *S*-Form der Kurve ist stark übertrieben. Stabilitätsgrenzen gegen einige Zerfallsprozesse sind eingezeichnet

13.1.6 Kernspaltung

Ein Kern mit einer Massenzahl über 100 hat weniger Bindungsenergie als zwei Kerne von der halben Massenzahl, wie man aus Abb. 13.12 oder der Gleichung (13.13) ablesen kann. Eine (symmetrische) Spaltung wäre somit oberhalb von $A \approx 100$ energetisch vorteilhaft. Obwohl solche mittel-

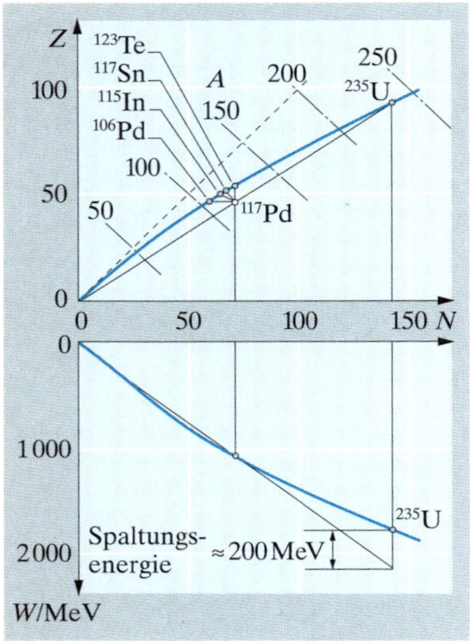

Abb. 13.17. Kernspaltung.
Oben: Symmetrische Spaltung eines schweren Kerns liefert einen Neutronenüberschuß, der teils durch Neutronen-, teils durch β-Emission abgebaut wird.
Unten: Die Spaltung liefert etwa 200 MeV

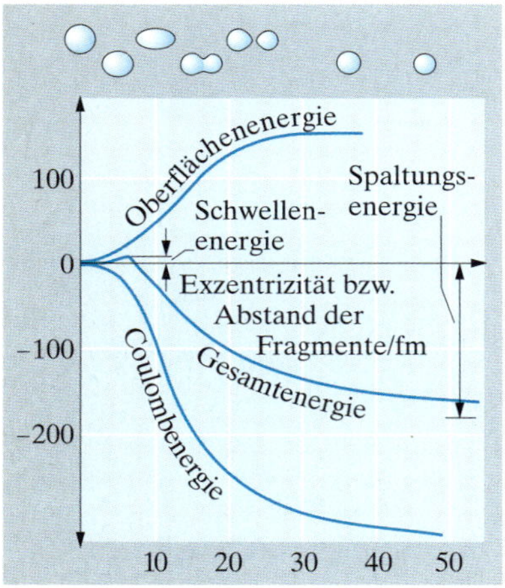

Abb. 13.18. Der ^{235}U-Kern hat bei der Spaltung nur noch einen sehr kleinen Potentialberg zu überwinden. Neutroneneinfang mit den daraus resultierenden Schwingungen genügt schon

schweren und schweren Kerne also eigentlich instabil sind, würde ihre Spaltung die Überwindung einer riesigen Energieschwelle erfordern. Der Kern müßte ja zunächst irgendwie aus der Kugelgestalt in eine verlängerte Form übergehen, wobei die Oberfläche und die Oberflächenenergie (Glied 4 in (13.13)) stark zunähmen. Die Coulomb-Energie (Glied 5) nimmt dabei zwar ab, weil sich die Protonen im Mittel weiter voneinander entfernen, aber diese Abnahme kann die Zunahme der Oberflächenenergie erst bei den allerschwersten Kernen in der Gegend des U kompensieren. In seiner Formstabilität ähnelt ein solcher sehr schwerer Kern also weniger einer Orange als einer Kugel aus Götterspeise. Durch Zufuhr weniger MeV, am einfachsten durch die Anlagerungsenergie eines weiteren Neutrons, kann er zu Schwingungen angeregt werden, die über ein Ellipsoid zur Birnenform und schließlich zur meist unsymmetrischen Spaltung führen.

Da das Tal der stabilen Kerne gekrümmt verläuft, können bei einer solchen Spaltung nie zwei stabile Teilchen herauskommen, sondern stets **Fragmente**, deren Neutronenzahl zu groß ist. Aus Abb. 13.17 oder (13.13) liest man einen Überschuß von etwa 7 bis 8 Neutronen pro Fragment ab. Üblicherweise wird ein solcher Überschuß durch β^--Emission abgebaut (diagonaler Weg in Abb. 13.17 oben); bei hohem Überschuß sind aber die Wände des Energietals schon so steil, daß ein radikalerer Weg möglich wird, nämlich direkte Emission von Neutronen (horizontaler Weg in Abb. 13.17 oben). Neben einer Kette von β^--Prozessen werden so bei jeder ^{235}U-Spaltung etwa 2,5 Neutronen frei, z. T. sofort als „Spritzer" beim Zerplatzen des Tröpfchens, z. T. etwas verzögert. Diese Neutronen sind es, die die **Kettenreaktion** von einem einzigen Spaltungsakt lawinenartig anschwellen lassen, bis sie makroskopische Substanzmengen erfaßt.

Die Höhendifferenz der W/A-Kurve (Abb. 13.12) bei $A = 235$ bzw. $A \approx 117$ (oder genauer $A \approx 95$ bzw. 140 bei der unsymmetrischen Spaltung) ergibt, mit 235 multipliziert, die bei der Spaltung freiwerdende Energie. Man liest etwa 200 MeV ab. Diese Energie steckt z. T. in der β- und γ-Strahlung der Fragmente, z. T. in deren kinetischer Energie.

Otto Hahn und *Fritz Straßmann* bewiesen die Existenz dieser Spaltung 1938 durch den Nachweis, daß beim Neutronenbeschuß von Uran mittelschwere Elemente wie Ba und La entstehen. *Enrico Fermi* hatte die gleichen Versuche schon 1934 gemacht, aber die Spaltstücke als Transurane gedeutet. *Irène Joliot-Curie* und *Ida Tacke* ahnten zwar den wahren Sachverhalt, kamen aber gegen die anfänglichen Zweifel von *O. Hahn* und *Lise Meitner* nicht auf.

Der **Kernreaktor** setzt die Spaltungsenergie langsam und kontrolliert frei, indem er sich genau an der **kritischen Grenze** hält. Der erste Reaktor wurde 1942 unter *Fermis* Leitung kritisch. Spaltbares Material (Uran, Plutonium) wird in Graphit, D_2O und H_2O eingebettet. Neutronen, die die erste Spaltung einleiten können, sind in der kosmischen Strahlung immer reichlich vorhanden. Von den 2,5 Neutronen, die bei jeder Spaltung entstehen, entweichen einige nach draußen oder zerfallen oder werden von nichtspaltbaren Kernen eingefangen; die übrigen werden im Graphit, im D_2O oder im H_2O **moderiert**, d. h. annähernd auf thermische Energien verlangsamt und damit für weitere Spaltungen verfügbar gemacht.

Wenn die Anzahl der Neutronen pro Spaltung, die eine weitere Spaltung auslösen, die kritische Grenze 1 erreicht, brennt der Reaktor stationär, d. h. erzeugt ständig Energie, die durch eine geeignete Flüssigkeit abgeführt und ausgenutzt werden kann. Um den Prozeß zu regeln, sind Stäbe aus einem stark neutronenabsorbierenden Material (z. B. Cd) vorgesehen. Durch Einsenken dieser Stäbe kann man die Kettenreaktion bremsen oder unterbrechen. In homogenem spaltbaren Material hängt es vor allem von dessen Masse ab, ob genügend viele Neutronen weitere Spaltung ausführen können. Mehrere Stücke, deren jedes einzelne zu klein ist, können, wenn sie sehr plötzlich vereinigt werden, die **kritische Masse** überschreiten und eine anschwellende Kettenreaktion unterhalten. Das geschieht bei der Zündung einer **Atombombe**. Bei der Spaltung entstehen mehrere verschiedene Kombinationen von Fragmenten, jedes mit einer ganzen Kette radioaktiver Folgeprodukte. Im Reaktor und in der Atombombe bilden sich so große Mengen radioaktiver Isotope. Ihre sinnvolle Ausnutzung bzw. Beseitigung ist eine weitere Aufgabe der Kerntechnik.

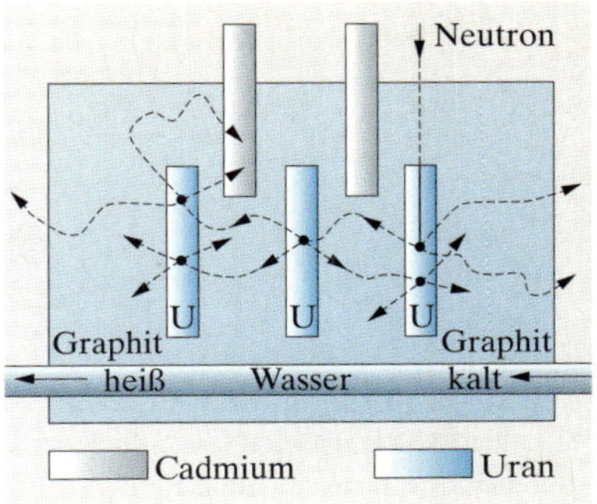

Abb. 13.19. Anordnung eines Kernreaktors, schematisch

Militärische Kreise wünschen sich seit langem eine „taktische“ Kernwaffe kleineren Ausmaßes, die zwar Lebewesen tötete, Material und Gebäude aber praktisch unbeschädigt ließe. Leider haben ihnen die Wissenschaftler nach vielen Versuchen mit verstärkter radioaktiver Wirkung (Kobaltbombe, weiträumiger **radioaktiver Fallout**) mit der **Neutronenbombe** anscheinend ein für ihre Zwecke ideales Mordwerkzeug zugespielt, das den nuklearen Krieg „machbar“ erscheinen läßt. Es handelt sich um eine kombinierte Spaltungs-Fusions-Bombe mit viel geringerer Explosionswirkung, aber höherer Neutronen- und γ-Strahlung als für die U- oder gar H-Bomben. Als Fusionsmaterialien dienen ^{3}H und ^{2}H, die zu ^{4}He verschmelzen, wobei jedesmal ein Neutron entsteht.

13.1.7 Kernfusion

Abbildung 13.12 zeigt, daß die Verschmelzung leichter Kerne (bis zu Massenzahlen um 20) ebenfalls Energie liefert. Am günstigsten sind Reaktionen, die ^{4}He mit seiner besonders hohen Bindungsenergie ergeben, z. B.

$$^2\mathrm{H} + {}^3\mathrm{H} \to {}^4\mathrm{He} + \mathrm{n} + 17{,}6\,\mathrm{MeV}\,.$$

Diese **Fusion** zweier Kerne setzt voraus, daß sie sich trotz der gleichnamigen Ladungen so weit nähern, bis die kurzreichweitige Kernkraft die Oberhand gewinnt. Dazu muß der gesamte **Coulomb-Wall** (Abb. 13.20) überwunden werden, der auch bei den leichten Kernen schon einige MeV hoch ist. Mit Teilchenbeschleunigern kann man diese Energie zwar leicht erreichen, aber die Ausbeute ist wegen des winzigen Reaktionsquerschnitts ($< 10^{-29}\,\mathrm{m}^2$) hoffnungslos klein. Kernfusion kann nur als **thermische Kernreaktion** zur Energieerzeugung in Frage kommen. Allerdings liegt selbst bei Temperaturen von 10^7 bis 10^8 K, wie sie im Sonneninnern herrschen, die *mittlere* thermische Energie erst in der Größenordnung 1 bis 10 keV. Da die Maxwell-Verteilung ungefähr wie $e^{-W/(kT)}$abfällt, gibt es bei solchen Temperaturen nur sehr selten einmal ein Teilchen, das einen 1 MeV-Wall übersteigen kann. Dies ist aber auch gar nicht nötig. Schon bei wesentlich geringeren Energien wird der Wall so dünn, daß auch ein Proton oder Deuteron in den Zielkern „hineintunneln“

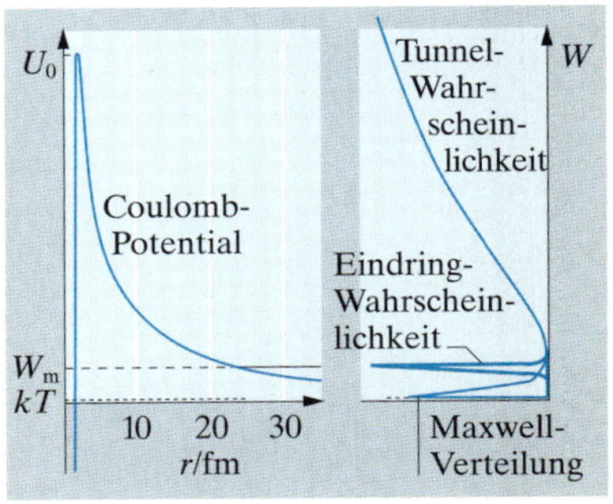

Abb. 13.20. Bei der Kernfusion wird der Potentialwall durchtunnelt. Am wirksamsten sind die Teilchenenergien, für die das Produkt von Maxwell-Wahrscheinlichkeit und Tunnelwahrscheinlichkeit maximal ist

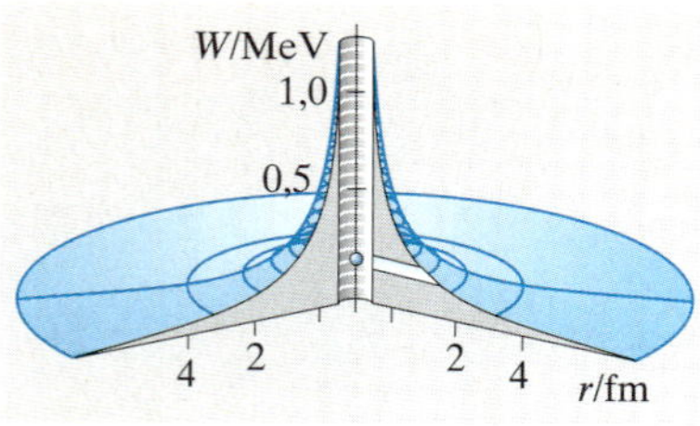

Abb. 13.21. Coulomb-Berg und Kernkraft-Krater eines leichten Kerns gegenüber einem anfliegenden Proton. In Wirklichkeit liegt der optimale Tunnel noch tiefer (für die pp-Reaktion mit 10^8 K liegt er bei 50 keV, also etwa 5 % der Kraterrandhöhe). Für den Austritt eines α-Teilchens aus einem schweren Kern stimmen die Verhältnisse ungefähr

kann. Dieser Kombination einer statistischen und einer quantenmechanischen Gesetzmäßigkeit (**Maxwell-Verteilung**, **Tunneleffekt**) „verdanken" wir die **thermonukleare Bombe**, aber auch die Sonnenstrahlung und die Hoffnung, im Kernfusionsreaktor praktisch unbegrenzte Energiemengen erzeugen zu können.

Die **H-Bombe** braucht eine Uranbombe als Zünder, die die erforderlichen Temperaturen erzeugt. Die Sterne beziehen ihre Energie zumeist aus zwei Fusionsreaktionen, der **pp-Reaktion** und bei etwas höheren Temperaturen dem **CN-Zyklus**:

$$\begin{aligned}
{}^1\mathrm{H} + {}^1\mathrm{H} &\rightarrow {}^2\mathrm{H} + \mathrm{e}^+ + \nu && + \;\; 1{,}44\,\mathrm{MeV}\\
{}^2\mathrm{H} + {}^1\mathrm{H} &\rightarrow {}^3\mathrm{He} + \gamma && + \;\; 5{,}49\,\mathrm{MeV}\\
{}^3\mathrm{He} + {}^3\mathrm{He} &\rightarrow {}^4\mathrm{He} + 2\,{}^1\mathrm{H} && + \; 12{,}85\,\mathrm{MeV}\,;\\[1ex]
{}^{12}\mathrm{C} + {}^1\mathrm{H} &\rightarrow {}^{13}\mathrm{N} + \gamma && + \;\; 1{,}95\,\mathrm{MeV}\\
{}^{13}\mathrm{N} &\rightarrow {}^{13}\mathrm{C} + \mathrm{e}^+ + \nu && + \;\; 2{,}22\,\mathrm{MeV}\\
{}^{13}\mathrm{C} + {}^1\mathrm{H} &\rightarrow {}^{14}\mathrm{N} + \gamma && + \;\; 7{,}54\,\mathrm{MeV}\\
{}^{14}\mathrm{N} + {}^1\mathrm{H} &\rightarrow {}^{15}\mathrm{O} + \gamma && + \;\; 7{,}35\,\mathrm{MeV}\\
{}^{15}\mathrm{O} &\rightarrow {}^{15}\mathrm{N} + \mathrm{e}^+ + \nu && + \;\; 2{,}71\,\mathrm{MeV}\\
{}^{15}\mathrm{N} + {}^1\mathrm{H} &\rightarrow {}^{12}\mathrm{C} + {}^4\mathrm{He} && + \;\; 4{,}96\,\mathrm{MeV}\,.
\end{aligned} \qquad (13.14)$$

Beide verwandeln im Gesamteffekt Wasserstoff in Helium.

Die technische Bedeutung der Fusionsenergie liegt in der praktischen Unerschöpflichkeit ihres Brennstoffs und der relativen Pollutionsfreiheit eines Fusionsreaktors. Bisher zieht man überwiegend die Reaktion $\mathrm{d} + \mathrm{t} \rightarrow \mathrm{He} + \mathrm{n}$ in Betracht, deren Wirkungsquerschnitt mehr als 10mal größer ist als z. B. für die dd- oder die d^{3}He-Reaktion, obwohl ihre Reaktionsenergie etwas unter der von d^{3}He oder d^{6}Li liegt.

Bei einer Teilchenenergie kT, die erheblich geringer ist als die Höhe des Potentialwalls, wird nach Abb. 13.20 der Reaktionsquerschnitt σ gleich dem geometrischen Kernquerschnitt, der von der Größenordnung 1 **barn** ($= 10^{-28}\,\mathrm{m}^2$) ist. Dies tritt für die dt-Reaktion um $2 \cdot 10^8$ K ein, entsprechend 20 keV. Hier wird $\sigma \approx 3 \cdot 10^{-28}\,\mathrm{m}^2$, also $\sigma v \approx 6 \cdot 10^{-21}\,\mathrm{m}^3/\mathrm{s}$.

Das freiwerdende Neutron kann gleich zur Tritium-Produktion ausgenutzt werden: ${}^7_3\mathrm{Li} + \mathrm{n} + 2{,}5\,\mathrm{MeV} \rightarrow \mathrm{t} + \mathrm{He} + \mathrm{n}$, ${}^6_3\mathrm{Li} + \mathrm{n} \rightarrow \mathrm{t} + \mathrm{He} + 4{,}6\,\mathrm{MeV}$ (Li-Mantel um das Reaktionsgefäß). Die Ausgangsprodukte sind demnach D und Li. Natürlicher Wasserstoff hat ein **Isotopenverhältnis D : H =** 1 : 6 000. Die Ozeane enthalten also über 10^{16} kg D, natürliches Lithium hat 10 % ^{6}Li, 90 % ^{7}Li. Die Erdkruste enthält 0,004 Gewichtsprozent Li, die obersten 2 km haben also etwa ebensoviel Li, wie das Meer D enthält.

Damit Fusionsreaktionen eintreten muß der Brennstoff stark aufgeheizt werden und wird dabei automatisch zum praktisch vollionisierten **Plasma**. Höchstens schwere Verunreinigungsatome behalten einen Teil ihrer Elektronenhülle. Die investierte Aufheizenergie soll durch die Energieausbeute der Fusionsenergie mindestens wiedergewonnen werden. Ob das der Fall ist, kann man so abschätzen: Das Plasma enthalte im m^3 n Kerne (z. B. $n/2$ Deuteronen + $n/2$ Tritonen) und ebenso viele Elektronen. Bei jedem Fusionsakt werde die Energie Q frei. Die investierte Aufheizenergie bzw. das heiße Plasma kann unter irdischen Verhältnissen nur eine begrenzte Lebensdauer τ haben, bis das Plasma explosiv auseinanderfliegt oder die Energie oder das Plasma selbst aus den Undichtigkeiten der Magnetfalle entweicht. Die Anzahl der Reaktionsakte pro m^3 und s ist $\frac{1}{4}\sigma v n^2$. Der Reaktionsquerschnitt σ steigt nach Abb. 13.20 sehr steil (etwa exponentiell mit der Temperatur). Während der **Einschlußzeit** (**confinement time**) τ wird also die Energie $\frac{1}{4}\sigma v n^2 Q\tau$ frei, die allerdings nur mit dem Wirkungsgrad ϱ verfügbar ist. Andererseits ist auch die Aufheizenergie, die einfach $3nkT$ beträgt ($2n$ Teilchen/m^3 auf die Temperatur T gebracht) nur z. T. verloren; ein Bruchteil η kann im nächsten Fusionszyklus wieder verwendet werden. Die Fusion wird energetisch lohnend, wenn $(1-\eta)3nkT < \frac{1}{4}\varrho\sigma v n^2 Q\tau$ oder

$$\boxed{n\tau > \frac{12(1-\eta)}{\varrho}\frac{kT}{\sigma v Q} \quad \textbf{(Lawson-Kriterium)}} \; .$$

Da σ so steil mit T ansteigt, ist die rechte Seite um so kleiner, je größer T ist. Die d,t-Reaktion hat ein Minimum von $T/(\sigma v)$ bei etwa $2\cdot 10^8$ K. Einsetzen der Zahlenwerte mit $\varrho \approx \eta \approx \frac{1}{3}$ liefert $n\tau > 10^{20}\,\mathrm{s/m^3}$. Man kann dieses Kriterium auf zwei extreme Arten erfüllen: Durch sehr hohes n bei sehr kleinem τ (Laser-Fusion) und durch relativ großes τ bei sehr kleinem n (magnetisch eingeschlossenes Plasma). Dazwischen liegen viele Übergangslösungen. Das Plasma wird geheizt durch den Laserstrahl selbst, durch Stoßwellen, adiabatische Kompression, Hochfrequenzwellen, Einschuß schneller Ionen oder Atome, meist durch Kombination dieser Mechanismen.

Laserfusion. Eine feste Brennstoffpille wird durch viele genau synchrone Hochleistungs-Laserpulse, die von allen Seiten auf die Pille konvergieren, komprimiert. Selbst um eine winzige Pille von 1 mm^3 auf die Optimaltemperatur von 10^8 K zu bringen, braucht man mehr als 10^5 J, also bei 100%iger Ankopplung der Laserenergie eine Gesamtpulsenergie von 10^6 J, die heute noch nicht erreichbar ist. In Wirklichkeit ist die Ankopplung längst nicht ideal, und zwar weil der Laserstrahl kaum in das Plasma eindringen kann, ebensowenig wie eine Radiowelle in die Ionosphäre. Die „Abschneidetiefe", in der er steckenbleibt und sogar reflektiert wird, ist bestimmt durch die Ladungsträgerkonzentration n, bei der die **Langmuir-Frequenz** $9\,000\sqrt{n}$ gleich der Frequenz ν des Laserlichts wird (vgl. (8.45)). Selbst UV-Laserlicht von 300 nm oder $\nu = 10^{15}\,\mathrm{s^{-1}}$ wird bei $n \approx 10^{28}\,\mathrm{m^{-3}}$ abgeschnitten, d. h. schon durch das erste Plasmawölkchen, das aus der getroffenen Pille herauspufft. Der weitere Energiekontakt mit dem Brennstoffplasma erfolgt dann durch Teilchenstöße (Wärmeleitung) und weiter innen durch eine Stoßwelle, die allerdings so intensiv ist, daß sie das Plasma auf Dichten bis $10^6\,\mathrm{kg\,m^{-3}}$ komprimieren kann, d. h. die Materie in die Nähe des Zustandes in weißen Zwergsternen bringt.

Nach dem Abklingen des Laserpulses dehnt sich das Plasma mit Schallgeschwindigkeit aus. Da die gegenwärtigen Hochleistungs-Laserpulse sehr kurz sind (kürzer als 1 ns), wird die Lebensdauer τ des heißen Plasmas durch diese Ausdehnungszeit bestimmt, obwohl die Schallgeschwindigkeit nach (4.54) bei 10^8 K und einer mittleren relativen Teilchenmasse 1 Werte um 10^6 bis $10^7\,\mathrm{m\,s^{-1}}$ erreicht. Für eine Pille von ursprünglich $1\,\mathrm{mm}^3$ und eine Kompression um den Faktor 1 000 ($\tau \approx 10^{10}$ s und $n \approx 10^{32}\,\mathrm{m}^{-3}$) wäre damit das Lawson-Kriterium erfüllt, selbst wenn man den geringen Wirkungsgrad des Lasers ($\lesssim 0{,}1$) und der energetischen Kopplung zwischen Laser und Plasma (ebenfalls $\lesssim 0{,}1$) berücksichtigt.

Magnetisch eingeschlossenes Plasma. Ein Plasma läßt sich in einem Magnetfeld B einsperren, wenn der Druckgradient, der die Teilchen nach außen treibt, nicht größer ist als die Lorentz-Kraft auf die Ionen:

$$\operatorname{grad} p \leqq evB\,.$$

Die Ströme ev selbst schwächen das angelegte Magnetfeld. Eine genauere Betrachtung (Aufgabe 13.1.13) zeigt, daß das Feld B einen Druck aushalten kann, der etwa gleich seiner Energiedichte ist:

$$p \approx BH\,.$$

Der Strom, der das Feld B erzeugt, fließt größtenteils als Ionenstrom im Plasma selbst und dient damit zu dessen Joulescher Aufheizung. Die Aufheizrate ϱj^2 wird um so ungünstiger, je heißer das Plasma ist: $\varrho \sim T^{-3/2}$. Dies liegt daran, daß der effektive Stoßquerschnitt zwischen geladenen Teilchen wie T^{-2} geht. Zur Ableitung bedenke man, daß ein wirksamer Stoß ungefähre Gleichheit von potentieller und kinetischer Energie voraussetzt (Abschn. 14.3.1). Daher muß die Joule-Heizung durch andere „Zündhilfen" unterstützt werden. Hierzu dient besonders die adiabatische Kompression des Plasmas in einem sehr rasch zunehmenden Magnetfeld (**pinch-Effekt**).

Energieverluste treten ein durch Wärmeleitung und Diffusion zur Wand, Undichtigkeiten des magnetischen Einschlusses (reduziert durch ringförmige Anordnung des B-Feldes), Stöße mit eventuellen Neutralverunreinigungen, die sich vom Feld nicht einsperren lassen, **Bremsstrahlung** und **Zyklotronstrahlung**. Diese beiden Strahlungsarten beruhen auf Beschleunigungen der geladenen Teilchen, die erste auf der Bremsung bei Stößen, die zweite auf der Beschleunigung beim Umlauf im Ring selbst. Leitungs-, Diffusions- und Bremsstrahlungsverluste sind i. allg. proportional v, also $T^{1/2}$, werden also schließlich von der Zyklotronstrahlung überholt, die mit T geht. Man kann das so verstehen: Die Hertz-Strahlungsleistung einer mit a beschleunigten Ladung ist nach Abschn. 7.6.6 proportional a^2. Für den Umlauf um die Feldlinien gilt Zentrifugalkraft = Lorentz-Kraft, d. h. $m\omega^2 r = evB = e\omega rB$, also $\omega = eB/m$, $r = mv/(eB)$. Die Strahlungsleistung ist also proportional $a^2 \sim \omega^4 r^2 \sim B^2 v^2 \sim B^2 T$.

Zu den aussichtsreichsten Anordnungen gehören ringförmige wie **Tokamak** und Stellarator sowie lineare wie der θ-pinch (vgl. auch Aufgabe 13.1.13). Bei JET (Joint European Torus) in Culham ist man dem Ziel sehr nahe.

Katalysierte Fusion. Vielleicht wird man die Kernfusion einmal auch ohne so extreme Temperaturen realisieren können. Diese Möglichkeit ergibt sich direkt aus dem Bohr-Modell. Die hohen Temperaturen sollen ja nur die Coulomb-Abstoßung der Kerne überwinden helfen. Zwischen zwei H-Atomen herrscht keine solche Abstoßung, solange die Außenelektronen die Kernladung abschirmen, d. h. für Abstände oberhalb etwa 1 Å, die allerdings viel zu groß sind. Das schwere Elektron oder Myon würde den Kern nach (12.20) in einem 207mal engeren Abstand umkreisen, wegen seiner entsprechend größeren Masse. Ein Proton könnte sich also einem Myo-Wasserstoffatom auf fast 10^{-13} m nähern, ohne von dessen Kernladung etwas zu spüren. Von diesem Abstand aus hätte der Tunneleffekt durch die verbleibende Potentialschwelle bereits eine vernünftige Wahrscheinlichkeit. Man könnte so in einem kalten Gas Fusion erzielen, womit die meisten technischen Schwierigkeiten der thermischen Kernreaktionen entfielen. Noch besser ginge es mit anderen „exotischen", noch massereicheren Teilchen statt Elektronen, z. B. K^--Mesonen.

Allerdings kann man **Myo-Wasserstoffatome** z. Z. nur in wenigen Exemplaren erzeugen. Die Situation wäre also nicht besser als in einem Teilchenbeschleuniger, wo man auch ohne weiteres *einzelne* Protonen, Deuteronen oder Tritonen zu Helium verschmelzen kann. Aber mehrere Umstände kommen uns zu Hilfe: In einem Gemisch aus Protonen und Deuteronen sucht das Myon von sich aus die Deuteronen auf, und beim Fusionsakt wird das Myon abgeschleudert und als Katalysator für weitere Fusionsakte verfügbar, wenn auch vorläufig für viel zu wenige, da es in $2{,}2 \cdot 10^{-6}$ s zerfällt. Außerdem ist vorläufig die Herstellung von Myonen energetisch viel zu teuer. Trotzdem ist diese **katalysierte Fusion**, deren Einzelheiten Sie in Aufgabe 13.1.18 selbst nachrechnen können, eine interessante Möglichkeit.

13.2 Radioaktivität

Als *Henri Becquerel* (1896) und besonders *Marie* und *Pierre Curie* (ab 1896) die spontane Kernumwandlung entdeckten, rüttelten sie, ohne es zu wollen, an den drei damals heiligsten Naturgesetzen, der Unveränderlichkeit der Elemente, dem Energiesatz und dem Kausalgesetz. Von diesem Schlag hat sich nur der Energiesatz erholt und sogar noch mehr Kraft gewonnen.

13.2.1 Elementumwandlung

Becquerel fand auf einer dichtverpackten Photoplatte, auf der er versehentlich ein Stück Uranpechblende liegengelassen hatte, ein präzises Abbild dieses Stückchens. Uran sendet eine durchdringende Strahlung aus. Die *Curies* isolierten in jahrelanger Arbeit aus der Pechblende Beimischungen, die millionenmal stärker strahlen als Uran, u. a. **Polonium** und **Radium**. Woraus diese Strahlung besteht, wurde klar, als man ihre Ablenkbarkeit im Magnetfeld untersuchte. Ein Anteil (β) wird schon in mäßigen Feldern im Sinn negativer Teilchen abgelenkt, ein anderer (α) sehr viel schwächer im Sinn positiver Teilchen, ein dritter (γ) gar nicht. Kombination von elektrischer und magnetischer Ablenkung ergibt für die α-Strahlung eine spezifische Ladung

$$\frac{e'}{m} = 4{,}826 \cdot 10^7 \,\mathrm{C\,kg^{-1}}\,, \tag{13.15}$$

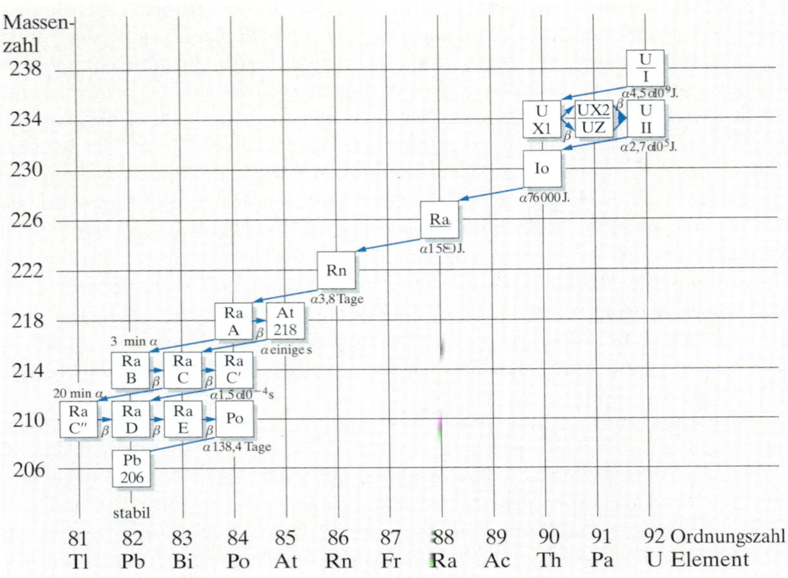

Abb. 13.22. Radioaktive Familie des Urans mit den historischen Namen der Nuklide und ihren Halbwertszeiten

also halb soviel wie für H-Ionen. Demnach könnte das **α-Teilchen** ebensogut ein ^{12}C- wie ein ^{4}He-Kern sein. Messung der Ladung Q, die ein α-Strahlbündel in einen Faraday-Becher trägt, der mit einem empfindlichen Elektrometer verbunden ist, und gleichzeitig Messung der Anzahl n der emittierten α-Teilchen mit einem Zählrohr oder Szintillationszähler ergibt die Ladung der Teilchen: $e' = Q/n = 2e$. Mit (13.15) findet man für die α-Teilchen die vierfache Protonenmasse, womit sie als Heliumkerne identifiziert sind.

Für die **β-Strahlung** ergibt sich eine mehr als 1 000mal größere spezifische Ladung, wie sie nur für Elektronen möglich ist. Abweichungen von dem an langsamen Elektronen gemessenen Wert e/m erklären sich durch die relativistische Massenzunahme (Abschn. 8.2.5).

Tatsächlich läßt sich spektroskopisch aus dem allmählichen Auftreten der He-Linien nachweisen, daß ein α-Strahler ständig Helium erzeugt: Nach Aufnahme zweier Elektronen verwandeln sich die α-Teilchen in He-Atome. Aus dem Radium, einem Erdalkalimetall z. B., entsteht gleichzeitig ein weiteres Gas, das **Radon** Rn (oder die Radium-Emanation), das sich wie ein Edelgas verhält und damit im Periodensystem auf den Platz 86, unter das Xe gehört, d. h. zwei Plätze vor das Radium. Dies war der erste Hinweis auf die Gültigkeit der **Verschiebungssätze von Rutherford und Soddy**, die sich aus der Massen- und Ladungsbilanz von selbst ergeben: Beim α-Zerfall nimmt die Massenzahl um 4, die Ordnungszahl um 2 ab; beim β-Zerfall bleibt die Massenzahl konstant, die Ordnungszahl nimmt um 1 zu.

Meist ist der beim Zerfall entstehende Kern auch instabil. Alle schweren natürlich-radioaktiven Kerne ordnen sich so in drei **Zerfallsreihen**, an deren Spitze ^{238}U, ^{232}Th bzw. ^{235}U stehen. Die Massenzahlen aller Glieder der drei Ketten lassen sich durch $4n + 2$, $4n$ bzw. $4n + 3$ darstellen. Es fehlt in der Natur die Reihe mit $4n + 1$, die erst nach Entdeckung der Kernspaltung als ^{237}Np-Reihe gefunden wurde. In der Natur kommt sie nicht vor, weil sie kein Glied mit Milliarden Jahren Lebensdauer enthält und daher längst abgebaut ist. Alle drei Reihen enden in Isotopen des Bleis mit magischer Protonen- und nahezu magischer Neutronenzahl, die infolgedessen stabiler sind als ihre Nachbarn (Mulde in der $W(A)$-Kurve, Abb. 13.12). Außer diesen drei Zerfallsreihen gibt es noch je ein Isotop von K, Rb, Sm und Lu, die langlebig genug sind, die ganze Geologie überlebt zu haben.

Die **Kernchemie** hat gezeigt: Man kann Elemente verwandeln – auch z. B. Quecksilber in Gold –, wenn auch nicht mit den Mitteln der Alchimisten und meist mit viel zu großem Aufwand. Die radioaktiven Zerfälle entsprechen dem spontanen exothermen Zerfall chemischer Verbindungen, Spaltung und Fusion streben einen energetisch günstigeren Zustand an, müssen aber durch Energiezufuhr gezündet werden, um die Aktivierungsschwelle zu überwinden. Allgemein wird eine **Kernreaktion** durch Einschuß eines Teilchens a in einen Kern A ausgelöst, der nach meist sehr kurzer Zeit unter Aussendung eines Teilchens b in einen anderen Kern B übergeht. Man schreibt kurz $A(a, b)B$. Hierbei kann $a = b$ sein: Das eingefangene oder ein vorher im Kern enthaltenes gleichartiges Teilchen wird in anderer Richtung wieder ausgesandt (**elastische Streuung**), wobei manchmal der **Zwischenkern** vorher oder hinterher durch γ-Strahlung in einen energieärmeren Zustand übergeht, so daß eingefangenes und ausgesandtes Teilchen a verschiedene Energie haben (**inelastische Streuung**). Allmählicher Aufbau immer schwererer Kerne gelingt durch **Neutroneneinfang** (n, γ) und $(\mathrm{n}, \mathrm{e}^-)$, Abbau vor allem durch den **Kernphotoeffekt** (γ, n) und (γ, p).

Tabelle 13.2. Typen von Kernreaktionen; rechts stehen die eingestrahlten, links die ausgestrahlten Teilchen (Sp: Spaltung; M: Mößbauer-Effekt)

Teilchen	Teilchen p	d	α	n	γ
p		+	+	+	+
d	+				
α	+	+		+	
n	+	+	+		+
2n		+		Sp	+
γ	+			+	M

Zu den fast 500 in der Natur vorkommenden Nukliden hat man durch solche Reaktionen über 1 000 weitere, instabile erzeugt. Nuklide mit zu hohem Neutronenanteil verringern diesen meist durch e^--Zerfall, bei zu hohem Protonenanteil neigen sie zum e^+-Zerfall (Aussendung eines Positrons). Jedes instabile Nuklid läßt sich i. allg. durch eine bestimmte **Lebensdauer** (**Zerfallskonstante**) kennzeichnen. Manchmal findet man allerdings trotz gleicher Protonen- und Neutronenzahl mehrere Gruppen von Zerfällen mit verschiedenen Zerfallskonstanten. Man sagt, das Nuklid habe mehrere **Isomere**, die sich durch ihren Drehimpuls und damit auch durch ihre Energie unterscheiden und die durch γ-Strahlung ineinander übergehen können.

Ein Kern kann seinen Protonenüberschuß außer durch e^+–Emission auch durch Einfang eines seiner Hüllenelektronen verringern, meist aus der K-Schale. Nach einem solchen ***K*-Einfang** rutschen die übrigen Elektronen der Hülle in die Lücke nach, und man beobachtet die charakteristische Röntgenstrahlung des Tochteratoms, das im Periodensystem links neben dem ursprünglichen steht.

Die erste künstliche Kernumwandlung wies *Rutherford* 1919 nach. Auf dem ZnS-Schirm S (Abb. 13.23) sieht man im Mikroskop Szintillationen, obwohl die vom α-aktiven Präparat auf dem Träger T ausgehenden Teilchen im Stickstoff der Kammer sicher absorbiert werden (ihre Reichweite ist kleiner als der Abstand TF). *Rutherford* deutete dies als

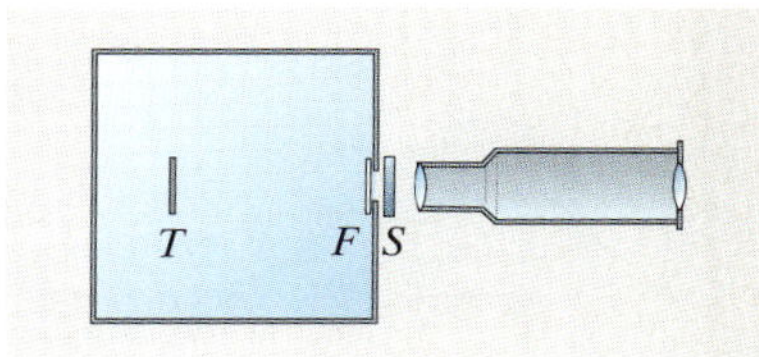

Abb. 13.23. *Rutherfords* Anordnung zur ersten Kernumwandlung

Abb. 13.24. Umwandlung eines Stickstoffkerns durch ein energiereiches α-Teilchen (*Blackett* und *Lees*, aus W. Finkelnburg: *Einführung in die Atomphysik*, 11./12. Aufl. (Springer, Berlin Heidelberg 1976))

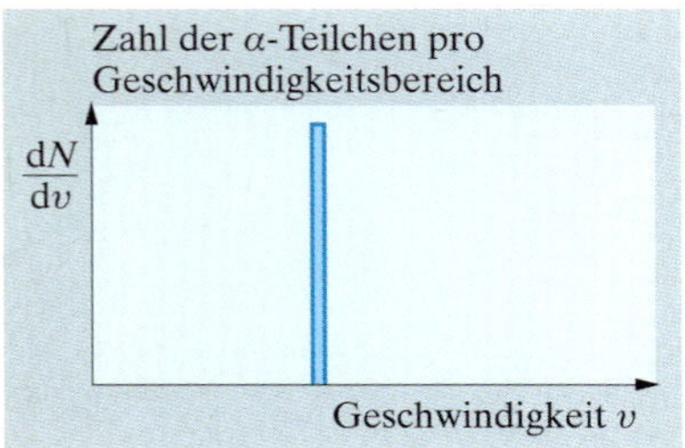

Abb. 13.25. Geschwindigkeitsspektrum von α-Strahlung

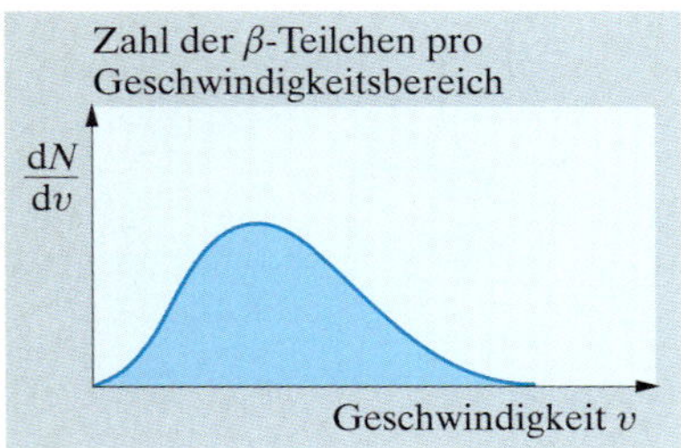

Abb. 13.26. Geschwindigkeitsspektrum von β-Strahlung

N(α, p)O-Reaktion. Das herausgeschleuderte Proton kann wegen seiner kleineren Ladung und großen Energie den Schirm erreichen. Den direkten Nachweis brachte etwas später die Nebelkammeraufnahme (Abb. 13.24). Ein ${}^{14}_{7}$N schluckt ein α, der Zwischenkern ${}^{18}_{9}$F zerfällt fast sofort in ${}^{17}_{8}$O (kurze dicke Spur) und p (lange dünne Spur). Für eine solche Umwandlung braucht man etwa 500 000α-Teilchen, hier aus ^{214}Po, bei geringerer α-Energie noch viel mehr. Der **Wirkungsquerschnitt** solcher Reaktionen ist so groß wie oder kleiner als der Kernquerschnitt (10^{-30}–10^{-29} m^2). Liegt er ausnahmsweise um 10^{-28} m^2, sprechen die Kernphysiker von einem „Scheunentor", engl. **barn**: 1 barn = 10^{-28} m^2. Je energiereicher das Projektil und je geringer die Ladung des **Targets** (Zielkerns) ist, desto näher erlaubt die Coulomb-Kraft beiden, aneinander heranzukommen, desto größer wird also der Reaktionsquerschnitt.

13.2.2 Zerfallsenergie

Wenn die *Curies* spätabends in ihr Behelfslabor gingen, leuchtete das vor einigen Wochen hergestellte Radium immer noch geheimnisvoll grünlichblau. 1 g reines Radium strahlt kalorimetrisch meßbar 0,015 W ab. Eine elektrochemische Batterie, die pro Gramm etwa ebensoviel Leistung hergibt, ist nach ein paar Stunden leer, die Strahlung des Radiums ist erst nach 1 500 Jahren auf die Hälfte gesunken und hat in dieser Zeit 10^4mal mehr Energie hergegeben als 1 g Kohle beim Verbrennen. Das war der erste Hinweis auf Energien ganz neuen Ausmaßes, 15 Jahre bevor *Rutherford* fand, daß es einen Kern gibt und wie klein er ist, woraus mit dem Coulomb-Gesetz sofort diese Größenordnungen folgen.

Heute kann man schon im Anfänger-Praktikum die Energie radioaktiver β-Teilchen messen. Wenn z. B. ein Magnetfeld von 0,1 T diesen Teilchen einen Krümmungsradius von 10 cm aufzwingt, würde nichtrelativistisch aus (8.14) folgen $W \approx 3$ MeV, was aber wegen $v \approx 10^9$ m/s nicht sein kann. Die relativistische Rechnung liefert etwa 2 MeV. Die 7 300mal schwereren α-Teilchen werden bei gleicher Energie 43mal schwächer abgelenkt. Genauere Messung zeigt weitere Unterschiede zwischen α- und β-Strahlung: Alle α-Teilchen aus einem bestimmten Nuklid haben die gleiche Energie (seltener gibt es mehrere β-Gruppen mit verschiedenen scharfen Energiewerten).

Aus Ablenkmessungen kann man bei bekannter Masse und Ladung auch Impuls und Energie der Teilchen ermitteln. Man findet für alle α-Teilchen aus einem bestimmten Nuklid die gleiche Energie (oder wenige Gruppen von α-Teilchen mit verschiedenen, aber jeweils einheitlichen Energien). Dieses Linienspektrum der α-Energien ist so scharf, daß es zur Identifizierung des emittierenden Nuklids dienen kann. Dagegen ist das **Energiespektrum der β-Teilchen** kontinuierlich: Die Teilchen können alle Energien zwischen 0 und einer Maximalenergie haben. Diese Maximalenergie ist wieder für das Nuklid charakteristisch (Abb. 13.27). Einzelne scharfe β-Linien, die sich gelegentlich dem Kontinuum überlagern, stammen nicht aus dem Kern, sondern entstehen durch Absorption der gleichzeitig emittierten γ-Strahlung in der Elektronenhülle des Tochteratoms (**Konversionselektronen**). α- und β-Energien liegen in der Größenordnung MeV.

Das diskrete α-Spektrum läßt auf die Existenz diskreter Quantenzustände auch im Kern schließen. Bei den β-Übergängen scheint dieses Prinzip verletzt zu sein. Es sieht so aus, als führte die Emission verschieden schneller β-Teilchen zu Tochterkernen mit verschiedenem Energiegehalt. Es zeigt sich aber, daß die Tochterkerne eines β-Zerfalls in Wirklichkeit alle identisch sind; z. B. erfolgt ein sofort anschließender γ-Übergang bei allen in völlig gleicher Weise. Man muß annehmen, daß die *Maximalenergie* des β-Spektrums der Energiedifferenz zwischen Mutter- und Tochterkern entspricht und daß diese ebenso diskret ist wie beim α-Zerfall. Dann kann die Energie, die den meisten β-Teilchen fehlt, nur durch ein anderes, noch unbeobachtetes Teilchen abgeführt worden sein. Dieses Teilchen muß ungeladen sein (sonst würde es sich durch Ionisierung bemerkbar machen); es darf keine merkliche Ruhmasse haben (das folgt aus der Energiebilanz). Die Bestätigungen für die Existenz dieses von *Pauli* und *Fermi* postulierten **Neutrinos** haben sich immer mehr gehäuft, bis es 1956 direkt nachgewiesen wurde (Abschn. 13.4.4).

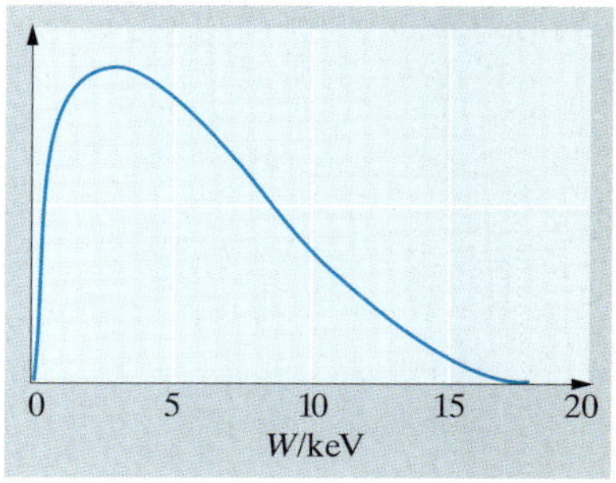

Abb. 13.27. Das Energiespektrum der β-Teilchen aus dem Zerfall des Tritiums ^{3}H

Da α-Teilchen mit genau bestimmter Energie, also auch genau bestimmtem Impuls emittiert werden, erhält der Restkern der Masse M einen Rückstoß, der sich aus dem Impulssatz ergibt. Die kinetische Energie W hängt mit dem Impuls p zusammen wie $W = p^2/(2m)$ oder $p = \sqrt{2mW}$. Also folgt für die Energie des **Rückstoßkerns** $p = \sqrt{2m_\alpha W_\alpha} = \sqrt{2MW}$ oder $W = W_\alpha m_\alpha / M$. Bei solchen Energien (Größenordnung 10^5 eV) ionisieren die Rückstoßkerne bereits und zeichnen in der Nebelkammer eine allerdings sehr kurze Spur.

✗ Beispiel...

^{210}Po hat eine α-Energie von 5,30 MeV. Wie groß sind Rückstoßenergie und -geschwindigkeit sowie Reichweite der Produktteilchen?

^{206}Pb und α bekommen gleichgroße Impulse p, also Energien $W = \frac{1}{2}p^2/m$. Von den 5,30 MeV entfallen 5,2 auf α, 0,1 auf Pb. $W = \frac{1}{2}vp$, also $v = 1{,}6 \cdot 10^7$ bzw. $3{,}2 \cdot 10^5$ m/s. Die Reichweiten gehen wie W^2/m (s. (13.27)): α kommt einige cm weit, Pb kaum 1 µm.

Beim β-Zerfall werden wegen der viel kleineren Masse des Elektrons sehr viel weniger Impuls und Energie übertragen (Größenordnung 10 eV), so daß es nicht zur Ionisierung kommt. Man kann aber die Geschwindigkeit der Rückstoßkerne leichterer β-Strahler (z. B. ^{32}P) direkt messen, indem man feststellt, wie lange sie für einen bestimmten Flugweg brauchen. Gleichzeitig findet man durch magnetische Ablenkung Geschwindigkeit und Impuls des β-Teilchens, das bei diesem individuellen Zerfallsakt emittiert worden ist. Es ergibt sich, daß der Rückstoßimpuls der Atome durchweg größer ist als der β-Impuls. Dies ist ein weiterer Hinweis auf die Existenz eines Neutrinos, das den fehlenden Impuls abführt. Setzt man dessen Ruhmasse gleich Null, so ergibt sich die richtige (relativistische) Bilanz von Impuls und Energie.

Auch bei der γ-Emission erhält der Kern einen Rückstoß und damit kinetische Energie, so daß nicht die ganze freiwerdende Energie in das γ-Quant übergeht. Nur wenn der emittierende Kern in ein Kristallgitter eingebaut ist, das als Ganzes die Rückstoßenergie aufnimmt, bleibt dieser Effekt aus, und es entsteht eine unverschobene γ-Linie, die oft äußerst scharf ist (**Mößbauer-Effekt**, Abschn. 12.1.4).

13.2.3 Das Zerfallsgesetz

Ein Radiumkern, der in der nächsten Sekunde zerfallen wird, unterscheidet sich in nichts von einem, der noch 10 000 Jahre leben wird. Allgemein kennt man kein Merkmal, das atomare Einzelakte wie einen Kernzerfall oder den Übergang eines H-Atoms von einem stationären Zustand in den anderen vorauszusagen gestattet. Die meisten Physiker glauben sogar mit *J. von Neumann*, dies liege nicht nur an unserem unzureichenden Einblick, sondern es könne prinzipiell keine solchen **verborgenen Parameter** geben, die atomare Einzelakte vorausbestimmen.

Sehr exakt angebbar ist dagegen die *Wahrscheinlichkeit*, daß ein gegebener Ra-Kern in der nächsten Sekunde zerfällt. Sie ist zahlenmäßig gleich der **Zerfallskonstanten** λ und wird in einer großen Anzahl von Kernen durch die tatsächlich beobachtete relative Häufigkeit der Zerfallsakte beliebig gut angenähert. Von n Kernen zerfallen im nächsten Zeitintervall $\mathrm{d}t$ im Mittel $\lambda n\,\mathrm{d}t$:

$$\boxed{\mathrm{d}n = -\lambda n\,\mathrm{d}t}\,, \qquad (13.16)$$

woraus durch Integration folgt:

$$n = n_0\,\mathrm{e}^{-\lambda t} \quad \textbf{(Zerfallsgesetz)} \qquad (13.17)$$

Dabei ist n_0 die Zahl der Atome zur Zeit $t = 0$, n die Zahl der zur Zeit t noch vorhandenen Atome. λ heißt die *Zerfallskonstante*. Nach Ablauf der Zeit $\tau = 1/\lambda$ hat die Zahl der Atome auf den e-ten Teil abgenommen; τ ist ihre **mittlere Lebensdauer**. Die **Halbwertszeit** $T_{1/2}$, nach der die Zahl der anfangs vorhandenen Atome durch Zerfall auf die Hälfte abgenommen hat, ist gegeben durch $n_0/2 = n_0\,\mathrm{e}^{-\lambda T_{1/2}}$ oder

$$\lambda T_{1/2} = \ln 2 = 0{,}693\,. \qquad (13.18)$$

Die exponentielle Abhängigkeit der Radioaktivität von der Zeit ist so streng erfüllt, daß der radioaktive Zerfall zur **Altersbestimmung** von Mineralien u. ä. verwendet wird.

Für historische Zeiten ist folgendes Verfahren geeignet: Der atmosphärische Stickstoff wird durch Neutroneneinfang zu einem kleinen Bruchteil in ein Kohlenstoffisotop der Masse 14 verwandelt ($^{14}_{6}C$). Dieses ist radioaktiv, d. d., es zerfällt unter β-Strahlung mit einer Halbwertszeit von 5 730 Jahren. Ein Teil der ^{14}C-Atome wird vom atmosphärischen O_2 zu CO_2 oxidiert. Organische Substanzen entnehmen dieses zum Aufbau ihrer Kohlenwasserstoffe aus der Atmosphäre und bauen somit auch immer ^{14}C-Atome ein, im gleichen Mengenverhältnis, mit dem sie in der Atmosphäre enthalten sind. Vom Zeitpunkt des Absterbens der organischen Substanz, d. h. sobald kein CO_2 mehr assimiliert wird, sinkt der Gehalt an ^{14}C exponentiell mit der Halbwertszeit 5 730a ab. Aus der verbliebenen

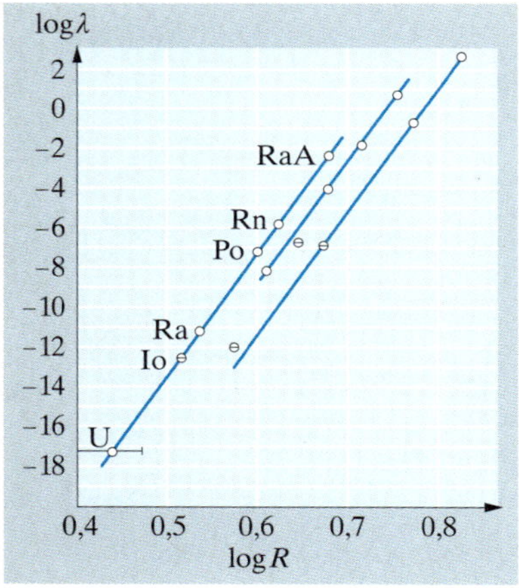

Abb. 13.28. Die Geiger-Nuttall-Regel; (R in cm Luft, λ in s^{-1}; dekadische Logarithmen)

β-Aktivität kann man also auf den Zeitpunkt des Absterbens, d. h. auf das Alter des Fundstückes schließen.

Für α-strahlende Nuklide besteht ein Zusammenhang zwischen Zerfallskonstante und Reichweite R, die ein bequemes Maß für die Energie der ausgesandten α-Teilchen ist:

$$\boxed{\log\lambda = A + B\log R \quad (\textbf{Geiger-Nuttall-Regel})}\,. \qquad (13.19)$$

A und B sind Konstanten, B hat für alle Zerfallsreihen den gleichen, A für jede Familie einen besonderen Wert (Abb. 13.28). Man erkennt, daß einer um den Faktor 2 größeren Reichweite eine um 19 Zehnerpotenzen größere Zerfallskonstante bzw. kleinere Lebensdauer entspricht!

Für β-Strahler gilt eine ähnliche Beziehung, die **Sargent-Regel**: Je größer die Energie der schnellsten Elektronen des kontinuierlichen Spektrums, desto größer ist auch die Zerfallskonstante des Elementes.

Diese empirisch gefundenen Regeln fanden durch die Quantenmechanik eine vollständige Deutung (Abschn. 16.3.2, 13.4.5).

In einem frisch gereinigten langlebigen radioaktiven Präparat, z. B. Ra, steigt die Aktivität, d. h. die Anzahl der Zerfallsakte pro Sekunde, i. allg. zunächst an. Bevor sich die Abnahme nach dem Zerfallsgesetz geltend macht, stellt sich ein **radioaktives Gleichgewicht** ein, in dem die Aktivität konstant ist. Der Grund für diesen Anstieg ist, daß sich dem Mutter-Nuklid allmählich die übrigen Nuklide einer Zerfallsreihe zugesellen, von denen jedes im Gleichgewicht ebensoviel Aktivität hat wie das Mutter-Nuklid. Von jedem Glied der Zerfallsreihe zerfallen dann in der Zeiteinheit gleichviele Kerne. Das heißt, daß sich die Menge aller Zwischenglieder im Gleichgewicht nicht ändert, denn sie werden ebensoschnell nachgeliefert wie sie zerfallen. Als Gesamteffekt zerfallen nur ebensoviele Kerne des Mutter-Nuklids, wie stabile Kerne des Endgliedes der Reihe entstehen.

Das Mutterpräparat mit der Zerfallskonstante Λ enthalte N Atome, vom nächsten Glied der Zerfallsreihe seien schon n Atome vorhanden, n wächst in der Zeit $\mathrm{d}t$ durch Zerfall von Mutteratomen um $\Lambda N\,\mathrm{d}t$ und nimmt durch den eigenen Zerfall um $\lambda n\,\mathrm{d}t$ ab:

$$\dot{n} = \Lambda N - \lambda n\,. \qquad (13.20)$$

Gleichgewicht, d. h. $\dot{n} = 0$, stellt sich ein bei einem Mengenverhältnis $n/N = \Lambda/\lambda$. Diesem Gleichgewicht nähert sich n asymptotisch wie

$$n = N\frac{\Lambda}{\lambda}(1 - \mathrm{e}^{-\lambda t}) = N_0\frac{\Lambda}{\lambda}\mathrm{e}^{-\Lambda t}(1 - \mathrm{e}^{-\lambda t}) \qquad (13.21)$$

(Lösung von (13.20); N klingt ja auch ab, wenn auch viel langsamer: $\Lambda \ll \lambda$). Folgen noch weitere Glieder in der Zerfallsreihe, dann klingt ihre Atomanzahl mit jeweils der größten der bis dahin vorkommenden Zeitkonstanten an.

Das Zerfallsgesetz beschreibt nur das *mittlere Verhalten* sehr vieler Kerne. Bei schwachen Präparaten beobachtet man **statistische Schwankungen**. Ein Geiger-Zähler gibt in einem schwachen Strahlungsfeld ein unregelmäßiges Ticken von sich, ein Szintillationsschirm flackert bald

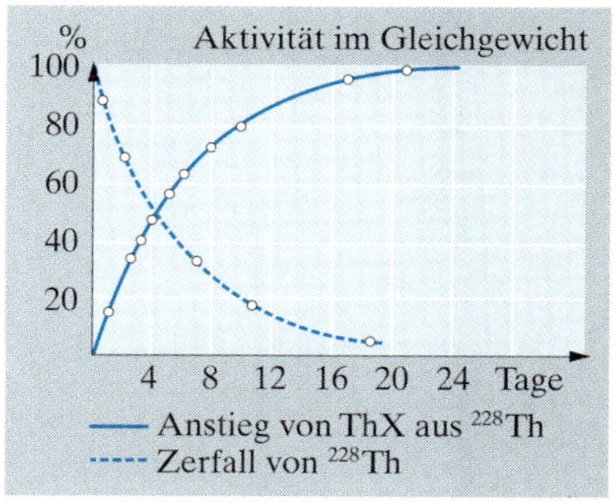

Abb. 13.29. Anstieg des radioaktiven Elements ThX(=^{224}Ra) aus dem langlebigen Mutterelement RdTh(=^{228}Th)

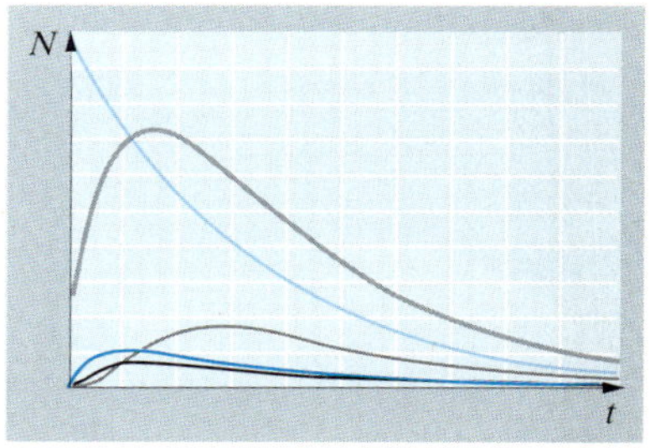

Abb. 13.30. Ein zunächst reines radioaktives Präparat zerfällt (*obere blaue Kurve*), allmählich gesellen sich seine drei kurzlebigeren Zerfallsprodukte dazu (*untere Kurven*), so daß die Gesamtaktivität zunächst ansteigt (*obere schwarze Kurve*). Da Mutter, Tochter, Enkelin ... nicht allzu verschiedene Halbwertszeiten haben (Faktoren 0,15; 0,1; 0,3), kann sich hier kein Gleichgewicht einstellen, in dem alle vier gleichstark strahlen

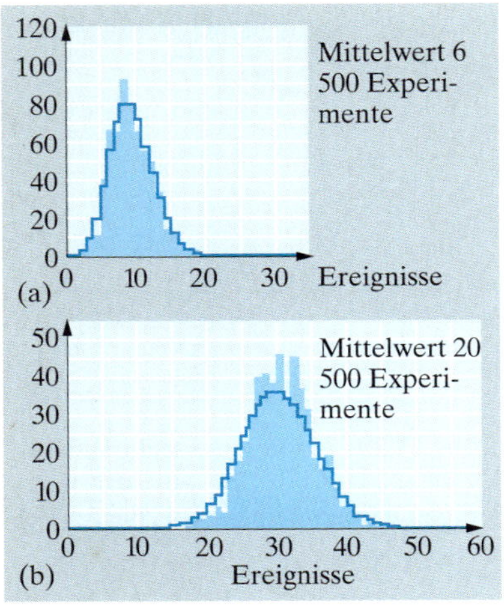

Abb. 13.31. Poisson-Verteilung von Zählrohr-Impulsraten. Abszisse: Anzahl der Impulse innerhalb der Meßzeit (a) 24 s, (b) 1,5 min; Ordinate: Anzahl der Messungen, die die jeweilige Impulszahl lieferten. Die dargestellte Impulsrate ist typisch für die natürliche Hintergrundstrahlung (kosmische Strahlung, atmosphärische und Bodenaktivität)

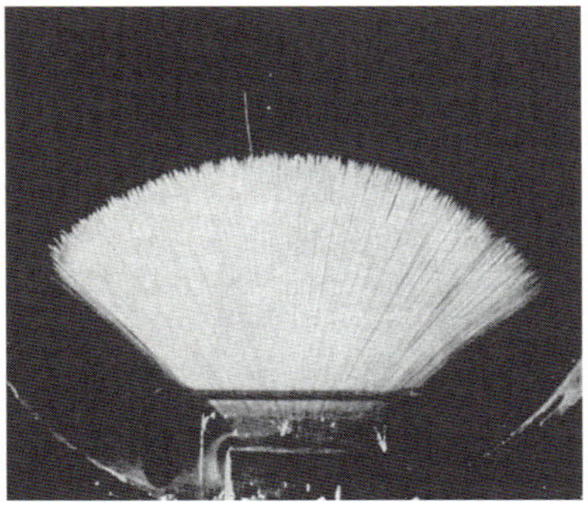

Abb. 13.32. Nebelkammeraufnahme des α-Zerfalls von RaC′. Das einzelne energiereiche Teilchen (längere Spur) wird aus einem angeregten Zustand des gleichen Kerns emittiert. (Nach *Philipp*, aus W. Finkelnburg: *Einführung in die Atomphysik*, 11./12. Aufl. (Springer, Berlin Heidelberg1976))

hier, bald dort unregelmäßig auf. Nur über sehr lange Zeiten erhält man einen konstanten Mittelwert der **Zählrate** ν, d. h. der Anzahl von Impulsen geteilt durch die Beobachtungszeit, meist in Minuten ausgedrückt.

Jede Folge von Ereignissen, die völlig unabhängig voneinander sind, und deren jedes im einfachsten Fall eine zeitunabhängige Wahrscheinlichkeit für sein Eintreten hat, muß solche Schwankungen zeigen. Man beobachte einen Geiger-Zähler jeweils eine Minute und notiere die Impulsanzahl; je öfter man dies wiederholt, desto genauer findet man im Durchschnitt den Wert ν. Es kommen aber auch Minuten mit stark abweichender Impulszahl vor, wenn auch um so seltener, je größer die Abweichung ist (Abb. 13.31). Die Häufigkeit der verschiedenen Impulszahlen wird beschrieben durch die **Poisson-Verteilung**: Unter Z Versuchen findet man z_n-mal die Impulszahl n, wobei

$$\boxed{z_n = Z\frac{\nu^n}{n!}\,\mathrm{e}^{-\nu}} \; . \qquad (13.22)$$

Dieses Gesetz folgt aus Wahrscheinlichkeitsbetrachtungen ganz allgemein für unabhängige, d. h. zeitlich, räumlich oder sonstwie *statistisch verteilte* Ereignisse. Die *mittlere Schwankung* oder **Standard-Abweichung** Δn ist diejenige Abweichung, die nur bei einem Bruchteil $\mathrm{e}^{-1} \approx 0{,}37$ der Versuche überschritten wird. Sie entspricht ungefähr den Wendepunkten der Verteilungskurve in Abb. 13.31. Für die Poisson-Verteilung gilt

$$\boxed{\Delta n = \sqrt{\nu}} \qquad (13.23)$$

oder für die relative Abweichung

$$\frac{\Delta n}{\nu} = \frac{1}{\sqrt{\nu}} \; . \qquad (13.24)$$

Zählt man im Durchschnitt 100 Impulse pro Minute, so sind Minuten mit weniger als 90 oder mehr als 110 Impulsen ziemlich selten (Wahrscheinlichkeit 37 %).

13.3 Schnelle Teilchen

Was richten schnelle Teilchen in Materie an, speziell in lebender? Wie erzeugt man sie? Wie weist man sie nach?

13.3.1 Durchgang schneller Teilchen durch Materie

Schießt man einen Teilchenstrahl nicht zu hoher Energie (bis zu einigen eV) in Materie ein, so schwächt sich dieser Strahl nach einem ähnlichen Absorptionsgesetz wie ein Lichtbündel: Beim Durchdringen einer Schichtdicke $\mathrm{d}x$ wird ein Bruchteil der Teilchen abgebremst oder seitlich weggestreut und verschwindet so aus dem Strahl. Dieser Bruchteil ist unabhängig von der Anzahl der Teilchen, die noch im Strahl sind, und annähernd unabhängig von der Teilchenenergie. Ein einziger Stoß mit einem Atom reicht zur Bremsung oder Streuung aus. Damit ergibt sich ein **Absorptionsgesetz** mit exponentieller Schwächung: $\mathrm{d}I = -\alpha I\,\mathrm{d}x$ oder $I = I_0\,\mathrm{e}^{-\alpha x}$, ähnlich wie für Licht, einschließlich Röntgenlicht.

Teilchen höherer Energie, z. B. α- und β-Teilchen, verhalten sich anders. Die Spuren der α-Teilchen aus einem radioaktiven Präparat haben keineswegs exponentielle Längenverteilung, sondern brechen alle praktisch bei der gleichen Länge ab („Rasierpinsel" Abb. 13.32), und zwar so scharf, daß man aus einer Spurlänge die Anfangsenergie ablesen kann. In Abb. 13.32 gibt es demnach zwei α-Gruppen mit verschiedener Energie. Die Energieverluste, meist durch Stöße mit Elektronen bewirkt – abgesehen von den viel selteneren Kernstößen mit hoher Energieübertragung –, sind hier viel kleiner als die Energie des schnellen Teilchens. Es gehören also zahlreiche Stöße dazu, das Teilchen abzubremsen. Sind z. B. 100 Stöße nötig, so gibt es immer eine nennenswerte Anzahl „glücklicher" Teilchen, die auf der gleichen Strecke, wo das durchschnittliche Teilchen 100 Stöße erleidet, erst $100 - \sqrt{100} = 90$ Stöße hinter sich haben, also etwa noch 10 % weiter laufen können.

Diese Betrachtung benutzt die **Poisson-Verteilung** unabhängiger Stoßereignisse und wäre vollkommen richtig, wenn die Stoßakte über die ganze Reichweite mit gleicher Wahrscheinlichkeit verteilt wären. Auf sehr guten Nebelkammeraufnahmen sieht man aber die Spuren am Ende deutlich verdickt. Der Energieverlust geht gegen Ende der Bahn, wo die Energie schon kleiner geworden ist, schneller vor sich. Daß ein schnelles Teilchen weniger Energie verliert als ein langsames, liegt daran, daß es nur kürzere Zeit im Einflußbereich des Teilchens bleibt, mit dem es wechselwirkt, und ihm daher weniger Energie und Impuls übertragen kann. Die quantitative Durchführung dieser Gedanken durch *Bohr*, *Bethe* u. a. führt auf die Formel

$$\frac{dW}{dx} = \frac{Z^2 n Z' e^4 M}{8\pi\varepsilon_0^2 m} \frac{1}{W} \ln \frac{4mW}{MI} \tag{13.25}$$

für den Energieverlust auf der Strecke dx in Abhängigkeit von der Teilchenenergie. M und m sind die Massen des einfliegenden Teilchens und des Elektrons, n, Z' und I sind Anzahldichte, Ordnungszahl und mittlere Ionisierungsenergie der Atome der bremsenden Materie (Herleitung: Aufgaben 13.3.3–13.3.14).

Die verlorene Energie wird in Wechselwirkung mit Elektronen, also zumeist in **Ionisierung** angelegt. Im Endeffekt entstehen fast immer Ionenpaare. Die Erzeugung eines Ionenpaares kostet in den einzelnen Stoffen etwas verschieden viel Energie. Ein guter Durchschnittswert für leichtere Atome (vom H bis Ar) ist 33 eV/Ionenpaar. Damit mißt dW/dx direkt die Anzahl der auf einer Längeneinheit der Bahn erzeugten Ionenpaare, die **Ionisierungsdichte**. Sie ist nach (13.25) ungefähr umgekehrt proportional der Teilchenenergie.

Sieht man von dem langsam veränderlichen ln-Glied in (13.25) ab, so ergibt sich für die Energie, die von einem Anfangswert W_0 nach einer Laufstrecke x noch übrig ist

$$W = \sqrt{W_0^2 - \frac{Z^2 n Z' e^4 M}{4\pi\varepsilon_0^2 m} x} \quad \textbf{(Whiddington-Gesetz)} \quad . \tag{13.26}$$

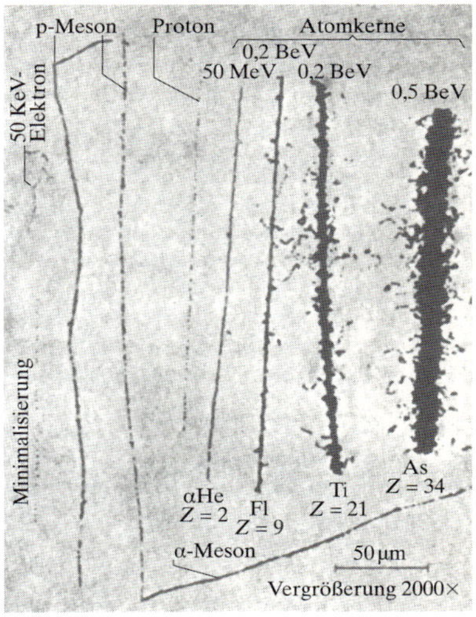

Abb. 13.33. Spuren geladener Teilchen in einer elektronenempfindlichen Photoemulsion. (Zusammengestellt von *Leprince-Ringuet*, aus W. Finkelnburg: *Einführung in die Atomphysik*, 11./12. Aufl. (Springer, Berlin Heidelberg 1976))

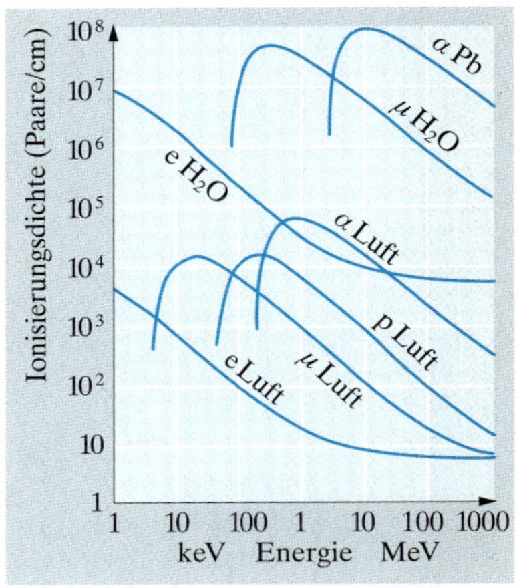

Abb. 13.34. Ionisierungsdichten durch verschiedene Teilchenarten in Abhängigkeit von der Energie

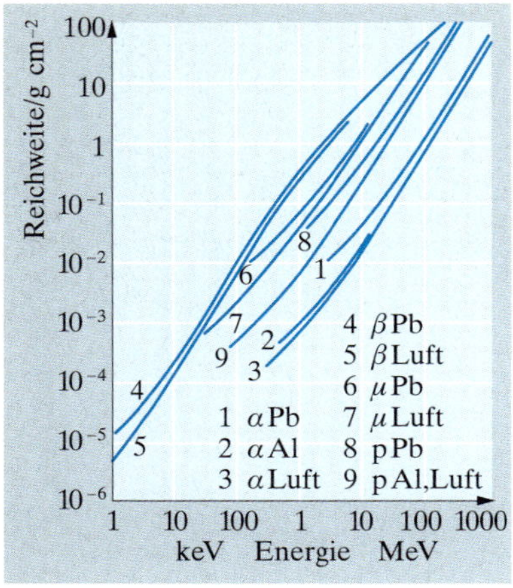

Abb. 13.35. Reichweiten verschiedener Teilchenarten in Abhängigkeit von der Energie. Die Reichweiten lassen sich nur angenähert allein durch die Massendichte ausdrücken; daher sind die Kurven für leichte und schwere Bremssubstanzen etwas verschieden

Die **Reichweite** ist dasjenige x, wo die Energie Null wird:

$$r = \frac{4\pi\varepsilon_0^2 m}{Z^2 n Z' e^4 M} W_0^2 \quad . \tag{13.27}$$

Das ln-Glied, das wir vernachlässigt hatten, schwächt den Abfall der Energie; dementsprechend erhält man nicht $r \sim W_0^2$, sondern nur etwa $r \sim W_0^{1,5}$ (**Reichweitegesetz von Geiger**).

Der Einfluß der Bremssubstanz steckt hauptsächlich in ihrer Elektronenkonzentration nZ', in zweiter Linie in der Ionisierungsenergie I. Ein Stoff mit nZ' Elektronen/m^3 hat auch nZ' Protonen/m^3; für die leichten Elemente ist das Atomgewicht doppelt so groß wie die Ordnungszahl. Daher ist n und damit der Energieverlust im wesentlichen proportional der Dichte der Bremssubstanz. Die Bremsfähigkeit eines Schirms für schnelle Teilchen läßt sich daher in kg/m^2 ausdrücken. 1 cm Wasserschicht schirmt ebensogut ab wie etwa 800 cm Luft bei 1 bar und 20 °C.

Verschiedenartige schnelle Teilchen werden nach (13.25) entsprechend ihrer Masse und ihrer Ladung verschieden stark gebremst. Die Ionisierungsdichten von schweren Ionen, α-Teilchen, Protonen, Myonen, Elektronen nehmen in dieser Reihenfolge ab, und zwar annähernd mit MZ^2. Für relativistische Teilchen (für Elektronen also schon unterhalb 1 MeV) ändert sich die Bremsformel etwas; die Reichweite nimmt ab.

13.3.2 Nachweis schneller Teilchen

Geladene schnelle Teilchen werden hauptsächlich an ihren Ionisierungswirkungen erkannt, ferner dadurch, daß sie die durchflogene Materie zur Lichtstrahlung anregen oder chemische Reaktionen (Dissoziation, Radikalbildung) in ihr auslösen. Elektrisch neutrale Teilchen wie Neutronen oder Neutrinos zeigen i. allg. so schwache Wechselwirkung mit Materie, daß man sie meist auf indirektem Wege nachweist, nämlich indem man durch sie eine Kernreaktion auslösen läßt, die ihrerseits geladene Teilchen produziert.

a) Ionisationskammer und Halbleiterzähler. Ionisierende Strahlungen können mittels der **Ionisationskammer** (Abschn. 8.3.1) nachgewiesen werden. Jedoch ist selbst bei sehr großen Kammern und sehr energiereichen Strahlen die Anzahl der Ionenpaare, die von *einem* Teilchen oder Quant erzeugt werden, und somit die zu messende Elektrizitätsmenge nur mit Verstärkeranordnungen meßbar. Natürlich ist die Energie des einfliegenden Teilchens nicht genauer meßbar als bis auf den Energieverlust ΔW in der Kammer. Als **Energieauflösung** bezeichnet man daher das Verhältnis $W/\Delta W$. Offensichtlich sind der Meßstrom ($\sim \Delta W$) und die Energieauflösung gegenläufige Größen.

Günstiger in dieser Hinsicht sind **Halbleiter-Detektoren** (**Zähldioden**, **Sperrschichtzähler**). Sie sind meist als dünne Halbleiterplättchen ausgebildet, die einen pn-Übergang enthalten (Abschn. 14.4.3). Ionisierende Strahlung erzeugt darin Paare von Elektronen und Löchern, und zwar mit viel geringerem Energieaufwand als für die Ionisierung eines Gasmoleküls (etwa 1 eV oder wenig mehr, verglichen mit etwa 30 eV in Luft). Die im

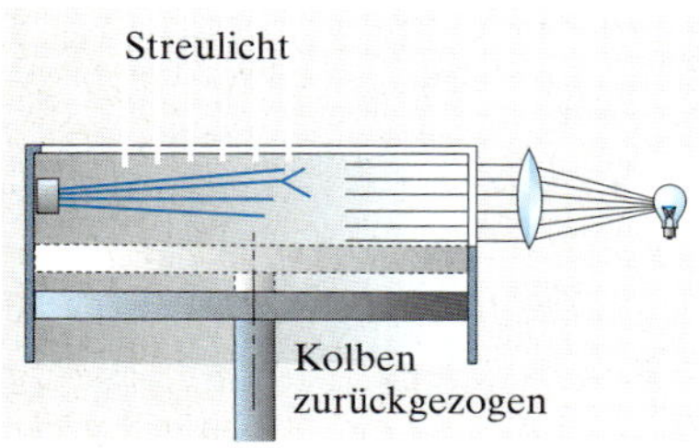

Abb. 13.36. Wilson-Kammer, schematisch

rein p- oder rein n-leitenden Bereich erzeugten Paare rekombinieren bald wieder. In der pn-Übergangsschicht aber werden Elektronen und Löcher durch das dort herrschende starke Raumladungsfeld getrennt, das Löcher ins n-, Elektronen ins p-Gebiet treibt. Wenn die beiden Stirnflächen des Zählers über einen Widerstand an eine Spannungsquelle gelegt sind, entsteht so ein kurzer Stromstoß. Entsprechend dem geringeren Energieverlust ΔW ist die Energieauflösung $W/\Delta W$ viel größer als in der Ionisationskammer. Die Energie von γ-Quanten wird meist durch die Lichtmenge gemessen, die ein bei der Absorption des γ-Quants entstehendes Photoelektron in einem NaJ-Kristall erzeugt (**Szintillationsspektrometer**).

b) Nebel- und Blasenkammer. Die **Nebelkammer** (*Wilson*, 1912) besteht aus einem zylindrischen Gefäß, das auf der einen Stirnfläche mit einer Glasplatte, auf der anderen mit einem verschiebbaren Kolben verschlossen und mit einem wasserdampfgesättigten Gas (meist Luft) gefüllt ist. Durch Zurückreißen eines Kolbens wird das Gas etwa auf $\frac{4}{3}$ seines ursprünglichen Volumens expandiert. Die adiabatische Ausdehnung kühlt das Gas ab, und es ist nun mit Wasserdampf übersättigt. Dieser scheidet sich aber erst dann in Form kleiner Wassertropfen (Nebeltropfen) aus, wenn Kondensationskerne, z. B. kleine Staubteilchen oder auch geladene Gasmoleküle (positive oder negative Ionen) vorhanden sind. Läßt man unmittelbar nach der Expansion in das Kammerinnere Strahlen eintreten, die auf ihrer Bahn Ionen erzeugen, so kondensieren sich Nebeltröpfchen daran, ehe sich die Ionen durch Diffusion merklich verschieben. Beleuchtet man gleichzeitig intensiv von der Seite, so wird das Licht an diesen Tröpfchen gestreut, und man kann die Spur des Teilchens durch die obere Deckplatte der Kammer als helleuchtenden Nebelstreifen auf dem dunklen Untergrund des geschwärzten Kolbens beobachten oder photographieren. Die Nebelkammer hat zahllose wichtige Erkenntnisse über das Verhalten von Elementarteilchen erbracht. Abbildungen 13.24, 13.32 und 13.37 geben Nebelkammeraufnahmen wieder.

Schwach ionisierende Teilchen erzeugen im Füllgas wegen dessen geringer Dichte zu wenig Ionen. Man hat daher Kammern entwickelt, die mit einer siedenden Flüssigkeit gefüllt werden, so daß bei plötzlicher Expansion kurzzeitig Überhitzung eintritt. An den Ionen bilden sich dann Dampfbläschen (**Blasenkammer**, *Glaser* 1952), die durch geeignete Beleuchtung sichtbar gemacht werden. Als Füllflüssigkeit hat sich flüssiger Wasserstoff (Dichte 70 kg m^{-3}) besonders bewährt, der zunächst bei 5 bis 6 bar schwach unterkühlt und völlig blasenfrei ist; dann wird innerhalb weniger ms der Druck auf die Hälfte reduziert. Für wenige weitere ms, nämlich bis das Sieden einsetzt, ist dann die Blasenkammer für Teil-

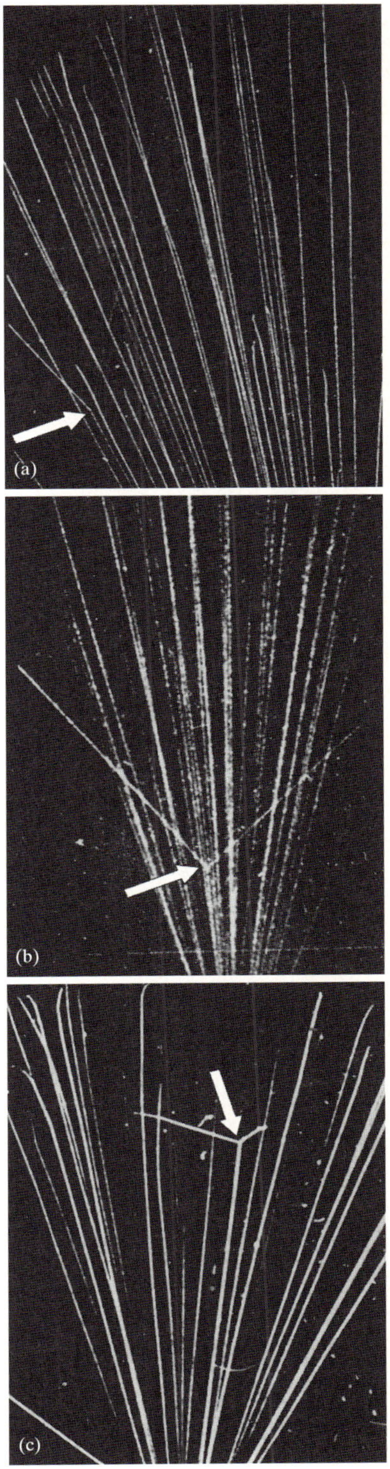

Abb. 13.37a–c. Atomstöße in der Wilson-Kammer. (a) Stoß eines α-Teilchens mit einem Proton. Man beachte den spitzen Winkel und die schwächere Spur des Protons. (b) Stoß zweier α-Teilchen. Der Winkel erscheint im Bild etwas kleiner als $\pi/2$, weil die Aufnahmerichtung nicht genau senkrecht zur Spurebene steht. (c) Stoß eines α-Teilchens mit einem Fluor-Kern. [Nach *W. Gentner*, *H. Maier-Leibnitz* und *W. Bothe*. (a) ist aufgenommen von *P. M. S. Blackett* und *D. S. Lees* (1932), (b) von *P. M. S. Blackett* (1925) und (c) von *I. K. Bøggild*]

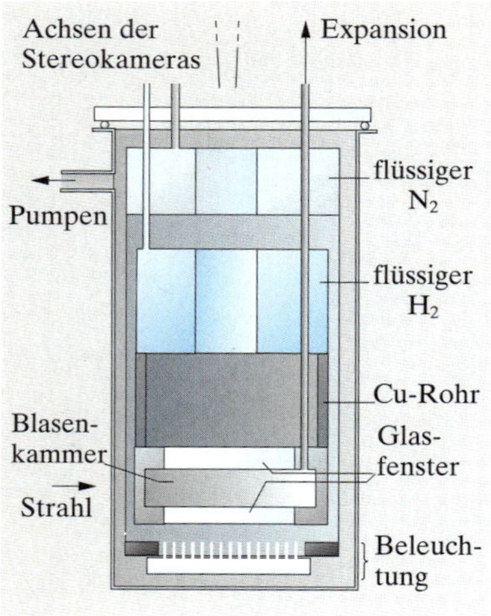

Abb. 13.38. Wasserstoff-Blasenkammer; schematisch

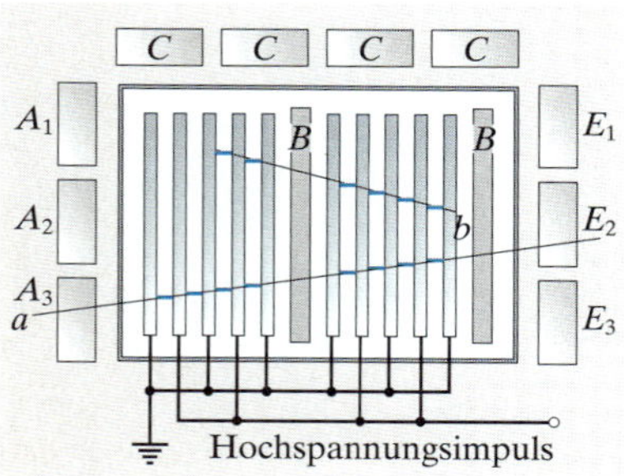

Abb. 13.39. Anordnung einer Funkenkammer; schematisch

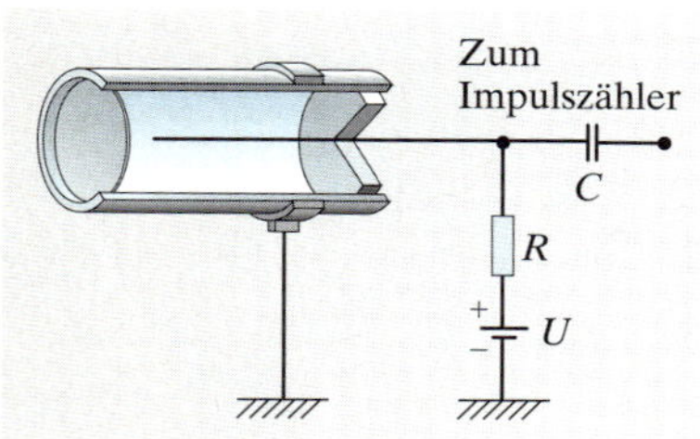

Abb. 13.40. Zählrohr

chen, die nun durch dünne Metallfenster eintreten, empfindlich. Eine schematische Darstellung einer Wasserstoff-Blasenkammer, die natürlich von einem Vakuummantel umgeben sein muß, zeigt Abb. 13.38. Man hat Kammern gebaut, die 1 000 Liter flüssigen Wasserstoff enthalten. Abbildung 13.45 zeigt eine Blasenkammeraufnahme.

Nebel- und Blasenkammern werden häufig in einem Magnetfeld angebracht. Aus der Krümmung der entstehenden Bahn kann man auf Energie und Impuls der auslösenden Teilchen schließen.

c) Funkenkammer. Zum Nachweis von Teilchen mit besonders geringer Wechselwirkung mit Materie eignet sich die **Funkenkammer**. Sie besteht aus einer Reihe von etwa m^2-großen und cm-dicken Al-Platten, die parallel zueinander in einer Edelgasatmosphäre angeordnet sind (Abb. 13.39). Die Platten 1, 3, 5 usw. sind geerdet; an die Platten 2, 4 usw. kann für die Dauer von jeweils etwa 0,2 µs eine Spannung von 20 kV gelegt werden, die gerade noch nicht ausreicht, um einen Funken zwischen zwei benachbarten Platten überspringen zu lassen. Dringt ein geladenes Teilchen ein (a), so wird das Gas längs der Teilchenbahn ionisiert, und es bilden sich, wenn gerade das elektrische Feld eingeschaltet ist, zwischen zwei Platten dort durch Stoßionisation leuchtende Funken aus, die photographiert werden können.

Die Teilchenbahnen sind zwar nicht so scharf gezeichnet wie bei der Blasenkammer. Dafür hat die Funkenkammer den Vorzug, daß sie gesteuert ausgelöst werden kann. Dazu dienen die sie umgebenden Zähler (A_{1-3}, E_{1-3}, B und C), die dafür sorgen, daß der Spannungsstoß nur dann angelegt wird, wenn eines der zu untersuchenden Teilchen in die Kammer eingetreten oder in ihr entstanden ist.

d) Zählrohr. Dies genial einfache, heute auf der ganzen Welt verbreitete Gerät (*H. Geiger*, 1921) besteht meist aus einem Metallrohr von einigen cm Durchmesser, das mit Luft oder Argon von einigen mbar bis zum Atmosphärendruck und etwa 10 mbar Alkoholdampf gefüllt ist (Abb. 13.40). In der Achse ist ein möglichst dünner Wolfram- oder Stahldraht gespannt, der über einen hohen Widerstand (mehr als 1 MΩ) zur Erde abgeleitet wird. Die Rohrwand wird mit dem negativen Pol einer Hochspannungsquelle verbunden, deren positiver Pol ebenfalls geerdet ist. Die Spannung reicht noch nicht zu einer andauernden selbständigen Glimmentladung aus. Tritt aber ein ionisierendes Strahlteilchen in das Rohrinnere, so leiten die von ihm erzeugten Ionen einen Entladungsstoß ein, der wesentlich durch die Wirkung der Alkoholmoleküle schnell wieder erlischt. Nach jedem Entladungsstoß bleibt das Zählrohr gegen neu eintretende Strahlteilchen unempfindlich, bis die in der unmittelbaren Umgebung des Drahtes entstandenen positiven Ionen an die Kathode abgewandert sind. Erst nach Ablauf dieser **Totzeit** und anschließender **Erholungszeit**, die sich zusammen etwa über einige 10^{-4} s erstrecken, ist es zum Nachweis eines folgenden Teilchens bereit. Die zum Draht und von dort zur Erde abfließenden negativen Ionen und Elektronen erzeugen am sehr großen Widerstand R einen Spannungsabfall, der über einen elektronischen Verstärker ein mechanisches Zählwerk betätigt. Ein solches **Auslöse-Zählrohr** spricht bereits auf ein einziges schnelles Elektron an; die Größe des ausgelösten Impulses ist unabhängig von der Menge der Elektronen oder Ionen, die vom registrierten Elementarteilchen erzeugt werden.

In einem gegebenen Strahlungsfeld hängt die Impulsrate, die ein Zählrohr angibt, von der angelegten Spannung ab, wie Abb. 13.41 zeigt. Unterhalb der Einsatzspannung kann keine Entladung ausgelöst werden. Darüber steigt die Zählrate schnell an. Etwa 50 V über der Einsatzspannung hört dieser Anstieg auf, und die Spannung kann um mehrere 100 V erhöht werden, ohne daß mehr Impulse kommen: Jeder Impuls entspricht gerade einem durchgehenden schnellen Teilchen. Unterhalb dieses Plateaus können die von einem Teilchen erzeugten Ionen nur eine unselbständige Entladung (Abschn. 8.3.2) unterhalten. Die Anzahl der Ionen, die im hohen Feld am Draht durch Stoßionisation entstehen, ist dann der Anzahl primär erzeugter Ionen proportional, so daß man aus der Größe der Impulse am Elektrometer auf die Natur der ionisierenden schnellen Teilchen schließen kann. Im **Proportionalbereich** kann ein Zählrohr also z. B. zwischen stark ionisierenden α-Teilchen und schwach ionisierenden β-Teilchen unterscheiden.

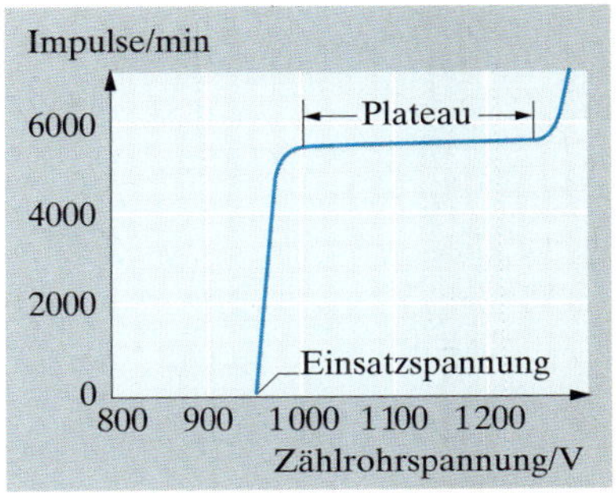

Abb. 13.41. Charakteristik eines Zählrohres

e) Szintillationszähler. Die älteste Methode zur Beobachtung einzelner atomarer Teilchen ist die Szintillationsmethode. Wenn ein solches energiereiches Teilchen in einen ZnS-Kristall eindringt, wird seine kinetische Energie schrittweise fast vollständig auf die Kristallatome übertragen und von diesen als Licht ausgestrahlt. Auf einer mit ZnS-Kriställchen belegten Glasplatte beobachtet man dann bei gut adaptiertem Auge mit einem schwach vergrößernden, aber lichtstarken Mikroskop schwache Lichtblitze. Auf diese Weise wurden die Versuche mit α-Teilchen ausgeführt, aus denen *Rutherford* auf die Existenz der Atomkerne schloß. Heute läßt man das Licht dieser Blitze auf die Photokathode eines Elektronenvervielfachers (Abschn. 8.1.4) fallen und von ihm ein Zählwerk betätigen.

f) Tscherenkow-Zähler. Ebenso wie eine Schallquelle, die sich schneller als mit Schallgeschwindigkeit bewegt, einen Mach-Kegel hinter sich herzieht (Abschn. 4.3.5), erzeugt auch ein elektrisch geladenes Teilchen eine kegelförmige elektromagnetische Welle, wenn es sich schneller als mit der Phasengeschwindigkeit des Lichtes durch eine Substanz bewegt. Für den Öffnungswinkel α des Kegels gilt ebenfalls

$$\sin\alpha = \frac{c}{v} = \frac{c_0}{nv} ,$$

wobei c die Lichtgeschwindigkeit in der Substanz, n deren Brechzahl, c_0 die Vakuumlichtgeschwindigkeit und v die Teilchengeschwindigkeit ist. Wegen $\sin\alpha \leqq 1$ können nur Teilchen mit $v \geqq c_0/n$ Tscherenkow-Strahlung erzeugen.

Beim **Tscherenkow-Zähler** wird ein Zylinder aus einem durchsichtigen, stark brechenden Material (etwa Plexiglas) vor einem Elektronenvervielfacher (Abschn. 8.1.4) angeordnet, möglichst so, daß nur für einen bestimmten Öffnungswinkel α Licht von diesem aufgenommen wird.

Dann zählt das Gerät nur Teilchen, die mit einer bestimmten Geschwindigkeit aus einer Richtung einfallen. Neben der Möglichkeit der Geschwindigkeitsanalyse weist der Tscherenkow-Zähler noch den Vorteil eines sehr hohen zeitlichen Auflösungsvermögens auf (10^{-9} s). Teilchen mit $v < c_0/n$, die sonst oft einen schädlichen „Störpegel" bilden, werden überhaupt nicht registriert.

g) Kernspur-Platten. Abgesehen von den Neutronen und Neutrinos haben alle einigermaßen energiereichen Strahlenarten die Fähigkeit, photographische Platten zu schwärzen. Das beruht darauf, daß einzelne Moleküle der in der Gelatine der Emulsion eingebetteten AgBr- oder AgCl-Kriställchen durch Bestrahlung dissoziiert werden und die frei gewordenen Ag-Atome dann Kristallkeime bilden, die durch den anschließenden Entwicklungsprozeß das ganze Kriställchen in ein Ag-„Korn" umwandeln. Der Verstärkungsprozeß, der in der Nebel- oder Blasenkammer sich fast momentan durch Tröpfchen- bzw. Blasenbildung vollzieht, spielt sich hier also erst nachträglich beim Entwickeln ab. Auf diese Art hinterlassen energiereiche geladene Teilchen auf der entwickelten Platte Spuren, die aus einer Kette von geschwärzten Körnern bestehen. Korngröße, Korndichte, Ketten- und Lückenlänge und dergleichen werden unter dem Mikroskop ausgemessen und ermöglichen meist, das Teilchen zu identifizieren und seine Energie zu ermitteln. Eine **Kernzertrümmerung** zeichnet sich als gegabelte Spur, eine Kernexplosion oder **Kernverdampfung** als ein Sternchen ab (vgl. Abb. 13.62).

Das Verfahren hat den großen Vorzug, daß es beliebig lange aufnahmebereit ist und demnach schwache Strahlung akkumuliert. Man benützt es daher zur Untersuchung der Strahlung an schwer zugänglichen Orten, z. B. in den höchsten Atmosphärenschichten. Dazu läßt man Kernspurplatten oder ganze Pakete von Emulsionsschichten mit unbemannten Ballonen 20 bis 30 km hoch aufsteigen und durchmustert sie nach der Entwicklung nach bemerkenswerten Ereignissen.

h) Drahtkammer. Geiger- und Tscherenkow-Zähler sowie Funkenkammer können den Durchgang schneller Teilchen nicht genau genug lokalisieren, Nebel- und Blasenkammer sowie Kernspurplatten sind nicht kontinuierlich aufnahmebereit, um die vielen hundert Teilchen zu registrieren und zu diskriminieren, die bei jedem Stoß in modernen Beschleunigern auseinanderspritzen. 1968 fand *G. Charpak*, daß jeder einzelne von sehr vielen in mm-Abstand gespannten Anodendrähten als Proportionalzähler wirken und nahebei entstehende Trägerlawinen über einen individuellen Verstärker registrieren kann. Moderne Elektronik erlaubt in der **Driftkammer** sogar die Zeit zwischen primärem Ionisierungsakt und Ankunft der Lawine am Draht zur noch genaueren Lokalisierung auf wenige μm auszunutzen. In Speicherring-Experimenten umgibt man das Gebiet, wo die Teilchen aufeinanderprallen, mit vielen Lagen solcher Drähte. Solche Detektoren erreichen ein riesiges Volumen und enthalten fast eine Million Drähte.

13.3.3 Teilchenbeschleuniger

Fast alles, was wir über die Struktur der Materie im subatomaren Bereich wissen, verdanken wir schnellen Teilchen. Man verwendet sie für elastische oder inelastische Streuversuche, in denen die Geschosse im Feld der untersuchten Strukturen abgelenkt werden, wie in Rutherfords α-Streuversuch, bzw. in denen andere Teilchen aus vorhandenen Strukturen herausgeschlagen oder ganz neu erzeugt werden, wie in den ersten „Atomzertrümmerungen" der Rutherford-Schule. Je höher die Energie der Teilchen, desto feinere Einzelheiten kann man sondieren. Das liegt an der Wellennatur der Materie, speziell an der de Broglie-Relation $\lambda = h/p$. Wenn Abstoßungs- oder Anziehungskräfte wirken, bestimmt die Energie des Geschosses, wie nahe es dem abstoßenden Target kommt bzw. aus wie kleinen Strukturen es Teilchen herauslösen kann. Schließlich ist Neuerzeugung eines Teilchens der Masse m höchstens bei der Geschoßenergie $W = mc^2$ möglich, meist erst bei sehr viel höheren Energien. Es kommt aber nicht nur auf die Energie der Teilchen an, auch auf ihre Intensität (Anzahl pro s und m^2). Die Energie bestimmt die Art der möglichen Ereignisse, die Intensität ihre Wahrscheinlichkeit. Was die Energie betrifft, werden wir die schnellsten kosmischen Teilchen vermutlich nie erreichen (sie gehen bis über 10^{12} GeV), aber solche Teilchen sind so selten, daß man nur zufällig in vielen Jahren eins beobachtet. Systematische und reproduzierbare Versuche erfordern also Beschleunigungsmaschinen hoher Energie und Intensität.

Jede neue Beschleuniger-Generation hat etwa ein Entwicklungsjahrzehnt gebraucht und eine höhere Zehnerpotenz an Teilchenenergie und eine neue Tiefenschicht in der Struktur der Materie erschlossen. Die 1 MeV-Geräte von *Cockcroft-Walton* und *van de Graaff* (1920–30) lösten die ersten Kernumwandlungen mit wirklich künstlichen Geschossen aus. **Zyklotron**, **Betatron** und die frühen **Linearbeschleuniger** (um 10 MeV, 1930–40) vertieften diese Erkenntnisse. Mit dem **Elektronen-Synchrotron** (einige 100 MeV, 1940–50) konnte man Pionen und Myonen erzeugen, die man allerdings schon aus der kosmischen Strahlung kannte. Verbesserte Fokussierung brachte 1950–60 mehrere GeV und damit Erzeugung von Antinukleonen und K-Mesonen. 1960–70 stießen **Protonen-Synchrotron** und größere Linearbeschleuniger weit über 10 GeV vor, erzeugten eine Fülle neuer Resonanzteilchen und sicherten den Aufbau der Hadronen aus Quarks, deren Anzahl sie von drei auf sechs erhöhten. Gegenwärtig hat man die 100 GeV-Schwelle überwunden, Gluonen, W- und Z-Bosonen nachgewiesen und ringt um die Einzelheiten der Quarkdynamik und der **großen Vereinheitlichung** von schwacher, elektromagnetischer und starker Wechselwirkung, die sich in diesem Bereich auch experimentell manifestieren sollte. Selbst mit dem Einbruch in den TeV-Bereich und sogar mit dem Super-Ringkanal rund um den Äquator (Aufgabe 13.3.23) wären wir noch weit hinter den kosmischen Beschleunigern zurück, die Teilchen von mehr als 10^{20} eV liefern, allerdings äußerst selten.

Beschleunigen, also mit kinetischer Energie versehen, kann man nur geladene Teilchen mittels elektrischer Felder. Die Lorentz-Kraft in einem

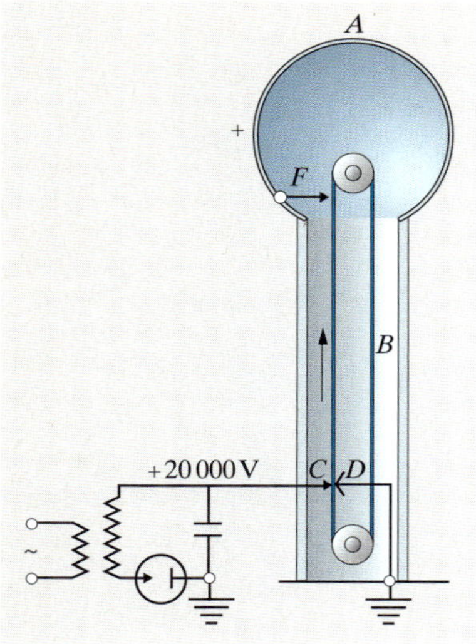

Abb. 13.42. Elektrostatischer van de Graaff-Generator. Das Plastik- oder Papierband B wird bei C durch eine Corona-Entladung besprüht und trägt die Ladung ins feldfreie Innere der Metallhohlkugel A, wo sie bei F entnommen wird. Das Äußere der Hohlkugel kommt so auf Spannungen bis über 1 MV. Spannungsbegrenzung nur durch Verlust infolge Sprühentladung. (Nach *Brüche* und *Recknagel*, aus W. Finkelnburg: *Einführung in die Atomphysik*, 11./12. Aufl. (Springer, Berlin Heidelberg 1976))

Magnetfeld steht nämlich immer senkrecht auf der Bahn und kann daher keine Arbeit leisten. Magnetfelder können Teilchen nur führen, nicht beschleunigen. Die Hochspannungstechnik kann wenige MV liefern (**Kaskadengenerator** von *Crockcroft* und *Walton*, **elektrostatischer Generator** von *van de Graaff* (Abb. 13.42); selbst bei Vermeidung aller Kanten und Spitzen werden dabei schon mehrere Meter Luft durchschlagen!). Man muß also dafür sorgen, daß die geladenen Teilchen die Beschleunigungsspannung mehrfach durchlaufen.

Das geschieht im **Tandem-van de Graaff** zweimal. Zunächst werden negative Ionen bis zur positiven Mittelelektrode beschleunigt (bis zu 10 MV). Dort treten sie durch einen **Stripper**, meist eine dünne C-Folie, die ihnen möglichst viele Elektronen abstreift. Die entstandenen positiven Ionen werden im Feld jenseits der Mittelelektrode nochmals entsprechend ihrer Ladung erheblich beschleunigt.

Bei den **Linearbeschleunigern** liegen viele Beschleunigungsstrecken auf der geraden Bahn hintereinander, bei den Zirkularbeschleunigern ist es nur eine solche Strecke (oder wenige), die auf geschlossener Bahn sehr oft durchlaufen wird. Auf einer solchen geschlossenen Bahn werden die Teilchen durch ein magnetisches Führungsfeld gehalten, das durch seine Struktur die Teilchen schwach oder stark bündelt, indem es Abweichungen von der Sollbahn korrigiert und so die Intensität steigert (**schwache** bzw. **starke Fokussierung**). Die Intensität hängt ferner davon ab, ob der Teilchenstrahl kontinuierlich oder gebündelt fließt, und wie viele Teilchen aus der ursprünglichen Quelle aus dem Beschleunigungstakt geraten und verlorengehen, oder ob zeitliche Abweichungen automatisch korrigiert werden (**Phasenstabilität**).

Linearbeschleuniger (Idee von *Wideroe*, 1930). Eine große Anzahl von Rohrstücken liegt abwechselnd an den beiden Polen einer Wechselspannungsquelle. In einem solchen Rohr herrscht kein Feld; die Beschleunigung erfolgt jedesmal zwischen zwei Rohrstücken. Die Frequenz der Wechselspannung muß so sein, daß die Teilchen an jeder Trennstelle eine beschleunigende Phase des Feldes vorfinden. Ihre Laufzeit durch jedes Rohrstück muß eine halbe Feldperiode sein; daher müssen die Stücke immer länger werden. Die Teilchen werden also in zeitlich diskrete Pakete gebündelt, und zwar gelangen auch viele in falscher Phase eingeschossene Teilchen schließlich in diese optimal beschleunigten Pakete: Es herrscht **Phasenstabilität**. Dasselbe System, das bei der Wanderfeldröhre als Generator dient, also Energie vom Teilchenstrahl auf das Wellenfeld überträgt (Abschn. 8.2.9), arbeitet hier als Motor. Ein Magnetfeld ist prinzipiell nicht nötig, wird aber oft zur Fokussierung angebracht, d. h. um den Strahl zu konzentrieren. Im linearen Strahl verlieren die Teilchen keine Energie durch **Zyklotron-** oder **Synchrotron-Strahlung** (Abschn. 11.3.2), aber solche Anlagen erreichen bald sehr unhandliche Längen.

Zyklotron (*E. O. Lawrence*, 1932). Bei nichtrelativistischer Geschwindigkeit beschreibt ein geladenes Teilchen im homogenen Magnetfeld eine Kreisbahn, deren Kreisfrequenz *unabhängig vom Bahnradius* immer gleich der Larmor-Frequenz ist (Abschn. 8.2.2)

$$\omega = \frac{v}{r} = \frac{e}{m} B \,. \tag{13.28}$$

Ein solches Magnetfeld B kann also die Teilchen immer im richtigen Augenblick in ein Beschleunigungsfeld führen, falls dieses die Wechselfrequenz $\nu = \omega/(2\pi)$ hat. Dieses Feld herrscht im engen Spalt zwischen zwei Gittern, die an einen Schwingkreis angeschlossen sind (Abb. 13.43). Den Rest des evakuierten Spalts zwischen den Magnetpolschuhen bilden zwei D-förmige Laufräume. Darin beschreiben die Teilchen Halbkreise, die sich zu einer Auswärts-Spirale zusammenfügen; die Krümmung wird ja nach jedem Durchgang durchs E-Feld geringer. So gelangt das Teilchen in Randnähe, wo es durch ein Hilfsfeld E durch das Fenster F aufs Target gelenkt wird. Magnete vernünftiger Größe und Stärke können nur leichte Teilchen (Elektronen, in sehr großen Anlagen auch Protonen) lange genug auf Kreisbahnen halten. Schon um 100 keV wächst aber die Masse der Elektronen merklich, ihre Umlaufzeit wächst nach (13.28), sie bleiben nicht mehr im Takt mit dem Feld. Dem wirkt man entgegen, indem man im Einklang mit der Massenzunahme die Feldfrequenz zeitlich abnehmen läßt (**Synchrozyklotron**), womit man natürlich nur jeweils einem Teilchenpaket folgen kann und auf den kontinuierlichen Teilchenstrom des normalen Zyklotrons verzichten muß. Anlagen in Genf, Berkeley, sowie Dubna und Gatschina erreichen mit Magneten um 6 m Durchmesser und fast 2 T Feldstärke Protonenenergien von knapp 1 GeV. Einen anderen Trick benutzt das **Mikrotron**: Man führt den Elektronen bei jeder Beschleunigung eine Ruhenergie von 511 keV zu, so daß nach (13.28) das Elektron zum ersten Umlauf eine Feldperiode braucht, zum zweiten zwei Perioden usw. Diese Periode kann daher konstant bleiben. Schließlich kann man auch das Magnetfeld mit der Teilchenmasse anwachsen lassen, was zum Synchrotron führt.

✗ Beispiel...

Warum kann man Elektronen i. allg. mit einem Zyklotron kaum beschleunigen? Welchen Vorteil bietet es, 511 kV an den Beschleunigungskondensator zu legen?

Teilchen geraten außer Takt, wenn ihre Masse sich wesentlich relativistisch geändert hat. Elektronen haben $W_0 = m_0 c^2 = 511$ keV (heute lächerlich wenig). Mit 511 keV am Beschleunigungskondensator nimmt m bei jedem Halbumlauf um m_0 zu, der n-te Halbumlauf dauert n-mal so lange wie der erste: Bei hoher Energie Kreisbahnbedingung $p = mv = erB$, $W = pc = eBrc$, $T = 2\pi r/c = 2\pi W/(eBc)$. Die Phasen stimmen dann wieder.

Synchrotron (*W. I. Weksler*, 1944). Im Zyklotron können die Teilchen sich ihre Bahn im magnetischen Führungsfeld selber suchen, im Synchrotron ist eine ganz enge Sollbahn vorgeschrieben. Das Feld kann so auf einen viel engeren Raum beschränkt werden, es muß allerdings mit zunehmender Teilchenenergie nach einem sehr exakten Programm anwachsen, was natürlich nur im Impulsbetrieb gelingt. An einer oder einigen Stellen dieser Bahn erfolgt die Beschleunigung durch ein ebenfalls pro-

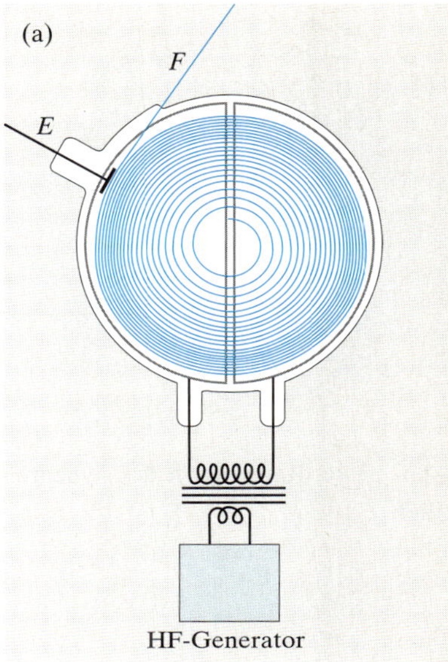

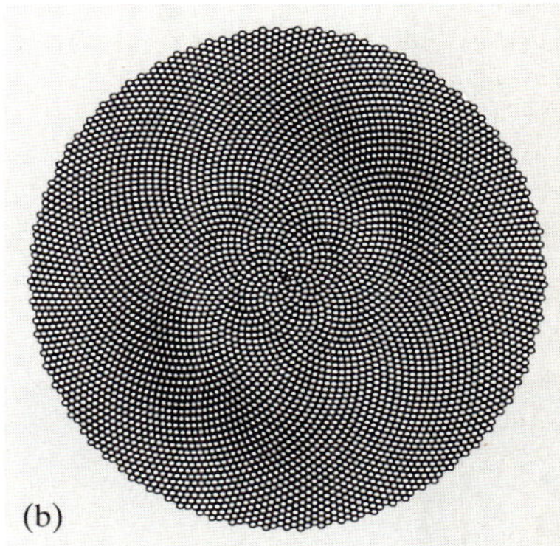

Abb. 13.43. (a) Zyklotron, (b) in der Sonnenblume gibt es viele Spiralen. Wissen Sie, warum es Zyklotron-Spiralen sind? Einige springen ins Auge, die primäre Spirale, die alle Einzelheiten in der Reihenfolge ihrer Entstehung verbindet, ist schwerer zu finden, weil sie sehr flach verläuft

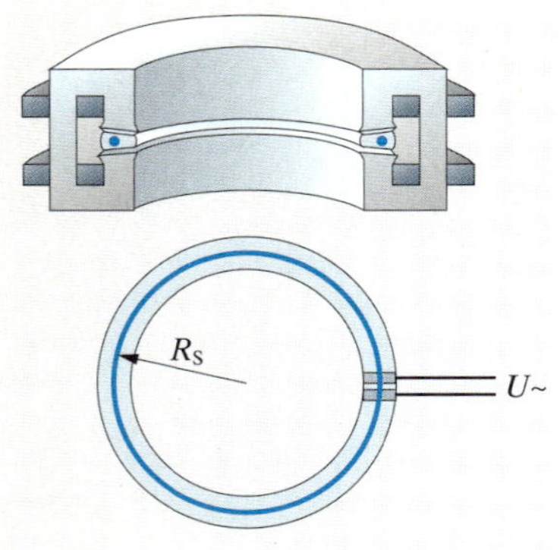

Abb. 13.44. Ringmagnet des Synchrotrons

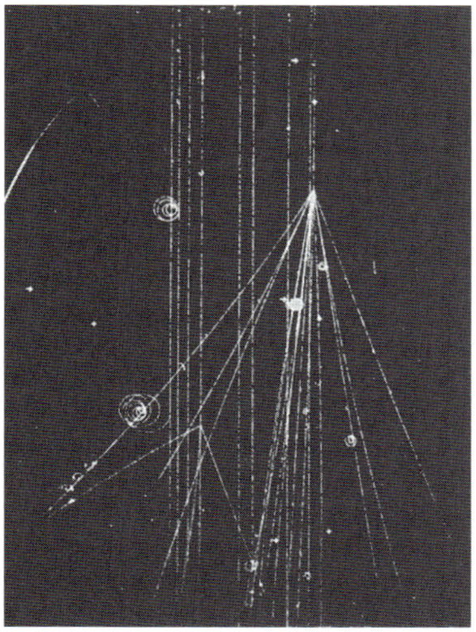

Abb. 13.45. Erzeugung von zwölf schweren Teilchen aus der Energie eines 24 GeV-Protons; Blasenkammeraufnahme

gammiertes hochfrequentes elektrisches Wechselfeld. Man kann auch nach dem Trafo- oder Betatron-Prinzip induktiv durch rasche Magnetfeldänderung beschleunigen. Beim Elektronen-Synchrotron (z. B. DESY, Hamburg) erreichen die Teilchen sehr bald praktisch Lichtgeschwindigkeit und damit eine energieunabhängige Laufzeit, bei Protonen tritt das erst bei einigen GeV ein.

Um den Kammerquerschnitt zu reduzieren und Teilchenverluste auf dem bis zu 10^6 km langen Gesamtweg zu verringern, muß man **fokussieren**, d. h. Abweichungen von der Sollbahn rückgängig machen. Auf einer vereisten, als schiefe Ebene überhöhten Straßenkurve rutschen alle Fahrzeuge, die nicht genau die richtige Geschwindigkeit haben, entweder über den äußeren oder den inneren Rand hinaus. Eine Bobbahn dagegen hat einen gekrümmten Querschnitt und wird nach außen immer steiler. Zu schnelle Schlitten werden nach außen, dann aber wieder in die normale Bahn getrieben. Die variable Hangneigung mit ihrer rücktreibenden Kraft steht hier für das B-Feld mit der Lorentz-Kraft. Einen passenden **Feldgradienten** erreicht man durch Formgebung der Polschuhe, z. B. Aufsetzen schmaler Schienen. Allerdings kann man jeweils nur immer in einer Ebene fokussieren; beim Schlitten reicht das, beim Teilchenstrahl nicht. Ein wesentlicher Fortschritt auf dem Weg zu immer höheren Energien und Intensitäten war die Fokussierung durch **alternierende Gradienten**: Man fokussiert abwechselnd in einer und in der dazu senkrechten Ebene. Prinzipiell kann man durch solche starke Fokussierung sogar die zeitliche Modulation des Magnetfeldes vermeiden und hofft mit dieser FFAG-Methode (fixed field alternating gradient) in den TeV-Bereich vorzustoßen.

Wie im Zyklotron und Betatron führt die Zentrifugalbeschleunigung der Teilchen zu einem Energieverlust durch Strahlung. Dasselbe gilt für die Schwingungen der Teilchen um ihre Sollbahn im Betatron oder Synchrotron. Bei enger Bahn sind diese Verluste sehr erheblich und begrenzen z. B. die Einsetzbarkeit des Betatrons.

Speicherringe. Mit dem kräftigsten Hammerschlag kann man kaum eine frei am Zweig hängende Nuß zertrümmern: Sie weicht einfach aus, und nach den Stoßgesetzen geht die Energie des Hammers fast ganz in die gemeinsame Schwerpunktsbewegung über. Im relativistischen Bereich wird dieser Ausnutzungsgrad der Energie für „Ereignisse“ immer kleiner, weil der Hammer immer schwerer wird. Der für Reaktionen verfügbare Anteil der Teilchenenergie W wächst dann nur noch wie $\sqrt{W}$, d. h. bei gleichem B-Feld auch wie die Wurzel aus dem Radius der Synchrotron-Bahn. Man werfe die Nuß auf den schweren Hammer, oder wenn das Hämmerchen ebensoschwer ist, werfe man sie ihm ebensoschnell entgegen. Dann vermeidet man den Energieverlust in Form von Bewegung des Schwerpunkts, denn dieser ruht im Laborsystem. Man schieße also die schnellen Teilchen nicht auf ein ruhendes Target, sondern schieße zwei Strahlen gleicher Teilchen einander direkt oder unter sehr spitzem Winkel entgegen. Dann wird die gesamte kinetische Energie beider Teilchen für Reaktionen verfügbar. Natürlich bietet ein solcher Strahl nie so hohe Teilchendichten als Zielscheiben an wie ein festes Target. Man erhöht die

Dichte, indem man die Teilchen aus vielen Impulsen in der Rennbahn speichert, was sehr exakte Steuerung erfordert.

Von ihrer Erzeugung her weichen die einzelnen Teilchen in Energie und Impuls in zufälliger Weise von der durch die Beschleunigungsfelder bedingten Schwerpunktsbewegung ab; dieser Zufallsbewegung läßt sich eine Temperatur zuordnen. Daher brechen die Teilchen längs aus dem Paket oder sogar quer aus dem Strahl aus. Damit man keine Intensität verliert, muß man „kühlen“, d. h. diese Abweichungen unterdrücken. Elektronische Steuerorgane sind heute so schnell, daß sie die Schwankungen messen, ein Korrektursignal berechnen und dieses den ablenkenden und beschleunigenden Feldern überlagern können, bevor das Teilchenpaket (mit c!) das nächstemal vorbeikommt. Sogar am Gegenpunkt der Ringbahn kommt das Signal noch rechtzeitig an, um die Ausreißer wieder einzufangen. Diese **stochastische Kühlung** (*S. van der Meer*) im Proton-Antiproton-Speicherring von CERN ermöglichte erst die Entdeckung des W- und des Z-Teilchens sowie vermutlich des t-Quarks durch *C. Rubbia*[1] und seine Gruppe (Nobelpreis 1984 für *Rubbia* und *van der Meer*).

Schwerionen-Beschleuniger. Zumindest für sehr kurze Zeiten kann man Kerne herstellen, die noch weit schwerer sind als die Transurane. Man schießt zwei Kerne mit solcher Energie aufeinander, daß der Coulomb-Wall zeitweise überwunden wird. Im Coulomb-Feld so schwerer Kerne treten ganz neue Effekte auf, z. B. die spontane Erzeugung von Elektron-Positron-Paaren aus Bindungsenergie (**Zerfall des neutralen Vakuums**, Abschn. 12.6.5). Durch Fusion schwerer Ionen gelang in Darmstadt der Aufbau der Elemente 106 bis 109 und 111.

13.3.4 Strahlendosis und Strahlenwirkung

Zur Gefährlichkeit eines radioaktiven Präparats tragen seine Aktivität und die Art seiner Strahlung bei.

> **Aktivität** ist die Anzahl der Zerfallsakte pro Sekunde, ihre Einheit **1 Becquerel = 1 Bq** = 1 Zerfall/s. Früher benutzte man als Einheit das **Curie (Ci)**. Es entspricht der Aktivität von 1 g reinen, d. h. auch von seinen Folgeprodukten befreiten Radiums.

Aus der relativen Atommasse von ^{226}Ra und seiner Halbwertszeit (1 580 Jahre) ergibt sich

$$1\,\mathrm{Ci} = 3{,}7 \cdot 10^{10}\,\mathrm{Bq} = 3{,}7 \cdot 10^{10}\,\mathrm{Zerfälle/s}\,.$$

Für die biologische und sonstige Wirkung der Strahlung sind außer der Aktivität der Quelle ihr Ionisierungsvermögen (biologische Strahlenreaktionen verlaufen fast immer über ionisierte Zwischenstufen) und ihre Reichweite, d. h. ihre Abschirmbarkeit maßgebend.

---

[1] Hochenergie-Experimente können längst nicht mehr von einzelnen Forschern durchgeführt werden, sondern von Arbeitsgruppen, die Dutzende oder gar Hunderte von Mitarbeitern umfassen. Wir nennen hier immer nur den Gruppenchef.

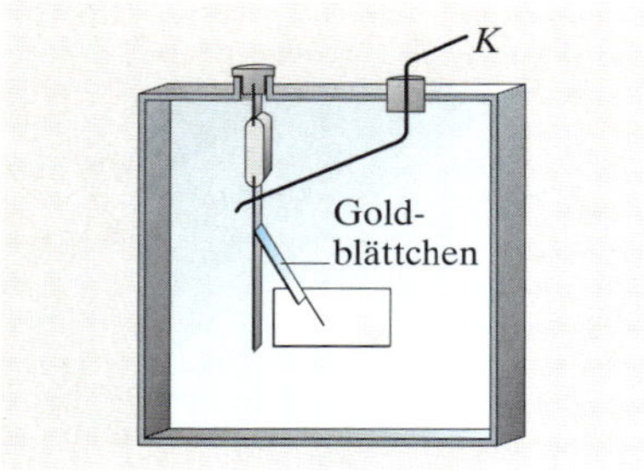

Abb. 13.46. γ-Strahlungselektroskop

Speziell für γ-Strahler mit ihrer besonders durchdringenden Strahlung kann man die Aktivität durch Absoluteichung (Zählung der Zerfälle im Geiger- oder Szintillationszähler mit einer Korrektur für die im Strahler selbst steckenbleibenden γ-Quanten) oder durch Vergleich mit einer Standardquelle messen. Hierzu dient ein **γ-Elektroskop** (Abb. 13.46), ein geerdeter Bleikasten, dessen Wandstärke (3 mm) weder α- noch β-Strahlung durchläßt. Von einem isolierten Blechstreifen kann sich ein dünnes Goldblättchen abspreizen. Ein Quarzfaden am Ende des Blättchens dient als Zeiger. Man lädt das Elektrometer über die schwenkbare Kurbel K auf und beobachtet, wie schnell das Blättchen in die senkrechte Ruhelage zurückkehrt. Das hängt vom Ionisierungsgrad der Luft im Kasten, also von der γ-Intensität ab. So kann man die Aktivität einer γ-Quelle mit der eines Standardpräparats (meist Radium) vergleichen, wenn man noch das r^{-2}-Abstandsgesetz für die Intensität beachtet.

Die Gesamtwirkung einer Strahlung auf Materie nennt man **Dosis**, die in einer kurzen Zeit anfallende Dosis dividiert durch diese Zeit heißt **Dosisleistung**. Die Dosis kann entweder durch die insgesamt in kg absorbierte Strahlungsenergie ausgedrückt werden (Energiedosis) oder durch die Ionisierungswirkung, d. h. die Anzahl der im kg erzeugten Ionenpaare (Ionendosis). Einheit der **Ionendosis** ist das **Röntgen** (**R**).

Die Dosis von 1 R war ursprünglich so definiert, daß sie in 1 cm^3 Luft bei 1 bar und 20 °C eine elektrostatische Einheit ($3 \cdot 10^9$ A s) an positiven und ebenso vielen negativen Ionen erzeugt, also $2{,}08 \cdot 10^9$ Ionenpaare. Auf 1 kg umgerechnet erhält man

$$1\,\mathrm{R} \mathrel{\hat{=}} 2{,}58 \cdot 10^{-4}\,\mathrm{A\,s\,kg^{-1}}\,.$$

Diese Definition ist jetzt unabhängig von der speziellen Substanz, in der die Ionendosis erzeugt wird. Durch Multiplikation mit der mittleren Ionisierungsenergie bzw. -Spannung findet man auch die absorbierte Energie, also die **Energiedosis**. Für Luft mit $W_{\mathrm{Ion}} = 33$ eV findet man, daß 1 R einer Energiedosis von 0,0084 J/kg entspricht, für Wasser 0,0093 J/kg.

Der gerundete Wert 0,01 J/kg bildet die alte Einheit der Energiedosis, genannt **1 rd** (gesprochen **rad**) und entspricht für biologische Gewebe annähernd einem Röntgen. Die moderne Einheit **1 Gray = 1 Gy = 1 J/kg** schließt sich direkter ans SI an.

Die biologische Wirkung einer Strahlung läßt sich nicht pauschal durch Energie- oder Ionendosis erfassen. Schwere Teilchen sind i. allg. gefährlicher als γ- oder β-Strahlung gleicher Ionisierungswirkung. Dies drückt man, speziell für den menschlichen Körper, durch einen **Qualitätsfaktor** QF der betreffenden Strahlung aus (Tabelle 13.3).

Tabelle 13.3. Qualitätsfaktoren

Strahlungsart	QF/SvGy^{-1}
Röntgen- und γ-Strahlung	1
β-Strahlung	1
Schnelle Neutronen	10
Langsame Neutronen	5
α-Strahlung	10
Schwere Rückstoßkerne	20

So erhält man als halbempirisches Maß der biologischen Strahlenwirkung das **Dosisäquivalent**:

$$\text{Dosisäquivalent} = \text{Energiedosis} \cdot \text{QF}$$

mit der alten Einheit **1 rem** („Röntgen equivalent man"), die 1 rd entspricht, oder der neuen Einheit **1 Sievert = 1 Sv**, die 1 Gy entspricht.

Bei allen Umrechnungen von der Aktivität eines Präparates auf die Dosis im bestrahlten Material ist zu beachten, daß die Gesamtzahl ionisierender Teilchen oder Quanten beim Eintritt in Materie zunächst größer werden kann, z. B. durch Paarbildung, Abspaltung schneller Elektronen, Brems- oder Tscherenkow-Strahlung. Letztlich wird sich aber jede Strahlung in Materie totlaufen. Tabelle 13.4 gibt die ungefähre **Reichweite** verschiedener Strahlenarten in Wasser an; in organischem Gewebe ist die Reichweite nahezu die gleiche, in Luft entsprechender Dichte rund 1 000mal größer. α-Strahlung kommt durch eine solche oder wenig größere Schichtdicke überhaupt nicht mehr durch (Abschn. 13.3.1), für γ-Strahlung, die exponentiell (nach *Lambert-Beer*) absorbiert wird, sind diejenigen Schichtdicken angegeben, nach deren Durchsetzung noch etwa 1 % der Anfangsintensität vorhanden ist.

Die Entwicklung starker Strahlungsquellen hat zu neuen Anwendungen und Untersuchungsmethoden geführt, z. B. künstliche Erzeugung von Störstellen, Versetzungen und Baufehlern in Kristallen, Änderung der Eigenschaften von Hochpolymeren (Vernetzung), Materialprüfung mit γ-Strahlen etc. Ein neues Teilgebiet der Chemie, die **Strahlenchemie**, beschäftigt sich mit der Zerlegung und der Erzeugung chemischer Verbindungen unter der Einwirkung energiereicher Strahlung.

Radioaktive Strahlung ionisiert in einer Körperzelle direkt oder indirekt Atome und Moleküle. Dabei entstehen chemisch sehr aggressive Stoffe (Zellgifte, freie Radikale), die über weitere im einzelnen noch wenig bekannte chemische Reaktionen die für die Zelle lebenswichtige Synthese der Desoxiribonukleinsäure (DNS-Synthese) blockieren, was den Strahlentod der Zelle zur Folge hat. Dabei kann auch eine Veränderung der Chromosomen bzw. der Gene in den Zellkernen eintreten (**somatische Mutation**), die sich bei der Zellteilung den Tochterzellen mitteilt und unter Umständen erst nach Jahren zu einer erkennbaren Schädigung führt (Spätschäden, z. B. Strahlenkrebs). Tritt letzteres bei den Keimzellen ein, so können Erbschäden bei der Nachkommenschaft auftreten, z. B. Mißbildungen (genetische Mutation).

Der Mensch besitzt kein Sinnesorgan, um schädigende Strahlung wahrzunehmen; der Körper reagiert zwar auf Umwegen, jedoch viel zu spät. Tabelle 13.5 gibt als Beispiel einen Überblick über die Auswirkung der γ-Strahlung.

Beruflich mit Strahlung umgehende Personen sollten höchstens eine Dosis von 0,05 Sv pro Jahr aufnehmen; bei 40 Std Arbeitszeit entspricht dies einer durchschnittlichen *Dosisleistung* von $2{,}5 \cdot 10^{-5}$ Sv/h. Diese Dosis stellt einen Kompromiß dar und ist keinesfalls als Schwellenwert zu betrachten, unterhalb dessen die Strahlung völlig ungefährlich wäre.

Bei der Bestrahlung von außen werden nach Tabelle 13.4 α-Strahlen bereits in den obersten Hautschichten absorbiert, sie sind also unschädlich. Um so größer ist ihre Wirkung, wenn α-Strahler in den Körper gelangen und durch den Blutkreislauf verteilt werden. Besonders gefährlich sind radioaktive Isotope, die vom Körper nicht wieder ausgeschieden werden, sondern sich wegen ihrer chemischen Verwandtschaft zu Ca in den Knochen ablagern (z. B. Ra und Sr, sog. knochensuchende Elemente).

Tabelle 13.4. Reichweite verschiedener Strahlungsarten in Wasser oder organischem Gewebe

Strahlung	Energie	Reichweite
α	5 MeV	40 µm
β	0,02 MeV	10 µm
	1 MeV	7 mm
γ	0,02 MeV	6,4 cm
	1 MeV	65 cm
Schwere Rückstoßkerne	50 MeV	1 µm
Neutronen	1 MeV	20 cm

Tabelle 13.5. Strahleneffekte nach kurzzeitiger Ganzkörperbestrahlung des Menschen mit γ-Strahlung

Dosis	Wirkung
< 0,5 Sv	Geringe vorübergehende Blutbildveränderung
0,8–1,2 Sv	Übelkeit und Erbrechen in 10 % der Fälle
4–5 Sv	50 % Todesfälle innerhalb 30 Tagen, Erholung der Überlebenden nach 6 Monaten
5,5–7,5 Sv	Letale Dosis, 100 % Todesfälle
50 Sv	Schwere Nervenschädigungen, Tod innerhalb einer Woche

Warum die **tödliche Dosis** gerade in der Gegend von 10 Sv liegt, läßt sich so abschätzen: 10 Sv entsprechen 0,2 C/kg, also etwa 10^{18} Ionenpaaren/kg. Der mittlere Abstand zweier Ionen ist also etwa 0,1 μm. Der Mensch hat etwa $2 \cdot 10^9$ Nukleotidbasenpaare in der DNS jedes Zellkerns. Bei einer mittleren relativen Molekülmasse eines Nukleotids (Base + Ribose + Phosphat) von 330 bedeutet das etwa $7 \cdot 10^{11}$ für einen DNS-Strang, d. h. ein Volumen von etwa 10^{-18} m^3. Bei der tödlichen Dosis erfolgen also in der DNS jedes Zellkerns ziemlich viele (etwa 1 000) Ionisationen. Kritisch sind offenbar nur Treffer an bestimmten Stellen des Moleküls, z. B. solchen, wo sich die Basen strukturell unterscheiden.

13.4 Elementarteilchen

Moleküle bestehen aus Atomen, Atome aus Kern und Elektronen, Kerne aus Nukleonen, Nukleonen aus Quarks – ob man mit Quarks und Elektronen die Grenze der Teilbarkeit erreicht hat, weiß noch niemand.

13.4.1 Historischer Überblick

Das Paradies idealer Einfachheit, in dem zwei Teilchen, Elektron und Proton, zum Weltbau auszureichen schienen, ist seit über einem halben Jahrhundert dahin. Schon 1920 bezweifelte *Rutherford*, daß sich Elektronen im Kern unterbringen ließen, und Energie- und Drehimpulsbetrachtungen führten zum Postulat des **Neutrons**, das 1932 von *Chadwick* experimentell nachgewiesen wurde. 1928 sagte *Dirac* die Existenz eines Antiteilchens zum Elektron, genauer eines unbesetzten Zustandes im Spektrum negativer Energiezustände des freien Elektrons voraus. *Anderson* fand das **Positron** 1932 in der kosmischen Strahlung, bald darauf brauchte *Joliot* das Positron, um gewisse Zerfallsakte künstlich radioaktiver Kerne zu erklären (β^+-Zerfall). Länger hat es gedauert von der theoretischen Voraussage des **Neutrinos** (*Pauli* und *Fermi*, 1931; um die Energie-, Impuls- und Drehimpulsbilanz des β-Zerfalls in Ordnung zu bringen) bis zu seinem sicheren Nachweis (*Cowan* und *Reines*, 1956). Der Grund liegt in der außerordentlich geringen Wechselwirkung des Neutrinos mit Materie, des ersten bekannten Teilchens, das *nur* der schwachen Wechselwirkung unterliegt. Auch das **Pion** wurde zunächst (1935) von *Yukawa* theoretisch als Überträger der Kernkräfte postuliert und erst 1946 von *Powell* u. a. in der kosmischen Strahlung entdeckt. Diese Teilchen – Proton, Neutron, Elektron, Positron, Neutrino, Pion – schienen wieder einmal auszureichen, um eine sinnvolle Welt einschließlich der Sterne aufzubauen und alle Prozesse einschließlich der Kernkräfte befriedigend zu beschreiben. Schon ihre Entdeckungsgeschichte zeigt ihre Rolle im vergleichsweise einfachen und rational abgeschlossenen damaligen Weltbild: Zunächst eben zur formalen Vereinheitlichung dieses Weltbildes postuliert, wurden sie dann zur allgemeinen Befriedigung auch richtig nachgewiesen.

Der erste Fremdkörper war das **Myon**; es ist eigentlich bis heute ein Fremdkörper geblieben. Ebenfalls von *Anderson* und *Neddermeyer* in der kosmischen Strahlung entdeckt, wurde es zunächst fälschlicherweise für *Yukawas* Kernkraftquant gehalten, bis man erkannte, daß es viel zu geringfügig (nämlich nur elektromagnetisch) mit Nukleonen wechselwirkt. Seitdem sind die Experimentatoren i. allg. dem theoretischen Verständnis in der Auffindung neuer Teilchen vorausgeeilt.

Tabelle 13.6. Die bekannten langlebigen Teilchen und einige Resonen. [m: Masse (Ruhenergie in MeV); Q: Ladung (Einheit e); J: Spin; P: Parität; μ: Multiplizität; Y: Hyperladung; I Isospin; I_3: Isospin-Komponente; S: Strangeness; τ: Lebensdauer (in s); bei Resonen Halbwertsbreite (in MeV)]

	Teilchen	Antiteilchen	m	Q	J^P	μ	Y	I	I_3	S	τ	Zerfallmodes (Anteil in %)
Photon	γ		0	0	1^-						∞	
Leptonen	ν_e	$\overline{\nu}_e$	0?	0							∞	
	ν_μ	$\overline{\nu}_\mu$	0?	0	$\frac{1}{2}$						∞	
	ν_τ	$\overline{\nu}_\tau$	0?									
	e^-	e^+	0,511	−1							∞	
	μ^-	μ^+	105,66	−1							$2{,}20 \cdot 10^{-6}$	$e\nu_\mu \overline{\nu}_e(100)$
	τ^-	τ^+	1 784								$5 \cdot 10^{-13}$	
Hadronen												
Mesonen	π^-	π^+	139,6	−1		3	0	1	1	0	$2{,}6 \cdot 10^{-8}$	$\mu\nu_\mu(100)$
	π^0		135,0	0					0		$0{,}8 \cdot 10^{-16}$	$\gamma\gamma(99)$ $\gamma e^- e^+(1)$
	K^-	K^+	493,7	−1	0^-	2	−1	$\frac{1}{2}$	$\frac{1}{2}$		$1{,}24 \cdot 10^{-8}$	$\mu\nu_\mu(64)$ $\pi\pi^0(21)$ $3\pi(7)$
	K^0	K^0	497,7	0					$-\frac{1}{2}$	1	$0{,}89 \cdot 10^{-10}$	$\pi^+\pi^-(69)$ $\pi^0\pi^0(31)$
						1	0				$5{,}2 \cdot 10^{-8}$	$3\pi^0(22)$ $\pi e\nu_e(39)$
												$\pi\mu\nu_\mu(27)$
	η^0		548,8	0				0	0		$2{,}5 \cdot 10^{-19}$	$2\gamma, 3\pi^0(72)$ $\pi^+\pi^-\pi^0(28)$
Baryonen												
Nukleonen	p	$\overline{p}$	938,28	1	$\frac{1}{2}^+$	2	1	$\frac{1}{2}$	$\frac{1}{2}$	0	∞?	
	n	$\overline{n}$	939,57	0					$-\frac{1}{2}$		918	$pe^- \overline{\nu_e}(100)$
Hyperonen	Λ^0	$\overline{\Lambda^0}$	1 115,6	0		1	0	0	0	−1	$2{,}6 \cdot 10^{-10}$	$p\pi^-(64)$ $n\pi^0(36)$
	Σ^+	$\overline{\Sigma^+}$	1 189,4	1	$\frac{1}{2}^+$	3	0		1		$0{,}8 \cdot 10^{-10}$	$p\pi^0(52)$ $n\pi^+(48)$
	Σ^0	$\overline{\Sigma^0}$	1 192,5	0				1	0	−1	$<1{,}0 \cdot 10^{-14}$	$\Lambda\gamma(100)$
	Σ^-	$\overline{\Sigma^-}$	1 197,3	−1					−1		$1{,}5 \cdot 10^{-10}$	$n\pi^-(100)$
	Ξ^0	$\overline{\Xi^0}$	1 314,9	0		2	−1	$\frac{1}{2}$	$\frac{1}{2}$	−2	$3{,}0 \cdot 10^{-10}$	$\Lambda\pi^0(100)$
	Ξ^-	Ξ^+	1 321,3	−1	$\frac{3}{2}^+$				$-\frac{1}{2}$		$1{,}7 \cdot 10^{-10}$	$\Lambda\pi^-(100)$
	Ω^-	Ω^+	1 672,2	−1		1	−2	0	0	−3	$1{,}3 \cdot 10^{-10}$	$\Xi\pi(50)$ $\Lambda\overline{K}(50)$
Resonen												
Meson-resonanzen	ϱ		770	0	1^-			1	1	0	125	$\pi\pi(\approx 100)$
	ω		783,9	0	1^-			0	0	0	11,4	$\pi^+\pi^-\pi^0(90)$ $\pi^0\gamma(9)$
												$\pi^+\pi^-(1)$
	K^{-*} K^{0*} $\overline{K^{0*}}$ K^{+*}		892,6		1^-			$\frac{1}{2}$	$\frac{1}{2}$	1	50,3	$K\pi(\approx 100)$
Baryon-resonanzen	Δ^- Δ^0 Δ^+ Δ^{++}		1 232	–	$\frac{3}{2}^+$	4		$\frac{3}{2}$		0	110	$N\pi(99{,}4)$ $N\pi\pi, N\gamma$
	Σ^{-*} Σ^{0*} Σ^{+*}		1 385	–	$\frac{3}{2}^-$	3	0	1	–	−1		
	Ξ^{-*} Ξ^{0*}		1 530	–	$\frac{3}{2}^-$	2	−1	$\frac{1}{2}$	–	−2		

Daß jedes Teilchen ein Antiteilchen hat, das ihm bis auf die entgegengesetzte Ladung – allgemeiner bis auf entgegengesetzte Werte aller ladungsartigen Quantenzahlen – völlig gleicht, wurde bald nach *Dirac* allgemein akzeptiert. Das Neutrino, das beim β^--Zerfall mitemittiert wird, muß eigentlich als **Antineutrino** bezeichnet werden (die Leptonzahl muß erhalten bleiben). Jeder Kernreaktor erzeugt also große Mengen von Antineutrinos, von denen man aber aus den erwähnten Gründen nichts merkt, ebensowenig wie von den Neutrinos, die in der Sonne wie in jedem

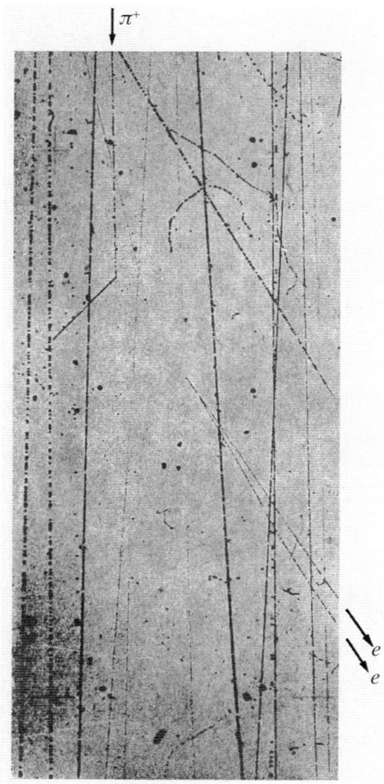

Abb. 13.47. Blasenkammer-Aufnahme: Von oben fällt ein schnelles π^+ ein und reagiert mit einem Neutron eines C-Kerns nach $\pi^+ + \mathrm{n} \rightarrow \pi^0 + \mathrm{p}$. Das π^0 bildet kurz darauf zwei γ-Quanten; eins von diesen erzeugt ein Elektronenpaar. (Nach *Glaser*, aus W. Finkelnburg: *Einführung in die Atomphysik*, 11./12. Aufl. (Springer, Berlin Heidelberg 1976))

Fusionsprozeß zusammen mit Positronen erzeugt werden, und die, im Gegensatz zu diesen Positronen, das Weltall und selbst dichte Planeten praktisch ungestört durchdringen. Erst in den 50er Jahren erlaubten die immer stärker werdenden Beschleuniger, auch Antinukleonen herzustellen: Das **Antiproton** (*Chamberlain* u. a., 1955), das **Antineutron** (*Cork* u. a., 1956), beide am Bevatron in Berkeley. Das erste Atom **Antimaterie** (Antiwasserstoff) wurde 1970 in Nowosibirsk aus Speicherring-Positronen bzw. -Protonen zusammengebaut. Auch zu den meisten der „neuen" Mesonen und Hyperonen ist das Antiteilchen bekannt.

Diese neuen Teilchen, die man auch aus etwas tieferliegenden Gründen als **strange particles** zusammenfaßt, sind das **Kaon** (*Powell* u. a., 1949) und die **Hyperonen**, die in der kosmischen Strahlung und später in den großen Beschleunigern immer zusammen mit einem Teilchen entgegengesetzter **strangeness** (nicht notwendig ihrem eigenen Antiteilchen) erzeugt werden und wegen der Gabelbahn dieser beiden Teilchen in der älteren Literatur als ***V*-Teilchen** bezeichnet wurden. Man kennt das Λ-, das Σ-, das Ξ- und das Ω-Hyperon, die in verschiedenen Ladungszuständen und als Teilchen oder Antiteilchen vorkommen. Kaonen und Hyperonen zerfallen in etwa 10^{-10} s (das K^+ in 10^{-8} s).

Sehr viel kürzer sind die Lebensdauern der Resonanzteilchen oder **Resonen** (typischerweise 10^{-23} s). Von ihnen kennt man weit über 100, die teils als Mesonen-, meist aber als Baryonen-Resonanzen klassifiziert werden.

Ursprünglich klassifizierte man diese Fülle von Teilchen einfach nach ihrer Masse: **Leptonen** (Elektron, Neutrinos, Myon), **Mesonen** (Pionen, Kaonen), **Baryonen** (Nukleonen, Hyperonen). Die Unterscheidung der vier Wechselwirkungen, die für alles Folgende grundlegend ist, hat diese Einteilung in viel tiefergehender Weise gerechtfertigt. Diese Wechselwirkungstypen mit ihren Symmetrien, Invarianzen und Quantenzahlen erlauben eine wenigstens vorläufige Übersicht über Arten, Eigenschaften und Zerfallsmechanismen der Elementarteilchen.

13.4.2 Wie findet man neue Teilchen?

Ursprünglich war ein Teilchen für den Experimentator etwas, was eine Blasen- oder Nebelkammerspur hinterläßt, d. h. in einem sehr engen, ungefähr zylindrischen Flüssigkeits- oder Gasvolumen hinreichend viele Ionen erzeugt, an denen sich Gasblasen oder Tröpfchen bilden. Neutrale Teilchen ionisieren nicht direkt, aber zeichnen sich meist entweder durch einen Knick in der Spur des Teilchens ab, aus dem sie entstehen, oder gehen schließlich direkt oder indirekt in geladene, ionisierende Teilchen über.

Blasen-, oder **Nebelkammerspuren** sind zunächst durch ihre Dicke und Länge gekennzeichnet, d. h. durch die Ionendichte und die Laufstrecke, nach der das Teilchen seine Ionisierungsfähigkeit verliert. Beide geben angenäherte Aufschlüsse über Masse und Energie des Teilchens (Abschn. 13.3.1). Die Bahnkrümmung im Magnetfeld liefert direkt Ladungsvorzeichen und Impuls. Analyse der Zerfalls- und Wechselwirkungsakte erfordert sehr genaue stereoskopische Ausmessung der entsprechenden Spurverzweigungen unter Anwendung der Erhaltungssätze speziell für Energie und Impuls, i. allg. in relativistischer Form. Wir führen zwei Analysen von Blasenkammeraufnahmen sehr angenähert durch.

Abbildung 13.47 zeigt viele Teilchen, die meist von oben ins Bild eintreten. Eine der dünneren Spuren (siehe Pfeil) knickt scharf ab und scheint dabei plötzlich dicker zu werden. Die Winkelhalbierende einer noch dünneren Gabelspur (Pfeile oben) führt praktisch zum Knickpunkt. Bei gleicher Energie und Ladung ionisiert ein Teilchen um so stärker, je größer seine Masse ist (Abschn. 13.3.1). Vergleich mit α- und β-Spuren erweist die dünnen Gabelzinken als Elektronen, die dicke Spur nach dem Knick als Proton. Die dünne Ausgangsspur muß von einem Teilchen mittlerer Masse stammen. Es kann sich nicht um einen freien Zerfall handeln (denn dabei kann kein schwereres Teilchen entstehen), sondern um einen Stoß. Die Häufigkeit derartiger Prozesse schließt ein Myon als Primärteilchen aus, weil es zu schwach mit Materie wechselwirkt. Also ist es ein offenbar geladenes **Pion**. Beim Stoß entstehen ein Proton und ein neutrales Teilchen mit unsichtbarer Bahn, das etwas später in ein Elektronenpaar zerfällt. Aus Ladungsgründen muß das Primärteilchen also ein π^+ sein. Es hat offenbar nicht einfach ein Proton aus dem Molekül- oder Kernverband des Füllgases (Kohlenwasserstoff) herausgeschlagen, sondern sich nach dem Stoß mit einem Neutron umgeladen: $\pi^+ + \mathrm{n} \rightarrow \pi^0 + \mathrm{p}$. Das π^0 zerfällt zwar nicht direkt in ein Elektronenpaar (kein Teilchen außer dem Photon tut das), sondern in zwei Photonen von mindestens je $\frac{1}{2} m_\pi c^2 = 67\,\mathrm{MeV}$, die sehr bald (eines schon im Bild) ihrerseits Elektronenpaare erzeugen. Die geringe Abweichung (1 bis $2°$) der Winkelhalbierenden der $\mathrm{e}^+\mathrm{e}^-$-Gabel von der Richtung zum Knick zeigt, wie wenig die beiden γ-Richtungen divergieren. Dies zeigt, wieviel größer die Energie des π^0 ist als seine Ruhenergie (ein ruhendes Pion würde ja die beiden γ in entgegengesetzten Richtungen emittieren). Man erhält einige GeV für π^0 und noch etwas mehr für π^+.

Wir analysieren auch Abb. 13.48, die undeutlicher ist und auch genauere kinematische Ausmessung erfordert. Eine solche Ausmessung zeigt, daß man die beiden Gabelspuren (am unteren Rand markiert) auf die in der Bildmitte aufhörende Spur (oben markiert) zurückführen kann. Die Verbindungsstücke sind also unsichtbare Bahnen von neutralen Teilchen. Analog zu Abb. 13.47 könnte man zunächst an eine Umladung wie $\pi^- + \mathrm{p} \rightarrow \pi^0 + \mathrm{n}$ denken, aber die Gabeln, die man sieht, haben nichts mit der dünnen $\mathrm{e}^+\mathrm{e}^-$-Doppelgabel bzw. mit der pe^--Gabel des Neutronenzerfalls zu tun. Drei der vier Zinken entsprechen in ihrer Ionisierungsdichte, also auch in der Teilchenmasse der Primärspur (π oder μ), nur die unterste entspricht einem Proton. Offenbar stammt die linke Gabel vom Zerfall eines Teilchens mit mehr als Nukleonenmasse, einem neutralen **Hyperon**. Da ein Pion nie z. B. in zwei Myonen zerfällt, kann die rechte unsichtbare Bahn kein π^0 darstellen (eine Umladung wie $\pi^0 + \mathrm{n} \rightarrow \pi^+ + \pi^-$ wäre zwar ladungsmäßig, aber nicht baryonenzahlmäßig möglich, Abschn. 13.4.8). Es handelt sich um ein **K^0-Meson**, das wie immer **assoziiert** mit einem Hyperon erzeugt wird. Es zerfällt in ein π^+ und ein π^-, von denen das obere gleich wieder in ein Myon und ein Neutrino zerfällt.

Abb. 13.48. Blasenkammer-Aufnahme: Ein 1,1 GeV-π^- stößt auf ein Proton und erzeugt ein K_1^0 und ein Λ^0. Das Λ^0 zerfällt *links unten* wieder in ein p und ein π^-, das K_1^0 *rechts unten* in zwei geladene Pionen; eines davon macht kurz darauf einen $\pi \rightarrow \mu$-Zerfall durch. (Nach *Glaser*, aus W. Finkelnburg: *Einführung in die Atomphysik*, 11./12. Aufl. (Springer, Berlin Heidelberg 1976))

$$\pi^- + \mathrm{p} \to K^0 + \Lambda^0\,;$$
$$K^0 \to \pi^+ + \pi^- \quad \nearrow \pi^+ + \mu^- + \overline{\nu}_\mu \quad \searrow \mu^+ + \nu_\mu + \pi^-\,;$$
$$\Lambda^0 \to \mathrm{p} + \pi^-\,.$$

Die Möglichkeit $\pi^+ + \mathrm{n}$ für den ersten Stoß wird dadurch ausgeschlossen, daß die Kammer eine reine H-Füllung hatte. Wenn das Λ^0 (und das K^0) überhaupt meßbare Bahnlänge haben (1 cm oder mehr, was einer Lebensdauer von 10^{-10} s oder mehr entspricht), müssen sie gegenüber der starken Wechselwirkung stabil sein, denn sonst würden sie nur etwa 10^{-23} s leben. Man hätte das von so schweren Teilchen nicht erwartet. Daher der Name **strange particles** für Kaonen und Hyperonen.

Wenn ein Teilchen zu schnell wieder zerfällt, kann es keine Spur von sichtbarer Länge erzeugen, selbst wenn es fast mit c fliegt. Mit **Kernspurplatten**, in deren Emulsion man die durch Ionisierung geschwärzten Silberkörner mit dem Mikroskop sieht, kann man Spuren von einigen μm Länge, d. h. Teilchen mit Lebensdauern bis 10^{-14} s untersuchen. Wie überbrückt man die Spanne bis 10^{-23} s, der typischen Lebensdauer von Teilchen, die durch starke Wechselwirkung zerfallen? Ihre Spur wäre nur etwa einen Kernradius lang!

Solche Teilchen entstehen in energiereichen Stößen und zerbrechen fast sofort wieder in andere Teilchen, die länger leben. Im Endeffekt entstehen also mindestens drei sichtbare Teilchen. Wir vergleichen mit dem β- und dem α-Zerfall (Abschn. 13.2.2, auch Aufgabe 13.4.18). Der β-Zerfall $X \to X' + \mathrm{e} + \nu$ ist ein Aufbrechen von X in drei Stücke, von denen sich zwei (e und ν) praktisch die volle Ruhenergiedifferenz W_m zwischen X und X' teilen, weil X' bei seiner großen Masse kaum kinetische Energie aufnimmt. Das „sichtbare" Teilchen (e) kann daher jede Energie zwischen 0 und W_m haben (kontinuierliches W-Spektrum). Beim α-Zerfall $X \to X' + \alpha$ zerbricht X in zwei Stücke, von denen eines (X') allerdings meist bald danach seinerseits zerfällt: z. B. $X' \to X'' + \alpha$. Man könnte pauschal auch einen Dreiteilchenzerfall $X \to X'' + 2\alpha$ ansetzen. Der Unterschied zum β-Zerfall liegt nur darin, daß zwei der Produktteilchen, X'' und α, eine Weile als X' vereinigt waren. Dieser Unterschied markiert sich im *scharfen* Energiespektrum auch des ersten α-Teilchens: Beim ersten Zerfall bekommt das α die volle Energie $W_m = (m_X - m_{X'})c^2$ mit. Diese Energie wäre auch dann scharf (wenn auch nicht mehr gleich W_m), wenn X' nicht durch seine große Masse verhindert würde, Energie aufzunehmen; dies fordert der Impulssatz. Eine wichtige Einschränkung: Wenn X' sehr schnell (in der Zeit τ) weiter zerfällt, kann seine Energie nur bis auf die von der Heisenberg-Relation festgelegte Unschärfe $\Delta W \approx \hbar/\tau$ bestimmt sein. Ebenso unscharf wird auch der „scharfe" Peak im Energiespektrum des α-Teilchens (beim α-Zerfall ist diese Unschärfe unmeßbar klein).

Wenn eine Reaktion im Endeffekt zu drei Produktteilchen führt, erkennt man im Idealfall also schon aus dem kontinuierlichen oder mehr oder weniger scharfen Energiespektrum *eines* dieser Teilchen, ob es einen gebundenen Zwischenzustand gab. Der Experimentator zeichnet sein Energiespektrum im Laufe der Messung oder danach als Histogramm, indem er für jedes beobachtete Teilchen z. B. ein Kreuz in den seiner Meßgenauigkeit entsprechenden Bereich über der Energieskala einträgt (Abb. 13.49, unten). Die üblichen „schönen" Energiespektren sind Idealisierungen. Unter schwierigen Umständen sollte man möglichst zwei der drei Produktteilchen (B und C) analysieren, um die statistische Genauigkeit der Auswertung zu steigern. Wenn vier Teilchen entstehen, muß man das auf alle Fälle tun. Man trägt also die Energie der Teilchen B und C in ein zweidimensionales W_B, W_C-Diagramm ein. Jedes Ereignis, d. h. jeder Punkt (W_B, W_C) liefert einen Beitrag zu zwei Histogrammen, den empirischen W-Spektren von B und C. So entsteht der **Dalitz-Plot**, eines der wichtigsten Auswertungsmittel der Hochenergiephysik (Abb. 13.49). Ein Peak im W-Spektrum eines Teilchens, besonders wenn er durch einen entsprechenden Peak für das andere Teilchen bestätigt wird, deutet auf einen kurzlebigen Zwischenzustand hin, dessen Lebensdauer durch die Peak-Breite ΔW und dessen Energie durch die Peak-Lage (unter Berücksichtigung der Ruhenergien von Ausgangs- und Produktteilchen) gegeben wird. Die typische Lebensdauer eines stark zerfallenden Teilchens (10^{-23} s) ergibt eine Breite $\Delta W \approx \hbar/\tau_0 \approx 10^2$ MeV, also etwa die Ruhenergie des Pions. Dies ist nicht verwunderlich, denn $\tau_0 \approx l_0/c$, und l_0, als Yukawa-Radius definiert, ist $\hbar/(m_\pi c)$, also $\Delta W \approx m_\pi c^2$. Die gesamte Reaktionsenergie muß natürlich wesentlich größer sein als diese 10^2 MeV, damit sich die Peaks abheben.

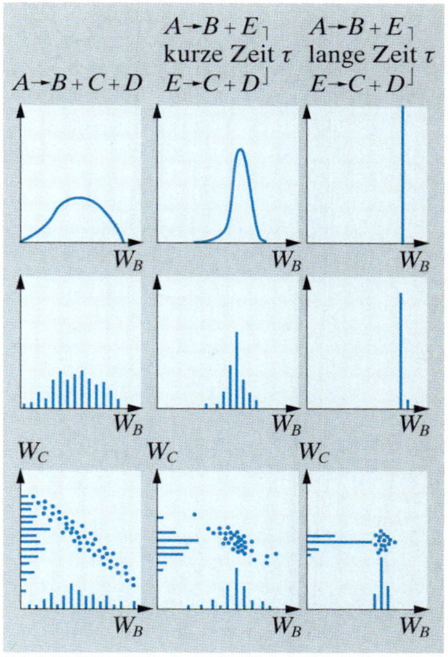

Abb. 13.49. Idealisierte Energieverteilungen, experimentelle Histogramme und Dalitz-Plots für einen Dreiteilchenzerfall, bei dem zwei der Produktteilchen gar nicht oder verschieden lange zusammenbleiben

So kurzlebige Teilchen wurden bisher nur bei Stoßprozessen höchster Energie in Beschleunigungsanlagen nachgewiesen. Bei einem solchen Stoß zwischen einem schnellen und einem ruhenden oder (besser) zwei schnellen Teilchen (Speicherring) werden Energie- und Impulssatz dadurch gewahrt, daß die Bremsenergie in neuerzeugte Teilchen übergeht. Diese Bremsenergie, zweckmäßigerweise im Schwerpunktsystem von Geschoß und Zielteilchen (Target) ausgedrückt, ist bei ruhendem Target nur ein kleiner Bruchteil der Geschoßenergie; den Hauptteil verbraucht das Target selbst, um auf Schwerpunktgeschwindigkeit zu kommen. Die einander entgegenfliegenden Teilchen im **Speicherring** können dagegen praktisch ihre volle Energie in neue Teilchen umsetzen. Als Geschoß und Target benutzt man Nukleonen, besonders Nukleon-Antinukleon-Paare, Pionen, Kaonen und neuerdings immer mehr Elektron-Positron-Paare, deren elektromagnetische Wechselwirkung theoretisch leichter zu übersehen ist und nicht den strengen Auswahlregeln der starken Prozesse unterliegt.

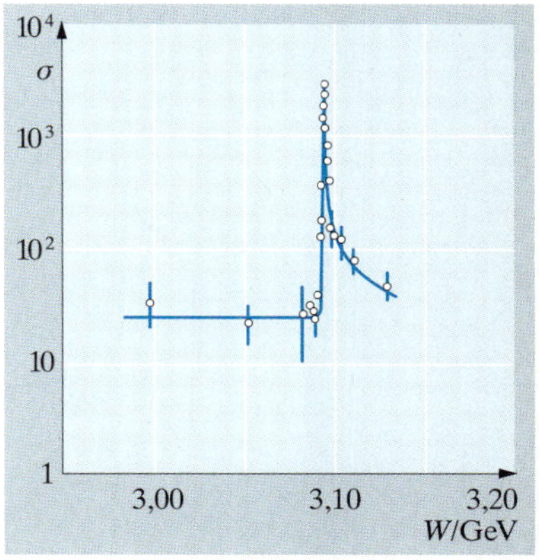

Abb. 13.50. Hadronen-Erzeugungsquerschnitt als Funktion der e^-e^+-Stoßenergie. Der Resonanzpeak wird als Ψ/J-Teilchen gedeutet, eigentlich ein Meson, das aus einem neuen, „charmed" Quark-Antiquark-Paar $c\bar{c}$ besteht („Charmonium"). (Nach *Sidney Drell*)

So kurzlebige Teilchen machen sich auch auf scheinbar ganz andere Art bemerkbar. Abbildung 13.50 zeigt für ein berühmtes Experiment (1974) die Abhängigkeit des Hadronenbildungsquerschnitts von der Energie des primären Elektronenpaares. Der außerordentlich steile Peak (man beachte die Enge des W-Intervalls und die logarithmische σ-Auftragung!) wird so gedeutet, daß bei dieser Energie (3 095 MeV) ein neues Teilchen erzeugt werden kann, bezeichnet als Ψ/J (3 095), das einen besonders vorteilhaften Umsatz der Bremsenergie in Hadronen ermöglicht.

Wenn das stimmt, müßte Ψ/J als das zunächst alleinerzeugte Teilchen im Schwerpunktsystem ruhen (Impulssatz) und dementsprechend auch keine kinetische Energie haben. Demnach sollte man zunächst einen scharfen Resonanzpeak bei genau 3 095 MeV erwarten. Das **Ψ/J-Teilchen** zerfällt ja aber nach einer kurzen Zeit τ, und nach der Unschärferelation ist seine Energie – auch seine Ruhenergie – nur bis auf $\Delta W \simeq \hbar/\tau$ bestimmt. Aus ΔW, der Breite des Peaks, liest man so die Lebensdauer des Ψ/J zu 10^{-20} s ab. Dies ist überraschend viel für ein Teilchen, das eigentlich wie alle **Resonanzteilchen** in 10^{-23} s, der für die starke Wechselwirkung typischen Zeit, zerfallen sollte. Man deutet das Ψ/J-Teilchen heute als Meson, das schwerer ist als Pion und Kaon, weil es aus einem Paar schwerer Quarks $c\bar{c}$ besteht.

13.4.3 Myonen und Pionen

Yukawa schloß 1935 aus der geringen Reichweite der Kernkräfte (etwa $1{,}4 \cdot 10^{-15}$ m), daß diese Kräfte durch Austausch eines mittelschweren Teilchens mit etwa 200 Elektronenmassen vermittelt werden (Abschn. 13.1.3). Im gleichen Jahr fanden *Anderson* und *Neddermeyer*, daß die „harte Komponente" der auf Meereshöhe ankommenden kosmischen Strahlung deswegen so durchdringend ist, weil sie aus Teilchen von geringerer Masse, also geringerem Ionisationsvermögen und damit größerer Reichweite als der der Nukleonen besteht (Abschn. 13.3.1). Kinematische Analyse der Spuren dieser **Myonen** führte etwa auf die von *Yukawa* geforderte Masse. Bei den hohen Energien kosmischer Teilchen (viele GeV) sind allerdings Direktstöße mit Kernen maßgeblicher für den Energieverlust als die Ionisation, und das Yukawa-Teilchen, das definitionsgemäß stark mit Kernteilchen wechselwirkt, könnte deswegen nicht so durchdringend sein. In seinen Reaktionen ähnelt das Myon vielmehr, bis auf seine größere Masse, vollkommen dem Elektron, d. h. es reagiert nur elektromagnetisch mit Kernen. Wie das Elektron kommt es als Teilchen und als Antiteilchen entgegengesetzten Ladungsvorzeichens vor. Was man hier als „Teilchen" bezeichnen will, ist willkürlich; in Analogie zum Elektron ernennt man μ^- zum Myon, μ^+ zum Antimyon.

Wie die meisten schwereren Ausgaben eines anderen Teilchens (hier: des Elektrons) zerfällt das Myon in seinen „leichten Bruder", und zwar in $2{,}2 \cdot 10^{-6}$ s. Das Zerfallselektron nimmt dabei nicht die volle Ruhenergiedifferenz $(m_\mu - m_e)c^2 = 105$ MeV als kinetische Energie auf und kann sie wegen des Impulssatzes auch gar nicht aufnehmen, sondern nur maximal die Hälfte, sofern man mindestens noch die Emission eines weiteren Teilchens annimmt (man stelle sich den Vorgang im Ruhsystem des Myons vor). Zieht man hierzu das Neutrino heran, das beim β-Zerfall entsprechende Dienste leistet, aber eben danach den Spin $\frac{1}{2}$ haben muß, dann verlangt die Spinbilanz sogar zwei Neutrinos:

$$\mu^+ \to e^+ + \nu_e + \bar{\nu}_\mu \,.$$

Das μ^- kann, bevor es zerfällt, durch einen Kern in eine Bohrsche Bahn eingefangen werden, die allerdings nach (12.19) über 200mal enger ist als die entsprechende Elektronenbahn. Im Spektrum eines **Myonium-Atoms** (z. B. des **Myo-Wasserstoffs**) sind daher schon die Lyman-Linien so hart wie Röntgen-Linien. Ihre Lage ist nicht mehr nach (12.21) allein durch das Coulomb-Feld bestimmt, sondern die Kernkraft macht sich spürbar, besonders bei Unsymmetrie des Kerns. Wie die Bahn eines erdnahen Satelliten über Unsymmetrien und innere Strukturen der Erde, gibt ein Myoniumspektrum Aufschlüsse über entsprechende Eigenschaften des Kerns.

Das Yukawa-Teilchen konnte eben wegen seiner starken Wechselwirkung und daher geringen Spurlänge erst nach Entwicklung der Kernspurplatten als „primäres Meson", π-Meson oder **Pion** nachgewiesen werden. Auch seine freie Lebensdauer ist kürzer als die des Myons ($2{,}6 \cdot 10^{-8}$ s). Aus diesem „primären" Teilchen entstehen nach

$$\pi^+ \rightarrow \mu^+ + \nu_\mu \qquad \pi^- \rightarrow \mu^- + \overline{\nu}_\mu$$

die Myonen der harten Komponente. Die kosmischen Pionen selbst werden in größerer Höhe durch Stoß von Primärprotonen mit Nukleonen, z. B.

$$\mathrm{p} + \mathrm{n} \rightarrow \mathrm{n} + \mathrm{n} + \pi^+$$

oder durch Photoeffekt harter γ-Quanten erzeugt:

$$\gamma + \mathrm{p} \rightarrow \mathrm{n} + \pi^+ \,.$$

13.4.4 Neutron und Neutrinos

Neutrale Teilchen, deren direkte Beobachtung naturgemäß schwierig ist, werden häufig theoretisch durch Überlegungen „entdeckt", in denen die Erhaltungssätze die Hauptrolle spielen. Die Ladungsbilanz eines Kerns verlangt $A - Z$ neutrale oder ebenso viele negative Teilchen, die die entsprechende Anzahl von Protonen neutralisieren. Aus Energie-, Impuls- und Drehimpulsgründen (Beispiel, S. 675) kommen Elektronen nicht in Frage. Das Neutron wurde dann auch direkt nachgewiesen, zunächst dank seiner Stöße mit Protonen, auf die dabei Energien übertragen werden, die sie selbst ionisierungsfähig werden lassen (*Chadwick*, 1931). Heute weist man Neutronen meist durch Kernreaktionen nach, die sie auslösen, besonders die B(n, α)Li-Reaktion. Das Zählrohr oder die Ionisationskammer wird dazu mit gasförmigem Bortrifluorid gefüllt, oder die Wand wird mit einer dünnen Borschicht verkleidet. Die α-Teilchen können als ionisierende Teilchen direkt nachgewiesen werden.

Zur **Neutronenerzeugung** verwendet man Reaktionen wie Be(α, n)C und d(d, n)He (Einschuß schneller Deuteronen in schweres Wasser oder Eis). Unvergleichlich viel mehr Neutronen kommen aber aus Kernreaktoren. Die Untersuchung ihres Verhaltens innerhalb und außerhalb des Reaktors hat einen ganzen Zweig der Physik, die Neutronenphysik, entstehen lassen.

Die Masse des Neutrons läßt sich indirekt sehr genau bestimmen (*Chadwick*, *Goldhaber*, 1934). Das Deuteron läßt sich in Proton und Neutron photodissoziieren: $\mathrm{d} + \gamma \rightarrow \mathrm{n} + \mathrm{p}$, aber erst mit γ-Quanten von mindestens 2,21 MeV. Also gilt

$$m_\mathrm{d} + m_\gamma = m_\mathrm{d} + h\nu/c^2 = m_\mathrm{p} + m_\mathrm{n} \,.$$

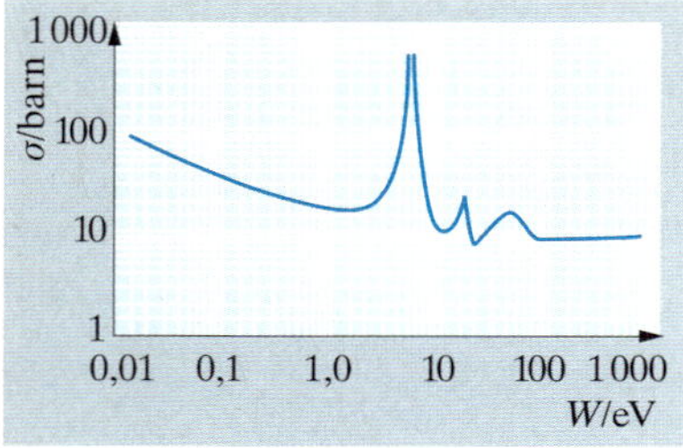

Abb. 13.51. Der Absorptionsquerschnitt von Neutronen (hier in Silber) hat annähernd eine $W^{-1/2}$-Abhängigkeit, über die sich Resonanzpeaks lagern. (Nach *Goldsmith*, *Ibser* und *Feld*, aus W. Finkelnburg: *Einführung in die Atomphysik*, 11./12. Aufl. (Springer, Berlin Heidelberg 1976))

Die Massen von p und d sind massenspektroskopisch bekannt. Man erhält

$$m_{\mathrm{n}} = 1{,}6748 \cdot 10^{-27}\,\mathrm{kg} = 1{,}00135 m_{\mathrm{p}} .$$

Das ist um 0,77 MeV mehr als die Summe $m_{\mathrm{p}} + m_{\mathrm{e}}$. Das freie Neutron zerfällt daher nach einer Halbwertszeit von 932 s:

$$\mathrm{n} \rightarrow \mathrm{p} + \mathrm{e}^- + \overline{\nu}_{\mathrm{e}}$$

mit einer Maximalenergie des Elektrons von eben 0,77 MeV. Ob das im Kern gebundene Neutron entsprechend zerfällt (β^--Zerfall), hängt davon ab, ob die Masse des ganzen Kerns größer ist als die des potentiellen Produktkerns plus eines Elektrons. Diese Betrachtung gilt natürlich sinngemäß auch für das gebundene Proton (β^+-Zerfall). Proton und Neutron können im Kern ihre Rollen tauschen, vermutlich über eine „virtuelle" Elektronenpaarerzeugung.

Wegen der fehlenden Coulomb-Abstoßung sind Neutronen ausgezeichnete Kerngeschosse. Sie werden von den meisten Kernen eingefangen, und zwar mit erheblich größeren Wirkungsquerschnitten als α-Teilchen oder Protonen. Das gilt besonders für langsame Neutronen (Abschn. 13.3.1), was entscheidend für Kernreaktor und U-Bombe ist. Über einen Abfall $\sigma \sim W^{-1/2}$ des **Einfangquerschnitts** σ mit der Neutronenenergie W (Aufgabe 13.3.13) lagern sich steile **Resonanzpeaks**, in denen σ Werte um 10^5 barn (1 barn = $10^{-28}\,\mathrm{m}^2$) erreichen kann, d. h. 10^5mal mehr als der geometrische Kernquerschnitt. Diese Peaks entsprechen dem Übergang in den Grund- oder einen Anregungszustand des Kerns, der bei diesem Neutroneneinfang entsteht. Nuklide, bei denen im betrachteten Energiebereich kein solcher Peak liegt, sind als **Moderatoren** geeignet. Sie absorbieren kaum Neutronen, sondern bremsen sie durch elastischen Stoß. Ein Moderator bremst um so besser, je leichter seine Kerne sind, denn desto mehr Energie kann nach den Stoßgesetzen übertragen werden. Beim zentralen Stoß mit einem ruhenden Proton würde das Neutron seine Energie ganz abgeben, in Wirklichkeit verliert es nur den Bruchteil 1/e. Um ein Neutron von 1 MeV auf die „thermische" Energie $\frac{3}{2}kT = 0{,}06$ eV abzubremsen, braucht man nur 17 Stöße ($\mathrm{e}^{-17} = 4 \cdot 10^{-8}$). „Kältere" Neutronen kann man so natürlich nur in gekühlten Moderatoren machen.

Das **Neutrino** wurde postuliert, um die Energiebilanz (und auch die Impuls- und Drehimpulsbilanz) des β-Zerfalls in Ordnung zu bringen (Abschn. 13.2.2):

$$\mathrm{n} \rightarrow \mathrm{p} + \mathrm{e}^- + \overline{\nu}_{\mathrm{e}} , \qquad \mathrm{p} \rightarrow \mathrm{n} + \mathrm{e}^+ + \nu_{\mathrm{e}} .$$

Das „e" kennzeichnet das zunächst hypothetische Teilchen als Elektron-Neutrino (im Gegensatz zum gleich zu besprechenden Myon-Neutrino). Das Prinzip, daß Teilchen dieser Art nur immer paarweise erzeugt werden können (Erhaltung der Leptonzahl L, Abschn. 13.4.8) zwingt uns, das beim β^--Zerfall entstehende Neutrino als **Antineutrino** anzusehen.

Im Unterschied zum Neutron tritt das **Neutrino** nicht einmal mit anderen Teilchen in Wechselwirkung, wenn es ihnen bis auf 10^{-15} m nahekommt. Eine äußerst schwache Wechselwirkung muß aber vorhanden sein, sonst nähme es gar nicht an den β-Zerfallsreaktionen teil. Schätzungen aus der **Theorie des β-Zerfalls** (*Fermi*, erweitert besonders von *Lee* und *Yang*) führten auf νp-Wechselwirkungsquerschnitte von etwa $10^{-48}\,\mathrm{m}^2$. Ein Neutrinostrahl verliert auf dem Weg durch den gesamten Erdkörper nur ein Teilchen unter 10^{10}. Der direkte Nachweis des Neutrinos (*Reines*, *Cowan*, 1956) erforderte daher äußerst lange Meßzeiten im intensiven Antineutrinofluß eines Hochleistungsreaktors. Wegen der Krümmung des Energietals (Abschn. 13.1.5) überwiegt ja bei der Kernspaltung der β^--Zerfall, also die $\overline{\nu}_\mathrm{e}$-Emission, im Gegensatz zur Fusion. Man suchte eine Art Umkehrung des β^+-Zerfalls

$$\mathrm{p} + \overline{\nu}_\mathrm{e} \rightarrow \mathrm{n} + \mathrm{e}^+ \qquad (13.29)$$

und fand nach Ausschluß aller Fehlerquellen – besonders der Reaktorstrahlung selbst durch eine Abschirmung, die für Neutrinos natürlich völlig transparent ist – auch einige solche Prozesse. Wären Neutrino und Antineutrino identisch (so etwas kommt bei anderen neutralen Teilchen, z. B. π^0 vor), hätte man auch die Umkehrung des β^--Zerfalls

$$\mathrm{n} + \nu_\mathrm{e} \rightarrow \mathrm{p} + \mathrm{e}^- \,, \qquad (13.30)$$

$$\text{z. B.} \quad {}^{37}_{17}\mathrm{Cl} + \nu_\mathrm{e} \rightarrow {}^{37}_{18}\mathrm{Ar} + \mathrm{e}^-$$

auslösen müssen. Das war nicht der Fall.

Beim Zerfall des geladenen Pions in ein Myon findet sich die Überschußenergie (Ruhmassendifferenz von Pion und Myon) nur teilweise als kinetische Energie des Myons wieder, ähnlich wie beim β-Zerfall nur teilweise als kinetische Energie des Elektrons. In völliger Analogie postuliert man also ein ebenfalls ungeladenes und nur schwach wechselwirkendes Teilchen, zunächst Neutretto, dann meist **Myon-Neutrino** genannt, um den evtl. Unterschied zum Neutrino zu betonen:

$$\pi^+ \rightarrow \mu^+ + \nu_\mu \,, \qquad \pi^- \rightarrow \mu^- + \overline{\nu}_\mu \,.$$

Wenn ν_μ mit ν_e identisch wäre, müßte es ebenfalls die Reaktionen (13.29) und (13.30) auslösen können. Pionen oder Myon-Neutrinos kommen nicht aus Reaktoren; um sie in hinreichender Anzahl (etwa 10^{14}) zu erzeugen, mußte man das Synchrotron von Brookhaven fast ein Jahr lang ununterbrochen schnelle Protonen auf Be-Kerne schießen lassen. Einige Dutzend davon lösten Reaktionen wie $\nu_\mu + \mathrm{n} \rightarrow \mathrm{p} + \mu^-$ (umgekehrte μ^--Zerfälle) aus, aber keines einen umgekehrten β-Zerfall (*Schwartz*, *Lederman*, *Steinberger* u. a., 1962). Myon- und Elektron-Neutrino sind also verschieden.

1975 entdeckte man einen noch schwereren Bruder des Elektrons und des Myons, das **τ-Meson** oder **Tauon** mit 3 490 Elektronenmassen. Es scheint ebenfalls von seinem eigenen Neutrino begleitet zu sein.

Da Neutrinos allem Anschein nach so gut wie unsterblich sind, muß das ganze Weltall von ihnen dicht erfüllt sein, denn jeder β^+-Zerfall in einem Stern, der die Kernfusion begleitet, erzeugt auch ein Neutrino. Noch mehr Neutrinos müßten die 2,7 K-**Urknallstrahlung** begleiten (Abschn. 15.4.7). Falls die Neutrinos auch nur eine geringe **Ruhmasse** haben, könnten sie einen wesentlichen Beitrag zur Gesamtdichte des Weltalls stellen und über dessen Schicksal entscheiden, nämlich darüber, ob unsere Welt „offen“ ist und für immer expandieren wird, oder „geschlossen“ mit periodischer Rückkehr zum Urknall (Abschn. 15.4.7). Eine **Ruhmasse des Neutrinos** würde nach der elektroschwachen Theorie dazu führen, daß die drei Neutrinoarten (ν_e, ν_μ, ν_τ) sich in **Neutrino-Oszillationen** von selbst ineinander umwandeln (Aufgabe 13.4.31).

Eine Substanz, die man einer α-, β- oder γ-Strahlung aussetzt, z. B. ein vor dem Verderb zu schützendes Lebensmittel, wird, von Ausnahmen abgesehen, nicht von selbst radioaktiv. Die einfallenden Teilchen verlieren Energie, werden aber nur ganz selten von den Kernen der bremsenden Substanz eingefangen. Beim Beschuß mit Neutronen ist ein solcher Einfang aber die Regel und macht den Neutronenüberschuß des einfangenden Kerns oft so hoch, daß dieser zum β^--Zerfall aktiviert wird. Darauf beruht die Gefährlichkeit der Neutronenstrahlung.

13.4.5 Wechselwirkungen

Es gibt im Weltall vier Kräfte: Die Gravitation, die die Welt im Großen zusammenhält; die elektromagnetische Kraft, die die meisten alltäglichen Erscheinungen erklärt, vom Licht und der chemischen Bindung bis zu den makroskopischen Eigenschaften der Stoffe; die **starke Wechselwirkung**, die die Kerne trotz der Coulomb-Abstoßung zusammenhält; die **schwache Wechselwirkung**, die den β-Zerfall bestimmt. Wie die elektromagnetische Wechselwirkung funktioniert, haben *Faraday* und *Maxwell* formuliert, *Lorentz* u. a. haben unzählige Eigenschaften der Materie darauf zurückgeführt. *Einstein* u. a. haben diese Theorie nochmals eleganter und vollständiger gefaßt, seit *Rutherford* und *Bohr* kann man damit und mit dem Quantenprinzip den Aufbau des Atoms immer genauer erschließen, den anscheinend letzten Schritt haben *Feynman* u. a. mit der **Quantenelektrodynamik** (QED) getan. Sie gilt zur Zeit als die exakteste aller Theorien und kann letzte Feinheiten wie den **Lambshift** der Wasserstofflinien oder das **anomale magnetische Moment des Elektrons** so präzis vorhersagen, daß alle Verfeinerungen der Meßmethoden noch keine Abweichung davon ergeben haben. Für die Gravitation hat *Newtons* Theorie schon so gut gestimmt, daß erst *Einstein* einen wesentlichen Schritt weiter tun konnte, der auf Erscheinungen in unserer näheren Umgebung wenig Einfluß, aber für den ganzen Kosmos revolutionäre Konsequenzen hat.

Die Gravitation wirkt auf alle Teilchen, die eine Masse haben, die elektromagnetische Kraft auf alle geladenen, die starke Wechselwirkung auf alle Hadronen (griech. hadros = stark, d. h. auf Nukleonen, Mesonen, Hyperonen), die schwache Kraft auf alle Teilchen außer dem Photon.

Tabelle 13.7. Die vier Wechselwirkungen

Wechselwirkung	Dauer τ/s	Querschnitt σ/cm^2	Kopplungskonstante α	Reichweite cm	Erhaltung von Q	A	L	J	Y	S	I_3	v	I
Starke Wechselwirkung	10^{-23}	10^{-23} bis 10^{-26}	1 bis 10	10^{-13}	+	+	+	+	+	+	+	+	+
Elektromagnetische Wechselwirkung	10^{-18} bis 10^{-16}	10^{-23} bis 10^{-33}	$\frac{1}{137}$	∞	+	+	+	+	+	+	+	−	−
Schwache Wechselwirkung	10^{-10} bis 10^{-3}	10^{-44}	10^{-14}	10^{-15}	+	+	+	+	−	−	−	−	−
Gravitation			10^{-41}	∞									

Ein Teilchen kann in andere zerfallen; zwei Teilchen können einen Stoß ausführen, bei dem sie Energie und Impuls austauschen oder bei dem neue Teilchen erzeugt werden. Wir wollen versuchen, alle diese Vorgänge in einheitlicher Weise zu beschreiben, speziell auch ihre Wahrscheinlichkeiten herzuleiten. Dabei müssen wir uns auf einen grob annähernden Überblick beschränken.

Beim α-Zerfall ist das emittierte Teilchen im Kern schon vorhanden gewesen, bevor es dessen Potentialwall durch Tunneleffekt überwindet, was um so leichter geschieht, je niedriger und je dünner dieser Wall ist (Abschn. 16.3.2). Hier interessieren uns Zerfallsakte, bei denen die emittierten Teilchen nicht schon existieren, sondern erst erzeugt werden müssen. Das gilt auch für die Emission eines Photons. Nach *Hertz* strahlt ein schwingender Dipol die Leistung

$$P = \frac{1}{6}\frac{e^2 d^2 \omega^4}{\pi\varepsilon_0 c^3}$$

ab (vgl. (7.129)). Für ein atomares System, das diese Leistung in Form von Photonen der Energie $\hbar\omega$ abgibt, ist das anders zu lesen: Es dauert im Mittel eine Zeit $\tau = \hbar\omega/P$, bis ein Photon abgestrahlt wird. Damit folgt

$$\frac{1}{\tau} = \frac{1}{6}\frac{e^2 d^2 \omega^3}{\pi\varepsilon_0 c^3 \hbar} . \qquad (13.31)$$

Wir schreiben das auf zwei andere sehr nützliche Arten, indem wir die Wellenlänge λ oder $\bar{\lambda} = \lambda/(2\pi)$ oder den Impuls $p = h/\lambda$ des Photons einführen:

$$\frac{1}{\tau} = \frac{2}{3}\alpha\frac{d^2}{\bar{\lambda}^2}\omega \qquad (13.32)$$

$$\frac{1}{\tau} = \frac{2}{3}\alpha\frac{d^3 p^3}{\hbar^3}A^{-1/3}\frac{1}{\tau_0} . \qquad (13.33)$$

Hier hat sich die **Feinstrukturkonstante** $\alpha = e^2/(4\pi\varepsilon_0\hbar c)$ herausgeschält, die bei allen atomaren Strahlungsproblemen auftaucht. Bei der γ-Strahlung schwingen Ladungen im Kern, die Amplitude d ist maximal etwa so groß wie der Kernradius $A^{1/3}r_0$ mit $r_0 = 1{,}3 \cdot 10^{-15}$ m. Dies und die **Elementarzeit** $\tau_0 = r_0/c = 0{,}4 \cdot 10^{-23}$ s sind in (13.33) schon benutzt. Nach (13.32) strahlt selbst eine atomare „Antenne" der optimalen Länge $d \approx \lambda$ nicht in jeder Schwingungsperiode ein Photon ab, sondern nur etwa alle $1/\alpha \approx 137$ Perioden. Die Feinstrukturkonstante gibt die Stärke der Kopplung zwischen Ladung und Wellenfeld.

Mit $W = \hbar\omega = \hbar c/\bar{\lambda}$ und $d = A^{1/3}r_0$ folgt aus (13.33)

$$\frac{1}{\tau} = \frac{1}{\tau_0}\frac{2}{3}\alpha A^{2/3}\frac{r_0^3}{\hbar^3 c^3}W^3 . \qquad (13.34)$$

Energiereiche γ-Übergänge erfolgen viel schneller. Viele γ-Übergänge gehorchen recht gut dieser Abhängigkeit $\tau \sim W^{-3}$, aber es gibt auch welche mit viel längerer Zeitkonstante und steilerer Energieabhängigkeit. Man versteht sie als **Quadrupol-** und höhere **Multipolschwingungen** des Kerns. Dabei werden gleichzeitig mehrere Photonen emittiert, wie man auch direkt nachweisen kann. Der Drehimpuls des Kerns ändert sich dabei um $l\hbar$, d. h. um mehrere Einheiten $\hbar$. Ein Photon hat ja den Drehimpuls $\hbar$. Ähnliche Multipolübergänge gibt es auch beim Atom, nur seltener (Abschn. 16.4.5). Die Wahrscheinlichkeit für einen solchen Übergang ist das Produkt von l Einzelwahrscheinlichkeiten für die Emission je eines Photons:

$$\frac{1}{\tau} \approx \omega\left(\alpha\frac{R^2}{\bar{\lambda}^2}\right)^l \sim W^{2l+1} . \qquad (13.35)$$

Die Langlebigkeit von energiearmen Zerfällen, besonders bei höherer Multipolordnung, erklärt die extreme Schärfe dieser γ-Linien, die man im **Mößbauer-Effekt** ausnutzen kann.

✗ Beispiel . . .

Welche Eigenschaften muß ein γ-Übergang haben, mit dem man die relativistische Rotverschiebung im Labor messen kann?

Verlangt wird die relative Linienbreite $\Delta\omega/\omega \approx gh/c^2$, denn das Photon verliert beim Aufstieg um h den Anteil mgh seiner Energie mc^2. Eine Linie mit der Lebensdauer τ ist nach der Unschärferelation um $\Delta\omega = 1/\tau$ verbreitert. Nach (13.35) ist $\Delta\omega/\omega \approx \alpha^l (R/\lambda\!\!\!^{-})^{2l}$. Dipolübergänge kämen erst unterhalb 10 eV in Frage, Quadrupolübergänge ($l = 2$) unterhalb 50 keV, Oktupolübergänge ($l = 3$) schon unterhalb 1 MeV.

Jetzt deuten wir (13.33): Die **Übergangswahrscheinlichkeit** $1/\tau$ für die Emission eines Photons hängt außer vom Kopplungsfaktor α nur von der Größe $p^3 d^3/h^3$ ab. d^3 ist etwa das Kernvolumen, p^3 ist das Volumen des Impulsraums, aufgespannt durch den Photonenimpuls p, das Produkt $d^3 p^3$ ist das Volumen im sechsdimensionalen Phasenraum, das für die Entstehung des Photons maßgebend ist. Dieser **Phasenraum** zerfällt, wie *Fermi* zeigte, in Zellen der Einheitsgröße h^3, die von höchstens zwei Teilchen mit halbzahligen, entgegengesetzten Spins besetzt werden können. Das folgt aus der Unschärferelation (Genaueres im Abschn. 17.3.3). Die darauf beruhende **Fermi-Statistik** gilt für **Fermionen** (Teilchen mit halbzahligem Spin) und erklärt das Verhalten von Elektronen im Festkörper, die Eigenschaften der Materie unter hohem Druck wie in Riesenplaneten oder Pulsaren ebenso wie hier die Erzeugung neuer Teilchen. Auch für **Bosonen** mit ganzzahligem Spin wie das Photon haben die h^3-Zellen eine Bedeutung. Die Erzeugungswahrscheinlichkeit von Photonen ist proportional zur Anzahl verfügbarer Phasenraumzellen. Dieses Prinzip läßt sich auf andere Wechselwirkungen übertragen.

Beim **β-Zerfall** entstehen z. B. ein Elektron und ein Antineutrino, wobei ein Neutron in ein Proton übergeht. Wir erwarten, daß die Zerfallswahrscheinlichkeit durch das Produkt der Zellenzahlen in den Phasenräumen von Elektronen und Neutrino gegeben ist, noch multipliziert mit einem Kopplungsfaktor, der wohl nicht gerade gleich α sein wird, denn es handelt sich ja um eine andere, die schwache Wechselwirkung:

$$\frac{1}{\tau} = \beta N_e N_\nu \frac{1}{\tau_0} = \beta \frac{1}{\tau_0} \frac{V^2 p_e^3 p_\nu^3}{h^6} . \qquad (13.36)$$

Das Neutrino hat (wenn überhaupt) nur eine winzige Ruhmasse und bewegt sich daher immer relativistisch: $W_\nu = p_\nu c$. Wenn das Elektron auch relativistisch ist ($W_e \gg 0{,}5$ MeV, $W_e = p_e c$), wird

$$\frac{1}{\tau} \approx \frac{1}{\tau_0} \beta \frac{V^2}{h^6 c^6} W_e^3 W_\nu^6 . \qquad (13.37)$$

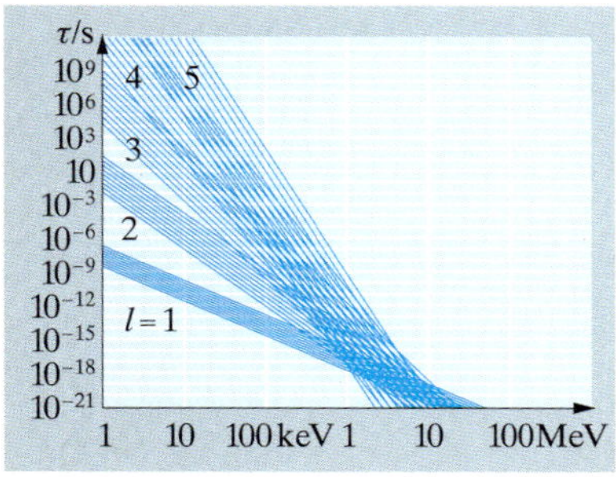

Abb. 13.52. Lebensdauer von β-Strahlern in Abhängigkeit von der Zerfallsenergie für verschiedene Multipolordnungen l

Ein ähnlicher Gedankengang ergibt die Aufteilung der gesamten Zerfallsenergie $W_0 = W_e + W_\nu$ auf e und $\bar{\nu}$ (Aufgabe 17.3.6). Die Abhängigkeit $\tau \sim W^{-6}$ ist noch steiler als beim γ-Dipolübergang und wird durch ähnliche Effekte kompliziert. Statt von Übergängen höherer Multipolordnung spricht man hier von **mehrfach verbotenen Übergängen**.

Unser (13.37) beschreibt näherungsweise auch andere „schwache" Zerfälle, bei denen nicht Elektronen und Neutrinos, sondern Pionen, Myonen oder auch Photonen entstehen. Es kommt ja im wesentlichen auf die Phasenraumvolumina an, und bei so energiereichen Zerfällen sind praktisch alle Produktteilchen relativistisch. Das freie Neutron zerfällt in 938 s, weil es nur $W_0 = 0{,}8$ MeV einzusetzen hat (vgl. Tabelle 13.6). Die Hyperonen leben nur etwa 10^{-10} s, denn ihre Zerfallsenergie ist etwa 100mal größer. Myon- und Pion-Zerfall fügen sich dazwischen ein. Für nichtrelativistische Teilchen wird die $\tau(W)$-Abhängigkeit flacher (Aufgabe 17.3.6), und für $W_0 \ll m_e c^2$ mündet $1/\tau$ in den Wert $\beta V^2 (mc/h)^6$ ein. Wir müssen noch den Faktor βV^2 interpretieren. Dahin kommen wir auf einem Umweg.

Man faßt heute das Schema des β-Zerfalls etwas anders auf und bringt es damit in Analogie zu den übrigen Wechselwirkungsarten: Nicht das Neutron sendet drei Teilchen aus, sondern es kommen zwei Teilchen, n und $\overline{\nu}$, einander entgegen (das $\overline{\nu}$ allerdings „aus der Zukunft") und tauschen beim Stoß eine Ladung aus, wodurch das n in ein p, das $\overline{\nu}$ in ein e^- übergeht. Diese merkwürdige Umkehrung des Zeitpfeils gilt formal für alle Antiteilchen (Aufgabe 13.4.22). Dadurch kommen alle Wechselwirkungen unter einen Hut. Immer treffen sich zwei Teilchen und tauschen irgendwas aus: Energie und Impuls (dann knicken beide Bahnen ab, und man sagt, es habe eine anziehende oder abstoßende Kraft gewirkt), oder Ladung oder andere Eigenschaften, wie beim β-Zerfall bzw., wie wir sehen werden, bei der starken Wechselwirkung. Dieser Austausch erfolgt nicht direkt, sondern durch ein Vermittlerteilchen. Wo man früher ein Kraftfeld sah, sieht man jetzt solche **Feldquanten** hin- und herlaufen. Die Quanten des elektromagnetischen Feldes sind die Photonen; die Quanten des starken Feldes, das zwischen den Quarks wirkt, sind die **Gluonen**. Direkte Hinweise auf die Existenz der Gluonen ergaben sich etwa gleichzeitig (um 1982) mit dem Nachweis der „schwachen" Quanten, der **Weakonen**; beide Teilchensorten waren bis dahin nur theoretische Postulate.

Wenn die wechselwirkenden Teilchen plötzlich ein Feldquant mit der Energie W aus dem Nichts stampfen sollen, verletzen sie damit den Energiesatz um diesen Betrag W. Eine solche Überziehung des Energiekontos muß nach einer Zeit t ausgeglichen werden, die so klein ist, daß prinzipiell niemand das Fehlen der Summe W nachweisen könnte. Nach der Unschärferelation ist diese Zeit $t \lesssim h/W$. In dieser Zeit kommt das Feldquant bestenfalls eine Strecke $r \approx ct \approx ch/W$ weit; falls es die Ruhmasse m hat, kommt es bis $r \approx h/(mc)$. So verknüpfte *Yukawa* die Reichweite der Kernkraft mit der Masse des damals noch hypothetischen Pions. Felder mit ruhmasselosen Quanten wie das elektrische unterliegen dieser Beschränkung nicht, sie reichen unter rein geometrischer r^{-2}-Verdünnung bis ins Unendliche.

Wieso kann der Austausch von Teilchen überhaupt zu einer Kraft führen? Die anschauliche Vorstellung vom Impulsaustausch, der mit einem Ballwechsel verbunden ist, würde immer nur Abstoßung liefern (außer bei Bumerang-Artisten). Weiter führt die Analogie mit der chemischen Bindung: Wenn das Feldquant – wie dort das bindende Elektron – zwei Zustände zur Verfügung hat, nämlich beim einen oder beim andern der nahe benachbarten Teilchen zu sein, ist die Gesamtenergie dieses Systems niedriger als für weiter entfernte Teilchen, die dem Feldquant nur je einen engeren Platz anbieten können.

Neutron und Antineutrino tauschen also eine Ladung in Gestalt eines **W^--Weakons** aus, das im CERN-Speicherring bei einer Stoßenergie um 90 GeV erzeugt wurde. Teilchen dieser riesigen Energie können nur über Abstände $r_W \approx \hbar c/W \approx 10^{-18}$ m ausgetauscht werden. Wir setzen daher in (13.37) für V nicht das Volumen des Nukleons, sondern nur $V \approx r_W^3$. Damit wird die Konstante $\beta/\tau_0 \cdot (m_e/m_W)^6 \approx 10^{-7}\,\mathrm{s}^{-1}$. Man mißt $10^{-4}\,\mathrm{s}^{-1}$ (schon das Neutron hat $1/\tau \approx 10^{-3}\,\mathrm{s}^{-1}$), also $\beta \approx 10^{-3}$. Bis auf eine kleine Abweichung, die angesichts der riesigen Größenordnungen nicht verwunderlich ist, stimmen also die Kopplungskonstanten der schwachen und der elektromagnetischen Wechselwirkung überein. Diese Verschmelzung der beiden Kräfte zur **elektroschwachen** wirkt sich allerdings erst bei so riesigen Energien um 100 GeV aus; um 1 MeV oder sogar 1 GeV ist die elektromagnetische Kraft noch viel stärker.

Wir versuchen auch den winzigen Stoßquerschnitt zwischen Neutrinos und Nukleonen oder Elektronen zu verstehen. Nach *Cowan* und *Reines* liegt er um $10^{-47}\,\mathrm{m}^2$ (Abschn. 13.4.4), ist also 10^{27}mal kleiner als der geometrische Querschnitt des Nukleons. Nur eines unter 10^{27} Neutrinos, das ein Nukleon durchquert, löst einen inversen β-Zerfall aus, z. B. $\mathrm{n} + \nu \rightarrow \mathrm{p} + \mathrm{e}^-$. Das ist jetzt klar: 10^{-23} s dauert eine solche Durchquerung, 10^4 s dauert ein schwacher Prozeß bei den geringen Energien, um die es sich im Reaktor und auch in der Sonne handelt, also ist die Wahrscheinlichkeit für einen solchen Prozeß in der Tat 10^{-27}. Neutrinos mit 100 GeV dagegen sollten ähnlich reaktionsfreudig sein wie Photonen.

Neutrinos reagieren auch miteinander, merklich allerdings nur bei so hohen Energien. Mangels Ladung können sie das nur „schwach" tun, und zwar mittels eines neutralen Feldquants. Dieses Teilchen, genannt Z^0, wurde kurz nach W^+ und W^- ebenfalls bei CERN um 90 GeV entdeckt. Die elektroschwache Kraft hat also vier Feldquanten: Z, W^+, W^-, γ. Durch die Entdeckung dieser **neutralen Wechselwirkung** wurde die Verschmelzung noch inniger.

Nach dem gleichen Schema versucht man in der **Großen Vereinheitlichung** (**grand unification**) auch die starke Kraft mit einzubeziehen. Dabei interpretiert man den Graphen des Elementaraktes nochmals neu: Emission oder Absorption eines geladenen Weakons verwandelt ein Quark in ein anderes, oder ein Lepton in ein anderes, z. B. d in u und $\bar{\nu}$ in e^- beim β-Zerfall, ändert also den **flavor** des Quarks oder Leptons. Emission oder Absorption eines **Gluons** ändert die Farbe des Quarks, wozu es beim Lepton kein Analogon gibt (deswegen unterliegen die Leptonen auch nicht der starken Kraft). Sollte es auch Teilchen geben, deren Emission oder Absorption Quarks in Leptonen verwandelt oder umgekehrt? Diese hypothetischen ***X*-Teilchen** müßten extrem schwer sein, also die entsprechende Wechselwirkung ultraschwach, sonst wäre nicht einmal das Proton so stabil, wie es offenbar ist. Bisherige Abschätzungen liefern eine **Lebensdauer des Protons** von mehr als 10^{30} Jahren, also 10^{60} Elementarzeiten. Ein zu (13.37) analoger Ansatz

$$\frac{1}{\tau} \approx \frac{1}{\tau_0}\alpha V^2 \frac{W^6}{h^6 c^6} \approx \frac{\alpha}{\tau_0}\left(\frac{m_\mathrm{e}}{m_X}\right)^6$$

ergibt dann eine Masse des X um 10^{17} GeV, und seine Reichweite wäre nicht mehr soviel größer als die Planck-Länge, bei der auch die Gravitation wesentlich mitspielt. Die Entdeckung des **Protonenzerfalls**, die an vielen Orten mit enormem Aufwand versucht wird, würde diese Hypothesen bestätigen und präzisieren.

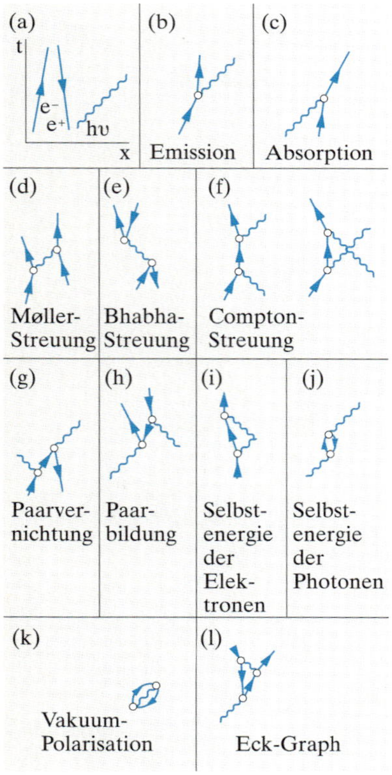

Abb. 13.53a–l. Die elementaren **Feynman-Graphen**

13.4.6 Elektromagnetische Wechselwirkung

Wir stellen die Elementarprozesse anschaulich in „graphischen Fahrplänen" dar, indem wir etwa vertikal die Zeit, horizontal eine Ortskoordinate auftragen. Ein gleichförmig bewegtes Teilchen wird durch eine gerade „Weltlinie" dargestellt. Der Tangens der Neigung gegen die Vertikale gibt die Geschwindigkeit. Photonen, dargestellt als Wellenlinien, laufen bei entsprechender Wahl der Einheiten auf 45°-Linien (Abb. 13.53). Gewöhnlich kennzeichnet man die Linien geladener Teilchen noch durch einen Pfeil, der die Stromrichtung (strenggenommen die umgekehrte Stromrichtung) angibt. Ein Elektronenpfeil zeigt in die Zukunft, ein Positronenpfeil in die Vergangenheit (das wird i. allg. nicht so verstanden, als liefe für Antimaterie die Zeit anders herum, obwohl man auch diese Auffassung vertreten kann).

Alle Ereignisse werden durch Punkte (Knoten, Vertices) dargestellt, in denen sich Linien kreuzen, berühren, verzweigen oder vereinigen. In der **Quanten-**

elektrodynamik betrachtet man die Wechselwirkung zwischen „echten“ Teilchen nie als direkt, sondern immer als durch Photonen vermittelt. Ferner soll ein Photon nie mit einem Teilchen zusammenstoßen und *sofort* wieder abprallen. Daher gibt es zunächst nur eine Art von Ereignis: Ein Photon wird von einem Teilchen emittiert oder absorbiert, d. h. eine Photonenlinie zweigt von einer Teilchenlinie ab oder mündet in sie (Abb. 13.53b,c).

Diese Grundereignisse, obwohl sie der klassischen Vorstellung zu entsprechen scheinen, daß jede beschleunigte Ladung strahlt, sind aber eigentlich unmöglich, denn sie verstoßen gegen Energie- und Impulssatz. Man sieht das sofort z. B. für die Einphotonen-Emission im Bezugssystem, wo das Elektron hinterher ruht (Abb. 13.53). Das Photon trägt die Energie $W = h\nu$ und den Impuls $p = h/\lambda = W/c$ weg. Diese Werte müßten denen des Elektrons *vor* der Emission entsprechen. Als ruhmassebehaftetes Teilchen kann das Elektron aber nie, nicht einmal bei höchster Geschwindigkeit, exakt $W = pc$ haben.

Energie und Impuls eines Zustandes, speziell die Energie sind nur dann präzis festgelegt, wenn der Zustand sehr lange dauert. Für einen Zustand der Lebensdauer t erlaubt oder verlangt die Unschärferelation eine Energieunschärfe $\Delta W = h/t$. Wenn z. B. bei strenger Impulserhaltung die Energie um nicht mehr als ΔW „falsch“ ist, muß der entsprechende Zustand doch berücksichtigt werden, allerdings nicht als realer, beobachtbarer Zustand, sondern nur als **virtueller**, mit Begrenzung der Lebensdauer auf $t = h/\Delta W$.

Im Diagramm unterscheidet man also äußere Linien, die bis zum Rand führen, und reale, beobachtbare Teilchen bedeuten, und innere Linien zwischen zwei Ereignispunkten für virtuelle, notgedrungen kurzlebige, „illegale“ Teilchen.

Man kann die Prozesse (b) und (c) zu einem realen kombinieren, indem ein Elektron ein Photon emittiert, das virtuell bleibt und genügend schnell von einem anderen Elektron absorbiert wird. Die innere Photonlinie muß um so kürzer sein, je härter das Photon ist (gemäß $t\,\Delta W = th\nu \lesssim h$ dürfte, wenn die Welligkeit der physikalischen Welle entsprechen soll, jede solche Linie nur höchstens eine Wellenperiode enthalten). Bei geringerem Abstand können zwei Elektronen also härtere Photonen austauschen, die zu größeren Impulsänderungen, also Kräften führen. Im Fall zweier Elektronen machen die Impulsänderungen deutlich, daß es sich um eine Abstoßung handelt. Den Übergang zur Anziehung für ungleichnamige Ladungen liefert dieses einfache Bild jedoch nicht.

Einen anderen wichtigen Graphen erhält man, indem man den Graphen (d) (auch **Møller-Streuung** genannt) um 90° dreht. Diese Drehung, d. h. Vertauschung von Ort und Zeit, verknüpft zwei „duale“ Graphen mit formal identischen Eigenschaften; relativistisch sind ja x und t äquivalent. In (e) laufen ein Elektron und ein Positron (Pfeilrichtung!) zusammen und vernichten einander zu einem Photon, das aus den gleichen Gründen wie bei der Møller-Streuung virtuell bleiben muß, nämlich sich in ein anderes Elektron-Positron-Paar „materialisiert“ (**Bhabha-Streuung**). Experimentell sind (d) und (e) nicht unterscheidbar, da die Teilchen nicht markierbar sind und das Photon grundsätzlich unbeobachtbar bleibt.

Die **Compton-Streuung** muß mit zeitlicher Trennung zwischen Auftreffen und Reemission des Photons gezeichnet werden (f). Auch ein anderer Prozeß kommt in Betracht, bei dem scheinbar akausal ein Photon emittiert wird, bevor das andere eintrifft. Der dazu duale Prozeß (g) ist die reale Vernichtung (ohne Wiedererzeugung) eines Elektronenpaares: Entweder das Elektron oder das Positron sendet ein Photon aus, kurz bevor es mit seinem Antiteilchen zusammentrifft. Dieser „Entsetzensschrei“ bringt Energie und Impuls in Ordnung. Man kann (f) auch andersherum drehen und erhält die (Zweiphoton)- **Paarbildung** (h).

In Ermangelung eines Partners kann ein Elektron sein virtuell emittiertes Photon auch selbst wieder einfangen ((i); man frage nicht, wer das Photon rechtzeitig „zurückspiegelt"). Kinematisch bedeutet das einen Doppelstoß auf das Elektron. Nach dem ersten Stoß (Emission) hat es einen Rückstoßimpuls $h\nu/c$, also für weiche Photonen ($\ll 500\,\text{keV}$) eine Geschwindigkeit $v = h\nu/(mc)$. Spätestens nach $t = h/(h\nu) = 1/\nu$ muß das Photon wieder eingefangen werden, wobei das Elektron seinen alten Bewegungszustand wieder annimmt. Inzwischen hat sich seine Bahn aber um $vt = h/(mc)$ seitlich versetzt. Anschaulich zittert es also bei dem Ballspiel mit sich selbst unaufhörlich innerhalb eines Bereiches $h/(mc)$, d. h. seiner **Compton-Wellenlänge** hin und her. Dies gibt eine Idee, warum die Compton-Wellenlänge auch für die innere Struktur eines Teilchens, die ja z. T. durch diese Selbstprozesse bestimmt wird, so wichtig ist. Die wirkliche Verschmierung des Elektrons oder seiner Ladung, die man klassisch annehmen muß, um rein elektromagnetisch die Elektronenmasse herauszubekommen, ist allerdings wesentlich kleiner (**klassischer Elektronenradius** oder Compton-Wellenlänge des Protons). Auch die Quantenelektrodynamik macht den Graphen (i) für die **Selbstmasse** (Selbstenergie) verantwortlich. Das Photon hat ebenfalls einen Selbstenergie-Graphen: Es kann sich in ein Elektronenpaar verwandeln, das natürlich virtuell bleiben muß und sofort wieder zerstrahlt.

Wichtig ist ferner ein Graph, bei dem überhaupt nichts Reelles auftritt (k): Ein Photon macht ein Elektronenpaar, das gleich wieder in das *gleiche* Photon zerstrahlt. Manche Effekte, z. B. der **Lamb-Shift** und die **anomalen magnetischen Momente** von Elektron und Myon, werden so gedeutet, daß sich dieser gänzlich virtuelle Prozeß überall, auch im Vakuum, abspielt (**Vakuum-Polarisation**).

13.4.7 Die innere Struktur der Nukleonen

Seit *Hertz*, *Lenard* und *Rutherford* sondiert man das Innere von Teilchen, indem man andere Teilchen daraufschießt. In den heutigen Beschleunigern kann man Teilchen mit Energien um 100 GeV aufeinanderschießen. Gleichnamige Punktladungen können sich dabei auf Abstände um 10^{-20} m nahekommen. Eine etwas höhere Grenze für diesen Minimalabstand setzt die Unschärferelation: Der Impulsänderung $\Delta p \approx W/c$, die die Teilchen beim zentralen Stoß erfahren können, entspricht eine Ortsunschärfe

$$\Delta x \approx \hbar/p \approx \hbar c/W \approx 10^{-17}\,\text{m}\,.$$

Kleinere Strukturdetails können selbst so schnelle Teilchen nicht sondieren. Zum gleichen Ergebnis führt die Überlegung, daß eine Teilchensonde keine Einzelheiten enthüllen kann, die kleiner sind als seine de Broglie-Wellenlänge h/p.

Bei den Leptonen liefern solche Experimente keinerlei Hinweise auf eine Struktur: Leptonen sind entweder wirklich punktförmig oder jedenfalls kleiner als die angegebene Grenze. Beim Nukleon dagegen ist der Radius von $1{,}3 \cdot 10^{-15}$ m in allen diesen Messungen gut erkennbar. Auffälligerweise ist dies ziemlich genau die **Compton-Wellenlänge** $h/(mc)$ des Nukleons selbst oder allgemeiner die de Broglie-Wellenlänge eines fast mit c bewegten Teilchens mit einer Masse um 1 GeV. Man kann Masse und Radius des Nukleons somit aufeinander zurückführen, wenn man annimmt, daß in seinem Volumen vom Radius r Teilchen eingesperrt sind, die sich relativistisch bewegen und deren kinetische Energie $W \approx pc$ aus der Impulsunschärfe $p \approx h/r$ stammt.

Auch das **magnetische Moment der Nukleonen** spricht für ihre komplexe Struktur. Die Leptonen haben ja, bis auf eine winzige, durch die Vakuumpolarisation erklärbare Abweichung, genau das magnetische Moment $e\hbar/(2m)$, das einer rotierenden Ladung mit dem Drehimpuls $\hbar/2$ entspricht, also 1 Bohr-Magneton. Das Proton dagegen hat 2,793, das Neutron $-1{,}913$ Kernmagnetonen vom Betrag $e\hbar/(2m_\text{p})$. Diese Verhältnisse nahe 3 bzw. $\frac{2}{3}$ suggerieren, daß die Zahl 3 in der Struktur der Nukleonen irgendeine Rolle spielt.

Direkteren Einblick liefern die hochenergetischen Streuversuche. Dabei nutzt es wenig, Nukleonen auf Nukleonen zu schießen. Aus einem Autounfall allein erfährt man ja auch wenig über die Struktur von Autos: Es fliegt alles mögliche durch die Gegend, aber wie es zusammengehört hat, ist kaum ersichtlich. Da ist es schon besser, mit dem Gewehr auf das Auto zu schießen: Wo die Kugel abprallt, war sicher etwas Hartes. Elektronen werden nur durch geladene Bestandteile abgelenkt und haben seit *Hofstadter* (1956) wichtige Informationen geliefert. Neutrinos, wie sie in großen Beschleunigern immer reichlicher verfügbar werden, müssen diesen Bestandteilen noch viel näher kommen, damit die schwache Kraft mit ihrem winzigen Wirkungsquerschnitt sie ablenkt. Sie zeigen ganz klar, daß die Streuzentren im Nukleon, früher **Partons** genannt, viel kleiner sind als das Nukleon. Am besten lassen sich die Ergebnisse deuten, wenn man drei solche Streuzentren im Nukleon annimmt. Man identifiziert sie heute natürlich mit den anfangs nur theoretisch postulierten **Quarks**.

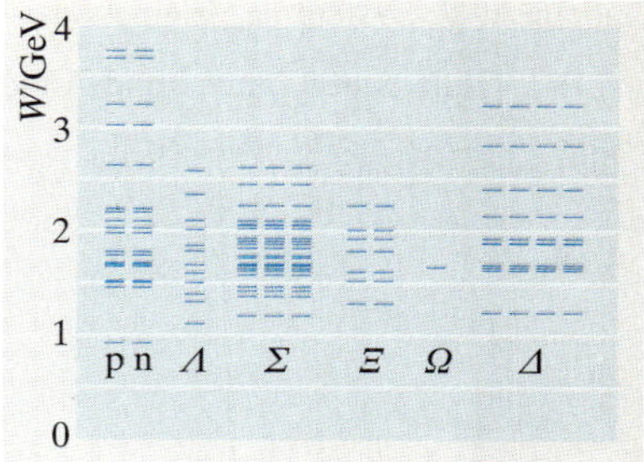

Abb. 13.54. Die Massen (Ruhenergien) der Baryonen (Stand April 1976; seitdem wurden besonders in den höheren Energiebereichen noch mehrere hundert Anregungszustände entdeckt)

Ursprünglich sollte ja das Quark-Modell die immer mehr anschwellende Zahl entdeckter Elementarteilchen auf einige Grundbausteine zurückführen. Der menschliche Geist läßt sich so viele unabhängige Grundeinheiten einfach nicht gefallen. In der Biologie heißt das Prinzip der Vereinheitlichung: Entwicklung, in der Physik und Chemie: Aufbau aus einfacheren Bausteinen. *Darwin* hat gegen *Linné* recht behalten, *Mendelejew* gegen *Dalton*: Die Vielfalt und die Ähnlichkeit zwischen Arten bzw. Atomen lassen sich nur verstehen, wenn es Entwicklung bzw. eine innere Struktur gibt.

Von jedem Atom gibt es ja außerdem noch sehr viele verschiedene Ausgaben, nämlich alle seine angeregten Zustände. Eine solche Vielfalt von Zuständen eines Systems ist auch nur denk- und erklärbar, wenn das System aus einfacheren Bausteinen besteht, deren gegenseitige Energie (der Lage oder Bewegung) eben das Unterscheidungsmerkmal dieser angeregten Zustände darstellt. Was sollte man unter der Anregung eines nichtstrukturierten Teilchens „aus einem Guß" verstehen? Die Elementarteilchen sind in ihrer Masse, also energetisch sehr viel unterschiedlicher als die angeregten Zustände eines Atoms, weil die starke Bindung eben soviel stärker ist als die elektromagnetische. Trotzdem sind Beziehungen zwischen den Hadronen ähnlich den Termspektren der Atome unverkennbar. Sie lassen sich aber nur mit Sinn erfüllen, wenn die Hadronen eine innere Struktur haben.

13.4.8 Das Quarkmodell

Um 1964 zeigten *Ne'eman*, *Gell-Mann* und *Zweig*, wie man die bekannten Elementarteilchen – schon damals waren es etwa 100 – auf drei Grundbausteine zurückführen kann, die *Gell-Mann* als Quarks bezeichnete. Ein solches Modell sollte

- erklären, warum es die beobachteten Teilchen gibt und keine anderen;
- die Lebensdauern und Zerfallsmechanismen dieser Teilchen erklären;
- erklären, ob und mit welcher Wahrscheinlichkeit man diese Teilchen in energiereichen Stößen erzeugen kann.

Wir beschränken uns zunächst auf die drei „klassischen" Quarksorten u, d, s.

Der Bauplan der **Mesonen** läßt neun Kombinationen von Quark und Antiquark zu. Wie man sie mit den bekannten Mesonen identifiziert, ergibt sich aus den Massen (u, d leicht, s schwer) und den Ladungen der Quarks (d, s haben $-\frac{1}{3}$, u hat $\frac{2}{3}$). Allerdings gibt es fünf neutrale $q\overline{q}$-Kombinationen, denen nur vier neutrale Mesonen gegenüberstehen. Man stellt sich vor, daß z. B. das $u\overline{u}$-Paar im π^0 sich nach kurzer Zeit vernichtet und aus seiner Energie ein $d\overline{d}$-Paar erzeugt, so daß das π^0 eigentlich eine Überlagerung aus den beiden Grenzzuständen $d\overline{d}$ und $u\overline{u}$ ist. Ähn-

Tabelle 13.8. System der Elementarteilchen nach dem Quark-Modell (Eintriplett-Modell)

(a) Die Tripletts der Quarks und Antiquarks

Teilchen	Baryonzahl A	Spin J	Ladung Q	Hyperladung Y	Strangeness S	Isospin I_3	Isospinbetrag I	Multipliz. ν
$u,\ \bar{u}$	$\frac{1}{3}\ \ -\frac{1}{3}$	$\pm\frac{1}{2}$	$\frac{2}{3}\ \ -\frac{2}{3}$	$\frac{1}{3}$	0	$\frac{1}{2}\ \ -\frac{1}{2}$	$\frac{1}{2}$	2
$d,\ \bar{d}$	$\frac{1}{3}\ \ -\frac{1}{3}$	$\pm\frac{1}{2}$	$-\frac{1}{3}\ \ \frac{1}{3}$		0	$-\frac{1}{2}\ \ \frac{1}{2}$		
$s,\ \bar{s}$	$\frac{1}{3}\ \ -\frac{1}{3}$	$\pm\frac{1}{2}$	$-\frac{1}{3}\ \ \frac{1}{3}$	$-\frac{2}{3}$	∓ 1	0	0	1

(b) Die Quark-Antiquark-Paare (Mesonen)

Quarks	A	J	Q	Y	S	I_3	I	ν	Oktett	Singulett
$u\,\bar{u}$	0	0	0	0	0	0	1	3	π^0	
$d\,\bar{d}$	0	0	0	0	0	0	1	3		
$u\,\bar{d}$	0	0	1	0	0	1	1	3	π^+	
$d\,\bar{u}$	0	0	−1	0	0	−1	1	3	π^-	
$u\,\bar{s}$	0	0	1	1	1	$\frac{1}{2}$	$\frac{1}{2}$	2	K^+	η_1^0
$d\,\bar{s}$	0	0	0	1	1	$-\frac{1}{2}$	$\frac{1}{2}$	2	K^0	
$s\,\bar{u}$	0	0	−1	−1	−1	$-\frac{1}{2}$	$\frac{1}{2}$	2	$\overline{K^+}$	
$s\,\bar{d}$	0	0	0	−1	−1	$\frac{1}{2}$	$\frac{1}{2}$	2	$\overline{K^0}$	
$s\,\bar{s}$	0	0	0	0	0	0	0	1	η_8^0	

(c) Die Dreiquark-Zustände (Baryonen)

Quarks	A	J	Q	Y	S	I_3	I	ν	Dekuplett	Oktett	Singulett
$u\,u\,u$	1	$\frac{1}{2}$	2	1	0	$\frac{3}{2}$	$\frac{3}{2}$ —	4 —	Δ^{++}	–	
$u\,u\,d$	1	$\frac{1}{2}$	1	1	0	$\frac{1}{2}$	$\frac{3}{2}$ $\frac{1}{2}$	4 2	Δ^+	p	
$u\,d\,d$	1	$\frac{1}{2}$	0	1	0	$-\frac{1}{2}$	$\frac{3}{2}$ $\frac{1}{2}$	4 2	Δ^0	n	
$d\,d\,d$	1	$\frac{1}{2}$	−1	1	0	$-\frac{3}{2}$	$\frac{3}{2}$ —	4 —	Δ^-	–	
$u\,u\,s$	1	$\frac{1}{2}$	1	0	−1	1	1	3	$\Sigma^{+\prime}$	Σ^+	
$u\,d\,s$	1	$\frac{1}{2}$	0	0	−1	0	1	3	$\Sigma^{0\prime}$	Σ^0	Λ^0
$d\,d\,s$	1	$\frac{1}{2}$	−1	0	−1	−1	1	3	$\Sigma^{-\prime}$	Σ^-	
$u\,s\,s$	1	$\frac{1}{2}$	0	−1	−2	$\frac{1}{2}$	$\frac{1}{2}$	2	$\Xi^{0\prime}$	Ξ^0	
$d\,s\,s$	1	$\frac{1}{2}$	−1	−1	−2	$-\frac{1}{2}$	$\frac{1}{2}$	2	$\Xi^{-\prime}$	Ξ^-	
$s\,s\,s$	1	$\frac{1}{2}$	−1	−2	−3	0	0	1	Ω^-	–	

lich stellt man ja z. B. die Ψ-Funktion des H_2-Ions quantenmechanisch als Überlagerung der beiden Zustände „Ψ_1: Elektron beim Proton 1" und „Ψ_2: Elektron beim Proton 2" dar. Hierbei gibt es zwei wesentlich verschiedene Überlagerungen: Die symmetrische $\Psi_1 + \Psi_2$, und die antimetrische $\Psi_1 - \Psi_2$, analog zu den beiden „Normalschwingungen" des Koppelpendels (Abschn. 4.4.1). Für das π^0 sind diese beiden Normalschwingungen identisch, weil zwischen u und d kein wesentlicher Unterschied besteht (außer der Ladung, die durch das Antiquark ohnehin kompensiert wird). Beim K^0 dagegen verhalten sich beide Normalzustände sehr verschieden, wie wir gleich sehen werden. Bei den geladenen Mesonen verbieten Ladungs- oder Energieerhaltung solche internen Übergänge; wenn sie zerfallen, zerfallen sie gleich „richtig“. Alle bisher genannten Mesonen sind so leicht, also energiearm, wie das ihre Quarkkomposition erlaubt. Das ist der Fall, wenn die beiden Quarks entgegengesetzte Spins haben, das ganze Meson also den Spin 0 hat. Gleichgerichtete Quarkspins ergeben ein energetisch erheblich höherliegendes Stockwerk des entsprechenden Satzes von Spin-1-Mesonen.

Auch bei den **Baryonen** muß das tiefste Stockwerk den kleinstmöglichen Spin haben, nämlich $\frac{1}{2}$: Bei zwei der drei Quarks zeigt er z. B. nach oben, beim dritten nach unten. Das ist nicht möglich, wenn alle drei Quarks von der gleichen Sorte sind, denn in diesem Fall müßte eines von ihnen in einem höheren Energiezustand sitzen, genau wie im Kern höchstens zwei Protonen oder zwei Neutronen im gleichen Zustand Platz haben. Dieser höhere Zustand ist mit einem Drehimpuls $\frac{3}{2}$ des Gesamtsystems verbunden. Es sollte daher acht Baryonen vom Spin $\frac{1}{2}$ und minimaler Energie geben, die Ecken *uuu*, *ddd* und *sss* des Zehnerschemas fehlen hier. Die leichtesten, *uud* und *udd*, stellen Proton und Neutron dar. Schwerer sind die drei Σ- **Hyperonen** Σ^+, Σ^0, Σ^- mit je einem *s*, noch schwerer die beiden Ξ-Hyperonen Ξ^-, Ξ^0 mit je zwei *s*. Baryonen haben nicht die Möglichkeit, sich durch interne Quarkpaar-Vernichtung ineinander umzuwandeln (es gäbe ja auch keine energie- und ladungsgleiche Alternative). Daher reduziert sich nicht wie bei den Mesonen die kombinatorisch mögliche Anzahl um 1, sondern im Gegenteil verdoppelt sich die Kombination *uds*: Außer Σ^0, dem Mitglied des Σ-Tripletts, gibt es eine energetisch günstigere Anordnung, ein Singulett Λ^0 mit etwas geringerer Masse.

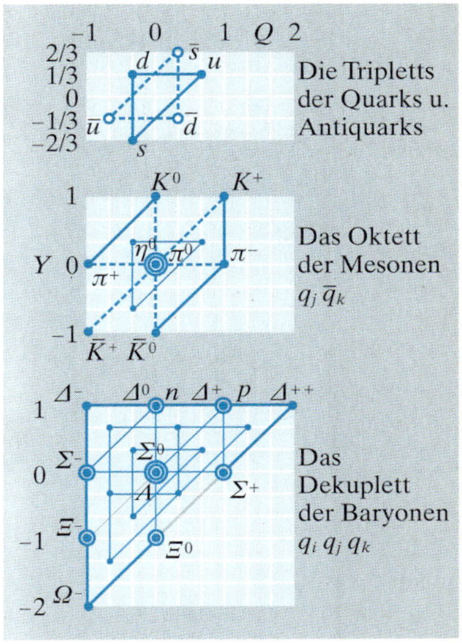

Abb. 13.55. Das Quarkmodell. Die einzelnen Teilchen-Supermultipletts entsprechen verschiedenen Schichten der kombinierten Diagramme

Beim Spinwert $\frac{3}{2}$, also im energetisch nächsthöheren Stockwerk, gibt es zehn Baryonen, denn hier sind die Ecken mit drei gleichen Quarks nicht mehr ausgeschlossen. Das leichteste Quadruplett, nur aus *u* und *d* bestehend, heißt Δ und umfaßt also auch $\Delta^{++} = uuu$ und $\Delta^- = ddd$. Das $\Omega^- = sss$ in der dritten Ecke wurde zum Prüfstein des Modells: Seine Existenz und ungefähre Masse wurde vorhergesagt, lange bevor man es im Beschleuniger fand. Natürlich gibt es noch viele höhere Anregungszustände der zehn Dreiquark-Kombinationen. Über 100 von ihnen hat man schon gefunden (Abb. 13.54) und kann sie ins Quarkschema einordnen.

Die Teilchen in einer Zeile dieses Schemas, also mit gleicher Anzahl von *s*-Quarks, faßt man wegen ihrer (abgesehen von der elektrischen Ladung) ähnlichen Eigenschaften zu einem **Multiplett** zusammen. Formal verhält sich dieses ähnlich wie ein Linienmultiplett in der Atomspektroskopie. Dort unterscheiden sich die Terme, von denen die entsprechenden Übergänge ausgehen, durch die Einstellung des Drehimpuls- oder Spinvektors des Elektrons. Analog hat man für die Teilchenspektroskopie einen **Isospinvektor *I*** eingeführt, der für das ganze Multiplett den gleichen Betrag I, aber für jedes Teilchen darin eine andere Einstellung haben soll. Ein Triplett z. B. hat $I = 1$ mit den Einstellungen $-1, 0, 1$; seine Multiplizität ist $\nu = 2I + 1 = 3$. Im Quarkmodell haben alle Mitglieder eines Multipletts die gleiche Anzahl *s*- oder $\overline{s}$-Quarks. I ist die halbe Anzahl der Plätze, auf die man ein *u* oder *d* (bzw. $\overline{u}$ oder $\overline{d}$) setzen kann. So bilden Proton und Neutron ein Dublett ($I = \frac{1}{2}$), weil nur ein Platz für *u* oder *d* frei verfügbar ist; mindestens ein *u* und ein *d* müssen ja nach dem Pauli-Prinzip vorhanden sein. Das schwere *s*-Quark spielt eine Sonderrolle: Je mehr davon ein **Hadron** enthält, desto „seltsamer“ verhält es sich bei Zerfall und Stoß. Die Anzahl der *s*- oder $\overline{s}$-Quarks in einem Hadron nennt man seine **Strangeness** S. Die **Baryonenzahl** A ist nichts weiter als $N/3$, wo N die Anzahl der Quarks ist. Da Antiquarks mit -1 gezählt werden, erhalten die Mesonen $A = 0$. Schließlich hat man noch eine **Hyperladung** Y eingeführt. Sie ergibt sich als $Y = A - S$. So deutet das Quarkmodell die vor seiner Aufstellung eingeführten Quantenzahlen sehr einfach.

Das Quarkmodell leistet also etwa dasselbe für die Hadronen wie das Periodensystem für die Atome, nämlich 100 oder mehr Teilchen in ein Schema einzuordnen, das Ähnlichkeit hervortreten läßt und Voraussagen über noch unentdeckte Teilchen gestattet. Will man wissen, welche Teilchen stabil sind, welche nicht, wie sich diese umwandeln, und was bei Stößen zweier Teilchen passieren kann, dann muß man einige dynamische Regeln hinzunehmen, die sich meist durch Erhaltungssätze gewisser Größen formulieren lassen. Die Rutherford-Soddy-Regeln für die radioaktive Verschiebung handeln von der Ladung; Stabilitätsfragen lassen sich durch Energiebetrachtungen auf Grund des Kernmodells entscheiden. Welche Größen außer Ladung und Energie erhalten bleiben, hängt von der Art der Wechselwirkung ab.

Die starke Kraft bewirkt drei Elementarakte: Austausch zweier Quarks zwischen zwei Hadronen, und Vernichtung oder Erzeugung eines Quark-Antiquark-Paares gleicher Sorte. Bei starken Prozessen bleiben also alle oben genannten Quantenzahlen erhalten, speziell v, I, S; man bleibt dabei innerhalb des gleichen Multipletts. Solche Prozesse dauern nur etwa eine **Elementarzeit** von 10^{-23} s, nämlich solange die intime Begegnung (innerhalb eines Abstandes $\approx 10^{-15}$ m) der fast mit c bewegten Quarks dauert.

Die elektromagnetische und besonders die schwache Kraft können auch die Sorte (den **flavor**) der Quarks ändern. Beim β^--Zerfall $udd \to uud + e^- + \overline{\nu}_e$ wandelt sich ja ein d in $u + e^- + \overline{\nu}_e$ um. Auch s kann in d oder in u plus einem negativen Lepton übergehen. Nur so kann sich ein Hyperon in ein Teilchen nächstniederer Strangeness verwandeln. Das dauert viel länger als ein starker Prozeß, nämlich etwa 10^{-10} s. Es überrascht zuerst, daß eine Kraft um so mehr Unheil anrichten kann, je „schwächer" sie ist. Schwache Kräfte sind aber eigentlich stärker: Ihr Wirkungsquerschnitt ist kleiner, weil die Masse der vermittelnden Feldbosonen größer ist.

Einige Eigenschaften bleiben von allen diesen Kräften unberührt: Energie W, elektrische Ladung Q, Baryonenzahl A. Quarks gehen einzeln nie ganz kaputt. In jüngster Zeit kommen allerdings Zweifel an der absoluten A-Erhaltung auf: Die **große Vereinheitlichung** von starker und elektroschwacher Kraft postuliert eine noch „schwächere" Kraft, die auch Quarks in Leptonen verwandeln, also Nukleonen zerstören soll.

Was können nun die Hadronen nach diesen Regeln tun, was nicht? Wir behandeln zunächst die freien Zerfälle. Jedes Meson kann zerfallen. Nur bei π^0 und η^0 ist dies eine Paarvernichtung ($u\overline{u}, d\overline{d}\ s\overline{s}$), also ein starker, schneller Prozeß, allerdings auf $8 \cdot 10^{-17}$ bzw. $2 \cdot 10^{-19}$ s verlangsamt durch die Möglichkeit, z. B. aus der $u\overline{u}$-Vernichtungsenergie gleich wieder ein $d\overline{d}$ zu erzeugen. Beim geladenen Pion und allen Kaonen muß erst eine Flavor-Änderung stattfinden, damit ein Quarkpaar gleichen Flavors entsteht. Daher leben diese Teilchen viel länger (etwa 10^{-8} s), π^+ und π^- zerfallen dann in $\mu^\pm + \nu_\mu$ (Ladungserhaltung), beim **Kaon** reicht die Energie des Übergangs $s \to d$ außerdem zum Zerfall in zwei oder (seltener) in drei Pionen (Erzeugung von einem oder zwei Quarkpaaren, z. B. $u\overline{s} \to u\overline{d} + u\overline{u}$). Das neutrale Kaon verhält sich besonders kompliziert. Es zerfällt entweder langsam (in $5{,}4 \cdot 10^{-8}$ s) in drei Teilchen, meist Pionen, oder schnell (in $8{,}6 \cdot 10^{-11}$ s) in zwei Pionen, weshalb man anfangs meinte, hier gebe es zwei verschiedene Teilchen, τ und θ. Wie wir sahen, pendelt aber das K^0 ständig zwischen den Konfigurationen $d\overline{s}$ und $s\overline{d}$ hin und her. Die Schwingung zweier gekoppelter Pendel, zwischen denen die Energie hin und her wandert, läßt sich ebensogut beschreiben als Überlagerung aus einer symmetrischen und einer antimetrischen Normalschwingung (Abschn. 4.4.1). Analog spricht man statt von K^0 und $\overline{K^0}$ besser von deren symmetrischer bzw. antimetrischer Überlagerung, genannt K_s und K_l. Hier stehen s und l für „short" und „long", bezogen auf die Lebensdauer. Ebenso wie beim H_2-Molekül, beim Positronium oder beim Protonium ist der Zustand mit symmetrischer Ψ-Funktion ein Singulett oder ein „Para-Zustand" mit entgegengesetzten Spins der beiden Teilchen. Beim H_2 ist er bindend, weil die Elektronen einen erweiterten Potentialtopf zur Verfügung haben. Der Triplett- oder Ortho-Zustand mit gleichgerichteten Spins muß antimetrisch sein, denn in der Mitte muß die Ψ-Funktion 0 sein, damit sich die Teilchen dort nicht begegnen. Das bedingt beim H_2 eine höhere, lockernde Energie (die Ψ-Funktion hat einen Knoten, oder: Teilchen mit gleichen Spins dürfen nicht beide in den gleichen, tiefsten Zustand). Das **Para-Positronium** mit entgegengerichteten Spins von e^- und e^+ kann in zwei Photonen zerfallen, deren Spins (Betrag 1) einander ebenfalls kompensieren. Beim **Ortho-Positronium** geht das nicht: Sein Spin 1 läßt nur den Zerfall in mindestens drei Photonen zu (der Einphoton-Zerfall ist aus Energie-Impuls-Gründen unmöglich). Jedes Photon, das zusätzlich entstehen muß, setzt aber die Zerfallszeit etwa um den Faktor $1/\alpha = 137$ herauf. Ähnlich ist es beim Protonium und bei unserem $K_l - K_s$-Zustandspaar.

Ein Hyperon geht durch einen Zerfall $s \to d$ oder $s \to u + e^-$ oder μ^- in die nächstniedere Strangeness-Stufe über. Das ist ein schwacher Prozeß mit einer Zeitkonstante um 10^{-10} s. Die Energiedifferenz kann in ein neues leichtes Quarkpaar (Pion) oder einfach in ein Photon umgesetzt werden. Beim Ω^- erlaubt der s-Zerfall noch zusätzlichen Energiegewinn durch Spinumordnung. Das reicht sogar zur Erzeugung eines Kaons neben dem Λ^0. Allein das Σ^0 zerfällt schneller (in 10^{-14} s) in Λ^0, denn dazu ist kein Quarkzerfall nötig. Letzten Endes gehen natürlich alle Hyperonen in die leichtesten Baryonen, das Proton oder das Neutron, über, sei es direkt wie Λ^0 und $\Sigma^\pm$, sei es in einer Kaskade, wie Σ^0, Ξ und Ω^-.

In Umkehrung dieser Zerfälle können alle Hyperonen und Mesonen in Stößen schneller Nukleonen erzeugt werden, falls deren Energie ausreicht. Als sekundäre Geschosse kommen auch Pionen und Kaonen in Frage. Dabei können Kaonen und Hyperonen immer nur „assoziiert" erzeugt werden: Ein Λ und ein K, wie in Abb. 13.48, oder sogar zwei K zusammen mit einem Ξ, manchmal auch ein Hyperon und ein Antihyperon. Ein solcher Stoß ist ja ein äußerst kurzzeitiger (10^{-23} s dauernder), also ein starker Vorgang, bei dem ein $s\bar{s}$-Paar entstehen kann und sich dann auf ein Kaon und ein Hyperon verteilen muß, wie in Abb. 13.48 auf K^0 und Λ^0, falls es nicht im η^0 vereinigt bleibt. K^+ und K^- verhalten sich in ihren Stößen mit Nukleonen sehr verschieden: Beim K^+ kommen nur Umladungen vom Typ $K^+ + \mathrm{n} \to K^0 + \mathrm{p}$ vor, beim K^- gibt es außerdem eine Hyperonen-Erzeugung wie $K^- + \mathrm{p} \to \Lambda^0 + \pi^0$. Das Quarkmodell erklärt auch dies zwanglos: Nur $K^- = \bar{u}s$ kann ein s anbieten, das ins Λ^0 eingebaut wird. Das K^0 ähnelt in dieser Hinsicht eher dem K^-, denn es enthält ja immer einen $\bar{d}s$-Anteil.

Das erste Teilchen, das nicht ins Dreiquark-Schema paßt, ist das 1974 von *Ting* und *Richter* entdeckte Ψ/J. Abbildung 13.50 zeigt den entsprechenden Resonanzpeak der Häufigkeit von Hadronen-Erzeugung in Elektron-Positron-Stößen. Seine Lage bei 3,095 GeV deutet an, daß hier ein neues Teilchen entsteht. Aus ΔW, der Breite des Peaks, liest man eine Lebensdauer des Ψ/J zu etwa 10^{-20} s ab (Abschn. 13.4.2). Man deutet dieses „langlebige" Teilchen als Meson aus dem neuen Quark c (**charm**), dem $Q = \frac{3}{2}$-Bruder des s-Quarks, und seinem Antiquark, also als $c\bar{c}$. In Analogie zum Positronium spricht man auch vom **Charmonium** und allgemein von **Quarkonia**, wenn ein Quark mit seinem Antiquark ein Meson bildet. Auch Mesonen aus c und einem leichteren Quark hat man inzwischen gefunden. Damit war nicht Schluß: 1977 entdeckte *Lederman* einen ähnlichen Peak bei 9,5 GeV, gedeutet als $b\bar{b}$, **Bottonium**, mit dem fünften Quark, bottom oder beauty, mit der Ladung $-\frac{1}{3}$. Sein $\frac{2}{3}$-Bruder, das t (**top** oder **truth**) wurde 1994 entdeckt.

13.4.9 Quantenchromodynamik

Ebenso wie die Theorie des Atoms auf dem Verständnis der elektromagnetischen Wechselwirkung beruhte, aber erst perfekt wurde, als man die Quantennatur der Mechanik durchschaut hatte, ist das Quarkmodell erst durch ein Verständnis der starken Wechselwirkung, durch die **Quantenchromodynamik** tragfähig geworden.

Quarks sind Quellen für das starke Feld, dessen Feldquanten die Gluonen sind; sie sind Quellen für dieses Feld, weil sie eine „starke Ladung“, genannt **Farbe**, tragen. Es gibt drei Arten starker Ladung, nicht nur zwei wie für das elektromagnetische Feld; daher der Name „Farbe“, denn die drei Grundfarben verhalten sich formal genauso: Sie ergänzen sich zum neutralen Weiß, wenn sie alle drei in gleicher Stärke vorhanden sind; bei anderem Mischungsverhältnis lassen sich alle Farben daraus kombinieren. Ebenso wie ein Atom elektrisch neutral ist, sind alle Hadronen farblich neutral, d. h. weiß. Das ist auf zwei Arten zu erreichen: Farbe und Komplementärfarbe eines Quarks und eines Antiquarks kompensieren sich in einem Meson, die drei Farben von drei Quarks kompensieren sich in einem Baryon, ebenso wie die drei Gegenfarben von drei Antiquarks in einem Antibaryon.

Die **starke Kraft** oder Farbkraft hält die Quarks im Teilchen zusammen, allerdings nach einem wesentlich anderen Kraftgesetz als dem der Coulomb-Kraft, die die Teilchen im Atom zusammenhält. Atome üben trotz ihrer Neutralität eine schwächere, chemische Bindungskraft aufeinander aus, weil, wenn sie einander sehr nahekommen, Elektronen zwischen ihnen ausgetauscht werden können, indem sie den schmalgewordenen Potentialwall zwischen den Atomen häufig durchtunneln. Analog ziehen zwei Baryonen bei sehr kleinem Abstand einander an, weil Quark-Antiquark-Paare, also Mesonen, den Potentialwall, der ihrer spontanen Entstehung im Wege steht, durchtunneln und somit ausgetauscht werden können. So werden Elektronen bzw. Mesonen zu sekundären Überträgern einer abgeschwächten elektrischen bzw. starken Kraft, die ja primär durch Photonen bzw. Gluonen vermittelt wird.

Daß die Quarks eine neue Eigenschaft „Farbe“ haben, mußte man zunächst nur postulieren, um eine Schwierigkeit zu beheben: Das Pauli-Prinzip schien z. B. für das Δ^+ verletzt, das ja aus drei d mit gleichem Spin besteht. Also mußten diese Quarks ein bis dahin unbekanntes Unterscheidungsmerkmal haben. Noch eine andere Schwierigkeit des Modells hat sich als Schlüssel zum Verständnis erwiesen, die Tatsache nämlich, daß noch niemand ein isoliertes Quark hat nachweisen können. Man hat es auf Grund der drittelzahligen Ladung in Schwebeversuchen ähnlich dem Millikan-Experiment gesucht – ohne überzeugenden Erfolg.

Das Quark könnte so große Masse haben, daß die verfügbaren Energien nicht zu einer Isolierung ausreichen (ein Teilchen kann Bestandteile haben, die massereicher sind als es selbst: Aufgabe 13.4.19). Dann würde allerdings der Zusammenhang zwischen Masse und Radius des Nukleons wieder hinfällig oder zufällig werden. Daher nehmen die meisten Modelle Quarks mit ziemlich geringer Ruhmasse an, die durch ein Kraftgesetz verbunden sind, das eine Trennung dynamisch praktisch unmöglich macht. Die Kraft zwischen zwei Quarks darf mit dem Abstand r also nicht abfallen wie die Coulomb-Kraft, sondern muß z. B. unabhängig vom Abstand einen konstanten Wert F_0 haben. Dieser Wert F_0 läßt sich sofort aus dem Nukleonenradius ermitteln (Aufgabe 13.4.24). Man erhält $F_0 \approx 10^5$ N. Um zwei Quarks auf einen knapp mikroskopisch erkennbaren Abstand d von 1 µm auseinanderzuziehen, brauchte man dann eine Energie $W = F_0 d \approx 10^{-1}$ J $\approx 10^{18}$ eV, also die Ruhenergie von etwa 10^9 Nukleonen.

Die Annahme $F = F_0$ liefert vielleicht den Schlüssel zur **dritten Spektroskopie**, d. h. zum Massenspektrum der Elementarteilchen, ebenso wie das Kraftgesetz $F \sim r^{-2}$ zusammen mit der Drehimpulsquantelung im Bohr-Modell die „erste Spektroskopie“ der Elektronenenergie im Atom erschlossen hat (dazwischen liegt die „zweite Spektroskopie“ der Nukleonenenergien im Kern). Man muß dazu wahrscheinlich der starken Punktwechselwirkung, die der Coulomb-Kraft entspricht, eine Dipol-Wechselwirkung der Quarks auf Grund ihrer Spins zur Seite stellen, die der magnetischen Wechselwirkung entspricht (Aufgaben 13.4.25, 13.4.26). Dabei ergeben sich die schweren Mesonen und Baryonen als angeregte Zustände der leichteren. Diese „Resonanzzustände“ zerfallen sehr schnell (in ungefähr 10^{-23} s) in den Grundzustand der entsprechenden Quark-Kombination. Dies gilt auch für die Teilchen des Dekupletts (Tabelle 13.8), bis auf Ω^- und Δ^{++}, die auf Grund der „Auswahlregel" etwas länger leben (metastabil sind), weil sie selbst die leichtesten Teilchen mit der entsprechenden Quantenzahlkombination sind.

Die **Hadronenerzeugung** in energiereichen Elektron-Positron-Vernichtungsstößen (besonders in den Speicherringen von CERN in Genf, SLAC in Stanford und PETRA in Hamburg) liefern eine weitere Bestätigung für das Quarkmodell. Die erzeugten Hadronen fliegen meist in zwei Strahlen entgegengesetzter Richtung davon, die um so enger werden, je höher der Energieumsatz ist. Das starke Feld zwischen dem sehr engen e^+e^--Paar polarisiert das Vakuum und erzeugt zunächst ein Quark-Antiquark-Paar. Wegen ihrer geringen Ruhmasse fliegen die Teilchen mit der gleichen Energie und dem gleichen Impuls wie die Elektronen im Schwerpunktsystem auseinander, aber in anderer Richtung als diese, wenn auch entgegengesetzt zueinander, ähnlich wie beim elastischen Stoß. Beim Auseinanderfliegen entstehen ständig neue Quark-Antiquark-Paare, die starken Feldlinien lösen sich vom bisherigen Partner und suchen sich einen näheren. So entstehen zahlreiche Paare oder Tripel, also Mesonen oder Baryonen. Jedenfalls stammt der Querimpuls in jedem Strahl nur aus dem ursprünglichen Unschärfeimpuls $p_\perp \approx h/r$, der Längsimpuls aus der Stoßenergie $p_\parallel \approx W/c$. Der Öffnungswinkel des Strahles ist demnach etwa $p_\perp/p_\parallel \approx hc/(Wr) \approx m_\mathrm{H}c^2/W$, was den Beobachtungen recht gut entspricht.

Es ist nicht ganz einfach, die Quarks innerhalb eines Nukleons zu zählen, aber überraschenderweise kann man aus einem Experiment direkt ablesen, wie viele verschiedene Quarks es überhaupt gibt. Es handelt sich um einen Frontalstoß energiereicher Elektronen und Positronen im Speicherring. Dabei entstehen viele Arten von Teilchen, natürlich immer in Teilchen-Antiteilchen-Paaren. Falls die Stoßenergie überhaupt zur Erzeugung ausreicht, hängen die relativen Erzeugungswahrscheinlichkeiten für die einzelnen Teilchenarten nur noch von deren Ladung ab. Es handelt sich ja um einen elektromagnetischen Prozeß. Für dessen Wirkungsquerschnitt σ kann man den Coulomb-Querschnitt $\sigma = \pi r^2$ mit $r = e^2/(4\pi\varepsilon_0 W)$ verwenden (Abschn. 13.1.1), nur modifiziert durch den Faktor $\frac{4}{3}$. Von den vier e, die in σ stehen, deute man zwei als Ladung der erzeugenden, zwei als Ladung der entstehenden Teilchen (der Prozeß ist ja umkehrbar, die Eigenschaften der Teilchen müssen also ganz symmetrisch eingehen). Bei $W = 1\,\mathrm{GeV}$ folgt $\sigma = 8{,}6 \cdot 10^{-36}\mathrm{m}^2$, bei höherer Energie noch weniger. Damit wird klar, daß man im Speicherring sehr viele Teilchen auf winzige Strahlquerschnitte konzentriert umlaufen lassen und trotzdem oft recht lange auf die gesuchten Ereignisse warten muß.

Beim Elektron-Positron-Stoß entstehen nun $\mu^+ - \mu^-$-Paare oder je zwei Strahlen oder **Jets von Hadronen**, meist Pionen, die man auf die „Fragmentation" des primär erzeugten Quark-Antiquark-Paars zurückführt: Wenn diese Primärteilchen auseinanderlaufen und ihr Gluonband stark genug spannen, reißt dieses und lagert an den freien Enden ein aus der Spannenergie erzeugtes neues Quarkpaar an. Man mißt das Verhältnis der Häufigkeit solcher Hadronenakte zur Häufigkeit von Myonpaarerzeugungen und stellt fest: Immer, wenn gewisse „Resonanzenergien" deutlich überschritten sind, stabilisiert sich dieses Verhältnis, z. B. auf den Wert 2 zwischen 1 und 3 GeV, den Wert 4 oberhalb von 10 GeV. Um 1 GeV bzw. 3,1 GeV bzw. 9,1 GeV liegen ja die Peaks, die der von dort ab möglichen Erzeugung der η- und K-Resonanzen bzw. des Ψ/J bzw. des Y entsprechen. Die Zahlen 2 und 4 sind genau die Summen aller Ladungsquadrate aller bis dahin erzeugbaren Quarks, und zwar muß jedes dreimal gerechnet werden: Quarks der drei Farben sind tatsächlich statistisch als verschiedene Teilchen zu zählen. Sie können das in Aufgabe 13.4.28 selbst nachrechnen. Diese Messungen bestätigen also auf einen Schlag das ur-

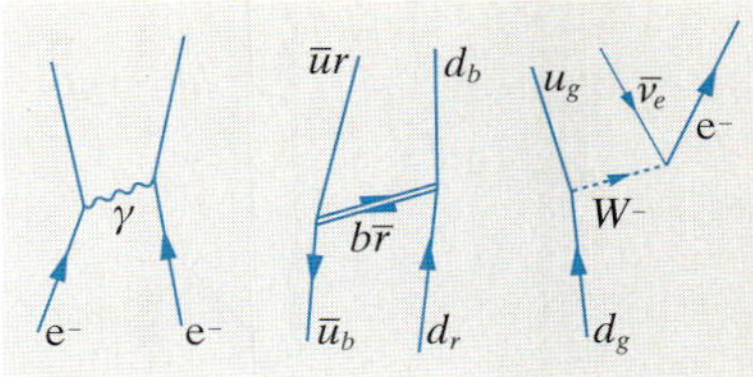

Abb. 13.56. *Elektromagnetische Wechselwirkung:* Zwei Elektronen stoßen sich ab, indem sie ein Photon austauschen, wobei sie Energie und Impuls, aber nicht ihre Identität ändern. *Starke Wechselwirkung:* Zwei Quarks ziehen sich an, indem sie ein Gluon austauschen, wobei sie außer Energie und Impuls auch ihre Farbe ändern. *Schwache Wechselwirkung:* Ein Quark ändert seinen Flavor, d. h. auch seine Ladung und sendet ein W-Boson aus, das sich bald in ein Lepton und ein Neutrino verwandelt

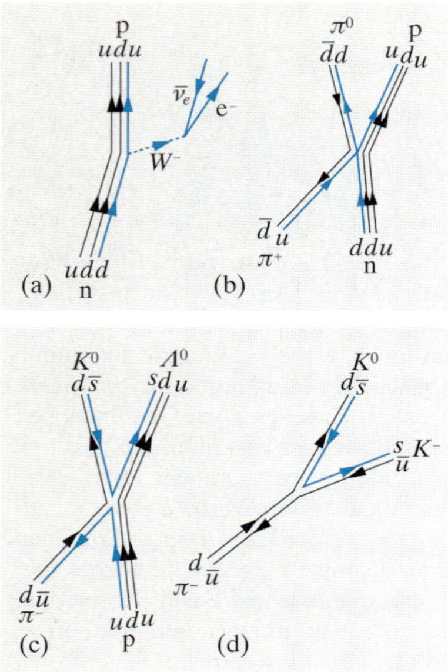

Abb. 13.57a–d. Vier Elementarprozesse im Quark-Bild. (a) β^--Zerfall (schwache Wechselwirkung). (b) Die $\pi^+ + \mathrm{n} \rightarrow \pi^0 + \mathrm{p}$-Umladung aus Abb. 13.47; ein u- und ein d-Quark werden ausgetauscht. (c) Der $\pi^- + \mathrm{p} \rightarrow K^0 + \Lambda^0$-Prozeß von Abb. 13.48; ein $u\bar{u}$-Paar vernichtet sich, und dafür entsteht unter Mitwirkung der Stoßenergie ein $s\bar{s}$-Paar. (d) Ein sehr energiereiches Pion kann in seine Quarks zerfallen. Ein Teil der Energie verwandelt sich aber sofort in ein Quark-Antiquark-Paar, das die beiden Mesonen wieder komplettiert

sprüngliche Dreiquarkmodell mit den zunächst rein hypothetischen drittelzahligen elektrischen Ladungen, die Existenz dreier Farbladungen, die zusätzlichen Quarks c und b und damit die Deutung der Ψ/J- und der Y-Resonanzen. Bis fast 40 GeV findet sich aber keine Stufe, die noch schwereren Quarks, speziell dem t entspräche.

Wir haben schon angedeutet, wie die „Grand Unification" versucht, starke und elektroschwache Kraft unter einen Hut zu bringen. Noch ehrgeiziger ist die **Quantengeometrodynamik** (QGD), die auch die Gravitation mit einbeziehen, ja sogar die übrigen Wechselwirkungen und die ganze Struktur der Mikrowelt aus der Gravitation hervorwachsen lassen will. Dies könnte durch eine Verschmelzung von Quantentheorie, spezieller und allgemeiner Relativität gelingen, während Feldtheorien wie die QED und QCD nur die spezielle Relativität berücksichtigen. Zentralbegriff dieser zunächst rein spekulativen Ansätze ist die **Planck-Länge** $l_\mathrm{P} = \sqrt{Gh/c^3} \approx 10^{-35}$ m, die einzige Länge, die sich aus den Grundkonstanten der Quantentheorie (h), der speziellen (c) und der allgemeinen Relativität (G) aufbauen läßt, ohne Zuhilfenahme der Eigenschaften von Teilchen (m oder e), die man ja gerade erst erklären will. Man nimmt an, in Abständen von der Größenordnung l_P sei die Geometrie der Raumzeit nicht mehr klar definiert und „glatt", sondern durch **Quantenfluktuationen** wild zerzaust. So sieht ja auch die Meeresoberfläche nur aus großer Höhe glatt aus; wenn man sehr nahe kommt, löst sie sich in ein Gewirr von Spritzern, Schaumblasen usw. auf, die sich nur statistisch, nicht in den Einzelheiten vorhersagen lassen. Die QGD versucht nun die Elementarteilchen als typische Strukturen dieses „Schaums" zu deuten. Einer experimentellen Prüfung dieser noch recht unklaren Voraussagen wird man sich vielleicht nähern, wenn man den Zerfall des Protons entdecken sollte. Die ebenfalls noch spekulative Wechselwirkung über die X-Teilchen der „Grand Unification", die diesen Zerfall bewirken soll, würde sich ja in Bereichen abspielen, die nicht mehr viel größer sind als die Planck-Länge.

Man kennt inzwischen sechs Arten Quarks, jedes in drei möglichen Farben und jedes davon als Teilchen oder Antiteilchen. Außerdem gibt es sechs Arten Leptonen: Zum Elektron und zum Myon mit ihren jeweiligen Neutrinos sind noch ein überschweres Elektron, das τ-Lepton und sein Neutrino ν_τ gekommen. Antiteilchen dazu gibt es natürlich auch, darunter das wichtige Positron. Zusammen sind das 48 Teilchen, abgesehen von den Trägern der Wechselwirkung: Photon, Gluonen, W^+, W^-, Z. Es scheint, als habe sich das Quarkmodell mit der gleichen Krankheit infiziert, die es heilen sollte, einer Wucherung der Anzahl verschiedener Teilchen. Dabei gibt es unter den Quarks und Leptonen ebenfalls eine Systematik. Wenn man den Leptonen eine besondere Farbe zuordnet, ergeben sich sechs Gruppen (flavors), die in drei „Generationen" zu je zwei Teilchen jeder der vier Farben zerfallen. Jedesmal kann noch ein Teilchen oder Antiteilchen vorliegen (Tabelle 13.9).

Tabelle 13.9

Generation		1		2		3	
Flavor		1	2	3	4	5	6
Color							
	r						
	g	u	d	s	c	b	t
	b						
Lepton		e	ν_e	μ	ν_μ	τ	ν_τ

13.4.10 Symmetrien, Invarianzen, Erhaltungssätze

1912 bewies *Emmy Noether*, daß man jeden **Erhaltungssatz** auch als eine prinzipielle **Symmetrie** der Welt, d. h. eine **Invarianz** der Naturgesetze gegenüber gewissen Transformationen auffassen kann. Niemand bezweifelt z. B., daß ein an sich möglicher Prozeß, etwa eine Wechselwirkung zweier Teilchen, im Prinzip überall im Raum vorkommen könnte, falls sich die Teilchen zufällig, d. h. entsprechend den Anfangsbedingungen dort befinden. Der Raum ist homogen. Das heißt aber, daß eine Translation des Bezugssystems auf das Verhalten der Teilchen, die bei $\boldsymbol{r}_1$ und $\boldsymbol{r}_2$ sein mögen, keinen Einfluß haben darf, daß folglich die Kraft zwischen ihnen nur von ihrem Abstand $\boldsymbol{r}_1 - \boldsymbol{r}_2$ abhängen darf (nicht von $\boldsymbol{r}_1$ und

r_2 einzeln). Falls diese Kraft durch ein Feld vermittelt wird, das sich durch eine **Lagrange-Dichte** beschreiben läßt, ergibt sich daraus, daß alle Kräfte in diesem Feld dem Reaktionsprinzip, also dem Impulssatz genügen (man beachte: Das Newtonsche Reaktionsaxiom wird hier nicht vorausgesetzt, sondern „abgeleitet“). Der Impulssatz ist also äquivalent mit der prinzipiellen Homogenität der Welt, d.h. der Invarianz der Naturgesetze gegen Raumtranslationen. Im einzelnen ist die Welt zum Glück von Ort zu Ort verschieden, aber das betrifft nicht die Naturgesetze, sondern die Anfangsbedingungen. Jeder Symmetrie oder Invarianz entspricht ein Erhaltungssatz. Manche gelten allerdings nicht universell, sondern nur gegenüber gewissen Wechselwirkungen (Tabelle 13.7).

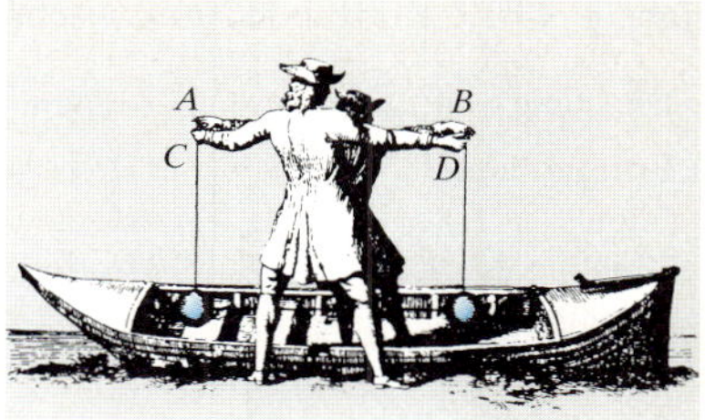

Abb. 13.58. *Christiaan Huygens* erkannte schon 1703, daß der Impulssatz aus der Invarianz der Naturgesetze gegen den Übergang in ein geradliniggleichförmig bewegten Bezugssystem folgt. Der Mann am Ufer läßt zwei gleichschwere elastische Kugeln mit verschiedenen Geschwindigkeiten aufeinanderprallen. Der Mann im Boot fährt so schnell, daß für ihn beide Kugeln entgegengesetzt gleiche Geschwindigkeiten haben. Dann folgt das Ergebnis des Stoßes für ihn aus der einfachsten Symmetriebetrachtung und braucht nur noch ins (beliebige) Bezugssystem des Ufers zurücktransformiert zu werden. (Aus *Huygens'* „Tractatus de motu corporum ex percussione“, Leiden 1703; bei *Huygens* sind die Rollen der Beobachter vertauscht)

Eine wichtige Symmetrieeigenschaft eines Systems ist das Vorhandensein oder Fehlen eines Symmetriezentrums. Ein System mit Symmetriezentrum ändert sich nicht, wenn man eine **Inversion** oder **Raumspiegelung** ausführt, d.h. die Vorzeichen aller Koordinaten umkehrt (das Symmetriezentrum soll dabei im Koordinatenursprung liegen). Im Fall atomarer Systeme gibt es nur eine Alternative zu dieser Invarianz gegen Inversion: Die das System kennzeichnenden Größen kehren bei der Inversion ihr Vorzeichen um. Im ersten Fall schreibt man dem System positive, im zweiten negative **Parität** zu. Man beachte, daß bei der Inversion alle Koordinaten umgekehrt werden, nicht nur eine, wie bei der üblichen Spiegelung an einer Spiegelebene. Eine Rechtsschraube wird durch Inversion zu einer Linksschraube: Hinsichtlich des Windungssinns (der **Helizität**) hat sie negative Parität. Die Hand hat ebenfalls negative Parität, wenn man rechte und linke Hand durch die „Händigkeit“ (**Chiralität**) $+1$ bzw. -1 kennzeichnet. Eine skalare Größe hat positive Parität; ein (polarer) Vektor wie Ortsvektor oder Impuls ändert seinen Richtungssinn (negative Parität); ein axialer Vektor wie der Drehimpuls $m\boldsymbol{r} \times \boldsymbol{v}$ ändert sich nicht ($\boldsymbol{r}$ und $\boldsymbol{v}$ ändern beide ihr Vorzeichen): Axiale Vektoren haben positive Parität.

Manche Vorgänge haben eine innere Helizität oder Chiralität, speziell, wenn sie durch eine Kombination eines axialen und eines polaren Vektors (z.B. Spinrichtung und Flugrichtung) gekennzeichnet sind. Man sollte meinen, daß diese Vorgänge in den beiden quantenmechanisch möglichen Ausgaben (Spin parallel oder antiparallel zur Flugrichtung) mit gleicher Wahrscheinlichkeit vorkommen können. Das ist nicht immer der Fall, z.B. nicht beim β^--Zerfall des ^{60}Co-Kerns. Man bringt diese Kerne in ein so starkes Magnetfeld $\boldsymbol{H}$, daß fast alle Kernspins in dessen Richtung weisen. Dann beobachtet man, daß die Elektronen stets in der zu $\boldsymbol{H}$ entgegengesetzten Richtung emittiert werden. Der „gespiegelte“ Prozeß, bei dem der Elektronenimpuls, nicht aber der Kernspin entgegengesetzte Richtung hätte wie im beschriebenen Prozeß, kommt nicht vor. Die Gesetze des β-Zerfalls (schwache Wechselwirkung) sind also gegen eine Inversion nicht invariant.

Man erklärt diese **Paritätsverletzungen** dadurch, daß das Antineutrino eine Helizität hat (*Lee* und *Yang*): Sein Spin ist immer parallel zu seiner Flugrichtung. Das Neutrino hat die entgegengesetzte Helizität (Spin und Impuls antiparallel). Ganz allgemein scheinen Materie und Antimaterie

Tabelle 13.10. Korrespondenz zwischen Erhaltungssätzen, Symmetrien, Invarianzen

Erhaltung von ...	Symmetrie	Invarianz gegenüber ...		Gültigkeitsbereich
Energie (einschl. $m_0 c^2$)	Homogenität der Zeit	Zeittranslation	$t \to t + t_0$	Universell
Impuls	Homogenität des Raumes	Raumtranslation	$\boldsymbol{r} \to \boldsymbol{r} + \boldsymbol{r}_0$	
Drehimpuls (Spin)	Isotropie des Raumes	Raumdrehung	$\boldsymbol{r} \to \boldsymbol{A}\boldsymbol{r}$	
Ladung	–	Eichtransformation des Potentials	$\varphi \to \varphi + \varphi_0$	
Baryonzahl	–	–		
Leptonzahl	–	–		
–	Isotropie der Zeit	Zeitumkehr	$t \to -t$	
–	CPT-Invarianz	CPT-Transformation (Ladungskonjugation + Inversion + Zeitumkehr)		
Parität	Zentralsymmetrie	Inversion		Starke und elektromagnetische Prozesse
–	CP-Invarianz	CP-Transformation (Ladungskonjugation + Inversion)		
Isospin I_3, Hyperladung, Strangeness	Isotropie des Isospinraumes	Drehung im Isospinraum		
Isospinbetrag I, Multiplizität	–	Drehung um z-Achse im Isospinraum		Starke Prozesse

Inversions-Spiegelbilder voneinander zu sein. Das würde heißen, daß zu einem möglichen Vorgang sein „Spiegelbild“ zwar nicht immer möglich ist, wohl aber der Vorgang, den man erhält, wenn man gleichzeitig Teilchen durch Antiteilchen ersetzt (**CP-Invarianz**; C: **charge conjugation**; P: Inversion). Ein Anti-^{60}Co-Kern, der Positronen emittieren würde, täte dies parallel zu seiner Spinrichtung. Beobachtungen am Kaon-Zerfall deuten allerdings an, daß die schwache Wechselwirkung auch diese kombinierte Symmetrie verletzt (der Zerfall $K_L^0 \to e^+ + \nu_e + \pi^-$ soll knapp 1 % häufiger sein als sein Gegenstück), und daß man sie durch gleichzeitige Zeitumkehr zur **CTP-Invarianz** ergänzen muß, damit sie immer respektiert wird. Daß die Welt soviel mehr Materie als Antimaterie enthält, führen manche auch auf eine **CP-Verletzung** zurück: X-Teilchen, die es bis 10^{-32} s nach dem Urknall gab, sollen etwas häufiger in Quarks q als in Antiquarks $\overline{q}$ zerfallen sein, und die Überlebenden der späteren $q\overline{q}$-Vernichtungsschlacht sollen unsere Welt bilden.

Phänomene und Felder mögen eine innere Symmetrie haben, aber manchmal ist diese gebrochen. Eine solche **Symmetriebrechung**, vorgeschlagen von *P. Higgs*, war für *A. Salam* und *St. Weinberg* der Schlüssel zur elektroschwachen Theorie: Elektromagnetische und schwache Wechselwirkung sollen bei Teilchenenergien oberhalb von etwa 100 GeV gleichstark werden, die Überträger (Photon, W und Z) werden dann symmetrisch. Das erfordert allerdings die Existenz von einem oder mehreren bisher trotz intensiver Suche noch nicht nachgewiesenen **Higgs-Teilchen**.

Die nächste Stufe, die die **grand unified theories (GUT)** zu überbrücken suchen, ist ungeheuer groß: Um 10^{15} GeV sollen auch das elektroschwache und das starke Feld verschmelzen. Das ist die Energie der

X-Bosonen, die Übergänge zwischen Quarks und Leptonen vermitteln sollen, wie den auch eifrig gesuchten Zerfall des Protons in mindestens 10^{30} Jahren.

Nachdem *Einstein* 1916 die Gravitation „geometrisiert", d. h. auf die Krümmung der Raumzeit zurückgeführt hatte, versuchte er auf ähnliche Weise auch das elektromagnetische Feld zu behandeln. Bis an sein Lebensende 1954 gelang ihm das nicht. Aber um dieselbe Zeit meinten *Th. Kaluza* und *O. Klein* eine Lösung gefunden zu haben. Sie brauchten eine Extra-Dimension zu den vieren der Raumzeit, von der man nichts merkt, weil sie sich in sehr kleinen Bereichen „aufrollt", und gerade dieses Aufrollen soll, von der normalen Raumzeit aus betrachtet, den Elektromagnetismus darstellen. Das war die eine Wurzel der Superstring-Idee.

1970 versuchte *Y. Nambu* eine Theorie der starken Wechselwirkung aufzustellen. Er betrachtete die Teilchen nicht als punkt- sondern als fadenförmig, als **strings**. Seine Idee wurde bald durch die Erfolge der QCD überholt, lebte aber wieder auf, als man nach einer **TOE**, einer **theory of everything** suchte, die alle vier Kräfte einheitlich umfaßt. *J. Scherk* führte dazu 1976 den Begriff **Supersymmetrie** ein, die zwischen den Fermionen (Quarks und Leptonen) und den Bosonen (den Feldquanten Photon, W, Z, Gluonen, Graviton und Higgs-Teilchen) herschen soll. Der Preis für diese Vereinheitlichung ist eine Verdopplung der Teilchensorten: Es müßte zu allen Fermionen bosonische Gegenstücke geben, z. B. **Squarks**, und umgekehrt, z. B. **Photinos**.

Daß **Superstrings**, die beide Ideen vereinen, interessant werden könnten, stellten *M. Green* und *J. Schwarz* 1984 fest: In einem zehndimensionalen Raum, wo sich die sechs Extra-Dimensionen zusammenrollen, so daß die Strings als Punktteilchen von der Größe der **Planck-Länge** erscheinen, treten die für Theorien der Mikrowelt üblichen Probleme des Unendlichwerdens usw. nicht mehr auf, und das Verhalten aller Teilchen wird automatisch quantentheoretisch beschrieben. Die große Symmetriegruppe der Superstrings enthält alle für QCD und elektroschwache Theorie maßgebenden Untergruppen. Konkrete Voraussagen der Massen, Kopplungskonstanten usw. sind allerdings z. Zt. noch nicht möglich.

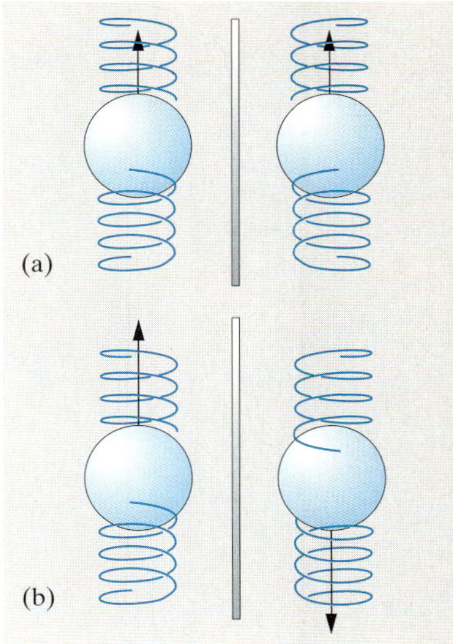

Abb. 13.59. Normale Spiegelung (a) führt eine Links- in eine Rechtsschraube über, bei räumlicher Spiegelung ((b), Vorzeichenänderung aller Koordinaten) bleibt der Windungssinn erhalten, allgemein der Richtungssinn axialer Vektoren wie Drehimpulse, Kernspins usw.; polare Vektoren wie der Impuls eines emittierten Elektrons werden umgedreht. Beim β-Zerfall z. B. von ^{60}Co kommt nur eine der beiden Situationen in (b) vor

13.4.11 Magnetische Monopole

Theoretische Physiker lieben die Symmetrie. Warum hat das elektrische Feld Quellen, nämlich Ladungen, das magnetische nicht? Warum gibt es elektrische Monopolfelder (die Felder von Punktladungen), dagegen im magnetischen Fall nur die Dipolfelder elektrischer Kreisströme oder die Ringfelder um elektrische Ströme oder „Verschiebungsströme"? 1931 zeigte *Dirac*, daß sich an unserem gesicherten Beobachtungswissen nichts ändert, wenn man die Existenz magnetischer Ladungen oder **magnetischer Monopole** annimmt, sofern sie mit so großen Massen verbunden sind, daß sie in den bisher bekannten Prozessen nicht entstehen. Die Maxwell-Gleichungen wären dann in völlig symmetrischer Weise durch magnetische Quelldichten und Stromdichten ϱ_m bzw. $\boldsymbol{j}_\mathrm{m}$ zu ergänzen:

$$\operatorname{rot} \boldsymbol{H} = \dot{\boldsymbol{D}} + \boldsymbol{j}\,; \qquad \operatorname{rot} \boldsymbol{E} = \dot{\boldsymbol{B}} + \boldsymbol{j}_\mathrm{m}$$
$$\operatorname{div} \boldsymbol{D} = \varrho\,; \qquad \operatorname{div} \boldsymbol{B} = \varrho_\mathrm{m}\,.$$

Die Bedingung sehr großer Massen für die Monopole wird durch die Quantenfeldtheorie von selbst erfüllt. Die Polstärke ist gequantelt wie die elektrische Ladung; elektrische und magnetische Elementarladung e und p hängen zusammen wie:

$$pe = 4\pi \frac{\hbar}{\mu_0} .$$

Das können Sie sich in Aufgabe 13.4.29 klarmachen. Zwei magnetische Monopole ziehen einander daher viel stärker an als zwei elektrische Ladungen im gleichen Abstand:

$$\frac{p^2 \mu_0 \varepsilon_0}{e^2} = \frac{16\pi^2 \hbar^2 \varepsilon_0^2}{\varepsilon_0 \mu_0 e^4} = \frac{1}{\alpha^2} \approx 20\,000 . \tag{13.38}$$

Zwei Monopole im Abstand $l_0 \approx 10^{-15}$ m hätten also nicht 1 MeV potentielle Energie wie zwei Elementarladungen, sondern etwa 20 GeV. Beschleuniger beginnen in dieses Gebiet vorzustoßen, die kosmische Strahlung wäre schon lange energetisch imstande, Monopole zu machen. Bisher hat man trotz jahrzehntelanger Suche noch keinen sicher nachgewiesen.

Sind Monopole „zu etwas gut", falls es sie gibt? Nach einigen theoretischen Ansätzen würden sie den hypothetischen Zerfall des Nukleons katalytisch beschleunigen und so vielleicht der Schlüssel zu einer neuen Energiequelle werden:

$$\underbrace{udu}_{\mathrm{p}} + M \to \underbrace{u\bar{u}}_{\pi^0} + \mathrm{e}^+ + M .$$

13.5 Kosmische Strahlung

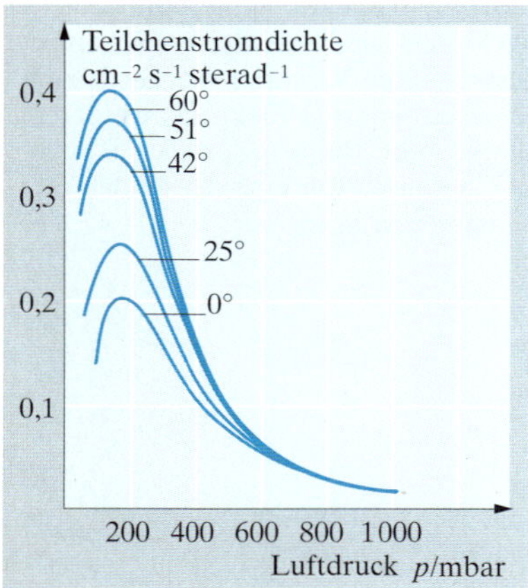

Abb. 13.60. Stromdichte der kosmischen Teilchen in Abhängigkeit vom Luftdruck, also der Höhe über dem Meeresspiegel, für verschiedene geographische Breiten. Der Anstieg von 0 bis etwa 150 mbar beruht auf dem Aufbau der Sekundärstrahlung, der Abfall bis Meereshöhe auf der Absorption in der Atmosphäre. In höheren Breiten kann das Magnetfeld der Erde die niederenergetischen Teilchen weniger stark zurückhalten

Wäre die **kosmische Strahlung** nicht noch durchdringender als Kern-γ-Strahlung, so fände man sie am Erdboden gar nicht. Ihren Namen erhielt sie, als man feststellte, daß ihre Intensität mit der Höhe zunimmt (*Hess*, 1910). Selbst in 4 000 m Meerestiefe ist sie noch nachweisbar. Die kosmischen Teilchen haben zum Teil Energien, wie man sie im Laboratorium noch nicht herstellen kann. Ihre Untersuchung hat Aufschluß über hochenergetische Wechselwirkungen geliefert; viele neue Elementarteilchen wurden in der kosmischen Strahlung zuerst nachgewiesen.

13.5.1 Ursprung und Nachweis

Die Gesamtintensität der kosmischen Strahlung ist gering. Auf Meeresniveau tritt im Mittel durch den Quadratzentimenter nur etwa ein Teilchen pro Minute. Zum Nachweis sind daher besonders Elektronenzählrohr, Nebelkammer und Kernspurplatte geeignet. Die kosmische Strahlung auf Meeresniveau ist eine **Sekundärstrahlung**. Die aus dem Weltraum einfallende **Primärstrahlung** (85 % Protonen, 14 % α-Teilchen, einige schwerere Kerne zwischen Li und Fe) setzt sich in der Atmosphäre schon oberhalb von 20 km vollständig in andere Teilchen um. Die schweren Primärkerne haben eine ähnliche Häufigkeitsverteilung wie die Elemente in der Sternmaterie. Nur Li, Be, B sind häufiger; sie werden als Bruchstücke schwerer Kerne aufgefaßt, die mit interstellarer Materie zusammengestoßen sind.

Geladene Teilchen, die die Erdatmosphäre von außen erreichen, müssen das viel weiter ausgedehnte Magnetfeld der Erde durchquert haben, ohne in den Raum zurückgelenkt zu werden. Sie müssen eine Mindestenergie haben, die von ihrer Masse und von der Neigung ihrer Bahn gegen die magnetische Achse abhängt. Nur an den erdmagnetischen Polen können in Achsenrichtung Teilchen beliebiger Energie eintreten. Protonen, die in der magnetischen Äquatorebene einfallen, müssen mindestens einige GeV besitzen, um das Feld zu durchstoßen. Dementsprechend ist die Intensität der kosmischen Strahlung in niederen geomagnetischen Breiten geringer (Abb. 13.60). Der **Breiteneffekt** beweist die elektrische Ladung und damit den überwiegend korpuskularen Charakter der Primärstrahlung.

Von der unterschiedlichen magnetischen Ablenkung positiver und negativer geladener Teilchen hängt es ab, ob aus westlichem oder östlichem Himmel mehr Strahlung einfällt. Der **Ost-West-Effekt** besteht in einem geringen Überschuß der Einstrahlung aus westlicher Richtung und beweist die positive Ladung der Primärstrahlung.

Das **Energiespektrum der Primärstrahlung** ist durch

$$n(W) = \frac{\text{const}}{W^\gamma}$$

darstellbar, wo $n(W)$ die Anzahl der Teilchen ist, deren Energie größer als W ist; γ wächst mit zunehmender Energie, im Bereich um 10^{10} eV ist $\gamma \approx 1$, um 10^{15} eV $\gamma \approx 2$. Für W kommen Werte bis zu 10^{21} eV vor, der Mittelwert liegt zwischen 10^9 und 10^{10} eV. Dieser Bereich wird heute durch die großen Teilchenbeschleunigungsmaschinen (Abschn. 13.3.3) gerade erreicht.

Über den **Ursprung der kosmischen Strahlung** gibt es fast so viele Theorien wie Autoren. Von den Sonnenflecken über Novae und Supernovae bis zu den Pulsars und schwarzen Löchern kommen alle mit einem zeitlich variablen Magnetfeld versehenen Objekte als **kosmische Betatrons** in Frage. Wir erwähnen nur die elegante Theorie von *Enrico Fermi*: Man weiß ja, daß kosmische Gas- und Staubwolken meist Magnetfelder sehr geringer Stärke ($B \approx 10^{-10}$ T), aber dafür riesiger Ausdehnung enthalten. Die Ablenkung eines geladenen Teilchens durch eine solche Wolke ist als Stoß aufzufassen. Stöße zwischen ungeordnet fliegenden Objekten führen schließlich zur Gleichverteilung der Energie, wie die Statistik lehrt. Selbst in den langen verfügbaren Zeiten hat zwar wohl noch kein Teilchen die riesige mittlere Energie erreicht, die eine solche Wolke trotz winziger Dichte hat. Thermisches Gleichgewicht herrscht längst noch nicht, aber eben die allmähliche Annäherung an dieses Gleichgewicht liefert ein vernünftiges Energiespektrum für die kosmischen Teilchen.

13.5.2 Wechselwirkung mit Materie

Wenn man einen Geiger-Zähler bewußt keiner Strahlungsquelle aussetzt, tickt er trotzdem etwa zwanzigmal in der Minute. Diese **Hintergrundstrahlung** hat drei Quellen: Die **kosmische Strahlung**, die Radioaktivität der Luft, beruhend auf dem **Radon** aus natürlich radioaktiven Zerfallsreihen, und die Strahlung radioaktiver Elemente in Erdboden, Gestein, Baumaterialien. Die beiden letzten Anteile nehmen ab, wenn man im Flugzeug aufsteigt, der erste nimmt zu. Selbst in unmittelbarer Nähe eines Kernreaktors ist die Zusatzstrahlung viel kleiner als in einer Küche mit

Abb. 13.61. In Bleiplatten innerhalb einer Nebelkammer ausgelöster Schauer. Dicke der Bleiplatten je 1,3 cm. Der Schauer wird durch ein energiereiches Photon von etwa $4 \cdot 10^9$ eV ausgelöst. (Aufnahme von *C. Y. Chao*, Cloud Chamber Photographs of the Cosmic Radiation, Pergamon Press Ltd., London 1952)

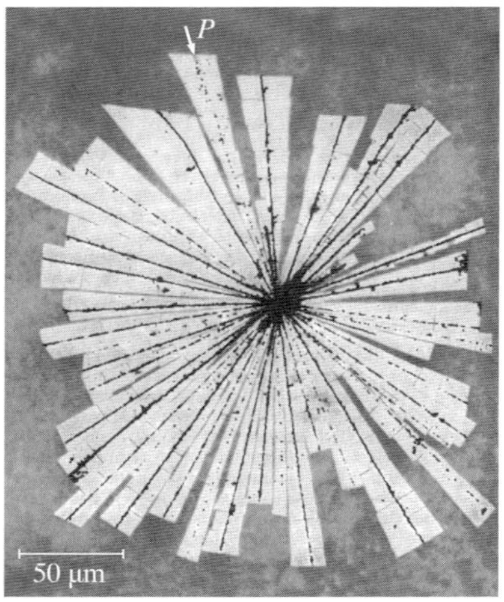

Abb. 13.62. **Kernverdampfung**, „Stern" in einer Kernphotoplatte. (Aus W. Heisenberg: *Kosmische Strahlung* (Springer, Berlin 1943))

schlecht gewählten Kacheln, deren Braun- und Rottöne oft auf Uransalzen beruhen.

Ein paarmal in der Minute tickt der Zähler mehrmals in dichter Folge. Die **Poisson-Verteilung** zeigt: Dies kann kein Zufall sein, diese Impulse müssen eine gemeinsame Ursache haben. Sie stammen aus einem **kosmischen Schauer**.

Ein sehr hartes Photon aus einem Wechselwirkungsakt eines Primärteilchens erzeugt durch Paarbildung und Compton-Effekt schnelle Elektronen, die ihre Energie zumeist wieder in Photonen umsetzen usw. Bis die Photonenenergie unter die Paarbildungsgrenze abgeklungen ist, bildet sich so ein ganzer *Schauer* (*Kaskade*, *Garbe*) von Elektronenpaaren. Abbildung 13.61 zeigt einen Schauer in einer Nebelkammer; die eingebauten Bleiplatten drängen den Prozeß, der sich in der Atmosphäre über hunderte von Metern ausdehnt, auf den Raum der Kammer zusammen. Die freie Weglänge eines harten Photons (Strahlungslänge) entspricht etwa 40 g/cm^2 Luft, die ganze Atmosphärendicke hat etwa 25 Strahlungslängen. Daher entstehen Schauer meist in großer Höhe, und nur die verlangsamten Elektronen und Positronen kommen an der Erdoberfläche über mehrere hundert m^2 verstreut, aber gleichzeitig (koinzidierend) an. Der gesamte Energieumsatz eines Schauers liegt zwischen 10^8 und 10^{20} eV. Wegen seiner hohen Energie hat das Positron meist keine Zeit, vernichtet zu werden (Abnahme des Wechselwirkungsquerschnittes mit W). Daher zeigen Nebelkammeraufnahmen im Magnetfeld fast ebenso viele Positronen wie Elektronen. Das **Positron** wurde 1932 von *Anderson* in der kosmischen Strahlung entdeckt.

Die Sekundärstrahlung enthält eine **harte Komponente** aus **Myonen**. Wegen ihrer großen Masse verlieren sie kaum Energie durch Bremsstrahlung wie die Elektronen (die Intensität der Bremsstrahlung ist proportional zu m^{-2}), sondern nur durch Ionisierung und Anregung von Atomen, die bei so hohen Energien ebenfalls schwach sind. Daher sind Myonen viel durchdringender als Elektronen gleicher Energie.

Stöße von Primärteilchen mit den Kernen von N und O in großer Höhe spalten Bruchstücke (Protonen, Neutronen, α-Teilchen) hoher Energie unter Impulserhaltung ab. Diese Bruchstücke bilden die Nukleonenkomponente der Sekundärstrahlung. Man findet solche Prozesse auf Kernspurplatten, die man mit Ballons oder Raketen in Höhen von mehr als 30 km sendet. Bei kleineren Energien hat die Stoßenergie Zeit, sich auf alle Nukleonen des Kerns zu übertragen, dieser wird „aufgeheizt" und „verdampft" (Abb. 13.62). Solche **Sterne** findet man auf Kernspurplatten auch in geringerer Höhe, allerdings mit stark abnehmender Häufigkeit.

13.5.3 Strahlungsgürtel

Der Aufstieg von Explorer I am 1.2.1958 änderte mit einem Schlag alle Projekte bemannten Raumfluges durch die Entdeckung einer hohen Intensität ionisierender Strahlung oberhalb von etwa 1 000 km Höhe. Später fand man noch ein bis zwei weiter außen liegende **Strahlungsgürtel**. Sie reichen insgesamt bis in etwa 25 000 km Höhe und umgeben die Erde ringförmig symmetrisch zu der *magnetischen* Achse mit dem

Maximum am magnetischen Äquator und Löchern im Polbereich, die den Durchflug gestatten. Die Dosisleistung in den Strahlungsgürteln kann bis zu 50 r/h gehen. Wegen ihrer hohen Energie ist die Strahlung besonders im inneren Gürtel äußerst durchdringend.

Die Existenz und die Stabilität der Strahlungsgürtel versteht man am besten nach dem Prinzip der **magnetischen Flasche**. So nennt man ein Magnetfeld, das in der Mitte relativ schwach ist, aber nach beiden Seiten in Richtung der Feldlinien stärker wird. Die Feldlinien konvergieren gegen die beiden Enden der Flasche. Ein Dipolfeld wie das der Erde hat diese Eigenschaften: Am Äquator ist es relativ schwach; folgt man aber in Meridianrichtung den Feldlinien, so kommt man in Gebiete immer höheren Feldes, je mehr man sich den Polen nähert. Dies ist auch noch in 1 000 km Höhe der Fall, wo die freie Weglänge, zumindest für neutrale Teilchen, auf Werte angestiegen ist, die größer sind als der Erdradius. Das Magnetfeld ist hier kaum viel kleiner als am Erdboden: immer noch ca. $3 \cdot 10^{-5}$ T am Äquator und bis zu $6 \cdot 10^{-5}$ T gegen die Pole zu.

In diesen Höhen, wo sich geladene Teilchen also praktisch frei bewegen, werden sie durch die Lorentz-Kraft senkrecht zu ihrer Bewegungsrichtung und zum Magnetfeld abgelenkt. Ein solches Teilchen der Masse m und der Ladung e möge so einfliegen, daß seine Geschwindigkeit eine Komponente $v_\parallel$ parallel und eine Komponente $v_\perp$ senkrecht zum Feld hat. Nur die senkrechte Komponente trägt zur Lorentz-Kraft bei und wird durch diese verändert; die parallele Bewegung wird ruhig fortgesetzt, jedenfalls solange das Feld homogen ist (also die Feldlinien parallel sind). Die senkrechte Bewegung gestaltet sich zur Kreisbewegung mit dem Radius

$$r = \frac{mv^2}{eBv_\perp} \, .$$

Im ganzen beschreibt also das Teilchen eine je nach seiner Einschußrichtung mehr oder weniger steile Spirale um eine Feldlinie und folgt dieser auch, wenn sie sich etwas krümmt. Gegen die Pole zu wird aber die Inhomogenität merklich, das Teilchen muß in einen Trichter aus Feldlinien hineinlaufen, und es entsteht eine Lorentz-Kraftkomponente

$$F_{\text{rück}} = eBv_\perp \sin \vartheta \approx eBv\vartheta \, ,$$

die das Teilchen in das Gebiet geringerer Feldstärke treibt. Wie Abb. 13.63 zeigt, ist in Polnähe der Winkel ϑ schätzungsweise gleich dem Verhältnis von Bahnradius r zum Abstand a vom Konvergenzpunkt, also dem Abstand vom Erdmittelpunkt. Selbst ein Teilchen mit einer kräftigen anfänglich polwärts gerichteten v-Komponente $v_\parallel$ wird gegen diese rücktreibende Kraft nur eine Zeit

$$\tau = \frac{mv_\parallel}{F_{\text{rück}}} \approx \frac{v_\parallel a}{v^2}$$

lang ankämpfen können, bis diese Komponente aufgezehrt ist. Das Teilchen wird dann, bis zum Äquator hin beschleunigt, gegen den anderen Pol anlaufen, wo es aber auch nicht weiter vordringt, usw. Das Teilchen ist in der magnetischen Flasche gefangen und pendelt darin mit der Periode

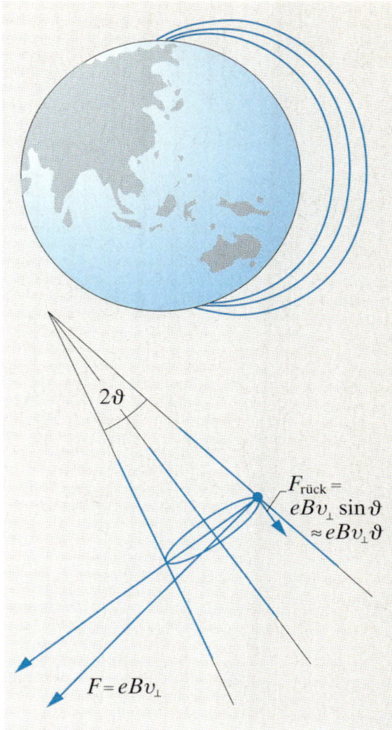

Abb. 13.63. *Oben*: Geladene Teilchen in der „magnetischen Flasche“ des Erdmagnetfeldes. *Unten*: Zustandekommen der rücktreibenden Kraft in Gebieten, wo die Feldlinien konvergieren

$$T \approx 4\tau \approx 4\frac{v_{\|} R_{\text{Erde}} \pi/2}{v^2} \approx 2\pi \frac{R_{\text{Erde}}}{v} ,$$

die zwischen 0,1 und 1 s liegt und bei gegebener Geschwindigkeit nicht von Masse und Ladung des Teilchens, wohl aber von seiner Einschußrichtung abhängt. Je paralleler ein Teilchen zum Feld einfliegt, desto größer ist $v_{\|}$; außerdem kommt in gegebener Zeit ein Teilchen mit großem $v_{\|}$ natürlich weiter voran, also näher an den Pol und damit näher an die Erdoberfläche heran. Dort tritt es aber in die Atmosphäre, zunächst die **Exosphäre** ein, in der die Dichte bereits ausreicht, um das geladene Teilchen zu bremsen und zu absorbieren. Gegen solche Teilchen, die fast in ihrer Achsrichtung fliegen, ist die Flasche also undicht. Die wenn auch schwache Wechselwirkung unter den eingefangenen Teilchen wirft gelegentlich einige davon in diese fatale achsennahe Flugrichtung; allerdings ist die Relaxationszeit für die Geschwindigkeitsverteilung und damit die Lebensdauer des Flascheninhaltes sehr groß. Ein gewisser Teilchennachschub ist aber offenbar notwendig. Er kommt aus dem Weltall (kosmische und solare Primärteilchen), z. T. aber auch von der Erde, die kosmische Teilchen zurückstreut.

Besonders interessant ist die Deutungsgeschichte des inneren Gürtels, des eigentlichen **van Allen-Gürtels**. Nur er enthält neben Elektronen, die überall vorhanden sind, auch wesentliche Mengen Protonen. Das Energiespektrum der Elektronen bricht ziemlich scharf um 0,78 MeV ab, die Protonenenergie geht bis 150 MeV und höher. So scharf abbrechende Elektronenenergien erwecken immer den Verdacht, daß man Produkte eines β-Zerfalls vor sich hat. Die Grenzenergie gestattet die möglichen Paarungen von Mutter- und Tochterkern einzuengen (deren Massendifferenz muß gleich der Grenzenergie sein, bis auf die Ruhenergie des Elektrons selbst). Von allen in Frage kommenden β-Strahlern paßt nur das Neutron: $\mathrm{n} \rightarrow \mathrm{p} + \mathrm{e}^- + \bar{\nu}$. Kosmische Primärneutronen kommen aber nicht auf der Erde an, sie sind viel zu kurzlebig (15 min). Also muß es sich um Sekundärprodukte aus der Exosphäre handeln, die als sogenannte **Albedo-Neutronen** ins Weltall zurückgestreut worden sind. Diejenigen unter ihnen, die noch nahe der Erde zerfallen, bilden Protonen, die – unabhängig von der Neutronenenergie, so lange diese noch nicht hochrelativistisch ist – immer die Zerfallsenergie minus der Neutrinoenergie haben. Tatsächlich stimmt die Energieverteilung der Protonen im van Allen-Gürtel sehr gut mit der der Albedo-Neutronen überein. Der hohe Gehalt an sehr schnellen Protonen macht den inneren Gürtel auch so gefährlich; sie dringen ohne weiteres durch mehrere mm Blei.

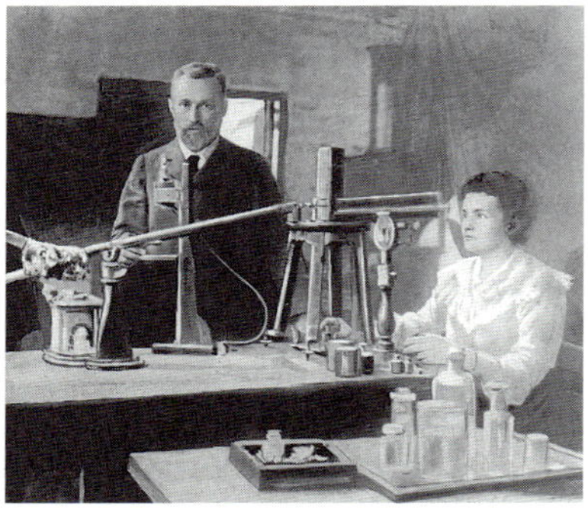

Marie Sklodowska Curie (1876 - 1934) und *Pierre Curie* (1859 - 1906) in ihrem Labor an der Sorbonne. *Marie Curie* entdeckte zusammen mit ihrem Ehemann 1898 die Elemente Polonium und Radium und erhielt 1911 ihren zweiten Nobelpreis

▲ Ausblick

Was wissen wir heute (1995), was noch nicht? Aus dem Zerfallsmechanismus des Z-Teilchens schließt man, daß es nur drei „Generationen" von Quarks und Leptonen gibt, jedes in zwei Ausführungen, von denen das Tau-Neutrino noch nicht sicher nachgewiesen ist. Ebenso intensiv ist die Suche nach dem Higgs-Teilchen, dem ▶

Überträger eines hypothetischen Feldes, das bei niedrigen Energien die Symmetrie zwischen elektromagnetischem und schwachem Feld brechen und damit den *W*- und *Z*-Bosonen ihre Massen zuweisen soll. Magnetische Monopole, freie Quarks, Teilchen aus mehr als drei Quarks, darunter strange oder charmed Quarks, schließt das Standard-Modell auch nicht ganz aus. Noch weiter gehen die Versuche, in der großen Vereinheitlichung (GUT) die bisher unabhängigen Parameter der elektroschwachen Theorie und der QCD (Massen, Ladungen, Kraftkonstanten) einheitlich zu erklären. Wenn auch die 10^{17} GeV, wo alle drei Kräfte verschmelzen sollen, weit außerhalb unserer heutigen Reichweite liegen, gibt es experimentelle Tests für die Verschmelzung der Quark- und Leptonfamilien, z. B. den noch nicht nachgewiesenen Zerfall des Protons in mindestens 10^{31} Jahren.

✓ Aufgaben . . .

●● 13.1.1. Austauschkraft
Da nach der Unschärferelation die Energie eines Zustandes, der nur sehr kurze Zeit dauert, nicht ganz genau bestimmt ist, kann z. B. auch der Energiesatz durch Schaffung eines Teilchens „aus dem Nichts" verletzt werden, wenn das Teilchen nur so schnell wieder verschwindet, „daß es niemand merkt". So läßt sich die **Austauschwechselwirkung** unter Vermittlung virtueller Teilchen (Photonen, Mesonen, Gravitonen) anschaulich verstehen. Warum haben die Kernkräfte eine kurze Reichweite, und wie groß ist sie? Warum gibt es keine solche Reichweitebegrenzung für die elektrostatische Wechselwirkung?

● 13.1.2. Oberflächenenergie
Wenn *A* Kügelchen zu einer großen Kugel zusammengesetzt sind, wie viele Kügelchen sitzen dann an der Oberfläche? Wie viele nächste Nachbarn hat jedes Kügelchen, wenn es innen bzw. an der Oberfläche sitzt?

●● 13.1.3. Coulomb-Energie
Welche **elektrostatische Energie** hat eine gleichmäßig mit Ladung erfüllte Kugel? Wenden Sie das Ergebnis auf die Kerne an und verifizieren Sie den Faktor des 5. Gliedes in (13.13).

●● 13.1.4. Warum hat der Kern nicht mehr Neutronen?
Für Protonen und Neutronen gebe es zwei unabhängige Termleitern, die von unten her aufgefüllt werden. Die Terme seien energetisch ungefähr äquidistant (für welches Potential trifft das zu?). Welche Energie hat ein Kern mit *N* Neutronen und *Z* Protonen? Welches *N* und *Z* wären bei gegebener Masse $A = N + Z$ energetisch optimal? Drücken Sie die Abweichung von dieser optimalen Energie durch $N - Z$ aus.

●● 13.1.5. Im Tal der Stabilität
Welcher Kern gegebener Massenzahl *A* ist nach (13.13) am stabilsten? Wie groß sind seine Bildungsenergie und die **Bindungsenergie pro Nukleon**? Vergleichen Sie mit Abb. 13.12. Verifizieren Sie die Konstante vor dem 6. Glied in (13.13) aus der Tatsache, daß z. B. ^{238}U stabil ist.

●● 13.1.6. β-Zerfall
Wie steigt das **Stabilitätstal** von seiner Sohle aus seitlich an (Querschnitt bei konstantem *A*)? Beachten Sie das letzte Glied in (13.13) und zeichnen Sie Querschnitte für gerades und ungerades *A* bei kleinem und großem *A*. Wie viele stabile Isobare gibt es? Wie zerfallen die übrigen und mit welchen Energien?

●● 13.1.7. α-Zerfall
Wie verläuft die Sohle des Tals der stabilen Kerne bei Änderung der Massenzahl? Für welche Kerne ist ein α-Zerfall möglich und mit welcher Zerfallsenergie?

●● 13.1.8. Weizsäckers Chance
Als *C. F. von Weizsäcker* 1935 das **Tröpfchenmodell** ausbaute, hätte er die **Kernspaltung** voraussagen können? Welche Elemente wären besonders günstig erschienen, welche Zerfallsenergien hätte er erwartet? Gab es auch Hinweise auf Spaltungsneutronen und Kettenreaktion?

●● 13.1.9. Spaltungsmodell
Wie ändert sich die Energie eines Kerns nach (13.13), wenn er von der Kugelgestalt abweicht? Welchen Einfluß hat die Massenzahl auf die Bilanz der Glieder, die sich dabei ändern? Wie verläuft demnach eine **Kernspaltung**?

● 13.1.10. Moderation
Warum werden Neutronen in Wasser mehr gebremst als in Blei, warum ist es bei den meisten anderen Strahlungen umgekehrt?

● 13.1.11. Schweres Wasser
Warum moderiert man Neutronen in vielen Reaktoren mit schwerem und nicht mit normalem Wasser?

●● 13.1.12. Günstigste Fusion
Gibt es Fusionsreaktionen mit noch höherer Energieausbeute pro Gramm als die Lithium-Deuterid-Reaktion?

●● 13.1.13. Magnetische Flasche
Damit ein Plasma durch ein Magnetfeld zusammengehalten wird, muß (1) das äußere Magnetfeld mindestens so groß sein wie die Felder, die ein Teilchen infolge seiner Bewegung auf Nachbarteilchen ausübt, (2) die Lorentz-Kraft mindestens so groß sein wie der mittlere Kraftanteil, der infolge des Gasdrucks auf ein Teilchen entfällt. Hieraus ergibt sich eine enge Beziehung zwischen **magnetischem Druck** und Energiedichte des Feldes. Welche Dichten und Temperaturen kann man einem Plasma in einem magnetischen Kessel zumuten, ohne daß es explodiert? Schätzen Sie Wirkungsquerschnitt, Stoßzeit, Energieausbeute von Fusionsreaktionen ab. Wie müßte ein Fusionskraftwerk konstruiert sein, dessen Leistung in großtechnischen Bereichen läge?

● 13.1.14. Nukleonen-Mikroskop
Wie schnell müssen Elektronen sein, mit denen man die innere Struktur des Nukleons abtasten will? Man bedenke: Wie beim Mikroskop ist das Auflösungsvermögen durch die Wellenlänge bestimmt; für ultrarelativistische Teilchen ($W \gg m_0c^2$) hängen Energie W und Impuls p zusammen wie $W = pc$. Hängt das Auflösungsvermögen von der Teilchenart ab? Warum benutzt man gern Elektronen?

●● 13.1.15. Die größte Kraft
Nukleonen ziehen einander an, halten sich aber doch auf Abstand. Wie groß ist diese Abstoßung? Gibt es noch größere Kräfte?

● 13.1.16. Nochmal Sherlock Holmes
Wintertag. *Sherlock Holmes* (H) und Dr. *Watson* (W) stapfen bibbernd über die Heide von Salisbury.
W.: Wenn die Technik doch schon so weit wäre, uns von den Positionsschwankungen dieses lächerlichen Gestirns da freizumachen! Wenn man die Sonne imitieren könnte …
H.: Sie wollen sagen, dann hätte die Menschheit genug Energie, um ewigen Sommer machen zu können? Don't jump to conclusions, my dear Watson. (Er deckt die bleiche Sonne in einer uns bereits bekannten Bewegung mit dem Daumen zu.) Die Sonne ist doch viel größer als die Erde, oder irre ich mich?
W.: In der Tat. Sie hat den hundertfachen Durchmesser.
H.: Und man kann annehmen, daß ein wesentlicher Teil ihres Gesamtvolumens an der Energieproduktion mitwirkt?
W.: Das glaube ich schon, obwohl noch niemand weiß, wie die Sonne ihre Energie erzeugt.
H.: Dann muß ich Ihnen sagen, daß das ganze Volumen der Erdatmosphäre – sagen wir, bis in einige Meilen Höhe – für eine Vorrichtung nicht ausreichen würde, die genügend Energie produzierte und *genau* die Vorgänge in der Sonne imitierte.
Wie kommt Holmes darauf? Welchen Ausweg gibt es?

●● 13.1.17. Neutronendiffusion
Entscheidend für die Leistung, die in einem **Kernreaktor** freigesetzt wird, sind die Neutronenzahldichte n und die **Neutronenflußdichte** j. Neutronen lösen Spaltungsakte aus und werden dabei durch Fremdatome sowie auch durch nichtspaltende Kerne eingefangen, gleichzeitig entstehen bei der Spaltung aber wieder andere Neutronen. Wie hängen n und j zusammen? Welche Grundgleichung regelt die zeitlich stationäre räumliche Verteilung von n und j? Denken Sie daran, daß ein Neutron keine Vorzugsrichtung hat, in die es fliegt, sondern daß seine Flugrichtungen ganz zufällig verteilt sind. Wie kann trotzdem ein Neutronenfluß zustandekommen? Wo haben Sie die gefundene Gleichung schon mal gesehen? Sie spielt fast in jedem Kapitel dieses Buches eine Rolle, auch wenn dies nicht immer gesagt wurde. Lösen Sie diese Gleichung für einen kugelförmigen Reaktor. Wie groß sollte das stationäre n im Mittelpunkt sein? Diskutieren Sie die Fälle des unterkritischen und des überkritischen Reaktors. Denken Sie immer auch an die vielen anderen Anwendungen dieser Gleichung und ihrer Lösung.

●● 13.1.18. Katalysierte Fusion
Wieso wäre es günstig, bei der Kernfusion das Coulomb-Feld der beteiligten Kerne abzuschirmen, und durch was für Teilchen kann man das machen? Bis auf welchen Abstand kann sich z. B. ein Proton einem Deuteron nähern, das ein Elektron bzw. ein Myon gebunden hat? Vergleichen Sie mit dem Abstand, von dem ab die Tunnelwahrscheinlichkeit durch den restlichen Coulomb-Wall erträgliche Werte annimmt (für „kaltes" Reaktionsgemisch). Bei welchen Temperaturen werden Myo-Wasserstoff oder Myo-Deuterium thermisch dissoziieren? *Luis Alvarez* fand in einer H_2-Blasenkammer, die mit Myonen beschossen wurde, mehrere Ereignisse folgender Art: Die Spur eines bei A eintretenden Myons endet bei B. Bei B', 1 mm von B, taucht wieder ein Myon auf, das 1,7 cm läuft und dann bei C in ein Elektron und zwei Neutrinos zerfällt. *Alvarez'* Deutung: Bei B wird μ von einem Proton eingefangen, geht aber sehr schnell unter Gewinn von 135 eV auf ein Deuteron über. Warum soll d das μ um soviel fester binden als p? Wie schnell läuft das d mit dieser Energie? Wann erreicht es B'? Dort soll die Molekülbildung $\mathrm{d}\mu + \mathrm{p} \to \mathrm{d}\mu\mathrm{p}$ mit anschließender Fusion $\mathrm{d}\mu\mathrm{p} \to {}^3\mathrm{He} + \mu + 5{,}4\,\mathrm{MeV}$ und Ausstoß des μ erfolgen. Woher kommen die 5,4 MeV? Wie weit käme das Myon mit einem wesentlichen Teil dieser Energie innerhalb seiner Lebensdauer ($\tau = 2 \cdot 10^{-6}\,\mathrm{s}$)? Oder wird es vorher abgebremst und zerfällt aus der Ruhe? (Denken Sie an die 1,7 cm Spurlänge). Schätzen Sie, wie lange die Bildung eines Myon-Moleküls in der Blasenkammer dau-

ert, und vergleichen Sie dies mit dem Alvarez-Experiment und mit der Lebensdauer des Myons. Kann ein Myon als Katalysator für die Fusion betrachtet werden? Wieviel Fusionsenergie kann man bestenfalls mittels eines Myons erzeugen? Vergleichen Sie dies mit dem Energieaufwand zur Erzeugung eines Myons, z. B. aus den Pionen, die beim Aufprall schneller Protonen entstehen. De facto-Werte heute: Ein 4,5 MW-Beschleuniger bringt $2 \cdot 10^7$ Myonen/s ins Target.

● 13.2.1. Wieso wird's mehr?
0,1 g frisch hergestelltes Radium strahlt in den ersten Stunden wie 0,1 Ci, nach einigen Wochen wie 0,8 Ci, nach einigen Jahren wie 0,9 Ci. Wie kommt das? Gliedern Sie auch nach α- und β-Strahlung auf.

● 13.2.2. Pierres Nachtlicht
0,1 g Radium, das *Marie* und *Pierre Curie* hergestellt hatten, erzeugte einige Wochen später im Kalorimeter etwa 40 J. Mit einem Szintillationsmikroskop zählte man auf einem Bildfeld von 0,1 mm^2, das unter einer Vakuumglocke 30 cm entfernt von einer Probe mit 10^{-6} g Ra aufgestellt war, in der Minute im Mittel 2 Lichtblitze. Welche Schlüsse konnte er ziehen? Konnte er die Energie pro Zerfallsakt, die Halbwertszeit usw. schätzen? Welche Korrekturen hätte er nach späterer Kenntnis anbringen müssen? Würde man die Experimente heute noch so machen?

● 13.2.3. Maries Waschküche
Welche Konzentrationen von ^{226}Ra und den übrigen Nukliden der **U-Reihe** erwarten Sie im Uranerz? Wieviel Pechblende mußten die *Curies* mindestens verarbeiten, um 0,1 g Radium herzustellen?

● 13.2.4. Stabilität
Ist das **radioaktive Gleichgewicht** stabil? Wie entwickelt sich eine kleine Störung, z. B. Zufügung einer bestimmten Menge eines Zwischennuklids?

● 13.2.5. α-β-γ-Analyse
Projektieren Sie eine Versuchsanordnung zur Messung von Masse, Ladung, Impuls, Energie von α- und β-Teilchen. Können Sie damit beweisen, daß γ-Strahlung nicht aus üblichen Teilchen besteht?

●● 13.2.6. Zufallsereignisse
Ein Ereignis (Flugzeugunfall, Kernzerfall o. ä.) möge im langzeitigen Durchschnitt ν-mal im Jahr eintreten. Die Wahrscheinlichkeit, daß es eintritt, sei konstant. Sie hänge z. B. auch nicht davon ab, ob gerade vorher ein entsprechendes Ereignis stattgefunden hat. Können Sie eine Formel für die Wahrscheinlichkeit entwickeln, daß in einem Zeitraum von t Jahren kein solches Ereignis, genau eines, genau zwei usw. eintreten? Gehen Sie von sehr kurzen Zeiträumen aus, in denen bestimmt höchstens ein solches Ereignis stattfindet.

●● 13.2.7. Strenge Sitten
In einem fernen Land wird jedem Fahrer nach zehn Unfällen der Führerschein auf Lebenszeit entzogen. Von einem Jahrgang von Fahrschulabsolventen, die alle gleichviel und gleichgut fahren, sind nach t Jahren noch wie viele fahrberechtigt? Wie ändert sich die t-Abhängigkeit, wenn das Gesetz noch strenger bzw. milder wird?

● 13.2.8. Positronenzerfall
Warum beobachtet man keinen natürlichen, sondern nur einen **künstlichen β^+-Zerfall**?

●● 13.2.9. ^{14}C-Uhr
Die kosmische Strahlung erzeugt in der Erdatmosphäre 2,4 Neutronen/cm^2 s, die zumeist in der ^{14}N(n,p)^{14}C-Reaktion verbraucht werden. ^{14}C zerfällt mit einer Halbwertzeit von 5 600 a. Die Atmosphäre und die Biosphäre enthalten 8 bis 10 g/cm^2 C als CO_2 oder lebende Substanz. Welche ^{14}C-Aktivität erwartet man in einer Probe lebender Substanz? Vergleichen Sie mit dem Meßwert von $16{,}1 \pm 0{,}1$ Zerfallsakten/min im Gramm Kohlenstoff. Was geschieht, wenn das Lebewesen stirbt? Holz aus dem Grab des Pharao *Sneferu* zeigte $8{,}5 \pm 0{,}2$ Zerfälle pro s und g C. Wann wurde das Holz geschlagen?

● 13.2.10. ^{40}K-Uhr
^{40}K zerfällt durch β-Emission mit der Zerfallskonstante $\lambda_1 = 4{,}75 \cdot 10^{-10}\,\mathrm{a}^{-1}$ in ^{40}Ca, durch K-Einfang mit $\lambda_2 = 0{,}585 \cdot 10^{-10}\,\mathrm{a}^{-1}$ in ^{40}Ar. Eine Glimmerprobe enthält 4,21 % Kalium; vom Gesamtkalium macht das Isotop ^{40}K nur 0,0119 % aus. Außerdem findet man 0,000088 % ^{40}Ar in der Probe. Wie macht man solche Bestimmungen? Wie alt ist das Mineral? Welche Fehlerquellen für die Altersbestimmung gibt es?

●● 13.2.11. Ist die Erde heiß oder kalt entstanden?
Die Erdkruste enthält etwa $3 \cdot 10^{-4}$ % Uran, $9 \cdot 10^{-4}$ % Thorium, wenig Aktinium. Schätzen Sie die radioaktive Wärmeproduktion der Gesteine. Reicht sie aus, um die Wärmeleitungsverluste zu decken (Temperaturgradient 3 K/(100 m), Wärmeleitfähigkeit 1,5 W/(m K))? Falls die Wärmeproduktion zu klein ist: Woher stammt die Wärme des Erdinnern? Im gegenteiligen Fall: Folgerungen über die Uranverteilung in größerer Tiefe bzw. über die Zukunft des Erdkörpers? Wie lange würde alles Uran der Erde den Energiebedarf der Menschen decken?

●●● 13.2.12. Kann man Radioaktivität beeinflussen?
Man liest oft, ein Kernzerfall sei durch äußere Umstände nicht zu beeinflussen. Daß dies nicht richtig ist, folgt schon aus der Möglichkeit, im Beschleuniger oder im Fusionsreaktor neue Kerne aufzubauen, also den Zerfall umzukehren. Gewöhnliche Temperaturen und Drucke, besonders aber der chemische Zustand des Atoms beeinflussen die Zerfallskonstante ebenfalls, wenn auch nur so schwach, daß dieser Einfluß noch nicht sicher nachgewiesen werden konnte. Schätzen Sie, um wieviel z. B. eine Ionisierung das Potential in Kernnähe verschiebt. Um wieviel könnte sich dadurch die Zerfallskon-

stante im **Gamow-Modell** des α-Zerfalls ändern?

13.2.13. Totzeitfehler I
Der Fehler infolge der **Zählertotzeit** ist leicht anzugeben, wenn die Lebensdauer des Präparats sehr groß gegen die Meßzeit ist (s. Aufgabe 13.2.14). Wenn die Aktivität während der Messung merklich abklingt, wird auch der Teil der Impulsrate, der in Totzeiten fällt und unterschlagen wird, zeitabhängig. Berücksichtigen Sie dies in dem Ausdruck für den relativen Fehler der Gesamtimpulszahl.

13.2.14. Totzeitfehler II
Sie wollen die Halbwertzeit bzw. die Zerfallskonstante λ eines Nuklids möglichst genau messen. Nehmen wir zunächst an, Sie verfügen über ein völlig reines Präparat dieses Nuklids, das eine sehr lange Lebensdauer habe, und über einen Zähler, der alle Zerfallsakte registriert. Wie gehen Sie vor? Jetzt berücksichtigen Sie den statistischen Fehler, der aus der endlichen Dauer Δt der Messung resultiert, und den Koinzidenzfehler, der auf der Totzeit t_0 des Zählers beruht. Welcher relative Fehler der λ-Messung ergibt sich daraus? Wie kann man den relativen Fehler bei gegebenem Δt und t_0 möglichst klein machen? Wie klein wird er dann?

13.3.1. Nebelkammerspuren
Die Bahn eines α-Teilchens ist dick und gerade, die des β-Teilchens dünn und zitterig, eine γ-Spur ist bei genauerem Hinsehen nur durch einzelne davon ausgehende zitterige Spuren markiert. Wieso?

13.3.2. Lange Spur
In Abb. 13.32 geht eine α-Spur über alle anderen hinaus. Woran liegt das? Vergleichen Sie die Energie dieses Teilchens mit der der übrigen. Kann es aus einem anderen Nuklid der Zerfallsreihe stammen, oder aus einem angeregten RaC′-Kern? Wie groß dürfte die Anregungsenergie sein? Kann man schätzen, wie häufig solche Anregungen vorkommen? Wie wird es zu dieser Anregung gekommen sein?

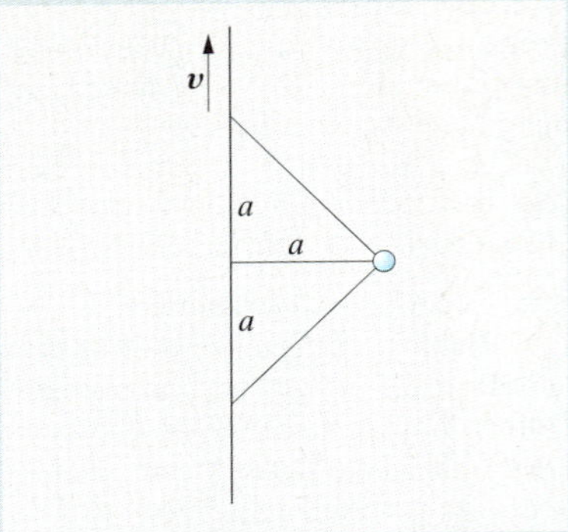

Abb. 13.64. Entscheidender Wechselwirkungsbereich zwischen einem Atomelektron und einem schnellen geladenen Teilchen

13.3.3. Impulsübertragung
Ein geladenes Teilchen fliegt im Abstand a (Stoßparameter) an einem Atom vorbei. Welche Kraft wirkt auf die Elektronen des Atoms in den einzelnen Phasen des Vorbeifluges? Welcher Impuls wird insgesamt auf das Atomelektron übertragen? Annahme: Das einfliegende Teilchen ist so schnell oder so schwer, daß es nicht wesentlich aus der geraden Bahn gebracht wird. Wieweit stimmt das? Rechnen Sie die Impulsübertragung in eine Energieübertragung um. Unter welchen Umständen wird das Atom ionisiert oder angeregt? Was passiert, wenn die Energie dazu nicht ausreicht?

13.3.4. Energieübertragung
Ein geladenes Teilchen fliegt auf seiner Bahn durch Materie an sehr vielen Atomen in verschiedenen Abständen a vorbei und gibt an jedes entsprechend Energie ab. Wie viele Atome passiert das Teilchen auf dem Bahnstück dx im Abstand zwischen a und $a + da$? Welches ist der größte Stoßparameter, bei dem noch Energie ausgetauscht wird? Welches ist die größte austauschbare Energie mit dem zugehörigen Stoßparameter? Alle Abstände zwischen a_{min} und a_{max} tragen zur Bremsung bei. Wie groß ist der Energieverlust auf der Strecke dx (Vergleich mit (13.25))?

13.3.5. Ionisierungsdichte
Wie viele Ionen erzeugt ein geladenes Teilchen auf 1 cm seiner Bahn in Abhängigkeit von den wesentlichen Größen, die es selbst und die durchflogene Substanz kennzeichnen (welche sind das?). Vergleichen Sie mit Abb. 13.34.

13.3.6. Röntgen
Ein radioaktives Präparat gegebener Aktivität (in Bq) und Teilchenenergie ist umgeben von Luft, Wasser, organischer Substanz, Eisen oder Blei. Wie kann man die Ionisierungsdichten berechnen und in gebräuchlichen Einheiten (Röntgen, Gray usw.) ausdrücken?

13.3.7. Reichweite I
Betrachten Sie Abb. 13.24 und schätzen Sie aus den Reichweiten der Teilchen ihre Energie. Beachten Sie den Ionisierungszustand des schweren Atoms. Benutzen Sie Energie- und Impulssatz. Können Sie die Deutung, die

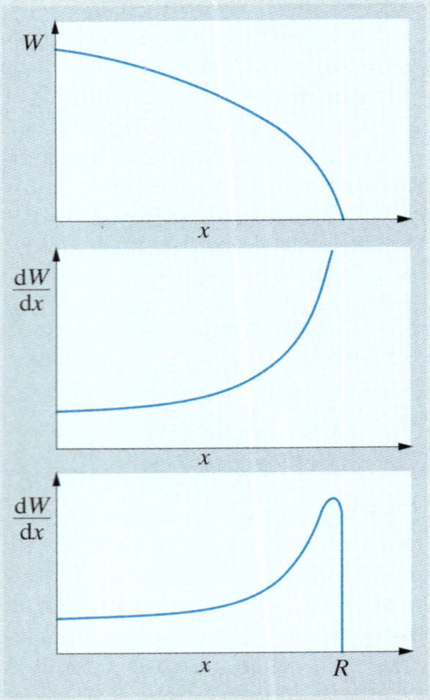

Abb. 13.65. Energieverlust eines geladenen Teilchens in Materie. *Oben*: $W(x)$; *Mitte*: dW/dx ohne Berücksichtigung des Logarithmus in der Bethe-Formel; *unten*: dW/dx mit Berücksichtigung des Logarithmus (Bragg-Kurve)

Rutherford diesem Experiment gab, bestätigen?

●● 13.3.8. Reichweite II
Leiten Sie aus (13.25) oder Ihrer eigenen Formel für dW/dx ab, wieviel Energie das schnelle Teilchen nach einer gegebenen Laufstrecke noch hat. Welche Laufstrecke kann man als seine Reichweite betrachten? Wie verteilt sich die Ionisierung über die Weglänge?

● 13.3.9. Maximale Energieübertragung
Wieso kann ein schweres Teilchen der Masse M und der Energie W an ein Elektron der Masse m maximal nur die Energie $4mW/M$ abgeben? Unter welchen Umständen tritt diese maximale Energieübertragung ein?

● 13.3.10. Geiger-Nuttall
Bestimmen Sie die Energien und Reichweiten einiger α-Strahler aus ihren Halbwertzeiten (z. B. nach der Geiger-Nuttall-Regel bzw. der Geiger-Formel) und vergleichen Sie mit Abb. 13.28.

●● 13.3.11. Reichweite III
Erklären Sie die Einzelheiten der Abhängigkeiten Abb. 13.35 und benutzen Sie diese Daten neben den Formeln des Textes für die folgenden Aufgaben.

●● 13.3.12. Relativistische Bremsung
Gilt die Bremsformel (13.25) auch für relativistische Teilchenenergien $W \gg m_0c^2$, oder was ist daran abzuändern? Denken Sie besonders an die Lorentz-Kontraktion. Kommen diese Modifikationen in Abb. 13.34 zum Ausdruck?

●● 13.3.13. Bremsformeln
Für verschiedene Teilchen und Energiebereiche benutzt man sehr verschiedene Formeln, die die Energieabhängigkeit des Wechselwirkungsquerschnitts oder der Stoßwahrscheinlichkeit dieses Teilchens mit anderen ausdrücken. Beispiele: Der **Stoßquerschnitt** zwischen Gasatomen wird als unabhängig von W betrachtet, die freie Flugdauer für Stoß- und Einfangwechselwirkung zwischen geladenen Teilchen als proportional $W^{3/2}$, der Einfangquerschnitt für Neutronen durch Kerne als proportional $W^{-1/2}$. Haben diese Abhängigkeiten nichts miteinander zu tun, oder können Sie einen Gedankengang finden, der sie und die Folgerungen daraus unter einen Hut bringt?

● 13.3.14. Bremsen Kerne auch?
Wieso können *Bethe* und *Bohr* die Kerne der Bremssubstanz in ihrer Theorie der Bremsung geladener Teilchen (Aufgaben 13.3.3 bis 13.3.5) aus dem Spiel lassen? Welche Tatsache ist dafür entscheidend? Führen Sie die Betrachtung auch für Kerne durch und vergleichen Sie die Ergebnisse.

●● 13.3.15. Materialabhängigkeit
Vergleichen Sie Ionisierungsdichten und Reichweiten in verschiedenen Materialien (Luft, Wasser, biologisches Gewebe, Gestein, Aluminium, Eisen, Blei) ausgedrückt in durchlaufener Schichtdicke oder Flächendichte.

●● 13.3.16. Abschirmung
Charakterisieren Sie Ionisierungsvermögen und Reichweite der α- und β-Strahlung verschiedener radioaktiver Präparate (Abb. 13.22, 13.28). Was folgt daraus an praktischen Regeln für die Gefährlichkeit der Radionuklide und die Abschirmung ihrer Strahlung? Dimensionieren Sie solche Abschirmungen für einige Präparate. Wie hängt die Stärke der Abschirmung von der Aktivität der Quelle (in Bq) ab? Beachten Sie die gesetzlichen Vorschriften über den Strahlenschutz.

●● 13.3.17. Dosisleistung
Welcher Zusammenhang besteht zwischen der Aktivität eines radioaktiven Präparats (in Bq) und der **Dosisleistung** (in Gray) in gegebenem Abstand von der Quelle? Diskutieren Sie einige praktische Beispiele.

●● 13.3.18. Theorie der Nebelkammer
Wieso wirken Ionen als Kondensationskeime? Wie kann sich übersättigter Dampf überhaupt halten, ohne in Tröpfchen zu kondensieren? Möglicher Weg zur quantitativen Behandlung: Setzen Sie die Energie eines geladenen Tröpfchens an (Volumen-, Oberflächen-, Coulombenergie); diskutieren Sie Existenz, Lage, Tiefe des Minimums. Was bedeutet das für die effektive Kondensationstemperatur? Benutzen Sie z. B. die Formel $T_{\text{kond}} = (H_{\text{fl}} - H_{\text{d}})/(S_{\text{fl}} - S_{\text{d}})$, aber nicht ohne Begründung! Wie stark muß man expandieren? Wie weit lassen sich die Ergebnisse auf Blasenkammern übertragen?

●● 13.3.19. ΔW, W-Detektor-Teleskop
Es besteht aus einer sehr dünnen Halbleiter-Schicht, die den geladenen schnellen Teilchen nur einen kleinen Bruchteil ΔW ihrer Energie entzieht, und einer dicken Halbleiter-Schicht, in der die Teilchen steckenbleiben und ihre ganze Restenergie abgeben. Wie dick müssen die beiden Kristalle für verschiedene Teilchensorten und Energien sein? Versuchen Sie eine möglichst universelle Lösung zu finden. Trägt man die Einzelakte in ein ΔW, W-Diagramm ein, ordnen sie sich auf verschiedenen hyperbelähnlichen Kurven an. Warum? Was bedeuten die einzelnen Hyperbeln? Kann man verschiedene Teilchensorten so unterscheiden (Reichweiten s. Abb. 13.35)?

●● 13.3.20. Zyklotron-Modell
Eine im wesentlichen horizontale Scheibe besteht aus zwei Halbkreisen (Durchmesser d), die durch ein Brettchen (Länge d, Breite $b \ll d$) über Scharniere verbunden sind. Ein Motor stellt die eine Halbkreisscheibe abwechselnd etwas höher bzw. etwas tiefer als die andere, wobei das Mittelbrett als schiefe Ebene variablen Neigungssinnes den Übergang vermittelt. In einer spiralförmigen Rille können Kugeln laufen, die aus einem zentral gelegenen Loch austreten. Wieso ist das ein Zyklotron-Modell? Wo sind das E- und das B-Feld? Wie muß die Rille gestaltet sein, damit die Beschleunigung immer im richtigen Zeit-

punkt kommt? Diskutieren Sie auch ein Modell ohne Rille, in dem eine Kugel durch eine weiche Spiralfeder, die das reibungsfreie Rollen nicht beeinträchtigt, am Zentrum befestigt ist. Vergleichen Sie die Bahnen der Teilchen in den drei Fällen: Rille, Feder, Zyklotron.

●● 13.3.21. Linearbeschleuniger
Wie müssen die Rohrlängen eines Linearbeschleunigers abgestuft sein, wenn die Beschleunigung an allen Rohrzwischenräumen durch die gleiche Wechselspannung erfolgt? Diskutieren Sie den Stanford-Beschleuniger (3,2 km lang, 40–45 GeV).

● 13.3.22. Teures Synchrotron
Warum müssen **Synchrotrons** so groß (und so teuer) sein? Wie hängt der Bahnradius von der Maximalenergie ab? Testen Sie die Theorie an einigen existierenden Anlagen. Wie groß müßte eine TeV-Anlage sein? Was könnte das Super-Synchrotron leisten, dessen Ringkammer rings um den Äquator geht?

● 13.3.23. Synchrozyklotron
In welchem Bereich muß man die Frequenz des Beschleunigungsfeldes bei einem 750 MeV-Protonen-Synchrozyklotron variieren, wenn es einen 1,7 T-Magneten hat? In welcher Zeit muß das geschehen, wenn die Beschleunigungsspannung 5 kV ist? Welchen Durchmesser hat der Magnet? Welche Strecke legen die Teilchen etwa im Beschleuniger zurück?

● 13.4.1. Vorspiel auf dem Theater
Im Elysium. Asphodeloswiese. Bach mit Nymphen im Hintergrund.
Domokrit: Es gibt nichts als Atome – unteilbar, daher unzerstörbar – und Leere. Alles andere ist Meinung.
Aristoteles: Wenn ein Ding ausgedehnt ist, muß es auch Teile haben. Dinge *ohne* Ausdehnung haben aber nichts, womit sie aneinanderhaften können. Man kann daraus nichts bauen, schon gar nicht eine Welt. Also gibt es keine Atome.
Achilleus: Vielleicht sind sie ausgedehnt, aber unendlich hart?
Alexander d. Gr.: Arrhhmmmm!
Polyhistor: Ganz recht, Majestät! Da hat neulich ein gewisser *Monopetros* bewiesen ... (Er zieht einen Spickzettel aus der Chlamys und trägt Längeres vor.)
Aristophanes: Sagt man nicht, die Atome bestünden aus noch kleineren Dingen, die umeinander kreisen wie – nach dem berüchtigten *Aristarchos* – die Erde um die Sonne? Vielleicht leben auf diesen „Erden" wieder winzige Leute, die natürlich auch aus Atomen bestehen usw. Das fände ich lustig. Und vielleicht ist unser Sonnensystem auch nur ein Atom, sagen wir im Gehirn eines Riesen ...
Orothermos: Vielleicht kann man die Atome so retten: Wenn man wissen will, ob sie ausgedehnt sind oder nicht, muß man sie ausmessen. Dazu braucht man Maßstäbe. Da es aber nichts Kleineres gibt als Atome, erledigt sich die Streitfrage, und die Atome dürfen doch existieren.
Alexander: Glänzend! Sie sind unteilbar, weil sie das Kleinste sind, und sie sind das Kleinste, weil sie unteilbar sind!
Polyhistor: Ja, aber die Oxygalakta des *Oukoun-Andros*? Und rechnet nicht *Trochites* schon mit Längen, die ... (er malt sehr viele Buchstaben in den Sand) ... -mal kleiner sind als deine „kleinste Länge", verehrter *Orothermos*?
Diskutieren Sie mit!

● 13.4.2. Vorspiel im Himmel
Meph.: Da du, o Herr, dich wieder einmal nahst ...
Der Herr: Schon gut. Du willst nur wieder lamentieren, und alles, was du in der Schöpfung sahst, das taug' zu nichts, es sei denn, zum Krepieren. Versuch's: Ein Rädchen nimm aus dem Getriebe! Wenn du's vermagst, steig ich von diesem Thrönchen.
Meph.: So macht der Herr den Teufel selbst zum Diebe? Die Wette gilt: Klau ich ein Elektrönchen ...
Der Herr: ... und es bleibt *nichts* zurück, dann dank ich ab, und frei erklär ich meinen ganzen Stab.
Wie mag die Sache ausgehen? Man denke sich den Himmel und die „Schöpfung" als zwei völlig getrennte Welten, abgesehen davon, daß Mephistopheles dank diabolischer Transzendenz gelegentlich in unsere Welt hineinlangen kann. Die Erzengel Michael (gesprochen „Meikel"), Maxewell und Hertzelel sind Schiedsrichter.

●● 13.4.3. Eddingtons Spekulation
Die Unschärferelation ordnet jeder *maximalen* Ortsunbestimmtheit eine *nichtunterschreitbare* Impulsunschärfe zu. Nun kann man im Einstein-Weltall mit dem Radius R beim besten Willen keinen größeren Fehler in einer Ortsangabe machen als R. Das Weltall enthält etwa $N = 10^{80}$ Teilchen (vgl. Aufgabe 13.4.4). Wenn sie im Großen gesehen regellos verteilt sind ist der mittlere Fehler, den man bei der Angabe ihres Schwerpunkts ohne jede weitere Kenntnis macht, $R/\sqrt{N}$. (Wieso?). Dem entspricht ein gewisser kleinster Impulsbetrag, oder – mit c als typischer Geschwindigkeit – eine bestimmte Masse, die im Weltbau eine grundlegende Rolle spielen sollte. Welche Masse ist das?

●● 13.4.4. Eddington-Diracs Wunderzahl
Ein Argument (nicht das einzige) für die grundlegende Rolle der **Elementarlänge** $l_0 \approx 10^{-15}$ m ist folgendes: Die damals kleinste Länge l_0 paßt in die größte, den Einstein-Radius R, etwa 10^{40}mal. Ebensooft paßt auch die Elementarzeit $\tau_0 = l_0/c$ in das Alter der Welt, das experimentell als reziproke Hubble-Konstante gegeben ist (Abschn. 15.4.5). Eine ganz ähnliche Zahl findet man, wenn man die Coulomb-Kraft zwischen zwei Elementarteilchen mit der Gravitation zwischen ihnen vergleicht. Die mittlere Dichte im Weltall, soweit wir es übersehen, ist etwa 10^{-27} kg/m^3 (nachprüfen!). Damit ergibt sich einmal der Wert von R, zum anderen die Anzahl der Teilchen in der Welt zu etwa 10^{80}, dem Quadrat der obigen Wunderzahl! Prüfen Sie alle diese Übereinstimmungen nach. Wieviel daran ist

relativ trivial, was bleibt evtl. als Einblick in die Grundstruktur der Welt?

●● 13.4.5. Hat das Elektron eine richtige Masse?
Fassen Sie ein Elektron als Kugel vom Radius r mit der Ladung an der Oberfläche auf und nähern Sie diese Kugel als eine Spule mit einer einzigen Windung. Welche Induktivität ergibt sich? Welchen Strom repräsentiert das Elektron, wenn es mit v fliegt, in der Ebene, die es gerade durchtritt? Welche Spannung an den Enden der Spule wäre nötig, um eine Beschleunigung a herbeizuführen? Wie groß ist dann die Feldstärke innerhalb der Spule? Welche Kraft auf das Elektron bedeutet das? Welche „elektromagnetische Masse" hat also das Elektron? Wie groß muß r sein, damit die richtige Elektronenmasse herauskommt?

●● 13.4.6. Planck-Länge
Um irgendeine Messung in einem Raumbereich der Abmessung d auszuführen, braucht man ein materielles Objekt, am besten ein Teilchen, von dem man sagen kann, daß es in dem fraglichen Bereich ist. Damit man dies sagen kann, muß das Teilchen nach der Unschärferelation einen gewissen Minimalimpuls und eine Minimalenergie haben. Wie groß sind diese, speziell im Fall sehr kleiner Längen d, wo bestimmt der relativistische Energiesatz gilt? Welche Masse hat das Meßteilchen infolgedessen? Andererseits besitzt ein Teilchen gegebener Masse einen gewissen Gravitationsradius r_G mit folgender Bedeutung: Wenn das Teilchen so klein wäre wie r_G, würde es sich als Schwarzes Loch aus dem Universum abkapseln. r_G muß offenbar kleiner sein als die auszumessende Länge d. Wie klein sind demnach die kleinsten Bereiche, über deren Struktur man prinzipiell etwas aussagen könnte?

●● 13.4.7. Pion-Umwandlung
Analysieren Sie das Ereignis in Abb. 13.47 genauer. Zeigt die Winkelhalbierende der e^+e^--Gabel oben rechts wirklich genau auf den Knick (vgl. Abschn. 13.4.2)? In welche Richtung muß das andere Photon aus dem Zerfall $\pi^0 \to 2\gamma$ fliegen? Schätzen Sie die Energie des π^0.

●● 13.4.8. Myonzerfall
Warum kann das Elektron aus dem Zerfall $\mu^- \to e^- + \overline{\nu}_e + \nu_\mu$ nur maximal 53 MeV haben? Warum kann es beim üblichen β-Zerfall die volle Zerfallsenergie mitnehmen? Umgekehrt: Wenn man nur die Myon-Masse kennt (woher?) und diese Maximalenergie des Zerfallselektrons von 53 MeV mißt, was kann man über den Zerfallsmechanismus aussagen? Würde ein zusätzliches „unsichtbares" Teilchen energie- und impulsmäßig ausreichen? Wenn ja, warum nimmt man zwei an?

● 13.4.9. Myon-Atom
Schätzen Sie Bahnradien, Umlaufgeschwindigkeiten, Termenergien und Emissionsfrequenzen für Myon- und Kaon-Atome. Welches wäre z. B. die K_α-Röntgenenergie für Kaon-Uran? Würden Sie sich wundern, wenn die Bohrschen Werte nicht genau stimmten? Was könnte man aus evtl. Abweichungen schließen?

●● 13.4.10. Cowan-Reines-Versuch
Wieso erzeugt ein Kernreaktor so viele Antineutrinos, aber kaum Neutrinos? Wie viele Antineutrinos kommen z. B. aus einem 100 MW-Reaktor? Diskutieren Sie danach das Experiment von *Cowan* und *Reines* zum Nachweis des Antineutrinos aus der Reaktion $p + \overline{\nu}_e \to n + e^+$. Welche Kontrollen waren nötig, um andere Erklärungen auszuschließen?

●● 13.4.11. Graphit-Moderator
Durch eine dichte Graphitschicht kommen nur „eiskalte" Neutronen mit Energien unterhalb $1{,}8 \cdot 10^{-3}$ eV hindurch. Was hat das mit der Gitterkonstanten (in c-Richtung) von 3,4 A und der mikrokristallinen Struktur des Graphits zu tun?

●● 13.4.12. Einfangquerschnitt
Der **Einfangquerschnitt** von Neutronen durch Kerne nimmt mit der Neutronenenergie i. allg. wie $W^{-1/2}$ ab. Warum? Über diesen Abfall lagern sich steile Resonanzpeaks. Was bedeuten sie? H, Be, Cd haben große, D, C, O kleine Einfangquerschnitte für langsame Neutronen. Begründen Sie das und geben Sie Anwendungen an.

● 13.4.13. Sonnen-Neutrinos
Gibt es auf der Erde mehr Neutrinos oder Antineutrinos? Welche Teilchenart strahlt uns die Sonne zu und wie viele? Vergleichen Sie die Energie, die die Neutrinos und Antineutrinos aus einem Stern abführen, mit der normalen Strahlungsenergie. Diskutieren Sie das vermutliche Schicksal dieser Neutrinos.

● 13.4.14. Protonenzerfall
Kann sich z. B. das H-Atom zerstrahlen? Reichen die klassischen Erhaltungssätze für Energie, Impuls, Drehimpuls, Ladung aus, um die Paarbildung oder -vernichtung von $p + e^-$ auszuschließen?

● 13.4.15. Hyperonzerfall
Vergleichen Sie die folgenden Aussagen hinsichtlich ihrer empirisch oder theoretisch begründeten Sicherheit: „Es könnte sich im Prinzip jeden Morgen erweisen, daß die Sonne nicht mehr da ist. Das wird aber nie eintreten", und „Es könnte sich im Prinzip alle 10^{-23} s erweisen, daß dieses Hyperon nicht mehr da ist. Das wird aber nie eintreten".

●● 13.4.16. Speicherring (Abb. 13.66)

Diskutieren Sie den Stoß (a) eines 6 GeV-Elektrons mit einem ruhenden Positron, (b) eines 3 GeV-Elektrons mit einem Positron, das ihm mit gleicher Energie entgegenkommt. Wieweit stimmt der Vergleich mit dem Stoß eines Autos gegen eine Mauer bzw. gegen ein entgegenkommendes Auto qualitativ und quantitativ? Wie groß ist die Bremsenergie (zur Teilchenerzeugung verfügbare Energie) in den Fällen (a) und (b)? Wieviel schneller müßte das Elektron im Fall (a) sein, damit die gleiche Bremsenergie herauskommt wie im Fall (b)?

● 13.4.17. Ψ/J-Zerfall
Diskutieren Sie das Ereignis in Abb. 13.50 genauer. Lesen Sie spe-

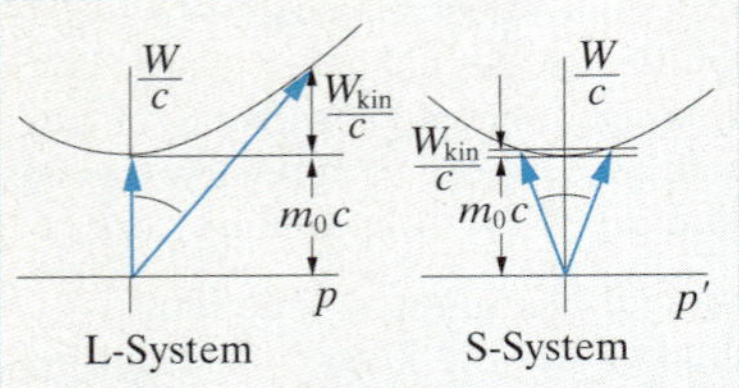

Abb. 13.66. Stoß eines schnellen Teilchens mit einem gleichartigen, im Laborsystem ruhenden Teilchen. Im Schwerpunktsystem ist die verfügbare Energie W'_{kin} viel geringer. Das liegt an der relativistischen Transformation des (zeitartigen) Impuls-Vierervektors (p_1, p_2, p_3, $\mathrm{i}W/c$). Das i hat dramatische geometrische Wirkung: In den Koordinaten $\mathrm{i}W/c, p$ rotiert der Endpunkt des Vektors auf einem Kreis, in den Koordinaten $W/c, p$ auf einer Hyperbel

ziell die Lebensdauer des erzeugten Teilchens ab (Maßstab beachten!). Wie mögen die eingezeichneten Fehlergrenzen der Meßpunkte zustandekommen? Warum sind sie auf dem Peakgipfel so viel kleiner? Warum laden die entsprechenden Balken z. T. nach unten stärker aus?

●● 13.4.18. Ein Zerfall oder zwei?
Bei einer Granate (A) sitzt die Sprengladung in einem Mantel, der aus drei Teilstücken (a, b, c) lose zusammengeschweißt ist, so daß sie bei der Detonation auseinanderfliegen, jedes aber intakt bleibt und seine Energie gemessen werden kann. Bei einem anderen Typ (B) bleiben zwei Teilstücke (b, c) zunächst zusammen, bis sie etwas später durch eine weitere Explosivladung ebenfalls getrennt werden. Man mißt die Energien der Stücke bei sehr vielen Explosionen. Kann man daraus feststellen, ob es sich um Typ A oder B handelt? Stört es dabei, wenn man nur das Stück a verfolgen kann?

●● 13.4.19. Negative Ruhmasse
Wie kann man behaupten, das Quark sei schwerer als das Nukleon, wenn doch das Nukleon (und sogar das noch viel leichtere Pion) aus mehreren Quarks bestehen soll? Vergleichen Sie mit der Situation im Kern. Was ist eigentlich Fusionsenergie? Wäre es energetisch aufwendiger, ein Quark-Antiquark aus dem Nichts zu machen, als ein Pion in seine Bestandteile (Quark–Antiquark) aufzubrechen?

●● 13.4.20. Asinon
Gibt es einen physikalisch einigermaßen sinnvollen Weg, wie ein Teilchen mit negativer Masse entstehen könnte? Wie verhielte sich ein solches Teilchen, wenn eine Kraft darauf wirkt? Welche Gravitationskraft würde zwischen einem solchen Teilchen und einem normalen, bzw. zwischen zwei solchen Teilchen wirken? Wie würden die Teilchen auf diese Kräfte reagieren?

●● 13.4.21. Tachyon
Wie würde sich ein Teilchen mit imaginärer *Ruh*masse, ein **Tachyon**, verhalten, wenn man verlangt, daß es eine normale (reelle) Energie haben soll? Stichwort: Tscherenkow-Strahlung. Aus der Relativitätstheorie brauchen Sie, außer $W = mc^2$, nur die Geschwindigkeitsabhängigkeit der Masse: $m = m_0/\sqrt{1 - v^2/c^2}$.

●● 13.4.22. Back in time
Richard Feynman erzählt in seinem Nobelvortrag, wie er auf seine Graphenmethode kam: Eines Tages rief mich mein Physikprofessor *John Archibald Wheeler* an: „He, Feynman, ich weiß jetzt, warum alle Elektronen so exakt identisch sind!" – „Nämlich ...?" – „Es ist immer dasselbe Elektron! Es gibt überhaupt nur eins!" – „Und warum denken wir, es gibt 10^{80} oder so?" – „Ganz einfach: Es rennt furchtbar oft zeitlich im Zickzack. Jedesmal wenn es von der Vergangenheit her wieder durch die Gegenwart kommt, denken wir, es ist ein neues Elektron ..." – „... und wenn es aus der Zukunft kommt, denken wir, es ist ein Positron?" – „Bravo, machen Sie 'ne Theorie draus!" – Zeichnen Sie den graphischen Fahrplan. Kann man Paarbildung und -vernichtung darstellen? Warum ist dabei mindestens ein Photon beteiligt? Wo liegen die Schwierigkeiten? Ist es vernünftig anzunehmen, daß ein Elektron, für das die Zeit rückwärts läuft, sich wie ein Positron verhält?

●● 13.4.23. Quark confinement
Wenn Teilchen, z. B. Quarks, in einem Bereich vom Radius r (z. B. Nukleonenradius) eingesperrt sind, müssen sie einen bestimmten Mindestimpuls und eine Mindestenergie haben. Damit sie mit dieser kinetischen Energie nicht auseinanderfliegen, muß eine Kraft da sein, die sie auf eben diesen Abstand r abbremst und zur Umkehr zwingt. Schätzen Sie diese Kraft unter der Annahme, daß sie unabhängig vom Abstand vom Zentrum oder von einem anderen Teilchen ist. Drücken Sie diese Kraft durch die Naturkonstanten h, c m_{H} aus. Hätte man das Ergebnis auch aus einer einfachen Dimensionsbetrachtung voraussehen können? Schätzen Sie auch den Druck und die Schallgeschwindigkeit in einem solchen System.

●● 13.4.24. Bohr-Modell für Quarks
Behandeln Sie die möglichen Drehimpulszustände eines Zweiquark-Systems (Mesons) in Anlehnung an das Bohr-Modell mit einer abstandsunabhängigen Kraft F_0 zwischen den Quarks. Prüfen Sie dabei, ob die Quarks relativistische Geschwindigkeiten haben oder nicht. Wenn ja, beachten Sie den Zusammenhang zwischen Masse und Energie. Stellen Sie so ein **Massenspektrum** der Teilchen auf und vergleichen Sie mit den gemessenen Werten für Mesonen und Meson-Resonanzen:

Tabelle 13.11. Einige Mesonen und Mesonen-Resonanzen mit ihrer Ruheenergie (in GeV)

π^+	0,14	ϱ^+	0,77
B^+	1,23	A_2^+	1,31
A_3	1,64	g^+	1,69
K^-	0,44	$\overline{K}^{-*}$	0,89
Q^-	1,3	K^{-**}	1,42
L^-	1,77	K^{-***}	1,78

●● 13.4.25. Dipolkräfte I
Vergleichen Sie nochmals die Massenwerte der Tabelle in der vorigen Aufgabe, diesmal in waagerechter Richtung. Ist das Verhalten der Massendifferenzen zwischen nebeneinanderstehenden Teilchen verträglich mit der Annahme, die linken Zustände seien solche mit antiparallelen Spins der beiden Quarks, die rechten mit parallelen Spins? Vergleichen Sie mit entsprechenden Elektronenzuständen im Atom und schätzen Sie die magnetischen Wechselwirkungsenergien zwischen den rotierenden Ladungen. Wie müßte die Abstandsabhängigkeit der „starken magnetischen Dipolenergie" sein? Ist diese Abhängigkeit vergleichbar mit dem elektrischen Fall? Beachten Sie dabei auch die Vorzeichen der Ladung, die hier wesentlich ist, nämlich der „Farbe".

●● 13.4.26. Dipolkräfte II
Elektronen, Nukleonen oder Quarks müssen je nach der Einstellung ihrer Spins, d. h. ihrer magnetischen Momente zueinander dem Gesamtsystem verschiedene Energien verleihen. Schätzen Sie die Größenordnungen dieser Energieunterschiede und ihre Auswirkungen. Sie verstehen dann manches, von der 21 cm-Linie des H-Atoms bis (annähernd) zum Massenunterschied zwischen den Mitgliedern eines Elementarteilchen-Multipletts, z. B. zwischen Proton und Neutron.

●● 13.4.27. Hyperonzerfall
Hier sind die Zerfallsmöglichkeiten einiger Hyperonen mit deren Lebensdauern:

$$\Sigma^-(1{,}5\cdot10^{-10}\,\mathrm{s})\to \mathrm{n}+\pi^-$$

$$\Sigma^+(0{,}8\cdot10^{-10}\,\mathrm{s})\begin{cases}\mathrm{p}+\pi^0\\ \mathrm{n}+\pi^+\end{cases}$$

$$\Xi^0(3\cdot10^{-10}\,\mathrm{s})\to \Lambda+\pi^0$$

$$\Xi^-(1{,}7\cdot10^{-10}\,\mathrm{s})\to \Lambda+\pi^-\,.$$

Erklären Sie diese Unterschiede zwischen den sonst so ähnlichen Mitgliedern eines Multipletts und zwischen den verschiedenen Multipletts.

●● 13.4.28. Wieviele Quarks gibt es?
Bei energiereichen Elektron-Positron-Stößen entstehen Myonen und Hadronen. Welches Verhältnis zwischen den Erzeugungsraten dieser beiden Teilchensorten erwartet man in den verschiedenen Energiebereichen?

●● 13.4.29. Monopol-Kräfte
Eine elektrische (e) und eine magnetische Elementarladung (p) liegen im Abstand d voneinander. Wie sieht das Gesamtfeld aus? Bestimmen Sie besonders seine Energiestromdichte (Poynting-Vektor $\boldsymbol{S}$) und seine Impulsdichte $\boldsymbol{g}=c^{-2}\boldsymbol{S}$ (Begründung?). Wie sieht das $\boldsymbol{g}$-Feld aus? Kann man ihm einen Gesamtdrehimpuls $\boldsymbol{L}$ zuordnen und welchen? Wie hängt $\boldsymbol{L}$ von r ab? Alle Drehimpulse müssen gequantelt sein. Was folgt daraus über die zulässigen Größen von e und p? Wenn das System wirklich einen Drehimpuls hat, müßte es doch z. B. auf eine Kraft senkrecht zur Verbindungslinie wie ein Kreisel reagieren, nämlich präzedieren, d. h. nicht kippen, sondern seitlich ausweichen. Tut das System das, und mit welcher Präzessionsfrequenz? Entspricht das den Kreiselgesetzen?

●● 13.4.30. War es ein Monopol?
In einem Stratosphärenballon in 40 km Höhe über Sioux City (Iowa) wurde ein Sandwich-Zähler aus mehreren durchsichtigen Plastikschichten (Lexan, insgesamt 8 mm) und Kernemulsionen der kosmischen Strahlung ausgesetzt. Eine einzige Spur zeichnete sich aus durch (1) sehr große Dicke (hohe Ionisierungsdichte), (2) sehr schwache Bremsung, (3) Fehlen von Tscherenkow-Strahlung. Die Brechzahl von Lexan ist $n\approx1{,}5$.

●● 13.4.31. Neutrino-Oszillation
Ob und wie ein Neutrino sich in ein anderes verwandeln kann, versteht man annähernd aus der Unschärferelation. Wie genau ist der Impuls eines Teilchens festgelegt, von dem man weiß, daß es aus einer um x entfernten Quelle stammt? Wie kann sich das für ein Elektron auswirken, dessen Identität durch strenge Erhaltungssätze, u. a. für die Ladung, gesichert ist, und wie bei einem Teilchen, das seiner Identität nicht so sicher ist? Beachten Sie den relativistischen Energiesatz und die Größenordnung der evtl. Ruhmasse der Neutrinos.

● 13.5.1. K. o. durch ein Proton?
Suga u. a. fanden für einen kosmischen Schauer, der aus einem einzigen Primärteilchen stammte, eine Energie von $4\cdot10^{21}$ eV. Drücken Sie diese Energie in anderen Einheiten aus; vergleichen Sie z. B. mit einem Vorschlaghammerschlag.

●● 13.5.2. Solarer Beschleuniger
Besonders große **Sonnenflecken** erreichen Durchmesser von 50 000 km. In ihnen herrschen Magnetfelder bis 0,3 T. Große Flecken entstehen und vergehen in ca. 100 Tagen. Welche Energien kann ein solches Betatron geladenen Teilchen vermitteln?

●● 13.5.3. Tiefsee-Myonen
Schätzen Sie die Energie kosmischer Teilchen oder Photonen aus ihrer Reichweite. Welche Komponente wird man in 4 000 m Wassertiefe noch finden?

● 13.5.4. Maximalenergie
Drücken Sie die Maximalenergien kosmischer Teilchen in makroskopischen Einheiten aus. Wie groß ist ihre Masse, auf wieviel sind sie lorentz-abgeflacht, um wieviel weicht ihre Geschwindigkeit noch von c ab (im Erdsystem gemessen); wie lange brauchen sie, um die Galaxis zu durchqueren (in ihrem eigenen System gemessen)?

● 13.5.5. Raumanzug
Vergleichen Sie die Reichweiten der wichtigsten Teilchen im Strahlungsgürtel der Erde, nämlich 0,78 MeV-Elektronen und 150 MeV-Protonen. Wenn der äußere Strahlungsgürtel nur Elektronen von höchstens 1 MeV enthält, welche Abschirmung müßte man für einen Raumfahrer vorsehen, der die Erde in der Äquatorebene verlassen soll? Benutzen Sie die Daten von Abb. 13.35 und vernünftige Werte für Raketengeschwindigkeiten.

●● **13.5.6. Strahlungsgürtel**
Man zählt im **van Allen-Gürtel** einen Fluß schneller Protonen (> 100 MeV) von etwa $10^8\,\mathrm{m^{-2}\,s^{-1}}$. Wie macht man das? Prüfen Sie die Angaben über Durchdringungsvermögen und Dosis in Abschn. 13.5.3 nach. Wie groß ist die Teilchenzahldichte der schnellen Protonen? Versuchen Sie die Lebensdauer der Gürtel-Protonen zu schätzen. Wie groß muß die Nachlieferung sein? Diskutieren Sie die astronautischen Konsequenzen der Existenz der Strahlungsgürtel.

● **13.5.7. Kosmische Schauer**
Warum bilden kosmische Primärteilchen ganze **Schauer** von Sekundärteilchen, warum kommt z. B. bei radioaktiven α-Teilchen nichts Entsprechendes vor?

● **13.5.8. Unser Strahlungsschirm**
Bis zu welchen Energien unterliegen die kosmischen Teilchen dem **Breiteneffekt**, d. h. kommen nur in den Polarzonen an? Diskutieren Sie die Bahn eines Teilchens, das weit draußen vom Erdmagnetfeld eingefangen wird. Welcher Larmor-Radius ist als Grenze zwischen „Einfang" und „Freiheit" anzusetzen? Das galaktische Magnetfeld hat etwa $5\cdot 10^{-10}$ Tesla. Kann die Galaxis alle kosmischen Teilchen magnetisch speichern? Es handelt sich in allen Fällen um relativistische Teilchen. An den Formeln für die Larmor-Präzession ändert sich nur, daß die Masse geschwindigkeitsabhängig wird.

● **13.5.9. Energien im Weltall**
Vergleichen Sie die Gesamtenergiedichte der kosmischen Strahlung mit anderen Energiedichten, z. B. der der thermischen Strahlungsenergie (abgesehen vom lokalen Effekt der Sonne), der kinetischen Energie der Materie, der Energiedichte des galaktischen Magnetfeldes, der inter- und intrastellaren Gravitationsenergie.

● **13.5.10. Aufladung**
Nach Abschn. 13.5.1 fällt auf $1\,\mathrm{cm^2}$ Erdoberfläche in der Sekunde im Mittel annähernd ein kosmisches Primärproton auf. Wie schnell lädt sich dadurch die Erde auf, wie steigt ihr Potential an? Kann es so hoch steigen, daß keine kosmischen Teilchen mehr durchkommen? Wenn nein, warum nicht?

●● **13.5.11. Space tennis**
Ein Magnet mit seinem homogenen Feld bewegt sich nach rechts. Von dort kommt ihm ein geladenes Teilchen entgegen, dringt ein Stück in das Magnetfeld ein und verläßt es wieder. Mit welcher Geschwindigkeit und Energie tut es das? Überlegen Sie im Bezugssystem des Magneten und im „Laborsystem". Wie ist die Lage, wenn der Magnet auch nach links fliegt?

●● **13.5.12. Fermi-Beschleuniger**
Nach *Fermi* könnten kosmische Teilchen durch bewegte interstellare Gaswolken, die Magnetfelder enthalten, auf sehr hohe Energien beschleunigt worden sein. Ist diese Hypothese sinnvoll?

14

Festkörperphysik

Inhalt

Walter Schottky (*rechts*) mit *Max v. Laue*

„Die Zeit des unbedenklichen Wirtschaftens mit den Energiequellen und Stofflagern, die uns die Natur zur Verfügung gestellt hat, wird wahrscheinlich schon für unsere Kinder nur noch die Bedeutung einer vergangenen Wirtschaftsepoche haben."

W. Schottky, Thermodynamik, 1929

Einleitung

Noch vor wenigen Jahrzehnten verstand man eigentlich nichts von dem, was für unser praktisches Leben am wichtigsten ist, nämlich vom Verhalten fester und flüssiger Stoffe. Diese Dinge sind nach der klassischen, nichtquantentheoretischen Physik nicht zu begreifen.

Man muß allerdings zugeben, daß auch die modernste Physik noch nicht richtig versteht, warum Masse und Ladung immer in so sauberen „Quanten", Teilchen genannt, abgepackt sind. Nimmt man aber die Teilchen, besonders Proton, Elektron und Neutron, als gegeben hin, dann ist die klassische Physik grundsätzlich nicht imstande, daraus irgendetwas Geformtes und Haltbares zu bauen. In einer „klassischen" Welt gäbe es nicht einmal Atome. Protonen und Elektronen würden sofort ineinanderstürzen. Es gäbe auch keine Moleküle, denn auch aus mehreren Kernen und Elektronen könnte man kein stabiles System aufbauen. Da Atome und Moleküle während der beschränkten Zeit ihrer Existenz keine definierten Abmessungen hätten, würden sie auch im Festkörper keine definierten Abstände einhalten. Die Kräfte, die den Festkörper zusammenhalten und seine mechanischen Eigenschaften bedingen, blieben so gut wie völlig im Dunkeln. Die Welt der klassischen Physik wäre formlos. Es gäbe bestenfalls mehr oder weniger dichte Gase. Feste Abstände, Form, Gestalt kommen erst durch die Quantengesetze zustande.

Selbst wenn man der klassischen Physik das Zusatzprinzip einräumt, daß Elektronen von Kernen und Atome untereinander gewisse feste Abstände einhalten und daß gewisse Kraftgesetze zwischen ihnen herrschen, kommen die meisten Eigenschaften der Festkörper immer noch falsch heraus. Man hat z. B. das Verhalten der Metalle schon sehr früh qualitativ dadurch erklärt, daß sie viele freie Elektronen (ungefähr eines pro Atom), eingebettet in ein Grundgitter aus Rumpfionen, enthalten. Wie es diese Elektronen aber fertigbringen, sich so leicht durch das Gitter positiver Ladungen zu schieben, war nicht einzusehen. Ein „klassischer" Kupferdraht würde nicht besser leiten als ▶

Kohle. Außerdem müßten die Elektronen als freie Teilchen etwa ebensoviel zur spezifischen Wärme beitragen wie die Rumpfionen, d. h. man müßte den doppelten Dulong-Petit-Wert messen, was durchaus falsch ist.

Magnetische Werkstoffe gäbe es in einer klassischen Welt auch nicht. Ein klassisches System im thermischen Gleichgewicht kann grundsätzlich im äußeren Magnetfeld kein magnetisches Moment annehmen (sofern es z. B. durch feste Wände am Rotieren gehindert wird). Der Grund liegt einfach darin, daß ein Magnetfeld B keine Arbeit auf Ladungen leistet, denn die Lorentz-Kraft steht immer senkrecht zur Geschwindigkeit. Ein Magnetfeld beeinflußt also die Lage der möglichen Energiezustände der Teilchen und des Gesamtsystems nicht. Die Verteilung der Teilchen über die möglichen Zustände hängt aber nach *Boltzmann* nur von den Energien dieser Zustände ab. Wenn B diese Energien nicht beeinflußt, kann es auch den Gesamtzustand des Systems nicht ändern. Dem steht scheinbar die Tatsache entgegen, daß jedes Atom im Magnetfeld rotieren muß und damit ein diamagnetisches Moment annimmt. Aber es gibt ja eben im Gleichgewicht gar keine Atome, bei denen Elektronen stabil um Kerne fliegen. Nimmt man die klassische Physik wirklich ernst, dann gibt es im thermischen Gleichgewicht keine Magnetisierung. Der Magnetismus der Materie ist ein reiner Quanteneffekt.

Ohne Quantenphysik keine Festkörperphysik. Mit wenigen quantenmechanischen Tatsachen kommt man aber schon sehr weit. Jedes Teilchen mit der Energie W und dem Impuls p verhält sich wie eine Welle mit der Frequenz $\nu = W/h$ und der Wellenlänge $\lambda = h/p$. Umgekehrt sind auch jedem Wellenvorgang Teilchen zugeordnet, die Quanten des Wellenfeldes. Aus der Wellennatur der Teilchen folgen sofort die Unschärferelationen $\Delta x \, \Delta p \approx h$, $\Delta W \, \Delta t \approx h$. Diese geringen Mittel richtig eingesetzt, werden uns bis zum Josephson-Effekt führen.

14.1 Kristallgitter

Der typische Festkörper hat Kristallstruktur, d. h. eine regelmäßige Anordnung seiner atomaren Bausteine. Unter den Ausnahmen von diesem Satz, den **amorphen Stoffen**, sind z. B. die **Gläser**. Ihre Eigenschaften weichen so vom üblichen Festkörperverhalten ab, daß man sie als **unterkühlte Flüssigkeiten** bezeichnet hat: Ihre Viskosität ist zwar groß, aber endlich, sie fließen also, wenn auch langsam. Sie haben keinen definierten Schmelzpunkt, sondern gehen allmählich in den echten flüssigen Zustand über. Wir werden uns nur gelegentlich (z. B. in Abschn. 14.4.4) mit amorphen Stoffen beschäftigen. Im Mittelpunkt stehen der Bau und die Eigenschaften der Kristallgitter.

Tabelle 14.1. Aggregatzustände

Zustand	fest		flüssig		gasförmig		Suprafluid
	ideal	real	real	ideal	real	ideal	
Beispiel	Diamant	Plexiglas	Glyzerin	Ether	kl. T, gr. p	gr. T, kl. p	He II (< 2,18 K)
Dichte kg m^{-3}	3 520	1 160–1 200	1 260	800	bis 100	≈ 1	125
Kompressionsmodul N m^{-2}	$5{,}8 \cdot 10^{11}$	$\sim 10^{11}$	10^{11}	10^{10}	bis 0	$\sim$ Druck	
Schubmodul N m^{-2}	$3{,}5 \cdot 10^{11}$	$1{,}5 \cdot 10^{10}$	0	0	0	0	
Viskosität N m^{-2} s	–	$> 10^{8}$*	1,5*	$2 \cdot 10^{-4}$*		$\approx 10^{-5}$*	$< 10^{-8}$
Oberflächenspannung N m^{-1}	–	–	0,066 gegen Luft	0,017	0	0	

* Bei Zimmertemperatur

14.1.1 Dichteste Kugelpackungen

Die wichtigsten Kristallstrukturen lassen sich auf zwei ganz einfache Grundstrukturen zurückführen: Die **kubisch-flächenzentrierte** und die **hexagonal dichteste Kugelpackung**.

Man werfe eine Handvoll Kugeln gleicher Größe in eine Schachtel, so daß der Boden zunächst nur teilweise bedeckt ist und kippe die Schachtel leicht an. Die Kugeln haben die Tendenz, sich regelmäßig anzuordnen, offenbar weil dann die potentielle Energie minimal, also die Packung möglichst dicht ist. In dieser Anordnung wird jede Kugel, die nicht am Rand liegt, von sechs anderen berührt. Jedes Loch, durch das man den Boden durchschimmern sieht, ist von drei Kugeln begrenzt. Da andererseits jede Kugel sechs solche Löcher um sich hat, gibt es doppelt so viele Löcher wie Kugeln.

Tut man mehr Kugeln hinein, wird die Anordnung dreidimensional. Man muß Schichten wie die eben beschriebene übereinanderstapeln. Jede Kugel der zweiten Schicht sucht ein Loch in der ersten abzudecken und berührt also drei Kugeln der ersten Schicht. Offenbar kann man so nur jedes zweite Loch der ersten Schicht abdecken, denn es gibt in dieser doppelt so viele Löcher wie Kugeln. Auch durch zwei Schichten schimmert also noch Boden durch, aber nur noch an ebenso vielen Stellen, wie Kugeln in jeder Schicht sind. Dementsprechend zerfallen die Hohlräume zwischen den Kugeln jetzt in zwei Gruppen: Aus den abgedeckten Löchern sind Hohlräume geworden, an die vier Kugeln als regelmäßiges Tetraeder angrenzen (**Tetraederlücken**). Die nichtabgedeckten Löcher werden von sechs gleichwertigen Kugeln begrenzt, drei in jeder Schicht. Es sind **Oktaederlücken** (ein Oktaeder hat sechs Ecken). Beim Weiterbau werden sie sich entweder als *c-axiale Kanäle* aneinanderreihen oder durch zwei Deckkugeln abschließen.

Es gibt nämlich zwei Möglichkeiten, die *dritte* Schicht anzulegen. Deren Kugeln können alle die Löcher zudecken, durch die der Boden noch durchschimmert. Solche Löcher sind ja gerade in richtiger Anzahl vorhanden. Hält man dieses Prinzip aufrecht, muß man logischerweise bei der Schicht, die *unter* der ersten anzubringen wäre, ebenso verfahren. Wir wer-

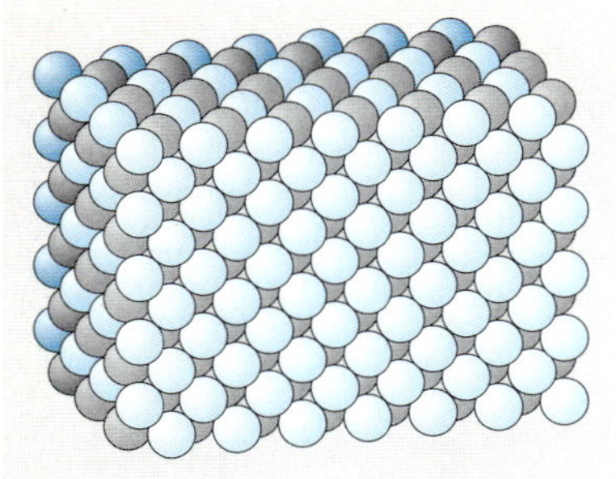

Abb. 14.1. Kubisch-flächenzentrierte Kugelpackung, raumfüllend dargestellt. Vorn sieht man eine (110)-Ebene; die noch enger liegenden Kugelreihen, die schräg über die obere Fläche laufen, gehören zu den schräg stehenden (111)-Ebenen

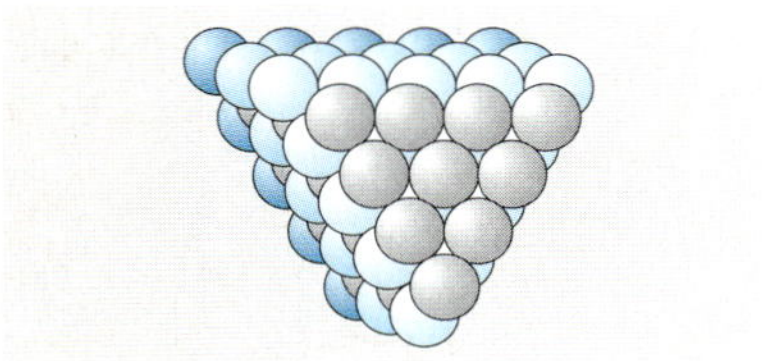

Abb. 14.2. Hexagonal-dichte Kugelpackung, raumfüllend dargestellt. Man schaut fast in Richtung der c-Achse. Zwischen je zwei Schichten, die hier 15 Kugeln enthalten, liegen Schichten wie die vorderste mit 10 Kugeln

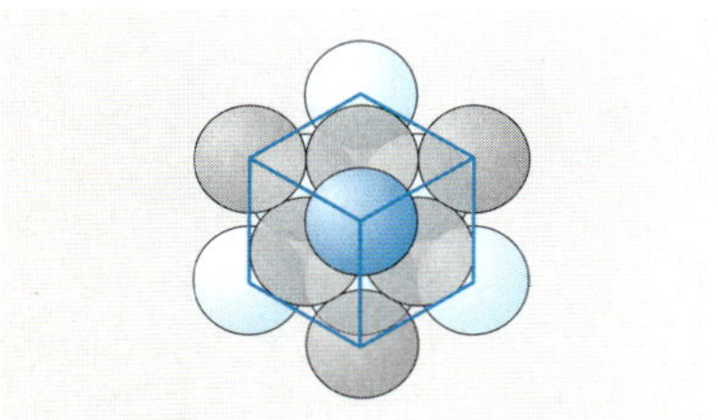

Abb. 14.3. Der Elementarwürfel der kubisch-flächenzentrierten Kugelpackung, in (111)-Richtung gesehen. Die Kugeln sind durchsichtig dargestellt. Von *vorn* nach *hinten* folgen Schichten mit einer *blauen*, sechs *grauen*, sechs *blauen*, einer *grauen Kugel* aufeinander

den gleich nachweisen, daß das so entstandene Gitter als *kubisch flächenzentriert* beschrieben werden kann. Man kann aber auch anders weiterbauen, nämlich in der dritten Schicht vermeiden, die Bodensicht abzudecken. Plätze sind dazu genügend vorhanden: Man legt jede Kugel der dritten Schicht genau über eine der ersten. Setzt man dieses Prinzip in allen weiteren Schichten fort, dann bleiben Kanäle offen, und zwar in gleicher Anzahl, wie Kugeln in jeder Schicht sind. Solche Kanäle gibt es nur in *einer* Richtung, unserer ursprünglichen Bauvertikalen. In allen anderen Richtungen kann man nicht durch die Packung hindurchschauen. Diese Packung, die genauso dicht ist wie die kubisch flächenzentrierte, heißt *hexagonal dicht*, die Kanalrichtung ist ihre **c-Achse**. Um diese Achse herrscht offenbar dreizählige Symmetrie. In beiden Packungen hat jede Kugel zwölf nächste Nachbarn.

Die kubisch flächenzentrierte Packung hat keine Einzelrichtung, die ausgezeichnet wäre, und überhaupt keine Richtung, in der man hindurchschauen könnte. Daß sie ihren Namen verdient, d. h. aus einem Elementarwürfel entstanden gedacht werden kann, an dessen Ecken und in dessen Flächenmitten Teilchen sitzen, sieht man am besten, wenn man einen solchen Würfel auf die Spitze stellt. Er wirft, genau von oben beleuchtet, einen regulär sechseckigen Schatten: Würfelform und dreizählige Symmetrie sind vereinbar. Die 14 Kugeln des Würfels (acht an den Ecken, sechs in den Flächenmitten) fallen in vier verschiedene Schichten (Abb. 14.3). Man sollte trotz dieser Darstellungsweise mittels des Elementarwürfels nicht vergessen, daß alle Kugeln im kubisch-flächenzentrierten Gitter gleichwertig sind: Jede Flächenmitte kann auch als Ecke eines anderen Würfels aufgefaßt werden, in dem dann die bisherigen Ecken z. T. die Rolle der Flächenmitten übernehmen.

Da diese Packung aus Würfeln besteht, hat sie deren Symmetrie, d. h. drei zueinander senkrechte gleichwertige Achsen. Man könnte als Achsen die drei Raumdiagonalen nehmen und hat dann dreizählige Symmetrie um jede. Üblicherweise nimmt man aber die Würfel*kanten* als Achsen. Unsere ursprünglichen dichtest gepackten Schichten liegen so, daß sie von jeder dieser Achsen das gleiche Stück abschneiden, m. a. W., ihr Normalvektor hat drei gleichgroße Komponenten in diesen Achsen. Diese Schichten heißen daher 111-Ebenen (Komponenten des Normalvektors oder reziproke Achsabschnitte auf kleinste ganzzahlige Werte reduziert: **Miller-** oder **Laue-Indizes**). In den 111-Ebenen liegen die Kugeln maximal dicht gepackt, wie aus ihrer Entstehungsweise hervorgeht. Die Würfelflächen sind als 100- bzw. 010- bzw. 001-Ebenen zu bezeichnen (die 1 bedeutet die Achse, zu der die Ebene senkrecht steht). Diese Ebenen sind nicht so dicht besetzt; zwischen den vier Kugeln, z. B. den Würfelecken, die eine andere (die Flächenmitte) berühren, bleiben Lücken (Oktaederlükken). Man sieht daraus, daß es ebenso viele Oktaederlücken gibt wie Kugeln. Andere Ebenen wie z. B. 110 (senkrecht zur Flächendiagonale) sind i. allg. noch lockerer besetzt. Wir sprechen natürlich nur von der Besetzung mit Kugel*mittelpunkten*; daß in lockerer besetzte Ebenen i. allg. noch Kugeln mit ihren äußeren Teilen hineinragen, ist klar. Die Teilchendichte auf einer Ebene bestimmt direkt die Häufigkeit, mit der sich solche Flächen

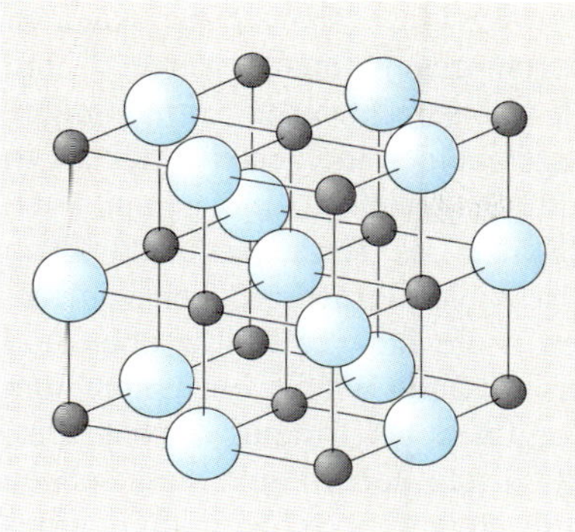

Abb. 14.4. **NaCl-Struktur**. Beide Teilgitter kubisch-flächenzentriert. Jede *schwarze Kugel* ist oktaedrisch von sechs *blauen* umgeben und umgekehrt. Wenn Na- und Cl-Gitterpunkte mit dem gleichen Teilchen besetzt sind, entsteht das **einfach-kubische Gitter**

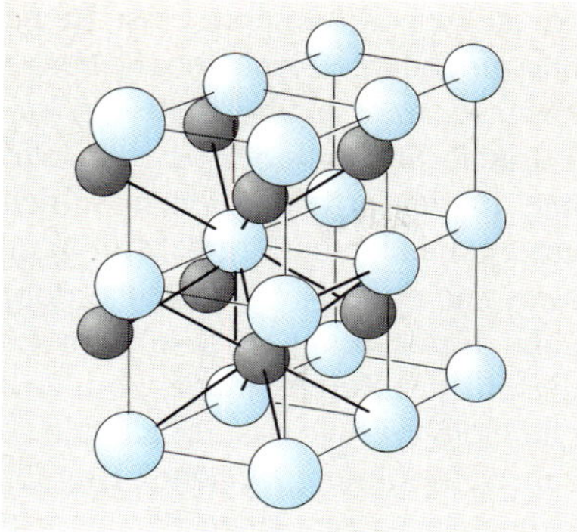

Abb. 14.5. **CsCl-Struktur**. Beide Teilgitter einfach-kubisch. Jede *schwarze Kugel* ist von acht *blauen* umgeben und umgekehrt. Wenn Cs- und Cl-Gitterpunkte mit den gleichen Teilchen besetzt sind, entsteht eines der häufigsten Metallgitter, das **kubisch-raumzentrierte**

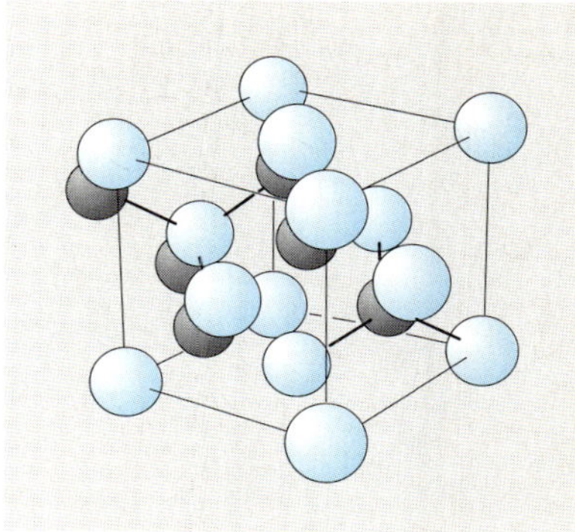

Abb. 14.6. **Sphalerit-Struktur**. Beispiel: ZnS (Zinkblende). Die S allein ergeben die kubisch dichte Packung, ebenso die Zn. Jede *schwarze Kugel* ist tetraedrisch von vier *blauen* umgeben und umgekehrt. Wenn S- und Zn-Gitterpunkte mit den gleichen Teilchen besetzt sind, entsteht das **Diamantgitter**

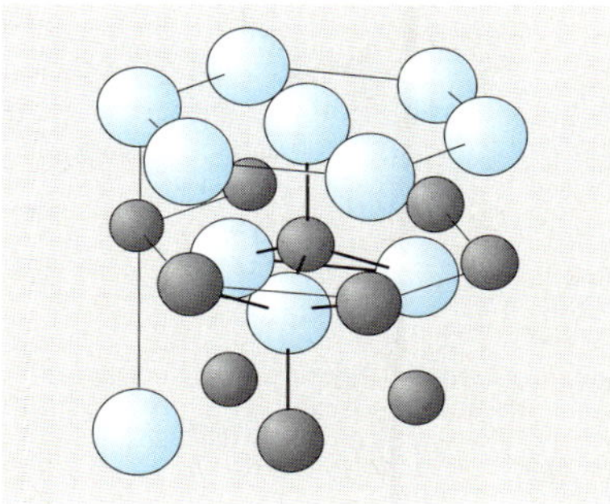

Abb. 14.7. **Wurtzit-Struktur**. Beispiel: ZnS. Die S allein ergeben die hexagonal dichte Packung, ebenso die Zn. Jede *schwarze Kugel* ist tetraedrisch von vier *blauen* umgeben und umgekehrt. Wenn S- und Zn-Gitterpunkte mit den gleichen Teilchen besetzt sind, entsteht das **Eisgitter**

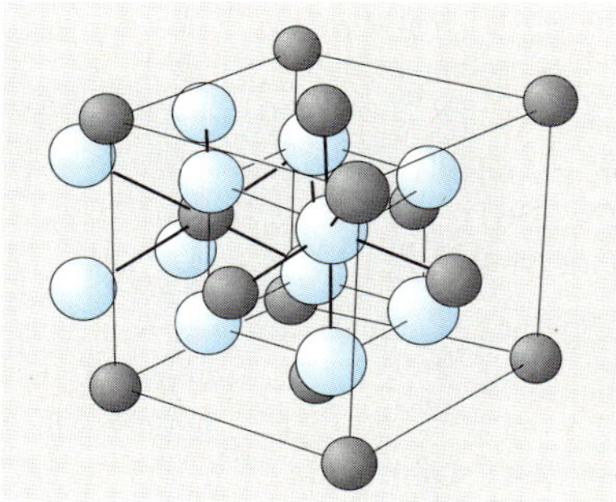

Abb. 14.8. **Flußspatgitter** (CaF_2) Ca: kubisch-flächenzentriert, F: einfach-kubisch. Jedes F hat vier Ca um sich, jedes Ca acht F

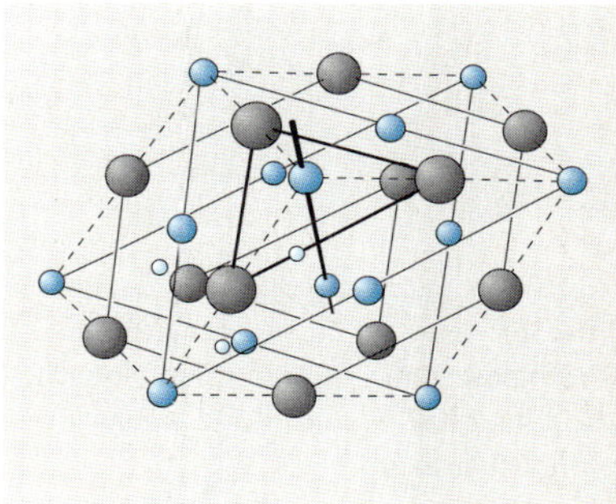

Abb. 14.9. **Kalkspatgitter**. ● C, ● Ca, ● O. Die O-Atome sind nur um eines der C eingezeichnet

beim Kristallwachstum ausbilden (vgl. Abschn. 14.1.7), aber auch die Intensität der Bragg-Reflexionen in der Röntgenbeugung des Kristalls (vgl. Abschn. 14.1.3).

Für den Aufbau komplizierter Gitter sind besonders die Hohlräume zwischen den Kugeln wichtig. In sie können sich nämlichTeilchen einer anderen Art einlagern. Welche Hohlräume dabei bevorzugt werden, hängt von der Anzahl und der Größe dieser anderen Teilchen ab. Oktaederlücken sind größer; sie existieren in beiden dichtesten Packungen in derselben

In Abb. 14.4–14.9 sind die Radien der Ionen im richtigen Verhältnis zueinander dargestellt, nicht aber im richtigen Verhältnis zur Gitterkonstanten. Diese ist 2,5mal zu groß. Ungleichartige Ionen berühren einander und erschweren damit die Übersicht (vgl. Abb. 14.1–14.3). Alle Abbildungen bis auf Abb. 14.9 ($CaCO_3$) haben den gleichen Maßstab. Für $CaCO_3$ gilt auch ein anderer Farbcode. Sonst: *blaue Kugeln* Anionen, *schwarze Kugeln* Kationen (Metall)

Anzahl wie die Kugeln selbst. Im hexagonalen Gitter sind sie zu c-Kanälen übereinandergetürmt, im flächenzentrierten gegeneinander versetzt, und zwar so, daß sie ihrerseits ein kubisch flächenzentriertes Gitter bilden. Tetraederlücken sind kleiner. Jede Kugel beider dichtesten Packungen hat, in der ursprünglichen Schichtrichtung gesehen, eine genau über, eine genau unter ihrem Mittelpunkt (Spitze des Tetraeders nach unten bzw. nach oben). Es gibt also doppelt so viele Tetraederlücken wie Kugeln. Beide Arten von solchen Lücken – die mit der Spitze oben und die mit der Spitze unten – bilden ihrerseits auch wieder ein Gitter vom gleichen Typ wie das der Kugeln. Das ergibt sich sofort aus der beschriebenen Zuordnung zwischen Kugeln und Lücken. Jeder Punkt dieses neuen Gitters ist gegen einen der alten um die Höhe des Schwerpunkts eines regulären Tetraeders verschoben, d. h. um $\frac{1}{4}$ des Kugelabstandes.

Tabelle 14.2. Einige wichtige Kristallgitter

Stoffklasse	Gittertyp	Vertreter	Beschreibung	Koord.-Zahl
Metalle	kubisch flächenzentriert	γ-Fe ($910 < T < 1\,400\,°C$)	s. Abschn. 14.1.1	12
	hexagonal dicht	Be, Mg, Zn, Cd, Co Ti, selt. Erden, He		12
	kubisch raum-zentriert	andere Edelgase Na, Li, α-Fe, ($T < 910\,°C$, ($T > 1\,400\,°C$)		8
Binäre Verbindungen, überwiegend Ionencharakter	Sphalerit = Zinkblende (= Diamant)	ZnS, CuCl, AgI, CdS	kfz. S- in kfz. Zn-Gitter, eins in der Hälfte der Tetraeder-Lücken des anderen	4,4
	Wurtzit (= Eis)	ZnS, ZnO, CdS, SiC, BN	hex. S- in hex. Zn-Gitter, eins in der Hälfte der Tetraeder-Lücken des anderen	4,4
	NaCl	LiH, KCl, PbS, AgBr, MgO	kfz. Na- in kfz. Cl-Gitter, eins in den Oktaeder-Lücken des anderen	6,6
	CsCl	NH_4Cl, CuZn (β-Messing), AlNi, TlI	einf. kub. Cs- in einf. kub. Cl-Gitter, eins in den Würfelmitten des anderen	8,8
	CaF_2		kfz. Ca- in einf. kub. F-Gitter, F in allen Tetraeder-Lücken von Ca	4,8
Binäre Verbindungen, überwiegend kovalenter Charakter	Diamant (= Sphalerit)	C, Sn (grau) BN, SiC	wie Zinkblende	4
	Eis (= Wurtzit)	H_2O, C (hexag. Diamant)	wie Wurtzit	4
	Graphit	C	dicht gepackte C-Schichten, lose gestapelt und durch Nebenvalenzen ($\pi\pi$-Bindung) verbunden	3

Man kann hiernach bereits in vielen Fällen vorhersagen, wie ein gegebener Stoff kristallisieren wird. Auch über das Kristallwachstum und die äußere Form der Kristalle (**Kristalltracht**) lassen sich allgemeine Aussagen machen (Abschn. 14.1.5). Vor allem aber gewinnt man mittels dieser rein geometrischen Betrachtungen ein vertieftes Verständnis der physikalisch-chemischen Eigenschaften der einzelnen Kristallsysteme.

Für diese Betrachtungen ist wichtig, daß sich jedes Atom oder Ion durch einen **Atom-** bzw. **Ionenradius** kennzeichnen läßt, der von der Art des Bindungspartners nur wenig abhängt. Es ist klar, daß sich nur ein sehr kleines Teilchen B in die Tetraederlücken eines kubisch-flächenzentrierten Gitters aus Teilchen A einlagern kann. Größere Teilchen B werden die Oktaederlücken bevorzugen, noch größere können das ganze A-Gitter sprengen und es z. B. in ein raumzentriertes verwandeln, in dem mehr Platz zur Einlagerung von B ist (Aufgabe 14.1.1). Außerdem sucht sich jedes Teilchen mit möglichst vielen anderen zu umgeben, mit denen es Bindungen unterhält, d. h. es versucht seine **Koordinationszahl** möglichst hoch zu machen. Schließlich kommt es darauf an, ob die Bindungen Richtungseigenschaften haben oder nicht. **Kovalente Bindungen** haben eine feste Richtung, von der nur unter erheblichem energetischen Mehraufwand abgewichen werden kann. Die **Ionen-** und die **Metallbindung** sind dagegen ihrem rein elektrostatischen Charakter entsprechend weitgehend ungerichtet.

14.1.2 Gittergeometrie

Viele wichtige Gitter einfacher Substanzen lassen sich aus den dichtesten Kugelpackungen ableiten. Im allgemeineren Fall braucht man einige weitergehende Begriffe der klassischen Kristallographie. Die Grundidee ist, das Gitter entstanden zu denken durch wiederholte Verschiebung (Translation) einer **Basiseinheit**. Diese Basis kann ein Einzelatom sein, aber auch ein ganzes Molekül von sehr komplexer innerer Struktur, z. B. ein Proteinmolekül mit über 10 000 Atomen. Wenn der ganze Raum durch Translation mit solchen identischen und identisch gelagerten Basiseinheiten ausgefüllt ist, heißt das folgendes: Es gibt unendlich viele Vektoren $\boldsymbol{r}$, genannt Gittervektoren, von deren Endpunkten aus gesehen das Gitter genau das gleiche Bild bietet wie vom Ursprung 0 aus. Alle diese **Gittervektoren** lassen sich aus drei linear unabhängigen (d. h. nicht in einer Ebene liegenden) **Grundvektoren** $\boldsymbol{a}_1, \boldsymbol{a}_2, \boldsymbol{a}_3$ additiv aufbauen: $\boldsymbol{r} = \sum n_i \boldsymbol{a}_i$, wobei die n_i positiv oder negativ ganzzahlig sind. Das setzt voraus, daß die $\boldsymbol{a}_i$ die kürzest möglichen linear unabhängigen Gittervektoren sind. Ein *Gitter* ist definiert durch Angabe der *Basiseinheit* und der drei *Grundvektoren* $\boldsymbol{a}_i$. Die Grundvektoren spannen die **Elementarzelle** des Gitters auf. Physikalisch fällt jeweils i. allg. nur ein Teil der Basiseinheiten, die auf oder nahe den acht Ecken der Elementarzellen sitzen, in diese Zelle hinein, aber diese acht Teile bilden insgesamt eine volle Basiseinheit. Das Gitter entsteht durch dreidimensionale Aneinanderreihung von Elementarzellen.

Die kubisch dichteste Kugelpackung kann dargestellt werden durch eine kubische Elementarzelle, aufgespannt durch drei gleichlange und wechselweise senkrechte Grundvektoren $\boldsymbol{a}_i$. Die Ebenen dichtester Pak-

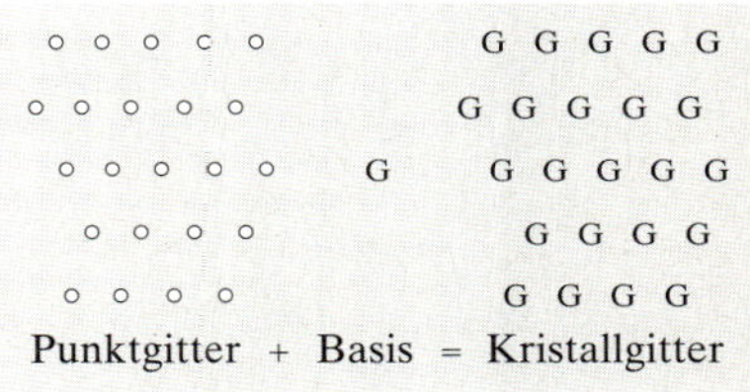

Abb. 14.10. Zusammenhang zwischen Punktgitter, Basis und Raumgitter

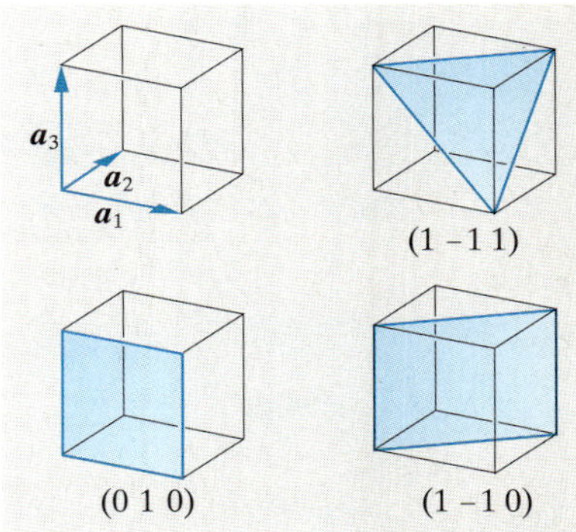

Abb. 14.11. Die drei wichtigsten Netzebenentypen im kubischen Gitter

Tabelle 14.3

Ebene Gitter	
$\alpha \neq 90°, 60°$:	schief
$\alpha = 90°, a_1 \neq a_2$:	Rechteck
$\alpha = 60°, a_1 = a_2$:	hexagonal
$\alpha = 90°, a_1 = a_2$:	Quadrat
Raumgitter	
$\alpha_1, \alpha_2, \alpha_3 \neq 90°$:	triklin
$\alpha_1 = \alpha_2 = 90°$, $\alpha_3 \neq 90°$:	monoklin
$\alpha_1 = \alpha_2 = \alpha_3 = 90°$, $a_1 \neq a_2 \neq a_3$:	orthorhombisch
$\alpha_2 = \alpha_3 = 90°$, $\alpha_1 = 60°, a_2 = a_3$:	hexagonal
$\alpha_1 = \alpha_2 = \alpha_3 \neq 90°$, $a_1 = a_2 = a_3$:	trigonal (rhomboedrisch)
$\alpha_1 = \alpha_2 = \alpha_3 = 90°$, $a_1 = a_2 \neq a_3$:	tetragonal
$\alpha_1 = \alpha_2 = \alpha_3 = 90°$, $a_1 = a_2 = a_3$:	kubisch

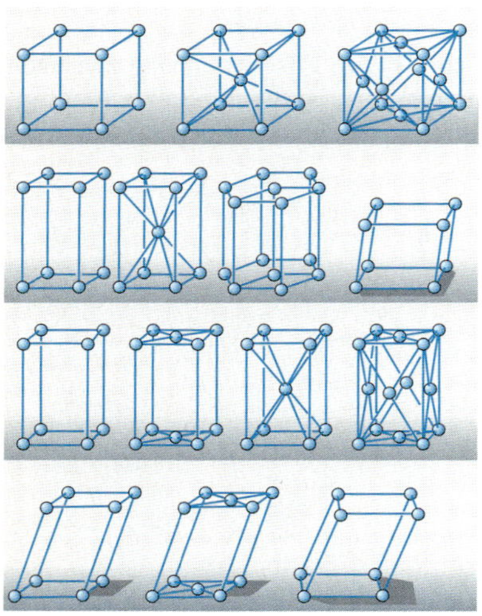

Abb. 14.12. Die vierzehn Bravais-Gitter

kung laufen schräg zu allen drei Achsen. Als Basiseinheit muß man dann ein Tetraeder aus vier Kugeln wählen: Eine Kugel an der Würfelecke und die drei Zentralkugeln der angrenzenden Würfelflächen. Von der Eckkugel gehört nur $\frac{1}{8}$ in die Elementarzelle, von jeder Flächenmittelkugel $\frac{1}{2}$. Die Elementarzelle enthält also $\frac{8}{8} + \frac{6}{2} = 4$ Kugeln, d. h. eine ganze Basiseinheit. Das gleiche Gitter läßt sich auch aus einer kleineren Elementarzelle aufbauen, die nur aus dem Basis-Tetraeder und dem ihm im Würfel diametral gegenüberliegenden Tetraeder besteht (Elementar-Rhomboeder). Die Grundvektoren, die eine Würfelecke mit einer anstoßenden Flächenmitte verbinden, sind dann allerdings nicht mehr senkrecht zueinander (trigonale oder rhomboedrische Symmetrie). Gewöhnlich zieht man die Darstellung durch eine kubische Elementarzelle wegen ihrer höheren Symmetrie vor.

Nach der maximalen Translationssymmetrie, ausgedrückt durch die drei Grundvektoren der möglichst symmetrischen Elementarzelle, teilt man alle Kristalle in sieben „Systeme" ein. Wir erläutern sie durch Gegenüberstellung mit den vier Systemen für ebene Gitter (zwei Grundvektoren).

Damit ist noch nicht gesagt, ob die Elementarzelle „primitiv", d. h. nur an den Ecken besetzt, oder ob sie innenzentriert (raumzentriert, Symbol I), d. h. auch im Schnittpunkt der Raumdiagonalen besetzt, oder ob sie flächenzentriert (Symbol F) ist, wie die der kubisch dichtesten Packung. Bei nichtkubischen und nichttrigonalen Gittern sind die Flächen der Elementarzelle nicht alle gleichwertig, man muß u. U. noch Zentrierung der „Basisfläche" (Symbol C) und der übrigen Flächen unterscheiden. Man kommt so zu den vierzehn **Bravais-Gittern** oder zentrierten Gittern (in der Ebene nur fünf). Es sind nicht mehr als vierzehn, weil nicht alle Kombinationen der sieben Systeme mit den drei oder vier Zentrierungstypen (P, I, F, C) sinnvoll sind. Vielfach würde die Zentrierung zur Entstehung einer kleineren Elementarzelle gleicher Symmetrie führen, oder Erhebung eines Flächenpaars in den Rang einer zu zentrierenden Basisfläche würde die herrschende Symmetrie herabsetzen. Aus dem zweiten Grund gibt es z. B. kein kubisch oder trigonal basiszentriertes Gitter. Das tetragonal basiszentrierte Gitter ließe sich durch 45°-Drehung und Verkleinerung der Elementarzelle auch als tetragonal primitiv auffassen.

Noch größer ist die Anzahl der **Punktsymmetrieklassen**. Sie werden gebildet durch die möglichen Kombinationen von Symmetrieelementen, die das reine Translationsgitter (d. h. ohne Berücksichtigung der inneren Struktur der Basiseinheit) kennzeichnen. Solche **Symmetrieelemente** sind: Symmetrieachsen, die zwei-, drei-, vier- oder sechszählig sein können, d. h. so, daß eine Drehung um 180°, 120°, 90°, 60° um diese Achse das Gitter in sich selbst überführt. Fünf-, sieben- oder höherzählige Achsen gibt es nicht, weil damit keine vollständige Raumerfüllung möglich wäre. Zu den Symmetrieachsen kommen Symmetrieebenen (Symbol m). Ein Symmetriezentrum z. B. kann durch Kombination einer zweizähligen Achse und einer dazu senkrechten Spiegelebene ersetzt werden. Nicht alle Kombinationen sind möglich, denn ein Symmetrieelement erzwingt manchmal eine bestimmte Kombination anderer Elemente. Wenn z. B. eine vierzählige Achse mit einer Symmetrieebene kombiniert werden soll, kann die Ebene nur senkrecht oder parallel zur Achse sein. Im zweiten Fall muß es wegen der vierzähligen Symmetrie noch eine weitere Symmetrieebene senkrecht zur ersten und parallel zur Achse geben. Man erhält so 32 Punktsymmetrieklassen.

Die Basiseinheit selbst kann durch ihre innere Struktur die Punktsymmetrie des Translationsgitters durchbrechen (Beispiel: Abb. 14.10). Kombination mit den Symmetrieelementen der Basis ergibt also neue, zahlreichere Symmetrieklassen, die **Raumsymmetrieklassen**. Ihre Anzahl ist ebenfalls begrenzt: 230 im Raum, 17 in der Ebene. Weitere Verallgemeinerungen, die Antisymmetrie- oder Schwarz-Weiß-Symmetrieklassen und Farbsymmetrieklassen, ergeben noch mehr Kombinationen (1 651 Antiraumgruppen oder **Schubnikow-Gruppen**). Sie sind zur Charakterisierung magnetischer und Mischkristallstrukturen wichtig, und zwar deswegen, weil ein magnetisches Moment als axialer Vektor sich bei der Spiegelung oder Inversion seinem Richtungssinn nach gerade umgekehrt verhält wie ein räumlicher (polarer) Vektor (vgl. Abschn. 13.4.10).

Tabelle 14.4. Bravais-Gitter

Ebene Gitter				
schief	P			
hexagonal	P			
rechteckig	P			F
quadratisch	P			
Raumgitter				
triklin	P			
monoklin	P	C		
hexagonal	P			
trigonal	P			
orthorhombisch	P	C	I	F
tetragonal	P		I	
kubisch	P		I	F

14.1.3 Kristallstrukturanalyse

Eine monochromatische ebene Welle (Licht, Neutronen, manchmal auch Elektronen) fällt auf einen Kristall. Dessen Gitter ist gegeben durch die Basiseinheit und das Translationsgitter, in dem sich diese Basis periodisch wiederholt, gekennzeichnet durch die Grundvektoren $\boldsymbol{a}_i$ ($i = 1, 2, 3$). Wir untersuchen zuerst den Einfluß des Translationsgitters auf das Beugungsbild. Die Streuung der Welle am Gitter sei elastisch und linear, d. h. die gestreute Frequenz sei gleich der einfallenden. Bei sehr hohen Intensitäten wie im Laserstrahl ist die Linearität nicht immer gesichert; Elastizität der Streuung setzt voraus, daß der Kristall als Ganzes den Rückstoßimpuls bei der Umlenkung des Photons oder Neutrons aufnimmt, so daß wegen der ungeheuren Masse des Stoßpartners kein merklicher Energieverlust stattfindet. Ferner sei der streuende Kristall sehr klein gegen den Abstand bis zum Schirm (Film, Zähler), der die gebeugten Wellen registriert.

An jedem Gitterpunkt $\boldsymbol{r} = \sum n_i \boldsymbol{a}_i$ mit ganzzahligen n_i sitzt eine Basiseinheit. Sie emittiert eine kugelförmige Streuwelle, allerdings durchaus nicht immer mit isotroper Intensitätsverteilung. In bestimmten Richtungen überlagern sich die Streuwellen von allen Basiseinheiten zu einer ebenen Wellenfront.

Wir beschreiben die einfallende Welle durch den Wellenvektor $\boldsymbol{k}$ und die Kreisfrequenz ω, die ebene Streuwelle durch $\boldsymbol{k}'$ und ω'. Der $\boldsymbol{k}$-Vektor steht senkrecht auf der Wellenfront in Ausbreitungsrichtung, sein Betrag ist $k = 2\pi/\lambda$. Die Welle wird dargestellt durch $E = E_0 \sin(\boldsymbol{k} \cdot \boldsymbol{x} - \omega t)$ oder, mathematisch einfacher, $E = E_0\, \mathrm{e}^{\mathrm{i}(\boldsymbol{k}\cdot\boldsymbol{x} - \omega t)}$. Es ist $\omega' = \omega$ und $k = |\boldsymbol{k}| = k' = |\boldsymbol{k}'|$.

Ob in einer bestimmten Richtung $\boldsymbol{k}'$ alle Teilwellen konstruktiv oder destruktiv interferieren, hängt nur von ihren Gangunterschieden ab. Wir legen einen Gitterpunkt 0 als Ursprung fest und bestimmen den Gangunterschied zwischen einer Streuwelle, die von einem anderen Gitterpunkt $\boldsymbol{r} = \sum n_i \boldsymbol{a}_i$ ausgeht, und der, die von 0 ausgeht. Wie Abb. 14.13 zeigt, muß die Welle bis $\boldsymbol{r}$ um die Strecke $r \cos(\boldsymbol{r}, \boldsymbol{k}) = \boldsymbol{r} \cdot \boldsymbol{k}/k$ weiter laufen als bis 0. Dafür spart sie von $\boldsymbol{r}$ aus bis zum Schirm die Strecke $\boldsymbol{r} \cdot \boldsymbol{k}'/k$. Der Gangunterschied ist k mal dem Wegunterschied, also $\boldsymbol{r} \cdot (\boldsymbol{k}' - \boldsymbol{k}) = \boldsymbol{r} \cdot \Delta\boldsymbol{k}$. Wegen der Definition des Skalarprodukts als Projektion z. B. auf die $\boldsymbol{k}$-Richtung stimmt dies auch, wenn $\boldsymbol{r}$ nicht in einer Ebene mit $\boldsymbol{k}$ und $\boldsymbol{k}'$ liegt.

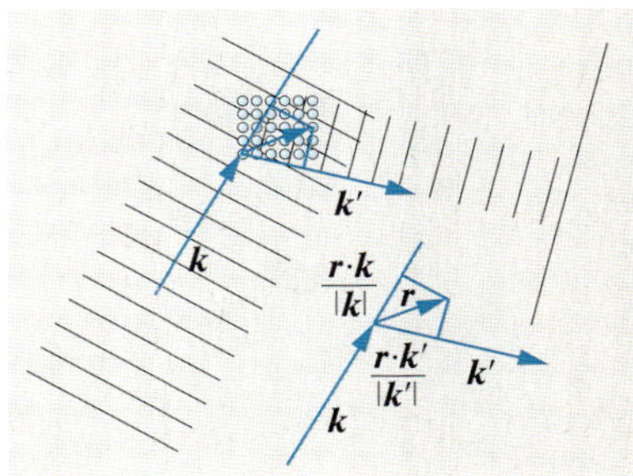

Abb. 14.13. Die Streuwellen von zwei im Abstand r gelegenen Zentren interferieren nur dann voll konstruktiv, wenn ihr Gangunterschied ein Vielfaches von λ ist, d. h. wenn $\boldsymbol{r} \cdot (\boldsymbol{k}/k - \boldsymbol{k}'/k') = n\lambda$

Alle Teilwellen-Amplituden addieren sich, wenn dieser Gangunterschied für *alle* Gitterpunkte ein ganzzahliges Vielfaches von 2π ist, d. h. wenn

$$\Delta\boldsymbol{k} \cdot \boldsymbol{r} = \Delta\boldsymbol{k} \cdot \sum n_i \boldsymbol{a}_i = 2\pi m\,, \qquad (14.1)$$

mit ganzzahligem m für alle ganzzahligen Tripel n_i. Für alle $\Delta\boldsymbol{k}$, die dieser **Beugungsbedingung** nicht genügen, d. h. für die $\Delta\boldsymbol{k}\cdot\boldsymbol{r}$ *nicht für alle* Gittervektoren $\boldsymbol{r}$ ganzzahlig ist, verteilen sich die Phasen der Teilwellen praktisch gleichmäßig über das ganze Intervall $(0, 2\pi)$, d. h. die Teilwellen interferieren einander vollständig weg (man bedenke, daß der Kristall immer sehr groß gegen eine Wellenlänge ist und praktisch unendlich viele Basiseinheiten enthält). (14.1) ist eine andere Formulierung der **Bragg-Bedingung** (12.39) (vgl. Aufgabe 14.1.9).

Der eleganteste Kunstgriff zur allgemeinen Lösung der Beugungsbedingung (und vieler anderer Probleme) ist die Einführung des **reziproken Gitters**. Dies ist ein Translationsgitter, dessen Grundvektoren $\tilde{\boldsymbol{a}}_i$ $(i = 1, 2, 3)$ mit den Grundvektoren $\boldsymbol{a}_i$ des eigentlichen Gitters in folgender Beziehung stehen:

$$\tilde{\boldsymbol{a}}_i \cdot \boldsymbol{a}_k = \delta_{ik} 2\pi = \begin{cases} 0 & \text{für } i \neq k \\ 2\pi & \text{für } i = k\,. \end{cases} \tag{14.2}$$

Das bedeutet, daß z. B. $\tilde{\boldsymbol{a}}_1$ auf $\boldsymbol{a}_2$ und $\boldsymbol{a}_3$ senkrecht steht, also parallel zum Vektorprodukt $\boldsymbol{a}_2 \times \boldsymbol{a}_3$ ist. Damit ferner $\tilde{\boldsymbol{a}}_1 \cdot \boldsymbol{a}_1 = 2\pi$, muß sein

$$\tilde{\boldsymbol{a}}_1 = \frac{\boldsymbol{a}_2 \times \boldsymbol{a}_3}{\boldsymbol{a}_1 \cdot \boldsymbol{a}_2 \times \boldsymbol{a}_3} 2\pi \quad \text{usw.} \tag{14.3}$$

Wenn die $\boldsymbol{a}_i$ orthogonal sind, wie für das kubische, das tetragonale und das orthorhombische System, sind die $\tilde{\boldsymbol{a}}_i$ ebenfalls orthogonal, und zwar $\tilde{\boldsymbol{a}}_i$ parallel zu $\boldsymbol{a}_i$, nämlich $\tilde{\boldsymbol{a}}_i = 2\pi \boldsymbol{a}_i / a_i^2$. Ein kubisches Gitter und sein reziprokes Gitter unterscheiden sich nur im Maßstab.

Ein Vektor des reziproken Gitters hat die allgemeine Form $\boldsymbol{g} = \sum l_i \tilde{\boldsymbol{a}}_i$, mit ganzen l_i. SeinProdukt mit jedem Vektor des wirklichen Gitters ist automatisch eine ganze Zahl:

$$\boldsymbol{g}\cdot\boldsymbol{r} = \left(\sum l_i \tilde{\boldsymbol{a}}_i\right)\cdot\left(\sum n_i \boldsymbol{a}_i\right) = \sum l_i n_i \cdot 2\pi = \text{ganze Zahl} \cdot 2\pi\,.$$

Mit Hilfe des reziproken Gitters kommt die Beugungsbedingung daher auf die einfache Form:

$$\Delta\boldsymbol{k} = \boldsymbol{g}\,. \tag{14.4}$$

Ein möglicher Reflex liegt in der Richtung, die gegeben ist durch ein $\Delta\boldsymbol{k}$, das ein Vektor des reziproken Gitters ist.

Das Beugungsbild ist einfach eine Projektion des reziproken Gitters auf den Film, entsprechend wie ein direktes elektronenmikroskopisches Bild, wenn man es machen könnte, eine Projektion des richtigen Gitters wäre.

Die Beugungsbedingung läßt sich auch impulsmäßig interpretieren: Das einfallende Photon (Neutron) hat den Impuls $\hbar\boldsymbol{k}$, das gestreute $\hbar\boldsymbol{k}'$, die Impulsänderung beim Stoß mit dem Gitter ist $\hbar\,\Delta\boldsymbol{k}$. Den entgegengesetzten Impuls nimmt das Gitter im Rückstoß auf. Nur wenn $\Delta\boldsymbol{k}$ ein Vektor des reziproken Gitters ist, erfüllen die Stöße vieler Photonen an allen möglichen Gitterpunkten eine Phasenbedingung, die garantiert, daß sich alle winzigen Beiträge der Einzelphotonen zu einem Gesamtrückstoß überlagern. Nur dann kann der ganze Kristall den Rückstoß aufnehmen, der nötig ist, damit sich ein gebeugtes Bündel bildet.

Eine bequeme geometrische Deutung der Beugungsbedingung ist die **Ewald-Konstruktion**: Man zeichne einen ebenen Schnitt des reziproken Gitters und lege den Vektor $\boldsymbol{k}$ mit der Spitze in einen reziproken Gitterpunkt P. Sein Anfang sei 0. Jeder andere Gitterpunkt, der auf dem Kreis um 0 durch P liegt, ergibt die Richtung eines möglichen Reflexes, nämlich einen Wellenvektor $\boldsymbol{k}'$, der die Beugungsbedingung erfüllt.

Nicht für jeden Vektor $\boldsymbol{k}$ des einfallenden Lichts liegen andere reziproke Gitterpunkte genau auf dem Ewald-Kreis. Ob das der Fall ist, sieht man noch einfacher aus den **Brillouin-Zonen**: Von einem beliebigen reziproken Gitterpunkt 0 ziehe man die Verbindungslinien zu allen übrigen, also alle Vektoren des reziproken Gitters, und errichte in der Mitte jeder Verbindungslinie eine dazu senkrechte Ebene. Alle diese Ebenen teilen den reziproken Raum in Gebiete, die Brillouin-Zonen, auf (Abb. 14.15). Nur Licht, dessen $\boldsymbol{k}$-Vektor, von 0 angetragen, auf einer Zonengrenzebene endet, wird im Kristall gebeugt, und zwar als Bragg-Reflexion an der Netzebene, die dieser Zonengrenze parallel ist. In diesem Fall ist nämlich $\Delta\boldsymbol{k}$ gleich dem (negativen) Gittervektor $\boldsymbol{g}$, dessen Mittelsenkrechte die betrachtete Zonengrenze ist. Licht mit anderen $\boldsymbol{k}$ wird überhaupt nicht gebeugt. Da weiter außen die Zonengrenzen immer dichter liegen, trifft dies praktisch nur für $\boldsymbol{k}$-Vektoren innerhalb der innersten Brillouin-Zonen zu, d. h. für sehr lange Wellen.

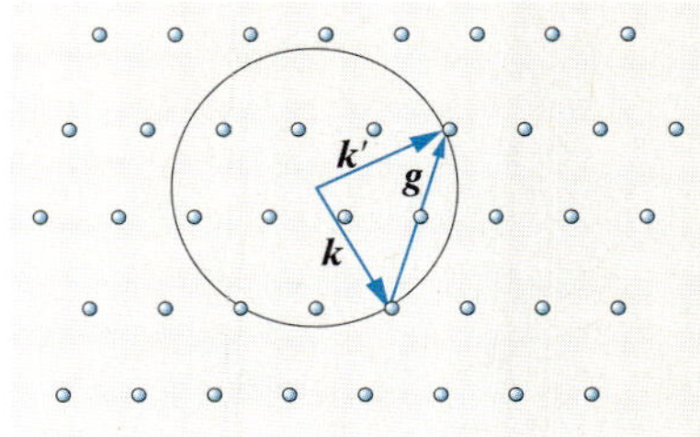

Abb. 14.14. Ewald-Konstruktion für die Richtungen $\boldsymbol{k}'$, in die ein Kristall Röntgenlicht beugt: $\boldsymbol{k}' - \boldsymbol{k}$ muß ein Vektor des reziproken Gitters sein

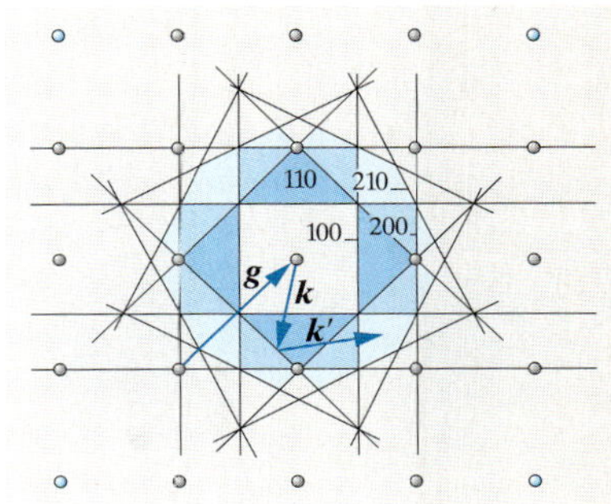

Abb. 14.15. Brillouin-Zonen eines ebenen Quadratgitters (Schnitt durch die Brillouin-Zonen eines NaCl-Gitters). Jede Zonengrenze ist die Mittelebene zweier Punkte des reziproken Gitters, das im Fall des NaCl wie das Gitter selbst aussieht. Eine Röntgen- oder Elektronenwelle wird an einer Zonengrenze normal reflektiert, denn genau in diesem Fall ist die Bedingung $\boldsymbol{k} - \boldsymbol{k}' = \boldsymbol{g}$ erfüllt

Jeder Vektor $\boldsymbol{g}$ des reziproken Gitters steht senkrecht auf einer bestimmten **Netzebene** des wirklichen Gitters (diese Beziehung besteht zwischen einem Vektor des wirklichen Gitters und einer Netzebene nicht allgemein, sondern nur für die drei orthogonalen Kristallsysteme). Die Netzebene wird durch die Komponenten des zu ihr normalen reziproken Gittervektors charakterisiert (**Miller-** oder **Laue-Indizes**).

Ein bestimmter Reflex wird dementsprechend gekennzeichnet durch die Komponenten des reziproken Gittervektors $\boldsymbol{g} = \Delta\boldsymbol{k}/(2\pi)$, m. a. W. durch die Miller-Indizes der reflektierenden Netzebene, die senkrecht zu diesem Vektor $\boldsymbol{g}$ steht.

Die Beugungsbedingung in ihren verschiedenen Formen gibt die Richtungen an, in denen Reflexe liegen *können*. Sie bezieht sich dabei nur auf die Struktur des Translationsgitters. Welche Intensität diese Reflexe haben und ob diese Intensität vielleicht sogar verschwindet, hängt von der Struktur der Basiseinheit des Gitters ab, und zwar von

- der Anordnung der Atome in der Basiseinheit,
- der Struktur der Elektronenhülle jedes Atoms der Basis,
- der thermischen „Verwackelung" des regulären Translationsgitters.

In allen drei Fällen handelt es sich um eine Intensitätsschwächung durch Interferenz der Teilstreuwellen von den einzelnen Strukturelementen der Basis.

Die Basiseinheit, speziell die am Ursprung angebrachte, bestehe aus m Atomen an den Orten $\boldsymbol{b}_\nu$, $\nu = 1, 2, \ldots, m$. Die vom ν-ten Atom ausgehende Kugelstreuwelle habe die relative Amplitude A_ν. Ihr Beitrag zum gebeugten Bündel (Wellenvektor $\boldsymbol{k}'$) ist gegeben durch den Gangunterschied $\boldsymbol{b}_\nu \cdot \Delta\boldsymbol{k}$ bzw. durch den Phasenfaktor $e^{i\boldsymbol{b}_\nu \cdot \Delta\boldsymbol{k}}$. Die Streuamplitude der Basiseinheit wird also gegeben durch den **Basis-Strukturfaktor** $B = \sum A_\nu \, e^{i b_\nu \cdot \Delta k}$.

Bei der Bestimmung des **Atom-Strukturfaktors** A_ν zeigen sich erstmals Unterschiede zwischen **Röntgen-** und **Neutronenstreuung**. Photonen werden überwiegend an den Hüllenelektronen, kaum am Kern gestreut (große Masse); Neutronen werden umgekehrt fast nur am Kern gestreut, besonders wenn dieser leicht ist. Die folgende Diskussion bezieht sich auf Photonen, deren Streuung also Rückschlüsse auf die Elektronen-Dichteverteilung im Kristall zuläßt. Die Elektronendichte im ν-ten Atom am Ort $\boldsymbol{x}$, vom Atomschwerpunkt $\boldsymbol{b}_\nu$ an gerechnet, sei $n(\boldsymbol{x})$. Ein Volumenelement $\mathrm{d}V$ streut proportional zur darin enthaltenen Elektronenanzahl $n(\boldsymbol{x})\,\mathrm{d}V$. Damit wird der Gesamtbeitrag des Atoms zur Streuamplitude

$$\int e^{i(\boldsymbol{b}_\nu + \boldsymbol{x}) \cdot \Delta \boldsymbol{k}} n(\boldsymbol{x})\,\mathrm{d}V = e^{i \boldsymbol{b}_\nu \cdot \Delta \boldsymbol{k}} \cdot \int e^{i \boldsymbol{x} \cdot \Delta \boldsymbol{k}} n(\boldsymbol{x})\,\mathrm{d}V . \tag{14.5}$$

Wir identifizieren somit den Atom-Strukturfaktor

$$A_\nu = \int e^{i \boldsymbol{x} \cdot \Delta \boldsymbol{k}} n(\boldsymbol{x})\,\mathrm{d}V . \tag{14.6}$$

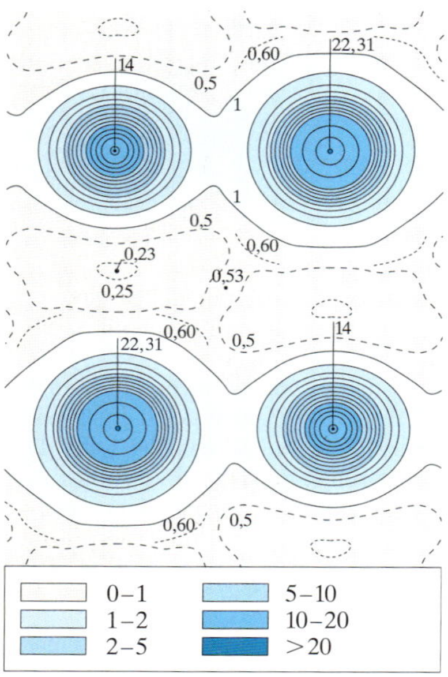

Abb. 14.16. Dichteprofil der Elektronenverteilung im NaCl-Kristall, gewonnen durch Auswertung der Atom- und Struktur-Formfaktoren (Fourier-Analyse). Die Zahlen an den „Höhenlinien" geben die Elektronendichte im Å^{-2} eines Ausschnitts der auf die (110)-Ebene projizierten Elementarzelle. Sehr geringe Elektronendichte zwischen den Atomen: Ionenkristall. (Nach *Brill, Grimm, Hermann* und *Peters*, aus W. Finkelnburg: *Einführung in die Atomphysik*, 11./12. Aufl. (Springer, Berlin Heidelberg 1976))

Für ein punktförmiges Atom (praktisch also für sehr lange Wellen) ist der e-Faktor 1, und es wird einfach A_ν gleich Z, der Gesamtzahl von Elektronen in der Hülle. Jede ausgedehnte Elektronenverteilung schwächt die Amplitude durch innere Interferenz, um so stärker, je größer $\Delta \boldsymbol{k}$, also i. allg. je kürzer λ ist. Das Studium dieser Schwächung für verschiedene λ und verschiedene Einfallsrichtungen erlaubt im Prinzip Bestimmung von $n(\boldsymbol{x})$. Amplitude und Elektronendichte stehen nämlich nach (14.6) im Verhältnis von Fourier-Transformierter und Originalfunktion bzw. umgekehrt. **Fourier-Transformation** des Strukturfaktors (Integration über den $\boldsymbol{k}$-Raum) liefert $n(\boldsymbol{x})$.

Da das oben angenommene reguläre Translationsgitter physikalisch in keinem Moment wirklich existiert, sondern die Teilchen thermische (in erster Näherung voneinander unabhängige) Zitterbewegungen ausführen, deren Amplitude immerhin einige Prozent der Gitterkonstanten ausmacht, ist es verwunderlich, daß ein so verwackeltes Gitter überhaupt scharfe Beugungsflecken erzeugt. Wie sich zeigt, hängt die Fleckenschärfe nur davon ab, ob *feste zeitlich gemittelte* Ruhelagen der Teilchen existieren, d. h. ob der Stoff überhaupt als fest anzusehen ist. Die thermischen Schwankungen um diese Ruhelagen wirken sich nur als zusätzlicher intensitätsschwächender Strukturfaktor aus. Die momentane Lage des Atoms sei $\boldsymbol{b} = \boldsymbol{b}_0 + \boldsymbol{b}_1(t)$, wo $\boldsymbol{b}_1(t)$ die unregelmäßig schwankende thermische Auslenkung ist. Im Zeitmittel ist $\overline{\boldsymbol{b}} = \boldsymbol{b}_0$, denn $\overline{\boldsymbol{b}}_1 = 0$. Für die Streuamplitude kommt es auf den Mittelwert von $e^{i \boldsymbol{b} \cdot \Delta \boldsymbol{k}} = e^{i(\boldsymbol{b}_0 + \boldsymbol{b}_1) \cdot \Delta \boldsymbol{k}} = e^{i \boldsymbol{b}_0 \Delta \boldsymbol{k}} e^{i \boldsymbol{b}_1 \Delta \boldsymbol{k}}$ an. Der erste Faktor ist schon im Basis-Strukturfaktor B berücksichtigt. Wir entwickeln den zweiten:

$$\overline{e^{i \boldsymbol{b}_1 \cdot \Delta \boldsymbol{k}}} \approx 1 + i\,\overline{\boldsymbol{b}_1 \cdot \Delta \boldsymbol{k}} - \tfrac{1}{2} \overline{(\boldsymbol{b}_1 \cdot \Delta \boldsymbol{k})^2} . \tag{14.7}$$

Das zweite Glied verschwindet ebenso wie $\overline{\boldsymbol{b}}_1$ (das Skalarprodukt ist ebensooft positiv wie negativ). Im quadratischen Glied ist das nicht der Fall. Es zählt allerdings nur die Komponente von $\boldsymbol{b}_1$ in Richtung von $\Delta\boldsymbol{k}$, die im Mittel $\frac{1}{3}$ des Gesamtbetrages von $\overline{\boldsymbol{b}_1^2}$ ausmacht (vgl. Kinetik des Gasdrucks, Abschn. 5.2.1): $\frac{1}{2}\overline{(\boldsymbol{b}_1 \cdot \Delta\boldsymbol{k})^2} = \frac{1}{6}\Delta k^2 \overline{\boldsymbol{b}_1^2}$. Die Amplitudenschwächung durch thermische Schwankung wird also gegeben durch den **Debye-Waller-Faktor** (nach Rückführung in die vollständige e-Reihe):

$$f_{\mathrm{DW}} = \mathrm{e}^{-\frac{1}{6}\Delta k^2 \overline{b_1^2}} . \tag{14.8}$$

Das mittlere Verschiebungsquadrat $\overline{b_1^2}$ ist klassisch und quantenmechanisch verschieden zu berechnen. Für ein klassisches schwingendes Teilchen, das elastisch mit der Federkonstanten $D = m\omega^2$ an die Ruhelage gebunden ist, muß die thermische Energie $\frac{1}{2}kT$ gleich der potentiellen Energie der Schwingung $\frac{1}{2}m\omega^2 b_{10}^2$ sein; $\overline{b_1^2} = \frac{1}{2}b_{10}^2$, also

$$f_{\mathrm{DW}} = \mathrm{e}^{-\frac{1}{12}\Delta k^2 kT/(m\omega^2)} . \tag{14.9}$$

Der quantenmechanische Oszillator behält auch bei $T \to 0$ die Nullpunktsenergie $\frac{1}{2}\hbar\omega$ für jeden Schwingungsfreiheitsgrad, im ganzen also $\frac{3}{2}\hbar\omega$. Davon ist die Hälfte potentielle Energie, also

$$f_{\mathrm{DW}} = \mathrm{e}^{-\frac{1}{4}\Delta k^2 \hbar/(m\omega)} . \tag{14.10}$$

Die Intensitätsschwächung ist das Quadrat der Amplitudenschwächung, d. h. intensitätsmäßig verdoppelt sich der Exponent dieser Ausdrücke.

Was wird aus der verlorenen Intensität, speziell der vom Debye-Waller-Faktor gegebenen? Sie wird nicht elastisch am Gitter gestreut, sondern z. T. unelastisch, z. B. als **Brillouin-Streuung** zwischen Photonen und Gitterschwingungs-Phononen. Ein solches Photon stößt nicht mit dem Kristall als Ganzem, dessen überwältigende Masse Verschwinden des Energieverlustes garantiert, sondern mit einem Einzelatom und regt dabei Gitterschwingungen an oder ab. Analog beschreibt der Debye-Waller-Faktor beim **Mößbauer-Effekt** den Anteil der Absorption von γ-Quanten, der praktisch „rückstoßfrei", d. h. ohne Frequenzverschiebung erfolgt, weil der Kristall als Ganzes den Rückstoß aufnimmt. Dieser Anteil steigt allgemein mit abnehmender Temperatur: Je kälter, desto härter ist der Kristall. Allerdings läßt sich diese Verhärtung, wie wir sahen, nicht durch makroskopische elastische, sondern nur durch atomare Größen ausdrücken.

14.1.4 Gitterenergie

Alle Dinge unserer näheren Umgebung werden durch Kräfte zusammengehalten, die letzten Endes elektrischer Natur sind. Sie bestimmen die mechanische Festigkeit der Stoffe, aber auch thermische Eigenschaften wie Schmelzpunkt, Siedepunkt, thermische Ausdehnung. Wir wählen sechs Eigenschaften von grundlegender Bedeutung, nämlich die Dichte ϱ, die **Gitterenergie** W_0, den **Schmelzpunkt** T_s, den **kubischen Ausdehnungskoeffizienten** β, den **Elastizitätsmodul** E und die **Bruchdehnung** δ, und versuchen sie durch eine halbphänomenologische Theorie zu verknüpften (Tabelle 14.5). E und δ bestimmen im Idealfall das Spannungs-Dehnungs-Diagramm, erfassen aber nicht seinen „nichtelastischen" Abschnitt, für den Gleitprozesse und Dislokationen maßgebend sind (Abschn. 14.5.4).

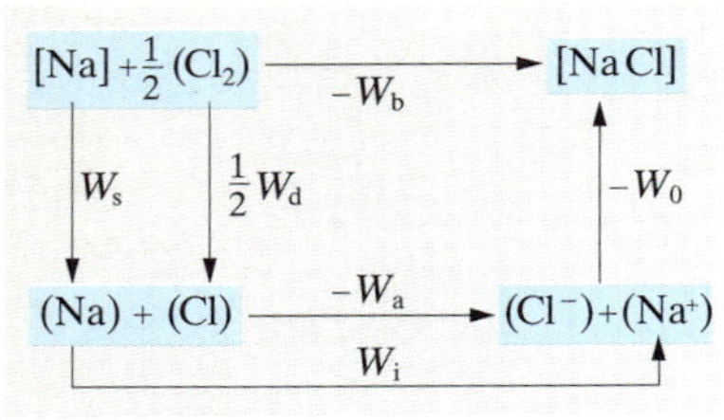

Abb. 14.17. Der Born-Haber-Kreisprozeß zur Bestimmung der Bindungsenergie W_0 eines Kristalls aus bekannten Daten über Reaktions-, Verdampfungs-, Dissoziations-, Ionisierungs- und Elektronenanlagerungs-Energien

Unter den sechs Eigenschaften bedarf nur die Gitterenergie einer ausführlicheren Definition. Es ist die Energie, die man braucht, um die Gitterteilchen bis in unendlichen Abstand auseinanderzurücken, bezogen auf ein Gitterteilchen. Für ein Atom- oder Molekülgitter entspricht das praktisch der Überführung in den Gaszustand. Die Gitterenergie ist die atomare bzw. molekulare Sublimationswärme. Beim Ionengitter muß man anders verfahren (**Born-Haber-Kreisprozeß**, Abb. 14.17). Man nehme z. B. 1 mol festes Na plus $\frac{1}{2}$ mol Cl_2-Dampf, dissoziiere die Cl_2-Moleküle unter Aufwand der Dissoziationsenergie $W_D/2$, verdampfe das Na unter Aufwand der Sublimationswärme W_S, entziehe dem Na 1 mol Elektronen unter Aufwand der Ionisierungsenergie W_I, gebe diese Elektronen an das Cl weiter unter Gewinnung der Elektronenaffinität W_A und vereinige beide Ionenarten zum Kristall unter Gewinnung der gesuchten Gitterenergie W_0. Andererseits kann man das feste Na und den Cl_2-Dampf auch direkt zum NaCl reagieren lassen unter Gewinn der Bildungswärme W_B. W_0 ergibt sich also aus den übrigen Energien, die alle meßbar sind, zu

$$W_0 = W_B - W_A + W_I + W_S + \tfrac{1}{2} W_D \,. \tag{14.11}$$

Die Bruchdehnung δ hängt als rein technologische Materialeigenschaft stark von der Vorbehandlung des Kristallgefüges ab. Für die typischen Metalle, besonders die „Übergangsmetalle“ in der Mitte der d-Auffüllungszone und rechts davon, erreicht man Werte über 50 %, bei den Nichtmetallen liegt δ um 1 %.

Tabelle 14.5. Kristallbindung

Bindungstyp	Art der Bindungskräfte	Beispiele Stoff	 W_0/kJ mol^{-1}	Merkmale
Ionenbindung (heteropolar)	Elektrostatisch, da die Atome als ungleichnamige Ionen in das Gitter eingehen	NaCl LiF	750 1 000	Starke Lichtabsorption im Ultrarot. Elektrolytische Leitfähigkeit, mit Temperatur zunehmend
Valenzbindung (homöopolar)	Gerichtete „Valenzkräfte“, d.h. die gleichen, die gleichartige Atome im Molekül zusammenhalten. Durch Valenzstriche darstellbar, quantenmechanisch deutbar, Kristall = Riesenmolekül	Diamant Ge Si	710	Große Härte; bei tiefer Temperatur zeigen reine Kristalle keine Leitfähigkeit
Dipolbindung	Durch feste Dipole der molekularen Bausteine oder durch Wasserstoffbrücken relativ schwach zusammengehalten	Eis HF	50 30	Tendenz zur Bildung größerer Molekülgruppen
van der Waals-Bindung (Molekül-Kristalle)	van der Waals-Kräfte, wie sie sich auch im nichtidealen Gas bemerkbar machen	Ar CH_4 organische Stoffe	7,5 10	Niedrige Schmelz- und Siedetemperatur. Kompressionsmodul und Härte gering
Metallische Bindung	Zusammenhalt durch die Elektronen, die sich bei der Kristallbildung aus (gleichartigen) Atomen abspalten	Na Fe	110 390	Große elektrische Leitfähigkeit durch Elektronen. Undurchsichtig

Tabelle 14.6. Einige Eigenschaften fester Elemente

Einige Eigenschaften fester Elemente

Fe	Element
7,87	Dichte (g cm^{-3})
1808	Schmelzpunkt (K)
4,29	Gitterenergie (eV/Gitterteilchen)
12	lin. Ausdehnungskoeffizient (10^{-6} K^{-1})
16,83	Elastizitätsmodul (10^{10} N m^{-2})

Ku wird zu Rf = Rutherfordium (IUPAC 1997)
Ha wird zu Db = Dubnium (IUPAC 1997)
Sg = Seaborgium nach *Glenn T. Seaborg* *1912
Bh = Bohrium (IUPAC 1997) (*Niels Bohr*, dänischer Physiker 1885–1962)
Hs = Hassium (lat. *Hassia* = Hessen, deutsches Bundesland)
Mt = Meitnerium (*Lise Meitner*, österreichische Physikerin, 1878–1968)
111 = Eka-Gold (Dezember 1994 an der GSI synthetisiert)
112 = Eka-Quecksilber (GSI 1996)

Element	Dichte	Schmelzpunkt	Gitterenergie	lin. Ausdehnungskoeffizient	Elastizitätsmodul
H	0,088	14,01	0,01		0,02
He	0,205	4,22	0,001		0,01
Li	0,542	453,7	1,65	58	1,16
Be	1,82	1551	3,33	12,3	10,03
B	2,47	2570	5,81		17,8
C	3,52	3820	7,36	1,2	54,5
N	1,03	63,3	0,06		0,12
O	1,14	54,8	0,07		
F		53,5			
Ne	1,51	24,5	0,02		0,10
Na	1,013	371,0	1,13	71	0,68
Mg	1,74	922,0	1,53	26	3,54
Al	2,70	933,5	3,34	23,8	7,22
Si	2,33	1683	4,64	7,6	9,88
P	1,82	317,2	0,54	124	3,04
S	1,96	386,0	0,11	64,1	1,78
Cl	2,03	172,2	0,106		
Ar	1,77	83,95	0,080		0,16
K	0,91	336,8	0,941	84	0,32
Ca	1,53	1112	1,825	22,5	1,52
Sc	2,99	1812	3,93		4,35
Ti	4,51	1933	4,855	9	10,51
V	6,09	2163	5,30		16,19
Cr	7,19	2130	4,10	7,5	19,01
Mn	7,47	1517	2,98	23	5,96
Fe	7,87	1808	4,29	12	16,83
Co	8,90	1768	4,387	13	19,14
Ni	8,91	1726	4,435	12,8	18,6
Cu	8,93	1357	3,50	16,8	13,7
Zn	7,13	692,7	1,35	26,3	5,98
Ga	5,91	302,9	2,78	18	5,69
Ge	5,32	1211	3,87	6	7,72
As	5,77	1090	3,0		3,94
Se	4,81	490	2,13	37	0,91
Br	4,05	266,0	0,151		
Kr	3,09	116,6	0,116		0,18
Rb	1,63	312,0	0,858	90	0,31
Sr	2,58	1042			1,16
Y	4,48	1796	4,387		3,66
Zr	6,51	2125	6,316	4,8	8,33
Nb	8,58	2741	7,47	7,1	17,02
Mo	10,22	2890	6,810	5	33,6
Tc	11,50	2445			29,7
Ru	12,36	2583	6,615	9,6	32,08
Rh	12,42	2239	5,753	8,5	27,04
Pd	12,00	1825	3,936	11	18,08
Ag	10,50	1235	2,96	19,7	10,07
Cd	8,65	594	1,160	29,4	4,67
In	7,29	429,3	2,6	56	4,11
Sn	5,76	505,1	3,12	27	5,5
Sb	6,69	903,9	2,7	10,9	3,83
Te	6,25	722,7	2,0	17,2	2,30
J	4,95	386,7	0,226	83	
Xe	3,78	161,3	0,16		
Cs	1,997	301,6	0,827	97	0,2
Ba	3,59	998	1,86		1,03
La	6,17	1193	4,491		2,43
Hf	13,20	2500	6,35		10,9
Ta	16,66	3269	8,089	6,5	20,0
W	19,25	3683	8,66	4,3	32,32
Re	21,03	3453	8,10		37,2
Os	22,58	3318	8	6,6	41,8
Ir	22,55	2683	6,93	6,6	35,5
Pt	21,47	2045	5,852	9,0	27,83
Au	19,28	1338	3,78	14,3	17,32
Hg	14,26	234,3	0,694		3,82
Tl	11,87	576,7	1,87	29	3,59
Pb	11,34	600,6	2,04	29,4	4,30
Bi	9,80	544,5	2,15	13,5	3,15
Po	9,31	527	3		2,6
At		575			
Rn	4,4	202,1			
Fr		300			0,2
Ra	5	973			1,32
Ac	10,07	1323			2,5
Ku/Rf					
Ha					
Sg					
Bh					
Hs					
Mt					
110					
111					
112					
Ce	6,77	1071	4,77		2,39
Pr	6,78	1204	3,9		3,06
Nd	7,00	1283	3,35		3,27
Pm		1350			3,5
Sm	7,54	1345	2,11		2,94
Eu	5,25	1095	1,80		1,42
Gd	7,89	1584	4,14		3,83
Tb	8,27	1633	4,1		3,99
Dy	8,53	1682	3,1		3,84
Ho	8,80	1743	3,0		3,97
Er	9,04	1795	3,3		4,11
Tm	9,32	1818	2,6		3,97
Yb	6,97	1097	1,6		1,33
Lu	8,84	1929	4,4		4,11
Th	11,72	2020	5,93	11	5,43
Pa	15,37	1900	5,46		7,6
U	19,05	1405	5,405		9,87
Np	20,45	913	4,55		6,8
Pu	19,81	914	4,0		5,4
Am	11,87	1267	2,6		
Cm	13,51	1610			
Bk	14				
Cf					
Es					
Fm					
Md					
No					
Lr					

Quellen: Handbook of Chemistry and Physics CRC Press 1972–1973
Kittel: Introduction to Solid State Physics New York: Wiley 1971
Kohlrausch: Praktische Physik Stuttgart: Teubner 1956

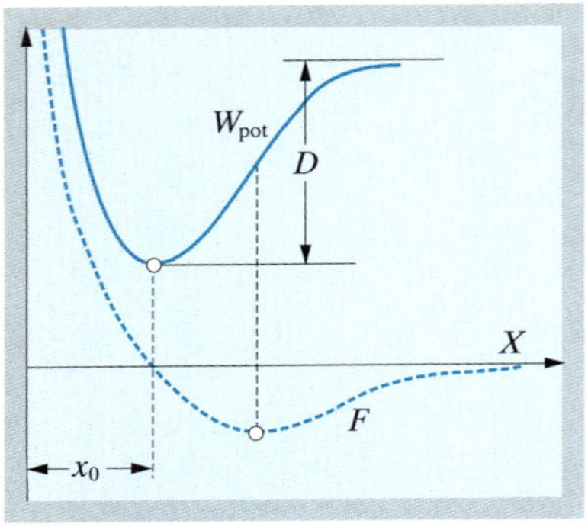

Abb. 14.18. Kraft und potentielle Energie, die auf ein Oberflächenatom im Festkörper wirken. Im Kristallinnern wird das Potential symmetrisch, wenn man ein Einzelteilchen betrachtet, das sich gegenüber dem Restgitter verschiebt. Faßt man x als Teilchenabstand auf, der eine gleichmäßige Gesamtdeformation des Gitters kennzeichnet, kommt wieder der dargestellte Verlauf heraus. D wäre für ein Molekül als Dissoziationsenergie, für die gleichmäßige Gitterdeformation als Gitterenergie aufzufassen

Tabelle 14.6 zeigt, daß diese Eigenschaften untereinander gekoppelt sind und daß sie einen sehr charakteristischen Gang im periodischen System zeigen. Ein Stoff mit hoher Gitterenergie schmilzt schwer, dehnt sich wenig aus und ist fest. Zahlenmäßig variieren alle diese Eigenschaften um mehrere Zehnerpotenzen. Am weichsten sind die Edelgaskristalle, aber die Alkalien sind nicht viel härter. Allgemein liegen die härtesten Stoffe in der Mitte jeder Periode. Das gilt besonders für C und in den höheren Perioden für die **Übergangsmetalle**, d. h. die zehn Elemente, bei denen die Auffüllung der d-Schale nachgeholt wird. Während sonst allgemein die Härte nach den höheren Perioden zu abnimmt, ist es in der Mitte der d-Zone umgekehrt; die Flanken der d-Zone folgen noch der abnehmenden Tendenz (Zn, Cd, Hg!).

Ein Festkörper hat nur deshalb eine bestimmte **Dichte** (im Gegensatz zum Gas), weil seine Teilchen einen bestimmten Gleichgewichtsabstand r_0 voneinander einhalten. Ein solcher Gleichgewichtsabstand ist, wie immer, bestimmt durch die Konkurrenz zwischen einer Anziehung, die bei größeren, und einer Abstoßung, die bei kleineren Abständen überwiegt. Damit das so ist, muß die Abstoßung steiler vom Abstand abhängen als die Anziehung. Wir beschreiben beide durch Potenzabhängigkeiten der potentiellen Energie von r:

die Anziehung durch $-Br^{-\mathrm{n}}$, die Abstoßung durch $Ar^{-\mathrm{m}}$, das Gesamtpotential durch

$$W(r) = Ar^{-\mathrm{m}} - Br^{-\mathrm{n}} . \tag{14.12}$$

Das ist so zu verstehen: Überläßt man den Kristall sich selber, dann sucht er den Zustand tiefster Energie, in dem nächste Nachbarteilchen den Abstand r_0 haben. Dehnt oder staucht man ihn in allen Richtungen gleichmäßig, so daß der Abstand nächster Nachbarn auf r vergrößert oder verkleinert wird, dann ist die Energie pro Gitterteilchen $W(r)$. Für $r \to \infty$ wird offenbar $W \to 0$. Also ist $W(r_0) = W_0$ definitionsgemäß die Gitterenergie. Die Dichte ergibt sich einfach als

$$\varrho = Mm_\mathrm{p}/r_0^3 , \tag{14.13}$$

(M: rel. Molekülmasse der Gitterteilchen; m_p: Masse des Protons). Das gilt für einfachkubische Gitter; andernfalls tritt noch ein Zahlenfaktor hinzu.

Der Gleichgewichtsabstand r_0 ist da, wo die Kraft $W'(r)$ verschwindet:

$$W' = -\frac{\mathrm{m}}{r} Ar^{-\mathrm{m}} + \frac{\mathrm{n}}{r} Br^{-\mathrm{n}} = 0 .$$

Damit lassen sich die beiden Energieanteile für $r = r_0$ durch W_0 ausdrücken:

$$Ar_0^{-\mathrm{m}} = W_0 \frac{\mathrm{n}}{\mathrm{m} - \mathrm{n}} , \qquad Br_0^{-\mathrm{n}} = W_0 \frac{\mathrm{m}}{\mathrm{m} - \mathrm{n}} . \tag{14.14}$$

Wir brauchen noch die Krümmung am Potentialminimum

$$W''(r_0) = \frac{\mathrm{m}(\mathrm{m}+1)}{r_0^2} Ar_0^{-\mathrm{m}} - \frac{\mathrm{n}(\mathrm{n}+1)}{r_0^2} Br_0^{-\mathrm{n}} = \frac{\mathrm{mn}}{r_0^2} W_0 \tag{14.15}$$

und die dritte Ableitung, die die Asymmetrie der W-Kurve beschreibt

$$W'''(r_0) = -\frac{\mathrm{m(m+1)(m+2)}}{r_0^3} A r_0^{-\mathrm{m}} + \frac{\mathrm{n(n+1)(n+2)}}{r_0^3} B r_0^{-\mathrm{n}}$$
$$= -\frac{\mathrm{mn(m+n+3)}}{r_0^3} W_0 \qquad (14.16)$$

(vgl. (14.14)). Damit können wir nämlich die Form des Potentialminimums mittels der Taylor-Reihe beschreiben:

$$W = W_0 + \tfrac{1}{2} W_0'' x^2 + \tfrac{1}{6} W_0''' x^3$$
$$= W_0 \left(1 + \frac{1}{2} \frac{\mathrm{mn}}{r_0^2} x^2 - \frac{1}{6} \frac{\mathrm{mn(m+n+3)}}{r_0^3} x^3 \right), \qquad (14.17)$$

wobei $x = r - r_0$ der Abstand vom Minimum ist.

W'' gibt ganz direkt den Elastizitätsmodul, W''' die thermische Ausdehnung des Kristalls. Man setze ihn z. B. unter einen allseitigen Druck p. Auf ein Teilchen, das die Fläche r_0^2 einnimmt, entfällt dabei die Kraft $F = -pr_0^2$. Eine solche gleichmäßige Kraft leitet sich aus einem linearen Potential $U = -Fx = pr_0^2 x$ ab, das dem spannungsfreien Potential $W(x)$ zu überlagern ist. Man kann auch sagen, dieses werde um einen entsprechenden Winkel nach links gekippt. Dadurch verschiebt sich das Minimum, und zwar dorthin, wo $W'(x) = pr_0^2$ ist, d. h. um $x = pr_0^2 / W_0''$ oder relativ um

$$\frac{x}{r_0} = \frac{pr_0^3}{\mathrm{mn} W_0} .$$

Der Faktor von p ist der reziproke Elastizitätsmodul oder die Kompressibilität, geteilt durch 3 (3 Schubrichtungen):

$$\boxed{E = \frac{\mathrm{mn} W_0}{r_0^3}} . \qquad (14.18)$$

Für einen Zug, also einen negativen Druck, gibt es einen Maximalwert, oberhalb dessen der Kristall mit Sicherheit zerreißt. Dieser Zug entspricht der Steigung der Wendetangente von $W(r)$. Rückstellende Kräfte treten bei solcher Belastung überhaupt nicht mehr auf. Die Lage des Wendepunktes der $W(r)$-Kurve (14.12) ergibt sich mittels (14.14) zu

$$\boxed{r_\mathrm{w} = r_0 \left(\frac{\mathrm{m}+1}{\mathrm{n}+1} \right)^{1/(\mathrm{m-n})}} . \qquad (14.19)$$

Spätestens bei der Dehnung $\delta = (r_\mathrm{w} - r_0)/r_0$ muß der Kristall reißen. Für vernünftige m und n erhält man δ-Werte zwischen 10 und 30 %, was für einigermaßen duktile Metalle ganz gut stimmt. Spröde Stoffe brechen nicht infolge dieses Mechanismus, sondern schon bei viel kleineren Dehnungen, wobei Fehlstellen, besonders **Dislokationen** eine entscheidende Rolle spielen (Abschn. 14.5.4).

Die thermische Ausdehnung kommt so zustande: Bei der Temperatur T hat das Gitterteilchen die potentielle Energie $\frac{3}{2} kT$ (und ebensoviel kineti-

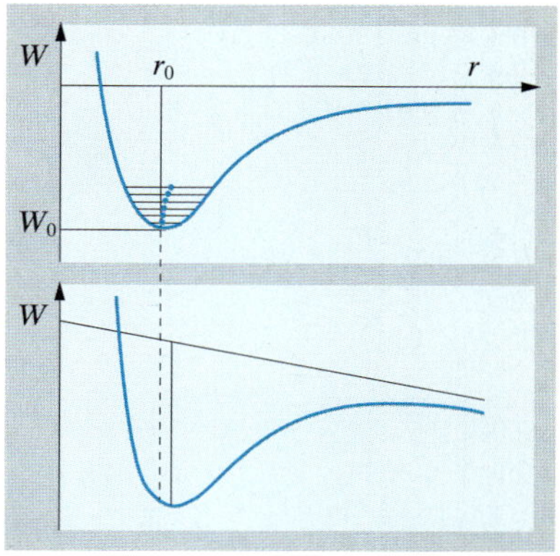

Abb. 14.19. Thermische und elastische Eigenschaften des Festkörpers. *Oben*: Potentialkurve mit Schwingungstermen. Der Schwingungsmittelpunkt rückt um so weiter nach außen, je höher der Schwingungszustand ist. Folge: Thermische Ausdehnung. *Unten*: Schiefstellung der Potentialkurve durch eine elastische Spannung verschiebt das Minimum. Folge: Elastische Dehnung

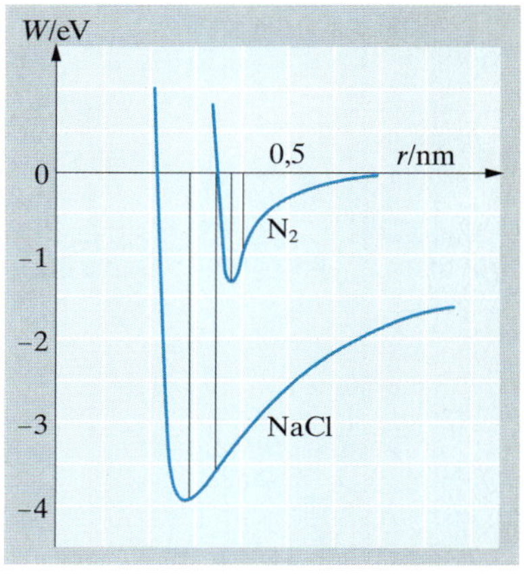

Abb. 14.20. Potentialkurven für ein Teilchen im festen Stickstoff bzw. im NaCl-Kristall. Minima und Wendepunkte sind gekennzeichnet

sche). Es schwingt also in dieser Höhe über dem Topfboden hin und her. Wegen der Asymmetrie der Kurve ist es dabei öfter bei größeren als bei kleineren Abständen r: Seine mittlere Lage ist etwas rechts von r_0, der Kristall dehnt sich aus.

Mit dem Potential (14.17) folgt für die Amplitude $x = r - r_0$ der Schwingung

$$\tfrac{1}{2} W_0'' x^2 + \tfrac{1}{6} W_0''' x^3 = \tfrac{3}{2} kT \,.$$

Für nicht zu große T ist die Amplitude

$$\text{nach links } x = -\sqrt{\frac{3kT}{W_0''}} + \zeta \,,$$

$$\text{nach rechts } x = +\sqrt{\frac{3kT}{W_0''}} + \zeta \,.$$

Der Schwingungsmittelpunkt liegt also angenähert um

$$\zeta = \frac{\frac{1}{6} W_0''' \frac{3}{2} kT}{\frac{1}{2} W_0''^2} = \frac{\mathrm{m}+\mathrm{n}+3}{2\mathrm{mn}} \frac{kT}{W_0} r_0$$

rechts von der Gleichgewichtslage r_0. Der **lineare Ausdehnungskoeffizient** ist

$$\boxed{\alpha = \frac{\zeta}{r_0 T} = \frac{\mathrm{m}+\mathrm{n}+3}{2\mathrm{mn}} \frac{k}{W_0}} \,. \qquad (14.20)$$

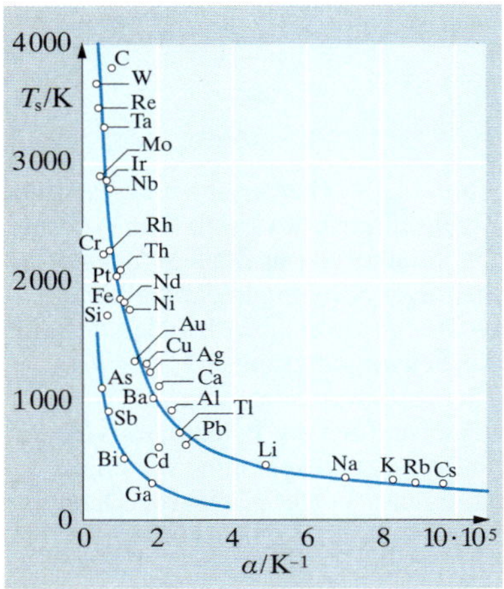

Abb. 14.21. Zusammenhang zwischen Schmelztemperatur T_s und Ausdehnungskoeffizient α. Die *blauen* Hyperbeln entsprechen der Theorie. Ihre Parameter sind für Metalle und Halbmetalle verschieden

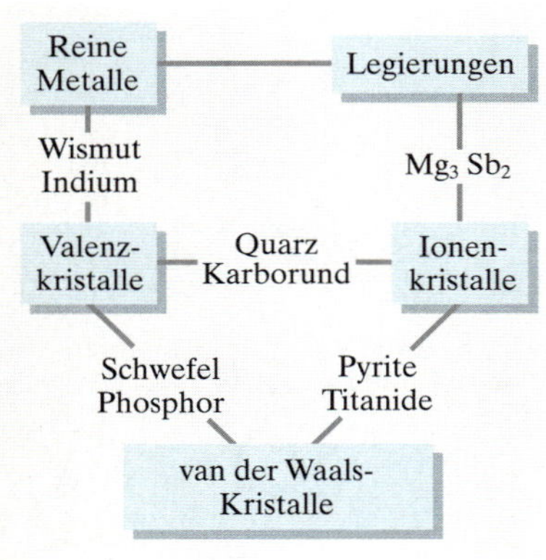

Abb. 14.22. Beziehungen zwischen den verschiedenen Bindungstypen. (Nach *Seitz*, aus W. Finkelnburg: *Einführung in die Atomphysik*, 11./12. Aufl. (Springer, Berlin Heidelberg 1976))

Der Kristall verdampft, wenn die thermische Energie etwa gleich der Bindungsenergie ist (strenggenommen ist die Entropie mit einzubeziehen; Abschn. 5.6.7). Der Kristall schmilzt, wenn kT gleich einem bestimmten Bruchteil von W_0 ist. Da andererseits $\alpha \sim W_0^{-1}$ (nach (14.20)), erwartet man einen Zusammenhang $\alpha \sim T_s^{-1}$, der von den meisten Metallen sehr gut befolgt wird (Abb. 14.21). Man liest ab, daß ein Metall schmilzt, wenn es sich von 0 K an um etwa 2 % linear ausgedehnt hat. Halbmetalle wie As, Sb, Bi, Ga schmelzen wesentlich früher, was wir auf eine abweichende Form der Potentialkurve zurückführen müssen.

14.1.5 Kristallbindung

Alle Kräfte, die Kristalle zusammenhalten, sind ausschließlich elektrostatischer Natur. Magnetische Kräfte sind zu vernachlässigen. Aber diese Coulomb-Kräfte wirken sich in vielfacher Verkleidung aus und haben ganz verschiedene Größenordnung je nach der Anordnung der Kerne und Elektronen in den Gitterteilchen.

Ionenkristalle. Am klarsten ist die Lage, wenn die Gitterteilchen Ionen sind, wie z. B. im Na^+Cl^-. Sie werden zu Ionen, wenn der Übertritt eines oder mehrerer Elektronen Energie einbringt, also im Beispiel des NaCl, wenn die Elektronenaffinität W_A des Cl nicht viel kleiner ist als die Ionisierungsenergie W_I das Na, so daß zwar freie Na- oder Cl-Atome kein

Elektron austauschen, aber der zusätzliche Energiegewinn bei der Zusammenlagerung der geladenen Teilchen zum Kristall den Ausschlag bringt. Die Energiebilanz des NaCl-Kristalls sieht so aus (Werte in eV/Teilchen):

Tabelle 14.7

	Gewinn	Aufwand
Ionisierung des Na		$W_\mathrm{I} = 5{,}1$
Anlagerung des Elektrons an Cl	$W_\mathrm{A} = 3{,}6$	
Anziehender Teil des Gitterpotentials	8,8	
Abstoßender Teil des Gitterpotentials		0,9
Bindungsenergie	6,4	

In wäßriger Lösung sind die Verhältnisse ähnlich. Hier gibt die Hydratationsenergie aus der Anlagerung von H_2O-Dipolmolekülen um die Ionen den Ausschlag. W_A ist für Cl so groß und W_I für Na so klein, weil der Durchgriff der Kernladung des Cl durch die fast abgeschlossene $1s^2\,2s^2\,2p^6\,3s^2\,3p^5$-Elektronenkonfiguration auf das letzte, zusätzliche $3p$-Elektron mit seiner engen Bahn stark ist, dagegen der Durchgriff des Na-Kerns durch die $1s^2\,2s^2\,2p^6$-Konfiguration auf sein rechtmäßiges $3s$-Elektron mit seiner weiten Bahn nur schwach ist. Allgemein nimmt der Ionencharakter einer Bindung mit dem horizontalen Abstand der Partner im periodischen System zu. Der anziehende Teil des Gitterpotentials ist dann einfach die Coulomb-Energie zwischen den Ionen, die sich möglichst abwechselnd anordnen. Damit wird in (14.12) $\mathrm{n} = 1$. Der abstoßende Teil des Potentials tritt erst in Aktion, wenn die Elektronenschalen einander zu durchdringen suchen, und ist dementsprechend sehr steil ($\mathrm{m} \approx 10$; meist rechnet man mit einem exponentiell abfallenden Abschirmpotential). Nach (14.14) braucht man daher am anziehenden Potential, bezogen auf den Gleichgewichtsabstand r_0, nur eine kleine Korrektur (Bruchteil $\mathrm{n}/\mathrm{m} \approx 0{,}1$) für das abstoßende Potential anzubringen.

Natürlich ist das anziehende Potential nicht einfach die Coulomb-Energie $-e^2/(4\pi\varepsilon_0 r_0)$ zweier benachbarter Ionen, denn die Beiträge aller umgebenden Ionen sind zu berücksichtigen. Dies wird durch den **Madelung-Faktor** μ ausgedrückt:

$$W_\mathrm{anz} = -\mu \frac{e^2}{4\pi\varepsilon_0 r_0} . \qquad (14.21)$$

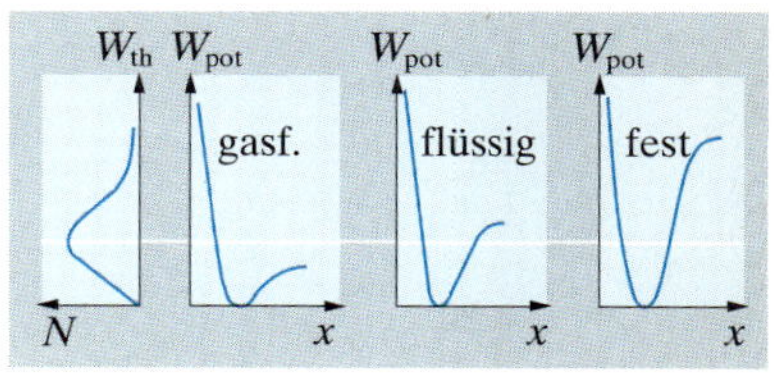

Abb. 14.23. Potentialkurven der Wechselwirkung zwischen den Teilchen, verglichen mit der thermischen Energie bei den verschiedenen Aggregatzuständen (schematisch; das dargestellte Gas wäre stark nichtideal)

μ hängt vom Gittertyp ab und ist 1,748 beim NaCl-Gitter, 1,763 beim kubisch-raumzentrierten CsCl-Gitter, 1,638 beim ZnS-Gitter (Diamantgitter).

Bei Ionenkristallen ist es nur beschränkt möglich, die einzelnen Gitterebenen gegeneinander zu verschieben, denn dabei müßte man über Zwischenlagen gehen, bei denen gleichnamige Ionen einander gegenüberstehen. Ionenkristalle sind daher nur sehr wenig plastisch verformbar.

Valenzkristalle. Die Bindung in einem Ionenkristall der Verbindung AB beruht auf der Verschiebung eines oder mehrerer Elektronen von A nach B. Diese Verschiebung braucht nicht vollständig zu sein. Das andere Extrem ist ein Elektron (oder mehrere), das zwischen A und B in einer beiden Atomen gemeinsamen Bahn sitzt. Ein solches Elektron hat mehr Platz zur Verfügung und daher eine niedrigere Energie, als wenn es einem Atom allein angehörte (Abschn. 16.3.1). Diese Energieabsenkung ist die Bindungsenergie. Besonders stark wird diese Bindung, wenn sie durch zwei Elektronen vermittelt wird. Wegen des Pauli-Prinzips müssen sie entgegengesetzten Spin haben, um in die sonst gleiche Bahn zu passen. Voraussetzung für eine solche **kovalente Bindung** ist allerdings, daß beide Atome freie Elektronenbahnen in der in Frage kommenden Schale verfügbar haben. Sonst wäre energieverzehrende Hebung in höhere Schalen nötig.

Kovalente Bindung ist die Regel zwischen Atomen gleicher Art und zwischen solchen, die im Periodensystem übereinander oder horizontal nahe beisammen stehen. Ein räumliches Gitter kommt dabei allerdings i. allg. nur zustande, wenn die Atome mindestens dreiwertig sind. Beide Bedingungen sind am besten in der vierten, weniger gut in der dritten und fünften Spalte des Periodensystems erfüllt. C, Si, Ge, SiC sind die typischen Valenzkristalle, 3-5-Verbindungen wie GaAs, InSb haben teilweise Ionencharakter.

Kovalente Kräfte bevorzugen starre Richtungen. Das Gitter nimmt meist nicht die höchstmögliche Koordinationszahl (12 oder 8) an, sondern die von der Valenzstruktur diktierte Viererkoordination, unter Verzicht auf gute Raumerfüllung. Trotz ihrer Lockerheit sind diese Strukturen aber eben wegen der Stärke und Gerichtetheit der Bindungen sehr hart und spröde. Diamant (C), Carborund (SiC) und Bornitrid (BN) sind die härtesten Stoffe und gehören zu den höchstschmelzenden.

Molekülkristalle. Ein- oder zweiwertige Atome sättigen einander schon im Molekül ab und haben keine Bindung für die Kristallbildung frei. Im Kristall sind die Moleküle untereinander durch sehr viel schwächere Kräfte gebunden. Haben die Moleküle wenigstens ein permanentes Dipolmoment, dann tritt ein anziehendes Potential zwischen ihnen auf, das bei günstiger Anordnung (↑↓ bzw. →→) eine r^{-3}-Abhängigkeit hat (die potentielle Energie zwischen Dipol und Punktladung geht wie r^{-2}, zwischen Dipol und Dipol wie r^{-3}). Bei hinreichender Annäherung kann die Wechselwirkungsenergie bis in die Gegend von 1 eV kommen.

Ein Kristall aus zwei Molekülen A und B, von denen A ein permanentes Dipolmoment p_A hat, B nicht, hält so zusammen: Das Feld $\boldsymbol{E}$ des Dipols A influenziert im benachbarten Molekül B ein entgegengesetztes Moment $\boldsymbol{p}_B = \alpha_B \boldsymbol{E}$ (α: Polarisierbarkeit). Da $\boldsymbol{E} \sim r^{-3}$, geht die Wechselwirkungsenergie $W \sim p_A p_B / r^3$ wie r^{-6}.

Moleküle, die beide ohne permanentes Dipolmoment sind, üben trotzdem **van der Waals-Kräfte** oder genauer **Londonsche Dispersionskräfte** aufeinander aus. Da die Elektronen im Molekül nicht fixiert sind, entsteht durch Schwankungen ihrer Verteilung ein temporäres Dipolmoment, dessen zeitlicher Mittelwert allerdings Null ist. Dieses temporäre Dipolmoment influenziert im Nachbarmolekül ein antiparalleles Dipolmoment. Das Ergebnis ist in seiner r^{-6}-Abhängigkeit das gleiche wie oben, nur sind die Bindungsenergien noch kleiner. Edelgase H_2, Ne, O_2 haben deswegen so niedrige Siede- und Schmelzpunkte.

Das abstoßende Potential, das den Gleichgewichtsabstand garantiert, stammt wieder vom Überlappungsverbot der besetzten Elektronenschalen und ist sehr steil. Es wird oft durch r^{-12} bzw. $e^{-r/a}$ wiedergegeben.

Zur **Dipolbindung** kommt bei manchen Molekülkristallen, vor allem beim Eis, noch die **H-Brückenbindung**. Ein Proton kann ähnlich wie ein Elektron zwischen zwei Nachbarmolekülen aufgeteilt oder ausgetauscht werden, wenn ein Protonendonator (z. B. eine OH- oder NH-Gruppe) einem Protonenakzeptor (z. B. einem „einsamen Elektronenpaar" eines O) gegenübersteht. Der Chemiker beschreibt die Situation als tautomeres Fluktuieren zwischen Grenzstrukturen wie $NH \ldots O \rightleftharpoons N^- \ldots H^+O$. Die resultierende Bindungsenergie ist ein Gemisch aus der quantenmechanischen Absenkung der Nullpunktsenergie des Protons (Austauschkraft) und der elektrostatischen Anziehung zwischen den geladenen Gruppen in der einen Grenzstruktur. Solche H-Brücken halten nicht nur Wasser und Eis zusammen, sondern auch biologisch so grundlegende Strukturen wie Proteinmoleküle (besonders die ***α*-Helix**) und **Nukleinsäuren** (DNS-Doppelhelix).

Metalle. Bei den Metallen mit ihren leicht abtrennbaren Elektronen geht die Tendenz zur Sozialisierung dieser Elektronen noch weiter. Nicht nur zwei Nachbaratome, sondern alle Atome des ganzen Gitters teilen sich die Valenzelektronen. Diese bilden ein Elektronengas, das sich relativ frei durch das Gitter der Rumpfionen bewegt. Die Bindungsenergie beruht auf der Absenkung der Nullpunktsenergie der Valenzelektronen, die statt einer Atomhülle jetzt das ganze Kristallvolumen zur Verfügung haben. Bei den Übergangsmetallen, in denen die *d*-Schale in Auffüllung begriffen ist, kommt noch ein kovalenter Bindungsanteil dazu und macht diese Kristalle zu den härtesten und höchstschmelzenden.

Da abgesehen hiervon die Bindung durch das Valenzelektronengas praktisch keine Richtungseigenschaften besitzt, bevorzugen Metalle dichte Packungen mit hohen Koordinationszahlen (kubisch-flächenzentriert, hexagonal dicht, kubisch-raumzentriert). Verschiebung der Gitterebenen gegeneinander ist im Gegensatz zu den Ionenkristallen möglich: Den Rumpfionen einer Schicht ist es ganz gleich, in welche Täler der Nachbarschicht sie einrasten. Daher lassen sich Metalle unter Erhaltung des Volumens leicht verformen. Wieviel Widerstand sie der Verformung entgegensetzen, hängt vor allem vom Beitrag kovalenter Bindung ab, der bei den Übergangsmetallen besonders groß ist. Bei Legierungen und verunreinigten Metallen verzahnen Fremdatome die einzelnen Gitterebenen ineinander und erschweren ihr Gleiten.

14.1.6 Einiges über Eis

Sauerstoff hat die Elektronenkonfiguration $1s^2\,2s^2\,2p^4$. An der vollen Ne-Schale fehlen ihm zwei Elektronen, und zwar zwei *p*-Elektronen. Nach dem Aufbauprinzip sitzen 2*s*-Elektronen energetisch tiefer als 2*p*-Elektronen. Nach der Hund-Regel werden die drei *p*-Orbitals p_x, p_y, p_z mit ihren zueinander wechselweise senkrechten Symmetrieachsen zuerst jedes mit einem Elektron besetzt (bis zum Stickstoff). Das achte Elektron des Sauerstoffs paart eines dieser Orbitals, sagen wir p_x, ab. Es bleiben zwei ungepaarte valenzbildende Elektronen, deren p-Wolken Hanteln in zwei zueinander senkrechten Richtungen bilden. Sie können je eine Bindung mit einem Wasserstoff 1s-Elektron eingehen. Dann macht sich aber der hohe Durchgriff des O-Kerns durch seine Elektronenwolken geltend (effektive Kernladung $= 2e$), anders ausgedrückt, die Tendenz des O zum Schalenabschluß oder seine hohe Elektronenaffinität oder Elektronegativität: Die Bindungselektronen werden näher an den O-Kern gezogen und entblößen teilweise die H-Kerne. Das O nimmt so eine negative, jedes H eine positive Partialladung an. Die resultierende Coulomb-Abstoßung der beiden H spreizt den Winkel von ursprünglich 90° zwischen den beiden O-H-Bindungen auf 105°. Dies kommt dem Winkel zwischen zwei Richtungen Schwerpunkt–Ecke eines regulären Tetraeders sehr nahe. Die Elektronenstruktur des O wird damit ganz ähnlich deformiert wie die des C im CH_4. Für die acht äußeren Elektronen (sechs vom O, zwei von den H) ist es unter den gegebenen Umständen energetisch günstiger, auf die Unterscheidung zwischen s und p zu verzichten und sich zu vier Elektronenpaaren zu **hybridisieren**, die in vier tetraedrisch angeordneten Wülsten sitzen. Diese vier Wülste sind schon im freien H_2O-Molekül weitgehend gleichwertig, obwohl nur zwei von ihnen Protonen binden und die anderen „einsame Paare" bleiben. Nur die Coulomb-Abstoßung der Protonen verhindert, daß sich auch an jedes einsame Paar ein Proton anlagert (H_4O). H_3O^+-Ionen bilden sich im Wasser und Eis relativ häufig (s. S. 772). Sie stellen das dar, was man schematisch als H-Ionen bezeichnet.

Im Eisgitter ist ein einsames Paar dem teilweise entblößten, also positiven H eines benachbarten H_2O-Moleküls gerade recht als Partner einer Nebenvalenz, genauer einer Wasserstoff-Brücke. Das O wird sich mit *vier* anderen H_2O-Molekülen zu umgeben suchen, die alle durch **Wasserstoffbrücken** mit ihm verbunden sind. Zwei dieser vier Brücken werden durch die beiden H vermittelt, die das betrachtete O ins Gitter mitgebracht hat, die anderen beiden durch „fremde" H; aber dieser Unterschied verschwimmt teilweise infolge der Freiheit des H in einer H-Brücke, zwischen den beiden erlaubten Plätzen überzuwechseln.

Eis wird also ähnlich wie Diamant in einem Gitter kristallisieren, das diese tetraedrischen Umgebungen ausnutzt. Ein Gitter aus zwei ineinandergestellten kubisch flächenzentriert dichtesten Kugelpackungen tut das (Abschn. 14.1.1), aber auch eines aus zwei ineinandergestellten hexagonal dichtesten Packungen. Diamant wählt die erste, Eis die zweite Möglichkeit (Grund: s. Aufgabe 14.1.8). Aus tetraedrischen Bausteinen (Milchtetraedern oder einfacher C-Atommodellen, wie sie jedes Chemie-Labor hat) kann man nicht nur das Diamantgitter, sondern auch das Eisgitter aufbauen und dabei unter anderem die nachstehenden Tatsachen ablesen.

Eis hat eine Vorzugsrichtung, die c-Achse, um die herum dreizählige Symmetrie herrscht, die manchmal wie eine sechszählige aussieht. Die c-Achse steht senkrecht auf der Ebene einer **Schneeflocke** oder in der Achse

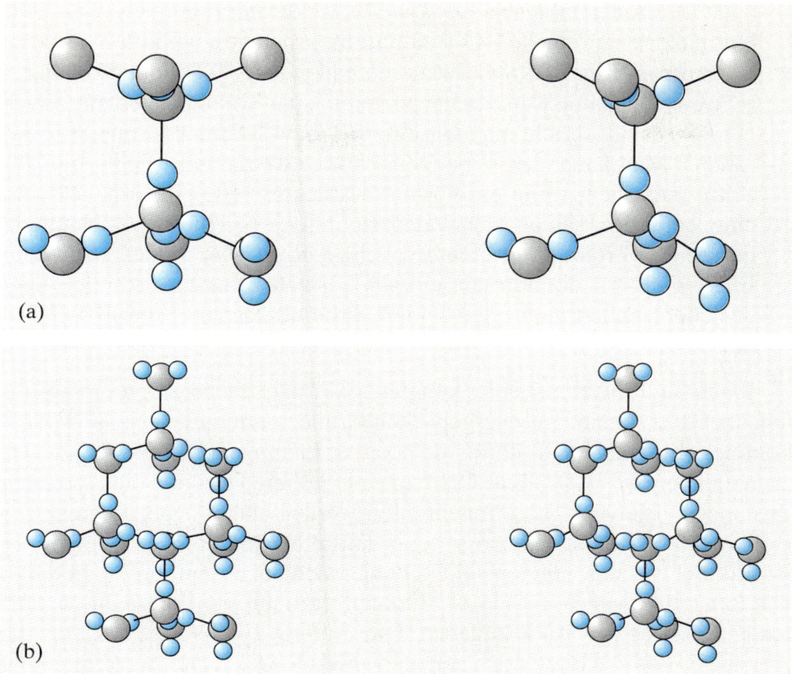

Abb. 14.24a, b. Stereo-Darstellung der Eisstruktur. Jedes O ist tetraedrisch von vier anderen O umgeben und auch von vier H, von denen normalerweise zwei kovalent, zwei als H-Brücke mit diesem O verbunden sind. Betrachten Sie die Bilder (a) und (b) einzeln aus normalem Leseabstand, ohne zu schielen. Nach einer Weile verschmelzen die Teilbilder zum Stereo-Eindruck. Notfalls benützen Sie eine Stereo-Brille

eines sehr reinen **Eiszapfens**. H_2O-Moleküle aus einer Gasphase finden die besten Ansatzpunkte seitlich an einer teilweise ausgebildeten *c*-Ebene (Gitterebene senkrecht zur *c*-Achse). Manchmal kann ein Molekül sich nur mit einer Bindung anheften, schafft damit aber sofort eine zweite Bindung für das nächste Molekül. Neue *c*-Ebenen sind dagegen schwierig zu starten: Ein „Keimmolekül" findet immer nur eine Bindung, das nächste ebenfalls, selbst das dritte, und erst ein viertes Molekül kann sich in zwei Bindungen einfügen. Deswegen wachsen Schneeflocken viel schneller in ihrer Ebene als senkrecht dazu. Beim Diamant sind die Verhältnisse anders.

Auch im flüssigen Wasser sind die Moleküle zum großen Teil im Eisgitter angeordnet. Solche eisähnlichen Bezirke, die sich ständig auflösen und neubilden, werden getrennt durch ungeordnete und daher weniger sperrige Bereiche. Wasser besteht eigentlich also aus zwei Phasen (oder sogar mehr, falls man Eiskomplexe aus verschiedenen Anzahlen von Molekülen unterscheidet). Dies erklärt u. a. die **Dichteanomalie des Wassers**: Je höher die Temperatur, desto mehr schmelzen die sperrigen Eiskomplexe weg. Ohne die übliche thermische Ausdehnung würde also das Wasser mit steigender Temperatur immer dichter werden.

Gitterfehler im Eiskristall. Diese reguläre Eisstruktur kann offensichtlich auf zwei Arten durchbrochen werden.

- **Ionenfehler**: Ein O kann von drei statt normalerweise zwei H direkt umgeben sein. Aus Neutralitätsgründen wird es dann irgendwo im Gitter ein anderes O geben, das nur ein H direkt bei sich hat. Solche H_3O^+-

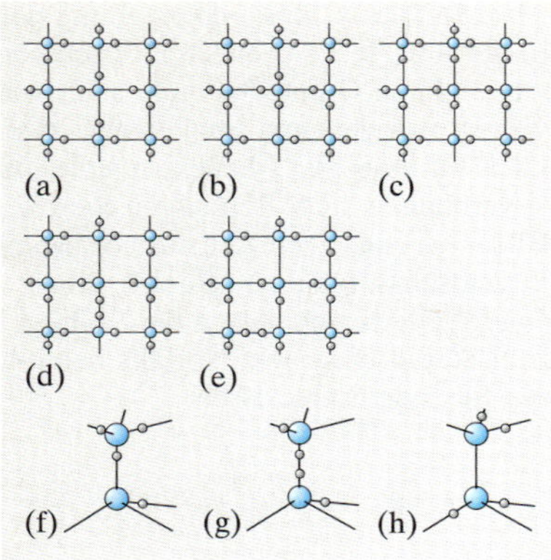

Abb. 14.25a–h. Fehler im Eiskristall und ihre Wanderung. (a) Idealkristall. (b) Ein Ionenpaar hat sich gebildet und in (c) weiter getrennt. (d) Ein Bjerrum-Fehlerpaar hat sich gebildet und in (e) weiter getrennt. (f, g, h) Wirkliche Konfiguration von Ionen-, d- und l-Fehlern

und OH^--Ionen bilden sich paarweise, indem ein H einfach von seiner Normallage auf einer O–O-Bindung in das andere Minimum springt.

- **Bjerrum-Fehler**: Normalerweise enthält jede O–O-Bindung genau ein H. Wenn ausnahmsweise beide oder keine der Vorzugslagen mit einem H besetzt sind, spricht man von einem d- bzw. l-Fehler („doppelt“ bzw. „leer“). Man kann sich vorstellen, daß ein d- und ein l-Fehler gleichzeitig entstehen, wenn ein normal bestücktes H_2O sich um 120° um eine beliebige seiner vier Valenzrichtungen dreht. Die Abstoßung der beiden Protonen in einem d-Fehler ergibt eine erheblich höhere Energie als für die normale einfach besetzte Bindung. Ähnlich liegt auch der l-Fehler mit seinen beiden „Protonenlöchern“ energetisch höher.

Ionen- und Bjerrum-Fehler könnten im Prinzip auch kombiniert auftreten, aber dies scheint aus energetischen Gründen nur äußerst selten vorzukommen. Entsprechend führen die positive Ladungsanhäufung bzw. -verarmung in einem H_3O^+ bzw. OH^- zu einer höheren Energie eines solchen Zustandes. Bjerrum- und Ionenfehler werden daher entsprechend der Boltzmann-Verteilung um so seltener auftreten, je tiefer die Temperatur ist. Einmal erzeugt, können solche Fehler sich aber ziemlich leicht durch den Kristall bewegen. Das H_3O^+ braucht dazu nur ein Proton an ein normales Nachbarmolekül abzugeben. Dies kommt zwar seltener vor als die Abgabe an das eventuell noch nebenan sitzende OH^-, die zur Vernichtung der beiden Ionenfehler führen würde. Zum Wandern eines Bjerrum-Fehlers genügt eine weitere Drehung eines der benachbarten Moleküle, sofern sie nicht zur Vernichtung des Fehlerpaares führt. Das Wandern von Ionen- und von Bjerrum-Fehlern bedeutet einen Ladungstransport und ist verantwortlich für die Leitungs- und dielektrischen Eigenschaften des Eises.

Nullpunktsentropie des Eises. Die Entropie des hexagonalen Eiskristalls, extrapoliert auf den absoluten Nullpunkt und gemessen als $3{,}4\,\mathrm{J\,K^{-1}\,mol^{-1}}$, ist ein vorzügliches Beispiel einer rein strukturellen Entropie. Die Entropie eines Zustandes ist der Logarithmus seiner Wahrscheinlichkeit, d. h. der Logarithmus der Anzahl gleichberechtigter Realisierungsmöglichkeiten für diesen Zustand. Kenntnis des Eisgitters erlaubt, diese Möglichkeiten abzuzählen. Im Eisgitter gehen von jedem O-Atom vier Bindungen aus. Auf jeder dieser Bindungen gibt es zwei mögliche Plätze für H-Atome. Normalerweise ist nur einer davon besetzt, und zwar so, daß jedes O genau zwei H dicht bei sich hat. So sieht die energetisch günstigste Konfiguration aus. Andere enthalten Bjerrum- oder Ionenfehler und spielen daher bei tiefen Temperaturen keine Rolle mehr. Es gibt sehr viele Arten, fehlerfreie Eiskristalle aus N Wassermolekülen aufzubauen. Wie viele es sind, finden wir am einfachsten, wenn wir eine der beiden Bedingungen und schließlich beide fallen lassen und jedesmal die Anzahl erlaubter Konfigurationen bestimmen. Eine Konfiguration ist bjerrumfehlerfrei, wenn jede Bindung genau ein H hat (aber nicht notwendig jedes O zwei H). Eine Konfiguration ist ionenfehlerfrei, wenn jedes O genau zwei H dicht bei sich hat (aber nicht notwendig jede Bindung genau ein H).

Die Anzahl *aller* Konfigurationen aus N Molekülen (ohne Rücksicht auf irgendeine Fehlerfreiheit) ergibt sich so: Wir haben $2N$ H-Atome und $2N$ Bindungen mit insgesamt $4N$ Plätzen. Es gibt $\binom{4N}{2N} = \frac{(4N)!}{((2N)!)^2}$ Arten (Abschn. 17.1.2), die H über die Plätze zu verteilen. Nach *Stirling* (Abschn. 17.1.3) läßt sich das sehr gut nähern durch $\frac{(4N)^{4N}}{((2N)^{2N})^2} = 2^{4N} = 4^{2N}$.

Bjerrumfehlerfreie Konfigurationen: Jede der $2N$ Bindungen bietet zwei mögliche Konfigurationen unter den 4^{2N} überhaupt möglichen. Nur eine unter $4^N (= 4^{2N}/4^N)$ der überhaupt möglichen Konfigurationen ist bjerrumfehlerfrei.

Ionenfehlerfreie Konfigurationen: Wir gehen aus von N richtig mit je zwei H bestückten O. Relativ zum Gitter kann jedes H_2O sechs wesentlich verschiedene Lagen einnehmen (drei Lagen bei Drehung um jede der vier Bindungen = 12 Lagen, von denen aber je zwei wegen der Ununterscheidbarkeit der beiden H in eine zusammenfallen; oder einfacher: $6 = \binom{4}{2}$). Jede dieser sechs Lagen für jedes der N H_2O ergibt ein ionenfehlerfreies (aber meist nicht bjerrumfehlerfreies) Gitter. Es gibt also 6^N ionenfehlerfreie Konfigurationen unter den 4^{2N} überhaupt möglichen. Nur eine unter $(\frac{8}{3})^N (= 4^{2N}/6^N)$ überhaupt möglichen Konfigurationen ist ionenfehlerfrei.

Die Forderungen nach Ionen- und Bjerrumfehlerfreiheit sind logisch unabhängig. Man kann also annehmen, daß unter den 6^N ionenfehlerfreien Konfigurationen derselbe Bruchteil, nämlich $1/4^N$, auch bjerrumfehlerfrei ist wie unter den Konfigurationen überhaupt. So ergeben sich $6^N/4^N = (3/2)^N$ fehlerfreie Konfigurationen. Der Zustand eines ruhenden Gitters ($T = 0$) kann hiernach auf $(3/2)^N$ gleichwertige Arten realisiert werden. Das ist auch die thermodynamische Wahrscheinlichkeit P_0 dieses Zustandes. Seine Entropie ist also $S_0 = k \ln P_0 = kN \ln \frac{3}{2} = 3{,}37\,\mathrm{J\,K^{-1}\,mol^{-1}}$.

14.1.7 Kristallwachstum

Ein Kristall wächst i. allg., indem sich Netzebenen einer oder einiger ausgezeichneter Richtungen mit kleinen Indizes, also besonders dichter Atomlage übereinanderstapeln. Die Netzebene selbst wächst im einfachsten Fall atomkettenweise. In jedem Moment ist die typische Wachstumsstelle des Kristalls, d. h. die Stelle, wo sich mit großer Wahrscheinlichkeit das nächste Atom anlagern wird, die **Halbkristallage**, das vorläufige Ende einer unvollständigen Netzebene. Sie bietet den energetisch günstigsten Ansatzpunkt, d. h. den mit den meisten Bindungen zu Nachbaratomen, und zwar mit genau halb so vielen Bindungen, wie sie ein Atom im Kristallinnern betätigt: drei gegen sechs im einfach kubischen, zwei gegen vier im Diamant- und Eisgitter, vier gegen acht im kubisch-raumzentrierten, sechs gegen zwölf im kubisch-flächenzentrierten Gitter. Abtrennung eines Atoms aus einer Halbkristallage kostet also eine **Abtrennenergie**, die gleich der Bindungsenergie des Atoms im Innern ist, denn für dieses ist ja auch nur die Hälfte seiner Bindungen energetisch zu veranschlagen (die andere Hälfte zählt für die Nachbarn mit).

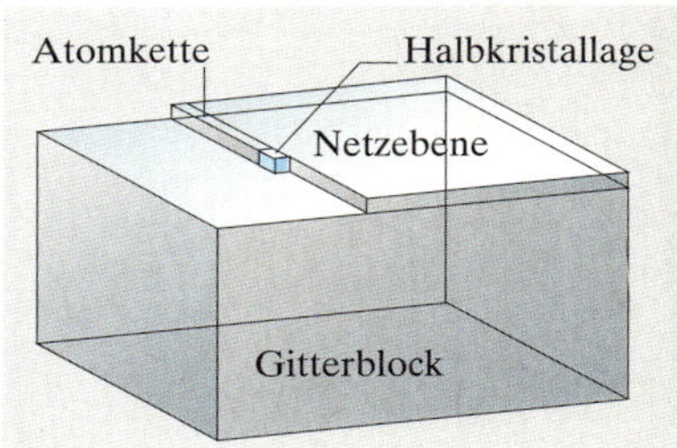

Abb. 14.26. Halbkristallage als Ansatzpunkt eines Teilchens, das eine angefangene Teilchenkette weiterwachsen läßt. Dieses Teilchen betätigt halb so viele Bindungen wie ein Teilchen im Kristallinnern

Die Halbkristallage bietet einem aus der Dampfphase oder der Lösung auftreffenden Atom den Anlagerungsquerschnitt σ. Dies ist ein effektiver, kein rein geometrischer Querschnitt, der u. a. auch berücksichtigt, daß das anzulagernde Atom in einer bestimmten Orientierung auftreffen muß. Wenn Dampf oder Lösung n Atome/m^3 enthalten, die mit v fliegen, ist die mittlere Wartezeit bis zur Anlagerung des nächsten Atoms $\tau_{\mathrm{an}} \approx 3/(nv\sigma)$ (vgl. kinetische Gastheorie, Abschn. 5.2.1). Andererseits schwingt ein angelagertes Atom mit der Frequenz ν und hat die Wahrscheinlichkeit $e^{-W/(kT)}$, die Abtrennenergie W auf sich zu vereinigen.

Die mittlere Wartezeit bis zur Abtrennung ist also $\tau_{ab} \approx \nu^{-1}\,e^{W/(kT)}$. Aus diesem einfachen Ansatz folgt bereits sehr viel: Gleichgewicht herrscht bei $\tau_{an} = \tau_{ab}$, d. h. bei

$$n = \frac{3\nu}{\sigma v}\,e^{-W/(kT)}\,.$$

Das ist der Clausius-Clapeyron-ähnliche Ausdruck für Gleichgewichtsdampfdruck oder -konzentration. Im Gleichgewicht rückt die momentane Wachstumsstelle nur stochastisch zufällig, d. h. schwankungsmäßig vor und zurück. Zügiges Wachstum ist nur bei Übersättigung oder Unterkühlung, Absublimieren oder Auflösen bei Untersättigung oder Überhitzung möglich. Beide erfolgen um so schneller, je größer die Abweichung von den Gleichgewichtsbedingungen ist.

Man sollte meinen, daß zumindest beim einfach kubischen Gitter selbst bei leichter Übersättigung nur die jeweils angefangene Atomkette fertiggestellt werden kann, denn das erste Atom einer neuen Reihe betätigt nur zwei statt drei Bindungen und hat daher eine um $e^{W/(3kT)}$ größere Chance, wieder abgetrennt zu werden, so daß $\tau_{an} \gg \tau_{ab}$ wird. Dieses Hindernis der Kettenkeimbildung kann durch **Oberflächendiffusion** umgangen werden: Selbst wenn ein Atom sich mitten auf dem „blanken" Teil einer Netzebene, fern von der angefangenen oder anzufangenden Atomkette niederläßt, wo es im einfach kubischen Fall nur durch *eine* Bindung festgehalten wird, nutzt es die kurze Zeit seiner Anlagerung aus, um sich von einem Platz zum nächsten weiterreichen zu lassen. Das Hüpfen zur Nachbarbindung ist wahrscheinlicher als die vollständige Ablösung. Wenn ein solches Atom, oder noch besser ein Atompaar, dabei an eine Halbkante gelangt, ist die Keimbildung geglückt, falls schnell genug andere Atome sich dort anlagern, um die neue Atomkette zu konsolidieren.

Schaffung neuer **Netzebenenkeime** ist wesentlich schwieriger. Manchmal umgeht der Kristall auch diese Schwierigkeit durch **Spiralwachstum** (Abschn. 14.5.4), ohne überhaupt solche Netzebenenkeime anlegen zu müssen.

Besonders für die Herstellung von Halbleitern ist das **epitaxiale Wachstum** wichtig. Auf der Netzebene eines Kristalls nimmt auch fremdes Material u. U. die Gitterstruktur des Substrats an. Der Übergang zwischen den unterschiedlichen Gitterparametern wird notfalls durch ein ganzes Netz von Versetzungen ermöglicht. So gewinnt man monokristalline Dünnschicht-Bauelemente, die relativ wenige Gitterfehler und daher vielfach bessere elektronische Eigenschaften haben.

Kristallzüchtung. Man kann einkomponentige Verfahren (Züchtung aus der reinen Schmelze oder dem reinen Dampf) und mehrkomponentige Verfahren (Züchtung aus der Lösung oder durch thermische Zersetzung anderer Substanzen) unterscheiden. In fast allen Fällen wird die Züchtung durch Impfung mit einem Kristallkeim eingeleitet. Die Temperatur- und Konzentrationsverteilung (Unterkühlung, Übersättigung) sind entscheidend. Zusätze erwünschter oder unerwünschter Art können in weiten Grenzen geregelt werden. Vielfach muß man unter einem Schutzgas arbeiten.

Für die Halbleiterherstellung am wichtigsten sind die **Tiegelverfahren** (Züchtung aus der Schmelze). Beim **Bridgman-Verfahren** wird der Tiegel durch einen T-Gradienten geschoben. Der Tiegel (meist ein zugespitztes Rohr) soll durch seine Form nur *einem* Keim das Wachstum erlauben. Beim **Stockbarger-Verfahren** begrenzen zwei Heizwicklungen den T-Gradienten auf die Phasengrenze. Bei *Kyropoulos* und *Czochralski* wird ein gekühlter Impfkristall in die Schmelze getaucht und sehr langsam herausgezogen.

Besonders für synthetische Edelsteine verwendet man das **Verneuil-Verfahren**: Polykristallines Pulver oder eine flüchtige Verbindung werden in eine Flamme oder einen Lichtbogen eingestreut, unter dem der wachsende Einkristall sitzt.

Polykristallines oder unreines Material können im **Zonenschmelzverfahren** durch eine schmale Heizvorrichtung aufgeschmolzen werden, die sich langsam weiterbewegt. Dahinter bildet sich bei geeigneter Anordnung ein Einkristall. Verunreinigungen, die die flüssige Phase bevorzugen (Verteilungskoeffizient!), werden so „herausgefegt". Notfalls wiederholt man das Verfahren. Die Schmelzzone kann auch eine erwünschte Dotierung gleichmäßig verteilen (**Zonen-Nivellierung**).

Aus der Lösung gewinnt man Kristalle durch Abkühlen oder Eindampfen. Die erhöhte Löslichkeit bei hohen T und p erlaubt sogar die **hydrothermale Züchtung** von Quarz in Nachahmung geologischer Prozesse.

Aus dem Dampf entstehen **Aufdampfschichten**, die vielfach zunächst unter dem Einfluß der Unterlage amorph sind und erst bei größerer Dicke durchkristallisieren, und **Whiskers**, die meist in einer einzigen Schraubenversetzung wachsen. Ein Heizdraht (*van Arkel*, *de Boer*) als Aufdampfunterlage regelt die Wachstumsverhältnisse durch seine Temperatur. Aus der festen Phase gewinnt man durch Umkristallisieren andere Kristallformen, speziell unter hohen p und T wie bei der Diamantsynthese.

14.1.8 Fullerene

Die Chemie kennt zwei Grundkonfigurationen des C-Atoms, die aliphatische (tetraedrische) wie in den Kohlenwasserstoffen und die aromatische (ebene) wie im Benzol. Aus reinem Kohlenstoff kann man dementsprechend zwei räumlich im Prinzip unendliche Kristallstrukturen aufbauen: Den **Diamant**, in dem jedes C tetraedrisch von 4 gleichberechtigten Nachbarn umgeben ist, ähnlich wie das O im Eis, nur in kubisch-flächenzentrierter, nicht in hexagonaler Anordnung (Grund: Aufgabe 14.1.8), und den **Graphit**, bestehend aus ebenen Schichten aus lauter Sechsecken, wobei diese Schichten miteinander nur schwach gebunden sind. Daher ist Graphit so weich, Diamant so hart. Trotz dieser Anisotropie ist Graphit energetisch stabiler als der so schön symmetrische Diamant: Hüten sie ihren Brillantring vor zu hohen Temperaturen, sonst ist er (selbst bei Luftabschluß) höchstens noch als Bleistift zu gebrauchen.

1985 untersuchten *Kroto* und *Smalley* das sehr komplexe Absorptionsspektrum von interstellarem Staub und versuchten, einen ähnlichen Staub im Labor durch Verdampfen von Graphit herzustellen. In dessen Massenspektrum fanden sie intensive, sehr stabile Linien, die den verschiedenen

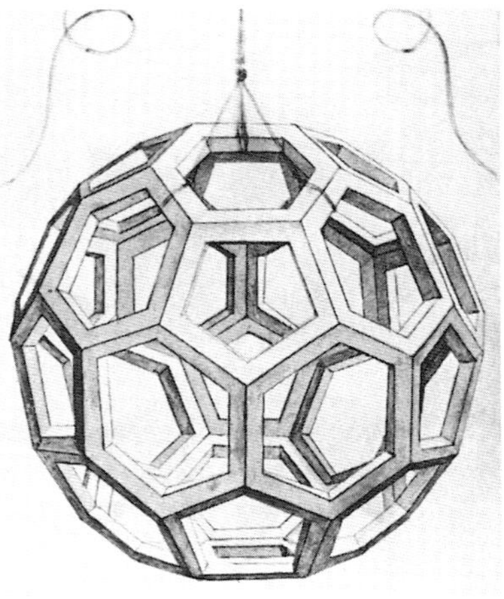

Abb. 14.27. Leonardo da Vinci kannte weder Fußbälle noch Fullerene, aber Strukturen wie die symmetrischen Polyeder faszinierten ihn (© EBM-Service für Verleger, Luzern)

Ionisationsstufen eines Moleküls C_{60} entsprachen. 60 Ecken hat der TV-Fußball, Stellen, wo ein (schwarzes) Fünfeck mit zwei (weißen) Sechsecken zusammenstößt. Betrachtet man die 12 Fünf- und 20 Sechsecke als eben, ist dies eines der 13 semiregulären Polyeder, die schon *Archimedes* untersucht hat. *Euler* fand, daß man aus Sechsecken nur dann eine in sich geschlossene Fläche bauen kann, wenn genau 12 Fünfecke dabei sind. Am einfachsten ist natürlich das Dodekaeder: 12 Fünfecke, kein Sechseck. Wegen der Ähnlichkeit mit den „geodätischen Domen" des Architekten und Ingenieurs R. Buckminster Fuller, polyedrischen Strukturen von theoretisch unbegrenzter Spannweite, nannte man die zunächst hypothetische Fußball-Struktur **Fulleren** oder auch **bucky ball**. Es gibt noch mehr davon, z. B. C_{70}, das aber nicht kugelig, sondern etwas länglich ist, fast wie ein american football.

Krätschmer und *Huffmann* fanden 1990 einen Weg, größere Mengen Fullerene zu erzeugen: Man verdampft Graphit z. B. im Lichtbogen unter einer He-Schutzgasatmosphäre. Die einzeln oder in kleinen Schichtfetzchen abdampfenden C-Atome können sich nicht zu Graphit-Ebenen zusammenlagern: Kleine Stücke einer Ebene haben am Rand zu viele offene Bindungen. Günstiger ist es, diese Bindungen gegenseitig zu verknüpfen, die Schicht aufzurollen. Die notwendige Krümmung erreicht man aber nur, wenn man auf einige Sechsecke verzichtet und sie zu Fünfecken macht, 12 nämlich, wenn man eine Kugel wünscht. Das Fünfeck ist energetisch weniger günstig, Krümmung bedeutet Verspannung der Valenzwinkel; die Sache lohnt nur, wenn genügend viele Sechsecke bleiben. Deswegen sind zu kleine Gebilde dieser Art, z. B. das wunderschöne Dodekaeder aus 20 aliphatischen C, nicht stabil, sondern erst C_{60} mit 12 Fünf- und 20 Sechsecken.

Außer den bucky balls bilden sich auch bucky tubes, lange Röhren, d. h. zylindrisch aufgerollte Graphit-Ebenen, meist abgeschlossen durch einen halben Fußball an jedem Ende, und bucky onions, konzentrisch ineinandergeschachtelte bucky balls mit verschieden vielen Sechsecken, wo also nicht Einzelebenen, sondern ganze Stöße davon aufgerollt sind. C_{60} kristallisiert, indem sich die Fußbälle einfach kubisch dicht zusammenlagern. Obwohl der Ball keine echten freien Valenzen mehr hat, kann man dann andere Teilchen verschiedenster Art zwischen die Bälle und sogar in ihr leeres Inneres einlagern, dank der gleichen Kräfte, die die einzelnen Graphit-Ebenen aneinanderbinden. Die Eigenschaften solcher dotierten Kristalle gehen von Schmiermitteln über Halbleiter und Hochtemperatur-Supraleiter (bis 45 K Sprungtemperatur) bis zu Aids-Therapeutika, die die Vermehrung des HIV-Virus verhindern sollen. Täglich erscheinen 3–4 Publikationen über dieses faszinierende Gebiet.

14.2 Gitterschwingungen

Teilchen im Festkörper können schwingen und bedingen dadurch dessen wesentlichste Eigenschaften: Thermische, mechanische, optische, akustische, auch elektrische. Auch hier wirkt sich der Welle-Teilchen-Dualismus aus: Wie das Licht in Photonen, so zerfallen die Gitterschwingungen in Phononen.

14.2.1 Spezifische Wärmekapazität

Wenn ein Festkörper ein System von schwingungsfähigen Gitterteilchen ist, sollte jeder dieser Oszillatoren nach dem **Gleichverteilungssatz** der klassischen Physik gleichviel kinetische wie potentielle Energie haben, und zwar für jeden dieser beiden Anteile $\frac{3}{2}kT$ (drei Freiheitsgrade entsprechend den drei Raumrichtungen). Es bleibt die Frage, was als schwingungsfähige Einheit aufzufassen ist. Ein Atom? Dann erhält man für ein Grammatom jedes Stoffes $3N_{\mathrm{A}}kT = 3RT$, also die spezifische Atomwärme von $3R = 25\,\mathrm{J\,mol^{-1}\,K^{-1}}$, den Wert von *Dulong-Petit*. Wenn die Atome auch im Molekül unabhängig schwingen, folgt die **Neumann-Kopp-Regel**: Die Molwärme ist die Summe der Atomwärmen. Für Wasser mit der molaren Wärmekapazität von $75\,\mathrm{J\,mol^{-1}\,K^{-1}}$ scheint das genau zu stimmen. Für Diamant würde man $2\,\mathrm{J\,g^{-1}\,K^{-1}}$ erwarten, findet aber nur $0{,}5\,\mathrm{J\,g^{-1}\,K^{-1}}$.

Die beobachtete spezifische Wärme bleibt um so mehr hinter dem Dulong-Petit-Wert zurück, je tiefer die Temperatur, je leichter das Gitterteilchen (Vergleich C–Si–Ge) und je fester das Gitter ist (Vergleich Diamant–Graphit–Eis). *Einstein* zog 1907 die Parallele zur Wärmestrahlung: Auch dort versagt die klassische Rayleigh-Jeans-Formel für die Strahlungsdichte (vgl. Abschn. 11.2.3) um so mehr, je tiefer die Temperatur und je höher die Frequenz ist. Die Frequenz eines Gitterteilchens ist aber um so höher, je leichter und je fester gebunden es ist. *Einstein* schlug daher die gleiche Lösung vor wie *Planck* für die schwarze Strahlung: Die Energie der Oszillatoren, hier der Gitterteilchen, muß gequantelt sein, d. h. die Energie eines schwingenden Teilchens, auch wenn es neutral ist und daher nichts mit elektromagnetischer Strahlung zu tun hat, kann nur ein ganzzahliges Vielfaches von $\hbar\omega$ sein: $\varepsilon_j = j\hbar\omega$ (die heutige Quantenphysik zählt die **Nullpunktsenergie** dazu und schreibt $\varepsilon_j = (j+\frac{1}{2})\hbar\omega$, was aber hier nichts Wesentliches ändert).

Bei der Temperatur T befinden sich im Zustand j mit der Energie $\varepsilon_j = j\hbar\omega$ nach *Boltzmann* $N_j = N_0\,\mathrm{e}^{-j\hbar\omega/(kT)}$ Teilchen, wenn N_0 im Grundzustand mit $\varepsilon_0 = 0$ sind. Die Gesamtzahl der Teilchen ist

$$N = \sum_{j=0}^{\infty} N_j = N_0 \sum_{j=0}^{\infty} \mathrm{e}^{-j\hbar\omega/(kT)} .$$

Das ist eine geometrische Reihe mit dem Faktor $\mathrm{e}^{-\hbar\omega/(kT)}$, also der Summe $1/(1-\mathrm{e}^{-\hbar\omega/(kT)})$. Durch die konstante Gesamtzahl N ausgedrückt ist also die Besetzungszahl des j-ten Schwingungszustandes

$$N_j = N\left(1-\mathrm{e}^{-\hbar\omega/(kT)}\right)\mathrm{e}^{-j\hbar\omega/(kT)} . \tag{14.22}$$

Uns interessiert die Gesamtenergie:

$$W = \sum_{j=0}^{\infty} \varepsilon_j N_j = N\hbar\omega\left(1-\mathrm{e}^{-\hbar\omega/(kT)}\right)\sum_{j=1}^{\infty} j\,\mathrm{e}^{-j\hbar\omega/(kT)} . \tag{14.23}$$

Die Summe läßt sich durch zweimalige Anwendung der geometrischen Reihenformel ausrechnen (Abschn. 17.1.6):

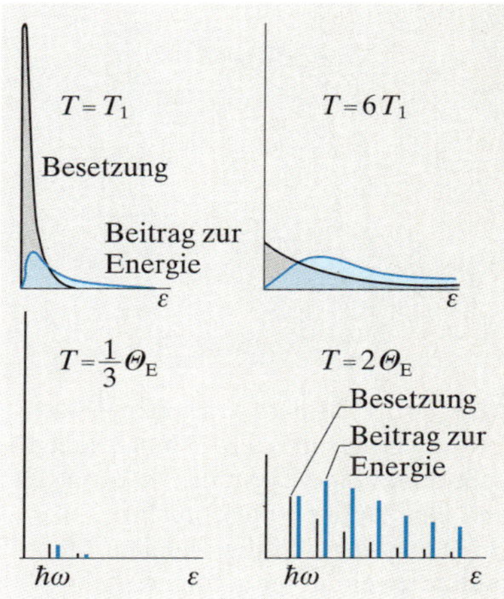

Abb. 14.28. Klassische (*oben*) und Einsteinsche (*unten*) Theorie der spezifischen Wärme des Festkörpers. *Schwarze Kurven* bzw. *Balken*: Besetzungsgrad der Zustände; *blaue Kurven* bzw. *Balken*: Beitrag zur Energie

$$W = N\frac{e^{-\hbar\omega/(kT)}}{1-e^{-\hbar\omega/(kT)}}\hbar\omega = N\frac{\hbar\omega}{e^{\hbar\omega/(kT)}-1}\,. \qquad (14.24)$$

✘ Beispiel . . .

Berechnen Sie die Summe in Gleichung (14.23). Hinweis: $\sum_{j=1}^{\infty} jq^{-j} = \sum_{j=1}^{\infty}\sum_{v=j}^{\infty} q^{-v}$.
Begründung? Hilft das Schema

$$\begin{matrix} q^{-1}q^{-2}q^{-3}\dots \\ q^{-2}q^{-3}\dots \\ q^{-3}\dots \end{matrix}$$

Wenn man das Schema zeilenweise summiert, folgt sofort die angegebene Hilfsbeziehung: $\sum_{j=1}^{\infty}\sum_{v=j}^{\infty} q^{-v} = \sum_{j=1}^{\infty}\frac{q^{-j}}{1-q} = \frac{q}{(1-q)^2}$.

Wir betrachten die Grenzfälle hoher und tiefer Temperaturen. Bei $kT \gg \hbar\omega$ kann man die e-Funktion entwickeln und erhält

$$\boxed{W \approx NkT \qquad (kT \gg \hbar\omega)}\,. \qquad (14.25)$$

Das ist genau das klassische Resultat für einen Freiheitsgrad. Die spezifische Wärme folgt hier also der Dulong-Petit-Regel. Bei $kT \ll \hbar\omega$ überwiegt die e-Funktion weitaus, und Energie und spezifische Wärme sind viel kleiner als nach *Dulong-Petit* und verschwinden dann für $T \to 0$:

$$\boxed{\begin{aligned} &W = N\hbar\omega\, e^{-\hbar\omega/(kT)}\,, \\ &c = \frac{1}{Nm}\frac{\partial W}{\partial T} = \frac{\hbar^2\omega^2}{km}T^{-2}\, e^{-\hbar\omega/(kT)} \qquad (kT \ll \hbar\omega)\,. \end{aligned}} \qquad (14.26)$$

Der Übergang zwischen den Grenzfällen erfolgt ungefähr bei der

Einstein-Temperatur

$$T = \Theta_E = \frac{\hbar\omega}{k}\,. \qquad (14.27)$$

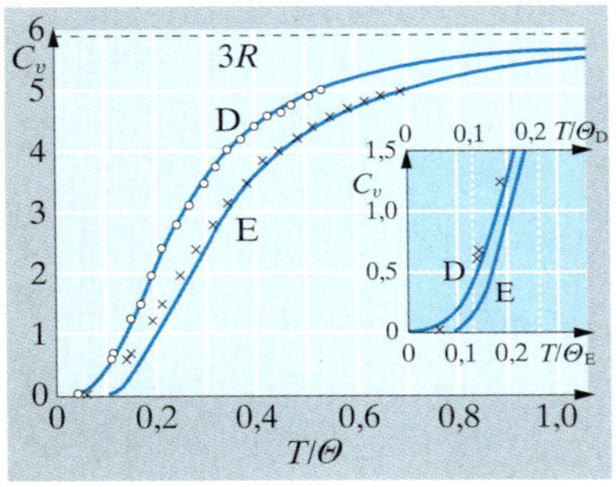

Abb. 14.29. Molare Wärmekapazität (Atomwärme) in cal K^{-1} mol^{-1}, angepaßt durch eine Einstein-Funktion (E) und eine Debye-Funktion (D).
Im Hauptbild sind die gleichen Meßpunkte zweimal aufgetragen, damit die Abszisse T/Θ trotz verschiedener Θ-Werte für beide theoretischen Kurven identisch ist ($\Theta_E = 1\,320$ K, $\Theta_D = 2\,000$ K). Im rechten Ausschnitt ist die Abszisse einfach T. Hier wird die Überlegenheit der Debye-Kurve für tiefe T besonders klar

Genaue Messungen zeigen, daß Einsteins spezifische Wärme für kleine Temperaturen etwas zu steil gegen Null geht. Das liegt daran, daß *Einstein* nur eine einzige Frequenz, nämlich die der einzelnen Gitterbausteine annimmt. Das Gitter ist aber auch zu vielen niederfrequenteren Schwingungen fähig, bei denen ganze Gruppen von Teilchen gegen andere Gruppen schwingen. Das mildert den Abfall von c mit T.

Diese Schwingungen sind nichts anderes als Schallwellen. *Debye* baute den Gedanken aus, daß der Wärmeinhalt eines Festkörpers überwiegend in stehenden Schallwellen steckt. Wesentlich ist, daß über Einsteins Energiequantelung hinaus nicht alle denkbaren Wellen im Kristall möglich sind (das wären unendlich viele), sondern nur solche, die am Rand des Kristalls einen ganz bestimmten Schwingungszustand haben, z. B. einen Knoten (das Ergebnis ist im wesentlichen dasselbe, wenn man einen Bauch fordert). Außerdem ist es physikalisch sinnlos, eine Welle anzunehmen, deren Wellenlänge kürzer ist als die doppelte Gitterkonstante, denn die

Schwingungszustände in einer solchen Welle ließen sich ebensogut auch durch eine größere Wellenlänge beschreiben (Aufgabe 14.2.1). Wir betrachten zuerst ein „lineares Gitter" aus N äquidistanten Atomen. Damit an den Enden dieser Kette (Länge $L = Nd$) Knoten liegen, muß eine ganze Anzahl von Halbwellen in diese Länge passen: $Nd = n\lambda/2$ oder $\lambda = 2Nd/n$ oder mit der „Wellenzahl" $k = 2\pi/\lambda$:

$$k = \frac{\pi n}{Nd} . \tag{14.28}$$

Andererseits soll $\lambda \geqq 2d$ sein, d. h. $n \leqq N$. Demnach gibt es genau N erlaubte Wellenformen: $n = 1, 2, \ldots, N$. Dieses Ergebnis bleibt auch für ein dreidimensionales Gitter gültig: Ein Gitter hat ebenso viele stehende Wellenformen oder **Normalschwingungen** einer gegebenen Schwingungsrichtung, wie es Teilchen enthält. Die Anzahl der Normalschwingungen ist noch mit 3 zu multiplizieren (eine longitudinale und zwei transversale Schwingungsrichtungen). Jeder Wellenform ist nach *Einstein* eine gequantelte Energie mit dem Quant $\hbar\omega$ zuzuordnen. Sie trägt also $\hbar\omega/(e^{\hbar\omega/(kT)} - 1)$ zur gesamten Wärmeenergie bei. Dabei ist natürlich, wie für alle Wellen, $\omega = c_s/\bar{\lambda} = kc_s$ (c_s: Schallgeschwindigkeit).

Wir müssen noch wissen, wie sich die Normalschwingungen über die Frequenzen, d. h. die Energien verteilen, d. h. wie viele von ihnen in ein Frequenzintervall $(\omega, \omega + d\omega)$ bzw. ein k-Intervall $(k, k + dk)$ fallen. Wir betrachten einen Würfel, eine Ecke bei Null, orientiert längs der Achsen, mit der Kantenlänge L. Eine stehende Welle, die auf der ganzen Würfeloberfläche verschwinden soll, muß den räumlichen Anteil $\sin(k_1x)\sin(k_2y)\sin(k_3z)$ haben, wobei jedes k_i die Bedingung (14.28) erfüllt: $k_i = \pi n/L$. Die Enden der erlaubten $\boldsymbol{k}$-Vektoren bilden also ein Punktgitter konstanter Dichte; seine Gitterkonstante ist π/L. Bis zur Grenze $\lambda = 2d$, also $k = \pi/d$ liegen tatsächlich genau $N = (L/d)^3$ k-Punkte, d. h. ebenso viele, wie das reale Gitter Teilchen hat. Das Intervall $(k, k + dk)$ der *k-Beträge* entspricht einer $\frac{1}{8}$ Kugelschale vom Volumen $\frac{1}{8}4\pi k^2\,dk$, in dem $\frac{1}{8}4\pi k^2\,dk\,L^3/\pi^3$ k-Punkte liegen (da n_x, n_y, n_z positiv, sind k_x, k_y, k_z ebenfalls positiv).

Im entsprechenden Frequenzintervall $(\omega, \omega + d\omega)$ liegen

$$3\frac{L^3}{8\pi^3}4\pi\frac{\omega^2\,d\omega}{c_s^3}$$

Normalschwingungen ($\omega = kc_s$; die 3 zählt die Schwingungsrichtungen: eine longitudinale, zwei transversale). Diese Schwingungen haben die Energie

$$dW = 3\frac{4\pi L^3\hbar\omega^3\,d\omega}{8\pi^3 c_s^3}\frac{1}{e^{\hbar\omega/(kT)} - 1} .$$

Mit der Abkürzung $x = \hbar\omega/(kT)$, der Teilchenzahl $N = L^3/d^3$ und der

Debye-Temperatur

$$\Theta = \frac{\hbar\omega_{gr}}{k} = \frac{\hbar k_{gr}c_s}{k} \simeq \frac{\hbar\pi c_s}{kd} \tag{14.29}$$

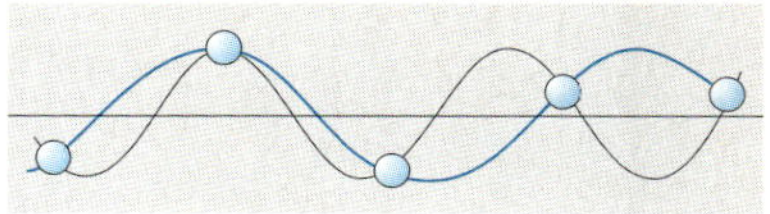

Abb. 14.30. Es ist physikalisch sinnlos, im Festkörper eine Welle mit $\lambda < 2d$ einzuführen (——). Genau die gleichen Auslenkungen aller Teilchen lassen sich auch durch eine Welle mit $\lambda > 2d$ darstellen (——)

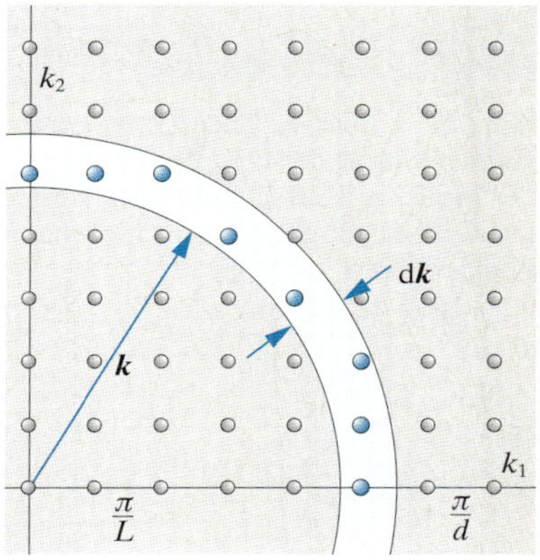

Abb. 14.31. k-Raum mit den möglichen Schwingungsmodes eines Kristallwürfels der Kante L und der Gitterkonstante d. Die Anzahl von Modes zwischen k und $k + dk$ ist proportional $k^2\,dk$

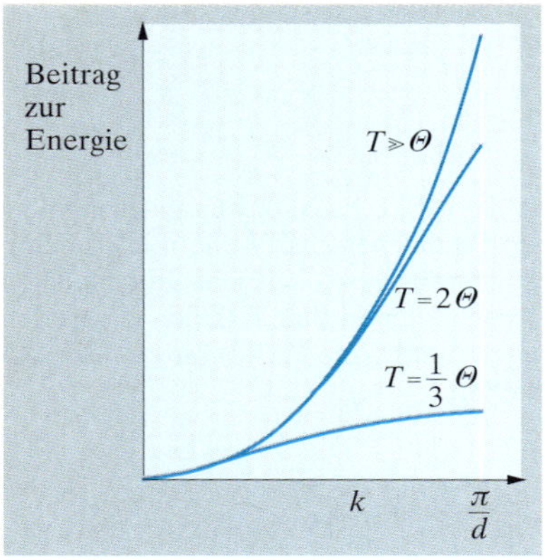

Abb. 14.32. Debye-Theorie der spezifischen Wärme des Festkörpers: Beitrag der Modes mit verschiedenen k-Werten zur Gesamtenergie bei verschiedenen Temperaturen

erhält man die gesamte Schwingungsenergie

$$W = 9NkT\frac{T^3}{\Theta^3}\int_0^{\Theta/T}\frac{x^3\,\mathrm{d}x}{\mathrm{e}^x - 1} \quad . \tag{14.30}$$

Auch ohne dieses Integral auszuwerten und das Resultat nach T abzuleiten, erhält man die spezifische Wärme in den beiden Grenzfällen $T \gg \Theta$ und $T \ll \Theta$:

Bei $T \gg \Theta$ interessieren im Integranden von (14.30) nur sehr kleine x-Werte, so daß man e^x entwickeln kann. Das Integral wird $\frac{1}{3}(\Theta/T)^3$, also $W = 3\,NkT$, $c = 3\,Nk$, wie nach *Dulong-Petit*. Bei $T \ll \Theta$ kann man ohne wesentlichen Fehler bis ∞ integrieren. Das bestimmte Integral wird dann eine T-unabhängige Zahl $(\pi^4/15)$, also

$$W = \frac{3\pi^4}{5}NkT\frac{T^3}{\Theta^3}\,, \qquad c = \frac{12\pi^4}{5}\frac{k}{m}\frac{T^3}{\Theta^3} \quad . \tag{14.31}$$

Bei $T \to 0$ geht die spezifische Wärme in guter Übereinstimmung mit der Erfahrung wie T^3 gegen Null. Es ist leicht anschaulich einzusehen, wie das kommt: Bei tiefer Temperatur sind praktisch nur Schwingungen bis zur Grenze $\hbar\omega \approx kT$ angeregt, die im k-Raum eine Kugel füllen, deren Radius um den Faktor T/Θ kleiner ist als für die gesamte Kugel bis zur Grenzfrequenz. Die kleine Kugel umfaßt nur den Bruchteil T^3/Θ^3 aller Normalschwingungen. Die angeregten Normalschwingungen haben die Energie $\approx kT$, also $W \sim T^4$, $c \sim T^3$.

Die Debye-Kurve mit ihrem einzigen Parameter Θ beschreibt den ganzen Verlauf $c(T)$ besser als die Einstein-Kurve, aber immer noch mit Abweichungen von den Meßergebnissen, die über deren Fehlergrenzen hinausgehen. Das liegt daran, daß *Debye* die Schallgeschwindigkeit als für alle Schwingungen gleich annimmt. Wie wir sehen werden, trifft das nicht zu: Schallwellen, besonders die kurzen, auf die es hier ankommt, haben eine erhebliche Dispersion. Im übrigen stimmen die auf verschiedene Weise bestimmten **Debye-Grenzfrequenzen** (aus $\nu_{\mathrm{gr}} = c_{\mathrm{s}}/(2d)$, als optische Grenzfrequenz, aus $\nu_{\mathrm{gr}} = k\Theta/h$) recht gut miteinander überein (Tabelle 14.8), obwohl sie aus drei ganz verschiedenen Erfahrungsbereichen (Akustik + Atomistik, Optik, Wärmelehre) stammen.

Tabelle 14.8. Debye-Frequenzen

	elastisch ν_{gr}/THz berechnet aus (14.18)	thermisch ν_{gr}/THz berechnet aus Θ_{D} (14.31)	optisch ν/THz UR-Absorpt. vgl. Abb. 14.39
NaCl	6,66	6,42	5,77
KCl	5,13	4,39	4,77
Ag	4,50	4,59	–
Zn	6,35	6,41	–

14.2.2 Gitterdynamik

Bei Wellenlängen, die nicht viel größer sind als die doppelte Gitterkonstante, verhält sich ein Kristall wesentlich anders als ein Kontinuum. Wir sahen schon, daß Wellenlängen unterhalb $2d$ keinen Sinn haben, denn physikalisch wesentlich sind nur die Bewegungen der Gitterteilchen, und diese lassen sich immer durch eine Welle mit $\lambda \geqq 2d$ oder $k \leqq \pi/d$ darstellen. Für ein Kontinuum gäbe es keine solche Begrenzung.

Ein anderer wichtiger Unterschied liegt darin, daß die elastischen Kräfte, die die Schwingungen bestimmen, nicht von der Auslenkung der Gitterteilchen gegen den „absoluten Raum" herrühren, sondern von der Auslenkung gegen die Nachbarteilchen. Entscheidend für diese Kräfte ist der Abstand nächster Nachbarn. In einer longitudinalen Welle mit der kürzest sinnvollen Wellenlänge $\lambda = 2d$ ($k = \pi/d$) schwingen Nachbarteilchen gegenphasig. Der Abstand nächster Nachbarn ist bei größter Annäherung $d - 2a$ (a: Amplitude der Schwingung), und ändert sich zeitlich wie $d - 2a\,\mathrm{e}^{\mathrm{i}\omega t}$. Bei einer beliebigen Wellenlänge tritt anstelle der 2 der Faktor $1 - \cos(kd)$ (s. Abb. 14.33). Der Abstand nächster Nachbarn ist

$$d - a(1 - \cos(kd))\,\mathrm{e}^{\mathrm{i}\omega t}\,.$$

Die Abweichung vom Gleichgewichtsabstand d löst eine elastische Rückstellkraft

$$F_{\mathrm{el}} = -Da(1 - \cos(kd))\,\mathrm{e}^{\mathrm{i}\omega t}$$

aus. Zur anderen Seite hin ist der Abstand $d + a(1 - \cos(kd))\,\mathrm{e}^{\mathrm{i}\omega t}$. Die entsprechende Kraft wirkt in der gleichen Richtung. Die eine schiebt, die andere zieht.

$$F_{\mathrm{el}} = -2Da(1 - \cos(kd))\,\mathrm{e}^{\mathrm{i}\omega t}\,.$$

Andererseits sind für die Trägheitskräfte wirklich die Schwingungen gegen den „absoluten Raum" maßgebend. Sie erfolgen wie $x = a\,\mathrm{e}^{\mathrm{i}\omega t}$ mit der Beschleunigung $\ddot{x} = -\omega^2 a\,\mathrm{e}^{\mathrm{i}\omega t}$, also der Trägheitskraft

$$F_{\mathrm{tr}} = -m\ddot{x} = m\omega^2 a\,\mathrm{e}^{\mathrm{i}\omega t}\,.$$

Elastische und Trägheitskraft müssen einander aufheben, also

$$\boxed{\omega^2 = \frac{2D}{m}(1 - \cos(kd))}\,. \tag{14.32}$$

Dies ist die **Dispersionsrelation** für longitudinale Schwingungen in einem Gitter mit einatomiger Elementarzelle (Dispersionsrelation nennt man den Zusammenhang zwischen ω und k bzw. $c_{\mathrm{s}} = \omega/k$ und λ).

Für lange Wellen ($\lambda \gg 2d$, $k \ll \pi/d$) kann man setzen $\cos(kd) \approx 1 - k^2d^2/2$, und es folgt aus (14.32)

$$\omega = \sqrt{\frac{D}{m}}kd \qquad \left(k \ll \frac{\pi}{d}\right)\,.$$

Die Phasen- und Gruppengeschwindigkeit so langer Wellen sind unabhängig von k und einander gleich:

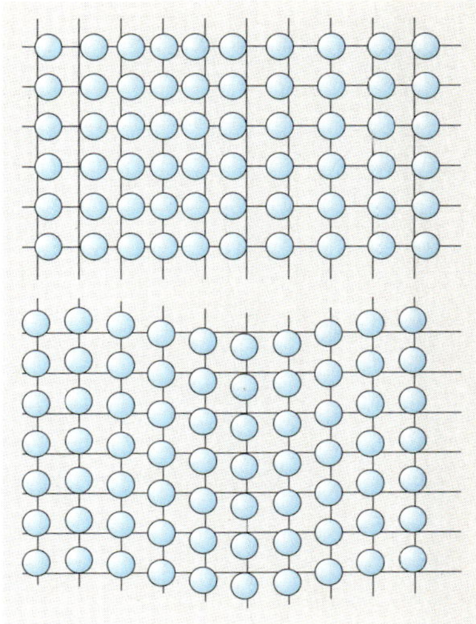

Abb. 14.33. Longitudinale und transversale Schwingung eines Kristalls. Die Auslenkungen benachbarter Teilchen unterscheiden sich um $a(\cos(kx) - \cos(k(x + d)))$. Diese Differenz bestimmt die Kräfte (man denke sich Federn zwischen Nachbarteilchen angebracht)

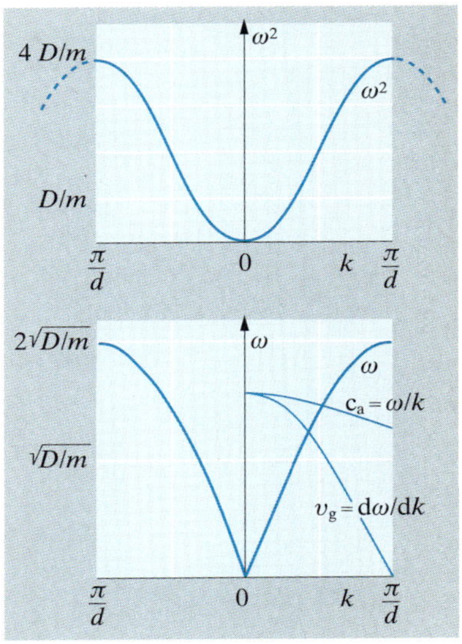

Abb. 14.34. Dispersionsrelation $\omega(k)$ eines Gitters mit einem Teilchen in der Elementarzelle und Wechselwirkung nur zwischen nächsten Nachbarn. Phasen- und Gruppengeschwindigkeit der Wellen (c_{s} bzw. v_{g}) sind ebenfalls angegeben

$$c_s = \frac{\omega}{k} = \sqrt{\frac{D}{m}}\,d\,, \qquad v_g = \frac{d\omega}{dk} = \sqrt{\frac{D}{m}}\,d \tag{14.33}$$

(zur Definition von v_g vgl. Abschn. 4.2.4). Die Federkonstante D ergibt sich aus der Krümmung am Boden des annähernd parabolischen Gitterpotentialtopfs und läßt sich auch durch den Elastizitätsmodul E ausdrücken: $D = U'' = Ed$ (Abschn. 14.1.4). Für lange Wellen ergibt sich so die **Schallgeschwindigkeit** der klassischen Kontinuumstheorie:

$$c_s = v_g = \sqrt{\frac{Ed^3}{m}} = \sqrt{\frac{E}{\varrho}}\,.$$

An der kurzwelligen Grenze ($k = \pi/d$) wird aus (14.32)

$$\omega = \sqrt{\frac{4D}{m}}\,, \qquad c_s\sqrt{\frac{D}{m}}\frac{2d}{\pi}\,, \qquad \text{aber} \quad v_g = 0\;; \tag{14.34}$$

die gegenphasigen Schwingungen von Nachbaratomen ergeben eine *stehende* Welle. $k = \pi/d$ entspricht genau der Bragg-Bedingung oder dem Rand der 1. Brillouin-Zone für senkrechten Einfall (Abschn. 14.1.3). Auch Schallwellen, die dieser Bedingung entsprechen, werden reflektiert, in diesem Fall in sich selbst zurück, so daß sich eine stehende Welle ergibt. Sie verhalten sich hierin nicht anders als Lichtwellen und Elektronenwellen (Abschn. 14.1.3).

Bei Gittern mit mehreren Atomen in der Elementarzelle kommt als wesentlich neues Element die Existenz mehrerer „Zweige" im Schwingungsspektrum hinzu. Wir betrachten z. B. das NaCl-Gitter. Auf die Ladungen der Teilchen kommt es zunächst nicht an, sondern nur darauf, daß zwei verschiedene Sorten von Teilchen mit den Massen m_1 und m_2 abwechselnd im Abstand $d/2$ in gewissen Richtungen, etwa der 100-Richtung, aufeinanderfolgen Längs dieser Richtung möge eine longitudinale Gitterwelle laufen. Wegen ihrer verschiedenen Massen schwingen beide Teilchen mit verschiedenen Amplituden a_1 und a_2. Ein Teilchen der Sorte 1, z. B. eines, das gerade maximal ausschlägt, hat zwei Nachbarn der Sorte 2 in den Abständen $d/2 - a_1 + a_2\cos(kd/2)$ und $d/2 + a_1 - a_2\cos(kd/2)$. Beide üben, das eine schiebend, das andere ziehend, die gleiche Kraft auf das Teilchen 1 aus, im ganzen

$$F_{1\,\mathrm{el}} = 2D(a_1 - a_2\cos(kd/2)) = F_{1\,\mathrm{tr}} = m_1\omega^2 a_1\,. \tag{14.35a}$$

Entsprechend gilt für ein Teilchen der Sorte 2, das wir ebenfalls im Moment betrachten, wo es maximal ausschwingt

$$F_{2\,\mathrm{el}} = 2D(a_2 - a_1\cos(kd/2)) = F_{2\,\mathrm{tr}} = m_2\omega^2 a_2\,. \tag{14.35b}$$

Diese beiden homogenen Gleichungen für die Amplituden a_1 und a_2 können nur erfüllt werden, wenn die Determinante dieses Gleichungssystems verschwindet

$$\begin{vmatrix} 2D - \omega^2 m_1 & -2D\cos(kd/2) \\ -2D\cos(kd/2) & 2D - \omega^2 m_2 \end{vmatrix} \tag{14.36}$$
$$= 4D^2 \sin^2(kd/2) - 2D\omega^2(m_1 + m_2) + m_1 m_2 \omega^4 = 0$$

(hier ist $\sin^2\alpha = 1 - \cos^2\alpha$ benutzt). Für jedes k sind also *zwei* ω möglich, die sich aus der quadratischen Gleichung (14.36) für ω^2 ergeben:

$$\omega^2 = \frac{D}{\mu}\left(1 \pm \sqrt{1 - \frac{4\mu^2}{m_1 m_2}\sin^2(kd/2)}\right). \tag{14.37}$$

$\mu = m_1 m_2/(m_1 + m_2)$ ist die reduzierte Masse. Das +- und das −-Zeichen liefern zwei i. allg. getrennte Zweige im ω, k-Diagramm, den **optischen Zweig** (+) und den **akustischen Zweig** (−) (Abb. 14.35). Für lange Wellen ($kd \ll \pi$, $\sin^2(kd/2) \approx k^2d^2/4$) ergibt sich durch Entwickeln der Wurzel

$$\boxed{\begin{aligned} \omega_{\text{lo}} &= \sqrt{\frac{2D}{\mu}} \qquad \text{(optischer Zweig)}, \\ \omega_{\text{la}} &= \sqrt{\frac{D}{2(m_1 + m_2)}}\,kd \qquad \text{(akustischer Zweig)}. \end{aligned}} \tag{14.38}$$

Im optischen Zweig ist hier $v_g = 0$ (stehende Welle); der akustische verhält sich praktisch wie im Fall der einatomigen Elementarzelle. Für kürzeste Wellen ($kd = \pi$, $\sin^2(kd/2) = 1$) und z. B. $m_1 \gg m_2$ folgt

$$\boxed{\begin{aligned} \omega_{\text{ko}} &= \sqrt{\frac{2D}{m_2}} \qquad \text{(optischer Zweig)}, \\ \omega_{\text{ka}} &= \sqrt{\frac{2D}{m_1}} \qquad \text{(akustischer Zweig)}. \end{aligned}} \tag{14.39}$$

In dieser Grenze haben beide Wellentypen stehenden Charakter. Die $\omega(k)$-Kurve des akustischen Zweiges steigt von $k = 0$ aus beiderseits an wie für die einatomige Elementarzelle. Wegen $\mu < m_2$ fällt sie im optischen Zweig beiderseits ab. Am nächsten kommen sich beide Zweige bei $k = \pi/d$. Wenn die Massen verschieden sind, bleibt aber zwischen ihnen eine Lücke. Für ω-Werte innerhalb dieser Lücke gibt es keine ungedämpfte Welle im Gitter.

Was das alles anschaulich bedeutet, sieht man am klarsten für eine transversale Welle. Die Amplituden a_1 und a_2 ergeben sich in diesem Fall aus Gleichungen ähnlich (14.35a, b) als

$$m_1 a_1 = \mp m_2 a_2$$

(− für den optischen Zweig, + für den akustischen Zweig). Bei der akustischen Welle schwingen die beiden Teilchensorten miteinander, bei der optischen gegeneinander (Abb. 14.35). Bei der akustischen Welle werden die Bindungen zwischen Nachbarn um so stärker beansprucht, je kürzer die

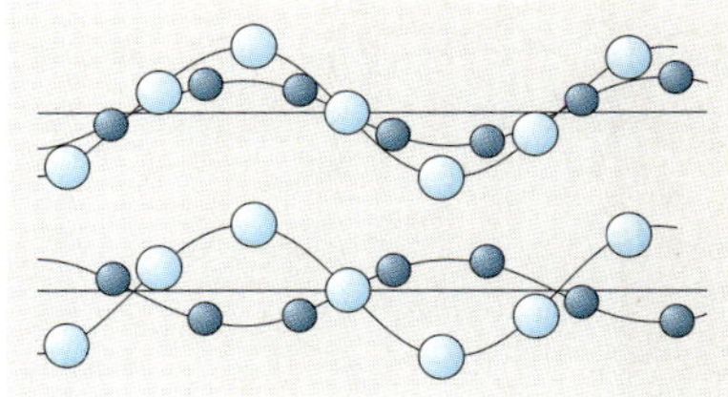

Abb. 14.35. Akustische (*oben*) und optische (*unten*) Schwingung gleicher Wellenlänge und Amplitude. Die Metallionen (●) haben hier trotz ihrer Kleinheit die doppelte Masse der Nichtmetallionen (○)

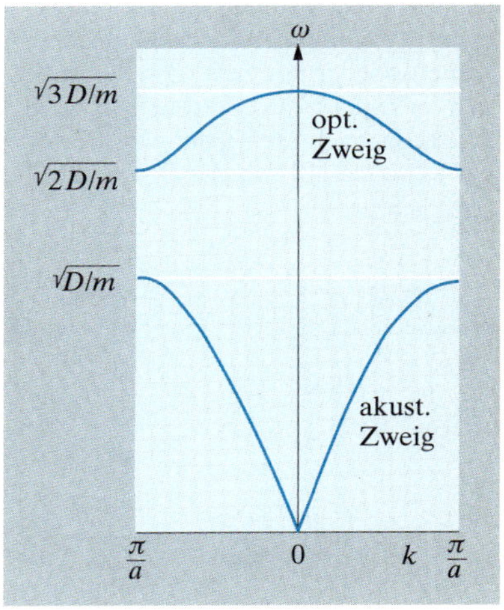

Abb. 14.36. Dispersionsrelation $\omega(k)$ für ein Gitter mit zwei Teilchen in der Elementarzelle und Wechselwirkung nur zwischen nächsten Nachbarn. Spezialfall $m_1 = 2m_2$. Optischer und akustischer Zweig sind durch einen „verbotenen" Frequenzbereich getrennt

Welle ist; daher ist ω dann größer. Bei der optischen ist es umgekehrt, nur sind die Unterschiede i. allg. nicht so kraß wie bei der akustischen. Falls die beiden Teilchensorten verschiedene Ladung haben (Ionenkristall), ist eine optische Welle mit einer größeren Polarisation (Dipolmoment/Volumeneinheit) verbunden als eine akustische, obwohl auch diese eine Polarisation bedingt, außer bei $m_1 = m_2$. Optische Schwingungen führen zu stärkerer Lichtabsorption, daher ihr Name.

Da die Abstände der Gitterteilchen bei transversalen und longitudinalen Schwingungen i. allg. etwas verschieden sind, gibt es eigentlich je zwei optische und akustische Zweige, einen longitudinalen und einen transversalen, wobei der transversale entsprechend seinen beiden Schwingungsrichtungen doppelt zählt. Wenn die Elementarzelle p Teilchen enthält, gibt es 3 akustische und $3p - 3$ optische Zweige.

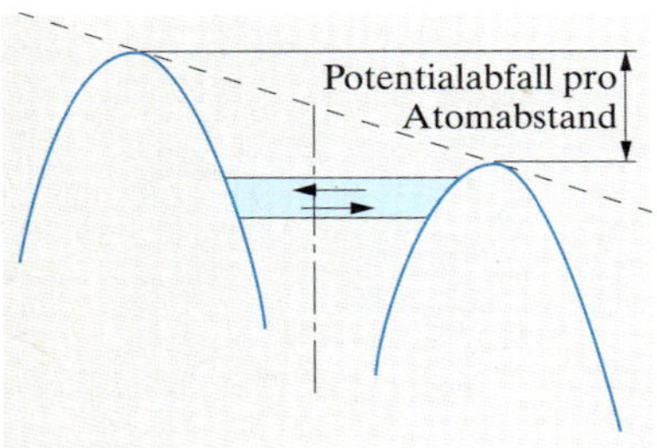

Abb. 14.37. Ankippung des Gitterpotentials durch ein äußeres Feld verschiebt die Elektronen im Bild nach rechts, sofern das Band nicht vollbesetzt ist. Die Elektronenanhäufung rechts erzeugt ein Gegenfeld, das die Bandkanten wieder horizontal stellt. Außerdem erleichtert das Feld den Übertritt von links nach rechts um einen Faktor, der exponentiell mit der Potentialsenkung ε ansteigt

14.2.3 Optik der Ionenkristalle

Ionenkristalle haben i. allg. zwei sauber getrennte Absorptionsgebiete. Das eine, im UV, stammt von den Elektronen der Ionenhülle (wenn man bedenkt, daß die losest gebundenen Valenzelektronen des einen Atoms wie Na i. allg. zum anderen übergewechselt sind, wird klar, warum die Anregungsfrequenzen der Rümpfe selten im Sichtbaren liegen). Das andere Absorptionsgebiet beruht auf den Gitterschwingungen, besonders den optischen, und liegt im UR. Außerhalb dieser Gebiete ist der Kristall im Idealfall völlig durchsichtig. Gefärbt ist er – wieder im Idealfall – nur, wenn eines der Absorptionsgebiete ins Sichtbare hineinreicht.

Eine Lichtwelle mit der Kreisfrequenz ω trete in einen Ionenkristall vom NaCl-Typ ein. Ihr Feld $\boldsymbol{E}$ regt erzwungene Gitterschwingungen an, die sich von den freien Schwingungen (Abschn. 14.2.2) nur durch das Hinzukommen einer Kraft $\pm e\boldsymbol{E}$ auf die Kationen bzw. Anionen unterscheiden. Für nicht zu kurze Wellen (d. h. solche, wo man in (14.35) $\cos(kd/2) \approx 1$ setzen kann), lauten die Bewegungsgleichungen der beiden Ionensorten

$$\begin{aligned} m_1\omega^2 a_1 &= 2D(a_1 - a_2) + eE \\ m_2\omega^2 a_2 &= 2D(a_2 - a_1) - eE\,. \end{aligned} \tag{14.40}$$

Wir brauchen die relative Auslenkung $a_1 - a_2$, denn sie bestimmt die dielektrische Polarisation $P = ne(a_1 - a_2)$ (n Kationen und n Anionen pro Volumeneinheit). Division der ersten Gleichung durch m_1, der zweiten durch m_2 und Subtraktion liefert

$$a_1 - a_2 = \frac{eE}{\mu(\omega_0^2 - \omega^2)}\,,$$

wobei $\omega_0 = \sqrt{2D/\mu}$ die langwellige Grenzfrequenz des optischen Zweiges ist. Daraus ergibt sich die Polarisation P und aus dieser nach (6.47) die Dielektrizitätskonstante

$$\varepsilon = 1 + \frac{P}{\varepsilon_0 E} = 1 + \frac{ne^2}{\varepsilon_0\mu(\omega_0^2 - \omega^2)}\,. \tag{14.41}$$

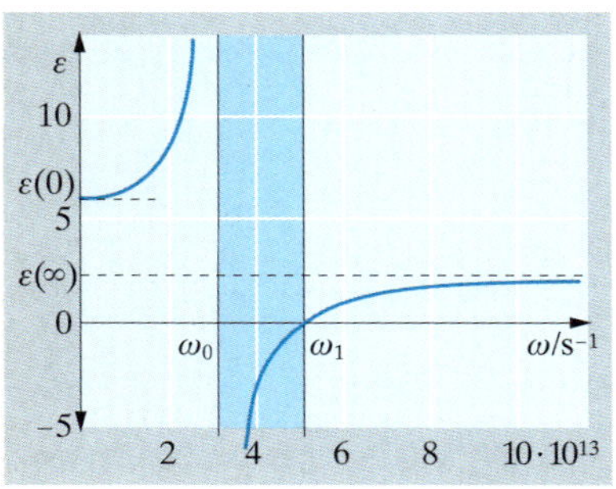

Abb. 14.38. Dispersionskurve der Dielektrizitätskonstante eines Ionenkristalls. Der Bereich mit negativem ε zwischen ω_0 und ω_1 ist der Absorptionsbereich

Der Grenzwert von ε für $\omega \gg \omega_0$ müßte demnach 1 sein. In Wirklichkeit wird aber ε hier durch schneller schwingende Polarisationsanteile bestimmt, nämlich die der Hüllenelektronen. Wir beschreiben sie, indem wir die 1 durch $\varepsilon(\infty)$ ersetzen:

$$\varepsilon = \varepsilon(\infty) + \frac{ne^2}{\varepsilon_0\mu(\omega_0^2 - \omega^2)} \,. \tag{14.42}$$

Andererseits wird für $\omega = 0$

$$\varepsilon = \varepsilon(0) = \varepsilon(\infty) + \frac{ne^2}{\varepsilon_0\mu\omega_0^2} \,.$$

Man kann also statt (14.42) auch schreiben

$$\boxed{\varepsilon = \varepsilon(\infty) + (\varepsilon(0) - \varepsilon(\infty))\frac{\omega_0^2}{\omega_0^2 - \omega^2}} \,. \tag{14.43}$$

Diese Dispersionskurve der DK (Abb. 14.38) beschreibt das ganze optische Verhalten des Idealkristalls. Absorption und Dispersion ergeben sich aus der Brechzahl $n = \sqrt{\varepsilon}$. Zwischen ω_0 und ω_1 ist ε negativ, also n imaginär. Dabei ist ω_1 bestimmt durch

$$\varepsilon(\infty) = (\varepsilon(\infty) - \varepsilon(0))\frac{\omega_0^2}{\omega_0^2 - \omega_1^2} \,,$$

also

$$\boxed{\omega_1^2 = \omega_0^2\frac{\varepsilon(0)}{\varepsilon(\infty)} \quad \textbf{(Sachs-Lyddane-Teller-Beziehung)}} \,. \tag{14.44}$$

Ein imaginäres n bedeutet nach $k = \omega/(nc)$ ein imaginäres k:

$$k = \mathrm{i}\kappa = -\mathrm{i}\frac{\omega}{|n|c} \,.$$

Die Welle mit dem räumlichen Anteil $E = E_0\,\mathrm{e}^{\mathrm{i}kx} = E_0\,\mathrm{e}^{-\kappa x}$ klingt dann exponentiell mit der Eindringtiefe x ab. κ ist der Extinktionskoeffizient. Wenn man die Dämpfung der Gitterschwingungen mitbeachtet, verbreitert sich das Absorptionsgebiet besonders links von ω_0, denn die starken Resonanzschwingungen der Teilchen verzehren Energie aus der einfallenden Welle.

Beiderseits dieses Absorptionsgebietes ist die Dispersion „normal", d. h. ε und n wachsen mit ω, die Phasengeschwindigkeit $c = \omega/k$ nimmt also ab. Für $\omega \ll \omega_0$ ist

$$\varepsilon \approx \varepsilon(0) + (\varepsilon(0) - \varepsilon(\infty))\frac{\omega^2}{\omega_0^2} \,, \qquad n \approx n_0 + \frac{\omega^2}{2\omega_0^2}\frac{\varepsilon(0) - \varepsilon(\infty)}{n_0} \,,$$

also

$$\boxed{\frac{\mathrm{d}n}{\mathrm{d}\omega} = \frac{\omega}{\omega_0^2}\frac{\varepsilon(0) - \varepsilon(\infty)}{n_0}} \,. \tag{14.45}$$

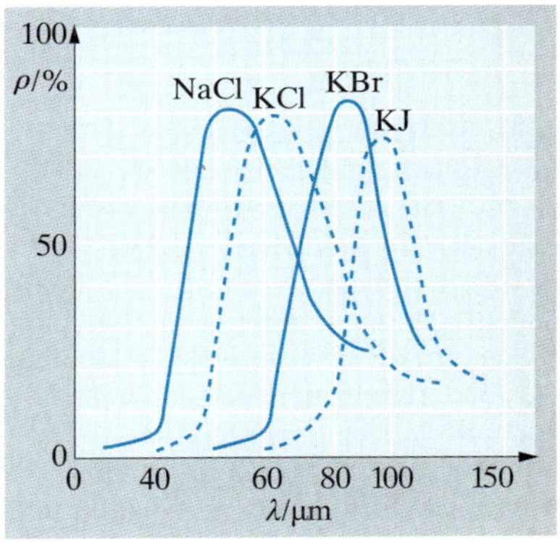

Abb. 14.39. Reflexionsgrad einiger Alkalihalogenide im Ultraroten. Die Schärfe der Maxima wird in der Reststrahlmethode (*Rubens*) zur Monochromatisierung ausgenutzt. Die Absorptionsmaxima haben ähnliche Lage wie die Reflexionsmaxima

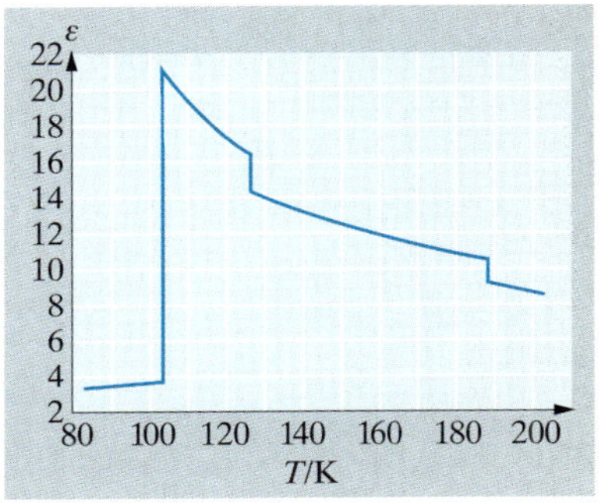

Abb. 14.40. T-Abhängigkeit der DK ε für festes H_2S bei 5 kHz. Die Debyesche T^{-1}-Abhängigkeit für den Beitrag der Dipolmoleküle, die sich selbst im Kristall noch praktisch frei einstellen können, bricht steil auf den einer reinen Molekül-Polarisierbarkeit entsprechenden Wert ab, wenn die Dipoldrehbarkeit einfriert

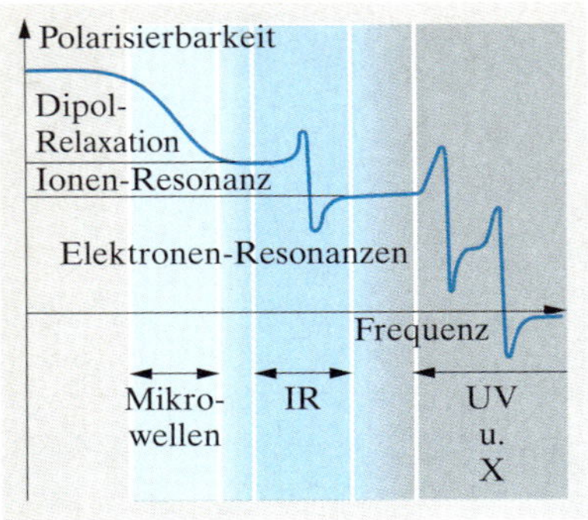

Abb. 14.41. Dispersionskurve (Frequenzabhängigkeit) der DK (Polarisierbarkeit) eines Festkörpers (schematisch). Im Mikrowellengebiet können die permanenten Dipole den Feldänderungen nicht mehr schnell genug folgen. Im IR scheidet die Verschiebung der Ionenrümpfe gegeneinander, im UV auch die Verschiebung der Elektronenhüllen gegen die Kerne als Polarisationsmechanismus aus. Relaxation und Resonanz unterscheiden sich im wesentlichen durch die Stärke der Dämpfung. Nur unterhalb der ersten Dispersionsstufe gilt die Maxwell-Relation $n^2 = \varepsilon$ mit der *statischen* DK; zwischen $n(\omega)$ und $\varepsilon(\omega)$ gilt sie außerhalb der Resonanzen allgemein

14.2.4 Phononen

Eine Gitterschwingung mit der Kreisfrequenz ω kann wie die Schwingung eines Einzelteilchens nur Energiewerte haben, die sich um ein ganzzahliges Vielfaches von $\hbar\omega$ unterscheiden. Daher kann z. B. eine Lichtwelle an das Gitter ebenfalls nur ganzzahlige Vielfache dieses Wertes abgeben oder sie von ihm aufnehmen. Mit dem gleichen Recht wie im Fall des elektromagnetischen Wellenfeldes deutet man dies durch die Existenz von **Schallquanten** oder **Phononen** mit der Energie $\hbar\omega$. Jeder Normalschwingung wird je nach ihrer Gesamtenergie eine bestimmte Anzahl von Phononen zugeordnet. Vergrößert sich ihre Energie um $p\hbar\omega$, dann sagt man, es seien p Phononen in diesem Schwingungsmode erzeugt worden.

Der Begriff des Phonons erleichtert besonders die Diskussion der An- und Abregung von Gitterschwingungen durch Licht oder Elektronen oder Neutronen. In allen diesen Fällen kann man die Prozesse als Stöße mit Phononen auffassen. Man braucht den Phononen neben der Energie nur den Impuls $\hbar\boldsymbol{k}_s$ zuzuordnen, wo $\boldsymbol{k}_s$ der Wellenvektor der Gitterwelle ist. Natürlich gilt $\omega/k_s = c_s$ (Phasengeschwindigkeit der Gitterwelle). Bei jedem Stoß müssen Energie- und Impulssatz gelten. Daraus folgt die Berechtigung des Ansatzes $W_s = \hbar\omega$ für die Energie des Phonons. Die Berechtigung für $\boldsymbol{p}_s = \hbar\boldsymbol{k}_s$ ergibt sich auf etwas subtilere Weise. Eine Lichtwelle mit $\boldsymbol{k}$ fällt ein, eine mit $\boldsymbol{k}'$ soll austreten. Wie im Fall der inelastischen Bragg-Streuung (ohne ω-Änderung, Abschn. 14.1.3) ist das in einem periodischen Gitter nur möglich, wenn $\boldsymbol{k} - \boldsymbol{k}'$ ein Vektor des reziproken Gitters ist. Nun ist aber der Wellenvektor $\boldsymbol{k}_s$ einer Gitterwelle, die den Randbedingungen genügt, auch immer ein Vektor des reziproken Gitters. Also kann im allgemeinen Fall der Impuls $\hbar(\boldsymbol{k} - \boldsymbol{k}')$ auf beliebige Weise auf einen vom Gesamtgitter aufgenommenen Anteil $\hbar\boldsymbol{g}$ und einen Phononenimpuls $\hbar\boldsymbol{k}_s$ aufgeteilt werden. Nur der letztere gibt auch zu einer Energieänderung (ω-Änderung) des Lichtes Anlaß, ist inelastisch; der Gitteranteil tut das infolge der riesigen Masse des Gesamtgitters nicht.

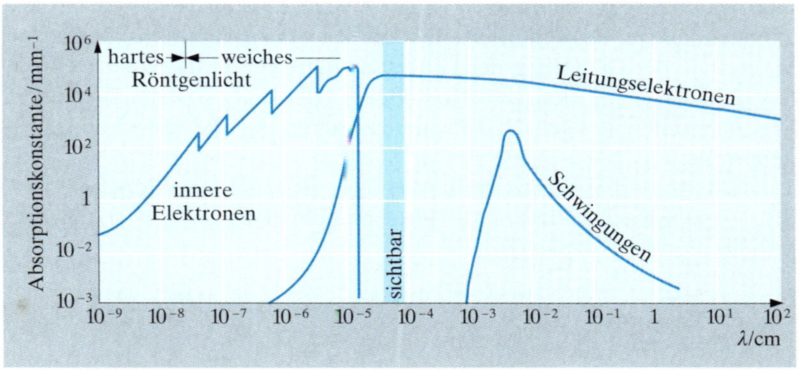

Abb. 14.42. Beiträge der Gitterschwingungen, der Leitungselektronen und der inneren Elektronen zur optischen Absorption (schematisch nach *R. W. Pohl*). Ionen- und Isolatorkristalle haben einen breiteren Durchlässigkeitsbereich, weil der Leitungselektronenanteil fehlt

Auch beim Stoß mit einem Phonon ist die ω-Änderung des Photons sehr klein, wenn auch meßbar. Das folgt aus den Erhaltungssätzen, z. B. für die Erzeugung eines Phonons:

$$\begin{array}{lll} \text{Photon vor dem Stoß} & & \\ \boldsymbol{p};\ W = pc & W\text{-Satz: } pc = p'c + p_s c_s & \\ \text{Photon nach dem Stoß} & & \text{Phonon} \\ \boldsymbol{p}';\ W' = p'c & p\text{-Satz: } \boldsymbol{p} = \boldsymbol{p}' + \boldsymbol{p}_s & \boldsymbol{p}_s;\ W_s = p_s c_s\,. \end{array} \tag{14.46}$$

Da $c_s \ll c$, bleibt selbst im günstigsten Fall, nämlich bei $\boldsymbol{p}_s = 2\boldsymbol{p}$ der Energieverlust $p_s c_s$ klein gegen pc. Es ist also $p' \approx p$: Photonen werden auch durch inelastische Gitterstöße praktisch nur umgelenkt. Es gilt dann sehr genau die Diskussion des Compton-Effekts (Abschn. 12.1.3), die dort nur ein Spezialfall war, hier jedoch alle Fälle umfaßt: Der Ablenkwinkel des Photons hängt mit Phononenimpuls und -energie zusammen wie

$$p_s = 2p \sin\frac{\vartheta}{2}\,, \qquad W_s = p_s c_s = W\frac{c_s}{c}\,. \tag{14.47}$$

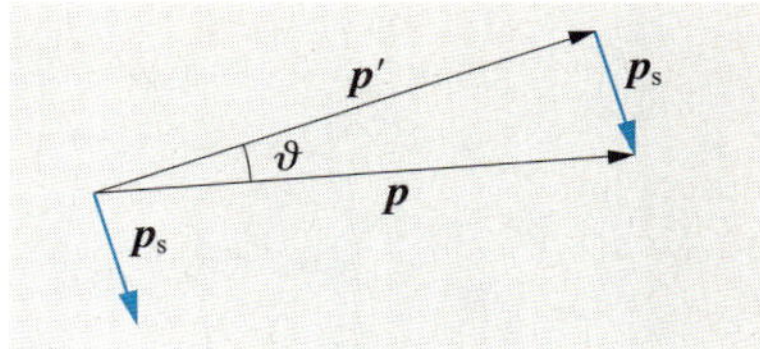

Abb. 14.43. Bei der Streuung eines Photons mit Erzeugung oder Impulsänderung eines Phonons (Brillouin-Streuung) wird die Photonenenergie kaum beeinflußt. Es gilt daher $p_s = 2p\sin(\vartheta/2)$

Diese Photon-Phonon-Streuung (**Brillouin-Streuung**) setzt also sehr monochromatisches Licht voraus, da die Streulinien nur um $\Delta\omega \approx \omega(c_s/c)$ frequenzverschoben sind, d. h. um etwa ein Millionstel. Mit Laserlicht ist sie gut nachweisbar und ist eines der wichtigsten Werkzeuge zur Aufklärung des Phononenspektrums. Auch **Neutron-Phonon-Streuung** wird dazu angewandt. Alle Beziehungen bleiben gleich, wenn man für das Neutron den de Broglie-Wellenvektor $\boldsymbol{k}$ ansetzt. Der einfachste Fall von Brillouin-Streuung bei nicht zu tiefer Temperatur wirkt sich so aus, daß die eingestrahlte Frequenz, die ebenfalls an Unreinheiten gestreut wird (**Tyndall-Streuung**) und daher auch in den seitlich aufgestellten Spektrographen gelangt, von zwei beiderseits verschobenen Linien begleitet ist, die der Erzeugung bzw. Vernichtung eines Phonons entsprechen.

14.2.5 Wärmeleitung in Isolatoren

In Metallen wird die Wärme ähnlich wie der Strom überwiegend durch Leitungselektronen transportiert, in **Isolatoren** durch Phononen. Wie der Wärmeinhalt eines Festkörpers als Energie seines Phononengases aufgefaßt werden kann, so erfolgt die Wärmeleitung darin als Transportphänomen im Phononengas. Wärmeenergie kann in einem Gas auf zwei Arten transportiert werden: Als Zusatzenergie eines strömenden Gases, das heißer ist als seine Umgebung, wie im Wärmeaustauscher, und als Energiediffusion im ruhenden Gas unter Aufrechterhaltung eines Temperaturgradienten, wobei das Gas an jedem Ort im thermischen Gleichgewicht mit seiner Umgebung steht. Nur der zweite Vorgang ist Wärmeleitung und erlaubt Definition einer Wärmeleitfähigkeit als Proportionalitätskonstante zwischen Wärmestromdichte $\boldsymbol{u}$ und T-Gradient.

Wir erinnern an die Ableitung in Abschn. 5.4.6. Beiderseits im Abstand einer freien Weglänge von einer Fläche im Gas haben die Gasteilchen die Anzahldichte, die Temperatur und die Geschwindigkeit n_1, T_1, v_1 bzw. n_2, T_2, v_2. Dann ist

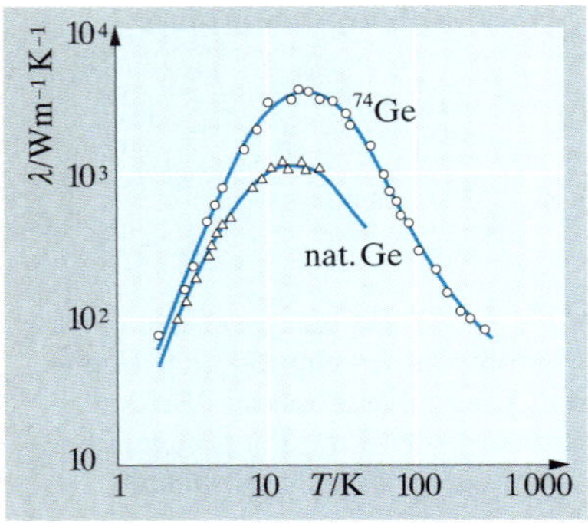

Abb. 14.44. Wärmeleitfähigkeit von natürlichem Ge (20 % ^{70}Ge, 27 % ^{72}Ge, 8 % ^{73}Ge, 37 % ^{74}Ge und 8 % ^{76}Ge) und angereichertem ^{74}Ge (96 %). (Daten nach *T. H. Geballe* und *G. W. Hull*)

Teilchenstromdichte

von links $j_\rightarrow = \frac{1}{6} n_1 v_1$ von rechts $j_\leftarrow = \frac{1}{6} n_2 v_2$

Differenz $j_\rightarrow - j_\leftarrow = 0$ also $n_1 v_1 = n_2 v_2$.

Energiestromdichte

von links $u_\rightarrow = \frac{1}{6} n_1 v_1 \frac{3}{2} kT_1$ von rechts $u_\leftarrow = \frac{1}{6} n_2 v_2 \frac{3}{2} kT_2$

Differenz $u_\leftarrow - u_\rightarrow = \frac{1}{4} nvk(T_2 - T_1)$ also $\lambda = \frac{1}{2} nvkl$ (14.48)

(weil $T_2 - T_1 = 2l \operatorname{grad} T$) .

Das trifft ebensogut für Phononen zu. n ist ihre Anzahldichte, v die Schallgeschwindigkeit. Die freie Weglänge l wird begrenzt durch Stöße mit Kristallitgrenzen und Verunreinigungen, und durch Phonon-Phonon-Stöße. Wenn die Gitterschwingungen völlig harmonisch wären, d. h. das Gitterpotential völlig elastisch ($U = U_0 + ax^2$), gäbe es keine Wechselwirkung zwischen Phononen, ebensowenig wie zwischen Photonen im Vakuum. Die Wechselwirkungen der nichtlinearen Optik kommen erst in einem anharmonischen Medium wie einem Kristall bei hoher Lichtintensität zustande. Entsprechend beruhen die Phonon-Phonon-Stöße auf der Anharmonizität der Gitterschwingungen.

Nicht alle Phonon-Phonon-Strößе führen zur Begrenzung der freien Weglänge. Der normale Stoß zweier Phononen mit $\boldsymbol{k}_1$ und $\boldsymbol{k}_2$, bei dem ein drittes mit $\boldsymbol{k}_3 = \boldsymbol{k}_1 + \boldsymbol{k}_2$ entsteht, beeinflußt offenbar weder den Impuls- noch den Energiefluß. Nur wenn das Gitter auch einen Impuls aufnimmt, kann sich thermisches Gleichgewicht mit dem Phonongas einstellen. Das Gitter kann nur einen Impuls der Form $\hbar \boldsymbol{g}$ aufnehmen, wo $\boldsymbol{g}$ ein Vektor des reziproken Gitters ist. Solche Stöße mit der Impulsbilanz $\boldsymbol{k}_1 + \boldsymbol{k}_2 = \boldsymbol{k}_3 + \boldsymbol{g}$ heißen **Umklapp-Prozesse** (*Peierls*, 1929). l in (14.48) ist in reinen Kristallen die freie Weglänge für Umklapp-Prozesse. Nur bei sehr tiefen Temperaturen ist l durch die Kristallabmessungen gegeben. Dann steckt die T-Abhängigkeit von λ in der Phononendichte n, die nach *Debye* wie T^3 geht (Abschn. 14.2.1; n ist ja proportional der spezifischen Wärme). Wenn bei höheren Temperaturen die Phonon-Phonon-Stöße entscheidend für l werden, nimmt λ i. allg. wieder ab, weil die Stoßwahrscheinlichkeit sehr schnell mit T ansteigt (mehr Stoßpartner, höhere Bereitschaft des Gitters zum „Umklappen"). Bei amorphen Festkörpern wie Gläsern nimmt λ auch bei höheren Temperaturen zu, denn diese unterkühlten Flüssigkeiten bestehen aus sehr kleinen quasikristallin geordneten Molekülschwärmen, deren Abmessungen immer entscheidend für die freie Weglänge sind.

14.3 Metalle

Die Wissenschaft von den Metallen ist deren Bedeutung gemäß ein riesiges Gebiet, aus dem wir hier nur weniges vom klassischen und vom Quantenstandpunkt beleuchten können.

14.3.1 Das klassische Elektronengas

Metalle sind chemisch dadurch gekennzeichnet, daß sie leicht Elektronen abgeben, d. h. durch die geringe Ionisierungsenergie ihrer Valenzelektronen. Elektronenabgabe an OH-Gruppen befähigt Metalle und Metalloxide zur Basenbildung. Auch die typischen physikalischen Eigenschaften der Metalle – hohe elektrische und Wärmeleitfähigkeit, Undurchsichtigkeit, Reflexion und Glanz – beruhen auf der leichten Abtrennung der Valenzelektronen. *P. Drude* und *H. A. Lorentz* nahmen an, die Valenzelektronen im Kristallverband des Metalls gehörten nicht mehr bestimmten Atomen an, sondern bewegten sich als Gas freier Elektronen durch das Gitter der Rumpfionen. Dieses Bild erklärt sehr vieles erstaunlich gut, versagt aber in anderen Punkten vollkommen. Ein freies Elektron müßte nach dem Gleichverteilungssatz eine kinetische Energie $\frac{3}{2}kT$ haben, zur spezifischen Wärme des Metalls also außer den 25 J/mol des Rumpfionengitters weitere 12 J/mol beitragen (1 Valenzelektron/Atom vorausgesetzt). Warum das nicht der Fall ist, zeigt erst die Fermi-Statistik (Abschn. 14.3.2).

Unter den Leistungen der **Drude-Lorentz-Theorie** ragt die Deutung des Ohm- und des Wiedemann-Franz-Gesetzes hervor. Die Elektronen fliegen mit thermischer Geschwindigkeit v, bis sie nach der mittleren freien Weglänge l, zeitlich also nach der freien Flugdauer $\tau = l/v$ durch einen Stoß abgelenkt werden. Im elektrischen Feld E wird ein Elektron mit $\dot{v} = -eE/m$ entgegengesetzt zur Feldrichtung beschleunigt. Innerhalb der freien Flugdauer erhält es so eine gerichtete Zusatzgeschwindigkeit $v = -eE\tau/m$, die sich der viel größeren, aber völlig ungeordneten thermischen Geschwindigkeit überlagert. Beim Stoß wird diese Zusatzgeschwindigkeit i. allg. wieder verlorengehen, und das Elektron muß von vorn anfangen. Im Mittel driftet es also mit $v_d = -\frac{1}{2}eE\tau/m$ entgegen der Feldrichtung. Seine Beweglichkeit (Geschwindigkeit des *Ladungs*transports/Feld) ist $\mu = \frac{1}{2}e\tau/m$, die Leitfähigkeit von n Elektronen/m^3

$$\boxed{\sigma = en\mu = \frac{1}{2}\frac{e^2 n\tau}{m}} \tag{14.49}$$

hängt nicht vom Feld ab (**Ohmsches Gesetz**).

Für die Wärmeleitfähigkeit λ des Elektronengases können wir die für einatomiges Gas abgeleitete Formel (14.48) übernehmen:

$$\lambda = \tfrac{1}{2}nvlk\,. \tag{14.50}$$

Das Verhältnis von Wärme- und elektrischer Leitfähigkeit wird

$$\boxed{\frac{\lambda}{\sigma} = \frac{mkv^2}{e^2} = \frac{3k^2}{e^2}T}\,. \tag{14.51}$$

Das ist genau das von *Wiedemann* und *Franz* empirisch gefundene Gesetz (6.86).

Für die Größen von σ und λ ist entscheidend, was unter den Stößen zu verstehen ist, die den freien Flug der Elektronen beenden. Als Stoßpartner oder **Streuzentren** kommen zu allererst die Rumpfionen und andere freie Elektronen in Betracht. Das würde eine freie Weglänge von wenigen Å bedeuten, die viel zu klein ist. Warum die Rumpfionen, solange sie völlig periodisch angeordnet sind, und die anderen freien Elektronen nicht streuen, wird später klar werden. Nur Störungen der Periodizität wirken als Streuzentren. Solche Störungen beruhen

- auf der Einlagerung von Fremdteilchen,
- auf Abweichungen vom idealen Gitterbau: Kristallitgrenzen, Dislokationen (wie sie bei mechanischer Deformation entstehen) usw.,
- auf thermischen Gitterschwingungen, die ebenfalls momentane Abweichungen von den idealen Abständen zwischen Gitterteilchen bedingen.

Alle diese Faktoren beeinflussen die freie Flugdauer τ und damit die Beweglichkeit μ. Dagegen ist die Elektronenkonzentration n für Metalle praktisch temperaturunabhängig. Ein Metall leitet also um so besser, je reiner, je monokristalliner und spannungsfreier und je kälter es ist. Der **Restwiderstand** bei Annäherung an den absoluten Nullpunkt (nicht mit dem Supraleitungswiderstand zu verwechseln) ist daher ein hervorragendes Reinheitskriterium. Ist andererseits das Metall so rein, daß die Dislokationen die überwiegenden Streuzentren sind, so kann man es als **Dehnungsmeßstreifen** zur raschen Messung mechanischer Spannungen benutzen.

Wir untersuchen die Streuung von Elektronen durch geladene Teilchen im Gitter (Anzahldichte N, Ladung Ze), genauer durch Stellen im Gitter, die einen anderen Ladungszustand haben als das normale Gitter. Diese Streuung verläuft ganz ähnlich wie die Rutherfordsche Ablenkung von α-Teilchen durch Kerne. Eine erhebliche Ablenkung erfolgt nur bei sehr nahem Vorbeiflug am Streuzentrum, d. h. bei sehr kleinem Stoßparameter p. Man kann die Grenze zwischen Streuung und Nichtstreuung bei einem Ablenkwinkel von 90° ansetzen. Ihm entspricht nach (13.3) ein Stoßparameter p, der gleich dem minimalen Abstand $2a$ ist, bis auf den das Elektron mit der Energie W bei zentralem Stoß an das Streuzentrum herankäme:

$$p_{\text{kr}} = 2a = \frac{Ze^2}{4\pi\varepsilon\varepsilon_0 W} .$$

Die Energie des Elektrons ist thermische Energie, also

$$p_{\text{kr}} = \frac{2Ze^2}{12\pi\varepsilon\varepsilon_0 kT} .$$

Der Streuquerschnitt ist $A = \pi p_{\text{kr}}^2$, die freie Flugdauer

$$\tau = \frac{l}{v} = \frac{1}{NA}\frac{1}{\sqrt{3kT/m}}$$

und die Leitfähigkeit

$$\boxed{\sigma = \frac{1}{2}\frac{e^2}{m}n\tau = \frac{18\pi}{\sqrt{3}}\frac{\varepsilon^2\varepsilon_0^2 k^{3/2}T^{3/2}n}{m^{1/2}Z^2e^2N}} . \tag{14.52}$$

Diese Zunahme der Leitfähigkeit mit $T^{3/2}$ ist allerdings nur selten zu beobachten. Bei den Halbleitern wird sie überdeckt durch die viel stärkere $e^{-W/(kT)}$-Abhängigkeit der Ladungsträgerkonzentration n, bei den Metallen findet man meist gerade die umgekehrte Abhängigkeit $\sigma \sim T^{-3/2}$. Sie beruht auf der Streuung von Elektronen an Verzerrungen des Gitters durch die thermischen Schwingungen, m. a. W. auf der Streuung durch Elektron-Phonon-Stöße. Eine Streuung an Objekten, deren Häufigkeit proportional zu T ist, muß nach (14.49) zu einer solchen $T^{-3/2}$-Abhängigkeit der Leitfähigkeit führen. Bedenkt man, daß die Phononen die zu T proportionale thermische Schwingungsenergie des Gitters repräsentieren und daß die typische Energie eines Phonons unabhängig von T, nämlich $h\nu_{gr}$ ist, so ergibt sich ihre Anzahl in der Tat proportional zu T.

14.3.2 Das Fermi-Gas

Klassisch betrachtet können freie Elektronen einander zwar räumlich nicht beliebig nahe kommen, aber es besteht kein Grund, weshalb sie nicht exakt den gleichen Impuls haben sollten. Das quantenmechanische Elektron dagegen erfüllt den ganzen verfügbaren Raum als Ψ-Welle und hat dadurch die Möglichkeit, anderen Elektronen ihr Verhalten mitzudiktieren. Die Unschärferelation zeigt, daß eine solche gegenseitige Impulsbeeinflussung tatsächlich vorliegt. Elektronen seien z. B. in einem Kristall mit der linearen Abmessung L eingesperrt. Die größtmögliche Unschärfe in der Angabe ihres Ortes ist dann ungefähr $\Delta x = L$. Dieser maximalen Ortsunschärfe ist eine minimale Impulsunschärfe $\Delta p = h/L$ zugeordnet. Dieses Impulsintervall beansprucht jedes Elektron für sich und läßt kein anderes hinein (es sei denn eines mit entgegengesetztem Spin). Die strenge quantenmechanische Rechnung bestätigt dieses Resultat: Zeichnet man die möglichen Werte des Impulsvektors $\boldsymbol{p}$ für ein derart eingesperrtes Elektron auf, dann bilden sie ein Punktgitter, dessen Punkte einen Abstand h/L voneinander haben. Jeder Elektronenzustand nimmt somit ein Volumen h^3/L^3 im **Impulsraum** ein. Jede solche Zelle h^3/L^3 kann höchstens mit zwei Elektronen entgegengesetzten Spins besetzt werden. Dieses Punkt- oder Zellengitter hat zunächst mit dem Kristallgitter nichts zu tun (auch nicht mit dem reziproken Gitter) und würde auch für einen völlig homogenen dreidimensionalen Potentialtopf auftreten.

Im Impulsraum mit den Koordinaten p_x, p_y, p_z entspricht einem bestimmten Wert W der kinetischen Energie ($W = p^2/(2m)$) eine Kugelfläche vom Radius $p = \sqrt{2mW}$. Wenn man N Elektronen möglichst energiesparend unterbringen will, was der wirklichen Verteilung bei tiefen Temperaturen entspricht, muß man die Zustände von innen, d. h. von kleinen p-Werten an auffüllen. N Elektronen brauchen $N/2$ Zellen, d. h. ein Impulsraumvolumen $\frac{1}{2}Nh^3/L^3$. Dies Volumen bildet eine Kugel, genau wie die Erde aus ähnlichen Gründen. Ihr Radius, der **Fermi-Impuls** p_F, ergibt sich aus $\frac{1}{2}Nh^3/L^3 = 4\pi p_F^3/3$ zu $p_F = h(3N/(8\pi L^3))^{1/3}$, oder mit der Teilchenzahldichte $n = N/L^3$ zu

$$p_F = h\left(\frac{3}{8\pi}n\right)^{1/3} . \qquad (14.53)$$

Dem entspricht die

Fermi-Energie

$$W_F = \frac{p_F^2}{2m} = \frac{h^2}{2m}\left(\frac{3}{8\pi}n\right)^{2/3} . \qquad (14.54)$$

Ein Teilchengas, das sich verhält wie beschrieben, heißt **entartetes** oder *Fermi-Gas*. Die Temperatur, die gemäß $kT = W_F$ der Fermi-Energie entspricht, heißt **Entartungstemperatur** T_F. Bei der Temperatur T ist ein Gas entartet, wenn $T \ll T_F$. Für ein Metall mit $n = 10^{22}$ bzw. 10^{23} Elektronen/cm^3 ist $W_F = 1{,}7$ bzw. 7,9 eV, $T_F = 1\,970$ bzw. 9 120 K.

Die Anzahl der Zustände mit Energien zwischen W und $W + dW$ entspricht dem Volumen einer Kugelschale im p-Raum. Am einfachsten erhält man diese Anzahl oder vielmehr räumlich-energetische Dichte durch Auflösen von (14.54) nach n und Differenzieren nach W:

$$dn = 4\pi\left(\frac{2m}{h^2}\right)^{3/2}\sqrt{W}\,dW . \qquad (14.55)$$

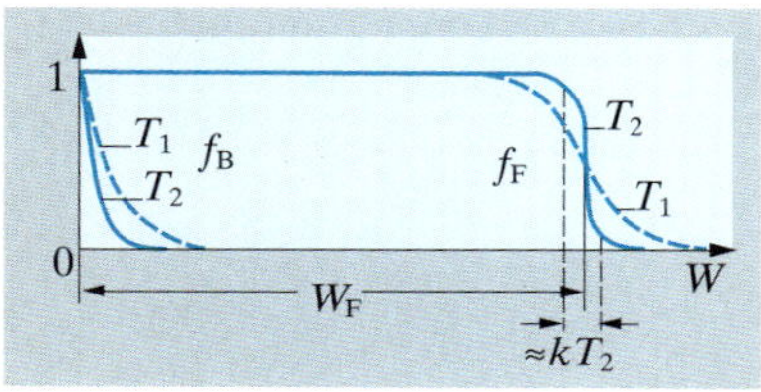

Abb. 14.45. Fermi-Verteilung und Boltzmann-Verteilung bei entsprechenden Temperaturen, aber sehr verschiedenen Teilchenzahlen. Diese Verschiedenheit der Anzahldichten erzwingt gerade den Übergang von der Boltzmann- zur Fermi-Verteilung

Bei $T = 0$ sind alle diese Zustände unterhalb W_F besetzt, darüber keiner mehr. Bei höheren Temperaturen verschwimmt die scharfe Grenze bei W_F: Der „Fermi-Eisblock“ schmilzt etwas ab, Elektronen wechseln von Zuständen kurz unterhalb W_F in solche kurz oberhalb über. Dieser Vorgang erfaßt eine energetische Breite kT beiderseits W_F. Genauer ergibt sich die Wahrscheinlichkeit, daß ein Zustand mit der Energie W besetzt ist, als

$$f(W) = \frac{1}{e^{(W-W_F)/(kT)} + 1} \qquad (14.56)$$

(Herleitung s. Abschn. 17.3.2). Diese Funktion hat den Wert $\frac{1}{2}$ bei $W = W_F$ und geht beiderseits antisymmetrisch gegen 0 bzw. gegen 1. Der Abstand der Funktion von diesen asymptotischen Werten verringert sich bei einem Schritt kT in W-Richtung jedesmal etwa um den Faktor e. Erst für $kT \gg W_F$ geht die Verteilung in die Boltzmann-Verteilung des nichtentarteten Gases über, vorher ist sie völlig anders. Man kann für $kT \ll W_F$ höchstens von einem Boltzmann-ähnlichen „Fermi-Schwanz“ reden, der über dem Fermi-Eisblock steht, wobei aber die Energie von W_F an gezählt werden muß: Für $W - W_F \gg kT$ wird $f(W) \sim e^{-(W-W_F)/(kT)}$. Alle diese Aussagen gelten auch noch, wenn den Teilchen nicht wie im freien Elektronengas alle Energien mit der Zustandsdichte (14.55) zur Verfügung stehen, sondern wenn einige Energiebereiche verboten sind wie im Bändermodell (Abschn. 14.3.5).

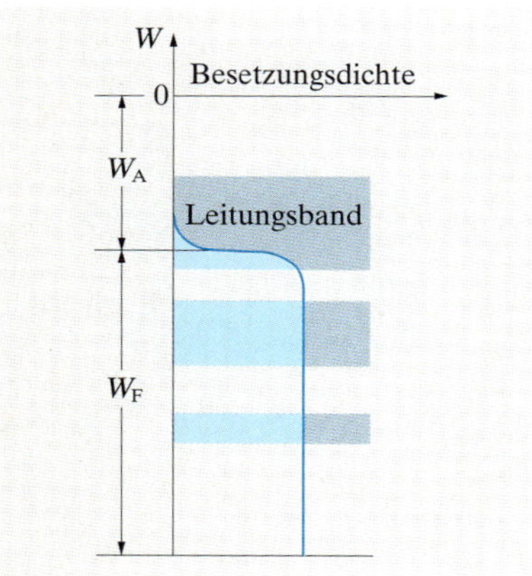

Abb. 14.46. Die Fermi-Kurve regelt den *Bruchteil* besetzter Zustände, unabhängig davon, ob im betrachteten E-Bereich Zustände liegen oder nicht

Im nichtentarteten Gas haben alle Teilchen eine mittlere Energie, die um kT (genauer $\frac{3}{2}kT$) höher ist als bei $T = 0$. Im Fermi-Gas gilt dies nur für die Teilchen, die in einem Streifen der Breite kT unterhalb der Fermi-Energie saßen, d. h. für einen Bruchteil kT/W_F aller Teilchen (genauer ist dieser Bruchteil im kT-Streifen $\frac{3}{2}kT/W_F$, denn die Zustandsdichte ist dort größer als im Durchschnitt). Die spezifische Wärme des Fermi-Gases ist demnach nicht $\frac{3}{2}k/m$, sondern nur $\frac{3}{2}k^2T/(W_F m)$, oder bei exakter Ausintegration der Fermi-Schwänze

$$c_{el} = \frac{\pi^2}{4}\frac{kT}{W_F}\frac{k}{m} \,. \tag{14.57}$$

Der Beitrag des Elektronengases zur spezifischen Wärme eines Metalls ist also einige hundertmal kleiner als die nach *Dulong-Petit* erwarteten 25 J/mol. Damit ist das alte Paradoxon aufgeklärt, daß ein Metall nur die spezifische Wärme seiner Ionenrümpfe zeigt. Nur bei sehr tiefen Temperaturen (um 1 K und darunter), wo der Gitterbeitrag wie T^3 verschwindet, kann man den Elektronenbeitrag überhaupt messen. Man erhält dann die erwartete Abhängigkeit

$$c = c_{el} + c_{gitt} = \gamma T + \delta T^3$$

und kann aus dem gemessenen γ die Fermi-Energie W_F nach (14.57) bestimmen. Hierbei ist allerdings manchmal eine **thermische effektive Masse** der Elektronen anzunehmen, die von der üblichen Masse abweicht. Das liegt an der Wechselwirkung der Elektronen mit dem Gitter, mit Phononen und mit anderen Elektronen. So dicht gepackte Elektronen üben eine kräftige Coulomb-Wechselwirkung aufeinander aus, die das Fermi-Gas eigentlich zu einer Fermi-Flüssigkeit macht. Die Bewegung eines Elektrons beeinflußt alle anderen. Es treten kollektive Bewegungen der Fermi-Flüssigkeit auf (Abschn. 14.3.4). Entscheidenden Einfluß gewinnen diese Effekte bei sehr tiefen Temperaturen. Flüssiges ^{3}He ist eine Fermi-Flüssigkeit (im Gegensatz zum ^{4}He, das eine Bose-Flüssigkeit wird: ^{3}He hat halbzahligen Spin, ist ein Fermion, gehorcht der Fermi-Dirac-Statistik; ^{4}He hat den Spin 0, ist ein Boson, gehorcht der Bose-Einstein-Statistik).

14.3.3 Metalloptik

Eine Lichtwelle kann in das dichte Elektronengas eines Metalls ebensowenig eindringen wie eine Radiowelle in das sehr viel dünnere Elektronengas der Ionosphäre. Die Welle wird reflektiert, das Metall zeigt selbst bei rauher Oberfläche den typischen stumpfen Glanz. Es gibt aber eine Grenzfrequenz für diese Reflexion. Sie ist gleich der **Langmuir-Frequenz** des Elektronengases und abhängig von der Teilchenzahldichte n, ebenso wie im Ionosphärenplasma (Abschn. 8.4.2):

$$\omega_0 = \sqrt{\frac{ne^2}{\varepsilon\varepsilon_0 m}} \,. \tag{14.58}$$

Für $n = 10^{28}$ bzw. $10^{29}\,\mathrm{m^{-3}}$ erhält man $\hbar\omega_0 = 3{,}5$ bzw. 11,1 eV, entsprechend $\lambda = 340$ bzw. 110 nm. Für ε ist nur die Polarisation der Ionenrümpfe maßgebend, denn die freien Elektronen fallen ja gerade bei der Frequenz ω_0 aus. Tatsächlich werden Metalle je nach ihrer Elektronenkonzentration im näheren oder ferneren UV transparent, wenigstens in dünnen Schichten (z. B. Na ab 210 nm). Gleichzeitig verlieren sie auch ihr hohes Reflexionsvermögen. Bei manchen Metallen liegt die Langmuir-Frequenz im Sichtbaren, z. B. bei Gold im Violetten. Der Ausfall der Violettreflexion läßt Gold gelblich schimmern.

Das Absorptions- und Reflexionsverhalten läßt sich ebenso wie für Isolatoren (vgl. Abschn. 14.2.3) durch eine Dielektrizitätskonstante ε beschreiben. Im elektrischen Feld E bewegen sich freie Elektronen gemäß $m\ddot{x} = -eE$, die Amplitude ihrer Schwingungen im Wechselfeld ist also $x_0 = eE_0/(m\omega^2)$, die Polarisation (Dipolmoment/Volumeneinheit) $P = -nex_0 = -e^2nE_0/(m\omega^2)$, die DK

$$\varepsilon = \varepsilon_{\text{ion}} - \frac{e^2 n}{\varepsilon_0 m\omega^2} = \varepsilon_{\text{ion}}\left(1 - \frac{\omega_0^2}{\omega^2}\right). \tag{14.59}$$

Für $\omega < \omega_0$ ist ε negativ. Hier ist keine Transmission ungedämpfter Wellen möglich. Der Absorptionskoeffizient wird

$$\alpha = \frac{\omega}{c\,|n|} = \frac{\omega}{c\sqrt{\varepsilon_{\text{ion}}}\sqrt{\omega_0^2/\omega^2 - 1}}\,.$$

Für $\omega \ll \omega_0$ wird also $\alpha \approx \omega^2/(c\sqrt{\varepsilon_{\text{ion}}}\omega_0)$, d. h. $\alpha \ll \omega/c = \lambda\!\!\!^{-}{}^{-1}$: Die Eindringtiefe einer Lichtwelle ist im typischen Metallbereich nur 0,1 Wellenlänge oder weniger.

Die Bewegungsgleichung, die zu (14.59) führt, setzt völlig freie Elektronen voraus. Daß die Leitfähigkeit überhaupt einen endlichen Wert hat, zeigt aber, daß effektiv eine Reibungskraft wirkt. Man kann sie gemäß der Definition der Beweglichkeit ausdrücken durch $e\dot{x}/\mu$; die vollständige Bewegungsgleichung wird $eE = m\ddot{x} - e\dot{x}/\mu$ oder für ein Sinusfeld $eE_0 = -\omega^2 m x_0 + \mathrm{i}\omega e x_0/\mu$. (14.59) ist also zu ergänzen zu

$$\varepsilon = \varepsilon_{\text{ion}} + \frac{e^2 n}{\varepsilon_0(-m\omega^2 + \mathrm{i}e\omega/\mu)}$$

oder mit $\mu = \frac{1}{2}e\tau/m$:

$$\boxed{\varepsilon = \varepsilon_{\text{ion}} + \frac{e^2 n}{\varepsilon_0 m(-\omega^2 + 2\mathrm{i}\omega/\tau)}}\,. \tag{14.60}$$

Für $\omega \gg \tau^{-1}$ gilt (14.59); für $\omega \ll \tau^{-1}$ erhält man $\varepsilon = \varepsilon_{\text{ion}} + e^2 n\tau/(\varepsilon_0 2\mathrm{i}\omega m) = \varepsilon_{\text{ion}} + \sigma/(\varepsilon_0 \mathrm{i}\omega)$. Der Absorptionskoeffizient (Imaginärteil von Brechzahl/Wellenlänge) wird

$$\alpha \approx \sqrt{\frac{\sigma}{\varepsilon_0\omega\lambda\!\!\!^{-}{}^2}} = \sqrt{\frac{\sigma\omega}{\varepsilon_0}}\frac{1}{c}\,. \tag{14.61}$$

Diese Formel stammt schon von *P. Drude*. Bei nicht zu guten Leitern folgt eine solche Drude-Absorption bei niederen Frequenzen ($\omega \ll \tau^{-1}$) auf die des freien Elektronengases. Bei Halbleitern und Isolatoren (ω_0 klein) mit geringer Störstellenkonzentration (τ groß) kann die Drude-Absorption die „freie" ganz verdrängen.

14.3.4 Elektrische und Wärmeleitung

Die Drude-Lorentz-Theorie der elektrischen Leitfähigkeit (Abschn. 14.3.1) hat ihre brauchbaren Resultate durch einige sehr kühne Annahmen erkauft: Die Elektronen bemerken bei ihrer Driftbewegung im elektrischen Feld die Anwesenheit der Ionenrümpfe praktisch nicht und werden nur an Störungen des regulären Gitters gestreut; ebensowenig beeinflussen sie einander bei ihrer Driftbewegung. Kupfer bei Zimmertemperatur hat die Leitfähigkeit $\sigma = 6 \cdot 10^7\,\Omega^{-1}\,\mathrm{m}^{-1}$. Daraus folgt nach (14.49) eine Beweglichkeit von etwa $10^{-2}\,\mathrm{m^2/V\,s}$ und eine freie Weglänge von etwa 100 Å. Bei 10 K ist die Leitfähigkeit mehr als 100mal größer, d. h. die Leitungselektronen driften etwa 10^4 Atomabstände ohne Stoß. Bei Heliumtemperaturen ergeben sich bei einigen Metallen freie Weglängen von einigen cm.

Daß die Elektronen mit dem idealen Ionenrumpfgitter praktisch keine Energie austauschen, folgt aus ihren Welleneigenschaften (Abschn. 14.3.5). Die anderen Leitungselektronen selbst bilden aber keineswegs ein streng periodisches Gitter. Daß Elektron-Elektron-Stöße so selten sind, beruht teilweise auf der Abschirmung ihrer Ladungen und vor allem auf den Eigenschaften der Fermi-Kugel.

Ähnlich wie sich in einer Elektrolytlösung jede Ladung mit einer Wolke von Gegenionen umgibt, deren Abmessungen durch die Debye-Hückel-Länge $d_{\mathrm{DH}} = \sqrt{\varepsilon\varepsilon_0 kT/(e^2 n)}$ gegeben werden (Abschn. 6.4.6), so versammelt jede positive Ladung in einem Metall einen Überschuß von Leitungselektronen um sich, jede negative erzeugt ein partielles Elektronenvakuum. Im Ausdruck für den Radius dieser Wolke ist einfach kT durch die Fermi-Energie W_{F} zu ersetzen. Außerdem kommt ein Faktor $\sqrt{2/3}$ dazu, denn es handelt sich um eine kugelsymmetrische Anordnung, nicht um eine ebene wie in Abschn. 6.4.6. Die DK $\varepsilon_{\mathrm{ion}}$ berücksichtigt nur die Polarisation der Ionenrümpfe:

$$d_{\mathrm{a}} = \sqrt{\frac{2\varepsilon_{\mathrm{ion}}\varepsilon_0 W_{\mathrm{F}}}{3e^2 n}}\,. \tag{14.62}$$

Natürlich darf d_{a} nicht viel kleiner sein als die Gitterkonstante, denn das würde ja heißen, daß die Elektronen fest an die Ionen gebunden sind. Tatsächlich folgt mit dem Wert von W_{F} nach (14.54) $d_{\mathrm{a}} \approx \sqrt{r_0 n^{-1/3}}$. Der Abschirmradius liegt zwischen dem Bohr-Radius r_0 und dem mittleren Elektronenabstand $n^{-1/3}$. Das Feld der Zentralladung reicht nur bis in etwa diesen Abstand d_{a}, weiter außen wird es von der Gegenelektronenwolke verzehrt. Der Stoßquerschnitt zwischen zwei Leitungselektronen oder einem Elektron und einem Ion reduziert sich also von dem klassischen Wert $A \approx (e^2/(4\pi\varepsilon_0 kT))^2 \approx 2 \cdot 10^5\,\mathrm{Å}^2$ (Abschn. 14.3.1) auf etwa $10\,\mathrm{Å}^2$.

Man kann die Bildung der abschirmenden Wolken auch so beschreiben: Die Leitungselektronen bilden kein ungeordnetes Gas, sondern ein angenähertes Kristallgitter. Ihre Dichte ist maximal in der Nähe der Ionen. Sie halten sich gegenseitig auf Abstand und bewegen sich meist nur kollektiv durch das Gitter. Solche Kollektivbewegungen der Elektronen sind auch die **Plasmaschwingungen**, die zur Lichtabsorption führen (vgl. Abschn. 14.3.3, 8.4.2). Ein eingeschossenes Elektron oder auch Photon regt bei der

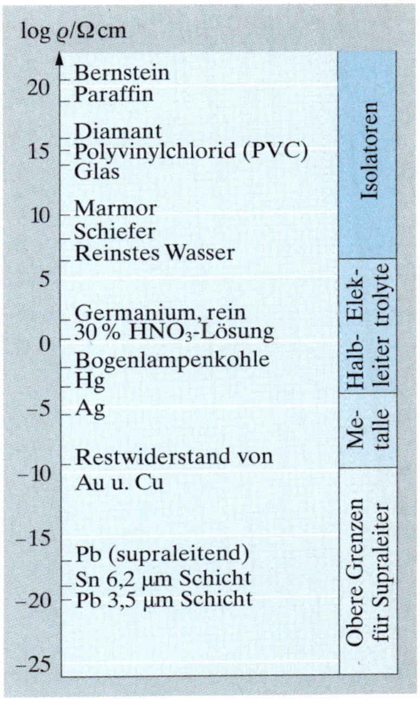

Abb. 14.47. Der spezifische Widerstand ϱ ist eine der Stoffeigenschaften, die den riesigsten Größenordnungsbereich überspannt. Die angegebenen ϱ-Werte für Supraleiter sind obere Grenzen; in einzelnen Fällen ist der Widerstand unmeßbar klein

Reflexion vom Metall oder beim Durchgang durch dieses Plasmaschwingungen an, vor allem solche mit der Langmuir-Frequenz ω_0. Das ganze Fermi-Gas schwappt dabei relativ zum Gitter hin und her. Diese Schwingungen sind gequantelt: Das Elektron kann nur ganzzahlige Vielfache des Energiequants $\hbar\omega_0$ an die Plasmaschwingungen abgeben. Man mißt eine Franck-Hertz-ähnliche Kurve des Energieverlustes bei Reflexion oder Durchgang. Ein Plasmaschwingungsquant heißt auch **Plasmon**. Auch die Impulsverhältnisse bei der Reflexion, d. h. die eventuelle Ungleichheit von Ausfalls- und Einfallswinkel, lassen sich nach dem Impulssatz beschreiben, wenn man dem Plasmon einen Impuls $\hbar\boldsymbol{k}$ zuordnet, wo $\boldsymbol{k}$ der Wellenvektor der Plasmaschwingung ist.

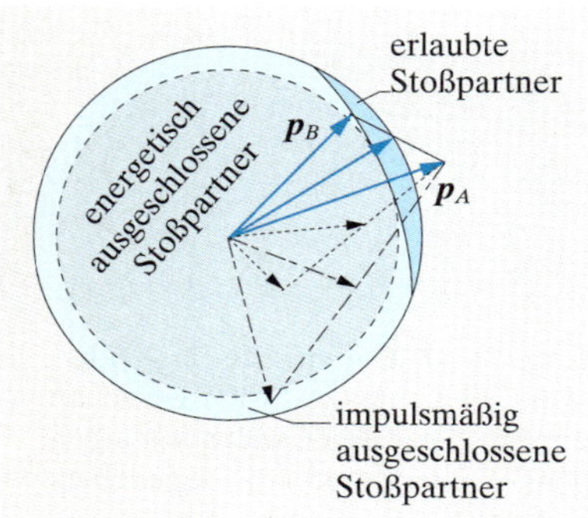

Abb. 14.48. Ein energetisch angehobenes Elektron kann nur mit sehr wenigen Elektronen in der Fermi-Kugel stoßen, weil nach Energie- oder Impulssatz sonst mindestens einer der Endzustände bereits besetzt ist

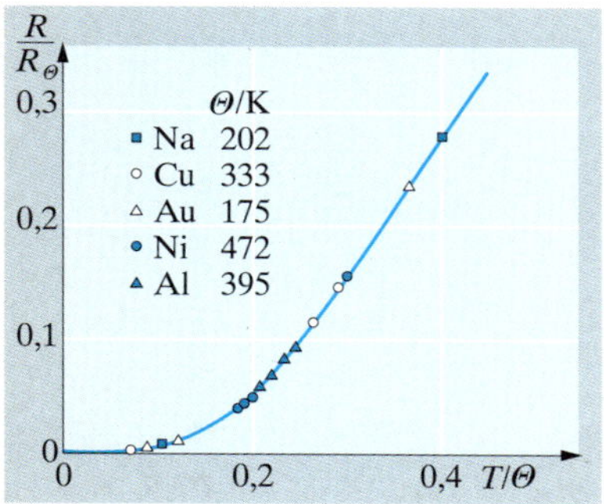

Abb. 14.49. Reduzierte Temperaturabhängigkeit des Widerstandes von Metallen (Grüneisen-Kurve). Θ Debye-Temperatur, R_Θ Widerstand bei $T = \Theta$. (Daten nach *Bardeen*)

Für die elektrische Leitung liefert das Bild der Fermi-Kugel (also letzten Endes Unschärferelation + Pauli-Prinzip) eine weitere Einschränkung der Häufigkeit von Elektron-Elektron-Stößen. Ein Elektron (A) sei im Feld beschleunigt worden, schwebe also in der energetischen Höhe ε über der Oberfläche der Fermi-Kugel, und versuche diese Überschußenergie im Stoß an ein anderes Elektron (B) abzugeben. Nach dem Stoß sollen sich also die Elektronen beide etwa auf einer mittleren Energie befinden. Am wirkungsvollsten wäre offenbar der Stoß mit einem energiearmen Elektron B tief im Innern der Fermi-Kugel, aber die Zustände, die den resultierenden Energien entsprechen, sind bestimmt alle besetzt. Möglich sind nur Stöße, die beide Elektronen an die Oberfläche der Fermi-Kugel oder ein wenig höher führen. Außerdem muß der Gesamtimpuls erhalten bleiben. Mögliche Stoßpartner liegen in einem Gebiet der Fermi-Kugel, das geometrisch so definiert ist: Man ziehe von dem Punkt $\boldsymbol{p}_A$ ein Büschel von Geraden auf die Fermi-Kugel zu und markiere auf jeder Geraden den Punkt p_B, der längs der Geraden ebensoweit von der Kugeloberfläche entfernt ist wie $\boldsymbol{p}_A$. Es entsteht eine Art Mondsichel, die aber fast geradlinig begrenzt ist und so einer Kugelkalotte mit der Höhe $h = p_F\varepsilon/(2W_F)$ sehr nahe kommt. Das Volumen einer solchen Kalotte ist $\pi p_F h^2$, macht also einen Bruchteil $3\varepsilon^2/(16W_F^2)$ der ganzen Fermi-Kugel aus. Um diesen Faktor ist die Stoßfrequenz zwischen Leitungselektronen reduziert, die freie Weglänge l erhöht. Für ε ist die im Feld gewonnene Energie eEl oder die thermische Energie kT einzusetzen, je nachdem, was größer ist. Im allgemeinen ist kT viel größer, außer bei sehr hohen Feldern im Fall „heißer Elektronen". Also ist l um den Faktor $(kT/(eE))^2$ erhöht, und man erhält durch Einsetzen von W_F nach (14.54) und $A \approx d^2$ nach (14.62)

$$l \approx r_0 \left(\frac{e^2}{4\pi\varepsilon_0 r_0 kT}\right)^2 \tag{14.63}$$

(r_0: Bohr-Radius). Dies ergibt $\sigma \sim l/v \sim T^{-2}$, denn v ist die Fermi-Grenzgeschwindigkeit $v_F = p_F/m$, nicht die klassische thermische Geschwindigkeit $v \sim T^{1/2}$. Der Faktor in Klammern in (14.63) ist bei Zimmertemperatur etwa 1 000, also folgt $l \approx 10^{-2}$ cm. Das ist viel länger als die freie Weglänge für Elektron-Phonon-Stöße, die $l \sim T^{-1}$, d. h. auch $\sigma \sim T^{-1}$ bedingen (Abschn. 14.3.1; dort kam $\sigma \sim T^{-3/2}$ heraus, weil mit $v \sim T^{1/2}$ gerechnet wurde). Der Beitrag der Elektron-Elektron-Stöße überwiegt daher nur bei tiefen Temperaturen. So entsteht die **Grüneisen-Kurve** (Abb. 14.49), die für alle Metalle den Widerstand in einheitlicher Weise recht gut beschreibt, wenn man die Temperatur als Bruchteil der Debye-Temperatur Θ ausdrückt, den Widerstand als Bruchteil von R_Θ, dem Widerstand bei der Debye-Temperatur:

$$R = R_\Theta \frac{1}{\Theta^2/T^2 + a\Theta/T} \qquad (a \approx 0{,}15)\,.$$

In einem sehr reinen Metall wird auch die Wärmeleitung überwiegend durch Leitungselektronen besorgt, bei einem weniger reinen durch Phononen, ähnlich wie im Isolator. Deshalb ist die Spanne der Wärmeleitfähigkeiten zwischen Metallen, Halbleitern, Isolatoren längst nicht so groß wie die der elektrischen Leitfähigkeit: Das Wiedemann-Franz-Gesetz gilt nicht durchgehend. Bei tiefen Temperaturen überwiegt aber in allen Metallen der Elektronenbeitrag. Hier ergibt sich die Wärmeleitfähigkeit wieder als

$$\lambda = \tfrac{1}{3} c_{\mathrm{el}} v l$$

(Abschn. 5.4.6 und 14.3.1). Dabei ist $c_{\mathrm{el}} = \pi^2 k^2 T n/(4E_{\mathrm{F}})$ (14.57), und für v ist die Fermi-Geschwindigkeit $v_{\mathrm{F}} = \sqrt{2W_{\mathrm{F}}/m}$ einzusetzen, l ist die freie Weglänge nach (14.63). Andererseits ist die elektrische Leitfähigkeit

$$\sigma = ne\mu = \frac{1}{2}\frac{ne^2}{m}\frac{l}{v_{\mathrm{F}}}\,,$$

so daß wieder das Verhältnis

$$\frac{\sigma}{\lambda} = \frac{3}{2}\frac{e^2 W_{\mathrm{F}}}{m v_{\mathrm{F}} k^2 T v_{\mathrm{F}}} \approx \frac{e^2}{k^2 T}$$

folgt. Das ist überraschend, wenn man bedenkt, wie verschieden die einzelnen Größen klassisch und quantenmechanisch definiert sind.

Begrenzung der freien Weglänge durch Elektronen- und Phonon-Stöße ergibt freie Weglängen, die mit fallender Temperatur wachsen. Erst wenn l bei sehr tiefen Temperaturen durch Kristallitgrößen, Abstand von Fremdionen o. ä. bestimmt wird, macht sich die Abhängigkeit $c_{\mathrm{el}} \sim T$ allein geltend und führt zu $\lambda \sim T$. Unter den gleichen Umständen wird die elektrische Leitfähigkeit temperaturunabhängig.

14.3.5 Energiebänder

Wir haben die Valenzelektronen in einem Metall als freie Elektronen aufgefaßt, die sich ungestört durch das periodische Potential der Rumpfionen bewegen. Dies ist eine unvollkommene Näherung, denn eine gewisse Wechselwirkung mit dem Ionengitter besteht doch, wenigstens bei gewissen Impulsen des Elektrons. Man muß ja bedenken, daß die Bewegung eines Elektrons mit der Energie W und dem Impuls p durch eine ψ-Welle mit der Frequenz $\omega = W/\hbar$, der Wellenlänge $\lambda = h/p$ oder dem Ausbreitungsvektor $k = p/\hbar$ geregelt wird. Die Aufenthaltswahrscheinlichkeit des Elektrons ist $\psi^2(\boldsymbol{r})$. Wenn die ψ-Welle die Bragg-Bedingung für die Reflexion an irgendwelchen Netzebenen erfüllt, ist keine fortschreitende ψ-Welle mehr möglich, sondern nur eine stehende, überlagert aus einfallenden und reflektierten Wellen. Speziell bei senkrechtem Einfall auf eine Netzebenenschar mit dem Abstand d tritt das ein bei $k = n\pi/d$ oder $p = n\pi\hbar/d$.

Für ein freies Elektron hängen W und p zusammen wie $W = p^2/(2m)$ bzw. $W = \hbar^2 k^2/(2m)$. Dieser parabolische Zusammenhang (Abb. 14.50) wird offenbar bei den kritischen p- oder k-Werten unterbrochen, die Bragg-Reflexion erlauben (dies sind die k-Vektoren, die auf einer Brillouin-Zonengrenze enden). Hier gehen die fortschreitenden Wellen in ste-

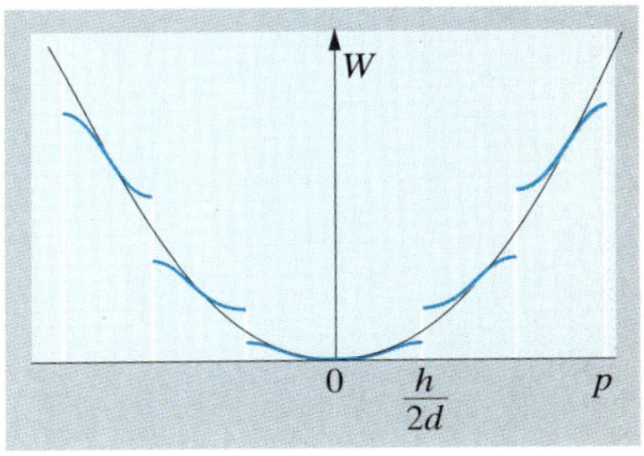

Abb. 14.50. Wechselwirkung mit dem Gitter zerreißt die $W(p)$-Parabel des freien Elektrons in eine Serie von Energiebändern

hende über, z. B. für $k = \pi/d$ mit $\lambda = 2d$ (Debye-Grenzwellenlänge). Für solche stehenden Wellen gibt es zwei Hauptphasenlagen: $\psi \sim \sin(\pi x/d)$ und $\psi \sim \cos(\pi x/d)$. Im zweiten Fall ist ψ^2 am Ort der Ionen $(x = 0, d, \ldots)$ maximal, dazwischen 0, im ersten ist es umgekehrt. Es ist klar, daß die cos-Welle einer niedrigeren Gesamtenergie entspricht, weil sie die Nähe der Rumpfionen ausnutzt. Der im freien Zustand eindeutig bestimmte W-Wert zu $p = \pi\hbar/d$ spaltet also in zwei Zustände mit erheblich verschiedener Energie auf. Die $W(p)$-Parabel muß dort aufgeschnitten werden; das eine freie Ende wandert abwärts, das andere aufwärts. So entsteht eine Folge von meist etwa S-förmigen Bögen, die erlaubte Energiezustände bedeuten, mit dazwischenliegenden Lücken, den verbotenen Zonen. Die Breite der erlaubten Energiebänder ergibt sich schon aus diesem einfachen Bild typischerweise zu $p^2/(2m) = \pi^2\hbar^2/(2md^2) \approx 3\,\text{eV}$ (bei $d \approx 3\,\text{Å}$). Für die Breite der **verbotenen Zonen**, d. h. die Differenz der potentiellen Energien von sin- und cos-Welle, erwartet man die Größenordnung $e^2/(4\pi\varepsilon_0 d)$, was entsprechend der Bohr-Bedingung (Abschn. 12.3.4) ebenfalls einige eV ausmacht.

Die Energiebänderstruktur ist natürlich abhängig von der Kristallstruktur und der Ausbreitungsrichtung der Elektronenwelle. Brillouins Zonenkonstruktion zeigt, wo in einer gegebenen Richtung der Sprung von einem Band zum nächsten erfolgt. Die $W(\boldsymbol{k})$-Fläche bleibt keine Rotationsfläche. Dementsprechend sind auch die Impulszustände in den verschiedenen Richtungen verschieden weit aufgefüllt, nämlich dort am weitesten, wo die $W(\boldsymbol{k})$-Fläche am tiefsten liegt. Die Füllungsgrenze im $\boldsymbol{p}$- bzw. $\boldsymbol{k}$-Raum, die für das freie Elektronengas eine Fermi-Kugel war, wird im Gitter zu einer **Fermi-Fläche** mit oft sehr komplizierter Topologie. Feinere Einzelheiten des elektromagnetischen und optischen Verhaltens der Metalle können auf Grund der Topologie der Fermi-Fläche und der Energiebänder verstanden werden. Dazu gehören vor allem die Abhängigkeit des Widerstandes vom Magnetfeld (**Magnetoresistanz**), die **Zyklotronresonanz** der Leitungselektronen und -löcher, und der **de Haas-van Alphen-Effekt**, d. h. die Quantenoszillationen der magnetischen Suszeptibilität als Funktion des angelegten Magnetfeldes (ähnlich wie beim **Josephson-Wechseleffekt**, Abschn. 14.7). Umgekehrt bieten diese Effekte den wichtigsten experimentellen Zugang zu den Einzelheiten der Bänderstruktur.

Die Existenz von Energiebändern folgt auch aus einer ganz anderen Betrachtung. Wir sind vom Gas freier Elektronen ausgegangen und haben die Störung durch das periodische Rumpfionengitter eingebaut. Man kann auch vom anderen Grenzfall, nämlich von isolierten Metallatomen (Rumpfion + Valenzelektron) ausgehen und diese allmählich aneinanderrücken. Dann beginnen die Elektronen von einem Atom zum anderen zu tunneln, d. h. ihre Aufenthaltsdauer bei einem bestimmten Atom wird begrenzt, z. B. auf τ. Nach der Unschärferelation für Energie und Zeit müssen sich dann die ursprünglich scharfen Energiezustände der Elektronen verbreitern um $\Delta W \approx h/\tau$. Im Grenzfall, wenn den Elektronen, halbklassisch gesprochen, bei jedem Bohrschen Umlauf, also alle $8md^2/h \approx 10^{-15}$ s das Durchtunneln gelingt, wird sicher $\Delta W \approx h^2/(8md^2)$. Die Elektronen tieferer Schalen haben sehr viel kleinere Tunnelwahrscheinlichkeit und entsprechend kleinere Termverbreiterung (Abb. 14.51). Es besteht eine ge-

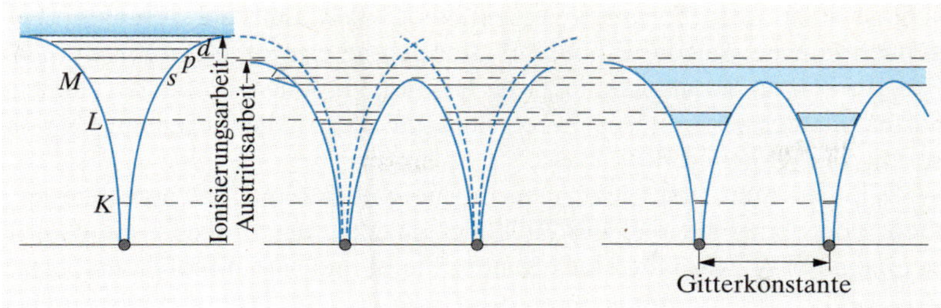

Abb. 14.51. Wenn die Einzelatome einander näherkommen, überlagern sich nicht nur ihre Potentiale zu einer Galerie von Rundbögen, sondern die ursprünglich scharfen Elektronenzustände verbreitern sich. Im *rechten Teilbild* ist rechts die Atomkette fortgesetzt zu denken, links liegt die Kristalloberfläche. Dort kann man auch die Austrittsarbeit für die Elektronen ablesen

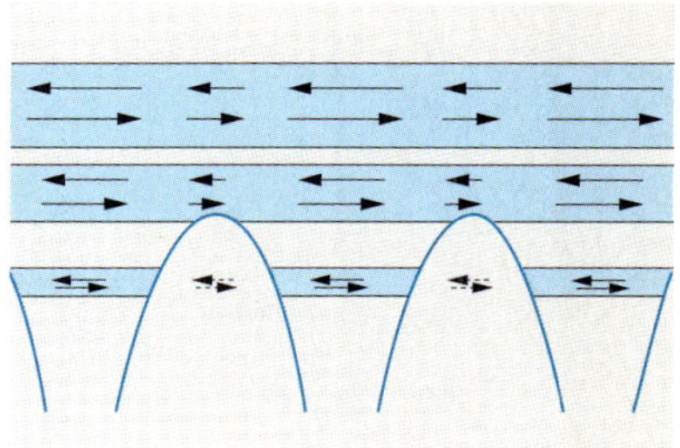

Abb. 14.52. Elektronenbänder im periodischen Potentialgebirge. Die Pfeile deuten die Beschleunigungsrichtung der Elektronen im äußeren Feld an: Die effektive Masse wechselt ungefähr in der Bandmitte ihr Vorzeichen

wisse Entsprechung zwischen den Zuständen des freien Gitterbausteins und den Energiebändern des Kristalls. Sie wird dadurch kompliziert, daß nahe benachbarte Energiezustände oft überlappende Bänder liefern, die praktisch wie ein einheitliches Band wirken. Jedes Einzelband enthält ebenso viele Elektronenzustände wie die N Bausteine, die zum Gitter zusammengetreten sind, nämlich im allgemeinen N Elektronenzustände. Dies folgt auch im Bild des fast freien Elektronengases: Die Zustände entsprechen den Phasenraumzellen der Größe h^3, von denen die Fermi-Statistik ausgeht. Wenn in einer Raumrichtung N_x Gitterbausteine hintereinander liegen (in den anderen N_y, N_z, so daß $N_xN_yN_z = N$), was einer Abmessung $a = N_xd$ des Kristalls entspricht, ist die Impulsbreite $\Delta p = \pi\hbar/d$ des ganzen Bandes in N_x Zustände mit dem Abstand $\pi\hbar/a$ unterteilt. Damit ergibt sich auch die folgende wichtige Tatsache: In einem voll besetzten Band ist, wie in der Fermi-Kugel des freien Elektronengases, zu jedem Impuls auch der entgegengesetzte vertreten. Ein solches Band erlaubt deshalb keine Bewegung des Schwerpunkts aller Elektronen, z. B. keinen Stromfluß.

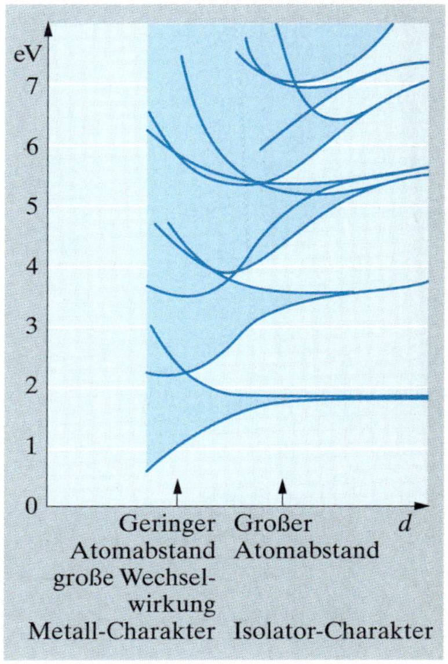

Abb. 14.53. Mit abnehmender Gitterkonstante d verbreitern sich die Elektronenzustände. Aus einem Isolator kann man durch hinreichende Kompression einen metallischen Leiter machen und umgekehrt (Rechnungen von *Slater* nach der Methode des selbstkonsistenten Feldes von *Hartree-Fock*). (Aus W. Finkelnburg: *Einführung in die Atomphysik*, 11./12. Aufl. (Springer, Berlin Heidelberg 1976))

14.3.6 Elektronen und Löcher

Das Rumpfgitter bietet den Elektronen ein bestimmtes Spektrum von Energiebändern an. Wie weit dieses Spektrum mit Elektronen angefüllt ist, hängt von der Wertigkeit der Gitterbausteine ab. Chemische Verbindungen oder auch Reinelemente, deren Bausteine kovalent gebunden sind, besitzen als isolierte Moleküle einen vollständig, d. h. durch das bindende Elektronenpaar besetzten Zustand. Höher gelegene Zustände sind frei. Bei der Zusammenlagerung zum Kristall entsteht aus dem Zustand des bindenden Elektronenpaares meist ein vollbesetztes Band, über dem ganz leere Bänder liegen. Wenn die verbotene Zone dazwischen sehr breit ist, entsteht ein **Isolator**, sonst ein **Halbleiter** (der Übergang ist stetig). **Metalle** sind dadurch gekennzeichnet, daß in ihren Atomen der Ausbau einer bestimmten Elektronenschale beginnt oder jedenfalls längst nicht abgeschlossen ist (s-Schale bei den Alkalien, d-Schale bei den Übergangsmetallen, p-Schale bei einigen anderen). Selbst bei den Erdalkalien, wo die s-Schale abge-

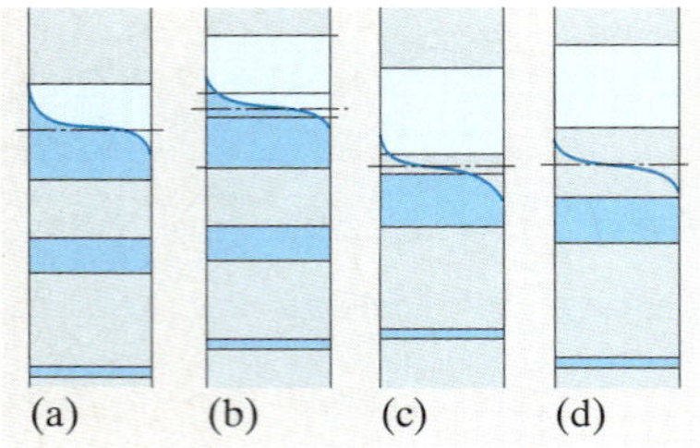

Abb. 14.54. Bänderschema für (a) ein Metall mit einem Valenzelektron (Alkali), (b) ein Metall mit zwei Valenzelektronen (Erdalkali), (c) einen Halbleiter, (d) einen Isolator

schlossen ist, liegt (bis auf die ersten beiden Perioden) die d-Schale energetisch so nahe, daß der Einbau oft alternierend erfolgt. Beim Zusammenbau zum Gitter überlappen sich die Bänder, zu denen sich diese benachbarten Schalen verbreitern. Das entstehende Band ist natürlich nur teilweise mit Elektronen gefüllt.

Wie bewegen sich Elektronen in Energiebändern? Wir sprechen hier nicht von dem Fall, daß das Elektron im gleichen Impulszustand, d. h. in einem der N Zustände eines Bandes bleibt und sich mit dem zu diesem Zustand gehörigen Impuls durch das Gitter bewegt. Interessanter sind die Fälle, wo das Elektron seinen Zustand ändert, speziell energetisch und impulsmäßig im Band aufsteigt. Das ist natürlich nur möglich, wenn weiter oben freie Zustände verfügbar sind. Ferner muß eine beschleunigende Kraft wirken, z. B. in einem elektrischen Feld. Das Elektron reagiert allerdings entsprechend seiner Lage im $W(\boldsymbol{k})$-Diagramm oft recht eigenartig auf eine solche Kraft. Als Geschwindigkeit eines Elektrons ist die Gruppengeschwindigkeit eines ψ-Wellenpaketes anzusehen, aufgebaut aus Wellen eines engen Bereichs um den gewählten $\boldsymbol{k}$-Wert. Diese Gruppengeschwindigkeit ist nach (4.62) $v_g = \partial\omega/\partial k = \hbar^{-1}\,\partial W/\partial k$. Für das freie Elektron mit $W = p^2/(2m) = \hbar^2k^2/(2m)$ folgt sofort $v_g = p/m$, d. h. die übliche Geschwindigkeit. Beim Kristallelektron ist die Lage komplizierter. Wir betrachten speziell eine Beschleunigung $\dot{v}_g$ und die dazu nötige Kraft F. Es ist

$$\dot{v}_g = \hbar^{-1}\frac{\partial}{\partial t}\frac{\partial W}{\partial k} = \hbar^{-1}\frac{\partial}{\partial k}\frac{\partial W}{\partial k}\frac{\partial k}{\partial t} = \hbar^{-1}\frac{\partial^2 W}{\partial k^2}\dot{k}\,.$$

Nun ist, wie üblich, die Kraft gleich der zeitlichen Änderung des Impulses: $F = \dot{p} = \hbar\dot{k}$. Es folgt

$$\dot{v}_g = \hbar^{-2}\frac{\partial^2 W}{\partial k^2}F = \frac{1}{m_{\text{eff}}}F\,,$$

$$\boxed{m_{\text{eff}} = \hbar^2\left(\frac{\partial^2 W}{\partial k^2}\right)^{-1}}\,. \qquad (14.64)$$

Die **effektive Masse** m_{eff} regelt die Reaktion des Kristallelektrons auf eine Kraft. Wenn die Bandbreite, wie oben nach der Näherung des freien Elektrons geschätzt, $\Delta W \approx h^2/(8md)$ ist, wird natürlich m_{eff} gleich der üblichen Elektronenmasse. Das ist keineswegs allgemein der Fall. Das Elektron reagiert ja nicht als Einzelteilchen auf die Kraft, sondern es muß das ganze Gitter mitbeeinflussen. Das ist sozusagen der Preis, den es zahlen muß, um bei konstantem k so ungehindert durchs Gitter fliegen zu können. Wenn es seinen Impuls ändern soll, spielt das ganze Gitter mit. Tabelle 14.9 gibt einige effektive Massen an.

Am unteren Bandrand ist die Krümmung $\partial^2W/\partial k^2$ i. allg. stärker als bei der freien Parabel. Dementsprechend ist m_{eff} kleiner als die freie Masse m. Bei höheren Energien ist in unserem ganz schematischen Bild (Abb. 14.50) die alte Parabel fast erhalten geblieben, es wird $m_{\text{eff}} \approx m$. Dann folgt aber vielfach ein Wendepunkt von $W(k)$. Dort ist die Krüm-

Tabelle 14.9. Band-Band-Abstände, Elektron- und Loch-Beweglichkeiten und effektive Massen der Leitungselektronen für einige Halbleiter

	$\Delta W/\text{eV}$	$\mu^-/\text{cm}^2\,\text{V}^{-1}\,\text{s}^{-1}$	$\mu^+/\text{cm}^2\,\text{V}^{-1}\,\text{s}^{-1}$	m_{eff}/m
Diamant	5,4	1 800	1 200	–
SiC	3,0	–	–	–
Si	1,17	1 300	500	–
Ge	0,74	4 500	3 500	0,11
GaAs	1,52	–	–	0,07
GaSb	0,81	4 000	1 400	0,042
InAs	0,36	33 000	460	0,024
InSb	0,23	77 000	750	0,015
PbS	0,29	550	600	–
AgCl	3,2	50	–	0,35
KBr	–	100	–	0,43
CdS	2,58	–	–	–
ZnO	3,44	–	–	–
ZnS	0,91	–	–	–

mung Null, also $m_{\text{eff}} = \infty$. Ganz oben im Band schlägt m_{eff} auf *negative* Werte um. Solche Elektronen beschleunigen sich in Gegenrichtung zur wirkenden Kraft.

Wenn das Band bis fast zum oberen Rand gefüllt ist, spricht man einfacher von den wenigen unbesetzten Zuständen in diesem Band, den **Defektelektronen** oder **Löchern**. Sie verhalten sich in jeder Hinsicht entgegengesetzt wie das dort fehlende Elektron: Sie haben eine positive Ladung und entgegengesetzte Werte von W und k wie das Elektron, das dort hingehörte; die effektive Masse ändert mit $\partial^2 W/\partial k^2$ ebenfalls ihr Vorzeichen, d. h. Löcher am oberen Bandrand haben wieder positive Masse. Ein Loch, gezogen von der positiven Kraft $e\boldsymbol{E}$, beschleunigt sich im normalen Sinn, ein Elektron mit positiver effektiver Masse, gezogen von der negativen Kraft $-e\boldsymbol{E}$, ebenfalls. Beide liefern einen *positiven* Beitrag zum Strom. Wie groß diese Beträge sind, hängt natürlich von den Konzentrationen und Beweglichkeiten der Elektronen und Löcher ab.

14.4 Halbleiter

Die Informationstechnik hat heute die Energietechnik an Umfang und Bedeutung weit überholt. Sie lebt von den Halbleitern, in deren Funktion wir nur einige grundsätzliche und einige spezielle Blicke werfen können.

14.4.1 Reine Halbleiter

Die meisten Halbleiter sind binäre Verbindungen aus einem p-wertigen und einem $8-p$-wertigen Element. Man klassifiziert sie nach den Wertigkeiten bzw. nach den Spalten des Periodensystems, aus denen die Elemente stammen (Beispiele: ZnS ist 2-6-Halbleiter, GaAs ist 3-5-Halbleiter, SiC ist 4-4-Halbleiter; ähnlich wie SiC verhalten sich reines Si und Ge). Wichtig sind außerdem die Metalloxide wie Cu_2O, die nicht in diese Klassifikation fallen.

Das Schema der Energiezustände für Elektronen im reinen Halbleiter ist sehr einfach: Ein **Valenzband** ist vom **Leitungsband** getrennt durch eine **verbotene Zone** der Breite W_0. Dies bestimmt die elektrischen und optischen Eigenschaften. Leitungselektronen können thermisch (durch Phonon-Elektron-Stoß) oder optisch (durch Photon-Elektron-Stoß, manchmal unter Mitwirkung von Phononen) angeregt, d. h. über die verbotene Zone gehoben werden. Im Leitungsband seien n Elektronen/m^3, im Valenzband ebenso viele Löcher/m^3. Wir schreiben die Raten von **Anregung** und **Rekombination** auf, d. h. die Anzahlen gehobener bzw. zurückfallender Elektronen pro m^3 und s. Die Anregung, ob thermisch oder optisch, schöpft aus dem Vollen und gießt ins Leere. Ihre Rate hängt daher nicht von n ab. Die Rekombination hat als bimolekulare Reaktion zwischen Elektron und Loch eine Rate proportional n^2. Die zeitliche Änderung von n ist also

$$\dot{n} = a - \beta n^2 \,. \tag{14.65}$$

a ist um so größer, je höher T und (bei optischer Anregung) je höher die Lichtintensität ist. Im Gleichgewicht ist $\dot{n} = 0$, also

$$n = \sqrt{\frac{a}{\beta}} \,. \tag{14.66}$$

Dabei spielt es zunächst noch keine Rolle, ob es sich um ein echtes thermisches Gleichgewicht handelt, oder nur um eine ausgeglichene Bilanz zwischen optischer Anregung und Rekombination. Im Fall der reinen thermischen Anregung ergibt sich aus der Fermi-Verteilung sofort ein Zusammenhang zwischen a und β.

Bei $T = 0$ ist das Valenzband voll mit Elektronen besetzt, das Leitungsband ist leer, d. h. die Fermi-Energie W_F liegt in der verbotenen Zone. Bei höheren Temperaturen werden Elektronen ins Leitungsband gehoben und die gleiche Anzahl Löcher bildet sich im Valenzband. Diese Symmetrie bedeutet bei gleicher Zustandsdichte in beiden Bändern, daß W_F genau in der Zonenmitte liegt (obwohl sich natürlich nicht kontrollieren läßt, daß dort $f = \frac{1}{2}$ ist). Da $W_0 \gg kT$ ist (sonst handelt es sich nicht um einen Halbleiter, sondern um ein Halbmetall), lassen sich die Besetzungsverhältnisse mit Elektronen im Leitungsband und Löchern im Valenzband durch einen Boltzmann-Schwanz beschreiben: Der Besetzungsgrad in der Höhe ε über dem Leitungsbandrand, der seinerseits um $W_0/2$ über der Fermi-Grenze liegt, ist

$$f(\varepsilon) = \exp\left(-\frac{W_0/2 + \varepsilon}{kT}\right) . \tag{14.67}$$

Entsprechendes gilt für die Löcherbesetzung im Valenzband mit nach unten gezählter Energie. Wenn die Näherung quasifreier Elektronen anwendbar ist, ergibt sich aus (14.55) die energetische Zustandsdichte im Band

$$\mathrm{d}N = 4\pi \left(\frac{2m}{h^2}\right)^{3/2} \varepsilon^{1/2}\, \mathrm{d}\varepsilon \,. \tag{14.68}$$

Von diesen Zuständen ist der Bruchteil $f(\varepsilon)$ besetzt, also ist die gesamte Anzahldichte der Leitungselektronen

$$n = \int_0^\infty f(\varepsilon)\,\mathrm{d}N = N\,\mathrm{e}^{-W_0/(2kT)}$$

mit

$$N = 2\left(\frac{mkT}{2\pi\hbar^2}\right)^{3/2} = 3\cdot 10^{25}\,\mathrm{m}^{-3} \qquad \text{(bei 300 K)}\,. \tag{14.69}$$

Im Valenzband sitzen ebenso viele Löcher. Das Produkt $n^2 = N^2\,\mathrm{e}^{-W_0/(kT)}$ hängt nicht von der Lage der Fermi-Grenze ab, behält seinen Wert also auch, wenn durch **Dotierung** (Abschn. 14.4.2) die Löcherdichte (p) verschieden von der Elektronendichte n wird. Dann gilt also immer noch

$$np = N^2\,\mathrm{e}^{-W_0/(kT)}\,. \tag{14.70}$$

Bei gegebenem Produkt np ist die Summe der Trägerkonzentrationen $n+p$ am kleinsten, wenn $n = p$ ist. Dies ist im reinen Halbleiter der Fall, kann aber auch im gestörten Halbleiter erreicht werden, wenn die n- bzw. p-liefernden Störstellen einander kompensieren. Ein solcher **verunreinigungskompensierter Halbleiter** hat keine höhere Leitfähigkeit als der reine, während einseitig verunreinigte Halbleiter oft um viele Größenordnungen besser leiten. Für $n = p$ folgt

$$n = N\,\mathrm{e}^{-W_0/(2kT)} \tag{14.71}$$

(Arrhenius-Kurve der Eigenhalbleitung), oder durch Vergleich mit (14.66)

$$a = \beta N^2\,\mathrm{e}^{-W_0/(kT)}\,. \tag{14.72}$$

Dieser Zusammenhang zwischen a und β gilt nur für die thermische Anregung. Für die optische mit einer Intensität I ist $a \sim I$, also bei $n = p$

$$n \sim \sqrt{I}\,. \tag{14.73}$$

Da die **Beweglichkeit** i. allg. viel schwächer von T abhängt, geben die Formeln für n und p auch die Leitfähigkeit $\sigma = e(n\mu_n + p\mu_p)$. Die Beweglichkeit ist meist höher als in Metallen, besonders hoch für 3-5-Verbindungen (bis zu Größenordnungen von $10\,\mathrm{m^2/V\,s}$). Begrenzend wirken bei sehr reinen Halbleitern die Stöße mit Phononen, andernfalls die Stöße mit Gitterfehlern.

Die Breite der verbotenen Zone kommt auch als Grenzfrequenz der Absorption oder **Absorptionskante** $\omega_{\mathrm{gr}} = W_0/\hbar$ zum Ausdruck. Kleinere Frequenzen werden nicht absorbiert (abgesehen von sehr viel kleineren, die Gitterschwingungen anregen), bei ω_{gr} setzt oft sehr steil die Absorption ein. Manchmal tritt allerdings W_0 nicht direkt als Absorptionskante in Erscheinung. Man muß nämlich beachten, daß ein Photon der hier interessierenden Frequenz einem Elektron zwar eine erhebliche Energie, aber nur einen minimalen Impuls übergeben kann (Photon: $p = h/\lambda = \Delta W/c$; Elektron: $p = mv = \sqrt{2m\,\Delta W}$; Phonon: $p = h/\lambda = \Delta W/c_{\mathrm{s}}$; $c_{\mathrm{s}} \ll c$,

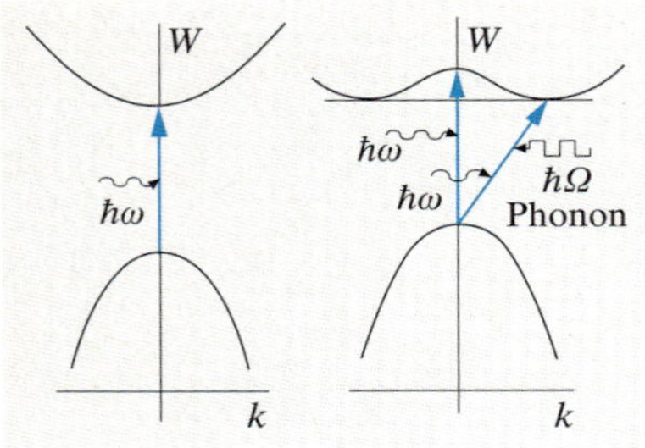

Abb. 14.55. Direkte und indirekte Bandübergänge. Der optische Übergang verläuft praktisch immer senkrecht im $W(k)$-Diagramm, der thermische kann sich minimale Energiedifferenz aussuchen, weil Phononen die Impulsbilanz ausgleichen können

$\Delta W \ll mc^2$). Daher führen optische Übergänge im W, k-Diagramm praktisch senkrecht nach oben, wenn kein Phonon beteiligt ist. Die Ränder von Valenz- und Leitungsband liegen aber durchaus nicht immer beim gleichen k-Wert. Die optische Absorptionskante kann also einem höheren W-Wert entsprechen als das aus der Eigenleitung folgende W_0, denn thermische, durch Phononen vermittelte Übergänge nutzen immer den minimalen energetischen Abstand aus.

Wenn $W_0 > 3{,}1$ eV, ist der Halbleiterkristall farblos-durchsichtig. Wenn dagegen die Absorptionskante einen Teil des sichtbaren Spektrums (vom Violetten angefangen) abschneidet, schimmert der Kristall im reflektierten Licht in der entsprechenden Farbe, im durchgehenden Licht in der Komplementärfarbe. Bei $W_0 < 1{,}5$ eV wird das ganze sichtbare Spektrum absorbiert, der Kristall hat metallähnlichen Schimmer. Vielfach entsteht die Färbung aber nicht durch **Grundgitterabsorption**, sondern durch Absorption oder Streuung an Verunreinigungen. Übergangsmetalle im an sich farblosen Al_2O_3 (Korund) färben die verschiedenen Edelsteine außer Diamant; kolloides Gold in Glas streut nach *Rayleigh* überwiegend im Roten als Rubinglas.

14.4.2 Gestörte Halbleiter

Jede Störung des Idealgitters kann zusätzliche Energiezustände für Elektronen erzeugen, die oft in der verbotenen Zone liegen. Solche Störungen sind

- nichtstöchiometrische Zusammensetzung;
- Einbau von Fremdteilchen anstelle regulärer Gitterteilchen (**Dotierung**);
- unbesetzte Gitterplätze; die entsprechenden Teilchen können von vornherein fehlen (Nichtstöchiometrie) oder zum Rand hin ausgewandert sein (**Schottky-Fehlstellen**);
- Zwischengitterteilchen; diese Teilchen können von vornherein im Überschuß vorhanden gewesen sein (Nichtstöchiometrie) oder sie können aus Gitterplätzen ausgewandert sein (**Frenkel-Fehlstellen**);
- Kristallitgrenzen und Grenzen des ganzen Kristalls;
- **Versetzungen** (**Dislokationen**);
- unvollständige Ordnung des ganzen Gitters, das im Extremfall zum Zufallsnetz des amorphen Halbleiters wird.

Diese Fehlstellen werden systematischer in Abschn. 14.5 diskutiert. Hier betrachten wir einen besonders durchsichtigen Fall, nämlich den Einbau eines Atoms falscher Wertigkeit auf einen regulären Gitterplatz, z. B. eines P- oder B-Atoms in ein Si- oder Ge-Gitter.

Das P-Atom stellt nicht vier Elektronen zur Bindung bereit wie das Si, sondern fünf. Es paßt sich so gut es kann in das umgebende Gitter ein, sättigt also mit vier seiner Elektronen die vier Elektronen zu Paaren ab, die ihm seine Si-Nachbarn entgegenstrecken. Auf dem kompletten und neutralen Gitterhintergrund, der sich hauptsächlich durch seine DK ε vom Vakuum unterscheidet, sitzt das fünfte Elektron beim P-Atom wie das Elektron beim H-Atom. Allerdings sind die Bohr-Bahnradien in diesem **wasserstoffähnlichen System** um den Faktor ε vergrößert, die Termenergien um den Faktor ε^2 verkleinert. Statt 13,6 eV ist die Ionisierungsenergie nur 0,1 eV oder noch kleiner, d. h. nicht viel größer als kT bei Zimmertemperatur. Das Überschußelektron sitzt in einem flachen, beim P lokalisierten Term, dem **Donatorterm**, aus dem es leicht thermisch ins Leitungsband befreit werden kann, um viele Größenordnungen leichter als eines der Bindungselektronen. Genau umgekehrt *fehlt* beim B ein Elektron an der vollen Bestückung. Ein Loch ist wasserstoffähnlich an einen **Akzeptorterm** gebunden und kann leicht ins Valenzband ionisiert werden.

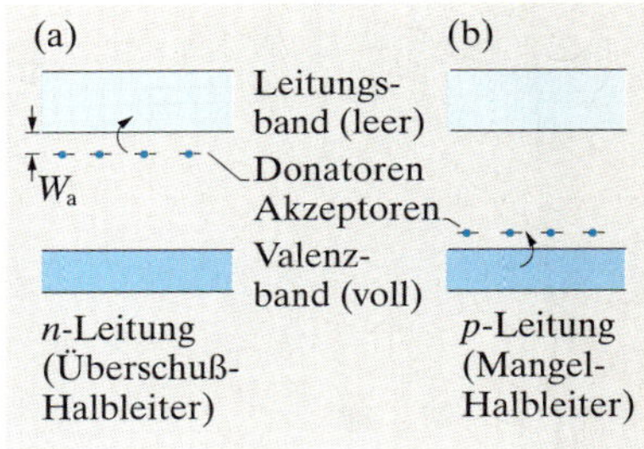

Abb. 14.56a, b. Bänderschema eines Halbleiters mit Donatoren bzw. Akzeptoren

Bei hinreichender Verunreinigung mit P oder As wird also ein Si- oder Ge-Kristall n-leitend, durch B, Al oder Ga p-leitend. Schon sehr geringe Konzentrationen genügen, denn die Eigenleitung ist fast um den Faktor $\mathrm{e}^{-W_0/(2kT)} \approx 10^{-10}$ benachteiligt. Im m^3 seien D Donatoren und A Akzeptoren eingebaut. d Donatoren haben noch ihre Elektronen, a Akzeptoren ihre Löcher. Im übrigen gebe es n Leitungselektronen und p Valenzlöcher – alles auf den m^3 bezogen. Die Ladungsbilanz verlangt dann

$$n + A - a = p + D - d \tag{14.74}$$

(ionisierte Donatoren bzw. Akzeptoren sind positiv bzw. negativ geladen). Damit ist nicht gesagt, daß alle $D - d$ in den Donatoren fehlenden Elektronen im Leitungsband zu finden sind. Dies ist nur der Fall, wenn keine Akzeptoren vorhanden, d. h. Leitungsband und Donatoren ganz unter sich sind. Dann gilt die zu (14.71) analoge Beziehung

$$n = \sqrt{ND}\,\mathrm{e}^{-W_\mathrm{d}/(2kT)}\,. \tag{14.75}$$

W_d ist der Abstand (Donator–Leitungsbandrand). Wenn Akzeptoren da sind, hat man drei Gleichgewichte zu beachten:

$$\begin{array}{llll} & \text{Anregung} & \text{Rekombination} & \\ \text{Valenzband–Leitungsband} & \eta & = \beta np & \\ \text{Donatoren–Leitungsband} & \gamma d & = \alpha n(D-d) & (14.76) \\ \text{Akzeptoren–Valenzband} & \delta a & = \varepsilon p(A-a) & \end{array}$$

Eine zu Abschn. 14.4.1 analoge Betrachtung zeigt, daß $\gamma/\alpha = N\,\mathrm{e}^{-W_\mathrm{d}/(kT)}$ und $\delta/\varepsilon = P\,\mathrm{e}^{-W_a/(kT)}$.

Es sei $A \ll D$. Bei tiefen Temperaturen sind fast alle Donatoren noch besetzt: $d \approx D$. Die wenigen n im Leitungsband zwingen nach (14.70) so viele Löcher ins Valenzband, daß die Akzeptoren sich fast ganz leeren müssen: $a \ll A$, folglich nach (14.76) $p = \delta a/(\varepsilon A)$. Wenn dann $p \ll D$, was sicher zutrifft, heißt die Ladungsbilanz $n + A = D - d = \gamma D/(\alpha n)$. Jetzt kommt es darauf an, ob n kleiner ist als A oder nicht. Für $n \ll A$ wird $n = \gamma D/(\alpha A) = NDA^{-1}\,\mathrm{e}^{-W_\mathrm{d}/(kT)}$, für $n \gg A$ wird $n = \sqrt{\gamma D/\alpha}$, was mit (14.75) identisch ist. Der Übergang zwischen beiden Fällen erfolgt bei $T = W_\mathrm{d}/k \cdot \ln(ND/A^2)$. Bei noch höheren Temperaturen wird schließlich $d \ll D$, denn bei $n \gg A$ muß $D - d = n$ einmal den Wert D erreichen, und zwar für $T = W_\mathrm{d}/k \cdot \ln(N/D)$. Von dort ab lautet die Ladungsbilanz einfach $n = D$: Alle Donatorelektronen sind im Leitungsband.

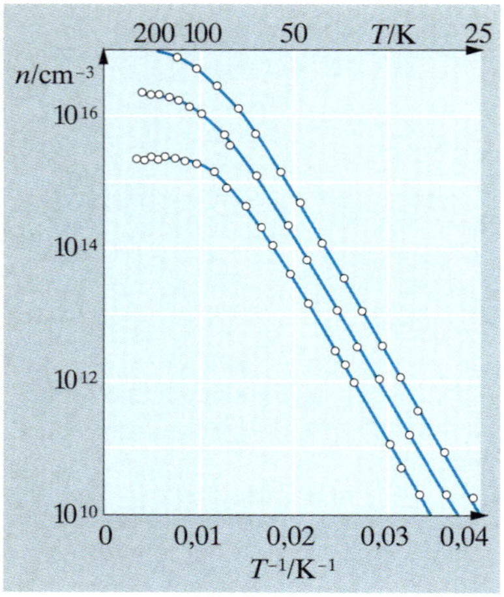

Abb. 14.57. Leitungselektronenkonzentration in Si-Einkristallen mit verschiedener As-Dotierung (Daten nach *Morin* und *Maita*). Arrhenius-Auftragung $\ln n(T^{-1})$

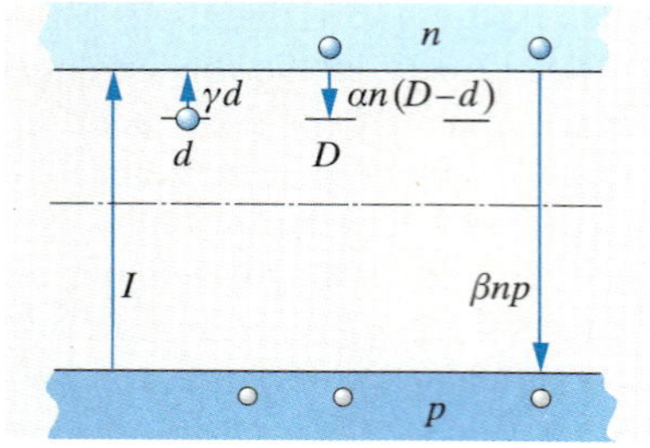

Abb. 14.58. Vereinfachtes Modell eines photoleitenden oder lumineszierenden Halbleiters mit Elektronentraps der Konzentration D, Ladungsträgerkonzentrationen n im Leitungsband, p im Valenzband, d in den Traps. Die angegebene Richtung der Übergänge entspricht dem Transport von Elektronen

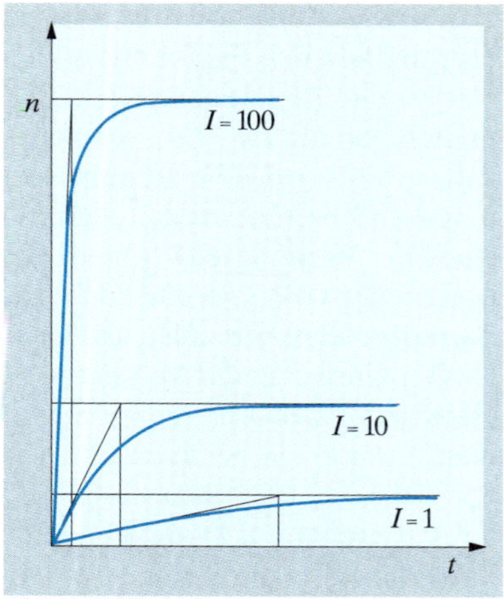

Abb. 14.59. Anklingen der Leitungselektronenkonzentration eines Photoleiters bei verschiedenen Anregungsintensitäten I nach dem Modell Abb. 14.58 für $n \ll d \ll D$

Abbildung 14.57 zeigt Kurven dieses Typs. Dieser $n(T)$-Verlauf ist aber nur einer unter vielen, die das Modell erlaubt. Vielfach ergibt sich auch der Band-Band-Faktor $e^{-W_0/(kT)}$ oder $e^{-W_0/(2kT)}$.

Bandstrukturen wie in Abb. 14.56 kommen auf vielfache Weise zustande und spielen auch in anderen Halbleitertypen, z. B. photoleitenden und lumineszierenden Kristallen eine große Rolle. Wenn die Zustände unter dem Leitungsband nicht von vornherein mit Elektronen besetzt geliefert werden, nennt man sie **Haftstellen** oder **Traps**. Entsprechend können Löchertraps nahe am Valenzband liegen. Die Ladungsbilanz lautet dann mit den gleichen Bezeichnungen wie oben

$$n + d = p + a\,.$$

Das zeitliche Verhalten einer photoleitenden **CdS-Zelle** im **Belichtungsmesser** oder der Lumineszenzschicht einer **Fernsehröhre** hängt entscheidend von solchen Traps ab.

Wir betrachten ein sehr einfaches Modell (Abb. 14.58). Elektronen können durch Lichteinstrahlung mit der Rate I ($m^{-3}\,s^{-1}$) ins Leitungsband gehoben werden. Bevor sie mit den gleichzeitig im Valenzband entstandenen Löchern rekombinieren (Rate βnp), werden sie i. allg. wiederholt von Traps eingefangen: Einfangrate $\alpha n(D-d)$, Ausheizrate γd. Bei nicht zu hohem T sind die meisten Elektronen eingefangen ($n \ll d$), bei nicht zu starkem Licht sind die Traps trotzdem nur schwach besetzt ($d \ll D$). Die Ladungsbilanz heißt dann $p = d$. Zur Zeit $t = 0$ beginne man mit der Lichteinstrahlung, vorher war $n = d = p = 0$. Die Traps verzögern das Anklingen von n. Im Gleichgewicht (man beachte, daß es sich um ein nichtthermisches Gleichgewicht handelt) muß $I = \beta np$ und $\alpha nD = \gamma d$ sein, also

$$\boxed{n_{\text{gl}} = \sqrt{\frac{\gamma I}{\alpha\beta D}}, \qquad d_{\text{gl}} = p_{\text{gl}} = \sqrt{\frac{\alpha DI}{\beta\gamma}}} \,. \tag{14.77}$$

Diese Trägerkonzentration, hauptsächlich in d und p angelegt, wird bei der Erzeugungsrate I in der Zeit

$$\boxed{\tau = \frac{d}{I} = \sqrt{\frac{\alpha D}{\beta\gamma I}}} \tag{14.78}$$

aufgebaut. n und damit der **Photostrom** steigen in diesem Fall nicht proportional zur Lichtintensität, die $\sim I$ ist, sondern nur wie $\sqrt{I}$.

Je mehr Traps da sind, desto kleiner bleibt der stationäre Photostrom und desto langsamer erreicht er sein stationäres Niveau. Tiefe Traps mit ihrem kleinen γ wirken sich hier besonders stark aus, indem sie fast alle Elektronen abfangen. Ähnlich verhält sich das Abklingen des Photostroms und der Rekombination βnp, die bei der Fernsehröhre für die Lichtemission verantwortlich ist (in diesem Fall erfolgt die Anregung nicht durch Licht, sondern durch Elektronenstoß). Lage und Anzahl der Traps bestimmen also die technisch wichtigen Eigenschaften dieser Halbleiter.

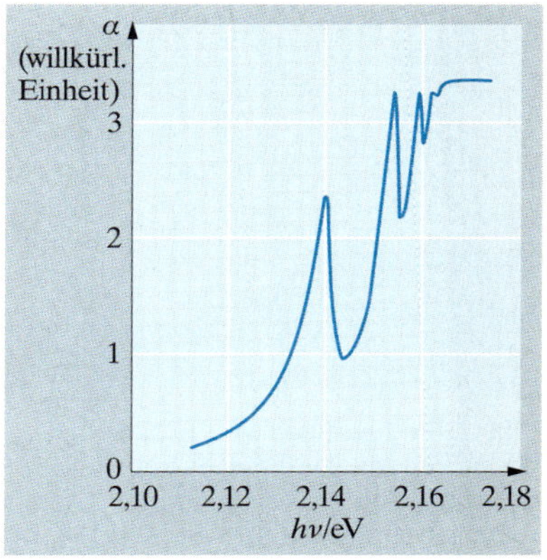

Abb. 14.60. Absorptionsspektrum von Cu_2O bei 77 K (Daten nach *Baumeister*). Der Absorptionskante sind Excitonenpeaks vorgelagert

14.4.3 Halbleiter-Elektronik

Wenn die klassische Elektronenröhre gegen die **Halbleiter-Bauelemente** ganz in den Hintergrund getreten ist, liegt das vor allem an dem geringeren Raumbedarf, der größeren Vielseitigkeit, der billigeren Herstellung und der größeren Zuverlässigkeit der Halbleiter. Daß man heute einen ganzen Computer im Volumen einer einzigen Elektronenröhre unterbringt, ist nicht nur ein rein konstruktiver Vorteil. Die Schaltzeit eines Elements kann nicht kürzer sein als die Abmessung seines aktiven Bereichs, dividiert durch c. Halbleiter sind schneller. Der Bereich von 100–1 000 GHz ist durch sie erst erschlossen worden. Mit der Kompaktheit hängt auch der geringe Energiebedarf zusammen: kein Heizstrom, keine Anheizzeit, Batteriebetrieb und Tragbarkeit mit ihren technisch positiven, ästhetisch meist negativen Folgen.

Einfache ***n-p*-Übergänge** in verschiedener Ausführung und Kombination können fast jede physikalische Größe in fast jede andere umwandeln: Elektrische Spannung, Strom, Magnetfeld, Licht, Teilchenstrahlung, mechanische Spannung beeinflussen den n-p-Übergang so, daß eine Spannung in ihm auftritt, daß er seinen Widerstand ändert, Licht emittiert, Wärme oder Kälte, sogar mechanische Bewegung hergibt.

Von den zahllosen Halbleiter-Bauelementen, die man in den letzten Jahrzehnten entwickelt hat, können wir hier nur wenige behandeln.

Eine **Kristalldiode** ist ein Halbleiterkristall, dessen beide Hälften verschieden dotiert sind, so daß die eine n-, die andere p-leitet. Das kann z. B. durch Einbau von As bzw. Al in einen Ge-Kristall erreicht wer-

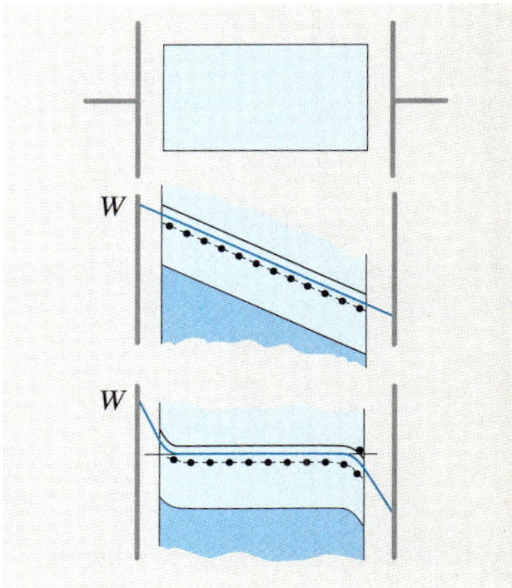

Abb. 14.61. *Oben*: Der Halbleiter im elektrischen Feld. *Mitte*: Unmittelbar nach Einschalten des Feldes. *Unten*: Gleichgewicht mit Ausbildung der Randschichten und horizontaler Fermi-Grenze

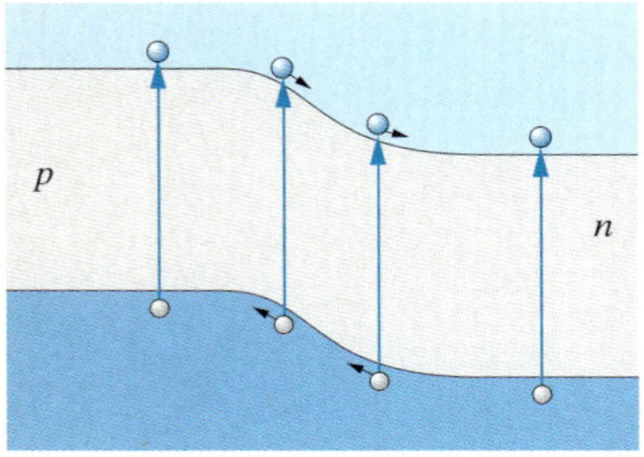

Abb. 14.62. Einbau von Elektronendonatoren hat die Fermi-Grenze angehoben (n-Schicht), Einbau von Akzeptoren hat sie gesenkt (p-Schicht). Konstanz der Fermi-Grenze (des elektrochemischen Potentials) erzwingt Bandverbiegung, d. h. ein starkes Feld in der Grenzschicht, das Elektronen aus der n-Schicht, Löcher aus der p-Schicht treibt

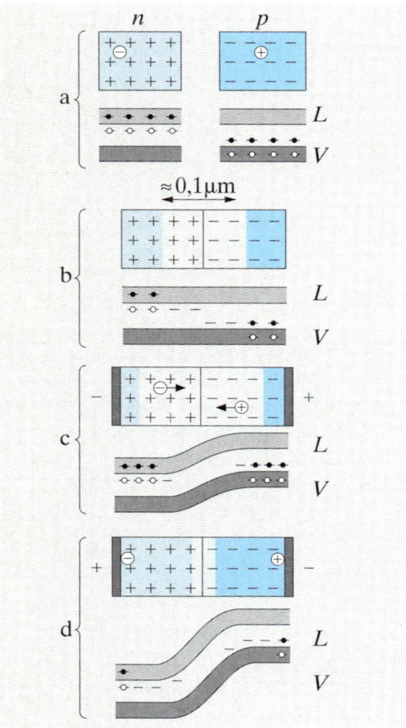

Abb. 14.63a–d. Wirkungsweise der n-p-Diode. In der Kontaktfläche zweier verschieden dotierter Halbleiter bildet sich eine Verarmungs-Randschicht, in der die jeweils „typischen" Träger miteinander rekombinieren (b). Diese Randschicht erweitert sich (c) bzw. sie weht teilweise zu (d), je nach Richtung des angelegten Feldes

den. Die n-leitende Hälfte hat viele Elektronen, wenige Löcher, in der p-leitenden Hälfte ist es umgekehrt. An der Grenze („junction") zwischen beiden besteht ein starkes n-Gefälle in der einen und ein p-Gefälle in der anderen Richtung. Elektronen diffundieren infolgedessen in den p-leitenden Teil und Löcher in den n-leitenden, aber nur, bis sich in der entstehenden Doppelschicht ein Feld aufgebaut hat, das weiteren Zustrom von Teilchen verhindert. In diesem Zustand kompensiert der Leitungsstrom im Doppelschichtfeld den Diffusionsstrom im Konzentrationsgefälle, d. h. das elektrochemische Potential $U - kTe^{-1} \ln n$ für Elektronen bzw. $U + kTe^{-1} \ln p$ für Löcher ist überall gleich (Abschn. 6.4.6). In der Übergangsschicht muß also eine steile Stufe des rein elektrischen Potentials von der Höhe

$$U_0 = \frac{kT}{e} \ln \frac{n_2}{n_1} = \frac{kT}{e} \ln \frac{p_1}{p_2} \tag{14.79}$$

liegen. 1 und 2 bezeichnen die beiden Hälften des Kristalls.

Ein von außen angelegtes Feld verschiebt das Verhältnis zwischen Feldstromdichte j_{Feld} und Diffusionsstromdichte j_{Diff}, die im feldfreien Gleichgewicht beide den Wert j_0 haben. Praktisch fällt die äußere Spannung U allein an der Übergangsschicht ab, denn deren Widerstand ist sehr viel höher als für den n- oder den p-leitenden Teil. Die Potentialstufe erhöht oder erniedrigt sich also einfach um U. Für die Ladungsträger, die als Feldstrom gegen diese Stufe anlaufen, senkt bzw. steigert sich damit die Wahrscheinlichkeit hinaufzukommen um den Faktor $e^{\mp eU/(kT)}$, und zwar für n wie p im gleichen Sinn. Somit wird $j_{\text{Feld}} = j_0\, e^{\mp eU/(kT)}$. Die Konzentrationsverteilung und damit der Diffusionsstrom ändern sich dagegen kaum: $j_{\text{Diff}} = j_0$. Damit fließt jetzt ein Gesamtstrom

$$j = j_{\text{Feld}} - j_0 = j_0(e^{+eU/(kT)} - 1)\,, \tag{14.80}$$

wenn das Feld von der p- zur n-Seite zeigt (**Flußrichtung**) und

$$j = j_0(e^{-eU/(kT)} - 1) \tag{14.80'}$$

in umgekehrter Richtung (**Sperrichtung**). Diese **Gleichrichterkennlinie** ist höchst unsymmetrisch: In Sperrichtung fließt praktisch immer j_0 (Größenordnung $1\,\text{mA cm}^{-2}$), unabhängig von U; schon bei $U = 1$ V in Flußrichtung wäre j um den Faktor 10^{17} größer.

Man kann die Vorgänge in der Diode auch nach Abb. 14.63 unter Berücksichtigung der Gitterionen deuten, die als Raumladungen übrig bleiben, wenn „ihre" Ladungsträger abgesaugt werden. In der ***p*-*n*-junction** entsteht durch Trägerrekombination eine Randschicht, die hauptsächlich ortsfeste Ladungen enthält und daher praktisch keinen Ladungstransport zuläßt, wodurch der Weiterbildung der Schicht bereits bei etwa 10^{-7} m eine Grenze gesetzt wird. Legt man nun an die p-n-Diode eine Spannung an, derart, daß die verbliebenen beweglichen Ladungen noch weiter von der Grenzfläche abgezogen werden (Abb. 14.63c), so verbreitert sich die schlechtleitende Mittelschicht, d. h. der Widerstand wird größer; polt man die Spannung um (Abb. 14.63d), so schrumpft die Schicht, d. h. der Widerstand wird geringer.

Kristalldioden stellt man je nach Verwendungszweck durch verschiedene Methoden (Eindiffundierenlassen der Dotierung, epitaxiales Aufwachsen, Ätztechniken, Legierungstechniken) und in verschiedenen Formen der n- und p-Bereiche her (Spitzen- und Flächendiode, ***p-i-n*-Diode** mit dickerer eigenleitender Übergangsschicht, **Schottky-**, **Gunn-**, **Zener-**, **Esaki-Diode** mit besonderen Kennlinienformen, die z. T. auf einem Tunneln der Träger durch die sehr dünne Grenzschicht beruhen). Eine Flächendiode, deren Übergangsschicht so nahe der Oberfläche liegt, daß möglichst viel eingestrahltes Licht in ihr absorbiert wird, ist die **Photodiode** (**Sonnenzelle**). Die vom Licht erzeugten n-p-Paare werden vom kräftigen Feld in der Potentialstufe getrennt und vereinigen sich, falls die Beläge der n- und der p-leitenden Schicht durch einen Draht verbunden sind, lieber „hintenherum", da der Widerstand der Schicht, des Drahtes und selbst eines Verbrauchers kleiner ist als der der Übergangsschicht. Das ist die einfachste, für Meßsatelliten, aber auch für den Hausgebrauch auf Si- oder Ge-Basis benutzte Sonnenzelle. Gründe für den geringen Wirkungsgrad der Umwandlung (knapp 10 %) sind offensichtlich: Rekombinationsverluste sind unvermeidlich; bei zu dünner Grenzschicht wird zu wenig absorbiert, bei zu dicker reicht das Feld nicht zur Trennung aus.

Etwa das Umgekehrte spielt sich in der **Elektrolumineszenz-Diode** (**LED**) ab: Ein angelegtes Feld treibt Elektronen und Löcher, die teilweise an den Elektroden injiziert worden sind, aufeinander zu, bis sie in der junction unter Lichtemission rekombinieren.

Beim **Transistor** schiebt man eine sehr dünne n-leitende Schicht in einen p-leitenden Kristall oder umgekehrt, schaltet also zwei p-n-junctions, entgegengesetzt gepolt, hintereinander (p-n-p- bzw. n-p-n-Transistor). Auf jede der drei Schichten wird ein Kontakt aufgebracht (Emitter-, Basis-, Kollektorkontakt). Wir betrachten den n-p-n-Flächentransistor (Abb. 14.66). Wenn keine Spannung anliegt, ist die Potentialverteilung im Idealfall symmetrisch; es fließt kein Strom. Nun legen wir das Basispotential etwas höher (Batterie U_1). Die linke n-p-junction ist dann in Flußrichtung vorgespannt und zieht einen Elektronenstrom, der zur Basis fließen würde, wenn wir nicht gleichzeitig das Kollektorpotential kräftig anhöben (Batterie U_2). Da die p-Schicht so dünn ist, sehen die Elektronen fast nur das gegen den Kollektor hin geneigte Potential und folgen ihm größtenteils bis durch die Basis-Kollektor-Grenzschicht. Diese ist ja aber in Sperrichtung gepolt und hat daher einen viel höheren Widerstand als die in Durchlaßrichtung gepolte linke Grenzschicht (vgl. die Diodenkennlinie Abb. 14.64). Die praktisch gleichen Ströme durch beide Grenzschichten erzeugen daher an der rechten einen viel größeren Spannungsabfall RI als an der linken. Der Spannungsabfall links ist U_1 plus der überlagerten Wechselspannung $U_\sim$, der viel größere rechts kann großenteils am Außenwiderstand R abgegriffen werden, der nur etwas kleiner sein muß als der Sperrwiderstand der rechten Grenzschicht. Die Eingangsspannung $U_\sim$ wird also erheblich verstärkt. Um eine hohe *Strom*verstärkung zu erzielen, muß man etwas anders schalten und argumentieren. Dann kommt es vor allem auf die Raumladungsinjektion in die Basis an, ähnlich wie bei der Röhre auf die Aufladung des Gitters.

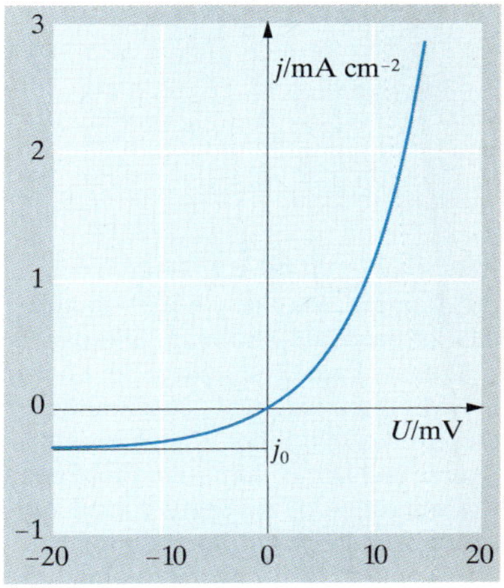

Abb. 14.64. Strom-Spannungs-Kennlinie einer Gleichrichterdiode

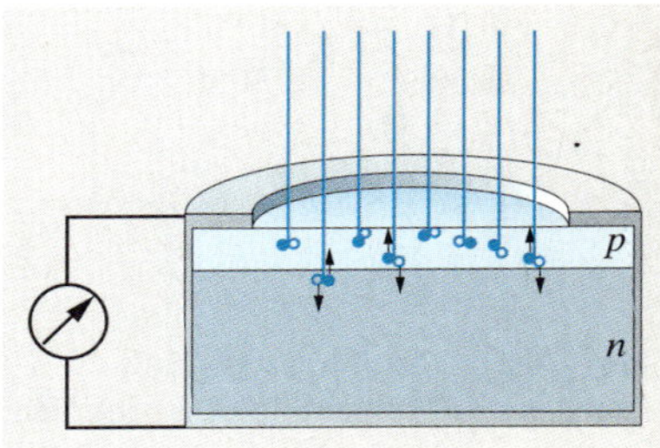

Abb. 14.65. **Photoelement**. Licht hinreichender Frequenz erzeugt Elektron-Loch-Paare, die i. allg. bald wieder rekombinieren, außer in der Nähe der p-n-Grenzschicht, deren starkes Feld sie auseinanderreißt. Die entstehende Aufladung fließt über den Verbraucher ab, wenn dessen Widerstand kleiner ist als der der Grenzschicht

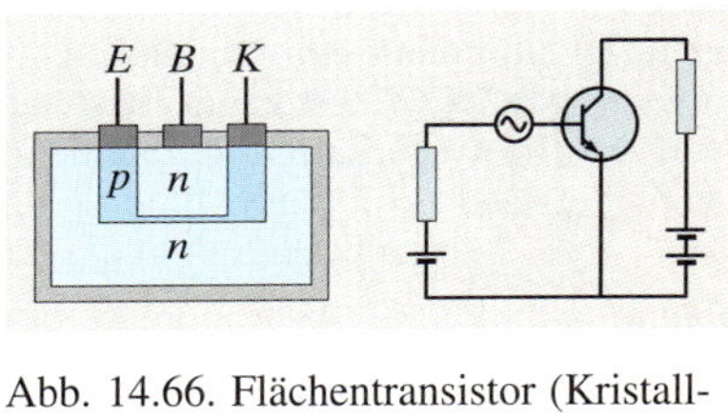

Abb. 14.66. Flächentransistor (Kristalltriode). Die Spannung an der Mittelelektrode (Basis) steuert den Strom zwischen den äußeren Elektroden (Emitter und Kollektor) praktisch stromlos

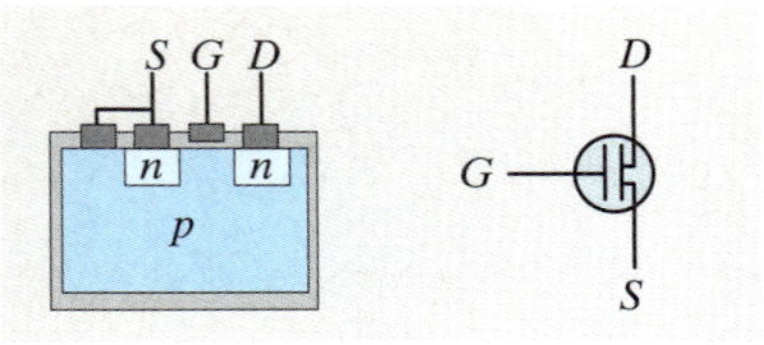

Abb. 14.67. **MOSFET**: Eine dünne Oxidschicht unter dem **Gate**-Kontakt läßt keinen Gate-Strom zu, aber ein +-Potential am Gate schiebt die Löcher im p-Bereich weg und schafft unter diesem Kontakt einen Kanal zwischen Source und Drain, durch den Elektronen fließen können. Der Sperrzustand zwischen S und G wird durch dieses Feld überwunden. ICs (integrated circuits) und Chips fassen viele MOSFETs zusammen

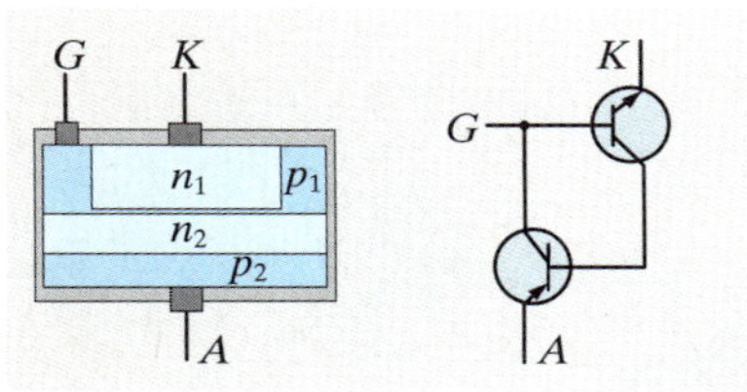

Abb. 14.68. Der **Thyristor** faßt zwei Transistoren in einem Stück zusammen; das Gate wirkt für den einen als Basis, für den anderen als Kollektor. Ohne Gate-Spannung fließt kein Anodenstrom: Der n_2p_1-Übergang sperrt (bei Umkehr der Spannung zwischen K und A sperren sogar zwei Übergänge). Sowie ein Gate-Strom fließt (G leicht positiv), öffnet der n-p-n-Transistor, der andere ist sowieso offen: Elektronen fließen von K nach A. So kann man gewaltige Ströme (kA) und Leistungen steuern, z. B. durch **Phasenanschnitt** (nur ein Teil der Sinuskurve wird ausgenutzt) mit einem sehr kompakten Steuerorgan, das selbst kaum Leistung verzehrt, im Gegensatz z. B. zu einem Vorwiderstand

In der **Tunnel-Diode** sind n- und p-Bereich sehr hoch dotiert, so daß die Randschicht sehr dünn wird (um 10 nm). Ihre Dicke hängt ja als Debye-Hückel-Länge von n ab wie $d \sim 1/\sqrt{n}$ (vgl. (6.100)). Elektronen können bei Durchlaßpolung durch diese dünne Schicht tunneln, was zu einem negativen differentiellen Widerstand führt (der Strom fällt mit steigender Spannung).

Ein **Halbleiter-Laser** erzeugt Rekombinationslicht injizierter Ladungsträger in einem p-n-Übergang ähnlich wie bei der Photodiode. Die Träger, speziell die Elektronen dicht über ihrem Bandrand, müssen durch einen Sprung der Bandkante W, die Photonen durch einen Sprung der Brechzahl n sowie an den Austrittsflächen durch halbdurchlässige Spiegel eingesperrt werden, damit die Laser-Bedingung (erzwungene Emission > Absorption + Photonenverlust) erfüllbar wird. Der einfachste Spiegel ist die glatte Spaltfläche des Kristalls: Der große Brechzahlsprung bedingt hohe Reflexion. Den W- und n-Sprung in der anderen Richtung erreicht man, indem man z. B. eine dünne (< 1 μm) aktive Region aus GaAs in zwei $Al_xGa_{1-x}As$-Schichten einschließt. Al erzeugt eine breitere verbotene Zone, ähnlich, wie die von C breiter ist als die von Si oder gar Ge. Dafür hat reines GaAs die höhere Brechzahl und wirkt als optischer Wellenleiter. Ein solcher Laser emittiert bei 0,9 μm. Zum Anschluß an Glasfaserkabel eignen sich 1,3 oder 1,5 μm besser; diese erzeugt man mit InP-Lasern. Fasern aus Quarzglas, die durch Brechzahlgradienten (n innen größer) zu Wellenleitern werden, können Signale, mit einigen GHz moduliert, mit Absorptionsverlusten von weniger als 1 db/km übertragen.

✘ Beispiel...

Warum kann man über Glasfasern soviel mehr Information übertragen als über Kupferdrähte? Wieviel etwa?

Im Prinzip kann eine Lichtwelle fast mit ihrer eigenen Frequenz moduliert werden (allerdings machen die Laser das z. Z. noch nicht mit). Dieses riesige Frequenzband bis 10^{14} Hz bzw. realiter 10^{10} Hz kann man in 10^{10} bzw. 10^6 Kanäle von 10^4 Hz zerschneiden und auf jedem gleichzeitig z. B. ein Telefonat einwandfreier Tonqualität übertragen.

14.4.4 Amorphe Halbleiter

Glas ist eines der ältesten Syntheseprodukte menschlicher Technologie (seit mindestens 3 000 Jahren). Woher es aber seine so geschätzte Transparenz hat, weiß noch niemand so richtig. Alle Ursachen für absorbierende Fehlstellen sind im Glas vereint: Das Gitter ist fern von einer Idealstruktur, fern von Stöchiometrie, mit riesiger Verunreinigungskonzentration. Die verbotene Zone müßte mit Störtermen geradezu gespickt sein. Glasartige amorphe Halbleiter entstehen besonders aus Elementen der 4., 5., und 6. Gruppe in den verschiedensten Mischungsverhältnissen (**Chalkogenidgläser**, Se-Te-As-Ge- oder **STAG-Gläser**). Das **Xerox-Kopierverfahren** nutzt die Photoleitung in amorphem Se aus. Besonders beim Aufdampfen auf Unterlagen mit abweichender Kristallgeometrie bilden sich auch aus reinem Si und Ge zunächst oft amorphe Schichten. Typisch für alle diese Halbleiter ist, daß ihre Leitfähigkeit sich durch **Dotierung** mit Fremdsubstanzen praktisch nicht steigern läßt, in krassem Gegensatz zum kristallinen Halbleiter.

Offenbar ist gerade ein amorphes Netz von Bindungen imstande, auch die abweichenden Wertigkeiten von Fremdatomen abzufangen, indem es seine Bindungsstruktur in deren Umgebung so anpaßt, daß gerade alle Valenzelektronen verbraucht werden und weder Donator- noch Akzeptorenstellen übrig bleiben, wie das im regulären Gitter der Fall wäre. Allerdings sind die Bandränder nicht so scharf wie beim Idealkristall, sondern vom Valenz- und vom Leitungsband reichen energetisch quasi-kontinuierliche Ausläufer in die verbotene Zone hinein, wenn auch wahrscheinlich nicht so weit, daß sie einander überlappen, wie in älteren Modellen (*Cohen-Fritzsche-Ovshinsky*) angenommen. Die räumlich-energetische Anzahldichte $N(\varepsilon)$ der Zustände in diesen Ausläufern wird schließlich an der **Beweglichkeitskante** W_μ so gering, daß man nicht mehr von quasifreier Trägerbewegung sprechen kann (die freie Weglänge wird bei W_μ etwa gleich dem Atomabstand), sondern von thermisch aktiviertem **Tunneln** von Störstelle zu Störstelle.

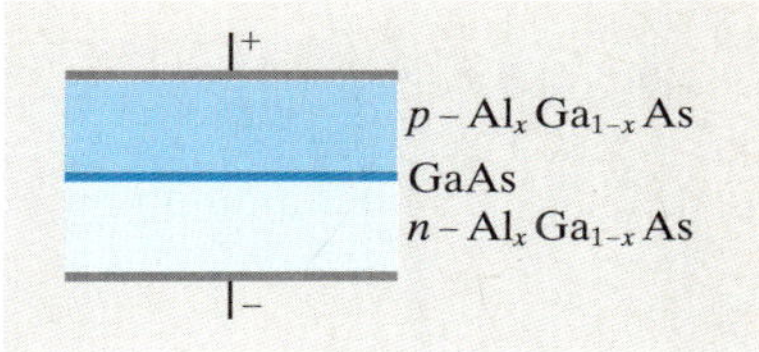

Abb. 14.69. Halbleiter-Laser, denen wir u. a. die CD-Musik verdanken, sind im Prinzip einfach gebaut, aber ihre Entwicklung war sehr schwierig. Noch schwieriger ist der Übergang von den infrarot- oder rotleuchtenden 3-5-Lasern zu den 2-6-Lasern mit ihrer breiteren verbotenen Zone, deren grünes oder blaues Licht eine noch viel höhere Informationsdichte aufzeichnen könnte

Dieses **variable range hopping** erklärt die merkwürdige Tatsache, daß bei vielen Gläsern und amorphen Halbleiter-Aufdampfschichten die übliche Arrhenius-Abhängigkeit $\sigma \sim \mathrm{e}^{-W/(kT)}$ bei tiefen Temperaturen in eine Funktion $\sigma \sim \mathrm{e}^{-A/T^{1/4}}$ (bei sehr dünnen Schichten auch $\sigma \sim \mathrm{e}^{-A/T^{1/3}}$) übergeht. Wenn die Fermi-Grenze W_F unterhalb W_μ liegt, gelangen bei so tiefen Temperaturen praktisch keine Träger thermisch über die Beweglichkeitskante; daher hört die Arrhenius-Leitfähigkeit auf. Etwas oberhalb W_F haben die Zustände entsprechend dem Boltzmann-Schwanz der Fermi-Verteilung den Füllungsgrad $\mathrm{e}^{-\varepsilon/(kT)}$ ($\varepsilon = W - W_\mathrm{F}$). Um in einen anderen Störterm zu gelangen, der in einer Entfernung r liegt, muß ein Elektron einen annähernd rechteckigen Potentialwall der Dicke r durchtunneln (Tunnelwahrscheinlichkeit $\sim \mathrm{e}^{-\kappa r}$, Abschn. 16.3.2). Die gesamte Sprungrate j ist Elektronenangebot mal Tunnelwahrscheinlichkeit, d. h. $j \sim \mathrm{e}^{-\kappa r-\varepsilon/(kT)}$. Bei tiefer Temperatur sind die Elektronen auf einen sehr kleinen Energiebereich beschränkt und müssen große Abstände r bis zu Störstellen passender Energie in Kauf nehmen. Bei höheren Temperaturen brauchen sie nicht so weit zu suchen. Eine Kugel vom Radius r bietet im Mittel eine andere Störstelle an, deren Energie um nicht mehr als $\Delta\varepsilon \sim r^{-3}N^{-1}$ von der gegebenen Störstelle abweicht. Maßgebend ist jeweils die Kombination von T und r, bei der j maximal, d. h. $\kappa r + \Delta\varepsilon/(kT)$ minimal wird, also bei $r_\mathrm{m} \sim (NkT)^{-1/4}$. Je tiefer T, desto weiter müssen die Träger springen. Übergangsrate und Stromdichte erhalten so die Form

$$j \sim \exp(-\frac{2}{3}\kappa r_\mathrm{m}) = \exp\left(-\frac{A}{T^{1/4}}\right). \tag{14.81}$$

Im zweidimensionalen Fall, d. h. wenn die Schichtdicke kleiner ist als r_m, wird der Exponent völlig analog $-A'/T^{1/3}$.

14.5 Gitterfehler

Viele Eigenschaften der Kristalle werden durch ihre Baufehler entscheidend geprägt. Wir wissen das schon von den Halbleitern und wollen jetzt solche Baufehler systematischer betrachten.

14.5.1 Idealkristall und Realkristall

Der **Idealkristall** ist durch eine streng gesetzmäßige Anordnung (Kristallstruktur) der Atome oder Ionen definiert.

Der **Realkristall** weicht in vielem vom idealen Kristallbau ab. Sieht man von den thermisch bedingten Bewegungen der Gitterbausteine um ihre Gleichgewichtslagen ab, so hat man es im wesentlichen mit folgenden drei Arten von Gitterfehlern oder **Fehlordnungen** zu tun:

- **Thermische Fehlordnung**, bestehend aus Gitterlücken (Leerstellen) und Zwischengitterteilchen.
- **Chemische Fehlordnung**, bestehend aus Fremdteilchen auf Gitter- oder Zwischengitterplätzen.
- **Versetzungen**.

Die thermischen Gitterfehler werden auch als **Eigenfehlstellen** bezeichnet, weil der Kristall sie durch thermische Aktivierung gewissermaßen aus sich selbst erzeugt; die beiden letztgenannten sind **Kristallbaufehler** im engeren Sinn des Wortes, weil sie nur durch das Kristallwachstum oder durch starke äußere Einflüsse (plastische Verformung, Bestrahlung) in den Kristall hineinkommen.

Für fast alle makroskopischen Eigenschaften, insbesondere die mechanischen und elektrischen, sind die Gitterfehler von entscheidender Bedeutung.

14.5.2 Thermische Fehlordnung

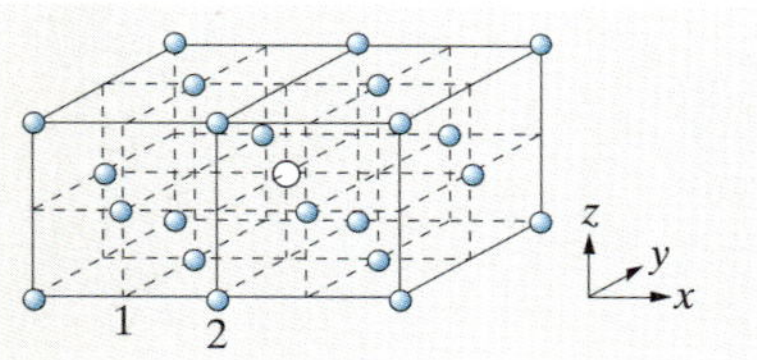

Abb. 14.70. Kubisch-flächenzentriertes Gitter mit einer Leerstelle (Schottky-Fehlstelle)

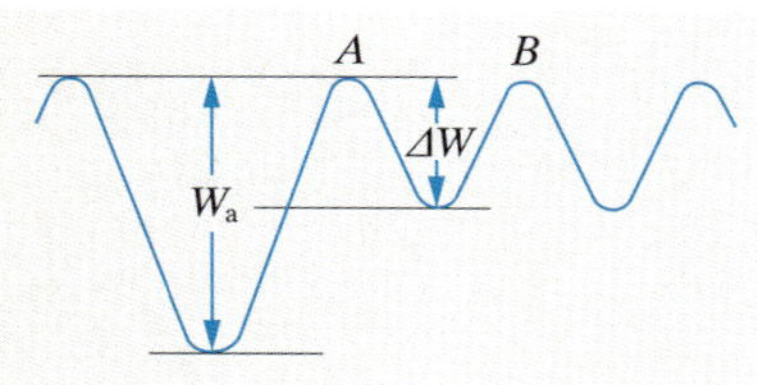

Abb. 14.71. Gitterpotential zwischen einem regulären Gitterplatz und mehreren Zwischengitterplätzen (schematisch)

Gitterplätze können unbesetzt sein (**Schottky-Fehlordnung**); ein Teilchen kann auf einem **Zwischengitterplatz** sitzen (Anti-Schottky-Fehlordnung). Beides kann auch gleichzeitig auftreten: Die an gewissen Gitterstellen fehlenden Teilchen haben sich im Zwischengitter niedergelassen (**Frenkel-Fehlordnung**). Die Konzentrationen solcher Fehlstellen und ihre Änderungen werden bestimmt durch das Wechselspiel von Erzeugung und Vernichtung. Die wesentlichste Größe dabei ist die **Aktivierungsenergie** W_a der Fehlstellenbildung. Sie liegt i. allg. zwischen 0,5 und 2 eV.

Wir stellen ein einfaches kinetisches Modell der Frenkel-Fehlordnung auf. Unter den N Gitterplätzen/m^3 sollen n unbesetzt sein; die dorthin gehörigen Atome befinden sich an Zwischengitterplätzen, die energetisch um ΔW gegenüber den Gitterplätzen benachteiligt sind. Genauer bedeutet ΔW die Differenz der freien Enthalpien. Gitter- und Zwischengitterplatz sind durch eine Schwelle getrennt (Abb. 14.71), die vom Gitterplatz aus gesehen die Höhe W_a habe. Ein Gitteratom hat die Wahrscheinlichkeit $\nu_0\, e^{-W_a/(kT)}$, in der Sekunde in einen benachbarten Zwischengitterplatz gehoben zu werden. Dort angekommen, kann das Atom wieder zurückspringen (Rekombination der Störstellen) oder auf einen anderen Zwischengitterplatz weiterspringen (**Zwischengitterdiffusion**). Die Wahrscheinlichkeiten, bezogen auf einen bestimmten Platz, für diese beiden Vorgänge sind gleich, sofern die Schwellen bei A und B in Abb. 14.71 gleichhoch sind. Im dreidimensionalen Gitter stehen aber nach allen Seiten mehr Zwischengitterplätze zum Weiterdiffundieren zur Verfügung. Die

Zwischengitteratome werden also nicht sofort rekombinieren, sondern meist längere Zeit auf Zufallsbahnen diffundieren, bis sie zufällig in einen leeren Gitterplatz fallen. Ihre freie Weglänge für diesen Vorgang ist wie üblich $l = 1/(nA_{\text{eff}})$, die Rekombinationsrate wird vn/l, wobei v die Wanderungsgeschwindigkeit, d. h. Sprungweite · Sprunghäufigkeit ist: $v = d\nu_0\,\mathrm{e}^{-(W_\mathrm{a}-\Delta W)/(kT)}$. Die Rekombinationsrate wird also

$$-\dot{n}_{\text{rek}} = \nu_0 dA_{\text{eff}} n^2\,\mathrm{e}^{-(W_\mathrm{a}-\Delta W)/(kT)} .$$

Im Gleichgewicht ist sie gleich der Bildungsrate

$$\dot{n}_{\text{erz}} = \nu_0 N\,\mathrm{e}^{-W_\mathrm{a}/(kT)} ,$$

also

$$n_{\text{gl}} = \sqrt{\frac{N}{dA_{\text{eff}}}}\,\mathrm{e}^{-\Delta W/(2kT)} .$$

Allgemein ändert sich n wie

$$\dot{n} = \nu_0 N\,\mathrm{e}^{-W_\mathrm{a}/(kT)} - \nu_0 dA_{\text{eff}} n^2\,\mathrm{e}^{-(W_\mathrm{a}-\Delta W)/(kT)} . \tag{14.82}$$

Heizt man einen Kristall schnell auf, so hat er demnach Recht auf eine höhere Fehlordnung. Der Gleichgewichtswert n_{gl} stellt sich aber nicht sofort ein, sondern erst mit einer Zeitkonstante

$$\tau = \nu_0^{-1}\,\mathrm{e}^{W_\mathrm{a}/(kT)} , \tag{14.83}$$

der **Relaxations-** oder **Erholungszeit**. Sie wird bei tiefen Temperaturen sehr lang. Es kommt daher vor, daß in einem Kristall die „überthermische" Fehlordnung **eingefroren** bleibt, die einer höheren Temperatur entspricht, wie sie z. B. bei der Herstellung des Kristalls herrschte. Diese Fehlordnung hat einfach nicht die Zeit gehabt, sich abzubauen. Wenn seitdem eine Zeit t vergangen ist, entspricht die Fehlordnung noch einer Temperatur, die mit t in der Beziehung (14.83) steht.

Messungen der thermischen Fehlordnung liegen bei Metallen und Ionenkristallen vor. Als Meßgröße bietet sich vor allem der Selbstdiffusionskoeffizient $D_\mathrm{s} = D_{\mathrm{s}0}\,\mathrm{e}^{-W/(kT)}$ an, aus dessen Arrhenius-Temperaturabhängigkeit man die Bildungsenergie der Fehlstellen bestimmen kann. Bei Ionenkristallen ist die Leitfähigkeit σ (Eigenleitung) als Selbstdiffusion von Gitterionen im Feld anzusehen. Überwiegt ein Fehlstellentyp (z. B. die Schottky-Fehlordnung), dann hängen σ und D_s über die Einstein-Beziehung

$$\sigma = \frac{ne^2}{kT} D_\mathrm{s} \tag{14.84}$$

zusammen. Betrachten wir nämlich z. B. das kubisch-flächenzentrierte Na-Teilgitter im NaCl-Kristall, das n statistisch verteilte Leerstellen/m^3 enthalte. Sie springen mit der Frequenz Γ in die Nachbarschicht im Abstand a. Die na Fehlstellen/m^2 einer Schicht stellen eine Teilchenstromdichte $na\Gamma$ dar. Diffusion tritt ein, wenn n räumlich variiert, d. h. von Schicht zu Schicht um an' verschieden ist: Effektive Teilchenstromdichte $a^2\Gamma n'$, Diffusionskoeffizient $D = a^2\Gamma$. Herrscht ein Feld E senkrecht zur

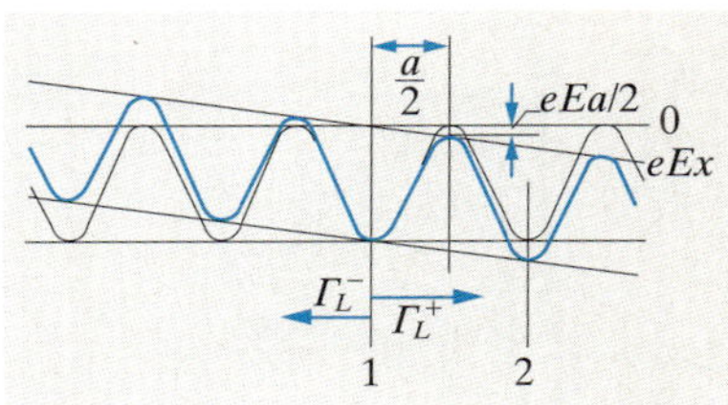

Abb. 14.72. Potential von Gitter- oder Zwischengitterplätzen ohne und mit Feld E. Das Feld E hebt die Symmetrie der Sprungwahrscheinlichkeiten nach rechts bzw. links auf

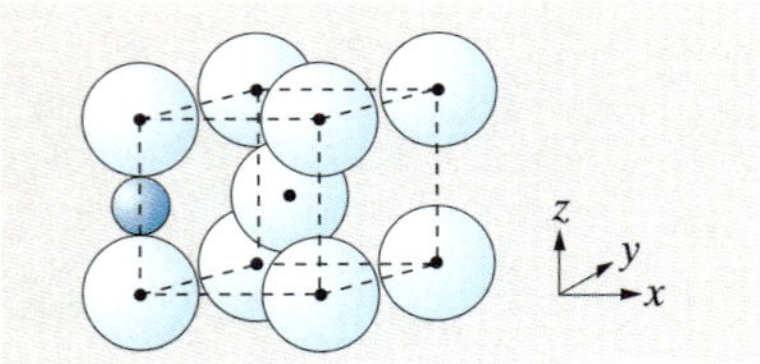

Abb. 14.73. Kubisch-raumzentriertes Gitter mit eingebautem Fremdatom (der Zwischengitterplatz in der Mitte der Würfelfläche ist nur scheinbar geräumiger; man denke sich das Gitter fortgesetzt)

Schicht, wird die Sprungfrequenz in einer Richtung um den Faktor $e^{aeE/(2kT)}$ gesteigert, in Gegenrichtung um ebensoviel geschwächt. Es fließt eine Stromdichte

$$j = \frac{ea\Gamma n 2aeE}{2kT} = \frac{ne^2DE}{kT} = \sigma E\,. \tag{14.85}$$

Die thermische Fehlordnung beeinflußt auch andere Kristalleigenschaften (spezifische Wärme, spezifischer Widerstand). Die Streuung der Leitungselektronen an Leerstellen und Zwischengitteratomen führt zu einer Widerstandserhöhung, die im Gegensatz zum normalen Halbleiterverhalten wie $\varrho \sim n \sim e^{-W/(2kT)}$ verläuft.

14.5.3 Chemische Fehlordnung

Fremdatome können sich auf regulären Gitterplätzen oder im Zwischengitter einbauen. Der zweite Fall tritt besonders ein, wenn die Fremdatome wesentlich kleiner sind als die Wirtsatome (z. B. H, C oder N in vielen Metallen). Quantitativ beschreibt man ein solches Fremdatom als Dilatationszentrum und untersucht diese Fehlordnung in Messungen der anelastischen Eigenschaften. Geladene Fremdteilchen machen sich natürlich auch elektrisch und optisch bemerkbar.

Für das elastische Verhalten von Stahl spielt der **Snoek-Effekt** eine Rolle. Das kubisch-raumzentrierte Eisengitter (α-Eisen) bietet C-Atomen in den Flächenmitten und Kantenmitten (Abb. 14.73) äquivalente Plätze (Oktaederlücken, umgeben von sechs allerdings nicht gleichberechtigten Fe-Atomen). Diese Lücken sind nicht groß genug: Die C-Atome weiten das Gitter etwas auf, und zwar im spannungsfreien Fall allseitig. Herrscht eine mechanische Spannung in x-Richtung, dann werden die Oktaederlükken in den Mitten der x, y-Flächen und, was dasselbe ist, auch in der Mitte der x-Kanten größer und energetisch günstiger für den C-Einbau. C-Atome diffundieren von anderen Plätzen in diese bevorzugten Lücken ein und bewirken eine Zusatzdehnung ε_q in x-Richtung. ε_q ist proportional dem Überschuß δn_x der in x-Lücken sitzenden C-Atome über die Durchschnittskonzentration $n/3$ (n: Gesamtanzahldichte der C-Atome). Natürlich stellt sich diese Zusatzdehnung nicht momentan mit dem Anlegen der Spannung ein. Bei einer sinusförmigen Wechselbelastung (Schwingung) folgt sie erst mit einer Phasendifferenz, es entsteht eine elastische Hysteresiskurve, deren Fläche den Energieverlust pro Schwingung, d. h. die Dämpfung bestimmt (vgl. Abschn. 3.4.4).

Das kinetische Modell geht davon aus, daß die Sprungwahrscheinlichkeit w von einem x- auf einen y- oder z-Platz durch eine Spannung σ um den Faktor $e^{-\Delta W/(kT)}$ mit $\Delta W \sim \sigma$ gesenkt, im umgekehrten Sinn um den Faktor $e^{\Delta W/(kT)}$ erhöht wird. Setzt man diese veränderten Sprungraten in die kinetische Gleichung für δn_x ein, ergibt sich ähnlich wie in Abschn. 14.5.2

$$\delta \dot{n}_x = \omega_0(\delta n_{x\,\mathrm{gl}} - \delta n_x)\,,$$

wobei $\omega_0 \approx 3w$ und $\delta n_{x\,\mathrm{gl}} \approx \frac{4}{9} n\,\Delta W/(kT)$ der Gleichgewichtswert von δn_x, d. h. der Wert ist, der sich bei sehr langer Belastung einstellt. Für die zu δn_x proportionale Zusatzdehnung ε_q folgt entsprechend

$$\dot{\varepsilon}_q = \omega_0(\varepsilon_{q\,\mathrm{gl}} - \varepsilon_q) = \omega_0(I_q\sigma - \varepsilon_q)\,. \tag{14.86}$$

I_q ist die **elastische Nachgiebigkeit**, der Kehrwert des Elastizitätsmoduls. Bei sinusförmiger Belastung $\sigma = \sigma_0\,\mathrm{e}^{\mathrm{i}\omega t}$ ändert sich auch ε_q sinusförmig: $\varepsilon_q = \varepsilon_{q0}\,\mathrm{e}^{\mathrm{i}\omega t}$, wenn auch mit einer Phasenverschiebung, die in dem als komplex aufzufassenden ε_{q0} steckt. Aus (14.86) folgt $\mathrm{i}\omega\varepsilon_{q0} = \omega_0 I_{q0}\sigma_0 - \omega_0\varepsilon_{q0}$, also

$$\varepsilon_{q0} = \sigma_0 \frac{I_{q0}}{1 + \mathrm{i}\omega/\omega_0}\,.$$

Die Nachgiebigkeit der Zusatzdehnung ergibt sich daraus durch Betragsbildung:

$$I_q = \frac{I_{q0}}{1 + \omega^2/\omega_0^2}\,. \tag{14.87}$$

Von der Relaxationsfrequenz ω_0 an wird der Kristall bei höheren Frequenzen gemäß ω^2 steifer. Die Phasendifferenz φ mit $\tan\varphi = \omega/\omega_0$ bestimmt die Hysteresiskurve.

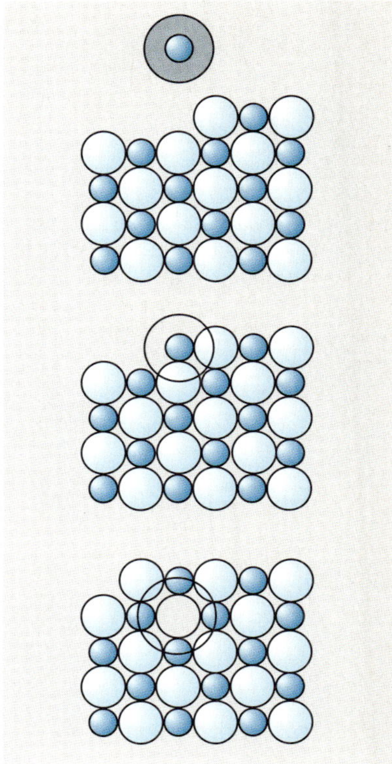

Abb. 14.74. *F*-Zentrum im NaCl-Kristall. Ein Na-Atom (*oben links*) baut sich als Ion ins Gitter ein. Sein Elektron verdrängt ein Cl-Ion an die Oberfläche und baut sich selbst als wasserstoffähnliches System ein. Radien der Ionen- und der Elektronenwolken maßstabsgerecht

***F*-Zentren.** Salz (NaCl) schimmert im reflektierten Licht bläulich, im durchgelassenen gelblich. Diese Färbung läßt sich erheblich verstärken durch Röntgen-, Neutronen- oder Elektronenbeschuß und durch Erhitzen in Alkalimetall-Dampf. Welches Alkalimetall man so zusetzt, spielt für die Farbe kaum eine Rolle: Die Absorption ist eine Eigenschaft des Grundgitters, nicht der Verunreinigung. In Chlordampf heilen die Farbzentren wieder aus. Stark gefärbte Kristalle sind weniger dicht als normale.

All das spricht dafür, daß die **Farbzentren** (*F*-Zentren) Halogenlücken sind. Ein fehlendes Cl^- wirkt in bezug auf das Gitter wie eine +-Ladung. Sie kann ein Elektron einfangen und wasserstoffähnlich binden. Die Ionisierungsenergie eines solchen Systems in der Umgebung mit der DK $\varepsilon = 2{,}25$ für NaCl ist nach (12.24) $13{,}6\,\mathrm{eV}/\varepsilon^2 = 2{,}7\,\mathrm{eV}$, was einer Absorption bei 450 nm, also im Blauen entspricht (hier ist die optische DK $\varepsilon = n^2$ zu verwenden, nicht die statische). Die Übereinstimmung mit der Beobachtung ist nicht bei allen Alkalihalogeniden so ausgezeichnet, was kein Wunder ist, denn das Einsetzen der Kontinuums-DK ist reichlich kühn, da doch der Bohr-Radius des Elektrons nur $0{,}53\,\text{Å} \cdot \varepsilon = 1{,}2\,\text{Å}$ beträgt, also weniger als der Abstand Na-Cl im Gitter.

Zwei *F*-Zentren an benachbarten Cl-Gitterpunkten bilden ein ***M*-Zentrum**, drei ein *R*-Zentrum. Ein ***V*-Zentrum**, ist ein eingefangenes Loch.

14.5.4 Versetzungen

Wenn ein Kristallgitter sich als Ganzes unter einer Belastung deformierte, wenn z. B. unter einer Zugspannung alle Atomabstände in Zugrichtung sich gleichmäßig vergrößerten, wäre die Theorie der Potentialkurve (Abschn. 14.1.4) anwendbar. Die Spannungs-Dehnungs-Kurve wäre dann einfach die zweite Ableitung der $W(x)$-Kurve, wobei x die Dehnung, d. h. die relative Abweichung vom Gleichgewichtsabstand ist. Es käme eine gleichmäßig gekrümmte Kurve heraus, die bei Bruchdehnung und -spannung horizontal wird. Bis dahin müßten alle Deformationen sich elastisch zurückbilden, wenn die Belastung aufhört.

Die wirkliche Spannungs-Dehnungs-Kurve (z. B. Abb. 3.79) hat zwar im Elastizitätsbereich etwa die vorausgesagte Steigung, knickt aber bei der Streckgrenze, d. h. einer relativ kleinen Spannung scharf horizontal ab ins Gebiet der plastischen Verformung. Während die Bruchdehnung in Abschn. 14.1.4 einigermaßen vernünftig herauskam, ist die Bruchspannung dementsprechend oft um Größenordnungen kleiner als vorausgesagt.

An Einkristallen sieht man deutlich, daß die **plastische Verformung** durch Gleiten längs bestimmter Netzebenen erfolgt, besonders solcher mit kleinen Miller-Indizes, also geringer Verzahnung ineinander. Ein zugbeanspruchter Draht verlängert sich vorwiegend durch solche Gleitungen längs Ebenen, die unter etwa 45° zur Zugrichtung stehen. Eine Netzebene könnte über die andere gleiten, indem sich alle ihre Atome gleichzeitig anheben. Das entspräche aber einer lokalen Dehnung von erheblichem Ausmaß (z. B. 0,225 bei der dichtesten Kugelpackung). Demnach dürfte die Festigkeitsgrenze nicht sehr viel kleiner sein als der Elastizitätsmodul (etwa 1/10 davon), was noch immer viel zu hoch ist.

In Wirklichkeit gleitet nicht die ganze Netzebene auf einmal, sondern nur ein Teil davon, im Grenzfall eine einzige Atomreihe. So entsteht eine Störung, die sich durch das Gitter schiebt, eine **Versetzung** oder **Dislokation** (*Taylor*, *Orowan*, *Polanyi*, 1934). Der einfachste Typ, die **Stufenversetzung**, läßt sich auffassen als ein reguläres Gitter, in das eine unvollständige Netzebene eingeschoben ist, die in einer **Versetzungslinie** endet. In der Umgebung der Versetzungslinie ist der Kristall stark deformiert (in Abb. 14.76 hinten gestaucht, vorn gedehnt). Senkrecht zur eingeschobenen Netzebene kann die Versetzung durch geringe Atomverschiebungen leicht gleiten. Ist die Versetzung so quer durch den ganzen Kristall gewandert, dann ist längs der Gleitebene eine Verschiebung um eine Gitterkonstante erfolgt. Die Versetzungslinie läuft senkrecht zur Scherkraft und liegt in der Gleitebene.

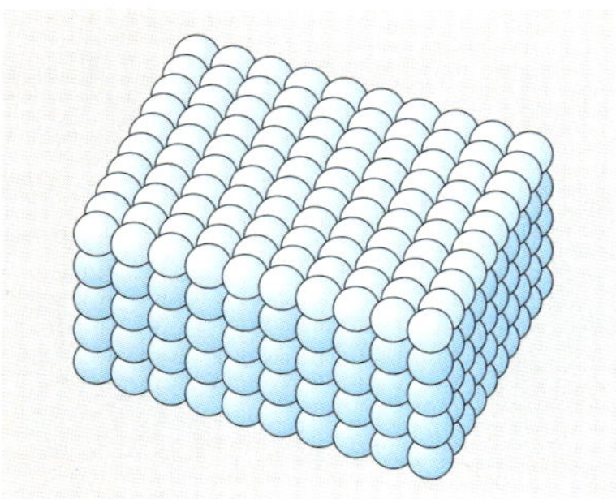

Abb. 14.75. Ungestörter kubischer Kristall

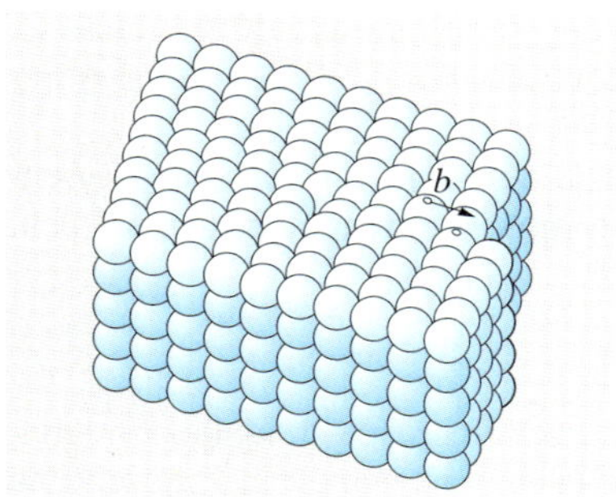

Abb. 14.76. Stufenversetzung in einem kubischen Kristall. Der Burgers-Vektor ***b*** gibt an, wie Nachbaratome verschoben werden müßten, um die Störung rückgängig zu machen

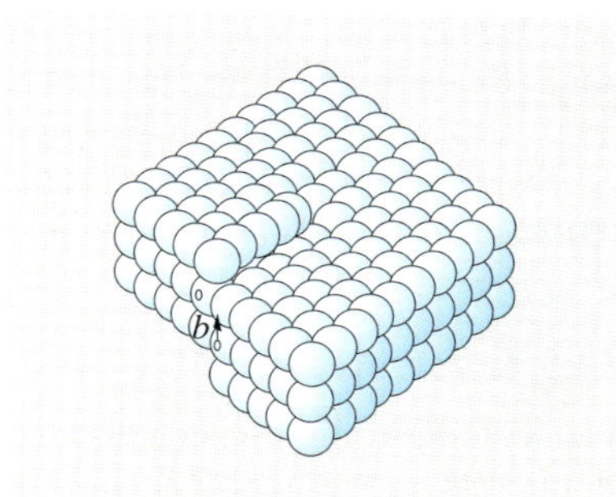

Abb. 14.77. Schraubenversetzung in einem kubischen Kristall

Unter der gleichen Scherbeanspruchung ist eine andere Art von teilweisem Gleiten zweier Netzebenen möglich (Abb. 14.77). Hier ist die Regularität des Gitters gestört durch eine Versetzungslinie, die diesmal in Richtung der Scherkraft läuft (und ebenfalls in der Gleitebene liegt). Man kann diese **Schraubenversetzung** entstanden denken, indem man das Gitter teilweise mit einem Messer, das in Richtung der Scherkraft zeigt, aufschneidet und die beiden Schnittflächen um eine Gitterkonstante gegeneinander verschiebt. Der Verschiebungsvektor $\boldsymbol{b}$ wird als **Burgers-Vektor** bezeichnet und muß immer ein Gittervektor sein, da die Kristallstruktur nach dem Durchwandern der Versetzung wiederhergestellt sein muß. Bei der Schraubenversetzung ist $\boldsymbol{b}$ parallel zur Versetzungslinie. Jede Gitterebene, die $\boldsymbol{b}$ enthält, kann Gleitebene sein. Bei der Stufenversetzung ist $\boldsymbol{b}$ senkrecht zur Versetzungsebene. Beide spannen die Gleitebene auf. Während das Gleiten ganz leicht erfolgt, erfordert das **Klettern der Versetzung**, d. h. im Fall der Stufenversetzung das Weiterschieben oder Herausziehen der eingeschobenen Netzebene senkrecht zur Gleitebene, den Transport von Gitterteilchen und ist daher nur bei höheren Temperaturen möglich.

Allgemeine Versetzungsformen kann man sich aus Stufen- und Schraubenversetzungen kombiniert denken. Die Versetzungslinie kann von Oberfläche zu Oberfläche laufen oder einen geschlossenen Ring im Gitter bilden. Über die lokalen Gitterdeformationen, die sie erzeugen, treten Versetzungen in Wechselwirkung. Aus Abb. 14.80 sieht man, daß Stufenver-

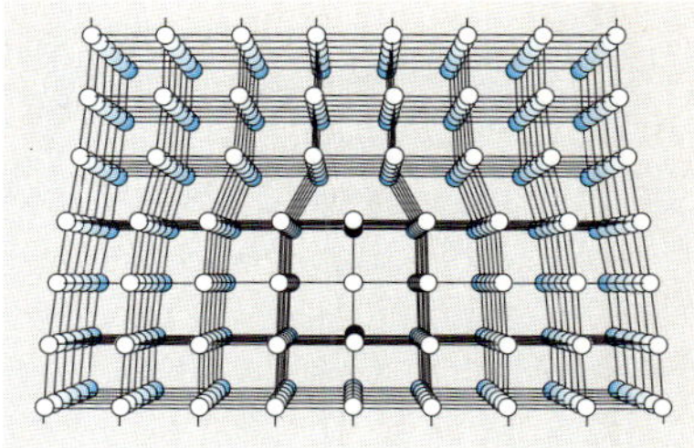

Abb. 14.78. Stufenversetzung in einem kubischen Kristall. Die eingeschobene „Extra-Netzebene“ steht senkrecht auf der Gleitebene. Beide Ebenen schneiden sich in der Versetzungslinie

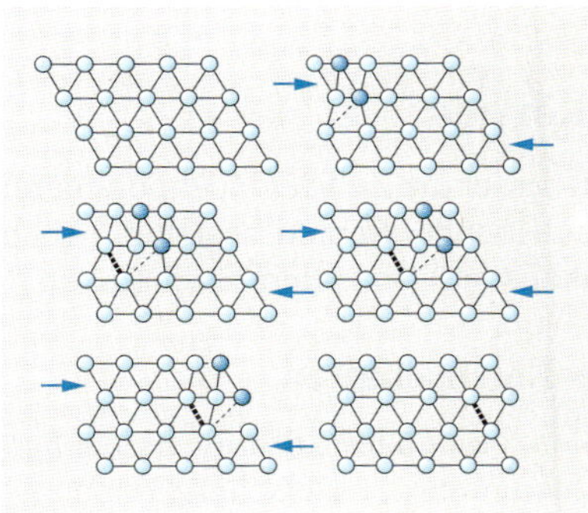

Abb. 14.79. Unter einer Schubspannung bildet sich durch Aufreißen einer linearen Reihe von Bindungen (im dargestellten Schnitt: einer einzigen Bindung) eine Stufenversetzung. Sie wandert ohne wesentlichen Energieaufwand (Auftrennen einer Bindung und Schließung einer anderen) längs der Gleitebene weiter und verschwindet, indem sie an der anderen Seite „austritt“. Deswegen sind Festkörper viel plastischer, als wenn man ganze undeformierte Netzebenen übereinander wegschieben müßte

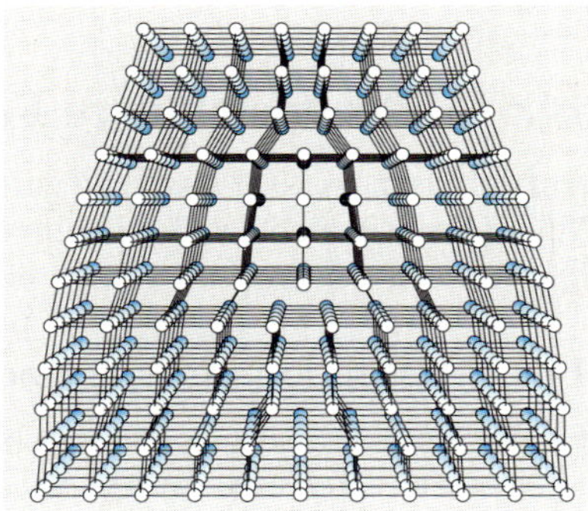

Abb. 14.80. Ein „Vorhang“ aus vielen Stufenversetzungen mit parallelen Versetzungslinien verbindet zwei Kristallite mit leicht zueinander geneigter Orientierung (Kleinwinkel-Korngrenze)

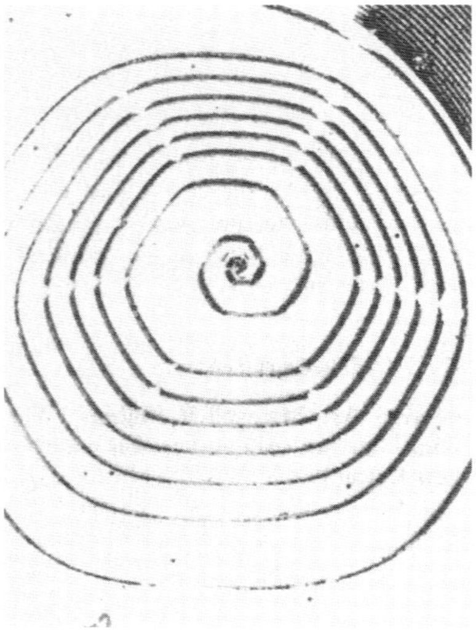

Abb. 14.81. Elektronenmikroskopische Aufnahme einer frischgewachsenen Kristallfläche: Der Kristall hat die Schwierigkeit der Neubildung von Netzebenenkeimen durch Ausnutzung einer Schraubenversetzung überwunden (Spiralwachstum). (Nach *Gahm*, aus W. Finkelnburg: *Einführung in die Atomphysik*, 11./12. Aufl. (Springer, Berlin Heidelberg 1976))

setzungen sich mit Vorliebe in einer „Versetzungswand" anordnen werden, weil sie so ihre Dehnungs- und Stauchungsgebiete energetisch vorteilhaft kombinieren. So entsteht eine **Kleinwinkel-Korngrenze**. Aus ähnlichen Gründen lagern sich Fremdatome gerne an Versetzungen an, besonders an ihrem Dehnungsgebiet. Dadurch werden Gleiten und Klettern behindert oder unmöglich gemacht. Das erklärt einen großen Teil der härtenden Wirkung von Verunreinigungen (Stahl). Bei der Deformation können Versetzungen sich ineinander verzahnen oder an Fremdatomen festgenagelt werden. Deswegen wird ein Material durch Deformationen, sofern sie nicht groß sind, gehärtet. Ein armdicker Eisen-Einkristall läßt sich ziemlich leicht biegen, aber nur einmal. Bestimmte Versetzungsformen können unter Belastung neue Versetzungen aus sich hervorquellen lassen (**Frank-Read-Quelle**).

Bei geringer Übersättigung der Lösung oder des Dampfes dürfte ein Kristall eigentlich nur äußerst langsam wachsen, denn selbst wenn diese Übersättigung die Vervollständigung einer Atomschicht erlaubt, reicht sie nicht zur Anlage neuer Schichten aus (Abschn. 14.1.7). Unter diesen Umständen hilft eine Schraubenversetzung weiter, denn an ihrer Halbkante können sich unbeschränkt Teilchen in energetisch günstigster Weise anlagern, wobei diese Halbkante um die Versetzungslinie rotiert. So kommt es zum **Spiralwachstum** eines Kristalls. Fortgesetztes Spiralwachstum um eine einzelne Schraubenversetzung ohne andere Versetzungen ist vielleicht verantwortlich für das haarähnliche Wachstum der **Whiskers** und ihre elastischen Eigenschaften, die sich denen des Idealgitters nähern (sehr hohe Scherfestigkeit und -deformierbarkeit).

14.6 Makromolekulare Festkörper

Auf die Eisen- ist die Plastikzeit gefolgt, besser die Zeit der Hochpolymere. Vergessen wir nicht, daß wir selbst aus Hochpolymeren bestehen. Auch hier müssen wir uns auf wenige physikalische Prinzipien beschränken.

14.6.1 Definition und allgemeine Eigenschaften

Festkörper, die überwiegend durch Valenzbindungen zusammengehalten werden (im Gegensatz zu den ungerichteten elektrostatischen Bindungskräften der Ionenkristalle oder Metalle), lassen sich entweder als ein einziges Riesenmolekül auffassen (z. B. Diamant) oder sind aus solchen zusammengesetzt. Je nach der Anzahl der Valenzen, die der molekulare Baustein (das **Monomer**) zur Verfügung stellt, bilden sich lineare, flächenhafte oder räumliche Valenzstrukturen (**Hochpolymere**) aus. Diese können entweder vollkristallin sein, d. h. eine röntgenographisch erkennbare regelmäßige Kristallstruktur haben, oder sie können einen unregelmäßigen (*amorphen*) oder allenfalls in Teilgebieten geordneten (partiell kristallinen) Aufbau zeigen.

Beispiele für vollkristalline Hochpolymere sind Fadenstrukturen wie S, Se, Te, Polyethylen-Einkristalle $(CH_2)_m$; Schichtstrukturen wie P, As, Sb, Bi, C als Graphit; Raumnetzstrukturen wie C als Diamant, Si, Ge, Sn, SiC, BN. Beispiele für amorphe oder partiell kristalline Hochpolymere sind die anorganischen Gläser (unregelmäßige Raumnetzstrukturen) und die organischen Natur- und Kunststoffe. Die letzteren lassen sich nach der Gestalt der Makromoleküle und der Art der zwischen ihnen wirkenden Kohäsionskräfte unterteilen in amorphe lineare Hochpolymere (z. B. Plexiglas), partiell kristalline Hochpolymere (z. B. Polyethylen) und vernetzte Hochpolymere (z. B. vulkanisierter Kautschuk). Wir beschäftigen uns im folgenden nur mit den elastischen Eigenschaften makromolekularer Festkörper.

14.6.2 Länge eines linearen Makromoleküls

Ein typisches **Kettenmolekül** besteht aus einer großen Anzahl n von Gliedern der Länge a, die im Extremfall völlig freier Beweglichkeit statistisch aneinandergehängt sind: Jedes Glied kann mit gleicher Wahrscheinlichkeit alle Richtungen einnehmen, unabhängig von der Richtung des vorhergehenden Gliedes. Wenn der eine Endpunkt einer solchen **statistischen Kette** im Koordinatenursprung liegt, ist die Frage, wo das andere Ende liegt, völlig identisch mit einem Diffusionsproblem: Man weiß, daß ein Teilchen zur Zeit $t = 0$ in $\boldsymbol{r} = \boldsymbol{0}$ ist; wo befindet sich das Teilchen nach Durchlaufen von n freien Weglängen der Länge a? Genauer: Welches ist die Wahrscheinlichkeit $P(\boldsymbol{r})\,\mathrm{d}V$, daß das Teilchen in einem Volumenelement $\mathrm{d}V$ landet, das an der Stelle $\boldsymbol{r}$ liegt? Da alle Richtungen gleichwahrscheinlich sind, ist die Wahrscheinlichkeitsverteilung kugelsymmetrisch; der Mittelwert ist Null. Das mittlere Verschiebungs*quadrat* ergibt sich am einfachsten aus der Annahme, daß im Durchschnitt jede neue freie Weglänge senkrecht an die vorhergehende ansetzt. Nach n Schritten ist dann ein Weg $r_0 = \sqrt{n}a$ zurückgelegt. Es ergibt sich eine Gauß-Verteilung um $\bar{r} = 0$ mit dieser Breite r_0, d. h. $P(\boldsymbol{r})\,\mathrm{d}V \sim \mathrm{e}^{-r^2/(na^2)}$. Die genaue Rechnung liefert

$$P(\boldsymbol{r})\,\mathrm{d}V = a^{-3}\left(\frac{3\pi}{2n}\right)^{3/2} \mathrm{e}^{-3r^2/(2na^2)}\,\mathrm{d}V = b^3\pi^{3/2}\,\mathrm{e}^{-b^2r^2}\,\mathrm{d}V\,, \quad (14.88)$$

$$b^2 = \frac{3}{2na^2}\,.$$

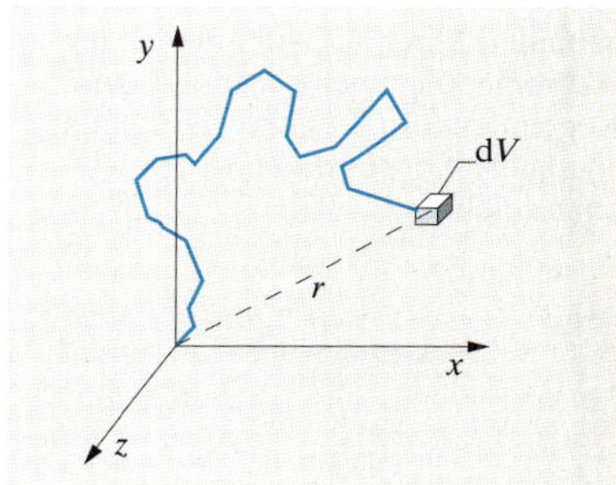

Abb. 14.82. Makromolekül als Kette von N Einzelsegmenten, deren gegenseitige Orientierung zufällig ist. Die Wahrscheinlichkeit, daß das Kettenende in das Volumen $\mathrm{d}V$ fällt, ist gleich der Wahrscheinlichkeit, daß ein Teilchen bei der Diffusion von Null aus nach N Schritten gerade in $\mathrm{d}V$ ankommt

Fragt man nicht nach einem bestimmten Volumenelement, wo die Kette enden soll, sondern nach einer bestimmten Gesamtlänge r gleichgültig welcher Richtung, so zählt man alle Lagen, die in die Kugelschale $4\pi r^2\,\mathrm{d}r$ fallen:

$$P(r)\mathrm{d}r = 4\pi r^2\,\mathrm{d}r\,b^3\pi^{3/2}\,\mathrm{e}^{-b^2r^2}\,. \quad (14.88')$$

Das ist eine Art Maxwell-Verteilung (Abb. 14.83) mit der wahrscheinlichsten und der mittleren Kettenlänge

$$r_\mathrm{w} = \frac{1}{b} = \sqrt{\tfrac{2}{3}}\,na\,, \qquad r_\mathrm{m} = \sqrt{\overline{r^2}} = \sqrt{n}a\,. \quad (14.89)$$

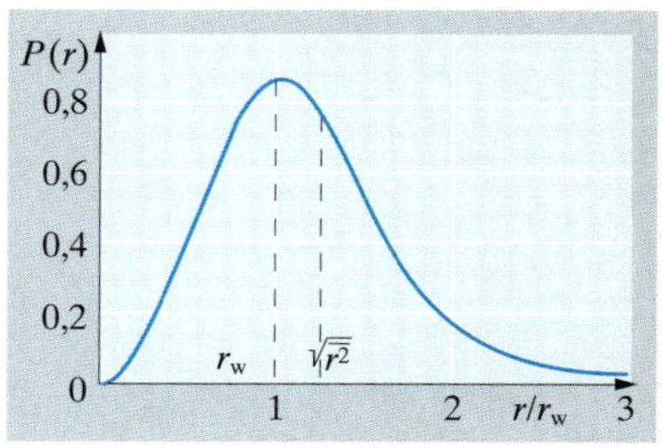

Abb. 14.83. Die Wahrscheinlichkeit, daß der Abstand zwischen den Enden einer statistischen Kette gerade r ist, ergibt sich als eine Art Maxwell-Verteilung, wenn auch die Herleitung ganz anders klingt

In realen Makromolekülen sind die Glieder nicht völlig frei gegeneinander einstellbar, sondern nur unter Konstanthaltung des Valenzwinkels α (Abb. 14.84). Das entspricht einer statistischen Orientierung nicht über den ganzen Raum, sondern nur auf einer Kegelfläche. Viele Ketten erlauben

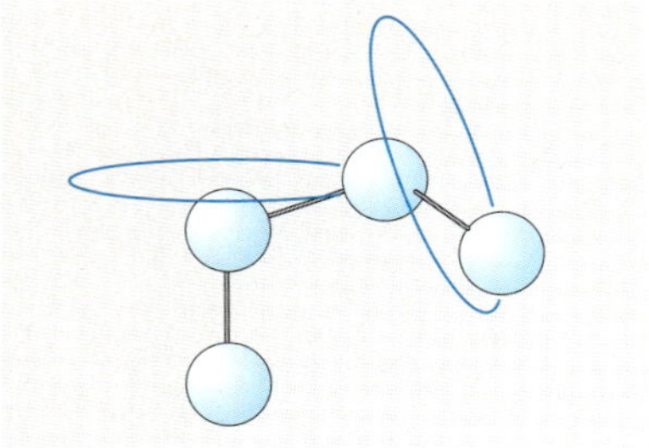

Abb. 14.84. In Wirklichkeit sind die gegenseitigen Orientierungen der Kettensegmente nicht ganz frei. Bei Polyethylen $(CH_2)_m$ muß der Tetraederwinkel zwischen zwei C–C-Bindungen eingehalten werden. Auf dem Kegelmantel ist Rotation möglich, nur leicht behindert durch die vorspringenden H-Atome, die zwei Lagen auf dem Kegelmantel (trans- und cis-Stellung) energetisch begünstigen (hier nicht eingezeichnet)

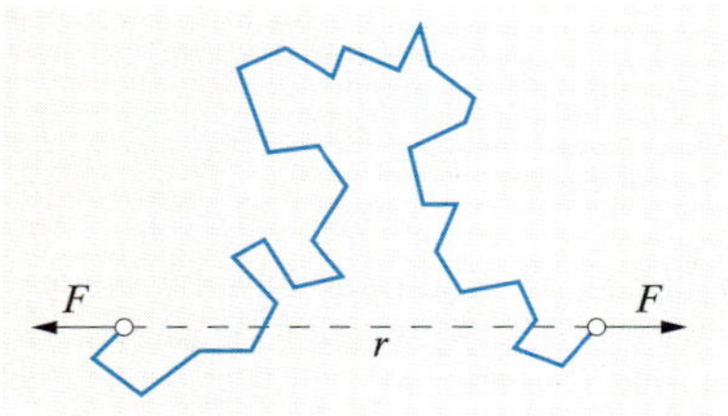

Abb. 14.85. Eine statistische Kette leistet einer Zugkraft F Widerstand, nicht infolge einer inneren Steifheit, sondern weil die Deformation die Kette in eine weniger wahrscheinliche Konfiguration zu bringen sucht: „Entropiekraft"

nicht einmal diese Art freier Drehbarkeit (**sterische Behinderung** von Seitengruppen). Bei freier Drehbarkeit auf der Kegelfläche hat die gestreckte Kette aus m Gliedern der Länge l nicht die Gesamtlänge ml, sondern nur $ml\cos(\alpha/2)$; ihre quadratisch gemittelte Länge ist nicht $r^2 = ml^2$ wie bei der statistischen Kette, sondern nur

$$r^2 = ml^2 \frac{1+\cos\alpha}{1-\cos\alpha} = ml^2 \cot^2\frac{\alpha}{2} .$$

Die Kette verhält sich demnach wie eine statistische Kette mit der Gliedlänge

$$a = l\frac{\cot^2(\alpha/2)}{\cos(\alpha/2)}$$

und der Gliederzahl

$$n = m\frac{\cos^2(\alpha/2)}{\cot^2(\alpha/2)} = m\sin^2(\alpha/2) .$$

Um die Endpunkte einer statistischen Kette auf bestimmte Punkte festzunageln (Abb. 14.85), braucht man eine Kraft F, die der statistischen Knäuelungstendenz entgegenwirkt, obwohl nach Voraussetzung keine Kräfte zwischen den Kettengliedern wirken, die bestimmte Lagen bevorzugten, obwohl also die potentielle Energie U der Kette in allen Konfigurationen den gleichen Wert hat. Die Kraft F ist eine rein statistische, eine **Entropiekraft**. Man stelle sich vor, man vergrößere die Kettenlänge mittels der Zugkraft F um $\mathrm{d}r$. Das entspricht einer Arbeit $\mathrm{d}W = F\,\mathrm{d}r$. Die Energiebilanz (1. Hauptsatz) lautet $\mathrm{d}U = \mathrm{d}W + \mathrm{d}Q$. Da $\mathrm{d}U = 0$ (U hängt nicht von der Konfiguration ab), und da $\mathrm{d}Q$ sich darstellen läßt als $\mathrm{d}Q = T\,\mathrm{d}S$, folgt

$$\mathrm{d}W = F\,\mathrm{d}r = -\mathrm{d}Q = -T\,\mathrm{d}S . \tag{14.90}$$

Die Kraft ergibt sich daraus, daß die Kette in einen unwahrscheinlicheren Zustand mit geringerer Entropie und größerer Länge gezwungen werden muß. Die Entropie der betrachteten Konfiguration der Kette ergibt sich nach (5.68) aus ihrer Wahrscheinlichkeit

$$S = k\ln P(\boldsymbol{r})\,\mathrm{d}V = \mathrm{const} - kb^2r^2 \tag{14.91}$$

also

$$\mathrm{d}S = -2kb^2r\,\mathrm{d}r . \tag{14.92}$$

Damit folgt

$$F = 2kTb^2r . \tag{14.93}$$

Die Kette setzt ihrer Dehnung eine Kraft mit einer quasielastischen Längenabhängigkeit entgegen. Der Faktor T zeigt aber, daß es sich um einen thermodynamischen Effekt handelt.

14.6.3 Gummielastizität

Ein elastisches makromolekulares Material wie Gummi besteht aus Kettenmolekülen, die (im Fall des Gummis durch Schwefelatome) ineinander vernetzt sind (**Vulkanisierung**). Wir betrachten ein solches räumliches Netzwerk aus N statistischen Ketten im m^3, die räumlich statistisch zueinander orientiert sind und in den Vernetzungspunkten enden (Verschlaufungen, freie Kettenenden und in sich geschlossene Ketten sollen vernachlässigt werden). Alle Ketten mögen die gleiche Anzahl n von Gliedern und damit gleiches b^2 und r^2 besitzen. Deformiert man das Netzwerk, dann müssen sich die Kettenlängen im gleichen Verhältnis wie die makroskopischen Dimensionen ändern. Unter diesen Voraussetzungen kann man die elastischen Konstanten des Netzwerkes bestimmen.

Ein Würfel der Kantenlänge l aus dem Netzwerk werde in x-Richtung durch die Kraft F um $\Delta l = \varepsilon l$ gedehnt. Gleichzeitig erfolgt eine Querkontraktion um $\Delta l' = -\eta l$. Das Volumen $(1+\varepsilon)(1-\eta)^2 l^3$ behält seinen alten Wert l^3, weil der Kompressionsmodul bei solchen Materialien viel größer ist als die anderen Moduln (Abschn. 3.4.3). Daraus folgt $(1+\varepsilon)(1-\eta)^2 = 1$ oder $\eta = 1 - \sqrt{1/(1+\varepsilon)}$. Von den Nl^3 Ketten, die der Würfel enthält, zeigen $Nl^3/3$ in x-Richtung und müssen sich von der mittleren Länge r_m auf $r_m(1+\varepsilon)$ dehnen; die $2Nl^3/3$ Ketten in y- oder z-Richtung stauchen sich gleichzeitig auf $r_m(1-\eta)$. Nach (14.92) ist die entsprechende Entropieänderung

$$\begin{aligned}\Delta S &= -2kb^2 r_m l^3 \left(\frac{N}{3} r_m \varepsilon - \frac{2N}{3} r_m \eta\right)\\ &= -\frac{2N}{3} kb^2 r_m^2 l^3 \left(\varepsilon - 2 + 2\sqrt{\frac{1}{1+\varepsilon}}\right)\\ &\approx -Nkl^3\left(\varepsilon - 2 + 2 - \varepsilon + \tfrac{3}{4}\varepsilon^2\right) = -Nkl^3 \tfrac{3}{4}\varepsilon^2 .\end{aligned}$$

Die Deformationsarbeit ist $W = -T\,\Delta S = \frac{3}{4} Nl^3 kT\varepsilon^2$,

die Kraft $F = 2W/(\varepsilon l) = \frac{3}{2} NkTl^2\varepsilon$,

die Zugspannung $\sigma = F/l^2 = \frac{3}{2} NkT\varepsilon$,

der Elastizitätsmodul $E = \sigma/\varepsilon = \frac{3}{2} NkT$.

Für den Schubmodul findet man aus einer analogen Betrachtung

$$G = NkT .$$

Gummi ist um so härter, je höher sein Vernetzungsgrad N, also sein Schwefelgehalt ist. Der Elastizitätsmodul steigt auch mit der Temperatur: Unter konstanter Last zieht hochpolymeres Material sich mit steigender Temperatur zusammen. Die Temperaturabhängigkeit wird allerdings weitgehend überdeckt von einem steilen Sprung des Elastizitätsmoduls bei Abkühlung unter eine gewisse Grenze: Gummi wird in flüssiger Luft steinhart und spröde. Diese Grenztemperatur ist dadurch bestimmt,

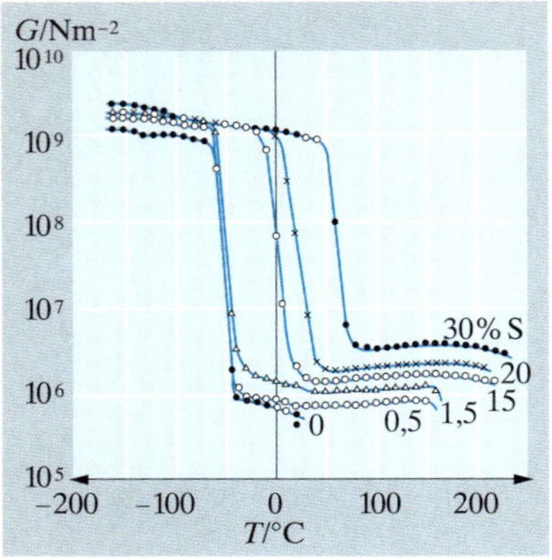

Abb. 14.86. Schubmodul von verschieden stark vulkanisiertem (mit Schwefel vernetztem) Kautschuk in Abhängigkeit von der Temperatur. Die freie Drehbarkeit der Kettenglieder friert in einem ziemlich engen T-Bereich ein

daß dort die bisher vorausgesetzte freie Drehbarkeit der Kettenglieder auf der Kegelfläche „einfriert". Bei einer solchen Drehung haben die Glieder (meist CH_2-Gruppen) Widerstände zu überwinden; wenn benachbarte H-Atome einander gegenüberstehen, ist die potentielle Energie um W_0 größer, als wenn sie kreuzweise stehen. Die Wahrscheinlichkeit für die Überwindung dieser Drehungshürde ist proportional zu $e^{-W_0/(kT)}$, nimmt also mit fallender Temperatur so schnell ab, daß der Übergang von der Gummielastizität zur normalen Elastizität der praktisch starren Ketten fast so scharf ist wie ein Phasenübergang.

✗ Beispiel...

Welche Größe der freibeweglichen Kettenglieder ergibt sich aus Abb. 14.86?

Aus $G = NkT$ folgt links: $N = 2 \cdot 10^{29}\,\mathrm{m}^{-3}$, $a = 1{,}7\,\text{Å}$ (CH_2-Gruppe ist Kettenglied); rechts bei 1 % Schwefel $N = 2 \cdot 10^{26}\,\mathrm{m}^{-3}$, $a = 17\,\text{Å}$ (jedes S bildet einen Netzpunkt). Deswegen wird Gummi z. B. in flüssiger Luft so hart und spröde, daß ein Hammerschlag ihn zersplittert.

14.6.4 Hochpolymere

Wir Tiere bestehen im wesentlichen aus polymeren Aminosäuren (Proteinen), die Pflanzen aus polymeren Zuckern (Zellulose, Stärke). Beider Bauplan ist in Polymeren aus Phosphat, Zucker, Purinen oder Pyrimidinen (DNS, RNS) codiert. Polymeren Kunststoffen kann man fast jede mechanische Konsistenz geben, von Flüssigkeiten über weiches und biegsames Polyethylen bis zu hartem Plexiglas. Diese Eigenschaften, nicht nur die mechanischen, auch z. B. die thermodynamischen, werden bestimmt durch Länge, Struktur und Flexibilität, evtl. auch Vernetzung der Molekülketten. Natürlich ist das Modell des **random walk**, analog zur Diffusion eines Teilchens, das wir bisher benutzt haben, sehr unvollkommen, denn anders als der Diffusionsweg eines Teilchens darf sich die Kette nicht selbst überschneiden: Es kommt nur ein **self avoiding walk** in Frage. Man darf auch keine freie Biegbarkeit, d. h. keine Gleichwahrscheinlichkeit aller Winkel zwischen Kettengliedern und i. allg. keine freie Drehbarkeit um deren Achsen voraussetzen. Dies ist viel schwieriger zu behandeln als das einfache Diffusionsmodell. Das Quadratmittel der Länge R einer Kette aus N Gliedern der Länge l ist nicht mehr analog zur Diffusion $\overline{R^2} = Nl^2$, sondern $\overline{R^2} = N^\beta l^2$ mit $\beta > 1$.

Erst 1972 fand *P. G. de Gennes* eine exakte Theorie für dieses β, wobei sich überraschende Parallelen zu vielen ganz anderen Phänomenen ergaben, speziell zu Phasenübergängen zwischen magnetisiertem und unmagnetisiertem Eisen, Normal- und Supraleitern, normalem und suprafluidem Helium, den verschiedenen Konfigurationen von Flüssigkristallen (isotrop, nematisch, smektisch). Die Idee der **Skaleninvarianz**, die nach *K. G. Wilson* besonders bei der Aufklärung der Phasenübergänge 2. Ordnung eine entscheidende Rolle spielt, hat sich auch in der Quantenelektrodynamik (Problem der Renormierung) wie in der Theorie der Elementarteilchen bewährt und charakterisiert die Fraktale, z. B. in der nichtlinearen Dynamik. Abgesehen von ihrer theoretischen Bedeutung haben diese Ideen geholfen, praktische Probleme wie die Funktion von LCD-Anzeigen, das Bruchverhalten von Plexiglas oder die Eignung von Polymeren als Klebstoffe zu lösen.

14.7 Supraleitung

Taucht man Quecksilber, das bei so tiefen Temperaturen längst fest ist, in flüssiges Helium, das man durch Abpumpen seines Dampfes etwas unter seinen normalen Siedepunkt von 4,211 K gekühlt hat, dann fällt der Widerstand des Hg urplötzlich um viele Zehnerpotenzen: Beim Unterschreiten des **Sprungpunktes** $T_c = 4{,}183$ K setzt **Supraleitung** ein (*Kamerlingh Onnes* 1911 in Leiden, 3 Jahre nach Gelingen der Helium-Verflüssigung im gleichen Labor). Seitdem hat man Supraleitung in mehr als tausend verschiedenen Metallen, Legierungen, intermetallischen Verbindungen, selbst Halbleitern nachgewiesen. Der Widerstand eines Reinelements wird i. allg. unmeßbar klein, mindestens 20 Zehnerpotenzen kleiner als im Normalzustand.

Die Supraleiter verteilen sich in eigentümlicher Weise über das periodische System. Merkwürdig, aber durch die Theorie erklärbar ist, daß die typischen guten Leiter (Cu, Ag, Au, Alkalien, Erdalkalien) nicht supraleitend werden. Auch Ferromagnetismus und Supraleitung scheinen einander auszuschließen: Schon Spuren von Fe und Gd zerstören die Supraleitung in einem Material, das im reinen Zustand supraleitet. Bevorzugt sind Anfang und Ende der d-Metallreihe (Ti, V; Zr, Nb, Mo, Tc, Ru; La, Ta, W, Re, Os, Ir; Zn, Cd, Hg) und der Anfang der p-Reihe (Al; Ga; In, Sn; Tl, Pb). In jeder dieser Reihen hat jedes zweite Element ein besonders hohes T_c: Elemente mit ungerader Anzahl von Valenzelektronen $\neq 1$ sind die besten Supraleiter (Regel von *Mathias*). Dabei sind die höheren Perioden bevorzugt. Dies zeigen auch die Aktiniden (Th, Pa, U supraleitend) im Vergleich zu den seltenen Erden (nichtsupraleitend, außer La, dessen Supraleitung durch Beimischung seltener Erden, besonders Gd, zerstört wird). In einigen Fällen, bei Elementen am Übergang zwischen Metall und Nichtmetall, ist nur eine mehr metallartige Hochdruck-Kristallmodifikation supraleitend (Si, Ge, Se, Sb, Bi). Den Sprungtemperatur-Rekord für Metalle hält z. Z. $Nb_3Ge_{0,2}Al_{0,8}$ mit $T_c = 20{,}9$ K. Man spekuliert über die Existenz von **Exciton-Supraleitern**, deren T_c sehr viel höher liegen könnte (s. unten).

In typischen Supraleitern ist der spezifische Widerstand ϱ so exakt Null, daß einmal erzeugte Ströme jahrelang ohne meßbare Joulesche Schwächung weiterfließen. Wegen $\boldsymbol{E} = \varrho \boldsymbol{j}$ kann im Supraleiter kein elektrisches Feld existieren. Suprastöme werden meist induktiv erzeugt: Man schaltet ein Magnetfeld ab, das vorher einen supraleitenden Ring durchsetzte.

Ein perfekter Leiter mit $\varrho = 0$ wäre schon merkwürdig genug, angesichts dessen, daß für die klassische Physik schon die fast ungehinderte Bewegung von Elektronen durch das Gitter in einem Normalleiter rätselhaft ist. Die Merkwürdigkeit der Supraleiter geht aber viel weiter als $\varrho = 0$.

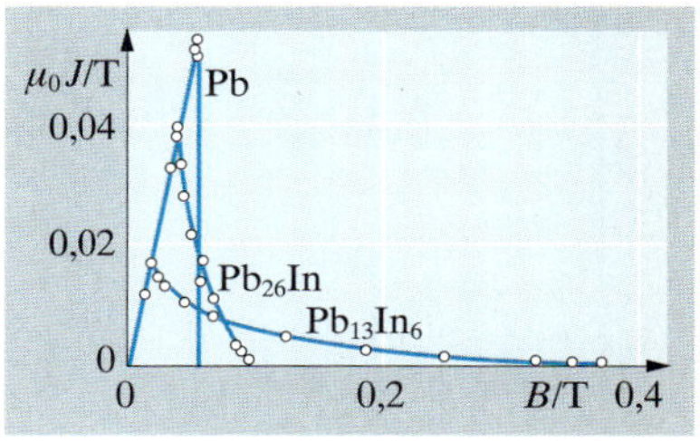

Abb. 14.87. Weiche und harte Supraleiter (Typ I und Typ II). Der echt supraleitende Bereich, in dem die innere Magnetisierung das äußere Feld vollkommen kompensiert, geht beim reinen Pb schlagartig in den Normalzustand über (kritisches Feld B_c). Bei Pb-Legierungen schiebt sich ein Flußschlauchzustand mit unvollständiger Kompensation (unvollständigem Meißner-Ochsenfeld-Effekt) dazwischen. (Daten nach *Livingstone*)

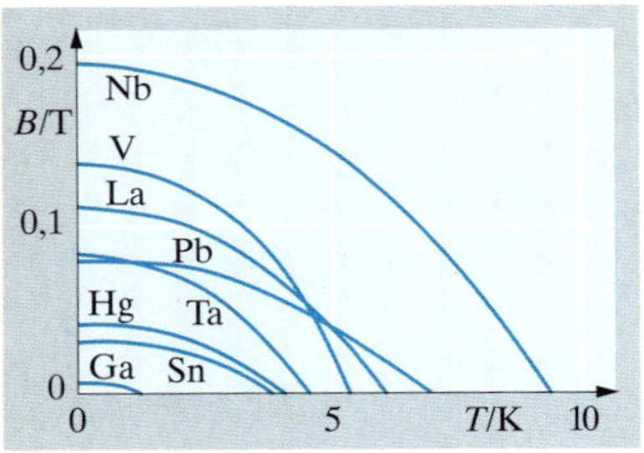

Abb. 14.88. Übergang supraleitend-normal im $B(T)$-Diagramm für verschiedene Reinmetalle. Alle Übergangskurven sind in guter Näherung parabolisch (siehe Text)

Dies zeigt der **Meißner-Ochsenfeld-Effekt**. Man bringt eine noch normalleitende Probe in ein Magnetfeld. Dieses Feld wird durch das Vorhandensein der Probe praktisch nicht verzerrt, es durchsetzt sie einfach (hier interessieren ja nur Nichtferromagnetika mit $\mu \approx 1$). Kühlt man aber unter den Sprungpunkt T_c, dann drängt die Probe im Moment, wo sie supraleitend wird, das Feld aus sich heraus: Im Innern eines Supraleiters (vom Typ I, s. unten) ist immer $B = 0$. Das steht im krassen Gegensatz zum Verhalten des (hypothetischen) perfekten Leiters, bei dem B keinen Grund hätte, sich zu ändern, selbst wenn plötzlich $\varrho = 0$ würde (Aufgabe 14.7.1).

Beim geschilderten Experiment darf das äußere Feld B_a nicht zu hoch sein, einfach weil sonst keine Supraleitung eintritt. Allgemein senkt ein Magnetfeld die Sprungtemperatur (Abb. 14.88): T_c wird eine Funktion des Feldes $T_c(B)$, oder umgekehrt das kritische Feld $B_c(T)$ eine Funktion von T. Bei einem bestimmten Feld B_m wird $T_c = 0$. Der durch $T_c(B)$ gegebene Übergang zwischen einem supraleitenden und einem normalen Gebiet der B, T-Ebene läßt sich in allen Richtungen reversibel durchlaufen. Die Existenz des **kritischen Feldes** von nur einigen Hundertstel Tesla (Maximum für Reinelemente: 0,198 T für Nb) scheint die Möglichkeiten für Supraleitungs-Magnete weit unter die üblicher Magnete einzuengen. Wir werden unten sehen, wie die **harten Supraleiter** (Typ II) mit ihrem unvollständigen Meißner-Effekt diese Hürde überwinden.

Der Meißner-Ochsenfeld-Effekt wird verständlich, wenn man annimmt, in einer dünnen Oberflächenschicht des Supraleiters zirkulierten Ströme, die das äußere Magnetfeld hindern, ins Innere einzudringen. In einem dünnen Draht, dessen Achse parallel zu $\boldsymbol{B}$ ist, umkreisen diese Ströme einfach den Draht. Die Schichtdicke, in der sie fließen, ergibt sich (Aufgabe 14.7.2) zu einigen hundert Å. Tatsächlich zeigen dünne supraleitende Schichten, die sich dieser Dicke nähern, nur noch einen unvollständigen Meißner-Effekt. Die Kreisströme wirken sich so aus, als sei das Innere des Drahtes homogen magnetisiert. Daß dort kein B herrscht, bedeutet nach (7.76) für einen Stoff mit $\mu \approx 1$ einfach

$$\text{außen:} \quad B_a = \mu_0 H_a\,; \qquad \text{innen:} \quad B = \mu_0(H_a + J) = 0\,,$$

also wird die Magnetisierung des Inneren $J = -B_a/\mu_0$. Diese Magnetisierung *entgegen* der Feldrichtung kostet Arbeit, und zwar pro Volumeneinheit

$$W = \int_0^{B_a} J\,\mathrm{d}B = -\frac{1}{\mu_0}\int_0^{B_a} B\,\mathrm{d}B = -\frac{1}{2\mu_0}B_a^2\,. \tag{14.94}$$

Um diesen Betrag liegt der Supraleiter im äußeren Feld energetisch *höher* als ohne Feld. Obwohl zunächst nicht einzusehen ist, warum die Elektronen im Supraleiter entgegen aller Erfahrung quer zum statischen Magnetfeld ausweichen (ohne $\boldsymbol{E}$-Feld) und dadurch noch dazu ihren Supraleiter energetisch benachteiligen sollen, erwies sich diese Annahme als Schlüssel u. a. zum Verständnis des kritischen Feldes.

Der Übergang normal-surpaleitend läßt sich nämlich thermodynamisch als Phasenübergang auffassen. Stabil ist bei gegebenem T und p

immer der Zustand mit dem kleineren $G = U - TS$ (wir schreiben U, nicht H, um Verwechslung mit dem Magnetfeld zu vermeiden; U soll aber Druck- und vor allem magnetische Arbeit umfassen). Wenn ein Magnetfeld herrscht, sind die Verhältnisse formal genauso wie beim Schmelzen oder Verdampfen: Wie der feste gegenüber dem flüssigen, liegt der supraleitende Zustand energetisch und entropiemäßig tiefer als der normale. Bei kleinen T ist er wegen seines kleineren U stabil, bei höheren T setzt sich die größere Entropie (geringere Ordnung) des Normalzustandes durch. Der Sprungpunkt ergibt sich aus $G_s = G_n$ als

$$T_c = \frac{U_n - U_s}{S_n - S_s} .$$

Direktmessungen der Entropiedifferenz $S_n - S_s$ geben bei $T \approx 0$ Werte um $10^{-3}\,\mathrm{J\,mol^{-1}\,K^{-1}}$, d. h. etwa $10^{-4}k$ pro Atom. Es ist, als ob nur ein Atom (oder besser: ein Elektron) unter 10^4 sich den Entropiegewinn zunutze machte, der aus einer Entscheidung zwischen zwei oder mehr Möglichkeiten folgt ($S = k \ln 2 = 0{,}693k$ für eine binäre Entscheidung wie z. B. Spin oben – Spin unten). Die Stabilisierungsenergie $U_n - U_s = T_c(S_n - S_s)$ ist ebenfalls winzig (etwa 10^{-8} eV/Atom).

Je größer das Magnetfeld, desto geringer wird dieser Unterschied $U_n - U_s$, denn die für den Meißner-Ochsenfeld-Effekt nötige Magnetisierungsarbeit $B^2/(2\mu_0)$ macht ihn teilweise zunichte. Beim maximalen kritischen Feld $B_m = B_c(0)$ ist diese Arbeit gerade gleich der Stabilisierungsenergie $U_n - U_s$:

$$\frac{1}{2\mu_0} B_m^2 = U_n - U_s .$$

Daher siegt für $B_a > B_m$ der entropiegünstigere Normalzustand. Wenn die U und S temperaturunabhängig wären, erhielte man für die Grenzkurve $T_c(B)$ allgemein eine zu kleinen T-Werten geöffnete Parabel:

$$G_s = U_s + \frac{1}{2\mu_0} B^2 - TS_s = G_n = U_n - TS_n ,$$

$$T_c(B) = T_0 \left(1 - \frac{B^2}{B_m^2} \right) .$$

In Wirklichkeit erhält man zwar sehr häufig eine Parabel, aber sie ist um 90° gedreht, d. h. zu kleinen B hin geöffnet. U und besonders S sind nämlich keineswegs T-unabhängig. Speziell muß bei $T \to 0$ die Entropiedifferenz zwischen den beiden Phasen nach dem 3. Hauptsatz gegen 0 gehen. Das führt dazu, daß die Grenzkurve bei $T = 0$ immer senkrecht auf die B-Achse mündet. Aufgaben 14.7.6–14.7.8 diskutieren die Grenzkurve genauer.

Reine Metalle zeigen meistens den beschriebenen scharfen Übergang zwischen normal und supraleitend mit vollständigem Meißner-Effekt (Typ I-Supraleiter). Bei manchen Legierungen schiebt sich zwischen beide ein **Vortex-Zustand** oder **Flußschlauch-Zustand**, in dem die Magnetisierung durch die Supraströme nicht ausreicht, um das äußere Feld ganz abzuschirmen (Abb. 14.87). Dann dringen regelmäßig angeordnete parallele magne-

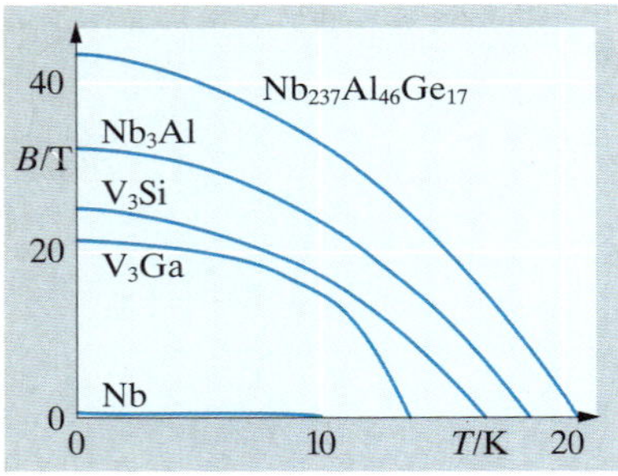

Abb. 14.89. Übergang supraleitend-normal im $B(T)$-Diagramm für einige Legierungen mit besonders hoher Sprungtemperatur. Die Übergangskurve des „besten" Reinmetalls (Nb) ist in diesem Maßstab kaum noch zu sehen. Die Übergangskurven von Legierungen sind nicht immer parabolisch. (Daten nach *Foner* u. a.)

tische Flußschläuche ins Innere ein, deren Kern normalleitend ist. Diese Flußschläuche und ihr Wandern im elektrischen Feld bedingen einen endlichen Widerstand, der sich aber durch Kunstgriffe wie „Festnageln" der Schläuche an **Pinning-Zentren** so weit herabsetzen läßt, daß man Stromdichten bis 10^7 A/cm^2 erreicht. Entsprechend dem unvollständigen Meißner-Effekt ist auch die Magnetisierungsarbeit kleiner und das kritische Feld höher (bis zu 100mal höher als beim Typ I-Supraleiter). Mit diesen **harten Supraleitern** erzeugt man praktisch ohne Energieaufwand phantastische Magnetfelder mit ihren utopisch klingenden Anwendungen: reibungsfreie Hochvakuum-Wälzlager, reibungsfreie Aufhängung von Einschienenbahnen, Magnetfallen für Fusionsreaktoren, superschnelle Kernspeicher für Computer (Aufgabe 14.7.3).

Auf eine weitere wichtige Tatsache führt eine Messung der spezifischen Wärme eines Supraleiters. Diese folgt – im Gegensatz zum Verhalten im Normalzustand – oft einer exakten Arrhenius-Kurve $c = a\,\mathrm{e}^{-\Delta W/(kT)}$, wo bei den meisten Stoffen $\Delta W \approx 3{,}5kT_0$ ist. Man deutet diese Wärme als Hebungsenergie von Elektronen über eine **Energielücke** ΔW hinüber, die die bei $T = 0$ vollbesetzten Elektronenzustände von solchen trennt, die bei $T \neq 0$ durch einen „Fermi-Schwanz" besetzt sind. Wenn das stimmt, muß man analog zum Fall des Halbleiters eine Absorptionskante finden: Photonen mit $h\nu < \Delta W$ können keine Elektronen über die Lücke heben, kürzerwellige können es. Allerdings liegen diese Photonen im cm-Wellengebiet. Eine andere Bestätigung ergibt sich aus dem Einelektronen-Tunneleffekt: Eine sehr dünne Isolatorschicht zwischen zwei Leitern kann von Elektronen durchtunnelt werden. Die Strom-Spannungs-Kennlinie setzt bei Normalleitern sofort ein, wenn auch sehr steil, dagegen bei Supraleitern erst bei einem Feld, das mit Isolatordicke und e multipliziert genau die Energielücke ΔW ergibt. Die Energielücke ist übrigens physikalisch sonst völlig verschieden von einer verbotenen Zone im Halbleiter: Diese ist an das Gitter gebunden, die Energielücke nur an das Elektronengas.

Die Existenz der Lücke ΔW erklärt die Widerstandsfreiheit der Supraströme. Energie- und Impulssatz verbieten einen Impulsaustausch zwischen Elektronengas und Gitter, sofern ihre Relativgeschwindigkeit einen kritischen Wert nicht übersteigt, der eng mit ΔW zusammenhängt (Aufgabe 14.7.4). Die Lücke selbst wird in der **Bardeen-Cooper-Schrieffer-Theorie** (**BCS-Theorie**) gedeutet als Trennarbeit eines **Cooper-Paares**. Normalerweise binden zwei Elektronen passenden Impulses einander durch indirekte Wechselwirkung über Gitterphononen; um einzelne Elektronen zu machen, muß man solche Paare aufbrechen. Die Wechselwirkung kann man sich ganz grob so vorstellen: Ein Elektron erzeugt um sich eine Gitterpolarisation, indem es positive Ladungen näher an sich heranzieht, und gräbt sich so selbst einen flachen Potentialtopf. Ein anderes Elektron kann von diesem Topf mitprofitieren. Dieses primitive Bild verschweigt, warum nur jeweils zwei Elektronen beteiligt sind, warum die Bindung über so große Abstände (bis 10^4 Å) erfolgt und vieles andere. Daß Gitterschwingungen die Supraleitung wesentlich bedingen, war schon lange experimentell aus dem **Isotopieeffekt** bekannt: Die Sprungtemperaturen der Isotope eines Elements hängen von der Massenzahl A genauso ab wie die Debye-Temperatur, also die typische Phononenergie: $T_c \sim A^{-1/2}$.

Elektronen können auch Cooper-paarweise durch dünne Isolatorschichten tunneln und verhalten sich dann ganz anders als Einzelelektronen (s. oben), nämlich scheinbar völlig absurd. Ohne jedes angelegte Feld fließt schon ein Tunnel-Gleichstrom (**Josephson-Gleicheffekt**). Das wäre noch kein Wunder, wenn die Isolatorschicht irgendwo unterbrochen wäre, denn ein kompakter Supraleiter kann das auch. Legt man aber eine kleine *konstante* Spannung U an die Josephson-junction, dann fließt ein *Wechselstrom* mit der Frequenz $\omega = 2eU/\hbar$, die bei durchtunnelbaren Schichtdikken (etwa 10 Å) und damit vereinbaren Spannungen (μV, höchstens mV) schon im mm- bzw. Ultrarotgebiet liegt (**Josephson-Wechseleffekt**). Die Herstellung eines solchen Mikrowellengenerators ist im Prinzip spottbillig: Man dampft einen Metallstreifen auf ein Deckglas, läßt etwas Luft in die Aufdampfanlage, bis sich eine Oxidhaut gebildet hat, dampft dann kreuzweise einen anderen Streifen darüber, bringt Elektroden an, schirmt gegen das Erdmagnetfeld ab und steckt das Ganze in flüssiges Helium. Auch theoretisch ist die Sache „ganz einfach", sobald man Quantenmechanik kann, und den Mut zum scheinbaren Paradoxon hat, wie der Student *Brian Josephson*. Elektronen sind ψ-Wellen. Das ganze Cooper-gekoppelte Elektronengas hat eine ψ-Welle mit einem gemeinsamen Wert der Phase. Diese feste Phasenkopplung wird durch die Isolatorschicht durchbrochen. Es wäre Zufall, wenn beide Supraleiter mit derselben Phase schwängen. Ein Elektronenpaar, das den Potentialwall der Isolierhaut durchtunneln will, ändert dabei seine Phase um einen bestimmten Betrag. Nun kommt es darauf an, ob es drüben mit der richtigen Phase ankommt, wie sie das dortige Elektronengas hat; nur dann kann es sich in dessen Schwingung einfügen; wenn nicht, wird es an der Grenzfläche reflektiert und geht wieder heim auf die andere Seite, wo es im Idealfall automatisch mit der richtigen Phase ankommt. Man kann sich leicht überlegen, daß die Zulassungsbedingungen für die beiden Stromrichtungen verschieden streng sind, außer in dem praktisch ausgeschlossenen Fall, daß die Phasenänderung innerhalb der Isolierhaut ein exaktes Vielfaches von π ist. Die Differenz der beiden Stromrichtungen ist der Josephson-Gleichstrom.

Eine Gleichspannung U verschiebt die Energieniveaus von Cooper-Paaren in den beiden Supraleitern um $2eU$ gegeneinander. Wegen $W = \hbar\omega$ sind die beiden ψ-Wellen dann um $\Delta\omega = 2eU/\hbar$ verstimmt. Mit dieser Schwebungsfrequenz wechseln die Zulassungsbedingungen ihren Sinn, wechselt also der Tunnelstrom sein Vorzeichen. Wie ein elektrisches Feld die Phase zeitlich moduliert, so moduliert ein Magnetfeld sie räumlich. Wie die Schwebungsfrequenz aus $\hbar\omega = 2eU$, so folgt die Wellenlänge dieser räumlichen Modulation aus $\hbar k = h/\lambda = 2eBd$. Längs der Isolierhaut (Länge l) wechseln Bereiche mit verschiedener Stromrichtung ab, und wenn l eine ganze Anzahl solcher Wellenlängen λ enthält, heben sich alle Teilströme auf: Der Josephson-Gleichstrom, über B aufgetragen, oszilliert mit der Periode $\Delta B = h/(2eld)$. Dieser Effekt unterscheidet den Josephson-Gleichstrom vom trivialen Fall einer löchrigen Isolierhaut.

Wenn man mit Magnetfeldern normaler Größe solche Interferenzen der Teilströme in einer Josephson-junction erzeugen will, muß man diese sehr großflächig machen (Aufgabe 14.7.5). Die Interferenz tritt aber auch in einem Drahtring ein, der durch *zwei* junctions unterbrochen ist. Man mißt dann direkt und äußerst genau den Magnetfluß, den der Ring umschließt. Diese **Quanteninterferenz** kann zwischen zwei meterweit auseinanderliegenden junctions eintreten, obwohl das Magnetfeld überhaupt nicht in den verbindenden Draht eindringen kann. Die Anwendungsmöglichkeiten des Josephson-Effekts sind mit Mikrowellengeneratoren, der Präzisionsmessung von e/h und Hochleistungs-Magnetometern sicher noch längst nicht erschöpft.

Seit *Müller* und *Bednorz* (1986, Nobelpreis 1987) die scheinbar unüberwindbare 23 K-Schranke durchbrachen, ist die Rekord-Sprungtemperatur bis über 100 K geschnellt. Nach anfänglicher Skepsis hat man bei diesen „heißen" Supraleitern alle drei Signaturen des Überganges zur Supraleitung bestätigt: Verlust des Widerstandes, Meißner-Effekt (Übergang zum idealen Diamagnetismus) und Anomalie der spezifischen Wärme infolge des Entropiesprunges. Es handelt sich um Metalloxide wie z. B. $YBa_2Cu_3O_{7-x}$ mit sog. perowskit-ähnlicher Struktur. Beim Perowskit ABO_3 sitzt im Zentrum eines B-Würfels ein A (und umgekehrt, Abb. 6.52); die Kantenmitten sind durch O besetzt, so daß jedes B von einem O-Oktaeder umgeben ist. Die Aufklärung des Supraleitungsmechanismus in diesen **Hochtemperatur-Supraleitern** ist ein aktuelles Forschungsgebiet der theoretischen Physik. Sprödigkeit, komplizierte Synthese und bereits in der atomaren Struktur angelegte starke Anisotropie sind z. Z. noch Nachteile für die technische Anwendung, denen der mögliche Wegfall der He-Kühlung und ein relativ geringer Isolationsaufwand gegenübersteht.

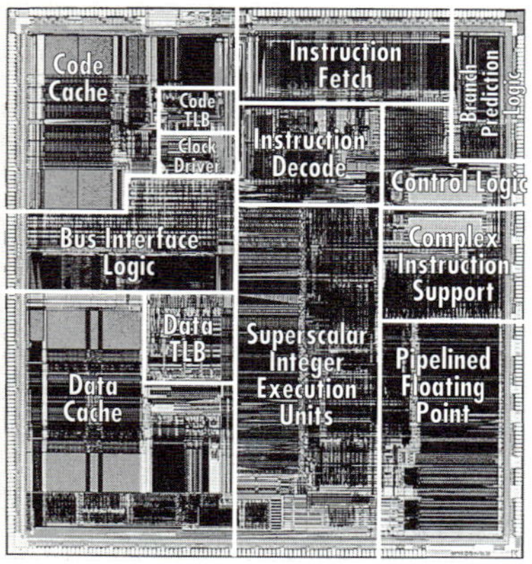

Der Pentium-Mikroprozessor von Intel. 3,3 Millionen Transistoren (MOSFETS) wurden auf einer Fläche von 1,6 x 1,6 cm² integriert. Taktfrequenz 66 oder 100 MHz, Busbreite 32 bits, minimale Strukturen 0,5 μm in 3 Metallisierungsebenen (kleiner als die Bildschirmpixels)

▲ Ausblick

Das jüngste Teilgebiet der Physik hat in wenigen Jahrzehnten den bedeutendsten Industriezweig Ostasiens, auch der USA begründet und ziemlich die einzigen Waren produziert, die rapide billiger werden: Nach dem „Gesetz" von *Moore* sinkt der Preis für ein Speicherbit in Cents wie $e^{-t/3}$ (t in Jahren seit 1970). CD, CCD, LCD, PC und eine Flut anderer Akronyme bezeichnen eine Revolution, der wir fast alle materiell gierig, geistig weniger vollständig folgen. Ob spätere Historiker auf die Eisen- eine Siliziumzeit folgen lassen werden, wie *Hans Queisser* in seinem schönen Buch „Kristallene Krisen" vermutet, oder ob der Biochip das Si bald ablösen wird? C kann ja noch viel mehr als Si, unser Gehirn bei wesentlichen Aufgaben mehr als der Cray-Computer. Bistabile organische Moleküle als vorläufig äußerste Stufe der Miniaturisierung von 0-1-Speichern gibt es zur Genüge; schwierig ist es nur, sie zusammenzuschalten. In künstlichen, wenn auch noch groben und langweiligen Welten kann man schon spazierengehen. Wird man unsere Weltprobleme bald mit künstlicher Intelligenz besser lösen als mit der natürlichen?

✓ Aufgaben . . .

●● 14.1.1. Eisen-Kristall
Bis 910 °C aufwärts kristallisiert reines Eisen im α-Gitter (**kubisch-raumzentriert**, ferromagnetisch), oberhalb im γ-Gitter (**kubisch-flächenzentriert**, nichtferromagnetisch). In welchem der beiden Gitter gibt es mehr Zwischenraum? In welchem haben kugelförmige Zwischengitterteilchen mehr Platz? Wie viele dafür geeignete Plätze gibt es in den beiden Gittern? Wenn zwischen den obigen Aussagen ein scheinbarer Widerspruch auftritt, wie behebt er sich? Was schließen Sie daraus über das Verhalten von Zwischengitterteilchen, z. B. C-Atomen, beim Abkühlen aus der Schmelze, beim Anlassen (Erhitzen auf 200–600 °C), beim Abschrecken des angelassenen Werkstücks? Wenn bei einer dieser Gelegenheiten das Gitter zu eng wird für die C-Atome, was wird die Folge sein? Ziehen Sie Schlüsse über Härte, Duktilität usw.

●● 14.1.2. Diamant-Schleiferei
Der Diamantschleifer unterscheidet Oktaeder-, Dodekaeder- und Würfelflächen, die entsprechende Wuchsformen des Kristalls begrenzen, die er aber auch im Innern erkennt. Können Sie diesen Flächen bestimmte Netzebenen zuordnen? Der Schleifer spaltet einen Diamanten, indem er einen Stahlkeil längs einer bestimmten potentiellen Kristallfläche ansetzt und kurz und scharf mit einem Hämmerchen zuschlägt. Wie ist das möglich, da doch Diamant viel härter ist als Stahl? Am leichtesten spaltet man längs Oktaederflächen, wesentlich weniger leicht längs Dodekaederflächen, noch schlechter längs Würfelflächen und praktisch gar nicht in anderer Richtung. Innerhalb jeder Flächenart muß man, um die verbleibenden Unebenheiten wegzubringen oder ganze Schichten abzutragen, in bestimmten „guten" Richtungen schleifen. In der Würfelfläche ist die Kantenrichtung gut, die Diagonale schlecht. In der Oktaederfläche schleift man besser auf eine Kante zu als auf eine Spitze. Der Schlag eines spitzen Meißels senkrecht auf eine Oktaederfläche erzeugt eine sechseckige, auf eine Würfelfläche eine quadratische, auf eine Dodekaederfläche eine rhombische Narbe. Können Sie diese empirischen Regeln atomistisch deuten?

●● 14.1.3. Madelung-Konstante
Bestimmen Sie die Gitterenergie für eine eindimensionale Kette von abwechselnd positiven und negativen Ionen. Probieren Sie zunächst, wie die auftretende Reihe konvergiert. Dann erinnern Sie sich an die ln-Reihe: $\ln(1+x) = x - x^2/2 + x^3/3 - + \cdots$. Wenden Sie dies an auf eine NaCl-Kette mit einem Ionenabstand wie im vollständigen Kristall (Dichte von NaCl $2{,}165\,\mathrm{g\,cm^{-3}}$).

●● 14.1.4. Gitterpotential
Die Potentialkurve eines Gitteratoms ergebe sich aus einer Coulomb-Anziehung ($W_{\text{pot}} = -Ar^{-1}$) und einer viel steileren Abstoßung ($W_{\text{pot}} = Br^{-n}$). Lesen Sie aus einem solchen Potential ab: Lage und Tiefe des Potentialminimums, Krümmung in seiner Umgebung. Wie muß man über die Konstanten A, B und n verfügen, damit ein vernünftiger Kristall herauskommt? Sind diese Parameterwerte selbst vernünftig? Welche empirischen Daten kann bzw. muß man zu einer solchen Anpassung benutzen: Gitterkonstante, Verdampfungswärme, Gitterschwingungsfrequenzen, o. ä.?

●● 14.1.5. Thermische Ausdehnung
Führen Sie die im Abschn. 14.1.4 angedeutete Theorie der **thermischen Ausdehnung** quantitativ durch (rechnerisch oder graphisch, am besten beides). Legen Sie vereinfachend den Schwingungsmittelpunkt mitten zwischen die Endpunkte der Schwingung auf der Potentialkurve. Ist das eine zulässige Vereinfachung?

●● 14.1.6. *E*-Modul
Ein Festkörper sei einer elastischen Spannung (z. B. einer Zugkraft) ausgesetzt. Welchen Einfluß hat das auf die Potentialkurve des Gitterteilchens? Wie verschiebt sich speziell ihr Minimum? Wie sind also die elastischen Konstanten (***E*-Modul** usw.) durch die Parameter der Potentialkurve auszudrücken? Ergibt sich auch die Festigkeitsgrenze, und sind die Werte, die für sie herauskommen, vernünftig? Wenn nein, warum wohl nicht?

●● 14.1.7. Gitterenergie
Welche Größenordnung erwarten Sie für die Gitterenergie in den verschiedenen Bindungstypen aus dem atomistischen Modell? Hinweise: Es handelt sich manchmal, aber nicht immer um die Wechselwirkungsenergie nächster Nachbarn. Das Dipolmoment des H_2O kommt so zustande, daß das O 0,3 negative, die H je 0,15 positive Elementarladungen tragen: der O-H-Abstand ist ziemlich genau 1 Å, der Valenzwinkel 105°; zwei Moleküle in Wasser oder Eis sind 2,6 Å voneinander entfernt (vgl. die makroskopische Dichte). Beim Na wirkt auf das Valenzelektron ($3s$) als effektive Kernladung nur noch etwa $2e$ (warum?); wie groß ist der Bohr-Radius? Welche Nullpunktsenergie hat ein Elektron in einem Potentialtopf dieses Durchmessers? Das Metall bietet den Leitungselektronen einen gemeinsamen Potentialtopf an, der so weit ist, daß die Nullpunktsenergie gleich der Fermi-Energie wird.

●● 14.1.8. Diamant und Eis
Die C-Atome im **Diamant** und die H_2O-Moleküle im **Eis** sind effektiv beide vierwertig und haben tetraedrische Bindungssymmetrie. Warum wählt trotzdem Diamant die kubisch-flächenzentrierte, Eis die hexagonale Kristallstruktur? Es genügt, ein Paar nächster Nachbarteilchen und die Verteilung der Ladungen über ihre Bindungen zu betrachten.

●● 14.1.9. Reziprokes Gitter
Zeigen Sie, daß man auf folgende Weise das Beugungsbild eines Kristalls im monochromatischen Röntgenlicht erhält: Man hält das Auge dahin, wo der Kristall war, und stellt ein Modell des reziproken Gitters, ebenso

orientiert wie der Kristall und z. B. im Maßstab $10^8 : 1$ (1 cm für 1 Å), im Abstand $2\pi 10^8/\lambda$ in Richtung des Primärstrahls vor das Auge. Dann sieht man Gitterpunkte genau in den Richtungen, wo Reflexe liegen.

●● 14.1.10. Bucky ball
Wenn man aus regulären Fünfecken und Sechsecken ein Polyeder bauen will, geht das nur mit genau 12 Fünfekken. Wieso? Wie viele Sechsecke müssen dazukommen?

●● 14.2.1. Abtasttheorem
Zeichnen Sie das Momentbild einer Sinuswelle in ein eindimensionales Punktgitter ein. Stellen Sie die gleiche Welle auch analytisch dar. Gibt es eine andere Welle, die genau die gleichen Auslenkungen der Gitterpunkte darstellt? Betrachten Sie die Fälle $\lambda < 2d$ und $\lambda > 2d$ (d: Gitterkonstante). Wenn es eine äquivalente Welle gibt, untersuchen Sie die Beziehung zwischen ihrer Wellenlänge λ' und dem λ der ursprünglichen Welle. Jetzt gehen Sie zu fortschreitenden Wellen über. Wie verhalten sich die Ausbreitungsrichtungen der beiden äquivalenten Wellen? Vereinfachende Annahme: Phasengeschwindigkeit unabhängig von λ. Alle Fragen lassen sich leichter analytisch beantworten (besonders wenn man den $\boldsymbol{k}$-Vektor einführt), obwohl die Zeichnung anschaulicher ist.

●● 14.2.2. Einsteins spezifische Wärme
Führen Sie folgende Betrachtungen parallel für die klassische und die **Einstein-Theorie der spezifischen Wärme** eines Festkörpers durch. Kontrollieren Sie dabei quantitativ Abb. 14.28. Wie kommt die T-Unabhängigkeit der Gesamtzahl von Oszillatoren zum Ausdruck? Welchen Einfluß hat die Temperatur? Welche Energie haben die meisten Oszillatoren? Welche Oszillatoren leisten den größten Gesamtbeitrag zur Energie? Wie viele solche Oszillatoren gibt es? Wie breit ist die Verteilung des Energiebeitrags? Schätzen Sie daraus die Gesamtenergie und die spezifische Wärme. In welchem Grenzfall geht die Einstein-Theorie in die klassische über? Kann man das anschaulich sehen? Wie erklärt sich anschaulich die Abweichung zwischen beiden Theorien im anderen Grenzfall?

●● 14.2.3. Debyes spezifische Wärme
Setzen Sie in Aufgabe 14.2.2 für „klassische" das Wort „Debyesche" und beantworten Sie alle Fragen. Was können Sie über die Güte der T^3-Näherung für *Debyes* **spezifische Wärme** anschaulich sagen? Warum gilt sie nur bei so kleinen Temperaturen? Was geschieht im Übergangsbereich?

●● 14.2.4. Wie zählt man Wellen?
Eigentlich hat *Rayleigh* die Idee gehabt, die *Wien* und *Planck* für ihre Strahlungsgesetze und *Debye* für seine spezifische Wärme nutzen konnten. Zeigen Sie Analogien und Unterschiede zwischen (11.11), (11.12), (11.13) und (14.29) auf.

●● 14.2.5. Dispersion
Bei $m_1 = m_2$ läßt sich die Wurzel in der **Dispersionsformel** (14.37) einfach „ziehen". Worin besteht der Unterschied zum Fall (14.32)? Kommt ein optischer Zweig zustande? Wenn ja, wie ist das trotz der Massengleichheit möglich? Existiert zwischen den beiden Zweigen ein verbotener ω-Bereich? Bestimmen Sie Phasen- und Gruppengeschwindigkeit für beide Zweige.

●● 14.2.6. Phononenstoß
Zwei Phononen mit λ dicht oberhalb $2d$ und nicht zu verschiedenen Ausbreitungsrichtungen kollidieren und bilden ein drittes Phonon. Welche Werte von λ, $\boldsymbol{k}$, v hat das neue Phonon (Annahme: keine Dispersion)? Wie sieht die entsprechende Gitterwelle aus? Befolgt sie *Debyes* Abschneidebedingung? Wenn nein, kann man die gleiche Bewegung der Gitterpunkte auch durch eine zulässige Welle darstellen? Welchen $\boldsymbol{k}$-Vektor hat diese Welle ($\boldsymbol{k}_3'$)? Unter welchen Umständen ist $\boldsymbol{k}_3'$ dem $\boldsymbol{k}$ der ursprünglichen Phononen entgegengerichtet? Wie muß man den Vorgang deuten? Gilt Impulserhaltung unter den drei Phononen, oder wie sonst? (Vgl. Aufgabe 14.2.1.)

● 14.2.7. Steinsalzoptik
Welche Beziehungen bestehen zwischen DK, Absorptionsgrad und Reflexionsgrad eines Kristalls? Vergleichen Sie z. B. Abb. 11.20 und 14.38.

● 14.2.8. Leitet Diamant?
Diamant (besonders synthetischer) ist ein besserer Wärmeleiter als Kupfer, aber ein sehr guter elektrischer Isolator. Wie erklären Sie diese flagrante Verletzung der Regel von *Wiedemann-Franz*?

●● 14.2.9. Leitet Germanium?
Diskutieren Sie Abb. 14.44. Warum leitet reines ^{74}Ge die Wärme besser als das natürliche Isotopengemisch? Wie würden Sie die Funktion $\lambda(T)$ bei sehr tiefen Temperaturen quantitativ darstellen, und wie erklären Sie dieses Verhalten? Warum nimmt λ bei höheren Temperaturen wieder ab?

● 14.3.1. Fermi-Grenze
Wie hoch liegt die **Fermi-Grenze** für die Leitungselektronen in einem Metall, einem Halbleiter, einem Plasma? Beschaffen Sie sich vernünftige Werte für die erforderlichen Größen. Sind diese Elektronengase entartet?

●● 14.3.2. Brillouin-Zonen
Wir betrachten einen einfach-kubischen Kristall mit der Gitterkonstante d. Bei den „kritischen" Werten nh/d des Elektronenimpulses treten eigentümliche Effekte für ein Elektron in einem solchen Kristall auf; welche? (**Braggs Reflexionsbedingung**!) Gibt es fortschreitende ψ-Wellen mit solchen Impulsen? Welche Phasenlagen kommen für stehende Wellen in Frage? Wo ist die Elektronendichte maximal? Wie wirkt sich das auf die Energie der Zustände aus? Wie viele W-Werte existieren demnach für jeden „kritischen" Impuls? Wie muß sich die für ein freies Teilchen übliche Beziehung zwischen Energie und Impuls bei einem Kristallelektron verzerren? Kann man in die-

sem Bild Energiebänder und verbotene Zonen wiedererkennen?

●● 14.3.3. Effektive Masse
Wenn ein „Teilchen" nicht mehr lokalisierbar ist, kann man auch nicht mehr im üblichen Sinne von Geschwindigkeit und Beschleunigung reden. Sein mechanisches Verhalten muß vielmehr durch Energie und Impuls, bzw. durch Frequenz und Wellenlänge seiner ψ-Welle ausgedrückt werden. Die Geschwindigkeit läßt sich nur als Gruppengeschwindigkeit dieser Welle angeben. Wie drückt sie sich durch die $W(p)$-Abhängigkeit aus? Wie findet man daraus die Größe, die die Rolle der trägen Masse spielt (**effektive Masse**)? Man beachte: Nach wie vor ist die Kraft gleich der zeitlichen Impulsänderung. Wenn die $W(p)$-Kurve verzerrt ist wie im Kristall, wird die effektive Masse abhängig von W. Wie verhält sie sich an den Rändern bzw. in der Mitte der Bänder?

● 14.3.4. Elektron und Loch
Arbeiten Sie die Analogie zwischen Elektronen und Defektelektronen (Löchern) heraus. Kann man den Löchern Ladung, Masse, Energie, Impuls zuschreiben? Ist ein Loch ein Antiteilchen?

●● 14.3.5. Quanten-Hall-Effekt
Klaus v. Klitzing (Nobelpreis 1985) fand, daß der **Hall-Widerstand** R_H (Querspannung/Strom) in manchen sehr dünnen Halbleiterschichten bei riesigen Magnetfeldern B und sehr tiefen Temperaturen T, als Funktion der Spannung U aufgetragen, Stufen bei den R_H-Werten $nh/(2e^2)$ aufweist. Drücken Sie R_H durch die geometrischen und sonstigen Eigenschaften des Halbleiters aus. Warum müssen die Werte B, T usw. so extrem sein, damit man den Effekt messen kann? Geben Sie sinnvolle Kombinationen dieser Werte an. Versuchen Sie eine Erklärung auf folgender Basis: Immer, wenn auf ein Elektron im Halbleiter genau ein magnetisches **Flußquant** oder eine ganze Zahl davon entfällt, passiert etwas Besonderes. Haben die Kreisbahnen im entsprechenden Magnetfeld etwas mit Bohr-Bahnen zu tun?

●● 14.4.1. Reiner Halbleiter
Bei einem **Isolator** sind das höchste vollbesetzte und das niederste leere Band durch eine verbotene Zone der Breite W_0 getrennt. Diskutieren Sie die Bildung thermischer Ladungsträger und ihre Rekombination. Kommt es für die Gleichgewichtsbesetzung der Bänder auf den Rekombinationskoeffizienten an? Wenn nicht, wo spielt dieser eine Rolle? Welche Temperaturabhängigkeit erwarten Sie für den spezifischen Widerstand? Wie kann man aus Widerstandsmessungen die Breite der verbotenen Zone bestimmen?

●● 14.4.2. Isolator
Die besten Isolatoren haben eine Breite der verbotenen Zone von 3–5 eV (warum nicht mehr?) und relative Verunreinigungen von etwa 10^{-6} (ein Fremdteilchen auf 10^6 Gitterteilchen). Welche Größenordnungen für Trägerbeweglichkeit und Leitfähigkeit ergeben sich daraus?

●● 14.4.3. Dotierung
Die Dielektrizitätskonstante von Ge ist 31, von Si 17,3. Ein Einkristall eines dieser Stoffe enthalte einige As- und Ga-Atome. Was wird aus den überschüssigen bzw. fehlenden Elektronen dieser Fremdatome? Was für lokalisierte Zustände sind mit den Fremdteilchen verbunden? Kann man sie als **wasserstoffähnliche Systeme** auffassen? Können Sie Energie, Bohrsche Radien usw. für diese Zustände angeben?

●● 14.4.4. Beweglichkeit
Sie wollen Konzentration, Beweglichkeit und Vorzeichen der Ladungsträger in einem Halbleiter bestimmen. Welche Messungen müssen Sie mindestens ausführen?

●● 14.4.5. Randschicht
Ein metallisch leitender oder halbleitender Kristall wird in ein Kondensatorfeld gebracht (ohne Kontakt mit den Kondensatorplatten). Zeichnen Sie die evtl. Verschiebung in der Bandstruktur und der Fermi-Grenze. Wo sitzt die Flächenladung und wie groß ist sie? Kann sie in einer unendlich dünnen Schicht konzentriert sein? Benutzen Sie die Begriffe des elektrochemischen Potentials und der Debye-Hückel-Länge. Vergleichen Sie mit der im Text gegebenen Dicke der **Randschicht** in Dioden und Transistoren.

●● 14.4.6. Kontaktierung
Ein n-Halbleiter ist mit einem Metall kontaktiert, dessen Fermi-Grenze tiefer liegt als das Donatorniveau des Halbleiters. Was geschieht beim Kontaktieren mit den Bändern und Elektronen? Zeichnen Sie die Bandstruktur vor und nach der Kontaktierung. Wie läuft die Fermi-Grenze danach? Wie dick ist die Randschicht? Welche Gesamtladung sitzt darin? Felder welcher Größenordnung sind nötig, um die Randschicht ganz „zuzuwehen"? Was geschieht, wenn man eine Spannung zwischen Metall und Halbleiter legt? Betrachten Sie beide Polaritäten.

●● 14.4.7. Diodenkennlinie
In Abb. 14.63 ist der Verlauf der Bandränder nicht ganz exakt gezeichnet. Wenn Sie den Fehler finden, haben Sie die Berechnung der Strom-Spannungs-Kennlinie der Diode in der Hand. Hinweise: Warum sind die Bänder außen horizontal und nur in der Übergangsschicht geneigt? Wie groß ist der Höhenunterschied zwischen rechts und links? Wie dick muß die Übergangsschicht sein, um den Übergang zu vermitteln? Wodurch sind die Widerstände in Sperr- und Durchlaßrichtung bestimmt?

●● 14.4.8. Thermolumineszenz
Ein Halbleiter habe Donatoren (Traps), die ziemlich tief (ca. 1 eV) unter dem Leitungsbandrand liegen. Wie können die dort sitzenden Elektronen ins Leitungsband kommen? Diskutieren Sie besonders die thermische Befreiung. Welche T-Abhängigkeit erwarten Sie für die Freisetzungsrate? Wie kann man die Traptiefe aus Leitfähigkeitsmessungen bestimmen (Aktivierungsenergie)? Was ge-

schieht, wenn man die Temperatur allmählich steigert (Thermolumineszenz oder **Glowkurve**)?

●● 14.4.9. Kristallphosphor
Schnelle Elektronen, die in ZnS oder ähnlichen Kristallen gebremst werden, heben Valenzelektronen ins Leitungsband, von wo sie unter Lichtemission zurückfallen können. Kann man solche „Phosphore" für Fernsehschirme benutzen? Welche Bedingungen stellen Sie an das Emissionsspektrum, die Nachleuchtdauer usw. eines solchen **Phosphors**? Wie drücken sich diese Bedingungen im Bändermodell aus? Welche Eigenschaften ergeben einen guten Phosphor für Leuchtzifferblätter?

●● 14.4.10. Trägerkonzentration
Diskutieren Sie Abb. 14.57. Was hat man gemessen, um diese Daten zu gewinnen? Was bedeutet der geradlinige Abfall, was bedeutet seine Neigung? Warum erfolgt Sättigung bei höheren Temperaturen? Wie werden sich die drei Proben unterscheiden? Können Sie die As-Konzentration schätzen? Warum biegen die höheren Kurven erst später in die Sättigung ein? Verlaufen die $\sigma(T)$-Kurven sehr viel anders? Annahme: $\mu \sim T^{-3/2}$; was berechtigt zu dieser Annahme? Welche weiteren Messungen braucht man, um sie zu prüfen?

●● 14.4.11. Minimale Leitfähigkeit
Schätzen Sie die „minimale metallische Leitfähigkeit", die einer freien Weglänge von der Größenordnung des Atomabstandes entspricht. Unter welchen Umständen erwartet man solche Werte?

●● 14.4.12. Excitonen
Abbildung 14.60 zeigt den Absorptionskoeffizienten von Cu_2O bei 77 K als Funktion der Photonenenergie. Wie sieht ein Cu_2O-Kristall aus? Hängt die Farbe wesentlich von der Dicke des Kristalls ab? Was bedeuten die Peaks? Können Sie ein Seriengesetz für die Peakenergien aufstellen? Wo erwarten Sie den Grundzustand? Kann man aus diesem Energiewert etwas über die Eigenschaften des Kristalls schließen (DK)? Kann man aus der Breite der Peaks Aussagen über den Kristall machen? Wie wird die Absorptionskante aussehen, wenn man sie bei Zimmertemperatur mißt?

●● 14.4.13. Solarzelle
Warum haben **Solarzellen** nur 10–20 % Wirkungsgrad? Denken Sie an die Form der Diodenkennlinie!

●● 14.4.14. Goethes Leuchtsteine
Um 1630 fand der Schuster und Alchimist *Vincenzo Casciarolo* in Bologna, daß gewisse schwere und glänzende Steine vom nahen Monte Paterno, mit Kohle und Kalk geglüht, nachts leuchten, nachdem sie vorher beleuchtet worden waren. Goethe berichtet in der „Italienischen Reise", er habe „ein Achtelzentner dieses Schwerspats aufgepackt", und in der „Farbenlehre", er habe die Steine durch verschiedenfarbige Glasscheiben beleuchtet: „Den Bononischen Phosphoren teilt sich das Licht mit durch blaue und violette Gläser, keineswegs aber durch gelbe und gelbrote; ja ... die Phosphoren, welchen man durch violette und blaue Gläser den Glühschein mitgeteilt, wenn man solche nachher unter gelbe und gelbrote Scheiben gebracht, früher verlöschen als die, welche man im dunklen Zimmer ruhig liegen läßt." 50 Jahre später fand *Edmond Becquerel*, dessen Sohn Henri die Uranstrahlung entdeckte, dasselbe mit einem Prisma, ohne eine Erklärung zu wissen. Wissen Sie eine?

●● 14.6.1. Diffusion
Weisen Sie nach, daß (14.88) eine Lösung der **Diffusionsgleichung** ist und der Anfangsbedingung entspricht, daß bei $t = 0$ alle Moleküle am gleichen Platz waren.

● 14.6.2. Escargots gratinés
Man sagt, alle deutschen Weinbergschnecken seien aus kulinarischen Gründen durch die Mönche importiert worden. Unter vernünftigen Annahmen über Dichte und Gründungszeit der Klöster, die mittlere Marschgeschwindigkeit einer Schnecke und die Wegstrecke, nach der sie Halt macht, um dann in irgendeiner anderen Richtung weiterzukriechen: Wie lange hat es gedauert, bis von den Klostergärten aus ganz Deutschland von Schnecken bevölkert worden ist?

● 14.6.3. Random walk
Ein Betrunkener torkele zwar noch mit normaler Schrittfrequenz, aber der nächste Schritt könne mit gleicher Wahrscheinlichkeit in alle Richtungen erfolgen, unabhängig von der Richtung des vorherigen Schrittes. Er erkenne sein Haus erst und mache Anstalten zum Eintreten, wenn er direkt davorsteht. Das Haus habe eine Breite b und eine Entfernung a vom Wirtshaus. Wie lange dauert im Mittel der Heimweg?

●● 14.7.1. Perfekter Leiter
Ein normaler Leiter im statischen Magnetfeld $\boldsymbol{B}$ wird durch die Maxwell-Gleichungen und das Ohmsche Gesetz beschrieben. Weisen Sie nach, daß danach $\boldsymbol{B}$ sich nicht ändern kann, wenn die Leitfähigkeit sich beliebig ändert, selbst wenn sie sehr groß wird. Wenn man nach diesem Übergang zum perfekten Leiter das äußere Magnetfeld abschaltet, bleibt es im Leiterinnern trotzdem „eingefroren". Vergleichen Sie mit dem Verhalten eines Supraleiters.

●●● 14.7.2. Meißner-Ochsenfeld-Effekt
(a) Wie dick ist die suprastromführende Schicht, die beim Meißner-Ochsenfeld-Effekt das Innere feldfrei hält? Benutzen Sie die Maxwell-Gleichungen und die Stromdichte $\boldsymbol{j} = ne\boldsymbol{v}$. Betrachten Sie z. B. einen langen Draht mit der Achse parallel zum äußeren Magnetfeld. (b) Zeigen Sie, daß die Feldverhältnisse beschrieben werden, wenn man annimmt, daß überall im Supraleiter für die Elektronen die Größe $m\boldsymbol{v} - e\boldsymbol{A}$ verschwindet. $\boldsymbol{A}$ ist das Vektorpotential, aus dem sich das $\boldsymbol{B}$-Feld wie $\boldsymbol{B} = \operatorname{rot} \boldsymbol{A}$ und der induktive Beitrag zum $\boldsymbol{E}$-Feld wie $-\dot{\boldsymbol{A}}$ ableitet (im ganzen also $\boldsymbol{E} = -\operatorname{grad} \varphi - \dot{\boldsymbol{A}}$). Würde $m\boldsymbol{v} - e\boldsymbol{A} = 0$ auch für den perfekten Leiter mit $\varrho = 0$ zutreffen? Wenn nicht, wie mag sich das abweichende Verhalten des Supraleiters er-

klären? (c) Zeigen Sie, daß für einen Supraleiterring $mv - eA = 0$ nur erfüllt sein kann,wenn der durch den Ring tretende Magnetfluß gequantelt, d. h. ein ganzzahliges Vielfaches von h/e ist. Beachten Sie dabei, daß der Drehimpuls der im Ring umlaufenden Elektronen genauso gequantelt ist wie für um den Kern „umlaufende" Elektronen (warum? vgl. Abschn. 16.3.1), beachten Sie die Zusammenhänge zwischen v, $\boldsymbol{p}$ und $\boldsymbol{k}$.

● 14.7.3. Magnetaufhängung
„Die Welt", 1.4.1999: Die Supra-Einschienenbahn Berlin–Hamburg „rollte" um 10^{00} von der Kreuzberg-Rampe (350 m ü. d. M.) ab und erreichte die Hamburger Michaelsrampe (ebenfalls 350 m) um 10^{59}. Aufenthalt 1 Minute. Seitdem funktioniert die 1-Stunde-Intercityverbindung Tag und Nacht. Die Frage nach den Motoren quittieren die Ingenieure mit dem gleichen Grienen wie vor hundert Jahren die Frage, wo denn das Pferd in der Lokomotive sei: Es gebe keine, weder im Zug noch außerhalb. Die blanken Zylinder seien „Helium-Superinsulators". – Für wie utopisch halten Sie das?

●● 14.7.4. Cooper-Paar
Einzelelektronen im Supraleiter haben i. allg. die Energie-Impuls-Abhängigkeit $W = \Delta W + p^2/(2m)$. ΔW ist die Energielücke. Was bedeutet diese Abhängigkeit? Die energetisch höchsten **Cooper-Paare** liegen bei $W = 0$. Ein Gas von Cooper-Paaren bewege sich als Ganzes mit v gegen das Gitter. Der Impuls ist dann im System des bewegten Elektronengases zu rechnen, denn die Lücke ist an dieses gebunden. Gebremst werden können die Elektronen nur, indem Paare aufgebrochen und Elektronen in Zustände mit passenden Impulsen gehoben werden. Zeigen Sie, daß Energie- und Impulssatz eine solche Bremsung nur oberhalb einer gewissen kritischen Geschwindigkeit erlauben, und schätzen Sie diese. Wie groß können also Suprastromdichten werden?

●● 14.7.5. Josephson-Wechselstrom
Schätzen Sie den Tunnelstrom durch eine 10 Å-Oxidschicht zwischen zwei Supraleitern (Abschn. 16.3.2; das Elektronenpotential im Oxid liege etwa um 3 V höher als im Metall). Mit welcher Frequenz oszilliert der **Josephson-Strom**, wenn man 1 mV an die Junction legt? Die Kontaktfläche habe 1 cm Seitenlänge. Bei welchem Magnetfeld wechselt erstmalig das Vorzeichen des Josephson-Gleichstroms?

●● 14.7.6. Energielücke
Die Breite W_g der Lücke im Energiespektrum des Elektronengases eines Supraleiters ist temperaturabhängig: Bei $T \approx 0$ hat sie ihren vollen Wert $W_{g0} \approx 3{,}5kT_0$, bei Annäherung an die Sprungtemperatur T_0 (für $B = 0$) nimmt sie sehr schnell ab und verschwindet ganz für $T = T_0$. Bei $T = T_0$ bleibt keinerlei Unterschied zwischen supraleitendem (s) und normalem (n) Zustand. Vergleichen Sie den Übergang $\mathrm{s} \leftrightarrow \mathrm{n}$ im Magnetfeld und ohne Magnetfeld mit dem zwischen Wasser und Dampf. Vergleichen Sie vor allem die Werte G, H, S der beiden jeweils konkurrierenden Phasen. Wie verhalten sich speziell H_n, H_s bzw. S_n, S_s bei $T = T_0$? Gibt es ein analoges Verhalten im Fall der Verdampfung? Betrachten Sie den ganzen Verlauf der Siede-Grenzkurve. *Ehrenfest* definierte **Phasenübergänge 1., 2., 3. Ordnung**: Am Übergang 1. Ordnung macht H einen Sprung, am Übergang 2. Ordnung nur einen Knick (Unstetigkeit der ersten Ableitung), beim Übergang 3. Ordnung ist erst die zweite Ableitung von H unstetig usw. Von welcher Ordnung sind die diskutierten Übergänge? Wie verläuft die spezifische Wärme, speziell bei konstantem Druck, am Übergang? Wie verläuft die Entropie? In welchen Fällen tritt eine „latente" Umwandlungswärme auf? Wann sind Überhitzung und Unterkühlung möglich, wann ist Keimbildung nötig?

●● 14.7.7. Sprungpunkt
Wie in Aufgabe 14.7.6. festgestellt, werden supraleitender und normaler Zustand am feldfreien Sprungpunkt T_0 identisch. Bei $T = 0$ muß $S_n = S_s = S_0$ sein (3. Hauptsatz). Für eine beliebige Temperatur ist $S(T) = S_0 + \int_0^T c\,\mathrm{d}T/T$. Warum? s- und n-Leiter unterscheiden sich nur durch den Zustand ihres Elektronengases, d. h. die Existenz der Energielücke und ihre Folgen. Zeichnen Sie die Energieverteilung der Elektronen in beiden Leitern für verschiedene T. Beachten Sie das Schrumpfen der Energielücke mit wachsendem T. Wie groß ist c_n (vgl. Sommerfeld-Theorie des Fermi-Gases)? Ist der Ansatz $c_n = \gamma T$ berechtigt, und was bedeutet γ? Ist c_s größer oder kleiner (a) bei $T \approx 0$, (b) bei $T \approx T_0$? Wie sähe $c_s(T)$ bei konstanter Energielücke aus? Häufig kann man setzen $c_s(T) = \alpha T^3$. Heißt das, daß es sich um die Debye-Wärme des Gitters handelt? Wie müssen α und γ zusammenhängen, damit der Phasenübergang bei T_0 von 2. Ordnung ist?

●● 14.7.8. Grenzkurve
Mit den Ergebnissen von Aufgabe 14.7.7 diskutieren Sie die Form der Grenzkurve zwischen Supra- und Normalleitung im B, T-Diagramm. Wie erfolgen speziell die Einmündungen in der B- und T-Achse? Kommt eine exakte Parabel als Grenzkurve heraus? Was muß man messen, um alle in Aufgaben 14.7.6 bis 14.7.8 benutzten Größen angeben zu können, (a) wenn man sicher ist, daß die Grenzkurve eine Parabel ist, (b) wenn man diese Sicherheit nicht hat?

15

Relativitätstheorie

Inhalt

„Das Erstaunlichste an der Welt ist, daß man sie verstehen kann."

Albert Einstein

Einleitung

Kaum ein Gedankengebäude ist so ausschließlich mit einem Namen verknüpft wie der Einsteins mit der speziellen und der allgemeinen Relativitätstheorie. Für die spezielle gab es Vorläufer wie *Lorentz*, *Poincaré*, *Hasenöhrl*; die allgemeine hat bisher noch jeden Test bestanden und scheint allen Alternativansätzen überlegen zu sein. Dabei bekam *Albert Einstein* 1921 seinen Nobelpreis nicht dafür (trotz der sensationellen Bestätigung bei der totalen Sonnenfinsternis 1919 galt die Sache offenbar immer noch nicht als ganz gesichert), sondern für die Erklärung des Photoeffekts, die wiederum sogar ein *Max Planck* für „etwas über das Ziel hinausgeschossen" ansah, wie er noch 1913 in seinem sonst sehr günstigen Gutachten über Einsteins Aufnahme in die Akademie der Wissenschaften schrieb.

15.1 Bezugssysteme

Bewegung ist Lageänderung; Lage wird immer *relativ zu etwas* angegeben. Also kann auch Bewegung nur relativ zu etwas sein. Es hat von *Copernicus* bis *Einstein* gedauert, die Konsequenz zu ziehen, daß weder die Erde noch sonst irgendetwas einen absolut ruhenden Bezugspunkt liefern kann.

15.1.1 Gibt es „absolute Ruhe"?

Zwei Beobachter mögen sich gleichförmig-geradlinig zueinander bewegen; jeder behaupte, er ruhe. Eine Entscheidung könnte durch Experimente gefällt werden. Stellen Sie sich möglichst viele solcher Experimente und ihren Ausgang vor, wie das schon *Galilei* tat. Er erkannte, daß mindestens alle mechanischen Experimente in beiden Systemen völlig gleich verlaufen müssen. Der Grund ist ganz allgemein: Alle Mechanik ist aus Newtons Axiomen ableitbar, und diese reden überhaupt nicht von Geschwindigkeit. Von Beschleunigung reden sie, und deshalb ist sehr wohl feststellbar, ob jemand beschleunigt wird. Das zeigt sich durch das Auftreten von Trägheitskräften. Wo Geschwindigkeiten eine Rolle spielen, etwa wo Kräfte wie Luftwiderstand oder Reibung davon abhängen, handelt es sich immer um *Relativ*geschwindigkeiten zwischen zwei Körpern. Ob der Wind „von selbst weht“ oder ob er ein Fahrtwind ist, spielt für die Wechselwirkung mit ihm keine Rolle. Analog ist es beim Doppler-Effekt in der Akustik, wobei allerdings die Relativbewegungen von drei Körpern, der Quelle, des Empfängers und der Luft, zu beachten sind (vgl. Abschn. 4.3.5).

Ob optische und elektromagnetische Experimente ebenso unfähig sind, etwas über die absolute Bewegung des Systems auszusagen, in dem sie sich abspielen, war anfangs nicht so sicher. Bis 1900 zweifelte kaum jemand, daß sich das Licht ähnlich dem Schall in einem materiellen Träger ausbreitet, dem *Äther* – „wenn Licht Schwingungen darstellt, muß doch etwas da sein, was schwingt“. Dieser Äther mußte eine unvorstellbar geringe Dichte haben, dabei aber hochelastisch sein, vor allem aber die ganze Welt mit Ausnahme vielleicht der völlig undurchsichtigen Körper erfüllen. Infolge dieser Allgegenwart würde er aber ein absolut ruhendes System definieren, nämlich dasjenige, in dem er selbst ruht. Absolute Bewegung, also Bewegung gegen den Äther, ließe sich dann durch optische Experimente nachweisen.

15.1.2 Der Michelson-Versuch

Von zwei gleichguten Schwimmern soll der eine (A) quer über den Fluß und zurück, der andere (B) eine gleichlange Strecke L flußaufwärts und wieder zurück schwimmen. Der erste wird gewinnen, und zwar um die Zeitdifferenz

$$\Delta t \approx \frac{L}{c}\frac{v^2}{c^2}\,, \tag{15.1}$$

wenn beide mit der Geschwindigkeit c schwimmen (relativ zum Wasser!) und der Fluß mit v strömt.

✘ Beispiel...

Um welchen Winkel muß A „vorhalten“, damit er genau gegenüber ankommt? Welcher der Schwimmer ist eher am Ausgangspunkt angelangt, und um wieviel? Der Fluß soll überall die gleiche Strömungsgeschwindigkeit haben.

Schwimmer A hält um φ mit $\sin\varphi = v/c$ vor und braucht $t_A = 2L/(c\cos\varphi) = 2L/(c\sqrt{1-v^2/c^2})$, Schwimmer B braucht $t_B = L/(c-v) + L/(c+v) = 2Lc/(c^2-v^2)$, also $t_B/t_A = 1/\sqrt{1-v^2/c^2}$.

Ersetzt man die Schwimmer durch zwei Lichtstrahlen, das Wasser durch den Äther und das Ufer durch die Erde (oder das Labor), so hat man offenbar eine völlige Analogie. Messung der Zeitdifferenz würde Bestimmung der Geschwindigkeit v gestatten, mit der der Äther an der Erde vorbei oder diese durch den Äther streicht. Da die Erde bestimmt z. B. an zwei gegenüberliegenden Punkten ihrer Bahn um die Sonne verschiedene Geschwindigkeiten hat (Unterschied 60 km/s), müßte mindestens entweder im Sommer oder im Winter eine solche Zeitdifferenz auftreten.

Zeitdifferenzen der fraglichen Größenordnung sind mit optischen Mitteln völlig sicher meßbar, und zwar als Gangunterschiede auf einem Interferenzschirm. Das Experiment verläuft so, daß man einen Lichtstrahl mittels eines halbdurchlässigen Spiegels in zwei kohärente senkrecht zueinander laufende Strahlen teilt und diese, ganz nach dem Vorbild der beiden Schwimmer, in sich selbst zurückspiegelt und auf einem Punkt des Interferenzschirms wieder vereinigt (Abb. 15.1). Eine Armlänge von 25 m ergäbe so einen Gangunterschied von einer halben Wellenlänge grünen Lichts (500 nm) zwischen den beiden Teilstrahlen, der sich dadurch deutlich machen würde, daß sich deren Intensitäten weginterferieren. Es trat aber nichts dergleichen ein, weder im Sommer noch im Winter. Dieses negative Ergebnis gehört zu den meistdiskutierten und bestbestätigten der ganzen Physik.

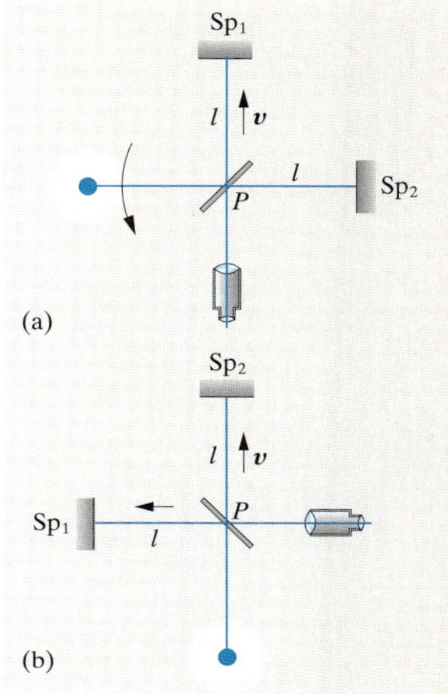

Abb. 15.1a, b. Der Versuch von *Michelson*, die Bewegung der Erde gegen einen ruhenden Äther nachzuweisen

Es hat nicht an Versuchen gefehlt, den negativen Ausgang des Michelson-Versuches durch Hilfshypothesen zu erklären. Wenn z. B. die Ausbreitung des Lichts durch die Bewegung seiner Quelle bestimmt würde (wie dies Newtons Korpuskularhypothese entspräche, die allerdings eigentlich einen Verzicht auf den Äther impliziert), wäre für eine irdische Quelle kein Effekt zu erwarten. Man hat den Michelson-Versuch auch mit Sternlicht ausgeführt, mit dem gleichen negativen Ergebnis.

Wichtig ist ferner die **Mitführungshypothese**. Wenn der Äther in der Nähe der Erde durch diese oder durch die Atmosphäre mitgerissen würde, ließe sich natürlich keine Relativbewegung zwischen Labor und Äther nachweisen. Daß die Luft den Äther mitführen könnte, wird durch den Versuch von *Fizeau* widerlegt. Dabei wird die Lichtgeschwindigkeit in strömenden Flüssigkeiten gemessen. Es zeigt sich (vom Ätherstandpunkt beschrieben), daß die Körper zwar den Äther mitführen, aber nur unvollständig, und zwar um so besser, je größer ihre Brechzahl ist. Luft mit ihrer Brechzahl nahe 1 bringt keine merkliche Mitführung zustande.

Ein anderer Erklärungsversuch stammt von *Lorentz* und *Fitzgerald*. Er besagt, daß die erwartete Zeitdifferenz zwischen den Laufzeiten in den beiden Armen des Interferometers genau dadurch kompensiert wird, daß der Arm, der in Richtung des **Ätherwindes** steht und daher die längere Laufzeit liefern sollte, gerade um einen entsprechenden Betrag verkürzt wird, und zwar infolge seiner Stellung zum Ätherwind. Beim Schwenken des Apparats soll diese Verkürzung demnach auf den anderen Arm übergehen. Das klingt zunächst völlig ad hoc spekuliert, aber *Lorentz* konnte tatsächlich zeigen, daß sich ein System elektrischer Ladungen unter gewissen Voraussetzungen genau so verhält, nämlich in Bewegungsrichtung um genau den fraglichen Betrag verkürzt. Es war daher nur die recht plausible Annahme nötig, alle Materie bestehe letzten Endes aus elektrischen Ladungen, um dieses Verhalten für sämtliche Maßstäbe postulieren zu können. Allerdings wird man dabei eine mißtrauische Verwunderung nicht los, daß die Natur zu so üblen Tricks greifen sollte, um uns die Wahrheit über unseren absoluten Bewegungszustand vorzuenthalten.

15.1.3 Das Relativitätsprinzip

Man hat Lorentz' Hilfshypothese als den Todesschrei des Äthers bezeichnet. *Einstein* übernahm sie zwar, aber baute sie in einen weitaus größeren Rahmen ein, in dem der so widerspruchsvolle Begriff des Äthers ganz verschwand. Man kann seinen Ausgangspunkt in zwei Postulaten formulieren, die durch die Erfahrung, wie wir angedeutet haben, bestens gesichert sind:

1) Das Relativitätsprinzip: Es gibt kein Mittel, absolute Geschwindigkeit zu messen.

Hierin ist die Identität der mechanischen Gesetze und Vorgänge in allen Inertialsystemen, aber auch darüber hinaus die Identität aller Naturgesetze überhaupt in allen gleichförmig-geradlinig zueinander bewegten Systemen (ob sie Inertialsysteme sind oder nicht) einbegriffen, und ganz speziell der negative Ausgang des Michelson-Versuches. Natürlich ist diese Behandlungsweise gordischer Probleme brutal und muß sich durch ihre Folgen rechtfertigen.

2) Die Lichtgeschwindigkeit ist unabhängig von der Bewegung der Lichtquelle.

Dies wird durch den Michelson-Versuch mit Sternlicht bestätigt, der ebenso negativ ausfällt wie der mit einer irdischen Lichtquelle. Beobachtungen an Doppelsternen führen zum gleichen Schluß. Aus (1) und (2) folgt speziell:

Das Licht breitet sich in allen Inertialsystemen (unabhängig von der Art seiner Quelle) in allen Richtungen mit der gleichen Vakuumgeschwindigkeit aus, nämlich $c = 3 \cdot 10^8\,\mathrm{m\,s^{-1}}$.

Die Fülle der Folgerungen, die sich bei konsequentem Weiterdenken aus diesen einfachen Prämissen ergibt, ist gewaltig. Die ganze spezielle Relativitätstheorie gehört dazu. Um diese Folgerungen quantitativ nachzuvollziehen, eignen wir uns zunächst einige Darstellungsmittel an.

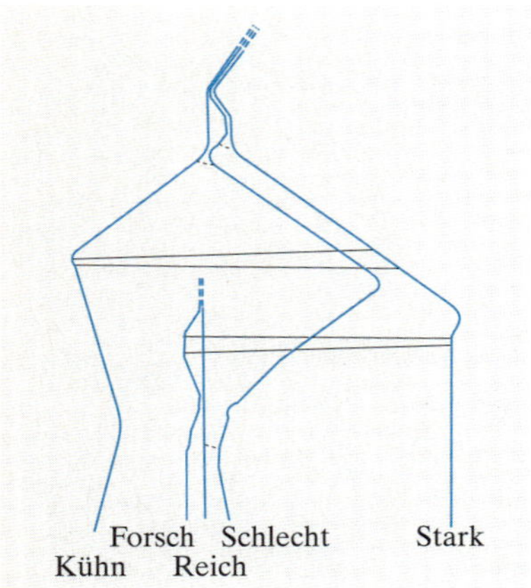

Abb. 15.2. Ein kleiner Ausschnitt der Raumzeit (——) Weltlinien von Personen, (....) von kleinen Metallobjekten, (——) von elektromagnetischen Wellen, (– – –) Verschwinden in eine andere Raumdimension, Geschwindigkeitsunterschiede aus technischen Gründen untertrieben. Lesen Sie die Geschichte ab!

15.1.4 Punktereignisse

Die Welt ist keine statische Anordnung von Körpern in der recht willkürlich herausgegriffenen Gegenwart, sondern ein Prozeß. Erst durch Einbeziehung aller vergangenen und zukünftigen Zustände ergibt sich ein vollständiges und verständliches Bild. Die Grundeinheit dieses Bildes ist nicht der Körper, sondern das Ereignis, genauer das **Punktereignis**. Ein Punktereignis ist ein Ereignis, das sich in einem hinreichend kleinen Raum- und Zeitbereich abspielt. Was hinreichend klein heißen soll, hängt vom praktischen Standpunkt ab: Die Eruption des Mount St. Helens ist ein Punktereignis für den Astronomen, aber bestimmt nicht für die Betroffenen.

Ein Körper ist dann eigentlich nur eine Folge von Punktereignissen, nämlich derer, die sich in ihm, an ihm oder um ihn abspielen. Die Summe aller dieser Ereignisse nennt man die **Weltlinie** des Körpers. Spielt sich nichts ab, d. h. übt der Körper keinerlei Wechselwirkung mit etwas anderem aus, so könnte man so weit gehen zu sagen, er sei gar nicht da. Manche finden diesen Standpunkt für das Verständnis quantenphysikalischer und anderer Ideen nützlich. Das soll natürlich nicht heißen, daß „der Mond nicht da sei, wenn ihn keiner sieht“; denn seine Wechselwirkungen z. B. mit dem Meerwasser hören ja deswegen nicht auf.

Die Punktereignisse, die mich am meisten interessieren, nämlich die, die meinen eigenen Körper betreffen, erfüllen ein jedenfalls vom kosmischen Standpunkt räumlich sehr begrenztes, zeitlich hoffentlich etwas weniger begrenztes Gebiet. Dieser Vergleich der beiden Ausdehnungen gewinnt natürlich erst dann einen Sinn, wenn man den räumlichen und den zeitlichen Maßstab dieses Bildes festlegt. Für kosmische Probleme empfiehlt sich als Zeiteinheit z. B. ein Jahr, für den Raum ein Lichtjahr. Was wir heute vom Kosmos wissen oder ahnen, paßt dann in ein quadratisches Format von allerdings 10^{10} Einheiten Seitenlänge (Abschn. 15.4), und die Weltlinie der meisten Objekte ist tatsächlich etwas hochgradig Eindimensionales.

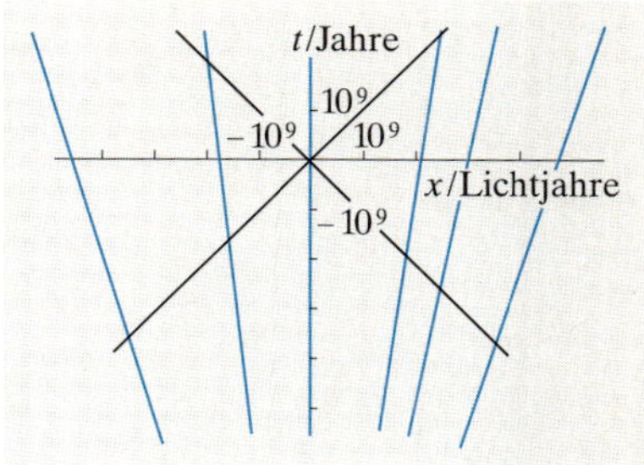

Abb. 15.3. Ein größerer Ausschnitt aus der Raumzeit. Ob und wie die Weltlinien in Wirklichkeit gekrümmt sind, ist noch umstritten

Dies alles ist formal nicht komplizierter als ein graphischer Fahrplan; die Zeit als vierte Dimension hat in diesem Bild nichts Mysteriöses. Für die Zeichnung auf dem Papier muß man ohnehin zwei der Raumdimensionen opfern. Eine solche Zeichnung (wohlgemerkt: von *mir* angelegt; das Relativitätsprinzip gibt mir volles Recht zu meinem individuellen Standpunkt) enthält also zunächst meine Weltlinie oder „Hierlinie“ (alles, was hier ist, war oder sein wird, spielt sich darauf ab). Ferner gibt es eine „Jetztlinie“, die alle Ereignisse enthält, die sich „jetzt“, wenn auch vielleicht anderswo abspielen.

Ein anderer Beobachter wird seine Hierlinie anders legen. Ruht er relativ zu mir, so ist sie parallel zu meiner, bewegt er sich relativ zu mir mit der Geschwindigkeit v, so ist sie geneigt, und zwar, wie man sich leicht überlegt, um einen Winkel mit dem Tangens v/c. Der andere Beobachter, wenn man ihn selbst das Bild anlegen läßt, wird allerdings seine eigene Hierachse senkrecht und meine schief zeichnen.

Alle Ereignisse, die ich jetzt *sehe*, liegen auf zwei Strahlen, die unter 45° vom „Hier-Jetzt“ (dem Ursprung des Koordinatensystems) aus nach rechts und links unten gehen. Wenn ich selbst hier und jetzt ein ungerichtetes Licht- oder Radiosignal absende, so liegen die Punktereignisse seines Eintreffens an den verschiedenen Orten alle auf den 45°-Strahlen nach rechts und links oben. Fügt man eine weitere Raumdimension hinzu, so bilden diese 45°-Geraden bei ihrer Rotation um die Hierachse einen Doppelkegel. Daher spricht man auch im allgemeinen Fall vom „Lichtkegel“. Dieses raumzeitliche Gebilde sollte keinesfalls mit dem rein räumlichen Lichtkegel eines Scheinwerfers verwechselt werden.

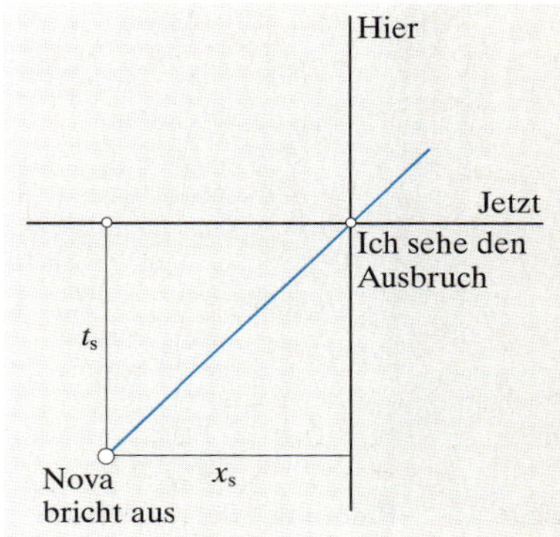

Abb. 15.4. Rückdatierung eines Ereignisses, das im Hier-Jetzt wahrgenommen wird

15.1.5 Rückdatierung

Nehmen wir an, ich beobachte jetzt (und hier) einen Novaausbruch (Abb. 15.4). Mit anderen Worten: Bei $x = 0, t = 0$ finde das Punktereignis statt: „die bei dem Ausbruch emittierte Lichtwelle trifft auf der Erde ein“. Um das davon natürlich verschiedene Punktereignis „Ausbruch der Nova“

einzuordnen, muß ich von seinen Bestimmungsstücken x_s und t_s eines kennen, z. B. x_s, den Abstand der Nova vom Sonnensystem. Dann ist t_s graphisch dadurch bestimmt, daß der Punkt (x_s, t_s) auf dem 45°-Lichtkegel liegt. Anders ausgedrückt: Das Ereignis hat vor ebenso vielen Jahren stattgefunden, wie es Lichtjahre entfernt ist.

Jeder Beobachter muß den Umweg über eine Rückdatierung gehen, um entfernte Ereignisse in sein x, t-Schema einzuordnen. Es wird sich zeigen, daß das Relativitätsprinzip und speziell die Konstanz der Lichtgeschwindigkeit verschiedene Beobachter zwingen, diese Einordnung verschieden vorzunehmen.

Die Benutzung von Licht- oder Radiosignalen ist etwas willkürlich, aber ihre praktischen Vorteile liegen auf der Hand, und auch grundsätzlich wird die Willkür durch das Ergebnis des Michelson-Versuches sehr gemildert: Die Gefahr, daß der Bewegungszustand des Beobachters oder der Lichtquelle die Einordnung direkt beeinflußt, besteht nicht, denn das Licht breitet sich in allen Systemen nach allen Richtungen mit der gleichen Geschwindigkeit c aus.

15.2 Relativistische Mechanik

Wir sehen also, daß wir dem Begriffe der Gleichzeitigkeit keine absolute Bedeutung beimessen dürfen, ..."

Albert Einstein,
Zur Elektrodynamik bewegter Körper,
1905

15.2.1 Relativität der Gleichzeitigkeit

Ein Beobachter B bewege sich mit der konstanten Geschwindigkeit v relativ zu mir nach „rechts" (Abb. 15.5). Auch er ordnet entfernte Ereignisse durch Rückdatierung mit Hilfe von Licht- oder Radiosignalen ein.

Wir betrachten folgende Punktereignisse:

D: Eine Nova bricht 10 Lichtjahre „links" von B aus;
E: Eine Nova bricht 10 Lichtjahre „rechts" von B aus;
F: B sieht beide Explosionen.

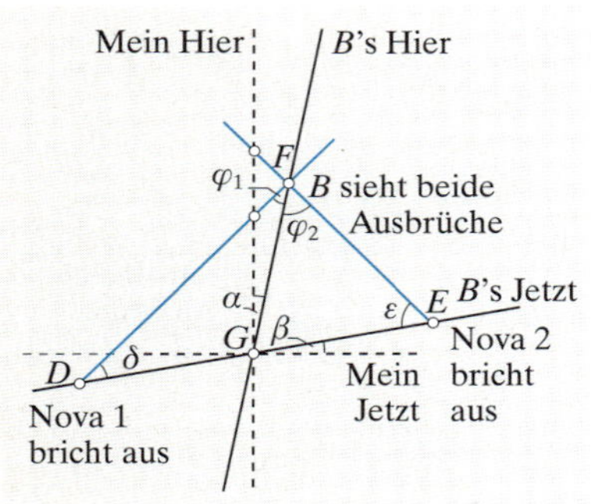

Abb. 15.5. Relativität der Gleichzeitigkeit. Der relativ zu mir bewegte Beobachter B legt nicht nur seine Hier-, sondern auch seine Jetzt-Achse anders als ich

Da B die beiden Eruptionen gleichzeitig sieht und beide in gleichem Abstand von ihm erfolgen, haben sie für ihn gleichzeitig stattgefunden und definieren somit seine Jetzt-Achse DE. Sie ist gegen unsere Jetzt-Achse um einen Winkel β entgegen dem Uhrzeigersinn verdrecht (β könnte auch Null oder negativ sein) und schneidet B's Hier-Achse in G. Da beide Novae gleichweit von B entfernt sein sollen, ist $GD = GE$. Wie wir schon wissen, ist B's Hier-Achse gegen unsere Hier-Achse (die Vertikale) um einen Winkel α mit $\tan\alpha = v/c$ im Uhrzeigersinn verdreht (B fliegt ja nach rechts). Nur um diesen Winkel anschaulicher zu machen, sind meine Hier- und Jetzt-Achsen eingezeichnet. Mein Hier-Jetzt könnte natürlich ebensogut irgendwo anders liegen. Man beachte auch, daß die punktierten Linien nicht die Weltlinien der beiden Novae sind; diese könnten jeden beliebigen Bewegungszustand relativ zu B und mir haben. Wesentlich sind nur die *Punkt*ereignisse D und E ihrer Ausbrüche und die Tatsache, daß ihre Bewegung keinen Einfluß auf die Lichtausbreitung hat.

Wir bestimmen den Winkel β. Nach Voraussetzung sind beide Novae zur Zeit des Ausbruchs gleichweit von B entfernt, also $EG = DG$. Da DF und EF als Lichtweltlinien unter ±45° laufen, stehen sie senkrecht aufeinander. Wenn aber DFE ein rechtwinkliges Dreieck ist, läßt es sich nach

Thales in einen Halbkreis einbeschreiben, dessen Mittelpunkt in G liegt. GF ist als Radius dieses Halbkreises ebensolang wie EG und DG. Daher ist das Dreieck GFE gleichschenklig, also $\varphi_2 = \varepsilon$ und $\alpha = \varphi_2 - 45° = \beta = \varepsilon - 45°$:

$$\beta = \alpha\,.$$

Die Rückdatierung, von B ebenso folgerichtig angewandt wie von mir, ergibt also, daß unsere Jetzt-Achsen um den gleichen Winkel gegeneinander verdreht sind wie unsere Hier-Achsen, nur im entgegengesetzten Sinn.

Zwei Ereignisse wie die beiden Nova-Explosionen, die für den Beobachter B gleichzeitig erfolgen, sind also für mich keineswegs gleichzeitig. Alle Gleichzeitigkeitsaussagen, alle Sätze mit „als" z. B., sofern sie sich auf Ereignisse beziehen, die an verschiedenen Orten stattfinden, haben nur Sinn, wenn man auch das Bezugssystem angibt, in dem sie gleichzeitig sein sollen.

Daß B ebenfalls in allen Richtungen die Lichtgeschwindigkeit mit dem Wert c mißt (Michelson-Versuch!), ist in unserer Ableitung nicht benutzt worden. Umgekehrt können wir jetzt aus der Konstanz der Lichtgeschwindigkeit folgern, daß die Maßeinheiten für Länge und Zeit, die B benutzt, wenn ich sie in mein System einzeichne, untereinander die gleiche Länge haben (FEG ist gleichschenklig!), aber nicht etwa die gleiche wie meine Einheiten.

15.2.2 Maßstabsvergleich

Ohne Beschränkung der Allgemeinheit sei im folgenden angenommen, daß B und ich bei der Begegnung in 0 unsere Uhren auf Null stellen und daß wir beide das linke Ende eines (u. U. sehr langen) Maßstabes bei uns haben. Beide Stäbe sollen auf genau identische Weise produziert worden sein und die Längeneinheit darstellen.

Von B's Bezugssystem ist uns nur noch die Länge der Einheiten auf seinen Achsen unbekannt, d. h. die Lage folgender Punktereignisse in dem von *mir* gezeichneten Schema: „Eine Uhr, die B bei sich hat, zeigt 1" und „eine am rechten Ende von B's Einheitsmaßstab befestigte Uhr zeigt 0".

Zunächst beschäftigen wir uns mit dem zweiten dieser Punktereignisse. Das rechte Ende von B's Stab beschreibt die Weltlinie PP', es ist in P vorbeigekommen, als (mein „als") meine Uhr 0 zeigte, in P', als (B's „als") B's Uhr 0 war. B und ich sind mit vollem Recht verschiedener Meinung darüber, wo sich das rechte Ende „jetzt" befindet: Ich sage „in P", er sagt „in P'", und beide haben recht, weil unsere Gleichzeitigkeitsbegriffe verschieden sind.

Mein Längennormal zeigt in die gleiche Richtung wie B's, und das rechte Ende meines Stabes beschreibt die Weltlinie QQ', die die beiden Jetzt-Achsen in eben diesen Punkten Q und Q' schneidet.

Da wir schon auf Überraschungen gefaßt sind, setzen wir nicht einfach voraus, daß $Q = P$ sei. Wenn das nämlich doch so wäre, würde für mich B's Stab genausolang sein wie meiner, während mein Stab für ihn kürzer wäre als sein eigener (Q' links von P'). Die Stäbe sind physikalisch völlig iden-

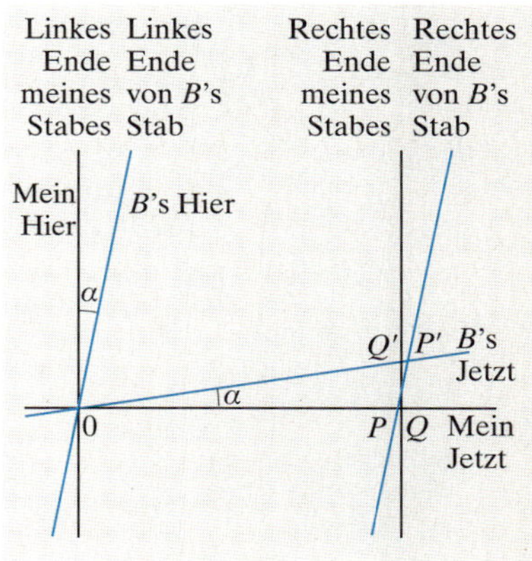

Abb. 15.6. Längenkontraktion. Jeder der beiden Beobachter sieht den Maßstab des anderen kürzer als seinen eigenen

tisch. Man hätte unter der Annahme $P = Q$ also ein Mittel, ein Inertialsystem vor dem anderen auszuzeichnen. Zum Beispiel könnte man dasjenige als das „beste" erklären, in dem ein Stab gegebener Bauart am längsten aussieht, und die Verkürzung der Stäbe in den anderen Systemen als Folge ihrer Bewegung gegen das „wahre Ruhesystem" erklären.

Es gibt nur einen Weg, einen solchen Widerspruch gegen das Relativitätsprinzip zu vermeiden: Die Situation muß so sein wie in Abb. 15.6 dargestellt.

Jeder der Beobachter muß den Stab des anderen um genau den gleichen Faktor f gegen seinen eigenen verkürzt finden.

Es muß also sein

$$f = \frac{OP}{OQ} = \frac{OQ'}{OP'}\,, \tag{15.2}$$

und damit auch

$$f^2 = \frac{OP \cdot OQ'}{OQ \cdot OP'}\,. \tag{15.3}$$

Nun ist, wie aus Abb. 15.6 direkt abzulesen: $OQ'/OQ = 1/\cos\alpha$ und nach dem Sinussatz

$$\frac{OP}{OP'} = \frac{\sin(90° - 2\alpha)}{\sin(90° + \alpha)} = \frac{\cos(2\alpha)}{\cos\alpha}\,.$$

Damit ergibt sich aus (15.3)

$$f^2 = \frac{\cos(2\alpha)}{\cos^2\alpha} = \frac{\cos^2\alpha - \sin^2\alpha}{\cos^2\alpha} = 1 - \tan^2\alpha\,,$$

also nach Definition von $\tan\alpha = v/c$:

$$f = \sqrt{1 - \frac{v^2}{c^2}}\,. \tag{15.4}$$

Das ist der Ausdruck für die Lorentz-Fitzgerald-Verkürzung bewegter Maßstäbe (**Lorentz-Kontraktion**).

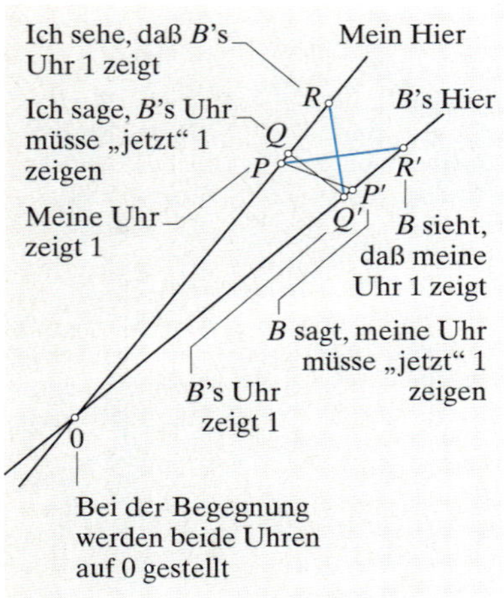

Abb. 15.7. Zeitdilatation. Jeder der beiden Beobachter sieht die Uhr des anderen langsamer gehen als seine eigene

15.2.3 Uhrenvergleich

B und ich haben je eine Uhr bei uns. Nach Voraussetzung zeigten bei der Begegnung beide Uhren Null. Wir sind schon fern voneinander, wenn meine Uhr 1 zeigt. Ich gebe B durch ein Radiosignal von diesem Ereignis Kunde, B tut das Entsprechende. Abbildung 15.7 zeigt diese Situation. Offenbar sind für jede Uhr drei Punktereignisse genau zu unterscheiden:

- Die Uhr zeigt 1.
- Der entfernte Beobachter empfängt das Signal, daß sie 1 zeige.
- Der entfernte Beobachter, vorausgesetzt, daß er die Situation vollständig übersieht, sagt: „Jetzt zeigt die Uhr des anderen 1." Ist er nicht so

gescheit, muß er dieses Punktereignis durch Rückdatierung rekonstruieren.

Betrachtet man die Ereignisse O, P, Q, P', Q' (Abb. 15.7), so zwingt sich die gleiche Argumentation auf wie beim Maßstabsvergleich (Abb. 15.6). Das Relativitätsprinzip ist nur gewahrt, wenn

$$f = \frac{OP}{OQ} = \frac{OQ'}{OP'}$$

mit der gleichen quantitativen Folgerung

$$f = \sqrt{1 - \frac{v^2}{c^2}}\,. \tag{15.4a}$$

Nur die Deutung klingt jetzt anders: Jeder Beobachter sieht die Uhr des anderen erst *später* die 1 erreichen als seine eigene, also nachgehen. Man spricht von einer **Zeitdilatation** im bewegten System, was den Eindruck macht, als sei die Lage gerade umgekehrt wie beim Maßstabsvergleich. Folgende Formulierung arbeitet die Analogie besser heraus:

Zwischen zwei Punktereignissen mißt derjenige Beobachter den kürzesten Zeitabstand, der sie (soweit möglich) direkt erlebt, also für den sie beide „hier" sind.

Zwischen zwei Punktereignissen mißt derjenige den kürzesten Abstand, für den sie gleichzeitig erfolgen (denn sein Maßstab ist der längere).

Die beiden Uhren waren aber natürlich physikalisch identisch. Von ihrem Konstruktionsprinzip (mechanisch, piezoelektrisch, molekularoptisch) war nicht einmal die Rede. Es folgt, daß alle physikalischen Prozesse, die sich in einem bestimmten System abspielen, von einem dagegen bewegten System aus betrachtet langsamer ablaufen. Diese Folgerung ist auf mehrere Weisen direkt experimentell beweisbar: Mittels des transversalen Doppler-Effektes, der Lebensdauer von Mesonen der kosmischen Strahlung, usw.

Welche Periode T' mißt B für ein Licht- oder Radiosignal, für das ich die Periode T messe? Abbildung 15.8a zeigt eine Reihe von „Lichtkegeln", von denen jeder die Weltlinie eines Wellenberges darstellt, sie enthält also alle Punktereignisse: „Wellenberg Nummer n kommt am Ort x an". Offenbar ist T' aus zwei Gründen verschieden von T:

1) B's Weltlinie läuft für mich schräg. Nach dem Sinussatz ist

$$OQ = OP\frac{\sin 45°}{\sin(45° - \alpha)} = OP\frac{1}{\cos\alpha - \sin\alpha}\,.$$

Für die Zeitdifferenz zählt nur der vertikale Abstand

$$OQ\cos\alpha = OP\frac{1}{1-\tan\alpha} = OP\frac{1}{1-v/c}\,, \quad \text{d.h.} \quad T' = \frac{T}{1-v/c}\,.$$

Dies ist der normale Doppler-Effekt (vgl. (4.76)), der für $v \ll c$ gilt.

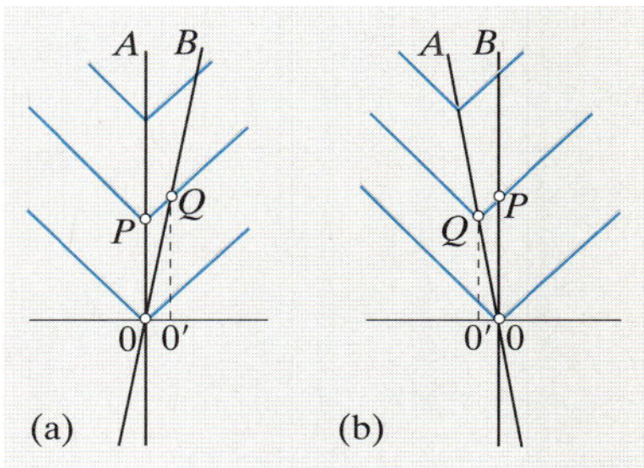

Abb. 15.8. Relativistischer Doppler-Effekt für bewegten Beobachter (a) und bewegte Quelle (b). Das Ergebnis für die Frequenzverschiebung ist dasselbe (siehe Text)

2) Die Zeiteinheit auf B's t-Achse hat eine um den Faktor $1/\sqrt{1-v^2/c^2}$ größere Länge. Also ist T' mit dem Kehrwert dieses Faktors zu multiplizieren:

$$T' = T\frac{\sqrt{1-v^2/c^2}}{1-v/c}\,, \quad \text{d. h.}$$

$$v' = v\frac{1-v/c}{\sqrt{1-v^2/c^2}} = v\sqrt{\frac{1-v/c}{1+v/c}}\,.$$

Wenn v nicht zu groß ist, kann man nähern

$$v' = v\left(1 - \frac{v}{c} + \frac{1}{2}\frac{v^2}{c^2} - + \ldots\right).$$

Das ist meine Darstellung des Sachverhalts. B würde Abb. 15.8b zeichnen und käme ohne Berücksichtigung der Zeitdilatation zum Ergebnis

$$T' = T\frac{\sin(135^\circ - \alpha)}{\sin 45^\circ} = T\left(1 + \frac{v}{c}\right),$$

mit der Zeitdilatation, die seiner Meinung nach für mich zutrifft

$$T' = T\frac{1+v/c}{\sqrt{1-v^2/c^2}}\,,$$

$$v' = v\frac{\sqrt{1-v^2/c^2}}{1+v/c} = v\sqrt{\frac{1-v/c}{1+v/c}}$$

Die algebraische Identität beider Ergebnisse drückt wieder das Relativitätsprinzip aus.

15.2.4 Addition von Geschwindigkeiten

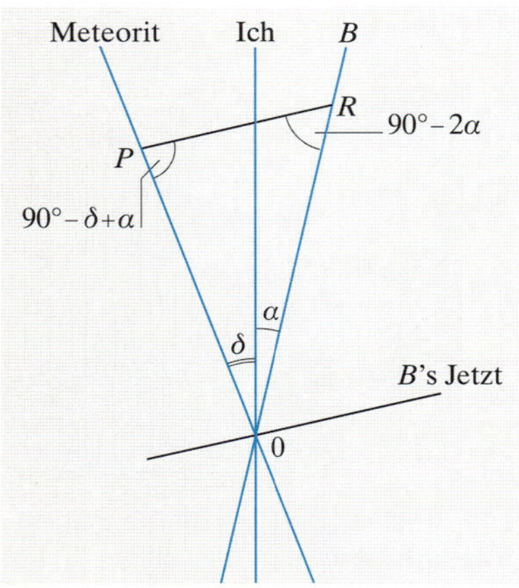

Abb. 15.9. Addition von Geschwindigkeiten

Der Beobachter B in seinem Raumschiff fliege noch immer mit der Geschwindigkeit v relativ zu mir. Wir beide beobachten einen Meteoriten, der – wiederum relativ zu mir – die Geschwindigkeit $-u$ hat (das Minuszeichen drückt aus, daß diese Bewegung in entgegengesetzter Richtung zu B's Rakete erfolgt). B mißt die Geschwindigkeit des Meteoriten ebenfalls, wie üblich, indem er dessen Abstand von ihm (B) zu geeigneten Zeitpunkten feststellt.

Nehmen wir speziell an, der Meteorit sei beim Zusammentreffen B's mit mir ebenfalls am gleichen Ort gewesen. Um B's Ergebnis für die Geschwindigkeit des Meteoriten vorauszusagen, braucht man nur zu wissen, daß die Einheiten für Abstand und Zeit auf B's Achsen auch in dem von mir gezeichneten Schema einander gleich sind; ihre Länge selbst spielt hierbei keine Rolle.

In *seinem* durch R gegebenen Zeitpunkt (Abb. 15.9) sieht B den Meteoriten im Abstand PR und bestimmt dessen Geschwindigkeit w wie üblich als $w = c\,PR/OR$ (das c rührt von der Wahl der Einheiten her). Also ist

$$
\begin{aligned}
w &= c\frac{PR}{OR} = c\frac{\sin(\alpha+\delta)}{\sin(90^\circ-\delta+\alpha)} \qquad (\text{Sinussatz im } \Delta OPR)\\
&= c\frac{\sin(\alpha+\delta)}{\cos(\alpha-\delta)} \qquad (\sin(90^\circ+\alpha)=\cos\alpha)\\
&= c\frac{\sin\alpha\cos\delta+\sin\delta\cos\alpha}{\cos\alpha\cos\delta+\sin\alpha\sin\delta} \qquad (\text{Additionstheoreme}) \qquad (15.5)\\
&= c\frac{\tan\alpha+\tan\delta}{1+\tan\alpha\tan\delta} \qquad (\text{Kürzen durch } \cos\alpha\cos\delta)\\
&= -\frac{v+u}{1+vu/c^2} \qquad (\text{Definition der Winkel } \alpha \text{ und } \beta)\,.
\end{aligned}
$$

B mißt also für den Meteoriten nicht, wie man erwarten sollte, die Summe der Geschwindigkeiten $-v$ und $-u$, sondern um den Faktor $1/(1+vu/c^2)$ weniger.

Dies **Additionstheorem** wird direkt experimentell bestätigt durch den schon viel früher ausgeführten Versuch von *Fizeau*.

Eine unmittelbare Folge ist, daß die Lichtgeschwindigkeit nicht einfach durch Stapelung genügend vieler Geschwindigkeiten, die kleiner als c sind, erreicht werden kann.

Weitere Folgen: Aus (15.5) mit $u=0$ folgt, daß B für meine Geschwindigkeit relativ zu ihm $-v$ mißt. Dies ist durchaus nicht mehr selbstverständlich, wenn man bedenkt, wie B's Maßstäbe und Uhren „verzerrt" sind. Wir haben diese Tatsache auch noch nirgends direkt benutzt. B mißt die gleiche Lichtgeschwindigkeit c wie ich, wie aus (15.5) mit $u=c$ folgt. Auch dies haben wir in keiner Ableitung benutzt, obwohl es als Ergebnis des Michelson-Versuches erwähnt wurde.

15.2.5 Messung von Beschleunigungen

B lasse im Moment unseres Zusammentreffens einen Körper K beschleunigt starten. B mißt also für K zur Zeit $t'=0$ die Geschwindigkeit 0, zu *seiner* Zeit $\Delta t'$ die Geschwindigkeit u' und bestimmt daraus die Beschleunigung $a'=u'/\Delta t'$. Die Ergebnisse teile er mir mit. Für mich ist die Zeit zwischen den beiden Punktereignissen von B's erster und zweiter Messung länger als für B:

$$
\Delta t = \frac{\Delta t'}{\sqrt{1-v^2/c^2}}\,.
$$

Es handelt sich um zwei Punktereignisse, die für B „hier" sind, also trifft der Fall einer von B mitgeführten Uhr zu, d. h. (15.4a).

Ich sehe K zunächst mit der Geschwindigkeit v fliegen, später mit $w=(v+u')/(1+vu'/c^2)$ (Additionstheorem der Geschwindigkeiten). Ich stelle also den Geschwindigkeitszuwachs

$$
\Delta w = \frac{v+u'}{1+vu'/c^2} - v \approx (v+u')\left(1-\frac{vu'}{c^2}\right) - v \approx u'\left(1-\frac{v^2}{c^2}\right)
$$

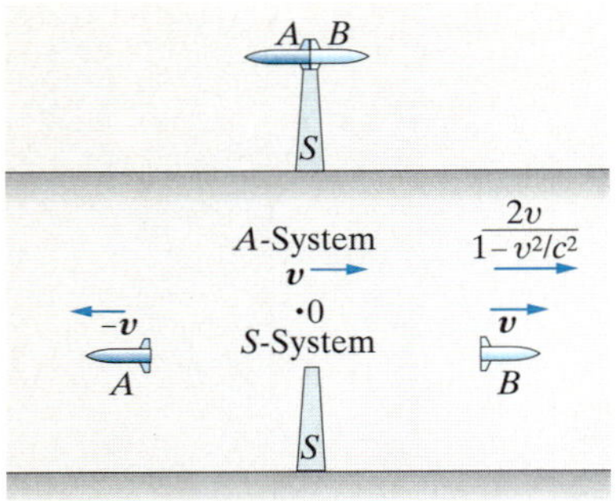

Abb. 15.10. Massenveränderlichkeit. Der Beobachter in der Rakete A findet für die Masse von B einen höheren Wert als der Beobachter bei S

fest (Verallgemeinerter Binomialsatz, $u' \ll v \leqq c$). Ich messe also die Beschleunigung

$$a = \frac{\Delta w}{\Delta t} = \frac{u'}{\Delta t'}\left(1 - \frac{v^2}{c^2}\right)^{3/2} = a'\left(1 - \frac{v^2}{c^2}\right)^{3/2}, \tag{15.6}$$

die kleiner ist als die von B gemessene. Dies gilt für den Fall einer **longitudinalen Beschleunigung** in Flugrichtung.

15.2.6 Die bewegte Masse

Über dem Startturm S einer Raumstation schwebe eine Rakete, die aus zwei genau identischen Teilen A und B besteht. Zwischen beiden Teilen befinde sich eine Vorrichtung, die ohne Kontakt mit dem Startturm die beiden Hälften auseinandertreibt. Nachdem dieser Beschleunigungsvorgang abgeschlossen ist, haben A und B, da sie ja massengleich sind, entgegengesetzt gleiche Geschwindigkeiten $\pm v$. Der Schwerpunkt des Systems liegt nach wie vor bei S.

Wie beschreibt aber ein Insasse, sagen wir des Schiffes A, den Vorgang? Nachdem der Beschleunigungsakt beendet ist und A wieder ein Inertialsystem darstellt (erst dann ist unsere bisherige Theorie wieder anwendbar), sieht er die Raumstation mit der Geschwindigkeit v davonfliegen. Für sein Schwesterschiff B wird er aber nicht etwa die Geschwindigkeit $2v$ messen, sondern nach dem Additionstheorem die kleinere Geschwindigkeit

$$w = \frac{2v}{1 + v^2/c^2}. \tag{15.7}$$

Dies erhält er durch Anwendung der Formel (15.5), wenn er weiß, daß im System von S das Schiff B mit v fliegt, aber ebenso durch direkte Messung.

Andererseits weiß der Mann in A natürlich auch, daß der Schwerpunkt des Systems $A + B$ noch immer in S liegt, denn daß nur Wechselwirkungen zwischen A und B für die Trennung von S verantwortlich waren, ist eine objektive Tatsache von absoluter Bedeutung auch für ihn, und solche Wechselwirkungen verschieben ja den Schwerpunkt nicht. Da aber der Schwerpunkt S von A aus gesehen mehr als halb so schnell fliegt wie B, befindet S sich in jedem Zeitpunkt näher an B als an A. Dies ist nur möglich, wenn B jetzt nicht mehr die Masse m von A hat, sondern eine größere Masse m'. Wie groß ist diese Masse m'?

Die Massen verhalten sich umgekehrt wie ihre Abstände vom Schwerpunkt S, also hinreichend lange (eine Zeit t) nach Abschluß des Beschleunigungsvorganges:

$$\frac{m'}{m} = \frac{vt}{(w - v)t} = \frac{v}{\dfrac{2v}{1 + v^2/c^2} - v} = \frac{c^2 + v^2}{c^2 - v^2}. \tag{15.8}$$

Man sollte aber natürlich m' durch seine eigene Geschwindigkeit w ausdrücken, statt durch v, die des Schwerpunkts. Man erhält

$$m' = \frac{m}{\sqrt{1 - w^2/c^2}} \,. \qquad (15.9)$$

Eine Masse, die sich in einem Bezugssystem mit der Geschwindigkeit v bewegt, ist (in diesem Bezugssystem) um den Faktor $1/\sqrt{1 - v^2/c^2}$ größer als wenn sie ruhte.

Der Startturm dient nur dazu, den Schwerpunkt materiell sinnfällig zu machen. Wenn er nicht da wäre, käme die gleiche, nur durch die Relativgeschwindigkeit bestimmte Massenzunahme heraus.

Dies liefert eine neue Begründung des Satzes, daß massebehaftete Dinge die Lichtgeschwindigkeit nicht erreichen können: Ihre Masse würde „kurz vorher" zu groß, um noch eine weitere Beschleunigung zuzulassen. Photonen, die sich von Berufs wegen mit c bewegen, müssen also die Ruhmasse 0 haben. Die Massenzunahme liefert auch eine Erklärung für die schon länger bekannte erhöhte Steifigkeit eines Elektronenstrahls bei hoher Beschleunigungsspannung und für wesentliche Effekte in Teilchenbeschleunigern.

15.2.7 Die Masse-Energie-Äquivalenz

Als die Masse unserer Rakete beschleunigt wurde, ist ihr in der Tat etwas zugeführt worden: Energie und Impuls, um nur die gebräuchlichsten Größen zu nennen, die sich aus Masse und Geschwindigkeit bilden lassen. Läßt sich eine davon für die Massenzunahme verantwortlich machen?

Man kann den Ausdruck (15.9) nach dem verallgemeinerten Binomialsatz entwickeln:

$$\begin{aligned} m &= \frac{m_0}{\sqrt{1 - v^2/c^2}} = m_0 \left(1 - \frac{v^2}{c^2}\right)^{-1/2} \\ &= m_0 + \frac{1}{2} m_0 \frac{v^2}{c^2} + \frac{3}{8} m_0 \frac{v^4}{c^4} + \ldots \,, \end{aligned} \qquad (15.10)$$

und sieht sofort, daß das zweite Glied dieser Entwicklung, das bei „kleinen" Geschwindigkeiten $v \ll c$ die Massenzunahme praktisch allein beschreibt, sich nur um den Faktor c^{-2} von der kinetischen Energie unterscheidet. Es scheint also, als tauche die bei der Beschleunigung investierte Energie als Massenzunahme wieder auf (der Faktor c^2 drückt nur aus, daß man für Masse und Energie verschiedene Einheiten benutzt).

✘ Beispiel...

Wie beantworten Sie die alte Scherzfrage: „Was wiegt mehr, der Holzstoß oder Rauch und Asche, die daraus entstehen"?

Der Holzstoß wiege z. B. 1 t. Hochwertiges Brennholz hat einen Heizwert von etwa 17 000 kJ. Das Massenäquivalent der $1{,}7 \cdot 10^{10}$ J, d. h. $\Delta m = W/c^2 = 0{,}2$ mg, um das die Summe aller Verbrennungsprodukte weniger wiegt als der Holzstoß plus dem viel schwereren gebundenen O_2, beträgt weniger als 10^{-9} der Ausgangsmasse. Das ist auch im genauesten Laborversuch nicht direkt nachweisbar.

Damit wäre der Satz von der Erhaltung der Masse, der für die Ruhmasse offenbar nicht mehr haltbar ist, in einem verallgemeinerten Erhaltungssatz für die Energie aufgegangen, in die jetzt aber auch die Ruhenergie m_0c^2 einzubeziehen ist. Ebensogut kann man auch von einem verallgemeinerten Erhaltungssatz der Masse sprechen, aber diese darf nicht nur die Ruhmasse, sondern muß auch die **kinetische Masse** umfassen. Ganz allgemein sind Energie und Masse als zwei Aspekte der gleichen Sache zu betrachten:

> Mit *jeder* Energie W ist entsprechend der Beziehung
>
> $$W = mc^2 \tag{15.11}$$
>
> eine Masse verbunden und umgekehrt.

Die *kinetische Energie* ist dann nur noch in erster Näherung durch $mv^2/2$, allgemeiner aber durch die gesamte Reihe (15.10), multipliziert mit c^2, abzüglich der **Ruhenergie** m_0c^2 darzustellen, also

$$W_{\text{kin}} = W - m_0c^2 = m_0c^2\left(\frac{1}{\sqrt{1-v^2/c^2}} - 1\right). \tag{15.12}$$

Der relativistische Ausdruck für den *Impuls* nimmt Rücksicht auf die Veränderlichkeit der Masse

$$\boxed{\boldsymbol{p} = m\boldsymbol{v} = \frac{m_0\boldsymbol{v}}{\sqrt{1-v^2/c^2}}}\ . \tag{15.13}$$

Man kann (15.12) und (15.13) zusammenfassen, um die Energie allein durch den Impuls (und die Ruhmasse) auszudrücken

$$\boxed{W = \sqrt{m_0^2c^4 + c^2p^2}}\ . \tag{15.14}$$

Diese Beziehung wird gewöhnlich als **relativistischer Energiesatz** bezeichnet.

In meßbare Größenordnungen fällt die mit einem Energieumsatz verbundene Massenänderung erst in der Kern- und Elementarteilchenphysik, wo sie u. a. als Massen- oder Packungsdefekt der Kernmassen verglichen mit der Summe der Massen ihrer Bestandteile in Erscheinung tritt. Für die Elementarteilchen ergeben die veränderten Ausdrücke für Masse, Energie

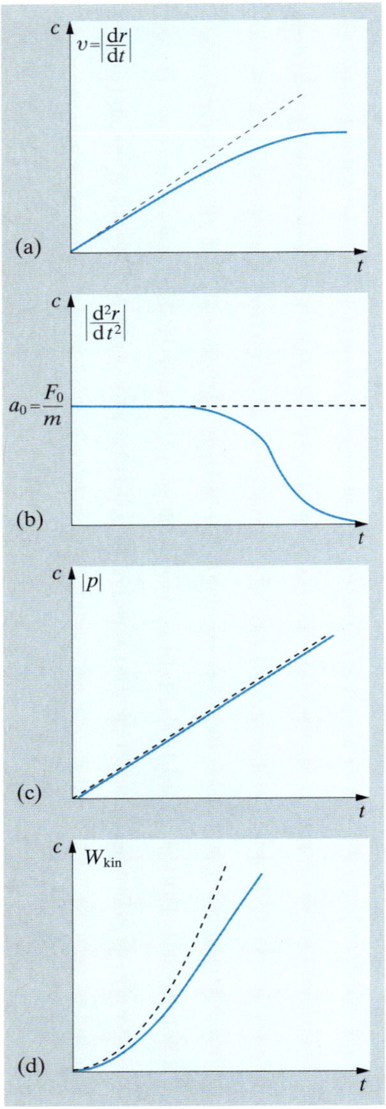

Abb. 15.11a–d. Bewegung im homogenen Kraftfeld nach der Newtonschen (– – –) und der relativistischen Mechanik (——), von einem Inertialsystem aus beurteilt. (a) Die Geschwindigkeit kennt bei *Newton* keine Begrenzung, bei *Einstein* kann sie c nicht überschreiten. (b) Die Beschleunigung ist bei *Newton* konstant, bei *Einstein* sinkt sie gegen Null ab, wenn v sich c nähert. (c) Der Impuls wächst in beiden Fällen linear: $\dot{\boldsymbol{p}} = \boldsymbol{F}$. Bei *Newton* kommt das allein v zugute, bei *Einstein* wird die Sättigung von v durch Anwachsen von m kompensiert. (d) Die kinetische Energie ist bei *Einstein* nur für $v \ll c$ eine Parabel, bei $v \approx c$ geht sie nach $W \approx pc$ in eine Gerade über. Die Diagramme gelten *nicht* im homogenen Schwerefeld (die Kraft ist proportional der Masse, wächst also mit dieser an), aber z. B. im homogenen elektrischen Feld

und Impuls auch andere **Stoßgesetze** als in der üblichen Mechanik. Deren experimentelle Bestätigung und Anwendung ist einer der für die praktische Forschung wichtigsten Erfolge der speziellen Relativitätstheorie. Die nichtrelativistischen Ausdrücke würden zu völlig falschen Ergebnissen führen.

Unsere Folgerung über die Äquivalenz von Energie und Masse war, im Gegensatz zu den vorhergehenden Schritten in der Ableitung, sehr gewagt. Eine tiefere Rechtfertigung findet dieser Satz – außer in der experimentellen Bestätigung seiner Folgerungen – erst im allgemeinen Rahmen der Invarianzbetrachtungen, die wir im folgenden (Abschn. 15.3) nur kurz andeuten können.

15.2.8 Flugplan einer Interstellarrakete

Es wird immer wieder diskutiert, ob der Mensch jemals andere Fixsterne oder gar andere Galaxien erreichen könne, oder umgekehrt, ob eventuelle technisch intelligente Bewohner anderer Planetensysteme uns erreichen könnten oder es schon getan haben. Wir sind jetzt in der Lage, zum physikalisch-technischen Teil dieser Frage fundiert Stellung zu nehmen.

Eine bemannte Rakete wird auf die Dauer – und es handelt sich ja hier auf jeden Fall um jahrelange Flüge – keine Beschleunigung wesentlich höher als die Erdbeschleunigung aufrechterhalten können, wenn die Gesundheit der Insassen nicht gefährdet werden soll (für Bewohner anderer Planeten könnte allerdings diese „optimale" Beschleunigung einen anderen Wert haben). Rechnen wir also mit konstanter Beschleunigung g, vom „momentanen Inertialsystem" der Rakete aus gemessen, d. h. etwa vom Standpunkt des unglücklichen Astronauten, der das Raumschiff soeben versehentlich verlassen hat und es nun mit g beschleunigt an sich vorbeiziehen sieht, bzw. bei hinreichender Bescheidenheit glaubt, mit eben dieser Beschleunigung daran vorbeizufallen; hat er das Glück, mit einem Seil angebunden zu sein, so spannt sich dieses unter seinem vollen üblichen Gewicht; entsprechend fühlen auch alle übrigen Insassen sich normal schwer und wie zu Hause.

Von der Erde aus gesehen, *würde* die Rakete dann nach ziemlich genau einjährigem Flug Lichtgeschwindigkeit erreichen ($c/g = 3 \cdot 10^7\,\text{s} = 0{,}95\,\text{a}$), *wenn* die relativistischen Effekte nicht wären. In Wirklichkeit aber wird die Beschleunigung a im Erdsystem – im Unterschied zu der im momentanen Inertialsystem, die immer g bleibt – immer kleiner, je mehr die Geschwindigkeit v der Rakete sich c nähert. Aus (15.6) folgt

$$a = \frac{\mathrm{d}v}{\mathrm{d}t} = g\left(1 - \frac{v^2}{c^2}\right)^{3/2} . \qquad (15.15)$$

Die Zeitabhängigkeit $v(t)$ ergibt sich durch Integration:

$$\int_0^{v(t)} \frac{\mathrm{d}v}{(1 - v^2/c^2)^{3/2}} = \int_0^t g\,\mathrm{d}t = gt .$$

Der Integrand links gibt sich nach einigem Probieren als Differential von $v/\sqrt{1 - v^2/c^2}$ zu erkennen, also

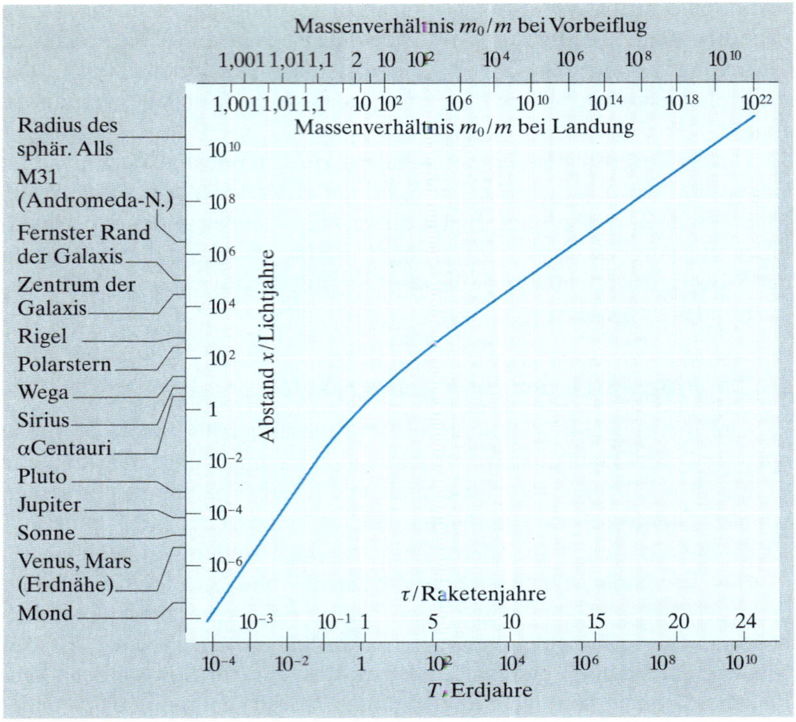

Abb. 15.12. Flugplan der Photonenrakete. Flugzeiten in Erden- und Raketenjahren zum Erreichen verschiedener Entfernungen. *Oben*: Treibstoffverbrauch für die gleichen Flugprojekte

$$\frac{v}{\sqrt{1-v^2/c^2}} = gt \quad \text{oder} \quad v = c\sqrt{\frac{(gt/c)^2}{1-(gt/c)^2}}\,. \tag{15.16}$$

Die weitere Schreibarbeit reduziert sich erheblich, wenn wir die Geschwindigkeit in der Einheit c, die Zeit in Jahren und den Abstand in Lichtjahren ausdrücken, also die (dimensionslosen) Variablen

$$V = \frac{v}{c}\,, \quad T = \frac{gt}{c}\,, \quad X = \frac{gx}{c^2} \tag{15.17}$$

einführen. Die obige Formel (15.16) schreibt sich dann

$$\boxed{V = \sqrt{\frac{T^2}{1+T^2}}}\,. \tag{15.18}$$

Wir stellen, ebenso wie für die späteren Gleichungen, auch die Näherungen für kleine und große Zeiten auf (nichtrelativistische und extrem relativistische Näherung):

$$V \approx \begin{cases} T & \text{für} \quad T \ll 1 \\ 1 - \frac{1}{2}T^{-2} & \text{für} \quad T \gg 1\,. \end{cases} \tag{15.19}$$

Der Abstand von der Erde, den die Rakete nach T Erdjahren erreicht, ergibt sich dann aus (15.18) als

$$X = \int_0^T V\,\mathrm{d}T = \int_0^T \frac{T\,\mathrm{d}T}{\sqrt{1+T^2}} = \sqrt{1+T^2} - 1 \approx \begin{cases} T^2/2 & \text{für } T \ll 1 \\ T - 1 & \text{für } T \gg 1\,. \end{cases} \tag{15.20}$$

($T\,\mathrm{d}T/\sqrt{1+T^2}$ ist das Differential von $\sqrt{1+T^2}$). Für kleine Zeiten wächst x, wie es sich gehört, wie $gt^2/2$; nach einer großen Anzahl von Jahren sind ebenso viele Lichtjahre zurückgelegt, bis auf das erste Jahr, das zur Beschleunigung verbraucht wurde.

Zum Glück läuft aber die Zeit τ *in* der Rakete langsamer ab als im Erdsystem: Wenn der Erdbeobachter zwischen zwei zeitlich eng benachbarten Punktereignissen in der Rakete (oder besser gesagt in deren momentanem Inertialsystem) einen Zeitabstand $\mathrm{d}T$ mißt, stellt der Raketeninsasse nur

$$\mathrm{d}\tau = \mathrm{d}T\sqrt{1-V^2} \tag{15.21}$$

fest. Die gesamte in der Rakete seit dem Start verstrichene Zeit ist also (unter Benutzung des Ausdrucks (15.18) für $V(T)$)

$$\tau = \int_0^T \mathrm{d}T\sqrt{1-V^2} = \int_0^T \frac{\mathrm{d}T}{\sqrt{1+T^2}} = \operatorname{arsinh} T \approx \begin{cases} T & T \ll 1 \\ \ln 2T\,, & T \gg 1\,. \end{cases} \tag{15.22}$$

Die Raketenzeit läuft zuerst wie die Erdzeit ab, nach langjährigem Flug aber viel langsamer, nämlich nur wie der natürliche Logarithmus von $2T$.

Jetzt können wir Fluggeschwindigkeit V und Abstand X von der Erde (von dieser aus gemessen) auch in Raketen-Flugjahren ausdrücken (mittels (15.20), (15.19) und (15.22)):

$$X = \cosh\tau - 1 \approx \begin{cases} \frac{1}{2}\tau^2 \\ \frac{1}{2}\,\mathrm{e}^{\tau} - 1 \end{cases} \qquad V = \tanh\tau \approx \begin{cases} \tau \\ 1 - 2\,\mathrm{e}^{-2\tau}\,. \end{cases} \tag{15.23}$$

Soll auf einem Planeten des Zielsterns gelandet werden, so muß auf halbem Wege schon die Bremsung (mit $-g$) einsetzen. Aus Abb. 15.12 können Sie sich einige solcher Reisen zusammenstellen. Interessant ist, daß die „letzte Magalhaes-Fahrt", nämlich die „Umfahrung" des gesamten statischen Einstein-Weltalls (Abschn. 15.4.6) mit Rückkehr zur Erde innerhalb eines Menschenlebens möglich wäre (in 47 Raketenjahren, während die Erde inzwischen um etwa 10^{10} Jahre gealtert wäre) – wenn das Weltall eben statisch wäre und seine Ausdehnung uns nicht mit Lichtgeschwindigkeit „davonliefe".

15.2.9 Antriebsprobleme der Photonenrakete

Eine Raketenmasse M mit g zu beschleunigen, erfordert einen sekundlichen Treibmassenausstoß μ mit einer Ausstoßgeschwindigkeit w, so daß

$$\mu w = Mg \tag{15.24}$$

(Abschn. 1.5.9b). Diese Gleichung gilt im System der Rakete, jedenfalls wenn $w \ll c$ ist. w sollte aber möglichst hoch sein, um Treibmasse zu sparen. Man nehme also $w = c$, d. h. strahle Photonen nach hinten ab. Deren Masse ist reine Geschwindigkeitsmasse. Man könnte unter so extremen Verhältnissen an der Gültigkeit von (15.24) zweifeln, aber folgende einfache Betrachtung verifiziert (15.24): Für ein Photon der Frequenz ν und der Wellenlänge λ sind Energie und Impuls $W = h\nu$ bzw. $p = h/\lambda$, d. h. $p = W/c = mc$, also besteht die einfache Beziehung $p = mc$ zu Recht, auf der (15.24) beruht. Man kann daher, ganz wie im nichtrelativistischen Fall, für den Massenverlust der Rakete infolge Photonenabstrahlung schreiben:

$$\dot{M} = -\frac{\mathrm{d}M}{\mathrm{d}t'} = -M\frac{g}{w} = -M\frac{g}{c}\,. \tag{15.25}$$

Das ist die Differentialgleichung der e-Funktion; die Masse nimmt also mit der Eigenzeit ab wie

$$M = M_0\,\mathrm{e}^{-gt'/c} = M_0\,\mathrm{e}^{-\tau}\,. \tag{15.26}$$

Das Startlast/Nutzlast-Verhältnis für verschiedene Flugprojekte ist ebenfalls aus Abb. 15.12 abzulesen. Die Umkreisung des Einstein-Weltalls würde ungefähr die ganze Erdmasse an Treibstoff für eine Tonne Nutzlast verschlingen.

Natürlich muß der Treibstoff von einer Art sein, die völlige Zerstrahlung in Photonenenergie erlaubt. Man könnte an gleiche Mengen von Materie und Antimaterie denken. Möglicherweise lernt man schließlich, Antimaterie in ausreichenden Mengen herzustellen und etwa ionisiert in magnetischen Flaschen mitzuführen.

Man hört gelegentlich den Vorschlag, die Rakete könnte, um Startgewicht zu sparen, mit einem „großen Sack" interstellare Materie auffangen und verheizen. Vielleicht gäbe es sogar mit Antimaterie erfüllte Gebiete im Weltall. Untersuchen wir, ob der Heizwert eines Teilchens der Masse m_0, der ja $W = m_0c^2$ ist, den Aufwand bei seinem Einfang lohnt. Dieser energetische Aufwand ist mindestens gleich der kinetischen Energie des Teilchens, im System der Rakete ausgedrückt. Da das Teilchen relativ zur Erde (und zur Galaxis) praktisch ruht, ist seine Geschwindigkeit im Raketensystem v und seine kinetische Energie

$$W_{\text{kin}} = (m - m_0)c^2 = m_0c^2\left(\frac{1}{\sqrt{1 - v^2/c^2}} - 1\right).$$

Mittels (15.18) und (15.20) kann man auch schreiben

$$W_{\text{kin}} = m_0c^2\left(\sqrt{1 + T^2} - 1\right) = m_0c^2X\,.$$

Impulsmäßig fällt die Bilanz praktisch genauso aus: Impulsverlust beim Einfang

$$mv = \frac{m_0}{\sqrt{1 - v^2/c^2}} c = m_0 c(X + 1)\,,$$

Impulsgewinn bei der Zerstrahlung etwa $m_0 c$, was sehr viel kleiner ist. Sobald also die Rakete mehrere Lichtjahre geflogen ist, ist der Aufwand viel größer als der Nutzen, gleichgültig, ob ein Materie- oder ein Antimaterieteilchen eingefangen werden soll. Die Lage wäre anders, wenn man die Teilchen nach dem Prinzip der Nachbrennkammer im Fluge zerstrahlen könnte.

15.3 Relativistische Physik

Die relativistische Revolution hat vor keinem Gebiet der Physik haltgemacht. Wir haben ihr Programm in der Mechanik durchgeführt, wo sie die anschaulichsten Konsequenzen zeitigt. Eigentlich ist sie aber von dem anderen großen Pfeiler der Physik, der Elektrodynamik, ausgegangen (*Einsteins* grundlegende Arbeit hieß: „Zur Elektrodynamik bewegter Körper"). Der Begriff der Lichtgeschwindigkeit, mit dem die Schwierigkeiten der Newtonschen Mechanik begannen, ist ja in der Elektrodynamik zu Hause. Überraschenderweise zeigte sich allerdings, daß die Elektrodynamik gar nicht umgebaut zu werden brauchte. *Maxwell* hat sie, ohne es zu wissen, eigentlich schon relativistisch formuliert. Man brauchte nur einige Umdeutungen vorzunehmen.

Die methodische Grundlage für alle diese Entwicklungen ist der Begriff der **Lorentz-Invarianz**.

15.3.1 Die Lorentz-Transformation

Wir gehen zurück auf die Abschn. 15.2.2 und 15.2.3, wo wir die Koordinaten und Zeiten, unter denen wir die Ereignisse einordnen, mit denen verglichen haben, unter denen ein Beobachter B sie einordnet, der sich relativ zu uns mit der Geschwindigkeit v bewegt. Wir stellten die Lage von B's Achsen und die Lage der Einheitspunkte darauf fest. Jede Längeneinheit von B bringt uns um $1/\sqrt{1 - v^2/c^2}$ unserer Einheiten nach rechts, aber auch um $(v/c^2)/\sqrt{1 - v^2/c^2}$ unserer Zeiteinheiten (die eigentlich durch c dividierte Längeneinheiten sind) nach „oben". Jede von B's Zeiteinheiten bringt uns nicht nur $1/\sqrt{1 - v^2/c^2}$ unserer Zeiteinheiten nach oben, sondern auch $v/\sqrt{1 - v^2/c^2}$ Längeneinheiten nach rechts. Ein Punktereignis, das B bei x', t' einordnet, liegt also für uns bei einem x und einem t, die sich aus den Gleichungen der

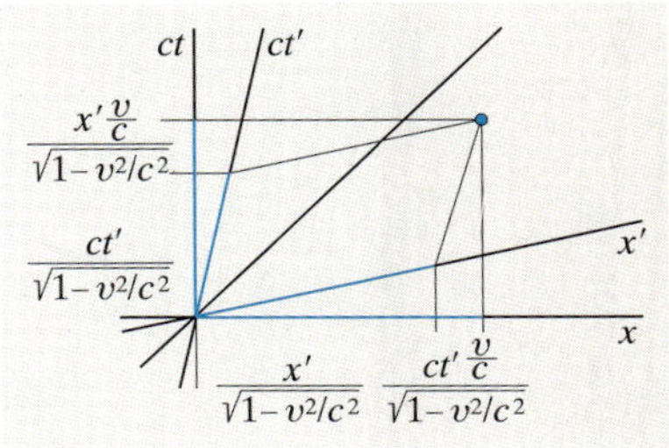

Abb. 15.13. Die Lorentz-Transformation

Lorentz-Transformation

$$x = \frac{x' + vt'}{\sqrt{1 - v^2/c^2}} \qquad t = \frac{vx'/c^2 + t'}{\sqrt{1 - v^2/c^2}} \tag{15.27}$$

ergeben. B kann unsere Angaben nach den gleichen Formeln in seine umrechnen, nur hat unsere Relativgeschwindigkeit für ihn ja das entgegengesetzte Vorzeichen, und in allen Gliedern, wo sie auftritt (oben rechts und unten links) ist daher das Vorzeichen zu ändern.

Diese Transformationsformeln ähneln sehr denen für eine einfache Drehung des Koordinatensystems um den Winkel α mit $\tan\alpha = v/c$, also $\cos\alpha = 1/\sqrt{1+v^2/c^2}$ und $\sin\alpha = (v/c)/\sqrt{1+v^2/c^2}$

$$x = x'\cos\alpha + y'\sin\alpha \qquad y = -x'\sin\alpha + y'\cos\alpha\,. \tag{15.28}$$

Ganz identisch damit können sie natürlich nicht sein, weil die x'- und die t'-Achse in verschiedenem Sinne verdreht sind. Rein mathematisch läßt sich dieser Unterschied aufheben, indem man nicht, wie wir dies schon getan haben, ct als Zeitkoordinate einführt, sondern $\mathrm{i}ct$ ($\mathrm{i} = \sqrt{-1}$ ist die imaginäre Einheit). Dann ändert sich das Vorzeichen unter der Wurzel, und die Gleichungen (15.27) werden völlig identisch mit (15.28).

Was zunächst nur als mathematischer Trick wirkt, hat weitreichende Konsequenzen. Bei einer Drehung des Koordinatensystems ändern sich natürlich die Abstände nicht. Der Abstand eines Punktes $(x, \mathrm{i}ct)$ vom Ursprung z. B. hat in allen Systemen den gleichen Wert $x^2 - c^2t^2$, und nur die Aufteilung in die räumliche und die zeitliche Komponente wird von jedem Beobachter verschieden vorgenommen. Dasselbe gilt für den Abstand $x^2 + y^2 + z^2 - c^2t^2$, wenn man die anderen Raumkoordinaten hinzunimmt. Ganz allgemein ist der Abstand *invariant* gegen den Übergang zu einem Bezugssystem, das gegen das erste gleichförmig bewegt ist. Der **Viererabstand** verhält sich also genauso wie ein räumlicher Vektor gegen Drehungen des Koordinatensystems: die Komponenten ändern sich, aber die Länge bleibt invariant. Man kann daher die raumzeitlichen Unterschiede zwischen den Koordinaten zweier Punktereignisse als **Vierervektor** auffassen. Analog lassen sich viele andere Vierervektoren bilden.

Der Grund für diese Begriffsbildung ist nicht nur die Freude, nach soviel Relativem endlich etwas Absolutes entdeckt oder konstruiert zu haben. Zu wissen, daß eine Größe ein Vierervektor ist, spart einem sehr viel Denkarbeit beim Aufstellen quantitativer Beziehungen. Dies versteht man vielleicht folgendermaßen: Der übliche Vektorformalismus macht es überflüssig, Naturgesetze wie das Parallelogramm der Kräfte oder die unabhängige Superposition von verschieden gerichteten Bewegungen, auf die *Galilei* und selbst der Student vor einem Jahrhundert noch viel Zeit verwandten, gesondert zu formulieren. Beides und vieles andere ist bereits als triviale Folgerung darin enthalten, daß man Kräfte und Geschwindigkeiten als Vektoren kennzeichnet. Die vereinfachende Kraft des Skalar- und des Vektorproduktes und erst recht der Differentialoperatoren der Vektoranalysis ist noch viel größer. Alle diese Hilfsmittel werden durch den Trick der Multiplikation mit i für die Relativitätstheorie verfügbar. Dies führt so weit, daß z. B. zwei der vier Maxwell-Gleichungen nicht mehr als Naturgesetze formuliert werden müssen, sondern darin enthalten sind, daß man das elektromagnetische Feld als **antimetrischen Tensor** erkennt, usw. Auch das Gravitationsgesetz zusammen mit den Bewegungsgleichungen der Körper im Schwerefeld werden so schließlich „nahezu trivial". Nichttrivial bleibt nur, daß sich die Wirklichkeit diesen immerhin noch relativ einfachen Begriffen so widerspruchslos fügt, daß Kräfte sich wirklich wie Vektoren und die genannten Felder wie Tensoren verhalten.

15.3.2 Die Struktur der Raumzeit

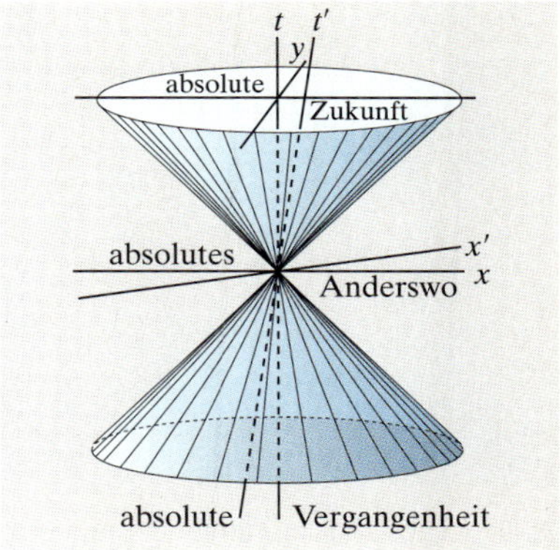

Abb. 15.14. Der Lichtkegel zerlegt die Raumzeit, von einem bestimmten Hier-Jetzt aus betrachtet, in drei Bereiche: Innerhalb des Doppelkegels liegen Punktereignisse, die zum Hier-Jetzt in zeitartiger Beziehung stehen, außerhalb solche, die mit dem Hier-Jetzt raumartig verknüpft sind

Naiv betrachtet ist die Einteilung aller Ereignisse in vergangene und zukünftige mittels des dünnen Schnittes der Gegenwart grundlegend. Dieser Schnitt hat aber keinerlei absolute Bedeutung, da ihn jeder Beobachter anders legt, selbst wenn nur Beobachter zugelassen sind, deren Hier-Jetzt übereinstimmt. Die Gegenwart hat sich sozusagen zu dem breiten Gebiet zwischen den beiden **Lichtkegeln** erweitert; für jedes Ereignis in dieser „potentiellen Gegenwart" könnte es einen Beobachter geben, für den dieses Ereignis „jetzt" wäre. Wenigstens stimmen aber alle Beobachter überein, daß dieses Ereignis „anderswo" ist. Dieses Gebiet wird daher auch **absolutes Anderswo** genannt. Ereignisse *innerhalb* der Lichtkegel umgekehrt sind für keinen möglichen Beobachter „jetzt", dagegen könnten sie „hier" sein: sie liegen in der **absoluten Vergangenheit** oder **absoluten Zukunft**.

Da die Lichtgeschwindigkeit im Vakuum von keinem materiellen Objekt und auch von keinem Information tragenden Signal überschritten werden kann, läßt sich kein Ereignis im absoluten Anderswo von Hier-Jetzt aus beeinflussen und umgekehrt. Kausalbeziehungen laufen immer nur innerhalb des Lichtkegels einschließlich seiner Oberfläche.

15.3.3 Relativistische Elektrodynamik

Das Grundpostulat der Relativitätstheorie, nämlich daß Lichtwellen im Vakuum sich für alle Inertialbeobachter mit der gleichen Geschwindigkeit c ausbreiten, und dies in allen Richtungen, daß also eine Kugelwelle in jedem Inertialsystem eine Kugelwelle bleibt, muß sich mathematisch besonders einfach widerspiegeln. Die allgemeine Wellengleichung für eine ebene Welle in x-Richtung lautet nach Abschn. 4.2.2 $\partial^2\varphi/\partial x^2 = (1/c^2)\cdot(\partial^2\varphi/\partial t^2)$. Eine Kugelwelle, wie sie unser „Lichtkegel" räumlich gesehen darstellt, oder überhaupt jeder räumliche Wellenvorgang wird beschrieben durch

$$\Delta\varphi = \frac{\partial^2\varphi}{\partial x^2} + \frac{\partial^2\varphi}{\partial y^2} + \frac{\partial^2\varphi}{\partial z^2} = \frac{1}{c^2}\frac{\partial^2\varphi}{\partial t^2}$$

oder

$$\frac{\partial^2\varphi}{\partial x^2} + \frac{\partial^2\varphi}{\partial y^2} + \frac{\partial^2\varphi}{\partial z^2} - \frac{1}{c^2}\frac{\partial^2\varphi}{\partial t^2} = 0\,.$$

Für die Relativitätstheorie ist nicht t, sondern $\mathrm{i}ct$ die geeignete vierte Koordinate. Wir numerieren die Koordinaten einfach durch: $x = x_1$, $y = x_2$, $z = x_3$, $\mathrm{i}ct = x_4$. Alle vier Koordinaten gewinnen dann in der Wellengleichung völlige Gleichberechtigung:

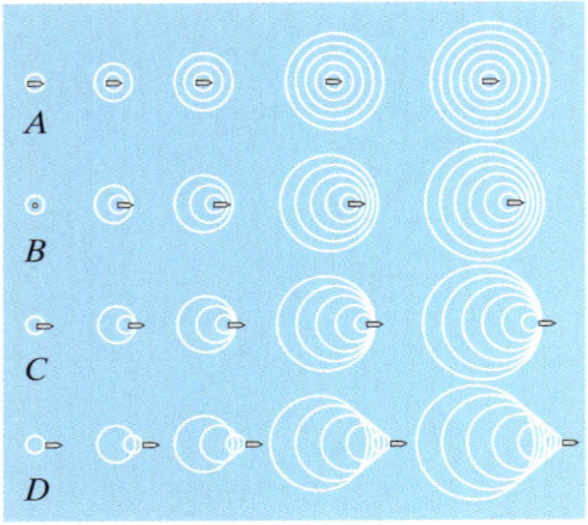

Abb. 15.15. Das fahrende (B) und das ruhende (A) Auto senden vom Moment des Vorbeifahrens aneinander einen Wellenzug aus. Von B aus gesehen haben A's Wellen in verschiedenen Richtungen verschiedene Geschwindigkeitsbeträge. Für B's eigene Wellen gilt dasselbe. Von A aus gesehen läuft jeder einzelne Wellenkamm, ob von A oder von B ausgehend, nach allen Richtungen gleichschnell. Der Doppler-Effekt, den A an B's Wellen beobachtet, entsteht nur durch die Verschiebung des Ausgangspunktes aufeinanderfolgender Wellenkämme. Das gilt für Schall bei Windstille. Ähnlich für die Flugzeuge C, D. Beim Licht sind *beide* Beobachter in der Lage von A

$$\boxed{\sum_{i=1}^{4} \frac{\partial^2 \varphi}{\partial x_i^2} = 0} \quad . \tag{15.29}$$

Man drückt diese vierdimensionale Erweiterung des **Laplace-Operators** oft auch durch $\Box$ aus:

$$\boxed{\Box \varphi = 0} \quad . \tag{15.29'}$$

Daß diese Gleichung und ihre Lösungen nur ihre Form, nicht aber ihren Inhalt ändern, wenn man zu einem anderen Bezugssystem übergeht, drückt die Unabhängigkeit der Lichtausbreitung vom Bezugssystem, speziell das Ergebnis des Michelson-Versuchs am einfachsten aus.

Ein Magnetfeld kann nichts Absolutes sein. Es wird durch bewegte Ladungen erzeugt, muß also für einen Beobachter verschwinden, der sich ebenso bewegt wie die Ladungen. Es muß aber absolute Dinge geben, die den elektromagnetischen Erscheinungen zugrundeliegen und die von jedem Beobachter anders in elektrische und magnetische Felder aufgespalten werden. Invariant, d. h. unabhängig vom Bezugssystem ist, wie alle Experimente zeigen, die elektrische Ladung, aber ob sie nur eine Ladungsdichte ϱ oder auch eine Stromdichte $\boldsymbol{j} = \varrho \boldsymbol{v}$ repräsentiert, hängt vom Bezugssystem ab. Auch die Ladungsdichte ϱ selbst kann nicht streng invariant sein, denn das Volumen, in dem die gegebene Ladung verteilt ist, wird von verschiedenen Beobachtern infolge seiner Lorentz-Kontraktion verschieden groß gemessen. Das größte Volumen, also die kleinste Ladungsdichte mißt der Beobachter, der relativ zur Ladung ruht: $\varrho_0 = \mathrm{d}e/\mathrm{d}V$. Ein Beobachter, der sich mit v dagegen bewegt, mißt $\mathrm{d}V' = \mathrm{d}V\sqrt{1 - v^2/c^2}$, also

$$\varrho = \frac{\varrho_0}{\sqrt{1 - v^2/c^2}} \,. \tag{15.30}$$

Wenn ϱ nicht invariant ist, ist es doch vielleicht eine Komponente eines Vierervektors? Die Antwort ergibt sich aus der Kontinuitätsgleichung für die Ladung:

$$\operatorname{div} \boldsymbol{j} = -\dot{\varrho}$$

oder

$$\frac{\partial j_x}{\partial x} + \frac{\partial j_y}{\partial y} + \frac{\partial j_z}{\partial z} + \frac{\partial \varrho}{\partial t} = 0 \,.$$

Dies kann man auffassen als eine verallgemeinerte Divergenz im Raum mit den Koordinaten $x, y, z, \mathrm{i}ct$, angewandt auf einen Vektor mit den Komponenten

$$j_i = (j_x, j_y, j_z, \mathrm{i}c\varrho) \,, \tag{15.31}$$

die **Viererstromdichte**. Die **Viererdivergenz** kennzeichnet man meist durch einen großen Anfangsbuchstaben:

$$\boxed{\operatorname{Div} j_i = 0} \quad . \tag{15.32}$$

Die Viererstromdichte läßt sich auch darstellen als Produkt aus ϱ_0 und der **Vierergeschwindigkeit**

$$j_i = \frac{\varrho_0}{\sqrt{1 - v^2/c^2}} (v_1, v_2, v_3, \mathrm{i}c) . \qquad (15.33)$$

In den Maxwell-Gleichungen, genauer in zweien davon, treten $\boldsymbol{j}$ und ϱ auf. Soll deren Deutung als Komponenten eines Vierervektors richtig bleiben, so muß auch der Rest dieser Gleichungen die räumlichen bzw. zeitlichen Komponenten eines Vierervektors bilden. Es sieht so aus, als seien $\boldsymbol{H}$ und $\boldsymbol{D}$ ebenfalls Komponenten des gleichen mathematischen Etwas, das allerdings kein Vektor sein kann, da es mindestens sechs Komponenten haben muß. Entsprechendes muß nach den beiden übrigen Maxwell-Gleichungen auch für $\boldsymbol{B}$ und $\boldsymbol{E}$ zutreffen. Beide Größenpaare verschmelzen in der Tat zu je einem antimetrischen **Vierertensor**, von denen sich der zweite, der Feldtensor, wiederum als **Viererrotation** eines Vektors, des **Viererpotentials**, erweist. Alle diese formalen Zusammenfassungen lassen sich mit etwas Fertigkeit im Umgang mit den vektoranalytischen Operationen leicht durchführen und eröffnen Einblicke in die symmetrische Struktur des ganzen Gebäudes, vereinfachen aber auch für die Anwendung den Rechenapparat enorm (Aufgaben zu 15.3).

Wir beschränken uns hier auf einen weiteren Hinweis auf solche vereinfachenden Verschmelzungen. Die elektrostatische Kraft $e\boldsymbol{E}$ auf eine Ladung und die Lorentz-Kraft $e\boldsymbol{v} \times \boldsymbol{B}$ erschienen bisher immer als zwei völlig verschiedene Dinge. Relativistisch ist die Gesamtkraft, deren x-Komponente $F_x = e(E_x + v_y B_z - v_z B_y)$ lautet, einfach das Skalarprodukt zwischen Vierergeschwindigkeit und erster Spalte des **Feldtensors**. Damit verschmelzen elektrostatische und Lorentz-Kraft zu einem einheitlichen Vierervektor, der für den mit der Ladung mitbewegten Beobachter nur einen elektrostatischen Anteil hat, aus dem aber bei Änderung des Bezugssystems völlig organisch die Lorentz-Kraft herauswächst.

15.3.4 Materiewellen

Die Schwierigkeiten der klassischen Physik vor sehr kleinen Strukturen, besonders vor dem Atom, führten *Louis de Broglie* 1923 auf die Idee, daß es in der Optik doch eigentlich ganz ähnlich sei: Für Vorgänge, die sich in hinreichend großen Dimensionen abspielen, kann man die Lichtausbreitung durch die Strahlen der geometrischen Optik beschreiben, genau wie die Teilchenausbreitung in der Mechanik durch klassische Bahnen. Für kleine Dimensionen versagt dieses Bild, weil das Licht eine Welle ist und Beugungserscheinungen auftreten. Sollten auch die Teilchen in Wirklichkeit **Materiewellen** und das Atom eine Art Beugungshof sein? Bei der Untersuchung, welche Eigenschaften man solchen Materiewellen zuschreiben müßte, damit sie das Verhalten von Teilchen sinnvoll darstellen, zog *de Broglie* den entscheidenden Hinweis aus einer relativistischen Betrachtung.

Es ist klar, daß die Parameter der postulierten Welle, vor allem Frequenz und Wellenlänge, in ganz bestimmter Weise mit den Parametern zusammenhängen müssen, die das Teilchen kennzeichnen. *Ein* solcher

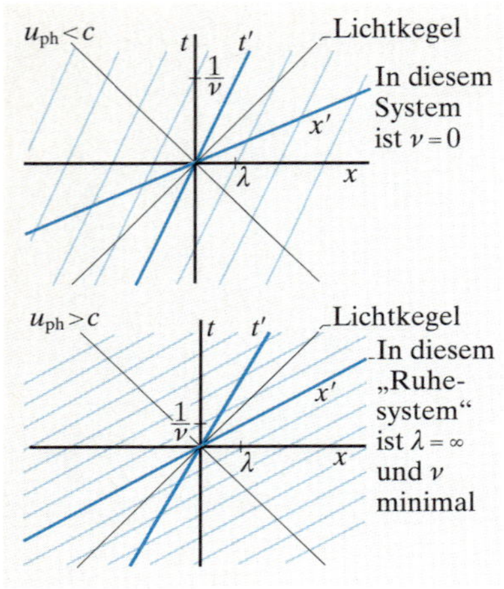

Abb. 15.16. Weltlinien der Berge und Täler einer Materiewelle, die sich langsamer (*oben*) bzw. schneller (*unten*) als das Licht ausbreitet. Das Bezugssystem der „eingefrorenen“ Welle (*oben*) und das der überall in gleicher Phase schwingenden „Welle“ (*unten*) sind eingezeichnet

Zusammenhang ist, jedenfalls für Photonen, schon durch die Planck-Einstein-Beziehung zwischen der Energie des Teilchens und der Frequenz der Welle gegeben:

$$\boxed{W = h\nu} \,. \tag{15.34}$$

Wir übernehmen mit *de Broglie* diesen Zusammenhang für beliebige Teilchen. Was die Phasengeschwindigkeit u_{ph} unserer Welle betrifft, so haben wir die Wahl zwischen Werten größer oder kleiner als c (die *Phasen*geschwindigkeit einer Welle als rein geometrische Größe, die sich nicht direkt als Signalgeschwindigkeit ausnutzen läßt, kann größer als c werden, ohne das Postulat zu verletzen, das sich auf *Signal*geschwindigkeiten bezieht). Abbildung 15.16 zeigt das raumzeitliche Bild der Welle für beide Fälle: $u_{ph} < c$ und $u_{ph} > c$. Die blauen Linien zeigen die Wertepaare x, t, an denen ein Wellenberg herrscht. Diese Linien sind für $u_{ph} < c$ stärker, für $u_{ph} > c$ schwächer als 45° gegen die x-Achse geneigt. Im ersten Fall gibt es also immer ein anderes Bezugssystem mit der Geschwindigkeit $u = u_{ph}$ gegen das gezeichnete, bei dem der Beobachter immer mit einem Wellenberg mitreist. Die Welle ist dann für ihn zeitlich eingefroren: An jedem Ort ist die dortige Phase unabhängig von der Zeit; die Frequenz ist demnach $\nu = 0$. Bei $u_{ph} > c$ dagegen gibt es ein Bezugssystem, bewegt mit $v = c^2/u_{ph}$ gegen das gezeichnete, in dem die Wellenberge horizontal laufen, also zu einer bestimmten Zeit die Phase der Welle an jedem Ort die gleiche ist. Diese Welle wäre durch unendliche Werte von Wellenlänge und Phasengeschwindigkeit zu beschreiben. Was ist physikalisch sinnvoller?

Ein Teilchen mit einer Ruhmasse m_0 hat selbst in dem Bezugssystem, in dem es ruht, eine von Null verschiedene Energie, nämlich $W_0 = m_0c^2$. Dem ist nach (15.34) eine von Null verschiedene Minimalfrequenz $\nu_0 = m_0c^2/h$ zuzuordnen. In allen anderen Bezugssystemen sind Energie und Frequenz größer als dieser Wert. Damit sind Wellen mit $u_{ph} < c$ für Teilchen mit Ruhmasse unbrauchbar, denn für sie existiert ein Bezugssystem, in dem W und ν Null sind.

Wir müssen uns also zu der radikalen Annahme $u_{ph} > c$ entschließen. Für eine solche Welle gibt es ein ausgezeichnetes Bezugssystem, nämlich das, wo $\lambda = \infty$ ist. Das ausgezeichnete System, in dem unser Teilchen ruht, kann kein anderes sein als dieses. In diesem System ist übrigens ν am kleinsten (ν_0), weil die Zeitdifferenz T zwischen zwei Wellenbergen am größten ist: Jeder andere Beobachter mißt eine durch Zeitdilatation verkleinerte Periode $T = T_0\sqrt{1 - v^2/c^2}$, also eine Frequenz $\nu = \nu_0/\sqrt{1 - v^2/c^2}$. Nach (15.34) entspricht dem gerade der richtige relativistische Ausdruck für die vom bewegten System aus gemessene Teilchenenergie:

$$\boxed{W = h\nu = \frac{h\nu_0}{\sqrt{1 - v^2/c^2}} = \frac{m_0c^2}{\sqrt{1 - v^2/c^2}}} \,. \tag{15.35}$$

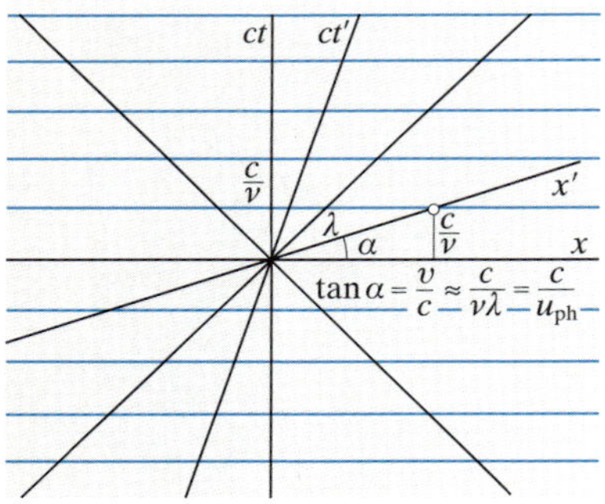

Abb. 15.17. Übergang zum System, in dem die „Welle“ überall gleichphasig schwingt. Aus dem Dreieck läßt sich das Dispersionsgesetz der Materiewellen ablesen

In einem gegen das Ruhsystem mit v bewegten System (Abb. 15.17) liegt die x-Achse (Jetzt-Achse) um den Winkel $\arctan v/c$ geneigt. Sie schneidet also zwei aufeinanderfolgende Wellenberge im räumlichen Abstand $u_{ph}/v = c^2/(\upsilon v)$. Dies ist die Wellenlänge, gesehen vom bewegten System aus:

$$u_{ph} = \frac{c^2}{\upsilon}, \qquad \lambda = \frac{c^2}{\upsilon v} = \frac{h}{m_0 \upsilon} \tag{15.36}$$

oder, da $m_0\upsilon$ der Impuls p des Teilchens ist:

$$\boxed{\lambda = \frac{h}{p}} \ . \tag{15.37}$$

Dies ist der berühmte Zusammenhang zwischen der de Broglie-Wellenlänge eines Teilchens und seinem Impuls, der gleichberechtigt neben die Planck-Formel (15.34) tritt und sich in allen Experimenten über Teilchenbeugung glänzend bestätigt hat.

Unter Berücksichtigung der Lorentz-Kontraktion der beobachteten Wellenlänge erhält man in (15.37) auch den Faktor $\sqrt{1 - \upsilon^2/c^2}$, den der relativistische Impulsausdruck mitbringt:

$$\boxed{\lambda = \frac{h\sqrt{1 - \upsilon^2/c^2}}{m_0 \upsilon}} \ . \tag{15.38}$$

De Broglies sensationellster Erfolg aber war eine Erklärung für die **Bohr-Quantenbedingung**, d. h. für die bis dahin rätselhafte Auswahl einiger Bahnen als erlaubter Elektronenzustände. Das Elektron ist eben gar kein umlaufendes Teilchen, sondern eine Welle. Ein Elektronenimpuls $m\upsilon$ entspricht einer Wellenlänge $\lambda = h/(m\upsilon)$. Man kann sich nun leicht vorstellen, daß nur solche Wellen erlaubt sind, bei denen auf den Umfang der entsprechenden Bahn eine ganze Anzahl von Wellenlängen paßt; nur so entsteht ein stehendes Wellensystem, andernfalls interferiert sich die Welle selbst weg. Für die Radien erlaubter Bahnen gilt also

$$2\pi r = n\lambda = n\frac{h}{m\upsilon} \quad \text{oder} \quad m\upsilon r = n\hbar \, . \tag{15.39}$$

Das ist genau *Bohrs* Quantenbedingung.

15.3.5 Speicherringe und Teilchenstrahlwaffen

Je höhere Energie man einem Teilchen mitgibt, desto feinere Einzelheiten kann man damit sondieren und desto größere Masse haben die neuen Teilchen, die man damit erzeugen kann. Der inverse Zusammenhang zwischen Energie und Größe beruht einerseits auf der de Broglie-Beziehung $\lambda = h/p$ (p: Teilchenimpuls) und der Theorie des Auflösungsvermögens des Mikroskops, andererseits auf der Form der Coulomb-Energie $W \sim r^{-1}$. Bei sehr hohen Energien, wo $W \sim pc$ ist, laufen beide Begrenzungen parallel, aber das Auflösungsvermögen verlangt etwa die 100-fache Energie (das ergibt sich aus dem Wert 1/137 der Feinstrukturkonstante $e^2/(4\pi\varepsilon_0\hbar c)$). Der Zusammenhang zwischen Energie und Masse stammt natürlich aus der Einstein-Beziehung $W = mc^2$. Um immer tiefer in den Aufbau der Kerne und Elementarteilchen einzudringen, hat man daher immer größere und teurere Beschleunigungsanlagen bauen müssen. Die Größe dieser Anlagen beruht im Fall von Zirkularbeschleunigern auf der zur Ablenkung benutzten Lorentz-Kraft, die einen Bahnradius $R \sim p^{-1} \sim W^{-1}$ ergibt, und der Begrenztheit der Magnetfelder, die wir sogar mit Hilfe von Supraleitern herstellen können.

Trotzdem hilft einem manchmal eine gute Idee, mit relativ kleinen Anlagen mehr zu erreichen als mit riesigen. Eine solche Idee stammt wieder aus der Relativitätstheorie. Läßt man ein schnelles Teilchen auf ein *ruhendes* Target (Zielteilchen) prallen, ist der Vorgang am besten im Bezugssystem zu behandeln, in dem der Schwerpunkt S beider Teilchen ruht. S liegt nun um so näher an dem schnellen Teilchen, je schneller, also massereicher dieses ist. Effektiv verschenkt man damit einen großen Teil der Beschleunigungsenergie: Er wird schon verbraucht, um das getroffene Teilchen seinerseits zu beschleunigen, also zu einem gleichwertigen Partner zu machen. Ganz anders ist die Lage, wenn man zwei Teilchen mit gleicher Energie, aber in entgegengesetzter Richtung aufeinanderprallen läßt. Dann sind beide von vornherein gleichwertig, der Schwerpunkt liegt bei gleicher Ruhmasse in der Mitte, und die gesamte Energie wird für den eigentlichen Stoßakt verfügbar. Hierzu ist erforderlich, daß man die beiden Teilchenarten in **Speicherringen** (**storage rings**) umlaufen und am Kreuzungspunkt der Bahnen unter nahezu 180° mit sehr hoher Zielgenauigkeit zusammentreffen läßt. In den Aufgaben 15.2.15, 13.4.16 u. a. können Sie selbst nachrechnen, welchen energetischen Vorteil das bringt.

Während man im keV- und MeV-Bereich mit Elektronen als Sonden wegen ihrer geringen Masse und großen Ablenkbarkeit nicht viel anfangen konnte, ist ihre Bedeutung in den letzten Jahrzehnten immer mehr gewachsen. Dafür gibt es zwei Gründe: Elektronen unterliegen nur der elektromagnetischen und schwachen, nicht der starken Wechselwirkung, können also Kerne und Elementarteilchen viel ungehinderter durchdringen als Hadronen. Der zweite Grund wird im Zusammenhang mit einer neuen „Wunderwaffe" klarer werden.

Seit einigen Jahren spricht man viel von der Möglichkeit, Objekte wie feindliche Flugkörper mit konzentrierter Teilchenstrahlung zu zerstören. Einem solchen fast mit c fliegenden Strahl könnte man praktisch nicht ausweichen. Eine solche Energiekonzentration auf annehmbaren Abstand ist aber ohne relativistische Effekte nicht denkbar. Auf hinreichend hohe Energien kann man ja nur geladene Teilchen beschleunigen (abgesehen von der noch ziemlich utopischen Möglichkeit einer Neutralisierung im Flug). Zwar gibt es in der kosmischen Strahlung Teilchen, die allein die Energie eines Faustschlages enthalten, allerdings nur ganz vereinzelt. Von solchen Energien für *Einzel*teilchen sind unsere Beschleuniger aber noch um 10 Größenordnungen entfernt. Also müßte man sehr viele geladene Teilchen aussenden. Ihre gegenseitige Abstoßung würde aber den Strahl sehr bald auf einen unannehmbar großen Querschnitt auffächern. Wenn es nichtrelativistisch zuginge, träte dies schon nach wenigen Metern ein. Man könnte dann ebensogut mit Steinen werfen.

Die Bewegung der Teilchen, auch die Auffächerung des Strahls, ist aber im mitbewegten Bezugssystem zu behandeln. Je energiereicher die Teilchen sind, desto langsamer läuft die Zeit in diesem Bezugssystem ab, desto weiter kommen also die Teilchen im Bezugssystem der Erde, bevor sie merklich auffächern. Besonders extrem ist dieser Unterschied bei Elektronen, eben wegen ihrer kleinen Ruhmasse. Bei einer Energie von einigen GeV haben sie mehr als 1 000mal ihre Ruhmasse, und ihre Eigenzeit ist um den gleichen Faktor $> 1\,000$ gedehnt. Zudem ist für die auffächernde Beschleunigung nicht die Ruhmasse, sondern die Gesamtmasse entscheidend, und die ist bei solchen Energien für alle Teilchen gleichgroß, weil nur durch die kinetische Energie bestimmt. Ein Elektronenstrahl wäre also viel konzentrierter als ein Protonenstrahl. Mit der Treffsicherheit dieser „Wunderwaffe" ist es aber wegen ihrer Ablenkbarkeit durch das magnetische Erdfeld oder auch künstliche Felder nicht sehr weit her.

15.4 Gravitation und Kosmologie

15.4.1 Allgemeine Relativität

Die Gesetze der Physik müssen so beschaffen sein, daß sie für beliebig bewegte Bezugssysteme gelten."

A. Einstein,
Die Grundlage
der allgemeinen Relativitätstheorie, 1916

Es gibt kein Mittel festzustellen, ob und mit welcher gleichförmigen Geschwindigkeit man sich bewegt. Aus dieser Behauptung folgt die spezielle Relativitätstheorie. Ob man sich ungleichförmig bewegt, kann man zunächst ohne weiteres sagen, weil dabei Trägheitskräfte auftreten. Allerdings hätte ein Schwerefeld genau die gleichen mechanischen Auswirkungen, denn beide – Trägheitskräfte und Gravitation – erfassen die gleiche Eigenschaft der Objekte, nämlich ihre Masse. Daß *träge* und *schwere* Masse identisch (oder genauer proportional zu einander) sind, ist durchaus nicht selbstverständlich. Es muß experimentell bewiesen werden. Der einfachste Beweis liegt in der Beobachtung, daß abgesehen vom Luftwiderstand alle Körper gleichschnell fallen. *Newton*, *Eötvös*, *Dicke*, *Braginski* und *Rudenko* haben die Identität mit immer wachsender Genauigkeit (bis 10^{-12}) nachgewiesen.

Auf dieser **Identität von träger und schwerer Masse** beruht die Schwerelosigkeit in der antriebslos fallenden Rakete. Gewöhnlich sagt man, Trägheitskräfte infolge der Beschleunigung und Gravitation kompensieren einander exakt. Man kann aber auch den Spieß umdrehen und sagen: Die Gravitation ist im Grunde dasselbe wie die Trägheitskräfte und läßt sich daher wegtransformieren, wenn man sich in das geeignete Bezugssystem (das frei fallende) begibt, ebenso wie sich die Kräfte im bremsenden Auto wegtransformieren, indem man den Vorgang vom Straßenrand aus beschreibt.

Die so postulierte **Äquivalenz zwischen Trägheits- und Schwerefeld** „erklärt" zunächst die Identität von träger und schwerer Masse, die sonst eigentlich ein Wunder wäre. Damit ist garantiert, daß alle mechanischen Vorgänge identisch sind, gleichgültig ob man sich in einer mit a „nach oben" beschleunigten Rakete (ohne Schwerefeld) oder in einer ruhenden Rakete im Schwerefeld $-a$ befindet. Die Motoren müßten in beiden Fällen den gleichen Schub hergeben, im ersten Fall zur Beschleunigung, im zweiten, um das Fallen im Schwerefeld zu verhindern. Wenn man das **Äquivalenzprinzip** ernst nimmt, müßten aber andere Folgen der Beschleunigung ebensogut auch im Schwerefeld auftreten.

Ein Lichtstrahl, der senkrecht zur Beschleunigungsrichtung emittiert wird, bleibt hinter der beschleunigten Rakete zurück, fällt also nicht genau gegenüber der Quelle auf den Schirm, sondern tiefer. Licht krümmt sich im Beschleunigungsfeld. Im Schwerefeld müßte das auch der Fall sein. Der Effekt ist zu klein, um im Labor nachgewiesen zu werden. Am Sonnenrand vorbeigehende Licht- oder Radiostrahlung zeigt ihn einwandfrei (s. Abschn. 15.4.2).

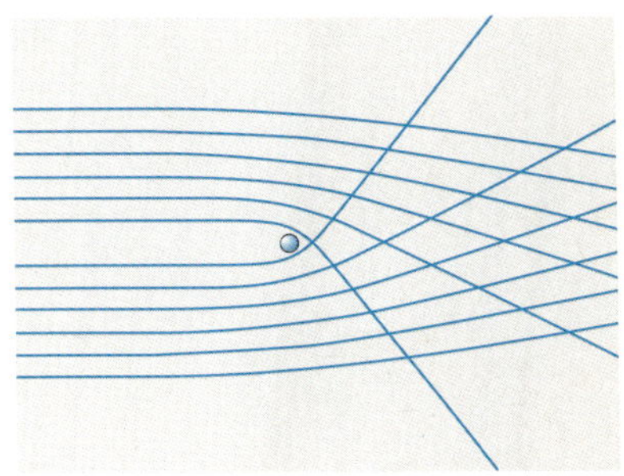

Abb. 15.18. Lichtablenkung im Schwerefeld einer Punktmasse. Der Ablenkwinkel $\delta\psi = 4GM/(dc^2)$ ist doppelt so groß wie nach *Newton* für eine mit c fliegende Masse. Die 2 stammt von der zusätzlichen Veränderung des Zeitablaufs (vgl. Abb. 15.19)

Unten in der Kabine stehe ein Sender S, der Strahlung nach oben einem Empfänger E zusendet. Beim Abstand l zwischen E und S hat E während der Laufzeit $t = l/c$ der Strahlung die Geschwindigkeit $v = at = al/c$ relativ zu S angenommen. E mißt also nicht die ausgesandte Frequenz ν_0, sondern eine durch Doppler-Effekt rotverschobene Frequenz $\nu = \nu_0(1 - v/c) = \nu_0(1 - al/c^2)$. Wenn ein Schwerefeld $-a$ den gleichen

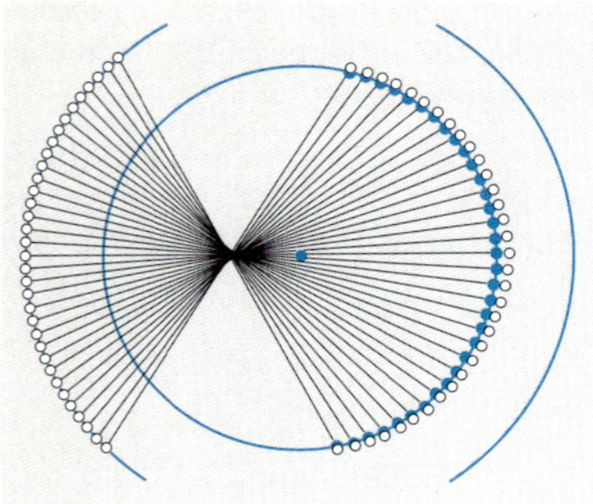

Abb. 15.19. An der Venus reflektierte Radarsignale haben eine längere Laufzeit als dem geometrischen Abstand entspricht, wenn sie nahe an der Sonne vorbei müssen. Dort verlangsamt sich der von der Erde aus beurteilte Zeitablauf nicht nur für schwingende Atome, sondern auch für das laufende Licht. Venus scheint daher einige km weiter entfernt zu sein als sie wirklich ist (scheinbare Verschiebung um den Faktor 10^5 übertrieben; *Shapiro* 1968)

Effekt hervorrufen sollte, würde das heißen, daß der Sender, der auf einem um $\Delta\varphi = -al$ tieferen Gravitationspotential steht als der Empfänger, für diesen um den Faktor $1 + \Delta\varphi/c^2$ langsamer schwingt. Diese Rotverschiebung müßte für die Sonnenoberfläche $\Delta\nu/\nu = -2{,}1 \cdot 10^{-6}$ betragen. Für weiße Zwergsterne wäre sie viel größer. In beiden Fällen ist es schwierig, sie von anderen Ursachen der Linienverbreiterung und -verschiebung zu trennen. Mittels der teilweise sehr viel schärferen γ-Linien (**Mößbauer-Effekt**) haben *Rebka* und *Pound* den direkten Nachweis im Labor geführt (Abschn. 12.1.4).

In der beschleunigten Rakete braucht das Lichtsignal von S bis E länger als normalerweise, weil es die Strecke $\frac{1}{2}at^2 = \frac{1}{2}al^2/c^2$ zusätzlich durchlaufen muß. Bei ruhender Rakete im Schwerefeld müßte dieser Effekt auch auftreten und darauf beruhen, daß das Licht in Gebieten niederen Gravitationspotentials langsamer läuft. Die Verzögerung beruht auf dem Unterschied des mittleren c gegen den normalen Wert: $\overline{c} = c(1 + \frac{1}{2}\,\Delta\varphi/c^2)$; man beachte, daß $\Delta\varphi$ negativ ist. Zwischen S selbst und E ist der Unterschied doppelt so groß: $c' = c(1 + \Delta\varphi/c^2)$. Passive bzw. aktive Radarreflexion an Venus bzw. einer Raumsonde bestätigt das. Wenn das Signal an der Sonne vorbei muß, ist seine Laufzeit um $2 \cdot 10^{-4}$ s (Hin- und Rückweg) länger als dem geometrischen Abstand des „Relais" entspricht.

$$c' = c\left(1 - \frac{GM}{rc^2}\right);$$

$$t = \int \frac{\mathrm{d}r}{c'} \approx \frac{2d}{c} + \frac{2GM}{c^3}\int_{r_\mathrm{V}}^{r_\mathrm{E}} \frac{\mathrm{d}r}{r} = \frac{2d}{c} + \frac{2GM}{c^3}\ln\frac{r_\mathrm{E}r_\mathrm{V}}{p^2}$$

(r_E, r_V: Bahnradien von Erde und Venus, p: minimaler Abstand des Radarstrahls von der Sonne, d: Abstand Erde–Venus).

Durch diese Experimente ist das **Äquivalenzprinzip** gesichert:

Es besteht keinerlei Unterscheidungsmöglichkeit zwischen einer Beschleunigung und einem (homogenen) Schwerefeld.

Diese Tatsache führt formal auf die grundsätzliche Gleichberechtigung aller Bezugssysteme, die allgemeine Relativität. Physikalisch liefert sie mehr als das, nämlich eine Deutung der Gravitation.

15.4.2 Einsteins Gravitationstheorie

Ein homogenes Schwerefeld läßt sich infolge des Äquivalenzprinzips exakt wegtransformieren: Indem man sich frei fallen läßt, begibt man sich in ein Inertialsystem. Reale Schwerefelder sind aber immer inhomogen. Dann läßt sich die Inertialeigenschaft nur lokal (in der Umgebung des Schwerpunktes des fallenden Systems) erreichen. Die Beschleunigung des fallenden Systems ist überall gleich, die Schwerebeschleunigung dagegen nicht. Die Abweichungen, üblicherweise als Gezeitenkräfte bezeichnet, sind in erster Näherung proportional dem Abstand vom Schwerpunkt. Die Äpfel schweben in der über Europa fallenden Rakete, aber dafür fallen neuseeländische Äpfel mit $2\,g$ (Aufgaben 1.8.5, 1.8.6).

Einsteins Idee war, das Wesentliche an der Gravitation eben in diesen Effekten zu suchen, die sich nicht durch Änderung des Bezugssystems wegtransformieren lassen, die bestenfalls dort verschwinden, wo man selbst ist, aber anderswo bestehen bleiben. Ein Bezugssystem ist eine Karte der Welt, in die man die Ereignisse einträgt. Man kann nicht alles verzerrungsfrei auf einer ebenen Karte abbilden, z. B. nicht die Erdoberfläche. Die Mercator-Projektion gibt nur die Umgebung des Äquators getreu wieder. Ein Flugzeug auf der Polarroute scheint auf einer solchen Karte eine krumme Linie zu beschreiben, selbst wenn es seinen Kurs nicht ändert und keinen Kräften ausgesetzt ist, d. h. wenn es auf einem Großkreis bleibt. Jemand, der die Erde für eben hält, würde diese angebliche Kursänderung auf entsprechende Kräfte zurückführen.

Die kräftefreie Bahn des Flugzeugs (von der Coriolis-Kraft sehen wir hier ab), der Großkreis oder die **geodätische Linie**, ist die kürzeste Verbindung zwischen Start- und Zielpunkt. Diese Bahn hängt nicht von der Fluggeschwindigkeit ab. Bei der Gravitation scheint die Lage anders: Die Bahnform hängt entscheidend von v ab. Man muß aber die raumzeitliche Bahn, die Weltlinie des Körpers betrachten. Die Weltlinie der Erde ist eine äußerst langgestreckte Schraubenlinie: Während die Erde ein Jahr in t-Richtung „fliegt“, pendelt sie räumlich nur um 1 000 Lichtsekunden, ungefähr $3 \cdot 10^{-5}$ Lichtjahre. Für einen noch langsameren Körper wird die räumliche Projektion der Weltlinie kürzer, ihre Krümmung noch größer.

Wir führen dies quantitativ durch, d. h. weisen nach, daß sich eine raumzeitliche Krümmung als Kraftfeld von der Art der Gravitation auswirkt, daß also die *räumlichen* Bahnkurven in diesem Feld nicht von der Masse des Körpers abhängen, der sie durchläuft, und daß sie um so stärker gekrümmt sind, je langsamer der Körper fliegt. Die Krümmung der raum*zeitlichen* Bahn, d. h. der Weltlinie, ist bestimmt durch die Krümmung der Raumzeit selbst, habe also den konstanten Wert $k = g/c^2$ (wesentlich ist ihre Konstanz; die Bedeutung von g wird gleich klar werden). Es handele sich nun um einen Körper, der im gewählten Bezugssystem mit v fliegt. Seine Weltlinie steigt im t, x-Diagramm um den Winkel α mit $\tan\alpha = v/c$, krümmt sich aber gleichzeitig in die y-Richtung, bildet also ein Stück einer Schraubenlinie, deren Achse nicht die t-Achse ($x = y = 0$) zu sein braucht. Die Krümmung dieser Schraubenlinie soll g/c^2 sein. Für die *räumliche* Bahn, d. h. die Projektion der Weltlinie auf die x, y-Ebene, sieht die Krümmung größer aus. Krümmung ist Änderung des Richtungswinkels/Bogenlänge der Kurve: $k = \mathrm{d}\varphi/\mathrm{d}s$. Die Änderung des Richtungswinkels ist für die Schraubenlinie um den Faktor $\sin\alpha = v/\sqrt{v^2 + c^2}$ kleiner als für die Direttissima der x, y-Projektion (um die effektive Steigung zu vermindern, steigt der Skifahrer ja schräg zum Hang auf). Außerdem verteilt sich die Winkeländerung bei der Schraubenlinie über ein ebenfalls um $\sin\alpha$ längeres Bogenstück (Abb. 15.20). Die rein räumliche Bahnkrümmung ist also $k_\mathrm{r} = k(v^2 + c^2)/v^2 = (1 + v^2/c^2)g/v^2$. Für $v \ll c$ wird $k_\mathrm{r} = g/v^2$, der Bahnradius $R = 1/k_\mathrm{r} = v^2/g$ ist also genau der, den ein Körper unter der senkrechten Beschleunigung g ausführt (Zentrifugalbeschleunigung $= g$). Von der Masse des Körpers ist keine Rede gewesen.

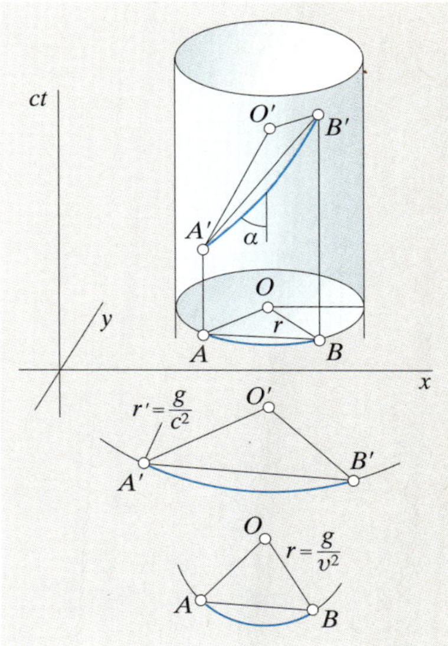

Abb. 15.20. Krümmung der Raumzeit macht sich im dreidimensionalen Querschnitt als Kraft bemerkbar. $A'B'$ ist ein Segment einer kürzesten Bahn (Spiralbahn) in der Raumzeit mit der Krümmung g/c^2. Die Krümmung der räumlichen Projektion hängt von der Steilheit der Spirale so ab, daß die Zentripetalbeschleunigung der gleichförmigen Kreisbewegung herauskommt

✗ Beispiel…

Berechnen Sie differentialgeometrisch die Krümmung einer Schraubenlinie und ihrer Projektion auf die Ebene senkrecht zur Achse. Ist die Diskussion in Abschn. 15.4.2 exakt richtig?

Die Schraubenlinie $x = r\cos u$, $y = r\sin u$, $z = cu/\omega$ hat die Krümmung $k = r/(r^2 + c^2/\omega^2) = \omega^2 r/(\omega^2 r^2 + c^2) = v^2/(r(v^2 + c^2))$. Die Projektion senkrecht zur Achse hat natürlich die Krümmung $k_r = 1/r$. Die Diskussion in Abschn. 15.4.2 ist also exakt richtig.

Die Darstellung des Beschleunigungsfeldes als raumzeitliche Krümmung ist, wie unser Bild zeigt, automatisch relativistisch invariant, da sie ja als Eigenschaft der Raumzeit selbst eingeführt wird. Die Beliebigkeit der Bezugssysteme, d. h. der Steigung v/c der Weltlinie, wird dabei besonders evident, aber auch, warum diese beliebige Steigung etwas so Wesentliches wie die Bahnkrümmung bedingt.

Das Einsteinsche Schwerefeld einer Punktmasse M unterscheidet sich vom Newtonschen zunächst dadurch, daß sein Potential im Abstand $R = GM/c^2$ den maximal möglichen Wert c^2 übersteigen würde. R ist der **Schwarzschild-Radius** der Masse M. Für unsere Sonne beträgt er 1,5 km. Wäre die Sonne so klein, würde sie zum **Schwarzen Loch** (Abschn. 15.4.4). Bei Newton tritt der unmögliche Wert $U = \infty$ erst im Abstand $r = 0$ ein. Der Punkt $r = 0$ ist also bei Einstein zu einer Kugel vom Radius $R = GM/c^2$ aufgebläht. Dadurch verzerrt sich die Metrik des umgebenden Raumes ähnlich wie der Stoff einer Hose, in der ein Nagel vom Radius R ein Loch aufgeweitet hat, ohne Fäden zu zerstören. Die Abstände sind nicht mehr vom Zentrum des Loches (der Sonne) zu rechnen, sondern vom Rand des Loches, dem Schwarzschild-Radius R aus.

Wenn ein Lichtstrahl dicht am Sonnenrand vorbeigeht, wird er, als Teilchen mit der Geschwindigkeit c aufgefaßt, bereits nach Newton auf einer Kepler-Hyperbel abgelenkt. Aus der Kegelschnittgleichung $r = p/(1 + \varepsilon\cos\varphi)$ mit $\varepsilon \gg 1$ für die schwach gekrümmte Hyperbel folgt ein Ablenkwinkel zwischen den Asymptoten $\gamma = 2/\varepsilon$, also nach (1.95) und (1.96) $\gamma = 2Lc/(GMm) = 2R/R_\odot = 0{,}88''$. Die maximale Bahnkrümmung ergibt sich aus der Kräftebilanz $c^2/R_K = GM/R_\odot$ zu $1/R_K = R/R_\odot^2$. Dabei ist die Verzerrung der Metrik nicht berücksichtigt. Die Gleichung einer Geraden, die im Abstand $R_\odot$ verläuft, heißt nicht mehr $r = R_\odot/\cos\varphi$, sondern $r = R + R_\odot/\cos\varphi$, und man erhält dadurch in ihrer Mitte eine Krümmung $R/R_\odot^2$. Somit verdoppelt sich die Ablenkung zu $1{,}76''$. Beobachtungen an totalen Sonnenfinsternissen seit 1919 haben immer klarer für Einsteins Wert entschieden. Wie schwer die Lichtablenkung aus der Refraktion der Sonnenatmosphäre mit ihrem Dichtegradienten herauszufischen ist, macht Aufgabe 9.4.5 klar. Man kann heute die Radiostrahlung von Quasars benutzen, ohne eine totale Sonnenfinsternis abwarten zu müssen. Das nötige Auflösungsvermögen schafft die **Langbasis-Interferometrie** (zwei gekoppelte Radioteleskope, die bis zu einem Erddurchmesser voneinander entfernt sind).

Eine Planetenbahn im Einstein-Schwarzschild-Feld erhält man wieder, indem man die Abstände nicht vom Sonnenzentrum, sondern vom Schwarzschild-Radius R an rechnet, d. h. statt r immer $r - R$ schreibt. Nach dem Verfahren von Abschn. 1.7.4 ergibt sich dann nicht die Ellipse $r = p/(1 + \varepsilon\cos\varphi)$, sondern $r = p/(1 + \varepsilon\cos(\nu\varphi))$ mit $\nu = 1 - 3GM/(c^2 p)$ (Aufgaben 15.4.21–15.4.23). Diese Bahn ist noch ellipsenähnlich, schließt sich aber nicht nach $\varphi = 2\pi$, sondern

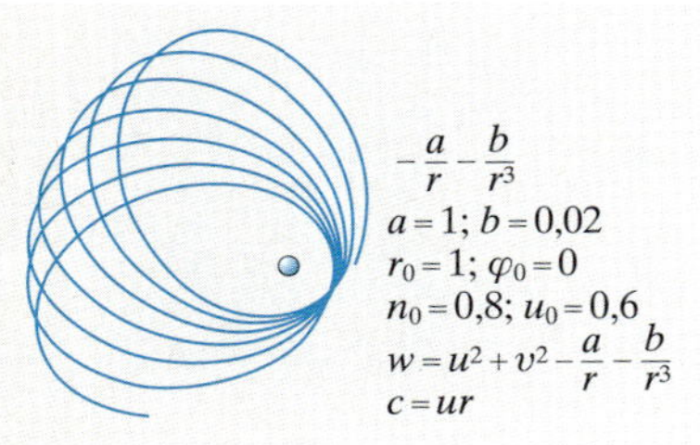

Abb. 15.21. Nach *Einstein* schließt sich die Kepler-Ellipse im Schwerefeld der Punktmasse nicht genau, weil der Zeitablauf in Perihel- und Aphelnähe verschieden ist. Es entsteht eine Rosettenbahn. Äußerlich ganz ähnlich wäre die Bahn im Feld eines abgeplatteten Zentralkörpers oder eines Sterns, der noch andere Planeten hat

erst nach $2\pi/v = 2\pi + 6\pi GM/(c^2p) = 2\pi + 6\pi R/p$. Bei jedem Umlauf rückt das Perihel der Bahn um $\Delta\varphi = 6\pi R/p$ vor. Für eine kreisähnliche Ellipse ist $GM/p = v^2$, also $\Delta\varphi = 6\pi v^2/c^2$. Die Erde mit $v^2/c^2 = 10^{-8}$ hat im Jahrhundert 3,8″, Merkur mit $v^2/c^2 = 2{,}6 \cdot 10^{-8}$ in der gleichen Zeit (416 Umläufen) 43″ **Perihelverschiebung**. Das ist genau der Betrag, der sich nicht durch die Einflüsse der übrigen Planeten erklären läßt (Abschn. 1.8.5).

Die Sonne selbst ist infolge ihrer Eigenrotation etwas abgeplattet. Diese Abplattung und ihr Einfluß auf die Präzession der Planetenbahnen lassen sich weder sehr genau berechnen (da die Sonne nicht starr rotiert) noch sehr genau messen (infolge der Unbestimmtheiten in der Definition des Sonnenrandes). Von diesem Beitrag hängt es ab, ob der Fehlbetrag von 43″/Jhh. für Merkur in der Newton-Theorie gänzlich unerklärt bleibt und daher mit *Einsteins* 43″ gleichzusetzen ist, oder ob an der Einstein-Theorie gewisse Modifikationen anzubringen sind (Mischung von tensorieller und skalarer Theorie, *Dicke-Brans-Jordan*).

Unser Bild hat zwar gezeigt, wie sich die raumzeitliche Krümmung dynamisch auswirkt, aber nicht, wie diese Krümmung selbst zustandekommt, warum sie z. B. wie r^{-2} vom Abstand von der erzeugenden Masse abhängt. Das ist mit so einfachen Mitteln auch nicht quantitativ zu verstehen. Die beste Vorstellungshilfe ist der Begriff der Minimalfläche. Das ist eine Fläche, wie sie eine freigespannte Seifenhaut oder eine kräftefreie Flüssigkeitsoberfläche bildet. Minimalflächen (Abschn. 3.2 und Aufgabe 3.2.10) haben die mittlere Krümmung $1/R_1 + 1/R_2 = 0$, d. h. müssen immer Sattelflächen sein (Krümmung in einer Richtung positiv, in der anderen negativ). Analog hat der Einsteinsche leere Raum die **Hauptkrümmung** Null (in beiden Fällen bedeutet das nicht das Verschwinden der Krümmung überhaupt). Wäre der Raum überall leer, dann wäre er *eben* wie die überall kräftefreie Flüssigkeitsoberfläche. Eine Störung (Singularität), z. B. eine kugelförmige Masse, wirkt sich auf den Raum ähnlich aus wie ein eingetauchter Strohhalm auf die Flüssigkeitsoberfläche, die trompetenförmig hochgezogen oder heruntergedrückt wird, je nach der Benetzbarkeit des Strohhalms. Die mittlere Krümmung bleibt dabei aber trotzdem Null, d. h. die (negative) Krümmung in der x, z-Ebene muß nahe am Strohhalm größer sein, um die größere (positive) Krümmung in der x, y-Ebene zu kompensieren. Die x, z-Krümmung nimmt ungefähr wie $1/r$ mit dem Abstand von der Störung ab. Man kann sich vorstellen, daß die höhere Dimensionalität im Fall der Gravitation eine Abnahme wie $1/r^2$ erzwingt.

In einem sehr starken Schwerefeld ist es denkbar, daß der Krümmungsradius $R = c^2/g = c^2r^2/(GM)$ so klein wird wie der Abstand r von der gravitierenden Masse. Dann muß sich der Raum in sich selbst zurückkrümmen, er muß sich schließen. Wir erhalten die Bedingung für ein **Schwarzes Loch**: $GM/r \approx c^2$ (Abschn. 15.4.4) bzw. für den **Schwarzschild-Radius** $r \approx GM/c^2$. Der völlig leere Raum hätte verschwindende Krümmung (nicht nur verschwindende Hauptkrümmung). Jede Masse zwingt ihm eine gewisse Krümmung auf. Über sehr große Abstände kann man mit einer mittleren Massendichte ϱ der Welt und einer entsprechenden mittleren Raumkrümmung rechnen. Zur Massendichte ist hierbei auch jede Energiedichte/c^2 zu rechnen, z. B. die Dichte kinetischer Energie oder die Energiedichte elektromagnetischer Felder.

15.4.3 Gravitationswellen

Ein weiterer Unterschied zwischen Newtons und Einsteins Gravitation liegt in der Existenz von **Gravitationswellen** (nicht zu verwechseln mit den „Schwerewellen" auf Flüssigkeiten). Newtons Theorie ist ausgedrückt in der Poisson-Gleichung $\Delta\varphi = -4\pi\varrho$, die beschreibt, welches Potential φ eine gegebene Massendichte ϱ erzeugt. Um dieses statische Bild relativistisch invariant zu machen, könnte man zum Laplace-Operator Δ noch das t-Glied $-\partial^2/(c^2\,\partial t^2)$ hinzufügen und auch die rechte Seite modifizieren. Es entsteht eine Gleichung für ein Viererpotential Φ, die links $\Box\Phi = \Delta\Phi - \partial^2\Phi/(c^2\,\partial t^2)$ enthält. Das ist aber eine Gleichung für Wellen mit der Geschwindigkeit c.

> Wie eine beschleunigte elektrische Ladung außer ihrem statischen Feld auch ein Wellenfeld erzeugt, das sich von ihr ablöst, kann eine beschleunigte Masse Gravitationswellen erzeugen.

Da Massen aber immer positiv sind, existiert kein Analogon zur Hertz-Dipolstrahlung. Gravitationsstrahlung ist mindestens **Quadrupolstrahlung**. Eine Masse, die einfach verschwände, würde eine Monopolstrahlung emittieren. Selbst der radiale Einsturz eines Schwarzen Loches ist aber nicht von dieser Art, denn das Feld bleibt ja erhalten. Ein nicht rotierendes Schwarzes Loch erzeugt nicht einmal eine Quadrupolstrahlung.

Jede nichtkugelsymmetrische Masse hat ein Quadrupolmoment Q und erzeugt ein **Quadrupolpotential**

$$\varphi = -G\left[\frac{M}{r} + \frac{Q}{r^3}\left(\frac{3}{2}\cos^2\vartheta - \frac{1}{2}\right) + \dots\right] \tag{15.40}$$

(Entwicklung nach **Kugelfunktionen**). Für zwei gleiche Massen M, die einander im Abstand $2d$ umkreisen, ergibt sich $Q = 2Md^2$ (Aufgabe 15.4.12). Dieses Quadrupolmoment (eigentlich ein Tensor) ändert seine Richtung mit der Kreisfrequenz des Umlaufs $\omega = \sqrt{GM/(4d^3)}$. Die Strahlungsleistung eines schwingenden Dipols ist $P \approx p^2\omega^4/(\varepsilon_0 c^3)$ (vgl. Abschn. 7.6.6). Für eine Quadrupolstrahlung erhält man analog $P \approx GQ^2\omega^6/c^5$ (Ersatz der elektrischen Kopplungskonstante $\approx 1/\varepsilon_0$ durch die gravitative G; Erhöhung der Potenz von ω/c infolge des Übergangs vom Dipol zum Quadrupol). Für unseren Doppelstern erhalten wir bis auf Zahlenfaktoren $P \approx G^4M^5/(c^5d^5)$. Diese Leistung ist selbst bei massiven engen Doppelsternen recht klein (10^{12} bis 10^{17} W). Neutronensterne, die einander auf einige Durchmesser nahekämen, würden dagegen einen erheblichen Anteil ihrer Massenenergie gravitativ abstrahlen und würden mit ziemlicher Sicherheit ineinanderstürzen. Einen nicht ganz so engen **Doppelpulsar** entdeckten *Taylor* und *Hulse* 1974. Seitdem haben sie die Bahndaten dieses Systems zu sagenhafter Genauigkeit verfeinert (Nobelpreis 1993). Die Periode, mit der diese Pulsare einander umlaufen, wird immer kürzer: Die Partner nähern sich, die Gesamtenergie des Systems nimmt ab, und zwar genauso, wie Einsteins Theorie für die Leistung der abgestrahlten Gravitationswellen vorhersagt (Aufgabe 15.4.14). Als Quelle intensiver Gravitationsstrahlung kommt eher der Einsturz eines rotierenden Sterns zum nicht kugelsymmetrischen Schwarzen Loch in Frage. Dieser Einsturz hat eine Zeitkonstante $\tau \approx 10^{-4}$ bis 10^{-5} s (Zeit, in der der Schwarzschild-Radius mit Lichtgeschwindigkeit durchfallen wird). τ^{-1} übernimmt die Rolle von ω in den obigen Abschätzungen.

Zum *Empfang* von Wellenstrahlung benutzt man Schwinger, die möglichst stark durch innere Schwingungen reagieren sollen. Sie tun das, wenn ihre Resonanzkurve bei der zu empfangenden Frequenz möglichst hoch liegt und die Anpassung gut ist. Es sollen ja innere Schwingungen ausgelöst werden. Wenn der Schwinger als Ganzes leicht hin- und herpendelt, nutzt es nichts. Gute Anpassung setzt voraus: Schwingerlänge $l \approx \lambda$ der Welle. Andernfalls fängt der Schwinger nur einen Bruchteil l^2/λ^2 der Wellenleistungsdichte ein.

Gravitationswellen regen elastische Eigenschwingungen in jedem Material an. Solche Eigenschwingungen haben Frequenzen $\nu_0 \approx c_s/l$ (c_s: Schallgeschwindigkeit). Demnach sind die Bedingungen $\nu_0 \approx \nu$, $l \approx \lambda$ grundsätzlich nicht erfüllbar, denn $c_s \ll c = \nu\lambda$. Der Verlustfaktor ist selbst bei Resonanz etwa c_s^2/c^2. Mit $c_s/c \approx 10^{-5}$, wie bei typischen Metallen, kommt man mit $l \approx 1$ m in Resonanz mit einer Quelle von 100 km Durchmesser. Mit solchen Empfängern (Al-Zylindern und -Scheiben, deren Deformation piezoelektrisch äußerst genau gemessen werden kann) versucht *J. Weber* seit 1968 Gravitationsstrahlung aufzufangen. Die Zylinder sprechen hauptsächlich auf Wellen an, die axial einfallen, und haben daher eine gewisse Richtcharakteristik. Triviale Störungen durch lokale Erschütterungen oder Erdbeben versucht *Weber* zu eliminieren, indem er nur zeitliche Koinzidenzen zwischen weit entfernten Empfängern (Baltimore–Chicago) zählt. Mit der Erde rotierend scheint sein Gravitationsteleskop besonders dann echte Ereignisse zu registrieren, wenn es in Richtung des Zentrums der Galaxis zeigt. Solche Ereignisse sind kurzzeitige Ausbrüche von etwa 1 W/cm^2 Intensität und einigen ms Dauer, die durchschnittlich einmal in der Minute erfolgen. Bei einem Abstand der Quelle von 10^4 Lichtjahren $\approx 10^{20}$ m würde das einer Gesamtleistung von 10^{44} W entsprechen, d. h. einem Energieumsatz von etwa 10^{41} J. Das galaktische Zentrum müßte durch Gravitationsstrahlung sehr viel mehr Energie abgeben als durch elektromagnetische Strahlung, nämlich mehrere Sonnenmassen im Jahr. Man diskutiert auch die Möglichkeit, daß das galaktische Zentrum als starke Gravitationslinse nur Gravitationsstrahlung auf uns fokussiert, die nicht aus ihm selbst stammt, sondern vielleicht noch vom Urknall herrührt. Auch dann wären die angeblich beobachteten Intensitäten schwer zu erklären. Dazu kommt, daß das thermische Rauschen in *Webers* Empfängern (elastische Schwingungen mit der Energie kT/Freiheitsgrad) in gefährlicher Nähe der in Frage kommenden Empfangsleistung liegt (Aufgabe 15.4.13, vgl. auch Theorie des **Nyquist-Rauschens**, Aufgabe 7.5.12). Man entwickelt z. Z. Empfänger, die noch viel empfindlicher sind (z. B. Saphir-Einkristalle von mehreren kg), und dabei weniger anfällig gegen thermische Schwankungen (Kühlung mit flüssigem Helium).

15.4.4 Schwarze Löcher

Im wesentlichen ist der Begriff des **Schwarzen Loches** schon 200 Jahre alt. *Laplace* erkannte, daß ein Stern so massereich sein kann, daß er nicht einmal das Licht von seiner Oberfläche entweichen läßt (Aufgabe 15.4.6). Wenn das Licht der Schwerebeschleunigung unterliegt, lautet die Bedingung für seine Entweichgeschwindigkeit einfach

$$\boxed{\frac{GM}{R} = \frac{1}{2}c^2} \,. \qquad (15.41)$$

Die spezielle Relativitätstheorie streicht $\frac{1}{2}$ und ergänzt: Da Licht nicht entweichen kann, kann auch keine andere Wirkung von einem solchen Stern auf den Rest der Welt ausgehen. Die allgemeine Relativitätstheorie schränkt ein: Außer seiner Gravitation. Auch Abschn. 15.4.1 zeigt, daß das Schwerepotential am Rand eines solchen Sterns alle üblichen Raumzeitvorstellungen sprengt: Dort aufgestellte Uhren würden für den außerhalb befindlichen Beobachter unendlich langsam gehen, was man auch so ausdrücken kann, daß Photonen in der Außenwelt mit maximaler Rotverschiebung, also mit der Frequenz Null ankommen würden; Abstände schrumpfen von außen betrachtet auf Null Die Sternmasse schnürt sich also in einer Punktsingularität aus unserer Welt ab (**Gravitationskollaps**).

Von den speziellen Eigenschaften der Sternmaterie war bisher nicht die Rede. Sie spielen auch keinerlei Rolle, denn alle Materie wird durch solche Schwerefelder zu einem unkenntlichen Brei zerquetscht. Kein Material, selbst nicht die Nukleonencores oder die Quarks, kann einen solchen Druck aushalten. Der Schweredruck wird nämlich im Schwarzen Loch $p \approx GM\varrho/R \approx \varrho c^2$ (vgl. Aufgabe 5.2.6). In einem Material, das dies oder mehr aushielte, wäre die Schallgeschwindigkeit $c_s \approx \sqrt{p/\varrho} \gtrsim c$. Ein solches Material könnte zur Fortleitung von Schallsignalen mit Überlichtgeschwindigkeit dienen. Die ganze Struktur der Physik läßt das nicht zu.

✘ Beispiel . . .

Weisen Sie nach: Wenn Radius und Masse eines Körpers die Bedingung des Schwarzen Loches erfüllen, ist die Schallgeschwindigkeit im Innern von der Größenordnung der Lichtgeschwindigkeit.

Im Schwarzen Loch $(GM/R \approx c^2)$ herrscht der Schweredruck $p \approx GM^2/R^4$ (Aufgabe 5.2.6). Von der gleichen Größenordnung müßten auch E-Modul bzw. reziproke Kompressibilität der Materie sein, denn diese müßte ja dem Druck standhalten, ohne wesentlich komprimiert zu werden. Die Schallgeschwindigkeit ergibt sich also aus Druck und Dichte $\varrho \approx M/R^3$ zu $c_s \approx \sqrt{p/\varrho} \approx \sqrt{GM/R}$, woraus sofort $c_s \approx c$ folgt. Das gilt nur, wenn die Materie wirklich durch thermischen oder Fermischen Gegendruck gegen den Schweredruck ankämpfen muß. Für das ganze Weltall mit $\varrho \approx 10^{-30}\,\mathrm{g/cm^3}$ ist die Kompressibilität sehr viel größer, c_s sehr viel kleiner. Deswegen betrachtet man das Weltall i. allg. nicht als Schwarzes Loch, obwohl die Bedingung $GM/R \approx c^2$ zutrifft.

Ein heißer Stern widersteht dem Gravitationskollaps infolge seines thermischen Drucks (in einigen Fällen wirkt auch der Strahlungsdruck mit). Ein Stern, dessen thermonukleare Reserven ausgebrannt sind, kann sich nur noch auf die Festigkeit seines Materials, d. h. den Fermi-Druck seiner Teilchen stützen (Abschn. 17.3.3, Weißer Zwerg). Der Fermi-Druck ist der quantenmechanische Widerstand von Teilchen gegen zu große gegenseitige Annäherung. Er versagt, wenn der ausgebrannte Stern mehr als 1,9 Sonnenmassen hat (Chandrasekhar-Grenze: Übergang zum relativistisch entarteten Gas, Neutronenstern). Die Nukleonen selbst halten noch etwas mehr aus. Bei hinreichend großer Masse erreicht aber auch Materie von Kerndichte $\varrho \approx 10^{14}\,\mathrm{g/cm^3}$ den zum Kollaps führenden Schweredruck. Aus (15.41) ergibt sich die kritische Masse zu $M = (3/(4\pi))^{1/2}\ c^3\ G^{-3/2}\ \varrho^{-1/2} \approx 10^{31}$ kg, ungefähr drei Sonnenmassen. So massive Sterne gibt es, und wenn sie alt genug sind, haben sie ihren Kernbrennstoff verbraucht, es bleibt ihnen also nichts anderes übrig, als zum Schwarzen Loch zusammenzustürzen.

Ein Stern, der sich durch seine periodische Doppler-Verschiebung als Partner eines Doppelsternsystems ausweist, erlaubt aus der Periode und der Verschiebung eine Schätzung des Bahnradius und damit der Masse des anderen Partners. Wenn dessen Masse größer ist als der kritische Wert, dabei von dem Partner aber weder direkt optisch noch spektroskopisch etwas zu sehen ist, liegt der Verdacht auf ein Schwarzes Loch nahe. Dazu kommt folgendes Kriterium: Ein Schwarzes Loch schluckt alle Materie, die in seine Reichweite kommt. Während diese Materie zuletzt mit Lichtgeschwindigkeit aus unserer Welt verschwindet, stößt sie einen Röntgen- bzw. γ-Todesschrei aus. Röntgenastronomie ist vom Erdboden aus wegen der atmosphärischen Absorption nicht möglich. Der mit einem Röntgenteleskop ausgerüstete Uhuru-Satellit hat 1970 mehrere Doppelsterne mit den erforderlichen Eigenschaften als sehr intensive Röntgen-Quellen erkannt, vor allem die Quelle **Cygnus X-1**, die mit ziemlicher Sicherheit als ein blauer Stern betrachtet werden kann, der ein Schwarzes Loch umkreist und von diesem langsam eingeschlürft wird.

In der heutigen Welt ist nur der Gravitationsdruck stark genug, um Materie zum Schwarzen Loch zu komprimieren, und zwar für Massen oberhalb 10^{31} kg. Wenn der Urknall (Abschn. 15.4.7) hinreichend turbulent erfolgte, könnten dabei auch kleinere Massen von außen her so stark komprimiert worden sein. Solche Schwarzen Mini-Löcher können aber auch nicht kleiner sein als $M \approx 10^{13}$ kg, denn sonst wären sie aus quantenmechanischen Gründen längst zerstrahlt (Aufgabe 15.4.10). Ein solches Mini-Loch, das sich zerstrahlt, wäre alles andere als schwarz: Eine explodierende H-Bombe wäre ein Fünkchen dagegen. Man hat einige rätselhafte Ereignisse wie z. B. den **Tunguska-„Meteoriten“** von 1906 als Durchgang eines Mini-Lochs durch die Erde zu deuten versucht, obwohl eine solche Deutung weder wahrscheinlich noch nötig ist.

15.4.5 Kosmologische Modelle

Viele für die modernste Forschung aktuelle Probleme lassen sich schon in einem nichtrelativistischen Modell verstehen. Eine riesige Masse, die anfangs sehr dicht gepackt war, explodiere. Die Splitter (Galaxien) fliegen mit verschiedenen Geschwindigkeiten davon, die schnellsten mit v_0. Stöße zwischen den Splittern ziehen wir auch in der Anfangsphase nicht in Betracht. Alle Geschwindigkeiten bleiben dann radial. Im Bezugssystem *jedes* Splitters fliegen alle anderen radial nach außen weg, und zwar um so schneller, je weiter sie entfernt sind. Das ist einfach einzusehen: t sei die Zeit nach der Explosion. Vom ursprünglichen Zentrum habe unser Splitter mit der Geschwindigkeit $\dot{\boldsymbol{r}}_0$ den Abstand $\boldsymbol{r}_0 = \dot{\boldsymbol{r}}_0 t$. Ein anderer Splitter mit $\dot{\boldsymbol{r}}_1$ und $\boldsymbol{r}_1 = \dot{\boldsymbol{r}}_1 t$ hat relativ zu $\boldsymbol{r}_0$ den Abstand $\boldsymbol{d} = \boldsymbol{r}_1 - \boldsymbol{r}_0 = (\dot{\boldsymbol{r}}_1 - \dot{\boldsymbol{r}}_0)t$ und die Geschwindigkeit $\boldsymbol{v} = \dot{\boldsymbol{r}}_1 - \dot{\boldsymbol{r}}_0$. Das Verhältnis v/d ist t^{-1}, die reziproke Zeit seit dem **Urknall**.

Genau dies hat *Hubble* 1929 beobachtet:

> Das Spektrum ferner Galaxien zeigt eine **Rotverschiebung**, die proportional zum (unabhängig gemessenen) Abstand ist.

Deutet man diese Rotverschiebung als Doppler-Effekt infolge einer Radialgeschwindigkeit v, dann folgt die

Hubble-Konstante

$$H = \frac{v}{a} = 75 \pm 25\,\mathrm{km\,s^{-1}\,Mpc^{-1}} = \frac{1}{1{,}3 \cdot 10^{10}\,\text{Jahre}} \,. \tag{15.42}$$

(Mpc = **Megaparsec**; 1 pc = 3,26 Lichtjahre ist der Abstand, aus dem der Erdbahnradius unter 1″ Sehwinkel erscheint)

Dieses einfache Modell hat mehrere Schwächen. Zunächst ist die Gravitation nicht berücksichtigt. Wir werden das gleich nachholen. Wenn zu Anfang wirklich alle Materie in einem Punkt vereinigt war, müßte $v_0 = \infty$ gewesen sein, damit die Splitter gegen diese riesige Gravitation entweichen konnten. Das relativistische Bild, das wir weiter unten kurz skizzieren, vermeidet Geschwindigkeiten $v > c$. Ferner stört an unserem Modell, daß es nicht räumlich homogen ist: Die Welt ist danach nicht überall im wesentlichen gleich beschaffen, wie es das **kosmologische Postulat** fordert, sondern nur innerhalb der materieerfüllten Kugel. Außerhalb ist nichts. Die Relativitätstheorie bringt auch das in Ordnung. Viele Forscher stoßen sich schließlich auch an der zeitlichen Inhomogenität: Die Welt ist nicht immer im wesentlichen gleich beschaffen, wie es ein erweitertes kosmologisches Postulat verlangt, sondern bei $t \approx 0$ war sie wesentlich anders, bei $t = 0$ in ganz extremer Weise, und was vor $t = 0$ war, kann prinzipiell kein Mensch sagen. Es gibt Theorien, die diese zeitliche Singularität vermeiden (**steady state-Kosmologien**).

Wir betrachten eine Galaxis am Rand der Explosionswolke, d. h. im Abstand R vom Zentrum. Die ganze übrige kugelförmige Masse M zieht sie zurück, d. h. beschleunigt sie mit $\ddot{R} = -GM/R^2$. Die Lage ist genauso wie bei der Rakete (Abschn. 1.5.9e). Der Energiesatz lautet

$$\eta = \tfrac{1}{2}\dot{R}^2 - GMR^{-1} \,. \tag{15.43}$$

η ist die Gesamtenergie/kg. Bei $\eta > 0$ werden die Galaxien, wenn auch verlangsamt, bis ins Unendliche fliegen. Bei $\eta < 0$ folgt auf eine maximale Expansion eine Rekontraktion. $R(t)$ wird durch einen Zykloidenbogen beschrieben. Die maximale Ausdehnung entspricht $R_{\max} = GM/\eta$, die zeitliche Länge des Bogens (eine Periode des Weltrades) $T = 2\pi GM|\eta|^{-3/2}$. Die Grenze zwischen dem ewig expandierenden und dem Zykloidenmodell liegt bei einer Hubble-Konstanten $H_{\text{kr}} = \dot{R}/R = \sqrt{2GM/R^3}$, bzw. bei einer mittleren Dichte des Weltalls $\varrho_{\text{kr}} = 3H^2/(8\pi G)$. Die Anfangsgeschwindigkeit muß unendlich gewesen sein, falls der Urknall von einer Punktmasse aus erfolgte. Andernfalls muß man die Zykloidenspitze irgendwo ziemlich willkürlich stutzen.

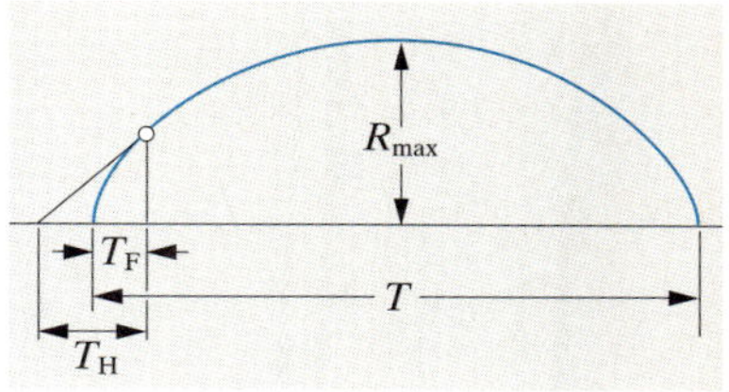

Abb. 15.22. Zeitabhängigkeit des Weltradius nach einem Modell ohne kosmologische Abstoßung und mit negativer Gesamtenergie. Der Zykloidenbogen müßte sich dann zyklisch wiederholen. Aus Rotverschiebungsmessungen folgt eine größere Zeit T_H (Hubble-Zeit), als tatsächlich seit dem Urknall verstrichen ist (T_F: Friedmann-Zeit)

In diesem Weltmodell (auch bei $\eta > 0$) gibt die gemessene Hubble-Konstante nicht mehr die reziproke Zeit seit dem Urknall an. Beobachtungen in unserer „näheren" Umgebung beziehen sich ja nur auf ein kleines Stück der Zykloide, dessen lineare Extrapolation die Tangente im Jetzt-Punkt ergibt. Die Steigung dieser Tangente ist die *jetzige* Geschwindigkeit $\dot{R}(t)$ des Randes der Welt und gibt die jetzige oder lokale Hubble-Konstante $H(t) = \dot{R}(t)/R(t) = 1/T_H$ (T_H: Hubble-Zeit), die nach Abb. 15.22 *größer* ist als die Zeit T_F seit dem Urknall (**Friedmann-Zeit**).

Beobachtung sehr ferner Galaxien kann Aufschluß über die Gestalt der Kurve $R(t)$ geben. Eine um d entfernte Galaxis sehen wir so, wie sie vor einer Zeit d/c war, d. h. noch mit größerer Geschwindigkeit und Rotverschiebung. Der Zusammenhang zwischen Rotverschiebung $z = \Delta\lambda/\lambda$ und d dürfte dann nicht mehr linear sein, sondern müßte superlinear werden. Quasare (quasistellare Radioquellen, deren Rotverschiebungen bis $z = 3{,}56$ gehen) zeigen genau dieses Verhalten. Leider sind so große Entfernungen nicht mehr hypothesenfrei meßbar. Cepheiden sieht man längst nicht mehr; man muß sich auf Helligkeitsvergleiche anscheinend ähnlicher Objekte bzw. auf die Dichteverteilung dieser Objekte verlassen.

Wir haben bisher das Verhalten von Galaxien am Rand der Welt untersucht. Eine Galaxis im Abstand r vom Zentrum unterliegt nur der Gravitation der innerhalb liegenden Kugel. In den bisherigen Formeln ist einfach R durch r zu ersetzen. Deshalb bleibt die Kugel, wenn sie einmal homogen mit Materie erfüllt war, auch in jedem späteren Stadium homogen.

Wenn der x- und der y-Maßstab festgelegt sind, ist eine Zykloide durch einen weiteren Parameter, z. B. den Radius des Rades gekennzeichnet. Unser homogen-isotropes, rotationsfreies Weltmodell ist demnach durch drei Parameter vollständig gekennzeichnet:

- H_0, den jetzigen Wert der Hubble-Konstante; er gibt den Zeitmaßstab;
- R_0, den jetzigen Radius des Weltalls; er gibt den Entfernungsmaßstab;
- den **Decelerationsparameter** $q_0 = \ddot{R}R/\dot{R}^2 = GM/(R_0^3 H_0^2) = 4\pi G\varrho_0/(3H_0^2)$; er kennzeichnet die Form der Zykloide (bei $q_0 > \frac{1}{2}$ bzw. $\eta < 0$) oder der expandierenden Lösung (bei $q_0 \leqq \frac{1}{2}$ bzw. $\eta \geqq 0$). Der Grenzfall $q_0 = 0$ entspräche einer Welt mit verschwindender Dichte und Gravitations-Deceleration. Allein im Fall $q_0 = 0$ ist jeder Wert von $\dot{R}$ möglich; in allen anderen Fällen muß $\dot{R}$ zu Anfang unendlich sein (Abb. 15.22).

Die Bestimmung dieser Parameter ist z. Z. eins der Kernprobleme der beobachtenden Kosmologie. Die Hubble-Konstante ist in den letzten Jahrzehnten mit Verfeinerung der Entfernungsmeßmethoden immer „kleiner geworden". Ihr jetziger (1982) Wert von $1/1{,}3 \cdot 10^{10}$ Jahren scheint „stationär" zu sein. Er ist verträglich mit Altersbestimmungen für die verschiedensten Objekte und nach den verschiedensten Methoden (Erde, Meteoriten, Sterne, Sternhaufen, Galaxien). Die Friedmann-Zeit sollte danach mindestens $8 \cdot 10^9$ Jahre sein. Wir können also noch nicht sehr weit oben auf der Zykloide sein, sonst wäre der Unterschied zwischen Hubble- und Friedmann-Zeit größer. Eben deswegen ist aber die Bestimmung von q_0 besonders schwierig. Man kann noch nicht einmal sagen, ob q_0 größer oder kleiner als $\frac{1}{2}$ ist, d. h. ob die Welt für immer expandieren wird oder ob sie wieder in den Ur-Feuerball zurückkehren wird.

15.4.6 Die kosmologische Kraft

Einstein empfand es als einen Mangel seiner Feldgleichungen, daß sie keine statische Lösung zulassen. Er suchte nach einer Erweiterung, die mathematisch konsistent ist und die Welt stabilisiert, und fand, daß man ein **kosmologisches Kraftglied** hinzufügen kann, das proportional zum Abstand ist. Die Bewegungsgleichung des nichtrelativistischen Modells erweitert sich dann zu $\ddot{R} = -GM/R^2 + \Lambda R/3$, der Energiesatz zu $\frac{1}{2}\dot{R}^2 - GM/R - \Lambda R^2/6 = \eta$.

Das kombinierte Potential aus Gravitation und kosmologischer Abstoßung bildet einen Berg mit einem flachen Gipfel von der Höhe $\eta_c = -1{,}1(GM)^{2/3}\Lambda^{1/3}$ beim Radius $R_c = (3GM/\Lambda)^{1/3}$ (Abb. 15.23). Offensichtlich gibt es jetzt drei qualitativ verschiedene Arten von Lösungen:

- $\eta \geqq \eta_c$: Die Welt kommt über den Berg, d. h. sie dehnt sich unbegrenzt aus, und zwar von $R = 0$ an (Urknall). Über dem Berg kann die $R(t)$-Kurve für einige Zeit fast geradlinig werden, weil sowohl Gravitation als auch Λ-Kraft dort relativ schwach sind. Dieses Gebiet reicht von $R_1 \approx GM/\eta$ bis ungefähr R_c. Speziell bei $\eta \approx \eta_c$ wird dieser gerade Bereich horizontal: Die Welt steht lange auf der Kippe zwischen Expansion und Rekontraktion.
- $\eta = \eta_c$: Vom Anfangswert von R (und $\dot{R}$) hängt ab, was weiter geschieht. Bei $R < R_c$ (und $\dot{R} \neq 0$) expandiert die Welt bis R_c, das sie aber erst nach unendlich langer Zeit erreicht. Die Geschichte begann mit einem Urknall. Bei $R = R_c$ (woraus $\dot{R} = 0$ folgt) liegt die Welt im instabilen Gleichgewicht auf dem Gipfel (**statischer Einstein-Kosmos**). Bei $R > R_c$ (und $\dot{R} \neq 0$) erfolgt unbegrenzte Expansion; in unendlich ferner Vergangenheit lag der Zustand $R = R_c$ (**Lemaître-Eddington-Kosmos**). Die Prozesse bei $R \neq R_c$ könnten im Prinzip auch umgekehrt verlaufen (Kontraktion auf $R = 0$ vom Wert $R = R_c$ in der unendlich fernen Zukunft von $R = \infty$ in unendlich ferner Vergangenheit), aber der Hubble-Effekt ($\dot{R} > 0$) schließt diese Fälle für unsere Welt aus.
- $\eta < \eta_c$ und $R < R_c$: Die Welt bleibt vor dem Berg; $R(t)$ folgt der Zykloide, die ganz oben mehr oder weniger durch den Einfluß des Λ-Gliedes modifiziert sein kann. Die Welt dehnt sich aus bis $R_1 \approx GM/\eta$, dann kontrahiert sie wieder.
- $\eta < \eta_c$ und $R > R_c$: Die Welt bleibt hinter dem Berg. Es gilt die cosh-Lösung von Aufgabe 1.4.7. Die Welt wird unbegrenzt beschleunigt expandieren, aber in der Vergangenheit gab es keinen Urknall, sondern R hat, aus dem Unendlichen kommend, auf einen Minimalwert $R_2 \approx \sqrt{6|\eta|/\Lambda}$ abgenommen und steigt seitdem wieder.

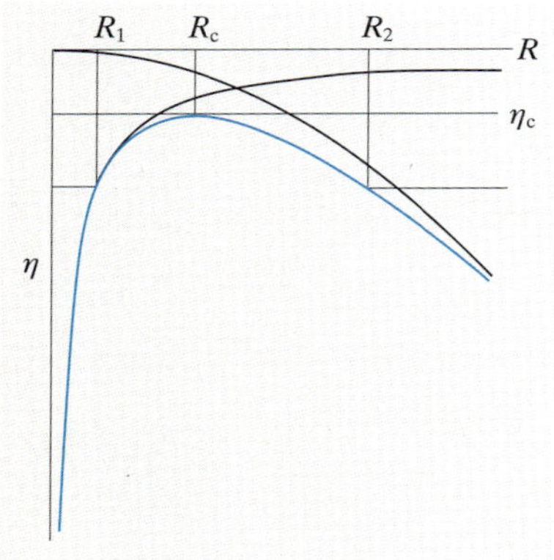

Abb. 15.23. Potentialkurve für ein Weltall mit kosmologischer Abstoßung. Die Entwicklung des Weltalls entspricht der Bewegung eines Körpers mit einer gewissen spezifischen Anfangsenergie η auf dieser Kurve. Bei $\eta > \eta_c$ unbegrenzte Ausdehnung, bei $\eta < \eta_c$ zyklisches Verhalten, bei $\eta = \eta_c$ ist labiles Gleichgewicht auf dem Gipfel möglich

Λ könnte auch negativ sein (kosmologische Anziehung). Das würde offenbar jede unbegrenzte Expansion ausschließen. Bei großem R, wo die Gravitation keine Rolle mehr spielt, käme einfach eine harmonische Schwingung heraus.

Welches dieser Weltmodelle zutrifft, ist noch nicht entschieden. Das kosmologische Glied Λ war einige Zeit aus mehr ästhetischen Gründen in Mißkredit gekommen, vor allem, weil man seinen physikalischen Ursprung nicht einsah.

Eine ähnliche abstandsproportionale Kraft ergäbe sich, wenn die Materiekugel starr, d. h. mit überall gleichem ω rotierte. Diese Idee ist allerdings dynamisch schwer allgemein durchzuführen und verletzt nahezu sämtliche Symmetrieforderungen, die man an die Welt als Ganzes zu stellen gewohnt ist. Physikalisch sinnvoller wäre ein allgemeines Aufquellen des Raumes infolge Quantenfluktuationen des Vakuums, ähnlich wie sie die Quantenelektrodynamik annimmt. Man weiß noch nicht, was an diesen Ideen richtig ist, und ob Λ überhaupt von Null verschieden ist oder welches Vorzeichen es hat.

Man sollte meinen, daß diese anschaulich einfachen Ergebnisse durch die spezielle und besonders durch die allgemeine Relativitätstheorie viel komplizierter werden. Für die Rechnung trifft das auch zu. Wenn man aber unter $R(t)$ den Krümmungsradius des Weltalls versteht, d. h. im allgemeinen den größtmöglichen Abstand, erhält man genau dieselbe Auswahl von Modellen wie in der nichtrelativistischen Kosmologie. Da aber R der größtmögliche Abstand ist, erledigt sich die Frage, was dahinter kommt. Die Inhomogenität zwischen „drinnen etwas – draußen nichts" wird beseitigt. Ebenso verschwinden die Überlichtgeschwindigkeiten, denn $\dot{R} = c$.

R ist der größtmögliche Abstand, weil der Raum gekrümmt ist. Diese Krümmung kann positiv, Null oder negativ sein. Das hängt von der mittleren Energiedichte, einschließlich der Ruhmassendichte ab. Sie ist genau unser η, und dieser Wert ist überall im Weltall derselbe, nicht nur am Rand, wie man aus (15.43) entnehmen könnte. Am Rand legen die Galaxien, von uns aus betrachtet, ihre ganze Ruhenergie in Fluchtbewegung an: Photonen, die von dort kommen, sind für uns so vollständig rotverschoben, daß ihre Frequenz und damit ihre Energie Null werden; entsprechendes gilt für jede Art von Materie. Dort wird die Energiedichte lediglich durch η beschrieben. Für $r < R$ bleibt ein größerer Bruchteil der Ruhenergie übrig und ergänzt den dort kleineren Wert von η zur überall gleichen Gesamtenergiedichte, wie es das kosmologische Postulat verlangt.

Energie- oder Massendichte bedingt aber nach Einsteins Gravitationstheorie Raumkrümmung. Diese Krümmung ist positiv wie im zweidimensionalen Fall bei einer Kugelfläche, wenn $\eta > 0$ (**sphärischer** oder **Einstein-Raum**). Die Krümmung ist Null bei $\eta = 0$ (**ebener** oder **euklidischer Raum**), negativ wie bei einer Sattelfläche für $\eta < 0$ (**hyperbolischer** oder **Lobatschewski-Bolyai-Raum**). Der sphärische Raum ($\eta > 0$) schließt sich zu einem riesigen Schwarzen Loch, R ist sein Radius. Dieser Raumtyp erlaubt, wie wir gezeigt haben, nur Weltmodelle, die vom Urknall aus unbegrenzt expandieren. Qualitativ dasselbe gilt vom ebenen und auch vom hyperbolischen Raum, wenn $\eta > \eta_c$. Nur bei $\eta < \eta_c$ existieren die zykloidischen bzw. cosh-förmigen Lösungen.

Diese Modelle wurden im wesentlichen schon von *Friedmann* diskutiert (1924). *Gott* u. a. bemühen sich herauszufinden, welcher von diesen Fällen auf unsere Welt zutrifft[1].

15.4.7 Gab es einen Urknall?

Bis vor kurzem glaubte man nicht, daß Sterne schwere Elemente thermonuklear aufbauen können. Selbst unter den extremsten Temperatur- und Dichteverhältnissen sollte der Aufbau nur höchstens bis zum Eisen gehen. Andererseits ist klar, daß z. B. Uran nicht von Ewigkeit her existiert haben kann, sondern höchstens einige 10^{10} Jahre. Zum Aufbau schwerer Elemente mußten Bedingungen postuliert werden, die noch extremer sind

[1] *J. R. Gott* u. a.: Astrophys. J. **194**, 543 (1974). *J. E. Gunn* u.a: Nature **257**, 454 (1975).

als im Sterninnern und die andererseits nicht viel länger als 10^{10} Jahre zurückliegen. Der zurückextrapolierte Hubble-Effekt mit dem überdichten Anfangszustand schien beide Probleme glänzend zu lösen. *Gamow*, *Lemaître* u.a. entwickelten Theorien vom **Ursprung der Elemente** durch sukzessiven Neutroneneinfang, die zunächst die kosmische Häufigkeitsverteilung der Nuklide recht gut zu erklären schienen. Noch vor der Zeit des Kernaufbaus sollten sich die Elementarteilchen selbst aus dem Urbrei herausgeschält haben. Diese Theorien setzen voraus, daß in der heutigen Welt eine isotrope Strahlungsdichte vorhanden ist, deren Kompression beim Zurückextrapolieren zu sehr hohen Temperaturen führt (vgl. Aufgabe 15.4.19), etwa 10^9 K zur Zeit des Aufbaus der Elemente, um 10^{13} K bei der Bildung der Hadronen ($kT \approx mc^2$).

1965 entdeckten *Penzias* und *Wilson* eine Radiostrahlung mit Planckscher Energieverteilung entsprechend 2,7 K, die, wie es damals schien, völlig isotrop ist. Sie entspricht genau Gamows verdünntem Nachhall vom Geburtsschrei des Weltalls. Andererseits erwies sich die ursprüngliche Theorie vom Aufbau der Elemente als nicht haltbar: Der Kernaufbau wäre auch im heißesten Feuerball nur bis zum Helium möglich, einfach weil es zu schwierig ist, dem ^{4}He-Tetraeder ein weiteres Nukleon anzufügen. Außerdem hat man, merkwürdigerweise gerade in kalten Sternen, die Spektrallinien des Elements Technetium gefunden, dessen langlebigstes Isotop eine Halbwertszeit von nur $2{,}6 \cdot 10^6$ Jahren hat. Der Aufbau schwerer Kerne ist also ein ganz normaler Prozeß im Sterninnern. Dadurch ermutigt, hat man sogar die 55tägige Halbwertszeit der Helligkeit von Supernovae mit der des Californium-Isotops ^{254}Cf in Verbindung gebracht. Zur Elementerzeugung ist jedenfalls heute der Urknall weder dienlich noch nötig.

Angesichts dieser Situation (aber noch vor der Entdeckung der 2,7-K-Strahlung), entwickelten *Hoyle*, *Bondi* und *Gold* eine Theorie, die Singularitäten wie den Urknall vermeidet und das **erweiterte kosmologische Postulat** erfüllt (Homogenität auch in der Zeit). Da die Welt allem Anschein nach expandiert, muß man, um speziell die mittlere Dichte konstant zu halten, eine ständige Neuerzeugung von Materie aus dem Nichts annehmen. Betrachtet man als natürliche Einheitszelle des Raumes ein Nukleonenvolumen und berücksichtigt, daß die meisten dieser Zellen erst seit einem Weltalter H^{-1} existieren, dann erlaubt die Unschärferelation eine Energieschwankung in solchen Volumina, die gerade eine Teilchenerzeugungsrate darstellen, so daß der Dichteverlust infolge der Spiralnebelflucht ersetzt wird. Die dazu notwendige Erzeugungsrate ergibt sich aus der mittleren Dichte (wahrscheinlichster Wert $\varrho_0 \approx 10^{-27}\,\mathrm{kg/m^3}$), die nahe beim kritischen Wert für einen Weltradius $R \approx c/H \approx 1{,}3 \cdot 10^{26}$ m liegt (vgl. (15.41)). Materie verschwindet mit der Rate $\dot{M} \approx -\varrho_0 R^2 c$ hinter dem Ereignishorizont (Kugelfläche mit R). Sie muß also mit einer Quelldichte $\approx \varrho_0 c/R \approx \varrho_0 H \approx 10^{-45}\,\mathrm{kg/m^3\,s}$ neu erzeugt werden. In der ganzen Erdatmosphäre würde danach nur etwa ein Nukleon pro Sekunde erzeugt, was eine direkte Prüfung vorläufig aussichtslos macht.

Das wichtigste Argument gegen die zeitliche Homogenität der Welt betrifft die Verteilung der **Quasars**. Diese Quasistellar Radio Sources wurden zuerst als radioteleskopisch nicht auflösbare Quellen entdeckt und später z. T. mit optischen Objekten identifiziert, die außerordentlich große Rotverschiebungen $z = \Delta\lambda/\lambda$ haben (bis $z = 3{,}56!$) und außer ihrer hohen Radiointensität auch einen spektralen UV-Exzeß zeigen. Seit man festgestellt hat, daß auch rein optisch identifizierte Objekte ähnlich hohes z haben, nimmt man dieses z als kennzeichnend für einen Quasar, ob er stark radioemittiert oder nicht. Bei gewöhnlichen Galaxien findet man dagegen nur z-Werte bis 0,4. Deutet man z kosmologisch, d. h. im Sinne des Hubble-Effekts, dann müssen die fernsten Quasars also etwa zehnmal ferner sein als die fernsten Galaxien, die man noch sieht. Beide haben ähnliche scheinbare Helligkeit (19. Größe), demnach ist ein Quasar etwa 100mal so hell wie eine Galaxis. Angesichts dessen ist besonders merkwürdig, daß die Helligkeit vieler Quasars mit Perioden von wenigen Tagen schwankt. Das ist nur denkbar, wenn ihr Durchmesser nicht größer ist als ebenso viele Lichttage, denn die Teile eines größeren Strahlers könnten ihre Emission prinzipiell nicht so koordinieren, einfach deswegen, weil die Gleichzeitigkeit zwischen diesen Teilen nicht einmal genau genug *definiert* wäre: Das absolute Anderswo wäre zu breit. Helligkeit von 100 Galaxien auf so kleinem Raum (nicht viel größer als das Sonnensystem) schien undenkbar, bis man im Kern ziemlich normaler Galaxien (**Seyfert-Galaxien**) Vorgänge entdeckte, die dem nahekommen, deren physikalischer Mechanismus allerdings noch ebenso ungeklärt ist.

Für die Entscheidung zwischen Urknall und steady state ist die räumliche Verteilung der Quasars wesentlich, nämlich die Tatsache, daß sie fast alle sehr weit weg sind. Das gleiche Volumen enthält um so mehr Quasars, je weiter es von uns entfernt ist. Die bisher überzeugendste Erklärung ist, daß Quasars, wie bei dem enormen Energieausstoß eines so kleinen Systems nicht verwunderlich, sehr junge Systeme sind, die ziemlich zu Anfang der Welt entstanden. Eigentlich sind sie schon alle ausgebrannt bzw. zu normaler Leuchtkraft abgesunken, und wir sehen die fernen nur noch deswegen, weil ihr Licht schon mehrere Milliarden Jahre unterwegs ist. Das steady state-Modell hat auf Anhieb nichts ähnlich Einleuchtendes anzubieten. Es wird immer wahrscheinlicher, daß im Zentrum eines Quasars, wie auch in einer normalen Galaxie ein riesiges schwarzes Loch sitzt, das sich von Sternen ernährt, von denen es etwa einen jährlich schluckt. Der Unterschied zwischen den jugendlich unruhigen Quasars und den stilleren Normalgalaxien liegt nur in der Masse, also im Alter des schwarzen Loches: Wenn die Masse kleiner ist als etwa 10^8 Sonnenmassen (**Laplace-Grenze**, Aufgabe 15.4.6), liegt die **Roche-Grenze** (Aufgabe 1.7.16) außerhalb des schwarzen Loches, nahekommende Sterne werden also erst zerrissen und dann gefressen. Später wandert die Roche-Grenze ins Innere, und das schwarze Loch schluckt die Sterne unzerstört und daher ohne viel Strahlungsgeschrei.

Der Hubble-Effekt in seiner Deutung als Doppler-Effekt und damit die Expansion des Weltalls sind übrigens auch nicht unangefochten geblieben. Schon *Hubble* selbst diskutierte die Möglichkeit einer **Ermüdung des Lichts** auf seinem langen Weg, die in einer Frequenzabnahme durch Stoß mit anderen Teilchen beruhen sollte. 1972 fanden *Rubin* und *Ford* eine deutliche Anisotropie der Rotverschiebung. Galaxien in der einen Himmelshälfte, in deren Zentrum die Sternbilder Jungfrau und Coma Berenices liegen, und damit einer der größten Haufen von Galaxien, der Virgo-Coma-Haufen, zeigen bei offenbar gleichem Abstand eine systematisch stärkere Rotverschiebung als Galaxien in der anderen Hälfte. Diese selbst noch etwas umstrittene Anomalie der Rotverschiebung und viele andere sind vielfach so gedeutet worden, daß Stoßprozesse beim Durchgang durch dichtere Materie wenigstens einen Teil der Rotverschiebung bedingen. Ein **ultrarelativistischer Compton-Effekt** würde die Beobachtungstatsachen ziemlich zwanglos erklären, wenn als Stoßpartner des Photons Teilchen mit endlicher Ruhmasse unterhalb 10^{-54} kg in ausreichender Dichte verfügbar wären. Eine Ruhmasse des Photons von dieser geringen Größenordnung ist nicht auszuschließen (Aufgabe 15.2.17), und daher ist diese Hypothese, die Urknall und Materieerzeugung überflüssig machen würde, durchaus diskutabel.

15.4.8 Das Geheimnis der dunklen Massen

Fast alle Galaxien entfernen sich voneinander, nur die Andromeda-Galaxie nähert sich uns mit 50 km/s, während sie nach dem Hubble-Gesetz etwa ebensoschnell von uns fliehen sollte. Das muß an der Gravitation zwischen den beiden relativ nahen Galaxien liegen, aber ihre beobachtbaren, in Sterne zusammengeballten Massen würden nicht ausreichen, die Hubble-Expansion zu bremsen. Es gibt viel mehr unsichtbare Masse als sichtbare, leuchtende. Dasselbe folgt aus der Dynamik der Spiralgalaxien, nämlich ihrer Rotation: Die innersten Teile, bis etwa 10 000 Lichtjahre Radius, rotieren wie ein starrer Körper, außerhalb ist die Umlaufgeschwindigkeit der Sterne zum Zentrum praktisch konstant (200–300 km/s). Eine Punktmasse (die zentrale Kugel, in der die meisten Sterne sitzen) müßte mit $v \sim r^{-1/2}$ umkreist werden, innerhalb einer homogenen Kugel würde $v \sim r$ gelten. Die Wahrheit liegt dazwischen: Die Dichte nimmt nach außen ab, aber längst nicht so schnell wie die der sichtbaren Sternverteilung.

Der Andromedanebel erscheint insgesamt so hell wie ein Stern 3. Größe, ist aber $2 \cdot 10^6$ Lichtjahre entfernt, der typische Stern 3. Größe nur etwa 30 Lichtjahre. Also leuchtet der Andromedanebel wie $5 \cdot 10^9$ Sterne mit 10^{40} kg Gesamtmasse. Berücksichtigt man Lichtschwächung durch gegenseitige Bedeckung und Absorption in Dunkelwolken, kommt man knapp 10mal höher. Die Masse, die einen Stern ganz außen ($r \approx 5 \cdot 10^4$ Lichtjahre) mit $v = 300$ km/s herumzwingt, ergibt sich aber zu $M = rv^2/G = 10^{42}$ kg. Mindestens $\frac{9}{10}$ dieser Masse leuchtet also nicht und bildet keine Scheibe mit Zentralwulst, sondern vermutlich eine annähernd kugelförmige Wolke, den Halo, mit nach außen abnehmender Dichte. Für größere Bereiche, etwa Galaxienhaufen, erhält man ein noch größeres Verhältnis dunkel/hell, bis hin zu 100, dem Wert, der etwa der Grenzdichte zwischen dem ewig expandierenden und dem wieder kontrahierenden Weltall entspricht.

Woraus besteht aber die **dunkle Masse**? Aus hungernden schwarzen Löchern (ohne Akkretionsscheibe), aus Neutrinos, aus noch exotischeren Teilchen wie **Higgs-Teilchen** usw.? Neutrinos werden von den Sternen seit 10^{10} Jahren emittiert, vorher viel intensiver aus Teilchenreaktionen, und praktisch nie vernichtet, aber durch die Expansion so rotverschoben, also verlangsamt, daß überwiegend nur ihre Ruhmasse zählt, falls sie eine haben (Aufgabe 13.4.31). Die experimentellen Grenzen für diese Ruhmasse erniedrigen sich aber ständig, so daß sie kaum noch für die dunkle Masse ausreicht. Ein viel trivialerer Kandidat gewinnt dagegen an Wahrscheinlichkeit: Die **braunen Zwerge**. Das sind Gasklumpen, zu massearm, um im Zentrum die Fusionstemperatur zu erreichen, daher nicht leuchtend: Stern-Fehlgeburten mit Massen zwischen $\frac{1}{100}$ und $\frac{1}{10}$ Sonnenmasse (unterhalb der unteren Grenze würden Verdichtungen sich wieder zerstreuen). Entdecken kann man einen solchen Körper durch seine **Gravitationslinsen**wirkung (Aufgabe 15.4.27): Ein Stern, der ziemlich genau hinter ihm vorbeizieht, erscheint momentan (einige Tage lang) heller. Unter 5 Millionen beobachteten Sternen der Magellan-Wolken (Satellitengalaxien der unseren) hat man jetzt drei Ereignisse gefunden, deren Signatur genau paßt. Diese Häufigkeit entspricht sehr gut der statistischen Erwartung. Einige solche Objekte hat man kürzlich auch direkt beobachtet.

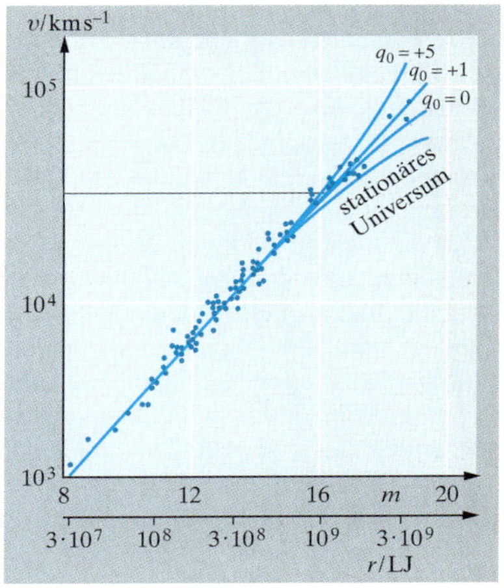

Hubble-Effekt (Daten nach *Allan Sandage*). Die Radialgeschwindigkeit v aus dem relativistisch korrigierten Doppler-Effekt ist aufgetragen über der scheinbaren Helligkeit m der Galaxien. m ist ein logarithmisches Maß für den Abstand r (untere Abszissenachse). Die v-Kurve ist nur im unteren Teil logarithmisch. Die theoretischen Kurven für verschiedene Decelerationsparameter q_0 lassen noch keine Entscheidung zwischen offenem, ewig expandierendem ($q_0 < 1/2$) und geschlossenem Weltall zu

▲ Ausblick

In der modernen Physik geht nichts mehr ohne die Relativitätstheorie. Die Theorien der Elementarteilchen von der Dirac-Gleichung an setzen sie ebenso selbstverständlich voraus wie die Experimentatoren beim Bau ihrer Beschleuniger und der Auswertung energiereicher Wechselwirkungen. Fast jedes Jahr finden internationale Colloquien über relativistische Astronomie und Kosmologie statt. Warum sich die Materie in Pulsaren noch exotischer verhält als in weißen Zwergen, versteht man nur relativistisch, ganz abgesehen von schwarzen Löchern und der Struktur des ganzen Universums.

✓ Aufgaben . . .

●● 15.1.1. Die seltsamen Eigenschaften des Äthers

Seit es nachweisbar astronomische Messungen gibt (ca. seit 3 000 v. Chr.) hat sich die Länge des Jahres, wenn überhaupt, höchstens um 10 min verändert. Seit es Präzisionschronometer gibt (seit ca. 100 Jahren) beträgt diese Änderung höchstens 0,1 s. Es gibt kein Anzeichen, daß sich seit dem Kambrium (d. h. in ca. 500 000 000 a) die Jahreslänge um mehr als etwa 30 % geändert hat (vgl. Aufgabe 1.1.6). Welche dieser Abschätzungen ergibt die kleinste relative Änderung? Was folgt daraus für die evtl. Änderungen des Erdbahnradius und der Bahngeschwindigkeit der Erde? Wenn es ein widerstehendes interplanetarisches Medium gibt, welche Bremskraft übt es höchstens auf die Erde aus? Wie groß kann demnach seine Dichte und insbesondere die des hypothetischen Äthers höchstens sein? Eine weitere Abschätzung ergibt sich daraus, daß die bei dieser Bremsung auftretende Reibungswärme viel kleiner ist als die Strahlungsleistung der Sonne auf die Erde. Welche meteorologischen Folgen müßten nämlich sonst eintreten? Wenn die Lichtwellen elastische Ätherschwingungen wären, welche elastischen Eigenschaften müßte der Äther haben? Beachten Sie, daß das Licht transversal schwingt! Geben Sie Abschätzungen für die zu postulierenden elastischen Größen und vergleichen Sie mit normalen Materialien!

●● 15.1.2. Michelson-Versuch

Monochromatisches Licht aus der Quelle L wird durch einen halbdurchlässigen Spiegel P in zwei kohärente Teilstrahlen gleicher Intensität zerlegt, die nach gleicher Laufstrecke l durch zwei Spiegel $A'B'$ und $A''B''$ zurückgeworfen und wieder auf P vereinigt werden. Dort erzeugen sie ein Interferenzbild (Abb. 10.50). Betrachten Sie zunächst idealisierte Lichtstrahlen mit streng punktförmigem Querschnitt. Wie sieht das Interferenzbild aus, wenn (a) die Arme genau gleichlang sind, (b) wenn sie um genau eine halbe Wellenlänge verschieden lang sind? Wozu ist die Kompensatorplatte P' da? Wie lang müssen die Arme sein, damit bei einer Bewegung des Labors und der Erde gegen den hypothetischen Äther z. B. mit der Kreisbahngeschwindigkeit der Erde eine Laufzeitdifferenz von einer halben Periode herauskommt? Ist es mechanisch möglich, zwei Arme von dieser Länge bis auf $\lambda/2$ anzugleichen?

Wie müßte sich das Interferenzbild ändern, wenn man den Apparat um 90° schwenkt, also die Rollen der beiden Arme vertauscht? Welche Schlüsse ziehen Sie, wenn keine solche Änderung eintritt? Kann es daran liegen, daß die Erde im Moment der Messung relativ zum Äther ruhte? Wenn ja, welchen Effekt sollte man dann 6 Monate später erwarten? Wenn wieder nichts eintritt, was sagen Sie dann? Um welchen Faktor müßte sich der jeweils in Richtung des „Ätherwindes" stehende Arm verändern, um die erwartete Laufzeitdifferenz zu kompensieren?

● 15.1.3. Weltlinien

Wie sehen graphische Fahrpläne aus für den Verkehr auf einer Bahnlinie, für den Schiffsverkehr auf einer Meeresfläche, für den Flugverkehr (unter Berücksichtigung der Höhendimension)?

Wie würde in jedem der drei Fälle ein ruhendes Fahrzeug, ein mit konstanter Geschwindigkeit bewegtes Fahrzeug, ein Zusammenstoß dargestellt werden? Wie liest man Geschwindigkeiten ab, wie Beschleunigungen? Welche Rolle spielt es, welche Kartenprojektion man für die Darstellung des Meeres wählt?

●● 15.1.4. Lösungsvorschläge

Als Ausweg aus dem Michelson-Dilemma schlug *Ritz* vor, das Licht breite sich immer *relativ zu seiner Quelle* allseitig mit der Geschwindigkeit c aus. Würde dies das Ergebnis des Michelson-Versuchs erklären? *De Sitter* argumentierte so: Es gibt Doppelsterne, die einander mit Perioden von wenigen Stunden umkreisen. Man stellt die periodisch wechselnden Radialgeschwindigkeiten relativ zur Erde aus dem Doppler-Effekt fest (spektroskopische Doppelsterne). Wenn *Ritz* recht hätte, müßte es in den Spektren solcher Doppelsterne sehr spukhaft zugehen. Wie nämlich?

● 15.1.5. Wer hat sich bewegt?

Während eines Vortrages über Relativitätstheorie, den *Eddington* in Edinburgh gab, bemerkte ein Zuhörer: „Sir Arthur, Sie sehen müde aus, und ich verstehe das, denn Sie sind ja den ganzen Tag hierher gereist. Was ich nicht verstehe, ist, wie Sie sagen können, es sei ganz egal, ob Sie zu uns gekommen sind oder wir zu Ihnen, denn im zweiten Fall hätten Sie doch keinerlei Grund zur Müdigkeit." Wie hätten Sie sich aus der Affäre gezogen?

● 15.1.6. Strahlungsbremsung

Man hat gemeint, die Sterne müßten allmählich zur Ruhe kommen, denn solange sie sich bewegen, staut sich ihr Licht vor ihnen auf, m. a. W. die Energiedichte ist vor ihnen größer als hinter ihnen, was einen bremsenden Zusatz-Strahlungsdruck zur Folge hat. Stimmt das? Gibt es einen entsprechenden akustischen Effekt?

●● 15.1.7. Lorentz-Kontraktion

Zwei entgegengesetzte Ladungen stehen im Abstand d im Gleichgewicht, weil ihre Coulomb-Anziehung durch eine steilere Abstoßung kompensiert wird. Welche Zusatzfelder und -kräfte treten für einen Beobachter auf, der sich gegenüber dem System mit einer Geschwindigkeit v senkrecht zur Verbindungslinie der Ladungen bewegt? Wie verhält sich die Zusatzkraft zur Coulomb-Kraft? Kann der Gleichgewichtsabstand derselbe bleiben? Um welchen Faktor ändert er sich, vorausgesetzt daß diese Änderung klein bleibt? Wie verhält sich eine Netzebene eines NaCl-Kristalls, die senkrecht zu v steht? Wie werden die benachbarten Netzebenen darauf reagieren?

●● 15.2.1. Schnelle Uhren gehen nach

dpa-Meldung vom Oktober 1971: „Zwei amerikanische Wissenschaftler ... schnallten im Jumbo-Jet ... zwei Präzisions-Atomuhren fest. Zwei weitere Meßgeräte des gleichen Typs, haargenau abgestimmt, blieben im U.S. Naval Observatory zurück ... Auf dem Flug in östlicher Richtung ... sind die „schnellen" Atomuhren im Flugzeug etwa eine hundertmilliardstel Sekunde nachgegangen ... Wesentlich schwieriger zu begreifen war das Ergebnis des Fluges in westlicher Richtung ... Die Vergleichsuhren *auf der Erde* gingen diesmal nach, um etwa eine dreihundertmilliardstel Sekunde ..."

Ist rein physikalisch eine Zeitdifferenz zu erwarten? Ist ihre angegebene Größenordnung richtig? Begeben Sie sich ins bequemste Bezugssystem, das eines Beobachters, der an der Erdrotation nicht teilnimmt. Sie können dann sogar die Fluggeschwindigkeit abschätzen. Ist das Ergebnis vernünftig?

●● 15.2.2. Zeitdilatation

In dem Moment, wo eine Rakete mit der Geschwindigkeit v (z. B. $c/2$) an uns vorbeifliegt, öffnet jemand darin einen Photoverschluß in einer seitlichen Öffnung O und sieht das Licht eines Sterns S genau auf den gegenüberliegenden Punkt P der Wand fallen. Wir müssen den Vorgang durch einen Lichtstrahl beschreiben, der, um den während der Lichtlaufzeit OP weiterbewegten Punkt P (jetzt in P') zu erreichen, unter einem Winkel α verläuft (wie groß ist α?). Die Zeit zwischen den beiden Punktereignissen „Verschluß wird geöffnet" und „Licht erreicht P" sei für uns Δt, für den Astronauten $\Delta t'$. Welcher Zusammenhang zwischen Δt und $\Delta t'$ ergibt sich daraus? Sehen die Astronauten und wir den Stern in der gleichen Richtung? Müßte dieser Effekt nicht auch auf der bewegten Erde auftreten? Wie groß wäre er? Wo stehen eigentlich die Sterne wirklich? Zeichnen Sie das Schema so, daß *wir* den Stern in „senkrechter" Richtung sehen, und

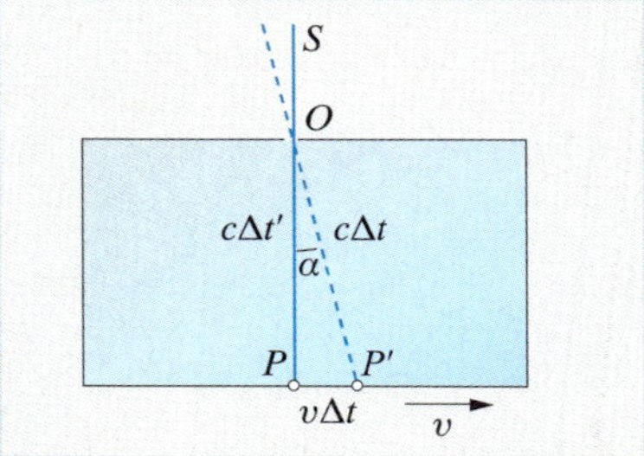

Abb. 15.24. Gedankenversuch zur Lorentz-Transformation

ziehen Sie die entsprechenden Schlußfolgerungen. Sind sie quantitativ die gleichen wie vorher? Wenn nein, warum nicht?

●● 15.2.3. Zwillingsparadoxon

Nehmen Sie die „vitalistische" Hypothese an: Alle physikalischen Vorgänge in einem System S', das sich gegen ein Inertialsystem S geradlinig gleichförmig bewegt, verlaufen, von S aus betrachtet, nach der Einsteinschen Zeitdilatation verlangsamt, alle biologischen und psychischen Prozesse dagegen nicht. Entwickeln Sie eine Methode, ein Inertialsystem vor dem anderen auszuzeichnen, speziell eines als absolut ruhend zu erklären. Was folgt daraus? Sie beobachten einen Astronauten, der mit $v = 0{,}99c$ fliegt. Beschreiben Sie seinen Tageslauf. Wie beschreibt der Astronaut Ihren Tageslauf? (Alles unter der obigen „vitalistischen" Annahme!)

●● 15.2.4. Myonen der kosmischen Strahlung

Ein ruhendes **Myon** hat eine Masse von 207 Elektronenmassen und eine Lebensdauer von $2{,}2 \cdot 10^{-6}$ s. An der Erdoberfläche treffen etwa 5 Myonen pro cm^2 und s ein. Ihre mittlere Energie liegt um 1 GeV. Diese Myonen werden vorwiegend in 12–15 km Höhe erzeugt (durch Zerfall von Pionen, die ihrerseits aus Kernstößen der kosmischen Primärkerne stammen). Diskutieren Sie das Schicksal einer Anzahl von Myonen, die in der Höhe h erzeugt werden und die Lebensdauer τ haben. Welcher Bruchteil höchstens kann die Erdoberfläche erreichen? Wie groß müßte die Myonen-Flußdichte in 13 km Höhe sein? Welche Energieflußdichte repräsentiert dies mindestens (außer Myonen werden auch sehr viele Elektronen u. a. erzeugt)? Vergleichen Sie diese Energieflußdichte mit der optisch-thermischen Sonnenstrahlung. Wo wird schließlich die Energie der kosmischen Strahlung absorbiert, wo die der Sonnenstrahlung? Stellen Sie sich die Folgen für den Energiehaushalt der Erdoberfläche und der Atmosphäre vor. Wenn diese Folgen Ihnen paradox erscheinen, wo liegt die Lösung? *Fermis* Antwort: In der Zeitdilatation. Wieso? Myonenflußdichte in großer Höhe für zwei Myonenenergien:

Tabelle 15.1

Höhe h/km	0,4 GeV	1,5 GeV	
0	5	0,2	
4	11	1,6	
13	25	10	Myonen/cm^2 s

Sind die Höhenabhängigkeiten gleich? Wenn nicht, wie erklären Sie den Unterschied? Können Sie die oben aufgestellte Hypothese auch quantitativ bestätigen? Der Abfall des Myonenflusses in Wasser ist so, daß nach 50 m durchlaufener Schichtdicke noch etwa $\frac{1}{100}$ des ursprünglichen Flusses vorhanden ist. Korrigieren Sie die obigen Abschätzungen durch Berücksichtigung der atmosphärischen Absorption der Myonen!

●● 15.2.5. Transversaler Doppler-Effekt

He$^+$-Ionen werden in Feldern verschiedener Stärke beschleunigt (Beschleunigungspotential U) und zum Leuchten angeregt. Die Emission wird *genau* senkrecht zum Ionenstrahl beobachtet. Man findet folgende Emissionslinien (Pickering-Serie) für verschiedene U:

Tabelle 15.2

U/MV	Wellenlängen in nm			
0	656,0	541,2	485,9	433,9
1	656,2	541,3	486,1	434,0
3	656,6	541,6	486,3	434,2
10	657,8	543,7	487,2	435,1
30	661,4	545,6	489,8	437,5

Erklären Sie die erste Zeile dieser Tabelle. Was bedeutet das Verhalten der Zahlen in den Spalten quantitativ? Wo in der Tabelle vermuten Sie einen Meß- oder Protokollierfehler? Deuten Sie die Werte quantitativ. Welche Frequenzen erwarten Sie bei Beobachtung in Richtung des Strahles? Was geschieht, wenn die Emission eines zu langen Abschnitts des geraden Strahles in den Kollimator gelangt?

● 15.2.6. v-Stapelei

Von einer großen Rakete R_1, die relativ zur Erde mit $v = c/2$ fliegt, wird eine sehr viel kleinere Rakete R_2 gestartet, die schließlich relativ zu R_1 mit $c/2$ fliegt. R_2 schießt eine noch viel kleinere Rakete R_3 ab, die relativ zu R_2 mit $c/2$ fliegt usw., solange technisch möglich. Alle Geschwindigkeiten liegen in gleicher Richtung. Geben sie die Geschwindigkeiten der einzelnen Raketen relativ zur Erde an. Ist es möglich, so die Lichtgeschwindigkeit zu erreichen oder zu überschreiten?

●● 15.2.7. Fizeau-Versuch

Licht aus der monochromatischen Quelle L wird durch den halbdurchlässigen Spiegel HS in zwei kohärente Strahlen zerlegt. Diese gehen durch zwei Rohre der Länge l, in denen eine Flüssigkeit von der Brechzahl n mit der Geschwindigkeit v im angegebenen Sinne strömt. Die Strahlen vereinigen sich schließlich auf dem Interferenzschirm I, auf dem ihr Gangunterschied bestimmt werden kann. Die Messung selbst spielt sich z. B. so ab, daß man die Geschwindigkeit v von 0 aus bis zu einem Wert v_1 steigert, wo ein Gangunterschied von $\lambda/2$ auftritt. Wie stellt man diesen Gangunterschied fest? Wie kommt er zustande?

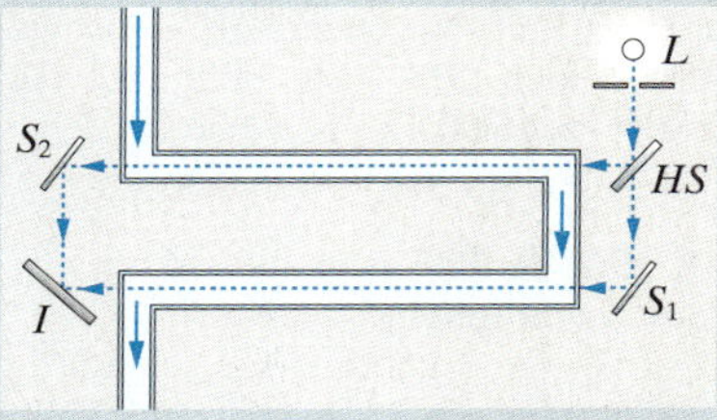

Abb. 15.25. Der Fizeau-Versuch zur Messung der Lichtgeschwindigkeit in einer bewegten Flüssigkeit .

Ergebnisse bei $l = 3$ m, Wellenlänge $\lambda = 500$ nm:

Tabelle 15.3

Flüssigkeit	Brechzahl	$\lambda/2$-Geschwindigkeit (m/s)
Wasser	1,33	15,9
Ethanol	1,36	14,8
Benzol	1,50	10,2
Schwefelkohlenstoff	1,63	7,4

Einen weiteren Punkt dieser Abhängigkeit hat man noch „umsonst". Welchen? Stellen Sie eine empirische Formel für die Lichtgeschwindigkeit (Phasengeschwindigkeit) in diesen strömenden Medien auf! Wie kann man diese Formel deuten? Können Sie sich eine „klassische" Deutung vorstellen? Müßte jemand, der an den Lichtäther glaubt, schließen, daß dieser von der Flüssigkeit mitgeführt wird oder nicht?

●● 15.2.8. Transversale Beschleunigung

In Abschn. 15.2.5 wird die Transformation einer Beschleunigung $\boldsymbol{a}$ beim Übergang zwischen zwei Inertialsystemen diskutiert, deren Relativgeschwindigkeit $\boldsymbol{v}$ parallel zu $\boldsymbol{a}$ ist. Leiten Sie die Transformation für eine transversale Beschleunigung $\boldsymbol{a} \perp \boldsymbol{v}$ her.

● 15.2.9. Zyklotron

Im Zyklotron laufen die geladenen Teilchen mit einer Winkelgeschwindigkeit $\omega = ZeB/m$ um (m Masse, Ze Ladung, B Magnetfeld; s. Abschn. 13.3.3). Die Beschleunigung erfolgt durch ein elektrisches Wechselfeld genau angepaßter fester Frequenz im Zwischenraum zwischen den beiden „D". Man stellt fest, daß man Protonen so nur bis auf etwa 400 MeV bringen kann. Warum?

● 15.2.10. Elektronengeschwindigkeit

Ein Physiker, gefragt, wie schnell die Elektronen in seinem 2 MeV-Beschleuniger fliegen, tippt in seinen Taschenrechner 2000 ÷ 512 + 1 = $1/x$ INV COS SIN, erhält 0,979 und sagt: Sie fliegen mit 97,9 % der Lichtgeschwindigkeit. Können Sie das erklären?

● 15.2.11. Kernenergie

Welches ist die Energieausbeute pro kg Kernbrennstoff bei der Spaltung, z. B. als typische Reaktion ${}^{235}_{92}\mathrm{U} \to {}^{138}_{58}\mathrm{Ce} + {}^{94}_{42}\mathrm{Mo} + 3\mathrm{n} + 8\mathrm{e}^-$, bei der Fusion $2\,{}^{2}_{1}\mathrm{D} \to {}^{4}_{2}\mathrm{He}$, bei der Proton-Antiproton-Zerstrahlung $\mathrm{p} + \tilde{\mathrm{p}} \to 2\gamma$. Die Massenzahlen der Teilchen sind

Tabelle 15.4

Teilchen	Massenzahl
$\mathrm{e}^{\pm}$	0,00055
^{4}He	4,00387
p, $\tilde{\mathrm{p}}$	1,00815
^{138}Ce	137,95
n	1,00899
^{94}Mo	93,93
D	2,01474
^{235}U	235,1

Was könnte man mit diesen Energien beispielsweise ausrichten?

● 15.2.12. Wie lange lebt die Sonne?

Bestimmen Sie den **Massenverlust der Sonne** infolge ihrer Strahlung. Wie lange könnte demnach die Sonne bestenfalls mit der heutigen Leistung scheinen, wenn man bedenkt, daß es sich um eine Fusionsreaktion handelt? Welchen Bruchteil Helium muß die Sonne mindestens enthalten, da sie annähernd 10^{10} Jahre alt ist?

● 15.2.13. Energiesatz

Leiten Sie den relativistischen Zusammenhang (15.14) zwischen Gesamtenergie W und Impuls p her. Inwiefern enthält er den nichtrelativistischen Zusammenhang als Spezialfall? Wie lautet der extremrelativistische Zusammenhang und oberhalb welcher Energie gilt er?

●● 15.2.14. Pion-Zerfall

Das geladene **Pion** zerfällt (nach der Lebensdauer $\tau = 2{,}6 \cdot 10^{-8}$ s) in ein Myon und ein Neutrino: $\pi \to \mu + \nu$. Ruhmasse des Pions: $273 m_e$, des Myons: $207 m_e$, des Neutrinos: $m_\nu \approx 0$. Welches ist die Summe der kinetischen Energien von Myon und Neutrino beim Zerfall eines ruhenden Pions? Wie verteilt sie sich auf die beiden Teilchen? Welches sind deren Impulse? Wie wäre die nichtrelativistische Aufteilung? Wie ändert sich die Betrachtung, wenn das Pion im Fluge zerfällt?

●● 15.2.15. Antiproton-Erzeugung

Beim Stoß eines sehr schnellen Protons mit einem ruhenden Proton kann zusätzlich ein **Proton–Antiproton-Paar** entstehen: $\mathrm{p} + \mathrm{p} \to \mathrm{p} + \mathrm{p} + \mathrm{p} + \tilde{\mathrm{p}}$. Die Reaktion setzt nicht bei 1,88 GeV ein (warum sollte man das auf den ersten Blick erwarten?), sondern erst bei 5,62 GeV. Wie kommt das?

●● 15.2.16. Masse-Energie-Äquivalenz

Von *Einstein* selbst stammt (bis auf die Einkleidung) folgendes Gedankenexperiment: An den Enden eines rohrförmigen Raumschiffs sind zwei gleiche Laser angebracht. Der Laser L ist angeregt und strahlt dem Laser L' einen Lichtblitz von der Gesamtenergie W zu, den L' absorbiert, wobei L' selbst angeregt wird. Emissions- und Absorptionsvorgang dauern je eine Zeit Δt, der Lichtblitz hat eine Laufzeit l/c (l: Länge des Raumschiffs). Es sei z. B. $\Delta t \ll l/c$. Welche Kräfte übt der Strahlungsdruck bei Emission und Absorption aus und in welcher Richtung? Wieviel Impuls wird übertragen? Bewegt sich das Raumschiff? Ferner sei eine Vorrichtung eingebaut, die die beiden Laser hinreichend langsam (warum?) vertauscht, so daß der angeregte Laser (jetzt L') wieder „vorn" ist. Damit ist alles wie zu Anfang. Hat sich das Raumschiff verschoben? Wenn ja: Widerspricht das nicht dem Schwerpunktsatz? Wenn nein: Da doch beim Emissions-Absorptionsvorgang eine Verschiebung stattgefunden hat, muß die Vertauschung der Laser eine kompensierende Verschiebung bewirken. Wie ist das möglich, wenn die beiden Laser gleiche Masse haben? Oder haben sie das nicht?

●●● **15.2.17. Photon-Ruhmasse?**
Breitet sich das Licht wirklich mit Lichtgeschwindigkeit aus? Haben Photonen vielleicht doch eine **Ruhmasse**? Energie und Impuls eines Photons folgen aus der Planck- und der de Broglie-Beziehung, erfüllen aber auch den relativistischen Energiesatz. Das Photon ist einer Wellengruppe zuzuordnen. Wie hinge die Geschwindigkeit eines Photons von seiner Frequenz ab, wenn es eine Ruhmasse m_0 hätte?

●● **15.2.18. Wird Andy es überleben?**
Im interstellaren Raum.
Andy: Jetzt sehe ich euer Schiff. Aber ihr fliegt ja mindestens mit Einstein 0,5 auf mich zu!
Bob: Stimmt. Genau mit $c/2$.Was hast du bei dir?
Andy: Nichts, nur den Raumanzug. Luft habe ich noch für 5 Minuten.
Bob: Jetzt haben wir dich im Radar. Du fliegst, Kopf voran, genau parallel zur Schiffswand. Wir machen die seitliche Luke auf, um dich einzufangen. Kollisionskurs ist genau berechnet.
Andy: Habt ihr eurem Computer auch gesagt, daß ich immerhin noch endliche Dicke habe?
Bob: Sicher. Die Wand ist hinreichend dünn und du auch. Vor allem roll dich nicht etwa zusammen aus Angst, nicht durchzupassen, sonst haust du bestimmt mit dem Rücken oder irgendwas an. Bleib ausgestreckt! Wie groß bist du?
Andy: 2 m, mit Helm.
Bob: Die Luke ist auch 2 m lang.
Andy: Aber selbst wenn ich reinkomme, haue ich doch drinnen an!
Bob: Das Schiff ist lang genug, alles frei. Wir werden dich dann schon irgendwie bremsen.
Andy: Halt mal, eure Luke ist doch Lorentz-kontrahiert. Also komme ich nicht durch.
Bob: Unsinn, *du* bist kontrahiert, auf 1,73 m. Wir haben also noch Spiel. Verlaß dich doch auf den alten *Einstein*.
Andy: Eben. Der weiß ja nicht mal, wer wirklich kontrahiert ist. Er sagt, das ist egal. Mir nicht. Unrecht hat er übrigens sowieso: Wenn ich durchkomme, war *ich* wirklich kontrahiert, wenn nicht, die Luke. Schreibt mir auf den Grabstein: Hier ruht absolut, der die Relativität widerlegte.
Wie geht die Geschichte aus?

● **15.2.19. Tachyonen**
Das Tachyon ist ein hypothetisches Teilchen, das schneller als das Licht im Vakuum fliegt. Wenn ein Tachyon vernünftige (positiv reelle) Werte von Energie und Impuls haben soll, wie müßte dann seine Ruhmasse beschaffen sein? In Materie müßte ein Tachyon immer Tscherenkow-Strahlung anregen, da es mit $v > c$ fliegt. Diskutieren Sie, wie es auf diesen Energieverlust reagiert. Welche Phasengeschwindigkeit müßte die de Broglie-Welle eines Tachyons haben?

●● **15.3.1. Vierervektoren**
Wenn eine Größe in einem Bezugssystem durch einen Vierervektor $\boldsymbol{a}$, z. B. (x, y, z, ict), dargestellt wird, ergibt sich der Vektor $\boldsymbol{a}'$ in einem dagegen mit $\boldsymbol{v}$ bewegten System als $\boldsymbol{a}' = \boldsymbol{L}\boldsymbol{a}$, wobei $\boldsymbol{L}$ die Lorentz-Matrix ist. (Matrix $\boldsymbol{A}$ · Vektor $\boldsymbol{b}$ ergibt einen Vektor, dessen i-Komponente lautet $\sum_k a_{ik} b_k$). Wie lautet $\boldsymbol{L}$, in Komponenten geschrieben, speziell für $\boldsymbol{v}$ parallel zur x-Achse? Zeigen Sie, daß die Zeilenvektoren von $\boldsymbol{L}$ den Betrag 1 haben und aufeinander senkrecht stehen. Gilt dasselbe für die Spaltenvektoren? Ändert $\boldsymbol{a}$ bei der Transformation seinen Betrag? Wie lautet die zu $\boldsymbol{L}$ inverse Matrix $\boldsymbol{L}^{-1}$, definiert durch $\boldsymbol{L}\boldsymbol{L}^{-1} = \boldsymbol{U}$ ($\boldsymbol{U}$ Einheitsmatrix, definiert durch $\boldsymbol{U}\boldsymbol{a} = \boldsymbol{a}$ für jedes $\boldsymbol{a}$)? Welche Beziehung besteht zur Transponierten $\boldsymbol{L}^*$ (durch Spiegelung an der Hauptdiagonale entstanden)? Welches Transformationsgesetz, ausgedrückt durch eventuell mehrfache Anwendung von $\boldsymbol{L}$, vermuten Sie für einen Vierertensor $\boldsymbol{T}$? Ein Tensor macht aus einem Vektor einen anderen Vektor gemäß $\boldsymbol{b} = \boldsymbol{T}\boldsymbol{a}$.

●● **15.3.2. Vierer-Maxwell**
Schreiben Sie die **Maxwell-Gleichungen relativistisch**. Folgende Konventionen sind dabei üblich und nützlich: (a) Ein lateinischer Index läuft von 1 bis 3, ein griechischer von 1 bis 4. (b) Über einen doppelt auftretenden Index wird automatisch summiert. (c) Ein Index hinter dem Komma besagt, daß nach der entsprechenden Koordinate differenziert werden soll. – Wie Geschwindigkeit und Ladungsdichte, so verschmelzen Vektorpotential $\boldsymbol{A}$ (vgl. Aufgabe 7.6.3) und Skalarpotential φ, zu einem Vierervektor A_ν (den Faktor ic setzen Sie so, daß die Dimension paßt und alles Folgende richtig wird). Dann bilden Sie den Feldtensor $T_{\mu\nu} = \operatorname{Rot} A_\nu = A_{\mu,\nu} - A_{\nu,\mu}$. Analogie zur dreidimensionalen rot? Warum ist rot ein Vektor, Rot ein antimetrischer Tensor? Was bedeuten die Komponenten von $T_{\mu\nu}$? Zwei der Maxwell-Gleichungen betreffen $T_{\mu\nu}$ und sind, entsprechend der Definition von $T_{\mu\nu}$, eigentlich Trivialitäten. Ein anderer Tensor, der **Induktionstensor** $W_{\mu\nu}$, faßt die beiden anderen Feldvektoren zusammen. Von ihm handeln die beiden anderen Maxwell-Gleichungen. Wie lauten sie jetzt? Wie drücken sie sich in A_ν aus, speziell im Vakuum? Wie schreiben sich Kontinuitätsgleichung, **Lorentz-Konvention** (Aufgabe 7.6.3) und Wellengleichung im Vakuum? Sind sie relativistisch invariant formuliert?

●● **15.3.3. Lorentz-Kraft**
Im Labor herrscht ein homogenes statisches Magnetfeld und kein elektrisches Feld. Jemand, z. B. ein Elektron, fliegt mit der Geschwindigkeit $\boldsymbol{v}$ durch das Labor. Welche Felder herrschen für ihn? Legen Sie die räumlichen Achsen so, daß Sie möglichst wenig Arbeit beim Transformieren haben. Welche Kraft wirkt auf das fliegende Elektron? Muß man die Lorentz-Kraft besonders postulieren oder braucht man nur elektrische Kräfte? Welche relativistische Verfeinerung erfährt der übliche Ausdruck für die Lorentz-Kraft?

●● **15.3.4. Trouton-Noble-Versuch**
Ein geladener Plattenkondensator ist so aufgehängt, daß er sich um eine zu den Platten parallele Achse drehen

könnte, wenn er einem Drehmoment unterworfen wäre. *Trouton* und *Noble* versuchten 1903 so den Bewegungszustand der Erde relativ zum „Äther" zu messen. Wenn Erde und Kondensator eine Geschwindigkeit $\boldsymbol{v}$ haben, repräsentiert jede Kondensatorplatte einen Strom, deren Magnetfeld $\boldsymbol{B}$ auf die andere Platte eine Lorentz-Kraft $\boldsymbol{F}$ ausübt. Vereinfachen Sie, indem Sie einen elektrischen Dipol Q^+Q^- betrachten. Bestimmen Sie Richtung und Größe von $\boldsymbol{B}$ und $\boldsymbol{F}$. Tritt ein Drehmoment auf, und wie groß ist es? In Wirklichkeit dreht sich der Kondensator nicht. Warum nicht? Kann man dies als Bestätigung der Relativitätstheorie werten?

●● 15.3.5. Bewegte Kugel

Eine homogen aufgeladene Kugel erzeugt um sich ein kugelsymmetrisches $\boldsymbol{E}$-Feld. Bleibt das richtig in einem Bezugssystem S', in dem die Kugel sehr schnell fliegt (im Vakuum)? Wenn nicht, was hat sich geändert? Ist die Kugel nicht mehr homogen geladen? Ist sie keine Kugel mehr? Stehen die Feldlinien nicht mehr senkrecht auf ihrer Oberfläche?

●● 15.3.6. Relativistisches Kraftwerk

Eine Eisenbahnschiene z. B. in Nordost-Kanada ist durch das erdmagnetische Feld vertikal magnetisiert. Um den Effekt zu verstärken, kann man auch an eine künstlich vertikal permanent-magnetisierte Stahlschiene denken. Kann eine fahrende Lokomotive an zwei Schleifkontakten, die beiderseits der Schiene gleiten, eine Spannung abgreifen? Wie groß ist sie? Wie ist die Lage, wenn nicht der Zug fährt, sondern die Schiene unter ihm weggleitet? Wenn Ihnen die letzte Frage zu einfach scheint, benutzen Sie das Ergebnis der ersten nicht, und denken daran, daß $\boldsymbol{B}$ über der bewegten Schiene streng konstant ist (homogene Magnetisierung vorausgesetzt). Wie kann nach den Maxwell-Gleichungen aus $\dot{\boldsymbol{B}} = 0$ ein $\boldsymbol{E}$ entstehen? Betrachten Sie die Leitungselektronen in der bewegten Schiene und zeigen Sie, daß die Schiene eine elektrische Querpolarisation annehmen muß. Auf ihr beruht der Unipolargenerator (aus technischen Gründen nicht als translatorisch bewegter, sondern als rotierender Magnet ausgebildet). Kann man sagen, ein solcher Generator beruhe auf einem rein relativistischen Effekt?

●● 15.3.7. Bewegte Leiter laden sich auf

Im Bezugssystem A ist ein Draht gespannt, durch den Strom fließt, ohne daß der Draht selbst eine Ladung trägt. Welche Felder mißt ein Beobachter in A? Ein Beobachter B fliegt parallel zum Draht. Herrscht für ihn auch nur ein Magnetfeld? Woher könnte ein eventuelles elektrisches Feld stammen? Könnte es sein, daß der Draht für B geladen ist? Gäbe es eine anschauliche Erklärung dafür? Denken Sie daran, daß Elektronen sich im Draht an den ruhenden Rumpfionen vorbeibewegen und zeichnen Sie die Weltlinien der beiden Teilchenarten. Zeigen Sie quantitativ, welche Ladungsdichte und welches E-Feld B mißt.

●●● 15.3.8. Tscherenkow-Strahlung

Warum strahlt ein ungebremstes Teilchen im Vakuum nicht, kann aber in einem Medium Tscherenkow-Strahlung aussenden? Ein geladenes Teilchen fliegt durchs Vakuum bzw. durch ein Medium mit der Brechzahl n. Ein bremsendes Kraftfeld ist nicht vorhanden. Kann das Teilchen ein Photon emittieren? Setzen Sie Energie- und Impulssatz an und beachten Sie zur Vereinfachung, daß $W = pc/v$ (aber am besten nur auf einer Seite der Energiegleichung). Es ergibt sich eine Bedingung für den Emissionswinkel. Ist sie immer erfüllbar? Gibt es mehrere mögliche Richtungen? Vergleichen Sie die beiden Glieder im entstandenen Ausdruck. Diskutieren Sie z. B. die Lichtemission durch ein 3 MeV-Elektron in Wasser. Betrachten Sie die Sache auch so: Das Teilchen fliege mit $v > c_{\text{Phase}} = c/n$. Es herrscht keine Dispersion. Welcher Raumbereich kann von der Existenz des Teilchens überhaupt etwas wissen, d. h. wo kann überhaupt nur ein Feld existieren, das von der Ladung ausgeht? Wie steht die mögliche Emissionsrichtung zu diesem Bereich? Kann man diese Richtung auch rein elektrodynamisch verstehen?

● 15.4.1. Äquivalenzprinzip

Die Astronauten Max und Moritz, die bisher alle Freuden der Schwerelosigkeit genossen haben, stellen beim Aufwachen fest, daß sie sich normal schwer fühlen. Max meint, die Rakete beschleunige, Moritz, man befinde sich in einem Schwerefeld. Die Diskussion dreht sich um Antriebsmotoren, Gegenstände in der Kabine und draußen, Präzisionsmessungen an quer und längs zur Kabine laufenden Lichtsignalen usw.

●● 15.4.2. Zwillingsparadoxon

Es wurde und wird immer wieder versucht, der Relativitätstheorie Absurditäten und Selbstwidersprüche nachzuweisen. Eines der ernstesten dieser „Paradoxa" ist das folgende: Von zwei Zwillingsbrüdern bleibe Max auf der Erde, Moritz werde Astronaut und fliege z. B. mit $v = 0{,}3c$ zum α Centauri (4,3 Lichtjahre) und zurück. In den ca. 30 Reisejahren ist Moritz infolge der Zeitdilatation nur um etwa 28,5 Jahre gealtert, Max aber um 30. Dies ist Max' Darstellung der Angelegenheit. Moritz würde sagen, Max habe sich die ganze Zeit mit $0{,}3c$ bewegt und müsse daher jünger sein. Entweder ist also die ganze Zeitdilatation hinfällig und beide altern in Wirklichkeit gleichschnell, oder einer ist tatsächlich jünger geblieben, und dieser ist der „wirklich Bewegte", im eklatanten Widerspruch zum Relativitätsprinzip. Wie löst sich das Dilemma?

●● 15.4.3. Drehscheibe

Im Zentrum einer mit ω rotierenden Scheibe sitzt ein Mann. Da er dort geboren ist, glaubt er, seine Scheibe sei in Ruhe und verteidigt diesen Standpunkt auch gegen den Hubschrauberpiloten, der über ihm schwebt, ohne sich mitzudrehen. Malen Sie die Diskussion aus; sie dreht sich um Kräfte, Potentiale, Uhren, Lichtquellen und Maßstäbe weiter außen auf der Scheibe.

●● 15.4.4. Lichtablenkung
Man kann die Krümmung eines Lichtstrahls auch durch einen Gradienten der Brechzahl n beschreiben. Wie müßte n vom Ort abhängen, um die Lichtkrümmung in einem homogenen Schwerefeld, einem Zentrifugalfeld, dem Feld einer kugelsymmetrischen Masse zu deuten? Wieso hat eine Kugelmasse Linsenwirkung für Licht- und Gravitationsstrahlung?

● 15.4.5. Die fernsten Objekte?
Könnte die Rotverschiebung in der Strahlung eines **Quasars** nicht auch von seinem eigenen Schwerefeld herrühren? Schätzen Sie die nötigen Werte von Gravitationspotential und Radius bei verschiedenen sinnvollen Massen. Wenn der Quasar als Stern 19. Größe erscheint und seine Oberfläche etwa die Emissionsdichte der Sonne hat, wie weit dürfte er entfernt sein?

● 15.4.6. Laplaces Schwarzes Loch
„Ein Stern von der gleichen Dichte wie die Erde, dessen Durchmesser 250mal größer wäre als der der Sonne, würde infolge seiner Anziehung von seinen Strahlen nichts zu uns gelangen lassen. Es ist möglich, daß die größten Körper im Weltall aus diesem Grunde für uns unsichtbar sind". (*Pierre Simon de Laplace*, Exposition du Système du Monde, 1796.) Stimmt das? Wie stellte sich *Laplace* das Licht vor? Würde er seine Aussage auch nach *Fresnels* und *Youngs* Arbeiten aufrechterhalten haben? Welche anderen Kombinationen von Masse, Dichte, Radius erfüllen *Laplaces* Bedingung (speziell ϱ = Kerndichte, M = Sonnenmasse, R = Elementarlänge $\approx 10^{-13}$ cm, $R \approx 10^{10}$ Lichtjahre)?

●● 15.4.7. Olbers-Paradoxon
Warum ist es nachts dunkel? *Olbers* zeigte 1826: Wenn die Welt unendlich groß und überall im wesentlichen so beschaffen ist wie hier (homogen), dann müßte der Nachthimmel überall ungefähr so hell sein wie die Sonnenscheibe. Wie kam er darauf? Zeigen Sie auch, daß dann sogar die Temperatur und das Potential überall unendlich groß wären. Welche Auswege gibt es (vgl. Aufgaben 15.4.8, 15.4.9)?

● 15.4.8. Olbers-Lösung?
Würde absorbierende interstellare Materie das Olbers-Paradoxon (unendliche Strahlungsdichte für ein unendliches homogenes Weltall) lösen?

●● 15.4.9. Charlier-Modell
Zeigen Sie, daß man durch hierarchische Staffelung der Systemgrößen die Olbers-Divergenzen ($T = \infty$, $\varphi = \infty$) vermeiden kann: Viele Sterne bilden eine Galaxis, viele Galaxien eine Metagalaxis usw. Wie müssen die Anzahlen von Systemen in einem Übersystem und die Abstände zwischen Übersystemen gestaffelt sein, damit T und φ endlich bleiben?

●● 15.4.10. Sind Schwarze Löcher wirklich schwarz?
Ist ein **Schwarzes Loch** gar nicht schwarz – oder nur so schwarz wie ein schwarzer Körper? Es scheint, als gingen auch in einem Schwarzen Loch wie überall ständig Erzeugungs- und Vernichtungsprozesse virtueller Teilchen vor sich. Solche Teilchen können u. U., gedeckt durch die Unschärferelation, bis über den Rand des Schwarzen Loches, seinen Ereignishorizont, hinausfliegen und sich draußen „realisieren" (dies klingt konträr zu den Aussagen über Austauschkräfte, ist aber die einfachste Art, diese sehr komplizierten Gedankengänge darzustellen). Welche Teilchen mit welchen Impulsen und Energien widersetzen sich so der Einsperrung in ein Schwarzes Loch? Wieso kann *Hawking* sagen, ein Schwarzes Loch der Masse M strahle wie ein schwarzer Körper der Temperatur $10^{-7} M_\odot / M$ K? Drücken Sie das in rein physikalischen Konstanten aus. Welche Strahlungsleistung hätte ein solcher schwarzer Körper? Welchen Massenverlust bedingt diese Abstrahlung? Wie lange kann also ein Schwarzes Loch leben? Was passiert kurz vor Ende seines Lebens? Wie groß (Radius und Masse) sind die Schwarzen Minilöcher, die gerade jetzt zerstrahlen?

●●● 15.4.11. *Einstein* kontra *Bohr*
Einstein hat den indeterministischen Charakter der Quantentheorie nie akzeptiert, und manche Theoretiker geben ihm auch heute noch recht. Er versuchte immer wieder, z. B. die Unschärferelation als Trugschluß zu entlarven. Auf dem Solvay-Kongreß 1930 trug er folgendes Gedankenexperiment vor: In einem innen ideal verspiegelten Kasten sei Strahlungsenergie eingesperrt. In der Kastenwand sitzt ein Photoverschluß, der sich z. B. um Punkt 12 Uhr für eine sehr kurze Zeit öffnet und etwas Strahlung austreten läßt. Wägen vor und nach dem Öffnen ergibt mit beliebiger Genauigkeit den entwichenen Energiebetrag, der Zeitzünder + Verschluß-Mechanismus ergibt mit beliebiger Genauigkeit die Zeit, wo diese Energie den Verschluß passiert hat, ohne jede Begrenzung durch $\Delta W\, \Delta t \geqq h$. *Bohr* brauchte eine schlaflose Nacht, um diesen Einwand zu widerlegen. Brauchen Sie auch solange, wenn Sie wissen, daß er *Einstein* mit dessen eigenen Waffen schlug, nämlich nachwies, daß einer von *Einsteins* „eigenen" Effekten die Sache in Ordnung bringt?

●● 15.4.12. Doppelstern
Zwei gleiche Massen M umkreisen einander im Abstand d. Welcher Wert ist für das **Quadrupolmoment** Q in (15.40) anzusetzen, damit das Potential des Systems in erster Näherung richtig herauskommt? Sie brauchen nur einen weit entfernten Punkt auf der Drehachse ($\vartheta = 0$) zu betrachten. Da (15.40) die allgemeingültige Entwicklung des (im Mittel) kugelsymmetrischen Potentials nach Kugelfunktionen darstellt, genügt Anpassung in einem einzigen Punkt. Sie können auch einen Punkt auf der zur Drehachse senkrechten Ebene, die die Körper enthält, wählen, aber achten Sie darauf, daß die Hantel rotiert. Welches Quadrupolmoment erreichen also Doppelsterne? Ist die Gravita-

tions-Strahlungsleistung bei weiten oder engen Doppelsternen größer? Wie groß kann sie werden?

●● 15.4.13. Gravitationswellen-Antenne

Schätzen Sie die Strahlungsleistung, die *Webers* Al-Zylinder aus dem **Gravitationswellenfeld** einer typischen starken Quelle in plausibler Entfernung aufnimmt. Wie hängt diese Leistung vom Verhältnis Antennenabmessung/Wellenlänge ab? Vergleichen Sie mit der Leistung des thermischen Rauschens, d. h. eines elastischen Schwingungsmodes. Wie hängt diese Rauschleistung von Temperatur und „durchgelassenem" Frequenzbereich ab? Was kann man tun, um die Empfindlichkeit des Empfängers zu verbessern?

●● 15.4.14. Doppelpulsar

Taylor und *Hulse* entdeckten mit dem 305 m-Radioteleskop in der Felsmuschel von Arecibo (Puerto Rico) einen Pulsar mit 59 ms Pulsperiode. Diese Periode schwankt allerdings ganz regelmäßig um 0,05 % innerhalb $T \approx 28\,000$ s auf und ab. Wieso läßt dies auf einen unsichtbaren Partner schließen, und wie groß ungefähr müßte der Abstand beider sein? T nimmt jede Sekunde um $2{,}4 \cdot 10^{-12}$ s ab. Wie ändern sich Bahnparameter und Bahnenergie? Welche Gravitationswellenleistung strahlt dieser Quadropol ab? Paßt das zum Bahnenergieverlust?

●● 15.4.15. Tunguska-Meteorit

Am 30.6.1908, $7^{\mathrm{h}}17$, bei wolkenlosem Himmel sahen Reisende der Transsibirischen Bahn nahe der Station Kansk im Nordosten ein Objekt über den Himmel sausen, das heller war als die Sonne. Das Ereignis mit den vielfach beschriebenen Folgen (Bäume in 40 km Umkreis entwurzelt und radial auswärts umgelegt usw.) fand 600 km entfernt jenseits der Podkamennaja Tunguska statt. Schätzen Sie seine Gesamtenergie aus den obigen Angaben. Mit schönster Regelmäßigkeit wird jede neue Energiequelle zur Erklärung vorgeschlagen: Spaltbare, fusionierbare Materie, Antimaterie ... Welche Massen wären jeweils anzunehmen? In welcher Höhe hätte z. B. ein Anti-Meteorit dieser Größe genügend Luft eingefangen, um völlig verpufft zu sein? Wenn er vorher verdampft, erhöht das die Höhenschätzung oder nicht? Zur Hypothese eines Schwarzen Mini-Lochs, das die Erde durchschlagen hat: Welchen Durchmesser hat der Kanal, in dem ein Mini-Loch der Masse M und der Geschwindigkeit v alle Materie einschlürft? Welches M müßte man annehmen, um die atmosphärische Energiefreisetzung zu erklären? Was müßte im Erdinnern und beim Wiederaustritt passieren? Klassische Hypothese (*Whipple* u. a.): Kometenkopf, als „dreckiger Schneeball", d. h. Staub und Steine in H_2O-, NH_3- und CH_4-Eis eingebacken. Masse? Spielt die chemische Zusammensetzung eine Rolle? Auf welche Hypothese setzen Sie?

●● 15.4.16. *n*-Kugel

Der Weltraum könnte die Oberfläche einer vierdimensionalen Kugel sein. Bestimmen Sie Volumen und Oberfläche einer n-dimensionalen Kugel.

●● 15.4.17. Urstrahlung

Ein Volumen, in dem ein isotropes Strahlungsfeld besteht, dehne sich adiabatisch aus. Wie ändern sich dabei Energiedichte und Druck? Wenn das Strahlungsfeld schwarz ist und bleibt (kann man das beweisen?), wie ändert sich seine Temperatur? 1965 entdeckten *Penzias* und *Wilson* eine isotrope schwarze **Weltraumstrahlung** mit $T = 2{,}7$ K. Welche Energiedichte hat sie, wo liegt das spektrale Dichtemaximum? Vergleichen Sie die Intensität mit der Radiostrahlung der Sonne. Man hat diese Strahlung gedeutet als „Nachhall vom Geburtsschrei der Elemente", d. h. als eine mit der Hubble-Expansion des Weltalls verdünnte und von der Materie entkoppelte Strahlung aus der Zeit, als Temperatur und Dichte im ganzen Weltall (nicht nur in den Sternen, die es damals noch nicht gab) zur thermonuklearen Bildung schwerer Kerne ausreichten. Heute ist die mittlere Materiedichte im Weltall etwa $10^{-29}\,\mathrm{g/cm^3}$ (vgl. Abschn. 15.4.5). Extrapolieren Sie zurück. Kommen Sie auf vernünftige T- und ϱ-Werte? Wie alt war das Weltall, als die Elemente entstanden?

●● 15.4.18. Steady state

Nach der Urknall-Theorie existiert das Weltall erst seit einer Zeit T. Allgemeiner: Wenn die Deutung des Hubble-Effekts durch eine Expansion des Universums richtig ist, existiert der größte Teil des jetzt vorhandenen Raumvolumens erst seit dieser Zeit T. Welche Energieunschärfe ist mit dieser endlichen Existenzdauer verknüpft? Beziehen Sie diese Energieunschärfe auf das „Elementarvolumen", nämlich das Volumen eines Nukleons, und drücken Sie sie als mögliche Erzeugungsrate neuer Nukleonen aus. Reicht diese Erzeugungsrate aus, um das Universum in einem stationären Zustand entsprechend *Hoyle-Bondi-Gold* zu halten? Welche Massendichte ist dazu notwendig? Wie würde sich ein Weltall entwickeln, das eine andere Dichte hätte? Geben Sie den Radius eines stationären Weltalls (definiert als der „Horizontabstand", wo die Expansionsgeschwindigkeit c würde) und die Teilchenzahl in diesem Weltall an und prüfen Sie, ob die **Eddington-Dirac-Beziehung** erfüllt ist.

●●● 15.4.19. Geschichte des Universums

Diskutieren Sie, wie sich die physikalischen Verhältnisse im Universum nach der Urknall-Theorie entwickelt haben. Wir gehen dabei aus von einem Zustand, wo die Temperatur so hoch war, daß sie zur Erzeugung von Hadron-Antihadron-Paaren ausreichte. Dementsprechend war das ganze damals existierende Weltall mit Hadronen erfüllt, die Materie hatte Kerndichte. Dies ist der früheste Zustand, den die bekannten Naturgesetze noch beschreiben können. Vorher lag die **Hadronenära**, es folgte die **Leptonenära**. Sie umfaßt die Zeit, wo noch überall Elektron-Positron-Paare erzeugt werden konnten. Dann folgte die **Photonenära**, in der Strahlung und Materie im Gleichgewicht standen. Dies hörte auf, und die Materie begann sich zu Galaxien und Sternen zusammenzuballen, als die mittlere freie Weglänge des Photons größer wurde als der „Weltradius“. Während dieser ganzen Zeit dehnte sich das Weltall gemäß der Friedmann-Gleichung aus (Abschn. 15.4.5 und 1.5.9e). Stellen Sie die Zeitabhängigkeiten des Weltradius R und der Materiedichte ϱ für kleine Zeiten explizit dar. Wie hing die Temperatur während der Photonenära von der Zeit ab? Um den Ausgangspunkt zu finden, extrapolieren Sie zurück bis zum Ende der Hadronenära. Dann betrachten wir das von der Materie entkoppelte Strahlungsfeld der Stellarära. Zusammen mit dem Raum dehnt sich dieses Strahlungsfeld adiabatisch aus. Wie ändern sich dabei Energiedichte und Druck? Wenn das Strahlungsfeld „schwarz“ ist und bleibt (was spricht dafür?), wie ändert sich dann die Temperatur mit der Zeit? Welche Dichte und Temperatur ergeben sich für die heutige Zeit?

●● 15.4.20. Primordiales Helium
Die Masse des Weltalls, soweit sie in Atomen steckt, besteht zu 85 % aus Wasserstoff, zu 15 % aus Helium, schwerere Elemente, so wichtig sie für uns sind, machen noch nicht 1 % aus. Man hält das He für überwiegend primordial, d. h. vor der Galaxien- und Sternbildung entstanden. Die Sterne haben fast ebensoviel davon weiterfusioniert wie aus H erzeugt. Den 15 %-Anteil erklärt man so: Kurz nach dem Urknall gab es gleichviele Protonen und Neutronen, weil sie sich durch Reaktionen wie $n + \nu \rightleftharpoons p + e^-$ ständig ineinander umwandelten. Unterhalb einer gewissen Temperatur (welcher und wann?) ging dies nur noch in Richtung Proton, weil das Neutron schwerer ist. Neutronen sind nur deswegen noch übrig, weil für ihre vollständige Vernichtung nach dem obigen Mechanismus nicht genug Zeit war. Vor dem normalen β-Zerfall hat sie später die Bindung in He bewahrt. Erklären Sie die 15 %. Beachten Sie das Expansionsgesetz und den Wirkungsquerschnitt von Neutrino-Wechselwirkungen.

●● 15.4.21. Periheldrehung I
Wie sieht die Bahn eines Planeten im Einstein-Schwarzschild-Feld der Sonne aus? Wiederholen Sie die Rechnung von Abschn. 1.7.4, wobei Sie den Abstand r immer vom Schwarzschild-Radius aus zählen.

●● 15.4.22. Feldmasse
Entnehmen Sie die Energiedichte des Schwerefeldes aus der Analogie mit dem elektrischen Feld. Was entspricht der Feldstärke E, was entspricht ε_0? Welche Massendichte steckt im Schwerefeld der Erde? Vergleichen Sie mit der Dichte der Atmosphäre. Dasselbe für die Sonne: Vergleich mit der Dichte der Corona oder des interstellaren Gases. Könnte es Sterne geben, deren ganze Masse in ihrem Schwerefeld steckt?

●● 15.4.23. Periheldrehung II
Ein Planet bewegt sich im kombinierten Schwerefeld der Sonne und der Massenwolke, die im Schwerefeld selbst steckt. Wie sieht das kombinierte Potential aus? Welche Bahn beschreibt der Planet?

● 15.4.24. Überlicht-geschwindigkeit I
Laserstrahlbündel reichen ohne weiteres bis zum Mond und erzeugen dort einen nicht allzu großen Lichtfleck (wie groß etwa?). Schwenkt man diese Lichtquelle etwas, dann huscht der Lichtfleck sehr schnell über die Mondoberfläche. Kann man erreichen, daß der Fleck mit Lichtgeschwindigkeit oder sogar schneller huscht? Wenn ja, was sagt die Relativitätstheorie dazu?

● 15.4.25. Überlicht-geschwindigkeit II
Bewegt man die Finger, die eine Schere halten, ganz wenig, dann verschiebt sich der Punkt, in dem die beiden Scherenblätter sich schneiden, um sehr viel mehr, d. h. der Schnitt z. B. in Papier verlängert sich schneller, als man die Finger bewegt. Wäre rein geometrisch eine Schere denkbar, bei der der Schnitt sich mit Überlichtgeschwindigkeit verlängert? Was sagt die Relativitätstheorie dazu?

●● 15.4.26. Überlicht-Jets
Die Radioastronomie hat entdeckt, daß viele Galaxien „Jets“ aussenden, d. h. sehr scharf begrenzte Plasmastrahlen, in denen manchmal „Blobs“ oder Verdichtungen entstehen und auswärts fliegen. Die Geschwindigkeit dieser Blobs bestimmte man aus dem Winkelabstand von der Muttergalaxie, den sie eine gewisse Zeit nach ihrem Austritt erreicht haben. Voraussetzung dafür ist natürlich, daß der Abstand dieser Galaxie von uns bekannt ist. Dabei ergaben sich häufig Geschwindigkeiten größer als c für den Blob. Muß man danach an der Relativitätstheorie oder an den Abstandsschätzungen zweifeln, oder gibt es einen anderen Ausweg? Nehmen Sie z. B. an, daß der Jet unter einem spitzen Winkel auf uns zukommt. Zeichnen Sie ein Weltliniendiagramm (einen graphischen Fahrplan) des Blobs und der Lichtsignale, die von ihm und von seiner Galaxie ausgehen. Mittels dieses Diagramms geben Sie die scheinbare Geschwindigkeit des Blobs an, die ein Erdbeobachter mißt, wenn er nicht an diesen Winkel denkt. Wie hängt diese Geschwindigkeit vom Winkel ab, wann kann sie größer als c werden?

●● 15.4.27. Gravitationslinse
Es gibt Gruppen von Galaxien, seltsamerweise oft in „Quintetten“ angeordnet, die das Modell des expandierenden Universums zu widerlegen scheinen. Die Galaxien der Gruppe scheinen einander zu berühren, sehen gleichgroß und gleichhell aus, aber eine hat eine erheblich andere Rotverschiebung als die übrigen (Beispiele: Stephan-Quintett, 4 Galaxien mit 6 000 km/s, eine mit 800 km/s; Quintett VV 172: 4 Galaxien mit 16 000 km/s, eine mit 37 000 km/s).

Es ist äußerst unwahrscheinlich, daß diese Galaxien nur zufällig in der gleichen Sichtlinie stehen und daß ihre Leuchtkräfte so extrem verschieden sind, daß dies den extremen, aus dem Hubble-Gesetz folgenden Abstandsunterschied ausgleicht. Jetzt scheint man das Rätsel durch Gravitationslinsenwirkung erklären zu können: Das nähere Objekt verstärkt durch Lichtablenkung die ferneren. Ist das bei den gegebenen Werten plausibel? Reicht die Masse der leuchtenden Materie in einer Galaxie dazu aus?

16

Quantenmechanik

Inhalt

„. . . der Dualismus zwischen zwei verschiedenen Beschreibungsweisen der Wirklichkeit (Teilchen- und Wellenbild) kann nicht länger als grundsätzliche Schwierigkeit betrachtet werden, da es . . . in der mathematischen Formulierung keine Widersprüche geben kann.“

Werner Heisenberg,
Die Kopenhagener Deutung
der Quantentheorie (1963)

Einleitung

Es gibt für den Lernenden mehrere mögliche Zugänge zur Quantentheorie: den historischen, der die Näherungen und Irrtümer nachzeichnet, unter denen man sich an die ausgereifte Theorie herangetastet hat, den empirischen, der durch eine Reihe von experimenta crucis zeigt, wie sich Elektronen und Atome verhalten und wie dementsprechend die klassischen Vorstellungen abzuändern sind, den Hamiltonschen, der von dem hochentwickelten Formalismus der klassischen Mechanik ausgeht und diesen sinngemäß modifiziert, den optischen, der am Analogon der Welle-Teilchen-Dualität des Lichtes die gleiche Dualität für die Materie entwickelt, und den axiomatischen. Von allen diesen Zugängen führt der axiomatische weitaus am schnellsten auf ein Niveau, mit dem man etwas anfangen, d. h. wenigstens einige Grundprobleme quantitativ behandeln kann. Dem steht nur das Hindernis einer etwas abstrakten, ungewohnten Sprache entgegen. Vor allem muß man sich dazu einige mathematische Begriffe aneignen. Wir werden diese Begriffe nur kurz plausibel machen. Sicher werden Sie sich dadurch nicht verführen lassen zu glauben, Sie wüßten jetzt alles über diese Dinge.

16.1 Mathematisches Handwerkszeug

Schrödingers und Heisenbergs Beschreibungen der Mikrowelt klangen anfangs radikal verschieden, bis Dirac, Born, Jordan ihre mathematische Äquivalenz nachwiesen. Sie stützten sich dabei auf die Mathematik Hilberts, der auch in Göttingen arbeitete, damals der Hochburg der theoretischen Physik, bis 1936, als Hilbert auf die Frage des NS-Kultusministers Rust, ob die „Vertreibung der Judenclique“ der deutschen Wissenschaft wirklich so schade, antwortete: „Der schadet nichts mehr, die gibt's gar nicht mehr.“

16.1.1 Vektoren und Funktionen

Eine der fruchtbarsten Erkenntnisse von *David Hilbert* war, daß Funktionen sich formal genau so verhalten wie Vektoren. Man kann dies logisch verbindlich nachweisen, indem man zeigt, daß beide – Funktionen und Vektoren – den gleichen Axiomen genügen, aus denen sich dann alle Eigenschaften des **Vektorraumes** ergeben. Die Funktionen bilden also auch einen Raum, den **Hilbert-Raum**.

Wir beschränken uns auf die folgende Gegenüberstellung, beginnend mit bekannten Tatsachen und aufsteigend zu einigen neuen Begriffsbildungen:

Ein n-dimensionaler **Vektor $\boldsymbol{a}$** ist dadurch definiert, daß man zu jedem ganzzahligen Wert des *Index* i ($i = 1, \ldots, n$) eine Zahl angibt, die die Komponente a_i des Vektors darstellen soll.

Man *addiert* zwei Vektoren $\boldsymbol{a}$ und $\boldsymbol{b}$ zu einem neuen Vektor $\boldsymbol{c}$, indem man für jeden Index i die Komponenten a_i und b_i addiert und die Summe zur Komponente c_i erklärt.

Man *multipliziert* zwei Vektoren $\boldsymbol{a}$ und $\boldsymbol{b}$ skalar, indem man für jeden Index die beiden Komponenten a_i und b_i multipliziert: Die Summe aller dieser Produkte ist das **Skalarprodukt**:

$$\boldsymbol{a} \cdot \boldsymbol{b} = \sum_{i=1}^{n} a_i b_i \quad .$$

Eine Funktion f ist dadurch definiert, daß man zu jedem Wert des *Arguments* x (meist $-\infty < x < \infty$) eine Zahl angibt, die den Funktionswert $f(x)$ darstellen soll.

Man *addiert* zwei Funktionen f und g zu einer neuen Funktion h indem man für jedes Argument x die Funktionswerte $f(x)$ und $g(x)$ addiert und die Summe zum Wert $h(x)$ erklärt.

Man *multipliziert* zwei Funktionen f und g skalar, indem man für jedes Argument x die Funktionswerte multipliziert; das Integral aller dieser Produkte ist das Skalarprodukt:

$$f \cdot g = \int f(x) \cdot g(x)\,\mathrm{d}x \quad . \tag{16.1}$$

Der Integrationsbereich hängt von der physikalischen Anwendung ab.

Man kann dann die Länge oder **Norm eines Vektors** bzw. einer Funktion als die Wurzel aus dem Skalarprodukt mit sich selbst definieren. Wenn die Funktion komplex ist, muß man sie, wie im Komplexen üblich, mit ihrem Konjugiert-Komplexen f^* multiplizieren:

$$|\boldsymbol{a}| = \sqrt{\boldsymbol{a} \cdot \boldsymbol{a}}\,, \qquad |f| = \sqrt{f^* \cdot f} \quad . \tag{16.2}$$

Der **Winkel** φ zwischen zwei Vektoren bzw. Funktionen ist ebenfalls mittels des Skalarproduktes zu erklären:

$$\cos\varphi = \frac{\boldsymbol{a} \cdot \boldsymbol{b}}{|\boldsymbol{a}|\,|\boldsymbol{b}|}\,, \qquad \cos\varphi = \frac{f^* \cdot g}{|f|\,|g|} \quad . \tag{16.3}$$

Zwei Vektoren bzw. Funktionen sind **orthogonal**, wenn ihr Skalarprodukt verschwindet:

$$\boldsymbol{a} \perp \boldsymbol{b} \Leftrightarrow \boldsymbol{a} \cdot \boldsymbol{b} = 0\,, \qquad f \perp g \Leftrightarrow f^* \cdot g = 0 \quad . \tag{16.4}$$

Zwei Vektoren bzw. Funktionen sind *parallel*, wenn der (die) eine sich aus dem (der) anderen durch Multiplikation mit einem Skalar ergibt:

$$\boldsymbol{a} \parallel \boldsymbol{b} \Leftrightarrow \boldsymbol{a} = c\boldsymbol{b}\,, \qquad f \parallel g \Leftrightarrow f = cg \quad . \tag{16.5}$$

Man kann mit einiger Vorsicht sagen: Eine Funktion verhält sich wie ein Vektor mit unendlich vielen Komponenten. Daher haben z. B. zwei Funktionen sehr viel mehr Möglichkeiten, nichtparallel zu sein, als zwei Vektoren, speziell hat eine Funktion sehr viel mehr Richtungen, in denen sie orthogonal zu einer anderen sein kann.

16.1.2 Matrizen und Operatoren

Eine (quadratische) **Matrix** stellt man gewöhnlich durch ein quadratisches Zahlenschema dar, z. B. für $n = 3$:

$$M = m_{ik} = \begin{pmatrix} m_{11} & m_{12} & m_{13} \\ m_{21} & m_{22} & m_{23} \\ m_{31} & m_{32} & m_{33} \end{pmatrix} .$$

Die wichtigste Matrizenoperation ist die Multiplikation mit einem Vektor $\boldsymbol{a}$. Dabei kommt ein anderer Vektor heraus: $\boldsymbol{b} = \boldsymbol{Ma} = m_{ik}a_k$ ist zu verstehen als der Vektor $\boldsymbol{b}$ mit den Komponenten $b_i = \sum_{k=1}^{n} m_{ik}a_k$; die i-te Komponente ist das Skalarprodukt der i-ten Zeile der Matrix mit dem Vektor $\boldsymbol{a}$.

Man kann auch sagen: Die Matrix $\boldsymbol{M}$ macht aus jedem Vektor $\boldsymbol{a}$ einen anderen Vektor $\boldsymbol{b} = \boldsymbol{Ma}$. Oder etwas genauer: Eine Matrix ist eine **lineare Vektorfunktion**; d. h. wie eine Funktion f jeder Zahl x eine andere Zahl $f(x)$ zuordnet, so ordnet die Matrix jedem Vektor $\boldsymbol{a}$ einen Vektor $\boldsymbol{b} = \boldsymbol{Ma}$ zu. *Linear* bedeutet in diesem Zusammenhang, daß allgemein gilt

$$\boldsymbol{M}(\boldsymbol{a} + \boldsymbol{b}) = \boldsymbol{Ma} + \boldsymbol{Mb} .$$

Ein **Operator** ist im Bereich der Funktionen dasselbe, was eine Matrix im Bereich der Vektoren ist. Ein Operator $\boldsymbol{A}$ macht aus jeder Funktion f eine andere Funktion $g = \boldsymbol{a}f$, oder genauer: Ein (linearer) Operator ist eine lineare Funktion höherer Ordnung, denn er ordnet jeder Funktion f eine andere Funktion $g = \boldsymbol{A}f$ zu, wobei

$$\boxed{\boldsymbol{A}(f_1 + f_2) = \boldsymbol{A}f_1 + \boldsymbol{A}f_2} . \qquad (16.6)$$

Tabelle 16.1

Beispiele für Operatoren
Addition einer Konstanten:
$Af = f + a$
Multiplikation mit einer Konstanten:
$Af = af$
Multiplikation mit x:
$Af = xf$
Differentiation nach x:
$Af = \frac{\mathrm{d}}{\mathrm{d}x} f$
Integraloperator mit „Kern“ $K(x, x')$:
$Af = \int K(x, x')f(x')\mathrm{d}x' = g(x)$

16.1.3 Eigenfunktionen und Eigenwerte

Ein Operator hat auf eine Funktion, ebenso wie eine Matrix auf einen Vektor, im allgemeinen zwei Wirkungen: Er streckt sie (ändert ihre Länge) und er dreht sie (ändert ihre Richtung). Für die Drehung gibt es bei unendlich vielen Dimensionen allerdings sehr viele Möglichkeiten. Besonders wichtig sind Fälle, wo diese Drehung ausbleibt, d. h. wo die Funktion $\boldsymbol{A}f$ parallel zur Funktion f ist:

$$\boxed{\boldsymbol{A}f = af} . \qquad (16.7)$$

Funktionen, die von einem gegebenen Operator nicht gedreht werden, heißen seine **Eigenfunktionen**. Die zugehörigen Werte a heißen **Eigenwerte** des Operators.

Wenn zum gleichen Eigenwert mehrere verschiedene Eigenfunktionen gehören, nennt man den Eigenwert und die Eigenfunktion **entartet**.

Eigenwertprobleme haben auch außerhalb der Quantenmechanik zahllose Anwendungen. Die vielleicht bekannteste davon ist die **Hauptachsentransformation** der Kegelschnitte: $\boldsymbol{r} \cdot \boldsymbol{A}\boldsymbol{r}$ ist die Gleichung einer Kegelschnittfläche (Fläche zweiter Ordnung); die Eigenwerte von $\boldsymbol{A}$ sind die reziproken Längen der Hauptachsen, die Eigenvektoren geben die Richtungen dieser Hauptachsen an. Genau die gleichen Überlegungen treten bei jeder Diskussion komplizierterer Schwingungsprobleme auf, ebenso in der chemischen und elektronischen Kinetik, in Stabilitätsuntersuchungen für Systeme aller Art (Kap. 18), in der Kybernetik und Regeltechnik, bis hin zu den stochastischen Prozessen und Markow-Ketten.

Die Quantenmechanik braucht i. allg. nur lineare **hermitesche** oder **selbstadjungierte Operatoren**, das sind solche, für die mit zwei beliebigen Funktionen f und g immer gilt

$$\boldsymbol{A}^* f^* \cdot g = f^* \cdot \boldsymbol{A} g \,. \tag{16.8}$$

Hierbei können Funktionen und Operator komplex sein. Als Beispiel zeigen wir, daß zwar nicht der Operator $\partial/\partial x$, aber $\mathrm{i}\partial/\partial x$ hermitesch ist. Um diesen Nachweis allgemein zu führen, müßten wir zwei beliebige Funktionen $f(x)$ und $g(x)$ verwenden. Da sich aber alle „vernünftigen“ Funktionen nach *Fourier* in eine Summe oder ein Integral über Funktionen der Art $\varphi = \mathrm{e}^{\mathrm{i}kx}$ entwickeln lassen, brauchen wir nur diese zu betrachten (der Operator ist ja linear). Das konjugiert Komplexe von $\mathrm{e}^{\mathrm{i}kx}$ ist einfach $\mathrm{e}^{-\mathrm{i}kx}$. Für den Operator $\boldsymbol{A} = \partial/\partial x$ wird dann die linke Seite von (16.8)

$$\int_{x_1}^{x_2} \frac{\partial}{\partial x}\, \mathrm{e}^{-\mathrm{i}kx}\, \mathrm{e}^{\mathrm{i}kx}\, \mathrm{d}x = -\mathrm{i}k \int_{x_1}^{x_2} \mathrm{d}x = -\mathrm{i}k(x_2 - x_1)\,,$$

die rechte

$$\int_{x_1}^{x_2} \mathrm{e}^{-\mathrm{i}kx} \frac{\partial}{\partial x}\, \mathrm{e}^{\mathrm{i}kx}\, \mathrm{d}x = \mathrm{i}k(x_2 - x_1)\,.$$

Beide Seiten unterscheiden sich durch das Vorzeichen. Dies wird in Ordnung gebracht, wenn man den Operator $\boldsymbol{A} = \mathrm{i}\partial/\partial x$ benutzt, der bei der komplexen Konjugation ebenfalls sein Vorzeichen ändert.

Eigenfunktionen und Eigenwerte hermitescher Operatoren bieten besondere Bequemlichkeiten. Zum Beispiel sind zwei Eigenfunktionen eines hermiteschen Operators, wenn sie zu verschiedenen Eigenwerten gehören, orthogonal zueinander. Ein hermitescher Operator, selbst wenn er auf komplexe Funktionen angewandt wird und selbst komplex ist, hat immer reelle Eigenwerte. Wir beweisen die erste Aussage: f_1 und f_2 seien Eigenfunktionen von $\boldsymbol{A}$, also $\boldsymbol{A}f_1 = a_1 f_1$, $\boldsymbol{A}f_2 = a_2 f_2$, wobei $a_1 \neq a_2$. Dann ist $\boldsymbol{A}^* f_1^* \cdot f_2 = a_1 f_1^* \cdot f_2$. Weil $\boldsymbol{A}$ hermitesch ist, kann man aber im gleichen Ausdruck $\boldsymbol{A}$ auch auf f_2 hinüberwälzen: $f_1^* \cdot \boldsymbol{A} f_2 = a_2 f_1^* \cdot f_2$. Beide Ergebnisse können angesichts $a_1 \neq a_2$ nur gleich sein, wenn $f_1^* \cdot f_2 = 0$ ist, d. h. f_1 und f_2 orthogonal sind.

✗ Beispiel...

Beweisen Sie, daß ein **hermitescher Operator** nur reelle Eigenwerte hat.

Der Operator $\boldsymbol{A}$ sei hermitesch, also $f^* \cdot \boldsymbol{A}g = \boldsymbol{A}^* f^* \cdot g$. Als f und g nehmen wir eine und dieselbe Eigenfunktion von $\boldsymbol{A}$ mit dem Eigenwert a. Dann ist $\boldsymbol{A}f = af$ und $\boldsymbol{A}^* f^* = a^* f^*$. Linksmultiplikation mit f^* bzw. Rechtsmultiplikation mit f liefert $f^* \cdot \boldsymbol{A}f = af^* \cdot f$, $\boldsymbol{A}^* f^* \cdot f = a^* f^* \cdot f$. Weil $\boldsymbol{A}$ hermitesch, sind beide Ausdrücke gleich, was nur sein kann, wenn $a^* = a$, also a reell.

Die Eigenfunktionen der üblichsten hermiteschen Operatoren haben außer ihrer Orthogonalität noch die wichtige Eigenschaft der **Vollständigkeit**: Man kann jede beliebige Funktion nach ihnen entwickeln, ebenso wie man nach den ebenfalls orthogonalen Funktionen $\sin nx$ und $\cos nx$ Fourier-entwickeln kann. Auf dieser Verallgemeinerung der Fourier-Entwicklung beruhen die meisten Näherungsverfahren der Quantenmechanik und anderer Gebiete der Physik.

16.2 Grundzüge der Quantenmechanik

Leider sind die **Axiome der Quantenmechanik** nicht so evident wie *Newtons* Axiome der Mechanik und stehen der Erfahrung noch etwas ferner als die Maxwell-Axiome der Elektrodynamik. Man muß sie zunächst einfach lernen und ihren Sinn in der Anwendung begreifen.

16.2.1 Die Axiome

Diese Axiome drücken vor allem den wesentlich neuen, experimentell gesicherten Tatbestand aus, daß nicht alle physikalischen Größen unter allen Umständen einen scharfen Wert haben. Selbst wenn ein physikalisches System vollständig bestimmt ist, liefert eine Messung an ihm nicht immer den gleichen Wert. Das System sei z. B. ein ^{226}Ra-Kern. Die Messung besteht einfach darin, daß wir nach 1 s kontrollieren, ob dieser Kern noch da ist oder sich umgewandelt hat. Beides kann vorkommen. Trotzdem ist das System durch die Aussage, daß es sich um einen ^{226}Ra-Kern handelt, völlig bestimmt. Man kann dem Kern auf keine Weise ansehen, ob er gleich zerfallen wird oder erst sehr viel später. Diesen Tatbestand kann man verschieden deuten: Entweder sind die Größen, die für eine solche Voraussage nötig wären (Orte und Impulse der Nukleonen im Kern usw.) nicht angemessen zur Beschreibung des wirklichen Wesens des Systems, sondern nur Atavismen aus der klassischen Physik; oder sie sind angemessene Beschreibungen, aber ihre jeweiligen präzisen Werte sind entweder prinzipiell nicht erkennbar oder gar nicht vorhanden. Welche dieser Deutungen man wählt oder ob man sogar die Quantenmechanik nur als ein vorläufiges Begriffssystem ansieht, das einmal einer Renaissance des Determinismus weichen wird, ist mehr oder weniger Ansichtssache.

- Der Zustand eines physikalischen Systems wird durch eine **Zustandsfunktion** ψ dargestellt.
- Jede physikalische Größe entspricht einem linearen hermiteschen Operator.
- Ein Zustand eines Systems, in dem eine physikalische Größe a einen scharfen Wert hat, muß durch eine Eigenfunktion des entsprechenden Operators beschrieben sein; der Wert dieser Größe a ist der dazugehörige Eigenwert.
- Wenn die Zustandsfunktion ψ eines Systems sich aus mehreren anderen Zuständen f_k additiv superponieren läßt, d. h. wenn $\psi = \sum c_k f_k$, dann kann man so tun, als seien diese Zustände f_k alle gleichzeitig vorhanden. Der Anteil der Teilzustände f_k zu meßbaren Größen bemißt sich nicht nach ihrem Beitrag zu ψ, sondern zu $\psi^* \cdot \psi$.

Wir ziehen eine wichtige Folgerung und betrachten dazu eine Größe a, der der Operator $\boldsymbol{A}$ zugeordnet ist. Das System sei *nicht* in einem Eigenzustand von $\boldsymbol{A}$. Dann hat a keinen scharfen Wert, sondern bei seiner Messung kann jeder der Eigenwerte von $\boldsymbol{A}$ herauskommen. Messen heißt nämlich Bedingungen schaffen, unter denen sich das System für einen der möglichen scharfen Werte von a entscheiden muß. Wir sprechen hier von einer *guten* Messung, die demnach nur darin besteht, aus dem Gemisch ψ von Eigenzuständen von $\boldsymbol{A}$ einen bestimmten herauszufischen oder zu machen. Es gibt keine Messung, die das System weniger beeinflußte: wenn sie es mehr beeinflußt, ist es eine schlechte Messung.

Wir bauen nun die Zustandsfunktion ψ aus normierten Eigenfunktionen f_k des Operators $\boldsymbol{A}$ auf: $\psi = \sum c_k f_k$. Da alle vernünftigen Operatoren vollständige Eigenfunktionensysteme haben, ist ein solcher Aufbau immer möglich. Als Eigenfunktionen des hermiteschen Operators $\boldsymbol{A}$ sind die f_k orthogonal, also $\psi^* \cdot \psi = \sum_{i,k} c_k^* c_i f_k^* \cdot f_i = \sum_k c_k^* c_k$. Bei der Messung von a wird sich nach Axiom 4 das System mit der Wahrscheinlichkeit $c_k^* c_k$ für den Zustand f_k, d. h. den Wert a_k entscheiden. Unter N Messungen findet man also $c_1^* c_1 N$-mal den Wert a_1, $c_2^* c_2 N$-mal den Wert a_2 usw. Der Mittelwert aller dieser Ergebnisse ist

$$\boxed{\bar{a} = \sum c_k^* c_k a_k} \quad . \tag{16.9}$$

Offenbar kommt genau dasselbe heraus, wenn man schreibt

$$\boxed{\bar{a} = \psi^* \cdot \boldsymbol{A}\psi} \quad , \tag{16.9'}$$

denn $\boldsymbol{A}\psi = \sum \boldsymbol{A} c_k f_k = \sum c_k a_k f_k$, und $\psi^* \cdot \boldsymbol{A}\psi = \sum_{i,k} c_i^* f_i^* \cdot c_k a_k f_k = \sum_k c_k^* c_k a_k$, weil die f_k orthonormal sind.

Man muß jetzt nur noch wissen, wie die Operatoren für die einzelnen physikalischen Größen aussehen. Dies läßt sich nicht im eigentlichen Sinne ableiten, sondern nur aus Analogieschlüssen ermitteln: Der richtige Operator ist der, für den sich im klassischen Grenzfall das bekannte klassische Verhalten ergibt. Diese Analogien werden am klarsten, wenn man die klassische Mechanik in der Form von *Hamilton* und *Lagrange* darstellt, die in diesem Buch wegen ihrer Abstraktheit nicht behandelt worden ist. Man findet so:

Der **Operator der Lagekoordinate** x eines Teilchens entspricht der Multiplikation mit der Variablen x:

$$\boldsymbol{x}\psi = x\psi\,. \tag{16.10}$$

Der **Operator der Impulskomponente** p_x entspricht der partiellen Ableitung nach x:

$$\boldsymbol{p}_x\psi = \frac{\hbar}{\mathrm{i}}\frac{\partial}{\partial x}\psi\,. \tag{16.11}$$

Wie sehen die Zustände aus, in denen das Teilchen einen scharfen Wert der Impulskomponente p_x hat? Ihre Zustandsfunktion ψ muß Eigenfunktion des Impulsoperators sein:

$$\boldsymbol{p}_x\psi = \frac{\hbar}{\mathrm{i}}\frac{\partial}{\partial x}\psi = p_x\psi\,.$$

Nur die e-Funktion ist proportional ihrer eigenen Ableitung; daher wird ein Zustand mit scharfem Impuls beschrieben durch

$$\psi = \psi_0\,\mathrm{e}^{\mathrm{i}p_x/\hbar}\,. \tag{16.12}$$

Der Realteil hiervon ist eine **harmonische Welle**:

$$\boxed{\psi_0\cos\frac{p_x}{\hbar}x = \psi_0\cos\frac{2\pi x}{\lambda}} \tag{16.12$'$}$$

mit der Wellenlänge $\lambda = h/p_x$, wie sie *de Broglie* gefordert hat.

Nur harmonische ψ-Wellen haben einen bestimmten Impuls.

Nützlich ist die Abkürzung $k = 2\pi/\lambda$, womit die Impulseigenfunktion lautet

$$\psi = \psi_0\,\mathrm{e}^{\mathrm{i}kx}\,. \tag{16.12$''$}$$

Etwas schwieriger ist die Frage, in welchen Zuständen das Teilchen sich an einem scharf bestimmten *Ort* befindet, z. B. an der Stelle $x = a$. Ihr ψ muß Eigenfunktion des Ortsoperators sein:

$$\boldsymbol{x}\psi = x\psi = a\psi\,, \tag{16.13}$$

d. h. die Multiplikation mit der Variablen x muß auf eine Multiplikation mit der Konstanten a hinauslaufen. Einiges Probieren zeigt, daß hierzu die Funktion $\psi(x)$ überall Null sein muß, außer bei $x = a$; sowie sie nämlich sonst irgendwo verschieden von Null ist, wird die Beziehung (16.13) gestört. Diese Funktion, die überall Null ist außer bei $x = a$, wo sie unendlich ist, heißt **δ-Funktion**. Man kann sie sich aus einem Berg, z. B. einer Gauß-Funktion, hervorgegangen denken, die immer schmaler, aber gleichzeitig immer höher wird.

Ist $\psi(x)$ keine δ-Funktion, so hat x keinen scharfen Wert; das Teilchen kann sich also überall befinden. Nach Axiom 4 wird sein wahrscheinlichster Ort gegeben durch

$$\boxed{\bar{x} = \psi^* \cdot \boldsymbol{x}\psi = \int_{-\infty}^{+\infty} x|\psi(x)|^2 \, \mathrm{d}x} \ . \qquad (16.14)$$

Dieser Ausdruck sieht genauso aus wie der für den Mittelwert oder **Erwartungswert** einer Größe x, von der nur eine Wahrscheinlichkeitsverteilung $P(x)$ bekannt ist:

$$\bar{x} = \int_{-\infty}^{+\infty} xP(x) \, \mathrm{d}x \, ,$$

vorausgesetzt, daß $P(x)$ richtig normiert ist, d. h. $\int_{-\infty}^{+\infty} P(x) \, \mathrm{d}x = 1$. Man kann also $|\psi(x)|^2 \, \mathrm{d}x$ deuten als **Aufenthaltswahrscheinlichkeit** des Teilchens im Intervall $(x, x + \mathrm{d}x)$.

16.2.2 Die Unschärferelation

Es ist klar, daß eine Eigenfunktion des Impulses (harmonische Welle) nicht zugleich Eigenfunktion des Ortes (δ-Funktion) sein kann. Es gibt also keinen Zustand, in dem ein Teilchen zugleich einen scharfen Impuls p_x und einen scharfen Ort x hat. Man kann sogar zeigen, daß in einem Zustand mit scharfem Impuls der Ort völlig unbestimmt ist und umgekehrt; die nach Axiom 4 gebildeten Erwartungswerte geben nämlich in diesem Fall mathematisch keinen Sinn.

Damit ein Erwartungswert für den Ort überhaupt existiert, muß die ψ-Funktion in einem räumlichen Bereich (oder mehreren) konzentriert sein. Damit ein Erwartungswert für den Impuls existiert, muß sie wenigstens einen Anklang von Wellencharakter zeigen. Es gibt solche Kompromißlösungen; sie sehen aus wie die Interferenzfiguren, die man z. B. hinter einem engen Spalt sieht (Abb. 16.1). Ein solches **Wellenpaket** läßt sich nach der Methode von *Fourier* aus einer großen Anzahl ebener Wellen der Form (16.12), aber mit etwas verschiedenen p-Werten, also verschiedenen Wellenlängen, zusammenbauen. Diese Impulse müssen einen gewissen Bereich Δp möglichst dicht erfüllen, und man hat dann nur noch dafür zu sorgen, daß alle diese Wellen am gewünschten Ort $x = a$ ein Maximum haben. An allen anderen Orten stimmen dann die Phasen nicht mehr überein, sofern man unendlich viele verschiedene p-Werte verwendet (bei endlich vielen kommt es zu periodischen Wiederholungen, Abschn. 4.1.1d). Zeichnerisch sieht man leicht ein, daß das Hauptmaximum der Interferenzfigur bei einer solchen Überlagerung gerade die Breite Δx hat, die mit der Breite des benutzten Wellenlängenbereiches so zusammenhängt:

$$\Delta x \approx \frac{\lambda^2}{\Delta \lambda} \, . \qquad (16.15)$$

Nach der de Broglie-Beziehung bedeutet das

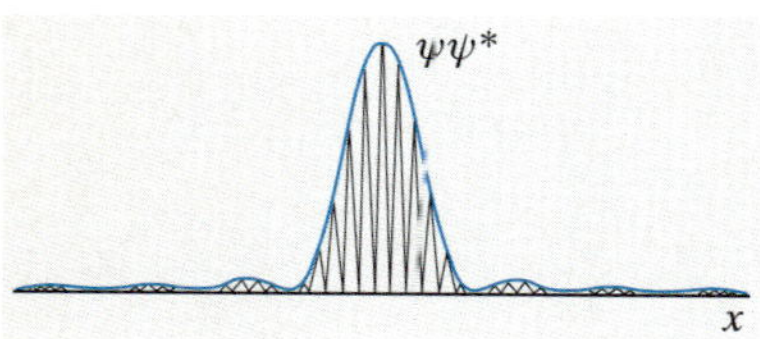

Abb. 16.1. Überlagerung von Wellen aus einem engen Wellenlängenbereich erzeugt eine Wellenfunktion mit einer gewissen Ortsunschärfe

$$\boxed{\Delta x \approx \frac{h}{\Delta p_x}} \quad . \tag{16.15'}$$

Das ist die **Heisenberg-Unschärferelation**.

Wir führen die Rechnung für den Fall durch, daß der gewünschte Ort des Teilchens $x = 0$, der mittlere Impuls p_x, der zur Überlagerung benutzte Impulsbereich $(p_x - \Delta p/2,\ p_x + \Delta p/2)$ ist. Alle diese Teilwellen sollen mit gleicher Amplitude vertreten sein, mit anderen Worten: Wir wissen nicht, welcher Impulswert aus diesem Bereich zutrifft, aber darin liegt er, und alle Werte daraus sind gleichwahrscheinlich. Dann ergibt sich die Zustandsfunktion durch Addition, also Integration der Teilwellen:

$$\begin{aligned}\psi(x) &\sim \int_{p_x-\Delta p/2}^{p_x+\Delta p/2} \mathrm{e}^{\mathrm{i}xp/\hbar}\,\mathrm{d}p = \frac{\hbar}{\mathrm{i}x}\,\mathrm{e}^{\mathrm{i}xp_x/\hbar}\left(\mathrm{e}^{\mathrm{i}x\,\Delta p/(2\hbar)} - \mathrm{e}^{-\mathrm{i}x\,\Delta p/(2\hbar)}\right)\\ &= \frac{2\hbar}{x}\sin\frac{x\,\Delta p}{2\hbar}\,\mathrm{e}^{\mathrm{i}xp_x/\hbar}\,.\end{aligned}$$

Das ist eine ebene Welle, deren Amplitude durch den Faktor $\sin z/z$ moduliert ist $(z = x\,\Delta p/(2\hbar))$. Diese Funktion hat genau die Form von Abb. 16.1. Ihr Hauptmaximum liegt zwischen $z = -\frac{\pi}{2}$ und $z = +\frac{\pi}{2}$, hat also die Breite

$$\Delta z = \pi\,, \quad \text{d. h.} \quad \Delta x = \frac{h}{\Delta p}\,,$$

entsprechend der Unschärferelation.

In der Operatorsprache drückt sich die Unschärferelation dadurch aus, daß Orts- und Impulsoperator nicht vertauschbar sind, d. h. daß es zu verschiedenen Resultaten führt, wenn man auf eine Funktion erst den Orts- und dann den Impulsoperator anwendet oder umgekehrt:

$$\begin{aligned}\boldsymbol{p}_x\boldsymbol{x}f &= \frac{\hbar}{\mathrm{i}}\frac{\partial}{\partial x}(xf) = \frac{\hbar}{\mathrm{i}}\left(f + x\frac{\partial f}{\partial x}\right),\\ \boldsymbol{x}\boldsymbol{p}_x f &= x\frac{\hbar}{\mathrm{i}}\frac{\partial}{\partial x}f = \frac{\hbar}{\mathrm{i}}x\frac{\partial f}{\partial x}\,.\end{aligned}$$

Die Differenz beider Ausdrücke

$$(\boldsymbol{p}_x\boldsymbol{x} - \boldsymbol{x}\boldsymbol{p}_x)f = \frac{\hbar}{\mathrm{i}}f$$

zeigt, daß *jede* Funktion Eigenfunktion des Operators $\boldsymbol{p}_x\boldsymbol{x} - \boldsymbol{x}\boldsymbol{p}_x$ mit dem Eigenwert $\hbar/\mathrm{i}$ ist. Unabhängig von der Wahl von f kann man also die reine Operatorgleichung

$$\boxed{\boldsymbol{p}_x\boldsymbol{x} - \boldsymbol{x}\boldsymbol{p}_x = \frac{\hbar}{\mathrm{i}}} \tag{16.16}$$

schreiben. Das ist eine der **Vertauschungsrelationen**. Es gibt natürlich drei davon, für jede Koordinate eine, und noch eine vierte zwischen Energie und Zeit. Sie bilden die abstrakte Darstellung der Unschärferelation, die gewöhnlich so formuliert wird:

Es ist unmöglich, Ort und Impuls eines Teilchens oder Zeitpunkt und Energie eines Vorganges, allgemein ein Paar **konjugierter Größen** gleichzeitig genau zu bestimmen. Bei einer solchen Messung bleiben immer Unschärfen Δx und Δp_x bzw. Δt und ΔW, deren Produkt prinzipiell nicht kleiner gemacht werden kann als $\hbar$.

16.2.3 Der Energieoperator (Hamilton-Operator)

Wie der Operator aussieht, der einer bestimmten physikalischen Größe entspricht, kann man nicht streng ableiten. Zumindest für einige Grundgrößen muß man diesen Zusammenhang erraten. Als Beispiel für diesen Rate- oder besser Modellbildungsprozeß überlegen wir, was wohl der Operator „leite partiell nach der Zeit ab", kurz $\boldsymbol{A} = \partial/\partial t$, bedeuten mag. Anwendung dieses Operators auf eine Funktion von Ort und Zeit $f(\boldsymbol{r}, t)$, d. h. auf ein zeitabhängiges Skalarfeld, ergibt das, was man üblicherweise $\dot{f}(\boldsymbol{r}, t)$ nennt:

$$\boldsymbol{A}f = \frac{\partial}{\partial t} f = \dot{f} \,.$$

Wenn eine Funktion Eigenfunktion dieses Operators sein soll, d. h. wenn $\boldsymbol{A}f = af$ gelten soll, muß die Funktion die Differentialgleichung

$$\dot{f} = af$$

lösen. Ihrer Zeitabhängigkeit nach muß sie also exponentiell sein:

$$f(\boldsymbol{r}, t) = \varphi(\boldsymbol{r})\, \mathrm{e}^{at} \,,$$

wobei die Ortsabhängigkeit $\varphi(\boldsymbol{r})$ noch beliebig ist. Von einer beliebigen räumlichen Anfangsverteilung an wird eine solche Funktion ständig überall exponentiell anwachsen (positiver Eigenwert a) oder abfallen (negatives a). Positives a führt schließlich zu überall unendlich großen Werten, die solche Funktionen i. allg. physikalisch unbrauchbar machen. Negatives a führt schließlich zu einem f, das überall verschwindet. Dies gilt für reelle Eigenwerte a. Im Prinzip sind aber auch komplexe denkbar, denn wir wissen noch nicht, ob unser Operator hermitesch ist, d. h. ob

$$\int f^* \frac{\partial}{\partial t} g \, \mathrm{d}t = \int \frac{\partial}{\partial t} f^* g \, \mathrm{d}t \,.$$

Es ist nicht einzusehen, warum das für beliebige f, g der Fall sein sollte. Anders, wenn wir den Operator durch den Faktor i oder allgemeiner ib ergänzen, wobei b eine reelle Konstante ist: $\boldsymbol{B} = \mathrm{i}b\, \partial/\partial t$. Dann geht die Bedingung $f^* \cdot \boldsymbol{B}g = \boldsymbol{B}^* f^* \cdot g$ oder $f^* \cdot \boldsymbol{B}g - \boldsymbol{B}^* f^* \cdot g = 0$ über in

$$\begin{aligned}\int f^* \mathrm{i}b\dot{g} \, \mathrm{d}t - \int -\mathrm{i}b\dot{f}^* g \, \mathrm{d}t &= \mathrm{i}b \int (f^* \dot{g} + \dot{f}^* g) \, \mathrm{d}t \\ &= \mathrm{i}b \frac{\partial}{\partial t} \int f^* g \, \mathrm{d}t = 0 \,.\end{aligned}$$

Das ist immer richtig, denn $\int f^* g \, \mathrm{d}t$ hat als bestimmtes Integral einen ganz bestimmten, nicht mehr zeitabhängigen Wert.

Der Operator $\boldsymbol{B} = \mathrm{i}b\,\partial/\partial t$ ist also hermitesch. Seine Eigenfunktionen sind die Funktionen $f(\boldsymbol{r},t) = \varphi(\boldsymbol{r})\,\mathrm{e}^{-\mathrm{i}\omega t}$, d. h. alle Skalarfelder beliebiger räumlicher Verteilung, die überall mit der gleichen Frequenz ω harmonisch schwingen:

$$\boldsymbol{B}f = \mathrm{i}b\frac{\partial}{\partial t}\varphi(\boldsymbol{r})\,\mathrm{e}^{-\mathrm{i}\omega t} = \omega b\varphi(\boldsymbol{r})\,\mathrm{e}^{-\mathrm{i}\omega t} = \omega bf = b'f\,.$$

Der Eigenwert b' hängt mit der Kreisfrequenz dieser Schwingung zusammen wie $b' = \omega b$. Die Schwingung macht sich wohl in der Zustandsfunktion f bemerkbar, nicht aber in Größen, die direkte physikalische Bedeutung haben, z. B. in der Aufenthaltswahrscheinlichkeit $f^* \cdot f$. Hier hebt sich der e-Faktor einfach weg, denn der Exponent wechselt sein Zeichen, wenn man zum konjugiert Komplexen übergeht:

$$f^* \cdot f = \varphi^2(\boldsymbol{r})\,.$$

Ein Eigenzustand unseres Operators $\boldsymbol{B} = \mathrm{i}b\partial/\partial t$ ändert sich also zeitlich nicht, er ist stationär.

Wir betrachten jetzt einen Zustand ψ, der kein Eigenzustand von $\boldsymbol{B}$ ist. $\boldsymbol{B}$ als „vernünftiger" Operator hat ein vollständiges Eigenfunktionssystem (der Beweis ist praktisch identisch mit dem Satz von *Fourier*, Abschn. 4.1.1d), d. h. jede vernünftige Funktion, z. B. auch f, läßt sich nach Eigenfunktionen von $\boldsymbol{B}$ entwickeln, d. h. aus ihnen linearkombinieren. $\boldsymbol{B}$ hat, wenn wir dem System keine weiteren Bedingungen auferlegen, sämtliche reelle Zahlen $b = c\omega$ als Eigenwerte. Für konkrete Systeme wird dieses Eigenwertspektrum meist erheblich eingeengt. In unserem Fall geht also die Summe über den Index i für die i-te Eigenfunktion über in ein Integral über die stetige Indexfunktion $a(\omega)$:

$$\psi(\boldsymbol{r},t) = \int a(\boldsymbol{r},\omega)\,\mathrm{e}^{-\mathrm{i}\omega t}\,\mathrm{d}\omega\,.$$

Offenbar ist dies nichts anderes als die Fourier-Entwicklung der Funktion ψ. $a(\boldsymbol{r},\omega)$ ist ihre Fourier-Transformierte oder Amplitudenfunktion oder kurz ihr Spektrum.

Wir betrachten speziell einen Zustand, der sich aus zwei Eigenfunktionen mit den Eigenwerten $c\omega_1$ und $c\omega_2$ aufbauen läßt:

$$\psi = a_1(\boldsymbol{r})\,\mathrm{e}^{-\mathrm{i}\omega_1 t} + a_2(\boldsymbol{r})\,\mathrm{e}^{-\mathrm{i}\omega_2 t}\,.$$

Hat auch ein solcher Zustand die Eigenschaft, daß seine räumliche Verteilung $\psi^*\psi$ nicht von der Zeit abhängt, d. h. ist er auch stationär?

$$\begin{aligned}\psi^*\psi &= \left(a_1\,\mathrm{e}^{\mathrm{i}\omega_1 t} + a_2\,\mathrm{e}^{\mathrm{i}\omega_2 t}\right)\left(a_1\,\mathrm{e}^{-\mathrm{i}\omega_1 t} + a_2\,\mathrm{e}^{-\mathrm{i}\omega_2 t}\right)\\ &= a_1^2 + a_2^2 + 2a_1a_2\cos(\omega_1 - \omega_2)t\,.\end{aligned}$$

Offenbar nicht: Es bleibt auch in $\psi^*\psi$ noch eine Zeitabhängigkeit, die Ortsverteilung schwingt harmonisch mit der Kreisfrequenz $\omega_1 - \omega_2$.

Wir haben ein mathematisches Modell für ein System gebaut, das zwei Arten von Zuständen annehmen kann: **Stationäre Zustände**, in denen sich nichts ändert, die Eigenfunktionen von $\boldsymbol{B}$ sind, in denen also die zugehörige Größe b einen scharfen Wert besitzt, die aber durch eine Kreisfrequenz ω_i charakterisiert sind, auch wenn diese nicht als Schwingung in Erscheinung tritt; und nichtstationäre Zustände, speziell aus zwei Eigenfunktionen zusammengesetzt, in denen das System mit der Frequenz $\omega_1 - \omega_2$ schwingt. Genau ein solches System ist aber doch ein Atom. Was wir eben gefunden haben, ist eine direkte Darstellung der **Bohr-Postulate** und des **Ritz-Kombinationsprinzips**. Es gibt Atomzustände, in denen sich (ohne äußere Einwirkung) nichts, speziell nicht die Energie ändert. Es gibt andere Zustände, in denen das Atom mindestens eine Zeitlang Strahlung emittiert, in denen also offenbar die Elektronenverteilung mit der entsprechenden Frequenz schwingt. Die möglichen Frequenzen sind Differenzen einer viel kleineren Anzahl von Ritz-Termen: $\omega_{ik} = \omega_i - \omega_k$.

Die Frequenzen dieser Terme sind, wie z. B. der Franck-Hertz-Versuch direkt zeigt, den Energien der stationären Zustände zugeordnet wie

$$W_i = \hbar\omega_i \,.$$

Wir können also $\boldsymbol{B} = \mathrm{i}\,\partial/\partial t$ den Kreisfrequenzoperator nennen. Der **Energieoperator** ergibt sich dann zwangsläufig als

$$\boldsymbol{H} = \hbar\mathrm{i}\frac{\partial}{\partial t} \quad (\textbf{Hamilton-Operator})\,.$$

Seine Eigenzustände haben scharfe und konstante Energiewerte und eine konstante Ortsverteilung. Alle anderen Zustände schwingen mit einer Frequenz $\omega = \omega_i - \omega_k$ oder einem Gemisch solcher Frequenzen, sie strahlen also Energie ab und müssen daher über kurz oder lang in den energetisch tieferen der beiden stationären Zustände übergehen.

Man muß sich klarmachen, daß dieses Verfahren des Modellbaus gar nicht so neu ist. Jedes Modell, auch eines aus Kugeln und Federn rechtfertigt sich lediglich durch die Isomorphie mit der Wirklichkeit, die i. allg. nicht aus Kugeln und Federn besteht, d. h. durch die Übereinstimmung struktureller Beziehungen zwischen bestimmten Elementen des Modells und den entsprechenden Elementen der Wirklichkeit. Auf diese strukturelle Isomorphie kommt es an. Die Entsprechung zwischen den Elementen wird auch im anschaulichsten Modell zunächst willkürlich festgesetzt: „Die blaue Kugel ist der Kern, die roten sind die Elektronen". Ungewohnt am quantenmechanischen Modell ist nur, daß es von vornherein mit rein mathematischen Elementen arbeitet. Sein durchgreifender Erfolg zeigt, daß mathematische Elemente doch viel inhaltsreicher und anpassungsfähiger sind als Kugeln und Federn.

16.2.4 Die Schrödinger-Gleichung

Wir haben in Abschn. 16.2.1 immer nur von einer Impulskomponente gesprochen, während es doch drei gibt. Die ihnen entsprechenden Operatoren $(\hbar/\mathrm{i})\cdot\partial/\partial x$, $(\hbar/\mathrm{i})\cdot\partial/\partial y$, $(\hbar/\mathrm{i})\cdot\partial/\partial z$ lassen sich zu einem Vektor zusammenfassen:

$$\boldsymbol{p} = \frac{\hbar}{\mathrm{i}}\left(\frac{\partial}{\partial x}, \frac{\partial}{\partial y}, \frac{\partial}{\partial z}\right) = \frac{\hbar}{\mathrm{i}}\,\mathrm{grad} \quad . \tag{16.17}$$

Der Operator für den vollständigen Impulsvektor eines Teilchens ist also der Gradient, multipliziert mit $\hbar/\mathrm{i}$. Den Operator für die kinetische Energie kann man analog zum klassischen Ausdruck $W_{\mathrm{kin}} = p^2/(2m)$ aus dem Impulsoperator aufbauen:

$$\boldsymbol{W}_{\mathrm{kin}} = \frac{\boldsymbol{p}^2}{2m} = -\frac{\hbar^2}{2m}\left(\frac{\partial^2}{\partial x^2} + \frac{\partial^2}{\partial y^2} + \frac{\partial^2}{\partial z^2}\right) = -\frac{\hbar^2}{2m}\Delta \quad . \tag{16.18}$$

Der **Operator der kinetischen Energie** ist bis auf den Faktor $-\hbar^2/(2m)$ der **Laplace-Operator**.

Der Ortsoperator wirkt durch einfache Multiplikation mit der Koordinate oder allgemeiner mit dem Ortsvektor $\boldsymbol{r}$. Jede physikalische Größe, die nur eine Funktion der Koordinaten ist, hat ebenfalls einen Operator, dessen Wirkung in einer einfachen Multiplikation mit dieser Funktion besteht. Das ist z. B. der Fall für die **potentielle Energie** $U(\boldsymbol{r})$ eines konservativen Kraftfeldes. Der Energiesatz, der von der Summe kinetischer und potentieller Energie handelt, übersetzt sich in die Operatorgleichung

$$\boldsymbol{H} = \boldsymbol{W}_{\mathrm{kin}} + \boldsymbol{W}_{\mathrm{pot}} = -\frac{\hbar^2}{2m}\Delta + U(\boldsymbol{r})\,. \tag{16.19}$$

Andererseits können wir nach Abschn. 16.2.3 den Energieoperator auch schreiben

$$\boldsymbol{H} = \hbar\mathrm{i}\frac{\partial}{\partial t}\,. \tag{16.20}$$

Eine Zustandsfunktion, die einem scharfen Energiewert entspricht, führt also an jedem Raumpunkt eine harmonische Schwingung aus, sie ist eine stehende Welle. Um diese Welle vollständig zu kennzeichnen, müßte man noch die räumliche Verteilung ihrer Amplitude angeben:

$$\psi(\boldsymbol{r}, t) = \varphi(\boldsymbol{r})\,\mathrm{e}^{\mathrm{i}\omega t}\,. \tag{16.21}$$

Hierüber kann der Energieoperator in der Form (16.20) nichts aussagen, wohl aber in der anderen, aus dem Energiesatz gewonnenen Form (16.19):

$$\boldsymbol{W}_{\mathrm{kin}} + \boldsymbol{W}_{\mathrm{pot}} = -\frac{\hbar^2}{2m}\Delta + U(\boldsymbol{r}) = \boldsymbol{H} = \hbar\mathrm{i}\frac{\partial}{\partial t} \quad . \tag{16.22}$$

Wenn man eine solche Operatorgleichung hinschreibt, meint man damit, daß die beiderseits des Gleichheitszeichens stehenden Operatoren, angewandt auf jede überhaupt mögliche Funktion, beide das gleiche Ergebnis liefern, d. h. daß jede Zustandsfunktion $\psi(\boldsymbol{r}, t)$ Lösung der Gleichung

$$-\frac{\hbar^2}{2m}\Delta\psi(\boldsymbol{r}, t) + U(\boldsymbol{r})\psi(\boldsymbol{r}, t) = \hbar\mathrm{i}\frac{\partial}{\partial t}\psi(\boldsymbol{r}, t) \tag{16.23}$$

sein muß. Dies ist die **zeitabhängige Schrödinger-Gleichung**.

Speziell für Zustände mit scharfer Energie, d. h. **stationäre Zustände**, wissen wir aus (16.21) bereits, daß die rechte Seite dieser Gleichung einfach $\boldsymbol{H}\psi(\boldsymbol{r}, t) = W\varphi(\boldsymbol{r})\,\mathrm{e}^{\mathrm{i}\omega t}$ ergibt. Der zeitlich schwingende Anteil $\mathrm{e}^{\mathrm{i}\omega t}$ fällt dann beiderseits heraus.

Der Amplitudenanteil $\varphi(\boldsymbol{r})$ eines stationären Zustandes ist also Lösung der **zeitunabhängigen Schrödinger-Gleichung**:

$$-\frac{\hbar^2}{2m}\Delta\varphi(\boldsymbol{r}) + U(\boldsymbol{r})\varphi(\boldsymbol{r}) = W\varphi(\boldsymbol{r})\,. \tag{16.24}$$

Der Operator links heißt auch **Hamilton-Operator**. Stationäre Zustände sind Eigenfunktionen des Hamilton-Operators.

In dieser Gleichung tritt die Zeit nicht mehr auf. Folglich ändern sich die ψ-Funktionen stationärer Zustände, abgesehen von dem obligaten Faktor $\mathrm{e}^{\mathrm{i}\omega t}$, nicht mit der Zeit. Das ist der eigentliche Grund, weshalb man sie stationär nennt. *Jeder* Zustand und *nur* ein Zustand, der sich mit der Zeit ändert, hat eine scharfe Energie. Zustände von Atomen und Molekülen, in denen sie weder strahlen noch Licht absorbieren, also keine Gelegenheit haben, sich zeitlich zu ändern, sind offenbar von dieser Art und werden durch die zeitunabhängige Schrödinger-Gleichung beschrieben. Hierauf vor allem beruht deren große Bedeutung.

16.3 Teilchen in Potentialtöpfen

Wir untersuchen das Verhalten eines Teilchens in verschiedenen einfachen Kraftfeldern.

16.3.1 Stationäre Zustände

Wenn gar keine Kraft herrscht, also die potentielle Energie $U = U_0$ konstant ist, reduziert sich die Schrödinger-Gleichung auf

$$-\frac{\hbar^2}{2m}\Delta\varphi = (W - U_0)\varphi\,. \tag{16.25}$$

Die Lösung lautet im eindimensionalen Fall

$$\varphi = \varphi_0\,\mathrm{e}^{\pm(\mathrm{i}/\hbar)\cdot\sqrt{2m(W-U_0)}\,x} = \varphi_0\,\mathrm{e}^{\pm\mathrm{i}kx}\,. \tag{16.26}$$

Das ist, wie der Vergleich mit (16.12) zeigt, genau ein Zustand mit dem scharfen Impuls $p = \sqrt{2m(W - U_0)}$. Dies ist sehr befriedigend, denn einerseits darf ein kräftefreies Teilchen keine Impulsänderung zeigen, und andererseits entspricht dieser Ausdruck für p genau dem klassischen für den Impuls eines Teilchens mit der kinetischen Energie $W - U_0$. Die φ-Funktion (16.26) stellt eine ebene Welle mit ortsunabhängiger Amplitude dar. Über genügend lange Zeiten gemittelt, kann also das Teilchen überall mit gleicher Wahrscheinlichkeit sein. Von seinem Ort zu sprechen hat keinen Sinn, denn der Erwartungswert für den Ort existiert mathematisch gar nicht.

Wir sperren jetzt ein Teilchen mit Gewalt in einen endlichen Raumbereich ein, indem wir an dessen Rändern unendlich starke rücktreibende Kräfte aufbauen. Mit anderen Worten: An den Rändern dieses Bereiches soll das Potential eine steile Stufe nach oben machen. Um ganz sicher zu gehen, daß das Teilchen nie dorthin kann, machen wir das Potential außerhalb des erlaubten Bereiches sogar unendlich hoch. Das drückt aus, daß die Gegenkräfte nicht nur direkt am Rand, sondern in einem endlichen Abstand außerhalb davon wirken. Im Innern dieses Topfes soll zunächst, der Einfachheit halber, das Potential konstant sein, speziell, was ja nur eine Frage der Normierung ist, $U = 0$. Im Topfinnern gilt also wieder, wie im vorigen Beispiel,

$$\varphi = \varphi_0 \, e^{\pm(i/\hbar)\cdot\sqrt{2mW}x} \,. \qquad (16.27)$$

Beide Vorzeichen des Exponenten liefern unabhängige Lösungen. Die allgemeinste Lösung heißt daher

$$\varphi = A \, e^{ikx} + B \, e^{-ikx} \qquad (16.28)$$

oder reell ausgedrückt

$$\varphi = A' \cos kx + B' \sin kx \qquad (A' = A + B \,, \quad B' = A - B) \,. \qquad (16.29)$$

Diese Lösung gilt aber nur innerhalb des Topfes. Was geschieht außerhalb? Muß φ dort Null sein, weil das Teilchen nicht außerhalb des Topfes sein kann? Solchen von klassischen Analogien abgelesenen Urteilen gegenüber soll uns ja aber die Quantenmechanik gerade mißtrauisch machen. Ihre Ergebnisse, wie z. B. der Tunneleffekt (S. 902) sind manchmal ebenso paradox. Der einzig konsequente Weg, etwas über das Verhalten von φ außerhalb zu erfahren, besteht in einem Grenzübergang von endlich hohen Topfwänden zu unendlich hohen. Dabei ergibt sich dann allerdings, daß außerhalb des Topfes $\varphi = 0$ sein muß.

Ein ähnlicher Grenzübergang zeigt auch, daß φ eine *stetige* Ortsfunktion sein muß (mit leicht zu verstehenden Ausnahmen in einigen schematisierten Fällen). Denn was wäre die Folge, wenn φ irgendwo, sagen wir bei $x = 0$, einen Sprung machte? Die Ableitung $\partial\varphi/\partial x$ wäre dann bei $x = 0$ unendlich (eine δ-Funktion), $\partial^2\varphi/\partial x^2$ hätte sogar zwei unendlich benachbarte Pole, einen $+\infty$, einen $-\infty$. Die Schrödinger-Gleichung wäre dann nur zu erfüllen, wenn $U(x)$ einen entsprechend pathologischen Verlauf mit zwei unendlich benachbarten Polen hätte. In allen normalen Fällen, selbst wenn das Potential *einmal* nach ∞ springt wie am Rande unseres Topfes, ist φ stetig.

Wenn aber einerseits außerhalb des Topfes $\varphi = 0$, andererseits φ stetig ist, muß auch innen unmittelbar an der Wand $\varphi = 0$ sein. Es ist genau wie bei einer Saite, die an den Enden nicht schwingen kann, weil sie dort eingespannt ist. Genau wie bei der Saite diese Randbedingungen nur eine diskrete Folge möglicher Schwingungen zulassen, nämlich nur solche, bei denen eine ganze Zahl von Halbwellen in die Saitenlänge passen, gibt es auch für das Teilchen im Potentialtopf nur eine diskrete Folge möglicher Zustände. Die Bedingung für diese Eigenzustände ist identisch mit der für die Eigenschwingungen der Saite, wenn man $2\pi/k = \lambda$ als Wellenlänge auffaßt:

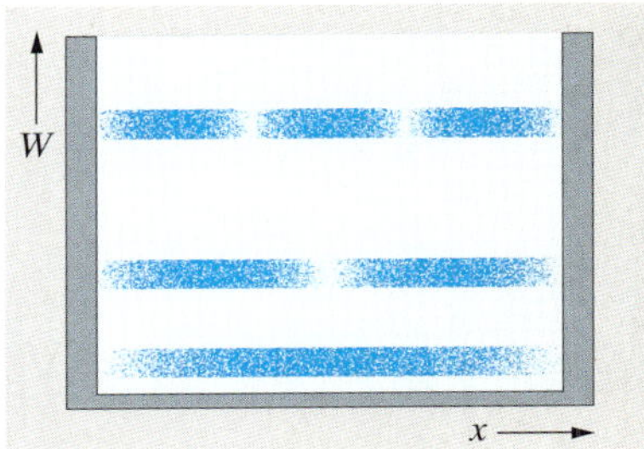

Abb. 16.2. Eigenwerte und Eigenfunktionen eines Teilchens in einem Kastenpotential

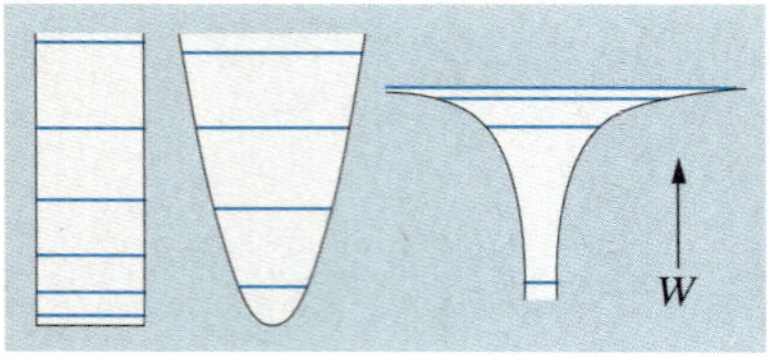

Abb. 16.3. Eigenwerte der Energie im Kasten-, Parabel- und Coulomb-Potential

$$a = n\frac{\lambda}{2} = n\frac{h}{2p} = \frac{nh}{2\sqrt{2mW}} , \qquad n = 1, 2, \ldots . \tag{16.30}$$

Der Zusammenhang zwischen W und λ bzw. p liefert die erlaubten Energiewerte

$$\boxed{W_n = \frac{n^2h^2}{8ma^2}} . \tag{16.31}$$

Alle anderen Energien kommen wegen der Randbedingungen nicht als stationäre Energiewerte in Frage. Der Zustand mit der niedersten Energie

$$W_1 = \frac{h^2}{8ma^2} \tag{16.32}$$

wird durch *einen* Bogen einer Sinuswelle dargestellt. Wichtig ist, daß dieser Grundzustand energetisch nicht etwa direkt am Topfboden sitzt, sondern um den Betrag $h^2/(8ma^2)$, die **Nullpunktsenergie**, höher. Dies bleibt auch für Potentialtöpfe komplizierterer Form annähernd richtig; für a tritt dann eine charakteristische Abmessung des Topfes ein. Allgemein treibt eine Abschnürung des Topfes auf die halbe Abmessung (Halbierung von a) die Nullpunktsenergie um den Faktor 4 hinauf, und entsprechend folgen alle anderen Energieeigenwerte. Dies ist eine Folgerung von großem Gewicht. Es ergibt sich daraus z. B., daß der Atomkern keine Elektronen (und überhaupt keine Teilchen ähnlich kleiner Masse) enthalten kann. Ihre Nullpunktsenergie wäre so hoch, daß sie praktisch ungestört jedes denkbare Potential überschweben würden, das sie in den Kern zu fesseln sucht. Auch die **chemische Bindung** beruht letzten Endes auf dem Verhalten der Nullpunktsenergie: Die Vereinigung der Potentialtöpfe zweier Atome zu einem größeren senkt die Energiezustände der Elektronen, und diese Senkung, die nur teilweise durch elektrostatische Abstoßungspotentiale kompensiert wird, tritt als **Bindungsenergie** in Erscheinung (Abschn. 16.4.7).

Der Potentialtopf eines Atoms hat eine Abmessung von etwa 1 Å. Allein daraus ergibt sich nach (16.32) die Größenordnung der Elektronenenergien zu etwa 10 eV.

16.3.2 Der Tunneleffekt

Ein quantenmechanisches Teilchen verhält sich eigenartig, wenn man es in einen Potentialtopf sperrt:

- Es kann nur eine diskrete Auswahl von Energiewerten besitzen (ein klassisches Teilchen könnte jeden Energiewert oberhalb des Topfbodens haben). Diese Werte liegen um so weiter getrennt, je enger der Topf ist.
- Speziell der tiefste dieser Energiewerte liegt nicht in Höhe des Topfbodens, sondern um einen gewissen Betrag, die Nullpunktsenergie, darüber. Sie ist von der Größenordnung $W_1 = h^2/(8ma^2)$.

Jetzt werden wir außerdem feststellen: ▶

- Das Teilchen läßt sich auf die Dauer überhaupt nicht einsperren (außer durch unendlich hohe und unendlich dicke Mauern, die es in Wirklichkeit nicht gibt).

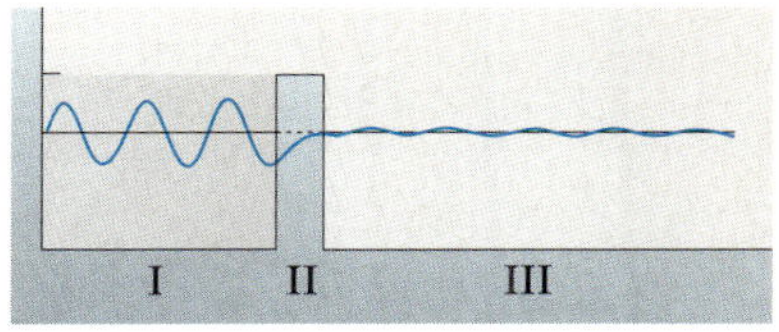

Abb. 16.4. Tunneleffekt. Wellenfunktion eines Teilchens in den drei Bereichen: (I) Im Potentialkasten, (II) innerhalb der Wand, (III) im Außenraum

Natürlich denken wir dabei an einen Topf, dessen Wände energetisch höher sind als die Energie, speziell die Nullpunktsenergie des Teilchens; andernfalls ließe sich ja auch ein klassisches Teilchen nicht einsperren. Wir betrachten also folgendes Potential: Ein Topf oder besser Graben der Breite a wird links von einer unendlich hohen Wand, rechts von einer Mauer der Höhe U und der Dicke d begrenzt. Hinter dieser Mauer liegt das Potential z. B. wieder auf dem Niveau des Topfbodens. Unter solchen Umständen könnte ein klassisches Teilchen mit einer Energie $W < U$ offenbar nicht entkommen.

Die quantenmechanische Behandlung muß von der Schrödinger-Gleichung ausgehen, und zwar streng genommen von der schwierigeren zeitabhängigen Schrödinger-Gleichung, weil ja eine zeitabhängige Lösung untersucht werden soll, bei der die Wellenfunktion im Topf allmählich abnimmt, weil sie nach rechts davonläuft. Das Wesentliche kommt aber auch bei der stationären Betrachtung heraus, wenn man sie richtig interpretiert.

Die stationäre Lösung von (16.24) setzt sich aus den drei Teillösungen für die drei Raumbereiche zusammen (Abb. 16.4). Sie sehen genau aus wie (16.26), nämlich

$$\begin{aligned} &\varphi_{\mathrm{I}} = \alpha\,\mathrm{e}^{\mathrm{i}kx} + \alpha'\,\mathrm{e}^{-\mathrm{i}kx}\,, \quad \varphi_{\mathrm{II}} = \beta\,\mathrm{e}^{lx} + \gamma\,\mathrm{e}^{-lx}\,, \quad \varphi_{\mathrm{III}} = \delta\,\mathrm{e}^{\mathrm{i}kx}\,, \\ &k = \frac{1}{\hbar}\sqrt{2mW}\,, \quad l = \frac{1}{\hbar}\sqrt{2m(U-W)}\,. \end{aligned} \tag{16.33}$$

Da im zweiten Bereich (innerhalb der Schwelle) $W - U$ negativ ist, wird k imaginär, also ist die Lösung dort eine an- oder abklingende e-Funktion. Wir fragen, ob $\varphi_{\mathrm{III}} = 0$ sein kann, obwohl $\varphi_1 \neq 0$ ist. Das würde einem wirklich eingesperrten Teilchen entsprechen. Aus Stetigkeitsgründen ist dies unmöglich: Das kleinste φ_{III}, das man erreichen kann, entspricht dem Fall, daß im Bereich II nur die abklingende e-Funktion vorhanden ist:

$$\varphi_{\mathrm{II}} = \gamma\,\mathrm{e}^{-lx}\,.$$

Die Anschlußbedingungen verlangen dann ein Verhältnis der Amplituden in I und III

$$\frac{\varphi_{\mathrm{III}}}{\varphi_{\mathrm{I}}} = \mathrm{e}^{-ld}$$

oder, in Aufenthaltswahrscheinlichkeiten ausgedrückt

$$\boxed{D = \frac{\varphi_{\mathrm{III}}^2}{\varphi_{\mathrm{I}}^2} = \mathrm{e}^{-2ld} = \mathrm{e}^{-(2d/\hbar)\cdot\sqrt{2m(U-W)}}}\,. \tag{16.34}$$

Dies ist gleichzeitig die Durchtrittswahrscheinlichkeit des Teilchens. Genauer gesagt (und etwas unberechtigterweise in die klassische Sprache übersetzt): Jedesmal, wenn das Teilchen gegen die Schwelle anrennt,

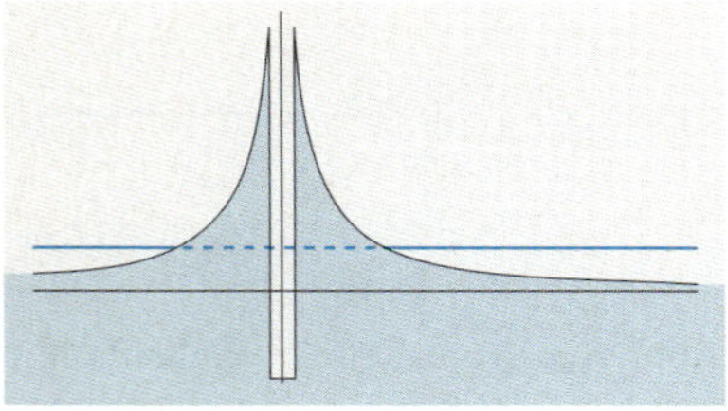

Abb. 16.5. Durchtunnelung des Coulomb-Potentials eines Kerns von innen (α-Zerfall) oder von außen (thermische Kernreaktion)

hat es die Wahrscheinlichkeit D durchzukommen; mit der Wahrscheinlichkeit $1 - D$ wird es reflektiert.

Wie oft rennt das Teilchen gegen den Wall an? Am anschaulichsten ist wieder das halbklassische Bild: Die kinetische Energie im tiefsten Zustand in I ist $W_{\text{kin}} = h^2/(8ma^2)$, also die Geschwindigkeit $v = \sqrt{2W_{\text{kin}}/m} = h/(2ma)$. Der Graben der Breite a wird also in der Zeit $\tau = 2ma^2/h$ durchquert. Das Reziproke davon gibt an, wie oft in der Sekunde das Teilchen anrennt:

$$\nu_0 = \frac{h}{2ma^2} \tag{16.35}$$

(was übrigens ungefähr dasselbe ist wie die Frequenz $\nu = W/h$, die dem Eigenzustand nach (16.21) zugeordnet ist).

Wenn N Teilchen in Potentialtöpfen der beschriebenen Art sitzen, entkommt davon innerhalb des nächsten Zeitintervalls $\mathrm{d}t$ eine Anzahl, die gegeben ist durch

$$\mathrm{d}N = -\nu_0 DN\,\mathrm{d}t = -\frac{h}{2ma^2}\,\mathrm{e}^{-(2d/\hbar)\cdot\sqrt{2m(U-W)}} N\,\mathrm{d}t\,. \tag{16.36}$$

Ein atomarer Potentialtopf hat typische Abmessungen von einem oder einigen Å und typische Wallhöhen von einigen eV. Für Elektronen ($m = 0{,}9 \cdot 10^{-27}$ g) wird für $a = d = 1$ Å und $U - W = 1$ eV der Exponent in (16.36) gleich 1, der Faktor ν_0 etwa $10^{16}\,\mathrm{s}^{-1}$; bei wenig dickeren und höheren Wällen fällt besonders das e-Glied sehr schnell. Protonen und schwerere Teilchen haben sehr viel kleinere ν_0 und erst recht kleinere D. Für sie sind erst sehr viel dünnere Wände durchlässig, die dann auch etwas höher sein dürfen (durch das Coulomb-Gesetz sind Potential und Abstand gekoppelt, aber der Abstand geht stärker in D ein als die Höhe).

Mittels des Tunneleffekts kann man im nuklearen Bereich den **α-Zerfall** und seine Umkehrung, das relativ leichte Eindringen von geladenen Teilchen in Kerne verstehen, ebenso das Zustandekommen der **Kernfusion** (Abschn. 13.2.3 und 13.1.7); im atomaren und molekularen Bereich erhält man so das Herausreißen von Elektronen aus Molekülen und auch aus makroskopischen Körpern durch elektrische Felder (**Feldemission**, Abschn. 8.1.3, speziell Feldemissions- und Raster-Tunnel-Mikroskopie) und wichtige Effekte in der elektrischen Leitfähigkeit und Lumineszenz von Festkörpern (**Tunneldioden**, **Tunnelhaftleitung**). In allen Fällen würde der Effekt ohne Tunneln gar nicht oder erst bei sehr viel höheren Energien bzw. Feldern eintreten.

Es zeigt sich übrigens, daß ein Teilchen mit $W > U$, das klassisch die Schwelle völlig ungehindert überflöge, quantenmechanisch eine gewisse Wahrscheinlichkeit hat, an ihr reflektiert zu werden. Das Teilchen hat einen viel größeren „Tiefgang", als man denkt.

Wenn das Hindernis nicht durch einen kastenförmigen Wall, sondern durch ein beliebiges Potential repräsentiert ist, gibt es einen einfachen Trick zur Lösung der Schrödinger-Gleichung: Man ersetzt im Exponenten von (16.33) kx durch $\int_0^d k(x)\,\mathrm{d}x$, wobei wie üblich $k(x) = \hbar^{-1}\sqrt{2m(U-W)}$ ist:

$$D = \mathrm{e}^{-(2/\hbar)\cdot\int_0^d \sqrt{2m(U-W)}\,\mathrm{d}x} \,. \qquad (16.37)$$

Die Integration erstreckt sich über die Länge des Tunnels, also von da, wo die Höhenlinie W im Berg verschwindet, bis da, wo sie wieder zutagetritt. Ganz allgemein ist

$$\boxed{D = \mathrm{e}^{-(\alpha/\hbar)\cdot\sqrt{2m(U_{\max}-W)}\,d}} \qquad (16.38)$$

mit einem Faktor α in der Nähe von 1; bei der Rechteckschwelle ist $\alpha = 2$, bei der Dreieckschwelle $\alpha = \frac{4}{3}$, bei einer Coulomb-Schwelle (Abb. 16.5) $\alpha < \frac{4}{3}$.

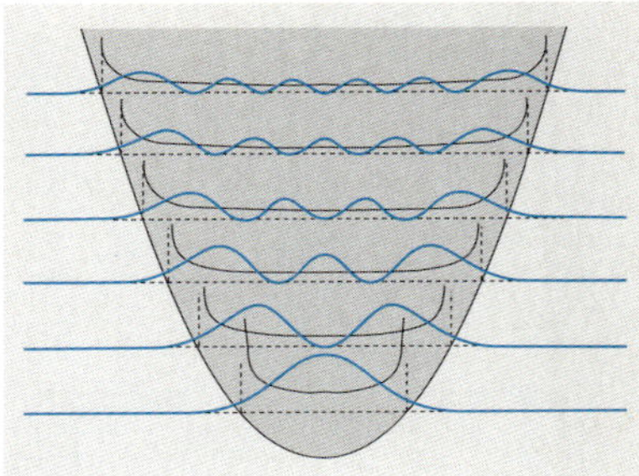

Abb. 16.6. Klassische und quantenmechanische Aufenthaltswahrscheinlichkeiten eines **harmonischen Oszillators** für die sechs tiefsten Energiezustände (klassisch wären auch alle Zwischenzustände möglich; die quantenmechanischen ψ-Funktionen würden aber offenbar nicht am Rand gegen Null gehen). Das quantenmechanische Teilchen kann die klassisch zugelassene Amplitude A_i etwas überschreiten, d. h. in das Gebiet negativer Energie hineintunneln. In den tieferen Zuständen sind quantenmechanische und klassische Verteilung völlig verschieden, in den höheren werden sie entsprechend dem Korrespondenzprinzip ähnlicher

16.3.3 Der Knotensatz

Ein Teilchen, das in einem Potentialtopf beliebiger Form sitzt, wird durch eine stehende Welle dargestellt, deren Amplitude am Rand dieses Topfes meist Null ist. Im Innern des Topfes kann ψ Nullstellen oder **Knoten** haben. Im Kastenpotential war der Zustand ohne Knoten der energetisch tiefste, dann folgte der mit einem Knoten usw. Daß dies allgemein richtig ist, auch für andere Formen des Potentials, wird sehr plausibel, wenn man bedenkt, daß in der Schrödinger-Gleichung die Energie W direkt mit der Krümmung des ψ-Profils verknüpft wird, die im wesentlichen durch $\partial^2\psi(x)/\partial x^2$ gegeben ist. Bei gegebener Normierung, also gegebener Fläche unter der Funktion $\psi^2(x)$, muß jeder der einzelnen Abschnitte der ψ-Funktion um so stärker gekrümmt sein, je mehr solcher Abschnitte es gibt (Abb. 16.2, 16.6). Man kann dies auch streng ganz allgemein zeigen (als Spezialfall der sogenannten **Sturm-Liouville-Randwertaufgaben**):

Numeriert man die nichtentarteten Energiezustände, vom tiefsten angefangen, durch eine **Quantenzahl** n ($n = 1, 2, \ldots$), dann hat der Zustand mit der Quantenzahl n genau $n-1$ Knoten (die eventuellen Nullstellen am Rande des Bereichs zählen nicht mit).

16.4 Atome und Moleküle

Die Quantenmechanik hat in den letzten Jahrzehnten alle wesentlichen Eigenschaften der Atome und Moleküle erklären können und damit u. a. die Chemie vollständig in sich eingemeindet. Allerdings sind die Rechnungen dabei so umfangreich, daß man sich praktisch doch meist mit den alten anschaulichen Vorstellungen begnügt – wenigstens mit dem Teil dieser Vorstellungen, die im strengen Licht der Quantenmechanik standgehalten haben.

16.4.1 Das Wasserstoffatom

Das einzige atomare System, das sich „geschlossen", d. h. ohne Näherungen, behandeln läßt, ist das **Wasserstoffatom** (oder etwas allgemeiner ein einzelnes Elektron im Feld einer positiven Punktladung, d. h. ein **wasserstoffähnliches System**). Alles, was darüber hinausgeht, ist durch raffinierte Näherungen gewonnen worden.

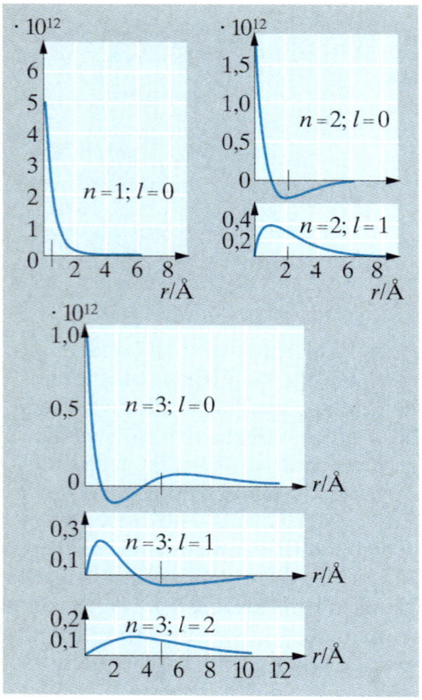

Abb. 16.7. ψ-Funktion des Elektrons im Coulomb-Feld (H-Atom). Für s-Zustände ($l = 0$) ergibt sich die gesamte Elektronenverteilung durch Rotation um die y-Achse und Quadrieren; bei $l \neq 0$ ist dabei noch mit $e^{i\varphi l}$ zu modulieren. Der Ordinatenmaßstab ist nicht immer derselbe. Die kurzen senkrechten Striche auf der r-Achse geben die entsprechenden Bohr-Radien an. (Nach *Herzberg*, aus W. Finkelnburg: *Einführung in die Atomphysik*, 11./12. Aufl. (Springer, Berlin Heidelberg 1976))

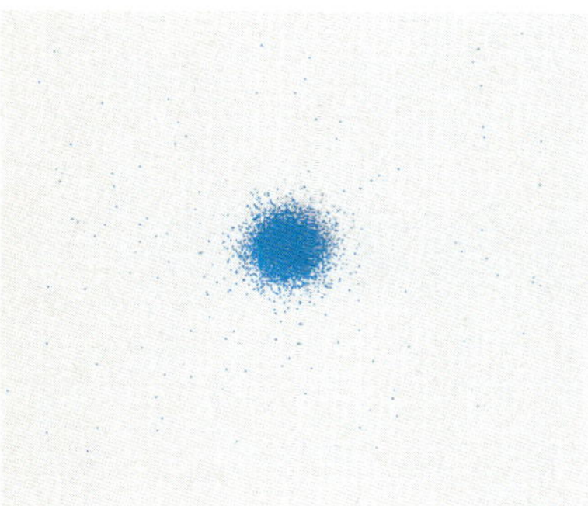

Abb. 16.8. 1s-Wellenfunktion eines wasserstoffähnlichen Atoms

Das Potential einer positiven Punktladung Ze (sagen wir kurz: des Kerns) stellt für ein Elektron einen Trichter dar, der sich nach unten zu immer mehr verjüngt:

$$U = -\frac{Ze^2}{4\pi\varepsilon_0 r} \,. \tag{16.39}$$

Ein tief innen in diesem Trichter sitzendes Elektron wird also, entsprechend einem Elektron im engen Kasten, sehr weit getrennte diskrete Energiezustände haben; sitzt das Elektron nur sehr flach unterhalb $W = 0$, so glaubt es sich in einem weiten Kasten, und seine Energiezustände liegen enger. Man erwartet daher qualitativ genau die vom **Bohr-Modell** vorausgesagte Staffelung der Energiezustände, die ja auch der Wirklichkeit entspricht (Abb. 16.3).

Die erlaubten Energiewerte und die räumliche Verteilung in den entsprechenden Zuständen sind Eigenwerte und Eigenfunktionen des Hamilton-Operators, also Lösungen der zeitunabhängigen Schrödinger-Gleichung mit (16.39) als potentieller Energie:

$$-\frac{\hbar^2}{2m}\Delta\varphi - \frac{Ze^2}{4\pi\varepsilon_0 r}\varphi = W\varphi \tag{16.40}$$

Die Lösung φ ist der räumliche Anteil der ψ-Funktion; der zeitliche heißt nach (16.21) einfach $e^{i\omega t}$, wobei die Frequenz $\omega = W/\hbar$ durch den aus (16.40) zu bestimmenden Eigenwert W gegeben ist.

Ebenso wie es viele verschiedene stehende Chladni-Klangfiguren einer eingespannten Platte gibt, hat erst recht der ganze Raum, „eingespannt" in der durch (16.40) beschriebenen Weise, sehr viele stehende „Klangfiguren" verschiedener Frequenz und verschiedener räumlicher Amplitudenverteilung. Jede dieser stehenden Klangfiguren ist ein stationärer Zustand des Elektrons.

Eine grobe Übersicht über diese Zustände gewinnt man mittels ihrer Knoten, d. h. der Flächen, wo die Amplitude Null ist (auf der Chladni-Platte sind dies natürlich Linien). Der Knotensatz hat gezeigt, daß die Energie des Zustandes mit der Anzahl seiner Knoten wächst. Wir nennen die Anzahl der Knotenflächen eines Zustandes seine **Hauptquantenzahl** n. Wie üblich, soll der energetisch tiefste Zustand (ohne Knoten) mit $n = 1$ benannt sein.

Wie sieht dieser energetisch tiefste Zustand aus? Man sollte vermuten, daß sich das Elektron in ihm so dicht wie möglich um den Kern ($r = 0$) schmiegt, wo die potentielle Energie minimal ist. Ganz kann die ψ-Funktion schon wegen der Unschärferelation nicht auf $r = 0$ konzentriert sein; als Kompromiß versuchen wir es mit einer Funktion wie

$$\varphi = A\,e^{-r/a} \,. \tag{16.41}$$

Diese Funktion ist kugelsymmetrisch, ebenso wie das Potential (16.39). Man kann daher den Δ-Operator in der Form benutzen, wie sie für kugelsymmetrische Probleme gilt:

$$\Delta = \frac{\partial^2}{\partial r^2} + \frac{2}{r}\frac{\partial}{\partial r} .$$

Einsetzen von (16.41) in (16.40) liefert

$$-\frac{\hbar^2}{2ma^2}\varphi + \frac{\hbar^2}{2m}\frac{2}{ra}\varphi - \frac{Ze^2}{4\pi\varepsilon_0 r}\varphi = W\varphi .$$

Das ist für alle r richtig, wenn

$$a = \frac{4\pi\varepsilon_0\hbar^2}{Zme^2} , \qquad W = -\frac{\hbar^2}{2ma^2} = -\frac{Z^2e^4m}{32\pi^2\varepsilon_0^2\hbar^2} , \tag{16.42}$$

womit der Ansatz (16.41) verifiziert und der Eigenwert W bestimmt ist. Er ist identisch mit Bohrs Wert (12.21), und a ist genau der Radius der ersten Bohr-Bahn. Die Bedeutung dieses a ist allerdings nicht mehr die eines Bahnradius, sondern eines mittleren Abstandes des Elektrons vom Kern, wobei dieses aber, wenn auch mit sehr viel geringerer Wahrscheinlichkeit, auch weiter draußen oder drinnen sein kann.

Dieses Ergebnis gibt uns Vertrauen zu den Bohr-Energiewerten (sie ergeben sich analog zu (16.42) auch allgemein für den Zustand mit der Hauptquantenzahl n als

$$W = -\frac{Z^2e^4m}{32\pi^2n^2\hbar^2\varepsilon_0^2} \tag{16.43}$$

wie bei *Bohr*), macht uns aber mißtrauisch gegen alle Aussagen des Bohr-Modells über die räumliche Verteilung des Elektrons.

Die energetisch höheren Zustände müssen Knoten haben, auf denen ψ verschwindet. Sind diese Zustände kugelsymmetrisch, so handelt es sich um Knotenkugeln, natürlich konzentrisch um den Kern gelegen. Aber nicht alle Zustände haben kugelsymmetrische Amplitudenverteilung. Bei ihnen sind die Knotenflächen Ebenen oder Kegelflächen. Kegel treten, wie üblich, immer paarweise auf. Die Anzahl der *nicht* kugelförmigen Knoten nennen wir l; dieses l heißt auch **Nebenquantenzahl** oder **Drehimpulsquantenzahl**. Es ist von der Spektroskopie her üblich, die Zustände mit verschiedenem l durch folgende leicht zu merkende Buchstaben zu kennzeichnen:

l	0	1	2	3
Symbol	s	p	d	f

Davor schreibt man die Hauptquantenzahl n. Ein $3p$-Zustand z. B. hat demnach $n = 3$, $l = 1$, d. h. er hat eine Knotenkugel und einen nichtkugeligen Knoten, der hier eine Ebene sein muß, weil Kegel immer paarweise auftreten. Damit ist schon klar, wie die ψ-Funktion verteilt sein muß (Abb. 16.12): Sie zerfällt in zwei Hälften (infolge der Knotenebene), die jede wiederum durch die Knotenkugel in einen ziemlich runden und einen grob nierenförmigen Teil zerschnitten werden.

Ein ns-Zustand hat $n-1$ Knotenkugeln, ein np-Zustand $n-2$ Kugeln und eine Ebene, vom nd-Zustand ab können auch Kegelpaare zu den Ebenen treten. Dabei ist klar, daß l immer kleiner oder gleich $n-1$ ist

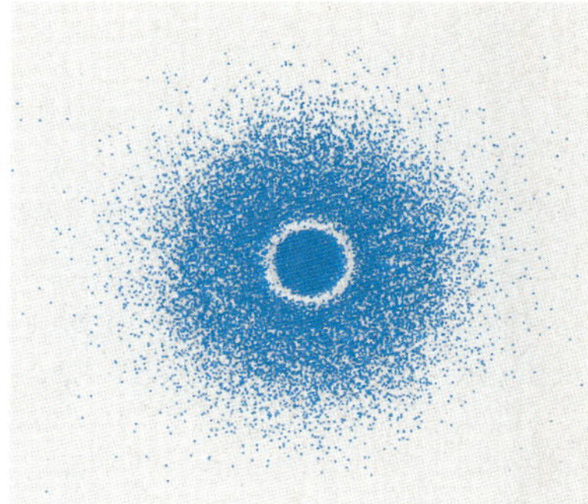

Abb. 16.9. $2s$-Wellenfunktion eines wasserstoffähnlichen Atoms

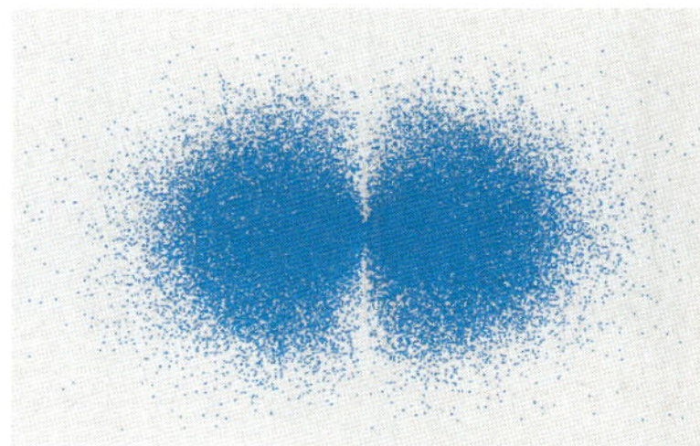

Abb. 16.10. $2p$-Wellenfunktion eines wasserstoffähnlichen Atoms

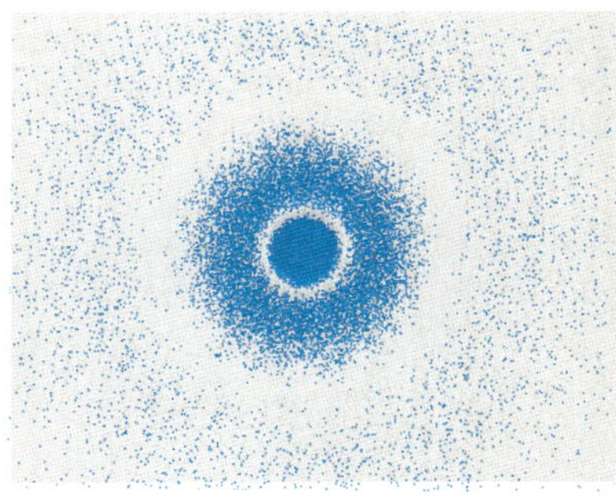

Abb. 16.11. $3s$-Wellenfunktion eines wasserstoffähnlichen Atoms

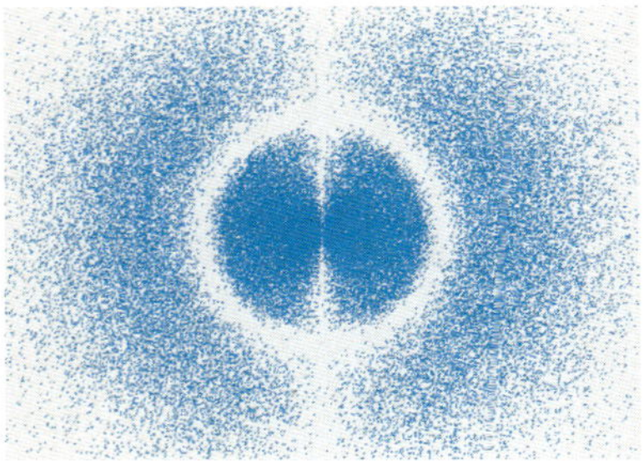

Abb. 16.12. $3p$-Wellenfunktion eines wasserstoffähnlichen Atoms

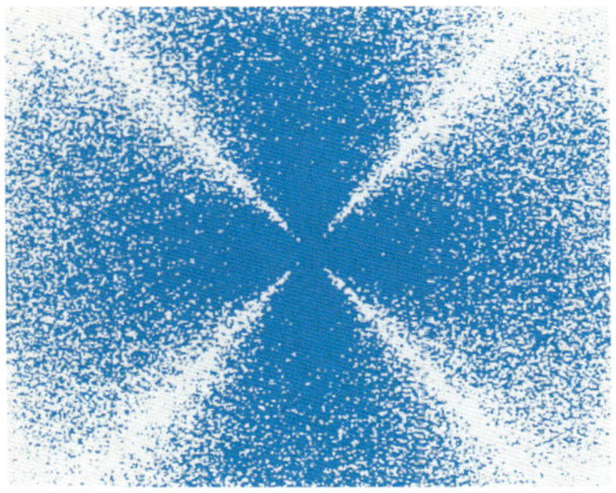

Abb. 16.13. $3d\pi$-Wellenfunktion eines wasserstoffähnlichen Atoms. Alle gezeigten Verteilungen bis auf diese sind rotationssymmetrisch um die senkrechte Achse auf dem Bild. Diese hier hat zweizählige Symmetrie um die Mittelachsen der „Keulen“

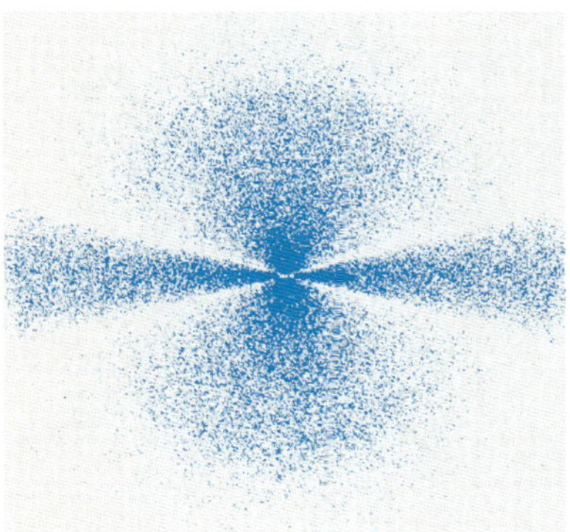

Abb. 16.14. $3d\sigma$-Wellenfunktion eines wasserstoffähnlichen Atoms

(es kann ja keine negative Anzahl von Knotenkugeln geben). Für die Ebenen und Kegel gibt es i. allg. mehrere mögliche Orientierungen, speziell wenn dem Raum eine Vorzugsrichtung aufgeprägt ist (z. B. durch äußere Felder oder infolge der Anwesenheit anderer Teilchen). Ebene und Kegel haben dann i. allg. drei mögliche Lagen entsprechend den drei Koordinatenachsen bzw. -ebenen. So ergeben sich drei p-Elektronen, bei entsprechender Orientierung der Achsen als p_x, p_y, p_z zu bezeichnen. Analog gibt es, was etwas schwieriger einzusehen ist, fünf d-, sieben f-Elektronen usw. (s. Abb. 16.15).

Im wasserstoffähnlichen System hängt die Energie nur von der Anzahl der Knoten, also von n ab (s. (16.43)), nicht aber von l: Zustände mit gleichem n, aber verschiedenen l sind energetisch entartet. Das ist für Atome mit mehreren Elektronen anders. Eine geringfügige Aufspaltung (**Feinstruktur**) ergibt sich übrigens auch für die Wasserstoffterme schon aus der Existenz des Elektronenspins. Zustände mit verschiedenen l haben nämlich verschiedenen Drehimpuls („Bahndrehimpuls“), und dieser übt mit dem **Spindrehimpuls** eine im wesentlichen magnetische Wechselwirkung aus, die von der Größe und gegenseitigen Orientierung der beiden Drehimpulse abhängt. Bei sehr genauer Messung macht sich auch die Wechselwirkung mit dem magnetischen Kernmoment bemerkbar und führt zur **Hyperfeinstruktur**.

16.4.2 Atome mit mehreren Elektronen

Das Feld, das auf ein Elektron in einem nichtwasserstoffähnlichen Atom einwirkt, ist nicht mehr durch (16.39) beschreibbar; das Feld der übrigen Elektronen verzerrt i. allg. die Kugelsymmetrie ganz erheblich. Speziell führt die Abstoßung durch die anderen Elektronen zu einer Lockerung der Bindung des betrachteten Elektrons an den Kern. Man kann das auch als **Abschirmung** des Kernfeldes besonders durch die weiter innen sitzenden Elektronen beschreiben. Es wirkt dann nur noch eine **effektive Kernladung** Z_{eff}. Natürlich hängt die Stärke dieser Abschirmung von den räumlichen Konfigurationen der beiden beteiligten Elektronen ab. Je enger sich die ψ-Funktion um den Kern schnürt, desto weniger läßt sich das Elektron durch diese Abschirmung anfechten. s-Elektronen haben ihr ψ-Maximum bei $r = 0$, im Gegensatz zu allen anderen, bei denen sich um so mehr Knotenflächen in $r = 0$ schneiden, je größer die Nebenquantenzahl l ist. Je größer l, desto größer die Abschirmung, desto kleiner die effektive Kernladung, d. h. desto geringer die Anziehung durch den Kern, desto höher die Gesamtenergie (die potentielle Anziehungsenergie zählt ja negativ). Zustände mit verschiedenen l sind also in einem Atom mit mehreren Elektronen nicht mehr entartet: Der gemeinsame, nur durch n gegebene Energiezustand spaltet in mehrere Zustände auf, einen für jedes l.

16.4.3 Das Periodensystem

Damit wird endlich das **Periodensystem** der Elemente ganz verständlich. In einem Atom der Ordnungszahl N werden die N Elektronen vorzugsweise die tiefsten Zustände besetzen, falls das Atom nicht angeregt ist.

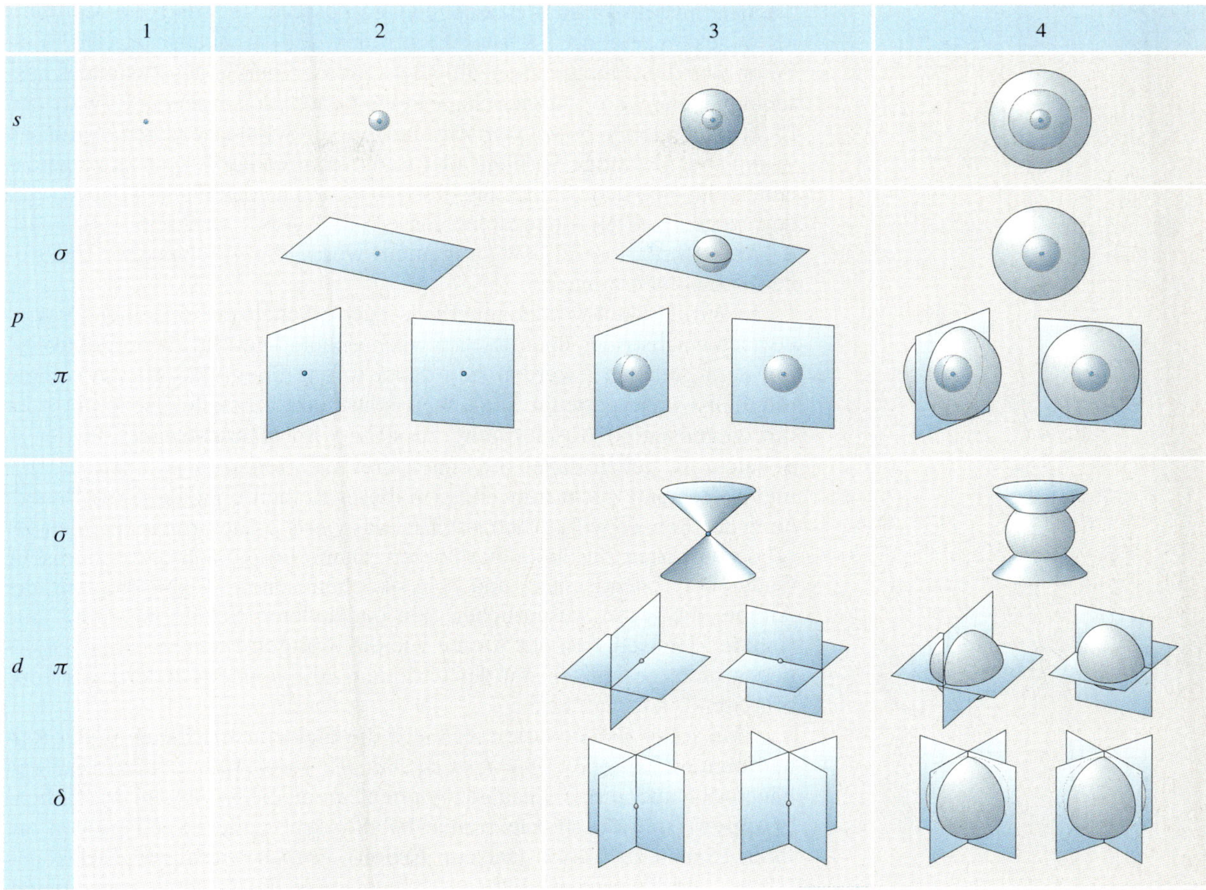

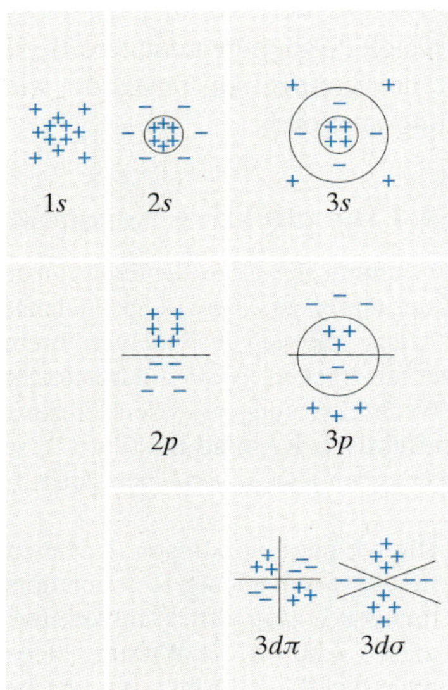

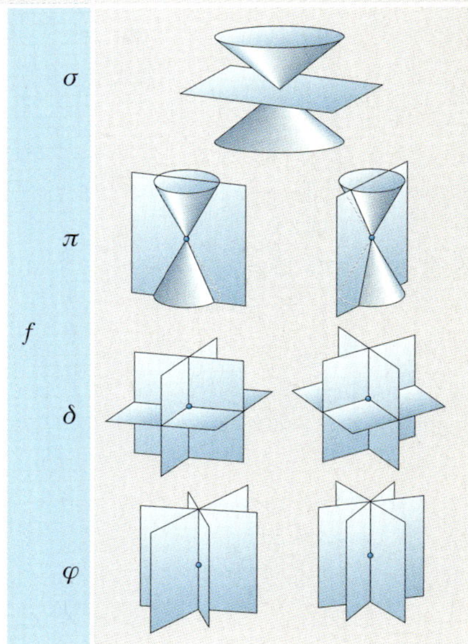

Abb. 16.15. Knotenkugeln, -ebenen und -kegel der Wellenfunktionen eines wasserstoffähnlichen Atoms. σ, π, δ, φ bezeichnen die Werte 0, ± 1, ± 2, ± 3 der z-Komponente des Drehimpulses (z-Achse hier senkrecht gezeichnet). Die Periodenlängen im System der Elemente springen ins Auge (jeder Zustand kann mit zwei Elektronen besetzt werden). Man versteht auch, warum die d- und erst recht die f-Zustände so spät besetzt werden: Das Elektron muß sich zwischen die Knotenflächen klemmen und wird bei d und f stärker durch Innenelektronen abgeschirmt. *Unten links* die Vorzeichenverteilung einiger ψ-Funktionen

Nach dem **Pauli-Prinzip** passen in jeden Zustand, der durch ein bestimmtes ψ gekennzeichnet ist, zwei Elektronen mit entgegengesetztem Spin. Wenn also die Hauptquantenzahl allein für die Energie des Zustandes ausschlaggebend wäre, würde sich gar keine Periodizität ergeben: Es wäre den Elektronen gleich, in welchen Zustand einer n-Schale sie gehen. Natürlich wären aber gewaltige Sprünge aller Eigenschaften der Atome zu verzeichnen, wenn eine neue Schale angefangen wird. Die einzelnen Schalen würden folgende Elektronenzahlen fassen: 2; $2+6=8$; $2+6+10=18$; $2+6+10+14=32$ usw., allgemein würde die n-Schale $2n^2$ Elektronen aufnehmen können.

In Wirklichkeit werden innerhalb jeder n-Schale die einzelnen Zustände nach wachsender Energie, also wachsendem l gefüllt. Zwei Elektronen mit dem gleichen l werden sich dabei so anordnen, daß ihre ψ-Wolken möglichst weit getrennt sind, weil sonst ihre Abstoßungsenergie oder ihre gegenseitige Abschirmung zu stark wird (**Hund-Regel**). In der p-Schale z. B. gehen daher die ersten drei Elektronen in je einen p_x-, p_y- und p_z-Zustand (nicht notwendig in dieser Reihenfolge, da ja die Benennung der Achsen willkürlich ist). Erst das vierte p-Elektron muß einen der schon besetzten Zustände duplizieren. Damit ergibt sich der periodische Gang der chemischen und physikochemischen Eigenschaften der Atome, die ja im wesentlichen von der äußeren Schale bestimmt sind (innere Eigenschaften der Atome wie die Röntgen-Frequenzen gehen dagegen nicht periodisch mit der Ordnungszahl, sondern ändern sich fortschreitend: Abschn. 12.5.5).

Man sollte also erwarten, daß sich die Elektronenzustände in der Reihenfolge $1s$, $2s$, $2p$, $3s$, $3p$, $3d$, $4s$, $4p$, $4d$, $4f$, $5s$ usw. füllen. In Wirklichkeit bauen sich aber die $4s$-Zustände vor den $3d$ ein, die $5s$ vor den $4d$ (**Nebengruppen**), und die $4f$-Elektronen haben sogar volle zwei Perioden auf ihren Einbau zu warten (**seltene Erden**), ebenso wie die $5f$-Elektronen (Uran- und Transuran-Elemente). Dies sowie die feineren Einzelheiten des Ganges der chemischen und physikochemischen Eigenschaften erklärt sich durch eine genauere Berücksichtigung der Form der ψ-Funktionen für die einzelnen Zustände, wie sie sich im Gang der effektiven Kernladung ausdrückt.

16.4.4 Die effektive Kernladung

Sie bestimmt die Lage der Energiezustände und der Spektrallinien, speziell die Ionisierungsenergie sowie die vielen damit zusammenhängenden Eigenschaften der Atome, die sich besonders in ihrem metallischen oder nichtmetallischen Charakter ausdrücken (bedingt durch leichte bzw. schwierige Ionisierung). Die Größe der Wechselwirkung zwischen den einzelnen Elektronentypen, deren Abschirmung zur **effektiven Kernladung** führt, ist schwer exakt zu behandeln. Folgende Faustregeln geben aber schon einen guten Überblick:

- Die Abschirmwirkungen der Innenelektronen auf ein äußeres addieren sich;
- für die verschiedenen Kombinationen von Elektronen gelten folgende Abschirmungen s, ausgedrückt in Kernladungen:
  a) $s = 1{,}00$ für die Wirkung eines Elektrons auf ein anderes, das zwei oder mehr nichtkugelförmige Knoten mehr hat als dieses; und für die Wirkung eines

p- oder d-Elektrons auf ein p- oder d-Elektron der gleichen Schale und der gleichen Orientierung;
b) $s = 0{,}70$ für die Wirkung eines p- oder d-Elektrons auf ein p- bzw. d-Elektron der gleichen Schale, aber anderer Orientierung;
c) $s = 0{,}65$ für die Wirkung eines s-Elektrons auf ein s-Elektron der gleichen Schale;
d) $s = 0{,}90$ für alle anderen Fälle.
Aus Abb. 16.8.–16.14 kann man sich ungefähr qualitativ klarmachen, wie es zu diesen Werten kommt.

Wir schätzen als Beispiel die Ionisierungsenergie des O-Atoms. Für einen Zustand mit der Hauptquantenzahl n und der effektiven Kernladung Z_{eff} ist die Ionisierungsenergie entsprechend (16.43)

$$W_{\text{ion}} = \frac{Z_{\text{eff}}^2 e^4 m}{32\pi^2 n^2 \hbar^2 \varepsilon_0^2} \,.$$

Das Sauerstoffatom hat die Elektronenstruktur $1s^2\,2s^2\,2p^4$. Die effektive Kernladung für das losest gebundene p-Elektron ergibt sich als 8 minus den Abschirmungen durch die sieben anderen Elektronen. Von diesen fallen vier ($1s^2$ und $2s^2$) unter (d), zwei der $2p$-Elektronen unter (b) und eines, das von gleicher Orientierung sein muß wie das betrachtete, unter (a):

$$Z_{\text{eff}} = 8 - 4 \cdot 0{,}9 - 2 \cdot 0{,}7 - 1 = 2{,}00$$

womit sich eine Ionisierungsenergie von

$$W_{\text{ion}} = \frac{2^2 e^4 m}{32\pi^2 2^2 \hbar^2 \varepsilon_0^2} = 13{,}595\,\text{eV}$$

ergibt. Der gemessene Wert ist 13,614 eV. Für andere Atome ist die Übereinstimmung nicht immer ganz so gut.

16.4.5 Wie strahlen die Atome?

Wir stellen zunächst die Frage, die vor allem zum Abgehen vom Rutherford-Modell zwang, und die von *Bohr* gewaltsam gelöst wurde: Warum strahlen die Atome in stationären Zuständen *nicht*?

Faßt man die ψ-Funktion eines Elektrons, oder vielmehr die Funktion $|\psi|^2$, als räumliche Ladungsverteilung des Elektrons auf, so ist die Ladungsdichte $\varrho = e|\psi|^2$, also ergibt sich das gesamte **Dipolmoment** dieser Verteilung als

$$\boldsymbol{p} = e \int \boldsymbol{r}|\psi|^2 \,\mathrm{d}V = e \int \boldsymbol{r}\psi^* \cdot \psi \,. \qquad (16.44)$$

Hierbei ist der zeitliche Faktor $\mathrm{e}^{-\mathrm{i}\omega t}$, der in ψ auftreten würde, nicht etwa unterschlagen worden: Im konjugiert komplexen ψ^* würde er $\mathrm{e}^{-\mathrm{i}\omega t}$ heißen, sich also in (16.44) gegen den von ψ wegheben. Das Dipolmoment eines stationären Zustandes ist also statisch, es gibt in der Ladungsverteilung des quantenmechanischen Elektrons nichts, das schwingt, also keinen Grund für eine Strahlungsemission.

Es gibt aber auch Elektronenzustände, die ein Gemisch aus zwei stationären Zuständen darstellen. Im allgemeinen handelt es sich um einen energiereicheren und einen energieärmeren Zustand (ein Gemisch aus

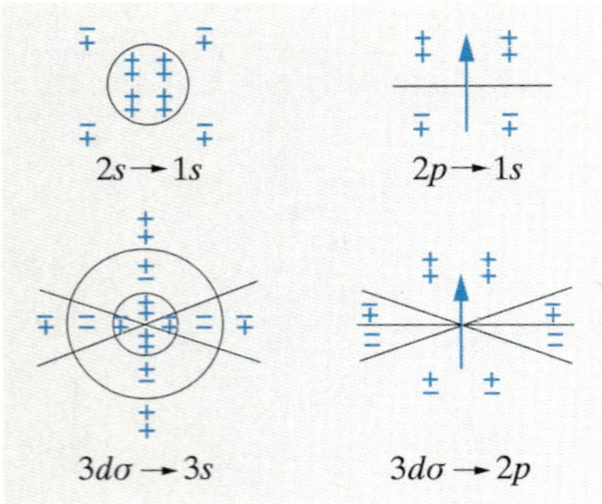

Abb. 16.16. Kombinations-Wellenfunktionen für einige Übergänge zwischen stationären Zuständen. *Links*: Übergänge ohne Dipolmoment (keine Emission). *Rechts*: Übergänge mit Dipolmoment (Emission)

zwei Zuständen gleicher Energie, zwei entarteten Zuständen, ist ja selbst wieder ein stationärer Zustand; Abschn. 16.4.6). Solche Mischzustände treten besonders nach einer Anregung des Atoms durch Energiezufuhr auf. Die beiden sich mischenden Zustände seien ψ_1 und ψ_2 (ψ_2 sei der mit der höheren Energie), der Gesamtzustand ist

$$\psi = a\psi_1 + b\psi_2 . \tag{16.45}$$

Berechnet man hierfür das Dipolmoment, so treten Ausdrücke von der Form

$$\boxed{M_{ik} = r\psi_i^* \cdot \psi_k} \tag{16.46}$$

auf. Man nennt sie **Matrixelemente** des Moments. Mit ihrer Hilfe schreibt sich das Dipolmoment des gemischten Zustandes

$$\boxed{\boldsymbol{p} = e\left[a^2M_{11} + b^2M_{22} + 2abM_{12} \cdot \sin(\omega_2 - \omega_1)t\right]} . \tag{16.47}$$

Die ersten beiden Anteile schwingen nicht, aber der dritte schwingt mit der Schwebungsfrequenz $\omega = \omega_2 - \omega_1$, die mit den Energien W_1 und W_2, der beiden stationären Zustände entsprechend dem Bohr-Postulat

$$\omega = \omega_2 - \omega_1 = \frac{W_2 - W_1}{\hbar} \tag{16.48}$$

zusammenhängt (vgl. (16.21)). Dabei kommt es aber immer noch darauf an, ob das Matrixelement M_{12} von Null verschieden ist. Dies ist durchaus nicht für alle Kombinationen stationärer Zustände der Fall, wie Abb. 16.16 zeigt, sondern ganz allgemein nur für solche, deren Nebenquantenzahlen l sich um eine Einheit unterscheiden:

$$\Delta l = \pm 1 . \tag{16.49}$$

Dies ist die wichtigste der **Auswahlregeln**, die die Spektroskopiker empirisch gefunden hatten, lange bevor die Quantenmechanik sie erklären konnte. Abbildung 16.16 gibt nur ein Beispiel für die Nützlichkeit von **Symmetriebetrachtungen** in solchen Problemen. Man hat diese Betrachtungen mit gruppentheoretischen Mitteln zu großer Vollkommenheit entwickelt, besonders für quantenchemische Zwecke.

Ein schwingendes Dipolmoment strahlt wie ein klassischer Hertz-Oszillator (Abschn. 7.6.6); daß dies auch in der Quantentheorie richtig bleibt, beweisen erst die **Dirac-Theorie** des Elektrons und die **Quantenfeldtheorie**. Der Energieverlust pro Zeiteinheit ist nach (7.129)

$$\boxed{P = \frac{1}{6\pi}\frac{e^2}{\varepsilon_0 c^3}a^2b^2M_{12}^2\omega^4} . \tag{16.50}$$

Der entsprechende Energieverlust kann nur auf Kosten des Anteils des höherenergetischen Eigenzustandes in (16.45) gehen, d. h. b muß mit der Zeit abnehmen, bis es schließlich Null wird und der energetisch tiefere Zustand ψ_1 rein vorliegt. Die Energiedifferenz zwischen den Zuständen 1 und 2, nämlich $W_2 - W_1 = \hbar\omega$, ist bei der Verlustrate P verbraucht nach einer Zeit von der Größenordnung

$$\boxed{\tau = \frac{\hbar\omega}{P} \approx \frac{\hbar\varepsilon_0 c^3}{e^2 M_{12}^2 \omega^3}} \quad . \tag{16.51}$$

Für die üblichen Atomfrequenzen $\omega \approx 10^{15}$ bis $10^{16}\,\mathrm{s}^{-1}$ liegt diese Zeit in der Größenordnung 10^{-8} s ($M_{12} \approx 1$ Å), genau wie nach der klassischen Abschätzung (Abschn. 12.2.2). Alle Schlüsse über die natürliche Linienbreite, die Kohärenzlänge usw. solcher Strahlung bleiben damit richtig.

16.4.6 Hybridzustände

Wenn immer man Eigenzustände eines bestimmten Systems ermittelt, darf man folgende Tatsachen nicht vergessen, die mathematisch ganz einfach aus dem Formalismus folgen:

Wenn zwei Zustände ψ_1 und ψ_2 hinsichtlich eines Operators $\boldsymbol{A}$ entartet sind, d. h. zum gleichen Eigenwert gehören, ist auch jede ihrer Linearkombinationen

$$\psi = c_1\psi_1 + c_2\psi_2 \tag{16.52}$$

mit beliebigen Koeffizienten c_1 und c_2 eine Eigenfunktion zum gleichen Eigenwert. Das folgt sofort durch Anwendung des Operators $\boldsymbol{A}$ auf (16.52) unter Beachtung der Linearität dieses Operators. c_1 und c_2 sind nur durch die Normierungsbedingung beschränkt:

$$c_1^2 + c_2^2 = 1 \, .$$

Zustände zu *verschiedenen* Eigenwerten ergeben bei der Linearkombination nicht wieder Eigenzustände. Gibt man z. B. für das H-Atom drei p-Eigenzustände an, so ist zu beachten, daß es sich bei ihnen um ein Basis-Dreibein orthonormaler Eigenfunktionen handelt, aus dem sich auch sehr viele andere Tripel orthonormaler Zustände kombinieren lassen, die in solchen Richtungen stehen, wie das die Umstände verlangen (z. B. ein Zusatzfeld oder ein sich nähernder Bindungspartner). Man kann auch einen $2s$- und einen $2p$-Zustand kombinieren oder *hybridisieren*; beim Wasserstoff sind diese Zustände ja energetisch entartet, man erhält also wieder einen stationären Zustand und braucht nicht zu fürchten, daß der **Hybridzustand** durch Strahlung zerfällt (S. 912). Eine solche ***sp*-Hybridisierung** hat dort, wo s- und p-Funktion das gleiche Vorzeichen haben, eine Steigerung von ψ, auf der anderen Seite eine Schwächung von ψ zur Folge (Abb. 16.17). Es entsteht so eine überwiegend einseitige Keule anstelle der p-Hantel und der s-Kugel. Eine solche Elektronenkonfiguration, die sich einem eventuellen Partner entgegenreckt, ist für eine chemische Bindung natürlich sehr vorteilhaft. Obwohl ein solches Hybrid in einem Mehrelektronen-Atom eigentlich gar kein stationärer Zustand ist, da es ja dort aus zwei nichtentarteten Zuständen kombiniert ist, leistet es zur annähernden Beschreibung der Molekülzustände gute Dienste. Man muß bedenken, daß die Atomzustände im komplizierteren Feld der Kerne der *beiden* Bindungspartner sowieso nicht mehr zutreffen. Jede Näherung, die diesen besonderen Verhältnissen Rechnung trägt, ist recht.

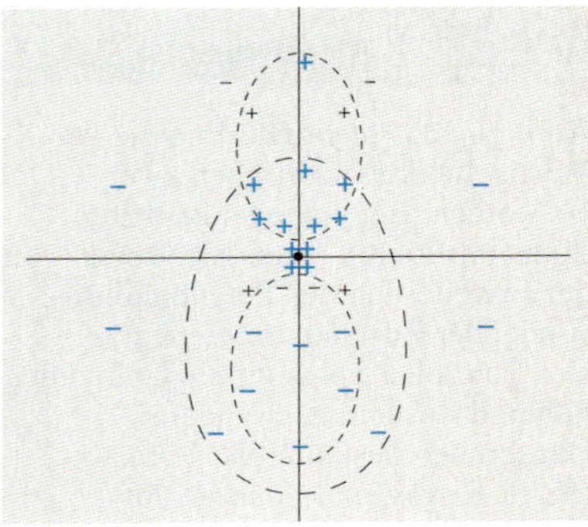

Abb. 16.17. $2s$-$2p$-Hybridwellenfunktion

16.4.7 Quantenchemie

Eine **heteropolare** (**ionogene**) chemische Bindung ist schon elektrostatisch einigermaßen zu verstehen, wenn man den Begriff der **Elektronenaffinität** eines neutralen Atoms einführt. So nennt man die Energie W_A, die man gewinnt, wenn man ihm ein überschüssiges Elektron angliedert. W_A ist besonders groß für Atome mit annähernd abgeschlossener Schale (besonders für Halogene und Chalkogene), da sie einen starken Durchgriff der Kernladung auf ein zusätzliches Elektron haben. Nach unseren Regeln für die Abschirmzahlen ergibt sich z. B. für die effektive Kernladung, die ein Elektron sieht, wenn es sich an ein neutrales Cl-Atom anzulagern sucht:

$$Z_{\text{eff}} = 17 - 5 \cdot 1{,}00 - 8 \cdot 0{,}90 - 4 \cdot 0{,}70 = 2{,}00\,.$$

Damit schätzen wir die Elektronenaffinität ab zu

$$W_A = \frac{Z_{\text{eff}}^2}{n^2} W_H = 6{,}05\,\text{eV}\,.$$

Allgemein ist offenbar die für die Bildung eines negativen Ions entscheidende effektive Kernladung um Eins kleiner als der Wert für das nächste Atom. Für typische Nichtmetalle ist nun W_A größer als die Ionisierungsenergie (wie üblich verstanden als Abtrennungsenergie eines Elektrons) für ein typisches Metall. Es ist also vorteilhaft, ein Elektron z. B. vom Na abzureißen und einem Cl zuzuführen. Man gewinnt dabei

$$W_{A_{\text{Cl}}} - W_{I_{\text{Na}}} = (6{,}05 - 5{,}12)\,\text{eV} = 0{,}93\,\text{eV}\,.$$

Die beiden so entstandenen Ionen halten infolge ihrer Coulomb-Wechselwirkung zusammen, falls nicht ein Medium mit sehr hoher Dielektrizitätskonstante das Coulomb-Feld zu stark abschwächt, bzw. die Trennung der Ionen auch sonst noch begünstigt ist.

Dagegen ist die **homöopolare Bindung**, speziell die Bindung zwischen gleichartigen Atomen, ohne die Quantenmechanik völlig unverständlich. Es gibt kein klassisches Gebilde etwa aus zwei Protonen und zwei Elektronen, das stabil als Modell des H_2-Moleküls zusammenhielte. Die Quantentheorie der homöopolaren Bindung ist in den Einzelheiten sehr kompliziert. Das Wesentliche versteht man schon aus der allgemeinen Tatsache, daß ein Elektron sich in zwei Potentialtöpfen immer energetisch vorteilhafter einzurichten weiß als in einem, einfach weil sie mehr Platz bieten und folglich nach der Unschärferelation einen tieferen Energiezustand ermöglichen. Eine der vielen Anwendungen dieses Gedankens ist folgende: Nähert man zwei H-Atome einander, so stellen die beiden Protonen den beiden Elektronen einen Potentialtopf zur Verfügung, der breiter ist als der eines einzelnen Protons. Bei großem Abstand haben allerdings die Elektronen noch wenig Gelegenheit, diesen verbreiterten gemeinsamen Topf auszunutzen (man sagt, ihr **Überlappungsintegral** sei noch klein). Sind die beiden Protonen sehr nahe beisammen, so ist der Topf zwar noch verbreitert (er ist so breit wie der eines He-Kerns), aber die Abstoßungsenergie der Kerne ist zu groß. Bei einem mittleren Abstand liegt ein Optimum: Die Absenkung der Elektronenzustände infolge der Verbreiterung des Topfes ist größer als die Abstoßungsenergie von Kernen und Elektronen, und zwar gerade um die Bindungsenergie größer.

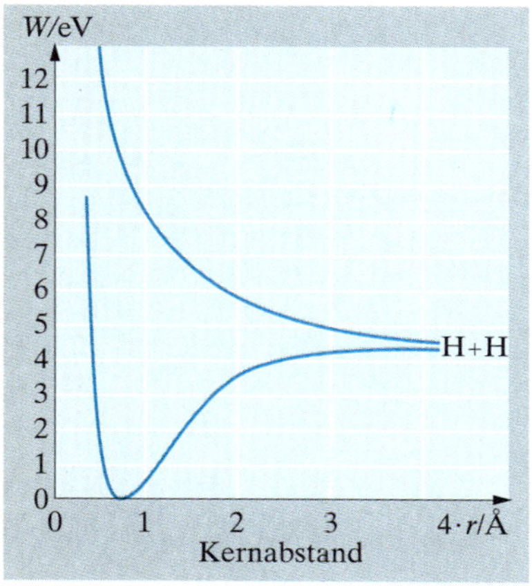

Abb. 16.18. Potentielle Energie der Wechselwirkung zwischen zwei H-Atomen. Bei entgegengesetzten Spins profitieren beide Elektronen von der Erweiterung des Potentialtopfes: Bindender Zustand, *untere Kurve*. Bei parallelen Spins muß eins in einen höheren Zustand auswandern: Lockernder Zustand, *obere Kurve*. (Nach *Heitler* und *London*, aus W. Finkelnburg: *Einführung in die Atomphysik*, 11./12. Aufl. (Springer, Berlin Heidelberg 1976))

Allerdings kann diese Absenkung nur dann von beiden Elektronen ausgenutzt werden, wenn ihre Spins entgegengesetzte Richtungen haben. Es handelt sich ja darum, beide Elektronen in den gleichen Zustand, oder, wie man in der Chemie meist sagt, in das gleiche **Orbital**, einzubauen, das in dem gemeinsamen Potentialtopf das tiefste bildet. Nach dem Pauli-Prinzip geht das nur für zwei Elektronen mit antiparallelen Spins. Von zwei Elektronen mit gleichgerichteten Spins müßte eines in einen höheren Zustand überwechseln. Der entsprechende Energiebetrag geht der Bindungsenergie verloren und macht die Bindung i. allg. unmöglich.

Wir gehen aus von einem sphärischen Potentialtopf wie dem des H-Atoms, in dem das Elektron im Grundzustand die Gesamtenergie $W_1 = -e^2/(8\pi\varepsilon_0 r_1) = 13{,}6\,\text{eV}$ hat. Im zweiatomigen Molekül ist dieser Potentialtopf etwas größer, er habe z. B. das doppelte Volumen und damit, falls er etwa kugelförmig bleibt, den Radius $r_1 \cdot 2^{1/3}$. Der Grundzustand liegt in diesem Topf bei $W_1' = W_1 \cdot 2^{-2/3} = 0{,}63 W_1$ und ist gegenüber dem Zustand zweier getrennter Atome um $2 \cdot 0{,}37\ W_1 \approx 10$ eV $\approx 10^6$ J/mol abgesenkt. Die tatsächliche Bindungsenergie z. B. des H_2 liegt mit $4{,}6 \cdot 10^5$ J/mol etwas tiefer als diese grobe Schätzung. Eigentlich handelt es sich um zwei Elektronen im Feld zweier Protonen, aber eine Kernladung wird durch das andere Elektron weitgehend abgeschirmt. Bessere Übereinstimmung erhält man, wenn man das H_2-Molekül etwa in der Mitte zwischen dem He-Atom (beide Protonen am gleichen Ort) und den getrennten H-Atomen ansiedelt (Aufgabe 16.4.8).

Das **bindende Elektronenpaar** der Chemiebücher ist also ein gemeinsames Orbital im Feld der beiden Kerne, das von zwei Elektronen mit antiparallelen Spins besetzt ist. Elektronen mit parallelen Spins bilden ein **lockerndes Elektronenpaar**. Ein einzelnes Elektron, dessen Zustand im verbreiterten Topf entsprechend abgesenkt ist, kann aber auch bereits binden; sonst gäbe es z. B. kein H_2^+-Ion.

Zwei Elektronen aus den beiden zu bindenden Atomen haben um so stärkere Tendenz, ein gemeinsames Orbital einzunehmen, je mehr sich ihre Orbitals schon im Zustand freier Atome überlappen, d. h. schon vor der Verzerrung der Orbitals, die die Bindung natürlich mit sich bringt. Diese Verzerrung wirkt im Sinne einer Verstärkung der Überlappung. Abbildung 16.19 zeigt die wichtigsten Bindungstypen. Man unterscheidet für zweiatomige Moleküle **σ-Bindungen**, bei denen die resultierende ψ-Funktion rotationssymmetrisch um die Kernverbindungslinie ist, und **π-Bindungen** sowie Bindungen höheren Drehimpulses. Der Drehimpuls um die Drehachse ist bei einer σ-Bindung 0, bei der π-Bindung 1 usw. Die Folgerungen über die Drehbarkeit der Moleküle um eine σ bzw. π-Bindung liegen modellmäßig auf der Hand.

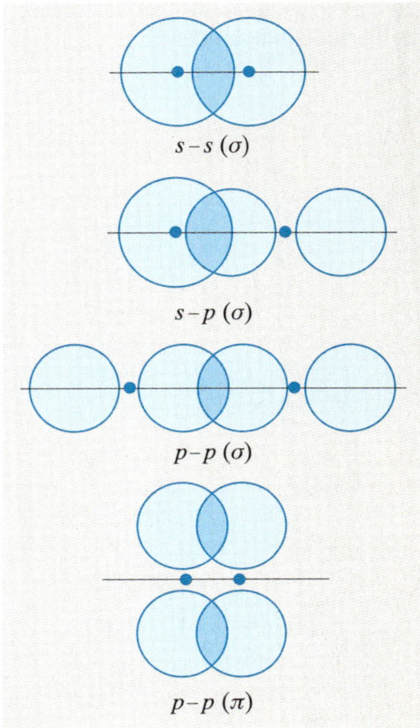

Abb. 16.19. Bindungstypen in Molekülen

Wir behandeln als Beispiel das H_2O. Das O hat die Elektronenkonfiguration $1s^2\, 2s^2\, 2p^4$. Obwohl die Elektronen möglichst verschiedene p-Zustände einnehmen, müssen doch zwei der p-Elektronen in den gleichen Zustand, und zwar natürlich mit antiparallelen Spins. Zu einer Bindung trägt ein solches antiparalleles Paar nichts bei, weil es mit einem fremden Elektron zu einem bindenden und einem lockernden Paar führen würde. O ist daher zweiwertig und bindet speziell zwei H-Atome mit aufeinander

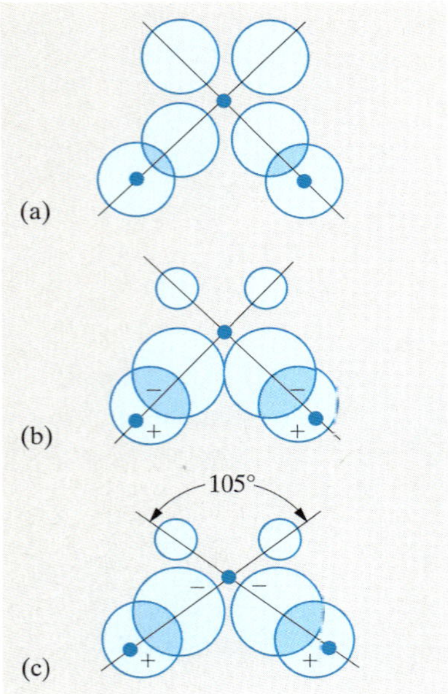

Abb. 16.20a–c. Das Wassermolekül. (a) *s*-*p*-Bindung zwischen O und H. (b) Verzerrung der beteiligten Elektronen-Wellenfunktionen. (c) Spreizung des Valenzwinkels infolge Abstoßung der Partialladungen der H

senkrecht stehenden σ-Bindungen (Abb. 16.20). Die Verzerrung besonders der 1*s*-Wolke des H führt nun zu einer teilweisen Entblößung des Protons. Man erklärt dies manchmal auch so, daß man der Bindung zwischen dem elektronegativen O und dem elektropositiven H einen heteropolaren Anteil zuschreibt. Jedenfalls tragen effektiv die beiden H positive **Partialladungen** von einem gewissen Bruchteil einer Elementarladung. Die Abstoßung zwischen diesen Partialladungen spreizt den Winkel zwischen den beiden OH-Bindungen von 90° auf die beobachteten 105°. Die kompensierende negative Partialladung ist am O zu lokalisieren. So entsteht das Dipolmoment des H_2O-Moleküls, das so weitreichende Folgen für Physik, Chemie und Biologie hat.

✘ Beispiel...

Die Moleküle H_2O, H_2S, H_2Se sind alle gewinkelt. Man mißt die Valenzwinkel 105°, 93°, 90°. Erklärung?

Die beiden einfach besetzten *p*-Orbitals der Chalkogene O, S, Se, Te stehen normalerweise mit ihren Achsen senkrecht zueinander. Nur die Coulomb-Abstoßung zwischen den beiden H, denen das Chalkogenatom ihr Elektron teilweise weggezogen hat, spreizt diesen Valenzwinkel weiter auf. Die Polarisation der XH-Bindung läßt in der Reihe O, S, Se, Te immer mehr nach (die Elektronegativität nimmt ab), denn der Durchgriff der Kernladung durch die immer dichter werdenden Elektronenschalen verringert sich, außerdem nimmt auch der Bindungsradius, d. h. der Abstand der H immer mehr zu, d. h. selbst bei gleicher Partialladung würden Coulomb-Abstoßung und Spreizung geringer werden.

Das **C-Atom** dürfte entsprechend seiner $1s^2\,2s^2\,2p^2$-Konfiguration eigentlich nur zweiwertig sein. Hier zeigt sich, daß die Möglichkeit einer chemischen Bindung, d. h. die Schaffung neuer Orbitals im Feld zweier Kerne statt eines einzigen, die Elektronenstruktur tiefgreifend umbaut. Auch vom Einzelatom her kann man die Vierwertigkeit des C mit Hilfe der Hybridisierung von Zuständen begreifen. Ein *sp*-Hybridzustand mit seiner einseitigen Keule ist ja für eine Bindung von vornherein besser geeignet als ein *p*-Zustand (Abb. 16.17). Dieser Vorteil kann u. U. den Nachteil überkompensieren, der daraus erwächst, daß der *s*-Zustand energetisch tiefer liegt als das *sp*-Hybrid. Statt der $2s^2\,2p^2$-Konfiguration seiner Außenelektronen kann sich ein C-Atom also durchaus für eine Konfiguration aus vier *sp*-Hybriden entscheiden, wenn vier geeignete Bindungspartner sich anbieten. Am günstigsten sind vier gleichartige Hybride, die jedes aus allen drei *p*-Orbitals und dem *s*-Orbital, aber mit jeweils verschiedenen Koeffizienten der Linearkombination (vgl. (16.52)) gebildet sind, also vier sp^3-Hybride. Diese Hybride können nämlich nach den vier Ecken eines Tetraeders gerichtete, fast ganz einseitige Keulen bilden, womit die gegenseitige Behinderung der Liganden zum Minimum und die Bindungsenergie zum Maximum gemacht wird.

Wir haben in unserer qualitativen Darstellung je nach Bedarf von zwei der wichtigsten Näherungs-Gesichtspunkte Gebrauch gemacht, mit deren

Hilfe die Quantenchemie ihre ungeheuer komplizierte quantitative Aufgabe angeht. Diese beiden Gesichtspunkte werden heute meist unter die englischen Schlagworte eingeordnet: **AO-Methode** (speziell **LCAO-Methode** „linear combination of atomic orbitals"), begründet von *Heitler* und *London*; man geht von den Orbitals der isolierten Atome aus und modifiziert diese zu Molekülzuständen (im einfachsten Fall durch Linearkombination, z. B. Hybridisierung solcher Atomzustände); **MO-Methode** („molecular orbitals"), begründet von *Hund* und *Mulliken*; man sucht von vornherein Elektronenzustände im gemeinsamen Feld aller Kerne bzw. Atomrümpfe zu ermitteln. Beide Methoden, so weit sie auch vorgetrieben worden sind, haben grundsätzlich nur den Charakter von Näherungen.

▲ Ausblick

Quantenmechanik und Quantenelektrodynamik liefern das bisher exakteste Bild der Mikrowelt, aber ist dieses Bild auch vollständig? Gerade die Erzväter *Planck*, *Einstein*, *de Broglie*, *Schrödinger* haben die Abkehr vom Determinismus nie ganz akzeptiert. 1935 dachten sich *Einstein*, *Podolsky* und *Rosen* ein Paradoxon aus: In dem Moment, wo zwei Elektronen aneinander vorbeifliegen, stellen wir fest, daß ihr Gesamtspin 0 ist; eines muß „spin up" haben, das andere „spin down", wir wissen nur nicht, in welcher Richtung. Nach einer Weile messen wir dies am daheimgebliebenen Teilchen: Sein Spin zeigt nach Norden. Dann wissen wir genau: Der des anderen Teilchens, das längst weit hinter dem Mond ist, zeigt nach Süden. Soweit kein Problem. Aber wir hätten die Messung auch so anlegen können, daß nur Ost- oder Westrichtung möglich ist. Wenn sich dann unser Teilchen für Ost entscheidet, muß der Spin des anderen nach Westen zeigen. Das folgt aus der Quantenmechanik, und das hielt *Einstein* für absurd. *John S. Bell* leitete 1967 eine Ungleichung ab, die gelten müßte, wenn die Spinrichtungen vorher vorhanden, nur unbekannt wären (Objektivität), und wenn eine Messung, die wir hier machen, den Zustand eines fernen Systems nicht beeinflußte (Lokalität). Messungen an Photonen zeigen, daß diese Ungleichung verletzt ist. *Alain Aspect* wies 1982 sogar direkt nach, daß die Entscheidung des fernen Photons fällt, bevor ein Lichtsignal es erreichen könnte. Bis jemand einen Wurm hierin findet, muß man damit leben, daß die Welt so ist.

Blaue und rote Kügelchen reichen als Modell der Mikrowelt nicht. Man braucht die ψ-Funktion. Wenn man ein System sich selbst überläßt, entwickeln sich seine ψ-Funktion und damit alle Größen, die man daraus ablesen kann, ganz deterministisch nach der Schrödinger-Gleichung. Sowie man aber eine dieser Größen mißt, wirkt ein Meßgerät mit ungeheuer komplizierter ψ-Funktion auf das System ein. Die „Kopenhagener Deutung" beschreibt dies durch eine begriffliche Trennung zwischen klassisch-makroskopischer und quantenhaft-mikroskopischer Welt. Wenn beide zusammenstoßen, könnte man das Ergebnis nur statistisch voraussagen. *Hugh Everett* geht weiter: Alle ▶

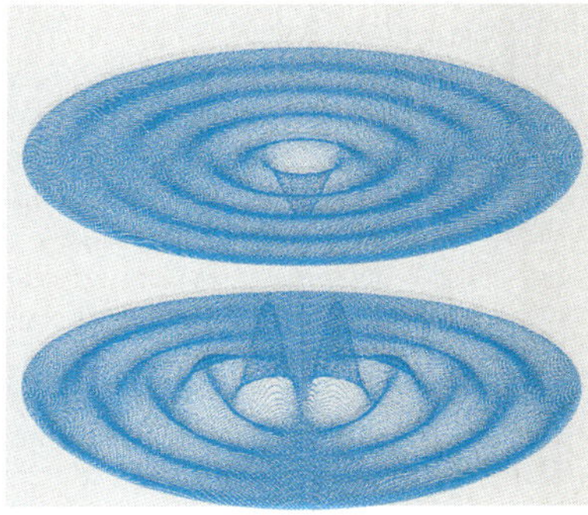

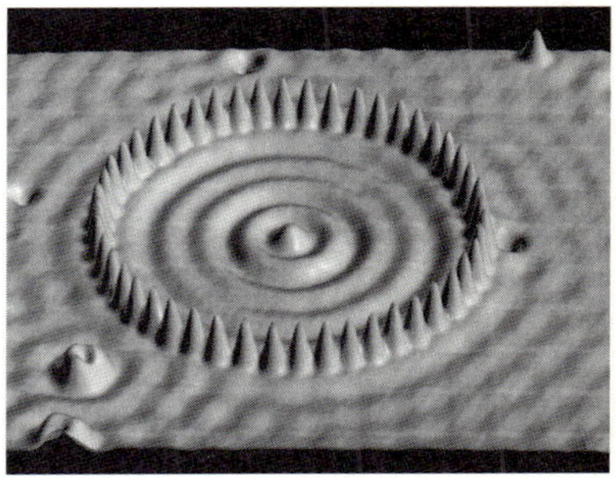

Hier wird die ψ-Funktion sichtbar, genauer ihr Quadrat. *Crommie*, *Lutz* und *Eigler* haben die feine Spitze ihres Raster-Tunnelmikroskops als Pinzette benutzt und 48 Eisenatome säuberlich zu einem Kreis von 143 Å auf einer Kupfer-Oberfläche aufgereiht. Das RTM, als Mikroskop benutzt, zeigt dann die Dichteverteilung eines in diesem Kral eingesperrten Elektrons. Die Lösung der zweidimensionalen Schrödinger-Gleichung ist hier eine Bessel-Funktion 0-ter Ordnung, ähnlich der Welle auf einem Eimer. Oben ist diese Funktion computergeneriert, zusammen mit der Bessel-Funktion erster Ordnung, die für den nächsthöheren Impuls entstünde möglichen Ergebnisse seien real, nur in verschiedenen Universen, es gebe halt unendlich viele.

Aber Mikro- und Makrowelt sind nicht so scharf getrennt. *Schrödingers* Katze sitzt in einem geschlossenen Kasten neben einer Ampulle mit Cyangas. Ein Hämmerchen kann die Ampulle zerschlagen, wenn ein Kernzerfall es über einen Geiger-Zähler auslöst. Ob der Kern zerfallen ist oder nicht, also die Katze tot oder lebendig ist, kann man erst wissen, wenn man den Kasten öffnet. Was ist vorher mit der Katze los? Das ärgert die Indeterministen noch heute.

✓ Aufgaben . . .

● 16.1.1. Funktionen als Vektoren
Welche Winkel bilden die Funktionen $\sin nx$, $\sin mx$, $\cos nx$, $\cos mx$ miteinander (n, m ganz, $n = m$ bzw. $n \neq m$), wenn man als Integrationsbereich in der Winkeldefinition $(0, 2\pi)$ zugrundelegt? Hilft die e^{ix}-Darstellung bei der Rechnung? Wenn man den Integrationsbereich auf $(-\infty, +\infty)$ erweitert, kann man dann eine der obigen Voraussetzungen fallen lassen?

●● 16.1.2. Orthogonalität I
Welche Rolle spielt die **Orthogonalität** eines Funktionensystems in der Herleitung der **Fourier-Reihe** für einen periodischen bzw. des **Fourier-Integrals** für einen beliebigen Vorgang? Wie würden die Ausdrücke für die Koeffizienten bzw. Amplituden aussehen, wenn die zugrundegelegten Funktionen nicht orthogonal wären?

● 16.1.3. Lineare Unabhängigkeit
Beweisen Sie: Eigenvektoren einer Matrix, die zu verschiedenen Eigenwerten gehören, sind linear unabhängig.

● 16.1.4. Orthogonalität II
Beweisen Sie: Zwei Eigenvektoren einer symmetrischen Matrix, die zu verschiedenen Eigenwerten gehören, sind orthogonal.

● 16.1.5. Hermitesche Operatoren
Welche der Operatoren S. 889 sind hermitesch? Welche sind linear? Speziell: Wie muß $K(x,x')$ aussehen, damit der Integraloperator hermitesch ist? Versuchen Sie auch Eigenfunktionen und Eigenwerte für die angegebenen Operatoren zu finden.

●● 16.1.6. Entwicklung nach Eigenfunktionen
Ein linearer Operator $\boldsymbol{A}$ habe ein vollständiges Eigenfunktionensystem f_k, d. h. jede Funktion ψ lasse sich nach den f_k entwickeln: $\psi = \sum c_k f_k$. Beschreibt der Vektor der c_k die Funktion ψ ebensogut wie die übliche Art, ψ anzugeben? Vergleichen Sie mit der Darstellung eines dreidimensionalen Vektors als „Pfeil“ bzw. durch seine Komponenten. Wie drükken sich $\psi \cdot \psi$ und $\varphi \cdot \psi$ durch die Koeffizienten aus? Wieso ist die Lage bei einem hermiteschen Operator einfacher? Worin besteht die entsprechende Vereinfachung bei den Dreiervektoren? Bilden Sie auch den Ausdruck $\boldsymbol{A}\psi$ in Koeffizientenschreibweise. Wenn ψ vollständig durch die c_k charakterisiert ist, wie sieht dann die entsprechende Charakterisierung des Operators $\boldsymbol{A}$ aus? Jetzt betrachten Sie *irgendein* **vollständiges Orthogonalsystem** g_k, das nicht das Eigenfunktionensystem von $\boldsymbol{A}$ zu sein braucht. Was ändert sich an den bisherigen Betrachtungen? Kann man sagen, der Operator sei in dieser „g_k-Darstellung“ vollständig durch eine Matrix charakterisiert? Wie berechnen sich die Elemente dieser Matrix? Versuchen Sie auch den Ausdruck $\varphi \cdot \boldsymbol{A}\psi$. Welche Besonderheiten ergeben sich, wenn $\boldsymbol{A}$ hermitesch ist?

●● 16.1.7. Eigenwertbestimmung
Beweisen Sie die Richtigkeit einer „klassischen“ und einer „modernen“ Methode zur Bestimmung von Eigenvektoren und Eigenwerten einer Matrix A: (1) Man löse die „Säkulargleichung“ $\|\boldsymbol{A} - \lambda \boldsymbol{U}\| = 0$. $\| \ \|$ bedeutet die Determinante der darinstehenden Matrix. $\boldsymbol{U}$ ist die Einheitsmatrix. Die Lösungen λ sind die Eigenwerte. Wie viele gibt es? Wie geht man praktisch vor, um sie zu berechnen? (2) Man nehme irgendeinen Vektor $\boldsymbol{x}_0$ und wende $\boldsymbol{A}$ auf ihn an. Das Ergebnis normiere man durch Division durch den Faktor λ_1 und nenne es x_1. Dies Verfahren setze man fort, bis sich $\boldsymbol{x}_i$ nicht mehr ändert. Dann ist λ_i der Eigenwert mit dem größten Absolutbetrag und $\boldsymbol{x}_i$ der zugehörige Eigenvektor.

●● 16.1.8. Hilbert-Raum
Die Mathematiker führen den Begriff des **Vektorraums** folgendermaßen ein: Ein metrischer Vektorraum R ist eine Menge von Elementen, genannt Vektoren, zwischen denen folgende Operationen erklärt sind: (1) Addition zweier Vektoren; Ergebnis ein anderer Vektor; (2) Multiplikation von Vektor und (komplexer) Zahl; Ergebnis ein anderer Vektor; (3) skalare Multiplikation zweier Vektoren; Ergebnis eine Zahl. Diese Additionen und Multiplikationen sind wie üblich kommutativ (im Komplexen hermitesch) und distributiv. Zeigen Sie, daß die Menge der quadratisch integrierbaren Funktionen einen Vektorraum (den **Hilbert-Raum**) bildet, wenn man erklärt: $f \cdot g = \int f(x) g(x)\, dx$. Die Dimension von R ist die Anzahl von Vektoren $\boldsymbol{a}_1, \ldots, \boldsymbol{a}_n$, die man mindestens braucht, um *jeden* Vektor $\boldsymbol{b}$ aus R in der Form $\boldsymbol{b} = \sum c_k \boldsymbol{a}_k$ darstellen

zu können. Welche Dimension hat der Hilbert-Raum?

●● **16.1.9. Operator der Standard-Abweichung**
Der Operator $\boldsymbol{A}$ gehöre zur physikalischen Größe a. Wie heißt der Operator der **Streuung** von a, d. h. der Operator, dessen Mittelwert (für eine gegebene Zustandsfunktion) gleich der Streuung Δa ist?

●● **16.1.10. Unschärferelation**
$\boldsymbol{A}$ und $\boldsymbol{B}$ seien hermitesche Operatoren. Ihr **Minuskommutator** heiße $\boldsymbol{C}/\mathrm{i}$, d. h. $\boldsymbol{C} = \mathrm{i}(\boldsymbol{AB} - \boldsymbol{BA})$. Welche Vertauschungsrelation gilt für die Operatoren der Streuungen von a und b, d. h. $\Delta\boldsymbol{A}$ und $\Delta\boldsymbol{B}$? Beweisen Sie: $\overline{(\Delta \boldsymbol{A})^2} \cdot \overline{(\Delta \boldsymbol{B})^2} \geqq \frac{1}{4}\overline{\boldsymbol{C}}^2$. Welche physikalische Nutzanwendung können Sie ziehen? Hinweis: Bilden Sie den Operator $\boldsymbol{D} = \boldsymbol{A} + \mathrm{i}\alpha\boldsymbol{B}$, α beliebig reell. Untersuchen Sie den Ausdruck $F(\alpha) = \boldsymbol{D}^*\psi^* \cdot \boldsymbol{D}\psi$. Kann man über das Vorzeichen von $F(\alpha)$ unabhängig von ψ und α etwas aussagen? Welche Bedingung folgt daraus für die Koeffizienten von α in dem Ausdruck $F(\alpha)$? Betrachten Sie das Minimum von $F(\alpha)$. Achten Sie bei allen Umformungen genau auf Hermitizität, Komplexheit und Vertauschbarkeit!

● **16.2.1. Teilchen = Welle**
In welchem der Axiome kommt besonders deutlich zum Ausdruck, daß alle physikalischen Systeme Welleneigenschaften haben? Bedenken Sie: Bei der Interferenz addieren sich die Amplituden der Teilwellen; erst das Amplitudenquadrat gibt die Energie. Andererseits kann man einen komplizierten Wellenvorgang aus Teilwellen zusammengesetzt denken, wenn das für die Behandlung bequemer erscheint. Gibt es auch Unterschiede zwischen ψ- und gewöhnlichen Wellen?

●● **16.2.2. Vertauschbarkeit**
Zeigen Sie: Wenn zwei Größen a und b gleichzeitig, d. h. für die gleichen Zustände scharfe Werte besitzen, müssen die zugehörigen Operatoren $\boldsymbol{A}$ und $\boldsymbol{B}$ vertauschbar sein, d. h. es muß $\boldsymbol{AB} = \boldsymbol{BA}$ gelten.

● **16.2.3. Impulsoperator**
Untersuchen Sie die **Vertauschbarkeit** zwischen den Operatoren der Impulskomponenten $\boldsymbol{p}_x, \boldsymbol{p}_y, \boldsymbol{p}_z$ und dem Operator des Gesamtimpulses. Sind diese Ergebnisse physikalisch sinnvoll?

●● **16.2.4. Drehimpuls I**
Wir bilden den **Drehimpulsoperator**. Seine x-Komponente $\boldsymbol{L}_x$ verhält sich zum Drehwinkel φ um die x-Achse ebenso wie die x-Komponente $\boldsymbol{p}_x$ des Impulsoperators zur Koordinate x. Geben Sie auch den vollständigen Ausdruck für $\boldsymbol{L}$ (alle Komponenten). Hätte man auch von der klassischen Vektorformel $\boldsymbol{L} = \boldsymbol{r} \times \boldsymbol{p}$ ausgehen können? Welche Eigenfunktionen und Eigenwerte hat $\boldsymbol{L}_x$? Welches ist der wesentliche Unterschied zum Impulsoperator? Was bedeuten die Eigenfunktionen? Ist $\boldsymbol{L}_x$ hermitesch? Sind die einzelnen Komponenten von $\boldsymbol{L}$ miteinander und mit $\boldsymbol{L}$ selbst vertauschbar?

●● **16.2.5. Drehimpuls II**
Ein System kann frei um eine feste Achse rotieren, d. h. einer solchen Drehung stehen keine Kräfte entgegen. Suchen Sie physikalisch interessante Beispiele. Wie wird man diesen „raumfesten starren Rotator" quantenmechanisch behandeln? Für welche Operatoren ist die Zustandsfunktion dieses Systems Eigenfunktion? Welche Drehimpuls- und Rotationsenergiewerte kommen für stationäre Zustände in Frage?

● **16.2.6. Standard-Abweichung**
Fast ebenso wichtig wie der Mittelwert einer Größe a ist auch ihre Streuung um diesen Mittelwert (**Standardabweichung**, mittlere Schwankung). Wie läßt sich diese Streuung durch den Operator $\boldsymbol{A}$ ausdrücken? Wie sieht danach ein Zustand mit scharfem Wert von a aus?

●● **16.2.7. Hamilton-Operator**
Der Mittelwert einer Größe a kann zeitlich veränderlich sein, auch ohne daß der entsprechende Operator $\boldsymbol{A}$ eine explizite Zeitabhängigkeit enthält. Dann stammt die Zeitabhängigkeit natürlich aus der Zustandsfunktion selbst. Können Sie einen Operator angeben, aus dem sich $\dot{a}$ nach den üblichen Regeln ergibt? Versuchen Sie es mit den Operatoren $\boldsymbol{AH}$ und $\boldsymbol{HA}$. Wie ändern sich speziell die Mittelwerte von x und p_x?

●● **16.2.8. Teilchen im Magnetfeld**
Konstruieren Sie den Hamilton-Operator $\boldsymbol{H}$ für ein Teilchen im Magnetfeld. Hinweis: Das Feld läßt sich „wegtransformieren", indem man das Bezugssystem mit der **Larmor-Frequenz** rotieren läßt. Damit ergibt sich ein Zusammenhang zwischen Feld und Drehimpulsoperator. Da man $\boldsymbol{H}$ in der üblichen Darstellung aus dem Impulsoperator aufbaut, geht man besser vom Vektorpotential aus (vgl. Aufgabe 7.6.3). Nutzen Sie die formalen Entsprechungen zwischen diesen Größen aus. Welche Rolle spielt dieser Ausdruck in der Theorie der Supraleitung (vgl. Aufgabe 14.7.2)?

● **16.2.9. Unschärfe I**
In einer richtig betriebenen **Wilson-Kammer** haben die Tröpfchen, aus denen sich die Teilchenspur zusammensetzt, nicht viel mehr als 1 µm Durchmesser. Kann man hier praktisch von einer klassischen Bahn sprechen, oder machen sich Impulsunschärfen bemerkbar (ggf. wie)? Wir sprechen hier nicht von den Stoßprozessen, die die Ionisierung bewirken, sondern nur von der „Bahn als solcher", die durch die Tröpfchen markiert ist.

●● **16.2.10. Unschärfe II**
Spielt die **Unschärferelation** wirklich für makroskopische Systeme keine Rolle? Es gelingt bekanntlich niemandem, einen gut gespitzten Zahnstocher auf harter Unterlage ohne Hilfsmittel so senkrecht auszubalancieren, daß er auf der Spitze stehenbleibt. Liegt das am Ungeschick oder an der Unschärfe? Wie lange dauert es z. B. maximal, bis die quantenmechanischen Unschärfen von Einstellwinkel und

Drehimpuls um die Spitze zu einer Neigung von 1° gegen die Senkrechte führen? Das Ergebnis ist verblüffend. Kann man daraus wirklich schließen, die Unschärferelation spiele praktisch hier eine Rolle?

●● 16.2.11. Fermionen und Bosonen

Der Zustand zweier Teilchen wird durch eine Wellenfunktion $\psi(x_1, x_2)$ beschrieben. Wie ergibt sich daraus die Wahrscheinlichkeit P, Teilchen 1 in $(x_1, x_1 + \mathrm{d}x_1)$ und Teilchen 2 in $(x_2, x_2 + \mathrm{d}x_2)$ zu finden? Wie ändert sich P, wenn man Teilchen gleicher Art vertauscht? Und wenn man sie nochmal vertauscht? Was folgt daraus für ψ?

●● 16.3.1. Harmonischer Oszillator

Wie verhält sich ein Teilchen der Masse m in einem parabolischen Potentialtopf $U = \frac{1}{2}Dx^2$? Bestimmen Sie die möglichen stationären Zustände, d. h. Eigenfunktionen und Eigenwerte des Hamilton-Operators. Die Schrödinger-Gleichung vereinfacht sich, wenn man als Energieeinheit $\frac{1}{2}\hbar\omega = \frac{1}{2}\hbar\sqrt{D/m}$ benutzt und als x-Einheit die Amplitude, die ein klassischer Oszillator bei dieser Energie hätte. Welche Glieder der Schrödinger-Gleichung bleiben für sehr große x noch übrig? Zeigen Sie, daß der entsprechende asymptotische Verlauf der Lösung durch eine Gauß-Funktion gegeben ist. Diese Gauß-Funktion multipliziert sich noch mit einem Polynom in x, einem Hermite-Polynom $H(x)$. Wie lautet dessen Differentialgleichung? Jetzt kommt das Entscheidende: Für $x \to \pm\infty$ muß ψ verschwinden (warum?). In einer *unendlichen Potenzreihe* $H(x)$ würden aber die Glieder mit hohen x-Potenzen schließlich sogar das Abklingen der Gauß-Funktion kompensieren. Die Potenzreihe $H(x)$ muß also *abbrechen*. Wie heißt die Bedingung dafür? Bestimmen Sie die ersten Hermite-Polynome. Vergleich mit dem klassischen Verhalten: Wo ist das klassische, wo das quantenmechanische Teilchen am häufigsten anzutreffen (bei geringer und bei hoher Energie)?

●●● 16.3.2. Theorie des α-Zerfalls

Im „Fujiyama-Krater" eines Kerns liegt ein α-Teilchen energetisch oberhalb des Nullniveaus. Bei welchen Kernen ist das der Fall (vgl. Aufgabe 13.1.7)? Wie kommt das Teilchen aus dem Berg? Wie hängt seine Austrittswahrscheinlichkeit von seiner Energie ab? Kann man den Potentialwall als Rechteck oder Dreieck annähern? Hinweis zur Behandlung des richtigen Potentials:

$$\int_{x_0}^{1} \sqrt{x^{-1} - 1}\,\mathrm{d}x \approx$$

$$\int_0^1 \sqrt{x^{-1} - 1}\,\mathrm{d}x - \int_0^{x_0} x^{-1/2}\,\mathrm{d}x\,,$$

wenn $x_0 \ll 1$;

beim ersten Integral substituiere man z. B. $x = \sin^2\alpha$; wie verhalten sich $\int_0^{\pi/2} \sin^2\alpha\,\mathrm{d}\alpha$ und $\int_0^{\pi/2} \cos^2\alpha\,\mathrm{d}\alpha$? Kommen die Daten in Abb. 13.28 richtig heraus? Welcher Parameter muß angepaßt werden? Warum gibt es z. B. keine α-Strahler mit 20 MeV? $^{144}_{60}$Nd, der leichteste bekannte α-aktive Kern, hat $W = 1{,}5$ MeV und $\tau_{1/2} \approx 10^{15}$ Jahre. Kommt das richtig heraus? Liegt dieser Kern auf der Kurve von Abb. 13.28?

●● 16.3.3. Feldemission

An einem Metall liegt ein sehr hohes elektrisches Feld. Wie sieht das Potential für Elektronen dicht an der Metalloberfläche aus? Wie kommen die Elektronen nach draußen? Geben Sie eine Abschätzung für den Feldemissionsstrom. Zeichnen Sie die Bandstruktur für eine Halbleiterdiode mit sehr dünner Übergangsschicht, an der ein starkes Feld liegt. Wie kommen Elektronen vom Valenz- ins Leitungsband?

●● 16.3.4. Potentialgraben

Ein Teilchen sitzt in einem nur von x abhängigen Rechteck-Potentialgraben, der Wände von endlicher Höhe U hat. Diesen Wert hat das Potential außen überall. Wie unterscheiden sich Eigenwerte und Eigenfunktionen von denen im Fall $U = \infty$ bei $W < U$? Was passiert bei $W \geqq U$? Die Teillösungen für die drei Gebiete können Sie sofort hinschreiben, aber es bleiben unbestimmte Koeffizienten. Reduzieren Sie deren Anzahl: Was kann die ψ-Funktion im Unendlichen machen? Es bleiben die Anschlußbedingungen für ψ und ψ' an den Bereichsgrenzen. Warum müssen beide stetig sein? Warum nicht z. B. auch ψ''? Beachten Sie weiter: Ein linear-homogenes Gleichungssystem hat nur dann eine nichtverschwindende Lösung, wenn die Determinante Null ist. Die entstehende transzendente Gleichung läßt sich graphisch sehr anschaulich lösen.

●● 16.3.5. Zwei Potentialgräben

Ein Teilchen sitzt in einem nur von x abhängigen Potential, bestehend aus zwei Gräben mit glattem Boden, getrennt durch eine Rechteckschwelle. Überall sonst ist das Potential unendlich hoch. Bestimmen Sie die stationären Zustände und deren Energien, speziell für die symmetrische Anordnung.

●● 16.3.6. Kugelwelle

Die „ebene" stationäre Zustandsfunktion im kräftefreien Fall heißt $\mathrm{e}^{\mathrm{i}(kx-\omega t)}$. Zeigen Sie, daß die entsprechende kugelsymmetrische Funktion $r^{-1}\,\mathrm{e}^{\mathrm{i}(kr-\omega t)}$ heißt. Vergleichen Sie mit ebener und Kugelwelle, z. B. beim Licht. Was ändert sich am Ergebnis von Aufgabe 16.3.5, wenn die Abszisse r statt x bedeutet ($r = 0$, z. B. an der linken Wand)?

●● 16.3.7. Tunneleffekt

Der Tunneleffekt ist eigentlich ein Fall für die zeitabhängige Schrödinger-Gleichung. Betrachten Sie das Potential von Aufgabe 16.3.5 und untersuchen Sie, wie sich ein Zustand entwickelt, bei dem das Teilchen zunächst ganz in einem der Töpfe ist. Wie unterscheiden sich der ebene und der kugelsymmetrische Fall? Wie kann man zu einer Schwelle beliebiger Form übergehen?

●● 16.4.1. Resonanzenergie
Ein System hat zwei „Grenzzustände", zwischen denen es mit einer gewissen Wahrscheinlichkeit hin- und herspringen kann. Suchen Sie Beispiele. Man kann die Situation manchmal, aber nicht immer, durch zwei räumlich getrennte Potentialtöpfe darstellen. Der wirkliche Zustand ψ des Systems läßt sich aus den beiden Basiszuständen f_i, $i = 1, 2$, „System ist im Zustand i", aufbauen. Dieser Zustand ψ ist i. allg. zeitabhängig. Was bedeutet das für die Entwicklungskoeffizienten? Sind f_1 und f_2 Eigenfunktionen des wirklichen Hamilton-Operators $\boldsymbol{H}$? Wie lautet die zeitabhängige Schrödinger-Gleichung? Verwandeln Sie sie in eine Matrixgleichung (üblicher Trick: Skalarmultiplikation mit f_i). Welche physikalische Bedeutung haben die Matrixelemente von $\boldsymbol{H}$? Was kann man über sie sagen, wenn die Zustände 1 und 2 symmetrisch sind? Wieso treten zwei Frequenzen auf, wie heißen sie, was bedeuten sie? Welche stationären Zustände hat das System? Achten Sie besonders auf die „Resonanzenergie". Wie sehen die nichtstationären Zustände aus?

●● 16.4.2. Quantenmechanische Störungsrechnung
Gegeben ist ein Potential $U(\boldsymbol{r})$, für das man die Schrödinger-Gleichung nicht exakt lösen kann, das aber nicht sehr verschieden von einem Potential $U_0(\boldsymbol{r})$ ist, das man exakt behandeln kann: $U = U_0 + U_1$. Eigenfunktionen f_k und Eigenwerte W_k des exakten Hamilton-Operators $\boldsymbol{H}$ werden daher auch nur wenig von denen von $\boldsymbol{H}_0$ abweichen: $f_k = f_k^0 + f_k^1$, $W_k = W_k^0 + W_k^1$. Bestimmen Sie die kleinen Zusatzglieder, indem Sie nach den Funktionen f_k^0 entwickeln und (in erster Näherung) alle Produkte kleiner Zusatzgrößen vernachlässigen. Sie erhalten ein homogenes lineares Gleichungssystem für die Entwicklungskoeffizienten von f_k nach den f_i^0, das sich bekanntlich nur lösen läßt, wenn die Determinante verschwindet. Auch ohne viel Determinanten-Übung sieht man schnell, worauf das in erster Näherung hinausläuft. Kann man sagen: W_k^1 ist der Mittelwert der Störenergie über den ungestörten Zustand f_k^0?

●● 16.4.3. Absorption
Ein System hat, wenn man es nicht beeinflußt, eine Reihe von stationären Zuständen. Nun schaltet man ein elektrisches Wechselfeld an, z. B. Licht. Unter welchen Umständen beeinflußt dieses Feld den Hamilton-Operator des Systems? Ändern sich die Eigenwerte momentan bzw. im Zeitmittel? Kann man von einer kleinen Störung im Sinne der Störungsrechnung sprechen? Behandeln Sie die zeitabhängige Schrödinger-Gleichung. Welche Übergangswahrscheinlichkeiten treten auf? Ergibt sich ein Resonanzeffekt? Können Sie eine quantenmechanische Theorie der Linienbreite entwickeln?

●● 16.4.4. NH_3-Uhr
Welche räumliche Anordnung und welches Dipolmoment erwarten Sie für das NH_3-Molekül? Schätzen Sie die Lage seiner Rotations- und Elektronenterme. Man findet eine starke Absorption bei 24 GHz. Kann dies ein Rotations- oder Elektronenübergang sein? Wenn es sich um das Durchschwingen des N durch die Ebene der drei H handelt, kann man Aufgabe 16.4.1 anwenden? Welche Parameter kann man anpassen? Wie beeinflußt ein elektrisches Feld die Energie der „Grenzzustände"? Sind die beiden Grenzzustände im Feld noch symmetrisch zueinander? Ist die Annahme, daß die Übergangswahrscheinlichkeit zwischen ihnen feldunabhängig ist, vernünftig? Kann man z. B. einen Strahl herstellen, der nur aus Molekülen besteht, bei denen das N nach oben zeigt? Kann man so einen NH_3-Maser machen? Wie funktioniert eine NH_3-Uhr?

●● 16.4.5. Potentiale
Wir haben in den Aufgaben 16.4.3 und 16.4.4 den Wert der Übergangswahrscheinlichkeit offengelassen. Nehmen Sie das Modell der beiden Potentialtöpfe mit einer Schwelle dazwischen wieder auf. Wie hängt die Übergangswahrscheinlichkeit vom Abstand zwischen den Töpfen ab (ebener und kugelsymmetrischer Fall: Geringfügige Abwandlung der Ausdrükke für ebene und Kugelwelle). Suchen Sie physikalische Anwendungen: Chemische Bindung? Kernkraft? Coulomb-Kraft? Für die Kernkraft müssen Sie die relativistische Energie-Impuls-Beziehung benutzen. Warum? Was kommt heraus?

●● 16.4.6. Chemische Bindung
Ein System sei gekennzeichnet durch seinen $\boldsymbol{H}$-Operator. Wie vollständig ist diese Kennzeichnung? Welcher Zustand hat die kleinstmögliche Energie? Zur Konkurrenz zugelassen seien nicht nur die stationären Zustände (dann ist die Antwort klar), sondern auch beliebige nichtstationäre. Welches Maß für die Zustandsenergie wird man dann verwenden? Das System bestehe aus zwei Teilsystemen, deren $\boldsymbol{H}$-Operatoren, Eigenfunktionen und Eigenwerte bekannt seien. Wie sieht der $\boldsymbol{H}$-Operator des Gesamtsystems aus, solange die Teilsysteme noch weit getrennt sind? Jetzt werden sie in Kontakt gebracht, so daß sie einander beeinflussen. Was kann man dann allgemein über $\boldsymbol{H}$-Operator, Eigenfunktionen (speziell den Grundzustand), Eigenwerte sagen? Arbeiten Sie mit den Begriffen Resonanz, Resonanzstabilisierung, Resonanzenergie. Suchen Sie Beispiele.

●● 16.4.7. Wird er Doktor?
Physiker A: Ich werde erstmals das Spinmoment eines einzelnen freien Elektrons direkt messen, und zwar aus seinem Magnetfeld. Ich habe 100 000 DM für ein Präzisionsmagnetometer beantragt.
Physiker B: Aber wenn das Elektron sich bewegt, erzeugt es doch auch ein Magnetfeld. Das deckt dir bestimmt dein Feld vom Spinmoment zu.
A: Ich messe eben nur an ruhenden Elektronen.
B: Und die Unschärferelation? Wenn der Impuls exakt Null sein soll, hast du keine Ahnung, wo das Elektron ist, oder welchen Abstand es von deinem Magnetometer hat.

A: Ich arbeite in einer Kompromiß-Konfiguration, wo das translatorische Feld klein gegen das Spinfeld ist und gleichzeitig die Ortsunschärfe klein gegen den Abstand vom Magnetometer.

Würden Sie A das Geld bewilligen?

●● 16.4.8. Zwei Elektronen

Schätzen Sie die Energie W des Grundzustandes eines Atoms oder Ions mit zwei Elektronen nach der Unschärferelation. Aus welchen Anteilen setzt sich W zusammen? Das erste Elektron sei auf einen Bereich vom Radius r_1 beschränkt, das zweite auf r_2. Drücken Sie W durch r_1 und r_2 aus. Wo liegt das Minimum? Gemessene Werte für H^-, He, Li^+, Be^{++}, B^{+++}, C^{++++}: 1,05; 5,81; 14,5; 27,3; 44,1; 64,8, ausgedrückt als Vielfache der Rydberg-Einheit −13,65 eV.

●● 16.4.9. 21 cm-Linie

Kalter atomarer Wasserstoff hat nur eine Möglichkeit, niederfrequente Strahlung zu absorbieren oder emittieren: Der Elektronenspin kann sich parallel oder antiparallel zum Kernspin einstellen. Schätzen Sie die Energie, Frequenz und Wellenlänge des Überganges zwischen diesen beiden Zuständen und vergleichen Sie mit der ersten eigentlichen Elektronenanregung (Lyman-Übergang). Rechnen Sie zuerst mit einem klassischen Punktelektron, dann mit einem quantenmechanischen 1 s-Elektron, dessen Aufenthaltswahrscheinlichkeit $\psi\psi^*$ gemäß $\psi = \psi_0 \, e^{-r/r_0}$ verteilt ist (r_0: Rohr-Radius).

●● 16.4.10. Elektronegativität

In dem Bemühen, möglichst viele Eigenschaften eines Atoms durch einen einzigen Parameter auszudrücken, wenn auch nur halbphänomenologisch, führte *L. Pauling* den Begriff der **Elektronegativität** ein. Er ging davon aus, daß die Bindungsenergie eines Moleküls AB immer größer ist als das Mittel der Bindungsenergien für AA und BB und nannte $\Delta_{AB} = W_{AB} - \frac{1}{2}(W_{AA} + W_{BB})$ die Stabilisierungsenergie. Woher mag sie stammen? Formal hängt sie mit der Differenz der Elektronegativitäten $\chi_A - \chi_B = 0{,}102\sqrt{\Delta_{AB}}$ zusammen (Energie in kJ/mol). Was bedeuten die χ anschaulich? Gibt man dem elektronegativsten Element Fluor willkürlich $\chi = 4$, ergeben sich einfache Werte im Periodensystem. H hat $\chi = 2{,}1$. Jeder Schritt nach links in der ersten Periode senkt χ um 0,5. Die weiteren Perioden fangen beim Halogen niedriger an und haben kleinere Schritte. Die Ablösearbeit für ein Elektron aus einem Metall (in eV) ist $W \approx 2{,}3\chi + 0{,}34$, die Summe von erster Ionisierungsenergie und **Elektronenaffinität** ist $5{,}4\chi$, der Atomradius in einer kovalenten Bindung (in Å) $r \approx 0{,}31(N+1)/(\chi - \frac{1}{2})$, wo N die Anzahl der Valenzelektronen ist. Versuchen Sie dies alles qualitativ zu erklären und prüfen Sie die Zahlenwerte. Schätzen Sie die **Partialladungen** in einer O–H- und einer Na–Cl-Bindung.

●● 16.4.11. Wasserstoffbrücke

Die **H-Brücke** (Bindung zwischen dem an ein elektronegativeres Atom gebundenen Proton und einem ebenfalls elektronegativen Atom) ist der wichtigste Strukturbildner in biologischen Makromolekülen. Sie bestimmt in Proteinen **α-Helix** und **β-Faltblatt**, in **Nukleinsäuren** die Passung zwischen Guanin und Cytosin (3 Brükken) sowie Adenin und Thymin oder Uracil (2 Brücken), die die Präzision der **Reduplikation der DNS** wie auch der **Transkription der DNS in RNS** garantiert. Machen Sie sich das am Modell klar. Hier handelt es sich um N-H-O-Brücken mit Abständen N–H von 1,0 Å und H–O von 1,9 Å. Schätzen Sie Partialladungen und Bindungsenergien. Tun Sie das auch für Wasser und vergleichen Sie mit der Verdampfungsenergie.

17

Statistische Physik

Inhalt

„... auf die weite Perspektive einer Anwendung ... auf die Statistik der belebten Wesen, der Gesellschaft ... mag hier nur mit einem Wort hingewiesen werden."

Ludwig Boltzmann

Einleitung

Kein Mensch, kein Computer kann verfolgen, was jedes einzelne Molekül in Ihrem Zimmer oder auch nur jeder Tropfen in Ihrer Dusche tut. Was sollte man auch mit solchen Informationsmassen? Statistische Aussagen über Mittelwerte und Abweichungen davon sind alles, was man erwarten und verarbeiten kann. Man erhält sie indirekt makroskopisch, z. B. aus Druck und Temperatur, oder direkt mikroskopisch, aus dem mechanischen Verhalten der vielen Teilchen. *Maxwell, Boltzmann, Gibbs* haben beide Ansätze unter einen Hut gebracht und Methoden entwickelt, die u. a. auch in der Quantenphysik fruchtbar sind.

17.1 Statistik der Ensembles

Das Gleichnis, mit dem wir uns zunächst beschäftigen wollen, scheint mit Physik, Molekülen, Wärme usw. überhaupt nichts zu tun zu haben. Wer es gründlich durchdenkt, hat trotzdem die gesamte Thermodynamik und Statistische Physik in der Hand – dazu aber auch die Anwendungen der Statistik in Informationstheorie, Molekulargenetik und anderen Gebieten. Das ist der Nutzen möglichst allgemein gefaßter Begriffsbildungen, allerdings erkauft mit einer gewissen Strapazierung des Abstraktionsvermögens.

17.1.1 Zufallstexte

Eine Herde Affen hat einen riesigen Sack mit Buchstabennudeln entdeckt, und jeder Affe vergnügt sich damit, die Buchstaben, die er einen nach dem anderen blind herausgreift, so wie sie kommen zu „Texten" aneinanderzureihen. Auch Worttrenner (Spatien) sind in dem Sack. Kann dabei der Hamlet-Monolog herauskommen oder wenigstens TO BE OR NOT TO BE? Wir fragen also nach der Wahrscheinlichkeit für das zufällige Entstehen einer bestimmten Folge von Symbolen, in unserem Beispiel 18 (Spatien einbegriffen).

Wenn der Sack im ganzen M Symbole enthält und das i-te Symbol M_i-mal vorkommt, ist die Wahrscheinlichkeit, dieses i-te Symbol zu ziehen, $p_i = M_i/M$ (ideale Umstände: gut geschüttelt, kein Klumpen oder Verhaken, so viele Nudeln, daß sich kein Symbol erschöpft). Die Wahrscheinlichkeit für „TO BE OR NOT TO BE“ ist dann $p_B^2 p_E^2 p_N p_O^4 p_R p_T^3 p_\square^5$ (Wahrscheinlichkeiten unabhängiger Ereignisse multiplizieren sich).

Hat der Nudelfabrikant eine vernünftige Häufigkeitsverteilung eingehalten, wie sie für die meisten Sprachen ungefähr zutrifft, etwa

$$\begin{aligned} &p_\square = 0{,}20\,; \quad p_E = 0{,}15\,; \quad p_N = p_O = p_R = p_T = 0{,}05\,; \\ &p_B = 0{,}02\,, \end{aligned} \tag{17.1}$$

so ergibt sich die Wahrscheinlichkeit für die Sequenz TO BE OR NOT TO BE als

$$P_{\text{seq}}\,(\text{TO BE OR NOT TO BE}) = p_B^2 p_E^2 p_N p_O^4 p_R p_T^3 p_\square^5 = 5{,}6 \cdot 10^{-21}\,.$$

Genauso häufig werden allerdings auch Sequenzen auftreten wie O EBBT EROTONOT und viele andere noch weniger sinnvolle Permutationen der *gleichen* 13 Buchstaben BBEENOOOORTTT, durchsetzt mit 5 Spatien.

Andere Zeilen, die aus 18 anderen Symbolen bestehen, haben andere Wahrscheinlichkeiten. Die häufigste überhaupt ist ganz leer, weil das Spatium, wie angenommen, das häufigste Symbol ist. Die Wahrscheinlichkeit der Leerzeile ist

$$P_{\text{seq}}(\square_{18}) = p_\square^{18} = 2{,}6 \cdot 10^{-13}\,.$$

Allgemein ist die Wahrscheinlichkeit einer bestimmten *Sequenz*, wie TO BE OR NOT TO BE, die aus n_1 Symbolen der ersten Art (A), n_2 der zweiten Art (B) usw. besteht – wobei einige der n_i offenbar auch Null sein können –

$$\boxed{P_{\text{seq}}(n_1, n_2, \ldots) = p_1^{n_1} p_2^{n_2} p_3^{n_3} \ldots = \prod_{i=1}^{27} p_i^{n_i}}\,. \tag{17.2}$$

17.1.2 Wahrscheinlichkeit einer Komposition

Werden die Affen also überwiegend Leerzeilen legen oder allenfalls noch EEEEEEEEEEEEEEEEEE (Wahrscheinlichkeit $1{,}5 \cdot 10^{-15}$), statt etwas bunter gemischter Sachen? Wir verlangen jetzt also nicht mehr eine bestimmte **Sequenz** wie TO BE OR NO TO BE, sondern sind schon mit der **Komposition** oder *Bruttoformel* $B_2E_2NO_4RT_3\square_5$ zufrieden. Einige Sequenzen, die diese Komposition realisieren, haben wir schon aufgezählt. Wie viele gibt es überhaupt?

An sich kann man 18 Symbole auf

$$18! \approx 6{,}4 \cdot 10^{15}$$

verschiedene Arten anordnen (es gibt $N!$ Permutationen von N Elementen). Aber nicht alle diese Permutationen sind wirklich verschieden. Sie wären es, wenn man die beiden B′s individualisierte, z. B. als B′ und B″, also TO B′E OR NOT TO B″E als verschieden von TO B″E OR NOT TO B′E ansähe. Wenn wir die drei T’s individualisierten, ergäben sich $3! = 6$ Fälle, die eigentlich identisch sind. Bei Individualisierung *aller* Symbole (zwei B, zwei E, vier O, drei T, fünf □) zerfiele TO BE OR NOT TO BE in

$$2!\,2!\,4!\,3!\,5! = 69\,120 \text{ Fälle}\,.$$

Alle diese Fälle sind unter den 18! Permutationen enthalten, zählen aber eigentlich nur einmal. Genau so viele Fälle stecken in O EBBT EROTONOT. Wir können damit die Anzahl der *wirklich verschiedenen* Sequenzen angeben, die die *Komposition* $B_2E_2NO_4RT_3\square_5$ realisieren. Es sind

$$\frac{18!}{2!\,2!\,4!\,3!\,5!} \approx \frac{6{,}4 \cdot 10^{15}}{69\,120} \approx 0{,}93 \cdot 10^{11}\,.$$

Dies läßt sich leicht verallgemeinern: Eine Komposition aus insgesamt N Symbolen, nämlich n_1 Symbolen der ersten, n_2 der zweiten Art usw., ist durch eine Anzahl

$$\frac{N!}{n_1!\,n_2!\ldots} \quad \left(\text{wobei } \sum n_i = N\right) \tag{17.3}$$

von *verschiedenen* Sequenzen realisiert.

Dieses Ergebnis ist so fundamental wichtig, daß Sie sich prüfen sollten, ob Ihnen sein Zustandekommen vollkommen glasklar ist.

Wenn es nur zwei Symbole gibt, die n_1- bzw. n_2-mal vertreten sein sollen, wobei $n_1 + n_2 = N$ sein muß, wird aus (17.3)

$$\frac{N!}{n_1!\,n_2!} = \frac{N!}{n_1!\,(N-n_1)!}\,.$$

Wenn man das ausführlich schreibt $\frac{N(N-1)(N-2)\ldots 3\cdot 2\cdot 1}{1\cdot 2\ldots(n_1-1\cdot n_1\cdot 1\cdot 2\ldots(N-n_1-1)\cdot N-n_1)}$ und kürzt, was sich kürzen läßt, so erkennt man, daß es sich einfach um den Binomialkoeffizienten handelt:

$$\frac{N!}{n_1!\,(N-n_1)!} = \frac{N(N-1)\ldots(N-n_1+1)}{1\cdot 2\cdot 3\ldots n_1} = \binom{N}{n_1}\,.$$

Man nennt daher den allgemeinen Ausdruck (17.3) auch einen **Multinomialkoeffizienten**.

Die Komposition $B_2E_2NO_4RT_3\square_5$ läßt sich durch $18!/(2!\,2!\,4!\,3!\,5!) = 0{,}93 \cdot 10^{11}$ verschiedene Sequenzen realisieren, von denen jede einzelne die gleiche Wahrscheinlichkeit $p_2^2 p_5^2 p_{14} p_{15}^4 p_{18} p_{20}^3 p_{27}^5 = 5{,}6 \cdot 10^{-21}$ hat. Die Wahrscheinlichkeit dieser Komposition $B_2E_2NO_4RT_3\square_5$ ist also

$$P_{\text{komp}}(B_2E_2NO_4RT_3\square_5) = 0{,}93 \cdot 10^{11} \cdot 5{,}6 \cdot 10^{-21} = 5{,}2 \cdot 10^{-10}\,.$$

Obwohl die *Sequenz* EEEEEEEEEEEEEEEEEE fast 10^6mal häufiger ist als die Sequenz TO BE OR NOT TO BE, ist die *Komposition* E_{18}, da sie nur durch eine einzige Sequenz repräsentiert wird, viel (fast millionenmal) seltener als die Komposition $B_2E_2NO_4RT_3\square_5$:

$$P_{\text{komp}}(E_{18}) = P_{\text{seq}}(E_{18}) = p_5^{18} = 1{,}5 \cdot 10^{-15}\,.$$

Allgemein ist die Wahrscheinlichkeit für eine Komposition, bestehend aus n_i Symbolen der i-ten Art ($i = 1, 2, \ldots, 27$)

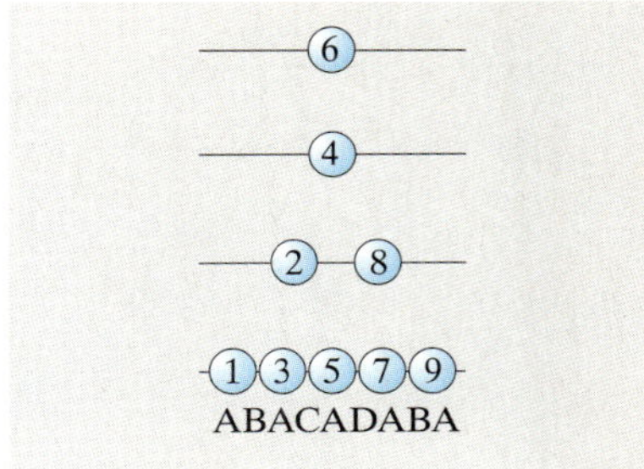

Abb. 17.1. Diese Verteilung wird codiert durch die Sequenz ABACADABA. Man nenne die Zustände, von unten angefangen, A, B, C, D und schreibe für die (hier noch unterscheidbaren) Teilchen der Reihe nach ihren Zustand auf

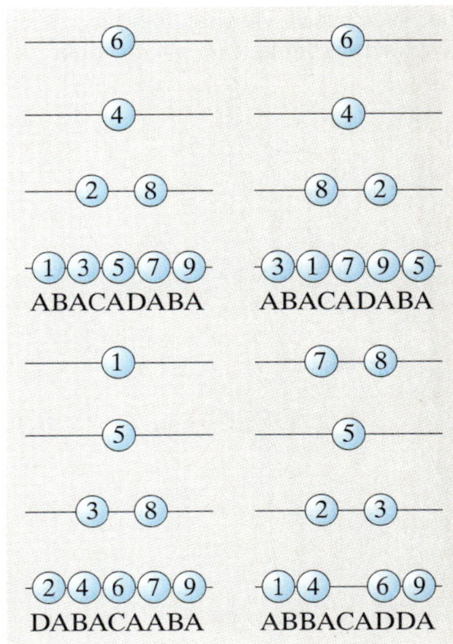

Abb. 17.2. Vertauschung von Teilchen innerhalb eines Zustandes ändert weder den Mikrozustand noch die codierende Sequenz. Vertauschung von Teilchen aus zwei verschiedenen Zuständen ändert Mikrozustand und Sequenz, aber Makrozustand und Komposition bleiben erhalten. Sie ändern sich erst durch unkompensierten Sprung eines Teilchens in einen anderen Zustand

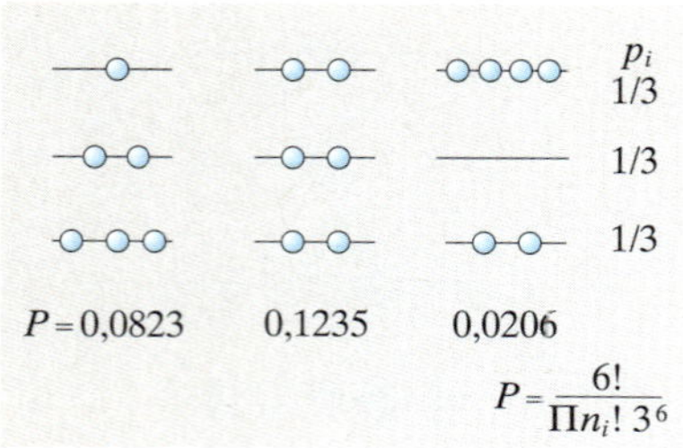

Abb. 17.3. Bei gleichen Zustandswahrscheinlichkeiten p_i ist die gleichmäßige Verteilung am wahrscheinlichsten. Man sieht das z. B. daran, daß ein Sprung eines Teilchens in einen anderen Zustand die Wahrscheinlichkeit nur ganz wenig ändert, wenn man von der wahrscheinlichsten Verteilung ausgeht (*links*). Die rechte Verteilung, von der mittleren durch zwei Sprünge erreichbar, weicht fast viermal mehr von deren Wahrscheinlichkeit ab als die linke

$$\boxed{P_{\text{komp}}(n_1, n_2, \ldots) = \frac{N!}{n_1!\, n_2! \ldots} p_1^{n_1} p_2^{n_2} = \frac{N!}{\prod_{i=1}^{27} n_i!} \prod_{i=1}^{27} p_i^{n_i}} \,. \tag{17.4}$$

Die Wahrscheinlichkeit ist eine Funktion von 27 Variablen n_i, deren Freiheit zum Variieren allerdings durch die *Nebenbedingung*

$$n_1 + n_2 + \ldots = \sum_{i=1}^{27} n_i = N \tag{17.5}$$

etwas eingeschränkt ist.

17.1.3 Die wahrscheinlichste Komposition

Die häufigste *Sequenz* ist die ganz aus dem häufigsten Symbol bestehende. Als *Komposition* ist sie aber keineswegs am häufigsten. Welches ist denn die häufigste Komposition? Mathematisch: Bei welchen Werten von $n_1, n_2, \ldots$, die der Nebenbedingung (17.5) genügen, hat die Funktion P_{komp} ihr Maximum?

Bevor wir dieses Problem angehen, legen wir uns die Formeln etwas bequemer zurecht. Fakultäten sind unhandliche Angelegenheiten, wie man feststellt, sowie man praktisch mit ihnen zu tun bekommt. Es gibt zwei Haupttricks, um den Umgang mit ihnen zu erleichtern:

- Reduktion der Größenordnung durch Logarithmieren:

  $$\log N! = \log(1 \cdot 2 \cdot 3 \ldots N) = \sum_{\nu=2}^{N} \log \nu \,.$$

  Zum Beispiel ist ${}^{10}\log 18! = 15{,}82$ schon viel handlicher als $18! = 6{,}4 \cdot 10^{15}$. Man könnte zur Reduktion statt der log-Funktion auch jede andere sehr flach verlaufende Funktion nehmen. Der Logarithmus hat aber, auf Wahrscheinlichkeiten angewandt, einen besonderen Vorteil: Da sich die Wahrscheinlichkeiten zweier unabhängiger Ereignisse, die ein Gesamtergebnis ausmachen, *multiplizieren*, so *addieren* sich ihre Logarithmen:

  $$\log(P_1 \cdot P_2) = \log P_1 + \log P_2 \,.$$

  Welche Basis für den Logarithmus gewählt wird, ist dabei noch nicht festgelegt. Änderung der Basis bedeutet Auftreten eines Faktors vor dem Logarithmus. Wir können also auch den bequemsten Logarithmus, den natürlichen, benutzen und den willkürlichen Faktor mit hinschreiben. In dieser Form heißt der Wahrscheinlichkeitslogarithmus **Entropie** S:

  $$\boxed{S = C \ln P} \,.$$

  Speziell in der Physik gibt man dem Faktor C sogar eine physikalische Dimension (Energie/Grad) und identifiziert ihn mit der Boltzmann-Konstante k. Die physikalische Nutzanwendung von S ist aber nur eine von vielen möglichen

- Analytischmachen von $N!$ mittels der **Stirling-Formel**

$$\boxed{N! \approx \frac{N^N}{e^N}\sqrt{2\pi N}}\,, \tag{17.6}$$

die für einigermaßen große N sehr genau gilt.

Beide Verfahren kann man kombinieren:

$$\ln N! \approx N\ln N - N + \tfrac{1}{2}\ln(2\pi N)\,. \tag{17.7}$$

Unter dem Logarithmus spielen die kleinen Ungenauigkeiten der Stirling-Formel eine so geringe Rolle, daß man sich für größere N schon mit den beiden ersten Gliedern begnügen kann:

$$\ln N! \approx N\ln N - N\,. \tag{17.8}$$

Angewandt auf die Wahrscheinlichkeit von Kompositionen (17.4) ergibt die Näherungsformel (17.8)

$$\begin{aligned}\ln P_{\text{komp}}(n_1, n_2, \ldots) &\\ &= \ln N! - \ln n_1! - \ln n_2! - \ldots + \ln p_1^{n_1} + \ln p_2^{n_2} + \ldots\\ &= N\ln N - N - \sum n_i \ln n_i + \sum n_i + \sum n_i \ln p_i\,.\end{aligned}$$

Da $\sum n_i = N$ ist, heben sich das 2. und das 4. Glied weg:

$$\boxed{\ln P_{\text{komp}}(n_1, n_2, \ldots) = N\ln N - \sum n_i \ln n_i + \sum n_i \ln p_i}\,. \tag{17.9}$$

Bei welchen Werten $n_1, n_2, \ldots$ wird P_{komp} maximal? Wir können das feststellen, indem wir von irgendeiner Verteilung ausgehen und sie etwas abändern, z. B. ein A durch ein B ersetzen. Dann geht n_1 über in $n_1 - 1$ und n_2 in $n_2 + 1$. Die Wahrscheinlichkeiten P vor und P' nach der Änderung sind, bis auf Faktoren, die ungeändert bleiben

$$P \sim \frac{p_1^{n_1} p_2^{n_2}}{n_1!\, n_2!}\,, \qquad P' \sim \frac{p_1^{n_1-1} p_2^{n_2+1}}{(n_1-1)!\,(n_2+1)!}\,. \tag{17.10}$$

Ihr Verhältnis ist

$$\frac{P'}{P} = \frac{p_2 n_1}{p_1(n_2+1)}\,. \tag{17.11}$$

Wenn wir uns der wahrscheinlichsten Verteilung nähern, darf sich P bei jeder denkbaren Änderung der Verteilung nur noch wenig ändern, d. h. der Faktor P'/P muß sich der 1 nähern. Für die wahrscheinlichste Verteilung selbst muß dieser Faktor 1 sein für jedes Buchstabenpaar i, k. Bei den riesigen Zahlen n_i, die in der Physik interessieren, spielt die 1 im Nenner keine Rolle, und es muß sein

$$\frac{n_{i0}}{p_{i0}} = \frac{n_k}{p_k} \quad \text{oder} \quad n_i \sim p_i\,. \tag{17.12}$$

Der Proportionalitätsfaktor ergibt sich einfach daraus, daß $\sum n_i = N$ sein muß und immer $\sum p_i = 1$ ist:

$$n_{i0} = Np_i\,. \tag{17.12'}$$

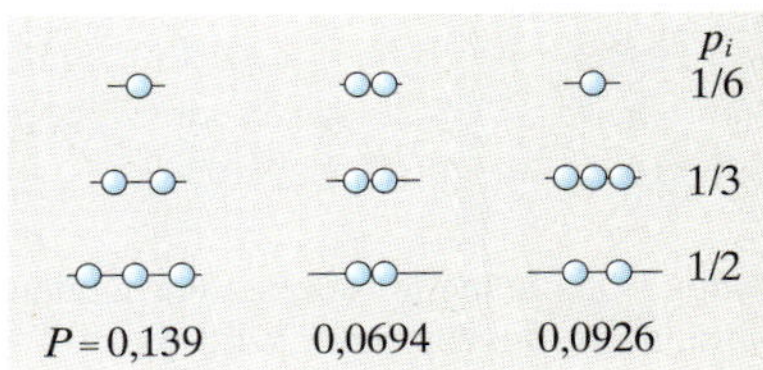

Abb. 17.4. Wenn die Zustandswahrscheinlichkeiten p_i verschieden sind, ist die Verteilung mit $n_i \sim p_i$ am wahrscheinlichsten. Die Wahrscheinlichkeit anderer Verteilungen ist um so kleiner, je mehr und je drastischere Sprünge zu ihnen führen

Am wahrscheinlichsten ist die Komposition, in der die Buchstaben die gleichen relativen Häufigkeiten haben wie im Sack.

Wie wahrscheinlich ist nun die wahrscheinlichste Komposition? Durch Einsetzen der Symbolhäufigkeiten n_{i0} nach (17.12′) in die Entropieformel (17.9) findet man

$$\begin{aligned} S_{\text{Max}} &= \ln P_{\text{komp Max}} \\ &= N \ln N - \sum n_{i0} \ln(Np_i) + \sum n_{i0} \ln p_i \\ &= N \ln N - \ln N \sum n_{i0} = 0\,. \end{aligned} \tag{17.13}$$

Die wahrscheinlichste Komposition tritt danach mit der Wahrscheinlichkeit 1, also mit Sicherheit auf. Dies ist natürlich nicht ganz wörtlich zu nehmen: Andere, sehr ähnliche Kompositionen haben auch eine gewisse Wahrscheinlichkeit des Auftretens. Die Diskrepanz stammt aus der Vernachlässigung des dritten Gliedes der Stirling-Formel. Für *Vergleiche* von Entropien ist sie praktisch ohne Belang. Die (mit dem gleichen additiven Fehler behaftete) Entropie der Komposition $B_2E_2NO_4RT_3\square_5$ ergibt sich aus (17.9) zu

$$S(B_2E_2NO_4RT_3\square_5) = -14{,}2\,.$$

Die wahrscheinlichste Komposition, $BE_4N_2O_2R_2T_2\square_5$, repräsentiert durch Sequenzen wie O ET BONNE TERRE oder RETTER OBEN ONE, ist also nach (17.13) $e^{14,2} = 1{,}6 \cdot 10^6$mal wahrscheinlicher als $B_2E_2NO_4RT_3\square_5$.

17.1.4 Schwankungserscheinungen

Der Abfall der Wahrscheinlichkeit bei einer Abweichung von der wahrscheinlichsten Komposition ist in erster Linie durch N bestimmt, das z. B. in (17.9) als Faktor auftritt. Betrachtet man nicht 18 Symbole, sondern 1 800, so wird die Schärfe des Maximums enorm. Multipliziert man alle Zahlen (die n_i und N) mit einem Faktor f, so ist leicht zu zeigen, daß sich dabei die Entropie jeder Komposition ebenfalls mit f multipliziert:

$$\begin{aligned} S(fn_i) &= fN \ln fN - \sum fn_i \ln fn_i + \sum fn_i \ln p_i \\ &= fN \ln N - f \sum n_i \ln n_i + f \sum n_i \ln p_i = fS(n_i)\,. \end{aligned}$$

Das heißt, daß sich alle Entropie*abstände* auch mit f vervielfältigen. Für $N = 1\,800$ ist die Entropiedifferenz zwischen der wahrscheinlichsten Komposition und $B_{200}E_{200}N_{100}O_{400}R_{100}T_{300}\square_{500}$ schon 425, also ist diese Komposition $e^{425} \approx 10^{185}$mal seltener als die wahrscheinlichste, d. h. völlig ausgeschlossen. Der Physiker aber hat es nicht mit 1 800, sondern mit 10^{18} und viel mehr Symbolen, nämlich Teilchen zu tun.

Abweichungen welcher Größenordnung von der wahrscheinlichsten Verteilung kann man vernünftigerweise bei hohen N noch erwarten? Eine Verteilung weiche von der wahrscheinlichsten ab, d. h. ihre Besetzungszahlen seien nicht n_{i0}, sondern $n_i = n_{i0} + \nu_i$. Bei sehr kleinen Abweichungen ν_i ändert sich S praktisch nicht; das ist das Kennzeichen

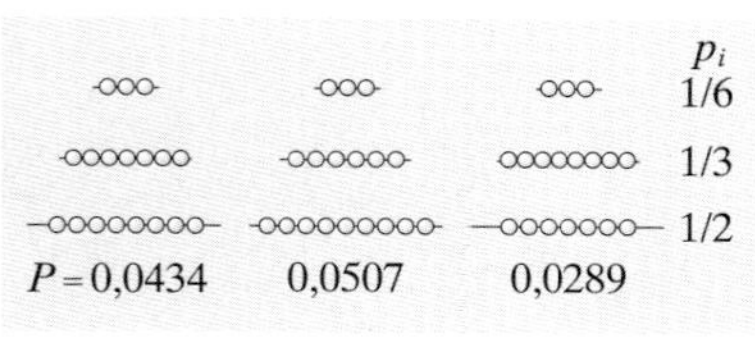

Abb. 17.5. Je mehr Teilchen vorhanden sind, desto ausgeprägter wird die Überlegenheit der wahrscheinlichsten Verteilung, wenn man gleiche *prozentuale* Abweichungen von ihr vergleicht. Ein Sprung eines einzelnen Teilchens dagegen macht immer weniger aus und in der Grenze $N \to \infty$ gar nichts mehr, wenn man von der wahrscheinlichsten Verteilung ausgeht

der wahrscheinlichsten Verteilung. S muß also keine lineare, sondern eine quadratische Funktion der v_i sein:

$$S = S_{\text{Max}} - \sum a_i v_i^2$$

(nach unten offenes Paraboloid). Wenn wir alle Besetzungen, also auch die Abweichungen v_i mit f multiplizieren, muß sich auch $S_{\text{Max}} - S$ mit f multiplizieren. Die Koeffizienten müssen also bis auf einen konstanten Faktor gleich n_{i0}^{-1} sein. Dieser Faktor ist $\frac{1}{2}$:

$$S = S_{\text{Max}} - \frac{1}{2} \sum \frac{v_i^2}{n_{i0}}$$

oder

$$\boxed{P = P_{\text{Max}}\, \mathrm{e}^{-\frac{1}{2}\sum v_i^2/n_{i0}} = P_{\text{Max}} \prod \mathrm{e}^{-\frac{1}{2}v_i^2/n_{i0}}} \,. \qquad (17.14)$$

Der Wahrscheinlichkeitsberg wird gebildet durch ein Produkt von **Gauß-Funktionen** $\mathrm{e}^{-\frac{1}{2}v_i^2/n_{i0}}$, für jede „Richtung“ n_i eine. Die Breite des Gauß-Berges in der n_i-Richtung, gegeben durch die Standardabweichung der Gauß-Funktion (Abschn. 1.1.7), ist

$$\boxed{\Delta n_i = \sqrt{n_{i0}}} \,. \qquad (17.15)$$

Abweichungen vom wahrscheinlichsten Wert n_{i0} haben noch eine annehmbare Chance vorzukommen, wenn sie von der Größenordnung Δn_i oder kleiner sind. Wesentlich größere Abweichungen sind praktisch ausgeschlossen. Ist $n_{i0} = 100$, so wird die wahrscheinlich vorkommende Anzahl n_i etwa im Bereich 90 bis 110 liegen. Ist dagegen $n_{i0} = 10^{18}$, so kommen nur Schwankungen um 10^9, d. h. etwa um ein Milliardstel des wahrscheinlichsten Wertes vor. Abgesehen von solchen i. allg. nicht einmal meßbaren Schwankungen ist also die wahrscheinlichste Komposition die einzige, die überhaupt realisiert werden kann.

Obwohl oder gerade weil alles völlig zufällig zugeht, gibt es für große N (bis auf Schwankungen) nur *eine* ganz bestimmte Textkomposition. Das klingt fast unglaublich, sagt aber im Grunde nichts anderes, als daß unter 6 000 Würfen mit einem Würfel ziemlich genau vorauszusagen ist, daß jede Zahl tausendmal fallen wird (oder besser $1\,000 \pm 30$mal). Die Quadratwurzel-Abhängigkeit der Schwankungsgröße von der Teilchenzahl folgt übrigens auch aus der *Poisson*-Verteilung (Abschn. 13.2.3).

17.1.5 Die kanonische Verteilung

Bis auf diese Bemerkungen über die Wahrscheinlichkeit von Schwankungen haben bisher scheinbar die handgreiflichen Ergebnisse den Aufwand kaum gelohnt. Daß *der* Text am wahrscheinlichsten ist, dessen Buchstabenverteilung der im Sack entspricht, konnte man sich sowieso denken. Jetzt wird es interessanter. Wir führen eine neue Bedingung ein, nämlich daß die Textzeilen wie gute Druckzeilen alle genau die gleiche geometrische Länge haben sollen. Wir sprechen in Zukunft von der Zeilen-„Breite“ B. Die Buchstaben haben individuell verschiedene Breiten, z. B. ist I sicher schmaler als J, dies schmaler als M. Sei b_i die Breite des i-ten Symbols, dann dürfen also nur solche Anzahlen n_i der verschiedenen Symbole in einer Zeile verwendet werden, daß die Gesamtbreite der Zeile den vorgegebenen Wert B hat:

$$\sum_i n_i b_i = B\,. \tag{17.16}$$

Die Affen werden natürlich nicht sorgfältig ausrechnen oder ausprobieren, ob die Breite stimmt; auch haben sie keinen „Durchschuß“ zum nachträglichen Korrigieren. Wir erkennen einfach nur Zeilen an, die den Breitenbedingungen genügen und verwerfen alle anderen, die die Affen außerdem geschrieben haben.

Wie diese zusätzliche Forderung die Art der entsprechenden Texte und besonders die wahrscheinlichste Komposition beeinflußt, ist nicht so leicht intuitiv vorauszusagen. Wenn das Verhältnis zwischen Breite B und Buchstabenzahl N klein ist, werden die schmalen Buchstaben bevorzugt sein, also im Text relativ häufiger auftreten als im Sack. Außerdem ist zu bedenken, daß schmale Buchstaben günstig sind, weil sie mehr Möglichkeiten zum Ausgleich der Gesamtlänge bieten; jeder Modelleisenbahner weiß das. Wie sich das quantitativ auswirkt, kann nur die Rechnung zeigen.

Wir variieren also wieder die Besetzungen n_i ein wenig (um v_i) und stellen die Bedingung fest, unter der sich P oder $\ln P$ dabei nicht ändert. Das ist die Gleichgewichtsbedingung. Eine Funktion $f(n_i)$ ändert sich dabei um $v_i\,\partial f/\partial n_i$, z. B. das Glied $n_i \ln n_i$ in (17.9) um $(\ln n_i + n_i/n_i)v_i$. Beachtet man, daß $\sum v_i = 0$, dann wird die Änderung

$$\delta \ln P = \sum v_i(\ln p_i - \ln n_i)\,. \tag{17.17}$$

Diese Änderung soll Null sein, wie auch immer man die v_i wählt. Das ist eigentlich nur möglich, wenn die Faktoren aller v_i verschwinden. Allerdings sind die v_i nicht ganz frei wählbar. Wegen der Konstanz von N und der Breite B muß sein

$$\delta N = \sum v_i = 0\,, \qquad \delta B = \sum b_i v_i = 0\,. \tag{17.18}$$

Man könnte also die v_i bis auf zwei als frei ansehen und diese letzten dann so bestimmen, daß die Nebenbedingungen (17.18) erfüllt sind. Bequemer ist folgender von *Lagrange* erfundene Trick: Da $\delta N = 0$ und $\delta B = 0$, kann man die Ausdrücke (17.18) getrost mit beliebigen Faktoren α und β multiplizieren und zu $\delta \ln P$ addieren, und das Ergebnis muß Null bleiben:

$$\begin{aligned} &\sum v_i(\ln p_i - \ln n_i) + \alpha \sum v_i + \beta \sum b_i v_i \\ &\quad = \sum v_i(\ln p_i - \ln n_i + \alpha + \beta b_i) = 0\,. \end{aligned} \tag{17.19}$$

Jetzt ist die Unfreiheit der letzten beiden v_i auf α und β abgewälzt, und jetzt müssen wirklich alle Faktoren der v_i verschwinden:

$$-\ln n_i + \ln p_i + \alpha + \beta b_i = 0\,, \quad \text{d.h.} \quad n_i = p_i\,\mathrm{e}^{\alpha}\,\mathrm{e}^{\beta b_i}\,. \tag{17.20}$$

α wird dadurch identifiziert, daß $\sum n_i = N$ sein muß:

$$\sum n_i = \mathrm{e}^{\alpha} \sum p_i\,\mathrm{e}^{\beta b_i} = N \to \mathrm{e}^{\alpha} = \frac{N}{\sum p_i\,\mathrm{e}^{\beta b_i}}\,.$$

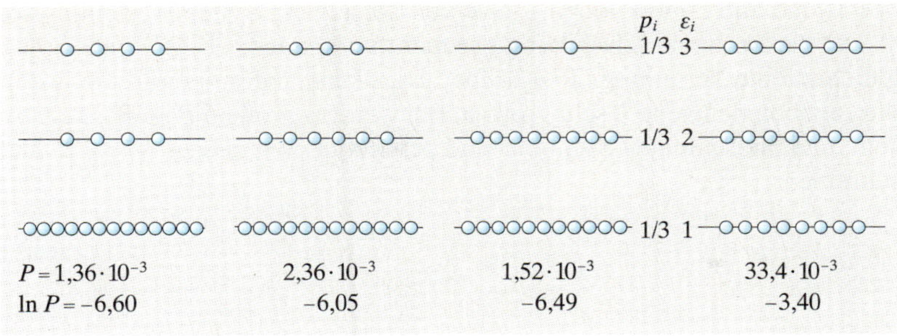

Abb. 17.6. Hier kommt die Bedingung konstanter Gesamtenergie $W = \sum n_i \varepsilon_i$ hinzu. Um sie zu respektieren, darf man bei der Suche nach der wahrscheinlichsten Verteilung nicht mehr ein Teilchen z. B. höher springen lassen, sondern gleichzeitig muß (im dargestellten Fall äquidistanter Zustände) ein anderes Teilchen tiefer springen (natürlich nicht zwischen den gleichen Zuständen). Dann erweist sich die exponentielle Verteilung als die wahrscheinlichste (zweites Teilbild von links). Die Verteilung ganz rechts ist zwar noch wahrscheinlicher, hat aber eine andere Gesamtenergie

Der Nenner $\sum p_i \, e^{\beta b_i}$ charakterisiert die ganze Situation (Buchstabenhäufigkeit und Breiten) so vollständig, daß er eine eigene Bezeichnung verdient: Man nennt ihn **Zustandssumme** oder **Verteilungsfunktion** (engl.: **partition function**):

$$\boxed{Z = \sum p_i \, e^{\beta b_i}} \quad . \tag{17.21}$$

Also kann (17.20) umgeschrieben werden

$$\boxed{n_i = \frac{N}{Z} p_i \, e^{\beta b_i}} \quad . \tag{17.22}$$

Im Grunde ist β ganz analog durch die gegebene Gesamtbreite B definiert:

$$\boxed{B = \sum b_i n_i = \frac{N}{Z} \sum b_i p_i \, e^{\beta b_i}} \quad , \tag{17.23}$$

aber die Summation ist praktisch meist schwierig. Deshalb läßt man den **Verteilungsmodul** β meist stehen, eingedenk dessen, daß er auf eine komplexe Weise mit der Breite B zusammenhängt. Es existiert ein allerdings etwas unübersichtlicher Zusammenhang:

$$\boxed{B = N \frac{\partial \ln Z}{\partial \beta}} \quad . \tag{17.24}$$

Man erhält dies, wenn man beachtet, daß jedes Glied der Zustandssumme (17.21), nach β differenziert, ein Glied von (17.23) ergibt.

Die Verteilung (17.22) der Symbolzahlen heißt **Boltzmann-Verteilung** oder *kanonische Verteilung*. Wie man sieht, bevorzugt sie die schmalen bzw. die breiten Buchstaben über ihre *a priori*-Häufigkeit p_i hinaus, je nachdem ob β negativ oder positiv ist. Welches Vorzeichen β hat, kann man von vornherein nicht sagen; es hängt von der Struktur des „Spektrums" der vorhandenen Buchstabenbreiten b_i ab. Wären z. B. Spatien von verschiedener Breite vorhanden, etwa Bandnudelstücke, die auch sehr lang sein können, *ohne daß eine obere Grenze für die b_i-Werte existiert*, ist leicht einzusehen, daß mit einem positiven β nichts Vernünftiges herauskommen würde, da z. B. die Summe Z dann unendlich groß würde. Für ein nach oben unbeschränktes Breitenspektrum (dies ist das Übliche in der physikalischen Nutzanwendung) muß also β negativ oder Null sein. Bei

$\beta = 0$ sind alle e-Funktionen 1, also verhält sich die Symbolverteilung so, als sei die Breitenbeschränkung gar nicht vorhanden: (17.22) geht in die gleichmäßige Verteilung (17.12) über. Dies kann aber nur eintreten, wenn die angebotene Breite B sehr groß ist. Bei weniger großem B muß β negativ sein, und die schmalen Symbole sind bevorzugt. Wir setzen $-\beta = \beta'$ und schreiben

$$n_i = \frac{N}{Z} p_i \, e^{-\beta' b_i} . \tag{17.22'}$$

17.1.6 Beispiel: „Harmonischer Oszillator"

Die Bevorzugung der schmalen Symbole kann sehr weit gehen. Wir vereinfachen unser Nudelbeispiel und lassen im Sack nur die vier Buchstaben I, J, E, M zu, mit Breiten von 1, 2, 3, 4 Einheiten, und alle mit gleicher Häufigkeit p. Außerdem gebe es Spatien von beliebigen ganzzahligen Breiten von 5 Einheiten an aufwärts und ohne Grenze nach oben (etwa Bandnudelstücke, die auf so seltsame Weise zerbrochen sind). Auch die verschiedenen Sorten Spatien sollen jedes die gleiche Häufigkeit p im Sack haben wie die verschiedenen Buchstaben.

In diesem Spezialfall ist die Zustandssumme leicht als geometrische Reihe auszurechnen:

$$Z = p \sum_{i=1}^{\infty} e^{-\beta' b_i} = p \sum_{i=1}^{\infty} (e^{-\beta' b})^i = \frac{p \, e^{-\beta' b}}{1 - e^{-\beta' b}} = \frac{p}{e^{\beta' b} - 1} \tag{17.25}$$

(b sei die Breite der Einheit). Daraus folgt nach (17.24) oder auch durch direkte Summierung der Zusammenhang zwischen der Gesamtbreite B und dem Verteilungsmodul β':

$$\boxed{B = N \frac{\partial \ln Z}{\partial \beta'} = \frac{Nb \, e^{+\beta' b}}{-1 + e^{+\beta' b}} = \frac{Nb}{1 - e^{-\beta' b}}} . \tag{17.26}$$

Es ist klar, daß B mindestens Nb sein muß (N: geforderte Gesamtzahl von Symbolen, b: Breite der Einheit), weil sonst gar kein Text möglich ist. Interessant ist also vor allem die Überschußbreite

$$B' = B - Nb = Nb \frac{1}{e^{+\beta' b} - 1} = B \, e^{-\beta' b} .$$

Die Boltzmann-Verteilung (17.22′) läßt sich in diesem Fall ausdrücken als

$$n_i = N \frac{Nb}{B'} \left(\frac{B'}{B} \right)^i . \tag{17.22''}$$

Bei $B = Nb$ ist der einzig erlaubte Text IIIIIIIIIIIIIIIII.

Bei $B = 1{,}4Nb$ sieht er etwa so aus: IIIIJIIIIJIJIIEIIJIII.

Bei $B = 3Nb$ wird er etwa: EIMJI JIJIME JEI IM.

Bei $B \gg Nb$ ist er praktisch leer, weil die Spatien aller Arten weitaus überwiegen.

Wir werden genau dieses Beispiel als **harmonischen Oszillator** wiedererkennen, und zwar als quantenmechanischen Oszillator, der bei $B \gg Nb$ in den klassischen Grenzfall übergeht. (17.26) ist im wesentlichen das **Planck-Strahlungsgesetz**. Nb ist die Nullpunktsenergie.

17.1.7 Mischungsentropie

Eine kleine Komplikation sei noch betrachtet: Es seien ursprünglich zwei Säcke dagewesen, einer mit weißen, einer mit gelben Nudeln, aber beide mit der gleichen Häufigkeitsverteilung der Symbole darin. Die Affen haben beide Säcke auf einen großen Haufen geschüttet und gut umgerührt. Die Texte bestehen also aus einem Gemisch von weißen und gelben Buchstaben, die als verschieden gewertet werden sollen. Was ändert sich dadurch an der Entropie?

Betrachtet sei ein Text aus L weißen und M gelben Symbolen, wobei $L + M = N$. Er enthalte n_i Symbole der Sorte i, und zwar l_i weiße und m_i gelbe. Da die gelben und weißen Symbole wohlunterschieden sind, erscheinen sie getrennt im Nenner von (17.4). Die Wahrscheinlichkeit dieses Textes ist demnach

$$P_{\text{gem}} = \frac{N!}{l_1!\, l_2! \ldots m_1!\, m_2!} \prod p_i^{l_i+m_i} . \tag{17.27}$$

Zum Vergleich sei die gleiche Menge von Buchstaben betrachtet, wobei aber die weißen alle nach links, die gelben alle nach rechts herausgezogen seien, so daß sie auch als zwei getrennte Texte, der eine weiß, der andere gelb, gelesen werden können. Die Wahrscheinlichkeiten dieser Teiltexte sind

$$P_{w} = \frac{L!}{l_1!\, l_2! \ldots} \prod p_i^{l_i} , \quad P_{g} = \frac{M!}{m_1!\, m_2! \ldots} \prod p_i^{m_i} .$$

Die Wahrscheinlichkeit des Gesamttextes aus den beiden getrennten Teiltexten ist das Produkt

$$P_{\text{getr}} = P_{\text{w}} P_{\text{g}} = \frac{L!}{l_1!\, l_2! \ldots} \frac{M!}{m_1!\, m_2! \ldots} \prod p_i^{l_i+m_i} . \tag{17.28}$$

(17.28) unterscheidet sich von (17.27) um den Faktor

$$\frac{N!}{L!\, M!} .$$

Die Entropien unterscheiden sich entsprechend um die Differenz

$$\boxed{S_{\text{misch}} = N \ln N - L \ln L - M \ln M} . \tag{17.29}$$

Um soviel nimmt also die Entropie infolge der Mischung von L Buchstaben der einen und M der anderen Art zu. Wenn speziell $L = M = N/2$, ist diese Entropiedifferenz

$$S_{\text{misch}} = N \ln 2 . \tag{17.30}$$

17.1.8 Das kanonische Ensemble (Ensemble von Gibbs)

Jemand hat alle Zeilen, die die Affen produziert haben und die irgendwie fest montiert seien, in einen zweiten großen Sack geschaufelt und diesen Zeilensack einer zweiten Affenherde zum Spielen gegeben. Deren Spiel ist genau analog: Sie reihen die Zeilen blindlings aneinander und bilden daraus Superzeilen oder Bücher. Die *Zeilen* selbst sollen dabei keiner Breitenbedingung unterliegen, aber folgende Bedingungen sollen an die *Bücher* gestellt werden:

- Jedes Buch besteht aus einer festen Anzahl $\boldsymbol{N}$ von Zeilen.
- In jedem Buch ist die *Summe* der Breiten aller Zeilen zusammen als $\boldsymbol{B}$ fest gegeben.

Wenn ein Buch $\boldsymbol{n}_1$ Zeilen der Breite B_1, $\boldsymbol{n}_2$ Zeilen der Breite B_2 usw. enthält, soll also gelten

$$\text{wegen 1:} \quad \sum \boldsymbol{n}_i = \boldsymbol{N}\,, \qquad \text{wegen 2:} \quad \sum \boldsymbol{n}_i B_i = \boldsymbol{B}\,.$$

Alle produzierten Bücher, die diesen Forderungen nicht entsprechen, werfen wir weg. Wir nennen ein legales Buch ein **kanonisches Ensemble** von Zeilen.

Im Zeilensack mögen die einzelnen Zeilenbreiten mit der Häufigkeitsverteilung P_i vorkommen, d. h. Zeilen der Breite B_1 sind mit der relativen Häufigkeit P_1 vertreten usw. Man macht sich leicht klar, daß das logische Verhältnis zwischen Buch und Zeile genau das gleiche ist wie zwischen Zeile und Buchstabe. Die zweite Affenherde braucht ja gar nicht zu wissen, daß ihre Grundeinheiten (die Zeilen) komplexe Gebilde sind, die ihrerseits wieder aus Untereinheiten bestehen. Das Ergebnis, speziell die Verteilung der Zeilen in den legalen Büchern über die verschiedenen Zeilenbreiten, muß daher genau analog sein zur Verteilung der Buchstaben über die verschiedenen Buchstabenbreiten in dem Fall, wo *Zeilen*länge und *Zeilen*breite festgelegt waren. Mit anderen Worten: Es kommt ebenfalls eine Boltzmann-Verteilung heraus:

$$\boxed{\boldsymbol{n}_i = \frac{\boldsymbol{N}}{\boldsymbol{Z}} P_i \, \mathrm{e}^{-\beta'' B_i}} \tag{17.31}$$

mit der Zustandssumme

$$\boxed{\boldsymbol{Z} = \sum P_i \, \mathrm{e}^{-\beta'' B_i}}\,. \tag{17.32}$$

Der exponentielle Charakter dieser Verteilung ist völlig unabhängig von der Feinstruktur der Zeile und von der Art ihres Zustandekommens; offenbar ist selbst die *Existenz* einer solchen Feinstruktur unwesentlich dafür. Nur zur konkreten Berechnung der Zustandssumme muß man über diese Feinheiten informiert sein.

Wenn wir lediglich wissen, daß die Zeilen ihre Entstehung ebenfalls einem Zufallsprozeß verdanken, ist damit schon gesagt, daß die Häufigkeiten P_i in Wirklichkeit Entstehungswahrscheinlichkeiten sind. Sie lassen sich daher, zunächst rein formal, auch durch Entropien ausdrücken:

$$P_i = \mathrm{e}^{S_i/k} . \qquad (17.33)$$

Die Breitenverteilung (17.31) lautet dann

$$\boxed{\boldsymbol{n}_i = \frac{\boldsymbol{N}}{\boldsymbol{Z}} \, \mathrm{e}^{S_i/k} \, \mathrm{e}^{-\beta'' B_i}} . \qquad (17.34)$$

Man sieht daraus, daß nicht etwa die Zeilen mit der kleinsten Breite B_i am meisten beitragen (wie man aus (17.31) annehmen könnte), denn sie können zu selten sein (ein kleines P_i haben). Am häufigsten sind vielmehr Zeilen mit dem kleinsten Wert der *freien Breite*

$$F_i = B_i - \frac{S_i}{k\beta''} . \qquad (17.35)$$

Wenn das Buch sehr viele Zeilen hat, werden die Schwankungen klein, und es kommen praktisch nur noch Zeilen mit der minimalen freien Breite vor. Ohne die Bedingung für die feste Gesamtbreite $\boldsymbol{B}$ des Buches würden sich die Zeilen einfach entsprechend ihrer Häufigkeit P_i im Sack verteilen.

17.1.9 Arbeit und Wärme

Es soll jetzt möglich sein, die Breiten einzelner Buchstaben oder ganzer Zeilen zu ändern, z. B. durch seitliche Dehnung oder Stauchung. Für eine Zeile, die n_i Buchstaben der Breite b_i enthält ($i = 1, 2, 3, \ldots$), also die Gesamtbreite $B = \sum n_i b_i$ hat, gibt es dann zwei Möglichkeiten, diese Breite zu ändern:

Man läßt die Buchstabenverteilung n_i bestehen, ändert aber einige oder alle Breiten b_i. Diese Art von Breitenänderung sei als **Arbeit** bezeichnet.

Man läßt das Breitenspektrum b_i bestehen, ändert aber die Anzahlen von Buchstaben n_i. Diese Art von Breitenänderung sei als Zu- oder Abfuhr von **Wärme** bezeichnet.

Jede Gesamtänderung der Breite B läßt sich in Arbeit und Wärme aufteilen:

$$\boxed{\mathrm{d}B = \mathrm{d} \sum n_i b_i = \sum_{\text{Arbeit}} n_i \, \mathrm{d}b_i + \sum_{\text{Wärme}} b_i \, \mathrm{d}n_i} . \qquad (17.36)$$

Es kann sein, daß sich die Breite der Buchstaben durch verschiedene Mittel beeinflussen läßt (mechanisches Zerren, Aufquellenlassen u. ä.). In allen physikalischen Anwendungen kann man den jeweiligen Breitenzustand hinsichtlich einer bestimmten Methode k durch einen Parameter ξ_k kennzeichnen. Wenn sich dieser Parameter ändert, reagiert die Breite durch eine Änderung

$$\mathrm{d}B = X_k \, \mathrm{d}\xi_k , \quad X_k = \sum_i \frac{\partial b_i}{\partial \xi_k} n_i . \qquad (17.37)$$

X_k heißt die **verallgemeinerte Kraft**. Ändern sich mehrere Parameter gleichzeitig, so ist die Breitenänderung

$$\mathrm{d}B = \sum_k X_k \, \mathrm{d}\xi_k . \qquad (17.38)$$

17.2 Physikalische Ensembles

So wie das Affenbeispiel formuliert war, scheint es besser auf Informationstheorie oder Genetik als auf Physik zu passen. Wir könnten auch weiterhin völlig allgemeine Beziehungen ohne jeden speziellen Bezug auf die Physik ableiten.

17.2.1 Physikalische Deutung

Tabelle 17.1

Buchstabe	Teilchen
Zeile	System
Buch	viele Systeme im Wärmeaustausch (im Thermostaten)
Breite des Buchstaben	Energie des Teilchens
Breite der Zeile	Gesamtenergie des Systems
Breite des Buches	Gesamtenergie des Ensembles
Freie Breite	Freie Energie

Es ist aber nun doch an der Zeit zu verraten, was die Begriffe, die aufgetaucht sind, in der physikalischen Nutzanwendung besagen. Es gibt mehrere solcher Nutzanwendungen; die häufigste ist durch das nebenstehende Wörterbuch (Tabelle 17.1) gekennzeichnet.

Von den formalen Eigenschaften der „Breite" haben wir nur benutzt, daß sie additiv ist, d. h. daß die Breiten der einzelnen Teile sich zu einer Gesamtbreite addieren und daß sie unter bestimmten Umständen, wo weder Arbeit geleistet wird noch Wärmeaustausch stattfindet, wo also das System abgeschlossen ist, konstant bleibt, d. h. einem Erhaltungssatz genügt. Jede andere additive Größe, die einem Erhaltungssatz genügt, könnte ebensogut wie die Energie die Rolle von B spielen.

Der Verteilungsmodul β' oder besser sein Reziprokes hängt engstens mit der **Temperatur** des Systems zusammen, wie gleich nachgewiesen werden soll:

$$\beta' = \frac{1}{kT} \,. \tag{17.39}$$

Alle übrigen Begriffe wie Entropie, Zustandssumme, Gleichgewicht, kanonische Verteilung, Wärme, Arbeit, heißen in der Physik genauso.

Der harmonische Oszillator ist dadurch gekennzeichnet, daß er, wie die Quantenmechanik zeigt (Abschn. 16.3.1), äquidistante Energiestufen in W_i hat, die sich um ein Quant $h\nu$ unterscheiden. $h\nu$ spielt also die Rolle von b. Gleichung (17.26) läßt sich so deuten, daß die Energie von N identischen harmonischen Oszillatoren insgesamt

$$W = \frac{Nh\nu}{1 - e^{-h\nu/(kT)}}$$

ist. Um zu *Plancks* Strahlungsgesetz und anderen wichtigen Formeln zu gelangen, braucht man dann nur noch die Anzahl N der Oszillatoren zu bestimmen.

17.2.2 Zustandsänderungen

Abgesehen von Schwankungserscheinungen bleibt der Gleichgewichtszustand, wenn er einmal eingestellt ist, immer erhalten, falls sich nicht die Bedingungen ändern, die ihn herbeigeführt haben. Solche Änderungen können vierfacher Art sein:

Änderung der Gesamtteilchenzahl N;
Änderung der Gesamtenergie W;
Änderung des Energiespektrums, d. h. der Werte W_i;
Änderung des Verteilungsmoduls β'.

Wie die Verteilung der Teilchen darauf reagiert, hängt vor allem von der Geschwindigkeit dieser Änderung ab. Eine hinreichend langsame Änderung durchläuft lauter Gleichgewichtszustände und ist reversibel.

Die Energieänderung bei einer Zustandsänderung ist (vgl. (17.36))

$$dW = d\sum N_i W_i = \underbrace{\sum N_i\, dW_i}_{\text{Arbeit}} + \underbrace{\sum W_i\, dN_i}_{\text{Wärme}} . \tag{17.40}$$

Wir betrachten eine reversible Wärmezufuhr ohne Arbeitsleistung, also ohne Änderung der W_i. Daß sie reversibel ist, heißt, daß sie durch lauter kanonische Verteilungen führt. Die verschiedenen kanonischen Verteilungen haben zwar *bei ihrer jeweiligen Energie* die größtmögliche Wahrscheinlichkeit, aber da sich diese Energie ändert, verschiebt sich auch die jeweils maximale Wahrscheinlichkeit. Eine solche kleine Änderung von $\ln P$ ergibt sich nach (17.9) zu

$$d\ln P = -d\sum N_i \ln\frac{N_i}{p_i} = -\sum \ln\frac{N_i}{p_i}\, dN_i - \sum \frac{dN_i}{N_i} N_i ;$$

das letzte Glied ist Null wegen $\sum dN_i = 0$. Benutzen wir N_i nach (17.22), so wird

$$d\ln P = -\sum \ln\frac{N}{Z}\, dN_i - \beta\sum W_i\, dN_i = -\beta\sum W_i\, dN_i$$

oder wegen (17.40)

$$d\ln P = -\beta dW = \beta'\, dW . \tag{17.41}$$

17.2.3 Verteilungsmodul und Temperatur

Wir können nun unseren Verdacht bestätigen, daß β' oder noch mehr $1/\beta'$ etwas mit der Temperatur zu tun hat. Dazu betrachten wir *zwei* Systeme, die zunächst getrennt und beide abgeschlossen sind, und zwar lange genug sich selbst überlassen waren, daß sich in jedem eine kanonische Verteilung eingestellt hat. Die Verteilungsmoduln dieser Verteilungen, β'_1 und β'_2, werden i. allg. verschieden sein.

Jetzt bringen wir die beiden Systeme in thermischen Kontakt miteinander, erlauben ihnen also, Wärme auszutauschen, wenn sie das wollen. Sie werden es tun, wenn sie die Wahrscheinlichkeit des *Gesamtsystems* dadurch erhöhen können. Die Wahrscheinlichkeit des Gesamtsystems ist

$$P = P_1 \cdot P_2 , \quad \text{d. h.} \quad \ln P = \ln P_1 + \ln P_2 ,$$

wenn P_1 und P_2 die Wahrscheinlichkeiten der (unabhängig eingenommenen) Zustände der Einzelsysteme sind. Wir fragen, wie sich P ändert, wenn etwa eine kleine Wärmemenge δW von System 1 auf System 2 übergeht, also sich die Energie W_1 des Sytems 1 auf $W_1 - \delta W$ vermindert:

$$\delta\ln P = \delta\ln P_1 + \delta\ln P_2 = -\frac{d\ln P_1}{dW_1}\,\delta W + \frac{d\ln P_2}{dW_2}\,\delta W .$$

Benutzen wir den Ausdruck (17.41), der für solchen reversiblen Wärmeaustausch gilt, so wird

$$\delta \ln P = -\beta_1' \, \delta W + \beta_2' \, \delta W = (\beta_2' - \beta_1') \, \delta W \,. \tag{17.42}$$

Das gekoppelte System kann und wird also seine Wahrscheinlichkeit steigern, falls nicht die Verteilungsmoduln gleich sind. Nach (17.42) ist $\delta \ln P$ positiv, d. h. wächst $\ln P$, wenn und indem bei $\beta_2' \gtrless \beta_1'$ ein Betrag $\delta W \gtrless 0$ ausgetauscht wird, d. h. Wärme von 1 nach 2 bzw. von 2 nach 1 fließt. Dieser Austausch hört erst auf, wenn sich die Verteilungsmoduln auf einen gemeinsamen Wert angeglichen haben. Im üblichen Sprachgebrauch nennt man die Größe, die auf genau diese Weise bestimmt, ob zwei Körper Wärme austauschen, die Temperatur. Höheres β' muß niedere Temperatur bedeuten, denn die Wärme fließt vom niederen zum höheren β'. Alles ist in Ordnung, wenn wir

$$\beta' = \frac{1}{kT} \tag{17.39'}$$

setzen. Eigentlich könnten wir allerdings nur sagen, daß β' eine monoton steigende Funktion der reziproken Temperatur ist. Auch was k ist, wissen wir noch nicht. Wir werden es erst aus der Anwendung auf konkrete Systeme, speziell das ideale Gas, erfahren.

17.2.4 Wahrscheinlichkeit und Entropie

Vorher betrachten wir noch, was mit dieser Deutung von β' aus (17.41) geworden ist:

$$\mathrm{d} \ln P = \frac{1}{kT} \, \mathrm{d}W \,. \tag{17.43}$$

Das ist genau die Beziehung, die die technischen Thermodynamiker (allen voran *Clausius*) zwischen dem Zuwachs einer Größe, die sie **Entropie** S nannten, und der reversibel zugeführten Wärmemenge $\mathrm{d}Q$ fanden:

$$\boxed{\mathrm{d}S = \frac{\mathrm{d}Q}{T}} \,. \tag{17.44}$$

Damit rechtfertigt sich unsere Deutung des Logarithmus der Wahrscheinlichkeit eines Zustandes als seiner *Entropie*:

$$\boxed{S = k \ln P} \,. \tag{17.45}$$

Kein Wunder, daß die Thermodynamiker auf unabhängigen Wegen gefunden haben, daß die Entropie eines abgeschlossenen Systems nie abnimmt. Dies ist jetzt auf wesentlich allgemeinere Weise erklärt.

17.2.5 Die freie Energie; Gleichgewichtsbedingungen

Das betrachtete System sei nicht abgeschlossen, seine Energie sei also nicht fest gegeben; Austausch speziell von Wärme mit der Umgebung sei möglich. Diese Umgebung habe konstante Temperatur, der sich das System früher oder später anpassen wird. Die Zustände, unter denen das System wählen kann, und speziell der wahrscheinlichste darunter, den es schließlich aufsuchen wird, sind jetzt durch eine feste Temperatur, nicht mehr durch eine feste Energie bestimmt.

Die verschiedenen möglichen Zustände haben infolge ihrer inneren Struktur (ohne Rücksicht auf ihre energetische Lage) verschiedene Wahrscheinlichkeiten $P_{\text{str}} = \mathrm{e}^{S/k}$, ausgedrückt durch ihre Entropie. Andererseits haben, rein energetisch betrachtet und selbst bei gleicher innerer Struktur, Zustände mit verschiedener Energie W verschiedene Wahrscheinlichkeiten $P_{\text{en}} = C\,\mathrm{e}^{-W/(kT)}$. Nimmt man beide Gesichtspunkte zusammen (was für nichtabgeschlossene Systeme der physikalischen Realität entspricht), so ergibt sich eine Gesamtwahrscheinlichkeit des durch eine Entropie S und eine Energie W gekennzeichneten Zustandes

$$P = P_{\text{str}} P_{\text{en}} = C\,\mathrm{e}^{S/k}\,\mathrm{e}^{-W/(kT)} \tag{17.46}$$

oder

$$\ln P = \ln C + \frac{S}{k} - \frac{W}{kT} = \ln C - \frac{W - TS}{kT}\,. \tag{17.47}$$

Die größte Wahrscheinlichkeit hat der Zustand mit dem *kleinsten* Wert der Funktion

$$\boxed{F = W - TS}\,. \tag{17.48}$$

Diese Funktion, die wir in dieser Rolle schon in (17.35) kennengelernt haben, heißt **freie Energie**.

Bei der Definition der freien Energie kommt es noch darauf an, ob das Energiespektrum des Systems sich bei den zugelassenen Änderungen mitändern kann oder nicht, d. h. ob die zugelassenen Zustandsänderungen mit oder ohne Arbeitsleistung vor sich gehen (Abschn. 17.1.9). Im ersten Fall ist die Energie W noch durch einen Ausdruck zu ergänzen, der dieser Arbeit entspricht. Die so ergänzte Energie heißt **Enthalpie** H:

$$\boxed{H = W + A = W + \sum X_i\,\delta\xi_i}\,. \tag{17.49}$$

Der Ausdruck A hängt nicht nur von der Natur des Zustandes ab, sondern auch von der Art seiner Änderung (die Arbeit ist keine Zustandsfunktion). Das Gleichgewicht liegt dann im Minimum der Funktion

$$\boxed{G = H - TS = W + A - TS = W + \sum X_i \xi_i - TS}\,, \tag{17.50}$$

der freien Enthalpie oder des **Gibbs-Potentials**.

Für arbeitsfreie Zustandsänderungen (wo „Energie" nur die innere Energie des Systems meint) ist die freie Energie im engeren Sinne

$$\boxed{F = W - TS \quad (\textbf{Helmholtz-Potential})} \tag{17.51}$$

für das Gleichgewicht zuständig.

Bei einem Gas aus elektrisch und magnetisch neutralen Teilchen ist die einzige Möglichkeit zur Arbeit rein mechanisch: $\mathrm{d}A = p\,\mathrm{d}V$. Wenn V konstant gehalten wird, ist Arbeitsfreiheit der dann noch möglichen Zustandsänderungen garantiert. Die freie Energie F beherrscht also das Gleichgewicht bei gegebenen T und V (isotherm-isochores Gleichgewicht). Bei gegebenen T und p dagegen (einem in der Realität noch häufigeren Fall) wird das Arbeitsglied pV; die für isotherm-isobare Prozesse zuständige Funktion ist also bei Gasen (und Lösungen)

$$\boxed{G_{\text{gas}} = W + pV - TS} \quad . \tag{17.52}$$

Physikalisch interessant sind noch Prozesse, bei denen keine Wärme ausgetauscht werden kann (**adiabatische** Prozesse). Wegen $\mathrm{d}S = \mathrm{d}Q/T$ ändert sich hierbei die Entropie nicht (**isentrope** Prozesse). Dann ist klar, daß die Zustandswahrscheinlichkeit allein durch die Energie (wenn keine Arbeitsleistung erfolgt) bzw. durch die Enthalpie bestimmt wird: $P = P_{\text{en}} \sim \mathrm{e}^{-W/(kT)}$ bzw. $P \sim \mathrm{e}^{-H/(kT)}$. Der Zustand mit dem kleinsten W oder H ist der Gleichgewichtszustand.

Gleichgewicht ist *der* Zustand, in dem die zuständige Funktion ein Extremum annimmt (größtmögliches S, kleinstmögliches F, G, W, H). Außerhalb des Gleichgewichts können und werden Zustandsänderungen ablaufen, aber nur solche, bei denen die Wahrscheinlichkeit zunimmt, also die zuständige Funktion sich in einer ganz bestimmten Richtung ändert: Zunahme von S, Abnahme von F, G, W bzw. H.

Auch die Geschwindigkeit, mit der sich der Zustand ändert, wird durch die zuständige Funktion Φ bestimmt Diese Betrachtungen gehen allerdings über die übliche Thermodynamik, die man besser Thermostatik nennen sollte, hinaus und führen in die Kinetik und die Thermodynamik irreversibler Prozesse.

Tabelle 17.2

Art der zugelassenen Zustände	Konstanz von	Zuständige Funktion Φ
Energetisch abgeschl. System	W	Entropie S
Isotherm-isochor	T, V	Freie Energie $F = W - TS$
Isotherm-isobar	T, p	Freie Enthalpie $G = W + \sum X_i \xi_i - TS$
Adiabatisch-isochor	S, V	Energie W
Adiabatisch-isobar	S, p	Enthalpie $H = W + \sum X_i \xi_i$

17.2.6 Statistische Gewichte

Um ein physikalisches System statistisch behandeln zu können, muß man wissen, welche Zustände es annehmen kann, und welche Energien W_i und statistischen Gewichte g_i die einzelnen Zustände haben. Die Boltzmann-Beziehung liefert dann sofort die Verteilung sehr vieler solcher Systeme über die möglichen Zustände oder die Wahrscheinlichkeiten, mit der *ein* solches System die verschiedenen Zustände annimmt; so findet man die Zustandssumme, die Entropie, die freie Energie usw., all dies für das Gleichgewicht.

Das **statistische Gewicht** eines Zustandes (auch als seine *a priori*-Wahrscheinlichkeit bezeichnet) ist die Wahrscheinlichkeit, die man dem Zustand ohne spezielle, besonders energetische Kenntnisse über das System zuzuschreiben hat. Im Affengleichnis sind die statistischen Gewichte der einzelnen Buchstaben ihre Häufigkeiten im Sack, die statistischen Gewichte der einzelnen Zustände (= Texte) ergeben sich daraus rein kombinatorisch, ohne daß bisher von „Breiten" (= Energien) die Rede ist. In der Physik ist die Lage einfach, wenn der Zustand des Systems lediglich durch Ortsangaben gekennzeichnet ist, z. B. durch die Lagen der N Teilchen, aus denen es besteht. *A priori*, nämlich unabhängig von eventuellen Ungleichheiten der potentiellen Energie, ist jedes Teilchen überall gleich gern, und daher ist das statistische Gewicht eines bestimmten Raumbereichs proportional seinem Volumen. Zur vollen Kennzeichnung des Zustandes gehören aber noch die Geschwindigkeiten oder Impulse der Einzelteile des Systems. Ein Massenpunkt hat drei Orts- und drei Impulskomponenten. Bei zusammengesetzten Systemen kommen noch mehr Koordinaten und ihre Änderungsgeschwindigkeiten bzw. die entsprechenden Impulse hinzu, die die gegenseitige Lage der Bestandteile angeben. Wir betrachten also Systeme mit k Lage- und k Impulskomponenten (Winkelkoordinaten und die entsprechenden Drehimpulse einbegriffen).

17.2.7 Der Phasenraum

Die Vorstellung wird zwar etwas strapaziert, aber die ganze Darstellung sehr vereinfacht, wenn man die k Lage- und die k Impulskomponenten als Koordinaten in einem $2k$-dimensionalen abstrakten Raum, dem **Phasenraum**, auffaßt. Jeder Zustand des Systems wird dann durch *einen* Punkt in diesem Phasenraum vollständig dargestellt. Dieser Punkt wird sich i. allg. mit der Zeit verschieben, sei es, weil die Lagen, sei es, weil die Impulse der Bestandteile sich ändern. Die Erhaltungssätze legen den möglichen Wanderungen des Phasenpunktes gewisse Beschränkungen auf. Wenn das System z. B. einfach ein Massenpunkt ist, der sich in einem elastischen Kraftfeld auf einer Geraden bewegen kann, so fordert der Energiesatz, daß die Phasenbahn eine Ellipse ist, deren Gleichung in den Koordinaten x und p lautet

$$\frac{D}{2}x^2 + \frac{1}{2m}p^2 = W\,.$$

Von vielen gleichartigen Systemen wird jedes durch einen Punkt im Phasenraum beschrieben. Alle diese Punkte sind in Bewegung, wie die Teilchen einer Flüssigkeit. Diese Analogie mit einer strömenden Flüssigkeit geht sehr tief, und zwar verhalten sich die Phasenpunkte wie eine inkompressible Flüssigkeit. Man kann nämlich zeigen, daß eine solche Punktwolke zwar ihre absolute Lage im Phasenraum ändert, auch die relative Lage der Punkte zueinander, aber nicht die einmal gegebene Dichte dieser Punkte (**Satz von Liouville**). Wäre das nicht der Fall, so müßten in das betrachtete Volumenelement mehr Phasenpunkte ein- als ausströmen oder umgekehrt. Ein solcher Überschuß des Ausströmens über das Einströmen wird, unabhängig von der Dimensionenzahl des Raumes, genau wie im üblichen Raum durch die Divergenz der Geschwindigkeit gegeben, in diesem Fall natürlich der Geschwindigkeit hinsichtlich aller $2k$ Koordinaten:

$$V = (\dot{x}_1, \dot{x}_2, \ldots, \dot{p}_1, \dot{p}_2, \ldots) .$$

Die Divergenz ist, wie üblich, die Summe aller Ableitungen jeder Komponente des Vektors nach der entsprechenden Koordinate:

$$\operatorname{div} V = \frac{\partial \dot{x}_1}{\partial x_1} + \frac{\partial \dot{x}_2}{\partial x_2} + \ldots + \frac{\partial \dot{p}_1}{\partial p_1} + \frac{\partial \dot{p}_2}{\partial p_2} + \ldots .$$

Wir betrachten den Anteil $\partial \dot{x}_i / \partial x_i + \partial \dot{p}_i / \partial p_i$ dieses Ausdrucks. Ausgehend von der Gesamtenergie des Systems, die man im einfachsten Fall schreiben kann

$$W = W_{\text{kin}} + W_{\text{pot}} = \frac{m}{2} \sum \dot{x}_i^2 + U(x_1, x_2, \ldots) ,$$

ergibt sich rein formal

$$\dot{x}_i = \frac{\partial W_{\text{kin}}}{\partial p_i} = \frac{\partial W}{\partial p_i} , \quad \text{also} \quad \frac{\partial \dot{x}_i}{\partial x_i} = \frac{\partial^2 W}{\partial p_i \, \partial x_i}$$

$$\dot{p}_i = F_i = -\frac{\partial U}{\partial x_i} = -\frac{\partial W}{\partial x_i} , \quad \text{also} \quad \frac{\partial \dot{p}_i}{\partial p_i} = -\frac{\partial^2 W}{\partial x_i \, \partial p_i} .$$

In welcher Reihenfolge man aber eine Funktion wie $W(p_i, x_i)$ nach x_i und p_i ableitet, spielt keine Rolle. Damit ergibt sich

$$\boxed{\frac{\partial \dot{x}_i}{\partial x_i} + \frac{\partial \dot{p}_i}{\partial p_i} = 0} .$$

Dies gilt für jede Komponente, also ist die Divergenz der Geschwindigkeit der Phasenpunkte Null; sie strömen wie eine inkompressible Flüssigkeit mit zeitlich konstanter Dichte. Der allgemeine Beweis dieser wichtigen Tatsache ergibt sich direkt aus *Hamiltons* Formulierung der Mechanik.

Wenn aber die Wolke der Phasenpunkte jeden Bereich des Phasenraumes, der durch die Erhaltungssätze zugelassen ist, früher oder später erreicht und dabei ihre Dichte nicht ändert, muß auf lange Sicht, abgesehen von den energetischen Beschränkungen, jeder dieser Bereiche eine „Besucherzahl" erhalten, die seinem Volumen proportional ist. Das statistische Gewicht eines Zustandes ist also proportional dem Phasenvolumen, das er einnimmt.

17.2.8 Das ideale Gas

Mit all diesem Handwerkszeug können wir nun Probleme, deren Lösung wir für Spezialfälle schon kennen, und auch andere in wesentlich größerer Allgemeinheit angehen. Die kinetische Gastheorie (vgl. Abschn. 5.2) z. B. mußte noch ziemlich viele Annahmen über die Eigenschaften der Moleküle machen, z. B. daß sie elastisch miteinander und der Gefäßwand wechselwirken, daß diese Wechselwirkung auf sehr kurzzeitige Stöße beschränkt ist, usw. All dies erweist sich jetzt als überflüssig. Wir können beliebige Teilchensorten zusammensperren, „richtige" Punktteilchen und weit größere suspendierte Teilchen, die natürlich zusammengesetzt sind und von denen alle diese Annahmen keineswegs evident sind. Die Einzelheiten der Wechselwirkung werden auch völlig nebensächlich. Einzige Bedingung ist, daß wir zur Beschreibung des Zustandes jedes Teilchens mit den drei Lage- und den drei Impulskoordinaten zufrieden sind. Ein äußeres Kraftfeld soll zunächst nicht wirken (man kann es aber leicht einbauen). Der Ort eines Teilchens spielt also keine Rolle. Wenn zur Kennzeichnung eines Zustandes die Angabe des Intervalls $(v, v + \mathrm{d}v)$ des Geschwindigkeitsbetrages genügt, ergibt sich das statistische Gewicht dieses Zustandes aus dem entsprechenden Phasenvolumen (Kugelschale): $g \sim v^2\,\mathrm{d}v\,V$, und man erhält sofort die **Maxwell-Verteilung**

$$f(v) = g\,\mathrm{e}^{-mv^2/(2kT)} \sim Vv^2\,\mathrm{e}^{-mv^2/(2kT)}\,\mathrm{d}v\,.$$

Erst damit ist völlig erklärt, daß z. B. ein im Mikroskop sichtbares Teilchen die gleiche mittlere Energie der Translation von $\frac{3}{2}kT$ hat wie jedes normale Molekül.

Um die Entropie und die übrigen thermodynamischen Funktionen zu bestimmen, geht man am elegantesten von der Zustandssumme aus:

$$Z = \sum g_i\,\mathrm{e}^{-W_i/(kT)} \sim V\int_0^\infty v^2\,\mathrm{e}^{-mv^2/(2kT)}\,\mathrm{d}v\,.$$

Der konstante Faktor wird im folgenden keine wesentliche Rolle spielen. Auch von dem Integral braucht man nur zu wissen, daß es durch die Substitution $x = v\sqrt{m/(2kT)}$ übergeführt wird in $(2kT/m)^{3/2}\int_0^\infty x^2\,\mathrm{e}^{-x^2}\,\mathrm{d}x$, wobei das bestimmte Integral eine reine Zahl ist, deren Wert ebenfalls nur in die Konstante eingeht:

$$\boxed{Z \sim V\left(\frac{2kT}{m}\right)^{3/2}}\,. \tag{17.53}$$

Nach (17.24) ergeben sich Energie und freie Energie zu

$$\begin{aligned} W &= N\frac{\partial \ln Z}{\partial(-1/(kT))} = \frac{3}{2}N\frac{\partial \ln kT}{\partial(-1/(kT))} = \frac{3}{2}NkT \\ F &= -NkT\ln Z = -NkT(\ln V + \tfrac{3}{2}\ln T + \text{const})\,. \end{aligned} \tag{17.54}$$

Gäbe es nicht drei Impulskomponenten, sondern f, so lautete der Exponent von T in dem Ausdruck für Z nicht 3/2, sondern $f/2$, und dieses f würde statt 3 auch in W einziehen. Das ist die formale Wurzel des **Gleichverteilungssatzes**. Ebenso haben wir stillschweigend die formal selbstverständliche Tatsache benutzt, daß sich für ein System, das aus zwei Teilsystemen besteht, deren Energien addieren und die Wahrscheinlichkeiten oder statistischen Gewichte multiplizieren, womit sich, ihrer Herkunft nach, auch die Zustandssummen zur Gesamt-Zustandssumme multiplizieren, während sich die thermodynamischen Funktionen, die alle von $\ln Z$ abstammen, additiv verhalten. Die freie Energie eines Systems aus N gleichen Teilchen ist also N mal der freien Energie des Einzelteilchens, usw.

Von hier führt ein direkter Weg zu den weitergehenden Anwendungen der statistischen Physik der Gleichgewichte.

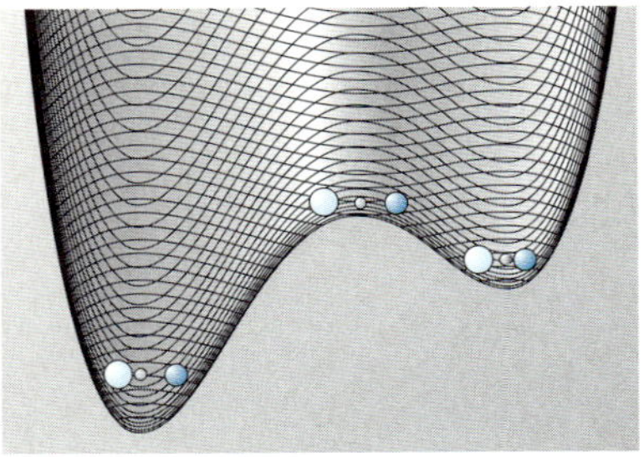

Abb. 17.7. Verlauf der freien Enthalpie für eine Reaktion $AB + C \rightleftharpoons A + BC$. Die Reaktionsrate hängt von der Höhe der Schwelle auf dem günstigsten Reaktionsweg mit dem aktivierten Komplex ABC im Sattelpunkt ab

17.2.9 Absolute Reaktionsraten

Die klassische Thermodynamik macht nur Aussagen über die Lage von Gleichgewichtszuständen, nicht aber über die praktisch mindestens ebenso wichtige Frage, wie schnell sich solche Gleichgewichte einstellen. In der Festkörperphysik haben wir an einigen Beispielen gesehen, wie kinetische und statistische Betrachtungen diese Lücke ausfüllen können. Hier studieren wir ein für die Chemie grundlegendes Beispiel. Die allgemeine Behandlung **irreversibler Prozesse** ist zu einem riesigen Gebiet angewachsen, das noch in voller Entwicklung ist.

Gegeben sei ein Gemisch zweier Stoffe AB und C. Die Teilchen B können sich auch mit C verbinden, also in der Form BC vorliegen. Wie sie sich im Gleichgewicht über die Zustände AB und BC verteilen, hängt von den freien Enthalpien G der Zustände AB, C und A, BC ab. Wie schnell setzt sich aber das anfangs ausschließlich aus AB, C bestehende Gemisch um?

Damit B von A zu C übergeht, müssen sich je ein Teilchen AB und C treffen und, zumindest kurzzeitig, einen Übergangskomplex ABC bilden, der dann entweder in $AB + C$ oder in $A + BC$ zerfällt:

$$AB + C \rightleftharpoons ABC \rightleftharpoons A + BC\,.$$

Der Komplex ABC hat offenbar ein wesentlich höheres G als die beiden Endzustände, sonst würde er auch in der Gleichgewichtskonzentration eine erhebliche Rolle spielen. Der Übergang läßt sich also durch ein Schema darstellen (Abb. 17.7), das in kinetischen Betrachtungen aus den verschiedensten Gebieten immer wiederkehrt. Die Abszissenachse hat eine geometrische Bedeutung als „Reaktionskoordinate", wenn auch nicht immer eine ganz unmittelbare. Die Breite der Schwelle sei d. Zum Glück kommt es auf den genauen Wert von d nicht an, denn er hebt sich aus dem Endergebnis weg.

Ein Komplex ABC braucht etwa die Zeit d/v, um einen der beiden Hänge hinunterzurutschen. v ist die thermische Geschwindigkeit des Teilchens, das sich dabei effektiv bewegt $v \approx \sqrt{kT/m}$. Man braucht also nur zu wissen, wie viele Teilchen ABC jeweils vorhanden sind – ihre Anzahldichte sei n_{ABC} – und hat die Reaktionsrate, d. h. die Anzahl umgesetzter Teilchen/(m^3 s) als $n_{ABC}v/d$.

n_{ABC} ergibt sich nach *Boltzmann* (oder dem Massenwirkungsgesetz) als proportional zu $n_{AB}n_C\,\mathrm{e}^{-\Delta G/(kT)}$, wobei ΔG die Höhe der Schwelle über dem linken Tal ist. Dazu tritt noch das statistische Gewicht des Komplexes ABC. (Das statistische Gewicht eines Zustandes im G-Tal ist 1.) Man kann Abb. 17.7 als Darstellung eines zweidimensionalen Phasenraums auffassen. In einem $2n$-dimensionalen Phasenraum ist das statistische Gewicht gleich der Anzahl der Zellen h^n in dem Phasenvolumen, das dem fraglichen Zustand entspricht (Begründung für diese Zellengröße in Abschn. 17.3). Phasenvolumen ist Impulsraumvolumen · räumliches Volumen, also hier $\sqrt{mkT}\,d$. Demnach wird $n_{ABC} \approx n_{AB}n_C\,\mathrm{e}^{-\Delta G/(kT)}\sqrt{mkT}\,d/h$ und die Reaktionsrate $n_{ABC}v/d \approx n_{AB}n_C\,\mathrm{e}^{-\Delta G/(kT)}kT/h$. Der Gesamtumsatz ergibt sich als Differenz von Hin- und Rückreaktion

$$\dot{n}_{AB} = -\frac{kT}{h}\left(\mathrm{e}^{-\Delta G/(kT)}n_{AB}n_C - \mathrm{e}^{-\Delta G'/(kT)}n_{BC}n_A\right). \qquad (17.55)$$

Gleichgewicht, d. h. $\dot{n}_{AB} = 0$, wird also richtig beschrieben durch das Massenwirkungsgesetz

$$\frac{n_{AB} n_C}{n_{BC} n_A} = \mathrm{e}^{(G'-G)/(kT)} .$$

Gleichung (17.55) ist aber viel allgemeiner. Sie gibt z. B. den Konstanten in der Arrhenius-Gleichung einen physikalischen Sinn und Zahlenwerte, obwohl ΔG im konkreten Fall ziemlich schwer theoretisch anzugeben ist.

Ein **Katalysator** und noch mehr und noch spezifischer ein **Enzym** kann die G-Werte der beiden Grenzzustände der Reaktion und damit die Gleichgewichtskonzentrationen nicht verschieben, senkt aber die Schwelle zwischen ihnen und beschleunigt dadurch die Reaktion oft um viele Zehnerpotenzen.

17.3 Quantenstatistik

In schneller Folge fand man, daß sich Licht- und Gitterschwingungen (*A. Einstein*, *S. W. Bose* 1924), Elektronen in Festkörpern (*E. Fermi*, *P. A. M. Dirac* 1926), Materie extremer Dichte im Weltall (*R. H. Fowler* 1928) statistisch nur behandeln lassen, wenn man quantenmechanisch begründete Abzählverfahren anwendet.

17.3.1 Abzählung von Quantenteilchen

Quantenmechanische Teilchen haben einige Eigenschaften, die sie von den klassischen radikal unterscheiden. Der für die Statistik wichtigste dieser Unterschiede drückt sich im **Pauli-Prinzip** aus:

> Jeder quantenmechanische Zustand kann höchstens von *einem* Teilchen eingenommen werden.

In eigentlich quantenmechanischer Sprache heißt das: Zwei Teilchen können niemals die gleiche ψ-Funktion haben (Abschn. 12.6.3). Für klassische Teilchen bestünde kein solches Hindernis: Beliebig viele von ihnen könnten prinzipiell in einem und demselben Zustand sitzen.

Wie merkwürdig diese Forderung ist, sieht man besonders klar, wenn man sie auf Impulszustände anwendet: In einem Elektronengas, selbst wenn es viele km^3 einnimmt, können nie zwei Elektronen exakt den gleichen Impuls haben, selbst wenn sie kilometerweit voneinander entfernt sind. Kräfte zwischen Punktteilchen, die sich so auswirken sollten, sind nicht vorstellbar; das Pauli-Prinzip ist einer der Hinweise auf das grundsätzliche Versagen des klassischen Korpuskelbildes.

Allerdings liegen die verschiedenen Impulszustände einander äußerst nahe, wenn das Elektronengas ein großes Volumen V zur Verfügung hat. Man kann die quantitativen Folgen aus dem Pauli-Prinzip mittels der Unschärferelation verstehen (exakte Herleitung s. Abschn. 16.2.2). Wenn das Elektronengas in ein rechteckiges Gefäß mit den Abmessungen a, b, c eingeschlossen ist, hat jedes Elektron eine maximale Unschärfe der x-Koordinate $\Delta x = a$. Dem entspricht nach $\Delta x\, \Delta p_x = h$ eine minimale Impulsunschärfe $\Delta p_x = h/a$. Ein frei fliegendes Elektron nutzt diese Ortsunschärfe auch voll aus; h/a ist daher die *wirkliche* Unschärfe der x-Komponente seines Impulses. Dieser Impulsbereich $\Delta p_x = h/a$ ist nach dem Pauli-Prinzip für alle anderen Elektronen verboten. Entsprechendes gilt für die beiden anderen Impulskomponenten: $\Delta p_y = h/b$, $\Delta p_z = h/c$. Das Elektron beansprucht somit im Impulsraum ein Volumen

$$\Delta p_x \, \Delta p_y \, \Delta p_z = \frac{h^3}{abc} = \frac{h^3}{V}$$

ausschließlich für sich ($V = abc$ Volumen des Gases). Im sechsdimensionalen Phasenraum ist die Lage formal noch einfacher: er zerfällt in Zellen der stets gleichen Einheitsgröße

$$\Delta p_x \, \Delta p_y \, \Delta p_z \, V = h^3 \,, \tag{17.56}$$

deren jede nur von einem Elektron eingenommen werden darf. Hierbei ist vorausgesetzt, daß der Elektronenzustand in einem Gas keine weiteren Unterscheidungsmerkmale hat als den Impuls. Dies ist nicht ganz richtig: Jedes Elektron kann zwei verschiedene Spinzustände haben. Damit kann jede Phasenzelle *zwei* Elektronen beherbergen, die entgegengesetzten Spin haben müssen.

Diese natürliche Körnung des Impulsraumes ist um so feiner, je größer das Volumen V ist. Diese Körnung ist für alle Teilchen vorhanden, gleichgültig ob sie dem Pauli-Prinzip unterliegen oder nicht. Alle existierenden Teilchen lassen sich in zwei Gruppen einteilen:

- **Fermionen** haben halbzahligen Spin ($\frac{1}{2}, \frac{3}{2}, \ldots$): Elektronen, Protonen, Neutronen, Hyperonen, manche Kerne (solche mit ungerader Nukleonenzahl, z. B. He^3), einige Atome, wenige Moleküle. Für sie gilt das Pauli-Prinzip.
- **Bosonen** haben ganzzahligen Spin ($0, 1, \ldots$): Photonen, Mesonen, die Kerne mit gerader Nukleonenzahl, die meisten Atome und Moleküle. Für sie gilt das Pauli-Prinzip nicht.

17.3.2 Fermi-Dirac- und Bose-Einstein-Statistik

Fermionen müssen ein anderes statistisches Verhalten zeigen als klassische Teilchen, weil die Grundannahme für die Abzählung der „Fälle" in der klassischen Statistik, nämlich daß jeder Zustand beliebig viele Teilchen enthalten kann, hinfällig ist. Man müßte eigentlich die ganze Herleitung mit der veränderten Abzählvorschrift wiederaufnehmen. Wir ersparen uns dies durch folgende Überlegung:

Sehr viele identische Systeme aus Teilchen beliebiger Art (Fermionen, Bosonen, vielleicht auch Teilchen, die sich ganz klassisch verhalten) mögen zu einem kanonischen Ensemble zusammengefügt sein. Beispielsweise mag es sich um viele identische Kästen, gefüllt mit einem Elektronengas, handeln. Die *Kästen* sind als makroskopische Gebilde nicht mehr an das Pauli-Prinzip gebunden, also gelten für sie klassische Abzählvorschriften, aus denen speziell die Boltzmann-Verteilung für die Energie der Kästen folgt:

$$N_{\text{Kasten}}(W) \sim \mathrm{e}^{-W/(kT)} \,. \tag{17.57}$$

Wir fassen nun zwei Teilgruppen von Kästen ins Auge:

- Kästen, in denen alle Elektronen in ganz bestimmten Zuständen sind. Die Anzahl dieser Kästen sei N_1.
- Kästen, in denen alles ganz genauso ist wie in den Kästen der Gruppe 1, bis auf *ein* Elektron, das sich in einem energetisch um W_{12} höheren Zustand befindet als sein Gegenstück in den Kästen der Gruppe 1. Die Anzahl dieser Kästen der Gruppe 2 sei N_2.

Die Gesamtenergie eines Kastens der Gruppe 2 ist demnach gerade um W_{12} höher als die eines Kastens der Gruppe 1. Also verhalten sich die Anzahlen der Kästen wie

$$\frac{N_{1\,\text{Kasten}}}{N_{2\,\text{Kasten}}} = \mathrm{e}^{W_{12}/(kT)} . \tag{17.58}$$

Kinetisch bedeutet dies, daß die **Übergangswahrscheinlichkeiten** zwischen den beiden Gesamtzuständen des Elektronengases, die die beiden Kastensorten repräsentieren, sich verhalten wie

$$\frac{U_{12\,\text{Kasten}}}{U_{21\,\text{Kasten}}} = \mathrm{e}^{-W_{12}/(kT)} . \tag{17.59}$$

Der Übergang zwischen den Gesamtzuständen wird aber einfach bewerkstelligt durch den Übergang des *einen* Elektrons, das den Unterschied ausmacht. Die Übergangswahrscheinlichkeiten für die Kästen sind also in Wirklichkeit die Übergangswahrscheinlichkeiten des Elektrons.

Ganz allgemein für alle Teilchen, gleichgültig welcher Art (Fermionen, Bosonen, klassische Teilchen), ist somit das Verhältnis der Übergangswahrscheinlichkeiten zwischen zwei Zuständen mit den Energien W_1 und W_2:

$$\frac{U_{12\,\text{Teilchen}}}{U_{21\,\text{Teilchen}}} = \mathrm{e}^{(W_1-W_2)/(kT)} . \tag{17.60}$$

Es genügt dies zu wissen, um die Energieverteilungen abzuleiten, die bei Fermionen bzw. Bosonen an die Stelle der Boltzmann-Verteilung treten.

Jeder Elektronenzustand ist in einem makroskopischen System i. allg. in sehr vielen Exemplaren vertreten. In einem Molekülgas z. B. ist mit jedem Molekül praktisch der gleiche Satz von Elektronenzuständen verbunden. Man kann auch bei freien Elektronen an Zustände gleichen Impulsbetrages, also gleicher Energie, aber verschiedener Impulsrichtung denken. Die Anzahl der Zustände mit einer Energie W_i sei N_i. Von diesen N_i Zuständen seien n_i mit Elektronen besetzt. Wir zählen dabei die beiden Spinzustände jedes bestimmten Zustandes doppelt, was schon deshalb oft nötig ist, weil die Energie W_i vom Spin abhängt, und können damit allgemein sagen, daß jeder Zustand höchstens von einem Elektron besetzt sein kann. Für Elektronen, die in den Zustand i wollen, stehen aber nur $N_i - n_i$ Plätze zur Verfügung. Die n_k Elektronen, die in einem Zustand k sitzen, werden also insgesamt pro Sekunde eine Anzahl von

U_{ki}	$\cdot$	n_k	$\cdot$	$(N_i - n_i)$	(17.61)
Übergangs-wahrscheinlichkeit		Anzahl der Elektronen, die springen können		Anzahl der freien Plätze, in die Elektronen springen können	

Übergängen in den Zustand i ausführen. Die umgekehrte Übergangsrate ist

$$U_{ik} n_i (N_k - n_k) = U_{ki}\, e^{(W_i - W_k)/(kT)} n_i (N_k - n_k) .$$

Im Gleichgewicht müssen die beiden Raten gleich sein:

$$U_{ki} n_k (N_i - n_i) = U_{ik} n_i (N_k - n_k) = U_{ki}\, e^{(W_i - W_k)/(kT)} n_i (N_k - n_k) ,$$

oder, indem man Größen mit gleichem Index auf einer Seite sammelt

$$\frac{n_i}{N_i - n_i}\, e^{W_i/(kT)} = \frac{n_k}{N_k - n_k}\, e^{W_k/(kT)} . \qquad (17.62)$$

Wenn dies ganz allgemein für jede denkbare Wahl des Partners k gelten soll, muß der Ausdruck links überhaupt unabhängig von der Wahl des Zustandes, also eine Konstante sein:

$$\frac{n_i}{N_i - n_i}\, e^{W_i/(kT)} = C$$

oder

$$\boxed{n_i = \frac{N_i}{C^{-1}\, e^{W_i/(kT)} + 1}} . \qquad (17.63)$$

Dies ist die **Fermi-Verteilung** der Elektronen über die Energiewerte W_i. Sie gilt überhaupt für alle Fermionen, d. h. Teilchen mit halbzahligem Spin.

Die Funktion $n_i(W_i)$ hat folgenden Verlauf: Bei sehr kleinen W_i, wo $C^{-1}\, e^{W_i/(kT)} \ll 1$, sind die Zustände praktisch voll besetzt:

$$W_i \ll kT \ln C \Rightarrow n_i \approx N_i .$$

Bei großen W_i, wo $C^{-1}\, e^{W_i/(kT)} \gg 1$, ist $n_i \ll N_i$, d. h. die Zustände sind sehr schwach besetzt. Hier und nur hier gleicht die Verteilung auch der Boltzmann-Verteilung:

$$W_i \gg kT \ln C \Rightarrow n_i \approx N_i C\, e^{-W_i/(kT)} \ll N_i .$$

Die Grenze zwischen Besetztheit und Unbesetztheit liegt bei $W_i = kT \ln C$; dort ist $n_i = N_i/2$. Wenn wir diese Energie die **Fermi-Grenze** nennen,

$$F = kT \ln C , \qquad (17.64)$$

schreibt sich die Verteilung

$$\boxed{n_i = \frac{N_i}{e^{(W_i - F)/(kT)} + 1}} . \qquad (17.65)$$

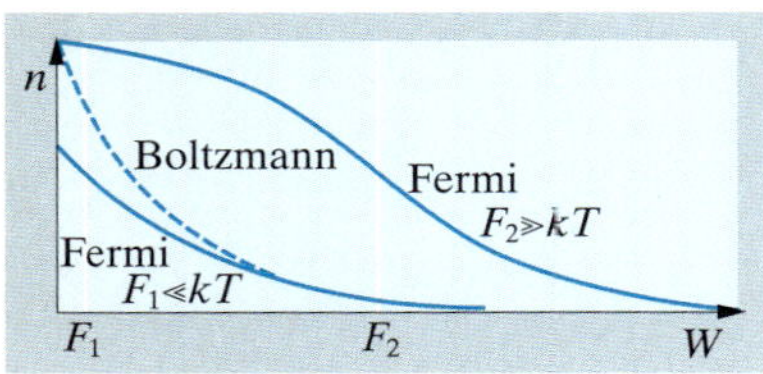

Abb. 17.8. Je nach der Lage der Fermi-Grenze F, die durch die Anzahl vorhandener Teilchen bestimmt wird, ähnelt die Fermi-Verteilung mehr oder weniger der Boltzmann-Verteilung. Bei $F \ll kT$ (geringe Teilchendichte) merkt man wenig von den Quanteneffekten; bei $F \gg kT$ beherrschen sie die Verteilung

In der Umgebung der Fermi-Grenze ist die Funktion n_i/N_i (die relative Besetzung) am steilsten. Wenn die Energie von F auf $F + kT$ zunimmt, wächst der Nenner von 2 auf $e + 1 = 3{,}72$, also sinkt n_i/N_i fast auf die Hälfte ab. In größerer Entfernung von der Fermi-Grenze ist der Einfluß einer Änderung um kT längst nicht mehr so groß. Übrigens ist die Funktion $n_i/N_i = 1/(\mathrm{e}^{(W_i-F)/(kT)} + 1)$ symmetrisch um den Halbbesetzungspunkt auf der Fermi-Grenze:

$$\frac{n_i}{N_i}(F+\varepsilon) = \frac{1}{\mathrm{e}^{\varepsilon/(kT)}+1} = \frac{N_i - n_i}{N_i}(F-\varepsilon)\,.$$

Bei tiefen Temperaturen ist also die relative Besetzung sehr steil, besonders an der Fermi-Grenze F. Bei $T = 0$ ist F eine messerscharfe Grenze zwischen besetzten und unbesetzten Zuständen. Die Elektronen bilden den „Fermi-Eisblock". Bei höheren Temperaturen schmilzt dieser Eisblock ab und streckt eine dünne Zunge ins Gebiet oberhalb der Fermi-Grenze.

Die Lage der Fermi-Grenze ist bestimmt durch die Anzahl verfügbarer Zustände für jede Energie und die Gesamtzahl der Elektronen, die hinein müssen. Die Zustände werden bei $T = 0$ von unten her aufgefüllt, bis alle Elektronen untergebracht sind. Die dann erreichte Energie ist die Fermi-Grenze.

Teilchen mit ganzzahligem Spin (Bosonen) folgen einer anderen Abzählregel und einer anderen daraus resultierenden Statistik, der **Bose-Einstein-Statistik**. Für Bosonen gilt kein Pauli-Prinzip. Im Gegenteil zeigen Bosonen eine Klumpungstendenz: Wo Teilchen sind, da fliegen i. allg. Teilchen zu. Wenn N_k leere Zustände die Teilchen nach Maßgabe von N_k anziehen, dann wird diese Lockung durch das Vorhandensein von n_k Teilchen in diesen Zuständen nicht gesenkt, wie bei der Fermi-Dirac-Statistik, sondern gesteigert, und zwar auf $N_k + n_k$. Die Übergangsrate von i nach k wird dann

$$U_{ik} n_i (N_k + n_k)\,.$$

Die Ausrechnung der Energieverteilung für das Gleichgewicht verläuft genau wie bei der Fermi-Dirac-Statistik; das $+$-Zeichen (statt des $-$ bei *Fermi*) schleppt sich mit und bewirkt eine Zeichenänderung im Nenner von (17.63):

$$n_i = \frac{N_i}{C^{-1}\,\mathrm{e}^{W_i/(kT)} - 1}\,. \qquad (17.66)$$

17.3.3 Das Fermi-Gas

Die Fermi-Dirac-Statistik findet ihre wichtigsten Anwendungen in der Festkörperphysik, der Plasmaphysik und der Astrophysik. Die Elektronen der äußeren Schalen in einem Metall, die sich so gut wie frei durch das relativ schwache Feld der Ionenrümpfe bewegen, und die Ionen und Elektronen in einem sehr dichten Plasma folgen der Fermi-Statistik.

Es gibt aber auch Fälle, wo sich das Verhalten von Fermionen praktisch mit der Boltzmann-Statistik beschreiben läßt. Man sieht das sofort aus Abb. 17.8. Wenn die Fermi-Grenzenergie $F \ll kT$ ist, macht sich der fermische Einfluß nur in einer fast unmerklichen Abflachung der Energieverteilung um und unterhalb von F geltend. Bei $F \gg kT$ ist dagegen das Verhalten wesentlich fermisch. Man nennt deshalb die Temperatur

$$T_{\text{ent}} = \frac{F}{k} \qquad (17.67)$$

die **Entartungstemperatur** des Systems und formuliert die obigen Bedingungen so:

Bei Temperaturen $T \gtrless T_{\text{ent}}$ ist die Statistik boltzmannsch/fermisch (aus Gründen, die in der Quantenmechanik klarer werden, nennt man ein Fermi-Gas auch ein **entartetes Gas**).

Die Entartungstemperatur, d. h. die Lage der Fermi-Grenze, hängt vor allem von der Dichte und der Masse der Teilchen ab. Wir betrachten ein Gas aus N Teilchen mit der Masse m im Volumen V, also der Teilchendichte $n = N/V$. Wir wissen, daß je zwei Teilchen entgegengesetzten Spins im Impulsraum das Volumen h^3/V brauchen (V Volumen des Gases). Die N Teilchen nehmen also ein Impulsvolumen $\frac{1}{2}Nh^3/V$ ein. Da immer vorzugsweise die energetisch tiefsten Zustände besetzt werden, füllen die Teilchen eine Kugel vom Radius p_{F} im Impulsraum, wobei dieser Radius gegeben ist durch

$$\frac{4\pi}{3}p_{\text{F}}^3 = \frac{1}{2}\frac{Nh^3}{V} = \frac{1}{2}nh^3 .$$

Der Grenzimpuls ist also

$$p_{\text{F}} = \left(\frac{3}{8\pi}\right)^{1/3} n^{1/3}h \tag{17.68}$$

und die entsprechende Grenzenergie

$$F = \frac{p_{\text{F}}^2}{2m} = \left(\frac{3}{8\pi}\right)^{2/3} \frac{n^{2/3}h^2}{2m} . \tag{17.69}$$

Damit wird die Entartungstemperatur

$$T_{\text{ent}} = \left(\frac{3}{8\pi}\right)^{2/3} \frac{n^{2/3}h^2}{2km} = 4{,}0 \cdot 10^{-45}\,\text{K}\,\text{kg}\,\text{m}^2\,\frac{n^{2/3}}{m} . \tag{17.70}$$

Elektronen sind demnach bei Zimmertemperatur entartet oder nichtentartet, je nachdem, ob ihre Konzentration größer oder kleiner als $10^{24}\,\text{m}^{-3}$ ist. Für Protonen liegt diese Grenze um den Faktor $1\,840^{3/2} \approx 10^5$ höher.

Von den $N = nV$ Teilchen des Fermi-Gases hat jedes eine mittlere Energie von $\frac{3}{5}F$ (das $\frac{1}{5}$ stammt aus der Integration über $4\pi p^2 W = 4\pi p^2 p^2/(2m)$, die 3 aus $\int 4\pi p^2\,\text{d}p$). Die Gesamtenergie ist

$$W = \frac{3}{5}NF = 0{,}073\,\frac{Vh^2 n^{5/3}}{m} = 0{,}073\,\frac{h^2 N^{5/3} V^{-2/3}}{m} . \tag{17.71}$$

Von der Temperatur hängt diese Energie nicht ab. Das Fermi-Gas hat die spezifische Wärme Null. Dies erklärt, warum die Leitungselektronen zur spezifischen Wärme eines Metalls nicht beitragen (erst in höherer Näherung tritt eine sehr kleine Temperaturabhängigkeit auf).

Die Energie nimmt bei gegebener Teilchenzahl N mit abnehmendem Volumen zu wie $V^{-2/3}$. Wenn der räumliche Anteil des Phasenvolumens abnimmt, muß der Impulsanteil entsprechend wachsen, die Fermi-Kugel bläht sich auf; aus $p_{\text{F}} \sim V^{-1/3}$ folgt $W \sim F \sim V^{-2/3}$. Dieser Energiezuwachs bei Kompression muß, da ein Wärmeaustausch wegen der fehlenden

Temperaturabhängigkeit nicht stattfindet, dem Gas ganz als mechanische Arbeit zugeführt worden sein. Wegen $\mathrm{d}W = -P\,\mathrm{d}V$ muß das Fermi-Gas einen Druck

$$\boxed{P = -\frac{\partial W}{\partial V} = 0{,}048\,\frac{N^{5/3}h^2}{m}\,V^{-5/3}} \tag{17.72}$$

ausüben. Dies ist überhaupt der größte Druck, den etwa Elektronen ausüben können. Einem geringeren Druck halten sie noch als strukturierte Atomhüllen stand; vom Fermi-Druck an werden die Atomhüllen zu einem Fermi-Gas-Brei zerquetscht, der auf weitere Drucksteigerungen nur noch durch Kontraktion mit $V \sim P^{-3/5}$ reagieren kann. Dies gilt für „kalte" Materie; steckt die Energie überwiegend in thermischer Energie der Atome, d. h. ist $T \gg T_{\mathrm{ent}}$, dann fangen die thermischen Stöße den Druck nach den üblichen Gasgesetzen auf.

Materie mit der Zustandsgleichung $P \sim V^{-5/3}$ verhält sich eigenartig. Im Innern größerer Planeten erreicht der Gravitationsdruck diese Werte; dort beginnen die Atome zerquetscht zu werden. Wir suchen einen solchen Planeten zu vergrößern, indem wir von außen Masse aufladen. Sie steigert den Gravitationsdruck im Innern, der Kern des Planeten schrumpft, und zwar so schnell, daß der Planet nicht größer wird, sondern kleiner. Eine einfache Dimensionsbetrachtung zeigt, daß unter diesen Bedingungen Radius und Masse eines Himmelskörpers zusammenhängen wie $R \sim M^{-1/3}$. Der Gravitationsdruck ist $P_{\mathrm{g}} \approx GM\varrho/R \sim Gn^2R^2$, seine Gleichheit mit dem Fermi-Druck $P \sim n^{5/3}$ bedingt $R \sim n^{-1/6}$, also $M \sim nR^3 \sim R^{-3}$. Die Zahlenrechnung zeigt, daß Jupiter ungefähr der größte kalte Körper ist, den es gibt. Sterne, die ihre thermonuklearen Energiequellen praktisch erschöpft haben, fallen soweit in sich zusammen, bis der Fermi-Druck ihren Gravitationsdruck auffängt. Solche **Weißen Zwerge** von Sonnenmasse sind entsprechend $R \sim M^{-1/3}$ nur noch etwa so groß wie die Erde, haben also Dichten von $10^8\,\mathrm{kg\,m^{-3}}$ und mehr. Wegen ihrer winzigen Oberfläche kommen sie trotz ihrer relativ hohen Oberflächentemperatur mit ihrer gravitativen Kontraktionsenergie sehr lange aus. Die Gravitationsenergie GM^2/R ist wegen des kleineren R etwa 100mal größer, die Abstrahlung entsprechend R^2 etwa 10 000mal kleiner, also reicht die Kontraktionswärme nicht 10^7 Jahre, wie sie bei der Sonne reichen würde, sondern fast 10^{13} Jahre – falls die Kontraktion allmählich und kontrolliert erfolgt.

Das ist bei etwas größerer Masse nicht mehr der Fall. Wenn nämlich die Fermi-Energie höher wird als die Ruhenergie $m_{\mathrm{e}}c^2 \approx 0{,}5\,\mathrm{MeV}$ des Elektrons, wird das Gas **relativistisch entartet**. Dann bleibt bis (17.68) alles richtig, aber anstelle von $F = p_{\mathrm{F}}^2/(2m_{\mathrm{e}})$ tritt der relativistische Zusammenhang $F = p_{\mathrm{F}}c \sim n^{1/3}h$. Der Druck wird dann $P \sim n^{4/3}$. Für den Gravitationsdruck sind die Nukleonen maßgebend, und die sind noch nicht relativistisch. Also gilt $P_{\mathrm{g}} \sim n^2R^2$. Gleichgewicht zwischen P und P_{g} herrscht bei $R \sim n^{-1/3}$. Das ist der normale Zusammenhang zwischen R und n bei gegebenem M, d. h. bei *jedem* Wert von R sind Fermi-Druck und Gravitations-Druck gleich groß. Beim *nicht*relativistischen Fermi-Gas nahm der

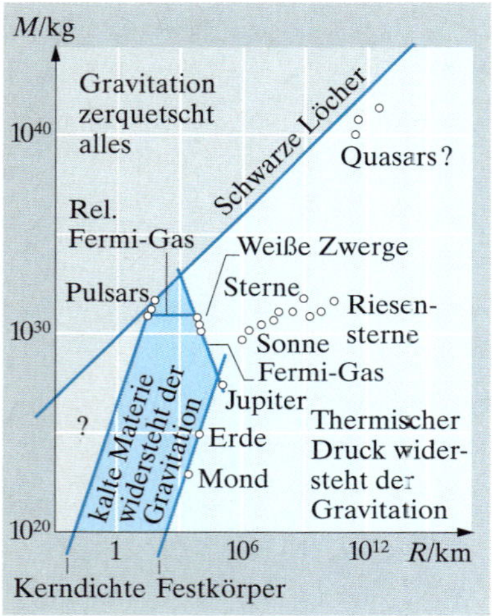

Abb. 17.9. Die verschiedenen Zustände der Materie im $\ln M(\ln R)$-Diagramm

Auswärtsdruck $P \sim R^{-5}$ bei Schrumpfung schneller zu als $P_{\mathrm{g}} \sim R^{-4}$, d. h. es stellte sich stabil ein bestimmtes R ein. Beim relativistisch entarteten Gas ist das Gleichgewicht indifferent: Eine leichte zufällige Expansion führt rein trägheitsmäßig zur Explosion, eine Kontraktion zum Kollaps. Dieser endet erst, wenn andere Auswärtskräfte stabilisierend eingreifen, nämlich die Abstoßung zwischen den Nukleonen: Die Materie komprimiert sich bis auf Kerndichte ($10^{14}\,\mathrm{g\,cm^{-3}}$). Dann hat ein Stern nur noch etwa 10 km Durchmesser. Beispiele scheinen in den **Pulsaren** vorzuliegen (Aufgaben 17.3.2–17.3.4). Die Grenze zwischen nichtrelativistischem und relativistischem Fermi-Gas liegt bei $p_{\mathrm{F}} \approx m_{\mathrm{e}}c$, d. h. bei etwa $n \approx (m_{\mathrm{e}}c/h)^3 \approx 10^{35}\,\mathrm{m^{-3}}$, entsprechend $M \approx 1{,}4$ Sonnenmassen (**Chandrasekhar-Grenze**).

Die Einsturzbedingung für einen Weißen Zwerg heißt: Mittlere Gravitationsenergie eines Teilchens $\approx$ Ruheenergie des Elektrons. Bis auf den Massenunterschied zwischen Elektron und Proton (dieser Faktor wird bei genauerer Rechnung noch erheblich abgeschwächt) ist das auch die Bedingung für die Bildung eines **Schwarzen Loches**: Mittlere Gravitationsenergie $\approx$ Ruheenergie eines Protons. Etwas oberhalb der Chandrasekhar-Grenze macht also die Kontraktion nicht einmal bei Nukleonendichte halt: Selbst die Nukleonen werden zerquetscht, und der alte Stern verschwindet als Schwarzes Loch ganz aus unserer Welt.

17.3.4 Stoßvorgänge bei höchsten Energien

Ein Zentralproblem der Hochenergiephysik, die die Vorgänge in der kosmischen Strahlung und in großen Beschleunigern behandelt, ist das folgende: Wenn ein Teilchen mit sehr hoher Energie (viel größer als seine Ruhenergie, also i. allg. viel größer als 1 GeV) auf ein geladenes Teilchen prallt, ist hinterher von den stoßenden Teilchen nichts mehr zu erkennen, sondern eine ganze Anzahl neuer Teilchen, meist Pionen, spritzt auseinander. Abbildung 13.62 zeigt einen solchen Hochenergiestoß eines kosmischen Protons mit einem ruhenden Kern. Ganz ähnlich sehen auch Bilder von Stoßprozessen in sehr großen Beschleunigern aus. Die auseinanderfliegenden Teilchen haben mit den ursprünglichen nicht mehr viel zu tun; ihre Anzahl N hängt lediglich von der Energie W ab, mit der das ursprüngliche Teilchen eingeschossen wurde (gemessen im Laborsystem unter der Annahme, daß das getroffene Teilchen ruht, was es im Speicherring natürlich nicht tut). Eine Abhängigkeit $N \sim W^{1/4}$ beschreibt ausgezeichnet über viele Größenordnungen von W die **Multiplizität** N des **Sterns** (Abb. 17.10).

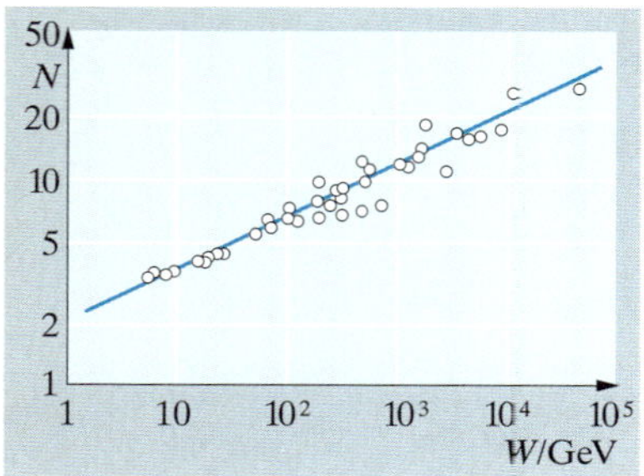

Abb. 17.10. Anzahl N geladener Sekundärteilchen, die bei Proton-Proton-Stößen entstehen, als Funktion der Energie W des stoßenden Protons im Laborsystem (das andere Proton wird als ruhend betrachtet; Speicherring-Experimente sind entsprechend umgerechnet). Messungen an verschiedenen Beschleunigern und an kosmischen Protonen, zusammengestellt nach *Carruthers*. Die log-log-Gerade entspricht der $W^{1/4}$-Abhängigkeit nach der Theorie von *Fermi* und *Landau*

Die Deutung dieser Beziehung ist eine schöne Anwendung der Quantenstatistik und der Relativitätstheorie. Die Grundidee stammt von *Fermi* (1950) und wurde von *Landau* unter Hinzuziehung hydrodynamischer Vorstellungen erweitert.

Es spricht alles dafür, als würden die beiden Teilchen, die da mit so ungeheurer Energie zusammenprallen, zunächst zu einem Tröpfchen strukturloser Urmaterie oder Urenergie eingeschmolzen, das dann nach rein statistischen Gesetzen in völlig andere Teilchen zerfällt. Ob diese Teilchen der Fermi-Dirac- oder der Bose-Einstein-Statistik gehorchen (oder sogar einfach der Maxwell-Boltzmann-Statistik), spielt für die nachfolgende Betrachtung nur insofern eine Rolle, als die Proportionalitätskonstanten davon berührt werden. Auf alle Fälle ist ja die Energieverteilung der Teilchen eine Funktion von $\mathrm{e}^{W/(kT)}$, nämlich $f(\mathrm{e}^{W/(kT)})$. Im Energieintervall $(W, W+\mathrm{d}W)$, das im Phasenraum das Volumen $4\pi p^2\,\mathrm{d}p\,V$ einnimmt, gibt es $8\pi p^2\,\mathrm{d}p\,Vh^{-3}$ Plätze. V ist das Volumen des Urmaterietröpfchens. Im Mittel sitzen in diesem Energieintervall $8\pi p^2\,\mathrm{d}p\,Vh^{-3}f(\mathrm{e}^{W/(kT)})$ Teilchen. Nun ist bei so hohen Energien $W = pc$. Also ergibt sich die gesamte Teilchenzahl im Tröpfchen zu

$$N = \int_0^\infty 8\pi p^2\,\mathrm{d}p\,Vh^{-3}f\left(\mathrm{e}^{pc/(kT)}\right), \tag{17.73}$$

die Gesamtenergie, gemessen im Schwerpunktsystem des Tröpfchens, zu

$$\begin{aligned} W' &= \int_0^\infty 8\pi p^2\,\mathrm{d}p\,Vh^{-3}Wf\left(\mathrm{e}^{W/(kT)}\right) \\ &= \int_0^\infty 8\pi p^3\,\mathrm{d}p\,Vh^{-3}cf\left(\mathrm{e}^{pc/(kT)}\right). \end{aligned} \tag{17.74}$$

Um die Integrationen auszuführen, substituiert man die Variable $x = pc/(kT)$. Damit wird

$$N = 8\pi Vk^3T^3c^{-3}h^{-3}\int_0^\infty x^2 f(\mathrm{e}^x)\,\mathrm{d}x\,, \tag{17.75}$$

$$W' = 8\pi Vk^4T^4c^{-3}h^{-3}\int_0^\infty x^3 f(\mathrm{e}^x)\,\mathrm{d}x\,. \tag{17.76}$$

Die bestimmten Integrale sind reine Zahlen, die nicht sehr viel größer als 1 sind. Die einzigen Variablen sind V und T. In (17.76) erkennt man übrigens das Stefan-Boltzmann-Gesetz wieder (auch die schwarze Strahlung ist ein solcher Klumpen Urmaterie, und die Anzahl der Teilchen, d. h. Photonen, die diesen Klumpen zusammensetzen, ist nicht konstant, sondern wird nach Maßgabe von T und V durch rein statistische Gesetze geregelt).

Das Volumen V des Urmaterietröpfchens ergibt sich so: An sich ist einem Elementarteilchen ein Volumen V_0 zuzuschreiben, dessen Radius von der Größenordnung der Compton-Wellenlänge des Protons $r = h/(mc)$ (oder des klassischen Elektronenradius $r' = e^2/(4\pi\varepsilon_0 m_\mathrm{e}c^2)$) ist, also $r \approx 10^{-15}$ m. Im Augenblick des Stoßes, vom Schwerpunktsystem aus betrachtet, sind aber die beiden einander entgegenrasenden Teilchen stark Lorentz-abgeflacht, d. h. ihre Längserstreckung und damit ihr Volumen ist nur noch

$$V = V_0\sqrt{1 - v^2/c^2}\,.$$

Der gleiche Wurzelfaktor tritt auch in der Energie W' auf:

$$W' = 2mc^2 = \frac{2m_0c^2}{\sqrt{1 - v^2/c^2}}\,.$$

Man kann also schreiben

$$V = \frac{V_0 2m_0c^2}{W'}\,. \tag{17.77}$$

Damit wird aus (17.75) und (17.76) $N \sim T^3/W'$ und $W' \sim T^4/W'$, also $T \sim W'^{1/2}$ und $N \sim T \sim W'^{1/2}$, oder mit eingesetzten Zahlenwerten, und zwar $r = h/(mc)$:

$$N = \left(\frac{16\pi^2}{3}\right)^{1/4}\left(\frac{W'}{m_0c^2}\right)^{1/2}. \tag{17.78}$$

Nur im Speicherring wird W' direkt durch die Nominalenergie des Beschleunigers gemessen: Schwerpunkt- und Laborsystem sind identisch, also ist W' die doppelte Nominalenergie. Für kosmische Teilchen und andere Beschleuniger ist die Energie W' im Schwerpunktsystem i. allg. viel kleiner als die Laborenergie W, und zwar $W' = \sqrt{2m_0c^2W + 2m_0^2c^4}$ oder bei sehr hoher Energie $W' = \sqrt{2m_0c^2W}$. Damit ergibt sich sofort die $W^{1/4}$-Abhängigkeit der Sternmultiplizität:

$$N = \left(\frac{32\pi^2}{3}\right)^{1/4}\left(\frac{W}{m_0c^2}\right)^{1/4} . \tag{17.79}$$

Einsetzen der Zahlenwerte liefert $N \approx 3W^{1/4}$ (W in GeV), die Experimente werden am besten durch $N = 2{,}05W^{1/4}$ beschrieben.

Die mittlere Energie, die jedes dieser N Teilchen davonträgt, steigt dementsprechend im Schwerpunktsystem ebenfalls wie $N/W'^{1/2} \sim W'^{1/2}$ an.

17.3.5 Extreme Zustände der Materie

In normaler Materie hat ein Elektron etwa ein Volumen vom Bohr-Radius $r_B = 4\pi\varepsilon_0 h^2/(me^2)$ zur Verfügung. Seine Energie ist $W_B \approx e^2/(4\pi\varepsilon_0 r_B)$, die Energiedichte $W_B/r_B^3 \approx m^4e^{10}/(h^8(4\pi\varepsilon_0)^5)$ läßt sich als Druck auffassen, für den sich aus den Riesenpotenzen ein Wert um 10^7 bar herausschält, wie wir ihn auch aus (17.72) finden. Ein höherer Druck als dieser zerquetscht die Atomhüllen zu einem einheitlichen Brei, dem **Fermi-Gas** der Elektronen. Alle Elemente nehmen dadurch metallische Eigenschaften an. Unterhalb der Fermi-Temperatur, die sich aus $kT \approx W \approx p^2/(2m)$ ergibt, ist dieses Gas entartet, d. h. die tiefsten Energiezustände sind vollbesetzt, die höheren leer. Die für den Druck P verantwortliche mittlere Energie ist nicht mehr kT, sondern $p^2/(2m) \approx n^{2/3}h^2/m$, also wird die Energiedichte oder der Druck $P \approx n^{5/3}h^2/m$. Steigender Druck preßt die Elektronen in immer höhere Energiezustände, daher die hohe Potenz von n in diesem Gesetz. Im Labor läßt sich dieser Zustand statisch nicht realisieren, weil kein Material, dessen Festigkeit ja auf den strukturierten Elektronenhüllen beruht, diesem Druck gewachsen sein kann. Nur der Einschluß durch Gravitationsdruck reicht dazu aus. Jupiter und Saturn bestehen fast ganz aus **metallischem Wasserstoff**, man braucht keinen Eisenkern, um ihre starken Magnetfelder zu erklären. Ein großer Teil der Materie des Weltalls liegt in den **Weißen Zwergen**, ausgebrannten leichteren Sternen, als Fermi-Gas vor. Die Gesamtenergie eines solchen Sterns, der N Elektronen enthält (Fermi-Energie + Gravitationsenergie) ist

$$W_* \approx \frac{Np^2}{2m} - \frac{GM^2}{R} \approx \frac{Nh^2}{2mR^2} - \frac{GM^2}{R} .$$

Ihr Minimum bei $R \approx Nh^2/(mGM^2) \sim 1/M$ zeigt, daß schwere Weiße Zwerge noch kleiner sind als leichte.

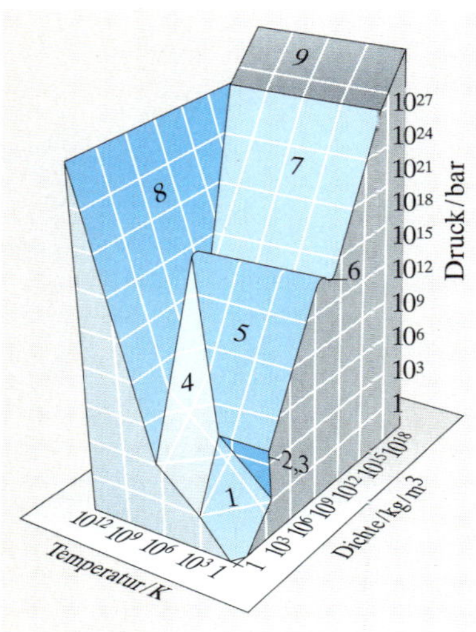

Abb. 17.11. Die bisher bekannten Zustände der Materie und ihre Zustandsflächen $p(\varrho, T)$

Wir steigern den Druck immer mehr. Das Fermi-Gas komprimiert sich gemäß $P \sim n^{5/3}$, die Elektronen werden in immer höhere Energiezustände gequetscht. Etwas Neues passiert, wenn sie dabei relativistische Energien erreichen, also ihr Impuls $p \approx mc$ wird. Das geschieht bei der Teilchenzahldichte $n \approx h^3/p^3 \approx m^3c^3/h^3$ und der Dichte (die natürlich von den Nukleonen gestellt wird) $\varrho \approx m_pm^3c^3/h^3 \approx 10^8\,\text{kg/m}^3$, d. h. dem Druck $P \approx m^4c^5/h^3 \approx 10^{17}$ bar. Oberhalb dieser Grenze wird das Elektronengas relativistisch, der Zusammenhang zwischen Energie und Impuls heißt nicht mehr $W = p^2/(2m)$, sondern $W = pc$. Diese Energie und ihre Dichte, der Druck, steigen bei der weiteren Kompression etwas langsamer an als im nichtrelativistischen Fermi-Gas: $W = pc \approx hcn^{1/3}$, $P \approx hcn^{4/3}$. Die Gesamtenergie eines Sterns $W_* \approx Nhcn^{1/3} - GM^2/R \approx N^{4/3}hc/R - GM^2/R$ hat offenbar kein Minimum mehr: Der Stern bricht noch weiter in sich zusammen, wenn seine Masse die **Chandrasekhar-Grenze** $M \approx (hc/(Gm_p^2))^{3/2} m_p \approx 10^{33}$ kg übersteigt, die aus der Bedingung $dW/dR \approx 0$ folgt. Während dieses Zusammenbruchs geschieht wieder etwas Neues: Die Fermi-Energie überschreitet die 0,73 MeV, um die das Neutron schwerer ist als Proton + Elektron. Ein inverser β-Prozeß $p + e \rightarrow n + \nu$ wird möglich, die Elektronen werden in die Protonen hineingequetscht, denn wenn sie ihre Zelle im Phasenraum freigeben, kommt mehr Energie heraus, als zum Übergang ins Neutron aufgewandt werden muß. Schließlich gibt es nur noch Neutronen.

Mit den Neutronen wiederholt sich nun dasselbe Spiel wie mit den Elektronen. Zunächst gibt es noch strukturierte Gebilde, Kerne mit sehr hohem Neutronenanteil. Um die Dichte $10^{15}\,\mathrm{kg/m^3}$ wird aber die Fermi-Energie der Neutronen größer als ihre Bindungsenergie an den Kern (etwa 10 MeV). Die Kerne werden zum Fermi-Gas der Neutronen zerquetscht. Von da ab steigt der Druck wieder wie $\varrho^{5/3}$, die Energie wie $\varrho^{2/3}$. Sie erreicht um $\varrho \approx 10^{18}\,\mathrm{kg/m^3}$ die relativistische Grenze $m_n c^2$. Das ist die Dichte der Kernmaterie selbst: Die Neutronen liegen jetzt dichtgepackt, der ganze Stern hat nur noch wenige km Radius, der Druck liegt um 10^{30} bar. Bei der Schrumpfung bleiben Drehimpuls und Magnetfluß des Sterns im wesentlichen erhalten, er rotiert rasend schnell, und die in seinem ungeheuren Magnetfeld umlaufenden Teilchen senden eine im Rhythmus des Umlaufs gepulste Strahlung in den Raum. Auch relativistische Neutronenmaterie kann keinen stabilen Stern bilden, sondern bricht endgültig zum Schwarzen Loch zusammen.

17.3.6 Biographie eines Schwarzen Loches

Vom **Schwarzen Loch** sehen wir definitionsgemäß nichts, da es nicht einmal Photonen aus seinem Gravitationsfeld entweichen läßt. Dennoch gehören einige Schwarze Löcher zu den hellsten Objekten im Weltall. Kommt ein anderer Stern einem Schwarzen Loch zu nahe, nämlich bis innerhalb von dessen Roche-Grenze, dann zerreißt ihn die Gezeitenkraft des Schwarzen Loches, sein Material verteilt sich in einer **Akkretionsscheibe** ähnlich dem Saturnring und wird allmählich eingeschlürft. Beim Einsturz gibt das heiße, also ionisierte beschleunigte Gas eine Strahlung ab, deren Frequenz immer mehr steigt bis ins γ-Gebiet, und die fast die ganze Ruhenergie mc^2 der einstürzenden Materie enthält. Unbegrenzt ist der Appetit eines Schwarzen Loches aber doch nicht, diese Strahlung selbst zügelt ihn. Wenn sie zu stark wird, verhindert ihr Strahlungsdruck den weiteren Einsturz. Ein Massenstrom $\dot{M}$ erzeugt die Strahlungsintensität $I = \dot{M}c^2/(4\pi R^2)$ und den Strahlungsdruck $p = I/c = \dot{M}c/(4\pi R^2)$. Freie geladene Teilchen absorbieren mit dem **Thomson-Querschnitt** $\sigma \approx 10^{-29}\,\mathrm{m^2}$. Die Strahlung übt auf ein solches Teilchen die Kraft $F = p\sigma$ aus. Die Grenze des Massenflusses (**Eddington-Grenze**) liegt dort, wo dies gleich der Gravitation auf das Teilchen ist: $\dot{M}c\sigma/(4\pi R^2) = GMm/R^2$, also

$$\dot{M} = \frac{4\pi G m}{\sigma c} M \approx 3 \cdot 10^{-16}\,\mathrm{s}^{-1}\, M\,. \tag{17.80}$$

Wenn ein Schwarzes Loch auf dem üblichen Weg als Überrest der **Supernova-Explosion** eines ziemlich schweren Sterns entsteht, muß es den Partner, den es frißt, auf 10^8 Jahre verteilen. Dies geschieht dem Partner eines engen Doppelsternsystems, wenn er nach Verlassen der Hauptreihe zum Roten Riesen wird und über den gemeinsamen **Roche-Lobe** hinausschwillt. Ein solches wohlgenährtes Schwarzes Loch hat eine Strahlungsleistung $P = \dot{M}c^2 \approx 10^{32}$ W, fast eine Million mal mehr als die Sonne.

Ein Schwarzes Loch, das immer soviel zu fressen bekommt, wie es vertilgen kann, wächst also nach dem Gesetz (17.80), d. h. $M = M_0\, \mathrm{e}^{t/\tau}$ mit $\tau = \sigma c/(4\pi G m) \approx 10^8$ Jahre. Nach etwas mehr als 2 Milliarden Jahren könnte es anfangend von normaler Sternmasse auf etwa 10^8 Sternmassen angeschwollen sein. Dies ist die Masse, die *Laplace* für ein Schwarzes Loch berechnete, ausgehend von der Dichte des Wassers oder der Sonne. Ein so riesiges Schwarzes Loch mit dieser Dichte ist selbst so groß wie seine eigene Roche-Grenze. Es braucht daher seine Beute nicht mehr zu zerkleinern, sondern kann einen Stern, der seinen jupiterbahngroßen Querschnitt trifft, als ganzen schlucken. So ein Schwarzes Loch wird dann ruhiger, nachdem es vorher bei optimaler Fütterung stärker gestrahlt hat als 10^{13} Sonnen, d. h. über hundertmal mehr als eine ganze große Galaxie.

Damit ergibt sich die plausibelste Deutung der **Quasare**, die ähnliche Strahlungsleistungen auf engstem Raum von höchstens einigen Lichtmonaten abgeben. In großer Entfernung sehen wir junge Galaxien mit jungen Schwarzen Löchern noch im unruhigen Alter vor Erreichen der Laplace-Grenze. Später werden sie scheinbar friedlicher. Auch unsere Galaxie hat im Kern vielleicht ein solches Riesenloch. Jedenfalls gibt es dort ein sehr unperiodisch strahlendes Objekt, dessen Ausdehnung sich mit Steigerung der instrumentellen Auflösung immer enger einschnüren läßt (z. Z. auf weniger als ein Lichtjahr).

Daß ein Schwarzes Loch seine ganze Galaxie vertilgen kann, ist unwahrscheinlich, denn die Sterne in den Spiralarmen beschreiben fast Kreisbahnen. Wenn es das doch schaffen sollte, dauerte dies nach dem e-Gesetz auch nur 3–4 Milliarden Jahre. Von da an passiert sehr lange überhaupt nichts, bis nach den leichteren sogar dieses Riesenloch zerstrahlt, was etwa 10^{95} Jahre dauert. Das wäre dann wohl wirklich das letzte Ereignis im Fall eines unbegrenzt expandierenden Weltalls, d. h. wenn die **verborgenen Massen** nicht groß genug sind, um den Raum und den Zeitablauf in sich zurückzukrümmen.

▲ Ausblick

Man kann die Welt auf zwei Arten beschreiben: Mikroskopisch, ausgehend von ihrem atomaren Aufbau, und makroskopisch, auf Grund der Beobachtungen unserer Sinne, verfeinert durch die Instrumente, die etwa um 1900 verfügbar waren. Damals waren viele so beeindruckt durch die Erfolge der Thermodynamik, die von Atomen nichts zu wissen braucht, daß sie die Atomvorstellung überhaupt als unbewiesene und überflüssige Hypothese ansahen. *Boltzmanns* Ideen, die beide Bilder zusammenbringen wollten, wurden wenig beachtet, was bestimmt zu seinem Entschluß zum Freitod beigetragen hat. Er hätte sich mit *Maxwells* Anerkennung begnügen sollen.

Heute weiß man, daß der thermodynamische und der statistische Zugang zu den gleichen Ergebnissen führen. Aber der statistische geht weiter: Er kann auch Nichtgleichgewichte, Schwankungen, kinetische Abläufe zwangloser beschreiben als die klassische Thermodynamik. *Onsager*, *Prigogine* und besonders *Eigen* benutzen beide Zugänge, um zu erklären, wie entgegen dem blinden Zufall und trotz des Entropiesatzes geordnete, sogar lebendige Systeme entstehen konnten.

1054 entdeckten chinesische Astronomen im Sternbild Stier einen neuen Stern, vorübergehend heller als Venus. Die Europäer waren mit anderem beschäftigt, z. B. ob Priester einen Bart tragen dürften oder ob „filioque" zum Credo gehört. Inzwischen hat sich die Supernova-Hülle mit doppler-gemessenen 1300 km/s auf 7 Bogenminuten ausgedehnt und ist demnach 3000 Lichtjahre entfernt (Aufnahme von *Walter Baade* am Mt. Palomar-Reflektor). In der Mitte sitzt die Radioquelle Taurus A, später als Pulsar NP 0532 erkannt, der von den Meterwellen bis zum Röntgengebiet mit einer Periode von 33,1 ms tickt. Zu diesem Neutronenstern ist der innere Teil der Supernova 1054 kollabiert. Seine Gasumgebung sendet Synchrotronstrahlung aus: Relativistische Elektronen kreisen in einem relativ schwachen Magnetfeld

✓ Aufgaben . . .

Diese Reihe von Aufgaben soll Sie mit einigen Grundbegriffen der Informationstheorie vertraut machen. Wir werden feststellen, daß diese Begriffe formal völlig identisch mit den Begriffen der statistischen Physik sind. Vor allem spielt die Entropie in beiden Gebieten eine zentrale Rolle. Es ist erstaunlich und den Physikern hoch anzurechnen, daß sie diesen Begriff zuerst entdeckt haben, da er doch in der Informationstheorie sehr viel einfacher ist.

● 17.1.1. Abstrakt–Konkret

Ein Objekt soll durch eine Reihe von Entscheidungsfragen (Antwort ja oder nein) identifiziert werden. Es handele sich zunächst darum, eine Zahl festzulegen, sagen wir eine höchstens dreistellige. Welche Methode schlagen Sie vor? Wie viele Fragen brauchen Sie? Wie ändern Sie das Verfahren ab, wenn es sich um eine historische Jahreszahl handelt? Jemand soll eine Person raten. Statt mit Begriffen zu operieren, erfragt er den Namen buchstabenweise. Wie verfährt er am besten? Welche Buchstaben übertragen am meisten Information? Geschickte Frager finden selbst komplizierte Objekte z. B. „das Spundloch im Faß des Diogenes" in 50–70 Fragen. Was schließen Sie daraus?

● 17.1.2. Autonummern

Deutsche Autonummernschilder enthalten bis zu drei Buchstaben, die den Stadt- oder Landkreis kennzeichnen. Ist Ihnen aufgefallen, daß z. B. das E sehr selten vorkommt? Warum? Kann man das System verbessern, mit der Randbedingung, daß auch Polizisten nur Menschen sind?

●● 17.1.3. Information

Zeigen Sie, daß alle bisherigen Ergebnisse spezielle Anwendungen der folgenden Definition sind: Wenn eine Zeichenkette die sequentielle Wahrscheinlichkeit P hat, zufällig aus dem vorhandenen Zeichenvorrat zu entstehen, enthält sie eine **Information** $I = -\operatorname{ld} P$. Dabei ist ld der Logarithmus zur Basis 2. Die Einheit der Information 1 bit, wird vermittelt durch die Antwort auf eine optimal formulierte Entscheidungsfrage. Hängt die Information einer Nachricht, so definiert, von ihrer Sequenz oder ihrer Komposition ab? Welche Buchstabenhäufigkeiten p_i müßte eine Quelle haben, damit sie möglichst viel Information pro Zeichen emittiert? Wieviel nämlich? Um wieviel weicht eine Quelle mit gegebener Verteilung p_i von diesem Optimalwert ab?

● 17.1.4. Gold bug
Bestimmen Sie die Buchstabenhäufigkeit im Deutschen und anderen Sprachen an einem langen Text. Beobachten Sie, wie die Verteilung gegen die „wirkliche" konvergiert, wenn der Text länger wird. Das Ergebnis ist eine wichtige Hilfe beim Geheimcode-Knacken. Einfache Substitutionscodes strecken sofort die Waffen (vgl. *E. A. Poe*, „The Gold Bug"). Wie groß sind, ausgehend von den wirklichen p_i, Wahrscheinlichkeit und Information von „To be or not to be" oder des ganzen Hamlet? Wie sieht der wahrscheinlichste Text gleicher Länge aus? Wieviel Information enthält er?

● 17.1.5. Morse-Alphabet
Warum haben die Morse-Symbole für E und T nur je ein Zeichen, warum hat X vier? Wieviel Information enthält im Mittel ein morsecodierter Buchstabe? Hat *Morse* die p_i des Englischen genau respektiert? Wieviel Information hat er verschenkt? Welches sind die auffälligsten Fehlzuordnungen?

●● 17.1.6. Redundanz
Ein deutsches Wörterbuch enthalte 100 000 Wörter einer mittleren Länge von 10 Buchstaben. Wenn Ihnen diese Werte nicht gefallen, beschaffen Sie sich bessere. Wieviel Information verschenkt das Deutsche, indem es nicht alle denkbaren Buchstabenkombinationen ausnutzt? Wie sähe das Wörterbuch einer informationstechnisch idealen, aber phonetisch und mnemonisch bestimmt scheußlichen (weder aussprech- noch merkbaren) Sprache aus? Welches wäre seine mittlere Wortlänge? **Redundanz** ist verschenkte Informationskapazität, d. h. Differenz zwischen optimal übertragbarer und tatsächlich übertragener Information, gewöhnlich in % ausgedrückt. Schätzen Sie die Redundanz der deutschen Sprache (auf Wortbasis). Ist Redundanz immer von Nachteil?

●● 17.1.7. Markow-Kette I
Ein Teil der Redundanz einer Sprache stammt von ihrer ungleichen Zeichenhäufigkeit. Wieviel macht das im Deutschen aus? Woher stammt der Rest? Wenn auf ein S sehr oft ein T folgt oder ein C, nie ein X, bedeutet das Redundanz? Wir nennen q_{ik} die Wahrscheinlichkeit, daß hinter einem Buchstaben vom Typ i einer vom Typ k steht. Eine Nachricht, die nur durch die p_i und die q_{ik} gekennzeichnet ist, heißt **Markow-Kette** vom Gedächtnis 1. Ohne Kopplung zwischen Nachbarzeichen, wie im Abschn. 17.1 angenommen, erhält man Markow-Ketten vom Gedächtnis 0. Geben Sie andere Beispiele für Markow-Ketten. Spielen auch größere Gedächtnislängen eine Rolle, in der Sprache und anderswo?

●● 17.1.8. Markow-Kette II
Zeigen Sie, daß in einer **Markow-Kette** vom Gedächtnis 1 die Zeichenhäufigkeit p_i gegen eine Grenzverteilung strebt, die durch die Übergangswahrscheinlichkeiten q_{ik} gegeben ist, wenn die Kettenlänge gegen unendlich geht. Diese asymptotische Verteilung p_i ist ein **Eigenvektor** der Matrix q_{ik}. Zu welchem Eigenwert gehört dieser Eigenvektor? Welche durch die Natur des Problems gegebene Eigenschaft von q_{ik} garantiert, daß ein solcher Eigenwert und ein solcher Eigenvektor immer existieren? Überzeugen Sie sich, wieviel einfacher diese Betrachtungen bei einiger Matrizenerfahrung werden als die direkte Rechnung, selbst für nur zwei mögliche Zeichen.

●● 17.1.9. Markow-Kette III
Drücken Sie die sequentielle Wahrscheinlichkeit einer gegebenen Nachricht, aufgefaßt als Markow-Kette vom Gedächtnis 1, durch die p_i und q_{ik} der Quelle aus. Hinweis: Wenn die p_i überhaupt auftreten, dann nach Aufgabe 17.1.8 nur als Abkürzung für gewisse Kombinationen der q_{ik}. Schätzen Sie aus einigen markanten Beispielen für q_{ik}-Werte (oder durch Auszählen von Paarhäufigkeiten, was allerdings wohl nur mit dem Computer für hinreichend lange Texte möglich ist) die „Redundanz erster Ordnung" des Deutschen.

●● 17.1.10. Übertragungskapazität
In den meisten technischen Informationskanälen wird die Nachricht einer Welle aufmoduliert. Warum ist dazu eine bestimmte **Bandbreite** (durchgelassener Frequenzbereich) nötig, auch wenn es sich nicht um Musik handelt? Die Nachricht sei in nur zwei Zeichen codiert: 0 und 1, d. h. Strom bzw. Nicht-Strom während einer gewissen vereinbarten Einheitszeit. Wenn diese Einheitszeit τ ist, welche Bandbreite muß der Kanal mindestens durchlassen (vgl. Theorie der Linienbreite)? Wie groß ist die **Übertragungskapazität** (gemessen in bit/s) eines Kanals der Bandbreite $\Delta\nu$? Wie ändert sich die Lage, wenn mehrere Binärzeichen zu einem Buchstaben zusammengefaßt sind, oder wenn mehrere Amplituden-Niveaus unterschieden werden sollen?

●● 17.1.11. Gehirnkapazität
Schätzen Sie die Übertragungskapazität der menschlichen Nerven bzw. die Verarbeitungskapazität des Gehirns durch Lesen, Anhören, Nachsprechen, Memorieren von sinnlosen Ketten von Buchstaben oder anderen Zeichen (warum sinnlose Ketten?). Welche bit-Übertragungszeit folgt daraus? Wieviel Information enthält ein Fernsehbild (schwarz-weiß oder farbig)? Wieviel optische Information nehmen die Augen während des ganzen Lebens auf? Können sie sie auch weitergeben? Vergleichen Sie mit früher gefundenen Werten. Schlußfolgerungen?

●● 17.1.12. Das letzte Bit

Ein amerikanischer „Zauberer“ bat einen Zuschauer, aus einem Bridge-Spiel (52 Karten) fünf Karten auszuwählen. Eine davon, die „Zielkarte“, wurde beiseitegelegt, die vier anderen steckte der Zauberer in einen Umschlag. Ein anderer Zuschauer, der keine der Karten kannte, brachte den Umschlag der Frau des Zauberers, die im Hotelzimmer geblieben war, ohne jede Kommunikationsmöglichkeit mit dem Vortragssaal. Die Frau öffnete den Umschlag und nannte die Zielkarte. Kein Schummel!

●● 17.1.13. Protein-Information

Man glaubt, Bau und Funktion eines **Proteins** seien durch seine Aminosäuresequenz völlig festgelegt. Es gibt im wesentlichen 20 Aminosäuren. Ein mittelgroßes Protein hat etwa 200 Aminosäuren. Wie viele verschiedene Proteine dieser Länge sind möglich? Wieviel macht es aus, wenn man auch kürzere in Betracht zieht? Schätzen Sie die Gesamtmenge belebter Substanz auf der Erde und die Gesamtzahl existierender Proteinmoleküle. Wenn jedes davon nur 1 s lang lebt und dann einer anderen Kette Platz macht, wie viele Ketten könnte der Zufall seit Entstehung des Lebens durchgespielt haben? Schlußfolgerungen?

●● 17.2.1. Mikro- und Makrozustände

In einem Kasten, der durch eine Zwischenwand in zwei Hälften geteilt ist, sind N nichtwechselwirkende Moleküle zunächst alle in einer Hälfte. Jetzt öffnet man ein Loch in der Zwischenwand. Warum gleicht sich der Druck aus? Welches ist der Entropiegewinn dabei? Entspricht das der Betrachtung von Abschn. 17.2.8? Verfolgen Sie den Vorgang, z. B. bei $N = 4$, und stellen Sie die Wahrscheinlichkeiten der einzelnen Zustände auf. Wenn ein Zustand A in einen Zustand B übergehen kann, muß doch umgekehrt auch B in A übergehen können. Warum kommt das u. U. so selten vor oder gar nicht mehr, wenn man alle Molekülzahlen mit 10^{26} multipliziert?

● 17.2.2. Arbeit und Wärme

Weisen Sie nach, daß die Aufteilung (17.36) der Energieänderung genau dem entspricht, was man physikalisch Arbeit bzw. Wärme nennt, daß also (17.36) der erste Hauptsatz ist. Betrachten Sie z. B. ein System geladener Teilchen, die verschiedene Zustände zur Verfügung haben und in ein elektrisches Feld gebracht werden. Wie läßt sich die Betrachtung auf mechanische Druckkräfte ausdehnen, die auf ein Gas wirken?

●● 17.2.3.* Boltzmann-Verteilung

Gegeben ist ein System mit äquidistanten diskreten Energiezuständen. Verteilen Sie eine gegebene Anzahl N von Teilchen mit gegebener Gesamtenergie W über diese Zustände. Welches ist die einfachste Kombination von Teilchensprüngen, bei der sich der Makrozustand ändert, W aber konstant bleibt? Wie ändert sich die Zustandswahrscheinlichkeit P dabei? Wie muß ein Zustand aussehen, bei dem dabei keine P-Änderung eintritt (großes N vorausgesetzt)? Haben Sie damit die Boltzmann-Verteilung abgeleitet?

●● 17.2.4. Entropiekraft

Einführung in die **Thermodynamik irreversibler Prozesse**: Wir betrachten ein abgeschlossenes System, dessen Zustand durch die Variablen $a_1, a_2, \ldots, a_n$ beschrieben wird. Seine Entropie ist eine Funktion dieser Variablen. Denken Sie an eine Fläche im $n+1$-dimensionalen Raum. Wo liegt das Gleichgewicht? Wie sieht die S-Fläche in der Umgebung aus? Vergleichen Sie mit dem mechanischen Gleichgewicht: Minimum von U, Form der U-Fläche in der Umgebung. Irreversible Vorgänge vermehren die Entropie. Reversible Vorgänge sind unendlich langsam. Ein Vorgang läuft um so schneller ab, je mehr Entropie dabei erzeugt wird. Stimmen diese Aussagen? Beispiele! Kann man auch sagen: Die Möglichkeit zum Entropiezuwachs ist die treibende Kraft eines Prozesses? Tragen Sie solche Prozesse in die S-Fläche ein. Wie verschiebt sich der Zustandspunkt? Wenn Sie die Analogie mit der U-Fläche vervollkommnen wollen, wie müssen Sie das mechanische Modell einrichten? Welche Größen können Sie als verallgemeinerte Kräfte bezeichnen? Kann man eine allgemeine Bewegungsgleichung für den Systempunkt a_i aufstellen?

●● 17.2.5. Kräfte und Ströme

Wie vertragen sich folgende Bezeichnungen und Aussagen mit dem Modell von Aufgabe 17.2.4: Wir nennen $J_i = \dot{a}_i$ verallgemeinerte Ströme, $X_i = \partial S/\partial a_i$ verallgemeinerte Kräfte. Die Kräfte „ziehen“ Ströme gemäß $J_i = \sum_k L_{ik} X_k$ (L_{ik} sind die **Onsager-Koeffizienten**). Ein System außerhalb des Gleichgewichts erzeugt Entropie mit der Rate $\dot{S} = \sum_i J_i X_i$. Vorausgesetzt ist dabei, daß die Variablen a_i vernünftig gewählt sind. Was wird eine solche vernünftige Wahl bedeuten?

●● 17.2.6. Onsager-Relation

Ein System im Gleichgewicht liegt nicht still auf dem Gipfel des S-Berges, sondern führt kleine Schwankungen aus. Wie weit wagt es sich dabei im Durchschnitt vom Gipfel weg? Ist das eine Frage der S- oder der a_i-Differenz? Denken Sie an die statistische Definition von S. Auch für solche Schwankungen gelten die Bewegungsgleichungen $\dot{a}_i = \sum_k L_{ik}\, \partial S/\partial a_k$. Vergleichen Sie $a_k \dot{a}_i$ und $a_i \dot{a}_k$. Stimmt es, daß vernünftig gewählte Zustandsvariable a_i und a_k unabhängig voneinander schwanken und was folgt daraus? Kann man allgemeine Aussagen über das Zeitmittel von $a_i\, \partial S/\partial a_i$ machen? Kann man a_i und $\partial S/\partial a_k$ als im Zeitmittel orthonormal bezeichnen? Wieso folgt daraus $L_{ik} = L_{ki}$ (**Onsager-Relation**)? Ist die Übertragung auf das Nichtgleichgewicht möglich?

●● 17.2.7. Thermoelektrizität

Zwei Drähte aus verschiedenen Metallen sind an beiden Enden zusammen-

* Die Anregung zu dieser Aufgabe verdanke ich Herrn Stud.-Rat. i. H. *W. Schmidt*.

gelötet. Die Lötstellen 1 und 2 stecken in Thermostaten mit den Temperaturen T_1 und T_2 ($T_1 < T_2$). Ein Draht ist aufgeschnitten, ein Kondensator ist hineingelegt. Welche Variablen beschreiben das System (auf die Details der T- und Potentialverteilung kommt es nicht an, nur auf die Spannung am Kondensator)? Welche Entropieerzeugung findet statt, wenn ein Wärmestrom $\dot{Q}$ von 2 nach 1 bzw. ein elektrischer Strom fließt? Entspricht das den Ansätzen von *Onsager* (Aufgabe 17.2.5)? Grenzfälle: (a) kein elektrischer Strom, ΔT festgehalten; (b) konstante Spannung am Kondensator, $\Delta T = 0$. Können Sie die **Thomson-Beziehung** zwischen **Thermokraft** und **Peltier-Koeffizient** ableiten?

●● 17.2.8. Thermo-mechanische Effekte
Zwei Gefäße 1 und 2, jedes mit konstantem Volumen, sind durch Kapillaren, enge Öffnungen oder Membranen miteinander verbunden. In beiden Gefäßen ist der gleiche Stoff (ein Gas, eine Flüssigkeit, flüssiges Helium), aber Temperaturen oder Drücke können verschieden sein. Bestimmen Sie vernünftige Variable und stellen Sie die Onsager-Gleichungen auf. Grenzfälle: (a) Man hält eine T-Differenz zwischen den Gefäßen aufrecht, (b) man hält eine Druckdifferenz aufrecht. Diskutieren Sie die Zusammenhänge zwischen **thermomolekularer Druckdifferenz**, **Thermoosmose** und **mechano-kalorischem Effekt**. Wie klein müssen die verbindenden Öffnungen sein, damit die Diskussion einen Sinn hat? Im Gas spricht man auch von **Knudsen-Effekten**, im flüssigen Helium vom **Springbrunneneffekt**.

●● 17.2.9. Stationarität
Zwei große Wärmereservoire mit den Temperaturen T_1 und T_2 werden plötzlich durch einen Metallstab verbunden. Was geschieht unmittelbar nach dem Einschieben des Stabes, was geschieht längere Zeit danach? Definieren Sie den Begriff Stationarität. Wie schnell stellt sich ein solcher Zustand ein? Untersuchen Sie die Entropieverhältnisse, besonders im stationären Zustand. Ändert sich dann die Entropie des Stabes noch? Wird ihm Entropie zugeführt? Wie sind beide Aussagen vereinbar? Führen Sie den Begriff der inneren Entropieerzeugung σ ein. Wie groß ist σ im Beispiel? Wie entwickelt sich σ im Lauf der Zeit?

●● 17.2.10. Satz von Prigogine
Beweisen Sie: Ein System sei durch die verallgemeinerten Kräfte $X_1, \ldots, X_n$ gekennzeichnet. k davon, nämlich $X_1, \ldots, X_k$ seien zwangsweise festgehalten. Wenn unter diesen Umständen die Entropieerzeugung minimal sein soll, müssen die den übrigen Kräften zugeordneten Flüsse $J_{k+1}, \ldots, J_n$ verschwinden. Beispiele! Ist die Forderung nach minimaler Entropieerzeugung sinnvoll? Was versteht man unter einer Stationarität k-ter Ordnung (speziell $k = 1$ oder $k = 0$)?

●● 17.2.11. Minimale Entropieerzeugung
Wenn ein System nicht im Gleichgewicht ist, d. h. Entropie erzeugen muß, richtet es sich so ein, daß diese Entropieerzeugung den Umständen entsprechend so klein wie möglich wird. Wieso ist dieser Zustand stabil? Wieso ergibt dieses Prinzip eine erhebliche Erweiterung der Gleichgewichts-Thermodynamik (eigentlich Thermostatik)? Stellen Sie an Beispielen eine ungefähre Zeitskala für die Folge von Zuständen auf: Beliebige Anfangsverteilung von T – stationärer Zustand – Gleichgewicht. *Prigogine* hat gezeigt, daß sich das Prinzip minimaler Entropieerzeugung unter gewissen, z. B. auch biologischen Umständen als „innerer Ordnungstrieb“ auswirken kann. Es führt nicht immer zur Verschmierung der Gegensätze, sondern manchmal auch zur Entstehung **dissipativer Strukturen**.

●● 17.2.12. Isotopieeffekt
In Abb. 17.7 sind die Größen ΔG nicht vom Talboden, sondern von den eingezeichneten etwas höheren Niveaus aus gerechnet. Warum? Um wieviel ungefähr liegt dieses Niveau höher als der Talboden, wenn das in der Reaktion umgesetzte Teilchen ein Proton, ein Deuteron, ein ^{16}O-Atom ein ^{18}O-Atom ist? Spielt die Masse des anderen Partners keine Rolle, oder wie kann man sie berücksichtigen? Eigentlich ist eine ähnliche Korrektur auch für den aktivierten Übergangskomplex anzubringen. Wenn sie dort keine Rolle spielt, welcher Unterschied in den Reaktionsgeschwindigkeiten zwischen H und D bzw. zwischen ^{16}O und ^{18}O ergibt sich dann (**kinetischer Isotopieeffekt**)? Sind die Gleichgewichts-Konzentrationsverhältnisse zwischen den H- und den D-Verbindungen auch verschieden, unter welchen Bedingungen, und um wieviel (**Gleichgewichts-Isotopieeffekt**)? Wie erklären Sie sich, daß die beiden H-Isotope im Meerwasser im Verhältnis 1/6 000, im Antarktis-Eis im Verhältnis 1/11 000 vorkommen?

●● 17.3.1. Glühemission
Die Maxwell-Verteilung liefert für die Emissionsstromdichte aus einer Glühkathode einen um fast drei Größenordnungen falschen Wert (Aufgabe 8.1.2). Korrigieren Sie jetzt diesen Fehler.

● 17.3.2. Supernova
Mitten im **Crab-Nebel**, dem Überrest der von den Chinesen aufgezeichneten **Supernova-Explosion** von 1054 n. Chr., sitzt ein winziger Stern, der völlig periodisch alle 0,033 s einen ungeheuer intensiven Radiopuls von etwa 0,003 s Dauer aussendet. Wenn diese Periodizität von der Rotation des Sterns herrührt (Leuchtturm!), wieso fliegt er dann nicht zentrifugal auseinander? Annahme: Der Stern hat, wie fast alle, etwa Sonnenmasse. Welche Dichte ergibt sich? Vergleichen Sie mit der Dichte der Kernmaterie. Welchen Drehimpuls hat der Stern? Vergleichen Sie mit dem der Sonne.

●● 17.3.3. Pulsar
Die Schärfe der Radiopulse eines **Pulsars** erlaubt ungewöhnliche Beobachtungen Zum Beispiel kommt seine Emission mit $\lambda = 1$ m etwa 0,1 s später bei uns an als die mit $\lambda = 1$ cm. Kann man das auf die **Dispersion**

im interstellaren Plasma zurückführen? Welche Elektronendichte (warum kommt es nur auf die Elektronen an?) muß man dazu annehmen? Abstand des Crab-Pulsars: etwa 4 000 Lichtjahre.

● 17.3.4. Pulsarfeld

Die Sonne hat ein mittleres Magnetfeld von einigen 10^{-4} T. Bei der Kontraktion bleiben die $\boldsymbol{B}$-Linien i. allg. an die Materie gefesselt. Schätzen Sie das Magnetfeld eines Pulsars. Wie groß sind Larmor-Radius und Larmor-Frequenz für verschiedene Teilchen, speziell nichtrelativistische Elektronen? Teilchen welcher Maximalenergie kann ein Pulsar magnetisch speichern?

●● 17.3.5. Kernverdampfung

Analysieren Sie den Effekt in Abb. 13.62. Warum ordnet man gerade die dünnste Spur dem Primärproton zu? Wie hoch dürfte die Energie dieses Primärprotons gewesen sein? Welche Durchschnittsenergien haben die Sekundärteilchen? (Alle Energien im Schwerpunkt- und im Laborsystem!) Wie groß werden die Reichweiten von Primär- und Sekundärteilchen sein?

●● 17.3.6. *Fermis* Theorie des β-Spektrums

Wir berechnen das Energiespektrum der β-Teilchen, d. h. die Wahrscheinlichkeit, mit der das β-Teilchen die Energie W_e mitbekommt, unter folgenden Annahmen bzw. Benutzung folgender Tatsachen: Der Ausgangszustand des Mutter- und der Endzustand des Tochterkerns sind für jeden individuellen Zerfallsakt die gleichen. Wenn trotzdem Elektronen unterschiedlicher Energie entstehen, liegt das daran, daß ein Neutrino den Rest wegführt. Das **Neutrino** ist wegen seiner kleinen (wahrscheinlich verschwindenden) Ruhmasse immer relativistisch, das Elektron manchmal (wann?; jedenfalls sind dann Rechnungen und Ergebnis viel einfacher). Die Wahrscheinlichkeit eines Zerfallsakts, charakterisiert durch eine bestimmte Kombination von Energien und Impulsen von Elektron und Neutrino, ist proportional dem entsprechenden Volumen im Impulsraum. Dieser ist sechsdimensional, weil es sich um zwei Teilchen handelt. Wie sieht das Energiespektrum aus mit relativistischem bzw. nichtrelativistischem Elektron?

●● 17.3.7. Weiße Zwerge

Sterne von ungefähr Sonnenmasse verbringen ihre alten Tage als **Weiße Zwerge**. Warum sie Zwerge werden, ist klar. Aber warum bleiben sie eine ganze Weile weiß? Schätzen Sie ab, welcher Teil des alten Sterns ein normales Gas, welcher ein Fermi-Gas bildet. Wie wird die Temperaturverteilung im Fermi-Gas aussehen? Wird der Weiße Zwerg sich bei weiterem Energieverlust kontrahieren, oder wie wird er sich sonst verändern?

●● 17.3.8. Suprafluidität

Helium 4 wird unter Normaldruck bei 4,211 K flüssig und unterhalb 24 bar niemals fest. Unterhalb des **λ-Punktes** 2,186 K nimmt ^{4}He seltsame Eigenschaften an: Die Viskosität wird immer kleiner und geht für $T \to 0$ ebenso wie die spezifische Wärmekapazität gegen Null, die Wärmeleitfähigkeit wird dagegen sehr groß. Das Helium kriecht in dünner Schicht längs der gemeinsamen Wand aus einem höheren in ein anfangs leeres tieferes Gefäß, wobei das höhere sich erwärmt, das tiefere abkühlt. Ähnliches passiert beim Überströmen durch eine sehr enge Kapillare (**mechanokalorischer Effekt**). Schallwellen breiten sich fast ungedämpft aus. Bei flüssigem ^{3}He kommt nichts dergleichen vor. Erklären Sie alles nach dem **Zwei-Flüssigkeiten-Modell von Tisza**: Bei Abkühlung unter den λ-Punkt sammeln sich immer mehr Teilchen im tiefstmöglichen Energiezustand (**Bose-Einstein-Kondensation**) und bilden die suprafluide Flüssigkeitskomponente.

18

Nichtlineare Dynamik

Den letzten Menschen barg der Urlehm schon,
den Samen für des letzten Sommers Mohn.
Die Note, die der Schöpfungsmorgen schrieb,
dröhnt als des jüngsten Tages Donnerton.

Aus den Rubáiyát des Omar Chayyám (1035–1122)

Une intelligence qui pour un instant donné connaîtrait toutes les forces dont la nature est animée, et la situation respective des êtres qui la composent, si d'ailleurs elle était assez vaste pour soumettre ces données à l'analyse, embrasserait dans la même formule les mouvements des plus grands corps de l'univers et ceux du plus léger atome: Rien ne serait incertain pour elle, et l'avenir comme le passé serait présent à ses yeux.

Pierre Simon de Laplace (1749–1827), Essai philosophique sur les probabilités

„Es kann vorkommen, daß kleine Abweichungen in den Anfangsbedingungen schließlich große Unterschiede in den Phänomenen erzeugen. Ein kleiner Fehler zu Anfang wird später einen großen Fehler zur Folge haben. Vorhersagen werden unmöglich, und wir haben ein zufälliges Ereignis.“

Henri Poincaré, 1903

Inhalt

Einleitung

Man kann sich streiten, ob *Omar Chayyám* oder *Laplace* das Paradigma des Determinismus klarer formuliert hat. *Laplace* zieht noch die stolze und etwas schauerliche Folgerung, im Prinzip könne man alles vorhersagen, wobei er sich auf die überwältigenden Erfolge von *Newtons* Mechanik, besonders der Himmelsmechanik stützt. Die Relativitätstheorie hat dann in gewisser Weise sogar den eleatischen Philosophen, *Parmenides* und *Zenon*, recht gegeben, die jede Veränderung als Illusion entlarvt zu haben glaubten: Wer die Welt vierdimensional sehen könnte, uno aspectu, wie *Pierre Abélard* sagte, der sähe nur einen Zustand, keinen Prozeß. Dem widersprachen Thermodynamik und statistische Physik, allerdings in sehr pessimistischem Sinn: Eine Einbahnstraße der Zeit sei durch den Entropiezuwachs gegeben, Veränderung gebe es noch, aber sie werde einmal ganz erlöschen. Auch nach der Quantenphysik entwickelt sich die ψ-Funktion eines isolierten Systems ganz vorhersagbar, wenn dieses sich anscheinend auch bei jeder Wechselwirkung, speziell mit einem Meßgerät, für eine der „unzähligen möglichen Welten“ entscheidet, wie manche meinen (die ψ-Funktion von Mikrosystem *und* Meßgerät, die natürlich kein Mensch formulieren kann, würde sich bestimmt völlig deterministisch entwickeln). ▶

Prognose ist die zentrale Aufgabe und Bewährung jeder Naturwissenschaft. Was heißt „vorhersagbar"? Eine ganz einfache Frage: Wie heißt die tausendste Dezimale von $\sqrt{7}$? Niemand zweifelt, daß sie objektiv einen bestimmten Wert hat. Bei $\frac{1}{7}$ läßt sie sich sofort angeben: Es wiederholt sich die Periode 142857, und $1\,000 = 4 \bmod 6$, also steht dort eine 8. Bei der irrationalen $\sqrt{7}$ gibt es keine solche „geschlossene" Antwort, sondern nur einen Weg: Man muß vorher auch alle 999 vorausgehenden Ziffern ausrechnen. So kann einen der Frager schnell ins praktisch Unmögliche treiben. Der Schauder, den eine Ahnung hiervon auslöste, hat sich im Namen „irrational" niedergeschlagen, und die alten Griechen argwöhnten, der Entdecker dieser verrückten Zahlen sei nicht zufällig auf der Seefahrt umgekommen.

Wen interessiert aber die tausendste Dezimale? Wir werden Fälle kennenlernen, sehr einfache sogar und völlig determinierte, wo man tatsächlich beliebig viele Dezimalen kennen müßte, um einen weiteren Verlauf zu prognostizieren, weil unsere anfängliche Kenntnis sonst nach sehr kurzer Zeit in völliger Ungewißheit verschwömme, wohlgemerkt ohne jede quantentheoretische Unbestimmtheit. Determiniertheit bedeutet nicht immer Vorhersagbarkeit, falls nichtlineare Zusammenhänge gelten, und die gelten höchstens im Schulbuch nicht. Wir wollen uns der Spekulation enthalten, ob dies unser Gefühl rechtfertigt, keine Hampelmänner irgendeines Fatums zu sein, und unseren Eindruck, daß wenigstens in einigen Ecken des Weltalls fortwährend Neues entsteht. Wir wollen nur einige aufregende Entdeckungen schildern, die meist aus den letzten 10–20 Jahren stammen, und die Sie selbst nachvollziehen und ergänzen können.

18.1 Stabilität

18.1.1 Dynamische Systeme

Ein **dynamisches System** enthält eine oder mehrere Größen $x_1, x_2, x_3, \ldots$, seine *Komponenten*, die sich mit der Zeit ändern. Sein Zustand zur Zeit t ist durch Angabe der Werte $x_1(t), x_2(t), \ldots$ beschrieben. Diese Größen können Teilchen- oder Individuenzahlen bedeuten, physikalische Größen wie Pendelausschläge, Geschwindigkeiten, Feldstärken, wirtschaftliche wie Bruttosozialprodukte, Aktienkurse usw. Wie eine Größe x_i von der Zeit abhängt, ist durch sie selbst oder die übrigen Größen oder alle gemeinsam bestimmt. Ist der Zustand des Systems im folgenden Zeitpunkt mit dem jetzigen durch Gleichungen eindeutig verknüpft, dann spricht man von einer **deterministischen Dynamik**, lassen sich nur Wahrscheinlichkeiten für den Eintritt dieses oder jenes Folgezustandes angeben, von einer **stochastischen** oder **probabilistischen**. Wenn der „folgende Zeitpunkt" nur infinitesimal vom jetzigen entfernt ist, heißt die Dynamik **stetig** und wird durch Differentialgleichungen beschrieben. Wenn diese von erster Ordnung sind, lauten sie allgemein

$$\boxed{\dot{x}_i = f_i(x_1, x_2, x_3, \ldots, t)\,, \quad i = 1, 2, 3, \ldots} \,. \qquad (18.1)$$

Wenn die Zeit t hier nicht explizit auftritt, heißt die Dynamik **autonom**. Gleichungen höherer Ordnung wie eine Schwingungsgleichung $m\ddot{x} + k\dot{x} + Dx = F\cos(\omega t)$ lassen sich auch auf ein (hier nichtautonomes) System erster Ordnung zurückführen, indem man einfach $v = \dot{x}$ als neue Variable einführt:

$$\dot{v} = -\frac{k}{m}v - \frac{D}{m}x + \frac{F}{m}\cos(\omega t)\,, \quad \dot{x} = v\,. \tag{18.2}$$

Oft sind auch diskrete Zeitschritte angebracht, die einen Tag, ein Jahr, eine Generation auseinanderliegen und eine **diskrete** Dynamik ergeben, beschrieben durch Differenzen- oder Iterationsgleichungen:

$$\widetilde{x}_i = F_i(x_1, x_2, x_3, \ldots)\,, \quad i = 1, 2, 3, \ldots\,. \tag{18.3}$$

x_i ist der alte, $\widetilde{x}_i$ der neue Wert der Variablen $x_i(t)$. In Anlehnung an die Programmierschreibweise kann man auch sagen

$$\boxed{x_i \leftarrow F_i(x_1, x_2, \ldots)}\,. \tag{18.3'}$$

In einem Raum mit den Koordinaten $x_1, x_2, \ldots$, dem **Phasenraum**, ist der augenblickliche Zustand des Systems durch einen Punkt dargestellt. Wir fassen also die Größen x_i zu einem Vektor $\boldsymbol{x}$ zusammen. Dieser Punkt verschiebt sich mit der Zeit auf einer Kurve, genannt **Trajektorie** oder **Orbit** (Abb. 18.1), stetig oder sprunghaft, je nach Art der Dynamik. Die Gesamtheit aller Orbits für alle möglichen Anfangswerte heißt **Phasenporträt** des Systems. Abbildungen 18.2–18.5 zeigen Phasenporträts für Vorgänge, die wir von früher her kennen. Vom Standpunkt dieses Kapitels sind sie nicht sehr typisch: Entweder umkreisen sie ihren Fixpunkt (Abb. 18.2), statt in ihn zu münden, oder dieser liegt im Unendlichen (Abb. 18.3), oder er wird durch das Eingreifen des Erdbodens künstlich erzeugt.

✘ Beispiel...

Erklären Sie das Phasenproträt von Abb. 18.2.

In der Kugel ($r < R$) gilt ein lineares Kraftgesetz, das die Ellipsen des Sinuspendels erzeugt, außerhalb $F \sim 1/r^2$ (Orbits s. Aufgabe 18.1.12). Der Übergang zwischen beiden erfolgt stetig und knickfrei: Wegen $v'v = \dot{v}$ würde ein Knick in v' auch eine Unstetigkeit in F bedeuten.

Der Vektor $\dot{\boldsymbol{x}} = (\dot{x}_1, \dot{x}_2, \ldots)$ ist direkt die Geschwindigkeit des Systempunktes im Phasenraum. An manchen Stellen ist $\dot{\boldsymbol{x}} = \boldsymbol{0}$. Solche Stellen heißen **Fixpunkte**, singuläre oder stationäre Punkte. Bei deterministischer Dynamik – nur davon reden wir zunächst – kann durch jeden Punkt nur genau ein Orbit gehen; nur in einem Fixpunkt können mehrere Orbits zusammenlaufen, allerdings nur asymptotisch, da ja die Geschwindigkeit $\dot{\boldsymbol{x}}$ mit Annäherung an den Fixpunkt gegen $\boldsymbol{0}$ geht. Ein stabiler Fixpunkt ist ein **Attraktor** für Orbits. Bei nichtlinearen Systemen gibt es auch nichtpunktförmige Attraktoren, z. B. Kurven, in die mehrere Orbits asymptotisch einmünden. Sie heißen **Grenzzyklen**. Systeme mit mehr als zwei Komponenten, also mit drei- oder höherdimensionalen Phasenräumen, können auch räumliche Gebilde, z. B. autoreifenähnliche **Tori** als Attraktoren enthalten.

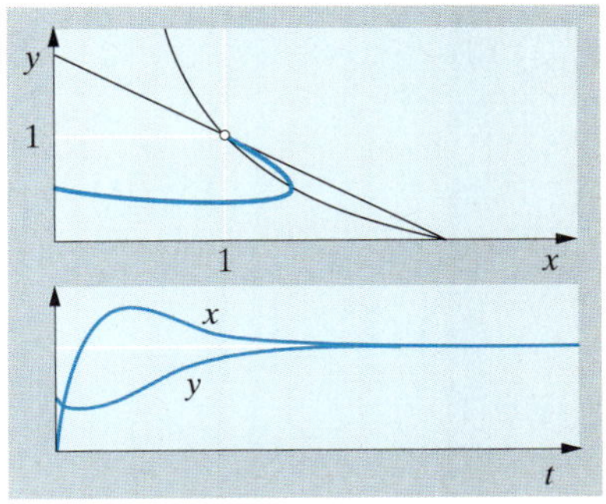

Abb. 18.1. Verhalten eines kontinuierlichen Fermenters, beschrieben durch $x' = d - x - xy$, $y' = xy - y$ mit $d = 2{,}3$ (x: Substrat-, y: Mikroorganismen-Konzentration, beide normiert). *Unten*: $x(t)$- und $y(t)$-Verlauf, *oben*: Phasendiagramm $y(x)$

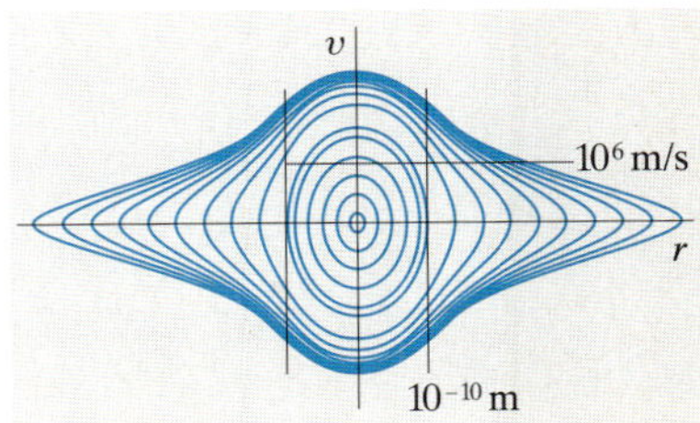

Abb. 18.2. Phasenporträt eines Elektrons innerhalb und außerhalb einer homogen positiv geladenen Kugel (Atommodell von *Thomson*). Für den Fall aus großer Höhe durch einen Schacht, der der ganzen Erdachse folgt, gilt dasselbe, falls kein Luftwiderstand herrscht

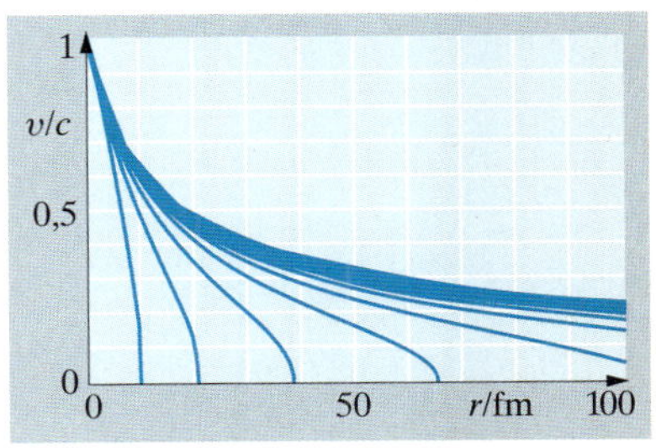

Abb. 18.3. Phasenporträt eines Elektrons, das aus einem gewissen Abstand kommend von einem Proton angezogen wird (vgl. Aufgabe 18.1.12; hier relativistisch berechnet)

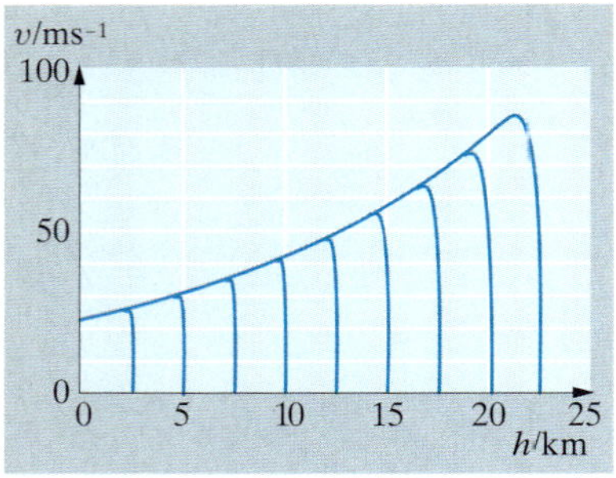

Abb. 18.4. Phasenporträt eines Menschen, der aus einem Flugzeug springt, vor Öffnung des Fallschirms. Die Luftdichte soll exponentiell von der Höhe abhängen (vgl. Aufgabe 18.1.13)

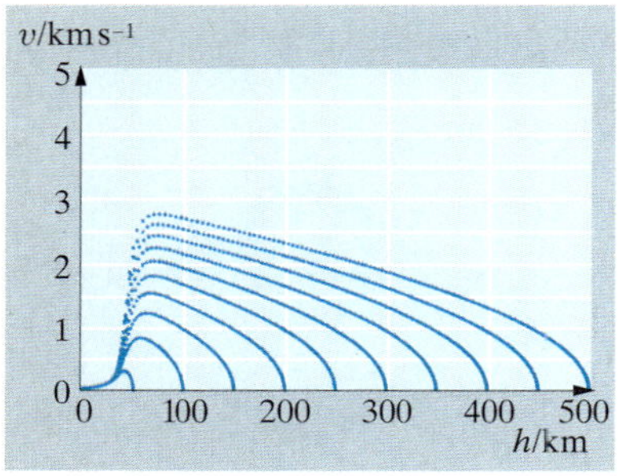

Abb. 18.5. Phasenporträt eines Satelliten, der aus der Höhe h_0 radial auf die Erde stürzt. Luftdichte und Erdbeschleunigung hängen von der Höhe ab (Aufgabe 18.1.14)

Schließlich findet man auch in ganz einfachen, speziell in diskreten Systemen Attraktoren von sehr verschlungener, fraktaler Struktur, **seltsame Attraktoren**. Ein Fixpunkt kann auch instabiler Repulsor sein: Jeder Systempunkt, der nur ganz wenig neben ihm lag, entfernt sich immer weiter von ihm.

18.1.2 Stabilität von Fixpunkten

Wie entscheidet man, ob ein Fixpunkt stabil oder instabil ist? Die folgende Methode gilt zunächst nur für stetige autonome deterministische Systeme, läßt sich aber mutatis mutandis auf diskrete übertragen. Wir sprechen zunächst von linearen Systemen, beschrieben durch lineare Gleichungen

$$\dot{x}_i = a_{i1}x_1 + a_{i2}x_2 + \ldots + b_i\,, \tag{18.4}$$

oder in Matrix-Schreibweise

$$\dot{\boldsymbol{x}} = \boldsymbol{A}\boldsymbol{x} + \boldsymbol{b}\,. \tag{18.4$'$}$$

Zunächst beseitigen wir $\boldsymbol{b}$ durch eine Nullpunktsverschiebung im $\boldsymbol{x}$-Raum, nämlich $\boldsymbol{y} = \boldsymbol{x} - \boldsymbol{v}$, wobei $\boldsymbol{v}$ die Lösung der inhomogenen Gleichung $\boldsymbol{A}\boldsymbol{v} = \boldsymbol{b}$ ist. Dann wird

$$\dot{\boldsymbol{y}} = \boldsymbol{A}\boldsymbol{y}\,. \tag{18.5}$$

Jetzt brauchen wir die Begriffe **Eigenwert** und **Eigenvektor**. Wendet man eine Matrix $\boldsymbol{A}$ auf einen Vektor $\boldsymbol{y}$ an, entsteht ein neuer Vektor $\boldsymbol{A}\boldsymbol{y}$, der i. allg. eine andere Richtung hat als $\boldsymbol{y}$. Die Ausnahmen heißen Eigenvektoren von $\boldsymbol{A}$: Für sie ist $\boldsymbol{A}\boldsymbol{y}$ parallel oder antiparallel zu $\boldsymbol{y}$, es gilt

$$\boldsymbol{A}\boldsymbol{y} = \lambda\boldsymbol{y}\,. \tag{18.6}$$

Jedes Vielfache $c\boldsymbol{y}$ eines Eigenvektors ist wieder ein Eigenvektor. Zunächst betrachten wir nur reelle Eigenwerte λ.

Wenn ein Systempunkt $\boldsymbol{y}$ Endpunkt eines Eigenvektors der Systemmatrix ist, sieht man leicht, was mit der Zeit aus ihm wird:

$$\dot{\boldsymbol{y}} = \boldsymbol{A}\boldsymbol{y} = \lambda\boldsymbol{y} \Rightarrow \boldsymbol{y} = \boldsymbol{y}_0\,\mathrm{e}^{\lambda t}\,, \tag{18.7}$$

der Punkt verschiebt sich in Richtung oder Gegenrichtung zu $\boldsymbol{y}$. Bei $\lambda > 0$ entweicht er so beschleunigt ins Unendliche, und zwar exponentiell, wie (18.7) zeigt. Bei $\lambda < 0$ wandert er ebenfalls exponentiell, aber verlangsamt gegen den Fixpunkt $\boldsymbol{y} = \boldsymbol{0}$, beidemal auf der zu $\boldsymbol{y}_0$ parallelen Geraden.

Ein System aus n Komponenten hat eine n-reihige Systemmatrix, und diese besitzt n i. allg. verschiedene Eigenwerte λ_i und Eigenvektoren $\boldsymbol{y}_i$. Die Eigenvektoren sind linear unabhängig, d. h. sie spannen den ganzen n-Raum auf: Jeder Vektor $\boldsymbol{x}$ läßt sich aus ihnen linearkombinieren: $\boldsymbol{x} = \sum c_i\boldsymbol{y}_i$. Damit ist klar, was aus $\boldsymbol{x}$ wird:

$$\boldsymbol{x} = \sum c_i\boldsymbol{y}_{i0}\,\mathrm{e}^{\lambda_i t}\,. \tag{18.8}$$

Wenn alle Eigenwerte negativ sind, geht jedes $\boldsymbol{x}$ gegen 0, der Fixpunkt ist stabil (Talgrund im Potentialgebirge). Sind alle λ_i positiv, entweicht jedes $\boldsymbol{x}$ ins Unendliche (Gipfel). Sonst gibt es Richtungen, wo das eine, und solche, wo das andere eintritt (Paß oder Sattel). Abbildung 18.6 und Aufgabe

18.1.2 klassifizieren die möglichen Verhaltensweisen eines linearen Systems zweiter Ordnung, auch für komplexe Eigenwerte.

Diese Analyse läßt sich auf nichtlineare Systeme übertragen, wenn man hinreichend nahe am untersuchten Fixpunkt bleibt. Es sei

$$\dot{x}_i = f_i(x_1, x_2, \ldots)\,, \qquad (18.1)$$

und x_i^* sei ein Fixpunkt, also $f_i(x_1^*, x_2^*, \ldots) = 0$. Dann lautet die Taylor-Entwicklung um diesen Punkt mit $u_i = x_i - x_i^*$

$$\dot{u}_i \approx f_i(x_1^*, x_2^*, \ldots) + \sum \frac{\partial f_i}{\partial x_k} u_k = \sum \frac{\partial f_i}{\partial x_k} u_k\,. \qquad (18.9)$$

Die höheren Reihenglieder sind klein, weil wir nahe am Fixpunkt sind. Die Matrix der $\partial f_i/\partial x_k = f_{i,k}$, die **Jacobi-Matrix**, spielt hier die Rolle der Systemmatrix $\boldsymbol{A}$.

Eine etwas andere Betrachtung führt zum gleichen Ergebnis, ausgehend von $\dot{\boldsymbol{x}} = \boldsymbol{A}\boldsymbol{x}$. Man drehe das Koordinatensystem mittels einer orthogonalen Drehmatrix $\boldsymbol{D}$. So geht $\boldsymbol{x}$ über in $\boldsymbol{z} = \boldsymbol{D}\boldsymbol{x}$, und $\dot{\boldsymbol{z}} = \boldsymbol{D}\boldsymbol{A}\boldsymbol{x} = \boldsymbol{D}\boldsymbol{A}\boldsymbol{D}^{-1}\boldsymbol{z}$. Es gibt immer eine Matrix $\boldsymbol{D}$, bei der $\boldsymbol{D}\boldsymbol{A}\boldsymbol{D}^{-1}$ Diagonalform, also Werte λ_i in der Diagonalen, sonst überall Nullen hat. Nach den Regeln der Matrix-Vektor-Multiplikation ist dann einfach $\dot{z}_i = \lambda_i z_i$ mit der Lösung $z_i = z_{i0}\,\mathrm{e}^{\lambda_i t}$ bei reellem λ_i. Bei komplexem $\lambda_i = \mu_i + \mathrm{i}\omega_i$ ist $z_i = z_{i0}\,\mathrm{e}^{\mu_i t}\cos(\omega_i t)$. Man sieht leicht, daß die λ_i die Eigenwerte, die Spaltenvektoren der Drehmatrix $\boldsymbol{D}$ die Eigenvektoren von $\boldsymbol{A}$ sind. Den Fall reeller λ_i kennen wir schon, rein imaginäre $\lambda_i = \mathrm{i}\omega_i$ bedeuten Rotation um den Fixpunkt auf Ellipsen, komplexe λ_i Spiralen, einwärts oder auswärts, je nachdem ob die Realteile der λ_i negativ oder positiv sind. Wir müssen also das Stabilitätskriterium präzisieren:

> Ein Fixpunkt ist stabil, wenn alle Eigenwerte negative Realteile haben.

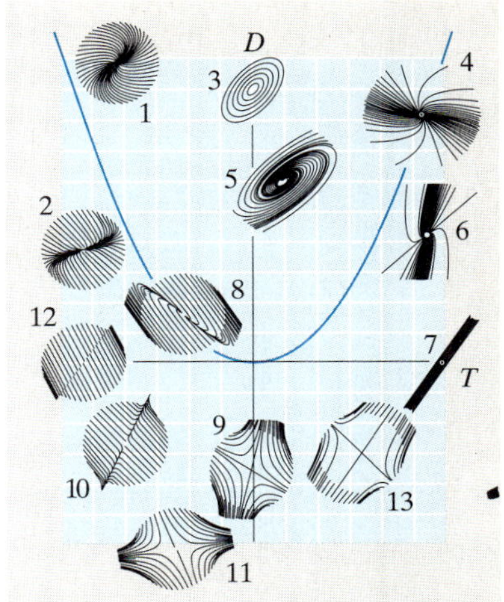

Abb. 18.6. Schon lineare stetige Systeme mit zwei Komponenten zeigen vielgestaltige Phasenporträts, hier klassifiziert nach den Werten der Systemdeterminante $D = a_{11}a_{22} - a_{12}a_{21}$ und der Spur $T = a_{11} + a_{22}$. Die Parabel $D = T^2/4$ umschließt die Spiralporträts mit zwei konjugiert komplexen Eigenwerten; die Senkrechte $T = 0$ trennt die Systeme mit stabilem bzw. instabilem Fixpunkt (vgl. die Aufgaben zu 18.1). Die Eigengeraden, soweit reell, sind angedeutet

✘ Beispiel ...

Können für ein stetiges lineares System zweiter Ordnung bei $4D > T^2$ beide Drehrichtungen der Spiralen bzw. Ellipsen vorkommen? Wovon hängt das ab?

Man braucht nur zu prüfen, in welchem Sinn die Orbits z. B. die x-Achse überqueren. Dort ist $y = 0$, also $y = cx$. Bei $c < 0$ laufen alle Orbits im Uhrzeigersinn. Für die y-Achse ergibt sich dasselbe bei $b > 0$. Da $4D > T^2$ nur möglich ist bei $bc < 0$, können sich beide Bedingungen nie widersprechen.

Für *diskrete Systeme* überlegt man ganz ähnlich: Es sei $\boldsymbol{x} \leftarrow \boldsymbol{A}\boldsymbol{x}$. Ist $\boldsymbol{x}$ Eigenvektor von $\boldsymbol{A}$, behält $\boldsymbol{x}$ seine Richtung bei $(\lambda > 0)$ oder klappt sie um $(\lambda < 0)$ und wird betragsmäßig größer oder kleiner, je nachdem ob $|\lambda| \gtrless 1$ ist.

> Für diskrete Systeme herrscht Stabilität, wenn die Realteile aller Eigenwerte Beträge < 1 haben.

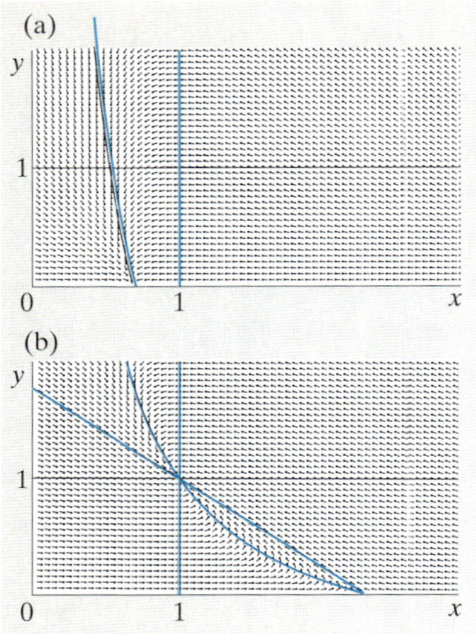

Abb. 18.7a, b. Richtungsfeld für das System $x' = d - x - xy$, $y' = y(x-1)$, das einen einfachen kontinuierlichen Fermenter (Aufgabe 18.3.26) darstellt. (a) $d = 0{,}7$, (b) $d = 2{,}3$

Bei nichtlinearen diskreten Systemen gilt in der Umgebung eines Fixpunktes sinngemäß dasselbe.

18.1.3 Der Phasenraum deterministischer Systeme

Der Zustand eines deterministischen dynamischen Systems n-ter Ordnung, das also n Komponenten $x_1, x_2, \dots, x_n$ hat, zur Zeit t ist gegeben durch die Werte $x_1(t), x_2(t), \dots, x_n(t)$. Er läßt sich übersichtlich durch einen einzigen Punkt in einem Raum mit den Koordinaten $x_1, x_2, \dots, x_n$ darstellen. Im Laufe der Zeit wandert der Systempunkt in diesem Raum und beschreibt dabei eine Trajektorie oder ein Orbit. Bei stetigen Systemen ist die Trajektorie eine zusammenhängende Kurve, bei diskreten eine Punktfolge.

Ein stetiges System erster Ordnung, beschrieben durch $\dot{x} = f(x)$, hat eine Gerade als Phasenraum. Auf ihr kann sich der Phasenpunkt nur in einer Richtung bewegen, umkehren kann er nie. Sonst gäbe es ja Punkte, die er mal nach rechts, mal nach links passiert, was dem Determinismus und der Eindeutigkeit der Funktion $f(x)$ widerspräche: Diese gibt ja für jedes x ein eindeutiges Vorzeichen von $\dot{x}$. Alle Lösungen sind monoton steigend oder monoton fallend, je nachdem, ob man in einem Bereich positiver oder negativer $f(x)$ beginnt. Falls man hier die Wahl hat, gibt es mindestens eine Nullstelle von $f(x)$. Das ist dann ein Fixpunkt, dem sich x asymptotisch nähert oder von dem es wegstrebt. Stabil ist eine Nullstelle mit $f' < 0$, sie wird von links mit $\dot{x} = f > 0$ wie von rechts mit $\dot{x} = f < 0$ angestrebt; instabil ist eine mit $f' > 0$. Je zwei stabile Fixpunkte müssen durch einen instabilen getrennt sein, der die Grenze zwischen den beiden **Einzugsgebieten** bildet. Auch $+\infty$ oder $-\infty$ fungiert manchmal als Fixpunkt, stabil oder instabil.

Bei stetigen Systemen zweiter Ordnung gibt es schon mehr Verhaltensmöglichkeiten, hier in der x, y-Phasenebene. Man gewinnt einen Überblick, wenn man an möglichst vielen Punkten ein Linienelement mit der Steigung $\mathrm{d}y/\mathrm{d}x = f(x,y)/g(x,y)$ zeichnet. Die Trajektorien müssen sich in dieses **Richtungsfeld** von Tangentenrichtungen einschmiegen (Abb. 18.7), ebenso wie die Feldlinien gegeben sind als die Kurven, deren Tangentenvektor jeweils der Feldstärkevektor ist. Die Konstruktion wird erleichtert, wenn man zuerst die **Isoklinen**, die Linien gleicher Steigung $\mathrm{d}y/\mathrm{d}x$ zeichnet. Auf ihnen kann man dann überall parallele Strichlein anbringen. Besonders wichtig sind die **Nullklinen** mit $f(x,y) = 0$ oder $g(x,y) = 0$. Sie zerlegen die Ebene in Gebiete; in einem solchen Gebiet zeigen die Richtungspfeile z. B. alle nach links oben. Nullklinen schneiden sich nur in Fixpunkten, wo $f = g = 0$ ist.

Ein stabiler Fixpunkt hat ein Stück der Ebene als Einzugsbereich, nämlich alle Punkte, von denen aus die Trajektorie diesem Fixpunkt zustrebt. Wenn es mehrere stabile Fixpunkte gibt, sind ihre Einzugsbereiche durch eine Kurve, die **Separatrix**, getrennt. Sie muß selbst auch eine Trajektorie sein, denn von irgendeinem ihrer Punkte aus darf man ja keinen der beiden Fixpunkte ansteuern.

Der Determinismus verlangt wieder, daß die einzigen Punkte, die mehreren Trajektorien angehören, Attraktoren sind. Außer stabilen oder instabilen Fixpunkten, wo mehrere Trajektorien enden bzw. beginnen, kann es jetzt aber auch linienhafte Attraktoren geben, genannt **Grenzzyklen**. Das sind also Kurven, in die alle Trajektorien asymptotisch einmünden, die aus einem bestimmten Einzugsgebiet stammen. Eine solche Kurve muß entweder selbst wieder in einen Fixpunkt einlaufen, oder sie muß in sich selbst zurücklaufen (eigentlicher Grenzzyklus).

Wenn ein stabiler Fixpunkt ein allseitig begrenztes Einzugsgebiet hat, also durch eine in sich geschlossene Separatrix vom Rest der Ebene abgetrennt ist, kann man aus einem solchen System sehr leicht eines mit Grenzzyklus herstellen: Man kehrt einfach die Vorzeichen der Funktionen f und g um. Die Zeit läuft dann andersherum, alle Trajektorien werden im umgekehrten Sinn durchlaufen. Stabile Fixpunkte werden instabil, instabile werden allerdings nur stabil, wenn sie Knoten sind; Sättel haben ja immer attraktive und repulsive Richtungen. Eine geschlossene Separatrix wird ein Grenzzyklus und umgekehrt.

Existenz und Lage von Grenzzyklen sind nicht so leicht festzustellen wie die von Fixpunkten. Es gibt eigentlich nur ein Kriterium, das ebenso trivial klingt wie es schwierig anzuwenden ist: Wenn es in der Phasenebene eine geschlossene Kurve gibt, längs der alle Richtungspfeile ins Innere dieser Kurve zeigen, kann ja keine Trajektorie daraus entweichen. Es muß dort drinnen einen stabilen Fixpunkt geben oder einen Grenzzyklus (*Poincaré-Bendixson*). Wie findet man eine geschlossene Kurve mit dieser Eigenschaft? Manchmal mit Hilfe einer **Ljapunow-Funktion**. Das ist eine Funktion $L(x, y)$, die längs jeder Trajektorie ständig abnimmt. Für mechanische Probleme mit Reibung hat die Energie $W(x, y)$ diese Eigenschaft, denn zeitliche Abnahme heißt auch Abnahme längs der Trajektorie. Jede Niveaulinie $W = \text{const}$ umschließt dann den oder die Attraktoren, und alle Trajektorien kreuzen sie in Einwärts-Richtung.

Ob ein Grenzzyklus stabil ist, d. h. ob sich benachbarte Trajektorien ihm asymptotisch nähern, prüft man mit Hilfe eines Poincaré-Schnittes. Das ist eine Fläche im dreidimensionalen, eine Linie im zweidimensionalen Phasenraum, durch die der Grenzzyklus und ihm benachbarte Trajektorien periodisch treten (Abb. 18.8). Der Grenzzyklus zeichnet sich so als Fixpunkt ab, die Durchstoßpunkte der anderen Trajektorien umgeben ihn als Punktwolke. Wenn diese von Umlauf zu Umlauf enger wird, ist der Zyklus stabil. So hat man die stetige Dynamik n-ter Ordnung in eine diskrete $(n - 1)$-ter Ordnung übergeführt. Wie die Durchstoßpunkte von Umlauf zu Umlauf springen, wie die Poincaré-Abbildung aussieht, ist allerdings meist sehr mühsam zu berechnen.

Systeme dritter und höherer Ordnung können natürlich Fixpunkte und Grenzzyklen haben, aber auch Attraktoren höherer Dimension, z. B. Flächen. Auch hier kann man sagen: Bei Zeitumkehr geht eine solche in sich geschlossene Attraktorfläche, ein **Torus**, in eine Separatrix über. Außerdem sind jetzt aber auch Trajektorien möglich, die in keinen der genannten Attraktoren einmünden, sondern *chaotisch* umherlaufen. Ihre Spur, lange genug verfolgt, hat eine **fraktale** Struktur und wird als **seltsamer Attraktor** bezeichnet.

Ein stetiges System zweiter Ordnung kann kein Chaos zeigen. Das folgt aus der Topologie der Ebene. Ein Radler fahre unbeschränkt lange in einem

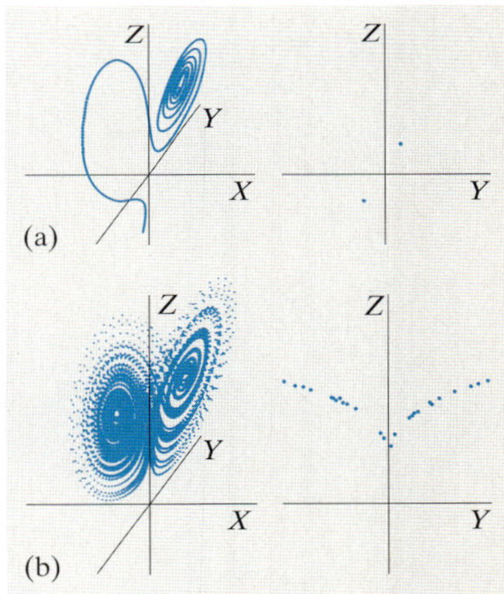

Abb. 18.8a, b. Ein Orbit des Lorenz-Systems (18.69) besteht i. allg. aus zwei Flügeln. Der Übergang zwischen ihnen erfolgt zu unvorhersagbaren, weil empfindlich von den Anfangsbedingungen abhängigen Zeiten. *Rechts* der Poincaré-Schnitt, bestehend aus den Durchstoßpunkten durch die Y, Z-Ebene, d. h. den Übergängen zwischen den beiden Flügeln. (a) $\alpha = 6$, $\beta = 20$, $\gamma = 4$: Eine Exkursion in den anderen Flügel, dann aber doch Spirale zum stabilen Fixpunkt; (b) $\alpha = 10$, $\beta = 30$, $\gamma = 3$: Kein stabiler Fixpunkt, seltsamer Attraktor, Übergang zum anderen Flügel zu unvorhersagbaren Zeiten, aber immer auf einem V-förmigen Poincaré-Schnitt in der Y, Z-Ebene

beschränkten Gebiet umher, wobei er sich deterministisch verhält: An jedem Punkt kann er nur in einer ganz bestimmten Richtung weiterfahren. Irgendwann muß er auf seine eigene Spur stoßen oder sich ihr asymptotisch nähern. An einem Punkt angekommen, wo er schon war, muß er entweder dort haltmachen (Fixpunkt) oder genauso weiterfahren wie vorher (Grenzzyklus). Für einen Irrflieger im Raum gilt das nicht: Er kann beliebig lange chaotisch umherirren.

Diskrete Systeme brauchen sich an keine der genannten Einschränkungen zu halten. Diese gelten für eine stetig kriechende Schnecke, nicht für einen Floh. Der kann, selbst wenn er auf einer Wäscheleine umherhopst (System erster Ordnung) über seine früheren Orte drüberspringen, oder in der Ebene über seine frühere Spur. Schon ein diskretes System erster Ordnung kann also alle Verhaltensweisen zeigen: Monotones oder gedämpft schwingendes Streben gegen einen Fixpunkt, periodisches Schwingen, chaotisches Umherirren. Wir werden alle aufgezählten Verhaltensweisen stetiger und diskreter Systeme an Beispielen kennenlernen.

Wir verfolgen die Schar aller Trajektorien, die von den Punkten eines begrenzten Volumens im Phasenraum ausgehen. Eine bestimmte Zeit später hat dieses Volumen eine andere Form, aber für mechanische Systeme, deren Gesamtenergie erhalten bleibt (**konservative Systeme**), hat es immer noch dieselbe Größe. Die Phasenpunkte strömen wie eine inkompressible Flüssigkeit. Für deren Geschwindigkeit $\boldsymbol{v}$ gilt ja die Kontinuitätsgleichung $\operatorname{div} \boldsymbol{v} = 0$. Im Phasenraum hat die Geschwindigkeit für ein System aus n Teilchen die $2n$ Komponenten $\dot{x}_i, \ddot{x}_i$, wofür man im mechanischen Fall auch $\dot{x}_i, \dot{p}_i$ setzen kann (Maßstabsänderung mit $p_i = m\dot{x}_i$). Die Gesamtenergie läßt sich durch die **Hamilton-Funktion** $H = T + U$ aus kinetischer Energie $T(\boldsymbol{p})$ und potentieller $U(\boldsymbol{x})$ zusammensetzen. Für sie gelten die **kanonischen Gleichungen** $\partial H/\partial p_i = \partial T/\partial p_i = \dot{x}_i$, $\partial H/\partial x_i = \partial U/\partial x_i = -\dot{p}_i$ von *Hamilton*, wie im Fall eines Massenpunktes sofort aus *Newtons* Axiomen folgt ($T = \frac{1}{2}p^2/m, \dot{\boldsymbol{p}} = \boldsymbol{F} = -\operatorname{grad} U$). Als Divergenz der Phasenraum-Geschwindigkeit ist dann eine Größe mit den Komponenten $\partial\dot{p}_i/\partial p_i + \partial\dot{x}_i/\partial x_i$ aufzufassen, und das ist dank der kanonischen Gleichungen nichts anderes als $-\partial(\partial H/\partial x_i)/\partial p_i + \partial(\partial H/\partial p_i)/\partial x_i$, was wegen der Vertauschbarkeit der Ableitungen identisch verschwindet. Für konservative Systeme gilt also der **Satz von *Liouville*** (Abschn. 17.2.7) über die zeitliche Konstanz eines von Phasenpunkten erfüllten Volumens. Bekommt das System Energie zugeführt (durch Fremderregung oder Abruf aus einer Quelle bei Selbsterregung) oder entzogen (durch Reibung u. ä.), ist es also **dissipativ**, kann sich das Phasenvolumen ändern. Es kann durch Energieverlust bis auf einen Punkt (Fixpunkt), eine Kurve (Grenzzyklus) schrumpfen, allgemein auf einen Attraktor niedrigerer Dimension. Das heißt aber nicht, daß Trajektorien mit benachbarten Startpunkten auch später benachbart bleiben. Sie können trotz der Volumenschrumpfung stark auseinanderstreben. Darin liegt die „Seltsamkeit" chaotischer Attraktoren. Bei Energiegewinn erweitert sich das Volumen, u. U. unbegrenzt.

18.2 Nichtlineare Schwingungen

18.2.1 Pendel mit großer Amplitude

Daß die Schwingungsdauer eines Schwerependels nicht von der Amplitude abhängt, gilt nur für sehr kleine Schwingungen (Abb. 18.9), bei denen man die Gleichung linearisieren, nämlich $\sin\alpha$ durch α ersetzen kann:

$$l\ddot{\alpha} = -g\sin\alpha \approx -g\alpha\,. \tag{18.10}$$

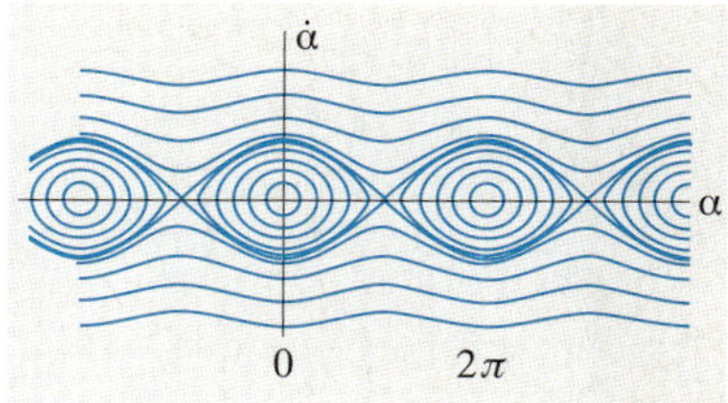

Abb. 18.9. Phasenporträt des mathematischen Pendels. Die cosinusförmige Separatrix trennt die Schwingungen von den Trajektorien mit Überschlag über den höchsten Punkt ($\alpha = \pi$)

Für genaue Pendeluhren, wie sie vor Einführung der Funknavigation zur Bestimmung der geographischen Länge auf See unentbehrlich waren, ergibt sich daraus ein Problem: Ganggenauigkeit ist nur gewährleistet, wenn man entweder die Amplitude exakt konstant hält, was auf See fast unmöglich ist, oder wie *Huygens* eine **tautochrone Aufhängung** benutzt (Aufgabe 1.5.11).

Eine Gleichung zweiter Ordnung wie $l\ddot{\alpha} = -g\sin\alpha$ muß zweimal integriert werden, bis man auf $\alpha(t)$ kommt. Der Energiesatz erspart eine Integration: $\frac{1}{2}ml^2\dot{\alpha}^2$ ist die kinetische, $mgl(\cos\alpha - \cos\alpha_0)$ die potentielle Energie, vom Vollausschlag an gerechnet, also

$$\begin{aligned} \dot{\alpha} &= \sqrt{\frac{2g}{l}(\cos\alpha - \cos\alpha_0)} \\ \text{d. h.} \quad \int \frac{\mathrm{d}\alpha}{\sqrt{\cos\alpha - \cos\alpha_0}} &= \sqrt{\frac{2g}{l}}\,t\,. \end{aligned} \tag{18.11}$$

Zwischen $\alpha = 0$ und $\alpha = \alpha_0$ liegt eine Viertelperiode, also ist diese Periode

$$T = 4\sqrt{\frac{l}{2g}}\int_0^{\alpha_0} \frac{\mathrm{d}\alpha}{\sqrt{\cos\alpha - \cos\alpha_0}}\,. \tag{18.12}$$

Die zweite Integration ist schwieriger. Sie können sie in Aufgabe 18.2.2 nachvollziehen. Sie liefert mit $k = \sin\alpha_0/2$, $T_0 = 2\pi\sqrt{l/g}$

$$\begin{aligned} T &= 2\pi\sqrt{\frac{l}{g}}\sum_{n=0}^{\infty}\binom{-\frac{1}{2}}{n}k^{2n} \\ &= T_0\left(1 + \frac{1}{4}\sin^2\frac{\alpha_0}{2} + \frac{9}{64}\sin^4\frac{\alpha_0}{2} + \dots\right) \end{aligned} \tag{18.13}$$

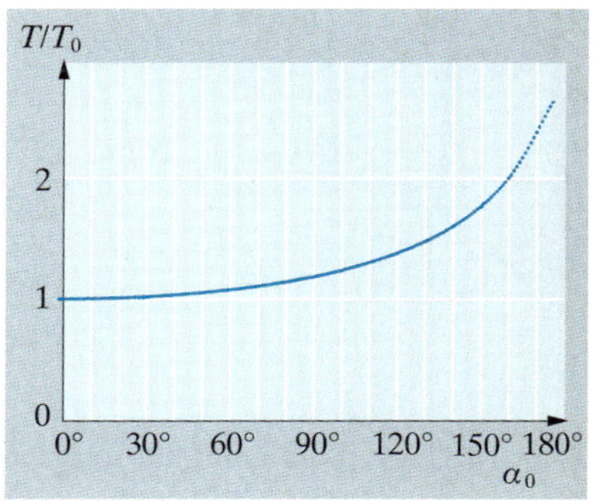

Abb. 18.10. Abhängigkeit der Periode T des mathematischen Pendels von seiner Winkelamplitude α_0. Zur Berechnung wurden jedesmal 150 Glieder der Reihe (18.13) aufsummiert, und trotzdem geht die Kurve nahe 180° zu stark gegen Unendlich

(Abb. 18.10). Um diese Abweichung von der Isochronie auszugleichen, erfand *Huygens* das Zykloidenpendel (Aufgabe 1.5.11). Nicht umsonst gab die Admiralität *James Cook* die beste damals verfügbare Uhr mit, als er auf Tahiti den Venusdurchgang vor der Sonnenscheibe zeitlich vermessen sollte, um zusammen mit der gleichen Beobachtung in Greenwich den Abstand Sonne–Erde zu bestimmen. Mit der gleichen Uhr vermaßen übrigens später *Mason* und *Dixon* die Grenze zwischen Nord- und Südstaaten der USA, die Mason-Dixon-Linie, nach der der Süden heute noch Dixieland heißt.

18.2.2 Erzwungene Schwingungen mit nichtlinearer Rückstellkraft

Die Seitenansicht eines symmetrischen Potentialtopfes läßt sich in erster Näherung durch eine Parabel, in zweiter durch ein Polynom vierten Grades $U = a + bx^2 + cx^4$ darstellen und übt auf ein Teilchen eine Kraft proportional $x + \alpha x^3$ aus. Mit $\alpha = -\frac{1}{6}$ gilt diese Näherung auch für die sin-Reihe beim Schwerependel. Eine zu stark komprimierte Spiralfeder wird meist härter, hat also $\alpha > 0$ (allerdings selten ein symmetrisches Potential: Bei Überdehnung wird sie eher weicher). Ein solcher nichtlinearer Schwinger (**Duffing-Schwinger**) verhält sich ganz merkwürdig, wenn man ihn periodisch anstößt:

$$m\ddot{x} + Dx + Ex^3 + k\dot{x} = F\cos(\omega t)\,. \tag{18.14}$$

Zunächst lassen wir die Dämpfung $k\dot{x}$ weg. Die stationäre Schwingung nach Abklingen des Einschwingvorganges wird auch periodisch mit ω sein, aber kein einfacher Cosinus, sondern sie wird Oberschwingungen enthalten. Wir versuchen es mit zeitsymmetrischen $\cos(k\omega t)$:

$$x = \sum_{k=0}^{\infty} x_k \cos(k\omega t)\,, \quad \dot{x} = -\sum_{k=1}^{\infty} x_k k\omega \sin(k\omega t)\,,$$
$$\ddot{x} = -\sum_{k=1}^{\infty} x_k k^2\omega^2 \cos(k\omega t)\,. \tag{18.15}$$

Wenn E klein ist, braucht man im Störglied nur die größte, die Grundschwingung: $Ex^3 = Ex_1\cos^3(\omega t)$. Zum Vergleich mit den anderen Gliedern müssen wir dies auf die Form $\cos(k\omega t)$ bringen: $\cos^3(\omega t) = \frac{3}{4}\cos(\omega t) + \frac{1}{4}\cos(3\omega t)$ (man findet das, wenn man $e^{3i\omega t}$ umschreibt).

✘ Beispiel . . .

Stellen Sie $\sin^n x$ und $\cos^n x$ durch Summen von Gliedern der Form $\sin kx$ bzw. $\cos kx$ dar. Dasselbe für $\cos^2 x \sin x$ usw.

Alle genannten Ausdrücke kommen in der Binomialentwicklung von $e^{inx} = \cos(nx) + i\sin(nx) = (\cos x + i\sin x)^n$ vor. Man sammle und vergleiche die Real- bzw. Imaginärteile, z. B. für $n = 3$: $\cos(3x) = \cos^3 x - 3\cos x \sin^2 x = 4\cos^3 x - 3\cos x$. Auch $\cos^2 x \sin x$ kommt in dieser Entwicklung vor: $\sin(3x) = 3\cos^2 x \sin x - \sin^3 x = 4\cos^2 x \sin x - \sin x$.

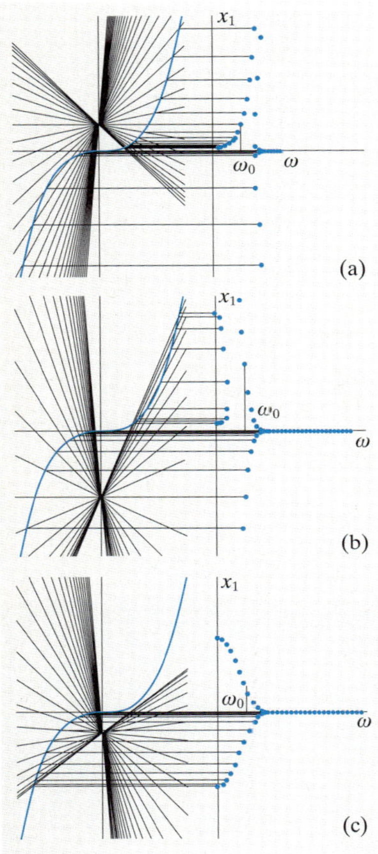

Abb. 18.11a–c. So kommt die schiefe Resonanzkurve für nichtlineare Schwinger (Duffing-Schwinger) zustande. Damit der „Rüssel" besser erkennbar wird, sind die negativen Amplituden nach oben geklappt (Phasenumkehr). (a) $E > 0$; (b) $-\frac{4}{9}D(3/(2F))^{2/3} < E < 0$; (c) $E < -\frac{4}{9}D(3/(2F))^{2/3}$

Ebenso wie hier dürfen demnach auch in $m\ddot{x} + Dx = \sum(D - mk^2\omega^2)x_k\cos(k\omega t)$ nur die Glieder mit $k = 1$ und $k = 3$ vorkommen: Das $\cos(\omega t)$-Glied liefert

$$x_1(D - m\omega^2) + \tfrac{3}{4}Ex_1^3 = F\,, \tag{18.16}$$

das $\cos(3\omega t)$-Glied liefert erst etwas von Null Verschiedenes, wenn man die höheren Näherungen von Ex_1^2 berücksichtigt. Um die Resonanzkurve $x_1(\omega)$ zu bestimmen, müssen wir die Gleichung dritten Grades (18.16) lösen. Das geschieht am besten graphisch: Man bringt die Gerade

$F - (D - m\omega^2)x_1$ zum Schnitt mit der Parabel dritten Grades $\frac{3}{4}Ex_1^3$ (Abb. 18.11). Wir zeichnen ein Geradenbüschel durch den Punkt $(0, F)$, wobei die Steigung der Geraden mit wachsendem ω zunimmt und bei $\omega = \sqrt{D/m}$ durch 0 geht. Bei negativem E gibt es, von sehr hohem ω angefangen, nur einen Schnittpunkt bis zur Tangentenlage, von da ab drei. Die Tangente ist gegeben durch $m\omega^2 - D = \frac{9}{4}Ex_1^2$ (Steigung gleich); Einsetzen in (18.16) liefert als Koordinaten dieses Berührpunktes

$$\omega_k = \sqrt{\frac{1}{m}\left(D + \frac{9}{4}\left(\frac{2}{3}EF^2\right)^{1/3}\right)}, \quad x_k = -\left(\frac{2F}{3E}\right)^{1/3}. \qquad (18.17)$$

Unterhalb von ω_k hat die Resonanzkurve drei Äste, falls $D > -\frac{9}{4}(\frac{2}{3}F)^{2/3}E^{1/3}$: Sie streckt einen Rüssel bis nach $\omega = 0$ aus (der sich bei Dämpfung oberhalb um so eher schließt, je stärker die Dämpfung ist). Was der Schwinger selbst macht, ist noch interessanter: Er sucht im stationären Fall die kleinste dieser drei mathematisch möglichen Amplituden, springt also, wenn man von oben her ω_k erreicht, ganz plötzlich in den unteren Ast. In der Umgebung von ω_k ist das System fast unbeherrschbar: Das Einschwingen dauert sehr lange, und währenddessen kann die Interferenz zwischen Eigen- und erzwungener Schwingung zu übergroßen Amplituden führen, die das ganze System zerstören.

Vielleicht noch überraschender ist aber, daß das System in naher Umgebung der Kippfrequenz gewissermaßen nicht weiß, für welchen Ast der Resonanzkurve es sich entscheiden soll. Das ist natürlich streng determiniert, hängt aber empfindlich von den Anfangsbedingungen ab.

Noch komplizierter wird es, wenn die erzwingende Kraft unsymmetrisch ist, z. B. zum $\cos(\omega t)$-Glied eine konstante Kraft hinzukommt: $F = F_0 + F_1 \cos(\omega t)$. Beim linearen Schwinger wäre die einzige Folge eine Nullpunktsverschiebung. Wenn die Nullage dagegen nicht mehr im Symmetriezentrum des Rückstell-Kraftgesetzes liegt, kann folgendes passieren: Zunächst erfolgt nach Einschalten der erzwingenden Kraft ein ganz normales Einschwingen auf konstante Amplitude. Nun ändert man einen Parameter, schiebt z. B. die erregende Frequenz mehr in den Resonanzbereich, speziell näher an den Rand des bistabilen Bereichs. Jetzt wird die Amplitude nicht mehr konstant, sondern schwankt periodisch zwischen zwei Werten: Groß – klein – groß – klein ... (Abb. 18.12). Eine winzige weitere Parameteränderung: Vier verschiedene, periodisch aufeinanderfolgende Amplituden. Und plötzlich ist von irgendeiner Konstanz, selbst einer Periodik, keine Rede mehr: Regellos folgen große und kleinere Amplituden, manche scheinen ganz auszufallen – eine Voraussage ist, wenn

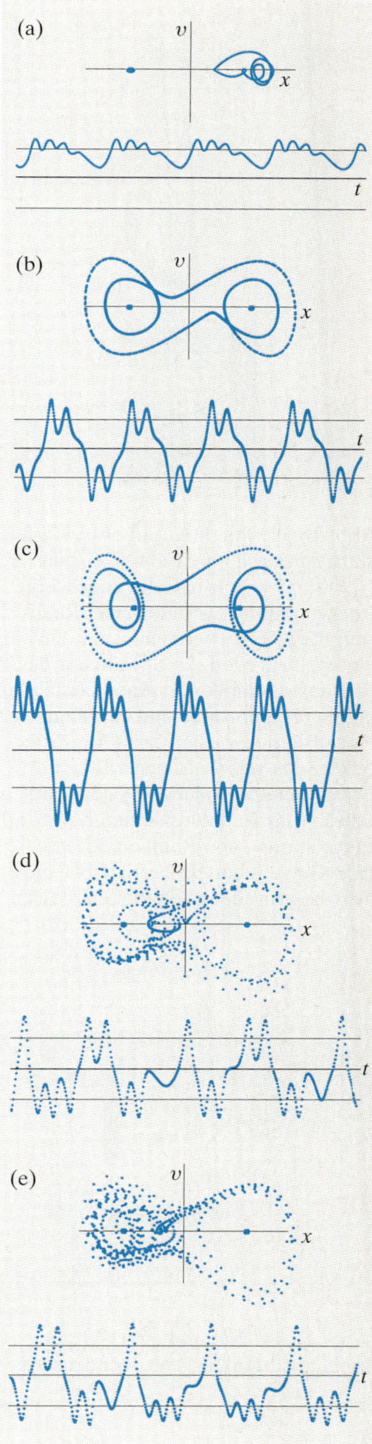

Abb. 18.12a–e. Duffing-Schwinger, hier realisiert als Drehpendel mit Unwucht. *Unten*: Schwingungsverlauf $x(t)$, *oben*: Phasentrajektorie $v(x)$. Vorhergegangen ist ein Einschwingen von etwa 200 Perioden. Die beiden Gleichgewichtslagen sind angedeutet; bei kleiner Erregungsamplitude F schwingt das Rad nur um eine davon (a), bei größeren überschreitet es den Paß dazwischen mit immer komplizierteren Teilperioden. Bei (d) und (e) sind die Anfangs-Ausschläge um 0,2 % verschieden: Hohe Empfindlichkeit gegen Anfangsbedingungen; man kann auch sagen: Das Einschwingen dauert unendlich lange

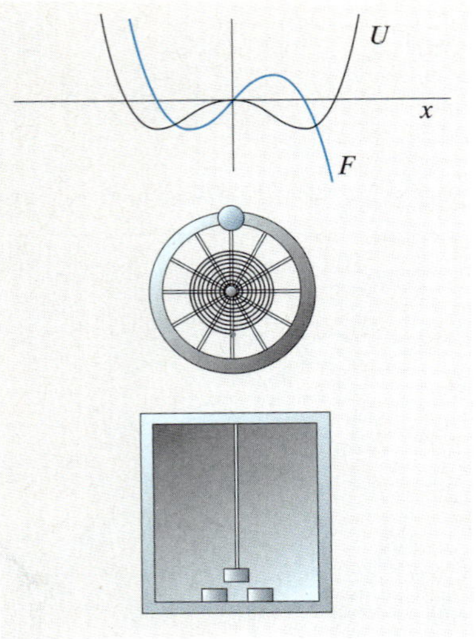

Abb. 18.13. Potential mit zwei Töpfen, getrennt durch eine Schwelle (hier $U = 0{,}2x^4 - x^2$), und die zugehörige Rückstellkraft. Darunter zwei Realisierungen: Ein Drehpendel mit Unwucht, die gegen die Spiralfeder das Rad aus der labilen in eine der stabilen Lagen bringen kann; und ein Magnet an einer Blattfeder, dem zwei Magnete beiderseits stabile Lagen zuweisen. Erregt man ein solches System periodisch (das Rad durch einen Motor mit Pleuelstange, den Rahmen unten einfach durch Schütteln), erhält man die im Text beschriebenen Verhaltensweisen

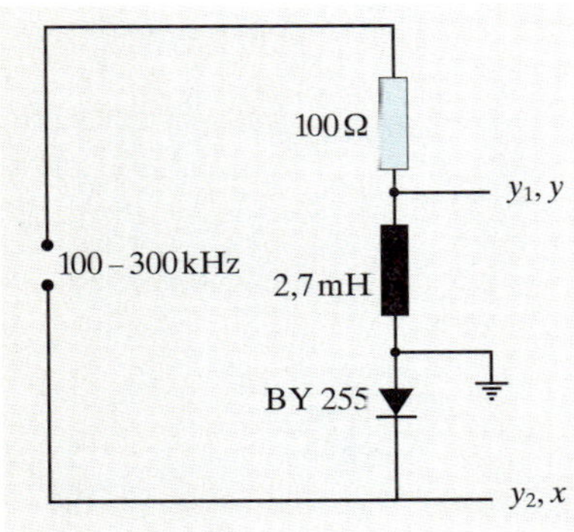

Abb. 18.14. Nichtlinearer Schwingkreis mit Varaktor statt Kondensator

überhaupt, nur ganz kurzfristig möglich. Diesem Übergang von der Stabilität über eine Periodik mit Verdopplungsschritten der Periode zum Chaos (**Feigenbaum-Szenario**) werden wir noch unter vielen völlig anderen Umständen begegnen.

Fast noch interessanter wird es, wenn wir die Vorzeichen der Kraftglieder mit x und x^3 umkehren: $m\ddot{x} = -k\dot{x} + ax - bx^3 + F\cos(\omega t)$. Zur Kraft $ax - bx^3$ gehört ein Potential $-ax^2/2 + bx^4/4$, das zwei Minima bei $x = \pm\sqrt{b/a}$ hat, getrennt durch eine Schwelle bei $x = 0$ (Abb. 18.13). Eine solche bistabile Situation läßt sich realisieren durch einen Federstahlstreifen mit einem Eisenstück am Ende, das bei geradem Streifen in der Mitte zwischen zwei Magneten liegt, aber seine eigentlichen Ruhelagen über je einem von diesen hat. Schwingungen des Systems erregt man einfach durch Schütteln des Rahmens, in dem alles befestigt ist; die Biegeschwingungen registriert man z. B. mit einem dem Stahlband aufgeklebten Dehnungsmeßstreifen. Ähnliches, nur mit einem etwas anderen Kraftgesetz, kann man mit einem Rad erreichen, das durch eine Spiralfeder in eine Ruhelage gezogen wird. Befestigt man in dieser Ruhelage ganz oben am Rad eine genügend große Zusatzmasse als Unwucht, kippt das Rad in eine von zwei seitlichen Gleichgewichtslagen.

Machen Sie einen Schwingkreis nichtlinear, indem Sie statt des Kondensators eine Varaktor-Diode einbauen (Abb. 18.14), die ihre Kapazität mit der anliegenden Spannung U so ändert, daß hier nicht $U = Q/C$, sondern ein Gesetz ähnlich $U = U_1(e^{Q/(CU)} - 1)$ gilt. Diesen Kreis erregen Sie mit einem kräftigen Sinusgenerator, der die Spannung $U_0\cos(\omega t)$ liefert. Mit steigendem ω oder U_0 können Sie das ganze Feigenbaum-Szenario (Abschn. 18.3.1) durchlaufen: Sinus-Spannungen klappen plötzlich in Spitzen mit der gleichen Periode um, von denen noch viel plötzlicher jede zweite verschwindet, die verbleibenden nehmen ebenso schlagartig abwechselnd verschiedene Höhen an, und schließlich schwanken sie chaotisch. Die Simulation auf dem Rechner (Aufgabe 18.2.6, Abb. 18.15) zeigt, daß das angegebene $U(Q)$ doch nicht ganz stimmt: Nur in einem sehr engen Parameterbereich kommt dasselbe heraus wie im Realexperiment. Außerhalb davon beobachtet man z. B. auch Perioden-Verdreifachungen, sogar Siebzehner-Perioden.

18.2.3 Selbsterregte Schwingungen

Einige wichtige Dinge unseres Alltags wie Uhren, Musikinstrumente, Radios sind mit den in Kap. 4 entwickelten Begriffen nicht vollständig beschreibbar. Gewiß hängt die Höhe des Geigentons außer von Masse und Spannung der Saite von der Länge ab, die der Finger auf dem Griffbrett abteilt. Es handelt sich um eine Eigenschwingung, deren Frequenz leicht zu berechnen ist. Aber eine solche Schwingung sollte infolge der Dämpfung rasch abklingen, wie es ein Pizzicato-Ton auch tut. Wieso hält der Bogenstrich die Schwingung beliebig lange aufrecht, obwohl er doch ganz einsinnig erfolgt, keinerlei Periodizität enthält? Ganz im Gegensatz zu den erzwungenen Schwingungen bestimmt hier offenbar das schwingende System selbst seine Frequenz und nutzt den äußeren Einfluß (Bogen, Luftstrom beim Blasinstrument, Gewicht, Feder, Batterie bei der

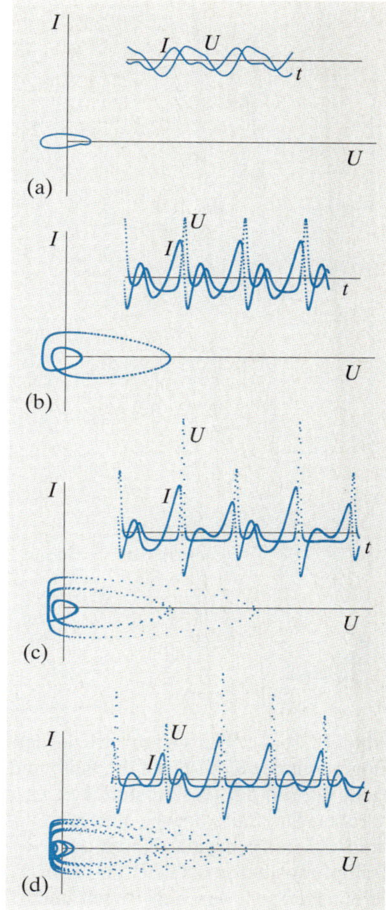

Abb. 18.15a–d. Nichtlinearer Schwingkreis mit Varaktor statt Kondensator. *Oben*: Zeitlicher Verlauf des Stromes I und der Spannung U am Varaktor. *Unten*: Phasendiagramm $U(I)$; dieses läuft über viel längere Zeit als die Kurven $U(t)$, $I(t)$, um klar zu zeigen, ob Periodik herrscht. Zwischen je zwei Plotpunkten liegen vier berechnete Punkte. Kontrollparameter ist die an den Kreis angelegte Spannungsamplitude U_0. Nur bei sehr kleinem U_0 ergibt sich der vom linearen Serienschwingkreis bekannte Verlauf (Phasenellipse). Mit steigendem U_0 durchläuft man eine Folge von Periodenverdopplungen nach dem Feigenbaum-Muster bis zum chaotischen Verhalten. Oberhalb $U_0 = 1{,}55$ folgt dann aber merkwürdigerweise wieder ein völlig regulär-periodisches Verhalten. Ähnlich wie diese Computer-Simulation mit etwas schematisierter Varaktor-Kennlinie verhält sich der reale Schwingkreis

Uhr) nur als Energiequelle, aus der es in geeigneten, durch seine Eigenschwingung selbst bestimmten Zeitpunkten Energie abruft und sich damit **entdämpft**. Deshalb spricht man von **selbsterregten Schwingungen**.

Entdämpfung verlangt Leistungszufuhr. Mechanische Leistung ist Kraft mal Geschwindigkeit. Bei der Reibung sind beide antiparallel und phasengleich (Wirkleistungsverlust), wogegen Trägheits- und Rückstellkraft mit ihrer $\pi/2$-Phasenverschiebung gegen $\boldsymbol{v}$ nicht zur Leistung beitragen (Blindleistung). Der Geigenbogen übt auf die Saite eine Coulomb-Reibung aus. Kurzzeitig haftet die Saite an ihm, bedingt durch Rauheit und Klebrigkeit des Colophoniums, und wird ein Stückchen Δx mitgeführt; meist aber gleitet er. Jedes Haften ist ein erneutes Anzupfen. Da es in jeder Periode einmal erfolgt, nämlich immer dann, wenn die Saite gerade die Geschwindigkeit v des Bogens hat, hört man keine Pizzicato-Folge, sondern einen konstanten Ton. In diesem Haftbereich sind die Reibungskraft $\mu_h F_n$ (F_n: Kraft, mit der der Bogen auf die Saite gedrückt wird) und $v = \dot{x}$ auch bestimmt parallel, der Saite wird eine Energie $\Delta W = \mu_h F_n \,\Delta x$ zugeführt. Würde der Bogen nur gleiten, lieferte er der Saite keine Energie: Eine Kraft wäre da, aber sie wäre in guter Näherung v-unabhängig, x und v der Saite wären sin-Funktionen, der Mittelwert von Fv wäre 0. Das Geigenspiel beruht auf dem Übergang von Gleit- zu Haftreibung.

Aus der Bewegungsgleichung für die freie Saitenschwingung $m\ddot{x} + k\dot{x} + Dx = 0$ mit der Lösung $x = x_0\,e^{-\delta t}\sin(\omega t)$, $\delta = k/(2m)$ folgt eine Verlustleistung $P = -\dot{W} = \overline{Dx_0\dot{x}_0} = Dx_0^2\delta$. Dies muß durch die Energiezufuhr von $\mu_h F_n \,\Delta x$ pro Periode, also $P = \mu_h F_n \,\Delta x\,\omega/(2\pi)$ ausgeglichen werden. Δx läßt sich am besten aus dem Phasendiagramm $\dot{x}(x)$ ablesen. Ohne Haftung käme in der Bewegungsgleichung rechts nur die konstante Gleitreibung $\mu_g F_n$ hinzu: Die Gleichung wird inhomogen. Wir brauchen nach einem bekannten mathematischen Satz nur eine spezielle Lösung dieser inhomogenen Gleichung zu finden und sie zur bereits bekannten Lösung der homogenen zu addieren, dann haben wir die allgemeine Lösung unserer inhomogenen Gleichung. Eine solche spezielle Lösung ist einfach $x = \mu_g F_n/D$: Die Gleitreibung verschiebt die Nullage der Saite etwas in Streichrichtung. Sonst sieht die Schwingung genauso aus wie üblich, ihr Phasendiagramm ist eine Spirale mit ellipsenartigen Bögen. Dies, wenn der Bogen nur gleitet, ihn z. B. jemand mit Seife beschmiert hat. Haftung dagegen verlangt konstantes $\dot{x} = v$: Das Phasendiagramm wird oben oder unten abgeflacht. Wie breit ist diese Flachzone? Die Haf-

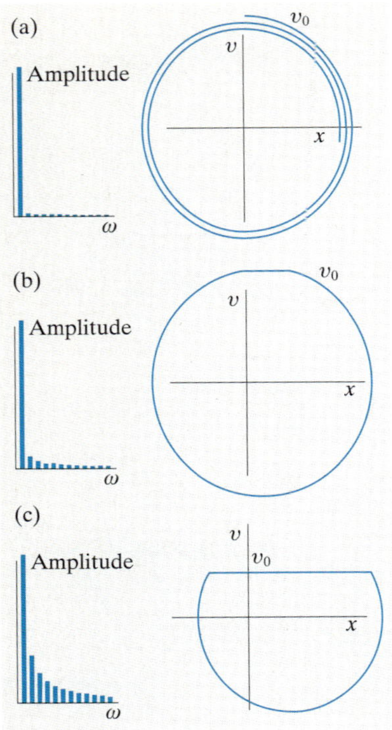

Abb. 18.16a–c. Der Geiger drückt den Bogen mit der Kraft F auf die Saite und zieht ihn mit der Geschwindigkeit v_0 darüber. Die Saite hat die Masse m, die Rückstellkonstante D und den Dämpfungsfaktor k, Gleit- und Haftreibungsfaktor zwischen Bogen und Saite μ_g und μ_h. *Rechts*: Phasenporträt, *links*: Fourier-Amplitudenspektrum. (a) Der Geiger drückt zu schwach; sein Ton klingt schnell ab (und enthält kaum Obertöne). (b) Dieser Ton klingt nicht ab, hat aber auch wenig Obertöne. (c) Dieser Geiger drückt stark und zieht den Bogen langsam; er erzeugt viele Obertöne

tung reißt ab, wenn die Rückstellkraft gleich der Haftreibung ist: $Dx = \mu_h F_n$. Das Zentrum der Phasenellipse liegt bei $\mu_g F_n/D$. So folgt $\Delta x = 2(\mu_h - \mu_g)F_n/D$, und aus der Leistungsbilanz für die Amplitude des Streichertones ergibt sich

$$x_0^2 = \frac{2m^{1/2}}{\pi D^{3/2} k} \mu_h(\mu_h - \mu_g)F_n^2 . \qquad (18.18)$$

Da die Phasenellipse deformiert ist, handelt es sich nicht mehr um einen reinen Sinuston, die Fourier-Analyse enthüllt ein Obertonspektrum, das die Klangfarbe bestimmt. Je größer $(\mu_h - \mu_g)/\mu_g$, desto stärker ist die Ellipse abgeflacht, desto mehr Obertöne sind zu erwarten (Abb. 18.16).

Ein solcher vom System selbst bedingter periodischer Vorgang heißt Grenzzyklus. In ihn mündet jede von anderen Anfangsbedingungen ausgehende Trajektorie ein, von außen her abklingend, beim Geigen aber meist von innen, sogar von 0 her. Dieses Einschwingen bestimmt die Qualität des Spiels mit. Leider weiß ich deswegen immer noch nicht, warum *Perlman* so viel besser spielt als ich.

Vom mathematischen Standpunkt werden die Grenzzyklen bei Uhr und Geige auf etwas künstliche, unstetige Weise erzeugt: Bei der mechanischen Uhr durch Überschnappen des Ankers über einen Steigradzahn (Abb. 4.13), beim Streichinstrument durch den Übergang vom Haften zum Gleiten. Wie müßte eine einheitliche Differentialgleichung aussehen, die einen solchen Grenzzyklus als Lösung hat? Der Energieverlust infolge Reibung muß durch eine positive Wirkleistung ausgeglichen werden, d. h. durch eine Kraft, die mit $\dot{x}$ phasen- und richtungsgleich ist. Wäre sie immer größer als die Reibung, würde die Amplitude ins Unendliche anschwellen. Sie muß also amplitudenabhängig sein: Bei kleinem x größer als die Reibung, ab einem gewissen x_k kleiner als diese. Das einfachste hinsichtlich x symmetrische Glied dieser Art heißt $-k(x_k^2 - x^2)\dot{x}$, die ganze Bewegungsgleichung ist die **van der Pol-Gleichung**

$$m\ddot{x} - \varepsilon(x_k^2 - x^2)\dot{x} + Dx = 0 . \qquad (18.19)$$

Eine mittlere Wirkleistung $\overline{P} = \overline{Fv} = \varepsilon\overline{(x_k^2 - x^2)\dot{x}^2} = 0$ beschreibt einen stationären Zustand, den Grenzzyklus. Das System schwingt etwas über x_k hinaus in den Dämpfungsbereich, um die Entdämpfung bei kleineren x wettzumachen. Da annähernd noch eine Sinusschwingung vorliegt, gilt $\overline{x^2} = \frac{1}{2}x_0^2$, wie beim Effektivwert einer Wechselgröße.

$$\overline{x^2\dot{x}^2} = x_0^2\dot{x}_0^2\overline{\sin^2(\omega t)\cos^2(\omega t)} = \tfrac{1}{4}x_0^2\dot{x}_0^2\overline{\sin^2(2\omega t)} = \tfrac{1}{8}\omega^2 x_0^4 . \qquad (18.20)$$

Das System schwingt bis $x_0 = 2x_k$. Aber der Grenzzyklus ist keine exakte Ellipse (Abb. 18.17). Genaueres liefert erst die Fourier-Analyse:

$$x(t) = \sum_{k=0}^{\infty}(a_k\cos(k\omega t) + b_k\sin(k\omega t)) . \qquad (18.21)$$

$\dot{x}$ und $\ddot{x}$ bildet man einfach durch „Rausholen" der Faktoren $k\omega$ bzw. $-k^2\omega^2$. Im kleinen Störglied braucht man nur die Grundschwingung $a_1\cos(\omega t)$:

$$\varepsilon\dot{x}(x_k^2 - x^2) = -\omega a_1(x_k^2 - a_1^2\cos^2(\omega t))\sin(\omega t)\,. \tag{18.22}$$

Hier muß man $\cos^2(\omega t)\sin(\omega t)$ wieder in Ausdrücke wie $\sin(k\omega t)$ zerlegen:

$$\cos^2(\omega t)\sin(\omega t) = \tfrac{1}{4}(\sin(3\omega t) + \sin(\omega t))\,. \tag{18.23}$$

In dieser Näherung kleiner ε brauchen wir also aus $\ddot{x} + \omega^2 x$ außer der Grundschwingung auch nur die Glieder $b_1\sin(\omega t)$ und $b_3\sin(3\omega t)$. Der Koeffizientenvergleich der linear unabhängigen sin bzw. cos liefert

$$\begin{aligned} &\text{aus}\ \cos(\omega t): && \omega = \omega_0 = \sqrt{D/m}\,,\\ &\text{aus}\ \sin(\omega t): && a_1 = 2x_k\,,\\ &\text{aus}\ \sin(3\omega t): && b_3 = -\tfrac{1}{4}\varepsilon x_k^3\omega_0/D\,. \end{aligned} \tag{18.24}$$

Der Grenzzyklus wird also mit der Eigenfrequenz ω_0 durchlaufen und hat die Form

$$x = 2x_k\cos(\omega_0 t) - \frac{\varepsilon}{4m}x_k^3\sin(3\omega_0 t)\,. \tag{18.25}$$

Für kleine ε ist das eine gute Näherung, sonst muß man auch im Störglied die höheren Fourier-Komponenten berücksichtigen.

Als Realisierung betrachten wir die elektromagnetische Schwingung eines Senders. Seine Frequenz wird bestimmt durch einen Schwingkreis, bestehend aus Kondensator (Kapazität C) und Spule (Induktivität L). Er würde, einmal angeregt, mit der Kreisfrequenz $\omega = 1/\sqrt{LC}$ immer weiterschwingen, wenn nicht Spulen und Leitungen unvermeidlich auch einen Widerstand R enthielten. Die Gleichung für die freie Schwingung, völlig analog zur mechanischen, drückt einfach die Addition der Spannungen an den Elementen C, L, R aus: $U + RC\dot{U} + LC\ddot{U} = 0$ (vgl. (7.100)). Wirkleistung $P = UI = CU\dot{U}$ wird nur im Widerstand verbraucht, nicht aber in Spule und Kondensator, wo Spannung und Strom um $\pi/2$ phasenverschoben sind. Diesen Verlust kann man durch Rückkopplung ausgleichen, indem man den Kreis z. B. an das Steuergitter einer Triode anschließt (Abb. 18.18) und den dadurch gesteuerten Anodenstrom I_a einer Spule zuführt, die ihren Magnetfluß Φ, der proportional I_a ist, wie bei einem Transformator der Spule des Schwingkreises mitteilt (induktive Rückkopplung). Es wird also eine Induktionsspannung $U_i \sim \dot{I}_a$ in den Schwingkreis eingespeist. Nun ist I_a ungefähr linear abhängig von der Gitterspannung U. Die Gleichung erhält eine Inhomogenität: $U + RC\dot{U} + LC\ddot{U} = A\dot{U}$. Bei $A > R$ erfolgt Entdämpfung. Bis ins Unendliche schwillt die Amplitude aber nicht an: Die $I_a(U)$-Kennlinie ist nichtlinear, S-förmig gekrümmt (Abb. 8.28). In der Umgebung des Wendepunktes ist sie nahezu punktsymmetrisch um diesen, läßt sich also darstellen als $I_a = I_w + SU - KU^3$. Damit wird $\dot{I}_a = S\dot{U} - 3KU^2\dot{U}$, und es entsteht die van der Pol-Gleichung

$$U + (RC - A + BU^2)\dot{U} + LC\ddot{U} = 0\,. \tag{18.26}$$

Wieder schwingt der Kreis sich weit ein, bis der Faktor von $\dot{U}$, der bei kleinem U negativ ist, ins Positive geht. Analog zu (18.24) erhalten wir die Amplitude $U_1 = 2\sqrt{(A - RC)/B}$.

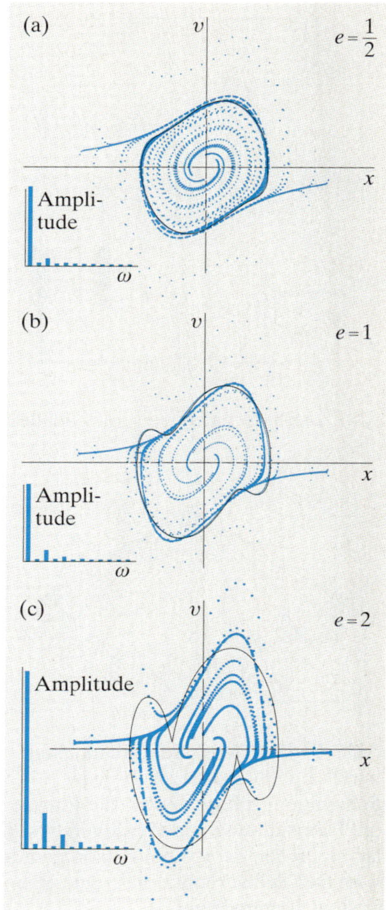

Abb. 18.17a–c. Phasenporträt eines van der Pol-Schwingers. Je zwei Punkte auf einer Trajektorie haben den gleichen Zeitabstand: Die Punktdichte deutet die Phasengeschwindigkeit an. Im Grenzzyklus erkennt man das kaum noch, weil viele Trajektorien in ihn eingemündet sind. *Dünne schwarze Kurve*: Fourier-Näherung mit ω und 3ω stellt für $e < 1$ den Grenzzyklus recht gut dar und ist kaum von ihm zu unterscheiden. *Links unten*: Vollständiges Fourier-Amplitudenspektrum

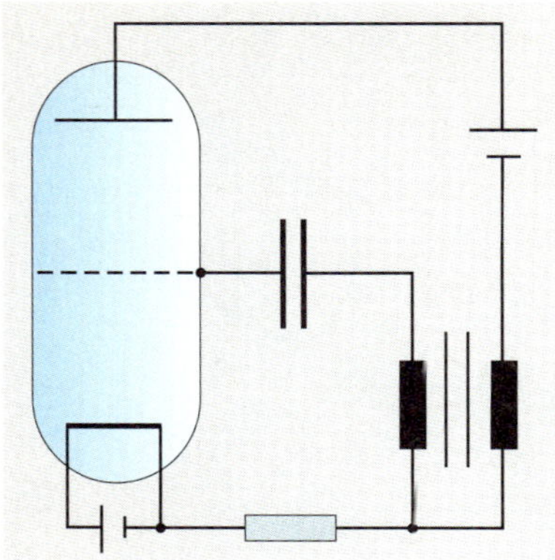

Abb. 18.18. Schaltskizze eines Senders

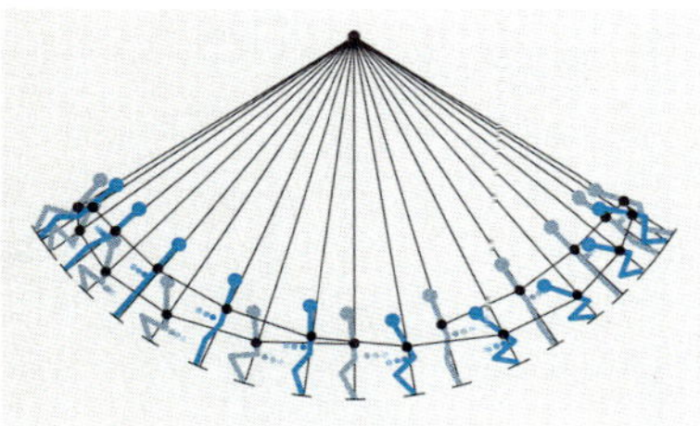

Abb. 18.19. Dieses Strichmännchen wirft seine Schaukel an. In jeder Schwingungsphase deuten die Punkte die Fahrtrichtung und Geschwindigkeit an; sie liegen da, wo die Person gerade war. Der Schwerpunkt und seine Bahn sind auch angedeutet

Die Kreide auf der Tafel, die Tür in ihren Angeln kann ebenfalls ihre Eigenschwingung aus einer aperiodischen Bewegung speisen. Der kontinuierliche Luftstrom, den der Holz- oder Blechbläser in sein Rohr leitet, läßt sich auch durch eine Bunsen-Flamme erzeugen und regt die Luftsäule zum Schwingen an, falls eine Symmetrie durch ein Mundstück, Rohrblatt oder Drahtgitter gebrochen wird. Das „Hui-Rad" besteht aus einem Holzstab mit einigen Kerben darin, an dessen einem Ende ein Brettchen propellerartig drehbar angenagelt ist. Nimmt man das andere Ende in die Hand und rubbelt mit einem anderen Stab über die Kerben, beginnt das Brettchen sich schnurrend zu drehen, wobei der Drehsinn angeblich davon abhängt, ob man dabei „Hui" oder „Hui-hui" sagt. In Wirklichkeit berührt man heimlich mit einem Finger der rubbelnden Hand das Kerbholz oben oder unten. Eine Eigenschwingung des Kerbstabes in einer Ebene läßt sich ja immer in zwei gegenläufige Kreisbewegungen zerlegen, und der symmetriebrechende Finger unterdrückt die eine davon.

18.2.4 Parametrische Schwingungserregung

Ein Kind bringt die Schaukel ins Schwingen, indem es in bestimmtem Rhythmus in die Knie geht (oder, im Sitzen, den Körper zurücklehnt bzw. aufrichtet). Wie funktioniert das?

Man muß der Schaukel Energie zuführen. Energie ist Kraft mal Weg. Als Weg hat man nur Verschiebung des Körperschwerpunkts zur Verfügung. Die Schwerkraft nutzt hierbei nichts, denn man muß ja aus der Kniebeuge wieder hoch. Die Fliehkraft aber ist nicht konstant: Wenn sie groß ist, nahe dem Nulldurchgang, geht man um Δx in die Knie, wenn sie klein ist, nahe dem Maximalausschlag, kommt man fast verlustfrei wieder hoch. Man beschreibt so eine Art liegende Acht (Abb. 18.19) und gewinnt in jeder Periode zweimal annähernd die Energie $\Delta W = m\omega^2 l\,\Delta x$, also den Bruchteil $4\Delta x/l$ der derzeitigen Schwingungsenergie $\frac{1}{2}mv^2$. W schwillt daher etwa exponentiell an: $W = W_0\,e^{t/\tau}$ mit $\tau = Tl/(4\Delta x)$.

Etwas komplizierter ist die Darstellung durch die Schwingungsgleichung $m\ddot{x} + mgx/l = 0$, in der wir den Parameter l mit der doppelten Eigenfrequenz $2\sqrt{g/l}$ ändern müssen, und zwar mit der richtigen Phase bezüglich x: Wenn $x = x_0 \sin(\omega t)$, muß $l = l_0 + l_1 \sin(2\omega t) = l_0 + 2l_1 x\dot{x}/(x_0\omega)$ sein. Einschließlich eines Reibungsgliedes, das hier wohl eher $\sim \dot{x}^2$ ist, und ohne die Näherung $\sin\alpha \approx \alpha$ wird die Gleichung nur noch numerisch lösbar. Nach anfänglichem exponentiellen Anschwellen mündet die $\dot{x}(x)$-Trajektorie meist in einen Grenzzyklus: Man kommt nicht mehr höher, erhält gerade eine periodische Schwingung aufrecht. Auch bei sehr geringer Reibung erzielt man einen Überschlag der Schaukel nur bei ziemlich großem Verhältnis l_1/l_0 (etwa $> 0{,}1$).

Solche parametrischen Schwingungen, erregt durch Änderung eines Parameters in der Schwingungsgleichung, spielen auch in der Elektrotechnik eine große Rolle.

✗ Beispiel...

In einem *LCR*-Serienschwingkreis ändert man die Kapazität C in der für die Schaukel gefundenen Weise. Wie reagiert der Schwingkreis?

$U = Q/C$ sei die Spannung am Kondensator. Die Kirchhoff-Gleichung $L\ddot{U} + R\dot{U} + U/C = 0$ verwandelt sich mit $C = C_0 + C_1 \sin(2\omega t)$ analog zu Aufgabe 18.2.7 in eine van der Pol-Gleichung mit der Anfachbedingung $C_1 > \omega C_0^2 R$. So kann man einen Schwingkreis parametrisch erregen, ebenso auch durch geeignetes Wackeln an anderen elektrischen Parametern wie L oder R.

18.3 Biologische und chemische Systeme

Tabelle 18.1

Ressourcen-Erschöpfung	Dynamik stetig	Dynamik diskret
keine	$\dot{x} = Ax \quad x = x_0 e^{At}$ expon. Wachstum	$x \leftarrow ax \quad x = x_0 a^i$ expon. Wachstum
momentan	$\dot{x} = Ax(1-x)$ (*Verhulst*) monotoner Anstieg z. Sättigung	$x \leftarrow ax(1-x)$ (logist. Gl.) Monotonie – Periodik – Chaos $a \longrightarrow$ Perioden-Verdopplg. (*Feigenbaum*) Intermittenz (*Pomeau-Manneville*)
verzögert	$\dot{x} = Ax(t)(1 - x(t-\tau))$ Monotonie – ged. Schw. – Periodik – Katastr. $\tau \longrightarrow$	$x_{i+1} = ax_i(1 - x_{i-1}) + x_i$ Monotonie – ged. Schw. – Periodik – Chaos $a \longrightarrow$

18.3.1 Populationsdynamik

Wie entwickeln sich Anzahl und Altersstruktur einer Bevölkerung bisexueller Lebewesen mit der Zeit? Wir beschränken uns auf diese scheinbar so einfachen Fragen (Ergänzungen in den Aufgaben) und werden dabei auf viele überraschende Phänomene stoßen. Die Wechselwirkung mit der Umwelt und anderen Spezies beschreiben wir ganz pauschal durch den Begriff Ressourcen. Ausführlicheres folgt im Abschn. 18.3.2.

Wenn jedes Paar k Nachkommen erzeugt, die ihrerseits fruchtbar werden, wächst die Population in jeder Generation um den Faktor $k/2$, also nach dem Exponentialgesetz $N = N_0\, e^{(t/\tau)\ln(k/2)}$. Aber keine Population wächst bis ins Unendliche. Irgendwann verbraucht sie die lebensnotwendigen Ressourcen, selbst wenn diese nachwachsen, so weitgehend, daß die Vermehrung eingeschränkt wird. Am einfachsten beschreibt man dies durch einen Faktor $1 - N/N_{\rm st}$, also

$$\dot{N} = AN\left(1 - \frac{N}{N_{\rm st}}\right). \qquad (18.27)$$

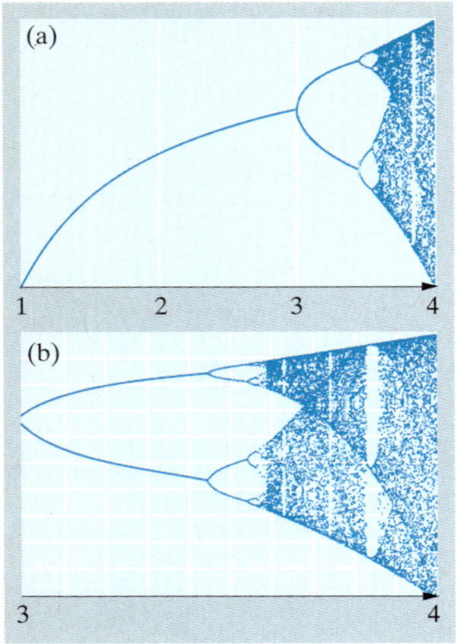

Abb. 18.20a, b. Nach 100 Generationen verhalten sich die Werte x_i im logistischen Modell (18.31) wie hier gezeigt: Für $a < 1$ ist $x = 0$ (nicht dargestellt), für $1 < a < 3$ Stationarität, für $3 < a < 3{,}569$ Periodizität der Ordnungen 2^n, für $a > 3{,}569$ Chaos mit intermittenten Einsprengseln (bes. Dreierperiode um $a = 3{,}83$)

Offenbar schwillt die Population nur bis N_{st} an (Sättigungs- oder hier besser Hungerzustand). Diese **Verhulst-Gleichung** hat die Lösung

$$N = N_0 \frac{N_{st}}{N_0 + (N_{st} - N_0)\,e^{-At}} \tag{18.28}$$

(auch mit Standard-Integration durch einen dazu äquivalenten Tangens hyperbolicus ausdrückbar). Analog wächst die Konzentration eines Stoffes, der monomolekular erzeugt wird (z. B. durch Autokatalyse) und bimolekular zerfällt (z. B. durch Umlagerung bei einem Stoß zweier seiner Teilchen):

$$X + A \to A + A + Y \to B + C + Y\,. \tag{18.29}$$

Viele Lebewesen vermehren sich synchron, bringen z. B. jedes Jahr eine neue Generation hervor. Dann ist eine diskrete iterative Beschreibung angebracht:

$$N_{k+1} = aN_k\left(1 - \frac{N_k}{K}\right). \tag{18.30}$$

Diese sog. **logistische Gleichung** liefert z. T. ein völlig anderes Verhalten (Abb. 18.20). Man erwartet wieder Stationarität, womit sich N nicht mehr ändert: $N = aN(1 - N/K)$, also $N_{st} = K(1 - 1/a)$. Bei $a < 1$ stirbt die Population aus, N klingt auf den anderen stationären Wert $N = 0$ ab. Allgemein studiert man das Verhalten am besten graphisch nach Normierung durch $x = N/K$, was

$$x_{k+1} = ax_k(1 - x_k) \tag{18.31}$$

liefert: Über einer x-Achse trägt man die Parabel $a(x - x^2)$ und die Gerade x auf. Ausgehend von einem bestimmten x_k auf der x-Achse erhält man x_{k+1}, indem man zur Parabel hochfährt. Diesen neuen Wert kann man durch waagerechtes Fahren zur x-Geraden auf die x-Achse übertragen usw. Man läuft so immer in einer rechteckähnlichen Spirale umher wie eine Spinne (Abb. 18.21). Dieses für jede Art von iterativem Gleichungslösen sehr nützliche Verfahren konvergiert oft auf den gesuchten stationären Wert, den Schnittpunkt von Parabel und Gerader, aber nur dann, wenn die Parabel dort nicht steiler fällt als 45°. Tut sie das doch, oszilliert die Spinne zunächst zwischen *zwei* Punkten: Die Population schwankt auf lange Sicht periodisch. Diese Zweierperiode setzt ein bei einem a-Wert, gegeben durch die Bedingungen $1 = a(1 - x)$ (Schnittpunkt) und $a - 2ax = -1$ (Steigung -1 am Schnittpunkt), woraus $a = 3$ folgt. Bei $a = 3{,}449$ passiert wieder etwas Neues: Die Periode verdoppelt sich, x schwankt zwischen vier Werten. Immer schneller folgen mit wachsendem a weitere Verdopplungen auf Achter-, Sechzehner-Perioden usw., und bei $a = 3{,}59$ bricht das vollendete Chaos aus: x springt in einem Bereich, der sich mit weiterwachsendem a immer mehr erweitert, scheinbar wahllos hin und her, immer wieder unterbrochen durch Zeitabschnitte mit annähernder Periodik. Dabei ist dieses **Chaos deterministisch**, jedes x ist streng durch seinen Vorgänger bestimmt. Aber der winzigste Unterschied im Anfangs-x erzeugt in diesem Bereich eine radikal andere Punktfolge. Auch hinsichtlich a gibt es immer wieder Unterbrechungen dieses Chaos, kurze a-Inter-

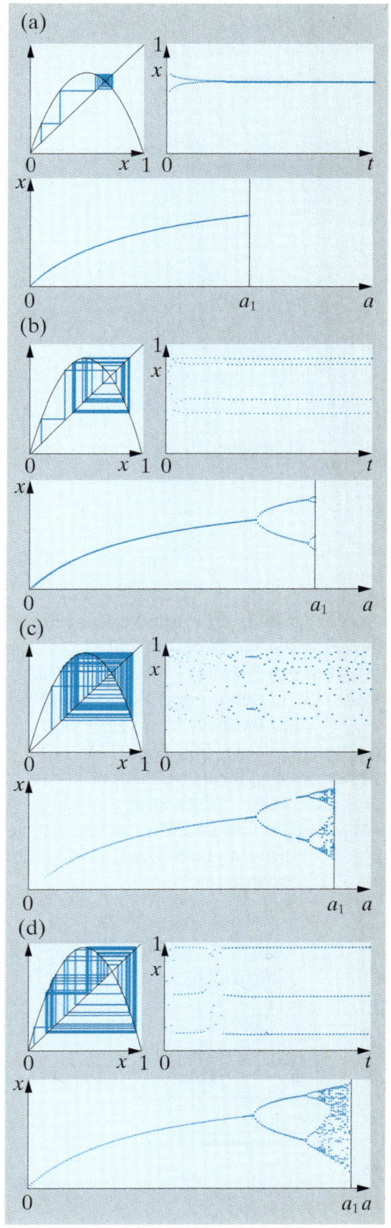

Abb. 18.21a–d. So ist Abb. 18.20 zustandegekommen: In jedem Teilbild sieht man unten die „Seelilie" bis zu einem bestimmten a-Wert a_1. *Oben links* der Weg der „Spinne" zwischen Parabel $y = a_1x(1-x)$ und Gerader $y = x$. *Oben rechts* die zeitliche Folge der sich so ergebenden x-Werte; die *feinen* Punkte bilden die Einschwingphase, die *dickeren* sind unten bei $a = a_1$ eingetragen

valle mit Periodik, oft in ungeradem Rhythmus (z. B. Dreierperiodik um $a = 3{,}83$; s. weiter unten). Bei $a = 4$ schließlich ist der ganze x-Bereich von 0 bis 1 dem chaotischen Springen zugänglich, für $a > 4$ springen die x-Werte sogar über diesen sinnvollen Bereich hinaus.

Die a-Bereiche, in denen eine 2^n-Periodik herrscht, werden immer kürzer, und zwar angenähert jedesmal um den Faktor 4,669, die **Feigenbaum-Zahl**. Man versteht das annähernd, wenn man die Folge der Funktionen $f(x)$, $f^2(x) = f(f(x))$, $f^4(x) = f(f(f(f(x))))$, ..., immer 2^n-mal geschachtelt, aufträgt (Abb. 18.22). Die Zweierperiodik springt zwischen den äußeren Schnittpunkten der x-Geraden mit $f^2(x)$ hin und her. Diese werden instabil, wenn $f^2(x)$ dort steiler fällt als 45°. Dann sucht sich das System die Schnittpunkte mit $f^4(x)$. Aber der Teil des Diagramms, wo f^2 und f^4 so konkurrieren, sieht fast genauso aus wie das ganze Diagramm aus f und f^2, nur um etwa den Faktor 4–5 verkleinert. Die Bedeutung dieses **Feigenbaum-Szenarios** für den Übergang ins Chaos nach mehrfacher Periodenverdopplung liegt in seiner Universalität: Die verschiedensten Vorgänge aus vielen Gebieten verhalten sich so. Mathematisch liegt das daran, daß die Kurve $f(x)$ sehr oft einen parabelähnlichen Bogen bildet. Ein Mini-Feigenbaum-Szenario z. B., anfangend mit einer Dreierperiode, unterbricht das Chaos ab $a = 3{,}8284$, wo f^3 die x-Gerade erstmals an drei Stellen stabil und an ebenso vielen instabil schneidet.

✗ Beispiel...

Geben Sie einen genaueren Wert für den Parameter a in der Iteration $x \leftarrow ax(1-x)$, bei dem Chaos einsetzt, ausgehend von der Beobachtung, daß die Bereiche mit 2^n-Periodik bei Erhöhung von n jedesmal um den gleichen Faktor kürzer werden.

Wir kennen den Bereich $(1, 3)$ mit einem stabilen Fixpunkt und den Bereich $(3, 1+\sqrt{6})$ mit der Zweierperiode. Ihre Längen verhalten sich wie $\delta = 4{,}44949/1$. Die geometrische Reihe konvergiert zu $1 + 2\sum_0^\infty \delta^{-\nu} = 1 + 2\delta/(\delta - 1) = 3{,}579796$. Das weicht nur um 0,3 % vom exakten Wert 3,569946 ab.

Mit dieser Dreierperiode hängt ein anderes Szenario des Übergangs ins Chaos zusammen, die **Intermittenz** (**Pomeau-Manneville-Szenario**). Wir können a ja auch abnehmen lassen, und dann passiert kurz unterhalb von 3,8284 etwas, was sehr an Ereignisse des täglichen Lebens erinnert: Eine Weile scheint die Ordnung, hier die Dreierperiode, gut eingehalten zu werden, plötzlich wird sie aber durch einen Einbruch des Chaos unterbrochen, bevor sie sich wieder ein Weilchen stabilisiert. Ähnliches geschieht einer Fünferperiode um $a = 3{,}738$, einer Sechserperiode um $a = 3{,}626$, einer Siebenerperiode um $a = 3{,}708$ usw., hier nur in viel engeren a-Bereichen.

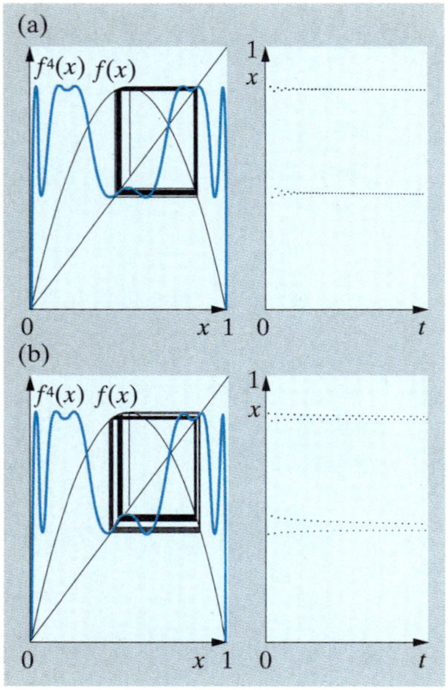

Abb. 18.22a, b. Periodenverdopplung: Die Kurve $y = f^4(x)$ hat nahe $a = 3{,}4$ schon sechs Minima. Bei $a = 3{,}40$ (a) steigt sie an den beiden Wendepunkten, wo sie die Gerade $y = x$ schneidet, flacher als diese, bei $a = 3{,}445$ (b) steiler, so daß zwei Schnittpunkte in je drei aufspalten. Je zwei davon sind Attraktoren. Gleichzeitig ist die Kurve $y = f^2(x)$ (nicht gezeichnet) dort steiler als -1 geworden

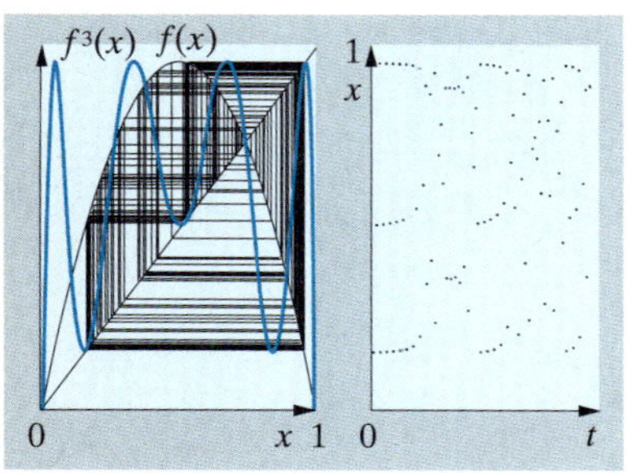

Abb. 18.23. Intermittenz: Bei $a = 3{,}287$ berührt die Kurve $y = f^3(x)$ die Gerade $y = x$ an drei Stellen, aber nicht in Wendepunkten wie in Abb. 18.22. Die meisten Iterationspunkte x liegen nahe diesen drei Stellen, denn die Spinne, dort eingeklemmt, kommt nur wenig voran und braucht lange, bis sie wieder ins Freie gelangt

Man versteht diese Route ins Chaos, wenn man die Dreifach-Iterierte $f^3(x)$ zeichnet (Abb. 18.23). Während der stabilen Dreierperiode gilt ja für jeden der drei Fixpunkte $x_f = f^3(x_f)$, d. h. die Kurve $y = f^3(x)$ schneidet dort die Gerade $y = x$ mit $f^{3\prime}(x) < 1$ (Stabilitätsbedingung). Mit abnehmendem a werden die Ausbeulungen der $f^3(x)$-Kurve kleiner, schließlich berühren sie die Gerade $y = x$ nur noch (bei $a = a_c = 1 + \sqrt{8} = 3{,}82843$). Hier ist die Dreierperiodik eigentlich zu Ende. Beim Feigenbaum-Szenario war $y = x$ am Verzweigungspunkt auch Tangente z. B. an $f^2(x)$, aber eine *Wende*tangente, bei der Intermittenz berührt sie außerhalb des Wendepunktes. Für etwas kleinere a als a_c hat sich $y = f^3(x)$ noch nicht weit von $y = x$ entfernt, es bleibt zwischen beiden ein enger Kanal. Wenn die Spinne da hineingerät, muß sie sehr lange zwischen $f^3(x)$ und x im Zickzack laufen, wobei ihr x kaum von x_f abweicht. An zwei weiteren Kurvenbögen geschieht dasselbe. Man glaubt, eine Dreierperiodik zu sehen, bis die Spinne den Kanal endlich verläßt. Dann springt sie chaotisch, bis sie wieder in einem dieser Kanäle steckenbleibt.

Wenn die Tiere den Winter überleben, allgemein, wenn sie viele Jahre leben, aber nur jedes Jahr einmal Junge bekommen, müssen wir anders formulieren. Die Geburtenziffer sei wieder nicht einfach proportional zur Anzahl der Erwachsenen. Die Fruchtbarkeit hänge ab vom Nahrungsangebot, und dieses sei bereits eine gewisse Zeit, etwa ein Jahr zuvor durch die damals Lebenden dezimiert worden, was wir nach evtl. Normierung vielleicht durch den Faktor $1 - x(t-1)$ dastellen können. Dann setzt sich die Anzahl der Tiere $x(t+1)$ im nächsten Jahr zusammen aus den jetzt lebenden $x(t)$ und den Jungen vom letzten Jahr $ax(t)(1 - x(t-1))$, also

$$x(t+1) = x(t) + ax(t)(1 - x(t-1))\,. \tag{18.32}$$

Hier ist unsere Stabilitätsanalyse nicht direkt anwendbar; sie gilt nur für die Form $x(t+1) = f(x(t))$. Denken wir aber an die stetige Gleichung zweiter Ordnung $\ddot{x} = f(x, \dot{x})$: Wir hatten die Ableitung $\dot{x}$ einfach v genannt und so zwei Gleichungen erster Ordnung erhalten. Hier sagen wir statt Ableitung Differenz und nennen diese v:

$$v(t) = x(t+1) - x(t) \quad \text{oder} \quad x(t+1) = x(t) + v(t)\,. \tag{18.33}$$

Das ist schon die erste Gleichung. Die zweite heißt

$$v(t) = a(x(t-1) + v(t-1))(1 - x(t-1))\,. \tag{18.34}$$

Symbolisch fassen wir beide zusammen:

$$x \leftarrow f(x,v) = x + v\,, \qquad v \leftarrow g(x,v) = a(x+v)(1-x)\,. \tag{18.35}$$

Es gibt zwei Fixpunkte: $x = 0$, $v = 0$ und $x = 1$, $v = 0$. Die Jacobi-Matrix

$$\begin{pmatrix} 1 & 1 \\ a(1-2x-v) & a(1-x) \end{pmatrix} \tag{18.36}$$

vereinfacht sich am Fixpunkt $(0, 0)$ auf

$$\begin{pmatrix} 1 & 1 \\ a & a \end{pmatrix} \tag{18.37}$$

mit der Säkulargleichung $\lambda^2 - (1+a)\lambda = 0$ und den Eigenwerten 0 und $1+a$. Der zweite ist im sinnvollen Bereich größer als 1, also ist dieser Fixpunkt immer instabil.

Am Fixpunkt $(1,0)$ heißt die Jacobi-Matrix

$$\begin{pmatrix} 1 & 1 \\ -a & 0 \end{pmatrix} \tag{18.38}$$

mit der Säkulargleichung $\lambda^2 - \lambda + a = 0$ und den Eigenwerten $\lambda = \frac{1}{2} \pm \sqrt{\frac{1}{4} - a}$. Bei $a < \frac{1}{4}$ sind beide reell, ihre Beträge < 1: Der Fixpunkt ist stabil und wird durch monotones Anklingen angestrebt. Bei $a > \frac{1}{4}$ sind beide komplex; der Betrag $|\lambda| = \sqrt{a}$ zeigt, daß Stabilität, hier gedämpfte Schwingung (Realteil < 1) nur für $a < 1$ erhalten bleibt. Die Periode ist $2\pi/\sqrt{a - \frac{1}{4}}$. Für $a > 1$ zeigt erst die Simulation, welche Art Instabilität hier herrscht: Die Population schwingt nach dem Einschwingen ungedämpft auf und ab, mit oft sehr merkwürdigen Perioden. Von $a = 1{,}177$ bis $1{,}199$ z. B. erhält man eine saubere Siebenjahresperiode, bei $1{,}224$ bis $1{,}228$ folgt eine von 15, um $1{,}235$ eine von 8, bei $1{,}239$ eine von 16 Jahren. Ab $1{,}271$ wird x zeitweise so klein, daß Rundungsfehler es ins Negative treiben können (Abb. 18.24).

Bei asynchroner, also stetiger Vermehrung verläuft die Sache wieder anders. Die Ressourcen, die wir heute verbrauchen, schränken vielleicht nicht so sehr unsere Fruchtbarkeit ein wie die unserer Enkel. Man sollte diesen Verbrauch besser um eine Zeit τ zurückdatieren, also statt (18.27) schreiben

$$\dot{x}(t) = ax(t)(1 - x(t - \tau)) \,. \tag{18.39}$$

Zuerst beseitigen wir den Parameter a durch Einführung der dimensionslosen Zeit $z = at$. Mit $c = a\tau$ wird dann

$$\frac{\mathrm{d}x}{\mathrm{d}z} = x(z)(1 - x(z - c)) \,. \tag{18.40}$$

Es gibt zwei Fixpunkte: Den trivialen $x = 0$ und $x = 1$. Um diesen linearisieren wir: $x = 1 + u$, also

$$\frac{\mathrm{d}u}{\mathrm{d}z} = (1 + u(z))u(z - c) \approx u(z - c) \,. \tag{18.41}$$

Das c ändert nichts an der Gültigkeit des e-Ansatzes: $u = u_0\,\mathrm{e}^{\lambda z}$ mit komplexem λ. Einsetzen in (18.41) liefert $\lambda u(z) = u(z - c) = u(z)\,\mathrm{e}^{-\lambda c}$, also

$$\lambda = \mathrm{e}^{-\lambda c} \,. \tag{18.42}$$

Das sieht einfacher aus als es ist: Die e-Funktion mit komplexem Argument $-\lambda c$ ist längs der i-Achse periodisch. Daher gibt es unendlich viele Lösungen. Uns interessiert aber nur, wann der Fixpunkt $x = 1$ stabil ist: Wenn alle Lösungen $\lambda_k = \mu_k + \mathrm{i}\omega_k$ negative Realteile μ_k haben. Die Grenze dieses Stabilitätsbereiches liegt also bei $\mu = 0$. Dies impliziert $\mathrm{i}\omega = \mathrm{e}^{-\mathrm{i}\omega c}$, was bei $\omega = 1$ und $c = \pi/2$ eintritt (bei größerem c folgen die anderen Lösungen). x ist an dieser Grenze und dicht darüber ungedämpft periodisch, im t-Maßstab mit der Periode $T - 2\pi/(\omega a) = 4c/a \approx 4\tau$.

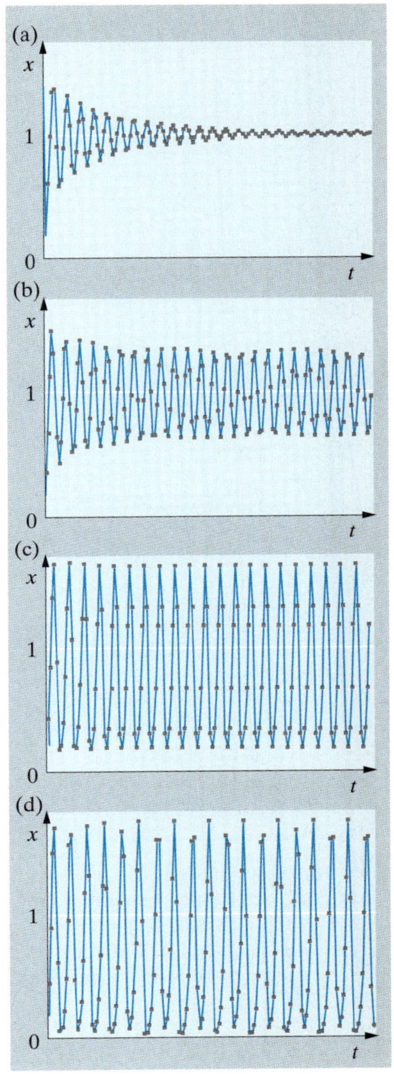

Abb. 18.24a–d. Diese Population entwickelt sich gemäß (18.32). Die Fruchtbarkeit wird vermindert durch die Ressourcenverarmung in der vorigen Generation: $x(t+1) = x(t) + ax(t)(1 - x(t-1))$. a-Werte in den Teilbildern: 0,95; 1,03; 1,19; 1,25

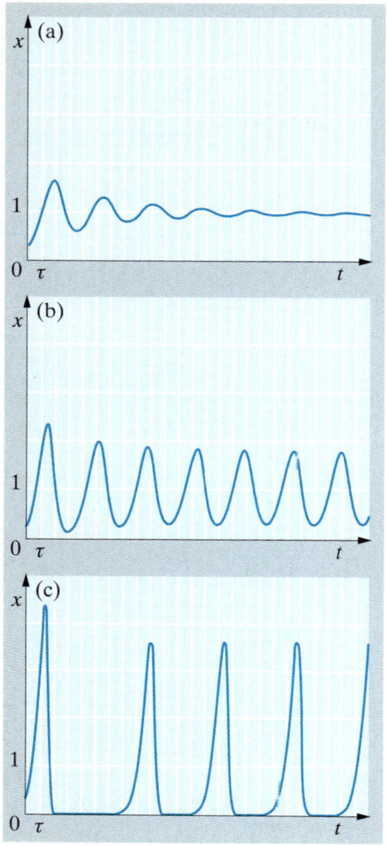

Abb. 18.25a–c. Stetiges Modell mit Verarmung der Ressourcen eine Zeit vorher gemäß (18.39): $\dot{x}(t) = ax(t)(1 - x(1-\tau))$. Der Parameter $c = a\tau$ hat in den Teilbildern die Werte 1,35; 2,25; 2,61

Man kann das auch anschaulich verstehen: x oszilliert dann etwa symmetrisch um die Linie $x = 1$. Erfolgt der Schnitt mit dieser Linie zur Zeit $t - \tau$, also $x(t-\tau) = 1$, dann folgt $\dot{x}(t) = 0$: Vom Nulldurchgang bis zum Maximum dauert es eine Zeit τ, die Periode ist näherungsweise 4τ. Bei größerem τ steigt die Periode allerdings.

Wie die Simulation zeigt (Abb. 18.25), geht x für $c < \pi/2$, d.h. $\tau < \pi/(2a)$, tatsächlich gegen 1, für größere τ aber oszilliert sie periodisch. Je größer τ, desto katastrophaler werden die Schwankungen: Die Population stirbt ziemlich plötzlich fast aus und erholt sich erst sehr langsam wieder. Bei Schadinsekten oder Erregern von Infektionskrankheiten erlebt man oft Ähnliches. Man glaubt sie ausgestorben, bis plötzlich die Plage wieder auftritt und fast noch schneller wieder verschwindet, weil alles kahlgefressen ist. Vielleicht sollte man diese Warnung aber auch bezüglich der Menschheit ernst nehmen.

18.3.2 Einfache ökologische Modelle

Ökologie ist die Lehre von den Wechselwirkungen zwischen Arten von Lebewesen oder zwischen diesen und ihrer Umwelt. Zwei Arten von Lebewesen wetteifern um die gleichen Ressourcen, oder sie nützen einander symbiotisch, oder eine frißt die andere oder parasitiert an ihr, oder sie haben überhaupt nichts miteinander zu tun. Alle diese Fälle lassen sich grob vereinfacht darstellen durch die Systemgleichungen

$$\dot{x} = ax(1 - cx - ey)\,, \qquad \dot{y} = by(1 - dy - fx)\,. \tag{18.43}$$

Die Klammer drückt den Einfluß der Ressourcen oder der anderen Spezies auf die Fruchtbarkeit der betrachteten Spezies aus. Wir untersuchen folgende Vorzeichenkombinationen:

a	b	c	d	e	f	Modell
+	−	0	0	+	+	Einfaches Raubtier-Beute-Modell (*Lotka-Volterra*)
+	−	+	0	+	+	Verbessertes Raubtier-Beute-Modell
+	+	+	+	−	−	Symbiose
+	+	+	+	+	+	Wettbewerb, allgemein
+	+	+	+	+	+	$c = f$, $d = e$ Wettbewerb um identische Ressourcen

(18.44)

Machen Sie sich in jedem Fall die Bedeutung dieser Bedingungen klar! Andere Kombinationen können Sie in Aufgabe 18.3.18 interpretieren und diskutieren.

Der letzte Fall (identische Ressourcen) ist einfach: $\mathrm{d}y/\mathrm{d}x = by/(ax)$, also $y = y_0(x/x_0)^{b/a}$. In den anderen Fällen suchen wir die Fixpunkte, wo $\dot{x} = \dot{y} = 0$ ist. Drei sind einfach zu finden: $(0,0)$, $(0, 1/d)$, $(1/c, 0)$. Außerdem gibt es den Fixpunkt $((d-e)/(cd-ef), (c-f)/(cd-ef))$. Die Stabilitätsverhältnisse folgen aus den Eigenwerten der Systemmatrix

$$\begin{pmatrix} a(1-2cx-ey) & -aex \\ -bfy & b(1-2dy-fx) \end{pmatrix}. \tag{18.45}$$

Für den Punkt $(0,0)$ heißt sie $\begin{pmatrix} a & 0 \\ 0 & b \end{pmatrix}$, also $\lambda_1 = a$, $\lambda_2 = b$: Dieser Punkt ist immer instabil, meist ein Knoten, außer beim Raubtier-Beute-Modell, wo er ein Sattel ist.

Auch die Punkte $(0, 1/d)$ und $(1/c, 0)$ ergeben Matrizen, bei denen ein Nichtdiagonalelement 0 ist. Dann sind die Eigenwerte einfach die Diagonalelemente: $a(1 - e/d)$ und $-b$ bzw. $-a$ und $b(1 - f/c)$. Bei $e > d$ und $b > 0$ ist $(0, 1/d)$ ein stabiler Knoten (Attraktor für Aussterben von x), bei $f > c$ trifft das für $(1/c, 0)$ zu (y stirbt), wenn beides gilt, müssen die beiden Attraktoren durch eine Kurve, die Separatrix, getrennt sein. Diese Kurve muß selbst eine Trajektorie sein, aber offenbar in keinen der beiden stabilen Knoten münden, sondern aus dem instabilen Punkt $(0,0)$ kommen, bzw. aus dem Unendlichen, und bei der geringsten Abweichung vor dem vierten stationären Punkt ausweichen, der also ein Sattel sein muß. Eine echte Koexistenz zwischen Arten, die von den gleichen Ressourcen leben, ist also nur bei schwachem Wettbewerb ($e < d$, $f < c$) möglich. Dann ist P_4 stabil, P_2 und P_3 sind Sättel (Abb. 18.26).

Im Fall der Symbiose sieht man leicht, daß $(0,0)$ ein instabiler Knoten ist: $\lambda_1 = a$, $\lambda_2 = b$, beide positiv reell. $(0, 1/d)$ und $(1/c, 0)$ sind Sättel, weil die Diagonalelemente, die gleich den λ sind, verschiedene Vorzeichen haben. Der vierte stationäre Punkt liegt nur im erlaubten Quadranten positiver x und y, wenn $ef < cd$, d. h. wenn die Symbiose nicht zu förderlich ist. Sonst wachsen x und y in einer Wohltätigkeitsorgie ins Unendliche, das Modell wird sinnlos. Bei $ef < cd$ zeigt eine mühsame Rechnung, daß der vierte Punkt tatsächlich ein stabiler Knoten ist, auf den sich x und y schließlich einigen (Aufgabe 18.3.15).

Beim **Lotka-Volterra-Modell** wandern wegen $c = d = 0$ zwei der Fixpunkte ins Unendliche. Außer $(0,0)$ bleibt nur $(1/f, 1/e)$. Der Nullpunkt ist ein instabiler Knoten. Beim anderen Fixpunkt hat die Matrix beide Diagonalelemente gleich 0, die beiden anderen heißen $-ae/f$ und $-bf/e$. Es folgt $\lambda^2 = ab$, und da $b < 0$, sind beide λ rein imaginär: $(1/f, 1/e)$ ist ein Zentrum, um das die nahegelegenen Trajektorien als Ellipsen kreisen. Weiter draußen sind sie deformiert, stellen aber immer noch periodisches Verhalten dar. Dessen Kreisfrequenz ist $\omega = \sqrt{ab}$ (Geburtsrate der Beute mal Todesrate der Räuber), wenigstens nahe am stationären Punkt. In welchem Sinn diese Umläufe erfolgen, ist auch anschaulich klar: Gibt es wenig Füchse, vermehren sich die Hasen stark, die Fuchspopulation schwillt an und dezimiert schließlich die Hasen, was etwas

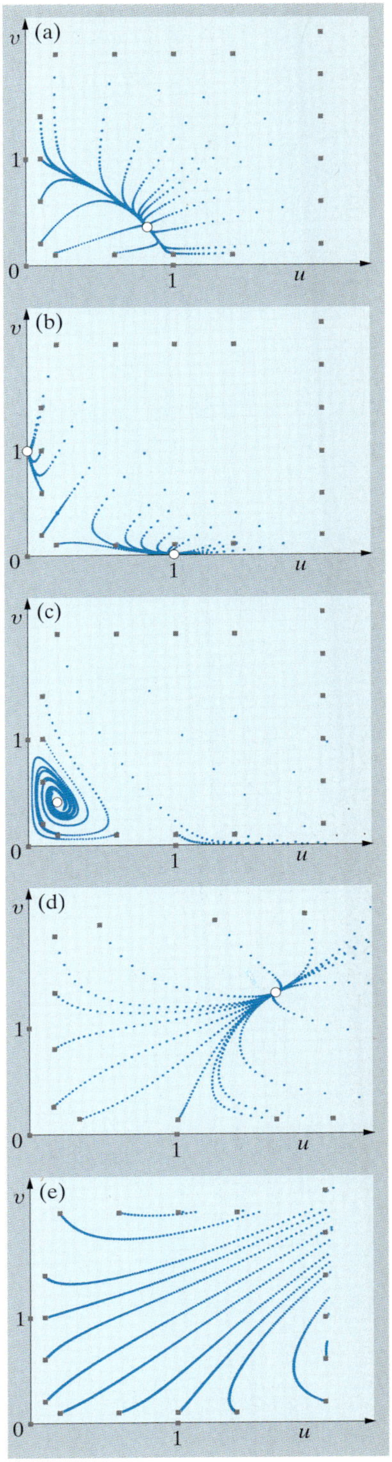

Abb. 18.26a–e. Phasenporträts einiger ökologischer Modelle: $u' = A(1 - u - Bv)$, $v' = v(1 - v - Cu)$ (normierte Form von (18.43)). ○ Fixpunkte, ■ Startpunkte der Trajektorien. Zwischen zwei Punkten einer Trajektorie besteht immer der gleiche Zeitabstand. (a) $A = 1$, $B = 0{,}5$, $C = 0{,}3$: schwache Konkurrenz, stabile Koexistenz; (b) $A = 1$, $B = 2$, $C = 3$: starke Konkurrenz, Separatrix zwischen den Einzugsgebieten der beiden Fixpunkte, wo jeweils eine Spezies tot ist; (c) $A = -1$, $B = 0{,}5$, $C = 0{,}2$: Räuber-Beute-System; eine Separatrix trennt das Gebiet periodischen Einmündens in den vierten Fixpunkt von dem, wo eine Spezies sehr schnell ausstirbt; (d) $A = 1$, $B = -0{,}5$, $C = -0{,}3$: schwache Symbiose mit stabiler Koexistenz; (e) $A = -1$, $B = 2$, $C = 3$: starke Symbiose mit „Potlatsch" ins Unendliche

später auf die Füchse zurückwirkt. Jedesmal, wenn eine Spezies durch ihren stationären Wert geht (genauer durch die Nullkline), hat die andere ein Extremum.

Eine Infektionskrankheit wird durch Kontakt von Kranken auf Gesunde übertragen. Die Krankheit verminderte die Überlebenschancen nicht merklich. Wer sie überstanden hat, sei für sein weiteres Leben immun. x, y, z seien die Bevölkerungsdichten der Gesunden (die noch nie krank waren), der Kranken bzw. der Immunen. Diese Größen ändern sich gemäß

$$\begin{aligned} \dot{x} &= \underset{\text{Geburt}}{A} - \underset{\text{Infekt.}}{\beta xy} - \underset{\text{Tod}}{bx}\,, \\ \dot{y} &= \underset{\text{Infekt.}}{\beta xy} - \underset{\text{Immun.}}{cy} - \underset{\text{Tod}}{by}\,, \\ \dot{z} &= \underset{\text{Immun.}}{cy} - \underset{\text{Tod}}{bz}\,. \end{aligned} \tag{18.46}$$

Es gibt zwei Fixpunkte, wie man speziell aus der y-Gleichung sieht:

$$P_0 = \left(\frac{A}{b}, 0, 0\right) \qquad P_1 = \left(\frac{b+c}{\beta}, \frac{A}{b+c} - \frac{b}{\beta}, \frac{Ac}{b(b+c)} - \frac{b}{\beta}\right). \tag{18.47}$$

P_1 liegt nur bei $A\beta > b(b+c)$ im sinnvollen (positiven) Bereich.

Für P_0 heißt die Jacobi-Matrix

$$\begin{pmatrix} -b & -\beta A/b & 0 \\ 0 & A\beta/b - b - c & 0 \\ 0 & c & -b \end{pmatrix}. \tag{18.48}$$

Zwei Eigenwerte sind $\lambda_{1,2} = -b$, denn damit verschwindet in der Matrix $\boldsymbol{J} - \lambda\boldsymbol{E}$ eine ganze Spalte, die Determinante wird Null. $\lambda_3 = A\beta/b - b - c$ schafft dasselbe mittels einer Zeile. Bei $A\beta/b < b + c$ ist dieser Fixpunkt stabil (der andere existiert ja nicht im sinnvollen Bereich). Kranke und Immune verschwinden allmählich, der Erreger mit ihnen. Die Zeitkonstanten hierfür sind $1/b$ und $b/(b(b+c) - A\beta)$.

Die Jacobi-Matrix für P_1

$$\begin{pmatrix} -A\beta/(b+c) & -b-c & 0 \\ A\beta/(b+c) & 0 & 0 \\ 0 & c & -b \end{pmatrix} \tag{18.49}$$

hat auch einen Eigenwert $-b$; die beiden anderen sind Wurzeln von $\lambda^2 + \lambda Ab/(b+c) + A\beta - b(b+c) = 0$. Nach der **Regel von Descartes** gibt es keine positiv reellen Wurzeln, aber entweder zwei negativ reelle oder zwei konjugiert komplexe mit negativem Realteil (stabiler Knoten oder stabile Spirale), je nachdem ob $A\beta - b(b+c)$ kleiner oder größer als $(A\beta/(b(b+c)))^2$ ist. Dieser Fixpunkt ist jetzt stabil; es wird immer ein gewisser Krankenstand aufrechterhalten. Die Anteile von Gesunden, Kranken und Immunen an der Gesamtbevölkerung A/b sind $b(b+c)/(A\beta)$, $b/(b+c) - b^2/(A\beta)$, $c/(b+c) - cb/(A\beta)$. In einer zu dichten Bevölkerung $(A/b) > (b+c)/\beta$ bleibt die Krankheit erhalten, eine weniger dichte eliminiert den Erreger. Diese Grenzdichte liegt um so tiefer, je infektiöser die Krankheit ist (β) und je geringer Todes- und Immunisierungsrate sind.

✗ Beispiel...

Was ändert sich an der Dynamik einer Infektionskrankheit (18.46), wenn diese manchmal tödlich ist?

Die Sterberate für die Kranken ist dann nicht mehr b, wie für Gesunde und Immune, sondern $d > b$. Die Stabilitätsgrenze zwischen den beiden Fixpunkten liegt jetzt bei $A/b = (d + c)/\beta$, also bei dichterer Bevölkerung als vorher. P_0 hat noch den doppelten Eigenwert $-b$, außerdem $A\beta/b - d - c$, P_1 hat auch $\lambda_1 = -b$ und zwei negativ reelle oder konjugiert komplexe Eigenwerte.

18.3.3 Kinetische Probleme

Jede chemische Reaktionsgleichung beschreibt ein dynamisches System. Schreiben wir die Teilchen mit großen, ihre Konzentrationen mit kleinen Buchstaben, dann gilt z. B.

$$A + B \underset{l}{\overset{k}{\rightleftharpoons}} C \qquad \dot{a} = \dot{b} = -\dot{c} = -kab + lc\,. \tag{18.50}$$

A und B begegnen sich ja um so häufiger, je größer beide Konzentrationen sind (bimolekulare Reaktion). Genauer ist k gleich Teilchengeschwindigkeit mal Reaktionsquerschnitt. C zerfällt monomolekular: Jedes Teilchen hat die gleiche Zerfallswahrscheinlichkeit. Das Gleichgewicht $\dot{a} = 0$ gibt das Massenwirkungsgesetz: $ab/c = l/k$. Diese Größe, deren negativer Zehnerlogarithmus in der Chemie oft pK heißt, hängt von der Temperatur nach einem Boltzmann-Gesetz $K \sim \mathrm{e}^{-W/(kT)}$ ab (W: molekulare Reaktionsenergie). k und l einzeln enthalten ähnliche Faktoren, wobei allerdings W die Aktivierungsenergie für Hin- bzw. Rückreaktion ist.

Enzyme beschleunigen spezifisch chemische Reaktionen, indem sie deren Aktivierungsenergie herabsetzen. Wir betrachten die Verwandlung eines Substratmoleküls S in ein Produktmolekül P durch ein Enzym E über eine Zwischenstufe, in der sich E und S zu einem Komplex C zusammenlagern, der entweder S oder P entläßt (**Michaelis-Menten-Kinetik**):

$$E + S \underset{l}{\overset{k}{\rightleftharpoons}} C \overset{m}{\rightarrow} E + P\,. \tag{18.51}$$

Im zweiten Schritt wird die Rückreaktion gewöhnlich nicht berücksichtigt, was möglich ist, solange die Konzentration von P noch klein ist oder wenn es sich z. B. um eine Spaltung von S handelt, so daß man eigentlich schreiben müßte $C \rightarrow P_1 + P_2 + E$: dann ist das Zusammentreffen aller drei Partner für die Rückreaktion sehr unwahrscheinlich.

Für e, s, c, p, die Konzentrationen der beteiligten Teilchen, gelten die Erhaltungssätze

$$e + c = e_0 \qquad \text{(Enzym entweder frei oder gebunden)}\,;$$

$$s + c + p = s_0 \qquad (S \text{ noch frei, im Komplex, oder zu } P \text{ verwandelt}).$$

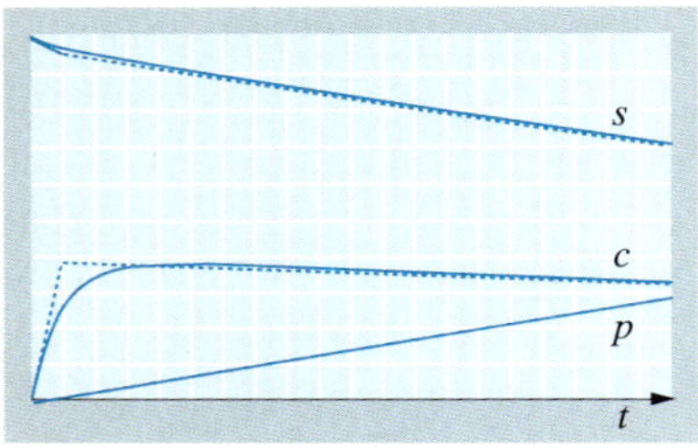

Abb. 18.27. Enzymkinetik nach *Michaelis-Menten*: s, p, c Konzentrationen von Substrat, Produkt und Enzym-Substrat-Komplex. (—): Exakte Lösungen, (...): Näherung nach (18.53); bei p nicht unterscheidbar. Parameter: $l = ks_0/2$, $m = ks_0$, $s_0 = 10e_0$

e_0, s_0 sind die Anfangskonzentrationen, wenn man bei $t = 0$ reines Substrat mit reinem Enzym vermischt hat. Sehr bald danach stellt sich ein Quasigleichgewicht ein (Aufgabe 18.3.21, Abb. 18.27), in dem alles verschwindende Substrat als Produkt wieder erscheint:

$$kse - lc = ks(e_0 - c) - lc \approx mc \Rightarrow c \approx \frac{kse_0}{ks + l + m} ; \tag{18.52}$$

die Erzeugungsrate des Produkts wird

$$\dot{p} \approx -\dot{s} \approx mc \approx \frac{mke_0 s}{ks + l + m} . \tag{18.53}$$

In den Koordinaten $\dot{p}^{-1}$ und s^{-1} ergibt sich eine Gerade:

$$\dot{p}^{-1} \approx \frac{k + (l + m)s^{-1}}{mke_0} . \tag{18.54}$$

Aus diesem **Lineweaver-Burk-Plot** liest man sehr bequem die Michaelis-Menten-Konstanten $1/(me_0)$ und $(l + m)/(mke_0)$ ab.

Oft gibt es außer dem Substrat S noch ein anderes Teilchen T, das an das Enzymmolekül andocken kann, meist an eine andere Stelle; Enzyme sind ja meist Riesenproteine. S und T werden gegenseitig ihre Bindung und die Reaktion zu den Produkten P und Q fördern oder behindern, als *Aktivator* oder **Inhibitor** wirken. Es gibt dann drei Komplexe: $C = ES$, $D = ET$, $F = EST$. In Aufgabe 18.3.22 können Sie untersuchen, wie dies die Kinetik beeinflußt.

Wenn ein Stoff seine eigene Produktion fördert, spricht man von **Autokatalyse**. Beispiele wären

$$\begin{aligned} &A + X \rightleftharpoons 2X \qquad && \dot{x} = kax - lx^2 \quad (\approx \text{logist. Gleichung}) \\ &A + X \rightarrow 2X , && X + Y \rightarrow 2Y \qquad Y \rightarrow B \\ & && \dot{x} = kax - mxy , \quad \dot{y} = mxy - ny . \end{aligned} \tag{18.55}$$

Die zweite Gleichung ist analog zum Lotka-Volterra-System für die Raubtier-Beute-Ökologie.

Manche Enzyme haben mehrere Bindungsstellen für ihr Substrat. Diese können kooperativ wirken oder nicht: Wenn eine Stelle besetzt ist, können die übrigen durch eine **allosterische Umwandlung** der Molekülkonfiguration leichter zugänglich werden oder umgekehrt. Beim **Hämoglobin** (Hb) ist das so, und zwar aus gutem Grund. Ein Hb-Molekül hat vier Hämgruppen, die je ein O_2 binden können. In Aufgabe 1.5.13 haben wir festgestellt, daß die körperliche Dauerleistung eines Tieres vom O_2-Transport durch sein Hb begrenzt wird. Dabei wurde vollständige Aufladung mit O_2 in der Lunge und vollständige Entladung im arbeitenden Gewebe vorausgesetzt. Hieße die Reaktion einfach $A + O_2 \underset{l}{\overset{k}{\rightleftharpoons}} AO_2$, so wie es beim Myoglobin im Muskel mit seiner einen Hämgruppe auch ist, folgte in Abhängigkeit vom O_2-Partialdruck p und der Gesamtkonzentration $c = [A] + [AO_2]$ das Gleichgewicht für die relative Besetzung mit O_2

$$\overline{v} = \frac{[AO_2]}{c} = \frac{kp}{l + kp} . \tag{18.56}$$

Das ist ein zunächst mit p steigender, dann in die Sättigung übergehender Hyperbelbogen. Wenn p im arbeitenden Muskel halb so groß ist wie in der Lunge, wird die Transportkapazität nur zu höchstens 17 % ausgenutzt. Wir könnten nicht 600, sondern nur 100 Höhenmeter in der Stunde steigen.

Das Tetramer des Hb kann es viel besser. Es sättigt sich in einer Kette von O_2-Bindungs- und Abtrennungsreaktionen. Seien k_i und l_i die Reaktionskonstanten für die i-te Stufe (Besetzung bzw. Freiwerden einer *bestimmten* Hämgruppe), dann ergibt sich im Gleichgewicht die mittlere Anzahl von O_2, die an einem Hb hängt, zu

$$\bar{v} = 4\frac{P_1 p + 3P_2 p^2 + 3P_3 p^3 + P_4 p^4}{1 + 4P_1 p + 6P_2 p^2 + 4P_3 p^3 + P_4 p^4}\,, \qquad P_i = \prod_{\nu=1}^{i} \kappa_\nu\,, \quad \kappa_\nu = \frac{k_\nu}{l_\nu} \tag{18.57}$$

(Aufgabe 18.3.23). Sind alle κ_i gleich, haben wir wieder den Fall unabhängiger Bindungsstellen, wie beim Myoglobin. Werden die κ_i mit steigendem i immer kleiner, d. h. behindern die vorhandenen O_2 den Neuzuzug, wird die Kurve noch flacher. Bei Kooperativität (Zunahme der κ_i) wird sie steiler (Abb. 18.28). Im Grenzfall sind im Zähler und Nenner von (18.57) nur das erste und das letzte Glied wesentlich: Bevor die mittleren Glieder das erste einholen, hat das letzte das längst getan und ist dann nie mehr einzuholen:

$$\bar{v} \approx 4\frac{\kappa_1 p + P_4 p^4}{1 + P_4 p^4}\,. \tag{18.58}$$

Die **Kooperativität** steigert die maximale Transportkapazität auf 60 % (gleiche Voraussetzung wie oben: Halber O_2-Druck im Gewebe). Eine weitere Steigerung auf fast 100 % bringt der **Bohr-Effekt**: Mit abnehmendem pH der Umgebung, z. B. in dem durch CO_2 und Milchsäure angesäuerten Muskel, verschiebt sich die Kurve (p) nach rechts.

Streben chemische Reaktionen immer monoton einem Gleichgewicht zu? Lange hielt man dies für eine klare Folge des Satzes von der Zunahme der Entropie. Ausnahmen, bei denen sich Konzentrationen und sogar die Farbe von Lösungen periodisch änderten, führte man auf äußere Störungen oder Verfahrensfehler zurück. Erst die **Bjeloussow-Zhabotinski-Reaktion** (BZ-Reaktion) schwingt lange und zuverlässig genug, um die Skeptiker zu überzeugen: Malonsäure $CH_2(COOH)_2$ wird in Gegenwart von Bromat (BrO_3) teils durch CO_2-Abspaltung zu Ameisensäure HCOOH, teils zu Brom-Malonsäure. Anwesende Metallionen wie $Ce^{3+/4+}$ ändern dabei periodisch Wertigkeit und Farbe, oft dramatisch von violett zu gelb oder rot zu blau. Diese Periodizität, die im Reagenzglas nach vielen Minuten erlischt, läßt sich unbegrenzt aufrechterhalten, wenn man immer wieder frische Reaktanten zu- und Produkte abführt. Die Reaktion strebt keinem Fixpunkt zu, sondern einem Grenzzyklus. Inzwischen kennt man Dutzende oszillierende Reaktionen, in denen sich auch verblüffende räumliche Muster entwickeln und verändern. Alle laufen fern vom Gleichgewicht (im Durchflußreaktor) und setzen mindestens eine Rückkopplung

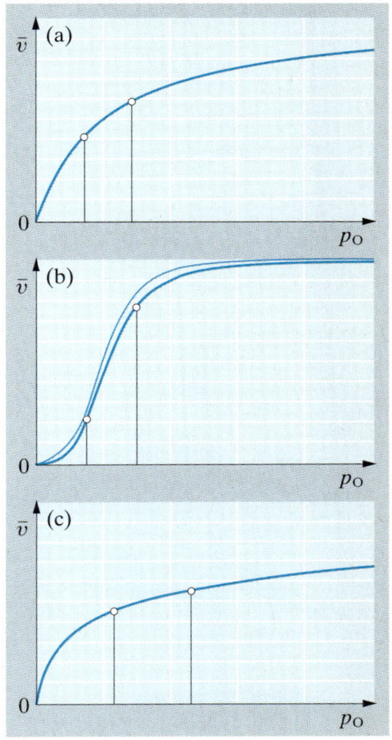

Abb. 18.28a–c. O_2-Sättigung eines tetrameren Trägers in Abhängigkeit vom O_2-Partialdruck p_O nach (18.57) (a) ohne, (b) mit positiver, (c) mit negativer Allosterie. In (b) ist die Näherungskurve (18.58) dünn angegeben. Optimale p_O-Werte sind eingetragen für den Fall, daß p_O im Gewebe halb so groß ist wie in der Lunge: Ausnutzung (a) 17 %, (b) 55 %, (c) 10 %

(Autokatalyse) voraus. Wir kennen schon eine autokatalytische Reaktion, die Lotka-Reaktion (18.55), die zwar Periodik, aber keinen echten Grenzzyklus liefert: Viele zyklische Orbits und damit viele Perioden sind möglich. Das gängige Modell der BZ-Reaktion braucht 21 Substanzen und 18 Reaktionen, die sich mit einiger List auf „nur“ 5 reduzieren lassen. Bestimmt gibt es einen Zusammenhang zwischen solchen Grenzzyklen und den Zeitgebern für die biologischen Uhren der Lebewesen.

Auch die Kinetik von Elektronen und Löchern in Halbleitern stellt nichtlineare Probleme, die fast nie analytisch geschlossen lösbar sind. Wir betrachten das einfache Trapmodell (Abschn. 14.4.2) für einen Photoleiter. Die Gleichungen für Leitungs- und Trap-Elektronen (Teilchenzahldichten n, d) lauten

$$\begin{aligned} \dot{n} &= I - \beta n(n+d) - \alpha n(D-d) + \gamma d\,, \\ \dot{d} &= \alpha n(D-d) - \gamma d\,. \end{aligned} \tag{18.59}$$

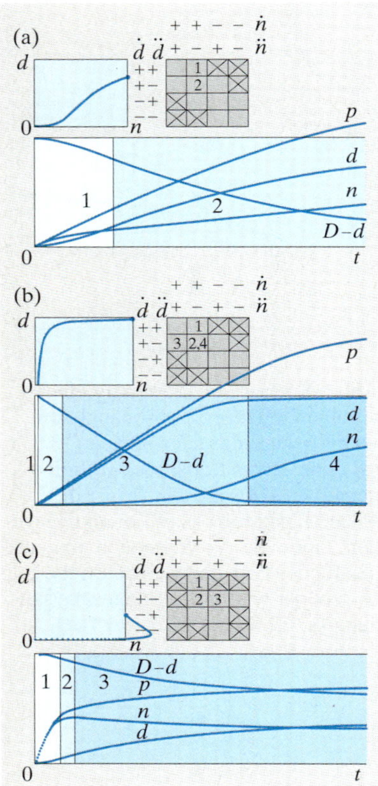

Abb. 18.29a–c. Anklingen der Photoleitung im Trapmodell (18.59). *Unten*: $n(t)$, $d(t)$, $p(t)$, $D-d(t)$. *Links oben*: Phasendiagramm $d(n)$. *Rechts oben*: Zugehöriges Möglichkeitsschema; die Folge der Kurvenabschnitte (s. auch unten) ist hier eingetragen. (a) n klingt konvex an; (b) n steigt erst nach einem Anfangsplateau richtig an; (c) $n(t)$ durchläuft ein Maximum

Die Löcherdichte p ist gegeben durch den Erhaltungssatz $p = n + d$. Wie klingt n nach Einschalten des Lichtes an? Man kann solche Fragen numerisch behandeln, aber nur für wenige Sätze von Parametern, deren es hier recht viele gibt. Zur allgemeinen Diskussion bleiben qualitative und halbquantitative Methoden, die auch in vielen anderen Fällen nützlich sind.

Qualitativ: Wenn man nicht den genauen Lösungsverlauf $n(t)$, $d(t)$ wissen will, sondern nur z. B., ob diese Kurven monoton steigen oder ein Extremum oder mehrere haben, genügt es zu wissen, aus welchen der folgenden Kurvenstücke sich $n(t)$ und $d(t)$ zusammensetzen und in welcher Reihenfolge:

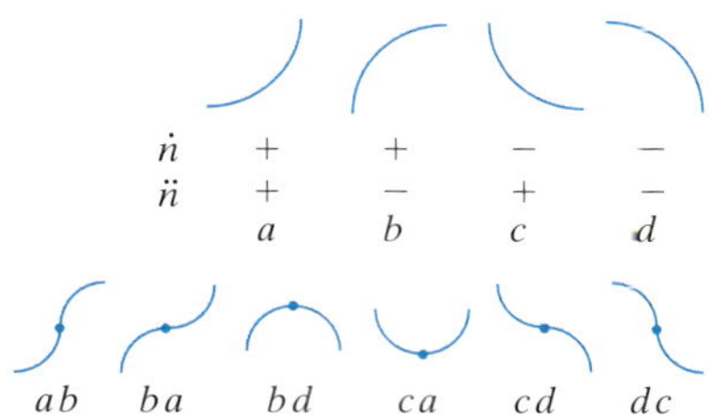

(18.60)

Die Vorzeichen in der Systemmatrix (Jacobi-Matrix) geben bereits an, welche Kombinationen von n- und d-Kurvenstücken möglich sind. Unser Trapmodell kann folgende Vorzeichenmatrizen und **Möglichkeitsschemata** haben:

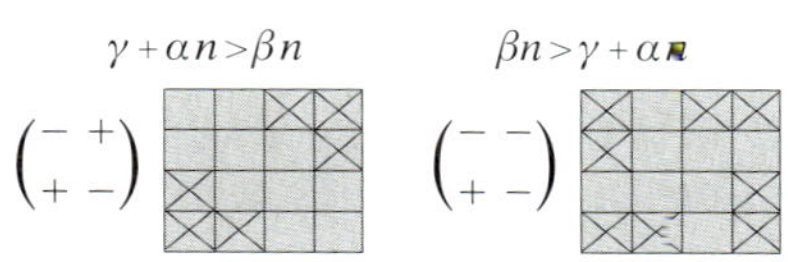

Auf diesen „Spielbrettern“ gelten nun für stetige und stetig differenzierbare Kurven folgende Sprungregeln: Von einem Innenfeld kann man auf beide Randfelder der gleichen Reihe springen, von einem Randfeld nur auf das benachbarte Innenfeld (vgl. (18.60)). Andere Sprünge würden Knicke in den Lösungskurven bedeuten. Sprünge sind auch nur innerhalb der gleichen Reihe möglich; ein Diagonalsprung in einen anderen Quadranten z. B. würde $\dot{n} = \dot{d} = 0$, also Stationarität bedeuten. Es folgt z. B., daß das Anklingen im Trapmodell bei $\gamma + \alpha n > \beta n$ immer monoton verläuft, aber vielleicht über Zwischenplateaus; im anderen Fall kann ein Maximum auftreten, aber keine Plateaus im Anstieg. Numerische Rechnung und Experiment bestätigen das (Abb. 18.29). Für das Lotka-Volterra-Modell (18.55) erkennt man so sehr schnell, daß nur zyklische, keine stationär werdenden Lösungen möglich sind.

Halbquantitative Näherungslösungen erhält man, wenn man die konkurrierenden Glieder in n und d geschickt vergleicht und immer nur so viele beibehält, daß sich das reduzierte System leicht lösen läßt. Diese Teillösungen muß man dann passend zusammennähen. Für das Trapmodell empfiehlt sich folgende Fallunterscheidung, numerisch codiert:

$$\begin{array}{llll} \substack{1\\2}\cdots & d \overset{\ll}{\underset{\approx}{}} D & \cdot\substack{1\\2}\cdot\cdot & p \approx \substack{n \gg d\\ d \gg n} \\ \cdot\cdot\substack{1\\2}\cdot & \gamma d \overset{\ll}{\underset{\approx}{}} \alpha n(D-d) & \cdots\substack{1\\2} & \beta np \overset{\ll}{\underset{\approx}{}} I\,. \end{array} \tag{18.61}$$

Sie können die Teillösungen selbst zusammenfügen und die etwas mühsamen Fallunterscheidungen treffen.

18.4 Chaos und Ordnung

18.4.1 Einfache Wege ins Chaos

Die lineare Abbildung $x \leftarrow ax$ mit $a > 1$ treibt den Punkt x natürlich ins Unendliche. Wir sperren ihn im Bereich (0,1) ein, indem wir die Gerade ax ab $x = \frac{1}{2}$ symmetrisch zurückknicken: $x \leftarrow a(1 - 2|\frac{1}{2} - x|)$. Ein Fixpunkt liegt immer bei $x_1 = 0$. Für $a > 1$ gibt es einen zweiten bei $x_2 = 2a/(1 + 2a)$. Da $f'(0) = a$, ist x_1 stabil für $a < 1$ und wird instabil ab $a = 1$, ohne daß x_2 dann stabil wird, denn das Dreieck ist auch dort steiler als 45°. Wie die Simulation zeigt, bricht ab $a = 1$ unvermittelt Chaos aus. (Dicht darüber ergeben sich zwei so enge chaotische Bänder, daß man bei ungenauem Plotten fast an Periodizität glaubt; Abb. 18.30.)

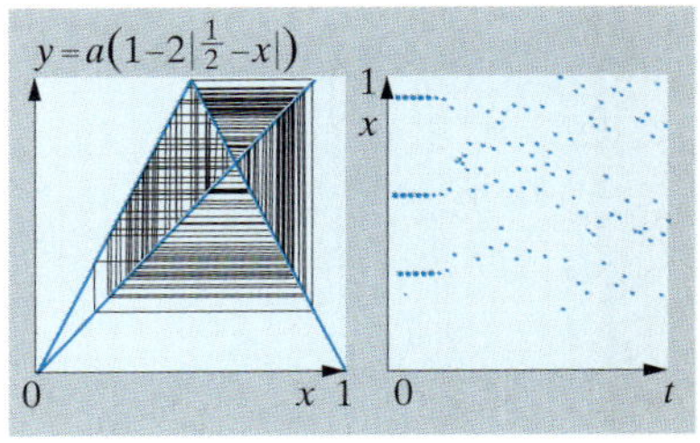

Abb. 18.30. Dreiecksdynamik $x \leftarrow a(1 - 2|\frac{1}{2} - x|)$, in double precision (16 Dezimalstellen) gerechnet. Die durch passende Wahl des Startwertes erzielte Periodizität explodiert sehr bald ins Chaos (die ersten 15 Schritte dick hervorgehoben); dies Chaos ist der Normalfall für $a > 1$

Noch interessanter ist es, den Punkt dadurch einzusperren, daß man z. B. mit $x < 1$ beginnt, bei jedem Schritt x verdoppelt, aber die 1 vor dem Komma streicht, sobald sie entsteht: $x \leftarrow 2x \bmod 1$ oder $x \leftarrow 2x - \mathrm{int}(2x)$. Man kann auch an Winkel denken (mod 360°) oder eine Uhr (mod 12), wobei z. B. 7^{h} in 2^{h}, 9^{h} in 6^{h} übergeht. Graphisch hat man einfach die rechte Flanke des Dreiecks von vorhin umgedreht (Abb. 18.31). Beide Fixpunkte 0 und 1 sind offenbar instabil (Steigung 2). Schreibt man x als Binärbruch, so besteht die Abbildung darin, daß man die Ziffern um eine Stelle nach links rückt und die evtl. vor dem Komma erscheinende 1 streicht. Man sieht, daß das Verhalten von x empfindlich vom Anfangswert abhängt und unvorhersagbar ist: Angenommen, dieser war auf n Binärstellen genau bekannt. Nach n Schritten ist eine anfangs völlig unbekannte Ziffernfolge gleich hinter das Komma gerutscht. Bei einem in dieser Genauigkeit unmerklich verschiedenen Anfangswert wä-

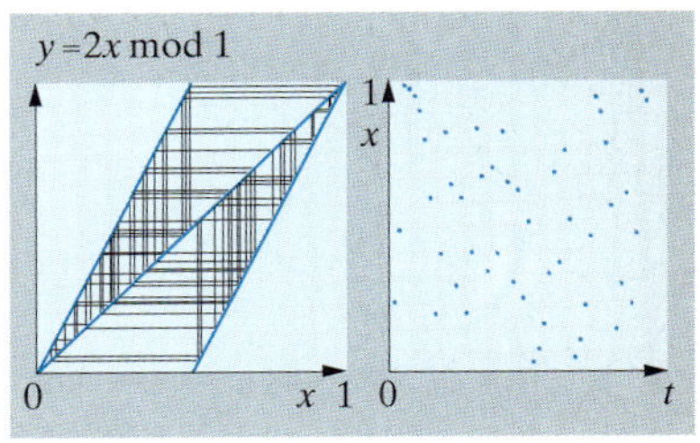

Abb. 18.31. Kreisdynamik $x \leftarrow 2x \bmod 1$, in double precision gerechnet. Wissen Sie, warum nur 50 Schritte eingetragen sind? Was würde danach passieren? Beachten Sie auch die Details!

ren es ganz andere Ziffern. Die ursprüngliche Information ist ganz verloren.

✗ Beispiel . . .

Was hat die „Kreisdynamik" $x \leftarrow 2x - \mathrm{int}(2x)$ mit der Iteration $z \leftarrow z^2$ im Komplexen zu tun?

Auf dem Einheitskreis bedeutet $z \leftarrow z^2$ einfach: Verdopple den Winkel, denn $z = \mathrm{e}^{\mathrm{i}\varphi} \leftarrow z^2 = \mathrm{e}^{2\mathrm{i}\varphi}$.

In fast allen Binär- oder auch Dezimalzahlen kommt jede beliebige Ziffernfolge unendlich oft vor (Aufgabe 18.4.2). Das bedeutet: Unser Punkt besucht jedes Teilintervall des Bereichs $(0, 1)$, wie klein es auch sei, immer wieder, unendlich oft. Nach unendlich vielen Schritten ist der Bereich dicht erfüllt. Man nennt dieses Verhalten **ergodisch**. Es ist ebenfalls typisch für das Chaos, aber auch für andere Systeme in der statistischen Physik, d. h. für echte Zufallsprozesse.

Wir suchen ein Maß für die empfindliche Abhängigkeit von den Anfangswerten in einer diskreten Dynamik $x \leftarrow f(x)$. Eine Trajektorie beginne mit x_0, die andere mit $x_0 + \mathrm{d}x$. Der erste Schritt bringt die erste nach $f(x_0)$, die andere nach $f(x_0 + \mathrm{d}x) = f(x_0) + f'(x_0)\,\mathrm{d}x$. Der Abstand hat sich um den Faktor $f'(x_0)$ geändert. Das führt einerseits wieder auf unser Stabilitätskriterium $|f'| < 1$. Andererseits können wir die Trajektorien über n Schritte weiterverfolgen: Zum Schluß ist der Abstand auf $\mathrm{d}x$ mal dem Produkt aller $f'(x_i)$, $i = 0, 1 \ldots, n-1$ an- oder abgeschwollen. Da wir exponentielles An- oder Abschwellen erwarten, setzen wir dies gleich e^{nL}:

$$\mathrm{e}^{nL} = \prod_{i=0}^{n-1} |f'(x_i)| \,. \tag{18.62}$$

Den **Ljapunow-Exponenten** L befreien wir durch Logarithmieren:

$$L = \text{Mittelwert der } \ln|f'| \text{ über die ganze Trajektorie für } n \to \infty \,. \tag{18.62'}$$

$L > 0$ bedeutet Chaos, $L < 0$ Zusammenlaufen der Trajektorien. Die Dreiecks- und die Kreisdynamik (S. 991) haben $L = \ln a$ bzw. $L = \ln 2$.

Wenn man den jetzigen Zustand eines nichtchaotischen Systems kennt, weiß man auch, was es in aller Zukunft machen wird, mit einer Genauigkeit ähnlich der, die für die Anfangswerte galt. Bei chaotischem Verhalten geht bei jedem Schritt etwas von der Anfangsinformation verloren, bis sehr bald nichts mehr davon da ist. In der Kreisdynamik $x \leftarrow 2x \bmod 1$ z. B. verschwindet bei jedem Schritt genau eine der n ursprünglich bekannten Binärziffern, also ein bit von n. Man kann leicht verallgemeinern, z. B. wenn die Abbildung eine Multiplikation mit $a = f'$ enthält und die Stellen vor dem Komma wieder gestrichen werden: **Informationsverlust** $\mathrm{ld} f'$ bits (ld = Logarithmus zur Basis 2). Der Mittelwert dieses Verlustes unterscheidet sich vom Ljapunow-Exponenten nur um den Faktor $\ln 2 = 0{,}693$. Information und Entropie sind eng verwandt (Kap. 17): Informationsverlust bedeutet eine dazu proportionale Entropiezunahme. x-Punkte, die anfangs in einem engen Intervall zusammenlagen, breiten sich bald über den ganzen verfügbaren Bereich aus, wie Gasmoleküle. Ordnung verschwindet, aber hier völlig deterministisch, nicht wie beim Gas stochastisch, zufällig, nur in Richtung auf den wahrscheinlicheren Zustand.

18.4.2 Chaos und Fraktale

Das Wetter ist das bekannteste Beispiel für **deterministisches Chaos**, wo trotz strenger Abhängigkeit des Folgezustandes vom vorhergehenden keine langfristige Vorhersage möglich ist, wo man also wie in (18.31) für $a < 3{,}57$ das Ergebnis jedes Einzelschritts angeben kann, aber kein geschlossenes Gesetz, das die ganze Zukunft umfaßt. Notwendige Voraussetzung hierfür ist Nichtlinearität der Dynamik und sensitive Abhängigkeit von den Anfangsbedingungen; winzige Änderungen in diesen müssen also sehr schnell (meist exponentiell) anschwellen, bis die entsprechenden Trajektorien weit auseinandergelaufen sind. Auch dann könnten sie ja schließlich noch in einen gemeinsamen Fixpunkt oder Grenzzyklus münden. Chaos liegt vor, wenn das Phasenporträt keinen solchen gewöhnlichen Attraktor enthält, sondern einen seltsamen-Attraktor von zunächst undurchschaubar komplizierter Form, wie Abb. 3.74 ihn für eine ganz einfache diskrete zweikomponentige Dynamik zeigt.

Die herkömmliche Geometrie, auch die analytische, ist gegenüber solchen Gebilden allerdings hilflos, wie übrigens auch gegenüber den meisten natürlichen Strukturen: „Wolken sind keine Kugeln, Berge keine Kegel." Wie lang ist die Küste Italiens? Das Ergebnis hängt ganz davon ab, auf einer Karte welchen Maßstabs man diese Linie entlangfährt, oder ob man es zu Fuß tut. Je größer der Maßstab, desto mehr Buchten und Vorsprünge erscheinen, die vorher gar nicht erkennbar waren. Küsten und viele andere Naturgebilde sind **selbstähnlich** oder **skaleninvariant**: Ein vergrößerter Ausschnitt sieht im Prinzip ganz ähnlich aus wie das Ganze. Wenn das der Fall ist, steigert z. B. jede Verzehnfachung des Maßstabes m die gemessene Länge $l(m)$ nicht auf das Zehnfache, sondern um einen konstanten Faktor $f > 10$, d. h. $l(m) \sim m^D$, wobei im Beispiel $D = \log f$ ist. Bei einer Geraden oder glatten Kurve ist natürlich $f = 10$, $D = 1$. Bei der Fläche Italiens ist das anders: Man schneide sie aus der Karte aus und lege sie auf die Waage, die $A(m) \sim m^2$, also $D = 2$ liefert. Ein massives räumliches Gebilde liefert $D = 3$. Das rechtfertigt, D allgemein als **Hausdorff-Dimension** zu bezeichnen. Bei selbstähnlichen Gebilden ist D i. allg. ein (meist unendlicher) Dezimalbruch (fraction), und solche Gebilde heißen **Fraktale**.

Seltsame Attraktoren von chaotischen Systemen, im Phasenraum dargestellt, sind fraktale Gebilde. Ein vergrößerter Ausschnitt zeigt immer neue Details, sieht aber im Ganzen ziemlich aus wie das Original. Solche Gebilde sind skaleninvariant. Das ist z. B. der Fall für das Feigenbaum-Szenario mit einer Kaskade von Periodenverdopplungen: Vergrößert man einen Zweig aus Abb. 18.20, sieht er genauso seelilienhaft aus wie das ganze Bild. Auch im chaotischen Teil verstecken sich zahllose winzige Seelilien ähnlicher Struktur.

Eine diskrete Dynamik kann schon bei einer Komponente einen chaotischen, seltsamen Attraktor haben (z. B. die logistische Gleichung (18.31)), erst recht bei zweien (Abb. 3.74). Im stetigen Fall kann dies nach dem **Satz von Poincaré-Bendixson** erst ab drei Komponenten vorkommen. Das erste und bekannteste Beispiel ist der Attraktor von *E. Lorenz*, dessen Dynamik eine aufs äußerste vereinfachte Beschreibung der atmosphärischen Konvektion geben sollte (Abschn. 18.4.4).

Wenn ein System mehrere Fixpunkte hat, sind deren Einzugsgebiete keineswegs immer einfach zusammenhängend, sondern haben oft fraktale Struktur. Wir fassen x und y zum komplexen $z = x + \mathrm{i}y$ zusammen und studieren z. B. die Abbildung

$$z \leftarrow z - \frac{z^3 - 1}{3z^2} = \frac{2}{3}z + \frac{1}{3z^2}\,. \qquad (18.63)$$

Die Fixpunkte sind die Lösungen der Gleichung $z^3 = 1$, d. h. die Punkte $(1,0), (-\frac{1}{2}, \frac{1}{2}\sqrt{3}), (-\frac{1}{2}, -\frac{1}{2}\sqrt{3})$. Die Abbildung stellt die Iteration dar, mit der man nach *Newton* diese Lösungen bestimmt: Um $x = f(x)$ zu lösen, rechnet man zum Schätzwert x_1 zunächst $f(x_1)$ aus und korrigiert x_1, indem man $f(x_1)/f'(x_1)$ davon abzieht. Unsere Iteration (18.63) liefert ganz kompliziert verwobene Einzugsgebiete (Abb. 18.36). Die Selbstähnlichkeit dieser „Zöpfe" springt in die Augen. Die Grenzen zwischen verschiedenen Einzugsgebieten heißen **Julia-Mengen**. Ein Punkt, der auf einer Julia-Menge beginnt, kann sich nicht entscheiden, zu welchem Fixpunkt er hinspringt, sondern bewegt sich chaotisch. Julia-Mengen sind seltsame Attraktoren für die inverse Iteration $z \leftarrow f^{-1}(z)$. Für die Praxis der numerischen Rechnung heißt das, daß man oft schwer voraussagen kann, welche von mehreren Lösungen einer Gleichung man durch solch ein Iterationsverfahren finden wird: Selbst wenn der Ausgangswert nahe an einer Lösung liegt, kann eine ganz andere schließlich herauskommen.

Ein Punkt einer Julia-Menge bleibt immer in dieser; er darf ja definitionsgemäß keinem Fixpunkt zustreben. Betrachtet man auch das Unendliche als Attraktor, dann bildet die Berandung von dessen Einzugsgebiet eine spezielle Julia-Menge. Von den einzelnen Punkten dieses Einzugsgebietes aus wandert man verschieden schnell ins Unendliche davon. Koloriert man die Punkte verschieden, je nach ihrer Entweichgeschwindigkeit, erhält man auch fraktale Strukturen von unglaublicher Kompliziertheit und Schönheit. Die bekannteste ist das „Apfelmännchen", das *Mandelbrot* zuerst konstruiert hat. Ihm liegt die komplexe Abbildung $z \leftarrow z^2 + c$ zugrunde: Schwarze c-Punkte verschwinden überhaupt nicht ins Unendliche, die anders gefärbten tun es verschieden schnell (Tafel 7a, S. 1224). Hinter der Struktur, die sich auf der reellen Achse bildet, steckt wieder einmal die logistische Gleichung $x \leftarrow ax(1 - x)$.

Dies war das Bild in der c-Ebene (genauer diskutiert in Abschn. 18.4.3). Anders in der z-Ebene: Für einen festen Wert c gibt es zwei Sorten von Ausgangspunkten z. Für die einen strebt die Iteration $z \leftarrow z^2 + c$ gegen einen Fixpunkt oder ins Unendliche, für die anderen kann er sich nicht dazu entschließen. Die letztgenannten Punkte bilden die Julia-Menge zum Wert c. Wenn die Iteration $z \leftarrow z^2 + c$ so alle Punkte von der

Julia-Menge wegtreibt (außer denen, die direkt in dieser Menge liegen), muß die inverse Iteration $z \leftarrow \sqrt{z-c}$ sie genau dorthin treiben. So kann man das Bild dieser Menge sehr schnell generieren mit folgender Methode, die auch sonst sehr nützlich und elegant ist.

Ein Bild digital zu codieren, damit es z. B. auf dem Bildschirm entstehen kann, kostet sehr viel Information. Im schlimmsten Fall muß man jedem Bildpunkt (Pixel) eine Graustufe und einen Farbwert zuordnen. Selbst bei Schwarz-Weiß-Bildern ohne Graustufen verlangt jedes Pixel ein bit, das ganze Bild also einige 10^5 bits. Viel ökonomischer kann man codieren, wenn das Bild fraktal, selbstähnlich ist, wie bei vielen Naturobjekten. Schneidet man davon einen Teil ab, bleibt ein verkleinerter, vielleicht etwas verdrehter Rest übrig. Auch alle anderen Details sind dann kleine verdrehte, verschobene, evtl. verzerrte Kopien des Ganzen. Solche Kopien kann man durch eine **affine Transformation** des Originals erzeugen: $\boldsymbol{x} \leftarrow \boldsymbol{A}\boldsymbol{x} + \boldsymbol{b}$; die Matrix $\boldsymbol{A}$ dreht, ändert den Maßstab und verzerrt linear, der Vektor $\boldsymbol{b}$ verschiebt. Mit wenigen (n) Kopien kann man meist alle wesentlichen Details der Struktur erfassen; deren $6n$ Konstanten sind eine riesige Ersparnis gegenüber der Codierung Pixel für Pixel (Abb. 18.32).

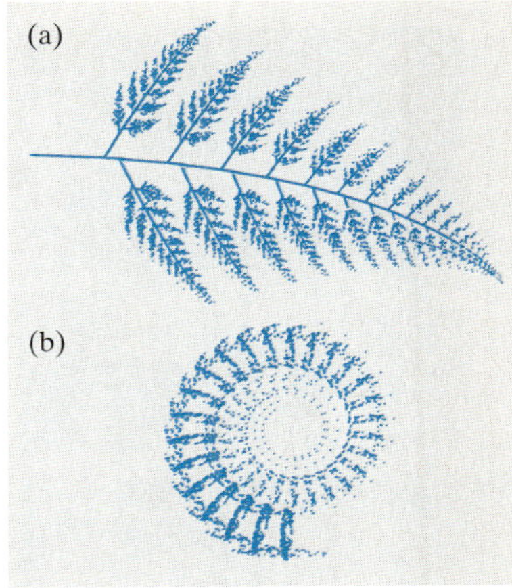

Abb. 18.32a, b. Dieser Farnwedel entsteht durch eine Zufallsfolge von vier affinen Abbildungen eines beliebigen Startpunktes (vgl. Aufgabe 18.4.9). Bei dem Ammoniten sieht man besser, wie die Sache funktioniert: Er ist aus lauter punktierten Ellipsen zusammengesetzt

Bei der Bildkonstruktion könnte man von einer beliebigen Figur ausgehen, diese den n Transformationen unterwerfen, das aus den n Kopien überlagerte Bild nochmals transformieren usw. Sehr bald würde aber die exponentiell wachsende Zahl der Bildpunkte alle Speicher- und Rechenkapazitäten überschreiten. Erstaunlicherweise kommt schließlich genau dieselbe Grenzstruktur als seltsamer Attraktor heraus, wenn man von einem einzigen beliebigen Punkt ausgeht und auf ihn eine *zufällige Folge* der n Transformationen anwendet. Nach kurzem Einschwingen entwickelt sich erst schattenhaft, dann immer genauer und detailreicher die Grenzstruktur – ein geradezu magisch anmutender Vorgang. Soviel kann man schon mit affinen, also linearen Transformationen ausrichten. Nichtlineare sind noch viel flexibler. Vielleicht ist das Programm der Keimesentwicklung und des Wachstums im Genom der Lebewesen auf ähnliche Weise codiert.

Nun wieder zur Konstruktion der Julia-Mengen für $z \leftarrow z^2 + c$. Man erhält sie durch die Inversion $z \leftarrow \pm\sqrt{z-c}$, ausführlich geschrieben

$$x \leftarrow \pm\sqrt{(|z| + x - a)/2}\,, \quad y \leftarrow \pm\sqrt{(|z| - x + a)/2} \qquad (18.64)$$
$$\text{mit } z = x + \mathrm{i}y,\ c = a + \mathrm{i}b,$$

wobei die beiden Vorzeichen als verschiedene Abbildungen aufzufassen sind, die man im zufälligen Wechsel auf ein beliebiges Anfangs-z anwendet. Bei $y > b$ wähle man gleiche Vorzeichen dieser Wurzeln, bei $y < b$ verschiedene.

Für manche c-Werte ergibt sich ein zusammenhängendes Bild in Form einer Girlandenschnur (für reelle c symmetrisch zu den Achsen). Andere c-Werte liefern verstreute Flecken von komplizierter Struktur, die sich bei der Vergrößerung wieder in eine Art Cantor-Staub aus kleineren unzusammenhängenden Flecken auflösen (Tafel 7c, S. 1225). Es stellt sich heraus, daß genau jeder c-Wert aus der Mandelbrot-Menge, für die der Wert z bei

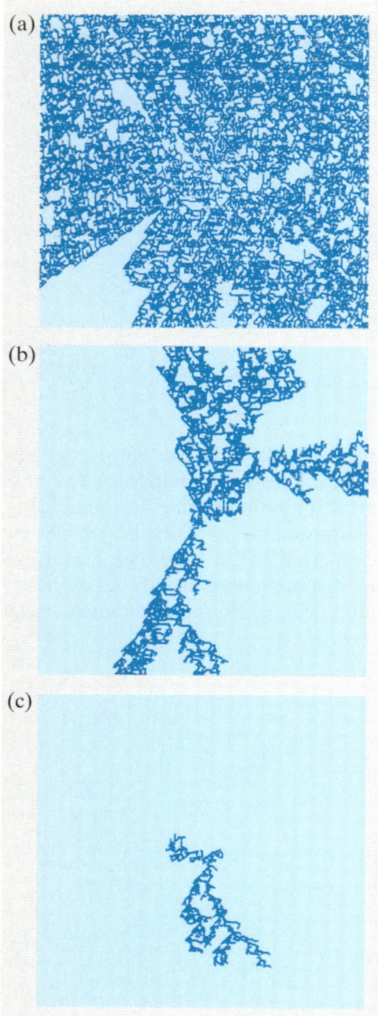

Abb. 18.33a–c. Fraktales Wachstum: Wenn Teilchen auf einer Zufallsbewegung um einen Keim herum auf diesen stoßen, lagern sie sich mit einer gewissen Wahrscheinlichkeit an. Deren Wert (von Bild zu Bild nur 5 % verschieden) entscheidet u. a. zwischen Aussterben und Weiterwachsen bis zum Rand. Die Struktur sieht nur deshalb etwas anders aus als Eisblumen am Fenster, weil denen das hexagonale Muster des Eiskristalls, diesen Bildern aber das quadratische des Bildschirms zugrundeliegt

der Iteration $z \leftarrow z^2 + c$ nicht ins Unendliche entweicht, eine zusammenhängende Julia-Menge liefert. Für diese c, für die die Iteration konvergiert, gibt es ja einen stabilen Attraktor in Gestalt eines oder endlich vieler im Endlichen liegender Fixpunkte. Der Einzugsbereich dieses Attraktors muß allerdings eine zusammenhängende, wenn auch sicher fraktale Begrenzung haben, nämlich die Julia-Menge. c-Werte, zu denen ein seltsamer oder im Unendlichen liegender Attraktor gehört, sind dieser Beschränkung nicht unterworfen. Je mehr sich c dem Rand der Mandelbrot-Menge nähert, desto zerfaserter wird die Julia-Menge, desto kleiner wird das Einzugsgebiet der endlichen Fixpunkte, das sie einschließt, desto kleiner wird auch die fraktale Dimension dieses Einzugsgebietes. Kein Wunder, daß jenseits der Grenze der Mandelbrot-Menge die Julia-Menge ganz auseinanderfällt in Sternhaufen, umgeben scheinbar von Einzelsternen, die sich in der Vergrößerung aber auch wieder in Sternsysteme auflösen. Dort muß sie die winzigen Bereiche (die Mikro-Apfelmännchen) umgrenzen, in denen ein endlicher Fixpunkt existiert und die überall in der Gegend verstreut sitzen, kleiner und kleiner. Kein Wunder also auch, daß die Julia-Menge bei genügender Vergrößerung fast genau dieselbe Struktur enthüllt wie die Mandelbrot-Menge. Alle diese Tatsachen, die wir heute so mühsam mit dem PC nachvollziehen, leitete *Gaston Julia* im Kriegslazarett 1918 her, nur mit Papier und Bleistift.

Wenn Sie über eine Videokamera verfügen, schließen Sie sie an Ihren Monitor und richten sie auf dessen Bildschirm, wobei Sie sie etwas seitlich kippen oder sogar auf den Kopf stellen. Verwenden Sie aber kein zu perfektes Video-Kabel (Grund: Aufgabe 18.4.23). Sie werden staunen, was da passiert (notfalls zünden Sie, indem sie eine Lampe oder ein brennendes Zündholz dazwischenhalten; meist genügt die Hand). Sowie Sie einen der Parameter Kippwinkel, Blende, Entfernung usw. verstellen, ändert sich die Erscheinung vollkommen. Natürlich handelt es sich bei dieser **Video-Rückkopplung** wieder um eine iterierte Abbildung. Sie schauen vielleicht zuerst in einen unendlichen Gang mit wendeltreppenartig verwundenen Wänden. Dieses Bild kann konstant sein (Fixpunkt der Iteration), aber bei Änderung eines Parameters geht es in eine periodische Bilderfolge (einen Grenzzyklus) über, und schließlich flackert es unvorhersagbar, chaotisch (Tafel 8c, d, S. 1227).

Fraktales Wachstum: Wie ein Festkörper aus der Schmelze, einem übersättigten Dampf oder einer Lösung, allgemein aus der dispersen Phase wächst, hängt ganz von den Umständen ab. Jedenfalls lagern sich Einzelteilchen an den bestehenden Keim an. Nahe am thermodynamischen Gleichgewicht, wo die Gibbs-Potentiale G drinnen und draußen fast gleich sind, ist die Ablösung von Teilchen fast ebensohäufig wie die Anlagerung. Ein Teilchen bleibt vorzugsweise dort endgültig haften, wo es mehr Bindungen an vorhandene Teilchen betätigen, mehr Bindungsenergie einbringen kann als im Durchschnitt möglich ist. Dies ist rein geometrisch in den Halbkristallagen der Fall (Abb. 14.26). So komplettieren sich immer vorzugsweise glatte Netzebenen, und der Kristall erhält seine regelmäßige, kompakte Form.

Ganz anders fern vom Gleichgewicht (Abb. 18.33). Ist G für die disperse Phase sehr viel größer (hohe Übersättigung), bleiben die Teilchen fast immer dort kleben, wo sie sich zufällig angelagert haben. Das ist vorzugsweise an Vorsprüngen des festen Keimes der Fall. Man versteht das schon rein geometrisch, genauer aber so: Die Anlagerung kann begrenzt sein entweder durch die Diffusion, d. h. einen Konzentrationsgradienten, oder dadurch, daß die Kondensationswärme von der Wachstumsfläche abgeführt werden muß, wofür ein Temperaturgradient sorgen muß. In beiden Fällen handelt es sich um das Feld einer Größe, die einem Erhaltungssatz, also dem Satz von *Gauß-Ostrogradski* und damit bei Quellenfreiheit der Laplace-Gleichung gehorcht: Skalarfeld $T(\boldsymbol{r})$ bzw. $n(\boldsymbol{r})$, verbunden mit dem Vektorfeld $\boldsymbol{j} = -\lambda \operatorname{grad} T$ bzw. $\boldsymbol{j} = -D \operatorname{grad} n$. Legen Sie ein schweres Objekt auf eine Gummimembran. Die Gefahr, daß diese reißt, ist am größten an spitzen Vorsprüngen, denn dort entsteht die größte Spannung. Auch die Tiefe der Ausbeulung $h(\boldsymbol{r})$ und die Spannung σ, zumindest ihre senkrechte Komponente, gehorchen ja den genannten Sätzen (*Gauß* = Gleichgewichtsbedingung): An den Vorsprüngen drängen sich die Feldlinien enger und führen im elektrischen Fall zur Spitzenentladung, den **Lichtenberg-** oder den **Kirlian-Figuren**, bei der Kristallisation zum bevorzugten Wachstum der Vorsprünge. So entstehen vielfach verzweigte Äste, deren Geometrie sich nur fraktal beschreiben läßt. Ihre Hausdorff-Dimension liegt zwischen 2 und 3, meist um 2,5; erzeugt man ein solches Fraktal auf der Ebene des Computer-Bildschirms, liegt die Dimension um 1,5. Auch amorphe Festkörper wachsen so. Bei richtigen Kristallen prägt sich außer dieser Zufallsanlagerung oft auch die Kristallstruktur aus. So wächst die **Schneeflocke** vorzugsweise senkrecht zur c-Achse (zwei Bindungsstellen statt nur einer für eine neu zu schaffende Ebene in c-Richtung), wobei die Arme des Sechssterns mehr oder weniger genau die hexagonale Symmetrie spiegeln. Außerdem kommt es darauf an, ob das Wachsen durch Diffusion oder durch Wärmeabfuhr begrenzt war. Im ersten Fall ist die Flocke meist zerfasert wie in Abb. 18.33, im zweiten erkennt man in der Gesamtkontur jedes Armes oft deutlich die Parabel, die auch beim Wachsen der Eisschicht auf dem See auftritt (Aufgabe 5.6.13).

Als *Percolation* bezeichnet man das Durchsickern von Wasser durch den Erdboden oder durch Kaffeepulver (percolator = Kaffeemaschine), aber auch des Stromes oder des elektrischen Feldes durch ein inhomogenes Haufwerk von Teilchen verschiedener Leitfähigkeit bzw. Dielektrizitätskonstante (DK; Abb. 18.34). Widerstand oder DK eines solchen Leiters, die mechanische Festigkeit eines solchen Haufwerks, seine Transmission für irgendeine Strahlung, auch die Ausbreitung eines Waldbrandes oder die Frage, ob ein Telefonnetz mit Unterbrechungen noch Kommunikation übertragen kann, all dies hängt sehr empfindlich vom Mischungsverhältnis der Komponenten hart-weich, heil-kaputt, Baum-Zwischenraum usw. ab (Aufgabe 10.3.3, 6.2.5). Im Extremfall ergibt sich eine steile Stufe z. B. zwischen isolierend und leitend bei einem Mischungsverhältnis in der Nähe von 0,5. Die genaue Lage dieser Stufe hängt von der Form der Teilchen ab, ihre Breite ist dagegen vielfach eine universelle Größe.

Abb. 18.34. Zufallsmuster aus gleichen Anzahlen blauer und weißer Kacheln. Wenn das ein von Motten angefressener Stoff ist, hält er noch irgendwie zusammen? Wenn die blauen Kacheln leiten, die weißen isolieren, leitet das Ganze?

18.4.3 Iteratives Gleichungslösen

Tartaglia, *Cardano*, *Ferrari* und *Ferro* fanden schon um 1500 nach Vorarbeiten von *Omar Chayyam* und *Ibn al Haitham* (um 1100) Lösungsformeln für Gleichungen 3. und 4. Grades (und stahlen einander diese Entdekkungen). Trotz ihrer geschlossenen Form sind diese Formeln sehr mühsam auszuwerten. Algebraische Gleichungen höheren Grades oder gar transzendente wie $x = \mathrm{e}^{-x}$ sind nur noch in Spezialfällen geschlossen lösbar. Man löst sie graphisch (mit sehr beschränkter Genauigkeit) oder numerisch, iterativ, mit beliebiger Genauigkeit, aber immer nur für bestimmte Parameterwerte. *Newton* formulierte das graphisch sehr einsichtig: Um $f(x) = 0$ zu lösen, verfolge man vom Näherungswert x_n aus die dort angelegte Tangente an die $f(x)$-Kurve bis zur x-Achse, die sie bei

$$x_{n+1} = x_n - \frac{f(x_n)}{f'(x_n)} \tag{18.65}$$

schneidet. Die Lösung x_∞ ist natürlich ein Fixpunkt der Iteration. Seine Stabilität, also die Konvergenz des Verfahrens folgt aus der Ableitung ff''/f'^2 der rechten Seite, was identisch Null ist, außer bei $f' = 0$: Die Tangente in einem Extremum kann ja nicht zur Lösung hinführen.

Newtons **Iteration** ist nicht die einzig mögliche zur Lösung von $f(x) = 0$. Man kann einfach irgendein x aus $f(x)$ auf die andere Seite bringen, z. B. statt $a\,\mathrm{e}^{-x} - x = 0$ schreiben $x \leftarrow a\,\mathrm{e}^{-x}$. Wenn dem Fixpunkt x^* der Iteration $x \leftarrow g(x)$ die Stabilität verlorengeht, also $g'(x^*) > 1$ ist, kann man die Konvergenz einfach retten, indem man die Umkehrfunktion benutzt und mit $x \leftarrow g^{-1}(x)$ abbildet, denn die Ableitung von g^{-1} ist das Reziproke von g', und eine dieser beiden ist sicher < 1. Komplexe Lösungen kann man allerdings so nicht finden. Sie deuten sich im Graphen der Funktion $f(x)$ mit reellem x in keiner Weise an. Von ihrer Existenz erfährt man überhaupt erst z. B. durch den Fundamentalsatz der Algebra, nach dem jede algebraische Gleichung k-ten Grades genau k Lösungen hat. Die im Reellen fehlenden müssen komplex sein. Um sie zu finden, muß man in der komplexen Ebene iterieren. Für die Gleichung $z^3 = 1$, also die dritten Einheitswurzeln lautet das Newton-Verfahren $z \leftarrow z - (z^3 - 1)/(3z^2) = \frac{2}{3}z + \frac{1}{3}z^{-2}$. Für den Computer muß man dies in Real- und Imaginärteil zerlegen. Das Ergebnis, ausgehend von verschiedenen Punkten der komplexen Ebene, ist verblüffend: Durchaus nicht immer wandert der Punkt zur nächstgelegenen Einheitswurzel hin, sondern er tut das oft auf ganz abenteuerlich verschlungenen Wegen. Für ganz nahe benachbarte Ausgangspunkte führen diese Wege manchmal weit auseinander zu verschiedenen Fixpunkten. Trilobitenähnliche Wesen scheinen von sechs Seiten auf weit entfernte Punkte zuzukriechen, jeder Trilobit ist wie bei *Escher* von kleineren Trilobiten umgeben (seine „Augen" sind auch welche), die zu seinem Schwanz hinwollen, usw. ad infinitum (Abb. 18.36). Von einem Punkt auf der Grenzkurve zwischen diesen Einzugsbecken ausgehend, kann man sich definitionsgemäß für keinen der drei Fixpunkte entscheiden, man bleibt ewig auf dieser Grenzkurve; kein Wunder, denn schon ein in einem endlichen Bereich liegendes Stück von ihr hat unendliche Länge wie die Koch-Kurve (infolge der endlosen

Staffelung von immer kleineren Trilobiten-Warzen). Natürlich hat sie daher eine fraktale Dimension > 1, und erwartungsgemäß ist die Bewegung auf ihr chaotisch. Entsprechendes gilt für alle Punktmengen dieser Art, die Julia-Mengen.

Wir hätten die komplexe Ebene auch anders kolorieren können, nämlich je nach der Anzahl der Iterationsschritte, die entweder ins Unendliche oder in einen der Fixpunkte führen. Ähnlich entsteht *Mandelbrots* berühmtes **Apfelmännchen**, nämlich aus der Iteration $z \leftarrow z^2 + c$. Punkte c in der komplexen Ebene, für die dies konvergiert, werden schwarz (das Innere der großen und kleinen Äpfel); außerhalb davon richtet sich die Farbe danach, wie schnell z gegen ∞ geht, rechenpraktisch, nach wie vielen Schritten es eine vorgegebene Absolutschranke überschreitet (Tafel 7a, b, S. 1224). Wie ist z. B. der große Apfel begrenzt? Es ist der Bereich mit dem stabilen Fixpunkt $z^* = \frac{1}{2} \pm \frac{1}{2}\sqrt{1-4c}$, auf den die Iteration ohne Zögern zustrebt. Seine Grenze liegt da, wo $|f'(z^*)| = |1 \pm \sqrt{1-4c}| = 1$ ist. Man kann dies als Ljapunow-Exponenten auffassen oder als Eigenwert der Jacobi-Matrix. Nennen wir $\sqrt{1-4c} = w$; dann stellt $|1 \pm w| = 1$ in der w-Ebene einen Kreis mit dem Radius 1 um $(1, 0)$ oder $(-1, 0)$ dar: $w = \pm 1 + \mathrm{e}^{\mathrm{i}\varphi}$. Damit wird $c = \frac{1}{4}(1 - w^2) = \frac{1}{4}\mathrm{e}^{\mathrm{i}\varphi}(2 - \mathrm{e}^{\mathrm{i}\varphi})$. Das ist eine **Epizykloide**, die Spur eines Punktes auf der Felge eines Rades, das auf einem gleichgroßen außen abrollt, ähnlich wie die **Brennlinie** in einem Zylinderspiegel (Aufgabe 9.1.8, 18.4.11). Der kleine Kreis, der links auf dem großen Apfel aufsitzt, ist sogar leichter zu beschreiben. Er ist der Bereich mit der Zweierperiode. Man braucht nur die Bedingung $f^{2\prime}(z_2) = f'(z_2)f'(z_3) = 1$ ins Komplexe zu übersetzen: $|4z_2z_3| = |4(1+c)| = 1$ (Aufgabe 18.4.3): Kreis um $(-1, 0)$ mit dem Radius $\frac{1}{4}$. Die weiter links folgenden immer kleiner werdenden Kreise entsprechen den Vierer-, Achter-, ...-Perioden, dann folgt auch auf der reellen Achse ein chaotischer Bereich. Das ganze Szenario (im Reellen studiert in Aufgabe 18.4.3) läßt sich in das der logistischen Gleichung übersetzen mittels $x = \frac{1}{2} - z/c$, $c = r/2 - r^2/4$. Chaos tritt also ein bei $c = -1{,}4401155$. Dort und außerhalb der reellen Achse näher am Nullpunkt springt der Iterationspunkt z ziellos, bis er die vorgegebene Grenze überschreitet, und wird entsprechend dieser Schrittzahl koloriert. Überall in der Ebene sind schwarze Äpfelchen verstreut; sie entsprechen periodischen Einsprengseln im Chaos.

18.4.4 Chaos im Kochtopf

Lange glaubte man, Satelliten und Computer würden eine viel sicherere und längerfristige Wetterprognose ermöglichen, die einen, indem sie den momentanen Zustand der Erdatmosphäre erfassen, die anderen, indem sie dessen weitere Entwicklung berechnen. Radiohörer haben empirischen, Mathematiker theoretischen Grund zur Skepsis. Wer will auch nur voraussagen, wie das Wasser im Kochtopf in der nächsten Minute wirbelt? An einigen Stellen quillt es hoch, an anderen sinkt es wieder ab, manchmal in einem ganz einfachen Muster langgestreckter Rollen, gerade oder ringförmig, je nach der Form des Topfes.

Im Wasser des von unten geheizten Topfes fällt die Temperatur T im Mittel linear nach oben ab. Wäre dieser Gradient überall gleich, könnte das

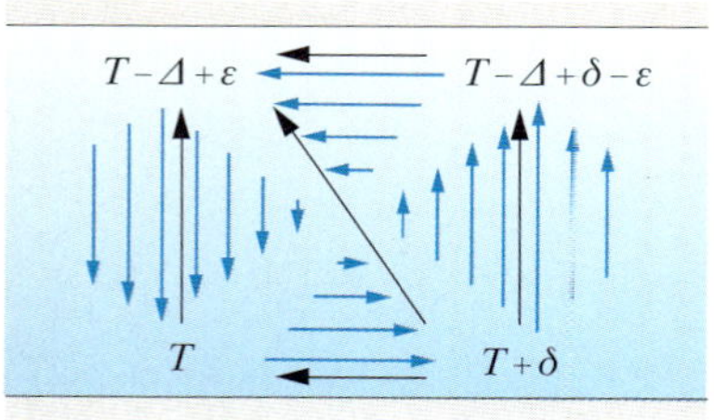

Abb. 18.35. Eine Konvektionswalze in einer von unten geheizten Flüssigkeitsschicht. (→): Strömungsgeschwindigkeit; (→): Wärmestrom und seine Komponenten

Wasser unten trotz seiner geringeren Dichte nirgends aufsteigen, die Wärme könnte nur durch Leitung aufwärts befördert werden. Bei sehr sanfter Heizung ist das auch so. Geringe Abweichungen vom Mittelwert zerstören dieses labile Gleichgewicht: Lokal erhöhte Temperatur treibt das Wasser dort hoch (Strömungsgeschwindigkeit v). Diese **Konvektion** transportiert die Wärme viel effizienter, trägt aber eben damit zum Ausgleich, d. h. dem Abbau ihrer eigenen Ursache bei.

Wir betrachten eine solche Konvektionswalze der Breite b in einer Flüssigkeit der Schichtdicke d. Der mittlere T-Unterschied zwischen unten und oben sei Δ, kann aber, wenn konstant, keine Konvektion antreiben. Hierfür ist ein T-Unterschied δ in b-Richtung erforderlich (Abb. 18.35). Bei einem Ausdehnungskoeffizienten $\beta = -\mathrm{d}\varrho/(\varrho \mathrm{d}T)$ entsteht eine antreibende Kraftdichte $g\varrho\beta\delta$. Gebremst wird die Konvektion durch die innere Reibung mit der Kraftdichte $\approx 4\eta v/b^2$ (v-Gradient $\approx v/(2b)$, Volumen $\sim b/2$). Also ändert sich v gemäß

$$\dot{v} = g\beta\delta - \frac{4\eta}{\varrho b^2}v\,. \tag{18.66}$$

Außer der T-Inhomogenität δ in b-Richtung muß es noch eine Abweichung vom mittleren T-Gradienten in d-Richtung geben. Die entsprechende T-Differenz heiße ε: Wo die Flüssigkeit aufsteigt, sei es zwar um δ wärmer, aber der T-Gradient in d-Richtung sei eben durch die Konvektion um $-\varepsilon/d$ geschwächt. Beide Abweichungen werden durch Wärmeleitung abgebaut, durch konvektive Wärmezufuhr auf- oder abgebaut, je nach dem Wärmeinhalt des Zu- und Abstroms. Die Komponenten der Leitungs-Wärmestromdichte sind $-\lambda\delta/b$ bzw. $-\lambda(\Delta-\varepsilon)/d$, die Konvektion befördert die Wärmestromdichte $c\varrho v$, also

$$c\varrho\dot{\delta} = -\frac{2\lambda}{b^2}\delta + \frac{2c\varrho}{d}v(\Delta-\varepsilon)\,, \quad c\varrho\dot{\varepsilon} = \frac{2c\varrho}{b}v\delta - \frac{2\lambda}{d^2}\varepsilon\,. \tag{18.67}$$

Mit den dimensionslosen Variablen

$$X = \frac{v}{v_0}\,, \quad Y = \mathrm{Ra}\frac{\delta}{\Delta}\,, \quad Z = \mathrm{Ra}\frac{\varepsilon}{\Delta}\,, \quad \tau = \frac{4\lambda}{\varrho c b^2}t\,, \tag{18.68}$$

wobei $\mathrm{Ra} = g\beta\varrho^2 c d^3\,\Delta/(\eta\lambda)$ die **Rayleigh-Zahl** ist und $v_0 = \lambda b^2/(4\varrho c d^2)$, schreibt sich das System einfacher (der Punkt bedeutet jetzt Ableitung nach τ):

$$\dot{X} = \alpha(Y-X)\,, \quad \dot{Y} = \beta X - XZ - Y\,, \quad \dot{Z} = -\gamma Z + XY\,. \tag{18.69}$$

$\alpha = \mathrm{Pr} = \eta c/\lambda$ ist die **Prandtl-Zahl**, $\beta = b^2 d c g\varrho^2\beta\Delta/(\eta\lambda)$, $\gamma = b^2/d^2$.

Als *E. Lorenz* 1963 dieses aufs höchste vereinfachte Modell aufstellte und zu lösen versuchte, stellte er schockiert fest, daß es unter ganz realistischen Annahmen über die Parameter α, β und γ chaotisch werden kann. Wir untersuchen die Stabilität der drei Fixpunkte $(0,0,0)$ und $(\pm\sqrt{\gamma(\beta-1)}, \pm\sqrt{\gamma(\beta-1)}, \beta-1)$. Die Jacobi-Matrix heißt allgemein:

$$\begin{pmatrix} -\alpha & \alpha & 0 \\ \beta - z^* & -1 & -x^* \\ y^* & x^* & -\gamma \end{pmatrix}, \tag{18.70}$$

für $(0, 0, 0)$:

$$\begin{pmatrix} -\alpha & \alpha & 0 \\ \beta & -1 & 0 \\ 0 & 0 & -\gamma \end{pmatrix}.$$

Ihre Eigenwerte $\lambda_1 = -\gamma$, $\lambda_{2,3} = -(1+\alpha)/2 \pm \frac{1}{2}\sqrt{(1-\alpha)^2 + 4\alpha\beta}$ haben alle einen negativen Realteil für $\beta < 1$: Bei kleinem Δ, also schwacher Heizung ist dieser Fixpunkt stabil (die anderen beiden existieren gar nicht), es gibt keine Konvektion, die Wärme wird nur durch Leitung transportiert. Für $\beta > 1$ heißt die charakteristische Gleichung für die dann in Frage kommenden vom Nullpunkt verschiedenen Fixpunkte

$$\lambda^3 + (\gamma + \alpha + 1)\lambda^2 + \gamma(\beta + \alpha)\lambda + 2\alpha\gamma(\beta - 1) = 0\,. \tag{18.71}$$

Sie hat nach *Descartes* keine positiv reelle, sondern drei negativ reelle Wurzeln oder eine negativ reelle und ein konjugiert komplexes Paar (kein Zeichenwechsel im Positiven, drei im Negativen). Die Stabilität hängt vom Vorzeichen des Realteils der komplexen Wurzeln ab. Bei $\beta = 1$ heißen die Wurzeln $0, -\gamma, -\alpha - 1$, für etwas größere r sind also alle drei negativ reell, beide Fixpunkte sind stabile Knoten, jeder für seinen Einzugsbereich. Konvektions- und Temperaturmuster stabilisieren sich. Die Knoten werden zu Wirbeln ab einer negativen Doppelwurzel, wo die Eigenwerte ins Komplexe rutschen. Schließlich, immer mit steigendem r, überschreiten diese Eigenwerte die imaginäre Achse. Das passiert bei $\beta_{\text{kr}} = \alpha(3 + \alpha + \gamma)/(\alpha - \gamma - 1)$. Ab dieser **Hopf-Bifurkation** gibt es keinen stabilen Fixpunkt mehr, auch keine stabilen Grenzzyklen oder Tori, sondern chaotisches Verhalten (Abb. 18.8).

Allgemein besteht der Übergang von laminarer zu turbulenter Strömung sicher in einer ganzen Serie ähnlicher **Bifurkationen**, bei denen Wirbel immer kleineren Ausmaßes und immer höherer Umlaufsfrequenz entstehen. Die laminare Strömung entspräche dann einem stabilen Fixpunkt der Navier-Stokes-Gleichungen. Er kann sich durch eine Hopf-Bifurkation in einen Grenzzyklus verwandeln (eine Grundfrequenz mit ihren Oberschwingungen), dieser sich zu einem Torus mit zwei Grundfrequenzen (und ihren Linearkombinationen) aufblähen usw., bis eine unendliche Zahl von Frequenzen Chaos vortäuscht. So stellte *Lew Landau* 1944 die Turbulenz dar. Nach *Ruelle*, *Takens* und *Newhouse* kann der Übergang viel abrupter sein: Ein Torus kann auch direkt zum Chaos aufbrechen, das Bénard-System kann direkt von zwei Grundfrequenzen zu einem kontinuierlichen Spektrum springen. Noch früher geht das nach *Poincaré-Bendixson* (Abschnitt 18.1.3) nicht. Anwendungen dieser Ideen reichen vom tropfenden Wasserhahn bis zu Störungen der Herztätigkeit.

Hier wachsen keine Kristalle aus der übersättigten Lösung: Ein Computer läßt „Teilchen" vor einer Reihe von Keimen umherschwirren, bis sie daran klebenbleiben (hier erst nach 5 Berührungen; vgl. auch Abb. 18.33)

▲ Ausblick

Die nichtlineare Dynamik hat unseren Kausalitätsbegriff wesentlich gewandelt. Selbst wenn die Zukunft exakt durch die Gegenwart determiniert ist – man nennt diese Behauptung **schwaches Kausalitätsprinzip** –, ist das starke Prinzip „causa aequat effectum", „ähnliche Ursachen bringen ähnliche Wirkungen' entthront. Winzige, praktisch nie erfaßbare Abweichungen können zu beliebiger Größe anschwellen. Das läßt zwar *Laplaces* Anspruch auf prinzipielle Allwissenheit scheitern, bewahrt uns aber vor trostlosem Fatalismus.

Sehr viele wichtige Fragen, die im Mittelpunkt der Chaos-Forschung stehen, haben wir nicht einmal anschneiden können. Wie unterscheidet sich eigentlich das deterministische Chaos vom reinen Zufall? Das kann man u. a. mit einer **Korrelationsanalyse** entscheiden. Zwei Größen f und g mögen die Zeitabhängigkeiten $f(t)$ und $g(t)$ haben, wobei wir die Mittelwerte von f und g einzeln schon abgezogen haben. Dann nennt man den Mittelwert von $f(t) \cdot g(t)$ die momentane Korrelation zwischen beiden. Sie ist 0, wenn f und g völlig unabhängig voneinander schwanken, dies allerdings erst im Grenzfall unendlich vieler Werte. f könnte auch durch den g-Wert zu einem früheren Zeitpunkt bestimmt sein. Man braucht also auch das Mittel von $f(t) \cdot g(t-T)$ für alle T. Die *Autokorrelation*, das Mittel von $f(t) \cdot f(t-T)$, deckt geheime Periodizitäten usw. in f selbst auf. Für einen reinen Zufallsprozeß ist sie 0 für alle T, für einen deterministisch-chaotischen nicht, und z. B. auch nicht für die Pseudo-Zufallszahlen, die ein Computer liefert. Von einem so deterministischen System kann man das ja auch nicht verlangen, außer im Rahmen der **fuzzy logic**.

Wir sind bisher immer von einem mehr oder weniger plausibel vereinfachten Modell für ein vernetztes System ausgegangen und haben versucht, sein Verhalten in der Realität wiederzufinden. Oft will man umgekehrt aus einer empirischen Zeitreihe, z. B. der Anzahl der Füchse $f(t)$ in vielen aufeinanderfolgenden Jahren, ein Modell für diese Veränderungen erschließen. Man weiß ja aber gar nicht, welche und wie viele Größen den Fuchsbestand beeinflussen: Hasen, deren Futter, Jäger, Tollwutviren, usw. Hier hilft einem ein **Satz von *Takens***: Eine einzige hinreichend lange Zeitreihe enthält bereits dieselbe Information wie das ganze System aus vielleicht sehr vielen Komponenten $f(t)$, $g(t)$, ... Speziell kann man die Topologie der Trajektorie und damit Existenz und Art der Attraktoren statt aus der Phasenbahn $f(g, \ldots)$ auch aus einer **Wiederkehr-Abbildung** ablesen, in der man $f(t)$ über $f(t-T)$ aufträgt.

Kann Struktur aus dem Chaos wachsen? Andeutungen finden Sie in den Aufgaben 18.4.18–25. In 18.4.19 genügt es, wenn links ganz wenig mehr Kugeln sind als rechts: Schon ist das Kissen, das das Herausspringen hindert, links dicker, und wo mehr sind, fliegen noch mehr zu. Solche **Rückkopplung**, **Autokatalyse**, **Selbstverstärkung** oder wie man das nennen will, kann also Struktur, Abweichung von der ▶

Zufallsverteilung erzeugen. In unzähligen winzigen Schritten ähnlicher Art hat die Natur, listiger als alle Philosophen, Antizufall, Entropieabbau, **Evolution** zuwege gebracht. Daß rein zufällig aus einem Molekülgemisch kein Homunculus, keine Amöbe, nicht einmal die richtige Aminosäuresequenz eines Proteins entstehen kann, ist kein Argument für transzendente Eingriffe. „Sire, je n'ai point besoin d'une telle hypothése" hat *Laplace* auch mal gesagt, zu *Napoléon*. Die nichtlineare Dynamik wird hierzu noch einiges zu sagen haben.

✓ Aufgaben . . .

● 18.1.1. Lineare Vielfalt I
Bestimmen Sie für die 13 Phasendiagramme in Abb. 18.6 aus den Werten D und T mögliche Matrixelemente und die Eigenwerte der Systemmatrix sowie die Steigungen der Eigengeraden, soweit reell.

● 18.1.2. Lineare Vielfalt II
Klassifizieren Sie die stetigen linearen autonomen Systeme zweiter Ordnung nach der Lage von Eigenwerten und Eigenvektoren, dem qualitativen Verlauf der Orbits, Existenz und Stabilität der Fixpunkte usw. Wieviel davon läßt sich übertragen auf Systeme höherer Ordnung; diskrete Systeme; nichtlineare Systeme?

●● 18.1.3. Chemische Kinetik
Gegeben eine Reihe von Größen $x_1, \ldots, x_n$, die voneinander nach dem Differentialgleichungssystem $\dot{x}_i = \sum a_{ik}x_k$ abhängen. Ist ein chemisches Reaktionssystem immer von dieser Art? Welchen Sinn haben dann die Variablen und Konstanten? Versuchen Sie, allgemeine Angaben über die Vorzeichen der a_{ik} zu machen. Können Sie andere Anwendungen finden? Drehen Sie das Koordinatensystem, in dem $\boldsymbol{x}$ und $\boldsymbol{A}$ dargestellt sind, bis $\boldsymbol{A}$ nur noch Diagonalelemente hat und die anderen Elemente Null werden. Zeigen Sie, daß eine solche Drehung für $\boldsymbol{x}$ in der Multiplikation mit einer orthonormalen Matrix $\boldsymbol{S}$ besteht. Zeigen Sie weiter, daß die Matrix $\boldsymbol{S}$, die diese Drehung auf Diagonalform leistet, als Zeilenvektoren lauter Eigenvektoren von $\boldsymbol{A}$ hat und daß die entstehenden Diagonalelemente Eigenwerte von $\boldsymbol{A}$ sind. Wieso ist damit das Problem im Prinzip gelöst?

● 18.1.4. Homogenisierung
Gibt es Fälle, wo sich das inhomogene System $\boldsymbol{x} = \boldsymbol{Ax} + \boldsymbol{b}$ nicht durch eine Translation in ein homogenes überführen läßt? Was bedeutet das anschaulich? Soll man sich darüber freuen oder nicht?

● 18.1.5. Eigenvektoren
Wo liegen die Eigenvektoren der Matrix eines linearen stetigen Systems zweiter Ordnung? Welche Rolle spielen sie für die Orbits? Verallgemeinern Sie auf ein System n-ter Ordnung.

● 18.1.6. Spiralen
Welche Art Spiralen bilden die Orbits eines linearen stetigen Systems zweiter Ordnung im Fall $D > T^2/4$? Sind es archimedische ($r = r_0 + a\varphi$), logarithmische ($r = r_0\,\mathrm{e}^{a\varphi}$) oder andere Spiralen? Welches ist ihr Steigungswinkel (Winkel gegen die Radien), wie groß ist der Abstand zwischen zwei Windungen?

● 18.1.7. $D = 0$
Wie verhält sich ein lineares stetiges System zweiter Ordnung, dessen Systemdeterminante 0 ist? Unter welchen Bedingungen ist ein Eigenwert 0? Wie sieht dann der andere aus?

● 18.1.8. Feldlinien
Kann man die Orbits eines linearen Systems als Feldlinien auffassen? Unter welchen Umständen gibt es ein Potential? Wie sehen dann die Potentiallinien aus?

●● 18.1.9. Grenzzyklus
Hat das System, beschrieben durch die Dynamik

$$\dot{x} = x - ay/(x^2 + y^2) - bx\sqrt{x^2 + y^2} + cx^2$$
$$\dot{y} = y + ax/(x^2 + y^2) - by\sqrt{x^2 + y^2} + cxy$$

mit $a, b, c > 0$, $c < b$ Fixpunkte, Grenzzyklen? Wie sehen sie aus? Sind sie stabil? Rechnen Sie in Polarkoordinaten um, wie schon das Auftreten von $x^2 + y^2$ nahelegt.

● 18.1.10. Linearer Grenzzyklus
Kann ein lineares System einen Grenzzyklus haben? Wie viele Fixpunkte kann es haben? Prüfen Sie die allgemeine Theorie an einem System zweiter Ordnung.

● 18.1.11. Pendel
Wie sieht das Phasenporträt eines Schwerependels ohne Beschränkung auf kleine Amplituden, aber ohne Reibung aus? Was ändert sich, wenn Reibung vorliegt?

● 18.1.12. Elektronenstoß
Ein Elektron rast geradlinig auf ein Proton zu. Wie sieht das Phasenporträt aus? Hat es Wendepunkte, wenn ja, wo (Abb 18.3)?

● 18.1.13. Absturz
Ein Mensch fällt aus einem Flugzeug. Wie sieht das Phasenporträt aus? Berücksichtigen Sie die Höhenabhängigkeit der Luftdichte (Abb. 18.4).

● **18.1.14. Meteorit**
Ein antriebsloser Satellit kehrt auf die Erde zurück oder ein Meteorit schlägt ein. Wie sieht das Phasenporträt eines solchen Fluges in radialer Richtung aus? Berücksichtigen Sie die Höhenabhängigkeit der Luftdichte und der Erdbeschleunigung (Abb. 18.5).

● **18.1.15. Stabilitätsbedingung**
Zeigen Sie, daß die meist graphisch begründete Bedingung für die Stabilität eines stationären Wertes x_s eines diskreten Modells $x_{t+1} = f(x_t)$, nämlich $|f'(x_s)| < 1$, auch aus der in Abschn. 18.1.2 entwickelten Stabilitätsanalyse folgt.

● **18.2.1. Ein Integral**
Was kommt heraus, wenn man über $\sin^{2n} x$ (was natürlich heißen soll $(\sin x)^{2n}$; n sei eine natürliche Zahl) integriert, speziell von 0 bis $\pi/2$?

●● **18.2.2. Noch ein Integral**
Berechnen Sie das Integral $\int_0^{\pi/2} \mathrm{d}\alpha / \sqrt{\cos\alpha - \cos\alpha_0}$ durch Reihenentwicklung des Integranden. Wählen Sie aber eine neue Variable, nach der die Entwicklung besser konvergiert als nach $\cos\alpha$. Beachten Sie auch, ob sich die Reihenglieder selbst integrieren lassen.

● **18.2.3. Smolletts Uhr**
Die „Hispaniola" sucht Treasure Island nach Billy Bones' Karte. Dort gibt es drei Berge; auf den höchsten hat Ben Gunn Captain Flints Schatz transferiert. Um wieviel durfte die Amplitude der Schiffs-Pendeluhr schwanken, damit Captain Smollett die Insel finden konnte?

●● **18.2.4. Duffing-Rüssel**
Beschreiben Sie die $x_1(\omega)$-Resonanzkurve für den Duffing-Schwinger genauer. Wie verläuft der „Rüssel" bei $E > 0$ ins Unendliche? Wie dick ist er? Wie sieht er bei $E < 0$ aus, speziell bei $\omega = 0$?

●● **18.2.5. Van der Pol**
Führen Sie die Fourier-Zerlegung für den Grenzzyklus der van der Pol-Gleichung ausführlich durch.

●● **18.2.6. Nichtlinearer Schwingkreis**
Stellen Sie die Gleichungen für Strom und Diodenspannung für den nichtlinearen Schwingkreis von Abb. 18.14 auf, beseitigen Sie möglichst viele Parameter und simulieren Sie $U(t)$, $I(t)$ bzw. $I(U)$ auf dem Computer. Beachten Sie, daß der Einschwingvorgang sehr lange dauern kann (manchmal mehr als 1 000 Perioden!). Ab wann erwarten Sie $U(t)$-Verläufe, die nicht mehr sinusförmig sind? Wieso ist $I(t)$ dann doch noch sinusförmig? Wieso können zwei Dgl. erster Ordnung schon Chaos liefern? Kann bei einer normalen Diode (Abschn. 14.4.3) Ähnliches vorkommen?

●● **18.2.7. Schaukel**
Mit welcher Zeitabhängigkeit muß das Kind seinen Schwerpunkt auf- bzw. abwärts verschieben, um die Schaukel anzuwerfen? Stellen Sie die Dgl. der Schaukel auf unter den Bedingungen (a) noch kleine Amplitude, (b) Schwerpunktsverschiebung $\ll$ Länge der Aufhängung.

●● **18.2.8. Beta-Funktion**
Die folgenden sechs Aufgaben wenden sich an leidenschaftliche Integralknacker. Berechnen Sie das bestimmte Integral $\int_0^1 x^a (1-x)^b \,\mathrm{d}x$, genannt Eulersche Betafunktion $B(a+1, b+1)$, für ganzzahlige a und b durch mehrfache partielle Integration. Die Fakultät im Ergebnis läßt sich auch für unganze a, b durch ihre Verallgemeinerung, die Gamma-Funktion, ersetzen. Dann transformieren Sie mittels $t = \sin^2\varphi$ auf ein Integral, das wir brauchen werden.

● **18.2.9. Superellipsen**
Im neuen Zentrum Stockholms haben Straßenzüge, Brunnen usw. die Form von „Superellipsen": $(x/a)^{2,5} + (y/b)^{2,5} = 1$. Plotten Sie diese Kurven für verschiedene Exponenten. Die Fläche innerhalb der Kurve $(x/a)^{1/c} + (y/b)^{1/d} = 1$ ist $4abcd/(c+d)\,B(c,d)$. Man findet das, wenn man im Flächenintegral die störende Klammer zur Variablen ernennt. Was kommt für die übliche Ellipse heraus? Alles läßt sich auch ins n-Dimensionale übertragen.

● **18.2.10. Minimaler Flugplatz**
Flugzeuge starten und landen immer gegen den Wind (warum?). Auf Flugplätzen mit einer oder wenigen Startbahnen ist das nur annähernd erfüllbar. Legen Sie einen möglichst kleinen Flugplatz an, auf dem in jeder Windrichtung die Startbahnlänge L zur Verfügung steht, (a) wenn der Wind aus jeder Richtung kommen kann, (b) wenn er nur aus dem Sektor W-SW-S oder N-NO-O wehen kann. Zeigen Sie, daß Hypozykloiden dies erfüllen (ein Rad rollt in einem größeren ab). Kommen auch „Superellipsen" in Frage?

● **18.2.11. Gamma-Funktion**
Die Gamma-Funktion ist definiert als $\Gamma(x) = \int_0^\infty t^{x-1} \mathrm{e}^{-t} \,\mathrm{d}t$. Zeigen Sie: Für natürliche x ist $\Gamma(x) = (x-1)!$ (partielle Integration). $\Gamma(\frac{1}{2})$ geht durch $u = \sqrt{t}$ über in ein Integral, das wir aus Aufgabe 1.1.8 kennen. Vergleich mit der bekannten Ellipsenfläche liefert laut Aufgabe 18.2.9 dasselbe.

● **18.2.12. Pendel-Periode I**
Man lenkt ein Pendel bis $\alpha_0 = 90°$ aus und läßt los. Vereinfachen Sie das Integral, das die Periode angibt, und berechnen Sie es mit Hilfe der Gamma-Funktion. Vergleichen Sie mit der genäherten Reihe (18.13).

● **18.2.13. Pendel-Periode II**
Bei der Anfangsauslenkung 180° läßt sich das unbestimmte Integral, das die Zeit angibt, leicht lösen. Was kommt als Schwingungsdauer heraus, was für den Teil der Schwingung von 90° bis 0°?

● **18.2.14. Van der Pol-Fixpunkt**
Untersuchen Sie die Stabilität der (des) Fixpunkte(s) eines Systems, das sich nach der van der Pol-Gleichung verhält.

●● **18.2.15. Van der Pol-Schwänze**
Wie kommen die „Schwänze" zustande, die rechts und links am Grenzzyklus eines van der Pol-Systems hän-

gen und in die die meisten Transienten-Kurven einmünden (Abb. 18.17)?

●● 18.3.1. Descartes' Regel
Wir werden oft die Regel von *Descartes* benutzen, nach der man die Anzahl reeller Lösungen einer Gleichung n-ten Grades so abschätzen kann: In der Folge der Koeffizienten a_i des Polynoms $\sum a_i x^i$ zähle man die Zeichenwechsel; als ein Zeichenwechsel gilt, wenn auf ein positives ein negatives a_i folgt oder umgekehrt. Es gibt so viele positive Lösungen wie Zeichenwechsel oder eine gerade Anzahl weniger. Für die negativen Lösungen gilt Entsprechendes, wenn man die Vorzeichen aller a_i mit ungeradem i umkehrt. Gemäß *Descartes'* anderer Regel: „Akzeptiere nur, was du völlig klar einsiehst", beweisen Sie die obige Regel.

● 18.3.2. Bevölkerungsexplosion I
Wieviele Menschen werden in jeder Sekunde auf der Erde geboren, wieviele sterben? Wie entwickelt sich die Menschheit, wenn das so weitergeht?

● 18.3.3. Bevölkerungsexplosion II
Schätzen Sie die mittlere Anzahl fruchtbarer Nachkommen pro Person und die Generationsdauer für die Menschheit und entwickeln Sie Prognosen daraus.

● 18.3.4. Sterbemodell I
Modell 1): Alle Menschen, ob alt oder jung, haben die gleiche Wahrscheinlichkeit, im nächsten Jahr zu sterben. Modell 2): Alter und Tod beruhen auf der Ansammlung genetischer Defekte. Die Wahrscheinlichkeit für das Auftreten eines Defekts ist altersunabhängig. Wenn sich eine bestimmte Anzahl angesammelt hat, stirbt man. Wie sieht die Alterspyramide einer stationären Bevölkerung nach diesen Modellen aus?

● 18.3.5. Sterbemodell II
Angenommen, von Leuten eines bestimmten Geburtsjahrganges werden 75 % 65 Jahre oder älter, 50 % 74 Jahre oder älter, 25 % 84 Jahre oder älter. Wenden Sie das Modell „Altern ist Anhäufung genetischer Defekte" an. Welche Parameter können Sie aus den Daten entnehmen?

●● 18.3.6. Tierwachstum
Ein Wachstumsmodell will die Massenzunahme eines Tieres dadurch beschreiben, daß die Nahrungsaufnahme (Assimilation) proportional zur Körperoberfläche, die Dissimilation zur Körpermasse ist. Wie würden demnach Masse und „Radius" des Körpers zunehmen? Wie wäre es für zweidimensionale, n-dimensionale Tiere? Hat $m(t)$ einen Wendepunkt, und wenn ja, wo liegt er?

● 18.3.7. Talent-Rückkopplung
Warum sind manche Leute in Physik oder im Geigen so unglaublich viel besser als andere? Wahrscheinlich werden genetische und kulturelle Unterschiede, die sicher existieren, in einer Art Rückkopplung durch Erfolgserlebnisse verstärkt. Machen Sie ein Modell dazu.

●● 18.3.8. Bifurkation
Beweisen Sie: Der Übergang von der Zweier- und Viererperiode in der Lösung der logistischen Gleichung $x_{k+1} = ax_k(1-x_k)$ erfolgt bei $a = 1 + \sqrt{6} = 3{,}4495$. Kurz vorher pendelt x zwischen 0,8499 und 0,4400 hin und her.

● 18.3.9. Anti-Wojtila
Wie die Fruchtbarkeit einer Population unter der Bevölkerungsdichte leidet, läßt sich durch viele Funktionen darstellen, wie z. B. durch $x_{t+1} = ax_t \exp(b(1-x_t))$. Welchen Vorteil hat dies gegenüber der logistischen Gleichung? Bestimmen Sie die Stationaritäten und ihre Stabilität. Wo erwartet man Bifurkationen?

● 18.3.10. Lösbares Chaos
Bei $a = 4$ läßt sich die logistische Iteration leicht allgemein lösen durch die Substitution $x = \sin^2 \alpha$. Wie ändert sich dann α? Was folgt daraus für die Lage und Dichte der Punktfolge x_n?

●● 18.3.11. Feigenbaum verallgemeinert
Gegeben die diskrete Dynamik $x \leftarrow f(x)$. $f(x)$ habe nur ein Maximum, kein Minimum im betrachteten x-Intervall. Wie sieht die Zweifach-Iterierte $f^2(x)$ aus? Was bedeutet es, wenn die Gerade $y = x$ die Kurve $y = f^2(x)$ berührt, speziell, wenn sie das an ihrem Wendepunkt tut? Tut sie das immer dort?

●● 18.3.12. Intermittenz
Wie lange dauern im Mittel die quasiperiodischen Episoden, wenn die echte Periodizität soeben durch Intermittenz ins Chaos übergegangen ist? Verfolgen Sie, wie die Spinne durch den engen Kanal kriecht!

● 18.3.13. Stetig und diskret
Wie kommt es zu dem frappanten Unterschied im Verhalten stetiger und diskreter Systeme, z. B. zwischen der Verhulst- und der logistischen Gleichung (18.27) bzw. (18.30)?

●● 18.3.14. Die Sünden der Opas
Eine Tierart mit einer Lebensdauer von sehr vielen Jahren habe jeden Herbst eine Brunftzeit. Die Anzahl von Jungen pro Muttertier sei proportional den Nahrungsmengen, die die vorige Generation übriggelassen hat. Wie entwickelt sich die Population? Bestimmen Sie stationäre Zustände. Sind diese stabil? Kommen Periodizitäten vor?

●● 18.3.15. Symbiose
Untersuchen Sie das Stabilitätsverhalten des vierten Fixpunktes $((d-e)/(cd-ef), (c-f)/(cd-ef))$ des Systems (18.43), speziell für den Fall der Symbiose.

● 18.3.16. Konkurrenz
Kann die Separatrix zwischen den Einzugsgebieten der beiden stabilen Fixpunkte im Wettbewerbsmodell (18.43) eine Kurve der Form $y \sim x^n$ – Gerade, Parabel o. ä. – sein?

●● 18.3.17. Ökologie
Normieren Sie das ökologische Modell (18.43), um die Anzahl der Parameter zu reduzieren. Klassifizieren Sie die möglichen Fälle.

●● 18.3.18. Parasitismus
Wie könnte man die bisher nicht erwähnten Vorzeichenkombinationen

der A, B, C von Aufgabe 18.3.17 biologisch deuten?

● **18.3.19. pH**
Wie hängt der pH-Wert von der Säurekonzentration im Wasser ab? So einfach ist das gar nicht, selbst wenn Sie nur eine Dissoziationsstufe berücksichtigen. Wie ist es bei einer Base?

● **18.3.20. Auch nicht so einfach!**
Wie hängt die Konzentration c im Reaktionsmodell (18.50) von der Zeit ab?

●● **18.3.21. Enzymkinetik**
Unter welchen Bedingungen und nach welcher Zeit stellt sich das Michaelis-Menten-Quasigleichgewicht (18.52) ein?

●● **18.3.22. Inhibition**
Wie arbeitet ein Enzym, das nicht nur Bindungsstellen für ein Substrat, sondern noch für ein anderes Teilchen hat?

●● **18.3.23. Hämoglobin**
Wieso liefert Hämoglobin als Tetramer (vier Bindungsstellen für O_2) die Sättigungskurve (18.57) und im kooperativen Grenzfall die Näherung (18.58)? Wieso kann Kooperativität die Transportkapazität von 10 % auf 60 % steigern? (Voraussetzung: O_2-Partialdruck im arbeitenden Gewebe sei halb so hoch wie in der Lunge.)

● **18.3.24. Trapmodell**
Unter welchen Umständen läßt das Trapmodell Lösungen mit Extrema zu? Wie viele Extrema sind möglich und für welche Variablen? (Hinweis: Beziehen Sie $p = n + d$ mit ein!)

● **18.3.25. Was ist besser?**
Vergleichen Sie die Aussagekraft der Stabilitätsanalyse und des Möglichkeitsschemas hinsichtlich des qualitativen Verhaltens der Lösungen (Monotonie usw.).

●● **18.3.26. Brauerei**
Bier wird seit altersher im „Batch-Verfahren" gebraut: Man läßt einen Bottich mit Malzschrot, Hefe und Wasser gären und setzt neu an, wenn das Bier fertig ist. Hier wie vielfach in der Verfahrenstechnik wäre ein Übergang zu einem kontinuierlichen Verfahren zeit- und kostengünstiger: Ein Substrat S wird ständig in den Fermenterkessel eingeleitet, in dem Mikroorganismen daraus das Produkt P erzeugen, das ebenso ständig entnommen wird, wobei i. allg. auch Mikroorganismen verlorengehen. Studieren Sie die Dynamik!

●● **18.4.1. Dreiecksdynamik**
Liefert die Dreiecks-Abbildung $x \leftarrow a(1 - 2\,|\frac{1}{2} - x|)$ für $a > \frac{1}{2}$ immer Chaos, oder hängt es von den Anfangs-x ab, ob Konstanz, Zweier-, Dreier-...-Periodizität herauskommt? Falls das letztere stimmt: Sind diese Zustände gegenüber einer kleinen Änderung der Anfangswerte stabil?

●● **18.4.2. Irrationale Überraschung**
Beweisen Sie: In der Dezimaldarstellung fast jeder reellen Zahl wiederholt sich jede beliebige Ziffernfolge unendlich oft.

●● **18.4.3. Mal anders**
Lösen Sie die Gleichung $x^2 - x + a = 0$ nicht wie üblich, sondern durch die Iteration $x \leftarrow x^2 + a$, ausgehend von verschiedenen Anfangswerten x_0 und verschiedenen a. Wann konvergiert das Verfahren, wann divergiert es gegen Unendlich, wann oszilliert es und mit welcher Periode? Gibt es Bifurkationen, gibt es Chaos? Prüfen und erklären Sie alle mit dem Computer gefundenen Aussagen, soweit möglich, auch theoretisch.

● **18.4.4. Ljapunow-Exponent**
Wie groß ist der Ljapunow-Exponent im stabilen, im periodischen, im Chaos-Bereich, an den Bifurkationen eines Feigenbaum-Szenarios?

● **18.4.5. Koch-Garten**
Um die „Koch-Kurve" zu erzeugen, beginnt man mit einem gleichseitigen Dreieck, nimmt das mittlere Drittel jeder Seite heraus und setzt dort ein kleines gleichseitiges Dreieck auf. Dies wiederholt man beim entstehenden Sechsstern usw. usw. Wie groß ist die schließlich umrandete Fläche, wie lang ist ihre Berandung, welche Hausdorff-Dimension hat sie? Wie lautet ihre Ableitung? Herr X., stolzer Besitzer eines von der Koch-Kurve begrenzten Gartens von 800 m^2, bricht um 11 Uhr auf, seinen Garten zu umwandern (auf einer punktförmigen Stelze). Um 12 Uhr sucht ihn Frau X. Wo ist er?

● **18.4.6. Cantor-Staub**
Aus einer Strecke lasse man das mittlere Drittel weg, aus jedem verbleibenden Teilstück ebenso usw. usw. Was bleibt, nennt man Cantor-Staub. Welche Hausdorff-Dimension hat er? In der Fläche entspricht dem der Sierpinski-Teppich (aus jedem „heilen" Rechteck schneidet man immer wieder das mittlere Neuntel heraus), im Raum der Sierpinski-Schwamm (Menger-Schwamm). Geben Sie Flächen, Volumina, Dimensionen an!

● **18.4.7. Affine Transformation I**
Beweisen Sie: Eine affine Transformation wandelt Gerade in Gerade um. Parallelität zweier Geraden und Längenverhältnis von Abschnitten einer Geraden bleiben erhalten.

● **18.4.8. Affine Transformation II**
Was macht eine affine Transformation aus einem Kreis, einem Quadrat? Wie muß sie aussehen, damit sie nur eine Drehung mit Maßstabsänderung, keine Verzerrung bringt? Was kann man über die Eigenwerte der Matrix $\boldsymbol{A}$ sagen?

● **18.4.9. Farn**
Der Farnwedel von Abb. 18.32 entsteht durch vier affine Transformationen mit den Elementen

Tabelle 18.2

	a_{11}	a_{12}	a_{21}	a_{22}	b_1	b_2
T_1	0	0	0	0,17	0	0
T_2	0,85	0,026	−0,026	0,85	0	3
T_3	−0,155	0,235	0,196	0,186	0	1,2
T_4	0,155	−0,235	0,196	0,186	0	3

Deuten Sie diese Transformationen: Welche Strukturdetails erzeugen sie? Wo fängt der Farnwedel an, wo ist er zu Ende? Vergessen Sie nicht, das Bild zu programmieren!

●● 18.4.10. Julia und Mandelbrot
Wie sieht die Julia-Menge der Iteration $z \leftarrow z^2 + c$ für $c = 0$ aus? Was kann man über ihre Symmetrie bei reellem c sagen, was generell über ihre Symmetrie?

●● 18.4.11. Brennlinie
Die Abendsonne fällt in ein Glas mit Rotwein und erzeugt eine herzförmige Brennlinie darin. Welche Kurve steckt dahinter? Was hat das mit dem „Apfelmännchen" zu tun?

●● 18.4.12. $z^3 = 1$
Zwischen den Einzugsbecken der drei Fixpunkte des Newton-Algorithmus für $z^3 = 1$ (Abb. 18.36) gibt es manchmal „schwarze Löcher", nämlich immer in den „Dreiländerecken". Einige davon liegen auch auf der reellen Achse. Wie kommen diese Löcher zustande, und wie heißt das Gesetz für ihre Lage? Finden Sie auch solche Löcher im Komplexen?

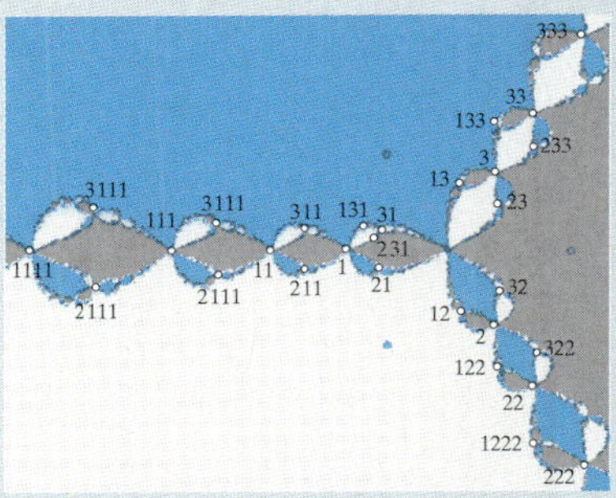

Abb. 18.36. Genealogie der „schwarzen Löcher" in der komplexen Newton-Iteration für $z^3 = 1$. Von einem Loch n-ter Ordnung, bezeichnet durch n Ziffern, kommt man in n Sprüngen zum Zentralloch $(0, 0)$. Zu diesem Loch n-ter Ordnung kommt man direkt von drei Löchern $(n+1)$-ter Ordnung aus, deren Codenummern durch Anhängen von 1, 2 oder 3 an die des Loches n-ter Ordnung entstehen

●● 18.4.13. Iteration
Gegeben die Iteration $x \leftarrow f(x)$. Aus der Kette $x_1 = f(x_0)$, $x_2 = f(x_1), \ldots, x_n = f(x_{n-1})$ formulieren wir die höheren Iterationen $f^2(x) = f(f(x))$, $f^3(x) = f(f(f(x)))$ ..., also z. B. $x_n = f^n(x_0)$. Beweisen Sie folgende Tatsachen: $f^{n'}(x_0) = f'(x_{n-1})f'(x_{n-2})\ldots f'(x_1)f'(x_0)$, speziell: Wenn x ein Fixpunkt von $x \leftarrow f(x)$ ist, gilt $f^{n'}(x) = (f'(x))^n$. Ein Fixpunkt von $f(x)$ ist auch Fixpunkt von $f^n(x)$. Wenn er hinsichtlich $f(x)$ stabil/instabil ist, ist er es auch hinsichtlich $f^n(x)$.

● 18.4.14. Percolation
Ein Stoff bestehe aus zwei Sorten Teilchen, leitenden und nichtleitenden. Beide Teilchen sind gleichgroß, regulär sechseckig und bedecken eine Ebene dicht, aber ganz zufällig verteilt. Wie groß muß der Anteil p der leitenden Teilchen sein, damit der ganze Stoff leitet? Wie lautet die Antwort bei drei- oder viereckigen Teilchen?

● 18.4.15. Wurzel
Das Wurzelziehen ist ja auch ein iterativer Vorgang. Formulieren Sie dieses Verfahren für die zweite, für die n-te Wurzel und führen Sie es auf dem Taschenrechner (ohne x^y- oder log-Taste) durch.

● 18.4.16. Trick 17
Hat die Iteration $x \leftarrow a\,\mathrm{e}^{-x}$ stabile Fixpunkte? Wenn nicht, was macht man, um die Gleichung $x = a\,\mathrm{e}^{-x}$ iterativ zu lösen?

● 18.4.17. Charlier-Modell
Wenn das Weltall in hierarchischer Staffelung Galaxie – Galaxiencluster – Supercluster ... aufgebaut ist (Aufgabe 15.4.9), kann man ihm dann eine Hausdorff-Dimension zuordnen?

● 18.4.18. Hele-Shaw-Muster
Legen Sie einen Klacks Butter (oder Schuhcreme o. ä.) zwischen zwei glatte Platten (am besten Glas) und drücken sie beide zusammen. Welche Form nimmt der Klacks an? Ziehen Sie die Platten wieder ganz allmählich auseinander, senkrecht zur Plattenebene. Sie werden sich wundern. Auch wenn die Platten wieder ganz getrennt sind, bleiben interessante Muster darauf. Erklären Sie! Steckt ein Minimalprinzip dahinter? Solche Prinzipien klingen immer teleologisch. Geht es auch kausal? (Tafel 8a, S. 1226)

●● 18.4.19. Ein unmögliches Ergebnis
Sie kennen vielleicht die Maschine zur Demonstration der kinetischen Gastheorie oder der atmosphärischen Dichteverteilung: Der Boden eines Schachtes hat einen Rüttelmechanismus und schleudert Kügelchen mit regelbarer Intensität („Temperatur") in die Höhe. Teilen Sie den Boden durch eine ca. 1 cm hohe Trennwand in zwei Hälften und regeln Sie die Rüttelei ganz allmählich hinunter. Man erwartet, daß die Kugeln, wenn sie zur Ruhe gekommen sind, sich etwa gleichmäßig, nur mit Poisson-Schwankungen, auf beide Hälften des Bodens verteilen. Ist das so? Wenn nein, warum nicht?

●● 18.4.20. Stromsystem
Den Rand eines flachen Glasschälchens umgeben Sie ganz oder teilweise mit einem geerdeten Blechstreifen, schütten einige kleine Metallkugeln hinein (nicht zu viele, so daß sich höchstens einige berühren) und füllen ca. 5 mm hoch Öl darauf. Dann halten Sie eine sehr feine Drahtspitze, an 15–25 kV Hochspannung gelegt, darüber oder tunken sie etwas ins Öl. Die Kügelchen arrangieren sich zu baumartig verzweigten Mustern. Warum? Steckt auch hier ein Minimalprinzip hinter dieser Strukturbildung? (Tafel 8b, S. 1226)

●● 18.4.21. Versorgungsnetz
Ein Raum- oder Flächenbereich soll von einer oder wenigen Zentralen aus mit Wasser, elektrischer Energie, Blut, Information, Verkehr o. ä. versorgt werden. Dazu muß sich das Versorgungsnetz, ausgehend von dicken Leitungen nahe der Zentrale, immer feiner verzweigen. Material- und Arbeitsaufwand sollen dabei minimal bleiben. Entwickeln Sie an einfachen Beispielen Regeln für den Aufbau solcher Netze.

18.4.22. Konvektionszellen
Der Verdacht liegt nahe, daß hinter dem Bénard-Phänomen (Abschn. 5.4.4) auch ein Optimierungsproblem steckt: Wie kann die Flüssigkeit die Wärme möglichst effizient aufwärts abführen? Begründen Sie diesen Verdacht.

18.4.23. Video-Rückkopplung
Warum soll man für die Video-Rückkopplung kein zu perfektes Kabel benutzen? Erklären Sie einige Strukturen der entstehenden Bilder: Symmetrie, Rotationsbewegungen, Wellenausbreitung usw. (Tafel 8c, d, S. 1227)

18.4.24. *Hamiltons* Prinzip
Hamilton zeigte: Jedes mechanische System, dem man eine kinetische Energie T und eine potentielle U und damit eine Lagrange-Funktion $L = T - U$ zuschreiben kann, entwickelt sich zwischen beliebigen Zeitpunkten t_1 und t_2 so, daß das „Wirkungsintegral" $W = \int_{t_1}^{t_2} L\,dt$ minimal ist. Dabei sind zur Konkurrenz alle Funktionen $L(t)$ zugelassen, die bei t_1 einen gegebenen Wert haben und ebenso bei t_2. Zwischendurch können sie machen, was sie wollen. Zeigen Sie, daß man dieses scheinbar teleologische Prinzip auch kausal erklären kann (Methode der Variationsrechnung).

18.4.25. *Fermats* Prinzip
Auch *Fermats* Prinzip, nach dem das Licht von A nach B immer so läuft, daß es am wenigsten Zeit braucht, klingt verdächtig teleologisch. Hat das Photon einen Willen und einen Bordcomputer, um diesen zu realisieren? Wo steckt hier der kausale Mechanismus?

18.4.26. Lorenz-Bifurkationen
Analysieren Sie die Stabilität der Fixpunkte des Lorenz-Modells (18.69). Achten Sie besonders auf die „Bifurkationen", die Stellen, wo sich das Verhalten qualitativ ändert.

18.4.27. Das Apfelmännchen auf dem Feigenbaum
Bilden Sie die Mandelbrot-Iteration $z \leftarrow z^2 + c$ auf die logistische $x \leftarrow ax(1 - x)$ ab. Für welchen Fall lassen sich die Stabilitätsbedingungen für die Attraktoren verschiedener Ordnung (einfacher Fixpunkt, Zweier-, Dreier-, Viererperiode) einfacher formulieren? Schreiben Sie die Periodizitätsbedingung als Gleichung in z bzw. x. Überlegen Sie, ob Sie dieses ganze Polynom brauchen, um die Stabilitätsgrenze zu finden (denken Sie an den Satz von *Vieta* über die Faktorzerlegung eines Polynoms).

Lösungen zu den Aufgaben

= Kapitel 1: Lösungen . . .

1.1.1. Bogenmaß

Wäre die Erde eine Kugel mit genau 40 000 km Umfang, dann entspräche 1° genau $40\,000/360 = 111{,}111$ km. In Wirklichkeit ist der Polradius um 1/300 kürzer als der Äquatorradius, und daher entspricht ein Grad auf dem Äquator 111,324 km, ein mittlerer Meridiangrad 111,137 km. Sieht man von diesen Feinheiten ab, gelten folgende Entsprechungen: 1 rad: 1 Erdradius; $1'$: 1,853 km = 1 Seemeile; $1''$: 31 m; 1 sterad: $R^2 = 4{,}05 \cdot 10^7\,\mathrm{km}^2$ (fast wie Asien): 1 Grad^2: $1{,}24 \cdot 10^4\,\mathrm{km}^2$ (größer als Korsika); 1 min^2: 3,44 km^2; 1 s^2: 960 m^2. Die ganze Kugel hat $4\pi = 12{,}6$ sterad $= 4{,}1 \cdot 10^4$ Grad^2 usw.; der Halbraum hat halb soviel. Die Kreisscheibe vom Radius r im Abstand a deckt $\pi r^2/a^2$ sterad, wenn $r \ll a$, sonst $\pi \arcsin^2 r/a$. Das Rechteck a, b im Abstand r unter dem Winkel α deckt $(ab/r^2)\cos\alpha$, wenn $a, b \ll r$. Die Sonne erscheint $0{,}5^\circ$ breit, deckt also 0,2 Grad^2 oder $6{,}2 \cdot 10^{-5}$ sterad, die Hand, ziemlich unabhängig von der Körpergröße (da alle Abmessungen ungefähr proportional zueinander sind), 0,055 sterad, fast 10mal soviel wie die Bundesrepublik vom Erdmittelpunkt aus. Die Erde von der Sonne aus gesehen deckt $6 \cdot 10^{-9}$ sterad, fängt also nur $4{,}6 \cdot 10^{-10}$ der Gesamtemission der Sonne auf. Das Element der Erdoberfläche zwischen den Breiten $\varphi, \varphi + \mathrm{d}\varphi$ und den Längen $\lambda, \lambda + \mathrm{d}\lambda$ hat die Fläche $r\,\mathrm{d}\varphi\, r\cos\varphi\,\mathrm{d}\lambda$, also den Raumwinkel $\mathrm{d}\Omega = \cos\varphi\,\mathrm{d}\varphi\,\mathrm{d}\lambda$, in den üblichen Polarkoordinaten $\mathrm{d}\Omega = \sin\vartheta\,\mathrm{d}\vartheta\,\mathrm{d}\lambda$. 4π-Geometrie liegt vor, wenn alle Richtungen von der Quelle aus für die Messung gleichberechtigt in Frage kommen.

1.1.2. Sonnen- und Sterntag

Ein Planet laufe in der Zeit T um seine Sonne und rotiere in der Zeit τ um seine Achse, vom Bezugssystem der Fixsterne aus gesehen; d. h. sein Sterntag bei τ. Der Sonnentag hat eine andere Länge t_S. Während eines Sonnentages rückt die Sonne scheinbar um einen Winkel t_S/T gegenüber dem Fixsternhimmel vor, d. h. der Planet muß sich in einem Sonnentag um den Faktor $1 + t_S/T$ weiter drehen als in einem Sterntag, falls Umlauf und Rotation in gleicher Richtung erfolgen (sonst gilt ein Minuszeichen). Der Sonnentag ist also um diesen Faktor länger: $t_S = \tau(1 + t_S/T)$ oder $t_S = 1/(\tau^{-1} - T^{-1}) = \tau \cdot T/(T - \tau)$. Für die Erde $T = 366{,}25\,\tau$, also $t_S = \tau \cdot 366{,}25/365{,}25$. Für den Mond $T = \tau = 1$ Monat, also ist der „Erdentag" $t_S = \infty$.

1.1.3. Stroboskopeffekt

Ein Rad mit n Speichen und dem Durchmesser d drehe sich ν-mal pro Sekunde. Mit der Bildfrequenz ν_0 betrachtet, scheint es stillzustehen, wenn innerhalb der Zeit $1/\nu_0$ gerade die nächste oder die übernächste usw. Speiche den Platz der ersten einnimmt; für die i.-nächste Speiche erfordert das eine Zeit $i/(n\nu_i) = 1/\nu_0$. Die Umfangsgeschwindigkeit des Rades ist dann $v_i = \pi d \cdot \nu_i = \pi d \cdot i\nu_0/n$. Bei $d = 0{,}9$ m, $n = 24$, $\nu_0 = 25\,\mathrm{s}^{-1}$ (Fernsehen) folgt $v_i = i \cdot 10{,}8$ km/h. Wenn das Rad sich etwas zu schnell/langsam dreht $(i/(n\nu) \lesseqgtr 1/\nu_0)$, kommt das Bild etwas zu spät/früh, die andere Speiche hat den Ort der ersten schon überschritten/noch nicht ganz erreicht, und das Rad scheint sich langsam vorwärts/rückwärts zu drehen. Das Stroboskop mißt bei Wechselstrom-Beleuchtung Drehzahlen: Man legt eine Scheibe mit abwechselnd schwarzen und weißen Sektoren auf (z. B. Abb. 1.1). Wenn man die Sektoren einer bestimmten Zone klar sieht, ist die entsprechende Drehzahl erreicht.

1.1.4. Tageslänge

Das Trägheitsmoment der Erde würde bei gleichmäßiger Massenverteilung $J = 0{,}4\,MR^2 = 0{,}4 \cdot 6 \cdot 10^{24}\,\mathrm{kg} \cdot 4 \cdot 10^{13}\,\mathrm{m}^2 = 10^{38}\,\mathrm{kg\,m}^2$ betragen; da der Kern dichter ist, kommt etwas weniger heraus. Eine Masse m, aus ihrer Normallage am Erdboden um die Höhe h gehoben, und zwar in einer geographischen Breite φ, steigert das Trägheitsmoment um $\Delta J = [m(R+h)^2 - mR^2]\cos\varphi \approx 2mRh\cos\varphi$. Es folgen grobe Schätzungen für die einzelnen Ereignisse:

Krakatau: $V \approx 10\,\mathrm{km}^3$, $h \approx 2$ km, $\Delta J/J \approx 5 \cdot 10^{-15}$.

Chinesische Mauer: 4 800 km lang, 6 m dick, 10 m hoch, $V \approx 3 \cdot 10^8\,\mathrm{m}^3$, $\Delta J/J \approx 4 \cdot 10^{-19}$.

Troposphäre mit H_2O gesättigt: Bei $T = 0\,^\circ$C ist der Sättigungsdruck 6 mbar. Wasserdampf von 1 bar hat $1{,}3 \cdot \frac{18}{29} = 0{,}8$ g/l, bei 6 mbar $5 \cdot 10^{-3}$ g/l; das Troposphärenvolumen von $10\,\mathrm{km} \cdot 5{,}1 \cdot 10^8\,\mathrm{km}^2$ faßt ca. $3 \cdot 10^{16}$ kg Wasser; mit $h \approx 4$ km folgt $\Delta J/J \approx 10^{-11}$. Wegen der T-Abnahme mit der Höhe sind m und h in Wirklichkeit kleiner.

Abkühlung um 30 °C: Die Skalenhöhe der Atmosphäre sinkt von 8 km auf 7,2 km. Über jedem cm^2 ruht 1 kg Luft, also $m \approx 5 \cdot 10^{18}$ kg, $h \approx 400$ m, $\Delta J/J \approx 2 \cdot 10^{-10}$.

Eiszeit: $10^7\,\mathrm{km}^2$ mögen eine Inlandeisdecke von 3 km Dicke haben, $m \approx 3 \cdot 10^{19}$ kg, $\Delta J/J \approx 2 \cdot 10^{-9}$.

Tertiäre Faltung: 50 000 km lang, 500 km breit, 3 km hoch, $V \approx 7 \cdot 10^7\,\mathrm{km}^3$, $m \approx 2 \cdot 10^{20}$ kg, $\Delta J/J \approx 3 \cdot 10^{-8}$; der isostatische Massenausgleich (Aufgabe 1.7.11) reduziert das um den Faktor $4d/R$ (d: Schollendicke ≈ 50 km), $\Delta J/J \approx 10^{-9}$.

Die Änderung der Rotationsperiode T ergibt sich aus dem Drehimpulssatz: $J\omega = \mathrm{const.}$ oder $J/T = \mathrm{const.}$, also $\Delta T/T = \Delta J/J$. Eiszeit und Faltung haben ca. 10^{-4} s Änderung der Tageslänge gebracht, die anderen Ereignisse viel weniger. Die derzeitige relative Meßgenauigkeit von 10^{-12} s/s entspricht annähernd dem Einfluß maximaler Änderung der Luftfeuchtigkeit.

1.1.5. Pendeluhren

Der Einfluß von Massenverschiebungen auf die Fallbeschleunigung g und damit auf die Pendelperiode $T = 2\pi\sqrt{l/g}$ hängt stark von der Verteilung dieser Massen ab. Der annähernd kugelschalenförmig verteilte atmosphärische Wasserdampf leistet keinen Beitrag zur Schwerkraft auf ein annähernd in Meereshöhe aufgehängtes Pendel. Kondensierte dieses Wasser, so zöge es so an, als sei seine Masse im Erdmittelpunkt vereinigt. Das bedeutet eine relative g-Änderung von $\Delta g/g = m/M \approx 10^{-8}$. Ein Gebirge in der Nähe des Beobachtungsortes stört i. allg. stärker, falls seine Masse nicht isostatisch kompensiert ist (durch eine „Wurzel" aus leichterem Gestein). Die gleiche Änderung der Pendelperiode wie durch $\Delta g/g = 10^{-8}$ würde bedingt durch $\Delta l/l = -10^{-8}$; dies entspricht bei einem Draht mit dem thermischen Ausdehnungskoeffizienten $\alpha = 10^{-5}\,\text{K}^{-1}$ einer T-Änderung um 10^{-3} K.

1.1.6. Tageslänge

Die Tageslänge ändere sich täglich um α (α z. B. in µs/Tag), d. h. jeder Tag sei um α µs länger als der vorhergehende. Die mittlere Tageslänge seit 484, d. h. über einen Zeitraum von $t = 5 \cdot 10^5$ Tagen, war dann nicht T_0 wie heute, sondern $T_0 - \alpha t$. Rechnet man mit konstanter Tageslänge T_0, dann findet man für ein Ereignis, das vor t Tagen stattgefunden hat, eine um $\frac{1}{2}\alpha t^2$ falsche Tageszeit. Die südlichsten Punkte der wirklichen und der berechneten Totalitätszone (Euphrat-Tigris-Mündung bzw. Große Syrte) liegen 30°, d. h. 2 Std. auseinander. Man erhält $\alpha \approx 0{,}05$ µs/Tag. Das stimmt mit der Direktmessung gut überein. Wer sich wundert, daß schon *Halley* die Finsternisperiode so genau kannte, der bedenke, daß auch hier der mögliche Fehler mit der Länge der Beobachtungszeit wie t^{-2} abnimmt. 200jährige Beobachtung mit 2 min Fehler bei der Bestimmung des Totalitätsmaximums genügen für die Entdeckung der Diskrepanz. Daß sich die Jahreslänge ändern sollte, ist viel weniger plausibel. Demnach war der Devon-Tag 10 % kürzer, d. h. $\alpha \approx 0{,}07$ µs/Tag. Diese Bremsung der Erdrotation ist etwa 100mal größer als die in Aufgabe 1.7.19 für einen homogenen Ozean geschätzte. Die Existenz von Kontinentalrändern und Flachmeeren ist also sehr entscheidend. Die Wartezeit bis zum stationären Mond verkürzt sich entsprechend.

1.1.7. Standard-Abweichung

Wir betrachten speziell eine Grundgesamtheit von unendlich vielen Werten x_i mit dem Mittel $x_\text{w} = 0$ und der Varianz $V_\text{w} = \overline{x_i^2}$. Wenn wir aus dieser Gesamtheit n Werte x_i herausgreifen, wird ihr Mittel nicht genau 0 sein, sondern um etwa $x_\text{S} = \sigma/\sqrt{n} = \sqrt{V_\text{w}/n}$ davon abweichen. Die aus diesen n Werten direkt berechnete Varianz $V = \overline{x_i^2} - x_\text{S}^2 = \overline{x_i^2} - V_\text{w}/n$ ist also um den Faktor $(n-1)/n$ kleiner als die „wahre" Varianz V_w. In $\sigma = \sqrt{V}$ wandert statt n also $n-1$ unter die Wurzel in den Nenner. Die Beschränkung auf $x_\text{w} = 0$ ist unwesentlich: Es geht hier nur um Abweichungen.

1.1.8. Gauß-Fläche

Für die Abweichung $\delta = x - \overline{x}$ schreiben wir $p(\delta) = (1/\sqrt{2\pi}\,\sigma)\mathrm{e}^{-\delta^2/(2\sigma)}$. Irgendeinen Wert hat ja δ bestimmt, also $\int_{-\infty}^{\infty} p(\delta)\mathrm{d}\delta = 1$. Das Integral $\int_{-\infty}^{\infty} \mathrm{e}^{-u^2}\mathrm{d}u$ bestimmen wir, indem wir es mit dem genauso großen $\int_{-\infty}^{\infty} \mathrm{e}^{-v^2}\mathrm{d}v$ malnehmen. Das Produkt können wir auch als Doppelintegral schreiben, denn die beiden Variablen sind unabhängig: $\iint_{-\infty}^{\infty} \mathrm{e}^{-(u^2+v^2)}\mathrm{d}u\,\mathrm{d}v$. Die u,v-Ebene läßt sich aber auch in Polarkoordinaten darstellen: $u^2 + v^2 = r^2$, $\mathrm{d}u\,\mathrm{d}v = r\,\mathrm{d}r\,\mathrm{d}\varphi$. Unser Doppelintegral geht über in $\int_0^{\infty}\int_0^{2\pi} \mathrm{e}^{-r^2} r\,\mathrm{d}r\,\mathrm{d}\varphi$. Die φ-Integration gibt 2π, es bleibt $2\pi\int_0^{\infty} \mathrm{e}^{-r^2} r\,\mathrm{d}r = \pi$. Das ist das Quadrat des gesuchten Integrals: $\int_{-\infty}^{\infty} \mathrm{e}^{-\delta^2}\mathrm{d}\delta = \sqrt{\pi}$. Aus unserem $p(\delta)$ kommt noch $\sqrt{2}\,\sigma$ aus dem Exponenten nach draußen, also stimmt die Normierung. Der Mittelwert $\overline{\delta} = \int_{-\infty}^{\infty} \delta p(\delta)\,\mathrm{d}\delta$ ist 0, weil $\delta\mathrm{e}^{-\delta^2}$ antimetrisch ist, also ist $\overline{x}$ wirklich der Mittelwert von x. Die Standard-Abweichung verlangt Berechnung von $\delta^2\mathrm{e}^{-\delta^2}\mathrm{d}\delta$. Wir beachten: Die Ableitung von $\delta\mathrm{e}^{-\delta^2}$ heißt $(1-2\delta^2)\,\mathrm{e}^{-\delta^2}$, also $\int(1-2\delta^2)\,\mathrm{e}^{-\delta^2}\mathrm{d}\delta = \delta\mathrm{e}^{-\delta^2}$, was bei $\delta = -\infty$ und bei $\delta = \infty$ verschwindet, so daß $\int_{-\infty}^{\infty}(1-2\delta^2)\,\mathrm{e}^{-\delta^2}\mathrm{d}\delta = 0$, *also* $\int_{-\infty}^{\infty} \delta^2\mathrm{e}^{-\delta^2}\mathrm{d}\delta = \frac{1}{2}\int_{-\infty}^{\infty} \mathrm{e}^{-\delta^2}\mathrm{d}\delta = \frac{1}{2}\sqrt{\pi}$. So folgt richtig $\int_{-\infty}^{\infty} \delta^2 p(\delta)\,\mathrm{d}\delta = \sigma^2$.

1.1.9. Normalverteilung

Wenn sich der Gesamtfehler δ einer Messung auf zwei unabhängige Fehlerquellen aufteilt, addieren sich deren Beiträge δ_1 und δ_2 nicht direkt, sondern nach dem Pythagoras: $\delta^2 = \delta_1^2 + \delta_2^2$, genauso wie zwei Wegstücke, die jemand in zueinander senkrechten Richtungen zurücklegt. Da beide Fehler unabhängig sind, ist die Wahrscheinlichkeit $p(\delta)$ für den Gesamtfehler gleich dem Produkt der Wahrscheinlichkeiten der Teilfehler: $p(\delta) = p(\delta_1)\,p(\delta_2)$. Die Funktion p muß genauso von δ abhängen wie die Teilfunktionen von δ_1 und δ_2, sonst wäre eine solche Aufteilung, die ja jeder nach Belieben ausführen kann, gar nicht möglich. Welche Funktion führt eine Quadratsumme in ein Produkt über? Nur e^{δ^2}, wobei aber im Exponenten und davor noch je ein zunächst beliebiger Faktor stehen kann und muß: $p(\delta) = b\mathrm{e}^{-a\delta^2}$. Das Minus sorgt dafür, daß große Fehler seltener sind. Wie a und b heißen müssen, damit p normiert ist und die Standard-Abweichung σ hat, folgt aus Aufgabe 1.1.8.

1.2.1. Wie schnell ist der Mensch?

Die mittleren Geschwindigkeiten bei 100 m in 10,0 s und bei 500 m Eis in 40,0 s sind $10\,\text{m/s} = 36\,\text{km/h}$ bzw. $12{,}5\,\text{m/s} = 45\,\text{km/h}$. Die Höchstgeschwindigkeiten liegen merklich höher: Der 100 m-Läufer erreicht sie erst nach gut $\frac{1}{3}$ der Strecke, läuft also 35 m durchschnittlich mit $v_\text{m}/2$ und 65 m mit v_m. Die Gesamtzeit ist $35\,\text{m}/(v_\text{m}/2) + 65\,\text{m}/v_\text{m} = 10\,\text{s}$, also $v_\text{m} = 13{,}5$ m/s.

1.2.2. Ein schneller Hund

Da der Hund zwei Stunden lang ständig doppelt so schnell läuft wie sein Herr, hat er doppelt soviel, nämlich 20 km zurückgelegt. Man sagt, daß Mathematiker sich mit dieser Aufgabe i. allg. schwerer tun als Physiker, denn sie erkennen sofort, daß die Teilwege des Hundes eine geometrische

Reihe bilden, und lassen sich verleiten, diese aufzusummieren, was länger dauert als die obige Betrachtung. Ein Psychologe testete alle Wissenschaftler, deren er habhaft werden konnte, und fand, daß (gute) Mathematiker im Mittel 35 s brauchen, (gute) Physiker 14 s. *Johann v. Neumann* brauchte 8 s, worauf der Psychologe sein Erstaunen ausdrückte, daß er als Mathematiker es so schnell schaffe, obwohl er doch eigentlich die Reihe summieren müßte. „Habe ich ja", sagte *Neumann*.

1.2.3. Wo ist der Hund?

Diese Aufgabe zeigt, daß kinematische Probleme, die wohldefiniert aussehen, es manchmal gar nicht sind. Die Antwort heißt: Der Hund könnte überall zwischen 4 und 6 km sein und in jeder der beiden Richtungen laufen – man weiß es nicht. Am leichtesten sieht man das ein, wenn man durch Umkehrung der Zeitrichtung das Problem praktisch auf Aufgabe 1.2.2 zurückführt: Der Hund kann anfangs gewesen sein wo er will, er muß bei seiner Verhaltensweise immer gleichzeitig mit den beiden Kindern am Kilometerstein 0 ankommen. Dreht man von diesem umgekehrten Vorgang mit verschiedenen Ausgangspositionen je einen Film, den man dann wieder rückwärts spielt, so erfüllt jeder dieser Filme genau die Bedingungen der Aufgabe.

1.2.4. Ein nasser Hund

Der Fluß ströme mit der Geschwindigkeit w, der Hund schwimme mit v. Wenn er sich wirklich so dumm anstellt, besteht der Verdacht, daß er bei $w > v$ nie ankommt und unendlich weit abtreibt, denn dicht an Herrchens Ufer schwimmt er parallel zu diesem. Am besten rechnet man in Polarkoordinaten: $\dot r = -v + w\sin\varphi$, $\dot\varphi = w\cos\varphi/r$, also $\mathrm{d}r/\mathrm{d}\varphi = r(\tan\varphi - v/(w\cos\varphi))$. Das läßt sich leicht integrieren:

$$\int_{r_0}^{r}\frac{\mathrm{d}r}{r} = \ln\left(\frac{r}{r_0}\right) = \int_0^{\varphi}\left(\tan\varphi - \frac{v}{w\cos\varphi}\right)\mathrm{d}\varphi$$
$$= -\ln(\cos\varphi) - \frac{v}{w}\ln\left(\frac{1}{\cos\varphi} + \tan\varphi\right),$$

also $r = r_0(\cos\varphi)^{v/w-1}/(1+\sin\varphi)^{v/w}$. Bei $\varphi = \pi/2$, d. h. an Herrchens Ufer, ist $r = r_0 2^{-v/w} 0^{v/w-1}$. Das ist 0 bei $v < w$, $r_0/2$ bei $v = w$, ∞ bei $v > w$, wie erwartet. Bei $v = w$ folgt einfach $r = r_0/(1+\sin\varphi)$, $y = (r_0^2 - x^2)/(2r_0)$, ein Parabelast. Gleich in x, y angesetzt, wäre alles viel schwieriger.

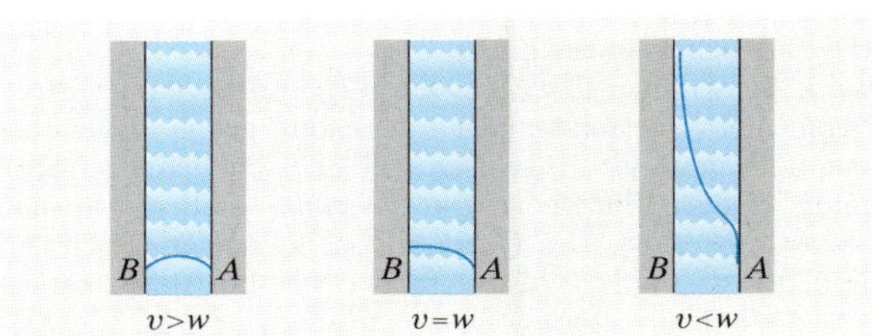

Abb. L. 1

1.2.5. Der Lobatschewsky-Hund

Es sei a die Projektion der wahrscheinlich nicht horizontalen Leinenlänge auf die x, y-Ebene. Herrchen möge auf der x-Achse, der Leitlinie, gehen (ob gleichförmig oder nicht, ist für die Kurvenform egal). Die Leine bildet die Tangente an die Traktrix $y(x)$, hat also zwischen Berührpunkt P und Schnittpunkt S mit der Achse überall die konstante Länge $PS = a$. Ihr Winkel φ mit der x-Achse ist einerseits der Steigungswinkel ($y' = \tan\varphi$), andererseits gilt $y = a\sin\varphi$. Damit können wir auch x durch φ ausdrücken, wenn auch nicht so direkt. Der Baum habe den Abstand a von der x-Achse, so daß der Hund nur dort sein kann, wenn der Mann genau auf derselben Höhe $x = 0$ ist (und, wenn er nett ist, bleibt). Nun muß

$$\frac{\mathrm{d}y}{\mathrm{d}x} = \frac{\mathrm{d}y}{\mathrm{d}\varphi}\frac{\mathrm{d}\varphi}{\mathrm{d}x} = \tan\varphi \text{ sein, woraus wegen } \frac{\mathrm{d}y}{\mathrm{d}\varphi} = a\cos\varphi \text{ folgt}$$
$$\frac{\mathrm{d}x}{\mathrm{d}\varphi} = \frac{a\cos^2\varphi}{\sin\varphi} \quad \text{oder integriert } x = \int_{\pi/2}^{\varphi} a\frac{\cos^2\psi}{\sin\psi}\,\mathrm{d}\psi$$

(zu $x = 0$ gehört $\varphi = \pi/2$). Mit $\cos^2\psi = 1 - \sin^2\psi$ erhält man $\cos\varphi$ und $\int \mathrm{d}\psi/\sin\psi$. Dies Integral löst man nach Tabelle oder dem Additionstheorem:

$$\int\frac{\mathrm{d}\psi}{\sin\psi} = \int\frac{\mathrm{d}\psi}{2\sin\frac{\psi}{2}\cos\frac{\psi}{2}} = \int\frac{\frac{\mathrm{d}\psi}{\cos^2\psi/2}}{2\frac{\sin\psi/2}{\cos\psi/2}} = \int\frac{\mathrm{d}\tan\psi/2}{\tan\psi/2}$$
$$= \ln\tan\psi/2, \text{ also } x = a(\cos\varphi + \ln\tan\varphi/2).$$

Damit haben wir eine Parameterdarstellung $x(\varphi), y(\varphi)$, aus der sich alles weitere ebensogut ergibt wie aus der fast unzumutbaren $x(y)$-Darstellung. Die Krümmung

$$k = \frac{y''}{(1+y'^2)^{3/2}} \text{ der Traktrix ergibt sich so :}$$
$$y' = \tan\varphi, \qquad y'' = \frac{\mathrm{d}\tan\varphi}{\mathrm{d}\varphi}\frac{\mathrm{d}\varphi}{\mathrm{d}x} = \frac{1}{\cos^2\varphi}\frac{\sin\varphi}{a\cos\varphi},$$
$$1 + y'^2 = 1 + \tan^2\varphi = \cos^{-2}\varphi, \qquad k = a^{-1}\tan\varphi,$$

Krümmungsradius $R = a\cot\varphi$. Der Krümmungsmittelpunkt M liegt immer senkrecht über S. Übrigens bilden alle Krümmungsmittelpunkte die Kettenlinie $y = \cosh x$, die Evolvente der Traktrix, das ist die Kurve, die ein beiderseits aufgehängtes Seil bildet (Aufgabe 2.3.2). Damit ist auch $PM \cdot PQ = PS^2 = a^2$, denn a ist die Höhe im rechtwinkligen Dreieck MQS. Dies ist die interessanteste Eigenschaft der Traktrix: Wenn sie um die x-Achse rotiert, bildet sie einen doppel-posaunenförmigen Körper. Einer seiner Hauptkrümmungsradien ist PM, der andere PQ: Hauptkrümmungsrichtungen stehen senkrecht zueinander. Die Gauß-Krümmung $R_1^{-1} \cdot R_2^{-1}$ ist für diese Fläche konstant (gleich $-a^{-2}$), und zwar negativ, sofern man die x-Achse als „innen" ansieht, so daß die Krümmung in der x, y-Ebene negativ wird. Dies ist die einzige Fläche mit überall gleicher negativer Gauß-Krümmung, wie die Kugel die einzige mit überall gleicher positiver Krümmung (gleich R^{-2}) ist. Man nennt sie daher Pseudosphäre. Ihre Oberfläche ist $4\pi a^2$,

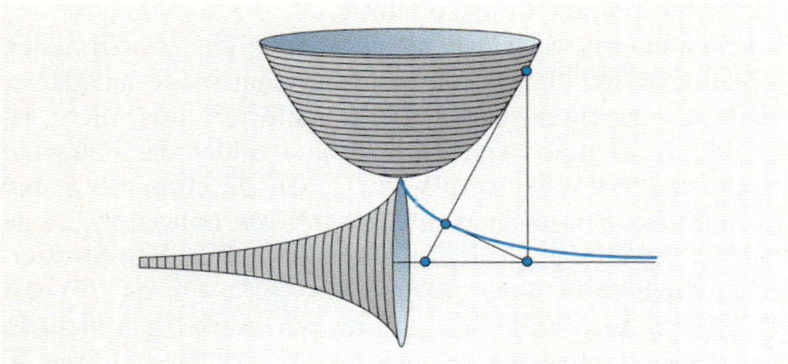

Abb. L. 2. Die Schleppkurve oder Traktrix und ihre Evolute, die Kettenlinie (Evolute: Geometrischer Ort aller Krümmungsmittelpunkte). Rotation der Traktrix um die x-Achse erzeugt die Pseudosphäre (konstante negative Gauß-Krümmung), Rotation der Kettenlinie das Catenoid (konstante mittlere Krümmung)

das eingeschlossene Volumen $\frac{2}{3}\pi a^3$, wie bei der Halbkugel, obwohl die Pseudosphäre bis ins Unendliche reicht. Jedes Dreieck auf ihr, d. h. je drei Punkte mit den kürzesten Verbindungslinien auf dieser Fläche, hat eine Winkelsumme $< 180°$, auf der Kugel $> 180°$. Die Abweichung von den euklidischen 180° wächst mit der Fläche D des Dreiecks: $\pi - (\alpha + \beta + \gamma) = D/a^2$ (bei der Kugel gilt links das umgekehrte Vorzeichen). Die Pseudosphäre, diskutiert 1863 von *Beltrami*, war das erste konkrete Beispiel für eine hyperbolische nichteuklidische Geometrie (Lobatschewski-Geometrie). Dieses Posaunenpaar kommt also vielleicht der räumlichen Gesamtstruktur der Welt so nahe, wie man das bei der Reduktion um eine Dimension verlangen kann – falls unser Raum hyperbolisch gekrümmt ist. – Sie sagen, mein Hund gehorcht nicht? Irrtum: Wir zeichnen das Lobatschewski-Universum.

1.2.6. Un problema quadrato per teste quadrate

Die vier Leute bilden immer ein Quadrat, das rotiert und dabei immer kleiner wird. Jede Seite wird begrenzt von einer Person, die senkrecht dazu, und einer, die in der jeweiligen Richtung dieser Seite geht. Jede Seite verkürzt sich also mit 6 km/h, d. h., das Quadrat ist nach 10′ auf einen Punkt geschrumpft. Der kompliziert aussehende Spiralbogen, den jeder beschreibt, ist also genau 1 km lang. Bei drei Leuten hat jede Dreiecksseite einen Endpunkt, der sich in ihrer Richtung, und einen, der sich unter 60° zu ihr bewegt, also mit der Komponente $v \cos 60° = v/2$ ebenfalls zu ihrem Schrumpfen beiträgt. Das Zusammentreffen erfolgt also schon nach 6′ 40″ oder 667 m Marsch. Bei sechs Leuten erhält man 20′ und 2 km, bei fünf 14′ 28″ und 1,447 km, allgemein $d/(1 + \cos\alpha)$, $\alpha = (n-2)\, 180°/n$.

1.2.7. Satyr und Nymphe

R sei der Radius des Sees. Auf einem Kreis, dessen Radius etwas kleiner als $R/4$ ist, kann das Mädchen den Mann jederzeit überrunden, d. h. mit größerer Winkelgeschwindigkeit schwimmen als er läuft, sich also immer in eine Position bringen, die der seinen diametral gegenüberliegt. Von dort aus hat sie nur wenig mehr als $3R/4$ bis zum Ufer zu schwimmen, was weniger ist als $\frac{1}{4}$ seiner Laufstrecke πR. Es gibt noch mehrere mögliche Strategien für das Mädchen, aber diese ist die einfachste und übersichtlichste.

1.2.8. Ans Ende der Welt

Wir zählen die x-Koordinate von A ab und führen die Anfangslänge L_0 des Bandes, die Geschwindigkeit v_0 des Endes B und die Geschwindigkeit v des Helden relativ zum Band ein. Das Ende B ist zur Zeit t bei $L = L_0 + v_0 t$. Wenn der Held bei x ist, bewegt sich das Band dort, wo er ist, mit $v_0 x/L$ relativ zu A. Dazu kommt seine Geschwindigkeit relativ zum Band. Er bewegt sich also insgesamt mit $\dot{x} = v + v_0 x/L = v + v_0 x/(L_0 + v_0 t)$. Man löst diese Differentialgleichung am besten durch „Variation der Konstanten".

Eleganterer Lösungsweg: Man stelle sich vor, man schwebe anfangs sehr hoch, etwa $H_0 = 100$ km über dem Band mit der Anfangslänge $L_0 = 1$ km, so daß man auf jeden Punkt des Bandes praktisch senkrecht hinunterschaut, und steige mit $w = v_0 H_0/L_0 = 1$ km/s senkrecht hoch. Wenn man nicht weiß, daß man sich vom Band entfernt, hält man seine Länge für konstant, und zwar winkelmäßig $\alpha_0 = L_0/H_0 = 0{,}01$ rad. Der Mann scheint dann immer langsamer, nämlich mit einer Winkelgeschwindigkeit $\omega = v/H = v/(H_0 + wt)$ über das Band zu kriechen. Er befindet sich winkelmäßig zur Zeit t bei $\alpha = \int_0^t \omega\, dt = (v/w) \ln(1 + (wt/H_0))$, d. h. er legt die Bandlänge in $t = (H_0/w)(e^{w\alpha_0/v} - 1) = (L_0/v_0)(e^{v_0/v} - 1)$ zurück. Im Beispiel muß er keine Viertelstunde, wie wenn das Band ruhte, sondern fast einen Monat gehen. Anwendung aufs Weltall: $L_0/v_0 = 2 \cdot 10^{10}$ Jahre, $v_0/v = 2$, also $t = 1{,}5 \cdot 10^{11}$ Jahre. Selbst zu Fuß kommt man „bis ans Ende der Welt", allerdings erst in etwa $10^{9 \cdot 10^7}$ Jahren. Natürlich hat das expandierende Weltall keinen Rand. Die angegebenen Zeiten würden etwa auch für seine Umkreisung gelten.

1.2.9. Hemmt Wind immer?

Die Geschwindigkeit des Flugzeugs gegen den Boden ist beim Hinflug $v + w$, die Flugzeit $d/(v + w)$, beim Rückflug $v - w$, Flugzeit $d/(v - w)$. Daß der Gewinn den Verlust nicht ausgleichen kann, sieht man schon am Fall $w = v$, wo sich die Hinflugzeit halbiert, die Rückflugzeit aber unendlich lang würde. Allgemein ist die Gesamtflugzeit $T = 2dv/(v^2 - w^2)$, z. B. bei $w = v/2$: $T = \frac{4}{3} 2d/v$.

1.2.10. Michelson im Fluß

Beide Schwimmer bewegen sich mit v relativ zum Wasser. Damit der Querschwimmer überhaupt genau gegenüber ankommt, muß $w < v$ sein, und er muß seine Körperachse unter einem Winkel φ zur Uferlinie stellen, so daß $\cos\varphi = -w/v$ ist. Die Querkomponente seiner Geschwindigkeit ist $v \sin\varphi$, also braucht er hin und zurück $t_1 = 2b/v \sin\varphi = 2b/v\sqrt{1 - w^2/v^2}$. Der andere Schwimmer braucht nach Aufgabe 1.2.9 $t_2 = 2bv/(v^2 - w^2) = 2b/v(1 - w^2/v^2)$. Der erste Schwimmer braucht also um den Faktor $\sqrt{1 - w^2/v^2}$ weniger Zeit als der zweite. Dieser Faktor taucht in der Relativitätstheorie überall auf. Der berühmte Michelson-Versuch ist eine einfache Umdeutung des Schwimmerversuchs.

1.2.11. Wie kommt man rüber?

Das Wasser habe die Geschwindigkeit w, der Schwimmer v; er stelle seinen Körper unter einen Winkel φ gegen die Uferlinie (mit dem Strom: $\varphi = 0$). Seine Geschwindigkeitskomponenten relativ zum Ufer sind also $v \sin\varphi$ in Querrichtung, $w + v\cos\varphi$ in Strömungsrichtung. Die Überquerung dauert $t = b/(v\sin\varphi)$ (b Breite des Flusses). In dieser Zeit treibt der Schwimmer um $a = (w + v\cos\varphi)b/(v\sin\varphi)$ stromabwärts ab. t ist minimal, nämlich b/v, wenn $\sin\varphi$ maximal, d.h. $\varphi = 90°$ ist. Dann treibt man um $a = wb/v$ ab. Die Abdrift a kann immer nur dann gleich Null gehalten werden, wenn $v \geqq w$, und zwar durch $\varphi = \arccos(-w/v)$. Bei $v < w$ ergibt sich minimale Abdrift aus

$$\frac{\mathrm{d}a}{\mathrm{d}\varphi} = 0 = b\frac{-\sin^2\varphi - \left(\frac{w}{v} + \cos\varphi\right)\cos\varphi}{\sin^2\varphi},$$

also $\varphi = \arccos(-v/w)$. Die Abdrift ist dann $a = b\sqrt{w^2 - v^2}/v$. Bei größerem φ dauert die Überquerung zu lange, bei kleinerem φ gewinnt man der Strömung zu wenig ab.

Im Fall (c) geht man am Ufer mit der Geschwindigkeit u eine Strecke $2a$ (Abdrift beim Hin- und Zurückschwimmen). Man braucht dazu eine Zeit $t' = 2a/u$. Die Gesamtzeit ist

$$T = \frac{2b}{v\sin\varphi}\left(1 + \frac{w + v\cos\varphi}{u}\right).$$

Dies wird minimal, wenn die Ableitung nach φ verschwindet, d.h. wenn $\cos\varphi = -v/(u + w)$.

1.3.1. Hier irrte Aristoteles

Galilei liebte solche Gedankenversuche, die aus der gegnerischen Annahme einen Widerspruch herleiten. Er meinte wohl, seine gelehrten Gegner ließen sich durch solche apriorischen Argumente eher überzeugen als durch den vulgären Augenschein, den sie sich oft genug weigerten zu nehmen. Wenn der leichte Körper langsamer fällt als der schwere, müßte er diesen zurückhalten, falls er fest genug mit ihm verbunden ist. Immer festere Verbindung führt aber zu einem einheitlichen Körper, der schwerer ist und schneller fallen müßte als selbst der schwerere Teilkörper. Manche versuchten sich so herauszureden, daß es nicht auf „schwer überhaupt", sondern auf „spezifisch schwer" ankomme. Die verbundenen Körper würden sich dann auf eine mittlere Geschwindigkeit einigen, die dazu nötige Kraft würde durch die Verbindung übertragen. Dies kommt der Wahrheit (bei Berücksichtigung des Luftwiderstandes) etwas näher und läßt sich nicht so leicht a priori ausschließen.

1.3.2. Was ist Masse?

Solange es sich um Körper gleicher Dichte handelt, weiß man aus *Newtons* Definition, daß dem doppelten Volumen eine doppelte Masse entspricht. Hat man Luft doppelter Dichte dadurch erzeugt, daß man 2 l auf 1 l komprimiert hat, dann ist auch plausibel, daß doppelt soviel Masse in dem Liter ist wie vorher. Daß aber 1 l Eisen 7,5mal so viel Masse hat wie 1 l Wasser, läßt sich ohne Bezug auf die Axiome, z. B. das Reaktionsprinzip, nicht nachweisen, es gibt also keine allgemeine Definition der Masse, die von der Bewegungsgleichung (oder vom Gravitationsgesetz) logisch unabhängig wäre. Selbst heute kann man zwar direkt vergleichen, wie viele Teilchen in einem cm^3 Eisen bzw. Wasser sitzen (z. B. durch Röntgen-Beugung), daß aber das Eisenatom 56, das Wassermolekül nur 18 Nukleonen enthält, ist noch keine direkte Beobachtungstatsache, sondern von der Massendefinition abhängig.

1.3.3. Wie viele Axiome braucht man?

Falls die Wechselwirkung zwischen A und B durch das Vorhandensein der Stange nicht beeinflußt wird, ist die Ableitung logisch einwandfrei. Newton hatte wohl nicht den Ehrgeiz, ein Minimalsystem von Axiomen aufzustellen, sondern eines, mit dem man bequem arbeiten kann. Die rein logische Schwäche seiner Massendefinition ist ihm sicher auch nicht entgangen, aber allzu reine Logik bleibt eben oft steril.

1.3.4. Da kann man sich sehr täuschen

Fast jeder argumentiert zuerst so: Die Turmspitze (Höhe H) hat bei der Erdrotation eine größere Bahngeschwindigkeit als der Fuß (außer am Pol). Der Stein bringt diese größere Geschwindigkeit bis zur Erde mit. Die Erde dreht sich nach Osten, also schlägt der Stein östlich vom Abwurfpunkt auf. Quantitativ: In der Höhe h herrscht $v = \omega(R + h)\cos\varphi$ (φ: geogr. Breite), der Stein hat aber noch $v' = \omega(R + H)\cos\varphi$, Differenz $\Delta v = \omega(H - h)\cos\varphi$. Wegen $H - h = \frac{1}{2}gt^2$ wird die Ostabweichung $x = \int_0^T \Delta v\,\mathrm{d}t = \omega\cos\varphi\frac{1}{2}g\int t^2\,\mathrm{d}t = \frac{1}{6}\omega g T^3\cos\varphi = \frac{1}{3}\sqrt{2}\omega\cos\varphi H^{3/2}/\sqrt{g}$ (T: Flugzeit). Beim hochgeworfenen Stein heben sich die Abweichungen nach Westen beim Aufstieg und nach Osten beim Abstieg auf. Hierin stecken zwei Fehler: (a) Die Ostabweichung ist in Wirklichkeit doppelt so groß, und, wichtiger, (b) es gibt eine viel größere *Süd*abweichung. Begründung: (a) Die obige Rechnung wäre richtig, wenn Turmspitze und Turmfuß sich *geradlinig* parallel bewegten, wie zwei Läufer in der Geraden. Wenn der schnellere dem anderen einen Ball zuwirft, genau senkrecht zur Bahn im Moment, wo beide auf gleicher Höhe sind, geht der Ball vorn vorbei. Das ganze System dreht sich aber außerdem. Das bringt nochmal eine ebensogroße Ostabweichung. Warum, wird unten klarwerden. (b) Setzen wir uns ernstlich ins nichtrotierende Bezugssystem. Der losgelassene Stein beschreibt wie ein Satellit einen *Großkreis*, genauer einen kurzen Bogen einer Kepler-Ellipse, deren Ebene eine Großkreisebene ist. Was sollte er sonst tun: Da er nur einer Zentralkraft zum Erdmittelpunkt unterworfen ist, muß seine Bahnebene durch diesen gehen. *Anfangs* fliegt der Stein natürlich nach Osten, wie die Turmspitze. Diese geht dann notgedrungen auf einem Breitenkreis weiter. Der Großkreis des Steins, der den Breitenkreis im Abwurfpunkt tangiert, weicht immer mehr südlich davon ab (Nordhalbkugel), wie das Flugzeug nach Sydney, das genau ostwärts von Hamburg abfliegt. Der Stein legt in der Fallzeit $T = \sqrt{2H/g}$ das Großkreisstück $TR\omega\cos\varphi$ zurück (vom Eiffel-Turm immerhin 2,5 km), also einen Winkel $\alpha = T\omega\cos\varphi$. Im rechtwinkligen sphärischen Dreieck gilt $\sin\varphi' = \sin\varphi\cos\alpha \approx \sin\varphi(1-\alpha^2/2)$, also $\varphi' - \varphi = -\frac{1}{2}\alpha^2\tan\varphi$, Südabweichung $-R(\varphi'-\varphi) = \frac{1}{2}\omega^2 RH\sin 2\varphi/g$. Sie ist maximal bei 45°, verschwindet an Äquator und Polen. Vom Eiffel-Turm: 50 cm Süd-, nur 8 cm Ostabweichung. Solange $H \ll \omega^2 R/g \approx 20$ km, ist die Südabweichung viel größer als die Ostabweichung. Der Faktor $\omega^2 R/g \approx \frac{1}{300}$ hat dieselbe Herkunft wie die Erdabplattung, 20 km ist auch der Unterschied zwischen äquatorialem und polarem Erdradius. Der Luftwiderstand verlängert die Fallzeit so, daß auch bei noch größeren Fallhöhen Süd $\gg$ Ost bleibt, außer bei tonnenschweren Brocken. Einfachere Ableitung beider Abweichungen im System der rotierenden Erde mittels Zentrifugal- und Coriolis-Beschleunigung $\boldsymbol{a}_Z$ bzw. $\boldsymbol{a}_C$: Hier ist $\boldsymbol{a}_Z$, das proportional $\omega^2 R\cos\varphi$ ist, viel größer als $\boldsymbol{a}_C$, das nur proportional ωv, solange $v \ll \omega R \approx 500$ m/s. Die Südkomponente von $\boldsymbol{a}_Z$, $\omega^2 R\cos\varphi\sin\varphi$ erzeugt in der Fallzeit T die Abweichung $\frac{1}{2}\omega^2 R\cos\varphi\sin\varphi T^2 = \frac{1}{2}\omega^2 RH\sin 2\varphi/g$, wie oben. $\boldsymbol{a}_C$ hat nur die Ostkomponente $2\omega v\cos\varphi$. Mit $v = gt$ folgt die Ostgeschwindigkeit $\Delta v = \int 2\omega gt\cos\varphi\,dt = \omega gt^2\cos\varphi$, die Ostabweichung $\frac{1}{3}\omega gT^3\cos\varphi = \frac{1}{3}2^{3/2}H^{3/2}\omega\cos\varphi/\sqrt{g}$, richtig mit Faktor 2. Die Südabweichung verdoppelt sich für den hochgeworfenen Stein. Die 10 km senkrecht hochgeschossene Flakgranate fällt nicht ins Rohr zurück, sondern 60 m südlich.

1.4.1. Brunnentiefe

Wenn der Brunnen die Tiefe h hat, fällt der Stein $t_f = \sqrt{2h/g}$, und es dauert noch h/c (c: Schallgeschwindigkeit), bis man den Aufschlag hört. Man könnte die quadratische Gleichung $t = \sqrt{2h/g} + h/c$ lösen, aber es ist klar, daß für $h \ll 2c^2/g = 20$ km die Laufzeit des Schalls zu vernachlässigen ist. Dann bleibt einfach $h = \frac{1}{2}gt^2$; z. B. bei $t = 2$ s ist $h = 20$ m.

1.4.2. Tachoregel

Daß der Bremsweg proportional dem Quadrat der Geschwindigkeit ist, entspricht der Formel $s = \frac{1}{2}v^2/a$ bei konstanter Verzögerung a. Es ist $a = \frac{1}{2}v^2/s$, also z. B. für $v = 10$ km/h $= 2{,}8$ m/s, wo nach der Kraftfahrerregel $s = 1$ m herauskommt: $a = 4{,}4$ m/s^2. Wer also nur gerade durch den TÜV rutscht, sollte mehr Abstand halten. Der Einstellwinkel α ergibt sich aus $\tan\alpha = g/a = 0{,}44$ zu 24°. Die Anfahrbeschleunigung ist $100/(3{,}6\cdot 12) = 2{,}3$ m/s^2, $\alpha = 13°$.

1.4.3. Sicherheitsabstand

Bei der Geschwindigkeit v rollt man in der Reaktionszeit eine Strecke vt. Die Bremsstrecke ist im Fall (a) die gleiche wie die des Vordermannes. Wenn man sich vollkommen auf seine Bremsen verlassen kann, ist also die Faustregel wirklich für Opas gemacht, denn sie setzt in der Stadt 1,8 s, im Freien 3,6 s Reaktionszeit voraus. Im Fall (b) allerdings kommt Ihr halber Bremsweg dazu, z. B. bei 120 km/h = 33,5 m/s ein Zusatzweg von etwa 50 m. Dann ist die Faustregel nicht mehr so konservativ.

1.4.4. Hier irrte Jules Verne

Die Sache scheitert schon daran, daß das Geschoß nicht schneller werden kann als die Verbrennungsgase, die es beschleunigen. Bei den besten Sprengstoffen kommt man aus energetischen Gründen nicht über 4 km/s hinaus (vgl. Abschn. 1.5.9a). Angenommen, es gebe einen Sprengstoff, dessen Explosionsgase schneller als 11 km/s sind. Wie tief müßte der Schacht sein, damit die Insassen die Beschleunigung überleben? Offenbar liefert die letztgenannte Kombination (200 s, $6g$) die höchste, und zwar eine ausreichende, Endgeschwindigkeit. Die Schachttiefe muß dann sein $H = \frac{1}{2}v^2/a = 1\,000$ km! Verbesserungsvorschlag: Man schieße aus dem Schacht zunächst ein riesiges Kanonenrohr ab, das dann seinerseits ein kleineres Kanonenrohr abschießt, usw. in 4 bis 6 Stufen. Bis zur Passagier-Granate könnte man evtl. sogar mit *Jules Vernes* Schießbaumwolle auskommen, falls jedes Rohr etwa 50 km lang ist.

1.4.5. Wurfweite

Wenn der Sprinter beim Anlauf auf 13 m/s kommt (vgl. Aufgabe 1.2.1) und, ohne sich eine Aufwärtskomponente zu erteilen, beim Absprung die Beine einfach um 70 cm einzieht, fliegt er in $t = \sqrt{2\cdot 0{,}7/10} \approx 0{,}375$ s, die sein Schwerpunkt braucht, um diese 0,7 m zu durchfallen, bereits 5,1 m weit. Am weitesten käme er, wenn er sich beim Absprung um fast 45° umlenken könnte, aber so viel Beinkraft kann er beim Laufen nicht erübrigen. Sein Umlenkwinkel φ ergibt sich empirisch so: Die Sprungweite ist $w = v^2/g\cdot\cos\varphi(\sin\varphi + \sqrt{\sin^2\varphi + 2\cdot 0{,}7g/v^2}) \approx 8$ m (Ableitung siehe Aufgabe 1.4.6); numerische Lösung liefert $\varphi \approx 12°$, also eine Aufwärtsgeschwindigkeit von 2,7 m/s. Um sie zu erzeugen, muß man durch kurzes In-die-Knie-Gehen um ca. 30 cm mit einer Zusatzkraft von immerhin $2{,}7^2\cdot 75/2\cdot 0{,}3 = 900$ N = 90 kp nachdrücken, und das im vollen Sprint. Der Speerwerfer braucht für $w = 90$ m bei 45° ein $v = 30$ m/s. Er läuft horizontal mit 10 m/s oder etwas mehr. Konstruktion oder Rechnung nach dem Parallelogramm der Geschwindigkeiten zeigt, daß er die Hand mit 24 m/s hochreißen muß, und zwar relativ zum Körper steiler als 45°, nämlich mit 62°. Für das Ferngeschütz ergäbe der schiefe Wurf ohne Luftwiderstand aus $w = 100$ km $v = 1$ km/s. Dies ist viel weniger als die tatsächliche Abschußgeschwindigkeit; also hat der Luftwiderstand erheblichen Einfluß, trotz großen Kalibers und, was wichtiger ist, sehr langer Geschosse. Die Betrachtung von *Newton* (Abschn. 1.5.9) zeigt das auch: 100 km Luft wiegen viel mehr als 2 m Eisen, also fällt das Geschoß zum Schluß fast senkrecht herunter. Bei der Rakete sind die errechneten 1,67 km/s ebenfalls unterschätzt. Die Satelliten-Rakete hat die „Wurfweite" ∞. Bei 8 km/s biegt sich die Erde unter ihr ebenso schnell weg, wie die Rakete fällt. Allgemein ist die Wurfparabel eigentlich ein ganz flacher Abschnitt einer meist sehr engen Kepler-Ellipse mit dem Brennpunkt im Erdmittelpunkt.

1.4.6. Kugelstoß

Der 45°-Wurf ist nur dann optimal, wenn die Abwurfhöhe gegenüber der Wurfweite keine Rolle spielt. Aus einem Wolkenkratzer werfe man praktisch horizontal. Bei 45° ist die Kugel, wenn sie nach Passieren des Scheitels wieder in der Wurfhöhe ankommt, zwar weiter als bei allen anderen Winkeln, aber dann geht sie steil zu Boden. Bei etwas flacherem Winkel gewinnt man im zweiten Teil der Bahn mehr Weite, als man im ersten verliert. Die Abwurfhöhe sei h, die Abstoßgeschwindigkeit v hänge nicht vom Wurfwinkel φ ab. Dann erreicht die Kugel den Bahnscheitel nach $t_1 = v \sin\varphi/g$ in der Höhe $h + v^2 \sin^2\varphi/2g$ und hat danach $t_2 = \sqrt{2h/g + v^2 \sin^2\varphi/g^2}$ Zeit, um von dieser Höhe zu fallen. In der Gesamtzeit erreicht sie die Weite

$$\begin{aligned} w &= v\cos\varphi(t_1 + t_2) \\ &= v\cos\varphi\left(v\sin\varphi/g + \sqrt{2h/g + v^2\sin^2\varphi/g^2}\right). \end{aligned}$$

Nullsetzen der Ableitung nach φ liefert nach einiger Rechnung für den günstigsten Winkel $\sin\varphi = \sqrt{1/(2 + 2hg/v^2)}$ und für die entsprechende Weite $w = (v^2/g)\sqrt{1 + 2hg/v^2}$.

Bei den heutigen Rekordweiten von über 20 m macht die Abwurfhöhe nur etwa 8 % aus, der günstigste Winkel ist etwa 40°. v liegt um 14 m/s. Deswegen darf man nicht beliebig lange Anlauf nehmen.

1.4.7. Drehscheibe

Im Abstand r vom Zentrum wirkt auf den Wagen die Kraft $m\omega^2 r$ nach außen. Beim Schieben vom Abstand R zum Zentrum muß die Arbeit $\int_0^R m\omega^2 r\,dr = \frac{1}{2}m\omega^2 R^2$ geleistet werden. Die potentielle Energie ist im Zentrum um soviel höher. Wenn er wieder bis R rollt, verwandelt der Wagen diese potentielle Energie in kinetische, er kommt also mit $v = \omega R$, d. h. genau mit der Umfangsgeschwindigkeit der Scheibe außen an. Die Beschleunigung ist nicht konstant, sondern innen schwach, nach außen immer stärker. Die Bewegungsgleichung $\ddot{r} = \omega^2 r$ hat die Lösung $r = r_0 e^{\omega t}$, wo r_0 die Anfangsauslenkung ist. Bei sehr kleinem r_0 kann die Fahrt sehr lange dauern: $t = \omega^{-1}\ln(R/r_0)$. Wenn die beiden Wagen im Gleichgewicht sein sollen, müssen die Kräfte auf beide entgegengesetzt gleich sein: $m_1\omega^2 r_1 = m_2\omega^2 r_2$. Sie müssen so stehen, daß ihr Schwerpunkt in der Scheibenmitte liegt. Eine kleine Auslenkung aus dieser Lage, z. B. des Wagens 1 nach außen, führt zum Überwiegen der Zentrifugalkraft auf diesen Wagen, was die Auslenkung vergrößert: Das Gleichgewicht ist labil, ebenso wie das eines Wagens im Zentrum.

1.4.8. Kurvenfahrt

Daß man gerade nicht rutscht, heißt, daß die Zentrifugalkraft gerade durch die Reibung kompensiert wird. $\omega^2 r$ ist dann innen und außen gleich groß. Man kann sich zwar außen eine größere Bahngeschwindigkeit $v = \omega r$ leisten, aber die Winkelgeschwindigkeit, auf die es beim „Herumkommen" um einen bestimmten Winkel ankommt, ist innen größer: $\omega \sim 1/\sqrt{r}$.

1.4.9. Überhöhung

Die Resultierende von Schwerkraft und Zentrifugalkraft muß senkrecht auf der Straße stehen. Deren Neigungswinkel ergibt sich also aus $\tan\alpha = v^2/rg$. Der Übergang zu dieser Überhöhung von der nichtüberhöhten Geraden aus muß natürlich allmählich erfolgen, und dementsprechend sollte auch das Krümmungsmaß allmählich von 0 auf $1/r$ zu- und dann wieder abnehmen. Sonst müßte man ja auch das Lenkrad momentan aus der geraden Stellung in die Stellung herumreißen, die dem Krümmungsradius r entspricht (Abschn. 10.1.9).

1.4.10. Eisenbahnkurve

Die am Schwerpunkt angreifende Resultierende von Schwerkraft und Zentrifugalkraft muß die Ebene der Schienenoberkante zwischen den Schienen treffen, sonst kippt der Wagen. Bei nichtüberhöhter Strecke bedeutet das $v^2/(rg) < 1{,}435/4 = 0{,}36$. Eine Kurve, die mit $v = 120\,\text{km/h} = 33{,}5\,\text{m/s}$ befahren wird, darf also nicht enger sein als $r = v^2/0{,}36g = 310\,\text{m}$. Bei der Überhöhung um α lautet die Stabilitätsbedingung $v^2/(rg) = (\tan\alpha + \tan\beta)/(1 - \tan\alpha\tan\beta)$ mit $\tan\beta = 0{,}36$.

1.4.11. Schwerelosigkeit

Die Kreisbahn verlangt, daß die Zentrifugalbeschleunigung gleich der Schwerebeschleunigung ist. Dies gilt auch für jeden Gegenstand im Satelliten: Auf jeden wirkt die resultierende Kraft 0 (bis auf winzige Gezeitenkräfte). Die Schwerebeschleunigung hat allerdings nur am Erdboden den gewohnten Wert g. Im Abstand r vom Erdmittelpunkt ist $a = gR^2/r^2$ (R: Erdradius). Für den sehr bodennahen Satelliten gilt also $\omega^2 R = g$, d. h. $\omega = \sqrt{g/R}$, $T = 2\pi/\omega = 2\pi\sqrt{R/g}$, $v = \omega R = \sqrt{gR} = 7{,}9\,\text{km/s}$, für größere Höhen $T = 2\pi\sqrt{r^3/(gR^2)}$ (3. Kepler-Gesetz!) und $v = \sqrt{gR^2/r}$ in 1 000 km Höhe z. B. $T = 103\,\text{min}$, $v = 7{,}45\,\text{km/s}$. Der Mond ($r = 3{,}85 \cdot 10^5\,\text{km}$) braucht nur noch mit $v = 1\,\text{km/s}$ umzulaufen.

1.4.12. Zentrifuge

Die Wäscheschleuder mit $r = 0{,}15\,\text{m}$, $\nu = 50\,\text{s}^{-1}$, $\omega = 314\,\text{s}^{-1}$ erzeugt eine Zentrifugalbeschleunigung $a_Z = \omega^2 r = 1{,}5 \cdot 10^4\,\text{m/s}^2 = 1\,500g$. Die Kraft, mit der ein Tröpfchen in der Faser festhaftet, steigt mit seinem Durchmesser d, die Kraft, die es ausschleudert, mit dem Volumen, also mit d^3. Die 1 500fache „Schwere" schleudert also Tröpfchen mit $\sqrt{1\,500}$mal kleinerem Durchmesser aus als die normale Schwere, d. h. Spritzerchen von etwa 100 µm-Größe, die 60 000mal kleiner an Volumen sind als normale Tropfen. Die Astronauten-Martermaschine darf sich, wenn sie $10g$ nicht überschreiten soll (was kurzfristig im Liegen auszuhalten ist), nur so schnell drehen, daß $\omega^2 r = 100\,\text{m/s}^2$, also $\omega = 4\,\text{s}^{-1}$, $T = 1{,}5\,\text{s}$. Jeder Punkt der Breite φ auf der Erde beschreibt täglich ($\omega = 2\pi/86\,400\,\text{s} = 7{,}25 \cdot 10^{-5}\,\text{s}^{-1}$) einen Kreis vom Radius $r = R\cos\varphi$, also $a_Z = 3{,}36 \cdot 10^{-2}\cos\varphi\,\text{m/s}^2$. Am Äquator macht das 0,34 % von g aus, in München 0,25 %. Die Erdoberfläche bildet im kombinierten Schwere- und Zentrifugalfeld ein Rotationsellipsoid mit ebenfalls etwa der Abplattung von 0,3 %. Der verlängerte Äquatorradius läßt die Gesamtkraft dort nochmals um etwa 0,3 % abnehmen. Für die Erde auf der Bahn um die Sonne ist $a_Z = v^2/r = 6 \cdot 10^{-3}\,\mathrm{m/s^2}$. Wir merken im großen und ganzen nichts davon, weil sie durch die Anziehung der Sonne kompensiert wird, bis auf die Gezeitenkräfte (vgl. Abschn. 1.7). Für den Mond ist der Anteil von a_Z infolge der Eigenrotation klein gegen den Umlaufanteil: Die ω sind gleich, also zählt der größere Radius. $a_Z = 10^6\,\mathrm{m^2\,s^{-2}}/3{,}8 \cdot 10^{11}\,\mathrm{m} = 2{,}6 \cdot 10^{-3}\,\mathrm{m/s^2}$. Infolge des Umlaufs mit der Erde um die Sonne hat der Mond praktisch das gleiche a_Z wie die Erde, nämlich $6 \cdot 10^{-3}\,\mathrm{m/s^2}$, d. h. mehr als infolge des Umlaufs um die Erde. Dementsprechend muß erstaunlicherweise auch die Erde den Mond schwächer anziehen als die Sonne den Mond. Zeichnet man die Mondbahn maßstabsgetreu, dann sieht man tatsächlich, daß sie immer, auch bei Neumond, gegen die Sonne hin gekrümmt ist. Der Umlauf um die Erde bringt nur eine kleine zusätzliche Undulation.

1.4.13. Kreispendel

Das Pendel schwang vor dem seitlichen Anstoß gemäß $x = x_0 \sin \omega t$. Zur Zeit t_1 erteilt man ihm senkrecht dazu die Zusatzgeschwindigkeit w_0. Dann beginnt es auch in y-Richtung eine harmonische Schwingung mit der Amplitude $y_0 = w_0/\omega$, also $y = y_0 \sin \omega(t - t_1)$. Erfolgte der Anstoß genau beim Nulldurchgang ($t_1 = n\pi/\omega$), dann wird $y = \pm y_0 \sin \omega t$. Das Pendel schwingt in der x-y-Ebene auf einer Geraden mit der Schräge $\tan \varphi = \pm y_0/x_0$. Wenn das Pendel beim Anstoß den maximalen Ausschlag hatte ($t_1 = \frac{1}{2}(2n+1)\pi/\omega$), wird $y = \pm y_0 \cos \omega t$. Es ergibt sich eine Ellipse symmetrisch zu den Koordinatenachsen mit den Halbachsen x_0 und y_0. Beim Anstoß zu einer anderen Zeit oder in schräger Richtung erhält man auch eine Ellipse, denn die Bewegungsgleichung läßt keine andere Lösung zu. Man sieht das am schnellsten ein, wenn man die Bewegungsgleichung vektoriell aufstellt: $\ddot{\boldsymbol{r}} = -D\boldsymbol{r}/m$, und als allgemeinsten Fall beliebige Vektoren für Anfangsauslenkung $\boldsymbol{r}_0$ und Anfangsgeschwindigkeit $\dot{\boldsymbol{r}}_0$ annimmt. Die allgemeine Lösung (zwei vektorielle Integrationskonstanten!) ist $\boldsymbol{r} = \boldsymbol{r}_0 \cos \omega t + \dot{\boldsymbol{r}}_0 \omega^{-1} \sin \omega t$. Man kann dies in Komponenten zerlegen und in einigen Zeilen langweiliger Rechnung auf die Gleichung einer Ellipse in beliebiger Mittelpunktslage $ax^2 + by^2 + cxy = 1$ bringen.

1.4.14. Galileis Irrtum

Die Beobachtung trifft häufig zu, nur deuten wir sie durch eine doppelte kinetische Energie bei doppelter Fallhöhe, die die konstante Kraft (Reibung Pfahl–Boden) auf der doppelten Strecke überwinden kann. Wenn $v \sim s$ wäre, also $\dot{s} = ks$, ergäbe sich durch Integration $\ln(s/s_0) = kt$ oder $s = s_0 e^{kt}$. Wenn der Körper bereits in Bewegung ist, nämlich die Geschwindigkeit $v_0 = ks_0$ nach einer vorher zurückgelegten Fallstrecke s_0 hat, geht alles gut. Von $v_0 = 0$, d. h. $s_0 = 0$ aus brauchte er aber unendlich lange, um auch nur die kleinste endliche Fallstrecke oder Fallgeschwindigkeit zu erreichen.

1.4.15. Der starke Floh

Nehmen wir an, ein Mensch sei proportional um den Faktor a auf Flohgröße verkleinert. Wie weit könnte er noch springen? Sein Muskelquerschnitt hat um a^2 abgenommen, die Sprungkraft ebenso, die Beschleunigungsstrecke (Hubstrekke der Muskeln) um a, also die Sprungenergie um a^3, die Masse um den gleichen Faktor. Anfangsgeschwindigkeit und Sprungweite oder -höhe bleiben (bei Vernachlässigung des Luftwiderstandes) also erhalten: Der Flohmensch könnte höher als 1 m und weiter als 5 m springen, was kein Floh schafft. Menschenmuskeln sind also doch stärker.

1.4.16. Captain Smolletts Uhr

Die geographische Länge bestimmt man durch Vergleich der Ortszeit z. B. mit der Greenwich-Zeit, die man vor Einführung des Funkverkehrs in Gestalt der Borduhr mitnehmen mußte. Eine Zeitminute Abweichung der Uhr bedeutet schon einen Ortungsfehler von $\frac{1}{4}^\circ$, d. h. fast 30 km in tropischen Gegenden. Damit die Uhr nach etwa dreimonatiger Reise keinen größeren Fehler hat, darf die Pendelfrequenz höchstens um 10^{-5} vom Normalwert abweichen. Daher der Aufschwung der technischen und theoretischen Mechanik im Zeitalter der Entdeckungen besonders in den Seefahrernationen England, Niederlande und Frankreich. Einfache Abschätzung: Bei nicht ganz kleinen Winkelamplituden β ist die Winkelbeschleunigung $\ddot{\beta}$ nicht mehr $-(g/l)\beta$, sondern $-(g/l)\sin\beta \approx -(g/l)(\beta - \beta^3/6 + - \ldots)$. Die relative Abweichung zwischen beiden ist $\beta^2/6$, ihr Mittelwert $\beta_0^2/12$ (Mittel von $\sin^2$ ist 1/2). Ungefähr so groß ist auch der relative Fehler der Pendelperiode (exakt $\beta^2/16$, Aufgabe 18.2.2). Nach Aufgabe 18.2.3 durfte β_0 höchstens um 5° schwanken, damit Captain Smollett die Schatzinsel finden konnte.

1.5.1. Bogenschießen

Der Bogen soll die Spannarbeit möglichst vollständig als kinetische Energie auf den Pfeil übertragen. Außerdem nimmt stets auch der Bogen selbst kinetische Energie auf, wenn er aus der gespannten Stellung zurückschnellt. Die Enden des Bogens bewegen sich am schnellsten. Sie müssen möglichst leicht sein, damit diese verlorene kinetische Energie möglichst klein wird. Die Enden müssen gerade so stark sein, daß sie die notwendigen Kräfte übertragen können, ohne zu brechen oder sich zu stark zu biegen.

1.5.2. Benzinverbrauch

Beschleunigen auf v kostet die Energie $\frac{1}{2}mv^2$, mit $m = 1\,000$ kg, $v = 14$ m/s also 10^5 J. Auf 100 km ist dies nach Voraussetzung 1 000mal nötig, also 10^8 J. Der Ottomotor hat nur knapp 30 % Wirkungsgrad. 1 l Benzin hat den Brennwert $2{,}6 \cdot 10^7$ J. Man verbrennt bei dieser Fahrweise also ca. 14 l zusätzlich auf 100 km. Der Col d'Iseran (2 770 m) z. B. von St. Jean de Maurienne (546 m) kostet nur etwa $\frac{1}{4}$ davon.

1.5.3. Unfall

Aus der Geschwindigkeit v soll auf der Strecke d gebremst werden. Die mittlere Verzögerung von $a = \frac{1}{2}v^2/d$ kann momentweise erheblich überschritten werden, wenn die „Knautschzone“ nicht auf Sicherheit durchkonstruiert ist. Wenn der nichtangegurtete Fahrer es aushält, mit drei Erwachsenen auf dem Rücken „Pferdchen“ zu spielen, verträgt er $a \approx 4g$. Bei $d = 0{,}5$ m hält er dann nur $v = 23$ km/h aus, ohne in die Frontscheibe zu fliegen. Kraft-, energie- und impulsmäßig ist es gleichgültig, ob ein Auto mit v gegen eine feste Wand fährt oder ob zwei gleiche mit v und $-v$ frontal zusammenstoßen.

1.5.4. Hochsprung

Der Hochspringer verschafft sich, indem er in die Knie geht, eine Beschleunigungsstrecke Δh und drückt sich mit der Kraft F nach oben, erteilt seinem Körper also die kinetische Energie $W = \frac{1}{2}mv_0^2 = (F - mg)\Delta h$. Von dem Moment an, wo der Schwerpunkt S wieder die Normalhöhe h_0 erreicht hat und die Beschleunigung aufhören muß, beschreibt S eine sehr steile Wurfparabel und erreicht die Höhe $h = h_0 + W/(mg)$, die im „Fosbury-Flop“ sogar etwas kleiner als die Lattenhöhe sein kann. Mit $h_0 = 1{,}1$ m, $h = 2{,}4$ m, $m = 75$ kg, $\Delta h = 0{,}4$ m erhält man $W \approx 1\,000$ J, Beinkraft $F \approx 1\,500$ N, Aufwärtsbeschleunigung $a = F/m - g \approx 10\,\text{m/s}^2$, Absprunggeschwindigkeit $v_0 \approx 1{,}6$ m/s, Beschleunigungszeit 0,16 s, Leistung während dieser Zeit 6 000 W = 8 PS.

1.5.5. Veranschaulichung des Raketenprinzips

Die Sprengladung möge einer Granate im festen Rohr 2 km/s erteilen. Hat das „Rohr“, wie im Fall der beiden Raketen, die gleiche Masse, dann erhält jede unter den gleichen Bedingungen nur 1 km/s. Auf jeder Stufe steigert sich so die Geschwindigkeit des Stückes, das noch in der gewünschten Richtung weiterfliegt, um 1 km/s, wobei sich die Masse halbiert. Nach n Explosionen hat man noch die Masse $m_n = m_0 2^{-n}$ mit n km/s. Um 8 km/s zu erreichen, braucht man 8 Explosionen; die auf die Kreisbahn gebrachte Nutzlast ist $m_8 = m_0/256$. Allgemein: $m_v = m_0 2^{-2v/w} = m_0 4^{-v/w}$, wenn w die Geschoßgeschwindigkeit aus festem Rohr, also günstigstenfalls die Pulvergasgeschwindigkeit ist. Der kontinuierliche Treibstrahl ist günstiger: $m_0 e^{-v/w}$; man spart gegenüber den diskreten Explosionen den Faktor $(4/e)^{v/w} = 1{,}47^{v/w}$, z.B. bei $v = 8$, $w = 2$ km/s den Faktor 4,7.

1.5.6. Spülmaschine

v Gefäßvolumen, q Zuflußmenge/s, c Alkoholkonzentration, cV Alkoholmenge im Gefäß, cq Alkoholverlust/s durch Überlaufen. Das ist gleichzeitig die Abnahme der Alkoholmenge $-\mathrm{d}(cV)/\mathrm{d}t = -\dot{c}V$. Also $\dot{c} = cq/V$, integriert $c = c_0 e^{-qt/V}$ bei gleichmäßigem Zufluß, allgemein $c = c_0 \exp(-\int q\,\mathrm{d}t/V)$. Man kann das auch durch die gesamte Durchflußmenge $V' = \int q\,\mathrm{d}t$ ausdrücken: $c = c_0 e^{-V'/V}$. Das Spülen geht überraschend schnell: Bei $V = 1$ l und $V' = 3$ l ist schon $c = 5\,\%$, bei $V' = 10$ l nur noch 0,005 %. Dies wird weniger erstaunlich, wenn man so spült: Man gießt die Hälfte des jeweiligen Gemisches aus und füllt mit reinem Wasser auf. Jedesmal halbiert sich c. Nach n solchen Prozessen, also Zugießen von $n/2$ l Wasser, ist $c = c_0 2^{-n}$. Mit 3 l Wasser erreicht man so 1,6 %. Diese Spülmethode ist wirksamer, weil man immer höher konzentriertes Gemisch weggießt als bei der kontinuierlichen. Ersetzt man c durch die Raketenmasse, V durch die Treibgasgeschwindigkeit, V' durch die Raketengeschwindigkeit, dann ergibt sich völlige Analogie mit diskontinuierlichem und kontinuierlichem Raketenantrieb.

1.5.7. Rakete

Um 1 kg Ethanol (C_2H_5OH, Molmasse 46), also 21,7 mol, zu $2CO_2 + 3H_2O$ zu verbrennen, braucht man $3 \cdot 21{,}7$ mol $= 2{,}08$ kg O_2. Die Verbrennungswärme von $2{,}8 \cdot 10^7$ J kann die 3,1 kg Produktgas auf maximal $w = \sqrt{2 \cdot 2{,}8 \cdot 10^7/3{,}1} = 4{,}2 \cdot 10^3$ m/s bringen. Bei einem Startlast-Nutzlast-Verhältnis 3 : 1 würde man die Fluggeschwindigkeit $v = w \ln 3 = 4{,}6$ km/s erreichen. Das ist nicht realisierbar, schon weil diese Molekülgeschwindigkeit $T \approx 20\,000$ K entspräche, was keine Brennkammer aushielte. Man erreicht knapp die Hälfte (1/4 der Temperatur; Aufgabe 5.1.3), also $v \approx 2$ km/s und eine Schußweite $v^2/g \approx 400$ km, ohne Berücksichtigung des Luftwiderstandes; der größte Teil des Fluges erfolgt in sehr geringer Dichte. Man wählt die Brenndauer nicht zu kurz ($t \approx 70$ s), damit die Endgeschwindigkeit nicht schon in zu dichter Luft erreicht wird, aber auch nicht so lang, daß der Impulsverlust gegen die Schwerkraft mgt, entsprechend einer zusätzlichen Treibstoffmenge mgt/w, zu erheblich wird. Das optimale Beschleunigungsprogramm ist ziemlich kompliziert.

1.5.8. Projekt für den Fall einer Abkühlung der Sonne

Das Magma sei da, wo man es erreichen kann, 4 000 K heiß. Bringt man den Wasserdampf auf die gleiche Temperatur, dann haben seine Moleküle die mittlere Geschwindigkeit $w = \sqrt{3kT/m} = 2{,}4$ km/s. Schneller kann der Treibstrahl nicht ausströmen. Das ganze Meer hat ein Volumen von $3{,}5 \cdot 10^8\,\text{km}^2 \cdot 4\,\text{km} = 1{,}4 \cdot 10^9\,\text{km}^3$, also eine Masse von $1{,}4 \cdot 10^{21}$ kg, d.h. 1/4 000 der Erdmasse. Folglich kann die Geschwindigkeit der Erde höchstens um $v = wm/M \approx 0{,}6$ m/s geändert werden, was der Mühe nicht wert ist angesichts der 30 km/s Bahngeschwindigkeit.

1.5.9. Elastischer Stoß

(a) Die gestoßene Kugel übernimmt Geschwindigkeit, Impuls und Energie der stoßenden, diese bleibt liegen. (b) Die stoßende Kugel prallt mit $\frac{1}{3}$ ihrer ursprünglichen Geschwindigkeit v zurück, die gestoßene erhält $2v/3$; an sie gehen $\frac{4}{3}$ des Impulses und $\frac{8}{9}$ der Energie über. (c) Die Wand ist ein Stoßpartner mit unendlicher Masse. Also erhält sie zwar den Impuls $2mv$, aber keine Energie ($\Delta W = \frac{1}{2}\Delta p^2/M$). Die Kugel prallt mit $-v$ zurück. (d) Die Kugeln tauschen v, p, W vollständig aus. Jede verhält sich so, als stoße sie gegen eine feste Wand. (e) Die kleine Kugel, die erst ruhte, prallt von der großen mit doppelter Relativgeschwindigkeit ab, die große verringert ihr v nur sehr wenig. Sie gibt die Bruchteile $2m/M$ bzw. $4m/M$ ihres Impulses bzw. ihrer Energie ab.

1.5.10. Zykloide

Wir legen die x-Achse auf die Straße, den Ursprung dorthin, wo der Punkt ganz unten ist. Von da rolle das Rad (Radius a) in der Zeit t um den Winkel ωt. Dann hat der Punkt Koordinaten, die sich nach Abb. 1.24 zu $y = a(1 - \cos\omega t)$, $x = a(\omega t - \sin\omega t)$ ablesen lassen. Seine Geschwindigkeitskomponenten sind $\dot{x} = a\omega(1 - \cos\omega t)$, $\dot{y} = a\omega\sin\omega t$. Die Neigung der Kurve ist $\mathrm{d}y/\mathrm{d}x = \dot{y}/\dot{x} = \sin\omega t/(1 - \cos\omega t)$. Die Kurve ist natürlich periodisch mit der Periode $2\pi a$. Der Punkt bewegt sich fast vertikal ($\dot{x} \ll \dot{y}$) bei $\omega t \approx 0$, $2\pi, \ldots$, horizontal ($\dot{y} = 0$) bei $\omega t = \pi$, $3\pi, \ldots$ mit $\dot{x} = 2a\omega$, d. h. doppelt so schnell wie das Auto. Bei $\omega t = 0$, $2\pi, \ldots$ ruht der Punkt einen Augenblick, wenn er die Straße berührt ($\dot{x} = \dot{y} = 0$). Ein Punkt auf der Radfelge beschreibt eine Trochoide, die dem Profil einer Wasserwelle entspricht. Physikalisch interessieren an der Zykloide als Bahnkurve zwei Dinge: Wenn wir das Rad um $\mathrm{d}\varphi$ weiterdrehen, um welche Strecke $\mathrm{d}s$ verschiebt sich der Punkt auf der Lauffläche, und unter welchem Winkel α gegen die Waagerechte tut er das? Das läßt sich aus der Parameterdarstellung ausrechnen, aber sehr umständlich. Wir machen es lieber geometrisch und zeichnen die beiden Lagen des Rades, zwischen denen es um $a\,\mathrm{d}\varphi$ weitergerollt ist. Der Punkt P hat sich dabei mit dem Radzentrum um $a\,\mathrm{d}\varphi$ nach rechts verschoben, aber gleichzeitig auf der Felge ebenfalls um $a\,\mathrm{d}\varphi$. Beide Verschiebungen bilden den Winkel φ zueinander. $\mathrm{d}s$ als dritte Seite dieses Dreiecks ist $\mathrm{d}s = 2a\,\mathrm{d}\varphi\sin(\varphi/2)$, der Steigungswinkel ist $\alpha = \pi/2 - \varphi/2$. Die Bogenlänge s, deren Differential $4a\sin(\varphi/2)\,\mathrm{d}\varphi/2$ heißt, ist $s = 4a(1 - \cos(\varphi/2))$ (von der Spitze $\varphi = 0$ an gerechnet). Ein Zykloidenbogen von $\varphi = 0$ bis $\varphi = 2\pi$ hat die Länge $s = 8a$. Der Krümmungsradius ist $R = \mathrm{d}s/\mathrm{d}\alpha = 4a\sin(\varphi/2)$, in der Mitte $R_{\max} = 4a$.

1.5.11. Pendeluhr

Schon bei $\varphi_0 = 30°$ schwingt das Sekundenpendel nicht mehr in 1 s, sondern in 1,03 s. Zum Ausgleich muß man die Enden des Kreisbogens hochbiegen wie bei der Zykloide. Daß diese die Tautochrone ist, sieht man, wenn man die Bewegungsgleichung aufstellt, wobei man alles durch den Rollwinkel φ des erzeugenden Kreises ausdrückt (der natürlich die unmittelbare Bedeutung verliert, die er beim Kreis hatte). $v = \mathrm{d}s/\mathrm{d}t = 2a\dot{\varphi}\sin(\varphi/2)$ (vgl. Lösung 1.5.10) oder $v = -4a(\mathrm{d}\cos(\varphi/2)/\mathrm{d}t)$. Die Beschleunigung ergibt sich kinematisch als $\dot{v} = -4a(\mathrm{d}^2\cos(\varphi/2)/\mathrm{d}t^2)$. Dynamisch kommt nur die zur Bahn tangentiale Komponente der Schwerebeschleunigung zur Geltung: $\dot{v} = g\sin\alpha = g\cos(\varphi/2)$ (Lösung 1.5.10). Man kann also die ganze Bewegungsgleichung durch die Variable $u = \cos(\varphi/2)$ ausdrücken: $gu = -4a\ddot{u}$. Das ist die exakte harmonische Schwingungsgleichung, und auch bei größeren Amplituden ändert sich daran nichts: Das Zykloidenpendel schwingt immer mit $\omega\sqrt{g/4a}$. Um den Pendelkörper auf einer Zykloide zu halten, nutzte *Huygens* die Tatsache aus, daß die Evolute der Zykloide wieder eine kongruente Zykloide ist. Er hängte den Faden zwischen zwei Zykloidenprofilen auf, um die sich der Faden beim Schwingen teilweise herumwickeln mußte, so daß sich das freie Stück verkürzte und sein Ende eine Zykloide beschrieb. Die Fadenlänge (maximaler Krümmungsradius der Zykloide) ist $l = 4a$, die Kreisfrequenz $\omega = \sqrt{g/l}$. Konstanz der Periode trotz Amplitudenschwankung war damals besonders für Schiffschronometer zur Bestimmung der geographischen Länge äußerst wichtig.

1.5.12. Bruderzwist im Hause Bernoulli

Zunächst vergleichen wir die beiden unvollkommenen Lösungen. Bei der Höhendifferenz h ist die Laufzeit auf der schiefen Ebene der Neigung α nach den Fallgesetzen $t_1 = \sqrt{2hg}\sin^{-1}\alpha$. Senkrechter Fall dauert $\sqrt{2h/g}$ und liefert $v = \sqrt{2gh}$. Das horizontale Bahnstück der Länge $h\cot\alpha$ wird dann in $\cot\alpha\sqrt{h/2g}$ durchlaufen, im ganzen braucht die zweite Bahn $t_2 = \sqrt{2h/g}\,(1 + \frac{1}{2}\cot\alpha)$. Zeichnung oder Rechnung zeigen, daß unterhalb $\alpha = 37°$ die schiefe Ebene, oberhalb die Knickbahn schneller ist. – Die ideale Lösungsbahn wird steil anfangen, damit der Schlitten eine möglichst hohe Geschwindigkeit möglichst lange ausnutzt. Zum Schluß kann sie horizontal auslaufen. Wie erfolgt der Übergang? Nach *Jakob Bernoulli* so, daß er einen möglichen Lichtweg darstellt. Der Schlitten befinde sich um y tiefer als A. Er hat dann $v = \sqrt{2gy}$. Licht in einem Medium mit der Brechzahl n hätte die Geschwindigkeit $v = c/n$, also muß man $n \sim 1/\sqrt{y}$ annehmen. Beim Übergang von einer Schicht mit n_1 zu einer mit n_2 ist nach *Snellius* $\sin\psi_1/\sin\psi_2 = n_2/n_1 = \sqrt{y_1/y_2}$, wo ψ der Winkel der Bahn gegen die Vertikale ist. Nach Lösung 1.5.10 ist $\psi = \pi/2 - \alpha = \varphi/2$. Andererseits

$$\begin{aligned} y &= a(1 - \cos\varphi) \\ &= a(1 - \cos^2(\varphi/2) + \sin^2(\varphi/2)) = 2a\sin^2(\varphi/2)\,. \end{aligned}$$

Das Brechungsgesetz $\sin\psi = \sin(\varphi/2) \sim \sqrt{y}$ ist also für die Zykloide und nur für diese tatsächlich erfüllt. Die Bahn muß wegen $v = 0$, $n = \infty$, $\sin\psi = 0$, $\varphi = 0$ an der Spitze A vertikal beginnen. Wie sie bei B ankommt, d. h. ein wie langes Stück der Zykloide man ausnutzt und welchen Rollradius a diese hat, hängt vom Verhältnis der horizontalen und vertikalen Abstände von A und B ab.

Abb. L.3

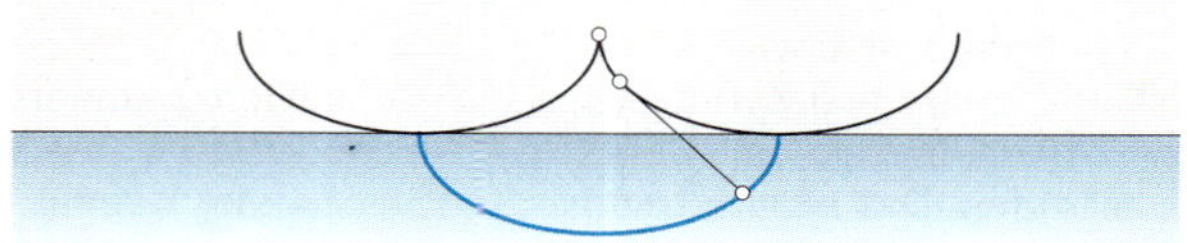

1.5.13. Kann Messner mehr?

Die Steiggeschwindigkeit (Höhenmeter/s) ergibt sich als mechanische Leistung/kg Körpergewicht nach Division durch g. Bezogen auf 1 kg Körpergewicht haben wir folgende Umsätze: 1,7 g/s Blut mit 0,25 g/s Hämoglobin, die 0,5 mg/s O_2 tragen und 0,47 mg/s Zucker oxidieren können. Die thermische Leistung ist 8 W/kg, die mechanische 2 W/kg, Steiggeschwindigkeit 0,2 m/s = 720 m/h.

1.6.1. Bremsweg

Bremsweg: $s = v^2/(2\mu g)$, zulässige Geschwindigkeit in einer Kurve vom Radius r: $v = \sqrt{\mu g r}$. $\mu = 0{,}3$ ist die Hälfte der polizeilich vorgeschriebenen Mindest-Bremsverzögerung. Bei Schnee ist der Bremsweg mehr als dreimal länger als bei Regen und achtmal länger als auf trockener Straße. Kurven dürfen bei Schnee höchstens $\frac{1}{3}$ so schnell gefahren werden wie bei trockenem Wetter.

1.6.2. Richtiges Bremsen

Tritt man so stark auf die Bremse, daß die Verzögerung größer wird als μg, fangen die Reifen zu gleiten an, wodurch die aufs Auto übertragene Bremskraft verringert wird (gleitende Reibung < Haftreibung). Außerdem leidet natürlich die Spur- und Lenksicherheit. Der Ruck beim Zum-Stehen-Kommen beruht ebenfalls darauf, daß die Haftreibung, diesmal zwischen Bremsbacken und -scheiben, größer ist. Daher läßt man das Pedal vorher etwas aus. Tut man das etwas zu früh, dann scheint der Wagen kurz vor Schluß noch einmal davonzuschießen. Deswegen empfehlen manche das „logarithmische Bremsen" mit allmählichem Nachlassen des Bremsdruckes. Ist der Druck und damit die Verzögerung der jeweils noch vorhandenen Geschwindigkeit proportional, dann nimmt diese nach einem Exponentialgesetz ab.

1.6.3. Anfahren

Das Fahrzeug der Masse m übt auf die Straße die Normalkraft mg aus. Die maximale Haftreibungskraft μmg kann eine Trägheitskraft (Beschleunigungs- oder Zentrifugalkraft) oder einen Hangabtrieb von höchstens $ma = \mu mg$ aufnehmen, sonst rutschen die Reifen, was die Reibung nur noch vermindert. Damit ergibt sich die maximale Anfahr- oder Bremsbeschleunigung zu $a = \mu g$, im Beispiel $6\,\mathrm{m/s^2}$, die maximale Steigung zu φ mit $\tan\varphi = \mu$, d. h. im Beispiel $\varphi = 31°$ oder 60 %. Die maximale Zentrifugalbeschleunigung von ebenfalls μg läßt das Pendel ebenfalls um 31° schiefhängen. Der Anhalteweg aus v ist bei entsprechend guten Bremsen $s = vt_r + \frac{1}{2}v^2/(\mu g)$. Das „Leistungsgewicht" ist definiert als Fahrzeugmasse m/Leistung P. Zur Beschleunigung mit a bei der Geschwindigkeit v braucht man die Leistung mav. Bei voller Leistung beschleunigt man also mit $a = P/(mv)$. Bis $v = v_1 = P/(m\mu g)$ begrenzt also die Reibung die erreichbare Beschleunigung, oberhalb davon die Motorleistung. Bei 10 kg/PS ist $v_1 \approx 45\,\mathrm{km/h}$. Mit dieser Geschwindigkeit kann man auch die maximale Steigung fahren; nur beschleunigen kann man dabei nicht mehr.

1.6.4. Super-Reibung

Warum nicht? Bei glatten Flächen ist das zwar nicht einfach herzustellen, aber bei entsprechender Verzahnung der Mikro-Rauhigkeiten kann ein Klotz auch auf einer Fläche halten, die schiefer als 45° steht. Definiert man den Reibungskoeffizienten auch für makroskopische Gebilde wie z. B. die selbstschließenden „Klett-Verschlüsse", die zusammenhaften, sobald man sie aufeinanderdrückt, dann ist μ beliebig groß.

1.6.5. Zauberstab

Auf den Finger, der weiter vom Stabschwerpunkt entfernt ist, sagen wir den rechten, drückt der Stab mit geringerer Normalkraft. Daher ist auch die Reibungskraft dort kleiner, und der Stab gleitet auf dem rechten Finger auswärts. Da die gleitende Reibung kleiner ist als die ruhende, rutscht der Stab so weit, daß schließlich der rechte Finger näher am Schwerpunkt ist. Ist das Verhältnis der Abstände vom Schwerpunkt gleich dem Verhältnis von Gleit- zu Haftreibungskoeffizient, fängt der Stab auf dem linken Finger zu rutschen an, und das Spiel wiederholt sich mit ständig vertauschten Rollen in immer kürzeren Abständen, bis sich die beiden Finger genau unter dem Schwerpunkt begegnen. Natürlich fällt der Stab dabei nie herunter, außer wenn man die Finger zu heftig bewegt.

1.6.6. Traktor

Stark untersetzte Motoren liefern eine kleine Drehzahl und ein hohes Drehmoment T. Die Zugkraft z. B. des Traktors auf den Anhänger oder der Lokomotive auf den Zug darf aber den Wert μgm nicht überschreiten, sonst rutschen die Räder. Um das hohe Drehmoment $T = Fr$ auszunutzen, muß also der Radradius r groß sein.

1.6.7. Der starke Matrose

Ein Seil überträgt direkt Kräfte nur in seiner eigenen Richtung, aber wenn es um einen Pfahl geschlungen wird, entstehen gerade dadurch Normalkräfte. Der Pfahl habe den Radius R. Wir betrachten ein Seilstück der Länge $\mathrm{d}l$, das an den Pfahl geschmiegt ist und an dessen beiden Enden eine Kraft vom Betrag F zieht. Diese Kräfte bilden einen Winkel $\mathrm{d}\alpha = \mathrm{d}l/R$ miteinander, und es entsteht eine Normalkomponente $F\,\mathrm{d}\alpha = F\,\mathrm{d}l/R$, die das Seil gegen den Pfahl drückt. Sie führt zu einer tangentialen Reibungskraft $\mathrm{d}F = \mu_0 F\,\mathrm{d}l/R$. Bevor das Seil zu rutschen anfängt, muß also am einen Ende von $\mathrm{d}l$ eine um $\mathrm{d}F$ größere Kraft ziehen als am anderen. Mit anderen Worten nimmt die Zugkraft längs des Seiles nach dem Gesetz $\mathrm{d}F/\mathrm{d}l = \mu_0 F/R$ zu. Bei der Seillänge l liefert die Integration $F_1 = F_0 e^{\mu_0 l/R}$. Mit der Kraft F_0 am einen Ende kann man also, unterstützt durch die Reibung, einer viel größeren Kraft F_1 am anderen Ende das Gleichgewicht halten. Wenn $l = 2\pi nR$, also das Seil n-mal um den Pfahl geschlungen ist, wird mit $\mu_0 = 0{,}8$: $F_1 = F_0 \cdot 150^n$. Mit $n = 3$ hält 1 kg 3 000 t aus. Heranziehen kann man das Schiff allerdings nicht.

1.6.8. Kartentrick

Die bewegte Karte beschleunigt die Münze mit $a = g\mu$. In der Zeit $t = 2r/v$, bis die ganze Glasöffnung frei ist, darf die Münze nicht weiter als r rutschen, also $x = \frac{1}{2}at^2 = 2g\mu r^2/v^2 < r$, d. h. $v > \sqrt{2g\mu r}$. Bei $\mu = 0{,}3$, $r = 3\,\mathrm{cm}$ kommt man mit 0,45 m/s aus. Wider Erwarten geht es mit engen Gläsern besser, wenn man von dem Anfangsruck infolge Haftreibung absieht. – Während das Tischtuch darunter weggleitet, wirkt auf den Boden eines Glases die Kraft $mg\mu$, das Drehmoment $T = mg\mu h$ (h: Halbe Höhe). Die Kippzeit ergibt sich aus $\dot{\omega} = T/J = 12g\mu/h$

und dem Kippwinkel $\alpha = \frac{1}{2}\dot{\omega}t^2$, der etwa r/h sein muß, damit das Glas auf der Kippe steht, zu $t = \sqrt{2r/(\dot{\omega}h)} = \sqrt{r/(6g\mu)}$. Während dieser Zeit muß die ganze Tischtuchlänge l weggezogen sein. Es folgt $v > l\sqrt{6g\mu/r}$, also bei $l = 1$ m, $\mu = 0{,}5$, $r = 5$ cm etwa 90 km/h, was manche Leute schaffen sollen. Auf die Höhe der Objekte kommt es nicht an, solange sie sich im wesentlichen als Zylinder auffassen lassen: T nimmt wie h zu, α_{krit} wie h^{-1} ab, aber J nimmt wie h^2 zu. Dies gilt für Zylinder. Der schwere Boden stabilisiert die Lage noch. – Beim Radiergummi ($\mu \approx 1{,}0$) ist vor allem die Haftreibung zu groß.

1.6.9. Fallschirm

Ein Fallschirm vom Radius R erzeugt beim Fall mit der Geschwindigkeit v die Bremskraft $F = \frac{1}{2}\varrho c_{\text{w}}\pi R^2 v^2$. Die stationäre Geschwindigkeit, mit der eine Masse M fällt, wird also $v_{\text{st}} = \sqrt{2Mg/(\pi c_{\text{w}}\varrho R^2)} = 1{,}56 \cdot \sqrt{M/R}$ bei $c_{\text{w}} = 2$. Dies entspricht einer Fallhöhe $h = \frac{1}{2}v^2/g \approx \frac{1}{8}M/R^2$ ohne Fallschirm. Für die Beispiele muß R mindestens 1,6; 6; 0,6 m sein; die Endgeschwindigkeit von $v = 10$; 7,7; 7,7 m/s wird erreicht nach etwas mehr als 1; 0,8; 0,8 s und einer Fallhöhe gleich den angegebenen 5; 3; 3 m. Ein Mensch ohne Fallschirm hat günstigstenfalls die effektive Bremsfläche 2 m^2 wie in der Aufgabenstellung $v_{\text{st}} \approx 110$ m/s). Die Stationarität wird nach etwa 10 s und 500 m erreicht. Ob man aus dem Flugzeug oder vom Empire State Building fällt, macht also kaum einen Unterschied.

1.6.10. Brand im Transatlantik-Jet

In der Atmosphäre nimmt die Dichte annähernd wie $e^{-h/H}$ ab (Skalenhöhe $H = 8$ km). Oberhalb von 10 km erstickt man in wenigen Minuten. Der Fallschirm ist so berechnet, daß er in Bodennähe die Geschwindigkeit auf 10 m/s oder weniger senkt. Da v_{st} wie $\varrho^{-1/2}$ geht, würde man z. B. in 24 km Höhe, wo die Dichte 20mal kleiner ist, mit 45 m/s fallen (allgemein: $v_{\text{st}} = v_{\text{st}\,0}e^{h/2H}$). Spätestens bei 15 km wäre man also tot. Läßt man sich zunächst frei fallen, dann nimmt man bald die rund zehnmal größere „nackte“ Fallgeschwindigkeit an, besonders wenn man sich „dünn macht“, d. h. wie im Kopfsprung fällt. Allgemein folgt im stationären Zustand $v_{\text{st}} = -\dot{h} = v_{\text{st}\,0}e^{h/2H}$, integriert folgt für die Fallzeit von h_0 bis h: $t = 2Hv_{\text{st}\,0}^{-1}(e^{-h/2H} - e^{-h_0/2H})$. Bei großer Anfangshöhe hängt die Fallzeit praktisch nur noch von der Endhöhe ab: $t \approx 2Hv_{\text{st}\,0}^{-1}e^{-h/2H}$. Bis zum Boden: $t = 2H/v_{\text{st}\,0} = 160$ s, bis in 10 km Höhe ca. 80 s, unabhängig von der Anfangshöhe. Dazu kommt allerdings noch die Zeit, die man braucht, um den stationären Zustand zu erreichen, und die ist um so länger, je höher man ist: $t \approx v_{\text{st}}/g = v_{\text{st}\,0}g^{-1}e^{h/2H}$. Aus $h_0 = 100$ km Höhe fällt man ca. 100 s, bis man um 40 km die stationäre Geschwindigkeit von ca. 1 km/s erreicht. Von da an braucht man noch 80 s bis zur Troposphäre.

1.6.11. Leistung beim Radeln

Wenn man eine 10 %-Steigung mit 10 km/h fährt, muß man $0{,}1 \cdot 1\,000\,\text{N} \cdot 3\,\text{m/s} = 300\,\text{W} = 0{,}4\,\text{PS}$ aufbringen, was als Dauerleistung annehmbar ist. Mit der gleichen Anstrengung (und entsprechender Gangschaltung) hält man in der Ebene etwa 30 km/h durch. Hier wird die Leistung im wesentlichen gegen den Luftwiderstand aufgebracht, also $\frac{1}{2}A\varrho v^3 = 150$ W, oder $A \approx 1$ m^2. Ein Gefälle muß etwa 1 % haben, damit man, ohne zu treten, gleichmäßig rollt. Daraus folgt die Lager- und Reifenreibung zu etwa 1 % des Gewichts. Damit haben wir alle Konstanten. Die Leistung in W bei der Fahrt mit v km/h auf einer Steigung von α % und einer Gegenwindgeschwindigkeit w ist $P = 3(\alpha + 1)v + 1{,}5 \cdot 10^{-2}(v + w)^3$. Unterhalb von 15 km/h überwiegt die Reibung, oberhalb der Luftwiderstand. Selbst wenn ein Rückenwind mit genau $w = -v$ bläst, schafft man auf die Dauer kaum mehr als 80 km/h. Bei ungünstiger Übersetzung reicht entweder das Gewicht des Fahrers zumTreten nicht aus, oder er muß zu schnell strampeln, d. h. einen erheblichen Leistungsanteil in die Beschleunigung seiner Beine investieren. Der Weltrekord mit Spezialübersetzung hinter einem Auto mit Windschutzschild liegt allerdings bei 225 km/h.

1.6.12. Bewegung mit Reibung

Die Bewegungsgleichung $\dot{v} = -kv^n$ hat bei $n = 1$ die Lösung $v = v_0e^{-kt}$; bei $n \neq 1$ ist $v^{-n}dv = -k\,dt$ leicht zu integrieren: $v = v_0[1 - (1 - n)kv_0^{n-1}t]^{1/(1-n)}$. Für $n = 1$ findet man den zurückgelegten Weg $x = v_0k^{-1}(1 - e^{-kt})$. Bei $n \neq 1$ und $n \neq 2$ führt die Substitution $z = 1 - (1 - n)kv_0^{n-1}t$ zu

$$x = \frac{v_0^{2-n}}{(2-n)k}\left\{1 - [1 - (1 - n)kv_0^{n-1}t]^{(2-n)/(1-n)}\right\}.$$

Bei $n = 2$ schließlich ist $v = v_0/(1 + kv_0t)$, also $x = k^{-1}\ln(1 + kv_0t)$. Bei $n < 1$ endet die $v(t)$-Kurve plötzlich, wenn $v = 0$ wird. Das geschieht bei $t = v_0/[(1 - n)k]$. Bis dahin ist das Objekt eine Strecke $v_0^{2-n}/[(2 - n)k]$ mit der mittleren Geschwindigkeit $v = v_0(1 - n)/(2 - n)$ gerutscht und kommt dann plötzlich zum Stehen (ein Klotz kippt in diesem Augenblick oft vornüber, ein Fahrzeug geht „vorn in die Knie“). Bei $n \geqq 1$ wird v nie exakt 0. Wenn $1 \leqq n < 2$, ist die Bremsstrecke trotzdem endlich, nämlich $v_0^{2-n}/[(2 - n)k]$. Da das unendlich lange dauert, ist $\overline{v} = 0$. Wenn $n \geqq 2$, wird der Bremsweg unendlich lang.

1.6.13. Schwingung mit Reibung

Infolge der Reibungskraft $F_{\text{R}} = -mkv_0^n$ und ihrer Leistung $P = F_{\text{R}}v = -mkv_0^{n+1} = \dot{W} = mv_0\dot{v}_0$ ändert sich die Schwingungsenergie $W = \frac{1}{2}mv_0^2$ gemäß $\dot{v}_0 = -kv_0^n$. Also ändern sich v_0 und $x_0 = v_0/\omega$ genauso wie v bei der Bremsung (Aufgabe 1.6.12). Bei $n = 0$ (trockene Coulomb-Reibung) nimmt die Amplitude linear ab, bei $n = 1$ (Stokes-Reibung) exponentiell, bei $n = 2$ (Newton-Reibung) nach der Hyperbel $(1 + t/\tau)^{-1}$, bei $n = \frac{1}{2}$ (Reynolds-Reibung mit Schmiermittel) parabolisch. Die exponentielle Dämpfung in Abschn. 4.1.2 ist keineswegs allgemeingültig. Unsere Näherung gilt natürlich nur, wenn die Reibung nicht zu stark ist, d. h. wenn die Amplitude nur langsam abnimmt. Eigentlich wäre für die Reibungsleistung der Mittelwert $\overline{v^{n+1}}$ zu nehmen, nicht der Maximalwert v_0^{n+1}. Das ändert den Verlauf $x_0(t)$ nicht, verlangsamt ihn nur um den Faktor $2/\pi$ bei $n = 0$ bzw. $\frac{1}{2}$ bei $n = 1$ bzw. $4/3\pi$ bei $n = 2$.

1.6.14. Reentry

Oberhalb der Höhe h_{kr}, die in Aufgabe 1.6.15 bestimmt wird, liegt praktisch immer eine Kreisbahn vor, und es gilt für den Höhenverlust die Gleichung $mg\dot{h} = -Av^3\varrho_0 e^{-h/H}$ mit der Lösung $h = h_0 + H\ln(1 - t/\tau)$, wobei $\tau = mgH/(Av^3\varrho_0 e^{-h_0/H})$ ist. Für $t \ll \tau$ nimmt h sehr langsam ab wie $h_0 - Ht/\tau$ (diese Gerade würde die t-Achse erst bei $t = h_0\tau/H$ schneiden). Kurz vor τ knickt die $h(t)$-Kurve urplötzlich abwärts. Bei $\tau - t = \tau\varrho/\varrho_0$ würde $h = 0$ werden; dann gilt aber die Voraussetzung der stationären Kreisbahn nicht mehr, sondern die Bahn wird praktisch senkrecht, die Geschwindigkeit nimmt den stationären Wert $v_{st} = \sqrt{mg/A\varrho}$ an.

1.6.15. Viel Lärm um nichts

Die Bahngeschwindigkeit von Skylab ergibt sich aus $v^2/(R + h) = gR^2(R + h)^2$ zu $v = 7{,}72\,\text{km/s}$, die Umlaufzeit zu $\tau = 90{,}5\,\text{min}$. Die Startmasse der Einstufenrakete wäre $m_0 = me^{v/w} = 4\,000\,\text{t}$ ($w = 2\,\text{km/s}$, $m = 85\,\text{t}$). Ein solches Verhältnis m_0/m wäre aus Stabilitätsgründen nicht zu erreichen; selbst eine 2 l-Milchkanne wiegt fast 200 g, hat also $m_0/m \approx 10$. Das Mehrstufenprinzip verringert den Treibstoffbedarf, weil leere Treibstoffbehälter abgeworfen werden. In 300 km Höhe ist die Dichte immer noch etwa $\varrho_0 e^{-h/H} \approx 10^{-11}\,\text{kg}\,\text{m}^{-3}$. Die Skalenhöhe $H \approx 12\,\text{km} \approx kT/(mg)$ entspricht $T \approx 420\,\text{K}$. So heiß ist es in der Ionosphäre in etwa 150 km Höhe; darüber ist es noch heißer, darunter kühler. Dort oben erfährt Skylab eine Reibungskraft $F = \frac{1}{2}A\varrho v^2 \approx 10^{-3}$ N, die nur $P = Fv \approx 10\,\text{W}$ an Leistung verzehrt. Die kinetische Energie $W = \frac{1}{2}mv^2 = 10^{12}$ J würde dort erst nach der Zeit $t = W/P \approx 10^{11}$ s verzehrt sein, also nach etwa 300 Jahren. Die Dichte in der Hochatmosphäre ist aber sehr empfindlich gegen Energiezufuhr von außen, besonders durch den Sonnenwind, der mit der Sonnenfleckenperiode stark variiert. Wenn die Hochatmosphäre heißer wird, wächst die Skalenhöhe und damit die Dichte. Da dort nur sehr wenig Atmosphärenmasse ist, genügt schon eine geringe Energiezufuhr. Erwärmung um 40 K bringt die Skalenhöhe auf 13 km, die Dichte steigt fast um den Faktor 10, entsprechend nimmt die Lebensdauer des Satelliten ab. Luft von der Dichte $\varrho_0 \approx 1\,\text{kg}\,\text{m}^{-3}$ würde die Energie 10^{11}mal schneller aufzehren, die Geschwindigkeit also in wenigen Sekunden auf sehr kleine Werte herabsetzen. Wenn die ganze Bremsenergie das Material erhitzte, würde dies z. B. bei Al mit $c \approx 1\,\text{kJ}\,\text{kg}^{-1}\,\text{K}^{-1}$ über 10^4 K ausmachen. Die Bremsenergie verteilt sich aber auf Satelliten und durchschlagenen Luftkanal. Der Luftanteil wird bei bemannten Raketen durch die Reentry-Technik (Hitzeschild usw.) gesteigert, was nur leichte Rotglut für die Satellitenwandung liefert. Unterhalb der Höhe h_{kr}, wo die Stationaritätsbedingung $A\varrho v^2 \approx mg$ noch erfüllt ist, also unterhalb $\varrho_{kr} \approx 10^{-4}\,\text{kg}\,\text{m}^{-3}$ und $h_{kr} \approx 70\,\text{km}$ besteht Gleichgewicht zwischen Reibung und Schwerkraft, also $v \approx \sqrt{mg/A\varrho}$, der Satellit wird entsprechend der ϱ-Zunahme immer langsamer und hat in Bodennähe nur noch 100 m/s. Infolge der Stationarität stürzt er fast senkrecht zu Boden. Auf der ganzen Erde (einschließlich Meer) leben etwa 10 Menschen/km². Wenn 100 m² dem direkten Treffer ausgesetzt sind, ist die Wahrscheinlichkeit, daß *irgendein* Mensch sich dort befindet, 10^{-3}, daß gerade *Sie* es sind, nur etwa 10^{-13}.

1.7.1. Seilsicherung

Die Kraft zwischen Erde und Sonne ergibt sich am schnellsten aus der Bahngeschwindigkeit der Erde: $F = mv^2/R = 6 \cdot 10^{24}\,\text{kg} \cdot 10^9\,\text{m}^2\,\text{s}^{-2}/1{,}5 \cdot 10^{11}\,\text{m} = 4 \cdot 10^{22}\,\text{N}$. Ein Stahlseil, Zugfestigkeit $\sigma_Z = 200\,\text{N/mm}^2$, das die Gravitation ersetzen sollte, müßte einen Querschnitt von $2 \cdot 10^{20}\,\text{mm}^2 = 2 \cdot 10^8\,\text{km}^2$ haben, also dicker sein als die ganze Erde.

1.7.2. Geostationärer Satellit

Der stationäre Satellit muß mit der gleichen Winkelgeschwindigkeit umlaufen, mit der sich die Erde dreht, also $\omega = 2\pi/86\,400\,\text{s} = 7{,}27 \cdot 10^{-5}\,\text{s}^{-1}$. Er bleibt nur dann auf der Kreisbahn, wenn Zentrifugal- und Schwerkraft einander die Waage halten: $\omega^2 R = GM/R^2$, also

$$R = \sqrt[3]{GM/\omega^2}$$
$$= \sqrt[3]{6 \cdot 10^{-11} \cdot 6 \cdot 10^{24}/5{,}3 \cdot 10^{-9}} = 42\,300\,\text{km}$$

vom Erdmittelpunkt oder 36 000 km von der Erdoberfläche. Die Bahnebene des Satelliten muß durch den Erdmittelpunkt gehen, ihr Schnitt mit der Erdoberfläche ist ein Großkreis. Wirklich stationär ist der Satellit nur, wenn dieser Großkreis der Äquator ist; sonst pendelt er mit der Periode 1 *d* zwischen Nord- und Südhalbkugel hin und her. Über München könnte er also nicht stationär stehen. Der Satellit sieht etwa 160 Längengrade auf dem Äquator (2α, wobei $\tan\alpha = R/R_{Erde} = 6{,}6$), drei solche Satelliten sehen also die ganze Erdoberfläche bis auf zwei Polkappen oberhalb ca. 80° Breite.

1.7.3. Sonnenmasse

Die Erde zwingt den Mond auf eine Bahn mit dem Radius R und der Periode T, die Sonne zwingt die Erde auf eine Bahn mit dem Radius $400R$ und der Periode $\approx 13T$. Die Kreisbahnbedingung fordert $\omega^2 R \sim R/T^2 \sim M/R^2$ oder $M \sim R^3/T^2$ (M: Masse des jeweiligen Zentralkörpers; die des anderen Körpers fällt heraus; die gewonnene Beziehung ist das 3. Keplersche Gesetz). Also $M_{Sonne}/M_{Erde} = 400^3/13^2 = 3{,}8 \cdot 10^5$. Hat man die Erdmasse, so folgt sofort die Sonnenmasse zu $2 \cdot 10^{30}$ kg.

1.7.4. G-Messung

Die Kugel ist günstig, weil man genau weiß, daß sie so anzieht, als sei ihre ganze Masse im Zentrum vereinigt. Bei jeder anderen Form muß man den Abstand auf einen anderen Punkt als den Mittelpunkt beziehen, und dieser Punkt kann seine Lage mit dem Abstand ändern. Das würde komplizierte Rechnungen oder Eichungen erfordern. An einem Torsionsdraht vom Durchmesser d aus einem Material mit der Zugfestigkeit σ_Z kann man zwei Probekugeln mit der Gesamtmasse $2m = \pi\sigma_Z d^2/4g$ aufhängen. Zwei große Kugeln mit der Masse M üben auf einen Dreharm der Länge $2l$ ein Drehmoment $D = lGmM/(R+r)^2 \approx lGmM/R^2 = \frac{1}{6}\pi^2 G\varrho R\sigma_Z d^2 l/g$ aus, das den Aufhängedraht der Länge L um den Winkel $\Delta\varphi = D/D_\varphi = 16\pi G\varrho\sigma_Z RlL/(3E_t d^2 g)$ verdrillt (vgl. (3.64)). Damit $\Delta\varphi$ möglichst groß wird, muß d möglichst klein sein, selbst wenn dadurch die Probekugeln sehr klein werden. Bei $d = 0{,}01$ cm-Stahldraht mit $E_t = 80\,000\,\mathrm{N/mm^2}$, $\sigma_Z = 200\,\mathrm{N/mm^2}$, $l = 1$ m, $L = 3$ m, $R = 25$ cm, Bleikugeln mit $\varrho = 11\,340\,\mathrm{kg/m^3}$ folgt $\Delta\varphi \approx 0{,}2 \approx 10°$. Das Experiment gehört also bestimmt nicht zu den „hochgezüchteten"; es wurde ja auch schon im 18. Jh. ausgeführt. In der Praxis bestimmt man meist die Torsionssteifigkeit $T = 2\pi\sqrt{J/D_\varphi}$ und gewinnt so aus der Ablenkung $\Delta\varphi$, die man sehr viel kleiner hält, die Gravitationskonstante G.

1.7.5. Sirius B

Wenn Sirius keine geradlinige Eigenbewegung hätte, würde die Pendelung zu einem etwas von der Seite gesehenen Kreis um den Schwerpunkt des Systems Sirius-Siriusbegleiter (Sirius A-Sirius B). Der Radius r dieser Bahn ergibt sich aus der scheinbaren Amplitude des Pendelns (Sehwinkel α) und der Parallaxe β des Sirius, die dem Erdbahndurchmesser, von Sirius aus gesehen, entspricht, zu $\alpha/\beta = 8{,}6$ Erdbahnradien $= 1{,}3 \cdot 10^9$ km. Das ist der Abstand des Sirius A vom Schwerpunkt. Sirius B steht nicht im Schwerpunkt, sondern in einem Abstand $m_1 r/m_2$ vom Schwerpunkt, also $(m_1+m_2)r/m_2$ von Sirius A. Die Kreisbahnbedingung für Sirius A lautet $\omega^2 r = Gm_2^3(m_1+m_2)^{-2}r^{-2}$. Daraus folgt $m_2^3/(m_1+m_2)^2 = 6 \cdot 10^{29}$ kg. Die beiden Massen lassen sich so nicht trennen. Nimmt man $m_1 = m_2$ an, so folgt $m_1 = m_2 = 2{,}4 \cdot 10^{30}$ kg, also etwa Sonnenmasse. Die optische Entdeckung des Begleiters (Sirius B) zeigte, daß er maximal $12{,}5''$ von Sirius A entfernt ist. Daraus folgt $m_2 = 0{,}34 m_1$ und $m_1 = 27 \cdot 10^{30}$ kg, $m_2 = 9{,}3 \cdot 10^{30}$ kg. Die Tatsache, daß die Bahn elliptisch ist, ändert die Zahlenwerte, aber nicht die Größenordnung.

1.7.6. Lotablenkung

Die Lotabweichung von $0{,}25' = 0{,}7 \cdot 10^{-4}$ rad entspricht einem Abstand von 450 m auf der Erdoberfläche. Sie wird durch eine Überschußmasse Δm in 10 km Abstand hervorgerufen, die sich aus $\Delta m/(10\,\mathrm{km})^2 = 0{,}7 \cdot 10^{-4} M_{\mathrm{Erde}}/(6\,400\,\mathrm{km})^2$ zu 10^{15} kg ergibt. Der ganze oberirdische Brocken reicht dazu nicht aus; er hat nur etwa $30\,\mathrm{km^3}$, also etwa 10^{14} kg. Auch in der Tiefe muß das Material des „Horstes" dichter sein. Mit $\Delta\varrho \approx 0{,}3\,\mathrm{g/cm^3}$ erhält man eine Dicke von etwa 10 km. Junge Faltengebirge sind meist isostatisch ausgeglichen, d. h. sie erzeugen weder eine Lotabweichung noch eine Änderung der Schwerebeschleunigung. Wenn im Himalaja z. B. in 4 000 m Höhe g genau so groß ist wie anderswo in gleicher Höhe, müssen die 4 km Gestein dadurch kompensiert werden, daß in größerer Tiefe leichteres Material liegt. Die Faltengebirge haben tiefe Wurzeln (Aufgabe 1.7.11).

1.7.7. Ziggurat

Je höher der Turm ist, der z. B. am Äquator stehe, desto größer ist die Zentrifugalbeschleunigung an seiner Spitze: $a_Z = \omega^2(R+h)$. Theoretisch gibt es eine Höhe, bei der a_Z gleich der Schwerebeschleunigung wird: $\omega^2(R+h) = GM/(R+h)^2$. Dies ist genau die Höhe eines stationären Erdsatelliten (Aufgabe 1.7.2), nämlich 36 000 km. Könnte man ein Seil vom Erdboden bis in noch etwas größere Höhe legen, dann würde es wie beim indischen Seiltrick „an den Himmel gehakt" aufrecht stehen, falls man oben eine hinreichend große Masse anhängt. Der weitere Materialtransport in noch größere Höhe ist dann kein Problem mehr. Heutige Seile würden allerdings spätestens bei 10 km Länge zerreißen, jedenfalls in Erdnähe. Wenn man das Seil exponentiell verjüngte, um die Last zu reduzieren, käme man zu völlig unmöglichen Querschnitten. Das Problem läßt sich auch in potentieller Energie von Schwere und Zentrifugalkraft gemeinsam ausdrücken. Dies Potential hat sein Maximum auf einer schlauchförmigen Fläche, die nahe dem Äquator in 42 000 km Abstand von der Erdachse liegt und sich nach Norden und Süden verjüngt, ähnlich wie ein Strumpf, in den man einen Apfel gesteckt hat.

1.7.8. Mondautobahn

Man muß zunächst mit erheblich höheren Geschwindigkeiten rechnen, denn die Leute fahren nun mal gern ihre Motorleistung aus, und auf der Erde frißt der Luftwiderstand den weitaus größten Teil davon. Die Schwerebeschleunigung auf dem Mond ist entsprechend seiner 80mal kleineren Masse und seinem 3,7mal kleineren Radius etwa 6mal kleiner als auf der Erde ($g \sim M/R^2$). Alle Reibungskräfte nehmen mit der Normalkraft i. allg. ebenfalls auf $\frac{1}{6}$ ab. Nichtüberhöhte Kurven müßten selbst bei gleicher Fahrgeschwindigkeit einen 6mal größeren Radius haben als bei uns, gut ausgebaute Kurven müßten in für uns lächerlicher Weise überhöht sein (z. B. bei $v = 120$ km/h, $R = 300$ m um 63°). Die Fahrer werden sich daran gewöhnen müssen, die an jeder Kurve angegebenen Maximal- und Minimalgeschwindigkeiten streng zu respektieren, weil sie sonst nach außen bzw. innen wegrutschen. Auch Bremsverzögerung und Bremsweg sind 6mal kleiner bzw. 6mal länger als hier. Man wird vermutlich Spezialmondspikes entwickeln.

1.7.9. Olympiade 2000 in Selenopolis (Mare Imbrium)

Es ist klar, daß alle Sprung- und Wurfdisziplinen ihre Rekordleistungen etwa versechsfachen werden, sofern Weite bzw. Höhe durch v^2/g gegeben sind (v: Anfangsgeschwindigkeit). Beim Diskuswurf ist die Steigerung nicht so hoch, denn dabei hilft die Luft tragen. Die Leistung des Läufers ist nicht durch den Luftwiderstand begrenzt, sondern durch die Beschleunigung seiner Beine. Nicht nur wegen der Speerwerfer wird man aber die Stadien weit über den erdüblichen 400 m-Umfang vergrößern müssen, denn in der $R = 30$ m-Kurve müßte sich der Läufer um ca. 60° schieflegen und würde glatt wegrutschen.

1.7.10. Projekt Gravitrain

Wir vernachlässigen zunächst die Reibung und betrachten einen flachen Tunnel der Länge $2L \ll R$ (R: Erdradius). Im Abstand x von der Tunnelmitte wirkt auf den Wagen in Schienen- oder Straßenrichtung eine Schwerkraftkomponente $F_= = mgx/R$. Diese Kraft ist quasielastisch ($F \sim x$), d. h. der Wagen führt eine harmonische Schwingung aus mit der von der Tunnellänge unabhängigen Periode $T = 2\pi\sqrt{m/(mg/R)} = 2\pi\sqrt{R/g} = 1\,\text{h}\,24\,\text{min}$. Er schwingt wie ein Pendel, dessen Faden so lang ist wie der Erdradius. Die Höchstgeschwindigkeit in der Tunnelmitte ist dagegen abhängig von L: Sie ist $v_0 = \omega L = \sqrt{g/R} \cdot L \approx L/800\,\text{s}$. Bohrt man tiefer, so daß der Abstand r vom Erdmittelpunkt nicht immer als R angesehen werden kann, dann wird die Schwerebeschleunigung im Innern kleiner. Nur die Teilkugel vom Radius r zieht. Bei konstanter Dichte wird $F = mgM(r)R^2/[M(R)r^2] = mgr^3/R^3 \cdot (R^2/r^2) = mgr/R$, also die Schienenkomponente $F_= = mgx/R$, wie bisher. Die Schwingungsdauer bleibt also noch dieselbe, selbst wenn $L = R$, also wenn der Tunnel durch den Erdmittelpunkt geht: Nach genau 42 min taucht der Wagen in Neuseeland auf, falls Start und Ziel in gleicher Höhe ü. d. M. liegen. Die Kugellagerreibung wirkt als Bremskraft, die ca. 1/100 der Normalkraft ausmacht, also für den flachen Tunnel: Antriebskraft $F_= = mgx/R - 0{,}01mg$. Die halbe Tunnellänge L muß mindestens $R/100 = 64\,\text{km}$ sein, damit der Wagen im Rollen bleibt. Er bleibt stehen, wenn die Reibung so viel Energie verzehrt hat, wie dem Unterschied an potentieller Energie zwischen dem Startort (der Erdoberfläche) und dem Ort des Stehenbleibens (Tiefe h senkrecht unter dem Erdboden) entspricht. Die Leistung der Reibung ist $P = 0{,}01mgv = 0{,}01mgL\omega \sin \omega t$, also die verzehrte Energie auf einer Halbperiode $W = mgh = 0{,}01mgL \int_0^\pi \sin \omega t \, \text{d}(\omega t) = 0{,}02mgL$, d. h. $h = 0{,}02L$. Bei $L = 1\,000\,\text{km}$ z. B. bleibt der Wagen 140 km vor dem Tunnelende stehen, rollt zurück und schwingt weiter gedämpft um die Tunnelmitte. So funktioniert nur der Tunnel von Pol zu Pol; sonst treibt die Coriolis-Kraft den Wagen an die Wand.

1.7.11. Isostasie

Eine Kugelschale, Radius R, Dicke d, hat die Masse $4\pi\varrho dR^2$ und übt an ihrer Oberfläche die Schwerebeschleunigung $a = 4\pi\varrho Gd$ aus. $a/g = 3\varrho d/(\varrho_{\text{Erde}}R)$. Differenz zwischen Stein- und Wasserschale $3(\varrho_{\text{St}} - \varrho_{\text{W}})dg/(\varrho_{\text{Erde}}R) = 6 \cdot 10^{-4}g$, mit Präzisionspendeln gut meßbar. Die leichtere Kontinentalscholle muß eine Dicke D haben, so daß die gleiche Masse unter jeder Flächeneinheit liegt: $D\varrho_{\text{Sial}} = d\varrho_{\text{W}} + (D - d)\varrho_{\text{Sima}}$, also $\text{D} = \text{d}(\varrho_{\text{Sima}} - \varrho_{\text{W}})/(\varrho_{\text{Sima}} - \varrho_{\text{Sial}}) = 50\,\text{km}$. Ein Gebirge muß unter der Scholle um den Faktor $\varrho_{\text{Sial}}/(\varrho_{\text{Sima}} - \varrho_{\text{Sial}})$ weiter vorragen als oberhalb, wenn Isostasie herrschen soll. Die Wurzeln der Faltengebirge ragen also etwa 100 km tief.

1.7.12. Ehrenrettung

Der Umlauf um die Sonne erzeugt eine Fliehkraft, die für alle Teile der Erde gleichgroß ist (wir sehen zunächst von der Achsdrehung ab). Im Schwerpunkt wird sie exakt durch die Gravitation der Sonne ausgeglichen, aber da, wo Mittag ist und die Sonne näher, überwiegt die Gravitation, umgekehrt an der Nachtseite. Ohne Achsdrehung würde die Kugel des Meeresspiegels in radialer Richtung etwas langgezogen, der Erdkörper hätte aber Zeit, dem zu folgen: Das Wasser stünde dort nicht höher. 12 h reichen nicht für diese Deformation des Erdkörpers, er dreht sich fast unverzerrt unter dem erhöhten Meeresspiegel weg: Zweimal täglich gibt es Flut, hier eine Sonnenflut. Sie macht nur etwa $\frac{1}{3}$ der Mondflut aus, aber gegenüber dem Mond ist die Situation dieselbe, da die Erde auch hier um den gemeinsamen Schwerpunkt läuft. Es wäre nicht richtig, daß das Meer hin- und herschwappt, weil sich die Nachtseite der Erde um 900 m/s schneller bewegt als die Tagseite, wie Galilei meinte. Vom Schwerefeld und seiner Inhomogenität konnte er ja noch nichts wissen.

1.7.13. Homogenes Feld

Gäbe es positive und negative Massen, dann wäre es ziemlich leicht, ein annähernd homogenes Schwerefeld herzustellen: Analog zum elektrischen Fall stelle man zwei große Scheiben aus positiven und negativen Massen einander dicht gegenüber. In Wirklichkeit ist nichts zu machen: Im homogenen Feld dürften Feldlinien nirgends anfangen noch enden, $\text{div}\,\boldsymbol{g} = -\Delta\varphi = 0$, d. h. es dürften überhaupt nirgends Massen sein, $\Delta\varphi = 4\pi\varrho = 0$. Das einzig mögliche „homogene" Feld ist $\boldsymbol{g} = \boldsymbol{0}$. Dicht außerhalb der galaktischen Scheibe ist es annähernd realisiert.

1.7.14. Tidenhub I

Das Rohr der Länge L sei völlig starr. Das Wasser darin stellt sich so ein, daß seine Oberfläche überall auf gleichem Potential liegt. Wenn der Mond über der Mitte des Rohres steht, sind die Rohrenden um $d = R - \sqrt{R^2 - L^2/4} \approx L^2/8R$ weiter vom Mond entfernt als die Mitte. Die Gezeitenbeschleunigung beim Rohr ist $GM_{\text{M}}/r^2 \cdot (2R/r) = 10^{-6}\,\text{m/s}^2$, die Differenz ihres Potentials zwischen Rohrmitte und -ende also $10^{-6}d$. Diese Potentialdifferenz muß durch eine ebenso große im Schwerefeld der Erde ausgeglichen werden: $gh = 10^{-6}d$ also $h = 10^{-7}d$. Um soviel steht das Wasser in der Mitte höher als am Ende. Für Bodensee, Oberen See, Mittelmeer, d. h. $L = 60$, 600, $3\,200\,\text{km}$ erhält man $h = 0{,}01\,\text{mm}$, $1\,\text{mm}$, $3\,\text{cm}$, für $d = R$, d. h. den weltweiten Ozean, $h = 60\,\text{cm}$. An den Küsten werden die wirklichen Gezeiten durch Stauwirkung i. allg. höher.

1.7.15. Tidenhub II

Es kommt nicht auf die Beschleunigung a selbst an, sondern auf den dadurch bewirkten Potentialunterschied z. B. zwischen einem Punkt der Erdoberfläche, der direkt unter dem Mond liegt, und einem um 90° dagegen verschobenen Punkt. Dieser Potentialunterschied ist aR, und zwar ist das Gezeitenpotential unter dem Mond um soviel geringer. Die Wasseroberfläche ist eine Äquipotentialfläche. Die Differenz im Gezeitenpotential muß durch eine entgegengesetzt gleiche Differenz im Potential des Erdschwerefeldes kompensiert werden, d. h. unter dem Mond steht das Wasser um h höher, so daß $gh = aR$, $h = Ra/g \approx 0{,}6$ m. Man kann auch sagen: Zwischen der 0°- und der 90°-Gegend zieht die Gezeitenkraft schräg, also bildet die Wasseroberfläche dort eine schiefe Ebene. Deren Neigung ist zwar winzig, aber auf der langen Strecke eines Erdquadranten kommt trotzdem ein ansehnlicher Höhenunterschied zustande.

1.7.16. Gezeitenkraft

Der Reifen wird von rechts und links zusammengedrückt, nach oben und unten gezerrt, wenn auch beidemal nur sehr schwach. Er nimmt ungefähr elliptische Form an. Eine Schnur wird nach einigen Stunden zu einer senkrecht stehenden „Ellipse" mit der kleinen Achse 0; bei höherer Steifigkeit wird die Ellipse immer kreisähnlicher. Der kugelförmige Haufen habe die Masse m, den Radius r und den Abstand d vom Erdmittelpunkt. Auf einen Brocken ganz unten wirkt die Gezeitenbeschleunigung $a_G = GM/(d-r)^2 - GM/d^2 \approx 2GMr/d^3$ als Differenz zwischen Erdanziehung und Zentrifugalkraft. Die Gravitationsbeschleunigung durch den Haufen selbst ist $a_H = Gm/r^3$. Ob der Haufen zusammenhält oder sich allmählich zerstreut, hängt davon ab, ob $a_H \gtrless a_G$, d. h. ob $m/r^2 \gtrless 2Mr/d^3$. $\varrho_H = 3m/(4\pi r^3)$ ist die mittlere Dichte des Haufens, $\varrho_E = 3M/(4\pi R^3)$ die der Erde, also lautet die Bedingung $\varrho_H \gtrless 2\varrho_E R^3/d^3$ oder $d \gtrless R\sqrt[3]{2\varrho_E/\varrho_H}$. Wenn der Haufen nicht z. B. ein Hg-Tropfen ist, zerreißt er in Erdnähe. Ein Stein ist bis $d = 1{,}6R$ eigentlich instabil, ein Wassertropfen bis $2{,}2R$. Der Grenzabstand, unterhalb dessen ein Satellit instabil ist, heißt **Roche-Grenze**. Dieser Abstand vergrößert sich gegenüber unserer Abschätzung dadurch, daß der Haufen nicht kugelförmig bleibt, sondern sich nach oben und unten streckt, wodurch der Einfluß der Eigengravitation geschwächt wird. Das Zerreißen innerhalb der Roche-Grenze spielt sich so ab, daß z. B. die inneren Teile auf etwas engere Bahnen fallen und dort schneller umlaufen. Der Haufen zieht sich also nach einiger Zeit zu einem Ring um den Planeten auseinander.

1.7.17. Springflut

Die Gezeitenkräfte seitens zweier Körper verhalten sich wie M/d^3 (M: Masse, d: Abstand). Nun ist $M_{\text{Mond}} = M_{\text{Erde}}/80$, $M_{\text{Sonne}} = 3{,}3 \cdot 10^5 M_{\text{Erde}}$, aber $d_{\text{Sonne}} = 400 d_{\text{Mond}}$, also verhalten sich Beschleunigungen und Hubhöhen von Mond- und Sonnengezeiten wie 2,4 : 1. Wenn Sonne und Mond unter 90° stehen (Halbmond), folgt der Flutberg dem Mond, aber mit verminderter Höhe (Nipptiden), bei Voll- oder Neumond addieren sich beide Einflüsse (Springtiden). Im weltweiten Ozean wären die Springfluten etwa 1 m, die Nippfluten nur 0,35 m hoch. Existenz und Form der Küste komplizieren die Situation.

1.7.18. Stationärer Mond

Solange die Erde sich schneller dreht als der Mond, und damit die Flutberge umlaufen (Winkelgeschwindigkeit!), erzeugt das Strömen des Wassers, das sich im Flutberg verschiebt, und besonders sein Anprall an die Kontinentalränder eine Bremsung der Erdrotation. Der Drehimpuls, der der Erde so verlorengeht, muß in einer Erhöhung des Bahndrehimpulses des Mondes wieder auftauchen. Falls keine äußeren Einflüsse den Mondumlauf bremsen (z. B. die Reibung im interplanetarischen Medium), lautet die Drehimpulsbilanz $J_{\text{Erde}}\omega_{\text{Erde}} + Md^2\omega_{\text{Mond}} = L = \text{const}$. Die Reibung hört erst dann auf, wenn Tag und Monat gleichlang geworden sind, d. h. wenn $\omega_{\text{Erde}} = \omega_{\text{Mond}} = \omega_\infty$. Hätte die Erde homogene Dichte, dann wäre ihr Trägheitsmoment $J = 0{,}4 M_{\text{Erde}} R^2 = 10^{38}$ kg m^2. Da der Erdkern schwerer ist, wird J kleiner: $J = 0{,}8 \cdot 10^{38}$ kg m^2. Einsetzen der Zahlenwerte ergibt $L = 3{,}6 \cdot 10^{34}$ kg m^2/s, wovon $6 \cdot 10^{33}$ auf die Erdrotation, $3 \cdot 10^{34}$ auf den Mondumlauf entfallen. Wenn der Mond jetzt schon fast das ganze L hat, wird das im Endzustand mit radikal reduziertem ω_{Erde} erst recht so sein: $Md_\infty^2\omega_\infty = L$. Außerdem gilt auch noch die Kreisbahnbedingung, m. a. W. das dritte Kepler-Gesetz: $\omega_0^2 d_0^3 = \omega_\infty^2 d_\infty^3$. Man erhält $\omega_\infty = 1{,}33 \cdot 10^{-6}\,\text{s}^{-1}$, $d_\infty = 6 \cdot 10^8$ m, d. h. Tag und Monat werden 56 heutige Tage lang sein, und der Mond wird dann 1,56mal weiter entfernt sein als jetzt.

1.7.19. Mondentstehung

Gäbe es keine Kontinentalschollen, dann wäre der Ozean überall knapp 4 km tief. Der Flutberg wäre 0,6 m hoch, enthielte also etwa einen Bruchteil 10^{-4} des gesamten Wassers. Er läuft mit der Geschwindigkeit 500 m/s um die Erde, was bedeutet, daß sich das Wasser im Mittel mit $500 \cdot 10^{-4} = 0{,}05$ m/s verschieben muß. Am Meeresboden kann man $v = 0$, an der Oberfläche $v = 0{,}1$ m/s ansetzen. Der Geschwindigkeitsgradient ist $dv/dz \approx 0{,}1\,\text{m s}^{-1}/4\,000\,\text{m} \approx 2 \cdot 10^{-5}\,\text{s}^{-1}$, die innere Reibung (Kraft/m^2) $\eta\, dv/dz \approx 2 \cdot 10^{-8}$ N/m^2 (η für Wasser: 10^{-3} N s/m^2), die Gesamtkraft auf die Erdoberfläche von $5 \cdot 10^8$ km^2 also ungefähr 10^7 N, das Drehmoment $6 \cdot 10^{13}$ N m. Dieses Drehmoment würde den Drehimpuls der Erde von $6 \cdot 10^{33}$ N m s in etwa $10^{20}\,\text{s} \approx 3 \cdot 10^{12}$ a abbremsen. In Wirklichkeit ist die Gezeitenreibung infolge der „Rauhigkeit" der Erdoberfläche um mindestens eine Größenordnung höher. Bedenkt man, daß die Fluthöhe und damit das Reibungsmoment mit dem Mondabstand wie d^3 gehen, dann sieht man, daß der Mond in einem „Weltalter" von 10^{10} a sich durchaus von einer sehr erdnahen Bahn in seine jetzige hinaufspiralt haben kann (Mondabschleuderung aus dem Pazifik nach *Darwin-Fowler*). Bis zum Endzustand, wo nur noch eine Hälfte der Erde in den Genuß des Mondes kommt, ist es allerdings viel länger hin.

1.7.20. Hat die Bibel doch recht?

Venus ist fast 80mal massereicher als der Mond, Mars etwa 9mal. Im gleichen Maße würde die Gezeitenreibung bei gleichem Abstand größer sein. Der Mond ist 60 Erdradien entfernt. In etwa 12 Erdradien Abstand würde die Venus einen $80 \cdot 5^3 \approx 10^4$mal höheren Flutberg auftürmen als der Mond jetzt, also einen Flutberg, der alles Wasser des Ozeans enthielte. Bei Ebbe wäre der Meeresgrund trokken. Häuser, Bäume, selbst Berge, Josua samt Freund und Feind wären mit 500 m/s davongespült worden. Trotzdem würde die Vollbremsung der Erde über 10^8 Jahre dauern. Man könnte diese Zeit zwar auf etwa 10^6 a senken, wenn man Venus die Erde fast berühren läßt; dann wären aber selbst die Kontinentalschollen nicht „ungeschoren“ geblieben.

1.7.21. Sind wir doch allein?

Eine Sternbegegnung kann nur dann zum Herausreißen von Material führen, wenn sie enger ist als die Roche-Grenze, d. h. wenn die Gezeitenkräfte größer werden als die Eigengravitation. Wenn beide Partner sonnenähnlich sind, liegt die Roche-Grenze bei etwa drei Sternradien: $d \approx 2 \cdot 10^6$ km (vgl. Aufgabe 1.7.16). Die kinetische Gastheorie zeigt, wie man die Häufigkeit so enger Begegnungen bestimmt: Der Stoßquerschnitt ist $A = \pi d^2 \approx 10^{13}\,\text{km}^2$. Die Sterne haben einen mittleren Abstand von etwa 7 Lichtjahren (gegen das Zentrum der Galaxis stehen sie viel dichter als bei uns). Die Sternzahldichte ist also $n \approx 1/(7\,\text{Lichtjahre})^3 \approx 5 \cdot 10^{-42}\,\text{km}^{-3}$, also die mittlere freie Weglänge $l = 1/(nA) \approx 2 \cdot 10^{28}$ km. Bei einer Durchschnittsgeschwindigkeit von 100 km/s passiert einem Stern so etwas alle 10^{19} Jahre. Nur jeder 10^9-te Stern dürfte danach Planeten haben, d. h. das nächste Planetensystem wäre in über 10 000 Lichtjahren Entfernung zu erwarten.

1.7.22. Schwere auf Jupiter

Die Schwerebeschleunigung auf einer Kugel vom Radius R (in Erdradien) und der Masse M (in Erdmassen) ist $a = gM/R^2$. Bei gleicher mittlerer Dichte ist also $a \sim R$. Für Merkur, Mars, Ceres, Jupiter, Sonne erhält man folgende Schwerebeschleunigungen: 3,6; 3,8; 0,36; 26; 400 m/s^2 (die Masse der Ceres ist hier aus dem Durchmesser geschätzt). Ein 100 kg-Mensch „wöge“ 36; 38; 3,6; 260; 4 000 kg. Die Kreisbahn- bzw. Entweichgeschwindigkeiten ergeben sich aus den irdischen Werten durch Multiplikation mit dem Radienverhältnis und der Wurzel aus dem Dichteverhältnis. Kreisbahngeschwindigkeiten 3,2; 3,6; 0,38; 43; 530 km/s.

1.7.23. Mondmasse

Beim Mond ist es schwierig, wie bei jedem Körper, der selbst keinen Satelliten hat. Die Höhe des Flutberges ergibt eine größenordnungsmäßige Schätzung, nach der der Mond noch immer z. B. einen Eisenkern haben könnte wie die Erde. Die 26 000 a-Präzessionsperiode der Erde liefert einen besseren Wert (Aufgabe 2.4.6). Genaueres erfährt man erst aus sehr präzisen Pendelmessungen der Gezeitenkräfte oder heutzutage, noch vor den direkten Mondflügen, aus den Bahnstörungen künstlicher Erdsatelliten.

1.7.24. 7.1.1610

Wir benutzen nur die angegebenen Daten und das 3. Keplersche Gesetz, das allerdings erst neun Jahre nach der Entdekkung der Jupiter-Monde veröffentlicht wurde. Hätte *Galilei* es gekannt, so hätte er gefolgert, daß Jupiter $12^{2/3} \approx 5{,}2$ Erdbahnradien von der Sonne entfernt ist, also von uns günstigstenfalls 4,2 Erdbahnradien. Wie groß der Erdbahnradius ist, brauchte *Galilei* nicht zu wissen; *Kopernikus* hatte ihn etwa 20mal zu klein geschätzt. Ein Abstand, der aus dieser Entfernung wie $6' \approx 1{,}5 \cdot 10^{-3}$ rad aussieht, beträgt $r \approx 4{,}2 \cdot 10^{-3} \approx 6 \cdot 10^{-3}$ Erdbahnradien. Die Sonne läßt die Erde in einem Erdbahnradius Abstand in einem Jahr umlaufen, Jupiter den Ganymed in $6 \cdot 10^{-3}$ Erdbahnradien Abstand in 3,6 d $\approx$ 0,01 a. Also folgt nach dem vollständigen 3. Kepler-Gesetz $M_{\text{Sonne}}/M_{\text{Jupiter}} \approx 600$ (in Wirklichkeit 1 000).

1.7.25. Hohmann-Bahnen

Auf einer Kepler-Ellipse ist bis auf den eigentlichen Start- und Landevorgang, d. h. bis auf die Anpassung an die Bahngeschwindigkeit von Start- und Zielplanet sowie die Überwindung von deren Schwerefeldern kein Antrieb nötig. Wir planen einen Flug von einem Planeten mit dem Bahnradius r_1 zu einem Planeten mit dem Bahnradius r_2. Offensichtlich sind r_1 und r_2 der Minimal- bzw. Maximalabstand von der Sonne auf dieser Bahnellipse (Perihel- bzw. Apheldistanz). Die große Halbachse der Bahnellipse ist $a = \frac{1}{2}(r_1 + r_2)$, die Exzentrizität $e = \frac{1}{2}(r_1 - r_2)$, also die kleine Halbachse $b = \sqrt{a^2 - e^2} = \sqrt{r_1 r_2}$. Bahnenergie, Drehimpuls und Umlaufzeit ergeben sich nach (1.95) bis (1.98) zu $W = -2GMm/(r_1 + r_2)$. $L = m\sqrt{2GMr_1 r_2/(r_1 + r_2)}$, $T = 2\pi(r_1 + r_2)^{3/2}/\sqrt{8GM}$. Wichtig, weil treibstoffverzehrend, sind die Unterschiede zwischen der Raketengeschwindigkeit am Perihel bzw. Aphel und der Geschwindigkeit des Planeten, dessen Bahn dort tangiert wird. Perihel- und Aphelgeschwindigkeit sind $v_{1,2} = L/(mr_{1,2}) = \sqrt{r_{2,1}GM/(r_{1,2}(r_1 + r_2))}$, der tangierte Planet hat dort $v'_{1,2} = \sqrt{GM/r_{1,2}}$. Für einen Flug zum Mars mit weicher Landung braucht man im ganzen folgende Geschwindigkeiten: Start von der Erde 11,2 km/s. Einschuß in die Kepler-Bahn 3,0 km/s. Anpassung an die Marsgeschwindigkeit 2,7 km/s, Landung 5,1 km/s. Beim Rückflug spart man die 11,2 km/s, da die Erdatmosphäre zur aerodynamischen Bremsung ausreicht. Man kann die Geschwindigkeiten addieren, um den Treibstoffbedarf zu erhalten, der exponentiell mit v geht: 33 km/s, die Gesamtflugzeit ist 1,4 Jahre.

1.7.26. Rotation der Galaxis

Die Masse der Sonne ist $2 \cdot 10^{30}$ kg, die der ganzen Galaxis $M > 10^{41}$ kg. Diese Masse ist zwar nicht kugelförmig, sondern als ziemlich flache Scheibe angeordnet. Größenordnungsmäßig liefert aber der Fall der Kugel das Richtige, zumal ein großer Teil der Masse im annähernd kugelförmigen Zentralteil sitzt. Die Bahngeschwindigkeit v der Sonne muß so sein, daß $v^2/r = GM/r^2$, mit $r = 3 \cdot 10^4$ Lichtjahren $\approx 3 \cdot 10^{20}$ m, also $v \approx 140$ km/s. Ein voller Umlauf würde etwa $3 \cdot 10^8$ Jahre dauern. Etwa in diesem Abstand folgen die großen Gebirgsbildungs- und Eiszeitperioden aufeinander, z. B. die variskische und die alpine Faltung oder die carbon-permischen und die quartären Eiszeiten. Herrschen an einer bestimmten Stelle der Sonnenbahn besonders „revolutionäre“ Verhältnisse? Die Rotationsgeschwindigkeit der Spiralnebel läßt sich direkt aus dem Doppler-Effekt bestimmen und liegt in der erwarteten Größenordnung.

1.7.27. Satelliten-Paradoxon

Die Bremsung in der Hochatmosphäre ist so schwach, daß die Bahn praktisch immer kreisförmig bleibt. Dann ist $W_{\text{kin}} = -\frac{1}{2}W_{\text{pot}}$. Die Reibung läßt die Gesamtenergie

$W = -W_{\text{kin}}$ abnehmen, also W_{kin} zunehmen. Das sieht wie ein rein mathematischer Trick aus. Kräftemäßig gilt aber immer $\omega^2 r = GM/r^2$, also $\omega \sim r^{-3/2}$ (*Kepler*). Wenn r langsam abnimmt, steigt ω. Sogar die Bahngeschwindigkeit steigt: $v \sim r^{-1/2}$. Die Schwerkraft gibt dem Satelliten beim Absinken mehr kinetische Energie, als ihm die Bremsung entzieht.

1.7.28. Mondfahrt

Die Energie einer Kepler-Bahn hängt von der großen Halbachse a ab wie $W = -\frac{1}{2}GMm/a$. Die Startenergie, d. h. die kinetische Energie am Perigäum ($r = R_{\text{E}}$) ist also für die Mondrakete $W_{\text{kin}} = GMm/R_{\text{E}} - \frac{1}{2}GMm/a$, für die Rakete auf der Parabelbahn $W_{\text{kin}} = GMm/R_{\text{E}}$. Der Unterschied beträgt nur $\frac{1}{2}a/R_{\text{E}} = 1/120$. Wenn man bis zum Mond schießen kann, kommt man mit 0,8 % Treibstoff-Mehraufwand auch ganz aus dem Erdschwerefeld weg. Andererseits sieht man, wie wenig Unterschied in der Anfangsgeschwindigkeit dazu gehört, um einige 100 000 km am Mond vorbeizuschießen.

1.8.1. Der brave Mann

Bezugssystem des Wassers: Das Boot macht 6,5 km/h, die Flasche bleibt auf der Stelle. Also fährt das Boot ebensolange von der Flasche weg wie es nachher zu ihr hinfährt, nämlich beidemal $\frac{1}{2}$h. Im Bezugssystem des Ufers ist es schwieriger: Stromauf macht das Boot 3,5 km/s, die Flasche treibt mit 3 km/h davon, also sind sie nach $\frac{1}{2}$h um 3,25 km auseinander. Stromab fährt das Boot mit 9,5 km/h, also mit 6,5 km/h mehr als die Flasche, die folglich nach $\frac{1}{2}$h eingeholt wird.

1.8.2. Wie verhütet man Tanker-Unfälle?

Das Problem scheint zunächst sehr kompliziert, bis man auf die Idee kommt, daß die Bewegung der Schiffe relativ zum Ufer oder zur Radaranlage gar nicht interessiert. Ob es zur Kollision kommt, hängt nur von der Relativbewegung der Schiffe ab. Man betrachte also etwa A als ruhend. Anfangsposition und Kurs von B relativ zu A ergeben sich am schnellsten graphisch durch Subtraktion der Geschwindigkeitsvektoren. Dieses Verfahren gilt natürlich auch für drei und mehr Dimensionen.

1.8.3. Hubble-Effekt

Der Schwerpunkt des Granatsplittersystems fliegt auch nach der Explosion ruhig weiter seine Bahn, falls man vom Luftwiderstand absieht, der für die Gesamtheit der Splitter größer ist als für die kompakte Granate. Im Bezugssystem des Schwerpunktes fliegen alle Sprengstücke etwa geradlinig radial auseinander; ebenso wie von jedem Splitter aus betrachtet alle anderen von diesem wegfliegen, und zwar um so schneller, je weiter sie entfernt sind. Ganz ähnlich verhalten sich die Galaxien, von einer beliebigen aus betrachtet, nur läßt sich hier aller Wahrscheinlichkeit nach kein Schwerpunkt des Gesamtsystems angeben, da die Explosion im sphärisch-geschlossenen Raum stattfindet.

1.8.4. Vollziehen Sie Copernicus nach

Diese Konstruktionen kann man nicht so vollständig beschreiben, wie sie es verdienen. Wer in der zweiten Hälfte des zweiten Jahrtausends lebt, sollte sie mindestens einmal gemacht und ihr Gegenstück am Himmel verfolgt haben. Sonst bleibt das moderne Weltbild auswendig gelerntes Schulwissen. Die erste Erkenntnis ist, daß die Rückläufigkeiten der Planeten, für die *Ptolemaios* besondere Epizyklen erfand, einfach darauf beruhen, daß die Erde den Planeten überholt bzw. von ihm überholt wird. Das entspricht der Opposition für die äußeren, der „oberen" Konjunktion für die inneren Planeten. Besonders auffällig ist das beim Mars. Daher wohl auch dessen Name: Während er hartnäckig rückwärts stürmt, schwillt er enorm an (bis Jupiter-Größe), und erst kurz bevor er aufgibt, wird er wieder kleiner (vgl. Ilias 21, 400). Auch die Unregelmäßigkeiten in diesem Verhalten sind beim Mars mit seiner stark elliptischen Bahn am auffälligsten.

1.8.5 und 1.8.6. Von Newton zu Einstein

Schupo und *Newton* haben das herkömmliche Bezugssystem des Erdbodens gegen das frei fallende System der Nonkonformisten zu verteidigen. Im letzteren lassen sich die Ereignisse zunächst viel einfacher beschreiben, denn mysteriöse Fernkräfte wie die Gravitation fallen ganz weg; alle Beschleunigungen sind auf unmittelbar verständliche Nahkräfte (Zug, Stoß usw.) zurückzuführen. *Newton* muß beschleunigt sein, weil der Garten ihn vor sich herschiebt, der Garten wird von tieferen Erdschichten geschoben – warum schiebt aber Neuseeland? Warum sind völlig freie neuseeländische Äpfel sogar mit $2g$ beschleunigt? Auch der Apfel kommt nur in seiner unmittelbaren Umgebung ohne Fernkräfte aus. Wir würden von Gezeitenkräften reden. *Einstein* würde sagen: Diese Kräfte, wie alle gravitativen Fernkräfte, beruhen darauf, daß sich die Raumkrümmung in der Umgebung von Materie nicht verzerrungsfrei auf ein ebenes Bezugssystem abbilden läßt, sei es das des Apfels oder das *Newtons*, und zwar ebensowenig, wie sich die Erdoberfläche in einer ebenen Karte darstellen läßt. Die dafür verantwortliche „absolute" Krümmung ist der eigentliche Inhalt des Einsteinschen Gravitationsgesetzes. Es geht dem Apfel wie dem Griechen, der die Erde für flach hielt und dementsprechend eine mercatorähnliche Weltkarte zeichnete. Als er unwiderlegliche skythische Berichte über Tagesmärsche in der nordrussischen Tundra erhielt, die auf seiner Karte ganz unerklärlich lang aussahen, folgerte er, die Barbaren seien mit um so größeren Kräften begabt, je weiter sie von Hellas' erschlaffender Zivilisation entfernt wohnten. – *Newton* kann übrigens noch für sich vorbringen, daß er seine Fernkräfte wenigstens symmetrisch um die offensichtlich singulären Himmelskörper verteilt, während der Apfel sie anscheinend nur auf seine eigene ziemlich bedeutungslose Person bezieht. Aber das ist mehr ein ästhetisches Argument.

1.8.7. Windrichtung

Luftmassen werden beschleunigt, wenn der Druck in einer bestimmten Richtung abnimmt (Kraftdichte $= -\operatorname{grad} p$). Auf strömende Luft wirken senkrecht zu v die Coriolis-Kraft (Kraftdichte $= 2\varrho \boldsymbol{v} \times \boldsymbol{w}$, $\boldsymbol{w}$ Kreisfrequenzvektor der Erdrotation) und entgegengesetzt zu $\boldsymbol{v}$ die Reibung (Kraftdichte $= -k\boldsymbol{v}$). Wir lassen die Reibung zunächst weg. Dann lautet die Bewegungsgleichung $\varrho\ddot{\boldsymbol{v}} = -\operatorname{grad} p + 2\varrho\boldsymbol{v} \times \boldsymbol{w}$. Großräumige und langdauernde Strömungen sind stationär, d. h. alle Beschleunigungen sind auf 0 abgeklungen. Dann folgt $2\varrho\boldsymbol{v} \times \boldsymbol{w} = \operatorname{grad} p$. Welche stationäre Strömung stellt sich bei gegebenem $\operatorname{grad} p$ ein? $\boldsymbol{v}$ steht nach Definition des Vektorproduktes auf $\boldsymbol{v} \times \boldsymbol{w}$, also auch auf $\operatorname{grad} p$ senkrecht, d. h. erstaunlicherweise kreist die Luft um die Hochs und Tiefs, ohne einen Druckausgleich zu vermitteln. Jetzt führen wir die Reibung ein. Die Bewegungsgleichung wird $\varrho\ddot{\boldsymbol{v}} = -\operatorname{grad} p + 2\varrho\boldsymbol{v} \times \boldsymbol{w} - k\boldsymbol{v}$, bei Stationarität $2\varrho\boldsymbol{v} \times \boldsymbol{w} - k\boldsymbol{v} = \operatorname{grad} p$. Überwöge das Reibungsglied, so wäre $\boldsymbol{v} = -k^{-1} \operatorname{grad} p$: Die Luft strömte direkt vom Hoch ins Tief. Der Kompromiß zwischen Coriolis-Kraft und Reibung besteht darin, daß der Wind schräg aus dem Hoch heraus und ins Tief hineinströmt. Das Tief liege z. B. westlich vom Hoch: $\operatorname{grad} p$ zeigt nach Osten, die Luft strömt etwa nach NW, die Coriolis-Kraft zeigt nach NO und addiert sich mit der Reibung, die nach SO zeigt, zum Ost-Vektor $\operatorname{grad} p$. Der Winkel zwischen $\boldsymbol{v}$ und $-\operatorname{grad} p$ hängt vom Verhältnis zwischen Coriolis-Kraft und Reibung ab. In den Tropen ist die Horizontalkomponente der Coriolis-Kraft am kleinsten, der Winkel am spitzesten: Tropische Tiefs gleicher Stärke füllen sich schneller auf. Der Koeffizient k läßt sich so abschätzen: In einer bodennahen Schicht der Dicke $d \approx 1$ m nimmt $\boldsymbol{v}$ von $\boldsymbol{v}_0$ (Höhenwind) auf 0 ab, und zwar ungefähr parabolisch: $v \approx v_0 h^2/d^2$. Der Geschwindigkeitsgradient ist $\mathrm{d}v/\mathrm{d}h \approx 2v_0 h/d^2$. Ein Luftwürfel der Kante a erfährt an seiner oberen Fläche die Kraft $a^2\eta 2v_0 h/d^2$, unten $a^2\eta 2v_0(h-a)/d^2$, im ganzen also die Bremsung $a^3 2\eta v_0 d^{-2}$. Die Kraft auf die Volumeneinheit ist $2\eta v_0/d^2$, also $k = 2\eta/d^2$. Luft hat $\eta = 1{,}7 \cdot 10^{-5}$ Pa s, also $k \approx 10^{-5}\,\mathrm{Ns/m^4}$, d. h. etwas kleiner als $2\varrho\omega$. Der Wind geht also etwa unter 45° zu $-\operatorname{grad} p$. Seine Geschwindigkeit ist bis auf Richtungscosinus $v \approx \operatorname{grad} p/(2\varrho\omega)$. Im Beispiel: $\operatorname{grad} p \approx 40\,\mathrm{mbar}/3\,000\,\mathrm{km} \approx 10^{-3}\,\mathrm{N/m^3}$, also $v \approx 7$ km/h.

1.8.8. Wer irrte hier?

Die Coriolis-Beschleunigung für einen Satelliten, der mit 8 km/s in der Äquatorebene kreist, ist $2v\omega = 1{,}6 \cdot 10^4\,\mathrm{m\,s^{-1}} \cdot 7{,}2 \cdot 10^{-5}\,\mathrm{s^{-1}} = 1{,}2\,\mathrm{m/s^2}$, also nur $0{,}12g$. Tatsächlich ist es die Zentrifugalkraft, die den Satelliten trägt. Die Coriolis-Kraft tritt überhaupt nur auf, wenn man die Bewegung im Bezugssystem des Erdbodens beschreibt. Dann ändert sich die im Inertialsystem nötige Kreisbahngeschwindigkeit von $v_0 = \sqrt{gR}$ auf $v_{1,2} = v_0 \pm \omega R$, je nachdem, ob der Satellit ost-westlich oder west-östlich kreist. Die im Erdsystem berechnete Zentrifugalbeschleunigung wäre daher im ersten Fall größer, im zweiten kleiner als g. Für den Unterschied kommt genau die Coriolis-Beschleunigung auf: $v_{1,2}^2/R \approx g \pm 2\omega v_0$.

1.8.9. Raumstation

Damit die ganze Besatzung in den Genuß der heimatlichen Beschleunigung g kommt, müssen die Mannschaftsräume als Ring z. B. vom Radius R angelegt werden, der mit der Kreisfrequenz ω rotiert, so daß $\omega^2 R = g$ (z. B. bei $R = 30$ m: $\omega = 0{,}55\,\mathrm{s^{-1}}$, $T = 11{,}5$ s). Dann ist an Bord alles normal, solange man sich nicht bewegt. Rennt jemand aber z. B. mit $v = 10$ m/s den Ringkorridor entlang, dann schiebt ihn die Coriolis-Kraft mit $2\omega v$, was im Beispiel fast gleich g ist, nach oben bzw. unten, je nachdem ob er gegen die Rotation der Station oder mit ihr läuft. Er fühlt sich also entweder doppelt so schwer oder „geht in die Luft". Die Füße, die sich sogar etwa doppelt so schnell bewegen wie der Mann, werden bleischwer oder ebenso unangenehm leicht. Für den Beobachter außerhalb der Station ist dieses Verhalten nicht erstaunlich: Der Mann, der gegen den Drehsinn läuft, steht ja eigentlich fast still, für ihn ist also die Zentrifugalkraft aufgehoben; der andere hat seine Umlaufgeschwindigkeit fast verdoppelt.

1.8.10. Berg- und Wiesenufer

Selbst ein reißender Fluß strömt im Mittel höchstens mit $v = 2$ m/s, für Flachlandflüsse ist 1 m/s schon sehr viel. Die Coriolis-Beschleunigung ist dann $2v\omega < 10^{-4}\,\mathrm{m/s^2} \approx 10^{-5}g$. Das Wasser eines 1 km breiten Stroms auf der nördlichen Halbkugel kann also tatsächlich am rechten Ufer bis zu 1 cm höher stehen als am linken. Sind Bodenwellen vorhanden, so wäre es denkbar, daß sich der Fluß nach rechts an sie heranarbeitet. Bei $v = 30$ m/s (Eisenbahn) ist $2v\omega = 5 \cdot 10^{-4}g$. Die geringste Abweichung der Gleisverlegung von der Horizontalen (um 0,1 mm) oder die leiseste Kurve (Kurvenradius ≈ 200 km!) hätte einen stärkeren Effekt auf die Asymmetrie der Abnutzung.

1.8.11. Foucault-Pendel

Hängt das Pendel am Pol, dann kann man einfach sagen: Seine Schwingungsebene bleibt raumfest, die Erde dreht sich mit ω_E darunter weg, also dreht sich die Schwingungsebene relativ zum Erdboden mit der Winkelgeschwindigkeit $\omega = -\omega_\mathrm{E}$. In der Breite $\varphi \pm 90°$ ist es schwieriger, denn die Pendelebene kann nicht raumfest bleiben, weil sich die g-Richtung, vom raumfesten System aus gesehen, ständig ändert. Wir überlegen so (Abb. 1.62): Auf der kleinen Strecke Δs, d. h. in der Zeit $\Delta t = \Delta s/v$, sammelt sich die Quergeschwindigkeit $v_\perp = a_\perp \Delta t = 2v\omega_\mathrm{E} \sin\varphi\, \Delta s/v$ an. Im Mittel gilt auf der Strecke Δs die Hälfte davon: $\overline{v}_\perp = \omega_\mathrm{E} \sin\varphi\, \Delta s$. Sie ergibt in der Zeit Δt die Ablenkung $\Delta s' = \overline{v}_\perp \Delta t = \omega_\mathrm{E} \sin\varphi \Delta s\, \Delta t$, also den Ablenkwinkel $\Delta\alpha = \Delta s'/\Delta s = \omega_\mathrm{E} \sin\varphi \cdot \Delta t$, d. h. die Drehgeschwindigkeit der Pendelebene von $\Delta\alpha/\Delta t = \omega_\mathrm{E} \sin\varphi$. In München ($\varphi = 48°$) dauert eine volle Drehung $1/\sin\varphi = 1{,}35$ Tage.

1.8.12. Schuß auf der Scheibe

In der Zeit $t = r/v$ erreicht die Kugel den Baum B, falls er auf demselben Kreis mit dem Radius $r = vt$ um M liegt wie A, aber um den Winkel ωt unter der Horizontalen. B liegt bei $x = vt\cos\omega t$, $y = vt\sin\omega t$. Die gekrümmte Bahn MB ist länger als die Gerade MA, also ist die Kugel für den Scheibenmann schneller geflogen als für den ruhenden, nämlich mit $\boldsymbol{v}'$ mit den Komponenten $\dot{x} = v\cos\omega t - vt\omega\sin\omega t$, $\dot{y} = v\sin\omega t + vt\omega\cos\omega t$, $v'^2 = v^2 + v^2\omega^2 t^2 = v^2 + \omega^2 r^2$. Der mit der Zeit anwachsende Energiezuwachs

$\frac{1}{2}m(v'^2 - v^2) = \frac{1}{2}m\omega^2 r^2$ beruht auf der Zentrifugalkraft; $m\omega^2 r$ ist die Ableitung des Zentrifugalpotentials $\frac{1}{2}\omega^2 r^2$. Dies ist in Abschn. 1.8.4 gegen die Coriolis-Beschleunigung vernachlässigt. Das ist erlaubt, wenn $\omega^2 r \ll \omega v$, also $v' \ll v$, z. B. für eine Pistolenkugel auf einer nur mit einigen U/min rotierenden Scheibe oder auf der Erde (wo als ωr nur die Differenz der Bahngeschwindigkeiten der Erde zwischen End- und Anfangspunkt der Bahn zur Geltung kommt).

1.8.13. Trägheitskräfte

Wir betrachten zwei Bezugssysteme, das Inertialsystem S und das System S', das gegenüber S mit der Winkelgeschwindigkeit ω rotiert. Die Drehachse soll durch die Ursprünge von S und S' gehen, d. h. diese Ursprünge fallen immer zusammen, und bei $t = 0$ sollen auch die entsprechenden Achsen zusammenfallen. Ein Punkt, der in S den Ortsvektor $\boldsymbol{r}$ hat, hat in S' zur Zeit $t = 0$ den gleichen Ortsvektor $\boldsymbol{r}' = \boldsymbol{r}$, aber die in beiden Systemen gemessenen Geschwindigkeiten sind verschieden. Wenn man von S aus einen Körper bei $\boldsymbol{r}$ mit $\boldsymbol{v}$ fliegen sieht, ist er in S' bei $\boldsymbol{r}'$ und fliegt mit $\boldsymbol{v}' = \boldsymbol{v} + \boldsymbol{r} \times \omega$. $\boldsymbol{r} \times \omega$ ist nämlich die Geschwindigkeit, mit der sich ein fester Punkt von S bewegt, wenn man ihn von S' aus beobachtet. Überhaupt ergibt sich die zeitliche Ableitung jedes Vektors $\boldsymbol{b}$ in S' so: Man bilde die zeitliche Ableitung $\dot{\boldsymbol{b}}$ in bezug auf S und addiere $\boldsymbol{b} \times \omega$. Wir bezeichnen die zeitliche Ableitung in S mit dem Punkt, die in S' durch $\mathrm{d}/\mathrm{d}t$. Dann wird die Beschleunigung in S'

$$\begin{aligned}\mathrm{d}\boldsymbol{v}'/\mathrm{d}t &= \dot{\boldsymbol{v}}' + \boldsymbol{v} \times \omega = \ddot{\boldsymbol{r}} + \dot{\boldsymbol{r}} \times \omega + \boldsymbol{r} \times \dot{\omega} + \boldsymbol{v}' \times \omega \\ &= \ddot{\boldsymbol{r}} + 2\boldsymbol{v}' \times \omega - (\boldsymbol{r}' \times \omega) \times \omega + \boldsymbol{r}' \times \dot{\omega}\,.\end{aligned}$$

$\ddot{\boldsymbol{r}}$ gibt die durch echte (Nichtträgheits-)Kräfte bewirkte Beschleunigung, $2\boldsymbol{v}' \times \omega$ ist die Coriolis-Beschleunigung, $-\boldsymbol{r}' \times \omega \times \omega$ die Zentrifugalbeschleunigung, $\boldsymbol{r}' \times \dot{\omega}$ die Beschleunigung infolge Änderung der Drehgeschwindigkeit. Dieser Ausdruck gibt alle Richtungseigenschaften richtig wieder: $-(\boldsymbol{r}' \times \omega) \times \omega$ zeigt immer nach außen und hat den Betrag $\omega^2 r$, wo r der Abstand senkrecht zur Drehachse ist; $2\boldsymbol{v}' \times \omega$ steht immer senkrecht auf $\boldsymbol{v}'$ und ω; $\boldsymbol{r}' \times \dot{\omega}$ steht senkrecht auf $\boldsymbol{r}'$ und ω, wenn ω sich der Größe, aber nicht der Richtung nach ändert; wenn sich ω dreht, kommt ebenfalls die richtige Beschleunigungsrichtung heraus.

1.8.14. Kosmische Tankstellen

Auf jeder Planetenbahn braucht eine Rakete die Geschwindigkeit $v_\mathrm{P}\sqrt{2}$, um aus dem Sonnensystem entweichen zu können (v_P: Kreisbahngeschwindigkeit des Planeten). Von der Erde aus sind das 42,3 km/s, vom Jupiter, der 5,2mal weiter draußen ist, also mit $v_\mathrm{P} = 13{,}2$ km/s fliegt, braucht man 18,7 km/s. Wir betrachten die Begegnung Rakete–Jupiter im Bezugssystem des Jupiter. Die Rakete beschreibt eine Kepler-Hyperbel um ihn. Der „Stoß" ist elastisch, Energie wird praktisch auf den schweren Jupiter nicht übertragen. Vor- und nachher herrscht der gleiche Geschwindigkeitsbetrag v_1'. Man richte es so ein, daß die Raketenbahn symmetrisch zur Jupiterbahn liegt mit den Asymptoten unter einem Winkel $\pm\varphi$ dazu. Aufs Bezugssystem der Sonne umgerechnet (überall v_J addiert) erhält man vor und nach dem Stoß $v_{1,2} = v_\mathrm{J}^2 - v_1'^2 \pm 2v_\mathrm{J}v_1' \cos\varphi$, also $v_2^2 = v_1'^2 + 4v_\mathrm{J}v_1' \cos\varphi$. Offenbar ist der Gewinn bei $\varphi = \pi$ maximal, also wenn die Rakete Jupiter direkt entgegenfliegt (im J-System), bzw. wenn ihre Bahn die Jupiters tangiert und sie langsamer ist als v_J. Dann ist $v_2 = 2v_\mathrm{J} - v_1$. Eine Hohmann-Ellipse tangiert und ist am ökonomischsten. Für einen beliebigen Planeten in r Erdbahnradien Abstand ist nach Aufgabe 1.7.25 die Ankunftsgeschwindigkeit $v_1 = \sqrt{2/(r(1+r))} \cdot 30$ km/s (r hier Radienverhältnis zur Erdbahn). v_2 soll mindestens die Fluchtgeschwindigkeit $v_\mathrm{P}\sqrt{2} = \sqrt{2/r} \cdot 30$ km/s sein. $2/\sqrt{r} - \sqrt{2/(r(1+r))} \geqq 2/r$. Das entspricht $r \geqq 4{,}83$. Jupiter mit $r = 5{,}2$ ist der erste Planet, bei dem der Effekt für eine Hohmann-Bahn funktioniert. Der Start von der Erde erfolgt tangential zur Bahn, also um Mitternacht nach Osten (Erdrotation ausgenutzt). Nach dem Entweichen aus dem Erdfeld müssen noch 8,3 km/s bleiben. Damit die Jupiterbahn allerdings auch nur auf 10^5 km genau tangiert wird, muß diese Geschwindigkeit auf 1 ‰ genau eingehalten (oder später korrigiert) werden. Wie nahe muß man an Jupiter vorbeizielen, damit die Ablenkung fast 180° ist? Für eine so schlanke Hyperbel mit ε wenig größer als 1 ist $b \approx p \approx L^2/Gm^2M$, $L = mbv_1'$, also $b \approx GM/v_1'^2 \approx 2{,}4 \cdot 10^5$ km ≈ 3 Jupiter-Radien. Damit erreicht man allerdings keine Umlenkung um 180°, sondern nur um $180 - 2\varphi$, wo $\varphi \approx b/a \approx (e-a)/b$. $e - a$ muß mindestens ein Planetenradius sein, also folgt $\varphi = 20°$, Umlenkung um 140°. Dabei werden noch 94 % des Maximalimpulses ausgenutzt. Man braucht nur 0,2 km/s zur Hohmann-Geschwindigkeit zuzugeben.

1.8.15. M. Cinglés Paradoxon

Damit, daß die Energie des Geschosses in den Bezugssystemen Erde und Zug verschieden ist, kann man M. Malin nicht widerlegen. Er zieht den Schuß im Wald ja nur zum Vergleich heran, sonst argumentiert er konsequent im Bezugssystem Zug. Man darf aber nicht vergessen, daß Cinglé und TGV beim Abschuß einen Rückstoß erfahren, also verlangsamt werden, wenn auch völlig unmerklich, nämlich um $w = mv/M$ (M: Masse des Zuges). Damit verringert sich die kinetische Energie des Zuges um $\frac{1}{2}Mv^2 - \frac{1}{2}M(v-w)^2 = Mwv = mv^2$, und dies sind die fehlenden zwei „Einheiten", die dem Geschoß zugute kommen müssen.

= Kapitel 2: Lösungen . . .

2.2.1. Die folgsame Garnrolle

Die Garnrolle kann so liegen, daß sich der Faden von oben oder daß er sich von unten abspult. Im ersten Fall gibt es kein Problem, dann rollt die Garnrolle immer in Richtung des Zuges am Faden. Der Faden laufe also von unten ab. Wir betrachten reines Rollen, kein Gleiten. Man hüte sich vor allem, die Rollenachse als Drehachse zu betrachten; dadurch wird alles viel schwieriger. Momentane Drehachse ist die Verbindungslinie der beiden Punkte, wo die Rolle den Boden berührt. Zieht man unter einem zu steilen Winkel, dann läuft die Verlängerung des Fadens unterhalb dieser Drehachse vorbei, und der Zug am Faden erzeugt ein Drehmoment, das die Rolle nach hinten, weiter unter das Bett dreht. Man muß so flach ziehen, daß diese Verlängerung oberhalb der Drehachse läuft. Bei sehr voller Rolle ohne erhöhten Rand ist der kritische Winkel oft sehr klein. Dann kann man notfalls etwas abwickeln, bis die Rolle gehorsamer wird.

2.2.2. Wer dreht den Kerl?

Sobald er die Kreiselachse schwenkt, empfindet der Mann ein Drehmoment, das sehr groß werden und ihn vom Schemel werfen kann, wenn er diese Schwenkung zu plötzlich macht und der Kreisel sehr massiv ist und sehr rasch rotiert. Das entgegengesetzte Drehmoment wirkt nach dem Reaktionsprinzip auf den Kreisel selbst. Die entsprechenden Kräfte sind dieselben, die den Kreisel senkrecht zu seiner Drehachse und der beabsichtigten Schwenkrichtung ausweichen lassen. Der Mann muß also nicht hochdrücken, sondern kräftemäßig so tun, als wolle er die Achse in einer horizontalen Ebene schwenken, wodurch er sich selbst in Drehung versetzt. Der entsprechende Drehmomentvektor steht z. B. im ersten Augenblick, wo die Kreiselachse noch waagerecht liegt, in Richtung der Schemelachse, allgemein immer senkrecht zur Kreiselachse. Daher hat dieses Drehmoment keinen Einfluß auf den Drehimpuls des Kreisels selbst um seine Achse. Die Rotationsenergie, die der Mensch aufnimmt, bezieht er aus der Arbeit seiner Muskeln, mit denen er sich von der Kreiselachse abdrückt.

2.2.3. Motor-Drehmoment

Dreharbeit = Drehmoment · Drehwinkel, also Leistung = Drehmoment · Winkelgeschwindigkeit, ganz analog wie sich bei Translation Leistung als Kraft · Geschwindigkeit ergibt. 1 U/min entspricht $\omega = 2\pi/60 = 0{,}105\,\mathrm{s}^{-1}$, also gibt ein Motor der Leistung P (in W) ein Drehmoment $D = P/\omega = 60P/(2\pi f)\,\mathrm{N\,m} = 9{,}5P/f\,\mathrm{N\,m}$ her. $1\,\mathrm{PS} = 736\,\mathrm{N\,m/s} = 736\,\mathrm{W}$, also mit P in PS: $D = 7\,026P/f\,\mathrm{N\,m}$. Ein 40 PS-Motor zieht bei 3 000 U/min mit 100 N m, könnte also beim Übersetzungsverhältnis 1 ein 1 000 kg-Auto mit 0,4 m Reifenradius nur eine Steigung von 2,5 % hochziehen. Selbst der 4. Gang ist also offenbar etwa 3mal untersetzt, der 1. mehr als 10mal, wenn er allen Alpenpässen gewachsen sein soll. Jede Übersetzung durch Getriebe, Riemen oder einfach durch Radienänderung läßt, bis auf Reibungsverluste, die Leistung unverändert (Energiesatz!), kann aber Drehzahl und Drehmoment in entgegengesetztem Sinn ändern.

2.2.4. Luftauftrieb

Die Laborluft (20° C) hat die Dichte $\varrho_L = 1{,}21\cdot 10^{-3}\,\mathrm{g/cm^3}$. Hat das Wägegut die Masse m und die Dichte $\varrho_W\,\mathrm{g/cm^3}$, so ist sein Gewicht um den Auftrieb $mg\varrho_L/\varrho_W$, das der Messinggewichte um $mg\varrho_L/\varrho_M$ verringert. Für jedes Gramm, das die Waage anzeigt, muß man also $\Delta m = 1{,}21(1/\varrho_W - 1/\varrho_M)$ Milligramm dazuzählen, z. B. bei $\varrho_W = 1\,\mathrm{g/cm^3}$: $\Delta m/m = 0{,}97\,\mathrm{mg/g}$.

2.2.5. Schwungrad

Die speicherbare Energie ist $W = \frac{1}{2}J\omega^2$, also mit dem Trägheitsmoment $J = \frac{1}{2}MR^2$ für eine homogene Kreisscheibe $W = \frac{1}{4}MR^2\omega^2$. Die zulässige Umfangsgeschwindigkeit $v = R\omega$ ist nach Aufgabe 3.4.2 durch die Zerreißfestigkeit σ_0 des Materials bestimmt: $\varrho v^2 \approx \sigma_0$. Die spezifische Speicherfähigkeit ergibt sich also als $W/M \approx \frac{1}{4}\sigma_0/\varrho$ und ist somit erstaunlicherweise umgekehrt proportional zur Dichte. Kunststoffe mit der Zerreißfestigkeit von Stahl, wie man sie heute herstellen kann, speichern also mehr als fünfmal besser als Stahl, nämlich mehr als 10^5 J/kg ($\sigma_0 = 10^9\,\mathrm{N/m^2}$). Ein Bleiakku von 12 V, 90 Ah, der ca. $1\,\mathrm{kWh} = 3{,}6\cdot 10^6$ J enthält, wiegt 20 kg, speichert also nicht besser als das Schwungrad. Ein 200 kg-Schwungrad kann $4\cdot 10^7$ J speichern, was bei dem nur 20%igen Wirkungsgrad des Ottomotors ca. 5 l Benzin (Brennwert $3{,}7\cdot 10^7$ J/kg) gleichwertig ist, also einen PKW ca. 50 km weit treiben könnte, bevor an der nächsten Station „aufgetankt" wird. Die einzige Schwierigkeit liegt in der Sicherheit: Wer will ein Ding unter der Kühlerhaube haben, das, wenn es platzt, Masse und Geschwindigkeit einer Granate hat? Die Schwungradachse muß senkrecht stehen, sonst erlebt man Überraschungen beim Kurvenfahren, d. h. beim Schwenken der Achse.

2.3.1. Standfeste Dose

Während der Bierspiegel (Höhe h) von „ganz voll" ($h = H$) auf „ganz leer" ($h = 0$) sinkt, fällt gleichzeitig der Schwerpunkt der ganzen Dose von $h = H/2$ auf einen zu bestimmenden Minimalwert, kommt aber für die leere Dose wieder bei $H/2$ an. Es muß also einen Füllungsgrad geben, wo der Schwerpunkt genau im Bierspiegel liegt. Der Verdacht liegt nahe, daß diese Koinzidenz etwas Besonderes bedeutet, vielleicht sogar die gesuchte tiefste Schwerpunktslage. Wir prüfen diese Vermutung und stellen uns dazu vor, das Bier sei gefroren, so daß man die Dose auf die Seite legen und den Schwerpunkt durch Balancieren auf einer Messerschneide bestimmen kann, sagen wir, mit dem gefüllten Teil der Dose rechts. Betrachten wir den Zustand, wo der Schwerpunkt im Bierspiegel liegt. Fügen wir etwas Biereis hinzu, so wird die Dose links schwerer und kippt nach dort: Der Schwerpunkt ist nach links (d. h. für die stehende Position nach oben) gerutscht. Nehmen wir etwas Bier weg, so wird sie rechts leichter und kippt ebenfalls nach links: Der Schwerpunkt ist wieder nach oben gewandert. Damit ist die Minimumeigenschaft des betrachteten Zustandes bewiesen. Wenn man so viel weiß, kann man die Höhe des tiefsten Schwerpunkts sofort angeben, sobald man das Massenverhältnis von voller und leerer Dose hat. Zum Beispiel: $m_v = 400\,\mathrm{g}$, $m_l = 100\,\mathrm{g}$. Der Schwerpunkt der leeren Dose liegt bei $H/2$, der des Bierrestes bei $h/2$; diese Restfüllung hat die Masse $m_r = (m_v - m_l)h/H$, der Schwerpunkt der Gesamtdose liegt bei

$$\eta = \frac{1}{2}\frac{m_l(H^2 - h^2) + m_v h^2}{m_l(H - h) + m_v h},$$

was gleich h sein muß (Schwerpunkt im Bierspiegel). Für unser Zahlenbeispiel: Füllungsgrad $\eta/H = 1/3$. Die analytische Lösung ist wirklich viel primitiver: Man stellt die Schwerpunktshöhe η allgemein als Funktion des Bierniveaus h dar (s. o.). Nullsetzen der Ableitung nach h ergibt dasselbe wie die Nichtanalytiker-Lösung, die den Vorzug hat, daß ihre Schlußfolgerung (Schwerpunktsminimum im Bierspiegel) z. B. auch für Flaschen gilt.

2.3.2. Kettenlinie

Faden, Seil oder Kette können Kräfte nur in ihrer eigenen Richtung übertragen: Die Kraftrichtung ist Tangentenrichtung an die gesuchte Kurve, die Kettenlinie. Die Horizontalkomponente $F_=$ ist gleich dem horizontalen Zug am Aufhängepunkt und ist überall im Faden gleich groß. Die Vertikalkomponente ändert sich, wenn man in Fadenrichtung um $\mathrm{d}s$ nach oben fortschreitet, um das Gewicht dieses Fadenstücks: $\mathrm{d}F_\parallel/\mathrm{d}s = g\varrho$ (ϱ: Fadenmasse/Längeneinheit). Die Steigung der Kettenlinie, $\mathrm{d}y/\mathrm{d}x = F_\parallel/F_=$, ändert sich also gemäß $\mathrm{d}y'/\mathrm{d}s = g\varrho/F_=$. Wegen $\mathrm{d}s = \mathrm{d}x\sqrt{1+y'^2}$ folgt daraus $\mathrm{d}y'/\sqrt{1+y'^2} = g\varrho\,\mathrm{d}x/F_=$, oder nach Integration $\operatorname{arsinh} y' = g\varrho x/F_=$ ($x = 0$ soll am tiefsten Punkt des Fadens sein, wo $y' = 0$ ist). Also $y' = \sinh(x/a)$ mit $a = F_=/g$, und $y = a\cosh(x/a)$. Die Kettenlinie ist eine cosinus hyperbolicus-Kurve. Genauere Analyse liefert einige bemerkenswerte Eigenschaften der **Kettenlinie** oder **Catenoide**: Sie ist die Evolute der Traktrix oder Schleppkurve (Aufgabe 1.2.5), d. h. sämtliche Krümmungsmittelpunkte der Traktrix bilden die Kettenlinie. Bei der Rotation um die x-Achse bildet die Kettenlinie eine Fläche, ein Catenoid, dessen mittlere Krümmung $R_1^{-1} + R_2^{-1}$ überall gleich ist (Aufgabe 3.2.10), ähnlich wie die durch Rotation der Traktrix entstehende Fläche, die Pseudosphäre, ein überall gleiches Gaußsches Krümmungsmaß $R_1^{-1} \cdot R_2^{-1}$ hat.

2.3.3. Hirtenunterschlupf

Der Witz ist, daß man von oben anfängt beim Denken, wenn man es beim Bauen schon nicht kann. Der oberste Ziegel kann offenbar fast um seine halbe Länge den darunterliegenden überragen. Der Schwerpunkt dieser beiden liegt dann auf $\frac{1}{4}$ ihrer Länge, und um soviel darf der zweite Ziegel über den dritten überragen. Die drei zusammen haben ihren Schwerpunkt auf $\frac{1}{6}$ der Länge des dritten, und dies ist dessen maximaler Überstand. Allgemein: Die n obersten Ziegel haben ihren Schwerpunkt nach Bauvorschrift am Ende des $n+1$-ten, dieser hat seinen Schwerpunkt natürlich auf der Hälfte seiner Länge, also liegt der Schwerpunkt der $n+1$ Ziegel auf $n/2$ der Länge des $n+1$-ten. N Ziegel erlauben einen Gesamt-Überhang von $\frac{1}{2}\sum_{n=1}^{N-1} 1/n$ Ziegellängen. Diese „harmonische Reihe“ ist divergent, wenn auch nur sehr langsam, d. h. man kann mit hinreichend vielen Ziegeln *jeden* noch so großen Überhang erreichen! Für eine Ziegellänge muß man 5, für zwei Längen 32, drei Längen 228, vier Längen 1675 Ziegel hochstapeln. Nicht sehr bequem zu bauen, wenn alle auf der Kippe liegen. Trotzdem sind die provençalischen „Bóris“ so gebaut (flache Platten). Der Schlußstein, der das Ganze schließlich gegen Störungen stabilisiert, klemmt nicht.

2.3.4. Rutschen oder rollen?

Wenn der Zylinder, Masse M, Radius R, mit der Geschwindigkeit v_{gl} gleitet, hat er die kinetische Energie $W_{\mathrm{gl}} = \frac{1}{2}Mv_{\mathrm{gl}}^2$. Wenn er mit der Geschwindigkeit v_{r} rollt, ohne zu rutschen, muß er mit der Winkelgeschwindigkeit $\omega = v_{\mathrm{r}}/R$ rotieren, hat also zusätzlich eine Rotationsenergie $\frac{1}{2}J\omega^2$. Sein Trägheitsmoment J ist (wie das der Kreisscheibe, (2.6)) $J = \frac{1}{2}MR^2$, also $W_{\mathrm{rot}} = \frac{1}{4}Mv_{\mathrm{r}}^2$, und die Gesamtenergie beim Rollen $W_{\mathrm{r}} = \frac{3}{4}Mv_{\mathrm{r}}^2$. Beim Heruntergleiten bzw. -rollen steht die gleiche potentielle Energie zur Verfügung (ohne Reibungseinfluß, der allerdings beim Gleiten größer ist); also ist die Rollgeschwindigkeit in jeder Höhe kleiner als die Gleitgeschwindigkeit: $W_{\mathrm{gl}} = W_{\mathrm{r}} \Rightarrow v_{\mathrm{gl}} = \sqrt{1{,}5}v_{\mathrm{r}} = 1{,}22v_{\mathrm{r}}$.

2.3.5. Hohlkugel

Man läßt die beiden Kugeln eine schiefe Ebene hinunterrollen. Die hohle hat ein größeres Trägheitsmoment, muß einen größeren Anteil der potentiellen Energie in Rotationsenergie investieren und rollt daher langsamer.

2.3.6. Schwingende Tür

Der Schwerpunkt der Tür (Masse M, Trägheitsmoment J) sei um b von der Drehachse entfernt. Dann hängt der Schwerpunkt in seiner tiefsten Lage um $b\sin\alpha$ tiefer als in seiner „Normallage“, in der die Tür dagegen um 90° geschwenkt ist. Während dieser 90°-Auslenkung übt also die Schwere im Mittel ein Drehmoment $D = W_{\mathrm{pot}}/(\pi/2) = gMb\sin\alpha/(\pi/2)$ aus, die Winkelrichtgröße ergibt sich zu $k = D/(\pi/2) = (4/\pi^2)gMb\sin\alpha$, die Schwingungsdauer zu $T = 2\pi\sqrt{J/k} = \pi^2\sqrt{J/(gMb\sin\alpha)}$. Ist die Tür symmetrisch gebaut zu einer normalerweise senkrechten Achse durch den Schwerpunkt, so ist das Trägheitsmoment um diese Achse $J' < Mb^2$, also um die Achse, die durch die Angeln geht, nach dem Steinerschen Satz $Mb^2 < J < 2Mb^2$. Also ergibt sich $14\sqrt{b/(2g\sin\alpha)} < T < 14\sqrt{b/(g\sin\alpha)}$. Die genauere Rechnung nach der sphärischen Trigonometrie liefert für kleine Auslenkungen (das Kraftgesetz ist nicht exakt quasielastisch) $T = 2\pi\sqrt{J/(2gMb\sin\alpha)}$, also etwa halb so viel. Die Ableitung ergibt sich aus Abb. L.4: Stünden die Angeln senkrecht, dann würde sich der Schwerpunkt längs der horizontalen Bahn BAA' schwenken. In Wirklichkeit läuft er auf einem dagegen um α geneigten Kreis BCC'. Es sei C' die tiefste Schwerpunktlage. Beim Ausschwenken um φ aus dieser Lage liegt der Schwerpunkt bei C, d. h. um $h = b\sin\eta$ tiefer als bei senkrechten Angeln, wo er bei A läge. η ergibt sich aus dem Sinussatz im Kugeldreieck ABC: $\sin\eta = \sin\alpha\sin(90° - \varphi) = \sin\alpha\cos\varphi$. Es ist also $h = b\sin\alpha\cos\varphi$, d. h. das Kraftgesetz ist genau im gleichen

Grade quasielastisch wie beim Fadenpendel. $b \sin\alpha$ spielt die Rolle der Pendellänge. Beim Fadenpendel ist $h = l\cos\varphi$, $J = Ml^2$, es folgt hier wie dort $T = 2\pi\sqrt{J/(Mgl)}$.

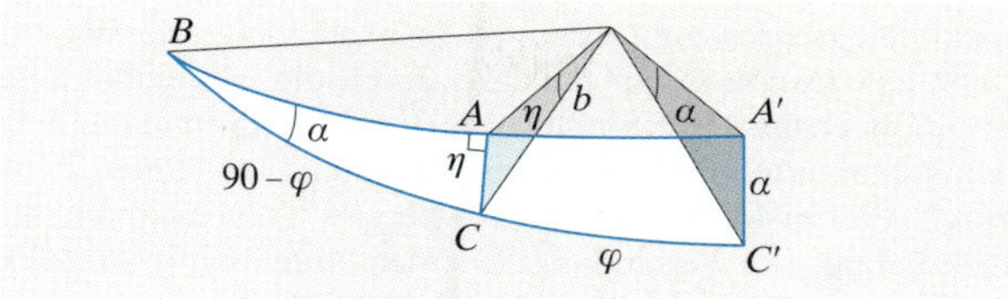

Abb. L. 4. Weg des Schwerpunktes einer Tür mit senkrechten Angeln (BAA') und mit schrägen Angeln (BCC')

2.3.7. Auswuchten von Rädern

Statische Unwucht äußert sich darin, daß die Achse nicht durch den Radschwerpunkt geht, dynamische darin, daß die Achse nicht mit einer Hauptträgheitsachse zusammenfällt. Dynamische Unwucht kann auch vorliegen, wenn die statische ausgeglichen ist. Sie macht sich erst beim Rotieren durch Ansätze zu Nutationsbewegungen um die Hauptträgheitsachse bemerkbar. Ein Dutzend Steine von etwa 1 cm Durchmesser haben zusammen 10 bis 20 g. Bei $v = 160\,\mathrm{km/h} = 45\,\mathrm{m/s}$ – dies ist auch die Bahngeschwindigkeit des Reifenumfangs – zerrt eine Zentrifugalkraft von $mv^2/r \approx 100\,\mathrm{N}$ periodisch seitlich an der Achse. Falscher Radsturz führt zu erhöhter Abnutzung innen oder außen auf der Lauffläche. Da der Materialverlust normalerweise gleichmäßig über den Umfang verteilt ist, sollte er die Auswuchtung nicht beeinträchtigen. Hat man Ausgleichsgewichte von verschiedener Größe, die man in festem Abstand (am Felgenrand) festklemmt, so reicht für das statische Auswuchten schon eines aus. Für das dynamische Auswuchten braucht man u.U. ein weiteres.

2.3.8. Sprungbrett

Wenn das Sprungbrett mit der Amplitude a und der Periode T, also der Kreisfrequenz $\omega = 2\pi/T$ schwingt, hat sein Endpunkt die Maximalgeschwindigkeit $v = a\omega$ (1,2 m/s). Läßt der Springer bei der Vorwärtsneigung α_0 seinen Füßen diese Geschwindigkeit erteilen, so nimmt sein Körper eine Drehgeschwindigkeit $\dot\alpha = v\sin\alpha_0/H$ ($\approx 0{,}6\,\mathrm{s}^{-1}$) an, dazu eine Aufwärtskomponente der Translation von $v_a = v\cos\alpha_0$. Sein Drehimpuls ist, wenn er sofort abspringt, $L = Jv\sin\alpha_0/H$. Mit dieser Winkelgeschwindigkeit $\dot\alpha$ vollführt er einen vollen Salto ($\alpha = 2\pi$) in $t = 2\pi H/(v\sin\alpha_0)$ ($\approx 10\,\mathrm{s}$), wenn er ausgestreckt bleibt. Durch Zusammenrollen des Körpers kann er sein J fast auf 1/10 verringern, also $\dot\alpha$ fast verzehnfachen und den Salto auf etwas mehr als 1 s, d. h. die Fallzeit für 5 m, zusammendrängen.

2.3.9. Kippende Mauer

Stehende Mauer der Höhe H: Auf ein Stück dx der Mauer wirkt senkrecht zur Mauer die Kraft $dF = \varrho Ag\sin\alpha\,dx$ (A: Querschnittsfläche der Mauer, ϱ: Dichte des Materials). Auf einen Querschnitt im Abstand h vom Boden wirkt das Knickmoment $D(h) = \int_h^H (x-h)\,dF(x) = \frac{1}{2}\varrho Ag\sin\alpha(H-h)^2$. Dieses Moment ist maximal, nämlich $D_{\max} = \frac{1}{2}\varrho AgH^2\sin\alpha = \frac{1}{2}MgH\sin\alpha$ am Fuß der Mauer. Dort bricht sie, wenn $D_{\max}$ größer ist als das Zusammenhaltmoment D_Z, das der Mörtel ausübt. Mit einer Zerreißspannung σ folgt $D_Z = \frac{1}{2}\sigma bd^2$ (b: Breite, d: Dicke der Mauer); oder mit der Zerreißgewichtslänge l, definiert durch $\sigma = g\varrho l$, bricht die Mauer bei $\sin\alpha \geq ld/H^2$.

Kippende Mauer der Höhe H: Die unteren Ziegel würden, wenn die Mauer nicht zusammenhielte, früher auf dem Boden aufschlagen. Wenn die als Ganzes kippende Mauer allen Ziegeln die gleiche Fallzeit aufnötigt, entstehen Spannungen, die zum Knicken mit dem Bauch voran führen. Aus der Bewegungsgleichung $J\ddot\alpha = D$ mit $J = \frac{1}{3}MH^2$, $D = \frac{1}{2}MgH\sin\alpha$ folgt $\ddot\alpha = \frac{3}{2}gH^{-1}\sin\alpha$ für das ungebrochene Kippen. Ein Mauerteil in der Höhe x wird dabei mit $x\ddot\alpha = \frac{3}{2}gxH^{-1}\sin\alpha$ beschleunigt. Die Fallbeschleunigung senkrecht zur Mauer ist im Bezugssystem der Erde $g\sin\alpha$, also die Beschleunigung im Bezugssystem der kippenden Mauer $g\sin\alpha(1-\frac{3}{2}x/H)$. Auf einen Querschnitt in der Höhe h wirkt jetzt seitens der darüberliegenden Mauerteile das Knickmoment

$$\begin{aligned} D(h) &= \int_h^H (x-h)\varrho Ag\sin\alpha(1-\tfrac{3}{2}x/H)\,dx \\ &= -\tfrac{1}{4}Mg\sin\alpha\, h(1-h/H)^2\,. \end{aligned}$$

Dieses Moment ist maximal, nämlich $D_{\max} = -\frac{2}{27}MgH\sin\alpha$, für $h = \frac{1}{3}H$. Dort wird die Mauer brechen, und zwar bei einer Neigung mit $\sin\alpha = \frac{27}{4}ld/H^2$. Von diesem Bruch an können die oberen $\frac{2}{3}$ frei fallen, während im unteren Drittel u.U. weitere Brüche eintreten können.

2.3.10. Flugzeuglandung

Zunächst rutschen die Räder über die Piste. Die Reibung μMg und ihr Moment $T = \mu Mgr$ versetzen sie allmählich in Drehung (M: Flugzeugmasse, r Reifenradius, Moment T für alle Räder zusammen). Winkelbeschleunigung $\dot\omega = T/J = \mu Mg/(mr)$ (m: Masse aller Räder). Wenn die Räder nicht mehr gleiten, sondern „fassen", ist $\omega r = v$ (v Landegeschwindigkeit). Dies erreichen sie nach der Zeit $t = v/(\dot\omega r) = vm/(\mu Mg)$. In dieser Zeit rutscht das Flugzeug die Strecke $x = vt = mv^2/(\mu Mg)$. Die Reibung verrichtet auf dieser Strecke die Arbeit $W = Fx = mv^2$. Genau die Hälfte steckt in der Rotationsenergie der Räder, die andere Hälfte muß in Wärme übergehen. Geringes v verringert W, große Reifen- und Felgenfläche verbessern die Wärmeabgabe.

2.4.1. Radl-Gleichgewicht

Gegen ein kippendes Drehmoment D, das z. B. von einer Schrägstellung um den Winkel α herrührt, $D = mgh\sin\alpha$, schützt sich der Radler, indem er eine Kurve vom Krümmungsradius R beschreibt, deren Zentrifugalkraft ein entsprechendes Moment ausübt: $D_Z = mv^2h\cos\alpha/R = D$, also $R = v^2/(g\tan\alpha)$. Das gelingt mit einer um so flacheren Kurve, je größer v ist, z. B. bei $v = 36\,\mathrm{km/h} = 10\,\mathrm{m/s}$ und

$\alpha = 30°$ mit $R = 17$ m. Bei $v = 3{,}6$ km/h kippt man aus dieser Schrägstellung unweigerlich um, denn $R = 0{,}17$ m kann man nicht fahren. Will der Radler von sich aus in die Kurve gehen, kann er das nicht mit $\alpha = 0°$ tun, sonst würde ihn das Zentrifugalmoment umkippen. Um sich schrägzulegen, macht er meist einen kleinen „Schlenker", d. h. eine Schwenkung der Lenkstange in entgegengesetzter Richtung (betrachten Sie Ihre Radspur im Sand!).

2.4.2. Nutation

Wir behandeln den weitaus wichtigsten Fall des symmetrischen Kreisels: Figurenachse ist Hauptträgheitsachse, ebenso ist das jede dazu senkrechte Achse. Die entsprechenden Trägheitsmomente sind $J_\parallel$ und $J_\perp$, wobei $J_\parallel \neq J_\perp$ (sonst hätten wir den „Kugelkreisel", der nicht nutiert). Die momentane Rotation sei durch ω gegeben; ihre Achse stehe unter dem Winkel φ zur Figurenachse. Wir benutzen ein „raumfestes" Bezugssystem R, das an einer evtl. Translation des Kreisels teilnimmt, aber nicht an seiner Rotation, und ein „kreiselfestes" System K, definiert durch die Hauptträgheitsachsen. Beider Ursprung 0 liege im Schnittpunkt der Hauptachsen, und momentan sollen auch die Achsenrichtungen zusammenfallen. Die Komponentenzerlegung von $\boldsymbol{\omega}$ ist $\boldsymbol{\omega} = (\omega_\parallel, \omega_\perp, 0)$. Wenn der Kreisel keiner äußeren Kraft ausgesetzt ist, bleibt sein Drehimpuls $\boldsymbol{L}$ im raumfesten System konstant. Er hat die Komponenten $\boldsymbol{L} = (L_\parallel, L_\perp, 0) = (J_\parallel\omega_\parallel, J_\perp\omega_\perp, 0)$ und bildet den Winkel ψ zur Figurenachse. Da $J_\parallel \neq J_\perp$, schließen ω und $\boldsymbol{L}$ einen Winkel $\alpha = \varphi - \psi$ ein. Ein raumfester Punkt im Abstand a von der Drehachse läuft, von K aus gesehen, mit der Winkelgeschwindigkeit ω, also der Bahngeschwindigkeit $v = \omega a$ um diese Achse. Der Endpunkt des an 0 angetragenen raumfesten Vektors $\boldsymbol{L}$ z. B. läuft mit $\dot{L} = \omega L \sin\alpha$ um die Drehachse, oder einfacher und vollständiger mit $\dot{\boldsymbol{L}} = \boldsymbol{\omega} \times \boldsymbol{L}$. Hierin steckt speziell $\dot{\boldsymbol{L}} \perp \boldsymbol{L}$. $\boldsymbol{L}$ muß also auch um die Figurenachse umlaufen. Der entsprechende Weg ist $2\pi L \sin\psi$ und wird in der Zeit $T = 2\pi \sin\psi/(\omega \sin\alpha)$ zurückgelegt. Von R aus gesehen nutiert umgekehrt die Figurenachse um $\boldsymbol{L}$ mit der gleichen Periode. Wir brauchen noch α. Es ergibt sich aus seinem Tangens:

$$\tan\alpha = (\tan\varphi - \tan\psi)/(1 + \tan\varphi \cdot \tan\psi) = \frac{\omega_\perp(J_\parallel - J_\perp)}{\omega_\parallel(J_\parallel + J_\perp\omega_\perp^2/\omega_\parallel^2)}\,.$$

Bei kleinen Winkeln φ und α ist $\tan \approx \sin \approx$ Winkel, $\omega_\perp \ll \omega_\parallel$, $L \approx \omega_\parallel J_\parallel$, also die Nutationsperiode $T \approx 2\pi J_\perp/(\omega(J_\parallel - J_\perp))$. Für die Erde mit Polradius a, Äquatorradius b ist $J_\parallel \sim b^2$, $J_\perp \sim ab$, also $T = b(a-b)^{-1}2\pi/\omega = 300$ Tage ($2\pi/\omega = 1$ Tag). Mit dieser „Euler-Periode" würde eine starre Erde auf Massenverlagerung in und auf ihr, d. h. auf Verschiebungen zwischen Figuren- und Drehachse reagieren. Da sie nicht starr ist, ergibt sich tatsächlich die „Chandler-Periode" von 420 Tagen. Jahreszeitliche atmosphärische Massenverlagerungen scheinen den Hauptanlaß zur Nutationsamplitude zu geben, die einige Meter beträgt.

2.4.3. Polschwankung

Kugel: Jeder Durchmesser ist Hauptträgheitsachse mit dem gleichen Trägheitsmoment. Kreisscheibe und Kreiszylinder: Die Symmetrieachse ist Hauptträgheitsachse mit maximalem oder minimalem J, je nach Länge des Zylinders; jede Achse senkrecht dazu durch die Mittelebene ist ebenfalls Hauptachse. Hantel: Die Verbindungslinie der beiden Kugelmitten hat minimales, jede Achse senkrecht dazu durch die Griffmitte gleiches maximales Trägheitsmoment. Erde-Mond: Die Verbindungslinie der Mitten hat minimales J. Jede Achse senkrecht dazu durch den Schwerpunkt, der noch innerhalb des Erdkörpers liegt, hat maximales J. Alle genannten Achsen können als stabile freie Drehachsen dienen, denn sie haben extremales Trägheitsmoment. Präzession der Erdachse: s. Aufgabe 2.4.6; Nutation: 2.4.2. Ein kurzer Stoß hat nicht die Zeit, die Kreiselachse wesentlich zu schwenken, ändert aber natürlich den Drehimpuls und löst damit i. allg. Nutationen aus. Planetoid Eros mit ca. 30 km Durchmesser, also $m \approx 10^{16}$ kg und $v \approx 20$ km/s, wenn er z. B. streifend in der Polargegend aufschlüge, erteilte der Erde ein Zusatz-Drehmoment $L' = mvR \approx 10^{27}\,\mathrm{m^2\,kg/s}$ senkrecht zum normalen $L = 3 \cdot 10^{34}\,\mathrm{m^2\,kg/s}$. Das Gesamtmoment weicht daher nur um den Winkel $L'/L \approx 10^{-7}$ von der Figurenachse ab, also an der Erdoberfläche nur um etwa 1 m, weniger als bei der üblichen Polschwankung. Die Folgen des Aufpralls würden also in der normalen Chandler-Nutation untergehen. Die Katastrophe würde sich auf die Erdoberfläche beschränken, wo sie allerdings ziemlich total wäre.

2.4.4. Paradoxer Kreisel

Man nehme das Rad eines Fahrrades mit den Enden seiner ungefähr horizontal gestellten Achse in beide Hände, setze es in kräftige Rotation und lasse mit einer Hand los. Die Achse kippt nach unten, es sei denn, daß man schon kurz vor dem Loslassen der erwarteten Präzessionsbewegung folgt, was man fast automatisch tut, da man sofort spürt, wohin die Achse will. In jede andere Richtung ist sie außerordentlich schwer zu schwenken. Rotiert das Rad sehr langsam, dann ist diese Präzession sehr schnell, man kann ihr kaum folgen, und die Achse kippt ab. Folgt man ihr aber exakt, dann bleibt der Winkel der Achse zum Lot sehr lange erhalten, bis die Reibung die Rotation selbst aufgezehrt hat. In diesem Versuch müssen zwei Einflüsse der Hand gut unterschieden werden: (1) Sie folgt der Präzession der Achse; täte sie das nicht, würde die Achse abkippen. (2) Sie prägt der Achse gleich zu Anfang ihre stationäre Präzessionsbewegung auf; täte sie das nicht, brauchte diese eine gewisse Zeit, um sich aufzubauen, und zwar um so länger, je langsamer die Rotation, also je schneller die Präzession ist. Sei J' das Trägheitsmoment des Rades um eine senkrechte Achse, die durch die haltenden Finger läuft ($J' \approx ma^2$, m Masse des Rades, a halbe Achslänge), J das Trägheitsmoment um die Radachse selbst ($J \approx mr^2$, r Radius des Rades), ω die Rotations-Kreisfrequenz, $D \approx gma$ das Drehmoment, mit dem die Schwerkraft die Achse zu kippen sucht. Dann ist die stationäre Präzessionsfrequenz $\omega' = D/(J\omega)$, und die

Präzession repräsentiert den Drehimpuls $L = \omega' J' = J'D/(J\omega)$. Nehmen wir an, wir lagern ein Ende der Achse so, daß diese der Präzession frei folgen kann, aber daß der Aufbau der Präzession nicht begünstigt wird, wie das die Hand fast unbewußt tut. Dann braucht das Drehmoment D eine Zeit $t = L/D = J'/(J\omega)$, um die stationäre Präzession aufzubauen. Wir vergleichen diese Zeit mit der Dauer des Kippens, die von der Größenordnung $\tau = \sqrt{a/g}$ ist (vgl. Abschn. 2.3.4). Wenn $\tau \gg t$, ist das Abkippen während der Beschleunigungsphase fast unmerklich; wenn $\tau \ll t$, steht die Achse schon praktisch senkrecht, bevor sich die Präzession aufbauen kann. Der Übergang zwischen den beiden scheinbar qualitativ verschiedenen Verhaltensweisen liegt bei $\tau \approx t$, d. h. $\omega \approx \omega_K \approx J'/J \cdot \sqrt{g/a}$, für das Rad $\omega_K \approx a^2/r^2 \cdot \sqrt{g/a}$. Bei einem Rad ist $J' \ll J$ und daher ω_K ziemlich klein. Ein Spielkreisel hat $J' \gtrsim J$ und muß sich viel schneller drehen oder steiler stehen, damit er nicht umfällt.

2.4.5. Saros-Zyklus

Die Anziehung durch die Sonne wird im Mittel durch die Bahn-Zentrifugalkraft des Systems Erde-Mond ausgeglichen: $mv^2/a = GmM/a^2$. In Neu- oder Vollmondstellung ist der Mond der Sonne aber um r näher bzw. ferner, also wirkt eine Gezeitenkraft $F_G = \mp 2GmMr/a^3 = \mp 2mv^2 r/a^2$ auf ihn und übt ein Drehmoment $D = 2mv^2 r^2 \sin 5{,}15°/a^2$ aus. Dieses Drehmoment wirkt allerdings nur etwa die Hälfte des Monats in dieser Stärke. Rechnung: der Mond sei auf seiner Monatsbahn um einen Winkel φ von der Neumondstellung entfernt. Die Gezeitenkraft ist dann um den Faktor $\cos\varphi$ kleiner als F_G, denn der Abstand von der Erdbahn ist um soviel kleiner. Auch der Kippwinkel ist um den gleichen Faktor verringert, das Drehmoment also um $\cos^2\varphi$. Der Mittelwert von $\cos^2\varphi$ ist aber $\frac{1}{2}$. Ein weiterer Faktor $\frac{1}{2}$ resultiert daraus, daß die Mondbahn nicht immer, wie hier angenommen, genau gegen die Sonne hin gekippt ist. So ergibt sich das mittlere Drehmoment zu $D = mv^2 r^2 \cdot \sin 5{,}15°/2a^2$. Der Mondkreisel hat den Drehimpuls $L = mv_M r$. Er präzediert unter dem Einfluß von D mit der Winkelgeschwindigkeit $\omega = D/(L \sin 5{,}15°) = \frac{1}{2} rv^2/(v_M a^2)$. Alle rechts auftretenden Brüche sind Winkelgeschwindigkeiten von Erde bzw. Mond. Also ist die Präzessionsperiode $T = 1\,\text{Jahr} \cdot 1\,\text{Jahr}/\frac{1}{2}\,\text{Monat} \approx 20\,\text{Jahre}$. Dieser Präzessionszyklus ist der Saros-Zyklus, der die Perioden von Sonnen- und Mondfinsternissen beherrscht und tatsächlich 18,5 Jahre dauert.

2.4.6. Präzession der Erdachse

Der Äquatorwulst enthielte bei homogener Dichteverteilung etwa $\frac{1}{150}$ der Erdmasse: $(a^2b - b^3)/b^3 \approx 2(a-b)/b$. In Wirklichkeit ist die Dichte an der Oberfläche nur etwa halb so groß wie die mittlere, also hat der Wulst etwa $\frac{1}{300}$ der Erdmasse. Säße diese Masse ganz z. B. auf der sonnenzugewandten Seite der Erde, dann übte diese ein Drehmoment $D = mv^2R^2 \sin 23{,}4°/a^2$ auf den Erdkreisel aus (Ableitung vgl. Aufgabe 2.4.5). Die Verschmierung um den ganzen Äquator gibt wieder einen Faktor $\frac{1}{2}$. Der Drehimpuls der Erde ist (etwas kleiner als bei der gleichschnell rotierenden homogenen Kugel, vgl. Aufgabe 1.7.18) $L = 0{,}7 \cdot 0{,}6 MR^2 v_E/R$. Die Präzession erfolgt also mit der Winkelgeschwindigkeit

$$\omega = \frac{D}{L \sin 23{,}4°} = 1{,}2 \frac{m}{M} \frac{v^2 R}{v_E a^2} = \frac{1}{250} \frac{v}{a} \frac{R}{v_E} \frac{v}{a} = \frac{1}{250} \frac{\omega_{\text{Jahr}}}{\omega_{\text{Tag}}} \omega_{\text{Jahr}} ,$$

die Periode ist $T = 250 \cdot 1\,\text{Jahr} \cdot 1\,\text{Jahr}/1\,\text{Tag} = 90\,000$ Jahre. Die Mondgezeiten sind 2,4mal stärker (vgl. Aufgabe 1.7.17), insgesamt wird also die Präzessionsperiode um den Faktor 3,4 kürzer als der obige Wert: $T = 27\,000$ Jahre (in Wirklichkeit: 26 000 Jahre). Die Lage der Jahreszeiten auf der Erdbahn, m. a. W. die jahreszeitliche Stellung der Sonne zum Fixsternhimmel ändert sich mit dieser Periode, die schon den Chaldäern bekannt war und von *Hipparch* (um 150 v. Chr.) genauer studiert wurde. *Laplace* zeigte, daß diese Periode aus der Kreiseltheorie folgt.

2.4.7. Wer verhindert das Kippen?

Der Kreisel sei ein Rad, das um eine horizontal liegende Achse rotiere. Wir nehmen an, der Kreisel präzediere „richtig“, d. h. mit der von der Theorie gegebenen Kreisfrequenz $\omega' = D/(J\omega)$ (D: Kippmoment, $J\omega$: Drehimpuls der Achsrotation) und setzen uns in das Bezugssystem der Rotationsachse, das mitpräzediert, aber nicht mitrotiert. In diesem System erfahren die Teile des Kreisels, die sich momentan auf- oder abwärts bewegen, keine Coriolis-Kräfte, denn ihr v ist parallel zum ω des Bezugssystems. Aber die Teile oben und unten, deren v senkrecht zu ω sind, werden nach innen bzw. außen gedrückt, so daß ein Gegenmoment gegen das Kippmoment entsteht. Die Coriolis-Beschleunigung für einen Teil des Rades, der um den Winkel φ von „oben“ entfernt ist, dessen Momentan-Bahngeschwindigkeit also den Winkel $90° - \varphi$ mit ω bildet, ist $a_C = 2v\omega \cos\varphi$. Der Beitrag dieses Teils zum Drehmoment wird gemessen durch die Armlänge $r\cos\varphi$ (r: Radius des Rades). $\cos^2\varphi$ hat den Mittelwert $\frac{1}{2}$, also ist das Coriolis-Kippmoment $D_C = mv\omega' r = m\omega\omega' r^2 = J\omega\omega'$. Da $\omega' = D/(J\omega)$, ist dieses Moment genau entgegengesetzt gleichgroß wie das der Schwere. Bei zu schneller Präzession überwiegt D_C, die Achse richtet sich auf, bei zu langsamer Präzession überwiegt D, die Achse kippt abwärts.

2.4.8. Kreiselkompaß

Auf jeden Teil eines Kreisels außerhalb seiner Achse wirkt eine Coriolis-Kraft, die senkrecht auf seiner Bahngeschwindigkeit und auf der Erdachse steht. Beim symmetrischen Kreisel erfahren zwei Punkte, die symmetrisch zur Achse liegen, Kräfte in der von Erd- und Kreiselachse bestimmten Ebene, die ein Kräftepaar bilden, das die Kreiselachse in Richtung der Erdachse zu kippen sucht. Wenn die Kreiselmasse m überwiegend in einem Ring vom Radius R konzentriert ist, der mit ω rotiert, ist dieses Drehmoment annähernd $m\omega R\omega_E \sin\varphi$ (φ: Kippwinkel gegen Erdachse,

ω_E: Winkelgeschwindigkeit der Erde). Bei $\omega R = 100$ m/s folgt $\omega R\omega_E \approx 10^{-2}\,\mathrm{m\,s^{-2}}$. Gegen ein evtl. Kippmoment der Schwerkraft bei nichtzentraler Lagerung könnte dieses Moment nichts ausrichten, aber bei sorgfältiger Lagerung überwindet es leicht die Reibung. – In einer Kurve vom Radius r kompensieren einander die Momente der Zentrifugalkraft auf den Kreisel. Es bleibt die zusätzliche Coriolis-Kraft infolge der Rotation um eine Achse, die durch den Krümmungsmittelpunkt der Kurve und (bei horizontaler Bahn) den Erdmittelpunkt geht. $\omega = v/r$ ist i. allg. viel größer als ω_E; damit der Kompaß nicht in Richtung dieser Rotationsachse mißweist, macht man sein Trägheitsmoment so groß, daß er solchen meist relativ kurzzeitigen Momenten nicht erheblich nachgibt. Bei der Fahrt auf einem Großkreis ergibt sich eine Mißweisungskomponente in Richtung der Achse dieses Großkreises. Bei Schiffsgeschwindigkeiten ist dieser Einfluß gering. Für ein Flugzeug, das mit 460 m/s ostwestlich längs des Äquators fliegt, ist keine Rotation vorhanden, denn es steht immer am gleichen Punkt des raumfesten Bezugssystems. Sein Kreiselkompaß ist im indifferenten Gleichgewicht. Bei westöstlichem Flug verdoppelt sich die Richtkraft ohne Richtungsänderung, der Kompaß spricht stärker ohne Mißweisung an. Bei nichtäquatorialem Flug sind Korrekturen anzubringen. Fester Kurs, d. h. fester Winkel zum Meridian, bedeutet Abweichung vom Großkreis (Loxodrome). Hier überlagert sich die Mißweisung der Großkreisfahrt mit dem kleineren Effekt der „Kurve", d. h. der Abweichung vom Großkreis.

2.4.9. Geschoßdrall

Ohne diese Kreiselwirkung der Drallstabilisierung würde die Geschoßachse unter dem heftigen Luftwiderstand wild zu schwanken beginnen. Wenn das Geschoß sich durch den Lauf schrauben muß, dreht es sich beim Vorwärtsschieben um dx um einen Winkel $d\varphi$, so daß $r\,d\varphi = dx \tan\alpha$. Entsprechend ist seine Winkelgeschwindigkeit $\omega = v\tan\alpha/r$. Die Gesamtenergie (Translation + Rotation) ist $\frac{1}{2}mv^2 + \frac{1}{2}J\omega^2$. Der Zylinder hat $J = \varrho l \int 2\pi r^3\,dr = \frac{1}{2}\pi l r^4 = \frac{1}{2}mr^2$, also folgt $\mu = m(1+\frac{1}{2}\tan^2\alpha)$. Für $v_0 = 1\,500\,\mathrm{m\,s^{-1}}$ (entsprechend einem Brennwert von 6 000 J/g mit $m_{\mathrm{Pulver}} \approx m_{\mathrm{Geschoß}}$ und über 50 % Energieverlust) folgt bei $2r = 76$ mm eine Rotationsfrequenz von 2 300 Hz. Das 5 kg-Geschoß mit $J = 4\cdot10^{-3}\,\mathrm{kg\,m^2}$ hat den Drehimpuls $L = 60$ Js. Der Luftwiderstand übt auf das um β gegen die Bahn geneigte Geschoß (das ja seine Einstellung beibehalten möchte) ein Drehmoment von etwa $\sin\beta D\varrho_L v^2 lrl \approx 100\sin\beta$ aus. Das führt zu einer Präzession mit $\omega_P = D/(L\sin\beta) \approx 1\,\mathrm{s^{-1}}$: Präzessionsperiode einige Sekunden. Diese Periode ist nicht klein gegen die Gesamtflugzeit, manchmal sogar größer. Die Geschoßachse zeigt also überwiegend auf die Seite der Bahnebene, wohin sie zuerst ausweicht. Bei Rechtsdrall ist das die rechte. Der schräge „Fahrtwind" schiebt daher das Geschoß nach rechts (viel mehr als die Coriolis-Kraft).

2.4.10. Sonnensystem

In einer Kugel gleichförmiger Dichte ist ω unabhängig von r. Das folgt aus der Parabelform des Potentials (Abb. 1.50, genauer begründet Abschn. 6.1.4 und Aufgabe 6.1.6). Nimmt die Dichte nach außen ab, tut es auch ω. In der Spiralgalaxie mit massivem Kern gelten angenähert die Kepler-Gesetze, speziell das dritte: $\omega^2 r = GM/r^2$, also $\omega = \sqrt{GM/r^3}$. Wenn ein Bereich vom ursprünglichen Radius R_0 sich verdichtet, rotiert er in seinem eigenen Bezugssystem, das mit ω ums Zentrum der Galaxie läuft, mit $\omega' = R_0\,d\omega/dr$ und hat einen Drehimpuls $L \approx MR_0^2\omega' \approx MR_0^3\,d\omega/dr \approx M^2\varrho_0^{-1}\,d\omega/dr$, den er auch behält. Für eine Spiralgalaxie schätzen wir $d\omega/dr \approx 10^{-35}\,\mathrm{m^{-1}\,s^{-1}}$ (aus $M \approx 10^{40}$ kg, $r \approx 10^{20}$ m). Wenn die Verdichtung durch Anlaufen der Kernfusion zum Stern geworden ist, hat sie den Radius R_1. Das Verhältnis von Zentrifugalkraft zu Gravitation ist dann $\omega_1^2R_1^3/(GM) \approx (d\omega/dr)^2M/(R_1\varrho_0^2G)$. Einsetzen der Zahlenwerte liefert für die Sonne ein Verhältnis um 10. Tatsächlich hat die Sonne ja auch den größten Teil ihres Drehimpulses ins Planetensystem gesteckt – wie, das ist noch nicht ganz geklärt. Der Schweredruck im Sterninnern ist $p \sim M^2/R^4$ (Aufgabe 5.2.6), die Dichte $\varrho \sim M/R^3$, also die Temperatur $T \sim p/\varrho \sim M/R$. Danach sollte, wenn T im Zentrum aller Sterne gleich ist, auch M/R und damit das Verhältnis Zentrifugalkraft/Gravitation gleich sein. In Wirklichkeit ist $R \sim M^{0,6}$, und daher sinkt bei sehr schweren Sternen, die auch sehr hell und heiß sind (oben links in der Hauptreihe des Hertzsprung-Russel-Diagramms), dies Verhältnis unter 1. Sie konnten sich ohne Abspaltung eines Planetensystems bilden, rotieren dafür aber, wie der Doppler-Effekt in ihren Spektren zeigt, auch sehr viel schneller als die Sonne. Jedenfalls läßt sich auf dieser Basis ein ziemlich konsistentes Bild von der Entstehung des Sonnensystems zeichnen, wenn es auch nicht das einzig mögliche ist.

Kapitel 3: Lösungen . . .

3.1.1. Seemannsgarn?

Die Kompressibilität des Wassers ist $5\cdot10^{-6}\,\mathrm{cm^2/N} = 5\cdot10^{-5}\,\mathrm{bar^{-1}}$. In 10 km Tiefe herrschen 1 000 bar. Das Wasser ist dort also um 5 % dichter. Die mittlere Dichte der Materialien eines Schiffes müßte genau zwischen 1,02 (Seewasser an der Oberfläche) und 1,07 g/cm^3 liegen, damit es schweben bliebe. Gewöhnlich bleibt Luft im Wrack. Sie komprimiert sich viel stärker, also nimmt die Sinktendenz mit zunehmender Tiefe zu.

3.1.2. Aufstieg

Beim Aufstieg aus 10 km Tiefe dehnt sich das Wasser aus. Die dazu nötige Energie wird seinem Wärmevorrat entzogen und kann ihm bei schnellem (adiabatischem) Aufstieg nicht durch Wärmeleitung zurückerstattet werden. Die Expansionsenergie ist $\frac{1}{2}V\kappa(p_1^2 - p_2^2) = 25\,\text{bar}\cdot V$, oder pro Liter $2{,}5\cdot 10^3$ J. Das Wasser kühlt sich um 0,6 K ab.

3.1.3. Schwingende Säule

Steht die Flüssigkeit in einem Schenkel um $2h$ höher als im anderen, d. h. um h höher als im Gleichgewicht, dann übt sie eine Kraft $F = -2g\varrho Ah$ aus. Die ganze Flüssigkeitssäule der Masse $m = \varrho LA$ wird dadurch mit $\ddot{h} = F/m = -2gh/L$ beschleunigt. Da die Kraft proportional zur Auslenkung ist, schwingt die Säule harmonisch um die Gleichgewichtslage, und zwar mit der Kreisfrequenz $\omega = \sqrt{2g/L}$ und der Periode $T = 2\pi\sqrt{\frac{1}{2}L/g}$, ebenso wie ein Pendel mit der Fadenlänge $L/2$.

3.1.4. Wasserverdrängung

Wenn das Schiff schwimmt, verdrängt es so viel Liter Wasser, wie seiner Masse (in kg) entspricht. Wenn es gesunken ist, verdrängt es so viel, wie seinem Volumen (in l) entspricht. Die Masse (in kg) ist größer als das Volumen (in l), selbst wenn das Wrack noch z. B. Luft enthält, denn sonst würde es nicht sinken. Also ist die Wasserverdrängung im gesunkenen Zustand geringer, d. h. der Wasserspiegel muß fallen, während das Schiff sinkt.

3.1.5. Tiefgang

Wasserdichte und damit Auftrieb sind verschieden. Dichten in kg/m^3: Flußwasser 999,7 (10 °C), 995,7 (30 °C); Atlantik (34 g/l Salz) 1 033, 1 030, 1 027, 1 024 bei 0, 10, 20, 30 °C; Mittelmeer (38 g/l, 20 °C) 1 030, Schwarzes Meer (16 g/l) 1 012, Asowsches Meer (3 g/l) 1 003. Bei 12 m Tiefgang sind die 4 Meermarken etwa 3 cm auseinander, T und F etwa 18 cm. Cuxhaven: 19 t zu, Gibraltar knapp 3 t zu, Istanbul 14 t ab, Kertsch 9 t ab.

3.1.6. Ballspiel

In jeder Zeitspanne τ soll der Ball auf die gleiche Höhe steigen, also $\tau/2$ steigen, $\tau/2$ fallen, wobei er $g\tau/2$ Steiggeschwindigkeit verbraucht bzw. Fallgeschwindigkeit ansammelt. Der Spieler muß die Geschwindigkeit bei jedem Auftreffen um $2g\tau/2 = g\tau$ ändern, also den Impuls $mg\tau$ erteilen. In der Sekunde ($1/\tau$-maliges Auftreffen) wird der Impuls mg übertragen. Für sehr kleines τ ruht der Ball praktisch auf der Hand des Spielers, die Impulsübertragung pro Sekunde mg erweist sich als praktisch konstante Kraft, nämlich als das Gleichgewicht des Balles. Maximale Steighöhe $h = g\tau^2/8$, bei $\tau = \frac{1}{5}$ s ist $h = 5$ cm.

3.1.7. Gasdruck

Der Kolben der Fläche A werde durch die Kraft F in das Gas hineingedrückt. Damit er trotzdem „in gleicher mittlerer Höhe schwebt“ (vgl. Aufgabe 3.1.6), muß er durchschnittlich alle τ Sekunden einen Stoß mit dem Impuls I erhalten, so daß $I/\tau = F$. I ist gleich der Impulsänderung des auf- und rückprallenden Moleküls, bei senkrechtem Aufprall $I = 2mv$. Die mittlere Stoßfrequenz ergibt sich (Abschn. 5.2.1) zu $1/\tau = Anv/6$, woraus folgt $F = \frac{1}{6}Anv2mv$ oder $p = F/A = nmv^2/3$. In der Zeit t erfolgen durchschnittlich $z = t/\tau$ Stöße. Die wirkliche Anzahl weicht hiervon nach *Poisson* um etwa $\Delta z = \sqrt{t/\tau}$ ab. Die relative Schwankung ist $\Delta z/z = \sqrt{\tau/t}$. Das ist auch die Größe der relativen Druckschwankungen $\Delta p/p$ innerhalb dieser Zeit t (vgl. Aufgabe 3.1.6). Für längere Zeiten sind sie völlig zu vernachlässigen. Selbst ein kleiner Kolben (1 cm^2) zittert nur um $h \approx 10^{-45}$ cm ($\tau \approx 10^{-23}$ s).

3.1.8. Magdeburger Halbkugeln

Die Trennkraft ist kleiner als $4\pi r^2 p = 40\,000$ N, denn nur die Kraftkomponente normal zur Trennfläche zählt. Sie wird durch den Querschnitt πr^2 gemessen: $F = \pi r^2 p = 10\,000$ N. Acht Pferde (die anderen acht dienen nur als Widerlager) brauchen sich nicht sehr anzustrengen.

3.1.9. Reifendruck

An Stellen, wo die Reifenwand die normale, gewölbte Form hat, nimmt er den Innendruck nach dem Prinzip der Seifenblase (3.13) auf (wir betrachten den Reifen hier als Membran ohne innere Steifigkeit, die nur Tangentialkräfte übertragen kann). Die plattgedrückte Reifenfläche kann keine solchen Kräfte nach innen ausüben und drückt daher genau mit dem Gasdruck auf die Straße. Ein auf 2 bar aufgepumpter Reifen, belastet mit $\frac{1}{4}$ des PKW-Gewichts, also etwa 2 500 N, bildet also eine Auflagefläche von 250 cm^2, also wie eine Männer-Schuhsohle. Wenn der Peripheriewinkel des plattgedrückten Reifenstücks 2α beträgt, wird dieses Stück maximal um $R(1-\cos\alpha) \approx \frac{1}{2}R\alpha^2$ nach innen gedrückt. Dies darf höchstens $b/2$, die halbe Reifenbreite betragen, also $\alpha \approx \sqrt{b/R} \approx 0{,}3$. Die Auflagefläche ist dann etwa $2bR\sin\alpha \approx 2bR\alpha \approx 2b^{3/2}R^{1/2}$. Bei einer Belastung mit $F \approx 500$ N muß $p \approx F/(2R^{1/2}b^{3/2}) \approx 1$ bar sein. Das Reifenvolumen $\frac{1}{4}\pi b^2 2\pi R$ ist 2,5 l. Bei $p = 2$ bar muß man also 5 l Luft oder 6,5 g hineinpumpen. Die isotherme Aufpumparbeit ist $p_1V_1\ln(V_1/V_2) \approx 350$ J, etwa die Steigarbeit für zwei Stockwerke. Wer schnell pumpt, pumpt adiabatisch und muß mehr Arbeit verrichten, weil die erhitzte Luft einen größeren Gegendruck ausübt. Wir wollen ja nach dem Abkühlen 2 bar im Reifen haben. Das Arbeitsintegral $W = \int p\,\mathrm{d}V = \int p_1V_1V^{-\gamma}\,\mathrm{d}V$ ist um den Faktor $(2^{\gamma-1}-1)/(\gamma-1)\ln 2 = 1{,}15$, also um 53 J größer als beim Langsampumper. Diese Zusatzenergie erhitzt die Luft. Die 6,5 g Luft haben eine Wärmekapazität von etwa 6 J/K, erwärmen sich also um annähernd 10 K. In der Pumpe und im Ventil ist die Erhitzung natürlich bedeutend stärker, weil der Widerstand des Spalts unter dem Ventilgummi mit zu berücksichtigen ist.

3.2.1. Spritzer

Wenn man einen Tropfen abschleudert, tritt die Schleuderbeschleunigung a an die Stelle der Schwerebeschleunigung g oder addiert sich dazu. Der Tropfen reißt bei einer Masse m ab, die gegeben ist durch $ma = \frac{4}{3}\pi r^3\varrho a = 2\pi\sigma R$, also $r = \sqrt[3]{3\sigma R/(2\varrho a)}$. Das Tropfenvolumen geht wie a^{-1}. Entsprechend geformte Ultraschall-Transducer können an der Spitze mehr als $a = 10^6\,g$ erzeugen (das entspricht etwa der Zerreißfestigkeit des Materials selbst). Als Röhrchen mit $R = 0{,}1$ mm ausgebildet, schleudern sie Tröpfchen um

10 µm Durchmesser ab. Ein Stahlröhrchen mit $R = 20\,\mu$m, das mit $\nu = 500$ Hz und $A = 2$ mm Amplitude schwingt, hat an der Spitze $a = A\omega^2 \approx 1\,800g$, erzeugt also Tröpfchen um 100 µm. Fast alle anderen Flüssigkeiten haben ein kleineres σ/ϱ, also kleinere Tropfen (Tabelle 3.1).

3.2.2. Ballonrakete

Die Hülle des Luftballons habe die Masse m, etwa 2 g. Erfahrungsgemäß dauert es etwa 5 s, bis die 5 l Luft ganz herausgepfiffen sind. Die Ausströmrate ist also etwa $\mu = 1$ g/s, die Ausströmgeschwindigkeit bei $A \approx 0{,}6\,\text{cm}^2$ Öffnung $w \approx V/(tA) \approx 16$ m/s, also der Schub $F = \mu w \approx 0{,}02$ N. Dieser Schub beschleunigt den Ballon, der im Durchschnitt samt Füllung die Masse 5 g hat, mit etwa 20 m/s^2. Bliebe die Beschleunigungsrichtung erhalten, so führte diese mittlere Beschleunigung nach einigen Zehntelsekunden zu einer stationären Geschwindigkeit, die gemäß $\frac{1}{2}A\varrho v^2 = F$ einige m/s beträgt. Die momentanen Werte können viel höher werden: Die Gummihaut verhält sich annähernd wie eine Seifenhaut, d. h. der Überdruck innen ist proportional zu r^{-1}. Das erklärt, warum man zum Aufblasen zuerst viel mehr Druck braucht. Nach *Torricelli* ist die Ausströmungsgeschwindigkeit $w = \sqrt{2\,\Delta p/\varrho} \sim r^{-1/2}$ und damit der Schub $F = w\mu = w\varrho A w = \sqrt{2A}\,\Delta p \sim r^{-1}$. Der Luftwiderstand ist $\sim r^2$, also die stationäre Geschwindigkeit $v \sim F/r^2 \sim r^{-3}$. Je leerer der Ballon ist, desto wilder schießt er hin und her.

3.2.3. Tropfenbildung

Ebenso wie die Seifenhaut von Aufgabe 3.2.10 hat ein zylindrischer Wasserstrahl die Tendenz, sich einzuschnüren. Wenn er länger ist als $\frac{2}{3}$ seines Durchmessers, wird seine Form instabil, und er zerfällt bei der leisesten Störung in Abschnitte, die sich zu Tropfen abrunden. Man erkennt das am einfachsten daran, daß der Strahl infolge Reflexion nach allen Seiten zu glitzern anfängt. Die Störungen, die das Zerbrechen in Tropfen auslösen, kann man durch das unmerkliche Wackeln der Ausflußdüse erzeugen, die von einem Schallgeber berührt wird. Die Tropfenfolge gibt dann die Schallschwingungen wieder und verstärkt sie erheblich, wenn man den Strahl auf eine Membran trommeln läßt. Ein elektrisches Feld, schon z. B. eine geriebene Glasstange, influenziert die Tröpfchen so, daß ihre ungleichnamig geladenen Oberflächen einander anziehen: Sie vereinigen sich, der Strahl bleibt länger glatt.

3.2.4. Wasserkurve

In einem Spalt der Breite b zwischen zwei benetzbaren Platten bildet das Wasser eine zylindrische Oberfläche mit dem Krümmungsradius $r = b/2$ und steht um $h = 2\sigma/(b\varrho g)$ höher als normalerweise (Kapillarsog $-\Delta p = \sigma/r$ nach oben!). Bei der gewählten Anordnung nimmt die Spaltbreite z. B. nach rechts linear von 0 auf B zu: $b = Bx/d$. Daher bildet die Wasserfläche zwischen den Platten eine Hyperbel $h = 2\sigma d/(\varrho g B x)$.

3.2.5. Saftsteigen

Eine Steighöhe von 150 m ist im Prinzip erreichbar. Man braucht einen Kapillardurchmesser von etwa 0,1 µm. Selbst sehr viele solche Röhren können aber nicht im eigentlichen Sinn Flüssigkeit fördern. Zum Absaugen brauchte man, um den Kapillarsog zu überwinden, den gleichen Unterdruck von 15 bar, als ob man gleich direkt um 150 m hochsaugen wollte. Natürlich gibt es einen solchen Unterdruck gegen den Luftdruck nicht: Man kann höchstens um 10 m hochsaugen. Anders ist das, wenn das „Absaugen“ durch Verdunstung erfolgt. Der Baum muß also durch Ventilation dafür sorgen, daß auch das Blattinnere, wo die Kapillaren enden, eine geringere als die Sättigungsfeuchte hat.

3.2.6. Blasendruck

Damit die Seifenblase im Kräftegleichgewicht ist, muß innen ein Überdruck Δp herrschen, der folgender Bedingung genügt: Vergrößert man den Blasenradius um δr, d. h. das Volumen um $4\pi r^2\,\delta r$, dann leistet der Druck die Arbeit $4\pi r^2\,\delta r\,\Delta p$. Gleichzeitig muß man zur Vergrößerung der Oberfläche um $4\pi(r+\delta r)^2 - 4\pi r^2 = 8\pi r\,\delta r$ die Arbeit $8\pi r\,\delta r\,\sigma$ aufbringen. Beide Arbeiten müssen gleich sein: $\Delta p = 2\sigma/r$.

3.2.7. Tauziehen

An der Grenzfläche zwischen Wasser und Alkohol sucht jede der Flüssigkeiten ihre eigene Oberfläche zu minimieren, indem sie sich zurückzieht. Das Wasser hat die größere Oberflächenspannung und gewinnt bei diesem Tauziehen. Der Alkohol geht mit, denn seine Grenzflächenenergie gegen Wasser ist kleiner als gegen Luft. Die Mischbarkeit von Wasser und Alkohol zieht die scharfe Grenzfläche zu einer kontinuierlichen Übergangszone auseinander, ändert aber nichts Wesentliches.

3.2.8. Fleckentferner

Fetthaltiges Benzin hat eine höhere Oberflächenspannung als sauberes und zieht dieses daher nach außen, wobei es nach dem Verdampfen den Schmutz als Rand ablagert. Man ziehe mit dem sauberen Benzin einen Ring um das schmutzige. Dieses zieht sich auf die Mitte zurück und kann dort mitsamt dem Schmutz mit einem Lappen abgesaugt werden.

3.2.9. Molekularkräfte

Eine Kraft, die auf einer Strecke d von wenigen Å eine Energie W von der Größenordnung 0,1 J/m^2 hervorbringt, muß etwa $F = W/d \approx 10^9\,\text{N/m}^2$ sein. Das entspricht der Zerreißfestigkeit von Qualitätsstahl.

3.2.10. Catenoid

Wenn die Ringe offen sind, herrscht innen und außen der gleiche Druck. Unter diesen Umständen muß das mittlere Krümmungsmaß $1/r_1 + 1/r_2$ der Seifenhaut Null sein. Der Ringradius R zwingt der Haut in der einen Richtung einen positiven (konvexen) Krümmungsradius auf. Also muß die Krümmung in der anderen Richtung negativ (konkav) sein, d. h. die Haut hängt nach innen durch und wird zur Sattelfläche. Eine *ähnliche* Fläche erhält man, wenn man die beiden Ringe durch viele zunächst senkrechte Fäden verbindet und dann gegeneinander verdreht. Allerdings entsteht so ein einschaliges Rotationshyperboloid, das *nicht* überall die Krümmung 0 hat. Legt man die Trommel auf die Seite, dann sieht ihr Profil aus wie eine Kette, die unter ihrem eigenen Gewicht durchhängt. Diesmal täuscht die Analogie nicht. Die Kette bildet eine cosh-Kurve. Durch ihre Rotation um die x-Achse entsteht ein Catenoid. Für welche Kurve $r(z)$ hat der Körper, der durch Rotation dieser Kurve um die $r = 0$-Achse entsteht, die kleinste Oberfläche $A = 2\pi \int r\sqrt{1 + r'^2}\mathrm{d}z$? Dieses Variationsproblem liefert die Euler-Lagrange-Gleichung $1 + r'^2 = r^2$ (vgl. Aufgabe 18.4.24), die durch $r = R\cosh(z/R)$ gelöst wird. Daß diese Fläche überall die Krümmung 0 hat, ist differentialgeometrisch etwas umständlicher nachzuweisen. Der eine Hauptkrümmungsradius r_1, nämlich der mit minimaler, d. h. am stärksten negativer Krümmung, ergibt sich, indem man längs der Seitenlinie der Trommel geht. Die maximale Krümmung erfolgt dagegen nicht in der x-y-Ebene (außer an der engsten Stelle der Trommel), sondern in einer Ebene, die die Normale zur Seitenlinie enthält. Aus den Eigenschaften der cosh-Kurve folgt, daß die Trommel im Verhältnis zu ihrem Radius R nicht zu lang werden kann. Ihre Länge $2L$ muß sich mit R durch $R = a\cosh L/a$ verknüpfen lassen, sonst gibt es keine stabile Seifenhaut. Wir schreiben dies als $\alpha u = \cosh u$ mit $u = L/a$ und $R = \alpha L$. Diese Gleichung hat nur dann reelle Lösungen (i. allg. zwei), wenn α größer ist als der Wert, der der Tangente an die cosh-Kurve vom Ursprung aus entspricht. Diese Tangente ist gegeben durch $\alpha u = \cosh u$, $\alpha = \sinh u$, also $u = \coth u$, d. h. $u = 1{,}2$; $\alpha = 1{,}5$. Nur für $L < R/1{,}5$ ergibt sich eine stabile Haut. Zieht man die Ringe weiter auseinander, dann zerreißt die Trommel, und in jedem Ring entsteht eine einfache ebene Haut. Um einen geraden Zylinder zwischen den Ringen zu ziehen, muß man einen Innendruck von σ/R anwenden (nicht $2\sigma/R$ wie bei der Kugel gleichen Radius, denn der Zylinder hat nur *eine* Krümmung).

3.3.1. Nachtverkehr

Wenn der Verkehr stationär fließt, sind Strom- und Bahnlinien identisch (abgesehen von einzelnen Fahrbahnwechslern). Wenn die Zeitaufnahme eine Ampelschaltung umfaßt, ist das nicht mehr der Fall. Stromröhren sind die Fahrbahnen (Straßenhälften). Eine Verengung bringt nur dann keine Stauung, wenn sich alle stetig „einfädeln" (Stromlinien) und in der Engstelle dichter oder schneller fahren. Die Polizei mißt den Fluß durch ein Kabel, das allerdings den Richtungssinn nicht anzeigt (im Vertrauen auf Respektierung durchgehender Linien). Die Strömung ist nicht inkompressibel. Vor der roten Ampel ist die Divergenz negativ, vor der grünen positiv. Solche Stellen sind Senken bzw. Quellen im Sinn von $\dot{\varrho}$. Andere Quellen und Senken für das Photo sind Unterführungen, Parkhäuser usw., Rotationsfreiheit gilt nur, wenn auf gerader Straße auf allen Spuren gleichschnell gefahren wird, bzw. wenn der Kreisverkehr „starr" rotiert (ω konstant).

3.3.2. Gezeitenstrom

Bei horizontalem Boden und Strömung in West-Richtung ohne Reibung folgt aus der Divergenzfreiheit nur, daß v überall horizontal ist (Boden ist Stromröhrenstück) und sich in west-östlicher Richtung nicht ändert. Nord-südliche und tiefenmäßige Verteilung wären noch beliebig. Wirbelfreiheit schließt Nordsüd-Variation aus. Innere Reibung verlangt Proportionalität von v mit der Höhe z über dem Boden: $v = az$. Je stärker die „Tide drückt" oder „zieht", desto größer ist a. Wenn der Boden mit $\tan\alpha = b$ nach Westen zu ansteigt, ist die Tiefe $h = bx$ (x: Abstand von der Küste) und $v \sim h^{-1}$. Daher die riesigen Tidenhübe in entsprechend gelegenen Buchten (Mt. St. Michel 12 m; Fundy-Bay noch mehr).

3.3.3. Feldeigenschaften

Indizes hinter dem Komma bedeuten Ableitung nach der entsprechenden Koordinate. $\operatorname{grad} u = (u_{,x}, u_{,y}, u_{,z})$. $\operatorname{rot}\operatorname{grad} u = (u_{,zy} - u_{,yz}, u_{,xz} - u_{,zx}, u_{,yx} - u_{,xy})$. Alle drei Komponenten verschwinden wegen der Vertauschbarkeit der Ableitungen. $\operatorname{rot} v = (v_{z,y} - v_{y,z}, v_{x,z} - v_{z,x}, v_{y,x} - v_{x,y})$, $\operatorname{div}\operatorname{rot} v = (v_{z,yx} - v_{y,zx} + v_{x,zy} - v_{z,xy} + v_{y,xz} - v_{x,yz})$. Auch hier findet man drei Paare identischer Glieder mit verschiedenen Vorzeichen, die sich wegheben.

3.3.4. Aufrahmung

Ein Fetttröpfchen vom Radius r und der Dichtedifferenz $-\Delta\varrho$ gegen Wasser erfährt den Auftrieb $F = \frac{4}{3}\pi\Delta\varrho\, r^3 g$. Er schiebt das Tröpfchen mit der Geschwindigkeit $v = F/(6\pi\eta r) = \frac{2}{9} r^2\,\Delta\varrho\, g/\eta$ aufwärts. Für die ca. 10 cm bis zur Oberfläche brauchen die Tröpfchen in Stallmilch etwa 10 Stunden, für homogenisierte Ladenmilch zehnmal so lange. Die Tröpfchenradien ergeben sich daraus zu 4 µm bzw. 1,2 µm. Eine Zentrifuge mit dem Trommelradius $R = 20$ cm und 3 000 U/min, d. h. $\omega \approx 300\,\mathrm{s}^{-1}$ erzeugt ein Zentrifugalfeld von etwa $2\,000\,g$, reduziert also die Trennzeit um den gleichen Faktor, d. h. auf einige Minuten.

3.3.5. Stokes-Rotation

Wenn die Hantel aus zwei Kugeln vom Radius r im Mittelpunktsabstand $2a$ besteht, bedeutet ihre Drehung mit der Winkelgeschwindigkeit ω um eine Achse senkrecht zum Hantelgriff, daß jede Kugel sich mit $v = a\omega$ durch die Flüssigkeit bewegt. Dazu muß nach *Stokes* an jeder Kugel die Kraft $F = 6\pi\eta v r = 6\pi\eta a r\omega$ angreifen, also ein Drehmoment $D = F2a = 12\pi\eta a^2 r\omega$. Das ist das Stokes-Gesetz für Rotation. Es läßt sich angenähert auf andere Formen übertragen. Die größte Ausdehnung senkrecht zur Drehachse geht quadratisch, die Ausdehnung in Achsenrichtung linear in den Drehwiderstand ein. Bei einigermaßen rundlichen Körpern ist der Drehwiderstand größenordnungsmäßig gleich η mal dem sechsfachen Volumen. Die Form wird durch einen Faktor berücksichtigt, den *Perrin* für Rotationsellipsoide berechnet hat.

3.3.6. Hovercraft

Wenn das Luftkissen 15 t auf einer Fläche von $130\,\mathrm{m}^2$ tragen soll, muß in ihm ein Überdruck von $\Delta p = 1{,}5 \cdot 10^5\,\mathrm{N}/130\,\mathrm{m}^2 \approx 0{,}01$ bar herrschen. Dieser Druck fällt kurz außerhalb der berandenden Gummimanschette auf 0 ab, was nach *Bernoulli* oder *Torricelli* zu einer Strömungsgeschwindigkeit $v = \sqrt{2\Delta p/\varrho} \approx \sqrt{2 \cdot 10^3\,\mathrm{Nm}^{-2}/1{,}3\,\mathrm{kg\,m}^{-3}}$ ≈ 40 m/s führt. Bei 5 cm hat der Schlitz etwa $2{,}5\,\mathrm{m}^2$ Querschnitt, also ist der Luftverlust $\dot{V} = A'v = 100\,\mathrm{m}^3/\mathrm{s}$.

Diese Luftmenge oben anzusaugen und auf den erforderlichen Überdruck zu bringen, erfordert eine Kompressorleistung $\dot{V}\,\Delta p = 100\,\mathrm{m^3/s} \cdot 10^3\,\mathrm{N/m^2} = 10^5\,\mathrm{W} \approx 130\,\mathrm{PS}$. Die Schlitzbreite regelt sich bei gegebener Motorleistung selbst: Hebt sich das Boot zu sehr, so geht mehr Luft verloren, der Überdruck nimmt ab, das Boot senkt sich, und umgekehrt. Kommt die Fahrtgeschwindigkeit in die Nähe der Abströmgeschwindigkeit ($\approx 140\,\mathrm{km/h}$), dann wird ein wesentlicher Teil des Luftkissens beim Fahren abgestoßen. Schneller kann das Boot bei vernünftiger Motorleistung auch infolge des Luftwiderstandes nicht fahren: Dieser ist bei 140 km/h $F_\mathrm{W} \approx \frac{1}{2} A\varrho v^2 \approx 10^4\,\mathrm{N}$, die Leistung gegen ihn $F_\mathrm{W} v \approx 4 \cdot 10^5\,\mathrm{W} \approx 530\,\mathrm{PS}$.

3.3.7. Wasserleitung

Aus Kostengründen muß der Radius r so klein gehalten werden, wie das mit einem vernünftigen Druckabfall verträglich ist. Man stelle sich das Wasserleitungsnetz einer Stadt hierarchisch gestaffelt vor: Stadt, Stadtteil, Straße, Block, Haushalt. Jede Einheit enthalte etwa 10 Untereinheiten. Die Flächen, die Einwohnerzahlen und der Verbrauch steigen von Einheit zu Einheit um den Faktor 10, die Rohrlängen um 3–4. Man verlange, daß der Druckabfall in den Zuleitungen jeder Stufe gleich ist, etwa 0,2 bar. Dann braucht der zentrale Wasserturm nur etwa 15 m höher zu sein als das höchste Haus, und es bleibt doch bei Spitzenverbrauch noch mehr als 0,5 bar Druck am Hahn übrig. Für einen Haushalt sei die Spitze 0,5 l/s. Bei laminarem Strom ist der Druckabfall an einem mit v durchflossenen Rohr $\Delta p/l = 8\eta v/r^2$. Das gilt, solange $Re = \varrho v r/\eta < Re_\mathrm{kr} \approx 1\,500$ ist. Für größere Re ist der Poiseuille-Widerstand mit Re/Re_kr zu multiplizieren: $\Delta p/l = \varrho v^2/200\,r$. Ersetzt man v durch den Strom $I = \pi r^2 v$, dann wird im laminaren Fall $\Delta p/l = 2{,}5 \cdot 10^{-3} I/r^4$, im turbulenten $\Delta p/l = 0{,}5 I^2/r^5$; $Re = 3 \cdot 10^5 I/r$ (Werte für Wasser im SI: I in $\mathrm{m^3/s}$, r in m). Der Übergang erfolgt bei $Re \approx 1\,500$, d. h. $I \approx r/200$. Für den Haushalt fällt man so mit $r = 0{,}9\,\mathrm{cm}$ und 30 m individueller Zuleitung schon ins turbulente Gebiet. Da r von Stufe zu Stufe langsamer steigt als I, sind die Rohre höherer Ordnung erst recht turbulent. Die Rohrradien steigen mit dem Faktor $\sqrt{10} \approx 3$ ($r^5 \sim I^2 l$). Mit vernünftigen Längen von 30, 100, 300, 1 000, 3 000 m erhält man die Durchmesser 18, 55, 170, 550, 1 700 mm.

3.3.8. Flugdaten

Wenn die Luft unten mit v, oben mit $v + \Delta v$ an der Tragfläche vorbeiströmt, entsteht ein Bernoulli-Druck $\Delta p \approx \varrho v\,\Delta v$. Soll er das Flugzeug auf einer Fläche A tragen, dann muß $\varrho v\,\Delta v = mg/A$ sein. Der Rumpf trägt mindestens ebensoviel wie eine Tragfläche. Man erhält $v\,\Delta v = 2 \cdot 10^3\,\mathrm{m^2/s^2}$, also bei $\Delta v = 0{,}1v$ eine Fluggeschwindigkeit von $v = 140\,\mathrm{m/s} = 500\,\mathrm{km/h}$. Bei der Startbeschleunigung $a = 3\,\mathrm{m/s^2}$, entsprechend dem Schub $F = ma = 4 \cdot 10^5\,\mathrm{N}$, müßte die Startbahnlänge $l = v^2/2a \approx 3\,\mathrm{km}$ sein. Dieser Schub $F = \mu w$ verlangt bei $w = 3\,\mathrm{km/s}$ eine Ausstoßrate von $\mu \approx 130\,\mathrm{kg/s}$. Die Treibgase stammen gemäß $C_6H_{14} + 9{,}5\,O_2 \rightarrow 6\,CO_2 + 7\,H_2O$ zu 22 % aus dem Benzin, zu 78 % aus der Luft. Beim Start werden also knapp 30 kg/s Benzin verbrannt. Der Start dauert knapp 50 s, verbraucht also knapp 1,5 t Benzin. Fast die Hälfte des Startgewichts ist Brennstoff. Das reicht beim Dauerverbrauch von 3 kg/s etwa 6 Stunden, d.h. für etwa 5 000 km Aktionsradius. In Wirklichkeit werden die Werte für Startbahnlänge und Startgeschwindigkeit etwas reduziert durch die Schrägstellung von Tragflächen und Startklappen, die für einen etwas höheren Unterschied Δv der Strömungsgeschwindigkeiten sorgen. Beim Horizontalflug ist Δv dagegen etwas kleiner, solange man noch in Bodennähe ist. In 11 km Höhe hat die Luft nur noch $\frac{1}{4}$ der Dichte, also muß man bei $\Delta v \approx 0{,}1v$ etwa mit 1 000 km/h fliegen.

3.3.9. Seltsamer Antrieb

Ausprobieren zeigt, daß das Boot mit einigen km/h vorwärts fährt. Natürlich übertragen Seil und Füße beim Zurückfallenlassen genau den entgegengesetzten Impuls wie beim Hochreißen, aber beim schnellen Reißen verhält sich das Wasser wegen $F \sim v^2$ fast wie eine feste Wand und nimmt einen großen Teil des Impulses auf, beim langsamen Zurückfallenlassen kommt er hauptsächlich dem Boot zugute. Im Schnee, besonders auf glattgefahrenem, ist der Effekt sehr viel geringer, im Weltraum ist er nicht vorhanden.

3.3.10. Herbstlaub

Zunächst fällt das Blatt überwiegend in Richtung seiner eigenen Ebene. Es gleitet auf dem Luftpolster abwärts, hat aber dabei immer noch eine gewisse Sinkgeschwindigkeit direkt nach unten, wird also nicht parallel zu seiner Ebene angeströmt, sondern ein bißchen von vorn-unten her. Die Stellung einer Platte parallel zur Strömung ist instabil, denn jede Abweichung erzeugt ein Drehmoment, das die Platte senkrecht zur Strömung zu stellen sucht. Eine solche Abweichung ist beim oben geschilderten Strömungsbild von vornherein da, und zwar im Sinne eines Hochkippens, d. h. einer Hebung der Vorderkante, die ursprünglich tiefer war. Sonst könnte das Blatt ebensogut abkippen, d. h. zum Sturzflug übergehen. Dies passiert noch am leichtesten bei sehr leichtem Blattmaterial, wo die Sinkgeschwindigkeit und damit die Unsymmetrie des Strömungsbildes am kleinsten ist. – Nach einer Zeit, die um so länger ist, je schwerer das Blattmaterial ist, ist das Blatt so weit gekippt, daß der vergrößerte Luftwiderstand das Gleiten weitgehend bremst. Meist erreicht man dabei eine Schrägstellung entgegengesetzt zur ursprünglichen, bei der das Gleiten wieder einsetzt. So wiederholt sich der Zyklus. Ein Blatt fällt auf diese Weise nicht weit vom Stamm. Der Fernflug wird verbessert, wenn man dieses Pendeln unterdrückt, z. B. durch Propeller- und Kreiselwirkung stabilisiert wie beim Lindensamen. Manche sagen sogar, der Samen bohre sich nach diesem Spiralflug in die Erde, aber dazu reicht die kinetische Energie wohl doch nicht aus (sonst wäre es auch besser, nur einen Samen an den Propeller zu hängen, nicht zwei oder drei, wie üblich).

3.3.11. Whirlpool

Der Tee rotiere, von oben gesehen, „links herum“, d.h. ebenso wie die Erde, wenn man auf den Nordpol schaut. Wir begeben uns jetzt ins rotierende Bezugssystem des Tees, oder vielmehr der Hauptmasse des Tees, denn es kann nicht aller Tee völlig gleichmäßig rotieren: Die wandnahen Zonen bleiben infolge der Reibung zurück, fließen also relativ zu unserem Bezugssystem „rechts herum". Das bedingt aber Coriolis-Kräfte, und zwar, wie auf der Nordhalbkugel der Erde, eine Rechtsablenkung, d.h. eine Ablenkung nach innen. Am Tassenboden, wo dieser Einfluß am stärksten ist, wird also eine Strömung nach innen erzwungen (die an der Oberfläche durch eine Auswärtsströmung kompensiert wird, so daß sich ein geschlossenes Zirkulationssystem wie in Abb. L. 5 ausbildet). Die Einwärtsströmung am Boden zieht die Teeblätter in die Mitte; i.allg. ist sie nicht stark genug, um die spezifisch schwereren Blätter im Schlauch der Aufwärtsströmung mit hochzureißen. Läßt man umgekehrt die Tasse rotieren und die anfangs ruhende Flüssigkeit erst allmählich, wieder infolge der Wandreibung, mitnehmen, so ist die Lage umgekehrt: Die Bodenzone strömt schneller, erfährt also im Bezugssystem der Hauptmasse der Flüssigkeit eine Linksablenkung, d.h. eine Kraft nach außen.

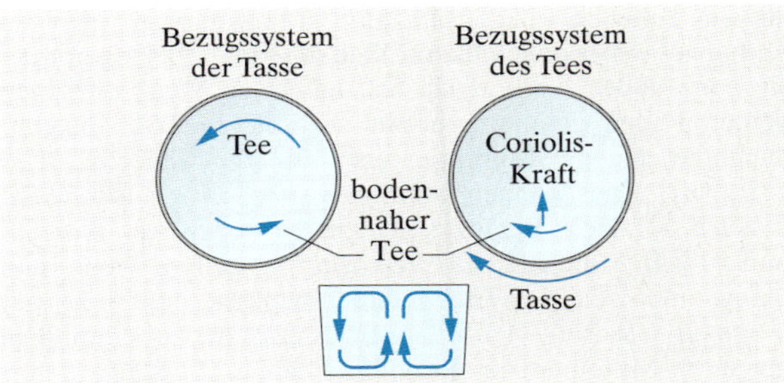

Abb. L. 5. Im Bezugssystem der Hauptmasse des Tees rotieren die bodennahen Schichten „rückwärts" und werden daher von einer Coriolis-Kraft einwärts getrieben. Es bildet sich ein Zirkulationssystem aus, das die Teeblätter nach innen führt

3.3.12. Wasserrakete

Wenn im Luftvolumen über dem Wasser ein Druck p, also ein Überdruck $\Delta p = p - p_0$ herrscht, wird das Wasser mit $w = \sqrt{2\,\Delta p/\varrho}$ ausgeschleudert. Die Ausstoßrate ist $\mu = \varrho w A$ (A: Düsenquerschnitt), also der Schub $F = \mu w = A\varrho w^2 = 2A\,\Delta p$. Die Raketenmasse m wird dadurch bei Senkrechtstart mit $a = F/m - g$ beschleunigt. Bliebe der Druck bis zum „Brennschluß" konstant, was annähernd der Fall ist, wenn man wenig Wasser hineintut, dann ergäbe sich die Brennschlußgeschwindigkeit als $v_B = w \ln(m_0/m) - g t_B$ mit $m_0 = m + \varrho V_W$ und $t_B = V_W/(Aw)$. Die Rakete steigt vom Brennschluß ab noch $h = v_B^2/(2g)$. Man kann sie bis $p = 6$ bar aufpumpen. Sie wiegt leer etwa 200 g. Bei Füllung mit 0,3 l Wasser (wobei die Bedingung konstanten Drucks allerdings nicht mehr erfüllt ist) wird $w \approx 30$ m/s, mit $A = 0{,}5\,\text{cm}^2$ ist der Schub während der 0,2 s Brennzeit 50 N, die Beschleunigung kurz vor Brennschluß über 20 g, die Brennschlußgeschwindigkeit 25 m/s, der Brennschluß erfolgt in etwa 3 m Höhe, aber die Rakete steigt noch bis etwa 35 m. In Wirklichkeit fällt der Druck natürlich mit Ausdehnung des Luftvolumens ab, und zwar adiabatisch, weil der Vorgang so schnell erfolgt. Man sieht das am besten, wenn man nur mit Luft füllt: Nach dem Druckausgleich hat sich die Luftfüllung so abgekühlt, daß der Wasserdampf kondensiert. Die Adiabatengleichung $T \sim p^{\gamma/(\gamma-1)}$ liefert bei $p = 6$ bar eine Abkühlung auf 200 K. Die Luft schießt dabei anfangs mit $w \approx 1\,100$ m/s aus und erzeugt immerhin etwa 0,001 s lang den gleichen Schub, den das Wasser 35mal so lange ausübt. Die Rakete nimmt dabei über 3 m/s an und springt fast 1 m hoch. Alle diese rechnerischen Befunde bestätigt das Experiment.

3.3.13. Überlebt er's?

Wenn der Mann den ganzen Rohrquerschnitt A abdichtete, würde er nur so weit fallen, bis der Druck der komprimierten Luft ihn trägt. Bei 50 cm Durchmesser, also $A = 2\,000\,\text{cm}^2$, wäre das bei $\Delta p \approx 0{,}05$ bar der Fall, d. h. nach isothermer Kompression um $\frac{1}{20}$ oder 500 m Fallweg. In Wirklichkeit erfolgt die Kompression schnell genug, um adiabatisch zu sein. Dann ist $\Delta p/p = -\kappa\,\Delta V/V = -1{,}4\,\Delta V/V$: Der Mann fällt in einigen Sekunden bis 350 m und sinkt dann in einigen Minuten mit Abkühlung der Luft weiter auf 500 m. Selbst der rundeste Mann muß aber einen Anteil A' des Querschnitts offen lassen, durch den die Luft wegpfeift, und zwar mit der Geschwindigkeit $w = \sqrt{2\,\Delta p/\varrho}$. Der Vorgang zerfällt dann in zwei Etappen: (1) Ungebremster freier Fall; (2) Fall mit konstanter Geschwindigkeit v. Der Überdruck trägt in der zweiten Etappe auf der Fläche $A - A'$ das Gewicht des Mannes: $\Delta p = mg/(A - A')$, und er sinkt nur ab, weil das Luftpolster am Rand mit w entweicht: $(A - A')v = A'w$. Dabei ist $w = \sqrt{2mg/(\varrho(A - A'))}$ etwa die stationäre Geschwindigkeit des freien Falls ohne Fallschirm: $w \approx 75\,\text{m/s}$. Die Sinkgeschwindigkeit $v = ws/(A - A')$ kann in nicht zu weitem Rohr durch „Dicker- oder Dünnermachen" in weiten Grenzen auf u. U. ganz harmlose Werte geregelt werden.

3.3.14. Turbine

Im Leerlauf dreht sich das Rad so schnell, daß die Schaufeln die über ihren Weg gemittelte Komponente der Strömungsgeschwindigkeit annehmen. Wenn das Rad Arbeit leisten soll, muß es sich langsamer drehen, damit das relativ zu den Schaufeln vorbeiströmende Wasser eine Kraft auf diese ausüben kann. Effektive Schaufelfläche A, Strömungsgeschwindigkeit relativ zum Ufer v, relativ zur Schaufel $v - u$, Schaufel bewegt sich mit u relativ zum Ufer, Kraft auf Schaufel $F \approx (v - u)^2 \varrho A$. Die Drehzahl wird durch u bestimmt, die verfügbare Leistung auch: $P \approx A(v - u)^2 \varrho u$. Maximale Leistung bei $\mathrm{d}P/\mathrm{d}u = 0$, also $u = v/3$, $P_{max} \approx \varrho A 4 v^3/27$. Zahlenbeispiel: $A = 1\,\text{m}^2$, $v = 5$ m/s, $P_{max} \approx 10^4$ W = 13 PS. Verlangt man zu hohes Drehmoment, bleibt das Rad stehen oder dreht sich rückwärts; P wird 0 oder negativ. Jeder Motor folgt im Leerlauf praktisch der Antriebskraft (umlaufendes Magnetfeld, Gasstrom), bei Belastung hinkt er hinterher, bei Überlastung bockt er auf nur äußerlich verschiedene Arten.

3.3.15. Rohrströmung
Die Dimension von $\Delta p/l$ ($\mathrm{N/m^3} = \mathrm{kg\,m^{-2}\,s^{-2}}$) läßt sich aus denen von ϱ ($\mathrm{kg\,m^{-3}}$), η ($\mathrm{kg\,m^{-1}\,s^{-1}}$), r und v nur zusammenbauen, wenn $\alpha = \delta - 1$, $\beta = 2 - \delta$, $\gamma = \delta - 3$. Es ist aber klar, daß $\Delta p/l$ mit ϱ und η nicht abnimmt, also $1 \leqq \delta \leqq 2$. Die Fälle $a - d$ bedeuten $\delta = 1$, $\Delta p/l \sim \eta v/r^2$ *(Poiseuille)*; $\delta = 2$, $\Delta p/l \sim \varrho v^2/r$ *(Newton)*; $\delta = 1{,}5$, $\Delta p/l \sim \sqrt{\varrho\eta}(v/r)^{3/2}$ (Abschn. 3.3.3g) und $\delta = 1{,}75$, $\Delta p/l \sim \varrho^{3/4}\eta^{1/4}v^{7/4}r^{-5/4}$ *(Blasius)*. Wandrauhigkeit begünstigt den Trägheitseinfluß.

3.3.16. Aquaplaning
Wasser mit $\eta \approx 10^{-3}\,\mathrm{N\,s\,m^{-2}}$ ist ein ausgezeichnetes Schmiermittel, nur ist zum Glück eine zusammenhängende Wasserschicht nicht so leicht herzustellen wie beim Öl. Für einen PKW mit $v = 30\,\mathrm{m\,s^{-1}}$, $b = 0{,}15\,\mathrm{m}$, $F = 3\,000\,\mathrm{N}$ (ein Reifen) wird $\mu \approx 10^{-3}$, schlimmer als bei Glatteis! So ergäben sich Bremsstrecken von Dutzenden von km, falls die Reifen bei langsamerer Fahrt nicht wieder Haftung gewönnen. Breite Reifen sind günstiger, vor allem weil sie die Wahrscheinlichkeit des Aquaplaning verringern. Hinsichtlich μ bringen selbst doppelt so breite Reifen nur einen Faktor 1,4. Nach Aufgabe 3.1.9 ist der Reifendruck gleich dem Druck p des Reifens auf die Straße. Wenn p konstant ist, wird l um so größer. μ um so *kleiner*, je schwerer das Fahrzeug ist. Wie stramm die Reifen aufgepumpt sind, macht für μ nichts aus, denn hier ist F gegeben.

3.3.17. Magnus-Effekt
Die Zylinderwand nimmt die Flüssigkeitsgrenzschicht mit ihrer Drehgeschwindigkeit ωr mit. Herrschte seitlich um den ruhenden Zylinder eine Strömung mit v, dann herrscht jetzt auf der einen Seite $v + \omega r$, auf der anderen $v - \omega r$. Nach *Bernoulli* ergibt sich daraus eine Druckdifferenz $\frac{1}{2}\varrho((v+\omega r)^2 - (v-\omega r)^2) = 2\varrho v\omega r$ zwischen diesen beiden Seiten, d. h. eine Kraft von etwa $lr\,\Delta p = 2\varrho v\omega r^2 l$. Sie treibt dorthin, wo der Druck geringer, also die Strömung schneller ist, d. h. wo die Oberfläche sich in Strömungsrichtung bewegt. Bei beliebiger Achsrichtung $\boldsymbol{w}$ gibt das Vektorprodukt $\boldsymbol{F} = 2\varrho l r^2 v \times \boldsymbol{w}$ Betrag und Richtung richtig wieder. *Flettner* nutzte diesen Magnus-Effekt mit seinen Rotoren zum Schiffsantrieb aus, aber ein Segel, das nur wenig größer ist als die Zylinderoberfläche, ergibt denselben Antrieb ohne zusätzliche Motorleistung zum Drehen, und der Schraubenantrieb ist viel praktischer.

3.3.18. Kollisionsgefahr
Zwischen den Schiffen oder zwischen Schiff und Mauer verengt sich der Stromquerschnitt, also muß das Wasser dort schneller strömen und einen Bernoulli-Sog erzeugen, der die „Anziehungskraft" erklärt. Voraussetzung ist nur eine Strömung, die durch Winddrift, Ebbe und Flut oder dadurch bedingt sein kann, daß auch ein antriebsloses Boot schneller treibt als das Wasser fließt (Aufgabe 3.3.25). Wenn die Strömungsgeschwindigkeit relativ zum Fahrzeug v ist und sich in der Verengung auf v' steigert, ergibt sich ein Bernoulli-Druck $\frac{1}{2}\varrho(v'^2 - v^2)$, der nach dem Newtonschen Widerstandsgesetz eine stationäre Quergeschwindigkeit der Boote von der Größenordnung $w \approx \sqrt{v'^2 - v^2}$ erzeugt (Sog $\approx$ Staudruck infolge w). w kann also unter Umständen fast so groß werden wie v.

3.3.19. Viskosität von Suspensionen
Der Druckgradient muß gleich der Krümmung des v-Profils sein: $\operatorname{grad} p = \eta\,\Delta v$. Wenn d die Dicke der Flüssigkeitsschicht ist, l ihre Länge, kann man dafür schreiben $\Delta p/l = \eta v/d^2$. Bei der Suspension dürfte man für d eigentlich nur die Schichtdicke d' der reinen Flüssigkeit nehmen, die zwischen den suspendierten Teilchen bleibt. Wenn deren Volumenkonzentration c ist, bleibt nur $d' = d(1-c)$. Man sieht das am einfachsten, wenn man sich die Teilchen in zur Strömungsrichtung parallelen Schichten angeordnet denkt. Die Anwesenheit der Teilchen verlängert aber auch die Strecke l, längs der der Druckabfall Δp erfolgt: Die Stromlinien werden länger, weil sie sich zwischen den Teilchen durchwinden müssen, denn die Teilchen sind eben nicht in Platten angeordnet. Wir schätzen: Eine beliebige Stromlinie läuft eine Strecke L, die mittlere freie Weglänge, bevor sie auf ein Teilchen trifft. Dann muß sie ausbiegen. Trifft sie mitten auf ein Teilchen, ist ihr Weg um $(\pi - 2)r$ länger, trifft sie ganz außen, verliert sie fast nichts an Weg. Zwischen beiden Fällen gemittelt, ergibt sich die relative Längenzunahme einer Stromlinie als $0{,}6r/L = 0{,}6\pi r^3 n$ ($L = 1/(\pi r^2 n)$). Dies können wir durch $c = \frac{4}{3}\pi r^3 n$ ausdrücken: $l' \approx l(1 + 0{,}45c)$. Benutzte man in Navier-Stokes diese d' und l', würde die normale Viskosität η_0 gelten. Wenn man die geometrischen Werte d und l benutzt, muß man mit $\eta = \eta_0(1+0{,}45c)/(1-c)^2 \approx \eta_0(1+2{,}45c)$ arbeiten. Die genauere Mittelung der Stromlinienlänge (*Einstein*) liefert $\eta = \eta_0(1+2{,}5c)$, was natürlich auch nur für kleine c gilt. Manchmal bezeichnet man die Größe $(\eta - \eta_0)/(\eta_0\alpha)$ irreführenderweise als „Eigenviskosität" der suspendierten Teilchen. Sie ist 2,5 bei Kugeln, wird aber viel größer, wenn die Kugel sich zu einem lockeren Knäuel auflöst, das das Strömungsbild viel stärker beeinflußt.

3.3.20. Zerstäubung
An der Oberfläche eines kugeligen Tropfens herrscht der Druck $2\sigma/r$ (σ: Oberflächenspannung). Wenn der Staudruck $\frac{1}{2}\varrho_{\mathrm{L}}v^2$ etwa ebensogroß wird (ϱ_{L}: Luftdichte), beginnt er den Tropfen zu deformieren und schließlich zu zerteilen. Große Regentropfen fallen gemäß $\frac{4}{3}\pi\varrho_{\mathrm{W}}r^3 g = \frac{1}{2}\pi r^2\varrho_{\mathrm{L}}v^2$. Die größten Tropfen haben also $r \approx \sqrt{\sigma/(\varrho_{\mathrm{W}}g)} \approx$ 2,5 mm, und fallen mit $v = 7$ m/s. Eine Pumpe mit dem Überdruck Δp spritzt einen Strahl zunächst mit $v = \sqrt{2\Delta p/\varrho_{\mathrm{fl}}}$. Die Tröpfchengröße ergibt sich wieder aus $2\sigma/r \approx \frac{1}{2}\varrho_{\mathrm{L}}v^2$, also $r \approx 2\sigma\varrho_{\mathrm{fl}}/(\Delta p\varrho_{\mathrm{L}})$. Bei $p = 3$ bar, $\sigma \approx 0{,}1$ N/m, $\varrho_{\mathrm{L}} \approx 3\cdot 10^{-2}\,\mathrm{kg\,m^{-3}}$ (Vorverdichtung 20:1!) wird $r \approx 0{,}02$ mm.

3.3.21. Strömen und Schießen
Der obere Rand der Wehrmauer liege um H_0 über dem Bett des Abflußkanals, dessen Querschnitt rechteckig sei (Breite b). Oberhalb des Wehrs stehe das Wasser praktisch (Stausee).

Unterhalb sei die Wassertiefe H, die Geschwindigkeit in allen Tiefen v (falls diese Annahmen nicht gelten, werden die Ausdrücke komplizierter, die qualitativen Folgerungen bleiben unberührt). Der Energiesatz liefert $v = \sqrt{2g(H_0 - H)}$, es fließt also der Volumenstrom $\dot{V} = bH\sqrt{2g(H_0 - H)}$ ab. Diese Funktion $\dot{V}(H)$ ist maximal bei $H = \frac{2}{3}H_0$. Bei dieser günstigsten Tiefe kann $\dot{V}_{\text{kr}} = \frac{2}{3}bH_0\sqrt{\frac{2}{3}gH_0}$ abfließen, das Wasser strömt dann mit $v_{\text{kr}} = \sqrt{gH_{\text{kr}}}$. Dies ist die Geschwindigkeit einer Flachwasserwelle in einem Becken der Tiefe H_{kr} (Abschn. 4.6). Jeder kleinere Wert $\dot{V}$ kann auf zwei Arten realisiert werden: Durch $H > H_{\text{kr}}$ mit $v < v_{\text{kr}}$ (Strömen), oder durch $H < H_{\text{kr}}$ mit $v > v_{\text{kr}}$ (Schießen). Da v_{kr} die Wellengeschwindigkeit ist, d. h. die Geschwindigkeit, mit der sich Störungen ausbreiten, kann schießendes Wasser nicht merken, daß es sich einem Hindernis nähert: Die Störung liegt immer unterhalb ihrer Ursache. Strömendes Wasser kann rechtzeitig ausweichen, was nicht ausschließt, daß sich kurze Wellen (kleine Phasengeschwindigkeit) auch hinter dem Hindernis bilden. Nach Aufgabe 3.3.22 ist v außer durch einen Rauhigkeitsbeiwert nur durch Tiefe und Gefälle α bestimmt (typischerweise $v \approx 7\sqrt{gH\alpha}$. Also liegt der Übergang vom Strömen zum Schießen bei einem Gefälle $\alpha \approx 0{,}02$. Der Kajakfahrer kann auf der oberen Isar höchstens 10 % technisch interessante Streckenlänge erwarten. Das Strömen gehört ebenfalls zum turbulenten Fließen.

3.3.22. Sind Flüsse laminar?

Im Gefälle $\alpha(\ll 1)$ wirkt auf die Volumeneinheit des Wassers die Schwerkraftkomponente $\varrho g\alpha$. Sie muß im laminaren Fall durch die Reibungskraftdichte $\eta\,\mathrm{d}^2v/\mathrm{d}z^2 = \eta v''$ kompensiert werden (die seitliche Krümmung des v-Profils spielt keine Rolle, wenn die Breite b groß gegen die Tiefe H ist). Am Grund $(z = -H)$ ist $v = 0$, an der Oberfläche $(z = 0)$, wo von oben her keine Reibung herrscht, kann auch von unten keine wirken, also $v'(0) = 0$. Daher ist das v-Profil $v = \frac{1}{2}\alpha\varrho g\eta^{-1}(H^2 - z^2)$ mit dem Mittelwert $v = \frac{1}{3}\alpha\varrho gH^2/\eta$. Das ist genau die halbe Parabel von Abb. 3.45. Für $\alpha = 2{,}5 \cdot 10^{-3}$ und $H = 1\,\text{m}$ würde $v \approx 10^4\,\text{m/s}$ folgen, bzw. bei $Q = vbH = 60\,\text{m}^3/\text{s}$ dürfte H nur 5 cm sein (und $v = 20\,\text{m/s}$), damit die nötige Reibung herauskäme. Ein Bach wäre nur bei $Hv < 10^{-3}\,\text{m}^2/\text{s}$ laminar (Reynolds-Zahl 1 000), z. B. bei $H < 10\,\text{cm}$, $v < 1\,\text{cm/s}$. Man muß turbulent nach *Newton* ansetzen $\varrho\alpha g \approx \varrho v^2/H$, also $v \approx \gamma\sqrt{\alpha gH}$ mit einem Faktor γ, der die Rauhigkeit des Bettes beschreibt und sich aus den empirischen Werten zu 6–7 ergibt (Formel von *Chézy, Gauckel, Manning, Strickler*).

3.3.23. Hubschrauber I

Wir können die Überlegungen von Abschn. 3.3.7 mit $v = 0$, $F = mg$ anwenden. η hat keinen Sinn, denn die Schubleistung ist $Fv = 0$. Die Schraube erzeugt einen Luftstrahl, der in größerer Entfernung mit w, durch die Schraube mit $v' = w/2$ strömt. Man erhält $F = mg = \frac{1}{2}A\varrho w^2$ und eine Motorleistung $P = Fv' = \frac{1}{4}A\varrho w^3 = F^{3/2}/\sqrt{2A\varrho}$. Das Produkt Pr (r: Länge eines Propellerflügels) muß proportional $m^{3/2}$ sein. Zahlenmäßig: $Pr \approx 10m^{3/2}$ (P in W, r in m, m in kg).

3.3.24. Hubschrauber II

Auf der Seite, wo die Schraubenflügel sich in Flugrichtung drehen, werden sie schneller angeströmt und erfahren einen höheren Auftrieb. Abhilfe: Jeder Flügel ist mit einem Schwenkgelenk befestigt, so daß er dem verstärkten oder verminderten Auftrieb durch Hoch- oder Abkippen folgen und kein Kippmoment auf Achse und Hubschrauberkörper übertragen kann.

3.3.25. Bootsparadoxon

Wir vergleichen das Boot mit der von ihm verdrängten Wassermasse, auf die nach Archimedes genau die gleiche Schwerkraft wirkt wie auf das Boot. Die Wassermasse, wenn sie vorhanden wäre, würde aber einen größeren Widerstand erfahren, weil sie sich wenigstens teilweise mit umgebenden, besonders mit tieferen und daher langsameren Wasserschichten turbulent mischt, was ihr ständig Impuls entziehen würde (selbst im laminaren Fall durch innere Reibung an tieferen Schichten). Da das Boot eine feste Form hat, tritt hier keine Vermischung ein, es wirkt nur eine dünne Reibungsschicht um den Bootskörper. Daher treibt das Boot schneller.

3.3.26. Widderstoß

Die Wassersäule im Rohrstück hinter dem Hahn strömt infolge der Trägheit zunächst weiter, wobei sich hinter dem geschlossenen Hahn ein Vakuum bilden kann, das die Wassersäule nach einer „Wurfbewegung" wieder zurückzieht. Hier gilt die Fallbeschleunigung $p/(l\varrho)$, also kommt das Wasser bis $x = \frac{1}{2}\varrho l v_0^2/p$ in der Zeit $t = \varrho l v_0/p$. Nach der gleichen Zeit prallt es mit der gleichen Geschwindigkeit v_0 wieder auf den geschlossenen Hahn auf. Dann muß sich die kinetische Energie $\frac{1}{2}Al\varrho v_0^2$ in Kompressionsenergie umsetzen. Eine Längenänderung $\Delta l = l\kappa\,\Delta p$ ergibt eine Kompressionsenergie $\frac{1}{2}A\,\Delta l\,\Delta p = \frac{1}{2}Al\kappa\,\Delta p^2$. Gleichsetzen beider Energien liefert $\Delta p = \sqrt{\varrho/\kappa}v_0 = c\varrho v_0$ ($c = 1/\sqrt{\varrho\kappa}$ ist die Schallgeschwindigkeit im Wasser). Bei $v_0 = 10\,\text{m/s}$ kann die Säule 5 m vorwärts schießen und nach 2 s wieder zurückprallen, wobei sie einen Druck von 140 bar erzeugen kann. Ähnlich heftige Vorgänge treten bei der Implosion von Dampfblasen bei der Kavitation auf oder wenn eine Welle während des Brechens mit senkrechter Front gegen eine Hafenmauer prallt.

3.3.27. Iteration

Eine Gleichung $f(x) = 0$ läßt sich immer umwandeln in $x = g(x)$, meist auf mehrere Weisen. Man probiere, ob die Iteration $x_{i+1} = g(x_i)$ konvergiert. Wenn nicht, ist die Lösung ein Repulsor, und man versuche es mit der Umkehrfunktion $x = g^{-1}(x)$. Beispiele: $x^3 + x = 1$, d. h. $x = 1/(x^2 + 1)$ konvergiert gegen $x = 0{,}682328$. Bei $x = \cot x$ springt das Verfahren scheinbar regellos hin und her. $x = \operatorname{arc\,cot} x$ konvergiert schnell auf $x = 0{,}86033$. Graphisch: Gesucht ist der Schnittpunkt zwischen der 45°-Geraden $y = x$ und der Kurve $y = g(x)$. Die Iteration entspricht der Spielregel: Von x geh hoch zu $g(x)$, dann waagerecht bis zur Geraden, usw. Wenn $g(x)$ flacher als 45° steigt oder fällt, z. B. $g(x) = \lambda \cos x$ mit $\lambda < 1{,}31916$, führt eine Treppe bzw. Spirale zum Schnittpunkt. Anderenfalls gibt es drei Möglichkeiten: Die Werte können ins Unendliche entweichen, sie können zwischen zwei oder mehr Punkten periodisch zirkulieren, oder sie können scheinbar regellos variieren. Jedenfalls konvergiert dann das Verfahren mit der Umkehrfunktion, denn wenn $g(x)$ steiler ist als 45°, ist g^{-1}, das Spiegelbild, flacher als 45°, dort wo sich beide auf der 45°-Spiegelgeraden schneiden. Für $\lambda > 2{,}97169$ schneidet die Gerade x/λ die $\cos x$-Kurve nicht nur zweimal bei $\pm x$, sondern mindestens sechsmal.

3.4.1. Torsion

Ein Quarzglasfaden von 2 µm Dicke und 2 m Länge ergibt bei einem Torsionsmodul $G = 3{,}3 \cdot 10^{10}\,\mathrm{N/m^2}$ eine Richtgröße $D_\mathrm{R} = \frac{1}{2} \cdot 1{,}5 \cdot 3{,}3 \cdot 10^{10} \cdot 10^{-24}\,\mathrm{N\,m} = 2{,}5 \cdot 10^{-14}\,\mathrm{N\,m}$. Ein solcher Faden hält maximal etwa 0,2 N, tatsächlich aber wegen der immer vorhandenen Oberflächenverletzungen nur etwa 0,01 N aus. Ein Spiegelscherbchen von 0,3 mm Dicke und 2 mm Länge und Breite, auf diesen Faden geklebt, hat ein Trägheitsmoment $J \approx 10^{-12}\,\mathrm{kg\,m^2}$. Das System führt Drehschwingungen mit $\omega = \sqrt{D_\mathrm{R}/J} \approx 0{,}16\,\mathrm{s^{-1}}$, $T \approx 40\,\mathrm{s}$ aus. Für eine Messung der Brownschen Drehbewegung könnte man das Spiegelchen auch größer und damit T länger machen, denn das mittlere Ausschlagsquadrat bei gegebener mittlerer Rotationsenergie hängt vom Trägheitsmoment nicht ab (vgl. Aufgabe 5.2.21). Bei der Rayleigh-Scheibe ist es dagegen wichtig, daß die Scheibe möglichst klein ist, denn um so kürzere Ultraschallwellen kann man messen (vgl. Abschn. 4.5.1). Bei der Gravitationswaage kann man mit viel dickeren Metalldrähten arbeiten (vgl. Aufgabe 1.7.4).

3.4.2. Zerreißgefahr

Die Bruchlinie der Länge L, die ein potentiell abreißendes Teilstück vom Restkörper abtrennt, ist einer Zentrifugalkraft $\omega^2 mr$ und einer mittleren Spannung $\sigma \approx \omega^2 \varrho r A/L$ ausgesetzt (m, A Masse und Fläche des Teilstücks, r Achsabstand seines Schwerpunkts). Am größten wird dieser Wert für einen Durchmesser: $\sigma \approx \frac{1}{2}\omega^2 R^2 \varrho = \frac{1}{2} v^2 \varrho$. Für Stahl von $\sigma = 7 \cdot 10^8\,\mathrm{N/m^2}$ wird $v_\mathrm{zul} \approx 300\,\mathrm{m/s}$. Oberhalb von $v = 100\,\mathrm{m/s}$ sollte man aber schon in Deckung gehen

3.4.3. Härte und Sprödigkeit

Ein hartes Material hat eine steile Spannungs-Dehnungs-Kurve, d. h. großes E. Ein duktiles Material verträgt viel Deformation, seine Spannungs-Dehnungs-Kurve lädt also weit nach rechts aus. Beide Merkmalspaare sind begrifflich und tatsächlich gut kombinierbar: Glas, Grauguß sind hart-spröde, α-Eisen ist hart-duktil, Blei weich-spröde, Holz weich-duktil. Zur vollständigeren qualitativen Kennzeichnung der Kurve braucht man mehr Merkmale. Zum Beispiel sind V2A und Federstahl etwa gleich hart (E) und gleich fest (σ_F), aber die Bruchdehnungen sind sehr verschieden. Offenbar ist V2A weit über die Proportionalitätsgrenze hinaus dehnbar, Federstahl nicht.

3.4.4. Elastische Dämpfung

Hebt man die Belastung $\sigma_{0{,}005}$, die der Elastizitätsgrenze entspricht, wieder auf, dann geht die Dehnung definitionsgemäß nicht auf 0, sondern auf $5 \cdot 10^{-5}$ zurück. Die Hysteresiskurve für Belastungen wechselnden Vorzeichens bis $\sigma_{0{,}005}$ hat also ungefähr die Fläche $\Delta\eta \approx 2 \cdot 2 \cdot 5 \cdot 10^{-5} \cdot \frac{1}{2} \cdot \sigma_{0{,}005}$. Diese Fläche gibt die Energie an, die in der Volumeneinheit bei jedem vollständigen Durchfahren der Kurve, also z. B. bei jeder Schwingungsperiode in Wärme übergeht. Die Gesamtenergie pro Volumeneinheit der Schwingung ist gleich der Dreiecksfläche $\eta = \frac{1}{2}\sigma_{0{,}005}\delta_\mathrm{E}$ (δ_E: Dehnung an der Elastizitätsgrenze). Energieverlust/Gesamtenergie gibt den doppelten Dämpfungsfaktor (den doppelten, weil die Energie durch das Amplitudenquadrat gegeben wird): $\delta = \frac{1}{2}\Delta\eta/\eta = 10^{-4}/\delta_\mathrm{E}$. Für den Stahl von Abb. 3.79 folgt $\delta \approx 5 \cdot 10^{-3}$.

3.4.5. Balkenbiegung

Ausgehend von (3.70) kann man sofort das Profil angeben, das der Balken unter der Last F annimmt. Sei y die Auslenkung nach unten, x der Abstand vom Balkenende. Dann ist die Krümmung $y''(x)$, denn die Neigung y' ist so klein, daß man sie im Nenner des vollständigen Ausdrucks gegen die 1 vernachlässigen kann. Also $y'' = 1/r = Fx/(\alpha E d^3 b)$. Integration liefert

$$y' = \frac{F}{\alpha E d^3 b}\left(\frac{x^2}{2} + A\right) \quad \text{und} \quad y = \frac{F}{\alpha E d^3 b}\left(\frac{x^3}{6} + Ax + B\right).$$

An der Einspannstelle sind $y = 0$ und $y' = 0$. Damit ergibt sich

$$y = \frac{F}{\alpha E d^3 b}\left(\frac{x^3}{6} - \frac{L^2}{2}x + \frac{L^3}{3}\right),$$

speziell für das Ende ($x = 0$): $y = FL^3/(3\alpha E d^3 b)$.

3.4.6. Fernsehturm

Der Widerstand gegen Verbiegung und Bruch wird überwiegend von den Außenzonen des Balkens geleistet, und zwar nach Maßgabe des Quadrats des Abstandes von der neutralen Faser. Es kommt auf das „Flächenträgheitsmoment“ $I = \iint x^2\,\mathrm{d}x\,\mathrm{d}y$ an. Für den Rundstab ist $I \sim R^4$, wie man am schnellsten sieht, wenn man das Integral in Polarkoordinaten schreibt. Vollständig $I = \frac{1}{4}\pi R^4$. Beim Rohr, Außenradius R, innen r, fehlt innen ein Rundstab mit r, also $I \sim R^4 - r^4$. Das Rohr mit $r = R/2$ ist nur um 6 % gegenüber dem Vollstab mit R geschwächt. Ein Rohr mit 2 cm Durchmesser und nur 1,7 mm Wandstärke ist immer noch halb so fest wie ein 2 cm-Vollstab. Das geringere Eigengewicht des Rohrs gleicht in vielen Fällen den Festigkeitsverlust mehr als aus. Auch bei der Verdrillung gelten die gleichen Verhältnisse, denn auch hier sind Rückstellmoment und Belastbarkeit proportional zu R^4.

3.4.7. Brücke

Der Balken bricht, wenn und wo seine Krümmung den Wert überschreitet, der der Bruchdehnung (oder Bruchstauchung) der Randzone entspricht. Sägt man den beiderseits eingespannten Balken in der Mitte durch und macht den Sägeschlitz so weit, daß sich die Balkenstücke nicht gegenseitig abstützen, dann trägt dieser Doppelbalken schon die doppelte Last wie ein einzelner. Ist dagegen der Schlitz sehr fein, bedeutet das Zersägen keinen Festigkeitsverlust. Die Stirnseite der einen Balkenhälfte übt dann nämlich auf die andere ein Stützmoment aus, das genau so groß ist wie das Moment, das die Einspannung auf ihr Balkenende ausübt, denn der Erfolg ist an beiden Seiten der gleiche: Der Balkenquerschnitt hat sich senkrecht gestellt. Beide Momente haben auch den gleichen Drehsinn, addieren sich also und halten einem doppelt so großen lastbedingten Moment das Gleichgewicht, als wenn der Balken nur einseitig eingespannt wäre. Im ganzen hat sich die Tragfähigkeit also vervierfacht. Bei der quantitativen Überlegung bedenke man: Momente wie das Einspannmoment in der Balkenmitte pflanzen sich ungeändert bis zum anderen Balkenende fort. Kräfte wie die Last dagegen müssen mit der Entfernung bis zu dem Punkt, wo man das resultierende Moment bestimmen will, multipliziert werden.

3.4.8. Sägewerk

Nach Abschn. 3.4.6 muß d^2b maximal sein, wobei natürlich d und b mit dem Stammdurchmesser D immer nach Pythagoras verknüpft sein müssen: $D^2 = d^2 + b^2$. Wir drükken die Tragfähigkeit durch b allein aus: $(D^2 - b^2)b$ und bestimmen das Maximum dieses Ausdrucks durch Differenzieren: $D^2 - b^2 - 2b^2 = 0$, also $b = D/\sqrt{3}$, $d = D\sqrt{2/3}$. Die Tragfähigkeit ist um den Faktor $4\sqrt{2}/3\sqrt{3} = 1{,}09$ größer als bei quadratischem Querschnitt.

3.4.9. Flächenträgheitsmoment

Bei gegebenem Biegeradius R sind Spannung und Dehnung proportional zum Abstand x von der neutralen Faser: $\sigma = Ex/R$. Das Flächenelement $\mathrm{d}x\,\mathrm{d}y$ übt die Kraft $\mathrm{d}F = \sigma\,\mathrm{d}x\,\mathrm{d}y$ und das Moment $\mathrm{d}T = x\,\mathrm{d}F = Ex^2\,\mathrm{d}x\,\mathrm{d}y$ aus, der ganze Querschnitt also das Moment $T = ER^{-1} \cdot \iint x^2\,\mathrm{d}x\,\mathrm{d}y = EI/R$. Eine Scheibe der Dicke d, quer zum Balken geschnitten, hätte das übliche Trägheitsmoment $J = I\varrho d$. Das Rechteck mit der Länge a in x-Richtung, b in y-Richtung hat $I = ba^3/12$, der Kreis vom Radius r hat $I = \pi r^4/4$ (am bequemsten in Polarkoordinaten auszurechnen: $\mathrm{d}x\,\mathrm{d}y = r\,\mathrm{d}\varphi\,\mathrm{d}r$, $I = \int_0^R \int_0^{2\pi} r^2 \sin\varphi r\,\mathrm{d}\varphi\,\mathrm{d}r$). Der Kreisring (Rohrquerschnitt) hat $I = I_1 - I_2 = \pi(r_1^4 - r_2^4)/4$, der Doppel-T-Träger, dessen Querschnitt ins Rechteck a, b einbeschrieben ist und der überall die Materialstärke d hat, $I = da^3/12 + dba^2/4$. Bei gegebenem Querschnitt $A = d(2b + a)$ hat I kein Maximum im Endlichen, sondern I steigt monoton mit a: Bei gegebener Masse wäre ein unendlich schmaler Träger am biegesteifsten. In Wirklichkeit ist die Höhe a des Mittelsteges durch seine Knickfestigkeit begrenzt (Abschn. 3.4.7).

3.4.10. Ein teurer Fehler

Die Ventile sind unten, denn die Luft muß raus, und sie ist schwerer (29/18) als kühler, erst recht als heißer Wasserdampf. Wenn man beide zumacht, kondensiert der Dampf, der Innendruck wird minimal. Auf ein Wandstück der Fläche lb wirkt von außen $F_p = plb$, Gleichgewicht erfordert Tangentialkräfte $F = F_p r/l$ (vgl. Abb. 3.26), also Spannungen $\sigma = F/(bd) = pr/d$ (d: Wandstärke). Bei $\sigma > \sigma_F$, d. h. $p > p_F = \sigma_F d/r$ wird das Material zerquetscht. Hier liegt aber offenbar Knickung vor. (3.72) ist auch auf eine Wand anwendbar mit einer Spannweite $l \approx r$. Bei $4\alpha Ed^3b/r^2 > prb$, also $p > p_\mathrm{K} = Ed^3/r^3$ tritt Knickung ein. Mit $d = 5\,\mathrm{mm}$ folgt $p_\mathrm{K} = 0{,}1\,\mathrm{bar}$. Fast $d = 5\,\mathrm{cm}$ wäre nötig gewesen. Die Grenze zwischen Knicken und Zerquetschen liegt bei $p_\mathrm{K} = p_F$, also um $d/r = \sqrt{\sigma/E}$, für Stahl um $d \approx r/20$.

3.4.11. Tiefseeboot

In 12 km Tiefe herrschen 1 200 bar. Nach $p_F = \sigma_F d/r$ und $\sigma_F = 5 \cdot 10^8\,\mathrm{N/m^2}$ erfordert das $d = 20\,\mathrm{cm}$ bei $r = 1\,\mathrm{m}$. Knickung ist dann laut Aufgabe 3.4.10 nicht zu befürchten. Ein solcher Zylinder aus Stahl hätte dann mehr Gewicht als Auftrieb (Verhältnis beider ist $2d\varrho_\mathrm{Fe}/(r\varrho_\mathrm{W})$), das Auftauchen würde besondere Vorrichtungen erfordern. Titan hat nur $4\,510\,\mathrm{kg/m^3}$ und ist ebenso fest.

3.4.12. Das stabile Ei

Vergleichen wir den Kalk der Schale mit Beton (Tabelle 3.3; kein DDT-geschwächtes Ei!), folgt mit $d = 0{,}5\,\mathrm{mm}$, $r = 30\,\mathrm{mm}$ etwa $p_\mathrm{D} = 10\,\mathrm{bar}$, $p_\mathrm{K} = 2\,\mathrm{bar}$. Jede Handfläche übt einen ziemlich gleichmäßigen Druck auf fast die halbe Eioberfläche von knapp $50\,\mathrm{cm^2}$ aus und dürfte demnach mit annähernd 1000 N drücken.

Kapitel 4: Lösungen . . .

4.1.1. Koloraturbaß

Ein kurzer Staccatoton von der Dauer T hat ein Frequenzband von der Breite $\Delta\nu \approx 1/T$ als Spektrum. Man macht sich das am einfachsten so klar: In der Zeit T treffen bei einem Ton, der „eigentlich" die Frequenz ν hat, $n = \nu T$ Berge unser Ohr, z. B. bei $T = 0{,}2\,\mathrm{s}$ und $\nu = 100\,\mathrm{Hz}$ $n = 20$. Ebensoviele Berge treffen aber auch bei 104 Hz ein. Die um $\Delta\nu = 1/T$ verschiedenen Töne sind also in dieser kurzen Zeit nicht unterscheidbar. Je tiefer ein Ton ist, desto länger muß er andauern, damit er die vorgeschriebene Reinheit $\Delta\nu/\nu$ hat. Damit ein 100 Hz-Ton überhaupt auf einen Viertelton genau definiert ist, d. h. damit man sagen kann, ob es E oder F sein soll, muß er $\Delta\nu = 0{,}055 \cdot 100\,\mathrm{Hz} = 5{,}5\,\mathrm{Hz}$ haben, also mindestens 0,2 s dauern. Ein gutes Ohr fordert mehr als doppelte Reinheit. Selbst der sicherste Bassist kann also keine Melodie rein singen, in der die Töne viel kürzer als $\frac{1}{4}\,\mathrm{s}$ dauern.

4.1.2. Obertöne

Abbildung 4.10 läßt sich als das Auslenkungsbild einer in der Mitte angezupften Saite auffassen, wenn man an die Abszissenachse x, an die Ordinate y schreibt und nur das erste Dreieck betrachtet. Der Beweis für diese Vertauschbarkeit von Ort und Zeit ergibt sich aus dem Bau der Wellengleichung, der in x und t völlig symmetrisch ist. Wenn $y(x,t)$ die Orts- und Zeitabhängigkeit der Auslenkung ist, heißt die Wellengleichung $\ddot{y}(x,t) = c^2 y''(x,t)$; der Punkt deutet die partielle Ableitung nach der Zeit, der Strich nach dem Ort an. Die Lösung $y = f(x \pm ct)$ läßt sich nach *Fourier* aus $\sin k(x \pm ct)$ und $\cos k(x \pm ct)$ zusammensetzen. Für $t = 0$ gibt diese Fourier-Reihe die Anfangsauslenkung, für $x = 0$ gibt sie den zeitlichen Verlauf der Schwingung. Hat man also das Spektrum, d. h. die Amplituden der Grund- und Oberwellen zur gegebenen Dreieckskurve, dann stellen sie auch die Stärken der Obertöne dar. Die ganze Schwingung, als stehende Welle aufgefaßt, geht so vor sich, daß jeder Punkt der Saite mit dem vom Spektrum gegebenen Frequenzgemisch schwingt. Die Gesamtamplitude dieser Schwingung ist allerdings an jeder Stelle anders, so wie es die Dreieckskurve vorschreibt.

4.1.3. Schatzsuche

Wenn man den Schatz auch finden kann, ohne die Lage des Blockhauses zu kennen, muß der Ort des Schatzes unabhängig vom Ausgangspunkt der Prozedur sein. Dann kann man jeden beliebigen Ausgangspunkt nehmen, z. B. eine Ecke des Quadrats, dessen Diagonale die Verbindungslinie der Bäume ist. Kidds Vorschrift führt dann zur 4. Ecke des Quadrats. Da man nicht weiß, wie Kidd die Bäume numeriert hat, wird man es an beiden Ecken des Quadrats versuchen. Den Beweis, *daß* der Endpunkt der Prozedur unabhängig von ihrem Ausgangspunkt ist, führt man am besten in der komplexen Ebene. Der Ursprung sei die Mitte zwischen beiden Bäumen. Zum Baum A führt der komplexe Pfeil z, zum anderen (B) führt $-z$. Irgendwo bei y liege die Blockhaustür H. Dann geht man von H bis A längs $z - y$. Schwenkung um 90° nach rechts bedeutet Multiplikation mit $-\mathrm{i}$: Von A zum 1. Pflock P führt $-\mathrm{i}(z-y)$, von O nach P führt $z - \mathrm{i}(z-y)$. Analog: $HB = -z - y$, $BQ = \mathrm{i}(-z-y)$, $OQ = -z - \mathrm{i}(z+y)$. Der Schatz liegt mitten zwischen den Pflöcken P und Q bei $\frac{1}{2}(OQ + OP) = -\mathrm{i}z$, also tatsächlich in der Ecke des Quadrates mit der Diagonale AB.

4.1.4. Beschleunigungsmesser

Im Bezugssystem des Fahrzeugs, das mit a beschleunigt ist, lautet die Bewegungsgleichung der Kugel $m\ddot{x} = -ma - Dx - k\dot{x}$. Die Kugel soll durch ihren Ausschlag x die unregelmäßige Zeitfunktion $a(t)$ möglichst getreu darstellen. Bei längerer konstanter Beschleunigung a ist $x = -ma/D$. Das entspricht dem quasistatischen Plateau der Resonanzkurve. Da auch und erst recht solche Vorgänge aufgezeichnet werden sollen, gibt es keine andere Wahl des Meßbereichs als $\omega \lesssim \omega_0$ Kurze Stöße von etwa 0,1 s Dauer infolge Straßenunebenheiten brauchen nicht aufgezeichnet zu werden. Das Auge könnte ihrer Anzeige auch gar nicht folgen. ω_0 kann also in der Gegend von $10\,\mathrm{s}^{-1}$ liegen. Für eine Stahlkugel von 1 cm Durchmesser, also 4 g Masse erfordert das eine Feder von etwa 0,4 N/m. Dämpfung auf den aperiodischen Grenzfall optimiert wieder Meßbereich und Einstellzeit (vgl Aufgaben 4.1.5). Ein solches $k = 0{,}08\,\mathrm{N\,s/m}$ läßt sich als Stokes-Reibungsfaktor $k = 6\pi\eta r$ mit $\eta = 0{,}8\,\mathrm{N\,s/m^2}$ realisieren. Das entspricht einem ziemlich dicken Maschinenöl. Seine Viskosität muß gut temperaturbeständig sein, sonst kann man aus dem Grenzfall geraten und damit für schnelle Vorgänge falsche Angaben erhalten, weil sich der Horizontalitätsbereich verengt. Der Ausschlag der Kugel ist $x \approx ma/D \approx 10^{-2}a$. Beschleunigungen von einigen Zehntel m/s² lassen sich also mit Hilfe eines Lupenglases noch gut und schnell ablesen.

4.1.5. Meßgerät

Die Schwingungsgleichung $J\ddot{\varphi} + k\dot{\varphi} + D\varphi = 0$ hat die vollständige Lösung $\varphi = \varphi_1\,\mathrm{e}^{\lambda_1 t} + \varphi_2\,\mathrm{e}^{\lambda_2 t}$, wobei λ_1 und λ_2 die Wurzeln der charakteristischen Gleichung $J\lambda^2 + k\lambda + D = 0$ sind, d. h. $\lambda_{1,2} = \frac{1}{2}k/J(\pm\sqrt{1 - 4JD/k^2} - 1)$. Bei $k < 2\sqrt{JD}$ (Schwingfall) ist der Dämpfungsfaktor $\delta = \frac{1}{2}k/J < \sqrt{D/J}$, bei $k = 2\sqrt{JD}$ (aperiodischer Grenzfall) $\delta = \frac{1}{2}k/m = \sqrt{D/J}$. Bei $k > 2\sqrt{JD}$ (Kriechfall) heißt die vollständige Lösung

$$\varphi = \varphi_1 \exp\left[-\tfrac{1}{2}k/J\left(1 - \sqrt{1 - 4DJ/k^2}\right)t\right] + \varphi_2 \exp\left[-\tfrac{1}{2}k/J\left(1 + \sqrt{1 - 4DJ/k^2}\right)t\right].$$

Der zweite Term hat den stärker negativen Exponenten, ist also stärker gedämpft. Effektiv ist demnach der Dämpfungsfaktor des langsameren Gliedes $\delta = \frac{1}{2}k/J$ $(1 - \sqrt{t - 4DJ/k^2})$ maßgebend. Im extremen Kriechfall nimmt er den Wert $\delta \approx D/k$ an. Bei festem J und D als Funktion von k aufgetragen, ist δ am größten im aperiodischen Grenzfall. Bei festem k und J bleibe man im extremen Schwingfall ($D \gg \frac{1}{2}k^2/J$), damit δ möglichst groß, nämlich D/k wird. Bei festem k und D schließlich muß J möglichst klein sein (extremer Kriechfall), damit δ maximal, nämlich $\frac{1}{2}k/J$ wird. Man kann also daraus allein nicht einfach sagen, der Grenzfall sei für jedes Meßsystem am günstigsten. Es kommt dazu die Bedingung der verzerrungsfreien Amplitudenwiedergabe über einen großen Frequenzbereich, die das quasistatische Plateau des Grenzfalls ebenfalls gut erfüllt, und die Bedingung, daß die Empfindlichkeit der Anzeige, d. h. das Verhältnis des Ausschlags zur Amplitude des angreifenden Drehmoments nicht zu klein, d. h. D nicht zu groß sein soll.

4.2.1. Verstimmte Uhren

Jede Uhr habe von der folgenden den Abstand a. Wir numerieren die Uhren von 0 an fortlaufend und legen den Ursprung in die 0-te, so daß die k-te Uhr bei $x = ka$ ist. Die relative Verstimmung zwischen zwei Nachbaruhren sei $\delta = \Delta t/t$, z. B. $\delta = 1\,\mathrm{s}/1\,\mathrm{h} = 1/3\,600$. Eine Zeit t nach der Synchronisierung hat die Uhr k den Rückstand $k\,\Delta t = x\delta t/a$ gegen die um x entfernte 0. Uhr. Die Gongschlagwelle läuft also mit der Geschwindigkeit $c = a/\delta t$. Bei jeder Wiederholung läuft sie langsamer. Ganz zu Anfang war die Geschwindigkeit beliebig groß (u. U. größer als die Lichtgeschwindigkeit). Für die „Gongwelle" als rein kinematischen Vorgang verbietet das die Relativitätstheorie auch gar nicht, sondern nur für einen Vorgang, der Energie, Impuls oder Masse transportiert.

4.2.2. Erdbeben I

Die zuerst ankommende Erdbebenwelle (*P*-Welle) hat die 2 300 km von Agadir bis Paris mit $2\,300/300 = 7{,}7\,\mathrm{km/s}$ durchlaufen. Die *P*-Wellen sind longitudinal, wie man an der Schwingungsrichtung des Seismographen erkennt; also ist die Ausbreitungsgeschwindigkeit durch den Kompressionsmodul auszudrücken: $c = \sqrt{K/\varrho}$ (man beachte, daß kein seitliches Ausweichen möglich ist). Mit $\varrho = 3\,\mathrm{g/cm^3}$ ergibt sich $K = \varrho c^2 = 2 \cdot 10^{11}\,\mathrm{N/m^2}$. Selbst ein stoßartiges Beben liefert ein langgezogenes Seismogramm, um so mehr, je weiter der Herd entfernt ist; denn die verschiedenen Wellen haben verschiedene c und laufen auf verschiedenen Wegen. Am schnellsten laufen die longitudinalen *P*-Wellen, nur etwa halb so schnell die rein transversalen *S*-Wellen, noch später kommen die Rayleigh- und Love-Wellen (*M* und *L*), reine Oberflächenwellen, die einen längeren Weg haben als die *P*- und *S*-Wellen. Die langsameren Wellen sind überwiegend Scherwellen; ihr etwa halb so großes c wird durch G bestimmt, das etwa $\frac{1}{4}$ so groß ist wie K (Tabelle 3.3, Abschn. 3.4.3). Die Moduln nehmen mit der Tiefe (dem Druck) schneller zu als die Dichte. Deshalb ist c in der Tiefe größer, und die Wellenfronten schwenken zur Oberfläche hin leicht ab. An der Oberfläche und an der Mantel-Kern-Grenze tritt Reflexion ein, an der Kerngrenze auch Brechung mit $\sin\alpha_1/\sin\alpha_2 = c_2/c_1$. Der Mantel ist optisch dünner (c ist dort größer), also können die Wellen den Kern nur wieder verlassen, wenn sie steiler als mit $\alpha \approx 40°$ auf die Grenze auftreffen. Der c-Wert im Kern deutet bei $\varrho \gtrsim 10\,\mathrm{g/cm^3}$ auf ein K oder G hin, das wesentlich höher ist als das von Stahl.

4.2.3. Erdbeben II

Die Intensität der Kugelwelle nimmt mit dem Quadrat des Abstandes ab und ist proportional dem Amplitudenquadrat. Geschwindigkeits- und Verschiebungsamplituden ergeben sich aus der Beschleunigungsamplitude durch Division durch ω bzw. ω^2. Mit $\omega \approx 1\,\mathrm{s^{-1}}$ erhält man $\dot{x}_0 \approx 1\,\mathrm{m/s}$ und $x_0 \approx 1\,\mathrm{m}$. Im über 100mal größeren Abstand des Antipodenpunkts hat man noch die 10^{-4}fache Intensität und $\frac{1}{100}$ der Amplituden, also etwa 1 cm usw. Das geschilderte Beben hat 10 bis 11 Mercalli-Grade. Beben bis 7–8 werden noch überall registriert. Die Energiedichte ist etwa ϱv^2. Unter den geschilderten Umständen ist sie im Hypozentrum etwa 100mal größer als im Epizentrum, nämlich 10^5 bis $10^6\,\mathrm{J\,m^{-3}}$, also im ganzen 10^{17} bis 10^{18} J. Eine Megatonne Sprengstoff setzt etwa 10^{16} J frei.

4.2.4. Seismograph

Die schiefhängende Gartentür ist im Prinzip ein Horizontalpendel-Seismograph. Eine Beschleunigung a des Erdbodens und der Türangeln in horizontaler Richtung senkrecht zur Türebene führt im Bezugssystem der Erde zu einem Drehmoment dMa (d Breite, M Masse der Tür, die, wie gleich gezeigt wird, ganz außen konzentriert sein sollte). Die Lage ist genau umgekehrt wie beim Beschleunigungsmesser für das Auto (Aufgabe 4.1.4): Die Auslenkung soll proportional der Bewegungs-, nicht der Beschleunigungsamplitude der Erde sein, und man will kurze Schwingungen bis zu einer Grenze (in der Praxis ca. 20 s Periode) verfolgen. Nun ist selbst der kürzeste „Erdstoß" immer als Wellenzug darstellbar, wenigstens in größerer Entfernung, denn ein einsinniger Beschleunigungsstoß würde zu einer bleibenden Geschwindigkeit, ein Doppelstoß in positiver bzw. negativer Richtung zu einer bleibenden Verschiebung führen. Für eine Welle, speziell eine harmonische, gilt die Resonanzkurve, hier in der Darstellung $x_{0\,\mathrm{Seis}}/x_{0\,\mathrm{Erde}} = f(\omega)$. (Amplitudenverhältnis der Schwingungen von Seismographenmasse und Erde.) Diese Darstellung ergibt sich aus der üblichen x_0/F_0-Kurve durch Multiplikation mit $m\omega^2$. Aus Abschnitt 4.1.3 oder (4.39) sieht man, daß sie über T aufgetragen genauso aussieht wie die übliche Kurve über ω. Man verwendet hier also das quasifreie Plateau: Die Masse muß in Ruhe bleiben, während die Erde darunter wegschwingt. Die Eigenperiode muß um 20 s liegen, was sich durch ein kleines α ($\approx 1°$) erreichen läßt. Plateaubreite und Nachschwingzeit werden wieder durch Dämpfung zum aperiodischen Grenzfall optimiert.

4.2.5. Seiches

Das Becken habe die mittlere Tiefe H, die groß ist gegen die Unterschiede in der lokalen Tiefe h des Wellenprofils. Das Wasser wird beschleunigt durch Druck-, d. h. Höhenunterschiede: $\varrho\dot{v} = -p' = -g\varrho h'$, also $\dot{v} = -gh'$. Räumliche Unterschiede in v bringen einen effektiven Zu- oder Abfluß, d. h. Änderungen von h: $B\dot{h} = -HBv'$, (B: Breite des Beckens), also $v' = -\dot{h}/H$. Man leitet die erste Gleichung nach x, die zweite nach t ab: $\dot{v}' = -gh'' = -\ddot{h}/H$, also $\ddot{h} = gHh''$. Das ist eine d'Alembert-Wellengleichung mit $c = \sqrt{gH}$. In einem Becken der Länge L ist die Periode des Schwappens (der Seiches) $T = 2L/c = 2L/\sqrt{gH}$. Man hüte sich, mit dieser Periode am Becken zu wackeln.

4.2.6. Wellengruppe

Tiefwasserwellen haben normale Dispersion: $c(\lambda)$ steigt (vgl. (4.104)). Der Wind erzeugt nicht nur Wellen mit *einem* λ-Wert, sondern ein ganzes Spektrum von λ-,also auch c-Werten. Diese überlagern sich zu schwebungsartigen Wellengruppen, deren Länge Δx mit der Breite $\Delta\lambda$ des λ-Spektrums nach der Unschärferelation zusammenhängt: $\Delta x \approx \lambda^2/\Delta\lambda$. Wenn die Serie z. B. aus $\Delta x/\lambda = 5$ Wellen besteht, läßt das auf $\Delta\lambda/\lambda = \frac{1}{5}$ schließen, z. B. λ zwischen 80 und 120 m. All dies gilt besonders für Dünung aus einem entfernten Sturm; ein Wind an Ort und Stelle erzeugt oft ein so breites Spektrum, daß sich keine solchen Gruppen bilden ($\Delta x \approx \lambda$).

4.2.7. Unterwassergespräch

Wasser leitet den Schall zwar sehr gut, aber es ist schwierig, aus dem luftgefüllten Sprechapparat genügend Schallintensität ins Wasser und aus dem Wasser ins luftgefüllte

Innenohr zu bringen, weil der Reflexionskoeffizient beidemal praktisch 1 ist. Man verliert jedesmal einen Faktor von der Größenordnung 10^4. Normale Mikrophone zeigen daher auch von den Unterwassergeräuschen nur sehr wenig an. Man benutzt „Hydrophone", die mit Wasser oder einem Medium ähnlichen Wellenwiderstandes gefüllt sind und daher bessere Übertragungseigenschaften haben.

4.2.8. Seegeflüster
Die größere Schallgeschwindigkeit im Wasser ist nicht der Grund, obwohl die meisten Leute das glauben. Der Schall kann nämlich wegen des hohen Reflexionskoeffizienten zwischen zwei Stoffen so verschiedener Dichte praktisch nicht von der Luft ins Wasser und umgekehrt, und der „Wasserschall" spielt daher keine Rolle. Auch die Freiheit von Hindernissen ist nicht der Hauptfaktor: Über glatten Wüsten- und Sandflächen trägt der Schall keineswegs besser, am wenigsten bei Sonnenschein. Über dem See herrscht eine Temperaturinversion: Dicht über dem Wasser ist es kühl, mit zunehmender Höhe steigt die Temperatur schnell auf den Normalwert an. Da sich der Schall in warmer Luft schneller ausbreitet ($c \sim \sqrt{T}$), führt das zu einer Bündelung des Schalls, ähnlich wie im Sprachrohr. Das Umgekehrte tritt über heißen Sand- oder Asphaltflächen ein. Daß man so schwer gegen den Wind anschreien kann, liegt nicht an dem Verlust der Schallgeschwindigkeit in der bewegten Luft (der Wind ist immer langsam gegen den Schall), sondern ebenfalls an einem negativen Sprachrohreffekt: In größerer Entfernung von Hindernissen wie dem Erdboden oder selbst unserem Kopf ist die Strömung schneller, und daher fächern die „Schallstrahlen" auf, und man hat das Gefühl, daß einem der Schall vom Mund weggerissen wird. Quantitativ: Über dem Wasser sei es um ΔT kühler als normalerweise, der Ausgleich erfolgt auf einer Höhe h. Dann werden alle „Schallstrahlen", die unter weniger als $\alpha \approx \frac{1}{2} h/T \cdot \mathrm{d}T/\mathrm{d}h \approx \frac{1}{2}\,\Delta T/T$ ansteigen, wieder zur Oberfläche zurückgeworfen. Windgeschwindigkeit v bedingt Auffächerung der Abstrahlwinkel um den Faktor $1 + v/c$, also eine Intensitätsabnahme um den Faktor $1 - 2v/c$.

4.3.1. Reflexion
Wenn Lattenbreite und -abstand klein sind gegen die Wellenlänge, wirkt jede Latte als praktisch punktförmiges Sekundärwellenzentrum. Bei einem einfallenden Bündel paralleler Wellen interferieren sich die Sekundärwellen in allen Richtungen weg, außer in der durch das Reflexionsgesetz bestimmten, und zwar unabhängig davon, ob die Latten regelmäßig angeordnet sind oder nicht. Man liest das am schnellsten aus der Huygens-Konstruktion (Abb. 4.33) ab; ob man die Sekundärzentren darin kontinuierlich oder auch nur regelmäßig zeichnet, ist gleichgültig. Für die Zaunlücken gilt natürlich dasselbe, aber ihre Emission geht auch in Vorwärts-Richtung ungeschwächt. Das Interferenzbild ist also beiderseits, abgesehen von der Intensität, spiegelbildlich. Wenn die Wellenlänge etwas kleiner ist als der Lattenabstand, ergeben sich die vom Beugungsgitter bekannten Effekte: In Reflexion und Durchgang treten Nebenmaxima auf. Sie liegen um so dichter, je kleiner λ wird. Immer noch ist aber das Hauptmaximum, das regulärer Reflexion bzw. geradlinigem Durchgang entspricht, am stärksten. Erst bei sehr viel kleinerem λ verschmelzen diese vielen Maxima mit ausgeglichener Intensität zu einer annähernd isotropen Emission. Schallwellen sind meist als Kugelwellen aufzufassen, daher wird das Bild des Echos geometrisch komplizierter. Nebenmaxima hört man selbst vor einem streng „preußischen" Kiefernwaldrand nur schwer. Der Übergang von diskreter zu kontinuierlicher Reflexion ist aber sehr sinnfällig, wenn man z. B. mit dem Motorrad an einer Baum- oder Pfahlreihe, einem Zaun oder einer Mauer vorbeifährt.

4.3.2. Am Strand
Wenn die Wassertiefe $H \ll \lambda$ ist, breiten sich die Wellen mit $c = \sqrt{gH}$ aus (vgl. (4.107)). Ihre Brechzahl $n = c_0/c \sim 1/\sqrt{H}$ geht gegen ∞, wenn sie sich dem flachen Ufer nähern (was mit anderen Wellen schwerer zu erreichen ist). So biegt der „Wellenstrahl" immer mehr in die Lotrichtung zum Strand (vgl. Abschn. 9.4.1). Der Winkel α zwischen Strahl und Lot ändert sich nach $\sin\alpha/\sin\alpha_0 = n_0/n$, auch bei einer stetigen Folge von „Brechungen", und wird bei $H = 0$, $n = \infty$ schließlich 0. Man will dies in Wellenkraftwerken ausnutzen: Eine künstliche Insel in Form eines umgedrehten flachen Tellers soll die Wellen von allen Seiten auf den Empfänger konzentrieren.

4.3.3. Flüsterjets
Da die Amplituden gleich sind, kommt es nur auf die Phasen φ an. Ein Zeigerdiagramm zeigt: Bei $|\Delta\varphi| < 120°$ ist die Summe der Amplituden größer als eine einzelne, sonst kleiner. Bei Zufallsphasen ist die Wahrscheinlichkeit für „größer" also $\frac{2}{3}$. Motorenlärm hat ein sehr breites Frequenzband, und es ist völlig ausgeschlossen, daß alle Teilwellen ausgerechnet in den $\frac{1}{3}$-Schwächungsbereich fallen.

4.3.4. Doppler-Effekt
Die Radialkomponente der Geschwindigkeit von Stern oder Galaxis relativ zur Sonne drückt sich in einem Rot- oder Violett-Doppler-Effekt aus: $\Delta\nu = \nu(1 + v_r/c)$. Bei Sternen ist v_r in der Größenordnung 10–100 km/s, also $\Delta\nu/\nu \approx 10^{-3}$. Bei fernen Galaxien geht v_r bis nahe an die Lichtgeschwindigkeit. Das führt nicht nur zu einer Verschiebung weit ins Rote, sondern auch zu einer Intensitätsverdünnung der Strahlung. Damit man diese Verschiebungen bei den Linien des Sternspektrums messen kann, dürfen sie nicht wesentlich kleiner sein als die Linienbreite, die z. T. ebenfalls ein Doppler-Effekt ist, nämlich infolge der thermischen Geschwindigkeit der strahlenden Teilchen. Bei 10 000 K hat ein H-Atom $v = 15$ km/s, schwerere Teilchen fliegen langsamer, z. B. ein Fe-Ion mit 2 km/s. Die Doppler-Verschiebung infolge Sternbewegung ist natürlich für alle Teilchenmassen gleich. Außerdem gibt es eine **Stoßverbreiterung**: Infolge der Stöße mit anderen Teilchen kommen die Strahler nur dazu, kurze Staccato-Töne zu strahlen, und die sind wie beim Koloratur-Baß (Aufgabe 4.1.1) notwendig unrein,

d. h. spektral verbreitert. Die Rotationsgeschwindigkeit eines ausgedehnt erscheinenden Gebildes wie einer nahen Galaxis läßt sich aus dem Doppler-Effekt der einzelnen Teile des Bildes direkt messen. Bei einem Stern oder fernen Nebel ergibt die Rotation eine Zusatzverbreiterung, die bei schneller Rotation gut von thermischer und Stoßbreite trennbar ist. Bei manchen Doppelsternen deckt eine Komponente die andere zeitweise ab und isoliert so im Moment teilweiser Bedeckung u. U. das Licht vom Rand des Sterns; dann tauchen plötzlich verschobene Linien aus der allgemeinen Verbreiterung auf. Ein nicht direkt sichtbarer Begleiter erzeugt eine Kreisbewegung und einen Doppler-Effekt periodisch wechselnden Vorzeichens beim Hauptstern. Die Beobachtungsmöglichkeit für diesen Effekt hängt schwächer vom Abstand von der Sonne ab als für die direkten Positionsschwankungen, aber selbst bei Planeten von Jupitermasse ist er winzig (zwischen 1 und 100 m/s).

4.3.5. Überschallknall

Ein punktförmiger Überschallkörper würde einen scharfen Mach-Kegel, also einen einzigen Knall erzeugen. Beim Flugzeug erfolgt die stärkste Erregung am Bug und am Heck (Eintauch- bzw. Abreißwelle). Es wird von zwei koaxialen Mach-Kegeln begleitet. Der Zeitabstand der Knalle ist einfach die Zeit, in der die Flugzeuglänge vorbeifliegt. Bei $\alpha = 42°$ folgt $v = c/\sin\alpha = 500\,\mathrm{m\,s^{-1}}$, und bei $t = \frac{1}{8}\,\mathrm{s}$ ist die Flugzeuglänge $t/v = 60\,\mathrm{m}$.

4.3.6. Tscherenkow-Strahlung

$v_{\text{Glas}} = 2 \cdot 10^8\,\mathrm{m\,s^{-1}}$, $v_{\text{Wasser}} = 2{,}25 \cdot 10^8\,\mathrm{m\,s^{-1}}$. $W = \frac{1}{2}mv^2 = 1{,}8 \cdot 10^{-14}\,\mathrm{J} = 0{,}11\,\mathrm{MeV}$ in Glas, $2{,}3 \cdot 10^{-14}\,\mathrm{J} = 0{,}14\,\mathrm{MeV}$ in Wasser. Die relativistische Formel (15.9) ergibt etwas höhere Energien (die Masse ist ja größer geworden): 0,174 MeV in Glas, 0,259 MeV in Wasser. Praktisch jeder Kernprozeß gibt direkt oder indirekt (durch γ-Strahlung ausgelösten) Elektronen solche und viel größere Energien mit. Durch Wasser abgeschirmte γ-Quellen z. B. leuchten daher intensiv in blaugrünem Tscherenkow-Licht.

4.4.1. Panflöte

Benutzt man einseitig offene Rohrflöten, dann geht bei der Grundschwingung $\lambda/4$ auf die Rohrlänge. Die Frequenzen verhalten sich umgekehrt wie die Längen: Die Oktavflöte ist halb so lang wie die Grundtonflöte. Bei temperierter Stimmung haben zwei benachbarte Rohre (Halbton-Intervall) immer das gleiche Längenverhältnis $2^{-1/12} = 0{,}944$. Die Längen bilden eine geometrische Folge mit diesem Faktor, d. h. die Rohrenden liegen auf einer Exponentialkurve. Der Kammerton A (440 Hz) entspricht einer Rohrlänge $l = \lambda/4 = \frac{1}{4}c/\nu = 18{,}9\,\mathrm{cm}$.

4.4.2. Goldener Schnitt

(1) Beim Rechteck mit „goldenen" Proportionen alternieren die abgetrennten Quadrate, bei allen anderen Verhältnissen bilden sich manchmal mehrere gleichgroße (Abb. 4.61). Goldene Membranen oder Säle minimieren die Chancen für gefährliche mehrfach-entartete Eigenschwingungen in Quadraten oder Würfeln. (2) Strecke a geteilt in x und $a - x$, so daß $x/(a-x) = a/x$, d. h. $x^2 = a^2 - ax$, $x = \frac{1}{2}a(\sqrt{5} - 1)$. (3) Das regelmäßige Zehneck mit der Seite x und dem Umkreisradius a zerfällt in 10 gleichschenklige Dreiecke mit 36° an der Spitze und 72° an der Basis. Die Winkelhalbierende eines Basiswinkels schneidet ein dem großen ähnliches kleines Dreieck ab, aus dem man wieder abliest $x/(a-x) = a/x$. (4) und (5). Die Folge der Kettenbrüche mit lauter Einsen ist identisch mit der Fibonacci-Folge: Wenn ein Kettenbruch den Wert a/b hat, heißt der nächste $1/(1 + a/b) = b/(a+b)$. Der Grenzwert ist der „unendliche Kettenbruch" g, für den gilt $g = 1/(1+g)$ (bei unendlich vielen Stockwerken macht es nichts aus, wenn man das oberste wegläßt), also $g^2 + g = 1$. (6) Der Euklidsche Algorithmus geht von zwei Zahlen a, b $(a > b)$ aus und konstruiert eine Zahlenfolge $c_0 = a$, $c_1 = b$, $c_2 =$ Rest der Division $a/b, \ldots, c_{i+1} =$ Rest der Division $c_{i-1}/c_i, \ldots$. Wenn a und b ganz sind, bricht die Folge ab (spätestens bei 1), und zwar mit dem größten gemeinsamen Teiler von a und b. Wenn a und b einen Fibonacci-Bruch bilden, garantiert dessen Bildungsgesetz, daß bei jeder Division herauskommt „1, Rest. . . ." Daher muß man für gegebenes b hier öfter dividieren als bei jedem anderen a. (7) Dies ist die einfachste Konstruktion des Goldenen Schnitts. Der Pythagoras liefert $AO = \frac{1}{2}a\sqrt{5}$. (8) Nachbarblätter müssen am Stengel um den Fibonacci-Winkel $360°\,g$ oder $360°\,(1-g) = 137{,}5°$ versetzt sein, dann kommt es so spät wie möglich zur angenäherten Überdeckung. Man sieht das bei Compositen wie Beifuß (Artemisia), auch an Koniferenzapfen und Sonnenblumenblüten.

4.4.3. Membranschwingung

$u = A\sin(2kx)\sin(ky) + B\sin(kx)\sin(2ky)$ ist 0 bei $\cos(ky) = -AB^{-1}\cos(kx)$ (Additionstheorem für $\sin(2kx)$ und $\sin(2ky)$). Nahe der Mitte der Membran $(x = \frac{1}{2}\pi/k + \xi,\ \ y = \frac{1}{2}\pi/k + \eta)$ lautet diese Bedingung $\eta = -A\xi/B$. Die Knotenlinie geht unter dem Winkel $\arctan(-A/B)$ durch die Mitte. Bei $A = 0$ oder $B = 0$ oder $A = \pm B$ behält sie diese Richtung bis zum Rand. Bei $|A| < |B|$ trifft sie auf die Ränder $x = 0$ und $x = a$, wobei $\cos(kx) \to 1 - k^2x^2/2$, also $\cos(ky) \to -A/B$. Da $\cos(ky)$ dort noch weit von seinem Maximum entfernt ist, während $\cos(kx)$ es gerade erreicht, kann sich y zum Schluß nicht mehr ändern: Die Knotenlinie trifft senkrecht auf den Rand. Entsprechend für $|B| < |A|$ und Vertauschung von x und y. Die Knotenlinien sind daher i. allg. S-förmig.

4.4.4. Knotenlinien

Auf einer Knotenlinie und besonders an der Kreuzung solcher Linien ist $u = 0$ und daher wegen (4.98) $\Delta u = 0$. Das bedeutet für den Kreuzungspunkt: Die u-Fläche ist dort in einer Richtung ebensostark positiv gekrümmt wie in der dazu senkrechten Richtung negativ ($\Delta u = 1/r_1 + 1/r_2$; außerhalb einer Kreuzung auf dem Knoten ist die Krümmung 0 längs der Knotenlinie, also auch 0 senkrecht dazu: gleichmäßiger Anstieg). Die Kreuzung ist also ein Sattelpunkt oder Paß mit Bergen auf zwei und dazu genau symmetrischen Tälern auf den zwei anderen Seiten. In einer solchen Landschaft müssen die beiden geraden steigungsfreien Straßen, die es bei jedem Paß gibt, sich rechtwinklig schneiden. Diese Straßen sind natürlich die Knoten ($u = 0$). Man kann auch $u(x, y)$ um den Kreuzungspunkt nach *Taylor* entwickeln. Die ersten Ableitungen verschwinden, bei geeigneter Achsenorientierung wird $u = a\xi^2 + b\eta^2$ mit $a = -b$ wegen $\Delta u = 0$. Die Höhenlinien sind gleichseitige Hyperbeln, die Asymptoten $\xi^2 = \eta^2$, d. h. $\eta = \pm\xi$ kreuzen sich rechtwinklig. Ein Spezialfall ist das senkrechte Auftreffen auf den Rand in Aufgabe 4.4.3, denn die Randlinie ist auch ein Knoten ($u = 0$). Bei mehreren sich kreuzenden Knoten muß man bis zu höheren Taylor-Gliedern entwickeln oder noch besser nach *Fourier*.

4.5.1. Schalltote Zone
Da normalerweise die Temperatur mit der Höhe abnimmt (adiabatische Schichtung, vgl. Aufgabe 5.2.11), krümmen sich die „Schallstrahlen" von der Erde weg. Diese T-Abnahme hört in der Tropopause auf und geht in der Ozonsphäre in eine T-Zunahme über. Die Ozonsphäre krümmt den Strahl daher wieder zur Erde zurück und wirkt für kleine Einfallswinkel effektiv als Spiegel. In einem T-Gradienten $\mathrm{d}T/\mathrm{d}h$ ist der Schallgeschwindigkeits-Gradient $\mathrm{d}c/\mathrm{d}h = \frac{1}{2}c/T \cdot \mathrm{d}T/\mathrm{d}h$ ($c \sim T^{1/2}$). Eine Welle, deren Normale unter dem Winkel α gegen die Vertikale steht, wird so zum Umschwenken auf einen Kreis vom Radius $R = 2T/(\sin\alpha \cdot \mathrm{d}T/\mathrm{d}h)$ gezwungen. In der Troposphäre ist üblicherweise $\mathrm{d}T/\mathrm{d}h = -1°/100\,\mathrm{m}$, also $R \approx 60\,\mathrm{km}$. Horizontal abgehende Schallstrahlen erreichen so die Tropopause nach 30–40 km Lauf, brauchen etwa doppelt so weit, um ihren Neigungswinkel in der Ozonsphäre umzukehren und kommen also nach 120–160 km wieder unten an.

4.5.2. Schallstrahlungsdruck
Nach *Bernoulli* wäre der statische Druck im Schallbündel, wo die mittlere Teilchengeschwindigkeit v_0 herrscht, um $\frac{1}{2}\varrho v_0^2$ reduziert, wenn die Dichte dort ebensogroß wäre wie außerhalb. In Wirklichkeit saugt das Bündel aus dem Außenraum Luft an bis zum Druckausgleich. Da $v_0 \ll c$ und $p \approx \frac{1}{2}\varrho c^2$, genügt dazu ein sehr geringer Zustrom. Am Schirm wird die Teilchengeschwindigkeit plötzlich 0. Dort ist der statische Druck daher genau um den Betrag $\frac{1}{2}\varrho v_0^2$ größer als normalerweise, d. h. um den Schallstrahlungsdruck.

4.5.3. Fledermaus-Sonar
Wenn die Hörschwelle des Fledermaus- wie des Menschenohrs bei $10^{-16}\,\mathrm{W/cm^2}$ liegt, entspricht das der auf eine Kugelwelle von 1 km Radius verteilten Energie des Fledermausschreis. Das Tier kann aber erheblich bündeln. Eine Welle von 100 kHz, also mit $\lambda = 3\,\mathrm{mm}$ läßt sich durch eine „Apertur" von ca. 1 cm wie das Fledermausmaul bestenfalls auf einen Öffnungswinkel von $\frac{1}{2}\lambda/d \approx 0{,}15$, d. h. etwa 10° konzentrieren. Der entsprechende Raumwinkel ist ca. 0,03 sterad oder 1/300 Vollwinkel. Eine Fledermaus hört also die andere, die sie genau anschreit, auf etwa $\sqrt{300}\,\mathrm{km} \approx 17\,\mathrm{km}$. Beutetiere oder Hindernisse reflektieren i. allg. nach allen Seiten. Ein Insekt vom Durchmesser δ im Abstand a streut einen Bruchteil $\delta^2/(0{,}15a)^2$ der Gesamtenergie des Signals (abgesehen von Verlusten bei der Reflexion). Die reflektierte Welle ist praktisch als Kugelwelle aufzufassen. Ihre Intensität im Abstand a ist $\delta^2/[(0{,}15a)^2 4\pi a^2] \approx \delta^2/(0{,}03a^4)$. Bei $\delta = 1\,\mathrm{cm}$ und $a = 10\,\mathrm{m}$ enthält der Reflex 10^{-9}–10^{-10} W, ist gerade noch zu hören. Bei größeren Objekten wächst der zulässige Abstand wie $\sqrt{\delta}$. Die Fledermaus verwendet Ultraschall wohl weniger deswegen, weil er kleinere Objekte „aufzulösen" gestattet. Es kommt ihr ja wohl hauptsächlich darauf an, *daß* etwas im Weg ihres Sonars ist; die Intensität des Reflexes kombiniert mit der Stereophonie der beiden Ohren erlaubt bestimmt eine ziemlich sichere Unterscheidung, selbst wenn keine Einzelheiten im Objekt erkennbar sind. Die Bündelung dürfte wichtiger sein als das Auflösungsvermögen, und sie verlangt bei so kleiner Schallquelle eine sehr kurze Welle. Beim Unterwasser-Sonar ist die Hauptschwierigkeit der Intensitätsverlust beim Übergang Luft-Wasser und zurück. Außerdem hat der Fisch, abgesehen von seiner Schwimmblase, praktisch den gleichen Wellenwiderstand wie das Wasser und reflektiert daher nur schwach.

4.5.4. Schallabsorption
Wenn Druck und Dichte genau in Phase schwingen, entspricht das dem quasistatischen Fall der erzwungenen Schwingung, bei dem Kraft und Auslenkung phasengleich sind. Die Energie, die ein Volumenelement in der Kompressions-Halbperiode aufnimmt, gibt es bei der Dilatation genau wieder her (dies unabhängig davon, ob die beiden Vorgänge isotherm oder adiabatisch sind). Man sieht das am klarsten im p, V-Diagramm: Das System pendelt auf einer nach rechts geneigten Geraden harmonisch hin und her. Die eingeschlossene Fläche, die die pro Periode geleistete Arbeit angibt, ist Null. Bei einer Phasenverschiebung δ zwischen p und ϱ öffnet sich eine Ellipse und wird bei $\delta = \pi/2$ zum Kreis, falls man die Achsen entsprechend normiert ($\mathrm{d}p = -\kappa\,\mathrm{d}V/V$; man betrachte ein Volumen V, das zahlenmäßig gleich $1/\kappa$ ist). Die Ellipsenfläche ist proportional $\sin\delta$ und stellt die Energie dar, die die Welle beim Fortschreiten um eine Wellenlänge dem Medium zuführt: Der Absorptionskoeffizient ist $\alpha \sim \sin\delta$. Die vollständige Betrachtung liefert $\alpha = \sin\delta \cdot 2\pi/\lambda$. Die drei wichtigsten Transportphänomene (innere Reibung, Wärmeleitung, Diffusion) scheinen auf den ersten Blick sehr verschiedenen Einfluß zu haben. Am leichtesten sieht man für die Viskosität ein, daß sie ähnlich wie die Reibung bei der erzwungenen Schwingung eine Phasenverschiebung und damit eine Absorption herbeiführt. Die Wärmeleitung läßt die komprimierten Gebiete nicht so warm werden, wie sie es adiabatisch werden sollten. Wenn die Dilatationsphase kommt, findet sie ein etwas zu kühles Gas vor, das sich langsamer ausdehnt als es sollte: Die Dichtewelle hinkt etwas nach. Ähnlich wie die Wärmeleitung versucht auch die Diffusion die Dichteberge abzubauen und die Täler aufzufüllen.

4.5.5. Klangfarbe

Als Perioden liest man ab 2,5 ms, 3,75 ms, 3,75 ms, für die Frequenzen also 400 Hz, 267 Hz, 267 Hz. Wahrscheinlich spielen die Künstler g′, c′, c′ (392 Hz, 262 Hz, 262 Hz). Die Geige spielt die Quint zu Trompete und Klarinette. Der Klarinettenton ω enthält sehr stark und fast ausschließlich die Oktave 2ω (allerdings etwas phasenverschoben, was das Ohr nicht wahrnimmt). Er klingt daher etwas leer und scharf (bewußt so gespielt, im Beispiel vom Jazz-Klarinettisten Bill Munroe). Auch die Trompete ist bewußt scharf angeblasen (Louis Armstrong), enthält aber 3ω, die höhere Quint (zum Klang leerer Quinten vgl. 9. Sinfonie). Der Geigenton nähert sich der Dreieckskurve von Abb. 4.10, die alle „geraden“ Obertöne $n\omega$ mit $n = 2m + 1$ enthält, wenn auch in einer mit n^{-2} abnehmenden Intensität. ω, 3ω, 5ω bilden den Dur-Dreiklang. Daher klingt die Geige am wärmsten. Ganz „dolce“ wird sie hier aber auch nicht gespielt, wie die starke aufgesetzte Wellenlinie mit 7ω zeigt. Zino Francescatti legt etwas von der Schärfe und Spannung des Dominantseptakkords hinein.

4.5.6. Reine Stimmung

Die reine Stimmung strebt rationale Frequenzverhältnisse mit möglichst kleinem Zähler und Nenner an. Die große Terz (5/4) läßt sich aber nicht in zwei gleich große Ganztöne zerlegen (dies ergäbe $\sqrt{5}/2$), sondern nur in einen großen (9/8) und einen kleinen (10/9) Ganzton. Das Frequenzverhältnis zwischen beiden Ganztönen (81/80), das syntonische Komma, wird von einem einigermaßen guten Ohr wahrgenommen. Stimmt man das Intervall c–d als großen Ganzton 9/8 und c–a als 5/3 (a als kleine Terz zur Oktave 2 : 5/3 = 6/5), dann ergibt sich g–a′ als 5/3 : 3/2 = 10/9. G-Dur erhält damit einen *kleinen* Ganzton als Sekundschritt. Das ginge vielleicht noch an, aber bei der nächsten Tonart (D-Dur) wird dann sogar die Quint falsch (20/9 : 3/2 = 40/27 $\neq 3/2$).

4.5.7. Warum hören wir nicht feiner?

Man kann das Trommelfell als ein Teilchen ansehen, das eine unregelmäßige Brownsche Zitterbewegung mit der mittleren Energie $W = kT$ ausführt ($\frac{1}{2}kT$ für die kinetische, ebensoviel für die potentielle Energie der Schwingung). Während der Periode τ einer 1 000 Hz-Welle, für die das menschliche Ohr am empfindlichsten ist, entspricht das einer Leistung $kT/\tau \approx 4 \cdot 10^{-18}$ W oder bei einer Trommelfellfläche von 0,3 cm^2 einer völlig aperiodischen Schallintensität von etwas mehr als $10^{-17}\,\mathrm{W/cm^2}$. Die Hörschwelle liegt bei $10^{-16}\,\mathrm{W/cm^2}$. Wäre sie wesentlich geringer, würde man nur noch thermisches Rauschen hören. Dieses Rauschen ist „weiß“, denn in den völlig regellosen Impulsen sind alle Frequenzen gleich stark vertreten. Mehr Einblick in den Mechanismus gibt die folgende Ableitung: Die Trommelfellfläche A erfährt im Durchschnitt in der Zeit τ $z = \frac{1}{6}nvA\tau$ Molekülstöße, die den Luftdruck darstellen. Eine solche statistische Stoßzahl ist nach *Poisson* nie genau realisiert, sondern nur bis auf eine Standardabweichung $\Delta z = \sqrt{z}$ vom Mittelwert. Mit $\tau = 1$ ms ist $z \approx 0{,}6 \cdot 10^{20}$, also $\Delta z/z \approx 10^{-10}$. Innerhalb der Schallperiode kann also der Druck auf der einen Seite des Trommelfelles leicht um 10^{-10} bar größer sein als auf der anderen. Eine solche Druckamplitude von 10^{-10} bar entspricht gemäß $I = \frac{1}{2}c\,\Delta p^2/\kappa$ einer Schallintensität von etwas mehr als $10^{-17}\,\mathrm{W/cm^2}$. Allgemein erhält man $I \approx \frac{1}{3}p^2/(\kappa n v A\tau)$. Die Rauschintensität ließe sich also hinabdrücken, wenn man das Trommelfell vergrößerte und die Frequenz des Empfindlichkeitsmaximums senkte. Beide Maßnahmen steigern nämlich die Stoßzahl und senken damit ihre relative Abweichung vom Mittelwert. Dann erst hätten vergrößerte Ohrmuscheln u. dgl. einen Sinn.

4.5.8. Basilarmembran

Wenn ein Zungenfrequenzmesser rasch wechselnden Schallsignalen folgen soll, müssen die Resonatoren stark gedämpft sein, sonst würden sie mehr den Nachhall vergangener Signale als die jetzigen wiedergeben. Starke Dämpfung macht die Resonanzkurve breit, d. h. die Resonatoren sprechen auch auf andere Frequenzen als auf ihre Resonanzfrequenz an. Die Nachhallzeit eines einmal angestoßenen Resonators, definiert als die Zeit, in der seine Energie um den Faktor e abklingt, ist $\tau = 2/\delta = m/k$ (s. Abschn. 4.1.2; der Faktor 2 stammt daher, daß die Energie durch das Amplitudenquadrat gegeben wird). Bei dem Dämpfungsfaktor k hat das Resonanzmaximum die Breite $\Delta\omega \approx \omega_0 k/\sqrt{2mD} = k/m = \tau^{-1}$. Trennschärfe und Nachhallzeit sind also direkt gekoppelt. Wenn das Ohr im meistbenutzten Frequenzbereich um 400 Hz Unterschiede um einen Achtelton, d. h. $\Delta\nu/\nu \approx 0{,}007$, $\Delta\omega \approx 20$ wahrnehmen soll, ergibt sich also eine Nachhallzeit von 0,02 s, die auch sonst als „physiologische Flimmergrenze“ eine generelle Rolle spielt (Kino usw.). Hierbei ist vorausgesetzt, daß eine Verstimmung erst bemerkt wird, wenn die Amplitude des entsprechenden Resonators auf die Hälfte abgesunken ist. Besonders ein geübtes Ohr leistet natürlich viel mehr.

4.5.9. Nachhall

Eine Nachhallzeit von einigen zehntel Sekunden ist im Vortragssaal noch erträglich, im Musiksaal kann sie länger sein. Im Raum vom Volumen V steckt eine Schallenergie $W = \varrho V$. Die in eine gegebene Richtung wandernde Intensität ist etwa $I = \frac{1}{6}\varrho c$. Die Wandfläche A mit der mittleren „Absorption“ α (man beachte, daß dies kein Absorptionskoeffizient im üblichen Sinne ist) verringert die Energie um $\dot{W} = -\alpha I A$. W klingt, wenn plötzlich Ruhe eintritt, exponentiell ab mit $\tau = -W/\dot{W} = 6V/(\alpha A c)$, für einen Würfel der Kante a wird $\tau = a/(\alpha c)$. Langgestreckte Räume haben relativ größeres A, also kürzeres τ. Ein großes Opernhaus kommt der Würfelform noch am nächsten. Bei $a = 40$ m muß überall $\alpha = 0{,}4$ sein, damit $\tau \approx 0{,}3$ s bleibt. Schlußfolgerungen auf Ausführungstechnik von Schauspiel, Predigt, Barock- und Kammermusik liegen nahe.

4.5.10. Wer heizt die Corona?

Im Stern nehmen Druck und Dichte nach innen stark zu, Temperatur und Schallgeschwindigkeit $c_S = \sqrt{\gamma p/\varrho} \sim \sqrt{T}$ ebenfalls. p ist der Schweredruck (gleich dem gaskinetischen Druck), also nach Aufgabe 5.2.6 im Zentrum $p \approx GM\varrho/r$. Dies, etwas inkonsequenterweise mit der mittleren Dichte $\varrho = \frac{3}{4}M/(\pi r^3)$ kombiniert, ergibt $c_S \approx \sqrt{GM\gamma/r}$, was sicher zu groß ist (für das Zentrum, weil ϱ dort größer ist, für die Außenschichten, weil p dort kleiner ist). Das Gas ist einatomig, also $\gamma = \frac{5}{3}$. c_S ist also praktisch identisch mit der parabolischen Entweichgeschwindigkeit v, die aus $\frac{1}{2}mv^2 = GM/r$ folgt. Da unser c_S aber besonders außen zu groß ist, kann keine Schallwelle Gasfetzen ganz vom Stern abschleudern, wenn auch immerhin auf erhebliche Abstände. Die Corona mit ihren 10^6 K wird vermutlich durch Schallwellen, d. h. den Lärm der brodelnden Wasserstoff-Konvektionszone in der oberen Sonnenatmosphäre so stark geheizt (vgl. Aufgabe 5.3.8).

4.5.11. Sterne als Stimmgabeln

Aus der Doppler-Verschiebung folgen für die beiden Cepheiden Expansionsgeschwindigkeiten von $v_{max} = \frac{1}{2}\omega r_{max} = \pi r_{max}/\tau = 300$ bzw. 150 km/s, also mit den angegebenen τ-Werten $r_{max} = 2 \cdot 10^7$ bzw. $5 \cdot 10^8$ km oder 30 bzw. 1 000 Sonnenradien. Wenn die Sonne sich verhielte wie der größere dieser Sterne, würde sie bei maximaler Ausdehnung bis zum Jupiter reichen! Die Dichten sind entsprechend gering: 10^{-4} bzw. $2 \cdot 10^{-9}$ g/cm^3 bei maximaler Ausdehnung. Die Schallgeschwindigkeit ist $c_S \approx \sqrt{\gamma p/\varrho} \approx \sqrt{\gamma GM/r}$, die Schallwelle braucht vom Zentrum bis zur Oberfläche $\tau' = r/c_S \approx \sqrt{r^3/(\gamma GM)} = \sqrt{3/(4\pi\varrho G)}$. Einsetzen der obigen Minimaldichten liefert $\tau' \approx 1{,}6$ bzw. 300 Tage. Je genauer man rechnet, desto besser wird die Übereinstimmung mit der Beobachtung. Speziell die Beziehung $\tau \sim \varrho^{-1/2}$ bestätigt sich durchgehend. Die Cepheiden-Pulsation ist wirklich eine akustische Eigenschwingung. Diese Sterne sind die größten Stimmgabeln, die man kennt (über die kleinsten vgl. Aufgabe 13.1.15).

4.5.12. Ultraschall-Bohrer

In der Unterdruckphase des Schallfeldes muß die Zerreißspannung σ des Werkstücks überschritten werden. Die Schallintensität I muß also größer sein als $\frac{1}{2}\sigma^2/(\varrho c_S)$. Für Stahl mit $\sigma \approx 5 \cdot 10^8\,\mathrm{N\,m^{-2}}$, $c_S \approx 5{,}1 \cdot 10^3\,\mathrm{m\,s^{-1}}$ folgt $I > 5 \cdot 10^9\,\mathrm{W\,m^{-2}}$, also braucht man für eine 1 mm ⌀-Bohrung eine Schalleistung von etwa 4 kW. Jeder Luftspalt würde infolge der Reflexionsverluste die Intensität um viele Größenordnungen senken. Der Transducer muß sich glatt auf den gwünschten Durchmesser verjüngen und natürlich aus festerem Material sein als das Werkstück.

4.6.1. Dispersion

Die Welle hat mehr Schwereenergie als die glatte Oberfläche, denn das Wasser, das im Tal fehlt, ist auf den Berg gehoben worden. Für eine Welle der Länge λ und der Amplitude h ist das Volumen des Berges auf der Frontbreite b kleiner als $\frac{1}{2}\lambda bh$ (Rechteckform), aber größer als $\frac{1}{2}\lambda bh/2$ (Dreiecksform), also etwa $\frac{1}{3}\lambda bh$ (exakt für eine Sinuswelle $\lambda bh/\pi$). Diese Masse $m = \varrho\lambda bh/\pi$ ist um eine Strecke gehoben worden, die zwischen h (Rechteck) und $\frac{2}{3}h$ (Dreieck) liegt (exakt $\pi h/4$). Die Schwereenergie in diesem Wellenabschnitt ist also $W_{Sch} = \frac{1}{4}g\varrho\lambda bh^2 = 2mgh$. Die Oberfläche des Wellenberges ist größer als die entsprechende glatte Wasserfläche $A_0 = \frac{1}{2}\lambda b$. Die Dreieckskurve ergäbe $A = \frac{1}{2}\lambda b\sqrt{1 + 16h^2/\lambda^2} \approx \frac{1}{2}\lambda b(1 + 8h^2/\lambda^2)$. Der exakte Wert ist $\frac{1}{2}\lambda b(1 + \pi^2h^2/\lambda^2)$. Die Differenz ergibt eine Oberflächenenergie $W_k = \sigma(A - A_0) = \pi^2\sigma bh^2/\lambda$. In der Betrachtung von Abschn. 4.6 muß man jetzt $2mcv$ gleich der Summe dieser beiden Energien setzen. Man erhält dann schließlich $c = \sqrt{g\lambda/(2\pi) + 2\pi\sigma/(\varrho\lambda)}$. Dieser Ausdruck faßt die beiden Näherungen für reine Schwere- und reine **Kapillarwellen** zusammen.

4.6.2. Brecher auf hoher See

Das Wellenprofil ist eine Trochoide, die nach Abb. 4.71 aus der kreisenden Bewegung der Wasserteilchen entsteht. Soll die Amplitude bei gegebenem λ größer werden, dann muß man den Kreis vergrößern. Man erreicht dabei einen Zustand, wo der Kreis zum Rad wird, das rutschfrei auf der Grundlinie (Höhe des Wellentals) abrollt (auch die allgemeine Trochoide kann durch Abrollen eines einzigen Kreises entstanden gedacht werden, dessen Umfang natürlich immer gleich λ ist; für kleinere Amplituden wie in Abb. 4.71 ist es aber ein Punkt auf der Speiche im Innern des Rades, der die Trochoide beschreibt). Im oben geschilderten Fall $r = \frac{1}{2}\lambda/\pi$ entsteht eine Zykloide, deren Wellenberge zu Spitzen ausgezogen sind. Legt man den schreibenden Punkt noch außerhalb des Radkranzes, d. h. steigert man die Amplitude noch mehr, dann löst sich über der Bergspitze ein kleiner Sonderbogen ab. Es ist plausibel, daß eine solche Welle brechen würde. h/λ kann danach nicht viel größer werden als $\frac{1}{6}$.

4.6.3. Totwasser

Wenn die Grenzfläche zwischen zwei Flüssigkeiten oder Gasen mit den Dichten ϱ_1 und ϱ_2 sich wellt, erfordert das einen Aufwand an Schwereenergie, der sich nach Aufgabe 4.6.1 pro Wellenlänge und Frontbreite b zu $W = \frac{1}{4}g(\varrho_2 - \varrho_1)\lambda bh^2$ ergibt. Der Auftrieb in der leichteren Flüssigkeit reduziert also die Schwereenergie um den Faktor $(\varrho_1 - \varrho_2)/\varrho_2$. Die zu bewegende Masse ist dagegen nach wie vor durch ϱ_2 bestimmt. Damit ergibt sich analog zu Aufgabe 4.6.1 $c^2 = \frac{1}{2}g\lambda(\varrho_2 - \varrho_1)/(\pi\varrho_2)$. Wenn sich Flußwasser über Salzwasser schichtet, ist $\varrho_1 = 1{,}00$, $\varrho_2 \approx 1{,}02$, also ist c etwa siebenmal kleiner als für eine Welle an der Oberfläche gegen Luft bei gleichem λ. Diese Wellen verzehren, gerade weil sie so leicht anzuregen sind, u. U. einen großen Anteil der Maschinenenergie eines Schiffes, das dann „wie von unsichtbarer Hand festgehalten" wird. Das Aufgleiten von Warmluft über Kaltluft mit z. B. 30° Temperaturdifferenz, also $\Delta\varrho/\varrho \approx 0{,}1$ kann zu Wellen von 200 m Länge und 20 km/h Geschwindigkeit führen. Der zusätzliche Aufwind vor dem Wellenberg kann Kondensation in „Schäfchenwolken" auslösen. An der Warmfront („Schönwetterfront") eines Tiefs geht dieses Aufgleiten ziemlich gleichmäßig vor sich, an der Kaltfront dagegen sehr turbulent.

4.6.4. Seiches
So langperiodische Wellen können nur zustandekommen, wenn das ganze Wasser im Ostseebecken als **Seiche** hin- und herschwappt. Die Länge L des Beckens ist dann $\lambda/2$. Die Wellengeschwindigkeit ist durch die Seichtwasserformel $c = \sqrt{gH}$ gegeben. Die Zeit zwischen zwei Hochwassern entspricht dem Hin- und Herlaufen der Welle: $T = 2L/c$. Mit $L = 1\,200\,\text{km}$ (Lübeck–Leningrad) folgt $c = 25\,\text{m/s}$, also $H = c^2/g = 62\,\text{m}$. Direktmessungen ergeben die mittlere Tiefe von 55 m. Im Bodensee ($L \approx 50\,\text{km}$, $H \approx 90\,\text{m}$) erwartet man $c \approx 30\,\text{m/s}$, $T \approx 55\,\text{min}$.

4.6.5. Brandung
Im Flachwasser ist $c = \sqrt{gH}$. Die Wassertiefe H ist unter dem Wellenberg größer, also läuft dieser schneller als das Wellental und kippt schließlich über. Diese „Herleitung" ist allerdings mit Vorsicht aufzunehmen: Die Welle ist eine Einheit, man kann Berg und Tal nicht so einfach trennen.

4.6.6. Wellengruppe
Die Gruppengeschwindigkeit $v_G = c - \lambda\,\mathrm{d}c/\mathrm{d}\lambda$ ergibt sich für Schwerewellen mit $c = \sqrt{\frac{1}{2} g\lambda/\pi}$ zu $v_G = \frac{1}{2}c$, für Kapillarwellen mit $c = \sqrt{2\pi\sigma/(\varrho\lambda)}$ zu $v_G = \frac{3}{2}c$. Da c und damit v_G von der Wellenlänge abhängen, läuft eine Wellengruppe um so schneller auseinander, je größer der Spektralbereich harmonischer Wellen ist, aus denen sich die Gruppe zusammensetzt. Die Breite dieses Bereichs sei $\Delta\lambda$, der Zentralwert λ. Dann unterscheiden sich die Gruppengeschwindigkeiten für den schnellsten und den langsamsten Teil der Gruppe um $\Delta v_G = \Delta\lambda\,\mathrm{d}v_G/\mathrm{d}\lambda = \frac{1}{2} v_G\,\Delta\lambda/\lambda$. Eine Gruppe aus Wellen mit Längen zwischen 5 und 6 m z. B. läuft auf einer Strecke von 1 km um 100 m auseinander.

4.6.7. Kapillarwellen
Wie man aus der Wellenlänge sieht (um 1 cm oder kleiner), handelt es sich um Kapillarwellen, die genausoschnell laufen wie das Boot (dieses muß schneller fahren als 0,23 m/s, die Minimalgeschwindigkeit von Wasserwellen) und daher immer in der richtigen Phase angeregt werden. Je schneller das Boot wird, desto schneller, also desto kürzer werden die Wellen. Gleichzeitig wird die Wellenzone immer schmaler, denn die Dämpfung infolge innerer Reibung ist für kurze Wellen mit ihren höheren Gradienten der Strömungsgeschwindigkeit größer. Genauer betrachtet handelt es sich um eine Wellengruppe um die Wellenlänge, die der Bootsgeschwindigkeit entspricht; die kurzen Wellen laufen voran.

4.6.8. Gruppengeschwindigkeit
Vergleiche Aufgabe 4.6.6: Kapillarwellen $v_G = \frac{3}{2}c$, Tiefwasserwellen $v_G = \frac{1}{2}c$, Flachwasserwellen (keine Dispersion) $v_G = c$. Bei den Kapillarwellen wie überhaupt bei anomaler Dispersion läuft die Gruppe schneller als die Einzelwelle. An der Vorderfront der Wellengruppe bilden sich dauernd neue Einzelwellen.

4.6.9. Sturmsee
Der Wind erzeugt zunächst überwiegend kurze Wellen. Die längsten Wellen aus dem so erzeugten Spektralbereich laufen am schnellsten. Im allgemeinen durchsetzen Wellen einander ungestört, aber die Tendenz einer kurzen Welle zum Brechen verstärkt sich, wenn sie vorübergehend auf den Rücken einer längeren gerät, die darunter wegläuft. Wenn die kurze Welle bricht, übergibt sie damit einen Teil ihrer Energie der längeren. Daher werden die Wellen immer länger (und stärker), je länger der Wind anhält und auf je längerer Laufstrecke sich der Seegang aufbauen kann. Der Pazifik hat die längsten und mächtigsten Wellen. Lange Wellen haben kleinere Gradienten der Strömungsgeschwindigkeit und dämpfen sich daher langsamer durch innere Reibung. Sie laufen deshalb noch lange nach dem Sturm als Dünung weiter.

4.6.10. Bugwelle
Die Bugwelle ist eine Wellengruppe, die von dem Schiff mit der Geschwindigkeit v erzeugt wird, selbst aber nicht mit v, sondern mit $v_G = v \sin 19° = v/3$ läuft. Diese Gruppe baut sich aus einem sehr engen Bereich harmonischer Einzelwellen auf (die übrigens nach Aufgabe 4.6.6 selbst doppelt so schnell, also mit $2c/3$ laufen) und die sich um die beherrschende Wellenlänge (vgl. Prinzip der stationären Phase) scharen. Diese beherrschende Wellenlänge ändert sich praktisch mit dem Fortschreiten des Schiffes nicht: Aus (4.109) erhält man für die Schiffslage, deren Einfluß die eigentliche Bugwelle mit $\cos\vartheta = 8/9$ beherrscht, $t = -1{,}4r/v$. Damit ergibt sich die beherrschende Wellenlänge als $\lambda_1 = 8\pi r^2/(gt^2) = 4\pi v^2/g$, was nur von der Schiffsgeschwindigkeit abhängt. Ein schnelles Motorboot hat nicht nur eine stärkere, sondern auch eine breitere Bugwelle als ein langsames.

4.6.11. Luftkissenboot
Im Tiefwasser besteht die Bugwelle hauptsächlich aus Einzelwellen, deren Länge so ist, daß die Gruppengeschwindigkeit $\frac{1}{3}$ der Bootsgeschwindigkeit v ist; die Einzelwellen haben $c = 2v/3$. Bei $v = 30\,\text{m/s}$ ergibt das $\lambda \approx 250\,\text{m}$. Für solche Wellen ist Wasser von $H < \frac{1}{2}\lambda/\pi \approx 40\,\text{m}$ seicht. Seichtwasserwellen haben keine Dispersion. Also vereinfacht sich die Betrachtung nach dem Prinzip der stationären Phase und liefert einen einfachen Mach-Kegel. Dessen Öffnungswinkel hängt im Gegensatz zur Tiefwasser-Bugwelle von v ab: $\sin\vartheta = c/v$, wobei $c = \sqrt{gH}$. Bei konstanter Geschwindigkeit v wird also der Kegel um so enger, je seichter das Wasser wird.

4.6.12. Tsunami
Für sehr lange Wellen, nämlich solche mit 30 und mehr km Wellenlänge, wie sie bei Seebeben usw. entstehen können, gilt selbst in der Tiefsee die Seichtwasserformel $c = \sqrt{gH}$. Mit einer mittleren Ozeantiefe von 5 km erhält man $c \approx 220\,\text{m/s}$, also $\frac{2}{3}$ der Schallgeschwindigkeit. Solche Wellen brauchten, ohne Hindernisse, etwa zwei Tage um die Erde. Sie laufen in Ausnahmefällen wie der Krakatau-Explosion auch mehrmals in merklicher Amplitude herum,

denn als Oberflächenwellen schwächen sie ihre Intensität nur nach einem r^{-1}-Gesetz, nicht nach einem r^{-2}-Gesetz wie räumliche Kugelwellen.

4.6.13. Seegang

Es sollen Wellen der Höhe H, die beliebig klein sein kann, und der Länge λ bestehen. Auf eine Einzelwelle der Breite b übt der Wind (Geschwindigkeit u) eine Kraft $F \approx \varrho_1 u^2 Hb$ aus (mehr durch Sog hinter dem Berg als durch Druck vor ihm). Über die Fläche verteilt, ergibt sich der mittlere Winddruck $p_1 \approx \varrho_1 u^2 H/\lambda$ mit auftürmender Tendenz. Auf dem Niveau des Wellentals herrscht unter dem Berg der Druck $p_W \approx \varrho_W gH$. Bei $p_W > p_1$ ist die glatte Oberfläche stabil, Störungen bilden sich zurück. Das ändert sich ab $p_1 = p_W$, d. h. $\varrho_1 u^2 \approx \varrho_W g\lambda \approx \varrho_W c^2$ $(c = \sqrt{g\lambda\!\!\!^-}$ Phasengeschwindigkeit der Welle), wenn also der Wind mit $u \approx 30c$ weht. Da es ein minimales c gibt (Übergang von Kapillar- zu Schwerewellen, $c_{min} = 23\,cm/s$, $\lambda_{min} = 1,7\,cm$), sollte der Spiegel bis $u \approx 6\,m/s$ völlig stabil sein. Darüber bilden sich zuerst die Minimalwellen, dann auch längere. Leider stimmt diese Theorie, die sich in komplizierterer Form, aber mit dem gleichen Ergebnis, in vielen Darstellungen der Hydrodynamik findet, numerisch nicht sehr gut: Das wirkliche kritische u ist etwa zehnmal kleiner. Ein Orkan Stärke 12 $(u \gtrsim 30\,m/s)$ kann also Wellen mit $\lambda \gtrsim 300\,m$ machen. In der Welle strömt Wasser einer Schichtdicke $\lambda\!\!\!^-$ mit $v = cH/\lambda\!\!\!^-$. Der turbulente Strömungswiderstand ist $\varrho_W v^2 \lambda\!\!\!^- b$, seine Leistung $\varrho_W v^3 \lambda\!\!\!^- b \approx \varrho_W c^3 H^3 b/\lambda\!\!\!^{-2}$. Diese Verlustleistung wird gleich der Windleistung $\varrho_1 u^2 cHb$ bei $H \approx \lambda/20$, was gut stimmt. Die Ausreifzeit sollte sein: $\tau \approx$ Wellenenergie/Windleistung $\approx \varrho_W g H^2 \lambda\!\!\!^- b/(\varrho_1 u^2 Hbc) \approx 5\,000\sqrt{\lambda/g}$. Für m-Wellen stimmt das, aber längere Wellen brauchen viel länger, und zwar $\tau \sim \lambda$. 400 m lange Wellen kommen nur nach tagelangem Sturm und entsprechender Laufstrecke, also fast nur im Pazifik zustande.

= Kapitel 5: Lösungen . . .

5.1.1. Molekülgröße

Aus Druck und Dichte eines Gases läßt sich nach $p = \frac{1}{3}\varrho\overline{v^2}$ sofort die mittlere Molekülgeschwindigkeit v_m entnehmen, z. B. für Zimmerluft: Mit $p = 10^5\,Pa$, $\varrho = 1{,}3\,kg\,m^{-3}$ folgt $v_m = \sqrt{3p/\varrho} = 480\,m\,s^{-1}$. Ähnliche Aufschlüsse liefert die Schallgeschwindigkeit. Eine Expansionsenergie $p\,dV$ stammt primär aus der kinetischen Energie der Moleküle, ergibt also deren Geschwindigkeit, erlaubt aber nicht, Masse oder Dichte des Gases in ihre Faktoren n und m aufzuspalten. Daß Luft unter Normalbedingungen etwa 1 000mal weniger dicht ist als Wasser, zeigt, daß ihre Moleküle im Mittel etwa 10 Moleküldurchmesser voneinander entfernt sind, sagt aber nichts über Molekülgröße und -abstand einzeln aus. Erst Diffusion, Viskosität, Wärmeleitung, Brownsche Bewegung als echte Molekularprozesse hängen von der freien Weglänge und damit von Größe und Abstand der Moleküle ab. Die freie Weglänge l enthält Radius r und Anzahldichte n in einer anderen Kombination $l \approx 1/(nr^2)$ als die bisherigen Größen, gibt daher eine unabhängige Aussage über sie. Historisch stand die Schätzung aus der Viskosität am Anfang: $\eta = \frac{1}{3}nmvl = \frac{1}{3}mv/(4\pi r^2)$ ergibt zusammen mit der Dichte flüssiger Luft $(900\,kg\,m^{-3})$ und den obigen Daten $r = 2\cdot 10^{-10}\,m$, $m = 3{,}4\cdot 10^{-26}\,kg$, $n = 4\cdot 10^{25}\,m^{-3}$. Ähnliche Werte liefern die anderen Transportphänomene. Der Korrekturfaktor $\sqrt{2}$ (Aufgabe 5.2.17) verbessert die Ergebnisse erheblich. Es folgte historisch der Versuch von *J. Perrin*, d. h. die Messung der Skalenhöhe der exponentiellen Höhenverteilung in einer Suspension aus Teilchen bekannter Masse (Aufgabe 5.2.23). Vergleich von Oberflächenspannung und Verdampfungsenergie liefert eine Schätzung $(r \approx 1{,}4\cdot 10^{-10}\,m$ für Wasser), ähnlich Vergleich von Faraday-Konstante und Ionengeschwindigkeit bei der Elektrolyse. Andere elementare Schätzungen der Atomgröße aus Dicke einer Ölhaut, der wasserentspannenden Wirkung von Detergentien oder dem radioaktiven Zerfall kann jeder zu Hause ausführen (die letzte mit einem Geigerzähler oder einfacher einem Leuchtschirm und Kenntnis der Halbwertszeit eines Nuklids). Mit der Molekülmasse ist aus der Molmasse $N_A m$ natürlich auch die Avogadro-Konstante bestimmt, aus $R = N_A k$ die Boltzmann-Konstante.

5.1.2. Gleichverteilungssatz

Masse und Geschwindigkeit des schweren Teilchens seien M und v, des leichten m und u (vor dem Stoß). $u < 0$ bedeutet Stoß von vorn, $u > 0$ Stoß von hinten. Nach (1.68) ist der Energieaustausch $\Delta W = 2Mw(v - w)$ (elastischer zentraler Stoß), wo $w = (Mv + mu)/(M + m)$ die Geschwindigkeit des Schwerpunkts ist. Einsetzen von w liefert für ΔW, bis auf den konstanten Faktor $2Mm/(M + m)^2$, den Ausdruck $(Mv + mu)(v - u)$. Wir verlangen, daß er sein Vorzeichen ändert, wenn u das tut, damit sich die energetischen Wirkungen von Vorn- und Hinten-Stoß gerade aufheben. Es soll also $(Mv + mu)(v - u) = -(Mv - mu)(v + u)$ sein. Daraus folgt sofort $Mv^2 = mu^2$, d. h. Gleichheit der kinetischen Energien.

5.1.3. Raketentreibstoffe

Der Schub einer Rakete ist Ausströmgeschwindigkeit · Treibausstoß/s, d. h. $F = w\mu$. Die Ausströmgeschwindigkeit kann nicht größer werden als die Molekülgeschwindigkeit: $\frac{1}{2}mv^2 = \frac{3}{2}kT$, also $v = \sqrt{3kT/m}$. Indem man die Brennkammerwände durch kühles einströmendes Gas schützt, kann man die Brenntemperatur T etwas über den Schmelzpunkt der Wand steigern, aber nicht viel. Der Schmelzpunkt der besten Legierungen (Karbide von Hf und Ta) liegt um 4 500 K. Bei gegebenem T sollte die Molekülmasse der Treibgase möglichst klein sein. Ist das Treibgas selbst Produkt einer gewöhnlichen Verbrennung, so sind H_2O und HF die leichtesten Moleküle, die in Frage kommen. Mit der (technisch ziemlich riskanten) Knallgasreaktion $2\,H_2 + O_2 \rightarrow 2\,H_2O$ würde man demnach $w = 510\,m/s\,\cdot$

$\sqrt{4\,500 \cdot 29/300 \cdot 18} = 2{,}5$ km/s erreichen. Geeignete Düsenform (Lavaldüse) nutzt auch noch einen Teil der Rotationsenergie als Ausströmenergie aus. Man gewinnt so einen Faktor $\sqrt{5/3}$, kommt also auf 3,2 km/s. Um eine Kreisbahn zu erreichen, müßte man ein Verhältnis $e^{8/3{,}2} \approx 12$ zwischen Start- und Brennschlußmasse haben, was für eine Einstufenrakete nur schwer erreichbar ist. In einer Kernrakete, bei der das Treibgas nicht als Verbrennungsprodukt, sondern im Reaktor aufgeheizt wird, kann man Wasserstoff verwenden. Falls man auch hier etwa 4 000 K erreicht und alle H-Moleküle dissoziiert sind, vervierfacht sich die Ausströmgeschwindigkeit: $w \approx 10$ km/s. Die Kreisbahn erfordert dann nur noch ein Massenverhältnis 2,2, die Befreiung aus dem Erdschwerefeld ein Verhältnis 3,0.

5.1.4. Bimetall
Die beiden Teilstreifen sind fest aufeinandergeschweißt. Nur die Außenzonen können sich daher gemäß ihrem α ausdehnen; weiter innen hält ein Metall das andere zurück, und es bilden sich Spannungen aus. Ein Stück der ursprünglichen Länge l hat nach Erwärmung um ΔT oben die Länge $l(1 + \alpha_1\,\Delta T)$, unten $l(1 + \alpha_2\,\Delta T)$. Das ist nur möglich, wenn der Streifen sich zu einem Kreisbogen vom Radius R biegt, wobei dieser Radius sich zur Streifendicke d verhält wie die mittlere Länge zur Längendifferenz: $R = d/((\alpha_1 - \alpha_2)\,\Delta T)$. Mangan-Wolfram ergeben $\alpha_1 - \alpha_2 = 1{,}85 \cdot 10^{-5}\,\mathrm{K}^{-1}$, also bei $d = 2$ mm und $\Delta T = 500$ K: $R = 20$ cm.

5.1.5. Badeofen
Der Badeofeninhalt von 150 l braucht $5 \cdot 10^7$ J zur Erhitzung von 20 auf 100 °C. Das entspräche der verlustfreien Verheizung von ca. 2,5 kg Brikett (Heizwert $2 \cdot 10^7$ J/kg). In Wirklichkeit gehen je nach Konstruktion 40–70 % an Badezimmer und Schornstein verloren. Der Überlauf durch den Hahn beträgt 0,6 ml/s oder 2,2 l während des ganzen Heizens. Das ist die Volumenzunahme der 150 l bei $\Delta T = 80$ K. Der Ausdehnungskoeffizient schätzt sich also zu $\beta = 2{,}2/(150 \cdot 80) = 1{,}8 \cdot 10^{-4}\,\mathrm{K}^{-1}$. Die Präzisionsmessung liefert $2{,}07 \cdot 10^{-4}\,\mathrm{K}^{-1}$.

5.1.6. Thermometer
Die Thermometerkugel tauche in eine Flüssigkeit der zu messenden Temperatur T ein. Die Kapillare sei oberhalb eines Teilstrichs, der der Temperatur T_1 entspricht, der Labortemperatur ausgesetzt und nimmt diese wegen der schlechten Wärmeleitung durch den engen Kapillarenquerschnitt auch praktisch an. Dieser Teil der Quecksilbersäule sollte ein Volumen $V_0\beta_{\mathrm{eff}}(T - T_1)$ haben, wenn er ebenfalls die Temperatur T hätte. In Wirklichkeit ist sein Volumen um den Faktor $1 + \beta_{\mathrm{eff}}(T_0 - T)$ davon verschieden. Um eben diesen Faktor wird die Temperaturdifferenz $T - T_1$ falsch angezeigt. Bei $T = 100°$, $T_0 = T_1 = 20$ °C macht der Fehler etwa 1 °C aus.

5.1.7. Gipfelhunger
Die Energien, um die es sich handelt, sind (a) 750 N $\cdot$ 2 000 m $= 1{,}5 \cdot 10^6$ J; (b) 2,5 m $\cdot\, 1{,}2 \cdot 10^5$ N $= 3 \cdot 10^5$ J; (c) Wärmeverlust bei 2 m^2 Körperoberfläche durch 1 cm Unterhautfettgewebe: $\lambda A\,\Delta T/d \approx 1\,000$ W, in 1 Stunde $3 \cdot 10^6$ J, (d) Leistung $\frac{1}{2}Av^3\varrho \approx 330$ W; 200 km in 6,7 h, also $8 \cdot 10^6$ J. Die mechanischen Arbeiten (a), (b), (d) sind mit 4–5 zu multiplizieren, damit der Kalorienbedarf herauskommt (Wirkungsgrad des Muskels 20–25 %). Nahrungsbedarf (Trockensubstanz Eiweiß oder Kohlenhydrat) oder Gewichtsabnahme bei Verzicht (Körper enthält 80 % Wasser): (a) 250 g bzw. 1,2 kg, (b) 75 g bzw. 400 g, (c) 170 g bzw. 700 g, (d) 1,2 kg bzw. 5 kg.

5.1.8. Europas Heizung
Die angegebene Geschwindigkeit gilt an der Oberfläche. Bei linearem v-Profil gilt im Mittel die Hälfte. $1{,}6 \cdot 10^5\,\mathrm{m} \cdot 10^3\,\mathrm{m} \cdot 0{,}8\,\mathrm{m/s} \approx 1{,}3 \cdot 10^8\,\mathrm{m^3/s}$. Im Winter werden bei 15° Temperaturdifferenz 10^{16} W in den Nordostatlantik befördert, d. h. etwas weniger als die Sonne bei senkrechtem Einfall auf die Fläche Europas (10^7 km^2) einstrahlt (Solarkonst. 1,4 kW/m^2). Im Sommer ist die T-Differenz sehr viel kleiner ($\approx 5°$); der Sinus der Sonnenhöhe ist im Winter nur knapp halb so groß wie im Sommer, die Tage sind halb so lang. Wenn Sibirien nicht wäre, würde also die Golfstrom-Warmwasserheizung den Unterschied zwischen mittlerer Januar- und Julitemperatur auf etwa 5° reduzieren.

5.1.9. Heiße Bremsen
Bei einer Höhendifferenz h zwischen Paßhöhe und jenseitigem Tal, einer Fahrzeugmasse M und einer Masse m von Bremsbacken und -belägen, Felgen usw. mit der spezifischen Wärme c würde ohne Wärmeabgabe an die Umgebung eine Erhitzung um $\Delta T = Mgh/(mc)$ eintreten; z. B. bei $M = 1\,000$ kg, $h = 1\,000$ m, $m = 20$ kg, $c = 400$ J/kg K eine Erhitzung um $\Delta T \approx 1\,200$ K. Fährt man ein Gefälle von $\alpha = 10\,\%$ mit 20 km/h, dann muß die Leistung $P = Mg\alpha v \approx 5{,}5 \cdot 10^3$ W verzehrt werden. Ohne Motorbremse erwärmen sich dann die Bremsen anfangs um 0,7 K/s. Bei längerem Gefälle wird T so hoch, daß die Abstrahlung wesentlich wird. Ein m^2 eines schwarzen Körpers strahlt in der Sekunde $6 \cdot 10^{-8}T^4$ J ab (s. Abschn. 11.2.5). Die effektiv abstrahlende Fläche ist etwa 0,4 m^2 (Felgen). Erst um 700 K ist Gleichgewicht erreicht, d. h. nach ca. 15 min Abfahrt, 5 Fahrkilometern oder 500 Höhenmetern. Luftzug und Motorbremse verbessern die Fahrbedingungen.

5.1.10. *c* von Wasser
Wasser hat die Molwärme 75 J/mol K; das entspricht 18 Freiheitsgraden. Die drei Atome verhalten sich also wie unabhängige Teilchen mit je sechs Freiheitsgraden, ebenso wie Metallatome. Dies entspricht der Neumann-Kopp-Regel, die allerdings nicht für alle Verbindungen so gut stimmt (vgl. Aufgabe 5.1.11). Man deutet die sechs Freiheitsgrade als drei translatorische und drei rotatorische für die Schwingung des Atoms in dem Potentialtopf, den seine Umgebung darstellt. Für eine harmonische Schwingung sind ja kinetische und potentielle Energie im Mittel gleich. Leichte Nichtmetalle haben erheblich geringere Atomwärmen, besonders Diamant hat nur etwa $\frac{1}{4}$ des Dulong-Petit-Wertes. Das kann

nicht allein an der kleinen Masse liegen, denn Li ist noch leichter und weicht viel weniger vom normalen Wert ab. Die kovalente Bindung z. B. im harten Diamant ist so starr, daß erst größere Komplexe, hier etwa vier C-Atome, die Rolle thermodynamisch unabhängiger Einheiten spielen. Daß man sich bei hohen Temperaturen dem Dulong-Petit-Wert nähert, liegt nicht daran, daß die Bindungen mechanisch weicher werden, sondern ist ein quantenstatistischer Effekt (vgl. Abschn. 14.3 und 17.3).

5.1.11. Spezifische Wärme
Nach *Dulong-Petit* wären die spezifischen Wärmen von Cu, Sn, Al, Pb, Fe (Atommasse 63,54; 118,7; 26,98; 207,19; 55,85) 397; 213; 920; 121; 460 J/kg K. Man mißt 385; 226; 878; 129; 451 J/kg K. Die Neumann-Koppsche Regel gilt weniger allgemein. Für Wasser und NaCl (Molekülmassen 18 und 58,5) sollte man 4 180 bzw. 857 J/kg K erhalten, was auch recht gut stimmt (gemessen 4 180 bzw. 861): Die Atome scheinen sich hier wie unabhängige Einheiten zu verhalten, wenn auch bei beiden Stoffen aus ganz verschiedenen Gründen. Für Wasserdampf und NH_3-Gas mißt man $c_V = 1\,839$ bzw. 1 650 J/kg K. Die Neumann-Koppsche Regel würde das Drei- bzw. Vierfache liefern. Im Gas sind also die Moleküle die thermischen Einheiten. Organische Flüssigkeiten liegen etwa in der Mitte: C_5H_6 und C_2H_5OH haben 1 705 bzw. 2 400 J/kg K, die Molwärmen sind 134 bzw. 110 kJ/kg K, was 5,4 bzw. 4,4 „Atomwärmen" entspricht, nicht 12 bzw. 9 wie nach *Neumann-Kopp*. Je kleiner die Einheiten, desto größer die spezifische Wärme: Bei H_2 ist sie am größten; bei normalen Temperaturen liegt unter den kondensierten Stoffen Wasser mit an der Spitze.

5.1.12. Heißer Kaffee I
Die Endzusammensetzung des Kaffees ist bei beiden Methoden die gleiche. Man braucht also nur zu fragen, in welchem Fall Kaffee und Milch zusammen am Schluß mehr Wärmemenge enthalten, oder in welchem Fall beide zusammen weniger Joule an die Umgebung abgegeben haben. War die Milch zimmerwarm, so verliert nur der Kaffee bzw. das Gemisch Wärme. Dieser Verlust ist etwa proportional zur Oberfläche und steigt stärker als proportional mit der Temperaturdifferenz gegen die Umgebung. Beim Zufügen der Milch nimmt das Volumen zu, die Temperatur im gleichen Maße ab, die Oberfläche zu, aber schwächer. Also verliert das Gemisch in der gleichen Wartezeit weniger Wärme.

5.1.13. Heißer Kaffee II
Man hüte sich vor folgendem Trugschluß: Der Zucker entzieht dem Kaffee immer die gleiche Lösungswärme, unabhängig von dessen Temperatur. Dagegen muß der Kaffee der Milch um so mehr Wärme übergeben, je heißer er ist. Daher ist es besser, den Kaffee erst durch Zufügen des Zuckers leicht abzukühlen und dann Milch zuzugeben. Man übersieht bei dieser Argumentation, daß der Zucker, wenn er in der größeren Menge der Mischung Kaffee–Milch aufgelöst wird, deren Temperatur um weniger Grad senkt. Dieser Effekt gleicht den obengenannten genau aus. Man sollte überhaupt nicht die Temperatur- und die Wärmemengen-Betrachtung vermengen, sondern am besten gleich in Wärmemengen denken. Dann sieht man, daß bei sofortigem Trinken die Reihenfolge keine Rolle spielt. Wenn die Situation so ist, wie in Aufgabe 5.1.12, wird man allerdings alles mischen, bevor man telefoniert geht.

5.2.1. Effusiometer nach Bunsen
Nach *Torricelli* oder *Bernoulli* ist die Ausströmgeschwindigkeit und damit der Verlust an Molekülen und der Druckabfall proportional zu $1/\sqrt{\varrho}$, d. h. zu $1/\sqrt{\mu}$. Man kalibriert durch Vergleich mit einem Gas bekannter Molmasse μ, z. B. H_2.

5.2.2. Gasthermometer
Es wäre ein Zirkelschluß zu sagen, He und H_2 eignen sich am besten für Gasthermometer, weil ihr Ausdehnungskoeffizient dem idealen Wert 1/273,2 am nächsten kommt. Bevor man so genau wußte, wo der absolute Nullpunkt liegt, war schon klar, daß He und H_2 „idealer" als andere Gase sind. CO_2 z. B. läßt sich unterhalb 31 °C durch Druck von etwa 100 bar ab verflüssigen, und schon bei einiger Annäherung an diesen Druck versagt das Boyle-Mariotte-Gesetz. Luft, O_2, N_2 sind zwar bei normaler Temperatur nicht druckverflüssigbar, so daß sie lange als „permanente Gase" galten, aber Abweichungen vom Boyle-Mariotte-Gesetz sind ebenfalls schon ab ca. 20 bar und unterhalb 10 °C deutlich. He und H_2 haben die tiefsten Verflüssigungs- und kritischen Temperaturen und verhalten sich daher am idealsten.

5.2.3. Luftballon
Die Hülle des kugelförmigen Ballons vom Radius R hat die Masse $M_B = 4\pi\varrho_B R^2 d$. Sein Auftrieb bei Füllung mit einem Gas der Dichte ϱ_G ist $\frac{4}{3}\pi R^3(\varrho_L - \varrho_G)$, seine Tragfähigkeit also $M_T = \frac{4}{3}\pi R^3(\varrho_L - \varrho_G) - 4\pi\varrho_B R^2 d$. Heißluft von 300 °C bei 10 °C Außentemperatur hat $\varrho_G = \varrho_L/2$, Wasserstoff $\varrho_G = 2\varrho_L/29{,}5 = 0{,}07\varrho_L$, Helium doppelt soviel, also $0{,}14\varrho_L$. Um insgesamt 100 kg zu tragen, muß der Ballon mit den genannten Füllgasen den Radius 2,70; 2,78; 3,06 m haben. Dann wiegt aber die Hülle allein bei $d = 1$ mm und $\varrho_B = 1\,\mathrm{g/cm^3}$ 92; 97; 117 kg. Um 100 kg Nutzlast hochzubefördern, braucht man $R = 3{,}80$; 4,00; 4,82 m. Der Ballon steigt bis in eine Höhe, wo die Luftdichte so weit abgenommen hat, daß die Tragfähigkeit gleich der Nutzlast ist. Ein He-Ballon mit $R = 6$ m z. B. trägt einen Menschen bis in etwa 5 km Höhe, wenn die Hülle sich nicht ausdehnt. Bei völlig nachgiebiger Hülle (Druckgleichheit innen und außen) wüde in der isothermen Atmosphäre der Auftrieb immer gleich bleiben: $V = V_0\,e^{h/H}$, $\varrho = \varrho_0\,e^{-h/H}$, also $F_A = gV(\varrho_L - \varrho_G) = \mathrm{const}$. Der Ballon würde unendlich hoch steigen.

5.2.4. Zug im Kamin
Wenn die Luft im Schornstein die Temperatur $T + \Delta T$ hat, die Außenluft T, sind die Dichten $\varrho - \Delta\varrho = \varrho(1 - \Delta T/T)$ bzw. ϱ. Der Auftrieb der Schornsteinluft ist $gHA\,\Delta\varrho$, wenn der Querschnitt A ist. Auf der Höhe H fällt der Luftdruck außen um $gH\varrho$ ab, innen nur um $gH(\varrho - \Delta\varrho)$. Entweder oben oder unten herrscht also eine entsprechende Druck-

differenz, die durch den Bernoulli-Sog einer Strömung ausgeglichen werden muß. Wenn z. B. unten Druckgleichheit bei ruhender Luft herrscht, ergibt sich oben im Schornstein ein Überdruck $gH\,\Delta\varrho$, falls die Luft dort auch ruhte. Sie strömt also mit einer Geschwindigkeit v aus, so daß $\frac{1}{2}\varrho v^2 = gH\Delta\varrho$. Bei Druckgleichheit und Ruhe oben wird die Luft unten mit der gleichen Geschwindigkeit angesaugt. Vergleich mit der Laplace-Formel für die Schallgeschwindigkeit zeigt übrigens, daß aus einem Schornstein von halber Skalenhöhe (4 km) bei 300 °C Innentemperatur die Luft mit Schallgeschwindigkeit ausströmen würde.

5.2.5. Einwecken

Vor dem Erhitzen sei im Glas ein Volumen V_F an Flüssigkeit und V_L an Luft. Beim Erhitzen auf 100 °C dehnt sich die Flüssigkeit um $V_F\beta\,\Delta T$ aus. Die verdrängte Luft kann von innen austreten, indem sie den Deckel hebt, es erfolgt Druckausgleich. Beim Abkühlen bildet sich ein Unterdruck aus, der Deckel drückt sich an dem Gummiring fest. Luft kann nicht hinein. Hat man lange genug eingekocht, so daß der Wasserdampf die Luft völlig verdrängt hat – sein Druck ist ja am Siedepunkt 1 bar –, dann bleibt nach dem Abkühlen im Glas nur der Dampfdruck des Wassers bei 20 °C, nämlich 0,02 bar. Auf den Deckel von 110 cm² drücken fast 1 100 N. Bei kurzem Einkochen entsteht der Unterdruck der eingeschlossenen Luft durch das Zurückweichen des Wassers: $p_{\text{innen}} = V_L/(V_L - V_F\beta\,\Delta T)$ bar, Druckdifferenz $V_F\beta\,\Delta T/(V_L - V_F\beta\,\Delta T)$ bar. Läßt man gerade $V_L = 16$ ml Luft im 1 l-Glas, dann wird $V_F\beta\,\Delta T = V_L$, also bleibt auch bei kurzem Einkochen nur der Wasserdampfdruck, und der Deckel hält optimal zu.

5.2.6. Druck in der Sonne

Der Druck im Innern eines Himmelskörpers entsteht durch das Gewicht der darüberliegenden Schichten; dieses Gewicht beruht auf der Gravitationsanziehung, die die inneren auf die äußeren Schichten ausüben. Folgende Größen sind für den Druck maßgebend: Dichte ϱ und Radius R des Sterns (die Masse braucht man nicht mehr, denn sie ist durch R und ϱ ausdrückbar) und die Gravitationskonstante G. Die Dimensionen von R, ϱ, G sind m, kg/m³ und $\text{N m/kg}^2 = \text{m}^3/\text{s}^2\,\text{kg}$. Hieraus soll p von der Dimension $\text{N/m}^2 = \text{kg/s}^2\,\text{m}$ aufgebaut werden. s kommt nur in G vor, also $p \sim G$. Um die kg^{-1} von G in die kg von p zu verwandeln, brauchen wir zwei ϱ. Der Ausdruck $G\varrho^2$ hat die Dimension $\text{kg/m}^3\,\text{s}^2$. Zwei m im Nenner müssen noch weg, also $p \approx G\varrho^2R^2$. Ausführliche Betrachtung für einen Stern homogener Dichte ϱ (in Wirklichkeit ist sogar in Planeten, erst recht in Sternen die Dichte innen größer): Die Kugelschale der Dicke dr, Innenradius r, wird von der eingeschlossenen Kugel angezogen mit der Kraft $\mathrm{d}F = \frac{4}{3}\pi\varrho r^3 \cdot 4\pi\varrho r^2\,\mathrm{d}rG/r^2$ (die äußeren Schichten haben keinen Einfluß, vgl. Aufgabe 1.7.10). Der Druck nimmt also auf der Strecke dr zu um $\mathrm{d}p = \mathrm{d}F/(4\pi r^2) = \frac{4}{3}\pi G\varrho^2 r\,\mathrm{d}r$. Der Gesamtdruck in der Tiefe r ist $p(r) = \int_r^R \mathrm{d}p = \frac{2}{3}\pi G\varrho^2(R^2 - r^2)$. Für Erde, Jupiter, Sonne ergeben sich Mittelpunktsdrucke von $1{,}3\cdot 10^6$, $1{,}3\cdot 10^7$, $1{,}4\cdot 10^9$ bar. Die Dichtezunahme mit der Tiefe läßt die wirklichen Werte erheblich ansteigen. Man schätzt für die Erde $3{,}6\cdot 10^6$ bar, für die Sonne sogar um 10^{11} bar.

5.2.7. Wie heiß ist die Sonne?

Damit das Sonnengas nicht in sich zusammenstürzt, muß sein thermischer Druck (zu dem genau genommen noch der Strahlungsdruck kommt) dem Schweredruck (vgl. Aufgabe 5.2.6) die Waage halten. Wenn man es unter so extremen Bedingungen noch als ideales Gas auffassen kann (in Wirklichkeit verhält es sich in den Zentren der meisten Sterne als Fermi-Gas), bedeutet das im Fall unserer Schätzungen von einigen 10^9 bar für das Sonneninnere einfach, daß das Produkt von Temperatur und Dichte über 10^9mal größer ist als auf der Erdoberfläche, wo ein H-Atomgas $\varrho = 1{,}3\cdot 10^{-3}/29 = 4{,}5\cdot 10^{-5}\,\text{g/cm}^3$ hätte. Ist die Dichte im Sonneninnern nur gleich der mittleren Dichte 1,4 g/cm³, so ist die Temperatur $4{,}5\cdot 10^{-5}\cdot 1{,}4\cdot 10^9\cdot 300 \approx 10^7$ K. Die Dichte ist im Zentrum viel größer; das würde die Temperatur verringern, aber gleichzeitig nimmt aus dem gleichen Grund der Druck zu, und beide Einflüsse kompensieren sich annähernd: Unsere Schätzung für T ist recht gut.

5.2.8. Unser Luftmeer

Der Luftdruck ergibt sich mit dem Hg-Barometer direkt im Mittel zu 760 Torr. Messung der Dichte vgl. Aufgabe 5.2.9. Ein berühmter einfacher Versuch zur angenäherten Bestimmung der Luftzusammensetzung ist dieser: Man läßt einen Stoff, der sich gierig oxidiert, z. B. Phosphor, unter einer Glasglocke reagieren, deren Rand im Wasser steht. Die Reaktion erlischt, nachdem das Wasser fast $\frac{1}{5}$ des anfänglichen Luftvolumens ausgefüllt hat.

5.2.9. M. Périers Bergtour

Clermont-Ferrand, wo *Pascals* Schwager wohnte, liegt selbst 400 m hoch. Der Anstieg um 1 060 m läßt Hg um ziemlich genau 100 mm fallen. *Pascal* mag die Höhendifferenz auf 1 000 m geschätzt haben und folgerte (unabhängig von den benutzten Längeneinheiten), daß Hg 10 000mal schwerer ist als Luft. Die Dichte von Hg ergibt sich ganz einfach z. B. durch Vergleich mit Wasser im U-Rohr (Abschn. 3.1.4). Man erhält so für Luft den recht guten Dichte-Werte von 1,3 g/l.

5.2.10. Hat Mt. Everest Luft?

Hätte die Luft überall die Dichte wie am Erdboden, nämlich $\varrho = 1{,}3\cdot 10^{-3}\,\text{g/cm}^3$, dann könnte die Atmosphäre nur die Höhe $H = 1\,\text{kg cm}^{-2}/(1{,}3\cdot 10^{-3}\,\text{g cm}^{-3}) = 8$ km haben. Der Druck als das Gewicht der noch darüber lastenden Luftsäule nähme ab wie $p = p_0(1 - h/H)$. Nach der Gasgleichung müßte T genauso abnehmen: $T = T_0(1 - h/H)$. Schon auf dem Mont Blanc wäre es selbst im Sommer −150 °C kalt, auf dem Kilimandscharo wäre die Luft flüssig (falls sie wider Erwarten dort oben schweben bliebe und nicht auf die Erde regnete), der Mt. Everest würde fast 1 km ins Vakuum ragen, über einem Meer aus 2 km tiefer flüssiger Luft.

5.2.11. Adiabatische Schichtung

Wenn eine Luftmasse aufsteigt und dabei der Druck der Umgebung abnimmt, dehnt sich die Luft aus und kühlt sich ab. Schon bei mäßig großen Luftvolumina ist die Wärmeleitung nicht imstande, den Verlust schnell genug zu decken (vgl. Aufgabe 5.4.2). Temperatur und Dichte der aufsteigenden Luft ändern sich also mit dem Druck nach den Adiabatengleichungen $\varrho \sim p^{1/\gamma}$ und $T \sim p^{1-1/\gamma}$. Wenn diese Dichte größer ist als die der Umgebung, in die das Luftvolumen gekommen ist, sinkt es wieder ab (stabile Schichtung). Im umgekehrten Fall bleibt die Aufstiegstendenz erhalten (labile Schichtung). Indifferentes Gleichgewicht herrscht, wenn das Luftvolumen gerade die Dichte der Umgebung angenommen hat (adiabatische Indifferenz). Die Betrachtung, die zur barometrischen Höhenformel führte, ist jetzt abzuwandeln (vgl. Abschn. 3.1.6): Auf der Höhe dh nimmt der Druck um das Gewicht der entsprechenden Luftsäule ab: $\mathrm{d}p = -\varrho g\,\mathrm{d}h = -g\varrho_0 p_0^{-1/\gamma} p^{1/\gamma}\,\mathrm{d}h$ oder $p^{-1/\gamma}\,\mathrm{d}p = -g\varrho_0 p_0^{-1/\gamma}\,\mathrm{d}h$ oder nach Integration $\gamma/(\gamma-1)(p^{-(\gamma-1)/\gamma} - p_0^{-(\gamma-1)/\gamma}) = -g\varrho_0 p_0^{-1/\gamma}$, d. h. $p = p_0(1-h/H)^{\gamma/(\gamma-1)}$. Nach den Adiabatengleichungen folgt für Dichte und Temperatur $\varrho = \varrho_0(1-h/H)^{1/(\gamma-1)}$ und $T = T_0(1-h/H)$. Für alle drei Verteilungen ist $H = \gamma/(\gamma-1)p_0/(g\varrho_0)$. Dabei ist $p_0/(g\varrho_0) = H_{\mathrm{is}}$ die in Abschn. 3.1.6 definierte isotherme Skalenhöhe von 8 km. H ist größer, nämlich 28 km. In dieser Höhe würden p, ϱ und T auf Null abfallen. Das adiabatische Gleichgewicht kann also nicht die ganze Atmosphäre beherrschen. In der Troposphäre stimmt der berechnete T-Abfall von 1 K/100 m sehr gut. Die Troposphäre hat Bodenheizung, die Stratosphäre dagegen wird direkt durch Absorption von Sonnenlicht geheizt. Daher ist T dort konstant oder steigt sogar mit der Höhe an, weil immer mehr UV- und UR-Strahlung verfügbar werden, die in der Tiefe schon herausgefiltert sind. Für kleine Höhendifferenzen ist übrigens die adiabatische Druckverteilung identisch mit der isothermen: $(1-h/H)^{\gamma/(\gamma-1)} \approx 1 - \gamma h/((\gamma-1)H) \approx \mathrm{e}^{-h/H_{\mathrm{is}}}$.

5.2.12. Marstemperatur

Ein Stern habe den Radius R_S und sende gemäß seiner Oberflächentemperatur T_0 eine Strahlungsintensität $I_0 = \sigma T_0^4$ aus (Stefan-Boltzmann-Gesetz unter der Annahme, daß die Photosphäre „schwarz" ist). Im Abstand R_P kreise ein Planet vom Radius r. In diesem Abstand herrscht nur noch die Strahlungsintensität $I = I_0(R_S^2/R_P^2)$. Auf den Querschnitt πr^2 des Planeten fällt die Strahlungsleistung $P = \pi r^2 I$. Diese Einstrahlung läßt die Temperatur der Planetenoberfläche, wenn sie vorher z. B. kälter war, auf einen Wert T ansteigen, wo der Energiegewinn durch den Abstrahlungsverlust ausgeglichen wird. Ist der Planet „schwarz", dann strahlt er von seiner Oberfläche $4\pi r^2$ die Leistung $P' = 4\pi r^2 \sigma \overline{T}^4$ ab. Bei hinreichendem Ausgleich durch die Atmosphäre und schneller Rotation kann man $\overline{T}$ als Temperatur für die ganze Planetenoberfläche ansetzen. Gleichgewicht bedeutet dann $P = P'$ oder $T = T_0\sqrt[4]{R_S^2/(4R_P^2)} = T_0\sqrt{R_S/(2R_P)}$. Für die Erde folgt $T \approx 260$ K. Bei ungenügendem Ausgleich fällt der Faktor 2 weg: $T \approx 370$ K. So etwa sind die Temperaturen am Mondmittag. Für Mars sind die beiden Extremwerte 225 K und 315 K. Bei seiner dünnen Atmosphäre liegt die Tagestemperatur etwa in der Mitte dazwischen. Die Albedo $\alpha = 0{,}15$ bedeutet, daß nur ein Bruchteil $1 - \alpha = 0{,}85$ der einfallenden Intensität absorbiert wird (α bezieht sich eigentlich auf das physiologisch wahrgenommene Licht; für die Gesamtstrahlung gilt ein ähnlicher Wert). Damit reduziert sich T um den Faktor $(1-\alpha)^{1/4}$, also um etwa 4 %.

5.2.13. Marsatmosphäre

Bei einer Oberflächentemperatur um 260 K (vgl. Aufgabe 5.2.12) sollte der Atmosphärendruck bei isothermer Schichtung wie $\mathrm{e}^{-h/H}$, bei adiabatischer wie $(1 - h/H_{\mathrm{ad}})^{\gamma/(\gamma-1)}$ abfallen. Dabei ist $H = kT/(mg_M)$ (m mittlere Molekülmasse, g_M Schwerebeschleunigung auf dem Mars) und $H_{\mathrm{ad}} = H\gamma/(\gamma-1)$. Die isotherme Formel ergibt den beobachteten Abfall auf $\frac{1}{10}$ für $h = 2{,}3H$, die adiabatische für $h \approx 1{,}8H$, ziemlich unabhängig von γ. Man erhält also $H \approx 11$ bzw. 14 km. Da $g_M = 0{,}4g$ ist, erhält man durch Vergleich mit den irdischen Werten ein mittleres Molekulargewicht von 59 bzw. 42. Wahrscheinlich handelt es sich um CO_2 (44), was die Spektroskopie bestätigt, und die Wahrheit liegt näher der adiabatischen Schichtung.

5.2.14. Mars-Samum

Staubteilchen, die drei Monate, d. h. etwa 10^7 s brauchen, um in einer Atmosphäre der Viskosität η und unter einer Schwerebeschleunigung g_M aus einer Höhe von einigen km zu fallen, haben eine Teilchengröße, die bestimmt ist durch $6\pi\eta r v = \frac{4}{3}\pi\varrho r^3 g_M$. v ist etwa 10^{-3} m/s, $\eta \approx 2\cdot 10^{-5}$ N s/m^2 (unabhängig von der Gasdichte), für Mars $g_M = 4$ m/s^2, also der Teilchenradius $r \approx 0{,}1$ mm. Krakatau: Ein Teilchen, das 40 min nach Sonnenuntergang, d. h. wenn die Sonne in den Tropen $\alpha \approx 10°$ unter dem Horizont steht, noch besonnt wird, muß $h = R(1/\cos\alpha - 1) \approx 100$ km hoch schweben. Zehnjähriger Fall aus dieser Höhe entspricht $v \approx 3\cdot 10^{-4}$ m/s. Der Teilchenradius lag also um 1 µm Die Troposphäre wird besonders durch die Niederschläge schneller von Staub reingewaschen, denn Wasserdampf kondensiert gern an Staubteilchen. Allerdings rührt die vertikale Konvektion immer neuen Staub auf.

5.2.15. Mars-Stratosphäre

CO_2, der Hauptbestandteil der Marsatmosphäre (vgl. Aufgabe 5.2.13), absorbiert stärker als N_2 und O_2. Dafür kommt aber auf dem Mars nur knapp halb soviel Sonnenstrahlung an wie auf der Erde. Beide Einflüsse gleichen sich etwa aus: Die Mars-Stratosphäre hat etwa die gleiche Temperatur wie die unsere, nämlich etwa 150 K. An den Polen ist es kaum wärmer (die weißen Polkappen bestehen aus CO_2-Schnee, der unter 10 mbar bei 150 K kondensiert). Dort reicht die Stratosphäre bis fast auf den Boden. In den Tropen kann T am Boden bis 275 K gehen und nimmt nach dem Gesetz der adiabatischen Schichtung (vgl. Aufgabe 5.2.11) mit

$H_{ad} = kT\gamma/[g_M m(\gamma - 1)] \approx 50\,\text{km}$ ab, d. h. etwa um 0,5 K/100 m. Die Stratosphäre beginnt dort erst um 30 km. Da es praktisch kein O_2 gibt, bildet sich auch keine Ozonsphäre. Das sterilisierende UV, das bei uns unter Ozonbildung weggefiltert wird, dringt bis zur Marsoberfläche durch. Lebewesen mit einem Chemismus, wie wir ihn kennen, müßten entweder unterirdisch leben oder selbst besondere Schutzschichten entwickelt haben. Die Ionosphäre existiert, enthält aber wegen der geringeren Dichte und Sonnenstrahlung erheblich geringere Elektronenkonzentrationen als bei uns. Das CO_2 erhöht zwar die Temperatur etwas durch den Teibhauseffekt, aber unvergleichlich weniger als auf der Venus, wo es 75 bar CO_2 gibt und die Bodentemperatur auf 700 K kommt.

5.2.16. Freie Weglänge I

Ein Reifen der Breite b sammelt auf der Fahrstrecke dx im Mittel $nb\,dx$ Nägel ein. Dies ist die Wahrscheinlichkeit des Ausscheidens auf dieser Strecke für jeden Fahrer. Die Anzahl der Teilnehmer nimmt ab nach $\dot{N} = -nbN\,dx$, also $N = N_0\,e^{-nbx}$. Die mittlere Fahrstrecke ist $l = 1/(nb)$. Das ergibt sich rechnerisch so: $x = \int_0^\infty N(x)x\,dx / \int_0^\infty N(x)\,dx = (bn)^{-2}/(bn)^{-1}$ unter Beachtung von $\int z\,e^{-az}\,dz = -a^{-1}z\,e^{-az} + a^{-2}\,e^{-az}$.

5.2.17. Freie Weglänge II

Bei einem Winkel ϑ zwischen ihren Flugrichtungen haben die Stoßpartner eine Relativgeschwindigkeit $w = 2v\sin(\vartheta/2)$. Für diese Partner kann man so tun, als flöge das betrachtete Teilchen mit w durch einen Schwarm ruhender Teilchen. Deren Dichte ist allerdings nicht n, sondern nur ein Bruchteil $dn = n\sin\vartheta\,d\vartheta / \int_0^\pi \sin\vartheta\,d\vartheta$ fällt in diesen Winkelbereich $d\vartheta$. Sie tragen zur Stoßfrequenz ν mit einem Anteil $d\nu = \sigma w\,dn$ bei. Summation ergibt die mittlere Stoßfrequenz: $\bar{\nu} = 2\sigma nv \int_0^\pi \sin(\vartheta/2)\sin\vartheta\,d\vartheta / \int_0^\pi \sin\vartheta\,d\vartheta$. Mittels $\sin\vartheta = 2\sin(\vartheta/2)\cos(\vartheta/2)$ kann man das obere Integral in die Form $\int x^2\,dx$ überführen und erhält $\bar{\nu} = \frac{4}{3}\sigma nv$ und eine freie Weglänge $l = v/\bar{\nu} = 3/(4\sigma n)$, was sich von $1/(\sqrt{2}\sigma n)$ nur wenig unterscheidet. Der exakte Faktor $\sqrt{2}$ ergibt sich erst, wenn man auch die Verteilung der Geschwindigkeits*beträge* berücksichtigt.

5.2.18. Exosphäre

Wenn die Teilchenzahldichte $n(x)$ ortsabhängig ist, muß man die Verlustrate eines z. B. in x-Richtung laufenden Teilchenstrahls differentiell formulieren: Auf der Strecke dx erfolgen $\sigma Nn\,dx$ Stöße (N Teilchen im Strahl; σ: Stoßquerschnitt). Wenn ein Stoß zum Ausscheiden aus dem Strahl führt, ist $dN = -\sigma Nn\,dx$, also $\ln N - \ln N_0 = -\sigma \int n(x)\,dx$. Bei konstantem $n(x) = n$ folgt wie üblich $N = N_0\,e^{-\sigma nx} = N_0\,e^{-x/l}$ mit $l = 1/(\sigma n)$. In der Atmosphäre hängt n von der Höhe x ab wie $n \approx n_0\,e^{-x/H}$. Dann folgt $N = N_0\exp(-\sigma HN_0(1 - e^{-x/H}))$. Bei $H \gg l_0 = 1/(\sigma n_0)$ läuft sich der Strahl schon lange vor der Strecke H tot, man kann $e^{-x/H}$ entwickeln $1 - x/H$ und erhält wie üblich $N = N_0\,e^{-\sigma n_0 x}$. Bei $l_0 \gg H$ dagegen bleibt $\sigma Hn_0(1 - e^{-x/H})$ immer $\ll 1$, d. h. der Teilchenstrahl fliegt praktisch ungeschwächt ins Unendliche. Die Grenze zwischen diesen beiden grundverschiedenen Verhaltensweisen liegt bei $l_0 \approx H$. Für die Erdatmosphäre ist sie erreicht, wenn $n \approx 1/(\sigma H) \approx 1/(10^{-19}\,\text{m}^2 \cdot 10^4\,\text{m}) = 10^{15}\,\text{m}^{-3}$, also in 300–400 km Höhe über dem Erdboden. Dort beginnt die Exosphäre. Teilchen, die dort oben durch Zufall (im Schwanz der Maxwell-Verteilung) Geschwindigkeiten über 11 km/s annehmen und ganz oder teilweise auswärts fliegen, verlassen die Atmosphäre für immer. Je kleiner der Planet, desto geringer ist die Fluchtgeschwindigkeit, je dünner seine Atmosphäre, desto tiefer liegt die Grenze der Exosphäre. Die Atmosphäre kleiner Planeten verflüchtigt sich daher in beschleunigtem Tempo, so daß Mond und Merkur schon keine mehr haben, Mars sehr wenig.

5.2.19. Reaktionsquerschnitt

Damit zwei Moleküle A und B reagieren, müssen sie sich mindestens treffen. Wenn es nur auf eine geometrische Kollision ankommt und die Moleküle die Radien r_1 und r_2 haben, ist der Stoßquerschnitt $\sigma = \pi(r_1 + r_2)^2$, und ein bestimmtes Molekül A hat die Wahrscheinlichkeit $n_B\sigma\,dx$, auf einer Wegstrecke dx eines der n_B Moleküle B, die im m^3 sind, zu treffen. Unser Molekül A überstreicht ja das Zylindervolumen $\sigma\,dx$, und darin befinden sich im Mittel $n_B\sigma\,dx$ Moleküle B. Auf die Zeit dt bezogen, ist diese Wahrscheinlichkeit $n_B\sigma v\,dt$. Wenn im m^3 andererseits n_A Moleküle A sind, geschehen in diesem m^3 in der Zeit dt im Mittel $n_A n_B\sigma v\,dt$ Reaktionen. Die Reaktionsrate (Anzahl der Reaktionsakte/Zeit) ist also $n_A n_B\sigma v$. Die Chemiker schreiben dies meist $kn_A n_B$ mit der Reaktionskonstante k, die wir als $k = \sigma v$ entlarvt haben. Der Reaktionsquerschnitt σ ist höchstens gleich dem geometrischen Querschnitt der Moleküle, außer wenn es sich um Reaktionen zwischen Ionen handelt; dann kann er größer sein, weil sich die Teilchen mittels ihres weitreichenden Coulomb-Feldes einfangen. Meist ist der Reaktionsquerschnitt viel kleiner als der geometrische, falls es nämlich bei der Reaktion darauf ankommt, daß die Partner in einer ganz bestimmten Lage zusammenstoßen oder falls nicht jeder Zusammenstoß zur Reaktion führt. Das letzte trifft besonders dann zu, wenn die Reaktion einen Energieaufwand W erfordert, den nur ein kleiner Teil der Moleküle aus ihrer zufällig erhöhten kinetischen Energie aufbringen kann (nur die Moleküle im Maxwell-Schwanz). Dann enthalten Reaktionskonstante k und Reaktionsquerschnitt σ noch einen Boltzmann-Faktor $e^{-W/(kT)}$, der um so kleiner ist, je mehr Energie W erforderlich ist.

5.2.20. Hochvakuum

Die mittlere freie Weglänge ist $l = 1/(\sigma n)$. Die Teilchenzahldichte n ist proportional dem Druck: $n = p/(kT)$, also $l = kT/(\sigma p)$. Bei 300 K mit $\sigma = 10^{-19}\,\text{m}^2$ (Molekülradius knapp 2 Å) folgt bei $p = 1\,\text{bar}$: $l = 4 \cdot 10^{-5}\,\text{cm}$. In die Größenordnung der Gefäßdimensionen ($\approx 10\,\text{cm}$) kommt man bei $4 \cdot 10^{-6}\,\text{bar} \approx 3 \cdot 10^{-3}$ Torr. Von diesem Vakuum ab, das mechanische Vorpumpen gerade erreichen, Diffusionspumpen aber leicht überschreiten, fliegen die Moleküle des Restgases ungehindert durch die ganze Apparatur, sie stoßen nicht mehr miteinander. Die Strömungsgesetze, die ein Kontinuum wechselwirkender Teilchen voraussetzen, gelten nicht mehr. Der Gasstrom durch eine enge Öffnung (Hahn), an der die Druckdifferenz Δp liegt, ist nicht mehr nach *Torricelli* $A\sqrt{2\,\Delta p/\varrho}$, sondern $Av_{\text{mol}}\,\Delta p/p = A\sqrt{\frac{3}{2}p/\varrho}\cdot\Delta p/p$, d.h. um den Faktor $\sqrt{\Delta p/p}$ kleiner als nach *Torricelli*: Die Pumpen ziehen schlechter. Kühlt man eine Wandstelle unter den Siede- oder Sublimationspunkt eines Restgasanteils, so schlagen sich praktisch alle auftreffenden Moleküle dort nieder (Kühlfalle).

5.2.21. *k*-Messung

Das Spiegelchen kann als Riesenmolekül aufgefaßt werden, das eine Brownsche Rotationsbewegung mit der mittleren Energie $\frac{1}{2}kT$, aber mit ständig wechselndem Drehsinn ausführt. Diese Energie kann gleich der mittleren potentiellen Energie der Torsion $\frac{1}{2}D_r\varphi^2$ gesetzt werden. Der quadratisch gemittelte Ausschlagwinkel ist $\sqrt{\overline{\varphi^2}} = \sqrt{kT/D_r} = \sqrt{4\cdot 10^{-21}\,\text{J}/(2{,}5\cdot 10^{-14}\,\text{N m})} = 4\cdot 10^{-4}$ (vgl. Aufgabe 3.4.1). Wenn der Lichtzeiger 5 m lang ist, zittert er im quadratischen Mittel um etwa 2 mm hin und her. Einzelne Ausschläge sind natürlich viel größer. Beobachtet man (unter Ausschluß jeder Luftbewegung um das Drehspiegelsystem!) lange genug, um sagen zu können, daß der quadratisch gemittelte Ausschlag $2 \pm 0{,}5$ mm ist, und bestimmt man die Torsionssteifigkeit D_r aus einer Messung der Drehschwingungsperiode bei bekanntem Trägheitsmoment (man kann das Spiegelchen auch größer machen), dann hat man damit die Boltzmann-Konstante, die Avogadro-Zahl und die Massen der Atome auf 25 % genau direkt bestimmt.

5.2.22. Diffusion

Zwei Weglängen l, rechtwinklig aufeinandergesetzt, bringen eine Gesamtverschiebung $\Delta x = l\sqrt{2}$, drei Weglängen in den drei Raumrichtungen $\Delta x = l\sqrt{3}$ (Würfeldiagonale), allgemein n Weglängen $\Delta x = l\sqrt{n}$. Die Flugzeit für n Weglängen ist $t = nl/v$, also $\Delta x = \sqrt{lvt}$. Das entspricht folgendem Diffusionsexperiment: Man läßt viele Teilchen von einem sehr engen Raumbereich aus starten und beobachtet, wie diese Verteilung sich allmählich verwischt. Die Verteilung wird im wesentlichen durch die Gauß-Kurve $e^{-x^2/(4Dt)}$ beschrieben, die einen mit der Zeit auseinanderlaufenden Berg darstellt. Abstand und Zeit sind ebenso verknüpft wie oben. Man sieht daraus, daß der Diffusionskoeffizient von Teilchen, ob sie molekular oder makroskopisch sind, sich entsprechend (5.64) darstellen läßt als $D \approx lv$. Andererseits gilt auch die Einstein-Beziehung $D = \mu kT$ für jede Teilchengröße. Unsere Ableitung von (5.42) aus dem Gleichgewicht von Diffusions- und Sinkstrom erwähnt ja gar nicht, was für Teilchen es sind. Also gilt allgemein $\Delta x^2 = 3Dt = 3\mu kT$. Man beobachte die Zitterbewegungen eines Teilchens von z. B. 1 µm Durchmesser unter dem Mikroskop und stelle in sehr vielen Messungen fest, daß es sich in der Minute im Mittel um 10 µm von seinem ursprünglichen Ort entfernt hat. Dann kann man k so bestimmen: $\mu = 1/(6\pi\eta r)$, $\eta = 10^{-3}\,\text{N s/m}^2 = 10^{-3}\,\text{kg/m s}$, also $k = 2\pi\eta r\,\Delta x^2/(Tt) \approx 1{,}5\cdot 10^{-23}$ J/K. Dies ist eine der historisch ersten Bestimmungen der Boltzmann-Konstante k und damit der Avogadro-Zahl N_A, der Molekülmassen und -größen.

5.2.23. Perrin-Versuch

Die gefundenen Teilchenzahldichten haben eine exponentielle Höhenverteilung (in einfachlogarithmischem Papier aufgetragen!). Die Skalenhöhe, die die Ergebnisse am besten beschreibt, ist $H = 0{,}45$ mm (man beachte, daß die kleinen Teilchenzahlen n in größerer Höhe einem erheblichen Poisson-Stichprobenfehler $\sqrt{n}$ unterliegen, die Werte für die unteren Schichten sind nur durch Fehler in der Höhenmessung durch unvorsichtige Entnahme mit Umrühren und dgl. verfälscht; man kann daher nicht allen Meßpunkten das gleiche Gewicht beimessen). Diese Skalenhöhe ist $1{,}8\cdot 10^7$ mal kleiner als die der Luftmoleküle, also sind diese $1{,}8\cdot 10^7$ mal leichter als die Latexkügelchen unter Berücksichtigung des Auftriebs. Die effektive Masse der Kügelchen ist $M = \frac{4}{3}\pi(0{,}3\cdot 10^{-4})^3\cdot 0{,}01\,\text{g} = 1{,}1\cdot 10^{-15}$ g, womit sich für ein Luftmolekül $m = 6\cdot 10^{-23}$ g und für das H-Atom $2\cdot 10^{-24}$ g ergeben. Gleichzeitig erhält man die Boltzmann-Konstante und die Avogadro-Zahl mit einer entsprechenden Ungenauigkeit: $k = mgH/T = 1{,}7\cdot 10^{-23}$ J/K und $N_A = 1/m_H\,[\text{g}] = 5\cdot 10^{23}$.

5.2.24. Maxwell-Verteilung I

Wir betrachten die W-Auftragung der Maxwell-Verteilung mit der Abkürzung $x = W/(kT)$, also $f(x)\,dx = \frac{2}{\sqrt{\pi}}x^{1/2}\,e^{-x}\,dx$. Das Maximum liegt bei $f(x) = 0$, d.h. $\frac{1}{2}x^{-1/2} - x^{1/2} = 0$, also $x = \frac{1}{2}$ und hat die Höhe $f(\frac{1}{2}) = \sqrt{\frac{2}{\pi}}e^{-1/2} = 0{,}484$. Wir fragen, in welchem Abstand vom Maximum die Funktion $f(x)$ nur noch 1/e dieses Wertes hat, also 0,178 ist. Rechts vom Maximum fällt die Kurve praktisch wie e^{-x} ab, bis auf den Faktor $\sqrt{x}$, der den Abfall verlangsamt. Also liegt der rechte 1/e-Punkt etwas mehr als $\Delta x = 1$ rechts vom Maximum, d. h. etwas oberhalb 1,5. Links vom Maximum ist $x \ll 1$, also $e^{-x} \approx 1$, und $\sqrt{x}$ regiert allein. Der linke 1/e-Punkt liegt also nahe bei $x = 0$. Die Breite des Berges zwischen den 1/e-Punkten ist danach ca. 1,5, die Höhe 0,5, die Fläche 0,75. Die genauere Rechnung liefert eine Breite 1,78, also eine Fläche 0,86. Die effektive Breite der Maxwell-Kurve ist also durch die 1/e-Punkte gut definiert.

5.2.25. Maxwell-Verteilung II

Maximum der Maxwell-Verteilung: $df(v)/dv = 0 \Rightarrow 2v - mv^3/(kT) = 0 \Rightarrow v_m = \sqrt{2kT/m}$. Wie bei jeder Verteilung, die asymmetrisch ist und nach einer Seite weiter auslädt, liegt der Mittelwert außerhalb des Maximums, und zwar an der stärker ausladenden Seite. Für das quadratische Mittel ist das noch stärker der Fall. Die mittlere Geschwindigkeit ist (mit $a = m/(2kT)$)

$$\overline{v} = \frac{4}{\sqrt{\pi}}a^{3/2}I_3 = \frac{-4}{\sqrt{\pi}}a^{3/2}\frac{d}{da}\left(\frac{1}{2a}\right) = \frac{2}{\sqrt{\pi a}} = \sqrt{\frac{8kT}{\pi m}}\,.$$

Das mittlere Geschwindigkeitsquadrat (entsprechend der mittleren Energie) ist

$$\overline{v^2} = \frac{4}{\sqrt{\pi}} a^{3/2} I_4 = \frac{4}{\sqrt{\pi}} a^{3/2} \frac{d^2}{da^2} \left(\frac{1}{2} \sqrt{\frac{\pi}{a}} \right) = \frac{3kT}{m} ,$$

ganz wie die Grundgleichung der Gaskinetik und der Gleichverteilungssatz das verlangen.

5.2.26. Reaktionsrate

Der Bruchteil der Moleküle, die zum gegebenen Zeitpunkt eine höhere Energie haben als die Aktivierungsenergie W_A, ergibt sich aus der Fläche des „Maxwell-Schwanzes" zu

$$\alpha = \int_{W_A}^{\infty} f(W)\, dW \approx f(W_A) kT = \frac{2}{\sqrt{\pi}} \sqrt{\frac{W_A}{kT}}\, e^{-W_A/(kT)} .$$

Wenn der gasförmige Brennstoff A und der Sauerstoff stöchiometrisch sind, im einfachsten Fall wie 1 : 1 (z. B. bei $CH_3OH + O_2 \rightarrow CO_2 + 2\,H_2O$), stößt jedes Molekül A in der Sekunde $nv\sigma$-mal mit einem O_2 zusammen. (n Teilchenzahldichte, v thermische Geschwindigkeit, σ Stoßquerschnitt.) Die n Moleküle A, die im m^3 sind, machen insgesamt $n^2 v\sigma$ Stöße mit O_2-Molekülen. Davon führt aber nur ein Bruchteil α zur Reaktion, wobei jedesmal die Energie W_R frei wird. Die Gesamtleistungsdichte der Reaktion ist also

$$P = \alpha n^2 v\sigma W_R = \frac{2\sqrt{3}}{\sqrt{\pi}} \sqrt{\frac{W_A}{m}} W_R n^2 \sigma\, e^{-W_A/(kT)} .$$

Ein unendlich ausgedehntes Reaktionsgemisch würde im Prinzip selbst bei sehr kleiner Anfangstemperatur schließlich durchreagieren: Die anfangs wenigen Reaktionsakte erwärmen das Gas langsam aber sicher und beschleunigen so den Prozeß immer mehr. In der Praxis bei begrenzten Reaktionen sind Strahlungs- und Konvektionsverluste zu beachten. Bei einer Abmessung R des Reaktionsraumes erhält man bis auf unwesentliche Zahlenfaktoren die Bedingung

$$R^2 \sigma_{St\,B} T^4 \approx R^3 P \Rightarrow \frac{\sigma_{St\,B} T^4}{R W_R n^2 \sigma} \sqrt{\frac{m}{W_A}} \approx e^{-W_A/(kT)}$$

für den Einsatz der Reaktion. Gegen die starke Änderung der e-Funktion sind die praktisch möglichen Variationen der Größen auf der linken Seite nicht sehr wesentlich: Der Flammpunkt T_F wird hauptsächlich durch W_A bestimmt. Die linke Seite hat eine Größenordnung um 10^{-12}, also $T_F \approx W_A/(27k)$. Bei $W_A = 0{,}5$ eV geht die Reaktion daher schon bei Zimmertemperatur los, typische organische Brennstoffe haben $W_A \gtrsim 1$ eV.

5.2.27. Kernfusion

Dies ist im wesentlichen die Aufgabe 5.2.26, nur mit sehr viel höherer Aktivierungsenergie $W_a = W_s \approx 1$ MeV bzw. $W_a \approx \sqrt{W_s kT}$. Mit unserer Flammpunkt-Abschätzung erhalten wir für ein Fusionsplasma, in dem n etwa 10^4mal geringer ist als bei üblichen Gasreaktionen, $T_f \approx W_a/(9k)$, dagegen im Sonneninnern, wo n mehr als 10^4mal höher ist als im Gas, $T_f \approx W_a/(45k)$. Mit $W_a \approx 1$ MeV würde die Fusion also im Plasma erst um $T \approx 10^9$ K zünden, in der Sonne um 10^8 K (bei 300 K ist $kT = \frac{1}{40}$ eV, also entspricht 1 MeV etwa 10^{10} K). Der Tunneleffekt erleichtert die Zündbedingung zu $kT \approx W_a/\gamma \approx \sqrt{W_s kT}/\gamma \Rightarrow kT \approx W_s/\gamma^2$, bringt also nochmals den Faktor γ im Nenner ein. Das senkt die Zündtemperatur im Plasma auf etwa 10^8 K, in der Sonne etwa 10^7 K.

5.2.28. Sind Planeten so selten?

Die beiden Sterne mögen mit der Relativgeschwindigkeit v so aneinander vorbeifliegen, daß der minimale Abstand a ist. In diesem Abstand üben sie eine Kraft $F_m = GM_1M_2/a^2$ aufeinander aus. Natürlich ist dieser Mindestabstand nur einen Augenblick lang realisiert, aber während der Zeit $t = 2a/v$ ist der Abstand nicht viel größer (höchstens um den Faktor $\sqrt{2}$). Die genaue Rechnung (s. Aufgabe 13.3.3) bestätigt, daß man so tun kann, als habe die Kraft während der Zeit t immer ihren Maximalwert, und als verschwinde sie dafür früher und später. Dann wird zwischen den Sternen ein Impuls $\Delta p = F_m t = 2GM_1M_2/(av)$ ausgetauscht, d. h. wenn der Stern 2 im gewählten Bezugssystem vorher ruhte, hat er nachher den Impuls Δp und die kinetische Energie $\Delta W = \Delta p^2/(2M_2) = 2G^2M_1^2M_2/(a^2v^2)$ vom Stern 1 übernommen. Dieser Energieaustausch fällt dann in die Größenordnung der kinetischen Energie des Sterns 1, wenn $\Delta W \approx W = \frac{1}{2}M_1v^2$, d. h. wenn $a = a_{krit} = 2G\sqrt{M_1M_2}/v^2$. Diese Bedingung läßt sich, bis auf den evtl. Unterschied zwischen M_1 und M_2, auch so lesen: Die potentielle Energie bei größter Annäherung muß etwa gleich der kinetischen sein. Oder: Der kritische Minimalabstand ist bei $M_1 = M_2$ doppelt so groß wie der Bahnradius eines Planeten, der einen der Sterne mit der Bahngeschwindigkeit v umflöge. Für zwei Sterne von Sonnenmasse mit einer Relativgeschwindigkeit $v = 100$ km/s folgt $a_{krit} = 0{,}2$ Erdbahnradien $= 3 \cdot 10^7$ km (hätte die Erdbahn nur 1/10 ihres Radius, so würde die Erde dreimal so schnell fliegen, d. h. etwa mit v). Der Stoßquerschnitt ist $\sigma = \pi a_{krit}^2 = 3 \cdot 10^{15}$ km^2. Die mittlere Sternzahldichte in der Galaxis ergibt sich aus deren Volumen $V = 3 \cdot 10^{13}$ Lichtjahre$^3 = 3 \cdot 10^{52}$ km^3 und der Sternzahl $N = 2 \cdot 10^{11}$ zu $n = N/V \approx 10^{-41}$ km^{-3}. Die mittlere freie Weglänge für „wesentliche" Stöße ist also $l = 1/(n\sigma) \approx 3 \cdot 10^{25}$ km. Ein Stern fliegt $\tau = l/v = 3 \cdot 10^{23}$ s $= 10^{16}$ Jahre, bevor ihm so etwas passiert. Nach vielen solchen Stößen müßte die Geschwindigkeitsverteilung der Sterne eine Maxwell-Verteilung werden, denn deren Herleitung und Gültigkeit sind völlig unabhängig davon, ob es sich um Moleküle oder Sterne handelt. Die „thermische" Relaxationszeit τ ist so groß, daß die Sterne in 10^{10} Jahren „Weltalter" das tatsächlich annähernd beobachtete Gleichgewicht längst nicht erreicht haben könnten, falls sie nicht früher sehr viel enger gestanden haben. Wenn die Entstehung eines Planetensystems, wie *Jeffries* und *Jeans* annahmen, einen noch viel engeren Stoß zwischen Sternen voraussetzte, gäbe es bei der heutigen Sterndichte kaum ein zweites Planetensystem in unserer Galaxis.

5.2.29. Galaxienhaufen
Auch Galaxien „stoßen" miteinander, d. h. tauschen durch gravitative Wechselwirkung Energie aus und nähern sich einem thermischen Gleichgewicht, in dem alle etwa die gleiche Energie $\frac{1}{2}mv^2$ haben. Die größeren fliegen daher langsamer und bewegen sich näher dem Haufenzentrum. Wie groß die „Teilchen" sind, spielt für die statistische Mechanik keine Rolle.

5.3.1. Ottomotor
Wenn Oktan und Sauerstoff stöchiometrisch gemischt sein sollen, müssen entsprechend $C_8H_{18} + 12{,}5\,O_2 \rightarrow 8\,CO_2 + 9\,H_2O$ auf 114 g Benzin 400 g Sauerstoff, d. h. 2 000 g Luft kommen. Die $4 \cdot 10^6$ J, die optimal beim Verbrennen freiwerden, erhitzen die 75 mol Verbrennungsprodukte $+N_2$ um 2 700°, wenn keine Verluste auftreten. Nach der Explosion herrschen also mindestens 10 bar im Zylinder. Die Molzahländerung ist klein: 71,5 mol vor, 75 nach der Verbrennung. Sie allein würde den Druck nur um etwa 0,05 bar erhöhen. Jetzt erfolgt adiabatische Expansion auf etwa 1 bar. Dabei nimmt T gemäß $T \sim p^{1-1/\gamma}$ auf $T_2 \approx 1\,550$ K ab. Wirkungsgrad $\eta = (T_1 - T_2)/T_1 \approx 0{,}5$, Ausdehnung auf $V_2 \approx 5{,}2V_1$. Direkte Berechnung der dabei geleisteten Arbeit und Vergleich mit der Verbrennungswärme gibt den gleichen Wert für η. Offenbar steigt η mit dem Verdichtungsfaktor (der Kompression) V_2/V_1, nämlich $\eta = (V_1^{1-\gamma} - V_2^{1-\gamma})/V_1^{1-\gamma} = 1 - (V_1/V_2)^{\gamma-1}$. Vorverdichtung gibt höheres η. Allerdings kann man beim Ottomotor die Kompression 7–8 kaum überschreiten, weil sie das Gemisch bis über den Flammpunkt erhitzen würde. Dieselöl ist schwerer entflammbar und wird erst während der Kompression eingespritzt. Daher kann man im Dieselmotor die Kompression bis 20 treiben und erzielt damit theoretisch $\eta \approx 0{,}7$. Wärmeverluste reduzieren T und η erheblich.

5.3.2. Kühlschrank
75 kg Lebensmittel von 25 °C auf 5 °C abkühlen bedeutet den Entzug der Wärmeenergie $W = 6{,}3 \cdot 10^6$ J. Die Heizung P braucht $t \approx 11{,}5$ h. Der Kühlschrank braucht offenbar etwa sechsmal weniger Zeit, um eine bestimmte Wärmemenge zu entziehen, als eine Heizung gleicher Leistung braucht, um dieselbe Wärmeenergie zuzuführen. Bei Kühlschrank und Wärmepumpe ist lediglich die Flußrichtung der Energien umgekehrt wie beim Verbrennungsmotor. Speziell beim Kühlschrank werden wir als Nutzeffekt das Verhältnis der Wärmeleistung, die dem Kühlgut entzogen wird, zur hineingesteckten elektrischen Leistung bezeichnen, also $\eta^{-1} = P/\dot{W}' = T_1/(T_2 - T_1)$. Das warme und das kalte Reservoir sind beim Kühlschrank der Wärmetauscher (schwarzes Gitter hinter dem Schrank) bzw. die Kühlplatten (die Metallplatten, die oft vereist sind, im Innern). Fassen Sie das Gitter an, wenn der Kühlschrank arbeitet: Es hat 50–60 °C. Es muß ja auch im heißesten Sommer noch seine Wärme an die Küchenluft abgeben, muß also heißer sein als diese. Umgekehrt muß die Kühlplatte kälter sein als die Solltemperatur des Kühlgutes, also 0 °C oder weniger. Damit erhalten wir einen theoretischen Nutzeffekt 270 K/50 K = 5,5. Auf dem gleichen Effekt beruht die gute Energieausnutzung durch eine Wärmepumpe: Die direkte elektrische Heizung setzt teure mechanisch-elektrische Energie direkt 1 : 1 in Wärme um. Die Wärmepumpe bringt das Mehrfache des elektrischen Aufwands in das Heizsystem (T_2). Der Rest stammt aus dem kalten Reservoir (Wasser, Atmosphäre, Erdboden). Kühlschrank und Wärmepumpe leisten dies nach dem Kompressor- oder dem Absorberprinzip: Eine Flüssigkeit wird durch Expansion im Kühlschrank verdampft und entzieht dem Kühlgut die dazu nötige Verdampfungsenergie; im Wärmetauscher wird sie durch Kompression wieder verflüssigt und gibt dort die gleiche Energie wieder ab, oder man nutzt entsprechend die Absorptions- oder Lösungswärme aus.

5.3.3. Wärmepumpe
Das Kühlmittel wird im Wärmetauscher durch Kompression verflüssigt, wobei es seine Kondensationswärme an das Heißwasser abgibt. Das Heißwasser speist die Heizkörper. Die Kühlflüssigkeit wird zum Wärmetauscher im Fluß gepumpt und dort entspannt, wobei sie verdampft und dem Flußwasser die Verdampfungswärme entzieht (bei $T_1 =$ 8 °C). Der Nutzeffekt der Anlage, definiert als Heizleistung/Leistung von Pumpe und Kompressor kann idealerweise $\eta^{-1} = T_2/(T_2 - T_1) = 4{,}5$ erreichen. Statt 10^8 W konventioneller Heizleistung würden wir idealerweise nur etwa $2 \cdot 10^7$ W elektrischer Pumpleistung brauchen.

5.3.4. Projekt Agrotherm
Abwärme ist die Energie, die eine Wärmekraftmaschine an das kalte Reservoir (meist Kühlwasser) abgeben muß. Die gewinnbare mechanische oder elektrische Energie ist ja nur ein Bruchteil $\eta < (T_2 - T_1)/T_2$ der Energie, die aus dem Brennstoff, also dem heißen Reservoir (T_2) entnommen wird. Der restliche Bruchteil $1 - \eta$ muß in das kalte Reservoir (T_1) übergehen. Wenn man das Kühlwasser mit einem unendlich großen Volumenstrom zur Verfügung hätte, brauchte man es dabei nicht wesentlich zu erwärmen. Auch Wasser ist aber Mangelware, und man wählt den Volumenstrom in der Praxis so, daß das Kühlwasser 20–30 K wärmer wird als die Luft. Jahresverbrauch der BRD $6 \cdot 10^{10}$ kWh, mit Industrie usw. $2{,}5 \cdot 10^{11}$ kWh im Jahr, der mittlere Leistungsbedarf $2{,}9 \cdot 10^{10}$ W. Der ideale Wirkungsgrad einer solchen Wärmekraftmaschine ist $\eta = 600\,\text{K}/900\,\text{K} = \frac{2}{3}$, Abwärme etwa 15 GW. Wenn die Rohre weniger als 1 m auseinanderliegen, steigt die Temperatur mit der Tiefe linear an, Gradient $(T_W - T_0)/d$, wo T_W und T_0 die Temperaturen des Wassers und der Ackeroberfläche sind. Wärmestromdichte $j = \lambda(T_W - T_0)/d$. Wenn man auf der Fläche A die Abwärme P abführen will, muß $A = P/j$ sein. Mit $d = 1$ m ergibt sich eine erwärmte Ackerfläche $A \approx 2 \cdot 10^3\,\text{km}^2$. Das ist zwar nur 2 % unserer Ackerfläche, aber trotzdem lohnend. Wenn T_W um 20 K höher ist als die Lufttemperatur und $d = 1$ m ist, herrschen in 10 cm Tiefe schon 2 K mehr als üblich. Man könnte die Rohre auch tiefer legen und entsprechend mehr Ackerfläche versorgen. Die Bodenoberfläche ist etwas wärmer als die Luft, denn

sie muß ja die aufwärtsfließende Wärme an die Luft abgeben. Dazu ist eine Temperaturdifferenz $T_0 - T_1$ nötig, so daß $j = \alpha(T_0 - T_1)$ mit dem Wärmeübergangswert $\alpha \approx 6\,\mathrm{W\,m^{-2}\,K^{-1}}$. Mit den obigen Werten wird $T_0 - T_1 \approx 1{,}2\,\mathrm{K}$. Dadurch wird der T-Gradient nicht merklich flacher, aber die verlangten 2 K Unterschied werden schon in 4–5 cm Bodentiefe erreicht.

5.3.5. Wirkungsgrad

Die Diskussion ist besonders einfach im T, S-Diagramm. Ein beliebiger reversibler Kreisprozeß läßt sich dort durch eine geschlossene Kurve darstellen. Nach der Definition von S ist die Wärmezufuhr zur Arbeitssubstanz $Q = \int T\,\mathrm{d}S$, also die Fläche unter der $T(S)$-Kurve (der Vorgang ist ja als reversibel vorausgesetzt). Die geschlossene Kurve zerfällt in einen oberen und einen unteren Bogen. Die Fläche unter dem oberen ist Q_2, die dem heißen Reservoir entnommene Wärme, die Fläche unter dem unteren ist Q_1, die dem kalten zugeführte Wärme (rein mathematisch ist eine davon negativ zu rechnen wegen der umgekehrten Laufrichtung). Nach dem Energiesatz (das System kehrt ja in den gleichen Zustand zurück) ist die geleistete Arbeit W die Differenz beider Wärmen: $W = Q_2 - Q_1$, graphisch dargestellt durch die Fläche innerhalb der Kurve. Man kann so für jede Maschine den Wirkungsgrad direkt ausplanimetrieren (z. B. die Flächen aus Papier ausschneiden und abwiegen). Am einfachsten sieht der Carnot-Prozeß aus: Rechteck aus zwei isothermen ($T = \mathrm{const}$) und zwei adiabatischen ($S = \mathrm{const}$) Takten. Man liest sofort $\eta = (T_2 - T_1)/T_2$ ab. Hierbei bedenke man, wie kompliziert der Carnot-Zyklus in den „natürlichen" Koordinaten p, V aussieht, sogar für ein Idealgas. Bei anderen Arbeitssubstanzen sieht er in „natürlichen" Koordinaten wieder anders aus, z. B. für ein nichtideales Gas, für ein Flüssigkeits-Dampf-Gemisch (Kühlschrank, Wärmepumpe usw.; hier ist für $T = \mathrm{const}$ auch $p = \mathrm{const}$ entsprechend der Dampfdruckkurve), für ein paramagnetisches Salz (magnetische Kühlung; natürliche Koordinaten sind hier Magnetfeld und Magnetisierung, mit T verknüpft durch das Curie-Gesetz). Nur in T, S werden alle diese Prozesse Rechtecke. – Jeder andere Kreisprozeß läßt sich aus Carnot-Prozessen zusammensetzen. Man zerlege ihn z. B. im T, S-Diagramm durch hinreichend viele vertikale Adiabaten. Die entstehenden Streifen kann man dann gern oben und unten durch waagerechte Isothermenstücke abschließen, ohne daß man gegenüber dem Originalprozeß flächenmäßig einen wesentlichen Fehler macht. Natürlich läßt sich dann η nicht mehr so einfach durch obere und untere Temperatur ausdrücken, weil diese variiert; man muß mitteln oder rein graphisch vorgehen. Speziell beim Otto-Motor ist allerdings das *T-Verhältnis* über die ganze Breite des Zyklus nach der Adiabatengleichung das gleiche, weil das Volumenverhältnis gleich ist.

5.3.6. Strahlungsdruck

Wenn das Strahlungsfeld n Photonen/m^3 enthält, ist seine Energiedichte $u = nh\nu$. Pro 1 m^2 treffen in der Sekunde $\frac{1}{6}nc$ Photonen auf (vgl. kinetische Gastheorie) und üben den Druck $p = \frac{1}{3}nch/\lambda = \frac{1}{3}nh\nu$ aus (Druck = Impuls/m^2 s, ein Photon hat den Impuls h/λ). Diese Beziehung $u = 3p$ folgt allein aus der Isotropie des Strahlungsfeldes und hängt nicht von seiner spektralen Zusammensetzung, speziell nicht von seinem Gleichgewichtscharakter ab.

5.3.7. Differentieller Carnot-Prozeß

Da $\mathrm{d}V_{\mathrm{ad}} \ll \mathrm{d}V_{\mathrm{is}}$, brauchen nur die Isothermenarbeiten berücksichtigt zu werden. Erfolgt die Expansion bei $T + \mathrm{d}T$, die Kompression bei T, so sind diese Arbeiten $\mathrm{d}W_1 = -p(T + \mathrm{d}T)\,\mathrm{d}V$, $\mathrm{d}W_2 = p(T)\,\mathrm{d}V$, also die Gesamtarbeitsleistung der Maschine $\mathrm{d}^2W = -\mathrm{d}W_1 + \mathrm{d}W_2 = (\partial p/\partial T)\,\mathrm{d}T\,\mathrm{d}V$. Die Wärmezufuhr $\mathrm{d}Q$, die für die isotherme Expansion nötig ist, besteht aus zwei Anteilen: Der Arbeit $\mathrm{d}W_1$ und der Änderung der inneren Energie $(\partial W/\partial V)\,\mathrm{d}V$, also $\mathrm{d}Q = (p + \partial W/\partial V)\,\mathrm{d}V$. Der Wirkungsgrad ist $\eta = \mathrm{d}T/T = \mathrm{d}^2W/\mathrm{d}Q = (\partial p/\partial T)\,\mathrm{d}T/(p + \partial W/\partial V)$ d. h. $\partial p/\partial T = (p + \partial W/\partial V)/T$. Für Stoff A (ideales Gas) ist $\partial W/\partial V = 0$, also $\partial p/\partial T = p/T$, also $p \sim T$ (Zustandsgleichung). Für Stoff B (schwarze Strahlung) $\partial W/\partial V = u = 3p$, also $\partial p/\partial T = 4p/T$, also $p \sim u \sim T^4$ (*Stefan-Boltzmann*). Für Stoff C (Fermi-Gas) $\partial W/\partial V = -aV^{-5/3}$. Da W nur schwach von T abhängt, ist auch $\partial p/\partial T$ klein, also $p = aV^{-5/3}$.

5.3.8. Sonnenatmosphäre

$50\,000\,\mathrm{km} \approx 0{,}1R_\odot$ ($R_\odot$ Sonnenradius); praktisch die gesamte Sonnenmasse liegt innerhalb. Gravitations- und Gasdruck sind also $p \approx GM_\odot h\varrho/R_\odot^2 \approx 0{,}1GM_\odot\varrho/R$. Mit $\varrho \approx 0{,}1\,\mathrm{g/cm^3}$ wird $p_{50\,000} \approx 3 \cdot 10^7$ bar. 1 bar mit $\varrho \approx 10^{-4}\,\mathrm{g/cm^3}$ gibt 300 K, $3 \cdot 10^7$ bar mit 1 g/cm^3 geben 10^6 K. Bei diesen T und ϱ sind nach Abb. 8.9 alle H-Atome ionisiert, bei den Oberflächenverhältnissen dagegen nicht. Das aufsteigende Plasma muß rekombinieren, wobei es pro H-Atom 13,6 eV, d. h. $\frac{3}{2}kT$ mit $T \approx 10^5$ K gewinnt. Das Gas dehnt sich also viel stärker aus, als dem reinen Druckgleichgewicht entspräche. Feuchte Luft tut das dank der Kondensationswärme auch, nur in viel geringerem Maße. In der Sonnenatmosphäre ist stabile Schichtung nicht möglich, sie brodelt ununterbrochen. Es bilden sich relativ beständige Konvektionszellen, die innen einen Aufwärts-, am Rand einen Abwärtsstrom haben, wie im hinreichend flachen Wasser im Kochtopf vor dem Sieden. Auf der Sonne erkennt man diese Zellen in der **Granulation** und anderen Strukturen wieder.

5.4.1. Heizung

Sauerstoffbedarf und CO_2-Produktion ergeben sich aus den Umsatzgleichungen, z. B. für Kohlenhydrate. Ein Mensch mit 12 000 kJ/d verbraucht 25 mol = 800 g O_2 und erzeugt 25 mol = 1 100 g CO_2 täglich. Bei z. B. 4 Menschen in 300 m^3, d. h. 390 kg Luft mit maximal 3,9 kg CO_2 muß die Luft mehr als einmal täglich vollständig erneuert werden. Erwärmung von 440 kg Luft, d. h. 15 000 mol, von $-20°$ auf $+20\,°\mathrm{C}$ kostet $1{,}2 \cdot 10^7$ J. Durch z. B. 200 m^2 Außenwand (Stärke 40 cm) und 30 m^2 Fensterfläche (Stärke 4 mm) würden die katastrophalen Wärmemengen von $4 \cdot 10^8$ bzw. $2 \cdot 10^{10}$ J/d verlorengehen, wenn das ganze Temperaturgefälle direkt am Stein bzw. Glas erfolgte. In Wirklichkeit liegt drinnen und draußen eine schützende Prandtl-Grenzschicht, die bei einer konvektiven Strömungsgeschwindigkeit $v = 2$ m/s etwa je 1 cm dick ist und wegen $\lambda = 0{,}025$ W/m K insgesamt besser isoliert als das Mauerwerk. Bei Sturm allerdings kann diese Schicht auf $\frac{1}{5}$ zurückgehen ($v \approx 50$ m s). Mit 2 cm Luftschicht ergibt sich ein Verlust von 10 kW oder 10^9 J/d, entsprechend etwa 30 l Heizöl/d.

5.4.2. Thermische Relaxation

Der Temperaturleitwert $\lambda/(\varrho c)$ ist für Kupfer $3{,}9/(8{,}9 \cdot 0{,}38) = 1{,}15$, Wasser $0{,}0054/(1 \cdot 4{,}2) = 1{,}3 \cdot 10^{-3}$, Fett $0{,}002/(0{,}9 \cdot 1{,}8) \approx 10^{-3}$, Luft $2{,}4 \cdot 10^{-4}/(1{,}3 \cdot 10^{-3} \cdot 1) = 1{,}18$, Stein $0{,}02/(2{,}5 \cdot 1) \approx 0{,}01$ cm^2/s (für Fett ist entgegen der Neumann-Kopp-Regel die CH_2-Gruppe als unabhängige thermische Einheit anzusehen, daher $c \approx 20\,\mathrm{J\,mol^{-1}\,K^{-1}}/(14\,\mathrm{g\,mol^{-1}}) \approx 1{,}8\,\mathrm{J\,g^{-1}\,K^{-1}}$). Fett isoliert also mehr als dreimal besser als Wasser, Luft 20mal, der Wärmeausgleich erfolgt aber bei gleicher Geometrie in Fett und Wasser etwa gleich schnell, in Gestein 10mal schneller, in Luft 200mal schneller. Trotzdem ist die thermische Relaxationszeit (Wärmeausgleichszeit) bei großräumigen Luftströmungen sehr lang, bei $R = 50$ m z. B. $\tau \approx \varrho c R^2/\lambda \approx 0{,}2 \cdot 2{,}5 \cdot 10^7\,\mathrm{s} \approx 1$ Woche. Vertikale und horizontale Konvektion erfolgen also weitgehend adiabatisch. Das führt zur adiabatischen Höhenschichtung (vgl. Aufgaben 5.2.8–5.2.15), und dazu, daß die Temperatur, die bei uns herrscht, mehr von den Luftströmungen als von der momentanen Sonneneinstrahlung abhängt.

5.4.3. Mindestalter der Erde (*Kelvin*)

Bei einem T-Gradienten von 0,03 K/m leitet das Gestein eine Wärmestromdichte von $\lambda\,\mathrm{d}T/\mathrm{d}z = 1{,}6\,\mathrm{W/m\,K} \cdot 0{,}03\,\mathrm{K/m} \approx 0{,}04\,W/m^2$. In 100 km Tiefe ist es noch 3 000 K heiß, wenn der T-Gradient bis dahin so weitergeht. Wenn diese Säule von 100 km Höhe und 1 cm^2 Querschnitt, also $3 \cdot 10^7$ g Masse und $4 \cdot 10^7$ J/K Wärmekapazität, anfangs durchweg 3 000 K hatte, also im Durchschnitt 1 500 K verloren hat, muß sie inzwischen $1\,500\,\mathrm{K} \cdot 4 \cdot 10^7\,\mathrm{J/K} = 6 \cdot 10^{10}$ J abgegeben haben. Das dauert bei dem angegebenen Wärmestrom $1{,}5 \cdot 10^{16}\,\mathrm{s} = 5 \cdot 10^8$ Jahre. In Wirklichkeit hat die Wärme des Erdinnern wahrscheinlich längst nichts mehr mit dem evtl. glutflüssigen Ursprung der Erde zu tun, sondern wird laufend gleichgewichtsmäßig durch die radioaktive Wärmeproduktion der Gesteine und Umschichtungen im Erdinnern, die Gravitationsenergie in Wärme umsetzen, aufrechterhalten.

5.4.4. Bodenfrost

Wir machen für die räumliche und zeitliche Temperaturverteilung $T(x, t)$ den Ansatz $T = T_0 + T_1\,\mathrm{e}^{\mathrm{i}\omega t} \cdot \mathrm{e}^{ax}$: Harmonische Schwankung um den Mittelwert T_0 mit der Amplitude T_1 am Erdboden, mit der Amplitude $T_1 \mathrm{e}^{ax}$ in der Tiefe x. Einsetzen der Ableitungen in die Wärmeleitungsgleichung $\dot{T} = \lambda T_{xx}/(\varrho c)$ zeigt, daß dieser Ansatz wirklich eine Lösung ist, falls $a^2 = \mathrm{i}\varrho c\omega/\lambda$ ist. Wurzelziehen in der komplexen Ebene heißt: Winkel halbieren, Betrag radizieren. Es gibt zwei Wurzeln: $a = \pm\sqrt{\frac{1}{2}\varrho c\omega/\lambda}(1 + \mathrm{i})$. Nur die negative ist brauchbar, denn mit der positiven würde die Amplitude mit der Tiefe unbegrenzt zunehmen. Also

$$T = T_0 + T_1 \cdot \mathrm{e}^{\mathrm{i}(\omega t - x\sqrt{\varrho c\omega/(2\lambda)})} \cdot \mathrm{e}^{-x\sqrt{\varrho c\omega/(2\lambda)}}\,.$$

Die Amplitude klingt auf der Tiefenstufe $x_0 = \sqrt{2\lambda/(\varrho c\omega)}$ auf 1/e ab, die Phase hinkt gegenüber der Lufttemperatur um x/x_0 nach. Mit $\omega = 7 \cdot 10^{-5}\,\mathrm{s^{-1}}$ (Tagesschwankung) ist $x_0 \approx 14$ cm, mit $\omega = 2 \cdot 10^{-7}\,\mathrm{s^{-1}}$ (Jahresschwankung) ist $x_0 = 2{,}70$ m, mit $\omega = 3 \cdot 10^{-6}\,\mathrm{s^{-1}}$ (dreiwöchige Kältewelle) ist $x_0 \approx 60$ cm. Für Deutschland ist $T_0 = 9\,°\mathrm{C}$, $T_{1\,\mathrm{Jahr}} = 10$ K, $T_{1\,\mathrm{Tag}} = 8$ K, $T_{1\,\mathrm{Kältewelle}} \approx 20$ K. Mit 1,20 m Erde dämpft man die Jahresamplitude auf 6 K, die der Kältewelle auf 3 K, die der Tageswelle auf praktisch 0 K. Das Wasserrohr ist in dieser Tiefe sicher. Dem gutangelegten Sektkeller kann nur die Jahreswelle gefährlich werden. In 6 m Tiefe ist ihre Amplitude nur noch 1 K. Wenn $x/x_0 = \pi$, ist die Phase um eine Halbwelle verschoben. In 0,5 m Tiefe ist es also nachts, in 8,5 m Tiefe im Winter am wärmsten. Jakutsk hat $T_0 = -12\,°\mathrm{C}$, $T_{1\,\mathrm{Jahr}} = 30$ K. Ab $x = x_0 \cdot \mathrm{e}^{-12/30} = 1{,}80$ m bleibt es selbst im Sommer unter 0 °C, dort beginnt der Permafrost. Dieses Phänomen existiert überall, wo T_0 unter Null liegt, die Zone ewigen Frostes beginnt in um so größerer Tiefe, je größer T_1 und T_0 sind, nämlich bei $x = x_0 \ln(T_1/|T_0|)$.

5.4.5. Wiener-Versuch

In einer Lösung, wo die Salzkonzentration und damit die Brechzahl n sich senkrecht zur Lichtausbreitung ändert, wird der Lichtstrahl gekrümmt. Eine Wellenfront der Breite d läuft unten mit der Geschwindigkeit c/n, oben mit

$$c/(n - \mathrm{d}n/\mathrm{d}x \cdot d) \approx (1 - \mathrm{d}n/\mathrm{d}x \cdot d/n)\,c/n\,.$$

Innerhalb der Schichtdicke l wird sie um den Winkel $\alpha = l\,\mathrm{d}n/\mathrm{d}x$ nach unten abgelenkt, wenn die Brechzahl, wie üblich, nach unten zunimmt. Auf einem um L entfernten Schirm bewirkt das eine Ablenkung $y = Ll\,\mathrm{d}n/\mathrm{d}x$. In der Lösung bilden die Funktionen $c(x)$ und $n(x)$ zuerst eine steile Stufe bei $x = 0$, die sich allmählich abflacht, aber ihren Wendepunkt bei $x = 0$ behält. Die Ableitung $\mathrm{d}n/\mathrm{d}x$, auf die es hier ankommt, ist eine Gauß-Kurve $\sim \mathrm{e}^{-x^2/(4Dt)}$, die ihre Wendepunkte zur Zeit t bei $x = \sqrt{2Dt}$ hat. Das um y verzerrte Lichtbündel stellt, wenn man die 45°-Neigung korrigiert, genau diese Kurve dar. Ihre Gesamtfläche gibt die Differenz der asymptotischen n-Werte, also der Konzentrationen. Ihre Wendepunkte verschieben sich mit der Zeit genau gemäß $x^2 = 2Dt$ und erlauben eine Bestimmung des Diffusionskoeffizienten.

5.4.6. Druckparadoxon

Durch ein Loch von normaler Größe strömt nach *Torricelli* ein Gas bei der Druckdifferenz Δp mit der Geschwindigkeit $v_\mathrm{T} = \sqrt{2\,\Delta p/\varrho}$. Ohne Druckdifferenz erfolgt auch kein resultierender Strom, wenn beiderseits verschiedene Gase sind. Sie diffundieren nur langsam ineinander. Die Poren im Ton haben aber z. T. Abmessungen, die kleiner sind als die freie Weglänge. Durch solche Poren strömt das Gas nicht mehr nach *Torricelli* als Kontinuum, sondern die Moleküle verhalten sich als unabhängige Teilchen, die entweder den Lochquerschnitt treffen und durchkommen oder nicht. In der Sekunde kommen also nAv Moleküle durch, wo $v = \sqrt{3kT/m}$ die mittlere Molekülgeschwindigkeit ist (Knudsen-Strömung). Auch bei beiderseits gleichem Druck, d. h. gleichem n, treten dann von der Seite, wo die Moleküle leichter, d. h. schneller sind, mehr Teilchen durch. Wenn der H_2-Partialdruck im Tongefäß ebensogroß geworden ist wie draußen, geht der Überdruck natürlich zurück. Hört man mit dem H_2-Bespülen auf, entweicht das H_2 aus dem Gefäß und läßt vorübergehend einen Unterdruck zurück.

5.4.7. Nackt und pudelwohl

Die nackte Haut verliert im wesentlichen Strahlungswärme. Wenn man sie als „schwarzen Körper" betrachtet und $A = 2\,\mathrm{m}^2$ Körperoberfläche annimmt, ist die Abstrahlungsleistung $\alpha A\,\Delta T$. Der menschliche Stoffwechsel liefert etwa $P \approx 100\,\mathrm{W}$ (Stoffwechselumsatz $\approx$ 2 000 kcal/d). Die Bilanz ist ausgeglichen bei $\Delta T \approx P/(\alpha A) \approx 8\,\mathrm{K}$, was 29 °C entspricht. In Wirklichkeit ist der Stoffwechsel im wachen Zustand wesentlich aktiver als im Schlaf, man hält es daher auch bei 25 °C gut aus, friert aber, wenn man einschläft. Der bekleidete Mensch verliert Wärme nicht mehr durch Strahlung, sondern durch Leitung, und zwar wirkt gute Wollkleidung im wesentlichen als ein Luftpolster, in dem die Konvektion ausgeschlossen ist. Die Wärmeverlustleistung des Menschen muß wieder auf $P = 100\,\mathrm{W}$ gehalten werden. Da $P = \lambda A\,\Delta T/d$ ($A \approx 2\,\mathrm{m}^2$ Körperoberfläche, $\lambda = 0{,}025\,\mathrm{W/m\,K}$ Wärmeleitfähigkeit der Luft), muß die Dicke der Kleidung $d \approx \lambda A\,\Delta T/P \approx 5 \cdot 10^{-4}\Delta T$ sein, z. B. 1 cm bei 17 °C, 2 cm bei −3 °C, 3 cm bei −23 °C. Wenn der Mensch schwitzt, nutzt er die Verdampfungswärme des Wassers von $2{,}3 \cdot 10^6$ J/kg aus. Um die 10^7 J/Tag seines Stoffwechsels bei 37 °C Außentemperatur abzuführen, muß er etwa 4 l/Tag schwitzen. Dann kann nämlich auch der nackte Mensch keine Wärme durch Strahlung abgeben. Bei 32 °C ist die Schweißmenge halbsogroß, bei 27 °C genügt die Abstrahlung. Bei 37 °C übersteht der Mensch ohne Flüssigkeitsaufnahme kaum 24 h, selbst im Schatten ohne Bewegung.

5.4.8. Brrr . . . !

Wir frieren, wenn wir zuviel Wärme durch die Haut verlieren. Auch unbekleidete Hautstellen sind immer durch eine Prandtl-Grenzschicht geschützt, die an der Strömung im Wind nicht teilnimmt, allerdings mit zunehmender Windgeschwindigkeit immer dünner wird. Ihre Dicke ist $d \approx \sqrt{6\eta l/(\varrho v)}$. Der Wärmeverlust erfolgt durch Wärmeleitung durch die Prandtl-Schicht mit einer Wärmestromdichte $j = \lambda\,\Delta T/d$. Der obige Ausdruck für d ergibt $j \sim \Delta t\sqrt{v}$. Wir vergleichen stille Luft, durch die ein Mensch mit $v \approx 2\,\mathrm{m/s}$ geht, und einen Sturm von 30 m/s. Im Sturm ist $\sqrt{v}$ etwa viermal so groß, also darf bei Windstille ΔT viermal so groß sein, damit der Mensch ebenso friert. Wenn die Hautoberfläche 37 °C hätte, ergäbe dies Äquivalenz zwischen stiller Luft von −20 °C und Sturm bei +23 °C. Die Haut ist aber wesentlich kühler als das Körperinnere. Der Temperaturabfall von 37 °C auf die Außentemperatur verteilt sich im Verhältnis der Wärmewiderstände d/λ auf Hautschicht und Prandtl-Schicht. Fettgewebe hat etwa die zehnfache Wärmeleitfähigkeit der Luft. Dies gilt für Gewebeteile, denen keine Wärme zugeführt wird (keine Durchblutung) und in denen auch keine entsteht (kein Stoffwechsel). Die Haut kann annähernd 0 °C annehmen, bevor Erfrierungen eintreten. Unter solchen Umständen sind −20 °C bei Windstille äquivalent mit −5 °C bei Sturm. Die Unterkühlung ist natürlich um so stärker, je dünner die Prandtl-Schicht ist, d. h. je größer v und je kleiner die Abmessung l des Körperteils ist. Nase, Finger, Zehen und Ohren erfrieren zuerst.

5.4.9. Rayleigh-Konvektion

Ein zufällig um dy aufsteigendes Fluidpaket gerät in eine um $|\mathrm{grad}\,T|\,dy$ kühlere, also um $\beta\varrho|\mathrm{grad}\,T|\,dy$ dichtere Umgebung ($\beta = d\varrho/(\varrho\,dT)$) und erfährt also den Auftrieb

$$F_A = gV\,d\varrho = \tfrac{4}{3}\pi r^3\beta\varrho g\;\mathrm{grad}\,T\,dy$$

(wir denken an ein kugelförmiges Paket). Diesem Auftrieb wirkt die Stokes-Reibung $F_\eta = 6\pi\eta r v$ entgegen, und aus dem Gleichgewicht $F_A = F_\eta$ ergibt sich eine Aufwärtsgeschwindigkeit $v = 2r^2 g\beta\varrho\;\mathrm{grad}\,T\,dy/(9\eta)$. Der Aufstieg um dy, der ja wegen $v \sim dy$ erst am Schluß so schnell erfolgt, dauert eine Zeit $t_A \approx 2\,dy/v = 9\eta/(r^2 g\beta\varrho\;\mathrm{grad}\,T)$. All dies stimmt aber nur, wenn sich unser Paket in der Zeit t_A nicht durch Wärmeleitung seiner Umgebung angeglichen hat. Dies würde eine Zeit $\tau \approx r^2\varrho c/(3\lambda)$ dauern (vgl. (5.53)). Nur bei $t_A < \tau$, also $r^4\varrho^2 cg\beta\;\mathrm{grad}\,T/(\eta\lambda) > 27$ tritt daher die geschilderte Instabilität auf. Die Tendenz dazu ist für große Pakete sehr viel stärker (r^4), aber kleiner als die Fluidschichtdicke d muß das Paket jedenfalls sein, sagen wir höchstens $r \approx d/3$. So ergibt sich die Instabilitätsbedingung $d^3\varrho^2 cg\beta\,\Delta T/(\eta\lambda) > 2\,000$ ($\mathrm{grad}\,T = \Delta T/d$). Die dimensionslose Zahl links heißt Rayleigh-Zahl, ihr kritischer Wert liegt bei genauerer Betrachtung um 1700. Die Bénard-Zellen (Abb. 5.39) sind keine Rayleigh-Instabilitäten, sondern werden durch die Oberflächenspannung σ mitbestimmt. Hier tritt anstelle der Rayleigh-Zahl die Marangoni-Zahl, in der $d\sigma/dT$ anstelle von $d^2 g\,d\varrho/dT$ tritt. Vergleich der Zahlenwerte und der d-Abhängigkeiten zeigt, daß die Zellenstruktur in sehr flachen, die Rayleigh-Struktur (Aufquellen bzw. Absinken in ungefähr konzentrischen breiten Ringen) in tieferen Töpfen vorherrscht.

5.4.10. Schlaues Huhn

Wenn die Luft kälter wird, muß der Hahn den Haufen verstärken, damit mehr Fäulniswärme darin erzeugt wird und die erzeugte Wärme schwerer abströmt. In einer Teilkugel vom Radius r wird dann die Wärmeleistung $P = \frac{4}{3}\pi r^3 q$ erzeugt. Sie muß im stationären Fall durch die Oberfläche

$A = 4\pi r^2$ dieser Kugel abfließen, und zwar gleichmäßig nach allen Seiten: $P = \frac{4}{3}\pi r^3 q = -4\pi r^2 \lambda\, dT/dr$. Der Temperaturgradient nimmt also nach außen zu: $dT/dr = -qr/(3\lambda)$. Die Temperaturverteilung ist parabolisch: $T = T_0 - qr^2/(6\lambda)$. Hier ist T_0 die Zentraltemperatur, die ja 35 °C sein soll. Wenn der ganze Haufen den Radius R hat, verlangt der Anschluß an die Lufttemperatur $T_1 = T_0 - qR^2/(6\lambda)$ (in Wirklichkeit ist dieses T_1 ein wenig größer als die Lufttemperatur, damit die Wärme durch Wärmeübergang abgegeben werden kann). Der notwendige Haufenradius ist also gegeben durch die liegende Parabel $R = \sqrt{6\lambda(T_0 - T_1)/q}$, mit den gegebenen Werten z. B. 1,4 m bei $T_1 = 16$ °C, 1 m bei 25 °C.

5.5.1. Stirling

Es ist $\ln x! = \sum_{z=2}^{x} \ln z$. Man stelle diese Summe durch ein Blockdiagramm über der x-Achse dar. Die Kurve $\ln x$ berührt diese „Treppe" an den oberen Ecken, die Kurve $\ln(x-1)$ berührt sie ebenso von unten. Also liegt die gesuchte Summe zwischen $\int_1^x \ln z\, dz = x \ln x - x + 1$ und $\int_1^x \ln(z-1)\, dz = \int_2^{x+1} \ln z\, dz = (x+1)\ln(x+1) - x - 1 - 2\ln 2 + 2$. Man beachte $\int^x \ln z\, dz = x \ln x - x$. Der Mittelwert der beiden Integrale ist $x \ln x - x + \frac{1}{2}\ln x + 1{,}5 - \ln 2$. Wir erheben dies wieder in den Exponenten und finden $x! \approx x^x e^{-x} \sqrt{x} \frac{1}{2} e^{1,5}$. Dies weicht nur durch den Faktor $\frac{1}{2} e^{1,5} = 2{,}24$ statt $\sqrt{2\pi} = 2{,}51$ von der offiziellen Stirling-Formel ab. Wenn man bedenkt, daß man in der Entropie immer nur Logarithmen von Fakultäten benutzt, spielt dieser Unterschied keine Rolle; meist läßt man dabei sogar den Faktor $\sqrt{2\pi x}$ ganz weg.

5.5.2. Irreversibilität

Es handelt sich hier vor allem darum, den Begriff der reversiblen Führung einer Zustandsänderung richtig zu verstehen. Er geht ja in die Definition der Entropie ein: $dS = dQ_{\text{rev}}/T$. In den ersten beiden Beispielen ist das einfach. Eine kleine Wärmemenge dQ fließe von einem Körper mit der Temperatur T_1, dessen Entropie sich dabei um $dS_1 = -dQ/T_1$ ändert, zu einem mit T_2, so daß $dS_2 = dQ/T_2$. Die gesamte Entropieänderung ist $dS = dQ(T_2^{-1} - T_1^{-1})$, was genau dann positiv ist, wenn $T_1 > T_2$, d. h. genau dann, wenn der Prozeß von selbst abläuft. Molekular betrachtet: Wenn schnelle und langsame Moleküle in Kontakt kommen, gleichen sich ihre Energien aus, weil das dem wahrscheinlicheren Zustand entspricht. Bei der Umwandlung einer entsprechenden Arbeit in die Wärmemenge dQ entsteht die Entropie $dS = dQ/T$. Reibung erzeugt immer Entropie. Molekular sieht dieser Prozeß z. B. so aus, daß „in Reih und Glied" marschierende Moleküle anfangen, chaotisch durcheinanderzulaufen, was wiederum wahrscheinlicher ist als die strenge Marschordnung. Von zwei gleichen Gasmassen expandiere die eine (A) um dV, indem sie durch langsames Wegschieben eines Kolbens die Arbeit $p\,dV$ leistet. Die andere (B) expandiere frei, nachdem man z. B. eine Trennwand weggezogen hat. Beide sind nicht im gleichen Zustand: A hat die Energie $p\,dV$ hergeben müssen und sich abgekühlt. Um A auf den Zustand von B zu bringen, muß man ihm die Wärmemenge $dQ = p\,dV$ zuführen, wobei man die Entropie $dS = p\,dV/T$ erzeugt. A ist damit reversibel in den gleichen Zustand übergeführt worden, den B irreversibel erreicht hat. Obwohl im Fall von B keine Wärme ausgetauscht worden ist, besteht zwischen Anfangs- und Endzustand die gleiche Entropiedifferenz, die sich bei reversibler Führung ergibt. Molekular: Der Zustand „Alle Moleküle in V, keines in dV" ist unwahrscheinlicher als der Zustand „Moleküle gleichmäßig über V und dV verteilt". Wenn zwei verschiedene Gase sich mischen, ist zunächst ebenfalls von keinem Wärmeaustausch die Rede. Die Diffusion ineinander ist ja auch nicht reversibel. Man könnte reversibel mischen, wenn man z. B. die Trennwand durch zwei semipermeable Membranen ersetzte, die eine nur für Moleküle A, die andere nur für B durchlässig, und diese Membranen langsam auseinanderzöge. Die eine Membran erfährt nur den Partialdruck p_A des Gases A, die andere nur p_B. Freigabe des Volumens $2\,dV$ setzt also die Arbeit $(p_A + p_B)\,dV = p\,dV$ frei, die zu einer Abkühlung des Gemisches führt. Ersatz durch die entsprechende Wärmemenge führt zum Entropieanstieg um $dS = p\,dV/T$.

5.5.3. Mischung

Das Rütteln (das natürlich für die thermische Bewegung steht) hat zwei völlig verschiedene Effekte: Es ermöglicht die Einstellung des Gleichgewichts, und es beeinflußt die Art des Gleichgewichts. Schwächeres Rütteln bringt die Eisenspäne allmählich nach unten. Es überwiegt der Einfluß der Energie, die in diesem Zustand kleiner ist. Starkes Rütteln dagegen wirbelt die Teilchen ohne Rücksicht auf ihre Schwere gleichmäßig durcheinander: Es überwiegt der Einfluß der Entropie (Wahrscheinlichkeit), die in diesem Zustand größer ist. Man kann die Heftigkeit des Rüttelns durch eine Temperatur kennzeichnen, so daß die mittlere Translationsenergie der Teilchen $\frac{3}{2}kT$ ist. Dann kann man rein thermodynamisch rechnen und die Zustände „Eisen unten – Sand oben" und „Alles gemischt" durch ihre W und S kennzeichnen. Die Kiste habe die Höhe h, die Grundfläche A und enthalte gleiche Volumina und Anzahlen N von Spänen und Körnern. Die Energiedifferenz zwischen den Zuständen ist $\Delta W = \frac{1}{8} g h^2 A(\varrho_{\text{Fe}} - \varrho_{\text{Sa}})$, die Entropiedifferenz $\Delta S = k 2N \ln 2$. Welcher Zustand dem Gleichgewicht entspricht, hängt davon ab, welcher das kleinere A hat, also ob $\Delta W \gtrless T\,\Delta S$ oder $\Delta W \gtrless \frac{2}{3} \cdot \ln 2 \cdot \varepsilon N$ ist (ε mittlere kinetische Energie eines Teilchens). Die Grenze liegt also ungefähr da, wo die kinetische Energie des Rüttelns die potentielle Energiedifferenz ausgleicht. Im Magnetfeld ist die Lage ähnlich wie im Schwerefeld.

5.5.4. Protein-Entropie I

Ein Mensch von 80 kg hat 16 kg Protein mit etwa 10^{26} Aminosäureresten (mittlere Masse $1{,}6 \cdot 10^{-25}$ kg). Sie sind in Proteinmolekülen von je etwa 300 Aminosäuren angeordnet. Jede solche Kette hat eine ganz bestimmte Anordnung, also die Wahrscheinlichkeit $300! \approx 10^{600}$ und die Entropie $-1\,400k$. Alle $3 \cdot 10^{23}$ Proteinketten zusammen haben $S = -5 \cdot 10^{26} k \approx 8\,000$ J/K. Bei 300 K bedeutet das einen Beitrag zur Freien Energie $-TS = +2{,}4 \cdot 10^6$ J. Dies ist nur einer der „Negentropie"-Anteile des Organismus. Jede andere Ordnungsform liefert ebenfalls einen Beitrag. Diese Ordnung kann das Lebewesen nur durch einen Energieaufwand aufrechterhalten, der mindestens so groß ist wie TS.

5.5.5. Protein-Entropie II

Zunächst seien alle Lagen eines Gliedes geometrisch und energetisch gleich wahrscheinlich, haben nämlich die Wahrscheinlichkeit $1/L$. Ein bestimmter Zustand der ganzen Kette, gegeben dadurch, daß jedes der N Glieder eine bestimmte Lage einnimmt, hat die Wahrscheinlichkeit $P = L^{-N}$. Ein solcher Zustand hat, verglichen mit dem regellosen Zustand (Wahrscheinlichkeit 1) eine um $\Delta S = k \ln P = -kN \ln L$ kleinere Entropie. Allgemeiner habe die i-te Lage geometrisch die Wahrscheinlichkeit p_i (bisher alle $p_i = L^{-1}$; $\sum p_i = 1$). Energetisch seien die Lagen noch gleichberechtigt. Nun unterscheiden wir zwei Arten, einen Zustand zu kennzeichnen: (1) Für jedes Glied geben wir an, in welcher Lage es ist; (2) wir geben an, wie viele Glieder in der 1-ten Lage sind, nämlich n_1, usw. Die Kennzeichnung 1 ist vollständiger. Jeder Zustand $n_1, n_2 \ldots$ vom Typ 2 kann durch $N!/(n_1!\,n_2!\ldots)$ Zustände vom Typ 1 realisiert werden. Ein Zustand vom Typ 1 hat die Wahrscheinlichkeit $\prod_i p_i^{n_i}$, die Entropie $S = k\sum n_i \ln p_i$, ein Zustand vom Typ 2 hat $P = N!/(n_1!\,n_2!\ldots)\prod p_i^{n_i}$. Sind noch die Energien der Lagen verschieden, hat z. B. ein Glied in der i-ten Lage die Energie ε_i, dann ist die rein energetische Wahrscheinlichkeit, daß ein bestimmtes Glied in der i-ten Lage ist, nach Boltzmann $\mathrm{e}^{-\varepsilon_i/(kT)}$. Insgesamt hat ein Zustand vom Typ 1 die Wahrscheinlichkeit $\prod_i p_i^{n_i} \cdot \mathrm{e}^{-n_i\varepsilon_i/(kT)}$. Am wahrscheinlichsten ist der Zustand, für den dieser Ausdruck oder sein Logarithmus maximal ist: $\sum(n_i \ln p_i - n_i\varepsilon_i/(kT)) = (ST - W)/k = -A/k = \text{Max}$. Interessant wird die Diskussion dieses Ausdrucks vor allem für Zustände vom Typ 2 (vgl. Kap. 17). Sie erklärt dann das gesamte Verhalten des Systems.

5.5.6. Seltsame Definition

Die reversible Wärmekraftmaschine A arbeitet zwischen den Temperaturen T_3 und T_2. Wir nutzen einen Teil ihrer Abwärme, indem wir sie bei T_2 einer anderen Maschine B zuführen, die zwischen T_2 und einem noch tieferen T_1 arbeitet. Stecken wir oben die Wärmeenergie Q_3 hinein, so liefert A die Arbeit $W = \eta_A Q_3$. Aus der Abwärme $Q_2 = (1-\eta_A)Q_3$ erzeugt B noch die Arbeit $W' = \eta_B Q_2$, und ihre Abwärme ist $Q_1 = (1-\eta_B)Q_2 = (1-\eta_B)(1-\eta_A)Q_3$. Die Verbundmaschine AB hat den höheren Wirkungsgrad $\eta_{AB} = (W+W')/Q_3 = \eta_A + (1-\eta_A)\eta_B$, d. h. es gilt $1-\eta_{AB} = (1-\eta_A)(1-\eta_B)$. Die Größe $1-\eta$ hängt nur von den beteiligten Temperaturen ab, z. B. $1-\eta_A = f(T_3, T_2)$. Wie wir sahen, gilt $f(T_3, T_1) = f(T_3, T_2)f(T_2, T_1)$. Da die linke Seite dieser Gleichung nicht von der Zwischentemperatur T_2 abhängt, muß sich T_2 auch rechts wegkürzen, gleichgültig welchen Wert T_2 hat. Das ist nur dann der Fall, wenn $f(T, T')$ ein Quotient zweier eindeutiger Funktionen der Temperatur ist: $f(T, T') = g(T)/g(T')$, d. h. $\eta = 1 - g(T)/g(T')$. Unsere Maschine AB leistet mehr Arbeit als A allein bei gleicher Wärmezufuhr oben, sie hat einen höheren Wirkungsgrad. Damit dies allgemein gilt, muß g eine monoton wachsende Funktion von T sein. Wenn wir noch nicht wüßten, was T ist, können wir einfach $g(T) = T$ festsetzen, und zwar so, daß Wasser bei $T = 273{,}2$ gefriert. $T = 0$ wäre die Temperatur, die als unteres Reservoir einer Wärmekraftmaschine den Wirkungsgrad 1 ergibt, weil dort keine Abwärme mehr abgegeben werden muß. Vergleich mit einem Idealgas als Arbeitssubstanz zeigt, daß die so definierte „thermodynamische Temperatur" identisch mit der üblichen Kelvin-Temperatur ist.

5.5.7. Mischbarkeit

Bei konstanten T und p tritt ein Vorgang, z. B. die Mischung zweier Stoffe, von selbst ein, wenn die freie Enthalpie $G = W - TS + pV$ dabei abnimmt. pV spielt für kondensierte Stoffe praktisch keine Rolle. Das Mischen von Schwefelsäure und Wasser z. B. bringt eine Energieabnahme $\Delta W < 0$ (Hydratationsenergie), das Mischen von Öl und Wasser erfordert Oberflächenenergie $\Delta W > 0$. Wenn dieser Energieaufwand größer ist als $T\,\Delta S$ (ΔS Mischungsentropie, etwa 4 J/mol K), tritt trotz $\Delta S > 0$ keine Mischung ein. Falls ΔW nicht von T abhängt, wird die Bedingung für Mischbarkeit um so besser, je höher T ist.

5.5.8. Kleiner Unterschied

Der Unterschied liegt in der Mischungsentropie S_m. Für Phasengleichgewichte reiner Stoffe tritt kein S_m auf, weil alle Teilchen gleichartig sind. Im Gleichgewicht liegt nur die Phase mit dem kleineren G vor. Beim chemischen Gleichgewicht bringt das Vorhandensein einer gewissen Menge eines Stoffes immer einen Zuwachs an Mischungsentropie, der den G-Zuwachs überkompensiert. Allerdings kann diese Menge sehr klein sein, wenn der Stoff ein sehr hohes G hat (vgl. Abschn. 5.5.8).

5.5.9. Adsorption

Das adsorbierte Gas hat geringere Energie (Bindung) und Entropie (Einschränkung der Beweglichkeit). Es verhält sich ähnlich wie eine Flüssigkeit, deren Maximalmenge allerdings durch die verfügbaren Plätze beschränkt wird. Daher gilt die Thermodynamik der Phasengleichgewichte, die unbeschränkte Menge voraussetzt, nicht ohne weiteres. Kinetik: Teilchenzahldichte im Gas n_0; im m^3 der feinverteilten Oberfläche (Aktivkohle o. dgl.) stehen N Plätze zur Verfügung. n sind davon besetzt, $n \ll n_0$. Die Adsorptionsrate (sich anlagernde Teilchen/m^3 s) ist $\alpha n_0(N-n)$, die Desorptionsrate βn. Im Gleichgewicht sind beide gleich, und man erhält $n = \alpha N n_0/(\beta + \alpha n_0)$. n_0 ist proportional dem Gasdruck (Langmuir-Isotherme). Dasselbe erhält man, wenn man die Adsorption als Reaktion eines Gasmoleküls M mit einem leeren Platz P zu einem besetzten Platz auffaßt: $M + P \rightleftarrows MP$. Das Massenwirkungsgesetz ergibt für die Konzentration (eckige Klammern): $[MP]/[M][P] = K$. Mit $[P] + [MP] = N$, der Gesamtzahl der Plätze, ergibt sich wieder die Langmuir-Isotherme, und α/β erweist sich als identisch mit K, mit der in Abschn. 5.5.8 abgeleiteten T- und p-Abhängigkeit. Speziell liefert die Arrhenius-Auftragung von $\ln(\alpha/\beta)$ über $1/T$ die Adsorptionsenthalpie.

5.5.10. Chromatographie
Definitionen s. Aufgabe 5.5.9. Im Gleichgewicht, wenn $\dot{n} = 0$ ist, folgt $n = \alpha n_0 N/(\alpha n_0 + \beta)$ (Langmuir-Isotherme). Speziell bei schwacher Besetzung ($n \ll N$) ist $n \approx \alpha n_0 N/\beta$. Je fester ein Molekül adsorbiert ist, desto größer ist α/β. Wenn zur Lostrennung die Desorptionsenergie W nötig ist, enthält β/α einen Boltzmann-Faktor: $\beta/\alpha \sim \mathrm{e}^{-W/(kT)}$. Wie der kinetische Ansatz zeigt, bleibt ein bestimmtes Molekül im Mittel eine Zeit $\tau_a = 1/\beta$ im adsorbierten Zustand, eine Zeit $\tau_d = 1/(\alpha N)$ im freien Zustand. Das Molekül ist also einen Bruchteil $\tau_d/(\tau_d + \tau_a) = \beta/(\beta + \alpha N) \approx \beta/(\alpha N)$ der Gesamtzeit frei und wanderungsfähig. Es verschiebt sich also nicht mit seiner Geschwindigkeit v, wie im freien Zustand, sondern nur mit $\bar{v} = v\beta/(\alpha N)$. Bei einer Säulenlänge d ist die „Durchbruchzeit" $t = d/\bar{v} = d\alpha N/(v\beta) \sim \mathrm{e}^{W/(kT)}$. Da W i. allg. groß gegen kT ist, haben geringe Unterschiede in der Desorptionsenergie sehr großen Einfluß auf die Durchbruchzeit. Die Rechteckwelle von aufgebrachter Substanz zerläuft sehr bald in eine Folge von Teilwellen, für jeden Stoff eine. Da auch v nur einen statistischen Mittelwert darstellt, bleibt auch jede Teilwelle nicht immer rechteckig, sondern verbreitert sich ähnlich einer Gauß-Kurve. Die Verbreiterung, also die Streuung der Laufzeiten, ist proportional zur Wurzel aus der Anzahl der Adsorptionsakte $t\alpha N$, hängt also nicht nur von β/α ab wie die Laufzeit, sondern von α selbst.

5.5.11. *T*-jump
Da die Modifikation A' im Gleichgewicht eine geringere Konzentration hat, ist ihre freie Enthalpie größer. Nach *Boltzmann* ist das Konzentrationsverhältnis $A'/A = \mathrm{e}^{-\Delta G/(kT)} = \frac{1}{9}$, also $\Delta G = 2{,}2kT$. Es geht hier um die freie Enthalpie G (das Gibbs-Potential), weil das Gleichgewicht sich unter den Bedingungen konstanten Drucks und konstanter Temperatur einspielt. Bei 370 K erwartet man $A'/A = \mathrm{e}^{-2{,}2\cdot 300/370} = 0{,}168$: Die Modifikation mit dem höheren G ist bei hohen Temperaturen relativ reichlicher vertreten als bei niederen. Gleichgewichtsmessungen erlauben nur Rückschlüsse auf ΔG, nicht auf die Einzelwerte von G für die beiden Modifikationen. Solche Schlüsse erlaubt nur die Einstellung des Gleichgewichts nach einer plötzlichen Änderung der Bedingungen, z. B. von Konzentration, Druck oder Temperatur. Dann findet man die Aktivierungsenergien G und G', deren Differenz $G - G' = \Delta G$ ist. Es sind die energetischen Abstände zum aktivierten Zustand, über den die Reaktion erfolgt. Die Zeitabhängigkeit von A lautet $\dot{A} = -\alpha_0(A\,\mathrm{e}^{-G/(kT)} - A'\,\mathrm{e}^{-G'/(kT)})$. Die Summe von A und A' ist konstant: $A + A' = C$. Also kann man z. B. A' eliminieren: $\dot{A} = \beta C - (\alpha + \beta)A$ mit der Lösung $A = A_\infty + (A_0 - A_\infty)\,\mathrm{e}^{-(\alpha+\beta)t}$. Hier ist $A_\infty = \beta C/(\alpha + \beta)$ wieder die Gleichgewichtskonzentration. Messung der Anklingzeit $\tau = 1/(\alpha + \beta)$ gibt die Summe der Reaktionskonstanten. Ihre Temperaturabhängigkeit gibt aus einem Arrhenius-Diagramm die Aktivierungsenergie G und G'. Somit findet man auch die Konstante α_0. Diese Methoden der „schnellen Kinetik" haben sich in den letzten Jahrzehnten enorm entwickelt.

5.5.12. Gaszentrifuge
Wenn das Gas nach einiger Laufzeit wie ein starrer Körper mit der Trommel mitrotiert, setzen wir uns in das rotierende Bezugssystem. Das Gas ist dann einer Beschleunigung $\omega^2 r$, also einem Potential $\frac{1}{2}\omega^2 r^2$ unterworfen, und jedes Teilgas bildet bei unterdrückter Konvektion und Vernachlässigung der Mischungsentropie (Aufgabe 5.5.3) seine eigene exponentielle „Höhen"verteilung mit dem Trommelumfang als Boden aus: Teilchenzahldichte $n_i = n_{i0}\,\mathrm{e}^{m\omega^2 r^2/(2kT)}$ (anstelle des $-mgh$ in der barometrischen Höhenformel tritt hier $+\frac{1}{2}m\omega^2 r^2$). Die entscheidende Größe ist $\omega^2 R^2$ (R Trommelradius), nicht die „g-Zahl" $\omega^2 R/g$. Da technisch die Begrenzung in der Umfangsgeschwindigkeit $v = \omega R$ liegt (einige hundert m/s), ist die Trennfähigkeit unabhängig von R, im Gegensatz zur g-Zahl, die bei kleinem R größer gemacht werden kann. Die entscheidende Größe läßt sich auch darstellen als $2v^2/(3u^2)$ (u: thermische Molekülgeschwindigkeit), denn $\frac{1}{2}mu^2 = \frac{3}{2}kT$. Für N_2 und O_2 ist $u \approx 500\,\mathrm{m/s}$, also die Trennung selbst bei höchstem v gering. Dann kann man die e-Funktion entwickeln $\mathrm{e}^x \approx 1 + x$, also $n_{iR} = n_{i0}(1 + m\omega^2 R^2/(2kT))$, die Anreicherung hängt in dieser Näherung nur von der Molekülmassen-Differenz ab und ist für N_2, O_2 etwa ebensoklein wie bei den beiden Uran-Hexafluoriden, nämlich nur etwa 0,3 % bei $v = 100\,\mathrm{m/s}$. Bei etwas höheren v versagt aber für UF_6 die Entwicklung der e-Funktion (für die leichten Gase noch nicht). Die Trennung wird dann sehr viel besser.

5.6.1. Wasserstruktur
Im H_2O-Molekül bilden die beiden OH-Verbindungslinien einen 105°-Winkel miteinander. Die beiden H tragen je 0,15 positive Elementarladungen, das O 0,3 negative (Verschiebung der Elektronenwolken). Der Winkel zwischen zwei Verbindungslinien Schwerpunkt–Ecke in einem Tetraeder ist sehr ähnlich (109°). Eis besteht aus einer tetraedrischen Anordnung von H_2O-Molekülen, in der jedes H die Brücke zwischen O bildet und jedes O von vier H umgeben ist, von denen zwei ursprünglich ihm, die anderen beiden zwei Nachbarmolekülen gehörten. Die Unterschiede zwischen den beiden H-Typen sind vor allem durch den quantenmechanischen Effekt der H-Brückenbildung weitgehend verwischt: Jedes H kann auch zum anderen O hinübertunneln. Diese Struktur ähnelt dem Diamant, indem sie eine dichteste Kugelpackung darstellt, ist aber nicht kubisch-flächenzentriert wie dieser, sondern hexagonal. „Dichtest" bezieht sich nur auf die Anordnung der Molekülschwerpunkte. Tatsächlich ist die Struktur sehr locker. Daher ist Eis weniger dicht als Wasser, in dem wenigstens ein Teil der Moleküle in einer regellosen, dichteren Anordnung sitzt. Flüssiges Wasser besteht aus mindestens zwei Anteilen: Molekülgruppen in eisähnlicher Struktur, getrennt durch regellose Bereiche. Mit zunehmender Temperatur schmelzen die Eis-„Clu-

sters" allmählich auf, und die resultierende Verdichtung ist unterhalb von 4 °C größer als die normale Auflockerung infolge Temperatursteigerung. Auch viele andere der ungewöhnlichen Eigenschaften des Wasser erklären sich durch das Modell, z. B. die hohe spezifische Wärme, die teilweise zum Aufbrechen der Dipol- und H-Bindungen benötigt wird.

5.6.2. Wolkenbildung
Solange noch keine Kondensation eintritt, d. h. solange die Temperatur T über dem Taupunkt T_t liegt, nehmen T, p, ϱ i. allg. nach dem adiabatisch-indifferenten Modell mit der Höhe ab (vgl. Aufgabe 5.2.11), speziell sinkt T um 1 K je 100 m. Der Taupunkt wird also in $(T_0 - T_1) \cdot 100$ m Höhe erreicht (T_0: Temperatur am Erdboden). Bei weiterem Aufstieg kondensiert ein Teil des Wasserdampfes, falls genügend Kondensationskeime da sind, um Übersättigung zu vermeiden. Die Kondensationswärme kommt der Luft zugute. Bei einer Abkühlung um dT wird also außer $c_V\,\mathrm{d}T$ noch diese Kondensationswärme verfügbar, um in Expansionsarbeit $p\,\mathrm{d}V$ angelegt zu werden. Indifferentes Gleichgewicht herrscht wieder, wenn das aufsteigende Luftvolumen dabei genau die Zustandsgrößen, speziell die Dichte seiner neuen Umgebung annimmt. Der Sättigungs-Dampfdruck ändert sich nach *Clausius-Clapeyron* bei einer Änderung dT um $\mathrm{d}p = \mathrm{d}T\lambda\varrho_W/T$. Die Partialdichte des Wasserdampfs hängt mit seinem Dampfdruck so zusammen: $\varrho_W = p_W\mu_W/(RT)$, in einem g Luft wird infolge der Kondensation von ϱ_W die spezifische Energie $\mathrm{d}u_k = \lambda\,\mathrm{d}\varrho_W/\varrho_L$ frei, also eingesetzt $\mathrm{d}u_k = \lambda^2\mu_W^2 p_W\,\mathrm{d}T/(RT^2\mu_L p_L)$. (Bei allen diesen Umformungen beachte man die Unterschiede zwischen Partial- und Gesamt-Drücken und -Dichten sowie Größen, die auf die Massen- oder Volumeneinheit bezogen sind.) Bei 0°, 10° und 20 °C kommt zur spezifischen Wärme der Luft $c_V = 0{,}71$ J/K g sozusagen die spezifische Kondensationswärme von 0,50, 1,00 bzw. 1,88 J/K g hinzu. Feuchte Luft kann also doppelt soviel Expansionsarbeit aufbringen wie trockene, d. h. ihre Temperatur nimmt bei gegebener Dichteänderung langsamer ab als für trockene Luft. Die Ableitung der Adiabatengleichung ändert sich, und es resultieren Gesetze, die zwischen dem üblichen adiabatischen und dem isothermen Fall liegen (polytrope Zustandsgleichung).

5.6.3. Verdampfungsgleichgewicht
Die Molekülzahldichten in der Flüssigkeit bzw. im Dampf seien n_{Fl} bzw. n_D (Einheit: Teilchen/m^3). In der Sekunde treffen auf den m^2 der Oberfläche, aus dem Gasraum kommend, $\frac{1}{3}n_D\overline{v}$ Teilchen auf und bleiben größtenteils daran hängen. In der gleichen Zeit lösen sich vom gleichen Stück Oberfläche $\frac{1}{3}n_{Fl}\delta\nu_0\,\mathrm{e}^{-W/(kT)}$ Teilchen ab und verdunsten. Der Faktor $\mathrm{e}^{-W/(kT)}$ gibt die Wahrscheinlichkeit an, daß ein Teilchen, das hinreichend nahe an der Oberfläche sitzt und in der passenden Richtung schwingt, durch zufällige thermische Schwankungen so viel Energie auf sich versammelt, wie es braucht, um die Nahewirkungskräfte der Nachbarmoleküle zu überwinden und sich abzulösen, nämlich mindestens W, die Verdampfungswärme pro Molekül. Im Gleichgewicht müssen ebenso viele Teilchen abdampfen wie sich anlagern, also $n_D = n_{Fl}\delta\nu_0/\overline{v}\cdot\mathrm{e}^{-W/(kT)}$, woraus sich wegen $p_D = n_D kT$ sofort die Dampfdruckkurve ergibt. Zur Clausius-Clapeyron-Formel gelangt man durch Differentiation, wenn man die T-Abhängigkeit der e-Funktion als überwiegend ansieht. (Man beachte $p_D = RT/V_D$.) Unser Modell bestimmt aber auch annähernd den Faktor vor der e-Funktion zutreffend, wenn man $\delta \approx 10^{-8}$ m annimmt, was sich mit Schätzungen aus Oberflächenspannung, Zerreißfestigkeit usw. gut verträgt. Außerdem gibt das Modell die Verdunstungsgeschwindigkeit, was die Gleichgewichtsthermodynamik nicht kann: Würde man den ganzen Dampf sofort wegblasen, würden $\frac{1}{3}n_{Fl}\delta\nu_0\,\mathrm{e}^{-W/(kT)}$, oder, was sich leichter rechnet, $\frac{1}{3}n_D\overline{v}$ Moleküle/m^2 s verlorengehen (n_D Gleichgewichts-Teilchenzahldichte). Ein Molekül nimmt in der Flüssigkeit das Volumen n_{Fl}^{-1} ein. Also würde die Oberfläche unter so extremen Bedingungen mit der Geschwindigkeit $\frac{1}{3}n_D\overline{v}/n_{Fl}$, d. h. für Wasser je nach Temperatur einige mm/s oder gar cm/s absinken. Selbst in der Wüste beobachtet man viel weniger, d. h. das viel langsamere diffusive „Durchsickern" durch eine Dampfschicht, die unten den Sättigungsdruck, oben den Umgebungsdruck hat, ist praktisch immer maßgebend. Der Wind reißt diese Schicht teilweise ab und fördert so die Verdunstung. Faßt man sie als Prandtl-Grenzschicht auf (vgl. Abschn. 3.3.3f) und berechnet das Diffusionsgleichgewicht, dann kommen vernünftige Werte für die Verdunstungsgeschwindigkeit heraus.

5.6.4. Ist das möglich?
Der heiße Becher kühlt schneller ab, hauptsächlich durch Verdunsten (Verdunstungsgeschwindigkeit geht exponentiell mit T). Wenn er 50° erreicht hat, ist fast $\frac{1}{10}$ der Flüssigkeit verschwunden (Verdampfungswärme $\approx 2\cdot 10^6$ J/l). Inzwischen hat der anfangs kühlere Becher keinen großen Abkühlungs-Vorsprung, enthält aber noch fast alles Wasser (volle Wärmekapazität). Daher kann es vorkommen, daß der andere ihn sogar überholt.

5.6.5. Heizwerte
Beim Kondensieren des Verbrennungswassers wird zusätzlich Energie frei, also ist H_o größer. Die meisten Brennstoffe (im wesentlichen Kohlenwasserstoffe) produzieren nur CO_2 und H_2O, und zwar nach der Pauschalformel $(CH_2)_n + \frac{3}{2}nO_2 \rightarrow nCO_2 + nH_2O$, also 18 kg Wasser auf 14 kg Brennstoff. Die Kondensation von 18/14 kg Wasser liefert $3\cdot 10^6$ J. Das ist der typische Wert für $H_o - H_u$. Wenn die Abgase so heiß bleiben, daß trotz des hohen Wasserdampfgehaltes noch keine Kondensation eintritt, ist H_u zu benutzen. Nach der Reaktionsformel kann der H_2O-Dampfdruck bei vollständiger Verbrennung des O_2 höchstens $\frac{2}{3}$ des ursprünglichen O_2-Partialdrucks erreichen, also etwa 160 mbar. Oberhalb von etwa 50 °C tritt also keine Kondensation ein.

5.6.6. Druckaufschmelzung
Die spezifischen Volumina von Eis und Wasser sind $1{,}1\cdot 10^{-3}$ bzw. 10^{-3} m^3/kg, ihre Differenz ist $\Delta V =$

$10^{-4}\,m^3/kg$. Die Clausius-Clapeyron-Gleichung liefert $dT/dp = -T\,\Delta V/\lambda = 273\,K \cdot 10^{-4}\,m^3\,kg^{-1}/3{,}4 \cdot 10^5\,J\,kg^{-1} = 8 \cdot 10^{-8}\,K/(J/m^3) = 8 \cdot 10^{-3}$ K/bar. Beim Skifahren, wo der Druck der Bretter 1 bar kaum überschreitet, ist der Aufschmelzeffekt also völlig vernachlässigbar. Die scharfen Schlittschuhkanten üben dagegen einige 100 bar aus und schmelzen eine Rinne in nicht zu kaltes Eis. Bei Temperaturen um 0 °C ist das auch deutlich zu beobachten. Bei CO_2-Schnee oder -Eis (Mars-Polkappen) fällt dieser Effekt weg, denn hier ist der Festkörper, wie bei den meisten Stoffen, dichter als die Flüssigkeit. Das Fehlen dieses Effekts allein wird die Leistungen skifahrender Mars-Polarforscher nicht beeinträchtigen.

5.6.7. CO_2-Flasche

Damit CO_2 bei 20 °C flüssig bleibt, muß es unter mindestens 63 bar stehen. Sein Molvolumen ist dann etwa $V = 75\,cm^3/mol$, seine Dichte $\varrho = 44\,g\,mol^{-1}/75\,cm^3\,mol^{-1} = 0{,}6\,g/cm^3$. Eine 50 l-Flasche faßt etwa 30 kg CO_2. Bei der Entspannung verdampft das CO_2 und dehnt sich dann weiter annähernd adiabatisch aus. Dabei entzieht es sich selbst eine Wärmemenge, die durch die Fläche zwischen der Isotherme in Abb. 5.66 und der 1 bar-Isobare (-Horizontale) gegeben wird. Diese Fläche ist kleiner, aber nicht sehr viel kleiner als für ein ideales Gas. Zur Abschätzung können wir also die Adiabatengleichung heranziehen: $T \sim p^{(\gamma-1)/\gamma} = p^{1/4}$ (man beachte, daß CO_2 sechs Freiheitsgrade hat), also ergibt sich bei Entspannung von 60 bar auf 1 bar eine Abkühlung fast bis 100 K. Dabei wird das CO_2 natürlich vorübergehend zu Schnee, bis es unter Temperaturangleichung verdampft. Unterhalb des kritischen Punktes (72 °C) läßt sich das CO_2 durch einen Druck in der Größenordnung von 100 bar allein verflüssigen. Man muß allerdings so langsam komprimieren, daß man Erhitzung vermeidet.

5.6.8. Freon

Die Kühlung im Kompressor-Kühlschrank entsteht, indem das Kühlmittel durch Druckminderung zum Verdampfen gebracht wird und dabei dem Kühlgut seine Verdampfungswärme entzieht. Außerhalb des Kühlschranks wird dann das Kühlmittel durch Druckerhöhung wieder verflüssigt. In der Spraydose steht das flüssige Treibmittel ebenfalls unter erhöhtem Druck, und zwar seinem eigenen Dampfdruck. Wenn man auf den Knopf drückt, erlaubt man dem Dampf den Austritt, wobei etwas von dem zerstäubten Spraygut mitgerissen wird. Hinterher stellt sich der Gleichgewichtsdampfdruck wieder ein, indem etwas flüssiges Treibmittel verdampft. Eine reine Gasfüllung wäre viel zu schnell verbraucht oder müßte einen zu hohen Anfangsdruck haben. Das flüssige Treibmittel dient als Vorrat. Wenn man die Dose ins Feuer wirft, steigt der Dampfdruck exponentiell an (Boltzmann-Kurve), und die Dose explodiert, falls noch Treibmittel darin ist. Jedenfalls müssen Kühlmittel und Treibmittel einen Siedepunkt haben, der unter Atmosphärendruck unterhalb, bei erhöhtem Druck oberhalb der Zimmertemperatur liegt. Dies ist bei den Freonen der Fall. Sie haben auch sonst technisch günstige Eigenschaften, sind z. B. sehr stabil, so stabil, daß sie aus weggeworfenen Kühlschränken und den viel zu viel angewandten Spraygasen bis in die Hochatmosphäre aufsteigen, wo sie dann allerdings durch das UV-Licht der Sonne aufgespalten werden. Die freiwerdenden Halogene zerstören katalytisch Ozonmoleküle O_3 und bauen so die Ozonschicht ab, die uns vor dem hautkrebserzeugenden und netzhautzerstörenden kurzwelligen UV der Sonne schützt.

5.6.9. van der Waals-Konstanten
5.6.10. Kritische Daten

Siehe Lösung 5.6.11.

5.6.11. van der Waals-Kurve

Um den Zusammenhang zwischen den kritischen Daten und den van der Waals-Konstanten zu finden, kann man so argumentieren: Die van der Waals-Isotherme $p = RT/(V-b) - a/V^2$ hat dort Extrema, wo $dp/dV = -RT/(V-b)^2 + 2a/V^3 = 0$ ist, oder mit $x = V/b$, wo $(x-1)^2/x^3 = RTb/(2a)$ ist. Die linke Seite dieser Gleichung, als Funktion von x aufgetragen, bildet einen flachen Buckel rechts von $x = 1$ (zeichnen!). Das Maximum dieses Buckels liegt dort, wo $2(x-1)/x^3 = 3(x-1)^2/x^4$ oder $x = 3$ ist und hat die Höhe 4/27. Wenn die Horizontale $RTb/(2a)$ höher liegt als 4/27, schneidet sie den Buckel nicht an: Es gibt kein Extrema; läuft sie tiefer, schneidet sie zweimal: Die Isotherme hat zwei Extrema. Der Übergangsfall $RTb/(2a) = 4/27$ oder $T = T_k = 8a/(27bR)$ entspricht der kritischen Isotherme mit ihrer horizontalen Wendetangente. T_k ist die kritische Temperatur, $V_k = 3b$ das kritische Volumen, also $p_k = RT_k/(V_k - b) - a/V_k^2 = a/(27b^2)$ der kritische Druck. Umgekehrt: $a = 27R^2T_k^2/(64p_k)$ und $b = RT_k/(8p_k)$. So errechnen sich die folgenden Werte:

Tabelle L. 1

	$a/bar\,m^6\,mol^{-2}$	$b/m^3\,mol^{-1}$
CO_2	$3{,}7 \cdot 10^{-6}$	$4{,}3 \cdot 10^{-5}$
N_2	$1{,}2 \cdot 10^{-6}$	$3{,}6 \cdot 10^{-5}$
O_2	$1{,}4 \cdot 10^{-6}$	$3{,}2 \cdot 10^{-5}$
H_2O	$5{,}2 \cdot 10^{-6}$	$3{,}0 \cdot 10^{-5}$

$1/b$ ist gewöhnlich etwas kleiner als die Dichte des flüssigen Zustandes. Mit diesen Werten behandeln wir z. B. den Joule-Thomson-Effekt. 1 mol Gas werde um Δp entspannt. Da sich das Gas nahezu ideal verhält, ist $dV/V \approx -dp/p$, und aus (5.111) wird $dT/dp = (2RTb - 4a)/[(f+2)RVp] = -(2RTb - 4a)/[(f+2)R^2T]$. Weit unter dem Inversionspunkt erhält man als maximale Temperatursenkung pro bar Drucksenkung $dT/dp = +4a/[(f+2)R^2T]$, d. h. 0,3 K/bar für Luft, 0,9 K/bar für CO_2. Die Nähe des Inversionspunktes drückt diese Werte etwas herab. Weit oberhalb des Inversionspunktes (z. B. bei H_2) ist die maximale Erwärmung $dT/dp = -2b/[(f+2)R] \approx -0{,}15$ K/bar. Wenn man van der Waals-Kurven wirklich konstruiert, ist man – wie fast immer, wenn man etwas selbst probiert, statt die notwendigerweise etwas schematisierten Lehrbuchbegriffe zu übernehmen – erstaunt, wie anders sie aussehen. Links liegt eine ungeheuer tiefe Schlucht, die weit in negative Drucke reicht (z. B. bei 20 °C-Wasser bis etwa −1 000 bar), und der gegenüber in der üblichen Auftragung der flache Berg rechts bis zur Bedeutungslosigkeit herabsinkt. Man kann diesen negativen Druck als Zug deuten: Eine Wassersäule z. B., die man sorgfältig entgast und in der man Dampfkeime weitgehend vermeidet, kann theoretisch kilometerlang werden, bevor sie unter dem eigenen Gewicht zerreißt. In der Praxis haben Flüssigkeiten nur deshalb geringere Zerreißfestigkeiten als Festkörper, weil sich Gasblasen bilden. Man kann aber den flüssigen Zustand ein gutes Stück unterhalb E in Abb. 5.66 „unterspannen". Das Gebiet zwischen D und B ist dagegen bestimmt nicht realisierbar, weil es völlig instabil ist: Jede zufällige Drucksteigerung hätte eine Expansion zur Folge, und das System würde explosionsartig mindestens bis B (bzw. D) schnellen.

5.6.12. Maxwell-Gerade

Wir nehmen an, man könnte nach Belieben auf der S-förmigen van der Waals-Isotherme z. B. eine gewisse Gasmenge verflüssigen (mit großer Vorsicht gelingt das teilweise), und dann längs der üblichen Geraden $p = \text{const}$ wieder verdampfen. Faßt man diesen Zyklus als Wärmekraftmaschine auf, dann muß ihr Wirkungsgrad 0 sein, weil man zwischen zwei Reservoiren gleicher Temperatur hin- und herfährt. Es darf also insgesamt keine Arbeit geleistet werden. Da sich die Arbeit im p,V-Diagramm durch die umlaufene Fläche darstellt, muß diese Gesamtfläche 0 sein, d. h. die übliche Übergangsgerade, die Maxwell-Gerade, muß so angebracht sein, daß sie vom oberen Bogen des S genausoviel Fläche (positiv gezählt) abschneidet wie vom unteren Bogen (negativ gezählt).

5.6.13. Das Büblein steht am Weiher ... wer weiß?

Wenn die Eisdecke auf der Fläche A um ein Stück dx dicker wird, setzt sie die Erstarrungsenergie $dW = \varrho A\,dx\,\gamma$ frei (γ: spezifische Erstarrungsenergie). Diese Energie kann nur nach oben abgeführt werden. Die Eisdecke mit der gegenwärtigen Dicke x läßt eine Wärmestromdichte $j = \lambda\,\Delta T/x$ durch. Die Abfuhr von dW dauert eine Zeit $dt = dW/(Aj) = \varrho\gamma x\,dx/(\lambda\,\Delta T)$. Integration bei konstantem ΔT, angefangen bei $t = 0$ mit $x = 0$, liefert $t = \frac{1}{2}\varrho\gamma x^2/(\lambda\,\Delta T)$. Mit $\Delta T = 20\,\text{K}$, $\varrho = 900\,\text{kg/m}^3$, $\lambda = 0{,}47\,\text{W/m K}$, $\gamma = 3{,}3 \cdot 10^5\,\text{J/kg}$ folgt $x = 2{,}5 \cdot 10^{-4}\sqrt{t}$ (t in Sekunden, x in Meter). In der Natur wächst die Eisdecke meist langsamer, weil das Oberflächenwasser nicht schon vorher 0 °C hat. Die Belastbarkeit ergibt sich ähnlich zur Theorie der Balkenbiegung aus den elastischen Momenten der leicht durchgebogenen Eisdecke. Dazu kommt der Auftrieb der Einsenkung, unter der ja das Wasser verdrängt werden muß. Die Punktlast F erzeugt im Abstand r ein Biegemoment Fr, das von der Fläche $2\pi rd$ (Schnittfläche einer gedachten Kreisscheibe, Radius r, Dicke d) kompensiert werden muß. Oben und unten in der Schicht ergibt sich eine Maximalspannung σ_m mit $Fr \approx 2\pi rd\sigma_m d/2$, also $F \approx \pi d^2\sigma_m$. Bei frischem, noch elastischem Eis kann man mit $\sigma_m \approx 10^6\,\text{N/m}^2$ rechnen, also könnte sich ein Mensch schon auf $d \approx 2\,\text{cm}$ wagen, ein Auto auf 6 cm; ein Zug von 1 000 t braucht 2 m Eisdicke. Die arktische Eisdecke wird nicht sehr viel dicker (maximal 4 m), im Gegensatz zum grönländischen oder antarktischen Inland- und Schelfeis. Das arktische Eis lebt nur 2–4 Jahre, bevor es in wärmere Meeresteile driftet. – Die mittelatlantische Schwelle liegt etwas mehr als 2 000 m unter dem Meeresspiegel. Die Tiefenlinien, auf denen es 1 000, 2 000, 3 000, 4 000 m tiefer ist als die Schwelle, liegen in den Abständen 100, 350, 800, 2 000 km beiderseits der Schwelle. Die Kurve $z(x)$ erinnert an die liegende Parabel, die wir für das Eis als $x(t)$ gefunden haben. Dies entspricht der Tatsache, daß das Gestein des Ozeanbodens in der Mitte der Schwelle (Rift der Dorsalen) aus dem darunterliegenden Magmaherd austritt und sich mit ziemlich konstanter Geschwindigkeit nach beiden Seiten vorschiebt. Bei dieser Auswärtswanderung nimmt die Dicke der Erstarrungskruste zu, genau wie beim Eis. Die Kontraktion beim Erstarren zeichnet damit genau das beobachtete Tiefenprofil. Mit $\Delta T \approx 1\,500\,\text{K}$, $\lambda \approx 10\,\text{W/m K}$, $\varrho \approx 2\,700\,\text{kg/m}^3$, $\gamma = 6 \cdot 10^4\,\text{J/kg}$ erhält man eine Krustendicke $d \approx 4 \cdot 10^{-4}\sqrt{t}$. Nach 100 Mill. Jahren Auswärtswanderung mit 2–3 cm/Jahr, also 2 500 km Abstand, ist die Kruste mit etwa 25 km Dicke um etwa 2 500 m geschrumpft. Unsere Theorie erklärt also das Tiefenprofil recht gut. Die Kontinente in etwa 2 500 km Abstand beiderseits wandern natürlich auf dem „Fließband" mit, und die 100–150 Mill. Jahre sind das Alter des Atlantik selbst seit der Zeit, wo der Urkontinent Pangäa in einer über 10 000 km langen Spalte aufriß. Eigentlich müßte man isostatisch rechnen, d. h. so, daß über einem bestimmten Tiefenniveau überall gleichviel Masse lagert. Mit der Wassertiefe z, der Krustendicke d und den Dichten ϱ_W, ϱ_K (Kruste) und ϱ_M (Magma) folgt $z = d(\varrho_K - \varrho_M)/(\varrho_M - \varrho_W) \approx 0{,}2d$. Nehmen wir an, die Vorschubgeschwindigkeit des Ozeanbodens werde schneller. Dann ist die Krustendicke und damit die Meerestiefe geringer: Für das Wasser ist nicht mehr soviel Platz, es überschwemmt die Kontinente (Transgression) und bildet flache Randmeere. So war es besonders in der Kreidezeit, dagegen findet man in der Trias und im mittleren Tertiär nur wenig Meeresablagerungen auf den Kontinenten. Die Plattentektonik wird vielleicht diese Zyklen von Transgression und Regression erklären. Erdöl entsteht nach den meisten Theorien vorwiegend aus totem Plankton, das in sauerstoffarme (anoxische) Tiefenzonen rieselt und dort dem bakteriellen Abbau entgeht. Hierfür kommen besonders abgeschlossene Randmeere wie das Schwarze Meer in Frage. Solche Gebiete sind in Zeiten hohen Meeresniveaus, also hoher Dorsalaktivität häufiger. Die wichtigsten Öllagerstätten stammen aus Jura und Kreide. Kohle entsteht dagegen in flachen Sumpfgebieten, wo Pflanzenteile unter Wasser und Schlamm ebenfalls vor der Verwesung geschützt sind. Öl braucht viel Flachsee, Kohle viel Flachland. Zeiten großer Öl- bzw. Kohleentstehung sind daher einander ziemlich komplementär. Aus Carbon und Perm gibt es kaum Öl, aus Jura und Kreide kaum Kohle. Im Tertiär war, wohl im Zusammenhang mit dem Faltungsgeschehen, die Geschichte der Dorsalaktivität und der Trans- und Regressionen so wechselhaft, daß man Kohle und Öl findet, wenn auch selten im gleichen Unterabschnitt des Tertiärs. Die Plattentektonik wirft so nicht nur Licht auf die Lagerstättenverteilung, sondern auf die ganze Entwicklung des Lebens wie auch auf die Klimaentwicklung der Erde.

5.7.1.Entsalzung

Meerwasser von 34 g/l Salzgehalt hat einen osmotischen Druck von $p = 23{,}2\,\text{bar}$ (Aufgabe 5.7.5). Dieser Druck reicht zum langsamen, reversiblen Durchpressen des Süßwassers durch die Membran. $V = 1\,\text{m}^3$ Süßwasser kostet eine Energie $pV = 2{,}3 \cdot 10^6\,\text{J}$. Die Destillation ohne Rückgewinnung ist ziemlich genau 1 000mal teurer: Spezifische Verdampfungsenergie $2{,}2 \cdot 10^6$ J/kg. Man muß die Rückgewinnungsanlage (Gegenstromprinzip) sehr sorgfältig anlegen, um diesen riesigen Faktor auszugleichen. Im Prinzip ist das möglich, aber die Arbeit gegen die osmotischen Kräfte ist auch bei der Destillation mindestens aufzubringen.

5.7.2. Maritimes Klima

Im Süßwasser erfaßt die vertikale Konvektion bei Erwärmung oder Abkühlung nur eine Schichtdicke von einigen Metern. In größerer Tiefe liegt immer Wasser von maximaler Dichte, also von 4 °C. Meerwasser ist immer ganz kurz vor dem Gefrieren am dichtesten und kann daher im Prinzip in beliebige Tiefe absinken. Die Konvektion kann mehrere km Schichtdicke erfassen. Dies führt erstens dazu, daß selbst ruhiges Meer bei Lufttemperaturen unter seinem abgesenkten Gefrierpunkt viel zögernder zufriert als ein See. Noch viel wichtiger ist aber die erhöhte Wärmespeicherwirkung des Meeres. Der Erdboden nimmt nur bis in etwa 4 m Tiefe an der jährlichen Temperaturschwankung teil, das Meer mit mehreren 100 m Schichtdicke. Außerdem hat das Wasser natürlich eine viel höhere spezifische Wärmekapazität als der Boden. Das Dichtemaximum des Wassers wurde schon von *W.C. Röntgen* zutreffend dadurch erklärt, daß Wasser aus einer lockeren, eisähnlichen und einer dichteren Molekülstruktur zusammengesetzt ist. Beide dehnen sich wie üblich bei Erwärmung aus, aber die lockere Packung verschwindet immer mehr. Die Hydratisierung in Salzionen begünstigt die dichtere Packung und verschiebt damit das Dichtemaximum zu tieferen Temperaturen.

5.7.3. Meereis

35 g/l NaCl, die vollständig dissoziieren (mittleres Molekulargewicht 29,25) bedeuten eine Konzentration von 1,2 mol/l, d. h. eine Siedepunktserhöhung von 0,6° und eine Gefrierpunktssenkung von 2,2°. Im Meerwasser sind diese Verschiebungen etwas geringer (0,5° bzw. 1,9°), weil der Anteil schwererer Ionen wie Mg, K, Ca, SO_4 das mittlere Molekulargewicht etwas erhöht und damit die molare Konzentration senkt. Beim Gefrieren einer kleinen Meerwassermenge bildet sich salzärmeres Eis, beim Verdampfen praktisch salzfreier Dampf, wodurch der Gefrierpunkt des Restes noch mehr sinkt, der Siedepunkt steigt. Die Endphase der Vorgänge in der konzentrierten Lake wird durch die Kristallisationsgleichgewichte der einzelnen Salzarten und ihre Störungen (Kristallkeime) sehr kompliziert.

5.7.4. Widerspruch?

Der Unterschied liegt im Wärmekontakt mit der Umgebung. Der Konditor verhindert ihn, und die Lösungswärme wird dem Kühlgut entzogen. Auf der Straße verteilt sich dieser Wärmeentzug sofort auf feste Umgebung und Atmosphäre. Wärme erzeugt das Salz hier natürlich nicht, das Auftauen beruht auf Gefrierpunktsenkung. Außerdem wird der Schnee-Salz-Brei selbst bei Unterschreitung des gesenkten Gefrierpunktes nicht richtig hart. Die Gefrierpunktsenkung kommt dem Konditor auch zustatten, sonst würde sein Eiskübel festfrieren und der Kontakt mit dem Kühlgemisch verschlechtert.

5.7.5. Osmotisches Kraftwerk

Wenn das Rohr weniger als 230 m tief eintaucht, bleibt es leer. Selbst wenn man Süßwasser hineingösse, würde der osmotische Druck (oder hier besser Sog) des Salzwassers, der 23 bar beträgt, es durch die Membran hinaussaugen. Dieser osmotische Druck kommt nach *van't Hoff* als $p = nkT$ zustande: Salzkonzentration 35 g/l, mittleres Ionengewicht um 30 (meist Na mit 23, Cl mit 35,5, einige schwerere Ionen), molare Konzentration etwa 1 mol/l, und 1 mol/22,4 l erzeugt 1 bar. Ragt das Rohr tiefer als 230 m, dann bliebe hineingegossenes Süßwasser darin, ja es sickerte sogar Süßwasser von außen ein, bis sein Spiegel 230 m unter dem Meeresspiegel steht. Mit einem Druck von mehr als 23 bar kann man auch auf dem Festland Süßwasser aus dem Meerwasser pressen. Das kostet übrigens pro Liter Süßwasser genau soviel Arbeit, wie das Süßwasser aus dem 230 m-Schacht heraufzupumpen. Robinson hat nichts davon. Alles weitere, also ob die Süßwasserquelle aus dem Rohr springen kann und ob das osmotische Kraftwerk funktioniert, hängt von der Schichtung des Ozeans ab. Wir betrachten zwei Fälle: Den Gleichgewichts-Ozean: Temperatur, Druck und Konzentration entsprechen dem thermischen Gleichgewicht; und den homogenen Ozean: Temperatur und Salzkonzentration sind über die ganze Tiefe konstant. Das ist nicht dasselbe. Zwar ist auch im Gleichgewichts-Ozean T konstant, aber nicht die Salzkonzentration. Die Salzionen verhalten sich nicht nur insofern wie Gasmoleküle, als sie den entsprechenden Druck erzeugen, obwohl sie in Wasser statt ins Vakuum eingebettet sind, sondern auch darin, daß sie im Schwerefeld eine Boltzmann-Verteilung annehmen: Ihre Teilchenzahldichte ist $n = n_0\,e^{-m'gh/(kT)}$ wo m' die Masse des Ions, abzüglich des „Auftriebs“, also der Masse des vom Ion verdrängten Wassers ist. Diese Korrektur ist klein: Löst man 36 g/l Salz, so nimmt das entstehende „Meerwasser“ die Dichte 1,028 an; also $m' = m \cdot 2{,}8/3{,}6$. Diese Verteilung hat eine Skalenhöhe $H = kT/(m'g) = m_{\text{Luft}}H_{\text{Luft}}/m'_{\text{Salz}} \approx 10\,\text{km}$. Die gleiche Boltzmann-Verteilung, nur viel steiler, erzeugt der Biochemiker täglich als „Dichtegradient“ im starken künstlichen Schwerefeld seiner

Ultrazentrifuge, meist mit schweren Salzen wie CsCl. In 7 km Tiefe ist also die Salzkonzentration im Gleichgewicht doppelt so groß wie an der Oberfläche, d. h. der osmotische Druck ist 46 bar. Diese Druckzunahme entspricht genau dem Gewichtsunterschied zwischen der Salzwasser- und Süßwassersäule. Allgemein rage das Rohr bis in die Tiefe h_0; wo steht der Spiegel im Rohr? In der Tiefe h, so daß $(h_0 - h)\varrho_{\text{sü}} g = \Delta p_{\text{osm}} = h_0 \varrho_{\text{sa}} g$. Wir wissen, daß $\Delta p_{\text{osm}} = nkT = kT(\varrho_{\text{sü}} - \varrho_{\text{sa}})/m'$. Mit $n = n_0\, e^{m'gh/(kT)} \approx n_0(1 + m'gh/(kT))$ heben sich die h_0-Glieder genau weg, also ergibt sich immer $h = 230$ m, unabhängig von h_0. Im Gleichgewichtsozean kann man also ebensowenig Energie aus einer Tiefendifferenz gewinnen wie in der Gleichgewichtsatmosphäre aus der Druckdifferenz, die einer Höhendifferenz entspricht. Die Thermodynamik ist zufrieden. Anders im homogenen Ozean: Die 10 000 m-Salzwassersäule übt um 28 bar mehr Druck aus als die gleich hohe Süßwassersäule. Gleichgewicht an der Membran herrscht also erst, wenn die Süßwassersäule $(28 - 23) \cdot 10 = 50$ m über den Meeresspiegel ragt. Das gibt ein ansehnliches Kraftwerk. Der wirkliche Ozean liegt nun näher an der homogenen als an der Gleichgewichtsverteilung: Eine Wasserprobe aus dem Guam-Graben hat auch nur wenig mehr also 3,6 % Salz. Die Meeresströmungen, besonders die vertikale Konvektion, mischen also gründlich. Sie werden letzten Endes von der Sonnenenergie angetrieben, und die ist es, die das osmotische Kraftwerk anzapfen würde. Wahrscheinlich gibt es allerdings ökonomischere Wege dazu.

5.7.6. Kondensationskeime

In der Kapillare vom Radius r steht eine nichtbenetzende Flüssigkeit um $h = 2\sigma/(rg\varrho_{\text{Fl}})$ tiefer als normalerweise und bildet eine halbkugelförmige Oberfläche ebenfalls vom Radius r. Der Druck des Dampfes ist in dieser Höhe nach der barometrischen Höhenformel um $\Delta p = hg\varrho_{\text{D}} = 2\sigma\varrho_{\text{D}}/(r\varrho_{\text{Fl}})$ größer als an der normalen Flüssigkeitsoberfläche. Das Verdampfungsgleichgewicht verlangt, daß der Dampfdruck über der konvexen Oberfläche um eben diesen Betrag größer ist als über einer ebenen. Den Molekülen, deren Kommen und Gehen an der Oberfläche das Gleichgewicht bestimmt, ist es gleichgültig, wie diese Oberflächenform zustandegekommen ist. Daher gilt die gleiche Dampfdrucksteigerung z. B. auch für ein Tröpfchen vom Radius r. Kleine Tröpfchen stehen also nicht mit dem üblichen Sättigungsdampfdruck im Gleichgewicht, sondern mit einem höheren, m. a. W.: Sie können sich erst bei Übersättigung der Luft bilden. Für Wasser erhält man, wenn man Δp in bar und r in µm ausdrückt, ziemlich genau $p = 1/r$. Müßte die Kondensation immer mit der Zusammenlagerung weniger Moleküle beginnen ($r \approx 10^{-9}$ m), dann könnte man gesättigten 100 °C-Dampf auf 0 °C abkühlen, ohne daß sich Tröpfchen bilden. Jedes Staubteilchen bietet aber eine viel schwächer konvexe Oberfläche an und hilft als Kondensationskeim das schwierige Anfangsstadium zu überwinden. Ionen haben einen ähnlichen Effekt, wenn auch aus anderen Gründen (vgl. Aufgabe 13.3.18).

5.7.7. Mischungsdiagramm

Wir mischen x mol der Flüssigkeit B mit $1 - x$ mol der Flüssigkeit A. Die reinen Stoffe haben die Dampfdrücke p_{A1} bzw. p_{B1}. Für die ideale Lösung sind die Teildampfdrücke gegeben durch die Geraden $p_B = p_{B1}x$ bzw. $p_A = p_{A1}(1 - x)$ über einer x-Achse, der Gesamt-Dampfdruck ist $p = p_{A1} + x(p_{B1} - p_{A1})$. Im Dampf dagegen liegt B mit dem Mengenanteil $y = p_B/p$ vor. Elimination von x liefert $p(y) = p_{A1}p_{B1}/(p_{B1} - y(p_{B1} - p_{A1}))$. Das ist ein nach unten durchhängender Hyperbelbogen über der y-Achse, der natürlich p_{A1} und p_{B1} verbindet (Abb. 5.75). All das gilt für konstante Temperatur im Gleichgewicht. Bei konstantem Außendruck trägt man besser den Siedepunkt T auf. Mit steigendem Dampfdruck sinkt der Siedepunkt nichtlinear: Aus einer steigenden $p(x)$-Geraden (B flüchtiger) wird ein fallender $T(x)$-Bogen, der mit dem $T(y)$-Bogen ein linsenförmiges Gebiet einschließt. Aus der Lösung mit x_1 bildet sich ein Dampf mit dem höheren Anteil y_1 (waagerechte Linie). Dieser kondensiert bei etwas tieferer Temperatur zu einer Lösung mit dem neuen $x_2 = y_1$ (senkrechte Linie), die z. T. zu $y_2 > x_2$ verdampft, usw. Im Idealfall erhält man nach vielen Stufen reines B im Kondensat.

5.7.8. Luft für Fische

Bei 20 °C enthält Wasser 0,0402 mol/l CO_2, ein mol pro 24,9 l, also fast soviel wie im Gasraum. Die Atmosphäre hat heute nur 330 ppm CO_2 (1/3 000 g/g), Partialdruck $29/(44 \cdot 3\,000)$ bar $= 2{,}2 \cdot 10^{-4}$ bar, was auf 0,39 mg CO_2 im l Wasser führt. O_2 mit 0,2 bar in der Atmosphäre ist im Wasser mit 7,0 mg/l häufiger. Beide Gase sind in warmen Meeren viel rarer. Ein gut durchmischter Ozean ($\frac{2}{3}$ der Erdoberfläche, im Mittel 4 km tief) kann nur etwa $\frac{1}{3}$ soviel CO_2 lösen wie in der effektiv 8 km hohen Atmosphäre ist. Schnelle Pufferung erfolgt auch nur über eine durch Wellen und Diffusion durchmischte Schicht von knapp 100 m. Dazu kommen allerdings viel größere Mengen in Carbonaten gebundenes CO_2. Für deren Produktion sind die Tropen besser, weil sich Feststoffe wie Kalk im Warmen besser lösen. CO_2 folgt gut einem Boltzmann-Gesetz mit $W = 0{,}102$ eV, O_2 weniger gut mit 0,028 eV. Von üblichen Gasen lösen sich nur N_2O und NH_3 ähnlich gut wie CO_2 mit fast identischen W; N_2, H_2, NO, He, Ar lösen sich noch schlechter als O_2.

5.7.9. Absorber-Kühlschrank

Auflösen von Gasen im Wasser kostet Energie (das ist die in Aufgabe 5.7.8 bestimmte Aktivierungsenergie), die der Umgebung entzogen wird. Bei NH_3 sind das 0,114 eV/Molekül, 10,9 kJ/mol, für die 77 mol/l bei 0 °C hätte Wasser also eine Kühlkapazität von 837 kJ/l. Heizt man das H_2O-NH_3-Gemisch außerhalb des Kühlraums elektrisch oder mit Gasbrenner, so wird es durch Ausgasen noch wärmer, kann thermisch zum Umlauf gebracht werden und liefert im Kühlraum bei z. B. 0,1 l/min fast 1 kW Kühlleistung.

5.7.10. Kältemischung

Über einer c-Achse (c: Salzkonzentration in g/l) mit T-Ordinate zeichne man eine Gerade von $(0, 0)$ nach $(350, -22{,}2)$, von dort eine Vertikale nach oben. Die schräge Gerade trennt die Bereiche von Salzlösung (oben) und Eis + gesättigter Lösung, die Vertikale trennt die Salzlösung von Salzkristallen + Lösung. Im Punkt (350, −22,2), dem eutektischen Punkt, koexistieren Eis- und Salzkristalle. Der Kühlakku enthält eine Lösung eutektischer Zusammensetzung (mit anderem Salz). Im Tiefkühlfach erstarrt sie beim eutektischen Punkt und kann dann im Freien die zum Auftauen plus zur Erwärmung nötige Energie aufnehmen. Streut man Salz in ein Eis-Wasser-Gemisch, sinkt der Gefrierpunkt, etwas Eis taut auf, kühlt dabei das Gemisch, usw. bis zum Punkt auf der schrägen Koexistenzlinie, der der gewählten Salzkonzentration entspricht.

5.7.11. Trockenfeldbau

In einer engen benetzten Kapillare vom Radius r, eingetaucht in Wasser, würde dieses um $h = 2\sigma/(rg\varrho_W)$ hochsteigen. Bringt man Dampf von der Wasseroberfläche dort oben hin, nimmt sein Druck um $\Delta p = \varrho_D gh = 2\sigma\varrho_D/(r\varrho_W)$ ab. Er muß dort oben aber mit dem gleichen Druck ankommen wie der Dampf in der Kapillare, sonst gäbe es kein Gleichgewicht. Der Sättigungsdampfdruck in der Kapillare ist also gerade um Δp geringer. Das liegt an der konkaven Oberfläche, die den Eintritt von Dampfmolekülen ins Flüssige begünstigt. Bei $r = 0{,}1\,\mu m$ ist $\Delta p = 15$ mbar. Bei 20 °C sind das 64 % vom üblichen Dampfdruck (23,3 mbar), also kondensiert das Wasser in so engen Kapillaren schon bei 36 % Luftfeuchte.

5.8.1. Radiometer I

Siehe Lösung 5.8.2.

5.8.2. Radiometer II

Bei einseitiger wie bei allseitiger Beleuchtung werden die berußten Flächen wärmer als die anderen, ebenso auch in der Wärmestrahlung der wärmeren Umgebung. Ein Luftmolekül, das von einer festen Oberfläche zurückprallt, hat eine Geschwindigkeit angenommen, die der Temperatur dieser Fläche entspricht. Bei normaler Gasdichte wirkt sich das so aus, daß das Gas über der warmen Fläche zwar wärmer, aber entsprechend der Zustandsgleichung auch weniger dicht ist: Der Druck gleicht sich aus, die Kräfte auf gleich große warme und kühle Flächen sind gleich. Im „Knudsen-Gas", wo die mittlere freie Weglänge l größer ist als die Gefäßabmessungen d, tauschen die Moleküle miteinander praktisch nicht mehr Energie oder Impuls aus, sondern nur noch mit den Wänden. Dann tritt kein automatischer Druckausgleich ein. Die Gasdichte ist eine Frage der zufälligen Verteilung der Molekülbahnen, d. h. im wesentlichen überall gleich. Wo das Gas um ΔT wärmer ist, überträgt es einen größeren Impuls pro Zeit- und Flächeneinheit: Sein Druck ist $p = p_0(1 + \Delta T/T)$. Bei 10^{-3} mbar und $\Delta T = 30$ K wirkt auf 1 cm^2 immerhin eine resultierende Kraft von 10^{-6} N. Dieser Radiometereffekt kann erst einsetzen, wenn $l \approx d$, d. h. um 10^{-2} bis 10^{-3} mbar. Bei weiterer Evakuierung nehmen die übertragenen Kräfte proportional zum Gesamtdruck ab. Daß der eigentliche Strahlungsdruck kaum eine Rolle spielt, zeigt sich schon daran, daß sich das Schäufelchen auch bei allseitiger Beleuchtung fast ebensoschnell dreht. Könnte man das Kollodiumhäutchen einseitig schwärzen, dann wäre es damit ähnlich. Der elektromagnetische Strahlungsdruck ist $p_{Str} = I/c$ (I: Intensität), also $p_{Str} = 1\,\mathrm{kW\,m^{-2}}/3 \cdot 10^8\,\mathrm{m\,s^{-1}} = 3 \cdot 10^{-6}\,\mathrm{N/m^2} = 3 \cdot 10^{-11}$ bar, d. h. etwa drei Größenordnungen kleiner als der Radiometer-Druck.

5.8.3. Sinkt Schweres immer abwärts?

Offenbar ist die Mischungsentropie von O_2 und N_2, multipliziert mit T, größer als die Energie, die man bei Trennung in Schichten gewinnen würde. Wir schätzen beide ab, zunächst für die fiktive homogene und isotherme Atmosphäre der Höhe $H = 8$ km. Der Zustand „Unten Sauerstoff, Dichte $\varrho_O = 1{,}43$, $h_O = 2$ km dick, oben Stickstoff, $\varrho_N = 1{,}25$, $h_N = 6$ km dick" hat für eine Bodenfläche A die Energie $W_1 = gA[\frac{1}{2}\varrho_O h_O^2 + \varrho_N(h_O + \frac{1}{2}h_N)h_N]$, der durchmischte Zustand hat $W_2 = \frac{1}{2}gAH(\varrho_O h_O + \varrho_N h_N)$. Die Differenz ist $\Delta W = \frac{1}{2}gAh_O h_N(\varrho_O - \varrho_N)$. Die Entropiedifferenz ergibt sich am einfachsten direkt aus der Planck-Formel $S = k \ln P$. Die Wahrscheinlichkeit, daß ein bestimmtes O_2-Molekül in der Schicht h_O ist (statt irgendwo in H) ist h_O/H, daß alle N_O O_2-Moleküle in h_O sind, $(h_O/H)^{N_O}$. Entsprechend für N_2, also im ganzen $P_1 = (h_O/H)^{N_O}(h_N/H)^{N_N}$, $S_1 = k(N_O \ln(h_O/H) + N_N \ln(h_N/H))$. P_2 ist praktisch 1, also $\Delta S = S_1$. Über 1 m^2 Erdoberfläche stehen 10^4 kg, d. h. $3{,}4 \cdot 10^5$ mol Luft. Damit ergibt sich $\Delta W/A \approx 1{,}4 \cdot 10^7\,\mathrm{J/m^2}$, $T\,\Delta S/A \approx 4 \cdot 10^8\,\mathrm{J/m^2}$. Der Entropieanteil ist viel größer. O_2 und N_2 würden sich erst bei $T \approx 10$ K entmischen, wo beide längst flüssig sind. Für H_2 und Luft ist ΔW etwa siebenmal größer ($\varrho_L - \varrho_H \approx \varrho_L$), ΔS bei gleichem molaren Mischungsverhältnis etwa ebensogroß. Selbst diese Gase entmischen sich also im Erdschwerefeld nicht. Die genauere Betrachtung muß die Boltzmann-Verteilungen des Gemisches bzw. beider Komponenten einzeln berücksichtigen. Sie führt qualitativ zum gleichen Ergebnis.

5.8.4. McLeod-Vakuummesser

Gewöhnlich legt man die Kapillare in mehreren Stufen an. Jede hat $\frac{1}{10}$ des Querschnitts der vorigen. Für einen Meßbereich von 10^{-1} bis 10^{-6} Torr z. B. nimmt man 4 Stufen, je 2 cm lang, mit den Durchmessern 1 000, 320, 100, 32 µm und ein Vorratsgefäß von 160 cm^3 (6,8 cm Durchmesser). Um die Messung einzuleiten, erlaubt man dem äußeren Luftdruck, eine Hg-Säule in das Vorratsgefäß hineinzuschieben, wobei sie zuerst die Verbindung mit dem ausgepumpten Volumen unterbricht. Die Restluft wird dann bis zur Druckgleichheit in die Kapillare hineingedrückt. Nach der Messung muß das Hg wieder in die Normalstellung zurückgesaugt werden. Bei den meisten Systemen können alle diese Operationen durch die sukzessiven Stellungen eines einzigen Hahnes bewerkstelligt werden (Kipp-McLeod). Man beachte aber, daß das Hg bei den angegebenen Maßen über 2 kg hat.

= Kapitel 6: Lösungen . . .

6.1.1. Ist 1 C wenig oder viel?

Durch einen 10 W-Rasierapparat fließen 0,05 A, also in 5 min 15 C. Für ein 600 W-Bügeleisen lauten die Werte 3 A und 900 C, falls es 5 min ständig heizt (alles bei 220 V). Zwei Kugeln, mit ±900 C geladen, würden einander in 1 m Abstand mit fast 10^{16} N anziehen! Alle statischen Aufladungen sind offensichtlich sehr viel kleiner. Wenn man sich im Dunkeln das Nylonhemd über den Kopf zieht, sieht man, besonders bei trockener Luft, mehrere cm lange Entladungen. Das setzt Spannungen um 100 kV voraus. Trotzdem bleiben die Ladungen sehr klein: Die Kapazität des Systems Körper–Hemd ist entsprechend der Abmessung von ca. 1 m von der Ordnung $\varepsilon_0 A/d \approx 10^{-19}$ Farad, also erzeugen schon 10^{-5} C die Spannung von 100 kV. Man müßte gehörig reiben, um das kleinste Elektrogerät betreiben zu können.

6.1.2. Abschirmung

Daß man elektrische Felder abschirmen kann, beruht auf der Existenz zweier Ladungsvorzeichen. Negative Ladungen schlucken die Feldlinien, die die positiven aussenden. Für die Gravitation gibt es trotz einiger spekulativer Ansätze keine negativen Massen. Feldlinien, die von positiven Massen ausgehen, laufen grundsätzlich bis ins Unendliche. Das von einem Schiff verdrängte Wasser kann man zwar als negative Masse auffassen, um die Kräfte zu diskutieren, die auf das Gesamtsystem wirken. Vom Standpunkt der Felderzeugung könnte dieser heuristische Trick aber in die Irre führen. Ein Gravitationsschirm böte auf den ersten Blick erstaunliche Möglichkeiten. Man könnte dahinter einen Körper kräftefrei heben und dann, nachdem man den Schirm entfernt hat, wieder sinken und Arbeit leisten lassen. Vergleich mit dem elektrischen Fall, wo das Entsprechende durchaus möglich ist, zeigt aber, daß sich der Energiesatz auch so nicht betrügen läßt. Zum Verschieben des Schirms braucht man nämlich auch Energie. Man muß ja entgegengesetzte Ladungen (felderzeugende und abschirmende) voneinander entfernen, oder anders ausgedrückt den felderfüllten Raum vergrößern. Beides kostet Energie, und zwar mindestens soviel, wie man gewinnt.

6.1.3. Coulomb-Kraft und Gravitation

Die Coulomb-Kraft zwischen Elektron und Proton ist um den Faktor $e^2/(4\pi\varepsilon_0 G m_{\mathrm{p}} m) = 2{,}27 \cdot 10^{39}$ größer als die Gravitation, unabhängig vom Abstand. Von etwa 10^{20} Atomen brauchte nur eines eine positive oder negative Überschuß-Elementarladung zu tragen, und die Gravitation zwischen Objekten wäre kompensiert oder „erklärt", je nachdem ob diese Objekte gleichnamig oder ungleichnamig geladen wären. Eine so geringe Ionenkonzentration ließe sich direkt nie nachweisen, ebensowenig wie sich ein evtl. Unterschied von $10^{-20}e$ zwischen den Ladungen von Proton und Elektron z. B. im e/m-Versuch nachweisen ließe. Der wesentliche Unterschied zwischen Gravitation und Coulomb-Kraft, nämlich daß es nur Massen eines Vorzeichens gibt, aber zwei Ladungsvorzeichen, entzieht einer solchen „Gravitationstheorie" den Boden. Die Erde zieht den Mond und den Astronauten Armstrong an. Also müßten Mond und Armstrong gleichnamig geladen sein und einander abstoßen. Allerdings könnte sich Armstrong unterwegs umgeladen haben. Die Erde zieht aber auch das Meer an, der Mond müßte es also abstoßen, die Gezeiten hätten genau die entgegengesetzte Phase. – Hypothetische Aufladung der Erde etwa 10^{13} C, die etwa 10^{10} V erzeugen würden, der Sonne etwa 10^{18} C mit 10^{13} V.

6.1.4. Mit oder ohne Potential

Ein Potential existiert genau dann, wenn die Verschiebungskraft zwischen zwei beliebigen Punkten wegunabhängig ist. Das kann nicht der Fall sein, wenn es geschlossene Feldlinien gibt, denn bei der Verschiebung auf diesen kann man beim richtigen Umlaufsinn immerzu Arbeit gewinnen. Dies ist aber nicht die einzige Feldlinienkonfiguration, die Existenz eines Potentials ausschließt. Man betrachte die parallelen Stromlinien eines in der Mitte schneller strömenden Flusses. Ein Boot wird sich abwärts in der Mitte, aufwärts am Rand halten und könnte so bei Reibungsfreiheit kreisend Energie gewinnen. Eine einfache Änderung des Bezugssystems stellt auch hier geschlossene Stromlinien her (Abb. 3.37). Allgemein läßt sich jedes Feld, das kein Potential hat, aus einem Potentialfeld (das im Fluß-Beispiel homogen ist) und einem Wirbelfeld (geschlossene Feldlinien) additiv zusammensetzen. Wenn alle Feldlinien in „Ladungen" enden, können sie nicht geschlossen sein und sind auch durch keine Änderung des Bezugssystems in geschlossene überführbar. All dies gilt allerdings nur für zeitunabhängige Felder: Selbst wenn Land- und Seewind beide völlig homogene Strömungsfelder haben, kann man bei entsprechender zeitlicher Planung Arbeit auf der Rundreise sparen oder im Idealfall sogar gewinnen. Vektoranalytisch: Jedes Potentialfeld läßt sich als Gradient eines Skalarfeldes (nämlich des Potentials) darstellen: $\boldsymbol{E} = -\operatorname{grad}\varphi$. Ein solches Feld ist rotationsfrei, denn es gilt allgemein $\operatorname{rot}\operatorname{grad}\varphi = (\varphi_{,zy} - \varphi_{,yz}, \varphi_{,xz} - \varphi_{,zx}, \varphi_{,yx} - \varphi_{,xy}) = 0$. Andererseits hat ein Feld, das sich als Rotation einer anderen Vektorgröße darstellen läßt (ein reines Wirbelfeld, $\boldsymbol{A} = \operatorname{rot}\boldsymbol{B}$) keine Divergenz: $\operatorname{div}\operatorname{rot}\boldsymbol{B} = B_{z,yx} - B_{y,zx} + B_{x,zy} - B_{z,xy} + B_{y,xz} - B_{x,yz} = 0$ (der erste Index kennzeichnet immer die Komponente, hinter dem Komma stehen die Koordinaten, nach denen abgeleitet werden soll; man beachte, daß die Reihenfolge der Ableitungen keine Rolle spielt). Jedes beliebige Feld läßt sich in eindeutiger Weise in ein Potentialfeld $\operatorname{grad}\varphi$ und ein Wirbelfeld $\operatorname{rot}\boldsymbol{B}$ zerlegen: $\boldsymbol{A} = -\operatorname{grad}\varphi + \operatorname{rot}\boldsymbol{B}$. Zu $\operatorname{div}\boldsymbol{A}$ trägt nur das Potentialfeld bei: $\operatorname{div}\boldsymbol{A} = -\operatorname{div}\operatorname{grad}\varphi = -\Delta\varphi$. Außerhalb von Feldquellen gilt die Laplace-Gleichung $\Delta\varphi = 0$, in Bereichen mit der Quelldichte σ die Poisson-Gleichung $\Delta\varphi = -\sigma$. Im elektrischen Fall ist $\sigma = \varepsilon\varepsilon_0\varrho$.

6.1.5. Newton hatte es schwerer

Wir bestimmen Potential und Feld im Punkt P im Abstand a von der Kugelmitte M. Die leitende Kugel (Radius R) trägt ihre Ladung Q nur an der Oberfläche, und zwar gleichmäßig verteilt. Wir zerlegen diese Oberfläche in kreisringähnliche Streifen, zentriert um die Achse PM, mit dem Öffnungswinkel β und der Breite $\mathrm{d}\beta$. Ein solcher Ring hat die Ladung $\mathrm{d}Q = \frac{1}{2}Q\sin\beta\,\mathrm{d}\beta$, alle seine Punkte sind von P um $r = \sqrt{R^2 + a^2 - 2Ra\cos\beta}$ entfernt (Cosinussatz), sein Betrag zum Potential ist $\mathrm{d}\varphi = \mathrm{d}Q/(4\pi\varepsilon_0 r)$, das Gesamtpotential $\varphi = Q/(8\pi\varepsilon_0)\int_0^\pi \sin\beta\,\mathrm{d}\beta/\sqrt{R^2 + a^2 - 2Ra\cos\beta}$. Oben steht die Ableitung des Radikanden z, also $\varphi = Q/(16\pi\varepsilon_0 Ra)\int_{(R-a)^2}^{(R+a)^2}\mathrm{d}z/\sqrt{z} = Q/(4\pi\varepsilon_0 a)$. Mit dem Feld, das Newton interessierte, ist es schwieriger. Es bleibt nur die Axialkomponente $\mathrm{d}E = \mathrm{d}Q\cos\gamma/(4\pi\varepsilon_0 r^2) = Q\sin\beta\,\mathrm{d}\beta/(8\pi\varepsilon_0 r^2)\cdot(a^2 + r^2 - R^2)/(2ra)$ (γ: Winkel bei P, cos-Satz). Gesamtfeld $E = Q/(32\pi\varepsilon_0 a^2 R)\cdot\left(\int_{(R-a)^2}^{(R+a)^2}\mathrm{d}z/z^{1/2} - (a^2 - R^2)\int_{(R-a)^2}^{(R+a)^2}\mathrm{d}z/z^{3/2}\right) = Q/(4\pi\varepsilon_0 a^2)$.

6.1.6. Thomson-Modell

Die Kugel mit der homogenen Ladungsdichte ϱ und dem Radius R erzeugt im Abstand a von ihrem Zentrum ein Feld, das für $a > R$ von der ganzen Kugel herrührt: $E_a = \frac{4}{3}\pi\varrho R^3/(4\pi\varepsilon_0 a) = \varrho R^3/(3\varepsilon_0 a)$, dagegen für $a < R$ nur von dem Teil der Kugel, der noch innerhalb ist: $E_\mathrm{i} = \frac{4}{3}\pi\varrho a^3/(4\pi\varepsilon_0 a^2) = \varrho c/(3\varepsilon_0)$. Das Potential, auf $\varphi = 0$ bei $a \to \infty$ normiert, ist außen $\varphi_\mathrm{a} = \varrho R^3/(3\varepsilon_0 a)$, innen $\varphi_\mathrm{i} = \varrho R^2/(2\varepsilon_0) - \varrho a^2/(6\varepsilon_0)$ (stetiger Anschluß an φ_a bei $a = R$). Um die elektrostatische Gesamtenergie zu bestimmen, füllen wir die Kugel von innen her allmählich mit Ladung. Wenn sie bis zu einem Radius r aufgebaut ist, erfordert Auftragen einer neuen Kugelschale der Dicke $\mathrm{d}r$ mit der Ladung $\mathrm{d}Q = 4\pi\varrho r^2\,\mathrm{d}r$ die Energie $\mathrm{d}W = \varphi\,\mathrm{d}Q = \frac{4}{3}\pi\varrho^2 r^4\,\mathrm{d}r/\varepsilon_0$. Die Gesamtenergie ist also

$$W = \int_0^R \tfrac{4}{3}\pi\varrho^2 r^4\,\mathrm{d}r/\varepsilon_0 = \tfrac{4}{15}\pi\varrho^2 R^5/\varepsilon_0 = \tfrac{3}{5}Q^2/(4\pi\varepsilon_0 R)\,.$$

Für eine Punktladung entgegengesetzten Vorzeichens im Innern ist das Potential proportional a^2, also elastisch. Die Ladung führt, einmal angestoßen, harmonische Schwingungen aus, d.h. eine Bewegung, die durch eine scharfe Frequenz gekennzeichnet ist. Herrscht außerdem eine geschwindigkeitsproportionale Reibung, dann ergibt sich die Bewegungsgleichung der gedämpften Schwingung (vgl. Abschn. 4.1.2). Ihr Frequenzspektrum ist nach Abschn. 12.2.2 eine Spektrallinie mit Gaußschem Profil und der Halbwertsbreite $\Delta\omega \approx k$ (k: Dämpfungskonstante). Die Frequenz dieser Linie ergibt sich nach Abschn. 1.4.3 zu $\omega = \sqrt{\varrho e/(3m\varepsilon_0)} = \sqrt{e^2/(4\pi\varepsilon_0 mR^3)}$ (e und m: Ladung und Masse des eingebetteten Punktteilchens). Ein Atom hat etwa 1 Å Radius, seine positive Ladungsdichte ist also von der Größenordnung $10^{11}\,\mathrm{C/m^3}$. Für ein Elektron in der entsprechenden positiven Ladungswolke ergibt sich eine Kreisfrequenz ω von der vernünftigen Ordnung $10^{16}\,\mathrm{s^{-1}}$. Erst *Rutherfords* Feststellung, daß die positive Ladung nicht gleichmäßig im Atom verschmiert ist, sondern sich auf einen sehr kleinen „Kern" konzentriert, brachte dieses Atommodell von *J. J. Thomson* zu Fall.

6.1.7. Superposition

Die vollständige Hohlkugel kann man sich zusammengesetzt denken aus der Hohlkugel mit Loch und dem ebenfalls geladenen Plättchen, das aus dem Loch herausgeschnitten worden ist. Das Feld einer Kombination zweier geladener Körper ist die Vektorsumme der Felder der Einzelkörper (Superpositionsprinzip). Also ist das Feld $\boldsymbol{E}$ der Hohlkugel mit Loch gleich dem Feld der vollständigen Hohlkugel (innen Null, außen radial $Q/(4\pi\varepsilon_0 r^2)$) *minus* dem Feld $\boldsymbol{E}_\mathrm{P}$ des mit der Flächendichte $\sigma = Q/(4\pi R^2)$ geladenen Plättchens. $\boldsymbol{E}_\mathrm{P}$ wäre ganz nahe am Plättchen identisch mit dem Feld einer geladener Ebene: $\pm\sigma/(2\varepsilon_0) = \pm Q/(8\pi\varepsilon_0 R^2)$. Überall in der Ebene des Loches ist also das Feld $E = Q/(8\pi\varepsilon_0 R^2)$, genau halb so groß wie an der Außenwand der Hohlkugel, unabhängig von der Form des Loches. Entfernt man sich aus der Lochebene nach innen oder außen, nimmt das Feld natürlich seinen Normalwert Null bzw. $Q/(4\pi\varepsilon_0 R^2)$ an. Es dürfte sehr schwer sein, durch Ausintegrieren der Feldbeiträge der einzelnen Ladungselemente, besonders bei unregelmäßiger Lochform, zu diesem Ergebnis zu kommen.

6.1.8. Feld des Drahtes

Aus Symmetriegründen muß das Feld überall senkrecht zur Drahtachse stehen und zylindersymmetrisch sein, d.h. es kann nur von r, dem Abstand vom Draht abhängen. Der Fluß durch jede Trommel der Höhe h hat also den gleichen Wert, unabhängig vom Radius r: $\Phi = 2\pi rhE = h\lambda/\varepsilon_0$ (λ: Ladung pro Meter Drahtlänge), also $E = \lambda/(2\pi\varepsilon_0 r)$. Das Potential gegen die Drahtoberfläche ($r = r_0$) ist $U = -\lambda/(2\pi\varepsilon_0)\cdot\ln(r/r_0)$. Im Unendlichen geht dieses Potential gegen ∞, allerdings so langsam, daß man selbst mit einem 1 000 km langen Draht von $r_0 = 10\,\mu\mathrm{m}$ in $r = 1\,000\,\mathrm{km}$ Abstand, wo die Näherung natürlich schon versagt, nur auf $\ln(r/r_0) \approx 28$ kommt, also z.B. für $Q = 1\,\mathrm{C}$, d.h. $\lambda = 10^{-6}\,\mathrm{C\,m^{-1}}$, auf $U \approx 500\,\mathrm{kV}$. Nach dem Coulomb-Gesetz ist es viel schwieriger: Der Draht laufe in z-Richtung, der Punkt P, für den das Feld berechnet werden soll, liege bei $z = 0$ im Abstand r vom Draht. Ein Drahtelement $\mathrm{d}z$, das bei z, also von P aus unter dem Blickwinkel α mit $z = r\tan\alpha$ liegt, also im Abstand $r/\cos\alpha$, erzeugt ein Feld $\lambda\,\mathrm{d}z\cos^2\alpha/(4\pi\varepsilon_0 r^2)$. Die Komponenten parallel zum Draht heben sich weg. Es bleibt nur die Radialkomponente, die um den Faktor $\cos\alpha$ kleiner ist: $E = 2\int_0^\infty \lambda\cos^3\alpha\,\mathrm{d}z\,/\,(4\pi\varepsilon_0 r^2) = 2\int_0^{\pi/2}\lambda\cos\alpha\,\mathrm{d}\alpha\,/\,(4\pi\varepsilon_0 r) = \lambda/(2\pi\varepsilon_0 r)$ (man beachte $z = r\tan\alpha$, $\mathrm{d}z = r\,\mathrm{d}\alpha/\cos^2\alpha$).

6.1.9. Bahn im ln-Feld

Der geringste Abstand Elektron–Draht sei d. Zur Zeit befinde sich das Elektron, vom Draht aus gesehen, unter einem Winkel α gegen diese Richtung geringsten Abstandes. Der gegenwärtige Abstand vom Draht ist $r = d/\cos\alpha$ die Coulomb-Kraft $eE = e\lambda/(2\pi\varepsilon_0 r) = e\lambda\cos\alpha/(2\pi\varepsilon_0 d)$, ihre Komponente senkrecht zur Bahn $e\lambda\cos^2\alpha/(2\pi\varepsilon_0 d)$, die Flugstrecke seit der größten Annäherung $x = d\tan\alpha$, die Longitudinalgeschwindigkeit $v = \dot{x} = d\dot{\alpha}/\cos^2\alpha$, also die Änderung der Transversalgeschwindigkeit $\mathrm{d}v_\perp = e\lambda \cos^2\alpha\, \mathrm{d}t/(2\pi\varepsilon_0 md) = e\lambda\, \mathrm{d}\alpha/(2\pi\varepsilon_0 mv)$. Auf der ganzen Bahn $(-\pi/2 < \alpha < \pi/2)$ ändert sich also $v_\perp$ um $e\lambda/(2\varepsilon_0 mv)$, unabhängig vom Abstand d. Einfacher sieht man die Abstandsunabhängigkeit so ein: Man zeichne eine Elektronenbahn und vergrößere das Bild um den Faktor α. Dabei verringert sich die Krümmung um den Faktor $1/a$. Die Krümmung ist aber proportional zur Coulomb-Kraft, und diese nimmt im Feld des Drahtes ebenfalls um den Faktor $1/a$ ab. Die vergrößerte Bahn ist also eine richtige Bahn, der Ablenkwinkel, der sich beim Vergrößern nicht ändert, ist für beide Bahnen derselbe. – In einem Bündel parallelfliegender Elektronen sind natürlich die Abstände d vom Draht verschieden. Trotzdem schwenken wie beim Biprisma die Teilbündel beiderseits des Drahtes um konstante Winkel um. Das Potential zwischen Draht und Rest der Apparatur hängt mit dem gewünschten Winkel über λ und Drahtradius r und Abstand R Draht–Rest der Apparatur zusammen wie $U = \lambda/(2\pi\varepsilon_0) \cdot \ln(R/r)$.

6.1.10. Potentialtal

Eine stabile Gleichgewichtslage ist ein lokales Potentialminimum. Das Feld muß von *allen* Seiten auf diese Stelle hinzeigen (oder überall von ihr weg, falls man eine negative Ladung einfangen will), dies wohlgemerkt, ohne daß die einzufangende Ladung dort sitzt. Der Fluß durch eine Kugel, die diese Stelle umschließt, ist also bestimmt verschieden von Null, was im leeren Raum nicht möglich ist. Dagegen kann das Potential stellenweise konstant sein oder einen Sattelpunkt haben (indifferentes oder labiles Gleichgewicht). Beispiele: Geladene Platte und Abb. 6.12 Mitte. Stabil liegt eine positive Ladung nur in einer „Feldsingularität", wo eine negative Ladung ist. Eigentlich müßten also alle Ladungen in der Welt einander schließlich neutralisieren. In einem zeitabhängigen Feld gilt diese Beschränkung nicht allgemein. Endgültig zieht uns aber erst die Quantenmechanik aus dieser Affäre.

6.1.11. Wie stark ist ein Blitz

Bei einer Wolkenhöhe von 1 km und einer Ausdehnung von $100\,\mathrm{km}^2$ erhält man die Kapazität $C = \varepsilon_0 A/d = 10^{-6}$ F. Die Spannung, bei der ein Überschlag über 1 km Luftzwischenraum möglich ist, liegt um $U = 10^8$ V. Eine solche Spannung erfordert eine Aufladung mit $Q = CU \approx 10^2$ C. Vollständige Entladung durch einen einzigen Blitz in 1 ms würde einen Strom von 10^5 A bedeuten, eine Leistung von 10^{13} W. In Wirklichkeit mögen etwa 100 Blitze überschlagen. Jeder hat dann 1 C, 1 000 A, 10^{11} W, 30 kWh, das ganze Gewitter $3 \cdot 10^3$ kWh.

6.1.12. Gewittertheorie

Wenn ein Wolkenteil der Abmessung d die Ladungsdichte ϱ hat, müssen nach der Poisson-Gleichung $\operatorname{div} \boldsymbol{E} = \varrho/\varepsilon_0$ mindestens Felder von der Größenordnung $E = d\varrho/\varepsilon_0$ auftreten (selbst wenn an einer Seite der Wolke kein Feld herrschte, hätte es an der anderen die angegebene Größe). Um 10^6 V/m zu erreichen (dies ist die Zündfeldstärke für eine Entladung, die, einmal eingeleitet, auch mit geringerem Feld weiterwächst), braucht man bei einer Ausdehnung $d \approx 1$ km eine Ladungsdichte $\varrho \approx \varepsilon_0 E/d \approx 10^{-8}\,\mathrm{C/m^3}$. Trägt ein Tröpfchen eine Elementarladung e, dann erfordert diese Ladungsdichte eine Tröpfchenzahldichte $n = \varrho/e \approx 10^{11}\,\mathrm{m^{-3}}$. Bei 20 °C ist der Dampfdruck des Wassers 23 mbar, d. h. $1\,\mathrm{m}^3$ Luft enthält bei Sättigung etwa 10 g Wasser. Wenn man daraus 10^{11} Tropfen machen will, muß jeder 10^{-10} g oder den Radius 3 µm haben. Ein Tröpfchen vom Radius r fällt nach *Stokes* so, daß $\frac{4}{3}\pi r^3 \varrho_\mathrm{m} g = 6\pi v\eta r$ oder $v = \frac{2}{9} r^2 \varrho_\mathrm{m} g/\eta$ ist. Ein Luftion (Beweglichkeit μ ca. $2\,\mathrm{cm^2/V\,s}$, vgl. Abschn. 8.3.1) müßte, damit es sich an der Rückseite des vorbeifallenden Tröpfchens anlagern kann, mindestens die gleiche Geschwindigkeit haben wie das Tröpfchen selbst. Das Ion erreicht im Feld des Tröpfchens (genauer: Im Dipolfeld des polarisierten Tröpfchens) eine Geschwindigkeit $v_\mathrm{Ion} \approx \mu E \approx \mu e/(4\pi\varepsilon_0 r^2)$. Der kritische Tröpfchenradius, bei dem v_Ion gleich der Tröpfchenfallgeschwindigkeit ist, ergibt sich zu $r_\mathrm{kr} \approx \sqrt[4]{9\eta e\mu/(8\pi\varepsilon_0 g\varrho_\mathrm{m})} \approx 5$ µm, also etwa ebenso wie die oben geschätzte Tröpfchengröße. Solche und größere Tropfen müssen sich also beim Fallen einsinnig aufladen und erzeugen so die Aufladung gegen die Erde und höhere Wolkenteile, die u. U. zur Bildung von Erd- bzw. Wolkenblitzen ausreicht.

6.1.13. Kondensator

Man rollt zwei Metallstreifen zusammen mit zwei isolierenden Plastikfolien zu einem Zylinder. Alle Folien seien 10 µm dick. Für 1 µF braucht man dann gemäß $C = \varepsilon_0 A/d$ eine Fläche $A = 1\,\mathrm{m}^2$. Ein Streifen von 3 cm Breite, $L = 30$ m Länge ergibt einen Zylinderradius $r = \sqrt{2dL/\pi} = 1$ cm (die Rolle hat $n = \frac{1}{2} r/d$ Wicklungen der Durchschnittslänge πr, also der Gesamtlänge $L = rn = \frac{1}{2}\pi r^2/d$). Bei 220 V müßte die Isolierfolie ein Feld von $2 \cdot 10^5$ V/cm aushalten, was schwer zu erreichen ist. In der Praxis nimmt man daher Folien von etwa 100 µm Dicke, womit sich A verzehnfacht. Man erhält so etwa eine Rolle von 12 cm Länge und 7 cm Radius. Allgemein gilt für das Kondensatorvolumen $V \approx 2Cd^2/\varepsilon_0$. So kann man z. B. die verwendete Foliendicke abschätzen.

6.1.14. Versuch von Millikan

Tröpfchen vom Radius r und der Dichte ϱ fallen nach *Stokes* so, daß $\frac{4}{3}\pi r^3 \varrho g = 6\pi\eta v r$ ist, d. h. $v = \frac{2}{9} r^2 \varrho g/\eta$. Bei bekanntem η der Luft und ϱ des Öls kann man so aus dem gemessenen v den Radius r ermitteln, selbst wenn die Tröpfchen so fein sind, daß sie sich im Mikroskop nur als Streuzentren bemerkbar machen (Dunkelfeldbeleuchtung). Nun schaltet man ein Feld ein, das die Tröpfchen (oder einige davon) genau in der Schwebe hält. Diese Tröpfchen müssen die Ladung q haben, so daß $qE = \frac{4}{3}\pi r^3 \varrho g$ ist. Hat man r aus dem feldfreien Fall bestimmt, dann stehen rechts nur gemessene Größen. Manchmal beginnt ein Tröpfchen, das gut schwebte, plötzlich nach oben oder unten wegzuschwimmen. Es hat offenbar ein weiteres positives oder negatives Ion angelagert. Seine Geschwindigkeit v' wird dann nur durch diese eine Zusatzladung Δq bestimmt. In dem Zahlenbeispiel $v = 4$ µm/s, $E = 4{,}5$ V/cm, $v' = 1{,}2$ µm/s findet man $r = 0{,}18$ µm, $F = 2 \cdot 10^{-16}$ N, $q = 5 \cdot 10^{-19}$ C, $\Delta q = 1{,}5 \cdot 10^{-19}$ C.

6.1.15. Staubfilter

In einem leitenden Teilchen sammeln sich Ladungen so auf den Stirnflächen an, daß im Innern kein Feld mehr herrscht. An der Stirnfläche erfolgt dann ein Feldstärkesprung, der gleich dem äußeren Feld E ist. Dazu muß dort eine Flächenladungsdichte $\sigma = \varepsilon_0 E$ sitzen. Das Dipolmoment des Teilchens ergibt sich aus seiner Stirnfläche A und seiner Länge d zu $p = Qd = \sigma Ad = \sigma V = \varepsilon_0 EV$, für ein Kugelteilchen mit dem Radius a ist $p \approx \frac{4}{3}\pi\varepsilon_0 Ea^3$. Im homogenen Feld sind die Kräfte auf die Ladungen an den Stirnflächen entgegengesetzt gleich: keine resultierende Kraft. Wenn das Feld inhomogen ist und sich in seiner eigenen Richtung (r-Richtung) ändert, und zwar mit der Ableitung $E' = \mathrm{d}E/\mathrm{d}r$, ist die Kraft auf das eine Ende des Dipols um $Q\,\mathrm{d}E' = pE'$ größer als die Kraft auf das andere Ende. Allgemein wandert das Teilchen dorthin, wo das Feld größer ist. Ein Plattenkondensator enthält ein praktisch homogenes Feld, entstaubt also nicht. Ein kugelförmiges Feld ist noch inhomogener als ein zylindrisches, aber schwieriger in ausreichender Größe herzustellen. $F = pE' = \frac{4}{3}\pi a^3\varepsilon_0 EE'$. Unter dem Einfluß dieser Kraft bewegt sich das Teilchen laminar umströmt durch die Luft. Es gilt also das Stokes-Gesetz $F = 6\pi\eta av$, d. h. $v = F/(6\pi\eta a) = \frac{2}{9}\varepsilon_0 a^2 EE'/\eta$. Die Geschwindigkeit wächst quadratisch mit dem Teilchenradius. Luftmoleküle werden auch polarisiert und wandern, aber wegen ihres kleinen Radius unmerklich langsam. Die Abhängigkeit der Feldstärke E vom Abstand r vom Draht ergibt sich aus der Flußregel: E zeigt überall radial, sein Fluß durch jeden Zylindermantel (Fläche $2\pi rl$) muß im ladungsfreien Raum für alle r den selben Wert haben, also $E = k/r$. Der Wert der Konstante k ergibt sich, wenn wir die Spannung berechnen: $\varphi = -k\ln r$. Die Spannung zwischen Draht (r_0) und Rohrwand (R) ist $U = \varphi(r_0) - \varphi(R) = k\ln(R/r_0)$. Damit ergibt sich $E = U/(r\ln(R/r_0)) = U^*/r$ mit der „effektiven Spannung" $U^* = U/\ln(R/r_0)$. Da $E = U^*/r$, ist $E' = -U^*/r^2$ und $v = \frac{2}{9}\varepsilon_0 a^2 U^{*2}/(\eta r^3)$. Laufzeit vom Ort r bis zum Draht:

$$t = \int_r^{r_0} \mathrm{d}r/v = \frac{9}{8}\eta(r^4 - r_0^4)/(\varepsilon_0 a^2 U^{*2})\,.$$

Hier ist r_0^4 i. allg. zu vernachlässigen: Ob der Draht fein oder stark ist, spielt kaum eine Rolle. In einem Raum von $100\,\mathrm{m}^3$ soll die Luft z. B. alle drei Stunden erneuert und gereinigt werden. Das bedeutet einen Volumenstrom $\dot{V} = 10^{-2}\,\mathrm{m}^3/\mathrm{s}$ und eine Strömungsgeschwindigkeit durch N parallele Rohre $w = \dot{V}/(\pi R^2 N)$ sowie eine Durchflußzeit $t' = l/w = \pi R^2 lN/\dot{V}$. Innerhalb dieser Durchflußzeit muß der Staub wandern können: $t < t'$, d. h. $R^2/(a^2N) < \frac{8}{9}\pi\varepsilon_0 U^{*2}l/(\eta\dot{V})$. Mit $U \approx U^* = 10\,\mathrm{kV}$ (was $r_0 \approx R/3$ voraussetzt), $l = 3\,\mathrm{m}$, $\eta = 2\cdot 10^{-5}\,\mathrm{Ns/m}$ kann man Teilchen bis herab zu $a = 1\,\mu\mathrm{m}$ absaugen, wenn $R^2/N \approx 10^{-7}\,\mathrm{m}^2$, d. h. z. B. mit 1 000 Rohren mit $R = 1\,\mathrm{cm}$.

6.1.16. Influenz

Das Feld des geladenen Körpers polarisiert den ungeladenen. Dieser nimmt ein Dipolmoment $p = \alpha E$ an, das der Ladung seine entgegengesetzt geladene Seite entgegenhält, so daß es immer zur Anziehung kommt, und zwar mit der Kraft $F = pE' = \alpha EE'$. Im Feld der Punktladung wird diese Kraft proportional a^{-5}. Die Polarisierbarkeit α ist proportional dem Volumen des ungeladenen Körpers. Für die Kraft gilt dasselbe. Die Seifenblase kommt so angeflogen, daß die Anziehung gleich dem Luftwiderstand wird. Dieser ist proportional vr^2, die Anziehung $\sim r^3$, also $v \sim r$: Die große Blase nähert sich schneller. Mit Annäherung an das geladene Objekt werden beide Blasen sehr viel schneller, weil die Kraft wie a^{-5} zunimmt.

6.1.17. Feldemissions-Mikroskop

Die Teilchen fliegen von der Drahtspitze längs der Feldlinien, also praktisch radial nach draußen und bilden die Drahtspitze im Maßstab Kugelradius/Drahtradius $= R/r_0$ ab. Beim Feldelektronen-Mikroskop ist der Draht negativ, mit positiven Ionen als abbildenden Teilchen ist er positiv. Austritt durch Feldemission (s. u.). Durch jede Kugel (Radius r) tritt derselbe Feldfluß, also $E = \alpha/r^2$. Die Konstante α ergibt sich aus der Spannung: Potential $\varphi = -\alpha/r$, Spannung $U = \alpha(1/r_0 - 1/R) \approx \alpha/r_0$ also $E = Ur_0/r^2$. Die Stufe wird zu einer Dreiecksschwelle mit der Neigung E. Im Drahtinnern wird die Kippung ausgeglichen durch eine Ansammlung von Elektronen am Rand, die das Potential auf gleicher Höhe hält. Die Dicke d der Schwelle ergibt sich als $d = U_0/E$. Für ein Elektron ist $k \approx 5\cdot 10^9\,\mathrm{m}^{-1}$. Die Feldemission wird ziemlich wahrscheinlich, wenn der e-Faktor in „vernünftige" Größenordnungen gerät, d. h. bei $kd \approx 10$, $d \approx U_0/E \approx 20\,\text{Å}$, d. h. $E \approx 10^9\,\mathrm{V/m}$. Mit einem $1\,\mu\mathrm{m}$-Draht sind solche Felder schon mit einer bescheidenen Röhrenspannung um 1 kV zu erreichen. Im Vakuum der Röhre „fallen" die Elektronen frei im Feld, also gilt der Energiesatz $\frac{1}{2}mv^2 = e(\varphi(r_0) - \varphi(r)) = eU(1 - r_0/r)$. Sehr bald (bei $r \gg r_0$, wobei immer noch $r \ll R$) haben die Elektronen ihre volle Geschwindigkeit $v = \sqrt{2eU/m}$ erreicht und fliegen so weiter in der Zeit $t = R/v$ bis zum Leuchtschirm. Jede Verunreinigung oder jeder sonstige Einfluß, der die Schwellenhöhe U_0 verändert, beeinflußt noch viel stärker (wegen des exponentiellen Zusammenhanges e^{-kd}) das Emissionsvermögen und daher die Anzahl der Elektronen, die von dieser Seite auswärts fliegen, d. h. die Helligkeit des Schirmbildes an der entsprechenden Stelle.

6.1.18. Geiger-Müller-Zähler

Eine Elementarladung bedeutet einen Stromstoß von $1{,}6\cdot 10^{-19}\,\mathrm{As}$, der mit normalen Mitteln nicht direkt meßbar ist. Im Zählrohr muß also eine erhebliche Vermehrung geladener Teilchen einsetzen. In der Umgebung des dünnen Drahtes ist das Feld stark erhöht. Ein schnelles Teilchen erzeugt auf seiner Bahn viele Ionenpaare (Elektron und positives Ion). Diese Teilchen fliegen im Feld radial auswärts bzw. einwärts. Wenn sie bis zum nächsten Stoß aus dem Feld hinreichend Energie ansammeln, um ein weiteres Teilchen ionisieren zu können, tun sie dies, und die Anzahl geladener Teilchen nimmt exponentiell zu. Auf der Laufstrecke l (mittlere freie Weglänge) nimmt ein geladenes Teilchen im Feld E die Energie eEl auf. Diese muß größer als die Ionisierungsenergie $W_i = eU_i$ sein, z. B. für Luft $El > 30$ V. In unmittelbarer Umgebung eines Drahtes vom Radius r_0 herrscht die Feldstärke $E \approx U/r_0$ (U: Röhrenspannung). Die Auslösebedingung heißt also $U > 30\,\text{V} \cdot r_0/l$. Die freie Weglänge ist $l = 1/(4n\sigma)$. Für Luft bei Normalbedingungen ist $l \approx 10^{-7}$ m. Damit folgt eine Zündspannung des Zählrohres von etwa 300 V, was recht vernünftig ist. Evakuierung des Zählrohrs würde l erhöhen und die Zündspannung senken, aber die Eintrittsfenster für β- und besonders α-Strahlung müssen so dünn sein, daß sie keinen Unterdruck vertragen würden. Man arbeitet also bei Normaldruck, setzt aber i. allg. Dämpfe zu, die die Zähleigenschaften verbessern, z. B. die Entladung schneller löschen und damit die nichtaufnahmebereite Zeitspanne (Totzeit) des Zählrohrs verkürzen.

6.1.19. Hochspannungskabel
Wenn das Kabel mit der Spannung U_0 den Boden in einem annähernd kreisförmigen Bereich vom Radius r_0 berührt, entsteht darum herum ein sphärisches Feld mit $U \sim r^{-1}$, genauer $U = U_0 r_0/r$ und $E = U_0 r_0/r^2$. Wenn ein Mensch einen Schritt der Länge d auf das Kabel zu oder von ihm weg macht, überbrücken seine Beine eine „Schrittspannung“ $Ed = U_0 r_0 d/r^2$. Damit die Schrittspannung z. B. bei einem 220 kV-Kabel kleiner als 100 V bleibt, muß man bei $r_0 = 10$ cm nur etwa 15 m Abstand halten. Viel gefährlicher ist ein Kabel, das in der Länge l aufliegt. Es ist von einem Zylinderfeld umgeben, dessen Feldstärke mit r^{-1}, also viel langsamer abfällt: $E = U_0/(r \ln(l/r_0))$. Die Schrittspannung ist noch in fast 1 km Abstand gefährlich, falls das Feld dort noch zylindrisch ist, d. h. falls das Kabel länger als 1 km am Boden aufliegt. Ähnlich ist das Feld um den Einschlagsort eines Blitzes beschaffen: Es fällt sphärisch, also schnell ab, wenn es nur einen Einschlagpunkt gibt, dagegen langsam, zylindrisch, wenn ein Einschlagkanal vorliegt. Das hängt von der Leitfähigkeit des Bodens ab. Kühe sind gefährdeter als Menschen, weil ihre Beinspannweite größer ist. Ein Kabel in Luft erzeugt auch ein Zylinderfeld um sich, aber jeder Körper, der wesentlich besser leitet als Luft, z. B. der menschliche, verzerrt das Feld, indem er sich kondensatorähnlich auflädt, so daß in seinem Innern gar kein Feld herrscht. Die Erdpotentialfläche paßt sich der Körperoberfläche des Menschen an. Ganz anders, wenn das Kabel auf der Erde oder gar im Wasser liegt.

6.1.20. Fernleitung
Auf einen Menschen entfällt ein Leistungsbedarf von etwa 1 kW, wenn man die Industrie mit einbezieht. Die kleine Großstadt braucht 10^8 W. Bei 220 V ergäbe das $5 \cdot 10^5$ A, bei 220 kV nur 500 A. Am Leiterwiderstand R ist der Spannungsabfall $\Delta U = RI$, der Leistungsverlust $\Delta P = \Delta U\, I = RI^2$. Wenn ein relativer Verlust $\Delta U/U$ nicht überschritten werden soll, darf R nicht größer sein als $R = \Delta U/I = U\,\Delta U/P$, im Beispiel: $R = 5\,\Omega$ bei 220 kV, aber $5 \cdot 10^{-6}\,\Omega$ bei 220 V. Wenn die Leitung zum Kraftwerk 100 km lang ist, muß ihr Querschnitt $A = \varrho l/R$ bei 220 kV etwa 3 cm^2 sein, bei 220 V dagegen 300 m^2! Unbegrenzt läßt sich die Übertragungsspannung aber wegen der Durchschlagsgefahr nicht steigern. Das Zylinderfeld um das Kabel ist $E \approx U_0/(r \ln(h/r_0))$ (es erstreckt sich nur bis zum Boden, Abstand h, vgl. Aufgabe 6.1.19). Bis etwa 3 cm Radius ist dies Feld größer als die Durchschlagsspannung der Luft von 10^6 V/m. Dort gibt es Büschelentladungen, die man nachts bläulich glitzern sieht. In 20 m Abstand ist das Feld in Luft immer noch etwa 1 500 V/m. Das ist ungefährlich für Mensch und Tier, weil deren Körper das Erdpotential deformiert (Aufgabe 6.1.19). Ein solches Feld lädt den Kondensator „Mensch“ auf eine Ladung $Q = AE\varepsilon\varepsilon_0$ auf. Bei Wechselspannung bedeutet die ständige Umladung einen Strom $I = Q\omega = AE\varepsilon\varepsilon_0\omega$, schlimmstenfalls etwas über 10^{-4} A, was noch völlig harmlos ist.

6.2.1. Dissoziation
Wenn man den Abstand a in Å ausdrückt, ergibt sich $F = 2 \cdot 10^{-8}/(\varepsilon a^2)$ N, $W_{pot} = 2{,}4 \cdot 10^{-18}/(\varepsilon a)$ J $= 14/(\varepsilon a)$ eV. Die thermische Energie, gemessen durch kT, ist bei Zimmertemperatur $4 \cdot 10^{-21}$ J $= \frac{1}{40}$ eV. Es wird $W_{pot} = kT$ für $a = 570$ Å in Luft, für $a = 7$ Å in Wasser. Zwei Teilchen, deren Abstand kleiner ist als dieser kritische, können elektrisch gebunden bleiben, bei größerem Abstand trennt sie die thermische Bewegung. Ein mittlerer Abstand $a = 7$ Å entspricht einer Teilchenzahldichte $n = a^{-3} \approx 3 \cdot 10^{21}$ cm^{-3} oder ≈ 5 mol/l. Starke Elektrolyte von geringerer Konzentration sind also im Wasser praktisch vollständig dissoziiert. Das molekulare (und auch das exakt thermodynamische) Bild ist komplizierter: Die hohe DK des Wassers beruht auf dem hohen Dipolmoment des H_2O-Moleküls. Anlagerung dieser Dipole an die Ionen (Hydratation) bringt für die meisten ionogenen Verbindungen mehr Energie ein, als die Auftrennung der Bindungen kostet.

6.2.2. Polarisierbarkeit
Im Feld E wirkt auf das Elektron die Kraft eE. Sie erzeugt eine Auslenkung x so, daß die Rückstellkraft $e^2x/(4\pi\varepsilon_0 R^3) = eE$ wird. Das Dipolmoment ist dann $p = ex = 4\pi\varepsilon_0 R^3 E$, die Polarisierbarkeit $\alpha = 4\pi\varepsilon_0 R^3$.

6.2.3. Orientierungspolarisation
Ein Dipolmolekül vom Moment p, das den Winkel ϑ mit dem Feld bildet, hat verglichen mit dem feldfreien Fall die Energie $W = -pE\cos\vartheta$. Für die drei Einstellungen parallel, senkrecht, entgegengesetzt zum Feld hat W die Werte $-pE$, 0, pE. Ohne Feld würden von den n Molekülen, die im m^3 sind, $\frac{1}{6}n$, $\frac{2}{3}n$ bzw. $\frac{1}{6}n$ in diese Richtungen zeigen (von den 6 Grundrichtungen stehen 4 senkrecht zum Feld). Im Feld ergibt die Boltzmann-Verteilung in Feldrichtung $\frac{1}{6}n\,e^{pE/(kT)}$ Moleküle/m^3, was bei $pE \ll kT$ in $\frac{1}{6}n(1 + pE/(kT))$ übergeht, analog für die Gegenrichtung $\frac{1}{6}n(1 - pE/(kT))$. Die Polarisation (Dipolmoment/Volumeneinheit) ist also $P = \frac{1}{3}np^2E/(kT)$, die Suszeptibilität $\chi = \frac{1}{3}np^2/(kT\varepsilon_0)$, die DK $\varepsilon = 1 - \frac{1}{3}np^2/(kT\varepsilon_0)$. Molekulare Dipolmomente sind von der Größenordnung 1 Elementarladung $\cdot$ 1 Å $\approx 10^{-29}$ C m. Erst in einem Feld von 10^8 V/m $= 10^6$ V/cm wäre pE ungefähr kT. Man kann

also praktisch immer mit $pE \ll kT$ rechnen. Statt den Bruchteil $\frac{1}{3}pE/(kT)$ *ganz* in Feldrichtung zu drehen, kann man mit dem gleichen Polarisationserfolg auch *alle* Dipole um den kleinen Winkel $\gamma \approx \frac{1}{3}pE/(kT)$ drehen. Eine solche Drehung dauert eine Zeit $\tau_{\text{rel}} \approx \gamma/(\mu pE)$, wo pE das wirkende Drehmoment und μ die Rotations-Beweglichkeit ist, die in Aufgabe 3.3.5 zu $1/(\eta V)$ abgeschätzt wurde (η Viskosität, V Molekülvolumen; das gilt für einigermaßen rundliche Teilchen); also $\tau_{\text{rel}} \approx \eta V/(kT)$. Dies ist die dielektrische Relaxationszeit. Für Wechselfelder, deren Periode klein gegen τ_{rel} ist, erreichen die Dipole nicht ihre Gleichgewichtseinstellung zum Feldmaximum bzw. -minimum. Die DK macht bei $\omega_{\text{rel}} = 1/\tau_{\text{rel}}$ eine Relaxationsstufe. In dieser Stufe sind die dielektrischen Verluste maximal: Der Strom, der vom vergeblichen Zittern der Einstellrichtungen herrührt, ist hier in Phase mit dem Feld, und es wird Joulesche Wärme erzeugt.

6.2.4. Mikrowelle

Das E-Feld der Mikrowelle dreht die Wasserdipole hin und her. Damit es dabei Leistung $P = T\omega$ investiert, müssen Drehmoment T und Winkelgeschwindigkeit ω in Phase oder fast in Phase sein. Bei kleinen Feldfrequenzen ω_0 ist das nicht der Fall, da erreichen die Dipole ihre Gleichgewichtsverteilung über die Winkel φ, nach Boltzmann $\sim e^{-pE\cos\varphi/(kT)}$. Im Mittel müssen sie sich von der homogenen Verteilung aus um $\Delta\varphi = pE/(kT)$ drehen. Ähnlich wie bei der erzwungenen Schwingung muß ω_0 gleich der Dauer τ einer solchen Drehung sein. Nach Aufgabe 3.3.5 erzeugt das Drehmoment pE eine Rotation mit $\omega \approx pE/(3\eta V)$ (V: Molekülvolumen). Für Wasser mit $V = 3 \cdot 10^{-29}\,\text{m}^3$ folgt $\tau \approx 3 \cdot 10^{-11}\,\text{s}$, also $\omega_0 \approx 5 \cdot 10^9\,\text{s}^{-1}$.

6.2.5. Mischungsregel

Wenn die Mischung so intim ist (z. B. bei vielen Legierungen oder Elektrolytlösungen), daß ein gemeinsames Leitungselektronen- oder Ionengas existiert, zu dem jede Mischungskomponente ihren Anteil stellt, wird die Mischungsregel für die Leitfähigkeit additiv: Volumenkonzentrationen c_1, $c_2 = 1 - c_1$, Ladungsträgerdichten n_1, n_2, die Mischung hat $n = c_1 n_1 + c_2 n_2 = n_2 + c_1(n_1 - n_2)$. Wenn die Leitfähigkeit proportional n ist, hängt sie ebenfalls linear von c_1 ab. Das muß nicht so sein: In der Mischung kann die Beweglichkeit herabgesetzt sein (Struktur stärker gestört), was die $\sigma(c_1)$-Kurve in der Mitte absenkt. Es wäre aber seltsam, wenn dabei für $c_1 = \frac{1}{2}$ gerade $\sigma = \sqrt{\sigma_1\sigma_2}$ herauskäme, wie man es oft findet. Es muß eine allgemeinere Erklärung geben. Wir nehmen also an, daß mikroskopische Bereiche jeder Komponente erhalten bleiben. Sie sind regellos verteilt, d. h. ihre Widerstände sind wahllos parallel- und hintereinandergeschaltet. Es scheint zunächst aussichtslos, den Gesamtwiderstand eines regellosen Netzes aus praktisch unendlich vielen Widerständen bestimmen zu wollen, aber folgende Überlegung hilft weiter. Lägen alle Widerstände hintereinander, dann addierten sie sich, und der spezifische Widerstand würde $\varrho = c_1\varrho_1 + c_2\varrho_2$. Lägen sie alle parallel, dann addierten sich die Leitwerte, und die Leitfähigkeit würde $\sigma = c_1\sigma_1 + c_2\sigma_2$. In Wirklichkeit treten beide Schaltungen gleichberechtigt auf. ϱ und σ müssen ebenfalls gleichberechtigt sein, d. h. als Funktionen von c_1 von der gleichen Bauart sein: $\varrho = f(c_1, \varrho_1, \varrho_2)$, wobei $\varrho = \varrho_1$ für $c_1 = 1$ und $\varrho = \varrho_2$ für $c_1 = 0$, gleichzeitig aber auch, mit der *gleichen* Funktion f, $\sigma = \varrho^{-1} = f(c_1, \sigma_1, \sigma_2) = f(c_1, \varrho_1^{-1}, \varrho_2^{-1}) = 1/f(c_1, \varrho_1, \varrho_2)$. Die einzige Funktion f, die diese Bedingungen erfüllt, ist $f = \sigma_1^{c_1}\sigma_2^{c_2}$. Diese Funktion wird erst linear, wenn man sie logarithmiert oder mit logarithmischer σ-Skala aufträgt; daher spricht man von einer logarithmischen Mischungsregel, wo man eigentlich von einer exponentiellen sprechen sollte. Bei der 1 : 1-Mischung folgt richtig $\sigma = \sqrt{\sigma_1\sigma_2}$. Dieses Verhalten findet man besonders bei Gemischen organischer Flüssigkeiten und bei Pulvergemischen. Für die DK gilt bei den gleichen Stoffen meist Ähnliches mit ähnlicher Erklärung (parallel- bzw. hintereinandergeschaltete Kondensatoren, Kapazitäten bzw. reziproke Kapazitäten addieren sich). Materialkonstanten, die mit σ oder ε potenzmäßig verknüpft sind wie $n = \sqrt{\varepsilon}$, folgen auch der exponentiellen Mischungsregel, ebenso manchmal der E-Modul, die Kompressibilität, die Viskosität usw., die ein Vektor- oder Tensorfeld (Spannung) mit einem anderen (Deformation, Geschwindigkeitsgradient) verknüpfen.

6.3.1. Schmutziges Kabel

Im inhomogenen elektrischen Feld um einen Draht, der auf einem gewissen Potential liegt, werden Staubteilchen zu Dipolen und wandern dorthin, wo das Feld stärker ist, also zum Draht, unabhängig von dessen Polarität. Der Mittelpunktsleiter liegt normalerweise ungefähr auf Erdpotential. Im Gleichstromnetz liegt ebenfalls ein Draht normalerweise auf Erdpotential und bleibt sauberer. Genauer wird diese Staubteilchenwanderung beim Problem des elektrostatischen Entstaubers behandelt (Aufgabe 6.1.15).

6.3.2. Kabelschaden

Der Isolationsfehler liege im Abstand x km vom einen Ende und sei durch einen Übergangswiderstand R_3 zwischen Innenleiter und Erde dargestellt (sonst ist dieser Widerstand überall ∞). Die ganze Innenleiterlänge hat den Widerstand $R_1 + R_2 = \varrho_{\text{Cu}} \cdot 6 \cdot 10^5\,\text{cm}/10^{-2}\,\text{cm}^2 = 102\,\Omega$. Die Teilwiderstände R_1 und R_2 sind proportional den Längen x und $6 - x$. Ein Ohmmeter zeigt am einen Ende $R_1 + R_3 = 80\,\Omega$, am anderen $R_2 + R_3 = 90\,\Omega$. Es folgt $R_3 = 34\,\Omega$, $R_1 = 46\,\Omega, R_2 = 56\,\Omega$, also $x = 6R_1/(R_1 + R_2)\,\text{km} = 2{,}7\,\text{km}$.

6.3.3. Feldrelaxation

Wenn der Strom nicht überall den gleichen Wert hätte, gäbe es Stellen, wo z. B. mehr Ladung zu- als abfließt. Dort würde sich Ladung anhäufen und nach $\varrho = \operatorname{div}\boldsymbol{D}$ das Feld verbiegen, und zwar so, daß es jenseits der Ladungsanhäufung, wo der Strom nach Voraussetzung schwächer ist, größer ist als diesseits. Die Strominhomogenität löst also eine Feldverteilung aus, die bestrebt ist, diese Inhomogenität abzubauen. Das Gleichgewicht, gekennzeichnet durch konstanten Strom, ist stabil. Seine Einstellzeit ergibt sich so: Stromdichte $\boldsymbol{j} = \sigma\boldsymbol{E}$; Poisson-Gleichung $\varrho = \operatorname{div}\boldsymbol{D} = \varepsilon\varepsilon_0 \operatorname{div}\boldsymbol{E}$;

Kontinuitätsgleichung $\dot{\varrho} = -\operatorname{div} \boldsymbol{j}$; also $\dot{\varrho} = -\operatorname{div} \boldsymbol{j} = -\sigma \operatorname{div} \boldsymbol{E} = -\varrho\sigma/(\varepsilon\varepsilon_0)$; jede Ladungsanhäufung klingt also, wenn sie nicht ständig erneuert wird, ab wie $\varrho = \varrho_0\,e^{-t/\tau}$ mit $\tau = \varepsilon\varepsilon_0/\sigma$. Im Sonderfall, wo der Kreis durch einen Kondensator unterbrochen ist, gilt im Zwischenraum natürlich $I = 0$. Es gibt ein Paar von Stellen, wo sich positive bzw. negative Ladung anhäuft. Die resultierende Spannung $U = Q/C$ ist der aufgeprägten Spannung entgegengerichtet und muß den Gleichstrom schließlich zum Erliegen bringen: $\dot{Q} = I = C\dot{U} = CR\dot{I}$, also $I = I_0\,e^{-t/\tau}$ mit $\tau = RC$. Das entspricht dem mikroskopischen $\tau = \varepsilon\varepsilon_0/\sigma$. Ganz allgemein regelt sich die Feldverteilung auf konstanten Strom ein: An Stellen mit großem Leitwert ist das Feld klein und umgekehrt.

6.3.4. RC

Hat der Kondensator die Ladung Q, die Spannung U, und wird er durch einen Draht vom Widerstand R überbrückt, dann fließt Strom $I = U/R = Q/(RC)$. Dieser Strom vernichtet Ladung: $\dot{Q} = -I = -Q/(RC)$. Diese Gleichung für Q hat die Lösung $Q = Q_0\,e^{-t/\tau}$ mit $\tau = RC$: Ladung, Spannung und Strom klingen exponentiell ab. Wenn der Draht zu dünn ist, explodiert er in eindrucksvoller Weise. Ist es der Glühdraht einer Lampe, so ergibt sich ein Lichtblitz von der Dauer RC, meist aber ebenfalls eine Explosion. Jeder Schalter hat eine Kapazität, die sich nach dem Öffnen auflädt, bis ihre Spannung $U = Q/C$ die Netzspannung kompensiert. Erst dann hört der Strom auf. Dies Nachklappen des Stroms dauert ebenfalls die Zeit RC. Meist ergibt allerdings die Selbstinduktion L des Kreises ein längeres Nachklappen ($\tau = L/R$), denn die Kapazität eines guten Schalters ist klein ($\approx 0{,}1$ pF, also mit $R = 100$, d. h. $P = U^2/R = 0{,}5$ kW: $\tau \approx 10^{-8}$ s).

6.3.5. Vielfachmesser

Man mißt direkt immer Ströme. S_1 regelt den Vorwiderstand R_1, S_2 den Parallelwiderstand R_2. Um Ströme über 10 µA zu messen, „shunte" man mittels R_2 (Zehnerstufen bis 1 A, S_1 ganz unten). Messung der *Spannung* einer Quelle (Batterie, Netzgerät o. ä.) mit dem Innenwiderstand R oder des Spannungsabfalls an einem Abschnitt mit dem Widerstand R setzt $R_1 \gg R$ voraus. Man hat Meßbereiche zwischen 10 mV und 1 kV. Der 10 mV-Bereich ist identisch mit dem 10 µA-Bereich. *Widerstandsmessung*: S_3 schaltet die Batterie ein (gewöhnlich 1,5 V). Die Klemmen werden durch den zu messenden Widerstand R verbunden (ohne äußere Spannung!). Die Anzeige ist umgekehrt proportional dem zu messenden R. Meßbereich bis 10 MΩ. Bei Strom- wie bei Spannungsmessung verhalten sich die Leistungen umgekehrt wie die Widerstände (R_1 und R_2 liegen parallel). Ob der Innenwiderstand richtig ist, erkennt man am einfachsten, indem man bei Spannungsmessung den Vorwiderstand verzehnfacht, bei Strommessung den Shunt zehntelt, in jedem Fall also auf den nächstunempfindlicheren Bereich schaltet und kontrolliert, ob der Ausschlag sich genau zehntelt, d. h. ob auf der veränderten Skala der gleiche Wert angezeigt wird. Das Amperemeter muß nach dem Weicheisen-, nicht nach dem Drehspulprinzip arbeiten oder einen Gleichrichter enthalten.

6.3.6. Kochplatte

Bei $R_1 = R_2$ drei Stufen: Beide Widerstände hintereinander: nur R_1 in Betrieb; beide parallel: Leistungen $1:2:4$. R_1 ist am häufigsten in Betrieb, nämlich in Stufe 2 alleine. In den anderen Stufen sind Strom und Leistung in beiden Widerständen gleich. R_1 wird zuerst ausfallen. Dies geschieht wahrscheinlich dann, wenn seine Strombelastung am größten ist, also in Stufe 1 oder 2. Ich würde auf 1 tippen, denn da wird R_1 noch teilweise durch die von R_2 ausgehende Wärme mitbeheizt. – Mit zwei Widerständen kann man natürlich auch vier Schaltstufen bauen, falls die Widerstände verschiedene Werte haben, z. B. $R_1 > R_2$. Wegen $P = U^2/R$ ist der Faktor $(R_1 + R_2)/R_1 = R_1/R_2 = R_2 \cdot (R_1 + R_2)/(R_1 R_2)$. Die zweite Gleichung ist offenbar überflüssig, die erste läßt sich so lesen: Der Gesamtwiderstand $R_1 + R_2$ muß so in einen größeren (R_1) und einen kleineren (R_2) aufgeteilt werden, daß der größere zum kleineren sich verhält wie das Ganze zum größeren. Das ist die Bedingung der Teilung nach dem Goldenen Schnitt. Mit $R_2/R_1 = x$ wird $1 + x = x^{-1}$, also $x^2 - x = 1$, d. h., $x = (1 \pm \sqrt{5})/2 = 0{,}618$ (bzw. $-1{,}618$). Die Leistungen verhalten sich wie $1 : 1{,}618 : 2{,}618 : 4{,}236$. Manche kleinen Kochplatten sind so gebaut.

6.3.7. Bügeleisen

Bei 220 V muß durch eine 300 W-Heizwicklung ein Strom $I = 1{,}36$ A fließen. Die Wicklung muß also den Widerstand $R = 161\,\Omega$ haben, realisiert durch ein Band von $A = 5 \cdot 10^{-8}\,\text{m}^2$ Querschnitt und $l = 20$ m. An 110 V angeschlossen, erhält das Bügeleisen nur den halben Strom, denn der Widerstand ist ja derselbe. Halber Strom und halbe Spannung ergeben nur $\frac{1}{4}$ der Nennleistung, also nur 75 W. Das Eisen wird nicht heiß. Warum legt man es überhaupt auf 300 W? Die Bügelfläche (Sohle des Bügeleisens) ist etwa 20 cm lang und 12 cm breit, hat also etwa $0{,}02\,\text{m}^2$ Fläche. Die Abstrahlung erfolgt nicht nur nach unten, also muß die Fläche etwa verdoppelt werden: $A' \approx 0{,}04\,\text{m}^2$. Eine solche Fläche strahlt nach Stefan-Boltzmann die Leistung $P = A'\sigma T^4 = 300$ W ab, wenn ihre Temperatur $T = \sqrt[4]{P/(A'\sigma)} \approx 600\,\text{K} \approx 330\,°\text{C}$ ist. Solche Hitze verlangt man, wenn man z. B. feuchtes Leinen bügelt. Mit 75 W erreicht man nur um den Faktor $\sqrt[4]{1/4} = 0{,}7$mal weniger absolute Temperatur, also $420\,\text{K} \approx 150\,°\text{C}$. Damit das Bügeleisen auch bei der halben Spannung die Nennleistung erzielt, müßte doppelt soviel Strom fließen wie üblich. Halbe Spannung und doppelter Strom bedeutet $\frac{1}{4}$ des Widerstandes. Umschaltbare Heizgeräte benutzen bei 110 V also einfach $\frac{1}{4}$ der Heizwicklungslänge. Da durch das auf 110 V umgeschaltete oder umgebaute Bügeleisen der doppelte Strom fließt und die vierfache Leistung pro Meter Wicklungslänge erzeugt wird, ist die Gefahr des Durchbrennens größer als bei 220 V-Betrieb. Die Kupferwicklung mit ihrem 24mal geringeren spezifischen Widerstand müßte 24mal länger oder dünner sein, was beides unbequem zu realisieren ist. Vor allem hängt der Widerstand von Manganin viel weniger von der Temperatur ab; er nimmt wie bei fast allen Metallen mit steigender Temperatur zu (Verstärkung der thermischen Gitterschwingungen hindert die Elektronen beim Wandern durch das Gitter). Wenn R zu stark zunähme, würde wegen $P = U^2/R$ die Leistung immer geringer werden, je heißer das Eisen würde. Um das zu vermeiden, könnte man eine Halbleiterheizung verwenden, deren Widerstand bei Hitze geringer ist (freie Elektronen werden hier erst durch thermische Anregung erzeugt, die Leitfähigkeit $\sigma' = 1/\varrho$ steigt wie $\sigma' = \sigma'_0\, e^{-W/(kT)}$ nach *Boltzmann* an). Dann besteht die entgegengesetzte Gefahr: Beim heißen Eisen wird R so klein, und $P = U^2/R$ so groß, daß die Wicklung durchbrennen könnte.

6.3.8. Ohm-Puzzle I

Wir denken den Würfel ins Koordinatenkreuz gestellt und bezeichnen die Ecken durch ihre Koordinaten oder durch Buchstaben: $A = (000)$, $B = (001)$, $C = (010)$, $D = (011)$, $E = (100)$, $F = (101)$, $G = (110)$, $H = (111)$. Jede Kante hat den Widerstand R. (a) Spannung zwischen A und H: $I_{AC} = I_{AB} = I_{AE} = I_{FH} = I_{GH} = I_{DH} = I/3$ (Symmetrie). $I_{BD} = I_{BF} = I_{AB}/2$ (Verzweigung in B). Spannungsabfall $U_{AH} = R(2I_{AB} + I_{BD}) = \frac{5}{6}RI$, also $R_{AH} = \frac{5}{6}R$. (b) Spannung zwischen A und G: Punkte C, E, D, F alle auf gleichem Potential (Mittelebene). $U = R \cdot 2I_{AC} = R(2I_{AB} + I_{BD})$, $I_{BD} = I_{AB}/2$, also $I = 2I_{AC} + I_{AB} = \frac{8}{3}I_{AC}$, d. h. $R_{AG} = \frac{3}{4}R$. (c) Spannung zwischen A und B: Etwas mühsamer. Am besten schreibt man $I_{CG} = 1$ an die Zeichnung und findet aus Knoten- und Maschenregel $I_{GH} = 2$, $I_{CD} = 4$, $I_{AC} = 5$, $I_{AB} = 14$, $R_{AB} = \frac{7}{12}R$. *Tetraeder:* Nur *ein* Fall benachbarter Punkte A, B. Die anderen liegen auf $U/2$, also $I_{CD} = 0$. $I = I_{AB} + 2I_{AC}$, $U = RI_{AB} = 2RI_{AC}$, $R_{AB} = R/2$. *Oktaeder:* Punkte können benachbart sein (1) oder gegenüberliegen (2). (2): Die übrigen vier Punkte haben gleiches Potential, also zerfällt die Schaltung in vier parallele Zweige mit je $2R$: $R_{AF} = R/2$. (1): Ähnlich wie beim Würfel, Fall c, findet man $R_{AB} = \frac{5}{12}R$.

6.3.9. Ohm-Puzzle II

Zwischen A und A' messe man den Widerstand R für eine sehr lange Leiter. Aus der Tatsache, daß überhaupt etwas Endliches herauskommt, d. h. daß der Widerstand konvergiert, folgt, daß man oben ein weiteres Glied anlöten kann, ohne R zu ändern. Man hat dann ja aber ein R_2 parallel zu R geschaltet und vor die Kombination noch ein R_1 gelegt. Das ergibt den Widerstand $R_1 + RR_2/(R + R_2)$. Da der wieder gleich R ist, folgt $R^2 - R_1R = R_1R_2$, also $R = \frac{1}{2}(R_1 + \sqrt{R_1^2 + 4R_1R_2})$. Dieses R ist auch der Widerstand, mit dem man die kurze Leiter abschließen muß, damit sie sich verhält wie eine lange. Bei $R_2 = 2R_1$ wird $R = 2R_1$. An jeder Sprosse verzweigt sich der Strom durch den Holm im Verhältnis $1/R_2$ (Sprosse) zu $1/R$ (Rest der Leiter). Die entsprechenden Ströme und damit auch die Spannungen nehmen also von Sprosse zu Sprosse um den Faktor $R_2/(R + R_2)$ ab. Damit sich die Spannung jedesmal halbiert, nehme man $R_2 = 2R_1$.

6.3.10. Ohm-Puzzle III

Da in sehr großem Abstand von den betrachteten Nachbarpunkten A und B die Spannungsunterschiede beliebig klein werden, ändert sich an den Spannungs- und Stromverhältnissen nichts, wenn wir rings um das Gitter sehr weit draußen einen widerstandslosen Draht löten. Wir klemmen unsere Spannungsquelle zunächst an diesen Draht und andererseits an Punkt A und regeln die Spannung so, daß bei A 1 Ampere in das Gitter hineinfließt. Von A gehen symmetrisch vier Drähte aus, also fließt von A direkt nach B genau $\frac{1}{4}$ Ampere. Jetzt polen wir die Spannung um und legen sie zwischen Außendraht und B. Wieder fließt $\frac{1}{4}$A von A direkt nach B. Wenn wir nun sämtliche Spannungen und Ströme, die in diesen beiden Fällen bestanden haben, überlagern, kommt wieder eine vernünftige Situation heraus. In ihr fließt 1 A bei A hinein, bei B heraus. Der Außendraht liegt auf mittlerem Potential. Von A direkt nach B fließt $\frac{1}{2}$A. Da dort 1 Ω liegt, ist die Spannung zwischen A und B $\frac{1}{2}$V. Diese zieht im ganzen 1 A, also ist der Widerstand des ganzen Gitters $\frac{1}{2}$ Ω. Beim Dreiecksgitter kreuzen sich jeweils sechs Drähte, beim Sechseckgitter je drei. Der Gesamtwiderstand ergibt sich daher aus der entsprechenden Überlegung zu $\frac{1}{3}$ Ω bzw. $\frac{2}{3}$ Ω. Einen Fünfeckzaun gibt es nicht, denn mit Fünfecken kann man die Ebene nicht lückenlos ausfüllen. Ganz analog läßt sich ein kubisches Gitter behandeln: Wir umschließen es durch ein Blech in sehr großer Entfernung und schicken bei A einen Strom von 1 A hinein. Nach jeder Seite fließt $\frac{1}{6}$A weg. Überlagerung mit umgepolter Spannung, die bei B angelegt wird, liefert $\frac{1}{3}$A und $\frac{1}{3}$V zwischen A und B, also $\frac{1}{3}$ Ω.

6.4.1. Elektronenschleuder

In der rotierenden Scheibe stellt sich im Gleichgewicht ein Radialfeld E ein, so daß Feldkraft und Zentrifugalkraft auf die Leitungselektronen einander aufheben: $eE = m\omega^2 r$. Entsprechendes gilt für die Differenz der Potentiale zwischen Scheibenrand und -mitte: $U = \frac{1}{2}\omega^2 r^2 m/e = \frac{1}{2}mv^2/e$. Bei $v = 100$ m/s erhält man $U = 3 \cdot 10^{-8}$ V. So kleine Spannungen werden natürlich leicht z. B. durch Thermospannungen an den Schleifkontakten verfälscht, selbst bei sorgfältiger Wahl identischer Materialien. Einige Hundertstel K genügen.

6.4.2. Tolman-Versuch

Die Spule sei aus einem Draht (Gesamtlänge L, Querschnitt A, Leitfähigkeit σ) gewickelt und habe vor der Bremsung die Umfangsgeschwindigkeit v gehabt. Die Bremsung $\dot{v}$ erzeugt im Draht ein Feld $E = \dot{v}m/e$. Die Gesamtspannung $U = EL = \dot{v}Lm/e$ treibt den Strom $I = U/R = m\dot{v}A\sigma/e$. Während der Bremsung auf $v = 0$ wird die Ladungsmenge $Q = \int I\,dt = mvA\sigma/e$ transportiert. Sie wird ballistisch gemessen und sollte möglichst groß sein. Mit Kupfer (fast so zerreißfest wie Stahl, also mit fast $v = 100$ m/s drehbar, aber sechsmal besser leitend als Stahl) erreicht man bei $A = 10\,\text{cm}^2$ etwa $Q = 10^{-3}$ C. Das läßt sich mit einem ballistischen Galvanometer leicht messen. Auf den Verlauf des Bremsvorganges kommt es nicht an, solange er kurz gegen die Schwingungsdauer des Galvanometers ist.

6.4.3. Wiedemann-Franz-Gesetz

Wenn der Stab die Länge L und die elektrische Leitfähigkeit σ hat, fließt die Stromdichte $j = \sigma U/L$, und es wird eine Joulesche Leistungsdichte $jE = \sigma U^2/L^2$ als Wärmequelldichte frei. Die Wärmeleitungsgleichung heißt also $c\varrho\dot{T} = \lambda T'' + \sigma U^2/L^2$. Im stationären Fall, wenn $\dot{T} = 0$ geworden ist, ergibt sich das T-Profil aus $T'' = -\sigma U^2/(\lambda L^2)$ als $T = T_{\rm m} - \frac{1}{2}x^2\sigma U^2/(\lambda L^2)$. Dabei ist $T_{\rm m}$ die Temperatur in der Mitte, wo aus Symmetriegründen $T' = 0$ ist, x ist der Abstand von der Mitte. Aus der T-Differenz zwischen Mitte und Stabende $\Delta T = \sigma U^2/(8\lambda)$ läßt sich das Verhältnis von elektrischer und Wärmeleitfähigkeit leicht ablesen. Für die meisten Metalle ergibt sich bei $U = 100$ V eine T-Differenz von etwa 1 K.

6.4.4. Essigsäure

Konzentrationen (in mol/l): Essigsäure insgesamt c_0, H-Ionen und Azetationen $c_{\rm H}$, undissoziierte Säure $c_0 - c_{\rm H}$. Das Massenwirkungsgesetz liefert $c_{\rm H}^2 = \kappa(c_0 - c_{\rm H})$, also $c_{\rm H} = \sqrt{\frac{1}{4}\kappa^2 + \kappa c_0} - \frac{1}{2}\kappa$ (die −-Wurzel hat keinen Sinn). Näherung für große und kleine c_0: $c_{\rm H} \approx \sqrt{\kappa c_0}$ für $c_0 \gg \kappa$, $c_{\rm H} \approx c_0$ für $c_0 \ll \kappa$. Dissoziationsgrad $c_{\rm H}/c_0$: $\sqrt{\kappa/c_0}$ für $c_0 \gg \kappa$, 1 für $c_0 \ll \kappa$. Mit $\sigma = e\mu n$, also der Äquivalentleitfähigkeit $\Lambda = e\mu N_{\rm A}/1\,000$ erhält man für $c_0 \to 0$ $\Lambda = 0{,}33$. Der Knick zwischen $\Lambda = $ const und $\Lambda \sim c_0^{-1/2}$ liegt um $c_0 = 10^{-5}$ mol/l. Für $c_0 = 10^{-2}$ mol/l z. B. folgt $\Lambda = 0{,}0166$, wie gemessen.

6.4.5. Debye-Hückel-Länge

Die Debye-Hückel-Länge nimmt mit wachsender Konzentration ab wie $d \sim c^{-1/2}$. Wenn n die Teilchenzahldichte der Ionen eines Vorzeichens ist, gilt $d = \sqrt{\varepsilon\varepsilon_0 kT/(e^2 n)}$. Für $c = 1$ mol/l, d. h. pH = 0, ist $n = 6 \cdot 10^{20}\,{\rm cm}^{-3}$ und $d = 4{,}4$ Å, für pH = 7 ist $d = 1{,}4\,\mu$m, für pH = 14 ergäbe sich, wenn keine anderen Ionen als H^+ da wären, $d = 4{,}4$ mm. Diese Werte bestimmen z. B., ob zwei Ladungen auf einer molekularen Struktur einander beeinflussen. Wenn ihr Abstand größer ist als d, tun sie es nicht, denn sie sind durch die Gegenionenwolken abgeschirmt. – Auf den ersten Blick scheinen die Gegenionenwolken aus dem gleichen Grund zu verhindern, daß ein äußeres Feld überhaupt auf die Ionen einwirkt, sie z. B. zum elektrolytischen Wandern bringt. Aber die Gegenionenhülle wird teilweise abgestreift, um so stärker, je schneller sich das Zentralion bewegt.

6.4.6. Elektrischer Unfall

9 g/l von Ionen mit den relativen Molmassen 23 bzw. 35,5 bedeuten 0,15 mol/l, also Teilchenzahldichten von je $10^{20}\,{\rm cm}^{-3}$ für Na^+ und Cl^-. Mit den Beweglichkeiten aus Tabelle 6.4 folgt eine Leitfähigkeit $\sigma = en(\mu^+ + \mu^-) = 1{,}8 \cdot 10^{-2}\,\Omega^{-1}\,{\rm cm}^{-1}$. Knochen leiten sehr viel weniger. Am gefährlichsten ist der Hand-Hand-Schlag, weil der Strom direkt durch den Brustkorb geht und zum Herztod (Herzflimmern, falsche Schrittmachersignale) führen kann, besonders bei muskel- oder fettbepackten Handgelenken (großer Widerstand hinter kleinem bestimmt den Gesamtwiderstand). Schätzung: Fleischquerschnitt der Engstellen 10 cm², Länge 150 cm, also $R \approx 1\,{\rm k}\Omega$. Bei nassen Händen können schon 110 V gefährlich sein. Vorbeugung: Eine Hand in die Tasche. Der Schlag von der Hand zu den geerdeten Füßen ist trotz etwas kleineren Körperwiderstands harmloser, außer natürlich barfuß auf nassem Boden. Taucher sind bei Kabelarbeiten unter Süßwasser besonders gefährdet: Ihr Körper schwimmt als mittelguter Leiter in einem relativ schlechten, der aber in sehr dünner Schicht den Übergangswiderstand praktisch zu Null macht.

6.4.7. Dissoziationsgleichgewicht

Das allgemeine Reaktionsschema heißt AH $\rightleftarrows$ A + H. Hierbei ist der Ladungszustand nicht angegeben. A kann im Fall einer Base auch den Komplex BOH bedeuten. Wir benutzen die gleichen Buchstaben auch für die Konzentrationen, lassen also die eckigen Klammern weg. Massenwirkungsgesetz: $A \cdot H/AH = K$. Die Gesamtkonzentration von A mit oder ohne Proton ist konstant: $A + AH = C = A + A \cdot H/K$, also ergibt sich $A = CK/(H + K)$. Dissoziationsgrad $\alpha = A/(AH + A) = K(H + K)$. Über K aufgetragen bildet α den rechten Teil einer Hyperbel, deren Pol bei $H = -K$ läge. Über pH $= -{}^{10}\log H$ ist sie symmetrisch um den Halbwertspunkt pH = pK ($\alpha = \frac{1}{2}$).

Tabelle L. 2

H	pH		Ladungszustand Säure	Base
$\ll K$	>pK	1	–	0
0,1 K	pK +1	10/11	–	0
K	pK	1/2		
10 K	pK − 1	1/11	0	+
$\gg K$	<pK	$K/H \ll 1$	0	+

Das Massenwirkungsgesetz drückt aus, daß der Zerfall von AH monomolekular verläuft (Zerfallsrate $\sim AH$), die Rekombination von A und H bimolekular (Rekombinationsrate $\sim A \cdot H$). Im Gleichgewicht müssen beide Raten gleich sein.

6.4.8. i oder nicht-i

Zur Lösung der allgemeinen Wellengleichung $\Delta u = c^{-2}\ddot{u}$ für eine Funktion $u(\boldsymbol{r}, t)$ kann man Orts- und Zeitabhängigkeit im „Separationsansatz" trennen: $u(\boldsymbol{r}, t) = v(\boldsymbol{r})\,w(t)$. Die Wellengleichung wird dann $w\,\Delta v = c^{-2} v\ddot{w}$ oder $\Delta v/v = c^{-2}\ddot{w}/w$. Damit das für alle $\boldsymbol{r}$ und t gelten kann, müssen beide Seiten dieser Gleichung gleich einer Konstanten sein: $\Delta v/v = a = c^{-2}\ddot{w}/w$ oder $\Delta v = av$ und $\ddot{w} = wac^2$, d. h. $w = w_0\,{\rm e}^{\pm c\sqrt{a}t}$, womit a identifiziert ist: Wenn $a < 0$, ist $a = \omega^2/c^2 = \bar{\lambda}^{-2}$, wenn $a > 0$, folgt exponentielles Ab- oder Anklingen. Die Gleichung für den Ortsanteil v, nämlich $\Delta v = av$, ist bei $a < 0$ identisch mit der Gleichung für die Ortsabhängigkeit der Wellenamplitude. Bei $a > 0$ ist es die Poisson-Boltzmann-Gleichung für Potential oder Teilchenzahldichte; dann ist a als $n_0 e^2/(\varepsilon\varepsilon_0 kT)$ zu deuten. Die Lösungen der beiden Gleichungen unterscheiden sich also nur um den Faktor $\sqrt{-1} = {\rm i}$. Im ebenen Fall $v'' = av$

folgt $v = v_0\,e^{\sqrt{ax}}$, $\sqrt{a} = ik$ für die Welle, $\sqrt{a} = r_D^{-1}$ für *Debye-Hückel*. Bei Kugelsymmetrie wird $\Delta v = v_{rr} + 2v_r/r = av$ gelöst durch $v = v_0\,e^{\sqrt{ar}}/r$ (Verifikation durch Einsetzen). Die Amplitude der Kugelwelle geht wie e^{ikr}/r, die Gegenionenkonzentration um ein Ion des anderen Vorzeichens wie $e^{-\sqrt{ar}}/r$. Im zylindrischen Fall $\Delta v = v_{rr} + v_r/r$ gibt es keine so einfache Lösung, auch hier unterscheiden sich aber die beiden Fälle nur durch ein i im Exponenten.

6.4.9. Elektrophorese

Wenn man in der Schicht ein Feld E erzeugt, so daß eine Stromdichte $j = \sigma E$ fließt, wird in der Schicht eine Leistungsdichte $q = jE = \sigma E^2$ als Wärme freigesetzt. Diese konstante Quelldichte bedingt nach der Wärmeleitungsgleichung in der Schicht ein Temperaturprofil, so daß $q = \lambda T''$. Wenn nur an der Grenze mit dem Kühlblock ein Wärmestrom abgeführt wird, also ein Temperaturgradient besteht, dagegen nicht an der anderen Seite der Schicht, wo sie an Luft grenzt, ergibt sich ein Profil in Form einer Halbparabel $T = T_0 + \frac{1}{2}T''x^2 = T_0 + \frac{1}{2}qx^2/\lambda$ (x: Abstand von der an Luft grenzenden Geloberfläche). Wenn der Kühlblock alle Joule-Wärme abführen kann, ist das Gel, wo es an Luft grenzt, um $\Delta T = \frac{1}{2}qd^2/\lambda$ wärmer als der Kühlblock. Wegen dieser d^2-Abhängigkeit macht man das Gel so dünn wie möglich. Typische Werte sind $E \approx 5\,000$ V/m, $\sigma \approx 1\,\Omega^{-1}\,m^{-1}$, $\lambda \approx 0{,}3\,W\,m^{-1}\,K^{-1}$, also $q \approx 2 \cdot 10^7\,W\,m^{-3}$, $\Delta T \approx 3 \cdot 10^7 d^2$ (d in Meter). Kühlt man beiderseits, erhält man eine um die Gelmitte symmetrische Parabel als T-Profil. Die Differenz zwischen maximaler (hier in der Mitte) und minimaler Temperatur ist dann nur $\frac{1}{4}$ so groß wie bei einseitiger Kühlung. Abgesehen von der Gefahr des „Schmorens" haben dicke Gelschichten den Nachteil, daß die Banden, in denen eine bestimmte Substanz konzentriert ist, in den verschiedenen Tiefen der Gelschicht verschiedene Beweglichkeit haben. Es ist also eine um so schärfere Auflösung und Trennung möglich, je dünner die Schicht ist. Die Beweglichkeit eines Moleküls ist aus mehreren Gründen temperaturabhängig: (1) Der Ladungszustand des Moleküls folgt einer Boltzmann-Verteilung mit der Abtrennarbeit der Ladung (hier meist Protonen) im Exponenten. Für viele ionisierbare Molekülteile wie COOH- oder NH_2-Gruppen ist diese Abtrenn- bzw. Anlagerungsarbeit so groß, daß diese Gruppen bei mittlerem pH praktisch alle entweder geladen oder neutral sind. Interessant für die Trennung ist aber oft gerade der pH-Bereich, wo das nicht der Fall ist, bzw. sind solche Gruppen, deren Ladungszustand in der Schwebe ist. Ihr Ionisierungsgrad kann sich bei einigen Grad Temperaturunterschied leicht um einen Faktor 2 ändern. Dazu muß die Abtrennarbeit in der durchaus üblichen Größenordnung von knapp 1 eV liegen. (2) Außer vom Ladungszustand des Moleküls hängt die Beweglichkeit von der Ausdehnung der Gegenionenwolke ab, die sich um die geladenen Gruppen versammelt, also von der Debye-Hückel-Länge. Diese ist ebenfalls T-abhängig, wenn auch viel schwächer, nämlich $r \sim T^{1/2}$. Im einzelnen sind die T-Abhängigkeiten der Beweglichkeiten oft sehr kompliziert.

6.5.1. Kondensationskeime

Wassermoleküle mit ihrem hohen Dipolmoment lagern sich um die Ionen und wenden ihnen, soweit wie möglich, ihre entgegengesetzt geladenen Seiten zu. So entsteht ein Aggregat, das von außen mit der gleichen Polarität geladen erscheint wie das Ion und das daher weitere Dipolmoleküle binden kann. Quantitativ führt die Kontinuumsbetrachtung weiter. Man schreibe die Energieanteile eines Tröpfchens vom Radius r auf: Volumenenergie $W_V = -\frac{4}{3}\pi r^3 \varrho\lambda$ (λ spezifische Kondensationsenergie in J/g, negativ verglichen mit der Energie im Dampfzustand); Oberflächenenergie $W_{Ob} = 4\pi r^2\sigma$ (σ Oberflächenspannung); Coulomb-Energie $W_{el} = Q^2/(4\pi\varepsilon_0 r)$ (Aufladung Q; W positiv als Abstoßungsenergie). Um zu entscheiden, ob und wie sich mehr Wassermoleküle an das Tröpfchen anlagern, muß man versuchsweise die Masse δm anlagern, die den Tropfenradius um δr wachsen läßt ($\delta m = 4\pi\varrho r^2\,\delta r$) und den spezifischen Energiezuwachs dabei ausrechnen:

$$\begin{aligned}\delta W/\delta m &= \delta W/\delta r \cdot 1/(4\pi\varrho r^2)\\ &= -\lambda + 2\sigma/(\varrho r) - Q^2/(16\pi^2\varepsilon_0\varrho r^4)\,.\end{aligned}$$

Ohne Ladung erhält man eine Hyperbel, die bei kleinem r sehr hoch geht: Das Wachsen sehr kleiner Tropfen bringt einen sehr viel geringeren Energiegewinn als normalerweise, ist also nur bei riesiger Übersättigung möglich. Schon bei $Q = e$ dagegen erhält man eine Kurve mit einem Maximum bei $r = \sqrt[3]{e^2/(8\pi^2\varepsilon_0\sigma)} \approx 8$ Å und einer Höhe von 170 J/g, d. h. einer Reduktion der Kondensationswärme um höchstens etwa 10 %. Diese Hürde wird schon bei geringfügiger Übersättigung überwunden. In der Wilson-Kammer erzeugt man solche Übersättigungen durch adiabatische Entspannung. Die Niederschlagsbildung wird durch künstliche Ionenbildung angeregt: Einstreuen leicht photochemisch ionisierbarer Salze wie Silberjodid, direkte Luftionisierung durch Strahlung, besonders γ-Strahlung und sehr schnelle Elektronen.

6.5.2. Akku-Gewicht

Idealerweise wird ein Molekül PbO_2 oder Pb durch Übergang einer Elementarladung in $PbSO_4$ verwandelt (entladen). In Wirklichkeit ist nur etwa $\frac{1}{3}$ davon ausnutzbar. 1 kg Bleiplatte (Mittel zwischen Pb und PbO_2) hat 4,3 mol, d. h. $2{,}6 \cdot 10^{24}$ Moleküle, erlaubt also idealerweise den Übergang von $4{,}1 \cdot 10^5$ C $\approx$ 110 A h, realerweise nur von 35 A h. Mit der Zellenspannung von 2,02 V und fast dem gleichen Gewicht an Säure kommt man auf 30–40 Wh/kg.

6.5.3. Anlasser

Bei einem 30 kW (40 PS)-Motor muß der Anlasser etwa 3 kW aufbringen. Der 12 V-Batterie werden dabei 250 A entnommen (Verlustfreiheit vorausgesetzt). Damit im Kabel höchstens $RI = 0{,}5$ V Spannungsabfall erfolgen, darf sein Widerstand R höchstens $4 \cdot 10^{-3}\,\Omega$ sein. Dies erfordert bei 2 m Länge einen Kupferquerschnitt $A = \varrho l/R \leqq 16\,mm^2$. In einem Kabel von 1 mm² Leiterquerschnitt und 2 m Länge würden bei 250 A nicht weniger als 8,5 V abfallen. Auch eine gesunde Batterie zeigt diesen Effekt. Sie hat nämlich einen Innenwiderstand (s. u.), der bewirkt, daß bei kräftiger Belastung die Klemmenspannung absinkt. Die Lampen, die parallel zum Anlasser liegen, erhalten dann weniger Leistung. U nimmt mit I offenbar linear ab: $U = U_0 - 0{,}01\,I$. Bei $I = 1\,200$ A würde die Spannung auf Null absinken. Dies ist der größte Strom, den man entnehmen kann. U nimmt ab, weil am Innenwiderstand R_i der Batterie ein Spannungsabfall $R_i I$ erfolgt, der von der Leerlaufspannung U_0 abzuziehen ist: $U = U_0 - R_i I$. Die Neigung der $U(I)$-Geraden ist dieser Innenwiderstand $R_i = 0{,}01\,\Omega$. $I = U_0/(R + R_i)$, $U = U_0 - R_i I$, Verbraucherleistung $P = IU = U_0^2 R/(R + R_i)^2$. Differenzieren nach R zeigt, daß maximale Leistung bei $R = R_i$ entnommen wird, und zwar $P_{\max} = U_0^2/(4R_i)$.

25 Gew.-% H_2SO_4 oder 250 g/l bedeuten 2,5 mol/l, d. h. eine Teilchenzahldichte $n = 1{,}5 \cdot 10^{27}\,\text{m}^{-3}$ an SO_4-Ionen, $3 \cdot 10^{27}\,\text{m}^{-3}$ an H-Ionen. Die Leitfähigkeit der Lösung ist $\sigma = en\mu \approx 200\,\Omega^{-1}\,\text{m}^{-1}$. Bei $3 \cdot 10^{-2}\,\text{m}^2$ Plattenquerschnitt und 1 cm Plattenabstand ergibt sich ein Elektrolytwiderstand $R_e = d/(\sigma A) \approx 2 \cdot 10^{-3}\,\Omega$. Im 12 V-Akku sechs solche Zellen hintereinander, Widerstände addieren sich, Säurewiderstand = Innenwiderstand. Bei der Taschenlampenbatterie mit ihrem „trockenen" Elektrolyten ist die Leitfähigkeit etwa zehnmal kleiner als beim Akku, die Fläche der Elektroden (zylindrischer Becher) ebenfalls mindestens zehnmal kleiner. Man erwartet einen Innenwiderstand um 1 Ω für jede 1,5 V-Zelle, also nur etwa 1 A Maximalstrom, nicht mehr als 1 W Maximalleistung für jede Zelle.

= Kapitel 7: Lösungen . . .

7.1.1. Draht im Feld

Bei Gleichstrom tritt keine Kraft auf, wenn der Draht parallel zum Magnetfeld liegt. Bei Wechselstrom ist dies natürlich auch richtig. Bei beliebiger Drahtrichtung kommt im konstanten Feld nur eine Zitterbewegung des Drahtes zustande, ebenso im Wechselfeld, wenn der Strom eine Phasenverschiebung $\pi/2$ gegen das mit der gleichen Frequenz wechselnde Magnetfeld hat. Dann ist nämlich die Kraft $F = IBL$ ebensooft nach der einen wie nach der anderen Seite gerichtet.

7.1.2. Schleife im Feld

Wenn $\boldsymbol{B}$ parallel zur Schleifenebene, aber senkrecht zur Drehachse steht, entsteht für Gleichstrom und Gleichfeld das maximale Drehmoment $T = IAB$ (A: Schleifenfläche). Wenn B parallel zur Achse ist, erfahren die achsparallelen Drahtstücke gar keine Kraft, die dazu senkrechten Drahtstücke heben einander in ihren Beiträgen auf. Wenn B senkrecht zur Schleifenebene steht, suchen die Kräfte die Schleife nur zu weiten oder zusammenzuziehen; ein Moment kommt nicht zustande. Gleichstrom im Wechselfeld oder Wechselstrom im Gleichfeld ergibt höchstens ein periodisch wechselndes Drehmoment, also eine Zitterbewegung. Wechselstrom im Wechselfeld ergibt auch bei günstigster Feldrichtung nur bei Phasengleichheit zwischen Strom und Feld maximales Drehmoment; das Magnetfeld müßte sich also immer mit der Schleife mitdrehen. Bei einer Phasenverschiebung $\pi/2$ kommt ebenfalls nur ein periodisch wechselndes Drehmoment zustande.

7.1.3. Drehspul-Meßwerk

Ein Wechselstrom erzeugt im Gleichfeld des Permanentmagneten ein schnell wechselndes Drehmoment, das höchstens eine Zitterbewegung der Drehspule hervorruft. Wechselstrom kann nur nach Gleichrichtung gemessen werden. Die Skala ist gleichmäßig eingeteilt, wenn man dafür sorgt, daß das Magnetfeld den Spulenkörper praktisch radial durchsetzt. Dann ist das Drehmoment auf den Spulenrahmen proportional zum Strom, der Ausschlag gegen die elastische Spiralfeder ebenfalls. Die radiale Feldanordnung erreicht man durch einen zylindrischen Eisenkern im entsprechend geformten Polzwischenraum; dieser Kern kann sich entweder mit dem Spulenrahmen mitdrehen oder nicht.

7.1.4. Wattmeter

Das Feld B ist proportional zum Strom, also sind Drehmoment $T = AIB$ und Zeigerausschlag proportional zu I^2. Das Gerät mißt Gleichstrom und den Effektivwert eines Wechselstromes (Wurzel aus Mittelwert von I^2), allerdings mit quadratisch eingeteilter Skala. Die Spannung U am Verbraucher treibt durch die Drehspule im „Spannungspfad" einen Strom $I_D \sim U$. Der Strom I_F im „Strompfad", der auch durch den Verbraucher R_V fließt, erzeugt ein Magnetfeld $B \sim I_F$. Beide zusammen erzeugen bei Phasengleichheit ein Drehmoment $T \sim I_F U$. Bei Gleichstrom zeigt das Gerät die Leistung direkt an, bei Wechselstrom zählt nur die Komponente $I_F \cos\varphi$ des Stromes, also der Wirkstrom (φ ist der Phasenwinkel zwischen U und I_F). Das Gerät zeigt direkt die Wirkleistung an, und zwar mit linearer Skala. Phasengleichheit zwischen I_D und U ist allerdings nur garantiert, wenn $R_1 \gg \omega L_D$. Ersetzt man R_1 durch eine Spule, dann ist I_D um $\pi/2$ gegen U phasenverschoben. Ein Zeigerausschlag erfolgt nur, wenn der Verbraucherstrom I_F eine mit I_D phasengleiche Blindkomponente hat. Man mißt direkt die Blindleistung. Das Gerät zeigt das Produkt der beiden Ströme an und läßt sich z. B. als Multiplikator in einem Analogrechner verwenden. Bei zwei phasenverschiedenen Wechselströmen zählt hierbei nur die Komponente des einen, die mit dem anderen in Phase ist.

7.1.5. Vektoranalysis I

Der Ortsvektor sei $\boldsymbol{r} = (x_1, x_2, x_3)$. Ableitung nach der Koordinate x_i kennzeichnen wir durch einen Index i, von den übrigen Indizes getrennt durch ein Komma. In $\operatorname{div}(\boldsymbol{a} \times \boldsymbol{b})$ müssen die Komponenten von $\boldsymbol{a} \times \boldsymbol{b} = (a_2b_3 - a_3b_2, a_3b_1 - a_1b_3, a_1b_2 - a_2b_1)$ nach 1, 2, 3 differenziert und summiert werden. Man erhält als Faktor von a_1 ein Glied $b_{2,3} - b_{3,2}$, das man als negative erste Komponente von rot $\boldsymbol{b}$ erkennt. Zusammengefaßt: $\operatorname{div}(\boldsymbol{a} \times \boldsymbol{b}) = -\boldsymbol{a} \cdot \operatorname{rot} \boldsymbol{b} + \boldsymbol{b} \cdot \operatorname{rot} \boldsymbol{a}$. Speziell bei konstantem $\boldsymbol{a}$ ist $\operatorname{div}(\boldsymbol{a} \times \boldsymbol{b}) = -\boldsymbol{a} \cdot \operatorname{rot} \boldsymbol{b}$. rot $(\boldsymbol{a} \times \boldsymbol{b})$ ist noch etwas mühsamer auszurechnen. Man findet $\operatorname{rot}(\boldsymbol{a} \times \boldsymbol{b}) = \boldsymbol{a} \operatorname{div} \boldsymbol{b} - \boldsymbol{b} \operatorname{div} \boldsymbol{a} - \boldsymbol{a} \cdot \mathbf{grad}\, \boldsymbol{b} + \boldsymbol{b} \cdot \mathbf{grad}\, \boldsymbol{a}$. Hierbei ist $\mathbf{grad}\, \boldsymbol{a}$ eine Matrix, deren i-ter Zeilenvektor der gewöhnliche Gradient von a_i ist. Wenn $\boldsymbol{a}$ konstant ist, bleiben davon offensichtlich nur die Glieder $\boldsymbol{a} \operatorname{div} \boldsymbol{b} - \boldsymbol{a} \cdot \mathbf{grad}\, \boldsymbol{b}$.

7.1.6. Vektoranalysis II

Nach Aufgabe 7.1.5 bleibt bei konstantem $\boldsymbol{v} = (v, 0, 0)$ nur $\boldsymbol{v}\, \mathbf{grad}\, \boldsymbol{E} = v_k E_{i,k} = v\, \partial \boldsymbol{E}/\partial x$ übrig. Der Zeit $\mathrm{d}t$ entspricht ein Vorrücken um $\mathrm{d}x = v\, \mathrm{d}t$, also eine Feldänderung $\mathrm{d}\boldsymbol{E} = \mathrm{d}x\, \partial \boldsymbol{E}/\partial x$. Daher ist $\boldsymbol{v} \operatorname{div} \boldsymbol{E} + \operatorname{rot}(\boldsymbol{E} \times \boldsymbol{v})$ die Änderungsgeschwindigkeit von $\boldsymbol{E}$ infolge dieses Vorrückens. Das gilt auch bei allgemeiner Richtung von $\boldsymbol{v}$. In der Hydrodynamik ergibt sich die Beschleunigung, die ein Flüssigkeitsteilchen erfährt, aus der „ortsfesten" Beschleunigung $\partial \boldsymbol{v}/\partial t$ plus der Änderung infolge Strömens in ein Gebiet mit anderem $\boldsymbol{v}$-Wert: $\boldsymbol{v}\, \mathbf{grad}\, \boldsymbol{v} = \boldsymbol{v} \operatorname{div} \boldsymbol{v} + \operatorname{rot}(\boldsymbol{v} \times \boldsymbol{v})$. Das ist der Beschleunigungsanteil, der in Abschn. 3.3.4 als $\boldsymbol{a}_2$ bezeichnet wurde. Für eine inkompressible Strömung ist $\operatorname{div} \boldsymbol{v} = 0$, sonst würde sich die Dichte ändern. In diesem Fall ist $\boldsymbol{a}_2 = \operatorname{rot}(\boldsymbol{v} \times \boldsymbol{v})$.

7.1.7. Relativität der Felder

Gestrichene Größen beziehen sich auf das Bezugssystem des Raumschiffes, ungestrichene auf das „ruhende". Die zeitliche $\boldsymbol{B}'$-Änderung im Raumschiff setzt sich zusammen aus der ungestrichenen und einem Anteil infolge der Bewegung in ein Gebiet mit anderem $\boldsymbol{B}$ (vgl. Aufgabe 7.1.6): $\dot{\boldsymbol{B}}' = \dot{\boldsymbol{B}} + \boldsymbol{v} \operatorname{div} \boldsymbol{B} + \operatorname{rot}(\boldsymbol{B} \times \boldsymbol{v})$. Entsprechend für $\boldsymbol{D}$: $\dot{\boldsymbol{D}}' = \dot{\boldsymbol{D}} + \boldsymbol{v} \operatorname{div} \boldsymbol{D} + \operatorname{rot}(\boldsymbol{D} \times \boldsymbol{v})$. $\operatorname{div} \boldsymbol{B}$ ist überall 0, $\operatorname{div} \boldsymbol{D} = \varrho$. Im Raumschiff gelten die Maxwell-Gleichungen:

$$\operatorname{rot} \boldsymbol{H}' = \dot{\boldsymbol{D}}' + \boldsymbol{j} = \dot{\boldsymbol{D}} + \varrho \boldsymbol{v} + \operatorname{rot}(\boldsymbol{D} \times \boldsymbol{v}) + \boldsymbol{j}$$

$$\operatorname{rot} \boldsymbol{E}' = -\dot{\boldsymbol{B}}' = -\dot{\boldsymbol{B}} - \operatorname{rot}(\boldsymbol{B} \times \boldsymbol{v})\,.$$

Soweit wie möglich in ungestrichenen Größen ausgedrückt, heißt das

$$\operatorname{rot}(\boldsymbol{H}' + \boldsymbol{v} \times \boldsymbol{D}) = \dot{\boldsymbol{D}} + \boldsymbol{j} + \varrho \boldsymbol{v} \quad \operatorname{rot}(\boldsymbol{E}' - \boldsymbol{v} \times \boldsymbol{B}) = -\dot{\boldsymbol{B}}\,.$$

Vergleich mit den Maxwell-Gleichungen des Ruhesystems zeigt: (1) Zur Stromdichte $\boldsymbol{j}$ des Leitungsstroms, den beide Beobachter messen, kommt für den ruhenden noch der Konvektionsstrom $\varrho \boldsymbol{v}$. Wenn Teile des Raumschiffs geladen sind, repräsentieren sie natürlich für das Ruhesystem eine Stromdichte $\varrho \boldsymbol{v}$. (2) $\boldsymbol{E} = \boldsymbol{E}' - \boldsymbol{v} \times \boldsymbol{B}$, $\boldsymbol{H} = \boldsymbol{H}' + \boldsymbol{v} \times \boldsymbol{D}$. Statt $\boldsymbol{E}$ ist also $\boldsymbol{E}' = \boldsymbol{E} + \boldsymbol{v} \times \boldsymbol{B}$ das im Raumschiff wirksame Feld. Die Ladungen im Raumschiff unterliegen nicht nur der Coulomb-Kraft $e\boldsymbol{E}$, sondern einer Zusatzkraft $e\boldsymbol{v} \times \boldsymbol{B}$. Diese Lorentz-Kraft ist kein neues Postulat, sondern wächst automatisch aus der Coulomb-Kraft heraus. Bei $v \approx c$ sind noch relativistische Korrekturen anzubringen (Division durch $\sqrt{1 - v^2/c^2}$). Überhaupt ergeben sich diese Transformationen in der Relativitätstheorie ganz zwangsläufig (vgl. Aufgaben zu 15.3).

7.1.8. Space talk

Die Rakete fliege mit $\boldsymbol{v}$ relativ zu uns. Der Funkspruch des Astronauten könnte so lauten: „Da fliegt ein geladenes Teilchen mit der Geschwindigkeit $-\boldsymbol{v}$. Es herrscht ein Magnetfeld $\boldsymbol{B}$. Trotz der Lorentz-Kraft $-e\boldsymbol{v} \times \boldsymbol{B}$ fliegt das Teilchen genau geradlinig. Also muß außer dem $\boldsymbol{B}$-Feld noch ein $\boldsymbol{E}$-Feld senkrecht dazu und zur Flugrichtung des Teilchens herrschen, so daß die Coulomb-Kraft $e\boldsymbol{E}$ die Lorentz-Kraft $-e\boldsymbol{v} \times \boldsymbol{B}$ genau kompensiert. Dieses Feld muß also $\boldsymbol{E} = \boldsymbol{v} \times \boldsymbol{B}$ sein. Tatsächlich: In meiner Rakete werden geladene Teilchen von diesem $\boldsymbol{E}$-Feld alle beschleunigt." Für uns ist die Beschleunigung der Teilchen in der Rakete relativ zu dieser auch beobachtbar. Wir erklären sie nicht durch ein $\boldsymbol{E}$-Feld, sondern durch die Lorentz-Kraft $e\boldsymbol{v} \times \boldsymbol{B}$, die diese mitfliegenden Teilchen ja erfahren müssen. Auch so ergibt sich wieder, daß für den Raumfahrer aus dem $\boldsymbol{B}$-Feld ein $\boldsymbol{E}$-Feld $\boldsymbol{E} = \boldsymbol{v} \times \boldsymbol{B}$ herauswächst.

7.2.1. Kreisstrom

Für den Mittelpunkt der Kreisschleife vom Radius a ist im Biot-Savart-Gesetz für alle Leiterelemente $\alpha = 90°$ und $r = a$, also $H = 2\pi I a/(4\pi a^2) = I/(2a)$. Das Feld zeigt in Achsenrichtung, und zwar nach der Definition des Vektorprodukts so, daß der Strom, in Feldrichtung gesehen, im Uhrzeigersinn umläuft. In einem Achsenpunkt im Abstand r' von der Kreismitte ist immer noch $\alpha = 90°$, aber $r = \sqrt{r'^2 + a^2}$ also $H = \frac{1}{2} I a/(r'^2 + a^2)$; bei $r' \gg a$ ist $H = \frac{1}{2} I a/r'^2$. Die übrigen Fragen werden in der Lösung zu Aufgabe 7.4.1 mitbeantwortet.

7.2.2. Kurze Spule

Beim Rohr der Wandstärke d, umflossen von der Stromdichte j, ist jd der „Amperewindungszahl/m" nI gleichzusetzen. Auf dem Rohrabschnitt $\mathrm{d}r$ fließt der Strom $I = dj\, \mathrm{d}r$. Dieser Abschnitt liefert nach *Biot-Savart* einen Beitrag

$$\mathrm{d}H = \frac{1}{2} dja^2\, \mathrm{d}r/(a^2 + r^2)^{3/2}\,.$$

Man muß nämlich nur die axiale Komponente nehmen, also die Feldstärke von (7.38) noch mit dem Richtungssinus $a/\sqrt{a^2 + r^2}$ multiplizieren (Abb. 7.23). Der Ausdruck $\mathrm{d}H$ muß über r von $-L/2$ bis $L/2$ integriert werden. Da $\int (a^2 + r^2)^{-3/2}\, \mathrm{d}r = ra^{-2}(a^2 + r^2)^{-1/2}$ ist, ergibt sich schließlich für das Feld in der Spulenmitte $H = jdL/\sqrt{L^2 + 4a^2} = NI/\sqrt{L^2 + 4a^2}$, wo $N = nL$ die Gesamtwindungszahl ist. Für $L \gg a$ (lange Spule) ist $H = nI$, für $L \ll a$ und $N = 1$ (Kreisring) ist $H = I/(2a)$. Denkt man sich die kurze Spule in zwei Hälften zerschnitten, dann leistet jede davon den Beitrag $H = NI/(2\sqrt{L^2 + 4a^2})$ zum Feld in der Mitte. Mit ihrer Länge $L' = L/2$ erzeugt also jede Spule in ihrer Endflächenmitte ein Feld $H = NI/\sqrt{L'^2 + 16a^2}$.

7.2.3. Bohr-Magneton

Nach Aufgabe 7.2.1 herrscht im Mittelpunkt einer Kreisschleife vom Radius r, durch die der Strom I fließt, das Magnetfeld $H = I/(2r)$. Wenn das Feld in der Kreisebene diesen Wert bis zum Draht behält (was ungefähr zutrifft), ergibt sich ein Magnetfluß durch die Schleife von $\Phi = \mu_0 HA \approx \mu_0 I \frac{1}{2}\pi r$. Auf der Achse kann man sich etwa um r entfernen, bis sich dieses Feldlinienbündel wesentlich auflockert. Also ist das magnetische Moment etwa das einer Spule der Länge $2r$, d. h. $p_m \approx \Phi 2r/\mu_0 \approx I\pi r^2 = IA$. Wenn ein Elektron im Atom die Umlaufsfrequenz ν hat, stellt es im Mittel den Strom $I = e\nu$ dar. Das magnetische Moment dieses Kreisstroms ist $p_m = \pi e \nu r^2$. Aus der Drehimpulsbedingung $mvr = nh$ im Bohrschen Modell folgt $\nu = v/(2\pi r) = nh/(2\pi m r^2)$, also $p_m = neh/(2m) = n \cdot 1{,}2 \cdot 10^{-29}$ V s m. Das ist die Definition des Bohrschen Magnetons: Eine Elektronenbahn mit der Hauptquantenzahl n hat ein Moment von n Bohrschen Magnetonen. Allgemein überträgt sich so die Drehimpulsquantelung in eine entsprechende Quantelung der magnetischen Momente.

7.2.4. Erdfeldmessung

Die Nadel vom magnetischen Moment $\boldsymbol{p}$ steht im Feld $\boldsymbol{H}$ unter dem Drehmoment $\boldsymbol{T} = \boldsymbol{p} \times \boldsymbol{H}$. Bei kleiner Auslenkung ($\sin\alpha \approx \alpha$) bedeutet das ein elastisches Rückstellmoment, das zu Schwingungen mit der Kreisfrequenz $\omega = \sqrt{pH/J}$ führt. Um H, genauer seine Horizontalkomponente, absolut zu messen, muß man p und J kennen. J läßt sich berechnen oder aus der Schwingungsdauer ohne Feld bei Aufhängung an einer Feder bekannter Torsionssteifigkeit bestimmen. p wird meist gemessen, indem man das Feld der untersuchten Nadel in seiner Wirkung auf eine andere Magnetnadel mit dem Erdfeld vergleicht. Die zweite Nadel (N_2) wird frei aufgehängt, die erste (N_1) in entsprechender Orientierung so weit an N_2 herangeschoben, bis N_2 umschlägt. In diesem Abstand r ist $H = 2p/(4\pi\mu_0 r^3)$. Man hat also H/p, der Schwingungsversuch lieferte Hp, so daß jetzt H und p einzeln bekannt sind. Einfacher ist die Vergleichsmessung z. B. mit dem Feld im Innern einer Spule, das leicht direkt als A/m anzugeben ist: Die Schwingungsdauern der Nadel verhalten sich wie die Werte $H^{-1/2}$.

7.2.5. Elektromagnet

Da im Fall des Permanentmagneten kein „echter", d. h. makroskopisch sichtbarer Strom fließt, muß rot $\boldsymbol{H}$ verschwinden. Da die H-Linien außen alle von N nach S laufen, müssen sie das im Eisen auch tun, und zwar so, daß das Umlaufintegral Null wird, ganz im Gegensatz zur Luftspule und auch der Kernspule, wo die H-Linien die Drähte einsinnig umkreisen. Dieses „falsch herum" laufende H im Permanentmagneten nennt man manchmal demagnetisierendes Feld H_d. B dagegen ist immer divergenzfrei, das bei S eintretende Bündel von B-Linien läuft also bei allen drei Magnettypen auch im „richtigen" Sinn durchs Innere, bis es bei N wieder austritt. Im Permanentmagneten ist $\boldsymbol{B} = \mu\mu_0\boldsymbol{H}$ nicht anwendbar, μ müßte sogar negativ sein. Wir sind auf dem „nordwestlichen" Bogen der Hysteresisschleife, wo H negativ, B positiv ist. Wenn A und L Querschnitt und Dicke des Luftspalts sind, A' und L' Querschnitt und Länge des Eisens, gilt $H'L' = -HL$ (rot $\boldsymbol{H} = \boldsymbol{0}$) und $B'A' = BA$ (div $\boldsymbol{B} = 0$), $B = \mu_0 H$, also das Eisenvolumen $V' = L'A' = VB^2/(\mu_0 H'B')$. Für die Tragkraft des Magneten kommt es auf das Feld im Luftspaltvolumen V an, genauer auf das „Energieprodukt" VB^2/μ_0. Damit dies bei gegebenem Eisenvolumen möglichst groß wird, muß das Produkt $H'B'$ im Eisen maximal sein. Die entsprechende optimale Magnetisierung findet man aus der Hysteresiskurve aus der Bedingung, daß das einbeschriebene Rechteck maximale Fläche $H'B'$ haben muß.

7.3.1. Weidezaun

6 V sind völlig harmlos. Man merkt sie nur an der feuchten Zunge zwischen nahestehenden Polen einer Batterie. Also müssen am Weidezaun höhere Spannungen liegen. Wer mal einen angefaßt hat, weiß, daß solche Spannungen nur kurzzeitig periodisch dranliegen. Vor allem bitte nie draufpinkeln! Transformieren kann man nur Wechselstrom. Man muß also den Gleichstrom aus dem Akku periodisch unterbrechen. Das tut der Unterbrecher im Kasten, ein Schalter, der periodisch auf- und zugeht. Bei jedem Öffnen und Schließen erfolgt eine plötzliche Stromänderung, die in einer Spule oder einem Trafo eine Spannung induziert. Genauso macht der Unterbrecher im Auto aus dem Gleichstrom des Akkus die hohe Zündspannung, die einen ebenfalls fast umschmeißen kann. Das periodische Öffnen und Schließen könnte ein Motor besorgen wie im Auto. Es geht aber auch so: Ein Bimetallstreifen wird heiß, biegt sich also, wenn er von Strom durchflossen wird. Ohne Strom kühlt er ab und wird wieder gerade. So funktionieren die meisten Blinker in unseren Autos.

7.3.2. Zebrastreifen im Meer

In der Nähe eines ausgedehnten Körpers mit der Suszeptibilität χ (Erzlager, Schiff o. ä.) ist die Normalkomponente des B-Feldes der Erde um den Faktor $1 + \chi$ größer als anderswo. $B_\perp$ tritt nämlich wegen div $\boldsymbol{B} = 0$ stetig durch die Grenzfläche Erz-Luft, und im Erz ist B um den Faktor $1 + \chi$ größer als im nichteisenhaltigen Gestein; an der Grenzfläche zwischen diesem und dem Erz herrscht rot $\boldsymbol{B}$ proportional zur Dichte der gebundenen Oberflächenströme, also ist B im Erz größer als draußen. In größerem Abstand wirkt das Objekt wie ein magnetischer Dipol. Der B-Unterschied gegen das unverzerrte Feld nimmt mit d^2/r^2 ab, wo d eine charakteristische Abmessung des Objekts ist: $\Delta B \approx \chi B_0 d^2/r^2$. Ein U-Boot mit Eisenrumpf ($\chi \approx 10^3$, $d \approx 10$ m) ergibt noch in mehr als 10 km Abstand ein merkliches $\Delta B \approx 10^{-9}$ T, ein Erzlager mit $\chi \approx 1$, $d \approx 100$ m fast ebensoweit, ein mächtiger Basalteinschluß ($\chi \approx 10^{-2}$) etwas weniger. Die fossile Magnetisierung entspricht ähnlichen Größenordnungen. Die Entdeckung, daß die Streifen wechselnder Magnetisierungsrichtung ganz regelmäßige „Zebrastreifen" auf dem Ozeanboden parallel zu den mittelozeanischen Rücken bilden, hat zur Wiederbelebung der Kontinentalverschiebungstheorie in der Plattentektonik beigetragen.

7.3.3. Trafo-Bleche

Die Bleche müssen in $\boldsymbol{B}$-Richtung liegen, damit die Ströme, die senkrecht dazu fließen, unterdrückt werden. Ein Blechquerschnitt der Dicke d und der Länge a umfaßt eine Flußänderung $\dot{\Phi} = \dot{B}ad$, die eine ebenso große Randspannung U induziert. Die Feldstärke, die im wesentlichen längs $2a$ abfällt, ist also $E \approx \dot{B}d/2$ und treibt eine Stromdichte $j \approx \sigma \dot{B}d/2$. Die Joule-Leistungsdichte $p = jE \approx \sigma\omega^2 B^2 d^2/4$ wird im Eisen frei. Sie nimmt wie d^2 ab, wenn man die gegeneinander natürlich durch Lack- oder Papierschichten isolierten Bleche dünner macht. Bei Stäben vom Radius r ist die Fläche ad durch πr^2, die Weglänge $2a$ durch $2\pi r$ zu ersetzen, an der Leistungsdichte ändert sich so gut wie nichts. Vergleich dieser Verlustleistung mit der Übertragungsleistung des Trafos: Wir vergleichen mit der Blindleistung $UI = U^2/(\omega L) = \Phi^2\omega/L$ des unbelasteten Trafos. Die übertragbare Wirkleistung ist sehr viel größer als diese Blindleistung, die nur den Magnetisierungsstrom I enthält. Drückt man die Induktivität der Primärspule als $L = \mu\mu_0 N^2 A/l'$ aus, erhält man ein Verhältnis $P_W/P \approx \sigma\omega\mu\mu_0 d^2 N^2$. Mit $\sigma \approx 3 \cdot 10^6\,\Omega^{-1}\,\text{m}^{-1}$ (Spezialeisen mit geringer Leitfähigkeit), $d = 0{,}1$ mm und Netzfrequenz erreicht dieses Verhältnis schon bei nicht zu großen Windungszahlen N die Größenordnung 1. Im Verhältnis zur viel größeren übertragbaren Leistung (Primär- und Sekundärstrom kompensieren einander größtenteils in ihrer magnetischen Wirkung) machen die Wirbelstromverluste unter diesen Umständen nur einige Prozent aus. Bei Hochfrequenz werden die Verluste entsprechend ω sehr viel größer. Dort muß man Trafokerne aus Ferriten mit sehr geringer Leitfähigkeit oder gepreßte Pulver mit sehr kleinem d verwenden.

7.3.4. Seltsame Heizung

Der Rahmen mit der Seitenlänge a umfaßt, wenn er eine Strecke x ins Feld hineinragt, den Fluß $\Phi = axB$. Bei der Verschiebung mit $\dot{x} = v$ wird $\dot{\Phi} = avB$. Das ist gleichzeitig die induzierte Spannung. Sie springt auf diesen Wert, wenn der Rahmen ins Feld eintritt, und fällt wieder auf 0, wenn er ganz drin ist. Die Spannung $U = avB$ treibt einen Strom $I = U/R = avBA/(4\varrho a) = 2\,000$ A. Bei $a = 1$ m wird $U = 40$ V, die Leistung $UI = 8 \cdot 10^4$ W erhitzt den 0,6 kg schweren Rahmen (Wärmekapazität 260 J/K) um ca. 300 K/s, also während des 0,05 s dauernden Hineinstoßens von 20° auf 35 °C. Beim Herausreißen fließt der Strom in anderer Richtung, aber die Erwärmung ist wieder 15 K. Der Energiesatz wird befriedigt durch die Kraft, die man für beide Bewegungen braucht: $F = \text{Leistung}/\text{Geschw.} = IU/v = aBI = 1{,}6 \cdot 10^5\,\text{N} = 16\,\text{t}$.

7.4.1. Analogie

Im elektrischen Feld wird aus jedem atomaren Teilchen ein Dipol, der dem Feld *gleich*gerichtet ist. Dazu kommt natürlich die Orientierung bereits vorher vorhandener Dipole. Im magnetischen Feld ist der Orientierungseffekt für bereits vorhandene Dipole (Paramagnetismus) ganz ähnlich wie im elektrischen, aber die Erzeugung von Dipolen verläuft anders: Ladungen werden, klassisch betrachtet, zum Kreisen um die Feldlinien veranlaßt. Die entstehenden magnetischen Dipole sind nach der Lenz-Regel dem Feld *entgegen*gerichtet. Letzten Endes beruht der Unterschied wieder darauf, daß es keine magnetischen Ladungen gibt.

7.4.2. Larmor-Rotation

Die Ladungen, die ein atomares Teilchen zusammensetzen, sind offenbar normalerweise kräftemäßig im Gleichgewicht, d. h., anziehende Kräfte, die z. B. zwei Ladungen zusammenreißen würden, sind durch die Zentrifugalkräfte entsprechender Umlaufsbewegungen kompensiert usw. Schaltet man nun ein Magnetfeld $\boldsymbol{B}$ ein, dann wird dieses Kräftegleichgewicht gestört. Jede Bahnbewegung einer Ladung e mit der Geschwindigkeit v führt zu einer Zusatzkraft $ev \times \boldsymbol{B}$. Das System hat aber ein ganz einfaches Mittel, um alle diese Zusatzkräfte auf einen Schlag zu kompensieren: Es braucht nur als Ganzes mit der Winkelgeschwindigkeit $\boldsymbol{w}$ zu rotieren, denn dabei treten Coriolis-Kräfte $mv \times \boldsymbol{w}$ auf, die, wenn $\boldsymbol{w} = -e\boldsymbol{B}/m$ ist, das Gleichgewicht genau wiederherstellen. Voraussetzung dafür ist allerdings, daß alle bewegten Teilchen geladen sind und die gleiche spezifische Ladung e/m haben, z. B. alle Elektronen sind. Ein Atom, in dem N Elektronen im mittleren Abstand r vom Kern sitzen, wird so zu einem Kreisstrom $I = Ne2\pi\omega = B2\pi Ne^2/m$ mit der Fläche πr^2, also dem magnetischen Moment $\boldsymbol{p}_\text{m} = -\boldsymbol{B}2\pi^2 r^2 Ne^2/m$. Streng genommen ist r^2 hierbei durch den Mittelwert der Abstandsquadrate der Elektronen von einer Achse zu ersetzen, die parallel zu $\boldsymbol{B}$ ist und durch den Kern geht. Bei einer Teilchenzahldichte n hat das Medium die Magnetisierung $\boldsymbol{J} = -n\boldsymbol{B} \cdot 2\pi^2 r^2 Ne^2/m$, also die diamagnetische Suszeptibilität

$$\chi = -2\pi^2 nr^2 Ne^2/m\,.$$

Für $n = 10^{23}\,\text{cm}^{-3}$, $N = 5$, $r = 0{,}5$ Å ergibt sich $\chi = -15 \cdot 10^{-6}$, d.h. etwa der Wert für Wismut (praktisch braucht man nur die Außenelektronen zu zählen, da die inneren ein sehr viel kleineres r^2 haben). N_2-Gas hat nur $n = 2 \cdot 10^{19}\,\text{cm}^{-3}$, also ergibt die Theorie ebenfalls einen vernünftigen Wert (vgl. Tabelle 7.1).

7.4.3. Dia oder Para?

Alle Atome und Moleküle sind diamagnetisch, denn die Ursache dafür ist völlig allgemein für jedes Ladungssystem (vgl. Aufgabe 7.4.2). Bei einigen wird der Diamagnetismus durch den sehr viel stärkeren Paramagnetismus überdeckt. Das ist der Fall wenn das Teilchen ein Permanentmoment hat. Im klassischen Bild der umlaufenden Elektronen tritt *kein* Paramagnetismus auf, wenn für jedes Elektron ein anderes vorhanden ist, das mit der gleichen Bahnform und -orientierung, aber im entgegengesetzten Sinn umläuft (gepaarte Elektronen). Ein *un*gepaartes Elektron hat ein Moment $p_\text{m} = IA = ev \cdot \pi r^2$. Dabei ist v bestimmt durch die Kreisbahnbedingung $m\omega^2 r = e^2/(4\pi\varepsilon_0 r^2)$, also $p_\text{m} = 2\pi^2 e^2\sqrt{r/(4\pi\varepsilon_0 m)}$. Ausrichtung dieser Momente ergibt entsprechend Aufgaben 6.2.3 und 7.4.5 die paramagnetische Suszeptibilität $\chi = Np_\text{m}^2/(3kT) = \pi^3 e^4 rnN/(3\varepsilon_0 mkT)$ (N ungepaarte Elektronen im Teilchen, Teilchenzahldichte n). Vergleich mit Aufgabe 7.4.2 ergibt ein Verhältnis zwischen para- und diamagnetischer Suszeptibilität $\chi_\text{p}/\chi_\text{d} = \pi e^2/(3\varepsilon_0 rkT)$, also etwas größer als das Verhältnis der Bindungsenergie zur thermischen: $10\,\text{eV}/0{,}025\,\text{eV} \approx 400$.

Atome oder Moleküle mit ungepaarten Elektronen sind also paramagnetisch. Dabei handelt es sich i. a. um die gleiche Elektronenpaarung, die auch die chemische Bindung bewirkt. Daher sind Moleküle mit abgesättigten Bindungen meist diamagnetisch. Sauerstoff zeigt durch seinen Paramagnetismus, daß er eigentlich aus „Radikalen" besteht. Atome mit abgeschlossenen Elektronenschalen und -unterschalen sind ebenfalls diamagnetisch.

7.4.4. Metall-Paramagnetismus

Im Magnetfeld zerfällt der vorher einheitliche Potentialtopf der Leitungselektronen in zwei Teiltöpfe, einer für die Elektronen mit parallel zum Feld eingestellten Spins, der andere für die mit der anderen Spinrichtung. Beide Töpfe haben identische Form, nur sind sie um die doppelte Dipolenergie $2p_{\mathrm{m\,B}}B$ gegeneinander verschoben, wobei $p_{\mathrm{m\,B}}$ das magnetische Moment des Elektronenspins (ein Bohr-Magneton) ist. Da in einem Metall das Leitungsband nicht vollbesetzt ist, werden Elektronen aus dem höheren in den niederen Topf übergehen, und zwar durch Umklappen ihrer Spins in die Feldrichtung. Dies geschieht so lange, bis die beiden Töpfe bis zur gleichen Höhe gefüllt sind. Dann sitzen so viel mehr Spins im feldparallelen Topf, wie Elektronen in der Energiezone der Breite $2p_{\mathrm{m\,B}}B$ Platz haben. Wenn W_0 die Gesamtbreite des Leitungsbandes ist, entfallen auf die Breite $2p_{\mathrm{m\,B}}B$ im m^3 ungefähr $n2p_{\mathrm{m\,B}}B/W_0$ Elektronen. Die Magnetisierung ist also $J = np_{\mathrm{m\,B}}^2 B/W_0$. Die Suszeptibilität $\chi = \mu_0 np_{\mathrm{m\,B}}^2/W_0$ ist, obwohl sie nicht von der Temperatur abhängt, als paramagnetisch anzusprechen. Mit $n \approx 10^{23}\,\mathrm{cm}^{-3}$ und $W_0 \approx 2\,\mathrm{eV} = 3\cdot 10^{-19}\,\mathrm{J}$ erhält man $\chi = 3\cdot 10^{-5}$ (vgl. Platin in Tabelle 7.1).

7.4.5. Langevin-Funktion

Ein Teilchen mit dem Permanentmoment $\boldsymbol{p}_{\mathrm{m}}$ hat im Feld $\boldsymbol{B}$ die Energie $W = \boldsymbol{p}_{\mathrm{m}} \times \boldsymbol{B} = p_{\mathrm{m}}B\cos\alpha$. Wir betrachten vereinfachend nur die parallele und die antiparallele Einstellung. Wie in Aufgabe 6.2.3 erhalten wir nach der Boltzmann-Verteilung die Anzahldichten $n\,\mathrm{e}^x/(\mathrm{e}^x + \mathrm{e}^{-x})$ und $n\,\mathrm{e}^{-x}/(\mathrm{e}^x + \mathrm{e}^{-x})$ mit $x = p_{\mathrm{m}}B/(kT)$ in diesen beiden Richtungen. Im Gegensatz zum elektrischen Fall haben wir hier nicht ohne weiteres $x \ll 1$, d. h. $p_{\mathrm{m}}B \ll kT$ angenommen und die Exponentialfunktion entsprechend entwikkelt, denn, wie Aufgabe 7.4.6 zeigt, ist diese Näherung zumindest für Ferromagnetika nicht gerechtfertigt. Die Magnetisierung wird also $J = np_{\mathrm{m}}(\mathrm{e}^x - \mathrm{e}^{-x})/(\mathrm{e}^x + \mathrm{e}^{-x}) = np_{\mathrm{m}}\tanh(p_{\mathrm{m}}B/(kT))$ (Langevin-Funktion), ist also bei hohen Feldern nicht mehr proportional zu B, so daß sich keine Suszeptibilität mehr definieren läßt. Bei kleinen Feldern ist $\chi = \mu_0 np_{\mathrm{m}}^2/(kT)$.

7.4.6. Warum nur Eisen?

Ferromagnetismus setzt eine spontane Sättigungs-Magnetisierung in kleinen Bereichen voraus, die sich dann im Feld mehr oder weniger einheitlich ausrichten. Diese Sättigungsmagnetisierung kommt so zustande, daß sich die Permanentmomente von Nachbarteilchen gegenseitig ausrichten. Die Energie eines Dipols im Feld seiner Nachbarn muß dazu mindestens kT sein, sonst verhindert die thermische Bewegung die Ausrichtung. Die Energie eines Dipols p_{m} im Feld eines anderen im Abstand a ist $W \sim p_{\mathrm{m}}^2/a^3$ (vgl. Abschn. 6.1.6). Man braucht also möglichst große Momente in möglichst kleinem Abstand. Nach der Hund-Regel (vgl. Abschn. 16.4.3) bauen sich die Elektronen in eine Unterschale so ein, daß sie zunächst möglichst verschiedene Orbitals besetzen, d. h. daß Paarung möglichst vermieden wird (je verschiedener die Orbitals, desto kleiner die Coulomb-Abstoßungsenergie). Beim Aufbau der d-Schale, die im ganzen zehn Elektronen faßt, liegen in der Mitte der Reihe der „Übergangsmetalle" Zustände mit vier oder fünf ungepaarten Elektronen. Demnach wären, wenn es allein auf p_{m} ankäme, Cr, Mn, Fe die aussichtsreichsten Kandidaten für Ferromagnetismus. Der Abstand a geht aber noch stärker ein als p_{m}. Er ist bestimmt durch den Radius der äußersten Schale, der nach *Bohr* wiederum durch Hauptquantenzahl n und effektive Kernladung Z_{eff} gegeben wird: $r \sim n^2/Z_{\mathrm{eff}}$. n ist für die interessierende Reihe von Metallen immer 4, aber Z_{eff} nimmt zu, denn die Innenelektronen können nicht den ganzen Zuwachs an Kernladung abschirmen. Daher schrumpft r, wie an der wachsenden Dichte der Übergangsmetalle ersichtlich, und p_{m}^2/a^3 erreicht sein Maximum erst bei Fe, Co, Ni. Für Fe (vier ungepaarte Elektronen) braucht man, um zu erklären, daß die Spontanmagnetisierung erst bei 774 °C (Curie-Punkt) zusammenbricht, den vernünftigen Wert $a \approx 1\,\text{Å}$ (etwas weniger als den Atomabstand, der 2 Å beträgt). In den höheren Perioden ist der Atomradius schon zu groß (er geht zwar nicht mit n^2, wie wenn Z_{eff} konstant wäre, sondern ungefähr wie n). Erst in der Mitte der Seltenen Erden (Gd, Dy) gibt es, viel schwächer, etwas Ähnliches.

7.5.1. MHD-Generator

Wenn ein Plasmastrahl mit $v = 2\,000\,\mathrm{m/s}$ auf $d = 1\,\mathrm{m}$ Breite durch ein Magnetfeld $B = 1\,\mathrm{T}$ tritt, erhält man ein E-Feld $E = vB$ und eine Spannung $U = Ed = vBd \approx 2\,\mathrm{kV}$. Die Leistung des Generators stammt aus der mechanischen Leistung, mit der man den Plasmastrahl durch das B-Feld pumpen muß, wobei man gegen eine Lorentz-Kraft IBd anzukämpfen hat, sobald ein Strom I fließt: $P_{\mathrm{mech}} = Fv = IBdv$. In der elektrischen Leistung muß man den Spannungsabfall $\Delta U = IR$ im Plasmaraum beachten, der mit jedem Strom I verbunden ist. Der Widerstand R ist hier durch die begrenzte Leitfähigkeit des Plasmas bedingt: $R = d/\sigma A$. Die Klemmenspannung des Generators sinkt also auf $U = U_0 - IR = vBd - Id/\sigma A$, die elektrische Leistung ist $P_{\mathrm{el}} = UI = IvBd - I^2 d/\sigma A$, der Wirkungsgrad $\eta = 1 - I/\sigma vBA$, der Maximalstrom $I_{\mathrm{m}} = vB\sigma A$. Da das Plasma direkt gegen magnetische Kräfte ankämpft, ist die Energieumwandlung direkter, als wenn man noch ein rein mechanisches Element wie einen Rotor mit Turbinenschaufel und Läuferwicklung dazwischenschaltet. – Beim Hall-Effekt werden die Ladungsträger durch das elektrische Feld angetrieben, Träger verschiedener Vorzeichen laufen also einander entgegen und werden im B-Feld auf die gleiche Seite gedrückt; die Hall-Spannung mißt die Differenz der Einflüsse beider Trägersorten. Im MHD-Generator fliegen beide Trägersorten in gleicher Richtung und werden nach verschiedenen Seiten abgelenkt, die Spannung ergibt sich aus der Summe der Einflüsse beider Trägersorten. Existenz und Größe des Querfeldes hängen nicht von Leitfähigkeit und Ionisationsgrad des Plasmas ab, wohl aber hängt dessen Innenwiderstand davon ab, also Maximalstrom und entnehmbare Leistung. Selbst in gewöhnlicher Luft entsteht ein Querfeld, das aber beim geringsten Versuch zur Stromentnahme sofort zusammenbricht. Oberhalb eines gewissen Wertes bringt eine Steigerung der Ionisation übrigens keinen Gewinn an Leitfähigkeit mehr: Es ist $\sigma = en\mu$, aber die Beweglichkeit μ hängt von der Anzahl der Stoßpartner ab wie $\mu \sim 1/n$, wenn so viele geladene Teilchen vorhanden sind, daß sie als Stoßpartner überwiegen. Dies ist bei ziemlich geringer Ionisation bereits der Fall, denn geladene Teilchen sind wegen ihres weit ausgedehnten Coulomb-Feldes viel effizientere Stoßpartner als neutrale.

7.5.2. Fernleitung
Die Kraftwerksleistung ist $200\,\mathrm{m} \cdot 5\,000\,\mathrm{kg/s} \cdot 10\,\mathrm{m/s^2} = 10^7\,\mathrm{W}$. Gesamtwiderstand der Freileitung: $R = 20\,\Omega$. Wenn der Strom I fließt, geht in der Leitung eine Leistung RI^2 verloren. Diese soll höchstens $4 \cdot 10^4\,\mathrm{W}$ betragen, also darf I höchstens 45 A sein. Um damit $10^7\,\mathrm{W}$ zu übertragen, braucht man eine Spannung $U = 2{,}2 \cdot 10^4\,\mathrm{V} = 22\,\mathrm{kV}$.

7.5.3. Hochspannung
Um eine Minimierung des Leistungsverlustes oder gleichbedeutend des Spannungsabfalls handelt es sich hier nicht. Praktisch ist man zufrieden, wenn beide 1-2 % betragen (ein Kraftwerk, das 220 kV am Leitungsende abliefern soll, stellt seine Generatoren dann gleich auf 225 kV ein). Wenn Länge l und Verlust-Bruchteil β gegeben sind, geht das Kupfervolumen wie l^4/U^2 (Leistung $\sim$ belieferte Fläche $\sim l^2$, notwendiger Querschnitt $A \sim l/U^2$, Aufgabe 7.5.2), der Isolieraufwand geht wie Ul. Als Funktion von U hat $al^4/U^2 + blU$ ein Minimum bei $U = \sqrt{2a/b}\,l$. Realistische Kostenfaktoren ergeben 1 V/m.

7.5.4. *R* = 0
Kondensator und Spule, hintereinandergeschaltet, haben den komplexen Widerstand $\boldsymbol{R} = 1/(\mathrm{i}\omega C) + \mathrm{i}\omega L = \mathrm{i}(\omega L - 1/(\omega C))$. Er wird 0, wenn $\omega = \sqrt{1/(LC)}$. Bei dieser Frequenz ist der Spannungsabfall an der Spule $L\dot{I} = \omega LI$ ebensogroß wie der am Kondensator $Q/C = I/(\omega C)$, aber um π phasenverschoben. Zwischen den Endklemmen der Schaltung liegt also keine Spannung, obwohl ein Strom fließt: Sie hat keinen Widerstand. Liegen L und C parallel, dann ist der Widerstand $\boldsymbol{R} = (\mathrm{i}\omega C + 1/(\mathrm{i}\omega L))^{-1} = \mathrm{i}(1/(\omega L) - \omega C)^{-1}$. Das wird ∞ bei $\omega\sqrt{1/(LC)}$. Jetzt sind die *Ströme* in den beiden Zweigen entgegengesetzt gleich, überlagern sich also in den Zuleitungen zum Strom 0, obwohl an C wie an L ein Spannungsabfall erfolgt. Wenn aber eine Spannung anliegt, ohne daß ein Strom fließt, ist der Widerstand ∞.

7.5.5. Reine Blindleistung
Die Spulenspannung ist um $\pi/2$ phasenverschoben gegen den Spulenstrom (z. B. Strom $\sim \sin\omega t$, Spannung $\sim \cos\omega t$). Die Joule-Leistung $IU \sim \sin\omega t \cos\omega t$ wechselt also jede Viertelperiode ihr Vorzeichen: Was in einer Viertelperiode verausgabt wird, um das Magnetfeld aufzubauen, wird der Spule in der nächsten Viertelperiode quantitativ zurückerstattet, wenn das Feld wieder in die Spule zurückkriecht. Im Zeitmittel ist die Leistung 0. Entsprechendes gilt für den Kondensator, nur mit anderem Vorzeichen der Phasenverschiebung: Das elektrische Feld wird abwechselnd aufgebaut und kriecht wieder zurück.

7.5.6. Filterglieder
Legt man links in Abb. 7.80a eine Spannung U_1 mit der Kreisfrequenz ω an, dann fließt durch L und C der Strom $I_1 = U_1/R = U_1/(\mathrm{i}\omega L + 1/(\mathrm{i}\omega C))$. Am Kondensator fällt die Spannung

$$U_2 = I_1/(\mathrm{i}\omega C) = U_1/(1 - \omega^2 LC)$$

ab. Das ist die Spannung, die man links mißt. Für $\omega \ll \omega_0 = \sqrt{1/(LC)}$ ist $R_\mathrm{C} \gg R_\mathrm{L}$, also $U_2 \approx U_1$: Die Schaltung läßt Niederfrequenz voll durch. Für $\omega \gg \omega_0$ ist $U_2 = -U_1/(\omega^2 LC)$: Hochfrequenz-Spannungen kommen kaum durch, übrigens mit umgekehrter Phase. Der Hochpaß (Abb. 7.80b) zeigt das umgekehrte Verhalten. In c und d haben die Brückenglieder mit parallelen bzw. hintereinanderliegenden L und C einen sehr hohen bzw. sehr kleinen Widerstand in der Gegend von ω_0 (vgl. Aufgabe 7.5.4). Also fällt von der Eingangsspannung U_1 im Fall c sehr viel, im Fall d sehr wenig als Ausgangsspannung an diesem Brückenglied ab, wenn $\omega \approx \omega_0$ ist. Je mehr man sich von ω_0 entfernt, desto schwächer wird diese Bevorzugung bzw. Benachteiligung. Wenn man rechts einen Verbraucher R einschaltet, ist der Ohmsche Spannungsabfall an ihm, der durch den Ausgangsstrom bedingt wird, mitzuberücksichtigen. Die Vierpoltheorie hat elegante Methoden entwickelt, die alle Umrechnungen zwischen Eingangsspannung und -strom und Ausgangsspannung und -strom, verbunden durch die Matrix des Vierpols, sehr übersichtlich machen.

7.5.7. *C*- und *L*-Brücke
Ganz entsprechend zum Fall ohmscher Widerstände lege man in einen der vier Zweige von Abb. 6.62 das zu messende Element (z. B. einen Kondensator), in die übrigen drei Zweige drei Elemente gleicher Art mit bekannter Größe, von denen mindestens eines regelbar ist. Man dreht daran wieder, bis das Instrument stromlos ist. Natürlich muß eine Wechselspannung angelegt werden. Stromlosigkeit erfordert wieder: Verhältnis der (Wechselstrom-)Widerstände oben = Verhältnis der (Wechselstrom-)Widerstände unten. Hier sind *komplexe* Widerstände gemeint, nicht ihre Beträge. In Aufgabe 7.5.13 wird eine solche Meßbrücke zur Frequenzmessung angewandt und genauer diskutiert.

7.5.8. Additiver Zweipol
Ein einzelnes R, L oder C verhält sich bestimmt additiv. Wenn eine bestimmte Schaltung sich additiv verhält, d. h. wenn sie durch einen stromunabhängigen komplexen Widerstand $\boldsymbol{Z}'$ charakterisierbar ist, kann man sie erweitern durch

Dahinter- oder Parallelschalten eines weiteren Elements mit dem Widerstand z. Bei Reihenschaltung ergibt sich für die erweiterte Schaltung $\boldsymbol{Z} = \boldsymbol{Z}' + z$, bei Parallelschaltung $\boldsymbol{Z} = 1/(\boldsymbol{Z}^{-1} + z^{-1})$. Jede Schaltung läßt sich schrittweise so aufbauen und erhält damit ihren Wert $\boldsymbol{Z}$, der den *linearen* Zusammenhang zwischen $\boldsymbol{I}$ und $\boldsymbol{U}$ stiftet.

7.5.9. Ortskurve

Beweis durch vollständige Induktion: Für das variable Element allein ist die Behauptung richtig, denn seine Z- und Y-Ortskurve sind Stücke der reellen oder imaginären Achse, also Kreisbögen mit unendlichen Radien. Wenn man ein weiteres Element hinzufügt, muß man das bei Reihenschaltung im Z-Bild und bei Parallelschaltung im Y-Bild machen, nämlich die bisherige Ortskurve um den Z- bzw. Y-Wert des neuen Elements verschieben und außerdem zur Umrechnung von Z auf Y oder umgekehrt eine komplexe Inversion durchführen. Alle diese Transformationen verwandeln aber Kreise (oder Geraden) immer wieder in Kreise (oder Geraden). Wenn man die ganze, beliebig komplizierte Schaltung aufgebaut hat, durchläuft ihr Z oder Y beim Verstellen des veränderlichen Bauteils immer noch einen Kreisbogen, dessen Lage und Radius man allerdings erst angeben kann, wenn man diesen Aufbau der Schaltung im einzelnen verfolgt.

7.5.10. Lorentz-Karusell

Eine Lorentz-Kraft, die überwiegend in eine Richtung zeigt, kommt trotz Strom und Magnetfeld nicht zustande, wenn Strom und Magnetfeld um $\pi/2$ gegeneinander phasenverschoben sind. Wenn der Strom wie $\sin\omega t$ geht und das Feld wie $\cos\omega t$, folgt die Kraft $F \sim IB$ einem $\sin\omega t \cos\omega t \sim \frac{1}{2}\sin 2\omega t$, und dies ist ebensooft positiv wie negativ. Eine solche Phasenverschiebung $\pi/2$ liegt vor, wenn in und vor der Magnetspule kein ohmscher Widerstand liegt. Dann sind Magnetstrom und Feld um $\pi/2$ gegen die Spannung verschoben, während der Elektrolytstrom der Spannung direkt folgt. Ein zu großer ohmscher Widerstand vor der Magnetspule macht deren Strom und das Feld zu klein, obwohl das Feld dann fast die richtige Phase hat. Das Optimum liegt dazwischen, aber wo? Der komplexe Widerstand der Spule plus Vorwiderstand ist $Z = R + \mathrm{i}\omega L$. Wir brauchen den Magnetstrom $I_1 = U/Z = YU$ mit dem Leitwert $Y = Z^{-1} = 1/(R + \mathrm{i}\omega L) = (R - \mathrm{i}\omega L)/(R^2 + \omega^2 L^2)$. Der Elektrolytstrom I_2 ist phasengleich mit der Spannung, die Lorentz-Kraft $F \sim I_1 I_2 \sim Y$. Physikalisch interessiert der Realteil der Kraft; er ist proportional zum Realteil von Y, nämlich $R/(R^2 + \omega^2 L^2)$. Diese Funktion von R hat ein Maximum der Höhe $1/(2\omega L)$ bei $R = \omega L$. Versuchen Sie es zur Abschreckung auch ohne komplexe Rechnung mit Sinus und Cosinus. Noch eleganter als die komplexe Rechnung ist die Ortskurvenmethode.

7.5.11. Spiegelgalvanometer

Die Spule des Galvanometers bewegt sich bei Stromfluß so, daß die bei der Drehung induzierte Spannung $\dot{\Phi}$ den ohmschen Spannungsabfall ausgleicht. Das gilt, bis der mechanische Widerstand des Spiegelsystems gegen Verdrehung wesentlich wird. Die stationäre Auslenkung φ ist durch Gleichheit von Feldenergie und mechanischer Energie $LI^2 = D\varphi^2$ festgelegt. Man kann auch sagen: Die innerhalb der Zeitkonstanten L/R erzeugte Joule-Energie $RI^2 \cdot L/R = LI^2$ ist gleich der mechanischen Energie $D\varphi^2$. Diese hat aber, selbst ohne eingeprägten Strom, infolge der thermischen Schwankungen des als Riesenmolekül aufgefaßten Spiegelsystems den Mittelwert $\frac{1}{2}kT$; ebensogroß ist die mittlere kinetische Energie der Schwingung. Man kann das so deuten: Die Zitterschwingungen, die dem kinetischen Anteil entsprechen, induzieren in der Spule, die ja immer im Permanentfeld hängt, einen Strom, dessen Zeitmittel durch $LI_{\text{th}}^2 \approx kT$ gegeben ist. Ursache und Wirkung sind hier aber nicht zu trennen, und man kann sagen: Die Elektronen im Spulendraht erzeugen durch ihre thermische Zitterei einen Strom, der durch Wechselwirkung mit dem Permanentmagnetfeld die Spule zu den mechanischen Zitterschwingungen zwingt. Besonders verallgemeinerungsfähig ist das Ergebnis in der Form $I_{\text{th}}^2 = kT/(R\tau) = \Delta\omega\, kT/R$, wo τ die Zeitkonstante des Systems und $\Delta\omega$ die Breite des Frequenzbereichs ist, den die Schaltung mit merklicher Intensität durchläßt. Beim Spiegelgalvanometer ist $\tau = L/R$ und $\Delta\omega = R/L$.

7.5.12. Rauschen

Wir betrachten einen einfachen Kreis, in dem eine Kapazität C und ein Widerstand R hintereinanderliegen. Auch ohne Spannungsquelle muß der Kondensator, als Riesenmolekül aufgefaßt, die mittlere Energie kT haben. Sie kommt so zustande, daß sich durch thermische Schwankungen bald in der einen, bald in der anderen Platte in regellosem Wechsel winzige Überschußladungen ansammeln, so daß $Q^2/C = CU^2 = kT$ wird. Der entsprechende „Ladestrom“ fließt durch den Draht und den Widerstand und ist gegeben durch $I_{\text{th}}^2 = U^2/R^2 = kT/(RRC) = kT/(R\tau) = kT\Delta\omega/R$. Wieder wie in Aufgabe 7.5.11 ist das Quadratmittel des Rauschstroms gegeben durch kT/R mal dem Frequenzbereich der Schaltung, deren Widerstand ja ab $\omega = 1/(RC)$ rein ohmsch wird. Der Strom ist völlig unperiodisch, d. h. alle Frequenzen sind in seiner Zeitabhängigkeit gleich stark vertreten: Er hat ein horizontales, „weißes“ Fourier-Spektrum. Nur Frequenzen unterhalb $1/(RC)$ kommen für die Kondensator-Aufladung in Betracht. Allgemein fällt in den Frequenzbereich $\Delta\omega$ eine Leistung $RI_{\text{th}}^2 = kT\Delta\omega$ des **Widerstandsrauschens** (**Nyquist-Formel**).

7.5.13. Meßbrücke

Das Voltmeter ist abgeglichen, d. h. spannungsfrei, wenn für die Spannungsabfälle in den einzelnen Zweigen gilt $U_1 = U_4$ und $U_2 = U_3$. Dabei verhalten sich U_1 und U_2 wie die Widerstände in diesen Zweigen, entsprechend für die Zweige 4 und 3. Natürlich muß man hierbei komplexe Widerstände betrachten:

$$R_3/R_4 = Z_2/Z_1 = (R_2 + 1/(\mathrm{i}\omega C_2))(R_1^{-1} + \mathrm{i}\omega C_1)$$
$$= R_2/R_1 + C_1/C_2 + \mathrm{i}(\omega C_1 R_2 - 1/(\omega C_2 R_1))\,.$$

Es folgt $\omega = \sqrt{1/(C_1C_2R_1R_2)} = 1/(CR)$ und $R_3/R_4 = R_2/R_1 + C_1/C_2 = 2$. Mit $C = 1\,\mu\text{F}$ müßte R zwischen $8\,\Omega$ und $3\,\text{k}\Omega$ verstellbar sein. Mit zwei gleichartigen Gliedern kann man zwar C messen, aber nicht ω, denn ω fällt dann aus der Abgleichbedingung heraus.

7.5.14. Schwingkreis

Die homogene Gleichung wird gelöst durch $Q = Q_0\,e^{\lambda t}$, wobei durch Einsetzen folgt $C^{-1} + R\lambda + L\lambda^2 = 0$, also $\lambda_{1,2} = -R/(2L) \pm \sqrt{R^2/(4L^2) - 1/(LC)}$. Bei $R < 2\sqrt{L/C}$ (schwache Dämpfung, Schwingfall) ist λ komplex: $Q = Q_1\,e^{-\delta t}\,e^{i\omega_0 t} + Q_2\,e^{-\delta t}\,e^{-i\omega_0 t}$, wobei $\delta = R/(2L)$ die Dämpfungskonstante, $\omega_0 = \sqrt{1/(LC) - R^2/(4L^2)}$ die gegenüber der Thomson-Frequenz $\sqrt{1/(LC)}$ (dämpfungsfreier Fall) verstimmte Kreisfrequenz ist. Bei $R = 2\sqrt{L/C}$ (aperiodischer Grenzfall) folgt $\lambda_1 = \lambda_2 = -R/(2L)$, also $Q = Q_1\,e^{-\delta t}$. Bei $R > 2\sqrt{L/C}$ (Kriechfall) sind beide λ reell: $Q = Q_1\,e^{-(\delta+\delta_1)t} + Q_2\,e^{-(\delta-\delta_1)t}$, wobei $\delta_1 = \sqrt{R^2/(4L^2) - 1/(LC)}$. Der Strom ergibt sich amplituden- und phasenmäßig durch Multiplikation mit $i\omega$, die Spannung am Kondensator durch Division durch C, am ohmschen Widerstand durch Multiplikation mit $i\omega R$, an der Spule durch Multiplikation mit $-\omega^2 L$. Bei der inhomogenen Gleichung überlagert sich der i. allg. schnell abklingenden freien Schwingung die angeregte mit der Anregungsfrequenz und einer Amplitude und Phase, die durch die Resonanzkurven Abb. 4.18 und 4.19 dargestellt sind. Das Amplitudenmaximum liegt im Schwingfall bei $\omega_m = \sqrt{1/(LC) - R^2/(4L^2)}$, die Amplitude ist dort $Q_0 = U_0/(R\sqrt{1/(LC) - R^2/(4L^2)})$, die Breite des Berges ist $\Delta\omega \approx \omega_0 R^{-1}\sqrt{L/C}$ (Abstimmschärfe des Schwingkreises).

7.5.15. Transformator mit Schmelzrinne

Man investiert primär $220\,\text{V} \cdot 1{,}5\,\text{A} = 0{,}33\,\text{kW}$, in 15 s also 5 kJ. Die Wärmekapazität des Kupferringes ist 8 J/K (Volumen $\pi(25-9)/20 = 2{,}5\,\text{cm}^3$, Masse 22 g). Zinn schmilzt bei 231 °C. Sekundär hat man also etwa 1 700 J ausgenutzt. Wirkungsgrad 35 %. Die Verluste sind wohl hauptsächlich Wärmestrahlungs- und Konvektionsverluste aus dem heißen Ring, denn in der Sekundärwicklung mißt man annähernd 750 A und 0,44 V.

7.5.16. Trafo-Gewicht

B darf höchstens am Anfang des Sättigungsbereichs liegen, sonst werden der Magnetisierungsstrom und die Eisenverluste zu hoch. Damit ist B auf weniger als 1 T festgelegt, ebenso die Spannung/Windung $U/N = \omega AB$ und $N \sim 1/A$, wenn $U = 220\,\text{V}$. Der Kupferverlust RP^2/U^2 darf nur einen kleinen festen Bruchteil von P betragen: $R \sim U^2/P$. Zum Wickeln haben wir auch etwa A zur Verfügung: Drahtquerschnitt $\sim A/N \sim A^2$, Drahtlänge $\sim N\sqrt{A} \sim 1/\sqrt{A}$, also $R \sim A^{-5/2} \sim 1/P$, Eisen- und Kupfermasse $\sim A^{3/2} \sim P^{3/5}$. Ob der Trafo zu heiß wird, ist damit noch nicht gefragt. Reine Strahlungskühlung verlangt $A \sim P$, also $m \sim P^{3/2}$.

7.5.17. Trafo-Brummen

Man könnte das Brummen auf ein Scheppern der Bleche des Trafo-Kerns zurückführen, die ständig mit 50 Hz ummagnetisiert werden, also sich mit 100 Hz abwechselnd abstoßen oder nicht (gleichsinnige Magnetisierung). Das mag sein, aber dieser Anteil des Brummens ändert sich kaum mit der Belastung, denn in erster Näherung sind Φ und B im Eisen unabhängig von der Belastung, nämlich so groß, daß sie die Primärspannung U_1 induzieren: $N_1\dot{\Phi} = N_1A\dot{B} = U_1$. Unter Berücksichtigung der Kupferverluste, also des ohmschen Widerstandes R_1 der Primärspule z. B., verteilt sich allerdings diese Spannung U_1 je nach Belastung verschieden auf den ohmschen und den induktiven Teil: Bei Belastung, also i. allg. größerem Primärstrom I_1, entfällt mehr Spannung auf R_1, also müßte danach ein belasteter Trafo leiser brummen. Er brummt aber i. allg. lauter. Das kann nicht am Eisen liegen, sondern an den Wicklungen. Das B-Feld, das z. B. die Primärspule außerhalb des Eisens durchsetzt, hängt von dem eigenen Strom I_1 ab und ist bei Belastung größer (wenn auch nicht so groß wie im Eisen mit seinem hohen μ). Nicht ganz fest vergossene Wicklungen, von parallelen Strömen durchflossen, scheppern infolge der gegenseitigen wechselnden Anziehung.

7.5.18. Gleichstrommotor: Wirkungsgrad

Reihenschluß: $\eta = \omega L'/(\omega L + R)$ steigt mit wachsendem ω, kein Maximum. Nebenschluß: $\eta = L'x(1-x)/[L(1+z-x)]$ mit $x = \omega/\omega_m$, $z = R_r/R_s$. Extrema bei $x = 1 + z \pm \sqrt{z(1+z)}$. Die +-Lösung zählt nicht, denn sie liegt bei $x > 1$. Die −-Lösung ergibt ein Maximum, denn $\eta(x)$ steigt für kleine x. Das Maximum liegt um so näher an $x = 1$, je kleiner z ist. Bei $z \to \infty$ wandert es nach $x = \frac{1}{2}$, wo auch die Leistung maximal ist. Bei großem z ist allerdings η auch bestenfalls sehr klein: $\eta_{max} = L'/(4zL)$. Die Leistung wird fast ganz in R_r verzehrt. Bei $z \ll 1$ ist dagegen $\eta_{max} \approx L'/L$.

7.5.19. Gleichstrommotor: Regelung

Nebenschluß: Vergrößerung von R_r senkt T_m, während ω_m bleibt; die Kennlinie wird flacher, „weicher", der Wirkungsgrad sinkt (vgl. Aufgabe 7.5.18), I sinkt auch; kurzzeitig beim Anlassen verwendet. Vergrößerung von R_s steigert ω_m und senkt T_m. Der unbelastete Motor dreht sich immer so schnell, daß die induzierte Gegenspannung gleich der angelegten Spannung ist ($I_r = 0$, weil $T = 0$); bei kleinerem I_s, also kleinem Φ ist dazu eine höhere Drehfrequenz erforderlich. Wenn U_s und U_r unabhängig sind, folgt $T = L'U_s^2(U_r/U_s - \omega L/R_s)/(R_rR_s)$. Die Kennlinie verschiebt sich nach unten, wenn man U_r senkt, ohne daß sich bei unverändertem U_s die Steigung ändert. Der Drehsinn kehrt sich um, wenn man entweder U_r oder U_s umpolt.

7.5.20. Dynamo

Die feststehende Spule wird von einem wechselnden B-Feld durchsetzt, wenn sich der Hohlzylinder dreht. Wenn nämlich die Eisenstäbe dicht vor den Polschuhen des Magneten stehen, bilden sie praktisch einen Teil der Polschuhe, d. h. der

Luftspalt mit der Spule darin, den das Feld zu durchsetzen hat, ist schmäler, als wenn die Spalte vor den Polschuhen stehen. Dreht sich dann die Eisentrommel um 90°, so wird das B-Feld durch die seitlich stehenden Eisenstege kurzgeschlossen, und durch die Spule treten kaum noch Feldlinien. Diese B-Änderung induziert in der Spule eine Spannung, deren Frequenz doppelt so groß ist wie die Drehfrequenz der Trommel: Jeder Schlitz entspricht einem Minimum des Magnetflusses. Die Amplitude der Spannung ist etwa $NAB\omega$ (N, A Windungszahl und Windungsfläche der Spule, B Maximalfeld, $B/2$ Feldamplitude).

7.5.21. Spaltpolmotor

Der Wechselfluß in K erzeugt in O_1 und O_2 Wirbelströme, deren Magnetfeld sich dem Feld aus K überlagert und dieses gegenüber dem ungestörten Feld phasenverschiebt. Dadurch entstehen effektiv zwei Paare von Magnetpolen, die insgesamt ein magnetisches Drehfeld erzeugen. Dieses nimmt den Rotor mit wie beim Asynchronmotor.

7.5.22. Asynchronmotor

Die Leerlaufdrehfrequenz 730 U/min läßt auf vier Polpaare schließen; das Drehfeld rotiert dann mit 750 U/min, Lagerreibung und Luftwiderstand bedingen einen Schlupf von knapp 3 %. Bei 1 500 Nm liegt das Kippmoment Φ^2/L, die Kippdrehzahl ist $\omega_1 = \omega_0 - R/L = 570$ U/min, woraus folgt $R/L = 18{,}85\,\mathrm{s}^{-1}$. Daraus kann man das Anlaufmoment erschließen: $T_0 = \Phi^2/L \cdot \omega_0/(R/L + \omega_0^2 L/R) =$ 340 Nm. Ein Zusatzwiderstand R', über die Schleifringe in Reihe zum Kurzschlußläuferwiderstand gelegt, senkt die Kippfrequenz und steigert zunächst das Anlaufmoment, solange noch $(R + R')/L < \omega_0^2$ ist. R und L lassen sich aus den Angaben nicht getrennt bestimmen.

7.6.1. Skineffekt

Je kleiner der spezifische Widerstand, desto dünner ist die leitende Schicht beim Skineffekt. Silber und Kupfer haben bei Zimmertemperatur und Netzfrequenz ($\omega = 300\,\mathrm{s}^{-1}$) etwa $d = 6$ mm: Nur fingerdicke Leiter zeigen merkliche Stromverdrängung. Bei sehr tiefen Temperaturen nimmt der Widerstand von sehr reinem Kupfer um fast drei Zehnerpotenzen ab, d. h. d wird dann etwa 0,2 mm. Bei Supraleitern kann d sogar bis auf einige Å abnehmen. Ein Draht vom Radius r leitet bei der Frequenz ω nur noch mit seiner Mantelfläche $2\pi rd$, falls $d \ll r$. Sein Widerstand nimmt also um den Faktor $\pi r^2/(2\pi rd) = r/(2d)$ zu. Beim Tesla-Trafo mit $\nu = 4{,}5 \cdot 10^6$ Hz, $\omega = 3 \cdot 10^7\,\mathrm{s}^{-1}$, $r = 1$ mm wird dieser Faktor etwa 30.

7.6.2. Bewegt sie sich doch?

Aus dem ganzen System (Hohlkugel + eingeschlossene Ladung Q) muß der elektrische Feldfluß $\Phi = Q/\varepsilon_0$ treten. Ist dieses Feld kugelsymmetrisch, und wenn ja, wo liegt sein Mittelpunkt? Die Meßfläche verlaufe ganz im Metall der Hohlkugel. Dort, wie in jedem Metallkörper, herrscht kein elektrisches Feld, sonst träte sofort eine Ladungsverschiebung ein, die das Feld vernichtete. Der Fluß durch die Meßfläche ist also Null: Auf der Innenseite der Kugel ist die Ladung $-Q$ influenziert und verschiebt sich bei Bewegung der eingeschlossenen Ladung so, daß sie das Feld im Metall zum Erliegen bringt. Da die Hohlkugel nach wie vor im Ganzen neutral ist, sitzt außen eine Gegenladung Q. Wie ist sie verteilt? Von innen, vom Metall der Hohlkugel, spürt sie kein Feld, also verteilt sie sich wie jede Ladung auf einer Metallkugel: gleichmäßig. Von außen sieht man eine mit Q gleichmäßig geladene Kugel, dort herrscht ein kugelsymmetrisches Feld mit dem Mittelpunkt im Kugelzentrum, unabhängig von Lage oder Bewegung der eingeschlossenen Ladung. Da E zeitlich konstant ist, gibt es bestimmt kein „induziertes" B-Feld. Aber die bewegte eingeschlossene Ladung Q bedeutet doch ein Stromelement. Wird dessen Wirkung nach außen „zufällig" durch die entsprechende Verschiebung der influenzierten Ladungen auf der Kugelinnenseite ausgeglichen? Daß dies tatsächlich eintritt, zeigen die Maxwell-Gleichungen: rot $\boldsymbol{H} = \dot{\boldsymbol{D}} + \boldsymbol{j}$. Außen sind ja $\boldsymbol{j}$ und $\dot{\boldsymbol{D}}$ sicher Null, also ist $\boldsymbol{H}$ wirbelfrei. Quellenfrei ist jedes Magnetfeld sowieso, und ein quellen- und wirbelfreies Feld ist entweder homogen (unmöglich, da es in unendlicher Entfernung verschwindet), oder Null. Kann die influenzierte Ladung auch *sehr* schnellen Bewegungen der eingeschlossenen Ladung perfekt folgen? Das wäre nur bei wesentlicher Verschiebung innerhalb der Relaxationszeit $\tau = \varepsilon_0/\sigma$ nicht mehr der Fall. Bei jedem Metall ist aber τ höchstens von der Größenordnung 10^{-16} s, und in dieser Zeit sind selbst mit Lichtgeschwindigkeit Verschiebungen nur um atomare Entfernungen möglich.

7.6.3. Vektorpotential

Man braucht nur folgende rein mathematische Tatsachen: Jedes Vektorfeld ist (quellenfreies) Wirbelfeld + (wirbelfreies) Quellenfeld; ein grad-Feld ist wirbelfrei, ein rot-Feld quellenfrei: $\operatorname{div}\operatorname{rot}\boldsymbol{a} \equiv 0$, $\operatorname{rot}\operatorname{grad} b \equiv 0$. Demnach sind die Wirbelfreiheit von $\boldsymbol{E}$ und die Quellenfreiheit von $\boldsymbol{B}$, d. h. $\operatorname{div}\boldsymbol{B} = 0$ automatisch gesichert durch $\boldsymbol{E} = -\operatorname{grad}\varphi$ und $\boldsymbol{B} = \operatorname{rot}\boldsymbol{A}$ ($\boldsymbol{A}$: Vektorpotential). Wenn $\boldsymbol{B}$ sich ändert, ist $\boldsymbol{E}$ nicht mehr wirbelfrei ($\operatorname{rot}\boldsymbol{E} = -\dot{\boldsymbol{B}}$), also nicht mehr allein als $\operatorname{grad}\varphi$ darstellbar. Die Erweiterung $\boldsymbol{E} = -\operatorname{grad}\varphi - \dot{\boldsymbol{A}}$ erfüllt automatisch $\operatorname{rot}\boldsymbol{E} = -\operatorname{rot}\dot{\boldsymbol{A}} = -\dot{\boldsymbol{B}}$. φ und $\boldsymbol{A}$ haben im ganzen vier Komponenten, sind also einfacher als die sechs Komponenten von $\boldsymbol{E}$ und $\boldsymbol{B}$. φ ist nur bis auf eine additive Konstante, $\boldsymbol{A}$ nur bis auf $\operatorname{grad}\psi$ festgelegt, denn $\operatorname{rot}\operatorname{grad}\psi = 0$, d. h. Zufügung von $\operatorname{grad}\psi$ mit beliebigem zeitunabhängigen ψ beeinflußt weder $\boldsymbol{E}$ noch $\boldsymbol{B}$. Mit anderen Worten: $\boldsymbol{A} =$ Wirbelfeld + Quellenfeld, wobei $\boldsymbol{B}$ nur durch das Wirbelfeld bestimmt ist, das Quellenfeld und seine Quellendichte $\operatorname{div}\boldsymbol{A}$ beliebig festgelegt werden können. Es wird $\mu_0 \operatorname{rot}\boldsymbol{H} = \mu_0 \operatorname{rot}\operatorname{rot}\boldsymbol{A} = -\mu_0\Delta\boldsymbol{A} + \mu_0 \operatorname{grad}\operatorname{div}\boldsymbol{A} = \mu_0\boldsymbol{j} - \mu_0\varepsilon_0 \operatorname{grad}\dot{\varphi} - \mu_0\varepsilon_0\ddot{\boldsymbol{A}}$, d. h. mit $\mu_0\varepsilon_0 = 1/c^2$ und $\operatorname{div}\boldsymbol{A} = -\dot{\varphi}/c^2$ (Lorentz-Konvention): $\Delta\boldsymbol{A} - \ddot{\boldsymbol{A}}/c^2 = -\mu_0\boldsymbol{j}$. Andererseits $\operatorname{div}\boldsymbol{D} = \varepsilon_0 \operatorname{div}\boldsymbol{E} = -\varepsilon_0(\operatorname{div}\dot{\boldsymbol{A}} + \Delta\varphi) = \varrho$, mit der Lorentz-Konvention $\Delta\varphi - \ddot{\varphi}/c^2 = -\varrho/\varepsilon_0$. Ohne Ladungen und Ströme folgen $\boldsymbol{A}$ und φ der Wellengleichung, im statischen Fall folgt die Poisson-Gleichung.

7.6.4. Poynting-Vektor

Der Draht vom Radius r verbinde etwa zwei Kondensatorplatten. Er sei so dünn oder bestehe aus einem so schlechten Leiter, daß trotz seines Vorhandenseins eine Spannung U und ein Feld $E = U/d$ am Kondensator aufrechterhalten bleiben. Der Strom $I = U/R$ erzeugt im Abstand a ein Magnetfeld $H = I/(2\pi a)$ senkrecht zur Drahtrichtung, also senkrecht zu $\boldsymbol{E}$. Der Poynting-Vektor $\boldsymbol{S}$ zeigt also überall nach innen, und zwar hat er den Betrag $S = EH = U^2/(d2\pi aR)$. Über den ganzen Mantel des Zylinders vom Radius a bedeutet das einen Energiefluß $Sd2\pi a = U^2/R$ nach innen, unabhängig von a. Das ist genau die Joulesche Leistung, die im Draht als Wärmeproduktion auftritt. Statt zu sagen, diese Leistung stamme aus der Spannungsquelle, kann man also auch den freilich zunächst eigenartig anmutenden Standpunkt vertreten, diese Leistung ströme aus dem Außenraum von allen Seiten in den Draht ein.

7.6.5. Antenne

Die Länge einer Rundfunk-Stabantenne hat mit der zu empfangenden Wellenlänge nichts zu tun (sonst müßte man sie ja beim Senderwechsel mit verstellen). Von einer Abstimmung der Antenne kann man also nicht reden. Antenne und Erde bilden einen Kondensator, der sich kapazitiv an das Wellenfeld ankoppelt und um so mehr Spannung einfängt, je länger die Antenne ist. Sendetürme, besonders für UKW- und Meterwellen, die nicht an der Ionosphäre reflektiert werden, sondern nur bis zum optischen Horizont gehen, sind möglichst hoch angebracht, damit dieser Horizont möglichst weit wird. Die Abstrahlung ist am besten, wenn die Antennenlänge $\lambda/2$ ist (Abschn. 7.6.8).

7.6.6. Ionosphäre

Bei einem Abstand $2a$ zwischen Sender und Empfänger und einer Höhe h der reflektierenden Schicht hat der reflektierte Strahl eine Strecke $2\sqrt{a^2+h^2} - 2a$ weiter zu laufen als der direkte. Wenn auf diesen Gangunterschied eine ganze Anzahl von Wellenlängen fällt, also wenn $2\sqrt{a^2+h^2} - 2a = n\lambda$, $\nu = cn/(2\sqrt{a^2+h^2} - 2a)$, verstärken direkte und reflektierte Welle einander. Der Abstand von 3 kHz ist also gleich $c/(2\sqrt{a^2+h^2} - 2a)$, d. h. $h = 150$ km.

7.6.7. Fading

Die Laufstrecke $s = 2\sqrt{a^2+h^2}$ eines reflektierten Strahls ändert sich bei einer Höhenänderung $\mathrm{d}h$ um $\mathrm{d}s = 2h\,\mathrm{d}h/\sqrt{a^2+h^2}$. Damit man zwischen Interferenz-Maximum und -Minimum schwankt, muß sich $\mathrm{d}s$ um eine halbe Wellenlänge ändern, also die Höhe um $\mathrm{d}h = \frac{1}{4}\lambda\sqrt{a^2+H^2}/h$. Bei $a \gg h$ bedeutet das $\mathrm{d}h = \frac{1}{4}\lambda a/h$. Für einen Sender mit 500 Hz (600 m) und $h = 100$ km bedeutet das $\mathrm{d}h = 1{,}5 \cdot 10^{-3} a$, bei $a = 1\,000$ km also $\mathrm{d}h = 1{,}5$ km. Für nähere Sender genügen noch kleinere Schwankungen der Ionosphärenhöhe. Ultrakurzwellen werden nicht an der Ionosphäre reflektiert, sondern dringen durch sie durch.

7.6.8. UHF-Wellen

Am Draht der Länge l liege die Spannung U, es fließe der Strom I. Das elektrische und das magnetische Feld des Drahtes erfüllen ein Volumen von der Größenordnung l^3. Dort ist $E \approx U/l$, also die elektrische Feldenergie $W_{\mathrm{el}} \approx \varepsilon_0 l^3 U^2/l^2 = \varepsilon_0 U^2 l$, woraus die Kapazität $C \approx \varepsilon_0 l$ folgt. Das Magnetfeld ist $H \approx I/(2\pi l)$ (näher am Draht ist es stärker, aber dieser Bereich trägt mit seinem kleinen Volumen nur wenig zur Gesamtenergie bei); die magnetische Energie ist $W_{\mathrm{m}} \approx \mu_0 H^2 l^3 \approx \mu_0 l I^2/(2\pi)$, also die Induktivität $L \approx \mu_0 l/(2\pi)$. Bei $l \approx 1$ cm wird $C \approx 10^{-13}$ F, $L \approx 10^{-7}$ H, also die Eigenfrequenz $\omega_0 = \sqrt{1/(CL)} \approx 10^{10}\,\mathrm{s}^{-1}$, die Wellenlänge $\lambda \approx 0{,}2$ m. Für solche Frequenzen wirkt also jeder noch so kurze Zuleitungsdraht als Schwingkreis, dessen Widerstand im wesentlichen induktiv oder kapazitiv, also stark frequenzabhängig ist. Das Prinzip: „Alle HF-Zuleitungen so kurz wie möglich" genügt also im Meterwellengebiet nicht mehr. In den Hohlleitern macht man von diesem frequenzabhängigen Verhalten gerade Gebrauch. Ihre Kapazitäten, Induktivität und Eigenfrequenzen lassen sich ganz genauso abschätzen.

7.6.9. TV-Signal

Das Signal ist eine periodische Folge von Rechteckimpulsen. Seine Fourier-Zerlegung lautet (abgesehen vom konstanten Glied, dem Mittelwert) $A\pi^{-1}(\sin\omega t + \frac{1}{3}\sin 3\omega t + \frac{1}{5}\sin 5\omega t + \ldots)$, wenn man $t = 0$ in die aufsteigende Flanke legt: Ungerade Funktion, nur sin;

$$a_k = 2AT^{-1}\int_0^{T/2} \sin k\omega t\,\mathrm{d}t = A/(\pi k)\,.$$

Die Punktfrequenz bei 25 Bildern/s, 625 Zeilen/Bild, 625 Punkten/Zeile ist 10 MHz. Wenn der Streifen n Punkte breit sein soll, bricht seine Fourier-Reihe nach dem $n/2$-ten Glied ab. Die aufsteigenden Flanken ($t \approx 0$) lauten also $Ant/(2\pi)$ (Entwicklung der Sinus), d. h. erstrecken sich über mindestens zwei Bildpunkte. Beiderseits der Flanke schießt die Sinus-Reihe etwas über das Ziel (den Hell- bzw. Dunkelwert im Streifen) hinaus. Der sinnesphysiologische Kontrasteffekt wirkt im gleichen Sinn: Hell, das an Dunkel grenzt, wirkt noch heller und umgekehrt.

7.6.10. Lecher-Bleche

q sei die Ladung/Längeneinheit des Doppelblechs. Sie erzeugt ein Feld E, so daß $Eb\mathrm{d}x = q\mathrm{d}x/(\varepsilon\varepsilon_0)$, also die Spannung $U = Ed = qd/(\varepsilon\varepsilon_0 b)$ zwischen den beiden Blechen. Die Kapazität/Längeneinheit ist $C^* = q/U = \varepsilon\varepsilon_0 b/d$. Durchs Doppelblech fließe der Strom I. Die Stromdichte ist $j = I/(b\delta)$ (δ: Blechstärke). Zwischen den Blechen herrscht dann das Magnetfeld $B = \mu\mu_0 j\delta = \mu\mu_0 I/b$ (vgl. (7.35)). Bei einer Stromänderung $\dot{I}$ ändert sich der Magnetfluß quer durch einen Abschnitt $\mathrm{d}x$ des Doppelblechs wie $\mathrm{d}\dot{\Phi} = \dot{B}d\,\mathrm{d}x = \mu\mu_0 d\dot{I}\,\mathrm{d}x/b$ und induziert eine Spannung $\mathrm{d}U$ vom gleichen Betrag wie $\mathrm{d}\dot{\Phi}$. Aus $\mathrm{d}U/\mathrm{d}x = L^*\dot{I}$ folgt durch Vergleich die Induktivität/Längeneinheit $L^* = \mu\mu_0 d/b$. – Im Abstand r von der Achse des Koaxialkabels erzeugt die Ladung/Längeneinheit q ein Feld E, so daß $2\pi r E = q/(\varepsilon\varepsilon_0)$, also eine Spannung $U = q\ln(r_2/r_1)/(2\pi\varepsilon\varepsilon_0)$ zwischen Innen- und Außenleiter. Es folgt

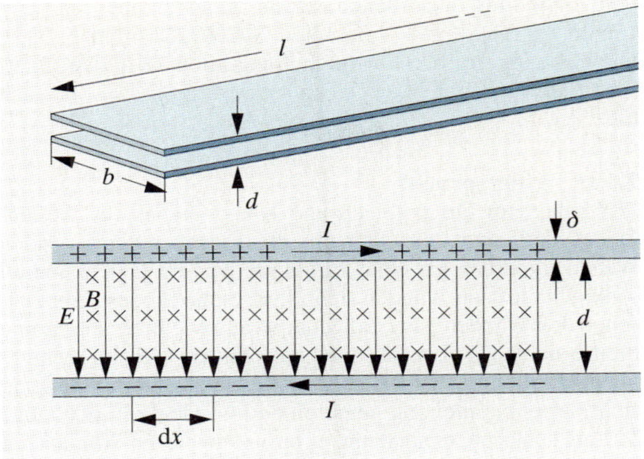

Abb. L. 6. Lecher-Leitung aus parallelen Blechen mit Ladungsverteilung, elektrischem Feld (↓↓↓) und Magnetfeld (× × ×)

$C^* = q/U = 2\pi\varepsilon\varepsilon_0/\ln(r_2/r_1)$. Das Magnetfeld um den Innenleiterstrom I ist so, daß $2\pi r B = \mu\mu_0 I$. Mit $\dot{I}$ ist eine Flußänderung durch die Innen- und Außenleiter eines Kabelstücks $\mathrm{d}x$ begrenzte Fläche $\mathrm{d}\dot{\Phi} = \mathrm{d}x \int_{r_1}^{r_2} \dot{B}\,\mathrm{d}r = \mu\mu_0 \dot{I} \ln(r_2/r_1)/(2\pi)$ verbunden, also ein Spannungsabfall $\mathrm{d}U/\mathrm{d}x = L^*\dot{I} = \mu\mu_0\dot{I}\ln(r_2/r_1)/(2\pi)$, d. h. $L^* = \mu\mu_0 \ln(r_2/r_1)/(2\pi)$. Für das Doppelblech wie das Koaxialkabel ist $C^*L^* = \varepsilon\varepsilon_0\mu\mu_0 = c^{-2}\varepsilon\mu$.

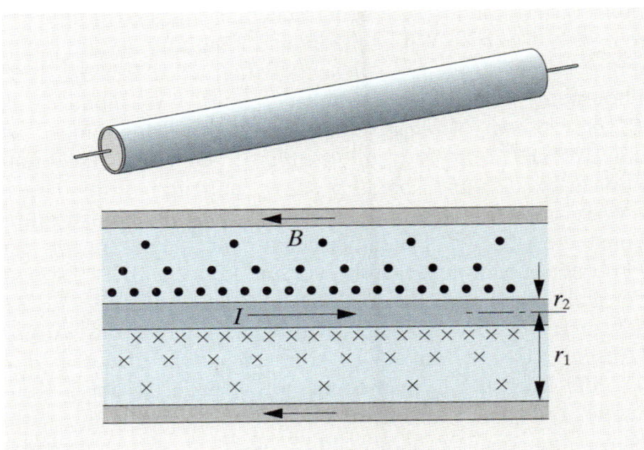

Abb. L. 7. Verteilung des Magnetfeldes in einem Koaxialkabel

7.6.11. Wellenleiter

Wir schalten eine Reihe von Spulen hintereinander und ebensoviele Kondensatoren quer dazu. Induktivität bzw. Kapazität pro Längeneinheit seien L^* bzw. C^*. Längs des

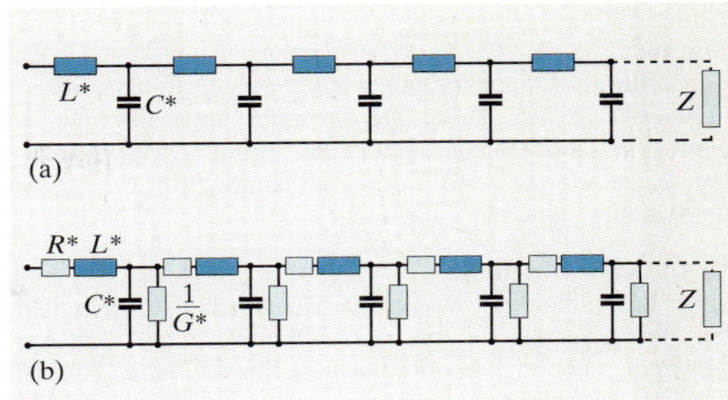

Abb. L. 8. Ein ideales Kabel als Strickleiter aus Spulen und Querkapazitäten (a) und ein reales Kabel (b)

Leiterstücks $\mathrm{d}x$ fällt die Spannung um $\mathrm{d}U = L^*\,\mathrm{d}x\,\dot{I}$, wenn sich der Strom zeitlich wie $\dot{I}$ ändert, speziell bei einem Sinussignal $\mathrm{d}U = \mathrm{i}\omega L^* I\,\mathrm{d}x$. Dies ist die Maschenregel für diesen Fall. Die Knotenregel liefert längs derselben Strecke einen Stromabfall, der gleich dem Querstrom über die Kapazität ist: $\mathrm{d}I = \dot{q}\,\mathrm{d}x = C^*\dot{U}\,\mathrm{d}x$, für ein Sinussignal $\mathrm{d}I = \mathrm{i}\omega C^* U\,\mathrm{d}x$. Beide Gleichungen $U' = \mathrm{i}\omega L^* I$, $I' = \mathrm{i}\omega C^* U$ (Strich: Ableitung nach x) liefern zusammen $U'' = -\omega^2 L^* C^* U$ und dieselbe Gleichung für I. Die Lösung ist $U = U_0 \sin(\omega\sqrt{L^*C^*}x)$. Zu einer festen Zeit hat die Spannungs- und auch die Stromverteilung eine Wellenlänge $\lambda = 2\pi/(\omega\sqrt{L^*C^*})$. Die Welle läuft mit $\omega\lambda/(2\pi) = 1/\sqrt{L^*C^*}$ über die Leitung. Nach Aufgabe 7.6.10 ist das gleich $c/\sqrt{\varepsilon}$: Die Geschwindigkeit einer Welle im Isolationsmedium hängt nicht davon ab, ob Leiter darin sind, nur ihre Amplitude hängt davon ab. Wenn die Leitung den ohmschen Widerstand R^* und den Querleitwert G^* pro Längeneinheit hat, wird der Spannungsabfall $U' = (\mathrm{i}\omega L^* + R^*)I$, der Stromabfall $I' = (\mathrm{i}\omega C^* + G^*)U$, es folgt $U'' = (\mathrm{i}\omega L^* + R^*)(\mathrm{i}\omega C^* + G^*)U$, also eine abklingende Welle $U = U_0\,\mathrm{e}^{-\delta x}\,\mathrm{e}^{\mathrm{i}\omega(t-x/c)}$. Die Größen δ und $k = \omega/c$ ergeben sich in ziemlich komplizierter Weise als Real- und Imaginärteil von $\sqrt{(\mathrm{i}\omega L^* + R^*)(\mathrm{i}\omega C^* + G^*)}$. Nur für hohe Frequenzen $\omega \gg \sqrt{R^*G^*/(L^*C^*)}$ kann die Welle mehrere Perioden machen, bevor sie ganz abklingt. Aus $U' = \sqrt{(\mathrm{i}\omega L^* + R^*)(\mathrm{i}\omega C^* + G^*)}U = (\mathrm{i}\omega L^* + R^*)I$ folgt $U/I = Z = \sqrt{(\mathrm{i}\omega L^* + R^*)/(\mathrm{i}\omega C^* + G^*)}$. Das ist der Wellenwiderstand der Leitung.

7.6.12. TV-Kabel

Nach Aufgabe 7.6.11 ist der Wellenwiderstand Z tatsächlich unabhängig von der Kabellänge. Wenn er auch frequenzunabhängig sein soll, muß $R^* \ll \omega L^*$ und $G^* \ll \omega C^*$ sein, also $Z = \sqrt{L^*/C^*}$. Beim Koaxialkabel ist nach Aufgabe 7.6.10 $Z = \sqrt{L^*/C^*} = \sqrt{\mu_0(\ln r_2/r_1)^2/(4\pi^2\varepsilon\varepsilon_0)} = 60\,\Omega$. Für das Vakuum gilt $Z = \sqrt{\mu_0/\varepsilon_0} = 326{,}7\,\Omega$, also folgt $4\pi^2\varepsilon/(\ln r_2/r_1)^2 = 29{,}6$. Da $r_2 \approx 2\,\mathrm{mm}$, $r_1 \approx 0{,}3\,\mathrm{mm}$, muß die Isolation $\varepsilon \approx 2{,}7$ haben. Für die

240 Ω-Doppelleitung, aufgefaßt als Doppelblech mit $d \approx b$, folgt aus $Z \approx \sqrt{\mu_0/(\varepsilon\varepsilon_0)} = 240\,\Omega$ ein ε von ähnlicher Größe. Wenn Sie die Doppelleitung wählen sollten, malen Sie sie nicht etwa an und legen Sie sie nicht unter Putz: Es ist eben kein Doppelblech, die Felder dringen teilweise aus dem Kabel heraus, und wenn dort keine Luft ist, stimmt der Wellenwiderstand nicht mehr.

7.6.13. Kabelabschluß

Hin- und rücklaufende Welle überlagern sich zu einer stehenden Welle, in der Energie nur stellenweise hin- und herschwappt, aber nicht kontinuierlich fließen kann. Schließt man die Kabelenden über einen Widerstand zusammen, der gleich dem Wellenwiderstand des ganzen Kabels ist, dann „denkt"die Welle, das Kabel gehe immer so weiter, und wird nicht reflektiert. Die Betrachtung der Widerstandsleiter (Aufgabe 6.3.9) liefert mit allgemeinen komplexen Widerständen Z_1 im Holm und Z_2 quer dazu in jeder Sprosse einen Gesamtwiderstand $Z = Z_1/2 \pm \sqrt{Z_1^2/4 + Z_1Z_2}$, der gleichzeitig der Abschlußwiderstand ist, bei dem vorn niemand merken kann, ob die Leiter hinten unendlich weitergeht oder nicht. Wenn ein Kabelstück $\mathrm{d}x$ die Längsinduktivität $L^*\mathrm{d}x$ und die Querkapazität $C^*\mathrm{d}x$ hat, ist der Abschlußwiderstand $Z = \frac{1}{2}\mathrm{i}\omega L^*\mathrm{d}x\,(1 \pm \sqrt{1 - 4/(\omega^2 L^* C^*\,\mathrm{d}x^2)})$. Hier muß man sinngemäß $\mathrm{d}x$ gegen 0 gehen lassen. Dadurch wird das zweite Glied in der Wurzel beliebig groß, und $Z = \sqrt{L^*/C^*}$ wird ein ohmscher Widerstand, der genausogroß ist wie der Wellenwiderstand des Kabels. Dies stimmt auch, wenn das Kabel einen Längswiderstand und eine Querleitfähigkeit hat (Aufgabe 7.6.11), nur ist der Abschlußwiderstand dann i. allg. nicht rein ohmsch und wird frequenzabhängig. Der richtig angepaßte Empfänger hat ebenfalls den Eingangswiderstand Z, z. B. 60 Ω oder 240 Ω.

7.6.14. Wellenwiderstand

Für die Doppelleitung ist $E = U/d$ und $H = I/b$, also stimmen beide Definitionen des Wellenwiderstandes nur für $d = b$ überein (wo aber unsere Betrachtungsweise nicht mehr stimmt, denn sie setzt $d \ll b$ voraus). Das Koaxialkabel hat $E = U/(r\ln(r_2/r_1))$, $H = I/(2\pi r)$; nur bei $\ln(r_2/r_1) = 2\pi$, d. h. $r_2 = 535 r_1$ ist $U/I = E/H$. Da man so extreme Geometrien im Hausgebrauch kaum wählen kann, hätte die Fernseh- oder Ultrakurzwelle, sogar abgesehen vom Einfluß des Isoliermaterials, beim Übergang aus der Luft ins Antennenkabel ähnliche Schwierigkeiten wie eine Schallwelle beim Übergang von der Luft ins Wasser (Aufgabe 4.2.7) oder Licht beim Übergang von Luft in Glas. Die „Anpassung" zwischen den beiden Medien besorgen im Mittelohr die Gehörknöchelchen (Hammer, Amboß, Steigbügel), in der Antenne tut es ein Übertrager, d. h. ein 1 : 1-Trafo. – Innerhalb der Doppelleitung ist der Poynting-Vektor $S = EH = UI/(db)$, er zeigt in Richtung der Leitung, denn E und H stehen quer dazu und senkrecht aufeinander. Insgesamt fließt durch den Leiterquerschnitt db die Leistung $Sdb = UI$: Man kann diese Leistung ebensogut durch Strom und Spannung in den Blechen wie aus der reinen Feldvorstellung ausdrücken. Beim Koaxialkabel ist $E = U/(r\ln(r_2/r_1))$, $H = I/(2\pi r)$, $S = UI/(2\pi r^2\ln(r_2/r_1))$. Die Leistung ergibt sich durch Integration über den Querschnitt: $P = \int_{r_1}^{r_2} 2\pi r S\,\mathrm{d}r = UI/\ln(r_2/r_1) \cdot \int_{r_1}^{r_2} \mathrm{d}r/r = UI$, auch hier.

7.6.15. Widerspruch?

Wir haben für Doppelblech und Koaxialkabel nur Wellenmodes betrachtet, die sich um die Existenz der leitenden Wände eigentlich gar nicht kümmern, weil ihr E-Feld überall senkrecht auf den Wänden steht. Für solche Modes sieht zwischen den Wänden das Feld genauso aus wie im Vakuum und breitet sich auch ebensoschnell aus. Anders z. B. im rechteckigen Hohlleiter: Wenn $\boldsymbol{E}$ z. B. senkrecht zu einem Wandpaar steht, ist es parallel zum anderen und würde darin gewaltige Ströme auslösen, es sei denn, es nimmt an diesen Wänden auf 0 ab. Das Feld hat also nicht mehr die Vakuum-Konfiguration, der Einklemmeffekt läßt die Welle schneller fortschreiten. Dasselbe passiert auch im runden Koaxialkabel mit allen Wellenmodes, deren $\boldsymbol{E}$-Feld nicht überall radial gerichtet ist.

7.6.16. Tscherenkow-Strahlung

In dem Feldimpuls, der das geladene Teilchen begleitet, herrschen die Felder $E = e/(4\pi\varepsilon_0 r^2)$, $B = vE/c^2 = ev/(4\pi\varepsilon_0 c^2 r) = ev\mu_0/(4\pi r^2)$, $H = ev/(4\pi r^2)$. $\boldsymbol{E}$ und $\boldsymbol{H}$ stehen senkrecht aufeinander, also hat der Poynting-Vektor den Betrag $S = EH = e^2v/(16\pi^2\varepsilon_0 r^4)$, seine Richtung ist parallel zur Teilchenbahn. Betrachten wir ihn trotzdem als radial, so erhalten wir eine Abstrahlungsleistung $P = 4\pi r^2 S = e^2 v/(4\pi\varepsilon_0 r^2)$. Diese Leistung ist, vom Abstand r aus betrachtet, in einem Impuls der Dauer $t \approx r/v$ konzentriert, hat also die beherrschende Fourier-Komponente $\omega \approx t^{-1} \approx v/r$. Wir ersetzen also r durch v/ω und erhalten $P = e^2\omega^2/(4\pi\varepsilon_0 v)$. Diese Leistung wird in Form von Photonen $\hbar\omega$ abgestrahlt. Ihre Anzahl/s ist $P/(\hbar\omega) \approx e^2\omega/(4\pi\varepsilon\hbar v)$, ihre Anzahl/m Bahnlänge ist $\mathrm{d}N/\mathrm{d}x = P/(\hbar\omega v) \approx e^2\omega/(4\pi\varepsilon_0\hbar v^2)$. Da der Tscherenkow-Effekt nur bei $v \approx c$ auftritt, gilt auch $\mathrm{d}N/\mathrm{d}x \approx \alpha\omega/c$, wo $\alpha = e^2/(4\pi\varepsilon_0\hbar c) = \frac{1}{137}$ die Feinstrukturkonstante ist. ω gibt hier die Maximalfrequenz an, mit der Photonen noch ausgesandt werden können. Dies ist nur der Fall, wenn die Brechzahl $n > 1$ ist (Aufgabe 15.3.8), d. h. nur bis zur höchsten Resonanzfrequenz des Atoms (Abschn. 10.3.3). Für ein H-Atom entspricht dieses $\omega/c = \lambda\!\!\!^{-}{}^{-1}$ der höchsten Lyman-Frequenz, d. h. der Rydberg-Konstante (Abschn. 12.3.3): $\omega/c \approx 10^7\,\mathrm{m}^{-1}$. Im Feld eines Kerns mit der Ordnungszahl Z werden Maximalenergie und Maximalfrequenz um den Faktor Z^2 größer. Wir erhalten $\mathrm{d}N/\mathrm{d}x \approx \alpha Z^2 10^7 \approx 10^5 Z^2$ (Weglänge in Meter). Dies weicht nur um den Faktor 2 von der beobachteten und streng berechneten Photonenzahl ab. Diese Emission bremst natürlich das Teilchen so schnell ab, daß es selten meterweit kommt. Die Anzahl der Photonen ist proportional Z^2, ihre Maximalenergie ebenfalls, und zwar etwa $W_{\max} = Z^2 \cdot 10\,\mathrm{eV}$. Damit wird die Wellenlänge $x \approx W/Z^4$ (W in MeV, x in Meter).

7.6.17. Pulsar

Abschätzungen für Radius R des 1,5 ms-Pulsars: (1) $R < c/\omega = 72\,\mathrm{km}$; (2) $\omega^2 R < GM/R^2 \Rightarrow R < \sqrt[3]{GM/\omega^2} \approx 20\,\mathrm{km}$; (3) $L \sim R^2\omega = \mathrm{const} \Rightarrow R \sim 1/\sqrt{\omega}$, $R \approx 10\,\mathrm{km}$; (4) Radius des Neutrons $1{,}2 \cdot 10^{-15}\,\mathrm{m}$, Sonne enthält etwa 10^{57} Nukleonen, also $R \approx 20\,\mathrm{km}$. Strahlung: Hier ändert sich ein magnetischer Dipol und strahlt ähnlich wie ein sich ändernder elektrischer hauptsächlich mit seiner Änderungsfrequenz. Den Anschluß an den Hertz-Strahler findet man am besten, wenn man an den Strom denkt, der das Magnetfeld B erzeugt. Angenommen, er fließt durch den ganzen Sternquerschnitt, dann ist außen $B \approx \mu_0 I/(2\pi R)$. Den Strom kann man darstellen $I = \pi R^2 j = \pi R^2 env$. Insgesamt fließt im ganzen Stern die Ladung $Q = \frac{4}{3}\pi R^3 ne$, also $B = \frac{3}{8}\mu_0 Qv/(\pi R^2)$, $\dot{B} = \frac{3}{8}\mu_0 Q\dot{v}/(\pi R^2)$. Nach (7.130) strahlt eine beschleunigte Ladung mit der Leistung $P = \frac{1}{6}Q^2\dot{v}^2/(\pi\varepsilon_0 c^3)$, hier $P \approx \pi\dot{B}^2R^4/(\mu_0^2\varepsilon_0 c^3) = \pi B^2\omega^2R^4/(\mu_0^2\varepsilon_0 c^3)$. Allein durch sein kreiselndes Magnetfeld strahlt ein Pulsar also etwa millionenmal stärker als die Sonne, wenn auch hauptsächlich im kHz-Bereich. Sonst könnte man solche Objekte auch nicht in den $10^4 - 10^5$ Lichtjahre entfernten Kugelsternhaufen entdecken. Diese Strahlungsleistung kann nur entnommen werden aus der Rotationsenergie $W = \frac{1}{2}J\omega^2 = \frac{1}{5}MR^2\omega^2$. Die Lebensdauer der Rotation ist also $\tau = W/P \approx M\mu_0^2\varepsilon_0 c^3/(5\pi R^2B^2)$. Daraus ergibt sich $B \approx 3 \cdot 10^6\,\mathrm{T}$ für den 30 ms-Pulsar, $10^4\,\mathrm{T}$ für den 1,5 ms-Pulsar. Hier ist natürlich nur die zur Drehachse senkrechte Feldkomponente gemeint. Das Gesamtfeld kann etwa hundertmal größer sein. Wenn bei der Kontraktion der Magnetfluß erhalten bleibt, kommt man von den 0,001 T der Sonne tatsächlich auf ähnliche Werte. Die Periodizität kommt natürlich daher, daß ein Dipol nicht in alle Richtungen gleichzeitig strahlt (Leuchtturmeffekt).

7.6.18. Röntgenquelle

Ein Pulsar als Neutronenstern enthält keine getrennten Kerne mehr, geschweige denn solche mit Elektronenschalen. Auch die Materie, die um ihn kreist oder die er einfängt, ist einschließlich der innersten Schale ionisiert. Ein Atom um $Z = 65$ könnte eine K-Linie in dieser Gegend haben, aber warum sollte ausgerechnet eine seltene Erde so überwiegen? Für eine Kreisbahn im B-Feld muß neben $mv^2/r = evB$ die Quantenbedingung $mvr = n\hbar$ gelten. Damit folgen die Bahnenergien zu $W_n = \frac{1}{2}mv^2 = neB\hbar/(2m)$ (äquidistante Terme). Die 58 keV verlangen $B \approx 10^9\,\mathrm{T}$. Die Sonne mit ihren $10^{-3}\,\mathrm{T}$ könnte auch bei Kontraktion auf 10 km höchstens ein normaler Pulsar mit $10^7\,\mathrm{T}$ werden, aber es gibt Hauptreihensterne mit dem 100- bis 1 000-fachen Magnetfeld.

= Kapitel 8: Lösungen . . .

8.1.1. Austrittsarbeit

Die Feldlinien strahlen zunächst radial vom Elektron aus, biegen dann aber bald auf die Metallplatte zu und münden überall senkrecht in sie ein. Täten sie es nicht, verschöbe die zur Oberfläche parallele Feldkomponente die Ladungen im Metall so lange, bis die senkrechte Stellung erreicht ist. Genauso sieht eine Hälfte eines Dipolfeldes aus: Auch hier stehen die Feldlinien senkrecht auf der Mittelebene. Metall und Elektron (Abstand d) ziehen sich also an wie zwei Ladungen $+e$ und $-e$ im Abstand $2d$, nämlich mit der Kraft $e^2/(16\pi\varepsilon_0 d^2)$, genannt Bildkraft oder Spiegelkraft; die positive Ladung ist ja das Spiegelbild des Elektrons am Spiegel der Metalloberfläche. Das gilt aber nur bis zu Abständen, die etwa gleich dem Atomabstand im Metall sind, denn für noch kleinere Abstände ist das Metall sicher nicht mehr glatt. Das Elektron aus diesem Abstand d_0 bis ins Unendliche zu entfernen, kostet die Energie $W = e^2/(8\pi\varepsilon_0 d_0)$. Cs und Ba haben große d_0, also kleine W. Aus der Dichte $2\,000\,\mathrm{kg/m^3}$ des Cs folgt $d_0 = 5 \cdot 10^{-10}\,\mathrm{m}$, also $W = 1{,}4\,\mathrm{eV}$, was hervorragend stimmt.

8.1.2. Glühemission

Ein Elektron hat die Wahrscheinlichkeit $e^{-W/(kT)}$, beim Anrennen gegen die Metalloberfläche ins Freie zu kommen. Die n Elektronen/m^3 laufen mit $v = \sqrt{3kT/m}$, also rennen $\frac{1}{6}nv$ Elektronen $\mathrm{m^{-2}\,s^{-1}}$ an, genau wie bei der kinetischen Herleitung des Gasdrucks. Die Emissionsstromdichte sollte also sein

$$j_e = \tfrac{1}{6}env\,e^{-W/(kT)} = \tfrac{1}{6}en\sqrt{3kT/m}\,e^{-W/(kT)}\,.$$

Die Integration der Maxwell-Verteilung liefert etwas genauer $j_e = en\sqrt{kT/(2\pi m)}\,e^{-W/(kT)}$. Hier steht vor dem Exponenten $\sqrt{T}$ statt T^2 wie in (8.1). Das wäre noch nicht so schlimm, aber der eben berechnete Zahlenwert stimmt ganz und gar nicht: $n \approx 10^{29}\,\mathrm{m^{-3}}$, $v \approx 2 \cdot 10^5\,\mathrm{m/s}$ bei 1 000 K, also sollte der Faktor $\frac{1}{6}env \approx 5 \cdot 10^{14}\,\mathrm{A/m^2}$ sein. (8.1) mit $C = 6 \cdot 10^5\,\mathrm{A\,m^{-2}\,K^{-2}}$ und die Messung liefern nur $6 \cdot 10^{11}\,\mathrm{A/m^2}$, also 800mal weniger. Außerdem sollte die Dichte n der freien Elektronen in den einzelnen Metallen ziemlich verschieden sein, während experimentell für alle fast der gleiche Faktor herauskommt. Hier zeigt sich deutlich, daß die Metallelektronen nicht der Maxwell-Boltzmann-, sondern der Fermi-Dirac-Statistik gehorchen (vgl. Aufgabe 17.3.1).

8.1.3. Arrhenius-Auftragung

Die Arrhenius-Auftragung einer Größe x, die als Funktion der Temperatur T gemessen wurde, also die Auftragung $\ln x$ über $1/T$ zeigt sofort anschaulich, ob es sich um ein Gesetz der Form $x = x_0\,e^{-W/(kT)}$ handelt. Wenn das der Fall ist, stellt $\ln x = \ln x_0 - W/(kT)$ eine Gerade mit der Neigung W/k und dem Ordinatenschnittpunkt bei $\ln x_0$ dar. Dabei ist allerdings zu beachten, daß die Ordinatenachse $T = \infty$ entspricht. Genauere Analyse der „Geradheit“ der gemessenen Punkteschar in dieser Auftragung (lineare Regression mit den Variablen $\ln x$ und $1/T$) liefert Bestwerte für diese Größen, dazu ihre wahrscheinlichsten Fehler, den Korrelationskoeffizienten usw. In der Praxis nimmt man einfach-logarithmisches Papier, rechnet auf $1/T$ um, zeichnet die Meßpunkte ein und zieht die Gerade, wenn dies angebracht erscheint, „nach Gefühl". Bei der Ausmessung der Steigung beachte man den Faktor 2,3 zwischen ${}^{10}\log$ und ln.

8.1.4. Kompensationseffekt

Im Experiment Nummer i mißt man die Beziehung $z = A_i\,e^{-W_i/(kT)}$ und zeichnet die Arrhenius-Gerade $\ln z = \ln A_i - W_i/(kT)$. Alle diese Geraden sollen sich in einem Punkt schneiden. Zwei Gerade $y = a_1 - b_1 x$ und $y = a_2 - b_2 x$ schneiden sich in $x = -(a_1 - a_2)/(b_1 - b_2)$. Wenn diese Schnittkoordinate für alle Geradenpaare dieselbe sein soll, müssen a und b linear zusammenhängen: $a_i = x_0 b_i + c$, oder in unserem Beispiel $\ln A_i = W_i/(kT_0) + C$, womit die Arrhenius-Geraden lauten $\ln z = W_i/(kT_0) - W_i/(kT) + C$. Hieraus sieht man direkt, daß alle diese Geraden den gemeinsamen Punkt mit den Koordinaten $1/T_0$, C haben. Wie kommt es zu einem solchen Zusammenhang zwischen A_i und W_i, der manchmal über 90 Zehnerpotenzen (!) von A_i zu beobachten ist? Es gibt über ein Dutzend Erklärungen, von denen manche auf spezielle Modelle beschränkt sind (anorganische und organische Halbleiter, chemische Katalyse, biochemische Reaktionen), manche den Effekt überhaupt als Artefakt erklären. Die allgemeinste ist wohl diese. In A_i versteckt sich eigentlich eine Aktivierungsentropie: $A_i \sim e^{S_i/R}$. Der Kompensationseffekt tritt auf, wenn S_i und W_i linear zusammenhängen. Das ist, wenigstens in einem beschränkten Bereich, unter sehr allgemeinen Bedingungen der Fall (vgl. z. B. Aufgabe 5.5.5).

8.1.5. Aktivierungsenergie

Wir betrachten ein System, das u. a. zwei Zustände mit den Energien W_1 und W_2 und den Entropien S_1 und S_2 annehmen kann. $S_i = k \ln P_i$, wo P_i die Wahrscheinlichkeit der Konfiguration ist, die den Zustand i ausmacht, und zwar bevor von einem evtl. Energieunterschied überhaupt die Rede ist, also $P_1/P_2 = e^{(S_1 - S_2)/k}$. Der Energieunterschied bedingt nach *Boltzmann* einen weiteren Faktor $e^{-(W_1 - W_2)/(kT)}$. Das Verhältnis der Zustandswahrscheinlichkeit ist also

$$e^{(TS_1 - W_1)/(kT) - (TS_2 - W_2)/(kT)} = e^{-(F_1 - F_2)/(kT)} . \qquad \text{(L. 1)}$$

Liegt das System in sehr vielen Ausgaben vor, so gibt (L. 1) im Gleichgewichtsfall das Verhältnis der Anzahlen, in denen die beiden betrachteten Zustände vorliegen. Man kann dies auf jedes Teilchenensemble anwenden, nur darf man z. B. in kondensierter Materie die Teilchen nicht als isoliert von ihrer Umgebung betrachten. W und S beziehen sich auf das Teilchen mit der von seinem Zustand beeinflußten Umgebung. Wird diese z. B. beim Übergang von Zustand 1 in den Zustand 2 deformiert, so sind Deformationsenergie und -entropie zu ΔW und ΔS hinzuzurechnen. Für die Häufigkeit der Übergänge zwischen zwei Zuständen ist wichtig, daß diese Übergänge durch Zwischenzustände führen können, die höhere Werte von $F = W - TS$ haben als die beiden Endzustände. Dies ist sogar die Regel: Wären die Zustände 1 und 2 nicht wenigstens lokale Minima von F, würde sich niemand für sie interessieren, denn das System hielte sich praktisch nie in ihnen auf. Die „F-Töpfe" 1 und 2 sind also i. allg. durch einen Wall getrennt, dessen Paßhöhe als Aktivierungsenergie $F_A = W_A - TS_A$ (eigentlich freie Aktivierungsenergie) bezeichnet wird. Die Übergangsrate zwischen 1 und 2 ist proportional der Wahrscheinlichkeit, daß ein Teilchen zufällig mindestens das F auf sich versammelt, das es zum Übersteigen des Passes braucht, also z. B. gegenüber seiner Normallage im Topf 1 die F-Differenz $F_A - F_1$. Diese Wahrscheinlichkeit ist bestimmt durch den Faktor $e^{-(F_A - F_1)/(kT)}$. Da $F_A - F_1$ um viele kT größer sein kann als $F_2 - F_1$, kann dieser Faktor eine völlig andere Größenordnung haben als das Verhältnis der Gleichgewichtskonzentrationen. Deswegen mißt man oft für die Gleichgewichtsverteilung („statisch") eine ganz andere Aktivierungsenergie als für die Stärke des Übergangs („dynamisch"). Bei der Glühemission ist das nur deshalb nicht der Fall, weil die beiden Zustände nicht durch eine Paßhöhe, sondern nur durch eine Stufe getrennt sind.

8.1.6. *h*-Messung

Kennt man die Austrittsarbeit W des Kathodenmaterials, so ergibt sich h sofort aus der Frequenz ν_{Gr}, bei der der Photostrom einsetzt: $h = W/\nu_{Gr}$. Sowohl h als auch W findet man, wenn man die eingestrahlte Frequenz ν allmählich steigert (monochromatisches Licht!) und gleichzeitig die Photoelektronen durch eine regelbare Gegenspannung von der Anode fernhält. Die Gegenspannung U_G, bei der dies gerade nicht mehr gelingt, gibt die Austrittsenergie $W' = eU_G$ der Elektronen. U_G als Funktion von ν sollte eine Gerade liefern, die die ν-Achse bei W/e schneidet und die Steigung h/e hat. Eine solche h-Messung ist also strenggenommen immer eine h/e-Messung.

8.1.7. Lichtschranke

Für eine Einbruchsicherung (außer z. B. in einem nachts beleuchteten Juwelierschaufenster) ist offenbar nur UV- oder UR-Licht geeignet. Jede UV-Lampe emittiert auch stark im Sichtbaren; ein Filter würde für einen aufmerksamen Einbrecher immer noch zu viel Sichtbares durchlassen. Arbeiten wir also im UR. Hier kommen nur Oxidkathoden in Frage (vgl. Tabelle 8.1). Ohne besondere Verstärkung (die heute allerdings kein Problem mehr ist) brauchte man, um z. B. ein Relais zu schließen, das den Alarmstrom steuert, etwa 1 mA Photostrom, d. h. ca. 10^{16} Elektronen/s, ausgelöst durch mindestens ebenso viele Photonen. Hat die emittierende Lampenfläche ca. 0,1 cm^2 Querschnitt, und konzentriert die Kondensorlinse ca. 1 % der Gesamtemission auf die Photokathode, so entspricht das einer Emissionsdichte von ca. $10^{19} h\nu\,\text{cm}^{-2}\,\text{s}^{-1}$, was bei $\lambda = 1\,\mu\text{m}$, also $h\nu \approx 2 \cdot 10^{-19}$ J, etwa $2 \cdot 10^{-3}\,\text{J}\,\text{cm}^{-2}\,\text{s}^{-1}$ bedeutet. Nach *Stefan-Boltzmann* ist dies die Gesamtemissionsdichte eines Temperaturstrahlers von ca. 5 000 K. Ohne Verstärkung kommt man also nicht aus. Verstärkt man z. B. 1 000mal, dann kann man mit $10^{17} h\nu\,\text{cm}^{-2}\,\text{s}^{-1}$ arbeiten, was der Gesamtemission einer Temperaturstrahlung von knapp 2 000 K entspricht. Ihr Maximum liegt bei 1,5 µm, und in den benutzten Spektralbereich fällt genug Energie. Die Breite der Planck-Kurve ist $\approx kT$, d. h. $3 \cdot 10^{-19}$ J, das Frequenzintervall 0,9–1,2 µm enthält die erforderliche Energie.

8.1.8. Feldemission

Das Plateau der Höhe W, auf das die Metallelektronen gehoben werden müssen, um ins Freie zu kommen, wird durch ein richtig gepoltes Feld E, d. h. ein Potential $U = W/e - Ex$ (x: Abstand von der Metalloberfläche) in eine Schwelle mit dreieckigem Querschnitt verwandelt. Im Abstand $x_0 = W/(eE)$ wird $U = 0$, d. h. das übliche Energieniveau der Metallelektronen ist wieder erreicht. Bei $E = 10^4$ V/cm und $W = 1$ eV ist $x_0 = 10^{-4}$ cm, bei 10^6 V/cm (Vakuum, um Durchschlag zu vermeiden) nur noch 10^{-6} cm. Wie die Quantenmechanik zeigt (Abschn. 16.3.2), kann ein Elektron durch eine solche Schwelle in der Zeit dt mit der Wahrscheinlichkeit $v_0\,\mathrm{d}t\,\mathrm{e}^{-\alpha x_0\sqrt{2mW}/\hbar} = v_0\,\mathrm{d}t\,\mathrm{e}^{-\alpha W^{3/2}m^{1/2}/(\hbar eE)}$ tunneln, n Elektronen/cm^3 liefern also die Emissionsstromdichte $j \approx env\,\mathrm{e}^{-\alpha W^{3/2}m^{1/2}/(\hbar eE)}$. Sie steigt außerordentlich steil mit dem Feld E an: Bei $E = 10^6$ V/cm erhält man etwa 10^{-8} A/m^2, bei 10^7 V/cm 10^8 A/cm^2.

8.1.9. Feldemissionsmikroskop

In eine evakuierte Kugel (Radius R) mit Leuchtstoff-Belegung ragt ein sehr dünner Draht (Radius r_0), an dem ein positives Potential U liegt. Das praktisch radiale Feld $E \approx U/r$ um die Spitze, nahe daran sehr groß, treibt die feldemittierten Elektronen auf den Leuchtstoff und bildet dort die Spitze um R/r_0 vergrößert ab. Jedes Fremdatom an der Spitze ändert das Emissionsvermögen und wird so sichtbar.

8.1.10. Multiplier

Wenn man mit acht Multiplierstufen 10^8mal verstärken will, muß jede Stufe 10mal verstärken, d. h. ein auftreffendes Elektron muß 10 Sekundärelektronen auslösen. Bei einer Austrittsarbeit von 2 eV muß daher das Primärelektron mit mindestens 20 eV ankommen. Bei so geringem Energieüberschuß ist aber die Ausbeute der Sekundäremission äußerst gering. Praktisch überhöht man mindestens um den Faktor 3–5, was 60–100 V zwischen je zwei Dynoden entspricht, also 600–1 000 V zwischen letzter Dynode und Kathode. Hat man z. B. ein 1 000 V – 5 mA-Netzgerät, so wird man die Spannungsteilung durch zehn hintereinandergeschaltete Widerstände von je mindestens ca. 50 kΩ bewerkstelligen, damit bei je 100 V etwa 2 mA fließen. Der Anodenstrom beim Auftreffen von 100 Elektronen/s oder 100 Photonen/s auf die Kathode wird ca. 10^{-9} A, was sogar mit einem Lichtmarkengalvanometer meßbar ist.

8.1.11. Eggert-Saha-Gleichung

Siehe Lösung 8.1.12.

8.1.12. Thermische Ionisation

Sei N_0 die Teilchenzahldichte der Moleküle oder Atome, n die der einfach positiven Ionen (andere Ionisierungsstufen mögen nicht zählen), also $N = N_0 - n$ die der neutralen Teilchen. Das Massenwirkungsgesetz sagt dann, daß im Gleichgewicht $n^2/(N_0 - n) = A\,\mathrm{e}^{-W_i/(kT)}$. A ist das Verhältnis der statistischen Gewichte der Zustände „Ion + Elektron" und „neutrales Teilchen". Das statistische Gewicht für „Ion + Elektron" ist das Produkt der statistischen Gewichte zweier freier Teilchen, also ist A gleich dem statistischen Gewicht *eines* freien Teilchens: $A = (2\pi mkT)^{3/2}/h^3$. Das ist der gleiche Faktor, der auch in der Fermi-Verteilung auftritt. Also

$$\frac{n^2}{N_0 - n} = \frac{(2\pi mkT)^{3/2}}{h^3}\,\mathrm{e}^{-W_i/(kT)} = B\,.$$

Wenn $n \ll N_0$ (geringer Ionisierungsgrad) folgt sofort die Eggert-Saha-Gleichung in der Form (8.4). Wie man sieht, rührt der Faktor $W_i/2$ im Exponenten daher, daß die rekombinierenden Teilchen statistisch gleichberechtigt sind. Auf jedes entfällt sozusagen nur die Hälfte der Überschußenergie W_i über den neutralen Zustand. Eigentlich erhält man eine quadratische Gleichung mit der Lösung

$$n = -B/2 \pm \sqrt{B^2/4 + BN_0}\,.$$

Das gibt (8.4), wenn $B \ll 4N_0$, also $n \ll N$, aber $n \approx N$ bei $B \gg 4N_0$. Die Grenze $B = 4N_0$ ist ziemlich scharf und läßt sich auch darstellen

$$\varrho = \frac{(2\pi mkT)^{3/2}M}{4h^3}\,\mathrm{e}^{-W_i/(kT)} \quad \text{oder}$$

$$\ln\varrho = a + \tfrac{3}{2}\ln T - \frac{W_i}{kT}\,.$$

Das ist die in Abb. 8.9 angegebene Grenzkurve im ϱ,T-Diagramm. Sie liegt bei gegebenem T bei um so höherem ϱ, je größer M und je kleiner W_i ist. Dabei überwiegt der Einfluß von W_i i. allg. bei tieferen Temperaturen; bei sehr hohem T ($kT \gg W_i$) ist nur noch die Massenabhängigkeit da. Deswegen überschneiden sich die H- und die He-Kurve.

8.1.13. Ionisation in der Sonne

Photosphäre: $\varrho = 2 \cdot 10^{-7}$ g/cm^3, neutral; 10 000 km: $\varrho = 3 \cdot 10^{-2}$ g/cm^3, ionisiert. Dazwischen starke Konvektion (Abschn. 11.3.3).

8.2.1. Wettkampf der Felder

$E = 10^4$ V/m übt auf Proton $F \approx 10^{-15}$ N aus, ebenso wie ein Schwerefeld von $10^{11}g$: Erst ganz nahe (10 km) an einem Schwarzen Loch von Sonnenmasse wird das erreicht.

8.2.2. *E*-Ablenkung

In der Formel (8.10) für die Ablenkung im Kondensatorfeld kann man alles konstant lassen, wenn man von Elektronen zu Protonen übergeht, außer U_e: Die Beschleunigungsspannung muß umgepolt werden, denn sonst laufen die Protonen nach hinten weg. Damit kehrt natürlich auch die Ablenkung s ihr Vorzeichen um.

8.2.3. α-, β-, γ-Strahlung

Die elektrische Ablenkung allein liefert e/W, die magnetische allein e/p (e, W, p Ladung, Energie, Impuls). Beide zusammen liefern v und e/m. Erst z. B. eine direkte Ladungsmessung trennt e und m. Für β-Teilchen ist e/m fast 4 000mal größer als für α-Teilchen, also kann B bei gleichem elektrischen Feld 20mal kleiner sein. Bei γ-Strahlung läßt die Nichtablenkbarkeit selbst in den größten Feldern auf sehr kleines e oder sehr großes W und p schließen. Nimmt man an, die Elementarladung sei unteilbar, dann ergeben sich z. B. aus dem mit 0,1° Genauigkeit festgestellten Ausbleiben der Ablenkung in einem 10 cm langen 10 kV/cm-Feld Energien von mindestens 30 MeV. Da alle übrigen Zerfallsenergien bei der natürlichen Radioaktivität viel kleiner sind, schloß man bald, daß die γ-Strahlung keine Ladung hat.

8.2.4. Oszillograph

Legt man an die x-Platten die Spannung $U_x = U_1 \sin \omega t$, an die y-Platten $U_y = U_2 \sin(\omega t + \delta)$, dann erhält man bei verschiedenen Werten von U_1/U_2 und δ Kreise, Ellipsen und Gerade mit den verschiedensten Halbachsen, Orientierungen und Exzentrizitäten: Kreis bei $U_1 = U_2$ und $\delta = \pi/2$, Gerade mit $\tan \alpha = U_2/U_1$ bei $\delta = 0$, sonst Ellipsen mit dem gleichen Kippwinkel. Diese Amplituden-und Phasenverhältnisse lassen sich am einfachsten herstellen, wenn man Spulen, Kondensatoren, Widerstände in verschiedener Kombination in die Zuleitungen legt. Ist die Frequenz an x doppelt so groß wie die an y, ergibt sich eine 8, im umgekehrten Fall ein ∞ (Phasenverschiebung $\pi/2$). Inkommensurable Frequenzverhältnisse lassen Lissajous-Figuren entstehen, d. h. Schleifen, die nach und nach das ganze Reckteck U_1, U_2 abtasten.

8.2.5. Fernsehröhre

Der Elektronenstrahl muß 625 Zeilen mit je 833 Bildpunkten in 1/25 s zeichnen, also $1{,}3 \cdot 10^7$ Bildpunkte/s. Wenn man zuläßt, daß die Punkte immer abwechselnd hell und dunkel sein können, brauchte man eine Frequenz der Helligkeitssteuerung von 6,5 MHz (praktisch genügen 5 MHz). Die Bildinformation muß auf Trägerwellen von wesentlich höherer Frequenz aufmoduliert sein (40–800 MHz, entsprechend Wellenlängen von 5 m bis 25 cm). Bei Frequenz- wie bei Amplitudenmodulation bedingt nämlich die Signalfrequenz eine entsprechende Verbreiterung des Trägerbandes. Die Zeilen- und die Zeilensprung-Ablenkung könnten durch Kondensatoren mit der Kipp- bzw. Sprungfrequenz $25 \cdot 625 = 15{,}5$ kHz erfolgen (in Wirklichkeit durch Magnetspulen). Hunde und manche Kinder hören diese Frequenz. Die Ablenkung um 50° in Flachröhren würde bei 1 kV Röhrenspannung 2,4 kV am Zeilenkondensator erfordern ($\tan \alpha = U_K/(2U_e)$). Solche Elektronen laufen mit $1{,}6 \cdot 10^4$ km/s, brauchen also bis zum Bildschirm nur 20 ns, was noch zehnmal kleiner ist als die minimale Helligkeitsperiode. Die Raumladungen aufeinanderfolgender Elektronenimpulse beeinflussen einander also nicht. In der Praxis ist die Anodenspannung noch 20mal größer. Da die entsprechende Ablenkspannung kaum noch zu handhaben wäre, benutzt man zum Ablenken Spulen.

8.2.6. Thomson-Parabel

Bei einheitlicher Energie wird die Thomson-Parabel zu einem Punkt bei $x = eBla/(mv)$, $y = eEla/(mv^2)$. Ein Reinnuklid sendet β-Teilchen mit einem kontinuierlichen Energiespektrum aus, das von 0 bis zur Maximalenergie W_m reicht. W_m ist i. allg. eine relativistische Energie (größer als 500 keV). Daher erhält man einen Ast der zugespitzten „Parabel" Abb. 8.23, der nicht ganz bis zum Scheitel ausgezeichnet ist.

8.2.7. Triode

A sei ein charakteristischer Querschnitt des felderfüllten Raumes. Dann ist der Strom durch die Diode $I \approx Aj \approx A\varepsilon_0 \sqrt{2e/m}\, U^{3/2}/d^2$. Differenzieren liefert $R_i = \mathrm{d}U/\mathrm{d}I \approx \sqrt{m/(2e)}\, d^2/(A\varepsilon_0 U^{1/2})$. Mit $d \approx 1$ mm, $A \approx 1\,\mathrm{cm}^2$, $U \approx 100$ V erhält man $R_i \approx 10^3\,\Omega$.

8.2.8. Durchgriff

$D = C_{AK}/C_{GK}$, Gitter ist näher an Kathode, und $C \sim 1/d$. Maximale Spannungsverstärkung ist $1/D$. Ein Eingangssignal soll ja nur seine Höhe, nicht seine Form ändern. Anderenfalls erhält z. B. ein Sinus Oberschwingungen (Klirrfaktor).

8.2.9. Anoden-Basisschaltung

In dieser Schaltung lädt ein winziger Strom das Gitter stark auf und ändert damit den Anodenstrom gewaltig: Hohe Stromverstärkung.

8.2.10. Logarithmische Kennlinie

Anlaufstrom der Röhre und Strom durch Halbleiterdiode folgen der Boltzmann-Kurve $I = I_0 \exp(-eU/(kT))$, also $U = (kT/e) \ln(I_0/I)$.

8.2.11. Phasenschieberoszillator

Da praktisch kein Gitterstrom fließt, ergeben sich aus der Knoten- und der Maschenregel folgende Beziehungen ($x = \omega CR$): $I_1 = U_1/R$, $I_2 = U_2/R$, $I_3 = U_R/R$, $U_A = U_1 + (U_1 + U_2 + U_R)/(\mathrm{i}x)$, $U_1 = U_2 + (U_2 + U_R)/(\mathrm{i}x)$, $U_2 = U_R(1 + 1/(\mathrm{i}x))$. Elimination von U_1 und U_2 liefert $U_A = (1 + 6/(\mathrm{i}x) - 5/x^2 - 1/(\mathrm{i}x^3))U_R$. Damit K, der reziproke Klammerausdruck, die verlangte Phasenverschiebung π liefert, muß er negativ reell sein, d. h. die i-Glieder müssen einander wegheben: $x = \sqrt{1/6}$, also $\omega = 1/(\sqrt{6}RC)$. Es folgt $K = -\frac{1}{29}$. Der Verstärker muß also den merkwürdigen Wert $V = -29$ haben. Ein RC-Glied dreht die Phase um weniger als $\pi/2$, daher braucht man mindestens drei. Mit zwei RC-Gliedern ergibt sich $1/K = 1 + 3/(\mathrm{i}x) - 1/x^2$, woraus das i-Glied nicht wegzubringen ist.

8.2.12. Meißner-Dreipunktschaltung

C_A bedingt keinen Spannungsabfall, weil das Gitter stromlos arbeitet. Der Schwingkreis aus C und $L = L_1 + L_2$ ist leicht zu Schwingungen mit $\omega = 1/\sqrt{LC}$ zu erregen. Von der Spulenspannung greift U_R dann einen Teil ab, nämlich $U_R = \mathrm{i}\omega L_2 I$. Da andererseits $U_A = I(1/(\mathrm{i}\omega C) + \mathrm{i}\omega L_2)$, folgt $K = U_R/U_A = \omega^2 L_2 C/(\omega^2 L_2 C - 1)$. Dies ist negativ reell für alle $\omega < 1/\sqrt{L_2 C}$. Mit dem ω des Schwingkreises folgt $K = -L_2/L_1$ Mit diesem Verhältnis kann man sich dem V des Verstärkers anpassen.

8.2.13. Brückenschaltung
Aus $U_A = I(R_1 + 1/(\mathrm{i}\omega C_1) + 1/(1/R_2 + \mathrm{i}\omega C_2))$ und $U_R = I/(1/R_2 + 1/(\mathrm{i}\omega C_2))$ folgt $1/K = 1 + R_1/R_2 + C_2/C_1 + \mathrm{i}\omega C_2 R_1 - \mathrm{i}/(\omega C_1 R_2)$. Bei $\omega = 1/\sqrt{R_1 R_2 C_1 C_2}$ ist K reell, aber positiv (deswegen ein zweistufiger Verstärker, der zweimal die Phase umdreht, also positives V hat). $V = 1/K = 1 + R_1/R_2 + C_2/C_1$ kann jeden Wert größer als 1 haben.

8.2.14. Quarzuhr
Quarz ist einer der besten Isolatoren, aber wenn er piezoelektrisch schwingt, d. h. wenn sich die positiven gegen die negativen Ionen verschieben, bedeutet dies einen Wechselstrom (Verschiebungsstrom, Influenz auf den anliegenden Elektroden). Dies gilt für jedes Dielektrikum. Aber beim Quarz als polarem Kristall sind diese Verschiebung und ihre Phase nach einer Resonanzkurve abhängig von der Frequenz des erzwingenden Feldes. Wenn x die Dickenänderung des Quarzes ist, geht der Strom mit $\dot{x}$. Bei kleinen Frequenzen ist $x \sim U$, der angelegten Spannung, der Quarz verhält sich wie ein Kondensator bzw. dessen Dielektrikum. Bei der Eigenfrequenz des Quarzplättchens, die sich berechnet wie bei der geschlossenen Pfeife, ist $\dot{x} \sim I$ in Phase mit U, der Quarz wirkt als ohmscher Widerstand. Bei hohen Frequenzen ist $\ddot{x} \sim I \sim U$, der Quarz wird zur Spule. Wegen der geringen Dämpfung ist die Resonanz der Quarzschwingung sehr scharf; man kann auch sagen: Das quasistatische Anfangsplateau $I = \mathrm{i}\omega CU$ liegt wegen des winzigen C eines Quarzkondensators ($\approx 1\,\mathrm{pF}$) sehr tief, also ist die Güte $1/(\omega CR)$ dieses Elements sehr hoch. So scharf könnte die Resonanz eines rein elektrischen Schwingkreises nie sein. Im Kreis Abb. 8.31 sperrt also der Quarz bei $\omega \ll \omega_0$, weil sein C_q so klein ist, bei $\omega \gg \omega_0$ auch, weil I wie $1/\omega$ abgefallen ist. Nur ganz nahe der Quarzresonanz kann der Kreis schwingen. Dann ist der Quarz so „weit offen", daß es auf evtl. kleine Änderungen von L und C z. B. infolge Temperaturschwankungen nicht ankommt. Diese Resonanzschwingung, über einen Transistor rückgekoppelt, hält sich selbst aufrecht, falls man für Gegenphasigkeit der Spannungen an 34 bzw. 12 sorgt. Exakt in der Resonanz sind die Spannungen um $\pi/2$ auseinander (Quarz $\approx R$). Schon ganz wenig oberhalb von ω_0 aber wirkt der Quarz als Spule (die $\varphi(\omega)$-Kurve macht ja bei hoher Güte eine steile Stufe bei ω_0). Dann haben wir die Situation der Dreipunktschaltung mit der richtigen Phase der rückgekoppelten Spannung.

8.3.1. Rekombinationskoeffizient
Rekombination findet statt, wenn ein negatives Ion einem positiven näher als bis auf einen kritischen Abstand r_0 kommt, d. h. wenn das eine Ion in eine Scheibe vom Stoßquerschnitt $A = \pi r_0^2$ um das andere trifft. Im m^3 sind n positive Ionen, also n solche Scheiben mit der Gesamtfläche nA. Die Wahrscheinlichkeit, daß das negative Ion auf einem Weg $\mathrm{d}x$ eine davon trifft, ist $nA\,\mathrm{d}x$, oder daß es in der Flugzeit $\mathrm{d}t$ eine trifft, $nAv\,\mathrm{d}t$. Da im m^3 auch n negative Ionen sind, finden in diesem Volumen in jeder Sekunde n^2Av Rekombinationsakte statt. Der Rekombinationskoeffizient läßt sich also darstellen als $\beta = Av$. Wie groß ist aber A, d. h. welches ist der kritische Abstand r_0? Die Ionen können einander bestimmt nicht einfangen, wenn ihre kinetische Energie größer ist als die potentielle in dem Moment, wo beide einander am nächsten sind. Andernfalls ist Einfang möglich, falls ein dritter Partner in der Nähe ist, der den überschüssigen Impuls abführt. Sieht man dies zunächst als garantiert an, ergibt sich r_0 aus $W_\mathrm{kin} = \frac{3}{2}kT = W_\mathrm{pot} = e^2/(4\pi\varepsilon_0 r_0)$, also $r_0 = e^2/(6\pi\varepsilon_0 kT)$, $A = e^4/(36\pi\varepsilon_0^2 k^2T^2)$, $\beta = e^4 v/(36\pi\varepsilon_0^2 k^2 T^2) = \sqrt{3}e^4/(36\pi\varepsilon_0^2 m^{1/2}(kT)^{3/2})$. Bei 300 K, wo $kT = \frac{1}{40}\,\mathrm{eV}$, wird $r_0 = 500\,\text{Å}$ (Vergleich mit dem H-Atom, wo $W_\mathrm{pot} = 2 \cdot 13{,}6\,\mathrm{eV}$ für $r = 0{,}5\,\text{Å}$), also $A \approx 10^{-10}\,\mathrm{cm}^2$, $v = 5 \cdot 10^4\,\mathrm{cm/s}$, d. h. $\beta = 5 \cdot 10^{-6}\,\mathrm{cm}^3/\mathrm{s}$, was der Erfahrung ganz gut entspricht. Falls die Bedingung über den dritten Partner, der den Impuls abführt, immer erfüllt ist, hängt β nicht vom Druck ab. Freie Elektronen brauchen kaum berücksichtigt zu werden, da sie sehr schnell unter Bildung negativer Ionen weggefangen werden. In der kinetischen Betrachtung sind natürlich die Worte „negativ" und „positiv" vertauschbar.

8.3.2. Glimmentladung
Der Strom der unselbständigen Entladung bei ständiger Auslösung von N_0 Elektronen/s an der Kathode ist nach *Townsend* $I = eN_0 \mathrm{e}^{\alpha d}/(1 - \gamma(\mathrm{e}^{\alpha d} - 1))$. Solange $\gamma(\mathrm{e}^{\alpha d} - 1)$ sich der 1 nähert, biegt I nach oben ab und schnellt bei $\alpha d = \ln(1 + 1/\gamma)$ ins Unendliche (Durchschlag). Bei $\gamma \gg 1$ bedeutet die Durchschlagsbedingung $\alpha d \approx 1/\gamma$; dann kommt die $\mathrm{e}^{\alpha d}$-Abhängigkeit gar nicht zum Tragen, sondern der Durchschlag erfolgt praktisch vom Anfangsstrom $I_0 = eN_0$ aus. Bei $\gamma \ll 1$ liegt der Durchschlag bei $\alpha d \approx \ln(1/\gamma)$, was nie viel größer als 1 wird. Als Funktion der Spannung dargestellt, verläuft I noch viel steiler, denn $\alpha d = pdf(E/p)$ ist nach Abb. 8.40 eine sehr steile Funktion von E. Die Summation der geometrischen Reihe, die zu dieser Kennlinie führt, ist nur gültig bei $\gamma(\mathrm{e}^{\alpha d} - 1) \leqq 1$. Schon deshalb hätte es keinen Sinn, die Kurve hinter dem Durchschlag weiterzeichnen zu wollen.

8.3.3. Zündspannung
Im Feld U/d gewinnen die Elektronen längs einer freien Weglänge l die Energie elU/d. Wenn das Elektron beim nächsten Stoß seinen ganzen Energiegewinn wieder hergeben muß, lautet die Zündbedingung, daß dieser Gewinn gleich der Ionisierungsenergie sein muß: $elU/d = W_\mathrm{ion}$. Da $l = 1/(nA)$ und $p = nkT$, kann man auch schreiben $U = ApdW_\mathrm{ion}/(ekT)$. Bei $p = 1\,\mathrm{bar} = 10^5\,\mathrm{N/m^2}$ und $W_\mathrm{ion} \approx 1\,\mathrm{eV}$ folgt $U/d \approx 10^4\,\mathrm{V/cm}$, bei 0,1 Torr nur etwa 1 V/cm. Die Townsend-Theorie enthält nicht die Annahme vollständigen Verlusts nach einer freien Weglänge. Ihre Zündbedingung lautet $ad = pdf(U/(pd)) = \ln(1 + 1/\gamma)$. Da $f(U/(pd))$ eine sehr steile Funktion ist, kommt man praktisch auch wieder auf eine Bedingung der Form $U = \mathrm{const}\; pd$, wobei ebenfalls $\mathrm{const} \approx 10^4\,\mathrm{V\,cm^{-1}\,bar^{-1}}$.

8.3.4. Durchschlag
$E = a/r$, $U = a\ln(r_1/r_0)$, $E = U/(r\ln(r_1/r_0)) \approx 10^7\,\mathrm{V/m}$; Bereich hat $r \approx 100\,\mu\mathrm{m}$.

8.3.5. Funken

Im Feuer oder Feuerzeug spielen Felder und Ströme keine direkte Rolle, also handelt es sich nicht um Entladungserscheinungen. Die „Funken“ sind einfach glühende makroskopische Teilchen, die zwar auch nicht heißer sind als die umgebenden Flammengase, aber ein höheres Emissionsvermögen haben und sich deshalb vom schwach leuchtenden Gashintergrund abheben. Beim Feuerzeug oder Feuerstein sind es mechanisch oder chemisch erhitzte Mineralsplitterchen. Die eigentlichen Entladungen kann man so klassifizieren: *Glimmentladung* stromschwach, weil wenig Spannung oder wenig Ladung, ohne konzentrierte Stromfäden. *Funken* stromstark, aber kurzlebig, weil geringe, rasch verpuffende Ladung, die aber in konzentrierter Stromröhre entladen wird. *Bogen* stromstark trotz meist geringer Spannung, Selbsterzeugung von Ladungsträgern. Die Zündspannung steigt mit dem Druck. Entladungen in Normalluft sind daher meist stromstark (Funken oder Bogen), außer bei sehr kleiner, weit verteilter Ladung (Nylonhemd). Erst für schwache Vakua sind Glimmentladungen typisch. Bei Konzentration durch gutgeerdete Gasleitungen schlägt auch Kleider-Reibungselektrizität in Funken über. Die Spannungen gehen offenbar bis über 10 kV. Trotzdem sind die Ladungen so gering, daß außer einem Schreckeffekt nichts passiert. Daß die Aufladung während der Autofahrt etwas mit der Übelkeit zu tun haben soll, haben sich wohl die Schleifriemenfabrikanten ausgedacht. Der Blitz steht zwischen Funken und Bogen (beschränkte Ladungsmenge).

8.3.6. Blitz

Aus einer Wolkenfläche 10 km^2, Höhe 500 m, mögen 30 Blitze kommen. Durchschlagsspannung 500 MV, Ladung des Kondensators Wolke–Erde $Q = \varepsilon_0 AE = 90$ A s, Blitzdauer 1 ms, Strom 3 kA, Leistung 1,5 TW(!), Energie 1,5 GJ = 420 kWh. 3 A s fließen durch die 100 W-Lampe in 7 s, durch den 20 W-Rasierer in 35 s.

8.3.7. Leuchtstoffröhre

Schließt man den Schalter, dann zündet die Glimmentladung und heizt den Bimetallstreifen, so daß er nach kurzer Zeit schließt. Dann bricht die Spannung am Glimmzünder zusammen (die 220 V fallen jetzt voll an der Drosselspule ab), die Glimmentladung erlischt. Daher kühlt sich der Bimetallstreifen wieder ab und öffnet. Diese plötzliche Stromänderung induziert in der Drosselspule einen hohen Spannungsabfall (höher als beim Schließen des Schalters und des Glimmzünders, weil die Stromänderung plötzlicher ist). Diese erhöhte Spannung zündet endlich die Leuchtstoffröhre. Sollte das nicht der Fall sein, wiederholt sich der Zyklus so oft, bis die Lampe schließlich doch brennt, wie man gelegentlich beobachtet.

8.3.8. Elektronenmühle

Der Impuls der aufprallenden Elektronen treibt das Rad direkt. Bei 1 kV Anodenspannung und einem Strom von 1 mA ist die Leistung (Energie/Zeit) $P = 1$ W, die Kraft (Impuls/Zeit) $F = P/v$, wo v die Elektronengeschwindigkeit ist. Elektronen mit 1 keV fliegen mit $2 \cdot 10^7$ m/s, also $F = 10^{-7}$ N. Der Strahlungsdruck würde solche Kräfte, z. B. auf $A = 1\,\text{cm}^2$ Schaufelfläche, erst bei einer Intensität $I = cF/A \approx 10^5\,\text{W m}^{-2}$ aufbringen, d. h. bei hundertfachem vollen Sonnenlicht. Das Rädchen dreht sich bei viel weniger Licht, aber nicht infolge des Strahlungsdruckes, sondern infolge der Erwärmung des Restgases vor den Schaufeln (Radiometereffekt, Aufgabe 5.8.2).

8.3.9. e/m

In ein gegebenes Kathodenstrahlrohr kann man i. allg. nicht hinein. Zur Ablenkung muß man also ziemlich weiträumige Felder verwenden, z. B. einen Kondensator mit $U = 5$ kV, $d = 5$ cm, Breite 10 cm. Wenn die Anodenspannung U_A bekannt ist (z. B. 10 kV), erhält man aus dem Ablenkwinkel (hier $2 \cdot 5\,\text{kV}/(2 \cdot 10\,\text{kV}) \approx 30°$) die Ladung e, aber keine Aussage über die Masse. Schon das erdmagnetische Feld ($B \approx 0{,}2G = 2 \cdot 10^{-5}\,\text{Vs/m}^2$) krümmt einen sehr feinen Strahl merklich ($\frac{1}{4}^\circ$ auf 1 m Länge), woraus man schließt $e/m = 2\alpha U_A/(l^2 B^2) \approx 2 \cdot 10^{11}$ C/kg. Der höchste e/m-Wert für Ionen (Protonen) wäre 10^8 C/kg.

8.3.10. Elektronenschatten

Wenn die Elektronen, die am Rand des Hindernisses vorbeigehen, alle genau gleiche Geschwindigkeit und Flugrichtung hätten, würde die Lorentz-Kraft im Magnetfeld (das streng homogen sei) das Elektronenbündel als Ganzes verschieben, der Schatten bliebe scharf. Die v-Werte sind aber nicht alle gleich, denn in der Ebene des Hindernisses herrscht nicht überall exakt das gleiche Potential. Das wäre zwischen unendlich großen, parallelen Elektroden der Fall. Man will ja aber den Schatten auf der Glaswand sehen, das Hindernis muß also die Anode überragen. Dazu kommt der Richtungsunterschied, der bei punktförmiger Kathode an den verschiedenen Stellen des Hindernisses gilt, bei ausgedehnter Kathode sogar an der gleichen Stelle. Für die Lorentz-Kraft zählt nur die Komponente senkrecht zum B-Feld. Die einzelnen Teile des Bündels werden also verschieden stark abgelenkt, der Schatten wird unscharf.

8.3.11. Fallende Kennlinie

Je größer der Strom im Bogen ist, desto heißer werden das Plasma und die Kohlen, desto leichter wird die Erzeugung von Ladungsträgern, desto weniger Spannung ist also nötig, um den Bogen aufrechtzuerhalten. Hält man die Kohlenspannung trotz wachsenden Stroms konstant, dann wächst der Strom weiter unbegrenzt: Die Entladung „geht durch“. Man kann sie stabilisieren, indem man den Strom selbst an einem Vorwiderstand einen Spannungsabfall erzeugen läßt, der sich von der Kohlenspannung subtrahiert. Der Bogen brennt sich dann auf einen Punkt seiner $I(U)$-Kennlinie ein, wo deren (negative) Steigung gerade so groß ist wie der Vorwiderstand. Es soll vorkommen, daß einer sich „verstöpselt“ und den Widerstand parallel zum Bogen legt. Dann bringt er nur den Moment näher, wo die Zuleitungsdrähte durchschmelzen.

8.3.12. Mikrowellenherd

Die freien Elektronen in einem Metall absorbieren die Welle auf sehr kurzer Strecke (nach (7.142) auf einigen µm; die Bedingung $\omega \ll \mu_0 \sigma c^2$ ist für alle Metalle erfüllt, für biologisches Material mit knapp 1 mol/l Ionen, also $\sigma \approx 1\,\Omega^{-1}\,\text{m}^{-1}$ auch, aber hier kommt die auf der Leitung beruhende Eindringtiefe in den cm-dm-Bereich, bei Niederfrequenz ist sie viel kleiner). Die mitschwingenden Metallelektronen emittieren selbst: Das Metall reflektiert noch mehr als es absorbiert (sonst könnte uns die Polizei mit dem Radar nicht erwischen). Für die erwünschte Absorption sind überwiegend die Wasserdipole verantwortlich. Absorption ist Leistungsaufnahme, Leistung ist Kraft mal Geschwindigkeit bzw. Drehmoment mal Winkelgeschwindigkeit. Es genügt also nicht, daß die Dipole sich dem Wechselfeld E folgend einstellen, was sie bei kleinen Frequenzen am besten tun, denn dann folgt der Einstellwinkel β dem Feld in Phase, und somit ist $\dot{\beta}$ um $\pi/2$ gegen E verschoben: Reine Blindleistung, wie beim idealen Kondensator. Das Feld muß so schnell wechseln, daß die Dipole fast nicht mehr mitkommen. Dann herrscht Gleichgewicht zwischen Feldkraft und Reibung, also Phasengleichheit zwischen E und $\dot{\beta}$. Aus der Geometrie des H_2O-Moleküls folgt diese Relaxationsfrequenz zu einigen GHz (Aufgabe 3.3.5). Bei noch höheren Frequenzen wird β dann zu klein.

8.3.13. Brathendl

Jeder Dipol vom Moment er, auf den das Feld das Drehmoment M ausübt und der sich mit der Winkelgeschwindigkeit w dreht, nimmt die Leistung Mw auf. Im Mittel dreht sich jeder Dipol im Feld E um den Winkel $\beta = erE/(kT)$ (Verhältnis der Einstell- zur thermischen Energie). Im Sinus-Wechselfeld ist also $w = \dot{\beta} = \omega\beta = \omega erE/(kT)$, das Drehmoment ist etwa $M = erE$, d. h. Leistung $Mw \approx e^2E^2r^2\omega/(kT)$. Alle n Dipole im m^2 schlucken $P/V = ne^2E^2r^2\omega/(kT)$. Wieviel Leistung die Welle pro m^2 heranbringt, ihre Intensität I, läßt sich auch durch E ausdrücken: Energiedichte $\varepsilon\varepsilon_0 E^2$, also $I = c\varepsilon\varepsilon_0 E^2$. Auf jedem m verliert die Welle die Energie P/V pro m^2 und s, sie kommt also etwa bis $d = I/P = \varepsilon\varepsilon_0 ckT/(ne^2r^2\omega)$. Aber ε hängt selbst von e und r ab: $\varepsilon = e^2r^2/(\varepsilon_0 kT)$ (vgl. (6.53)). Also einfach $d \approx c/\omega$. Das ist knapp die Wellenlänge, 12 cm für 2,5 GHz.

8.3.14. Mikrowellenheizung

Gase mit einfach gebauten Molekülen haben im cm- und dm-Bereich kaum Resonanzfrequenzen und absorbieren wenig (sonst gäbe es weder Radar noch Radioastronomie). Im Mikrowellenfeld könnte man sich angenehm warm fühlen, selbst wenn Luft und Wände fast Außentemperaturen hätten. Die konventionelle Heizung erwärmt dagegen zuerst die Luft, und diese dann uns. Auch bei der Mikrowellenheizung würde die Luft auf die Dauer 18 oder 20 °C annehmen, aber schon die CO_2-Produktion der Bewohner erfordert etwa einen vollständigen Luftaustausch pro Stunde. Bewohner und andere wasserhaltige Dinge (Pflanzen, Erde), die direkt erwärmt werden, geben einige 100 W an die Luft ab. Dies wäre bei 100%ig wellendichten Wänden der einzige Verlust, verglichen mit einigen kW Leitungsverlust von 20 °C-Luft aus. Im Grenzfall braucht die Mikrowellenheizung nur diese 100 W/Bewohner zu liefern.

8.4.1. Plasmafrequenz

Bei 10^{-2} mbar ist die Molekülzahldichte $2 \cdot 10^{14}\,\text{cm}^{-3}$. Die Elektronenkonzentration $n = 10^{10}\,\text{cm}^{-3}$ bedeutet also einen Ionisierungsgrad $n/n_0 = 5 \cdot 10^{-5}$. In der Photosphäre ist $n \approx n_0 = \varrho/m = 6 \cdot 10^{21}\,\text{cm}^{-3}$, die Langmuir-Frequenz $f_\text{p} = 7 \cdot 10^{14}$ Hz liegt im violetten Teil des sichtbaren Spektrums. Für Halbleiter liegt f_p zwischen 10 GHz und 10^{14} Hz (UR), für Metalle zwischen $3 \cdot 10^{14}$ Hz (Rot) und $3 \cdot 10^{15}$ Hz (UV). Genau wie die Ionosphäre Radiowellen mittlerer Länge, so reflektiert ein Metall alle Wellen mit Frequenzen unterhalb f_p, also i. allg. das ganze sichtbare Spektrum, dazu das UR und das nahe UV. Daher stammen Glanz und Undurchsichtigkeit der Metalle.

8.4.2. Nordlicht

In 100 km Höhe ist der Luftdruck noch etwa $4 \cdot 10^{-4}$ mbar (Abnahme mit einer Skalenhöhe von durchschnittlich 7 km). Unter diesen Bedingungen reichen schon Felder von einigen V/cm zur Zündung von Glimmentladungen, doch sind diese so lichtschwach, daß man sie am Boden nicht sieht. Die Polarlichter werden durch Einschuß von Teilchen, besonders Protonen und Elektronen von der Sonne her angeregt, die im Erdmagnetfeld zu höheren Breiten abgelenkt werden. Bei ihren Energien um 100 keV haben diese Teilchen nach Abb. 13.35 eine Reichweite um $10^{-3}\,\text{g/cm}^2$. Das ist etwa die Gesamt-Flächendichte der Atmosphäre über 100 km: Dichte bei $4 \cdot 10^{-4}$ mbar noch $10^{-9}\,\text{g/cm}^3$, Skalenhöhe $H \approx 7$ km, $\varrho H \approx 10^{-3}\,\text{g/cm}^2$. Der „Sonnenwind" bleibt also um 100 km Höhe stecken (vorher wird er nur unwesentlich gebremst) und regt dort das Gas intensiv an.

8.4.3. Durchschlag

Bei normaler Luftdichte ist die Durchschlagsspannung nach *Paschen* (vgl. Aufgabe 8.3.3) so groß, daß die Durchschlagsströme i. allg. zur Bogenbildung ausreichen. Daher beobachtet man Glimmentladungen in Normalluft nur bei sehr zerstreuter schwacher Aufladung, meist aber in teilweise evakuierten Gefäßen. Die Betrachtung von Aufgabe 8.3.3 liefert als Durchschlagsfeld $U/d \approx \sigma p W_\text{ion}/(ekT) = n\sigma W_\text{ion}/e$. Wenn W_ion einige eV beträgt, erhält man in Normalluft etwa 10^4 V/cm. Gegen 220 V isolieren schon 0,2 mm Luft. Ein Isolator verträgt höhere Felder (10^5, maximal 10^6 V/cm), darf also dünner sein. Bei einem kräftigen Kurzschluß (dicke Leitung, starker Strom) wird die Entladung durch direkte Berührung eingeleitet. Wenn dann Teile der berührenden Drähte verpuffen, zieht sich ein Lichtbogen dazwischen, der sich seine Träger selbst schafft und der Zündbedingung nicht mehr unterworfen ist, weshalb er gut cm-lang ausgezogen werden kann.

8.4.4. Ionenrakete

Die Spannung U liefert eine Ionengeschwindigkeit $v = \sqrt{2ZeU/m}$, also den Rückstoßimpuls $p = \sqrt{2ZeUm}$ für jedes Ion. Ein Ausstoß von ν Ionen/s stellt den Strom $I = Ze\nu$ und die Leistung $UI = Ze\nu U$ dar. Ebensoviel Leistung, aber praktisch kein Schub entfällt auf den Elektronenstrom. Würde man die Elektronen nicht mit ausstoßen, dann würde sich die Rakete sehr bald so stark negativ aufladen, daß man die positiven Ionen nicht mehr abgeben könnte. Der Schub ist $F = \nu p$. Das Verhältnis Schub/Leistung, also $\sqrt{2m/(ZeU)}$ ist am besten für Cs-Ionen. 1 g/s Cs-Dampf, an heißer Platte ionisiert und mit 10 kV beschleunigt, liefert $F = 4 \cdot 10^3$ N = 0,4 t Schub und erfordert 7 MV. Die Auffangfläche für Sonnenstrahlung in Erdbahnnähe müßte bei vollständiger Energieumwandlung 5 000 m^2 sein, was bei Montage auf der Startkreisbahn mit einer Konstruktionsmasse unterhalb 1 t realisierbar scheint. Die Beschleunigung wäre dann nicht viel kleiner als g. Fahrten im Sonnensystem mit Start von möglichst erdferner Kreisbahn sind in vernünftigen Flugzeiten möglich.

8.4.5. Photonenrakete

Ein Plasma von der Temperatur T und dem Radius r strahlt nach *Stefan-Boltzmann* (Abschn. 11.2.5) eine Leistung $P = 4\pi r^2 \sigma T^4$ nach allen Seiten. Zum Schutz der übrigen Teile der Rakete müssen dazwischen Absorber oder besser Spiegel aufgestellt sein. Im Fall von Absorbern verlöre man den Faktor 3 im Schub (nur eine Komponente wird ausgenutzt). Dieser Schub kommt so zustande, daß jedes Photon mit der Energie $h\nu$ einen Impuls $h/\lambda = h\nu/c$ fortträgt bzw. als Gegenimpuls auf die Brennkammer überträgt. Also ist der Schub $F = P/c = 4\pi r^2 \sigma T^4/c$. Rechnen wir mit $r = 1$ m und verlangen $F = 100$ t $= 10^6$ N, dann müßte $T = 5 \cdot 10^5$ K sein. Solche Plasmen macht man schon, allerdings nur kurzzeitig und mit einem ganzen Kraftwerk als Energiequelle. Die Dauerleistung wäre $P = 3 \cdot 10^{14}$ W = $3 \cdot 10^8$ MW, mehr als alle Kraftwerke der ganzen Erde z. Z. erzeugen. Die emittierten Photonen liegen nach dem Wienschen Verschiebungsgesetz im weichen Röntgengebiet (um 1 kV) und werden von praktisch jeder Metallwand absorbiert. Die erforderliche Leistung ist nur durch Fusion oder Materie-Antimaterie-Vernichtung zu erreichen. Im Fall der Fusion, wo knapp 1 % der Ruhmasse in Strahlung umgesetzt wird, gilt $P = 10^{-2}\mu c^2$ und $F = 10^{-2}\mu c$ (μ: sekundlicher Brennstoffumsatz). In unserem Beispiel wäre $\mu \approx 0{,}3$ kg/s. 100 t Brennstoff würden nur knapp eine Woche und für Endgeschwindigkeiten um 100 km/s reichen. Brenndauer und Endgeschwindigkeit verhundertfachen sich bei vollständiger Vernichtung von Materie und Antimaterie (in magnetischen Flaschen mitgeführt unter peinlichster Vermeidung von Wandberührung?). Bei hinreichender Treibstoffmenge kommt man beliebig nahe an c und kann in menschlichen Lebzeiten beliebig weit reisen (vgl. Abschn. 15.2.8).

Kapitel 9: Lösungen . . .

9.1.1. Sonnenkringel

Die Sonne hat einen scheinbaren Durchmesser von 0,5°. Ein Loch vom Durchmesser d erzeugt auf einem Schirm im Abstand a einen Lichtfleck, der die Form des Loches wiedergibt, falls das Loch selbst unter einem wesentlich größeren Sehwinkel als 0,5° erscheint, also falls $d/a > 0{,}5° \approx 1/120$. Eine Blattlücke von $d = 1$ cm dürfte dazu höchstens 1 m über dem Boden sein. Bei $a > 120d$, also im dichten Laubwald fast immer, entsteht ein Bild der Sonne: Eine Ellipse vom Querdurchmesser $D = a/120$.

9.1.2. Log K. May hier auch?

Aus 2 000 Fuß ≈ 700 m Abstand erscheint selbst der gewaltigste Krieger höchstens 0,06° breit und 0,18° hoch, dazu bei der Steilheit der Wand noch auf mehr als die Hälfte verkürzt, d. h. viel kleiner als die Sonnenscheibe, die 0,5° Durchmesser hat. Es kommt daher kein Kernschatten zustande, sondern nur eine über ca. 30 m^2 verteilte Abdunkelung (Halbschatten) um etwa 1 %, die selbst einem Winnetou kaum auffallen dürfte, da sie ebensogut von einem Fels oder Busch herrühren könnte. Der Schall braucht etwa 2 s, der fallende Körper 12 s. Selbst bei mehrere km hohen Wänden käme der Schall nie später an als der Körper, weil dieser infolge des Luftwiderstandes nur maximal 70–90 m/s erreicht.

9.1.3. Finsternisse

Sind A und a die Abstände Sonne-Erde bzw. Mond-Erdoberfläche, D und d die Durchmesser von Sonne und Mond (Tabelle s. Aufgabe), ist δ der Durchmesser des Kernschattens (Totalitätszone), dann liest man aus den ähnlichen Dreiecken der Kernschattenkonstruktion ab $\delta = (Ad - aD)/(A - a) \approx d - Da/A$. Das maximale δ (bei minimalem a, maximalem A) ist 230 km. Bei mittlerem a und A ist $\delta = -40$ km: Ringförmige Sonnenfinsternis, ein ganz schmaler Rand der Sonne, etwa $\frac{1}{150}$ Sonnendurchmesser, bleibt unbedeckt. Bei maximalem a, minimalem A steigt die Ringbreite auf $\frac{1}{20}$ Sonnendurchmesser. Eine Verschiebung um x auf der Erdoberfläche läßt den Mond sich scheinbar um den Winkel x/a verschieben, bei $x = 1\,000$ km um etwa $\frac{1}{3}$ Sonnendurchmesser. In 1 000 km Abstand von der Totalitätszone ist die Verfinsterung nur noch etwa 60 %. In $x = 3\,000$ km Abstand gibt es auch keine partielle Finsternis mehr. Der Mond verschiebt sich am Fixsternhimmel um $360°/\text{Monat} \approx 0{,}5°/\text{h}$. Die gesamte Sonnenfinsternis (von der ersten bis zur letzten Berührung von Mond und Sonnenscheibe) dauert also maximal 1 h (zwei Mondbreiten). Die Erde hat vierfachen Monddurchmesser, ihr Kernschatten reicht viermal weiter als der des Mondes, ist also im Mondabstand noch $\frac{3}{4}$ Erddurchmesser = 3 Monddurchmesser breit. Der Halbschatten erweitert sich um ebensoviel wie sich der Kernschatten verjüngt, ist also beiderseits 1 Monddurchmesser breit. Die Totalität einer Mondfinsternis dauert also 3 h, von der ersten bis zur letzten Berührung mit dem Halbschatten dauert es maximal 6 h. *Aristarch* vollzog diese Schlußkette rückwärts und folgerte als erster, daß der Mond $\frac{1}{4}$ Erddurchmesser hat und 30 Erddurchmesser entfernt ist. Mit Hilfe dieser Daten schätzte er Entfernungen und Größen von Sonne und Fixsternen und stellte das heliozentrische Weltbild auf.

9.1.4. Finsternisse auf dem Mars

Phobos und **Deimos** erscheinen vom Mars aus nur 0,1 bzw. 0,02° breit, die Sonne 0,33° (vgl. Tabelle 1.2). Sie können also höchstens partielle Sonnenfinsternisse mit 10 % bzw. 0,4 % Verfinsterung erzeugen, die kein Marsmensch ohne Hilfsmittel wahrnimmt. Dagegen ist der Marsschatten im Abstand seiner Monde noch so breit, daß bei jedem Vollphobos bzw. -deimos Verfinsterung eintritt.

9.1.5. Was vertauscht der Spiegel

Das Herz meines Spiegelbildes ist, *absolut* betrachtet, auf der gleichen Seite wie meines, sein Kopf ist auch auf der gleichen Seite wie meiner. Nur für Bauch und Rücken trifft das Gegenteil zu. Absolut betrachtet, vertauscht der Spiegel also nur vorn und hinten, oder allgemeiner, er kehrt die Richtung senkrecht zu seiner Ebene um. *Relativ*, d. h. in bezug auf den Kerl, der mir da gegenübersteht, sage ich *nicht*, vorn und hinten seien vertauscht, muß dann aber in Kauf nehmen, daß sich *eine* andere Richtung umkehrt. Welche? Das ist reine Definitionssache. Ob ich sage: Seitenrichtig, aber auf dem Kopf stehend, oder: Aufrecht, aber seitenverkehrt, kommt im Effekt auf dasselbe heraus. Da ich gewohnt bin, die Mittelachse des Körpers als etwas Grundlegenderes zu betrachten, wälze ich die Vertauschung auf die Rechts-Links-Richtung ab. Diese Betrachtung setzt voraus, daß ich in Normalstellung vor dem senkrechten Spiegel stehe. Zur Nachprüfung denke man sich auf einem Spiegelfußboden.

9.1.6. Brennspiegel

Im Rasierspiegel will man sich aufrecht und vergrößert sehen. Dazu muß man den Kopf zwischen Spiegel und Brennpunkt bringen. Solche Spiegel haben daher Brennweiten um 1 m. Das Bild der Sonne ($g \approx \infty$, Winkelgröße $G/g = 0{,}5° \approx \frac{1}{120}$) wird dann zu einem Brennfleck mit dem Durchmesser $B = fG/g = f/120 \approx 1$ cm. Alles Licht, das auf die Spiegelfläche (Durchmesser $D \approx 15$ cm) fällt, sammelt sich idealerweise im Brennfleck, dessen Intensität also um den Faktor $D^2/B^2 = D^2g^2/(f^2G^2) \approx 15^2$ größer ist als im normalen Sonnenlicht. Nach *Stefan-Boltzmann* ($I \sim T^4$) bedeutet das eine Gleichgewichtstemperatur eines schwarzen Körpers im Brennfleck von $T = \sqrt{Dg/(fg)}\,T_0$ (T_0: Gleichgewichtstemperatur im normalen Sonnenlicht, ≈ 300 K). Das setzt allseitige Bestrahlung und Verlustfreiheit voraus. Bei einseitiger Bestrahlung und allseitiger Abstrahlung verliert man den Faktor $\sqrt{2}$ in T. Ohne Konvektionsverluste im Vakuum würde man also etwa 700 K $\approx$ 400 °C erreichen. In Luft wird das Papier nicht einmal braun. Lupen leisten mehr, wenn ihre Öffnung D/f größer ist als 0,15.

9.1.7. Wunderwaffe

Die Wunderwaffe hat nur Sinn, wenn die Brennweite f einem Schiffsabstand entspricht, über den man keine Brandfackel mehr werfen kann, also $f \gtrsim 50$ m. Um dann auch nur Papier anzuzünden, das völlig still gehalten wird, müßte man nach Aufgabe 9.1.6 einen Spiegel von weit mehr als 20 m Durchmesser haben. Da Leinwand und sogar geteertes Holz viel schwerer brennen und nicht still halten, wird alles noch viel ungünstiger. Man braucht allerdings keinen Kugelspiegel: Sehr viele sauber ausgerichtete Planspiegel tun es auch. Ein griechischer Ingenieur hat so im Hafen von Piräus tatsächlich ein Modellschiffchen in Brand gesetzt.

9.1.8. Brennlinie

Die „**Herzlinie**“ macht die optische Nichtidealität von Kugel- und Zylinderflächen augenfällig. Sie ist der geometrische Ort der Schnittpunkte von Strahlen, die an benachbarten Punkten der kreisförmigen Querschnittslinie aus einem Parallelbündel reflektiert werden. Der eigentliche Brennpunkt ist die Spitze, in der die beiden Bögen des „Herzens“ zusammenlaufen. Sie halbiert also den Ringradius. Eigentlich sollten sich *alle* Strahlen dort schneiden. Bei einem parabolisch gebogenen Blech tun sie das auch. Der Ring berührt dieses Parabolblech von innen, lenkt weiter außen auftreffende Strahlen zu stark ab; sie schneiden die Achse zwischen Scheitel und Brennpunkt, um so näher am Scheitel, je achsenferner sie sind. Zwei solche Strahlen schneiden sich also, schon bevor sie die Achse erreichen, auf der herzförmigen **Brennlinie**. Wir zeigen: (1) Wenn das Rad das Glas in A berührt, geht der in A reflektierte Strahl durch den entsprechenden Epizykloidenpunkt P auf seiner Felge. (2) Wenn das Rad vom Berührpunkt A aus ein bißchen weiterrollt, wandert der Punkt P auf seiner Felge zunächst längs des in A reflektierten Strahls. Beweis für (1): M sei die Nabe des Rades. Seit dieses auf der Mittelachse lag, ist es auf dem Leitkreis um α abgerollt, hat sich also selbst um 2α gedreht: $BMP = 2\alpha$. MAP ist halb so groß, also genau wie der Winkel des reflektierten Strahls. Beweis für (2): Wir drehen das Bild so, daß das Rad ganz oben ist. Wenn es nur ganz wenig weiterrollt, ist es egal, ob dies auf einem Leitkreis oder einer Leitgeraden erfolgt. Die Kurve, die P beschreibt, steigt wie bei der normalen Zykloide um $90° - \beta/2$ an (β sei der Winkel, um den das Rad von der tiefsten Lage des Punktes P aus abgerollt ist). Hier ist aber $\beta = 2\alpha$, also die Steigung gegenüber dem Leitkreis $90° - \alpha$, dieser selbst steigt um $90° - \alpha$, die Brennlinie steigt also insgesamt um $180° - 2\alpha$, und das ist genau die Richtung des in A reflektierten Strahls. Laut (1) kommen wir so aber auch zu dem an einem zu A benachbarten Punkt reflektierten Strahl, bleiben also auf der Brennlinie.

9.1.9. Weltraumspiegel

Ein stationärer Satellit steht $a = 36\,000$ km über dem Erdboden (Aufgabe 1.7.2). Dies muß seine Bildweite und gleichzeitig seine Brennweite sein, denn die Gegenstandsweite g ist viel größer. Der Krümmungsradius ist 68 000 km. Das Sonnenbild hat den Durchmesser $B = fG/g \approx 300$ km. Auf diese Fläche verteilt sich das Sonnenlicht, das auf die um den Faktor 500^2 kleinere Spiegelfläche als direktes Sonnenlicht auftraf. Es ist dort also nur $\frac{1}{250\,000}$ so hell wie bei Tage, dagegen viermal heller als bei Vollmond (vgl. Aufgabe 11.2.7).

Die Beugungsringe haben einen Abstand $a\lambda/d \approx 3$ cm, vergrößern also, da ihre Intensität nach außen rasch abnimmt, das beleuchtete Gebiet nicht merklich. Infolge Spiegelunebenheiten und atmosphärischer Streuung werden sie in der Unschärfe des Bildrandes untergehen. Da der Spiegel über dem Äquator stehen muß (sonst wäre er nicht stationär), taucht er auf einem Stück seiner Bahn, das den Winkel $2R/a \approx 0{,}36 \approx 60°$ einschließt, also in 4 h durchlaufen wird, in den Erdschatten ein. Dann ist Ruhe. Für einen Astronauten, der dicht vor dem Spiegel schwebt, ist er völlig eben. Eine vergrößernde Wirkung hat er also nicht.

9.1.10. Echo-Satellit
Im Satelliten (Konvexspiegel vom Radius r) erscheint ein virtuelles Bild der Sonne vom Durchmesser $B = fG/g$, z. B. bei $r = 15$ m von $B = 6$ cm. Dieses Bild hat die gleiche Leuchtdichte wie die Sonnenscheibe (die Kugel fängt den Bruchteil $\pi r^2/(4\pi g^2)$ der Gesamtstrahlung der Sonne auf und konzentriert sie auf die um den Faktor $B^2/G^2 = f^2/g^2 = \frac{1}{4}r^2/g^2$ kleinere Fläche des Bildes; allgemein bleibt die Leuchtdichte konstant bei jeder Abbildung, bei der nur Reflexion und Brechung, nicht aber Absorption beteiligt sind). Aus einem Abstand a erscheint also der Satellit, genauer das Sonnenbild in ihm, um den Faktor $B^2g^2/(G^2a^2) = f^2/a^2 = \frac{1}{4}r^2/a^2$ weniger hell als die Sonne. Bei der Höhe $h = 1\,000$ km über dem Erdboden und $r = 15$ m ergibt sich bei Zenitstand ($a = h$) ein Faktor $2 \cdot 10^{-10}$, d. h. knapp 27 Größenklassen: Der Satellit ist heller als Wega, die 0,05 Größenklassen hat. Bis zum Horizont ($a = 3\,600$ km) nimmt er um den Faktor 13, also um drei Größenklassen ab.

9.1.11. Parabolspiegel
Achsenparallele Strahlen werden im Parabolspiegel exakt im Brennpunkt vereinigt. Dafür werden aber die Abbildungseigenschaften für nichtachsenparallele Strahlen schon bei ziemlich kleinen Winkeln noch schlechter als beim Kugelspiegel, der wenigstens für alle Richtungen gleich schlecht ist. Bei der Kugel gehen z. B. wenigstens die achsennahen Strahlen alle durch den (jeweiligen) Brennpunkt, beim Paraboloid nicht. Wo sollte auch die Achse der Parabel für ein schiefes Bündel sein, vielleicht durch den Brennpunkt F gehen? Aber der Strahl durch F wird doch bestimmt zum Parallelstrahl (Abb. 9.15b).

9.1.12. Riesenfernrohr
Der Schacht wäre natürlich nur für Sterne brauchbar, die genau darüberstehen. Sowie der Strahl nicht mehr ganz achsenparallel ist, geht die Überlegenheit über den Kugelspiegel bald verloren. Die Brennweite f (Halbparameter der Parabel) ergibt sich nach Abschn. 3.1.2 als $f = g/(2\omega^2)$. Damit das Zwischenbild immer an der gleichen Stelle bleibt, muß die Drehzahl (ω) hochgradig konstant sein. Damit die vergrößerte Auflösung ausgenutzt werden kann, darf das Zwischenbild höchstens um 0,5 µm zittern. Bei $f = 50$ m bedeutet das einen Fehler in ω um höchstens $10^{-8}(\Delta f/f = -\Delta\omega/(2\omega))$, was schwer zu erreichen ist. Das Projekt hat noch mehrere ähnliche „Würmer".

9.1.13. Schärfentiefe
Die Schärfentiefe eines optischen Gerätes kann so definiert werden: Wenn bei gegebener Brennweite f und Bildweite b die Gegenstandsweite von dem durch $1/b = 1/f - 1/g$ gegebenen Wert abweicht, wird ein Punkt nicht mehr als Punkt, sondern als Scheibchen dargestellt. Ist dieses Scheibchen kleiner als das „Korn" des Registrierorgans (Photoemulsion, Netzhaut), so ist diese Abweichung unschädlich. Wir verlangen z. B. von der Kleinbildkamera, daß ein Kontaktabzug, mit bloßem Auge betrachtet, gestochen scharf aussehen soll. Das ergibt eine Korngröße des Films von höchstens $\delta_K = 20$ µm (die Netzhaut hat ein 5 µm-Korn, entsprechend dem Auflösungsvermögen des Auges; Bild- und Gegenstandsgröße im Nahpunkt des Auges verhalten sich wie Augapfellänge zur Nahpunktweite, also etwa wie 1 : 4). Für die Photographie interessieren Gegenstände mit $g \gg f$, die nahe der Brennebene abgebildet werden. Der bildseitige Öffnungswinkel des Lichtbündels, das von einem Gegenstandspunkt kommt, ist dann $\frac{1}{2}d/f$ ($d/2$: Blendenradius), also sein Durchmesser, wenn die Bildweite um Δb „falsch" ist: $\delta = \frac{1}{2}d\,\Delta b/f$. Nach der Abbildungsgleichung hängt der Bildweitenfehler Δb mit dem Fehler der Gegenstandsweite Δg bei $g \gg f$ so zusammen: $b = fg/(g-f) \approx f(1+f/g)$, also $\Delta b \approx -\Delta g f^2/g^2$. Es folgt für die Schärfentiefe, d. h. das Δg, das einem δ gleich der Korngröße entspricht: $|\Delta g| \approx \Delta b\, g^2/f^2 = 2\delta_K g^2/(fd)$. Für eine $f = 50$ mm-Optik ergibt sich bei Blende 2,8, d. h. $d = 50/2{,}8$: $\Delta g \approx 0{,}04g^2$. Wenn $\Delta g \approx g$ wird (d. h. hier bei $g = 25$ cm), muß man natürlich die Näherung $\Delta b \approx -\Delta g f^2/g^2$ aufgeben und mit $b = f(1-f/g)$ rechnen. Sie erhalten so die Begrenzung des Schärfebereichs, die meist gegenüber den Blendenzahlen auf dem drehbaren Ring der Entfernungseinstellung Ihrer Kamera aufgedruckt sind. Rechnen Sie nach! Diese Unschärfe hat weder mit Beugung noch mit Linsenfehlern zu tun.

9.1.14. Refraktometer
Die Flüssigkeitsschicht mit der Brechzahl n zwischen den beiden Glasprismen erlaubt Durchtritt des Lichtes aus dem unteren Prisma nur bei genügend steilem Einfall. Das schwenkbare, schwach divergente Bündel der Lichtquelle wird genau zur Hälfte durchgelassen, zur Hälfte nicht, wenn seine Achsenrichtung dem Totalreflexionswinkel entspricht. Dann halbiert im Okular die Hell-Dunkel-Grenze genau das Blickfeld.

9.1.15. Asymmetrischer Durchgang
Das Lichtbündel tritt unabgelenkt durch die eine Fläche und fällt auf die andere unter dem Winkel γ auf, tritt also unter α mit $\sin\alpha = n\sin\gamma$ wieder aus. Die Ablenkung ist $\delta' = \alpha - \gamma$, also $\sin\gamma = n^{-1}\sin(\gamma + \delta')$. Bei symmetrischem Durchgang gilt nach (9.10) $\sin(\gamma/2) = n^{-1}\sin((\gamma+\delta)/2)$. Welche Ablenkung ist größer, δ oder δ'? Wir schreiben $\delta = 2\arcsin(n\sin(\gamma/2)) - \gamma$, $\delta' = \arcsin(n\sin\gamma) - \gamma$. Ein Blick auf das Bild der arcsin-Funktion zeigt, daß sie im interessierenden Winkelbereich stärker als linear ansteigt (ihr Spiegelbild, die sin-Funktion, steigt schwächer als linear), daß also für jedes interessierende x gilt $2\arcsin(x/2) < \arcsin x$. Es

folgt $\delta < \delta'$: Bei symmetrischem Durchgang ist die Ablenkung schwächer als bei senkrechtem Einfall.

9.1.16. Minimale Ablenkung

Wir zeichnen nur die Symmetrieebene des brechenden Winkels γ. α sei der Winkel, unter dem ein Strahl gegen diese Ebene einfällt, β der Ausfallwinkel, definiert wie in Abb. L.9. Der Strahl wird dann um $\delta = 180° - \alpha - \beta$ abgelenkt. Wir tragen β als Funktion von α auf. Da der Strahlengang umkehrbar ist, muß die Beziehung zwischen α und β symmetrisch sein. Wenn z. B. der Ausfallwinkel $\beta = 53°$ zum Einfallswinkel $\alpha = 48°$ gehört, muß beim *Ein*fall unter 53° der *Aus*fall unter 48° erfolgen. Man kann also α und β in der Beziehung $\beta = f(\alpha)$ vertauschen, d. h. die Funktion f muß gleich ihrer eigenen Umkehrfunktion sein, d. h. das Bild von $\beta = f(\alpha)$ muß, an der 45°-Geraden $\alpha = \beta$ gespiegelt, in sich selbst übergehen. Unter den *steigenden* Funktionen $\beta = f(\alpha)$ gibt es nur eine, die das tut, nämlich $\alpha = \beta$ selbst. Das würde bedeuten, daß der Durchgang *immer* symmetrisch ist, bei $\alpha = 90°$ z. B. müßte auch $\beta = 90°$ sein, als ob gar kein Prisma da wäre. Die Lösung $\alpha = \beta$ trifft also nicht zu. Die einzige andere Möglichkeit ist eine *fallende* $\beta(\alpha)$-Kurve. Sie muß irgendwo die 45°-Gerade $\alpha = \beta$ schneiden: Der Schnittpunkt entspricht dem symmetrischen Durchgang. Die Kurve $\beta(\alpha)$ kann durch diesen Punkt konvex, konkav oder gerade laufen (a, c, b in Abb. L.9). Der Fall b würde bedeuten, daß die Ablenkung $\delta = 180° - \alpha - \beta$ immer gleich ist. Im Fall a ist $\alpha + \beta$ bei symmetrischem Durchgang maximal, δ also minimal; im Fall c ist es umgekehrt. Welcher der drei Fälle zutrifft, läßt sich jetzt durch Vergleich der symmetrischen Ablenkung mit *einem* anderen Fall feststellen, z. B. mit dem senkrechten Einfall (Aufgabe 9.1.15). Dort war die Ablenkung stärker, also ist sie allgemein bei symmetrischem Durchgang minimal.

9.1.17. Dreikantprisma

Ein Prisma mit rechteckigem Querschnitt wird entweder so vom Lichtbündel durchsetzt, daß dieses einfach an zwei Grenzflächen gebrochen wird (dann benutzt man effektiv wieder ein Dreikantprisma mit rechtwinklig-dreieckigem Querschnitt), oder daß es an zwei oder mehr Grenzflächen gebrochen und an einer oder mehreren reflektiert wird. Bei zwei Brechungen und einer Reflexion heben sich aber die beiden Dispersionseffekte ganz oder teilweise auf, ganz z. B. bei symmetrischem Durchgang: Das rote und das blaue Bündel fallen zwar leicht gegeneinander versetzt, aber parallel zueinander wieder aus.

9.1.18. Rückstrahler

Schwenkt man einen Spiegel um den Winkel φ in einer Ebene, die das Lot zum Spiegel und den einfallenden Strahl enthält, dann wird der ausfallende Strahl um 2φ geschwenkt. Das nutzt man in allen Lichtzeigerinstrumenten aus (Spiegelgalvanometer, Drehwaage). Bei zweimaliger Reflexion im Winkelspiegel dagegen kommt es auf eine Schwenkung des Spiegels nicht mehr an: Der reflektierte Strahl läuft gegen den einfallenden immer unter dem Winkel 2α, falls er in der

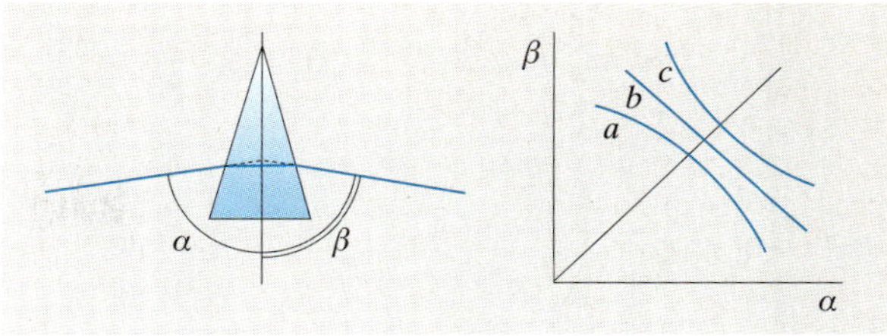

Abb. L. 9. In symmetrischer Lage lenkt ein Prisma minimal ab

Ebene der beiden Spiegellote einfällt. Bei $\alpha = 90°$ z. B. kommt er immer genau in umgekehrter Richtung zurück. Die Beschränkung auf die Lotebene fällt auch noch weg, wenn man einen dritten Spiegel senkrecht zu den beiden anderen setzt. Der Rückstrahler am Fahrrad, bestehend aus vielen solchen rechtwinkligen Eckspiegeln, strahlt also unabhängig von seiner Stellung im Idealfall alles Licht auf dessen Erzeuger zurück. Die Totalreflexion in einem Prisma vermeidet noch die Spiegelverluste. Mein zweimaliges Spiegelbild im Winkelspiegel sieht so aus, als stünde mir einer gegenüber, der das Herz wieder links hat. Im Prismenfeldstecher erfolgt zweimalige 180°-Ablenkung durch Totalreflexion in zwei 90°-Prismen (Verlängerung des Lichtweges, um die Brennweite von Linsen großer Öffnung ausnutzen zu können). Alle Durchtritte durch Luft-Glas-Grenzflächen erfolgen dabei entweder überhaupt senkrecht, oder so, daß sich die aufeinanderfolgenden Dispersionen gegenseitig aufheben (vgl. Aufgabe 9.1.17). Die verschiedenfarbigen Bündel laufen also evtl. etwas gegeneinander versetzt, aber parallel, was dem Auge nichts ausmacht: Es vereinigt sie trotzdem auf einen Punkt, man sieht keine farbigen Ränder.

9.1.19. Camera obscura

Im Bild sind oben und unten vertauscht, rechts und links auch, also ist es nach Umdrehen seitenrichtig. Ein ferner Gegenstandspunkt erzeugt einen Lichtfleck vom Lochdurchmesser d, wozu aber bei kleinem d das Beugungsscheibchen vom Durchmesser $= \lambda a/d$ kommt (a: Abstand zur Gegenwand, vgl. (4.74)). $d + \lambda a/d$ hat ein Minimum $2\sqrt{\lambda a}$ bei $d = \sqrt{\lambda a}$, d. h. nur 1 mm für $a = 2$ m. Die Helligkeit ist dann natürlich sehr gering; sie geht wie d^2.

9.1.20. Kommen wir da durch?

Aus der Konstruktion eines Büschels, das von P ausgeht, aber von P' herzukommen scheint, ergibt sich nach Abb. L.10 (s. nächste Seite) die Parameterdarstellung $x = -l\cos\gamma - h/\tan\gamma$, $y = -l\sin\gamma$ mit $l = d\sin^2\gamma/(n\sin^3\beta)$. Nach $y(x)$ läßt sich das nicht auflösen.

9.2.1. Gärtnerlatein?

Wasser hat die Brechzahl $n = 1{,}33$. Ein kugeliger Tropfen, als dünne Linse betrachtet, hätte die Brennweite $f = \frac{1}{2}r/(n - \frac{1}{2}) = 1{,}5r$. Für die dicke Linse ist die Brennweite nicht vom Mittelpunkt, sondern von der Hauptebene an zu rechnen, die nach (9.19) um $2r/(2n) = 0{,}75r$ vom rückwärtigen Scheitel der Kugel entfernt ist. Der Brennpunkt (der, wie jedes Experiment zeigt, herzlich schlecht aus-

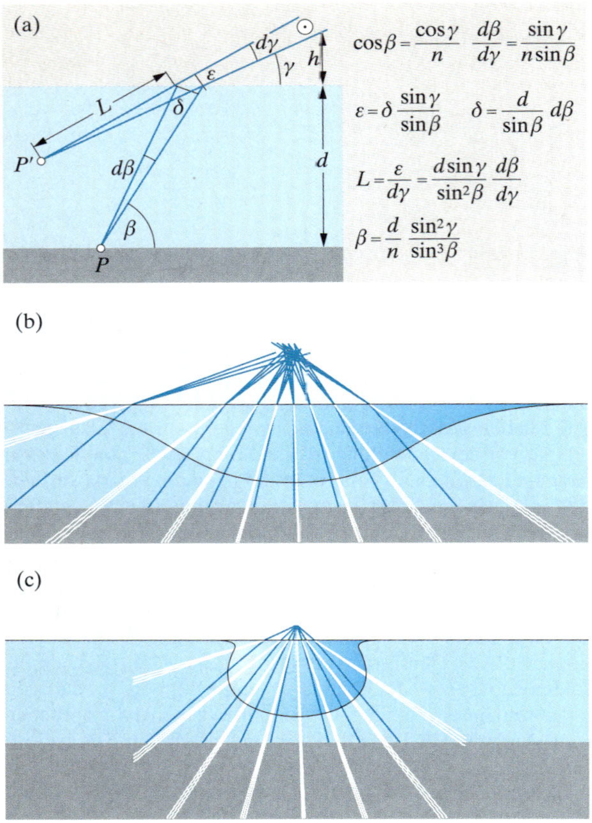

Abb. L. 10. So sieht (b) ein Bootfahrer 50 cm, (c) ein Schwimmer 10 cm über dem glatten Wasserspiegel den Boden eines 1 m tiefen Sees (Konstruktion in (a))

geprägt ist) liegt also um $0{,}75r$ hinter dem rückwärtigen Scheitel. Steht das Blatt mit dem Tropfen darauf etwa senkrecht zur Sonneneinstrahlung, dann würde das Licht erst im Innern des Blattes gesammelt, wo es längst absorbiert ist. Wenn bei schrägem Einfall der „Brennpunkt" einmal auf die Blattoberfläche fällt, ist er so wenig konzentriert, daß Verbrennungen ausgeschlossen sind. Die Gefahr des Gießens bei Sonnenhitze liegt vielmehr darin, daß sich auch Pflanzen erkälten können.

9.2.2. Astigmatismus

Alle geometrischen Betrachtungen für die Brechung am kreissegmentförmigen Querschnitt der Kugellinse gelten auch für den ebenso geformten Querschnitt des Zylinders senkrecht zu seiner Achse. Der rechteckige Querschnitt *in* Achsenrichtung hat keine Sammelwirkung. Die Zylinderlinse hat also keinen Brennpunkt, sondern eine Brennlinie. Jeder andere Querschnitt, schräg zu diesen Hauptlagen, ergibt kein Kreis-, sondern ein Ellipsensegment. Eine solche Ellipsenfläche bildet paralleles Licht auch nicht annähernd in einen Punkt ab. Eine zweite Zylinderlinse, mit der Achse senkrecht zur ersten dicht dahintergestellt, bringt also für die beiden Hauptschnitte punktförmige Sammlung, aber nicht für alle anderen Schnitte. Ein Auge ist astigmatisch, wenn Linse oder Augapfel in den verschiedenen Richtungen verschieden gekrümmt sind, wie das ganz extrem beim Zylinder der Fall ist.

9.2.3. Aphakie

Das Bild des unendlich fernen Gegenstandes läge 8 mm hinter der Netzhaut, wenn dort noch Wasser wäre, ist also vollkommen unscharf. Die Hornhautkrümmung sorgt also allein schon für $\frac{3}{4}$ der Brechkraft des normalen Auges, die Linse nur für $\frac{1}{4}$ (Hornhaut 30 Dioptrien, Linse ca. 10 Dioptrien). Das Bild eines näheren Gegenstandes liegt noch weiter hinter der Netzhaut und ist noch unschärfer. Das aphake Auge braucht eigentlich eine „Zoom-Linse", deren Brechkraft um so größer ist, je näher der betrachtete Gegenstand liegt. Eine Fern- und eine Nahbrille helfen einigermaßen. Die Fernbrille ersetzt die unangespannte Linse mit etwa 13 Dioptrien, die Lesebrille muß bei 25 cm Leseabstand etwa 17 Dioptrien haben. Wenn jemand z. B. nur zwischen 10 und 50 cm scharf sieht, ist der Brechkraftbereich 42–50 Dioptrien. Zur Fernsichtkorrektur braucht dieser Mensch eine Zerstreuungslinse mit -2 Dioptrien. Anspannung der Ringmuskeln verstärkt Wölbung und Brechkraft der Linse und macht dadurch die Bildweite gleich der Augapfellänge. Beim üblichen Fotoapparat bleibt die Brechkraft konstant, man ändert die Bildweite (Abstand Objektiv–Film).

9.2.4. Taucherbrille

Unter Wasser steht vor dem Auge ein Medium mit $n = 1{,}33$ statt $n = 1$. Damit fällt die Brechung an der Hornhautwölbung, die nach Aufgabe 9.2.3 für 30 dp aufkommt, praktisch weg. Um diese 30 dp ist man unter Wasser „weitsichtig". Etwa 10 dp davon kann die Linse durch Anspannung ausgleichen. Selbst für die Ferne fehlen dann für den Normalsichtigen noch 20 dp. Beim stark Kurzsichtigen (-10 dp) kann sich dieses Defizit auf 10 dp verringern: Er sieht unter Wasser die Ferne ähnlich unscharf wie über Wasser, beide Male ohne Brille. Beim mäßig Kurzsichtigen machen die paar Dioptrien der Brille so wenig aus, daß er meist gar nicht sagen kann, ob es besser ist, beim Tauchen die Brille aufzubehalten oder nicht.

9.2.5. Wenigstens ein Vorteil

Der Kurzsichtige hat entweder eine zu hohe Linsenbrechkraft oder einen zu langen Augapfel. Jedenfalls liegt sein Schärfebereich näher beim Auge und reicht nicht bis Unendlich. Hat er z. B. eine -10-Brille, dann sollte diese seine Brechkraft in den üblichen Bereich 42–52 Dioptrien bringen (vgl. Aufgabe 9.2.3; jugendliches Auge). Ohne Brille hat er also 52–62 Dioptrien, d. h. er sieht scharf von 4,6 bis 11 cm ($g = 2{,}4f/(2{,}4 - 1{,}3f)$). Er kann also halb so weit vom Auge und damit doppelt so groß noch scharf sehen wie der Normalsichtige. Im Alter verstärkt sich dieser Unterschied: Selbst bei völlig erstarrter Linse sieht der -10-Kurzsichtige noch bei 11 cm scharf (allerdings leider nur dort), der Normal-Alterssichtige nur im Unendlichen.

9.2.6. Dicke Linse

Die Brechung ist anzusetzen an einer Ebene, die vom linken Scheitel an gerechnet die folgenden Bruchteile der Linsendicke abschneidet: $\frac{1}{3}$ für Parallelstrahlen von rechts, $\frac{1}{3}$ für Brennstrahlen von links, $\frac{2}{3}$ für Brennstrahlen von rechts, zwischen $\frac{1}{3}$ und $\frac{2}{3}$ für Richtungen, die zwischen Parallel- und Brennstrahl liegen. All dies ergibt sich einfach aus Abb. 9.37 durch Umkehrung des Lichtweges oder auf Grund der Symmetrie der Linse.

9.2.7. Sphärische Aberration

Für achsenferne Strahlen gelten die Näherungen in Abschn. 9.2.1 (Ersetzung von sin und tan durch den Winkel) nicht mehr. Für ein Parallelbündel erhält man in der nächstbesseren Näherung nach ziemlich mühseliger Algebra das unverhofft einfache Ergebnis $b = rn_2(1 - n_1^2y^2/(2n_2^2r^2))/(n_2 - n_1)$ für den Abstand des Schnittpunkts mit der Achse vom Linsenscheitel. Für Luft–Glas wird $b = 3r(1 - 0{,}22y^2/r^2)$. Bei $y \ll r$ gilt also richtig der „achsennahe" Wert $b = 3r$, mit wachsendem Achsabstand rückt der Schnittpunkt immer näher an die Linse. Für $y = 0{,}5r$ liefert die exakte Rechnung besonders einfache Zahlenwerte ($\gamma = 30°$, $\beta = 20°$, $\varphi_2 = 10°$, $b = 2{,}84r$), und man sieht, daß auch die obige Näherung dort nicht mehr sehr gut ist. Dies galt für *eine* brechende Konvex-Kugelfläche. Umkehrung des Strahlenganges zeigt, daß bei der Konkavfläche Strahlen, die nach der Brechung achsenfern parallel werden sollen, nicht vom Brennpunkt kommen dürfen, sondern von einem Punkt, der um so näher an der Linse liegt, je steiler die Strahlen gegen die Achse weggehen.

9.2.8. Trikolore

Die Wölbung der Augenlinse oder eigentlich die Anstrengung des Akkommodationsmuskels wird als Entfernungsmaß registriert, das durchaus mit den Signalen des zweiäugigen Sehens konkurrieren kann. Selbst wenn verschiedenfarbige Flächen nahe beieinanderstehen, machen wir doch unmerkliche Drehbewegungen des Auges, um das jeweils fixierte Element in die Fovea centralis zu bringen, wo die Zäpfchen am dichtesten sitzen, begleitet von entsprechenden Akkommodationsänderungen, falls die Elemente verschiedenfarbig sind. Daher können sich Farbflächen, besonders wenn sie wie in Kirchenfenstern deutlich voneinander abgesetzt sind, scheinbar in verschieden entfernte Ebenen trennen: Rot – nahe, Blau – fern, mit Zwischenstufen längs des Spektrums. Ein roter Streifen gleicher Breite, also gleichen Sehwinkels wie ein blauer würde, weil näher, schmaler erscheinen.

9.2.9. Lupe

Eine Lupe soll nicht viel weniger als 1 cm Durchmesser haben, damit man ein angemessenes Bildfeld erhält. Beim Öffnungsverhältnis $d/f \approx 0{,}5$ ist die sphärische Aberration schon erheblich (vgl. Aufgabe 9.2.7). Die Brennweite f darf also kaum unter 1 cm gehen. Dem entspricht nach (9.22) oder (9.23) eine Vergrößerung nicht wesentlich oberhalb 25. Die Linse ist dann schon fast kugelig. Bei der Bikonvexlinse ist $f = r$ (vgl. (9.16)), und ein erheblicher Teil davon fällt ins Innere der dicken Linse. Das Objekt muß also um wenige mm hinter den Linsenscheitel gehalten werden.

9.2.10. Mikroskop

Die Vergrößerungen gehen von 125 bis 2 450. Das Objekt muß praktisch in die Brennebene des Objektivs gebracht werden, d. h. weniger als die Brennweite vom Scheitel der äußersten Objektivlinse entfernt (das Objektiv ist keine dünne Linse). Praktisch wird man die Objektive etwa durch den Aufdruck 25×, 50×, 83×, 167×, die Okulare durch 5×, 10×, 15× kennzeichnen.

9.2.11. Immersionsobjektiv

Man kann das Auflösungsvermögen A kennzeichnen durch den reziproken kleinsten Sehwinkel $a/\lambda = an/\lambda_0$ und sagen, das Immersionsöl setze die Wellenlänge gegenüber der im Vakuum λ_0 auf $\frac{2}{3}$ herab; oder man kann A beschreiben durch $1/g = n \sin\alpha/\lambda_0$, den reziproken Abstand noch auflösbarer Gegenstandspunkte, und sagen, das Öl erhöhe die numerische Apertur. Beide Darstellungen sind äquivalent.

9.2.12. Auflösungsvermögen

Auch die Elektronenausbreitung wird durch eine Welle, die de Broglie-Welle, geregelt, deren Wellenlänge mit dem Impuls p der Elektronen wie $\lambda = h/p$ zusammenhängt. Objekte, die kleiner sind als λ, erzeugen Beugungsscheibchen, die i. allg. nicht ganz in die Objektivöffnung fallen. Die Abbesche Theorie ist anwendbar. Senkung der Wellenlänge steigert das Auflösungsvermögen. Violettlicht zeigt etwa halb so große Einzelheiten wie Rotlicht. Gelegentlich benutzt man UV-Licht mit photoelektrischen Bildwandlern. Im Elektronenmikroskop sind der Senkung von λ theoretisch kaum Grenzen gesetzt: Man braucht nur die Beschleunigungsspannung zu steigern. Unterhalb von 500 kV (im nichtrelativistischen Bereich) ist $p = \sqrt{2meU}$, oberhalb $p = eU/c$. Leider lassen es die Linsenfehler nicht zu, die entsprechenden hohen Auflösungen auszunutzen. Man muß die numerische Apertur sehr klein halten, im Gegensatz zum Lichtmikroskop. Immerhin hat man mit Elektronenenergien von einigen MeV erstmals echte optische Abbildungen atomarer Objekte herstellen können (Bilder von Metallatomen u. ä. waren bisher nur mit dem Feldemissionsmikroskop erzeugt worden, ohne Einschaltung einer optischen Abbildung).

9.2.13. Wie mißt man Vergrößerung

Wie Abb. 9.50 zeigt (unter erheblicher Übertreibung des Winkels zwischen Bündelrichtungen und optischer Achse), verhalten sich die Durchmesser des ins Objektiv eintretenden und des aus dem Okular austretenden Bündels wie $f_1/f_2 = v$. Man braucht z. B. beim Feldstecher nur den Durchmesser des hellen Scheibchens auszumessen, das man im Okular sieht, und es mit dem Objektivdurchmesser zu vergleichen. Das Verhältnis gibt direkt die Vergrößerung.

Wenn Vergrößerung und Öffnung des Fernrohrs so ausgelegt sind, daß das Auflösungsvermögen des Auges gerade voll ausgenutzt wird, ist dieses Scheibchen so groß wie die menschliche Pupille.

9.2.14. Entfernungseinstellung
Das Gewinde am Kamera-Objektiv übersetzt Drehung proportional in Verschiebung, d. h. Änderung des Abstandes Objektiv-Film, der Bildweite. Nach der Abbildungsgleichung ist $b = f/(1 - f/g)$. Diese $b(g)$-Abhängigkeit ist ausgesprochen nichtlinear, sie ist eine Hyperbel mit den Asymptoten $b = f$ und $g = f$. Da üblicherweise $g \gg f$ ist, kann man schreiben $b \approx f + f^2/g$. Die b-Änderung zwischen $g = 50$ und 55 cm ist ebensogroß wie zwischen 5 m und ∞, unabhängig von der Brennweite, denn beidemal ist der Unterschied in $1/g$ derselbe, nämlich $0{,}2\,\mathrm{m}^{-1}$.

9.2.15. Hohlwelt
Wir beschränken uns hier auf das rein Geometrisch-Optisch-Astronomische. Spiegelung an der Erdkugel bringt alles nach innen. Ein Objekt, das für uns den Abstand a vom Erdmittelpunkt hat, wandert nach $b = R^2/a$, z. B. der Mond auf eine Bahn von $b = 100$ km Radius, die Sonne auf $b = 250$ m. Der Mond hat etwa 1 km Durchmesser, die Sonne nur etwa 2 m. Alle Lichtstrahlen, die die Erdoberfläche tangieren, werden Kreise vom Radius $R/2$, die durch den Erdmittelpunkt gehen. Strahlen anderer Richtung werden Kreisbögen mit größerem Radius. Wer Funktionentheorie kann, weiß das sofort: $z' = R^2/z$ ist konform, daher kreis- und winkeltreu. Dieses Verhalten des Lichtes erklärt Horizont, Tages- und Jahreszeiten, Finsternisse usw. Licht würde so laufen, wenn die Brechzahl $n = r^2/R^2$ wäre (Herleitung: Für einen zum Zenit gerichteten Lichtstrahl sagen wir $c = \mathrm{d}r/\mathrm{d}t$, die Hohlweltler $c' = \mathrm{d}r'/\mathrm{d}t = -R^2 r^{-2}\,\mathrm{d}r/\mathrm{d}t$, also $n = r^2/R^2$). Nahe am Mittelpunkt läuft das Licht langsamer: So kommen sogar die vielen Lichtjahre der Astronomen heraus, die von dieser Verlangsamung ja nichts ahnen. Satellitenaufnahmen, auf denen man sieht, daß die Erde konvex ist, beweisen entgegen allgemeiner Überzeugung nichts, denn nach der Hohlwelttheorie würde genau dasselbe herauskommen. In Widersprüche gerät man erst, wenn man Strahlungsenergie- und Gravitationsprobleme behandelt. Wenn die winzige Sonne, wie ihr Spektrum anzudeuten scheint, etwa 6 000 K heiß ist, könnte sie uns nicht so erwärmen, wie sie es tut, denn ihre Strahlung verdünnt sich fast 10^9mal mehr als nach dem üblichen Weltbild. Tröstlich, wenn auch nur auf den ersten Blick, ist folgendes: Der T-Gradient im Erdkörper ist ja empirisch gesichert. Den Hohlweltlern müßte er einen ununterbrochenen Wärmestrom nach innen führen, der ihren Hohlraum längst unerträglich aufgeheizt hätte.

9.2.16. Halo
Paralleles Sonnenlicht fällt auf eine Eisnadelwolke. Durch ein Eisprisma gebrochenes Licht erreicht uns aus einer Richtung, deren Winkel φ zur Sonnenrichtung gleich dem Ablenkwinkel des Prismas ist. Für die Eisnadeln sind i. allg. alle Orientierungen gleichmäßig vertreten. Der Ablenkwinkel φ als Funktion der Orientierung hat aber ein Minimum, und eben deswegen tritt dieser φ-Wert am häufigsten auf (vgl. z. B. Abb. 4.73, wo allerdings die Abszisse λ heißt). Nach Abschn. 9.1.5 folgt diese Minimalablenkung φ aus $\sin((\gamma + \varphi)/2) = n \sin(\gamma/2)$ mit $\gamma = 60°$ und $n = 1{,}31$ zu $\varphi = 22°$. Eis hat normale, aber schwache Dispersion, daher ist φ für Rot kleiner: Rot liegt innen. Die übrigen Farben sind durch nichtminimal abgelenktes Licht weitgehend verdeckt. Da φ minimal ist, sieht das Innere des Halos deutlich dunkler aus als außerhalb.

9.3.1. Rømer oder Doppler
Ein periodischer Vorgang wie die Verfinsterung der Jupitermonde erscheint einem Beobachter „ins Violette verschoben", d. h. mit vergrößerter Frequenz, wenn er sich mit der Erde auf die Quelle (Jupiter) zubewegt, und umgekehrt. Ist ν_0 die Umlauffrequenz eines Mondes und hat die Erde eine Geschwindigkeitskomponente $v \sin(\omega t)$ auf Jupiter zu, dann beobachtet man eine Verfinsterungsfrequenz $\nu_0(1 + v \sin(\omega t)/c)$. In einem halben Jahr sieht der Erdbeobachter eine Anzahl von Perioden, die gleich $\int_0^{T/2} \nu\,\mathrm{d}t = \nu_0/\omega \int_0^{\pi} (1 + v \sin(\omega t)/c)\,\mathrm{d}t = \nu_0(T/2 + 2R/c) = \nu_0(T/2 + 2R/c)$ ist, also genau um so viele Perioden mehr als bei ruhender Erde, wie auf die Laufzeit $2R/c$ entfallen, die das Licht für einen Erdbahndurchmesser braucht.

9.3.2. Fizeau-Versuch
Damit Zahn bzw. Zahnlücke das sehr gut fokussierte Lichtbündel ganz unterbricht bzw. passieren läßt, muß jedes etwa 1 mm breit sein. Bei einer Umfangsgeschwindigkeit von 100 m/s, die schon sehr beängstigend ist, dauert es dann 10^{-5} s, bis die nächste Lücke den Platz eines Zahnes einnimmt. In dieser Zeit legt das Licht 3 km zurück. Das „Minimalexperiment" erfordert also eine Meßstrecke von 1,5 km. In der Orginalanordnung war sie 5,7mal so lang. *Fizeau* konnte also die Frequenz ν seines Rades von 0 an allmählich steigern und jedesmal die ν-Werte registrieren, bei denen maximale bzw. minimale Helligkeit auftrat. Die Abstände zwischen Hell und Dunkel ergeben mehrere unabhängige Messungen von c, die man mitteln kann, um die Meßgenauigkeit zu steigern und ein quantitatives Maß für die Fehlergrenze zu gewinnen. Die Genauigkeit der Methode hängt dann im wesentlichen von der Drehzahlmessung ab. Schon eine stroboskopische Messung mittels der Netzfrequenz liefert (heute) etwa 99 % Genauigkeit. Elektronische Methoden führen viel weiter.

9.3.3. Foucault-Versuch
Die rotierenden Teile von Elektromotoren haben Abmessungen von mindestens 1 cm. Damit Umfangsgeschwindigkeiten von 100 m/s nicht überschritten werden, darf die Frequenz nicht viel größer sein als 1 kHz. In einem großen Saal erreicht man durch Mehrfachspiegelung leicht 100 m Lichtweg, d. h. eine Laufzeit des Lichtes von 0,3 µs. In dieser Zeit dreht sich der Spiegel um den Winkel $\omega t = 2 \cdot 10^{-3} \approx 7'$. Auf einem 20 m entfernten Schirm ist die Ablenkung zwischen einfallendem und zurückkehrendem

Bündel 4 cm. Bei sehr guter Fokussierung (1 mm Bündeldurchmesser) bedeutet das eine Meßgenauigkeit von etwa 1 %. Direktmessung der Brechzahl von Luft aus der Lichtgeschwindigkeit würde eine Vergleichsmessung im Vakuum voraussetzen, die so nicht durchführbar ist. Ganz abgesehen davon reicht die Meßgenauigkeit längst nicht aus ($n_{\text{Luft}} = 1{,}00027$). Man brauchte dazu bei gleicher Fokussierung einen Lichtweg von etwa 10 km.

9.3.4. Ändert sich λ oder v?

Würde sich die Frequenz beim Eintritt ins Wasser ändern, wäre kein gemeinsamer Schwingungsvorgang außer- und innerhalb des Wassers mehr möglich: Beide würden sofort außer Takt fallen. λ muß mit $1/n$ gehen. Die Frage nach der Farbe ist so nicht entscheidbar: Auch im Auge des Tauchers kommen sowohl λ als auch v mit denselben Werten an wie über Wasser. Beim Eintritt in den See nimmt λ ab und ändert sich dann beim Übergang in den Augapfel kaum noch. Über Wasser erfolgt die gleiche Gesamtänderung an der Hornhaut.

9.3.5. Widerspruch?

Zeichnen Sie analog zu Abb. 4.34b diese Elementarwellen in der Luft. Ist der Grenzwinkel der Totalreflexion überschritten, gibt es keine Tangentialebenen an die Kreis-Wellenfronten mehr. Diese Ebenen kennzeichnen ja nur einige der Stellen, wo alle Elementarwellen konstruktiv interferieren, nämlich alle einen Berg haben. Auf allen dazu parallelen Ebenen interferieren andere Phasen ebenfalls konstruktiv. Die Elementarwellen in Luft bei Totalreflexion haben an jeder Stelle alle verschiedene Phasen, interferieren einander also weg, wie u. a. ein Zeigerdiagramm beweist. In einem mit λ vergleichbaren Abstand ist diese Destruktion noch nicht komplett, dazu wären sehr viele Phasenpfeile nötig: Die Erregung nimmt mit dem Abstand ab, bis sie bei wenigen λ unmerklich klein geworden ist (Goos-Hänchen-Effekt, Abb. 9.19, analog zum quantenmechanischen Tunneleffekt).

9.3.6. c-Messung

Auf dem Schirm entsteht eine Lissajous-Ellipse aus dem LED-Signal $x = x_0 \sin(\omega t)$ und dem phasenverschobenen PD-Signal $y = y_0 \sin(\omega t + \varphi)$. Eine schräge Linie zeigt $\varphi = 0$ an. Ändert man die Laufzeit des Lichts um Δt, entsteht eine Phasenverschiebung $\varphi = \omega \Delta t$. Auf dem Schirm ergibt sich y_0 als Höhe einer waagerechten Tangente an die Ellipse, $y_0 \sin\varphi$ als Höhe des y-Schnittpunktes der Ellipse, wo ja $x = 0$, also z. B. $t = 0$ ist, d. h. $y = y_0 \sin\varphi$. Die Ellipse (a) liefert $\sin\varphi = 0{,}30 \pm 0{,}02$, also $\varphi = 0{,}305 \pm 0{,}02$ rad, woraus sich $\Delta t = (9{,}7 \pm 0{,}6) \cdot 10^{-10}$ s ergibt. Das entspricht einer Wegänderung von 0,3 m, also einer Lichtgeschwindigkeit von $(3{,}09 \pm 0{,}18) \cdot 10^8\,\text{m s}^{-1}$. Ein Medium der Länge x mit der Brechzahl n erhöht die Laufzeit um $\Delta t = x(n-1)/c$, wir erhalten $n = c\,\Delta t/x + 1$, also $n = 1{,}32 \pm 0{,}02$ für Wasser, $n = 1{,}49 \pm 0{,}03$ für Glas.

9.4.1. Hätte Newton sich gefreut?

Licht läuft in einem Medium mit hoher Brechzahl n langsamer ($c = c_0/n$), Elektronen laufen dort schneller ($n_1/n_2 = \sqrt{U_2/U_1} = v_2/v_1$). *Newton* erklärte die Brechung von Licht genau so wie wir jetzt die von Elektronenstrahlen erklären, nämlich durch die beschleunigende Wirkung eines Feldes, das in der Grenzschicht zwischen dünnerem und dichterem Medium lokalisiert ist. Er erhielt so direkt das Snellius-Gesetz. Um die Dispersion einzubeziehen, mußte er annehmen, die Lichtkorpuskeln verschiedener Farben hätten verschiedene Anfangsenergien. Da violettes Licht am stärksten abgelenkt wird, mußten, entgegen unserer Ansicht, seine Korpuskeln am energieärmsten sein. Erst zur Deutung von Beugung und Interferenz (Newtonsche Ringe!) mußte *Newton* unplausiblere Annahmen machen.

9.4.2. Lichtkrümmung

Der Strahl laufe unter dem Winkel φ gegen den Brechzahlgradienten. Man kann die stetige Brechzahländerung dn/dx in sehr kleine Schritte Δn auf der Strecke Δx zerlegt denken. An jeder solchen Grenzschicht ändert sich die Richtung gemäß $n \sin\varphi = (n + \Delta n)\sin(\varphi + \Delta\varphi) \approx n\sin\varphi + \Delta n \sin\varphi + n\cos\varphi\Delta\varphi$, d. h. um $\Delta\varphi = -\Delta n \tan\varphi$, oder auf die Laufstrecke $\Delta s = \Delta x/\cos\varphi$ bezogen: $\Delta\varphi/\Delta s = -\sin\varphi\Delta n/\Delta x$. Dies ist genau das, was man als Krümmung des Lichtstrahls definiert: $1/R = -\sin\varphi \cdot dn/dx$. Die Beziehung $\Delta\varphi/\Delta x = -\tan\varphi \cdot \Delta n/\Delta x$ gäbe für $\varphi = 90°$ keinen Sinn. Erst die Reduktion auf Δs, d. h. die Multiplikation mit $\cos\varphi = 0$ stellt den Sinn wieder her. Der strenge Mathematiker würde natürlich die Regel von *de l' Hôpital* auf den „unbestimmten Ausdruck" $0 \cdot \infty$ anwenden, um zu sehen, ob der Grenzübergang gerechtfertigt ist.

9.4.3. Bahnkrümmung

Der Potentialgradient, d. h. das Feld sei $\boldsymbol{E} = -\text{grad}\, U$. Ein Elektron, das senkrecht dazu fliegt, kompensiert die Kraft e grad U senkrecht zu seiner Bahn durch ein Einschwenken auf einen Kreis, so daß die Zentrifugalkraft die elektrische kompensiert: $mv^2/r = e\,\text{grad}\,U$. Wenn $\boldsymbol{v}$ und $\boldsymbol{E}$ unter dem Winkel $\varphi \neq 90°$ stehen, reagiert der Krümmungsradius nur auf die Normalkomponente $-eE\sin\varphi$, d. h. $mv^2/r = eE\sin\varphi$. Die Tangentialkomponente beschleunigt das Elektron: $m\dot{v} = -eE\cos\varphi$. In der Form $\sin\varphi \cdot e\,\text{grad}\,U/W_{\text{kin}} = \text{const}$ ist die Kreisbahnbedingung praktisch das Snellius-Gesetz $\sin\varphi \cdot n = \text{const}$ mit $n = eU/W_{\text{kin}}$.

9.4.4. Fata Morgana

Über der besonnten Straße bildet sich eine ziemlich dünne Schicht erhitzter, d. h. verdünnter Luft. Man kann von einer Totalreflexion an diesem optisch dünneren Medium sprechen, wenn es genügend scharf begrenzt ist, oder sonst die Lichtkrümmung im n-Gradienten behandeln. Das Ergebnis ist das gleiche. Die normale Lufttemperatur sei T_0 (in K), dicht über der Straße sei es um ΔT wärmer, d. h. die Dichte ist dort um $\Delta\varrho = \varrho_0\,\Delta T/T_0$ geringer. Die Abweichung der Brechzahl von 1 ist nach *Clausius-Mosotti* (Abschn. 6.2.3) proportional der Dichte, also ist n über der Straße um $\Delta n = (n_0 - 1)\,\Delta\varrho/\varrho_0 = (n_0 - 1)\,\Delta T/T_0$ kleiner. Totalreflexion tritt ein, wenn ein Lichtstrahl von schräg oben unter einem sehr kleinen Winkel α gegen die Horizontale auf die heiße Schicht auffällt, wobei im Grenzfall $n\cos\alpha = n + \Delta n$ oder $n(1-\alpha^2/2) = n + \Delta n$ oder $\alpha = \sqrt{2\Delta n} = \sqrt{2(n_0 - 1)\,\Delta T/T_0}$ ist. Mit $n_0 = 1{,}000272$, $\Delta T = 30\,\mathrm{K}$, $T_0 = 300\,\mathrm{K}$ folgt $\alpha = 7\cdot 10^{-3}$. Hat der Beobachter seine Augen in der Höhe h über der völlig ebenen Straße, dann setzt die Totalreflexion in einer Entfernung $a = h/\alpha = h/\sqrt{2(n_0-1)\,T/T_0}$ ein, im Beispiel mit $h = 1{,}4\,\mathrm{m}$ (Autofahrer) bei $a = 200\,\mathrm{m}$. Jenseits von a spiegelt sich der Himmel an der Straße, genau als ob diese naß wäre. Der Kamelreiter in der Sahara hat ein größeres h, sieht also den „See" in größerem Abstand. Die Entfernung a gibt direkt die Temperaturdifferenz ΔT. Eigentlich handelt es sich in beiden Fällen nicht um eine Totalreflexion, sondern um Lichtkrümmung innerhalb der wärmeren Schicht. Sie habe die Dicke d, also den Brechzahlgradienten $\Delta n/d = (n_0-1)\,\Delta T/(dT)$. Der dazu praktisch senkrechte Lichtstrahl erfährt die Krümmung $1/R = \Delta n/d$, wird also, falls er die Straße gerade streift, abgelenkt um den Winkel $2\beta = 2\sqrt{2d/R} = 2\sqrt{2(n_0-1)\,\Delta T/T_0}$. β ist genau wieder das oben berechnete α.

9.4.5. Atmosphärische Refraktion

Das zur Erde tangentiale Licht der untergehenden Sonne hat nach Abschn. 9.4.1 in der Atmosphäre mit ihrer höhenabhängigen Brechzahl die Krümmung $1/r = n^{-1}\,\mathrm{d}n/\mathrm{d}h = \mathrm{d}\ln n/\mathrm{d}h$. Die Abweichung der Brechzahl von 1 ist annähernd proportional der Dichte, diese nimmt etwa nach der e-Formel ab: $n = 1 + a\varrho = 1 + b\mathrm{e}^{-h/H}$. Damit wird $\ln n \approx b\mathrm{e}^{-h/H}$ und der Krümmungsradius $r \approx Hb^{-1}\mathrm{e}^{h/H}$, in Bodennähe $r \approx H/b$. Für die Erdatmosphäre ist $H = 8\,\mathrm{km}$ und $b = 0{,}0003$, also $r \approx 25\,000\,\mathrm{km}$. Der tangentiale Strahl läuft eine Strecke $x = \sqrt{2RH} \approx 300\,\mathrm{km}$ (*Pythagoras*! R Erdradius) durch die Schichtdicke H. Auf dieser Strecke wird er abgelenkt um $x/r \approx 0{,}6°$. Die Sonnenscheibe erscheint unter $0{,}5°$ und legt die $0{,}6°$ in $0{,}6°\cdot 24\,\mathrm{h}/360° \approx 2{,}4\,\mathrm{min}$ zurück, Tagesverlängerung 5 min. Bei viermal so dichter Atmosphäre wäre der Krümmungsradius gleich dem Erdradius: Das Licht liefe rings um den Planeten, es gäbe keine Nacht und keinen Horizont. Allerdings sähe „ganz hinten" auf dem Planeten die Sonne aus wie ein horizontaler Strich von recht geringer Leuchtkraft. Auf dem planetenumspannenden Meer sähe man, entsprechende „Sicht" vorausgesetzt, z. B. sich selbst von hinten. Ein hoher Berg bei den Antipoden zöge sich als Wand rings um den „Horizont", man sähe alle seine Flanken. Auf der Venus ist sogar $r \approx R/20 \approx 320\,\mathrm{km}$. Die Umgebung scheint sich wie eine flache Schüssel um den Beobachter hochzuwölben. Die Wolkenschicht (zweite parallele Schüssel) deckt allerdings alles ab, was weiter als etwa 1 000 km entfernt ist. Das Tageslicht läuft, mehrfach „reflektiert", um den ganzen Planeten. Am Sonnenrand ($R = 6\cdot 10^5\,\mathrm{km}$, $H = kT/(m_\mathrm{H} a_\mathrm{Sonne}) \approx 20\cdot 8\,\mathrm{km}\cdot 29/20 \approx 160\,\mathrm{km}$), ist $x = \sqrt{2RH} \approx 10^4\,\mathrm{km}$, Ablenkung um $2''$ bei $r \approx 10^9\,\mathrm{km}$; $r = H/b$ liefert $b \approx 10^{-7}$, was weniger als 1 mbar Wasserstoff entspricht. So genau muß die Gasdichte über der Chromosphäre bekannt sein, damit man den relativistischen Effekt aus der gemessenen Ablenkung „herausfischen" kann.

9.4.6. Elektronenspiegel

Man könnte meinen, die optischen Eigenschaften würden durch die Form der „Rückwand" in Abb. 9.67 bestimmt, und eine ebene Rückwand z. B. erzeuge einen ebenen Spiegel. Das Wesentliche ist aber das Hervorquellen der Niveauflächen aus der Lochblende, das nur noch stärker wird, wenn man die Rückwand eben oder gar konvex macht. Einen ebenen Spiegel, für den bei allen Elektronenenergien und -richtungen Einfallswinkel α = Ausfallswinkel β wird, erhält man nur, wenn man das Feld auch vorn ganz „plattdrückt", z. B. zwischen einer ebenen Rückwand und einem ebenen Drahtnetz von genügender Maschenfeinheit ein homogenes Feld herstellt. Darin beschreiben die Elektronen Wurfparabeln, und $\alpha = \beta$ ist immer erfüllt. Die Eigenschaften eines beliebigen anderen Feldes E kann man dann ableiten, indem man die konforme Abbildung sucht, die das homogene Feld in das Feld E überführt. Die gleiche Abbildung führt auch die leicht anzugebenden Elektronenbahnen im homogenen Feld in die im Feld E über. Bahnen, die von einem Punkt in verschiedenen Richtungen ausgehen, schneiden sich bei Ablenkung durch das homogene Feld i. allg. nicht alle wieder in einem Punkt. Damit sie es im Feld E doch tun, muß der Schnittpunkt eine „Singularität" der konformen Abbildung sein. Näheres über diese begrifflich sehr eleganten Methoden lehrt die Funktionentheorie.

9.4.7. Lange Linse

Wir rechnen natürlich in Zylinderkoordinaten z, r, φ. Das rotationssymmetrische Feld hat $B_\varphi = 0$ und keine φ-Abhängigkeit. Es ist überall divergenzfrei, also $\operatorname{div}\boldsymbol{B} = B_{z,z} + 2B_{r,r} = 0$ (r zählt doppelt, weil es zwei zueinander senkrechte r-Richtungen gibt), d. h. $B_{r,r} = -\frac{1}{2}B_{z,z}$. Näherung der geometrischen Optik: Ablenkwinkel klein, also $v_z = v$ praktisch konstant. Bewegungsgleichungen: $\dot v_\varphi = evB_r/m$, $\dot v_r = -ev_\varphi B_z/m$. Wir eliminieren v_φ, indem wir nochmal nach t ableiten: $\ddot v_r = -e\dot v_\varphi B_z/m = -e^2 vB_rB_z$. Existenz eines Brennpunktes bedeutet $v_r/v = r/f$, also $v_{r,r} = v/f$. Wir leiten die Bewegungsgleichung nochmal nach r ab: $\dot v_{r,r} = -e^2 v(B_zB_{r,r} + B_rB_{z,r})/m^2$. Das Glied mit $B_{z,r}$ ist klein, weil das Feld annähernd achsparallel ist. Mit $B_{r,r} = -\frac{1}{2}B_{z,z}$ bleibt $\dot v_{r,r} = \frac{1}{2}e^2 vB_zB_{z,z}/m^2$. Wir integrieren diese Gleichung nach dem Schema $\dot x = f(z) \Rightarrow \mathrm{d}x = f\,\mathrm{d}t = f\,\mathrm{d}z/v \Rightarrow x = v^{-1}\int f\,\mathrm{d}z$, also $\dot v_{r,r} = \frac{1}{4}e^2B_z^2/m^2$ (denn $B_zB_{z,z}$ ist die Ableitung von $\frac{1}{2}B_z^2$), also $v_{r,r} = \frac{1}{4}e^2\int B_z^2\,\mathrm{d}z/m^2v$, und wegen $eU = \frac{1}{2}mv^2$ folgt (9.30).

= Kapitel 10: Lösungen . . .

10.1.1. Glasplatte I

Nehmen wir ein 0,1 mm-Mikroskopdeckgläschen und monochromatisches Licht von 500 nm. Einer Änderung des Gangunterschiedes um $\lambda/2$ entspricht nach (10.18) eine Schwenkung des Bündels um ca. 3°, wenn α klein ist, und von ca. 5°, wenn $\alpha \approx 60°$ ist. Schwenkt man also Lichtquelle und Linse von $\alpha = 0$ an, dann sieht man auf einem Schirm den Reflex im angegebenen Winkelabstand sich aufhellen und wieder abdunkeln. Ganz dunkel wird er nie, weil die Intensitäten des direkt reflektierten und des einmal durch die Platte hin- und zurückgegangenen Lichtes etwas verschieden sind: 4 % gegen $4 \cdot 0{,}96^2$ % = 3,7 %. In Dunkelstellung hat man also etwa 8 % der Hell-Intensität. Ein Streifen von der Breite $2d \tan\alpha$, entsprechend dem Abstand BA in Abb. 10.48, bleibt immer hell, weil von dort nur direkt reflektiertes Licht ausgeht. Er bleibt für $d = 0{,}1$ mm selbst bei großen Winkeln sehr schmal.

10.1.2. Glasplatte II

Bei parallelem monochromatischen Licht erfolgt nach Aufgabe 10.1.1 annähernde Auslöschung des Reflexes bei bestimmten Einfallsrichtungen. Aus parallelem weißen Licht wird bei jeder Einfallsrichtung eine bestimmte Wellenlänge weginterferiert (nie zwei, weil das sichtbare Spektrum nur knapp einem Wellenlängenfaktor 2 entspricht). Der Reflex erscheint in der dazu komplementären Farbe. Das divergierende Licht einer Punktquelle macht die Richtungen der Strahlen 1′ und 2′ in Abb. 10.48 i. allg. so verschieden, daß es nicht zur Interferenz kommt; noch weniger bei diffuser Beleuchtung aus allen Richtungen.

10.1.3. Schillernde Ölhaut

Es ist gar nicht so leicht, die zusammenhängende, das ganze Wasser bedeckende Ölhaut herzustellen, von der die Physikbücher immer reden. Versuchen Sie es, und Sie werden einige lehrreiche Minuten haben. Das Ergebnis hängt stark von der Art des Öls und der Härte des Wassers ab. Je höhermolekular das Öl, desto größer ist i. allg. seine Oberflächenspannung (Tröpfchengröße!). Motoren-, Fahrrad-, Speise-, Heiz-, Dieselöl erfüllen daher i. allg. die „Fettaugenbedingung" $\sigma_{WL} < \sigma_{LÖ} + \sigma_{WÖ}$ (W: Wasser, L: Luft, Ö: Öl), Zweitaktgemisch dagegen nicht: Es breitet sich aus, wenn auch meist nicht sofort und nicht über die ganze verfügbare Fläche; die Schicht durchsetzt sich oft mit kreisrunden Löchern, die sie erst einfach dreckig erscheinen lassen, später aber oft sehr schöne Muster bilden. Das kleinste Stäubchen Waschmittel hat darauf einen Effekt wie die Nacht von Fasching zu Aschermittwoch. – Im Idealfall bildet ein 10 mm³-Tropfen auf 1 m² Fläche eine 10 nm dicke Haut. Das ist noch viel dicker als die monomolekulare Schicht (etwa 2 nm), aber viel kleiner als die Wellenlänge. Der Gangunterschied zwischen vorn und hinten reflektiertem Licht ist also immer 0, wenn das Öl optisch dünner ist als das Wasser, immer $\lambda/2$, wenn es dichter ist. Meist ist das Öl optisch dichter, wie man am höheren Reflexionsvermögen ($\sim (n-1)^2$) der Ölhaut erkennt. An der Öl-Wasser-Grenzschicht ist die Reflexion so schwach, daß trotz des $\lambda/2$-Phasensprunges keine erhebliche Reflexminderung eintritt. Bei Schichtdicken um 1 µm, d. h. bei kleinerer Oberfläche oder unvollständiger Ausbreitung erhält man an gewissen Stellen in gewissen Richtungen Auslöschung eines kleinen Intensitätsanteils gewisser Farben, sieht also (besonders vor dunklem Wannengrund) stark mit Weiß versetzte Komplementärfarben.

10.1.4. Seifenblase

Die beiden Reflexionen an einer Seifenhaut erzeugen immer einen Gangunterschied $\lambda/2$ zusätzlich zu dem auf der Dicke beruhenden (eine Reflexion am dichteren, eine am dünneren Medium, beide praktisch von gleicher Intensität, weil gleichem Δn). Die Farben sind deshalb i. allg. sehr kräftig, besonders vor dunklem Hintergrund. Es handelt sich überwiegend um Interferenzen gleicher Dicke; man sieht das gut an Stellen, wo Dickenänderung infolge von Konvektionen in der dünnen Schicht zu lebhaftem Farbwechsel führt. Besonders kräftig erscheint eine Farbe dort, wo für ihre Gegenfarbe $\lambda = 2{,}6d$ ist (fast senkrechter Einfall vorausgesetzt). Satt gelb schillernde Stellen haben Violett weginterferiert, sind also etwa 0,15 µm dick. Bei mäßig guter Seifenlösung ist Gelb daher Gefahrensignal für dünne Stellen und baldiges Zerreißen. Sehr gute Blasen werden vor dem Zerreißen stellenweise ganz dunkel. Dort sind sie dünner als etwa 50 nm, so daß allein der reflexmindernde $\lambda/2$-Gangunterschied vorliegt.

10.1.5. Newton-Ringe in Dias

Wenn man, wie es früher allgemein üblich war, das Dia mit zwei Glasplatten einfaßt, ist es kaum zu vermeiden, daß der Film stellenweise das Glas in flacher Krümmung berührt. Um eine solche Stelle sieht man bei der Projektion Newton-Ringe. Während Film und Glas sich im Projektor erwärmen, ändern sich Krümmungs- und Berührungsverhältnisse, und die Ringe kriechen. Das benutzte Licht ist nie ganz parallel. Je dicker die Luftschicht ist, ein desto engerer Winkelbereich kann die Auslöschungsbedingung erfüllen, desto mehr ist die Komplementärfarbe mit Weiß gemischt, desto blasser sieht sie aus.

10.1.6. Babinet-Prinzip

Wenn durch Übereinanderlegen der Schirme S_1 und S_2 ein Schirm S_3 entsteht, ist die Lichterregung hinter S_3 die Summe der Erregungen, die S_1 und S_2 allein jeweils in ihrem Schattenraum auslösen würden. Bei dieser Addition sind die Phasenbeziehungen zu beachten. Ein Positiv S_1 und sein Negativ S_2 überlagert, ergeben einen völlig schwarzen Schirm, hinter dem es überall dunkel ist. Diese „allgemeine Ruhe" kann als Summe zweier genau gegenphasiger, aber überall intensitätsgleicher Erregungen, die von S_1 und S_2 herrühren würden, entstanden gedacht werden.

10.1.7. Viererstern

Der vierzackige Stern, der bei Spiegelfernrohren auftritt, ist das Beugungsbild der Befestigungsstreben des Hilfsspiegels, der im Hauptstrahlengang sitzt und das Bild seitlich hinaus (zum Newton-Fokus), durch ein Loch im Hauptspiegel zurück (Cassegrain-Fokus) oder in eine Bohrung in der „Stundenachse" wirft (Coudé-Fokus). Damit Fixsterne als Scheibchen erscheinen, die die Sternoberfläche und nicht das Beugungsbild der Aperturblende darstellen, müßte die Auflösungsbedingung $\lambda/d < 2r/a$ erfüllt sein (a Abstand, r Radius des Sterns, d Apertur). Für den 5 m-Spiegel von Mt. Palomar sogar würde dies einen Sehwinkel $2r/a \approx 10^{-7}$ erfordern. Die Sonne ($a = 8{,}5$ Lichtminuten) erscheint $0{,}5° \approx 10^{-2}$ breit, α Centauri ($a = 4$ Lichtjahre, also $3 \cdot 10^5$mal so weit entfernt) ist also dreimal zu klein. Ein 15–20 m-Spiegel könnte ihn theoretisch auflösen. Rote Riesen haben bis 1 000mal größere Durchmesser, sind aber sehr selten und daher auch alle zu weit entfernt, um auflösbar zu sein. Man sieht also keinen einzigen Fixstern, wie er wirklich ist.

10.1.8. Auflösungsvermögen

Der kleinste Winkelabstand zwischen zwei helleuchtenden Punkten auf schwarzem Hintergrund, den ein Gerät mit dem Durchmesser D der Eintrittspupille auflösen kann, ist λ/D, also bei $D = 5$ mm (dunkeladaptiertes Auge), 5 cm (Feldstecher), 50 cm (ziemlich großes Fernrohr), 5 m (Mt. Palomar): 10^{-4}, 10^{-5}, 10^{-6}, 10^{-7}. In den Abständen 5 km (Horizont am Meer), 300 km (Sicht vom Mt. Everest), 6 000 km (Sicht vom Satelliten), $4 \cdot 10^5$ km (Mond), $1{,}5 \cdot 10^8$ km (Mars in Opposition), 10^{14} km (Sirius), $2 \cdot 10^{19}$ km (Andromedanebel), 10^{23} km (Weltradius) löst also das Auge unter günstigsten Kontrastbedingungen auf: 0,5 m, 30 m, 0,6 km, 40 km (großer Krater), 10^4 km (etwas größer als Mars), 10^{10} km (Durchmesser der Pluto-Bahn), $2 \cdot 10^{15}$ km (200 Lichtjahre), 10^{19} km (Abstand naher Spiralnebel). Der Mt. Palomar-Spiegel löst theoretisch in diesen Abständen auf: Eine Ameise, eine Maus, einen Menschen, ein Haus, eine große Stadt, einen Riesenstern, sehr enge Sternabstände, einen Spiralnebel.

10.1.9. Sind wir allein?

Direkt sehen kann man einen Planeten nur, wenn er nicht im Beugungshof seines Zentralsterns untergeht. Ein sehr großer Planet wie Jupiter (der etwa den größten Durchmesser hat, den ein kalter Körper überhaupt haben kann, selbst wenn er noch so massereich ist; vgl. Abschn. 17.3.3) hat etwa $\frac{1}{100}$ der Sonnenoberfläche und ist 1 100 Sonnenradien von der Sonne entfernt, hat also knapp 10^{-6} ihrer Leuchtdichte und, von fern her betrachtet, etwa 10^{-8} ihrer Gesamthelligkeit. Aus α Centauri-Abstand (4 Lichtjahre) hat Jupiter einen Winkelabstand $2 \cdot 10^{-5}$ (2 500 Lichtsekunden/4 Lichtjahre) von der Sonne. In diesen Abstand fällt etwa der fünfzigste Beugungsring des Mt. Palomar-Spiegels (vgl. Aufgabe 10.1.8). Die Intensität der Ringe (Ordnung n) fällt nach außen etwa wie n^{-3} ab (beim langen Spalt wie n^{-2}; bei der Kreisblende zusätzliche Verschmierung über die Ringfläche, die $\sim n$ ist). Der fünfzigste Ring hat noch 10^{-6} der Intensität des Zentralscheibchens (Zusatzfaktor 10 beim Übergang von $n = 0$ auf $n = 1$, vgl. Abb. 10.18b). Vom zweihundertsten Ring würde Jupiter sich gerade schwach abheben. Aus 1 Lichtjahr Abstand wäre er also gerade sichtbar, aus 4 Lichtjahren nur, wenn er 10mal weiter vom Zentralstern entfernt wäre als er ist (Beugungsintensität $\sim n^{-3}$, Planetenhelligkeit $\sim r^{-2}$). Damit scheidet auch die Beobachtung dopplerverschobener Linien des Planeten praktisch aus. Der Zentralstern hat viel kleinere Umlaufgeschwindigkeit um den Schwerpunkt, z. B. die Sonne nur etwa 10 m/s. Auch die schwereren strahlenden Atome fliegen mit fast 1 km/s. Man sollte meinen, der Bahn-Dopplereffekt verschwinde im Thermischen. Trotzdem hat man seit 1996 mehrere sternnahe, etwa jupitergroße Planeten nachgewiesen, den ersten nur 0,05 Erdbahnradien entfernt vom sonnenähnlichen Stern 51 Pegasi, 40 Lichtjahre von uns. Unsicherer ist die Methode der Positionsänderungen. Vom α Centauri aus gesehen, schwingt Jupiter die Sonne um $2 \cdot 10^{-8}$, d. h. $0{,}005''$ hin und her ($\frac{1}{5}$ des Radius des Beugungsscheibchens 0. Ordnung). Das liegt an der Grenze der heutigen Meßmöglichkeiten.

10.1.10. Farbverteilung

Im Gitterspektrum ist $\sin\varphi \sim \lambda$. Rot ist darin so breit, weil es auch in dem über λ aufgetragenen Spektrum breiter ist als die anderen Farben. Beim Prisma ist es umgekehrt, weil Glas wie praktisch alle durchsichtigen Stoffe eine zum UV hin steil ansteigende Dispersionskurve hat. Dort liegt nämlich nicht weit entfernt eine Absorptionsbande (Elektronen-Absorption, Abb. 9.22). Die IR-Absorption, beruhend auf der Grundschwingung des Ionengitters, ist sehr viel weiter vom Sichtbaren entfernt (Abschn. 14.2.3). Läge sie näher, würde die Brechzahl am roten Ende ebenfalls steil abfallen, und auch Rot wäre im Prismenspektrum ähnlich verbreitert wie Violett. Abgesehen von diesen physikalischen Effekten zeigt das Farbdreieck, daß unsere Farbunterscheidung dort am feinsten ist, wo auch Sonnen-Spektraldichte und Augenempfindlichkeit maxima sind, nämlich bei 500–550 nm. Das trägt dazu bei, daß dort die Farbtöne dichter liegen.

10.1.11. Fourier-Spektrometer

Wenn der Spiegel $A'B'$ mit der Geschwindigkeit v verschoben wird, ändert sich der Gangunterschied mit der doppelten Geschwindigkeit. Monochromatisches Licht der Wellenlänge λ ergibt in Zeitabständen $\Delta t = \lambda/(2v)$ Helligkeit, dazwischen Dunkelheit, allgemein den Intensitätsverlauf $I(t) = I_0 \cos^2(4\pi vt/\lambda)$. Die Amplitudenaufzeichnung ist also die Fourier-Transformierte des üblichen Spektrallinienbildes (eine scharfe Linie ist eine δ-Funktion, deren Transformierte ist ein sin oder cos; vgl. Abschn. 4.1.1d). Das Spektrum ist aber seinerseits die Fourier-Transformierte des Amplitudenverlaufs in der Lichtwelle, also gibt das Fourier-Interferometer diese direkt wieder, während alle anderen Spektralapparate Fourier-Transformationen ausführen. Bei zwei monochromatischen Linien erhält man die Überlagerung zweier inkohärenter cos-Kurven (Intensitäts-, nicht Amplitudenaddition). Bei gleicher Intensität beider Linien sieht das genau aus wie ein Schwebungsbild (z. B. Abb. 4.8), bei dem die t-Achse die tiefsten Minima tangiert. An der Erzeugung des „Spektrums" wirkt nicht nur ein kleiner, von der Spaltbreite bestimmter Ausschnitt der Gesamtintensität mit, sondern jeweils die ganze aufs Gerät auffallende Intensität. Das ist besonders für intensitätsschwache UR-Strahlung ein großer Vorteil.

10.1.12. Intensitätsfragen

Eine Verbreiterung des Spektrographenspalts hat zwei Effekte: (1) Der durchgelassene Wellenlängenbereich verbreitert sich. (2) Von jeder durchgelassenen Wellenlänge kommt mehr Intensität durch (man bedenke, daß die Abbildung nicht auf dem Spalt, sondern erst auf dem Beobachtungsschirm oder dem Film erfolgt). Bei einem kontinuierlichen Spektrum vervierfacht sich also i. allg. der Lichtstrom, wenn man die Spaltbreite verdoppelt. Wenn sich der Lichtstrom nur verdoppelt, heißt das, daß der verdoppelte Spektralbereich nicht mehr Linien enthält als der einfache.

10.1.13. Farbenlehre

Offensichtlich ist *Goethe* in keiner schlechten Position. In Wirklichkeit hat er übrigens von der Munition, die *Young* und *Fresnel* ihm lieferten, wenig Notiz genommen und sie jedenfalls in seiner „Farbenlehre“ nicht ausgenutzt. Feine Beugungsgitter konnte man damals noch nicht herstellen. – Es ist oft nicht leicht zu entscheiden, ob wir etwas, z. B. die Farben, machen oder nur finden. Sind die harmonischen Teilwellen wirklich in einem zusammengesetzten Wellenvorgang drin, oder konstruiert sie die Fourier-Methode erst daraus? Daß wir diese Teilwellen direkt hören, ist ein Argument für *Newton*, aber das Ohr ist ja selbst ein Fourier-Analysator. Das Auge arbeitet anders und kann z. B. nicht entscheiden, ob ein Weiß aus allen Farben oder nur aus zwei engen, komplementären Spektralbereichen zusammengesetzt ist. Daß ein Gitter ein Fourier-Analysator ist, sieht man leicht ein, beim Prisma weniger leicht. Aber auch Absorption und Dispersion beruhen auf dem Mitschwingen atomarer Oszillatoren. Was ist das Primäre, Reale: Der zusammengesetzte Wellenzug oder die Teilwellen, die Spektrallinien? Was heißt überhaupt Realität oder Existenz? Existierte das Thema aus dem Andante des Klavierkonzerts d-moll schon, bevor es *Mozart* einfiel? Als *Michelangelo* einen riesigen Block Carrara-Marmor erblickte, rief er: „Da ist der David drin“. Jemand wandte ein, im Marmor steckten bestenfalls Ammoniten, aber keine nackten Jünglinge. *Michelangelo* führte den experimentellen Beweis: Er stoppte seinen Meißel haarscharf dort, wo die Haut des David begann. Machte er ihn oder fand er ihn?

10.1.14. Höfe

Jedes feine Wassertröpfchen erzeugt als Schirm im parallelen Sonnen- oder Mondlicht Beugungsringe. Der innerste helle Ring hat den Öffnungswinkel $\delta = 1{,}22\lambda/(2r)$ (vgl. Abschn. 10.1.4). Deutliche Kränze setzen sehr homogenen Tropfenradius r voraus. Bei $r > 80\,\mu$m wird $\delta < 0{,}25°$, also verschwindet der Hof in der Sonnen- oder Mondscheibe. Am günstigsten ist der r-Bereich zwischen 4 und 20 µm ($\delta = 5°$ bzw. $1°$). Rot ist außen, Violett innen; beim Halo, einem Brechungsphänomen, ist es umgekehrt. Kranz und Glorie unterscheiden sich nur durch die Blickrichtung des Beobachters und die Tatsache, daß ein Tröpfchen beim Kranz aus dem direkten, bei der Glorie aus dem an der übrigen Nebelwand reflektierten Licht herausbeugt.

10.1.15. Facettenauge

Wenn der Sehnerv eines Ommatidiums gereizt wird, muß das Licht nicht unbedingt genau aus der Achsenrichtung kommen, sondern kann auch etwas schräg dazu einfallen. Wir unterscheiden die geometrische Unschärfe γ der Einfallsrichtung und die Beugungsunschärfe β. Die Achse des Ommatidiums habe die Länge l, sein Durchmesser dort, wo das Licht einfällt, sei d. Dann ist $\gamma \approx d/l$. Die Zellwand ist nämlich mit einer absorbierenden Substanz austapeziert, damit (im Gegensatz zum Lichtleiter) nur das direkte, nicht das wandreflektierte Licht unten ankommt. Ein exakt achsparalleles Bündel würde an der Eintrittsöffnung zu einem Scheibchen vom Öffnungswinkel $\beta \approx \lambda/d$ gebeugt. Das schadet nichts, denn nur der zentrale Teil davon fällt auf den Sehnerv. Aber umgekehrt erzeugt jedes um β oder weniger gegen die Achse geneigte Bündel ein Scheibchen, das den Nerv mit seinem äußeren Teil erregt. Ein zu kleines d nützt also nichts, denn β wird zu groß. Die Gesamtunschärfe $\gamma + \beta = d/l + \lambda/d$ wird minimal bei $d = \sqrt{\lambda l}$. Die Unschärfe ist dann $2\sqrt{\lambda/l}$. Das fast halbkugelige Riesenauge einer großen Libelle hat $l \approx 3$ mm. Mit $\lambda = 0{,}5\,\mu$m liegt das Optimum von d bei 0,04 mm. Dann passen 10^4 Ommatidien auf die Halbkugel. Mit 6 000 kommt die Libelle diesem Wert ziemlich nahe. Das Bild, das sie sieht, hat knapp 100×100 Rasterpunkte, erreicht also längst nicht ein Fernsehbild, höchstens ein schlechtes Zeitungsfoto. Ein kleineres Auge muß sich mit weniger Rasterpunkten bescheiden. Deren Anzahl nimmt ab wie l. Die UV-Augen der Bienen gewinnen wieder einen Faktor 2–3 an Punktzahl bei gegebenem l.

10.1.16. Doppelspalt

Natürlich ergibt sich im Versuch A das Beugungsbild des Doppelspalts, im Versuch B eine Überlagerung der Intensitäten der Beugungsbilder zweier Einzelspalte. Wenn man die Bedingungen aber nicht geschickt wählt, sind die beiden gar nicht so kraß verschieden, wie man das meist schematisch hinstellt. Vor allem darf man sich nicht durch die üblichen durch Platzmangel bedingten Zeichnungen täuschen lassen und den Schirm zu nahe an die Blende setzen: Man muß wirklich unter Fraunhofer-Bedingungen arbeiten. – Der Unterschied liegt darin, daß im Fall B sich die Intensitäten, also die Quadrate der Amplituden des Lichts aus den beiden Spalten, im Fall A die Amplituden selbst addieren. Die Bestrahlung eines bestimmten Ortes des Schirms im Fall B ist $w_{\mathrm{B}} \sim A_1^2 + A_2^2$, im Fall A $w_{\mathrm{A}} \sim (A_1 + A_2)^2 = A_1^2 + A_2^2 + 2A_1A_2$. Die Differenz $2A_1A_2$ enthält den Phasenfaktor $\cos(2\pi\delta/\lambda) = \cos(2\pi\varphi d/\lambda) = \cos(2\pi y d/(\lambda D))$ (d: Spaltabstand, D: Abstand Blende–Schirm, y: Ort auf Schirm, δ: Gangunterschied), also $w_{\mathrm{A}} = w_1 + w_2 + 2w_1w_2\cos(2\pi y d/(\lambda D))$, dagegen $w_{\mathrm{B}} = w_1 + w_2$. A_i^2 enthält auch einen Phasenfaktor, aber er ist rein zeitlich und spielt in w, das über sehr viele Schwingungen mittelt, keine Rolle. Sehr schmale Spalte (Breite $b \ll d$) erzeugen für sich allein sehr breite Beugungsstreifen (Breite $y = D\lambda/b$). Innerhalb dieser Breite sind w_1 und w_2 sehr ähnlich, sofern $d \ll D\lambda/b$, also geht w_A jedesmal auf 0, wenn der Cosinus -1 wird. So zerfällt der breite Streifen in viele schmale von der Breite $D\lambda/d$. Wenn man d zu groß macht ($\gtrsim D\lambda/b$), verschwindet diese Strukturierung, und die Beugungsbilder der beiden Spalte trennen sich. Auch bei $b \approx d$ bleibt kaum noch ein Unterschied zwischen den Bildern A und B.

10.2.1. Unsichtbarer Strahl
Das Streulicht besteht aus der Emission von Sekundärdipolen, die im Feld der Primärwelle angeregt werden. Die Sekundärdipole schwingen wie das $\boldsymbol{E}$ der Welle, also in Polarisationsrichtung. Ein Hertz-Dipol emittiert maximal senkrecht zu seiner Schwingungsrichtung, gar nicht in dieser, d. h. in Polarisationsrichtung. Die Streuung von unpolarisiertem Licht ist natürlich nach allen Seiten gleichstark.

10.2.2. Komponentenzerlegung
Man kann eine elliptische Schwingung auf viele Arten in Komponenten zerlegen, z. B. in zwei Linearkomponenten verschiedener Amplitude und Phase oder zwei Zirkularkomponenten mit entsprechenden Bestimmungsstücken. Folgt man den Hauptachsenrichtungen der schrägliegenden Ellipse, dann kommt man immer mit einer Phasendifferenz $\pi/2$ aus und braucht nur die Amplituden der Linearschwingungen proportional zu den Hauptachsen zu machen. Im Polarisationsapparat sind aber Schwingungsrichtungen der interessierenden Linearschwingungen apparativ vorgegeben, und daher ist die Darstellung durch wechselnde Amplituden- *und* Phasenverhältnisse angemessener.

10.2.3. Doppelbild
Die Ellipsen von Abb. 10.59 mit dem Achsenverhältnis 1,116 und der Achsenschiefe von 44° 36,5′ hängen am weitesten nach unten an einer Stelle A_2, so daß AA_2 gegen die Senkrechte um 6,5° geneigt ist. Man liest das am schnellsten von einer gezeichneten Ellipse ab. Die Rechnung liefert mit $\varphi = 44° 36{,}5'$ und $\gamma = 1{,}116$ als Mittelpunktsgleichung der gedrehten Ellipse $x^2(\cos^2\varphi + \gamma^2 \sin^2\varphi) + y^2(\sin^2\varphi + \gamma^2\cos^2\varphi) + 2xy(1-\gamma^2)\sin\varphi\cos\varphi = 1$, d. h. durch Bildung des vollständigen Differentials und Nullsetzen von $\mathrm{d}y/\mathrm{d}x$ folgt $y/x = \tan\alpha = (\gamma^2 - 1)\sin\varphi\cos\varphi/(\cos^2\varphi + \gamma^2\sin^2\varphi)$. Im Fall des Kalkspats ergibt sich $\alpha \approx 6{,}6°$.

10.2.4. Wollaston-Prisma
Man kann dieses Prisma auf zwei Arten benutzen: (1) Das Lichtbündel fällt senkrecht zur optischen Achse der *beiden* Teilprismen ein. (2) Drehung des Prismas um 90° gegen die Stellung (1): Das Bündel hat die Richtung der optischen Achse eines der Teilprismen. In der Stellung 1 vertauschen das „ordentliche“ und das „außerordentliche“ Bündel, wie sie aus dem ersten Teilprisma austreten, ihre Rollen, wenn sie in das zweite Teilprisma mit seiner anders liegenden optischen Achse eintreten. Keines der Bündel kommt unabgelenkt davon: Beide sind um entgegengesetzt gleiche Winkel gegen die ursprüngliche Richtung abgelenkt und zueinander senkrecht polarisiert, nämlich in den Richtungen der beiden optischen Achsen. Beide Bündel zeigen eine Dispersion, d. h. sind nicht achromatisiert. In der Stellung (2) erfolgt in einem der Teilprismen keine Aufspaltung (Einfall in Richtung der optischen Achse). Das eine Teilbündel läuft auch durch das andere Teilprisma unabgelenkt und zeigt keine Farbzerstreuung, das andere wird abgelenkt. Der Winkel zwischen den beiden Bündeln ist nur halb so groß wie im Fall (1), also bei Kalkspat 6,6° statt 13,2°.

10.2.5. Brewster-Fenster
Bei senkrechtem Durchgang 4 % Reflexionsverlust an jeder Grenzfläche, d. h. bei 100maligem Durchtritt durch ein Fenster nur noch $2 \cdot 10^{-4}$ der Anfangsintensität. Neigt man das Fenster unter dem Brewster-Winkel (56,5°), dann wird eine Polarisationsrichtung nicht reflektiert. Man verliert nur die Intensität der anderen Komponente (50 %).

10.2.6. Buntes Zuckerrohr
Das Rohr stehe senkrecht, das polarisierte Licht falle z. B. von oben hinein. Geht man herum, dann sieht man abwechselnd Streulicht oder nicht, je nachdem, ob man senkrecht zur Polarisationsrichtung oder in ihr steht. Zucker dreht die Polarisationsebene. Wäre die spezifische Drehung für alle Wellenlängen gleich, dann sähe man aus jeder Richtung helle Bänder, deren Abstand mit wachsender Zuckerkonzentration (z. B. bei der allmählichen Auflösung) kleiner wird. Da die Drehung wellenlängenabhängig ist, werden die Bänder bunt, besonders stark die oberen, die am oberen Rand blau, am unteren rot sind (normale Rotationsdispersion).

10.2.7. Sechs Effekte

Doppelbrechung. Phasengeschwindigkeit linear polarisierter Wellen hängt von Polarisationsrichtung ab	*Optische Aktivität*. Phasengeschwindigkeit zirkular polarisierter Wellen hängt von Polarisationsrichtung ab
Natürliche Doppelbrechung. Kalkspat, ein- und zweiachsige Kristalle	*Natürliche optische Aktivität*. Kristalle (Quarz), Lösungen organischer Verbindungen mit asymm. C-Atom
Kerr-Effekt. Substanz wird im elektrischen Feld doppelbrechend	*Faraday-Effekt*. Substanz wird im Magnetfeld optisch aktiv

Die molekularen Mechanismen sind sehr verschieden:

Voraussetzung: Nichtreguläres Kristallsystem. Hohes Dipolmoment, im E-Feld ausgerichtet; fast alle Stoffe werden einachsig-positiv: c kleiner, wenn Polarisationsrichtung = Feldrichtung; Brechzahldifferenz $\sim E^2$.	*Voraussetzung*: Molekül oder Kristallgitter haben keine Symmetrieebene. Alle Stoffe zeigen Faraday-Effekt: Diamagnetika drehen rechts, die meisten Paramagnetika links; Drehung $\sim H$.

10.3.1. Dunkle Fenster
Vorder- und Rückfläche einer Glasplatte reflektieren je etwa 4 %, bei Doppelfenstern verdoppelt sich auch die reflektierte Intensität. Falls es also draußen mehr als zehnmal heller ist als drinnen (wie jeder Fotograf weiß, ist der Unterschied bei Tage viel größer), sieht man von draußen überwiegend reflektiertes Außenlicht. Die Albedo der Scheiben ist 8 % bzw. 16 %, was so schwarz ist wie sehr dunkles Gestein. Der Zeichner macht die Scheiben schwarz. Entsprechend lautet die Bedingung für ein gutes Spiegelbild: Wo man selbst ist, muß es mehr als 10mal heller sein als hinter der Scheibe.

10.3.2. Schichtspiegel
Eine Luft-Glas-Grenzfläche läßt bei senkrechtem Einfall den Bruchteil 0,96 durch, N Platten also $0{,}96^{2N} = (1-0{,}04)^{2N} \approx \mathrm{e}^{-0{,}08N}$, also bei $N = 10$ noch 0,45, bei $N = 100$ nur $2 \cdot 10^{-4}$. Das Spiegelbild besteht aus vielen schwächerwerdenden, hintereinanderschwebenden Bildern. Die Plattenqualität beeinflußt hauptsächlich zusätzliche Absorptionsverluste. Die Reflexion am Luftspalt wird nur dann teilweise unterdrückt, wenn dieser dünner als eine Wellenlänge ist. Befeuchtung dagegen setzt die Reflexion an den inneren Grenzflächen für sehr saubere Platten auf $0{,}2^2/2{,}8^2 \approx 0{,}5\,\%$ herab. Dann ist die Durchlässigkeit $\mathrm{e}^{-0{,}01N}$, also bei $N = 100$ z. B. 0,3. Soviel Licht kommt direkt durch, ohne jemals reflektiert zu werden.

10.3.3. Verteilungsfehler
Eine Probe (Dicke d) habe auf der ganzen Fläche A die Konzentration c, eine andere auf $A/2$ die Konzentration $2c$, in der anderen Hälfte gar nichts. Die durchgelassenen Lichtströme sind $\Phi = \Phi_0\,\mathrm{e}^{-\varepsilon cd}$ bzw. $\Phi' = \Phi_0(\frac{1}{2} + \frac{1}{2}\mathrm{e}^{-2\varepsilon cd})$, also $\Phi'/\Phi_0 = \cosh(\varepsilon cd)$. Die ungleichmäßige Probe läßt mehr durch. Besonders kraß ist der Fehler bei $\varepsilon cd \gg 1$. Die Betrachtung läßt sich verallgemeinern: Von einer gleichmäßigen Probe ausgehend nehme man an einer Stelle etwas Substanz weg und bringe die Konzentration auf $c - \Delta c$; anderswo auf einer gleichgroßen Fläche lade man die gleiche Menge dazu $(c + \Delta c)$. Ausgehend von dem Licht, das die beiden Teilflächen mit der Konzentration c durchlassen würden, erhält man wieder den oben diskutierten Fall. Die gleichmäßige Verteilung läßt ganz allgemein am wenigsten durch. Wenn man sie voraussetzt, unterschätzt man die Substanzmenge immer. Die molekulare Inhomogenität schadet nichts, denn in jeder Probe überdecken sich selbst bei kleinem d und c die Absorptionsquerschnitte der Moleküle in den verschiedenen Schichten noch immer. Die freie Weglänge des Lichtes ist kleiner als die Schichtdicke. Für $d = 1\,\mu$m gilt das erst bei Verdünnungen von 10^{-10} mol/l nicht mehr, bei denen längst keine Absorption mehr meßbar ist (Absorptionsquerschnitt $\sigma \gtrsim$ geometrischer Molekülquerschnitt $\approx 10^{-15}\,\mathrm{cm}^2$, $l = 1/(n\sigma)$, $n = 6 \cdot 10^{20}\,\mathrm{cm}^{-3}$ bei 1 mol/l).

10.3.4. Widerspruch zu Einstein?
Tatsächlich ist in einem Medium mit $n < 1$ die Phasengeschwindigkeit c des Lichts größer als die Vakuum-Lichtgeschwindigkeit c_0. Für harte Röntgenstrahlung jenseits der letzten Absorptionskante ist $n < 1$ sogar die Regel; für längere Wellen gibt es nur ganz schmale Bereiche mit $n < 1$ gleich oberhalb jeder Absorption. Eine Phasengeschwindigkeit beschreibt einen rein kinematischen Vorgang, mit dem kein physikalischer Transport von Energie, Impuls oder Masse verbunden ist. Sie darf c_0 überschreiten, ohne daß die Relativitätstheorie etwas dagegen hat. De Broglie-Wellen z. B. haben sogar immer $c > c_0$. Schlimm wäre es erst, wenn eine aus solchen Wellen konstruierte Gruppe schneller liefe als c_0, denn sie führt Energie und Impuls mit. Wir weisen nach, daß dies jedenfalls nach der in Abschn. 10.3.3 entwickelten Dispersionstheorie nicht vorkommen kann. Am kritischsten ist die Lage offenbar im harten Röntgengebiet, wo keine nachfolgende Absorptionslinie das $n < 1$-Verhalten mildert. Dort gilt $n = \sqrt{1 + A/(\omega_0^2 - \omega^2)}$. Die Gruppengeschwindigkeit ist

$$v_\mathrm{G} = \frac{\mathrm{d}\nu}{\mathrm{d}\frac{1}{\lambda}} = \frac{\mathrm{d}\omega}{\mathrm{d}\frac{\omega}{c}} = \frac{\mathrm{d}\omega}{\mathrm{d}\frac{\omega n}{c_0}} = \frac{c_0}{n + \omega\frac{\mathrm{d}n}{\mathrm{d}\omega}}\,.$$

Wir berechnen den Nenner:

$$\omega\frac{\mathrm{d}n}{\mathrm{d}\omega} = \frac{1}{n}\frac{A\omega^2}{(\omega_0^2 - \omega^2)^2} = \frac{n^2 - 1}{n}\frac{\omega^2}{\omega_0^2 - \omega^2}\,,$$

$$\text{d. h.} \quad n + \omega\frac{\mathrm{d}n}{\mathrm{d}\omega} = \frac{\omega^2 - n^2\omega_0^2}{(\omega^2 - \omega_0^2)n}\,.$$

Da $n < 1$ und $\omega > \omega_0$, ist das größer als 1, also $v_\mathrm{G} < c_0$. Dies war der Fall einer dämpfungsfreien Schwingung. Wenn Dämpfung vorliegt, gibt es rein mathematisch einen Abschnitt mit $n < 1$ *und* anomaler Dispersion. Hier ergäbe sich tatsächlich $v_\mathrm{G} > c_0$. Er liegt aber mitten in der Absorptionslinie und hat daher keine physikalische Realität.

10.3.5. Blaue Augen
Farben in der Natur beruhen auf absorbierenden Pigmenten (die meisten Blumenfarben), Interferenz (Schmetterlingsflügel) oder Streuung (Himmel, Meeresblau). Wenn die Biochemiker ein blaues Pigment ausschließen und die Anatomen in der Iris des Auges keine regelmäßige Feinstruktur finden, die Interferenzfarben erzeugt, muß es sich um Streuung handeln. Blauäugige sind oft auch blond und sonnenbrandanfällig, d. h. haben allgemein wenig und feinverteilte Pigmente. Der Braunäugige hat ein dichtes schwarzbraunes Pigment in der Iris, der Blauäugige so wenig und so fein verteilt, daß die Streuung die Absorption überwiegt.

10.3.6. Dunkles Bier
Im flüssigen Bier verliert ein Lichtbündel viel mehr Intensität durch Absorption als durch Streuung. Die Absorption ist selektiv und erzeugt die Farbe des Bieres. Im Schaum überwiegt die Streuung, und zwar an so großen Teilchen (Bier-Luft-Grenzflächen), daß man in jedem Fall weißes Streu-

licht sieht. Nur ausgehend von sehr heiß gedörrter Gerste erhält man auch dunklen Schaum, wie beim Kulmbacher. Kristalline Stoffe mit sehr vielen, aber relativ großen Kriställchen streuen weiß, ebenso Emulsionen wie Milch und der griech. Ouzo, der frz. Pernod oder Pastis (Butter- bzw. Öltröpfchen in Wasser) und Feinkonglomerate wie Papier sowie Feinpulver wie Schnee oder Gips.

10.3.7. Weiße Milch
Ein feindisperser Stoff mit einer Korngröße, die unterhalb der Lichtwellenlänge liegt, streut überwiegend kurzwelliges Licht. Nach *Rayleigh* geht die Streuintensität wie λ^{-4}, ist also für Purpurrot 16mal kleiner als für Violett. Weißes Streulicht entsteht, wenn die streuenden Teilchen größer sind als λ, oder wenn sie so dicht sitzen, daß die langen Wellen zwar aus etwas tieferen Schichten zurückgestreut werden, aber noch nicht aus so großer Tiefe, daß die Absorption erheblich wird.

10.3.8. Heller oder dunkler Rauch
Ein frisches Feuer erzeugt relativ große Kohlepartikel, die als Kondensationskeime für das aus dem feuchten Holz ausgedampfte Wasser und auch für das Verbrennungswasser dienen und sich dadurch vergrößern, Holzkohlenglut gibt feinere, trockene Teilchen ab. Rauch von frischem Feuer streut daher alle Wellenlängen und sieht vor dem dunklen Wald weiß, vor dem hellen Himmel schwarz aus. Die feine Rauchsäule der Kohlenglut streut überwiegend blau, wenn auch nicht so überwiegend wie die viel kleineren Streuzentren der Luft selbst. Daher erscheint das durchfallende Himmelslicht nicht kräftig rot, sondern nur schmutzig rotbraun.

10.3.9. Blaue Schatten
Auf dem Mond sind die Schatten wirklich tiefschwarz. Bei uns sind sie durch das Streulicht der Atmosphäre aufgehellt, das einen starken Blauanteil hat. Diese Farbigkeit des Schattens sieht man allerdings nur auf sehr weißer Oberfläche, z. B. frischem Schnee. Er ist besonders weiß, wenn er frisch, kalt und nicht sehr dicht ist, weil dann die ganz feinen Kristalldendrite weitgehend erhalten bleiben, die man an frischen Flocken unter dem Mikroskop sieht und die optimale Streueigenschaften garantieren.

10.3.10. Bunter Hauch
Man sieht aus etwas schräger Richtung bunte Farben. Es sind keine Streuungs-, sondern Interferenzfarben. Wenn auf der Glasplatte eine Menge sehr feiner Tröpfchen ungefähr einheitlicher Größe sitzen, erzeugt jedes Beugungsringe um das durchgehende Bündel nullter Ordnung. Diese Ringe sind bunt (innen rot, außen blau) wie alle Beugungsringe aus weißem Licht. Auf einem weit entfernten Schirm entwerfen alle Tröpfchen ihre Ringe praktisch an der gleichen Stelle, falls der Bündeldurchmesser klein gegen den Schirmabstand ist. Man sieht einen bunten Hof, besonders wenn man das blendende Bündel nullter Ordnung nicht auf den Schirm, sondern durch ein Loch durch ihn fallen läßt. Saubere Ringe setzen sehr einheitliche Tröpfchengröße voraus. Wachsen die Tröpfchen im Laufe der Zeit, dann laufen die Ringe nach innen zusammen.

10.3.11. Gelbfilter
Ein Gelbfilter sieht gelb aus, weil es Violett absorbiert. Da jeder Schwarz-Weiß-Film (auch ein isochromatischer) für Blau empfindlicher ist als für Rot, während das Auge sein Empfindlichkeitsmaximum im Grünen hat, sieht ohne Gelbfilter fotografiert der Himmel fast so hell aus wie die Wolken mit ihrem weißen Streulicht. Erst ein Gelbfilter von entsprechender Dichte stellt etwa den vom Auge empfundenen Kontrast her, indem es das violette und blaue Streulicht des Himmels schwächt.

10.4.1. Düker-Möllenstedt-Versuch
Entscheidend ist das Ergebnis von Aufgabe 6.1.9, wonach der Ablenkwinkel eines Elektrons nicht von dem Abstand abhängt, in dem es den geladenen Draht passiert. Der Draht wirkt wie ein Biprisma. Eine Elektronenquelle von 50 nm Durchmesser, wie *Düker* und *Möllenstedt* sie verwendeten, kann gegenüber allen übrigen Abmessungen als Punktquelle betrachtet werden, von der die Elektronen nach allen Richtungen ausgehen. Wären in Abb. 10.81 die Abstände Quelle–Draht (QD) und Draht–Film gleich, d. h. $s = 2b$, dann entstünde, wie man leicht überlegt, überhaupt kein Gangunterschied: Zwei Elektronenstrahlen, die sich wieder auf dem Film vereinigen, umschlössen immer einen Rhombus. Erst dank des Unterschiedes $s - 2b$ kommt ein Gangunterschied zustande. Er folgt aus elementarer, aber ziemlich umständlicher Geometrie zu $\Delta = \alpha x(s - 2b)/s$, wobei x der Abstand von der Geraden QD, auf dem Film gemessen, und α der Ablenkwinkel ist. Der Abstand x heller Streifen entspricht $\Delta = \lambda$, also $x = \lambda s/(\alpha(s - 2b))$. 1 eV-Elektronen haben $\lambda = 1{,}2$ nm. Für $s = 3b$ folgt dann $\alpha = 3{,}6 \cdot 10^{-3}$. Nach Aufgabe 6.1.9 ist $\alpha = e\varrho/(4\varepsilon_0 W)$ (ϱ: Ladung/m Drahtlänge, W: Elektronenenergie), also $\varrho = 1{,}3 \cdot 10^{-13}$ C/m. Die Spannung zwischen Draht und Rest der Apparatur braucht nur 26 mV zu sein. Bei gegebenem Streifenabstand ist $\lambda \sim W^{-1/2}$. Da $\alpha \sim \varrho/W$, müssen ϱ und U wie $W^{1/2}$ zunehmen. Für 10 keV-Elektronen braucht man nur $U = 2{,}6$ V oder noch weniger, wenn man α kleiner, also den Streifenabstand größer machen will.

10.4.2. Neutronenbeugung
Für Kristallbeugungsbilder braucht man Wellenlängen, die ähnlich sind wie die Gitterkonstante oder kleiner, d. h. zwischen 0,1 und 1 Å. Neutronen haben solche Wellenlängen bei $W = h^2/(2m\lambda^2) \approx 10^{-20}$ bis 10^{-18} J, d. h. 0,06 bis 6 eV oder 2 bis $200kT$ (überthermische Neutronen). Neutronen kann man nicht bündeln, nur durch Ausblenden parallel machen, was ungeheure Verluste bringt. Daher braucht man die hohen Flußdichten, die aus einem Reaktor kommen. Als Blendenmaterial ist Cd mit seinem hohen Neutronen-Absorptionsquerschnitt günstig. Bei der Laue-Methode braucht man keine streng monochromatischen Neutronen, ebensowenig wie mit Röntgenlicht. Um nach *Debye-Scherrer* mit mikrokristallinen Proben arbeiten zu können, monochromatisiert man mechanisch, z. B. durch zwei Zahnräder (Abb. 5.23).

10.4.3. Wellenpaket
Eine fortschreitende harmonische Welle hat im Zeitmittel überall die gleiche Amplitude, das entsprechende Teilchen kann also überall mit gleicher Wahrscheinlichkeit sein. Zwei Wellen mit λ_1 und λ_2 und gleichen Phasengeschwindigkeiten bilden eine Folge von Schwebungsmaxima im Abstand $\Delta x = \lambda_1^{-1} - \lambda_2^{-1}$. Fügt man Wellen mit dazwischenliegendem λ ein, dann bilden sie Schwebungsmaxima, die an anderen Stellen liegen, bis auf das eine Maximum, wo sich alle Teilwellen verstärken. Zum Schluß bleibt daher nur dieses eine Maximum erhalten. Nur im Bereich $\Delta x \approx \lambda_1^{-1} - \lambda_2^{-1}$ ist eine merkliche Amplitude vorhanden, nur dort kann das Teilchen sein. Der Wellenlängenbereich λ_1, λ_2 entspricht nach *de Broglie* einem Impulsbereich $p_1 = h/\lambda_1, p_2 = h/\lambda_2$, also ergibt sich die **Unschärferelation** $\Delta p\, \Delta x \approx h$ zwischen Δp und Δx.

10.4.4. Makroskopische Unschärfe
Die Orte von Stein (1 cm, 1 g), Sandkorn (0,1 mm, 10^{-6} g) und Bakterium (1 µm, 10^{-12} g) seien anfangs auf 1 µm genau festgelegt und die Objekte, so gut es geht, zur Ruhe gebracht. Dann ist die Geschwindigkeitsunschärfe $\Delta v \approx h/(m\,\Delta x) \approx 6 \cdot 10^{-28}$ m/s für den Stein, $6 \cdot 10^{-22}$ m/s für das Sandkorn, $6 \cdot 10^{-16}$ m/s für das Bakterium. Nach einem Tag sind die entsprechenden Verschiebungen alle unmeßbar, nach 30 Jahren nähert sich die des Bakteriums dem mikroskopisch Sichtbaren (0,6 µm), in einem Weltalter sind sie 0,2 nm, 0,2 mm, 20 m, also sogar für das Sandkorn deutlich.

10.4.5. Unschärferelation
Ein Teilchen, dessen Ort mit einem Höchstfehler d festgelegt ist, hat einen Mindestimpuls $p \approx h/d$, eine Mindestenergie $p^2/(2m) \approx h^2/(2md^2)$. Das ist die Nullpunktsenergie des quantenmechanischen Teilchens, die nicht unterschritten werden kann und die für viele klassisch unverständliche Effekte, vom Einfrieren thermischer Freiheitsgrade bis zum Planck-Gesetz, verantwortlich ist. Die Absenkung der Nullpunktsenergie bei Erweiterung des Kastens (Vergrößerung von d) ermöglicht die chemische Bindung. – In der Winkelangabe eines drehbaren Objekts kann man höchstens einen Fehler 2π machen. Daher sind Drehimpulse um $h/(2\pi) = \hbar$ unscharf, anders ausgedrückt: Jeder Drehimpulszustand beansprucht einen Bereich $\hbar$, zwei solche Zustände müssen sich im Drehimpuls um $\hbar$ unterscheiden. Das ist das Bohrsche Postulat, aus dem die Theorie des H-Atoms folgt. – Die Energie eines Systems mit der Lebensdauer Δt ist nur auf $\Delta W \approx h/\Delta t$ genau festgelegt. Genauso hängt die Lebensdauer eines Atoms oder Kerns mit der Breite seiner optischen oder γ-Spektrallinien zusammen. Im Fall der Atomhülle wird diese Lebensdauer nur selten durch den Dämpfungsprozeß bestimmt, der der Strahlung inhärent ist, sondern meist durch Stöße mit anderen Teilchen (Stoßverbreiterung). Kerne sind davor weitgehend geschützt, und daher haben Mößbauer-Linien ihre außerordentliche Schärfe. Im Festkörper verbreitern sich die scharfen Energiezustände der Atome zu Energiebändern, weil die Elektronen von Atom zu Atom tunneln können. Der Tunneleffekt selbst ist auch eine Folge der Unschärferelation: Wenn ein Teilchen sich genügend beeilt, darf es sogar ein Gebiet durchqueren, wo die potentielle Energie höher ist als die Teilchenenergie. Der Austausch virtueller Teilchen, der die Wechselwirkungen vermittelt, funktioniert ähnlich. Kein Gebiet der modernen Physik bleibt unberührt von der Unschärferelation.

= Kapitel 11: Lösungen . . .

11.1.1. Ausrede für Verkehrssünder?
Wenn die grüne Lampe nur im Grünen (sagen wir, zwischen 500 und 550 nm), die rote nur im Roten (650–700 nm) emittierte, sähe allerdings bei gleicher Gesamtstrahlungsleistung die grüne ca. 20mal heller aus. Bei allen Glühlampen wird aber die Farbe subtraktiv aus Weiß erzeugt: Durch ein Filterglas, das selektiv im Grünen absorbiert, erscheint eine weiße Lampe in der Komplementärfarbe, also rot. Das Auge empfängt daher von beiden Lampen etwa die gleiche Strahlungsleistung (minus dem schmalen absorbierten Band) und bemißt die Stärke seines Farbeindrucks danach. Neon-Lampen (nicht Leuchtstoffröhren!) dagegen strahlen wirklich nur in bestimmten Spektralbereichen. Für sie trifft zu, daß eine rote Lampe mehr Leistung aufbringen muß.

11.1.2. Abstandsabhängigkeit
Vom Abstand hängt weder der Lichtstrom noch seine Richtungsverteilung, also die Lichtstärke ab, wohl aber die Beleuchtungsstärke (wie r^{-2}); die Leuchtdichte bleibt konstant, denn die scheinbare Fläche des Strahlers (Glühfaden usw.) nimmt ebenfalls wie r^{-2} ab. Der Spiegel ändert, wenn er verlustfrei reflektiert, nicht den Lichtstrom, aber ganz erheblich die Lichtstärke. Das Filter beschneidet auch den Lichtstrom.

11.1.3. Kerzen
Die Lichtstärke (Lichtstrom/Raumwinkelelement) hängt von der Geometrie der Lampe und des Reflektors, Kondensors usw. entscheidend ab. Konstant ist der Lichtstrom, den die Lampe insgesamt hergibt. Da der Raumwinkel dimensionslos ist, liegt die Verwechslung zwischen lm = cd sterad und cd nahe. Eine „Neukerze“ gibt einen Lichtstrom von 4π cd = 12,6 lm her. Er kann z. B. durch einen Parabolspiegel leicht in ein Bündel konzentriert werden, das nur um 2° divergiert, also einen Raumwinkel von 0,001 sterad aufspannt. Die Lichtstärke im Bündel ist dann über 10^4 cd.

11.1.4. Hefner-Kerze
Einfachste Eichung eines Thermometers für auffallende Strahlungsleistung: Man montiert es in eine berußte, elektrisch heizbare Platte und setzt diese bis zum Temperaturgleichgewicht der zu messenden Strahlung aus. Dann stellt man die gleiche Thermometeranzeige ohne Strahlung durch elektrische Heizung her. Heizstrom und -spannung (oder Widerstand) ergeben die Strahlungsleistung. Die Hefner-Lampe strahlt $9{,}5 \cdot 10^{-5}$ W auf jeden cm^2 der Kugelfläche von $4\pi 100^2 = 1{,}25 \cdot 10^5\,\text{cm}^2$ (abgesehen von einer leichten Richtungsabhängigkeit der Emission). Ihre Strahlungsleistung ist also $P \approx 12$ W, ihre Strahlungsstärke $P/(4\pi) \approx 0{,}95$ W/sterad. Die Flammenhöhe der Normallampe muß 40 mm sein, der Dochtdurchmesser 8 mm, die Oberfläche der annähernd kegelförmigen Flamme etwa $3\,\text{cm}^2$, also die Emissionsdichte $4\,\text{W/cm}^2$. Nach *Stefan-Boltzmann* entspricht das für einen schwarzen Körper einer Temperatur von ziemlich genau 1 000 K. Amylacetat (Pentanol-Essigsäureester, charakteristischer Geruch bekannt von vielen Alleskleber n) erzeugt infolge seines mittelgroßen C-Gehalts gerade so viele Rußteilchen, daß die Flamme gut leuchtet, aber kaum überschüssigen Ruß abscheidet. Die Flamme ist also annähernd „schwarz" und nicht wesentlich heißer als die „schwarze" Schätzung von 1 000 K. Bei dieser Temperatur ist die Ausbeute an sichtbarem Licht noch sehr schwach (nach Aufgabe 11.2.6 etwa $5 \cdot 10^{-3}$ lm/W). Lichtstrom, Lichtstärke, Beleuchtungsstärke in 1 m Abstand, Leuchtdichte ergeben sich so zu 0,06 lm, 0,005 cd, 0,005 lx, 0,002 sb.

11.1.5. Leselampe
Der Glühfaden einer Lampe erreicht maximal 2 800 K. Die Lichtausbeute ist dann nach Aufgabe 11.2.6 60 lm/W. Eine 100 W-Lampe ohne Reflektor, 1 m über der Arbeitsfläche angebracht, beleuchtet diese also mit 500 lx. Ein Reflektor bringt das auf den zum technischen Zeichnen optimalen Wert. Wie anpassungsfähig das Auge ist, sieht man daraus, daß man auch pralle Sonne auf dem Buch verträgt (allerdings nicht lange); nach Aufgabe 11.2.6 bedeutet das fast $5 \cdot 10^5$ lx. Die „zum Lesen klare" Vollmondnacht erzeugt bestenfalls 1 lx (vgl. Aufgabe 11.2.7). Eine 4,5 V-0,2 A-Taschenlampe hat 0,7 W, also maximal 40 lm.

11.1.6. Belichtungszeit
Die Sonne strahlt uns $1\,400\,\text{W/m}^2$ mit der Farbtemperatur 5 700 K, also nach Aufgabe 11.2.7 etwa $4 \cdot 10^5$ lx maximal zu. Objekte wie Personen, Bäume, Berge, Mauerwerk liegen in ihrer Albedo zwischen 0,15 und 0,4, Seesand, Schnee und Wolken haben mehr. Die üblichen Fotoobjekte geben also am klaren Mittag um $10^5\,\text{lm/m}^2$ diffus ab, d. h. etwa $10^4\,\text{cd/m}^2 = 1$ sb. Wie muß man belichten, um eine Zeichnung zu reproduzieren, die im Zimmer mit 100 W aus 1 m Abstand beleuchtet ist? Beleuchtungsstärke 1 000 lx, 400mal weniger als draußen bei Mittagssonne, wo man für das Papier mit seiner Albedo 0,6 etwa Blende 16 und $\frac{1}{250}$ s nehmen würde (Vergleich mit dem typischen 16-$\frac{1}{60}$-Motiv, Albedo 0,15); Öffnung der Blende auf 2,8 bringt den Faktor 32; man belichte also mit $\frac{1}{30}$ s.

11.1.7. Leuchtstoffröhre
Ein Wandstück, das von der Röhrenachse aus den Winkel ϑ gegen Ihre Blickrichtung bildet, erscheint um den Faktor $\cos\vartheta$ verkürzt. Wenn es trotzdem ebensohell erscheint wie der Rest der Wand, muß es um denselben Faktor weniger Licht in die ϑ-Richtung senden als in die Richtung $\vartheta = 0$. Die Wand strahlt nach Lambert: $\mathrm{d}I = \mathrm{d}I_0 \cos\vartheta$. Erst $B = \mathrm{d}I/(\mathrm{d}A\cos\vartheta)$ ist konstant. Das kleine Wandstück hat als Charakteristik eine Kugel, die die Röhre tangiert, der Wandstreifen parallel zur Röhrenachse unter ϑ hat einen Zylinder, der auch die Röhre tangiert; alle diese Zylinder überlagern sich für die ganze Röhre zu einem konzentrischen Zylinder.

11.1.8. Ulbricht-Kugel
Ein Wandstück $\mathrm{d}A$ unter dem Winkel ϑ gegen den Radius QF empfängt Licht, das proportional zur Lichtstärke $I(\vartheta)$ ist, und sendet als Lambert-Strahler in Richtung Fenster Licht $\sim I\cos\vartheta/2$. Dies Licht fällt unter dem gleichen Winkel $\vartheta/2$ gegen die Normale der Fensterfläche, sein Beitrag zur Beleuchtungsstärke ist also $\mathrm{d}E \sim Ir^{-2}\cos^2\vartheta/2$, wo r der Abstand von $\mathrm{d}A$ bis F ist. Da $\cos\vartheta/2 = r/(2R)$ (R: Kugelradius), kürzen sich $\cos\vartheta/2$ und r weg: Der Gesamtwert von E hängt nur vom Integral über I, also vom Strahlungsfluß der Quelle ab (und natürlich vom Kugelradius; von diesem sogar wie R^{-4})

11.1.9. Vollmond
Zwar hätte die Mondscheibe, wenn ihre Struktur überall die gleiche wäre, auch überall die gleiche Flächenhelligkeit. Daraus folgt aber nicht, daß diese Flächenhelligkeit bei der Halbmondscheibe ebensogroß ist wie bei der Vollmondscheibe. Wir nehmen zunächst an, die Mondoberfläche reflektiere nach *Lambert*. Die Richtung Sonne–Mond machen wir zur Polachse unserer Polarkoordinaten. Ein Flächenelement der Größe $R^2\sin\vartheta\,\mathrm{d}\varphi\,\mathrm{d}\vartheta$ empfängt aus der Sonnenstrahlung (Intensität I) die Leistung $IR^2\sin\vartheta\cos\vartheta\,\mathrm{d}\varphi\,\mathrm{d}\vartheta$ und gibt unter dem Winkel α gegen seine Normalenrichtung die Strahlungsstärke $\mathrm{d}J = \frac{1}{\pi}aIR^2\sin\vartheta\cos\vartheta\,\mathrm{d}\vartheta\,\mathrm{d}\varphi\,\cos\alpha$ ab. Hier ist a die Albedo (der Reflexionsgrad) der Fläche, π stammt von der Integration über den Halbraum, $\cos\alpha$ aus dem Lambert-Gesetz. Die Richtungen Mond–Erde und Sonne–Mond schließen einen Winkel γ ein; von der Richtung Mond–Erde aus messen wir auch den Azimutwinkel φ. Nach dem Seitencosinussatz der sphärischen Trigonometrie ist dann $\cos\alpha = \cos\gamma\cos\vartheta + \sin\gamma\sin\vartheta\cos\varphi$. Die Strahlstärke vom ganzen Mond in Richtung Erde ist $J = \int \mathrm{d}J$.

Vollmond: $\gamma = 0$, $\alpha = \vartheta$ (was ohnehin klar ist).

$$J = \frac{1}{\pi}aIR^2\int_0^{\pi/2}\int_0^{2\pi}\sin\vartheta\cos^2\vartheta\,\mathrm{d}\vartheta\,\mathrm{d}\varphi$$
$$= 2aIR^2\int_0^1\cos^2\vartheta\,\mathrm{d}\cos\vartheta = \frac{2}{3}aIR^2\,.$$

Halbmond: $\gamma = \frac{\pi}{2}$, $\cos\alpha = \sin\vartheta\cos\varphi$.

$$J = \frac{1}{\pi} aIR^2 \int_0^{\pi/2} \int_{-\pi/2}^{\pi/2} \sin^2\vartheta \cos\vartheta \,d\vartheta \cos\varphi \,d\varphi$$
$$= \frac{1}{\pi} aIR^2 2 \int_0^1 z^2 \,dz = \frac{2}{3\pi} aIR^2 .$$

Hiernach strahlt der Vollmond π-mal stärker als der Halbmond, ist also mehr als eine Größenklasse heller (eine Größenklasse entspricht einem Faktor $100^{1/5} = 2{,}512$). In Wirklichkeit strahlt der Mondboden zur Seite noch weniger als ein Lambert-Strahler. Er ist zu rauh. Daher ist der Halbmond noch etwa 3mal weniger hell als oben berechnet.

11.1.10. Echo-Satellit

Der Satellit sieht von allen Seiten gleichhell aus, sogar von hinten (außer natürlich, wenn er die Sonne direkt verdeckt). Die Strahlungsstärke der blanken Kugel ist unabhängig vom Winkel. Man könnte das schon aus der geometrischen Optik schließen: Der Kugelspiegel werde ersetzt durch das Bild der Sonne in diesem Spiegel, das in der Mitte seines Radius entsteht. Ein solches Bild sollte nach allen Seiten gleich stark strahlen. Die geometrische Optik liefert aber nur in beschränktem Maße Aussagen über Strahlungsstärken. Das Sonnenlicht falle aus der Richtung $\vartheta = 0$ ein. Das ringförmige Stück Kugelfläche, das zwischen den Winkeln ϑ und $\vartheta + d\vartheta$ liegt, hat die Größe $2\pi R^2 \sin\vartheta \,d\vartheta$, fängt die Strahlungsleistung $dP = 2\pi IR^2 \sin\vartheta\cos\vartheta \,d\vartheta$ auf und spiegelt sie in den Hohlkegel zwischen 2ϑ und $2\vartheta + 2\,d\vartheta$ hinein. Dieser Kegel umfaßt einen Raumwinkel $d\Omega = 2\pi \sin(2\vartheta)\,d(2\vartheta) = 8\pi \sin\vartheta\cos\vartheta \,d\vartheta$. Die Strahlstärke $J = dP/d\Omega = \frac{1}{4} IR^2$ ist also in allen Richtungen gleich, sogar bei $2\vartheta = \pi$, d. h. bei streifendem Einfall ($\vartheta = \pi/2$). Die Gesamtleistung $\pi R^2 I$, die die ganze Kugel effektiv mit ihrem Querschnitt einfängt, verteilt sich gleichmäßig über den vollen Raumwinkel 4π.

11.2.1. Leslie-Würfel

Die berußte Platte strahlt mehr und absorbiert auch mehr, proportional dazu. In Abb. 11.30a verstärken sich die beiden Einflüsse, in Abb. 11.30b kompensieren sie sich, wenn man davon absieht, daß die ε-Unterschiede auch von der Temperatur abhängen.

11.2.2. Weinpanscher

Egal wie man verfährt: Die Mengen an „Fremdsubstanz" sind in beiden Gläsern immer gleich. Da nämlich vor wie nach der Operation beide Gläser gleich voll sind, muß der Rotwein, der aus dem Rotweinglas verschwunden und im Weißwein gelandet ist, durch genausoviel Weißwein ersetzt worden sein. Hoffentlich haben Sie sich nicht halbtotgerechnet.

11.2.3. Kirchhoff-Gesetz

Man kann die Sache auf drei Arten behandeln (mindestens). Man kann geschickt bilanzieren, analog zum Fall des Rot- und Weißweins (s. oben). Oder man kann sagen: Im Hohlraum herrscht die spektrale Energiedichte ϱ, egal von welcher Wand sie ursprünglich emittiert wurde. Sie trifft mit der Intensität $c\varrho$ auf jede Wand, und die eine absorbiert $\varepsilon_1 c$ heraus, die andere $\varepsilon_2 c$. Diese Energiestromdichten müssen jeweils gleich der spezifischen Ausstrahlung R_i sein, woraus $P_i \sim \varepsilon_i$ folgt. Drittens und am kompliziertesten: Wand 1 sendet P_1 aus und muß ebensoviel empfangen, nämlich $\varepsilon_1 P_2$ direkt von drüben, $\varepsilon_1 P_1(1-\varepsilon_2)$ aus der Strahlung, die Wand 2 nicht geschluckt hat, $\varepsilon_1 P_2(1-\varepsilon_1)(1-\varepsilon_2)$ aus der 1,5mal hin- und herreflektierten Strahlung usw. Man erhält zwei geometrische Reihen mit dem Faktor $(1-\varepsilon_1)(1-\varepsilon_2)$ und der Summe $S = 1/(\varepsilon_1 + \varepsilon_2 - \varepsilon_1\varepsilon_2)$. Emission und Gesamtabsorption müssen gleich sein: $P_1 = \varepsilon_1 P_2 S + \varepsilon_1(1-\varepsilon_2)P_1 S$. Einsetzen von S liefert wieder $\varepsilon_1 P_2 = \varepsilon_2 P_1$.

11.2.4. Strahlungsmaximum

Spektrale Intensität I und spektrale Photonenstromdichte j hängen zusammen wie $j \sim I/\nu$. Umrechnung von $I(\nu)$ auf $I(\lambda)$ bzw. von $j(\nu)$ auf $j(\lambda)$ geschieht durch Multiplikation mit $d\lambda/d\nu = -c/\lambda^2$. Aus $I(\nu) \sim x^3/(e^x - 1)$ mit $x = h\nu/(kT)$ folgt also $I(\lambda) \sim x^5/(e^x - 1)$ mit $x = hc/(\lambda kT)$, aus $j(\nu) \sim x^2/(e^x - 1)$ folgt $j(\lambda) \sim x^4/(e^x - 1)$. Wir suchen ganz allgemein das Maximum von $x^n/(e^x - 1)$. Nullsetzen der Ableitung liefert die transzendente Gleichung $x = n(1 - e^{-x})$. Bei sehr großem n ist $x = n$ eine ganz gute Näherung, denn $e^{-x} \approx e^{-n}$ ist dann sehr klein. In Wirklichkeit ist x etwas kleiner als n, sagen wir $x \approx n - \varepsilon$ mit $\varepsilon \ll 1$. Einsetzen liefert $\varepsilon \approx n/(e^n - n)$. Genaue Werte erhält man iterativ auf dem Taschenrechner: n eingeben, Schleife $+/-$ e^x $+/-$ $+1$ $=$ $\times$ n $=$. Die Maxima von $j(\nu)$, $I(\nu)$, $j(\lambda)$, $I(\lambda)$ liegen also in dieser Reihenfolge deutlich gestaffelt, für die Sonne mit $T = 5\,780$ K bei 1 585, 894, 643, 507 nm. Die Absorption in den äußeren Sonnenschichten und in unserer Atmosphäre verschiebt alle diese Werte noch (Abb. 11.28).

11.2.5. Stefan-Boltzmann-Konstante

$1/(e^x - 1)$ ist die Summe der geometrischen Reihe $\sum_{k=1}^{\infty} e^{-kx}$. Unser Integral zerfällt so in eine Summe von Integralen der Form $I_n = \int_0^\infty x^n e^{-kx}/dx$. I_n geht durch eine Kette partieller Integrationen über in eine Summe, in der die meisten Glieder außer e^{-kx} auch x enthalten, also an den Grenzen 0 und ∞ verschwinden, bis auf das letzte, $n!/k^{n+1}$. Somit wird $J_n = \int_0^\infty x\,dx/(e^x - 1) = n!\,\zeta_{n+1}$. Für die Planck-Formel interessiert $J_3 = 6\zeta_4$. Nun der Fourier-Trick (man muß bloß draufkommen): Es sei $f(x) = x^n$, speziell x^2 bzw. x^4 im Intervall $(-\pi, \pi)$, außerhalb $f(x)$ periodisch fortgesetzt. Fourier-Koeffizienten $a_{nk} = \int_{-\pi}^{\pi} x^n \cos(kx)dx$ (gerade Funktionen), am besten wie oben als Realteile von $\int x^n e^{ikx}\,dx$ bestimmt: $a_{2k} = -4\pi/k^2$ für $k > 0$, $a_{20} = 2\pi^3/3$; für $x = 0$ muß $\sum_{k=0}^{\infty} a_{2k} = 0$ sein, also $\zeta_2 = \pi^2/6$. $a_{4k} = -4\pi^3/k^2 + 24\pi/k^4$, $a_{40} = 2\pi^5/5$; also $2\pi^5/5 - 4\pi^3\zeta_2 + 24\pi\zeta_4 = 0$, also $\zeta_4 = \pi^4/90$.

11.2.6. Lampenausbeute

Dies ist die Grundlage für die Umrechnung von Strahlung in Licht. Leider gibt es keinen allgemeinen einfachen Ausdruck für den Anteil der Planck-Kurve, der als Licht wahrgenommen wird. Die Leuchtdichte des schwarzen Körpers in Stilb ergibt sich als $L = 0{,}068\,\frac{c}{4\pi}\int \varrho(\nu,T)\sigma(\nu)\,\mathrm{d}\gamma$ aus der Energiedichte $\varrho(\nu,T)$ der schwarzen Strahlung und der spektralen Empfindlichkeitskurve $\sigma(\nu)$ des Auges. Der Faktor c vermittelt den Übergang von Energiedichte zu Intensität, der Faktor 0,068 von $\mathrm{W/cm^2}$ auf $\mathrm{lm/cm^2}$, der Faktor $1/(4\pi)$ von $\mathrm{lm/cm^2}$ auf $\mathrm{sb} = \mathrm{cd/cm^2}$. Man kann die beteiligten Kurven annähern: Die Planck-Kurve durch die Wien-Kurve, falls $kT \ll h\nu$; die Empfindlichkeitskurve $\sigma(\nu)$ als Rechteck der Höhe 1 zwischen $\nu_1 = 4{,}5\cdot 10^{14}\,\mathrm{s^{-1}}$ und $\nu_2 = 6{,}0\cdot 10^{14}\,\mathrm{s^{-1}}$ entsprechend 660 und 500 nm (vgl. Abb. 11.7). Dann vereinfacht sich L zu $L \approx 0{,}136\,k^4T^4c^{-2}h^{-3}\int_{x_1}^{x_2} x^3\,\mathrm{e}^{-x}\,\mathrm{d}x \approx 0{,}136\,kTc^{-2}\nu_1^3\,\mathrm{e}^{-h\nu_1/(kT)}$ mit $x = h\nu/(kT)$. Die übrigen Glieder, die bei der partiellen Integration entstehen, sind bis 2 000 K mehr als viermal kleiner. Bei $T = 2\,040$ K (Schmelzpunkt des Platins) liefert diese Näherung $L = 50$ sb, was mit den gemessenen 60 sb (Definition des sb) nicht so schlecht übereinstimmt. Die Lichtausbeute in lm/W ergibt sich durch Multiplikation mit 2π (Halbraum) und Division durch die Stefan-Boltzmannsche Gesamtleistung $\eta \approx 103x_1^3\,\mathrm{e}^{-x_1}$ lm/W. Die graphische Integration mit dem exakten $\varrho(\nu)\,\sigma(\nu)$ ergibt die Werte von Abb. 11.15.

11.2.7. Sternhelligkeit

Wir müssen selbstleuchtende Himmelskörper (Sonne, Fixsterne, Galaxien) und solche unterscheiden, die nur dank reflektierten Sonnenlichts zu sehen sind (Planeten, Kometen, natürliche und künstliche Satelliten). Die Helligkeit eines Sterns ergibt sich aus der der Sonne, die von uns den Abstand R_E hat, im Abstand R durch Multiplikation mit dem Verdünnungsfaktor R_E^2/R^2; außerdem können aber auch die absoluten Leuchtkräfte verschieden sein: $H_\mathrm{St}/H_\mathrm{S} = L_\mathrm{St}R_\mathrm{E}^2/(L_\mathrm{S}R^2)$. Ein Planet vom Radius r im Abstand R von der Sonne fängt einen Bruchteil $\pi r^2/(4\pi R^2)$ des Gesamtlichts der Sonne auf. Hat er die Albedo α und sehen wir einen Bruchteil γ seiner beleuchteten Hälfte (z. B. Halbmond $\gamma = 0{,}5$), so strahlt er in den Halbraum, wo wir sind, im ganzen $\alpha\gamma r^2/(4\pi R^2)$ ab. Das Doppelte davon ist das Verhältnis seiner absoluten Leuchtkraft zu der der Sonne (diese muß ja in den ganzen 4π-Raum strahlen). Hat er einen Abstand a von der Erde, so ergibt sich $H_\mathrm{P}/H_\mathrm{S} = \alpha\gamma r^2R_\mathrm{E}^2/(2R^2a^2)$. Für den Mond ist $R = R_\mathrm{E}$, für die ferneren Planeten $a \approx R$, für Mars, Venus, Merkur schwankt a stark mit der Stellung zur Sonne (Opposition, Konjunktion usw.); bei Venus und Merkur wird der Einfluß dieser Schwankung durch die Phasen (γ) teilweise kompensiert. Man erhält für Planeten und Satelliten Übereinstimmung mit der beobachteten Helligkeit, wenn man die Albedo entsprechend anpaßt.

Beim Mond kann man noch einfacher argumentieren: Er erscheint ebensogroß wie die Sonne ($\frac{1}{2}^\circ = \frac{1}{120}$); er empfängt eine um den Faktor $(r_\mathrm{S}/R_\mathrm{E})^2 = (2\cdot 120)^{-2}$ verdünnte Sonnenstrahlung, von der er nur den Bruchteil $\alpha = 0{,}07$ zurückstrahlt, allerdings nur in einen Halbraum, was ihm den Faktor 2 einbringt. Also erscheint er $\frac{1}{2}\cdot 14\cdot 5\cdot 10^4 = 3\cdot 10^5$mal weniger hell als die Sonne. Sirius z. B. hat $-1{,}5$ mag, die Sonne -27, ist also $1{,}6\cdot 10^{10}$mal heller. Sirius ist 10 Lichtjahre entfernt, die Sonne 500 Lichtsekunden (s. *Ole Rømer*); das Verhältnis der Abstandsquadrate ist $3\cdot 10^{11}$, also ist Sirius absolut zwanzigmal heller. Der Andromedanebel hat $+4{,}5$ mag, die Sonne erscheint also $10^{0{,}4\cdot(4{,}5+27)} = 4\cdot 10^{12}$mal heller. Der Andromedanebel ist $3\cdot 10^6$ Lichtjahre entfernt, das Verhältnis der Abstandsquadrate ist $3\cdot 10^{22}$, also hat der Andromedanebel ca. 10^{10}mal mehr Leuchtkraft als die Sonne. Man schätzt seine Masse heute sogar auf über 10^{10} Sonnenmassen.

11.2.8. Wieviel Sternlein?

Das Auge nimmt bei maximaler Adaptation ca. 50 „grüne" Photonen/s wahr. Die Sonne strahlt an ihrer Oberfläche mit $6\cdot 10^3\,\mathrm{W/cm^2}$, bei uns mit $0{,}13\,\mathrm{W/cm^2}$. Ein Photon im Grünen hat $h\nu = 4\cdot 10^{-19}$ J. Auf 1 $\mathrm{cm^2}$ Erdoberfläche fallen also $3\cdot 10^{17}$ Photonen/s, davon ca. $\frac{1}{3}$, also 10^{17} im optimal Sichtbaren. Die adaptierte Pupille von $0{,}2\,\mathrm{cm^2}$ würde $2\cdot 10^{16}$ Photonen/s auffangen. Ein Stern auf absolut dunklem Hintergrund dürfte also $4\cdot 10^{14}$mal weniger hell sein als die Sonne, d. h. 36,5 Größenklassen. Ohne Nachthimmelleuchten sähe man also noch Sterne von 9,5 mag, in Wirklichkeit nur von 5 mag.

11.2.9. Nachthimmelleuchten

Für ein optisches Instrument mit der Apertur d (Durchmesser der Eintrittspupille) erscheint ein Stern als Beugungsscheibchen über einen Raumwinkel verschmiert, dessen Radius etwa $\alpha = \lambda/d$ ist. Für das dunkeladaptierte Auge mit $d \approx 0{,}5$ cm ist $\alpha \approx 10^{-4}$. Der Stern hebt sich vom Hintergrund nur dann ab, wenn er mehr Licht hergibt als die Hintergrundfläche von der Größe dieses Scheibchens, also dem Raumwinkel 10^{-8}. Die unsichtbaren Sterne und Galaxien strahlen nach Aufgabe 11.2.19 mit einer Gesamtintensität, die ca. 6 K entspricht und etwa die Frequenzverteilung des Sonnenlichts hat, also mit einer Leuchtdichte, die $(5\,700/6)^4 = 10^{12}$mal schwächer ist als die der Sonnenscheibe. Außerdem ist das Beugungsscheibchen etwa 1 000mal kleiner als die scheinbare Sonnenscheibe mit ihrem Radius von $\frac{1}{4}^\circ \approx 4\cdot 10^{-3}$ und ist daher ca. 10^{15}mal weniger hell als diese, erscheint also wie ein Stern, der um $7{,}5\cdot 5 = 37{,}5$ Größenklassen dunkler ist als die Sonne mit ihren -27, d. h wie ein Stern 10,5-ter Größe. Das Olbers-Licht beschneidet unsere Wahrnehmung also nicht mehr als die Optik des Auges selbst (Aufgabe 11.2.8). Anders das Streulicht vom Zodiakalgürtel und das Rekombinationsleuchten der Hochatmosphäre, das 100mal stärker ist als das Olbers-Leuchten. So kommt das Auge nur bis zur 5. Größe. Ein Fernrohr mit einem größeren d kann entsprechend auch schwächere Sterne sehen. Ein Faktor 10 in d bringt ein 100mal kleineres Beugungsscheibchen, also 5 Größenklassen ein. Der 5 m-Reflektor von Mt. Palomar sieht daher noch Sterne 20-ter Größe.

11.2.10. Augenempfindlichkeit

50 Photonen/s, die durch die erweiterte Pupille (bis 5 mm Durchmesser) treten, entsprechen einer Bestrahlungsstärke

von $7 \cdot 10^{-16}\,\mathrm{W/cm^2}$ (ein Photon von 500 nm hat $h\nu = 4 \cdot 10^{-19}\,\mathrm{J}$). Es handelt sich aber hier nicht um monochromatisches Grünlicht, sondern um thermische Strahlung, die nur einen winzigen Ausläufer ins Sichtbare und noch viel weniger in den Bereich optimaler Empfindlichkeit streckt. Im Grünen entspräche den $7 \cdot 10^{-16}\,\mathrm{W/cm^2}$ eine Beleuchtungsstärke von $4 \cdot 10^{-13}\,\mathrm{lm/cm^2}$ oder $4 \cdot 10^{-9}$ lx. Im Vergleich mit 6 000 K, wo fast die Hälfte der Strahlungsenergie in den optimal sichtbaren Bereich fällt, kann man aus Aufgabe 11.2.6 schätzen, daß z. B. bei 600 K etwa 10^{-10} sichtbar ist. Ein Strahler dieser Temperatur emittiert nach *Stefan-Boltzmann* nur $0{,}7\,\mathrm{W/cm^2}$, leuchtet also in großer Fläche mit $4 \cdot 10^{-8}\,\mathrm{lm/cm^2}$, d. h. sendet dem Auge, das so nahe herangebracht wird, wie es das aushält, mehr als tausendmal mehr sichtbare Photonen zu, als der Sehschwelle entspricht. Man sieht also im Dunkeln deutliche Grauglut (grau wegen der Farbunempfindlichkeit der Stäbchen). Theoretisch sollte man schon zwischen 450 und 500 K einen leichten grauen Hauch wahrnehmen (schwach geheiztes Bügeleisen). Das scheitert wohl hauptsächlich daran, daß man die Hitze nicht so lange aushält, wie die sichere Beobachtung so schwachen Lichts erfordert.

11.2.11. UR-Kamera

Auch geringe Temperaturunterschiede machen sich durch Änderung der UR-Emission bemerkbar, selbst wenn die optische Emission viel zu gering ist. Ein im fernen UR aufgenommenes Bild zeigt z. B. noch fast eine Stunde später, wo ein Auto gestanden hat. Erst recht ist fast jede industrielle Aktivität auch bei sorgfältigster Tarnung deutlich durch hellere Flecken zu erkennen, und sei es nur in den Flüssen oder Seen, die Kühl- oder Abwässer aufnehmen. Außerdem wird UR in der Luft fast gar nicht gestreut und erlaubt daher eine erstaunlich klare Fernsicht.

11.2.12. Wien-Gesetz

Ohne erzwungene Emission wäre die Einsteinsche Photonenbilanz anzusetzen: Absorbierte Photonen/$(\mathrm{cm^3 s})$ = $\alpha\varrho(\nu,T)n_0\,\mathrm{d}\nu$ = spontan emittierte Photonen/$(\mathrm{cm^3 s})$ = βn^*, also $\varrho(\nu,T)\,\mathrm{d}\nu = \beta n^*/(\alpha n_0) = 4\pi h\nu^3 c^{-3}\,\mathrm{e}^{-h\nu/(kT)}$. Das ist das Wiensche Strahlungsgesetz. Es liefert maximale Strahlungsdichte für die Frequenz ν_m mit $h\nu_\mathrm{m} = 3kT$. Das ist noch kein sehr augenfälliger Unterschied gegen das richtige Planck-Gesetz mit seinem Maximum bei $h\nu_\mathrm{m} = 2{,}82kT$ (zwar würde das Wien-Gesetz eine fast um 400° höhere Sonnentemperatur ergeben, aber wir wissen ja nicht a priori, wie heiß die Sonne ist). Schlimmer wird es bei kleineren Frequenzen oder höheren Temperaturen: Bei $h\nu \ll kT$ ergibt Wien $\varrho \sim \nu^3$, Planck $\varrho \sim \nu^2$. Ein 20 000 K-Strahler z. B. würde nach Wien im Sichtbaren kaum $\frac{1}{3}$ der Helligkeit haben wie in Wirklichkeit.

11.2.13. Erzwungene Emission

Nennt man die Anzahlen der Prozesse/$(\mathrm{cm^3\,s})$ spontaner Emission, erzwungener Emission und Absorption S, E bzw. A, dann fordert das Strahlungsgleichgewicht $A = S + E$, die Boltzmann-Verteilung angeregter und unangeregter Teilchen $E/A = \mathrm{e}^{-h\nu/(kT)}$, woraus (außer dem Planck-Gesetz) folgt $E/S = 1/(\mathrm{e}^{h\nu/(kT)} - 1)$. Die maximale Emission liegt bei $h\nu = 2{,}82kT$. Der niederfrequente Schwanz der Planck-Kurve wird also überwiegend erzwungen, der Hauptteil spontan emittiert. (Deswegen erschien bei den damaligen Strahlertemperaturen und Meßmöglichkeiten das Wien-Gesetz so lange ausreichend, bis *Lummer* und *Pringsheim* „bis zur nächsten Dezimale vorstießen. Das Wien-Gesetz entspricht ja rein spontaner Emission.) Nach Aufgabe 11.2.6 kann man überschlägig sagen, daß ein Temperaturstrahler nur etwa 1 % erzwungen emittiert (vgl. die Werte für 2 000 und 6 000 K). Die Grenze zwischen überwiegend spontaner und überwiegend erzwungener Emission liegt bei $h\nu_\mathrm{g} = kT$, also $\lambda_\mathrm{g} \approx 1\,800/T\,\mu\mathrm{m}$, also bei der Sonne um $3\,\mu\mathrm{m}$, bei der Glühlampe um $6\,\mu\mathrm{m}$, bei der Flamme um $15\,\mu\mathrm{m}$.

11.2.14. Erdschein

Vom Mond aus gesehen ist die Vollerde ca. 100mal heller als für uns der Vollmond (sie hat eine 16mal größere Fläche, ihre Albedo ist sechsmal höher). Zwischen Tag und Vollerdennacht auf dem Mond besteht also nicht der 10^6fache Helligkeitsunterschied wie bei uns zwischen Tag und Vollmondnacht, sondern nur ein 10^4facher. Diesen Kontrast zwischen dunklem und hellem Teil der Mondscheibe kann das Auge noch überbrücken, besonders wenn die Mondsichel noch sehr schmal ist und nicht so stark überstrahlt. Der Halbmond ist insgesamt schon zu hell – außerdem strahlt dann die Halberde weniger als halb soviel – so daß dann das Phänomen kaum noch zu beobachten ist.

11.2.15. Zinklicht

Nach *Kirchhoff* ist das Emissionsvermögen um so größer, je größer das Absorptionsvermögen ist, und zwar auch in Abhängigkeit von der Wellenlänge. Kräftig selektiv absorbierende Stoffe leuchten daher, wenn sie erhitzt sind, oft in der Komplementärfarbe zu der, die man an ihnen wahrnimmt, wenn sie kalt sind. Das extremste Beispiel ist die Umkehrung der Spektrallinien: Heißer Na-Dampf leuchtet gelb, kalter absorbiert genau dieselben Wellenlängen, so daß das durchkommende Licht bläulich aussieht. ZnO-Kristalle sehen orange aus. Tatsächlich schneiden sie alle Wellenlängen ab, die kürzer als grünblau sind. Entsprechend strahlt ZnO auch grünblau, wenn man es erhitzt. Eigentlich ist die Absorption im Violetten ebensostark, aber Planck-Kurve und Empfindlichkeitskurve des Auges lassen den langwelligsten, also grünblauen Teil am stärksten hervortreten.

11.2.16. Planetentemperatur

Die Sonne (Radius R, Oberflächentemperatur T_S) erzeugt in ihrer unmittelbaren Nähe eine Strahlungsintensität σT_S^4. Im Abstand a ist diese Intensität nur noch $\sigma T_\mathrm{S}^4 R^2/a^2$. Ein Planet vom Radius r fängt davon die Leistung $\pi r^2 \sigma T_\mathrm{S}^4 R^2/a^2$ ab, reflektiert aber den Bruchteil α. Die Albedo α ist eigentlich nur auf physiologisch bewertetes Licht bezogen, kann aber auch als Reflexionsvermögen für die (überwiegend ins Sichtbare fallende) Sonnenstrahlung betrachtet werden, falls stark

Tabelle L. 3

	Merkur	Venus	Erde	Mond	Mars	Jupiter	Saturn	Uranus	Neptun	Pluto
α	0,06	0,61	0,34	0,07	0,15	0,41	0,42	0,45	0,54	0,16
T_1	445	260	253	275	217	108	79	55	42	42
T_2	530	310	300	330	258	129	93	65	50	50

selektiv absorbierende Stoffe wie CO_2 keine zu große Rolle spielen. Der Planet nimmt eine Temperatur an, die dadurch bestimmt ist, daß er ebensoviel abstrahlt wie er aufnimmt. Bei gleichmäßig warmer Oberfläche (schnelle Rotation, ausgleichende Atmosphäre und Hydrosphäre) strahlt der Planet $4\pi r^2 \sigma T^4$ ab, bei langsamer Rotation und dünner Atmosphäre nur etwa die Hälfte. Im ersten Fall erhält man aus der Strahlungsbilanz $T_1 = T_S(1-\alpha)^{1/4}\sqrt{R/(2a)}$, im zweiten etwa um den Faktor $\sqrt[4]{2} \approx 1{,}2$ mehr für die Tagseite (T_2). Merkur, Mond, Mars entsprechen eher dem zweiten Fall. Bei Sonnenhöchststand wird es noch viel wärmer. Die Erdtemperatur wird etwas angehoben durch den Treibhauseffekt: CO_2 läßt einfallendes sichtbares Licht durch, hält aber die UR-Rückstrahlung zurück. Viel stärker ist dies auf der Venus mit ihren 70 bar CO_2: Die Oberflächentemperatur liegt um 600 K.

11.2.17. Mondscheinfoto

Auf die Mitte der Vollmondscheibe fällt ebensoviel Licht wie an einem Tropenmittag auf den Erdboden. Entsprechend seiner Albedo von 0,07 wirft das Mondgestein aber drei- bis viermal weniger Licht zurück als das durchschnittliche Photoobjekt auf der Erde. Die Flächenhelligkeit eines Objekts hängt nicht von der Entfernung ab. Blende 8 und $\frac{1}{60}$ dürften also ein richtig belichtetes Mondbild ergeben, obwohl es selbst mit dem Teleobjektiv erstaunlich klein bleibt. Die mondbeschienene Landschaft ist $\frac{1}{2}\alpha_E r^2/R^2$mal dunkler als die Mondscheibe (α_E: Albedo der Erde, r/R: Mondradius/Mondabstand $= \frac{1}{240}$), d. h. $3 \cdot 10^5$mal (oder, wie schon in Aufgabe 11.2.7 geschätzt, 10^6mal) dunkler als die sonnenbeschienene Landschaft. Vergrößerung der Blende von 8 auf 2,8 ergibt nur einen Faktor 8, also müßte man ca. 500 s belichten, um ein tagähnlich belichtetes Bild zu erhalten. Das würde absolut nicht wie ein Mondnachtbild aussehen, denn die Physiologie des Dunkelsehens (Stäbchensehens) ist ganz anders als die des Tagsehens und führt zu den harten Kontrasten des Mondlichts, die man photographisch mit viel schwächerer Belichtung des Schwarzweißfilms und entsprechender Entwicklung herausholen kann. Die nur sternbeschienene Landschaft ist nach Aufgabe 11.2.7 noch 10^3mal dunkler.

11.2.18. Schmelzofen

Ein grauer Strahler, d. h. einer mit frequenzunabhängigem Absorptionsgrad $\alpha < 1$, absorbiert den Anteil α der Strahlung, die ihm im Ofen zugeht, und wirft $1 - \alpha$ zurück. Seine spezifische Ausstrahlung ist nach *Kirchhoff* entsprechend kleiner als die des schwarzen Körpers: $R = \alpha R_s$. Im ganzen gibt also der graue Körper, direkt oder indirekt, ebensoviel Strahlung ab wie der schwarze. Dies gilt für die Gesamtstrahlung, aber auch für jede Wellenlänge. Es spielt auch keine Rolle, ob das Objekt selektiv absorbiert, also nicht grau ist: Wo die Absorption gering ist, also viel reflektiert wird, ist die Emission in genauem Ausgleich kleiner. Daher sieht alles gleichhell aus, alle Einzelheiten verlieren sich. Der Vorteil eines Selektivstrahlers, der wie Ceroxid (Auer-Strumpf) z. B. im Sichtbaren stark, aber kaum im UR absorbiert, zeigt sich erst außerhalb des Strahlungsgleichgewichts: Bei Zufuhr einer bestimmten Heizleistung gibt er fast alles im Sichtbaren wieder ab, nicht wie der schwarze Strahler hauptsächlich im UR.

11.2.19. Weltraumkälte

Die Sterne in unserer Galaxis sind im Mittel etwa sieben Lichtjahre voneinander entfernt. Da sie regellos verteilt sind, ist dies auch der Abstand des nächsten Sterns von einem beliebig gewählten Punkt P in der Galaxis. Die Sonne ist 500 Lichtsekunden $\approx 1{,}5 \cdot 10^{-5}$ Lichtjahre von uns entfernt, d. h. $5 \cdot 10^5$mal weniger weit, als P seinen nächsten Stern hat. Dieser nächste Stern erzeugt also in P eine $2 \cdot 10^{11}$mal geringere Strahlungsintensität als die Sonne bei uns. Die Kugelschale von sieben Lichtjahren Innen- und vierzehn Lichtjahren Außenradius enthält im Durchschnitt vier Sterne, die alle zusammen infolge ihres doppelt so großen Abstandes von P ebensostark dorthin strahlen wie der nächste Stern. Entsprechendes gilt für jede weitere Kugelschale von sieben Lichtjahren Dicke. Bis zum Rand der Galaxis, die einen Radius von 40 000 Lichtjahren hat, gibt es ca. 6 000 solche Schalen. Alle zusammen erzeugen in P eine Intensität, die 10^7mal schwächer ist als die der Sonne auf der Erdoberfläche und die nach *Stefan-Boltzmann* einem schwarzen Körper in P eine Gleichgewichtstemperatur von $300/\sqrt[4]{10^7} \approx 6$ K erteilt. Dazu kommt die Strahlung der übrigen Galaxien. Zwischen ihnen herrscht ein mittlerer Abstand von $5 \cdot 10^6$ Lichtjahren, jede enthält ca. 10^{11} Sterne, die aus diesem Abstand so strahlen wie ein Stern aus $5 \cdot 10^6/(3 \cdot 10^5) \approx 15$ Lichtjahren, d. h. ca. 4mal schwächer als der Nachbarstern in derselben Galaxis. Bis zum Rand des Weltalls (ca. 10^{10} Lichtjahre) gibt es ca. 2 000 Galaxienschichten. Also ist die Gesamtstrahlung aller übrigen Galaxien etwa 10mal schwächer als die der Sterne derselben Galaxis und erhöht die Strahlungstemperatur dementsprechend nicht nennenswert. Diese isotrope Strahlung hat 6 K, aber ihr Emissionsmaximum ist immer noch nach *Wien* durch die Sternoberflächentemperatur bestimmt. Ihr Radiofrequenzanteil ist also verschwindend klein. Dies unterscheidet sie von der berühmten „isotropen 3 K-Strahlung“, die nicht nur in der Gesamtintensität, sondern auch in der Lage des Maximums 3 K entspricht und die vielfach als das verdünnte Echo des „Urknalls“ angesehen wird (Aufgabe 15.4.17).

11.2.20. Sherlock-Holmes
Holmes wird gesagt haben: „... Mein Arm ist etwa 25 Zoll lang, mein Daumen 1 Zoll breit. Er bedeckt die Sonne etwa viermal oder fünfmal, wenn ich den Arm ausstrecke. Die Sonne ist also 100 – 120mal so weit entfernt wie ihr Durchmesser lang ist. Ihre Strahlung hat sich, bei uns angekommen, auf weniger als ein Zehntausendstel verdünnt. Erde und Sonne sind schon lange genug da, daß sich ein Gleichgewicht eingestellt hat, in dem die Erde ebensoviel Strahlung empfängt wie sie abgibt. Ihr T^4-Gesetz besagt, daß sich die Temperaturen dann verhalten wie die vierten Wurzeln aus den Intensitäten, also die Quadratwurzeln aus den Radien, d. h. wie 15 : 1. Damit wären wir bei etwa 4 000° absolut. Wenn man bedenkt, daß die Erde nur mit ihrem Querschnitt auffängt, aber mit der ganzen Oberfläche, die viermal so groß ist wie der Querschnitt, abstrahlt, erhält man noch den Faktor $\sqrt[4]{4} = \sqrt{2}$, d. h. etwa 6 000° absolut.“

11.2.21. Glühlampe
Aufgabe 11.2.6 zeigt den dramatischen Einfluß der Glühfadentemperatur auf die Lichtausbeute (in lm/W) und, noch etwas stärker, auf die Lichtstärke. Eine 100 W-220 V-Lampe zieht 0,45 A, hat also 500 Ω. Hieraus allein kann man nur das Verhältnis Länge/Querschnitt angeben: $L/A = R/\varrho \approx 10^7\,\mathrm{cm}^{-1}$ (in der Hitze ist der spezifische Widerstand etwa zehnmal höher als der angegebene Wert, also $L/A \approx 10^6\,\mathrm{cm}^{-1}$). Die Fadentemperatur T wird durch die Schmelztemperatur begrenzt. Zu nahe darf man dieser nicht kommen, sonst verdampft der Draht zu schnell. Die strahlende Oberfläche muß so groß sein, daß sich ein angemessenes T im Gleichgewicht von Heiz- und Emissionsleistung einstellt. Bei $T = 2\,800\,\mathrm{K}$ erhält man $2\pi rL\sigma T^4 = 100\,\mathrm{W}$ oder $rL = 0{,}05\,\mathrm{cm}^2$. Andererseits hatten wir $L/r^2 \approx 3 \cdot 10^6\,\mathrm{cm}^{-1}$, also $r \approx 25\,\mu\mathrm{m}$, $L \approx 20\,\mathrm{cm}$ (Doppelwendel!). Bei 2 800 K ist die Lichtausbeute etwa 60 lm/W. Im Vergleich mit monochromatisch grünem Licht, das mit 680 lm/W wahrgenommen wird, bedeutet das einen „optischen Wirkungsgrad“ von 9 %.

11.2.22. Superlampe
Bei 20 000 K liegt das Emissionsmaximum nach *Wien* bei 145 nm, also tief im UV. Die Planck-Kurve liegt zwar hoch, aber größtenteils links von der Empfindlichkeitskurve des Auges (λ-Auftragung). Die Lichtausbeute ist daher viel schlechter als bei 6 000 K, nämlich 90 lm/W statt 330 lm/W, fast ebenso schlecht wie bei 3 000 K. Vom Roten zum Violetten steigt die Planck-Kurve um mehr als den Faktor 10 000 an. Trotz der geringeren Violettempfindlichkeit des Auges würde man eine rein violette Emission sehen. Für die Projektion besonders von Farbdias ist diese Lampe völlig unbrauchbar.

11.2.23. Halogenlampe
Der Jod- oder Bromdampf in der Halogenlampe bindet die vom Glühfaden abdampfenden W-Atome zu WJ_6 oder WBr_6. Wenn diese Moleküle zufällig ganz in die Nähe des Glühfadens kommen, werden sie aufgespalten und liefern ihr W brav wieder ab. Diese Regenerierung des verdampften Wolframs erlaubt, die Fadentemperatur wesentlich näher an die Schmelztemperatur zu schieben. Zwischen 2 800 und 3 500 K steigt die Lichtausbeute auf mehr als das Doppelte.

11.3.1. Veilchenfarbige Ägäis
Der Mechanismus des Farbsehens ist wesentlich anders als der des Tonhörens. Für das Ohr als Fourier-Analysator ähnelt ein 200 Hz-Ton einem 400 Hz-Ton, der als erster Oberton in jedem musikalischen 200 Hz-Ton enthalten ist. Daher bringen die höheren Oktaven nichts wesentlich Neues, und unsere Musik kommt mit 12 Tönen (und einigen Unterscheidungszeichen) aus. Anders beim Auge: Daß sich eine Periodizität durch die Hinwendung des Violett zum Rot anzudeuten scheint, liegt an der Existenz des Nebenbuckels in der Rotrezeptor-Empfindlichkeit (Aufgabe 11.3.2) und darf nicht so extrapoliert werden, daß danach wieder Rot-Orange, Gelb usw. kämen. Wenn man ökonomischerweise bei drei Rezeptoren bleibt, könnte man UV sichtbar machen, indem man die Empfindlichkeit des Blaurezeptors im λ-Bild weiter nach links ausladen läßt. Zieht man auch den Nebenbuckel der Rotkurve entsprechend weit aus, liegen die UV-Farbeindrücke sehr zusammengedrängt unten links im Farbdreieck: UV sähe violett aus. Läßt man die Rotkurve wie sie ist, rutscht das UV praktisch auf der r-Achse nach links in die bisher unbewohnte Ecke hinein, und niemand könnte sagen, wie es aussähe. Beim UR ist die Lage einfacher: Man würde das Verhältnis $r : g$ mit $b = 0$ mehr zugunsten von r verschieben, also längs der Diagonale nach rechts-unten vorrücken, wieder mit schwer vorhersagbarem Ergebnis. – Um *Homers* veilchen- oder weinfarbenes Meer zu sehen, braucht man die Rezeptoren nicht zu ändern, sondern nur bei gewisser Beleuchtung (auch bei hochstehender Sonne) von den Küstenbergen auf die Ägäis zu schauen.

11.3.2. Farbdreieck
Wenn die drei Empfindlichkeitskurven nicht überlappten, gäbe es in den Zwischenräumen Spektralfrequenzen, die gar nicht bunt aussähen, sondern grau. Innerhalb jeder Empfindlichkeitskurve gäbe es keine Farbunterschiede: Alles was in den Rotbuckel fiele, wäre knallrot, ohne jede Nuancierung. Es gäbe überhaupt nur drei brutale Farben. Mischung mit wachsender Dosierung würde zuerst nichts ändern, dann Grau liefern, schließlich Umschlag in die benachbarte Grundfarbe. Wenn der Rot-Nebenbuckel fehlte, wäre das Farbdreieck bis in die $r = g = 0$-Ecke mit sichtbaren Farbtönen gefüllt. Dort läge zweifellos das reinste Blau, nicht mit einem Stich ins Rote, wie links-unten in unserem Farbdreieck. Auch im Spektrum gäbe es kein Violett, es endete mit reinem Blau. Violett entstünde erst auf der Purpurgeraden, die in $r = g = 0$ anfinge und flacher verliefe als bei uns.

11.3.3. Crab-Nebel

Bei gleichförmiger Expansion hat der Crab-Nebel sich in 920 Jahren um 0,21″/Jahr ausgedehnt. Die Doppler-Verschiebung entspricht $v = 1\,300$ km/s, das macht $4 \cdot 10^{13}$ km seit der Explosion. Die parabolische Fluchtgeschwindigkeit von der Sonnenoberfläche ist 500 km/s, also kommt gravitative Bremsung höchstens ganz zu Anfang in Betracht. Der wahre Durchmesser von $8 \cdot 10^{13}$ km sieht wie 6,5′ aus im Abstand $4 \cdot 10^{16}$ km $\approx 4\,000$ Lichtjahre. Trotz dieses 1 000mal größeren Abstandes war die Supernova fast 10 000mal heller als α Centauri, also absolut fast 10^{10}mal heller als dieser oder die Sonne, m. a. W. fast so hell wie eine ganze Galaxis! Eine Supernova in 4 Lichtjahren Abstand wäre 10^6mal heller als die von 1054, d. h. fast so hell wie die Sonne, die Lichtintensität auf der Erde würde sich verdoppeln, die Temperatur stiege um den Faktor $\sqrt[4]{2}$, d. h. um fast 60°. Die Gesamtemission der Sonne ist $3 \cdot 10^{26}$ W, die der Supernova $3 \cdot 10^{36}$ W, sie strahlt in 100 Tagen etwa $3 \cdot 10^{43}$ J aus. Da die Sonne von ihrem Wasserstoff einige 10^{10} Jahre leben kann (Aufgabe 15.2.12), verbraucht der Supernovaausbruch einen erheblichen Teil dieser Reserve. Der größte Teil dieser Energie stammt aber aus der Kontraktion, denn der Ausbruch erfolgt, weil der Kernbrennstoff verbraucht ist. Bei Kontraktion auf 2,9 km Radius würde die Sonne ein schwarzes Loch, d. h. ihre Gravitationsenergie wäre gleich Mc^2 (Abschn. 17.3.3). Die Fusionsenergie ist etwa 1/100 davon, entspricht also dem hundertfachen Radius, d. h. einigen hundert km. Die Supernova bricht in einen Neutronenstern zusammen (s. auch Aufgabe 17.3.2).

11.3.4. Fixstern-Parallaxe

Absolutverschiebungen am Himmel zwischen Sommer und Winter kann man mit bloßem Auge, wie *Aristarch* und *Copernicus* es mußten, kaum viel genauer als auf $\frac{1}{2}^\circ$ messen. Also müßten parallaktische Verschiebungen der Sterne gegeneinander auftreten. Bei Sternen, die nahe beieinanderzustehen scheinen, kann man solche Verschiebungen mit einer Genauigkeit feststellen, die praktisch durch das Auflösungsvermögen des Auges gegeben ist (einige Bogenminuten, d. h. 10^{-3} im Bogenmaß). Wenn man nichts dergleichen sieht, müssen die Sterne mindestens 10^3mal ferner sein als die Sonne. *Aristarch* und *Copernicus* wagten beide diesen Schluß, der damals noch viel grausiger schien als die postulierte riesige Entfernung der Sonne. *Newton* wußte, daß Saturn etwa 10 Erdbahnradien entfernt ist und daß sein Radius etwa 10 Erdradien beträgt. Er fängt also etwa den gleichen Bruchteil der Gesamtstrahlung der Sonne auf wie die Erde, nämlich $1/(4 \cdot 20\,000^2) \approx 5 \cdot 10^{-10}$ (Radienverhältnis Sonne–Erde 100 : 1, Sonnenabstand : Sonnenradius 200 : 1, dazu ein Faktor 4 von πr^2 statt $4\pi R^2$). Wenn Saturn im reflektierten Licht ebensohell aussieht wie ein Stern, der ebensostark wie die Sonne strahlen dürfte, muß der Stern $4 \cdot 10^4$mal soweit entfernt sein wie Saturn, nämlich etwa 5 Lichtjahre (Sonne–Erde 500 Lichtsekunden). Seine Parallaxe ist dann $1/(4 \cdot 10^5) \approx 1/2''$. Diese Schätzungen bestätigten sich glänzend, als man seit 1842 die ersten Parallaxen bestimmte.

11.3.5. Sonneneinstrahlung

Einfach zu rechnende Fälle: Äquator am Äquinoktium Sonnenhöhe $h = \pi t/12$ (t in Stunden seit $6^{\circ\circ}$; Mittel über sin-Bogen $2/\pi = 0{,}64$, Tagesmittel 0,32. N-Pol am 21.6.: $\sin 23{,}4^\circ = 0{,}39$, dies 24 h lang, also mehr als am Äquator! Die atmosphärische Absorption gleicht dies aber mehr als aus: Weglänge durch Atmosphäre $1/\sin h$, bei $h = \pi/2$ kommen bei klarster Luft 75 % am Boden an, $I \sim \sin h \cdot 0{,}75^{1/\sin h}$. So kommt der Äquator auf 0,21 (fast das ganze Jahr, der Pol am 21.6. auf 0,18. Der Faktor $0{,}75^{1/\sin h}$ rundet die Füße des Sinus so ab, daß fast $(1 - \cos)/2$ mit dem Mittel 1/2 entsteht. Das Jahr über hat der Pol also nur 0,05 und müßte ohne Luftaustausch im Mittel etwa $305\,\text{K}/\sqrt[4]{4} = 214$ K kalt sein.

11.3.6. Sonneninneres

Bei $T = 6\,000$ K liegt nach *Wien* λ_{max} um 500 nm, also bei 10^7 K um 0,3 nm. Die entsprechenden Photonenenergien sind 3 eV und 5 keV. In der Sonne scheint noch kein γ-, aber Röntgenlicht. Die Strahlungsintensität ist an der Sonnenoberfläche etwa $10^8\,\text{W}\,\text{m}^{-2}$, im Innern $10^{21}\,\text{W}\,\text{m}^{-2}$. **Strahlungsdruck** 10^{-5} bzw. 10^8 bar. 1 cm³ Sonnenkernmaterie würde in 1 km Abstand noch 10^{-2} bar ausüben, also auf einen Menschen eine Kraft von 1 000 N. Er würde umgeblasen. Im Sterninnern ist der thermische Druck sogar noch größer. Beiden hält der Schweredruck der darüberliegenden Schichten die Waage.

11.3.7. Treibhauseffekt

Glas läßt Sonnenlicht praktisch ungeschwächt durch, hält dagegen einen großen Teil der infraroten Rückstrahlung des Erdbodens zurück. Im Freien besteht Strahlungsgleichgewicht zwischen der Sonneneinstrahlung und der vollen Rückstrahlung, und dies bestimmt die Lufttemperatur. Im Glashaus ist das Gleichgewicht zugunsten der Einstrahlung verschoben, also ist es dort wärmer. Ganz ähnlich wirken das CO_2 und das H_2O in der Erdatmosphäre und in ganz extremer Weise in der Venusatmosphäre, wo der Treibhauseffekt Temperaturen um 400 °C erzeugt. Das Sonnenspektrum reicht praktisch nicht in den Absorptionsbereich des Glases hinein. Dagegen liegt etwa 1/3 des Rückstrahlungsspektrums darin: Das Glas hält 1/3 der Bodenstrahlung zurück. Wir kennzeichnen die Sonnenintensität durch 6 Pfeile wegen der guten Teilbarkeit der 6. Im Freiland strahlt der Boden dann auch 6 Pfeile zurück. Das tut er auch noch kurz nach dem Schließen des Daches, denn die Bodentemperatur hat noch keine Zeit gehabt, sich zu ändern. Dann läßt das Glas aber nur 4 Pfeile nach draußen durch. Es besteht kein thermisches Gleichgewicht: Der Boden erhält mehr Energie als er abgibt, erwärmt sich also. Diese Erwärmung hört erst auf, wenn wieder 6 Pfeile nach draußen durch das Glas treten. Dann muß der Boden aber 9 Pfeile abstrahlen, also 1,5mal mehr als vorher. Wenn der Boden im geschlossenen Treibhaus 1,5mal mehr abstrahlt als im Freiland, heißt das nach Stefan-Boltzmann ($I \sim T^4$): Im Treibhaus ist T um den Faktor $1{,}5^{1/4} = 1{,}1$ größer. Wenn draußen 0 °C = 273 K herrschen, kann man drinnen mit 300 K =

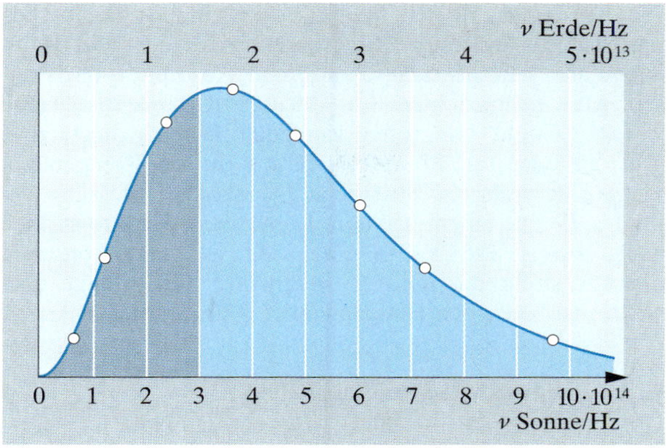

Abb. L. 11. Planck-Kurven für Sonne und Erde

27 °C rechnen. Beim Sonnenkollektor ist die Rückstrahlung im Gleichgewicht nicht um den Faktor 1,5, sondern um den Faktor 10 höher, die Temperatur kann $10^{1/4} = 1{,}7$mal höher werden, also über 200 °C steigen. Ein Körper absorbiert Frequenzen, die in der Nähe von Eigenfrequenzen seiner geladenen Bausteine liegen. Diese Oszillatoren werden im elektrischen Feld der Lichtwelle zu erzwungenen Schwingungen erregt. Leistungsaufnahme erfolgt aber nur bei Phasenverschiebungen, die deutlich verschieden von 0 oder π sind, also nur nahe der Resonanzfrequenz, d. h. der Eigenfrequenz der Oszillatoren. Diese Eigenfrequenz hängt gemäß $\omega = \sqrt{k/m}$ stark von der Masse des Oszillators ab, unterscheidet sich also für Elektronen und Ionen mindestens um den Faktor $\sqrt{1\,840} \approx 43$. Die Federkonstante k ergibt sich als Coulomb-Kraft im Abstand eines Atomradius r geteilt durch einen solchen Abstand, also $k \approx e^2/(4\pi\varepsilon_0 r^3) \approx 100$ N/m. Damit erhalten wir für die Elektronen Absorptionsfrequenzen um 10^{15} Hz, d. h. im UV, für die Ionen solche

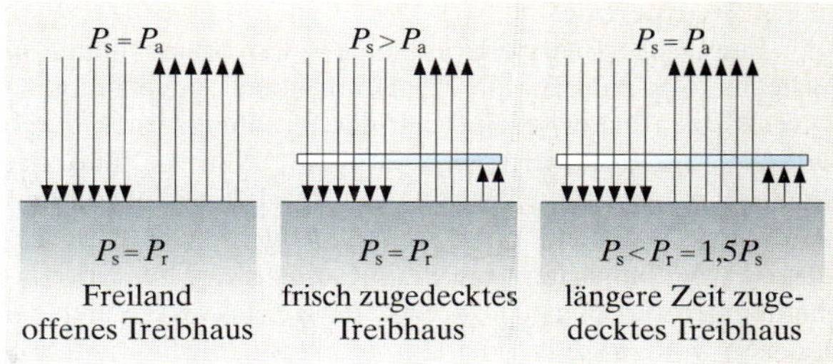

Abb. L. 12. Strahlungsbilanz für Freiland und Teibhaus

unter 10^{14} Hz, d. h. im IR. Dazwischen liegt für viele Stoffe ein durchsichtiges Gebiet. Eine Ausnahme machen hauptsächlich die Metalle. Sie enthalten nämlich reichlich freie Elektronen, und diese können praktisch alle Frequenzen bis hinauf zu einer ziemlich hohen Grenzfrequenz absorbieren, ebenso wie die freien Elektronen in der Ionosphäre, bei denen diese Grenzfrequenz entsprechend ihrer viel geringeren Teilchenzahldichte aber viel tiefer liegt.

11.3.8. Siafu
Hier handelt es sich um Wärmestrahlung, nicht um Leitung wie beim Tallegalla-Nest (hier Luft, dort Humus). Im stationären Zustand, der sich ziemlich schnell einstellt, ist die Stoffwechsel-Wärmeleistung der Ameisen gleich der Differenz der Abstrahlung der Kugel nach außen und der Rückstrahlung der Umgebung: $P = A\sigma(T^4 - T_0^4) \approx 4A\sigma T_0^3 (T - T_0)$, also $T = T_0 + P/(4\sigma T_0^3 A)$ (nach innen strahlen die Ameisen ebensoviel wie sie empfangen, denn die Innentemperatur ist überall konstant: Biologisches Beispiel für den strahlungserfüllten Hohlraum). Wenn die Larven z. B. 30 °C brauchen, und draußen sind es nicht mehr 20 °C, sondern 10 °C, muß sich der Kugelradius auf $1/\sqrt{2} \approx 71\,\%$ zusammenziehen.

= Kapitel 12: Lösungen . . .

12.1.1. Konstante Proportionen
Nehmen wir an, der Wesir sieht in der Ferne wirklich nur farbige Flächen. Er kann zunächst nichtstöchiometrische und stöchiometrische Vorgänge unterscheiden, je nachdem, ob Weißes oder Braunes übrigbleibt oder nicht. Bei Stöchiometrie stellt er dann fest, daß Weißes und Braunes zueinander proportional sein müssen. Das setzt allerdings ein Mengenmaß voraus. Er könnte das Quadrat des wahren Durchmessers nehmen, unter der Voraussetzung etwa kreisförmiger oder quadratischer Anordnung: als wahren Durchmesser könnte er den scheinbaren, dividiert durch die scheinbare Höhe nehmen, unter der Voraussetzung „monomolekularer“ Schichtung. Man sieht: Ohne Hypothesen kommt man nicht aus; man kann sich leicht systematische Ursachen für ihre Verletzung vorstellen; diese Hypothesen gründen sich meist auf Modellvorstellungen, die sie – je nach dem Geschmack des Beurteilers – begründen oder suspekt machen. Der Erfolg dieser Mengendefinition zeigt sich aber, in sehr indirekter Weise, im Gesetz der konstanten Verbindungsproportionen. Sicher gibt es auch andere Erklärungen dieses Gesetzes als durch die Existenz unteilbarer Einheiten von jeweils bestimmter Einheitsmenge, die sich individuell miteinander verbinden, aber sicher ist dies die einfachste und am wenigsten an den Haaren herbeigezogene. Trotzdem müßte der Wesir nach direkteren Beweisen suchen, zumal er allein so keinen Anhaltspunkt hat zu sagen, ob seine „Atome“ so groß sind wie Staubkörnchen oder wie Elefanten. Wenn er viele alte griechische Bücher gelesen hat, legt ihm das die Denkmöglichkeit seiner Hypothese nahe, hilft ihm aber sonst auch nicht weiter. Jedenfalls konnten Positivisten wie *Ostwald* und *Mach* eine Atomlehre, die sich praktisch allein auf die Gesetze der konstanten und multiplen Verbindungsproportionen stützte, mit einem gewissen Recht als unzureichend direkt fundiert ansehen.

12.1.2. Panspermie
Die Intensität (Energiestromdichte) des Sonnenlichts in Erdnähe wird durch die Solarkonstante gegeben: $I = 1\,400\,\mathrm{W/m^2}$. Daraus ergibt sich der Strahlungsdruck durch Division durch c, d. h. $p_{\mathrm{Str}} \approx 5 \cdot 10^{-6}\,\mathrm{N/m^2}$. Nahe der Sonne ist p_{Str} um den Faktor $R^2/a^2 \approx 5 \cdot 10^4$ größer (R: Sonnenradius, a Abstand Erde–Sonne). Allgemein gilt im Abstand a von einem Stern mit dem Radius R und der Oberflächentemperatur T: $p_{\mathrm{Str}} = c^{-1}\sigma T^4 R^2/a^2$. Die Kraft auf ein Teilchen vom Radius r ist $F_{\mathrm{Str}} \approx \pi r^2 p_{\mathrm{Str}}$, die Gravitation $F_{\mathrm{G}} \approx \frac{4}{3}\pi G M \varrho r^3/a^2$. Das Verhältnis der beiden Kräfte hängt also nicht vom Abstand, sondern nur von der Teilchengröße ab. Im Feld der Sonne werden beide gleich bei $r \approx 1\,\mathrm{\mu m}$. Für kleinere Teilchen (Sporen kleiner Bakterien, Phagen, Viren) überwiegt der Strahlungsdruck, z. B. ist er für $r = 0{,}1\,\mathrm{\mu m}$ zehnmal größer als die Gravitation. Unter deren Einfluß allein würde der Sturz von der Erdbahn zur Sonne etwa zwei Monate dauern (Ellipse mit halber großer Halbachse wie die Erdbahn, drittes Kepler-Gesetz). Umgekehrt wird das $0{,}1\,\mathrm{\mu m}$-Teilchen in nur sechs Tagen von der Sonne zur Erde geblasen, in einem halben Jahr zum Pluto. Die Endgeschwindigkeit, mit der es das Sonnensystem verläßt, ist $\sqrt{10}$mal größer als die Endgeschwindigkeit, mit der ein Körper aus dem Unendlichen in die Sonne stürzt, also etwa 130 km/s. Die Reise bis zu den nächsten Fixsternen dauert so einige zehntausend Jahre. Die Landung auf einem Planeten erfordert allerdings offenbar, daß sich das Teilchen an ein größeres (Meteorit) anlagert oder immer im Planetenschatten bleibt, was kaum möglich ist. Die UV- und Teilchenstrahlungen sind die größte Schwierigkeit für die Panspermie-Theorie.

12.1.3. Strahlungs- und Gasdruck
Man schätzt die Temperatur im Sonneninnern aus der Bilanz von Gravitations- und gaskinetischem Druck und aus der Ausbeute der Fusionsreaktion auf etwa $10^7\,\mathrm{K}$ (vgl. Aufgaben 5.2.6–7). Ein Fingerhut voll Sonnenkernmaterie übt nahebei einen Strahlungsdruck $c^{-1}\sigma T^4 \approx 10^{12}\,\mathrm{N/m^2} = 10^7$ bar aus, würde also noch in etwa 1 km Abstand jeden Menschen umblasen (wenn beide nicht sofort verdampften). Trotzdem ist der gaskinetische Druck noch höher: Man schätzt die Dichte auf etwa $100\,\mathrm{g/cm^3}$, also $p_{\mathrm{kin}} = nkT \approx 10^{16}\,\mathrm{N/m^2}$. Erst bei etwa $10^8\,\mathrm{K}$ holt der Strahlungsdruck den gaskinetischen ein. Bei der Kernspaltung macht jedes gespaltene Teilchen etwa 200 MeV frei, die sich zunächst auf die beiden Fragmente und einige Spaltneutronen verteilen. Ohne weitere Dissipation entspräche diese kinetische Energie einer Temperatur zwischen 10^{12} und $10^{13}\,\mathrm{K}$. In Wirklichkeit kommt es längst nicht zu so hohen Temperaturen, aber da eine U-Bombe die Fusion einer H-Bombe zünden kann, was mehr als $10^8\,\mathrm{K}$ voraussetzt, wird der Strahlungsdruck hier wesentlich.

12.1.4. Compton-Effekt
Die K_α-Linie von Blei entspricht dem Übergang von der zweitinnersten auf die innerste Bahn um einen Kern mit der Effektivladung 81, hat also die Frequenz $\nu = \frac{3}{4}R_\infty 81^2 = 1{,}5 \cdot 10^{19}\,\mathrm{Hz}$ und die Wellenlänge 0,2 Å. Die maximale λ-Änderung (Rückstreuung) ist also 5 %. Halbquantitativ läßt sie sich schon durch Absorption nachweisen. Man nehme einen Stoff, dessen K-Absorptionskante $\nu = R_\infty(Z-1)^2$ im interessierenden Bereich liegt, d. h. Tm, Yb oder Lu. Er absorbiert das direkte Röntgenlicht viel weniger als das Streulicht. Quantitative Messung gelingt z. B. mit einem Vakuum-Drehkristall-Spektrographen nach *Bragg*. Ein Kristallgitter mit der Gitterkonstante $d \approx 1$ Å streut die um 5 % veränderte Wellenlänge erst, wenn man auch den Einfallswinkel ϑ um etwa 5 % ändert ($\sin\vartheta = \lambda/(2d)$).

12.1.5. Seldowitsch-Sunjajew-Effekt
Der Energiesatz lautet $h(\nu - \nu') = \frac{1}{2}m(v'^2 - v^2) = \frac{1}{2}m(v' + v)(v' - v)$. Angenommen, das Photon fliege weiter. Dann sagt der Impulssatz $h(\nu - \nu')/c = m(v' - v)$. Division liefert das absurde Ergebnis $v + v' = 2c$. Also prallt immer das Photon zurück, und der Impulssatz sagt $h(\nu + \nu')/c = m(v' - v)$ Jetzt folgt $(\nu - \nu')/(\nu + \nu') = \frac{1}{2}(v + v')/c$. Da $v \ll c$, ist $\Delta\nu \ll \nu$, also $\Delta\nu/\nu = (v + v')/c$. Bei $v = 0$ findet man (12.6) wieder ($\Delta\lambda = -c\,\Delta\nu/\nu^2$), bei $\Delta v \ll v$ folgt $\Delta\nu/\nu \approx 2v/c$; dies gilt für $W_\gamma^2 \ll m_{\mathrm{e}}c^2 W_{\mathrm{e}}$, also bestimmt für 3 K-Photonen. 10^6 K-Elektronen haben $v \approx 10^7$ m/s, also wird $\Delta\nu/\nu \approx 0{,}1$.

12.1.6. Mößbauer-Effekt
Die Breite $\Delta\omega$ einer Spektrallinie ist etwa gleich der Dämpfungskonstante der entsprechenden Schwingung (klassisch gesprochen) bzw. der Übergangswahrscheinlichkeit zwischen den entsprechenden Zuständen (quantenmechanisch gesprochen), jedenfalls gleich der reziproken Lebensdauer des angeregten Zustandes. Für eine schwingende Ladung liefert die Hertz-Theorie (Abschn. 7.6.6) eine Energieverlustrate $P \approx e^2\omega^4 a^2 \varepsilon_0^{-1} c^{-3}$. Die Energie des schwingenden Zustandes kann, etwas inkonsequenterweise, $W = \hbar\omega$ angesetzt werden (mit dem rein klassischen Ansatz $W = \frac{1}{2}m\omega^2 a^2$ käme eine ganz falsche Abhängigkeit heraus; probieren Sie es aus!). Die Lebensdauer des angeregten Zustandes ist $\tau = W/P \approx \hbar\varepsilon_0 c^3 e^{-2}\omega^{-3} a^{-2}$, die relative Breite der Linie $\Delta\omega/\omega = 1/(\tau\omega) \approx \omega^2 e^2 a^2/(hc^3\varepsilon_0) = W^2 e^2 a^2/(h^3 c^3 \varepsilon_0)$. Für die Amplitude (bzw. den für das Dipolmoment maßgebenden Abstand) a kann man in der Atomhülle etwa 1 Å setzen, im Kern dessen Radius von 10^{-13}–10^{-12} cm. Für sehr energiereiche γ-Übergänge folgt W der nach dem Coulomb-Gesetz zu erwartenden Abhängigkeit $W \sim 1/a$. Solche Linien sind ungefähr ebensobreit wie optische Linien. Die Überschärfe der Mößbauer-Linien kommt erst bei kleineren γ-Energien, etwa bei 1–10 keV, zur Geltung. Sie sind nach unserer Theorie etwa 10^5mal schärfer. All dies gilt für Dipol-Übergänge. Wenn sie durch Auswahlregeln verboten sind, erlaubt das komplizierte Kraftfeld des Kerns viel reichere Möglichkeiten an Quadrupol-, Oktopol- usw. -Übergängen als das Coulomb-Feld der Atomhülle. Sie haben i. allg. kleinere Übergangswahrscheinlichkeiten, sind also noch schärfer. Im Kern sind die Teilchen gegen die übliche Druckverbreiterung geschützt. Die Doppler-

Verbreiterung kann beim Mößbauer-Effekt durch besondere Tricks vermieden werden.

12.2.1. Strahlungsdämpfung
Die klassische Elektrodynamik zeigt, daß eine schwingende Ladung eine Leistung $P \approx e^2\omega^4 a^2 \varepsilon_0^{-1} c^{-3}$ abstrahlt (Abschn. 7.6.6). Diese Verlustrate ist immer proportional zur jeweils vorhandenen Energie $W = \frac{1}{2}m\omega^2 a^2$. Demnach klingt die Energie des Schwingers exponentiell mit der Zeitkonstante $\tau = W/P \approx m\varepsilon_0 c^3 e^{-2}\omega^{-2}$ ab, die Amplitude ebenfalls, nur mit einer doppelt so großen Zeitkonstante ($W \sim a^2$). Die Schwingung folgt also der üblichen Darstellung der gedämpften Schwingung (Abschn. 4.1.2).

12.2.2. Doppler-Breite
Wenn ein Atom beim Strahlen mit der Geschwindigkeit v auf den Beobachter zu- oder von ihm wegfliegt, ist seine Frequenz relativ um v/c verschoben. Im heißen Gas kommen alle Werte der Radialgeschwindigkeit vor; die Breite der Glockenkurve um $v = 0$ ist $v = \sqrt{3kT/m}$. So ergibt sich die Doppler-Linienbreite $\Delta\nu/\nu \approx \sqrt{3kT/(mc^2)}$ (Wurzel aus thermischer Energie/Massenenergie des Atoms). Mit $mc^2 =$ einige GeV und $1\,\text{eV} \approxeq 10^4\,\text{K}$ erhält man sofort z. B. für die Doppler-Breite der Sonnenlinien $\Delta\nu/\nu \approx 10^{-4}$–$10^{-5}$. Schon bei 1 K ist die Doppler-Breite i. allg. größer als die natürliche Breite. Die Druckverbreiterung rührt her vom Abschneiden der kohärenten Emissions-Wellenzüge durch Stoß mit einem anderen Teilchen. Die Linienbreite $\Delta\omega$ ist gleich der Stoßfrequenz $v/l = vnA \approx \sqrt{3kT/m}nA$. Sie verhält sich zur Doppler- Breite wie cnA/ω oder wie die Lichtwellenlänge zur mittleren freien Weglänge. Unterhalb von 1 bar Gasdruck überwiegt daher i. allg. die Doppler-Breite, oberhalb die Druckbreite.

12.2.3. Leuchtdauer
Man verwendet ein sehr enges Loch in der Kathode und pumpt dahinter stark ab, damit dort keine Neuanregung erfolgt. H-Ionen, die nahe der Anode entstanden sind und dann stoßfrei fast bis zur Kathode kommen, wo sie ein Elektron einfangen, haben die volle der Anodenspannung entsprechende 30 keV-Energie. Sie fliegen mit $v = \sqrt{2eU/m} = 2{,}5 \cdot 10^6\,\text{m/s}$. Die Abklingzeit entspricht 1 cm Flugweg, ist also $4 \cdot 10^{-9}\,\text{s}$. In Wirklichkeit haben die meisten H-Atome nicht die vollen 30 keV, und die Lebensdauer ist etwas größer.

12.2.4. Anregungsfrequenz
Wir betrachten z. B. einen „grünen" Übergang (500 nm), der einer Energie von $W = 2{,}5\,\text{eV}$ entspricht. Das sind $30kT$ bei 1 000 K, $15kT$ bei 2 000 K, $5kT$ bei 6 000 K. Der Bruchteil angeregter Atome ist $n^*/n_0 = \mathrm{e}^{-W/(kT)}$, also 10^{-13}, $3 \cdot 10^{-7}$ bzw. $7 \cdot 10^{-3}$. Bei der Lebensdauer des angeregten Zustandes von $10^{-8}\,\text{s}$ muß jedes Atom dann alle 10^5, $3 \cdot 10^{-2}$, 10^{-6} Sekunden angeregt werden und wieder emittieren. Ein Elektronenumlauf im Rutherford-Bohr-Modell dauert etwa $10^{-15}\,\text{s}$. Es ist also, als würde z. B. die Erde alle 10^{20}, $3 \cdot 10^{13}$ bzw. 10^9 Jahre in die Marsbahn geschleudert und käme nach etwa 10^7 Jahren wieder herunter. Wir können nur sagen, daß so etwas die letzten $5 \cdot 10^9$ Jahre mit Sicherheit nicht passiert ist, daß aber, wenn man die Entstehung der Erde als noch größeres Ereignis ansieht, selbst im Hochofen noch wesentlich weniger los ist als im Sonnensystem. Man beachte: Diese Betrachtung beweist nicht etwa, daß die Strahlungsleistung eines makroskopischen Körpers entgegen dem Stefan-Boltzmann-Gesetz wie $\mathrm{e}^{-W/(kT)}$ mit T anstiege. Das Wechselspiel von Emission und Reabsorption für die vielen Frequenzen, deren ein schwarzer Körper fähig ist, führt nach der Einsteinschen Ableitung auch im atomaren Bild zur Planck-Kurve und damit zu *Stefan-Boltzmann*.

12.2.5. Linienbreite
Außer dem Energiesatz müßte auch der Impulssatz erfüllt sein. Das Photon hat die Energie $W = h\nu$ und den Impuls $p = h/\lambda = W/c$, wie jedes hochrelativistische Teilchen. Es kann also keinen Photon-Atom-Stoß geben, bei dem die ganze Photonenenergie in kinetische Energie des Atoms überginge (keinen elastischen Stoß), denn dazu müßte das Atom ebenfalls genau mit c davonfliegen, wozu die Photonenenergie natürlich nicht reicht. Nun möge eine Anregungsenergie W' etwas tiefer als W liegen. Die Differenz $W - W'$ soll in kinetische Energie übergehen: $W - W' = \frac{1}{2}mv^2$. Gleichzeitig lautet der Impulssatz $W/c = mv$. Es folgt $W - W' = \frac{1}{2}W^2/(mc^2)$. Da mc^2, die Ruhenergie des Atoms, einige GeV beträgt, erlaubt dies bei optischen Übergängen (einige eV) nur relative Abweichungen von etwa 10^{-9} von der scharfen Übergangsenergie. Übrigens entspricht dies genau der Doppler-Verstimmung: $W - W' = h(\nu - \nu') = h\nu' v/c = Wv/c = W^2/(mc^2)$. Es ist hier wie oft schwer, Ursache und Wirkung zu trennen: Kann das Atom unscharf absorbieren, weil es sich bewegt, oder bewegt es sich, weil es absorbiert hat? Wohl aber kann das Atom dem Photon einen Teil von dessen Energie entziehen, der gerade einem bestimmten Übergang entspricht. Das Photon fliegt dann mit veränderter Frequenz weiter: Raman-Effekt.

12.2.6. Spontane Elektronenemission?
Spontane Emission eines Elektrons aus einem Atom wäre energetisch u. U. möglich, indem z. B. zwei gleichzeitig bestehende Anregungszustände ihre Energien auf ein Elektron vereinigen, oder indem ein energiereicher Übergang in einer inneren Schale unter Vermittlung durch ein Röntgen-Photon eines oder mehrere Außenelektronen abreißt (innere Konversion von Röntgenstrahlung, Auger-Effekt). Mehrfachanregung ist aber selbst bei Sonnentemperatur äußerst unwahrscheinlich (vgl. Aufgabe 12.2.4), und die Energieübertragung von einer oder mehreren Anregungsenergien wird üblicherweise durch Emission und Reabsorption eines Photons beschrieben, nicht aber als völlig „spontane" Elektronenemission. Man bedenke, daß die moderne Theorie überhaupt *jede* Coulomb-Wechselwirkung durch Photonenaustausch beschreibt.

12.2.7. UV-Laser

Beim Laser müssen die erzwungenen Emissionen überwiegen. Ihre Häufigkeit ist gegeben durch $\alpha\varrho(\nu,T)n^*$, die der spontanen Emissionen durch βn^*. Im thermischen Gleichgewicht ist das Verhältnis beider $1/(e^{-h\nu/(kT)}-1)$, (vgl. Aufgabe 11.2.13), d. h. um so ungünstiger für die erzwungene Emission, je größer ν bei gegebenem T ist. Der Laser arbeitet zwar nicht im Gleichgewicht mit $T =$ Umgebungstemperatur, aber die Abweichung von diesem Gleichgewicht muß um so krasser sein, je höher die gewünschte Frequenz ist.

12.2.8. Nichtlineare Optik I

Im Sonnenlicht ($I = S = \frac{1}{2}EH = \frac{1}{2}\sqrt{\varepsilon\varepsilon_0/(\mu\mu_0)}E^2 = 1\,400\,\mathrm{W/m^2}$) ist $E = 1\,000$ V/m, $H = 2{,}6$ A/m, im 10^{10}mal stärkeren Laserlicht $E \approx 10^8$ V/m, $H \approx 10^5$ A/m. Dies kommt den Feldern von der Größenordnung $e^2/(4\pi\varepsilon_0 r^2) \approx 10^9$ V/m schon nahe, mit denen die Elektronen an das Atom gebunden sind. Das Mitschwingen eines Elektrons in einem so starken Wellenfeld ist keine kleine harmonische Zitterbewegung um den Grund des Potentialtopfes mehr, m. a. W., das Profil des Topfes, in dem das Elektron sitzt, kann nicht mehr als Parabel angenähert werden, sondern es sind mindestens Glieder mit x^3 und x^4 zu berücksichtigen (asymmetrische bzw. symmetrische Anharmonizität). Im allgemeinen wird die Bindung bei hoher Amplitude weicher (symmetrisch), ebenso ist sie bei Entfernung vom Kern weicher als bei Annäherung an ihn (asymmetrisch). Man bedenke dabei, daß zwar „außen" und „innen" für *ein* punktförmig aufgefaßtes Elektron einen Sinn haben, sich aber im Gesamtkristall diese Asymmetrie i. allg. wieder aufhebt, außer bei Kristallen ohne Symmetriezentrum, die auch Piezoelektrizität und andere Asymmetrieeffekte zeigen. Bei einer solchen Anharmonizität erregt das einfallende Sinusfeld eine nichtharmonische Polarisationswelle im Kristall, deren Gipfel und Talsohlen flacher sind als beim Sinus (symmetrisch) bzw. deren eine Halbwelle höher ist als die andere (asymmetrisch). Eine solche asymmetrische Welle läßt sich durch Überlagerung des Grundsinus mit einer Oberwelle doppelter Frequenz herstellen, deren Berge mit denen der Grundwelle koinzidieren, aber in einer Grund-Halbwelle im gleichen, in der nächsten im Gegensinn schwingen. Die symmetrische anharmonische Welle verlangt ungerade Oberwellen, besonders eine mit dreifacher Frequenz. Grund- und Oberwellen der Polarisation emittieren Sekundärlicht entsprechender Frequenz. Die Oberwellen haben in einem Medium mit normaler Dispersion größeres n, also kleineres c als die Grundwelle, laufen also langsamer als die Polarisationswelle, die sie anregt und die natürlich mit der Grundwelle mitläuft. Dieses Außer-Tritt-Fallen führt i. allg. zur Selbstauslöschung der Oberwellen durch Interferenz. Man kann dies vermeiden, indem man die Oberwelle zum außerordentlichen Licht in einem negativ doppelbrechenden Kristall macht und die Polarisationsrichtung so wählt, daß der Unterschied zwischen c_{ao} und c_{o} die Dispersion gerade ausgleicht.

12.2.9. Nichtlineare Optik II

In Aufgabe 12.2.8 haben wir das Wellen- und Resonatorbild der klassischen Elektrodynamik benutzt. Jetzt versuchen wir es im Photonenbild. Die Frequenzverdopplung in einer sehr intensiven Lichtwelle ist dann so darzustellen: Üblicherweise absorbiert ein Atom des Mediums ein Photon und emittiert es sehr bald wieder, wobei entsprechend Energie- und Impulssatz die Frequenz ($\omega = W/\hbar$) und die Ausbreitungsrichtung ($\boldsymbol{k} = \boldsymbol{p}/\hbar$, $|\boldsymbol{k}| = 2\pi/\lambda$) erhalten bleiben. Licht geht also durch ein durchsichtiges Medium geradlinig und frequenzgleich, nur mit i. allg. verminderter Geschwindigkeit. Im sehr starken Wellenfeld kommt es vor, daß ein Teilchen fast gleichzeitig zwei Photonen absorbiert und dafür nur eines mit der doppelten Frequenz emittiert. Die Bedingung dafür lautet (vgl. Aufgabe 12.2.4): Die Lichtintensität muß einer Temperatur entsprechen, bei der die Atome einen erheblichen Teil der Zeit angeregt sind, also $kT \gtrsim h\nu$, d. h. $T =$ einige 10^4 K. Mit $I \sim T^4$ folgt, daß I mindestens 10^8mal so groß sein muß wie im Sonnenlicht (300 K). In diesem Bild kann es aber auch vorkommen, daß zwei Photonen verschiedener Richtungen $\boldsymbol{k}_1, \boldsymbol{k}_2$ und Frequenzen ω_1, ω_2 gleichzeitig absorbiert werden und dafür nur eines mit $\boldsymbol{k} = \boldsymbol{k}_1 + \boldsymbol{k}_2$ und $\omega = \omega_1 + \omega_2$ emittiert wird, oder aber, falls $\omega_2 < \omega_1$, daß zwei mit ω_2 und eines mit $\omega = \omega_1 - \omega_2$, $\boldsymbol{k} = \boldsymbol{k}_1 - \boldsymbol{k}_2$ emittiert werden. Dieser Kombinierbarkeit verdankt man es z. T., daß man heute praktisch in jedem Spektralbereich „lasern" kann. Im Wellenbild klingt die Sache etwas komplizierter: Bei kleinen Intensitäten schwingt jedes Elektron im Feld der Primärwelle harmonisch mit. Dabei sendet es eine Sekundärwelle aus, die für jedes Elektron die gleiche Phasendifferenz gegen die Primärwelle hat. Die Elementarwellenkonstruktion von *Huygens* zeigt, daß sich in diesem Fall die Kugelwellen der verschiedenen Sekundärstrahler in allen Richtungen weginterferieren, außer in der ursprünglichen Einfallsrichtung. Bei zwei Wellen verschiedener Richtung gilt bei kleiner Intensität dasselbe: Sie durchsetzen einander ungestört. Eine Welle sehr hoher Intensität aber verändert die Eigenschaften des Mediums, z. B. seine Brechzahl n. Sie erzeugt sozusagen einen Satz sehr dünner Platten (Dicke $= \lambda/2$), die sich mit Phasengeschwindigkeit bewegen. Die zweite, schräg dazu einfallende Welle wird an diesen Platten teilweise reflektiert, und der Doppler-Effekt bei der Reflexion am bewegten Spiegel ergibt gerade die beobachteten Frequenzänderungen. Man sieht: Es führen mehrere Wege nach Rom.

12.3.1. Bohr-Geschwindigkeit

Vorausgesetzt ist das Bohr-Rutherford-Modell, in dem der Umlauf des Elektrons die Coulomb-Anziehung des Kerns ausgleicht. Für die n-te Wasserstoffbahn folgt $mvr = n\hbar$ und $mv^2/r = e^2/(4\pi\varepsilon_0 r^2)$, also $v = e^2/(4\pi\varepsilon_0 n\hbar)$ (unabhängig von der Masse des umlaufenden Teilchens; also in Myon- und Kaon-Atomen ebensogroß), und $\omega = me^4/(16\pi^2\varepsilon_0^2 n^3 \hbar^2)$. Für $n = 1$ wird $v_1 = c/137$ (das Verhältnis $e^2/(4\pi\varepsilon_0 \hbar c) = 1/137$ heißt **Feinstrukturkonstante**) und $\omega_1 = 4 \cdot 10^{16}\,\mathrm{s^{-1}}$, was in der Größenordnung der Atomfrequenzen liegt, aber nicht mit einer von ihnen identisch ist (vgl. Abschn. 12.3.7). Im komplizierten Feld höherer Atome sind diese Betrachtungen nur bedingt gültig, selbst wenn man mit der effektiven Kernladungszahl rechnet.

12.3.2. Rydberg-Atome

Die hohe Temperatur des Funkens begünstigt die höheren Anregungszustände: H_δ und H_γ sind stärker als H_β und H_α. Die Linie H_ζ entspricht einem Übergang von $m = 8$ auf $n = 2$. Der Bahnradius des Elektrons bei $m = 8$ ist $m^2 r_H = 34$ Å, bei $m = 9$ schon 43 Å. Dies entspricht dem Molekülabstand in einem Gas von etwas weniger als 1 bar ($n = 2{,}7 \cdot 10^{19}\,\text{cm}^{-3}$, $a = n^{-1/3} = 30$ Å bei 1 bar). In dieser Gegend wird der Gasdruck liegen. Höhere Zustände kommen einfach deswegen nicht vor, weil sich ihre Bahnen wegen der Wechselwirkung mit den anderen Teilchen nicht ausbilden können. Bei Verdünnung auf 10 mbar z. B. könnten sich Zustände mit dem vierfachen Bahnradius bilden, d. h. etwa bis $m = 15$. Bei gleicher Funkentemperatur, die allerdings in so dünnem Gas schwer zu erreichen ist, wären die Linien um $m = 10$ am intensivsten.

12.3.3. Balmer-Absorption

Eine Balmer-Absorptionslinie entspricht einem Übergang eines Elektrons von $n = 2$ in einen höheren Zustand. Das setzt voraus, daß es genügend viele Atome gibt, die bereits im Zustand $n = 2$ angeregt sind, wenn ein weiteres Photon sie überrascht. Die Gleichgewichtsbesetzung des Zustandes $n = 2$ ist $n^* = n_0\,e^{-W/(kT)}$, wobei $W = 10$ eV der ersten Lyman-Linie entspricht. Bei Zimmertemperatur ist $kT = \frac{1}{40}$ eV, es ist also bestimmt kein einziges Atom im Gleichgewicht Balmer-absorptionsfähig. Selbst in der Sonnenphotosphäre ist die relative Besetzung nur $e^{-20} \approx 10^{-9}$. Je heißer der Stern ist, desto stärker werden i. allg. die Balmer-Absorptionslinien. Auch ein Laserstrahl kann genügend Atome in den Zustand $n = 2$ schaffen, um Balmer-Absorption zu ermöglichen.

12.3.4. Ionisierung

Ionisierung ist Hebung eines Elektrons aus seinem Grundzustand (oder in Ausnahmefällen aus einem angeregten Zustand) ins Unendliche, also in den Zustand $n = \infty$ oder einen Zustand des „Grenzkontinuums" mit überschüssiger kinetischer Energie. Die Ionisierungsspannung ist also einfach die durch e dividierte Energie des Grundzustandes, z. B. in einem wasserstoffähnlichen System mit der Kernladungszahl Z und dem Grundzustand n: $U_{\text{Ion}} = Z^2 me^3/(8\varepsilon_0^2 h^2 n^2)$. Für Wasserstoff erhält man die beobachteten 13,6 V. Für höhere Atome ist für n die Nummer der äußersten Elektronenschale, für Z die effektive Kernladung einzusetzen (vgl. Abschn. 16.4.4).

12.3.5. Pickering-Serie

He-Ionen, die ein Elektron verloren haben, sind wasserstoffähnliche Systeme: Das verbliebene Elektron umkreist einen Kern mit $Z = 2$. Seine Spektrallinien haben die Frequenzen $\nu_{nm} = 4R_\infty(n^{-2} - m^{-2})$. Übereinstimmung mit den Balmer-Linien $\nu_{nm} = R_\infty(2^{-2} - m'^{-2})$ ergibt sich, wenn $n = 4$ und $m = 2m'$ ist. Alle geradzahligen Pickering-Linien fallen also mit Balmer-Linien zusammen, die ungeradzahligen liegen dazwischen. Im hochauflösenden Spektrographen sieht man, daß die Balmer-Linien alle um etwa 0,04 % langwelliger sind als die entsprechenden Pickering-Linien. Das kommt daher, daß der He-Kern sich viermal weniger mitbewegt als der H-Kern (vgl. Aufgabe 12.3.6).

12.3.6. Kernmitbewegung

Das Elektron, Masse m, und der Kern, Masse M, laufen um den gemeinsamen Schwerpunkt, der den Abstand r zwischen beiden im Verhältnis m/M teilt. Das Elektron läuft also auf einem Kreis vom Radius $rM/(M+m)$ um den Schwerpunkt, der Kern auf einem Kreis vom Radius $rm/(M+m)$. Der Gesamtdrehimpuls ist $M\omega r^2 m^2/(M+m)^2 + m\omega r^2 M^2/(M+m)^2 = mM\omega r^2/(M+m)$. Das muß nach der Quantenbedingung $n\hbar$ sein, also $\omega = n\hbar(M+m)/(mMr^2)$. Andererseits lautet die Kreisbahnbedingung für das Elektron (und ebenso auch für den Kern) $m\omega^2 rM/(M+m) = e^2/(4\pi\varepsilon_0 r^2)$ (für die Coulomb-Kraft gilt nach wie vor der volle Abstand r). Einsetzen von ω liefert $r = n^2\hbar^2 4\pi\varepsilon_0 (1 + m/M)/(e^2 m)$, d. h. die Bahn ist um den Faktor $1 + m/M$ erweitert. Um den gleichen Faktor nimmt die potentielle Energie ab, ebenso aber auch die kinetische Gesamtenergie $\frac{1}{2}m\omega^2 r^2 M^2/(M+m)^2 + \frac{1}{2}M\omega^2 r^2 m^2/(M+m)^2 = \frac{1}{2}mM\omega^2 r^2/(M+m)$, denn ωr ändert sich nicht. Die für den unbewegten Kern berechneten Werte für Termenergien, Frequenzen und Rydberg-Konstante sind also alle durch $1 + m/M$ zu dividieren, was bei H gerade die beobachteten 0,055 %, bei He^+ 0,014 % Abnahme bedeutet (vgl. Aufgabe 12.3.5). Für sehr schwere Kerne würde die übliche, unkorrigierte Rydberg-Konstante R_∞ gelten. Das ∞ bedeutet also unendliche Kernmasse.

12.3.7. Spektralklassen

In der Reihe $O, B, A, F, G, K, M, R, N$ nimmt offenbar die Temperatur ab. Dem entspricht nach *Wien* ein immer längerwelliges Emissionsmaximum des „schwarzen" Grundkontinuums, über das sich Emissions- und Absorptionslinien lagern. Dieses Kontinuum kommt aus dichteren, tieferen Teilen des Sterns, und die kühleren Außenschichten absorbieren i. allg. mehr oder weniger scharfe Linien heraus. Starke H-Absorptionslinien im Sichtbaren, also Balmer-Linien, setzen nach Aufgabe 12.3.3 sehr hohe Temperaturen voraus. Noch mehr gilt das für die He-Absorptionslinien, die von einem noch höheren Anregungszustand ausgehen.

12.3.8. Bohr-Modell anders

Bei der Ortsangabe kann man sich um nicht mehr als d irren. Die minimale Impulsunschärfe ist also $\Delta p \approx h/d$. Diesem Minimalimpuls Δp ist die minimale kinetische Energie $W_0 \approx \Delta p^2/(2m) \approx h^2/(2md^2)$ zugeordnet. Je enger man das Teilchen einsperrt und je schwerer es ist, desto „wilder" wird es. Wählt ein Elektron eine enge Bahn um den Kern, dann senkt es seine potentielle, steigert aber seine kinetische Energie ($d = 2r$). Die Gesamtenergie

$$W = -e^2/(4\pi\varepsilon_0 r) + h^2/(8mr^2)$$

ist minimal bei $\mathrm{d}W/\mathrm{d}r = 0$, d. h. $r = \pi h^2 \varepsilon_0/(me^2)$. Das ist ungefähr der erste Bohr-Radius, die Minimalenergie $W = -me^4/(8\pi^2\varepsilon_0^2 h^2)$ ist die Energie des H-Grundzustandes.

12.3.9. Fermi-Druck

Abgesehen von der Verdopplung dank der beiden Spinrichtungen hat jedes Elektron ein Volumen n^{-1} mit dem Durchmesser $a \approx n^{-1/3}$ zur Verfügung. Nach Aufgabe 12.3.8 hat es also die Nullpunktsenergie $W_0 \approx h^2/(ma^2)$. Verengt man ihm den Lebensraum um $\mathrm{d}a$, dann steigt seine Energie um $\mathrm{d}W_0 \approx h^2\,\mathrm{d}a/(ma^3)$. Dieser Energiezuwachs muß als Kraft $\cdot\, \mathrm{d}a$ oder als Druck Oberfläche $\cdot\, \mathrm{d}a$ zugeführt worden sein. Es folgt $p_\mathrm{F} \approx h^2/(ma^5)$ (Zahlenfaktoren s. Abschn. 17.3.3; Druck ist, bis auf Zahlenfaktoren, immer gleich Energiedichte). Damit der gaskinetische Druck $p_\mathrm{T} = nkT = kT/a^3$ so groß wird wie p_F, muß $kT \approx h^2/(ma^2)$ sein. Für kondensierte Materie ($a \approx 3$ Å) bedeutet das $T \approx 10^6$ K. p_F hat dann die Größenordnung 10^{11} bis $10^{12}\,\mathrm{N\,m^{-2}}$, d. h. entspricht dem Elastizitätsmodul sehr fester Stoffe (vgl. Tabelle 3.3). Das ist kein Zufall, denn Kompression eines Metalls z. B. bedeutet im wesentlichen Kompression seines Elektronengases. Warum sich dieses Elektronengas nicht explosiv ausdehnt, wird in Kap. 14 klarer werden.

12.3.10. Energie-Größenordnungen

Für das Atomelektron liefert *Bohr* oder Aufgabe 12.3.8 eine Energie $e^4 m/(\varepsilon_0^2 h^2) \approx 10$ eV. Chemische Energien sind etwas kleiner: H_2 liefert 4 eV. Die Kohäsionsenergie des Wassers (2 300 J/g) ist nur 0,4 eV. Oberflächen- und elastische Spannungen müssen auf die Fläche von etwa $10^{-15}\,\mathrm{cm^2}$ bezogen werden, die ein Teilchen einnimmt. Aus $7 \cdot 10^{-2}\,\mathrm{J/m^2}$ für Wasser folgen etwa 0,05 eV; $7 \cdot 10^8\,\mathrm{N/m^2}$ für Stahl, die bis zur Bruchdehnung von 0,4 angelegt werden können, liefern etwa 0,02 eV/Atom. Überall handelt es sich letzten Endes um Nullpunktsenergie von Elektronen, wie für Atomelektronen und elastische Energie direkt nachgewiesen wurde.

12.3.11. Bergeshöhe

Jedes Material gibt nach, wenn auf ihm ein Druck lastet, der etwa gleich dem Fermi-Druck $p_\mathrm{F} \approx h^2/(8md^5)$ ist. Mit $d \approx 3$ Å folgt $p_\mathrm{F} \approx 10^{10}\,\mathrm{N\,m^{-2}}$. Das heißt nicht, daß unbeschränkte Kompression eintritt, denn die tieferen Elektronenschalen sind ja auch noch da. Bei etwa $0{,}1 p_\mathrm{F}$ wird das Material plastisch, entsprechend der Tatsache, daß chemische Bindungsenergien etwa $\frac{1}{10}$ der Atomelektronenenergien betragen. Eine Steinsäule von 30 bis 40 km Höhe übt diesen Druck $gh\varrho \approx 0{,}1 p_\mathrm{F}$ auf die Unterlage aus. In dieser Tiefe wird Gestein plastisch. Die Kontinentalschollen sind auch etwa so dick. Kein Berg kann höher werden, denn sonst gäbe die Unterlage oder sein Fuß nach. Auf einem anderen Planeten ist g durch $GM/R^2 = 4\pi\varrho RG/3$ zu ersetzen. Die maximale Bergeshöhe wird $h \approx p_\mathrm{F}/(4\varrho^2 GR)$ (wenn man will, kann man ϱ nach Aufgabe 12.3.20 auch durch atomistische Konstanten ausdrücken). Je kleiner der Planet, desto höher können die Berge sein: Auf dem Mond 4mal so hoch (wegen der geringeren Dichte sogar 6mal), auf dem Mars mehr als doppelt. Sie sind dort auch höher (Olympus Mons 25 km), wenn sie auch wohl nirgends die theoretische Grenze erreichen. Der größte unregelmäßige Körper, für den $h \approx R$ ist, hat $R \approx \sqrt{p_\mathrm{F}/(4\varrho^2 G)} \approx 100$ km; Phobos mit $R \approx 10$ km liegt weit unter dieser Grenze. Eine andere Frage ist natürlich, ob die tektonische Aktivität auf einem Planeten so stark ist, daß die maximale Bergeshöhe ausgenutzt wird, bzw. ob einmal entstandene Bergriesen inzwischen abgebaut worden sind.

12.3.12. Kräuselwellen

Schwerewellen haben normale, Kapillarwellen anomale Dispersion. Die langsamsten Wellen liegen also im Übergangsbereich. Solche Wellen werden durch einen leichten Wind von ähnlicher Geschwindigkeit vorzugsweise angeregt. Ein noch langsamerer Lufthauch erzeugt gar keine Wellen. Diese langsamsten Wellen haben $\lambdabar = \sqrt{\sigma/(\varrho g)} = 3$ mm. Die Oberflächenspannung ist wieder knapp von der Größenordnung Fermi-Druck multipliziert mit Atomabstand, also kann man setzen $\lambdabar \approx \sqrt{p_\mathrm{F} d/(\varrho g)}$. Andererseits ist die maximale Bergeshöhe $h \approx p_\mathrm{F}/(\varrho g)$, also $\lambdabar \approx \sqrt{hd}$. Auf jedem Planeten liegt das $\lambdabar$ der „Zephirwellen" in der geometrischen Mitte zwischen Atom und Bergriesen.

12.3.13. Beste aller Welten

Ein Stoff beeinflußt (reflektiert, bricht, beugt) das Licht wesentlich, wenn seine Teilchen zu Schwingungen angeregt werden, die eine etwa ebensostarke Sekundärwelle emittieren wie die Primärwelle ist. Die Welle mit der Feldstärke $\boldsymbol{E}$ erzeugt Dipole mit dem Moment $\boldsymbol{p} = \alpha \boldsymbol{E}$. Die Polarisation $\boldsymbol{P} = \alpha \boldsymbol{E}/d^3$ entspricht einem Sekundärfeld $\boldsymbol{E}' = \boldsymbol{P}/\varepsilon_0$, also $\boldsymbol{E}'/\boldsymbol{E} = \alpha/(\varepsilon_0 d^3)$. Nun ist $\alpha = \varepsilon_0 r_\mathrm{B}^3$. Materie, in der die Atome dicht gepackt sind, sollte völlig undurchsichtig sein, ein Gas mit $d \gg r_\mathrm{B}$ nicht. Der tiefere Grund dafür ist natürlich, daß die Zusammenhaltskräfte der Teilchen in kondensierter Materie die gleichen sind wie die Kräfte in der Lichtwelle. Die obigen Aussagen sind sehr global. Man muß die Phasenverhältnisse zwischen Sekundär- und Primärwelle beachten: Bei Phasengleichheit bleibt der Stoff durchsichtig. Phasenverschiebung infolge der Nähe einer Resonanzfrequenz bedingt Absorption auch im Gas, allerdings mit einer Eindringtiefe $\gg \lambda$. Die spektrale Empfindlichkeit der Netzhaut ist rein biologische Anpassung an Sonnenspektrum und Durchlässigkeitsbereich der Atmosphäre. Bei 25 000 K-Strahlung (Intensitätsmaximum bei 100 nm) sind viele Metalle schon durchsichtig, weil ihre Plasmafrequenz überschritten ist.

12.3.14. Sternatmosphäre

Der Virialsatz liefert $\overline{W_\mathrm{kin}} = -\frac{1}{2}\overline{W_\mathrm{pot}}$, d. h. $kT \approx GMm/R$. Der thermische Gasdruck $p_\mathrm{T} = nkT$ muß dem Gravitationsdruck $p_\mathrm{G} \approx GM^2/R^4$ die Waage halten. Wegen $M \approx R^3 nm$ kommt das auf das gleiche heraus. Wenn ein Teilchen sich während eines tangentialen freien Fluges weder vom Zentrum entfernen noch ihm nähern soll, muß $mv^2/R \approx GM/R^2$ sein, was wieder dasselbe ergibt. Wenn der Stern um δR schrumpft, also seine Schwereenergie um etwa $\delta W = GM^2\,\delta R/R^2$ abnimmt, kommt diese volle Energie der thermischen zugute: Der Stern wird heißer. Wenn W_{kin} nur um $\frac{1}{2}\delta W$ zunähme, bliebe der Virialsatz gewahrt. In Wirklichkeit wird der Stern zu heiß und muß sich wieder ausdehnen. Das Gleichgewicht ist stabil. $kT \approx GMm/R \approx GNm^2/dN^{1/3} = GN^{2/3}m^2/d$ mit m als Protonenmasse ist der gesuchte Zusammenhang.

12.3.15. Sternentwicklung

Die Antwort ergibt sich aus Lösung 12.3.14. Wenn der Stern Energie abstrahlt, wird er kleiner und heißer. Beim gebremsten Satelliten und beim Bohr-Atom gilt Entsprechendes, wenn man thermische durch kinetische Energie ersetzt. Die Ableitung der Gleichgewichtsbedingung aus der Kreisbahnbedingung zeigt direkt den Grund. Etwas eleganter kann man dasselbe mit dem Virialsatz ausdrücken.

12.3.16. Sonnenalter

Wenn die Sonne ganz aus Kohle und der stöchiometrisch entsprechenden Menge Sauerstoff wäre ($5{,}5 \cdot 10^{29}$ kg C, $1{,}45 \cdot 10^{30}$ kg O_2), würde vollständige Verbrennung $2 \cdot 10^{37}$ J liefern. Die Sonne strahlt auf 1 m^2 der Kugelschale vom Radius $1{,}5 \cdot 10^8$ km in der Sekunde 1 400 J, auf die ganze Kugelschale $3{,}9 \cdot 10^{26}$ W. Nach 1 700 Jahren wäre die Herrlichkeit vorbei. Knallgas würde uns knapp bis zu *Echnaton*, $H + H \to H_2$ etwa bis zur Grotte von Altamira bringen. Die Gravitationskontraktion ist ausgiebiger. Bei homogener Dichte hätte die Sonne $W_{\text{pot}} = -\frac{3}{5}GM^2/R = 2{,}8 \cdot 10^{41}$ J, d. h. genug für $2 \cdot 10^7$ Jahre, wenn sie mit einem wesentlich größeren Radius angefangen hätte. Durch die Massenkonzentration im Innern erhöht sich diese Schätzung auf knapp 10^8 Jahre. Das erfordert, daß praktisch die ganze Sonnenmasse innerhalb $R/5$, d. h. mit einer Dichte von 250 g cm^{-3} konzentriert ist. Da mit dem Axiom der Unveränderlichkeit der Atome intensivere Energiequellen damals undenkbar schienen, polemisierten *Lord Kelvin* u. a. erfolgreich gegen die Jahrmilliarden ungestörter Entwicklung, die Biologen und Geologen für nötig hielten.

12.3.17. Fusionsbedingung

Man kann so tun (vgl. Aufgabe 13.3.3), als wirke die maximale Coulomb-Kraft $e^2/(4\pi\varepsilon_0 a^2)$ voll auf der Flugstrecke $2a$, also während der Zeit $2a/v$. Impulsübertragung $\Delta p = e^2/(2\pi\varepsilon_0 av)$. Dieser Wert Δp hat nur dann einen Sinn, wenn Δp größer ist als die Impulsunschärfe, die aus der Festlegung des Teilchenorts mit einer Genauigkeit $\Delta x \approx a$ resultiert, denn sonst weiß niemand, in welchem Abstand das Teilchen wirklich vorbeifliegt, d. h. wie groß Δp ist. Es muß also sein $\Delta p \gg h/a$, d. h. $e^4/(4\pi^2\varepsilon_0^2 mv^2) \gg h^2/m$, oder $W \ll m_p e^4/(8\pi^2\varepsilon_0^2 h^2) = W_0$. Nur für solche Energien bleibt der Stoß rein klassisch. Für höhere Energien ist mit dem Einfang in einen quantenmechanisch gebundenen Zustand zu rechnen. W_0 ist ja im Fall des Elektrons auch praktisch die Energie des H-Grundzustandes. Für zwei Protonen wird $W_0 \approx 1$ keV, d. h. $W_0 = kT_{\text{fus}}$ mit $T_{\text{fus}} \approx 10^7$ K.

12.3.18. Fusionstemperatur

Hier ist wieder W_0 aus Aufgabe 12.3.17 maßgebend. Für $W \ll W_0$ können die Protonen auch bei zentralem Stoß einander nicht so nahe kommen, daß Quanteneffekte, speziell Tunneln durch den Coulomb-Wall möglich werden. Sie kommen nämlich auf $a = e^2/(4\pi\varepsilon_0 W)$ aneinander heran mit einem Impuls $p = \sqrt{2mW}$, d. h. einer de Broglie-Wellenlänge $\lambda\!\!\!^- = \hbar/p = \hbar/\sqrt{2mW}$. Tunneln ist möglich bei $a \lesssim \lambda\!\!\!^-$, d. h. wieder $W \gtrsim me^4/(2\varepsilon_0^2 h^2)$.

12.3.19. Der größte Planet

Der Schweredruck des kalten „Sterns" wird entweder durch die normale Festigkeit der Materie (Metalle, Gestein o. ä.) aufgefangen oder durch den Fermi-Druck des Elektronengases (vgl. Abschn. 17.3.3) $p_F \approx h^2/(md^5)$ (Nullpunktsenergie $h^2/(md^2)$ dividiert durch mittleres Volumen pro Teilchen d^3). Im ersten Fall ergibt sich, wie üblich, $M = \frac{4}{3}\pi\varrho R^3$ mit festem ϱ, im zweiten Fall $p_F \approx h^2/(md^5) \approx p_G \approx GM^2/R^4 \approx Gm^2N^{2/3}/d^4$, also $M = h^6/(m^3 m_p^5 G^3 R^3)$. Ein solcher Planet wird *kleiner*, wenn man außen Masse drauftut, denn sie erhöht den Druck im Innern.

12.3.20. Jupiter ist aus Fermi-Gas

In kondensierter Materie sind die Atome dicht gepackt, also $d \approx r_B \approx 4\pi\varepsilon_0\hbar/(me^2)$ und demnach $\varrho \approx m_p/r_B^3 = 10$ g cm^{-3}. Kleine Himmelskörper haben $M = \frac{4}{3}\pi\varrho R^3$. Der Übergang zu $M \approx h^6/(m_p^5 m^3 G^3 R^3)$ erfolgt bei $R \approx h^2\sqrt{\varepsilon_0/G}/(mm_p e) \approx 10^5$ km, d. h. bei etwa Jupiter- Größe. Im Innern eines so großen Planeten werden die regulären Bohrschen Elektronenschalen zerquetscht, und alle Elektronen gehen in ein Fermi-Gas über.

12.3.21. Der leichteste Stern

Wenn der Fermi-Druck p_F der Elektronen den Gravitationsdruck p_G kompensiert, besteht kein Anlaß zu mehr als kurzzeitiger Erhitzung, denn beide Drücke sind T-unabhängig. Es entsteht ein Riesenplanet (Aufgabe 12.3.19). Interessant wird die Sache erst, wenn der thermische Druck mitspielt, d. h. von $p_T \approx p_F \approx p_G$ ab. $p_T \approx p_F$ bedeutet $kT \approx h^2/(md^2)$, $p_T \approx p_G$ bedeutet $kT \approx GN^{2/3}m_p^2/d$, beides zusammen $d \approx h/\sqrt{mkT}$ und $N^{2/3} \approx dkT/(Gm_p^2) \approx h\sqrt{kT}/(\sqrt{m}Gm_p^2)$. Damit Fusion beginnt und ein Stern daraus wird, der über vernünftige Zeiträume strahlen kann, muß $kT > kT_{\text{fus}} \approx k\, m_p e^4/(8\pi^2\varepsilon_0 h^2)$ sein. Die Mindestanzahl der Protonen, die einen Stern ergibt, ist also $N_{\min} \approx e^3/(8\pi^2\varepsilon_0^2 G^2 m^{1/2} m_p^3)^{3/2}$, d. h. die Eddington-Zahl hoch $\frac{3}{2}$ (vgl. Aufgabe 13.4.4). $N_{\min} \approx 10^{56}$, $M_{\min} \approx 10^{29}$ kg. Die Sonne ist etwa zehnmal schwerer.

12.3.22. Chandrasekhar-Grenze

Die Ableitung von Abschn. 1.5.9i bleibt richtig, was die Auswertung von $\sum \boldsymbol{r}_i \dot{\boldsymbol{p}}_i$ betrifft. Da aber im relativistischen Grenzfall $W_{\text{kin}} \approx W \approx pc$ wird, ist $\sum \boldsymbol{p}_i \dot{\boldsymbol{r}}_i = W_{\text{kin}}$ (und nicht $2W_{\text{kin}}$). Die Gesamtenergie wird demnach $W = W_{\text{kin}}(1 - 1/(n-1))$. Im r^{-2}-Kraftfeld wird $W = 0$, d. h. es ist kein stabiles Gebilde mehr möglich. Stabilität gäbe es nur für $1 < n < 2$. Das zeigt sich bei kalter und zu heißer Materie: Wenn das Fermi-Gas relativistisch wird, bricht der weiße Zwerg entweder zum Neutronenstern zusammen oder explodiert als Supernova oder beides (vgl. Aufgabe 11.3.3). Den heißen Grenzfall diskutiert Aufgabe 12.3.23.

12.3.23. Der schwerste Stern

Der Strahlungsdruck ergibt sich aus der Stefan-Boltzmann-Energiedichte w zu $p_S = w/c \approx 40k^4T^4/(c^3h^3)$. Man kommt zum gleichen Ergebnis, wenn man sagt: Ein Photon hat im Mittel die Energie kT und nimmt einen Raum $\lambda^3 = (c/\nu)^3 = (hc/(kT))^3$ ein (das entspricht der Rayleigh-Debye-Abzählung der Schwingungsmodes im k-Raum, vgl. Abschn. 14.2.1). $p_S \approx p_T \approx kT/d^3$ bedeutet $kT \approx hc/d$. Im Strahlungsfeld steckt mehr Energie als in den Teilchen, wenn $p_S \gg p_T$ ist. Da Photonen extrem relativistisch sind, kann nach Aufgabe 12.3.22 das System nicht stabil sein. Der Grenzfall $p_S = p_T \approx p_G$ ergibt $N_{max} \approx (hc/(Gm_p))^{3/2} \approx 10^{59}$ ($M_{max} \approx 10^{32}$ kg). Die Spanne zwischen größten und kleinsten Sternmassen ist enger als für andere Zustandsgrößen $M_{max}/M_{min} \approx (hc4\pi\varepsilon_0 m^{1/2}/(e^2 m_p^{1/2}))^{3/2} \approx 100$. M_{max}/M_{min} liegt demnach zwischen 100 und 1000 und enthält bis auf den Faktor m/m_p nur die reziproke Feinstrukturkonstante.

12.4.1. Rotationsspektrum

Das Trägheitsmoment um die Kernverbindungslinie stammt allein von den Elektronen, denn der Kern ist zwar 2 000–5 000mal schwerer, aber 10^4–10^5mal weniger ausgedehnt, sein Trägheitsmoment mr^2 ist daher viel kleiner als das der Elektronen. Aus ähnlichen Gründen zählen auch fast nur die Außenelektronen. Es sind meistens acht (Schalenabschluß bei der Bindungsabsättigung). Man erhält $J \approx \frac{1}{3} 8mr^2 \approx 3 \cdot 10^{-50}\,\text{kg}\,\text{m}^2$ ($r \approx 1$ Å), also mindestens 1 000mal weniger als um eine dazu senkrechte Achse. Der entsprechende Linienabstand $\Delta\nu \approx h/(4\pi^2 J)$ liegt mit etwa 10^{15} Hz schon fast im Sichtbaren, der Termabstand liegt um 1 eV oder darüber. Selbst bei 3 000 K, wo die meisten Moleküle schon dissoziiert sind, wäre die Besetzung des zweiten Rotationszustandes $e^{-h\,\Delta\nu/(kT)}$ nur größenordnungsmäßig 1 %. Ein Beitrag zur spezifischen Wärme (6. Freiheitsgrad) wäre also erst bei Temperaturen zu erwarten, wo es gar keine Moleküle mehr gibt.

12.4.2. Schwingungsspektrum

Normalerweise steigt das Potential steiler an, wenn man die Atome aneinanderdrückt, als wenn man sie auseinanderzieht, wie auch in Abb. 12.28b angedeutet. Daher entspricht die mittlere Lage einem um so größeren Kernabstand, je höher angeregt die Kernschwingung ist. Das Trägheitsmoment der höheren Schwingungsterme ist größer. Gleichzeitig liegen die Schwingungsterme nach oben hin immer dichter: In einem Parabelpotential (harmonischer Oszillator) wären sie äquidistant; weiteres Ausladen der Potentialkurve entspricht engeren Termabständen. Ein höherer Elektronenzustand entspricht sehr häufig auch einer lockeren Bindung, größerem Kernabstand und flacherem Potentialtopf, in dem die Schwingungsterme enger liegen. Dann trifft wie in Abb. 12.26 der Fall zu, wo die Bandenkante im R-Zweig liegt und die Bande nach längeren Wellen zu abgeschattet ist.

12.4.3. Franck-Condon-Prinzip

Da die Kerne ihren Abstand während eines Elektronenüberganges praktisch nicht ändern können, sind solche Übergänge immer durch senkrechte Linien darzustellen, die zwei Potentialkurven verbinden, die zu den beiden Elektronenzuständen gehören. Jeder der beiden Potentialtöpfe enthält viele Schwingungsterme. Da ein Schwinger sich immer am längsten an seinen Umkehrpunkten aufhält (quantenmechanisch ausgedrückt: weil die Wellenfunktion des harmonischen Oszillators außen am größten ist), ist es sehr wahrscheinlich, daß der Elektronenübergang die Atome an Extrempunkten ihrer Schwingung antrifft. Diejenigen Linien werden also besonders intensiv, die Schwingungstermen entsprechen, deren Umkehrpunkte im Potentialkurvenschema direkt untereinander liegen. Je nach der gegenseitigen Lage der Potentialminima (bindender oder lockernder Elektronenübergang) kann das für sehr verschiedene Termkombinationen zutreffen.

12.4.4. Dissoziation

Kernschwingungszustände werden durch horizontale Linien im Potentialtopf dargestellt. Diese Linien konvergieren wegen der nichtparabolischen Topfform gegen eine Seriengrenze, die Dissoziationsenergie, gegeben durch die Asymptote des rechten Astes der Potentialkurve. Ein dissoziierter Zustand liegt bei oder über dieser Grenze. Nach *Franck-Condon* erfolgen optische Übergänge ohne wesentliche Änderung der Kernlagen und -geschwindigkeiten. Ein Übergang vom Grundzustand (fast am Topfboden) unter Erhaltung des Kernortes, also senkrecht nach oben, führt in ein Gebiet, das heftiger Kernbewegung mit einer Geschwindigkeit entspricht, die viel größer als die im Grundzustand ist. (Die kinetische Energie wird gegeben durch den Abstand zwischen der Term-Horizontalen und der Potentialkurve.) Daher führt eine Absorption im Bereich des Schwingungsspektrums nicht zur Dissoziation. Thermische Stöße können dagegen dissoziieren, indem sie nach und nach immer höhere Schwingungszustände anregen. Optische Dissoziation ist nur unter Beteiligung eines Elektronenüberganges möglich. Die Potentialkurve eines hochangeregten Zustandes liegt entsprechend der Zunahme des Kernabstandes oft mit ihrer Seriengrenze oder ihrem Dissoziationsgebiet über dem Potentialminimum des Grundzustandes. Bei einer solchen Dissoziation bleibt meist einer der Bestandteile zunächst im angeregten Zustand. Die Energie des dissoziierenden Photons ist demnach gleich der Anregungsenergie plus der Dissoziationsenergie des Grundzustandes, die durch die Frequenz der Bandenkonvergenz gegeben wird.

12.5.1. Röntgens Apparatur

Röntgen macht in seinen Originalveröffentlichungen keine Angabe über die Kathodenspannung. Vermutlich benutzte er aber, wie damals für Kathodenstrahlexperimente allgemein üblich, ein Induktorium (Rühmkorff-Spule), bei dem eine galvanische Niederspannung mittels eines hohen Windungszahlverhältnisses (1 000 : 1 oder mehr) und eines Unterbrechers hochtransformiert wurde. Als Kathodenspannung war natürlich nur eine Spannungsrichtung brauchbar, meist die dem Öffnen des Kreises entsprechende. Große Anlagen dieser Art mit sorgfältiger Isolierung erzeugten mehrere 100 000 V. So hohe Spannung hatte Röntgen sicher nicht und legte wohl auch keinen besonderen Wert auf sie, denn alle Leuchterscheinungen, besonders die Fluoreszenz der Glaswand gegenüber der Kathode, sind schon bei einigen kV gut ausgebildet. Er maß visuell und photographisch die Absorption durch ein 3,5 mm-Al-Blech und fand sie annähernd entsprechend der Absorption durch das Fleisch seiner Hand und der durch eine 0,1 mm-Zn-Folie. Hätte er 120 kV Röhrenspannung gehabt (0,1 Å), dann wären nach Tabelle 12.2 die Kontraste infolge starker Mitwirkung der Streuung viel schwächer gewesen. Bei 12 kV (1 Å) wären durch seine Schichten nur weniger als 10^{-5} der Anfangsintensität durchgekommen, d. h. er hätte nichts mehr vergleichen können. Wahrscheinlich hat er mit 25–40 kV gearbeitet (0,5–0,3Å). Hier kommen etwa 15–30 % der Intensität durch.

12.5.2. Röntgen-Totalreflexion

Alle Stoffe haben jenseits ihrer letzten Absorption (der Röntgen-K-Kante) eine Brechzahl $n < 1$, d. h. sind optisch dünner als Luft. Totalreflexion beim Auftreffen von Luft auf Glas ist daher möglich. Allerdings ist die Abweichung der Brechzahl von 1 noch kleiner als für sichtbares Licht in Luft. Nach der klassischen Dispersionstheorie ist angenähert $n^2 - 1 = Ne^2/[\varepsilon_0 m(\omega_0^2 - \omega^2)]$. Man erhält größenordnungsmäßig $n - 1 \approx 10^{-6}$, bei Annäherung an die Absorptionskante ω_0, z. B. bei $\omega = 1{,}01\omega_0$, etwa 100mal mehr. Das entspricht etwa dem Winkel streifender Inzidenz, den man braucht, damit ein sehr feines Strichgitter die Röntgenwellen etwa so beugt wie die 10^4mal längeren sichtbaren Wellen. Unter diesen Umständen verhindert die Totalreflexion den Intensitätsverlust, der sonst durch überwiegendes Eindringen in das Glas einträte. Das Reflexionsvermögen bei steilem Einfall ist nämlich etwa $(n - 1)^2$, also äußerst gering.

12.5.3. Charakteristische Strahlung

Aus den Moseley-Barkla-Formeln (12.45) und (12.46) erhält man für die K_α- und L_α-Linien von Mo $(Z = 42)$ $4{,}1 \cdot 10^{18}$ bzw. $5{,}5 \cdot 10^{17}$ Hz, oder 17 bzw. 2,2 kV, für W (Z=74) entsprechend $1{,}3 \cdot 10^{19}$ bzw. $2{,}0 \cdot 10^{18}$ Hz und 54 bzw. 8,2 kV. Uran hat eine K_α-Linie bei $2{,}1 \cdot 10^{19}$ Hz, d. h. 83 kV, Hahnium $(Z = 105)$ hätte sie bei $2{,}7 \cdot 10^{19}$ Hz oder 110 kV. Die Wellenlänge ist im letzten Fall nur noch 0,11 Å, was etwa zehn Durchmessern der Bohrschen K-Bahn entspricht. Die schwersten Bestandteile normaler Gläser, K und Ca, haben K-Linien um 4 kV, sind also mit 25 kV gut anregbar.

12.5.4. Auger-Effekt

Die heutige Theorie deutet den **Auger-Effekt** strahlungslos: Im allgemeinen rutscht zunächst ein L-Elektron auf den freigewordenen Platz in der K-Schale nach und gibt die Übergangsenergie an ein anderes Elektron, vorzugsweise wegen dessen großer Nähe oder besser Überlappung ebenfalls an ein L-Elektron ab, das dadurch aus dem Atom geschleudert wird (die L-K-Termdifferenz ist ja etwa dreimal so groß wie die L-Ionisierungsenergie). In den freien L-Platz kann wieder ein M-Elektron nachrutschen und dabei ein anderes M-Elektron freimachen usw. Das Atom kann in einem ziemlich hochionisierten Zustand zurückbleiben. Man muß noch beachten, daß die Termenergien gegenüber den normalen durch das Fehlen eines oder mehrerer abschirmender Innenelektronen verschoben sind. Die Auswahlregeln für solche strahlungslosen Auger-Übergänge sind völlig anders als die für strahlende Übergänge, die voraussetzen, daß die resultierende Elektronenkonfiguration ein Dipolmoment hat. Die Ausbeute strahlender Übergänge steigt mit der Ordnungszahl etwa wie Z^4, die Auger-Ausbeute hängt längst nicht so stark von Z ab, so daß die Grenze zwischen überwiegend strahlungslos und überwiegend strahlend in den tiefsten Zustand zurückkehrenden Atomen etwa bei $Z = 30$ liegt.

12.5.5. X-Ray panic

Textilien haben praktisch die gleiche Zusammensetzung wie lebendes Gewebe, abgesehen von den Knochen (C, H, O, N), und daher auch praktisch das gleiche Absorptionsvermögen für Röntgenstrahlung. Auf Röntgenaufnahmen sehen die Kleider also genau so aus wie das, was darunter ist.

12.5.6. Tomographie

Eine Röntgenröhre, die ein breites Büschel abstrahlt, und der Film werden in entgegengesetzten Richtungen am Körper vorbei verschoben (lineare Tomographie). Bei gleichen Geschwindigkeiten stehen nur die Organe in der Ebene halbwegs zwischen Röhre und Film immer vor der gleichen Stelle des Films, von der Röhre aus gesehen, und zeichnen sich scharf ab, alles andere ist zum Grauschleier verwischt. Bewegt sich der Film langsamer, liegt diese „Pivotalebene" ihm näher. Schärfer wird das Bild bei kreisförmiger oder elliptischer Bewegung. Bei der Computer-Tomographie werden viele solche Läufe eines engen Bündels elektronisch gesteuert und ausgewertet. Beim Bestrahlen kann man ähnlich vorgehen.

12.5.7. Paarvernichtung

Im Positronium-„Atom" kreisen, dem Bohrschen Bild nach, Elektron und Positron in gleichem Abstand vom gemeinsamen Schwerpunkt. Die Korrektur der Rydberg-Konstante gegenüber dem Wert R_∞ (ruhender Kern) ist daher erheblich: Entsprechend Aufgabe 12.3.6 ist $R = \frac{1}{2} R_\infty$. Die kurzwelligste Lyman-Linie hat also $\frac{3}{8} \cdot 13{,}6\,\text{eV} = 5{,}1\,\text{eV}$, der Grundzustand liegt bei $-6{,}8$ eV. Für die Paarvernichtung eines ruhenden Elektronenpaares würde gelten $2h\nu = 2mc^2$, für die Vernichtung aus dem Positronium-Grundzustand $2h\nu = 2mc^2 - \frac{1}{2} hR_\infty$. Da der erste Summand 1 MeV, der zweite 6,8 eV ausmacht, ist die Verschiebung sehr schwer nachzuweisen. Paarbildung setzt voraus, daß die Primärwellenlänge $\lambda_0 \leqq \frac{1}{2}\lambda_C$ ist. Die größte Compton-Streuwellenlänge (Rückwärtsstreuung, $\vartheta = 180°$) ist dann $\lambda_{max} = \lambda_0 + 2\lambda_C$. Die Paarvernichtungslinie liegt also immer zwischen unverschobener und maximal verschobener Linie. Je höher die Primärenergie, desto besser hebt sie sich ab, weil die Paarbildung immer intensiver wird, die Paarvernichtungslinie immer mehr von der Primärlinie abrückt und Compton-Streuung unter großem Winkel relativ und absolut immer seltener wird (der Gesamt-Compton-Querschnitt nimmt etwas langsamer als W^{-1} ab, der Paarbildungsquerschnitt dagegen steil mit W zu, vgl. Abb. 12.54).

12.5.8. Bremsstrahlung
Mit einem linearen Näherungsansatz $I_\nu(\nu) = A(\nu_{gr} - \nu)$ folgt wegen $I_\nu = dI/d\nu = -(dI/d\lambda) \cdot \lambda^2/c = I_\lambda \lambda^2/c$ sofort $I_\lambda = Ac^2(1/(\lambda_{gr}\lambda^2) - 1/\lambda^3)$. Das Maximum dieser Kurve liegt bei $\lambda_m = 0{,}75\lambda_{gr}$ in der Höhe $I_{\lambda\,m} = 0{,}14Ac^2/\lambda_{gr}^3 \sim U^3$. Das entspricht gut dem Verhalten der Kurven in Abb. 12.45b. Es besteht eine gewisse Ähnlichkeit mit der Planck-Kurve: λ_m ist proportional der Energie W der auslösenden Teilchen (hier eU, dort kT), die Höhe des Maximums ist $\sim W^3$, also die Fläche unter der Kurve $\sim W^4$. Das Bremsspektrum ist aber echt abgeschnitten (bei λ_{gr}), das Planck-Spektrum nicht. Dementsprechend sieht das Planck-Spektrum auch über ν qualitativ ähnlich aus wie über λ, was beim Bremsspektrum absolut nicht zutrifft.

12.5.9. Protonen-Therapie
Röntgen- und γ-Quanten, Neutronen und Elektronen, wenn nicht zu schnell, laden ihre Energie nach einem exponentiellen Absorptionsgesetz ab. Ionisierungsdichte und biologische Wirkung nehmen also mit der Gewebetiefe ebenfalls exponentiell ab. Das gesunde Gewebe wird mehr geschädigt als der tiefliegende Tumor. Auch mit mehreren konvergenten Strahlenbündeln ist das nur teilweise zu beheben. Geladene schwere Teilchen geben ihre Energie in vielen Schritten ab, am wahrscheinlichsten, wenn sie langsam, also nahe dem Bahnende sind (Aufgabe 13.3.8: **Bragg-Kurve**). Die Tiefe dieser Zone maximaler Wirkung wächst stark mit der Energie (Abb. 13.35), der Bragg-Peak wird immer schärfer. Man kann also gezielt auf den Tumor schießen. 200 MeV-Protonen durchdringen etwa 25 g/cm^2, in organischem Gewebe also 25 cm. Ihr **LET** (**linear energy transfer**), also ihre Ionisierungsdichte ist dort mehr als 10mal höher als an der Oberfläche. Wegen $dW/dx \sim M/W$ haben schwere Ionen ein höheres LET, brauchen aber auch noch mehr Energie, um so tief einzudringen.

12.6.1. Periodensystem
12.6.2. Atomvolumina
12.6.3. Ionisierungsspannung
Siehe Lösung 12.6.4.

12.6.4. Verspätete Auffüllung
Die entscheidende atomphysikalische Größe ist hier die Ionisierungsenergie W_i, d. h. die Abtrennarbeit des losest gebundenen Elektrons. Je kleiner sie ist, desto ausgeprägter wird der Metallcharakter: Mit Erleichterung der Elektronenabgabe steigt die Tendenz zur Kationenbildung und zur Abgabe eines Elektrons an andere Atome oder Radikale, die damit ihre fast abgeschlossene Außenschale auffüllen, besonders an Cl und F sowie OH, das in seiner Elektronenkonfiguration mit F gleichwertig ist. Metalle sind Basenbildner. Auch ohne Elektronen-Akzeptor erfolgt im kondensierten Zustand Elektronenabgabe an das allen Atomen gemeinsame Elektronengas, das die Atome zusammenhält. Diese Bindung ist nicht winkelmäßig starr wie bei der gerichteten Valenzbildung: Metalle sind duktil, und um so spröder, je weniger ausgeprägt der Metallcharakter ist. Das Elektronengas bedingt auch elektrische und Wärmeleitung sowie die Absorption in fast allen Wellenlängen. Für Nichtmetalle gilt genau das Gegenteil: Tendenz zur Elektronenaufnahme (hohe Elektronenaffinität, Elektronegativität), Anionen- und Säurerestbildner, spröde Kristalle, Nichtleiter, durchsichtig oder scharfbegrenzte Absorptionsbereiche. Typische Metalle haben $W_{ion} < 8$ eV, typische Nichtmetalle $W_{ion} > 10$ eV, Elemente mit W_{ion} zwischen 8 und 10 eV nehmen eine Zwischenstellung ein (Be, B, Si, Zn, As, Se, Cd, Sb, Te). Im Periodensystem stehen die Metalle links, die Nichtmetalle rechts. Die Metallzone wird dabei nach unten zu immer breiter: Die zweite Periode hat nur ein typisches Metall (Li), die sechste nur noch ein typisches Nichtmetall (Rn). In jeder Spalte werden daher die Elemente i. allg. nach unten zu immer metallischer. Gäbe es keine abschirmenden Innenelektronen, dann wäre die Ionisierungsenergie eines Elektrons der n. Schale nach *Bohr* (und auch nach der strengeren Quantenmechanik) $W_{ion} = W_H Z^2/n^2$ mit $W_H = 13{,}6$ eV. Da n viel langsamer wächst als Z, müßte W_{ion} mit wachsendem Z ständig größer werden. Nur beim Übergang zu einer neuen Schale (Edelgas-Alkali) erfolgt ein Sprung abwärts. In jeder Spalte jedenfalls stiege W_{ion} an und nähme der Metallcharakter ab. In Wirklichkeit reduzieren die Innenelektronen Z zu einer **effektiven Kernladung** Z_{eff}. Jedes Innenelektron I schirmt für ein Außenelektron A um so mehr Kernladung ab, je enger sich I und je weniger eng sich A um den Kern schnürt. Die Bohr-Sommerfeld-Bahnen Abb. 12.23 geben einen ungefähren und die quantenmechanischen Elektronenwolken Abb. 16.8–16.14 einen genaueren Begriff von diesen Elektronenkonfigurationen. d- und p-Elektronen haben in Kernnähe nur geringe Dichte, jedes tieferliegende Elektron, besonders wenn es ein s-Elektron ist, schirmt für sie also fast eine volle Kernladung ab (vgl. die Abschirmzahlen, die zwischen 0,65 und 1,00 liegen). Man addiert nun einfach die **Abschirmzahlen** der Innenelektronen auf das losest gebundene Außenelektron und zieht die Summe von Z ab. So ergibt sich Z_{eff}. Damit wird $W_{ion} = W_H Z_{eff}^2/n^2$. Es zeigt sich, daß Z_{eff} nur knapp so schnell zunimmt wie n, so daß W_{ion} langsam abnimmt. Während der Auffüllung einer d-Schale nimmt Z_{eff} nur so langsam zu, daß alle entsprechenden Elemente Metalle bleiben (d-Elektronen sind besonders lockere Gebilde). Dies gilt noch mehr für die f-Schale (Seltene Erden, Aktiniden). Besonders klein ist W_{ion}, wenn gerade eine neue Schale angelegt wird (Alkalien: Geringer Durchgriff des Kernfeldes durch die kompakten Innenschalen), besonders groß ist es beim Abschluß einer Schale oder kurz vorher (Abschluß einer Schale oder Unterschale bedeutet Elektronenpaarung, d. h. Einbau eines Elektrons zu einem bereits vorhandenen mit gleicher Ladungskonfiguration, das daher das neue besonders stark abschirmt). Mit dem Schalenabschluß verbunden ist eine Abschwächung der Wechselwirkung mit anderen Atomen

und daher Absinken der Kondensationstendenz, d. h. des Schmelz- und Siedepunktes: Edelgase, aber auch Hg haben hohe W_{ion} und tiefe T_{schm} und T_{s}.

Weniger anschaulich-einfach ist die Lage bei den Atomradien. Man bestimmt sie am einfachsten aus der Dichte: $r_{\text{at}} \approx \sqrt[3]{3m/(4\pi\varrho)}$. Bei Kristallen und Flüssigkeiten ist der Packungsfaktor zu berücksichtigen: Es bleibt etwas „Luft“ zwischen den Atomen. Im Kristallgitter kann man Atomabstände (Gitterkonstanten) sehr genau aus der Röntgenbeugung bestimmen. Für isolierte Atome gibt das van der Waals-Kovolumen das vierfache Atomvolumen. Transportphänomene, besonders die innere Reibung, liefern über die mittlere freie Weglänge den Teilchenquerschnitt. Alle diese Methoden liefern etwas verschiedene Werte, teils weil es sich um verschiedene Arten von Wechselwirkung handelt, teils weil überhaupt die Elektronenkonfiguration im isolierten (Gas) und gebundenen (kondensierten) Zustand verschieden ist. Der Bohr-Radius eines Elektrons der n-ten Schale im Feld der effektiven Kernladung Z_{eff}, nämlich $r_{\text{B}} = r_{\text{H}} n^2/Z_{\text{eff}}$, mit $r_{\text{H}} = 0{,}53$ Å, gibt keine besonders gute Abschätzung: Für die Edelgase ist er zu klein, für alle anderen Atome zu groß. Das ist qualitativ leicht zu verstehen: Die abgeschlossene Edelgasschale erlaubt i. allg. keine Bindung, im flüssigen Edelgas liegen die Atome einfach nebeneinander. Da die quantenmechanischen Elektronenwolken wesentlich über den Bohr-Radius, der ungefähr dem Gebiet größter Ladungsanhäufung entspricht, hinausreichen, findet man einen vergrößerten Atomradius. Alle Atome, die Bindungen miteinander eingehen, kommen einander eben deswegen näher, und zwar aus zwei Gründen: Die quantenmechanischen Elektronenwolken sind etwas enger als der Bohr-Radius angibt (Abb. 16.8–16.14), und die Bindung bringt eine Neuverteilung der Elektronendichte zwischen den beiden Kernen mit sich. Der Gang der r_{at} ist also grob gesprochen komplementär zu dem von W_{ion}, nur daß die Edelgase längst nicht das dem W_{ion}-Maximum entsprechende r_{at}-Minimum bilden, sondern ein viel höheres r_{at} haben. Andere, kleinere Abweichungen von der Regel $r_{\text{at}} \sim n/\sqrt{W_{\text{ion}}}$ ergeben sich bei jedem Unterschalenabschluß: Großes W_{ion}, aber auch großes r_{at} infolge verminderter Bindungstendenz. Andererseits sind die Übergangsmetalle in der Mitte oder etwas hinter der Mitte der d-Schalenauffüllung ausgezeichnet durch besonders hohe Kopplung zwischen den Elektronen von Nachbaratomen. Das führt bei den kleinen Atomen (Fe, Ni, Co) zur spontanen Ausrichtung und zum Ferromagnetismus, bei den großen (W, Ta, Re, Hf) zu extrem hohen Schmelz- und Siedepunkten und bei den ganz großen (Os, Ir, Pt) zu besonders kleinen r_{at} und damit zu extremen Dichten.

Jeder Streifzug durch das Periodensystem, bewaffnet mit atomphysikalischen Prinzipien, wird Ihnen interessante Beobachtungen und Entdeckungen erschließen.

12.6.5. Vakuum-Polarisation

Nach der Unschärferelation darf der Energiesatz innerhalb einer Zeit Δt umd ΔW „überzogen“ werden, falls $\Delta W \cdot \Delta t \lesssim \hbar$. Erzeugung eines Elektronenpaares kostet mindestens $\Delta W = 2m_0c^2$. Das Paar kann also höchstens eine Zeit $\Delta t \approx \hbar/(2m_0c^2)$ existieren. Selbst mit Lichtgeschwindigkeit kämen die Teilchen in dieser Zeit bestenfalls bis $r \approx c\,\Delta t \approx \hbar/(2m_0c)$, d. h. um eine Compton-Wellenlänge des Elektrons $\lambda\!\!\!^{-}_{\text{e}} = r_{\text{e}} = \hbar/(m_0c)$ weit.

12.6.6. Maximale Reichweite

Die Energie $\Delta W = 2mc^2 = 2m_0c^2/\sqrt{1 - v^2/c^2}$ ergibt eine Existenz-Höchstdauer $\Delta t = \hbar/\Delta W$ und eine Höchstflugstrecke $r = v\,\Delta t = \frac{1}{2} r_{\text{e}} v c^{-1} \sqrt{1 - v^2/c^2}$. Diese Funktion von v hat ihr Maximum bei $v = c/\sqrt{2}$, und zwar $r = r_{\text{e}}/4$.

12.6.7. Legale Überziehung

Kreisbahnbedingung $mv^2/r = Ze^2/(4\pi\varepsilon_0 r^2)$ und Drehimpulsquantelung $mvr = n\hbar$ liefern, ausgedrückt durch Compton-Wellenlänge $r_{\text{e}} = \hbar/(m_0c) = 3{,}86 \cdot 10^{-13}$ m, Ruhenergie $W_0 = m_0c^2 = 0{,}51$ MeV und Feinstrukturkonstante $\alpha = e^2/(4\pi\varepsilon_0\hbar c) = \frac{1}{137}$

$$r = r_{\text{e}} \frac{n^2}{Z\alpha}\,, \qquad W = -\frac{1}{2} W_0 \frac{Z^2\alpha^2}{n^2}\,.$$

Hieraus sieht man, daß die Paarerzeugungsenergie $2W_0$ durch die Bindungsenergie $-W$ gedeckt werden kann, sobald $Z = 2n/\alpha$ wird, d. h. erstmals (für die innerste Bahn mit $n = 1$) für $Z = 2/\alpha = 274$. Der Bahnradius wäre dann $r = \frac{1}{2} r_{\text{e}} \approx 10^{-13}$ m, die Bahngeschwindigkeit $v = n\hbar/(mr) = 2\hbar/(mr_{\text{e}}) = 2c$. Dies zeigt, daß die nichtrelativistische Näherung für so große Kerne längst nicht mehr stimmt. Die relativistische Rechnung gibt eine Grenze $Z \approx 170$.

12.6.8. Relativistisches Bohr-Modell

Auf der Kreisbahn wird das Elektron immer transversal beschleunigt. Die hierfür maßgebende Masse $m = m_0/\sqrt{1 - v^2/c^2}$ bestimmt auch den Impuls und den Drehimpuls. Kreisbahn- und Drehimpulsbedingung lauten also genau wie im nichtrelativistischen Fall $mv^2 = Ze^2/(4\pi\varepsilon_0 r)$ und $mvr = n\hbar$, nur steckt in m noch v. Es folgt $v/\sqrt{1 - v^2/c^2} = n\hbar/(rm_0)$, also $v = cnr_{\text{e}}/\sqrt{n^2r_{\text{e}}^2 + r^2}$. Das mv^2 in der Kreisbahnbedingung spalten wir am besten auf in $mv = n\hbar/r$ und v. Dann erhalten wir

$$n^2\hbar^2 r_{\text{e}} c/(r\sqrt{n^2 r_{\text{e}} + r^2}) = Ze^2/(4\pi\varepsilon_0 r)\,,$$

also

$$r = r_{\text{e}} c \sqrt{n^4/(Z^2\alpha^2) - 1}\,.$$

Natürlich ergibt sich der übliche Bohr-Radius $r = r_{\text{e}} n^2/(Z\alpha)$ für $Z \ll n^2/\alpha$. Bei $Z = n^2/\alpha$ schrumpft der Radius auf Null zusammen: Oberhalb dieser Grenze hat ein punktförmiger Kern nur noch Bahnen mit höherer Quantenzahl. So verschwindet die $1s$-Bahn bei $Z = 1/\alpha = 137$. Im relativistischen Fall hat $W_{\text{kin}} = (m - m_0)c^2$ nichts mehr mit $W_{\text{pot}} = -mv^2$ zu tun. Die Ausrechnung liefert mit der Abkürzung $Z^2\alpha^2 = x$ die Gesamtenergie

$$W = -W_0 \frac{x - n^2 + n\sqrt{n^2 - x}}{n\sqrt{n^2 - x}} = -W_0\left(1 - \frac{1}{n}\sqrt{n^2 - x}\right).$$

Speziell für $n = 1$ wird $W = -W_0(1 - \sqrt{1-x})$. Dies erreicht erst bei $x = 1$ ($Z = 137$) den Wert $-W_0$ und wird für größere Z sinnlos.

12.6.9. Kern-Tauchbahnen

Ein Kern mit $Z \approx 137$, also $A \approx 400$ hat einen Radius $r_k \approx r_0 A^{1/3} \approx 9 \cdot 10^{-15}$ m, ist also etwa 40mal kleiner als r_e. Damit die innerste Bahn in den Kern eintaucht, müßte also $n^4/(Z^2\alpha^2) - 1 \approx 1/40^2$ sein, d. h. für $n = 1$ müßte Z ganz wenig unter 137 liegen (nur etwa 0,3 ‰). Von da ab werden aber die Bahnenergien ganz anders, nämlich sie staffeln sich äquidistant, weil im Innern des Kerns das Potential parabolisch verläuft.

12.6.10. Tauchbahnen nach Bohr

Im Abstand $r < r_K$ vom Zentrum wird das Elektron nur durch die Ladung der noch innerhalb gelegenen Kugel, nämlich die Ladung Zer^3/r_K^3 angezogen. Die Kreisbahnbedingung heißt demnach $mv^2/r = Ze^2r^3/(4\pi\varepsilon_0 r_K^3 r^2)$. Aus der Drehimpulsbedingung folgt wieder $v = n\hbar/(mr)$, also

$$n^2\hbar^2/(mr^2) = Ze^2r^2/(4\pi\varepsilon_0 r_K^3 r^2),$$

woraus sich ergibt

$$r = (n^2\hbar^2 \cdot 4\pi\varepsilon_0 r_K^3/(Zc^2m))^{1/4} = (r_B r_K^3)^{1/4},$$

wobei r_B der Bohr-Radius für einen Punktkern ist. Um die Bahnenergie zu bestimmen, brauchen wir das vollständige Potential. Aus der Kraft $F = Ze^2r/(4\pi\varepsilon_0 r_K^3)$ folgt eine potentielle Energie $W_{pot} = \frac{1}{2}Ze^2r^2/(4\pi\varepsilon_0 r_K^3) + a$. Bei $r = r_K$ verlangt der Anschluß an das äußere Coulomb-Potential einen Wert $a = -\frac{3}{2}Ze^2/(4\pi\varepsilon_0 r_K)$, also

$$W_{pot} = -Ze^2(\tfrac{3}{2} - \tfrac{1}{2}r^2/r_K^2)/(4\pi\varepsilon_0 r_K).$$

Dazu kommt die kinetische Energie, die wegen $\frac{1}{2}mv^2 = \frac{1}{2}Fr$ genauso groß ist wie das r^2-Glied in W_{pot}. Die Bahnenergie ist

$$W = -\frac{Ze^2}{4\pi\varepsilon_0 r_K}\left(\frac{3}{2} - \frac{r^2}{r_K^2}\right) = -\frac{Z\alpha\hbar c}{r_K}\left(\frac{3}{2} - \frac{r^2}{r_K^2}\right).$$

Einsetzen des Bahnradius liefert

$$W_n = -\frac{Z\alpha\hbar c}{r_K}\left(\frac{3}{2} - n\hbar\sqrt{\frac{4\pi\varepsilon_0}{Ze^2 m_e r_K}}\right).$$

Wir wissen, daß der Nukleonenradius durch den Yukawa-Radius, also den Compton-Radius des Pions gegeben ist:

$$r_K = A^{1/3} r_\pi = A^{1/3}\hbar/(m_\pi c).$$

Damit folgt

$$W_n = -W_\pi \frac{Z}{A^{1/3}}\left(\frac{3}{2} - n\sqrt{\frac{m_\pi}{Z\alpha m_e A^{1/3}}}\right).$$

Wegen $A \approx 3Z$ bei so schweren Kernen und $W = 140$ MeV kann man W_n direkt in MeV ausdrücken: $W_n = -1{,}06Z^{2/3} + 159n$. Die Energiestufen sind äquidistant, wie im parabolischen Potential (Oszillatorpotential) üblich. Ihr Abstand ist unabhängig von Z. Das liegt daran, daß ein Elektron von einem wachsenden Z energetisch nicht profitiert, denn es sieht immer nur die Protonen innerhalb seiner Bahn. Jedenfalls ist W_n viel größer als W_0 für Werte von Z, die hier interessieren. Demnach kann die nichtrelativistische Rechnung nicht stimmen.

12.6.11. Relativistische Tauchbahnen

Nach wie vor gilt $v = cnr_e/\sqrt{n^2r_e^2 + r^2}$ und $W_{kin} = W_e(\sqrt{n^2r_e^2 + r^2}/r - 1)$, denn dies folgt allein aus der Drehimpulsbedingung. Jetzt lautet aber die Kreisbahnbedingung

$$mv^2 = n\hbar v/r = Fr = Z\alpha\hbar c r^2/r_K^2.$$

Daraus folgt $n^2r_e/(r\sqrt{n^2r_e^2 + r^2}) = Z\alpha r^2/r_k^3$. Da hier ganz bestimmt $r \ll nr_e$ ist, vereinfacht sich das zu $r = r_k(n/(Z\alpha))^{1/3}$. Einsetzen in den Energieausdruck liefert

$$W_n = -\frac{3\alpha}{2 \cdot 3^{1/3}} W_\pi\left(Z^{2/3} - \frac{n^{2/3}}{\alpha^{2/3}}\right)$$
$$= -1{,}06\left(Z^{2/3} - \frac{n^{2/3}}{\alpha^{2/3}}\right)\,\text{MeV}.$$

Das von n unabhängige Glied ist natürlich identisch mit dem nichtrelativistischen, denn es gibt einfach das Potentialminimum an. Nur die n-Abhängigkeit ist wesentlich anders. Bei $Z = n/\alpha$ würde diese Näherung $W_n = 0$ liefern. In Wirklichkeit müßte zum Anschluß an den Coulomb-Fall $W_n = -W_e = -0{,}5$ MeV herauskommen.

12.6.12. Spontane Paarbildung

Eine Bahnenergie $W = -2m_ec^2 = -1{,}02$ MeV ergibt sich für $Z_n^{2/3} = (n/\alpha)^{2/3} + 1$, also von den kritischen Werten $Z_1 = 145$, $Z_2 = 283$, $Z_3 = 422$ usw. an. Genauere Rechnung nach der relativistischen Wellengleichung des Elektrons (Dirac-Gleichung) liefert $Z_1 = 173$, genau den Wert, der *Dominiks* $A = 500$ entspräche, $Z_2 = 235$ usw. Hierbei ist die Abschirmung durch die bereits eingefangenen Elektronen berücksichtigt.

12.6.13. Elektron im Kern?

Der übliche Beweis für die Nichtexistenz von Elektronen im Kern gründet sich auf deren Nullpunktsenergie bei so enger Einsperrung. Man zeigt, daß diese Nullpunktsenergie größer ist als die Ruhenergie des Elektrons. Genau diese Nullpunktsenergie stellt aber im Bohr-Modell die kinetische Energie des Elektrons dar, und die Grenze für den Eintritt in den Kern liegt gerade dort, wo die kinetische Energie ungefähr gleich der Ruhenergie wird. Elektronen üben keine starke Wechselwirkung aus, werden also von den Nukleonen nur elektrostatisch beeinflußt und können ungehindert auch innerhalb der Protonen-Ladungswolke kreisen. Deswegen eignen sie sich auch so gut als Geschosse zur Sondierung des Kern- und sogar Nukleoneninnern (Experimente von *Hofstadter* u. a.).

12.7.1. Quantenbedingung
In der Messung eines Drehwinkels kann man beim besten Willen keinen größeren Fehler machen als 2π. Dieser maximalen Winkelunschärfe entspricht eine minimale Drehimpulsunschärfe $h/(2\pi) = \hbar$. Ebenso wie für Impuls und Energie kann man diesen Minimalfehler einem nichtunterschreitbaren Abstand gleichsetzen. Die exaktere Begründung liefern für alle drei Größen die Fourier-Analyse bzw. die damit äquivalenten quantenmechanischen Techniken. Für Ort und Zeit sind die Maximalunschärfen von Fall zu Fall verschieden oder gar nicht vorhanden, und das gleiche gilt für die Stufen von Impuls und Energie.

12.7.2. Bohr-Magneton
Das gyromagnetische Verhältnis $\gamma =$ magn. Moment/ Drehimpuls ist für ein klassisches kreisendes Punktteilchen gleich $\frac{1}{2}\mu_0 e\omega r^2/(m\omega r^2) = \frac{1}{2}\mu_0 e/m$, also bis auf den Faktor μ_0 gleich der halben spezifischen Ladung. Dem entspricht genau die Definition des Bohr-Magnetons: Ein Bahndrehimpuls $n\hbar$ ist mit einem magnetischen Moment von np_{mB} verbunden. Das „spinnende" Elektron hat aber fast genau $1p_{\mathrm{mB}}$ und $\frac{1}{2}\hbar$, d. h. $\gamma \approx \mu_0 e/m$: Das Elektron ist doppelt so magnetisch, wie es als klassisch rotierendes Teilchen sein dürfte. Proton und Neutron sind in noch höherem Maße „übermagnetisch".

12.7.3. Stern-Gerlach-Versuch
Ionen würden durch die Lorentz-Kraft so stark abgelenkt werden, daß die winzige Zusatzablenkung, die im Stern-Gerlach-Versuch interessiert, unterginge. Die Lorentz-Kraft ist evB, die Kraft des inhomogenen Magnetfeldes auf das magnetische Moment p_{m} ist $p_{\mathrm{m}}\mathrm{grad}\,H \approx p_{\mathrm{m}}H/R$ (R Abmessung des Feldes). Da nun $p_{\mathrm{m}} \approx ev_{\mathrm{el}}r$ (r und v_{el} Bahnradius und -geschwindigkeit eines Atomelektrons), ist das Verhältnis der beiden Kräfte $vR/(v_{\mathrm{el}}r)$, was auch bei sehr „kühlem" Teilchenstrahl und sehr feiner Polschuh-Schneide mindestens 10^4 ist. Man kann also die Teilchen nicht elektrisch beschleunigen (höchstens mit Umladung eines vorbeschleunigten Ionenstrahls zum Atomstrahl). Die Atome bringen dann die Energieverteilung der Quelle mit, aus der sie verdampft wurden. Ihr Ablenkwinkel ergibt sich analog zu Abschn. 8.2.1 als $Fd/(mv^2)$ (F Ablenkkraft, d Länge des Feldes). Der Niederschlagsfleck gibt also eine reziproke Maxwell-Energieverteilung wieder (schnelle Teilchen sind am steifsten). Die Verteilung von $\frac{1}{2}mv^2$ hat etwa die Breite kT. Daraus ergibt sich die Bedingung für saubere Trennung als $F = p_{\mathrm{m}}\mathrm{grad}\,H > kT/d$. Mit $p_{\mathrm{m}} = 1p_{\mathrm{mB}}$ für Silber und einer sehr langen und sehr scharfen Schneide, so daß $d \approx 500R$, müßte sein $H > kTR/(p_{\mathrm{m}}d) \approx 7 \cdot 10^5$ A/m.

12.7.4. Zeeman-Effekt
Die Zeeman-Aufspaltung ist energetisch $\Delta W = p_{\mathrm{m}}H$, frequenzmäßig $\Delta\nu_{\mathrm{Z}} = p_{\mathrm{m}}H/h$, oder, wenn man das magnetische Moment, das die Aufspaltung bewirkt, als Bahnmoment $p_{\mathrm{m}} = \mu_0 ev_{\mathrm{el}}r$ darstellt: $\Delta\nu_{\mathrm{Z}} \approx ev_{\mathrm{el}}rB/h$. In verdünnten Gasen wie z. B. Sternphotosphären überwiegt die Doppler-Breite (vgl. Aufgabe 12.2.2). Sie ist $\Delta\nu_{\mathrm{D}} = \nu v_{\mathrm{at}}/c$ (v_{at} thermische Atomgeschwindigkeit). Die Zeeman-Aufspaltung hebt sich aus der Linienbreite heraus, wenn $B > h\nu v_{\mathrm{at}}/(ev_{\mathrm{el}}cr)$, also für optische Übergänge mit $h\nu \approx 3$ eV bei Feldern, die größer als 1 Vs/m^2 sind. In dieser Größenordnung liegt das Magnetfeld in den Sonnenflecken und auf der ganzen Oberfläche einiger schnellrotierender Sterne. Die Sonne als Ganzes hat ein viel schwächeres Feld. Das noch viel schwächere Magnetfeld der **interstellaren Materie** (etwa 10^{-10} T) kann nicht aus dem Zeeman-Effekt, sondern muß anders geschätzt werden (Polarisation des Lichts ferner Sterne, zurückgeführt auf magnetische Ausrichtung der interstellaren Teilchen).

12.7.5. Kernspin
Proton und Neutron addieren ihre Spins und magnetischen Momente im Deuteron (parallele Einstellung), zwei Deuteronen subtrahieren die ihren im α-Teilchen (paarweise antiparallele Einstellung). Bei $^7_3$Li verlangt der Spin z. B. 5 Nukleonen mit „Spin oben", zwei mit „Spin unten". Die möglichen Kombinationen von Protonen und Neutronen, die dem entsprechen, liefern magnetische Momente $-10{,}43$, $-1{,}03$ und 8,37, was alles weit danebenliegt. Es müssen Bahndrehimpulse dazukommen.

12.7.6. Larmor-Präzession
Wenn das B-Feld sich zeitlich mit $\dot{B}$ ändert, wirkt am Umfang der Elektronenbahnfläche A die Induktionsspannung $U = -A\dot{B}$. Sie beschleunigt oder bremst das Elektron, je nach dessen Umlaufrichtung, mit der Kraft $F = eE = eU/(2\pi r) = e\pi r^2\dot{B}/(2\pi r) = er\dot{B}/2$. Wenn das Feld den Wert B erreicht hat, ist der Impuls des Elektrons insgesamt um $\Delta p = \int F\,\mathrm{d}t = \frac{1}{2}er\int \dot{B}\,\mathrm{d}t = \frac{1}{2}erB$ geändert worden. Stellt man das als $\Delta p = m\,\Delta\omega r$ dar, hat man sofort $\Delta\omega = eB/(2m)$.

12.7.7. Feinstruktur
Ein klassisches Elektron, das mit v auf einer Kreisbahn mit r umläuft, erzeugt ein Magnetmoment $p_{\mathrm{m}} = \mu_0 IA = \mu_0 ve\pi r^2 = \frac{1}{2}\mu_0 erv$, was einem Bohr-Magneton $p_{\mathrm{m\,B}} = \mu_0 he/(2m)$ entspricht oder einem ganzzahligen Vielfachen davon, denn der Drehimpuls ist $L = mvr = n\hbar$. Das B-Feld eines solchen Moments nimmt mit dem Abstand r ab wie $B \approx p_{\mathrm{m}}/r^3$, dies allerdings erst für Entfernungen, die groß gegen den Bahnradius sind. Ein anderes Elektronenmoment hat in diesem Feld eine Einstellenergie $W = p_{\mathrm{m}}H = p_{\mathrm{m}}^2/(\mu_0 r^3) = \mu_0 e^2v^2/(4r)$. Erweitert man dies mit $4\pi\varepsilon_0 m$ und beachtet, daß für die Kreisbahn $mv^2 = e^2/(4\pi\varepsilon_0 r)$ ist, ferner $\varepsilon_0\mu_0 = 1/c^2$, so folgt $W/W_{\mathrm{B}} \approx W_{\mathrm{B}}/(mc^2) \approx \alpha^2$ mit der Feinstrukturkonstante $\alpha = e^2/(4\pi\varepsilon_0\hbar c) = \frac{1}{137}$: Die Feinstrukturaufspaltung ist etwa 10^4mal kleiner als die Bahnenergie, diese ist 10^4mal kleiner als die Ruhenergie des Elektrons. Kernmoment und Hyperfein-Aufspaltung sind nochmals etwa tausendmal kleiner. Im mitbewegten Bezugssystem des Elektrons herrscht kein Strom, also auch kein Magnetfeld. Wenn das Elektron zusätzlich noch um seine Achse rotiert, kann diese Bewegung also auch nicht durch das Bahnmagnetfeld be-

einflußt werden. In Wirklichkeit beeinflussen Bahn- und Spinmoment einander, was bereits zeigt, daß das klassische, an einem Bahnpunkt lokalisierbare Elektron die Situation nicht richtig beschreibt.

12.7.8. Rabi-Versuch

Im Magnetfeld $B_B = 0{,}3453\,T$ führt das Teilchen eine Präzessionsbewegung mit 14,693 MHz aus (Minimum der Strahlintensität). Die entsprechende Larmor-Kreisfrequenz $\omega = p_m B/(\hbar\mu_0)$ läßt auf ein magnetisches Moment $p_m = 1{,}771 \cdot 10^{-32}$ V s m $= 2{,}7903 p_{mK}$ schließen, also auf ein Proton. Wenn in der Elektronenhülle ein Gesamtmoment übrigbliebe, wäre dieses viel größer als das winzige Kernmoment und würde dessen Einfluß überdecken, die Wurfparabeln würden sich viel stärker krümmen, die Resonanzfrequenz wäre etwa tausendmal höher. Elektronenhüllen müssen aber vorhanden sein, denn unkompensierte Kernladungen würden im Magnetfeld Lorentz-Kräfte erfahren, die ebenfalls viel zu stark ablenkten. Man muß also mit Molekülen arbeiten, deren Hüllen diamagnetisch sind. Bei dem winzigen Moment des Kerns muß die Inhomogenität des Feldes sehr groß sein, damit die Ablenkung wesentlich wird. Die Breite des Maximums ist die reziproke Lebensdauer τ des Einstellzustandes. Man liest ab $\tau = 10^{-5}$ s. Klassisch betrachtet, zerstört das Feld im Abschnitt C die Einstellung durch eine Präzessionsbewegung, deren Kreisfrequenz $\Delta\omega \approx 10^5\,s^{-1} \approx p_m B_C/(\hbar\mu_0)$ ist. Aus $\Delta\omega/\omega = 1{,}4 \cdot 10^{-3}$ erhält man $B_C \approx 5 \cdot 10^{-4}$ T, was nur etwa zehnmal größer ist als das erdmagnetische Feld.

12.7.9. Protonen im Eis

Das 30 MHz-Signal im 0,7 T-Feld von Abb. 12.67 muß von Protonen mit $p_m = 2{,}79 p_{mK}$ stammen, ebenso wie das 14,7 MHz-Signal im 0,35 T-Feld von Abb. 12.65. Die Aufspaltung von 40 kHz entspricht einem 375mal kleineren Störfeld $B \approx 2 \cdot 10^{-3}$ T (parallele und antiparallele Einstellung differieren energetisch um $\Delta W = 2p_m H$). Ein solches Feld wird vom Protonenmoment $p_m = 2 \cdot 10^{-32}$ V s m gemäß $B = p_m/r^3$ im Abstand $r \approx 2 \cdot 10^{-10}$ m = 2 Å erzeugt. Dies ist der tatsächliche Abstand zweier Protonen im H_2O-Molekül. Jede O–O-Bindung hat in den beiden Nachbartetraedern des Eisgitters je drei Nachbarbindungen. Säßen die Protonen in der Mitte dieser O–O-Bindungen, dann gäbe es je nach der Einstellung der sechs Nachbarprotonen nicht nur zwei, sondern sieben verschiedene Werte des Störfeldes (man beachte die Gleichwertigkeit aller Nachbarn). Die Protonen sitzen also wenigstens zeitweise bei einem bestimmten H_2O-Molekül, springen aber zwischen den beiden Gleichgewichtslagen auf der O–O-Bindung mit einer Frequenz hin und her, die sich aus der Energieunschärfe, also der Verbreiterung der beiden Peaks zu ebenfalls etwa 40 kHz ablesen läßt. Das Proton bleibt also im Mittel nur etwa 10^{-5} s in einem der beiden Potentialtöpfe. Die Höhe des Potentialwalls dazwischen ergibt sich aus dem Boltzmann-Ausdruck für die Sprungfrequenz $\nu = \nu_0\,e^{-W/(kT)}$ zu etwa 0,4 eV.

12.7.10. Spinecho

Das HF-Feld soll in 10 µs die Kernmomente um $\pi/2$ drehen. Dazu ist ein Drehmoment $T = p_m B/\mu_0 \approx \Delta L/t \approx \hbar/t$ nötig. Mit einem magnetischen Moment $p_m = \mu_0 e\hbar/m_H$ ergibt sich $B \approx m_H/(et) \approx 10^{-3}$ T. Die Abklingzeit des Echos bedeutet entweder die Zeit, in der die magnetische Feldenergie $\frac{1}{2}LI^2$ der Spule durch die Joule-Leistung RI^2 verzehrt wird, also $L/R \approx 10^{-2}$ s, was z. B. $L \approx 1$ mH, $R \approx 0{,}1$ entspräche, oder eine thermische Stoßzeit entsprechender Länge, die allerdings einem sehr stark verdünnten Gas entspräche, das niemals ein kräftiges Signal ergeben könnte.

12.7.11. Chemische Verschiebung

Die chemische Verschiebung entspricht der Differenz zwischen verschiedenen Konfigurationen der Elektronenhülle, also einem kleinen Bruchteil der Abschirmwirkung des diamagnetischen Gegenmoments der Elektronenhülle auf ein äußeres B-Feld. Klassisch präzediert ein Hüllenelektron mit der Larmor-Frequenz $\omega_L = eB/m$ und erzeugt ein Gegenmoment $\mu_0 e\omega_L r^2$, das das Feld in Kernumgebung um $\Delta B \approx p_m/r^3 \approx \mu_0 e\omega_L/r \approx \mu_0 e^2 B/(mr)$ schwächt. Setzt man hier den Bohr-Radius ein und beachtet wieder $\varepsilon_0\mu_0 = 1/c^2$, dann entpuppt sich der Bruchteil der Feldschwächung als Quadrat der Feinstrukturkonstante $\alpha = e^2/(4\pi\varepsilon_0\hbar c) = \frac{1}{137}$. Die chemische Verschiebung macht wieder nur einen Bruchteil von $\alpha^2 \approx 10^{-4}$ aus. Dies gilt für diamagnetische Elektronenhüllen.

Kapitel 13: Lösungen . . .

13.1.1. Austauschkraft

Gegeben seien zwei Teilchen A und B. Die Energie dieses Systems (wie jedes anderen auch) läßt sich innerhalb der Zeit Δt nicht mit größerer Genauigkeit bestimmen als $\Delta W \approx h/\Delta t$. Ein Teilchen C der Ruhmasse μ hat die Ruhenergie μc^2. Innerhalb der Zeit $\Delta t_0 \approx h/(\mu c^2)$ kann man also z. B. nicht einmal feststellen, ob wie bisher nur die Teilchen A und B da sind oder ob noch ein zusätzliches Teilchen C entstanden ist. Allerdings muß dieses virtuelle Teilchen C spätestens nach der Zeit Δt_0 verschwunden sein, sonst schlägt der Energiesatz Alarm. In dieser Zeit kann das Teilchen höchstens die Strecke $c\,\Delta t_0 = h/(\mu c) = r_0$ fliegen. Dies ist die maximale Reichweite einer durch das virtuelle Teilchen vermittelten Wechselwirkung. Wenn die Kernkraft eine solche Austauschkraft ist, ergibt sich aus ihrer Reichweite von ca. 10^{-14} m eine Masse der virtuellen Teilchen von $\mu = h/(r_0 c) \approx 2 \cdot 10^{-28}$ kg ≈ 200 Elektronenmassen. Man kann so, ähnlich wie *Yukawa* das tat, die Existenz des Pions voraussagen.

Die Kernkraft hat einen scharf begrenzten Wirkungsbereich, die elektromagnetischen Kräfte nicht; sie werden nur immer schwächer. Das entspricht dem Umstand, daß die ruhmasselosen Photonen über jede beliebige Entfernung ausgetauscht werden können, allerdings unter immer schärferer Begrenzung ihrer Energie.

13.1.2. Oberflächenenergie
Da die dichteste Kugelpackung nur wenig „Luft" läßt (ca. 15 %), hat die Kugel, die aus A Kügelchen besteht, nur wenig mehr Volumen als $A \cdot \frac{4}{3}\pi r^3 \approx 4\pi R^3$, also den Radius $R \approx rA^{1/3}$, was für Kerne nach (13.10) gut zutrifft. Auf die Oberfläche $4\pi R^2$ dieser großen Kugel entfallen $4\pi R^2/(\pi r^2) \approx 4A^{2/3}$ Querschnitte kleiner Kugeln; so viele von den A Kugeln sitzen an der Oberfläche. Das gilt für große A; für kleine A sitzen relativ mehr Kugeln außen, und es gibt keine so einfachen Formeln mehr. Im Innern wird jede Kugel von 12 anderen berührt, an der Oberfläche nur von 9 (6 Kugeln sitzen rings um die betrachtete in einer Ebene, 3 in der Ebene darunter, 3 darüber). Es gibt also $6A - 6A^{2/3}$ Bindungen zwischen nächsten Nachbarn.

13.1.3. Coulomb-Energie
Eine Kugel vom Radius R und der Gesamtladung Ze hat, wenn sie homogen geladen ist, die Ladungsdichte $\varrho = Ze/(\frac{4}{3}\pi R^3)$. Wir betrachten eine Teilkugel vom Radius $r < R$. Sie hat die Ladung Zer^3/R^3. Setzen wir an sie außen eine weitere dünne geladene Kugelschale von der Dicke dr an, so wächst die Energie des Systems um die Wechselwirkungsenergie der Teilkugel mit der neuen Schale, d. h. um $\mathrm{d}W = 4\pi\varrho r^2\,\mathrm{d}r\,Zer^3/(R^3 4\pi\varepsilon_0 r) = \varrho Zer^4\,\mathrm{d}r/(\varepsilon_0 R^3)$. Führen Sie diesen Aufbau von $r = 0$ bis $r = R$ durch; Sie erhalten als Gesamtenergie $W = \int_0^R \mathrm{d}W = \varrho ZeR^2/(5\varepsilon_0)$. Einsetzen von ϱ liefert $W = \frac{3}{5}Z^2e^2/(4\pi\varepsilon_0 R)$. Das ist das 5. Glied in (13.13).

13.1.4. Warum hat der Kern nicht mehr Neutronen
In einem Potentialtopf mit parabolischem Profil (Oszillatorpotential) sind die Energiezustände äquidistant angeordnet. Ihr Abstand sei W_0. In jedem Zustand der Protonenleiter haben zwei Protonen entgegengesetzten Spins Platz, entsprechend für die Neutronenleiter. Ein Kern mit Z Protonen und N Neutronen (beide Zahlen seien z. B. gerade) füllt die Protonenleiter bis zum $Z/2$-Zustand von unten auf, die Neutronenleiter bis zum $N/2$-Zustand. Der i-te Zustand hat die Energie iW_0, also haben die Protonen insgesamt $W_\mathrm{p} = 2W_0 \sum_1^{Z/2} i = 2W_0(Z/2+1)Z/4 \approx W_0 Z^2/4$. Entsprechend ergibt sich für die Neutronen $W_\mathrm{n} \approx W_0 N^2/4$. Die Gesamtenergie läßt sich darstellen $W = W_\mathrm{p} + W_\mathrm{n} \approx \frac{1}{4}W_0(N^2 + Z^2) = \frac{1}{8}W_0(N+Z)^2 + \frac{1}{8}W_0(N-Z)^2 = \frac{1}{8}W_0A^2 + \frac{1}{8}W_0(N-Z)^2$. Bei $N = Z = A/2$ wäre $W = \frac{1}{8}W_0A^2$; jeder Überschuß von Protonen oder Neutronen führt zu einer um $\frac{1}{8}W_0(N-Z)^2$ höheren Energie. So kommt das sechste Glied in (13.13) zustande. Der Vergleich zeigt, daß $W_0 = 8\eta/A$; der Potentialtopf ist um so enger und damit ist W_0 um so größer, je leichter der Kern ist.

13.1.5. Im Tal der Stabilität
Ohne die Coulomb-Abstoßung der Protonen wäre nach Aufgabe 13.1.4 ein Kern mit $Z = N = A/2$ energetisch am besten dran. In Wirklichkeit liegt das Optimum bei etwas kleinerer Protonenzahl, nämlich da, wo die Energie (13.13) minimal ist, also ihre Ableitung nach Z bei gegebenem A verschwindet: Wir benutzen die Abkürzungen $\alpha = (m_\mathrm{n} - m_\mathrm{p})c^2 = 0{,}78\,\mathrm{MeV}$ (Massendifferenz zwischen Neutron und Proton 0,00084 AME) und $\beta = 3e^2/(20\pi\varepsilon_0 r_0) = 0{,}639\,\mathrm{MeV}$ (nach (13.10) ist $r_0 = 1{,}2 \cdot 10^{-15}\,\mathrm{m}$). Dann wird für gu- oder ug-Kerne

$$W = m_\mathrm{n}c^2A - \alpha Z - 6\varepsilon A + 6\varepsilon A^{2/3} + \beta Z^2/A^{1/3} + \eta(A-2Z)^2/A\,.$$

Die Ableitung nach Z bei konstantem A, also die Steigung längs einer $-45°$-Linie im Z,N-Schema ist

$$\frac{\partial W}{\partial Z} = -\alpha + 2\beta Z/A^{1/3} - 4\eta + 8\eta Z/A\,.$$

Sie verschwindet bei

$$Z = Z_\mathrm{Tal} = \frac{A}{2}\frac{1+\alpha/(4\eta)}{1+A^{2/3}\beta/(4\eta)}\,.$$

Allein aus der Tatsache, daß $^{238}_{92}\mathrm{U}$ stabil ist, läßt sich η sehr genau ermitteln:

$$92 = 119\frac{1+\alpha/(4\eta)}{1+A^{2/3}\beta/(4\eta)}\,,$$

also

$$\eta = 32{,}75\beta + 1{,}1\alpha = 21{,}7\,\mathrm{MeV}\,.$$

Für eine Abschätzung von ε genügt die Tatsache, daß dank der Definition der atomaren Masseneinheit (AME) praktisch alle Nuklide die ganzzahlige Masse haben, die ihrer Nukleonenzahl entspricht, obwohl doch ein Nukleon 1,008 AME hat; etwa 120 Nukleonen verbrauchen also eine volle AME als Bindungsenergie. Die Bindungsenergie pro Nukleon ist also etwa 8 MeV. Genauer: $^{238}_{92}\mathrm{U}$ hat die Masse 238,05 AME, 238 Neutronenmassen wären 240,06 AME; Differenz 2,01 AME oder 1 870 MeV. Setzt man den obigen Wert $Z = Z_\mathrm{Tal}$ in (13.13) ein, dann ergibt sich die Tiefe des Energietals nach einigen Umformungen

$$W_\mathrm{Tal} = m_\mathrm{n}c^2A - 6\varepsilon(A - A^{2/3}) + \tfrac{1}{2}\beta A^{2/3}Z\,.$$

Die negativen Glieder müssen für $A = 238$ den Wert 1 870 MeV haben. Es folgt $\varepsilon = 2{,}6\,\mathrm{MeV}$.

13.1.6. β-Zerfall
Nach Aufgabe 13.1.5 läßt sich die Gesamtenergie des Kerns darstellen als $W = f(A) - (\alpha + 4\eta)Z + (\beta A^{-1/3} + 4\eta A^{-1})Z^2$, wobei $f(A)$ nicht von Z, nur von A abhängt. Das Profil des Energietals, geschnitten längs einer $-45°$-Linie mit $A = \mathrm{const}$, verläuft also wie $W = W_\mathrm{Tal} + (4\eta A^{-1} + \beta A^{-1/3})(Z - Z_\mathrm{Tal})^2$, d. h. wie eine Parabel, die um so enger ist, je kleiner A ist. Die Krümmung $2\beta A^{-1/3} + 8\eta A^{-1} = 1{,}28A^{-1/3} + 160A^{-1}$ dieser Parabel wird unterhalb von $A = 1\,400$, also für alle Kerne, vom $160A^{-1}$-Glied be-

herrscht. Auf dieser Parabel liegen alle Kerne, die unter Änderung von Z bei konstantem A, d. h. durch β^-- oder β^+-Zerfall auseinander hervorgehen können. Wenn A ungerade ist, können durch Z-Änderung nur immer gu- oder ug-Kerne entstehen. Von diesen Kernen liegt einer am nächsten der Talsohle, also am tiefsten auf der Parabel. Alle anderen Kerne können unter Gewinn von Energie, die dem β^-- oder β^+-Teilchen mitgegeben wird, in diesen einzigen stabilen Kern übergehen: Bei ungerader Massenzahl gibt es nur ein stabiles Isobar (Isobare = Kerne gleicher Massenzahl). Wenn A aber gerade ist, liegt immer ein gg-Kern neben einem uu-Kern. Infolge des Paarabsättigungsgliedes $\pm\delta/A$ spaltet daher die Parabel in zwei Parabeln mit einer Höhendifferenz $2\delta/A$ auf. δ ist so groß (etwa 60 MeV), daß i. allg. auch der tiefstgelegene Kern der oberen Parabel höher liegt als die tiefsten Kerne der unteren, selbst wenn die Talsohle praktisch durch diesen oberen Kern läuft. In diesem Fall sind die *beiden* gg-Kerne stabil, denn keiner kann, ohne den höhergelegenen uu-Kern zu passieren, in den anderen übergehen. Die β^- und β^+-Zerfallsenergien müssen danach in der Größenordnung $100/A$ MeV liegen (z. B. etwa 0,5 MeV bei den natürlich radioaktiven Kernen), oder wesentlich höher, wenn der Kern höher am Seitenhang liegt.

13.1.7. α-Zerfall

Bei Reaktionen ohne Änderung der Gesamtmassenzahl spielt das Glied $m_n c^2 A$ im Ausdruck für die Energie des Talbodens keine Rolle. Es bleibt $W'_{\text{Tal}} = -6\varepsilon A + 6\varepsilon A^{2/3} + \frac{1}{2}\beta A^{2/3} Z = -14A + 14A^{2/3} + 0{,}32A^{2/3}Z$. Der lineare Abfall $-14A$ wird für größere A durch die beiden anderen Glieder gemildert, und zwar überwiegt bei $A \ll 50$ das $A^{2/3}$-Glied, bei $A \gg 50$ das Glied $A^{2/3}Z \sim A^{5/3}$. Wie jede Potenz A^n mit $n < 1$, fängt $A^{2/3}$ steil an und wird dann flacher, umgekehrt verhält sich $A^{5/3}$. So kommt die leichte S-Biegung zustande, die in Abb. 13.16 übertrieben, in Abb. 13.17 ungefähr richtig dargestellt ist. Deutlicher sieht man diese Biegung in der W'_{Tal}/A-Darstellung (vgl. Aufgabe 13.1.8, Abb. 13.16).

Ausstoß eines Teilchens B aus dem Kern K ist energetisch möglich, wenn B und der Restkern zusammen mehr Bindungsenergie (also eine stärker negative W'_{Tal}-Summe) haben als der ursprüngliche Kern K. Das α-Teilchen mit seiner hohen Bindungsenergie von 28,3 MeV oder 7,1 MeV/Nukleon (Massendifferenz $2m_p + 2m_n - m_\alpha = 0{,}0302$ AME) ist ein besonders aussichtsreicher Kandidat dafür. α-Zerfall ist möglich, wenn bei Zunahme von A um 1 die Talsohle weniger als 7,1 MeV abfällt. Zeichnet man W'_{Tal}, dann sieht man, daß dies ab $A = 142$ der Fall ist. Tatsächlich ist $^{144}_{60}$Nd der leichteste α-aktive Kern mit der kleinen Zerfallsenergie 1,5 MeV und entsprechend langer Halbwertszeit von 10^{15} a. In der Gegend des Urans ist die Talneigung nur noch 5,6 MeV/AME, also bekommt das α-Teilchen eine kinetische Energie von $4(7{,}1 - 5{,}6) \approx 6$ MeV mit und tritt sehr schnell aus. In Abb. 13.17 kann es zunächst überraschen, daß die α-Stabilitätsgrenze höher liegt also die Spaltungsgrenze. Daß man die Spaltung als so viel revolutionärer empfindet als den α-Zerfall, hat historische und technische Gründe: Man hat 50 Jahre Zeit gehabt, sich an den α-Zerfall zu gewöhnen; andererseits bietet der α-Zerfall keine Möglichkeit zur Kettenreaktion. Rein energetisch ist der α-Zerfall als extrem asymmetrische Spaltung einschneidender: Zwar ist die Bindungsenergie pro Nukleon des α sehr hoch, aber doch kleiner als für ein großes Fragment.

13.1.8. Weizsäckers Chance

Für die günstigste Kombination von Z und N, d. h. an der Sohle des Energietals, ist die Bindungsenergie pro Nukleon $\mu = 6\varepsilon - 6\varepsilon A^{-1/3} - \frac{1}{2}\beta Z/A^{1/3} = 14 - 11A^{-1/3} - 0{,}32Z/A^{1/3}$. Für $Z \ll 50$ überwiegt das $A^{-1/3}$-Glied und ergibt den steilen Anstieg links in Abb. 13.12. Für $Z \gg 50$ liefert $A^{-1/3}Z \sim A^{2/3}$ den flachen Abfall rechts. Das Maximum liegt bei $A = 54$ und hat die Höhe 8,6 MeV. Man kommt zum gleichen Ergebnis, wenn man von $W = A = 0$ aus an die Sohle des Energietals eine Tangentialebene legt. Unsymmetrisch beiderseits dieses Maximums liegen Kerne mit gleicher Bindungsenergie pro Nukleon. Speziell liegt ein Kern mit $A = 90$ ebensohoch wie einer mit $A = 45$. Schwerere Kerne liegen tiefer als der halb so massive Kern, können also im Prinzip unter Energiegewinn symmetrisch spalten. Dieser Energiegewinn läßt sich direkt aus der Form des Energietals ablesen oder berechnen. Ferner liest man sofort ab, daß die hypothetischen symmetrischen Spaltfragmente ein viel zu kleines Z haben, d. h. weit oben am Seitenhang des Energietals hängen. Beim U, wo die Spaltungstendenz und -energie maximal sein müssen, kämen zwei $^{119}_{46}$Pd heraus, die eigentlich nur 60 statt 73 Neutronen haben dürften oder 50 statt 46 Protonen haben müßten. Bei dieser Abweichung vom Talboden $\Delta Z \approx 4$ ergibt sich nach Aufgabe 13.1.6 eine Höhe über dem Boden von 21 MeV. Es lohnt also, unter Opferung der 9 MeV Bindungsenergie ein Neutron auszustoßen, um sich dem Talboden zu nähern. Gleichzeitig kann mit einer gewissen Wahrscheinlichkeit auch der weniger radikale Weg eines β^--Zerfalls begangen werden. Zwischen ΔZ-Werten von 3 und 2 liegt die 9 MeV-Grenze, unterhalb der kein Neutronenausstoß mehr möglich ist. So erhält man zwischen 1 und 1,5 Spaltungsneutronen pro Fragment, d. h. die berühmten 2–3 Neutronen pro Spaltung, die, wenn sie innerhalb der kritischen Masse wieder spaltend eingefangen werden, das Anschwellen der Kettenreaktion garantieren.

13.1.9. Spaltungsmodell

Wir betrachten zunächst nur den Endzustand der Spaltung (Abb. 13.18): Eine große Kugel ist in zwei kleine vom halben Volumen zerfallen.

Tabelle L.4

	Coulomb-Energie	Oberflächen-Energie
	$\frac{3}{5}e^2Z^2/(4\pi\varepsilon_0 r_0 A^{1/3})$	$6\varepsilon A^{2/3}$
	$2\frac{3}{5}e^2Z^2/(16\pi\varepsilon_0 r_0 A^{1/3}2^{-1/3})$	$2\cdot 6\varepsilon A^{2/3}2^{-2/3}$
Diff.	$0{,}37\,\beta Z^2/A^{1/3}$	$1{,}55\,\varepsilon A^{2/3}$

Für große A und Z überwiegt das erste Glied. Dann ist Spaltung energetisch vorteilhaft, denn der Gewinn an Coulomb-Energie überwiegt den Aufwand an Oberflächen-Energie. Die Differenz gibt die Gesamtenergie der Spaltung. Sie ist 0 bei $A = 90$, $Z = 39$. Zirkonium ist eigentlich schon instabil gegen symmetrische Spaltung. Bei $A = 235$ gewinnt man 323 MeV Coulomb-Energie und braucht 138 MeV Oberflächenenergie. Die Spaltungsenergie errechnet sich so zu 185 MeV.

Schwieriger ist die Frage, was zwischen den beiden Endzuständen passiert. Jede Abweichung von der Kugelgestalt vergrößert die Oberflächen-Energie, verringert aber die Coulomb-Energie (die Protonen rücken weiter auseinander). Es gibt also eine Massenzahl, bei der der zweite Einfluß sofort überwiegt, so daß die Kugelgestalt ein labiler Gleichgewichtszustand wird. Sie liegt offenbar noch etwas jenseits der Transurane ($A \approx 400$). Von $A = 90$ bis dorthin muß eine Potentialschwelle überwunden werden, um zum energetisch günstigeren gespaltenen Zustand zu gelangen. Diese Schwelle entspricht etwa dem Zustand, wo die beiden Fragmente noch durch einen Hals verbunden sind. Zu der oben abgeschätzten Energiedifferenz kommt dann die Wechselwirkungsenergie der beiden Fragmente $e^2Z^2/(16\pi\varepsilon_0 2r_0 A^{1/3} 2^{-1/3}) = 0{,}26\beta Z^2/A^{1/3} = 0{,}17\, Z^2/A^{1/3}$ hinzu. Die Schwellenenergie wird also etwa $3{,}75A^{2/3} - 0{,}1Z^2/A^{1/3}$. Für $A \approx 100$ liegt das um 50 MeV, für $A = 235$ ist es nur noch etwa 8 MeV, d. h. schon die Anlagerungsenergie eines Neutrons kann Kernschwingungen auslösen, die die Schwelle überwinden.

13.1.10. Moderation

Da Neutronen den Coulomb-Kräften nicht unterliegen, werden sie nur von Kernen abgelenkt und gebremst, nicht wie die geladenen Teilchen auch von Elektronen. Bei einem Stoß mit einem Kern der Masse M kann das Neutron mit der Masse m nur maximal (bei zentralem Stoß) einen Bruchteil $4mM/(m + M)^2$ seiner Energie abgeben (vergleiche Abschn. 1.5.9g). Bei Wasserstoff ist dieser Bruchteil 1, bei Blei nur etwa 0,02. Die zur Bremsung notwendige Anzahl von Stößen ist also in Blei 50mal größer. Auch der größere Stoßquerschnitt des Bleikerns kann das nicht ausgleichen: Selbst bei gleicher Schichtdicke schirmt Wasser Neutronen besser ab als Blei, erst recht bei gleicher Massendicke (g/cm^2).

13.1.11. Schweres Wasser

Seiner Masse nach ist normaler Wasserstoff zur Bremsung von Neutronen besser geeignet als schwerer, wenn auch nicht erheblich (beim zentralen Stoß mit einem Deuteron gibt das Neutron $\frac{8}{9}$ seiner Energie ab, mit einem Proton die ganze Energie). Aber das Proton hat einen weit größeren Einfangquerschnitt für Neutronen als das Deuteron, würde also sehr bald alle Neutronen unter Deuteriumbildung einfangen, statt sie zu bremsen. Daß ^{16}O und ^{2}H einen so kleinen Einfangquerschnitt haben, versteht man am besten daraus, daß sie die für leichte Kerne energetisch optimale Zusammensetzung $Z = N$ haben. Sie haben also keinen Anlaß, noch ein Neutron einzufangen. Dies würde zu Isotopen führen, die ihre ungünstige Zusammensetzung durch Instabilität (^{3}H) bzw. große Seltenheit (^{17}O) dokumentieren. Diese einfache Betrachtung trifft zwar hinsichtlich der Neutronen-Einfangquerschnitte nicht immer das Richtige, aber oft. Da schweres Wasser so teuer ist (Isotopentrennung), moderiert man heute immer häufiger mit normalem Wasser. Man kann dann nicht mehr mit Natururan als Brennstoff arbeiten, sondern muß das ^{235}U anreichern.

13.1.12. Günstigste Fusion

Alle Kerne bis zur Spaltungsgrenze $A \approx 90$ haben mehr Bindungsenergie/Nukleon als die halb so großen Kerne. Da aber die Kurve der Bindungsenergie/Nukleon nach oben konvex ist, wächst der entsprechende Unterschied, die Fusionsenergie/Nukleon, wenn man A verringert. Die Rechnung führt zum gleichen Ergebnis: Für die interessierenden leichten Kerne kann man $Z = A/2$ setzen, also $\mu = 14 - 14A^{-1/3} - 0{,}16A^{2/3}$. Ein Kern mit dem halben A hat $14 - 14A^{-1/3}2^{1/3} - 0{,}16A^{2/3}2^{-2/3}$, die Differenz $3{,}63A^{-1/3} - 0{,}059A^{2/3}$ beschreibt die Fusionsenergie/Nukleon (und würde auch die Spaltungsenergie/Nukleon beschreiben, nämlich dort, wo das negative Glied überwiegt, wenn die Näherung $Z = A/2$ dort noch gerechtfertigt wäre). Die Differenz ist bei kleinem A am größten; z. B. für $^2\mathrm{H} + {}^2\mathrm{H} \to {}^4\mathrm{He}$ erhält man 2,2 MeV/Nukleon. Wenn das Energietal (das natürlich besonders kleine Kerne schlecht beschreibt) diesen glatten Boden hätte, müßte man $2\,{}^1\mathrm{H} \to {}^2\mathrm{H}$, $2\,{}^2\mathrm{H} \to {}^4\mathrm{He}$ als beste Fusionskandidaten betrachten. Das Tal ist aber durch das Paarabsättigungsglied δ/A^2 zugunsten der gg-Kerne aufgerauht, und zwar um so stärker, je kleiner A ist. Dadurch verliert ^{2}H, und ^{4}He gewinnt. Das Tröpfchenmodell sagt sogar eine noch höhere Fusionsenergie als die gemessenen 6,0 MeV/Nukleon voraus. Für $^6\mathrm{Li} + {}^2\mathrm{H} \to 2\,{}^4\mathrm{He}$ mißt man nur 2,80 MeV/Nukleon. $^6_3$Li ist ein uu-Kern und daher energieärmer und seltener als das ug-Isotop $^7_3$Li. Leider gerät bei der Fusion zweier Deuteronen der entstehende ^{4}He-Kern in einen zu hohen Anregungszustand und stößt entweder ein Proton oder ein Neutron aus. Man nutzt dabei also nur die viel kleinere Bindungsenergie der gu- bzw. ug-Kerne ^{3}He bzw. ^{3}H aus und erhält noch nicht einmal die vom Tröpfchenmodell vorausgesagten 2,2 MeV/Nukleon, sondern nur 0,8 MeV/Nukleon. Die Lithiumdeuterid-Reaktion wird nur übertroffen von der Reaktion $^3\mathrm{He} + {}^2\mathrm{H} \to {}^4\mathrm{He} + {}^1\mathrm{H}$, die 3,7 MeV/Nukleon liefert. Eben wegen seiner Energiearmut ist aber ^{3}He äußerst selten.

13.1.13. Magnetische Flasche

In einem Plasma mit der Teilchenzahldichte n ist der mittlere Abstand zwischen Nachbarteilchen $a = n^{-1/3}$. Wenn es mit der Geschwindigkeit v vorbeifliegt, übt ein Teilchen auf seinen Nachbarn nach *Biot-Savart* maximal ein Magnetfeld der Größenordnung $H = ev/(4\pi a^2)$ aus (vgl. Abschn. 7.2.5; die bewegte Ladung kann als Stromelement $I\,\mathrm{d}l = ev = \mathrm{d}l\,e/\mathrm{d}t$ aufgefaßt werden). Beim Gasdruck p entfällt auf ein Teilchen, das die Fläche a^2 beherrscht, der Kraftanteil pa^2. Die Lorentz-Kraft im Feld B ist evB. Gleichsetzen dieser

Kräfte liefert $p = evB/a^2$, und Benutzung von v aus der ersten Beziehung ergibt $p \sim 4\pi HB$. Bis auf einen Zahlenfaktor ist der magnetische Druck gleich der magnetischen Energiedichte ($J/m^3 = N/m^2$). Mit $H = 10^7$ A/m, d. h. $B \approx 10\,Vs/m^2$ erhält man $p \approx 10^9\,N/m^2 = 10^4$ bar. Man könnte so ein vollionisiertes Deuteriumplasma von 10^8 K magnetisch einsperren, ohne daß es zu katastrophaler Wandberührung kommt, falls seine Dichte kleiner als $10^{-6}\,g/cm^3$ ist (technisch experimentiert man z. Z. mit sehr viel geringeren Dichten $n \approx 10^{16}\,cm^{-3}$, weil jede magnetische Flasche undicht ist). Bei dieser Dichte, d. h. $n \approx 10^{18}$ Teilchen/cm^3, wäre die freie Weglänge für Stöße mit dem geometrischen Kernquerschnitt von $10^{-25}\,cm^2$ etwa $l = 1/(n\sigma) \approx 10^7$ cm. Bei 10^8 K fliegen die Deuteronen mit etwa 10^8 cm/s, treffen also nur zehnmal in der Sekunde einen anderen Kern. Bei dieser Geschwindigkeit ist die de Broglie-Wellenlänge des Deuterons $\lambda = h/(mv) \approx 2 \cdot 10^{-11}$ cm. Das Deuteron prallt also nicht, wie es klassisch müßte, dort vom Potentialwall des anderen Deuterons ab, wo dessen Höhe $kT \approx 10$ keV beträgt, also bei etwa 10^{-11} cm, sondern dringt mit etwa 10 % Wahrscheinlichkeit ein. Es erfolgen also etwa 10^{18} Fusionsakte/(cm^3 s), die etwa $3 \cdot 10^{18}\,MeV/(cm^3\,s) \approx 3 \cdot 10^5\,W/cm^3$ erzeugen. Bei den tatsächlich benutzten Dichten von $n \approx 10^{16}\,cm^{-3}$ ergeben sich nur 30 W/cm^3 (auch die Stoßzahl wird hundertmal kleiner!), und ein 1 MW-Reaktor müßte so groß sein wie ein Fäßchen. Um das nötige Magnetfeld in diesem Volumen aufrechtzuerhalten, braucht man einige Millionen Ampere.

13.1.14. Nukleonen-Mikroskop

Will man das Innere des Nukleons, also Einzelheiten von 10^{-15} m und weniger sehen, dann muß die de Broglie-Wellenlänge des abbildenden Teilchens kleiner sein als diese Länge, also sein Impuls $p = h/\lambda > 6 \cdot 10^{-19}$ kg m/s. Für Elektronen mit diesem Impuls gilt der relativistische Energiesatz: $W = pc > 2 \cdot 10^{-10}\,J \approx 1{,}2$ GeV. Für Nukleonen liegt diese Energie gerade am Übergang zum relativistischen Bereich, m. a. W.: Um in ein Teilchen einzudringen, muß man mehr Energie haben als seine eigene Ruhenergie. Bei wesentlich höherer Energie hängen p und λ und damit das Auflösungsvermögen nur noch von der Energie, nicht mehr von der Teilchenart ab. Elektronen, die der starken Wechselwirkung nicht unterliegen, haben ein einfacher durchschaubares Verhalten in den Feldern des Kern- und Nukleoneninnern.

13.1.15. Die größte Kraft

Ein unendlich hartes, aber nicht punktförmiges Teilchen verstieße gegen die Relativitätstheorie: Unendliche Härte, d. h. unendlich großer Elastizitätsmodul bei endlicher Dichte würde unendlich große Schallgeschwindigkeit bedeuten. Der größtmögliche Elastizitätsmodul ergibt sich daraus, daß die Schallgeschwindigkeit c ist: $c = \sqrt{E/\varrho}$, also $E = \varrho c^2$. Dies ergibt, auf den Querschnitt des Nukleons $\pi r_0^2 \approx 5 \cdot 10^{-30}\,m^2$ bezogen, eine Kraft $F \approx \pi r_0^2 \varrho c^2 \approx mc^2/r_0 \approx 10^5$ N, d. h. man brauchte 10 t, um so ein winziges Ding zu zerquetschen. Der E-Modul wird $10^{34}\,N/m^2$, denn $\varrho \approx 10^{17}\,kg/m^3$. Ein entsprechender Druck würde im Innern eines Sterns von etwas mehr als Sonnenmasse herrschen ($M \approx 10^{31}$ kg), wenn sein Radius nur einige km betrüge: $p \approx GM^2/R^4 \approx \varrho c^2$. Wenn der Stern alle Möglichkeiten der Kernenergiegewinnung ausgeschöpft hat, also keinen thermischen oder Strahlungs-Gegendruck mehr ausüben kann, läßt ihn die Gravitation tatsächlich so zusammenschrumpfen. Er hat dann die Dichte des Nukleons (Riesenkern aus dichtgepackten Nukleonen). Schreibt man $p \approx GM/R^3 \cdot M/R \approx G\varrho M/R$, dann entpuppt sich die Bedingung für den Schweredruck, dem die Nukleonen gerade noch standhalten, nämlich $p \approx G\varrho M/R \approx \varrho c^2$, als äquivalent zu der Bedingung für die Bildung eines Schwarzen Loches (vgl. Abschn. 15.4.4), von dem nicht einmal das Licht wegkann: $GM/R = c^2$. Im Schwarzen Loch werden also sogar die Nukleonen zu Brei zerquetscht.

13.1.16. Nochmal Sherlock Holmes

Holmes setzt offenbar einen Reaktor voraus, der annähernd die gleiche Energie liefert, wie sie der Erde von der Sonne zugestrahlt wird. Da die Sonne $\frac{1}{2}^\circ$ breit erscheint (der Daumen deckt sie viermal), ist ihr Radius $\frac{1}{240}$ des Erdbahnradius. 1 km^2 Erdoberfläche bezieht also seine Energie aus einer Pyramide von etwa 4 m Basis-Seitenlänge und annähernd dem 100fachen Erdradius als Höhe. Der Reaktor, der den km^2 versorgen sollte, müßte also, selbst wenn er den ganzen km^2 bedeckt, $100/240^2$ Erdradien oder 10 km hoch sein. Einziger Ausweg für den Fusionsreaktor ist erhebliche Steigerung der Reaktionstemperatur über die im Sonneninnern.

13.1.17. Neutronendiffusion

Im Reaktor-Core sind Quell- und Senkendichte der Neutronen proportional zur Anzahldichte n der Neutronen. Je mehr Neutronen vorhanden sind, desto mehr werden eingefangen: Senkendichte $-kn$; desto häufiger sind aber auch Spaltungsakte, die neue Neutronen erzeugen: Quelldichte $k'n$. Die Gesamtquelldichte ist $k^*n = (k' - k)n$. Bei $k' > k$ wäre der Reaktor bei unendlicher Ausdehnung überkritisch (explosiv), bei $k' = k$ kritisch, bei $k' < k$ unterkritisch. In Wirklichkeit ist er räumlich begrenzt, die Neutronen diffundieren nach draußen mit einer Teilchenstromdichte $j = -D \operatorname{grad} n$, was eine Teilchenverlustdichte $\dot{n} = \operatorname{div} j = -D\,\Delta n$ bedingt, die im stationären Zustand durch die Quelldichte ausgeglichen wird: $D\,\Delta n = -k^*n$ (Δ ist hier der Laplace-Operator). Genau dieselbe Differentialgleichung ergibt sich aus der Wellengleichung, wenn man nur die Ortsabhängigkeit der Amplitude a betrachtet und die Zeitabhängigkeit wegsepariert: $\Delta u = -c^{-2}\ddot{u}$, Ansatz $u(\boldsymbol{r}, t) = a(\boldsymbol{r})b(t)$, also $\ddot{b} = -\lambda b$, d. h. $b = b_0\,e^{i\omega t}$ und $\Delta a = -\omega^2 c^{-2} a$. Lösung beider Gleichungen bei gegebenen Randbedingungen ist ein Eigenwertproblem. Wenn z. B. am Rand die Amplitude a verschwinden soll, liefert die Wellengleichung die Eigenschwingungen eines „fest eingespannten" Hohlraums. Für ein Quadervolumen läßt sich die Lösung für Wellengleichung und Neutronendiffusion aus Sinusfunktionen zusammensetzen, für einen langen Zylinder aus Bessel-Funktionen. Für die Kugel findet man eine Lösung durch Überlagerung eines Coulomb-Potentials $n \sim r^{-1}$, für das $\Delta n = 0$ wäre, mit einem Abschirmglied

$e^{-\alpha r}$, nämlich $n = n_0 r^{-1} e^{-\alpha r}$, was die Diffusionsgleichung löst, wenn $\alpha = \sqrt{k^*/D}$ ist. Diese Lösung ist offenbar nur für $k^* > 0$, d. h. im ideal überkritischen Fall sinnvoll. Im entgegengesetzten Fall geht sie rein mathematisch über in eine „Kugelwelle" $n = n_0 r^{-1} e^{-i\alpha' r}$. Genau das gleiche abgeschirmte Potential ergibt sich für eine Ladung, um die sich Gegenladungen entsprechend einer Boltzmann-Energieverteilung ansammeln und ihr Feld abschirmen. *Debye* und *Hückel* haben genau dieselbe Differentialgleichung lösen müssen. Wir betrachten die überkritische sphärische Lösung genauer. Wenn der Core-Radius $R \ll 1/\alpha$ ist, folgt eine Coulomb-Verteilung $n \sim 1/r$ mit im Zentrum theoretisch unendlicher Neutronendichte. Bei $R \gg 1/\alpha$ herrscht nur innerhalb von $r \approx 1/\alpha$ ein merkliches n, außerhalb ist es fast ganz abgeschirmt, wodurch allerdings auch die Verluste nach außen verschwinden, die bei kleinerem Core ungefähr unabhängig vom Radius sind, ebenso wie der Fluß eines Coulomb-Feldes.

13.1.18. Katalysierte Fusion

Ein Deuteron mit einem negativen gebundenen Teilchen im Abstand a verhält sich in Abständen $\gg a$ neutral. Für ein Elektron ist $a = 0{,}5$ Å, für das 200mal schwerere Myon $a \approx 2{,}5 \cdot 10^{-13}$ m (Bohr-Radius $r \sim m^{-1}$). Die Tunnelwahrscheinlichkeit durch einen Wall der Höhe $W \approx e^2/(4\pi\varepsilon_0 r_0)$ ≈ 1 MeV ($r_0 \approx 1{,}3 \cdot 10^{-15}$ m) und der Dicke a ist gegeben durch $e^{-k'a}$ mit $k' = \sqrt{2mW}/h \approx 10^{14}\,\mathrm{m}^{-1}$, wird also ab $a \approx 10^{-13}$ m erträglich. „Kalte" pμd-Moleküle werden also mit annehmbarer Wahrscheinlichkeit zu ^{3}He fusionieren. Die aus dem Massendefekt folgende Fusionsenergie von 5,4 MeV schleudert i. allg. das Myon ab, das für weitere Reaktionen verfügbar ist, falls es noch lebt. Die Bindungsenergie des pμ folgt zu 2,9 keV ($W \sim m$), mit Berücksichtigung der Kernmitbewegung (Aufgabe 12.3.5, 12.3.6) senkt sie sich auf 2,7 keV für pμ, 2,8 keV für dμ. Jedenfalls erhält man aus $kT \approx W$ eine Dissoziationstemperatur um 10^7 K (knapp 10^5 K für gewöhnliches H). Im Sterninnern könnte Myowasserstoff noch existieren, wenn auch nicht bei den angestrebten noch höheren technischen Fusionstemperaturen. Ein 100 eV-Deuteron fliegt mit 10^5 m/s, braucht also für 1 mm 10^{-8} s. Mit dem Einfangquerschnitt $10^{-25}\,\mathrm{m}^2$ entsprechend dem Myonbahnquerschnitt folgt im flüssigen Wasserstoff (Teilchenzahldichte $n \approx 10^{29}\,\mathrm{m}^{-3}$) eine freie Weglänge $l = 1/(\sigma n) \approx 10^{-4}$ m und eine Bildungszeit des pμd-Moleküls von 10^{-7} s. Ein Myon könnte etwa 10 Fusionen katalysieren, nach *Alvarez* sogar 100, liefert also etwa 1 GeV. Seine Erzeugung aus einem Pion kostet im Prinzip nur dessen Bildungsenergie von etwa 200 MeV, de facto heute aber noch 10^{10}mal so viel. Das Myon käme in 10^{-6} s 10 m weit. Also wird es gestoppt. Aus Abb. 13.35 schätzt man 1 cm Reichweite.

13.2.1. Wieso wird's mehr?

Wie Abb. 13.22 und 13.28 zeigen, sind unter den Folgeprodukten des Ra (Halbwertszeit $\tau = 1\,580$ a) am langlebigsten Po, dessen Zerfall zu Pb führt ($\tau = 136$ d) und Rn, das direkt aus Ra entsteht ($\tau = 3{,}8$ d). Die sechs Zwischenprodukte zerfallen viel schneller (τ höchstens einige Minuten). Schon nach etwa einer Stunde haben sich also diese sechs und das Po mit der jeweils vorhandenen Rn-Menge ins Gleichgewicht gesetzt, d. h. jedes von ihnen führt ebenso viele Zerfälle/s aus wie das Rn, wodurch sich dessen Aktivität verachtfacht. Das Rn selbst entsteht aus der für Laborzwecke unerschöpflichen Ra-Menge gemäß $\dot n_{\mathrm{Rn}} = \lambda_{\mathrm{Ra}} n_{\mathrm{Ra}} - \lambda_{\mathrm{Rn}} n_{\mathrm{Rn}}$, also $n_{\mathrm{Rn}} = n_{\mathrm{Ra}}\lambda_{\mathrm{Ra}}/\lambda_{\mathrm{Rn}}(1 - e^{-\lambda_{\mathrm{Rn}} t})$ und erreicht nach etwa einer Woche den Gleichgewichtswert $n_{\mathrm{Rn}} = n_{\mathrm{Ra}}\lambda_{\mathrm{Ra}}/\lambda_{\mathrm{Rn}} = n_{\mathrm{Ra}}\tau_{\mathrm{Rn}}/\tau_{\mathrm{Ra}} \approx 6 \cdot 10^{-6} n_{\mathrm{Ra}}$, d. h. etwa $6 \cdot 10^{-7}$ g. Die Po-Atome sind 136/3,8mal häufiger (ca. $2 \cdot 10^{-5}$ g), die Zwischenprodukte mindestens hundertmal seltener. Alle neun Glieder der Zerfallsreihe haben dann die gleiche Aktivität, die demnach auf 0,9 Ci angestiegen ist. 0,5 Ci davon entsprechen α-Strahlung (der Massenunterschied zwischen ^{226}Ra und ^{206}Pb kann nur durch α-Zerfall abgebaut werden).

13.2.2. Pierres Nachtlicht

Das Szintillationsfeld von 0,1 mm^2 in 30 cm Entfernung von der Probe deckt einen Bruchteil von $0{,}1/(4\pi 300^2) \approx 10^{-7}$ des vollen Raumwinkels. 0,03 Szintillationen/s entsprechen also einer Aktivität der 10^{-6} g-Probe von $3 \cdot 10^5$ Zerfällen/s oder für 0,1 g von $3 \cdot 10^{10}$ Zerfällen/s. Wenn die *Curies* den Aktivitätsanstieg ihrer Probe von Anfang an, d. h. schon wenige Stunden nach seiner Isolierung verfolgt haben, konnten sie die Schlüsse von Aufgabe 13.2.1 ziehen und somit $3 \cdot 10^9$ Zerfälle/s aufs Konto der 0,1 g Ra allein buchen, obwohl sie die einzelnen Glieder der Zerfallsreihe noch nicht kannten (Abb. 13.22). 0,1 g Ra enthalten $0{,}1/(200 \cdot 1{,}6 \cdot 10^{-24}) \approx 3 \cdot 10^{20}$ Atome (wir nehmen an, man habe das Atomgewicht aus der chemischen Analogie mit dem Ba und dem periodischen System zu etwa 200 geschätzt; auch die Wasserstoffmasse war damals noch nicht so genau bekannt). Die Halbwertszeit läßt sich daraus zu $3 \cdot 10^{20}/(3 \cdot 10^9) \approx 10^{11}\,\mathrm{s} \approx 3\,000$ a schätzen. Die Kalorimetermessung ordnet $3 \cdot 10^9$ Zerfällen/s eine Energieproduktion von 4 J/h $= 1{,}2 \cdot 10^{-3}$ W zu, also einem Zerfallsakt $4 \cdot 10^{-13}$ J, was nach heutiger Terminologie etwa 3 MeV entspricht.

13.2.3. Maries Waschküche

Seit der Bildung des Uranerzes hat das radioaktive Gleichgewicht bestimmt für alle Folgeprodukte des U Zeit gehabt, sich einzustellen, selbst für Ra. Also verhalten sich die Atomanzahlen von Ra und U wie ihre Halbwertzeiten: $1\,580/(4{,}5 \cdot 10^9) \approx 3 \cdot 10^{-7}$. Selbst wenn bei der Reinigung gar nichts verloren ginge, müßte man also für 0,1 g Ra schon 300 kg U aufbereiten. Die Erzmenge ist natürlich noch viel größer. Aus der gleichen U-Menge gewinnt man höchstens $0{,}1 \cdot 128/(1\,580 \cdot 365) \approx 2 \cdot 10^{-5}$ g Po. Man sieht also, daß die kleine *Marie Curie* auch physisch mindestens so geschuftet hat wie die Waschfrauen ihrer Zeit. Die ersten Phasen der Aufbereitung erfolgten übrigens in ihrem Waschkessel.

13.2.4. Stabilität

In einer Zerfallsreihe A $\to$ B $\to \ldots \to$ F $\to$ G $\to$ H $\to \ldots$ füge man z. B. zu den im Gleichgewicht befindlichen Nukliden zur Zeit $t = 0$ eine gewisse Menge Δg des Nuklids G hinzu. Die Gesamtmenge g dieses Nuklids ändert sich gemäß $\dot{g} = \lambda_F f - \lambda_G g$. Die allgemeine Lösung dieser Differentialgleichung bei langsam veränderlichem f ist $g = (g_0 - g_\infty)\,e^{-\lambda_G t} + g_\infty(1 - e^{-\lambda_F t})$, wobei g_0 die Menge von G bei $t = 0$ ist, $g_\infty = f\lambda_F/\lambda_G$ die G-Menge im Gleichgewicht, also $g_0 - g_\infty$ gerade die Zusatzmenge Δg. Sie klingt offensichtlich einfach mit der Zeitkonstante $1/\lambda_G$ exponentiell ab, ohne daß sich die früheren Glieder der Zerfallsreihe darum kümmern. Wenn unter diesen früheren Gliedern ein hinreichend langlebiges ist, verschwindet also die Störung nach einigen Zeitkonstanten $1/\lambda_G$: Das Gleichgewicht ist stabil.

13.2.5. α-, β-, γ-Analyse

Zur α- und β-Messung reichen ziemlich einfache Mittel, z. B. ein Kondensator mit 10 cm Plattenbreite, an dem 10^4 V/cm liegen (im Vakuum, um Überschläge zu vermeiden), eine Spule z. B. aus 1 mm-Draht, in 100 Lagen gewickelt, mit 3 A belastbar, d. h. $3 \cdot 10^5$ A/m oder 0,4 Vs/m^2, 20 cm lang und ohne Kern, so daß die Teilchen durchs Spuleninnere fliegen können. Für β-Teilchen braucht man nur etwa 30 mA. e/m folgt durch Vergleich der beiden Ablenkungen: $e/m = \varphi_{mgn} Ea/(\varphi_{el} B^2 b^2)$. Schätzung der Aktivität (Zerfallsakte/s) mit dem Szintillationsmikroskop und Auffangen der Teilchen im Faraday-Becher liefere z. B. 10^{-8} C auf $3 \cdot 10^{10}$ Zerfälle (Becher mit 100 pF Kapazität, d. h. etwa 10 cm Durchmesser, auf 100 V aufgeladen; bei einem 1 mCi-Präparat würde das etwa 15 Min. dauern, wenn man alle Teilchen einfängt). Man trennt so e und m, nämlich $e_\alpha \approx 3 \cdot 10^{-19}$ C, $m_\alpha \approx 5 \cdot 10^{-27}$ kg. Dann kann man aus der magnetischen Ablenkung $\varphi_{mgn} = eBb/(mv)$ direkt den Impuls, aus der elektrischen $\varphi_{el} = eEa/(mv^2)$ direkt die Energie ablesen. Bei γ-Strahlung beobachtet man keine Ablenkung, d. h. innerhalb der Meßfehlergrenzen $\varphi < 3 \cdot 10^{-3}$. Trügen die γ-„Teilchen" eine Elementarladung, dann müßte demnach ihre Energie größer als 30 MeV, ihr Impuls größer als $5 \cdot 10^{-18}$ kg m/s sein (Tabelle L. 5).

13.2.6. Zufallsereignisse

Wir betrachten zunächst einen sehr kleinen Zeitabschnitt τ, so klein, daß es praktisch ausgeschlossen ist, daß zwei oder mehr Ereignisse hineinfallen. Die Wahrscheinlichkeit, daß *ein* Ereignis darin stattfindet, ist $\nu\tau$, wenn man τ in Jahren ausdrückt, die Wahrscheinlichkeit, daß keines stattfindet, $1 - \nu\tau$. Den betrachteten Zeitraum von τ Jahren zerlegen wir gedanklich in lauter kleine Abschnitte der gleichen Größe τ, also in $k = t/\tau$ solche Abschnitte (k sehr groß). Daß *kein* Ereignis in den t Jahren stattfindet, heißt, daß in keines der k Intervalle eines fällt. Die Wahrscheinlichkeit hierfür ist $P_0 = (1 - \nu\tau)^k$. Jetzt kommt der Haupttrick: Die Analogie mit der Definition von e oder der e-Funktion, d. h. mit $e = \lim_{k\to\infty}(1 - 1/k)^k$ bzw. $e^x = \lim_{k\to\infty}(1 - x/k)^k$ wird vollkommen, wenn man $x = k\nu\tau = \nu t$ setzt (die Konvergenz dieser Folge für e^x ist so gut, daß die k Glieder den Limes nur unmerklich verfehlen). Also $P_0 = e^{-\nu t}$. Daß *ein* Ereignis in den t Jahren stattfindet, heißt, daß genau ein Intervall τ unter den k ein Ereignis enthält, die anderen aber keines. Daß ein *bestimmtes* Intervall ein Ereignis hat, die anderen keines, kommt mit der Wahrscheinlichkeit $\nu\tau(1 - \nu\tau)^{k-1}$ vor; es gibt aber $k = t/\tau$ Kandidaten für das „glückliche" Intervall, also $P_1 = \nu t(1 - \nu\tau)^{k-1}$. Das Klammerglied unterscheidet sich nur um den Faktor $1 - \nu\tau$ von $(1 - \nu\tau)^k = e^{-\nu t}$; da $\nu\tau \ll 1$, kann man diesen Unterschied vernachlässigen: $P_1 = \nu t\, e^{-\nu t}$. Die Wahrscheinlichkeit P_n für genau n Ereignisse in t ergibt sich analog als Wahrscheinlichkeit, daß genau n Intervalle je ein Ereignis enthalten, die anderen keines, also $(\nu\tau)^n(1 - \nu\tau)^{k-n} \approx (\nu\tau)^n e^{-\nu t}$, multipliziert mit der Anzahl der Möglichkeiten, diese n Intervalle unter den k vorhandenen auszusuchen, also mit $\binom{k}{n}$. Da $n \ll k$, kann man den Binomialkoeffizienten $\binom{k}{n} = \frac{k(k-1)\dots}{1 \cdot 2 \dots}$ annähern als $k^n/n!$, also

$$P_n = \frac{(\nu t)^n}{n!}\, e^{-\nu t}\,,$$

worin natürlich die bereits abgeleiteten Ausdrücke eingeschlossen sind. Daß $\sum_0^\infty P_n = 1$, wie es sich gehört, folgt am einfachsten daraus, daß $(\nu t)^n/n!$ gerade die Reihenentwicklung von $e^{\nu t}$ darstellt: $\sum_0^\infty P_n = e^{\nu t}\, e^{-\nu t} = 1$. Der Mittelwert dieser Poisson-Verteilung ergibt sich aus

$$\bar{n} = \sum_1^\infty n P_n = \nu t \sum_1^\infty \frac{(\nu t)^{n-1}}{(n-1)!}\, e^{-\nu t} = \nu t \sum_0^\infty \frac{(\nu t)^\mu}{\mu!}\, e^{-\nu t} = \nu t\,,$$

das Quadratmittel aus

$$\overline{n^2} = \sum_1^\infty n^2 P_n = \sum_2^\infty n(n-1) P_n + \sum_1^\infty n P_n = (\nu t)^2 + \nu t\,,$$

die Standardabweichung ist

$$\sigma = \sqrt{\overline{n^2} - \bar{n}^2} = \sqrt{\nu t} = \sqrt{\bar{n}}\,.$$

Tabelle L. 5

	φ_{el}	φ_{mgn}	e/m/C kg^{-1}	e/C	m/kg	p/kg m s^{-1}	W/MeV
α	2°	6° (3 A)	$0{,}6 \cdot 10^8$	$3 \cdot 10^{-19}$	$5 \cdot 10^{-27}$	$2 \cdot 10^{-19}$	3
β	6°	6° (30 mA)	$1{,}5 \cdot 10^{11}$	$1{,}5 \cdot 10^{-19}$	10^{-30}	10^{-21}	1

13.2.7. Strenge Sitten

Die Wahrscheinlichkeit eines Unfalls in der kurzen Zeit τ (in Jahren) sei $\nu\tau$. Nach t Jahren ist der Bruchteil der Fahrer, die genau n Unfälle gehabt haben, $P_n = (\nu t)^n\,e^{-\nu t}/n!$. Der Bruchteil der Fahrer, die bis dahin N oder weniger Unfälle hatten, also noch fahren dürfen, ist

$$f(t) = \sum_0^N P_n = e^{-\nu t}\sum_0^N \frac{(\nu t)^n}{n!}\,.$$

Das ist ein analytisch äußerst unhandlicher Ausdruck. Die Ableitung nach t ist dagegen sehr einfach:

$$f'(t) = -\nu\,e^{-\nu t}\left(\sum_0^N \frac{(\nu t)^n}{n!} - \sum_1^N n\frac{(\nu t)^{n-1}}{n!}\right)$$
$$= -\nu\,e^{-\nu t}\left(\sum_0^N \frac{(\nu t)^n}{n!} - \sum_0^{N-1} \frac{(\nu t)^n}{n!}\right) = -\nu\,e^{-\nu t}\frac{(\nu t)^N}{N!}\,.$$

Die zweite Ableitung

$$f''(t) = \nu^2\,e^{-\nu t}\frac{(\nu t)^N - N(\nu t)^{N-1}}{N!}$$

zeigt, daß bei $t = N/\nu$ ein Wendepunkt liegt, und zwar der einzige. Die Kurve fällt dort mit der maximalen Neigung $e^{-N}N^N/N!$ ab. Nach der Stirling-Formel $N! \approx N^N\sqrt{2\pi N}/e^N$ ergibt sich $f'_{\mathrm{wp}} = \nu/\sqrt{2\pi N}$. Die Wendepunktstangente schneidet also die Asymptoten $f = 1$ und $f = 0$ in zwei Punkten, deren Abstand geteilt durch die Abszisse des Wendepunktes, $\sqrt{2\pi/N}$ ist. Je größer N ist, desto besser läßt sich die ganze Kurve durch ein Plateau mit $f = 1$ bis fast zum Wendepunkt, einen Abfall der angegebenen Breite und Steilheit und einen Schwanz mit $f \approx 0$ beschreiben. Dies Verhalten ist völlig anders als das der einfachen $e^{-\nu t}$-Funktion. Die Nutzanwendung auf die Teilchenbremsung ist klar: Teilchen, die ihre ganze Energie in *einem* Unfall verlieren, folgen dem üblichen $e^{-\alpha x}$-Absorptionsgesetz; sind dazu viele Unfälle nötig, so haben alle Teilchen etwa die gleiche Reichweite.

13.2.8. Positronenzerfall

Natürlicher β-Zerfall ist immer eine Folge eines Neutronenüberschusses, der beim α-Zerfall entsteht. Ein Kern ist auch relativ um so neutronenreicher, je schwerer er ist: Das Stabilitätstal verläuft flacher als 45° im Z, N-Diagramm. Demnach führt ein α-Zerfall (45°-Schritt) zu einem Tochterkern, dessen Neutronenüberschuß meist für seine Stabilität zu groß ist. Der Ausgleich erfolgt durch β^--Zerfall.

13.2.9. ^{14}C-Uhr

Zwischen Erzeugung und Zerfall von ^{14}C herrscht Gleichgewicht. Da Lebewesen bis auf ganz wenige Ausnahmen Umschlagzeiten ihres C haben, die viel kleiner als 5 600 Jahre sind, ist ihr Isotopenverhältnis ^{14}C/^{12}C zu ihren Lebzeiten gleich dem der Atmosphäre (Störungen dieser Gleichgewichte s. unten). Daraus ergibt sich ohne jede Rechnung die Aktivität „lebenden"-Kohlenstoffs als 2,4/9 Zerfälle pro s und g = 16 Zerfälle/(min g). Das ist eine winzige Aktivität. Selbst wenn man sehr viel mehr als 1 g C verfügbar hat, ergäbe die kosmische, atmosphärische und Bodenaktivität ($\approx$ 10 Zählakte/min) einen erheblichen Fehler. Sie muß durch Abschirmung und Koinzidenzschaltung von äußeren und inneren Zählrohren weitgehend ausgeschaltet werden. Für das Alter t von *Sneferus* Holz folgt $2^{-t/5\,600} = 8{,}5/16{,}1$, also $t = 5\,160$ Jahre mit 200 Jahren Fehler. *Snefe-ru* oder *Snofru*, III. Dynastie, Eroberer der Sinai-Halbinsel, wird von den Historikern um -3000 bis -2750 angesetzt. – Die Industrie verbrennt fossile Kohle und Kohlenwasserstoffe, deren ^{14}C-Gehalt auf 0 abgefallen ist, und entläßt erhebliche Mengen nichtmarkiertes CO_2 in die Luft. Moderne Proben, besonders in Industrie- oder Straßennähe, sehen daher zu alt aus, denn ihr ^{14}C-Gehalt ist von vornherein herabgesetzt. In umgekehrter Richtung wirken Kernwaffenexperimente.

13.2.10. ^{40}K-Uhr

Wenn das Mineral bei der Bildung kein Argon enthielt (was speziell untersucht werden muß, denn einige Mineralien binden Edelgase, teils als „clathrates" in Löchern im Gitter, teils als eine richtige Verbindung), ist der ^{40}Ar-Bruchteil von $8{,}8\cdot 10^{-7}$ aus dem ^{40}K entstanden. Gleichzeitig müssen in dem im Verhältnis 0,585/4,75 verzweigten Zerfall auch $7{,}15\cdot 10^{-6}$ Anteile ^{40}Ca entstanden sein (die nicht mehr nachweisbar sind), d. h. im ganzen sind 8,03 Anteile ^{40}K zerfallen, anfangs waren es 13,04 Anteile. Das Alter t folgt aus $5{,}01/13{,}04 = e^{-(\lambda_1-\lambda_2)t}$ zu $t = 1{,}79\cdot 10^9$ Jahre.

13.2.11. Ist die Erde heiß oder kalt entstanden?

$3\cdot 10^{-4}$ % Uran oder $10^{-6}\,\mathrm{g/cm^3}$ im Gestein stellen eine Aktivität von $14\cdot 10^{-6}\cdot 1\,580\,/\,(4{,}5\cdot 10^9) \approx 0{,}5\cdot 10^{-11}\,\mathrm{Ci/cm^3}$ dar (14 Glieder der Zerfallsreihe im Gleichgewicht mit U, Umrechnung von $4{,}5\cdot 10^9$ Jahren des U auf 1 580 Jahre des Ra, von dem das Ci abgeleitet ist). Das bedeutet eine Wärmequelldichte von $0{,}5\cdot 10^{-11}\cdot 3{,}7\cdot 10^{10}\cdot 5\cdot 10^{-13} \approx 10^{-13}\,\mathrm{J/cm^3}$. Schon 100 km Gesteinsdicke decken also die Leitungsverluste von $5\cdot 10^{-6}\,\mathrm{W/(cm^2\,s)}$. Entweder gibt es in größerer Tiefe viel weniger Uran, oder die Erde heizt sich mit einer Zeitkonstante von etwa 10^6 Jahren auf, was geologisch unwahrscheinlich ist. Gesamtmenge Uran ungefähr $2\cdot 10^{17}$ kg, Gesamtmenge $^{235}U \approx 1{,}4\cdot 10^{15}$ kg, Gesamtenergie bei Spaltung 10^{29} J. Bei 1 kW pro Kopf und 10^{10} Menschen, also $3\cdot 10^{20}$ J/Jahr, würde das $3\cdot 10^8$ Jahre reichen.

13.2.12. Kann man Radioaktivität beeinflussen?

Die Ionisierungsenergie der meisten Atome hat eine bemerkenswert konstante Höhe um $W_\mathrm{i} \approx 5\,\mathrm{eV}$. Das Potential, das der Kern auf das äußerste Elektron durch die Abschirmung der inneren Elektronen hindurch ausübt, hat also ziemlich unabhängig von der Kernladungszahl Z den Wert $\varphi_\mathrm{i} \approx 5\,\mathrm{V}$. Ein zusätzliches Elektron muß mit seinem Feld ebenfalls durch die inneren Elektronen durchgreifen bzw. die inneren Schalen polarisieren und wird daher am Ort des Kerns nur ein Zusatzpotential φ_i/Z ausüben (der Kern hat ja Z Ladungen, das Elektron nur eine). Die potentielle Energie eines α-Teilchens am Rand des Kerns wird dadurch um $\Delta W = 2e\varphi_i/Z$ verschoben. Jetzt betrachten wir das Tunnelmodell von *Gamow* für einen Kern mit der Massenzahl $A \approx 2{,}5Z$ und dem Radius $R = A^{1/3}r_0$(r_0: Radius des Nukleons = Yukawa-Radius = $1{,}25 \cdot 10^{-15}$ m). Außerhalb von R gilt die Coulomb-Energie $W = 2Ze^2/(4\pi\varepsilon_0 r)$ für das α-Teilchen. Da das α-Teilchen im Krater eine Energie $W_0 > 0$ hat, kann es den Coulomb-Wall durchtunneln und taucht im Abstand $r_1 = 2Ze^2/(4\pi\varepsilon_0 W_0)$ wieder auf. Die Tunnelwahrscheinlichkeit ist $\exp[-\beta r_1 \hbar^{-1}\sqrt{2m(W' - W_0)}]$, wo $W' = 2Ze^2/(4\pi\varepsilon_0 R)$ die Höhe des Kraterrandes ist; β beschreibt die Form des Potentialwalls: $\beta = 2$ für ein ebenes Rechteckpotential; $\beta = \frac{4}{3}$ für ein ebenes Dreieckpotential; $\beta = \pi$ für ein sphärisches Coulomb-Potential, wobei noch ein Faktor $(R/r_1)^2$ vor den e-Ausdruck tritt. Einsetzen von r_1 liefert für $W' \gg W_0$: $P \approx \exp(-BZ^{3/2}/(W_0 A^{1/6}))$ mit $B = \beta e^3 m^{1/2}/(2\pi^{3/2}\varepsilon_0^{3/2} r_0^{1/2}\hbar)$. Hier kann man noch r_0 als Yukawa-Radius $\hbar/(mc)$ ausdrücken und erhält $B = 4\alpha^{3/2}\sqrt{mm_\pi}\,c^2 = 2 \cdot 10^4\,\text{eV}$ mit der Feinstrukturkonstante $\alpha = e^2/(4\pi\varepsilon_0\hbar c) = \frac{1}{137}$. Die Zerfallskonstante ergibt sich durch Multiplikation einer Frequenz von der Größenordnung $\nu_0 \approx 10^{22}\,\text{s}^{-1}$ mit der obigen Zerfallswahrscheinlichkeit, also

$$\ln\lambda = \ln\nu_0 - B\frac{Z^{4/3}}{W_0}\,. \tag{L. 2}$$

Wenn eine Änderung in der äußeren Elektronenhülle das Kernpotential um ΔW verschiebt, betrifft dies sowohl die Kraterhöhe W_0' als auch die Lage W_0 des α-Teilchens. Da aber $W' \gg W_0$, ist die relative Änderung von W_0 viel größer und allein ausschlaggebend. Die entsprechende relative Verschiebung der Zerfallskonstanten ergibt sich aus $\Delta\ln\lambda/\ln\lambda = \Delta\lambda/(\lambda\ln\lambda) = -\Delta W/W$ zu $\Delta\lambda/\lambda \approx -\Delta W\ln\lambda/W_0 = -2W_i\ln\lambda/(ZW_0)$. Hier können wir noch W_0 mittels (L. 2) durch λ ausdrücken und erhalten $\Delta\lambda/\lambda \approx -2W_i(\ln\nu_0 - \ln\lambda)\ln\lambda/(BZ^{7/3}\beta)$. Einsetzen der Zahlenwerte und von $\tau = \lambda^{-1}$ ergibt $\Delta\tau/\tau \approx 10^{-3}Z^{-7/3}\ln\tau(50 + \ln\tau)$. Die größte Verschiebung entsteht bei kleinem Z und großem τ. Zum Beispiel wird die relative Verschiebung für $^{144}_{60}$Nd ($T_{1/2} \approx 10^{15}$ Jahre, $W_0 \approx 1{,}5\,\text{MeV}$) etwa viermal größer als für $^{238}_{92}$U.

13.2.13. Totzeitfehler I

Wenn die Impulsrate wie $\dot I = \dot I_0\,e^{-\lambda t}$ abklingt, ist die mittlere Anzahl unterschlagener Impulse innerhalb einer Zeit dt gegeben durch $d\Delta I = \dot I^2 t_0\,dt$ (s. Aufgabe 13.2.14), also der Gesamtverlust

$$\Delta I = \int_0^t \dot I^2 t_0\,dt = \dot I_0^2 t_0 \int_0^t e^{-2\lambda t}\,dt = \dot I_0^2 t(1 - e^{-2\lambda t})/(2\lambda)\,.$$

Die gesamte gemessene Impulszahl ist $I = \int_0^t \dot I\,dt = \dot I_0(1 - e^{-\lambda t})/\lambda$. Damit wird der relative Fehler von I:

$$\frac{\Delta I}{I} = \frac{\dot I_0 t_0}{2}\frac{1 - e^{-2\lambda t}}{e^{-\lambda t}} = \frac{\dot I_0 t_0}{2}(1 + e^{-\lambda t})$$
$$= \frac{I\lambda t_0}{2}\frac{1 + e^{-\lambda t}}{1 - e^{-\lambda t}} = \frac{I\lambda t_0}{2}\coth\left(\frac{\lambda t}{2}\right)\,.$$

Für $\lambda t \ll 1$ ergibt sich wie in Aufgabe 13.2.12 $\Delta I/I = It_0/t$. Für $\lambda t \gg 1$ zerfallen praktisch alle Kerne während der Meßzeit, und es wird $\Delta I/I = \frac{1}{2}I\lambda t_0$.

13.2.14. Totzeitfehler II

Das Präparat enthalte N Kerne (zu bestimmen aus Masse m des Präparats und relativer Nuklidmasse A als $N = m/(Am_H)$). In der Sekunde zerfallen im Mittel $|\dot N| = \lambda N$ Kerne. In der Meßzeit t beobachtet man $I = |\dot N|t = \lambda Nt$ Zerfallsakte und erhält daraus die Zerfallskonstante $\lambda = I/(Nt)$. Wenn man t als exakt gemessen ansieht, ist der relative Fehler $\Delta\lambda/\lambda = \Delta I/I + \Delta N/N$. In Wirklichkeit kann kein Zähler alle Impulse erfassen, sondern nur die in einen Raumwinkel Ω fallenden Teilchen. Dann muß man die gemessene Impulszahl auf den vollen 4π-Winkel umrechnen: $\lambda = 4\pi I/(\Omega Nt)$. Es kommt dann noch der relative Fehler von Ω hinzu, der oft größer ist als die übrigen. Wir beschäftigen uns nun mit dem Fehler der Impulszahl I. Wenn die Impulsrate $\dot I$ klein ist, wird der relative statistische Fehler (Poisson-Fehler) $\Delta I_{St}/I = \sqrt{I}/I = 1/\sqrt{\dot I t}$ zu groß. Wenn $\dot I$ groß ist, kommt es zu oft vor, daß ein zweiter Impuls in die Totzeit des Zählers fällt, d. h. in das Zeitintervall, in dem die Entladung, die ein anderer Impuls ausgelöst hat, noch nicht abgeklungen ist. Ein solcher zweiter Impuls wird dann nicht registriert. Am kleinsten wird der relative Fehler also bei mittlerer Impulsrate. Wie groß ist der Totzeitfehler? In ein beliebiges Zeitintervall der Länge t_0 fällt mit der Wahrscheinlichkeit $t_0\dot I$ mindestens ein weiterer Impuls. Wenn $t_0\dot I \ll 1$ ist, kommt es kaum vor, daß mehr als ein Impuls in dieses Intervall fällt. Während der ganzen Meßzeit gibt es I solche Intervalle, in denen der Zähler nicht anspricht, und in diese gesamte Totzeit fallen insgesamt $It_0\dot I$ Impulse, die nicht registriert werden. Der relative Totzeitfehler ist demnach $\Delta I_{tot}/I = t_0\dot I$. Der Gesamtfehler $\Delta I/I = \Delta I_{St}/I + \Delta I_{tot}/I = (\dot I t)^{-1/2} + \dot I t_0$ nimmt ein Minimum hinsichtlich $\dot I$ an (Nullsetzen der Ableitung nach $\dot I$) für $\dot I = 1/(2^{2/3}t^{1/3}t_0^{2/3})$. Einsetzen dieses Wertes ergibt den Minimalfehler $I_{Min}/I = 1{,}9(t_0/t)^{1/3}$. Für $t_0 = 10\,\mu\text{s}$, $t = 4$ Monate $\approx 10^7$ s erhält man $\dot I_{Opt} = 6{,}3\,\text{s}^{-1}$ und $\Delta I_{Min}/I = 1{,}9 \cdot 10^{-2}$.

13.3.1. Nebelkammerspuren

Geladene Teilchen werden vorwiegend durch Wechselwirkung mit Atomelektronen gebremst. Das schwere α-Teilchen kann einem Elektron selbst beim zentralen Stoß nur einen Bruchteil $4m/M \approx 5 \cdot 10^{-4}$ seiner Energie übergeben, meist viel weniger. Das β-Teilchen wird viel stärker abgelenkt, beim zentralen Stoß z. B. verliert es alle seine Energie. Das erklärt Geradheit bzw. Zittrigkeit der Bahnen. Der Energieverlust auf der gleichen Bahnlänge ist dagegen für das α-Teilchen fast $M/m = 7\,600$mal größer als für ein β-Teilchen gleicher Energie (vgl. Aufgaben 13.3.3–13.3.6).

Daher ist die α-Bahn viel dicker und kürzer. Ein γ-Quant löst nur hin und wieder, meist durch Compton-Stoß, Elektronen aus Atomen aus, die vielfach so viel Energie mitbekommen, daß sie ähnliche Spuren wie β-Teilchen hinterlassen (δ-Elektronen).

13.3.2. Lange Spur

Wenn die Spur eines α-Teilchens in Abb. 13.32 um ca. 15 % länger ist als die übrigen, läßt das nach der Reichweiteformel (13.27) auf eine um ca. 7 % größere Energie schließen. Das Präparat besteht aus RaC′, das nach Abb. 13.22 die kürzeste Halbwertzeit der ganzen U-Reihe und damit nach *Geiger-Nuttall* die größte Energie und Reichweite hat. Eine Verunreinigung des Präparats durch eines der übrigen Glieder der U-Reihe könnte also höchstens einige α-Spuren niederer Energie beitragen, die in dem dicken Pinsel kaum zu sehen wären. (Eine solche Verunreinigung durch *spätere* Glieder der Zerfallsreihe ist natürlich bei einem so kurzlebigen Nuklid unvermeidlich; alle Glieder nach RaC′ sind aber β-aktiv, außer dem Po, dessen Halbwertzeit 10^7 mal größer ist, so daß auf 10^7 RaC′-α-Teilchen nur ein energieärmeres Po-α-Teilchen kommt.) Das macht sehr wahrscheinlich (andere Messungen bestätigen dies), daß das schnelle α-Teilchen aus einem angeregten Zustand des RaC′-Kerns stammen muß, der wegen der Kurzlebigkeit des RaC′ keine Zeit hat, sich wie üblich durch γ-Emission abzubauen, sondern seine Energie dem α-Teilchen mitgibt. Aus dem Häufigkeitsverhältnis langer und normaler Spuren in Abb. 13.32 kann man also sogar das Verhältnis von γ- und α-Lebensdauer schätzen.

13.3.3. Impulsübertragung

Das schnelle Teilchen habe die Masse M und die Ladung Ze. Auf ein Elektron in einem Atom, von dem es um r entfernt ist, übt es die Kraft $F = Ze^2/(4\pi\varepsilon_0 r^2)$ aus. Wir setzen zunächst voraus, die Bahn des Teilchens bleibe trotz dieser Wechselwirkung gerade und werde gleichförmig durchlaufen. Der Minimalabstand vom Atom sei a (Stoßparameter), die Maximalkraft ist dann $F_{\mathrm{m}} = Ze^2/(4\pi e_0 a^2)$. Ein so kleiner Abstand herrscht nicht immer, sondern annähernd nur während einer Zeit $\Delta t \approx 2a/v$ (Abb. 13.64). In dieser Zeit wird auf das Atomelektron der Impuls $\Delta p \approx F\,\Delta t \approx Ze^2/(2\pi\varepsilon_0 av)$ übertragen, also die kinetische Energie $\Delta W = \Delta p^2/(2m) \approx Z^2e^4/(8\pi^2\varepsilon_0^2 a^2 mv^2)$. Man kann auch sagen:

$$\Delta W \approx \frac{(\text{Coulomb-Energie im Abstand } a)^2}{\text{Energie } W \text{ des schnellen Teilchens}} \times \frac{\text{Teilchenmasse } M}{\text{Elektronenmasse } m} \,.$$

Man kommt zu dem gleichen Ergebnis für Δp, wenn man die Impulsbeiträge der einzelnen Positionen des Teilchens aufintegriert. Bei $t = 0$ sei es im Minimalabstand a. Zur Zeit t ist es dann im Abstand $r = \sqrt{a^2 + v^2t^2}$. φ sei der Winkel zwischen der Bahnrichtung und der Verbindungslinie Kern–Elektron. Momentaner Abstand: $r = a/\sin\varphi$, Weg seit $t = 0$: $x = a\cot\varphi$, Gesamtkraft $F = A/r^2$ mit $A = Ze^2/(4\pi\varepsilon_0)$, senkrechte Komponente $F_\perp = A\sin\varphi/r^2 = A\sin^3\varphi/a^2$. Der Querimpuls $\Delta p = \int_{-\infty}^{+\infty} F_\perp\,\mathrm{d}t = \int_{-\infty}^{+\infty} F_\perp\,\mathrm{d}x/v$. Mit $\mathrm{d}x = a\,\mathrm{d}\varphi/\sin^2\varphi$ geht das über in $\Delta p = Aa^{-1}v^{-1}\int_0^\pi \sin\varphi\,\mathrm{d}\varphi = 2Aa^{-1}v^{-1} = Ze^2/(2\pi\varepsilon_0 av)$. Die größte Energie, die ein Teilchen der Masse M einem Elektron der Masse m übertragen kann, ist $\Delta W_{\max} = 4mMW/(M+m)^2 \approx 4mW/M^2$. Dieser Energieübertragung entspricht ein Stoßparameter $a_{\min} = Ze^2M/(8\pi\varepsilon_0 Wm)$. Selbst wenn a kleiner wird als dieser Wert, kann doch nicht mehr Energie abgegeben werden. Wenn die Energieübertragung größer ist als die Ionisierungsenergie W_{i}, reißt das Elektron vom Atom ab. Bei $W \ll W_{\mathrm{i}}$ geschieht dagegen i. allg. nichts Bleibendes: Im Feld des sich nähernden Teilchens erleiden die Elektronenzustände des Atoms Stark-Verschiebungen, die sich „adiabatisch" zurückbilden, wenn es sich wieder entfernt, unter Rückerstattung der investierten Energie. Stöße mit dem entsprechenden Stoßparameter $a \gg a_{\max} = Ze^2\sqrt{M}/(4\pi\varepsilon_0\sqrt{WW_{\mathrm{i}}m})$ führen also nicht zur Bremsung. Anregung kommt ziemlich selten vor, denn dazu müßten ganz bestimmte diskrete Energiewerte übertragen werden.

13.3.4. Energieübertragung

Ein schnelles Teilchen der Energie W fliege durch ein Material mit der Atomzahldichte n, also der Elektronenzahldichte $Z'n$ (Z': Ordnungszahl der Bremssubstanz). In einem Hohlzylinder vom Innenradius a und vom Außenradius $a + \mathrm{d}a$ um ein Bahnstück $\mathrm{d}x$ des Teilchens sitzen im Mittel $2\pi a\,\mathrm{d}a\,\mathrm{d}x\,Z'n$ Elektronen. Jedes dieser Elektronen entzieht dem Teilchen nach Aufgabe 13.3.3 eine Energie $\Delta W = Z^2e^4M/(8\pi^2\varepsilon_0^2a^2Wm)$, falls a zwischen den angegebenen Grenzen $a_{\min}$ und $a_{\max}$ liegt. Insgesamt, an alle Zylinderschalen, verliert also das Teilchen auf der Strecke $\mathrm{d}x$ die Energie

$$\begin{aligned} \mathrm{d}W &= -2\pi Z'n\,\mathrm{d}x \int_{a_{\min}}^{a_{\max}} \frac{Z^2e^4M}{8\pi^2\varepsilon_0^2Wm}\frac{\mathrm{d}a}{a} \\ &= \frac{Z^2Z'ne^4M}{4\pi\varepsilon_0^2Wm}\ln\frac{a_{\max}}{a_{\min}}\,\mathrm{d}x = \frac{Z^2Z'ne^4M}{8\pi\varepsilon_0^2Wm}\ln\frac{4mW}{MW_{\mathrm{i}}}\,\mathrm{d}x \,. \end{aligned}$$

Bis auf das W unter dem ln, das nur eine sehr schwache Abhängigkeit bedingt, ist der Energieverlust pro Wegeinheit umgekehrt proportional zu W: Schnelle Teilchen verlieren, auch absolut betrachtet, ihre Energie viel langsamer. Wie Aufgabe 13.3.3 gezeigt hat, liegt das einfach daran, daß sich das schnelle Teilchen nicht so lange im Einflußbereich des Atomelektrons aufhält, und zweitens daran, daß bei gleicher Zeit die Impulsverluste zwar gleich, aber die Energieverluste $\sim 1/v$ sind. Bedenkt man, daß für nicht zu schwere Atome $2m_{\mathrm{H}}Z'n$ die Dichte der Bremssubstanz ist, und drückt man $\mathrm{d}W/\mathrm{d}x$ in MeV/cm (statt wie oben in J/m), W in MeV (statt in J), ϱ in g/cm^3 (statt in kg/m^3) und M in atomaren Masseneinheiten (statt in kg) aus, dann wird

$$\frac{\mathrm{d}W}{\mathrm{d}x} = -36\frac{Z^2\varrho M}{W}\ln\frac{4mW}{MW_{\mathrm{i}}} \,.$$

13.3.5. Ionisierungsdichte

Praktisch der ganze Energieverlust $\mathrm{d}W/\mathrm{d}x$ des schnellen geladenen Teilchens wird nach Aufgaben 13.3.3–13.3.4 in Ionisierung angelegt. Für W_{i} ist offensichtlich die *mittlere* Ionisierungsenergie aller Elektronen der Bremssubstanz einzusetzen, einschließlich derer in den tieferen Elektronenschalen. Für H ist sie natürlich 13,5 eV; für leichtere Atome wie C, N, O liegt sie um 30 eV und steigt nur langsam mit der Ordnungszahl an. Nach dem Bohrschen Modell kann man das ziemlich quantitativ verstehen: Ein Elektron in einer Schale mit der Hauptquantenzahl n, auf das eine effektive Kernladung $Z_{\text{eff}}e$ wirkt, hat die Ionisierungsenergie $W = 13{,}5 Z_{\text{eff}}/n^2$ eV. Gäbe es keine Abschirmung durch die übrigen Elektronen und erfolgte der Schalenaufbau ganz regulär ($3d$ vor $4s$ usw.), dann besäße ein schweres Atom $2n^2$ Elektronen in der n-Schale, und die mittlere Ionisierungsenergie wäre $\overline{W}_{\text{i}} = Z^{-1} \sum_1^L 2n^2 Z^2 n^{-2} W_{\text{H}} = 2LZW_{\text{H}}$ (L: Anzahl der vollen Schalen). In Wirklichkeit frißt jedes Elektron fast eine volle Kernladung durch Abschirmung weg, besonders für die zahlreicheren Außenelektronen. Daher wird die Z-Abhängigkeit viel schwächer.

Die Ionisierungsdichte, wie man inkonsequenterweise die Anzahl erzeugter Ionen pro Längeneinheit der Bahn nennt, ist also $I \approx 10^6 Z^2 \varrho M W^{-1} \ln(4mW/(MW_{\text{i}}))$. Eine wirkliche Ionisierungsdichte, d. h. eine Anzahl erzeugter Ionen pro Volumen- und Zeiteinheit, wird daraus, wenn man I mit der Stromdichte einfallender Teilchen, also mit der Anzahl schneller Teilchen pro Flächen- und Zeiteinheit multipliziert: $jI = nvI = 10^6 nvZ^2 \varrho MW^{-1} \ln(4mW/(MW_{\text{i}}))$.

13.3.6. Röntgen

Ein Präparat von der Aktivität A (in Bq) sendet in der Sekunde A Teilchen aus. Bei einer Zerfallsenergie W (in MeV) erzeugt jedes Teilchen in Luft, Wasser oder organischer Substanz $N = 3 \cdot 10^4 W$ Ionenpaare, denn zur Erzeugung eines Paares verbraucht es 32 eV. Das ganze Präparat erzeugt also $3 \cdot 10^4 WA$ Ionenpaare/s. Wenn die Strahlung die Reichweite r hat, erfüllt diese Ionisierung eine Kugel vom Volumen $\frac{4}{3}\pi r^3$, wobei allerdings Teilchenstrahlung dicht am Rand dieser Kugel, kurz bevor sie sich totgelaufen hat, trotz der Verdünnung mit zunehmendem Abstand von der Quelle u. U. stärker ionisiert als in der Mitte. Die mittlere Ionendosisleistung in dieser Kugel ist also $10^4 WA/r^3$. In Luft entspricht 1 R (1 Röntgen) $2{,}08 \cdot 10^9$ Ionenpaaren/cm³, also ist die Dosisleistung $5 \cdot 10^{-6} WA/r^3\,\text{R}\,\text{s}^{-1}$. Aus Abb. 13.34 bzw. der Geiger- oder Whiddington-Formel, ferner für γ-Strahlung aus Tabelle 12.2 liest man folgende Reichweiten ab, die zu Dosisleistungen D für ein Präparat von $3 \cdot 10^{10}$ Bq führen:

Tabelle L. 6

	6 MeV−α	3 MeV−β	1 MeV−γ	25 keV−γ
Luft				
r/mm	60	$8 \cdot 10^3$	$1{,}2 \cdot 10^5$	$1{,}2 \cdot 10^4$
D/Rs^{-1}	700	$3 \cdot 10^{-4}$	$8 \cdot 10^{-8}$	$8 \cdot 10^{-5}$
Wasser				
r/mm	0,045	10	140	14
D/Rs^{-1}	10^{12}	$1{,}5 \cdot 10^5$	50	$5 \cdot 10^4$
Blei				
r/mm	0,02	1	13	0,2
D/Rs^{-1}	10^{13}	$1{,}5 \cdot 10^8$	$7 \cdot 10^4$	10^{10}

Für das Abschirmproblem ist das unterschiedliche Absorptionsverhalten von Teilchen und Photonen entscheidend: Teilchenstrahlung wird vollkommen abgeschirmt, wenn die Dicke etwas größer ist als die Reichweite; γ-Strahlung wird durch eine Dicke, die gleich dem reziproken Absorptionskoeffizienten ist, nur um den Faktor e geschwächt. Um z. B. ein ^{60}Co-Präparat (γ mit 1,17 MeV) von $3 \cdot 10^{12}$ Bq so abzuschirmen, daß die Umwelt nicht mehr als 1 mR/h erhält, muß man $2 \cdot 10^9$mal schwächen, braucht also mindestens 22 cm Blei. Der Mensch, der sich der unabgeschirmten Quelle näherte, hätte schon nach wenigen Sekunden die tödliche Dosis. Weichere γ- oder Röntgenstrahlung erzeugt viel höhere Dosisleistungen, ist aber viel leichter abzuschirmen. Entsprechendes gilt für β- und α-Strahlung. Ein α-Präparat ist sogar relativ ungefährlich, weil seine Strahlung schon in den obersten Hautschichten absorbiert wird, die sowieso tot sind. Man darf nur nichts davon verschlucken.

13.3.7. Reichweite I

In Abb. 13.24 erkennt man deutlich mindestens zwei Gruppen von α-Teilchen verschiedener Reichweite, die einen etwa $\frac{2}{3}$ so lang wie die anderen (das Präparat ist außerhalb des Bildes). Das Präparat kann also kein reines Po sein, denn das zerfällt direkt ins stabile Blei, hat also kein Tochterprodukt bei sich und emittiert α-Teilchen einheitlicher Energie und Reichweite. Vermutlich handelt es sich auch, wie oft bei *Rutherford*, um den aktiven Niederschlag von Rn. Rn ist ein Edelgas, sein Folgeprodukt RaA ein Chalkogen, also fest. Die Wände eines Gefäßes, das Rn enthielt (etwa aufgefangen über Ra) bedecken sich daher nach einigen Stunden oder Tagen mit einem Niederschlag aus RaA und dessen Folgeprodukten. Er strahlt eigentlich drei α-Gruppen (Abb. 13.22), aber die Reichweiten der RaA- und der RaC-Strahlung sind nicht so sehr verschieden. Jedenfalls ist es kein α-Teilchen aus dem häufigsten Po-Isotop 210 ($T_{1/2} = 138$ d, $W = 5{,}3$ MeV), sondern aus $^{214}\text{Po} = \text{RaC}'$ ($T_{1/2} = 1{,}6 \cdot 10^{-4}$ s, $W = 7{,}7$ MeV).

Wir betrachten den Reaktionsakt. Die α-Spur gabelt sich in eine kurze dicke und eine lange dünne Spur. Die dünne ist viel länger als die Restlänge, die der α-Spur ohne Stoß noch zustünde, mindestens 4mal so lang. Da das „dünne" Teilchen kaum mehr Energie haben kann als das α mitbrachte, muß seine Masse nach *Whiddington* oder *Geiger* mindestens 4mal kleiner sein. Für ein β ist die Bahn viel zu gerade, also kann es nur ein Proton sein. Die dicke Bahn bildet fast die Verlängerung der α-Spur, d. h. das unbekannte Teilchen (Masse M AME) hat fast den ganzen α-Impuls übernommen (Ausmessung der Winkel liefert $p_X = p_\alpha \cdot 1{,}07$; das ist mehr als p_α, weil das dünne Teilchen nach „hinten" läuft). Sagen wir also $p_X = p_\alpha$. Für das Ende der Bahn besonders stimmt die Geiger-Formel besser: Reichweite $R \sim W^{1,5}/\,M \sim p^3/M^{2,5}$. Schätzt man die dicke Bahn als etwa $\frac{1}{4}$ so lang wie die α-Restspur, dann folgt $M \approx 3{,}2 m_\alpha \approx 13$ AME; der Stoßpartner ist also eher ein N- als ein O-Kern, was schon wegen des Mischungsverhältnisses wahrscheinlich ist.

13.3.8. Reichweite II
Betrachtet man den Logarithmus in der Bethe-Formel als praktisch konstant, dann kann man sofort integrieren

$$\frac{\mathrm{d}W}{\mathrm{d}x} = -36\frac{Z^2\varrho M}{W}\ln\frac{4mW}{MW_\mathrm{i}}$$
$$\Rightarrow W\,\mathrm{d}W = -36Z^2\varrho M\ln\frac{4mW}{MW_\mathrm{i}}\,\mathrm{d}x$$
$$\Rightarrow \quad W^2 = W_0^2 - 72Z^2\varrho Mx\ln\frac{4mW}{ME_\mathrm{i}}\ .$$

$W(x)$ ist dann eine liegende Parabel, nach links offen, die die x-Achse bei $x = R = W_0^2/(72\,Z^2\varrho M)\ln(4mW/(MW_\mathrm{i}))$ schneidet. Das ist die Reichweite nach *Whiddington*. Die Steilheit von $W(x)$, d. h. Energieverlust und Ionisierungsdichte werden also längs der Bahn immer größer und bei $x = R$ hiernach sogar unendlich. Dies zeigt an, daß die Näherung $\ln(4mW/(MW_\mathrm{i})) = \mathrm{const}$ hier nicht mehr stimmt: Eben weil der Energieverlust absolut und besonders relativ so groß ist, beginnt jetzt sogar der träge Logarithmus sich merklich zu ändern. Damit rundet sich der steile Zahn der Ionisierungskurve kurz vor dem Ende der Bahn ab.

13.3.9. Maximale Energieübertragung
Die allgemeine Ableitung steht in Abschn. 1.5.9. Abgekürzte Betrachtung: Es ist anschaulich klar, daß maximale Energie beim zentralen Stoß übertragen wird. Im Schwerpunktsystem sieht die Sache so aus, daß die Teilchen mit den Massen m und M mit $-vM/(M+m)$ bzw. $vm/(M+m)$ aufeinander zufliegen (v: Geschwindigkeit des stoßenden Teilchens im Laborsystem, wo das andere ruht). Impuls- und Energiesatz fordern bei elastischem Stoß, daß die Teilchen mit genau umgekehrt gleichen Geschwindigkeiten zurückprallen. Im Laborsystem hat das Teilchen m daher nach dem Stoß die Geschwindigkeit $2vM/(M+m)$ und die Energie $\Delta W = \frac{1}{2}4v^2mM^2/(M+m)^2 = W\cdot 4mM/(M+m)^2$.

13.3.10. Geiger-Nuttall
Aus der Abb. 13.22 liest man die Halbwertzeiten für den α-Zerfall von ^{238}U, ^{226}Ra, ^{210}Po, ^{214}Po (RaC′) ab als $4{,}5\cdot 10^9$ a, 1 580 a, 136 d, $1{,}5\cdot 10^{-4}$ s. Die Zerfallskonstanten λ sind $5\cdot 10^{-18}$, $1{,}4\cdot 10^{-11}$, $6\cdot 10^{-8}$, $4\cdot 10^3\,\mathrm{s}^{-1}$ (es gilt $\lambda = \ln 2/T$). Nach der Geiger-Nuttall-Regel sind die Reichweiten in Normalluft 2,7, 3,5, 4,2 bzw. 6,2 cm (vgl. Abb. 13.28). Die Whiddington-Formel liefert die Energie $W = \sqrt{Z^2nZ'e^4Mr/(4\pi\varepsilon_0^2m)}$ also, mit W in MeV und r in cm, $W = 2{,}5r$. Damit ergeben sich die Energien 4,1, 4,7, 5,1, 6,2 MeV. Die Geiger-Formel $W = 2{,}1r^{2/3}$ liefert 4,1, 4,8, 5,5, 7,1 MeV, was noch besser mit den direkt gemessenen 4,18, 4,78, 5,30, 7,68 MeV übereinstimmt. Whiddington- und Geiger-Formel wurden einschließlich ihrer Proportionalitätskonstanten empirisch aufgestellt und erst später entsprechend Aufgaben 13.3.3–13.3.5 theoretisch bestätigt.

13.3.11. Reichweite III
Die Bremskurven (13.25) für verschiedene Teilchen und Bremssubstanzen lassen sich durch Maßstabsänderung von W und x alle zur Deckung bringen. Man messe z. B. die Energie in der Einheit $\eta = MI/(4m)$, den Abstand in der Einheit $\xi = 8\pi\varepsilon_0^2MI^2/(e^4Z^2Z'nm)$ und erhält $\mathrm{d}\eta/\mathrm{d}\xi = \ln\eta/\eta$. Die daraus folgende einheitliche Energieabhängigkeit der Reichweite läuft bei mittleren Energien wie $r \sim W^2$: Whiddington-Gesetz (13.26); bei kleineren Energien flacher als W^2: Einfluß des ln-Gliedes, annähernd dargestellt durch die Geiger-Formel ($W^{1,5}$). Die Grenze zwischen beiden Bereichen liegt da, wo der ln etwa den Wert 7 hat, also bei $W \approx 1\,000IM/(4m)$. Bei sehr hohen (relativistischen) Energien wird $r \sim W$. Hier ist in der Formel (13.25) der Faktor $\ln(4mW/(MI))$ zu ersetzen durch $\ln(4mW/(MI)) - \ln(1 - v^2/c^2) - v^2/c^2$; diese Korrektur beschreibt u. a. die Lorentz-Kontraktion der Abstände längs der Bahn des fast mit c fliegenden Teilchens, von diesem aus gesehen. Man kann also die Kurven in Abb. 13.35 sofort zeichnen, wenn man zuerst die Koordinaten des Knicks zwischen $W^{1,5}$ und W^2 festlegt, die Kurvenabschnitte mit den Steigungen 1,5 bzw. 2 auszieht und am Knick abgerundet zusammenführt, und analog beim Knick zwischen W^2 und W^1 verfährt (er liegt bei $W \approx mc^2$). Bei Zunahme der Ordnungszahl der Bremssubstanz steigt I, also wandert der $W^{1,5} - W^2$-Knick nach rechts. Dasselbe tut er, wenn das ionisierende Teilchen schwerer wird.

13.3.12. Relativistische Bremsung
Bei der Herleitung von (13.25) stand im Nenner des Ausdrucks für die Energieübertragung ΔW zunächst v^2. Wir haben das durch $2W/M$ ersetzt. Aber das v war wirklich ein rein kinematisches v, seiner Herleitung nach. Also lassen wir v^2 stehen oder ersetzen es durch c^2 (für relativistische Teilchen). Unter dem ln dagegen steht wirklich die kinetische Teilchenenergie W. Die relativistische kinetische Energie heißt $W = m_0c^2/\sqrt{1 - v^2/c^2} - m_0c^2$. Für relativistische Teilchen geht also der $1/W$-Abfall der Bethe-Kurve in ein ganz schwach ansteigendes Plateau

$$\mathrm{d}W/\mathrm{d}x = -0{,}3Z^2\varrho(\ln(W/(M_0c^2)) + 10)$$

über, und zwar erfolgt der Übergang bei $W \approx Mc^2$. In Abb. 13.34 ist das für Elektronen berücksichtigt. Für die anderen Teilchen läge das Plateau etwa ebensohoch, beginnt aber erst rechts außerhalb der Zeichnung. Wenn Energieverlust und Ionisierungsdichte W-unabhängig werden, ist natürlich die Reichweite einfach proportional zur Energie. In Abb. 13.35 ist dieser Übergang von $R \sim W^2$ zu $R \sim W$ für Elektronen ebenfalls zu erkennen.

13.3.13. Bremsformeln
Der Charakter des Stoßes hängt von zwei Umständen ab: (1) Führt ein einziger Stoß zu praktisch vollständiger Bremsung, oder sind dazu sehr viele Stöße nötig? (2) Handelt es sich um eine Coulomb-Wechselwirkung, oder sind die Stoßpartner

ungeladen? Langsame ungeladene Teilchen geben ihre Energie größtenteils ab, wenn sie ein anderes Teilchen innerhalb seines geometrischen Querschnitts treffen. Dieser ist unabhängig von der Energie. So entsteht das übliche $e^{-\alpha x}$-Absorptionsgesetz. Geladene langsame Teilchen laufen sich ebenfalls in *einem* Stoß praktisch tot. Ein Stoß erfolgt dann, wenn sich die Partner so nahekommen, daß $W_{\text{pot}} \gtrsim W_{\text{kin}}$ wird, d. h. $e^2/(4\pi\varepsilon_0 r) \gtrsim W$. Der Stoßquerschnitt ist $\sigma \sim W^{-2}$. Die Stoßfrequenz ist $\nu = n\sigma v$, und mit $v \sim W^{1/2}$ entsteht die Abhängigkeit $\tau = 1/\nu = W^{3/2}$. Sehr schnelle Teilchen ändern ihr v bei der Wechselwirkung nur wenig. Die Dauer des Stoßaktes und damit die Impulsübertragung ist proportional $v^{-1} \sim W^{-1/2}$, unabhängig vom Stoßmechanismus (nichtrelativistische Teilchen). Damit ergibt sich nach Aufgabe 13.3.5 die Zeit zwischen zwei Ionisierungsakten $\tau \sim W$, was mit $\tau = 1/(n\sigma v)$, also $\sigma \sim W^{-1/2}$ zu deuten ist.

13.3.14. Bremsen Kerne auch?

Auf ein schweres geladenes Teilchen wird zwar der gleiche Impuls $\Delta p = Ze^2/(2\pi\varepsilon_0 av)$ übertragen wie auf ein Elektron, aber die Energieübertragung $\Delta W = \Delta p^2/(2m)$ ist bei Protonen um den Faktor 1 840 kleiner, bei schwereren Kernen sogar etwa um den Faktor 4 000. Der Energieverlust durch Stöße mit Kernen ist also zu vernachlässigen. Dies gilt unter Vernachlässigung der direkten Kernstöße (Stoßquerschnitt $\approx$ geometrischer Kernquerschnitt), die erst bei hochrelativistischen Energien wesentlich werden, wo der Bethe-Bohr-Querschnitt bis in diese Größenordnung abgefallen ist.

13.3.15. Materialabhängigkeit

Für ein gegebenes ionisierendes Teilchen steckt der Einfluß der Bremssubstanz auf die Reichweite nach (13.27) in dem Faktor nZ', die Ionisierungsdichte, die gleich $I^{-1}\,\mathrm{d}W/\mathrm{d}x$ ist, hängt außerdem noch von der mittleren Ionisierungsenergie I ab. Da nZ' etwa proportional der Dichte ist (es kommen ja immer etwa zwei Nukleonen auf ein Elektron), sollte die Reichweite, in g/cm^2 ausgedrückt, sogar unabhängig von der Bremssubstanz sein. Daß sie das nicht ganz ist, liegt am ln-Glied von (13.25), das in (13.27) vernachlässigt wurde. Bei höherer Energie macht dies Glied weniger aus, und die Regel, daß jede Substanz entsprechend ihrer Dichte abschirmt, gilt ganz gut. Für α-Teilchen liegt der Bereich, wo das ln-Glied wesentlich ist, gerade in der interessanten Gegend von einigen MeV. Die Ionisierungsdichte geht bei gegebenem ionisierenden Teilchen etwa wie $nZ'/(WI)$. Für kleinere Energien, wo der ln wesentlich wird, erfolgt ein Maximum, dann ein steiler „Haken" (Abb. 13.34). Das Maximum liegt bei $W = eMI/(4m)$, seine Höhe ist proportional nZZ'/I^2. Bei gegebener Bremssubstanz liegen also die Maxima für p, e, μ etwa gleichhoch, das für α doppelt so hoch. Im relativistischen Bereich nimmt die Ionisierungsdichte einen praktisch W-unabhängigen Minimalwert an, der sich aus (13.25) ergibt, wenn man $W \approx Mc^2$ setzt. Das Verhältnis zwischen Maximal- und Minimalionisierung ist ungefähr $4mc^2/I \ln(2mc^2/I)$, d. h. für Luft, Wasser usw. etwa 5 000, für schwere Elemente größer. Kenntnis der Dichte und der mittleren Ionisierungsenergie (die sich aus dem Bohr-Modell schätzen läßt) genügen, um diese und viele andere Folgerungen aus (13.25) zu ziehen.

13.3.16. Abschirmung

13.3.17. Dosisleistung

Siehe Lösung 13.3.6.

13.3.18. Theorie der Nebelkammer

Die Bedingungen für Tröpfchenbildung in übersättigtem Dampf und Blasenbildung in überhitzter Flüssigkeit sind ungefähr dieselben: Da jedes Tröpfchen oder Bläschen ganz klein anfangen muß, wenn keine mechanischen Ansatzpunkte da sind, ist als Energiedifferenz zwischen den beiden konkurrierenden Phasen nicht die volle Kondensationsenergie einzusetzen, sondern sie muß um eine erhebliche Oberflächenenergie reduziert werden (thermodynamisch richtiger müßte man statt Energie immer Enthalpie sagen). Phasengleichgewicht herrscht, wenn die freien Enthalpien (Gibbs-Potentiale) gleich sind, d. h. wenn $T = (H_{\text{fl}} - H_{\text{g}})/(S_{\text{fl}} - S_{\text{g}})$. In der H-Differenz ist dabei für die Tröpfchen- oder Bläschen-Nukleation die Oberflächenenergie/Volumen $4\pi r^2\sigma/(\frac{4}{3}\pi r^3) = 3\sigma/r$ und, wenn Ionen vorhanden sind, auch eine evtl. Coulomb-Energie mitzuberücksichtigen. Die Verschiebung ΔT der effektiven Kondensationstemperatur gegenüber dem Normalwert T ergibt sich dann, wenn man annimmt, daß die spezifische Entropie nicht von der Tröpfchengröße abhängt, einfach zu $\Delta T/T = \Delta H/(H_{\text{fl}} - H_{\text{g}})$. Im Nenner steht die übliche spezifische Kondensationsenthalpie, im Zähler die spezifischen Oberflächen- und Coulomb-Energien. Die Rechnung wurde in Aufgabe 6.5.1 durchgeführt. Bei einer Elementarladung im Tröpfchen ist ΔH maximal etwa 160 J/cm^3, man muß also um mindestens etwa 25° unterkühlen, damit sich aus gesättigtem Dampf Nebelspuren um die Bahn des ionisierenden Teilchens bilden. Nach der Adiabatengleichung $TV^{-1} = \text{const}$ erfordert das eine schnelle Expansion um etwa 20 %.

13.3.19. ΔW, W-Detektor-Teleskop

Protonen und α-Teilchen mit den für Kernreaktionen typischen Energien von etwa 10 MeV bleiben nach Abb. 13.35 in einigen mm Halbleiterschicht stecken, werden aber von einigen µm nur schwach gebremst. Für Elektronen gelten viel höhere Dicken. Da die Energieabhängigkeit der Reichweite sehr steil läuft, gelten diese Werte nur in einem ziemlich engen W-Bereich. Die hyperbelähnliche $\Delta W(W)$-Kurve ist nichts weiter als ein Bild der Bethe-Kurve, nach der der Energieverlust im wesentlichen proportional W^{-1} ist. Die einzelnen Teilchensorten unterscheiden sich durch den Faktor Z^2M vor dem W^{-1}, liefern also um so enger an die W-Achse geschmiegte Hyperbeln, je kleiner Z und M sind. Zusätzlich liefert das Detektor-Teleskop noch Aufschluß über die Einfallsrichtung des Teilchens.

13.3.20. Zyklotron-Modell

Das B-Feld wird repräsentiert durch die Rillen, die die Teilchen in die Kreisbahn zwingen, das beschleunigende E-Feld durch die schiefe Ebene zwischen den D's. Wenn diese Ebene ihren Neigungssinn mit der Periode T ändert, müssen Rillenradius und Kugelgeschwindigkeit so eingerichtet sein, daß ein halber Umlauf $T/2$ dauert: für die n-te Halbrille muß gelten $r_n = Tv_n/2$. Dann wird die Kugel, wenn sie in der richtigen Phase eingesetzt wird, bei jedem Halbumlauf beschleunigt, und zwar gewinnt sie dabei jedesmal die Energie mgh, wenn h die maximale Höhendifferenz der D's ist. Bis zum n-ten Rillenhalbumgang ist die Kugel n-mal beschleunigt worden und hat die Energie $nmgh$ und die Geschwindigkeit $v_n = \sqrt{2ngh}$. Der n-te Halbkreis muß also den Radius $r_n = T\sqrt{2ngh}/(2\pi)$ haben. Die Rillen folgen nach außen zu immer enger aufeinander. Für Konstrukteure: Gesamtbrettradius z. B. 60 cm, Kugeldurchmesser 0,8 cm, Rillenbreite 0,6 cm, 8 Halbrillen von 20,8 bis 58,7 cm Radius, Übergangsbrett 5 cm breit, maximal 45° schief, $T = 8$ s. Nachrechnen, ausprobieren! Ohne Rille, mit Spiralfeder: Elastische Bindung ans Zentrum, Zentripetalkraft $k(r - r_0)$, wobei r_0 Ruhelänge der Feder. Kreisbahn bei $mv^2/r = k(r - r_0)$, also für kleine r ebenfalls $r_n \sim n^{1/2}$. Beim echten Zyklotron ist wegen $mv^2/r = evB$ für den n-ten Umlauf $eB = \sqrt{m2W_0n}/r$, d. h. $r_n = \sqrt{n2mW_0}/(eB)$, die Bahnhalbkreise sind also ebenso abgestuft wie beim Modell, nicht äquidistant, wie man sie gewöhnlich zeichnet.

13.3.21. Linearbeschleuniger

Das n-te Rohr habe die Länge l_n und werde in der Zeit $t_n = l_n/v_n$ durchflogen. Diese Zeit muß immer gleich der Wechselspannungsperiode T sein. In jedem Rohrzwischenraum gewinnen die Teilchen die Energie $W_0 = eU$, haben also im n-ten Rohr $W_n = nW_0$, falls sie schon mit W_0 ins erste eingeschossen wurden. Es folgt $v_n = \sqrt{2nW_0/m}$ und $l_n = T\sqrt{2nW_0/m}$: Die Rohrlängen müssen wie die Wurzel aus n zunehmen. Bei großer Gesamtrohrzahl N ist die Länge des ganzen Beschleunigers $L = \sum_1^N l_n \approx \int_0^N l_n\,\mathrm{d}n = \frac{2}{3}N^{3/2}l_1$. Bei bekannten L und W_N ergeben sich natürlich aus den beiden Beziehungen $W_N = NW_0$, $L = \frac{2}{3}l_1N^{3/2}$ die drei Unbekannten l_1, N, W_0 nicht eindeutig, aber es ist plausibel, daß l_1 nicht kleiner als 1 cm ist. Dann muß in Stanford $W_0 \geq 7$ MeV, $N \geq 6 \cdot 10^3$ sein, das letzte Rohr wäre knapp 1 m lang. Der „kleine" CERN-Protonen-Linearbeschleuniger hat $W_N = 50$ MeV, $L = 30$ m, $N = 111$. Man erhält $W_0 = 450$ keV, $l_1 = 3{,}85$ cm, $l_N = 40{,}6$ cm.

13.3.22. Teures Synchrotron

Uns interessiert der relativistische Bereich, wo $W \approx pc$ ist. Dann geht die Kreisbahnbedingung $mv^2/r = evB$ oder $p/r = eB$ über in $W = ecrB$. So großräumige Magnetfelder sind nicht viel größer als 1 T, also $r/\mathrm{m} \approx 3W/\mathrm{GeV}$. Tatsächlich haben Berkeley und Genf 30 GeV-Anlagen mit $r = 100$ m, Serpuchow hat 76 GeV mit $r = 250$ m. 1 TeV erfordert $r = 3$ km. Der Äquatorring würde $W \approx 2 \cdot 10^{15}$ eV liefern.

13.3.23. Synchrozyklotron

Bei 750 MeV hat das Proton die 1,7fache Ruhmasse. Die Umlauf-Kreisfrequenz, die bei kleiner Energie $\omega = eB/m_0 = 1{,}7 \cdot 10^8\,\mathrm{s}^{-1}$ beträgt, muß bei Maximalenergie auf $10^8\,\mathrm{s}^{-1}$ absinken. Man braucht 250 000 Schritte von 5 keV, also 125 000 volle Umläufe bis dahin. Sie dauern etwa 5 ms (Mittelwert der beiden Frequenzen). Der Magnet muß mindestens $r = W/(ecB) \approx 1{,}5$ m Radius haben (in Wirklichkeit etwa doppelt so groß). Die Teilchen laufen annähernd 1 000 km.

13.4.1. Vorspiel auf dem Theater

Der Inhalt der Diskussion ist ungefähr identisch mit Abschn. 13.4. Auftretende Ähnlichkeiten sind nicht ganz zufällig: Monopetros = Einstein, Orothermos = Heisenberg, Okoun-Andros = Gell-Mann (okoun ist eines der Flickwörter, die Prof. *Unrat* mit „traun fürwahr" zu übersetzen pflegte; Süddeutsche dürften „gell" sagen); Trochites = Wheeler; Polyhistor = ungewöhnlich belesener Reporter; Demokrit, Aristoteles, Aristophanes spielen sich selbst (echtes Demokrit-Zitat); Alexander, Achill, Nymphen Füllfiguren.

13.4.2. Vorspiel im Himmel

Mephistopheles kommt mit der feinsten Höllenbratenzange. Alle beugen sich über eine Luke im Himmelsfußboden.

Meph. (reißt blitzschnell die Zange hoch und steckt sich etwas in die Schwanzquaste): Voilà! You see! Wot! Ecco! Heureka! (Die anderen starren immer noch nach unten.)

Mich.: Das Feld!

Meph.: Was fällt? Erzählt das euren Ammen!

Max.: Die Ladung. Depp! Denn die ist nicht mehr da, und weil sie weg ist, bricht ihr Feld zusammen ...

Her.: Ja, doch nicht überall zur gleichen Zeit! Ganz innen ist's schon weg, drumrum noch nicht, die Grenze zwischen Nichts und Feld, soweit wie sie halt laufen kann, schnell wie das Licht ...

Max.: ... ja, da, wo sie vorbeisaust, gibt's $\dot{E}$, darum schlingt sich ein H, et cetera.

Her.: Seht Ihr's, Herr Junker? Wer was klaut, der funkt der Untat Kunde in den Äther, Da! Die Kunde ist ein Photon, oder zwei. Und des gestohl'nen Teilchens Energie, die steckt in den Photonen.

Der Herr: Ja, vorbei ist's mit der blinden, wütenden Manie des Nur-Vernichtens. Alles ist Verwandlung. Nichts ist verloren, nichts umsonst getan. Was dich betrifft, so weiß ich 'ne Behandlung: Geh heim ins Bett und sauf dir einen an.

Meph.: Ja, Ihr habt recht. Est veritas in vino. Das nächste Mal klau ich bloß ein Neutrino.

13.4.3. Eddingtons Spekulation

Wenn man N Teilchen regellos über einen Raum der Abmessung R verstreut, ist die Standardabweichung der Lage ihres Schwerpunkts nach *Poisson* $R/\sqrt{N}$ (vgl. Abschn. 1.1.7, Aufgabe 13.2.6, auch Aufgabe 14.6.2). Im Einstein-Weltall (Dichte $10^{-29}\,\mathrm{g/cm^3}$) ist $R \approx GM/c^2 \approx 10^{10}$ Lichtjahre $\approx 10^{26}$ m. Die gesuchte Masse ist $m = p/c = \sqrt{N}\,h/(cR)$ $\approx 2 \cdot 10^{-28}$ kg, d. h. etwa die Pion- oder Myon-Masse. Diese Übereinstimmung kommt daher, daß $R/\sqrt{N}$ sich als etwa gleich dem Yukawa-Radius ergibt. Damit reduziert sich das Wunder auf das in Aufgabe 13.4.4 diskutierte.

13.4.4. Eddington-Diracs Wunderzahl

Daß $T/\tau_0 = R/l_0$, folgt daraus, daß sich das Hubble- (eigentlich de Sitter-)Weltall mit c ausdehnt. Die Übereinstimmung zwischen dem Einstein-de Sitterschen R und T, gewonnen aus der Theorie lediglich mit Hilfe der mittleren Dichte, und der reziproken Hubble-Konstante, gewonnen aus der Rotverschiebung in Spiralnebel-Spektren, ist allerdings verblüffend, jedoch nicht der Elementarlänge gutzuschreiben. Die mittlere Dichte kann man so schätzen: Eine Galaxis mit etwa 10^{11} Sonnenmassen, d. h. 10^{44} g, hat von der nächsten einige Millionen Lichtjahre Abstand, beansprucht also etwa 10^{19} Lichtjahre$^3 \approx 10^{73}\,\mathrm{cm}^3$; also $\varrho \approx 10^{-29}\,\mathrm{g\,cm^{-3}}$. Das Verhältnis zwischen Coulomb-Kraft und Gravitation zwischen zwei Elektronen ist (unabhängig vom Abstand) $\gamma = e^2/(4\pi\varepsilon_0 Gm^2) \approx 4 \cdot 10^{42}$, also wirklich von ähnlicher Größenordnung wie $R/l_0 \approx 10^{41}$. l_0 ist ja aber z. B. definiert als klassischer Elektronenradius (vgl. Aufgabe 13.4.5): $l_0 = e^2/(4\pi\varepsilon_0 mc^2)$, andererseits (mit $M = Nm_\mathrm{p}$ = Masse des Weltalls) R als $R = GM/c^2 = Gm_\mathrm{p}N/c^2$, also $R/l_0 = Nm_\mathrm{p}/(\gamma m_\mathrm{e})$. Wenn demnach $N \approx (R/l_0)^2$, muß $\gamma \approx R/l_0$ sein, bis auf den Unterschied zwischen m_p und m_e. Es bleibt also nur die eine, allerdings geheimnisvolle Beziehung $N = (R/l_0)^2$. Zufall oder tiefere Bedeutung? R/l_0 hätte ja in den 80 Zehnerpotenzen von N sehr viel Platz. Warum setzt es sich gerade in die Mitte?

13.4.5. Hat das Elektron eine richtige Masse?

Das Elektron braucht die Zeit r/v, um seine Ladung e durch die Ebene ganz durchzuschieben, repräsentiert also den Strom $I = ev/r$. Die „Spule“ der Länge $l \approx 2r$ mit $n = 1$ Windung der Fläche $A \approx \pi r^2$ hat die Induktivität $L \approx \mu_0 r$. Beschleunigung $a = \dot{v}$, d. h. Stromänderung $\dot{I} = e\dot{v}/r$ kostet eine Spannung $U = L\dot{I} \approx \mu_0 e\dot{v}$, ein Feld $E = U/r \approx \mu_0 e\dot{v}/r$, eine Kraft $F = Ee \approx \mu_0 e^2\dot{v}/r$. Der Faktor zwischen $\dot{v}$ und F ist die Masse, also $m \approx \mu_0 e^2/r$, und wegen $\mu_0\varepsilon_0 = c^{-2}$ gilt $m \approx e^2/(\varepsilon_0 rc^2)$. Damit $m = m_\mathrm{e} = 9 \cdot 10^{-31}$ kg wird, muß $r \approx e^2/(\varepsilon_0 m_\mathrm{e}c^2) \approx 10^{-14}$ m sein. Die genauere Rechnung liefert $r = e^2/(8\pi\varepsilon_0 m_\mathrm{e}c^2) = 1{,}4 \cdot 10^{-15}$ m, den klassischen Elektronenradius. So klein muß das Elektron sein, damit seine Induktivität seine beobachtete Trägheit erklärt, ohne daß „richtige Masse“ dahintersteckt.

13.4.6. Planck-Länge

Damit ein Teilchen eine Ortsunschärfe kleiner als d hat, muß seine Impulsunschärfe, also auch sein Impuls selbst, größer sein als $p = h/d$, seine Energie im relativistischen Fall größer als $W = pc = hc/d$, seine Masse größer als $m = W/c^2 = h/(cd)$. Das Gravitationspotential eines solchen Teilchens erreicht den Grenzwert c^2, bei dem Abkapselung erfolgt, für $Gm/r = c^2$ oder $r_\mathrm{G} = Gm/c^2$. Das ist sein Gravitationsradius. Wenn er kleiner sein soll als die auszumessende Länge d, folgt $r_\mathrm{G} = Gm/c^2 = Gh/(c^3 d) < d$ oder $d > \sqrt{Gh/c^3} = l_\mathrm{P}$. Rechts steht die kleinste meßbare Länge, die Planck-Länge. Man kann sie auch auffassen als geometrisches Mittel aus der de Broglie-Wellenlänge und dem Gravitationsradius eines relativistischen Teilchens beliebiger Art. Wenn es überhaupt einen Sinn hat, von Raumbereichen $< l_\mathrm{P}$ zu sprechen, dann sind sie jedenfalls von vornherein gegen den Rest des Universums abgekapselt. Diese „Körnung“ der Welt ist die Grundlage moderner Ansätze zur „Quantengeometrodynamik“, die hofft, endlich Teilchen- und Feldbild, Relativität und Quanten unter einen Hut zu bringen.

13.4.7. Pion-Umwandlung

Es handelt sich um drei Ereignisse: $\pi^+ + \mathrm{n} \to \pi^0 + \mathrm{p}$, $\pi^0 \to 2\gamma$ (unsichtbar), $\gamma \to \mathrm{e}^+ + \mathrm{e}^-$. Daß die Richtung des Photons, das die $\mathrm{e}^+\mathrm{e}^-$-Gabel erzeugt hat (Winkelhalbierende dieser Gabel) so genau auf den Knick zeigt (mit knapp 2° Abweichung), muß folgenden Grund haben: Das π^0 ist sehr bald nach seiner Entstehung zerfallen. Ein ruhendes π^0 zerfällt in $\tau = 2{,}3 \cdot 10^{-16}$ s. Bei relativistischer Energie verlängert sich diese Lebensdauer (um den Faktor $W/(m_\pi c^2)$, Aufgabe 15.2.4), aber selbst bei einigen GeV kommt das π^0 nur wenige µm weit. – Die Richtungen der beiden Zerfallsphotonen divergieren dann um etwa 4°. Daraus kann man die Energie schätzen. Wir setzen uns ins Bezugssystem, in dem das π^0 ruhte, wo also die γ in entgegengesetzte Richtungen emittiert werden. In diesem System ist die γ-Energie $W' = \frac{1}{2}m_\pi c^2$, der Impuls $p' = W'/c = \frac{1}{2}m_\pi c$. Im Laborsystem gilt ungefähr der gleiche Querimpuls (die Emission braucht nicht senkrecht zur Flugrichtung des π^0 zu erfolgen, aber größenordnungsmäßig stimmen die Impulse doch überein). Es kommt ein sehr viel größerer Längsimpuls dazu (kleiner Winkel!), der damit die Energie W_γ in diesem System bestimmt: $W_\gamma = p_x c$. Der Winkel zwischen γ- und π^0-Richtung ist $\alpha \approx p'/p_x \approx m_\pi c^2/(2W_\gamma) = mc^2/W_\pi$. Dies gilt ganz allgemein: Hochrelativistische Teilchen ($W \gg m_0c^2$) strahlen nur in einen engen Vorwärtskegel mit der Öffnung m_0c^2/W (Abschn. 12.5.4). Es folgt $W_\pi \approx 30 m_\pi c^2 \approx 4$ GeV. Das Primärpion hatte auch nicht viel mehr Energie, denn an das schwere Nukleon konnte es nicht viel abgeben. Ein scheinbarer Widerspruch ergibt sich aus der $\mathrm{e}^+\mathrm{e}^-$-Gabel selbst: Müßte sie nicht viel enger sein, wenn die „Zerstrahlung“ des γ auch nur in einen $m_\mathrm{e}c^2/W_\gamma$-Kegel erfolgt, da doch $m_\mathrm{e} \ll m_\pi$ ist? Der Mechanismus der Paarbildung ist aber ganz anders. Ein weiterer Stoßpartner ist erforderlich, der einen Teil des γ-Impulses aufnimmt. Sonst hätten Energiesatz $W_\gamma = p_\gamma c = 2W_\mathrm{e} = 2\sqrt{p_\mathrm{e}^2c^2 + m_0^2c^4}$ und Impulssatz $p = p_{\mathrm{e}x}$ gar keine Lösung: Es fehlte der Betrag m_0c^2, selbst bei $p_{\mathrm{e}x} = p_\mathrm{e}$. Wir ziehen also einen Kern der Masse M hinzu, der den Impuls p_0 aufnimmt, aber dabei nichtrelativistisch bleibt. In der Energiebilanz ist $p_0^2/(2M)$ wegen des großen M dann zu vernachlässigen: $W_\gamma = p_\gamma c = 2W_\mathrm{e}$, $p_\gamma = 2p_{\mathrm{e}x} + p_0$. Die Elektronen sollen hochrelativistisch sein: $W_\mathrm{e} = p_\mathrm{e}c + m_0^2c^3/(2p_\mathrm{e})$. Dann folgt $p_\gamma = 2p_\mathrm{e} + m_0^2c^2/p_\mathrm{e} = 2p_{\mathrm{e}x} + p_0$. Bei kleinem Winkel α ist $p_{\mathrm{e}y} = \alpha p_{\mathrm{e}x}$, $p_\mathrm{e} = p_{\mathrm{e}x}(1 + \alpha^2/2)$, also $p_0 = p_\mathrm{e}\alpha^2 + m_0^2c^2/p_\mathrm{e}$. Zwar ist p_0 minimal bei $\alpha = m_0c/p_\mathrm{e} = m_0c^2/W_\gamma$, aber auch andere p_0 sind möglich, bei denen α größer wird. Daß die Gabel auch etwa 4° Öffnung hat, ist hiernach nur ein Zufall.

13.4.8. Myonzerfall

Wenn man weiß, daß der Zerfall in drei Teilchen erfolgt, argumentiert man so: e, $\overline{\nu}_e$, ν_μ teilen sich praktisch die volle Ruhenergie des Myons (106 MeV), denn die Ruhenergie des e ist klein dagegen. Aus demselben Grund sind alle drei Teilchen ultrarelativistisch: $W = pc$, $p_1 + p_2 + p_3 = W_\mu/c$, $\boldsymbol{p}_1 + \boldsymbol{p}_2 + \boldsymbol{p}_3 = 0$. Die beiden Neutrinoimpulse und der *umgekehrte* Elektronenimpuls schließen sich also zu einem Dreieck (Impulssatz), dessen Umfang fest gegeben ist (Energiesatz). Die eine Seite (p_e) hat maximale Länge, wenn das Dreieck zur Linie entartet, d. h. wenn die beiden Neutrinos in entgegengesetzte Richtung zum Elektron emittiert werden. Dann erhält das Elektron den halben Dreiecksumfang, also die halbe Zerfallsenergie. Beim üblichen β-Zerfall ist die Lage anders, weil der Tochterkern selbst bei höchsten Zerfallsenergien nichtrelativistisch ist. Wegen seiner großen Masse nimmt er nach den nichtrelativistischen Stoßgesetzen kaum Energie auf, aber Impuls. Das Elektron kann sich, um möglichst günstig wegzukommen, vom Tochterkern abstoßen, um seinen Impuls zu kompensieren (nicht vom Neutrino) und verliert dabei kaum Energie.

Umgekehrte Argumentation: Man weiß von vornherein, daß das Elektron keine Energie ohne Impuls haben kann, und der muß durch mindestens ein unsichtbares Teilchen kompensiert werden. Wenn das Elektron maximal nur die halbe Zerfallsenergie hat, müßte im nichtrelativistischen Fall das andere Teilchen genau gleichschwer sein. Das Elektron ist aber bestimmt ultrarelativistisch, das unsichtbare Teilchen auch (s. oben: β-Zerfall, vgl. auch Aufgabe 15.2.14). Das unsichtbare Teilchen ist also viel leichter als das Myon, d. h. bestimmt ein Lepton (ein Photon würde man ja „sehen"). Ob es mehr als ein unsichtbares Teilchen gibt, kann man so nicht sagen. Die Erhaltung der Leptonzahl fordert zwei Teilchen, genauer: ein Teilchen, ein Antiteilchen (noch genauer: eine gerade Anzahl von Teilchen). Daß das eine ein $\overline{\nu}_e$, das andere ein ν_μ ist, entspricht der Erhaltung der μ-Leptonzahl.

13.4.9. Myon-Atom

Aus der Kreisbahnbedingung im Coulomb-Feld und der Drehimpulsquantelung folgen analog zu Abschn. 12.3.4

$$r = \frac{n^2\hbar^2 4\pi\varepsilon_0}{mZe^2}\,, \quad v = \frac{Ze^2}{n^2\hbar^2 4\pi\varepsilon_0}\,, \quad W = -\frac{mZ^2e^4}{32\pi^2\varepsilon_0^2 n^2\hbar^2}\,.$$

Die Bahnradien sind also beim Myon-Atom 217mal, beim Kaon-Atom fast 1 000mal kleiner als beim entsprechenden normalen Atom, die Energien und Frequenzen um den gleichen Faktor größer. Der Grundzustand von Kaon-Uran ist um den Faktor $m_K Z^2/m_e = 8 \cdot 10^6$mal energiereicher als der von normalem H, liegt also bei $8 \cdot 10^6 \cdot 13{,}5\,\text{eV} = 110\,\text{MeV}$. Die K_α-Röntgen-Energie ist $\frac{3}{4}$ so groß. Die entsprechende Frequenz ist $4 \cdot 10^{21}\,\text{s}^{-1}$. Der Bahnradius ist $m_K Z/m_e = 9 \cdot 10^4$mal kleiner als beim H, liegt also um 1 fm: Das Kaon läuft mitten im Kern um, wo das Kraftfeld längst nicht mehr coulombsch ist. Schon bei leichteren Myon- und Kaon-Atomen geben daher die Abweichungen von den Bohrschen Frequenzwerten Aufschlüsse über die Struktur des Kernfeldes.

13.4.10. Cowan-Reines-Versuch

Bei der Kernspaltung entstehen infolge der Krümmung des Tals der stabilen Kerne (Z, N-Diagramm, Abb. 13.15) Fragmente mit einem Neutronenüberschuß, der sich teilweise durch Direktemission von Neutronen, teilweise durch β^--Zerfall abbaut (vgl. Aufgaben 13.1.6–13.1.8). Die Neutrinoart, die beim β^--Zerfall die Leptonenbilanz in Ordnung bringt, bezeichnet man als Antineutrino. Das Neutrino dagegen entsteht beim Positronen- oder Antielektronenzerfall. Aus diesem mehr terminologischen Grund ist das Antineutrino das auf der Erde weitaus am häufigsten hergestellte Antiteilchen. Ein 100 MW-Reaktor spaltet bei einer mittleren Spaltungsenergie von $200\,\text{MeV} \approx 3 \cdot 10^{-11}\,\text{J}$ in der Sekunde $3 \cdot 10^{10}$ Kerne. Das führt zu mehr als 10^{19} β^--Prozessen/s, also auch zur Emission von mehr als 10^{19} Antineutrinos/s. Sie treten aus der Oberfläche des Reaktors (größenordnungsmäßig $100\,\text{m}^2$) mit einer Flußdichte von mehr als $10^{17}\,\text{m}^{-2}\,\text{s}^{-1}$ aus. *Cowan* und *Reines* haben in ihrer Flüssigwasserstoff-Blasenkammer nur wenige Wechselwirkungsakte mit Protonen gefunden. Bei einem Kammervolumen V von etwa $1\,\text{m}^3$, der Dichte $\varrho = 0{,}07\,\text{g/cm}^3$ und einer effektiven Beobachtungszeit t von einigen Stunden ergibt sich ein Wechselwirkungsquerschnitt zwischen Antineutrino und Proton $\sigma \approx 1/(nVjt)$ von größenordnungsmäßig $10^{-49}\,\text{cm}^2$ oder weniger. Begründung: Durch den Kammerquerschnitt A treten in der Zeit t jeweils jAt Antineutrinos, die bei einer freien Weglänge $l = 1/(n\sigma)$ auf dem Weg $\text{d}\; jAtd/l = jVtn\sigma$ Wechselwirkungen ausführen. Dabei ist $n = \varrho/m_\text{H}$. Die Kernfusion dagegen wird, ebenfalls infolge der Krümmung des Tals der stabilen Kerne, vorwiegend von β^+-Akten begleitet. Sonne und Fixsterne erzeugen also ungeheure Mengen von Neutrinos, die im Gegensatz zu den gleichzeitig emittierten γ-Quanten wegen dieses winzigen Wirkungsquerschnitts praktisch ungehindert die Erde erreichen und durchdringen. Im Bethe-Weizsäcker-Zyklus z. B. werden zwei Positronen und auch zwei Neutrinos für jeden aufgebauten He-Kern, d. h. für 25 MeV Fusionsenergie emittiert. Mit jeweils etwa $10\,\text{MeV} \approx 10^{-13}\,\text{J}$ Sonnenenergie reist also ein Neutrino; auf der Erde ist ihre Flußdichte demnach etwa $10^{11}\,\text{cm}^{-2}\,\text{s}^{-1}$.

13.4.11. Graphit-Moderator

Im Graphit sind die C-Sechseck-Waben, innerhalb deren ein C-C-Abstand von ca. 1 Å herrscht, in c-Richtung mit viel größerem Abstand, nämlich 3,4 Å aufeinandergestapelt. Neutronen mit $1{,}8 \cdot 10^{-3}\,\text{eV}$ haben den Impuls $p = \sqrt{2mW} = 9{,}6 \cdot 10^{-25}\,\text{kg m/s}$ und die de Broglie-Wellenlänge $\lambda = h/p = 7\,\text{Å}$. Fallen sie genau in c-Richtung ein, erfolgt an jeder Netzebene Bragg-Reflexion mit einem Phasenunterschied von $d = \lambda/2$ zwischen den Sekundärwellen, die von zwei aufeinanderfolgenden Netzebenen herkommen; Primär- und Sekundärwellen interferieren einander weg. Bei höheren Energien ist λ kleiner. Unter den regellos orientierten Mikrokristallen gibt es aber immer welche, deren c-Achse in einem Winkel α zum Neutronenstrahl steht, der die Bragg-Bedingung $\sin\alpha = \lambda/(2d)$ erfüllt, m. a. W. es gibt

Netzebenen, die so steil zum Strahl stehen, daß sie in dessen Richtung einen Abstand $\lambda/2$ voneinander haben. Dann tritt wieder Auslöschung ein. Nur bei $W < 1{,}8 \cdot 10^{-3}$ eV ist das nicht der Fall. Diese Energie entspräche gaskinetisch einer Temperatur von < 22 K.

13.4.12. Einfangquerschnitt

Kernkräfte sind Nahewirkungskräfte, d. h. Wechselwirkung findet praktisch nur innerhalb eines Bereichs vom Radius r_0 statt. Man kann aber nicht einfach sagen, es komme zum Einfang, wenn sich ein Teilchen dem anderen bis auf r_0 oder weniger nähert, was einen W-unabhängigen Einfangquerschnitt $\sigma = \pi r_0^2$ mit sich brächte. Voraussetzung zum Einfang ist nämlich, daß der Impuls des stoßenden Teilchens aufgezehrt wird. Ein einfangendes Punktteilchen kann das nicht tun, denn Energie- und Impulssatz lassen sich nicht gleichzeitig befriedigen, indem die beiden Teilchen hinterher einfach zusammenkleben. Also muß ein drittes Teilchen oder in unserem Fall das komplexe System des Kerns die Energie-Impuls-Bilanz so gestalten, daß ein völlig inelastischer Stoß möglich wird. Die Wahrscheinlichkeit, daß dies gelingt, ist proportional zur Dauer der Wechselwirkung, also zu r_0/v. Das ergibt für nichtrelativistische stoßende Teilchen die allgemeine Abhängigkeit $\sigma < W^{-1/2}$. Wenn die Energie des Neutrons aber gerade dem Abstand zu einem angeregten Zustand des Kerns entspricht, wird die Energiebilanz einfach durch Übergang in diesen angeregten Zustand gerettet. Die dadurch erhöhte Einfangwahrscheinlichkeit drückt sich als Resonanzpeak in der Energieabhängigkeit des Einfangquerschnitts aus.

13.4.13. Sonnen-Neutrinos

Da die stabilen Kerne bis auf die leichtesten mehr Neutronen als Protonen haben, ist ihr Aufbau durch Fusion aus Wasserstoff und sogar aus Deuterium überwiegend mit β^+-Zerfall verbunden, der Protonen in Neutronen verwandelt. Innerhalb eines Zyklus der CN-Reaktion z. B., der effektiv vier H in He verwandelt, muß es zwei β^+-Akte geben. Beim Positronenzerfall werden Neutrinos frei, während die Kernspaltung, die mit β^--Akten verbunden ist, überwiegend Antineutrinos erzeugt (vgl. Aufgabe 13.4.10). Fusion von vier H zu He bringt $4 \cdot 1{,}008 - 4{,}003 = 0{,}029$ AME oder 27 MeV $= 5 \cdot 10^{-12}$ J ein. Die Erde empfängt $0{,}14\,\mathrm{W/cm^2}$ von der Sonne als Strahlung, die aus der vielfach umgewandelten Fusionsenergie stammt. Die damit verbundenen $0{,}14/(5 \cdot 10^{-12}) \approx 3 \cdot 10^{11}$ Neutrinos/($\mathrm{cm^2\,s}$) sind dagegen noch dieselben, die im Sonneninnern erzeugt wurden: Nach Aufgabe 13.4.10 durchdringen Neutrinos praktisch ungehindert die ganze Erde und sogar die Sonne. Auf der Erde gibt es also viel mehr Neutrinos als Antineutrinos, bis auf die unmittelbare Nähe von Hochleistungsreaktoren.

13.4.14. Protonenzerfall

Wir betrachten z. B. die Vernichtung von p und e^- „aus der Ruhe", z. B. aus dem Grundzustand des H-Atoms. Es ist ein Singulett-Zustand (Bahndrehimpuls = 0). Für Ortho-Wasserstoff sind Elektronen- und Kernspin antiparallel, also ist der Drehimpulssatz für $p + e^- \to 2\gamma$ erfüllt, wenn beide γ antiparallelen Spin haben. Der Impulssatz verlangt Emission der beiden γ in entgegengesetzte Richtungen, der Energiesatz $h\nu = \frac{1}{2} m_p c^2 = 480$ MeV (wogegen Ruh- und Bindungsenergie des Elektrons kaum eine Rolle spielen). Um zu „erklären" warum so etwas trotzdem nicht passiert, warum es also überhaupt normale Materie gibt, braucht man noch mindestens einen weiteren Erhaltungssatz. Dieses Beispiel und ähnliche erweisen sogar zwei neue Erhaltungsgrößen als nötig: Baryonenzahl A und Leptonenzahl L.

13.4.15. Hyperonzerfall

Der zweite Teil der zweiten Aussage ist unter mehr als 10^{14} Fällen, d. h. 10^{14} „Beobachtungsperioden" von je 10^{-23} s, nur etwa einmal falsch. 10^{14} Tage sind etwa die vermutliche Lebensdauer der Sonne bis zu ihrem praktischen Verlöschen (wir sehen von allem ab, was der Erde zustoßen könnte). Beide Aussagen haben die gleiche Sicherheit. Das Hyperon ist tatsächlich fast stabil. Man darf sich eben nicht dadurch täuschen lassen, daß 10^{-10} s schon so kurz erscheint.

13.4.16. Speicherring

Wie jeder weiß, ist der Frontalzusammenstoß zweier Autos mit je 50 km/h viel effektvoller als der Stoß eines Autos mit der doppelten kinetischen Energie, d. h. mit 70 km/h, auf ein stehendes, ungebremstes Auto. Im zweiten Fall rollen beide idealerweise mit 35 km/h weiter (total anelastischer Stoß). Im Schwerpunktsystem fuhren beide also anfangs nur mit 35 km/h aufeinander zu, der Energieumsatz ist nur halb so groß wie beim 50–50-Unfall. Wir übersetzen: Auto = Teilchen, anelastische Zerstörungsenergie η = in Teilchenerzeugung investierte Energie, Auffahrunfall = Stoß mir ruhendem Target, Frontalunfall = Speicherring-Experiment. Wir betrachten immer maximal anelastische Stöße, bei denen maximal viele neue Teilchen erzeugt werden können. Dabei bleiben die ursprünglichen Stoßpartner „aneinander kleben". Bei relativistischen Teilchen wird die Bevorzugung des Speicherring-Stoßes noch viel größer, denn das stoßende Teilchen hat viel größere Masse (im L-System). Ein 6 GeV-Elektron hat $m = 12\,000 m_0$ und gibt nur ganz wenig Energie η an ein ruhendes ab, ähnlich wie ein Auto beim Stoß mit einem 70 g-Vogel. Quantitativ stimmt der Vergleich nicht ganz, denn beim Stoß ändert sich die Masse des stoßenden Teilchens auch (sonst würde man immer $\eta = m_0 c^2$ erhalten, also bestenfalls *ein* neuerzeugtes Elektron). Anders ausgedrückt: Relativistisch kann man leider nicht mehr sagen, die Stoßpartner teilten sich den verfügbaren Impuls im Verhältnis ihrer Massen. Impuls und Energie bilden den Vierervektor $p_i = (p_1, p_2, p_3, \mathrm{i}W/c)$, der sich beim Übergang zu einem anderen Bezugssystem durch Drehung, also unter Konstanz des Betrages

$$\sum p_i^2 = p^2 - W^2/c^2 = -m_0^2 c^4 \tag{L.3}$$

transformiert (relativistischer Energiesatz, Abschn. 15.2.7). Bei ruhendem Target und gleichen Teilchen ist im L-System $W_1 = W$, $p_1 = p$, $W_2 = m_0 c^2$, $p_2 = 0$. Das S-System ist dadurch gegeben, daß beide p_i-Vektoren symmetrisch zur W-Achse liegen: $p'_1 = -p'_2 = p'$, $W'_1 = W'_2 = W'$. Man liest ab

$$\tan\alpha = \frac{pc}{W} = \frac{2\tan(\alpha/2)}{1-\tan^2(\alpha/2)} = \frac{2p'c/W'}{1+p'^2c^2/W'^2} .$$

p und p' werden nach (L. 3) durch W und W' ausgedrückt. Man erhält schließlich $W' = \sqrt{\frac{1}{2}m_0c^2(W+m_0c^2)}$. Im S-System steht also sehr viel weniger Energie ($2W'$) zur Verfügung als im L-System aufgewandt worden ist (W), nämlich im ultrarelativistischen Fall ($W \gg m_0c^2$) nur $2W' = \sqrt{2Wm_0c^2}$ (Abschn. 13.3.3 und 17.3.4, Aufgabe 15.2.15). Bei $W = 6$ GeV ist für Elektronen nur $2W' = 110m_0c^2$. Im Speicherring geben zwei 3 GeV-Elektronen ihre vollen $12\,000m_0c^2$ her.

13.4.17. Ψ/J-Zerfall

Beim Ablesen der Peakbreite beachte man die logarithmische σ-Skala. Schon bei Abweichung um etwa 1 MeV vom Peakmaximum fällt die Kurve auf $\frac{1}{3}$. Damit ergibt sich die Lebensdauer zu $\tau \approx h/\Delta W \approx 4 \cdot 10^{-21}$ s. Das scheint noch sehr kurz. Man bedenke aber, daß eine für Resonen übliche Lebensdauer von einigen 10^{-24} s ein ΔW von einigen GeV ergäbe, d. h. einen Buckel, der etwa bis zur doppelten Peakenergie reichte. Die verschiedene und unsymmetrische Länge der Fehlerbalken beruht hauptsächlich auf der logarithmischen Auftragung. Der absolute Fehler ist überall 8–15 Einheiten der σ-Skala, nur an der rechten Peak-Flanke etwas größer.

13.4.18. Ein Zerfall oder zwei?

Wir transformieren zunächst auf das Schwerpunktsystem, d. h. auf das System, in dem die Granate ruht. Im Fall B erhalten die Teilstücke a und bc bei der ersten Explosion entgegengesetzte Impulse. Ihre Energien verhalten sich also wie $W_a/W_{bc} = m_{bc}/m_a$, d. h. das Stück a erhält den Anteil $m_{bc}W/(m_a + m_{bc})$ der Detonationsenergie W. Im S-System hat also W_a einen scharfen Wert. Die aufs Laborsystem zurücktransformierte Energie W'_a kann nur variieren, weil der Detonationsimpuls verschiedene Winkel mit der Raketenbahn bildete. Man könnte den Zusammenhang zwischen W'_a und dem Flugwinkel α von a ausrechnen. Wesentlich ist hier aber nur, daß zu jedem α nur ein bestimmter Wert von W'_a gehört. Im Fall A ist das anders, denn Impuls und Energie können sich schon im S-System ganz verschieden auf a, b und c verteilen. Dementsprechend erhält man bei Abmessung vieler Ereignisse für jede Richtung α ein ganzes kontinuierliches W'_a-Spektrum.

13.4.19. Negative Ruhmasse

Der ^{4}He-Kern ($m = 4{,}003$ AME) ist leichter als seine Bestandteile ($2m_p + 2m_n = 4{,}032$ AME). Der Massendefekt ist bis auf den Faktor c^2 die (maximale) Fusionsenergie. Er ist kleiner als die Nukleonenmasse. Nichts Prinzipielles hindert aber eine Bindung, z. B. zwischen zwei Teilchen A und B, so stark zu sein, daß der Massendefekt die Ruhenergie jedes der Bestandteile übertrifft. Der Komplex AB wäre dann leichter als A oder B einzeln. Bei der Bindung von Quarks, z. B. im Pion, scheint das zuzutreffen. Nehmen wir willkürlich die Ruhenergie des Quarks zu 10 GeV an. Die des Pions ist 0,1 GeV, also die Bindungsenergie des Quarkpaars 19,9 GeV. Es kostet nur um die kleine Pionenruhenergie mehr, ein Quarkpaar aus dem Nichts zu machen, als ein Pion zu zerschlagen. Kann eine Bindung noch etwas stärker sein, so daß die Masse des Komplexes negativ wird? Wir hätten dann ein „Eselsteilchen“ (vgl. Aufgabe 13.4.20). Ein Tachyon mit seiner imaginären Ruhmasse kommt allerdings selbst so nicht heraus (vgl. Aufgabe 13.4.21).

13.4.20. Asinon

Nach Newtons Bewegungsgleichung $\boldsymbol{a} = \boldsymbol{F}/m$ würde ein Teilchen negativer Masse sich *in Gegenrichtung* zur Kraft beschleunigen („Eselsteilchen“). Nach dem Gravitationsgesetz würden ein normales und ein Eselsteilchen einander abstoßen wie zwei gleichnamige Ladungen: $\boldsymbol{F} = -Gm_1m_2\boldsymbol{r}/r^3$, zwei Eselsteilchen würden sich wieder anziehen. Dies betrifft die Richtung der *Kräfte* zwischen ihnen. Auf diese Kräfte würden aber die beiden Eselsteilchen reagieren, indem sie voneinander *weg* liefen. Noch bizarrer würden sich das Teilchen und das Eselsteilchen verhalten: Das normale Teilchen würde durch die Abstoßung vom Eselsteilchen weggetrieben, dieses aber gerade zum normalen Teilchen *hin*, würde dieses also unter ständiger Beschleunigung verfolgen, bis beide praktisch Lichtgeschwindigkeit erreicht haben, wobei beider Massen gegen Unendlich gingen, ohne daß der Energiesatz im Geringsten verletzt wäre: Beide Energien haben ja entgegengesetztes Vorzeichen! Zwei Teilchen gleicher Absolutmasse hielten bei dieser Jagd immer den gleichen Abstand, ein absolut leichteres Eselsteilchen rückte dem anderen beschleunigt näher auf den Pelz, ein absolut schwereres hinkte hoffnungslos hinterher. Kein bekannter Erhaltungssatz schützt uns vor solchen Verrücktheiten. Man könnte zunächst denken: Montieren wir doch Teilchen und Eselsteilchen auf zwei Schaufeln einer Turbine. Sie rennen einander nach, die Turbine dreht sich als perpetuum mobile – also gibt es keine Eselsteilchen oder, noch besser, wir sind alle Energiesorgen los. Aber wie will man das Eselsteilchen an die Schaufel binden? Durch eine anziehende Kraft. Aber dann läuft es gerade weg! Binden kann man es nur durch eine Abstoßung. Deren Reaktionskraft treibt aber die Schaufel gerade im falschen Sinn, was den angeblichen Antrieb genau aufhebt. Herstellung von Eselsteilchen: vgl. Aufgabe 13.4.19.

13.4.21. Tachyon

Wenn trotz imaginären m_0 die Energie $W = m_0c^2/\sqrt{1-v^2/c^2}$ reell sein soll, muß die Wurzel auch imaginär, d. h. die Klammer negativ, d. h. $v > c$ sein. Ein Tachyon hat *immer* Überlichtgeschwindigkeit. Je mehr es sich *c von oben* her nähert, desto größer wird seine Energie, und zwar unbegrenzt. Deswegen kann es c auch, von oben her, nie überschreiten. Es hat auch keinerlei Neigung dazu, besonders wenn es geladen ist. Als Ladung mit $v > c$ sendet es nämlich *immer*, sogar im Vakuum, Tscherenkow-Strahlung aus, wie ein normales geladenes Teilchen in einem Medium, in dem die Phasengeschwindigkeit des Lichts kleiner ist als seine eigene. Tscherenkow-Strahlung verzehrt aber Energie; das W des Tachyons nimmt ständig ab, sein v nimmt zu – und zwar beschleunigt, denn je höher die Überlichtgeschwindigkeit, desto stärker die Tscherenkow-Strahlung – d. h. das Tachyon wird im Umsehen unendlich schnell! *Feynman* hat geargwöhnt, es könne Tachyons geben, und in mehreren Beschleuniger-Labors sucht man allen Ernstes nach ihren Spuren. Trotz ihrer imaginären *Ruh*masse können übrigens die Tachyonen durchaus eine *positiv*-reelle *Masse* $m = m_0/\sqrt{1 - v^2/c^2}$ haben, brauchen sich also nicht „eselhaft" zu verhalten (vgl. Aufgabe 13.4.20).

13.4.22. Back in time

In ein x, t-Diagramm, wie üblich mit vertikaler t-Achse, zeichne man ein „N", das die Jetzt-Achse mit allen drei „Beinen" schneidet. Nach *Wheeler-Feynman* gelesen, stellt das zwei e^- und ein e^+ (oder umgekehrt), eine Paarbildung in der Vergangenheit, eine Paarvernichtung in der Zukunft dar. Die Knicke mit ihren abrupten Beschleunigungen erfordern natürlich Beteiligung von Photonen. Durch Verlängerung der Zickzacklinie kann man beliebig viele Elektronen und Positronen „machen", allerdings immer in gleicher Anzahl (evtl. bis auf eines). Die Positronen, die man nicht sieht, sind dann vielleicht in den Protonen versteckt. Ein in der Zeit rückwärts laufendes Elektron sieht z. B. eine positive Ladung. „Da muß ich hin", sagt es sich, und tut das auch. Für uns aber, die den Film seines Verhaltens in umgekehrter Richtung sehen, entfernt es sich von der $+$-Ladung, als ob es selbst positiv wäre, und zwar mit genau der Beschleunigung, die der Elektronenmasse entspricht: Es verhält sich wie ein Positron.

13.4.23. Quark confinement

Mindestimpuls nach der Unschärferelation $p \approx h/r$, Mindestenergie für relativistische Teilchen $W = pc \approx hc/r$. Eine Kraft, die auf dem Abstand r diese Energie vernichtet, ergibt sich aus $F_0 r = W$ zu $F_0 \approx hc/r^2$. Da nach (13.11) $r \approx h/(mc)$, kann man auch schreiben $F_0 \approx m^2c^3/h$. Dies ist die einzige Kombination von h, c, m mit der Dimension einer Kraft. Wollte man die Teilchen durch einen „Gummibeutel" vom Radius r zusammenhalten, müßte dieser einen Wanddruck $F_0/r^2 \approx m^2c^3/(hr^2) \approx m^4c^5/h^3$ aushalten. Auch dies ist die einzige Kombination von der Dimension eines Druckes. Die Schallgeschwindigkeit als Wurzel aus Druck/Dichte mit der Dichte m/r^3 wird gleich der Lichtgeschwindigkeit.

13.4.24. Bohr-Modell für Quarks

Gleichgewichtsbedingung: Zentrifugalkraft $m\omega^2 r = F_0$. Drehimpulse müssen ganzzahlige Vielfache von $\hbar$ sein: $m\omega r^2 = n\hbar$. Daraus folgt $\omega = n\hbar/(mr^2)$, in die Gleichgewichtsbedingung eingesetzt $F_0 = n^2\hbar^2/(mr^3)$, also $r = \sqrt[3]{n^2\hbar^2/(mF_0)}$. Die potentielle Energie ist $W_{\text{pot}} = F_0 r = \sqrt[3]{n^2\hbar^2F_0^2/m}$. Vergleich mit (13.11) liefert sofort $v = \omega r = n\hbar/(mr) \approx c$, also bewegen sich die Teilchen relativistisch. Sie können so leicht sein wie sie wollen, ihre Masse und die des Mesons sind überwiegend kinetisch und potentiell: $m = W/c^2$ (man beachte: W_{pot} ist hier vom Zustand $r = 0$ aus positiv zu rechnen, nicht negativ wie im Coulomb-Feld von $r = \infty$ aus). Setzt man einfach $W_{\text{pot}} = mc^2$ (die kinetische Energie ist von gleicher Größenordnung, wie im Coulomb-Feld), so folgt $mc^2 = (n\hbar F_0)^{2/3}m^{-1/3}$, also $m_{\text{n}} = \sqrt{n\hbar F_0 c^3}$. Zahlenmäßig: $m_{\text{n}} \approx 7 \cdot 10^{-28}\,\text{kg}\,\sqrt{n}$, was die richtige Größenordnung hat. Die $\sqrt{n}$-Abhängigkeit ist ganz gut erfüllt. Man sieht das, wenn man den Dreiergruppen in der Tabelle die n-Werte 1, 2, 3 oder 0, 1, 2 zuordnet und entweder die Massen betrachtet, gegen die die drei Massenfolgen offenbar konvergieren (≈ 1, $\approx 1{,}5$, 1,8), oder die Masse des ersten Gliedes abzieht.

13.4.25. Dipolkräfte I

Im Atom hat i. allg. der Zustand die geringste Energie, in dem die Elektronen gleiche Spins haben, sofern das Pauli-Prinzip das zuläßt (Hund-Regel). Als parallele Kreisströme aufgefaßt, müssen ja Elektronen mit parallelen Drehachsen einander anziehen. Bei den Quarks im Meson ist es umgekehrt, denn Quark und Antiquark haben komplementäre Farben, ebenso wie ein Quark und die *beiden* anderen im Baryon. Alle Hadronen sind ja „weiß". Es ist so, als enthielte ein Atom ein Elektron und ein Positron. Dieses System hat bei antiparallelen Spins die kleinste Energie, denn dann rotiert die Ladung in beiden Kreisströmen entgegengesetzt wie die Antiladung im anderen, d. h. beide Ströme sind wieder parallel. Dieser Spinimpuls ist natürlich zu unterscheiden von dem in der vorigen Aufgabe behandelten Bahnimpuls der Quarks. Die Massenaufspaltung zwischen 2. und 4. Spalte der Tabelle 13.12 entspricht der Feinstruktur-Aufspaltung der Elektronenzustände. Mit wachsendem n (nach unten in jeder Dreiergruppe) wird sie immer kleiner, weil der Abstand r_{n} zwischen den Quarks größer wird, also die „farbmagnetische Dipolenergie" abnimmt. Eine Dipol-Dipol-Energie ist um einen Faktor $\sim r^{-2}$ kleiner als die entsprechende Pol-Pol-Energie, falls die Dipollänge $d \ll r$ ist (Dipolfeld ist Differenz zweier Polfelder, Differentiation nach dem Ort gibt ein r im Nenner; Kraft auf Dipol ist Gezeitenkraft, stammt aus Inhomogenität des Feldes, weitere Differentiation ergibt weiteren Faktor r im Nenner). Wegen $r_{\text{n}} \sim \sqrt{n}$ bedeutet das hier eine Abnahme $\sim 1/n$. Offenbar ist aber bei der starken Wechselwirkung die Dipolenergie von gleicher Größenordnung wie die Polenergie, im elektrischen Fall ist sie um den Faktor α^2 kleiner ($\alpha = e^2/(4\pi\varepsilon_0\hbar c) = \frac{1}{137}$ Feinstrukturkonstante). Die starke Wechselwirkung hat eine Feinstrukturkonstante von der Größenordnung 1. Zahlenmäßig stimmt die n^{-1}-Abhängigkeit nicht so gut wie $\sqrt{n}$ in der vorigen Aufgabe. Die Lage ist also in Wirklichkeit komplizierter.

13.4.26. Dipolkräfte II

Die Wechselwirkungsenergie zweier magnetischer Dipole mit den Momenten p und p' im Abstand r voneinander ist $W = \pm\mu_0 pp'/(4\pi r^3)$ ($+$ für parallele, $-$ für antiparallele Einstellung), analog zum elektrischen Fall, wo es $W = pp'/(4\pi\varepsilon_0 r^3)$ heißt. Das Elektron hat das magnetische

Moment $p_e = e\hbar/(2m_e) = 9{,}27 \cdot 10^{-24}$ J/T, das Proton hat 2,79mal mehr als man entsprechend seiner Masse erwarten sollte, nämlich $p_p = 1{,}41 \cdot 10^{-26}$ J/T, beim Neutron ist dieser Faktor $-1{,}91$, also $p_n = -0{,}97 \cdot 10^{-26}$ J/T, bei den Quarks kann man aus Ladung und Masse eine ähnliche Größenordnung vermuten, wobei der p-Betrag bei u größer sein sollte als bei d und s. Für Elektron und Proton im H-Atom folgt als Energiedifferenz zwischen den beiden Einstellungen $1{,}7 \cdot 10^{-25}$ J (genauer: Aufgabe 16.4.9). Bei zwei Elektronen im Atom kommt fast das Tausendfache heraus, also einige hundertstel eV, der typische Abstand der Feinstrukturterme. Für zwei Nukleonen kommt knapp 1 MeV heraus, für die Quarks im Baryon etwas mehr als 1 MeV. Tatsächlich jedoch ist jedes Baryon um einige MeV leichter als das benachbarte, um eine Stufe negativere. Das positivere Teilchen enthält ja ein u statt eines d mehr, und das u mit seinem größeren Moment bringt einen höheren Energiegewinn bei der Momentenabsättigung. Leider ist dies keine vollständige Theorie, denn wenn es nur auf die Ladungen der Quarks ankäme, müßten neutrale und negative Baryonen gleiche Massen haben. Auch die magnetischen Gesamtmomente der Baryonen kommen nicht so richtig heraus.

13.4.27. Hyperonzerfall

In allen Fällen kann man sich vorstellen, daß zuerst der elektroschwache, also langsame Zerfall $s \to d + u + \overline{u}$ oder $s \to d + d + \overline{d}$ erfolgt. Das sind die einzigen Zerfälle, die Ladungs- und Energieerhaltung respektieren. Nun kommt es darauf an, ob die Endprodukte sich zu neuen Teilchen, Baryon + Meson, mit geringerer Gesamtmasse umordnen lassen. Von $\Sigma^- = dds$ aus geht das nur bei $dds \to udd + u\overline{d}$, denn $ddd = \Delta^-$ wäre sogar schwerer als Σ^-. Von $\Sigma^+ = uus$ aus sind beide Kanäle gangbar: $uus \to uud + d\overline{d}$ und $uus \to udd + u\overline{d}$. Je mehr gleichberechtigte Kanäle da sind, desto kürzer ist die Lebensdauer. Bei den Ξ-Hyperonen bleibt eines der s übrig und muß ins Baryon eingebaut werden, denn ein Kaon wäre zu schwer. Auch jede mögliche Kombination $\Sigma + \pi$ wäre zu schwer, so daß nur jeweils ein Kanal $\Xi \to \Lambda + \pi$ bleibt. Nach der Anzahl der Kanäle müßte Ξ^- langsamer zerfallen ($ssd \to dd\overline{d}sd$ liefert keine erlaubte Kombination), aber der Einfluß der verfügbaren Zerfallsenergie ($\tau \sim W^{-6}$) scheint dies überzukompensieren: Ξ^- ist ja schwerer als Ξ^0.

13.4.28. Wieviele Quarks gibt es?

Der Wirkungsquerschnitt für die Erzeugung eines Teilchenpaares der Ladung $\pm Q$ in einem elektromagnetischen Prozeß ist $\sigma \approx e^2Q^2/(4\pi\varepsilon_0 W)^2$, wo W die Energie im Schwerpunktsystem ist. Myonen haben $Q = e$, die Quarks u, d, s haben $Q_u = 2e/3$, $Q_d = -e/3$, $Q_s = -e/3$, jedes von ihnen kommt in drei Farben vor. Wenn die Energie ausreicht, um alle diese drei Quarks zu erzeugen, ist das Verhältnis zwischen Quark- und Myonerzeugungsrate $3 \cdot \left((2/3)^2 + 2 \cdot (1/3)^2\right) = 2$. Wenn das c- und das b-Quark mit $2e/3$ bzw. $-e/3$ dazukommen, ergibt sich $3 \cdot \left(2 \cdot (2/3)^2 + 3 \cdot (1/3)^2\right) = 3{,}67$. Diese Verhältnisse findet man auch im Experiment.

13.4.29. Monopol-Kräfte

Die Ladung e erzeugt ein Radialfeld $E = e/(4\pi\varepsilon_0 r^2)$, der Monopol p analog ein Radialfeld $B = \mu_0 p/(4\pi r^2)$. Wir setzen e und p in den Abstand $2d$ voneinander. Auf der Verbindungslinie ist der Poynting-Vektor $\boldsymbol{S} = 0$, weil $\boldsymbol{E} \parallel \boldsymbol{H}$, sonst ist er überall $\neq 0$ und zeigt überall senkrecht zur Verbindungslinie, und zwar so, daß er überall den gleichen Drehsinn um diese ergibt: In der Zeichenebene mit e links, p rechts zeigt $\boldsymbol{S}$ oben auf uns zu, unten von uns weg. In der Mittelebene im Abstand d von der Achse ist $S = ep/(64\pi^2\varepsilon_0 d^4)$. Die Impulsdichte des Feldes muß S/c^2 sein, denn S ist Energiestromdichte, d. h. Energiedichte $\cdot\, c$, und Energie = Impuls $\cdot\, c$. Die Drehimpulsdichte ergibt sich also durch Multiplikation von S/c^2 mit dem Abstand von der Achse, der gesamte Drehimpuls durch Integration über den ganzen Raum. Werte ähnlich dem oben angegebenen hat S überall in einem Zylinder der Höhe $4d$ und des Radius $2d$, außerhalb davon ist S schon viel kleiner. Damit folgt der Drehimpuls des Feldes zu $L = ep\mu_0/(4\pi)$, wenn man beachtet, daß $c^{-2} = \varepsilon_0\mu_0$. Die (mühsame) Ausrechnung des Integrals bestätigt das. Es klingt zunächst überraschend, daß L nicht von d abhängen soll. Bei großem d wird S zwar kleiner (wie d^{-4}, die Drehimpulsdichte wie d^{-3}), aber dafür ausgedehnter (wie d^3). Wenn man z. B. d verdoppelt, gilt das alte Feldlinienbild und damit der Winkel zwischen $\boldsymbol{E}$ und $\boldsymbol{H}$ noch. S ist überall durch 16 zu teilen, die Drehimpulsdichte durch 8. Dafür haben sich aber alle Volumina verachtfacht. – Der Drehimpuls L muß, wie immer, ein Vielfaches von $\hbar$ sein, mindestens $\hbar$. Damit folgt $ep = 2h/\mu_0$ (im CGS-System $ep = \hbar c$). Die Beziehung (13.38) schreibt sich im SI genauso mit $\alpha = e^2/(4\pi\varepsilon_0\hbar c)$. – Diesen Drehimpuls würde man auch direkt spüren, wenn man die Achse zu schwenken versuchte. Man tue dies mit der Winkelgeschwindigkeit ω, so daß die Ladung e sich mit $v = \omega d$ bewegt, z. B. nach unten. Sie erfährt dann im B-Feld des Monopols eine Lorentz-Kraft $F = evB = \omega ep\mu_0/(4\pi d)$ und zwar vom Beschauer weg. Die Drehung erfordert also ein Drehmoment $Fd = ep\mu_0\omega/(4\pi)$, genau wie bei einem Kreisel mit $L = ep\mu_0/(4\pi)$.

13.4.30. War es ein Monopol?

Da keine Tscherenkow-Strahlung auftrat, war das beobachtete Teilchen langsamer als $c/n \approx 0{,}67c$ und hatte ein Verhältnis $W/M = c^2(1/\sqrt{1 - v^2/c^2} - 1) < 0{,}4c^2$. Die nichtrelativistische Bethe-Formel (13.25) fordert dann $Z \gtrsim 100$ (aus der gemessenen Ionisierungsdichte). Andererseits ist die praktisch fehlende Bremsung nur mit einer Masse $M > 100m_p$ zu vereinbaren. Strenggenommen folgt aus (13.25) und (13.38) $Z^4 m > 4 \cdot 10^{10}$. So schwere Kerne sind in der kosmischen Strahlung fast ausgeschlossen. Ein Monopol mit $p = 137e$ (13.38) und $v \approx c$ würde ähnlich ionisieren wie eine elektrische Ladung Ze mit $Z = 137$. Man versteht das am besten im Bezugssystem des Monopols. Atomelektronen, die mit v am Monopol vorbeisausen, erfahren eine Lorentz-Kraft $F = evB$ in dessen Magnetfeld $B = \mu_0 cp/(4\pi r^2)$. Mit $v \approx c$ wird $F \approx ep/(4\pi\varepsilon_0 r^2)$. Daß diese Kraft nicht radial, sondern quer zum Monopol gerichtet ist, ändert nichts an der Argumentation (Aufgaben 13.3.3 bis 13.3.5), die zur Bethe-Formel führt (nur die v-Abhängigkeit ändert sich). Man hat inzwischen eine andere Deutung für die Spur von Sioux City gefunden.

13.4.31. Neutrino-Oszillation

Die Unschärfe des Impulses ist $\Delta p \gtrsim h/x$. Beim Elektron z. B. kann sich dies nur als Unschärfe von v äußern, bei Neutrinos entsprechend $W = \sqrt{m_0^2c^4 + p^2c^2}$ auch als Änderung Δm_0 der Ruhmasse: $\Delta(m_0^2) \approx \Delta(p^2)/c^2$. Wegen $\Delta p \ll p$ und $m_0c \ll p$ (falls vorhanden, beträgt die Ruhenergie höchstens einige eV), also $W \approx pc$, folgt für die Strecke, nach der eine solche Verwandlung möglich wäre, $x \approx 2Wh/(\Delta(m_0^2)c^3)$. Bei $m_0 = 0$ wird das unendlich (keine Oszillation möglich), bei plausiblen endlichen Ruhenergien (einige eV) sollte es schon einige Meter oder weniger von der Quelle entfernt nur noch ein Gemisch von e-, μ- und τ-Neutrinos geben. Dieser offenbar empfindlichste Test auf die Existenz einer Neutrino-Ruhmasse hat aber noch kein klares Ergebnis geliefert. Sonst hätte man hier die einfachste Erklärung für die Tatsache, daß *Davis* in der Homestake Mine mit seinen 550 Tonnen Cl nur 1/3 der erwarteten Solar-Neutrinos findet.

13.5.1. K. o. durch ein Proton?

$4 \cdot 10^{21}$ eV = 640 J. Ein Vorschlaghammer, auf 2 m Schwungweite ständig mit 300 N bescheunigt, hat ebensoviel. Trotzdem täte uns solch ein Teilchen selbst im Weltraum nichts, eben wegen seiner großen „Härte“: Seine Reichweite wäre etwa 10^{12} g/cm^2, d. h. von den 640 J werden in unserem Körper, der ca. 100 g/cm^2 bietet, schlimmstenfalls nur ca. 10^{-7} J frei. Die Ionisierungsdichte ist kaum höher als die eines 100 keV-Elektrons (vgl. Abschn. 13.3.1).

13.5.2. Solarer Beschleuniger

Kräftige Sonnenflecken recken ihr Magnetfeld weit in die Corona hinaus, wie man schon daran erkennt, daß über dem Fleck die Corona als Strahl weiter in den Raum hinausragt als anderswo. Dort ist aber die Gasdichte so gering, daß geladene Teilchen fast ungestört dem ringförmigen elektrischen Induktionsfeld folgen, das den Sonnenfleck mit seinem anwachsenden oder abnehmenden Magnetfeld umspannt. Die Magnetfeldänderung ist im Beispiel $\dot{B} = 0{,}3\,\mathrm{T}/(100\,\mathrm{d}) \approx 3 \cdot 10^{-8}\,\mathrm{T/s} \approx 3 \cdot 10^{-8}\,\mathrm{V/m^2}$. Sie erzeugt nach der Maxwell-Gleichung ein Ringfeld E gemäß $2\pi rE = \pi r^2\dot{B}$, also $E \approx \frac{1}{2}r\dot{B} \approx 1$ V/m. Im Gegensatz zum technischen Betatron sind die Strahlungsverluste, die dort die erreichbare Energie begrenzen, vernachlässigbar, weil die Bahnradien so groß und die Beschleunigungen so klein sind. Das Teilchen wird daher so lange beschleunigt, bis der Energieverlust an die Restgasteilchen, beschrieben durch die Bethe-Formel (13.25) bzw. einen Ausdruck, der die Kernstöße berücksichtigt (vgl. Aufgabe 13.5.3), gleich der Energieaufnahme im Feld E wird. Für so hohe Energien gilt der relativistische Grenzfall der Bethe-Formel, der dem fast energieunabhängigen Plateau rechts in Abb. 13.34 entspricht: $\mathrm{d}W/\mathrm{d}x \approx -0{,}8Z^2\varrho$ (W in MeV, x in cm). Die Energieaufnahme im Feld ist $\mathrm{d}W/\mathrm{d}x = eE \approx 10^{-4}$ MeV/cm. Die Dichte des Corona-Plasmas in einem Abstand von einem Sonnenradius über der Sonnenoberfläche ist etwa 10^{-17} g/cm^3. Damit ergibt sich, daß dort praktisch überhaupt keine Bremsung vorliegt: Das Teilchen wird während der ganzen Lebensdauer des Flecks beschleunigt und kommt so, falls es immer auf der günstigsten Kreisbahn bleibt, auf größenordnungsmäßig 10^{12} MeV. Realistischere Schätzungen führen auf etwa 10^9 MeV. Manche Sterne scheinen insgesamt so hohe Magnetfelder zu haben, wie sich bei der Sonne im Fleck konzentrieren. Interstellare Magnetfelder kompensieren ihre Schwäche durch ihre ungeheure Ausdehnung.

13.5.3. Tiefsee-Myonen

Bei relativistischen Energien läuft die Bethe-Bremskurve, die die Ionisierungsverluste beschreibt, in ein Plateau aus, das für alle geladenen Teilchen ungefähr gleichhoch liegt und mit wachsender Teilchenenergie W nur sehr schwach ansteigt: $\mathrm{d}W/\mathrm{d}x \approx -0{,}8\varrho Z^2(1 + 0{,}1 \cdot \ln(1 - v^2/c^2)^{-1})$. Dabei ist W in MeV, x in cm, ϱ in g/cm^3 ausgedrückt. Die Reichweite eines Teilchens gegenüber solchen Verlusten ist also etwa proportional der Energie: $R \approx W/(0{,}8\varrho Z^2)$ oder als Flächendichte ausgedrückt: $\varrho R \approx W/(0{,}8Z^2)$. Für ein einfach geladenes Teilchen ist die Reichweite in g/cm^2 ungefähr gleich seiner Anfangsenergie in MeV. In 4 km Meerestiefe, d. h. hinter $4 \cdot 10^5$ g/cm^2 Abschirmung kann man daher nur Teilchen mit einer Primärenergie oberhalb 300 GeV antreffen. Von 10–100 MeV an treten Verluste durch Kernstöße neben die Ionisationsverluste (10 MeV etwa sind nötig, um ein Nukleon aus dem Kern zu schlagen, 100 MeV, um ein Pion zu erzeugen). Wenn der Stoßquerschnitt für solche Stöße gleich dem geometrischen Querschnitt des Nukleons ($5 \cdot 10^{-26}$ cm^2) wird, verzehren beide Arten von Stößen ungefähr gleichviel Energie: Die freie Weglänge für Kernstöße ist $l = 1/(n\sigma)$; dabei ist n, die Nukleonenzahldichte, gleich ϱ/m_H, also die Flächendichte, die einem Stoß entspricht, $l\varrho = m_\mathrm{H}/\sigma \approx 20$ g/cm^2.

13.5.4. Maximalenergie

Das energiereichste bisher beobachtete Teilchen mit $4 \cdot 10^{21}$ eV, wahrscheinlich ein Proton mit $4 \cdot 10^{12}$ Ruhmassen, „wog“ fast 10^{-11} g, also soviel wie ein kräftiges Bakterium. Nach Aufgabe 13.5.1 reichte die Energie, wenn sie sich auf eine entsprechend kurze Laufstrecke konzentrierte, zum k. o. leicht aus. Der Faktor der Lorentz-Abflachung und der Zeitdilatation ist ebenfalls $4 \cdot 10^{12}$, v weicht um etwa 10^{-25} von c ab. Wenn so ein Teilchen also von der Erde aus gesehen 50 000 Jahre oder über 10^{12} s zum Durchqueren der Galaxis braucht, vergeht in seinem Eigensystem nur knapp 1 s.

13.5.5. Raumanzug

Bei gleicher Energie haben Protonen entsprechend dem Massenverhältnis eine viel kleinere Reichweite als Elektronen. Da die Reichweite aber andererseits annähernd wie W^2 steigt (*Whiddington*), sind 150 MeV-Protonen doch etwa 100mal durchdringender als 0,78 MeV-Elektronen. Die Bethe-Formel bzw. Abb. 13.35 liefern 0,2 g/cm^2 für die Elektronen, 20 g/cm^2 für die Protonen. Gegen die Elektronen schützt also schon die Kleidung, die Protonen werden erst durch fast 2 cm Blei abgeschirmt.

13.5.6. Strahlungsgürtel

Jedes 100 MeV-Proton setzt auf den 20 cm, die es in organischem Gewebe zurücklegt, $10^8/30 \approx 3 \cdot 10^6$ Ionenpaare frei. Der Protonenfluß von $10^8\,\mathrm{m^{-2}\,s^{-1}}$ entspricht also $1{,}5 \cdot 10^9$ Paaren/cm^3 s, d. h. 10^{-3} Röntgen/s. Beim Durchstoßen der Zone maximaler Intensität, die etwa 15 000 km dick ist, mit 10 km/s würde ein ungeschützter Astronaut etwa 15 rem aufnehmen (Qualitätsfaktor 10 wie für γ-Strahlung). Das entspricht zwar noch keiner ernstlichen akuten Strahlenkrankheit, würde aber die maximale Toleranzdosis für mehrere Jahre aufbrauchen. Protonen mit 100 MeV, also mit 10 % der Ruhenergie fliegen mit knapp $c/2$. Der Fluß von $10^8\,\mathrm{m^{-2}\,s^{-1}}$ ergibt sich also aus einer Teilchenzahldichte von etwa $10^{-6}\,\mathrm{cm^{-3}}$ $(j = nv)$. Die Atmosphärendichte in 1 000 km Höhe ist etwa $10^{-18}\,\mathrm{g/cm^3}$ (Skalenhöhe ca. 20 km bei der mittleren Temperatur von annähernd 1 000 K). In einem Gas dieser Dichte ergibt sich nach Abb. 13.35 eine Reichweite von 10^{19} cm, also eine Lebensdauer von mehreren Jahren. Diese Lebensdauer wird aber um Größenordnungen verkürzt durch die Undichtigkeiten der magnetischen Flasche, die einigen Teilchen tiefer in die Exosphäre einzudringen gestatten.

13.5.7. Kosmische Schauer

Für nichtrelativistische Teilchen nimmt der Energieverlust pro cm Bahn stark mit der Teilchenenergie W ab (wie $1/W$), für relativistische ist er praktisch unabhängig von W. In der Gegend von $W = mc^2 \approx 1$ GeV liegt auch die Grenze zwischen überwiegender Wechselwirkung mit Atomelektronen bzw. mit Kernteilchen. Die Sekundärteilchen, auf die sich die Energie eines hochrelativistischen Teilchens verteilt, haben daher kaum weniger Reichweite, als das Primärteilchen gehabt hätte. Die Sekundärteilchen eines langsameren Teilchens dagegen laufen sich sehr schnell tot oder fallen überhaupt unter die Grenze, bei der noch Ionisierung möglich ist.

13.5.8. Unser Strahlungsschirm

Ein geladenes Teilchen schraubt sich um Magnetfeldlinien mit dem Larmor-Radius $r = mc/(eB) = W/(eBc)$ $(v \sim c$, $W_{\mathrm{kin}} \approx mc^2)$. Wenn dieser etwa gleich dem Erdradius wird, ist von einem Einfang nicht mehr die Rede. Das geschieht um $W \approx 100$ GeV. Teilchen wesentlich unterhalb dieser Energie werden von den Feldlinien in die Polarzonen geleitet, schnellere fallen überall ein. Der größte Radius der Galaxis ist $3 \cdot 10^4$ Lichtjahre $\approx 3 \cdot 10^{20}$ m. Das entspricht bei $B \approx 5 \cdot 10^{-10}$ Tesla einer Maximalenergie von etwa 10^{20} eV, die günstigstenfalls noch gespeichert werden kann. Teilchen mit 10^{21} eV (vgl. Aufgabe 13.5.1) kommen also direkt aus außer- oder evtl. innergalaktischen Quellen zu uns.

13.5.9. Energien im Weltall

Kosmische Strahlung: Ein Proton/cm^2 s, mittlere Energie 10^{10} eV, repräsentiert eine Intensität $I \approx 10^{-5}\,\mathrm{W\,m^{-2}}$, eine Energiedichte $I/c \approx 10^{-13}\,\mathrm{J\,m^{-3}}$. Die thermische Strahlung der Sterne entspricht an einem typischen Ort der Galaxis 6 K (Aufgabe 11.2.19); damit wird $I \approx \sigma T^4 \approx 10^{-4}\,\mathrm{W\,m^{-2}}$, nur wenig mehr als in den kosmischen Teilchen steckt. Thermische Energie der Sternmaterie (größtenteils H von $T \approx 10^7$ K): $\frac{3}{2}kT/m \approx 10^8$ J/g, aber nur $\varrho \approx 10^{-24}\,\mathrm{g/cm^3}$, wenn Sterne über Volumen der Galaxis verschmiert, also $10^{-10}\,\mathrm{J\,m^{-3}}$. Die kinetische Energie der Translation der Sterne mit $v \approx 100$ km/s entspricht nur der thermischen Energie bei knapp 10^6 K (bei 300 K fliegen Protonen mit 2,5 km/s), ist also 10mal kleiner als die wirkliche thermische Energiedichte. Die Gravitationsenergie der Sterne muß nach dem Virialsatz (oder der Kreisbahnbedingung) etwa gleich der thermischen, die Gravitationsenergie der Galaxis aus demselben Grund gleich der Translationsenergie der Sterne sein. Die kosmische Strahlung enthält also einen merklichen Teil der Gesamtenergie des Weltalls.

13.5.10. Aufladung

Wenn die kosmischen Teilchen die einzige Ursache einer Ladungsänderung wären, würde die Flächenladungsdichte σ der Erde ansteigen wie $\dot\sigma \approx 10^{-15}\,\mathrm{C\,m^{-2}\,s^{-1}}$, die Feldstärke $E = \sigma/\varepsilon_0$ wie $\dot E \approx 10^{-4}\,\mathrm{V\,m^{-1}\,s^{-1}}$. Das Potential gegen $r = \infty$ ist $U = ER$, stiege also wie $\dot U \approx 600\,\mathrm{V\,s^{-1}}$. Schon nach 50 Jahren könnten keine Protonen unter 10^{12} eV mehr auf der Erde landen. In Wirklichkeit wird jede erhebliche Aufladung der Erde durch vermehrten Einfang von Elektronen aus dem „Sonnenwind" (der relativ langsamen Plasmastrahlung der Sonne) ausgeglichen oder noch einfacher durch Abgabe von Ionen in den Raum (ein Proton hat nur 1 eV potentielle Energie im Schwerefeld der Erde).

13.5.11. Space tennis

Der Magnet fliege mit w, das Teilchen mit v, also relativ zum Magneten mit $v + w$. Senkrecht auf das Feld und seine Begrenzung auftreffend, wird das Teilchen nach einem Halbkreis mit dem Radius $r = m(v + w)/(ZeB)$ wieder austreten. Im Bezugssystem des Magneten ändert sich die Geschwindigkeit nicht, im Laborsystem kommt das Teilchen also mit $v + 2w$ zurück (analog zum tangentialen Katapultieren einer Raumsonde durch einen Planeten, Aufgabe 1.8.14) und hat die Energie $2mw(v + w)$ gewonnen. Dies scheint zwei Thesen zu widersprechen, nämlich daß ein statisches Magnetfeld kein Teilchen beschleunigen könne (wenn es sich bewegt, kann es das doch), und daß Feldlinien keine beweglichen Borsten seien, wie es manche populären Deutungen des Induktionsgesetzes suggerieren. Wir gehen jetzt ins Laborsystem. Der bewegte Magnet enthält dort nicht nur ein B-Feld, sondern auch ein E-Feld $E = wB$ senkrecht dazu und zu w. Während das Teilchen auf seinem Halbkreis seitwärts fliegt (im ganzen um $2r = 2m(v + w)/(ZeB)$), wird es in dem E-Feld beschleunigt und gewinnt die Energie $ZeE2r = 2mw(v + w)$, genau wie oben. Wenn v und w gleichsinnig sind, tritt das Teilchen im Laborsystem mit $v-2w$ aus und hat die Energie $2mw(v-w)$ verloren.

13.5.12. Fermi-Beschleuniger

Daß interstellare Gaswolken magnetisiert sind, weiß man aus der Polarisation des Sternlichts, das durch solche Wolken gelaufen ist. Sie bewegen sich typischerweise mit etwa 100 km/s. Geladene Teilchen treffen auf ihrem Weg ebensooft auf Wolken, die in der gleichen, wie auf solche, die in Gegenrichtung fliegen. Im ersten Fall verlieren sie $2mw(v-w)$ an Energie, im zweiten gewinnen sie $2mw(v+w)$. Im Mittel bleibt für jeden Stoß ein Gewinn von $2mw^2$. Ein Teilchen, das fast mit c fliegt, trifft alle paar Jahre auf eine Wolke von einigen Lichtjahren Durchmesser. Ein Proton gewinnt jedesmal etwa 100 eV; in 10^{10} Jahren, während deren das galaktische Magnetfeld es in dichtbesiedelte Gebiete fesseln könnte, kann es auf einige 100 GeV kommen, vielleicht noch höher, wenn zwei einander entgegenfliegende Wolken damit Tennis spielen.

Kapitel 14: Lösungen . . .

14.1.1. Eisen-Kristall

Die Raumerfüllungen durch kugelförmige Ionenrümpfe sind 0,7405 im kubisch-flächenzentrierten (kfz), 0,6802 im kubisch-raumzentrierten (krz) Gitter. Im kfz Gitter passen nämlich vier Ionenradien auf die Flächendiagonale des Elementarwürfels: $d=2\sqrt{2}r$; im krz Gitter passen vier Ionenradien auf die Raumdiagonale: $d=4r/\sqrt{3}$; Raumerfüllung $v4\pi r^3/(3d^3)$ mit $v=4$ (kfz) bzw. $v=2$ (krz). An Zwischengitterplätzen stehen zur Verfügung: Im kfz Gitter eine Oktaederlücke pro Gitterteilchen, maximaler Radius einer einzubauenden Kugel $r_z=0{,}414r$ (Würfelzentrum und Flächenmitten des Elementarwürfels), zwei Tetraederlücken pro Gitterteilchen mit $r_z=0{,}225r$ (eine in jedem Achtelwürfel). Im krz Gitter gibt es drei Oktaederlücken pro Gitterteilchen mit $r_z=0{,}155r$ (in den Flächenmitten und gleichwertig in den Kantenmitten). Obwohl also das krz Gitter im ganzen mehr „Luft" enthält, passen nur kleinere Zwischengitterteilchen hinein, weil dieser Platz schlechter verteilt ist. Die Lükken sind in einer Richtung sehr breit ($0{,}633r$ in der Würfelfläche), können aber trotzdem nur sehr kleine Kugeln aufnehmen ($0{,}155r$ senkrecht zur Würfelfläche). Kohlenstoff mit $r_C=0{,}77$ Å (vgl. Abb. 12.56) paßt annähernd in die Oktaederlücken des kfz Gitters des Eisens ($r=1{,}24$ Å, $r_z=0{,}51$ Å) und baut sich daher leicht in die Schmelze ein. Beim Übergang zum krz α-Gitter bei Abkühlung bleiben dem C zwei Wege: Er kann das Gitter zum tetragonalen Martensit-Gitter deformieren (der Elementarwürfel streckt sich dann in einer Richtung in die Länge), oder er kann sich ausscheiden, und zwar i. allg. als Eisenkarbid Fe_3C. Diese intermetallische Verbindung ist viel härter als Eisen. Ihre Einschlüsse verhindern das Übereinandergleiten der Fe-Gitterebenen und härten das Eisen zum Stahl.

14.1.2. Diamant-Schleiferei

Diamant ist zwar härter als Stahl – d. h. bei gegenseitiger Langzeitbeanspruchung würde der Stahl nachgeben –, aber als Valenzkristall spröder als das Metall, das keine gerichteten Bindungen hat und bei hinreichend kurzzeitiger Beanspruchung überlegen ist. Oktaederflächen sind 111-Flächen. Sie sind dichter mit Atommittelpunkten besetzt als alle anderen Flächen. Eben deswegen aber ist der Abstand zweier benachbarter 111-Flächen größer als für alle anderen Flächen (Flächendichte ~ Netzebenenabstand, denn die Gesamtzahl der Atome muß immer gleich sein). Dodekaederflächen (110) und Würfelflächen (100) sind um die Faktoren 0,612 bzw. 0,866 lockerer besetzt und einander näher. Nur jedes zweite Atom einer Oktaederfläche hat eine Bindung zur Nachbarnetzebene (dritte Bindung in der Netzebene verbraucht; abwechselnd eine Bindung zur oberen, eine zur unteren Netzebene). Jedes Atom in einer Würfelfläche reckt zwei Bindungen schräg der Nachbarfläche entgegen, die sich in sie verzahnt. – Dodekaederfläche: Auch zwei Bindungen/Atom zur Nachbarfläche; nicht so stark verzahnt wie die Würfelflächen. Die verschiedenen Schleifrichtungen einer Fläche unterscheiden sich ähnlich wie die Streichelrichtungen eines Hundefells mit dem Strich bzw. gegen ihn. Die Haare sind hier natürlich die schräg wegstehenden Bindungen. In einer 111-Oktaederfläche hat jedes Atom sechs nächste Nachbarn in sechszähliger Symmetrie um sich, in der 100-Würfelfläche vier nächste Nachbarn in vierzähliger Symmetrie, in der 110-Dodekaederfläche nur zwei nächste Nachbarn in zweizähliger Symmetrie (die anderen beiden Nachbarn sind weiter entfernt). Das erklärt die Form der Schlagnarben.

14.1.3. Madelung-Konstante

$$W=-\frac{e^2}{4\pi\varepsilon_0 r_0}\left(2-\tfrac{2}{2}+\tfrac{2}{3}-\tfrac{2}{4}+-\ldots\right).$$

Die Reihe konvergiert zum Verzweifeln langsam. Vergleich mit der ln-Reihe entpuppt die Madelung-Konstante, d. h. den Klammerausdruck als $2\ln 2=1{,}39$. Für NaCl ist $r_0=\left(\frac{1}{2}(23+35{,}5)m_p/\varrho\right)^{1/3}=2{,}81$ Å, also $W=5{,}1\,\text{eV}\cdot 1{,}39=-7{,}0$ eV. Beim dreidimensionalen NaCl-Kristall kommen $-8{,}8$ eV heraus.

14.1.4. Gitterpotential

Bei großem Abstand überwiegt im Ionenkristall die Coulomb-Anziehung (n = 1), bei kleinem die r^{-m}-Abstoßung. Das Minimum bei $r_0=(mA/B)^{1/(m-1)}$ hat die Tiefe $W_0=-(1-1/m)B/r_0$. Dort herrscht die Krümmung $W_0''=(m-1)B/r_0^3$. Die Dichte oder die Röntgenstreuung liefern $r_0=2{,}8$ Å, der Born-Haber-Kreisprozeß $W_0=6{,}2\cdot 10^{-19}$ J pro Gitterion. Nach Abb. 11.20 haben die Gitterschwingungen die beherrschende Wellenlänge 60 µm, $\omega=3\cdot 10^{13}\,\text{s}^{-1}$. Im Topf mit der Krümmung W_0'' schwingt ein Teilchen der Masse m mit $\omega=\sqrt{W_0''/m}$. Es folgt m = 4,

$B = 2{,}3 \cdot 10^{-28}\,\mathrm{J\,m}$ (genau der Coulomb-Wert $e^2/(4\pi\varepsilon_0)$) und $A = 1{,}3 \cdot 10^{-57}\,\mathrm{J\,m^4}$.

14.1.5. Thermische Ausdehnung

Die Ionen schwingen im Potential $W = W_0 + \frac{1}{2}W_0''x^2 + \frac{1}{6}W_0'''x^3 = W_0(1 + 2x^2/r_0^2 - \frac{16}{3}x^3/r_0^3)$ (Aufgabe 14.1.4, Taylor-Entwicklung um Minimum) mit der Energie $kT/2 = 2 \cdot 10^{-12}\,\mathrm{J}$ bei 300 K. Die Auswärts- bzw. Einwärts-Amplituden folgen aus $2x^2/r_0^2 - \frac{16}{3}x^3/r_0^3 = kT/(2W_0)$ zu $x = 0{,}062r_0$ bzw. $-0{,}053r_0$. Das Mittel $x/r_0 = 0{,}0045$ bedeutet einen Ausdehnungskoeffizienten $3 \cdot 10^{-5}\,\mathrm{K^{-1}}$ (die W-Kurve ist genähert parabolisch, daher ein Faktor 2; gemessen $4 \cdot 10^{-5}\,\mathrm{K^{-1}}$, Tabelle 5.2).

14.1.6. E-Modul

Unter der Zugspannung σ gilt ein Potential $W = W_0 + \frac{1}{2}W_0''x^2 - \sigma r^2 x$ mit seinem um $x = \sigma r^2 W_0''$ verschobenen Minimum. Der E-Modul $E = W_0''/r_0$ hängt mit der beherrschenden Gitterfrequenz ω und der Gitterenergie W_0 zusammen: $E = m\omega^2/r_0 = \mathrm{mn}W_0/r_0^3$. Die Bruchdehnung entspricht dem Wendepunkt von $W(r)$. Wenn die Kraft pro Teilchen σr_0^2 größer wird als die Wendepunktsteigung des ungestörten $W(r)$, gibt es weder Minimum noch Maximum, der Kristall zerreißt spätestens dann, bei den Werten von Aufgabe 14.1.4 bei $4 \cdot 10^{10}\,\mathrm{N/m^2}$. Das ist zu hoch: Ein Festkörper zerreißt nicht, indem jedes Einzelteilchen aus der Bindung an die Nachbarn herausschnappt, sondern indem ganze Reihen von Gitterteilchen in Versetzungen (Dislokationen) aneinander vorbeigleiten.

14.1.7. Gitterenergie

Ionenkristall, z. B. NaCl: Jedes Na^+ als Würfelmitte ist im einfach-kubischen Gitter umgeben von sechs Cl^- im Abstand $a = 2{,}8\,\text{Å}$ (Flächenmitten), ferner von 12 Na^+ im Abstand $a\sqrt{2}$ (Kantenmitten), 8 Cl^- im Abstand $a\sqrt{3}$ (Ecken) usw. Die bis dahin aufgezählten Teilchen üben auf jedes Na^+ ein Potential $\frac{e^2}{4\pi\varepsilon_0 a}\left(-6 + \frac{12}{\sqrt{2}} - \frac{8}{\sqrt{3}}\right) = -\frac{2{,}1e^2}{4\pi\varepsilon_0\,2{,}8\,\text{Å}} \approx$ 11 eV, d. h. 1 040 kJ/mol aus. Für den nächstgrößeren Würfel folgen 510 kJ/mol, was den beobachteten 370 kJ/mol schon viel näher kommt.

Valenzkristalle sind nicht so einfach zu behandeln, da es keine einfache Theorie der homöopolaren Bindung gibt. Die Bindung ist eine absättigbare Nahewirkungskraft; z. B. für Diamant: Gitterenergie $= \frac{4}{2}$ Bindungsenergien C–C. Diese Bindungsenergie ist teilweise weggefallene Nullpunktsenergie der bindenden Elektronen, weggefallen infolge Erweiterung des Potentialtopfes. Bei Erweiterung von 1 Å auf 1,5 Å in einer Richtung ergibt sich eine Senkung der Nullpunktsenergie $h^2/(8md^2)$ um 4 eV oder 370 kJ/mol, also 740 kJ/mol für das vierseitig gebundene Atom, was einigermaßen stimmt. Im Metall bietet das gesamte Gitter den Leitungselektronen einen gemeinsamen Potentialtopf von makroskopischen Abmessungen an. Verglichen mit den isolierten Atomen fällt also die Nullpunktsenergie der Leitungselektronen vollkommen weg. Na hat eine effektive Kernladung $Z_{\mathrm{eff}} \approx 1{,}8$, sein Außenelektron sitzt in der Schale mit $n = 3$, die also nach *Bohr* den Radius $n^2 \cdot 0{,}5\,\text{Å}/Z_{\mathrm{eff}} \approx 2{,}4\,\text{Å}$ hat. Die Nullpunktsenergie in einem Topf mit diesen Abmessungen ist 3,8 eV, d. h. 370 kJ/mol. Dies ist auch die Gitterenergie pro Atom (ein Elektron pro Atom).

Dipol-Bindung (Eis): Das Dipolmoment des H_2O-Moleküls läßt sich schätzen als $p \approx 0{,}6e \cdot 1\,\text{Å} \cdot \cos 52{,}5°$ (vgl. Abschn. 16.4.7), also $p \approx 6 \cdot 10^{-30}\,\mathrm{C\,m}$. Zwei solche Dipole, antiparallel im Abstand $a = 3{,}1\,\text{Å}$ gelegen, der aus der Dichte des Eises folgt, üben aufeinander die potentielle Energie $q^2/(4\pi\varepsilon_0) \cdot (2/a - 2/\sqrt{a^2 + l^2}) \approx q^2 l^2/(4\pi\varepsilon_0 a^3) = p^2/(4\pi\varepsilon_0 a^3) = 0{,}07\,\mathrm{eV}$ aus. Die Umgebung jedes Moleküls in der hexagonal-dichtesten Struktur hat vier nächste Nachbarn. Die entfernteren spielen kaum eine Rolle, da die Dipolkraft schneller als die Coulomb-Kraft abfällt (mit r^{-3} statt r^{-2}). Auf jedes Molekül entfallen wieder $\frac{4}{2}$ Paarenergien, also 0,14 eV oder 12 kJ/mol, d. h. 240 J/g, was weit hinter der Verdampfungswärme (2 400 J/g) bleibt. Der Rest stammt aus der H-Brückenbindung.

14.1.8. Diamant und Eis

Im Eis sind nur zwei der vier von einem O ausgehenden Bindungen mit Protonen besetzt, die zu diesem O gehören; die anderen beiden sind weiter entfernt. Im Diamant sitzt mitten auf jeder der vier Bindungen ein Elektronenpaar. Wir zeichnen zwei Nachbarteilchen und legen die Zeichenebene senkrecht zu ihrer Verbindungslinie. Abgesehen von dieser gemeinsamen Bindung streckt jedes Teilchen noch drei Bindungen seitwärts aus. Im Diamant ist es energetisch am günstigsten, wenn die Bindungen des einen C sich in dieser Ansicht zwischen die des anderen lagern, denn so wird der Abstand zwischen den Elektronenpaaren maximal. Es ergibt sich die Grundeinheit des kubisch-flächenzentrierten Zinkblendegitters. Im Eis sitzt von den vier Protonen, die zu den beiden betrachteten O gehören, eines auf der Verbindungslinie. Sagen wir, das untere O habe es gestiftet. Die beiden Protonen auf den Seitenbindungen des oberen O können sich maximal von dem verbleibenden Proton des unteren O entfernen, wenn die Bindungen nicht abwechselnd liegen wie im Zinkblendegitter, sondern übereinanderfallen wie im Wurtzitgitter. Wenn Sie die vier wesentlich verschiedenen Anordnungen für das Eis (zwei für Zinkblende, zwei für Wurtzit) zeichnen, sehen Sie das sofort.

14.1.9 Reziprokes Gitter

Der Abstand Auge–Modell gibt den $\boldsymbol{k}$-Vektor der Primärstrahlung wieder. Jeder Punkt des reziproken Gitters ergibt einen möglichen Reflex, d. h. eine mögliche $\boldsymbol{k}'$-Richtung $\boldsymbol{k}' = \boldsymbol{k} + \boldsymbol{g}$. Der $\boldsymbol{k}'$-Vektor fängt da an, wo der Kristall war, also wo das Auge jetzt ist. Die Vektoren des reziproken Gitters haben eine Länge, die sich in reziproken Längeneinheiten ausdrückt. Hier sind natürlich die Einheiten Å bzw. Å^{-1} vorausgesetzt. Das Modell muß ziemlich ausgedehnt sein, um alle möglichen Reflexe darzustellen. Der Ursprung liege etwa in der Mitte des Modells, damit die praktisch wichtigen $\boldsymbol{g}$-Richtungen alle vertreten sind. Wenn λ des Primärbündels wächst, muß man das Modell näherholen: Das Beugungsbild erweitert sich.

14.1.10. Bucky ball

Eulers Satz über einfach zusammenhängende Polyeder: Die Anzahl der Ecken plus der der Flächen ist immer um 2 größer als die Anzahl der Kanten, $E+F=K+2$. Beweis: Man baut das „Netz“ des Polyeders auf, ausgehend von einem Dreieck, für das natürlich $E+F=K+1$ gilt. Bis das Netz fertig ist, fügt man Dreiecke an, wobei sich $E+F-K$ nicht ändert (zum Aufbau eines Fünfecks z. B. muß man an das ursprüngliche zwei neue Dreiecke anfügen und die beiden entstehenden Diagonalen auslöschen; soll eine neue Fläche entstehen, läßt man die Grenzlinie stehen). Zum Schluß braucht man das Netz nur ins Räumliche zu ziehen und durch einen Deckel als letzte Fläche zu schließen: $E+F-K=2$.

Nun setzen wir x Fünfecke und y Sechsecke zusammen. Sie haben, einzeln betrachtet, zusammen $5x+6y$ Ecken und ebensoviele Seiten, aber erst zwei solche Seiten bilden eine räumliche Kante, drei solche Ecken eine räumliche Ecke (vier oder mehr solche Polygone können nicht in einer Ecke zuammenstoßen, denn ihre Winkel geben zusammen mehr als 360°). Der Polyedersatz heißt hier also $(5x+6y)/3+x+y=(5x+6y)/2+2$. Beim Umordnen bleibt $x=12$, und y fällt ganz weg: Die Anzahl der Sechsecke ist hierdurch nicht bestimmt. Schon mit $y=0$ entsteht das Dodekaeder. Verlangt man noch Semiregularität (das Polyeder soll aus lauter regulären Fünf- und Sechsecken bestehen und in eine Kugel einbeschrieben werden können), bleibt außerdem nur noch $y=20$, der Fulleren-Fußball.

14.2.1. Abtasttheorem

Am einfachsten ist wieder die komplexe Darstellung. Die augenblickliche Auslenkung des Gitterpunktes Nr. n in einer Welle mit dem Wellenvektor $\boldsymbol{k}$ ist gegeben durch den Imaginärteil von e^{iknd}. Dabei kann n alle ganzen Zahlen von $-\infty$ bis $+\infty$ durchlaufen. Die Punkte e^{iknd} verteilen sich auf dem Einheitskreis als Vielfache des Grundwinkels kd. Genau die gleichen Punkte kommen auch heraus, wenn man $2\pi-kd$ als Grundwinkel benutzt, allerdings mit anderer Zählung der Vielfachen, nämlich rückwärts statt vorwärts. Die Wellenzahl k' mit $k'd=2\pi-kd$ oder $k'+k=2\pi/d$ beschreibt die Auslenkungen der Teilchen also genausogut. In Wellenlängen ergibt sich $1/\lambda+1/\lambda'=1/d$: Die Gitterkonstante ist das harmonische Mittel der beiden in Frage kommenden Wellenlängen. Wenn die eine größer als $2d$ ist, bleibt die andere kleiner. Man erfaßt also alle Möglichkeiten allein mit $\lambda \geqq 2d$ (ebensogut könnte man auch alle $\lambda \leqq 2d$ nehmen). Für fortschreitende Wellen dreht sich das Bild, und zwar das k-Bild links herum, das k'-Bild rechts herum. Die beiden möglichen Wellen sind gegenläufig. Da ihre ω gleich sind, verhalten sich ihre Phasengeschwindigkeiten wie $c^{-1}+c'^{-1}=2\pi/(\omega d)$.

14.2.2. Einsteins spezifische Wärme

Im klassischen Fall muß die Fläche unter der $N(\varepsilon)$-Kurve T-unabhängig sein, bei *Einstein* die Summe der N_j, denn beide stellen die Gesamtzahl der Oszillatoren dar. Beide Verteilungen klingen aber um so steiler mit ε ab, je kleiner T ist. Daher ist $\int \varepsilon N(\varepsilon)\,d\varepsilon$ bzw. $\sum jN_j$ sehr viel kleiner, wenn T klein ist. Die *meisten* Oszillatoren haben immer die Energie 0, aber der größte Beitrag zur Energie stammt von denen mit $\varepsilon=kT$ (Ableitung von $\varepsilon e^{-\varepsilon/(kT)}$ verschwindet bei $\varepsilon=kT$). Solche Oszillatoren sind e-mal seltener als die mit $\varepsilon=0$. Die Breite der $N(\varepsilon)$-Verteilung, nämlich $N(\varepsilon)/N''(\varepsilon)$ an der Stelle $\varepsilon=kT$, ist kT. Gesamtenergie $\approx$ Breite $\cdot$ Höhe $\approx NkT$. Bei $\hbar\omega \ll kT$ ist die Einstein-Verteilung nicht von der klassischen zu unterscheiden. Im anderen Grenzfall muß W bei *Einstein* viel kleiner bleiben, weil selbst der erste Term praktisch noch außer Reichweite ist.

14.2.3. Debyes spezifische Wärme

Nach *Debye* steht ein parabolisches, bei $k=\pi/d$ abbrechendes $\omega(k)$-Spektrum von Oszillatormodes zur Verfügung. Jeder dieser Modes kann nach *Einstein* j-fach angeregt sein. Der Beitrag zur Gesamtenergie steigt mit T, bleibt aber von $\omega \approx kT/\hbar$ ab hinter der Parabel zurück $(\omega^3/(e^{\hbar\omega/(kT)}-1))$. Für $T \gg \Theta$ wird die ganze Parabel ausgenutzt (klassischer Grenzfall). T muß andererseits *sehr* klein gegen Θ sein, damit der Energiebeitrag nur von $\omega \lesssim kT/\hbar$ stammt, d. h. damit die T^3-Näherung gilt. $T=\Theta/3$ liegt noch deutlich im komplizierten Übergangsbereich (Abb. 14.29). Bei kleinen T läuft die spezifische Wärme nach *Debye* flacher als nach *Einstein*, weil *Debye* auch energieärmere Schwingungen zuläßt, deren erste Terme immer in Reichweite liegen. Die Anzahl solcher Modes nimmt allerdings mit abnehmendem T parabolisch ab.

14.2.4. Wie zählt man Wellen?

In den würfelförmigen Hohlraum vom Volumen a^3 passen stehende Wellen nur bei $\lambda=2a/n$. Im Intervall $(\nu,\nu+d\nu)$ liegen $4\pi a^3c^{-3}\nu^2\,d\nu$ solche Wellen. Beim Licht zählt jede doppelt (2 Polarisationsrichtungen), beim Schall dreifach (1 longitudinale, 2 transversale Richtungen). *Rayleigh-Jeans* setzen für die Energie jeder Elementarwelle kT, *Wien* $W\,e^{-W/(kT)}$ mit der Boltzmann-Wahrscheinlichkeit und $W=h\nu$ in heutiger Schreibweise, *Planck* und *Debye* setzen $h\nu/(e^{h\nu/(kT)}-1)$. *Debye* muß bei der Maximalfrequenz $\pi c/a$ abschneiden, beim Licht braucht man das nicht, weil der Hohlraum keine Körnung hat.

14.2.5. Dispersion

Bei $m_1=m_2$ wird $\mu=m/2$, also

$$\omega^2 = 2Dm^{-1}\left(1 \pm \sqrt{1-\sin^2(kd/2)}\right)$$
$$= 2Dm^{-1}(1 \pm \cos(kd/2))\,.$$

Unterschied: $d/2$ statt d (Teilchenabstand halb so groß wie die Gitterkonstante); Auftreten des optischen Zweiges $1+\cos(kd/2)$. Verschiedenheit von Massen oder Ladungen ist nicht maßgebend für das Auftreten des optischen Zweiges (wohl aber für seine Absorptionseigenschaften), sondern nur die Tatsache, daß die Elementarzelle zwei Teilchen hat. In der kurzwelligen Grenze sind optische und akustische Frequenz beide $2D/m$; der verbotene ω-Bereich ist für $m_1=m_2$ nicht vorhanden. c_s und v_g verhalten sich im akustischen Zweig wie in Abb. 14.36 beschrieben. Im optischen verschwindet v_g für lange und für kurze Wellen, $c_s = \omega/k$ wird unendlich für $k = 0$ und hat den „akustischen" Wert für kurze Wellen. Das Unendlichwerden von c_s für $\omega_{opt} = 0$ zeigt, daß hierbei die größten Deformationen auftreten (Grundschwingung: ganzes Kationengitter schwingt gegen ganzes Anionengitter).

14.2.6. Phononenstoß

Das neue Phonon hat $k' \approx 2\pi/d$. Dieser Wellenvektor fällt ins „verbotene Gebiet", d. h. der entsprechende Schwingungszustand läßt sich realistischer durch eine Welle mit einem kleinen k'' darstellen, das nach Aufgabe 14.2.1 der Differenz $2\pi/d - k'$ entspricht. Die Ausbreitungsrichtung ist ebenfalls nach Aufgabe 14.2.1 entgegengesetzt zu der der einfallenden Phononen: Es scheint, als sei das Phonon am Gitter reflektiert worden. Der Impulssatz ist befriedigt, wenn das Gitter einen Impuls $\hbar k' \approx \hbar 2\pi/d$ aufgenommen hat. $2\pi/d$ ist ein Vektor des reziproken Gitters. Auch jeder andere reziproke Gittervektor $\boldsymbol{g}$ käme in Frage: Wenn $\boldsymbol{k}_1 + \boldsymbol{k}_2$ zu groß wird, kann man es mit $\boldsymbol{k}_1 + \boldsymbol{k}_2 = \boldsymbol{k}'' + \boldsymbol{g}$ in den erlaubten Bereich zurückholen. Die Energie wird durch diese Umdeutung nicht berührt: Das neue Phonon hat $\omega' \approx 2\omega$. Man kann auch sagen, das Gitter nehme keine Energie auf, weil es so schwer ist.

14.2.7. Steinsalzoptik

Jeder Stoff reflektiert dort, wo er absorbiert. Das folgt aus dem Kirchhoffschen Strahlungsgesetz (außer für den ideal schwarzen Körper), aber auch aus der Elektrodynamik: Absorption und Reflexion beruhen auf mitschwingenden Ladungen. Absorption drückt sich im einfachsten Fall durch ein negatives ε, d. h. eine imaginäre Brechzahl $n = \sqrt{\varepsilon}$ aus. In Ionenkristallen trifft das zu zwischen ω_0 und ω_1, der langwelligen Grenzfrequenz des optischen Zweiges und einer um den Faktor $\sqrt{\varepsilon(0)/\varepsilon(\infty)}$ höheren Frequenz. $\varepsilon(\infty)$ beruht auf Hüllenpolarisation, $\varepsilon(0) - \varepsilon(\infty)$ auf statischer Gitterpolarisation. Für NaCl liest man aus Abb. 11.20 und 14.38 ab $\omega_0 \approx 5 \cdot 10^{13}\,\mathrm{s}^{-1}$, also $D = \frac{1}{2}\mu\omega_0^2 \approx 3 \cdot 10^4\,\mathrm{g\,s^{-2}} \approx 2\,\mathrm{eV/Å^2}$. ω_1 ist offenbar etwa doppelt so groß, also $\varepsilon(0)$ etwa viermal so groß wie $\varepsilon(\infty)$.

14.2.8. Leitet Diamant?

Das Wiedemann-Franz-Gesetz gilt nur, wenn beide Arten von Leitung durch Elektronen besorgt werden, d. h. für Metalle und trägerreiche Halbleiter. Wenn Phononen für die Wärmeleitung verantwortlich sind, kann die Lage sich umkehren: Je fester die Bindung und je reiner der Kristall, desto weniger freie Elektronen, also desto weniger elektrische Leitung gibt es, desto schneller und desto ungestörter laufen aber die Phononen. Beim Diamant, speziell beim synthetischen, ist das besonders deutlich.

14.2.9. Leitet Germanium?

Im gewöhnlichen (isotopengemischten) Ge sind die Kerne mit den Massenzahlen 74, 72 und 70 (dazu etwas 76 und 73) regellos über die Gitterpunkte verteilt. Wegen seiner vom Durchschnitt abweichenden Masse wirkt jeder Kern als Streuzentrum für Phononen, denn das Gitter ist nicht mehr streng periodisch. Daher leitet angereichertes Ge besser. Die thermische Energie steckt ganz in den Phononen. Wenn T und damit W von Ort zu Ort verschieden sind, heißt dies, daß die Phononen verschiedene Anzahldichte haben und diffundieren. Ihre Diffusionsstromdichte $D\,\mathrm{grad}\,n$ gibt den Wärmestrom $q = \varepsilon D\,\mathrm{grad}\,n = D\,\mathrm{grad}\,\varepsilon n = D\,\mathrm{grad}\,W = D(\mathrm{d}W/\mathrm{d}T)\,\mathrm{grad}\,T = Dc_v\,\mathrm{grad}\,T$. D ergibt sich aus Geschwindigkeit c_s und freier Weglänge l, die Wärmeleitfähigkeit auch: $\lambda = \frac{1}{3}c_s l c_v$. Bei tiefen Temperaturen ergibt die doppeltlogarithmische Auftragung eine Steigung 3, d. h. $\sim T^3$. So verhält sich die Debyesche spezifische Wärme, d. h. die gesamte Phononenenergie. l muß also konstant und z. B. durch Kristallitgrößen bestimmt sein. Man findet $l \approx 0{,}1$–1 mm. Bei höherem T werden Phonon-Phonon-Stöße unter Gitterbeteiligung (Peierls-Umklappen) häufiger, und zwar $\sim n^2$. Daher biegt die Kurve in eine ungefähre T^{-3}-Abhängigkeit ein.

14.3.1. Fermi-Grenze

Typische Elektronenkonzentrationen sind $n \approx 10^{22}$–$10^{23}\,\mathrm{cm^{-3}}$ für Metalle, 10^{16}–$10^{21}\,\mathrm{cm^{-3}}$ für Halbleiter, 10^5–$10^{16}\,\mathrm{cm^{-3}}$ für Plasmen. Jedes Elektron braucht das Volumen $h^3/2$ im sechsdimensionalen Phasenraum. Im Ortsvolumen V sitzen nV Elektronen. Sie brauchen das Impulsraumvolumen $nVh^3/(2V) = nh^3/2$. Dieses Volumen bildet eine Kugel vom Radius p_F, da die Auffüllung von kleinen Energien an erfolgt: $\frac{4}{3}\pi p_F^3 = nh^3/2$. Die Maximalenergie (Fermi-Grenze) ist also $W_F = p_F^2/(2m) = \frac{1}{8}n^{2/3}h^2 3^{2/3}/(m\pi^{2/3})$ (vgl. (14.54)).

Tabelle L.7

n	$\mathrm{cm^{-3}}$	10^5	10^{10}	10^{16}	10^{21}	10^{22}	10^{23}
W_F	eV	10^{-11}	10^{-8}	10^{-4}	0,3	1,3	6
T_E	K	10^{-7}	10^{-4}	1	$3 \cdot 10^3$	10^4	$5 \cdot 10^4$

Im Metall ist das Elektronengas immer entartet und nach der Fermi-Statistik zu behandeln, im Halbleiter nur bei sehr hoher Leitungselektronenkonzentration (um $10^{20}\,\mathrm{cm^{-3}}$ und höher). Für die Valenzelektronen und meist auch für die Störterme muß man dagegen mit der Fermi-Verteilung rechnen. Plasmen sind i. allg. nichtentartet, d. h. durch die Boltzmann-Statistik beschreibbar. Nur im Innern der Sterne kommt es vor, daß die Zunahme von W_F mit der Dichte die Zunahme von kT überholt und Entartung eintritt.

14.3.2. Brillouin-Zonen

Wir betrachten eine bestimmte Netzebene in einem Kristall und Elektronen, die senkrecht zu dieser Netzebene fliegen, d. h. deren ψ-Wellen sich senkrecht zu ihr ausbreiten. Der Abstand solcher Netzebenen sei d. Wenn die Bragg-Bedingung $2d = n\lambda$ erfüllt ist, werden die Elektronen an jeder Netzebene reflektiert, und zwar so, daß alle reflektierten Wellen in Phase sind und einander verstärken. Die primäre und die reflektierte Welle setzen sich daher zu einer stehenden Welle zusammen. Eine fortschreitende Welle dieser Richtung und Wellenlänge kann sich im Kristall nicht ausbreiten. Durch den Elektronenimpuls $p = h/\lambda$ ausgedrückt, lautet diese Bedingung $p = nh/(2d)$. Die Ausbreitungsrichtung ist mitberücksichtigt, wenn man schreibt $\boldsymbol{p} = \hbar\boldsymbol{k}$. Die stehende Welle hat zwei Hauptschwingungsformen: In den Gitterpunkten, d. h. dort, wo die positiven Ionen sitzen, können Knoten oder Bäuche der Elektronendichte sein. Der zweite Fall ist energetisch um die Coulomb-Energie der größeren Wechselwirkung günstiger. Jeder Zustand, der zu einem solchen Impulswert gehört, spaltet also in zwei Zustände auf, die sich energetisch um eine beträchtliche Energie, die Breite der verbotenen Zone, unterscheiden. Je nachdem ob man sich dem kritischen Impulswert von unten oder von oben her nähert, mündet die fortschreitende Welle in den unteren oder den oberen Zustand mit stehender Welle ein. Die „stehenden" Zustände entsprechen also den Bandrändern, die „fortschreitenden" dem Innern des Bandes. Das freie Elektron hätte die übliche Energie-Impuls-Abhängigkeit $W = p^2/(2m)$, eine Parabel. Diese Parabel wird an den kritischen p-Werten aufgeschnitten, und die losen Enden werden aufwärts bzw. abwärts gebogen, um die verbotenen Zonen zu erzeugen (Abb. 14.50). Jedes Band, außer dem ersten, erhält so eine S-förmige $W(p)$-Abhängigkeit mit einem Wendepunkt, der nicht notwendig in die Mitte fällt.

14.3.3. Effektive Masse

Wenn die ψ-Welle eines Teilchens gegeben ist, kann man Energie und Impuls sofort als $W = h\nu$, $p = h/\lambda$ ablesen. Der Impuls ist dabei noch nicht notwendig mit einer Geschwindigkeit verbunden: Die Phasengeschwindigkeit der Welle hat nichts damit zu tun. Wenn man eine Wellengruppe aus mehreren monochromatischen Einzelwellen zusammenbaut, hat man die Gruppengeschwindigkeit $v = \mathrm{d}\nu/\mathrm{d}\lambda^{-1}$ (vgl. Abschn. 4.2.4b), d. h. $v = \mathrm{d}W/\mathrm{d}p$. Dies ist für ein freies Teilchen mit $W = p^2/(2m)$ selbstverständlich, gilt aber auch, wenn dieser einfache Zusammenhang $W(p)$ nicht mehr zutrifft, z. B. im Kristall. Die Beschleunigung ergibt sich daraus als $\dot{v} = \partial/\partial t\,(\mathrm{d}W/\mathrm{d}p) = \dot{p}\,\partial^2 W/\partial p^2$. Beachtet man, daß die Impulsänderung eine Kraft ist, dann verhält sich das Elektron so, als habe es die „effektive Masse" $(\partial^2 W/\partial p^2)^{-1}$. Für das freie Teilchen mit $W = p^2/(2m)$ ergibt sich so der übliche, konstante Wert. Im Energieband eines Kristalls mit seinem S-förmigen $W(p)$ (vgl. Aufgabe 14.3.2) entspricht der Wendepunkt von $W(p)$ seltsamerweise einer unendlichen effektiven Masse. Am Wendepunkt wechselt diese das Vorzeichen: im unteren Teil des Bandes ist sie positiv, im oberen negativ. Teilchen mit negativer Masse laufen langsamer, wenn man sie zu beschleunigen versucht. So radikal und eigenartig wirkt sich die Bindung ans Kristallgitter auf die Elektronen aus, die offenbar nur mit großem Vorbehalt als „quasifrei" anzusehen sind. Für die meisten Betrachtungen kommt man allerdings mit dem üblichen Teilchenbild aus, wenn man diese seltsamen Werte der Masse und ihre Veränderlichkeit beim Aufsteigen und Absinken im Band berücksichtigt.

14.3.4. Elektron und Loch

Ein Loch im Valenzband ist ein fehlendes Elektron, genau wie in der Dirac-Theorie ein Positron ein fehlendes Elektron in einer sonst vollbesetzten „energetischen Unterwelt" ist. Die energetische Trennung von Unter- und Oberwelt ist allerdings im Festkörper viel kleiner: Einige eV gegen 1 MeV im Vakuum. Man kann also das Loch als Antielektron, die Absorption eines Photons mit Hebung eines Valenzelektrons ins Leitungsband als Paarbildung und die Rekombination zwischen Elektron und Loch als Paarvernichtung auffassen. Legt man ein elektrisches Feld an einen Kristall, der Löcher im Valenzband hat, dann nutzen die Valenzelektronen die Möglichkeit aus, durch reihenweises Hineinspringen in den unbesetzten Zustand sich vom Feld ziehen zu lassen. Das Loch wandert in entgegengesetzter Richtung. Wenn eine Blase aufsteigt, kann man ja auch gleichberechtigt sagen „die Blase steigt" oder „ein Wasservolumen von der Größe der Blase fällt in diese hinein, usw.". Das Loch transportiert dann positive Ladung in Gegenrichtung zum Elektronenfluß, leistet also einen Strombeitrag gleichen Vorzeichens wie die Leitungselektronen, nur i. allg. mit anderer Beweglichkeit. Die Leitfähigkeit ist $\sigma = e(n\mu_\mathrm{n} + p\mu_\mathrm{p})$.

14.3.5. Quanten-Hall-Effekt

Ein Elektron führt im Hall-Element außer der Driftbewegung längs $\boldsymbol{E}$, die im Magnetfeld zum Querabtrieb und zum Hall-Feld führt, auch die viel schnellere thermische Bewegung aus, die für ein freies Elektron zum Kreis bzw. zur Spirale aufgerollt wird. Bezeichnungen wie in Abb. 7.6. Querspannung $U' = E'd = vBd = \mu UdB/l$, $I = bd\mu enE = bd\mu enU/l$, also $R_\mathrm{H} = U'/I = B/(enb)$. Ein Elektron nimmt, in Richtung des B-Feldes, also der Dicke b betrachtet, die Fläche $1/(nb)$ ein (hinter der Fläche ld liegen ja alle $ldbn$ Elektronen). Auf diese Fläche entfällt ein Flußquant $h/(2e)$ (Aufgabe 14.7.2) bei $R_\mathrm{H} = h/(2e^2) = 12\,906\,\Omega$. Ein freies Elektron würde auf seiner Kreisbahn um das Feld $\boldsymbol{B}$ genau die Bohr-Bedingung erfüllen, wenn diese Bahn ein Flußquant umschlingt: $mv^2/r = evB = hv/(2\pi r^2)$, also $L = mvr = h/(2\pi)$. Eine solche Bahn kommt im Kristall nur zustande, wenn ihr Radius $r = mv/(eB)$ wenige Atomabstände ausmacht, also bei kleinem v (kleinem T) und großem B. Bei $B = 20\,\mathrm{T}$, $T = 2\,\mathrm{K}$ wird nach der klassischen Statistik $r \approx 10^{-9}$ m. Genauer versteht man den Klitzing-Effekt aus der Struktur der Fermi-Flächen im Zusammenwirken mit dem Landau-Paramagnetismus (Aufgabe 7.4.4).

14.4.1. Reiner Halbleiter

Man kann das Problem auf mehrere scheinbar verschiedene Arten behandeln: Als chemisches Gleichgewicht zwischen Elektronen und Löchern (Massenwirkungsgesetz), analog zur thermischen Ionisation (Saha-Eggert-Gleichung), mittels der Boltzmann-Verteilung und, was am angemessensten erscheint, mittels der Fermi-Verteilung. Das Ergebnis ist jedesmal dasselbe, weil allen speziellen Betrachtungsweisen die Boltzmann-Verteilung zugrundeliegt, die bei den großen energetischen Abständen, um die es sich hier handelt, von der

Fermi-Verteilung nicht zu unterscheiden ist. Nehmen wir also gleich die Fermi-Verteilung. Für jedes Elektron, das ins Leitungsband gehoben wird, muß im störstellenfreien Kristall ein Loch im Valenzband entstehen. Wenn beide Bänder ungefähr die gleiche Gestalt (das gleiche statistische Gewicht) haben, liegt daher die Fermi-Grenze in der Mitte der verbotenen Zone. Die Breite ΔW der verbotenen Zone ist $\gg kT$, also sieht der Schwanz der Fermi-Verteilung, der in die Bänder ragt, genau wie eine Boltzmann-Verteilung aus: $f(W) = f_0\,\mathrm{e}^{-\Delta W/(2kT)}$, f_0 ist die Elektronendichte pro Energieintervall im Valenzband, $f(W)$ diejenige in der Höhe W über dem Leitungsbandrand. Praktisch liegen alle Leitungselektronen in einem Streifen der Breite kT am unteren Bandrand, also $n = N_0\,\mathrm{e}^{-\Delta W/(2kT)}$ mit $N_0 = f_0 kT$. Vom Rekombinationskoeffizienten ist hier noch nicht die Rede. Andererseits muß aber die gefundene Gleichgewichtsbesetzung auch aus der Gleichheit zwischen thermischer Anregung und Rekombination folgen: $\dot{n} = \alpha N_0 - \beta n^2 = 0$, also $n = \sqrt{\alpha N_0/\beta}$. Es muß also sein $\alpha = \beta N_0\,\mathrm{e}^{-\Delta W/(kT)}$. Die Werte von α und β einzeln spielen nur im Nichtgleichgewicht eine Rolle. Bei langsamer T-Änderung bleibt man immer im Gleichgewicht, und die Leitfähigkeit ändert sich proportional n. Die Neigung der Arrhenius-Geraden $\ln\sigma = \mathrm{const} - \Delta W/(kT)$ gibt dann direkt ΔW.

14.4.2. Isolator

Nach Aufgabe 14.3.2 entsteht die verbotene Zone durch Aufspaltung der Energie einer stehenden ψ-Welle in einen Zustand, wo die Elektronen alle nahe bei den Ionenrümpfen sind, und einen anderen, wo sie dazwischenliegen. Es handelt sich also im zweiten Zustand sozusagen um eine halbe Ionisation. Da die typischen Ionisierungsenergien von Halbleiter- und Isolatorbausteinen zwischen 4 und 9 eV liegen, kann man Bandbreiten von maximal 2–5 eV erwarten. Für einen fast störstellenfreien Kristall mit $\Delta W = 2\,\mathrm{eV}$ erhält man nach Aufgabe 14.4.1 etwa $n = N_0\,\mathrm{e}^{-\Delta W/(2kT)} \approx 10^{20}\mathrm{e}^{-40} \approx 10^3\,\mathrm{cm}^{-3}$. Für eine Konzentration ionisierter Störstellen von 10^{-6} Atomen/Grundgitteratom, d. h. $N \approx 10^{17}\,\mathrm{cm}^{-3}$, erhält man nach Abschn. 14.3.1 eine Beweglichkeit der Leitungselektronen von $\mu \approx 10^2\,\mathrm{cm^2/Vs}$; bei sehr viel unreinerem Kristall ($N \approx 10^{22}$) $\mu \approx 10^{-3}\,\mathrm{cm^2/Vs}$. Damit ergeben sich Leitfähigkeiten um 10^{-14} bzw. $10^{-20}\,\Omega^{-1}\,\mathrm{cm}^{-1}$. Der kleinere dieser Werte wird deshalb nur in Ausnahmefällen erreicht, weil eine erhebliche Verunreinigung auch die effektive Breite der verbotenen Zone reduziert, womit n meist schneller steigt als μ abnimmt.

14.4.3. Dotierung

Ein As-Atom im Si- oder Ge-Gitter sucht sich so gut wie möglich seiner kubisch-flächenzentrierten Umgebung einzufügen. Seine vier Nachbaratome reichen ihm je ein Elektron entgegen. Das As steuert seinerseits je ein Elektron zur Bindung bei, behält aber noch ein Außenelektron übrig. Dieses ist infolge der verstärkten Abschirmung durch die anderen Elektronen nur noch sehr lose gebunden und macht sich sehr leicht als Leitungselektron selbständig. Das As bildet also einen Donator. Der positive As-Rumpf und das Überschußelektron verhalten sich wie ein wasserstoffähnliches System, eingebettet in ein Medium hoher DK. Nach *Bohr* wird die Ionisierungsenergie eines solchen Systems um den Faktor ε^2 gesenkt, der Bahnradius um den Faktor ε erhöht: $W_{\mathrm{ion}} = 13{,}6\,\mathrm{eV}/\varepsilon^2$, d. h. 0,014 eV für Ge, 0,045 eV für Si: $r = \varepsilon \cdot 0{,}52\,\text{Å}$, d. h. 16 Å für Ge, 9,0 Å für Si. Damit ist gesichert, daß das Elektron eine weite Bahn beschreibt, die sehr viele Gitterpunkte umfaßt, so daß man tatsächlich mit der makroskopischen DK rechnen kann. Die Ionisierungsenergie entspricht etwa $3kT$, d. h. thermische Ionisierung ist sogar bei Zimmertemperatur leicht. Beim Einbau eines Ga-Atoms fehlt ein Bindungselektron. Verglichen mit der kompletten Vierelektronenpaar-Umgebung kann man das System als Loch im Feld eines negativen Ions auffassen. Die Ionisierungsenergie ist die gleiche wie oben. Ähnliche Betrachtungen gelten allgemein für den Einbau von Teilchen aus „falschen“ Spalten des Periodensystems in ein Gitter.

14.4.4. Beweglichkeit

Der Hall-Effekt liefert direkt ne, d. h. Ladungsvorzeichen und Trägerkonzentration (vgl. Abschn. 7.1.4). Handelt es sich um Elektronen und Löcher, dann findet man $e(p-n)$. Man kann also folgern, welche Trägersorte überwiegt (die Bilanz $n = p$ gilt ja nur, wenn es keine Störstellen gibt, die einen erheblichen Teil der Träger eines Vorzeichens abfangen können). Im allgemeinen überwiegt eine Trägerart so stark, daß man nur $-en$ bzw. ep braucht. Eine direkte Leitfähigkeitsmessung liefert $\sigma = e(n\mu_{\mathrm{n}} + p\mu_{\mathrm{p}})$, also zusammen mit R_{H} die Beweglichkeit der überwiegenden Trägersorte. Man kontaktiere z. B. ein Kristallplättchen von $1 \times 1\,\mathrm{cm}^2$ Fläche und 1 mm Dicke an den Längsseiten und lege 1 V an. Dann möge 10 mA fließen, und senkrecht dazu und zum Magnetfeld $B = 1\,\mathrm{Vs/m}^2$ mögen sich die Querspannung von 10 mV aufbauen. Man findet $\sigma = 10^{-3}\,\Omega^{-1}\,\mathrm{cm}^{-1}$ und $n = 6 \cdot 10^{15}\,\mathrm{cm}^{-3}$ und $\mu = 100\,\mathrm{cm^2/Vs}$. Die Träger sind positiv, wenn Querfeld, Längsfeld und Magnetfeld die rechte-Hand-Regel erfüllen.

14.4.5. Randschicht

Wenn der Kristall absolut nicht leitete, würde sich eine ganze Bandstruktur im homogenen Feld durch Addition des Potentials Ex einfach etwas schrägstellen. In Wirklichkeit gilt diese Situation nur eine sehr kurze Zeit nach Einschalten des Feldes; dann häuft der Strom schließlich so viele Elektronen an der einen und Löcher an der anderen Stirnfläche an, daß das Feld im Innern gerade kompensiert wird. Diese Ladungsanhäufung frißt also das angelegte Feld auf und muß, als Flächenladung aufgefaßt, die Flächenladungsdichte $\varrho' = \varepsilon\varepsilon_0 E$ haben (vgl. Abschn. 6.1.4). Tatsächlich gibt es keine flächenhafte Aufladung, sondern eine Wolke mit der Debye-Hückel-Dicke $d = \sqrt{\varepsilon\varepsilon_0 kT/(e^2 n_\infty)}$, die sich aus dem Gleichgewicht von Feldstrom und Diffusionsstrom ergibt (vgl. Abschn. 6.4.6). Die „Flächenladungsdichte“ ist dann $\varrho' = en_\infty d = \varepsilon\varepsilon_0 E$, d. h. man erhält $d = kT/(eE)$ und $n_\infty = \varepsilon\varepsilon_0 E^2/(kT)$. Für Felder von 10^4 bzw. 10^6 V/cm ergeben sich Randschichtdicken d von 200 Å bzw. 2 Å und Ladungsträgeraufgebote n_∞ von $2 \cdot 10^{15}$ bzw. $2 \cdot 10^{19}\,\mathrm{cm}^{-3}$. Im Kristallinnern laufen die Bandränder horizontal. Wenn man korrekterweise mit der vertikalen Koordinate die Elektronenenergie meint, muß man in den Randschichten die Bandränder und die Störstellenniveaus auf- bzw. abwärtsbiegen. Ganz am Rand, wo das äußere Feld noch eindringt, folgen die Niveaus der Richtung des äußeren Potentials. Die Fermi-Grenze, die angibt, wie hoch die Zustände besetzt sind, verläuft dagegen horizontal. Täte sie das nicht, d. h. wären die Elektronen irgendwo energetisch höher getürmt als anderswo, dann würden Diffusionsströme einsetzen, die diese Unebenheit der Fermi-Grenze ausglichen. Bei so auf- bzw. abgewölbten Niveaus wird klar, warum auf der einen Seite mehr, auf der anderen weniger Elektronen sitzen als ohne Feld. Ganz allgemein läuft also die Fermi-Grenze (auch elektrochemisches Potential genannt) im Gleichgewicht immer horizontal. Längs jeder Neigung der Fermi-Grenze müssen sofort Elektronen fließen.

14.4.6. Kontaktierung

In einem Halbleiter mit Donatoren verläuft die Fermi-Grenze oberhalb von diesen, denn sonst wären sie leer, also keine Donatoren. Beim Kontaktieren setzt sofort ein Diffusionsstrom ein, der wasserfallartig Elektronen über die Stufe der Fermi-Grenze stürzen läßt, bis die Randschicht so an Elektronen verarmt ist, daß die Fermi-Grenzen sich einander angeglichen haben. Bandränder und Donatorniveau haben sich dann so hochgebogen, daß die entleerten Donatoren oberhalb der Fermi-Grenze zu liegen kommen. Wenn D die „Dotierung", d. h. die Konzentration der Donatoren pro m^3 ist, kann man ohne Anzapfung des Valenzbandes maximal das Elektronendefizit $n_\infty = D$ pro m^3 der Randschicht erzeugen. Die Randschichtdicke wird dann $d = \sqrt{\varepsilon\varepsilon_0 kT/(e^2 D)}$ und entspricht nach Aufgabe 14.4.5 einer Feldstärke $E = kT/(ed) = \sqrt{kTD/(\varepsilon\varepsilon_0)}$ oder einer Spannung $U = Ed = kT/e$, die an der Randschicht liegt. Bei Zimmertemperatur ist diese Spannung nur $\frac{1}{40}$ V. Die Randschicht als der elektronenärmste, also schlechtestleitende Teil wirkt wie ein großer Widerstand, der hinter einem kleineren liegt. Infolgedessen fällt i. allg. die volle am Kontakt liegende Spannung an der Randschicht ab. Hat diese Spannung in der richtigen Polung, d. h. so, daß sie Elektronen aus dem Halbleiter in die Randschicht treibt, den Wert kT/e oder mehr, dann „weht die Randschicht zu", die Bandkrümmung gleicht sich aus und der Leitwert des ganzen Kontakts entspricht dem des ungestörten Halbleiters. Bei der entgegengesetzten Polung werden noch mehr Elektronen aus der Randschicht abgezogen, diese wird breiter, und der Widerstand des Kontakts nimmt zu. So ergibt sich eine Gleichrichter-Charakteristik $I(U)$, auf der einen Seite steil, auf der anderen flach. Auf diesem Prinzip beruhten die Detektoren der alten Radiotechnik (Metallspitzen auf Halbleiterkristallen), die durch Elektronenröhren ersetzt wurden, aber in den Kristalldioden wieder zu Ehren gekommen sind und immer noch das stilisierte elektrotechnische Symbol eines Gleichrichters hergeben.

14.4.7. Diodenkennlinie

Es kommt darauf an, was die vertikale Koordinate darstellen soll. Wenn sie die Elektronenenergie unter Einbeziehung der eigenen Felder angeben soll, muß die Fermi-Grenze im Gleichgewicht waagerecht laufen, und zwar im Fall von Abb. 14.63b links zwischen Donatoren und Leitungsband, rechts zwischen Akzeptoren und Valenzband. Die Niveaus sind also schon ohne äußeres Feld S-förmig verbogen. Die Versetzung der Fermi-Grenzen entspricht einer Kontaktspannung von der Größenordnung 1 V. Links von der Grenzfläche bildet sich eine Elektronen-, rechts eine Löcher-Verarmungsrandschicht, in denen die Donatoren (links) bzw. die Akzeptoren (rechts) praktisch unbesetzt sind. Links ist die n-Leitung, rechts die p-Leitung stark herabgesetzt. Wenn die Spannung in Durchlaßrichtung größer ist als die Kontaktspannung, sind die Randschichten zugeweht: Die Diode leitet entsprechend den „bulk"-Eigenschaften der kompakten Halbleiter. Für die Sperrichtung ergibt sich der Feldverlauf in der Randschicht so: Die Potentialkrümmung U'' ist nach *Poisson* $U'' = \varrho/(\varepsilon\varepsilon_0) = eD/(\varepsilon\varepsilon_0)$, wo D die Dotierung (Donatoren bzw. Akzeptoren pro cm^3) ist. Integration ergibt für die Spannung an den Randschichten $U = eDd^2/(4\varepsilon\varepsilon_0)$. Je mehr Spannung U man anlegt, desto dicker wird die Randschicht, d. h. die von Elektronen entblößte Schicht. Der Widerstand der ganzen Diode ist proportional d, also $\sim U^{1/2}$, d. h. es ergibt sich eine $I \sim U^{1/2}$-Kennlinie in Sperrichtung. Wird die Spannung für die gegebene Dotierung zu hoch, dann reichen die Störterme nicht aus, um die nötige Potentialdifferenz zu erzeugen. Man braucht zusätzlich Leitungselektronen links, Valenzlöcher rechts. Sie können u. U. erzeugt werden, indem die Randschicht durchtunnelt wird. Der für den Tunneleffekt typische e^{U/U_0}-Faktor taucht dann auch in der Kennlinie der Tunnel-Diode auf.

14.4.8. Thermolumineszenz

Das Gleichgewicht zwischen Leitungs- und Trapelektronen läßt sich nur selten nach dem gleichen Schema behandeln wie das zwischen Leitungselektronen und Valenzlöchern, nämlich dann, wenn die Valenzlöcher sich an der Trägerbilanz nicht merklich beteiligen, d. h. wenn die Fermi-Grenze zwischen Traps und Leitungsband liegt. Im allgemeinen liegt sie tiefer, d. h. im Valenzband sind ebensoviele Löcher (p im cm^3), wie Traps und Leitungsband zusammen Elektronen enthalten (h bzw. n im cm^3). Der Ausläufer der Fermi-Verteilung, der die relative Besetzung von Traps und Leitungsband beschreibt, kann als Boltzmann-Verteilung angenähert werden, d. h. es ist $n/N_0 = (h/H)\,\mathrm{e}^{-W/(kT)}$ (W: Traptiefe vom Leitungsband aus). N_0 ist das statistische Gewicht des Leitungsbandes, in dem die Elektronen ein quasifreies Fermi-Gas bilden, also analog zur Eggert-Saha-Gleichung (Abschn 8.1.5, Herleitung entsprechend Abschn. 17.3.3): $N_0 = (2\pi mkT/h^2)^{3/2} = 1{,}2 \cdot 10^{19}\,\mathrm{cm}^{-3}$. H ist die Anzahl/cm^3 der Traps, also die Dotierung. Dieses Verhältnis zwischen n und h muß auch aus dem Gleichgewicht zwischen thermischer Befreiung aus den Traps (γh solche Prozesse/cm^3 s) und Wiedereinfang in leere Traps ($\alpha n(H-h)$ solche

Prozesse/cm^3 s) folgen. Bei $h \ll H$, was der Boltzmann-Näherung entspricht, ergibt sich $\gamma h = \alpha H n$, d. h. $n = \gamma h/(\alpha H)$, und durch Vergleich $\gamma = \alpha N_0 \, e^{-W/(kT)}$. Die Wahrscheinlichkeit für thermische Befreiung (Ausheizen) steigt also erwartungsgemäß steil mit T an. Die Einfangswahrscheinlichkeit kann man so abschätzen: $\alpha = Av$, wobei A: Einfangquerschnitt der Traps, v thermische Elektronengeschwindigkeit im Band. Wenn die leeren Traps positiv geladen sind, ergibt sich nach Abschn. 14.3.1 $A \approx 10^{-10}$–$10^{-12}\,\mathrm{cm}^{-2}$, also $\alpha = 10^{-3}$–$10^{-5}\mathrm{cm}^3/\mathrm{s}$. Ungeladene leere Traps fangen nur mit ihrem geometrischen Querschnitt $A \approx 10^{-15}\,\mathrm{cm}^3$ ein, also $\alpha \approx 10^{-8}\,\mathrm{cm}^3/\mathrm{s}$. Bei Temperatursteigerung wächst γ sehr steil an. Trapelektronen werden mit zunehmender Rate befreit, fallen z. T. in die Traps zurück, rekombinieren aber auch mit Valenzlöchern. Effektiv nimmt also h zuerst langsam, bei höheren Temperaturen sehr schnell ab. In den meisten Fällen steht n immer mit dem jeweiligen h im Gleichgewicht: $n = N_0(h/H)\, e^{-W/(kT)}$. Der mit T steil ansteigende e-Faktor, multipliziert mit der fallenden Funktion h, ergibt das „Glowmaximum" für die Leitfähigkeit (n) bzw. für die Lumineszenz, die mit der Rekombination verbunden ist. Temperaturlage und Form des Glowbuckels geben Aufschluß über Traptiefe und andere kinetische Parameter.

14.4.9. Kristallphosphor

Ein reiner Kristall hat eine wohldefinierte maximale Rekombinationsenergie und daher ein Spektrum, das an einer ziemlich scharfen langwelligen Kante abbricht; sie entspricht der Breite der verbotenen Zone oder, bei wesentlicher Beteiligung von Störtermen, deren Abstand vom Bandrand. Die daraus resultierende Farbigkeit des Spektrums läßt sich für Farb-Bildschirme ausnutzen, muß aber bei Schwarz-Weiß-Schirmen unterdrückt werden (Mischung von Phosphoren mit verschiedener Kantenlage). Der anregende Elektronenstrahl (um 1 keV) wirft Valenzelektronen so hoch ins Leitungsband, daß sie auch aus größerer Höhe rekombinieren. Diese Rekombination muß so schnell erfolgen, daß das Nachleuchten kurz genug ist, um keine „Leuchtspuren" hinter rasch bewegten Objekten zu ergeben. Ein Bildpunkt, der bei einem Durchgang des Elektronenstrahls angeregt wurde, muß also bis zum nächsten Durchgang (0,04 s später) so weit abgeklungen sein, daß er den nächsten, evtl. viel kleineren Helligkeitswert aufnehmen kann. Die n Leitungselektronen/cm^3 rekombinieren mit den ebenso zahlreichen Valenzlöchern gemäß $\dot{n} = -\beta n^2$, integriert $n = n_0/(1 + \beta n_0 t)$. Die Zeitkonstante $\tau = 1/(\beta n_0)$ muß etwa 10 ms sein, damit Helligkeitsschwankungen um den Faktor 5 von Bild zu Bild wiedergegeben werden können. Wenn jeder Rekombinationsakt ein sichtbares Photon erzeugt, kommen aus der Phosphorschicht der Dicke d während der Bildperiode $n_0 d$ Photonen/cm^2; das Auge integriert sie über die Bildperiode. Das Bild soll maximal nicht so hell sein wie sonnenbeschienene Gegenstände. Die Sonnenoberfläche emittiert $\sigma T^4 \approx 10^4\,\mathrm{W/cm^2}$, Verdünnung auf $1/220^2$ bis zur Erde bringt $0{,}2\,\mathrm{W/cm^2}$ für eine schneeweiße Fläche im Sonnenlicht, d. h. $4 \cdot 10^{17}$ Photonen/cm^2 s. Das Fernsehbild emittiere 10^{15}–10^{16} Photonen/cm^2 s, d. h. bei $d = 0{,}1$ mm muß n_0 zwischen 10^{14} und $10^{15}\,\mathrm{cm}^{-3}$ liegen. Mit $\tau = 1/(\beta n_0) \approx 10$ ms erhält man $\beta \approx 10^{-10}$–$10^{-11}\,\mathrm{cm}^3/\mathrm{s}$, was einem Rekombinationsquerschnitt $A = \beta/v \approx 10^{-17}\,\mathrm{cm}^2$ entspricht, also knapp einem Atomquerschnitt.

14.4.10. Trägerkonzentration

Der Hall-Effekt gibt direkt $n(T)$, die Leitfähigkeit liefert $n\mu$. Hohes T: Alle As-Zusatzelektronen im Leitungsband, $n = D$, tieferes T: $n = \sqrt{ND}\, e^{-W/(kT)}$ (14.75). Die Neigung der Arrhenius-Geraden gibt eine Donatortiefe $W = 0{,}09$ eV, die fast waagerechten Abschnitte entsprechen As-Konzentrationen etwas über 10^{15}, 10^{16} bzw. $10^{17}\,\mathrm{m}^{-3}$. Der Übergang sollte bei $W/(kT) = \ln(N/D)$ erfolgen, d. h. bei 100 K für die unterste, etwas höher für die anderen Kurven, was hervorragend stimmt.

14.4.11. Minimale Leitfähigkeit

Nach dem Drude-Lorentz-Modell ist $\sigma = ne\mu = ne^2 l/(mv)$. Setzt man für $mv = \hbar k$ den Maximalwert $\hbar\pi/d$, so folgt für $l \approx d$ und $n \approx d^{-3}$: $\sigma \approx e^2/(\pi\hbar d) \approx 1\,000\,\Omega^{-1}\,\mathrm{cm}^{-1}$. Halbmetalle wie Bi leiten nur wenig besser, in diesem Fall allerdings infolge eines sehr viel geringeren n. Amorphe Halbleiter, deren Fermi-Grenze nur wenig höher liegt als die Beweglichkeitskante, scheinen das beste Beispiel für diese Werte zu sein.

14.4.12. Excitonen

2,16 eV entsprechen $\lambda = 5\,730$ nm (Zitronengelb). Der Kristall sieht also im durchscheinenden Licht orange-rot aus (man beachte die spektrale Empfindlichkeitskurve des Auges). Da die Absorptionskante nicht ganz steil ist, verschiebt sich beim dünnen Kristall die Farbe mehr ins Gelbliche. Die Peakenergien lassen sich gut in eine Balmer-Serie $W_n = W_1/n^2$ einordnen, wenn man die Ionisierungsenergie (Bandkante) mit 2,166 eV ansetzt und den linken Peak mit $n = 2$ bezeichnet. Dann wird $W_1 = 0{,}10$ eV. Wenn es sich um Excitonen-Terme handelt (Elektron und Loch in wasserstoffähnlichem System), der Faktor 2 infolge „Kernmitbewegung" beachtet (Aufgabe 12.3.6) und $m_{\mathrm{eff}} = m$ gesetzt wird, erhält man Übereinstimmung mit dem Bohr-Modell für $\varepsilon \approx 8$. Die Breite der Peaks entspricht einfach kT (0,006 eV). Bei Zimmertemperatur sind die Peaks fast viermal so breit und verschmelzen zu einer geneigten Absorptionskante.

14.4.13. Solarzelle

Im Dunkeln sind Leerlaufspannung und Kurzschlußstrom einer Diode beide 0. Licht erzeugt Trägerpaare, speziell in der p-n-Grenzschicht, wo einige von ihnen durch das interne Feld getrennt werden. Ein Kurzschlußstrom I_{K} kann fließen, und um I_{K} verschiebt sich die $I(U)$-Kennlinie nach unten. Sie schneidet also die U-Achse erst bei U_{L}, das wegen der steilen $e^{eU/(kT)}$-Form nur wenige kT/e beträgt. Maximale Leistung entspricht der Fläche des größten in diesen Unten-Rechts-Quadranten der Kennlinie einbeschriebenen Rechtecks, also $P = I_{\mathrm{K}} U_{\mathrm{m}}$, wobei $U_{\mathrm{m}} < U_{\mathrm{L}}$. Jedes Trägerpaar liefert also wenige kT, kostet aber mindestens ein solares Photon, also einige kT_{Sonne}. Tatsächlich ist das doppelte T-Verhältnis (zwei Träger!), also 10 % heute typisch.

14.4.14. Goethes Leuchtsteine

Schwerspat = Bleiglanz = Galenit = PbS (Dichte 7 600 kg/m^3). Das ist der erste historisch nachweisbare Beleg für die Tatsache, daß selbst schwaches blaues Licht irgendwie mehr Energie enthält als starkes rotes (falls nicht schon babylonische Maurer wußten, daß Bier in grünen Flaschen in der Sonne eher verdirbt als in braunen). Goethes zweiter Effekt heißt heute „Ausleuchten“: Auch niederfrequente Photonen können Elektronen aus „Traps“ befreien, wenn auch nicht über die ganze verbotene Zone heben (vgl. Abschn. 14.4).

14.6.1. Diffusion

Die Annahmen, die man bei der Behandlung von Kettenmolekülen mit frei drehbaren Gliedern macht, sind genau dieselben, die der Diffusionstheorie zugrundeliegen (vgl. z. B. Aufgabe 5.2.22). Man ersetze einfach „Länge des Kettengliedes a“ durch „freie Weglänge l“ und „Anzahl der Glieder n“ durch „Anzahl der freien Weglängen vt/l“. Die Funktion $P(\boldsymbol{r})\,\mathrm{d}V$ wird dann zur Wahrscheinlichkeit, daß ein Teilchen von $\boldsymbol{r}=0$ aus in der Zeit t im Volumen $\mathrm{d}V$ um $\boldsymbol{r}$ landet, oder $P(\boldsymbol{r})$ ist als Teilchenzahldichte aufzufassen, die sich entwickelt, wenn viele Teilchen alle von $\boldsymbol{r}=0$ wegdiffundieren. Durch Umdeutung von a und n schreibt sich P als $P(\boldsymbol{r})\,\mathrm{d}V = Bt^{-3/2}\,\mathrm{e}^{-Ar^2/t}$ mit $A = 3/(2vl)$ und $B = \pi^{-2/3}27/\ (8v^3l^3)$. Daß dies eine Lösung der Diffusionsgleichung $\dot{P} = D\Delta P$ ist, sieht man sofort durch Ausführung der Differentiationen: $\dot{P} = (Ar^2/t - \frac{3}{2})Bt^{-5/2}\,\mathrm{e}^{-Ar^2/t}$, $\Delta P = P_{rr} + 2P_r/r = (4Ar^2/t-6)ABt^{-5/2}\,\mathrm{e}^{-Ar^2/t}$. Es muß also $D = 1/(4A) = vl/3$ sein, wie wir schon wissen (Abschn. 5.4.6). Bei $t=0$ wird $b=\infty$, also zieht sich die Gauß-Kurve auf einen unendlich hohen δ-Berg bei $\boldsymbol{r}=0$ zusammen. Der Faktor $b^3 \sim t^{-3/2}$ beschreibt die Abnahme der Höhe des Berges, der dadurch bei seinem Auseinanderlaufen stets das gleiche Volumen behält.

14.6.2. Escargots gratinés

Die „mittlere freie Weglänge“ der Schnecke sei l, ihre Marschgeschwindigkeit auf einer solchen Strecke v. Es bestehe keinerlei Zusammenhang zwischen den Richtungen der einzelnen Wegstrecken l. Dann ergibt sich für das mittlere Verschiebungsquadrat nach der Zeit t, also nach $N = tv/l$ freien Weglängen, der Wert $\overline{\Delta x^2} = Nl^2 = lvt$. Die Schnecken haben sich über die ganze Fläche verbreitet, wenn $\sqrt{\overline{\Delta x^2}}$ größer geworden ist als der mittlere Abstand a zwischen den Ausbreitungszentren. Mit $a = 50\,\mathrm{km}$, $l = 20\,\mathrm{m}$, $v = 2\,\mathrm{mm/s}$ folgt für diese Zeitspanne $t = a^2/(lv) \approx 6\cdot 10^{10}\,\mathrm{s} \approx 2\,000$ Jahre. Damit sollte es, abgesehen von ökologischen Gesichtspunkten, überall in Deutschland Weinbergschnecken geben, aber immer noch mit merklicher Konzentration um die Klöster ($\sqrt{\overline{\Delta x^2}} \approx 35\,\mathrm{km}$).

14.6.3. Random walk

Wenn zwischen Wirtshaus und Wohnhaus freies Feld liegt, handelt es sich um ein zweidimensionales Diffusionsproblem. Bei der Schrittlänge $l = 0{,}8\,\mathrm{m}$ und der Schrittfrequenz $\nu = 1\,\mathrm{s}^{-1}$ ist das mittlere Verschiebungsquadrat in der Zeit t wieder $\overline{\Delta x^2} = \nu t l^2$. Es geht aber nicht nur darum, die Strecke a zurückzulegen, was im Mittel die Zeit $t = a^2/(\nu l^2)$ erfordert, sondern dabei das Haus zu treffen, d. h. in einen Winkelbereich b/a zu kommen, wofür die Wahrscheinlichkeit $b/(2\pi a)$ ist. Also dauert der Heimweg im Mittel $t = 2\pi a/b \cdot a^2/(\nu l^2) = 2\pi a^3/(b\nu l^2)$, bei $a = 150\,\mathrm{m}$, $b = 25\,\mathrm{m}$ also $t \approx 14\,\mathrm{d}$, was schon vorgekommen sein soll.

14.7.1. Perfekter Leiter

Wenn in einem normalen Leiter σ unendlich würde, müßte jedes E-Feld zusammenbrechen. Das folgt z. B. aus Poisson- und Kontinuitätsgleichung: $\operatorname{div}\sigma\boldsymbol{E} = -\dot{\varrho}$, $\varepsilon\varepsilon_0 \operatorname{div}\boldsymbol{E} = \varrho$, also $\dot{\varrho} = -\varepsilon\varepsilon_0\varrho/\sigma$, $\varrho = \varrho_0\,\mathrm{e}^{-t/\tau}$ mit $\tau = \varepsilon\varepsilon_0/\sigma$. Für $\boldsymbol{E}$ gilt dieselbe Abhängigkeit. Bei $\sigma = \infty$ brechen jede Raumladung und jedes E-Feld sofort zusammen. Mit $\boldsymbol{E}$ verschwindet auch rot $\boldsymbol{E}$, also gilt im perfekten Leiter $\dot{\boldsymbol{B}} = 0$. Jedes $\boldsymbol{B}$-Feld, das vor dem Übergang bestand, bliebe eingefroren, selbst wenn man es außerhalb des Leiters abschaltet. Man kann sich vorstellen, daß der leiseste Versuch einer $\boldsymbol{B}$-Änderung innen sofort ein $\boldsymbol{E}$ induzierte, das infolge rot $\boldsymbol{H} = \sigma\boldsymbol{E}$ das B-Feld wiederherstellte. Beim Supraleiter wird umgekehrt drinnen $\boldsymbol{B} = 0$, selbst wenn man draußen ein Feld aufrechterhält oder einschaltet. Dies zeigt, daß die Maxwell-Gleichungen in ihrer üblichen Form im Supraleiter nicht gelten.

14.7.2. Meißner-Ochsenfeld-Effekt

(a) Während des Überganges zur Supraleitung induziert das zusammenbrechende $\boldsymbol{B}$-Feld ein $\boldsymbol{E}$-Ringfeld (rot $\boldsymbol{E} = -\dot{\boldsymbol{B}}$), das die Elektronen gemäß $m\dot{v} = -e\boldsymbol{E}$ beschleunigt. Die Stromdichte ändert sich also wie $\dot{\boldsymbol{j}} = ne\dot{v} = -ne^2m^{-1}\boldsymbol{E}$, d. h. rot $\dot{\boldsymbol{j}} = -ne^2m^{-1}$rot $\boldsymbol{E} = ne^2m^{-1}\dot{\boldsymbol{B}} = ne^2m^{-1}\mu_0\dot{\boldsymbol{H}}$. Da andererseits rot $\boldsymbol{H} = \boldsymbol{j}$, rot $\dot{\boldsymbol{H}} = \dot{\boldsymbol{j}}$, folgt

$$\text{rot rot}\,\dot{\boldsymbol{j}} = -\Delta\dot{\boldsymbol{j}} = \frac{ne^2}{m}\mu_0\dot{\boldsymbol{j}}\,. \qquad (L.4)$$

Im ebenen Fall (x von der Wand eines hinreichend dicken Drahtes nach innen gerechnet) heißt das $\dot{j}'' = -ne^2m^{-1}\mu_0\dot{j}$, also $\dot{j} = \dot{j}_0\,\mathrm{e}^{-x/d}$ mit $d = \sqrt{m/(ne^2\mu_0)}$. Dieselbe Ortsabhängigkeit gilt auch für j selbst. Mit $n = 10^{23}\,\mathrm{cm}^{-3}$ folgt $d = 700\,\text{Å}$.

(b) Um zu zeigen, daß $mv - e\boldsymbol{A} = 0$, multipliziere man dies mit ne/m und bilde zweimal die Rotation. Man erhält genau (L. 4). Streng genommen muß man, um diesen Schluß auch umkehren zu können, zeigen, daß $\boldsymbol{j}$ divergenzfrei ist (jedes Vektorfeld ist Summe einer rot und eines grad, und div grad $= 0$). div$\boldsymbol{j} = 0$ folgt aber daraus, daß sich nirgends Ladung anhäufen darf. Während jeder Änderung von $\boldsymbol{A}$ ist, wenn kein übliches elektrisches Feld $-\operatorname{grad}\varphi$ vorliegt, $\boldsymbol{E} = -\dot{\boldsymbol{A}}$, also werden die Elektronen beschleunigt wie $m\dot{v} = -e\boldsymbol{E} = e\dot{\boldsymbol{A}}$. Der Wert $mv - e\boldsymbol{A}$ ändert sich also nicht, wenn keine anderen Kräfte im Spiel sind. Der Normalleiter im statischen $\boldsymbol{B}$-Feld hat $\boldsymbol{j} = 0$ (kein Strom) und $\boldsymbol{A} \neq 0$, auch der perfekte Leiter würde also $mv - e\boldsymbol{A} \neq 0$ behalten. Beim Übergang zum Supraleiter sind offenbar andere Kräfte im Spiel, eben die Cooper-Bindungskräfte.

(c) Ein Teilchen mit dem Impuls $\boldsymbol{p}$ und der Energie W hat die Wellenfunktion $\psi = \psi_0\, e^{i(\boldsymbol{k}\cdot\boldsymbol{r}-\omega t)}$, wo $\boldsymbol{p} = \hbar\boldsymbol{k}$, $W = \hbar\omega$. In einem Ring muß die Phase auf dem gleichen Wert ankommen, wenn man einmal im Kreis herumgeht: $e^{i\oint \boldsymbol{k}\cdot d\boldsymbol{r}} = 1$, d. h. $\oint \boldsymbol{k}\cdot d\boldsymbol{r} = n2\pi$. Wegen $\boldsymbol{k} = m\boldsymbol{v}/\hbar$ heißt das $\oint m\boldsymbol{v}\cdot d\boldsymbol{r} = nh$ und wegen $m\boldsymbol{v} = e\boldsymbol{A}$ auch $\oint e\boldsymbol{A}\cdot d\boldsymbol{r} = nh$. Nach dem Satz von *Stokes*

$$e\oint \boldsymbol{A}\cdot d\boldsymbol{r} = e\iint \operatorname{rot}\boldsymbol{A}\cdot d\boldsymbol{f} = e\iint \boldsymbol{B}\cdot d\boldsymbol{f} = e\Phi\,,$$

also $\Phi = nh/e$. Die Ladungsträger sind Cooper-Paare mit der Ladung $2e$, also richtiger $\Phi = nh/(2e)$. Das Flußquant $h/(2e)$ ist winzig: $2\cdot 10^{-15}$ Vs. Der schon 1934 von *Fritz London* vorausgesagte Effekt wurde erst 1961 von *Doll* und *Näbauer* in München und von *Deaver* und *Fairbank* in den USA gefunden.

14.7.3. Magnetaufhängung

Eine völlig reibungsfreie Bahn würde beim Anrollen von $h = 350$ m auf $v = 84$ m/s kommen, also die 260 km Berlin–Hamburg in 52 Minuten zurücklegen. Dabei ist nicht nur reibungsfreie, offenbar magnetische Aufhängung, sondern auch fehlender Luftwiderstand, z. B. im Vakuum-Tunnel vorauszusetzen. Wenn man den angegebenen Fahrplan ernst nimmt, bedeutet das 10 % Zeitverlust, also Verlust an mittlerer Geschwindigkeit, 20 % an Endgeschwindigkeit, 40 % an kinetischer Energie. Beschleunigung an den Endstationen (z. B. elektromagnetisch) ist unumgänglich. Für eine 100 t-Bahn mit 10 m^2 effektivem hydrodynamischen Querschnitt A entspricht dieser Verlust einer Bremsleistung $P = 4\cdot 10^4$ W, einer Bremskraft $F = 500$ N. Die Wälzlagerreibung wäre bestenfalls 1/100 des Gewichts, also 20mal zu groß. Der normale Luftwiderstand (1 bar) wäre $F \approx \frac{1}{2}A\varrho v^2 \approx 5\cdot 10^4$ N, im Tunnel dürften also nur knapp 10 mbar herrschen. Magnetaufhängung eines schnellen Fahrzeuges kann nicht so realisiert werden, daß ein am Fahrzeug befestigter Magnet an einer normalerweise unmagnetischen Eisenschiene langgleitet, denn die B-Änderung in der Schiene würde starke Ströme induzieren, deren Energie das Fahrzeug liefern müßte. Selbst bei lamelliertem oder feinkörnigem Material wäre die Wirbelstrombremsung bestimmt viel größer als angegeben. Die Schiene müßte also magnetisiert sein. Damit erhält die Bahn nach dem Prinzip des Unipolargenerators (Aufgabe 15.3.6) als Bonus noch eine kleine Spannung für ihre Beleuchtung. Die Techniker müssen herausfinden, ob magnetische oder Luftkissenlagerung günstiger ist.

14.7.4. Cooper-Paar

Wir setzen uns ins Bezugssystem des Elektronengases. Das Kristallgitter fliegt mit v an uns vorbei. Um es ein wenig zu bremsen (der kristallfeste Beobachter würde sagen: Um die Elektronen zu bremsen), sagen wir auf v', muß zum Energie- und Impulsausgleich ein Elektron in einen Zustand mit W, p gehoben werden, so daß $Mv^2 - Mv'^2 = 2W$, $Mv - Mv' = p$ (M: Masse des Kristalls; wir setzen voraus, daß $\boldsymbol{p}\|\boldsymbol{v}$; dann ist die Bremsung am wirksamsten). Der Energiesatz läßt sich auch schreiben $M(v+v')(v-v') = 2W$ oder $p(v+v') = 2W$. Die Bremsung durch einen einzigen Stoß kann nur winzig sein, also $v' \approx v$, d. h. $vp = W$. Für eine „freie" Energieparabel $W = p^2/(2m)$, die auf der p-Achse aufsitzt, wäre das immer zu erfüllen, für die um die W-Lücke ΔW angehobene Parabel nur oberhalb einer Geschwindigkeit $v_c = \sqrt{2\,\Delta W/m}$, die der Steigung der Tangente von 0 an die Parabel entspricht (zeichnen!). v_c entspricht natürlich $\frac{1}{2}mv_c^2 = \Delta W$. Mit $\Delta W = 3{,}5kT_c$ und $T_c = 10$ K folgt $v_c \approx 10^4$ m/s. Die Suprastromdichte könnte also 10^{10} A/cm^2 werden, ehe Bremsung durch das Gitter einsetzt. Praktisch erreicht man z. Z. etwa 10^7 A/cm^2.

14.7.5. Josephson-Wechselstrom

In einer Potentialschwelle von $U - W = 3$ eV klingt die ψ-Welle ab wie $e^{-k'x}$ mit $k' = \sqrt{2m(U-W)}/\hbar = 1\,\text{Å}^{-1}$. Die Durchlässigkeit der Schicht mit $d = 10$ Å ist also $D \approx e^{-2k'd} = 2\cdot 10^{-9}$. Die Stromdichte $j = envD$ ist von der Größenordnung 0,1 A m^{-2}. Bei 1 mV Spannung an der junction ist die Energie der Cooper-Paare beiderseits um $3{,}2\cdot 10^{-22}$ J verstimmt. Der Strom oszilliert mit $\omega = \Delta W/\hbar = 3{,}2\cdot 10^{12}\,\text{s}^{-1}$ oder $\nu = 500$ GHz. Ein B-Feld, das in der Ebene der junction liegt, bedeutet ein Vektorpotential $\boldsymbol{A}$ senkrecht dazu, aber ebenfalls in dieser Ebene, das sich senkrecht zur Ebene ändert, und zwar so, daß sein Unterschied zwischen den beiden Grenzflächen $\Delta A = Bd$ ist. Diese Differenz erzeugt eine räumliche Modulation der ψ-Funktion mit der Wellenlänge $\lambda = h/(2e\,\Delta A) = h/(2eBd)$. Bei $\lambda = l$, also $B_1 = h/(2eld)$, verschwindet der Josephson-Strom; er wechselt das Vorzeichen, wenn B durch diesen Wert geht. Im Beispiel ist $B_1 = 3\cdot 10^{-5}$ Tesla. Eigentlich muß man überall mit der effektiven Masse von Elektronen bzw. Paaren rechnen, was die Zahlenwerte, besonders den exponentiellen Tunnelstrom, merklich ändern kann.

14.7.6. Energielücke

Bei $T = T_0$ sind s- und n-Zustand und speziell ihre H- und S-Werte identisch, im Gegensatz zum Übergang im Magnetfeld, wo die Energielücke noch existiert, H und S verschieden sind und sich erst die Unterschiede in H und TS kompensieren. Der Übergang im Magnetfeld ist thermodynamisch identisch mit dem Sieden: Sprung von H und S; $\Delta H =$ „latente" Übergangswärme; Überhitzung und Unterkühlung möglich; Keimbildung der thermodynamisch stabileren Phase nötig: Übergang 1. Ordnung. Anders beim Übergang $s \leftrightarrow n$ bei $B = 0$, d. h. $T = T_0$: Die Phasen gehen stetig ineinander über, keine Übergangswärme, keine Überhitzung oder Unterkühlung, keine Keimbildung: Übergang 2. Ordnung. Analog ist die Lage am kritischen Punkt, dem oberen Ende der Grenzkurve Flüssigkeit–Dampf. $c_p = \partial H/\partial T = \infty$ beim Übergang 1. Ordnung, c_p springt beim Übergang 2. Ordnung. S verhält sich analog zu H, nur komplementär, denn $G = H - TS$ ist am Übergang immer stetig.

14.7.7. Sprungpunkt

Die Fermi-Funktion $f(W)$ kümmert sich nicht darum, ob Zustände mit diesem W vorhanden sind oder nicht. Da die Energielücke immer um die Fermi-Grenze W_F zentriert ist und $f(W)$ um diesen Punkt symmetrisch ist, erhält man das W-Spektrum der Elektronen im Supraleiter einfach aus der Fermi-Verteilung im Normalleiter, indem man die W-Lücke herausschneidet (da $W_g \ll W_F$, verliert man dabei praktisch keine Elektronen). Die spezifische Wärme stammt aus zwei Vorgängen: 1. dem Abschmelzen des Fermi-Blocks $c = \gamma T = \pi^2 N k^2 T/(4W_F)$; 2. dem Schrumpfen der W-Lücke (im Supraleiter). Bei $T \approx 0$ schneidet die Lücke die ganze Schmelzzone ab, also ist $c_s \ll c_n$. Bei $T \approx T_0$ nimmt W_g sehr schnell ab, also ist $c_s > c_n$. Um $c_s = \alpha T^3$ zu erhalten, braucht man den ganzen Verlauf von $W_g(T)$. Aus der Definition $S = \int dQ/T$ und $c = dQ/dT$ folgt sofort $S = \int c\, dT/T$. Integration über c/T liefert $S_n = \gamma T$, $S_s = \frac{1}{3}\alpha T^3$. Bei $T = T_0$ muß $S_n = S_s$ sein, also $\alpha = 3\gamma T_0^2$, d. h. $S_s = \gamma T^3/T_0^2$. Natürlich ist die Übereinstimmung mit der T^3-Gitterwärme nur scheinbar, denn im s- wie im n-Zustand ist die Gitterwärme bei $T \le T_0$ i. allg. schon viel kleiner als die Sommerfeldsche Elektronenwärme.

14.7.8. Grenzkurve

Die Grenzkurve ist gegeben durch $G_n = G_s$, d. h. $B^2/(2\mu_0) = U_n - U_s - T(S_n - S_s)$. $U = U_0 + \int c\, dT$, also $U_n = U_{0n} + \frac{1}{2}\gamma T^2$, $U_s = U_{0s} + \frac{3}{4}\gamma T^4/T_0^2$. Mit $\Delta U = U_{0n} - U_{0s}$, der Stabilisierungsenergie bei $T = 0$, folgt $B^2 = 2\mu_0(\Delta U - \frac{1}{2}\gamma T^2 + \frac{1}{4}\gamma T^4/T_0^2)$. Bei $T = 0$ ist also B maximal mit $B_m^2 = 2\mu_0 \Delta U$. Ableitung nach T liefert $BB' = \mu_0(-\gamma T + \gamma T^3/T_0^2)$. Bei $T = 0$ ist $B = B_m \neq 0$, also muß $B' = 0$ sein: Horizontale Einmündung in die B-Achse. Bei $T = T_0$ ist $B = 0$, also läßt sich aus $BB' = 0$ nichts schließen. Man leite nochmal ab: $B'^2 + BB'' = \mu_0(-\gamma + 3\gamma T^2/T_0^2)$, also bei $T = T_0$ folgt $B' = \sqrt{2\mu_0\gamma}$. Wenn $\Delta U = \gamma/4$, erhält man eine exakte Parabel $B = \sqrt{2\mu_0 \Delta U}(1 - T^2/T_0^2)$. Eine Messung, am einfachsten von $B'(T_0)$, liefert dann alle Daten. Im allgemeinen Fall braucht man zwei Messungen, z. B. $B'(T_0)$ für γ und B_m für ΔU.

Kapitel 15: Lösungen . . .

15.1.1. Die seltsamen Eigenschaften des Äthers

Die drei angegebenen Abschätzungen liefern relative Änderungsgeschwindigkeiten der Jahreslänge um 10^{-16}, 10^{-18} bzw. 10^{-17}. Von der gleichen Größenordnung sind auch die möglichen relativen Änderungen von Erdbahnradius und kinetischer Energie der Erde. Diese Energie ist $3 \cdot 10^{33}$ J. Die obere Grenze der Leistung der Ätherreibung ist also etwa 10^{15} W. Setzt man sie als $\varrho A v^3$ an mit $A \approx 10^{14}\,\mathrm{m}^2$, so folgt für die Ätherdichte $\varrho < 10^{-13}\,\mathrm{kg/m^3}$, entsprechend einem Vakuum von höchstens 10^{-10} Torr. Die Sonneneinstrahlung ist $1\,400\,\mathrm{W/m^2}$, also fallen auf die ganze Erde 10^{17} W. Allein hieraus folgt, daß der Äther nicht dichter sein kann als $10^{-8}\,\mathrm{kg/m^3}$, denn sonst würde seine Reibung den Wärmezufluß zur Erde mehr als verdoppeln, was nach *Stefan-Boltzmann* eine Erwärmung von mindestens 60° über die wirkliche, durch die Sonnenstrahlung gerade erklärte Oberflächentemperatur der Erde zur Folge hätte. Wenn ein Stoff mit $\varrho = 10^{-13}\,\mathrm{kg/m^3}$ Träger elastischer Wellen mit $c = 3 \cdot 10^8$ m/s sein soll, ergibt sich nach $c = \sqrt{E/\varrho}$ sein Elastizitätsmodul zu $10^4\,\mathrm{N/m^2}$, was für einen so dünnen Stoff recht erstaunlich wäre: Wasserstoff von dieser Dichte müßte etwa 10^{13} K heiß sein, um solche Elastizität zu haben.

15.1.2. Michelson-Versuch

Zwischen P und $A'B'$ bringt man gewöhnlich eine Kompensatorplatte an, die einschließlich ihrer Stellung identisch zur Platte P ist und daher den gleichen Gangunterschied und Intensitätsverlust erzeugt wie P. Wenn beide Arme genau gleichlang sind, entsteht dann ein heller Fleck beim Zusammentreffen der Teilstrahlen; beim Unterschied $\lambda/2$ interferieren sich beide weg. Wenn das Labor sich in Richtung eines Armes mit $v = 30$ km/s gegen einen das Licht tragenden Äther bewegte, brauchte das Licht eine Zeit $\Delta t = lv^2/c^3$ mehr für den Hin- und Rückweg auf diesem Weg als auf dem anderen. Damit das einer halben Schwingungsdauer von Violettlicht entspricht, braucht die Armlänge l nur 20 m zu sein. Eine Präzision von 0,2 µm auf 20 m Armlänge ist natürlich mechanisch nicht erreichbar, aber jedenfalls müßte bei der 90°-Schwenkung genau Hell in Dunkel übergehen, d. h. das ganze Interferenzbild müßte sich um eine halbe Periode verschieben. Sollte das Fehlen des Effekts darauf beruhen, daß die Erde im Moment der Messung gerade relativ zum Äther ruhte, dann müßte nach 6 Monaten der doppelte Effekt eintreten. Die „Lorentz-Kontraktion" des Armes, der in Geschwindigkeitsrichtung steht, müßte ebenfalls dem Faktor $\sqrt{1 - v^2/c^2} \approx 1 - 0{,}5 \cdot 10^{-8}$ entsprechen und wäre direkt weder nachzuweisen noch zu widerlegen.

15.1.3. Weltlinien

Der graphische Fahrplan für die Bahn hat zwei, der für das Meer drei, der für die Luft vier Dimensionen. Ein ruhendes Objekt hat eine „Weltlinie" parallel zur Zeitachse, ein gleichförmig-geradlinig bewegtes eine gerade Weltlinie, die mit der Zeitachse einen Winkel mit dem Tangens v bildet (v in m/s, falls man die Sekunden auf der Zeitachse so groß macht wie die Meter auf den Ortsachsen). Die Beschleunigung entspricht einer Krümmung der Weltlinie. Ein Zusammenstoß ist der Schnitt zweier (nicht notwendig gerader) Weltlinien. Zum Beispiel würde in Mercatorprojektion die Weltlinie eines mit konstanter Maschinenleistung fahrenden Schiffes immer flacher aussehen, je weiter es sich dem Nord- oder Südpol nähert.

15.1.4. Lösungsvorschläge

Wenn das Licht relativ zu seiner Quelle immer die gleiche Geschwindigkeit hätte, wäre natürlich für eine Labor-Lichtquelle kein Einfluß der Bewegung der Erde zu erwarten. Nun betrachten wir ein Doppelsternsystem, dessen Schwerpunkt relativ zur Sonne im Abstand a_0 ruht und dessen Sterne in einer Kreisbahn, deren Ebene die Sonne enthält, mit dem Bahnradius r und der Winkelgeschwindigkeit ω um diesen Schwerpunkt laufen. Wenn der eine Partner sich gerade von uns wegbewegt, soll sein Licht nach *Ritz* mit $c - v$ reisen ($v = \omega r$), also bis zu uns die Zeit $a/(c - v)$ brauchen. Licht, das ausgesandt wird, wenn der Stern auf uns zukommt, also eine Zeit $\pi r/v$ später, brauchte nur $a_0/(c + v)$. Wenn $a_0/(c - v) - a_0/(c + v) \approx 2a_0 v/c^2 = \pi r/v$, sähen wir das später ausgesandte, violett-verschobene Licht gleichzeitig mit dem früher ausgesandten, rotverschobenen, d. h. jeder Stern lieferte mehrere Spektrallinien. Das ginge noch an, denn man weiß ja a priori nicht, wie viele Komponenten das System hat. Aber eine einfache Zeichnung zeigt, daß bei etwas größerem v drei, fünf oder mehr Linien auftreten würden, die plötzlich verschwinden, verschmelzen usw. Es gibt viele Systeme, die die Bedingung $2a_0 v/c^2 > \pi r/v$ oder $a_0 > rc^2/v^2$ erfüllen. Bei Sonnenmasse hätten die Sterne etwa $r = r_E(T/T_E)^{2/3}$ (r_E: Erdbahnradius, $T_E = 1$ Jahr). Fast die Hälfte aller genau studierten Doppelsterne haben Perioden $T < 10$ d. Für jedes derartige System, das weiter von uns ist als 13 Lichtjahre, also für praktisch alle, wäre die Bedingung für das spektroskopische Geisterkonzert erfüllt. Da man nie so etwas beobachtet hat, ist die Ritz-Hypothese falsch.

15.1.5. Wer hat sich bewegt?

Eddington sagte ungefähr: „Meine Müdigkeit rührt daher, daß ich den ganzen Tag in einem Kasten eingeschlossen war, der furchtbar rüttelte. Sie geben zu, daß dieser Effekt genau der gleiche gewesen wäre, wenn Edinburgh zu mir gekommen und London nach der anderen Seite weggefahren wäre, so daß mein Zug ganz schön dampfen müßte, um hier zu bleiben. Sie sehen, wenn man Koordinatensysteme transformiert, muß man das auch konsequent tun, unter Berücksichtigung aller unbezweifelbaren Beobachtungstatsachen ...“, und damit war er wieder in seinem Vortrag.

15.1.6. Strahlungsbremsung

Die Frage ist in vorrelativistischen Zeiten ernsthaft diskutiert worden. Wenn es einen Äther gäbe, wären vor dem mit v bewegten Stern Dichte und Druck der Strahlung um den Faktor v/c erhöht. Normalerweise sind sie von der Größenordnung $\sigma T^4/c \approx 0{,}2\,\mathrm{N\,m^{-2}}$. Hinter jedem m^2 Sonnenquerschnitt steckt eine Massen-Flächendichte $\mu \approx \varrho R \approx 10^{12}\,\mathrm{kg\,m^{-2}}$, die schiebt. Aus der Bewegungsgleichung $\mu\dot{v} = -v\sigma T^4/c^2$ folgt eine Zeitkonstante der Bremsung $\tau = v/\dot{v} = \mu c^2/(\sigma T^4) \approx 10^{21}\,\mathrm{s} \approx 10^{13}$ Jahre. Sie ist viel kürzer als die Relaxationszeit für „Sternstöße“ (Aufgabe 5.2.28). Relativistisch existiert kein Problem. Da es keinen Sinn hat, dem Stern ein v ohne Angabe eines Bezugspunkts zuzuschreiben, kann sich die Strahlung nicht stauen. Das Experiment zeigt auch direkt, daß sich das Licht isotrop ausbreitet. Dagegen wird z. B. ein Planet im Strahlungsfeld der Sonne wirklich etwas gebremst (**Poynting-Robertson-Effekt**). Wenn er mit v umläuft, fällt diese Strahlung um den Winkel v/c von vorn ein (Aberration), die Strahlungsdruckkraft hat eine Rückwärts-Komponente Alv/c^2. Für die Erde konnten diese 10^5 N das Jahr seit ihrer Entstehung nur um 1 s verlängern. Beim Merkur macht dies fast 100 s aus.

15.1.7. Lorentz-Kontraktion

Eine mit $\boldsymbol{v}$ bewegte Ladung erzeugt um sich ein Magnetfeld $\boldsymbol{H} = e\boldsymbol{v} \times \boldsymbol{r}/(4\pi r^3)$ (am einfachsten nach *Biot-Savart*; die Ladung ist ein Stromelement $e\boldsymbol{v}$; $\boldsymbol{r}$ Abstand von der Ladung). Im Abstand d senkrecht zu $\boldsymbol{v}$ hat dieses Feld den Betrag $H = ev/(4\pi d^2)$ und steht senkrecht auf $\boldsymbol{v}$ und dem Abstand. Eine Ladung $-e$ dort, die ebenfalls mit $\boldsymbol{v}$ fliegt, erfährt in diesem Feld die Lorentz-Kraft $\boldsymbol{F}_{\mathrm{Lor}} = -e\boldsymbol{v} \times \boldsymbol{B}$ vom Betrag $\mu_0 e^2 v^2/(4\pi d^2)$ nach außen. Das Verhältnis von Lorentz- und Coulomb-Kraft ist $\varepsilon_0\mu_0 v^2 = v^2/c^2$. Der Gleichgewichtsabstand verschiebt sich also dorthin, wo die Abstoßungskraft etwa um F_{Lor} kleiner ist (da die Abstoßung so viel steiler ist, macht die Änderung der Anziehung nicht viel aus). Geht die Abstoßung wie r^{-n}, dann ist das der Fall bei einem neuen Abstand $d(1 + v^2/(nc^2))$. Für $n = 2$ entspricht das in der Näherung $v \ll c$ dem Lorentz-Faktor $1/\sqrt{1 - v^2/c^2}$.

15.2.1. Schnelle Uhren gehen nach

Wir betrachten vier Uhren: A ruht in dem Nahezu-Inertialsystem, das mit dem Erdmittelpunkt verbunden ist; B ruht am Erdboden, ist also gegen A mit $v_0 = 0{,}45$ km/s bewegt: C fliegt mit dem Jet in ost-westlicher Richtung, also gegen die Erdrotation, und bewegt sich mit v gegen B, mit $v - v_0$ gegen A; D fliegt ebenso west-östlich, also mit v gegen B, mit $v + v_0$ gegen A. Während für A eine Sekunde vergeht, rückt B um $\sqrt{1 - v_0^2/c^2}$ vor, C um $\sqrt{1 - (v - v_0)^2/c^2}$, D um $\sqrt{1 - (v + v_0)^2/c^2}$. Alle diese Angaben sind direkt vergleichbar, da die bewegten Uhren immer wieder zum Ort der Uhr A zurückkommen. In einer Flugzeit T entwickelt sich daher eine Zeitdifferenz zwischen C und B: $\Delta T_{\mathrm{OW}} = T\left(\sqrt{1 - (v_0 - v)^2/c^2} - \sqrt{1 - v_0^2/c^2}\right) \approx T(2vv_0 - v^2)/c^2$, zwischen D und B: $\Delta T_{\mathrm{WO}} = T\left(\sqrt{1 - (v_0 + v)^2/c^2} - \sqrt{1 - v_0^2/c^2}\right) \approx T(2vv_0 + v^2)/c^2$. Die zweite dieser Differenzen soll nach dem Bericht dreimal so groß sein wie die erste. Das ist der Fall, wenn $v = v_0 = 0{,}45$ km/s $=$ 1 640 km/h. Da der Rundflug auf einem Großkreis somit genau einen Tag dauert, ergibt sich eine Gesamtverzögerung D gegen B um ca. 10^{-7} s. Die Reporter haben einfach die relative Verzögerung in s/s, nämlich 10^{-12}, als absolute angegeben. Ihre 10^{-12} s/Tag, d. h. relativ 10^{-19} s/s, wären auch mit der raffiniertesten Technik nicht meßbar, während 10^{-12} s/s es gerade noch sind. Warum die Ost-West-Uhr schneller geht als die Erduhr, ist ganz einfach zu begreifen: Sie realisiert praktisch die Inertialuhr A, der gegenüber die Erduhr B natürlich nachgeht. Dazu kommt ein allgemein-relativistischer Effekt: Die Uhren B, C, D befinden sich im kombinierten Schwere- und Zentrifugalfeld auf verschiedenem Potential $\varphi = -GM/r - \frac{1}{2}\omega^2 r^2$. Der Unterschied in r (etwas mehr als 10 km) ist zwar vernachlässigbar, aber nicht der in ω. Nach der obigen Rechnung ist C raumfest, hat also $\omega = 0$, B hat ω, D hat 2ω. Damit ist $\varphi_C - \varphi_B = \frac{1}{2}\omega^2 R^2 = \frac{1}{2}v^2$, $\varphi_D - \varphi_B = -\frac{3}{2}v^2$. Die relative Uhrenverzögerung ist $\Delta T/T = \Delta\varphi/c^2$. Bei der angegebenen Fluggeschwindigkeit würde also die allgemeine Relativität einen ebenso großen Effekt liefern wie die spezielle. Daher darf v um den Faktor $\sqrt{2}$ kleiner sein, um die angegebenen Werte zu liefern.

15.2.2. Zeitdilatation

Argumentation und Zeichnung (Abb. 15.24) sind richtig (das einzige, worauf zu achten wäre, ist, daß keine Längen aus dem bewegten System, sofern sie in Bewegungsrichtung liegen, ohne Lorentz-Kontraktion übernommen werden: wenn sonst nur von Punktereignissen die Rede ist, kann eigentlich nichts schiefgehen). Der Satz des *Pythagoras* liefert sofort die Formel für die Zeitdilatation: $\Delta t' = \Delta t\sqrt{1 - v^2/c^2}$. Dies ist wohl die einfachste denkbare Ableitung. Natürlich sind die Richtungen des Sterns für uns und den Astronauten um $\alpha = \arcsin(v/c)$ verschieden. Auf der Erde tritt dieser als Aberration bekannte Effekt auch auf: Im Winter z. B. bewegen wir uns mit 60 km/s gegen das Inertialsystem, das im Sommer gilt, also sehen wir senkrecht dazu die Sterne um $60/300\,000 = 2 \cdot 10^{-4}$ oder ca. $40''$ gegen ihre Sommerposition verschoben. In welcher Richtung ein Stern „wirklich" steht, gehört ebensowenig zu den absoluten Eigenschaften der Welt wie die Frequenz seines Lichts (noch weniger, denn für diese könnte man noch das System als maßgebend ansehen, in dem der Stern ruht). Bei der Umzeichnung für den Fall, daß wir den Stern in senkrechter Richtung sehen, scheint zunächst $\Delta t' = \Delta t(1 + v^2/c^2)^{1/2}$ herauszukommen. Aber das Argument, daß die schräge Strecke $c\,\Delta t'$ sei, stützt sich ja auf einen stillschweigenden Übergang in das System des Astronauten, wo diese Strecke jetzt teilweise in Bewegungsrichtung liegt, also Lorentz-verkürzt ist. Auch ohne die entsprechende Korrektur auszuführen (man könnte so die Lorentz-Kontraktion selbst ableiten!), sieht man leicht, daß auch diesmal das Richtige herauskommt, indem man die Rollen der beiden Beobachter vertauscht.

15.2.3. Zwillingsparadoxon

Wenn ein Mann A im System S den Mann B im System S' beobachtet, der sich mit $0{,}99c$ relativ zu ihm bewegt, stellt er nach Voraussetzung fest, daß die „Physik" in S' siebenmal langsamer abläuft als in S. Man beachte nun, daß Koinzidenzen *innerhalb* eines Systems absoluten Sinn haben. Daher wird auch B selbst feststellen, daß seine Physik siebenmal langsamer ist als seine Biologie. Mißt er seine Stunden usw. nach physikalischen Uhren identischer Konstruktion wie wir sie haben, wird er z. B. etwa alle drei Stunden schlafen müssen, allerdings nur ca. eine Stunde lang. Wenn B nun A beobachtet, findet er, daß dessen Physik noch siebenmal langsamer läuft als seine eigene (diese Folgerung *Einsteins* soll ja für die Physik anerkannt werden). Da B's Physik aber schon siebenmal langsamer ist als seine eigene Biologie, ist A's Physik für B sogar 49mal langsamer als seine eigene Biologie. Daß A's Biologie mit A's Physik im Takt ist, wurde eingangs postuliert und gilt absolut. Also sieht B auch A's Leben 49mal langsamer ablaufen als sein eigenes. Die Reziprozität zwischen S und S' ist demnach in krassester Weise verletzt. Keinesfalls ist es logisch haltbar, die „vitalistische Hypothese" so zu interpretieren, wie sie bestimmt gemeint war, nämlich daß man für S *jedes* Inertialsystem setzen kann. Die Hypothese könnte bestenfalls für *ein* Inertialsystem stimmen, und dieses dann mit Recht als „absolut ruhend" ausgezeichnet werden; die merkwürdigen Eindrücke dazu bewegter Beobachter wären als Folgen ihrer absoluten Bewegung aufzufassen. Übrigens wird kein Vitalist leugnen, daß *gewisse* biologische Vorgänge, speziell mechanische, von der Physik beherrscht werden. B würde für seine eigenen Organe die gleichen physikalischen Größen (Massen, Dichten usw.) messen wie üblich. Daß seine Muskeln nun seine Beine, seine Kiefer, seine Zunge plötzlich siebenmal so schnell zu bewegen imstande sind als die Physik dies eigentlich gestattet, wäre sehr verwunderlich. Wenn aber diese Vorgänge dem physikalischen (siebenmal langsameren) Tempo folgen, wird sein eigenes Laufen, Essen, Sprechen dem armen B so unerträglich langsam vorkommen, daß er froh sein wird, aus dieser absurden Welt in die Einsteinsche zurückzukehren, wo innerhalb seines Systems alles völlig in Ordnung und im Takt ist.

15.2.4. Myonen der kosmischen Strahlung

Ein Teilchen mit 207 Elektronenmassen oder etwa 100 MeV Ruhmasse, dessen kinetische Energie um 1 GeV liegt, hat praktisch Lichtgeschwindigkeit. Mit der Lebensdauer von $\tau_0 = 2 \cdot 10^{-6}$ s kommt es damit nur etwa 600 m weit, genauer gesagt Von einem gebündelten Myonenstrahl wären nach 600 m schon 63 % zerfallen (wir beachten die Zeitdilatation vorläufig noch nicht!). Von den in $h = 13$ km Höhe erzeugten Myonen dürfte daher nur der Bruchteil $e^{-h/(c\tau_0)} \approx e^{-13\,000/600} \approx 10^{-9}$ an der Erdoberfläche ankommen, selbst wenn sie alle direkt nach unten flögen; da sie das bestimmt nicht tun, ist ein weiterer Faktor von der Größenordnung 10 anzubringen. Die eigentliche Absorption ist dabei ebenfalls vernachlässigt (s. u.). Den 5 Myonen/cm^2 s, die tatsächlich ankommen, müßten also mehr als 10^{10} Myonen/cm^2 s entsprechen, die oben erzeugt werden. Da jedes etwa 1 GeV hat (abgesehen von den überdies noch erzeugten Teilchen) wäre der kosmische Energiefluß mindestens 10 kJ m^{-2} s^{-1}, also fast zehnmal mehr als für die Sonnenstrahlung. Fast die gesamte kosmische Energie wird offensichtlich in der Atmosphäre absorbiert, und zwar sogar oberhalb der Troposphäre, die Sonnenenergie dagegen heizt die Atmosphäre nur indirekt (über eine Erwärmung des Erdbodens). Letzteres ist der Grund für die eigentümliche Schichtung der Troposphäre, besonders für die Temperaturabnahme mit der Höhe (ob adiabatisch indifferent, labil oder stabil). Eine kosmische Wärmequelle von diesem Ausmaß würde all das völlig umwerfen: die Troposphäre würde hochgradig stabil, es gäbe keine Aufwinde, keine Gewitter, keinen Segelflug usw.

Die Zeitdilatation löst das Paradoxon: Ein 1,5 GeV-Myon z. B. hat $m/m_0 = (1 - v^2/c^2)^{-1/2} = \tau/\tau_0 - 1 = 15$, seine

Reichweite innerhalb der Lebensdauer τ steigt also auf etwa 10 km. Damit sind in der Höhe nur etwa 10^9mal weniger Erzeugungsakte notwendig, um die beobachtete Myonenintensität am Erdboden zu erklären, als nach der obigen Betrachtung. Der kosmische Beitrag zum Energiehaushalt der Erde wird damit vernachlässigbar.

Offensichtlich fällt die Flußdichte der Myonen um so steiler mit der Höhe ab, je geringer ihre Energie ist (bis zum oben diskutierten nichtrelativistischen Extremfall). Die quantitative Übereinstimmung mit den Meßdaten ist befriedigend, besonders wenn man die atmosphärische Absorption berücksichtigt. Die „Absorptionslänge" (durch die die Flußdichte auf 1/e geschwächt wird) wäre in Luft von 1 bar $L_{\text{abs}} = 10\,\text{km}$; dies ist größer als die Skalenhöhe H, längs der die Luftdichte selbst auf 1/e abfällt. Unter diesen Umständen ist die Schwächung der Flußdichte auf der Höhendifferenz h

$$\frac{n}{n_0} = \exp\left[-\frac{H}{L_{\text{abs}}}(1 - \mathrm{e}^{-h/H})\right].$$

15.2.5. Transversaler Doppler-Effekt

Die Wellenlängen in der ersten (und jeder anderen) Zeile entsprechen genau der Balmer-Formel, wie man am besten aus den Frequenzen sieht: $\nu = R'(1/n^2 - 1/m^2)$. Das ist klar, denn He^+ mit seinem einen Elektron ist ein wasserstoffähnliches System. Da die Kernladung 2 ist, multiplizieren sich Termenergien und Frequenzen, verglichen mit dem Wasserstoff, mit dem Faktor 4 (eine 2 kommt von der Verengung der Bohrschen Bahnen, die andere direkt aus der Coulomb-Energie). So erklärt es sich, daß jede zweite Linie der Pickering-Serie fast genau mit einer Balmer-Linie des H zusammenfällt. Die kleine Abweichung kommt durch die größere Masse des He-Kerns zustande, der sich daher weniger stark mitbewegt als der H-Kern. Der Endzustand aller Übergänge der Pickering-Serie ist aber der He^+-Term $n = 4$, während die Balmer-Übergänge im H-Term $n = 2$ enden. Die Verschiebung mit der Beschleunigungsspannung, also der Ionengeschwindigkeit ist eine Folge der Zeitdilatation: Das Ion richtet sich beim Strahlen natürlich nach seiner Eigenzeit, und die Periode (und ebenso die Wellenlänge) des Lichtes vergrößert sich also, vom Laborsystem aus gesehen, um den Faktor $(1 - v^2/c^2)^{-1/2}$. Rechnet man Beschleunigungsspannung U in Geschwindigkeit v um, so kann man diesen Zusammenhang aus der Tabelle gut bestätigen, besonders wenn man über die Zeilen mittelt (unter Ausschluß des schon nach dem Seriengesetz als falsch zu erkennenden Wertes in der vierten Zeile und zweiten Spalte). Bei longitudinaler Beobachtung würde man einfach den normalen Doppler-Effekt finden. Da er als „Effekt 1. Ordnung" um den Faktor v/c, also 10 bis 60mal größer ist als der relativistische Effekt (der von 2. Ordnung ist), würde man diesen, obwohl er zweifellos da ist, bei der aus der Tabelle zu ersehenden Meßgenauigkeit nur schwer direkt herausfischen können. Das zeigt auch, wie kritisch die Güte der Transversalität ist: Bei 1 MeV z. B. müßte der Sehwinkel, unter dem der Abschnitt des Ionenstrahls, dessen Emission in den Kollimator gelangt, von diesem aus gesehen wesentlich kleiner als 1° $(\frac{1}{60})$ sein, damit nicht der longitudinale Doppler-Effekt den transversalen überdeckt. Das ergibt natürlich beachtliche Intensitätsprobleme!

15.2.6. v-Stapelei

Die Geschwindigkeit der i-ten Raketenstufe relativ zur Erde sei v_i. Nach dem Additionstheorem (15.5) ist dann

$$v_i = \frac{v_{i-1} + c/2}{1 + cv_{i-1}/(2c^2)} = \frac{2v_{i-1} + c}{2c + v_{i-1}} \cdot c\,. \tag{L. 5}$$

Wenn $v_{i-1} \leq c$, ist danach $2v_{i-1} + c \leq 2c + v_{i-1}$, also auch $v_i \leq c$: die Lichtgeschwindigkeit kann, von kleineren Geschwindigkeiten herkommend, nicht überschritten werden. Die Folge der v_i konvergiert aber gegen c, und zwar ziemlich schnell: 0,5c, 0,8c, 0,93c, 0,975c .... Man kann v_i auch direkt ausdrücken ohne die Rekursion (L. 5): $v_i = c(3^{i+1} - 1)/(3^{i+1} + 1)$. Das ist leicht zu bestätigen (am einfachsten durch vollständige Induktion nach i, aber auch aus der Rekursionsformel (L. 5)).

15.2.7. Fizeau-Versuch

Die Phasengeschwindigkeiten in den beiden Armen der Länge l (Abb. 15.25) seien $c_1 = c/n + \Delta c$ und $c_2 = c/n - \Delta c$ (c/n: Phasengeschwindigkeit in der ruhenden Flüssigkeit). Da die Frequenz ν längs des ganzen Lichtweges konstant ist, entfallen auf die Längen der beiden Arme $l\nu/c_1$ bzw. $l\nu/c_2$ Wellenlängen. Der Gangunterschied beträgt also $l\nu(c_1^{-1} - c_2^{-1})$ Wellenlängen. Soll gerade eine halbe Wellenlänge herauskommen, so muß sein $l\nu(c_1^{-1} - c_2^{-1}) \approx 2l\nu(n^2/c^2)\,\Delta c \approx 1/2$, d. h. $\Delta c \approx c^2/(4l\nu n^2)$, in unserem Beispiel $\Delta c = 12{,}5/n^2$ m/s. Der Zusammenhang zwischen diesem Wert und der Strömungsgeschwindigkeit v_1 kann nur durch die Brechzahl n bestimmt sein. Durch graphische oder rechnerische Anpassung der fünf Punkte, die wir haben (die vier angegebenen und $n = 0$, $v_1 = \infty$ für das Vakuum), findet man (z. B. aus der Auftragung von $\Delta c/v_1$ als Funktion von n) als beste (wenn auch nicht ganz willkürfreie) Anpassung $\Delta c = v_1/(1 - n^2)$. Eine Formel wie $c = v(a + bn)$ könnte wohl die vier Meßpunkte ebensogut beschreiben, aber der Vakuum-Punkt fiele erheblich heraus. Ätherstandpunkt: Vollständige Mitführung würde bedeuten $\Delta c = v$, keine Mitführung $\Delta c = 0$. Die Wahrheit liegt dazwischen, und zwar um so näher an der Mitführung, je größer n ist. Eine befriedigende nichtrelativistische Deutung ist nie gefunden worden. (*Fresnel* nahm ad hoc an, die Dichte des Äthers in den verschiedenen Stoffen sei verschieden, nämlich proportional n^2; er kam damit aber auf anderen Gebieten der Optik in Schwierigkeiten.) Relativistischer Standpunkt: Wenn sich das Licht auch im strömenden Wasser (relativ zum Medium) mit der Phasengeschwindigkeit c/n ausbreitet, ist ganz klar, daß der ruhende Beobachter nach dem Additionstheorem (15.5) eine Phasengeschwindigkeit

$$c' = \frac{c/n \pm v}{1 \pm (c/n)\,vc^{-2}} = \frac{c/n \pm v}{1 \pm v/(nc)}$$

mißt. Das ist aber für praktische Größenordnungen von v völlig identisch mit dem experimentellen Ergebnis.

15.2.8. Transversale Beschleunigung

B habe die Geschwindigkeit $\boldsymbol{v}$ relativ zu mir. B beschleunigt einen Körper K, der in B's System zunächst ruht, so daß B um seine Zeit $\Delta t'$ später für K die Geschwindigkeit Δw mißt, also eine mittlere Beschleunigung $a' = \Delta w/\Delta t'$. Da $\boldsymbol{w} \perp \boldsymbol{v}$, messe ich den gleichen zurückgelegten Weg Δs, aber meine Zeitdifferenz ist anders: $\Delta t = \Delta t'(1 - v^2/c^2)^{-1/2}$. Also messe ich die Beschleunigung $a = 2\,\Delta s/\Delta t^2 = a'(1 - v^2/c^2)$.

15.2.9. Zyklotron

Wenn man einem Teilchen im Zyklotron Energie zuführt, wächst seine Masse und damit auch seine Umlaufsperiode im konstanten Magnetfeld. Die Teilchen fallen dann immer mehr außer Takt mit dem auf ihre Ruhmasse m_0 abgestimmten elektrischen Wechselfeld. Bei einer Masse von $2m_0$ wäre die Periode verdoppelt, und das Teilchen würde, wenn es auf der einen Seite das Feld in der zur Beschleunigung richtigen Phase vorfindet, auf der anderen Seite um ebensoviel gebremst werden. $m = 2m_0$ bedeutet $W = mc^2 = 2m_0c^2$, also $W_{\text{kin}} = m_0c^2$. Bei Protonen tritt das ein für $W_{\text{kin}} = 930\,\text{MeV}$. Natürlich wird aber die Beschleunigung schon erheblich früher praktisch unmöglich. Weiter kommt man, wenn man die Frequenz des elektrischen (oder die Stärke des magnetischen) Feldes genau der Massenänderung eines einmal eingeschossenen engbegrenzten Teilchenbündels folgen läßt (Synchro-Zyklotron). – Elektronen lassen sich nach dem einfachen Zyklotronprinzip nur auf wenig über 100 keV bringen.

15.2.10. Elektronengeschwindigkeit

Die kinetische Energie der Elektronen mit der Beschleunigungsspannung U ist eU und kommt zur Ruhenergie m_0c^2 hinzu. Beide zusammen ergeben $W = mc^2 = m_0c^2/\sqrt{1 - v^2/c^2} = m_0c^2 + eU$. Auflösung nach v/c ergibt $\sqrt{1 - 1/(1 + eU/(m_0c^2))^2}$. Man könnte dies direkt ausrechnen, aber einfacher ist der trigonometrische Pythagoras $\sin\alpha = \sqrt{1 - \cos^2\alpha}$. Man faßt also den Bruch unter der großen Wurzel als Quadrat eines Cosinus auf und braucht nur noch den zugehörigen Winkel und hiervon den Sinus, der v/c ergibt.

15.2.11. Kernenergie

1 mol = 235,1 g spaltbaren Materials zerfällt in 137,95 + 93,93 + 3 · 1,008 = 234,9 g Spaltprodukte. Der Rest, d. h. 0,2 g oder ca. 1/1 000 der Ausgangsmasse, sind in Energie verwandelt worden. Pro kg spaltbaren Materials sind das $9 \cdot 10^{13}$ J. Ein Ozeandampfer mit 40 000 PS normaler Maschinenleistung („United States") könnte damit mehr als einen Monat fahren, ein Großkraftwerk von 1 000 MW könnte einen Tag betrieben werden. Verglichen mit der gleichen Menge besten chemischen Brennstoffs liefert das Uran über 10^6mal mehr Energie.

Fusion: 6,5 g Massenverlust pro kg, also fast um eine Zehnerpotenz mehr Energie als bei der Spaltung.

Vollständige Vernichtung liefert den 1 000fachen Energieinhalt, verglichen mit der Spaltung.

15.2.12. Wie lange lebt die Sonne?

Die gesamte Energieabstrahlung ist $(1{,}4\,\text{kW/m}^2) \cdot 4\pi \cdot (1{,}5 \cdot 10^{11}\,\text{m})^2 = 4 \cdot 10^{26}\,\text{W}$. Dem entspricht ein Massenverlust $5 \cdot 10^9$ kg/s. Die gesamte Sonne hat $2 \cdot 10^{30}$ kg. Bei vollständiger Vernichtung würde das für 10^{13} a vorhalten. In Wirklichkeit handelt es sich aber um Fusionsreaktionen, die nur knapp 1 % der Masse zerstrahlen (vgl. Aufgabe 15.2.11). Die Sonne kann demnach höchstens 10^{11} Jahre auf so großem Fuße leben wie jetzt (nach den heutigen astrophysikalischen Theorien wird sie ihre Ausgaben sogar „bald" wesentlich steigern). Von dieser Lebensdauer hat sie schon einen merklichen Teil hinter sich, denn schon die feste Erdkruste ist mindestens $4 \cdot 10^9$ Jahre alt. Entsprechend muß die Sonne, selbst wenn sie anfangs aus reinem Wasserstoff bestanden hätte, schon mindestens 10 % davon in Helium verwandelt haben.

15.2.13. Energiesatz

Aus (15.11) und (15.13) eliminiere man v (es sollen ja, außer m_0 und c, nur W und p übrigbleiben). Man erhält sofort (15.14). Oder rechnerisch einfacher: Man verifiziert (15.14), indem man es quadriert und mit (15.11) und (15.13) vergleicht. Die Näherung für $p^2 \ll m_0^2c^2$, d. h. $v \ll c$, lautet $W \approx m_0c^2 + \frac{1}{2}p^2/m_0$. (1. Glied der Binomialreihe mit $n = \frac{1}{2}$); für $p^2 \gg m_0^2c^2$, oder $v^2/c^2 \gg 1 - v^2/c^2$, ergibt sich $W = cp$, wie z. B. für die Photonen.

15.2.14. Pion-Zerfall

Wenn die Pion-Ruhmasse von $273m_e = 139{,}6\,\text{MeV}$ in die Myon-Ruhmasse von $207m_e = 105{,}7\,\text{MeV}$ übergeht (das Neutrino hat keine Ruhmasse), wird der Rest von 33,9 MeV als kinetische Energie frei. Der Impulssatz fordert entgegengesetzt gleiche Impulse von μ und ν (das Pion ruhte ja!): $|p_\mu| = |p_\nu|$. Der Energiesatz lautet

$$W_\pi = m_\pi c^2 = W_\mu + W_\nu = \sqrt{m_\mu^2c^4 + c^2p_\mu^2} + cp_\nu$$
$$= \sqrt{m_\mu^2c^4 + c^2p_\mu^2} + cp_\mu$$

oder, nach p_μ aufgelöst: $p_\mu = \frac{1}{2}(m_\pi^2 - m_\mu^2)c/m_\pi$. Also

$$W_\nu = \frac{m_\pi^2 - m_\mu^2}{2m_\pi}c^2 = 26{,}7\,\text{MeV}\,,$$

$$W_\mu = \frac{m_\pi^2 + m_\mu^2}{2m_\pi}c^2 = 109{,}8\,\text{MeV}\,.$$

W_ν ist reine kinetische Energie. Beim Myon ist $W_{\text{kin}} = W_\mu - m_\mu c^2 = 4{,}1\,\text{MeV}$. Auf Grund der auffälligen Myonenenergie von 4,1 MeV wurde das Pion überhaupt erst entdeckt und seine Masse bestimmt (*Powell*, *Occhialini*, 1947).

Nichtrelativistisch: Wenn man die angegebenen Massenwerte anerkennt, müßte man folgern, daß das Zerfallsmyon ruht, da eine Masse 0 wie das Neutrino weder Energie noch Impuls aufnehmen kann. Eigentlich müßte man aber aus den bekannten Massen von π und μ schließen, daß der Fehlbetrag in ν steckt. Dann müßte sein $m_\mu v_\mu = m_\nu v_\nu$, $\frac{1}{2} m_\mu v_\mu^2 + \frac{1}{2} m_\nu v_\nu^2 = 0$, was nur mit $v_\mu = v_\nu = 0$ lösbar wäre: beide Produktteilchen müßten ebenfalls ruhen.

15.2.15. Antiproton-Erzeugung

Da zwei Protonenmassen neu zu erzeugen sind, sollte man zunächst glauben, daß für das stoßende Proton eine Energie von $2m_\mathrm{H}c^2 = 1{,}88\,\mathrm{GeV}$ genüge. Dann wären alle Teilchen nach der Reaktion in Ruhe (nur Ruhmassen!). Das ist aber nicht möglich, denn der Impuls des stoßenden Teilchens kann nicht einfach verschwinden. Allerdings kommt man am billigsten weg, wenn die vier Teilchen nach der Reaktion alle *relativ zueinander* ruhen (aber nicht relativ zum Labor!). Gesamtenergie und Impuls der beiden Protonen vor der Reaktion seien W und p, jedes der vier Protonen nach dem Stoß habe W' und p'.

$$\text{Impulssatz: } p = 4p' ,$$

$$\text{Energiesatz: } W = 4W' \quad \text{oder} \quad \sqrt{m_0^2c^4 + c^2p^2} + m_0c^2 = 4\sqrt{m_0^2c^4 + c^2p^2/16} ,$$

woraus mit leichter Rechnung folgt $p^2 = 48m_0c^2$, also $W = 8m_0c^2$, und für die kinetische Energie des stoßenden Protons

$$W_\mathrm{kin} = W - 2m_0c^2 = 6m_0c^2 = 5{,}63\,\mathrm{GeV} .$$

15.2.16. Masse-Energie-Äquivalenz

Der Strahlungsdruck bei Emission oder Absorption einer Intensität I ist $p = I/c$ (Abschn. 12.1.2). Auf die Fläche A wirkt die Kraft $F = pA = IA/c$. In der Zeit Δt werden die Energie $W = IA\,\Delta t$ und der Impuls $P = F\,\Delta t = IA\,\Delta t/c = W/c$ übertragen. Die Raketenmasse M kommt dadurch auf die Geschwindigkeit $v = P/M = W/(Mc)$. In der Laufzeit l/c verschiebt sich so die Rakete um $x = vl/c = Wl/(Mc^2)$ nach „vorn". Austausch der Laser muß den gleichen Ruck nach „hinten" bringen, sonst ist der Schwerpunktsatz verletzt. Das ist der Fall, wenn der angeregte Laser um μ massereicher ist als der unangeregte. Dann bedeutet der Austausch praktisch Verschiebung der Masse μ um l nach „vorn", worauf die Rakete mit einer Verschiebung um $\mu l/M$ nach „hinten" reagiert. Beide Rucke müssen gleich groß sein: $\mu l/M = Wl/(Mc^2)$, also $\mu = W/c^2$.

15.2.17. Photon-Ruhmasse?

Wir nennen die Grenzgeschwindigkeit der Relativitätstheorie c_0 und untersuchen, ob und wie weit die Photonengeschwindigkeit kleiner sein kann als c_0. Das Photon hat die Energie $W = hc/\lambda = \sqrt{p^2c_0^2 + m_0^2c_0^4} = \sqrt{h^2c_0^2/\lambda^2 + m_0^2c_0^4}$ und die Phasengeschwindigkeit $c = c_0\sqrt{1 + m_0^2c_0^2\lambda^2/h^2}$. m_0 ist die angebliche Ruhmasse des Photons, $p = h/\lambda$ sein Impuls. c ist größer als c_0, aber die beobachtbare Photonengeschwindigkeit, die Gruppengeschwindigkeit v, ist kleiner:

$$v = c - \lambda\,\mathrm{d}c/\mathrm{d}\lambda = c_0/\sqrt{1 + m_0^2c_0^2\lambda^2/h^2}$$
$$\approx c_0(1 - \tfrac{1}{2}m_0^2c_0^2\lambda^2/h^2) \approx c_0(1 - \tfrac{1}{2}m_0^2/m^2) ,$$

wo $m = W/c_0^2 \approx h/(\lambda c_0)$ die kinetische Masse des Photons ist.

15.2.18. Wird Andy es überleben?

Bob hält, von seinem Bezugssystem aus betrachtet, das Schiff immer parallel zu *Andy*, der mit v angeflogen kommt. Das Schiff hebt sich mit u senkrecht zu *Andys* Flugrichtung diesem entgegen. Da *Andy* Lorentz-verkürzt ist, geht bei exaktem Manövrieren alles gut. Für *Andy* müssen wir sauber unterscheiden zwischen dem, was er sieht, und dem, was er nach entsprechender Rückdatierung in seinem Bezugssystem als gleichzeitige Ereignisse betrachtet. Was er sieht, ist niederschmetternd: Er sieht das Schiff zunächst vor und etwas unter sich, mit dem Bug höher als dem Heck, d. h. für den geplanten Einfang gerade falschherum gekippt. Licht, das ihn vom Heck erreicht, ist nämlich früher emittiert worden als Licht, das ihn gleichzeitig vom Bug erreicht, und zwar um die Zeit L/c (L: Schiffslänge). Dementsprechend sieht *Andy* das Heck um ul/c weiter unten als den Bug, d. h. das Schiff scheint um den Winkel u/c „falschherum" gekippt. Etwas später, wenn er genau über der Schiffswand ist, scheint diese sich ihm aus dem gleichen Grund entgegenzuwölben. Diese Effekte verschwinden durch richtige Rückdatierung, sind also nur „optische Täuschungen". Es bleibt aber die Relativität der Gleichzeitigkeit. Wenn *Andy* nach rechts fliegt, ist seine Jetzt-Achse gegenüber *Bob's* um α mit $\tan\alpha = v/c$ nach links gekippt. Im gleichen Moment (für *Andy*), wo der Bug noch um y unter ihm ist (senkrecht zur Flugrichtung gemessen), ist das Heck nicht, wie *Bob* meint, ebenfalls um y unter ihm, sondern nur um $y - uvl/c^2$. Denn für *Andy* ist ein um l entfernt stattfindendes Ereignis um vl/c^2 später als für *Bob*. Für *Andy* sind Bord-

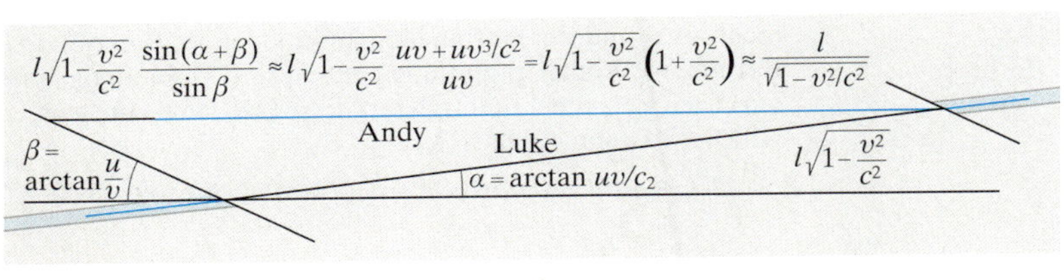

Abb. L. 13. Das Raumschiff nähert sich dem Astronauten Andy in dessen Längsrichtung mit $v = c/2$, quer dazu mit $u = c/4$. Obwohl Andy im System des Raumschiffs parallel zur Schiffswand steht, ist diese für Andy gekippt. Daher paßt Andy auch durch die für ihn Lorentz-verkürzte Luke. l ist Andy's Länge wand und Luke also um den Winkel uv/c^2 gekippt, diesmal im „richtigen" Sinn. So kann er in flachem Kopfsprung auch in die verkürzte Luke tauchen. Wenn er z. B. dabei mit dem Kopf haarscharf am hinteren Lukenrand entlangstreicht, bleibt ihm nach Abb. L.13 an den Füßen noch soviel Freiheit, daß er sogar durchkäme, wenn er um den Faktor $(1-v^2/c^2)^{-1/2}$ länger wäre, genau wie *Bob* das auch behauptet.

15.2.19. Tachyonen

Wenn $W=\sqrt{m_0^2c^4+p^2c^2}$ und $p=m_0v\sqrt{1-v^2/c^2}$ reell sein sollen trotz $v>c$, muß m_0 imaginär sein. Bei Energieverlust, z. B. durch Tscherenkow-Strahlung, wird v *größer*. Das Tachyon „kommt erst zur Ruhe", wenn $W=0$, also $v=\infty$ geworden ist. Die de Broglie-Welle eines Tachyons breitet sich mit Unterlichtgeschwindigkeit aus: $v_{\text{Phase}}=c^2/v$.

15.3.1. Vierervektoren

Alle Vierervektoren transformieren sich wie der Vierer-Ortsvektor, d. h. nach (15.27) durch Anwendung der Matrix

$$\boldsymbol{L}=\frac{1}{\sqrt{1-v^2/c^2}}\begin{pmatrix}1&0&0&\mathrm{i}v/c\\0&\sqrt{1-v^2/c^2}&0&0\\0&0&\sqrt{1-v^2/c^2}&0\\-\mathrm{i}v/c&0&0&1\end{pmatrix}.$$

Betrag des ersten Zeilenvektors: $\sqrt{(1-v^2/c^2)/(1-v^2/c^2)}=1$, ebenso für die anderen. Skalarprodukt zweier verschiedener Zeilen gleich Null, ebenso für die Spalten. $\boldsymbol{L}$ ist reine Viererdrehung und läßt $|\boldsymbol{a}|$ unverändert. $\boldsymbol{L}^{-1}=\boldsymbol{L}^*$. Wenn in $\boldsymbol{b}=\boldsymbol{T}\boldsymbol{a}$ sowohl $\boldsymbol{a}$ als auch $\boldsymbol{b}$ sich mit $\boldsymbol{L}$ transformieren, muß $\boldsymbol{T}$ sich transformieren wie $\boldsymbol{T}'=\boldsymbol{L}\boldsymbol{T}\boldsymbol{L}^*$, denn dann gilt $\boldsymbol{b}'=\boldsymbol{T}'\boldsymbol{a}'=\boldsymbol{L}\boldsymbol{T}\boldsymbol{L}^*\boldsymbol{L}\boldsymbol{a}=\boldsymbol{L}\boldsymbol{T}\boldsymbol{a}=\boldsymbol{L}\boldsymbol{b}$ ($\boldsymbol{L}^*\boldsymbol{L}=\boldsymbol{U}$, und $\boldsymbol{U}$ kann im Produkt weggelassen werden).

15.3.2. Vierer-Maxwell

$\boldsymbol{A}$ und φ verschmelzen zum Viererpotential $A_\nu=(A_1,A_2,A_3,\mathrm{i}\varphi/c)$. Dimension von A: $\mathrm{V\,s\,m^{-1}}$, von φ: V, also c im Nenner. Der Feldtensor ist definitionsgemäß antimetrisch: $T_{\mu\nu}=-T_{\nu\mu}$. Er hat also sechs unabhängige Komponenten, seine Diagonale enthält Nullen. Im Dreidimensionalen gibt es drei unabhängige Komponenten, die man als Vektor auffassen kann. Wenn weder μ noch ν den Wert 4 hat, wird z. B. $T_{12}=-A_{2,1}+A_{1,2}$, d. h. gleich der negativen 3. Komponente von rot $\boldsymbol{A}$, die B_3 ist ($\boldsymbol{B}=\operatorname{rot}\boldsymbol{A}$). Andererseits z. B. $T_{14}=-A_{4,1}+A_{1,4}=-\mathrm{i}\varphi_{,1}/c+\dot{A}_1/(\mathrm{i}c)$. Das ist nach $\boldsymbol{E}=-\operatorname{grad}\varphi-\dot{\boldsymbol{A}}$ identisch mit $\mathrm{i}E_1/c$. Der Feldtensor wird also

$$T_{\mu\nu}=\begin{pmatrix}0&-B_3&B_2&\mathrm{i}E_1/c\\B_3&0&-B_1&\mathrm{i}E_2/c\\-B_2&B_1&0&\mathrm{i}E_3/c\\-\mathrm{i}E_1/c&-\mathrm{i}E_2/c&-\mathrm{i}E_3/c&0\end{pmatrix}.$$

Bei dieser Definition von $T_{\mu\nu}$ ist automatisch

$$T_{\lambda\mu,\nu}+T_{\mu\nu,\lambda}+T_{\nu\lambda,\mu}=0\,, \qquad \text{(L. 6)}$$

unabhängig von den Werten λ, μ, ν. Man sieht das sofort, wenn man auf die Definition durch A_ν zurückgeht und beachtet, daß z. B. $A_{\lambda,\mu\nu}=A_{\lambda,\nu\mu}$. Wenn $\lambda,\mu,\nu=1,2,3$, deutet sich (L. 6) als $\operatorname{div}\boldsymbol{B}=0$. Wenn eine 4 dabei ist, folgen die drei Komponenten einer Vektorgleichung, nämlich rot $\boldsymbol{E}=-\dot{\boldsymbol{B}}$. – Der Induktionstensor $W_{\mu\nu}$ ergibt sich aus $T_{\mu\nu}$, indem man H statt B und cD statt E/c schreibt. Wir definieren $\operatorname{Div}W_{\mu\nu}=W_{\mu\nu,\mu}$ und können die anderen beiden Maxwell-Gleichungen schreiben $\operatorname{Div}W_{\mu\nu}=j_\nu$. $\nu=4$ ergibt $\operatorname{div}\boldsymbol{D}=\varrho$, $\nu=1,2,3$ die Komponenten von rot $\boldsymbol{H}-\dot{\boldsymbol{D}}=\boldsymbol{j}$. Im Vakuum ist $W_{\mu\nu}=T_{\mu\nu}/\mu_0$ (μ_0: Induktionskonstante). Dann kann man auch sagen $A_{\mu,\nu\mu}-A_{\nu,\mu\mu}=\mu_0 j_\nu$. Die Lorentz-Konvention $\operatorname{div}\boldsymbol{A}+\dot{\varphi}/c^2=0$ oder $A_{\mu,\mu}=0$ sorgt dafür, daß $A_{\mu,\nu\mu}=A_{\mu,\mu\nu}=0$. Es bleibt $A_{\nu,\mu\mu}=\Box A_\nu=\mu_0 j_\nu$ oder, wenn keine Ströme fließen, $\Box A_\nu=0$, die vierdimensionale Wellengleichung. Die Kontinuitätsgleichung $\operatorname{div}\boldsymbol{j}=-\dot{\varrho}$ schreibt sich ebenfalls automatisch Lorentz-invariant $j_{\mu,\mu}=0$.

15.3.3. Lorentz-Kraft

Man lege die x-Achse in $\boldsymbol{v}$-Richtung, die y-Achse so, daß $\boldsymbol{B}$ in der x,y-Ebene liegt. Dann lautet der Feldtensor im Laborsystem

$$\boldsymbol{T}=\begin{pmatrix}0&0&B_2&0\\0&0&-B_1&0\\-B_2&B_1&0&0\\0&0&0&0\end{pmatrix}.$$

Transformation liefert für das System des Elektrons $\boldsymbol{T}'=\boldsymbol{L}\boldsymbol{T}\boldsymbol{L}^*$, d. h.

$$\boldsymbol{T}'=\begin{pmatrix}0&0&\gamma B_2&0\\0&0&-B_1&0\\-\gamma B_2&B_1&0&\delta B_2\\0&0&-\delta B_2&0\end{pmatrix}$$

mit $\gamma=1/\sqrt{1-v^2/c^2}$, $\delta=\mathrm{i}v\gamma/c$. Das longitudinale Magnetfeld ändert sich also nicht: $B_1'=B_1$, das transversale wird größer: $B_2'=B_2/\sqrt{1-v^2/c^2}$. Es entsteht ein $\boldsymbol{E}$-Feld senkrecht zu $\boldsymbol{v}$ und $\boldsymbol{B}$: $E_3'=vB_2/\sqrt{1-v^2/c^2}$. Kein Wunder, daß das Elektron in diesem $\boldsymbol{E}$-Feld, das es selbst sieht, die Kraft eE_3' erfährt, die genau gleich der durch den Wurzelfaktor korrigierten Lorentz-Kraft ist (größen- und richtungsmäßig).

15.3.4. Trouton-Noble-Versuch

Zwischen zwei Punktladungen Q^+ und Q^- im Abstand d herrscht die Spannung $U=Q/(4\pi\varepsilon_0 d)$. Wenn die Ladung Q^+ mit $\boldsymbol{v}$ fliegt, repräsentiert sie ein Stromelement $Q\boldsymbol{v}$, das im Abstand d senkrecht zu $\boldsymbol{v}$ ein Feld $B=\mu_0 Qv/d^2$ senkrecht zu $\boldsymbol{v}$ und der Verbindungslinie erzeugt (*Biot-Savart*). Bei einem Winkel φ zwischen $\boldsymbol{v}$ und der Verbindungslinie wirkt auf Q^- die Lorentz-Kraft $F=QvB\sin\varphi$, im ganzen wirkt ein Drehmoment

$$T=QvBd\sin\varphi\cos\varphi=\tfrac{1}{2}\mu_0Q^2v^2d^{-1}\sin(2\varphi)$$
$$=8\pi^2\varepsilon_0v^2c^{-2}U^2d\,.$$

Bei $U = 10^6$ V, $d = 0{,}1$ m würde $T \approx 10^{-8}$ Nm, was gut meßbar wäre. Ganz allgemein würde folgen $T = Wv^2/c^2$, wo W die Feldenergie im Kondensator ist. In Wirklichkeit tritt natürlich im Laborsystem keinerlei Drehmoment auf, denn hier gelten die Maxwell-Gleichungen ebensogut wie in jedem anderen Inertialsystem, und hier tritt kein Strom auf. Ein Beobachter, der sich relativ zur Erde bewegt, sollte zunächst annehmen, daß sich der Kondensator dreht, aber eine genauere Betrachtung unter Einbeziehung der mechanischen Spannungen (relativistischer Energie-Impuls-Tensor) zeigt, daß eine solche Spannung die Lorentz-Kräfte genau kompensiert. Der negative Ausgang des Trouton-Noble-Versuchs war neben dem des Michelson-Versuchs eine der wichtigsten Bestätigungen der speziellen Relativitätstheorie.

15.3.5. Bewegte Kugel

Die Transformation des $\boldsymbol{E}$-Feldes liefert für die Komponenten parallel bzw. senkrecht zu $\boldsymbol{v}$: $E'_\parallel = E_\parallel$, aber $E'_\perp = E_\perp/\sqrt{1-v^2/c^2}$. $E_\perp$ ist größer geworden. Die Niveauflächen des Feldes sind keine Kugeln mehr, sondern in Fahrtrichtung um den Faktor $\sqrt{1-v^2/c^2}$ abgeplattete Ellipsoide. Da die Kugel um eben diesen Faktor Lorentz-kontrahiert erscheint, steht das Feld nach wie vor senkrecht auf ihrer Oberfläche. Das muß auch so sein, denn an der Homogenität der Raumladung ändert sich nichts, allerdings ist die Ladungsdichte jetzt größer: $\varrho' = \varrho/\sqrt{1-v^2/c^2}$.

15.3.6. Relativistisches Kraftwerk

Über der Schiene herrsche das Feld B. Elektronen im Draht, der die Schleifkontakte verbindet, erfahren eine Lorentz-Kraft evB, die einem Feld $E = vB$, einer Spannung $U = vBd$ äquivalent ist (d: Dicke der Schiene). Bei $v = 100$ m/s, $B = 1$ Tesla, $d = 10$ cm würde $U = 10$ V, im Erdfeld allerdings nur etwa 1 mV. Bei bewegter Schiene ist wegen $\dot{B} = 0$ allerdings zunächst kein E-Feld zu erwarten, wenn man nicht bedenkt, daß die Schiene eine Querpolarisation annehmen muß: Die bewegten Leitungselektronen in ihr werden durch $F = evB$ seitwärts gedrückt, bis sich ein Querfeld $E = vB$ aufgebaut hat, das zum gleichen Ergebnis führt wie oben. Der Rotor der Unipolarmaschine entspricht etwa den obigen Zahlenwerten. Der Strom, den er erzeugt, hängt im wesentlichen vom Leitungswiderstand ab. Man kann sagen, Hunderte von Ampere werden hier rein relativistisch erzeugt.

15.3.7. Bewegte Leiter laden sich auf

Der Strom beruht darauf, daß Elektronen der Anzahldichte n mit einer mittleren Driftgeschwindigkeit u durch den Draht wandern: $j = -nue$. Die entsprechenden Ionen sind im Draht fixiert. Ein Beobachter B fliege mit v in Richtung des Elektronenstromes. Für ihn ist die Ionendichte um den Faktor $1/\sqrt{1-v^2/c^2}$ höher, weil die Gitterkonstante des Drahtes Lorentz-kontrahiert ist: $n' = n/\sqrt{1-v^2/c^2}$. Für die Elektronen, die nur mit $v-u$ relativ zu B fliegen, ist dieser Faktor kleiner: $n'_{\text{el}} = n/\sqrt{1-(v-u)^2/c^2}$. B sieht demnach den Draht positiv aufgeladen. Dies wird auch rein geometrisch sehr anschaulich, wenn man die Weltlinien der Ionen (vertikal) und der Elektronen (leicht nach rechts gekippt) ins Bezugssystem des Drahtes einzeichnet. Die Elektronenlinien schneiden B's nach links gekippte Jetzt-Achse in größeren Abständen als die Ionenlinien. Bei $u \ll v$, was praktisch immer zutrifft, ist $n'_{\text{el}} = n'(1-uv/c^2)$ (Entwicklung der Wurzel). Also sieht B eine Ladungsdichte $\varrho' = en'uv/c^2 = jv/(c^2\sqrt{1-v^2/c^2})$. Formal transformiert sich die Stromdichte als Vierervektor $j_i = (j_x, j_y, j_z, ic\varrho)$ so, daß aus $j_i = (j_x, 0, 0, 0)$ beim Übergang zu B's System $j'_i = (j_x/\sqrt{1-v^2/c^2}, 0, 0, ivj_x/(c\sqrt{1-v^2/c^2}))$ wird, d. h. daß aus der Stromdichte j_x eine Ladungsdichte $\varrho' = vj_x/(c^2\sqrt{1-v^2/c^2})$ herauswächst.

15.3.8. Tscherenkow-Strahlung

Wir zeigen, daß ein geladenes Teilchen aus Energie-Impulsgründen nur dann Photonen emittieren kann, wenn es schneller ist als die Phasengeschwindigkeit des Lichts, was offenbar eine Brechzahl $n > 1$ voraussetzt. Außerdem zeigen wir, daß Photonen gegebener Wellenlänge nur unter einem ganz bestimmten Winkel ϑ gegen die Bahnrichtung des Teilchens emittiert werden können. Dazu schreiben wir den relativistischen Energie- und Impulssatz vor und nach der Emission eines Photons mit ω und $\boldsymbol{k}$:

$$\text{Energie:}\quad W = c\sqrt{m_0^2c^2 + p^2} = \frac{pc^2}{v} = W' + \hbar\omega = c\sqrt{m_0^2c^2 + p'^2} + \hbar\omega$$

$$\text{Impuls:}\quad \underset{\text{vor der Emission}}{\boldsymbol{p}} = \underset{\text{nach der Emission}}{\boldsymbol{p}' + \hbar\boldsymbol{k}}\,.$$

Wir bilden

$$W'^2 = (W - \hbar\omega)^2 = p^2c^4/v^2 + \hbar^2\omega^2 - 2pc^2\hbar\omega/v = c^2(m_0^2c^2 + p'^2)$$

und setzen ein

$$p'^2 = \boldsymbol{p}' \cdot \boldsymbol{p}' = p^2 + \hbar^2k^2 - 2p\hbar k\cos\vartheta$$

(hier ist ϑ der Emissionswinkel, der Winkel zwischen $\boldsymbol{k}$ und $\boldsymbol{p}$). Wir erhalten

$$W'^2 = p^2c^4/v^2 + \hbar^2\omega^2 - 2pc^2\hbar\omega/v = m_0^2c^4 + p^2c^2 + \hbar^2k^2c^2 - 2p\hbar kc^2\cos\vartheta\,.$$

Das erste Glied in der linken Summe und die beiden ersten in der rechten stellen W^2 dar, heben sich also weg. Es bleibt

$$\hbar^2\omega^2 - 2pc^2\hbar\omega/v = \hbar^2k^2c^2 - 2p\hbar kc^2\cos\vartheta\,.$$

Die Phasengeschwindigkeit des Lichtes ist $\omega/k = c/n$. Auflösung nach $\cos\vartheta$ führt also auf $\cos\vartheta = c/(nv) + \hbar\cdot k(1-n^{-2})/(2p)$. Nur bei $n > 1$ hat diese Gleichung überhaupt eine Lösung ϑ, außerdem bei $n = 1$ und einem Teilchen, das exakt mit $v = c$ flöge. Langwellige Photonen ($k \ll p/\hbar$) werden unter $\cos\vartheta = c/(nv)$, also senkrecht zum klassischen Mach-Kegel emittiert; für kurzwellige wird $\cos\vartheta$ etwas größer, also die Emissionsrichtung leicht nach vorn gedreht. Dieser relativistische Effekt rührt daher, daß kurzwellige Photonen bei der Emission die Flugbahn des Teilchens etwas knicken. Aus rein kinematischen Gründen kann eine Welle, die sich mit c/n ausbreitet, das Gebiet außerhalb des Mach-Kegels, der das Teilchen begleitet, nicht erreichen. Es ist kein Wunder, daß die Photonen nicht dorthin gelangen, aber sich senkrecht zum Mantel dieses Kegels bewegen, ebenso wie die Schallwellen auf dem Mantel des Mach-Kegels eines Überschallflugzeuges. Aufgabe 7.6.16 behandelt den Effekt angenähert elektrodynamisch und liefert auch die Lichtintensität und die entsprechende Bremsung des schnellen Teilchens.

15.4.1. Äquivalenzprinzip

Diese Beobachtungen werden in den Abschn. 1.8 und 15.1.1 und besonders in 15.4.1 sowie den Aufgaben 1.8.5 und 1.8.6 diskutiert. Denken Sie sie aber bitte nochmals selbständig durch.

15.4.2. Zwillingsparadoxon

Der Rahmen der speziellen Relativitätstheorie, die sich nur mit Inertialsystemen befaßt, ist hier durchbrochen, denn um zur Erde zurückzukommen, muß Moritz' Schiff beschleunigt werden, ganz abgesehen von Start und Landung. Wenn Moritz seinen Standpunkt, er sei immer in Ruhe gewesen, konsequent verfechten will, muß er die bei dieser Beschleunigung auftretenden Kräfte auf ein Schwerefeld zurückführen. Dieses Feld ist allem Anschein nach homogen, da alle antriebslosen Körper einschließlich der Erde sich während dieser Zeit auf Moritz zu beschleunigen. Max ist also, in Anbetracht des riesigen Abstandes, auf einem sehr viel höheren Schwerepotential als Moritz, seine Uhren einschließlich seiner Lebensuhr laufen schneller ab, und zwar so viel schneller, daß Max genau das Doppelte der Jahre, die er während seiner Reise infolge Zeitdilatation gewonnen hatte, wieder verliert. Auch Moritz findet also, daß Max am Schluß älter ist als er selbst. Quantitativ: Moritz fliege eine Zeit t mit v, dann erfolge Bremsung und Gegenbeschleunigung a während der Zeit $\tau = 2v/a$, wobei zur Erleichterung der Rechnung $\tau \ll t$ sei. Nach der Rückkehr ist Moritz um $2t(\sqrt{1 - v^2/c^2} - 1) \approx tv^2/c^2$ jünger. Soweit Max' Darstellung. Moritz sagt: Max hätte ebenso viele Jahre gewonnen wie eben berechnet, aber dann hätte er während $\tau = 2v/a$ in einem Schwerefeld a gesessen, das in dem Abstand vt, wo Max ist, ein um $\varphi = avt$ höheres Potential hatte. Daher sind seine Uhren um den Faktor $1 + \varphi/c^2 = 1 + avt/c^2$ schneller gegangen, was Max wieder $(avt/c^2)2v/a = 2tv^2/c^2$ Jahre gekostet hat, doppelt so viele wie er vorher gewonnen hatte.

15.4.3. Drehscheibe

Die Scheibendrehung sei so schnell, daß Coriolis-Kräfte immer klein gegen Fliehkräfte sind. Das gilt für Geschwindigkeiten relativ zur Scheibe, die klein gegen ωr sind. Der Hubschrauberpilot (H) wird geltend machen, die zum Achsabstand proportionale Beschleunigung a stamme von der Drehung, und wird sie als $a = \omega^2 r$ deuten. Der Scheibenbewohner (S) sagt, es handele sich um eine der Abwechslung halber abstoßende Schwerkraft $a = kr$. S stellt eine Uhr U' im Abstand r vom Zentrum Z auf und beobachtet, daß sie um den Faktor $1 - \omega^2 r^2/c^2$ langsamer geht als eine identische Uhr U, die in Z steht. Das folgt z.B. durch Zwischenschalten der Beobachtungen von H, der auch im Abstand r von der Achse fliegt, aber seiner (H's) Meinung nach ruht, also für S mit $v = \omega r$ fliegt. H's Uhr U'' geht daher für S um den Faktor $\sqrt{1 - \omega^2 r^2/c^2}$ gegen U nach. Andererseits stellt H fest, daß die Uhr U', weil sie sich mit $v = \omega r$ gegen ihn bewegt, langsamer geht als seine eigene Uhr U'', und zwar um den gleichen Faktor. S, der diese Tatsachen direkt beobachten kann, erhält insgesamt eine Verzögerung um $1 - \omega^2 r^2/c^2$ von U' gegen U. Er kann das nicht durch eine Relativbewegung zwischen U' und U erklären, sondern wird sagen: „Der Schwerebeschleunigung $a = kr$ $(= \omega^2 r)$, die ich beobachte, entspricht ein Potential $\varphi = -\frac{1}{2}\omega^2 r^2$, innen höher als außen. Wenn eine Uhr in einem Potential ist, das um φ höher liegt als am Beobachtungsort, geht sie um den Faktor $1 + 2\varphi/c^2$ schneller (für U' ist $\varphi < 0$, also geht U' langsamer)“. Ein Atom bei r, dessen Emissionsfrequenz als U benutzt wird, verhält sich, von Z aus betrachtet, auch so: S und H sind sich einig, daß die Photonen um $\Delta\varphi = \frac{1}{2}\omega^2 r^2$ „bergauf“ müssen, also nur mit $\nu' = \nu(1 - \frac{1}{2}\omega^2 r^2/c^2)$ ankommen (Rotverschiebung). – S hat die Peripherie des r-Kreises durch Striche mit 1 m Abstand eingeteilt (Anlegen eines mitgebrachten Meterstabes). Jetzt ist S wieder in Z. H schwebt über dem Kreis und stellt Lorentz-Verkürzung des Strichabstandes um den Faktor $\sqrt{1 - \omega^2 r^2/c^2}$ fest. S, der den Vergleich von der Seite aus, also ohne zusätzliche Rückdatierung beobachtet, muß ihm recht geben. Da H für S mit $v = \omega r$ fliegt, erscheint H's Maßstab für S bereits verkürzt. Von Z aus sind also die Strichabstände sogar um $1 - \omega^2 r^2/c^2$ verkürzt, was S wieder als Folge des Potentials betrachet, also $1 + 2\varphi/c^2$ schreibt. – Lichtstrahlen krümmen sich, von der Scheibe aus gesehen, von Z weg. H sagt: Das scheint nur so, weil sich die Scheibe darunter wegdreht. S sagt: Das Schwerefeld drückt auch das Licht nach draußen. Der Krümmungsradius der Lichtstrahlen ist $R \approx c/\omega$, denn in der Zeit $\mathrm{d}t$, in der das Licht $\mathrm{d}s = c\,\mathrm{d}t$ zurücklegt, dreht sich die Scheibe (oder die Lichtrichtung relativ zur Scheibe) um $\mathrm{d}\alpha = \omega\,\mathrm{d}t = \omega\,\mathrm{d}s/c$, und $\mathrm{d}s/\mathrm{d}\alpha$ ist der Krümmungsradius. – Der Umfang des Kreises mit dem Radius r, der nach Ausweis der auf ihm eingetragenen Meterstriche die Länge $2\pi r$ hat, ist von Z aus gesehen nur $2\pi r(1 - \omega^2 r^2/c^2)$ lang. Von Z aus erscheint die Scheibe gewölbt, und zwar wieder mit dem Krümmungsradius $R \approx c/\omega$. Auf einer Kugel mit dem Radius R hat ein Kreis mit dem längs der Oberfläche gemessenen Radius r nur den Umfang $2\pi R \sin(r/R) \approx 2\pi r(1 - r^2/(6R^2))$. Größere Abstände als R dürften für S auf der Scheibe nicht existieren. Dem Abstand R entspricht ein Potential $\varphi \approx \omega^2 k^2 \approx c^2$. In der üblichen Ausdrucksweise ($\varphi = GM/R$) ist dies die Schließungsbedingung des Schwarzen Loches.

15.4.4. Lichtablenkung

Im Beschleunigungs- oder homogenen Schwerefeld muß n unten größer sein; wegen $k = \mathrm{d}n/(n\,\mathrm{d}y)$ folgt $n = 1 - gy/c^2 = 1 - \varphi/c^2$. Auf der Drehscheibe muß n außen größer sein, denn das Licht krümmt sich nach außen weg (oder die Scheibe dreht sich unter ihm weg). Es folgt $n = 1 + \omega^2 r^2/c^2 = 1 - \varphi/c^2$. Im Schwerefeld der Kugelmasse ist n innen größer, denn das Licht krümmt sich auf die Masse zu. Aus $\mathrm{d}n/(n\,\mathrm{d}r) = 2g/c^2 = 2GM/(r^2c^2)$ folgt angenähert $n \approx 1 - 2\varphi/c^2$. Ein solches Feld konzentriert Licht- oder Gravitationswellen, ohne sie allerdings auf einen Punkt zu fokussieren, wie jede Zeichnung der Bahnen ($\approx$ Hyperbeln) für verschiedene „Stoßparameter" zeigt.

15.4.5. Die fernsten Objekte?

Das Gravitationspotential müßte nahezu c^2 sein. Bei $M \approx 10 M_\odot$ folgt $R \approx 30\,\mathrm{km}$. Der Stern wäre also fast 10^9mal, d.h. 22 Größenklassen weniger hell als die Sonne. Er müßte uns wesentlich näher sein als α Centauri. Verzehnfachen der Masse verzehnfacht auch Radius und geschätzten Abstand. Die Quasars würden dann aber immer noch eine größere mittlere Dichte der Galaxis liefern als die bekannten Sterne, deren Dichte gerade mit der beobachteten Rotation der Galaxis zusammenpaßt.

15.4.6. Laplaces Schwarzes Loch

Mit *Huygens'* Wellenvorstellung wußte man nicht viel anzufangen, bis *Young* und *Fresnel* sie um 1810 wiederbelebten. Ausgehend von *Newtons* Bild der mit c fliegenden Lichtteilchen war es für *Laplace* ganz natürlich, die von *Newton* selbst eingeleiteten Überlegungen über das Entweichen aus dem Schwerefeld von Himmelskörpern bis zu einer Fluchtgeschwindigkeit c zu extrapolieren. Es folgt zwangsläufig die Bedingung $\frac{1}{2}c^2 = GM/R = \frac{4}{3}\pi G \varrho R^2$, also für $\varrho = 5\,\mathrm{g/cm^3}$: $R = 1{,}8 \cdot 10^8\,\mathrm{km} \approx 250$ Sonnenradien. Welchen Einfluß die Gravitation auf die Ausbreitung einer Welle haben sollte, wäre mangels genauerer Kenntnis über diesen Wellenvorgang nicht zu entscheiden gewesen. Bei $\varrho \approx 10^{15}\,\mathrm{g/cm^3}$ (Kerndichte) folgt $R \approx 10\,\mathrm{km}$, also etwas mehr als Sonnenmasse. Ein Schwarzes Loch mit $R \approx 10^{-13}\,\mathrm{cm}$ hätte $M \approx 10^{12}\,\mathrm{kg}$, $\varrho \approx 10^{30}\,\mathrm{g/cm^3}$ (Aufgabe 15.4.10). Bei $R \approx 10^{10}$ Lichtjahre $\approx 10^{26}\,\mathrm{m}$ müßte $M \approx 10^{53}\,\mathrm{kg}$, $\varrho \approx 10^{-30}\,\mathrm{g/cm^3}$ sein (Einstein-Weltall). Dies kommt der direkt beobachteten mittleren Dichte im Weltall ziemlich nahe.

15.4.7. Olbers-Paradoxon

Wenn das Weltall unendlich groß und im Mittel in konstanter Dichte mit Sternen besetzt wäre, müßte jeder von uns gezogene Sehstrahl schließlich auf eine Lichtscheibe treffen. Die *Flächen*helligkeit eines Strahlers hängt aber nicht vom Abstand ab (scheinbare Fläche $\sim a^{-2} \sim$ Gesamthelligkeit). Wenn alle Sterne im Mittel sonnenähnlich sind, müßte also der Himmel bei Tag und Nacht die Flächenhelligkeit der Sonnenscheibe haben. Dieser ganze „Hohlraum" einschließlich der Erde müßte etwa 6 000 K haben. Eine andere Überlegung führt zum gleichen Ergebnis: Die Sonne nimmt $\approx 10^{-5}$ der Gesamthimmelsfläche ein $(\pi(0{,}5°)^2/(4\pi) \approx 2 \cdot 10^{-5})$. Im Olbers-Modell erhielte die Erde 10^5mal soviel Strahlung, hätte also nach *Stefan-Boltzmann* etwa 5 000 K. Hierbei ist berücksichtigt, daß sich die Sterne teilweise überdecken. Sie strahlen aber trotzdem. Wir betrachten eine sehr große Kugelschale zwischen r und $r + \mathrm{d}r$ (auch $\mathrm{d}r$ groß gegen den mittleren Sternabstand). Eine solche Kugelschale enthält eine Sternanzahl proportional r^2. Ihr Beitrag zur Gesamtstrahlung oder zur Gravitation am Ort der Erde ist also unabhängig von r. Da es unendlich viele Schalen gibt, sind Strahlungsdichte, Temperatur, Gravitationspotential unendlich. Ausweg: Die Materie ist auf ein enges Teilgebiet beschränkt; die Materiedichte nimmt mit wachsender Entfernung von uns immer mehr ab. Beides widerspricht der Beobachtung und ist philosophisch unbefriedigend (Inhomogenität, Anthropozentrismus). Die Materie hat begrenztes Alter, speziell die strahlende; aus sehr entfernten Bereichen geht uns keine Strahlung zu, weil dort zu der Zeit, als das Licht hätte aufbrechen müssen, noch keine Materie oder wenigstens noch keine Sterne existierten (gleiche Einwände wie oben). Andere Auswege vgl. Aufgaben 15.4.8 und 15.4.9.

15.4.8. Olbers-Lösung?

Nein. Streut man kalte absorbierende Materie zwischen die Sterne, dann reduziert sie zunächst den Bereich, aus dem wir Strahlung erhalten, auf $r \approx 1/\kappa$ (κ: Absorptionskoeffizient der interstellaren Materie). Sehr bald aber setzt sich diese Materie ins Strahlungsgleichgewicht mit den Sternen und strahlt uns, wenn auch indirekt, ebensoviel zu wie diese.

15.4.9. Charlier-Modell

M_n, r_n, ϱ_n seien Masse, Radius und Dichte des Systems n. Ordnung, R_n der Abstand zwischen zwei nächstbenachbarten Systemen dieser Art. Dann ist offenbar $\varrho_n = 3M_n/(4\pi r_n^3)$, aber auch $\varrho_n = M_{n-1}/R_{n-1}^3$, also $\varrho_{n+1} = M_n/R_n^3$. Das Olbers-Paradoxon verschwindet, wenn die mittlere Dichte gegen Null geht, sofern die Systemordnung n gegen Unendlich geht. Das ist bestimmt der Fall, wenn $\varrho_{n+1}/\varrho_n \leqq a$, wobei a beliebig, aber < 1. Wir verlangen also $\varrho_{n+1}/\varrho_n = 4\pi r_n^3/(3R_n^3) \leqq a < 1$, d.h. $r_n/R_n \leqq (3a/(4\pi))^{1/3}$. Dann konvergiert ϱ_n mindestens so gut wie a^n. Die Welt hätte eine verschwindende mittlere Dichte, wenn man über einen hinreichend großen Bereich mittelt. Trotzdem wäre sie homogen in dem Sinn, daß keins der Systeme eine Vorzugsrolle hat. In der wirklichen Welt gibt es zwar „Clusters" von Galaxien, aber über Systeme höherer Ordnung ist nicht viel bekannt.

15.4.10. Sind Schwarze Löcher wirklich schwarz?
Nur Teilchen ohne Ruhmasse können auf so hinterlistige Weise aus dem Schwarzen Loch ausbrechen, denn selbst ein virtuelles Elektron käme nur 10^{-10} cm weit, bis die Unschärferelation ihren schützenden Mantel wegzieht und der Energiesatz einschreitet. Ein Photon mit $p < h/R$ dagegen läßt sich nicht in ein Gebilde mit der Abmessung $R = GM/c^2$ einsperren. Anders ausgedrückt: Bei $W < hc/R$ erlaubt ihm die Unschärfe, weiter als R zu fliegen. Photonen mit $W = h\nu = hc/R = hc^3/(GM)$ würden vorzugsweise von einem schwarzen Körper mit $kT \approx hc^3/(GM)$ emittiert. Wenn das Spektrum, wie es scheint, auch sonst schwarz ist, strahlt das Schwarze Loch im ganzen $P \approx R^2k^4T^4/(h^3c^2)$ ab. Sein Massenverlust ist $\dot{M} = -P/c^2 \approx -hc^4/(G^2M^2)$, integriert $M = M_0(1 - t/\tau)^{1/3}$, was bei $t = \tau = G^2M_0^3/(hc^4)$ brüsk zu Ende ist. Für $M_0 = 10^{16}$ g folgt $\tau = 10^{10}$ Jahre. In der letzten Millisekunde werden noch $M_0(1\,\text{ms}/\tau)^{1/3} = 10^{11}$ g, d. h. 10^{25} J umgesetzt, soviel wie von 10^8 Megatonnen TNT. $M_0 = 10^{16}$ g entspricht $R \approx 10^{-13}$ cm, d. h. der Elementarlänge. Ist es Zufall oder nicht, daß gerade in unserem Weltalter Schwarze Löcher von diesem typischen Radius zum Verpuffen dran sind? Handelt es sich um eine neue Verletzung (außer dem Urknall, wenn es ihn gab) des kosmologischen Postulats, nach dem unsere Zeit nichts Besonderes an sich haben dürfte? Wenn Sie nachrechnen, finden Sie hier eine neue Ausdrucksform der Eddington-Dirac-„Wunderzahl" (Aufgabe 13.4.4).

15.4.11. *Einstein* kontra *Bohr*
Bohr sagte ungefähr: Die Strahlungsmenge W wird nicht momentan aus dem Verschluß austreten, denn dazu müßte entweder die Strahlungsdichte oder ihre Geschwindigkeit unendlich groß sein. Der Austritt erfolgt auch nicht ganz gleichmäßig, denn es gibt ja Photonen. Es geht also darum, den ganzen Verlauf des Austritts zeitlich exakt zu verfolgen. Ist das mit der Waage möglich? Sowie das erste Licht austritt, wird der Kasten leichter, die Waage setzt sich in Bewegung. Zwischen ihrer alten und neuen Ruhestellung liege eine Höhendifferenz y, der Einstellvorgang dauere eine Zeit t. Waagschale und Kasten haben eine mittlere Geschwindigkeit y/t, einen Impuls my/t. Da wir nicht wissen, wann während dieser Zeit die Strahlung W austritt (das wollen wir ja gerade erst feststellen), besteht in der Masse eine Unsicherheit $\Delta m = W/c^2$, im Impuls eine Unsicherheit $\Delta p = \Delta m\, y/t = Wy/(c^2t)$. Diese Unschärfe im Vertikalimpuls zieht nach einem Prinzip, das *Einstein* vorläufig nicht direkt angreift, eine Unschärfe in der Höhenlage des Kastens von $\Delta y = h/\Delta p = hc^2t/(Wy)$ nach sich. Man weiß also nicht immer haargenau, unter welchem Gravitationspotential φ er sich befindet. Die Unschärfe ist $\Delta\varphi = g\,\Delta y = ghc^2t/(Wy)$. Die Ganggeschwindigkeit einer Uhr im Kasten – auf diese Uhr kommt es hier an, bzw. auf ihre korrekte Umrechnung in die Zeit des Laborsystems – hängt aber von φ ab: Von der im Laborsystem weicht diese Ganggeschwindigkeit um den Faktor $1 - \varphi/c^2$ ab. Dieser Faktor ist um $\Delta\varphi/c^2 = gth/(Wy)$ unsicher. Innerhalb der Gesamtzeit t kann er eine Unsicherheit in der Beziehung zwischen Kastenzeit und Laborzeit von $\Delta t = t\,\Delta\varphi/c^2 = gt^2h/(Wy)$ bringen. Nun ist aber $y \gtrsim gt^2$, denn selbst wenn die andere Waagschale, die nach Entlastung des Kastens Übergewicht hat, frei fiele, würde sie in der Zeit t sich nur um $y = \frac{1}{2}gt^2$ verschieben. Damit haben wir die Unschärferelation $\Delta t \gtrsim h/W$. Wenn ein Vorgang den Energieumsatz W hat, läßt sich sein Eintreten auch in diesem Gedankenexperiment nur bis auf den Fehler $\Delta t \gtrsim h/W$ festlegen. – *Einstein* mußte zugeben, daß man die W, t-Relation nicht zu Fall bringen kann, ohne auch die p, x-Relation zu widerlegen, sondern daß beide zusammenhängen, was vom relativistischen Standpunkt auch selbstverständlich ist.

15.4.12. Doppelstern
Ein Punkt auf der Drehachse im Abstand $z \gg d$ von der Drehebene hat ein Potential

$$\varphi = 2GM/\sqrt{z^2 + d^2} \approx 2GMz^{-1}(1 - d^2/(2z^2))$$

(wir nennen der Bequemlichkeit halber den Abstand der Sterne $2d$). Vergleich mit (15.40) liefert ein Quadrupolmoment $Q = 2Md^2$. Kräftegleichgewicht auf der Bahn verlangt $\omega^2 d = GM/(4d^2)$, also $\omega^2 = GM/(4d^3)$ (3. Kepler-Gesetz). Die Strahlungsleistung $P \approx GQ^2\omega^6/c^5 = G^4M^5/(16c^5d^5)$ steigt also sehr schnell, wenn d abnimmt. Zwei Pulsars oder Schwarze Löcher, die sich in wenigen Dutzend km Abstand umkreisen, könnten 10^{40} W oder mehr abstrahlen. Ihre ganze Masse wäre dann allerdings in 1 Jahr oder weniger gravitativ zerstrahlt. Ein normaler Doppelstern mit $d \approx$ Erdbahnradius strahlt dagegen nur etwa 10^{10} W und wäre z. Z. in keinem Fall als Quelle von Gravitationswellen nachweisbar.

15.4.13. Gravitationswellen-Antenne
Da ein Doppel-Pulsar mit 10–100 km Sternabstand nur sehr kurzlebig wäre, kann man kaum erwarten, näher als 1 000–10 000 Lichtjahre einen zu finden. Seine Strahlungsleistung von 10^{40} W ergäbe dann 0,1–10 W/m^2 Intensität bei uns. Die Periode der Strahlung, d. h. die Periode der Rotation des Doppelsterns, wäre mindestens einige ms, die Wellenlänge $\lambda = cT$ mindestens einige tausend km. *Webers* Zylinder ($l \approx 1$ m) kann also höchstens $l^2/\lambda^2 \approx 10^{-12}$ der Leistung einfangen, d. h. 10^{-13}–10^{-11} W (die Länge l fängt höchstens einen Bruchteil l/λ der Amplitude ein, die Intensität geht wie das Quadrat der Amplitude). Die Schallgeschwindigkeit in Aluminium ist 5 100 m/s, die Grundschwingung ($\lambda = 2l$) hat $\omega \approx 10^4\,\text{s}^{-1}$. Annähernd so breit ist der durchgelassene Frequenzbereich, also ist die Nyquist-Rauschleistung $kT\,\Delta\omega$ annähernd 10^{-16} W. Das Signal-Rausch-Verhältnis wird besser, wenn man kühlt und einen Empfänger mit engerer Resonanz, also schwächerer Dämpfung benutzt.

15.4.14. Doppelpulsar
Die Schwankung der Pulsperiode beruht auf einem Doppler-Effekt: Umlaufgeschwindigkeit $v \approx 5 \cdot 10^{-4}c = 1{,}5 \cdot 10^5$ m/s, Umlaufperiode 28 000 s, Bahnradius $r \approx 7 \cdot 10^8$ m

(in Wirklichkeit stark exzentrische Bahnen). Das 3. Kepler-Gesetz und $W = -GM/(2r)$, logarithmisch differenziert, geben $2\dot{T}/T = -3\dot{r}/r = 3\dot{W}/W \approx 10^{-16}\,\mathrm{s}^{-1}$, also mit $M = 3\cdot 10^{30}$ kg (Grenzmasse zwischen weißem Zwerg und Pulsar, aus Rotverschiebung u. a. gemessen): $W \approx -4\cdot 10^{41}$ J, $\dot{W} \approx 2\cdot 10^{25}$ W (fast 1/10 der gesamten Sonnenstrahlung). Nach $P \approx G^4M^5/(c^5r^5)$ (Abschn. 15.4.3) führen die Gravitationswellen etwa $2\cdot 10^{25}$ W ab. Mit den wirklichen Werten wird die Übereinstimmung perfekt und schließt alle Alternativen zu *Einsteins* Gravitationstheorie ziemlich sicher aus.

15.4.15. Tunguska-Meteorit

Am 30.6.1908 steht in Kansk auf 56° N die Sonne um $7^{\mathrm{h}}17$ Ortszeit schon ziemlich hoch und zwar fast im Osten. Der Helligkeitsvergleich durch die Augenzeugen ist also direkt genug, um glaubhaft zu sein. Wenn ein 600 km entferntes Objekt so hell aussieht wie die $2{,}5\cdot 10^5$mal fernere Sonne, ist seine Strahlungsleistung bei ähnlicher Spektralverteilung um den Faktor 10^{11} kleiner, also $3\cdot 10^{15}$ W. Der leuchtende Körper müßte einige km Durchmesser gehabt haben. Tatsächlich wird die Strahlung als bläulich geschildert, was den Durchmesser etwas reduziert, aber die Leistung erhöht. Die Dauer des Ereignisses wird als mehrere Sekunden angegeben, aber besonders bei hellen Lichterscheinungen überschätzt man die Dauer gewöhnlich. Ein Objekt mit kosmischer Geschwindigkeit von 10–100 km/s durchquert den dichten Teil der Atmosphäre auch bei schrägem Flug in 1 s oder wenig mehr. Die Gesamtenergie ergibt sich dann zu 10^{16}–10^{17} J, entsprechend einigen Megatonnen TNT ($1{,}2\cdot 10^7$ J/kg). Schätzungen aus der weltweit registrierten Erdbebenwelle führen auf ähnliche Werte. Eine U-Bombe dieser Sprengkraft hätte etwa 1 t, eine H-Bombe 100 kg (bei vollständiger Reaktion). Ein Stück Antimaterie brauchte nur 1 kg zu haben. Bei der Dichte eines Steins brauchte ein solcher Anti-Meteorit nur $\frac{1}{10}$ oder $\frac{1}{100}$ der Atmosphärenmasse zu durchschlagen, um in seinem Flugkanal genügend Luftmoleküle zu seiner vollständigen Vernichtung einzufangen. In 20–40 km Höhe wäre er verpufft. Aus 600 km Abstand sieht man nur Dinge, die sich mindestens 30 km über dem Boden abspielen. Es ist also nicht auszuschließen, daß die Bahn dort endete. Wesentliche Mengen Sprengstücke wie bei einem normalen Meteoritenfall hat man auch nicht gefunden. Ein Schwarzes Loch der Masse m und der Geschwindigkeit v schluckt umgebende Materie so ein, daß diese zum Schluß c erreicht. Welchen Radius r hat der ausgelutschte Kanal? Während der Fallzeit, die wie beim üblichen Kepler-Problem $r^{3/2}(G/M)^{-1/2}$ ist, darf das Schwarze Loch nicht mehr als r weitergeflogen sein, also $r \approx GM/v^2$. Bei $r \approx 1$ cm wird in der ganzen Atmosphäre 1 kg aufgefressen, was die Lichterscheinung erklärt. Bei $v \approx 100$ km/s ergibt das $M \approx 10^{18}$ g, knapp oberhalb der Zerstrahlungsgrenze (Aufgabe 15.4.10). Auf dem Weg durch den Erdkörper würden dagegen 10^7 kg verschluckt und 10^{24} J erzeugt, das Äquivalent von 10^{10} Megatonnen TNT oder dem Aufprall eines normalen Meteoriten von mehr als Ceres-Größe oder dem Mehrfachen der Bildungsenergie sämtlicher Gebirge. Am wahrscheinlichsten ist immer noch ein Kometenkopf von einigen 100 m Durchmesser, der seine kinetische Energie in Reibungshitze und Strahlung umsetzt und von dem nach dem „dirty snowball"-Modell nicht viel übrigbleibt.

15.4.16. *n*-Kugel

Eine n-Kugel vom Radius R läßt sich aus Scheibchen aufbauen, deren Fläche das Volumen einer $n-1$-Kugel vom Radius $R\sin\beta$ und deren Dicke $-R\,\mathrm{d}\cos\beta = R\sin\beta\,\mathrm{d}\beta$ ist ($\beta = \arccos(x/R)$, x: Abstand der Scheibe vom Zentrum). $V_n(R) = 2\int_0^{\pi/2} V_{n-1}(R\sin\beta)R\sin\beta\,\mathrm{d}\beta$. Wir brauchen $I_n = \int_0^{\pi/2}\sin^n\beta\,\mathrm{d}\beta$. Partielle Integration führt auf $I_n = ((n-1)/n)I_{n-2}$. So wird, ausgehend von $V_1 = 2R$, das Volumen $V_n = 2^nR^n\prod_1^n I_\nu$, die Oberfläche $O_n = nV_n/R$, speziell $V_4 = \frac{1}{2}\pi^2R^4$, $O_4 = 2\pi^2R^3$.

15.4.17. Urstrahlung

Das isotrope Strahlungsfeld hat die Zustandsgleichung $u = 3p$ (vgl. Aufgabe 5.3.7). Die Gesamtenergie $W = uV$ ändert sich adiabatisch gemäß $\mathrm{d}W = u\,\mathrm{d}V + V\,\mathrm{d}u = -p\,\mathrm{d}V$. Einsetzen von $p = u/3$ liefert $\mathrm{d}u/u = -4\,\mathrm{d}V/(3V)$ oder, integriert, $u \sim V^{-4/3}$. Die Expansionsarbeit läßt u schneller abnehmen als einfach mit V^{-1}. Für die schwarze Strahlung ist $u \sim T^4$, also nimmt T bei der Expansion ab wie $V^{-1/3}$, d. h. wie der Radius^{-1}. Daß eine schwarze, also Gleichgewichtsstrahlung im Gleichgewicht bleibt, kann man daraus vermuten, daß die adiabatische Expansion keine Entropieänderung bringt. Viel anschaulicher: Der Doppler-Effekt verschiebt alle Frequenzen um den gleichen Faktor, ändert also die Form des Spektrums nicht. Eine 2,7 K-Strahlung hat $u \approx 4\cdot 10^{-6}\,\mathrm{J/m^3}$, also etwa die Gesamtintensität der Sonnenstrahlung in 10^4 Erdradien $\approx 0{,}02$ Lichtjahren Abstand ($r \sim T^{-2}$). Ihr Emissionsmaximum liegt bei 1 mm. Das Planck-Spektrum der Sonne ist dort nach der Rayleigh-Jeans-Näherung $\nu_1^2/\nu_2^2 \approx 4\cdot 10^6$mal schwächer als im Emissionsmaximum der Sonne, unter Berücksichtigung der geometrischen Verdünnung um 240^2 also $2\cdot 10^{11}$mal schwächer; das 2,7 K-Maximum ist $T_1^3/T_2^3 \approx 10^{10}$mal schwächer. Wenn wir auf dem Merkur wohnten, hätten wir die 2,7 K-Strahlung wohl kaum gefunden. Die Abkühlung der Strahlung im expandierenden Weltall folgte verschiedenen Gesetzen, je nachdem, ob die Strahlung noch mit der Materie im Gleichgewicht stand (Photonenära), oder nicht mehr (Stellarära). Nur für die Stellarära mit ihrer konstanten Photonenzahl gilt die obige Betrachtung. In Aufgabe 15.4.19 wird diese Entwicklung genauer durchgerechnet. Ergebnis: Anfang der Photonenära nach $t \approx 10$ s mit $T \approx 10^{10}$ K, während der Photonenära $T \sim R^{-3/4} \sim t^{-1/2}$, also 10^8 K nach etwa 1 Tag; Anfang der Stellarära nach $t \approx 10^4$ Jahren mit $T \approx 5\cdot 10^4$ K, danach $T \sim R^{-1} \sim t^{-2/3}$, wie oben abgeleitet, also heute $t \approx 2\cdot 10^{10}$ Jahre mit $T \approx 3$ K.

15.4.18. Steady state

Einer Lebensdauer T entspricht eine nichtunterschreitbare Energieunschärfe $\Delta W \approx \hbar/T$ oder eine Unschärfe in der

Anzahl der Teilchen der Ruhmasse m vom Betrag $\Delta N \approx \hbar/(Tmc^2)$. Für jedes Nukleonvolumen $\frac{4}{3}\pi l_0^3$ könnte der Energiesatz also aus Unschärfegründen nicht ausschließen, daß darin innerhalb der Zeit T ein Nukleon neu entstanden ist. Wenn hier wie in der Theorie der Wechselwirkungen alles erlaubt ist, was nicht verboten ist, wäre eine Neuentstehungsrate $\dot{n}$ Nukleonen $\mathrm{s^{-1}\,m^{-3}}$ möglich, die sich als $\dot{n} = \Delta N/(Tl_0^3) = 3\hbar/(mc^2T^2l_0^3 4\pi)$ ergibt. Bei gleichmäßiger Expansion wächst jeder Abstand gemäß $\dot{r}/r = 1/T$, jedes Volumen wie $\dot{V}/V = 3\dot{r}/r = 3/T$, die Dichte würde ohne Teilchenerzeugung abnehmen wie $\dot{n}/n = -3/T$ oder $\dot{n} = -3n/T$. Mit Teilchenerzeugung folgt $\dot{n} = a - 3n/T$. Die Lösung $n = n_0\,\mathrm{e}^{-3t/T} + n_{\mathrm{st}}(1-\mathrm{e}^{-3t/T})$ strebt mit der Zeitkonstante $T/3$ exponentiell der stationären Dichte $n_{\mathrm{st}} = aT/3 = \hbar/(4\pi l_0^3 Tmc^2)$ zu. Mit dem Weltradius $R = cT$ folgt eine Gesamtteilchenzahl $N \approx 2\pi^2 nR^3 \approx \pi\hbar R^2/(mcl_0^3)$ (der geschlossene sphärische Raum, also die Oberfläche der vierdimensionalen „Kugel“, hat das Volumen $2\pi^2R^3$, Aufgabe 15.4.16). Da der Radius des Nukleons fast gleich seiner Compton-Wellenlänge ist: $l_0 \approx h/(mc)$, ergibt sich einfach $N \approx R^2/(8\pi l_0^2)$. Das ist die geheimnisvole Eddington-Dirac-Beziehung, die *Eddington* selbst auf ganz andere, nicht sehr überzeugende Weise abzuleiten versucht hat, obwohl er immer betonte, wie fundamental die Raumexpansion sei, die bei uns als direkte Ursache der Teilchenerzeugung und des stationären N-Werts erscheint. Deuten wir den Weltradius anders, als Radius des „schwarzen Loches“ Universum, dann folgt $R = GNm/c^2$. Vergleich mit der obigen Beziehung für N liefert dann Werte für N, R und T (die reziproke Hubble-Konstante), ausgedrückt durch die Naturkonstanten, nämlich $R \approx 8\pi h^2/(Gm^3) \approx 10^{25}\,\mathrm{m}$, $N \approx 8\pi h^2c^2/(G^2m^4) \approx 10^{79}$, $T \approx 10^9$ Jahre, und eine mittlere Dichte $\varrho \approx 10^{-25}\,\mathrm{kg/m^3}$, die mit den Beobachtungen ganz gut übereinstimmen. Unser Modell rettet also das erweiterte kosmologische Prinzip, nach dem die Welt überall *und immer* im wesentlichen gleich beschaffen ist und war, vermeidet den Urknall, deutet den Hubble-Effekt, leitet Größe und Masse des Weltalls aus den Naturkonstanten ab, erklärt die Eddington-Dirac-Beziehung – alles aus der einen Annahme, daß der Raum expandiert, was *de Sitter*, *Lemaître* und *Friedmann* allein aus den Einsteinschen Gravitationsgleichungen ableiten. Dazu brauchen wir nur eine eigenwillige Lesart der Unschärferelation.

15.4.19. Geschichte des Universums

Die Friedmann-Gleichung $\frac{1}{2}\dot{R}^2 - GM/R = \eta$ liefert mit einer Energiedichte $\eta \approx 0$ die Lösung $R^{3/2} = 3\sqrt{GM/2}\,t$. Das entspricht einer Näherung der Zykloidenlösung (Abschn. 15.4.5 und 1.5.9e) für kleine Zeiten. Von dem Zeitpunkt an, wo die Masse M überwiegend als Materie vorlag und diese nicht mehr neu erzeugt wurde, nahm ihre Dichte also ab wie $\varrho = M/(2\pi^2R^3) = (9\pi^2Gt^2)^{-1}$. Während der Photonenära stand die Strahlung mit der Materie in ständiger Wechselwirkung. Beide hatten ungefähr die gleiche Energiedichte. Nach *Stefan-Boltzmann* ist die Energiedichte der Strahlung $\varrho \sim T^4$. Es folgt $T \sim R^{-3/4} \sim t^{-1/2}$. Das Ende der Hadronenära ist charakterisiert durch Kerndichte $\varrho_{\mathrm{K}} \approx 10^{17}\,\mathrm{kg\,m^{-3}}$ und $T_{\mathrm{K}} \approx 10^{13}\,\mathrm{K}$ mit $kT_{\mathrm{K}} \approx 1\,\mathrm{GeV}$. Die Photonenära begann demnach bei $T_0 \approx 10^{10}\,\mathrm{K}$ ($kT_0 \approx 1\,\mathrm{MeV}$), $t_0 \approx 10\,\mathrm{s}$ mit $\varrho_0 \approx 10^5\,\mathrm{kg\,m^{-3}}$, $R_0 \approx 10^{11}\,\mathrm{m}$. Sie endete, als die freie Weglänge $l = 1/(\sigma n)$ des Photons gleich dem Weltradius R wurde. Hierbei ist n die Teilchenzahldichte der Nukleonen, als Absorptionsquerschnitt σ setzen wir den Thomson-Querschnitt, der ungefähr gleich dem geometrischen Querschnitt des Nukleons ist. Unsere Bedingung wird $l = R \approx R^3/10^{-32}\,\mathrm{m^2} \cdot 10^{80}$, also $R_{\mathrm{s}} \approx 10^{24}\,\mathrm{m}$, was zutraf bei $t_{\mathrm{s}} \approx 10^4$ Jahre und $T_{\mathrm{s}} \approx 5 \cdot 10^4\,\mathrm{K}$, $\varrho_{\mathrm{s}} \approx 10^{-15}\,\mathrm{kg\,m^{-3}}$. Seitdem ist die Anzahl der Photonen im Weltall konstant, denn sie treffen praktisch niemals mehr auf Materie (hier ist natürlich nicht die Rede von den durch Sterne emittierten Photonen, sondern von den „primordialen“ kosmischen Photonen). Sie werden nur immer röter, d. h. langwelliger, was man als Doppler-Effekt infolge der Expansion auffassen kann. Man kann aber auch thermodynamisch rechnen (Aufgabe 15.4.17): T nimmt ab wie R^{-1} und $t^{-3/2}$ (schneller als während der Photonenära, wo $T \sim t^{-1/2}$ war; damals wurde die Expansionsarbeit sofort wieder durch Wechselwirkung mit der Materie ersetzt). Das jetzige Weltalter ist etwas mehr als 10^6mal später als das Ende der Photonenära. So erhält man für die jetzige Strahlungstemperatur den richtigen Wert von einigen K. Deswegen faßt man die Penzias-Wilson-Strahlung als verdünnte Urstrahlung und als beste Bestätigung der Urknalltheorie auf. *Alpher*, *Bethe* und *Gamow* hatten sie am 1. April 1948 vorausgesagt (die Zusammenstellung der Autoren und das Erscheinungsdatum stammen natürlich vom Witzbold *George Gamow*).

15.4.20. Primordiales Helium

Der Massenunterschied von $0{,}78\,\mathrm{MeV}/c^2$ entspricht kT mit $T \approx 10^{10}\,\mathrm{K}$, was laut Aufgabe 15.4.19 nach etwa 1 s erreicht war. Von da ab nahm die Häufigkeit der Neutronenvernichtungen entsprechend der Neutrinodichte mit t^{-2} ab: $\dot{n}_{\mathrm{n}} = -Acn_\nu n_{\mathrm{n}} = -Acn_{\mathrm{n}}/(9\pi^2mGt^2)$, also $\ln n_{\mathrm{n}}/n_{\mathrm{n}_0} = -Ac/(9\pi^2mGt_0)$; die Endzeit spielt keine Rolle. Mit $A \approx 10^{-44}\,\mathrm{m^2}$ folgt etwa das Richtige (für hohe Energie). Wäre A nur wenig größer, gäbe es keine Neutronen, also nur Wasserstoff, bestimmt kein Leben, wäre A kleiner, gäbe es fast nur Helium, keine normale Fusion in Sternen, vermutlich auch kein Leben. Sind die Naturkonstanten so fein abgestimmt, damit es uns gibt, oder gibt es viele Universen, und wir bewohnen nur das bewohnbare (**anthropisches Prinzip**)?

15.4.21. Periheldrehung I

Statt r schreiben wir überall $r - R$ (in der verlangten Näherung stimmt das, wenn auch nicht völlig allgemein). Der Flächensatz liefert $\dot{\varphi} = L/(m(r-R)^2)$, der Energiesatz

$$\dot{r}^2 = \frac{2W}{m} + \frac{2GM}{r-R} - \frac{L^2}{m^2(r-R)^2}\,.$$

Wir eliminieren $\mathrm{d}t$ durch Division beider Gleichungen und vernachlässigen höhere Potenzen des kleinen Abstandes R:

$$r'^2 = \frac{2mW}{L^2}(r-R)^4 + \frac{2GMm^2}{L^2}(r-R)^3 - (r-R)^2$$
$$= \frac{2mW}{L^2}r^4 + \left(\frac{2GMm^2}{L^2} - \frac{8mW}{L^2}R\right)r^3 - \left(1 - \frac{6GMm^2R}{L^2}\right)r^2 .$$

Mit $z = 1/r$ wird

$$z'^2 = \frac{2mW}{L^2} + z\frac{2GMm^2}{L^2} - z^2\left(1 - \frac{6GMm^2R}{L^2}\right).$$

Die Ellipsengleichung muß durch einen Faktor v unter dem cos modifiziert werden: $z = (1 + \varepsilon\cos(v\varphi))/p$, also

$$z'^2 = \frac{\varepsilon^2 v^2}{p^2}(1 - \cos^2(v\varphi)) = \frac{(\varepsilon^2-1)}{p^2}v^2 + \frac{2v^2}{p}z - v^2z^2 .$$

Der Vergleich liefert

$$v^2 = 1 - \frac{6GMm^2R}{L^2} \approx 1 ,$$
$$\frac{2}{p} = \frac{GMm^2}{L^2} \Rightarrow L^2 = \frac{GMm^2}{p} ,$$
$$\frac{\varepsilon^2 - 1}{p^2} = \frac{2mW}{L^2} \Rightarrow W = -\frac{1}{2}\frac{(1-\varepsilon^2)GM}{p} = -\frac{GM}{2a}$$

wie bei *Newton*, für v folgt

$$v \approx 1 - \frac{3GMm^2R}{L^2} = 1 - \frac{3R}{p} .$$

r erreicht nicht nach der Periode 2π, sondern erst nach $2\pi/v = 2\pi + 6\pi GM/(pc^2)$ wieder den gleichen Wert. Das Perihel verschiebt sich bei jedem Umlauf um $6\pi GM/(pc^2) = 6\pi v^2/c^2$.

Leverrier, der gleichzeitig mit *Adams* den Neptun mit dem Rechenstift entdeckte, führte die Merkurpräzession auf einen noch sonnennäheren Planeten, den Vulkan zurück. So unrecht hatte er nicht: Es gibt Masse außer der Sonne innerhalb der Merkurbahn und auch außerhalb davon. Gemeint ist nicht die interplanetare Materie (sie ist viel dünner), sondern die Tatsache, daß im Schwerefeld wie in jedem Feld eine Energiedichte, also auch eine Massendichte steckt.

15.4.22. Feldmasse

Die Grundgleichung der Feldwirkung heißt im elektrischen Feld $F = QE$, im Schwerefeld $F = mg$ (hier ist g allgemein als Schwerebeschleunigung verstanden, nicht beschränkt auf die Erdoberfläche). Die Felderzeugung wird beschrieben durch $\oiint \boldsymbol{E}\cdot \mathrm{d}\boldsymbol{A} = Q/\varepsilon_0$ bzw. $\oiint \boldsymbol{g}\cdot \mathrm{d}\boldsymbol{A} = 4\pi GM$. Wie man sieht, spielt g die Rolle der Feldstärke E, und $1/(4\pi G)$ entspricht ε_0. Die Energiedichte des E-Feldes ist $\frac{1}{2}\varepsilon_0 E^2$ (Abschn. 6.2.4), die des Schwerefeldes ist $w_g = g^2/(8\pi G)$. Dem entspricht die Massendichte $\varrho_g = w/c^2 = g^2/(8\pi Gc^2)$. In Erdnähe ist $\varrho_g = 6{,}4\cdot 10^{-7}\,\mathrm{kg\,m^{-3}}$. Schon in etwa 150 km Höhe ist die Atmosphäre weniger dicht als das Schwerefeld. Am Sonnenrand ist g 30mal höher als bei uns, das Schwerefeld der Sonne ist mit $\varrho_g = 6\cdot 10^{-4}\,\mathrm{kg\,m^{-3}}$ viel dichter als Corona und interplanetares Gas (Coronadichte am Sonnenrand $10^{-12}\,\mathrm{kg\,m^{-3}}$). Ein Stern der Masse M hat im Abstand r die Feldstärke $g = GM/r^2$, also die Feldmassendichte $\varrho_g = GM^2/(8\pi r^4c^2)$. Zwischen dem Sternradius R und dem Abstand r sitzt die Feldmasse $\int_R^r \varrho_g 4\pi r^2\,\mathrm{d}r = \frac{1}{2}GM^2c^{-2}(1/R - 1/r)$, im ganzen (bis $r = \infty$) $m_g = \frac{1}{2}GM^2/(c^2R)$. Dies ist gleich der ganzen Sternmasse, wenn $GM/R = 2c^2$. Bis auf den Faktor 2 ist dies die Schwarzschild-Bedingung: Ein schwarzes Loch besteht eigentlich nur aus Feldmasse.

15.4.23. Periheldrehung II

Nach Aufgabe 15.4.22 erzeugt die Sonne kein reines r^{-1}-Potential, denn einschließlich der im Feld steckenden Masse sitzt innerhalb des Radius r die Masse $M - \frac{1}{2}GM^2c^{-2}/r$ (den konstanten Anteil $\frac{1}{2}GM^2c^{-2}/R$ haben wir zu M mit dazugeschlagen; die Feldmasse außerhalb r erzeugt wegen ihrer Kugelsymmetrie in ihrem Innern keine Feldstärke). Diese Masse, die wir mit dem Schwarzschild-Radius R_s auch schreiben können $M(1 - \frac{1}{2}R_s/r)$, erzeugt ein Potential $GM(1 - \frac{1}{2}R_s/r)/r$. Wegen $r \ll R_s$ stimmt es bis auf den Faktor -2 mit dem in Aufgabe 15.4.22 überein, ergibt also im wesentlichen dieselbe Präzession der Ellipsenbahn, die sich wegen der Abweichung vom r^{-1}-Potential nicht mehr ganz schließt.

15.4.24. Überlichtgeschwindigkeit I

Der Mond ist etwas mehr als eine Lichtsekunde entfernt. Man braucht den Laser also nur etwa einmal in 6 s zu drehen, und schon huscht der Lichtfleck schneller als c über den Mond hin. *Einstein* hat davon nichts zu befürchten, denn dies ist eine rein geometrische Geschwindigkeit. Nichts Materielles und auch kein Signal bewegt sich mit dem Ende des Bündels. Es wäre z. B. unmöglich, so Information von einem Punkt des Mondes zu einem anderen zu übertragen: Man müßte immer erst zur Erde zurück und könnte daraufhin den Strahl entsprechend modulieren, aber dieser Hin- und Rückweg wird natürlich mit c zurückgelegt.

15.4.25. Überlichtgeschwindigkeit II

Wenn die Schneiden der Schere einen Winkel α bilden, und wenn ihr augenblicklicher Schnittpunkt γ-mal weiter vom Drehpunkt entfernt ist als die Griffe für die Finger, und wenn man die Finger mit v aufeinander zubewegt, dann bewegt sich der Schnittpunkt mit $v\gamma/\alpha$ auswärts. Mit einigem Aufwand (zwei Raketen mit je 15 km/s in 100 m Abstand, die an zwei 100 km langen Hebelarmen ziehen, wenn die anderen Scherenarme 1 000 km lang sind) könnte man den „Schnitt“ mit c oder mehr vortreiben. Auch dies wäre aber eine rein geometrische Bewegung, die weder Materie noch Energie noch Information von einem Ort zum anderen befördert.

15.4.26. Überlicht-Jets

Wenn der Blob mit der Geschwindigkeit v unter einem Winkel α gegen die Sichtlinie austritt, kommt er mit der Komponente $v\cos\alpha$ auf uns zu und fliegt mit $v\sin\alpha$ seitlich weg. Um die Zeit t nach seinem Austritt ist der Blob nicht mehr um a

von uns entfernt wie seine Galaxie, sondern nur $a - vt\cos\alpha$. Das Licht vom Blob braucht dann eine Zeit $(a - vt\cos\alpha)/c$ bis zu uns, kommt also um $t(1 - v\cos\alpha/c)$ später bei uns an als das Licht, das die Galaxie beim Austritt des Blobs ausgesandt hat, und das eine Zeit a/c braucht. Zu dieser letztgenannten Zeit sehen wir den Blob gerade austreten, um $t/(1 - v\cos\alpha/c)$ später sehen wir ihn bereits in einem seitlichen Abstand $vt\sin\alpha$ von seiner Galaxie. Daraus errechnen wir eine scheinbare Seitwärtsgeschwindigkeit

$$v' = vt\sin\alpha/(t(1 - v\cos\alpha/c)) = cv\sin\alpha/(c - v\cos\alpha)\,.$$

Dies kann größer als c werden, sobald $v/c > 1/\sqrt{2}$ ist, und zwar für Winkel α, deren Sinus zwischen $(c - \sqrt{2v^2 - c^2})/(2v)$ und $(c + \sqrt{2v^2 - c^2})/(2v)$ liegen. Bei gegebenem v wird v' maximal, wenn $\cos\alpha = v/c$ ist, und nimmt dann den Wert $v_{\max} = v/\sqrt{1 - v^2/c^2}$ an. Für $v/c = 1 - \varepsilon$ mit $\varepsilon \ll 1$ kann man nähern: „Überlicht"-Winkelbereich zwischen ε und $\pi/2 - \varepsilon$, $\alpha_{\max} \approx \sqrt{2\varepsilon}$, $v'_{\max} = c/\sqrt{2\varepsilon}$.

15.4.27. Gravitationslinse

Ein Objekt A, Masse M, Radius R, liege im Abstand a von uns. Genau dahinter, und zwar um b weiter weg, liegt ein anderes B. Strahlen, die von B ausgehend einen Kegel der Öffnung $2\alpha \approx 2R/b$ bilden, werden im Schwerefeld GM/R des Objekts A etwa um den Winkel $\gamma \approx GM/Rc^2$ abgelenkt ($\gamma \approx p_\perp/p = FR/(mc^2) = GM/(Rc^2)$, vgl. Aufgabe 13.3.3). Die Öffnung des Lichtkegels verengt sich also von 2α auf $2\beta = 2\alpha - 2\gamma \approx 2R/b - 2GM/(Rc^2)$. Dadurch steigt die scheinbare Helligkeit von B um den Faktor α^2/β^2. Damit B ebensohell aussieht wie ein Objekt A gleicher Leuchtkraft, muß dieser Faktor gleich $(a+b)^2/a^2$ sein, also $(a+b)/a = \alpha/\beta = R/(R - GMb/(Rc^2))$, woraus $M = R^2c^2a/(Gb(a+b))$ folgt. Unsere Beispiele liefern mit dem Hubble-Gesetz $v = Ha$ beide $M \approx 10^{43}$ kg, fast 100mal mehr als die Masse der 10^{11} Sterne in einer normalen Galaxie. Ein ähnliches Überwiegen unsichtbarer, noch nicht identifizierter Masse folgt auch aus anderen Beobachtungen z. B. schon der Tatsache, daß der Andromedanebel auf uns zukommt. Umgekehrt erhält man mit diesen M als typischen Abstand solcher „anomalen" Gruppen einige 100 Mpc mit Fluchtgeschwindigkeiten von einigen 10^4 km/s, wie beobachtet. Nähere Quintette wie das von Stephan gleichen das kleine a durch ein großes b/a aus. Auch eine Gravitationslinse kann die Flächenhelligkeit nicht beeinflussen, gleicht also zusammen mit der scheinbaren Helligkeit auch die scheinbare Fläche aus, was man auch durch eine einfache Zeichnung direkt nachweisen kann.

Kapitel 16: Lösungen . . .

16.1.1. Funktionen als Vektoren

Für die Funktionenmenge $f_n = \mathrm{e}^{\mathrm{i}nx}$ mit ganzzahligem n folgt sofort $f_n^* \cdot f_m = \int_0^{2\pi} \mathrm{e}^{\mathrm{i}(m-n)x}\,\mathrm{d}x = 2\pi\delta_{mn}$ (Kronecker-Symbol $\delta_{mn} = 1$ für $m = n$, sonst 0). Die f_n bilden ein Orthogonalsystem, die Funktionen $(2\pi)^{-1/2}f_n$ sind sogar orthonormal. Nun betrachten wir $g_n = \cos nx = \frac{1}{2}(f_n + f_n^*)$, $h_n = \sin nx = \frac{1}{2}(f_n - f_n^*)/\mathrm{i}$. Also

$$g_n^* \cdot g_m = \tfrac{1}{4}(f_n^* \cdot f_m + f_n \cdot f_m^* + f_n \cdot f_m + f_n^* \cdot f_m^*)\,.$$

Da $f_n \cdot f_m = 0$, außer bei $n = m = 0$, wo es 1 ist, folgt $g_n^* \cdot g_m = 0$ für $n \neq m$, π für $n = m \neq 0$, 2π für $n = m = 0$. Analog $h_n^* \cdot h_m = 0$ für $n \neq m$, π für $n = m \neq 0$, 0 für $n = m = 0$. $h_n^* \cdot g_m$ immer 0, auch bei $n = m$. All dies kann man natürlich auch durch direktes Ausintegrieren finden, am besten mittels der Beziehungen $^{\cos}_{\sin}nx\,^{\cos}_{\sin}mx = \pm\frac{1}{2}(\cos(m+n)x \pm \cos(m-n)x)$, $\sin mx\cos nx = \frac{1}{2}(\sin(m+n)x + \sin(m-n)x)$, die ein vernünftiger Mensch nicht auswendig weiß, sondern wieder aus der e-Darstellung entnimmt. Erweiterung des Definitionsbereichs auf $(0, 4\pi)$ bewirkt, daß man auch halbzahlige n und m ins Orthogonalsystem aufnehmen kann. Bei Extrapolation auf $(-\infty, \infty)$ sind alle $\mathrm{e}^{\mathrm{i}kx}$ mit beliebig reellem k orthogonal.

16.1.2. Orthogonalität I

Die Fourier-Entwicklung einer Funktion $\varphi(x)$ mit der Periode 2π schreibt sich $\varphi(x) = \sum_{-\infty}^{+\infty} c_n f_n$, wobei $c_n = f_n^* \cdot \varphi(x)$. Üblicherweise entwickelt man nach $f_n = {}^{\cos}_{\sin}nx$, oder einfacher $f_n = (2\pi)^{-1/2}\,\mathrm{e}^{\mathrm{i}nx}$. Für jedes andere orthonormale Funktionensystem f_n hat aber die Entwicklung genau dieselbe Form, denn ihre Gültigkeit hängt nur von $f_n^* \cdot f_m = \delta_{mn}$ ab. Setzt man nämlich den Ausdruck für c_n in die Entwicklung ein, fallen dank dieser Tatsache alle Glieder außer $m = n$ weg. Die Entwicklung nach einem nichtorthogonalen System ist auch möglich, aber viel komplizierter, denn die Produkte $f_n^* \cdot f_m = p_{nm}$ bilden dann keine Einheitsmatrix δ_{nm} mehr. Wenn das System f_n vollständig ist, kann man die Reihenentwicklung von $\varphi(x)$ noch schreiben, aber die c_n ergeben sich erst durch Auflösen des unendlichen linearen Gleichungssystems $f_n^* \cdot \varphi = \sum_{m=-\infty}^{+\infty} c_m p_{nm}$. Beim Fourier-Integral liegen die Verhältnisse analog.

16.1.3. Lineare Unabhängigkeit

Vektoren $\boldsymbol{a}_i$ sind linear abhängig, wenn es Zahlen c_i gibt, so daß $\sum c_i\boldsymbol{a}_i = \boldsymbol{0}$, ohne daß die c_i alle 0 sind. Die $\boldsymbol{a}_i$ seien Eigenvektoren von $\boldsymbol{A}$, also $\boldsymbol{A}\boldsymbol{a}_i = \lambda_i\boldsymbol{a}_i$. Wären sie linear abhängig, könnte man einen, z. B. $\boldsymbol{a}_n$, aus den anderen kombinieren: $\boldsymbol{a}_n = \sum_{i=1}^{n-1} c_i \boldsymbol{a}_i$. Wir wenden $\boldsymbol{A}$ hierauf an: $\boldsymbol{A}\boldsymbol{a}_n = \lambda_n \boldsymbol{a}_n = \lambda_n \sum_1^{n-1} c_i \boldsymbol{a}_i = \sum_1^{n-1} c_i \lambda_i \boldsymbol{a}_i$. Die Differenz der beiden letzten Ausdrücke $\sum_1^{n-1} c_i(\lambda_n - \lambda_i)\boldsymbol{a}_i = \boldsymbol{0}$ zeigt, daß schon die übrigen $n-1$ Eigenvektoren linear abhängig sein müßten. So kann man einen Vektor nach dem anderen herausnehmen, und die übrigen müßten linear abhängig sein, sogar der allerletzte ganz allein, was absurd ist: Das ganze System der $\boldsymbol{a}_i$ ist linear unabhängig, es spannt den ganzen n-dimensionalen Raum auf: Man kann jeden beliebigen Vektor aus ihnen kombinieren.

16.1.4. Orthogonalität II

Eine symmetrische Matrix hat $a_{ik} = a_{ki}$. Die Skalarprodukte $\boldsymbol{A}\boldsymbol{x} \cdot \boldsymbol{y} = \sum_i \sum_k a_{ik} x_k y_i$ und $\boldsymbol{x} \cdot \boldsymbol{A}\boldsymbol{y} = \sum_i x_i \sum_k a_{ik} y_k$ sind dann beide gleich. Nun seien $\boldsymbol{x}$ und $\boldsymbol{y}$ Eigenvektoren von $\boldsymbol{A}$ zu verschiedenen Eigenwerten: $\boldsymbol{A}\boldsymbol{x} = \lambda\boldsymbol{x}$ und $\boldsymbol{A}\boldsymbol{y} = \mu\boldsymbol{y}$. Auch hier ist $\boldsymbol{A}\boldsymbol{x} \cdot \boldsymbol{y} = \boldsymbol{x} \cdot \boldsymbol{A}\boldsymbol{y}$, also $\lambda\boldsymbol{x} \cdot \boldsymbol{y} = \mu\boldsymbol{x} \cdot \boldsymbol{y}$. Da $\lambda \neq \mu$, ist das nur möglich, wenn $\boldsymbol{x} \cdot \boldsymbol{y} = 0$: Die Eigenvektoren stehen senkrecht aufeinander.

16.1.5. Hermitesche Operatoren

Wir betrachten fünf Operatoren: $\boldsymbol{A}_1 f = f + a$, $\boldsymbol{A}_2 f = af$, $\boldsymbol{A}_3 f = xf$, $\boldsymbol{A}_4 f = \partial f/\partial x$, $\boldsymbol{A}_5 f = \int K(x,y) f(x)\,\mathrm{d}x$. Sinngemäß ist unter $\boldsymbol{A}^*$ die Addition oder Multiplikation mit dem konjugiert Komplexen zu verstehen. Ein Operator ist linear, wenn $\boldsymbol{A}(f+g) = \boldsymbol{A}f + \boldsymbol{A}g$. Für $\boldsymbol{A}_1$ trifft das nicht zu, denn rechts würde sich die Konstante a zweimal addieren, links nur einmal. Die anderen Operatoren sind linear. $\boldsymbol{A}_1$ ist auch nicht hermitesch, denn $\boldsymbol{A}^* f^* \cdot g = f^* \cdot g + a^* g$, aber $f^* \cdot \boldsymbol{A}g = f^* g + a f^*$. $\boldsymbol{A}_2$ ist hermitesch, wenn a reell. Für $\boldsymbol{A}_4$ betrachten wir den Ausdruck $\int f^* g\,\mathrm{d}x$. Das ist ein bestimmtes Integral und hat einen festen Wert, seine Ableitung nach x ist also 0: $\int (f^*\,\partial g/\partial x + g\,\partial f^*/\partial x)\,\mathrm{d}x = 0$. Das sieht fast aus wie die Definitionsgleichung eines hermiteschen Operators, wenn nur das Vorzeichen in der Mitte anders wäre. Das Vorzeichen ändert sich beim „Überwälzen“ des Operators, d. h. beim Übergang zum konjugiert Komplexen, wenn ein i davorsteht: $\boldsymbol{A} = \mathrm{i}\partial/\partial x$ ist hermitesch. Der Integraloperator $\boldsymbol{A}_5$ ist hermitesch, wenn der „Kern“ $K(x,y)$ reell und symmetrisch ist, d. h. $K(x,y) = K(y,x)$ oder wenn K komplex ist und $K(x,y) = K^*(y,x)$. Das ergibt sich, wenn man die Bedingung für hermiteschen Charakter hinschreibt und die Beziehung der Variablen beachtet. Eigenfunktionen von $\boldsymbol{A}_1$ sind alle konstanten Funktionen, von $\boldsymbol{A}_2$ alle Funktionen, von $\boldsymbol{A}_3$ die δ-Funktionen, von $\boldsymbol{A}_4$ die e-Funktionen; für $\boldsymbol{A}_5$ sind keine allgemeinen Aussagen möglich, denn jeder Operator läßt sich als Integraloperator darstellen.

16.1.6. Entwicklung nach Eigenfunktionen

$\boldsymbol{A}$ sei hermitesch, habe also orthogonale Eigenfunktionen f_k, die außerdem vollständig sein sollen. Dann läßt sich jede Funktion φ entwickeln wie $\varphi = \sum c_k f_k$ mit $c_k = f_k^* \cdot \varphi$. Durch Angabe der c_k ist φ vollständig gekennzeichnet. Diese Darstellung ist dieselbe wie für einen Vektor $\boldsymbol{x}$ (z. B. im dreidimensionalen Raum) mittels der Basisvektoren $\boldsymbol{a}_1$, $\boldsymbol{a}_2$, $\boldsymbol{a}_3$: $x = \sum c_k \boldsymbol{a}_k$ mit $c_k = \boldsymbol{a}_k \cdot \boldsymbol{x}$. Auch diese Darstellung wird nur so einfach bei orthonormaler Basis; andernfalls wäre sie genau analog zu Aufgabe 16.1.2. Auch in Komponentendarstellung sind die Skalarprodukte von Funktionen und Vektoren völlig analog: $\psi^* \cdot \varphi = \sum c_k f_k \cdot \sum d_l f_l = \sum c_k d_k$, $\boldsymbol{x} \cdot \boldsymbol{y} = \sum x_k \boldsymbol{a}_k \cdot \sum y_l \boldsymbol{a}_l = \sum x_k y_k$. Wenn die f_k oder $\boldsymbol{a}_k$ schiefwinklig sind, bleiben in $\psi^* \cdot \varphi = \sum_{k,l} c_k d_l f_k \cdot f_l$ alle Produkte stehen, nicht nur die diagonalen. $\boldsymbol{A}\varphi = \boldsymbol{A}\sum c_k f_k = \sum c_k a_k f_k$, wo a_k der Eigenwert zu f_k ist. Die Funktion $\boldsymbol{A}\varphi$ hat die Entwicklungskoeffizienten $c_k a_k$. Multiplikation mit $\boldsymbol{A}$ heißt Skalarmultiplikation mit dem Vektor der a_k. Für ein anderes Orthogonalsystem g_k gilt die Entwicklung $\varphi = \sum d_k g_k$, $d_k = g_k^* \cdot \varphi$. Wir entwickeln speziell die Eigenfunktionen f_k von $\boldsymbol{A}$: $f_k = \sum_l b_{kl} g_l$. Die Matrix b_{kl} charakterisiert den Übergang von den f_k zu den g_k: Wenn die Funktion φ in der f_k-Darstellung den Vektor c_k hat, ergibt sich in der g_k-Darstellung der Vektor $d_i = \sum b_{ik} c_k$.

16.1.7. Eigenwertbestimmung

(1) Die Eigenwertgleichung $\boldsymbol{A}\boldsymbol{x} = \lambda\boldsymbol{x}$ läßt sich auch schreiben $\boldsymbol{A}\boldsymbol{x} - \lambda\boldsymbol{x} = (\boldsymbol{A} - \lambda\boldsymbol{U})\boldsymbol{x} = 0$. Eine solche linear homogene Gleichung für x hat nur dann eine Lösung $\boldsymbol{x} \neq \boldsymbol{0}$, wenn ihre Determinante verschwindet: $\|\boldsymbol{A} - \lambda\boldsymbol{U}\| = 0$. Für eine $n \times n$-Matrix $\boldsymbol{A}$ ist das eine Gleichung n-ten Grades in λ. Sie hat nach dem Fundamentalsatz der Algebra genau n Lösungen, von denen allerdings einige komplex sein können. Diese Lösungen sind die Eigenwerte. $\boldsymbol{A} - \lambda\boldsymbol{U}$ unterscheidet sich von $\boldsymbol{A}$ dadurch, daß von allen Diagonalgliedern λ abgezogen ist. Die übliche Form der Gleichung n-ten Grades lautet so: $S_n - S_{n-1}\lambda + \ldots + (-1)^{n-1} S_1 \lambda^{n-1} + (-1)^n S_0 \lambda^n = 0$. Dabei ist S_ν die „Spur ν-ter Ordnung“ von $\boldsymbol{A}$, d. h. die Summe aller zur Hauptdiagonale symmetrisch liegenden Unterdeterminanten ν-ter Ordnung. Speziell $S_0 = 1$, $S_1 = \sum a_{ii}$, $S_n = \|\boldsymbol{A}\|$. Praktisch ist die Aufstellung der Gleichung n-ten Grades n nicht so schwierig wie ihre Lösung. Für Spezialfälle gibt es Abkürzungsverfahren.

(2) Es sei $\boldsymbol{A}\boldsymbol{x}_i = \boldsymbol{x}'_{i+1}$, der Betrag $|\boldsymbol{x}'_{i+1}| = \lambda_{i+1}$, also $\boldsymbol{x}'_{i+1} = \lambda_{i+1}\boldsymbol{x}_{i+1}$, wo $\boldsymbol{x}_{i+1}$ normiert ist. Wenn sich $\boldsymbol{x}_i$ und damit λ_i bei der erneuten Anwendung von $\boldsymbol{A}$ nicht mehr wesentlich ändern, kann man näherungsweise den Index weglassen und erhält die Eigenwertgleichung $\boldsymbol{A}\boldsymbol{x} = \lambda\boldsymbol{x}$. Hat man einen Eigenwert, kann man die Ordnung der Matrix um 1 reduzieren und die anderen Eigenwerte nach dem gleichen Verfahren bestimmen. Auf dem Papier ist die Multiplikation $\boldsymbol{A}\boldsymbol{x}$ von tödlicher Kompliziertheit, Computer machen sich nichts daraus und finden Methode 2 viel einfacher als 1.

16.1.8. Hilbert-Raum

Die betrachtete Funktionenmenge muß quadratisch integrierbar sein, d. h. das Skalarprodukt $f^* \cdot g = \int f^* g\,\mathrm{d}x$ muß für jede Kombination f, g einen vernünftigen Wert haben. Der Nachweis, daß eine solche Funktionenmenge existiert und sich angeben läßt, ist allerdings ein erhebliches mathematisches Problem. Dann aber sind die angegebenen Axiome des Vektorraums alle erfüllt, wie man durch Hinschreiben sieht. Dabei ist gleichgültig, ob man die Menge aller Funktionen mit der Periode 2π oder die Menge aller „vernünftigen" Funktionen überhaupt betrachtet; das beeinflußt nur den Integrationsbereich. Im ersten Fall zeigt die Fourier-Entwicklung, daß dieser Raum unendlich viele, aber abzählbar viele Dimensionen hat, denn so viele Basisfunktionen braucht man, um jede beliebige Funktion darstellen zu können.

16.1.9. Operator der Standard-Abweichung

Wir betrachten den Operator $\boldsymbol{A}^2$. Seine Eigenwerte sind die Quadrate der Eigenwerte von $\boldsymbol{A}$, denn $\boldsymbol{A}^2 f = \boldsymbol{A}\boldsymbol{A}f = \boldsymbol{A}af = a^2 f$, sein Mittelwert in einem Zustand φ ist der Mittelwert der Größe $\overline{a^2}$. Für jeden Zustand, der kein Eigenzustand von $\boldsymbol{A}$ ist, ist $\overline{a^2}$ verschieden von $\overline{a}^2$. Der Unterschied ist gerade das mittlere Schwankungsquadrat, die Wurzel aus diesem ist die Streuung. Der Operator des Schwankungsquadrats heißt $(\boldsymbol{A} - \overline{a})^2$, denn Ausmultiplizieren liefert den Operator $\boldsymbol{A}^2 - 2\overline{a}\boldsymbol{A} + \overline{a}^2$, der den Mittelwert $\overline{a^2} - \overline{a}^2$ hat. (Allerdings bezieht sich dieser Operator eigentlich nur auf Zustände, die den gleichen Mittelwert $\overline{a}$ haben.) Der Operator der Streuung ist aber nicht etwa $\boldsymbol{A} - \overline{a}$, denn dessen Mittelwert wäre immer 0. Das Wurzelziehen aus Operatoren ist nicht ohne weiteres erlaubt.

16.1.10. Unschärferelation

$F(\alpha)$ ist als Betragsquadrat einer Funktion $\boldsymbol{D}\psi$ immer positiv. Wir multiplizieren aus:

$$\begin{aligned} F(\alpha) &= (\boldsymbol{A}^* - \mathrm{i}\alpha\boldsymbol{B})\psi^* \cdot (\boldsymbol{A} + \mathrm{i}\alpha\boldsymbol{B})\psi \\ &= \boldsymbol{A}^*\psi^* \cdot \boldsymbol{A}\psi - \mathrm{i}\alpha\boldsymbol{B}^*\psi^* \cdot \boldsymbol{A}\psi + \mathrm{i}\alpha\boldsymbol{A}^*\psi^* \cdot \boldsymbol{B}\psi \\ &\quad + \alpha^2\boldsymbol{B}^*\psi^* \cdot \boldsymbol{B}\psi \\ &= \psi^* \cdot \boldsymbol{A}^2\psi - \mathrm{i}\alpha(\psi^* \cdot \boldsymbol{B}\boldsymbol{A}\psi - \psi^* \cdot \boldsymbol{A}\boldsymbol{B}\psi) \\ &\quad + \alpha^2\psi^* \cdot \boldsymbol{B}\psi \\ &= \overline{A^2} + \mathrm{i}\alpha(\overline{AB} - \overline{BA}) + \alpha^2\overline{B^2} \\ &= \overline{A^2} + \alpha\overline{C} + \alpha^2\overline{B^2} = 0\,. \end{aligned}$$

A^2 und B^2 sind ebenfalls immer positiv. Die Funktion $F(\alpha)$ hat ein Minimum bei $\partial F/\partial\alpha = \overline{C} + 2\alpha\overline{B^2} = 0$, also $\alpha = -\overline{C}/(2\overline{B^2})$. Dort hat $F(\alpha)$ den Wert $\overline{A^2} - \overline{C}^2/(4\overline{B^2})$, der also auch noch positiv sein muß. Daraus folgt die gesuchte Beziehung $\overline{C}^2 \leqq 4\overline{A^2}\,\overline{B^2}$. Daß das Extremum bei $\partial F/\partial\alpha = 0$ ein Minimum ist, ergibt sich aus $\partial^2 F/\partial\alpha^2 = 2\overline{B^2} \geqq 0$. – Physikalische Nutzanwendung: $\boldsymbol{A}$ und $\boldsymbol{B}$ seien Operatoren für die Größen a und b, die für den betrachteten Zustand ψ die Mittelwerte 0 haben (das ist keine Beschränkung der Allgemeinheit, denn andernfalls brauchte man nur den Nullpunkt der betreffenden Größe zu verschieben). Dann sind $\overline{A^2} = (\Delta a)^2$ und $\overline{B^2} = (\Delta b)^2$ die Schwankungsquadrate von a und b. Ihr Produkt ist immer größer als der Mittelwert des Minuskommutators $\boldsymbol{C}$. Wenn $\boldsymbol{A}$ und $\boldsymbol{B}$ vertauschbar sind, ist $\overline{C} = 0$, und die Schwankungen von a und b können gleichzeitig verschwinden. Wenn aber, wie im Fall von Koordinate x und Impuls p_x, oder Zeit t und Energie W, der Minuskommutator alle Zustände zu Eigenzuständen hat, und zwar immer mit dem Eigenwert $\hbar$, ergibt sich die **Unschärferelation** $\Delta a\,\Delta b \geqq \hbar/2$.

16.2.1. Teilchen = Welle

Typisch für Wellen sind ihre Überlagerungseigenschaften. Teilwellen addieren sich zu einem Gesamtvorgang, umgekehrt läßt sich jeder Vorgang in Teilwellen zerlegen. Dabei hat man ziemliche Freiheit (Fourier-Analyse und -Synthese, Aufgabe 10.1.13). Typisch ist auch, daß diese Addition vielfach auf eine Subtraktion hinausläuft, weil die Amplitude beide Vorzeichen haben kann. Eine Größe, die sich so verhält, kann offenbar keine Teilchendichte oder keine Wahrscheinlichkeit darstellen, denn beide sind positiv definit. Wellen- und Teilcheninterferenz werden erst dadurch möglich, daß sich die Teilamplituden bzw. Teil-ψ überlagern und dann erst zur Intensität quadrieren. Würden sich immer die Dichten, Auftreffwahrscheinlichkeiten usw. überlagern, käme z. B. beim Doppelspaltversuch (Aufgabe 10.1.16) einfach die Summe der beiden Teilbilder heraus, und auch im Bild des Einzelspalts gäbe es keine Interferenzstreifen. Ob die Wellen harmonisch sind wie die Impuls-Eigenfunktionen, ist nicht ausschlaggebend. Daß die ψ-Funktion komplex ist, würde ihre direkte physikalische Deutung noch nicht beeinträchtigen, denn aus rechnerischen Gründen setzt man ja Wechselstromgrößen und Amplituden auch komplex an. Der weitere Ausbau der Quantenmechanik zeigt allerdings, daß der komplexe Charakter hier keine reine Rechenhilfe, sondern ein wesentlicher Zug ist.

16.2.2. Vertauschbarkeit

Ein scharfer Wert für a existiert nur in einem Eigenzustand von $\boldsymbol{A}$, entsprechend für b. Wir setzen also voraus, alle Eigenfunktionen von $\boldsymbol{A}$ seien auch Eigenfunktionen von $\boldsymbol{B}$ und umgekehrt, und müssen zeigen, daß für *jede* Funktion ψ, auch wenn sie nicht Eigenfunktion ist, $\boldsymbol{A}\boldsymbol{B}\psi = \boldsymbol{B}\boldsymbol{A}\psi$ gilt. ψ läßt sich nach gemeinsamen Eigenfunktionen entwickeln: $\psi = \sum c_k f_k$. Dann ist $\boldsymbol{A}\psi = \sum c_k a_k f_k$, $\boldsymbol{B}\psi = \sum c_k b_k f_k$, also $\boldsymbol{B}\boldsymbol{A}\psi = \sum c_k a_k b_k f_k = \boldsymbol{A}\boldsymbol{B}\psi$. – Die Umkehrung gilt auch: $\boldsymbol{A}$ und $\boldsymbol{B}$ seien vertauschbar; wir wollen zeigen, daß sie dann auch gemeinsame Eigenfunktionen haben. Wenn f Eigenfunktion von $\boldsymbol{A}$ ist, also $\boldsymbol{A}f = af$, gilt auch $\boldsymbol{B}\boldsymbol{A}f = a\boldsymbol{B}f$. Wegen der Vertauschbarkeit kann man auch sagen $\boldsymbol{A}(\boldsymbol{B}f) = a(\boldsymbol{B}f)$. Die Funktion $g = \boldsymbol{B}f$ ist also ebenfalls Eigenfunktion von $\boldsymbol{A}$ zum Eigenwert a. Wenn a nicht entartet ist, gehört zu ihm nur eine einzige Eigenfunktion. g und f können sich höchstens um einen Zahlenfaktor unterscheiden: $g = cf$. Da $g = \boldsymbol{B}f$, bedeutet das aber, daß f auch Eigenfunktion von $\boldsymbol{B}$ ist, und zwar mit dem Eigenwert c. Im Fall eines entarteten Eigenwerts kommt man etwas umständlicher zum entsprechenden Ergebnis.

16.2.3. Impulsoperator

Die Operatoren verschiedener Impulskomponenten, z. B. $\boldsymbol{p}_x = -\mathrm{i}\hbar\,\partial/\partial x$ und $\boldsymbol{p}_y = -\mathrm{i}\hbar\,\partial/\partial y$ sind vertauschbar, denn bei einer vernünftigen Funktion $\psi(x, y, z)$ kommt es auf die Reihenfolge der Ableitungen nicht an. Nach Aufgabe 16.2.2 gibt es also Zustände, in denen alle Komponenten scharfe Werte haben. Sonst könnte ja auch der Gesamtimpuls nicht scharf sein, ebensowenig sein Betrag. $\boldsymbol{p} = -\mathrm{i}\hbar\,\mathrm{grad}$ ist mit $\boldsymbol{p}_x$ vertauschbar (jeder Operator ist mit sich selbst vertauschbar). Das Quadrieren ändert nichts an der Vertauschbarkeit: Wenn $\boldsymbol{AB} = \boldsymbol{BA}$, folgt $\boldsymbol{A}^2\boldsymbol{B} = \boldsymbol{ABA} = \boldsymbol{BA}^2$. Also sind Impulskomponente und Impulsbetrag auch vertauschbar.

16.2.4. Drehimpuls I

Siehe Lösung 16.2.5.

16.2.5. Drehimpuls II

Der Operator der Impulskomponente $\boldsymbol{p}_x = -\mathrm{i}\hbar\,\partial/\partial x$ beschreibt, wie sich der Zustand bei einer x-Verschiebung verhält. Ändert er sich dabei nicht (bis auf die Phase), dann ist er Eigenzustand von $\boldsymbol{p}_x$ und hat scharfes festes p_x. Räumliche Homogenität bedeutet Impulserhaltung (Satz von *Noether*). Der Operator der Drehimpulskomponente $\boldsymbol{L}_x$ beschreibt das Verhalten bei Drehung um die x-Achse. Ändert sich dabei nur die Phase, ist l_x fest und scharf. Räumliche Isotropie bedeutet Drehimpulserhaltung. Wir setzen an $\boldsymbol{L}_x = -\mathrm{i}\hbar\,\partial/\partial\varphi$ und drücken das in kartesischen Koordinaten aus. Wenn man um die x-Achse um $\mathrm{d}\varphi$ dreht (in positivem Sinn, d. h. von der positiven y- zur positiven z-Achse hin mit $\varphi = 0$ auf der positiven y-Achse), nimmt z um $\mathrm{d}z = r\,\mathrm{d}\varphi\cos\varphi = y\,\mathrm{d}\varphi$ zu, y nimmt um $\mathrm{d}y = -r\,\mathrm{d}\varphi\sin\varphi = -z\,\mathrm{d}\varphi$ ab. Also gilt $\partial/\partial\varphi = y\,\partial/\partial z - z\,\partial/\partial y$, d. h. $\boldsymbol{L}_x = -\mathrm{i}\hbar(y\,\partial/\partial z - z\,\partial/\partial y)$. Das entspricht genau $\boldsymbol{L} = \boldsymbol{r}\times\boldsymbol{p}$. Für eine Eigenfunktion f von $\boldsymbol{L}_x$ muß gelten $-\mathrm{i}\hbar\,\partial f/\partial\varphi = l_x f$, also $f = f_0\,\mathrm{e}^{\mathrm{i}l_x\varphi/\hbar}$. Das sieht ganz analog zu einer $\boldsymbol{p}_x$-Eigenfunktion aus, aber mit dem wesentlichen Unterschied, daß sich f hier in den Schwanz beißen muß: $f(2\pi) = f(0)$, also $l_x = n\hbar$. Die einzigen scharfen Werte der x-Komponente des Drehimpulses sind Vielfache von $\hbar$. Das ist das Bohrsche Postulat, das zur Aufklärung des Wasserstoffspektrums und vieler Eigenschaften der Molekülspektren führte. Die zugehörigen Eigenfunktionen haben $(n+1)$-zählige Symmetrie um die x-Achse; sie haben $n+1$ identische „Blütenblätter". Genau diese Struktur der Wellenfunktionen findet man im H-Atom (Abb. 16.8–16.14). Von den beiden übrigen Richtungen (r und x) kann f dabei noch beliebig abhängen. $\boldsymbol{L}_x$ ist hermitesch wie jeder Operator der Form $-\mathrm{i}\hbar\,\partial/\partial$ (der Faktor i ist wesentlich). $\boldsymbol{L}_x$ und $\boldsymbol{L}_y$ sind nicht vertauschbar, weil sie nicht nur die Ableitungen, sondern auch die Koordinaten selbst enthalten. Der Minuskommutator ist $\boldsymbol{L}_x\boldsymbol{L}_y - \boldsymbol{L}_y\boldsymbol{L}_x$. Man multipliziere das aus, wobei man streng auf Vertauschbarkeit achtet, und erhält $\mathrm{i}\hbar(x\boldsymbol{p}_y - y\boldsymbol{p}_x) = \mathrm{i}\hbar\boldsymbol{L}_z$. Dies ist die z-Komponente von $\boldsymbol{L}\times\boldsymbol{L} = \mathrm{i}\hbar\boldsymbol{L}$. $\boldsymbol{L}^2 = \boldsymbol{L}_x^2 + \boldsymbol{L}_y^2 + \boldsymbol{L}_z^2$ ist mit $\boldsymbol{L}_x$ vertauschbar. In $\boldsymbol{L}^2\boldsymbol{L}_x - \boldsymbol{L}_x\boldsymbol{L}^2$ fällt $\boldsymbol{L}_x^3$ gleich weg. In $\boldsymbol{L}_y^2\boldsymbol{L}_x$ ziehe man $\boldsymbol{L}_x$ schrittweise mittels $\boldsymbol{L}_y\boldsymbol{L}_x = \boldsymbol{L}_x\boldsymbol{L}_y - \mathrm{i}\hbar\boldsymbol{L}_z$ nach vorn, entsprechend in $\boldsymbol{L}_z^2\boldsymbol{L}_x$. Zum Schluß hebt sich alles weg. Ein Zustand mit scharfem l_x hat also auch einen scharfen Gesamtdrehimpulsbetrag L. Bei $l_x = n\hbar$ kann aber bestimmt nicht auch $L = n\hbar$ sein, denn das würde heißen, daß auch l_y und l_z scharfe Werte hätten, nämlich 0, was nicht möglich ist, weil die Operatoren der Komponenten nicht vertauschbar sind. Wieviel muß für l_y und l_z übrigbleiben? Eine Überlegung ähnlich Aufgabe 16.1.10, angewandt auf den Operator $\boldsymbol{L}_y + \mathrm{i}\boldsymbol{L}_z$ zeigt, daß $(\boldsymbol{L}_y - \mathrm{i}\boldsymbol{L}_z)(\boldsymbol{L}_y + \mathrm{i}\boldsymbol{L}_z) = \boldsymbol{L}_y^2 + \boldsymbol{L}_z^2 + \mathrm{i}(\boldsymbol{L}_y\boldsymbol{L}_z - \boldsymbol{L}_z\boldsymbol{L}_y) = \boldsymbol{L}_y^2 + \boldsymbol{L}_z^2 - \hbar\boldsymbol{L}_x$ immer den Eigenwert 0 hat. Demnach hat $\boldsymbol{L}^2 = \boldsymbol{L}_x^2 + \boldsymbol{L}_y^2 + \boldsymbol{L}_z^2$ denselben Eigenwert wie $\boldsymbol{L}_x^2 + \hbar\boldsymbol{L}_x$, nämlich $n^2\hbar^2 + n\hbar^2 = n(n+1)\hbar^2$. Der Operator der Rotationsenergie heißt nach klassischem Vorbild $\boldsymbol{W}_{\mathrm{rot}} = \boldsymbol{L}^2/(2J)$ (J: Trägheitsmoment), seine Eigenwerte sind $n(n+1)\hbar/(2J)$. Das ist die Grundlage der Theorie der Bandenspektren. Zu dem gleichen Ergebnis kommt man auch rein analytisch mittels der Kugelfunktionen, aber diese Rechnungen sind noch unangenehmer als die Operatoralgebra. Ein Kreisel mit raumfester Achse, bei dem $W_{\mathrm{rot}} = n^2\hbar^2/(2J)$ wäre, ist quantenmechanisch unmöglich, da bei ihm l_y und l_z gleichzeitig verschwänden. Bei freier Achse muß man n^2 ersetzen durch $n(n+1)$. Das Zusatzglied ist die Nullpunktsenergie der beiden anderen Drehungskomponenten.

16.2.6. Standard-Abweichung

Für eine Größe a mit dem Mittelwert 0 (notfalls durch Achsenverschiebung zu erreichen) hat das mittlere Schwankungsquadrat den Operator $\boldsymbol{A}^2$ (Aufgabe 16.1.9). Allgemein gilt $(\boldsymbol{A} - \overline{a})^2$. Ein Zustand mit scharfem Wert für a hat das Schwankungsquadrat 0, ist also Eigenfunktion von $(\boldsymbol{A} - a)^2$ mit dem Eigenwert 0: $(\boldsymbol{A} - a)^2\psi = 0$. Das ist nur möglich, wenn ψ Eigenfunktion von $\boldsymbol{A}$ mit dem Eigenwert a ist (vgl. den Gedankengang von Aufgabe 16.2.2: $(\boldsymbol{A} - \overline{a})^2$ ist mit $\boldsymbol{A}$ vertauschbar).

16.2.7. Hamilton-Operator

Wenn $\boldsymbol{A}$ zur Größe a gehört, bezeichnen wir den Operator, der zu $\dot{a}$ gehört, als $\dot{\boldsymbol{A}}$. Wir behaupten $\dot{\boldsymbol{A}} = \mathrm{i}\hbar^{-1}(\boldsymbol{HA} - \boldsymbol{AH})$. Für $\boldsymbol{H}$ kann man wahlweise $-\mathrm{i}\hbar\,\partial/\partial t$ oder $\boldsymbol{p}^2/(2m) + U$ setzen. Anwendung von $-\mathrm{i}\hbar\,\partial/\partial t$ auf eine konkrete Funktion ψ ergibt formal genau das Richtige: $\mathrm{i}\hbar^{-1}(\boldsymbol{HA}\psi - \boldsymbol{AH}\psi) = \dot{\boldsymbol{A}}\psi + \boldsymbol{A}\dot{\psi} - \boldsymbol{A}\dot{\psi} = \dot{\boldsymbol{A}}\psi$. Wenn $\boldsymbol{A}$ mit $\boldsymbol{H}$ vertauschbar ist, ist $\dot{\boldsymbol{A}} = 0$ und hat nur den Eigenwert 0, also ist a konstant in allen Eigenzuständen, die nach Aufgabe 16.2.2 auch Eigenzustände von $\boldsymbol{A}$ sind. Der Impulsoperator ist mit $\boldsymbol{H}$ genau dann vertauschbar, wenn $U = \mathrm{const}$, $(\boldsymbol{H} = \boldsymbol{p}^2/(2m) + U)$. Bei Kräftefreiheit haben stationäre Zustände außer konstantem W auch konstantes $\boldsymbol{p}$. Andernfalls muß man schreiben $\dot{\boldsymbol{p}} = \mathrm{i}\hbar^{-1}(\boldsymbol{Hp} - \boldsymbol{pH})$. Der Anteil $\boldsymbol{p}^2/(2m)$ ist mit $\boldsymbol{p}$ vertauschbar, also bleibt in Anwendung auf eine Funktion ψ nur $\dot{\boldsymbol{p}}\psi = \mathrm{i}\hbar^{-1}(U\boldsymbol{p}\psi - \boldsymbol{p}U\psi) = U\,\mathrm{grad}\,\psi - \mathrm{grad}\,(U\psi) = -\psi\,\mathrm{grad}\,U$. Der Operator $\dot{\boldsymbol{p}}$ ist gleich dem Operator $-\,\mathrm{grad}\,U$. Das ist *Newtons* Aktionsprinzip in Operatorsprache. Die Änderung der Koordinate x hat den Operator $\dot{x} = \mathrm{i}\hbar^{-1}(\boldsymbol{H}\boldsymbol{x} - \boldsymbol{x}\boldsymbol{H})$. Hier fällt der U-Anteil infolge Vertauschbarkeit weg, ebenso wie $\boldsymbol{p}_y^2$ und $\boldsymbol{p}_z^2$. Es bleibt $\dot{\boldsymbol{x}} = \mathrm{i}\hbar^{-1}(\boldsymbol{p}_x^2\dot{\boldsymbol{x}} - \boldsymbol{x}\boldsymbol{p}_x^2)/(2m)$. Schafft man in $\boldsymbol{x}\boldsymbol{p}_x^2$ mittels $\boldsymbol{x}\boldsymbol{p}_x - \boldsymbol{p}_x\boldsymbol{x} = \mathrm{i}\hbar$ das $\boldsymbol{x}$ in zwei Schritten nach hinten, bleibt jedesmal $\mathrm{i}\hbar\boldsymbol{p}_x$ stehen, also $\dot{\boldsymbol{x}} = \boldsymbol{p}_x/m$. In Zuständen mit scharfem p_x gilt also der übliche Zusammenhang $p_x = m\dot{x}$.

16.2.8. Teilchen im Magnetfeld

Die Lorentz-Kraft ist von ganz anderer Art als etwa die Coulomb-Kraft: Wenn ein Teilchen sich nicht bewegt, kann auch das stärkste B-Feld seinem Impuls nichts anhaben. Ein Magnetfeld wird daher auch in den H-Operator anders eingehen als einfach durch Addition seines Potentials. Wir betrachten ein homogenes Feld $\boldsymbol{B} = (0, B, 0)$. Es leitet sich aus einem Vektorpotential $\boldsymbol{A} = (Bz, 0, 0)$ ab (Aufgabe 7.6.3). Die Lorentz-Kraft auf ein Teilchen mit $\boldsymbol{v} = (v_1, v_2, v_3)$ ist $\boldsymbol{F} = e(-v_3 B, 0, v_1 B)$, die x-Komponente seines Impulses ändert sich wie $\dot{p}_1 = -ev_3 B = -e\dot{z}B = -e\dot{A}$ (A ändert sich *für das Teilchen*, eben weil es in z-Richtung fliegt). Integration zeigt, daß man im Magnetfeld zu dem üblichen Ausdruck für den Impuls noch das Glied $-e\boldsymbol{A}$ hinzufügen muß, damit eine Konstante der Bewegung herauskommt. Für den H-Operator setzen wir also nicht $p^2/(2m) + U$, sondern $(\boldsymbol{p} - e\boldsymbol{A})^2/(2m) + U$. Stationäre Zustände bei konstantem U sind Eigenfunktionen nicht von $\boldsymbol{p}$, sondern von $\boldsymbol{p} - e\boldsymbol{A}$ und natürlich auch von seinem Quadrat. Für unser homogenes B-Feld folgt $\hbar\,\partial\psi/\partial x = \mathrm{i}(eBz + p_1)\psi$, d. h. $\psi = \psi_0\,\mathrm{e}^{\mathrm{i}(kx + eBzx/\hbar)}$. Die Phase ändert sich in z-Richtung, die Wellenflächen sind schräg, und zwar hyperbolisch gekrümmt. Ihre Orthogonaltrajektorien sind Kreise mit dem Radius $\hbar k/(eB) = mv/(eB)$. Hier erkennt man die Larmor-Kreise wieder. – Wenn $-e\boldsymbol{A}$ die Rolle eines Impulses spielt, muß sich im Magnetfeld die ψ-Welle räumlich modulieren (ebenso wie ein E-Feld sie zeitlich moduliert): Wenn zwei Stellen eine $\boldsymbol{A}$-Differenz $\Delta\boldsymbol{A}$ haben, bedeutet das einen Unterschied $\Delta\boldsymbol{k} = e\,\Delta\boldsymbol{A}/\hbar$ im k-Vektor (eine Differenz ΔV des üblichen Potentials bedeutet eine ω-Differenz um $\Delta\omega = eV/\hbar$). Daß dies stimmt, zeigt der Josephson-Effekt (Abschn. 14.7). Auch die Existenz des Suprastroms überhaupt läßt sich durch den Zusatzimpuls $-e\boldsymbol{A}$ ausdrücken (Aufgabe 14.7.2). Ein noch direkterer, wenn auch experimentell sehr schwieriger Beweis ist der Versuch von *Aharanov* und *Bohm*: Das Elektronen-Interferenzmuster beim Doppelspaltversuch (Abschn. 10.4.3) verschiebt sich, wenn man ein B-Feld quer (in y-Richtung) zur Ebene der Elektronenbündel legt, die in x-Richtung laufen. Dabei nimmt nämlich $\boldsymbol{A}$ in z-Richtung zu, d. h. die beiden Bündel laufen durch verschiedenes $\boldsymbol{A}$ und haben daher verschiedene λ, selbst wenn sie vorher streng monochromatisch waren. Im Prinzip tritt diese Verschiebung auch ein, wenn das B-Feld zwar zwischen den Bündeln, nicht aber in ihrem Weg selbst besteht, d. h. ohne daß auf die Elektronen eine Lorentz-Kraft wirkt.

16.2.9. Unschärfe I

Wir reden nicht von der praktisch auch nicht vorhersagbaren Ablenkung bei den Stößen, besonders solchen, die zur Ionisation des getroffenen Atoms führen, sondern von der rein quantenmechanischen Unschärfe. Die Nebelspur legt die Teilchenbahn auf einige µm fest. Daraus ergibt sich für ein Elektron eine Unschärfe des Impulses (genauer seiner Komponente quer zur Bahn) von $h/(1\,\mu\mathrm{m})$, eine v-Unschärfe von etwa 100 m/s. Bei schweren Teilchen ist Δv viel kleiner. Ein Elektron kann nur dann mehrfach ionisieren, wenn es einige keV hat (mittlere Ionisierungsenergie in Luft 30 eV). Bei 1 keV ist $v \approx 2 \cdot 10^7$ m/s, die Durchquerung der Kammer dauert etwa 10^{-8} s. In dieser Zeit kann die Unschärfe der Quergeschwindigkeit eine gerade merkliche Verschiebung von einigen µm bedingen. Für schnellere Elektronen oder schwere Teilchen ist die Verschiebung unmerklich.

16.2.10. Unschärfe II

Dieses Problem gehört zu den lehrreichsten, denn es zeigt u. a., wann Großzügigkeit mit dem Faktor 2 in Abschätzungen zu üblen Fehlschlüssen führen kann. Der Zustand des Zahnstochers sei beschrieben durch einen Kippwinkel φ gegen die Senkrechte und dessen Änderungsgeschwindigkeit $\dot{\varphi}$, bzw. den Drehimpuls $J\dot{\varphi}$ um den Unterstützungspunkt. Könnte man den Anfangswert φ_0 exakt gleich Null machen, würde die Unschärferelation den Drehimpuls beliebig unsicher machen, und der Zahnstocher fiele eben deswegen mit $\varphi = \dot{\varphi}_0 t$ um. Umgekehrt: Bei $\dot{\varphi}_0 = 0$ wird φ beliebig unsicher. Das Kippmoment ist für kleine Winkel $\frac{1}{2} lmg \sin\varphi \approx \frac{1}{2} lmg\varphi$, die Bewegungsgleichung $\ddot{\varphi} = \frac{1}{2} lmg\varphi/J = 3g\varphi/(2l)$ mit $J \approx \frac{1}{3} ml^2$, also $\varphi = \varphi_0\,\mathrm{e}^{t/\tau}$ mit $\tau = \sqrt{l/1{,}5\,g}$, falls $\dot{\varphi}_0 = 0$. Offenbar ist eine Kompromißlösung angebracht. Bei beliebigem φ_0 und $\dot{\varphi}_0$ ist $\varphi = \dot{\varphi}_0 t + \varphi_0\,\mathrm{e}^{t/\tau}$. Die prinzipiell nicht unterschreitbaren φ_0 und $\dot{\varphi}_0$ hängen zusammen wie $\varphi_0 J\dot{\varphi}_0 \approx h$, also kippt der Zahnstocher günstigstenfalls mit $\varphi = ht/(J\varphi_0) + \varphi_0\,\mathrm{e}^{t/\tau}$. Wir wollen φ bei gegebenem t möglichst klein machen. Nullsetzen der Ableitung nach φ_0 liefert $\varphi_0 = \sqrt{ht/J}\,\mathrm{e}^{-t/(2\tau)}$, also als minimale Kippung $\varphi = 2\sqrt{ht/\tau}\,\mathrm{e}^{t/(2\tau)}$. Bei $l = 4$ cm und einer Dicke von 2 mm wird $J \approx 1\,\mathrm{g\,cm^2}$, also $\varphi \approx 2 \cdot 10^{-13}\sqrt{t}\,\mathrm{e}^{t/(2\tau)}$. Für $\varphi \approx 1°$ begrenzt die Unschärferelation die Kippzeit auf 2,5 s. Da dies scheinbar nicht hoffnungslos über dem liegt, was ein geschickter Mensch erreichen kann, könnte man meinen, die Unschärferelation bilde hier die praktische Begrenzung. Daß das nicht stimmt, sieht man sofort, wenn man das unschärfemäßig zulässige φ_0 bestimmt: $\varphi_0 \approx 10^{-24}$, also 10^{-10} Nukleonenradien Abweichung für die Spitze des Zahnstochers. Ein Faktor 2 in der Kippzeit ist hier nämlich keinesfalls zu unterschlagen, denn wegen $\varphi \sim \mathrm{e}^{t/\tau}$ bedeutet er, daß das entsprechende φ_0 ins Quadrat erhoben wird. Bei großem Geschick erreicht man vielleicht $\varphi_0 \approx 1' \approx 3 \cdot 10^{-4}$, also $t = \tau \ln \varphi/\varphi_0 \approx 0{,}2$ s für $\varphi = 1°$, 0,4 s für $\varphi \approx 1$ (vollständiges Umkippen). Wenn man t verzehnfachen will, muß man φ_0 mit 10 potenzieren, wodurch es utopisch klein wird.

16.2.11. Fermionen und Bosonen

$P(x_1, x_2)\,\mathrm{d}x_1\,\mathrm{d}x_2 = \psi(x_1, x_2)\psi^*(x_1, x_2)$. Vertauschung kann P nicht ändern, da Teilchen gleicher Art nicht unterscheidbar sind. Entweder ändert sich ψ auch nicht, oder es ändert sein Vorzeichen, was auf P keinen Einfluß hat. Teilchen mit Wellenfunktionen der ersten Art sind Bosonen, mit solchen der zweiten Fermionen. Zwei Fermionen können nie am gleichen Ort x_1 sein, allgemein keine identischen Wellenfunktionen haben, sonst müßte ja $\psi(x_1, x_1) = -\psi(x_1, x_1)$ sein; Bosonen können dies. Im zweidimensionalen Raum wären **Anyonen** mit beliebiger Änderung des Phasenfaktors bei Vertauschung denkbar. Möglicherweise spielen sie z. B. in der Hochtemperatur-Supraleitung eine Rolle.

16.3.1. Harmonischer Oszillator

Dieses Problem und die folgenden sind leider typisch dafür, wie abschreckend mühsam die konkrete Durchrechnung einfachster Eigenwertprobleme oft ist. Eben weil sie so typisch sind, muß man aber einige gängige Vereinfachungsmittel kennenlernen. Wir suchen die Funktionen ψ, die die ebene Schrödinger-Gleichung mit harmonischem Potential $-\frac{1}{2}\hbar^2 m^{-1}\,\Delta\psi + \frac{1}{2}Dx^2\psi = W\psi$ erfüllen und vernünftig sind, d. h. im Unendlichen verschwinden (auf die Umgebung von $x = 0$ beschränkt sind). Dies sind Eigenfunktionen, die zugehörigen W-Werte sind Eigenwerte des Problems. Maßstabsänderung $\varepsilon = 2W/(\hbar\omega_0)$, $\xi = x/x_0$ mit $\omega_0 = \sqrt{D/m}$, $x_0 = \hbar^{1/2}(Dm)^{-1/4}$ vereinfacht zu $-\psi'' + \xi^2\psi = \varepsilon\psi$. Für sehr große ξ bleibt nur $\psi'' = \xi^2\psi$. Die Gauß-Funktion $\psi = A\,\mathrm{e}^{-a\xi^2}$ ergibt $\psi' = -2a\xi\psi$, $\psi'' = (4a^2\xi^2 - 2a\xi)\psi$, löst also mit $a = \frac{1}{2}$ asymptotisch (für $\xi \gg 1$) das Problem und verhält sich auch physikalisch vernünftig: Groß um $x = 0$, draußen schnell abnehmend. Für $\varepsilon = 1$ löst sie es sogar exakt, aber nur für diesen ε-Wert. Höhere Energiezustände erhält man als $H(\xi)\,\mathrm{e}^{-\xi^2/2}$ mit einem Polynom $H(\xi) = \sum_{i=0}^{\infty} c_i\xi^i$, also $\psi' = (H' - \xi H)\,\mathrm{e}^{-\xi^2/2}$, $\psi'' = (H'' - H - 2\xi H' + \xi^2 H)\,\mathrm{e}^{-\xi^2/2}$. Einsetzen in die Schrödinger-Gleichung liefert $H'' = 2\xi H' + (\varepsilon - 1)H = 0$. Mit der Potenzreihe ist

$$\xi H' = \sum_{i=0}^{\infty} i c_i \xi^i\,, \qquad H'' = \sum_{i=2}^{\infty} i(i-1)c_i\xi^{i-2} = \sum_{i=0}^{\infty}(i+2)(i+1)c_{i+2}\xi^i\,,$$

also $\sum_{i=0}^{\infty}[(i+2)(i+1)c_{i+2} - 2ic_i + (\varepsilon - 1)]\xi' = 0$, d. h. $c_{i+2} = c_i(2i + 1 - \varepsilon)/[(i+2)(i+1)]$. Nur wenn $\varepsilon = 2n + 1$, bricht das Polynom H mit c_n ab; sonst könnte es als unendliche Potenzreihe selbst das Abklingen der Gauß-Funktion aufheben. Abbrechen ist genau dann garantiert, wenn bei geradem n: $c_0 \neq 0$, $c_1 = 0$, bei ungeradem n: $c_0 = 0$, $c_1 \neq 0$. Bei $n = 0$ wird $\varepsilon = 1$, $H = 1$ (nach Normierung durch $\int_{-\infty}^{+\infty}\psi^2\,\mathrm{d}x = 1$). $n = 1$: $\varepsilon = 3$, $H = \xi$, $n = 2$: $\varepsilon = 5$, $H = 2\xi^2 - 1$; $n = 3$: $\varepsilon = 7$, $H = \xi^3 - \frac{3}{2}\xi$. Die stationären Energiewerte sind also $W = \frac{1}{2}h\omega_0(2n + 1)$ mit $n = 0, 1, \ldots$. Die Eigenfunktionen sind Gauß-Funktionen, moduliert durch das Polynom H, das im Zustand n entsprechend dem Knotensatz n Nulldurchgänge hat (Abb. 16.6 stellt nicht ψ, sondern die Aufenthaltswahrscheinlichkeit ψ^2 dar). Bei $W = U$, wo klassisch die maximale Amplitude des Teilchens liegt, ist quantenmechanisch der äußerste Wendepunkt der ψ-Funktion; das Teilchen dringt etwas in den „verbotenen" Bereich ein. Bei kleinem n ist klassisch das Teilchen am wahrscheinlichsten an den Umkehrpunkten, quantenmechanisch in der Mitte zu finden. Bei großem n werden die beiden Bilder entsprechend dem Korrespondenzprinzip ähnlicher.

16.3.2. Theorie des α-Zerfalls

Der Krater hat außen Coulomb-Form $U = 2Ze^2/(4\pi\varepsilon_0 r)$, innen, wo die Kernkraft einsetzt, lassen wir ihn bei $r = r_1$ steil abbrechen ($r_1 = A^{1/3}r_0$, $r_0 = 1{,}3\,\mathrm{fm}$). α-Teilchen, die Kandidaten für den Austritt sein sollen, müssen $W > 0$ haben. Nach Aufgabe 13.1.7 ist das ab $A \approx 140$ der Fall, aber bei kleinem W ist die Austrittswahrscheinlichkeit sehr klein. Der Tunnelausgang liegt bei $W = U$, d. h. $r_2 = 2Ze^2/(4\pi\varepsilon_0 W)$. Das Potential sieht nur bei grober Zeichnung dreiecksähnlich aus: Sein Gipfel liegt bei 120 bis 200 MeV, es hängt also bis zum Austrittspunkt, der den wenigen MeV des α-Teilchens entspricht, erheblich durch. Im kugelsymmetrischen Potential ist ψ eine Kugelwelle $ar^{-1}\,\mathrm{e}^{-ikr}$, wo $W > U$ ist, dagegen $\psi = ar^{-1}\,\mathrm{e}^{-\kappa r}$ im Tunnel, wo $W < U$ ist. Einsetzen in die Schrödinger-Gleichung $-\frac{1}{2}\hbar^2 m^{-1}\,\Delta\psi = -\frac{1}{2}\hbar^2 m^{-1}(\psi_{rr} + 2\psi_r/r) = (W - U)\psi$ liefert $\kappa = \sqrt{(2m/\hbar^2)(2Ze^2/(4\pi\varepsilon_0 r) - W)}$. Die Austrittswahrscheinlichkeit folgt als Verhältnis der ψ^2-Werte am Ausgang und am Eingang des Tunnels: $D = \exp(-2\int_{r_1}^{r_2}\kappa\,\mathrm{d}r)$. Mit $x = r/r_2$ vereinfacht sich das Integral zu

$$\sqrt{\frac{2m}{\hbar^2}}\frac{2Ze^2}{4\pi\varepsilon_0 W^{1/2}}\int_{x_1}^{1}\sqrt{x^{-1} - 1}\,\mathrm{d}x\,.$$

Da $x_1 = r_1/r_2 \ll 1$, kann man bei $x \leqq x_1$ unter der Wurzel die 1 vernachlässigen, und das Integral wird $\int_0^1\sqrt{x^{-1} - 1}\,\mathrm{d}x - \int_0^{x_1} x^{-1/2}\,\mathrm{d}x$. Mit $x = \sin^2\alpha$ verwandelt sich das erste Integral in $\int_0^{\pi/2} 2\cos^2\alpha\,\mathrm{d}\alpha = \pi/2$ (der Mittelwert von $\cos^2$ ist $\frac{1}{2}$). Das zweite Integral gibt $2x_1^{1/2} = 2\sqrt{r_1/r_2}$, was auch mit dem davorstehenden Faktor immer klein gegen Eins ist, also im Exponenten keine Rolle spielt. Zahlenmäßig mit W in MeV erhält man $D = \exp(-0{,}9Z/\sqrt{W})$ und für die Zerfallskonstante $\lambda = v_0 D$, wobei $v_0 = v/(2r_1) \approx 10^{21}\,\mathrm{s}^{-1}$ ist: $\ln\lambda = 48 - 0{,}9Z/\sqrt{W}$. Mit der Whiddington-Reichweite $R \sim \sqrt{W}$ hätte man lieber $\sqrt{W}$ im Zähler gehabt, aber trotzdem kommt die Geiger-Nuttal-Beziehung gut heraus: ${}^{10}\log\lambda = -3$ für ${}^{218}\mathrm{Po}$, -15 für ${}^{238}\mathrm{U}$; für ${}^{144}_{60}\mathrm{Nd}$ erhält man $3 \cdot 10^{11}$ Jahre Halbwertszeit, was etwas zu wenig ist.

16.3.3. Feldemission

Das Potential geht außerhalb des Metalls wie $U = -eEx$, innen ist es horizontal (wäre es das nicht, würden Elektronen sich verschieben, bis es horizontal ist). Dazwischen liegt eine Stufe, deren Höhe annähernd gleich der aus Photo- oder Richardson-Effekt gemessenen Austrittsarbeit U_0 ist (da diese Schwelle nicht ganz scharf ist, sondern sich über einige Å erstreckt, bauen große Felder auch ihre Höhe etwas ab, wie man beim Zeichnen sofort sieht). Durch diese Dreiecksschwelle der Dicke $d = U_0/(eE)$ tunneln Elektronen mit der Wahrscheinlichkeit

$$D = \mathrm{e}^{-4\sqrt{2mU_0}d/(3\hbar)} = \mathrm{e}^{-7\cdot 10^9\sqrt{U_0^3}/E}$$

(U_0 in eV, E in V/m). Bei $U = 1\,\mathrm{eV}$ ist der Tunnelstrom $j = nevD \approx 1\,\mathrm{A/m^2}$ für $E = 2 \cdot 10^6\,\mathrm{V/cm}$, bei $10^6\,\mathrm{V/cm}$ erst $10^{-30}\,\mathrm{A/m^2}$, bei $3 \cdot 10^6\,\mathrm{V/cm}$ schon $10^{10}\,\mathrm{A/m^2}$. Durchschlag erfolgt spätestens um $2{,}5 \cdot 10^6$ V/cm. Bei Halbleiterdioden kann es vorkommen, daß besetzte Zustände der p-leitenden Schicht ebensohoch liegen wie leere im n-leitenden Teil, besonders bei angelegtem Feld in Flußrichtung. Dann können Elektronen durch die Übergangsschicht tunneln, falls diese nicht dicker als 50 Å ist.

16.3.4. Potentialgraben

Im Graben sei das Potential 0, außerhalb U. Der Graben reiche von $x = 0$ bis $x = d$. Wir untersuchen zuerst Teilchenenergien $W < U$. Die Schrödinger-Gleichung lautet im Graben: $-\frac{1}{2}\hbar^2 m^{-1}\psi'' = W\psi$, allgemeine Lösung $\psi = A\,e^{ikx} + B\,e^{-ikx}$, $k = \sqrt{2mW}/\hbar$; außerhalb vom Graben: $-\frac{1}{2}\hbar^2 m^{-1}\psi'' = (W - U)\psi$, Lösung $\psi = C\,e^{k'x}$ (links), $\psi = D\,e^{-k'x}$ (rechts), $k' = \sqrt{2m(U - W)}/\hbar$. Der Vollständigkeit halber könnte man außerhalb noch ein Glied mit dem anderen Vorzeichen des Exponenten hinschreiben, aber sein Koeffizient muß Null sein, weil es im Unendlichen divergiert. An den Grenzflächen $x = 0$ und $x = d$ müssen ψ und ψ' stetig sein, also mit den Abkürzungen $\alpha = e^{ikd}$, $\beta = e^{-k'd}$

$$\begin{aligned} A + B &= C\,, & A\alpha + B/\alpha &= D\beta\,, \\ ik(A - B) &= k'C\,, & ik(A\alpha - B/\alpha) &= -k'D\beta\,. \end{aligned} \qquad \text{(L. 7)}$$

Hier kann man C und D sofort eliminieren und erhält zwei Gleichungen in A und B:

$$(ik - k')A = (ik + k')B\,, \qquad \alpha(ik + k')A = \frac{1}{\alpha}(ik - k')B\,.$$

Damit nichtverschwindende Lösungen A und B existieren, muß für A/B beide Male das gleiche herauskommen:

$$\alpha^2 = \frac{(ik - k')^2}{(ik + k')^2} = \frac{k'^2 - k^2 - 2ikk'}{k'^2 - k^2 + 2ikk'} = e^{2ikd}\,.$$

Der Bruch ist von der Form z/z^* ($*$: konjugiert komplex). Komplexe Zahlen dividiert man, indem man ihre Winkel subtrahiert und ihre Beträge dividiert, z/z^* hat den Betrag 1 und den doppelten Winkel von z. Der gleiche Winkel erscheint im Exponenten ($z = |z|\,e^{i\varphi}$). Es folgt die Eigenwertgleichung

$$\tan kd = \frac{2kk'}{k^2 - k'^2}\,.$$

Nur für solche k und k', d. h. für solche W existiert eine stationäre ψ-Funktion. Dasselbe erhält man auch durch Nullsetzen der Determinante von (L. 7). – Man zeichne die Folge der tan-Funktionen. Sie schneiden die Kurve $2kk'/(k^2 - k'^2)$, ebenfalls als Funktion von kd aufgetragen, an unendlich vielen Stellen, im erlaubten Bereich $W < U$, d. h. $k \leqq 2mU/\hbar^2$ nur an endlich vielen. Wenn $k' \gg k$, liegen die Schnittpunkte bei $kd = n\pi$ ($n = 1, 2, \ldots$). $k' \gg k$ bedeutet $W \ll U$, d. h. tiefe Zustände in einem tiefen Graben. Wenn das nicht mehr zutrifft, verschieben sich die Schnittpunkte nach unten bzw. oben auf den tan-Kurven, nähern sich also $kd = (n + \frac{1}{2})\pi$. Diese Verschiebung ist zusammen mit dem gedämpften Eindringen in den Außenraum der Haupteffekt der endlichen Grabentiefe. Bei endlichem U liegen immer nur endlich viele Zustände im Rechteckgraben, es erfolgt keine Häufung an der oberen Begrenzung wie beim ausladenden Coulomb-Topf. – Bei $W > U$ muß man auch draußen beide Teillösungen beibehalten, die jetzt richtige Wellen $e^{\pm ik'x}$ darstellen. Die vier Anschlußbedingungen können die sechs Koeffizienten nicht festlegen, es ergibt sich auch keine Lösbarkeitsbedingung mehr: Alle Energien oberhalb des Grabenrandes sind zugelassen. Die Aufenthaltswahrscheinlichkeit ist aber im Graben größer als draußen.

16.3.5. Zwei Potentialgräben

Wir betrachten der Einfachheit halber ein symmetrisches Potential: U für $|x| < a$, 0 für $a < |x| < d$, ∞ für $|x| > d$. In den beiden Gräben spart man dann je eine Konstante: $\psi_{\mathrm{I}} = C \sin k(d - x)$ bzw $\psi_{\mathrm{III}} = D \sin k(d + x)$. In der Schwelle ist $\psi_{\mathrm{II}} = A\,e^{k'x} + B\,e^{-k'x}$ für $W < U$, $\psi_{\mathrm{II}} = A\,e^{ik'x} + B\,e^{-ik'x}$ für $W > U$. Aus den Anschlußbedingungen kann man die Determinante aufstellen und Null setzen, aber abenteuerlicher ist der direkte Weg. Elimination von C und D (Division je zweier Gleichungen) führt auf $A^2 = B^2$, d. h. $A = \pm B$. In der Schwelle gilt also entweder eine cosh- oder eine sinh-Funktion, entsprechend bei $W > U$ eine sin- oder cos-Funktion (symmetrischer oder antimetrischer Zustand). Damit folgt auch $C = \pm D$. Als Lösbarkeitsbedingung erhält man für diese vier Fälle, daß $k' \tan k(d - a)$ gleich $k \tanh k'a$, $k \coth k'a$, $k \cot k'a$ bzw. $-k \tan k'a$ sein muß. Die vollständige Diskussion ist langwierig. Wir betrachten nur einige Grenzfälle: Bei $U \gg \hbar^2/(2ma)$, d. h. $k^2 + k'^2 \gg 1$ schneiden coth und tanh im Bereich $W < U$ die tan-Kurve nicht, es gibt keinen in einem der Töpfe gebundenen Zustand. Der gesamte Topf (einschließlich Schwelle) wird von den bekannten, in W und ψ nur wenig modifizierten Zuständen eingenommen ($2k(a + d) = n\pi$). Bei $U \ll \hbar^2/(2ma)$ liegen in jedem Teiltopf zunächst tiefe, schwach miteinander gekoppelte Zustände. Sie entsprechen dem Bereich, wo coth und tanh schon beide 1 sind. Oberhalb der Schwelle liegen Zustände, deren Energie und Amplitude durch die Schwelle erheblich beeinflußt werden. Man beachte immer, daß *alle* Zweige der tan- bzw. cot-Kurve zu berücksichtigen sind.

16.3.6. Kugelwelle

Daß $\psi \sim r^{-1}\,e^{ikr}$ die stationäre Schrödinger-Gleichung im kugelsymmetrischen Fall löst, haben wir z. B. in Aufgabe 16.3.2 benutzt. Dazu kommt der zeitabhängige Faktor $e^{\pm i\omega t}$ wie für jeden stationären Zustand und macht eine Kugelwelle daraus. Für $U > W$ ergibt sich analog zum Debye-Hückel-Potential $\psi \sim r^{-1}\,e^{-k'r}$. Jetzt betrachten wir einen kugelsymmetrischen Potentialtopf statt eines ebenen Grabens: Potential 0 für $r < r_0$, U für $r > r_0$. Allgemein ist im Topf $\psi = Ar^{-1}\,e^{ikr} + Br^{-1}\,e^{-ikr}$. Damit ψ bei $r = 0$ endlich bleibt, muß $A = -B$ sein, also $\psi = A'r^{-1} \sin kr$. Dann bleiben nur die Anschlußbedingungen für r_0

$$\frac{A'}{r_0} \sin kr_0 = \frac{C}{r_0}\,e^{-k'r_0}\,,$$

$$\frac{A'}{r_0}\left(k\cos kr_0 - \frac{\sin kr_0}{r_0}\right) = \frac{Ck'}{r_0}\,\mathrm{e}^{-k'r_0}\,.$$

Endliche A' und C gibt es nur, wenn $\cot kr_0 = (k'r_0+1)/(kr_0)$. Die Folge der cot-Funktionen wird geschnitten bei $kr_0 = n\pi$, wenn $k' \gg k$, näher bei $kr_0 = (n+\frac{1}{2})\pi$, wenn das nicht der Fall ist. Wie tief muß ein Topf vom Radius r_0 sein, damit wenigstens ein stationärer Zustand darinliegt? $W = U$ bedeutet $k' = 0$, also lautet die Eigenwertbedingung $\tan kr_0 = kr_0$, d. h. $kr_0 = 4{,}4943$, $U = 10\hbar^2/(r_0^2 m)$. Kernkraft-Potentialtöpfe haben fast die angenommene steile Form mit $r_0 \approx 2{,}6\,\mathrm{fm}$ für das Deuteron. Damit ein gebundener Zustand möglich ist, muß $U > 50\,\mathrm{MeV}$ sein. Der gemessene Massendefekt des Deuterons ist 0,00239 AME, die Bindungsenergie 2,23 MeV. Die Nullpunktsenergie (ungenutzte Topftiefe) beträgt also mehr als 50 MeV.

16.3.7. Tunneleffekt

Die ψ-Funktion in Abb. 16.4 erfüllt zwar die stationäre Schrödinger-Gleichung und die Randbedingungen (ψ und ψ' überall stetig), aber sie ist nicht normiert. Rechts liegt ja der ganze unendliche Außenraum, in dem nur $\int \psi^*\psi\,\mathrm{d}V = 1$ sein kann, wenn $\psi = 0$ ist. Entweder ist drinnen auch $\psi = 0$ (Teilchen hat sich ganz zerstreut), oder man erhält Sprünge in ψ oder ψ'. Man kann sich drehen wie man will: Erzwingt man die Normierung, indem man den Raum rechts auch durch eine unendlich hohe Wand abschließt, müßte dort $\psi = 0$ sein, und mit einer auslaufenden Welle wie in Abb. 16.4, die ja noch den $\mathrm{e}^{\mathrm{i}\omega t}$-Faktor hat, geht das nicht; man brauchte eine stehende Welle, womit man wieder bei Aufgabe 16.3.5 anlangt. – Wir retten die Normierungsbedingung, wo das am unschädlichsten ist, nämlich rechts. Dort dämpfen wir die ψ-Welle durch einen $\mathrm{e}^{-\delta x}$-Faktor: Statt $D\,\mathrm{e}^{\mathrm{i}(kx-\omega t)}$ setzen wir $D\,\mathrm{e}^{\mathrm{i}(kx-\omega t)-\delta x}$. Dies drückt aus, daß sich die aus dem Topf aussickernden Teilchen nicht gleich zerstreuen, sondern zunächst vor der Schwelle ansammeln. Auf den Wert von δ kommt es nicht an, wie wir gleich sehen werden. Jedenfalls wird $\delta \ll k$ sein, d. h. die Dämpfung erstreckt sich über viele Wellenlängen. Die modifizierte ψ-Funktion kann natürlich die stationäre Schrödinger-Gleichung nicht mehr erfüllen. Einsetzen zeigt, daß nicht mehr $H\psi = W\psi$, sondern $H\psi = W\psi + \mathrm{i}\delta k\frac{1}{2}\hbar^2 m^{-1}\psi$ (hier ist δ^2 gegen $\mathrm{i}k\delta$ vernachlässigt). Die nichtstationäre Schrödinger-Gleichung liefert also $(\hbar/\mathrm{i})\dot\psi = W\psi + \frac{1}{2}\hbar^2 m^{-1}\,\mathrm{i}\delta k\psi$, d. h. $\psi = D\varphi(x)\,\mathrm{e}^{\mathrm{i}Wt/\hbar}\,\mathrm{e}^{-\hbar k\delta t/(2m)}$. ψ klingt ab mit der Zeitkonstanten $\tau = 2m/(\hbar k\delta)$. Damit unsere Lösung trotzdem erhalten bleibt, muß aus dem Topf $\psi^*\psi$ nachströmen. Im Topf sitzt ein Bruchteil $A^2 a$ des Teilchens, draußen $D^2/(2\delta)$ (Schichtdicke $1/(2\delta)$). Die Abnahme im Topf braucht also nicht mit der Zeitkonstanten τ zu erfolgen, sondern nur mit

$$\tau' = A^2 a\tau 2\delta/D^2 = maA^2/(\hbar kD^2) = ma/(\hbar k)\,\mathrm{e}^{2\int k'\,\mathrm{d}x}\,.$$

$\hbar k$ ist der Impuls, $ma/(\hbar k)$ die Durchquerungszeit des Topfes, also folgt (unabhängig von δ) das bekannte Ergebnis.

16.4.1. Resonanzenergie

Unser Potential bestehe aus zwei getrennten Töpfen. Wäre nur der linke Topf da, hieße der stationäre Zustand f_1, entsprechend f_2 allein für den rechten Topf. Weder f_1 noch f_2 kann Eigenfunktion des vollständigen H-Operators sein, auch eine Linearkombination $\psi = c_1 f_1 + c_2 f_2$ kann es nicht sein, außer wenn c_1 und c_2 zeitabhängig sind. Wie muß diese Zeitabhängigkeit aussehen? Die nichtstationäre Schrödinger-Gleichung sagt $\hbar\dot\psi = \hbar(\dot c_1 f_1 + \dot c_2 f_2) = \mathrm{i}\boldsymbol{H}\psi = \mathrm{i}(c_1\boldsymbol{H}f_1 + c_2\boldsymbol{H}f_2)$. Linksmultiplikation mit f_1^* bzw. f_2^* liefert $\hbar\dot c_1 = \mathrm{i}(c_1 H_{11} + c_2 H_{12})$ bzw. $\hbar\dot c_2 = \mathrm{i}(c_1 H_{21} + c_2 H_{22})$, wo $H_{ik} = f_i^*\cdot\boldsymbol{H}f_k$ die Matrixelemente von $\boldsymbol{H}$ in der Basis f_1, f_2 sind. Wären $H_{12} = H_{21} = 0$, d. h. $\boldsymbol{H}$ diagonal, zerfielen diese Gleichungen in zwei einfache mit den Lösungen $c_i = c_{i0}\,\mathrm{e}^{\mathrm{i}\omega_{ii}t}$ ($\omega_{ii} = H_{ii}/\hbar$). Wenn außerdem noch $H_{11} = H_{22}$, ist ψ doch Eigenfunktion von H mit dem Eigenwert H_{11}. Bei $H_{11} \neq H_{22}$ schwingen beide Anteile mit verschiedener Frequenz. Die Überlagerung ergibt wegen $W = \hbar\omega$ die Schwebungsfrequenz $\omega_{11} - \omega_{22}$, mit der das System zwischen den beiden Grenzzuständen oszilliert. Bei nichtverschwindenden H_{12} und H_{21} läßt sich das System durch Hauptachsentransformation lösen. Wir untersuchen zwei gleiche Potentialtöpfe, für die $H_{11} = H_{22} = \hbar\omega_0$ und $H_{12} = H_{21} = \hbar\omega_1$ angenommen werden kann. Dann ergibt sich durch Addition bzw. Subtraktion der beiden Gleichungen $c_1 + c_2 = A\,\mathrm{e}^{\mathrm{i}(\omega_0+\omega_1)t}$, $c_1 - c_2 = B\,\mathrm{e}^{\mathrm{i}(\omega_0-\omega_1)t}$. Wenn bei $t = 0$ das System im Zustand f_1 war, folgt $A = B = 1$ und $c_1 = \mathrm{e}^{\mathrm{i}\omega_0 t}\sin\omega_1 t$, $c_2 = \mathrm{e}^{\mathrm{i}\omega_0 t}\cos\omega_1 t$. Das System schwingt mit der Frequenz ω_1 zwischen den Basiszuständen hin und her, nach dem gleichen Zeitgesetz wie die Energie zwischen zwei gekoppelten Pendeln. ω_1 beschreibt die Stärke der Kopplung. Im konkreten Modell ist ω_1 der Tunnel-Durchlässigkeit der Potentialschwelle gleichzusetzen. Die beiden Fundamentalschwingungen der gekoppelten Pendel entsprechen $c_1 \pm c_2$ und den Energien $\hbar(\omega_0 \pm \omega_1)$: Symmetrischer und antimetrischer Zustand, Gleich- bzw. Gegentakt.

16.4.2. Quantenmechanische Störungsrechnung

Der Hamilton-Operator ist $\boldsymbol{H} = \boldsymbol{H}_0 + \boldsymbol{H}'$. $\boldsymbol{H}_0$ hat bekannte Eigenfunktionen f_k und Eigenwerte ε_k. $\boldsymbol{H}'$ ist das „Störglied". Die gesuchte Eigenfunktion von $\boldsymbol{H}$ wird nach den f_k entwickelt: $\psi = \sum c_k f_k$. Es soll also sein $\boldsymbol{H}\psi = \sum c_k\boldsymbol{H}f_k = W\sum c_k f_k$. Linksmultiplikation mit f_i^* verwandelt das in eine Matrixgleichung für die c_k:

$$\sum_k c_k f_i^*\cdot\boldsymbol{H}f_k = \sum_k c_k f_i^*\cdot(\boldsymbol{H}_0 + \boldsymbol{H}')f_k$$
$$= \varepsilon_i c_i + \sum_k H'_{ik}c_k = Wc_i$$

(Orthogonalität der f_k: $H'_{ik} = f_i^*\cdot\boldsymbol{H}'f_k$), oder

$$\sum_k H'_{ik}c_k = (W - \varepsilon_i)c_i\,. \qquad \text{(L. 8)}$$

Soweit ist alles noch exakt, aber in den meisten praktischen Fällen auch unlösbar. Jetzt benutzen wir die Kleinheit von $\boldsymbol{H}'$, also der H'_{ik}. Außerdem betrachten wir einen Zustand, der beim Verschwinden der Störung $\boldsymbol{H}'$ in einen bestimmten Basiszustand, z. B. in f_1 überginge. Dann wird c_1 viel größer sein als alle anderen c_k, und noch praktisch $c_1 = 1$. Links in (L. 8) bleibt dann nur jeweils das Glied mit $k = 1$ stehen, also für $i = 1$: $H'_{11}c_1 = (W - \varepsilon_1)c_1$, d. h. $W = \varepsilon_1 + H'_{11}$ (die Verschiebung des Eigenwertes ist gleich der Störung $\boldsymbol{H}'$, gemittelt über den ganzen Zustand f_1) und für $i \neq 1$: $c_i = H'_{i1}/(W - \varepsilon_1)$ (die Beiträge der anderen Basisfunktionen wachsen mit dem Kopplungsglied H'_{i1} und mit abnehmendem energetischen Abstand der Zustände i und 1). Wenn die Zustände von $\boldsymbol{H}_0$ entartet sind, d. h. mehrere f_k zum gleichen Eigenwert gehören, zeigt schon das Nullwerden des Nenners, daß man etwas anders verfahren muß. Höhere Näherungen baut man durch sukzessive Approximation auf, indem man jeweils die vorige Näherung in (L. 8) einsetzt.

16.4.3. Absorption

Eine Störung wie das elektrische Feld einer Lichtwelle ist durch ein orts- und zeitabhängiges Zusatzpotential U' zu beschreiben, z. B. für eine harmonische, in x-Richtung polarisierte Welle $U' = -eAx\,\mathrm{e}^{\mathrm{i}\omega t}$. Der ungestörte Hamilton-Operator $\boldsymbol{H}_0$ hat die Eigenfunktionen $f_k(\boldsymbol{r}, t) = g_k(\boldsymbol{r})\,\mathrm{e}^{\mathrm{i}\omega_k t}$ mit $\omega_k = W_k/\hbar$. Er erweitert sich jetzt zu $\boldsymbol{H} = \boldsymbol{H}_0 + U'$. Wir bauen den gestörten Zustand aus den f_k auf: $\psi = \sum c_k f_k$. In die zeitabhängige Schrödinger-Gleichung $-\mathrm{i}\hbar\dot{\psi} = (\boldsymbol{H}_0 + U')\psi$ eingesetzt und mit f_i^* linksmultipliziert, gibt das $-\mathrm{i}\hbar\dot{c}_1 + \hbar\omega_i c_i = W_i c_i + \sum_k f_i^* \cdot U' f_k c_k$ oder

$$\dot{c}_i = \mathrm{i}\hbar^{-1} \sum_k U'_{ik}\,\mathrm{e}^{\mathrm{i}(\omega_k - \omega_i + \omega)t} c_k$$

mit dem Matrixelement $U'_{ik} = g_i^* \cdot U' g_k$, das nur die räumlichen Anteile von f_i, f_k und U' enthält (die zeitlichen stekken im e-Faktor). Vor dem Einschalten des Lichtes sei das System im Zustand f_1 gewesen, d. h. alle c_i waren 0, außer $c_1 = 1$. Dann vereinfacht sich die Summe zu $\dot{c}_i = \mathrm{i}\hbar^{-1}U'_{i1}\,\mathrm{e}^{\mathrm{i}(\omega_1 - \omega_i + \omega)t}$. Wenn $\omega \neq \omega_i - \omega_1$, ist $\dot{c}_i$ eine periodische Funktion mit dem Zeitmittel 0. Deshalb bleibt c_i, abgesehen von sehr kurzzeitigen Schwankungen, immer 0. Bei $\omega = \omega_i - \omega_1$ dagegen ist der e-Faktor immer 1: $\dot{c}_i = \mathrm{i}\hbar^{-1}U'_{i1}$. In diesem Resonanzfall wächst c_i linear mit t an, falls $U'_{i1} \neq 0$. Das trifft zu, wenn die beteiligten Funktionen g_i und g_1 in der Feldrichtung, d. h. hinsichtlich der y,z-Ebene verschiedene Spiegelsymmetrie haben (Abb. 16.16). So ergeben sich die Auswahlregeln für Dipolstrahlung, speziell $l = \pm 1$ für Elektronen im zentralsymmetrischen Feld. In dieser Theorie und ihren Verfeinerungen stecken noch viele andere Züge der Lichtabsorption, der Raman-Streuung usw.

16.4.4. NH_3-Uhr

Im N-Atom mit der Elektronenkonfiguration $1s^2\,2s^2\,2p^3$ besetzen die drei $2p$-Elektronen nach der Hund-Regel die Zustände p_x, p_y, p_z mit ihren paarweise senkrechten ψ-Keulen. Ein einwertiger Bindungspartner mit der gleichen Elektronegativität wie N würde die Ecken einer dreiseitigen Pyramide mit 90°-Winkeln an der Spitze einnehmen. H ist elektropositiver als N, also wird sein Elektron etwas zum N hingezogen, und die Coulomb-Abstoßung spreizt die drei Bindungsrichtungen, ähnlich wie beim H_2O. Beide Moleküle sollten ähnliche Dipolmomente von der Größenordnung $e \cdot 1\,\text{Å} \approx 1{,}6 \cdot 10^{-30}\,\mathrm{C\,m}$ haben. Man mißt für H_2O $0{,}6 \cdot 10^{-30}$, für NH_3 $0{,}5 \cdot 10^{-30}\,\mathrm{C\,m}$. – Eine Frequenz von 24 GHz, also ein Energieabstand $W = 1{,}4 \cdot 10^{-23}\,\mathrm{J} \approx 10^{-4}\,\mathrm{eV}$ ist für einen Elektronenübergang viel zu klein. Für die Rotation erwartet man ein Trägheitsmoment J von der Größenordnung $mr^2 \approx 10^{-47}\,\mathrm{kg\,m^2}$, also eine Energiestufe $\hbar^2/(2J) \approx 10^{-21}\,\mathrm{J}$. Wir deuten die 24 GHz als Frequenz für das Durchschwingen des N durch die H_3-Ebene. Hierbei kehrt sich das Dipolmoment um, der Übergang ist also optisch sehr aktiv (sein U'_{i1} ist sehr groß, Aufgabe 16.4.3). Die entsprechende Energie $h\nu \approx 10^{-4}\,\mathrm{eV}$ muß das Störglied $H_{12} = H_{21}$ von Aufgabe 16.4.1 darstellen. Um diese Energie ist der symmetrische Zustand nach unten, der antimetrische nach oben verschoben. Im konstanten elektrischen Feld E in Richtung der Molekülachse verlieren die Potentialtöpfe ihre Symmetrie: $H_{11} = H_0 + pE$, $H_{22} = H_0 - pE$. Die Form des Potentialwalls zwischen den Töpfen dürfte vom Feld nicht wesentlich beeinflußt werden, daher bleibt $H_{12} = H_{21} = H'$. Die Eigenwertgleichung muß allgemein gelöst werden:

$$\begin{vmatrix} H_0 + pE - W & H' \\ H' & H_0 - pE - W \end{vmatrix} = 0\,.$$

Man erhält

$$W = H_0 \pm \sqrt{H'^2 + p^2E^2} \approx H_0 \pm (H' + \tfrac{1}{2}\,p^2E^2/H')$$

für erreichbare Felder $E \ll H'/p$. Ein NH_3-Molekülstrahl spaltet in einem starken transversalen Feld in zwei Teilstrahlen auf: Moleküle mit den beiden Einstellungen des Dipolmoments werden verschieden abgelenkt. Der eine Teilstrahl, bei dem z. B. die N alle „oben" sind, kann durch eine Blende in ein Wechselfeld geleitet werden, das mit 24 GHz schwingt und dadurch Übergänge in den anderen Polarisationszustand abruft. Die 24 GHz werden so nach dem Maserprinzip verstärkt. Die Schärfe der Resonanz wird von pE bestimmt, denn $\hbar/(pE)$ ist die mittlere Lebensdauer eines Zustandes und damit die reziproke Breite der Resonanzlinie (Abschn. 12.2.2). Um die letzte Aussage zu beweisen, müssen wir die Theorie der Übergänge (Aufgabe 16.4.3) anwenden. Im Wechselfeld $E = E_0\,\mathrm{e}^{\mathrm{i}\omega t}$ erfolgen Übergänge gemäß $\dot{c}_i = \mathrm{i}\hbar^{-1}\sum_k U'_{ik}c_k\,\mathrm{e}^{\mathrm{i}(\omega_k - \omega_i + \omega)t}$. U' ist das Potential des Wechselfeldes, in U'_{11} ist es über die Elektronenverteilung des Moleküls gemittelt, also $U'_{11} = pE$, entsprechend $U'_{22} = -pE$. Dagegen $U'_{12} = U'_{21} = 0$, denn hier werden zwei ψ-Funktionen, die spiegelbildlich zur y,z-Ebene sind, mit x multipliziert. In der Resonanz, d. h. für $\omega = \omega_1 - \omega_2$ wird der e-Faktor 1, also $\dot{c}_i = \mathrm{i}\hbar^{-1}pEc_1$. Die Besetzungen der beiden Zustände schwingen tatsächlich mit der Frequenz $\omega' = pE$. Die relative Breite der Resonanz ist $\Delta\omega/\omega \approx pE/H_1$. Bei $E = 10\,\mathrm{V/m}$ folgt $\Delta\omega/\omega \approx 3 \cdot 10^{-5}$. Schon viel kleinere Verstimmungen machen sich durch Leistungsabfall bemerkbar, und ein Resonanzhohlraum kann als Steuerorgan einer Uhr dienen.

16.4.5. Potentiale

Innerhalb der Schwelle wird k imaginär, also fällt die Wellenfunktion ab wie $\psi = \psi_0\, e^{-\kappa x}$ im ebenen bzw. $\psi = \psi_0 r^{-1}\, e^{-\kappa r}$ im kugelsymmetrischen Fall. Das Quadrat davon gibt die Durchtrittswahrscheinlichkeit eines Teilchens. Wenn dieses Teilchen das Quant eines Kraftfeldes ist, verhält sich das Potential dieses Feldes entsprechend: $\varphi \sim r^{-1}\, e^{-\kappa r}$ ist das Potential um eine Punktquelle von Feldquanten. Für Feldquanten mit einer bestimmten Ruhmasse m (Pionen der Kernkraft) ist als Potentialschwelle die Erzeugungsenergie $U = mc^2$ anzusetzen, also hat κ den Wert $\sqrt{2mU}/\hbar \approx mc/\hbar$ (Yukawa-Potential). Ein solches Potential erhält man auch für eine Zentralladung, deren Feld durch freie Gegenladungen abgeschirmt wird (Debye-Hückel-Potential, Abschn. 6.4.6). Bei der chemischen Bindung, die durch Elektronenaustausch vermittelt wird, kommen ähnliche Potentiale vor. Bei Feldquanten ohne Ruhmasse tritt keine Schwelle U von bestimmter endlicher Größe auf. Dann bleibt nur das $1/r$-Potential der Coulomb-Kraft.

16.4.6. Chemische Bindung

Wenn der H-Operator bekannt ist, kennt man im Prinzip auch seine Eigenfunktionen, d. h. die möglichen stationären Zustände, und die Eigenwerte. Jeder nichtstationäre Zustand ist eine Linearkombination der Eigenzustände: $\psi = \sum c_k f_k$. Welchen Zustand das System z. Z. einnimmt, ist eine Frage der Vorgeschichte und gehört nicht zur allgemeinen Kennzeichnung. Wie sich ein gegebener Ausgangszustand zeitlich weiterentwickelt, ist wieder vollständig durch $\boldsymbol{H}$ in der Form $\dot\psi = i\hbar^{-1}\boldsymbol{H}\psi$ bestimmt, oder in nach den f_k entwickelter Form $\dot c_i = i\hbar^{-1}\sum H_{ik}c_k$. Die Quantenmechanik behauptet also auch nicht mehr zu wissen als die klassische Mechanik, die die wesentlichen Eigenschaften eines Systems z. B. durch die Abhängigkeit seiner Energie von den Koordinaten und Impulsen der Einzelteilchen ausdrückt, die Anfangswerte dieser Koordinaten und Impulse aber auch als zufällig ansieht. – Der Grundzustand eines Systems, also der energieärmste Zustand, entspricht natürlich dem tiefsten Eigenwert. Wenn das Eigenwertproblem aber nicht direkt lösbar ist, wie meist, nutzt diese Tatsache nur indirekt. Der exakte H-Operator sei $\boldsymbol{H} = \boldsymbol{H}_0 + \boldsymbol{H}'$, die Eigenfunktionen von $\boldsymbol{H}_0$ seien f_k, wir entwickeln die exakte Eigenfunktion $\psi = \sum c_k f_k$. Statt die übliche Störungsrechnung zu treiben, fragen wir: Bei welchen Werten der c_k wird die Energie des Zustandes minimal? Diese Energie ist $W = \psi^* \cdot \boldsymbol{H}\psi$ (diese Formulierung ist sogar allgemeiner, denn sie trifft nicht nur für Eigenwerte, sondern auch für Erwartungswerte von W zu). Entwickelt: $W = \sum_{i,k} c_i^* f_i^* \cdot c_k \boldsymbol{H} f_k = \sum_{i,k} c_i^* c_k H_{ik}$. Das soll minimal sein, also $\delta W = \sum_i (\partial W/\partial c_i)\,\delta c_i = 0$ mit der Nebenbedingung $\sum c_i^2 = 0$ (Normierung). Bei der Bildung von $\partial W/\partial c_i$ stören zunächst die c_i^*. Wir betrachten das Glied $c_k^* c_i H_{ki}$. Seine Ableitung nach c_i ist $c_k^* H_{ki}$. Unter den c_k kommt c_i aber auch vor. Die Ableitung ergibt sich mittels $\partial/\partial c_i^* = (\partial/\partial c_i)^*$ als $c_k H_{ik}^*$. $\boldsymbol{H}$ ist hermitesch, d. h. $H_{ik}^* = H_{ki}$. Es folgt $\partial W/\partial c_i = \sum_k c_k^* H_{ki}$. Wären die c_i unabhängig, könnte man alle diese Ausdrücke Null setzen und hätte das Minimum. Es soll aber $\sum c_i^2 = 1$ bleiben. Diese Bedingung wird nach *Lagrange* (Abschn. 17.1.5) berücksichtigt, indem man die Variation von $\sum c_i^2$ mit dem noch unbestimmten Faktor α multipliziert und zu δW addiert:

$$\delta W + \alpha\delta \sum c_i^2 = 2\sum c_k^* H_{ki} + 2\alpha c_i^* = 0$$

oder $\sum H_{ki}c_k^* = -\alpha c_i^*$. Hier ist der Vektor c_k^* mit der Matrix H_{ki} multipliziert, und herauskommen soll wieder c_k^* mal einem Zahlenfaktor $-\alpha$. Das ist nichts weiter als die Eigenwertgleichung. Die Suche nach einer Eigenfunktion des Systems und die Suche nach dem Zustand minimaler Energie sind völlig äquivalent. Verfahren wie das von *Ritz*, bei denen die Eigenfunktionen aus geeigneten einfachen Funktionen mit Koeffizienten zusammengesetzt und die Koeffizienten dann so bestimmt werden, daß die Gesamtenergie minimal wird, sind im wesentlichen identisch mit der Störungsrechnung oder dem Fall zweier schwach gekoppelter Teilsysteme (Aufgaben 16.4.1, 16.4.2, 16.4.4). Wir können die Ergebnisse übernehmen: Annäherung zweier identischer Teilsysteme bringt Überlagerung der Teilzustände zu einem symmetrischen und einem antimetrischen Zustand mit Energien, die gegenüber der Gesamtenergie der getrennten Systeme um die „Resonanzenergie“ abgesenkt bzw. angehoben sind. Das ist die Grundlage der Theorie der homöopolaren Bindung (*Heitler* und *London*), ist aber viel allgemeiner gültig (Aufgaben 16.4.4, 16.4.5).

16.4.7. Wird er Doktor?

Physiker A mißt z. B. ein Magnetfeld H. Kommt es vom Spin eines um r entfernten ruhenden Elektrons (H_r) oder von einem mit v bewegten Elektron ohne Spin? Nach *Biot-Savart* ist $H_v \approx ev/r^2$, nach Aufgabe 7.2.3 $H_r \approx eh/(4mr^3)$. Der Abstand r sei bis auf Δr festgelegt. Der entsprechende Fehler in H_r ist $\Delta H_r \approx eh\,\Delta r/(mr^4)$. Wegen der Unschärferelation muß dann ein $\Delta v \approx h/(m\,\Delta r)$ in Kauf genommen werden, also $\Delta H_v \approx eh/(mr^2\,\Delta r)$. Der gesamte H-Fehler $\Delta H = \Delta H_r + \Delta H_v$ wird minimal für $\Delta r \approx r$, nämlich $\Delta H \approx 2eh/(mr^3)$. Der Fehler ist prinzipiell nicht kleiner zu machen als der zu messende Effekt, oder umgekehrt sind H_r und H_v im günstigsten Fall gleichgroß.

16.4.8. Zwei Elektronen

Die Gesamtenergie W des Systems besteht aus den drei potentiellen Wechselwirkungsenergien der drei Teilchen und der kinetischen Energie der Elektronen, die gleich der von der Unschärferelation geforderten Nullpunktsenergie infolge der Einsperrung auf einen Bereich vom Radius r ist. Aus $\Delta p \cdot 2r \approx h$ und $W_{\text{kin}} = \Delta p^2/(2m)$ erhält man annähernd $W_{\text{kin}} \approx h^2/(8mr^2)$. Wir setzen allgemeiner an $W_{\text{kin}} = ah^2/(mr^2)$ und bestimmen a aus dem Fall des H-Atoms. Es hat $W = -e^2/(4\pi\varepsilon_0 r) + ah/(mr^2)$, was minimal wird für $\partial W/\partial r = 0$, d. h. $r_0 = 8\pi a\varepsilon_0 h^2/(me^2)$. Die Minimalenergie ist $W_0 = -\frac{1}{2}e^2/(4\pi\varepsilon_0 r_0) = -me^4/(64\pi^2\varepsilon_0^2 ah^2)$ und muß gleich der Rydberg-Energie $W_{\rm Ry} = -me^4/(8\varepsilon_0^2 h^2)$ sein, also $a = 1/(8\pi^2)$. Damit ist die Energie des Zweielektronensystems mit einem Kern der Ladung Ze

$$W = \frac{e^2}{4\pi\varepsilon_0}\left(\frac{Z}{r_1} + \frac{Z}{r_2} - \frac{1}{r_1 + r_2}\right) + \frac{h^2}{8\pi^2 mr}\left(\frac{1}{r_1^2} + \frac{1}{r_2^2}\right).$$

Der Ansatz für die Wechselwirkungsenergie der beiden Elektronen, der einen mittleren Abstand $r_1 + r_2$ voraussetzt, ist allerdings geometrisch etwas anfechtbar. Jetzt muß man nach r_1 und r_2 ableiten, um das Minimum von W zu finden. Wie zu erwarten, liegt es bei $r_1 = r_2$, und zwar $r_1 = r_2 = r_0 = \varepsilon_0 h^2/(\pi me^2(Z - \frac{1}{4}))$, so daß $W_0 = -e^4 m(Z - \frac{1}{4})^2/(4\varepsilon_0^2 h^2) = 2(Z - \frac{1}{4})^2 W_{\rm Ry}$ wird. Die Übereinstimmung der Werte $2(Z - \frac{1}{4})^2$ von 1,1; 6,1; 15,1; 28,1; 45,1; 64,1 mit der Beobachtung ist geradezu unheimlich.

16.4.9. 21 cm-Linie

Magnetisches Moment des Elektronenspins $p_{\rm e} = \frac{1}{2}\mu_0\hbar e/m_{\rm e}$, des Protons $p_{\rm p} = 2{,}79 \cdot \frac{1}{2}\mu_0\hbar e/m_{\rm p}$, Bohr-Radius $r_0 = 4\pi\varepsilon_0\hbar^2/(m_{\rm e}e^2)$, klassische Wechselwirkungsenergie $W_{\rm kl} = p_{\rm e}p_{\rm p}/(4\pi\mu_0 r_0^3) = \frac{1}{4}2{,}79 m_{\rm e}c^2\alpha^4 m_{\rm e}/m_{\rm p}$, wo $\alpha = e^2/(4\pi\varepsilon_0\hbar c) = \frac{1}{137}$ die Feinstrukturkonstante und $c = 1/\sqrt{\varepsilon_0\mu_0}$ ist, also $2W_{\rm kl} = 1{,}77 \cdot 10^{-25}$ J, $\nu = 2{,}68 \cdot 10^8$ Hz, $\lambda = 112$ cm. Quantenmechanisch muß man die Wechselwirkungsenergie über den ganzen Raum mitteln, also r_0^{-3} ersetzen durch

$$\overline{r^{-3}} = \frac{\int \psi r^{-3}\psi^*\,{\rm d}V}{\int \psi\psi^*\,{\rm d}V} = \frac{\int_0^\infty {\rm e}^{-2r/r_0} r^{-3} r^2\,{\rm d}r}{\int_0^\infty {\rm e}^{-2r/r_0} r^2\,{\rm d}r} = \frac{8\int_0^\infty {\rm e}^{-x}x^{-1}\,{\rm d}x}{r_0^3\int_0^\infty {\rm e}^{-x}x^2\,{\rm d}x}.$$

Für das untere Integral erhält man durch zweimalige partielle Integration den Wert 2, das obere verwandelt sich durch $y = {\rm e}^{-x}$ in den Integrallogarithmus $\int {\rm d}y/\ln y$, dessen Wert mit den Grenzen 0 und ∞ die **Euler-Mascheroni-Konstante** 0,57722 ist. So ergibt sich die Wellenlänge 20,9 cm für die wichtigste Linie der **Radioastronomie**.

16.4.10. Elektronegativität

Homonukleare Moleküle wie AA werden nur durch die Delokalisation eines Elektronenpaares zusammengehalten, für das heteronukleare AB kommt ein elektrostatischer Anteil hinzu: Das Elektronenpaar verschiebt sich zum elektronegativeren Partner hin, der im Periodensystem weiter rechts steht. Beide Partner nehmen entgegengesetzte Partialladungen δe an, was eine Stabilisierungsenergie $\Delta_{AB} = \delta^2 e^2/(4\pi\varepsilon_0 r) = 14{,}3\,{\rm eV}\,\delta^2/r$ ergibt (r in Å). Für OH mit $r \approx 1$ Å folgt aus den χ-Werten $\Delta = 2{,}65$ eV, $\delta = 0{,}43$, für NaCl mit $r = 2{,}75$ Å (aus der Dichte zu bestimmen): $\Delta = 5{,}96$ eV, $\delta \approx 1{,}0$ (voll ionogene Bindung).

16.4.11. Wasserstoffbrücke

Die Partialladungen von O bzw. N in OH bzw. NH ergeben sich aus den Elektronegativitäten zu 0,43 bzw. 0,26. Für die N-H-O-Brücke 0,82 eV für die H–O-Anziehung, 0,54 eV für die O–N-Abstoßung, d. h. 0,28 eV oder 27 kJ/mol, was gut stimmt. Wasser hat etwas mehr (H–O-Abstand 1,76 Å): 1,47 eV für H–O, 0,94 eV für O–O, d. h. 0,54 eV. Jedes H_2O ist im Eis und fast auch so im Wasser an vier H-Brücken zur Hälfte beteiligt. 0,27 eV sind etwas zu wenig (Verdampfungsenergie 0,42 eV). In jedem Fall kommt eine Delokalisierungsenergie hinzu: Das Proton hat zwei Potentialminima bei O bzw. bei N, zwischen denen es springen kann (vgl. Abschn. 14.1.6).

= Kapitel 17: Lösungen . . .

17.1.1. Abstrakt–Konkret

Wenn kein Anhaltspunkt für die gesuchte Zahl vorliegt, wenn also jede der Zahlen 0 bis 999 mit gleicher Wahrscheinlichkeit vorliegen kann, teilt man den Bereich in zwei Hälften: „Kleiner als 500?“, den durch die Antwort bestimmten Bereich wieder in zwei Hälften usw. Mit höchstens zehn Fragen ist man am Ziel, denn $2^{10} = 1\,024$, d. h. der zehnfach halbierte Bereich umfaßt höchstens noch eine Zahl. Jede andere Strategie kann u. U. die Antwort schneller bringen, im Durchschnitt aber erst später. Haben die Zahlen ungleiche Wahrscheinlichkeiten (Geschichtszahlen: 19. und 20. Jh. wahrscheinlicher), teile man so in zwei Bereiche, daß die Summe der Wahrscheinlichkeiten gleich ist. Eine kluge Frage ist eine, auf die ebenso wahrscheinlich ein Ja erfolgt wie ein

Nein. Wenn ein kompliziertes Objekt zu seiner Festlegung 60 kluge Fragen braucht, folgt daraus, daß es ungefähr $2^{60} \approx 10^{18}$ Objekte von dieser Komplexität in der Welt (der realen und der gedachten) gibt. Das ist noch nicht einmal die Anzahl der Luftmoleküle in einem Fingerhut.

17.1.2. Autonummern

Es gibt 509 Kreise (Stand von 1994), davon hat etwa die Hälfte dreibuchstabige Symbole: 1 235 Buchstaben im ganzen. Davon nur 72 E (5,8 % statt 17,5 % wie sonst im Deutschen), 81 B (6,5 % statt sonst 1,7 %). Als mnemonisches Prinzip muß der Anfangsbuchstabe vorn stehenbleiben (außer bei den Hansestädten, denen dieser Titel wichtiger ist als das Privileg der Einbuchstabigkeit). Sonst käme man mit zwei Buchstaben gut aus (könnte sogar 702 Kreise codieren, wobei alle Buchstaben gleichhäufig wären). Mit der Erstbuchstaben-Klausel geht das nicht mehr: Zu viele Kreise fangen mit B, H, M, S, W an. E und überhaupt die Vokale sind unterdrückt, weil sie so häufig sind, also wenig Information vermitteln (darum hört man wohl auch, wenn man ein Wort abkürzt, immer mit einem Konsonanten auf). Außerdem ist es klar, daß z. B. nach H oder M ein Vokal kommen muß. Der dritte Buchstabe (über 20 Möglichkeiten) sagt also viel mehr aus als der zweite (nur 8 Möglichkeiten hinter H oder M). Der Kennzeichen-Code versucht also sowohl die Redundanz (den Informationsverlust) durch ungleiche Zeichenhäufigkeit als auch die durch Häufigkeitskopplung (ungleiche Markow-Wahrscheinlichkeiten) abzubauen, und zwar mit gutem Erfolg, denn ein Buchstabe überträgt 4,12 bit statt 4,70 (Redundanz nur 0,12).

17.1.3. Information

Die Folge der Antworten auf eine Anzahl n kluger Fragen engt den Bereich der Möglichkeiten um den Faktor $P = 2^{-n}$ ein. Sie liefert definitionsgemäß eine Information I_0 von n bit. Offenbar gilt hier $I_0 = -\operatorname{ld} P$. Wenn die Wahrscheinlichkeiten ungleich sind, z. B. p für Ja, $1-p$ für Nein, ist $P_{\text{seq}} = p^\nu(1-p)^{n-\nu}$ für ν Ja und $n-\nu$ Nein, gleichgültig in welcher Reihenfolge. Eine Antwort liefert im Durchschnitt $I_0 = -p \operatorname{ld} p - (1-p)\operatorname{ld}(1-p)$ bit. Allgemein: Für k verschiedene Antworten (Symbole) mit den Häufigkeiten p_i bringt eine Antwort $I_0 = -\sum p_i \operatorname{ld} p_i$. Dieser Wert ist am größten, wenn alle p_i gleich sind, nämlich $p_i = 1/k$. Dann wird $I_0 = -\sum k^{-1} \operatorname{ld} k = -\operatorname{ld} k$. Für $k = 26$ ist $I_0 = 4{,}70$. Eigentlich besteht ein Text aus mindestens 27 Symbolen (Buchstaben und Spatium). $I_0 = \operatorname{ld} 27 = 4{,}75$. Daß $p_i = 1/k$ maximales I_0 ergibt, sieht man z. B. nach der Lagrange-Methode (Abschn. 17.1.5): $\delta I_0 + \alpha\delta \sum p_i = \sum \delta p_i (\ln p_i + 1 + \alpha) = 0$, d. h. $\ln p_i = -1 - \alpha$. Alle p_i müssen gleich sein, nämlich $1/k$. Beispiele für I_0-Werte bei ungleichen p_i in den folgenden Aufgaben.

17.1.4. Gold bug

Man braucht Textlängen von gut 1 000 Buchstaben, bis sich die Verteilung nicht mehr sehr ändert. Buchstabenhäufigkeiten in % in sechs Sprachen:

Tabelle L. 8

	Deutsch	Engl.	Franz.	Russ.	Span.	Ital.
A	7,2	9,1	8,8	10,2	13,5	9,6
B	2,4	1,6	1,7	2,1	1,3	0,5
C	3,3	1,8	2,6	0,6	3,5	4,4
D	4,5	4,7	4,0	3,0	4,8	3,6
E	16,2	12,8	16,0	6,1	14,1	13,2
F	2,1	2,3	1,2	0,0	0,5	1,2
G	3,0	2,4	0,8	1,2	1,0	1,5
H	5,3	7,1	0,6	0,6	0,6	1,4
I	7,1	5,3	7,9	6,5	5,3	10,0
J	0,1	0,4	1,4	5,6	0,3	0,0
K	0,9	0,7	0,0	3,8	0,0	0,0
L	3,5	4,2	5,3	6,1	5,4	5,0
M	3,0	2,7	4,0	3,3	3,0	4,2
N	10,6	6,3	6,6	6,1	7,1	6,6
O	1,9	7,1	5,3	10,4	8,3	10,4
P	0,3	1,2	2,6	2,4	2,4	2,9
Q	0,0	0,0	0,9	0,0	1,2	0,6
R	7,1	6,2	6,9	3,1	7,3	6,1
S	6,8	6,3	6,4	8,1	6,9	5,4
T	5,1	8,8	6,9	6,6	4,1	6,4
U	5,2	2,2	7,0	3,8	4,8	2,9
V	0,4	0,8	1,4	0,0	1,2	2,3
W	1,6	2,7	0,0	4,0	0,0	0,0
X	0,0	0,1	0,2	0,0	0,0	0,0
Y	0,0	1,4	0,3	2,5	1,2	0,0
Z	0,9	0,0	0,0	2,2	0,3	0,7

Sie ist von der Sprache und der Art des Textes abhängig und sogar als Stilkennzeichen benutzt worden. Im Deutschen, Englischen und besonders im Französischen überwiegt das E so sehr, daß man Texte in einem Substitutionscode (jeder Buchstabe durch ein bestimmtes Zeichen ersetzt), schnell mit einigen zusätzlichen Plausibilitätsschlüssen entziffern kann. Manchmal hilft sich der Codierer, indem er E, N, A wahlweise durch mehrere Zeichen ausdrückt. „To be or not to be" hat $P_{\text{seq}} = 1{,}1 \cdot 10^{-20}$ und 66 bit. Dieser kurze Text hat aber eine sehr extreme Komposition (z. B. zu viele O). Der ganze Hamlet hat etwa die in der Tabelle angegebene Verteilung und 2 800 Verse mit 10^5 Symbolen. Ein Symbol bringt 4,3 bit (Aufgabe 17.1.9), also hat der Hamlet etwa $4 \cdot 10^5$ bit. Wenn er aus lauter so unwahrscheinlichen Sätzen wie „To be or not to be" bestünde, erhielte man etwa 50 % mehr Information.

17.1.5. Morse-Alphabet

Wenn die Übertragung von · oder – eine Zeit τ dauert, braucht man für einen Buchstaben im Durchschnitt $t = \sum p_i n_i \tau$ (p_i: Häufigkeit des i-ten Buchstaben, der aus n_i Zeichen besteht). Nach Aufgabe 17.1.3 wird t minimal, wenn $n_i \sim \operatorname{ld} p_i$, d. h. $p_i \sim 2^{n_i}$. Der Morse-Code übertrüge also maximale Information pro Zeichen (· oder –), wenn E und T je doppelt so häufig wären wie A, M, N, I (zwei

Zeichen), diese wieder doppelt so häufig wie D, G, K, R, S, O, U, W (drei Zeichen). Morse hätte besser so einteilen sollen: E, A; O, T, S, I; N, R, L, H, C, F, U, M; restliche zwölf Buchstaben. Der Unterschied in t für diese Zuordnung, die von Morse und die ideale (die nur möglich wäre, wenn das Englische die am Anfang der Lösung angegebene Häufigkeitsverteilung hätte), ist aber gering: $2{,}47\tau$, $2{,}48\tau$ bzw. $2{,}44\tau$.

17.1.6. Redundanz

Um 10^5 Wörter durch ein Alphabet von 26 Symbolen optimal zu codieren, braucht man eigentlich nur 3,53 Buchstaben/Wort, denen $26^{3,53} = 10^5$. In einem solchen Wörterbuch, das 26, 676, 17 576, 81 722 ein-, zwei-, drei- bzw. vierbuchstabige Wörter enthielte, überträgt jeder Buchstabe $\mathrm{ld}\, 26 = 4{,}70$ bit, jedes Wort 16,61 bit, entsprechend der Tatsache, daß der Wörter-Zeichenvorrat $2^{16,61} = 10^5$ Zeichen enthält. „Wörter" wie xqpz wären eventuell merkbar, falls man eine durchgehende Klassifizierung der Begriffe ähnlich der Dezimalklassifikation der Bibliotheken aufstellen könnte. Um sie aussprechbar zu machen, könnte man vereinbaren, daß Vokale und Konsonanten abwechseln müssen. Das kostet Information, denn die Übergangswahrscheinlichkeiten in Markow-Ketten (Aufgabe 17.1.7) werden damit sehr ungleichförmig. Zählt man Y und Ö als Vokale, hat man $7 \cdot 19 = 133$ zweibuchstabige Wörter usw. Jeder Buchstabe überträgt nur $\frac{1}{2}(\mathrm{ld}\, 7 + \mathrm{ld}\, 19) = 3{,}53$ bit, was eine mittlere Wortlänge im Wörterbuch von 4,75 Buchstaben ergibt. Merkbarkeit könnte man so erzeugen: Alle Substantive fangen mit Vokalen an, alle Tiere mit A, alle Säugetiere mit AS usw. Asapo = Pferd, Asapi = Esel. Möglichkeiten und Schwierigkeiten sind leicht auszumalen. Die Redundanz gegenüber dem „idealen" System ist 0,25 (bedingt durch die Kopplung zwischen Nachbarbuchstaben). Im realen deutschen Wörterbuch überträgt ein Buchstabe nur 1,66 bit, die Redundanz des Deutschen ist demnach 0,65.

17.1.7. Markow-Kette I

Aus den p_i der Tabelle in Lösung 17.1.4 berechnet man die „Information 1. Ordnung" $I_1 = \sum p_i \ln p_i$ im Deutschen zu 4,27 bit. Verglichen mit der optimalen Quelle ($p_i = 1/27$, $I_0 = 4{,}75$) ist die Redundanz 1. Ordnung nur 0,10. Der Rest bis zur in Aufgabe 17.1.6 geschätzten wirklichen Redundanz von 0,65 muß auf der Kopplung zwischen Buchstaben beruhen. Das Gedächtnis von Texten, als Markow-Ketten aufgefaßt, ist viel größer als 1. Ähnlich ist es mit den Wetterlagen an aufeinanderfolgenden Tagen. Hier sind die Diagonal-q-Werte größer: Wenn es heute regnet, regnet es morgen wahrscheinlich auch noch. Die Gedächtnislänge entspricht dabei etwa der Dauer einer Großwetterlage.

17.1.8. Markow-Kette II

Für die Zeichenhäufigkeit p_i in einer unendlich langen Markow-Kette kommt es auf das Anfangssymbol nicht mehr an, denn die Erinnerung daran ist nach einem endlich langen Stück praktisch ausgelöscht, und dieses Stück kann man getrost abschneiden, ohne die p_i zu beeinflussen. Strenger formuliert: Die Wahrscheinlichkeit, daß auf der Position n ein Symbol i steht, sei p_{in}. Für die nächste Position folgt mit $p_{in}q_{ik}$ ein Symbol k. Ein solches Symbol k kann aber auch auf andere Symbole als i folgen. Im ganzen ist seine Wahrscheinlichkeit $p_{k,n+1} = \sum_i p_{in}q_{ik}$. Das heißt: Man multipliziere den Vektor p_{in} mit der Matrix q_{ik} und erhält den Vektor $p_{k,n+1}$. Aus Aufgabe 16.1.7 wissen wir, daß p_{in}, so behandelt, gegen einen Eigenvektor von q_{ik} konvergiert, und zwar gegen den mit dem größten Eigenwert. Dieser Eigenwert heißt hier offenbar 1. Daß ein solcher Eigenwert 1 immer existiert, folgt daraus, daß q_{ik} die Zeilensumme 1 hat. $\sum_k q_{ik} = 1$, irgendein Symbol muß ja auf i folgen. Wir beweisen: Eine Matrix q_{ik} mit $\sum_k q_{ik} = 1$ hat immer einen Eigenwert 1. Alle anderen Eigenwerte haben Eigenvektoren p_i mit $\sum p_i = 0$, die hier nicht in Frage kommen. Es sei $\sum_i q_{ik}p_i = \lambda p_k$. Dann ist auch $\sum_k \sum_i q_{ik}p_i = \lambda \sum_k p_k = \sum_i p_i \sum_k q_{ik}$, was nach Voraussetzung $\sum p_i$ ist. Also $\lambda \sum p_i = \sum p_i$, d. h. $\lambda = 1$ oder $\sum p_i = 0$. Erst wenn Sie das Eigenwertproblem auch nur für den vergleichsweise kindlich einfachen Fall zweier Symbole für ein Zahlenbeispiel gelöst haben, wissen Sie, was die allgemeinen Überlegungen wert sind.

17.1.9. Markow-Kette III

Die Sequenz $ikl\ldots$ hat die Wahrscheinlichkeit $P_{\text{seq}} = p_i q_{ik} q_{kl}$. Die Verallgemeinerung ist offensichtlich. Die relative Häufigkeit des Paares ik ist $p_i q_{ik}$. Der Faktor q_{ik} kommt also in P_{seq} für eine Kette aus N Symbolen Np_iq_{ik}-mal vor: $P_{\text{seq}} = \prod_{i,k} q_{ik}^{p_iq_{ik}N}$, Information $-N\sum_{i,k} p_iq_{ik}\, \mathrm{ld}\, q_{ik}$, Information 2. Ordnung pro Buchstabe $I_2 = -\sum_{i,k} p_iq_{ik}\, \mathrm{ld}\, q_{ik}$. Auszählung der Paarhäufigkeiten für einen deutschen Text (Text der Aufgaben 17.1.1 bis 17.1.13) ergibt eine Information 2. Ordnung pro Buchstaben von 3,62 bit, also eine Redundanz 2. Ordnung von 0,14 infolge von Paarkopplung. Der größte Teil der wirklichen Redundanz (Aufgabe 17.1.6) beruht also auf größerer Gedächtnislänge als 1.

17.1.10. Übertragungskapazität

Das Zeichen 1 soll durch einen annähernd rechteckigen Stromimpuls der Dauer τ gegeben sein. Um ihn aus harmonischen Wellen zu bilden, braucht man nach *Fourier* ein Frequenzband der Breite $\Delta\nu \approx \tau^{-1}$ (z. B. Abschn. 12.2.2). Einem Kanal mit der Bandbreite $\Delta\nu$ kann man also höchstens $\tau^{-1} \approx \Delta\nu$ Zeichen/s aufprägen. Man beachte: Man muß jede *beliebige* Folge von 0 und 1 übertragen können. Wenn die Nachricht aus regelmäßig abwechselnden 0 und 1 bestünde, würde eine reine Sinuswelle der Frequenz τ^{-1} ausreichen, aber eine solche Nachricht enthielte keine Information, denn man weiß schon was kommt. Beim Morsen (bis zu vier Binärzeichen/Buchstabe) kommen noch die Überlegungen von Aufgabe 17.1.5 dazu. Wenn mehrere, z. B. k Symbole durch ihre Amplitudenniveaus unterschieden werden sollen, ist das gleichbedeutend damit, daß jedes Symbol aus $\mathrm{ld}\, k$ Binärzeichen besteht. Pro Sekunde können also $\Delta\nu/\mathrm{ld}\, k$ solche Symbole übertragen werden.

17.1.11. Gehirnkapazität

Sinnlose Buchstabenketten kann man unter günstigsten Bedingungen, d. h. optisch, mit etwa sechs Buchstaben/s fehlerfrei aufnehmen. Mit 4,7 bit/Buchstabe bedeutet das etwa 28 bit/s. Einen sinnvollen Text liest man sehr viel schneller. Offenbar errät man das meiste, übersieht aber auch z. B. Druckfehler. Ein Schwarz-Weiß-Fernsehbild ($625 \times 833 \approx 5 \cdot 10^5$ Bildpunkte mit etwa $30 \approx 2^5$ unterscheidbaren Helligkeitswerten) enthält $25 \cdot 10^5$ bit – viel mehr als der ganze Hamlet. Der Kasten flimmert uns fast 10^8 bits/s vor. Um die Information eines Bildes vollständig aufzunehmen, würde unser Sinnesapparat etwa 24 Std brauchen. Zum Glück ist das Bild meist einigermaßen sinnvoll, und vor allem scheinen die meisten Einzelheiten unwesentlich. Wenn jemand alles aufnähme, was er im Leben sieht, käme er größenordnungsmäßig auf 10^{17} bit. Sein Sinnesapparat kann aber höchstens 10^{11} bit aufnehmen. Das Gehirn verarbeitet viel weniger, sonst wüßte man ja soviel, wie in 10^4 dicken Büchern steht. 1 000 Seiten zu 2 000 Buchstaben: 10^7 bit. In Wirklichkeit enthält ein Buch viel weniger Information, sonst würde jedes Wort, jeder Buchstabe uns als unerwartet überraschen, und das Buch wäre ungenießbar.

17.1.12. Das letzte Bit

Da die Zauberin vier Karten sieht, kommen nur noch 48 Zielkarten in Frage. Die vier Karten im Umschlag können auf $4! = 24$ Arten angeordnet sein. Man kann diese Permutationen numerieren und den ebenfalls numerierten Zielkarten zuordnen. Es fehlt aber immer noch 1 bit Information, um die 24 „Code-Wörter" auf 48 zu erweitern. Zauberers bewohnen zwei anstoßende Hotelzimmer. Dadurch, daß der Zauberer dem Zuschauer die Nummer *eines* davon nennt und dieser dann an die entsprechende Tür klopft, erhält die Zauberin das fehlende bit.

17.1.13. Protein-Information

Es kann $200^{20} \approx 10^{46}$ verschiedene Proteinmoleküle der Länge 200 geben. Ob man die der Länge 199 mitzählt, macht kaum etwas aus, denn es sind 20mal weniger. Wenn die organische, besonders bakterielle und pflanzliche Substanz dicht gepackt die Erdoberfläche überall 10 cm dick bedeckt (Mittel von Wald, Wüste, Meer usw.), gibt es bei 3 % Proteingehalt etwa 10^{18} g Protein auf der Erde. Eine Aminosäure wiegt im Mittel etwa 10^{-22} g, also gibt es z. Z. knapp 10^{38} Proteinmoleküle, in $3 \cdot 10^9$ Jahren hat es maximal 10^{55} Moleküle gegeben. Zwar wäre jede Möglichkeit nach dem Zufallsspiel schon oft dagewesen. Aber die Kombination von mehr als drei *bestimmten* Proteinen wäre unmöglich zufällig zu erzeugen. Ein höherer Organismus enthält aber an 10^{24} Proteinmoleküle, die einigen 10 000 Klassen mit genau bestimmter Sequenz angehören. Die moderne Molekularbiologie beginnt gerade das Wechselspiel von Regelung, Vererbung, Selektion zu enthüllen, das diese Hürde an Unwahrscheinlichkeit überwunden hat.

17.2.1. Mikro- und Makrozustände

Der **Mikrozustand** ist gekennzeichnet durch Angabe „rechts" oder „links" für jedes Molekül, der **Makrozustand** durch „n rechts, $N - n$ links". Wahrscheinlichkeit $\binom{N}{n} 2^{-N}$ und Entropie $S = N \ln N - N \ln 2 - n \ln n - (N - n) \ln(N - n)$ sind maximal für $n = N/2$. Obwohl die Übergangswahrscheinlichkeiten hin und zurück zwischen zwei Mikrozuständen völlig gleich sind, besteht ein ausgeglichener Makrozustand aus soviel mehr Mikrozuständen als ein extremer, daß es viel sicherer ist, daß der extreme Zustand in *irgendeinen* der vielen ausgeglichenen Mikrozustände übergeht als umgekehrt, besonders bei großem N. Die Entropie bei $n = N/2$ ist $S \approx 0$, nach Abschn. 17.2.8 ist sie $S = (W - F)/T = kN(\ln V + \text{const})$. Der scheinbare Widerspruch verschwindet, wenn man nicht die Halbkästen als Grundlage der Fallabzählung nimmt, sondern Volumenelemente von konstanter Einheitsgröße.

17.2.2. Arbeit und Wärme

Wenn der Zustand i eines Teilchens seine Energie b_i ändert, kann das nur daher kommen, daß das Teilchen durch eine Kraft F_i um ein Stück $\mathrm{d}x_i$ verschoben worden ist (z. B. durch die Kraft eE): $\mathrm{d}b_i = F\,\mathrm{d}x_i$. Voraussetzung ist, daß das Teilchen in diesem Zustand bleibt, d. h. daß $\mathrm{d}n_i = 0$. Damit ist $\sum n_i F_i\,\mathrm{d}x_i$ die Summe aller Arbeiten, die man auf die Teilchen leistet. Wenn man den 1. Hauptsatz voraussetzt, muß $\sum b_i\,\mathrm{d}n_i$ der andere Teil der Energieänderung, also die Wärmezufuhr $\mathrm{d}Q$ sein. Man kann aber auch von der Definition der Entropieänderung $\mathrm{d}S = \mathrm{d}Q/T$ ausgehen. Aus (17.9) folgt $\mathrm{d}S = -k \sum \ln n_i\,\mathrm{d}n_i$. Die Boltzmann-Verteilung liefert $\ln n_i = \text{const} - b_i/(kT)$. Das erste Glied fällt in der Summe weg, denn $\sum \mathrm{d}n_i = 0$. Also $\mathrm{d}S = T^{-1} \sum b_i\,\mathrm{d}n_i$, d. h. $\mathrm{d}Q = \sum b_i\,\mathrm{d}n_i$.

17.2.3. Boltzmann-Verteilung

Der einfachste Vorgang, der W konstant läßt, ist: „Ein Teilchen springt aus i nach $i + k$, gleichzeitig springt ein Teilchen von j nach $j - k$." Beim ersten Sprung ändert sich die Zustandswahrscheinlichkeit um den Faktor n_i/n_{i+k}, beim zweiten um den Faktor n_j/n_{j-k}. Die wahrscheinlichste Verteilung ist die, bei der sich durch den Doppelsprung die Gesamtwahrscheinlichkeit nicht ändert, also $n_i/n_{i+k} = n_{j-k}/n_j$. Für beliebige i, j, k ist das genau dann richtig, wenn die n_i eine geometrische Reihe bilden: $n_i = n_0 q^i = n_0\,\mathrm{e}^{\beta b_i}$. Das ist bereits die Boltzmann-Verteilung.

17.2.4. Entropiekraft

17.2.5. Kräfte und Ströme

17.2.6. Onsager-Relation

In dem $n + 1$-dimensionalen Phasenraum mit den Koordinaten $a_1, \ldots, a_n, S$ beschreibt die Funktion $S = S(a_1, \ldots, a_n)$ eine Fläche. Wo diese Fläche in S-Richtung am höchsten ist, liegt das Gleichgewicht, der wahrscheinlichste Zustand. Das sei bei $a_i = a_{i0}$. Der Abstand in i-Richtung von diesem Gipfel ist $\alpha_i = a_i - a_{i0}$. In der Umgebung des Gipfels sieht der Berg immer aus wie ein Paraboloid: $S = S_0 - \sum_{i,k} l_{ik} \alpha_i \alpha_k$. Die Krümmungen in verschiedenen Richtungen sind verschieden, weil die Parameter a_i „naiv" gewählt sind und nicht so normiert, daß sie auf S alle den gleichen Einfluß haben. Es liegt keine Hauptachsendarstellung vor, d. h. die gemischten Glieder haben $l_{ik} \neq 0$, weil die verschiedenen Parameter nicht nur unabhängige, sondern auch „gemischte“ Effekte auf S haben, wie z. B. bei thermoelektrischen, mechanokalorischen Effekten usw. Wir setzen jetzt voraus, daß diese Entwicklung von S für praktisch interessierende Systeme immer gilt. Die Rechtfertigung ist, daß ein System mit größerer Abweichung von S_0, d. h. mit zu geringer Wahrscheinlichkeit P, überhaupt keine Chance hat zu existieren. Für kompliziertere, besonders auch biologische Systeme gilt diese Annahme oft nicht mehr. – Das System sei nun an einer Stelle α_i unterhalb des Gipfels. Was macht es? Nach allen Seiten sieht es mögliche Mikrozustände, in die es übergehen könnte, und zwar besonders viele in einer bestimmten Richtung. Das ist die Richtung des Gradienten von S, denn $S = k \ln P$, und P = Anzahl der Mikrozustände. In dieser Richtung liegen auch wesentlich mehr Zustände als dort, wo das System z. Z. ist. Alle diese P-Unterschiede sind riesig, worüber ihr logarithmisch abgeschwächtes S-Bild nicht hinwegtäuschen darf. Das System wird sich also sehr wahrscheinlich in Richtung von grad S verschieben. Wenn von Ihrem Standort 100 Straßen ins Stadtinnere führen und nur zehn hinaus, werden Sie ohne besondere Maßregeln sicher im Zentrum landen. Die Geschwindigkeit des Systempunktes wird also $\dot{\alpha}_i \sim \partial S/\partial\alpha_i = -\sum_k L_{ik}\alpha_k$ (beim Ableiten bedenke man, daß jedes α_i zweimal auftritt, als vorderer und als hinterer Faktor; $L_{ik} = l_{ik} + l_{ki}$). Mit solcher endlichen Geschwindigkeit verlaufen alle Prozesse, deren Richtung eindeutig festgelegt ist, alle irreversiblen Prozesse. Reversibel sind nur Verschiebungen längs eines Grates konstanter Höhe im S-Gebirge, wenn es solche Grate gibt oder sie vom Experimentator bewußt erzeugt werden. Das System verschiebt sich im S-Gebirge wie eine Kugel im U-Gebirge in einer viskosen Flüssigkeit, wobei $\boldsymbol{v} \sim \boldsymbol{F} = -\text{grad}\, U$ ist. Wie dabei Leistung $-\dot{U} = \boldsymbol{v} \cdot \boldsymbol{F}$ erzeugt wird, so entsteht hier ein Entropiezuwachs $\dot{S} = -\sum \dot{\alpha}_i\, \partial S/\partial\alpha_i = \sum_{i,k} L_{ik}\alpha_k\dot{\alpha}_i$. Im U-Gebirge hat man sich daran gewöhnt, die Möglichkeit zur U-Abnahme, d. h. die Kraft, als Ursache der Bewegung anzusehen. Im S-Gebirge betrachtet man gewöhnlich $\dot{S}$ als *Folge* des irreversiblen Vorgangs, aber auch die umgekehrte Ansicht ist sehr fruchtbar. Die Aussagen von Aufgabe 17.2.5 unterscheiden sich nur in der Schreibweise vom Bisherigen. Die Symmetrie der L_{ik}, die Onsager-Relation $L_{ik} = L_{ki}$ hat sich aus diesem vereinfachten Modell automatisch ergeben. – Im Gleichgewicht angekommen, bleibt das System nicht auf dem Gipfel, denn dicht dabei liegen Zustände, die auch nicht viel unwahrscheinlicher sind. Entscheidend dafür, wie weit das System vom Gipfel abweicht, ist der Unterschied in P, d. h. in S. Das System schwankt innerhalb einer bestimmten „Höhenlinie“, die ein Ellipsoid im $a_1, \dots, a_n$-Raum darstellt. Der S-Berg ist ein logarithmierter Gauß-Berg. Die Standardabweichung der Gauß-Verteilung (Abschn. 17.1.4) zeigt, daß das System im Durchschnitt um eine S-Einheit, also um k unter dem Gipfel ist (Faktor e^{-1} in P). In dem diskutierten einfachen S-Profil zeigt grad S, also auch der $\dot{\alpha}_i$-Vektor, immer auf den Gipfel zu. Während des irreversiblen Prozesses ändert sich also α_i/α_k nicht, es gilt $\alpha_k\dot{\alpha}_i = \alpha_i\dot{\alpha}_k$. Setzt man hier $\dot{\alpha}_i = \sum_k L_{ik}\alpha_k$ ein, sieht man, daß das nur möglich ist, wenn $L_{ik} = L_{ki}$. Dieser Nachweis ist hier überflüssig, denn wir haben ihn schon geführt. Mit einer ähnlichen Betrachtung gewinnt aber auch *Onsager* seine Relation, ohne sich auf ein so einfaches Profil festlegen zu müssen wie wir.

17.2.7. Thermoelektrizität

Das System wird beschrieben durch die Spannung U und Ladung q am Kondensator und die Temperatur der Lötstellen, besonders ihre Differenz ΔT, die klein sei. Wenn die Wärmemenge Q von 2 nach 1 fließt, nimmt der Draht bei 2 die Entropie $dS_2 = dQ/T_2$ auf, bei 1 verliert er Entropie: $dS_1 = -dQ/T_1$. Da $T_1 < T_2$, ist $dS_2 > |dS_1|$, d. h. Wärmeleitung erzeugt immer Entropie: $dS = dQ\,\Delta T/T^2$. Wenn die Ladungsmenge dq auf den Kondensator gebracht wird, entsteht im Draht die Joule-Wärme $U\,dq$, d. h. es wird die Entropie $dS_3 = U\,dq/T$ erzeugt. Insgesamt ist die Entropieänderung $\dot{S} = \dot{Q}\,\Delta T/T^2 + \dot{q}U/T = I_Q\,\Delta T/T^2 + I_e U/T$. Dieser Ausdruck hat die Form $\dot{S} = \sum J_i X_i$ mit den Flüssen $J_1 = I_Q$, $J_2 = I_e$. Als „Kräfte“ sind anzusetzen $X_1 = \Delta T/T^2$ und $X_2 = U/T$. Zwischen Flüssen und Kräften gilt nach Aufgabe 17.2.5 $I_Q = L_{11}\,\Delta T/T^2 + L_{12}U/T$, $I_e = L_{21}\,\Delta T/T^2 + L_{22}U/T$. L_{11} und L_{22} sind im wesentlichen Wärme- und elektrischer Leitwert: $L_{22} = T/R$, $L_{11} = T^2/R_Q$. L_{12} und L_{21} beschreiben die thermoelektrischen Effekte. Nach *Onsager* ist $L_{21} = L_{12}$, was jetzt absolut nicht mehr trivial aussieht. Bei $I_e = 0$ und festem ΔT, d. h. stromloser Messung mit dem Thermoelement folgt $U/\Delta T = -L_{12}/L_{22}T$. Diese Größe nennt man Thermokraft η (die scheinbare T^{-1}-Abhängigkeit besagt nicht viel, bevor man die T-Abhängigkeiten der L_{ik} festlegt). Bei festem U und $\Delta T = 0$ folgt $I_Q/I_e = L_{12}/L_{22}$. Dieses Verhältnis zwischen Wärme- und elektrischem Strom heißt Peltier-Koeffizient Π (Abschn. 6.6.2). Aus $L_{12} = L_{21}$ ergibt sich sofort die Thomson-Gleichung (6.105): $\Pi = \eta T$, die auf andere Weise nur sehr schwierig abzuleiten ist.

17.2.8. Thermo-mechanische Effekte

Offensichtlich haben ΔT und Δp zwischen den beiden Gefäßen etwas mit den „Kräften“ zu tun, die irreversible Vorgänge wie Strömung, Wärmeleitung, Diffusion antreiben. Der vernünftige Ansatz für die Kräfte ergibt sich aber wieder erst aus der Entropieerzeugung. Wenn ein Wärmestrom I_Q von 2 nach 1 fließt, bedeutet das nach Aufgabe 17.2.7 eine Entropieerzeugung $I_Q\,\Delta T/T^2$. Wenn eine Masse von dM mol von 2 nach 1 fließt, verliert sie in 2 die Entropie $s_2\,dM$, in 1 gewinnt sie $s_1\,dM$. s_i ist die molare Entropie. Nach (17.54) hat ein ideales Gas bis auf eine unwesentliche Konstante $s = -R(\ln V + \frac{3}{2}\ln T)$. Also ist die Entropieerzeugung beim Übergang eines mol von 2 nach 1: $ds = R\,\Delta V/V + \frac{3}{2}R\,\Delta T/T = -R\,\Delta p/p + \frac{3}{2}R\,\Delta T/T$. Die Entropieänderung durch Wärmestrom I_Q und Massenstrom I_M ist $\dot{S} = I_Q\,\Delta T/T^2 + I_M(\frac{3}{2}R\,\Delta T/T - R\,\Delta p/p)$. Zwischen Strömen und Kräften bestehen die phänomenologischen Beziehungen

$$I_Q = L_{11}\,\Delta T/T^2 + L_{12}R(\tfrac{3}{2}\,\Delta T/T - \Delta p/p)\,,$$
$$I_M = L_{21}\,\Delta T/T^2 + L_{22}R(\tfrac{3}{2}\,\Delta T/T - \Delta p/p)\,.$$

Bei $\Delta T = 0$ ergibt sich $I_Q/I_M = L_{12}/L_{22}$, d. h. mit jedem Massenstrom I_M ist eine „Überführungsenergie" I_Q verbunden: Mechanokalorischer Effekt. Wenn keine Masse mehr strömt ($I_M = 0$), stellt sich zwischen Δp und ΔT der Zusammenhang $\Delta p/\Delta T = L_{21}p/(L_{22}RT^2) + p/T$ ein. Dieses Verhältnis heißt inkonsequenterweise thermomolekulare Druckdifferenz. Aus $L_{12} = L_{21}$ folgt $\Delta p/\Delta T = I_Q/(I_M VT) + p/T$ oder wegen $dU = dQ - p\,dV$ mit Q^* als reinem Wärmeeffekt des Massenstroms in J/mol: $\Delta p/\Delta T = Q^*/(VT)$. Wenn das Loch zwischen den beiden Gefäßen groß ist (groß gegen die freie Weglänge), tritt keine Überführungs*wärme* Q auf (Versuch von *Gay-Lussac*). Dementsprechend erwartet man auch im stationären Fall ($I_M = 0$), daß $\Delta p = 0$ ist, selbst für $\Delta T \neq 0$. Bei sehr kleinem Loch oder feiner Membran ergibt sich eine Überführungswärme $Q^* = \frac{1}{2}RT$, weil vorwiegend die schnellen Moleküle durchtreten. Damit folgt $\Delta p/\Delta T = \frac{1}{2}p/T$ oder $p_1/p_2 = \sqrt{T_1/T_2}$ (Knudsen-Beziehung).

17.2.9. Stationarität

Der Stab hatte zunächst eine beliebige T-Verteilung. Sein Einschub erzeugt ein T-Profil mit einem oder mehreren Sprüngen zwischen den Reservoiren, das sich in einer durch die Wärmekapazität des Stabes bestimmten kurzen Zeit in ein lineares T-Profil verwandelt. Dann fließt durch jeden Querschnitt gleichviel Wärme. Dieser Zustand ist stabil, denn jeder Buckel im T-Profil würde sich schnell abbauen. In einen Buckel nach oben z. B. fließt „vorn" infolge des abgeschwächten T-Gefälles weniger Wärme hinein, „hinten" fließt mehr heraus. Die Lebensdauer des stationären Zustandes selbst, bestimmt durch die Wärmekapazität der Reservoire, kann sehr viel größer sein. Im stationären Zustand ändert der Stab seinen Zustand nicht, also auch nicht seine Entropie. Da Wärme aber notgedrungen bei höherer Temperatur in ihn einströmt als sie ausströmt, fließt ihm weniger Entropie zu als er verliert. Um das auszugleichen, muß in seinem Innern ständig Entropie erzeugt werden. Wenn ein Wärmestrom I_Q fließt, ergibt sich eine Entropieerzeugung $\dot{S} = I_Q\,\Delta T/T^2$ (Aufgabe 17.2.7). Auf die Volumeneinheit bezogen, ist die Erzeugungsrate (Quelldichte) $\sigma = j_q T'/T^2 = \lambda(T'/T)^2 = \lambda(d\ln T/dx)^2$. Als Quadrat ist diese Rate nichtnegativ, wie sie es sein muß. Im stationären Zustand ist die Gesamterzeugung $\dot{S} = \int \sigma\,dx$ kleiner als für jede andere mit den Randbedingungen vereinbare T-Verteilung. Das folgt aus der Euler-Lagrange-Gleichung der Variationsrechnung: $\int F(x, y, y')\,dx$ ist extremal, wenn $dF_{y'}/dx = F_y$. Hier ist $y = \ln T$, $F = y'^2$, also $F_y = 0$ und demnach $y'' = 0$. Bei kleiner T-Differenz läuft diese eigentlich exponentielle T-Abhängigkeit auf eine lineare hinaus.

17.2.10. Satz von Prigogine

Wenn man z. B. im Thermoelement von Aufgabe 17.2.7 ΔT festhält, fließt zwar immer Wärme durch den Draht, aber der elektrische Strom wird bald Null werden, nämlich wenn der Kondensator bis zur Thermospannung $U = \eta\,\Delta T$ aufgeladen ist. Dann verschwindet die zusätzliche Entropieerzeugung infolge Joule-Wärme. Allgemein: $X_1, \dots, X_k$ seien festgehalten. Die Entropieerzeugung ist $\dot{S} = \sum J_i X_i = \sum_{i,j} L_{ij} X_i X_j$. Ihr Minimum ergibt sich aus $\partial\dot{S}/\partial X_i = 0 = \sum_j (L_{ij} + L_{ji}) X_j = 2\sum L_{ij} X_j$ für $i = k+1, \dots, n$. Dies besagt $J_i = 0$ für diese i-Werte. Der beschriebene Zustand heißt Stationarität k-ter Ordnung.

17.2.11. Minimale Entropieerzeugung

Ein Fluß wird immer durch eine Abweichung von der Stationarität ausgelöst und versucht, diese Abweichung zu verringern. Dieses Prinzip von *Le Chatelier-Braun* läßt sich aus Überlegungen ähnlich Aufgabe 17.2.10 ableiten und verallgemeinern. Stationarität bedeutet Verschwinden der entsprechenden Flüsse, wie aus dem Prinzip der minimalen Entropieerzeugung folgt. Ein System muß daher von einem beliebigen Ausgangszustand aus Stationaritäten immer niederer Ordnung durchlaufen, bis zur nullten Ordnung, dem echten thermischen Gleichgewicht. Wie lange es sich in den einzelnen Zuständen aufhält, hängt von den Umständen ab. Das Prinzip der minimalen Entropieerzeugung spielt für die Theorie der stationären Zustände eine ähnliche Rolle wie das Prinzip der maximalen Entropie für die Gleichgewichtstheorie. Während sich aber im Gleichgewicht nichts ändert, erfassen stationäre Zustände höherer Ordnung Prozesse von immer größerer Kompliziertheit.

17.2.12. Isotopieeffekt

Die Unschärferelation erlaubt einem Teilchen nie, am Boden eines begrenzten Potentialtopfs zu sitzen, sondern mindestens um die Nullpunktsenergie darüber. Diese hat für einen Rechtecktopf der Breite d den Wert $W_0 = p^2/(2m) = h^2/(8md^2)$, für einen Paraboltopf $W_0 = \frac{1}{2}\hbar\omega = \frac{1}{2}\hbar\sqrt{D/m}$ (Aufgabe 16.3.1). Beides kommt etwa auf dasselbe hinaus, da man die Breite des Paraboltopfes durch $D = 2W_0/d^2$ definieren kann. Der Paraboltopf ist aber dem Problem angemessener, denn z. B. auf Proton und Deuteron wirken gleichgroße Rückstellkräfte, die etwa proportional zur Auslenkung aus der Ruhelage sind. Mit $d \approx 10^{-10}$ m folgt $W_0 \approx 0{,}03/\mu$ eV, wo μ die relative Molekülmasse ist. Im Exponenten der Boltzmann-Funktion, die die Reaktionsrate bestimmt, steht $W/(kT)$, also ist dieser Exponent betragsmäßig bei Zimmertemperatur für H um 0,2 größer als bei D, bei ^{16}O um 0,02 größer als bei ^{18}O. Wenn sich nicht nur ein Teilchen bewegt, sondern auch der Rest des Moleküls, an den es gebunden ist, ersetze man m durch die reduzierte Masse (Abschn. 12.4.4), die bei großem Massenunterschied nur durch den leichteren Partner gegeben ist. Das Proton sollte danach um den Faktor 1,2 schneller reagieren als das Deuteron, das ^{16}O um den Faktor 1,02 schneller als das ^{18}O. Das ist die „normale" Richtung des kinetischen Isotopieeffekts. Manchmal ist der Potentialtopf des aktivierten Komplexes enger, also das entsprechende W_0 größer. Dann reagiert umgekehrt das schwere Teilchen schneller. Das Konzentrationsverhältnis im Gleichgewicht hängt nur von der Differenz der Anfangs- und Endwerte G und G' ab. Ist der Endtopf tiefer und enger, also sein W_0 größer, dann ist $n'_H/n_H < n'_D/n_D$. Bei der Verdunstung hat das Wassermolekül nur im Anfangszustand (flüssig) einen Topf und ein W_0, der Dampfzustand entspricht einer Hochebene. Also verdampft H_2O leichter als HDO (D_20 ist noch viel seltener).

17.3.1. Glühemission
Für den Austritt aus dem Metall kommen nur die Elektronen im Ausläufer der **Fermi-Verteilung** in Betracht, denn die Fermi-Kante liegt tief unter dem Potential, das die Elektronen draußen haben. Dieser Ausläufer fällt wie die Maxwell-Verteilung mit $e^{-W/(kT)}$ ab, aber von einem ganz anderen Anfangsniveau aus. Wir vergleichen die Dichten im Geschwindigkeits- oder Impulsraum bei den beiden Verteilungen. Bei Maxwell verteilen sich $N = nV$ Teilchen über eine Kugel mit dem Impuls $p = \sqrt{3mkT}$ als Radius, d. h. über das Phasenvolumen $V\frac{4}{3}\pi(3mkT)^{3/2}$. Die Phasenraumdichte ist $3n/(4\pi(3mkT)^{3/2})$. Bei Fermi ist die **Phasenraumdichte** einfach $2/h^3$. Das Maxwell-Ergebnis (Aufgabe 8.1.2) $j_M = \frac{1}{6}en\sqrt{3kT/m}\,e^{-W/(kT)}$ für die Emissionsstromdichte ist mit dem Verhältnis der beiden Phasenraumdichten zu multiplizieren und wird somit $j_F = 4\pi emh^{-3}k^2T^2\,e^{-W/(kT)}$. Der Zahlenfaktor $4\pi emk^2/h^3$ ist $1{,}2 \cdot 10^6$ A/m^2 K^2, und zwar unabhängig von der Elektronendichte n, weil nur durch die Phasenraumdichte der Fermi-Verteilung bestimmt. Mit einer Reflexionswahrscheinlichkeit $\frac{1}{2}$ an der Potentialstufe der Metalloberfläche ergibt sich genau der beobachtete Wert.

17.3.2. Supernova
Wenn ein Stern der Masse $M \approx 10^{30}$ kg mit $\omega \approx 200\,s^{-1}$ rotiert, bleibt er nur dann heil, wenn die Schwerebeschleunigung GM/R^2 an seiner Oberfläche größer ist als die Fliehbeschleunigung $\omega^2 R$, d. h. $R < \sqrt[3]{GM/\omega^2} \approx 100$ km. Die Dichte muß mindestens 10^{15} kg m^{-3} sein. Das ist von der Kerndichte $\approx 10^{17}$ kg m^{-3} nicht mehr allzuweit entfernt. Der Drehimpuls $L \approx M\omega R^2$ ist ähnlich wie bei der Sonne, denn deren Rotationsperiode ist fast 10^8mal größer, ihr Radius 10^4mal.

17.3.3. Pulsar
Aus Laufzeitdifferenz und -strecke ergibt sich $c_{1\,m} = c_{1\,cm}(1 - 4 \cdot 10^{-12})$. In einem Plasma der Elektronen- und Ionenzahldichte n erzeugt ein Feld E eine Beschleunigung $\ddot{x}$ der geladenen Teilchen gemäß $m\ddot{x} = eE$, d. h. eine Polarisation $P = nex$, die mit E zusammenhängt wie $\ddot{P} = \omega^2 P = ne\ddot{x} = ne^2E/m$. Mit $P = \varepsilon_0(\varepsilon - 1)E$ folgt $\varepsilon = 1 + ne^2/(\varepsilon_0 m\omega^2)$, und nach der Maxwell-Relation $c = c_0(1 - ne^2/(2\varepsilon_0 m\omega^2))$. Ionen haben wegen ihres großen m keinen Einfluß, nur Elektronen. Aus $c_{1\,m}$ folgt $n \approx 10\,\text{cm}^{-3}$, was mit anderen Messungen gut übereinstimmt.

17.3.4. Pulsarfeld
Wenn bei der Schrumpfung eines normalen Sterns zum Pulsar die B-Linien mit der Materie kontrahieren, nimmt B proportional R^{-2} zu, d. h. auf 10^5 Tesla. Elektronen kreisen mit der Larmor-Frequenz $\omega_L \approx eB/m$ auf einem Radius $r_L = mv/(eB)$, d. h. mit $\omega \approx 10^{15}\,s^{-1}$ wie im Atom und auf ähnlichem Radius. Solche Elektronen senden sichtbares Licht aus. Teilchen werden magnetisch gespeichert, wenn ihr r_L nicht größer ist als der Radius des Pulsars, d. h. des Magnetfeldes. Das ist der Fall bis zu (überwiegend kinetischen) Massen von 10^{-19} kg $\approx 10^3 m_p$, d. h. bis zu Energien von 10^8 GeV. Nur harte kosmische Teilchen werden nicht von einem Pulsar eingefangen.

17.3.5. Kernverdampfung
Nach der nichtrelativistischen Bethe-Formel würde das Primärteilchen, eben weil es soviel energiereicher ist, viel seltener ionisieren. Im hochrelativistischen Fall geht allerdings dieser Abfall mit W^{-1} in einen sehr schwachen Anstieg über. Dann bleibt im wesentlichen der Masseneinfluß: Leichte Teilchen ionisieren häufiger. Die dickeren Sekundärspuren stammen also von leichteren Teilchen, nämlich meist Pionen, wie die genauere Analyse zeigt. Nach dem $N = 2W^{1/4}$-Gesetz lassen die 40 Sekundärteilchen auf $W \approx 10^4$ GeV schließen. Im Schwerpunktsystem stehen dagegen nur $W \approx \sqrt{2WW_0} \approx 100$ GeV zur Verfügung. Jedes Sekundärteilchen bekommt also im S-System etwa 2 GeV mit. Die Ionisierungsdichte liegt für diese Pionen nach Abb. 13.34 um 10 Paare/cm oder 300 eV/cm in Luft und etwa 1 000mal mehr in der Emulsion. Die Pionen und erst recht das Primärproton würden also immer noch mehrere km Wasser durchdringen.

17.3.6. *Fermis* Theorie des β-Spektrums
Die Energiedifferenz zwischen Ausgangs- und Endkern W_m (minus der Rückstoßenergie des Endkerns, die aber sehr klein ist) verteilt sich auf Elektron und Neutrino: $W_m = W_e + W_\nu$. Für ein relativistisches Elektron haben die Energien beider Teilchen den gleichen Zusammenhang mit ihren Impulsen, in den die Ruhmasse nicht mehr eingeht: $W = pc$. Das Energiespektrum muß also symmetrisch sein, denn es spielt keine Rolle, ob man es über W_e oder über $W_\nu = W_m - W_e$ aufträgt. Wenn es ein Maximum gibt, muß dieses in der Mitte liegen. Es gibt tatsächlich eines, denn bei $W_e = 0$ und bei $W_e = W_m$ verschwindet die Zerfallswahrscheinlichkeit: Im Elektronenimpulsraum entspricht $W_e = W_m$ einer maximal großen Kugelfläche, aber im Neutrino-Impulsraum einer Kugel vom Radius Null. Die Gesamtwahrscheinlichkeit (Produkt beider Impulsraumvolumina) verschwindet. Da die Kugelfläche $\sim p^2 \sim W^2$ ist, erfolgt diese Einmündung in die W-Achse an beiden Enden des Spektrums mit horizontaler Tangente. Das Spektrum ist eine Parabel 4. Ordnung $p_e^2 p_\nu^2\,dp_e \sim W_e^2(W_m - W_e)^2\,dW_e$. Für ein nichtrelativistisches Elektron ($W_e \ll 500$ keV) ist $p_e^2 \sim W_e$, also

$$p_e^2 p_\nu^2\,dp_e \sim W_e(W_m - W_e)^2\,dW_e/\sqrt{W_e}\,.$$

Dieses Spektrum steigt bei kleinen W_e sehr steil an wie $\sqrt{W_e}$. Differenzieren zeigt, daß das Maximum bei $W_e = 0{,}2W_m$ liegt (Abb. 13.27). Nur bei sehr großem W_m läßt sich das Spektrum praktisch ganz relativistisch darstellen, und das Maximum rückt in die Mitte. Auch dann hat die linke Flanke einen wenn auch kurzen steilen Anfangsteil. Man sucht nach einem viel kürzeren steilen Anfangsteil rechts, der auf eine nichtverschwindende Ruhmasse des Neutrinos hindeuten würde.

17.3.7. Weiße Zwerge

Ein Stern bricht zum Weißen Zwerg (oder, wenn er zu schwer ist, sogar zum Neutronenstern oder Schwarzen Loch) zusammen, wenn sein fusionierbares Material im wesentlichen aufgebraucht ist. Über den Kern des ausgebrannten Sterns schichtet sich eine Hülle aus normalem Gas, deren Masse ausreicht, um den Fermi-Druck von einigen Mbar zu erzeugen. Im riesigen Schwerefeld des kontrahierten Sterns (100mal kleinerer Radius, also 10 000mal höheres g als für die Sonne, 300 000mal höheres g als auf der Erde) reicht dazu eine erstaunlich dünne Hülle: 1 kg/cm^2 liefert auf der Erde 1 bar und auf einem solchen Stern fast 1 Mbar. Die Gasatmosphäre des Weißen Zwerges ist also auch nur wenige km dick. Darunter liegt das Fermi-Gas aus quasifreien Elektronen, durchsetzt natürlich von den Restionen. Es hat enorme elektrische und Wärmeleitfähigkeit, so daß sich darin kaum T-Unterschiede ausbilden können. Die Temperatur, die vom Fusionsbrennen her noch mehrere Mill. K beträgt, beherrscht also den ganzen Stern bis an den Grund der dünnen Hülle, die natürlich nicht so undurchlässig ist wie die sehr viel dickere Hülle des jüngeren Sterns. Daher leuchtet der Weiße Zwerg mit extrem hoher Strahlungstemperatur (meist weit über 20 000 K), bis die Wärmeenergie, die überwiegend in den Ionen steckt, verbraucht ist (Beitrag der Elektronen wie im Metall sehr klein). Durch Kontraktion kann der Weiße Zwerg nur geringe Energiemengen freisetzen, denn der Druck des Fermi-Gases hängt kaum von T ab, nur von der Dichte, und daher ist seine Struktur stabil, egal wie hoch T ist. Allein die thermische Energie (um 10^{40} J), die wegen der winzigen Oberfläche nur langsam abgestrahlt wird (etwa 10^{22} W), hält aber für etwa 10^9 Jahre vor. Sobald beim Abkühlen die thermische Energie etwa gleich der Coulomb-Energie wird, „kondensiert" das Fermi-Gas: Die Teilchen ordnen sich zum regelmäßigen Gitter. Die Teilchenabstände liegen zwischen 10^{-11} und 10^{-10} m, die Coulomb-Energie zwischen 10 und 100 eV, die „Gefriertemperaturen" zwischen 10^5 und 10^6 K.

17.3.8. Suprafluidität

Bosonen, d. h. Teilchen mit ganzzahligem Spin wie ^{4}He mit je zwei Protonen, Neutronen und Elektronen gehorchen der Bose-Einstein-Statistik und können jeden Energiezustand in beliebiger Anzahl besetzen. Wenn nicht die interatomaren Bindungskräfte das durch Kristallisation verhindern, kondensieren bei Abkühlung also immer mehr Teilchen im Zustand ohne thermische Energie. Damit sinkt die spezifische Wärmekapazität. Viskosität beruht auf dem Impulsaustausch zwischen verschieden schnell strömenden Schichten infolge thermischer Querbewegung. Ohne diese gibt es keine innere Reibung, die das Fließen in hauchdünnen Schichten oder Kapillaren hemmte. Die Wärmeleitung beruht immer weniger auf Stößen zwischen schnelleren und langsameren Teilchen: Wenn normale Flüssigkeit an die kalte Stelle kommt, wandelt sie sich teilweise in suprafluide um und umgekehrt. Normales He führt aber thermische Energie mit, suprafluides nicht. Der ^{3}He-Kern ist ein Fermion. Alle anderen Elemente, selbst Edelgase, haben zu hohe Bindungskräfte, daher wird ^{4}He wohl die einzige Supraflüssigkeit bleiben.

= Kapitel 18: Lösungen . . .

18.1.1. Lineare Vielfalt I

Tabelle L. 9

a	b	c	d	T	D	λ_1	λ_2	$\frac{(\lambda_1-a)}{b}$	$\frac{(\lambda_2-a)}{b}$
−4	3	−1	−2	−6	11	komplex			
−2	3	1	−4	−6	−5	−1	5	0,333	−1
−2	3	−4	2	0	8	komplex			
4	1	−1	2	6	9	3	3	−1	−1
−2	4	−3	3	1	6	komplex			
1	1	−3	5	6	8	4	2	3	1
2	4	3	6	8	0	8	0	1,5	−0,5
2	3	−3	−4	−2	1	−1	−1	−1	−1
−3	2	6	−4	−7	0	−7	0	−2	−1,5
−4	2	5	−2	−6	−2	0,317	−6,316	2,159	−1,159
2	3	1	−4	−2	−11	2,464	−4,464	0,155	−2,155
−2	1	3	2	0	−7	2,646	−2,646	4,646	−0,646
1	2	3	2	3	−4	4	−1	1,5	−1

18.1.2. Lineare Vielfalt II

Durch die Translation, die die Inhomogenität $\boldsymbol{b}$ beseitigt, haben wir den einzigen Fixpunkt nach $\boldsymbol{0}$ geschoben (das homogene Gleichungssystem $\boldsymbol{A}\boldsymbol{x} = \boldsymbol{0}$ hat nur die Lösung $\boldsymbol{x} = \boldsymbol{0}$, falls $\boldsymbol{A}$ die Determinante $D = 0$ hat; den Fall $D = 0$ erledigen wir in den Aufgaben 18.1.4 und 18.1.7). $\boldsymbol{A}$ habe die Spur T (Summe der Diagonalelemente). Die Eigenwertgleichung $\lambda^2 - T\lambda + D = 0$ hat die Lösungen $\lambda = T/2 \pm \frac{1}{2}\sqrt{T^2 - 4D}$. Bei $D < T^2/4$ gibt es zwei reelle, bei $D = T^2/4$ einen reellen, bei $D > T^2/4$ zwei konjugiert komplexe Eigenwerte. Im komplexen Fall bestimmt das Vorzeichen von T, ob der Realteil positiv ist (Orbits sind Auswärtsspiralen) oder negativ (Einwärtsspiralen) oder Null (geschlossene Zyklen). Eigengeraden, an die sich die Orbits anschmiegen, gibt es nicht: Die Eigenvektoren sind auch komplex. Anders im reellen Fall $D < T^2/4$: Hier teilen die Eigengeraden die Ebene in vier Sektoren. Jede Trajektorie bleibt immer in ihrem Sektor. Bei $T^2/4 > D > 0$ ist die Wurzel kleiner als $T/2$, also haben beide λ das gleiche Vorzeichen, nämlich das von T.

Bei $T > 0$ laufen alle Orbits auswärts (Gipfel), bei $T < 0$ einwärts (Senke). Bei $D < 0$ haben die λ verschiedene Vorzeichen: Es gibt eine Einwärts-, eine Auswärts-Eigengerade, zwischen ihnen laufen alle Orbits am Sattelpunkt $\mathbf{0}$ vorbei. Es bleibt der Fall $D = T^2/4$. Die Freude über den einzigen Eigenwert λ ist verfrüht: Man braucht auch hier zwei unabhängige Eigenlösungen. Die erste heißt wieder $e^{\lambda t}$, die zweite $t\,e^{\lambda t}$. Die Orbits schmiegen sich der einzigen Eigengeraden an, einwärts oder auswärts, je nach dem Vorzeichen von $\lambda = T/2$. Für das diskrete System $\boldsymbol{x} \leftarrow \boldsymbol{Ax}$ lautet das Eigenwertproblem $\boldsymbol{x} = \boldsymbol{Ax}$ oder $(\boldsymbol{A} - \boldsymbol{E})\boldsymbol{x} = \mathbf{0}$. Statt $\boldsymbol{A}$ muß man dann die Matrix $\boldsymbol{A} - \boldsymbol{E}$ analysieren.

18.1.3. Chemische Kinetik

In der Chemie wird die Produktions- oder Zerfallsrate $\dot{x}_i$ einer Teilchensorte direkt geregelt durch die vorhandene Konzentration x_i dieser Teilchen und evtl. durch die Konzentrationen x_k, $k \neq i$ anderer Teilchen, mit denen i wechselwirkt. Elementare chemische Wechselwirkungen sind monomolekular (z. B.: ein Teilchen i zerfällt in ein Teilchen k) oder bimolekular (k und l reagieren und erzeugen i). Monomolekulare Reaktionsraten haben die Form $a_{ik}x_k$, bimolekulare $a_{ikl}x_k x_l$. Das System $\dot{x}_i = \sum_k a_{ik}x_k$ beschreibt also monomolekulare Übergänge. Normalerweise ist $a_{ik} > 0$ und $a_{ii} < 0$ (außer bei autokatalytischen Reaktionen), denn je mehr k da sind, desto öfter entsteht ein i daraus, aber i zerfällt um so schneller, je mehr davon da ist. Auch allgemeinere Reaktionssysteme (mit bimolekularen Übergängen) lassen sich linearisieren auf die angegebene Form, wenn man als x_i nur die kleinen Abweichungen von den Gleichgewichtskonzentrationen bezeichnet. – Das System $\dot{\boldsymbol{x}} = \boldsymbol{Ax}$ läßt sich lösen, indem man das Koordinatensystem dreht, was für x die Multiplikation mit einer orthonormalen Matrix $\boldsymbol{S}$ bedeutet: Der Vektor heißt in den neuen Koordinaten $\boldsymbol{x}' = \boldsymbol{Sx}$. Für das Gleichungssystem bedeutet das $\dot{\boldsymbol{x}}' = \boldsymbol{S}\dot{\boldsymbol{x}} = \boldsymbol{SAx} = \boldsymbol{SAS}^{-1}\boldsymbol{Sx} = \boldsymbol{A}'\boldsymbol{x}'$, d. h. die neue Matrix ist $\boldsymbol{A}' = \boldsymbol{SAS}^{-1}$. Nun wähle man $\boldsymbol{S}$ so, daß seine Spaltenvektoren alle Eigenvektoren von $\boldsymbol{A}$ sind. Dann ist nämlich $\boldsymbol{A}'$ eine Diagonalmatrix: In der Diagonale stehen die Eigenwerte von $\boldsymbol{A}$, außerhalb der Diagonalen nur Nullen. Das folgt aus der Definition der Matrizenmultiplikation. Das System zerfällt dann in lauter ganz einfache Gleichungen: $\dot{x}'_i = a_i x'_i$, also $x'_i = x'_{i0}\,e^{a_i t}$. Rücktransformation mit $\boldsymbol{S}^{-1}$ liefert x_i. Die Konzentrationen sind als Summen von Exponential- oder gedämpften Sinusfunktionen darstellbar (je nachdem, ob der betreffende Eigenwert a_i reell oder komplex ist). Wenn alle Eigenwerte negativen Realteil haben, klingen alle diese Funktionen ab. Dann herrscht stabiles Gleichgewicht. Andernfalls klingen die Abweichungen vom Gleichgewicht ins Unendliche an.

18.1.4. Homogenisierung

Wir suchen einen Verschiebungsvektor $\boldsymbol{v}$, so daß in den neuen Koordinaten $\boldsymbol{y} = \boldsymbol{x} + \boldsymbol{v}$ das konstante Glied wegfällt. Dazu muß $\boldsymbol{Av} = \boldsymbol{b}$ sein. Eine solche Lösung $\boldsymbol{v}$ dieses inhomogenen Systems existiert nicht, wenn $\boldsymbol{A}$ die Determinante 0 hat. Dann sind die Zeilenvektoren von $\boldsymbol{A}$ linear abhängig (die Spaltenvektoren auch), d. h.: Eines der $\dot{x}_i$ läßt sich linear aus den anderen kombinieren, und dasselbe gilt für dieses x_i. Man braucht sich also nur mit den übrigen zu beschäftigen. Wenn deren Systemdeterminante nicht 0 ist, hat man die Ordnung reduziert; sonst kann man noch weiter vereinfachen.

18.1.5. Eigenvektoren

Die Matrix $\begin{pmatrix} a & b \\ c & d \end{pmatrix}$ hat die Eigenwerte $\lambda_{1,2} = (a+d)/2 \pm \frac{1}{2}\sqrt{(a-d)^2 + 4bc}$. Eigenvektor ist jeder Vektor der Geraden $y = (\lambda - a)x/b$. Ein Systempunkt auf einer solchen Geraden wandert gemäß $\boldsymbol{x} = \boldsymbol{x}_0\,e^{\lambda t}$. Jede andere Trajektorie läßt sich aus beiden Eigenvektoren kombinieren wie $\boldsymbol{x} = c_1\boldsymbol{x}_{10}\,e^{\lambda_1 t} + c_2\boldsymbol{x}_{20}\,e^{\lambda_2 t}$. Bei großen t gewinnt das größere λ: Die Trajektorien werden dann parallel zum entsprechenden Eigenvektor.

18.1.6. Spiralen

$\dot{x} = ax + by$ löse man nach y auf und setze dies in die $\dot{y}$-Gleichung ein. Man erhält $\ddot{x} - (a+a)\dot{x} + (ad - bc)x = 0$, was sich wie im Fall der gedämpften Schwingung löst: $x = e^{\mu t}(x_1\cos(\omega t) + x_2\sin(\omega t))$ mit $\mu = (a+d)/2$, $\omega = \frac{1}{2}\sqrt{-(a-d)^2 - 4bc}$. $y(t)$ sieht entsprechend aus mit den Konstanten $y_1 = ((\mu - a)x_1 + \omega x_2)/b$, $y_2 = ((\mu - a)x_2 - \omega x_1)/b$. Überall auf dem Radius $y = mx$ ($m = \tan\varphi$) gilt $\dot{x} = (a + mb)x$, $\dot{y} = (c + md)x$, $dy/dx = \tan\beta = (c - md)/(a + mb)$. Für den Winkel $\gamma = \beta - \varphi$ zum Radius gilt $\tan(\beta - \varphi) = (c + md - ma - m^2 b)/(a + mb + mc + m^2 d)$. Die x-Achse ($m = 0$) wird unter $\tan\gamma = c/a$, die y-Achse ($m = \infty$) unter $-b/d$ geschnitten. Orbits laufen parallel zum Radius bei $m = (d - a \pm \sqrt{(d-a)^2 + 4bc})/(2b)$. Das sind die Steigungen der Eigengeraden, die bei $4D > T^2$ im Reellen nicht existieren. In diesem Fall echter Spiralen schneiden alle Orbits einen Radius unter dem gleichen Winkel, der aber für jeden Radius anders ist, im Gegensatz zur logarithmischen Spirale $r = r_0\,e^{a\varphi}$, wo $\tan\gamma = 1/a$ für alle Radien gleich ist, oder zur archimedischen $r = a\varphi$, wo $\tan\gamma = r/a$ ist (je weiter außen, desto steiler; die beiden letzten Beziehungen folgen aus $\tan\gamma = r\,d\varphi/r$, was man leicht aus der Zeichnung abliest). Den Abstand zwischen Spiralarmen finden wir z. B. auf der x-Achse: $x = 0 \Rightarrow \tan(\omega t) = -x_1/x_2$. Zeitlicher Abstand $\Delta t \approx \pi/\omega$, räumlicher folgt aus $r_{n+1}/r_n \approx \pi\mu/\omega$. Die log-Spirale hat hier exakt $e^{2\pi a}$, die archimedische hat konstanten Abstand $2\pi a$.

18.1.7. $D = 0$

Wenn die Determinante $D = 0$ ist und damit ein Eigenwert 0, der andere $T = a + d$, sind die beiden Gleichungen $\dot{x}$ und $\dot{y}$ linear abhängig: $\dot{y} = c\dot{x}/a$, d. h. eine ist eigentlich überflüssig. Es bleibt z. B. $\dot{x} = ax + by$. Das wird 0 und y ebenso, auf der ganzen Geraden $y = ax/b$. Auf diese Gerade streben alle Orbits zu oder von ihr weg, und zwar bilden sie ihrerseits Geraden $y = cx/a$. Speziell bei $b = c$ stehen sie senkrecht auf der „Fixgeraden".

18.1.8. Feldlinien
In einem Potentialfeld kann man die Feldstärke, hier $\dot{\boldsymbol{x}}$, als Gradient einer Potentialfunktion $\varphi(x,y)$ darstellen: $\dot{\boldsymbol{x}} = (\dot{x},\dot{y}) = (f(x,y), g(x,y)) = -(\varphi_x, \varphi_y)$. (Index: Partielle Ableitung.) Wenn eine solche Funktion existiert, spielt die Reihenfolge der Ableitungen nach x und y keine Rolle: Es muß $\varphi_{xy} = \varphi_{yx}$ sein (Cauchy-Riemann-Dgl.), was hier bedeutet $f_y = g_x$ und im linearen System zweiter Ordnung mit der Matrix $\begin{pmatrix} a & b \\ c & d \end{pmatrix}$ einfach $b = c$. Die Matrix muß symmetrisch sein. Nach Aufgabe 16.1.4 sind die Eigenvektoren dann orthogonal, die Eigenwerte $\frac{1}{2}(a + d) \pm \frac{1}{2}\sqrt{(a-d)^2 + 4b^2}$ immer reell. Das Potential φ ist leicht zu finden: $\varphi = -(\frac{1}{2}ax^2 + bxy + \frac{1}{2}dy^2)$. Die Koordinatendrehung, die $\boldsymbol{A}$ diagonalisiert, bringt φ auf die Form $\varphi = -\frac{1}{2}(\lambda_1 x^2 + \lambda_2 y^2)$. Niveaulinien sind Ellipsen- bzw. Hyperbelscharen, je nachdem, ob die Eigenwerte gleiche oder verschiedene Vorzeichen haben. Damit ein System dritter Ordnung ein Potential hat, muß rot $\boldsymbol{x} = 0$ sein (vgl. Aufgabe 6.1.4). Mit $x = (u, v, w)$ bedeutet das $w_y = v_z$, $u_z = w_x$, $v_x = u_y$. Auch die $3 \cdot 3$-Matrix muß symmetrisch sein, die Eigenwerte sind reell, die Eigenvektoren orthogonal.

18.1.9. Grenzzyklus
Natürlich ist dies nur eine hinterlistige Verkleidung von $\dot{r} = r - (b - c\cos\varphi)r^2$, $\dot{\varphi} = a/r^2$, wie man mühsam feststellt. Einen Fixpunkt gibt es nicht, denn $\dot{\varphi}$ wird nie 0. $\dot{r} = 0$ liefert den Grenzzyklus $r = 1/(b - c\cos\varphi)$, der mit der Winkelgeschwindigkeit $\dot{\varphi} = a/r^2$ durchlaufen wird. Das sieht aus wie der Flächensatz, das zweite Kepler-Gesetz, und tatsächlich gibt $r(\varphi)$ mit $b = 1/p$, $c = \varepsilon/p$ die Polarform der Kepler-Ellipse. Bezeichnen wir das Grenzzyklus-$r(\varphi)$ als $r_0(\varphi)$ und nehmen eine kleine Abweichung $\varrho(\varphi)$ davon an, dann gilt $\dot{r} = \dot{r}_0 + \dot{\varrho} = r_0 + \varrho - (r_0^2 + 2r_0\varrho)(b - c\cos\varphi)$, also $\dot{\varrho} = -\varrho$: Die Abweichung klingt mit $\varrho = \varrho_0\,\mathrm{e}^{-t}$ ab, die Bahn ist stabil. Natürlich ist damit nichts über die Stabilität des Sonnensystems gesagt, denn der Grenzzyklus wurde auf ganz mechanik-widrige Weise erzwungen, wie schon die unsinnigen Einheiten zeigen.

18.1.10. Linearer Grenzzyklus
Wir schreiben die n Systemgleichungen für die n Komponenten vektoriell: $\dot{\boldsymbol{x}} = \boldsymbol{A}\boldsymbol{x} + \boldsymbol{b}$. Es soll $\dot{\boldsymbol{x}} = 0$, also $\boldsymbol{A}\boldsymbol{x} = -\boldsymbol{b}$ sein. Bei $\boldsymbol{b} \neq 0$ und einer Determinante $|\boldsymbol{A}| \neq 0$ gibt es genau eine Lösung, d.h. genau einen Fixpunkt (Berechnung nach der Kramer-Regel). $\boldsymbol{b} = 0$ und $|\boldsymbol{A}| \neq 0$ läßt nur die „triviale" Lösung $\boldsymbol{x} = 0$ zu; dort ist der einzige Fixpunkt. Den Fall $|\boldsymbol{A}| = 0$ studieren wir für $n = 2$: $ax + by = -c$, $dax + dby = -e$ führt zum Widerspruch, außer bei $e = dc$. In diesem Fall ist jeder Punkt der Geraden $y = -(ax + c)/b$ eine Lösung von $\dot{\boldsymbol{x}} = 0$. Aber es gilt ja $\dot{y} = d\dot{x}$, also $y = dx + f$ ($f = y_0 - dx_0$). In die erste Gleichung eingesetzt: $\dot{x} = (a + bd)x + c + bf = Ax + B$ mit der Lösung $x = (x_0 + B/A)\,\mathrm{e}^{At} - B/A$. Bei $A > 0$ geht das gegen Unendlich, bei $A < 0$ gegen $-B/A$. Die Anfangsbedingungen selektieren also nur höchstens einen Punkt der Geraden als Fixpunkt. Grenzzyklen gibt es in linearen Systemen nicht.

18.1.11. Pendel
Bewegungsgleichung $ml\ddot{\alpha} + mg\sin\alpha = 0$. Der Phasenraum hat die Koordinaten α und $\dot{\alpha}$. Der Energiesatz liefert $W_{\text{kin}} = \frac{1}{2}ml^2\dot{\alpha}^2 = W_{\text{pot}} = mgl(\cos\alpha - \cos\alpha_0)$, vom Vollausschlag α_0 an gerechnet, also $\dot{\alpha} = \sqrt{2g/l}\sqrt{\cos\alpha - \cos\alpha_0}$. Beim kopfstehenden Pendel $\alpha_0 = \pi$ folgt $\dot{\alpha} = \sqrt{2g/l}\sqrt{1 + \cos\alpha} = \sqrt{2g/l}\cos(\alpha/2)$. Diese cos-Linie trennt die geschlossenen Trajektorien ohne Überschlag von den offenen mit Überschlag. Nur ganz innen (für kleine α_0) liegen die Ellipsen des linearen Schwingers.

18.1.12. Elektronenstoß
Der Energiesatz liefert die geschlossene Lösung $v = e/\sqrt{2\pi\varepsilon_0 m}\sqrt{1/r - 1/r_0}$. Bei $r = r_0$, $v_0 = 0$ beginnt eine zunächst geringe Beschleunigung; nahe dem Proton kommt es auf die Anfangswerte kaum noch an; dazwischen liegt ein Wendepunkt bei $r = 3r_0/4$ (Nullsetzen der zweiten Ableitung). Über die Grenzkurve $v = e/\sqrt{2\pi m\varepsilon_0 r}$ für $r_0 = \infty$ kommt keiner hinaus, der mit $v_0 = 0$ beginnt.

18.1.13. Absturz
Dies ist nicht mehr geschlossen, sondern nur noch durch Iteration lösbar: $m\dot{v} = mg - \frac{1}{2}A\varrho_0\,\mathrm{e}^{-h/H}v^2$. Wir wissen aber: Nach kurzer Zeit mündet $v(h)$ in die stationäre Kurve $v_{\text{st}} \sim \mathrm{e}^{-h/(2H)}$ ein, die sich aus der Gleichheit von Schwerkraft und Luftwiderstand ergibt. Diese Einstellzeit folgt annähernd aus $gt = v_{\text{st}}$, ist also in der Höhe länger.

18.1.14. Meteorit
Oberhalb von etwa 80 km ist die Luft so dünn, daß abgesehen von der leichten g-Änderung die liegende Parabel des freien Falles herauskommt. Um 80 km geht sie in die e-Kurve der stationären Geschwindigkeit über. Diese Höhe sinkt, die Endgeschwindigkeit steigt mit zunehmender flächenbezogener Masse des Körpers.

18.1.15. Stabilitätsbedingung
Graphisch: Ein Fixpunkt von $x \leftarrow f(x)$ ist ein Schnittpunkt der Kurve $y = f(x)$ mit der Geraden $y = x$. Die Spinne, die von x zur Kurve steigt und dann waagerecht zur Geraden geht, um das neue x zu finden usw., landet schließlich im Fixpunkt, falls die Kurve die Gerade dort von oben kommend schneidet, aber nicht steiler als 45° (vgl. Aufgabe 3.3.27). Analytisch: In der Nähe des Punktes x_s mit $x_s = f(x_s)$ schreiben wir $x = x_s + u$ und linearisieren $x_s + u_{t+1} = f(x_s + u_t) = f(x_s) + f'(x_s)u_t$, also $u_{t+1} = \lambda u_t$ mit $\lambda = f'(x_s)$. Danach ist $u_t = \lambda^t u_0$. Dies geht gegen 0 oder gegen ∞, die Abweichung von x_s verschwindet also oder wächst unbegrenzt, je nachdem, ob $|f'(x_s)| \lessgtr 1$.

18.2.1. Ein Integral
Es sei $I_n = \int \sin^{2n} x\,\mathrm{d}x$. Der Integrand $\sin^{2n-1} x \sin x$ ergibt, partiell integriert, $-\sin^{2n-1} x\cos x - (2n-1)\int \sin^{2n-2} x\cos^2 x\,\mathrm{d}x$. Mit den Grenzen 0, $\pi/2$ verschwindet der erste Term. Im zweiten setzt man $\cos^2 x = 1 - \sin^2 x$, womit

man hinten wieder I_n erhält, das man natürlich mit dem vorderen zusammenfaßt: $I_n = \frac{1}{2}(2n-1)I_{n-1}/n$. So arbeitet man sich hinunter bis $I_0 = \int_0^{\pi/2} \sin^2 x\, dx = \pi/4$ (die $\sin^2$-Kurve schwingt symmetrisch um $y = \frac{1}{2}$). Also z. B. $I_3 = -\frac{1}{4}\pi 5 \cdot 3 \cdot 1/(6 \cdot 4 \cdot 2) = -\frac{1}{4}\pi \binom{-1/2}{3}$, allgemein $I_n = (-1)^n \frac{1}{4}\pi \binom{-1/2}{n}$.

18.2.2. Noch ein Integral

Eine Entwicklung nach $\cos\alpha$ würde sehr schlecht oder gar nicht konvergieren, weil dies sogar größer ist als $\cos\alpha_0$. Etwas besser sähe es aus, wenn man $\cos\alpha = \cos^2(\alpha/2) - \sin^2(\alpha/2) = 1 - 2\sin^2(\alpha/2)$ benutzt, also $\sin^2(\alpha_0/2) - \sin^2(\alpha/2)$ betrachtet, denn hier ist das zweite Glied meist kleiner als das erste, obgleich immer noch zu groß für eine vernünftige Entwicklung. Außerdem haben die Integrale über die einzelnen Glieder der Reihe, d. h. über $\sin^{2n}(\alpha/2)$, nur dann einigermaßen handliche Form, wenn die Integration sich von 0 bis $\pi/2$ oder π erstreckt. Dies erreicht man, wenn man $\sin(\alpha/2)/\sin(\alpha_0/2) = \sin v$ setzt und somit den α-Bereich $(0, \alpha_0)$ in den v-Bereich $(0, \pi/2)$ transformiert. Wegen $\cos v\, dv = 2\cos(\alpha/2)\, d\alpha/\sin(\alpha_0/2)$ geht dann das Integral in ein sog. elliptisches Integral zweiter Gattung über, und seine Binomialentwicklung lautet mit $k = \sin(\alpha_0/2)$

$$\int_0^{\pi/2} \frac{dv}{\sqrt{1-k^2\sin^2 v}} = \sum_{n=0}^{\infty} \int_0^{\pi/2} \binom{-1/2}{n} (-k^2 \sin^2 v)^n .$$

Das Integral über $\sin^{2n} v\, dv$ enthält merkwürdigerweise genau den gleichen Faktor (Aufgabe 18.2.1): $\int_0^{\pi/2} \sin^{2n} v\, dv = \frac{\pi}{4}(-1)^n \binom{-1/2}{n}$. So erhält man

$$\int_0^{\alpha_0} \frac{d\alpha}{\sqrt{\cos\alpha - \cos\alpha_0}} = \sqrt{2}\frac{\pi}{4} \sum_{n=0}^{\infty} \binom{-1/2}{n}^2 \sin^{2n}\frac{\alpha_0}{2} .$$

18.2.3. Smolletts Uhr

Nach John Silvers Mord am armen Tom rannte Jim Hawkins in seiner Angst, bis er Ben Gunn traf, den halben Spyglass-Berg hinauf. Dieser mag also 800 m hoch und damit aus 100 km Entfernung sichtbar gewesen sein, was knapp 1° und 4 Zeitminuten entspricht. Wenn Treasure Island in der Karibik liegt, könnte die Reise 14 Tage gedauert haben. Der relative Fehler der Uhr dürfte nicht mehr als 1/2 000 betragen haben. Wenn die Amplitude α_0 ihres Pendels um ihren Sollwert α_1 schwankte wie $\alpha_1 + \alpha_2 \sin(\omega t)$, weicht der Mittelwert der Periode vom Sollwert $T_1 = T_0(1 + \frac{1}{16}\alpha_1^2)$ relativ ab um $\frac{1}{32}\alpha_2^2$, also dürfte die Schwankung α_2 höchstens 0,3° betragen haben. Hoffentlich hatte Captain Smolletts Uhr eine Huygens-Aufhängung.

18.2.4. Duffing-Rüssel

Im Fall $E > 0$ interessieren uns große ω. Bei $m\omega^2 \gg D$, $m\omega^2 \gg F/x$ folgt aus (18.16) die Amplitude $x_1 \approx \sqrt{4m/(3E)}\,\omega$. Die nächste Näherung schreiben wir $x_1 = \sqrt{4m/(3E)}\,\omega + \varepsilon$ und setzen dies in (18.16) ein, wobei wir natürlich nur bis zum in ε linearen Glied gehen. Es folgt unter Beachtung der Näherung $\varepsilon = -D/(2\omega)\sqrt{4/(3mE)}$. Der „Rüssel" (von dessen beiden Ästen eigentlich der eine im Positiven, der andere im Negativen liegt: Wurzelvorzeichen! Phasensprung um π beim Übergang vom einen zum anderen) wird nach rechts zu immer schmäler, seine Achse bildet die Gerade $x = \sqrt{4m/(3E)}\,\omega$. Im Fall $E < 0$ gibt es dann und nur dann drei Lösungen, also einen „Rüssel", wenn $D > 3(F^2E)^{1/3}$ ist. Hier interessieren kleine ω, speziell $\omega = 0$. Wie das ω^2 in (18.16) zeigt, ist das ganze $x_1(\omega)$-Bild symmetrisch zur x_1-Achse, die Kurven schneiden also diese Achse alle rechtwinklig (auch bei $E > 0$). Wie dick ist der Rüssel dort? Es geht um den Abstand zwischen der größeren positiven und dem Betrag der negativen Lösung von $x^3 - 4Dx/(3|E|) + 4F/(3|E|) = 0$. Da $x_1 + x_2 + x_3 = 0$ (kein quadratisches Glied vorhanden), ist dieser Abstand gleich der dritten Lösung. Wenn diese klein ist, ist die gleiche Näherung wie oben erlaubt und liefert eine halbe Breite $\varepsilon = -F/(2D)$.

18.2.5. Van der Pol

Vom Fourier-Ansatz $x = \sum_{n=0}^{\infty} a_n \cos(n\omega t) + b_n \sin(n\omega t)$ brauchen wir im kleinen Störglied $-\varepsilon(x_k^2 - x^2)\dot{x}$ nur die cos-Grundschwingung: $-\varepsilon(x_k^2 - a_1^2\cos^2(\omega t))a_1\omega\sin(\omega t) = -\varepsilon a_1\omega(x_k^2 - a_1^2/4)\sin(\omega t) - (a_1^2/4)\sin(3\omega t)$ (vgl. Beispiel S. 972). Dies muß gleich $-m\omega^2\sum n^2(a_n\cos(n\omega t) + b_n\sin(n\omega t)) + D\sum(a_n\cos(n\omega t) + b_n\sin(n\omega t))$ sein. Der Koeffizientenvergleich gibt

Tabelle L.10

aus den cos-Gliedern	aus den sin-Gliedern
$k = 1\ m\omega^2 = D$	$a_1 = 2x_k$
$k = 2\quad a_2 = 0$	$b_2 = 0$
$k = 3\quad a_3 = 0$	$b_3 = -\varepsilon a_1^3\omega/(32D)$
	$= -\varepsilon\omega x_k^3/(4D)$

18.2.6. Nichtlinearer Schwingkreis

$\dot{I} = (U_0\cos(\omega t) - RI - U)/L$, $U = I/(C(U/U_1 + 1))$, mit $x = U/U_0$, $y = RI/U_0$, $z = \omega t$ wird daraus $x' = By(Dx + 1)$, $y' = A(\cos z - x - y)$. Bei $A = 0{,}06$, $B = 10$, $D = 3$ Dreierperiode, die schon bei $D = 3{,}1$ in eine Neunerperiode aufspaltet. Die beste Annäherung ans Realexperiment ergibt sich bei $AB \approx 10$. Sinusform gilt nur, wenn beide Gln. effektiv linear sind, also bei $x \ll 1/D$, d. h. $U \ll U_1$. Dann ist $x = x_1 e^{iz}$, $y = y_1 e^{iz}$ mit komplexen x_1 und y_1. Einsetzen liefert $y_1 = A/(A + i - iAB)$, $x_1 = AB/(AB - 1 + i)$. Die Dgl. sind nichtautonom, formal kommt eine dritte dazu, nämlich $\dot{z} = \omega$ oder $z' = 1$, womit *Poincaré–Bendixson* zufrieden sind. Bei der normalen Diode sind U und I direkt gekoppelt: $I = I_0(e^{eU/(kT)} - 1)$, nicht U und Q wie beim Varaktor. Dann haben wir nur eine Gleichung $L\dot{I} + RI + (kT/e)\ln(I/I_0 + 1) = U_0\cos(\omega t)$ bzw. zwei formal autonome einschließlich $\dot{z} = \omega$.

18.2.7. Schaukel
Das Kind verschiebt seinen Schwerpunkt mit der doppelten Frequenz der Schaukel um $l_1 \sin(2\omega t)$ gegenüber der mittleren Länge l_0 der Aufhängung. $x = x_0 \sin(\omega t)$, $y = l = l_0 + l_1 \sin(2\omega t)$ ergibt die verlangte „liegende Acht". Nun ist $\sin(2\omega t) = 2\sin(\omega t)\cos(\omega t) = 2x\dot{x}/(\omega x_0^2)$, also $l = l_0 + 2l_1 x\dot{x}/(\omega x_0^2)$. In der Pendelgleichung $m\ddot{x} + k\dot{x} + mgx/l$ würde dann die Summe im Nenner mehr stören als im Zähler. Da $l_1 \ll l_0$, können wir schreiben $l = l_0 + l_1 \sin(2\omega t) \approx l_0/(1 - (l_1/l_0)\sin(2\omega t))$ und erhalten $m\ddot{x} + mgx/l_0 + \dot{x}(k - 2mgl_1x^2/(l_0^2\omega x_0^2))$. Das ist eine van der Pol-Gleichung, allerdings mit umgekehrtem Störglied-Vorzeichen: Dämpfung bei $k > 2mgl_1/(\omega l_0^2)$ (bei zu kleinem l_1 kommt die Schaukel nicht in Gang), andernfalls wird die Schwingung angefacht, in dieser Näherung unbegrenzt.

18.2.8. Beta-Funktion
Aus $I(a,b) = \int_0^1 x^a(1-x)^b\,\mathrm{d}x$ erhalten wir durch Raufintegrieren von x^a und Runterdifferenzieren des anderen Gliedes $b/(a+1)\ I(a+1, b-1)$ (der Term ohne Integral ist 0 wegen der Grenzen). Dies treiben wir, falls b eine natürliche Zahl ist, weiter bis $I(a+b-1, 0) = 1/(a+b)$. Inzwischen sind b Faktoren davorgerutscht: $I(a,b) = b(b-1)\dots 1/((a+1)(a+2)\dots(a+b)) = b!\,a!/(a+b)!$, allgemein $I(a,b) = \Gamma(a+1)\Gamma(b+1)/\Gamma(a+b+1)$ auch für unganze a, b. Mit $x = \sin^2\beta$, $\mathrm{d}x = 2\sin\beta\cos\beta$ folgt $I(a,b) = 2\int_0^{\pi/2} \sin^{2a+1}\beta \cos^{2b+1}\beta\,\mathrm{d}\beta$.

18.2.9. Superellipsen
Die Super- und Subellipsen ($c = d$) vermitteln den Übergang von der normalen Ellipse ($c = \frac{1}{2}$) zum liegenden Rechteck ($c = 0$), nach der anderen Seite über den Rhombus ($c = 1$) zum Linienkreuz ($c = \infty$). $c = \frac{3}{2}$ gibt die Astroide, unser Karo der Spielkarten. Die Fläche $4\int_0^a y\,\mathrm{d}x = 4ab\int_0^1 (1 - u^{1/c})^d\,\mathrm{d}u$ ($u = x/a$, $v = y/b$) geht mit $s = 1 - u^{1/c}$ über in $4abc\int_0^1 s^d(1-s)^{c-1}\,\mathrm{d}s = 4abcB(d+1, c) = 4abcd/(c+d)\Gamma(c)\Gamma(d)/\Gamma(c+d)$. Für die normale Ellipse folgt $ab\Gamma(\frac{1}{2})^2$, also $\Gamma(\frac{1}{2}) = \sqrt{\pi}$. Bei $c > 2$ sind die Pole oben und unten glatt, bei $1 < c < 2$ haben sie einen Knick, bei $c < 1$ eine scharfe Spitze. d bestimmt entsprechend die Form der Pole rechts und links. Man sieht das aus der Stetigkeit von $\mathrm{d}y/\mathrm{d}x \sim x^{c-1}/y^{d-1}$. Ein kleines d und großes c erzeugen Münder von beliebiger Sinnlichkeit, besonders wenn man die Exponenten für oben und unten verschieden macht. Im Dreidimensionalen ist das Super-Ei mit Exponenten $> 2{,}5$ interessant: Es steht auf jedem seiner sechs Pole stabil. Gäbe es in Spanien Superhühner, hätte Columbus es leichter oder schwerer gehabt?

18.2.10. Minimaler Flugplatz
Einen Kreis vom Durchmesser L zu betonieren, ist teuer und landschaftsfressend. Die Dreispitz-Hypozykloide (Rad mit $r = R/3$ rollt im Kreis mit R) hat in jeder Richtung den Durchmesser $L = 4R/3$. Man sieht das am einfachsten, wenn man zwei Räder mit $r = R/3$ durch eine Pleuelstange der Länge L verbindet und im R-Kreis rollen läßt. Die Stange bleibt immer ganz in dem Dreispitz und bildet dessen Innentangente. Die Gleichung einer Hypo- oder auch Epizykloide (wo das Rad außen am Kreis abrollt) erhalten wir am besten komplex: Die Radfelge läuft auf einem $R + r$-Kreis, sie rotiert $(R - r)/r$-mal schneller als sie umläuft (Epi: $r > 0$, Hypo: $r < 0$): $z = (R + r)\,\mathrm{e}^{\mathrm{i}\varphi} + r\,\mathrm{e}^{\mathrm{i}(R-r)\varphi/r}$. Spaltet man das nach x und y, bildet $\mathrm{d}x$ und $\int_0^{\pi/2} y\,\mathrm{d}x$, hat man Terme mit $\sin^2\varphi$, die π ergeben (vgl. Effektivwert!), mit $\sin\varphi\sin(n\varphi)$, die 0 ergeben (Fourier!), und mit $\sin^2(n\varphi)$, die $n\pi$ ergeben: Im Ganzen: Fläche $\pi(R+r)(R+2r)$. Der Dreispitz ($r = -R/3$) hat $2\pi r^2$, also genau halb soviel wie der Kreis mit dem verlangten Durchmesser $4r$. Wenn der Wind nur aus zwei Quadranten kommen kann, genügt ein Viertel der Astroide (Aufgabe 18.2.9). Diese entsteht auch als Hypozykloide: Rad mit $r = R/4$ rollt im Kreis mit R. Man sieht das aus der Parameterdarstellung $x(\varphi)$, $y(\varphi)$, wenn man hier $\cos(3\varphi)$ usw. in Potenzen von $\cos\varphi$ verwandelt. Es bleibt nur $x = 4r\cos^3\varphi$, $y = 4r\sin^3\varphi$, und der Pythagoras heißt hier $x^{2/3} + y^{2/3} = R^{2/3}$. Die Fläche der Viertel-Astroide ergibt sich also auf zwei Arten als $3\pi L^2/32$, also nur 37,5 % der Kreisfläche $\pi L^2/4$. Hätten wir nicht gewußt, was $\Gamma(\frac{1}{2})$ ist, hätten wir es durch den Vergleich hier erfahren.

18.2.11. Gamma-Funktion
Man integriert e^{-t} und differenziert t^{x-1}. Der Term ohne Integral verschwindet an den Grenzen, es bleibt $(x-1)\Gamma(x-1)$. Für ein natürliches x kann man das bis $x = 1$ treiben, wo $\int_0^\infty \mathrm{e}^{-1}\,\mathrm{d}t = 1$ bleibt. Die inzwischen rausgeholten Faktoren bilden $\Gamma(x) = (x-1)!$. $\Gamma(\frac{1}{2})$ geht mit $u = \sqrt{t}$, $\mathrm{d}u = \mathrm{d}t/\sqrt{t}$ über in $2\int_0^\infty \mathrm{e}^{-u^2}\,\mathrm{d}u$, was nach Aufgabe 1.1.8 $\sqrt{\pi}$ ist.

18.2.12. Pendel-Periode I
$\alpha_0 = \pi/2$, $\cos\alpha_0 = 0$ gibt $T = 4\sqrt{1/(2g)}\int_0^{\alpha_0} \mathrm{d}\alpha/\cos\alpha$. Das bestimmte Integral hat den Wert $\Gamma(\frac{1}{2}) \cdot \Gamma(\frac{1}{4})/\Gamma(\frac{3}{4}) = 2{,}62207$ (Aufgaben 18.2.8, 18.2.9), also $T = 1{,}18034T_0$. Die beiden ersten Glieder von (18.13) geben $1{,}125T_0$, die drei ersten $1{,}1602T_0$.

18.2.13. Pendel-Periode II
$\alpha_0 = \pi$, $\cos\alpha_0 = -1$ gibt $t = 2\sqrt{l/g}\int \mathrm{d}\alpha/\cos(\alpha/2)$. Wie man leicht durch Umkehrung prüft, ist $\int \mathrm{d}x/\cos x = \ln(1/\cos x + \tan x)$. Für die ganze Schwingung liefert der tan natürlich Unendlich (labiles Gleichgewicht); von $\pi/2$ bis 0 dauert es $\sqrt{l/g} \cdot \ln(\sqrt{2} + 1) = 0{,}1403T_0$. Die linearisierte Gleichung würde für diese „Achtelschwingung" ($\alpha_0/2$ bis 0) $T_0/12$ liefern.

18.2.14. Van der Pol-Fixpunkt
Wir schreiben die Systemgleichungen normiert: $u' = v$, $v' = -u + ev(1 - u^2)$ (Ableitungen nach $z = \omega t$). Es gibt nur einen Fixpunkt $(0, 0)$. Die Jacobi-Matrix lautet allgemein bzw. am Fixpunkt $\begin{pmatrix} 0 & 1 \\ -1 + 2evu & e(1 - u^2) \end{pmatrix}$ bzw. $\begin{pmatrix} 0 & 1 \\ -1 & e \end{pmatrix}$. Ihre Eigenwerte folgen aus $\lambda^2 - e\lambda + 1 = 0$ und heißen $\lambda = \frac{1}{2}(e \pm \sqrt{e^2 - 4})$. Bei $e > 0$ ist einer posi-

tiv: Die Orbits laufen vom Fixpunkt weg. Ob sie bis ins Unendliche laufen oder nur zu einem Grenzzyklus, kann man hieraus nicht sehen. Bei $e < 0$ ist $(0,0)$ ein Attraktor.

18.2.15. Van der Pol-Schwänze
In $u'' + u - eu'(1-u^2) = 0$ konkurrieren drei Glieder. Wenn z. B. u'' schwach wird, bleibt die Quasistationarität (QSt) $u = eu'(1-u^2)$, also $u' = v = u/(e(1-u^2))$. Genau dies ist der „Schwanz" (für $u \gg 1$ eine Hyperbel $v = 1/(eu)$). Warum stellt sich die QSt bei $u \gg 1$ so schnell ein? Die Einstellzeit $\tau = 1/(eu^2)$ ist bei $u \gg 1$ bestimmt viel kürzer als die Periode des Zyklus, die 2π beträgt. Warum aber bleibt die QSt nicht erhalten, sondern mündet die Trajektorie in den Grenzzyklus? Da $v' = v(1+u^2)/(1-u^2)^2$, wird v' sehr groß, wenn u sich der 1 nähert, und bricht das bisherige Gleichgewicht der beiden anderen Glieder.

18.3.1. Descartes' Regel
Beweis durch vollständige Induktion: Die Regel gilt sicher für $n = 1$: $P_1 = a_0 + x$ hat eine positive oder eine negative Lösung, je nachdem, ob a_0 negativ oder positiv ist. Wir nehmen an, die Regel gelte auch für jedes Polynom $n-1$-ten Grades P_{n-1}. Jedes Polynom n-ten Grades P_n läßt sich aus einem P_{n-1} erzeugen durch Multiplikation mit x, Umtaufen der Koeffizienten und Addition eines neuen a_0. Nun hat $P_n - a_0 = xP_{n-1}$ ebensoviele Zeichenwechsel und Nullstellen wie P_{n-1} und dazu eine Nullstelle bei $x = 0$. Geht man zum vollständigen P_n über, verschiebt also die Kurve $P_n - a_0$ um a_0, dann rutscht diese zusätzliche Nullstelle ins Positive oder Negative, je nachdem, ob a_0 ein anderes oder dasselbe Vorzeichen hat wie die Ableitung von $P_n - a_0$ bei $x = 0$, die ja einfach a_1 heißt. Ein durch a_0 erzeugter zusätzlicher Zeichenwechsel schafft also eine neue positive Nullstelle, ein zusätzlicher Zeichenwechsel in der abwechselnd vorzeichengeänderten a_i-Folge eine neue negative Nullstelle. Beim Verschieben um a_0 kann aber eine gerade Anzahl Nullstellen verlorengehen, wenn dies einen oder einige „Busen" der Kurve über die x-Achse hebt oder unter sie senkt. Solche Paare verlorener reeller Nullstellen werden zu konjugiert komplexen Paaren. Hat Ihnen dies Mühe gemacht? Dann können Sie werten, wie genial manche Leute schon vor fast 400 Jahren waren.

18.3.2. Bevölkerungsexplosion I
Es gibt z. Z. $5 \cdot 10^9$ Menschen. Sie haben, einschließlich der Entwicklungsländer, vielleicht eine mittlere Lebensdauer von 50 Jahren. Bei Stationarität müßten pro Jahr 10^8, pro Sekunde 3 Leute sterben, ebensoviele geboren werden. In Wirklichkeit schätzt man eine Verdopplungszeit von etwa 25 Jahren: $N = N_0 \exp(t/(25 \ln 2))$, $\dot{N} = N/36$: Es erfolgen in der Sekunde 4,6 mehr Geburten als Todesfälle.

18.3.3. Bevölkerungsexplosion II
Mit $2k$ Kindern/Paar, die ihr fruchtbares Alter erreichen und nützen, und einer Generationsdauer T wächst die Menschheit wie $N_0 k^{t/T}$. Tippen wir erst auf $2k = 4$ und $T = 30$ (mittlerer Altersunterschied zwischen Eltern und Kind). Es würde folgen $N = N_0 2^{t/30}$. Wenn die wirkliche Verdopplungszeit 25 Jahre ist, müssen wir $2k$ auf $2 \cdot 2^{6/5} = 4{,}6$ Kinder/Paar heraufsetzen. A.D. 2365 wohnte auf jedem m^2 ein Mensch, wenn es so weiterginge.

18.3.4. Sterbemodell I
Modell (1) liefert in Analogie zum radioaktiven Zerfall oder zur Absorptionskurve eine exponentielle Pyramide. Modell (2) ist analog zur Absorption von α-Teilchen (Aufgabe 13.2.7) mit glockenförmiger Verteilung der erreichten Lebensalter, um so schmaler, je größer die fatale Anzahl der Defekte ist.

18.3.5. Sterbemodell II
N = Anzahl der Defekte, die zum Tod führen; $v\,dt$ = mittlere Wahrscheinlichkeit für Auftreten eines Defekts in der Zeit dt (t in Jahren). Mittleres Sterbealter $N/v = 74$ a. Viertelwerts-Breite $\sqrt{\pi N/8}/v = 9{,}5$ a, also $N = 23{,}8$: $v = 0{,}23\,\mathrm{a}^{-1}$. (Vgl. Aufgabe 13.2.7.)

18.3.6. Tierwachstum
Das Modell sagt $\dot{m} = am^{2/3} - bm$, oder durch den „Radius" r des Körpers ausgedrückt ($\dot{m} \sim r^2\dot{r}$): $\dot{r} = A - Br$, also $r = A/B + (r_0 - A/B)\,\mathrm{e}^{-Bt}$. Für m ergibt sich eine S-Kurve, die das Wachstum vieler Tierarten ganz gut wiedergibt. Für n-dimensionale Tiere sieht $r(t)$ genauso aus, $m \sim r^n$. Die S-Kurve nähert sich asymptotisch $m_\infty = (A/B)^n$, der Wendepunkt liegt bei $m_\mathrm{w} = (1-1/n)^n m_\infty$, für sehr große n also m_∞/e, und $t_\mathrm{w} = \ln(n - nBr_0/A)/B$.

18.3.7. Talent-Rückkopplung
Sei L der Überschuß meiner „Leistung" über einen gewissen „Normalwert". Dieser Erfolg beflügelt mich zu weiterer Steigerung, nur begrenzt durch eine ebenfalls L-abhängige Ermüdung (heute vielfach auch durch die Furcht, aus der Reihe zu tanzen): $\dot{L} = aL(1 - L/K)$. Das ist wieder die Verhulst-Gleichung (18.27). Entscheiden Sie selbst, ob das für Sie annähernd zutrifft und wo die Parameter Ihrer Kurve liegen.

18.3.8. Bifurkation
Die x-Werte der Zweierperiode sind die stabilen Lösungen von $x = f(f(x)) = f^2(x)$, d. h. von

$$x^3 - 2x^2 + \left(1 + \frac{1}{a}\right)x - \frac{1}{a} + \frac{1}{a^3}\,. \qquad \text{(L. 9)}$$

Eine weitere Lösung dieser Gleichung ist leicht zu finden: $x = f(x) \Rightarrow x = f(f(x))$ usw.: Alle Kurven $f^n(x)$ schneiden sich und die x-Gerade bei $x = 1 - 1/a$, aber dieser Punkt ist bei den meisten instabil (Betrag der Steigung > 1). Er hilft uns aber beim Lösen von (L. 9): Division dieses Polynoms durch $x - 1 + 1/a$ liefert $x^2 - (1+1/a)x + 1/a + 1/a^3$ mit den Wurzeln $x_{2,3} = (a + 1 \pm \sqrt{a^2 - 2a - 3})/(2a)$. Diese stationären Punkte werden instabil, wenn $f^2(x)$ dort steiler als -1 fällt, also ab $x^3 - 3x^2/2 + (1+1/a)x/2 - 1/(4a) - 1/(4a^3) = 0$. Wir subtrahieren dies von (L. 9) und erhalten eine quadratische Gleichung mit der Lösung $x = \left(a + 1 \pm \sqrt{a^2 - 4a + 1 - 10/a}\right)/(2a)$. Dies muß gleich $x_{2,3}$ sein, woraus $a = 1 + \sqrt{6}$ folgt. Einsetzen dieses a in $x_{2,3}$ liefert die übrigen angegebenen Werte.

18.3.9. Anti-Wojtila
Hier ist x_{t+1} für jedes $x_t > 0$ sinnvoll, nämlich positiv. Stationarität bei $x = 0$ und $x_s = 1 + (1/b)\ln a$. Eigenwerte: $f'(0) = a\,e^b$, $f'(1 + (1/b)\ln a) = 1 - b - \ln a = \lambda = 1 - \ln(f'(0))$. Für $a\,e^b < 1$ ist $x = 0$ stabil, der andere Fixpunkt nicht: Die Bevölkerung stirbt aus. Bei $0 < b + \ln a < 2$ ist x_s stabil und wird monoton angestrebt, bei $1 < b + \ln a < 2$ abwechselnd von beiden Seiten, oberhalb davon Bifurkation zu Periodizität mit Feigenbaum-Szenario der Periodenverdopplung bis zum Chaos.

18.3.10. Lösbares Chaos
Mit $1 - x = \cos^2\varphi$ folgt $x_{n+1} = 4\sin^2\varphi_n\cos^2\varphi_n = \sin^2(2\varphi_n)$. φ_n verdoppelt sich bei jedem Schritt, aber der $\sin^2$ stutzt es immer wieder auf den Bereich $(0, 2\pi)$ oder eigentlich $(0, \pi/2)$ zusammen. φ verhält sich also in diesem Bereich genauso wie x bei der Iteration $x \leftarrow 2x \bmod 1$ im Bereich $(0, 1)$ (Abschn. 18.4.1). Ebenso wie dort ergibt sich eine echt chaotische Folge. Die φ sind gleichmäßig verteilt, die x nicht: Wo $\sin^2\varphi$ flach verläuft, liegen die x dichter. Ihre reziproke Dichte ist proportional zu $\mathrm{d}\sin^2\varphi/\mathrm{d}\varphi = 2\sin\varphi\cos\varphi = \sin(2\varphi) = 2\sqrt{x(1-x)}$: An den Rändern des Intervalls steigt die Dichte steil gegen Unendlich, in der Mitte verläuft sie sehr flach.

18.3.11. Feigenbaum verallgemeinert
Das Maximum von $f(x)$ liege bei x_m, f_m. Wenn $f_m < x_m$, hat $f^2(x)$ ein Maximum ebenfalls bei x_m, wenn $f_m > x_m$, hat $f^2(x)$ zwei Maxima dort, wo $f(x) = x_m$, und ein Minimum bei x_m. Dies folgt aus $f^{2\prime}(x) = (f(f(x)))' = f'(f(x))f'(x) = 0$. Die Gerade $y = x$ kann eine solche Kurve nur an höchstens einer Stelle berühren. Beim Fixpunkt x_f von $f(x)$ ist das der Fall, bei dem Parameterwert, wo er seine Stabilität verliert, wo also $f'(x_f) = -1$ ist: Dort ist auch $f^2(x_f) = f(f(x_f)) = f(x_f) = x_f$, und $f^{2\prime}(x_f) = f'(f(x))f'(x) = f'(x_f)^2 = 1$. Bei der zweiten Ableitung muß man noch mehr darauf achten, nach was abgeleitet wird: $f^{2\prime\prime}(x_f) = (f(f(x)))'' = (f'(f(x))f'(x))' = f''(x)(f'(x))^2 + f'(f(x))f''(x)$, also bei $x = x_f$: $f^{2\prime\prime} = f''(x_f)(f'(x_f)^2 + f'(x_f)) = f''(1-1) = 0$. Die Tangente ist immer eine Wendetangente. Wenn mit steigendem Parameter die Buckel von f und f^2 sich stärker vorwölben, entstehen aus x_f drei Schnitte der Geraden mit $f^2(x)$: Ein instabiler Fixpunkt ($f^{2\prime} > 1$), flankiert von zwei stabilen ($f^{2\prime} < 1$). Die Periode hat sich verdoppelt. Von $f^2(x)$ ausgehend, folgert man das Analoge für $f^4(x)$ usw., nur in immer engeren Parameterbereichen. Anders mit $f^n(x)$, wenn n andere Primfaktoren als 2 enthält. Dann ist auch Intermittenz möglich.

18.3.12. Intermittenz
Intermittenter Übergang ins Chaos bedeutet, daß sich eine Kurve $x = f(x)$ soeben von der Geraden $y = x$ gelöst hat. Die Kurve $y = f(x) - x$ hängt dann ähnlich einer Parabel dicht über $y = 0$. Wir nähern sie als $y = a + bx^2$. Die Spinne zieht jetzt unter 45° und kommt, wenn sie bei x war, nur ein Stück $(a + bx^2)/\sqrt{2}$ weiter. Wie viele Schritte braucht sie bis x_1, wo die Engstelle überwunden, also $bx_1 \gg a$ ist? Wenn ein Schritt eine Zeiteinheit dauert, können wir sagen $\mathrm{d}x/\mathrm{d}t = (a + bx^2)/\sqrt{2}$, mit der Lösung $x = 1/(\sqrt{ab}\arctan(\sqrt{b/a}\,x))$. Den Kanal, beginnend bei $-x_1$, endend bei x_1, zu passieren, braucht also $t = 2\pi/\sqrt{ab}$ Schritte (man beachte $x_1 > \sqrt{a/b}$). Nun springt die Spinne, wenn sie in den Kanal gerät, nicht immer an sein Ende, sondern an irgendeine Stelle des Kanals; daher braucht sie im Mittel die Hälfte dieser Passagedauer.

18.3.13. Stetig und diskret
Laut (18.30) ist der Zuwachs von N in einer Generation $aN(1 - N/K)$, in der Zeit $\mathrm{d}t$ laut (18.27) $A\,\mathrm{d}t\,N(1 - N/N_{\mathrm{st}})$. Dem a in (18.30) entspricht also $1 + A\,\mathrm{d}t$ in (18.27), und dies ist nur infinitesimal größer als 1 und kann nie in den periodischen oder gar chaotischen Bereich gelangen.

18.3.14. Die Sünden der Opas
Dies ist das diskrete Modell: $x_{t+1} = x_t + ax_t(1 - x_{t-1})$ nach evtl. Normierung. Stationarität: $x_s = 1$, Linearisierung in deren Umgebung: $x = x_s + u$, $u_{t+1} = u_t - au_{t-1}$, Lösung $u_t = \lambda^t u_0$ mit $\lambda^2 = \lambda - a$, also $\lambda = \frac{1}{2} \pm \sqrt{\frac{1}{4} - a}$. Bei $a < 0{,}25$ sind beide λ reell und liegen zwischen 0 und 1: Stabilität mit monotonem An- oder Abklingen gegen $x = 1$. Bei $0{,}25 < a < 1$ sind die λ konjugiert komplex mit $|\lambda| < 1$: Stabilität mit gedämpfter Schwingung um $x = 1$. Bei $a = 1$ erfolgt Bifurkation zur Instabilität. $\lambda = \frac{1}{2} \pm \mathrm{i}\sqrt{a - \frac{1}{4}} = A\,\mathrm{e}^{\mathrm{i}\beta}$ mit $\beta = \arctan\sqrt{4a - 1}$, allgemeine Lösung $x_t = B(\mathrm{e}^{\mathrm{i}\beta t} + \mathrm{e}^{-\mathrm{i}\beta t}) = 2B\cos(\beta t)$. Bei $a = 1$ wird $\beta = 60°$: Übergang zu einer ungedämpften Sechserperiode, für größere a Chaos, unterbrochen durch andere Perioden, z. B. Siebenerperiode um $a = 1{,}2$.

18.3.15. Symbiose
Einsetzen der x- und y-Werte für den vierten Fixpunkt verwandelt die Systemmatrix in

$$\frac{1}{cd - ef}\begin{pmatrix} ac(e-d) & -ae(d-e) \\ -bf(c-f) & bd(f-c) \end{pmatrix}.$$

Ihre Determinante $D = ab(cd - ef)(e - d)(f - c)/(cd - ef)^2$ ist bei schwacher Symbiose ($cd > ef$) immer positiv, die Spur $T = (ac(e-d) + bd(f-c))/(cd - ef)$ ist dann immer negativ, beide Wurzeln von $\lambda^2 - T\lambda + D = 0$ haben negative Realteile: Der Fixpunkt ist stabil. Dasselbe gilt in den übrigen Fällen der Öko-Tabelle, falls $0 < e < d$ und $0 < f < c$.

18.3.16. Konkurrenz
$y = Ax^n$ müßte auch die Systemgleichungen erfüllen. Wir bilden die logarithmischen Ableitungen beider Seiten: $\dot{y}/y = n\dot{x}/x = b(1 - dy - fx) = na(1 - cx - ey)$. Es ergibt sich also ein linearer Zusammenhang zwischen y und x, was der Forderung widerspricht, außer für $n = 1$. Für diesen Fall müßte $a = b$ sein, dann erfüllt $y = (e - d)x/(f - c)$ die Forderung: Die Separatrix ist eine Gerade. Den anderen Fall, $d = e$ und $c = f$ (identische Ressourcen), der $y \sim x^{b/a}$ ergibt, kennen wir schon aus dem Text.

18.3.17. Ökologie
Mit $u = cx$, $v = dy$, $z = at$ wird $u' = u(1-u-Bv)$, $v' = Av(1-v-Cu)$, wobei $A = b/a$, $B = e/d$, $C = f/c$. Die Vorzeichen von A, B, C sind für Räuber–Beute $-++$, für Symbiose $+--$, für Konkurrenz $+++$. Die Jacobi-Matrix mit den Elementen $1-2u-Bv$, $-Bu$, $-ACv$, $A(1-2v-Cu)$ hat an den vier Fixpunkten $(0,0)$, $(0,1)$, $(1,0)$, $((1-B)/(1-BC), (1-C)/(1-BC))$ die Eigenwerte $1, A$ (instabiler Knoten bei $A > 0$, Sattel bei $A < 0$); $1-B, -A$ (stabiler Knoten bei $A > 0$, $B > 1$, sonst Sattel); $-1, A(1-C)$ (stabiler Knoten bei $A > 0$, $C > 1$ oder $A < 0$, $C < 1$, sonst Sattel). Der vierte Fixpunkt liegt im Positiven, wenn $B > 1$, $C > 1$ (P_4 Sattel, weil Spur $T_4 > 0$; P_2 und P_3 stabile Knoten, zwischen ihnen Separatrix durch P_4: Schwacher Wettbewerb), oder wenn $B < 0$, $C < 0$ und $BC < 1$ ($T_4 < 0$, $D_4 > 0$, P_4 einziger stabiler Fixpunkt: Koexistenz). Bei negativen B und C sowie $BC > 1$ gibt es keinen stabilen Fixpunkt (starke Symbiose). Dies galt für $A > 0$. Bei $A < 0$ ist P_3 fast überall stabil (für $C < 1$). Das Gebiet $B > 1$, $C > 1$ wird durch die Gerade $C = 1 + (B-1)/A$ nochmal in zwei Sektoren mit $T_4 < 0$ (P_4 stabil) bzw. $T_4 > 0$ zerlegt.

18.3.18. Parasitismus
Vorzeichen der A, B, C $+-+$ oder $++-$: v nützt dem u, aber u schadet dem v; u parasitiert an v oder umgekehrt. Wenn der Parasit, z. B. u, es übertreibt, ($C > 1$ bei $B < 0$), tötet er seinen Wirt und könnte als Vollparasit auch selbst nicht überleben. Wegen des u-Gliedes ist er aber nicht ganz auf den Wirt v angewiesen (P_3 stabil). Bei $A < 0$ kehren sich die Vorzeichen des v- und des v^2-Gliedes um. Das v-Glied wäre als Tod, das v^2-Glied als Solidarität zu deuten (man überlebt besser dank gegenseitiger Hilfe) oder durch eine sehr geringe Bevölkerungsdichte, bei der sich Paare nur zufällig finden („bimolekulare“ Zeugung). Dann könnten $-+-$, $--+$, $---$ wieder Konkurrenz, Symbiose bzw. Parasitismus von u an v bedeuten. P_1 und P_2 sind dann immer instabil, P_3 ist stabil bei $C < 1$, P_4 wurde in Aufgabe 18.3.17 diskutiert.

18.3.19. pH
Die Säure heiße HR mit dem Säurerest R. Die Konzentrationen der Teilchen H^+, OH^-, H_2O, HR, R^- seien h, o, v, s, r. Dann gelten die Erhaltungssätze $o + v = w$, $r + s = c$, die Massenwirkungsgleichungen $ho/v = K_W$, $hr/s = K_S$ und die Neutralität $h = o + r$. Durch Elimination von o, r, s, v aus den ersten vier Gleichungen liefert die letzte $h = K_S h/(K_S + h) + K_W w/(K_W + h)$. Wasser ist sehr schwache Säure: $K_W \ll K_S$ und $h > K_W$ (selbst ohne Säure). So ergeben sich drei Abschnitte: (1) $c \ll K_W w = 10^{-7} \Rightarrow h = K_W w$ (Säure zu dünn); (2) $K_W w \ll c \ll K_S \Rightarrow h = c$ (volle Dissoziation); (3) $K_S \ll c \Rightarrow h = \sqrt{K_S c}$ (Teildissoziation). Bei der Base gilt für o Entsprechendes, $h = K_W w/o$ ist gegenläufig.

18.3.20. Auch nicht so einfach!
Mit den Konstanten $a + c = d$, $b + c = e$ (einige Teilchen A und B stecken ja in C) haben wir $\dot{c} = k(d-c)(e-c) - lc$, was sich von (18.27) durch das konstante Glied $\alpha = kde$ unterscheidet. Mit den Abkürzungen $\beta = l + kd + ke$ und $\varepsilon = \beta^2 - 4\alpha k$ folgt

$$c = \frac{\beta}{2k} + \frac{\varepsilon}{2k} \tanh\left(-\frac{1}{2}\varepsilon t + \operatorname{artanh}\frac{2kx_0 - \beta}{\varepsilon}\right).$$

18.3.21. Enzymkinetik
Wir behalten nicht vier, sondern nur zwei unabhängige Gleichungen, z. B. für s und c:

$$\dot{s} = -kse + lc = -kse_0 + ksc + lc, \quad \dot{c} = -\dot{s} - mc.$$

Solange c noch sehr klein ist, genauer $c \ll ke_0 s/(ks + l + m)$, gilt

$$\dot{s} = -ke_0 s \Rightarrow s = s_0\,\mathrm{e}^{-ke_0 t}, \quad c = s_0(1 - \mathrm{e}^{-ke_0 t}).$$

Dieser Zustand endet spätestens, wenn eines der Glieder mit c das Glied $ke_0 s$ eingeholt hat. Dies gelingt zuerst dem Glied $c(l + m + ks)$, das größer ist als lc. Von da ab gilt ein Quasigleichgewicht $ke_0 s \approx (l + m + ks)c$ und bleibt auch erhalten bis zum Schluß. Trotz dieses Quasigleichgewichts ändern sich s und c, und zwar durch Erzeugung von P:

$$\dot{p} = -\dot{s} = mc = m\frac{ke_0 s}{l + m + ks}.$$

Die Übergangszeit t_1 ergibt sich aus der Übergangsbedingung

$$c \approx s_0(1-u) \approx \frac{ke_0 s_0 u}{l + m + ks_0 u} \quad \text{mit} \quad u = \mathrm{e}^{-ke_0 t}.$$

Da $e_0 \ll s_0$ (wenig Enzym verarbeitet viel Substrat), ist die rechte Seite $\ll s_0$, d. h. $u \approx 1$, $u = 1 - \varepsilon$,

$$\varepsilon \approx ke_0/(ks_0 + l + m), \qquad t_1 = 1/(ks_0 + l + m).$$

Das Quasigleichgewicht ist stabil: Sei $c = c_q + \delta$, dann ist $\dot{\delta} = c_q - (ks + l + m)\delta$: Die Abweichung δ baut sich in einer Zeit t_1 exponentiell ab, die viel kürzer ist als die Zeit $t_2 = s/\dot{s} = (l + m + ks)/(mke_0)$, die die Änderung innerhalb des Quasigleichgewichts kennzeichnet.

18.3.22. Inhibition
Im Reaktionssystem

$$E + S \underset{k_{-1}}{\overset{k_1}{\rightleftharpoons}} C \overset{k_2}{\rightarrow} E + P \qquad E + T \underset{l_{-1}}{\overset{l_1}{\rightleftharpoons}} D \overset{l_2}{\rightarrow} E + Q$$

$$C + T \underset{m_{-1}}{\overset{m_1}{\rightleftharpoons}}$$

$$F \overset{m_2}{\rightarrow} E + P + Q$$

$$D + S \underset{n_{-1}}{\overset{n_1}{\rightleftharpoons}}$$

stellen sich sehr bald die Quasistationaritäten

$$\frac{c}{e \cdot s} = \frac{k_1}{k_{-1} + k_2} = K^{-1} \Rightarrow e = K\frac{c}{s}$$

$$\frac{d}{e \cdot t} = \frac{l_1}{l_{-1} + l_2} = L^{-1} \Rightarrow d = \frac{K}{L}\frac{t}{s}c$$

$$f = \frac{m_1 ct + n_1 ds}{m_{-1} + n_{-1} + m_2} = \frac{m_1 t + n_1 tK/L}{m_{-1} + n_{-1} + m_2} c = Mtc$$

ein. Die Produktionsrate von P folgt wieder einem Michaelis-Menten-Gesetz, nur mit komplizierteren Parametern:

$$\dot p^{-1} = a(t) + b(t)s^{-1}\,,$$

$$a(t) = \frac{1}{c}\frac{M+t}{k_2 M + m_2 t}\,, \qquad b(t) = \frac{KM}{Lc}\frac{L+t}{k_2 M + m_2 t}\,.$$

Die Lineweaver-Burk-Gerade geht jetzt nicht mehr durch den Ursprung. Ordinatenabschnitt und Steigung hängen von t ab: Es entsteht ein Geradenbüschel mit dem Schnittpunkt

$$s_0^{-1} = -\frac{k_2 - m_2}{k_2 M - m_2 L}\frac{L}{K}\,, \qquad \dot p_0^{-1} = \frac{M - L}{c(k_2 M - m_2 L)}\,.$$

Man erhält die in Abb. L.14 dargestellten Fälle von Aktivierung oder Inhibition der P-Produktion durch T bzw. Wechsel zwischen beiden je nach Konzentration von S.

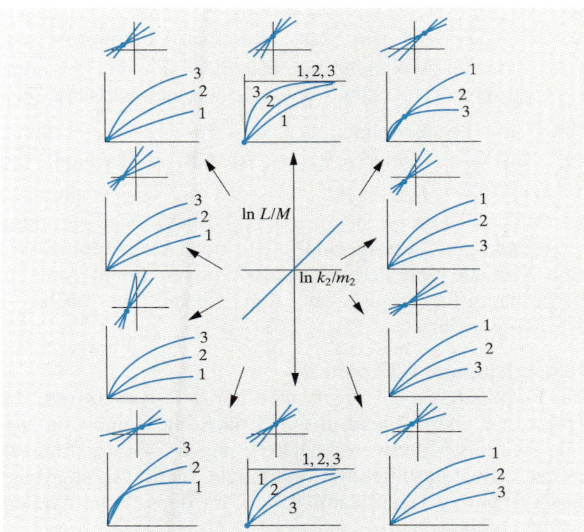

Abb. L. 14. Abhängigkeiten der Produktionsrate $\dot p$ von der Substratkonzentration s für ein Enzym mit Aktivator- bzw. Inhibitor-Stellen, aufgetragen als $p(s)$ (Kurven) und als Lineweaver-Burk-Plot $\dot p^{-1}(s^{-1})$ (Geradenbüschel). Steigende Aktivator- bzw. Inhibitor-Konzentration als Parameter der Kurven ist durch die Zahlenfolge 1, 2, 3 gekennzeichnet. Die Pfeile ordnen die Diagramme den Bereichen der Koeffizienten L/M und k_2/m_2 zu (*Mitte*)

18.3.23. Hämoglobin

h_i sei die Konzentration von Hb-Molekülen, in denen i Stellen besetzt sind, p der O_2-Druck. Die Hin- und Rückreaktionen zur nächsten Stufe haben die Raten $(4-i)k_{i-1}ph_i$ bzw. $(i+1)l_{i+1}h_{i+1}$. Im Gleichgewicht gilt also $h_{i+1} = (4-i)k_{i+1}ph_i/((i+1)l_{i+1})$. Auf h_0 zurückbezogen: $h_i = \binom{4}{i} P_i p^i h_0$ mit $P_i = \prod_{\nu=1}^{i} k_\nu/l_\nu = \prod_{\nu=1}^{i} \kappa_\nu$. Gesamtkonzentration der Hb in allen Stufen: $h = \sum_{i=0}^4 h_i = \sum_{i=0}^4 \binom{4}{i} P_i p^i h_0$. Gesamtkonzentration der gebundenen O_2: $o = \sum_1^4 i h_i = 4p\sum_0^3 \binom{3}{i} P_{i+1} p^i h_0$, Sättigungsgrad $\bar v = o/h = 4p\sum_0^3 \binom{3}{i} P_{i+1} p^i / \sum_0^4 \binom{4}{i} P_i p^i$. Wenn die κ_i mit wachsendem i schnell größer werden, liegen praktisch nur leere oder voll oxygenierte Moleküle vor: Bei $p \ll (P_1/P_4)^{1/3}$ dominiert h_0, bei $(P_1/P_4)^{1/3} \ll p \ll (1/P_4)^{1/4}$ steigt $\bar v$ wie $4P_4 p^4$, bei $p \gg (1/P_4)^{1/4}$ ist alles voll besetzt: $\bar v \approx 4/(1+z)$ mit $z = 1/(P_4 p^4)$. Der Partialdruck in der Lunge sei p, im Gewebe p/β, also $\Delta = \bar v_l - \bar v_g = 4(1/(1+z) - 1/(1+\beta^4 z^2))$. Die günstigste Lage der $\bar v(p)$-Kurve folgt aus $\mathrm{d}\Delta/\mathrm{d}z = 0$, d. h. $z = 1/\beta^2$, $\bar v_l = 4\beta^2/(1+\beta^2)$, $\bar v_g = 4/(1+\beta^2)$, Ausnutzungsgrad $(\beta^2 - 1)/(\beta^2 + 1)$, z. B. 60 % für $\beta = 2$.

18.3.24. Trapmodell

Aus $\dot d = \alpha n(D - d) - \gamma d$, $\dot p = I - \beta p(p - d)$ ergeben sich die Vorzeichenmatrix $\begin{pmatrix} -+ \\ +- \end{pmatrix}$ und das Möglichkeitsschema. Wenn p und d beide stiegen (beide fielen), tun sie es monoton weiter bis zum Fixpunkt. Für n, d bleibt dann beim Anklingen nur die obere Hälfte des Schemas (Abb. 18.29). Im ersten Fall steigt n ebenfalls monoton, im zweiten kann es nach einem Maximum monoton weiterfallen. Die Simulation bestätigt, daß diese Möglichkeiten auch tatsächlich eintreten.

18.3.25. Was ist besser?

Die klassische Stabilitätsanalyse durch Linearisierung in der Umgebung von Fixpunkten kann nicht sagen, was weiter außerhalb passiert, z. B. ob bei Instabilität die Orbits in einen anderen Attraktor, z. B. einen Grenzzyklus, münden oder ins Unendliche. Das Möglichkeitsschema beschreibt, wenn auch nur qualitativ, den ganzen Verlauf. Wenn es nichtzyklisch ist, schließt es solche periodischen oder mehrfach-periodischen Orbits aus. Falls es zyklisch ist, kann es aber nicht sagen, wie viele Zyklen die Orbits durchlaufen oder ob sie nicht doch monoton bleiben. Allgemein erhält man nur einen Überblick über die möglichen, nicht über die bei den gegebenen Anfangsbedingungen realisierten Verläufe. Beide Überlegungen (und zusätzliche wie in Aufgabe 18.3.26) ergänzen einander.

18.3.26. Brauerei

Konzentration des Substrats n im Kessel vom Volumen V, zugeführt mit der Konzentration n_1 im Volumenstrom J. Konzentration der Mikroorganismen m. Einfachster Ansatz bei gründlichem Rühren:

$$\dot n = \underbrace{n_1 J/V}_{\text{Zufuhr}} - \underbrace{nJ/V}_{\text{Abfuhr}} - \underbrace{anm}_{\text{Verbrauch zur Produkterzeugung}} = c(n_1 - n) - anm$$

$$\dot m = \underbrace{bnm}_{\text{Wachstum}} - \underbrace{mJ/V}_{\text{Abfuhr}} = bnm - cm\,.$$

Normierung mittels $x = bn/c$, $y = am/c$, $z = ct$, $d = bn_1/c$, ergibt $x' = d - x - xy$, $y' = xy - y$, $u = x + y$, d. h. $u' = d - u$ führt zur Bernoulli-Gleichung $y' = -y^2 + y(d - 1 - (d - u_0)\,e^{-z})$, die mit $v = 1/y$ linear wird: $v' = 1 - f(z)v$. Aber die Lösung (Variation der Konstanten) ist wegen der unlösbaren Integrale sehr unübersichtlich. Auch das Möglichkeitsschema allein gibt keine klare Auskunft: Beide Schemata (für $d > 1$ und $d < 1$) sind zyklisch, erlauben also beliebig viele Umläufe mit abwechselnden Extrema von n und m, also auch periodische Schwingungen. Wir machen es lieber anders: An den Fixpunkten $P_1 = (1, d-1)$, $P_2 = (d, 0)$ hat die Jacobi-Matrix die Eigenwerte $-1, 1-d$ bzw. $d-1, -1$. Bei $d > 1$ ist also P_1 stabil, P_2 ein Sattel, bei $d < 1$ umgekehrt. Wie münden die Trajektorien in den jeweiligen Fixpunkt? Man beachte: $y = d - x$ ist selbst eine Trajektorie (einsetzen!), kann daher von keiner anderen Trajektorie überschritten werden und schneidet die hyperbelförmige Nullkline $y = d/x - 1$ genau in den beiden Fixpunkten. Bei $d > 1$ zerlegen die Nullklinen $x = 1$ und $y = d/x - 1$ den positiven Quadranten in vier Teile mit verschiedener Richtung der Tangentenpfeile (Abb. 18.7). Folgt man diesen Richtungen, dann sieht man: Bei $y_0 < d - x_0$ steigt x bis zur Hyperbel und muß auf dieser in den engen Zwickel $3'$ zwischen ihr und $y = d - x$ einbiegen (Maximum von x), in dem sie bis P_1 läuft. Entsprechend läuft sie bei $y_0 > d - x_0$ von oben in den Zwickel $1'$. Bei $d < 1$ gibt es nur den Fixpunkt P_2: Die Bakterien verhungern infolge Unterversorgung.

18.4.1. Dreiecksdynamik

$x_1 = 2a/(1 + 2a)$ ist ein Fixpunkt für $a > \frac{1}{2}$ (rechter Ast des Dreiecks). Wegen $f'(x_1) = -2a > 1$ ist er instabil: Abweichungen von x_1 werden immer größer. Eine Zweierperiode ist nur so möglich, daß x zwischen den beiden Ästen hin- und herspringt: Es muß $2a(1 - 2ax) = x$ sein, also $x = x_2 = 2a/(1 + 4a^2)$. Wenn a wenig größer als $\frac{1}{2}$ ist, ist der Bereich zwischen Dreiecksspitze und der x-Geraden, in dem auch x_2 liegt, so eng, daß man irgendwann immer eine scheinbare Zweierperiode erreicht. Auch diese ist aber instabil: Jede Abweichung wächst schnell an. $x = x_3 = 2a/(1 + 8a^3)$ liefert eine Dreierperiode, $x = x_4 = 2a/(1 + 16a^4)$ mit $a > 0{,}919616$ eine Viererperiode usw., alle instabil. Der Ljapunow-Exponent ist nämlich in jedem Fall positiv, denn $|f'(x)|$ ist auf beiden Ästen größer als 1.

18.4.2. Irrationale Überraschung

Von Rationalzahlen reden wir nicht: In ihnen wiederholt sich nur eine bestimmte Ziffernfolge, aber sie bilden eine verschwindende Minderheit; die Menge der Irrationalzahlen ist im Gegensatz zu ihnen nicht abzählbar. Wir greifen irgendeine Irrationalzahl heraus. Gibt es in ihr z. B. eine Ziffer 7? Wenn nicht, kommen nur die neun anderen Ziffern vor. Wenn man z. B. die ersten 100 Ziffern betrachtet, gibt es nur 9^{100} Zahlen ohne 7 unter 10^{100} Zahlen überhaupt. Nur jede 38 000-ste Zahl ist dort ohne 7. Für unendlich viele Ziffern geht dieses Verhältnis gegen Null. Es ist aber egal, ob man mit der Zählung vorn anfängt oder erst nach der ersten 7, also kommen in fast allen Zahlen noch unendlich viele Ziffern 7. Daß wir aber dezimal schreiben, ist nur ein anatomischer Zufall. Ein Tausendfüßler rechnet wahrscheinlich im Tausendersystem und hat z. B. eine eigene Ziffer für 777. Für diese gilt dasselbe wie für unsere 7: Auch diese wie jede Ziffernfolge wiederholt sich fast immer unendlich oft.

18.4.3. Mal anders

Die schulmäßige Lösung wird für $a > \frac{1}{4}$ komplex, Parabel $y = x^2 + a$ und Gerade $y = x$ schneiden sich nicht mehr. Das Spinnweb-Verfahren muß gegen ∞ führen. Auch für $a < \frac{1}{4}$ ist das der Fall, wenn man mit $x_0 > x_2 = \frac{1}{2} + \sqrt{\frac{1}{4} - a}$ beginnt. Wenn überhaupt Konvergenz erfolgt, nämlich bei $-\frac{1}{4} < a < \frac{3}{4}$, dann gegen die kleinere Lösung $x_1 = \frac{1}{2} - \sqrt{\frac{1}{4} - a}$. Für $-\frac{5}{4} < a < -\frac{3}{4}$ oszilliert x zwischen zwei Werten, deren Summe immer -1 ist. Warum all dies? Die Fixpunkte x_1 und x_2 der Abbildung $x \leftarrow x^2 + a = f(x)$ haben $f'(x) = 2x = 1 \pm \sqrt{1 - 4a}$. Für x_2 ist das immer > 1: Instabilität. x_1 ist nur für $-\frac{3}{4} < a < \frac{1}{4}$ stabil. Bei $a = -\frac{3}{4}$ schließt sich die Zweierperiode an: $x \leftarrow f(f(x)) = x^4 + 2ax^2 + a^2 + a$ hat dieselben Fixpunkte wie $x \leftarrow f(x)$, aber zwei mehr, x_3 und x_4. Division des Polynoms $f(f(x))$ durch $(x - x_1)(x - x_2)$ läßt eine quadratische Gleichung mit den Lösungen $x_{3,4} = -\frac{1}{2} \pm \sqrt{\frac{1}{4} - a - 1}$ übrig. Da $f(x_3) = x_4$ und $f(x_4) = x_3$, ist z. B. an der Stelle x_3: $\mathrm{d}f(f(x))/\mathrm{d}x = f'(f(x_3))f'(x_3) = f'(x_4)f'(x_3) = 4x_4x_3 = 4(a+1)$. Dies ist -1 bei $a = -\frac{3}{4}$, $+1$ bei $a = -\frac{5}{4}$ (Anfang bzw. Ende der Zweierperiode). Mit noch kleinerem a folgt eine Kaskade von Periodenverdopplungen (nicht ganz im Feigenbaum-Rhythmus) bis zum Chaos, das ab $a = -1{,}40116$ ausbricht.

18.4.4. Ljapunow-Exponent

Ein Fixpunkt von $x \leftarrow f(x)$ hat $f'(x) < 1$, und da sich die Trajektorie überwiegend in seiner nächsten Umgebung aufhält, ist L als Mittelwert der $|\ln f'|$ negativ. Bifurkation bedeutet Verlust der Stabilität (marginale Stabilität), angezeigt durch $f'(x) = -1$, und damit $L = 0$. Im Bereich der Zweieroszillation zwischen x_2 und x_3 ist $f(f(x_2)) = x_2$; x_2 ist Fixpunkt nicht von f, aber von $f(f)$, dessen Ableitung heißt $f'(x_2)f'(x_3)$ und ist, absolut genommen, < 1, die Trajektorie ist meistens abwechselnd dicht bei x_2 und x_3, woraus wieder $L < 1$ folgt. Entsprechendes gilt für höhere Perioden und Bifurkationen. Nur im Chaos ist $L > 1$. Leider kann man diese wichtige Signatur des Chaos nicht gleich der Iterationsgleichung ansehen, sondern erst durch ihre Ausführung prüfen.

18.4.5. Koch-Garten

Bei jedem Schritt werden aus den drei Stücken einer Seite vier, also multipliziert sich die Länge mit $\frac{4}{3}$ und geht demnach gegen Unendlich. Bei der Fläche wird der Zuwachs dagegen immer kleiner: Beim n-ten Schritt wächst aus jeder der $3 \cdot 4^{n-1}$ Seiten ein neues Dreieck hervor, das 9^nmal kleiner ist als das bei Stufe 0, das als Einheit gelte: Fläche $1 + \frac{1}{3}(1 + \frac{4}{9} + 4^2/9^2 + \ldots) = \frac{8}{5}$. Die Koch-Kurve hat nirgends eine Tangente. Herr X. ist nirgends und geht in keine Richtung. Wenn Sie es nicht glauben, zeigen Sie, wo er ist und wie er geht! Verdreifachung des Maßstabs bringt eine neue Zackengeneration zum Vorschein, womit die gemessene Länge sich vervierfacht (nicht nur um den Faktor 3 wie der Maßstab, sondern um $\frac{4}{3}$ mehr). Die Hausdorff-Dimension ist $\ln 4/\ln 3 = 1{,}2619$.

18.4.6. Cantor-Staub

Maßstabsvergrößerung um den Faktor 3 enthüllt neue Löcher, ändert die gemessene Länge um den Faktor 2. Dimension $\ln 2/\ln 3 = 0{,}631$. Der Sierpinski-Teppich ändert bei jedem Schritt seine Fläche um den Faktor $\frac{8}{9}$, der Schwamm um $\frac{26}{27}$, zum Schluß bleiben Gespinste von der Fläche bzw. vom Volumen Null. Verdreifachung des Maßstabs bringt Faktoren 8 bzw. 26 in Fläche und Volumen: Dimension 1,893 bzw. 2,966.

18.4.7. Affine Transformation I

Es genügt zu beweisen, daß $\boldsymbol{A}(\boldsymbol{x}+\boldsymbol{y}) = \boldsymbol{A}\boldsymbol{x} + \boldsymbol{A}\boldsymbol{y}$ und speziell $\boldsymbol{A}(m\boldsymbol{x}) = m\boldsymbol{A}\boldsymbol{x}$ ist (reelles m; distributives Gesetz). Natürlich: Die i-te Komponente von $\boldsymbol{A}\boldsymbol{x}$ ist das Skalarprodukt des i-ten Zeilenvektors von $\boldsymbol{A}$ mit $\boldsymbol{x}$, und die skalare Multiplikation ist distributiv. Die Gerade $\boldsymbol{x} = \boldsymbol{a} + m\boldsymbol{b}$ (Gerade in Richtung $\boldsymbol{b}$, zu der der Vektor $\boldsymbol{a}$ vom Ursprung aus hinführt) geht also über in $\boldsymbol{x}' = \boldsymbol{a}' + m\boldsymbol{b}'$ mit $\boldsymbol{a}' = \boldsymbol{A}\boldsymbol{a}$, $\boldsymbol{b}' = \boldsymbol{A}\boldsymbol{b}$. Parallele Gerade lassen sich durch das gleiche $\boldsymbol{b}$, nur mit verschiedenen $\boldsymbol{a}$ darstellen, also auch nach der Transformation durch das gleiche $\boldsymbol{b}'$. Die durch m gegebenen Längenverhältnisse ändern sich nicht.

18.4.8. Affine Transformation II

Hier handelt es sich offenbar um Abbildungen der Ebene, vermittelt durch die Matrix $\boldsymbol{A} = \begin{pmatrix} a & b \\ c & d \end{pmatrix}$. Das Quadrat aus den Punkten $(0,0)$, $(1,0)$, $(0,1)$, $(1,1)$ z. B. wird zum Parallelogramm mit den Ecken $(0,0)$, (a,c), (b,d), $(a+b, c+d)$. Die Verhältnisse paralleler Strecken bleiben ja erhalten. Der ins Quadrat einbeschriebene Kreis wird zur Ellipse zusammengedrückt. Eine nicht verzerrende Matrix muß die Form $\boldsymbol{A} = a\begin{pmatrix} \cos\varphi & \sin\varphi \\ -\sin\varphi & \cos\varphi \end{pmatrix}$ haben. Ihre Eigenwerte sind $\lambda_{1,2} = \mathrm{e}^{\pm \mathrm{i}\varphi}$. Allgemein tritt Dehnung oder Stauchung ein in den Hauptrichtungen, die sich durch die Drehmatrix der Hauptachsentransformation ergeben. Die Verzerrungsfaktoren sind die Beträge der (meist komplexen) Eigenwerte $\lambda_{1,2} = \frac{1}{2}(a + d \pm \sqrt{(a-d)^2 + 4cb})$, der Elemente der Diagonalmatrix.

18.4.9. Farn

T_2 verkleinert unverzerrt um den Faktor 0,85 und dreht um $1{,}75°$, erzeugt also aus dem ganzen Wedel den Rest, der bleibt, wenn man unten zwei Seitenäste wegläßt. Wendet man T_2 sehr oft an, gelangt man von der Länge 1 ausgehend bis $\sum_{n=0}^{\infty} 0{,}85^n = 6{,}67$. T_1 zieht das Bild in x-Richtung auf die Breite 0 zusammen, in y-Richtung um den Faktor 0,17: Das ergibt die Stengel, auch die der Seitenzweige. T_3 und T_4 bilden die Seitenzweige, die bei 1,2 bzw. 3 ansetzen und schmäler sind als der ganze Wedel.

18.4.10. Julia und Mandelbrot

Bei $c = 0$ konvergiert die Folge $z, z^2, z^4, \ldots$ genau für $|z| < 1$: Die Julia-Menge ist der Einheitskreis. $z = x + \mathrm{i}y$ geht mit $c = a + \mathrm{i}b$ über in $z' = x' + \mathrm{i}y' = x^2 - y^2 + a + \mathrm{i}(2xy + b)$. Bei reellem c ändert der Übergang zu $z = x - \mathrm{i}y$ nur das Vorzeichen von z', was keinen Einfluß auf die Konvergenz hat. z^* geht über in z'^* (der Stern bedeutet: konjugiert komplex). Die Julia-Menge ist symmetrisch zur x- und zur y-Achse. Allgemein: Ist ein Imaginärteil b vorhanden, muß man mit dem Vorzeichen von y auch das von x ändern, damit sich an z' nichts ändert. Die Julia-Menge ist jetzt nicht mehr axial-, sondern nur noch punktsymmetrisch um $z = 0$.

18.4.11. Brennlinie

Sollte es sich um eine Epi- oder Hypozykloide handeln, müßte sie so zustande kommen: Ein Rad vom Radius $R/4$ rollt auf einer Kreisscheibe vom Radius $R/2$ außen ab (R: Radius des Glases). Wir beweisen: (1) Wenn das Rad das Glas in A berührt, geht der in A reflektierte Strahl durch den entsprechenden Hypozykloidenpunkt P auf seiner Felge. (2) Wenn das Rad ein bißchen weiterrollt, bleibt der Punkt auf seiner Felge auf dem reflektierten Strahl. Beweis für (1): M = Radmittelpunkt, α Winkel von AM gegen Horizontale. Winkel $PMA = 180° - 2\alpha$. Genau um soviel hat sich das Rad seit der Mittellage gedreht, da sein Radius halb so groß ist wie der der Scheibe, auf der es abrollt. P ist also der Hypozykloidenpunkt. Beweis für (2): Wir drehen das Bild so, daß das Rad momentan horizontal rollt. Wenn es nur ganz wenig weiterrollt, ist es egal, ob es auf einem Leitkreis oder einer Leitgeraden abrollt. Die Kurve, die P beschreibt, steigt also wie bei der normalen Zykloide um $90° - \beta/2$. Hier ist aber $\beta = 2\alpha$. Steigung gegenüber Leitkreis $90° - \alpha$. Dieser selbst steigt um $90° - \alpha$, also Steigungswinkel insgesamt $180° - 2\alpha$, und das ist auch die Richtung des reflektierten Strahls. Dieser bildet also tatsächlich die Tangente an die Hypozykloide, was auch für die Brennlinie gilt.

18.4.12. $z^3 = 1$

Die Funktion $y = z^3 - 1$ hat bei $z = 0$ eine horizontale Tangente, der Newton-Algorithmus divergiert also sofort: Bei $z_0 = 0$ liegt das schlimmste schwarze Loch. Das nächste (z_1) liegt da, wo man beim ersten Schritt nach $z_0 = 0$ gelangt, das zweite (z_2), wo man erst nach z_1, dann nach z_0 gelangt usw. Die Tangente im Punkt $(z_n, f(z_n))$ hat die Steigung $3z_n^2$. Soll sie auch durch $(z_{n-1}, 0)$ gehen, muß gelten $(z_n^3 - 1)/(z_n - z_{n-1}) = 3z_n^2$ oder $z_n^3 - \frac{3}{2}z_{n-1}z_n^2 + \frac{1}{2} = 0$. Man erhält die reellen Werte $-0{,}7937$; $-1{,}434$; $-2{,}251$; ... Die „Trilobiten" zwischen diesen Werten alternieren also in ihrer Größe. Auf demselben Kreis um 0, um 120° versetzt, gibt es je zwei komplexe Lösungen derselben Gleichungen. Aber im Komplexen liegen unendlich viel mehr schwarze Punkte, zwischen je zwei „Trilobiten", auch den winzigsten. Die Gleichung $z^3 - \frac{3}{2}z^2 z_{n-1} + \frac{1}{2} = 0$ gilt auch im Komplexen und erzeugt aus jedem schwarzen Loch der Ordnung $n-1$ bei z_{n-1} nach dem Fundamentalsatz der Algebra drei Lösungen z_n. Aus z_0 entstehen so drei Löcher z_1, daraus neun Löcher z_2, daraus 27 ... In Abb. 18.36 ist die Genealogie der Löcher so bezeichnet: Vom Loch 21 stammen ab die Löcher 211, 212 und 213 usw.

18.4.13. Iteration
Die erste Aussage folgt aus der Kettenregel der Differentiation: Der Strich bedeutet ja immer Ableitung nach dem dahinterstehenden Argument, also $f^{2\prime}(x) = f'(f(x))\, f'(x) = f'(x_1) f'(x_0)$. Für einen Fixpunkt sind alle x_i identisch, was die beiden nächsten Aussagen bestätigt. Ein stabiler Fixpunkt x hat $f'(x) < 1$, also ist dort $f^{n\prime}(x)$ erst recht < 1: Die Stabilität überträgt sich auf die geschachtelten Iterationen, ebenso die Instabilität.

18.4.14. Percolation
Die leitenden Teilchen bedeuten Wasser, die nichtleitenden Land. Bei kleinem p bilden sich isolierte Inseln im Meer, bei großem eine Seenlandschaft. Der Stoff leitet, wenn man mit dem Boot von der Ost- zur Westküste kommen kann. Das ist genau dann der Fall, wenn man *nicht* trockenen Fußes von Nord nach Süd gehen kann. Wasser und Land sind also völlig gleichberechtigt: Der Übergang zwischen beiden Fällen liegt bei $p = \frac{1}{2}$. Beim Drei- oder Viereck ist das anders: Es gibt zwei Sorten Nachbarn; die einen berühren sich mit der Seite, die anderen mit der Spitze, was nicht als echter Kontakt zählt. Hier gibt es einen Bereich um $p = \frac{1}{2}$, wo weder das Boot noch der Wanderer durchkommt.

18.4.15. Wurzel
Für $\sqrt{a}$ wähle man den Schätzwert x_0. Was am exakten Ergebnis fehlt, nenne man y_0, d. h. $(x_0 + y_0)^2 = a \approx x_0^2 + 2x_0 y_0$, daraus $y_0 = \frac{1}{2}(a/x_0 - x_0)$ und die nächste Näherung $x_1 = \frac{1}{2}(x_0 + a/x_0)$. Die Rechnergenauigkeit ist nach wenigen Schritten erschöpft. $\sqrt[n]{a}$ erhält man analog durch die Iteration $x_{i+1} = (a/x_i^{n-1} + x_i(n-1))/n$. Diese Art Iteration setzt offenbar voraus, daß man die Umkehrfunktion, hier die Potenz, beherrscht. Mit e^x oder $\sin x$ muß man anders vorgehen. Entweder man erinnert sich an die Taylor-Reihen (echte Iteration) oder an die Definition von e^x als $\lim(1 + x/n)^n$. Mit $n = 2^{32}$ (viermal Quadrieren) gibt der einfachste Taschenrechner $e \approx 2{,}718239964$, also fünfstellige Genauigkeit. Umgekehrt ist $\ln x \approx n(\sqrt[n]{x} - 1)$; mit $n = 2^{20}$ folgt $\ln 10 \approx 2{,}3025$ (fünf Stellen stimmen).

18.4.16. Trick 17
Die fallende Funktion $a\,e^{-x}$ schneidet die Gerade $y = x$ genau einmal. Die Ableitung $-a\,e^{-x}$ ist am Fixpunkt gleich $-x$. Dies muß zwischen -1 und 1 liegen, damit dieser Fixpunkt stabil ist. $x = 1$ bedeutet $a\,e^{-1} = 1$, d. h. $a = e$; $x = -1$ bedeutet $a = 1/e$. Außerhalb des Bereichs $1/e < a < e$ kehre man die Funktion um: $x \leftarrow -\ln(x/a)$. Ihre Ableitung hat dann als Kehrwert der Ableitung von $a\,e^{-x}$ bestimmt einen Betrag < 1.

18.4.17. Charlier-Modell
Die Hausdorff-Dimension ist geometrisch definiert, also müssen wir zuerst Massen in Volumina verwandeln, z. B. durch die Annahme, daß Sterne im Mittel ungefähr die gleiche Dichte haben. Wenn nun ein System $n+1$-ter Ordnung aus N Systemen n-ter Ordnung besteht, deren Durchmesser d_n und deren Abstand $R_n = br_n$ ist, hat es selbst die Masse $M_{n+1} = NM_n$ und den Durchmesser $d_{n+1} = N^{1/3}br_n$. Bei jedem Schritt wächst die Masse um den Faktor N, der Durchmesser um den größeren Faktor $bN^{1/3}$, so daß die Dichte gegen 0 geht: Die Hausdorff-Dimension ist $D = \log N/\log(bN^{1/3}) = 3/(1 + 3\log b/\log N)$. Für Galaxiencluster gilt etwa $b = 10$, $N = 10\,000$; wenn das sich so weiterstaffelt, hat das Weltall $D = 1{,}71$. Moderne Beobachtungen deuten allerdings eher auf eine Schaumstruktur mit „großen Mauern" u. ä. hin, aber auch auf „große Attraktoren", die vielleicht solche Super-Superclusters sind.

18.4.18. Hele-Shaw-Muster
Beim Auseinanderziehen dringt die Luft nicht allseitig ein, sondern in Form einiger langer Zungen, die sich bald immer mehr verzweigen. Nach der Trennung hat man auf beiden Platten ein sehr fein verästeltes System von scharfen Rücken mit einem flachen Hof, der jeden Ast beiderseits begleitet. Im Positiv wie im Negativ ähnelt dies einem Flußsystem oder einem Strauch oder stark verzweigten Kraut. Der Ingenieur, der ein Gebiet durch Wasser- oder Stromleitungen versorgen oder dem Straßenverkehr erschließen soll, erzeugt ganz ähnliche Muster, ebenso wie ein Embryo, der seine Blutgefäße anlegt. Da man Fett, das einmal im Fließen ist, leichter weiterschieben kann, versteht man, warum eine zufällige Einbuchtung sich zum langen Fjord vertieft. Aber warum verzweigt dieser sich nach ziemlich wohldefinierter Länge? Es handelt sich ja um ein negatives fraktales Wachstum, und auch dabei zeigt die Laplace-Gleichung oder anschaulicher die Gummimembran, daß an stark gekrümmten Stellen der größte Vortrieb wirkt (vgl. Abschn. 18.4.3).

18.4.19. Ein unmögliches Ergebnis
Man warte besonders lange in dem Zustand, wo einige Kugeln noch gerade über die Trennwand hüpfen können. Dabei wird man beobachten, daß sie auf einer Seite höher springen, nämlich da, wo zufällig weniger Kugeln sind. Die meisten Kugeln in jeder Hälfte bilden ja ein schwebendes Kissen, das das Hochspringen der Vorwitzigen behindert. So verstärkt sich eine anfängliche Überzahl einer Seite von selbst dauernd, bis im Extremfall alle N Kugeln in einer Hälfte sind, entgegen der angeblich winzigen Wahrscheinlichkeit von 2^{-N}. Selbstverstärkung, auch als positive Rückkopplung oder Autokatalyse zu bezeichnen, führt hier wie in allen diesen Experimenten zu einem Keim der Strukturbildung.

18.4.20. Stromsystem
Das hohe Feld an der Drahtspitze polarisiert zunächst die nahegelegenen Kugeln und zieht die entstandenen Dipole infolge seiner Inhomogenität an. Zwischen sich berührenden Kugeln brechen Ladungstrennung und Feld zusammen, und

nur am Ende einer solchen Kette oder an scharfen Knicken herrscht noch ein Feld, das weitere Kugeln angliedert. Bei einseitiger Erdung entsteht manchmal ein Bäumchen, das an das Amazonasbecken erinnert.

18.4.21. Versorgungsnetz

Die Natur löst viele solche Optimierungsprobleme durch Analogcomputer; speziell meint die Bionik, die Lebewesen hätten durch Millionen Jahre Versuch und Irrtum optimale Lösungen gefunden. Bäume verästeln sich so, daß überall die gleiche, als erträglich betrachtete mechanische Spannung herrscht, daß also der Gesamtquerschnitt ober- und unterhalb der Verzweigung gleich ist. Sogar die exakte Form des Astwuchses mit seinen Abrundungen, der Wundheilstellen und der Wurzelanordnung folgt diesem Prinzip, wobei nicht nur Gewichte, sondern vor allem winderzeugte Drehmomente eingehen. Vieles läßt sich auf Wasser- und Stromleitungen übertragen. Der Blutkreislauf sollte laminar sein; wegen $\dot{V} \sim r^4$ gelten hier andere Radienverhältnisse. Welches ist das kürzeste Straßennetz, das n Städte verbindet? Rechnerisch nicht einfach. Stellen Sie die Städte durch Nägel in einem Brett dar, legen Sie eine Glasplatte darauf und tauchen alles in Seifenlösung: Die Seifenhäute zwischen den Nägeln lösen das Problem, allerdings ohne Unterschiede im Verkehrsaufkommen zu berücksichtigen. Meist bilden sich Knoten außerhalb der Städte, die sich dorthin verschieben, wo die Oberflächenkräfte im Gleichgewicht sind (120°-Winkel!). Löst die Potentialtheorie, die ja hinter dem Prinzip der Minimalflächen steckt, auch das allgemeinere Problem, indem sie verschiedene zu übertragende Leistungen, Volumen- oder Verkehrsströme, also Straßenbreiten, Querschnitte usw. durch Kräfte verschiedenen Betrages darstellt? Hier liegt ein unermeßliches Feld für Fragen und Antwortversuche.

18.4.22. Konvektionszellen

Der von Wärmeleitung getragene Wärmestrom wächst proportional zum Temperaturgradienten: Für den Auftrieb eines Flüssigkeitspaketes, das zufällig etwas aufsteigt, gilt auch $F \sim \operatorname{grad} T$ (Aufgabe 5.4.9), aber der durch dieses F angetriebene Flüssigkeitsstrom transportiert bei gleichem $\dot{V}$ um so mehr Wärme, je höher $\operatorname{grad} T$ ist. Der konvektive Transport steigt also mit höherer Potenz (ungefähr der zweiten) von $\operatorname{grad} T$ als die Leitung und muß diese irgendwann überholen. Quantitativ: Leitung bewirkt $j_\mathrm{L} = -\lambda \operatorname{grad} T$, Konvektion $j_\mathrm{K} \approx \varrho v c\, \Delta T \approx c\, \Delta T\, r^3 g \varrho^2 \beta \operatorname{grad} T/\eta$ (vgl. Aufgabe 5.4.9). Gleichheit beider liefert bis auf einen Zahlenfaktor dasselbe Kriterium wie die kausale Betrachtung in Aufgabe 5.4.9.

18.4.23. Video-Rückkopplung

Ein gutes Video-Kabel soll die Signale der Kamera oder des Recorders linear auf den Bildschirm übertragen, um Verzerrungen der Grau- oder Farbwerte zu vermeiden. Die Folge Schirmbild, von Kamera gesehen – Bild, auf Schirm übertragen – ... ist dann eine lineare Iteration mit linearer Abbildungsfunktion. Man sieht nur einen je nach Blendenöffnung bis ins blendend helle oder stockfinstere Unendlich laufenden Gang, bei Kippung eine Wendeltreppe aus immer kleiner oder größer werdenden Bildschirmen (Attraktor oder Repulsor). Chaotische, ständig unvorhersagbar wechselnde Bilder von oft abenteuerlicher Schönheit entstehen erst mit einem nichtlinearen Übertragungsglied. Dies kann ein nichtlinearer Verstärker sein oder einfach ein RC-Glied, aber ein nichtabgeschirmtes Kabel mit seinem effektiven RC genügt bei diesen Signalfrequenzen (um 10 MHz) auch: Es schneidet ja die Signale um $\omega = 1/(RC)$ ab.

18.4.24. *Hamiltons* Prinzip

Das System sei beschrieben durch die Koordinaten x_i und ihre Ableitungen $v_i = \dot{x}_i$. Die Lagrange-Funktion hängt dann ab von $x_i(t)$, $\dot{x}_i(t)$ und vielleicht auch t direkt. Nehmen wir an, wir hätten die Trajektorie $x_i(t), \dot{x}_i(t)$ gefunden, für die das Integral ein Extremum hat (hoffentlich ein Minimum). Dieser Verlauf ist dadurch gekennzeichnet, daß sich das Integral $W = \int L\, \mathrm{d}t$ kaum ändert (nur in höherer Ordnung), wenn wir statt $x_i(t)$ die nahe benachbarte Trajektorie $x_i(t) + \varepsilon u_i(t)$ mit sehr kleinem ε setzen. Nullsetzen der Ableitung von W nach ε ergibt also den gesuchten Verlauf. Da ε klein ist, können wir nach *Taylor* entwickeln:

$$\begin{aligned} &L(x_i + \varepsilon u_i, \dot{x}_i + \varepsilon \dot{u}_i, t) \\ &\quad \approx L(x_i, \dot{x}_i, t) + \varepsilon (u_i\, \partial L/\partial x_i + u_i\, \partial L/\partial \dot{x}_i)\,. \end{aligned}$$

Unter dem Integralzeichen kann man nach ε differenzieren und erhält für jedes i als Extremumsbedingung $\mathrm{d}W/\mathrm{d}\varepsilon = \int (u_i\, \partial L/\partial x_i + \dot{u}_i\, \partial L/\partial x_i)\, \mathrm{d}t = 0$. Der zweite Term ergibt, partiell integriert, $u_i\, \partial L/\partial \dot{x}_i - \int u_i\, \mathrm{d}/\mathrm{d}t(\partial L/\partial \dot{x}_i)\, \mathrm{d}t$. Weil u_i an beiden Grenzen Null ist, bleibt nur das zweite Integral, und insgesamt muß sein $\int u_i(\partial L/\partial x_i - \mathrm{d}/\mathrm{d}t(\partial L/\partial \dot{x}_i))\, \mathrm{d}t = 0$. Da aber die Verschiebung $u_i(t)$ ganz willkürlich war, läßt sich das nur allgemein erreichen, wenn $\mathrm{d}/\mathrm{d}t(\partial L/\partial \dot{x}_i) - \partial L/\partial x_i = 0$ ist. Dies ist die **Euler-Gleichung** des allgemeinen Variationsproblems. Im Beispiel der Mechanik bilden diese Gleichungen für alle i die **Lagrange-Gleichungen zweiter Art**, die in cartesischen Koordinaten in *Newtons* Bewegungsgleichungen übergehen.

18.4.25. *Fermats* Prinzip

Kompaß und Bordcomputer stecken natürlich in der Welle. Sie schnüffelt sozusagen auch Wege ab, die dem optimalen benachbart sind, und erkennt dann durch Versuch und Irrtum, daß diese Wege nichts taugen. Man kann nämlich alle diese denkbaren benachbarten Wellen überlagern, und sie werden nur auf dem optimalen Weg konstruktiv interferieren. Nebenbei löschen sie sich so weitgehend aus, daß nur die Beugungserscheinungen übrigbleiben.

18.4.26. Lorenz-Bifurkationen

Der Fixpunkt $(0, 0, 0)$ verliert bei $\beta = 1$ seine Stabilität, wie im Text diskutiert, und gleichzeitig werden die beiden anderen $(\pm\sqrt{\gamma(\beta - 1)}, \pm\sqrt{\gamma(\beta - 1)}, \beta - 1)$ reell. Für sie heißt die charakteristische Gleichung für die Eigenwerte $f(\lambda) = \lambda^3 + (1 + \alpha + \gamma)\lambda^2 + \gamma(\alpha + \beta)\lambda + 2\alpha\gamma(\beta - 1) = 0$. Sie hat keinen Zeichenwechsel, also nach *Descartes* keine positiv reelle Lösung, demnach entweder drei negative oder eine negative und ein komplex konjugiertes Paar. Am Übergang zwischen beiden Fällen fallen zwei reelle Lösungen zusammen, die Kurve $f(\lambda)$ berührt dort mit ihrem Minimum die λ-Achse. Hier verwandeln sich die bisher stabilen Knoten in einlaufende Spiralen. Das komplexe Paar hat ja zunächst noch negative Realteile, die Stabilität bleibt vorläufig erhalten. Wo die Doppelwurzel liegt, ist mühsam zu berechnen. Man schreibe die charakteristische Gleichung $x^3 + bx^2 + cx + d = 0$, substituiere $y = x - b/3$, was auf $f(y) = y^3 + 3py + 2q = 0$ mit $p = c/3 - b^2/9$, $q = b^3/27 - bc/6 + d/2$ führt. Bedingung für die Doppelwurzel: $f = 0$ und $f' = 0$, woraus folgt $y = -q/p$, und dies *in* $f' = 0$ eingesetzt gibt $p^3 + q^2 = 0$. Bei $\alpha = 10$, $\gamma = 3$ z. B. ergibt das $\beta = 1{,}385$. Das zweite wichtige Ereignis findet statt, wenn das komplexe Paar die imaginäre Achse überschreitet, also die Wirbel instabil werden. Dann müssen die Eigenwerte lauten $\delta, \mathrm{i}\varepsilon, -\mathrm{i}\varepsilon$, und $f(\lambda)$ heißt $(\lambda - \delta) \cdot (\lambda - \mathrm{i}\varepsilon) \cdot (\lambda + \mathrm{i}\varepsilon) = \lambda^3 + \delta\lambda^2 + \varepsilon^2\lambda + \delta\varepsilon^2 = 0$. Vergleich mit der Originalgestalt ergibt $\delta = 1 + \alpha + \gamma = 2\alpha(\beta - 1)/(\alpha + \beta)$ oder $\beta = (3 + \alpha + \gamma)/(\alpha - 1 - \gamma)$. Bei $\alpha = 10$, $\gamma = 3$ haben wir für $1{,}385 < \beta < 26{,}67$ stabile Spiralen, darüber den chaotischen Lorenz-Attraktor.

18.4.27. Das Apfelmännchen auf dem Feigenbaum

Mandelbrot geht einfacher, weil er kein lineares Glied enthält. Das Komplexe stört dabei gar nicht. Mit $x = 1/2 - z/a$, $a = 1 + \sqrt{1 - 4c}$ können wir die Ergebnisse auf die logistische Iteration übertragen. Der einfache Fixpunkt ist definiert durch $z = z^2 + c$. Das Produkt der beiden Lösungen ist c (*Vieta*: $z^2 - z + c = (z - z_1)(z - z_2)$). Stabilitätsgrenze: $|f'(z_i)| = 2|z_i| = 1$. So erhält man die Epizykloide, die den großen „Apfel" begrenzt. Die Zweierperiode verlangt $z_3 = f(z_2) = f(f(z_1)) = z_1^4 - 2cz_1^2 + c(1 + c) = z_1$. Das Polynom $z^4 + 2cz^2 - z + c(1 + c) = 0$ hat vier Wurzeln, deren Produkt $c(c + 1)$ ist. Zwei davon kennen wir schon: Die einfachen Fixpunkte erfüllen die Periodizitätsbedingung auch. Ihr Produkt ist c. Für die beiden anderen bleibt das Produkt $1 + c$. Stabilitätsgrenze: $|f^{2\prime}(z_1)| = |f'(z_2)f'(z_1)| = 4|z_2z_1| = 4|1 + c| = 1$: Kreis um -1 mit Radius $\frac{1}{4}$. Bei der Dreierperiode ergibt sich ein Polynom achten Grades mit dem Produkt $c(c^3 + 2c^2 + c + 1)$ der acht Wurzeln. Zwei davon für die Einerperiode sind für das c verantwortlich, die sechs anderen bilden drei konjugiert komplexe Paare. Je drei von ihnen ergeben die Stabilitätsgrenze $|f^{3\prime}| = |f'(z_3)f'(z_2)f'(z_1)| = 8|z_3z_2z_1| = 1$, alle sechs also $64\prod_1^6 z_i = 64(c^3 + 2c^2 + c + 1) = \pm 1$. Man findet leicht die Lösung $c = -\frac{7}{4} = -1{,}75$ für -1 und numerisch $c = -1{,}759708$ für -1, sowie dann die beiden anderen $c = -\frac{1}{8} \pm \mathrm{i}\sqrt{35}/8$. Die reelle entspricht dem winzigen scheinbar isolierten Apfelmännchen ganz links, das komplexe Paar den beiden großen Buchten oben und unten auf dem großen Apfel. Vergleich der Mandelbrot- und der Feigenbaum-Grenzen im Reellen: Einerperiode zwischen $\frac{1}{4}$ und $-\frac{3}{4}$ bzw. 1 und 3, Zweierperiode zwischen $-\frac{3}{4}$ und $-\frac{5}{4}$ bzw. 3 und $1 + \sqrt{6}$. Dreierperiode zwischen $-\frac{7}{4}$ und $-1{,}759708$ bzw. $1 + \sqrt{8} = 3{,}828427$ und $3{,}835285$.

Farbtafeln

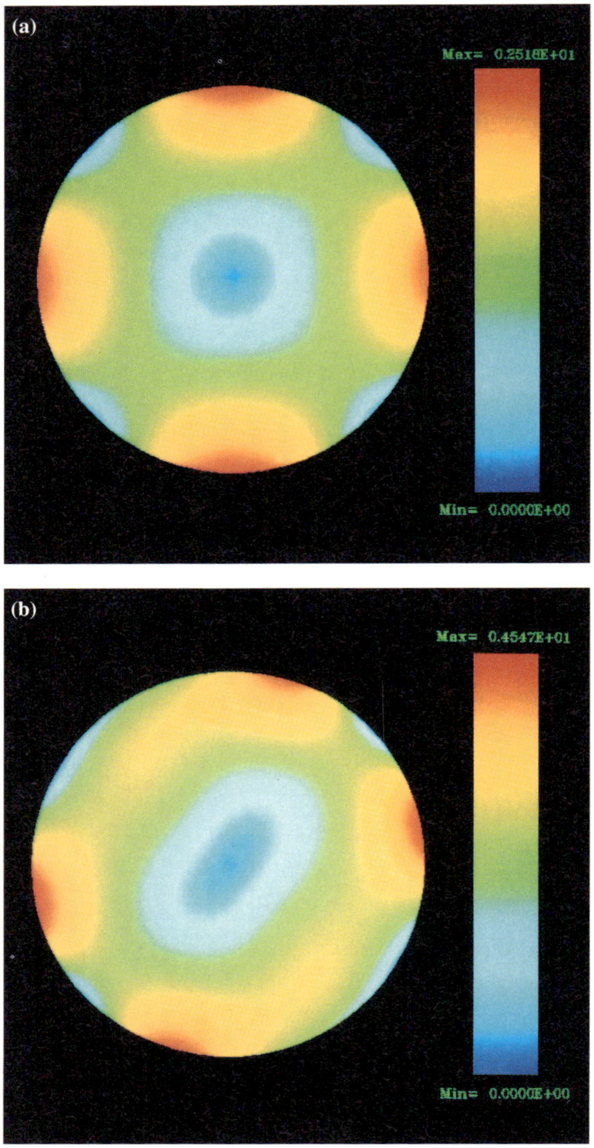

(a, b) Schubspannungsverteilung an der Oberfläche einer Kugel in einer Scherströmung. Diese fließt oben nach links, unten nach rechts und versetzt die Kugel in Drehung. Rechts und links nimmt die Kugel das Fluid mit, und so entsteht dort bei niedriger Reynolds-Zahl *Re* die gleiche Spannungsverteilung wie oben und unten, nur mit anderen Vorzeichen; die Kugel rotiert ja unbeschleunigt. Bei höherem *Re* verschiebt sich das Bild, weil jetzt die Trägheitskräfte im Fluid eine größere Rolle spielen und schließlich zur Ablösung der Strömung führen ((a) $Re = 1$, (b) $Re = 100$))

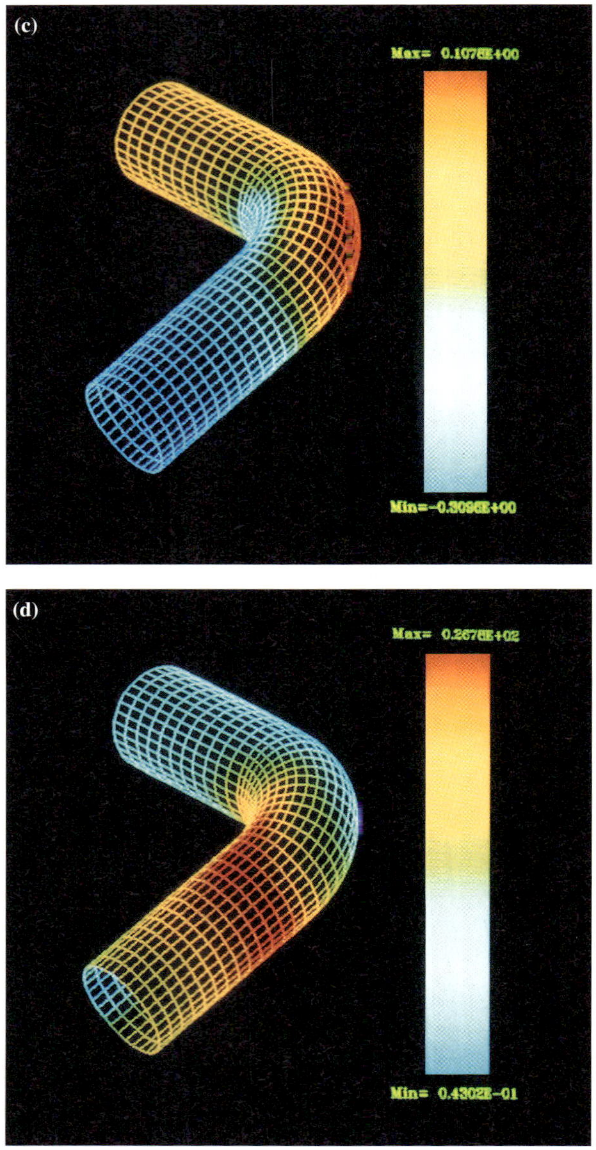

(c, d) Verteilung des Druckes (*oben*) und der Schubspannung (*unten*) an der inneren Oberfläche eines Rohrkrümmers, in den ein Fluid von hinten einströmt. Man sieht auch das für die finite element-Rechnung benutzte Gitter. Der Druck in der Biegung und die Scherspannung dahinter können das Rohr bis zur Zerstörung beanspruchen, was z.B. auch für den Aortenbogen des Menschen von Bedeutung ist ((c) $Re = 1800$, (d) $Re = 1800$))

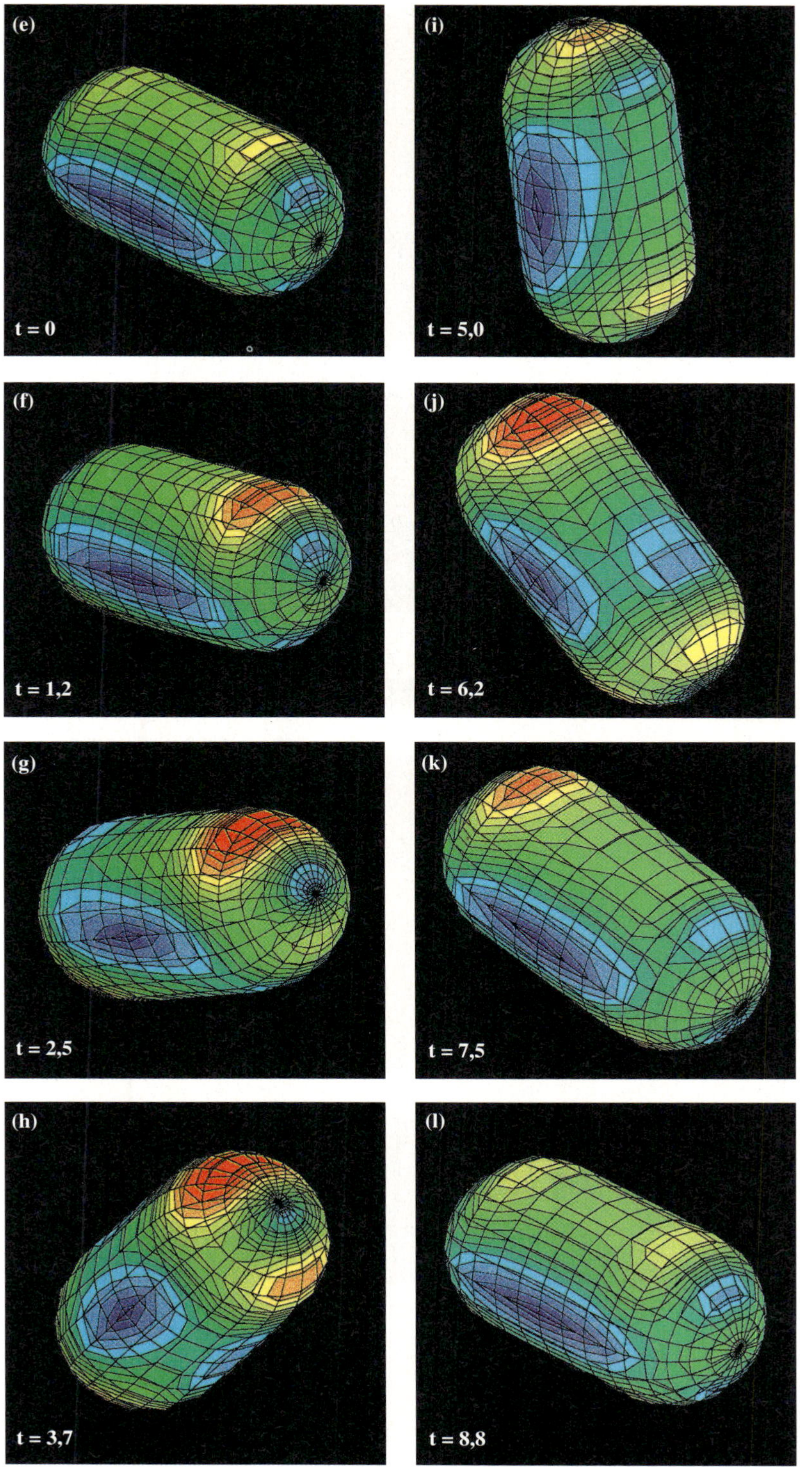

(e–l) Acht Phasen aus der Rotation eines kurzen Stabes in einer Scherströmung. Er dreht sich infolge der stark veränderlichen Schubspannungsverteilung mit veränderlicher Winkelgeschwindigkeit ω: Abwechselnd beschleunigt das Fluid den Stab bzw. der Stab das Fluid. In einer Wasserströmung ist das mittlere $\omega = 10^{-7}/r^2\ \mathrm{s}^{-1}$ (Radius r in m). Bei $r = 10\ \mu\mathrm{m}$ lägen also die Teilbilder jeweils 1 ms auseinander ((e–l) $Re = 1$)

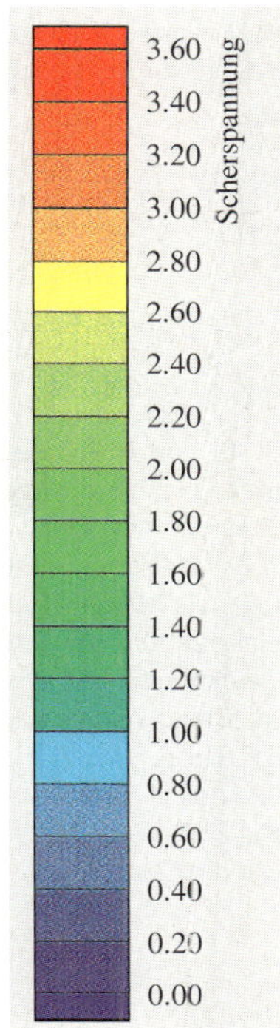

Alle Bilder wurden freundlicherweise von Dr. H. Nirschl und Prof. V. Denk Lehrstuhl für Fluidmechanik, Technische Universität München, Freising-Weihenstephan 1995 zur Verfügung gestellt

(a) Polarlicht. Schnelle Elektronen (bis 10 keV) und Protonen (bis fast 1 MeV), die die Sonnencorona als Sonnenwind weggeblasen hat, dringen auf Spiralbahnen um die Magnetfeldlinien bis 90 – 100 km über dem Boden in die Erdatmosphäre ein. Dort werden sie durch Dissoziations-, Ionisations- und Anregungsakte gebremst und erzeugen vor allem die blaue 391 – 428 nm-Bande des N_2-Ions, aber auch die gelbgrüne 558 nm- und die rote 630 nm-Linie des atomaren O. Entsprechend der Richtung der Feldlinien sieht man nahe den Magnetpolen oft fast senkrecht hängende Girlanden, in niederen Breiten (bei extremer Sonnenaktivität bis 40°) mehr flachliegende rasch flackernde Wolken. Das Bild wurde bei Kiruna in Nordschweden aufgenommen

© Foto dpa

(b) Tscherenkow-Licht. In der Wasserabschirmung eines Kernreaktors oder einer starken Strahlenquelle (hier der ^{60}Co-Quelle der Univ. of California, Los Angeles) glimmt das Tscherenkow-Licht, das als Mach-Kegel die Bahn von Elektronen umgibt, die mit mehr als der Phasengeschwindigkeit des Lichts fliegen. Für das Blaue mit seiner größeren Brechzahl ist diese Bedingung leichter zu erfüllen. In Aufgabe 7.6.16 und 15.3.8 können Sie das genauer studieren und auch abschätzen, wie weit der Strahlenkranz reicht

© H. Vogel, TU München

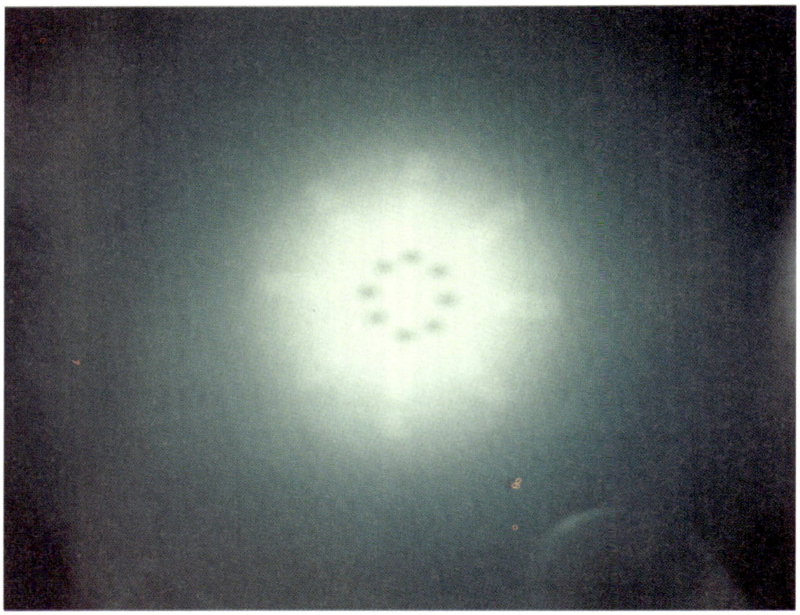

(c) Regenbogen. Konstruieren Sie parallele Strahlen, die an verschiedenen Stellen in einen kugeligen Tropfen eintreten, an dessen Rückseite reflektiert werden und wieder austreten. Sie werden sehen: Der austretende Strahl wird erst immer steiler, dann wieder flacher. Bei der Umkehr (42°) drängen sich die Strahlen besonders zusammen: Dort ist es am hellsten. Der Bogen hat immer 42° Radius. Die Umkehrstelle hängt von der Brechzahl ab, daher bildet sich ein Spektrum. Wie ist es aber mit dem zweiten Bogen, der oberhalb des ersten mit umgekehrter Farbfolge hängt? Dicht unterhalb des ersten Bogens sieht man manchmal noch zusätzliche Farbbögen. Sie kommen durch Beugung zustande

(d) Abendrot. Selbst absolut reine Luft färbt das Sonnenlicht, hauptsächlich durch Streuung an Luftmolekülen. Diese Rayleigh-Streuung ist proportional zu ν^4 und ergibt das Blau des Himmels. Für das direkte Licht bleibt bei tiefem Sonnenstand auf dem langen Weg durch die Atmosphäre überwiegend Gelb und Rot übrig. Sehr verstärkt wird dies durch feine Dunst- und Staubpartikel, sofern diese klein gegen die Wellenlänge sind. Der Staub, den der mexikanische Vulkan El Chichón 1982 weit in die Stratosphäre geschleudert hat und der jahrelang die Äquator- und Passatzone umrundete, hat noch bis 1988 Sonnenuntergänge wie diesen erzeugt, besonders im Sommer sogar im Mittelmeergebiet, wohin sich dann die Roßbreiten verschieben; hier an der französischen Atlantikküste (Les Landes) 1985. Der viel heftigere Pinatubo-Ausbruch (1991) hat das noch viele Jahre bis über unsere Breite hinaus getan. Wie langsam sinken denn solche Teilchen in der Strato- oder Troposphäre?

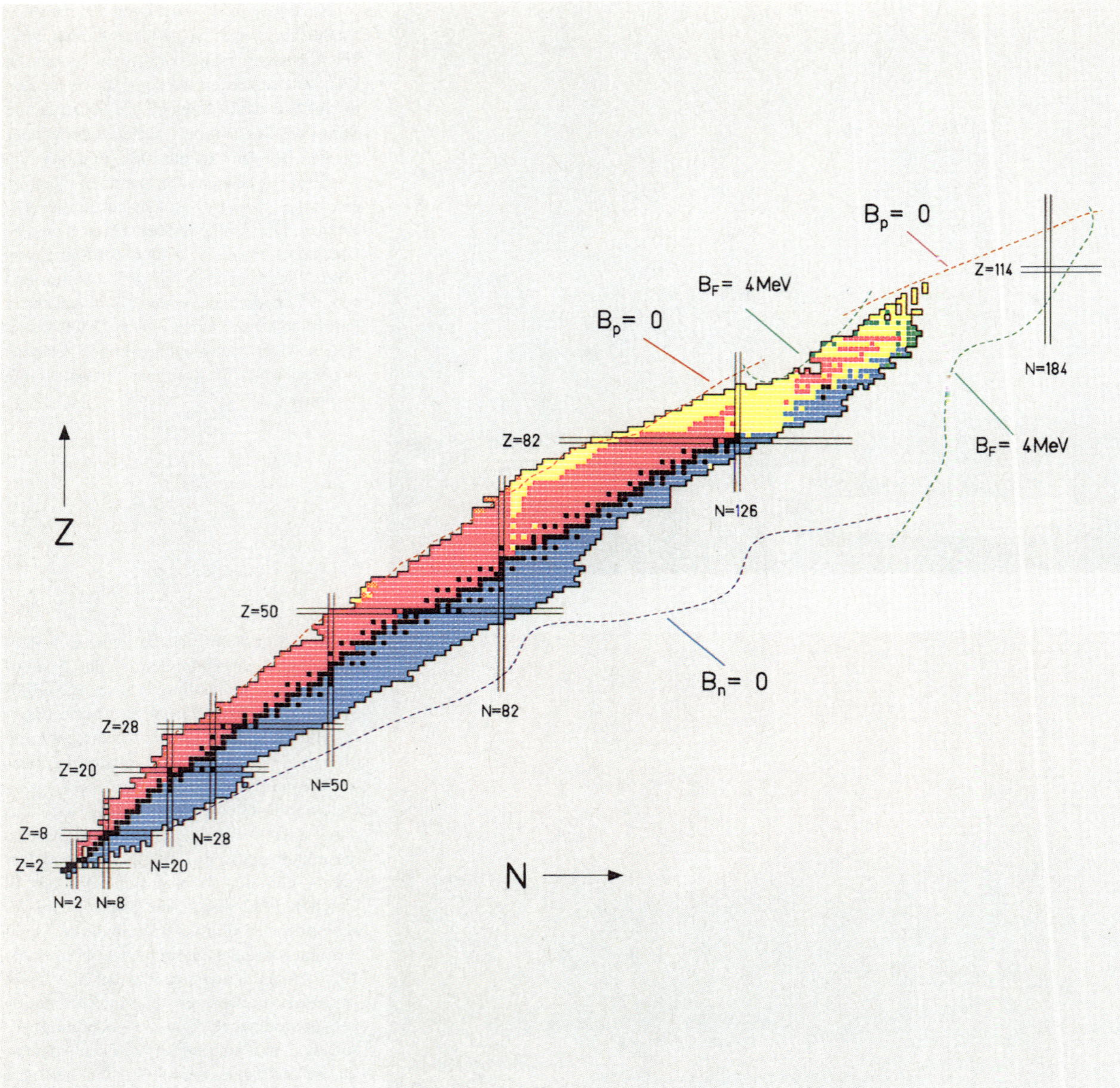

Die bisher bekannten Nuklide

Z, *N* Anzahlen der Protonen bzw. Neutronen

● stabile Nuklide

● ß⁺-Strahler

● ß⁻-Strahler

● α -Strahler

Magische Protonen- und Neutronenzahlen sind durch Doppelstriche, die Existenzgrenzen möglicher Kerne durch gestrichelte Linien angedeutet. B_n, B_p: Austrittsarbeiten von Neutronen bzw. Protonen aus einem System aus Nukleonen

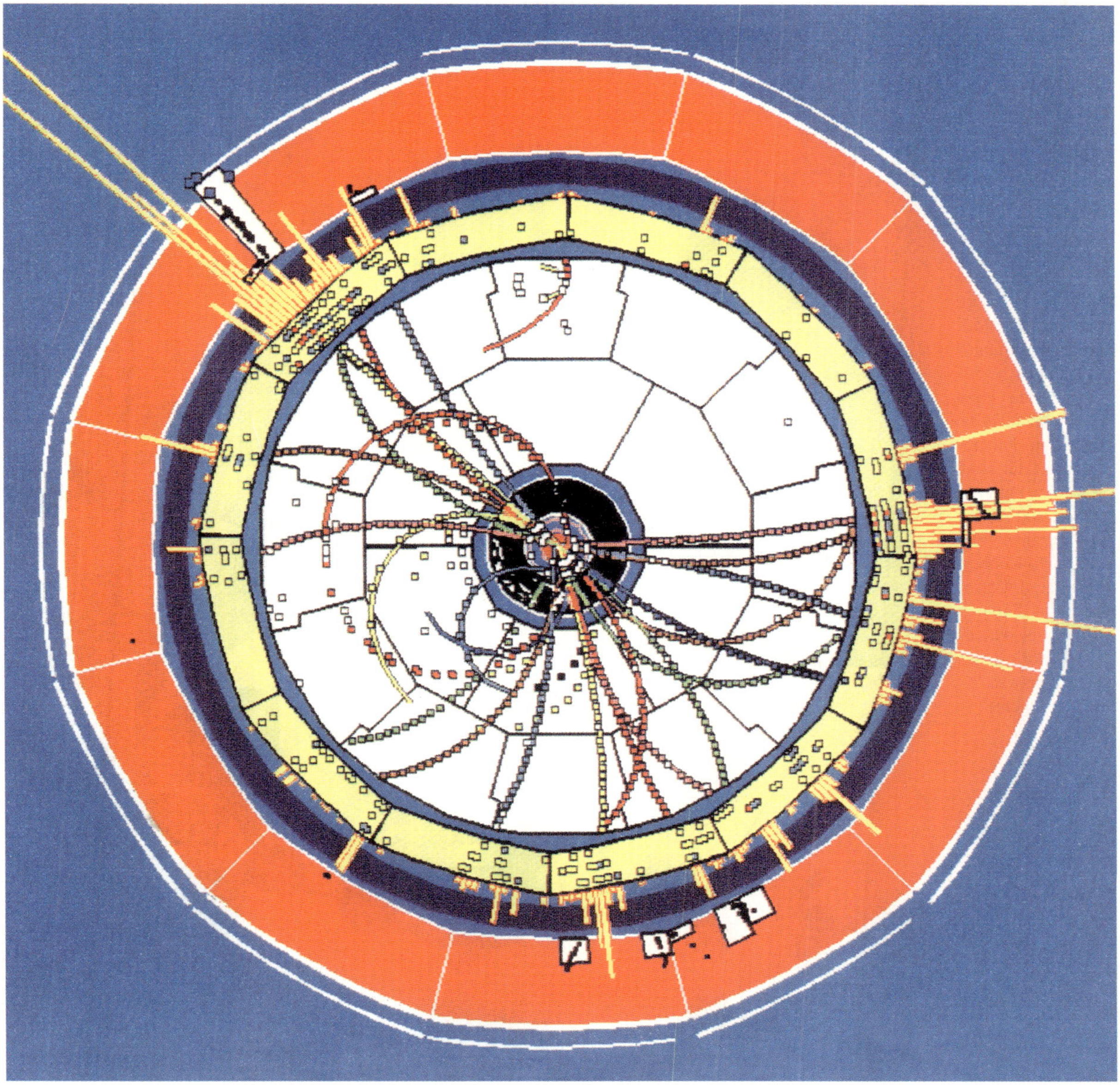

Nachweis eines Ereignisses aus der e^+e^- Vernichtung mit dem ALEPH-Detektor, der als LEP Speicherring am CERN eingesetzt wird. Das Ereignis wird als Zerfall des neutralen Vektorbosons *Z* in Quark und Antiquark interpretiert

Im Vordergrund die Struktur des fußballförmigen C_{60}-Moleküls. Das ist der populärste Vertreter der Gattung der Fulleren-Moleküle, die alle geschlossene Käfig-Strukturen aufweisen. Bei der Erforschung interstellaren Staubes wurde eine Methode entdeckt, C_{60} und andere Fullerene in präparativen Mengen herzustellen. Man kann Kristalle züchten, die gänzlich aus Fullerenen aufgebaut sind. Sie werden Fullerite genannt und stellen neue Formen elementaren Kohlenstoffs dar. Im Hintergrund Fullerit-Kristalle, die nur aus C_{60}-Molekülen bestehen (Mikroskopbild, Durchlicht)

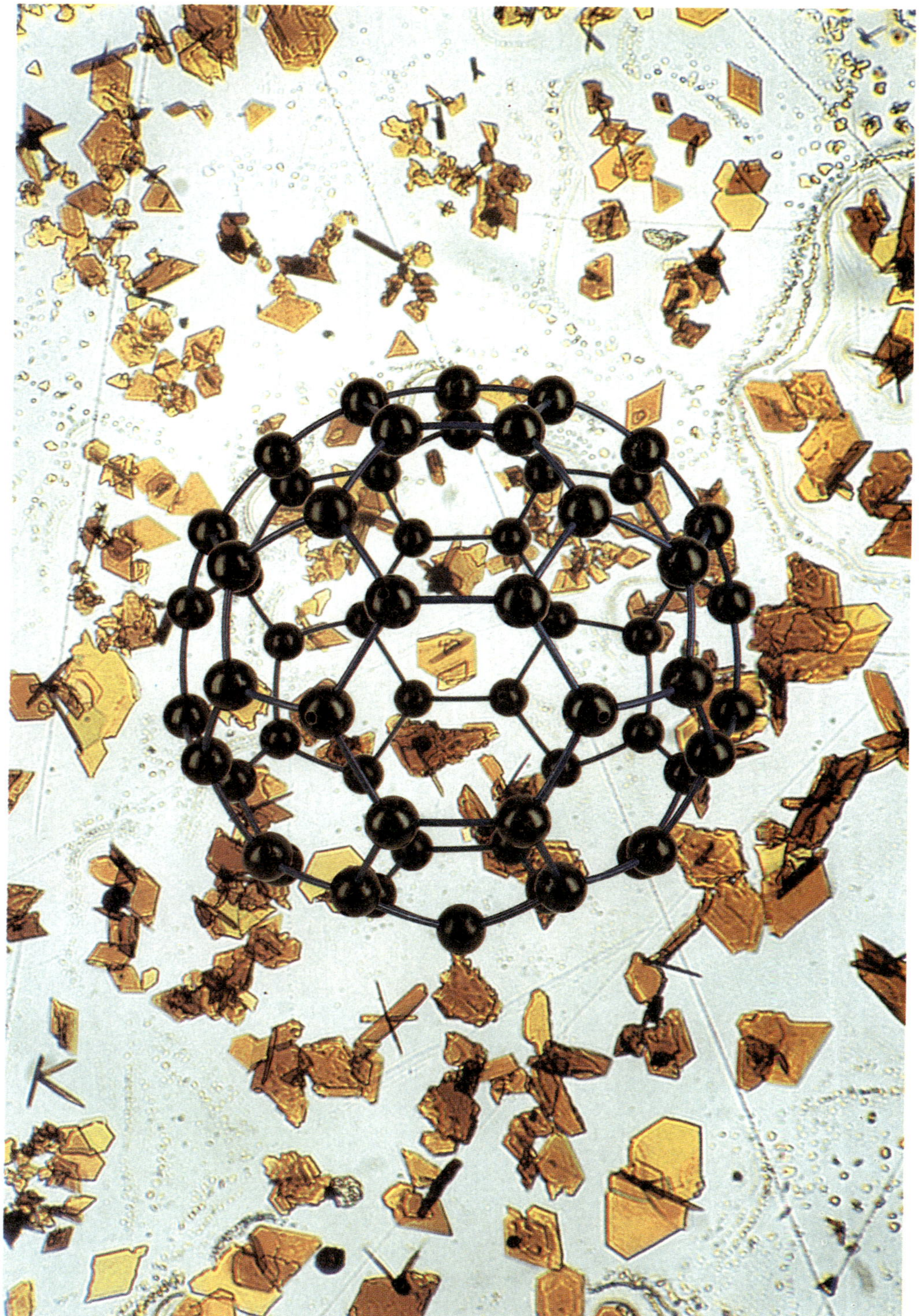

(a) Das Brandenburger Tor als Computergrafik in Normalansicht (etwa eine Lichtsekunde hoch und zwei Lichtsekunden breit), wobei die relative Geschwindigkeit des Beobachters zum Tor hin Null ist. Farbgebung: Vorderseite hellgelb, Innenseiten leuchtend rot, rechts kräftig gelb, oben schmutzig rot, Rückseite (nicht sichtbar) blau

(b) Dasselbe Tor, wenn sich der Beobachter mit 99% der Lichtgeschwindigkeit auf das Tor zubewegt, aus deutlicher Entfernung gezeigt: Das gesamte Tor erscheint zum Beobachter hin gewölbt, die Innenseiten sind besser sichtbar

(c) Gleiche Ansicht wie (b), jedoch aus mittlerer Entfernung. Die Wölbung nach vorne ist extrem, die Innenseiten treten stark verzerrt hervor

(d) Desgleichen kurz vor Eintritt des Beobachters in den mittleren Durchgang. Es zeigen sich bereits die blauen Flächen der rückwärtigen Seite

(e) Blick zurück (immer noch bei 99% der Lichtgeschwindigkeit). Der relativistische Effekt ist gering, macht sich aber durch

(f) eine leichte Krümmung vom Beobachter weg immer noch deutlich bemerkbar

Die Mandelbrot-Menge. Je nach dem komplexen Wert c konvergiert die Iteration $z \leftarrow z^2 + c$, divergiert verschieden schnell gegen Unendlich oder tut keines von beiden, sondern springt periodisch oder chaotisch umher. Die Farbe, die ein Punkt der komplexen c-Ebene erhält, hier als Höhe in einer Landschaft dargestellt, hängt davon ab, wie schnell der Betrag von z einen bestimmten Wert R überschreitet. Die c-Punkte, die Konvergenz ergeben oder bei denen sich z nach einer vorgegebenen Zyklenzahl (Rechentiefe) N weder für Konvergenz noch fürs Überschreiten der Grenze R entschieden hat, bilden den dunkelblauen Mandelbrot-See. Verschiedene Stellen in dessen Uferzone enthüllen in der Nahaufnahme eine erstaunliche Strukturfülle, besonders bei Steigerung der Zyklenzahl N

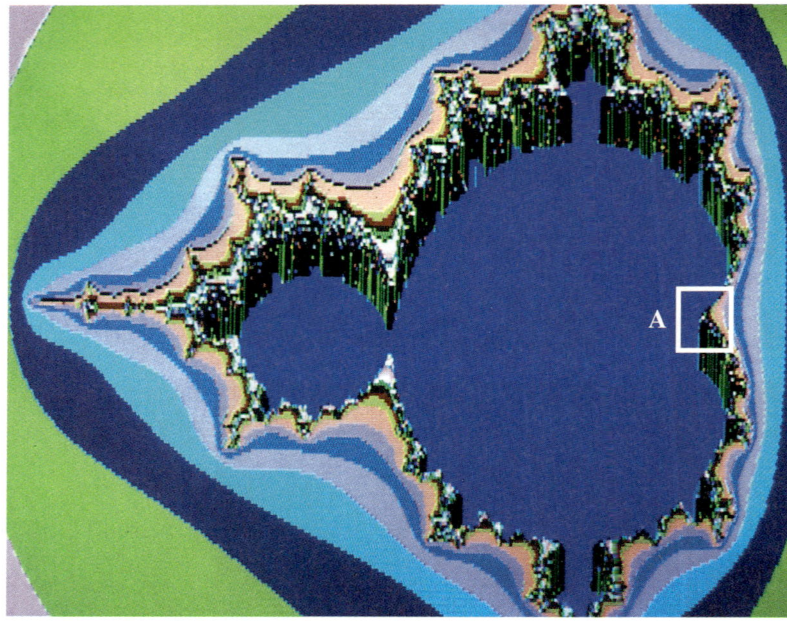

(a) Die Form des großen „Apfels“ und des linken daransitzenden kreisrunden Sees wird auf S. 999 diskutiert (Einer- bzw. Zweierperiode der Iteration)

(b) Dieser Archipel (bei $c = -0{,}712 + 0{,}225\,\mathrm{i}$) umschließt mehrere Krater. Wenn der Wasserspiegel sinkt, verwandelt sich so ein Krater in ein Amphitheater mit einem immer kleiner werdenden, aber unergründlichen See in der Mitte

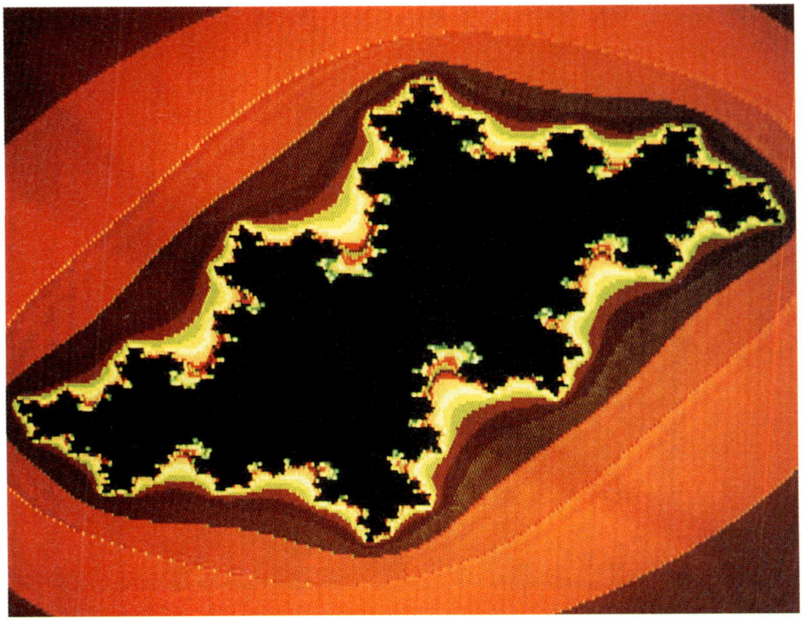

(c) Zu jedem festen komplexen Wert c gehört eine Julia-Menge, bestehend aus den komplexen Punkten z, für die die Iteration $z \leftarrow z^2 + c$ weder konvergiert noch ins Unendliche entweicht. Sie bildet die Uferlinie des hier schwarzen Julia-Sees, der aus den zur Konvergenz führenden Startpunkten z besteht. Allerdings erhält man eine zusammenhängende Seefläche nur, wenn c innerhalb des Mandelbrot-Sees liegt, andernfalls eine Sumpflandschaft aus unendlich vielen, unendlich kleinen Tümpeln. Steigerung der Zyklenzahl N läßt auch hier den Wasserspiegel absinken, und manchmal kann man erst dann entscheiden, ob ein zusammenhängender Julia-See oder ein Julia-Sumpf vorliegt

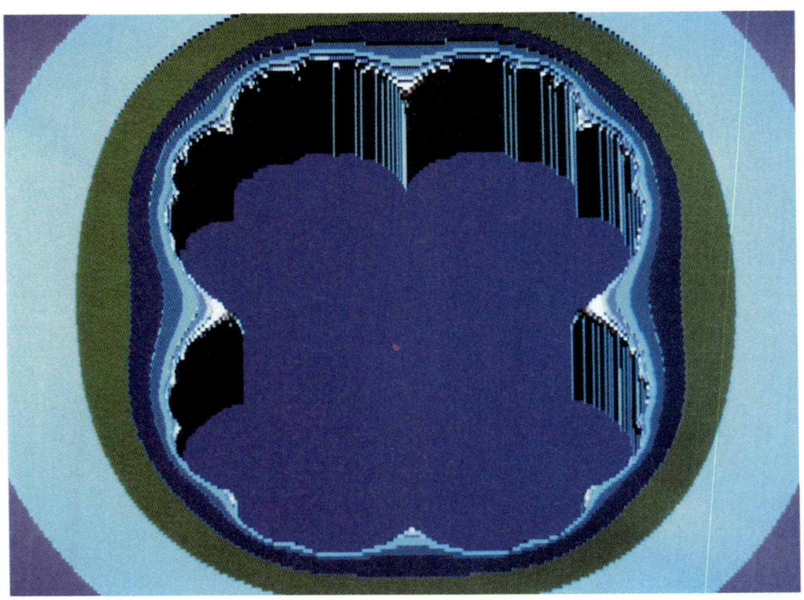

(d) Wir sind am äußersten Punkt der stumpfen Halbinsel rechts (0,250 + 0 i, Kästchen A in 7a). Die Steilufer des Julia-Sees fallen auch unter Wasser senkrecht weiter: Er ist unergründlich. Sowie wir aber ein wenig nach rechts gehen (z.B. nach 0,251 + 0 i), erscheint bei Senkung des Wasserspiegels (Steigerung der Zyklenzahl N) der Grund, in den einzelne tiefe kleine Seen eingebettet sind, die sich bei weiterer Senkung in immer winzigere Wasserlöcher auflösen

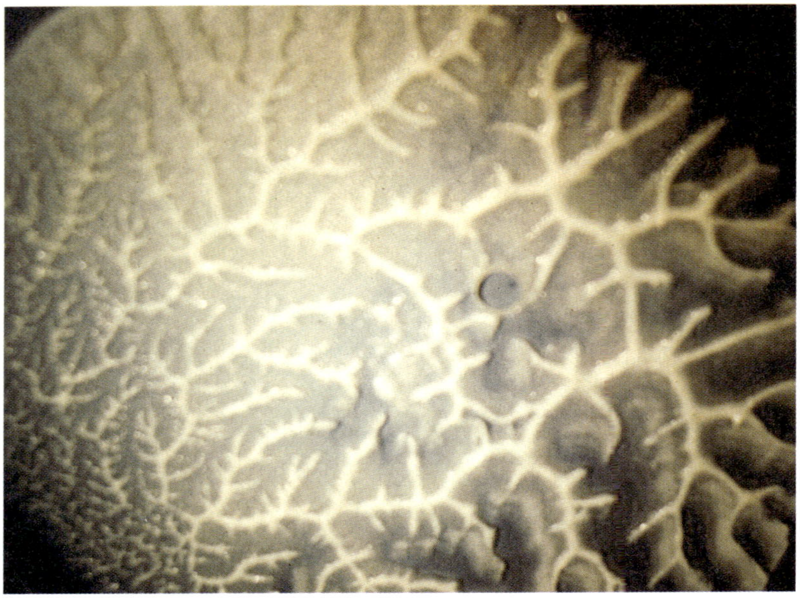

(a) Ein Klacks Schmierseife wird zwischen zwei Glasplatten gepreßt. Die Platten werden langsam wieder auseinandergezogen. Auf beiden Platten bleiben verästelte Strukturen wie diese

(b) Stahlkügelchen in einem Schälchen mit Öl werden durch das Feld einer 25 kV-Spitze zu baumartigen Strukturen arrangiert

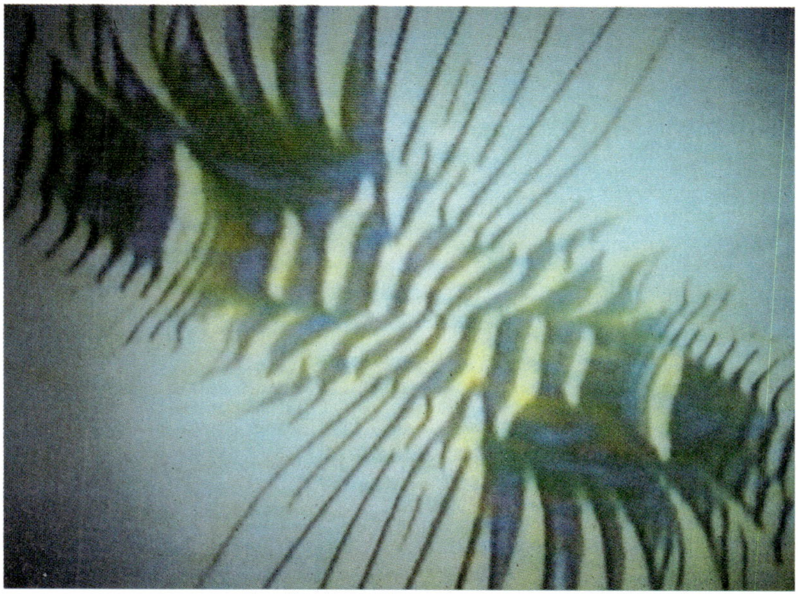

(c, d) Video-Rückkopplung. Natürlich werden die Bilder in der ständigen Bewegung und Veränderung auf dem Bildschirm viel aufregender. (S. 996 und Aufgabe 18.4.23)

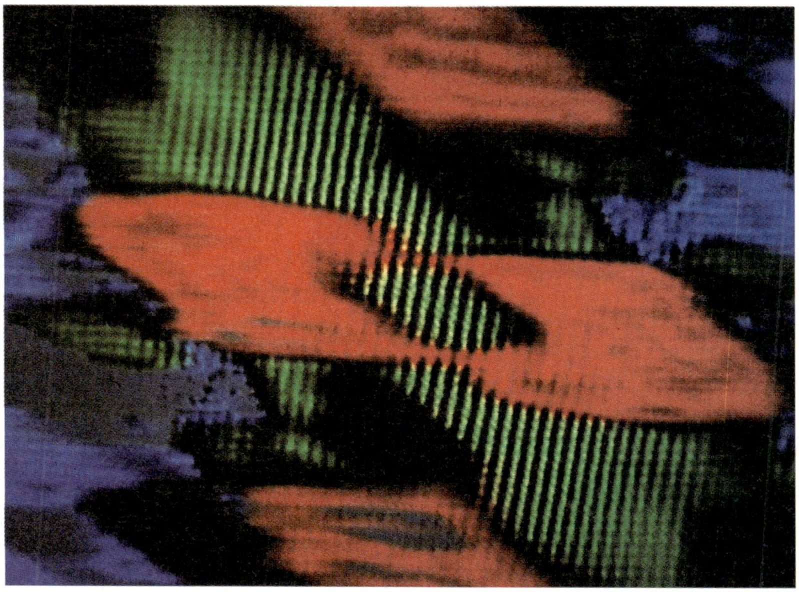

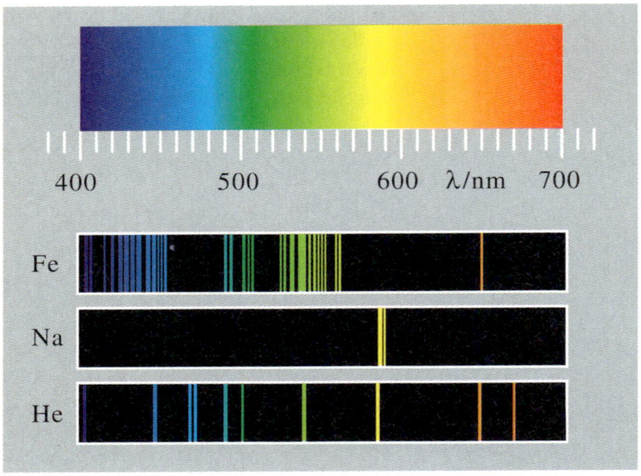

(a) Spektren einiger Elemente: Fe mit seinen vielen $3d$-Elektronen hat sehr viele Linien, Na mit seinem einen Valenzelektron im Sichtbaren nur die enge Doppellinie bei 589 nm, die auf dem Übergang $3p$-$3s$ beruht und auch im Sonnenspektrum als D-Absorptionslinie sehr stark hervortritt

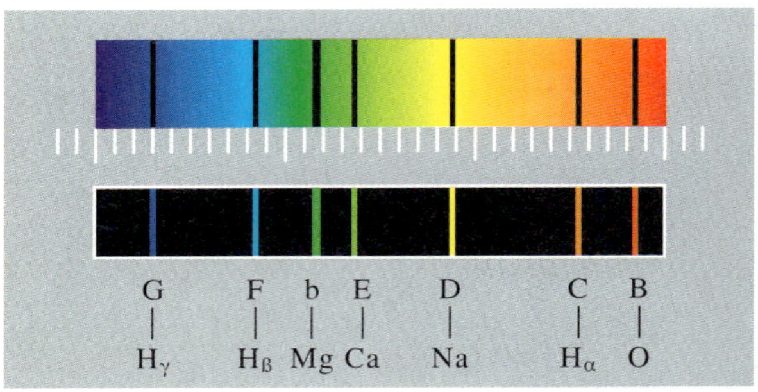

(b) Sonnenspektrum: Aus dem Kontinuum der heißen dichten Photosphärengase absorbieren die kühleren sehr verdünnten Schichten darüber selektiv die Fraunhofer-Linien, die unten als Emissionslinien dargestellt und den erzeugenden Elementen zugeordnet sind. Die *B*-Linie stammt allerdings vom atomaren O in der irdischen Hochatmosphäre und verschwindet daher bei Messungen vom Satelliten aus

(c) Das Licht der Glühlampe bildet nur einen schmalen Ausläufer des Planck-Spektrums des Glühdrahtes und enthält leider nur knapp 5% von dessen Emissionsleistung

(d) Viel besser sind visueller Wirkungsgrad und Anpassung an das Spektrum des Tageslichts bei der Leuchtstoffröhre. Durch das kontinuierliche Lumineszenzspektrum des Leuchtstoffes auf der Rohrinnenwand schimmern die diskreten Linien der Hg-Füllung durch

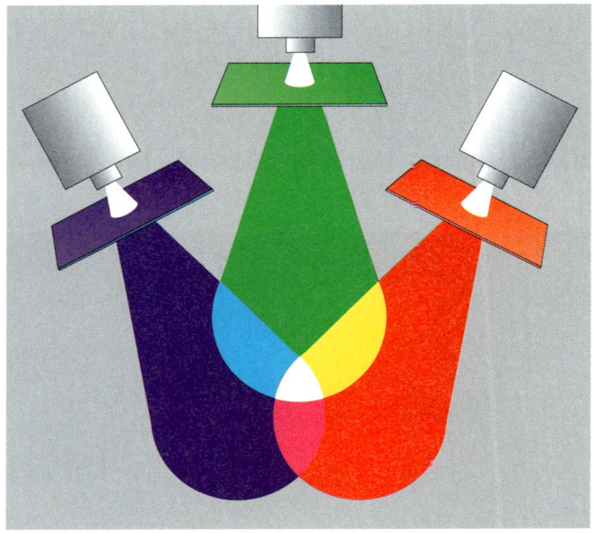

(e) Durch additive Mischung kann man aus den drei Grundfarben alle Farbtöne herstellen (mit verschiedenen Anteiler der Grundfarben, nicht nur mit gleichen wie hier dargestellt). Mischfarben werden hierbei immer heller als ihre Komponenten, bis hin zum reinen Weiß

(f) Subtraktive Mischung der drei Grundfarben (hier mittels durchscheinender Farbschichten) erzeugt auch alle Mischfarben, aber diese werden immer dunkler, bis zum fast reinen Schwarz

(c, d) Video-Rückkopplung. Natürlich werden die Bilder in der ständigen Bewegung und Veränderung auf dem Bildschirm viel aufregender. (S. 996 und Aufgabe 18.4.23)

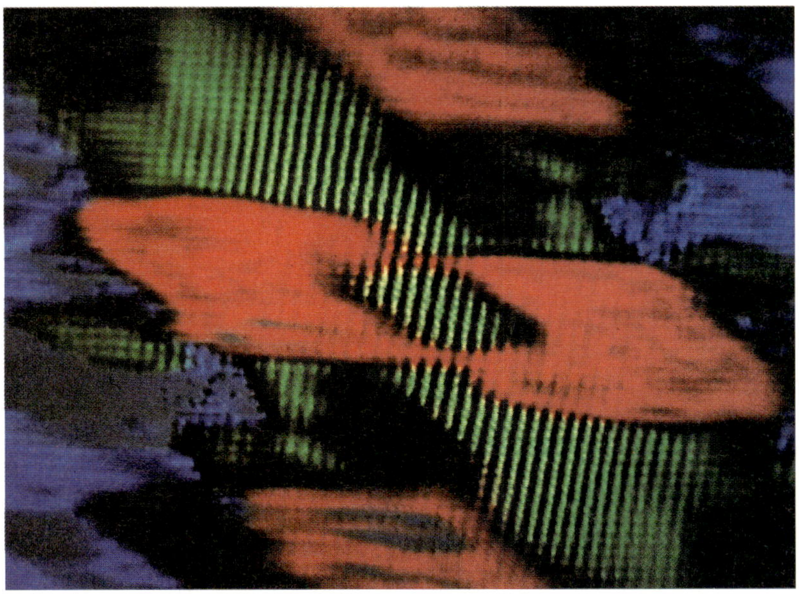

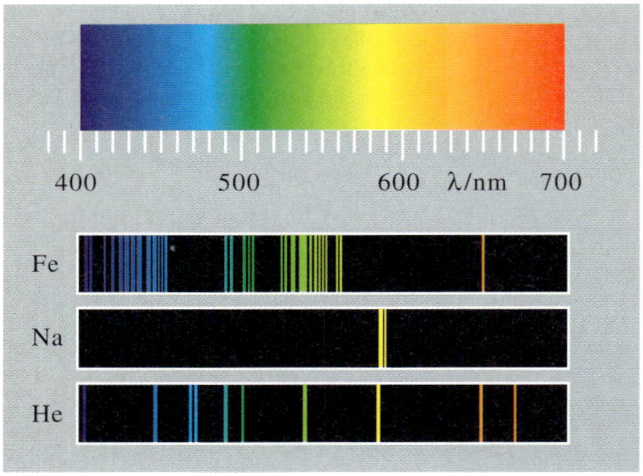

(a) Spektren einiger Elemente: Fe mit seinen vielen $3d$-Elektronen hat sehr viele Linien, Na mit seinem einen Valenzelektron im Sichtbaren nur die enge Doppellinie bei 589 nm, die auf dem Übergang $3p$-$3s$ beruht und auch im Sonnenspektrum als D-Absorptionslinie sehr stark hervortritt

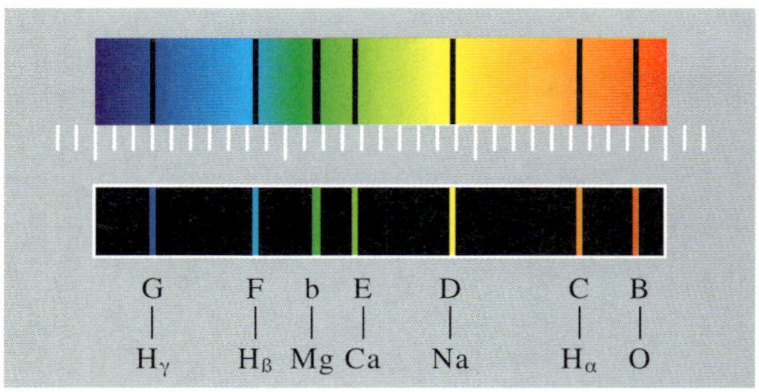

(b) Sonnenspektrum: Aus dem Kontinuum der heißen dichten Photosphärengase absorbieren die kühleren sehr verdünnten Schichten darüber selektiv die Fraunhofer-Linien, die unten als Emissionslinien dargestellt und den erzeugenden Elementen zugeordnet sind. Die *B*-Linie stammt allerdings vom atomaren O in der irdischen Hochatmosphäre und verschwindet daher bei Messungen vom Satelliten aus

(c) Das Licht der Glühlampe bildet nur einen schmalen Ausläufer des Planck-Spektrums des Glühdrahtes und enthält leider nur knapp 5% von dessen Emissionsleistung

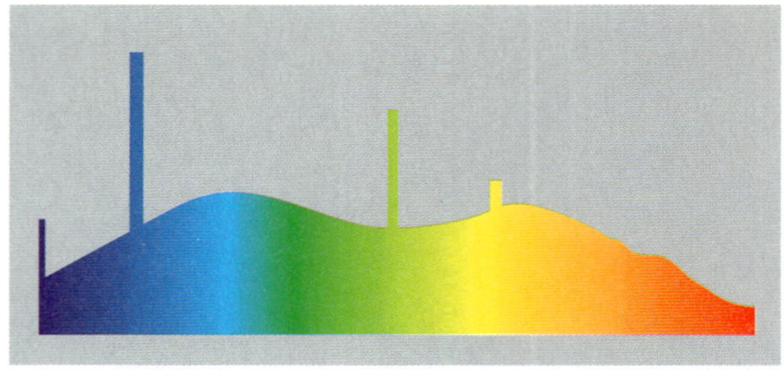

(d) Viel besser sind visueller Wirkungsgrad und Anpassung an das Spektrum des Tageslichts bei der Leuchtstoffröhre. Durch das kontinuierliche Lumineszenzspektrum des Leuchtstoffes auf der Rohrinnenwand schimmern die diskreten Linien der Hg-Füllung durch

(e) Durch additive Mischung kann man aus den drei Grundfarben alle Farbtöne herstellen (mit verschiedenen Anteilen der Grundfarben, nicht nur mit gleichen wie hier dargestellt). Mischfarben werden hierbei immer heller als ihre Komponenten, bis hin zum reinen Weiß

(f) Subtraktive Mischung der drei Grundfarben (hier mittels durchscheinender Farbschichten) erzeugt auch alle Mischfarben, aber diese werden immer dunkler, bis zum fast reinen Schwarz

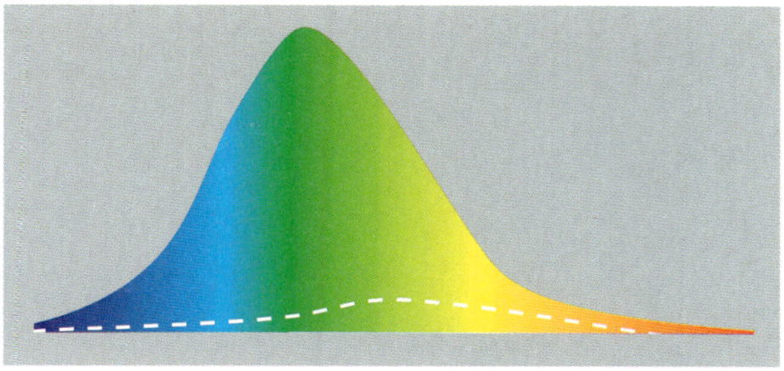

(g) Die Netzhaut enthält zwei Arten Lichtrezeptoren: Zäpfchen und Stäbchen. Die Zäpfchen haben für die einzelnen Spektralanteile sehr verschiedene Empfindlichkeiten (gestrichelte Kurve, Maximum bei 550 nm; s. auch Abb. 11.7). Sehr viel höher und etwas anders wellenlängenabhängig ist die Empfindlichkeit der Stäbchen (obere Kurve, Maximum bei 520 nm); eine Farbempfindung vermitteln sie aber nicht, sondern nur Grau-Eindrücke

* Die Abbildungen wurden mit freundlicher Genehmigung des Verlags Paul Haupt Bern gestaltet nach: M. Zwimpfer: Farbe – Licht, Sehen, Empfinden (Haupt, Bern 1985); Abbildungs-Nr.: 9 a (141), 9 b (142), 9 c (144), 9 d (144), 9 e (90), 9 f (111), 9 g (248), 9 h (257), 9 i (256), 9 j (128) und 9 k (127)

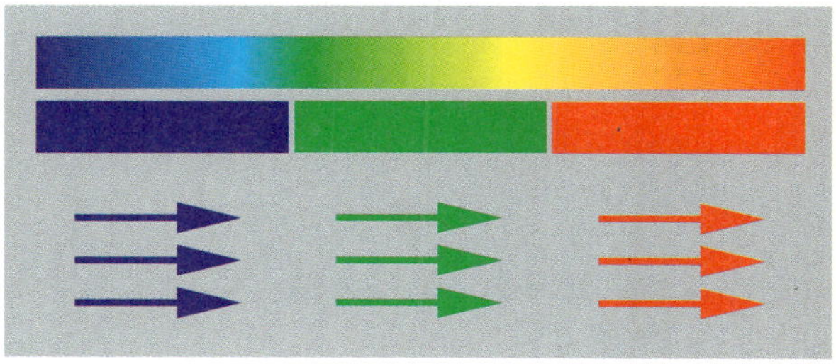

(h, i) Es gibt drei Zäpfchenarten für Blau, Grün und Rot (s. auch Abb. 11.17). Aus den Reaktionen von zwei oder drei davon synthetisiert das Gehirn additiv jede Mischfarbe. Bei den meisten Menschen sitzen die grünen Rezeptoren in einem engeren Netzhautbereich als die roten und blauen: Bäume muß man genauer fixieren, den Himmel sieht man immer. Ganz außen sitzen nur noch Stäbchen, immer dünner gesät: Was plötzlich von außen ins Gesichtsfeld tritt, erscheint oft erschreckend grau-schemenhaft

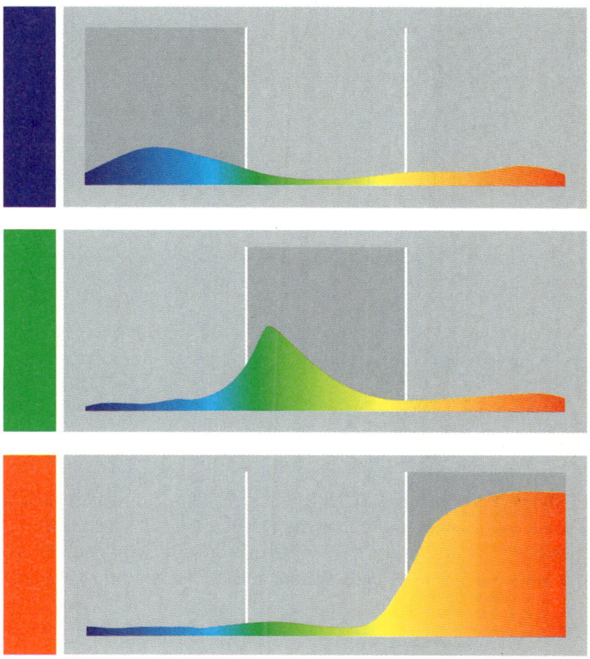

(j, k) In der Drucktechnik gelten Blau, Gelb und Magenta als Grundfarben (obwohl die letzte keine Spektralfarbe ist). Violett, Grün und Rot entstehen als binäre subtraktive Mischungen. Die Reemissionsspektren rechts zeigen, welche Spektralanteile die gefärbten Flächen aus weißem Licht reflektieren. Im Fall Grün ist angedeutet, wie sich das Gelb- und das Blau-Spektrum subtraktiv überlagern. Für alle anderen Mischfarben gilt Entsprechendes

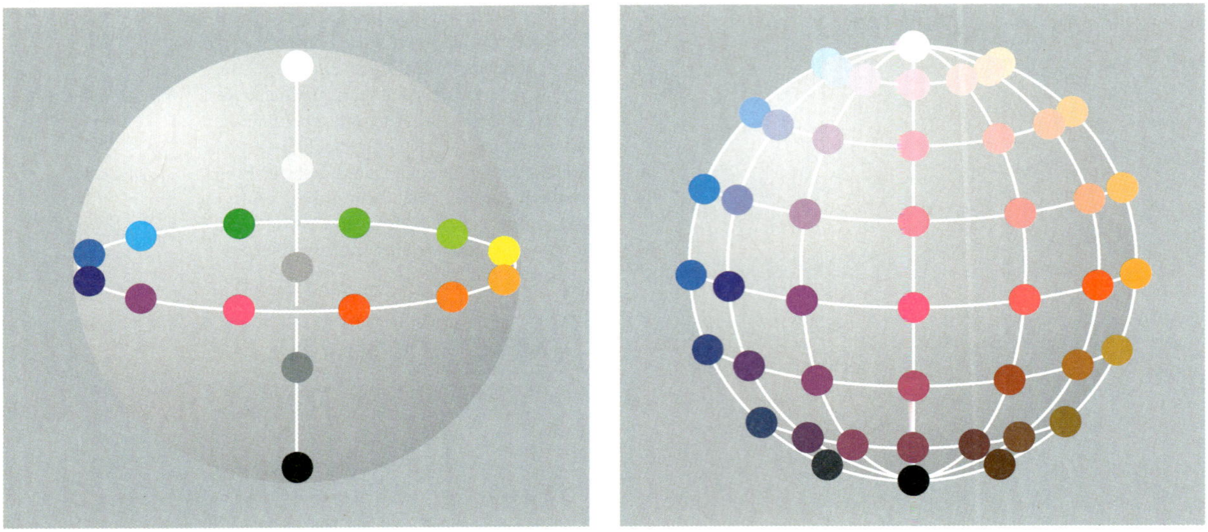

(a, b) Im Farbkreisel von *Ostwald*, wie schon 100 Jahre vorher in der Farbkugel von *Philipp Otto Runge*, liegen die reinen Buntfarben auf dem Äquator (Komplementärfarben einander gegenüber), die Grautöne auf der Achse, Schwarz und Weiß an den Polen. Eine dreieckige halbe Schnittfläche (nicht gezeigt) enthält dann lauter gleiche Farbtöne mit den Ecken Weiß, Schwarz und Reinbunt

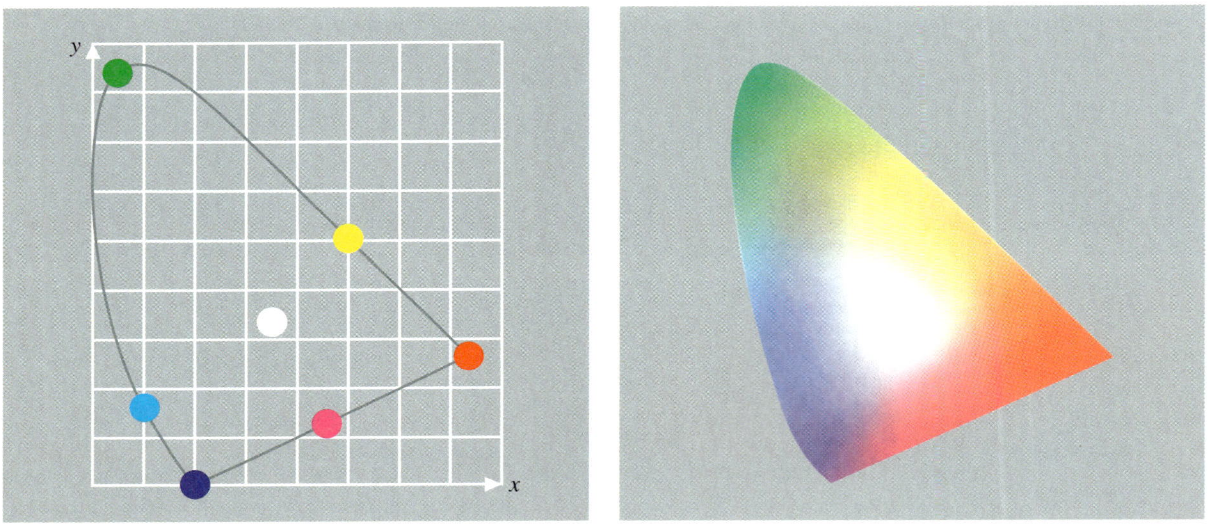

(c, d) Das Farbdreieck des CIE-Systems (Commission Internationale d'Eclairage; s. auch Abb. 11.18 und 11.19) ordnet alle durch additive Mischung von Spektralfarben erzeugbaren Farbtöne in einer Ebene mit Weiß im Zentrum. Jede Gerade durch das Zentrum verbindet zwei Komplementärfarben. Die reinen Spektralfarben liegen auf der Außenkurve; das Magenta auf der abschließenden Purpurgeraden kommt im Spektrum nicht vor

* Die Abbildungen wurden mit freundlicher Genehmigung des Verlags Paul Haupt Bern gestaltet nach: M. Zwimpfer: Farbe – Licht, Sehen, Empfinden (Haupt, Bern 1985); Abbildungsnummern: 10a (376), 10b (379), 10c (405) und 10d (405)

Quellennachweis
für die Einleitungs- und Ausblickabbildungen

Nebenstehende Abbildungen wurden mit freundlicher Genehmigung ins Buch aufgenommen, © …

Einleitungsabbildungen

Foto Deutsches Museum München (Kap. 1–11, 13, 15–18)

Niels Bohr Archive Kopenhagen (Kap. 12)

Siemens-Forum München und Familie Schottky (Kap. 14)

Ausblickabbildungen

EBM-Service für Verleger Luzern (Kap. 2)

D.M. Eigler, IBM Research Division: *Quantum Corrals*, in: H. Sakaki und H. Noge (Eds.): *Nanostructures and Quantum Effects*, Springer Ser. in Materials Sci., Vol. 31 (Springer, Berlin Heidelberg 1994) (Kap. 16 *unten*)

Foto Deutsches Museum München (Kap. 3–7, 11–13)

Foto Hale Observatories (Kap. 17)

Foto Mt. Wilson and Palomar Observatories (Kap. 9)

Intel GmbH München (Kap. 14)

Verändert nach Le Grand Atlas de l'Astronomie, Encyclopædia Universalis, 3rd Edition, Paris 1994 (Kap.15)

D.C. Rapaport and M. Meyer, in: A. Bunde and S. Havlin (Eds.): *Fractals in Science* (Springer, Berlin Heidelberg 1994) (Kap. 18)

P.E. Toschek, W. Neuhauser, in: D. Kleppner, F.M. Pipkin (Eds.) *Atomic Physics 7* (Plenum, New York 1981) (Kap. 8)

H. Vogel, TU München (Kap. 1, 10, 16 *oben*)

Sach- und Namenverzeichnis

A

B

D

E

F

G

H

I

J

K

L

M

N

O

P

Q

S

T

U

V

W

Periodensystem der Elemente

Fe 26	
55,85	Atommasse in AME; für einige instabile Elemente in Klammern: Massenzahl des stabilsten Isotops
3d 6, 4s 2, 4p –	Elektronenkonfiguration; die vollen Schalen der vorhergehenden Perioden sind mitzurechnen, z.B. vollständige Elektronenkonfiguration des Fe: $1s^2\,2s^2\,2p^6\,3s^2\,3p^6\,3d^6\,4s^2$

Element und Ordnungszahl

Ku wird zu Rf = Rutherfordium (IUPAC 1997)
Ha wird zu Db = Dubnium (IUPAC 1997)
Sg = Seaborgium nach *Glenn T. Seaborg* *1912
Bh = Bohrium (IUPAC 1997) (*Niels Bohr*, dänischer Physiker 1885–1962)
Hs = Hassium (lat. *Hassia* = Hessen, deutsches Bundesland)
Mt = Meitnerium (*Lise Meitner*, österreichische Physikerin, 1878–1968)
111 = Eka-Gold (Dezember 1994 an der GSI synthetisiert)
112 = Eka-Quecksilber (GSI 1996)

Element	Atommasse	1s
H 1	1,008	1
He 2	4,0026	2

Element	Atommasse	2s	2p
Li 3	6,939	1	–
Be 4	9,012	2	–
B 5	10,81	2	1
C 6	12,01	2	2
N 7	14,01	2	3
O 8	16,00	2	4
F 9	19,00	2	5
Ne 10	20,18	2	6

Element	Atommasse	3s	3p
Na 11	23,00	1	–
Mg 12	24,31	2	–
Al 13	26,98	2	1
Si 14	28,09	2	2
P 15	30,97	2	3
S 16	32,06	2	4
Cl 17	35,45	2	5
Ar 18	39,95	2	6

Element	Atommasse	3d	4s	4p
K 19	39,10	–	1	–
Ca 20	40,08	–	2	–
Sc 21	44,96	1	2	–
Ti 22	47,90	2	2	–
V 23	50,94	3	2	–
Cr 24	52,00	5	1	–
Mn 25	54,94	5	2	–
Fe 26	55,85	6	2	–
Co 27	58,93	7	2	–
Ni 28	58,71	8	2	–
Cu 29	63,55	10	1	–
Zn 30	65,38	10	2	–
Ga 31	69,72	10	2	1
Ge 32	72,59	10	2	2
As 33	74,92	10	2	3
Se 34	78,96	10	2	4
Br 35	79,90	10	2	5
Kr 36	83,80	10	2	6

Element	Atommasse	4d	5s	5p
Rb 37	85,47	–	1	–
Sr 38	87,62	–	2	–
Y 39	88,91	1	2	–
Zr 40	91,22	2	2	–
Nb 41	92,91	4	1	–
Mo 42	95,94	5	1	–
Tc 43	98,91	6	1	–
Ru 44	101,07	7	1	–
Rh 45	102,9	8	1	–
Pd 46	106,4	10	–	–
Ag 47	107,9	10	1	–
Cd 48	112,4	10	2	–
In 49	114,8	10	2	1
Sn 50	118,7	10	2	2
Sb 51	121,8	10	2	3
Te 52	127,6	10	2	4
J 53	126,9	10	2	5
Xe 54	131,3	10	2	6

Element	Atommasse	5d	6s	6p
Cs 55	132,9	–	1	–
Ba 56	137,3	–	2	–
La 57	138,9	1	2	–
Hf 72	178,5	2	2	–
Ta 73	181,0	3	2	–
W 74	183,9	4	2	–
Re 75	186,2	5	2	–
Os 76	190,2	6	2	–
Ir 77	192,2	7	2	–
Pt 78	195,1	9	1	–
Au 79	197,0	10	1	–
Hg 80	200,6	10	2	–
Tl 81	204,4	10	2	1
Pb 82	207,2	10	2	2
Bi 83	209,0	10	2	3
Po 84	(210)	10	2	4
At 85	(210)	10	2	5
Rn 86	(222)	10	2	6

Element	Atommasse	6d	7s	7p
Fr 87	(223)	–	1	–
Ra 88	(226)	–	2	–
Ac 89	(227)	1	2	–
Ku 104	(258)	2 ?	2 ?	–
Ha 105	(260)	3 ?	2 ?	–
Sg 106	(261)			
Bh 107	(262)			
Hs 108	(264)			
Mt 109	(266)			
110	(269)			
111	(272)			
112	(277)			

Element	Atommasse	4f	5d	6s
Ce 58	140,1	2	–	2
Pr 59	140,9	3	–	2
Nd 60	144,2	4	–	2
Pm 61	(145)	5	–	2
Sm 62	150,4	6	–	2
Eu 63	152,0	7	–	2
Gd 64	157,3	7	1	2
Tb 65	158,9	8	1	2
Dy 66	162,5	10	–	2
Ho 67	164,9	11	–	2
Er 68	167,3	12	–	2
Tm 69	168,9	13	–	2
Yb 70	173,0	14	–	2
Lu 71	175,0	14	1	2

Element	Atommasse	5f	6d	7s
Th 90	232,0	–	2	2
Pa 91	231,0	2	1	2
U 92	238,0	3	1	2
Np 93	237,0	5	–	2
Pu 94	239,1	6	–	2
Am 95	(243)	7	–	2
Cm 96	(247)	7	1	2
Bk 97	(247)	9	–	2
Cf 98	(251)	10	–	2
Es 99	(254)	11	–	2
Fm 100	(257)	12	–	2
Md 101	(256)	13	–	2
No 102	(254)	14	–	2
Lr 103	(258)	14	1	2

Wichtige physikalische Konstanten

Die Fehlerangabe bezieht sich auf die letzte signifikante Stelle, z.B. $(6{,}6726 \pm 9) \cdot 10^{-11} = (6{,}6726 \pm 0{,}0009) \cdot 10^{-11}$.

Gravitationskonstante	1.7.1	G	$(6{,}6726 \pm 9) \cdot 10^{-11}\ \mathrm{N\,m^2\,kg^{-2}}$
Avogadro-Konstante	5.2.2	N_A	$(6{,}022137 \pm 4) \cdot 10^{23}\ \mathrm{mol^{-1}}$
Molvolumen bei Normalbedingungen	5.2.2	V_{mol}	$(0{,}0224141 \pm 2)\ \mathrm{m^3\,mol^{-1}}$
Boltzmann-Konstante	5.1.2	k	$(1{,}38066 \pm 1) \cdot 10^{-23}\ \mathrm{J\,K^{-1}}$
Gaskonstante	5.2.2	$R = kN_A$	$(8{,}31451 \pm 7)\ \mathrm{J\,K^{-1}mol^{-1}}$
Lichtgeschwindigkeit im Vakuum	9.3.1	c	$299\,792\,458\ \mathrm{m\,s^{-1}}$
Influenzkonstante	6.1.1	ε_0	$8{,}8542 \cdot 10^{-12}\ \mathrm{A\,s\,V^{-1}\,m^{-1}}$
Induktionskonstante	7.2.3	$\mu_0 = 1/(\varepsilon_0 c^2) =$ $4\pi \cdot 10^{-7}\ \mathrm{V\,s\,A^{-1}\,m^{-1}}$	$1{,}2566 \cdot 10^{-6}\ \mathrm{V\,s\,A^{-1}\,m^{-1}}$
Elementarladung	6.1.1	e	$(1{,}6021773 \pm 5) \cdot 10^{-19}\ \mathrm{C}$
Faraday-Konstante	6.4.4	$F = eN_A$	$(9{,}64853 \pm 6) \cdot 10^{4}\ \mathrm{C\,mol^{-1}}$
Ruhmasse des Protons	13.1.3	m_p	$(1{,}672623 \pm 1) \cdot 10^{-27}\ \mathrm{kg}$
Ruhmasse des Neutrons	13.4.2	m_n	$(1{,}674928 \pm 1) \cdot 10^{-27}\ \mathrm{kg}$
Ruhmasse des Elektrons	6.4.1	m_e	$(9{,}109390 \pm 5) \cdot 10^{-31}\ \mathrm{kg}$
Spezifische Ladung des Elektrons	8.2.2	e/m_e	$(1{,}758820 \pm 1) \cdot 10^{11}\ \mathrm{C\,kg^{-1}}$
Ruhenergie des Elektrons	12.5.6	$m_e c^2$	$0{,}51100\ \mathrm{MeV}$
Massenverhältnis Proton/Elektron	13.1.3	m_p/m_e	$1836{,}1527 \pm 3$
Atomare Masseneinheit	13.1.4	$\frac{1}{12} m(^{12}\mathrm{C})$	$(1{,}660542 \pm 10) \cdot 10^{-27}\ \mathrm{kg} \mathrel{\hat{=}} 931{,}48\ \mathrm{MeV}$
Planck-Konstante	8.1.2	h $\hbar = h/(2\pi)$	$(6{,}626076 \pm 4) \cdot 10^{-34}\ \mathrm{J\,s}$ $(1{,}054573 \pm 1) \cdot 10^{-34}\ \mathrm{J\,s}$
Stefan-Boltzmann-Konstante	11.2.5	$\sigma = 2\pi^5 k^4/(15c^2h^3)$	$(5{,}6705 \pm 2) \cdot 10^{-8}\ \mathrm{W\,m^{-2}\,K^{-4}}$
Bohr-Radius	12.3.4	$r_1 = 4\pi\varepsilon_0 \hbar^2/(m_e e^2)$	$(0{,}52917725 \pm 2) \cdot 10^{-10}\ \mathrm{m}$
Rydberg-Konstante	12.3.3	$R_\infty = m_e e^4/(8\varepsilon_0^2 h^3)$	$(3{,}2898423 \pm 3) \cdot 10^{15}\ \mathrm{s^{-1}}$
Compton-Wellenlänge des Elektrons	12.1.3	$\lambda_c = h/(m_e c)$	$2{,}4263 \cdot 10^{-12}\ \mathrm{m}$
Bohr-Magneton	12.7.2	$p_{mB} = \mu_0 \hbar e/(2m_e)$	$1{,}1654 \cdot 10^{-29}\ \mathrm{V\,s\,m}$
Feinstrukturkonstante	12.5.6	$\alpha = e^2/(4\pi\varepsilon_0 \hbar c)$	$1/137{,}0360$

Einige Eigenschaften fester Elemente

Fe	Element
7,87	Dichte (g cm^{-3})
1808	Schmelzpunkt (K)
4,29	Gitterenergie (eV/Gitterteilchen)
12	lin. Ausdehnungskoeffizient (10^{-6} K^{-1})
16,83	Elastizitätsmodul (10^{10} N m^{-2})

Ku wird zu Rf = Rutherfordium (IUPAC 1997)
Ha wird zu Db = Dubnium (IUPAC 1997)
Sg = Seaborgium nach *Glenn T. Seaborg* *1912
Bh = Bohrium (IUPAC 1997)
(*Niels Bohr*, dänischer Physiker 1885–1962)
Hs = Hassium
(lat. *Hassia* = Hessen, deutsches Bundesland)
Mt = Meitnerium (*Lise Meitner*, österreichische Physikerin, 1878–1968)
111 = Eka-Gold (Dezember 1994 an der GSI synthetisiert)
112 = Eka-Quecksilber (GSI 1996)

	H	He
Dichte	0,088	0,205
Schmelzpunkt	14,01	4,22
Gitterenergie	0,01	0,001
Ausdehnungskoeff.		
Elastizitätsmodul	0,02	0,01

	Li	Be	B	C	N	O	F	Ne
Dichte	0,542	1,82	2,47	3,52	1,03	1,14		1,51
Schmelzpunkt	453,7	1551	2570	3820	63,3	54,8	53,5	24,5
Gitterenergie	1,65	3,33	5,81	7,36	0,06	0,07		0,02
Ausdehnungskoeff.	58	12,3		1,2				
Elastizitätsmodul	1,16	10,03	17,8	54,5	0,12			0,10

	Na	Mg	Al	Si	P	S	Cl	Ar
Dichte	1,013	1,74	2,70	2,33	1,82	1,96	2,03	1,77
Schmelzpunkt	371,0	922,0	933,5	1683	317,2	386,0	172,2	83,95
Gitterenergie	1,13	1,53	3,34	4,64	0,54	0,11	0,106	0,080
Ausdehnungskoeff.	71	26	23,8	7,6	124	64,1		
Elastizitätsmodul	0,68	3,54	7,22	9,88	3,04	1,78		0,16

	K	Ca	Sc	Ti	V	Cr	Mn	Fe	Co	Ni	Cu	Zn	Ga	Ge	As	Se	Br	Kr
Dichte	0,91	1,53	2,99	4,51	6,09	7,19	7,47	7,87	8,90	8,91	8,93	7,13	5,91	5,32	5,77	4,81	4,05	3,09
Schmelzpunkt	336,8	1112	1812	1933	2163	2130	1517	1808	1768	1726	1357	692,7	302,9	1211	1090	490	266,0	116,6
Gitterenergie	0,941	1,825	3,93	4,855	5,30	4,10	2,98	4,29	4,387	4,435	3,50	1,35	2,78	3,87	3,0	2,13	0,151	0,116
Ausdehnungskoeff.	84	22,5		9		7,5	23	12	13	12,8	16,8	26,3	18	6		37		
Elastizitätsmodul	0,32	1,52	4,35	10,51	16,19	19,01	5,96	16,83	19,14	18,6	13,7	5,98	5,69	7,72	3,94	0,91		0,18

	Rb	Sr	Y	Zr	Nb	Mo	Tc	Ru	Rh	Pd	Ag	Cd	In	Sn	Sb	Te	J	Xe
Dichte	1,63	2,58	4,48	6,51	8,58	10,22	11,50	12,36	12,42	12,00	10,50	8,65	7,29	5,76	6,69	6,25	4,95	3,78
Schmelzpunkt	312,0	1042	1796	2125	2741	2890	2445	2583	2239	1825	1235	594	429,3	505,1	903,9	722,7	386,7	161,3
Gitterenergie	0,858		4,387	6,316	7,47	6,810		6,615	5,753	3,936	2,96	1,160	2,6	3,12	2,7	2,0	0,226	0,16
Ausdehnungskoeff.	90			4,8	7,1	5		9,6	8,5	11	19,7	29,4	56	27	10,9	17,2	83	
Elastizitätsmodul	0,31	1,16	3,66	8,33	17,02	33,6	29,7	32,08	27,04	18,08	10,07	4,67	4,11	5,5	3,83	2,30		

	Cs	Ba	La	Hf	Ta	W	Re	Os	Ir	Pt	Au	Hg	Tl	Pb	Bi	Po	At	Rn
Dichte	1,997	3,59	6,17	13,20	16,66	19,25	21,03	22,58	22,55	21,47	19,28	14,26	11,87	11,34	9,80	9,31		4,4
Schmelzpunkt	301,6	998	1193	2500	3269	3683	3453	3318	2683	2045	1338	234,3	576,7	600,6	544,5	527	575	202,1
Gitterenergie	0,827	1,86	4,491	6,35	8,089	8,66	8,10	8	6,93	5,852	3,78	0,694	1,87	2,04	2,15	3		
Ausdehnungskoeff.	97				6,5	4,3		6,6	6,6	9,0	14,3		29	29,4	13,5			
Elastizitätsmodul	0,2	1,03	2,43	10,9	20,0	32,32	37,2	41,8	35,5	27,83	17,32	3,82	3,59	4,30	3,15	2,6		

	Fr	·Ra	Ac	Ku/Rf	Ha	Sg	Bh	Hs	Mt	110	111	112
Dichte		5	10,07									
Schmelzpunkt	300	973	1323									
Gitterenergie												
Ausdehnungskoeff.												
Elastizitätsmodul	0,2	1,32	2,5									

	Ce	Pr	Nd	Pm	Sm	Eu	Gd	Tb	Dy	Ho	Er	Tm	Yb	Lu
Dichte	6,77	6,78	7,00		7,54	5,25	7,89	8,27	8,53	8,80	9,04	9,32	6,97	8,84
Schmelzpunkt	1071	1204	1283	1350	1345	1095	1584	1633	1682	1743	1795	1818	1097	1929
Gitterenergie	4,77	3,9	3,35		2,11	1,80	4,14	4,1	3,1	3,0	3,3	2,6	1,6	4,4
Ausdehnungskoeff.														
Elastizitätsmodul	2,39	3,06	3,27	3,5	2,94	1,42	3,83	3,99	3,84	3,97	4,11	3,97	1,33	4,11

	Th	Pa	U	Np	Pu	Am	Cm	Bk	Cf	Es	Fm	Md	No	Lr
Dichte	11,72	15,37	19,05	20,45	19,81	11,87	13,51	14						
Schmelzpunkt	2020	1900	1405	913	914	1267	1610							
Gitterenergie	5,93	5,46	5,405	4,55	4,0	2,6								
Ausdehnungskoeff.	11													
Elastizitätsmodul	5,43	7,6	9,87	6,8	5,4									

Quellen: Handbook of Chemistry and Physics CRC Press 1972–1973
Kittel: Introduction to Solid State Physics New York: Wiley 1971
Kohlrausch: Praktische Physik Stuttgart: Teubner 1956

Umrechnung von Energiemaßen und -äquivalenten

	J	erg	mkp	cal	eV	T/K	kcal/mol	ν/Hz	λ/m	m/AME
1 J	1	10^7	0,1020	0,2389	$6{,}242 \cdot 10^{18}$	$7{,}244 \cdot 10^{22}$	$1{,}439 \cdot 10^{20}$	$1{,}509 \cdot 10^{33}$	$1{,}986 \cdot 10^{-25}$	$6{,}701 \cdot 10^{9}$
1 erg	10^{-7}	1	$1{,}020 \cdot 10^{-8}$	$2{,}389 \cdot 10^{-8}$	$6{,}242 \cdot 10^{11}$	$7{,}244 \cdot 10^{15}$	$1{,}439 \cdot 10^{13}$	$1{,}509 \cdot 10^{26}$	$1{,}986 \cdot 10^{-18}$	$6{,}701 \cdot 10^{2}$
1 mkp	9,807	$9{,}807 \cdot 10^7$	1	2,343	$6{,}121 \cdot 10^{19}$	$7{,}103 \cdot 10^{23}$	$1{,}411 \cdot 10^{21}$	$1{,}480 \cdot 10^{34}$	$2{,}025 \cdot 10^{-26}$	$6{,}571 \cdot 10^{10}$
1 cal	4,184	$4{,}184 \cdot 10^7$	0,4269	1	$2{,}613 \cdot 10^{19}$	$3{,}032 \cdot 10^{23}$	$6{,}023 \cdot 10^{20}$	$6{,}318 \cdot 10^{33}$	$4{,}745 \cdot 10^{-26}$	$2{,}805 \cdot 10^{10}$
1 eV	$1{,}602 \cdot 10^{-19}$	$1{,}602 \cdot 10^{-12}$	$1{,}634 \cdot 10^{-20}$	$3{,}827 \cdot 10^{-20}$	1	11 600	23,05	$2{,}418 \cdot 10^{14}$	$1{,}240 \cdot 10^{-6}$	$1{,}073 \cdot 10^{-9}$
T 1 K	$1{,}381 \cdot 10^{-23}$	$1{,}381 \cdot 10^{-16}$	$1{,}408 \cdot 10^{-24}$	$3{,}298 \cdot 10^{-24}$	$8{,}617 \cdot 10^{-5}$	1	$1{,}986 \cdot 10^{-3}$	$2{,}084 \cdot 10^{10}$	0,0149	$9{,}250 \cdot 10^{-14}$
1 kcal/mol	$6{,}951 \cdot 10^{-21}$	$6{,}951 \cdot 10^{-14}$	$7{,}088 \cdot 10^{-22}$	$1{,}660 \cdot 10^{-21}$	0,0434	503,47	1	$1{,}049 \cdot 10^{13}$	$2{,}858 \cdot 10^{-5}$	$4{,}657 \cdot 10^{-11}$
ν 1 Hz	$6{,}626 \cdot 10^{-34}$	$6{,}626 \cdot 10^{-27}$	$6{,}756 \cdot 10^{-35}$	$1{,}583 \cdot 10^{-34}$	$4{,}136 \cdot 10^{-15}$	$4{,}799 \cdot 10^{-11}$	$9{,}532 \cdot 10^{-14}$	1	$2{,}998 \cdot 10^{8}$	$4{,}440 \cdot 10^{-24}$
λ 1 m	$1{,}986 \cdot 10^{-25}$	$1{,}986 \cdot 10^{-18}$	$2{,}025 \cdot 10^{-26}$	$4{,}745 \cdot 10^{-26}$	$1{,}240 \cdot 10^{-6}$	0,0149	$2{,}858 \cdot 10^{-5}$	$2{,}998 \cdot 10^{8}$	1	$1{,}331 \cdot 10^{-15}$
m 1 AME	$1{,}492 \cdot 10^{-10}$	$1{,}492 \cdot 10^{-3}$	$1{,}522 \cdot 10^{-11}$	$3{,}565 \cdot 10^{-11}$	$9{,}315 \cdot 10^{8}$	$1{,}018 \cdot 10^{13}$	$2{,}147 \cdot 10^{10}$	$2{,}252 \cdot 10^{23}$	$1{,}31 \cdot 10^{-15}$	1

Anwendungsbeispiele:

Wenn eine Atomgewichtseinheit (AME) zerstrahlte, könnte ein Photon von $2{,}252 \cdot 10^{23}$ Hz oder $\lambda = 1{,}331 \cdot 10^{-15}$ m entstehen; diese Energie entspricht $T = 1{,}081 \cdot 10^{13}$ K oder einem Umsatz von $2{,}147 \cdot 10^{10}$ kcal/mol.

Bei 11 600 K hat ein Teilchen etwa 1 eV, ein Photon etwa $2 \cdot 10^{14}$ Hz und $\lambda \approx 10^{-6}$ m = 104 Å. Ein Photon von $\lambda = 1$ Å = 10^{-10} m hat 12 400 eV und entspricht $1{,}49 \cdot 10^{8}$ K und $1{,}331 \cdot 10^{-5}$ AME (da $W = hc/\lambda$, ist die λ-Zeile die einzige, bei der man dividieren muß, statt zu multiplizieren).